KB073156

DICTIONARY OF COMPUTER·
INFORMATION TECHNOLOGY TERMS

컴퓨터·IT 용어대사전

전산용어사전편찬위원회 엮음
감수위원 고려대학교 컴퓨터과학기술대학원장 황종선
집필위원 공학박사 김남용 · 공학박사 신동철

일진사

머 리 말

21세기는 컴퓨터를 중심으로 한 전자산업과 그에 바탕을 둔 새 매체의 개발, 그리고 통신산업이 함께 어우러져 정보를 전달 · 생산 · 관리 · 운용하는 이른바 정보산업이 중심이 되는 사회로서, 앞으로도 더욱 발전될 것이다.

특히, 정보수단으로서의 컴퓨터는 오늘날을 살아가는 모든 이들에게 필수적인 존재로 자리잡고 있고, 관공서나 산업체, 방송 및 영상 매체는 물론 각 가정에 이르기까지 다양한 형태로 생활 깊숙이 파고 들어 있는 정보 매체이다. 그러나 일상생활 전반에 걸쳐 우리가 쉽게 접할 수 있는 컴퓨터의 모든 프로그램 내용과 용어들이 친숙하지 않은 외래어인데다가 빠르게 변화하는 새로운 용어를 충분히 이해하기란 쉽지 않다.

이러한 추세를 감안하여 이 책 「컴퓨터 · IT 용어 대사전」은 컴퓨터와 관련된 모든 주변기기들을 대상으로 광범위한 용어를 수집하여 상세하게 설명하였다.

이 사전에 수록된 내용과 특징은 다음과 같다.

1. 이 사전은 컴퓨터 · 인터넷 · IT에 관련된 국내 **최대 총 40,250여 용어**와 약어를 집대성하여 알기 쉽게 해설하였다.
2. **영문 발음 기호와 품사**를 표시하여 컴퓨터 실무자들이 영어 사전을 별도로 찾아보는 번거로움을 해소하였다.
3. 최근 많이 사용하고 있는 **최신 용어**를 수록하여 인터넷 · IT의 활용에 어려움을 느끼는 초보자들에게도 도움을 주었다.
4. **컴퓨터와 관련**이 있는 전기 · 전자 · 정보 · 통신 · OA 분야의 용어를 다양하게 수록하여 여러 분야에서 활용할 수 있도록 하였다.
5. **한글 색인과 약어**를 따로 모아 별도로 수록하여 줌으로써, 찾고자 하는 용어를 쉽게 찾아볼 수 있게 하였다.

끝으로, 이 책을 만드는 데 많은 조언과 격려를 해 주신 도서출판 **일진사** 직원 여러분께 감사드리며, 이 사전이 컴퓨터와 관련이 있는 모든 종사자에게 광범위하게 활용될 수 있기를 기원하는 바이다.

편자 씀

일러두기

1. 용어의 수록 범위

컴퓨터/인터넷/IT 관련 분야 및 전기 · 전자 · 통신 분야는 물론 OA, 회계 · 통계 분야를 대상으로 하여 일상생활에 가장 많이 사용되는 관련 용어를 광범위하게 수록하였다.

2. 이 책의 구성

예 1.

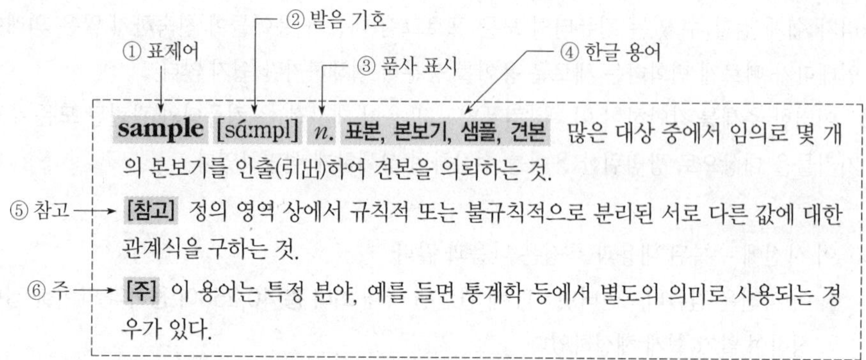

② 발음 기호
① 표제어
③ 품사 표시
④ 한글 용어
sample [sɑ́:mpl] n. 표본, 본보기, 샘플, 견본 많은 대상 중에서 임의로 몇 개의 본보기를 인출(引出)하여 견본을 의뢰하는 것.
⑤ 참고
[참고] 정의 영역 상에서 규칙적 또는 불규칙적으로 분리된 서로 다른 값에 대한 관계식을 구하는 것.
⑥ 주
[주] 이 용어는 특정 분야, 예를 들면 통계학 등에서 별도의 의미로 사용되는 경우가 있다.

예 2.

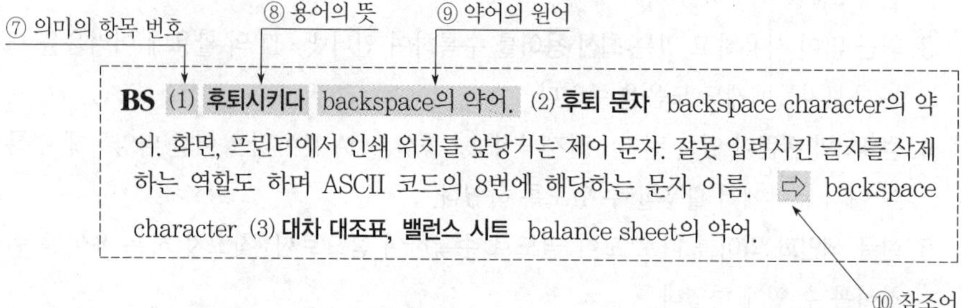

⑦ 의미의 항목 번호
⑧ 용어의 뜻
⑨ 약어의 원어
BS (1) 후퇴시키다 backspace의 약어. (2) 후퇴 문자 backspace character의 약어. 화면, 프린터에서 인쇄 위치를 앞당기는 제어 문자. 잘못 입력시킨 글자를 삭제하는 역할도 하며 ASCII 코드의 8번에 해당하는 문자 이름. ⇨ backspace character (3) 대차 대조표, 밸런스 시트 balance sheet의 약어.
⑩ 참조어

① **표제어** : 표제어는 영문으로 표시하였으며, 용어 배열은 알파벳 순에 따랐다.

② **발음 기호** : 표제어에 대한 발음 기호를 영문으로 표기하여 독자들이 영어사전을 찾아보는 번거로움을 해소하였다.

③ **품사 표시** : 표제어에 대한 품사를 표기하여 영문의 활용도를 높였다.

④ **한글 용어** : 한 표제어에 대하여 한글 용어가 2개 이상인 경우에는 쉼표(,)로 구분하고, 규격화된 한글 순화 용어를 달아 주었다.

⑤ **참고** : 부연 설명이 필요한 표제어에는 **[참고]** 표시를 달아 주어 보다 정확하게 이해할 수 있도록 하였다.

⑥ **주** : 같은 표제어라 하더라도 다른 분야에서는 의미가 다르게 사용되는 경우에 대해 **[주]** 표시를 달아 참고할 수 있도록 하였다.

⑦ **의미의 항목 번호** : 한 표제어가 다양한 의미로 사용되는 경우 (1), (2), … 로 구분하여 해설하였다.

⑧ **용어의 뜻** : 원어에 대한 순화어를 달아 주어 영한사전을 찾는 번거로움을 해소하였다.

⑨ **약어의 원어** : 약어에 대한 원어의 철자(full seplling)는 한글 용어 표기 다음에 두었다.

⑩ **참조어** : 표제어와 관련하여 참조할 만한 단어는 해설 뒤에 ⇨로 표시하여 해설하였다.

3. 기 타

(1) 한글 발음화 표기는 교육인적자원부의 편수 자료에 의거하였다.

(2) 최근에 발표된 다양한 소프트웨어와 하드웨어, 그리고 인터넷 · IT관련 용어까지 모두 수록하였다.

(3) 모든 외래어는 가능한 한 한글 용어로 표기하려고 노력하였다. 그러나 최신 학술 용어로서 우리말 용어로 아직 정착되지 않은 용어는 부득이 외래어로 표기하였다.

(4) 본문 끝에 약어를 별도로 수록함으로써 약어의 원어를 쉽게 찾아 볼 수 있도록 하였다.

(5) 일반화된, 이해가 가능하여 전후 표제어의 해설로 충분히 이해할 수 있는 용어에 대해서는 표제어의 해설을 가급적 생략하였다.

(6) 한글 자모 순으로 배열한 「한글 찾아보기」는 한영사전으로서의 기능을 갖추도록 하였다.

(7) 컴퓨터와 관련된 각종 단위표와 컴퓨터 발달사를 부록으로 실어 주었다.

참고문헌

◉ 국내(가나다 순)

국어연구소, 「편수자료 (외래어 표기 용례)」, (서울, 대한교과서, 1987)

김현숙 · 김소윤, 「NEW 밀레니엄 PC 용어사전」, (서울, 크라운출판사, 2001)

문성명, 「전자공학대사전」, (서울, 한국사전연구, 1993)

사전편찬사, 「엘리트 로열 영한사전」, (서울, 시사영어사, 1995)

손병기, 「센서용어사전」, (서울, 일진사, 1994)

전산용어사전편찬위원회, 「컴퓨터 · 인터넷 용어 큰 사전」, (서울, 일진사, 1999)

출판부, 「일본어 용례사전」, (서울, 대한교과서, 1990)

컴퓨터용어사전편찬위원회, 「컴퓨터용어대사전」, (서울, 정보문화사, 1996)

컴퓨터용어사전편찬회, 「컴퓨터용어사전」, (서울, 일진사, 1994)

편집국, 「새국어사전」, (서울, 동아출판사, 1991)

편집부, 「알짜 PC 용어사전 」, (서울, 영진, 2002)

편집부, 「영 · 한 · 일 전기전자용어대사전」, (서울, 대광서림, 1995)

편집부, 「정보과학사전」, (서울, 현암사, 1996)

편집부, 「최신 전자용어대사전」, (서울, 전자기술사, 1990)

편집부, 「컴퓨터용어사전」, (서울, 사이버출판사, 1996)

한국정보통신기술협회, 「정보통신용어사전」, (서울, 두산동아, 2004)

한상기, 「정보기술약어사전」, (서울, 전자신문사, 1993)

황희융, 「컴퓨터용어대사전」, (서울, 교학사, 1993)

◉ 국외

コンーピュータ用語辭典編集委員會, 「英和コンーピュータ用語大辭典」, (東京, 日外アソシエーツ株式會社, 1989)

岡本 茂, 仙波一郎, 中村芳昭, 高橋和子, 「最新 パソコン 用語事典」, (東京, 株式會社技術評論社, 1993)

千田正彥, 「情報處理關連略語辭典」, (東京, 總研出版 株式會社, 1985)

日經BP社出版局, 「情報 · 通信新語辭典」, (東京, 日經BP社, 1996)

Valerie Illingworth, 「*Dictionary of Computing*」, (Oxford University Press, 1997)

Eric S. Raymond, 「*The New Hacker's Dictionary*」, (Mit Pub, 1996)

岡本 茂, 大島邦夫, 堀本勝久, 「最新 パソコン 用語事典」, (東京, 株式會社技術評論社, 2001)

차 례 *contents*

A

A[éi] **에이** (1) accumulator, address line, ampere(전류의 단위)의 약어. (2) 16진수에서 10진수의 10에 해당되는 숫자.

A3D 3차원 오디오 기술이나 그것을 응용한 소프트웨어 또는 하드웨어. 미국 오리얼 세미컨덕터(Aureal Semiconductor) 사가 1997년에 발표하였다. 입체 음장(音場)을 실시간으로 제어하는 기술로 공간의 용적이나 재질을 시뮬레이션하여 음원의 정위치나 반향을 제어한다. 이전에는 하드웨어 접근 속도 상에서의 사용을 전제로 했지만, A3D2.0SDK에서는 소프트웨어에서의 시뮬레이션을 가능하게 만들었다.

A판 용지 크기의 하나. 기본이 되는 A0판은 $1m^2$ (841×1189mm)의 면적으로, 용지를 세로로 반씩 접을 때마다 면적은 1/2, 용지 크기는 접는 횟수에 따라 A1, A2 등이 된다.

AAAI 미국 인공 지능 학회 American Association for the Artificial Intelligence의 약어.

AAL ATM 접속층 ⇨ ATM adaptation layer

A algorithm[éi ǽlgəriðm] **A 알고리즘** 그래프 탐색 방법 가운데 하나로 여기에서 발생되는 노드들 중에서 평가 선택하여 목적 노드에 도달할 때까지 탐색을 진행시키는 알고리즘.

abacus[ǽbəkəs] *n.* **주판** B.C. 3000년경 근동 및 중동 지역에서 최초로 고안된 계산 기구 또는 그 계산법으로 현재에도 사용되고 있다.

abbreviated address calling[əbríːvièitid ədrés kɔ́ːliŋ] **생략형 주소 호출** 호출을 시작할 때 이용자가 주소의 총 문자수보다 적은 문자수의 주소를 사용할 수 있게 호출하는 것. 망 안에서는 이용자가 생략형 주소를 일정 수 지정할 수 있다. 하나 또는 그 이상의 수신에 대해 생략형 주소의 할당을 요구에 따라서 적절한 순서로 변경할 수 있다.

abbreviated Kendall notation[–kéndɑl noutéiʃən] **생략형 켄달 표기법** 어느 특정한 큐잉(queuing) 시스템의 속성을 기술하는 방법.

abbreviation[əbrìːviéiʃən] *n.* **생략형, 약어** 단어(word)나 구(phrase)의 생략형(약어) 또는 그 생략형을 만드는 것. 예를 들면 ASCII는 American national Standard Code for Information Interchange의 생략형이다.

ABC Atanasoff Berry computer의 약어. 디지털 컴퓨터의 모체에 해당하는 것으로 1930년대 후반 미국 아이오와 주립대학의 아타나소프(J. Atanasoff)와 그의 조수인 베리(C. Berry)가 공동 설계하여 제작한 직렬 전기 기계식 모형 컴퓨터를 말한다. 한때 에니악(ENIAC)과 특허권 분쟁이 있었으나 현재는 ABC가 세계 최초의 전자식 디지털 컴퓨터로 인정받고 있다.

ABC machine ABC 머신 ⇨ ABC

ABC management ABC 관리 재고 부품을 A, B, C의 세 종류로 분류하여 관리함으로써 재고 비용을 감소시키려는 재고 관리 방식. A, B, C의 내용은 다음과 같다. A : 단가가 높으므로 필요 수의 정미(正味)의 요구가 발생했을 때에 계획하는 것, B : 필요 수량을 예측하여, 그 수량에 약간의 수량을 가한 경제 발주량을 정해서 재고를 취하는 것, C : 단가가 낮으므로 항상 적합한 재고량을 갖고 필요시에 충분히 사용하도록 되어 있다.

ABE 2진 파일을 아스키 형태로 변환하는 프로그램.

ABEND 태스크 비정상 종료 abnormal end of task의 약어. 작업의 실행중, 컴퓨터 또는 프로그램의 장애를 복원 기능으로 대처하지 못하고 규정에서 벗어난 조건으로 작업을 중단하는 것. 즉, 작업의 비정상적인 종료를 말한다.

ABI 응용 프로그램 2진 인터페이스 application binary interface의 약어. AT & T 사에서 발표한 유닉스 시스템용의 응용 프로그램 인터페이스 규격.

ABIOS 진보형 바이오스 advanced basic input/output system의 약어. 멀티태스킹이나 보호 모드를 지원하도록 설계되어 있는, IBM PS/2에 내장되어 있는 입출력 서비스 루틴의 집합. 이들 루틴들은 보호 모드라는 특정 프로그램이 메모리의 일부분을 독점하는 방법으로, 그 프로그램과 자원을 다른 실행 프로그램이 간섭하지 못하도록 막아주고 보호한다.

ablation [æbléiʃən] **융삭** 광학 기억 장치에서 은, 할로겐 등으로 구성된 금속 박막 표면을 레이저 광선으로 녹여 구멍을 뚫어 정보를 기억시키는 것.

ablative thin films [ǽblətiv θín fílmz] **융막 필름** 유기 물질이나 디스크 기판 위에 덮인 은(Ag) 할로겐 감광제로 만들어졌다. 광 디스크의 재질에 따른 분류 가운데 하나이다.

ABM 비동기 평형 모드 asynchronous balanced mode의 약어.

Abney's law 애브니의 법칙 밝기 감각의 가법칙(加法則)을 긍정하는 법칙으로서, 빛을 몇 개 중합시켰을 경우의 밝기 감각은 그 빛에 관계없이 개개의 빛의 밝기를 더한 것과 같다는 것. 측광(測光)의 기초가 되며, 정확히는 성립되지 않는 것으로 확인되어 있지만 대략적으로 다룰 때 이용한다.

abnormal end [æbnɔ́ːrməl énd] **비정상 종료** 예를 들면, 기억 보호(memory protection)의 침범 같은, 예기치 못한 상황에서 프로그램이 도중에 종료되는 것을 말한다. 비정상 종료는 기억 덤프(memory dump) 등 이상 발생 시점에서의 주기억 장치의 내용을 직접 조사하는 방법에 따르는 경우와 새롭게 작성한 프로그램의 디버그 과정에서 생기는 경우가 많다. 또 프로그램이 일단 완성되었더라도 예기치 못한 입력 디버그에 의해 일어나는 경우도 있다.

abnormal temperature detecting system [–témpərətʃər ditéktiŋ sístəm] **이상 온도 경보 시스템** 일정한 온도 이상에서 동작하는 정온식과 비정상적인 온도 상승 속도에 의하여 동작하는 차동식이 있다. 전자는 센서로서 바이메탈형의 온도 스위치, 서미스터(NTC 및 CTR)에 의한 온도 감지기, 특정 온도에서 열화하여 도체끼리 쇼트가 일어나는 코드 형상의 감온선, 화학 물질의 증기압이 급증하는 것을 이용한 스위치 등이 있는데, 일반적으로 화재 경보기나 기기, 설비의 보안에 사용되고 있다. 후자는 기체의 열팽창으로 인한 압력의 급증을 이용한 기계식 스위치와 서미스터(NTC)를 센서로 하여 전기적으로 온도의 급상승을 검출하여 경보를 알리는 방법 등이 있다.

abnormal termination [–tə̀ːrminéiʃən] **이상(비정상) 종료** 데이터 처리 시스템에 의해 실행된다. 컴퓨터 처리에 있어서 실행중인 처리가 하드웨어의 이상이나 프로그램의 오류로 중단되는 것을 총칭하는 말이다. 정상 종료(normal termination)의 상대어.

abort [əbɔ́ːrt] *v.* **중단(하다)** 일반적으로 오류(error)나 고장(trouble)이 원인으로 항공기, 기계 또는 시스템 등의 조작이나 운전 등을 단축하거나 중지하는 것. 보통 데이터 처리중에 몇 가지 장애가 발생하여 처리를 계속할 수 없게 된다든지, 계속해도 처리가 실패로 끝나는 것이 확실한 경우에 그 처리 동작을 중지한다. 운영 체제가 판단하는 경우와 사용자가 간섭 커맨드(interrupt command) 등을 사용하는 경우가 있다.

abortive disconnection [əbɔ́ːrtiv dìskənékʃən] 수령하는 프로세스에게 상대방 프로세스가 논리적 링크를 중단했음을 알려준다.

About [əbáut] **알아보기** 매킨토시 시리즈에서 애플 메뉴의 최상단에 표시되는 설명 항목. 현재 사용중인 소프트웨어의 개발자 등을 표시한다.

ABR (1) autobaud rate detect의 약어. 메시지의 첫 문자들을 분석해서 그 소송 속도, 시작 비트 수, 정지 비트 수를 정하는 것. (2) available bit rate의 약어. ATM 서비스 레벨의 하나로 네트워크에서 혼잡 수준에 따라 대역폭을 조절한다. (3) 통신 트래픽의 특성에 따른 대역폭의 종류. 최대 양방향 전송 대역을 지정한다.

AB roll edit AB 롤 편집 두 개의 테이프를 동시에 재생하면서 하나로 편집하는 것.

absolute [ǽbsəlùːt] *a.* **절대** 절대적인, 완전무결한, 무제한적인, 고유한 것.

absolute address [–ədrés] **절대 주소** 주기억 장치(main storage) 안에서 하나의 단어나 하나의 문자가 차지하는 물리적 기억 위치를 가리키는 주소를 말하는 것으로 실제 주소(actual address)라고도 한다. 이것은 기억 장치 전체의 어딘가를 기준으로 한 상대 주소의 상대적 용어이다. 다만, 절대 주소를 물리 주소라고도 부르지만, 이 경우는 논리 주소(logical address)의 상대 개념이다. 실행시의 프로그램은 이 절대 주소로 표현되고 있으나, 다중 프로그래밍(multiprogramming)에서 복수 프로그램의 동시 처리를 행하는 경우에는 프로그램이 고정된 기억 장소를 점유하는 것이 불합리하기 때문에 보통 상대 주소로 표현하도록 되어 있다. 원칙적으로 중앙 처리 장치(CPU)는 이 주소를 지정하여 데이터에 접근(access)한다.

absolute addressing [–ədrésiŋ] **절대 주소 지정** 기억 장치의 주소를 지정하는 방법의 하나로, 기계어 명령에 원하는 기억 장소의 절대 주소를 포함시키는 것.

absolute assembly [–əsémbli(ː)] **절대 어셈블**

리 절대 주소만을 포함하는 프로그램을 생산하는 어셈블러.

absolute branch[–brǽntʃ] **절대 분기** 프로그램의 계수기를 바꾸면 프로그램을 실행할 때 명령의 처리 순서가 변경되는데, 이와 같이 처리 순서를 바꾸는 명령을 점프 명령 또는 분기 명령이라 하고, 이러한 분기를 절대 분기라고 한다.

absolute code[–kóud] **절대 코드** 기계어의 명령 코드와 절대 주소를 사용하여 표현된 프로그램. 어셈블러에 의해 생성되는 기계 코드에서 로더에 의해 할당된다. 또한 기억 장소에 강제로 넣어지는 것을 가리킨다. 상대 코드(relative code)의 상대어.

absolute coding[–kóudiŋ] **절대 코딩** 절대 주소를 갖는 기계어 명령을 사용하여 실행되는 코딩. 컴퓨터가 이해할 수 있는 명령어로 만드는 데는 번역 루틴 등에 의한 특별한 처리가 필요 없다.

absolute command[–kəmǽnd] **절대 명령** 절대 좌표를 사용하는 지시 명령.

absolute coordinate[–kouɔ́ːrdinət] **절대 좌표** 주소 가능점의 위치가 지정된 좌표계의 원점을 기준으로 표현되는 좌표.

absolute data[–déitə] **절대 데이터** 그래픽과 같이 모니터 출력을 이용하는 프로그램에서 화면상의 좌표 그 자체의 위치 정보.

absolute element[–éləmənt] **절대 엘리먼트** 적재 모듈(load module)과 같은 뜻. 적재 모듈이란 컴파일러 등을 이용하여 주기억 장치에 로드하면 바로 실행 가능한 형식으로 만들어진 프로그램을 가리킨다.

absolute error[–érər] **절대 오류** 절대값(계산값, 관측값 또는 실험값)에서 참값, 지정값 또는 이론값을 대수적으로 뺀 결과. 이것은 | 참값 – 결과값 | 의 식으로 계산된다.

absolute expression[–ikspréʃən] **절대식** 어셈블리의 원시 문장의 피연산자에 코딩되는 식이 어셈블러 프로그램에 의해 하나의 값이 되고, 그 값이 프로그램의 재배치에 의해서도 변화되는 일이 없는 식. 절대식은 절대 주소를 표현할 수 있다.

absolute instruction[–instrʌ́kʃən] **절대 명령어** 특수한 명령어로서 특정 컴퓨터 동작을 완전히 나타내어 그 동작을 수행할 수 있도록 한다. 절대 주소를 지정하는 명령어.

absolute language[–lǽŋgwidʒ] **절대 언어** ⇨ machine language

absolute loader[–lóudər] **절대 로더** 프로그램과 데이터를 실행하기 위해 절대 주소 양식으로 기억 장소에 적재되는 루틴. 명령의 주소부가 모두 절대 주소로 표현되어 있는 프로그램을 적재하는 프로그램.

absolute loader routine[–ruːtíːn] **절대 로더 루틴**

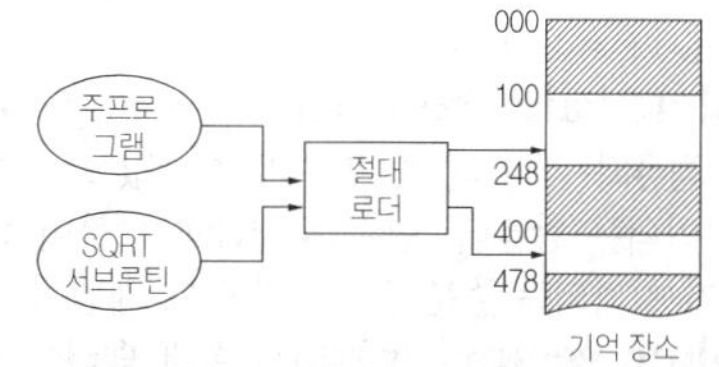

〈절대 로더의 역할〉

absolute maximum rating[–mǽksiməm réitiŋ] 반도체 디바이스(IC, 트랜지스터, 다이오드 등)를 사용하는 경우 과다한 전압, 전류, 온도 등에 의한 파괴를 방지하기 위해 설정된 최대 정격값.

absolute measurement[–méʒərmənt] **절대 측정** 기본량의 측정으로부터 조립량의 측정을 유도하는 것.

absolute orientation[–ɔ́(ː)rientéiʃən] 입체 비전에서 한 점에 대한 왼쪽 카메라의 좌표와 오른쪽 카메라의 좌표들 사이에 관계를 맺는 것.

absolute path name[–pάːθ néim] **절대 경로 이름** 파일의 탐색 경로가 파일 시스템의 루트로부터 시작해 명시된 파일의 경로 이름. 즉, 유닉스에서 /user/local/font는 절대 경로 이름이다.

absolute plotter control[– plάtər kəntróul] **절대값식 플로터 제어** 플로터를 x좌표와 y좌표에 따라 원점으로부터의 위치를 표시하고 서보 장치를 사용하여 제어하는 방식. 증분식 플로터 제어(incremental plotter control)의 상대어.

absolute position[–pəzíʃən] **절대 위치** 그래픽 화면상에 나타나는 고정된 점의 위치.

absolute position transducer[–trænsdjúːsər] **절대 위치 변환기** 어떤 한 위치의 좌표계의 좌표값으로 기계의 위치를 검출하고 그것을 전송에 편리한 신호로 변환하는 기계.

absolute program[–próugræm] **절대 프로그램** 명령어 부분은 기계 코드, 피연산자 부분은 절대 주소로 표현하고, 프로그램의 코어(core) 안에서 차지하는 기억 장소가 고정되어 있는 프로그램. 재배치 가능 프로그램(relocated program)의 상대어.

absolute program loader[–lóudər] **절대 프로그램 로더** ⇨ absolute loader

absolute programming[–próugræmiŋ] **절대 프로그래밍** 컴퓨터 시스템에서 그 실제의 코드 번호로 모든 주소가 참조되는 프로그램을 작성하는 것. 절대 언어 프로그래밍이라고도 한다.

absolute value[−vǽljuː] **절대값** 임의의 수에 대해서 플러스 · 마이너스의 대소에 관계없이 결정되는, 그 수의 크기를 표시하는 값. 즉 −부호를 생각하지 않는 수의 크기. 예를 들어 | +100 | = | − 100 | = 100이다.

absolute value computer[−kəmpjúːtər] **절대값 컴퓨터** 데이터 및 변수가 절대값으로 처리되고 기억되는 컴퓨터. 변수 자체값과 더불어 변수의 변화가 처리되는 증분 컴퓨터의 상대 개념이다.

absolute vector[−véktər] **절대 벡터** 시작점과 끝점이 절대 좌표로 지정되는 벡터.

absorption spectrum[əbzɔ́ːrpʃən spéktrəm] **흡수 스펙트럼** 연속 스펙트럼을 가진 빛(전자파)이 물체를 투과할 때 그 물질에 특유한 파장 영역에서 빛이 흡수되어 원래의 빛이 그 파장 부분에서 사라지거나 약해지거나 하는 정도를 나타내는 스펙트럼. 빛의 흡수는 낮은 에너지 준위에서 높은 에너지 준위로 옮겨가면서 일어난다. 일반적으로 기체 원자는 선 스펙트럼을, 분자는 띠 스펙트럼을, 복잡한 분자나 액체, 고체는 폭넓은 흡수띠를 나타낸다.

abstract[ǽbstrækt] *a*. **초록, 추상적** (1) 초록 : 논문 등 글의 앞 부분에서 그 요지만을 간략히 설명해 놓은 것. (2) 추상적 : 컴퓨터 분야에서도 개념적 · 추상적인 모양이나 물건을 형용하는 데 쓰인다. 논리적(logical)이라는 단어와는 유사한 의미도 있으나 물리적(physical)이라는 단어와는 대조적이다. 복합어로 표현되는 경우가 많다.

abstract data structure[−déitə strʌ́ktʃər] **추상 데이터 구조** 데이터 구조와 그 데이터에 관한 조작을 대응시킴으로써 복잡한 데이터 구조를 추상화한 것.

abstract data type[−táip] **추상 데이터형** 프로그래밍 언어에서 사용되는 데이터형을 정의함에 있어서 그 데이터형에 적용 가능한 연산 형식과 제약 조건 등만을 보여주고 실제로 그 연산이 어떻게 구체적으로 표현되어 있는지는 알 수 없게 하는 기능.

abstraction[æbstrǽkʃən] *n*. **추상화** 필요한 부분만을 표현할 수 있고 불필요한 부분을 제거하여 간결하고 이해하기 쉽게 만드는 작업. 이 기법은 복잡한 문제나 시스템을 이해하는 데 중요한 요소이다. ⇨ 그림 참조

abstraction hierarchy[−háiərɑ̀ːrki(ː)] **추상화 계층** 임의 성질을 기준으로 추상적으로 분류하되 그것이 계층적 구조를 갖는 것.

abstract machine[−məʃíːn] **추상적 기계** 물리적인 컴퓨터 자체나 프로그램 언어 같은 기능까지 포함하며, 컴퓨터 시스템의 기능을 추상화한 모델 기계.

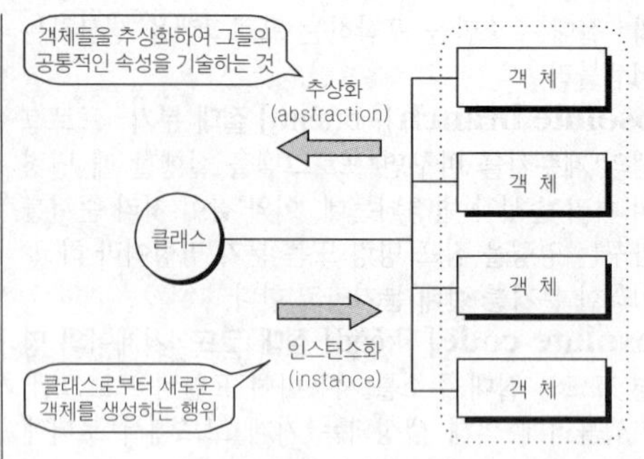

〈추상화와 인스턴스화의 비교〉

abstract meaning[−míːniŋ] **추상적 의미** 사물을 간단하게 나타냄으로써 사물 주변에 실제로 존재하는 세밀한 제약을 생각하지 않으면서도 원하는 문제의 해결 방안을 제시해주는 방법. 이것은 어떤 사물을 실제와는 분리하여 인식하는 것이다.

abstract symbol[−símbəl] **추상 기호** 의미나 용도의 일반적인 약속이 존재하지 않으며, 각각의 응용에 따라서 결정되는 기호. 광학 문자 인식(OCR)에 사용되는 기호로서, 특정한 문자를 나타내는 것이 아니고 각 응용 분야에 따라 정의된다.

abstract syntax tree[−síntæks tríː] **추상 구문 트리** 유도 트리의 부분 집합으로서 의미있는 단말 기호나 생성 규칙에 대해서만 노드를 가지도록 추상화한 트리.

A-bus[éi bʌ́s] **A 버스** 산술 논리 연산 장치(ALU)에 연산 자료를 공급하는 내부 버스.

abuse[əbjúːz] **어뷰즈** 어떤 조직의 메일 서버에 그 조직과 전혀 관계 없는 제3자가 경유하여 불법으로 메일을 뿌리는 것. 메일의 대용량화 및 서버의 고속화와 아울러 단시간에 대역과 자원을 소비하는 일종의 DoS 공격 형태로 나타나는 경우도 드물지 않다. 이른바 스팸 메일이라는 이메일도 불법 이용된 서버에서 발신되는 경우가 많으며, 발신자 이름도 위조되는 일이 많다.

AC 교류 alternating current의 약어.

academic package[ækədémik pǽkidʒ] **아카데믹 판** 학생 및 연구/교육 관계자만이 구입할 수 있는 할인 소프트웨어 패키지.

ACC (1) **누산기** ⇨ accumulator (2) **계정 통화** account card calling의 약어. 발신자가 이용하는 통신 회사가 발급한 전화 카드에 통신 비용이 책정되는 서비스. 서비스 이용자는 망 운용자의 망 구성 요소로부터 적절한 안내 정보를 수신한 후 해당 번호, 예를 들면 비밀 번호나 착신 번호를 입력한다.

acceleration[əksèləréiʃən] *n*. **가속법** 어떠한 근사값을 구할 때 반복 처리로써 수렴 속도를 가속

시키는 것.

acceleration factor[-fǽktər] **가속 계수** 기준 조건에 따른 시험과 가속 시험에서 똑같은 누적 고장 백분율에 달할 때까지의 시간 비율. (기준 조건에서의 시간)/(가속 조건에서의 시간)으로 나타낸다.

acceleration time[-táim] **가속 시간** 테이프에서 읽거나 쓰는 명령어들을 번역하는 시간으로부터 테이프의 실제 정보를 전송하는 데 소요되는 시간. 즉, 데이터의 읽기, 쓰기가 가능한 속도에 달할 때까지 테이프 장치에서 소요되는 시간.

accelerator[əksélərèitər] **가속기** PC의 처리 속도를 향상시키기 위해 PC 본체의 CPU보다 고속인 CPU나 전용 LSI 등을 보드에 추가해주는 장치. 가속기의 목적은 CPU 속도나 그래픽의 처리 속도를 향상시키는 것이다. 상품화되어 있는 가속기에는 CPU의 시계 주파수를 고속화하는 ODP(오버 드라이브 프로세서), 고속의 CPU로 교환하는 CPU 가속기, 그리기 전용의 확장 기능 보드인 그래픽 가속기 등이 있다.

accelerator card[-kɑ́:rd] **가속기 카드** 컴퓨터의 메인 마이크로프로세서를 고속의 것으로 교환하거나 강화하는 카드. 가속기 카드를 이용함으로써 사용자는 메인 보드나 드라이브, 키보드, 케이스를 교환하지 않고도 적은 비용으로 시스템을 고속 마이크로프로세서로 업그레이드할 수 있다.

accept[əksépt] *v.* **채택하다** (1) 외부에서 받아들인 데이터를 분석하여 원하는 데이터인지를 판단한다. (2) 명령(command), 지령(instruction), 신호(signal), 메시지(message) 등을 받아들인다. (3) 요구(request)를 허가하기도 하고, 편차(deviation)나 오차를 허용한다. (4) 시스템이나 프로그램 등의 우수한 점을 인정한다.

acceptable quality level[əkséptəbl kwɑ́liti(:) lévəl] **수용 가능 품질 수준, 합격 품질 수준** 품질 관리, 신뢰성 보증 등에 사용되며, 상품으로서의 신뢰성 수준의 하나.

acceptable reliability level[-rilàiəbíliti(:) lévəl] **수용 가능 신뢰도 수준** 수용 가능한 최악의 신뢰성(신뢰도, MTBF, MTTF, 고장률 등). 보통 발췌 검사의 ARL과 대응된다.

acceptable use policy[-jú:s pɔ́lisi] **제한적 사용 정책** ⇨ AUP

acceptance[əkséptəns] *n.* **수용, 인수** 예를 들면, 시스템 개발을 완료하여 주문자에게 납입할 때에 행해지는 테스트를 인수 테스트(acceptable test)라 부르는 경우가 있다.

acceptance criteria[-kraití(:)riə] **인수 기준** 성공적인 시험이나 인수 조건을 충족하기 위해 소프트웨어 제품이 갖추어야 할 기준.

acceptance inspection[-inspékʃən] **인수 검사**

acceptance test[-tést] **인수 테스트** 계약상의 요구 사항이 제대로 되어 있는가를 확인하기 위하여 설치 후에 주문자와 제작자가 함께 참가하여 실시하는 시스템 또는 기능 단위의 시험. 인수 테스트에는 품질 보증 그룹에 의해서 개발된 것과 고객에 의해서 개발된 것 두 가지가 있다.

acceptance test plan[-plǽn] **인수 테스트 계획** 인수 테스트에 필요한 테스트 사례나 예상되는 결과 그리고 각 사례에서 조사할 기능들의 계획.

accepting[əkséptiŋ] **단말기 수신** 주시스템이 보내는 메시지를 컴퓨터나 단말기가 받아들이는 처리 과정.

acceptor[əkséptər] *n.* **억셉터** 반도체에서 자유로이 움직이는 정공(hole) 전도에 기여하는 것. 예를 들면, Ge에 In을 도핑할 경우에 In은 억셉터로서 행동한다.

acceptor level[-lévəl] 억셉터가 가전자대(valence band) 바로 위에서 갖는 에너지 준위.

Access 액세스 데이터를 관리하는 프로그램. 객체 관리나 각종 자료 수집 관리와 같이 특정 주제나 목적과 관련된 정보를 모아놓은 것을 데이터 베이스라고 하며, Access는 이러한 데이터 베이스를 구축하여 원하는 형태로 데이터를 분류하거나 검색할 수 있다. Access는 프로그래밍 언어를 모르는 사용자들도 쉽게 데이터 베이스를 구축할 수 있으며, 다른 응용 프로그램들과 자유롭게 자료를 공유할 수 있는 기능을 가지고 있다.

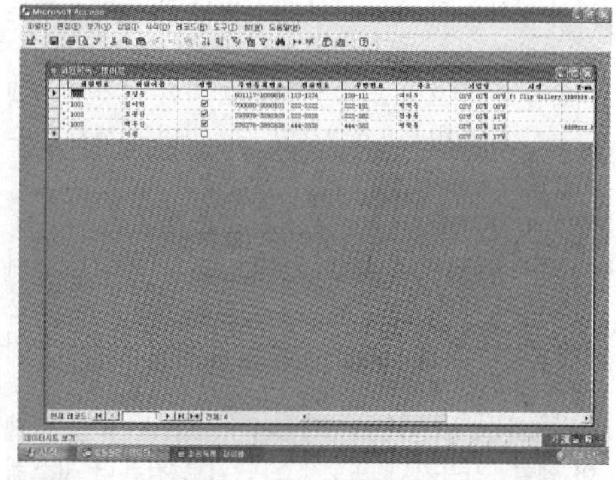

〈Access의 사용 예〉

access[ǽkses] *n.* **접근** (1) 기억 장치로 데이터를 써넣거나 기억 장치에 저장되어 있는 데이터를 읽어내기도 하고 또는 검색(search) 등을 하는 것. (2) 컴퓨터 시스템에 접근하여 그곳에 저장되어 있는 데이터를 읽어내 변경하기도 하고, 시스템과 교신하기도 하며 또는 시스템 자원(resource)을 사용하는 것. (3) 인터넷에 연결(접속)하는 것을 뜻하며, 특정한 정보를 읽을 수 있는 권한을 의미하기도 한다.

access arm[–áːrm] **액세스 암** 자기 디스크의 자기 헤드를 소정의 디스크 트랙 위로 이동하고 보존하는 지지물로 움직이는 것이나 고정된 것이 있고, 여기에는 그 선단에 한 개 이상의 판독/기록 헤드(read/write head)가 있는데, 이 헤드를 사용하여 데이터를 읽거나 기록한다.

〈액세스 암〉

access charge[– tʃáːrdʒ] **접속 요금** 네트워크 시스템에 접근한 것에 대한 사용료.

access code[–kóud] **접근 코드**

access constraint[– kənstréint] **접근 제약** 접근값에 의해 표시되는 객체들은 할당시 제한되어야만 한다는 것. 이러한 접근 제약의 형식화는 신뢰도를 증가시킨다.

access control[–kəntróul] **접근 제어, 접근 규제** 자격 없는 사람이 데이터를 자유로이 호출하지 않도록 보호 기구를 설치해서 제어하는 것. 가장 일반적인 권한은 한 개의 파일이나 또는 한 개의 디렉토리 안에 있는 모든 파일(fild)을 읽을 수 있고(read), 기록할 수 있으며(write), 그리고 만약 그것이 실행 가능한 파일이나 프로그램인 경우라면 실행시킬 수 있는(execute) 권한 등을 포함한다.

access control key[–kí] **접근 제어 키**

access control list[–líst] **접근 목록** 컴퓨터 시스템의 각 자원에 대해 그 자원을 사용할 수 있는 사용자에게만 권한을 부여하기 위하여 사용자들의 자원 접근을 제한하는 것.

access control matrix[–méitriks] **접근 제어 행렬** 사용자나 프로세스 단위로 컴퓨터 시스템의 자원에 접근하는 것을 제한하기 위한 기법의 하나.

access control mechanism[–mékənizm] **접근 제어 기구** 자격이 있는 사용자만이 시스템이나 자원에 접근할 수 있도록 제어하는 기법 중의 하나.

access control word[–wə́ːrd] ACW, **접근 제어 문자** 데이터 단말 장치에서 처리 장치로 접근을 요구할 때 사용되는 시스템의 제어 문자.

access counter[–káuntər] **접근 계수기, 액세스 카운터** 홈페이지에 접속한 횟수를 표시하는 계수기. CGI 등을 이용하여 웹 서버에서 정보를 빼내는 방법과 링크하여 다른 웹 서버에서 제공되는 서비스를 이용하는 방법이 있다. ⇨ homepage, CGI

access delay[–diléi] **접근 지연** 분산 시스템에서 어떤 데이터에 접근하는 데 지연되는 시간.

access exception[–iksépʃən] **접근 예외**

access function[–fʌ́ŋkʃən] **접근 함수**

accessibility[æksèsibíliti(ː)] *n*. **접근 가능성** 소프트웨어 구성 요소의 선택적인 사용과 보수에 관한 용이성의 한계 정도.

accessing formula[ǽksesiŋ fɔ́ːrmjulə] **접근 공식** 어떤 데이터 구조 내의 임의의 원소에 접근하기 위해 주소를 계산할 때 이용되는 식.

access level[ǽkses lévəl] **접근 수준** 컴퓨터 시스템 내에서 소프트웨어 모듈 간의 간섭을 방지하기 위해 제어 기구에 주어지는 안전도 수준으로, 일련 번호가 안전도에 따라 부여된다.

access line[–láin] **접근 회선** 교환국과 원격 단말기를 직접 접속하는 회선으로서 하나의 전화 번호가 이에 해당된다.

access log[–lɔ́(ː)g] **액세스 로그** 웹 사이트에 접속했던 사람들이 각 파일들을 요청했던 실적을 기록해놓은 목록. 여기에는 HTML 파일들이나 거기에 들어 있는 그래픽 이미지, 그리고 이와 관련되어 전송된 다른 파일들이 모두 포함된다. 액세스 로그는 다른 프로그램에 의해 분석되고 요약될 수 있다.

access macro[–mǽkrou] **접근 매크로** 입출력 장치 사이에서 데이터 전송에 이용되는 매크로 언어.

access management[–mǽnidʒmənt] **접근 관리**

access mechanism[–mékənizm] **접근 기구** 자기 디스크의 자기 헤드, 액세스 암, 구동부 등으로 구성된 것으로 디스크의 소정 트랙에 자기 헤드를 이동시켜 위치를 결정하는 기구. 이동 헤드형의 자기 드럼에도 접근 기구가 있다.

access method[–méθəd] **접근 방식** 주기억 장치와 입출력 장치 사이에서 데이터를 판독하고 기록하는 데 이용하는 데이터 관리 방법으로 순차 접근(sequential access)과 직접 접근(direct access), 색인 순차 접근(indexed sequential access) 등이 있다.

access method executor[–igzékjutər] **접근 방식 실행 프로그램**

access method routine[–ruːtíːn] **접근 방식**

루틴

access method selection[-səlékʃən] **접근 방식의 선택**

access method services[-sə́ːrvisiz] **AMS, 접근 방식 서비스** 가상 기억 접근법(VSAM)의 데이터 세트(file)나 카탈로그를 위한 유틸리티 프로그램. 주요 기능으로서 데이터 세트의 정의, 변경, 삭제, 재편성, 다른 시스템으로의 변환 등이 있다.

access mode[-moud] **접근 모드** 컴퓨터 기억 장치 안의 파일에서 어떤 고유 레코드를 판독하거나 기록할 때 사용되는 정해진 명령 방식.

access number[-nʌ́mbər] **접근 번호** PC 통신이나 다이얼업 접속시 사용되는 ID나 전화 번호. ⇨ ID number

accessor[ǽksesər] *n.* **접근 기구**

accessor control[-kəntróul] **접근 제어**

accessor controller[-kəntróulər] *n.* **접근 제어 기구** ⇨ 그림 참조

accessory[əksésəri(ː)] *n.* **부속품, 액세서리**

accessory group[-grúːp] **액세서리 그룹** 윈도의 표준 그룹의 하나로, 여기에는 액세서리 소프트웨어가 정리되어 있다.

accessory software[-sɔ́(ː)ftwɛər] **액세서리 소프트웨어** 응용 프로그램을 사용하는 경우 그 소프트웨어를 종료시키지 않고 기동해서 간단한 작업이나 계산 등에 사용하는 소프트웨어.

access path[ǽkses pǽːθ] **접근 경로, 접근 패스** 논리적인 의미로는 목적 레코드에 도달할 때까지의 경로. 레코드가 만족해야 할 조건을 부여해서 레코드를 찾아내는 것으로, 즉 어떤 레코드와 관련되는 레코드를 찾아내는 방법을 가리킨다. 또 하드웨어적인 의미로는, 예를 들면 입출력 명령이 실행될 때 주기억 장치와 보조 기억 장치 등의 사이에 구성되는 중간적인 제어 장치가 개입된 통로를 말한다.

access permission[-pərmíʃən] **접근 허가** 어떤 데이터 또는 프로그램과 관련해서 이용자가 주어진 조건을 만족시킬 때 접근 제어 기구에 의해서 보내지는 응답. 참조 허가라고도 한다.

access plan[-plǽn] **접근 계획** 분산 데이터 베이스의 질의어 처리에서 적은 비용으로 필요한 데이터를 얻는 방법을 찾아내는 것. 어떤 질의어에 대해 가능한 전략들을 산출한 후, 각 전략에 포함된 작업을 평가하고 그 중 가장 비용이 적게 들어가는 것을 선택한다.

access point[-pɔ́int] **접근점, 액세스 포인트** (1) PC 통신 등의 온라인 서비스에서는 네트워크와 사용자 간의 중계 설비를 뜻하지만, 실제로는 중계 장치를 설치한 장소를 가리킨다. 네트워크의 호스트와 사용자 간에 직접 회선을 설치하면 많은 비용이 들어가므로 네트워크 상에 중계 설비를 설치하여 사용자가 그곳에 접속하도록 한 것이다. 서비스 포인트라고도 한다. 접근점과 호스트는 전용 고속 회선으로 연결되어 있다. PC 통신 네트워크의 경우 각지에 설치된 접근점 중 가장 가까운 곳에 접속함으로써 원격지에 있는 사용자도 중앙의 호스트에 직접 접속하는 것처럼 동일한 서비스를 받을 수 있어 통화 요금을 절약할 수 있다. (2) 네트워크의 기간 회선과 중계 회선을 접속하고 있는 기본 장치를 설치

〈접근 제어 기구〉

한 노드.

access privileges [-prív(i)lidiz] **접속 권한** 어느 사이트 또는 컴퓨터의 접근(접속)에 대한 권한.

access provider [-prəváidər] **접근 제공자, 접근 프로바이더** 인터넷에 대한 접근점을 제공하는 조직으로, 상용 서비스는 물론 대학이나 기업 등도 그 대상에 포함된다.

access rate [-réit] **접근율** 프레임 릴레이 서비스를 사용할 때 단말과 서비스 노드들 간에 데이터를 주고받는 속도.

access right [-ráit] **접근 권한** 특정 이용자, 프로그램, 프로세스 또는 컴퓨터 네트워크 안의 컴퓨터 시스템에만 허용된 접근할 수 있는 「권한」을 말한다. 즉, 어떤 데이터 또는 프로그램을 참조하고, 그것을 특정 형태로 이용하는 것을 이용자에게 인정한 권한이다. 접근 권한의 내용은 데이터 항목(파일이나 레코드), 특정란의 판독(read), 새로운 항목의 추가(ap pend)나 현 항목의 변경(modify) 등에 의한 기록(write), 항목의 삭제(delete) 등의 조작을 총칭한다.

access routine [-ru:tí:n] **접근 루틴** 입출력 장치나 단말 장치의 접속을 제어하는 프로그램의 루틴으로, 이들과 주기억 장치 간의 데이터 전송을 제어한다.

access rule [-rú:l] **접근 규정** 운영 체제가 어떤 방식으로 데이터 베이스의 접근 제어를 처리할 것인지를 나타낸다. 즉, 어떤 주체가 어떤 객체에 접근하는 유형을 정의한 것이다.

access time [-táim] **접근 시간** 기억 장치의 동작 속도를 나타내는 단위의 하나이며, 「제어 장치가 기억 장치로부터 또는 기억 장치의 데이터 전송을 요구하고 나서 전송이 완료되기까지의 시간으로 대기 시간과 전송 시간으로 나누어진다」라고 정의되어 있다. 중앙 처리 장치(CPU)가 데이터의 읽기를 요구한 이후부터 기억 장치가 데이터를 읽어내서 그것을 CPU에 돌려주기까지의 시간이다. 읽기 요구의 개시부터 데이터를 받을 때까지의 시간인데, 이 시간은 컴퓨터의 성능을 나타내는 하나의 기준이 되며, 빠르면 빠를수록 고성능이라 할 수 있다. 자기 디스크 같은 기억 장치에서는 「접근 시간」은 대기 시간(waiting time)과 전송 시간(transfer time)을 더한 것이 된다. 사이클 시간(cycle time)과 같은 뜻으로 사용되는 경우도 있다. 접근 시간은 기억 장치의 종류에 따라서 매우 다르다. 반도체 기억 장치는 일반적으로 임의의 주소의 데이터를 읽어낼 때, 그 접근 시간은 일정하게 변화되지 않는다. 이것에 대해서 자기 디스크 장치, 자기 드럼 장치는 그 접근 시간이 주소나 타이밍에 따라서 일정하다고는 말할 수 없지만 평균적인 접근 시간을 정의할 수는 있다. 이것을 평균 접근 시간이라고 한다.

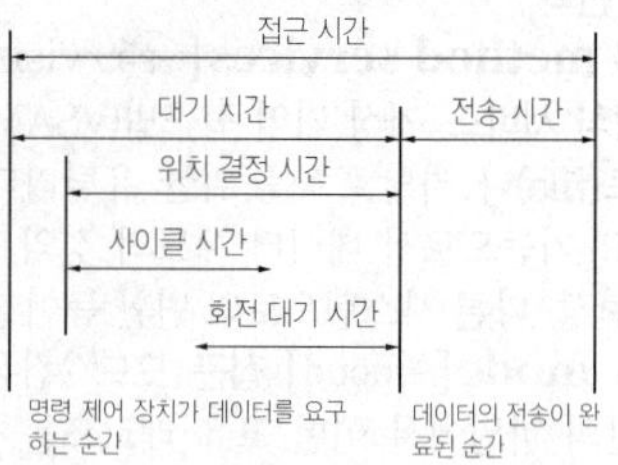

〈접근 시간〉

access type [-táip] **접근형** (1) 장치(device), 프로그램, 파일 등에 대한 접근 권한(access right)의 종류. 주요한 것으로는 판독(read), 기록(write), 실행(execution), 변경(modify)이 있다. (2) 프로그래밍 언어 Ada에서 도입된 데이터형의 하나로서, 변수나 정수 등의 문법 단위가 동적으로 할당되는 것. 선언시 문법 단위로 부분형을 대응시켜 정의하면 그 문법 단위에 대한 접근 변수(pointer)만이 생성되며 일단 유효 범위에서 벗어난다. 명령문 중에서 접근형의 값이 요구되면 할당(allocate)의 실행에 의해 그 부분형에 맞는 문법 단위가 새롭게 생성되며 필요한 초기화가 행해진다. PASCAL의 포인터형에 해당하는 것이므로, 히프(heap)라 불려지는 기억 영역으로 분리된 값이 접근값으로 발생한다.

access validation process [-vælidéiʃən próuses] **접근 유효 처리** 접근 규정 사용으로 데이터 베이스에 대한 모든 접근 권한을 확인하는 과정.

access vector [-véktər] **접근 벡터**

access width [-wídθ] **접근폭**

accidental alignment [æksidéntəl əláinmənt] **부적절한 부호화** 다면 체계에서 모서리에 등급을 매기고자 할 때, 두 피사체가 겹쳐짐으로써 한 모서리 A에서 세 면이 만나는 것처럼 보이나, 실제로는 그렇지 않은 경우.

accommodate [əkámədèit] *v.* **수용하다, 구성하다, 접속하다, 포함하다, 준비하다** (1) 공작 기계(machine tool)나 시스템 등의 설치(installation), 접속을 하기도 하며, 부품이나 도구를 설치할 수 있는 여지를 갖고 있다. (2) 데이터나 신호 등을 처리하기도 하며 수용할 수도 있다. (3) 환경이나 상태의 변화에 순응할 수 있는 능력을 갖고 있다.

account [əkáunt] *n.* **계정** 계정은 시스템 내의 자신의 작업 영역을 말하며, 사용자 ID와 패스워드를 이용하여 사용할 수 있다. 인터넷의 계정은 전세계로 연결된 인터넷 사이버망을 사용할 수 있는 자격을 부여한다는 의미로 흔히 PC 통신에서의 사용자 ID와 유사한 개념이다. 사용자 ID와 함께 자신만의 비밀 번호가 있듯이 계정 번호와 함께 비밀 번호가 있어야 한다. 인터넷 계정이 PC 통신 ID와 다른 점은 모양새에 있다. 일종의 전자 주소라고 할 수 있으며, 집 주소에 해당하는 기관 이름과 개인 이름에 해당하는 기관 내의 계정 번호로 이루어져 있다.

accountability[əkàuntəbíliti(ː)] *n*. **가측성(可測性)** 소프트웨어의 품질 특성의 하나로 사용 상황(빈도, 사용 장소)이 관측 가능한 것.

accountable file[əkáuntəbl fáil] **책임 파일**

account card calling[–káːrd kɔ́ːliŋ] **계정 통화** ⇨ ACC

account data[–déitə] **과금 정보, 회계 데이터** 공동으로 이용되는 컴퓨터 시스템에서 시스템 자원의 사용 상황에 따라 적정한 요금을 매길 필요가 있다. 과금 정보는 이를 위한 정보로 운영 체제(OS)의 작업 제어, 프로세스 관리, 데이터 관리로부터 수집된다.

account form[–fɔ́ːrm] **회계 양식** 손익 계산서, 대차 대조표 등의 재무제표 표시 방법. 보고서 양식에 대립되는 표시 형식으로서 과목과 금액란을 좌우로 나누고 왼쪽을 차변, 오른쪽을 대변으로 하는 양식.

accounting[əkáuntiŋ] *n*. **회계, 과금** 컴퓨터 시스템의 사용 시간이나 데이터의 처리 건수 등에 따라서 각 사용자들에게 사용 요금을 부과하는 것. 「회계」라는 통상적인 의미로도 쓰인다.

accounting application program[–æplikéiʃən próugræm] **회계 응용 프로그램**

accounting check[–tʃék] **회계 검사** 정확히 데이터를 입력하기 위해 합계를 내는 등의 회계 기법에 기초를 둔 입력 데이터의 검사.

accounting exit-routine[–éksit ruːtíːn] **회계 출구 루틴**

accounting information[–ìnfərméiʃən] **어카운팅 정보, 회계 정보** 회계의 대상이 되는 프로그램 사용 시간이나 파일 이용 횟수 등의 정보.

accounting information system [–sístəm] **회계 정보 시스템**

accounting journal[–dʒə́ːrnəl] **회계 저널**

accounting machine[–məʃíːn] **회계기** 회계 기록을 하는 데 이용되는 건반식 키보드 형태의 기계. 즉, 카드나 종이 테이프 등의 데이터 기록 매체에서 데이터를 읽고 소정 항목의 계산을 처리하여 결과를 일정한 형식으로 표로 작성하고 합계가 가능한 천공 카드 제표기.

accounting machine tabulator [–tǽbjulèitər] **회계 작표기(會計作表機)**

accounting number[–nʌ́mbər] **회계 번호** 사용자 단위의 예산 설정이나 컴퓨터 사용 실적을 회계(청구 금액)면에서 관리하는 데 쓰이는 것으로, 컴퓨터 시스템의 사용자 단위로 붙여진 회계 정보의 관리용 번호. 여기서 말하는 사용자는 개인인 경우도 있으며 사내 조직의 일부분인 경우도 있다.

accounting program[–próugræm] **재무 회계 프로그램**

accounting routine[–ruːtíːn] **회계 루틴** 운영 체제에서의 작업 관리의 한 기능으로서 회계 정보를 자동으로 파악하는 루틴.

accounting software[–sɔ́(ː)ftwὲər] **회계 소프트웨어** 재무 계산, 결산 보고, 신고 서류의 작성 등을 보조하는 소프트웨어. 기본 항목을 입력하기만 하면 컴퓨터가 세액 등의 복잡한 계산을 모두 대행해준다.

accounting system[–sístəm] **재무 회계 시스템, 회계 시스템** 수입과 지출을 정확히 기록하여, 조직에 대한 여러 활동 계획과 비교하여 보고하는 것을 목적으로 하는 기업 정보 시스템의 한 방법.

AC coupling **교류 결합** 교류 신호에 의해서만 에너지의 주고받음이 가능한 복수 회로 또는 복수 장치 사이의 결합 상태.

accumulate[əkjúːmjulèit] *v*. **누산하다, 축적하다, 집계하다** 메모리에 어떤 수치가 기억되고 있고, 다른 수치가 입력되면 양쪽의 대수합을 구하여 그것을 기억하는 것.

accumulation[əkjùːmjuléiʃən] *n*. **누적** 여러 개의 데이터를 합산하여 하나로 만든 것.

accumulation file[–fáil] **누적 파일** 트랜잭션 파일을 1개월이나 1년 단위로 하나로 편집한 파일.

accumulation mode[–móud] **누적 모드** MOS 축전기에 금속에 걸리는 전압으로 인해 반도체 표면에 다수의 캐리어가 축적되는 현상.

accumulator[əkjúːmjulèitər] *n*. **누산기(累算器)** 레지스터의 일종으로, 특히 연산 결과가 기억되는 것을 말한다. 연산을 할 때는 이 레지스터에 있는 데이터와 주기억에 있는 데이터를 바탕으로 연산 회로에서 처리된 뒤에 그 결과가 누산기에 세트된다. 다른 범용 레지스터를 사용하는 실행 속도는 누산기가 빨라 연산용으로 편리하게 되어 있다. 누산기는 연산 장치에 있는 주요한 레지스터로 사칙 연산, 논리 연산 등의 결과를 축적한 것이다. 대부분의 경우에 누산기에는 하나의 수치가 축적되어 있어 다른 것에서 수치가 들어오면 양쪽의 대수합으로 이것이 치환된다. 또 축적된 수치에 관해서 자리올림, 보수(補數) 등의 조작도 가능한 것이 보통이다.

accumulator expansion [–ikspǽnʃən] **확장 누산기**

accumulator latch [–lǽtʃ] **누산기 래치** 누산기에 접속된 래치 회로. 누산기의 기억 내용을 연산 장치가 이용할 때까지 일시적으로 쌓아두기 위한 회로 자체를 말한다.

accumulator method [–méθəd] **누적법** 주어진 화상의 점을 OP 공간으로 허크(Hough) 변환시킴으로써 사인 곡선이 그 점을 지남에 따라 축적 셀을 증가시켜 나감으로써, 선들이 교차하면서 생기는 점의 무리를 발견하는 방법.

accumulator register [–rédʒistər] **누산기 레지스터** 데이터를 기억시키기 전에 보관하는 레지스터 또는 기억 장소에서 호출되어 보관되는 레지스터.

accumulator shift instruction [–ʃíft instrʌ́kʃən] **누산기 자리 이동 명령어** 자리 이동 조작을 행하는 명령. 누산기에 축적시킨 내용을 자리 이동 펄스를 부여함으로써 지정된 자릿수만큼 「왼쪽」 또는 「오른쪽」으로 이동시킬 때 사용한다.

accuracy [ǽkjurəsi(ː)] *n.* **정밀도** 일반적으로 정밀도는 계산값, 측정값 또는 근사값의 정확한 정도를 나타내며, 이 정확도를 표시하는 데 사용되는 상세함의 정도가 정밀도이다. 예를 들면 평균값을 구하는 경우, 데이터를 100개보다 200개를 모아 계산한 쪽이 정밀도가 높다고 할 수 있다. 그러나 100개인 경우의 계산은 올바로 행해졌고, 200개인 경우는 실수를 하였다면 정확도는 100개인 경우가 높을 것이다.

accuracy control character [–kəntróul kǽrəktər] **정밀도 제어 문자** 데이터의 착오인가, 아니면 무시해도 되는가, 또는 특정 장치에서 무시할 수 없는가 등에서 어느 것을 표시하기 위해 사용되는 문자.

accuracy control system [–sístəm] **정밀도 제어 시스템**

accuracy of reading [–əv ríːdiŋ] **판독 정밀도**

accuracy vs. resolution [–vɔ́ːrsəs rezəlúːʃən] **정밀도와 해상도** 한정된 시간에 대한 영역으로부터 자유 전자의 개수를 구하고자 할 때 절충을 요구한다.

AC/DC ringing 교류/직류 호출 방식 AC(alternating current)는 교류, DC(direct current)는 직류를 말한다.

AC dump 교류 덤프 전자적 시스템에서 회로 내의 교류 성분을 제거하는 것으로, 보통 직류는 정류기나 변류기에서 공급되기 때문에 결국 교류 덤프는 모든 전원을 끊게 된다. 즉, 시스템이나 구성 요소에서 고의적으로나 우연히 또는 조건부로 교류 전원을 제거하는 것을 말한다.

ACE (1) **활동 제어 요소** action control element의 약어. (2) **차세대 컴퓨터 환경 창시** advanced computing environment의 약어. 1991년 4월에 발표된 멀티벤터 플랫폼. 인텔 사의 386/486 및 실리콘 사 산하의 MIPS Technology 사 RISC 칩 R3000/R4000 프로세서 위에 운영 체제 환경으로 유닉스, 또는 마이크로소프트 사의 윈도 NT를 탑재하여 공통의 애플리케이션을 돌릴 수 있는 기반을 만드는 것을 목적으로 하고 있다. (3) **자동 호출 장치** automatic calling equipment의 약어. 데이터 전송 시스템 등에서 자동으로 상대를 호출하는 장치. 즉, 전화망이나 텔렉스망에서의 고장 지점을 찾아내어 적절한 수리와 복원 방법을 제시하는 시스템이다. (4) **자동 계산 장치** automatic computing engine의 약어.

AC erase 교류 소거

ACF 확장 통신 기능 advanced communication function의 약어.

ACIA 비동기식 통신 인터페이스 어댑터 asynchronous communication interface adapter의 약어. 비동기식 통신을 위한 인터페이스용 IC로, 미국 모토롤라 사에서 발표한 비동기식 통신용 LSI를 가리킨다.

ACID atomicity, consistency, isolation, durability의 약어. 트랜잭션 처리 시스템(transaction processing system) 내에 갖추고 있어야 할 4가지 속성으로서, 4가지 속성을 ACID 등록 정보라고 한다. atomicity는 성공적인 트랜잭션은 처리하고 성공적이지 않으면 처리하지 않는다. consistency는 트랜잭션이 분산 데이터를 일관된 상태에서 다른 일관된 상태로 전환해주는지의 여부를 말하며, isolation은 트랜잭션이 한꺼번에 동시에 운영되는 다른 트랜잭션과는 무관하게 실행될 수 있는지의 여부를 의미한다. durability는 트랜잭션의 결과가 해당 트랜잭션이 처리된 후 남아 있는지에 관한 것을 나타낸다.

ACIS Andy, Charles, Ian이 만든 CAD 프로그램으로, 지능적인 객체 지향 방식의 정교한 모델링을 지원한다.

ACK (1) **응답하다** acknowledge의 약어. ⇨acknowledge (2) **긍정 응답 문자, 확인 응답 문자** acknowledge character의 약어. ⇨acknowledge character

ACK acknowledgement 긍정 응답 모뎀은 데이터 패킷(packet)을 수신한 후 송신측 모뎀에 신호를 돌려보내는데, 모든 데이터를 정상적으로 수신한 경우 ACK(acknowledge) 신호를 보내게 된다. 이것은 다음 데이터를 보내달라는 의미이기도 하다. 만일 모뎀이 데이터를 제대로 수신하지 못했다면 송신측에 비정상이라는 신호를 보내는데, 이것은 NAK(negative acknowledgement)라고 한다.

ACK acknowledge 긍정 응답 문자 송수신국 간에 통신이 정확히 이루어지고 있는지를 확인하기 위해서 사용되는 통신 제어 문자. ACK 문자는 송신 데이터에서 발견되는 에러를 검출하기 위해서 사용된다. 한 데이터 블록을 수신한 후에 수신국은 전송 에러가 발생되지 않았음을 나타내는 문자나 에러 검사 문자를 나타내는 ACK 문자를 송신국에 보내야 한다.

ackbone 애크본 노드를 연결하는 메인 버스. 주로 인터넷을 구성하는 메인 네트워크 연결을 가리키는 용어로 사용된다.

Ackermann's function 애커먼 함수 매우 빨리 증가하는 함수.

acknowledge[əknálidʒ] *v.* **ACK, 응답하다** 데이터 전송에서 송신된 데이터를 정확하게 수신했음을 알리기 위해 전송 제어 신호(transmission control signal)를 수신측(receiving end)에서 송신측(transmitting end)으로 보내는 것. 아스키 코드에서 6번에 해당되는 문자.

acknowledge character[–kǽrəktər] **ACK, 인식 문자, 긍정 응답 문자, 확인 응답 문자** 주로 데이터 송신 분야에서 사용되는 용어. 수신측에서 송신측으로 송신하는 전송 제어 문자의 하나로 긍정을 의미한다. 송신 부분에 대한 긍정 응답으로서 전송되는 전송 제어 문자로 데이터 전송에서 수신 신호 오류의 유무에 관한 정보, 수신측에서 송신측으로 반송하고 송신측에서는 오류가 검출되면 그 데이터를 다시 보낸다. 이와 같이 재송신에 의해 데이터 전송의 신뢰성 향상을 위하여 쓰이는 「전송 제어 문자」 그 자체를 가리킨다.

acknowledgement[əknálidʒmənt] *n.* **긍정 응답, 확인 응답** 수신한 정보의 오류 발생 여부를 검사해 오류가 발생하지 않았을 때 다음 정보를 보내도 좋다는 의미로, 수신측에서 송신측으로 보내는 메시지.

ACL 응용 제어 언어 application control language의 약어.

AC-line dependent inverter 교류 계통 종속형 역변환기

ACM 미국 컴퓨터 학회 Association for Computing Machinery의 약어. 미국의 컴퓨터 분야 학회를 말하며, 정보 처리에 관련된 연구 및 기술 진흥, 상호간의 정보 교환 및 회원의 능력 향상과 유지를 목적으로 하고 있다. 1947년에 설립되었으며, 회원수 6만을 넘는 거대한 조직이다. 미국 정보 처리 학회의 회원으로도 활동한다. 학회의 개최를 비롯하여 잡지 출판, 시스템 설계, 프로그램 개발 등 폭넓은 활동을 하고 있다. 하부 조직으로 32개의 분과회(SIG ; Special Interest Group)를 두었으며, 분야별 연구회를 개최하고 있다. 컴퓨터 그래픽스(SIG GRAPH) 등은 이들 SIG의 하나이다.

AC machine 교류기

AC magnetic biasing 교류 자기 바이어스

A-conversion[éi kənvə́ːrʒən] **A 변환** FORMAT 문의 데이터 변환 기호로 사용되는 것으로, 영숫자 데이터를 기억 장소에 있는 변수들에게 전달하거나 변수들로부터 받아들이는 FORTRAN 명령어.

acoustic absorptivity[əkúːstik əbzɔːrptíviti(ː)] **흡음률**

acoustical[əkúːstikəl] *a.* **음향의**

acoustical engineering[–endʒəníəriŋ] **음향 공학**

acoustical holography[–hɔlɔ́grəfi(ː)] **음향 홀로그래피**

acoustical sound enclosure[–sáund inklóuʒər] **소음 방지기** 프린터 같은 소음이 나는 주변 기기에 덧씌워 소리를 줄이는 장치.

acoustic burglar alarm[əkúːstik bə́ːrglər əlάːrm] **음향식 도난 경보기**

acoustic compliance[–kəmpláiəns] **음향 컴플라이언스**

acoustic coupler[–kʌ́plər] **음향 결합기** 음파를 이용하여 컴퓨터 단말 장치나 팩시밀리 등의 데이터 단말을 전화기의 송수화기에 접속하기 위해 사용하는 전기/음향 변환 장치. 모뎀의 일종이지만 전화 회선과 직접 전기로 접속하지는 않는다. 휴대용 단말기를 일반 전화기에 접속시켜 데이터 통신을 하기 위해 사용되었으나 주위의 소음이나 진동에 영향을 받기 쉽고, 1,200bps 정도의 전송 속도로 근래에는 거의 사용되지 않는다.

acoustic coupler modem[–móudem] **음향 결합기 모뎀** 회선 교환 전화망을 통한 데이터 통신을 위해 디지털 신호를 음성 신호로 바꿔 전화기를 통해 데이터를 전송할 수 있도록 한 모뎀의 일종.

acoustic coupling[–kʌ́pliŋ] **음향 결합** 일반 전화기를 그대로 사용하여 데이터를 전송하는 방법. 보통의 입출력 기기와 달리 입출력 기기에 마이크로폰과 스피커를 설치하여 이것과 전화의 송수화기를 음향적으로 접속하는 방법을 취하므로 회선에 대해서 입출력 기기를 고정할 필요가 없다. 따라서 누구라도, 언제 어디서든지 컴퓨터와 통신할 수 있는 장점이 있다.

acoustic delay line[–diléi láin] **음파 지연선** 데이터를 저장하기 위해 도체 내에서 충격파를 재생산하는 장치.

acoustic-electric effect[–iléktrik ifékt] **음향 전기 효과** 결정 내에서 음파와 자유 전자의 상호 작용으로 생기는 현상의 총칭. 양 끝을 절연한 반도체 결정 속에 초음파를 통과시키면 진행 방향으로 전장을 일으키는 현상으로서, 스펙트럼 분석기나 필터의 개발에 이 원리가 널리 응용되고 있다. CdS 같은 압전 반도체에서 음향 전기 효과가 크다. CdS에서는 시료에 해당하는 빛의 양과 드리프트 전압에 의하여 일어나는 음향 전기 기전력의 값이 달라진다는 사실이 알려져 있는데, 이것은 초음파 증폭의 영향 때문이다.

acoustic memory[–mémәri(:)] **음향 기억 장치** 음파 지연선과 변환 장치를 사용한 재생형 기억 장치.

acoustic modem[–móudem] **음향 모뎀** 전화 송수화기를 전화선과 연결하기 위해 사용되는 모뎀의 기능과 음향 결합기의 기능을 갖춘 장치. 디지털 신호를 전화선의 음향 신호로 변조하거나 복조한다.

acoustic-optic effect[–ɔ́ptik ifékt] **음향 광학 효과** 물질이 빛을 흡수하여 음향적 반응을 나타내는 현상으로서, 빛의 흡수로 인해 국부적으로 온도가 상승하고, 그것이 압력에 의해 물질 내를 전파해 나가는 현상. 광 에너지는 열로 변화하는 것 외에 일부는 다시 빛으로 방출된다. 이 현상을 이용하여 기체나 액체의 분자 과학, 공해 연구, 고체 물성의 연구가 행해지고 있다. 광원으로는 레이저광이 사용되고 초퍼(chopper)에 의하여 수십 Hz~수백 Hz로 갈라져 시료에 조사(照射)된다. 발생한 압력 변화(음파)는 마이크로폰이나 다른 압력 센서로 검출된다. 이 방법에 의해서 기체 분자의 진동 흡수나 완화 현상의 측정, 대기중의 저농도 오염 물질의 검출, 액체 속의 극미량 물질의 정량, 분말 시료의 분광 흡수의 측정, 반도체 속의 비발광성 결합의 평가 등이 이루어지고 있다.

acoustic-optic modulator[–mádʒulèitәr] **음향 광학 변조기** 초음파에 의하여 매질 내에 발생한 굴절률의 소밀파에 의하여 빛이 회절하여 굴절·반사·산란을 받는 현상 가운데 특히 굴절률의 소밀이 회절 격자로서 작용하여 빛의 진행 방향을 변화시키는 현상을 이용한 광 변조기. 초음파를 간헐적으로 발생시키면 빛은 편향되고, 회절광의 유무라는 형태의 디지털 변조가 가능해진다. 또 회절광의 강도는 초음파의 강도에 비례하기 때문에 초음파의 강도를 변화시켜 빛의 강약이라는 형태의 아날로그 변조도 가능하다.

acoustic storage[–stɔ́:ridʒ] **음향 기억 장치** 음파 지연선을 이용한 정보의 기억 장치.

acoustic telecommunication[–telə̀kәmju:nikéiʃәn] **음향 통신**

acoustic transformer[–trænsfɔ́:rmәr] **음향 변환기**

acoustic wave[–wéiv] **음파**

acoustic wave filter[–fíltәr] **음향 필터**

ACPI 고급 구성과 전원 인터페이스 advanced configuration and power interface의 약어. 인텔, 마이크로소프트, 도시바의 3사가 공동으로 책정한 PC의 절전에 관한 규격. 하드웨어, 운영 체제, 주변 기기의 절전에 관한 인터페이스를 정하고 운영 체제가 직접 전력을 관리하는 것이다.

AC power supply 교류 전원

acquisition[ækwizíʃәn] *n*. **획득, 수집**

ACR 대체 CPU 복원 alternate CPU recovery의 약어.

Acrobat 애크로뱃 Adobe 사에서 만든 프로그램으로서 문서를 캡처(capture)하거나, 또는 원래의 포맷 및 외관 상태 그대로를 보여주는 기능을 가지고 있다. Acrobat은 문서 또는 컴퓨터 화면을 통해 볼 수 있도록 설계된 전자 브로슈어를 만드는 데 적합하며, 인터넷을 통해 해당 자료를 다른 사람과 공유할 수 있다.

Acrobat Reader Adobe 사에서 만든 플러그인으로 작은 파일 크기로 그림이 첨가된 문서를 읽을 수 있게 만든 문서 읽기 전용 프로그램으로, PDF라는 형식의 문서를 읽기 위해 개발되었다. PDF는 그림이나 이미지를 자유자재로 문서에 포함시킬 수 있기 때문에 PS, TXT와 함께 인터넷 상에서 가장 많이 사용되는 문서 형식이다.

acronym[ǽkrәnim] **머리글자** 긴 이름이나 구문의 각 단어의 머리글자 또는 앞의 몇 글자를 합성하여 만드는 약어로서 KS, JIS, ANSI, COBOL, PC, DOS 등이 머리글자의 일종이다.

ACS 확장 통신 서비스 advanced communications service의 약어. 미국 AT & T(American Telephone and Telegraph company) 사의 공중 데이터망. 패킷 변환 기능 외에 메시지 변환 기능, 가입자 대응 서비스 기능이 있다. 1978년부터 서비스가 개시되었다.

ACSE 연관 제어 서비스 요소 association control service element의 약어. OSI 응용 계층의 공통 프로토콜 중의 하나. 응용 프로그램 간의 논리적인 통신로인 어소시에이션을 설정/해제하는 제어 기능을 제공한다. 응용 계층의 프로토콜은 기본적으로 모두 어소시에이션 위에서 실행된다. ISO가 1988년에 국제 표준화하였다.

AC signaling 교류 신호 교류 신호나 음조를 이용하여 정보 또는 제어 신호를 전달하는 것.

ACT 행동 모델 인간의 인지 과정을 모의 실험하는 것으로서, 여러 가지의 인지 작업을 실행할 수 있는 프로그램.

action[ǽkʃən] *n.* **동작, 활동, 행동** 어떤 입력에 반응하여 일련의 작업을 수행하는 것으로 다음과 같이 세분하여 설명할 수 있다. ① 일반적으로는 기계나 생물 등의 동작, 행위 또는 활동을 의미한다. ② 기계적인, 공기적(pneumatic)인 또는 전기/전자적으로 어떤 힘이 작용하는 것이다. ③ 정보 처리 관계에서는 명령을 실행함으로써 시스템이 동작을 행하는 것을 의미한다.

action clause[–klɔ́:z] **행동 절** 조건절에 따라 그 조건을 만족하면 그에 따른 조작을 실행하는 부분.

action code[–kóud] **액션 코드** 컴퓨터로 전달되는 메시지의 처음 부분에 있는 1이 아닌 몇 개의 문자로서 메시지 자체의 종별을 나타내는 것으로, 이것에 따라 처리 방법이 결정된다.

action command[–kəmǽnd] **동작 명령**

action cycle[–sáikl] **동작 사이클** 데이터 처리를 실행하기 위한 어떤 작업의 개시, 입력, 출력, 기억 등의 스텝 전체를 지칭한다.

action diagram[–dáiəgræm] **동작 다이어그램** 마틴(J. Martine)에 의해 제안된 구조적 시스템 분석이나 설계를 위한 도구로, 시스템의 각 활동을 계층적으로 나타내는 도표로 구성된다.

action directive[–diréktiv] **동작 지시** 데이터 베이스 고장의 한 유형으로 요구된 자료가 발견되지 않거나 무결성 제약 조건(integrity constraint)의 위반 등과 같은 이유로, 어떤 데이터 베이스 연산이 실패하면 그 행동을 단순히 철회하고 그 행동을 요청한 응용 프로그램에 오류를 통보한다.

action element[–éləmənt] **활동 기기** 문서 작성, 문서 저장 활동 등과 같은 종합 사무 자동화 시스템(IOAS)에서와 같이 직접적인 활동에 의해 새로운 정보를 생성하거나 추가하는 기기. ⇨ 그림 참조

action game[–geim] **액션 게임** 게임 소프트웨어의 일종으로 빠른 판단력과 순발력을 요구하는 게임을 총칭하는 용어. 격투 게임이나 슈팅 게임 등도

〈활동 기기〉

액션 게임에 속하지만, 일반적으로는 플레이어가 게임 속의 캐릭터가 되어 무대를 평정하는 게임을 말한다.

action macro [–mǽkrou] **액션 매크로**

action period [–pí(ː)riəd] **활동 기간** 저장된 자료를 판독하거나 새로운 자료를 기억 장치에 기록하는 동안의 시간.

action rate [–réit] **활동 비율(유도 방식)** 상황이 정상 상태에서 얼마나 빠른 속도로 이탈되는가에 따라 그것에 알맞게 정정되는 제어 활동.

action spot [–spɑ́t] **행동점** 음극선관(CRT)에서 문자나 숫자를 저장하기 위해 CRT의 표면에 나타난 점.

activate [ǽktiveit] *v.* **기동(起動)하다, 활동화하다** (1) deactivate의 상대어로 어떤 것을 활성화하여 사용한다는 의미이다. 예를 들면 활동 파일(activated file)이라고 하면 사용중인 파일을 가리키며, 활동 작업(activated job), 활동 프로그램(activated program)은 각각 실행중인 작업, 실행중인 프로그램을 가리킨다. (2) PL/I에서는 「기동하다」라는 의미로 사용되며, 블록을 이용하는 것을 말한다. PL/I 프로그램의 구성 단위인 블록에는 시작 블록(begin block)과 절차 블록(procedure block)이 있다. 프로시저 참조(procedure reference)가 행해지며, 지정된 입구점이 있는 프로시저의 실행이 시작된다. 이때 프로시저가 활동화되었다(activated)고 한다. 프로시저와는 다르며, 시작 블록은 어디에서나 특별히 인용되는 것이 아니고, 바로 앞에 있는 문의 실행에 이어서 실행된다든가, GO TO 문에 의해 제어가 이동되어 실행된다. 즉, 활동화된다.

activation [æktivéiʃən] *n.* **기동, 활동화** 프로그램이나 작업 등을 활동 상태(active)로 한다. 즉, 실행을 시작하는 것이다. 또 PL/I 용어에서는 프로그램의 구성 단위인 블록의 기동(block activation)은 제어 프로그램에 따라 지시되고, 이때 실매개변수(real parameter)와 가매개변수(formal parameter)가 대응되며 프로그램은 활동 상태, 즉 실행 가능한 상태로 둘 수 있게 된다.

activation bit [–bít] **액티베이션 비트** 프로그램 처리에서 프로그램의 기동 요구 또는 처리 대상(트랜잭션, 트렁크 대응의 메모리 등)의 처리 요구를 표시하기 위한 비트.

activation block [–blɔ́k] **활성 블록** 활성 레코드들이 저장되어 있는 기억 장소.

activation record [–rikɔ́ːrd] **활성 레코드** 프로그램을 수행할 때 프로그램 내의 부프로그램이 수행되는 동안에 필요로 하는 수행 환경에 대한 정보. 이 범위에 속하는 대표적인 정보로는 호출 함수의 매개변수, 부프로그램의 결과 부프로그램 내의 지역 변수, 수행 환경 간의 관계 등에 관한 것들이 있다.

active [ǽktiv] *a.* **활동중인** 태스크나 프로그램이 「실행중」인 것을 표시한다. 즉, 데이터가 주어지면 바로 「실행되는」 프로그램 등을 의미한다. 또 디지털 회로에서 입력이나 출력이 능동 수준인 것으로서, 만일 능동을 1(high)로 하면 비능동은 0(low)이 되어 2치수(二値數)를 의미하는 것과 같다.

active address key [–ədrés kíː] **활동 주소 키**

active area [–ɛ́(ː)riə] **활동 영역** 진하게 도프된 단결정 실리콘 영역이나 트랜지스터 게이트로서 폴리실리콘(polysilicon)에 의해 구분된다. 즉 폴리실리콘이 없는 활동 영역은 실리콘이 n^+로 도프된 것으로 와이어 역할을 하며 폴리실리콘과 활동 영역이 교차한 곳에는 트랜지스터가 형성된다.

active block [–blɔ́k] **기동중인 블록**

active card [–kɑ́ːrd] **동작 카드** 현재 사용중인 카드.

active cell [–sél] **액티브 셀** 전자 스프레드시트 프로그램에서 커서가 위치하고 있는 셀.

active chain [–tʃéin] **액티브 체인** 컴퓨터 내부에서 처리를 기다리는 행렬(queue)을 일반적으로 액티브 체인이라고 한다. 구체적으로 내부 처리, 자기 드럼 접근 등이 있다.

Active Channels [–tʃǽnəlz] **액티브 채널** 마이크로소프트 사가 만든 푸시 기술로 인터넷 익스플로러 4.0으로 전달된 웹 사이트를 마이크로소프트 사에서 부르는 이름이다. 채널을 생성시키기 위해서 개발자들은 CDF(channel definition format) 파일을 작성하고 자신의 웹 사이트로 업로드한다. 그러면 해당 사이트가 개정될 때마다 새로운 컨텐츠가 사용자에게 자동으로 전달된다. 개발자들과 구독자들은 개정 주기와 어떤 채널, 어떤 하위 채널, 어떤 아이템을 구독할 것인지를 조절할 수 있다. ⇨ Explorer, CDF

active circuit element [–sə́ːrkit éləmənt] **능동 회로 소자**

active component [–kəmpóunənt] **능동 소자** 입력 신호에 대해 그 신호의 기본적인 특성이 변화하도록 기능하는 소자. 컴퓨터 회로에서 다이오드, 트랜지스터, 릴레이 등 연산 작용을 수행하는 부품.

active cursor [–kə́ːrsər] **활동 커서**

active desktop [–désktɑp] **액티브 데스크톱** 마이크로소프트 사가 제창한 인터넷 관련 기술. 윈도의 조작과 웹 브라우저를 동일 인터페이스에서 조작할 수 있도록 한 것으로 인터넷 익스플로러 4.0부터 도입되었다. 종래까지는 정적인 비트맵을 부착

했던 데스크톱의 배경에 웹 브라우저 기능을 부여했다. ⇨ WWW, browser

active directory[–diréktəri(:)] **액티브 디렉토리** 윈도 2000의 새로운 디렉토리 서비스 중의 하나. 액티브 디렉토리는 잘 정의된 프로토콜과 포맷을 가지고 있으며, 강력하고 융통성 있는 편리한 API(application programming interface)를 제공하여, 중앙 집중화된 자원 관리를 가능하게 한다. 전통적인 디렉토리 서비스가 일부 객체에 대한 단순한 탐색 서비스를 제공했다면, 액티브 디렉토리 서비스는 다양한 서버의 단계별 분류 및 다양한 네이밍(naming) 방법, 쿼리, 관리, 등록 및 해석 서비스를 제공한다.

active disk table[–dísk téibəl] **ADT, 활동 디스크 테이블**

active element[–éləmənt] **능동 소자** 수동 소자(passive element)의 상대어로서 전자 회로에서 직접 전류가 흐르고 이득(gain)이 있는 회로 소자를 일컫는다. ⇨ 그림 참조

active file[–fáil] **활동 파일** 어떤 프로그램에서 판독/기록이 행해지고 있는 파일.

active file table[–téibəl] **AFT, 활동 파일 테이블**

active filter[–fíltər] **액티브 필터, 능동 필터**

active format[–fɔ́:rmæt] **활동 형식**

active job[–dʒɑ́(:)b] **실행중인 작업**

active line[–láin] **능동 회선** 능동 선로, 분포 상수 선로는 용량 인덕턴스와 저항이 공간적으로 분포된 선이지만 수동 소자이므로 신호는 감쇠되어 전송된다. 능동 선로는 능동 소자가 공간적으로 분포되어 있으므로 신호는 능동 소자에서 에너지를 받기 때문에 감쇠되지 않고 전송된다. 생체의 신경 섬유를 능동 선로라고 일컫는다.

active mass storage volume[–mǽs stɔ́:ridʒ vɔ́lju:m] **활동 대용량 기억 볼륨**

active master file[–mǽstər fáil] **활동성 마스터 파일** 현재 사용되고 있는 요소들이 비교적 많이 포함되어 있는 마스터 파일.

active matrix liquid crystal display[–méitriks líkwid krístəl displéi] **액티브 매트릭스형 액정 디스플레이** 액정 도트 한 개에 전압을 제어하는 트랜지스터가 한 개씩 붙는 구조로 액정 디스플레이 구조의 하나. 콘트라스트가 강하여 얼룩이 생기지 않기 때문에 컬러 타입에 사용된다. ⇨ LCD

active message member[–mésidʒ mémbər] **활동 메시지 멤버**

active module[–mɔ́dʒu:l] **가동중인 모듈**

active monitor[–mánitər] **액티브 모니터** 토큰 링 네트워크에서 네트워크에 아무런 문제가 발생하지 않았는지를 확인하기 위해 주기적으로 신호를 보내는 특정 노드.

activemovie[ǽktivmù:vi] **액티브무비** 멀티미디어 데이터를 처리하고 제어해주는 API(application programming interface). MPEG-1을 포함한 여러 가지 형태로 코딩된 디지털 영화와 사운드를 사용자가 실행 시간에 동작할 수 있도록 도와주는 아키텍처.

active network[ǽktiv nétwə̀:rk] **능동 회로망**

active page[–péidʒ] **능동 페이지, 활동 페이지**

active page queue[–kjú:] **동작 페이지 대기 행렬** 운영 체제나 가상 체제에서 실기억 장치 상에 있으며 태스크에 해당되는 페이지의 대기 행렬로, 이 대기 행렬 상의 페이지는 사용 가능한 페이지 대기 행렬로 옮길 수 있다.

active partition[–pɑ:rtíʃən] **활동 구획, 활동중인 구획**

〈여러 가지 능동 소자들〉

active position [–pəzíʃən] **동작 위치**

active program [–próugræm] **동작 프로그램** 적재되어 실행 가능한 상태에 있는 프로그램.

active ratio [–réiʃiou] **활동 비율**

active redundance [–ridʌ́ndəns] **상용 중복** 규정 기능을 항상 수행하도록 구성된 중복성.

active repair time [–ripέər táim] **실수리 시간** 정지 시간(down time)중 수리를 위한 시스템에서 한 사람 또는 그 이상의 기술자가 실제로 움직인 시간의 일부분.

active script [–skrípt] **액티브 스크립트** VB-Script(비주얼 베이식 스크립트)나 JScript(자바 스크립트)의 총칭. 웹 페이지에 스크립팅 기능을 부여하여 변화무쌍한 동적 페이지나 매크로 등의 복잡한 처리를 가능하게 하는 페이지 작성 언어.

active sensor [–sénsɔːr] **능동형 센서** 그 자체가 에너지의 증폭 작용을 가진 센서. 에너지 제어형 센서라고도 한다. 포토트랜지스터 같은 것이 그 예이다.

active server page [–sə́ːrvər péidʒ] **액티브 서버 페이지** ⇨ ASP

active star [–stάːr] **활성화 스타** 통신망을 구축하는 형태의 하나. 중앙의 허브(hub)가 통신망의 전체 트래픽(통신량, 교통)을 관리하는 방식. ⇨ token ring

active state [–stéit] **동작 상태, 액티브 상태** (1) 기계 장치나 부품, 소자가 정상적으로 동작하고 있는 상태. (2) 국(station)이 정보나 데이터 연결 제어 신호를 전송하거나 수신하고 있는 상태. 휴지 상태(idle state)나 과도 상태(transient state)와 구별된다. (3) 복수의 프로그램을 동시에 처리하는 다중 프로그래밍의 경우에 실행되는 각각의 프로그램을 태스크(task)라고 부르는데, 이 태스크가 실행(run) 상태, 대기(wait) 상태, 준비(ready) 상태 가운데 어느 한 동작이 가능한 상태에 있는 것.

active station [–stéiʃən] **활동 단말**

active task [–tǽsk] **동작 태스크, 액티브 태스크** ⇨ active state

active transmitter [–trænsmítər] **액티브 트랜스미터** 신호를 다시 보내기 전에 신호를 증폭하는 트랜시버 장치.

active user [–júːzər] **활동중인 사용자**

active user library [–láibrəri(ː)] **활동중인 사용자 라이브러리**

active values [–vǽljuːz] **활성화된 값** 주로 그래픽 영상과 함께 사용되며, 시스템에서 얻어진 어떤 값을 이에 대응하는 화면상의 단순한 이미지로 변화시켜 쉽게 이해할 수 있도록 표현한 것.

active virtual volume [–və́ːrtʃuəl vɔ́ljuːm] **활동 가상 볼륨**

active window [–wíndou] **활성화된 윈도** 다중 윈도 시스템에서 현재 사용자와 대화가 이루어지고 있는, 즉 키보드로부터의 입력을 받아들일 수 있는 윈도.

active wire tapping [–wάiər tǽpiŋ] **적극적 도청** 컴퓨터 보안 용어로, 불법 장치를 이용하여 거짓 신호를 발생시키거나 정당한 사용자로 가장하여 시스템 자원에 적극적으로 접근하는 행위.

active workstation [–wə̀ːrkstéiʃən] **동작 워크스테이션** 입력과 출력이 가능한 상태에 있는 워크스테이션.

ActiveX [ǽktiv eks] **액티브 엑스** 액티브 X는 인터넷 익스플로러에서 사용되는 개념으로 「네트워크 OLE」라고 말할 수 있다. OLE란 「object linking & embeing」의 약자로서 윈도에서 사용된다. 객체 「object」라고 부르는 것을 하나의 문서 안에 여러 개 연결하거나 포함할 수 있어서 보다 효과적으로 문서 작성을 도와준다. 이러한 OLE를 인터넷으로 끌어올린 것이 바로 액티브 X이다. 액티브 X를 이용하면 HTML 페이지에 「워드」나 「엑셀」과 같은 프로그램에서 만든 데이터를 사용할 수 있으며, 반대로 그 데이터를 가져와서 원하는 형식으로 편집할 수 있다. 이로 인해 사용자는 인터넷 사용에 보다 높은 유연성을 가질 수 있다. 즉, 동영상이면 동영상, 문서면 문서 등 여러 가지 프로그램에서 작성된 객체를 인터넷에서 사용할 수 있도록 한다는 것이 바로 액티브 X의 기본 개념이다. 인터넷 익스플로러 3.0은 이를 가장 효과적으로 사용할 수 있는 브라우저이다. 일반 응용 프로그램과 월드 와이드 웹(World Wide Web)을 연결시킬 수 있게 하기 위해 마이크로소프트 사가 제공하는 기술들의 모음을 말한다. 자바(JAVA), 비주얼 베이식(Visual BASIC)

〈ActiveX에 관련된 용어들〉

ActiveX Server Framework	마이크로소프트 인터넷 인포메이션 서버(IIS)를 기반으로 하여 풍부한 서버용 상호작용적인 응용 프로그램을 개발할 수 있게 하는 기능
ActiveX Controls	웹 페이지에 삽입될 수 있는 객체(OLE 기반의 문서와 응용 프로그램)
ActiveX Document	마이크로소프트 익스플로러(Explorer)와 같은 OLE 문서 객체 컨테이너에 들어갈 수 있는 문서 뷰어
Active Scripts	OLE 자동화를 통해서 웹 페이지에 상호작용적인 특성을 부여하는 마이크로소프트 VBScript나 다른 스크립트 언어

등의 다양한 개발 툴들을 사용하여 개발자들이 인터액티브 웹 컨텐츠를 만들 수 있게 한다. ⇨ JAVA, Visual BASIC

ActiveX control[-kəntróul] **ActiveX 컨트롤** 마이크로소프트 사의 ActiveX 기술에서 파생된 것으로, 기존 컴포넌트를 이용하여 인터랙티브한 웹 페이지와 네트워크를 구축할 수 있도록 해주는 컨트롤. ActiveX 컨트롤은 웹 브라우저를 통해 자동으로 다운로드하여 수행될 수 있다. VBScript는 비주얼 베이식을 기반으로 한 스크립트 언어로 ActiveX의 중요한 기술 중 하나이며, VBScript는 익스플로러뿐만 아니라, ActiveX 컨트롤을 제어하고 묶어주는 중요한 도구로 사용된다.

ActiveX template library[-témplət láibrəri(ː)] **ActiveX 템플릿 라이브러리** ⇨ ATL

activity[æktíviti(ː)] *n*. **활동, 활동 상태** (1) 일반적으로「행동」,「활동」,「작업」등을 의미한다. (2) 다중 처리가 가능한 프로그램의 최소 부분. (3) 마스터 파일 안의 레코드를 사용하거나 수정할 때 필요한 정보. (4) PERT(program evaluation and review technique)의 네트워크를 구성하는 개개의 작업 그 자체에서 이벤트와 이벤트를 결합하는 화살표로 표시하는 작업. (5) 수리 계획법(數理計劃法 ; mathematical programming)에서 제조나 수송 등의 행동 단위가 되는 것.

activity declaration[-dèkləréiʃən] **액티비티 선언** 컴퓨터 속에서 수행되는 하나하나의 액티비티(1단위의 활동)를 운영 체제로 명시하는 것.

activity-id 액티비티 식별명

activity level[-lévəl] **활동 수준** 데이터 베이스의 성능을 측정하기 위해 시뮬레이션 모델을 사용할 때, 가상 시스템이 처리중인 질의어의 수.

activity loading[-lóudiŋ] **활동 적재** 파일 상의 레코드를 기록하는 방법. 이것은 레코드가 복잡하게 처리될 경우에 최소 판독 횟수로 배치를 지정할 수 있게 한다.

activity network[-nétwəːrk] **활동 네트워크** 전체적인 작업 공정 기간을 수정하거나 재조정하기 위한 것으로, 어떤 공정 작업의 계획적인 진척 상황을 방향성 그래프를 이용해서 표시한 네트워크. 주로 단위 작업을 정점(vertex)의 가중값을 이용해 표시하고 한 공정이 끝나고 다음 공정으로 넘어가는 것을 방향이 있는 간선으로 관련지어 표시한다.

activity on edge-network[-ən é(ː)dʒ nétwəːrk] **간선 작업 네트워크** 어떤 작업을 완성하기 위해 필요한 각 단계를 그래프의 정점(vertex)으로 나타내고, 하나의 작업을 완료함으로써 다음 단계로 넘어가는 것을 그래프의 간선 방향으로 표현한 것. 이 형태의 네트워크는 여러 유형의 프로젝트 성능 평가에 매우 유용하다. PERT(performance evalution & review technique), CPM(critical path method), RAMPS(resource allocation & multi-project scheduling) 등의 프로젝트 모델링 기법에서 많이 사용된다.

activity on vertex network[-vəːrteks nékwəːrk] **AOV network, 정점 작업 네트워크** 어떤 작업을 해결하기 위하여 필요한 모든 작업 단위를 그래프의 정점(vertex)으로 나타내고 그 간선(edge)이 작업 간의 우선 관계를 나타내는 방향 그래프. 작업의 수행 순서를 결정하는 데 유용하다.

activity queue[-kjúː] **활동 대기 행렬**

activity ratio[-réiʃiou] **활동률, 사용률, 활용률** 파일 안의 레코드 이용 상황을 표시하는 문자로서 파일에 있는 전체 레코드 수와 실제로 이용된 레코드 수와의 비율이다.

activity save area[-séiv ɛ́(ː)riə] **ASA, 활동 보관 영역**

AC-to-DC converter 교류/직류 변환기 이 장치는 정류기(整流器 ; rectifier)와 필터로 구성되며, 교류를 직류로 변환하는 장치이다.

ACTOR[ǽktər] **액터** 마이크로소프트 사의 윈도 프로그래밍을 쉽게 하기 위해 화이트워터 그룹사에서 개발한 객체 지향 언어.

actor theory[-θíəri(ː)] **액터 이론** 메시지를 받음으로써 기동되는 액터를 사용하며, 액터 간의 메시지를 주고받음에 따라 여러 가지 계산 기술을 행하는 것. 매사추세츠 공과대학의 Hewitt에 의해 제안되었다. 인공 지능 문제 모델의 기술이나 데이터 플로형 계산 모델 기술 등에 상용되고 이외에도 스몰토크(SmallTalk) 같은 객체 지향 언어의 기반이 되고 있다.

actual[ǽktʃuəl] *a*. **실제의, 사실상의, 현실의** 상상적이라든가 잠재적이 아니라 현실에 있기도 하고, 현실로 발생되기도 하는 것을 표현할 때 사용되는 형용사.

actual address[-ədrés] **실제 주소** 컴퓨터 제작자가 기억 장소의 위치에 만들어준 실제 주소.

actual argument[-áːrgjumənt] **실인수(實引數)** (1) 실매개변수(actual parameter)와 같은 뜻으로 쓰인다. (2) 외부 절차의 인용에 따라 형식적으로 사용된 가인수에 대치되는 인수. ⇨ actual parameter

actual block processor[-blɔ́k próusesər] **ABP, 실블록 프로세서**

actual coding[-kóudiŋ] **기계어 코딩** 어셈블러나 컴파일러의 도움 없이 절대 주소를 갖는 기계어 명령을 이용하여 직접 기계가 이해할 수 있는 프로그램을 작성하는 것.

actual computer[-kəmpjúːtər] **실제 컴퓨터** 가상 컴퓨터(virtual computer)에 대응되는 말로, 실제로 물리적인 공간에 존재하는 컴퓨터. 전선, 트랜지스터, 자기 코어, IC 등 실제 눈에 보이는 장치들을 사용하여 구성한 컴퓨터.

actual count[-káunt] **실수**

actual data transfer rate[-déitə trænsfə́ːr réit] **실제 데이터 전송 속도** 문자 수 또는 블록 수의 평균값으로 데이터 송신 장치에서 전송되어 데이터 수신 장치에 수신되는 단위 시간당의 비트 수. 여기서 단위 시간이란 시, 분, 초로서 대개 보(baud) 단위로 나타낸다.

actual decimal point[-désiməl pɔ́int] **실소수점** 숫자 영역(number filed)에서 실제로 위치를 점유하고 있는 소수점. 반대어는 가소수점(assumed decimal point)이라 하며, 소수점의 위치를 지정하는 데 실제 문자를 사용하지는 않지만 계산할 때에는 기계적으로 의미를 갖는다. 따라서 소수점을 가진 수는 기억 공간(storage space)을 필요로 하지 않으므로 실소수점보다도 효율적으로 보존할 수 있다.

actual device number[-diváis nʌ́mbər] **실제 기기 번호**

actual instruction[-instrʌ́kʃən] **실제 명령** 프로그램 실행중에 기본 명령이나 주소에 대해 동작 변경을 위한 그 결과가 실행되는 명령. ⇨ effective instruction

actual key[-kíː] **실제 키** 기억 장치의 주소로도 사용되는 데이터 항목으로, 외부 기억 장치의 레코드 기억 장소를 표시하는 지시 항목.

actual parameter[-pərǽmətər] **실매개변수** 서브루틴이나 프로시저 등을 호출할 때 필요한 값 등을 전달하는 데 사용되는 문법 단위. 프로시저를 호출했을 때, 프로그램 언어의 규칙에 따라 프로시저 본체 중에 대응되는 가매개변수와 대체해넣는다. 실인수(actual argument)와 같은 뜻으로도 사용되며, 가매개변수(formal parameter)의 상대어이다. COBOL에는 이러한 개념이 없다. ⇨ actual argument

actual parameter list[-líst] **실매개변수 목록**

actual parameter part[-páːrt] **실매개변수 부분**

actual parameter value[-vǽljuː] **실매개변수값**

actual result[-rizʌ́lt] **실제 결과**

actual signal[-sígnəl] **활동 신호** 컴퓨터의 제어 회로에 들어가는 특별한 입력 신호.

actual system[-sístəm] **실제 시스템** 기업, 기타의 조직체에서 대상으로 하는 조직의 목적 달성을 위한 기능을 전체적으로 또는 부분적으로 수행하는 시스템. 물건(재물)이나 서비스의 생산·제공·관리를 개입시켜 조직의 목적을 달성한다. 또한 정보나 사무 처리를 하는 정보 시스템을 지원 시스템으로 내포하고 있으나 그 설계는 실제 시스템, 정보 시스템, EDP 시스템 순으로 추진된다. 일상적으로 운영되는 실제 시스템은 정보 시스템, EDP 시스템과 밀접하게 관련되어 삼위일체의 기능을 하는 시스템이다.

actual time[-táim] **실시간** ⇨ real time

actual traffic[-trǽfik] **실제 교통량** 실제로 통신에서 송수신되는 메시지.

actual value[-vǽlju] **실효값**

actuator[ǽktʃuèitər] **액추에이터** 디스크 표면 상에서 정보를 판독, 기록하는 트랙에서 판독 기록 헤드를 이동하는 디스크 드라이브 내의 기구. 디스크 드라이브 내에는 스테핑 모터와 음성 코일 두 가지의 액추에이터가 사용되고 있다.

ACU (1) **연산 제어 장치** arithmetic and control unit의 약어. (2) **자동 호출 장치** automatic calling unit의 약어. 컴퓨터나 상업용 기계가 통신망을 통해 연결될 수 있도록 하는 호출 장치의 하나.

ACW **접근 제어어(語)** access control word의 약어.

acyclic[əsáiklik] **비주기적, 비순환적** 어떤 함수가 주기성을 갖고 있지 않거나 또 그래프가 사이클을 갖고 있지 않음을 나타내는 말.

acyclic feeding[-fíːdiŋ] **비순환 주입** 문자 판독에 사용되는 시스템. 이것은 어떤 서류의 끝을 감지하면 다음 서류를 읽을 수 있도록 물려준다.

acyclic graph[-grǽf] **비순환 그래프** 순환 루프가 없는 그래프로 트리의 일반화.

acyclic graph directory structure[-diréktəri(ː) strʌ́ktʃər] **비순환 그래프 디렉토리 구조** 서브디렉토리를 만들고 파일이 공유되는 것을 허용하지만 탐색과 삭제가 복잡해 순환형의 경로를 지니지 않는 파일들로 구성된 파일 시스템 구조.

A/D **아날로그 디지털 변화** analog to digital의 약어. 전압·풍속·온도 등과 같은 아날로그 신호나 물리량을 디지털량으로 변화시키는 것. 예를 들면, 음성을 PCM 부호로 변환하거나 측정값을 디지털화하여 컴퓨터 처리를 할 때 행하는 조작이 있다.

AD **자동 예금기** automatic depository의 약어.

Ada[éidɑ] **에이다, 아다** 미 국방성의 주도로 1970년대 말에서 1980년대 사이에 개발된 고수준 언어. 이 이름은 찰스 배비지의 해석 기관을 위한 프로그램을 작성하여 세계 최초의 여성 프로그래머로 일컬어지는 시인 바이런의 딸 Ada Augusta Byron에서 유래한다. 언어의 기본적인 구조는 PASCAL에 그 근원을 두고 있으나 병행 처리(concurrent processing), 예외 처리(exception handling), 데이터 추상화(data abstraction) 등의 기능을 갖추어 현존하는 언어의 장점을 모두 갖춘 언어라고 할 수 있다. 특히 이식성과 신뢰성이 높은 모듈화시킨 프로그램의 개발이 쉽다. 기종이나 메이커에 따라 명세가 다르지 않도록 규정되어 있으며 다른 종류의 컴파일러 사이에서도 유통성이 높은 프로그램 작업이 가능하여, COBOL, FORTRAN, PL/I 등의 후속 언어로 주목받고 있다.

ADABAS 아다바스 adaptable data base system의 약어. 서독 소프트웨어 기술자 P. Schnell이 기본 부분을 개발하고, 1971년에 상용화된 범용 데이터 베이스 관리 시스템. 어소시에이터(associator)라고 불리는 전위(前位) 파일의 활용을 특징으로 한다. 상용 데이터 베이스 관리 시스템으로서 더욱 성공적으로 발전시킨 시스템의 하나이다.

adaline[éidɑlὰin] **에이다라인** 학습 기계의 일종으로 퍼셉트론(perceptron)과 같이 입력 셀과 중추 셀의 접속을 무작위로 하지 않는다. ⇨ learning machine

Ada language structure [éidɑ lǽŋgwidʒ strʌ́ktʃər] **Ada 언어 구조**

Adam's method 아담의 방법 미분 방정식을 푸는 데 있어 Runge Kutta의 방법보다도 두 배나 효율적인 방법으로서, 일반적인 PC(predicator corrector)법이다.

Adam's method algorithm 아담의 방법 알고리즘

Ada package[éidɑ pǽkidʒ] **Ada 패키지** 패키지는 논리적으로 관련된 실체이지만 계산적 특징은 자원의 집합으로 이루어진다. 형식적으로 패키지가 이 자원을 포함한다고 말한다. 특징은 자원의 집합이며 응용 분야는 선언된 사항의 명명된 집합, 관련 프로그램 단위의 집합, 데이터 추상화 형식, 상태 기계의 추상화 등이다.

Ada programming support environment [–próugræmiŋ səpɔ́:rt inváirənmənt] **APSE, Ada 프로그래밍 지원 환경** 프로그램을 Ada 언어로 작성하기 위해 시스템이 갖춰야 할 기본적인 기능들을 명시한 것. Ada 언어는 매우 강력하므로 그 언어를 처리하는 시스템도 상당한 수준의 기능을 갖춰야 한다. 이러한 지원 환경에는 기본적인 라이브러리, 편집기, 각종 프로그램 개발을 위한 툴 킷 등이 정의되어 있다.

ADAPSO 아답소, 데이터 처리 서비스업 협회 Association of Data Processing Services Organizations의 약어. 미국과 캐나다 지역의 소프트웨어 개발 및 판매 회사들의 모임. 1961년에 설립되었으며 회원 수는 약 700명인 회사이다. 소프트웨어 업계의 발전을 위한 환경을 만들며 광범위한 조사 활동을 벌이고 있다. 이러한 조사 결과는 「권위 있는 자료」로서 전세계에서 이용되고 있다.

ADAPT 어댑트 adaptation of APT의 약어. NC 공작 기계의 제어 테이프를 작성하는 번역 프로그램. 자동 프로그래밍 도구(APT)의 일부로서, 주로 2축 제어 공작 재료를 위해 사용되는 프로그램 언어.

adapt[ədǽpt] *v.* **적합하게 하다, 적응하다, 순응하다** 어떤 시스템이 상대방 시스템의 기능이나 처리할 데이터의 환경에 적합하도록 자기 자신의 기능적 특성을 바꾸는 것. 기능적 특성이 다른 기기들을 접속하여 양자가 양호하게 동작하도록 설계된 기기를 어댑터(adapter)라 한다.

adaptability[ədæ̀ptəbíliti(:)] *n.* **적용성** 소프트웨어가 다양한 시스템 제약 조건이나 사용자의 요구를 얼마나 쉽게 충족시킬 수 있는가를 나타내는 정도.

adaptable[ədǽptəbl] *a.* **적용할 수 있는**

adaptable user interface[–jú:zər íntərfèis] **적용 가능한 사용자 인터페이스** ⇨ AUI

adapter[ədǽptər] *n.* **어댑터** 동일성이 있는 두 개의 장치 사이에 전기적 연락을 가능하게 하는 장치. 즉, 두 장비로 서로 연결해주는 장치. 일반적으로 어댑터는 두 장치 사이를 스위치나 둘 이상의 선으로 재연결시킴으로써 신호의 연락 순서를 변경한다.

adapter board[–bɔ́:rd] **어댑터 기판** 컴퓨터와 주변 입출력 장치를 연결하거나 시스템에 특별 기능을 부가하기 위해 시스템의 본체 기판에 삽입되는 인쇄 회로 기판.

adapter check[–tʃék] **어댑터 체크**

adapter control block[–kəntróul blɔ́k] **ACB, 어댑터 제어 블록**

adaptive ARQ 적응적 ARQ 데이터 통신에서 자료 전송을 하는 ARQ 프로토콜의 한 가지. 채널 효율을 최대로 높이기 위해 블록의 길이를 동적(dynamic)으로 변경할 수 있는 방식이다. 블록의 길이가 길수록 전송 효율이 높아지나 오류 발생률도 높아진다. 따라서 통신 회선의 상태가 좋으면 블록 길이를 길게 하고 오류가 많이 발생하면 자동으로 블록 길이를 짧게 한다.

adaptive channel allocation[–tʃǽnəl æləkéiʃən] **적응 채널 할당** 미리 채널이 정해지는 것이 아니고 수요에 따라 다중화되는 것.

adaptive clipping[–klípiŋ] **적응적 전단(剪斷)**

반복적 트리 순회의 세련된 형태로서 마스터 좌표계에서 계층적 구조의 회전이나 전단이 포함되면 보편 또는 장치 좌표계의 아래 단계에 있는 모든 물체를 전단하고, 마스터 좌표계에 있는 다른 것들을 전단하는 알고리즘.

adaptive control[–kəntróul] AC, **적응 제어** 컴퓨터 제어계로서 직무를 철저히 완수시킬 목적으로, 발생하는 각종 조건 변화에 따라 가장 적절한 시스템 상태를 유지하기 위해 자동으로 목표값, 조작량, 심지어는 시스템 구성까지 바꾸는 것.

adaptive control action[–ǽkʃən] **적응 제어 활동** 제어 계통의 성능을 향상시키기 위해 자동적인 방법으로 제어 매개변수를 변경하는 여러 가지 제어 활동.

adaptive control system[–sístəm] **적응적 제어 시스템** 자신의 동작을 끊임없이 감시하고 그 변수를 조절함으로써 외부의 변화에 자신을 적응시킬 수 있는 제어 체계.

adaptive differential pulse code modulation[–difərénʃəl pʌ́ls kóud mɑ̀dʒuléiʃən] ADPCM, **적응 차등 펄스 코드 변조 방식**

adaptive experiment[–ikspérimənt] **적응적 실험** 종전 테스트에 대한 회로 응답에 따라 어떤 테스트를 할지 결정하여 회로의 고장을 검사하는 방법.

adaptive maintenance[–méintənəns] **적응 보수** (1) 변화된 환경에서 소프트웨어 제품을 사용할 수 있게 하기 위한 보수. (2) 외적인 요구 변화에 적응하기 위하여 소프트웨어를 변경하는 방식.

adaptive time-sharing[–táim ʃɛ́əriŋ] **적응 시분할** 수행 준비가 된 첫 번째 태스크를 시분할 스케줄러를 찾기 위해 각 대기 행렬(queue) 수준을 높은 데서 낮은 데로 조사하는 형태의 체제. 수행중인 태스크가 할당된 시간을 모두 소비하든지 또는 입출력 지향적이면 대기 행렬을 조사하는 일이 반복된다.

adaptive transform acousic cording[–trænsfɔ́ːrm əkúːstik kɔ́ːrdiŋ] ⇨ ATRAC

adaptive process[–próuses] **적응 프로세스**

Ada rendezvous[éidɑ rɑ́ːndeuvùː] **Ada 랑데뷰** 태스크 상호작용을 처리하는 각각의 태스크를 통신하는 순차적 프로세서로 취급하여 동기화할 필요가 있는 태스크들을 시간적·공간적으로 동기화시키는 것. 이것을 이용하여 생산자 입력 회선을 만든 후에 소비자의 입력부를 요구하게 되며, 이것이 통신하기 위한 준비 상태를 표시하는 것이다. 소비자가 엔트리를 받는 순간 메시지가 한 방향 또는 양방향으로 전달된다. 그리고 두 개의 태스크는 생산자가 또 다른 메시지를 전달할 준비가 될 때까지 그들의 독립적인 활동을 수행한다. 이와 같은 명백한 동기화를 랑데뷰라고 한다.

Ada task[–tǽsk] **Ada 태스크** 논리적으로 병행하여 수행되는 행위를 정의하는 데 사용되며, 패키지는 계산 자원의 집합으로 데이터 형식, 데이터 객체, 부프로그램, 태스크 또는 다른 패키지까지도 포함하는 것이다. 특히 태스크는 단독 프로세서, 다중 프로세서 또는 컴퓨터들의 네트워크 등으로 구현된다. 응용 분야는 병행 행위, 메시지 경로 선정, 자원 제어, 인터럽트 등이며, 특징으로 병행 처리 기능이 있다.

ADB **애플 데스크톱 버스** Apple desktop bus의 약어. 매킨토시 컴퓨터용 키보드, 마우스, 트랙볼, 그래픽 태블릿과 같은 입력 장치를 접속하는 데 이용되는 통신 포트. 휴대용 컴퓨터와 매킨토시 II 시리즈인 SE 모델에는 두 개의 ADB가 설치되어 있다.

ADB keyboard **ADB 키보드** Apple desktop bus keyboard의 약어. 매킨토시에서 사용되는 키보드로, 잭이 좌우 양쪽에 부착되어 있기 때문에 어느 것이든 사용하기 쉬운 쪽에 마우스를 접속하고 다른 하나는 본체와 접속할 수 있다. 본체 → 키보드 → 마우스로 하는 경우가 많다. ⇨ ADB

ADB mouse **ADB 마우스** Apple desktop bus mouse의 약어. ⇨ ADB, ADB keyboard

ADC **아날로그 디지털 변환기** analog-to-digital converter의 약어.

ADCCP **고급 데이터 통신 제어 절차** advanced data communication control procedure의 약어. 미국 표준 연구소(ANSI)에서 제정한 비트 중심 데이터 링크 제어 절차.

ADCON **주소형 상수** address constant의 약어. 유효 주소를 계산하는 데 사용되는 수식이나 값.

A/D converter **A/D 변환기, 연속 이산 변환기** 일정한 비율로 아날로그 데이터를 모아 그것과 등가인 디지털량으로 변환하는 장치. 변환 방식은 다음과 같이 네 종류로 분류된다. ① 기계적 변환 수단(부호판, 기타), ② 펄스 계수형, ③ 순차 비교형, ④ 비교 평형형.

add[ǽ(ː)d] *v.* **더하다, 더하기** 수치를 가산하는 일이나 어떤 것을 부가한다는 의미로 쓰인다. 가산 연산(add operation)은 덧셈을 일컬으며, 가수(addend)와 피가수(augend) 두 개의 피연산자(operand)가 가산되어 「합」을 구하는 산술 연산이다.

addend[ədénd] *n.* **가수(加數)** (1) 1 + 2 = 3에서 가수는 2이고 피가수(augend)는 1이다. (2) 가산(addition)에서 합이라는 결과를 목적으로 하여 가산되는 수량을 말한다. 피가산 수량이라고 한다. 이에 대하여 가산되는 수량을 피가수라 한다. 실제 가산 명령의 경우 두 개의 피연산자를 사용하는데, 가수는 그 피연산자의 하나이다.

addend register [–rédʒistər] **가수 레지스터**

add envelope to front sheet feed [ǽ(:)d énvəloup tu frʌ́nt ʃi:t fi:d] **봉투 이송 추가 기구**

adder [ǽdər] *n.* **가산기** 가산기는 게이트에 의해 출력되는 불 대수(boolean algebra)의 값이 입력값에 의해서만 정해지는 논리 회로인 조합 논리 회로(combination logical circuit)로 연산하는 것으로 기억 능력을 갖지 않는다. 가산기는 반가산기(HA ; half adder)와 전가산기(FA ; full adder)로 구분할 수 있다. 반가산기는 2진수로 나타낸 수들을 1비트씩 합하여 그 결과로 1비트의 합과 1비트의 자리올림(carry)을 발생하는 회로이지만, 일정한 수의 비트로 나타낸 수의 가산은 불가능하며 자리올림은 신호로 출력된다. 전가산기는 자릿수가 많은 2진수의 덧셈에서 어떤 자리의 덧셈을 할 때 낮은 자리로부터의 올림수를 고려한 2진 1자리의 가산기이다. 또한 가산기는 직렬 가산기(serial adder)와 병렬 가산기(parallel adder)로 구분할 수 있다. 직렬 가산기는 n비트의 2진수 가산을 수행할 경우 최소 유효 비트로부터 순차적으로 더해가는 가산 방식을 채택한 가산 회로 장치이며, 조합 논리 회로로서 가산 결과를 기억할 수 없으므로 기억 능력을 가진 플립플롭(flip-flop)으로 구성된 레지스터와 가산기를 조합하여 가산 결과를 기억하도록 되어 있다. 병렬 가산기는 n개의 가산기로 구성되어 각 비트가 동시에 연산에 사용되도록 되어 있어 직렬 가산기에 비해 연산 시간이 훨씬 짧다.

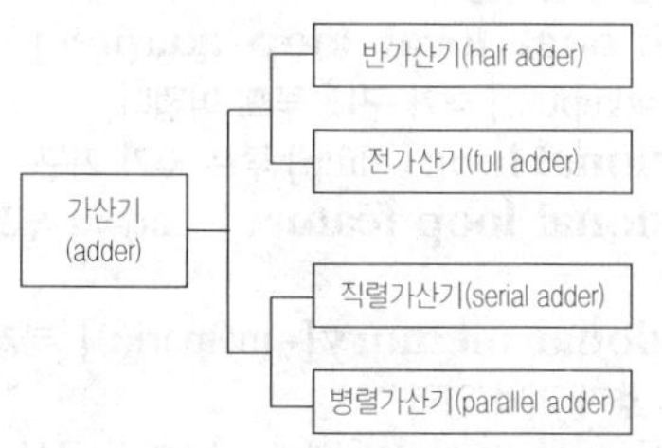

〈가산기의 종류〉

adder-subtract [–səbtrǽkt] **가감산 기구** 두 개 이상의 수의 합을 계산할 수 있는 장치나 논리 회로. 가감산 기구는 합과 차를 동시에 출력하도록 구성할 수도 있다.

add formula [–fɔ́:rmjulə] **가산 공식** STRIPS 형태의 F 규칙을 형성하는 한 요소로서 어떤 상태에 F 규칙이 적용되었을 때 부합된 보기들을 이전의 상태에 추가시키는 작용을 한다.

(진리표)

A	*B*	*C*	*S*
0	0	0	1
0	1	0	1
1	0	0	1
1	1	1	0

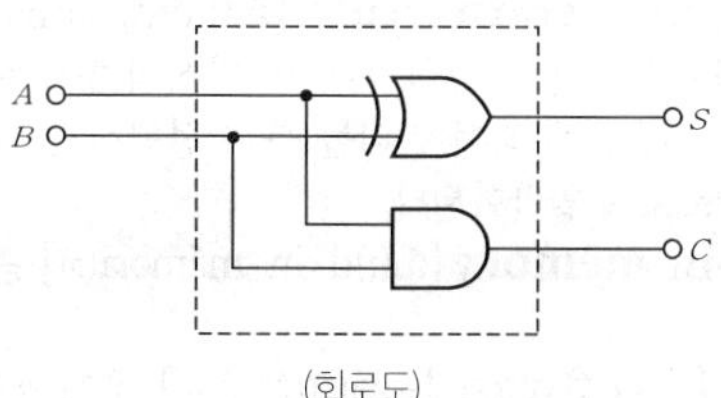

(회로도)

(블록도)

〈반가산기〉

(진리표)

입 력			출 력	
A	*B*	*C*	C_0	*S*
0	0	0	0	0
0	0	1	0	1
0	1	0	0	1
0	1	1	1	0
1	0	0	0	1
1	0	1	1	0
1	1	0	1	0
1	1	1	1	1

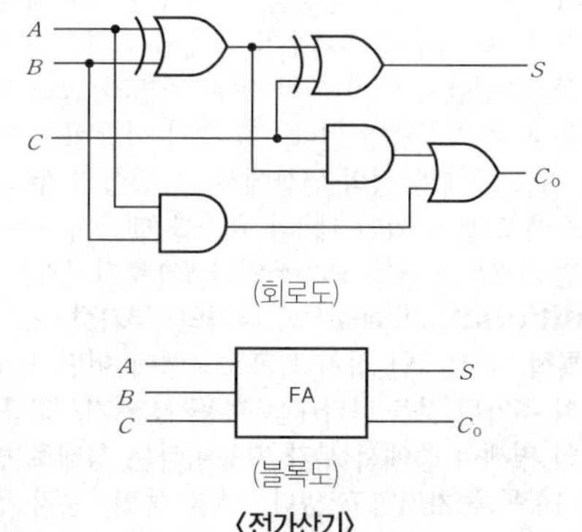

(회로도)

(블록도)

〈전가산기〉

add immediate [–imí:diət] **애드 이미디어트** 즉시(immediate), 즉 직접적인 조작 명령의 하나로서 지정된 누산기에 결과를 되돌려보내 기억 장치나 누산기에 가하는 즉시 피연산자의 내용을 조작하는 것.

add-in [–in] **애드인** 컴퓨터 본체의 슬롯에 장착하여 사용할 수 있는 장치나 부품. 여기서는 메모리 확장용, 주변 장치 연결용, 처리 속도를 빠르게 하는 것 등 여러 가지가 있다.

add-in board [–bɔ́:rd] **애드인 기판** 컴퓨터 본체 기판의 슬롯에 꽂아서 사용하는 기판.

adding-alterative rule [ǽ(:)diŋ ɔ:ltə́:rnətiv rú:l] **선택적 첨가 규칙** 일반화 방식의 하나로서 개념의 서술은 논리적 분리를 통해 선택적 규칙을 첨가함으로써 일반화된다.

add-in memory [ǽ(:)d in méməri(:)] **증설 메모리**

add-in software [–sɔ́(:)ftwὲər] **추가 소프트웨어** 다른 응용 소프트웨어와 조합하여 새로운 기능을 추가하기 위한 소프트웨어. 이것이 많이 쓰이는 것으로 스프레드시트인 Lotus 1-2-3나 마이크로소프트 엑셀이 유명한데, 서드파티에서 다양한 기능의 추가 소프트웨어를 판매하고 있다. 그래픽 소프트웨어나 웹 브라우저에서는 추가 소프트웨어에 해당하는 것을 플러그인 소프트웨어라고 부른다. ⇨ add-on software, plug-in software

Add-in Tool [–tú:l] **애드인 툴** 본래의 소프트웨어는 아니지만 소프트웨어에 추가적으로 제공되는 유틸리티 툴과 같은 것이다. 비주얼 베이식의 경우에는 레포트 작업을 위한 크리스털 레포트나 비주얼 데이터 매니저 등이 애드인으로서 제공된다. 개발 툴에서뿐만 아니라 웹 브라우저 프로그램들이 모든 기능을 지원하지 못할 경우 특정 애드인을 설치함으로써 웹 브라우저의 기능을 강화할 수도 있다.

addition [ədíʃən] *n*. **가산, 합산, 덧셈** 두 개의 피연산자가 더해져서 합을 만드는 산술 연산으로 다음과 같이 세분하여 설명할 수 있다. ① 두 개의 피연산자, 즉 가수와 피가수가 더해져서 합을 만드는 연산. 연산에서 어떤 가산 또는 가법과 그 결과인 합을 혼동해서는 안 된다. ② 수의 집합 또는 벡터의 집합 중에서 정의 연산에서 그 집합의 두 개의 요소에 그들의 합인 제3의 요소를 대응시키는 것. 가법 기호로서 보통 +가 쓰인다. ③ 추가시키는 것.

additional [ədíʃənəl] *a*. **추가의, 부가적, 보조적, 부록적** 기본적인 장치나 프로그램에 어떤 새로운 것이 추가된 것을 나타내는 형용사. 기기/소프트웨어의 명세서 중에서 부가 기능이라는 형태로 반드시 1항목을 차지하고 있다. 예를 들면, 문자 집합(character set)의 문자 가운데 알파벳(A, …, Z, a, …, z)이나 숫자(0, 1, 2, …, 9) 이외의 것을 추가 문자(additional character)라고 하며, 특수 문자(special character)와 같은 뜻으로 사용된다.

additional addressing module [–ədrésiŋ mɔ́dʒu:l] **주소 추가 기구**

additional area [–ɛ́(:)riə] **추가 영역**

additional character generation area [–kǽrəktər dʒenəréiʃən ɛ́(:)riə] **추가 문자 생성 영역**

additional character set [–sét] **추가 문자 집합**

additional command [–kəmǽnd] **추가 명령**

additional control storage [–kəntróul stɔ́:ridʒ] **추가 제어 기억 장치**

additional data storage [–déitə stɔ́:ridʒ] **추가 데이터 기억 장치**

additional disk head [–dísk hé(:)d] **추가 디스크 헤드**

additional display module [–displéi mɔ́dʒu:l] **표시 자릿수 추가 장치**

additional drive [–dráiv] **자기 테이프 추가 장치**

additional drive adapter [–ədǽptər] **추가 자기 테이프 어댑터**

additional feature [–fí:tʃər] **추가 기능, 부가 기능**

additional hardware [–há:rdwὲər] **추가 하드웨어** 일반적으로 타이밍, 입출력 제어, 버퍼, 인터럽트, 컨트롤러 등이 이에 속하며, 컴퓨터의 성능을 향상시키기 위해 덧붙여서 사용되는 장치나 회로를 의미한다.

additional instruction storage [–instrʌ́kʃən stɔ́:ridʒ] **추가 명령 기억 장치**

additional junction cord [–dʒʌ́ŋkʃən kɔ́:rd] **추가 전원 접속선**

addtitional local loop adapter [–lóukəl lú:p ədǽptər] **추가 구내 루프 어댑터**

additional loop [–lú:p] **루프 추가 기구**

additional loop feature [–fí:tʃər] **루프 추가 장치**

additional memory [–méməri(:)] **부가 기억 장치, 추가 기억 영역**

additional option [–ɔ́pʃən] **제2차 옵션**

additional power supply [–páuər səplái] **추가 전원 장치**

additional printer belt [–príntər bélt] **추가 인쇄 벨트**

additional record [–rékərd] **추가 레코드** 현재의 레코드를 수정하는 레코드의 상대 개념으로서 파일이 갱신되고 있을 때 마스터 파일에 추가되는 레코드.

additional selective speed [–səléktiv spí:d]

전송 속도 선택 추가 장치

additional storage[–stɔ́:ridʒ] **추가 기억 장치, 자기 디스크 추가 장치**

additional storage attachment[–ətǽtʃmənt] **기억 장치 추가 장치**

additional tape unit[–téip jú:nit] **추가 자기 테이프 장치**

addition file[ədíʃən fáil] **추가 파일**

addition item[–áitəm] **추가 항목** 이미 형성된 파일의 특정 장소에 추가되는 항목. 마스터 파일일 경우 추가 마스터 파일이라고 한다.

addition record[–rékərd] **추가 레코드** 파일을 갱신(updation)할 때 마스터 파일에 새롭게 추가시킨 레코드.

addition table[–téibəl] **덧셈표** 덧셈을 수행할 경우 피연산자를 수록한 표를 저장하고 있는 주기억 장치의 영역.

addition theorem[–θíərəm] **가법 정리**

addition without carry[–wiðáut kǽri(:)] **자림올림 없는 가산** 비등가 연산과 같은 의미로 사용되는 경우도 있다.

additive attribute[ǽditiv ǽtribjù:t] **부가적 속성**

additivity[æditíviti(:)] **합 공식** 주어진 함수적 또는 다중값(multi-valued) 종속성들에 대한 추론 공리들 가운데 하나로 X, Y, Z가 한 릴레이션 스킴의 부분 집합일 때 함수적 종속성(functional dependency) $X \geq Y$와 $X \geq Z$이면 $X \geq YZ$가 성립한다는 규칙. 다중값 종속성의 경우도 마찬가지이다.

add-on[ǽ(:)d ən] **애드온, 추가** 컴퓨터의 성능을 향상시키기 위하여 회로나 메모리를 추가하는 것.

add-on board[–bɔ́:rd] **애드온 보드** CPU보다 고속으로 처리하고 싶을 때 사용하는 것으로, 마이크로프로세서를 탑재한 확장 기판. DSP 기판 등을 탑재한 것도 있다. 기판을 이용하여 화상 처리나 신경망(neural network) 처리를 하는 기판도 이것에 포함된다. ⇨ neural network, DSP

add-on memory[–méməri(:)] **추가 기억 장치** 기본 메모리에 기억 용량을 확장할 목적으로 부가하는 메모리.

add-on software[–sɔ́(:)ftwɛ̀ər] **부가 소프트웨어, 애드온 소프트웨어** 기본적으로는 추가(add-in) 소프트웨어와 동일하다. 차이점은 추가 소프트웨어가 이미 존재하는 시판 응용 프로그램과 조합하여 원래 응용 프로그램의 기능을 확장하는 것이라면, 부가 소프트웨어는 응용 프로그램의 실행에 관계없이 이용할 수 있거나 원래 응용 프로그램에 새로운 기능을 추가하는 유틸리티의 색채가 강하여 보다 독립적이라고 할 수 있다. 컴퓨터 게임의 추가 시나리오나 추가 업 등은 「애드온」이라고 한다. 협의의 의미로는 컴퓨터 하드웨어의 성능을 향상시키기 위한 유틸리티 소프트웨어를 가리킨다. ⇨ add-in software

add operation[–ɔpəréiʃən] **덧셈** 덧셈으로 결과가 합이 되게 하는 연산. 일반적으로 두 수 가운데 어느 하나가 저장되었던 장소에 기억되는 것이 보통이다.

add pulse[–pʌ́ls] **가산 펄스**

address[ədrés] *n.* **주소, 번지, 어드레스** 정보를 전송할 때 「출처」 또는 「행선」을 나타내는 표시. 보통 기억 장치 중에서 1캐릭터(character), 1바이트(byte), 1단어(word) 등을 점유하는 특정의 기억 장소(위치)를 지정하기 위한 것이다. 이 주소는 「0」으로부터 시작하는 숫자로 나타내는 경우가 많다. 예를 들면, 0000~8888과 같이 붙여져 있다. 이와 같이 하드웨어적, 물리적으로 기억 장치에 이름 붙여진 부동의 주소를 절대 주소(absolute address) 또는 물리 주소(physical address)라고 한다. 주소는 기억 장치 외에 입출력 장치나 통신 네트워크 중 스테이션(station ; 局), 중앙 처리 장치(CPU) 내의 여러 가지 레지스터류에도 붙여져 있으며, 어디에 있는 데이터로 연산을 행하며, 어디로 전송할 것인가 등은 모두 이 주소를 근거로 하여 행해진다.

addressability[ədresəbíliti] *n.* **주소 지정 가능도, 주소 지정 능력** 장치 공간에서 주소 가능점의 수.

addressable[ədrésəbəl] *a.* **주소 지정 가능한** 주소 지정 불가능한(non-addressable)의 상대어. 기억 장치 상의 특정한 기억 위치에 주소가 붙어 있으면 그 내용을 참조할 수 있다는 의미. 한편, 기억 장소를 주소에 의해 참조하는 보통의 방법과는 다르며, 데이터의 내용에 따라 주소를 참조할 수 있도록 한 기억 장치를 내용 주소 기억 장치(content-addressed storage)라든지 내용 주소 기억 가능한 장치(content-addressable storage)라 한다.

addressable location[–loukéiʃən] **주소 지정 가능 위치**

addressable point[–pɔ́int] **주소 지정 가능점** 그래픽에서 주소를 지정할 수 있는 상태에 있는 점. 즉, CRT 표시 장치의 화면상에서 주소를 지정할 수 있는 임의의 점이나 표시 영역 내의 주소 지정 가능점의 수로서 도트 수 자체를 가리킨다.

addressable/pollable terminal[–póuləbl tə́:rminəl] **주소/폴 가능 단말기** 데이터 전송 용어의 하나. 단말 장치(terminal)마다 고유의 식별자를 가지고 있어 주소 지정이 가능한 단말기. 폴 가능이란 단말 장치가 컴퓨터로부터의 조회에 대하여 응답한다는 의미이다.

addressable register[–rédʒistər] **주소 가능 레지스터** 주소가 고정되어 있는 임시 기억 장소.

address adjustment[ədrés ədʒʌ́stmənt] **주소 조정**

address arithmatic[–əríθmətik] **주소 연산** 어셈블리에서 주소를 나타내는 여러 요소들을 가지고 실제 주소를 계산하는 것.

address assignment[–əsáinmənt] **주소 할당** 정보를 기억하는 위치에 주소를 할당해서 이것을 식별 가능하게 하는 것.

address bit[–bít] **주소 비트** 주소를 지정하기 위한 비트. 예컨대 비트 수가 8개이면 $2^8=256$만큼, 즉 0~255까지의 주소를 지정할 수 있다.

address bus[–bʌ́s] **주소 버스** 중앙 처리 장치(CPU)로부터 메모리로 데이터의 소재를 표시하는 주소를 보내기도 하고, 입출력 포트(I/O port)로 포트 번호를 보내기도 하는 버스. 한 방향으로만 데이터를 전송하므로 단방향 버스(unidirectional bus)라고 불린다.

address calculation[–kæ̀lkjuléiʃən] **주소 계산** 주기억 장치 내의 기호 테이블에 접근하기 위한 방법으로 이용되며, 직접 접근 장치에 수록되어 있는 레코드의 주소를 지정하는 데 사용된다.

address calculation sort[–sɔ́ːrt] **주소 계산 정렬** 충분한 양의 기억 장치가 있다는 가정 하에서 사용될 수 있는 정렬 방식. 입력 자료를 기준이 되는 키값을 기억 장치 주소에 일대일로 대응시켜 저장한 다음 그 기억 장치를 모두 뒤지면서 자료를 수집하면 된다. 그러나 키값의 범위가 조금만 커져도 막대한 양의 기억 장치가 필요하므로 실제로는 거의 사용되지 않는다.

address check[–tʃék] **주소 검사**

address code[–kóud] **주소 코드** 주소의 형식을 지정하는 부호.

address code system[–sístəm] **주소 코드 방식** 명령어는 기능부와 주소부로 되어 있다. 기능부는 조작부라고도 하며, 덧셈, 뺄셈 등의 사칙연산이나 판단 명령, 결과를 출력 장치에 보내 인쇄하는 등 계산을 실행할 때 필요한 여러 종류의 명령을 부여하는 부분으로, 그 명령의 개수는 컴퓨터에 따라 조금씩 다르지만 일반적으로 수십에서 수백 종류에 이른다. 명령의 종류가 많으면 그만큼 기능부는 많은 수의 비트를 필요로 한다. 예를 들면, 6비트이면 $2^6=64$종류의 명령밖에 표현할 수 없게 된다. 주소부는 연산에 사용되는 수치의 저장 장소를 지정하는 부분으로, 그 수치를 기억하고 있거나 기억시키는 기억 장치의 기억 장소를 지정한다. 즉, 한 개의 명령어로 지정하는 주소 개수에 따라 1주소 방식, 2주소 방식, 3주소 방식, 4주소 방식으로 크게 구별된다. ① 1주소 방식(단일 주소 방식이라 한다) : 연산하는 수치를 한 개만 지정한다. 즉, 그 수치를 기억하고 있는 기억 장치의 주소를 지정한다. ② 2주소 방식 및 1+1 주소 방식 : 예를 들면 A+B에서 A를 제1연산수, B를 제2연산수라고 하는데, A와 B의 주소를 지정하는 주소 방식을 2주소 방식이라고 한다. 또 1주소 방식에 다음 실행하여야 할 명령의 주소도 지정하는 부분을 부가한 방식을 1+1 주소 방식이라고 한다. 따라서 1+1 주소 방식에서 명령은 그 주소를 연속하는 정수(整數) 순으로 하지 않아도 되며 편리한 주소 장소에 임의의 명령어를 기억한다. 따라서 이러한 주소 방식을 취하는 컴퓨터에는 주소 컴퓨터를 필요로 하지 않는다. ③ 3주소 방식 : 이 방식은 제1연산수, 제2연산수의 기억 장소에 주소 외에 A와 B를 연산한 결과, 즉 답을 기억하여야 할 장소의 주소 등 모두 세 개의 주소를 지정하는 방식. ④ 4주소 방식 : 제1연산수, 제2연산수, 답의 기억 장소, 다음에 실행할 명령이 기억되어 있는 장소 등 네 개의 주소를 지정하는 방식. ⑤ 1과 1/2주소 방식 : 명령어에 기능부와 주소부 외에 색인부라는 부분을 설치하는 경우가 있다. 특히 색인부를 설치한 1주소 방식을 1과 1/2주소 방식이라고 한다. 이것은 프로그램의 융통성을 높이고 컴퓨터를 사용하기 쉽고 편리하게 하기 위해서이다.

address comparator[–kámpərèitər] **주소 비교기** 주소가 올바르게 읽혀졌는지 비교하고 검사하는 장치이다. 이것으로 읽혀진 주소와 지정된 주소를 비교한다.

address compare control[–kəmpέər kəntróul] **주소 비교 제어**

address component[–kəmpóunənt] **주소 구성 요소**

address computation[–kàmpjutéiʃən] **주소 계산** 주소 변경을 위해 주소부에 연산을 실행하는 것.

address constant[–kánstənt] **주소 상수** 기억 장치의 주소를 계산하기 위해 사용되는 값. 또는 값을 표현하는 식.

address constant literal[–lítərəl] **주소 상수 리터럴**

address conversion[–kənvə́ːrʃən] **주소 변환** 상대 주소를 절대 주소로 또는 그 반대로 변환하는 것. 컴퓨터를 사용하거나 어셈블리 프로그램을 이용하거나 사람의 손으로 직접 하기도 한다.

address counter[–káuntər] **주소 계수기** CPU

다음에 실행하는 명령이 몇 주소의 명령인가를 기억하고 있는 레지스터. 순차 제어 방식에서는 주소 계수기가 나타내는 주소의 명령이 CPU에 의해서 판독되고 해석되어 명령이 실행된다. 실행과 더불어 주소 계수기에 $+n$이 가해진다(명령이 1단어로 구성되면 +1, 2단어이면 +2, 3단어이면 +3이 됨). 그리고 명령 실행이 종료되면 주소 계수기가 나타내는 주소의 명령이 판독되며, 순차로 이 동작을 반복한다. 그러나 점프 명령에 의해 주소 계수기의 내용을 변경하는 것이 가능하다. 이 기능에 의해 프로그래밍에 유연성을 부여할 수 있으며 광범위한 응용이 가능하다.

address decoder[–diːkóudər] **주소 디코더** 특종 주소로 지정된 출력선에만 신호를 내는 장치.

address development[–divéləpmənt] **주소 전개**

address dictionary[–díkʃənəri(ː)] **주소 사전**

address effective[–iféktiv] **유효 주소**

address error[–érər] **주소 오류**

address error exception[– iksépʃən] **주소 오류 예외**

address fault[–fɔ́ːlt] **주소 장애**

address fetch[–fétʃ] **주소 인출**

address field[–fíːld] **주소란** 컴퓨터 단어에서 주소부나 주소를 유도해낼 수 있는 정보를 나타내는 부분.

address format[–fɔ́ːrmæt] **주소 형식** 컴퓨터 명령(instruction)의 주소부의 배열 형식. 즉, 명령어 중에서 주소를 지정하고 있는 부분을 말한다. 명령 분류 방식의 하나이기도 하다. 한 개의 명령 가운데 표시되는 주소의 수를 표시한다. 1주소, 2주소, 3주소, 4주소 등으로 부르며, 다음에 실행해야 하는 명령의 기억 장소를 나타내는 주소가 그 명령 가운데 포함되어 있는 경우는 1+1 주소, 2+1 주소와 같이 +1을 사용하여 구분하고 있다. 또 자기 디스크 등의 보조 기억 장치 상의 주소에서 사용되는 것도 있다.

address generation[–dʒènəréiʃən] **주소 생성** 랜덤 액세스 기억 장치(RAM)에 랜덤으로 데이터를 기록할 때, 데이터의 키에서 계산에 의해 주소를 만들어내는 것.

address generator[–dʒénərèitər] **주소 발생기**

address halt[–hɔ́ːlt] **주소 정지**

address incrementer[–ínkrəmentər] **주소 증가기** 주소를 증가시키는 회로. 주소는 일반적으로 주소 레지스터에 유치된다. 하나의 명령이 실행되면 주소 레지스터는 다음의 명령이 존재하는 주소로 변경되는데, 대부분의 경우 이것은 1만큼씩 증가한다. 이와 같이 주소를 증가시키는 회로를 말한다.

addressing[ədrésiŋ] *n.* **주소 지정, 어드레싱** 컴퓨터의 기계어 레벨 개념이다. 명령이 지정하는 피연산자를 기억 장치에서 주소를 지정하여 얻거나 지정한 주소에 저장하는 것을 말한다. 주소 지정은 캐릭터 또는 바이트 머신에서는 문자 단위로 행하고 워드 머신에서는 워드마다 행한다. 주소 지정의 양식(주소 지정 모드)에는 직접, 간접, 리터럴(literal)의 세 종류가 있고 여기에 다시 기준 레지스터나 인덱스 레지스터 수식이 가해진다. 명령이 실행될 때 컴퓨터의 제어부에 판독되어 실효 주소가 결정된다. 이 실효 주소의 결정법을 지정하는 것을 주소 지정이라고 한다. ⇨ 표 참조

addressing arrangement[–əréindʒmənt] **주소 지정 방식** ⇨ addressing

addressing capacity[–kəpǽsiti(ː)] **주소 용량**

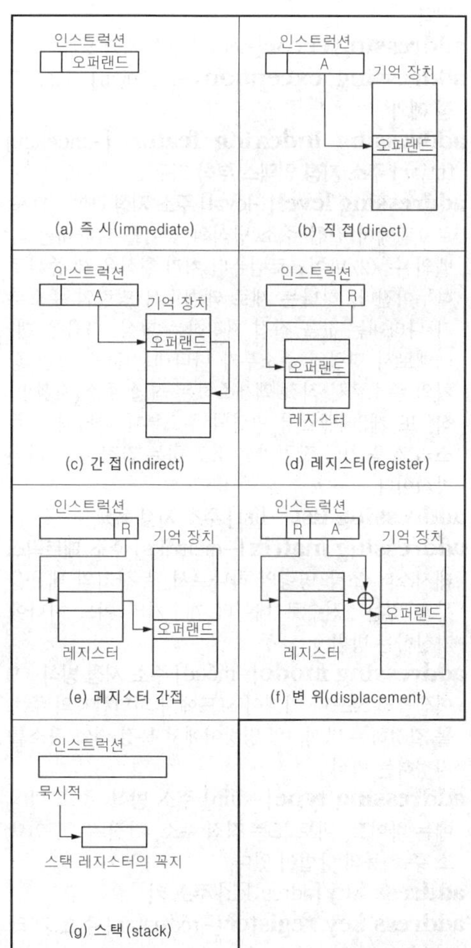

〈각 주소 지정 방식의 비교〉

〈각 주소 지정 방식의 장 · 단점〉

지정 방식	알고리즘	주요 장점	주요 단점
즉시	Operand=A	기억 장치의 접근이 없음	오퍼랜드의 크기가 제한됨
직접	EA=A	간단함	주소 공간이 제한됨
간접	EA=(A)	큰 기억 공간에 유리함	기억 장치 접근이 많아짐
레지스터	EA=R	기억 장치의 접근이 없음	주소 공간이 제한됨
레지스터 간접	EA=(R)	큰 기억 공간에 유리함	여분의 기억 참조가 필요함
변위	EA=A+(R)	유연성	복잡함
스택	EA=스택 꼭지	기억 장치의 접근이 없음	응용성이 제한됨

addressing character[–kǽrəktər] **주소 지정 문자** 컴퓨터가 회선으로 보낼 수 있는 식별 문자로서, 컴퓨터의 메시지를 특정국에 송신하기 위해 사용한다.

addressing domain[–douméin] **주소 지정 영역**

addressing error[–érər] **주소 지정 오류**

addressing exception[–iksépʃən] **주소 지정 예외**

addressing indexing feature[–índeksiŋ fíːtʃər] **주소 지정 인덱스 부착 기구**

addressing level[–lévəl] **주소 지정 레벨** (1) 프로그램에서 간접 주소 방식의 깊이를 나타내는 레벨의 수. (2) 마이크로컴퓨터 처리 형식은 세 종류로 나누어진다. 하나는 제로 레벨로서 명령의 주소부가 나타내는 값을 직접 처리하는 형식, 다음은 제1 레벨로서 명령의 주소부가 나타내는 값을 기억 장치의 주소로서 직접 액세스하는 직접 주소 지정 방식, 또 제2레벨로서 명령의 주소부가 나타내는 주소의 값을 기억 장치의 주소로 하는 간접 주소 지정 방식이다.

addressing list[–líst] **주소 지정 목록**

addressing matrix[–méitriks] **주소 매트릭스** 레지스터 조작 명령의 하나로서, 누산기의 내용을 부호 있는 2진수로 데이터 계수기의 어느 하나에 가산하는 방법.

addressing mode[–móud] **주소 지정 방식** (1) 어셈블리 코드나 기계어 코드에서 피연산자의 주소를 결정하는 방식. (2) 명령어에서 특정 기억 장소를 지정하는 방식.

addressing type[–táip] **주소 방식** 주소 방식에는 바이트, 비트 또는 직접 주소, 간접 주소, 인덱스 주소 등의 방법이 있다.

address key[ədrés kíː] **주소 키**

address key register[–rédʒistər] **주소 키 레지스터**

addressless instruction format[ədréslis instrʌ́kʃən fɔ́ːrmæt] **무주소 명령어 양식** 주소 부분이 없는 명령어 형식. 이 형식에서는 명령어가 자동으로 정해진 로케이션을 참조한다. 제로 주소 형식이라고도 한다.

address line[ədrés láin] **주소 선** 데이터를 기억시키거나 읽을 때 데이터의 위치를 나타내는 주소를 입력시켜 주기 위해 사용되는 신호선.

address mapping[–mǽpiŋ] **주소 대응** 논리 주소에서 하드웨어와 대응하는 물리적인 실제 주소로 변환하기 위한 표. 어셈블 단계에서 사용되는 방법이다.

address mapping table[–téibəl] **주소 사상표** 인터넷 상의 컴퓨터들의 물리 주소를 논리 주소로 변환하는 표. 또는 메모리의 상대 주소값을 절대 주소값으로 바꾸어주는 표. 운영 체제에 의해 관리된다.

address mark[–mάːrk] **주소 마크** 인덱스, ID (식별자), 데이터, 삭제 데이터 등과 같은 디스크의 트랙 상에 있는 특별한 비트의 첫머리에 사용되는 8비트 코드.

address mark search[–sɔ́ːrtʃ] **주소 마크 서치**

address mode[–móud] **주소 방식**

address modification[–mὰdifikéiʃən] **주소 수정, 주소 변경** 프로그램 수정의 하나로 컴퓨터 명령(instruction)을 실행하는 데 그 명령이 사용되는 기억 주소 또는 레지스터를 변경하여 명령의 효과를 변경하는 조작. 즉, 주소 지정 방식의 하나이며, 실효 주소를 결정할 때 명령의 피연산자부에 지정된 인덱스 레지스터나 기준 레지스터의 내용을 해당 명령중의 피연산자부의 지정 주소에 가산하는 것이다.

address modified instruction[–mάdifàid instrʌ́kʃən] **주소 참조 명령** 기계어 명령의 피연산자의 주소를 지정하는 명령. 주소 지정 명령 방식에는 직접 주소, 기본 주소, 상대 주소 등이 있다. ⇨ relative address, immediate address

address modifier[–mάdifὰiər] **주소 수정자**

address out file[–áut fáil] **주소 아웃 파일**

address part[–pá:rt] **주소부** 명령어의 일부로, 그 명령어의 대상이 되는 데이터가 기억되어 있는 주소를 가진 부분이며 피연산자(operand)라고 한다. 다음에 실행될 명령의 주소가 들어 있는 것도 있다. 명령의 종류에 따라 바뀐다.

address pointer[–pɔ́intər] **주소 포인터**

address processor[–prásesər] **주소 처리기** 피연산자 인출을 할 경우에 그 주소를 계산하거나 수행될 명령 순서가 바뀔 때 다음에 수행될 명령의 주소를 계산하는 회로.

address reference[–réfərəns] **주소 참조**

address register[–rédʒistər] **주소 레지스터** 기억 장치 안에서 처리하는 데이터의 주소를 넣어 두는 레지스터. 즉, 현재 실행되고 있는 명령어 주소를 갖고 있는 레지스터를 말한다. 이것은 제어 장치의 일부이며 명령의 기억 장소를 기억 장치에 알리기 위해 사용한다.

address-relative[–rélətiv] **주소 상대**

address relocation[–ri:loukéiʃən] **주소 재배치**

address resolution protocol[–rèzəlú:ʃən próutəkɔ̀(:)l] **주소 해결 프로토콜** 네트워크에 접속되어 있는 컴퓨터의 인터넷 주소(IP 주소)와 이더넷 주소를 대응시키는 프로토콜.

address selection[–səlékʃən] **주소 선택** 기억 장치 안에 정보를 기록하거나 읽는 경우, 기억 장치 안의 어디에 그것을 할당할지를 지정하는 것.

address size[–sáiz] **주소 크기** 직접적으로 기억 장소의 주소를 지정하는 데 사용되는, 명령어에 포함되는 2진수의 비트 수.

address space[–spéis] **주소 공간** 프로그램 작성 상 사용되는 기억 주소의 전체 범위. 주소 공간에는 논리 주소 공간과 실제 주소 공간이 있는데, 실제 주소 공간이란 컴퓨터의 내부 기억 영역으로 주소가 가능한 것이다. 논리 주소 공간이란 다만 프로그램 작성 상 사용되는 것으로 가상 주소 공간(virtual address space)이라고도 하며, 프로그램의 실행시에는 실주소 공간으로 바꿀 필요가 있다.

address space creation[–kriéiʃən] **주소 공간 작성**

address space extension[–iksténʃən] **주소 공간 확장**

address space identifier[–aidéntifàiər] **주소 공간 식별자**

address space management[–mǽnidʒmənt] **주소 공간 관리**

address stop[–stáp] **주소 스톱** 계산 실행중 어떤 장소의 상태를 검사하는 경우에 주소 장소에서 적당히 스톱시키는 것.

address storage display light[–stɔ́:ridʒ displéi láit] **주소 저장 표시등** 선택된 주소의 비트 패턴을 알려주는 제어판 상의 표시등.

address strobe[–stróub] **주소 스트로브 신호**

address system[–sístəm] **주소 방식** 주소를 지정하는 방식으로서 1주소 방식, 2주소 방식, 3주소 방식, 1+1 주소 방식, 2+1 주소 방식, 2+1 주소 방식이 있으며 메이커나 기종에 따라 다르다.

address table sorting[–téibəl sɔ́:rtiŋ] **주소 테이블 분류**

address trace[–tréis] **주소 추적**

address track[–trǽk] **주소 트랙** 자기 디스크 장치 등의 데이터 기록 매체에서 트랙 상에 기록되어 있는 데이터의 기록 장치를 지정하는 데 쓰이는 주소가 들어 있는 트랙.

address translation[–trænsléiʃən] **주소 변환** 버퍼 메모리가 있는 컴퓨터에서 논리 주소를 실제 주소(real address)로 변환함과 동시에 논리 주소 또는 실제 주소를 버퍼 메모리 상의 실제 주소로 변환하는 것. 또 단지 주소 수식을 가리키는 경우가 있다. 가상 기억 시스템에서 사용되는 조작을 말하며, 가상 주소를 실제 주소로 변환하는 것. 실제로는 프로그램을 실행할 때 각 명령의 실행에 앞서 「가상 주소」가 작성된다. 이 주소가 그때마다 실제 주소 공간(주기억 장치를 말함) 안의 주소(실제 주소)로 변환시킨다. 이 변환 기구 자체를 「동적 주소 변환 기구」라고 부른다.

address translation buffer[–bʌ́fər] **ATB, 주소 변환 버퍼** 주소 변환의 고속화를 목표로 한 연상 기억 장치. 키부와 데이터부로 구성되는 몇 개의 엔트리로 구성된다. 각 엔트리는 논리 주소와 실제 주소가 축적되어 주소 변환시 ATB 가운데 논리 주소와 일치하는 키를 가진 엔트리가 있으면 그 데이터부에서 실제 주소를 얻을 수 있다. 이 때문에 주기억 상의 주소 변환 테이블 색인이 필요없어 주소 변환의 고속화가 가능하게 된다. 또한 TLB(translation lookaside buffer)라고 불리는 경우도 있다.

address translation table[–téibəl] **주소 변환 테이블**

address translator[–trænsléitər] **주소 변환 기구** 가상 주소를 실제 주소로 변환하는 기능을 가진 회로.

add-subtract time[ǽ(:)d səbtrǽkt táim] **가감산 시간** 단지 1회의 가산 또는 감산에 필요한 시간.

add-time[–táim] **가산 시간** 대개 1회의 가산에 요하는 시간을 말하며 기억 장치에서 수치를 꺼내는 시간은 포함되지 않는다. 오늘날에는 컴퓨터 가산 시간의 시간 단위로 마이크로초 10^{-6} 초(μs)나 나노(nano) 10^{-9} 초(ns)가 사용되고 있다.

add to storage[-tu stɔ́:ridʒ] **저장 장치 가산** 누산기의 최종 합을 컴퓨터 기억 장치에 직접 넣는 과정.

ADESS 기상 데이터 자동 편집 중계 장치 atomated data editing and switching system의 약어. 기상청이 도입한 통신을 위한 시스템. 일본, 아시아 지역, 미국, 인도, 오스트레일리아 등의 기상 기관과 연결되어 각지에서 보내온 기상 정보를 판별·식별·편집 등의 처리를 거쳐서 필요한 지역으로 필요한 시각에 보낸다.

A/D interface 아날로그-디지털 인터페이스 아날로그-디지털 변환기(ADC)의 기능에 유용한 부시스템으로, 이 장치를 이용해야만 ADC를 컴퓨터에 연결시켜 사용할 수 있다.

ADIS 데이터 교환 시스템 a data interchange system의 약어.

ADJ 인접 연산자 불 연산의 인접(adjacent)을 표시하는 연산자. 검색에서 두 개의 항목 사이에 ADJ를 넣으면 이들 두 개의 항목이 인접하여 나타나는 텍스트가 검색 대상이 된다.

adjacency[ədʒéisənsi(:)] *n*. **인접성** (1) 문자 인식에서 같은 줄에 인쇄된 인접한 두 개의 문자 간격이 지정된 거리보다 가까운 상태. (2) 문자의 인식과 인쇄 상태에 사용되는 용어로서 이웃한 두 개의 문자 사이의 간격.

adjacency list[-líst] **인접 목록** 그래프의 구조를 연결 목록을 이용하여 표현하는 한 방법. 그래프의 각 정점에 인접한 정점들을 각각 하나의 노드(node)에 보관하여 한 개의 연결 목록을 구성하며 각 목록에 대한 포인터를 1차원 배열로 저장한 구조이다.

adjacency matrix[-méitriks] **인접 행렬** 그래프의 구조를 표현하기 위해 정점 수만큼의 열과 행을 가진 행렬을 이용하는 방법. 정점 i와 j 사이에 간선(edge)이 있으면 i번째 행과 j번째 열의 원소가 1, 그렇지 않으면 0으로 표시된다.

adjacency multilist[-mʌ́ltilist] **인접 다중 목록** 그래프의 구조를 표현하기 위해 노드를 공유하는 다중 목록을 이용하는 방법. 그래프의 각 정점에 대해 그 점에 연결된 선분들을 각각 한 개의 노드에 저장하여 연결 목록을 구성하며, 각 노드는 두 개의 링크 필드로서 두 목록에 속할 수 있고, 각 목록의 포인터(pointer)들은 1차원 배열에 저장하는 구조이다.

adjacency structure[-strʌ́ktʃər] **인접 구조**

adjacent[ədʒéiʃənt] *a*. **인접의**

adjacent channel[-tʃǽnəl] **인접 채널** 주파수 대역이 기준 채널의 주파수 대역에 인접해 있는 채널.

adjacent-channel interference[-intərfí(:)rəns] **인접 채널 간섭** 두 개의 채널 주파수 대역이 지나치게 근접하여 한 채널의 측파대가 다른 채널에 이어지는 것.

adjacent-channel selectivity[-səlektíviti(:)] **인접 채널 선택성** 수신지가 원하는 신호에 인접한 채널이나 신호를 거부하는 능력을 관장하는 특성.

adjust[ədʒʌ́st] *v*. **조정하다, 조절하다** (1) 조정하다(일반적인 의미). (2) 문자의 위치를 맞추다.

adjustable[ədʒʌ́stəbl] *a*. **조정 가능한**

adjustable array[-əréi] **정합 배열(整合配列)**

adjustable declarator subscript[-diklǽrətər sʌ́bskript] **정합 선언자 첨자**

adjustable dimension[-diménʃən] **정합 치수**

adjustable extent[-ikstént] **조정 가능 영역**

adjustable-size aggregate[-sáiz ǽgrigət] **정합 치수 집합체** 첨자의 범위 부분 또는 전체가 동적으로 주어지는 가인수(假引數)를 갖는 집합체.

adjustment[ədʒʌ́stmənt] *n*. **조정, 조절**

ADM 적응 델타 변조 adaptive delta modulation의 약어. 델타 변조에서 스텝 사이즈를 음성 신호의 진폭 크기에 따라 변화시키는 방식.

administrative[ədmínistrèitiv] *a*. **관리의, 경영상의, 행정적인** 기업 내에서 생산이나 판매라고 하는 직접 활동의 결과, 발생하는 정보를 관리하기도 하고 지령(명령)을 내리는 분야라는 의미. 최고 관리를 겸하는 경영자의 의사 결정 분야는 제외된다. 예를 들면, 회계 사무, 경리, 인사, 생산 관리 등과 같은 관리 사무에 적용되는 데이터 처리를 경영 데이터 처리(business data processing)라고 한다.

administrative data processing [-déitə prásesiŋ] **행정 데이터 처리** 회계 사무 또는 관리 사무에 관한 기록, 분류, 요약 등의 행정적 데이터를 처리하는 것.

administrative engineering information management system[-endʒəníəriŋ ìnfərméiʃən mǽnidʒmənt sístəm] **AEIMS, 설계 개발 관리 정보 시스템**

administrative information[-ìnfərméiʃən] **행정 정보** 다른 사람이 자세히 알아볼 수 있도록 어떤 개인이 만들어낸 원문 그대로의 정보.

administrative line printer[-láin príntər] **관리용 라인 프린터**

administrative operator[-ápərèitər] **관리**

조작원

administrative operator station [-stéiʃən] **관리 조작원 단말 장치**

administrative privilege [-prívilidʒ] **관리적 특권** 시스템 관리자에게 주어지는 특권으로, 시스템 관리자 권한, 데이터 베이스의 제어와 유지 등의 관리 권한, 시스템 운영자 권한 등을 의미한다.

administrative security [-sikjú(:)riti(:)] **관리 안전 보호**

administrative station [-stéiʃən] **관리용 단말 장치**

administrative terminal [-tə́:rminəl] **관리용 단말**

administrative terminal printer [-príntər] **관리용 단말 프린터**

administrative terminal system [-sístəm] **ATS, 사무 관리용 단말 시스템** 양쪽의 통신 회선으로 단말기가 컴퓨터와 접속된 시스템으로서, 컴퓨터에 텔렉스 내용을 입력하여 정정, 변경한 다음 컴퓨터에서 텍스트를 출력하는 것이 프로그램에 의해 제어된다. ⇨ 그림 참조

administrative time [-táim] **관리 시간** 정지 시간 가운데 보전 시간, 보급 대기 시간을 제외한 시간.

administrator [ədmínistrèitər] **관리자** 데이터 베이스, 서버 등에서 시스템 전체의 조정과 보수를 담당하며, 네트워크 시스템의 운영상 최고 권한을 갖는 자. 시스템 관리자를 말한다.

admissibility [ədmisibíliti(:)] *n.* **허용성** 탐색 알고리즘의 성질로서 임의의 그래프에 탐색 알고리즘을 적용할 때 시작 노드에서 목적 노드까지의 탐색이 최적 경로로 끝날 수 있는 경우.

admissible mark [ədmísible má:rk] **허용 마크** 계산을 위한 컴퓨터 설비나 여러 언어에 사용될 수 있는 표시. 부호, 숫자, 문자 등을 결정하는 특정한 규칙이나 약속.

admission scheduling [ədmíʃən skédʒuliŋ] **승인 스케줄링** ⇨ high-level scheduling

Adobe Illustrator **일러스트레이터** ⇨ Illustrator

Adobe ImageReady **이미지레디** ⇨ ImageReady

Adobe systems Inc. [ǽdoubi sístəmz inkɔ́:rpərèitəd] **어도브 시스템즈 사** 컴퓨터 그래픽을 전문으로 하는 미국의 소프트웨어 회사. 유명 제품은 레이저 프린터에서 거의 표준으로 인정되는 포스트스크립트(PostScript) 언어, 일러스트레이터, 포토샵 등이 있다.

ADP **자동 데이터 처리** automatic data processing의 약어. 데이터 수집에서부터 파일의 갱신, 결과의 표 작성 등 일련의 데이터 처리를 기계화함으로써 자동으로 처리하는 것. 기계화의 정도에 따라 사람이 개입하는 부분이 바뀌는데, PCS(punch card system) 같은 초보적인 것도 ADP라고 부른다. 컴퓨터와 같은 전자 장치를 사용한 경우에는 EDPS로 불리고 있으며 거의 같은 의미로 쓰이고 있다.

ADPCM **적응 차등 펄스 코드 변조 방식** adaptive differential pulse code modulation의 약어. 펄스 코드 변조(PCM), 차등 펄스 코드 변조(DPCM)에서 진폭이 큰 경우에는 스텝 사이즈를 크게 하고 작은 경우에는 작게 해서 신호 변화에 따를 수 있도록 한 방식.

〈사무 관리용 단말 시스템(PC-FAX)〉

ADPE 자동 데이터 처리 장치 automatic data processing equipment의 약어.

ADPS 자동 데이터 처리 시스템 automatic data processing system의 약어. 자동으로 다량의 데이터를 처리하는 시스템.

ADP system security ADP 시스템 안전 보호

ADS 정확히 정의된 시스템 accurately defined system의 약어.

ADSL 비대칭 디지털 가입자 회선 asymmetric digital subscriber line의 약어. 1989년 미국의 벨코어 사가 개발해낸 데이터 전송 기술. 기존의 전화망을 이용하여 음성 통신을 그대로 이용하면서도, 음성 데이터에 사용되지 않는 4Hz 이상의 높은 주파수 대역을 이용하여 데이터를 전달하기 때문에, 고속 데이터 통신이 가능하면서도 음성과 데이터 전송이 동시에 가능하다. ADSL은 이름에서도 알 수 있듯이 상향(자료 보내기)과 하향(자료 내려받기)의 속도가 서로 다른데, 하향 서비스 속도는 최대 8Mbps인 데 비해 상향 서비스는 640kbps까지로 제한되어 있다. 56kbps 고속 모뎀은 물론 ISDN(최대 128kbps), T1(1,544Mbps)급 전용 회선의 속도와 비교해도 결코 뒤지지 않을 정도로 속도가 빠르기 때문에, 초고속 통신망이라는 표현이 가장 잘 어울리는 서비스라고 할 수 있다. 게다가 가격면에서도 초기 설치 비용으로 약 10만원 정도가 소요되고, 매월 4만원 정도의 사용료만 내면 되기 때문에 네티즌들로부터 큰 호응을 얻고 있다. ⇨ 그림 참조

ADT 활동 디스크 테이블 active disk table의 약어.

ADU 자동 다이얼 장치 automatic dialing unit의 약어.

advance[ədvǽːns] *v.* **진척시키다, 행을 이송하다** (1) 전진시키다 : 디스플레이나 인쇄 용지(printer sheet) 상에서 동작 위치, 즉 다음에 처리(입출력)하려는 문자 위치를 문자를 읽는 방향 또는 문자를 읽는 방향에 직각인 방향으로 진행시키는 것. 동작 위치를 동일 행 내에서 후퇴시키는 것을 백 스페이스라고 한다. (2) 행 이송 : (1)에서 인쇄 용지 상에서 동작 위치를 다음 행으로 진행시키는 것. 동작 위치를 개행(改行 ; line feed)이라고 하지만, 대개 개행했을 때는 동작 위치가 동일 행의 첫 문자 위치로 이동(carriage return ; 복귀)한다. (3) 파일 중 다음 레코드를 프로그램에서 사용 가능하도록 하는 것. (4) advanced의 형으로도 많이 쓰인다. 예를 들면, advanced system이라고 하면 더 성능이 우수한 컴퓨터를 중심으로 한 시스템을 가리키기도 하며, advanced course라고 하면 「기본적인 코스」의 상대적인 개념으로 상급자 지향의 교육, 훈련 코스 등을 가리킨다.

advanced[ədvǽːnst] *a.* **고도의, 확장형**

advanced basic input/output system [–béisik ínput áutpùt sístəm] **진보형 바이오스** ⇨ ABIOS

advanced communication[–kəmjùːnikéiʃən] **AC, 확장 통신**

advanced communication function [–fʌ́nkʃən] **ACF, 확장 통신 기능**

advanced computing environment [–kəmpjúːtiŋ inváirənmənt] **차세대 컴퓨터 환경 장시** ⇨ ACE

advanced configuration and power interface[–kənfìgjuréiʃən ənd páuər íntərfèis] **고급 구성과 전원 인터페이스** ⇨ ACPI

advanced control[–kəntróul] **선행 제어** 컴퓨터 제어 방식의 일종으로, 병렬 조작 기능을 철저하게 하고 중앙 처리 장치 내의 동작도 병렬적으로 행하도록 한 방식. 중앙 처리 장치가 프로그램을 실행할 때 어떤 명령의 실행중에 그 다음에 실행되는 명령을 미리 판독하여 실행 준비를 하는 방식을 말한다. 이 방식은 하나의 명령이 종료되고 나서 다음의 명령을 판독해 나가는 축차 제어 방식에 비해서 고속 처리가 가능하므로 대형 컴퓨터에 사용되고 있다. 예를 들면, 하나의 명령 실행중에 다음 명령을 해독하는 것이다.

advanced data communication control

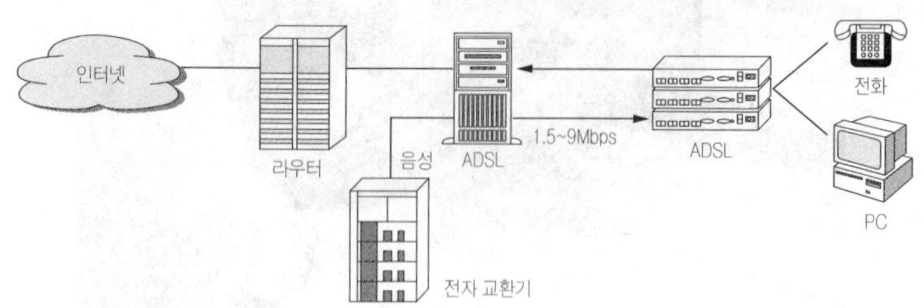

〈ADSL을 이용한 인터넷망 구성도〉

procedure[–déitə kəmjù:nikéiʃən kəntróul prəsí:dʒər] ADCCP, 고급 데이터 통신 제어 절차 미국 표준 연구소(ANSI)에서 제정한 비트 중심 데이터 링크 제어 절차.

advanced mode[–móud] 확장 모드

advanced power management[–páuər mǽnidʒmənt] ⇨ APM

advanced program to program communications[–próugræm tu próugræm kəmjù:nikéiʃənz] 진보형 프로그램 간 통신 ⇨ APPC

advanced research project agency network[–risə́:rtʃ prədʒékt éidʒənsi(:) nétwə̀:rk] ARPA 네트워크 미국 국방성(DoD)에서 사용하고 있는 컴퓨터 네트워크.

advanced robot technology[–rábət teknálədʒi] 첨단 로봇 기술 고도의 기능을 가진 로봇에 관련된 기술. 고도의 기능을 가진 로봇이란 어느 정도 자율적으로 동작을 할 수 있고, 비교적 복잡한 작업도 가능하며, 이를 위한 시각 등의 센서도 고기능인 로봇을 말한다. 예를 들어 원자력 로봇, 우주용 로봇, 해양 로봇 등인데, 이러한 고기능 로봇을 개발하기 위한 하이테크놀러지를 첨단 로봇 기술이라고 한다. 구체적으로는 로봇의 작업을 유연하게 하기 위한 매니퓰레이터(manipulator), 로봇의 경우 인간의 팔에 해당하는 부분에 관한 기술, 이동 기술, 센서 기술, 이러한 기술들을 처리하기 위한 인공 지능 기술, 로봇의 한정된 인식 능력이나 판단 기능을 인간이 가진 뛰어난 기능으로 보완하기 위한 사람-기계 인터페이스 기술 등을 말한다.

advanced storage magneto optical[stɔ́:ridʒ mægní:tou áptikəl] ASMO, 아스모 ⇨ ASMO

advanced television[–téləviʒən] ACTV, 고화질 텔레비전 현재의 텔레비전 방송 시스템에서는 한계성이 이미 드러난 해상도를 높이고 섬세하고 선명한 화상과 풍부한 현장감을 제공하는 것을 목적으로 하는 텔레비전 시스템. ACTV의 장점에는 기존의 지상 방송과 같은 대역폭(帶域幅 : 6MHz)으로 전송하므로 현행의 컬러 텔레비전 방식(NTSC)과 호환성이 있고, 주사선(走査線)의 수가 NTSC의 두 배인 1,050개로 고화질을 얻을 수 있으며, 화면의 가로와 세로 비율이 5대 3인 것 등이 있다. 하이비전은 주사선 수가 1,125개이며, 텔레비전 화면의 가로와 세로의 비율도 현재 4대 3인 데 반해 16대 9이다. IDTV는 송신 방식은 바꾸지 않고 수상 기기의 개선으로 모든 주사선에 화상을 비치도록 한 것이다. EDTV는 화질 수준이 현재의 텔레비전과 하이비전의 중간 정도로 예상하고 있다.

advanced traffic information system[–trǽfik infərméiʃən sístəm] 첨단 교통 정보 시스템 ⇨ ATIS

advance-feed tape[ədvá:ns fí:d téip] 선주입 테이프 주입 구멍의 앞쪽 끝이 정보 구멍의 앞쪽 끝과 일치되어 천공된 종이 테이프. 해석되지 않은 테이프의 선단과 후미의 차이점을 바로 구별할 수 있다.

advance item technique[–áitəm tekní:k] 선진 항목 기법 데이터의 실제 위치에 관계없이 레코드들을 특별한 순서로 그룹짓는 프로그래밍 기술.

advantage[ədvá:ntidʒ] *n.* 이점, 이익, 장점

adventure game[ədvéntʃər géim] 어드벤처 게임 어떤 상황을 설정하고 주인공이 그 안에서 주어진 사건을 해결하는 과정을 게임으로 구성한 것. 게임 당사자는 자신에게 부여된 상황을 적절히 대처하여 명령함으로써 이야기를 이끌어 나간다. 이것은 단순한 전자 오락에 비해 스토리 전개를 흥미롭게 함으로써 상상력이 부가되는 수준 높은 게임이라고 할 수 있다.

advertising[ǽdvərtàiziŋ] 애드버타이징 네트워크 관리에 필요한 정보를 정기적으로 송출하는 것.

advice[ədváis] *n.* 조언 규칙을 적용할 때 발생하는 조합적 복잡성의 어려움을 최소화하기 위해 지능적인 방식으로 이끌어가는 제어 정보.

advice taking[–téikiŋ] 조언 접수 지시자에게 받은 조언에 따라 학습자가 행위를 수정하는 학습 형태.

advisory system[ədváizəri(:) sístəm] 조언 시스템 대화 과정에서 명령 형식으로 대응하지 않고 조언의 형식을 취한 전문가 시스템. 일반적으로 조언 시스템에서는 조언에 대한 설명 기능이 포함되며, 사용자에게는 좀더 추상적인 단계에서 알기 쉬운 세밀한 단계까지 접근시켜 준다.

ADware 애드웨어 악성 코드 프로그램의 일종으로 사용자 정보는 빼가지 않고 광고만 보여주는 프로그램. ⇨ spyware

AED 설계용 확장 알골 ALGOL extended for design의 약어.

AEIMS 설계 개발 관리 정보 시스템 administrative engineering information management system의 약어.

AES application environment specification의 약어. OSF가 정하고 있는 응용 프로그램에 대한 인터페이스 사양의 총칭. 여기에는 OSF/4F의 system call이나 OSF/Motif의 GUI가 들어 있으며 이 AES를 준수하여 만들어진 응용 프로그램은 다른 기종의 OSF 시스템에서도 운영된다.

AET sensor **AET 센서** adsorption effect transistor sensor의 약어. 흡착 효과 트랜지스터라 불리는 반도체 표면과 외부의 기상, 또는 액상과의 화학 포텐셜에 의해 지배되는 계면 준위의 생성과 소멸을 이용한 센서. 센서의 기본 구조로서 FET(전계 효과 트랜지스터)가 사용되고, 주로 가스 검지(檢知)에 쓰이고 있다. FET의 게이트 전극 상에 이온화된 가스가 흡착되면 게이트의 표면 전위가 영향을 받아 소스나 드레인 간의 전류를 제어한다. 화학의 종류를 달리하는 분자(이온)는 화학 흡착하여 상이한 표면 화학물을 만들고, 고유한 표면 전위를 형성하기 때문에 이 특성을 이용하면 특정한 가스를 선택적으로 감지할 수 있다. 구체적 AET 센서로서 V_2O_5 박막 표면에 은(Ag)을 증착한 이산화질소 가스 검지용 센서가 알려져 있다. 염소, 황화수소용 센서도 실용화되고 있다.

affect [əfékt] *v.* **영향을 미치다, 영향을 주다, 관여하다** 어떤 것이 다른 것에 작용하여 주로 바람직하지 못한 영향을 미친다는 의미로 사용된다. 어떤 명령(instruction)의 실행에 따라 레지스터의 내용이 「바뀌는」 것이나 하드웨어의 장애에 의해 컴퓨터의 동작이 정지하는 것 등 여러 가지 경우에 쓰인다. 이와 같은 의미를 가지면서 「바람직한」 영향을 주는 것에 해당되는 용어는 influence이다.

affix [əfíks] *v.* **붙이다**

affix grammar [–grǽmər] **접사 문법** C.H.A. Kister가 언어의 의미 분석을 위해 1971년경에 개발한 문법. 이것은 속성 문법(attribute grammer)과 유사점이 많다.

AFIPS **미국 정보 처리 협회 총연합회** American Federation for Information Processing Societies의 약어. 미국의 정보 처리 관계 협회의 상부 단체. 1961년의 Joint Computer Conference 주최 등의 활동이 잘 알려져 있다. 정보 처리 관계의 국제적 활동 조직의 국제 정보 처리 연합(IFIP)의 미국 대표이며, 그 협력의 기반으로 미국 정보 산업의 진흥을 위해 활약하고 있다.

AFL **추상 언어족** abstract family of languages의 약어. 언어가 있는 집합 £이 어느 연산에 관해 닫혀 있다는 것은 그 연산이 £에 포함되는 것을 말하며, £이 어느 연산에 관해 닫혀 있을 때 다른 연산에 관해서도 닫혀 있는 경우가 가끔 있다. 이러한 언어족을 통일성 있게 다루기 위해 도입된 개념.

Africa one **아프리카 원** 미국의 AT & T submarine systems 사가 계획하고 있는 프로젝트로, 1995년 6월 20일에 일본 오사카(大阪)에서 개최된 GSP 회의에서 발표되었다. 같은 날 오사카에 해저 광섬유 케이블을 부설하고, 아프리카를 하나의 지역 네트워크로 하여 세계 정보 네트워크와 연결한다는 구상이다. AT & T submarine systems 사와 아프리카 각국의 전화 회사 등이 컨소시엄을 조직하고, 1997년부터 케이블의 부설을 개시로 1999년에 완성시켰다.

AFT **활동 파일 테이블** active file table의 약어.

after chart [ǽːftər tʃáːrt] **개선 후 차트** 전산화 대상 업무를 조사 분석한 결과에 따라 장표 순서도를 개선하여 작성한 차트.

After Dark [–dáːrk] **애프터 다크** 미국 버클리 시스템즈(Berkeley Systems) 사가 개발한 매킨토시용 스크린 세이버. 현재는 윈도에도 이식되어 있다. 모듈을 받아들여 실행하는 형식으로 다양한 형태의 모듈이 판매되고 있다. 날개 달린 빵이 화면 속을 날아다니는 「플라잉 토스터」가 유명하다.

after glow [–glóu] **잔상(殘像)**

after image [–ímidʒ] **사후 이미지** 레코드가 수정된 후 그 레코드를 복사한 중복된 레코드.

after image log [–lɔ́(ː)g] **사후 이미지 로그** 트랜잭션 수행 후 데이터 베이스에 새로 기록되거나 변경된 값들의 기록.

after journal [–dʒə́ːrnəl] **사후 동작 기록**

after space [–spéis] **인쇄 후 행 이송**

AGC **자동 이득 제어** automatic gain control의 약어. 증폭기의 이득을 제어해서 자동적으로 출력 전압을 일정하게 하는 제어 방법. 예를 들면, 기억 장치에서 데이터를 판독할 때 그 신호가 극히 미약하므로 컴퓨터가 작동되는 크기의 전압으로 높이기 위한 판독 증폭기가 필요한데, 여기서 판독 증폭기의 수평 변화를 최소로 하는 것이다.

agenda [ədʒéndə] *n.* **어젠더** 문제 해결이나 컴퓨터 작동의 절차를 이루는 연산들을 순서대로 나열한 것.

agendum call card [ədʒéndəm kɔ́ːl káːrd] **어젠덤 호출 카드** 선형 계획법에서 프로그램 행렬을 취급하기 위해 이용되는 하나의 어젠더 항목이 천공되어 있는 카드.

agent [éidʒənt] **에이전트** 에이전트에 대한 정의는 에이전트를 보는 시각에 따라 매우 다양하지만 일반적으로 다음과 같이 정의할 수 있다. ① 에이전트는 특정 목적에 대해 사용자를 대신하여 작업을 수행하는 자율적 프로세스(autonomous process)이다. ② 에이전트는 독자적으로 존재하지 않고 어떤 환경(운영 체제, 네트워크 등)의 일부이거나 그 안에서 동작하는 시스템이다. ③ 에이전트는 지식 기반(knowledge base)과 추론 기능을 가지며, 자원 또는 다른 에이전트와의 정보 교환과 통신을 통해 문제를 해결한다. ④ 에이전트는 스스로 환경의 변화를 인지하고 그에 대응하는 행동을 취하며, 경험을 바탕으로 학습하는 기능을 가진다.

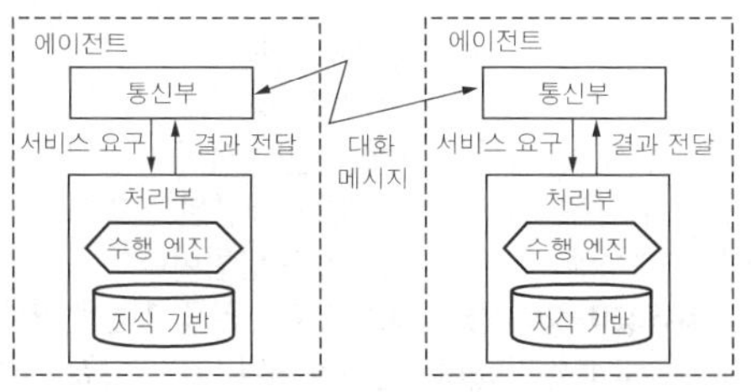

〈에이전트의 구조〉

agent processor[–prásesər] *n.* **대리 프로세스** 분산 데이터 베이스에서의 원격 사이트에서 어떤 트랜잭션을 대신하여 수행하는 프로세스.

agent set[–sét] **창구 장치** 은행의 예금 창구, 항공기나 철도의 좌석 예약 시스템 창구 등에 설치되어 있는 단말 장치와 같이 상용 실시간 컴퓨터 시스템의 영업용 입출력 장치.

aggregate[ǽgrigèit] *n.* **집합체, 기호군** 데이터 전송시에 전송되는 반송 신호로서 12개의 단측파대로 이루어진다. 프로그램 중에서 각각의 요소로도, 또한 집단으로도 참조할 수 있는 일정한 구조를 갖는 데이터 구성 요소의 집합. 이들의 데이터는 배열(array)과 같이 배열명에 따라 전체를 참조하기도 하고, 배열명의 뒤에 첨자를 계속 씀으로써 배열 요소를 식별할 수 있다. 또 레코드는 계층형의 데이터나 배열 등 다른 종류의 데이터로 이루어지지만 각각의 데이터에 이름을 붙여 참조하기도 하고, 레코드 전체에 이름을 붙여 참조하기도 한다.

aggregate argument[–áːrgjumənt] **집합체 인수** PL/I 언어에서 인수가 집합체인 것.

aggregate assignment[–əsáinmənt] **집합체 대입** PL/I 언어에서 배열 대입 및 구조체 대입.

aggregate data[–déitə] **집합체 데이터** PL/I 언어에서 배열 및 구조체의 데이터.

aggregate data rate[–réit] **종합 데이터율, 총 데이터 전송률**

aggregate function[–fʌ́ŋkʃən] **집약 함수**

aggregate method[–méθəd] **종합법** 종합 지수를 산출할 때 평균 계산을 한 다음에 비례 계산을 하는 방법.

aggregation[æ̀grigéiʃən] *n.* **집단화** 공통된 특성을 갖는 객체들 사이에 관계를 부여함으로써 더 높은 단계의 객체를 추출해내는 추상화의 한 기법.

aging[éidʒiŋ] *n.* **경년 변화** 실제 사용에 앞서 장치나 부품이 잘 융합되도록 하거나 특성을 일정한 상태로 안정하게 유지할 목적으로 그들을 일정 시간 동작시키는 것. 이렇게 하면 프로세스의 무기한 대기를 방지할 수 있다. 즉, 대기중인 프로세스의 우선 순위가 새로 도착하는 프로세스의 우선 순위보다 높아져 처리할 수 있게 된다.

AGP accelerated graphics port의 약어. 머더 보드에 장착되는 그래픽 전용 버스 슬롯. 인텔이 고안한 AGP는 66MHz의 속도를 갖고 있으며, 초당 528MHz를 전송할 수 있다. 현재 대부분의 그래픽 카드에 사용되고 있는 PCI 슬롯은 속도가 33MHz 이며, 초당 최대 132MHz를 전송할 수 있다. AGP의 더 큰 대역폭은 게임이나 3D 애플리케이션 개발자들이 보다 크고 사실적인 질감을 큰 성능 충돌 없이 비디오 메모리가 아닌 시스템 메모리에 저장하여 작동시킬 수 있게 해준다. ⇨ PCI

agree[əgríː] *v.* **일치하다, 합치하다** 어떤 실체의 특성이나 성능이 다른 실체의 요구 조건을 만족하는 것. 정합성이 보전(유지)되어 있는 것(comformable), 모순이 없는 것(consistent), 등가(equivalent) 등을 총칭하는 의미로 쓰여진다.

AHPL 하드웨어 프로그래밍 언어 a hardware programming language의 약어.

AI (1) **아날로그 입력** analog input의 약어. (2) **인공 지능** artificial intelligence의 약어. 인간의 사고 과정 또는 지적 활동을 대신하는 전기 장치. 인간 두뇌의 구조와 기능을 해명하여 인간의 일상 용어를 이해하고 물체나 도형을 인식하면서 추리하고 학습하는 능력을 가진 컴퓨터로서 자동 번역 기능이나 음성, 화상을 식별하는 패턴 인식 기능을 목표로 한다. ⇨ 표 참조 ⇨ artificial intelligence

〈지렁이 수준의 인공 지능을 가진 신경망 칩〉

AIBO 아이보 소니 사가 개발한 애완 로봇의 제품명. 리튬 이온 배터리로 작동하며, 머리와 몸체 길

〈AIBO〉

이는 274mm, 꼬리는 155mm, 중량 1.6kg 정도의 강아지 모양의 로봇. 감정이나 본능, 학습이나 성장 기능을 갖는 자율 모드가 특징이며, 리모트 컨트롤 조작에 의한 게임 모드나 뛰어난 동작을 표현하는 성능 모드가 있다.

〈인공 지능의 역사〉

연 대	주요 관심사	주요 활동 내역
1947년 ~1959년	퍼즐과 게임	사이버네틱스(cybernetics) 제창(1947년), Dartmouth 국제 회의(1956년), 인공 지능의 제창(1956년)
1960년 ~1964년	탐색과 문제 해결	LISP(1960년), GPS(1963년)
1965년 ~1969년	정리 증명과 계획	도출 원리(1965년), DENDRAL (1965년), 프로덕션 시스템(1967년), 의미네트워크(1968년)
1970년 ~1974년	지식 표현	Prolog(1973년), 프레임(1974년), MYCIN, HEARSAY-Ⅱ
1975년 ~1979년	전문가 시스템	지식공학의 제창(1977년), 시스템 구축 언어와 툴, 인공 지능 산업의 활성화
1980년 ~현재	지식 정보 처리	인공 지능 제품의 판매, 신경망, 유전자 알고리즘

AID 주의 식별자 attention identifier의 약어.

aid[éid] *n*. **보조, 에이드**

aided[éidid] *a*. **지원의, 지원형**

aided system[–sístəm] **지원 시스템** 컴퓨터의 조작 또는 그 조정 업무를 능률적으로 실시하기 위해 준비된 프로그램 그룹 또는 장치군.

AIFF 애플 인터체인지 파일 포맷 Apple interchange file format의 약어. 매킨토시 표준 음성 파일.

A ignore B gate[éi ignɔ́ːr bíː géit] **A 무시 B 게이트** B의 입력 신호를 무시하고 A의 입력 신호를 그대로 출력하는 두 입력단을 가진 2진 논리 회로. 출력은 B의 입력 신호에 관계없이 A와 같다.

A ignore B negative gate[–négətiv géit] **A 무시 B 부정 게이트** A 무시 B의 반대값을 출력하는 두 입력단을 가진 2진 논리 회로. A가 거짓일 때 결과는 참이고, A가 참일 때 결과는 거짓이다. B의 입력을 무시하는 것은 A 무시 B의 경우와 같다.

Aiken. H 에이큰 하버드 대학 교수로서, 컴퓨터 하버드 MARK-1을 만들었다(1900~1973).

Aiken-Neville iterative method 에이큰-네빌의 반복 보간법 *n*이 클 때 (*n*+1)개의 라그랑즈(Lagrange)의 보간 다항식으로 어느 한 점에서의 함수값을 계산하려는 프로그램을 작성할 경우 (*n*+1)개의 모든 점을 이용하여 계산하는 것은 복잡하고 시간 낭비이다. 또한 몇 개의 점을 써야 할지 처음부터 알 수도 없다. 이와 같은 경우에 두 점에서부터 출발해 한 점씩 증가해 가면서 선형 보간법을 적용하여 얻은 결과가 바로 전에 계산된 결과와 거의 같은 경우에 계산을 중지시키는 방법이다.

AI language 인공 지능 언어, 인공 지능용 언어 artifical intelligent language의 약어. 인공 지능 시스템의 개발에 적합한 프로그래밍 언어의 총칭으로 대표적인 것으로는 LISP, Prolog 등이 있다. 인공 지능의 기초 지식을 다루기 위해 필요한 기호 처리나 술어 논리의 처리 기능을 갖춘 것이 개발되고 있다.

aiming circle[éimiŋ sə́ːrkl] **조준 기호** 라이트 펜에 의한 검지가 가능한 영역을 표시하기 위하여 쓰인다. 표시면 상의 원 또는 특별한 형상을 표시한다.

air conditioning[ɛ́ər kəndíʃəniŋ] **공기 조화, 공조** 밀폐된 건물 안에서 환경 조건의 조절과 관리를 목적으로 하고, EDP 관계에서는 컴퓨터실의 필요한 실내 환경 조건을 유지하는 것. 구체적으로는 컴퓨터 외에 자기 테이프, 자기 디스크 등의 사용과 조건 유지에 필요한 온도 · 습도 · 방진 및 환기를 적당한 범위로 유지하는 것을 말한다. 예컨대 온도는 23±2a, 방진은 공기중 1μ 90% 제거 등으로 조정하는 것을 말한다.

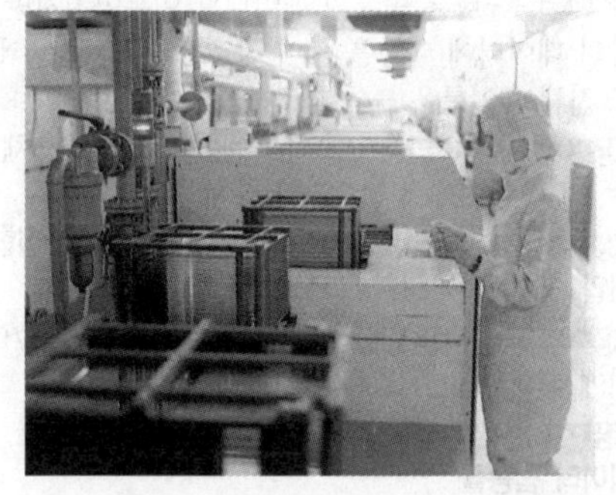

〈공기 조화〉

air interface[–íntərfèis] **무선 인터페이스** 무선 통신의 인터페이스 규약. 휴대/자동차 전화 등 이동 단말과 기지국 간의 주파수, 통신 방식, 접속 방법 등 무선 접속 조건을 총칭하는 말이다.

airline reservation system[ɛ́ərlàin rezərvéiʃən sístəm] **항공 좌석 예약 시스템** 비행기 좌석 예약, 비행 계획, 그 밖에 항공 노선의 운영에 필요한 정보를 컴퓨터 시스템으로 관리하는 온라인 적용 업무의 일종. 이 시스템은 최신의 데이터 파일을 보관, 유지하고 원격지의 대리점에서 조회가 들어오면 수 초 이내의 시간에 응답할 수 있도록 설계되어 있다.

Air Mac 에어 맥 IEEE(미국 전기 전자 기술자 협회)의 IEEE 802.11에 준해 애플 사가 루슨트 테크놀러지스 사와 공동 개발한 무선 LAN 시스템. Air Mac 베이스 스테이션이라는 중계기를 통해 최대 10대의 기계를 동시에 접속할 수 있다. PowerMac G4나 iBook, 1999년 10월 이후에 발표된 iMac 등으로 사용할 수 있다.

AIR Mosaic[–mouzéiik] **에어 모자이크** NCSA Mosaic의 라이선스를 가진 미국의 Spry 사가 개발한 웹 브라우저. 일단 접근한 서버명이나 호스트명을 트리 형상으로 목록화할 수 있다.

⇨ Explorer, Netscape

air traffic control system[–trǽfik kəntróul sístəm] **항공 교통 관제 시스템** 항공기가 출발해서 도착에 이르기까지 안전과 동시에 능률적으로 운항하기 위해, 항공기 상호 관계를 제어하는 시스템. 항공기의 제어 센터와 무선 전화에 의한 교신을 통해 위치 정보를 연락한다. 한편, 관제 센터는 각 항공기로부터의 정보에 따라 각각 적당히 지령함으로써 능률적으로 제어한다. 오늘날에는 증대하는 교통량에 대처하기 위해 컴퓨터로 데이터 처리를 해서 사람의 업무를 보조하도록 하는 시스템이 실용화되고 있다.

AIS (1) **회계 정보 시스템** accounting information systm의 약어. 정보 이론의 발전과 기술 혁신으로 회계 목적과 방법이 변화하는데, 기업 조직(회사)에 이를 적용함으로써 회계 정보를 회사 전체의 종합 시스템으로 결합하고 처리하여 경영 각층에 필요한 정보를 제공하도록 한 시스템. 회계란 계량적으로 표현된 정보를 의사 결정을 위해 제공하는 경영 정보 시스템의 주요 부분이며, 이를 위해 시스템 공학 이론이나 정보 이론을 도입하여 효과적인 운영을 도모할 수 있다. (2) **행정 정보 시스템** administration information system의 약어. 행정 정보를 통합 관리하여 여러 기관이 공동 이용함으로써 정책 결정 및 행정 처리의 신속화, 행정 자료의 중복 관리를 지양하고, 자료 관리의 표준화, 간소화로 자료의 활동도를 높이며, 대민 봉사에 기여할 수 있는 시스템.

AISP 정보 산업 전문가 협회 Association of Information Systems Professionals의 약어. 국제 워드프로세싱 연합이란 이름으로 1972년에 설립되어 미국과 캐나다에 100여 개의 조직을 두고 있다. 정보 시스템 관련 분야에 종사하는 사람이라면 누구나 가입할 수 있다.

Aitken-Steffenson method 에이트켄-스테픈슨 방법 순차 대입법의 하나. 비선형 방정식을 풀 때 사용된다. $x=(x)$ 형태의 방정식에 대해서

$$x(v+1)=((x(v))-\{(x^{(v)}-((x^{(v)}))^2\}/x^{(v)}-2(x^{(v)})+\{(x^{(v)})\}$$

에 의해 만들어지는 계열 $x^{(0)}$, $x^{(1)}$, …이 수렴되어 $\lim_{n\to\infty} x(v)$로 푸는 방법.

AIX advanced interative executive의 약어. IBM 사에서 자기 회사의 워크스테이션인 IBM RT PC를 위해 개발한 운영 체제의 한 종류.

Akihabara 아키하바라(秋葉原) 세계적으로 유명한 일본의 전자 상가. 특히 컴퓨터가 주종을 이루고 있어 「PC의 거리」라고도 부른다.

AL (1) **중속 비동기 회선 접속 기구** asynchronous line, medium speed의 약어. (2) **인공 생명** artifitial life의 약어. 생명체의 성장이나 진화를 컴퓨터로 모의 실험하는 것. 인공 지능에 관계된 연구로서 방대한 수의 세포를 고려할 때 거대한 병렬 컴퓨터가 필요하며, 연구의 방향은 여기서부터 시작되는 것이라 할 수 있다.

A language for automation[éi lǽŋgwidʒ fɔ́:r ɔ̀:təméiʃən] **ALFA, 자동화용 A 언어**

alarm[əlɑ́:rm] *n.* **경보, 경보기, 경보 장치** (1) 프로그램의 정상적인 수행에 이상이 생겼을 경우나 오류가 발생했을 때 내는 경고 신호. 즉, 하드웨어나 소프트웨어 내부에서 발생한 이상 사태에 대하여 그에 합당(적당)한 행동을 취하도록 미리 조작원이나 수리자에게 알리는 것, 또는 그 알림. 경고음을 울리는 가청 경보(audible alarm), 적색 램프 등으로 알리는 가시 경보(visible alarm)가 있다. (2) 경보 장치, 경보 기구, 경보를 발하는 하드웨어 기기 그 자체.

alarm cancellation relay[–kǽnsəléiʃən rí:lei] **경보 해제형 계전기**

alarm display[–displéi] **경보 표시** 사용자에게 주의를 환기시키기 위한 가청 경보나 가시 경보를 나타내는 것.

alarm fuse[–fjú:z] **경보 퓨즈**

alarm point[–pɔ́int] **경보소(所)**

alarm signal[–sígnəl] **경보 신호**

alarm system[–sístəm] **경보 시스템** 경보를 울리거나 화면에 나타냄으로써 오류의 발생, 또 프로그램의 정상적인 수행에 장애 요소가 있음을 알려주는 체계.

A-Law A 법칙 유럽에서 사용되는 PCM(pulse code modulation) 방식으로, 아날로그 데이터를 디지털 형태로 변환하는 ITU 표준의 하나.

Alchemy 알체미 컴퓨터를 이용하여 다양한 음의 파형 합성 및 파형 편집이 가능한 소프트웨어로, 본체 부속 마이크로폰으로 취입한 파형 편집에는 마이크로 미디어 사의 Sound Edit Pro가 있고, 외부 장치상의 파형 편집에는 Passport 사의 Alchemy가 있다.

alkali battery[ǽlkəlai bǽtəri(ː)] **알칼리 건전지** 일반 건전지보다 수명이 2～3배 더 긴 건전지.

Aldus Inc. 앨더스 사 그래픽 분야를 전문으로 하는 미국의 소프트웨어 회사. 이 회사는 개인용 컴퓨터에서 널리 사용되는 전자 출판 프로그램인 페이지메이커(PageMaker)를 개발한 것으로 유명하다.

alert[əlɔ́ːrt] *v*. **경보를 내다, 알리다** alarm만큼 빈번히 쓰이지는 않지만 경보를 내다(alarm), 경고하다(warn)와 같은 의미로 쓰인다.

alert box[–bɑ́ks] **경고 상자** 에러 메시지의 일종으로, 윈도 등의 GUI(그래픽 사용자 인터페이스) 처리계에서 입력값의 유효 범위를 초과했거나 처리 중에 예기치 못한 에러가 발생했을 때 표시되는 창. 에러의 내용과 사용자가 취해야 할 대책에 대한 메시지가 표시된다.

alert warning[–wɔ́ːrniŋ] **경고** ⇨ alert

alertor[əlɔ́ːrtər] *n*. **경고기** 기계를 감독하고 있는 사람을 감시하는 장치. 감독자가 일정 기간 움직이지 않는 상태(수면 상태)이거나 태만하다고 판단될 때 경보를 울린다.

ALFA 자동화용 A 언어 A language for automation의 약어.

ALG 비동기 회선 그룹 기구 asynchronous line group의 약어.

algebra[ǽldʒəbrə] *n*. **대수, 대수학, 알제브러** 수 집합에서 연산이나 함수를 연구하는 분야의 하나. 초기 무렵에는 유리수를 대상으로 했으나, 수집합의 실수, 복소수로 확장되어 더 많은 기호를 도입한 추상적인 방법으로 정의되어 대수 계통으로 발전했다.

algebraic[ӕldʒəbréiik] *a*. **대수의, 대수적, 대수**

algebraic coding[–kóudiŋ] **대수 코딩** 키를 구성하는 각 자리의 비트값이 계수인 다항식을 만들고, 해시표(hash table)의 크기로 정한 다항식으로 나누어 얻은 나머지 식의 계수들을 홈 주소로 이용하는 해싱 함수(hashing function)의 한 종류.

algebraic expression[–ikspréʃən] **대수식** 릴레이션과 관계 대수의 연산자들을 이용하여 합법적으로 구성된 식.

algebraic language[–lǽŋgwidʒ] **대수 언어** 문장의 대부분이 대수적 수식의 구조와 유사하도록 설계된 알고리즘 언어. 예컨대 ALGOL, FORTRAN 등이 여기에 속한다.

algebraic logic equation with one unknown[–lɑ́dʒik ikwéiʒən wið wʌ́n ʌnnóun] **일원 논리 대수 방정식** 하나의 미지 명제(이것을 명제 변항(變項)이라 한다)가 있는 논리 대수 방정식. 일반적으로 $C_1X \vee C_0 \sim X$로 표현된다. 여기서 C_0, C_1은 기지 명제, X는 미지 명제이다. 이것은 다음과 같이 풀이된다.

$$\begin{aligned}&(C_1X \vee C_0 \sim X)\\ &= (C_0 \vee C_1)\{(X \rightleftarrows C_0)\} \vee (X \rightleftarrows C_1)\\ &= (C_0 \vee C_1)\{(X \rightleftarrows C_0) \vee (X \rightleftarrows C_0) \vee C_1P) \vee (X \sim C_1)\}\\ &= (C_0 \vee C_1)\{(X \rightleftarrows C_0) \vee (X \rightleftarrows C_0 \sim C_0 \sim P \vee C_1P) \vee (X \rightleftarrows C_1)\}\end{aligned}$$

여기서, P는 임의의 논리 함수이다. 위의 식 중 어느 것이라도 우변을 풀면, 우변의 제1항($C_0 \vee C_1$)은 원 방정식이 성립하기 위한 조건이 된다.

algebraic semantics[–səmǽntiks] **대수 의미론**

algebraic sign[–sɑ́in] **산술 부호**

algebraic specification[–spèsifikéiʃən] **대수적 명세**

algebraic structure[–strʌ́ktʃər] **대수적 구조**

algebraic symbol manipulation language[–símbəl mənipjuléiʃən lǽŋgwidʒ] **대수적 기호 처리 언어**

algebraic system[–sístəm] **대수 체계** 객체들의 집합 S와 S에 속하는 객체들에 관련된 함수들의 모임. 그리고 함수의 성질을 명시하거나 S의 구성원임을 명시하는 공리(axion)들의 집합으로 구성된 체계를 뜻한다.

algebraic term[–tə́ːrm] **대수항**

algebraic value[–vǽljuː] **대수값**

algebra of two-state logic [ǽldʒəbrə əv tuː stéit lɑ́dʒik] **2값 논리 대수**

ALGOL 알골 algorithmic language의 약어. 산법(散法) 언어. 특정한 컴퓨터를 위한 프로그램 언어가 아니라 주로 과학기술 계산용으로 개발된 계산용 프로그램 언어이다. 유럽을 중심으로 개발되어 컴파일러의 하나의 방향을 제시하고 있다. 주로 수치 계산과 논리 연산용 프로그램의 하나이다. 유럽 과학자들에 의해 설계된 과학기술 지향의 프로그래밍 언어로서 프로그램을 알고리즘으로 표현할 수 있도록 하고 있다. 배커스-나우어 기법(BNF)에 의한 엄밀한 문법 정의나 블록 구조로서 잘 알려져 있다. 그 특징은 최근 PC 등에서도 쓰이는 PASCAL 언어와 연관되어 있다. 같은 계통의 언어로서 Ada, PASCAL, PL/I 등이 있다.

ALGOL extended for design **AED, 계산 지향의 확장 ALGOL**

ALGOL like language **AlGOL 유사 언어** 알고리즘을 나타내는 데 사용되는 도구로서 그 구문이 ALGOL과 유사한 블록 구조를 갖는 고급 언어.

ALGOL-10 **알골 10** 수치 자료와 동질성 배열을 강조한 언어로서 그 구조가 명료하고 우아하며, 언어의 구분 표기법으로는 최초로 형식 문법을 사용하고, 또한 최초의 블록 중심으로 된 프로그래밍 언어. 즉, 하나의 완전한 프로그램은 몇 개의 블록이 모여 생성되는데, 이러한 블록 구조는 프로그램의 각 부분을 다른 프로그래머가 나누어 쓰더라도 식별자가 중복되지 않기 때문에 매우 편리하다. 또한 컴파일러는 기억 장치를 다른 블록으로 분할해서 사용하므로 경제적이고 효율적인 프로그램을 작성할 수 있다. 대체로 FORTRAN과 비슷하며, 시분할 체제에서 주로 사용된다.

ALGOL-60 **알골 60** 1960년에 개발된 언어로, FORTRAN의 과학적 응용에서의 장점과 진보된 알고리즘 처리 능력을 갖춘 FORTRAN과 비슷한 언어로, 주로 시분할 체제에 사용된다. 후에 ALGOL-68로 발전된다.

ALGOL-68 **알골 68** ALGOL-10과 매우 유사하며, IFIP(국제 정보 처리 학회)에서 발표된 언어의 이름. 이는 ALGOL-60을 발전시켜 다목적용의 강력한 언어로 만들 계획으로 설계되었으나 그 기능이 너무 복잡해 실제로는 많이 사용되지 않고 있다. 일괄 처리 체제에 적합한 입출력 방식으로 되어 있어 주로 일괄 처리 시스템에서 사용된다.

ALGOL-W **알골 W** N. Wirth와 C.A.R. Hoare에 의해 개발된 ALGOL-60에서 파생된 언어. case 문을 조건문에 추가하고, 매개변수의 전달에서 「값 결과 호출 방식」을 도입한 점이 큰 특징이다.

algorithm [ǽlgəriðm] *n.* **알고리즘** 어떤 문제를 해결하기 위해 명확히 정의된(well-defined) 유한 개의 규칙과 절차의 모임. 명확히 정의된 한정된 개수의 규제나 명령의 집합이며, 한정된 규칙을 적용함으로써 문제를 해결하는 것. 이 용어 자체는 1957년 이전의 웹스터(webster) 사전에는 실려 있지 않다. 아라비아 숫자를 사용하여 연산을 행하는 수순을 의미한다. 알고리즘은 부여된 문자가 수학적인지 비수학적인지, 또 사람의 손으로 문제를 해결할 것인지, 컴퓨터로 해결할 것인지에 관계없이 적용된다. 특히 컴퓨터로 문제를 푸는 경우에는 알고리즘을 형식적으로 표현하는 것이 프로그램을 작성하는 데 중요한 요소가 된다. 이 알고리즘의 좋고 나쁨에 따라 같은 결과를 구하는 처리에서도 시간이나 조작성에 큰 차이가 날 수가 있다. 알고리즘은 다음 조건을 만족해야 한다. ① 입력 : 외부에서 제공되는 자료가 있을 수 있다. ② 출력 : 적어도 한 가지 결과가 생긴다. ③ 명백성 : 각 명령들은 명백해야 한다. ④ 유한성 : 알고리즘의 명령대로 수행하면 한정된 단계를 처리한 후에 종료된다. ⑤ 효과성 : 모든 명령들은 명백하고 실행 가능한 것이어야 한다. 어원은 9세기의 과학자 al Khorezmi의 이름에서 유래한다.

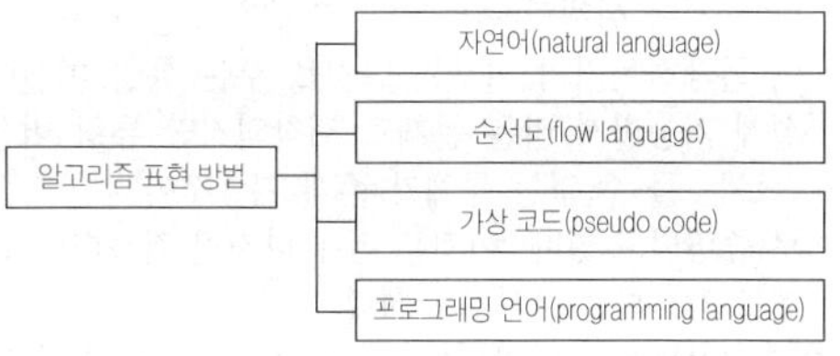

〈알고리즘의 표현 방법〉

algorithm addressing [–ədrésiŋ] **알고리즘 주소법** ⇨ direct addressing

algorithm analysis [–ənǽlisis] **알고리즘 해석**

algorithm complexity [–kɑmpléksiti(:)] **알고리즘 복잡도** 알고리즘의 복잡한 정도를 나타내는 척도로서 수행 시간을 계산한 시간 복잡도와 기억 공간의 소요량을 계산한 공간 복잡도가 있다.

algorithm convergence [–kənvə́:rdʒəns] **알고리즘 수렴** 어떤 알고리즘이 유한 횟수의 수행 단계를 거친 후 해답을 구할 수 있는 성질. 만일 수렴이 만족스럽지 않으면 그러한 알고리즘은 거의 쓸모가 없다.

algorithmic [ǽlgəriðmik] *a.* **알고리즘적** 알고리즘에 의해 정해진 순서대로 문제를 해결하는 성질.

algorithmic language [–lǽŋgwidʒ] **알고리즘 언어** 알고리즘을 표시하기 위해 고안된 언어, 또는 ALGOL의 원명.

algorithmic routine [–ru:tí:n] **알고리즘적 루틴** 제한된 수의 단계를 거쳐 문제를 해결할 수 있도록 컴퓨터에게 지시하는 특정한 루틴. 이것은 시행 착오 방식에 의존하지 않고 해답이나 해법은 명확하며 반드시 특정한 해답에 도달해야 한다.

algorithmic technique [–tekní:k] **알고리즘적 기법**

algorithm structure [–strʌ́ktʃər] **알고리즘 구조**

algorithm theory [–θíəri(:)] **알고리즘 이론** 주어진 문제를 푸는 방법과 수단은 종래에는 막연하게만 생각되어온 과제이다. 문제를 점점 확장해 가도 반드시 그것을 푸는 방법이 존재하는가? 이러한 것을 엄밀히 생각하는 것이 알고리즘 이론이다. 영국의 수학자인 A.M. Turing은 튜링 머신이라는 사고 실험적인 컴퓨터를 정의했지만, 현재로는 그 문제를 푸는 튜링 머신이 설계 가능하다는 것이 그 문제를 푸는 알고리즘이 존재하는 일의 엄밀한 정의가 되었다. 이것은 Gödel, Church, Kleene 등의 수학자가 각각 다른 방법으로 알고리즘 개념을 엄밀하게 수학적으로 정의내렸지만, 후에 그들의 개념은 같다는 것이 증명되었다. 따라서 알고리즘 개념의 튜링 머신을 이용한 정의의 타당성이 존재한다는 것이 현재의 견해이다. 그것을 푸는 알고리즘이 존재하는지의 여부는 그것을 푸는 튜링 머신이 설계 가능할까 라는 문제로 귀착되지만 튜링 머신으로는 풀 수 없는 문제가 존재하는 것이 수학적으로 증명되고 있다. 이것은 현재 디지털 컴퓨터의 한계를 암시하는 것이기도 하다.

algorithm translation[–trænsléiʃən] **알고리즘 번역** 어떤 언어를 다른 언어로 번역하는 데 사용되는 규칙들과 법칙들의 총칭.

alias[éiliæs] *n.* **별명, 별칭** 파일이나 프로그램 등을 참조하기 위해 이용되는 것으로, 같은 로드 모듈을 몇 개의 다른 프로그램이 사용할 때 이용되는 본명 대신의 이름.

alias description entry[–diskrípʃən éntri(ː)] **별명 기술항**

aliasing[éiliæsiŋ] **에일리어싱** (1) 화상 함수 $f(x)$를 푸리에 변환한 것을 표본화할 때 높은 주파수의 정보로 인해 낮은 주파수가 영향을 미치지 못하는 현상. (2) 직선이나 매끄러운 곡선으로 그려야 하는 부분이 표시 장치의 해상도 한계 때문에 지그재그 형태로 그려지는 현상.

alien[éiliən] *a.* **다른, 그 외의**

alien machine[–məʃíːn] **다른 계산기**

alien system[–sístəm] **다른 시스템**

A-light[éi láit] **A 등** A 레지스터를 감독하며 패리티 검색 오류를 알려주는 제어판 위의 등.

align[əláin] *v.* **줄맞추다, 정렬하다** 문자들의 위치 정렬, 위치 조정이라는 의미이다. (1) 문자열에서 한 끝의 문자가 컴퓨터의 기억 장치 고유의 경계, 예를 들면 단어의 경계(word boundary)에 오도록 배치하는 것. 자릿수 맞춤. COBOL에서는 동기화(synchronize)라 한다. (2) 프린트 또는 화면에 표시할 때 좌단 또는 우단의 여백(blank)이 정상으로 확보되도록 페이지 또는 화면상의 위치를 조정하는 것. 보통 문자 데이터의 경우는 왼쪽으로, 숫자의 경우는 오른쪽으로 붙인다. align보다도 justify가 일반적이다. (3) 프린터로 문자를 인쇄할 때 문자가 동일한 수평 기준선 상에 나열되도록 인쇄 기구를 조정하는 것.

alignment[əláinmənt] *n.* **줄맞춤, 정렬** (1) align의 명사형. 어떤 대상의 기준이 되는 위치를 상대방의 것에 맞추는 것. adjustment, justification으로 대체되는 경우와 그렇지 않은 경우가 있다. (2) 인쇄 위치가 용지의 지정된 위치에 오도록 인쇄 동작이 시작되기 전에 용지의 위치를 어떤 기준점에 위치시키는 것.

alignment addressing[–ədrésiŋ] **주소 정렬** 정보를 지적하는 주소의 단위(1바이트, 2바이트, 4바이트)에 맞추어 주소를 지정하는 것.

alignment by decimal point[–bai désiməl pɔ́int] **소수점의 위치 조정**

alignment function[–fʌ́ŋkʃən] **얼라인먼트 기능** 시퀀스 번호의 주소 N 대신에 이용되는 문자 「 : 」이며, 수치 제어 테이프 상의 특정 위치 표시에 사용한다. 이 뒤에 가공 개시 또는 재개에 필요한 모든 정보를 입력해야 한다. 또 이 문자는 대조하고 싶은 위치까지 되감아서 정지 의미로 사용해도 좋다. ISO 규격에서 「 : 」을 사용하며 EIA 규격에는 없다.

alignment guard time[–gáːrd táim] **동기 보호 시간**

alignment mark[–máːrk] **정렬 표시, 글자 배열 기호, 위치 조정 표시**

alignment page[–péidʒ] **개정 페이지** 페이지를 바꿈으로써 다음에 실행해야 할 과정을 지정하는 것.

alignment pin[–pín] **위치 조정 핀**

alignment recovery time[–rikʌ́vəri(ː) táim] **동기 복귀 시간**

alignment requirement[–rikwáiərmənt] **정렬 요구**

alignment rule[–rúːl] **정렬 법칙**

Allen's method[ǽlənz méθəd] **알렌의 방법** 베셀 함수 $Jv(x)$의 근사 다항식으로 x가 큰 경우 $J(x)$에서는 진동 상태로 들어간 경우에 쓰인다.

all-in-one[ɔ́ːl in wʌ́n] **올인원**

all-in-one microcomputer[–máikroukəm-pjúːtər] **일체형 마이크로컴퓨터** 중앙 처리 장치, 기억 장치, CRT 화면, 입출력 디스크 드라이브, 키보드 등 모든 장치와 기능이 하나의 본체 안에 들어 있는 마이크로컴퓨터 시스템.

all-in-one personal computer[–pəːrsə-nəl kəmpjúːtər] **올인원 PC, 일체형 PC** 중앙 처리 장치(CPU), 보조 기억 장치, 입출력 장치 등이 하나의 본체에 들어 있는 소형 컴퓨터. 멀티미디어를 겨냥한 CD-ROM 드라이브, 음원 보드 등이 들어 있는 홈 컴퓨터가 이에 해당하며, 최근에는 대부분의 소프트웨어도 설치되어 있다. ⇨ tower-type personal computer, desktop computer

all-in-one processor[-prásesər] **올인원 프로세서**

all-in-one type[-táip] **올인원형** 디스크 플레이어, 키보드, 플로피 디스크 장치가 일체화된 기종. 반면, 각 장치들이 따로따로 있어 장소를 많이 차지하는 유형을 컴포넌트형이라고 한다.

Allegro 알레그로 1998년 개발된 MacOS 8.5의 개발 코드명. ⇨ MacOS

allocate[ǽləkeit] *v.* **배정하다, 할당하다** 특정한 작업(job)을 수행하는 데 사용되는 자원을 지정하는 것. 이는 대개 프로그램에서 사용할 기억 장소를 확보하는 것을 말한다. 이 방법은 프로그램 언어에 따라 다르며 다음과 같이 분류된다. ① 예를 들면, 프로그램 실행 전에 어떤 변수를 기억시킬 위치가 결정되는 경우, 그 변수는 「정적」으로 할당되었다고 말한다. ② 프로그램 실행중에 어떤 변수의 기억 위치가 결정되는 경우 그 변수는 「동적」으로 할당되었다고 말한다. 그 예로서 ALGOL형 언어가 있으며, 여기서는 스택(stack) 기법을 사용하고, 기억 영역은 스택 상에서 취해진다. ③ 프로그램 자체가 기억 영역의 「할당」이나 「해방」을 행할 수 있는 것과 같은 언어, 예를 들면, PL/I 등의 경우, 기억 영역의 관리법으로서 히프(heap)라는 목록 구조(list structure)가 쓰이고 있다.

allocation[æ̀ləkéiʃən] *n.* **배정, 할당** 할부, 할당, 배당 등 컴퓨터 메이커마다 다른 용어가 쓰인다. (1) 데이터나 프로그램(그 구성 요소인 명령)을 기억 장치에 기억시키기 위하여 그 저장 장소의 주소를 할당하는 것을 가리킨다. 이것을 기억 영역 할당(storage allocation)이라고도 한다. 이때 기호 주소(symbolic address)나 상대 주소(relative address)로 변환된다. (2) 어떤 작업을 위하여 운영 체제가 주기억 장치 외에 여러 주변 장치를 포함하여 할당하는 것을 가리킨다. 주기억 장치나 주변 장치는 작업의 수행이 필요한 자원이므로 이것을 자원 할당(resource allocation)이라 하는 경우가 있다. (3) 데이터 통신 관계에서 이용할 수 있는 주파수를 효과적으로 상호 간섭이 최소가 되도록 각종 통신 서비스용으로 할당하는 것을 가리키는 경우도 있다.

allocation class[-klá:s] **할당 클래스**

allocation design[-dizáin] **할당 설계** 전역 릴레이션에서 분할된 단편들을 어느 정도 중복을 허락할 것인지를 결정하고 시스템 안의 사이트에 이 단편들을 할당하는 과정.

allocation model[-mɔ́dl] **배분 모델** 동적 계획법에서, 결정 변수의 총합에 대하여 제약이 주어지는 문제를 배분 문제라고 하며, 대상을 배분 문제형으로 모델화한 것을 배분 모델이라고 한다. 배분 문제에서 평가 함수와 제약식이 배분량의 1차 함수로 나타나는 경우의 해석이 선형 계획법이다.

allocation of data set[-əv déitə sét] **데이터 세트의 할당**

allocation routine[-ru:tí:n] **배분 루틴**

allocation schema[-skí:mə] **할당 스키마** 각 단편들이 어떤 사이트에 저장되어 있는가를 정의하는 것.

allocator[ǽləkèitər] *n.* **알로케이터, 할당기** 상대 주소로 쓰여진 프로그램을 그 실행에 앞서 기억 용량이나 입출력 장치의 종류 등을 조사하고, 사용 가능한 기억 영역이나 입출력 장치에 할당하는 프로그램.

allot[əlát] *v.* **할당하다** assign, allocate라는 동사와 거의 같은 의미로 쓰인다. 예를 들면, 어떤 작업을 실행하기 위해 운영 체제가 특정한 자원을 배분 할당한다는 의미이며, 이때 흔히 쓰인다. 또 어떤 수행 동작에 대하여 어떤 시간 간격(time interval)을 할당한다든지, 데이터 통신에서의 통신로(channel)를 할당할 때에도 사용된다. 이러한 경우에 거의 assign으로 대용할 수 있다.

all seems well[ɔ́:l sí:mz wél] **ASW, 올 심스 웰** 처리 결과가 모두 양호한 것을 나타내는 정보 내용으로 그 정보를 ASW 신호라고 한다.

ALOHA 알로하 additive links on-line Hawaii area의 약어. 최초로 컨텐션 방식을 도입한 패킷 무선망으로서 패킷을 전송하고자 하는 국(局)은 무조건 패킷을 전송한 후에 긍정 응답을 전송 지연 시간 내에 받으면 전송이 완료된 것으로 간주하며, 그렇지 않은 경우에는 재전송한다. 이후 컨텐션 방식을 사용하는 전산기망의 시초 모델이 되었다.

ALOHA network ALOHA 네트워크 1970년경에 하와이 대학에서 개발된 무선 통신을 이용한 근거리 통신망(LAN)의 명칭. 이는 집중식 통신망으로, 여러 곳의 섬에 분산된 컴퓨터 시스템들을 연결하는 것이 주 목적이다.

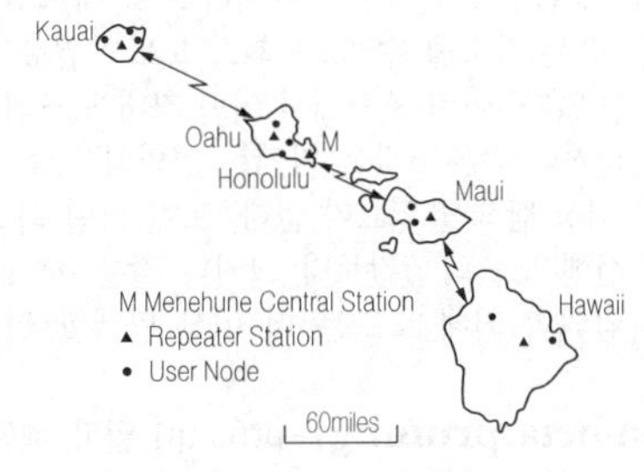

〈ALOHA 네트워크〉

ALOHA system **ALOHA 시스템** 하와이 대학에서 최초로 제안된 위성 통신에 의한 패킷(packet) 교환을 하는 ALOHA 시스템에 사용된 방식. 패킷망의 데이터 단말은 다른 단말 상태에 관계없이 일정 길이의 패킷을 송신한다. 송신이 경합하면 타국(他局)의 패킷이 잡음으로 되지만 이것을 검출하기 위해 자국(自局)이 송신한 패킷을 수신해서 체크하여 혼신(混信)이 검출되면 재송신하는 방식이다. 넓게 산재된 다수의 낮은 트래픽(traffic) 단말 간의 데이터 교환 방식에 유효하다. pure ALOHA 방식이라고도 한다.

ALP (1) **저속 비동기 회선 접속 기구(2회선용)** asynchronous line pair, low speed의 약어. (2) **어셈블러 언어 프로그램** assembler language program의 약어.

Alpha **알파** 1992년 미국 DEC(Digital Equipment Corporation) 사에서 개발한 64비트 마이크로프로세서와 컴퓨터 시스템의 이름. Alpha는 RISC 아키텍처 기반의 프로세스이며, 한번에 64비트를 처리한다. ⇨ RISC

alphabet [ǽlfəbet] *n*. **영문자** (1) 알파벳 : 어떤 언어에서 사용되는 모든 문자의 집합. 문자는 유한 개로 구성되어 있으며 a, b, c, …, z나 α, β, γ, …, ω와 같이 순서가 매겨져 있다. 알파벳의 구성 요소를 문자(letter)라 하며 대화하는 말의 음의 요소를 표시하는 문자이다. 독일어의 움라우트에 찍힌 ä, ö, ü 등은 알파벳에 포함되지만, 구두점 같은 것은 포함되지 않는다. (2) 순서가 매겨진 문자 집합 : 형식 언어(formal language)에서는 집합의 구성 요소를 문자, 한정된 문자로서 형성되는 문자열을 단어(word)라고 한다. (3) 영문자의 알파벳이라 하면 알파벳의 문자 A, B, C, …, Z와 a, b, c, …, z의 52개의 문자와 소위 기호라 불리는 특수 문자, 공백(blank), 제어 문자를 포함한다.

alpha-beta procedure [ǽlfə béitə prəsíːdʒər] **알파-베타 프로시저** 게임 트리의 탐색에 드는 노력을 줄이기 위한 방법으로, α값은 시작 노드의 하한선을 경계짓는 값이라 하고, β값은 선행 노드로부터 상한선을 결정짓는 값이라고 할 때, 최대 노드의 α값은 감소될 수 없고 최소 노드의 β값은 증가될 수 없다. 이런 조건에서 어떤 최대 노드의 α값보다 작거나 같은 β값을 가지는 임의의 최소 노드는 더 이상 탐색할 필요가 없다. 또한 어떤 최소 노드가 선행 노드의 β값보다 크거나 같은 α값을 가지는 임의의 최대 노드는 더 이상 탐색할 필요가 없다.

alpha-beta pruning [–prúːniŋ] **알파-베타 자르기** 게임 이론에 나오는 방법의 하나로 게임 트리의 노드(node)를 생성시켜 나갈 때 α절단과 β절단에 의하여 불필요한 노드들의 생성을 줄이는 방법.

alphabetic [æ̀lfəbétik] *a*. **영문자의**

alphabetic addressing [–ədrésiŋ] **알파벳 주소법** 영문자나 영숫자의 레이블(label)을 사용하여 프로그램을 위한 기억 장소의 위치들을 나타내는 방법. 프로그램 수행이 시작되기 전에 영숫자 주소는 절대 주소로 바뀐다.

alphabetical [æ̀lfəbétikəl] **영문자의, 알파벳 순서의**

alphabetical character [–kǽrəktər] **영문자** A, B, C, …, Z와 a, b, c, …, z 52개의 도형 문자. ⇨ Roman character

alphabetic character set [æ̀lfəbétik kǽrəktər sét] **영문자 집합** 영문자를 포함하며, 경우에 따라서는 제어 문자, 특수 문자, 간격 문자를 포함하지만 숫자, 한자, 한글은 포함하지 않는 문자의 집합.

alphabetic character subset [–səbsét] **영문자 부분 집합** 영문자를 포함하며, 경우에 따라서는 제어 문자, 특수 문자, 간격 문자를 포함하지만 숫자, 한자, 한글은 포함하지 않는 문자의 부분 집합.

alphabetic code [–kóud] **영문자 코드** 데이터가 영문자 집합을 사용하여 표현되는 코드. 즉, 기계에 입력할 수 있도록 정보를 준비하는 데 사용되는 영문자 체계를 말한다. 예를 들면, New York을 N.Y., ounce(온스)를 OZ 등으로 표현한다.

alphabetic coded character set [–kóudid kǽrəktər sét] **영문자 코드화 문자 집합** 문자 집합이 영문자 집합인 코드화 문자 집합.

alphabetic data code [–déitə kóud] **영문자 데이터 코드** 영문자와 특수 문자만으로 구성된 데이터.

alphabetic data item [–áitəm] **영문자 데이터 항목**

alphabetic literal [–lítərəl] **영문자 리터럴**

alphabetic numeric [–njumérik] **영숫자** 영문자, 숫자와 구두점 또는 수학적인 기호 등.

alphabetic shift [–ʃíft] **영문자 시프트** 영숫자 키보드 인쇄 장치 중에서 영문자를 입력하기 위해서 사용되는 시프트 키.

alphabetic string [–stríŋ] **영문자열** 영문자만으로 이루어지는 문자열.

alphabetic test [–tést] **영문자 검사**

alphabetic word [–wə́ːrd] **영어 단어** 영문자, 특수 기호 부호(하이픈, 세미콜론, …)들로만 구성된 특수한 단어.

alphabetize [ǽlfəbətàiz] *v*. **알파벳 순으로 하다**

alphabet-name [ǽlfəbet néim] **부호계명(符號系名)**

alpha blending [ǽlfə bléndiŋ] **알파 블렌딩** 일반 이미지 데이터에 투명도를 나타내는 변수 α를 추가하여 투과 이미지를 표현하는 기법. 특히 연기와 같은 3D 이미지에서 표현력을 높이는 데 효과적이다.

alpha channel [–tʃǽnəl] **알파 채널** 이미지 처리에서 3원색으로 분해된 데이터 이외에 갖고 있는 편집용 정보를 취급하는 보조 채널. 알파 채널을 이용함으로써 마스크를 행하는 등 작업의 효율을 높일 수 있다.

alpha chip [–tʃíp] **알파 칩** DEC 사가 개발한 64비트 RISC CPU. 내부 275MHz라는 고속 엔진을 갖고 있다.

alpha cutoff [–kʌ́tɔ̀(:)f] **알파 자르기** 게임 이론 가운데 미니맥스 과정에서 탐색의 양을 줄이기 위한 기법.

alpha expression [–ikspréʃən] **문자식**

alpha format [–fɔ́:rmæt] **문자 서식**

alpha geometric method [–dʒi:əmétrik méθəd] **알파 지오메트릭 방식** 비디오텍스 기술 가운데 하나. 그림 표현은 PDI(picture description instruction) 언어를 사용해서 점, 선, 호, 사각형, 다각형 등과 같은 기하학적 요소로 조합하여 표시한다.

alpha geometric system [–sístəm] **알파 지오메트릭 시스템** NAPLPS에서 채용하고 있는 비디오텍스에서의 프레젠테이션 표준안의 하나. 문자의 표시, 화소의 표시 그리고 PDI에 의한 화상의 표시가 가능하다.

alphameric [æ̀lfəmérik] **영숫자** ⇨alphanumeric

alphameric character [–kǽrəktər] **영숫자** 숫자, 영문자 그리고 특수한 문자들을 나타내는 총칭적인 말.

alpha mosaic method [ǽlfə mouzéiik méθəd] **알파 모자이크 방식** 비디오텍스 기술 가운데 하나. 문자 정보를 코드화하여 단말 장치에 전송하면 단말 장치에 있는 문자 발생기를 통해 도트 형태로 변환되어 표시된다. 그리고 도형은 미리 정해진 모자이크 패턴의 조합에 의해 표현되며, 이것을 코드화하여 단말기로 전송하면 문자 발생기에 의해 도트 형태로 그림이 표현된다.

alpha mosaic system [–sístəm] **알파 모자이크 시스템** 비디오텍스에서의 프레젠테이션 표준안의 하나. 이 방식에서는 화면을 가로 24개, 세로 40개로 이루어진 공간으로 나눈다. 문자는 한 공간에 하나씩 표시한다. 문자는 7비트로 부호화되고 있고, 8×10 도트 매트릭스로 표시된다. 화상은 특수한 형태의 문자를 조합하여 표시한다.

alphanumeric [æ̀lfənju:mérik] *a.* **영숫자** 영문자(alphabetic)와 숫자(numeric)를 합친 말. 영문자(A~Z, a~z)와 숫자(0~9), 기호(–, /, *, $, …) 등을 말한다.

alphanumerical [æ̀lfənju:mérikəl] *a.* **영숫자의** ⇨ alphanumeric

alphanumeric character [–kǽrəktər] **영숫자**

alphanumeric character set [–sét] **영숫자 집합** 영문자와 숫자를 포함하며, 경우에 따라서는 제어 문자, 특수 문자, 간격 문자를 포함하는 문자 집합.

alphanumeric character subset [–səbsét] **영숫자 부분 집합** 영문자와 숫자를 포함하며, 경우에 따라서는 간격 문자, 특수 문자, 제어 문자를 포함하는 문자의 부분 집합.

alphanumeric code [–kóud] **영숫자 코드** 영자, 숫자 및 특수 문자 등 데이터를 나타내는 데 사용하는 부호. 영숫자 코드에 의한 수치의 표현 형식을 BCD(binary coded decimal ; 2진화 10진수) 코드라 하며, 1문자를 의미하는 값을 1자리로 하여 10진 연산이 이루어진다.

alphanumeric coded character set [–kóudid kǽrəktər sét] **영숫자 코드화 문자 집합** 문자 집합이 영숫자 집합인 코드화 문자 집합.

alphanumeric data [–déitə] **영숫자 데이터** 영문자 및 숫자와 더불어 경우에 따라서는 특수 문자 및 간격 문자로서 표현된 데이터.

alphanumeric data code [–kóud] **영숫자 데이터 코드**

alphanumeric data item [–áitəm] **영숫자 데이터 항목**

alphanumeric display terminal [–displéi tə́:rminəl] **영숫자 표시 단말기** 영숫자 정보를 컴퓨터 시스템에 집어넣고 그것을 화면에 보여주는 장치.

alphanumeric instruction [–instrʌ́kʃən] **영숫자 명령어** 데이터의 어떤 부분을 영문자 또는 숫자로 사용할 수 있도록 만들어진 명령어에 붙여진 이름.

alphanumeric literal [–lítərəl] **영숫자 리터럴**

alphanumeric string [–stríŋ] **영숫자열**

alphanumeric string variable [–vɛ́(:)riəbl] **영숫자열 변수** 영숫자열 변수를 하나의 변수로 나타낸 것으로 베이식 언어인 경우, 흔히 이것은 $ 부호 다음의 문자 또는 문자와 숫자로 이루어지는 데, $ 부호에 의해 숫자 변수와 구분된다. 한 프로그램에서 영숫자 데이터를 입력, 적재, 저장, 전송, 비교, 인쇄하는 데 영숫자열 변수를 사용할 수 있다.

alpha photographic method [ǽlfə fòutəgrǽfik méθəd] **알파 포토그래픽 방식** 문자와 그림 정보를 미리 도트 형태로 단말 장치에 전송하는 방식으로, 비디오텍스 기술 가운데 하나. 정보 전송량이 많아져서 전송 시간과 수신 단말측에서의 화면 구성 시간이 길어지는 단점이 있지만 화면은 매우 선명해진다.

alpha photographic system [-sístəm] **알파 포토그래픽 시스템** 도형을 도트 단위로 표시하며 도트의 착색에 의해 2개조 색조로부터 다색의 자연 화면까지 나타낼 수 있는 비디오텍스 프로토콜의 하나.

ALPHARD 알파드 추상 데이터형을 지원하는 언어의 하나. MIT에서 개발된 같은 추상 데이터형 CLU와 병행해서 CMU(카네기 멜론 대학)의 Wulf, Shaw 등에 의해서 설계되었다. 추상화는 신뢰성이 높고 이해, 변경, 정비가 쉬운 프로그램 작성에 유효하다. 이 추상화 지원 외에 시방 기술, 검증 규칙을 갖고 있지만 처리 시스템은 아직 만들어져 있지 않다.

alpha standard procedure [ǽlfə stǽndərd prəsíːdʒər] **문자형 표준 절차**

alpha test [-tést] **알파 검사** 일반적으로 개발자가 프로그램이나 하드웨어를 개발 단계에서 개발자의 개발이 끝난 직후에 실시하는 통합 검사. 이때 개발자 이외의 사용자가 검사를 하게 되며, 이 검사를 실시하는 초기 버전을 알파 버전이라고 한다. 대부분 비공개로 진행된다. ⇨ beta test

alpha type [-táip] **문자형**

alpha value [-vǽljuː] **문자값**

Altair 8800 알테어 8800 미국 MTTS 사가 발매한 세계 최초의 PC 키트. CPU에는 8080을 탑재하고 있으며, 패널에는 프로그램 기입용의 스위치가 주어진다.

alta vista [áːltɑ vístə] **알타 비스터** 가장 최근에 나온 검색 엔진으로 64비트 병렬 처리 알고리즘을 통하여 가장 빠른 검색을 수행한다. 또한 영문 검색뿐만 아니라 한글 검색, 일본어와 중국어의 검색도 가능한 다국어 정보 검색 엔진이다.

alt.config 알트 컨피그 뉴스그룹 알트 뉴스그룹 내의 새로운 뉴스그룹에 관한 논의를 수행하는 뉴스그룹. 알트 뉴스그룹은 유즈넷(USENET)의 이념으로부터 일보 진전된 부분이 있지만, ALT 뉴스그룹의 작성이나 그룹의 이름 부여에 관한 하나의 기준을 정하기 위해 이 뉴스그룹에서 새로운 뉴스그룹의 승인이나 공표를 수행하고 있다.

alter [ɔ́ːltər] *v*. **변경하다, 바뀌다** 전체를 그 상태에서 부분적으로 변경하고 개정하는 것. 이 의미로는 change와 같다. 내부 작업의 설정 및 변경을 행하는 경우에 사용된다. 메모리(기억 장치) 내에 기억하고 있는 파일의 내용을 변경하는 것은 이에 대한 좋은 예이다.

alterable memory [ɔ́ːltərəbl mémәri(ː)] **가변 메모리** 이미 기록된 내용을 지우고 새로운 내용을 기록할 수 있는 기억 매체.

alteration [ɔ̀ːltəréiʃən] *n*. **변경, 수정**

alteration switch [-swítʃ] **변경 스위치**

altering error [ɔ́ːltəriŋ érər] **변경 오류** 컴퓨터 내부에서 데이터의 전송이 잘못된 경우에 발생하는 오류.

alter mode [ɔ́ːltər móud] **변경 모드** 기억 장소 내의 데이터를 변경 또는 갱신할 수 있는 프로그램의 상태.

alternate [ɔ́ːltərnət] *a*. **교체** 각 장치 본체나 내부의 각 기능 등에서 기본적인 구조, 기능, 절차에 대해 부차적인 지원 움직임(활동)을 하는 것. 예를 들면, 주기능을 갖는 장치에 어떤 장애가 발생한 경우에 그 작업을 교대로 행하기도 하고, 이미 고정된 접근 방법 외에 다른 선택에 의해서 원하는 접근법도 가능하다고 하는 것과 같은 기능으로 쓰인다.

alternate acknowledge [-əknɑ́lidʒ] **교호 응답**

alternate buffering [-bʌ́fəriŋ] **얼터네이트 버퍼링**

alternate channel [-tʃǽnəl] **교대 채널**

alternate character set [-kǽrəktər sét] **문자 집합 대체 기구**

alternate collating sequence [-kɑléitiŋ síːkwəns] **대체 조합 순서, 표준 외 조합 순서**

alternate connection [-kənékʃən] **대체 결합**

alternate console [-kɑ́nsoul] **대체 콘솔**

alternate CPU recovery ACR, **대체 CPU 복원**

alternate data set [-déitə sét] **교대용 데이터 세트**

alternate device [-diváis] **대체 기구, 대체 장치**

alternate file [-fáil] **대체 파일**

alternate file attribute [-ǽtribjùːt] **택일적 파일 속성**

alternate function [-fʌ́ŋkʃən] **대체 기능**

alternate index [-índeks] **대체 색인, 대체 인덱스** 키 순서 또는 입력순 데이터 세트를 대상으로 작성되는 기본 색인 이외의 색인. 기본 키를 종업원 번호로 한 종업원 데이터 세트에서는 성명, 소속 부문 코드 등을 대체 키(alternate key)로 검색할 수 있다.

alternate index cluster[–klʌ́stər] **대체 색인 클러스터**

alternate input library[–ínput láibrəri(ː)] **대체 입력 라이브러리**

alternate key[–kí] **대체 키** 하나의 릴레이션에 후보 키가 여러 개 있을 때 하나를 임의로 선택해 기본 키로 정하고, 기본 키가 아닌 나머지 후보 키들을 일컬어 대체 키라고 한다.

alternate mark inversion[–máːrk invə́ːrʃən] **AMI, 대체 마크 반전** 2진수를 운반하는 의사 3진 신호로서 크기가 같은 양과 음의 극성을 갖는 연속적인 마크가 교대로 나타나며, 또 스페이스는 크기가 0으로 나타난다.

alternate master catalog[–máːstər kǽtəlɔ̀(ː)g] **대체 마스터 카탈로그**

alternate memory[–méməri(ː)] **대체 메모리** 주기억 장치(main storage)에서 보통 사용하는 메모리와는 별도로 설계된 예비 메모리.

alternate MSC **대체 MSC**

alternate path retry[–páːθ riːtrái] **APR, 대체 경로 재시행** 입출력 조작 기능의 하나로 입출력 조작의 실행중에 오류가 발견되었을 경우, 주변 장치에서 별도의 채널을 사용하여 조작을 재시행하는 것. 이것에 의해 온라인 및 오프라인의 주변 장치에 대해서 다른 경로를 만들 수도 있다.

alternate program[–próugræm] **대체 프로그램 기구**

alternate record key[–rikɔ́ːrd kíː] **대체 레코드 키**

alternate route[–rúːt] **대체 경로**

alternate routing[–rúːtiŋ] **우회 중계, 대체 경로 지정, 대체 경로 선택** 데이터 통신에서, 반자동 또는 자동 교환 접속에서 주경로가 사용되지 않을 때 다음 경로로 우회하여 중계 접속하는 방식.

alternate sector[–séktər] **대체 섹터**

alternate sector cylinder[–sílindər] **대체 섹터 실린더**

alternate sector ID **대체 섹터 ID**

alternate statement[–stéitmənt] **교대 형식 스테이트먼트**

alternate tape drive[–teip dráive] **교체 자기 테이프 장치**

alternate timer[–táimər] **대체 타이머**

alternate track[–trǽk] **교대 트랙, 대체 트랙** 디스크나 드럼 등에서 데이터 기록용 트랙을 사용할 수 없을 때 대신 사용하는 예비 트랙.

alternate track assignment[–əsáinmənt] **교대 트랙 할당**

alternate track line[–láin] **대체 간선(幹線)**

alternate voice[–vɔ́is] **통화 기구**

alternate volume[–vɔ́ljuːm] **대체 볼륨**

alternate world disorder/alternate world syndrome[–wə́ːrld disɔ́ːrdər ɔ́ːltərnət wə́ːrld síndroum] **대안적 세계 분열증/대안적 세계 증후군** ⇨ AWD/AWS

alternating acknowledge[ɔ́ːltərnèitiŋ əknálidʒ] **교호 응답**

alternating current[–kə́ːrənt] **AC, 교류** 직류(DC)의 상대어로 음과 양의 극성이 주기적으로 바뀌는 전류 또는 전압. 단위 시간당의 교체 주기수가 주파수(frequency)이다.

alternation gate[ɔ̀ːltərnéiʃən géit] **교대 게이트**

alternation in sign[–in sáin] **부호의 교대** f의 다항 근사식 P에 대한 오차. $f(x)-P(x)$가 점 $x_0 < x_1 < \cdots < x_{n+1}$ 순으로 교대로 부호가 바뀐다고 할 때, 모든 해에 대해 $a < x_i < b$라고 하면 $\min|f(x_i)-P(x_i)|$를 일정한 거리 이내로 제한할 수 있다.

alternation switch[–swítʃ] **변경용 스위치** (1) 컴퓨터 콘솔에서 온/오프를 지정할 수 있는 스위치로서, 프로그램의 내부 동작이나 논리 회로의 동작을 조정할 수 있는 것. (2) 프로그램 내에 설정되어 논리적인 스위치 역할을 하는 변수.

alternative[ɔːltə́ːrnətiv] *a.* **대체의, 택일의** 컴퓨터의 이미 설정된 기능이나 성질에 대하여 그 지원적 속성으로서 복수의 기능이 주어져 있는 경우로, 그 내용에서 하나를 선택하는 것. 예를 들면, items enclosed in brackets {}, represent alternative items(중괄호({})로 싸여진 항목은 선택 항목을 표시하고 있다). 이것은 사용자가 그 괄호 속에서 하나를 선택, 지정하는 것을 시사하고 있다. alternative와 optional의 차이는 alternative는 어느 것이든 하나를 반드시 선택해야만 하고 optional은 특별히 어느 것을 선택하지 않아도 좋다.

alternative attribute[–ǽtribjùː(ː)t] **택일적 속성** 한 모임에서 하나의 속성을 선택하는 경우.

alternative collating sequence [–kəléitiŋ síːkwəns] **대체 조합 순서**

alternative cylinder[–sílindər] **대체 실린더**

alternative denial[–dináiəl] **양자 택일 부정**

alternative denial gate[–géit] **양자 택일 부정 게이트** ⇨ NAND gate

alternative hypothesis[–haipáθəsis] **대체 가설** 통계적인 가설 검정에서 검정에 의해 그 진위를 밝히고자 하는 가설. 가설 검정에서 유의 수준 α

는 제1종의 과오를 범할 확률이 있으나 제2종의 과오에 대해서는 α만으로는 아무 것도 추측할 수 없다. 제2종의 과오는 널 가설(null hypothesis) H_0가 바르지 않을 때 일어나므로 제2종의 과오를 범할 확률은 다른 적당한 가설 H_1을 바탕으로 계산된다. 이때 H_1을 H_0에 대해서 그 대체 가설이라고 한다.

alternative index [–índeks] **대체 색인**

alternative indexed file [–índekst fáil] **대체 색인 첨부 파일**

alternative initial program load [–iníʃəl próugræm lóud] **AIPL, 대체 초기 프로그램 로드**

alternative logical channel [–ládʒikəl tʃǽnəl] **대체 논리 채널** 접속 시간의 단축을 위해 영구 가상 회로를 사용할 때가 많으나, 이때 오류에 대비하여 추가로 대체할 수 있는 채널을 따로 마련해둔 것.

alternative operating system [–ápərèitiŋ sístəm] **대안 운영 체제** ⇨ alternative OS

alternative OS 대안 운영 체제 alternative operating system의 약어. 운영 체제 시장을 독점하고 있는 마이크로소프트의 윈도 시리즈에 대항하는 운영 체제군. 1998년의 '98 컴덱스에서 주요 트랜드의 하나로 주목받았으며, 이에 해당하는 운영 체제로는 리눅스(Linux), BeOS, 아미가(Amiga) 운영 체제 등을 들 수 있다. 이들 운영 체제가 「대안 운영 체제」로 일컬어지는 이유는 단순히 윈도 시리즈에 대한 반감에서가 아니라 특정 분야에서의 용도를 기반으로 윈도의 영역을 잠식하거나 공존하는 전략을 채택하고 있기 때문이다.

alternative pointer [–pɔ́intər] **대체 포인터**

alternative sector cylinder [–séktər sílindər] **대체 섹터 실린더**

alternative sector ID 대체 섹터 ID

alternative structure [–strʌ́ktʃər] **택일문 구조** 어떤 조건에 따라 두 개 이상의 가능성 가운데 한 가지를 택하는 프로그램의 제어 구조. 구조화 프로그래밍이 가능한 PASCAL, ALGOL, Ada 등에서 이용되는 개념이다.

alternative system console [–sístəm kənsóul] **대체 시스템 콘솔**

alternative track [–trǽk] **대체 트랙**

alter switch [ɔ́:ltər swítʃ] **변경 스위치** 출력 장치 상의 스위치에 의해 운영 체제나 프로그램의 초기값 또는 조건을 설정하는 것. 즉, 프로그램 및 운영 체제의 초기값이나 조건을 콘솔 상의 스위치에서 설정하는 것을 가리킨다. 이것을 조작하면 스위치 레지스터의 내용이 콘솔 스위치에서 선정한 레지스터 또는 프로그램 카운터로 정해져 메모리에 복사된다.

Alt key 알트 키 컴퓨터의 키보드에 있는 특수 키로, 이 키와 다른 키를 같이 누르면 특수 기능을 하게 된다. 이와 유사한 것으로 Ctrl 키가 있는데, Alt 키는 각 키에 원하는 특수 기능을 모두 배정하는 것이 Ctrl 키만으로는 부족할 때 사용된다.

AltiVec 알티벡 미국 모토롤라 사가 개발한 파워 PC의 연산 능력 확장 기술. 이전부터 지원해오던 정수 연산, 부동소수점 연산에 추가하여 벡터 연산 기능을 갖춘 것으로, 이제까지는 DSP나 전용 칩을 사용해야 가능했던 처리도 파워 PC 상에서 가능하게 된다. 파워 PC 7400(G4) 프로세서에서 채용하고 있다. ⇨ PowerPC, G4 processor

Alto [ǽltou] **알토** 미국 제록스 사에서 개발한 워크스테이션의 이름.

Altos 알토스 개인용 컴퓨터나 비즈니스 시스템(사무 자동화 기기 체제)의 생산자나 고안자.

ALU 산술 논리 연산 장치 arithmetic and logic unit의 약어. 산술 연산, 논리 연산을 하는 중앙 처리 장치 내의 회로. 산술 연산인 사칙연산은 가산기, 보수(補數)를 만드는 회로, 시프트 회로에 의해서 처리된다. 그 밖에 논리합이나 논리곱을 구하는 논리 연산 회로 등으로 이루어져 있다.

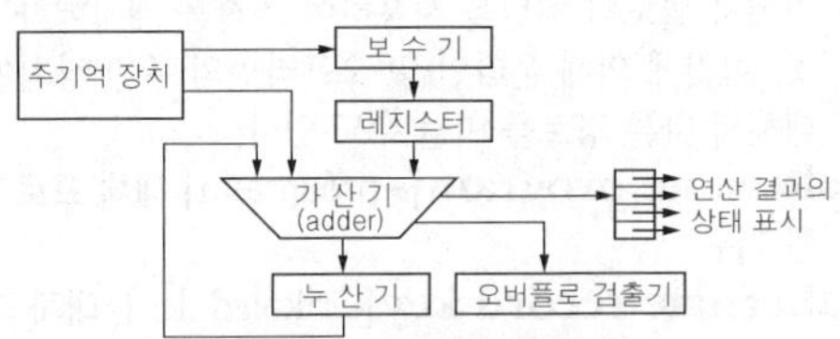

〈산술 논리 연산 장치 구조〉

always on/dynamic ISDN ⇨ AO/DI

alychne 알리크네, 측색학(測色學) 자극값 공간에서 휘도가 0이 되는 빛의 색의 궤적. E. Schrödinger에 의해 명명되었다. 무휘면(無輝面)이라고도 한다. 또 색도 그림에서 휘도가 0인 빛의 색도점의 궤적, 무휘선(無輝線)이라고도 한다. 그러나 휘도가 0인 빛의 색이라는 것은 실제로 존재하지 않는다. 다만 이론상의 빛의 색이기 때문에 이른바 허색(imaginary color)이다. RGB 표색계의 자극값 공간에서는

$$R + 4.5907\,G + 0.0601\,B = 0$$

인 직선이다.

Alzip 알집 PC 통신과 인터넷을 통해 무료로 배포되고 있으며, 20가지 형태의 압축 파일을 지원하는 공개 압축 프로그램. 어떤 형태의 압축 파일도 풀 수 있을 뿐 아니라 한글 메뉴로 되어 있어 사용이 간편하다.

AM 진폭 변조 amplitude modulation의 약어. ⇨ amplitude modulation

Am5x86 미국 AMD 사의 제5세대 CPU. 인텔 사의 i486 마이크로프로세서와 호환성이 있다.

AM-AM type AM-AM 방식 아날로그 컴퓨터에서 변조 방식에 의한 곱셈기 방식의 일종. AM은 진폭 변조를 의미한다.

Amazon.com 아마존 가상 몰의 하나로, 1995년에 제프 베조스(Jeff Bezos)가 설립한 인터넷 상의 전자 상거래 전문 서점. 현실 세계의 서점에서는 불가능한 서적 진열을 자랑하는 세계 최대의 서점이다.

amberGL DIVE Lab's의 OpenGL용 3차원 브라우저. 6만5천 컬러를 지원하며, 다중 렌더링 모드와 다중 조명 효과를 낼 수 있다.

amber monitor[ǽmbər mánitər] **호박색 모니터** 녹색에 비해 선명하고 잔상이 없는 화면이 주황색인 모니터.

Amber(Open Doc) 앰버 애플 사가 제창한 문서 통합 작성 환경. 문서 편집기, 스프레드시트, 그래픽, 멀티미디어 편집 소프트웨어 등 여러 개의 응용 소프트웨어를 연관시켜 하나의 문서를 작성할 수 있다. 1994년도 매킨토시 판과 마이크로소프트 사의 윈도 판에 탑재되어 있다.

ambient[ǽmbiənt] *a.* **주위의**

ambient conditions[–kəndíʃənz] **주위 환경** 컴퓨터 시스템이 놓여져 있는 빛, 온도, 습도 등의 환경 상태.

ambient noise[–nɔ́iz] **소음**

ambient temperature[–témpərətʃər] **주위 온도**

ambiguity[æmbigjúːiti(ː)] *n.* **모호성** 자연 언어 이해의 문제점 가운데 하나로서 다중어 의미(multiple word meaning), 모호(syntactic ambiguity), 구문 모호성 선행(unclear, antecedent) 등을 포함하여 한 문장이 여러 가지 방식으로 해석될 수 있는 경우.

ambiguity error[–érər] **모호성 오류** 아날로그 데이터를 디지털 데이터로 변환시키기 위해 값을 읽어들이거나, 동기가 부정확하여 숫자의 위치에 변화를 일으킬 때 일시적으로 발생하는 오류. 부호, 신호들을 사용함으로써 이런 오류 발생을 피할 수 있다.

ambiguity problem[–prábləm] **모호성 문제** 주어진 문법이 모호한가를 결정하는 문제. 즉, 한 단어에 대하여 두 개 이상의 해석 트리(parse tree)가 존재하는가를 결정하는 문제이다. 특히 문맥-자유 문법에 대한 모호성 문제는 해결 불가능한 문제이다.

ambiguous[æmbígjuəs] *a.* **모호한, 애매한**

ambiguous grammar[–grǽmər] **애매한 문법, 모호한 문법**

Amdahl 470 암달 470 IBM 컴퓨터와 경쟁하기 위해 Amdahl 사가 제작한 컴퓨터.

Amdahl Corp. 암달 사 미국의 컴퓨터 메이커 가운데 하나. 1969년에 G. Amdahl이 설립했다. IBM 호환기(IBM의 소프트웨어가 실행할 수 있는 하드웨어 시스템)를 개발하여 판매해왔다. Amdahl 470이 있다.

AMD Inc. Advanced Micro Device Inc.의 약어. 1969년 설립되어 X86 프로세서나 플래시 메모리, 통신 네트워크용의 제품을 개발하는 미국의 반도체 개발 회사. K5, K6 등의 CPU 제작사로 유명하다. 최근에는 CPU뿐 아니라 네트워크 관련 제품도 개발하고 있다. ⇨ K5, K6

amending plans[əméndiŋ plǽnz] **수정 계획** DCOMP 시스템에서 전제 조건의 제거를 피할 수 있는 부분적인 순서 계획을 수립하지 못하게 될 때, 가능한 제거의 경우가 적은 계획을 수립하는 근사 계획을 만들면, 여기서 제거 조건을 해결하고 최종 해답을 구하기 위하여 계획을 수정하는 단계.

amendment file[əméndmənt fáil] **수정용 파일**

amendment record[–rékərd] **수정용 레코드**

amendment tape[–téip] **수정용 테이프**

American Federation of Information Processing Societies[əmérikən fedəréiʃən əv infərméiʃən prásesiŋ səsáiəti(ː)z] **AFIPS, 미국 정보 처리 협회 총연합회** ⇨ AFIPS

American National Standard[–nǽʃənəl stǽndərd] **ANS, 미국 표준 규격**

American National Standard Code for Information Interchange[–kóud fər infərméiʃən intərtʃéindʒ] **ASCII, 아스키, 미국 정보 교환 표준 코드** ⇨ ASCII

American National Standard control character[–kəntróul kǽrəktər] **ANS 제어 문자**

American National Standard labels[–léibəlz] **ANL, ANS 레이블**

American National Standards Institute/Systems Planning and Requirements Committee[–ínstitjuːt sístəms plǽniŋ ənd rikwáiərmənt kəmíti(ː)] **ANSI/SPARC, 미국 규격 협회/시스템 계획 요구 위원회**

American Telephone and Telegraph[–téləfòun ənd téləgræ̀f] **ATT, 미국 전화 전신 회사** ⇨ ATT

AMI 대체 마크 반전 alternate mark inversion의 약어.

AMI BIOS 미국 AMI 사(American Megatrends Inc.)가 개발하고 IBM PC/AT 호환기에 탑재되어 있는 BIOS. 디스크 드라이브의 기종 설정 등 시스템 구성을 변경할 수 있는 프로그램도 내장되어 있다. ⇨ BIOS

AMIGA 아미가 미국 모토롤라 사의 68000 계열 CPU를 탑재한 미국 코머도(Commodore) 사의 PC로 그래픽 처리, 동영상 편집에 뛰어나다. 코머도 사의 도산 후에는 독일 ESCOM 사를 거쳐, 현재는 미국 게이트웨이 사가 판매권을 가지고 있다.

Aminet [əmíːnet] **아미넷** 현대 정보 기술에서 운영하는 인터넷이다. 인터넷 서비스 외에 부가 서비스로 웹 상에서 BBS를 운영한다. 사이버 시티라고 하는 이 웹 BBS는 일반 BBS처럼 각종 메뉴로 나뉘어 웹을 통해 누구나 이용할 수 있으며, 사이버 시티 시청, 사이버 광장, 인터넷 마을, 동호회 마을 등으로 구성되어 있으며, 각종 연예 정보까지 종합 서비스를 제공한다. 아미넷에 가입하면 아미웨어라는 아미넷 전용 소프트웨어를 제공하는데, 이를 이용하여 채팅과 홈페이지 작성, 텔넷 등 종합 서비스를 이용할 수 있다. ⇨ BBS, Home Page, Telnet

amorphous [əmɔ́ːrfəs] *a*. **무정형(無定形)의** 고체 가운데 주기적인 구조를 전혀 갖지 않는 것.

amorphous chalcogenide semiconductor photo sensor [–kǽlkougenɑid semikəndʌ́ktər fóutou sénsɔːr] **무정형 칼코게나이드 반도체 감광 소자** 무정형 칼코게나이드 반도체는 S, Se, Te를 주성분으로 함유한 비결정 반도체의 일종이다. 특히 Se를 주성분으로 하는 것은 금지대폭이 크고 가시 영역에 감도를 가진 광전도 재료로서, 결정 반도체로서는 불가능한 높은 암저항을 가진 재료를 실현할 수 있지만, 캐리어의 이동도가 작기 때문에 광전도 셀이나 포토다이오드와 같은 비축적형 디바이스에는 부적합하다. 그러나 전자 사진이나 촬상 소자, 영상 센서와 같이 전하를 보유해놓는 것이 필요한 축적형 디바이스 광전도 소자의 재료에는 적합하다. 실제로 사진기의 감광막은 비결정 Se이고, 또 촬상관의 실리콘에는 Se에 As를 조금 첨가하여 Te를 적절히 분포시킨 광전도막이 사용되고 있다. 무정형 칼코게나이드 반도체에서는 조성 원소를 조절함으로써 금지대폭을 거의 임의로 변경할 수 있는 특징이 있다. 실리콘에서는 Te를 가함으로써 금지대폭을 좁혀 적(赤)의 감도를 조정하고 있다.

amorphous semiconductor [–semikəndʌ́ktər] **무정형 반도체** 단결정에 비하여 원자 배열이 무질서한 상태인 고체로 유리와 같은 비결정질 반도체. 태양 전지의 재료로서 주목받고 있으며 종래의 단결정보다 매우 얇고 적은 비용으로 만들 수 있다.

amorphous silicon contact-type sensor [–sílikən kɑ́ntækt táip sénsɔːr] **무정형 실리콘 밀착형 센서** 광센서 부분을 무정형 Si로 구성한 이미지 센서로서, 원고에 거의 밀착시켜 상을 읽을 수 있다. 종래의 원고 판독 장치에 사용되던 이미지 센서는 크기가 20~30mm로 한정되어 있었기 때문에 상을 축소 투영하는 광학계가 필요했지만, 무정형 Si를 사용한 방식에서는 센서의 크기를 원고의 폭과 같게 할 수 있기 때문에 장치를 소형화할 수 있다. 종래 광전 재료로는 CdS-CdSe나 Se-As-Te가 개발되어 왔지만, 전자는 광응답성이고 후자는 내열성이어서 문제가 있었다. 무정형 Si에서는 이런 점들이 해결되었다. 밀착형 센서는 구조상의 관점에서 샌드위치형과 플레이너형으로, 읽기 방식에 따라 실시간형과 축적형으로, 구동 방식에 따라서는 매트릭스형과 일대일 대응형으로 나눌 수 있다.

amorphous silicon image sensor [–ímidʒ sénsɔːr] **무정형 실리콘 이미지 센서** 무정형 실리콘 반도체를 광검출부에 사용한 촬상 장치로서, 다수의 광센서와 각 센서의 수광량을 나타내는 신호를 전송하는 부분으로 이루어진다. 반도체의 내부 광전 효과를 이용한 것으로서, 신호 읽기에 주사 전자빔을 이용한 광도전형 촬상관과 결정 Si 기판 상에 무정형 Si로 된 수광 다이오드 어레이와 주사 회로를 고밀도로 집적화한 고체 촬상관이 있다. 비결정성 Si 반도체는 금지대폭이 1.6 ~ 2.0 eV로서 가시 광선에 대한 광도전성이 높고, 또 다결정질에서 볼 수 있는 것과 같은 빛의 입계(粒界) 산란이 없기 때문에 감도가 높고, 해상력이 높은 촬상 장치를 기대할 수 있다.

amorphous substance [–sʌ́bstəns] **무정형 물질** 고체 내의 원자나 분자의 배열이 결정처럼 규칙적이고 주기적으로 되어 있는 것이 아니라 무질서한 상태의 고체. 비정질(非晶質) 물질이라고도 하며 유리가 전형적인 예이다. 반도체 분야에서는 1968년 미국의 오브신스키 등이 전압-전류 곡선에 기억 현상을 가지는 무정형 반도체를 발견하고 그 실용화 연구가 전세계에 자극을 주었다. 모든 물질의 특성은 원자 배열에 의해 결정되므로 무정형 물질은 그 원자의 배열 모양의 무질서 정도를 바꿈으로써 새로운 특성을 인공적으로 만들어낼 수 있는 기능을 가진다.

amount of information [əmáunt əv ìnfərméiʃən] **정보량** 어떤 정보에 의해 대상에 관한 불

확실성(엔트로피)이 어느 정도 감소하는가를 나타내는 양.

ampere[ǽmpiər] *n*. **암페어** 전기 회로에 흐르는 전류의 단위. 기호는 A이다.

ampersand[ǽmpɔːrsæ̀nd] *n*. **앤드 기호(&), 앰퍼샌드**

ampersand variable[–vέ(ː)riəbl] **& 기호 변수** 차례로 삽입되는 여러 레코드들의 어떤 필드값이 같을 때 한 번만 정의하여 사용하는 & 기호와 필드 이름. 삽입문의 작성을 단순화하는 NOMAD 언어의 한 기능.

Amphenol 암페놀 핀 형식이 아니라, 커넥터 안의 凸 또는 凹 모양 부분에 신호선을 평면 배치하는 커넥터 규격. 특히 프린터용 암페놀을 센트로닉스라고 하는 경우도 있다. 「암페놀」, 「센트로닉스」 모두 기업명이다.

amplification[æ̀mplifikéiʃən] *n*. **권한 확대** 이것은 추상 데이터형의 표현 변수에 대한 접근을 구현된 프로시저에게 허용하는 데 이용된다.

amplified spontaneous emission[ǽmplifɑ̀id spɑntéiniəs imíʃən] **ASE, 아세** 고이득의 레이저에서 공진기(共振器)를 사용하지 않고 단일 펄스의 유도 방출만으로 강한 간섭성 빛을 얻는 것. 초방사(超放射)와 유사하지만 별개의 현상이다.

amplifier[ǽmplifɑ̀iər] *n*. **증폭기** 보통 앰프라고 하며, 전기 신호의 진폭을 증대시키는 장치로서 주로 진공관, 트랜지스터 등을 이용하여 전압 · 전류 · 전력을 증폭시킨다. 증폭을 하는 신호의 주파수와 파형에 따라 직류 증폭기, 저주파 증폭기, 중간 주파 증폭기, 영상 증폭기 등이 있으며, 직류점 · 동작점에 따라 A급, AB급, B급, 4급 증폭기로 나뉜다.

〈증폭기의 개념〉

amplitude[ǽmplitjùd] *n*. **진폭** 데이터 통신의 분야로, 송수신되는 기호의 파형(waveform)에서 변화의 폭을 의미한다. 특히 장거리 데이터 통신에서는 음성 신호(voice signal)를 아날로그 통신 회선의 교류 신호로 바꾸어 전송하는 방법이 사용되어 왔다. 진폭 변조(amplitude modulation)는 그 중 간단한 예이다. 즉, 진폭의 폭(최대값과 최소값의 차)의 1/2, 파동이 사인파 $A\cos[\omega\{t-(x/v)+\delta\}]$ 또는 $A\exp i\,[\omega\{t-(x/v)+\delta\}]$로 표현될 때의 A가 진폭이다.

amplitude characteristic[–kæ̀rəktərístik] **진폭 특성**

amplitude distortion[–distɔ́ːrʃən] **진폭 변형** 진폭의 감쇠 특성은 케이블의 특성, 대역 필터 등의 영향으로 주파수에 따라 변한다. 이 때문에 신호 파형은 변형을 발생시킨다. 진폭 특성이 일정한 모양이 아니기 때문에 생기는 이러한 파형 변형을 진폭 변형이라 한다.

amplitude distortion factor[–fǽktər] **진폭 변형률**

amplitude equalization[–ìːkwəlɑizéiʃən] **진폭 동화**

amplitude-frequency characteristics [–fríːkwənsi(ː) kæ̀rəktərístiks] **진폭 주파수 특성**

amplitude gate[–géit] **진폭 게이트** 진폭 영역 사이에 있는 입력 파형의 일부만을 전송시키는 변환기. 이 용어는 입력 진폭과 비교해서 두 진폭이 서로 큰 차이가 없을 때 사용한다.

amplitude hologram[–hɑ́ləgræm] **진폭 홀로그램** 간섭 무늬의 강도 분포를 감광 재료의 농도 변화로써 기록한 홀로그램. 재생 파면은 홀로그램을 투과, 또는 반사하는 파의 진폭 변화로 생긴다. 은염(銀鹽)이나 포토크로믹 같은 감광 재료에 기록된 홀로그램이 이에 속한다.

amplitude limiter[–límitər] **진폭 제한기** 일정 수준 이상으로 전압 파형이나 전류 파형의 진폭을 제한하기 위한 장치. 이것은 주파수 변조파 등에서 입력할 때의 혼선이나 잡음으로 생긴 진폭 변조 성분을 제한하기 위해 사용한다.

amplitude modulation[–mɑ̀dʒuléiʃən] **AM, 진폭 변조** (1) 변조 방식의 하나로, 반송파의 진폭을 신호(음성) 등에 따라 변화시키는 방식. 수신측에서는 반대로 복조(復調 ; demodulation)하며 원래의 신호(음성) 등을 잡아낸다. (2) 데이터 전송에서 전송 주파수 대역 안에 설정한 반송파를 입력의 단형파로 변조하는 방식이며, 반송파는 입력의 「0」 또는 「1」에 대응하여 단속된다. 회로가 간단하고 경제적이지만 잡음 등의 장애가 생기기 쉽다.

amplitude modulation circuit[–sə́ːrkit] **진폭 변조 회로**

amplitude modulation factor [–fǽktər] **진폭 변조도**

amplitude modulation phase modulation[–féiz mɑ̀dʒuléiʃən] **AM–PM, 진폭 변조 위상 변조** 변조 방식의 하나이며, 주파수가 일정한 교류 신호를 입력 신호의 변화에 따라서 그 위상을 벗어나게 하고, 또 진폭을 변경함으로써 그 위상의 벗어남과 진폭값의 조합으로 정보를 전달하는 방식. 이 방식은 하나의 진폭값과 위상차의 조합으로 복수 비트를 대응시킴으로써 고속의 전송이 가능해진다.

amplitude modulation rejection [–ridʒékʃən] **진폭 변조 배제**

amplitude quantization [–kwɑ̀ntizéiʃən] **진폭 양자화**

amplitude reference level [–réfərəns lévəl] **진폭 기준 레벨**

amplitude response modulation [–rispɑ́ns mɑ̀dʒuléiʃən] **진폭 응답 변조**

amplitude selection [–səlékʃən] **진폭 선별**

amplitude selector [–səléktə*r*] **진폭 선별기**

amplitude suppression ratio [–səpréʃən réiʃiou] **진폭 억압비**

amplitude-shift keying [–ʃíft kí:iŋ] **ASK, 진폭 위상 변조** 2진수를 반송 주파수의 두 가지 다른 진폭에 의해 표현하는 방식. 펄스의 유무에 따라 특정 주파수의 사인파 진폭을 다르게 대응시킴으로써 변조한다. 음성급 회선에서는 보통 최대 1,200bps 범위까지 사용하고 있다.

〈진폭 위상 변조 방식의 예〉

비 트	진 폭	위상 변화
0000	$\sqrt{2}$	45°
0001	3	0°
0010	3	90°
0011	$\sqrt{2}$	135°
0100	3	270°
0101	$\sqrt{2}$	315°
0110	$\sqrt{2}$	225°
0111	3	180°
1000	$3\sqrt{2}$	45°
1001	5	0°
1010	5	90°
1011	$3\sqrt{2}$	135°
1100	5	270°
1101	$3\sqrt{2}$	315°
1110	$3\sqrt{2}$	225°
1111	5	180°

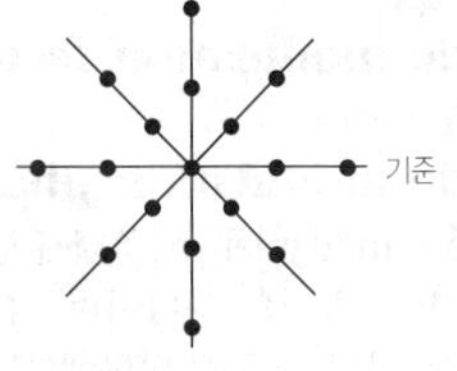

AM-PWM type AM-PWM 방식 아날로그 컴퓨터에서 변조 방식에 의한 곱셈기의 일종으로 AM은 진폭 변조, PWM은 펄스폭 변조를 의미한다.

AMR 오디오/모뎀 라이저 audio/modem riser의 약어. 인텔 사가 1998년 7월에 발표한 오디오 기능과 모뎀 기능을 특화한 아이저가드(중계기판)의 규격. 인텔 사는 USB나 10base-TX 등의 네트워크 인터페이스를 통합한 규격의 CNR(communication and networking riser)을 2000년 2월에 발표하였다.

AMS 접근 방식 서비스 access method services의 약어. ⇨ access method services

analog [ǽnəlɔ̀(:)g] *n.* **아날로그** 시스템에서 정보 등을 「연속적으로 변화되는 물리량으로 표시하거나 측정하는 것」을 뜻한다. 즉, 정보의 물리적 표현의 하나이며, 시계나 계산자와 같이 정보를 각도나 길이로 나타낸다. 이에 대응하여 「숫자」에 의한 표현 방식을 디지털이라 한다.

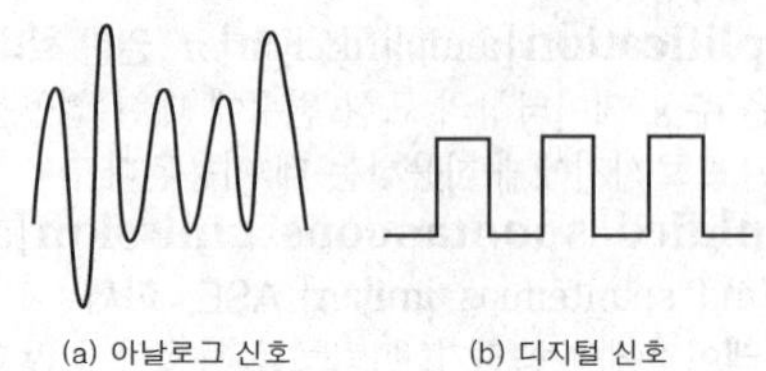

(a) 아날로그 신호 (b) 디지털 신호

〈아날로그 신호와 디지털 신호의 비교〉

analog adder [–ǽdə*r*] **아날로그 가산기** 두 개 이상의 입력 변수와 하나의 출력 변수를 가지며, 출력값은 입력값의 합 또는 특정한 가중값을 적용한 합이 되는 장치.

analog amplifier [–ǽmplifɑ̀iə*r*] **아날로그 증폭기**

analog assignment of variable [–əsɑ́inmənt əv vɛ́(:)riəbl] **변수 아날로그 지정** 아날로그 컴퓨터의 어떤 양이 문제에서 어떤 변수를 나타낼 것인가를 결정하는 것. 사용자는 수학적 법칙 외에도 컴퓨터의 전류, 전압, 저항에 관한 법칙을 알아야 한다.

analog backup [–bǽkʌ̀p] **아날로그 백업** 제어 시스템의 고장으로 직접 디지털 제어 기능에 고장이 발생했을 경우, 아날로그 조절계로 대체하여 제어하는 장치.

analog basic [–béisik] **아날로그 기본 기구**

analog channel [–tʃǽnəl] **아날로그 통신로, 아날로그 채널** 전화의 음성 채널 등, 채널에서 정의된 범위 내라면 어떤 값으로 전송되어 온 정보라도 받아들이는 통신로(채널).

analog circuit [–sə́:*r*kit] **아날로그 회로** 아날로그 컴퓨터에서 사용되고 있는 회로이며, 미분 방정식과 등가인 전기 회로. 즉, 전류나 전압의 미세한 변화에도 반응을 일으킬 수 있는 회로를 말한다.

analog communication[–kəmjù:nikéiʃən] **아날로그 통신**

analog comparator[–kámpərèitər] **아날로그 비교기** 아날로그 신호의 입력, 즉 아날로그 입력(AI ; analog input)을 디지털 신호로 변환하여 디지털 컴퓨터로 처리할 수 있도록 하는 장치.

analog computer[–kəmpjú:tər] **아날로그 컴퓨터** 오늘날 널리 사용되는 PC나 범용 컴퓨터는 모두 디지털 컴퓨터로, 「0」과 「1」로 나타낸 데이터를 소프트웨어가 다루는 것이다. 이에 대해 아날로그 컴퓨터는 대상이 되는 데이터가 디지털이 아니고 연속적인 변화를 갖는 것(전압의 변화 등)을 말한다. 최근에는 디지털 컴퓨터의 급속한 발전으로 거의 사용되지 않고 있다. ⇨ 표 참조

analog data[–déitə] **아날로그 데이터** 아날로그로 표현된 데이터. 디지털 데이터의 상대어. 이것은 연속적으로 바꿀 수 있다고 생각되는 물리량으로 표현된 데이터이며, 그 크기는 데이터 또는 데이터의 적당한 함수와 정비례한다. 온도나 기압 등과 같이 감지기에 의해 수집되는 대부분의 데이터는 연속적인 값을 취한다.

analog data processing[–prásesiŋ] **아날로그 데이터 변환** 신호에 관련된 물리적 법칙이나 효과, 신호 처리 회로 등을 응용하여 연속적인 측정량과 출력 신호와의 사이에 일정한 대응 관계를 갖게 하는 신호 처리. 측정량과 출력 신호와의 관계는 선형이 바람직하지만, 절대 조건은 아니고, 1차 변환의 입출력 관계가 비선형인 경우, 그 이하의 변환 처리로 선형화하는 방식도 많이 행해지고 있다. 변환의 과정에서 사용하는 소자나 변환기의 비선형성, 주위나 내부의 노이즈, 동특성, 경시 변화 등 많은 요인에 따라 정밀도가 달라진다. 열전쌍과 같이 언뜻 보기에 단단한 것이라도 재질의 순도, 기준 접점 온도, 경시 변화, 유도 잡음 등이 변환의 정밀도에 영향을 미친다. 측정량으로부터 바라는 출력 신호를 얻으려면 몇 단계의 변환 처리를 거치는 경우가 많다. 예컨대 압력 측정에서는 다이어프램이나 부르동관이 많이 이용되지만, 그 경우에 압력은 이들 소자에 의해 우선 변위로 변환되고, 그것이 정전 용량이나 인덕턴스의 변화로 바뀌어 전기 신호로 변환된다.

analog data recorder[–rikɔ́:rdər] **아날로그 데이터 레코더**

analog deflection[–diflékʃən] **아날로그 편향** 편향기를 사용한 빛 또는 전자 빔의 공간적으로 연속적인 주사. 광학 분야에서는 회전 거울 등의 기계적 방법, 전기 광학적 방법, 음향 광학적 방법에 의해 행해진다.

analog device[–diváis] **아날로그 장치** (1) 아날로그 신호만을 취급하는 장치. (2) 아날로그 컴퓨터의 경우 전압 또는 전류에 의해 수치를 나타내게 하는 회로.

analog-digital conversion[–dídʒitəl kənvə́:rʃən] **A/D 변환**

analog-digital converter[–kənvə́:rtər] **A/D 변환기** 아날로그 신호를 디지털 신호로 변환하는 회로. 현재 일반적으로 쓰이는 컴퓨터는 디지털 컴퓨터이므로, 전류나 전압 등의 아날로그 데이터를 입력 정보로 하는 경우, 일단 디지털 데이터로 변환시켜야만 이용할 수 있다.

analog display monitor[–displéi mánitər] **아날로그 표시 장치** 그래픽 어댑터와의 인터페이스에 0~1V(볼트) 정도의 RGB 각 휘도 신호를 이용하

〈디지털 컴퓨터와 아날로그 컴퓨터의 비교〉

형태 / 항목	디지털 컴퓨터	아날로그 컴퓨터
입력형태	부호화된 숫자와 문자, 이산 자료	연속되는 물리량(전류, 전압, 각도, 속도 등)
출력형태	숫자, 문자, 부호 등	곡선, 그래프 등 연속된 자료 형태
프로그래밍	프로그램이 있어야 한다	필요 없음
적용성	범용성	특수 목적용
정밀도	필요한 만큼 얻을 수 있다	정확도가 제한된다(0.01% 정도)
주요회로	논리 회로 사용/증폭 회로 사용	
기억능력	기억이 쉽고 반 영구적이다	기억 능력이 제한된다
연산속도	느리다	빠르다
처리대상	과학기술 계산용, 사무 계산용 등	미적분 방정식, 시뮬레이션 등
프로그램 보관	쉽다	어렵다
보수유지	보수 기술이 있어야 한다	보수가 비교적 쉽다
가격	비교적 고가이다	비교적 저가이다

는 아날로그 표시 장치로, 색의 연속적 변화, 다색 표시가 가능하다. ⇨ analog RGB, display

analog divider[-dəváidər] **아날로그 나눗셈기** 두 개의 입력 아날로그 변수의 몫에 비례한 출력 아날로그 변수를 얻는 연산기. 아날로그 곱셈기를 연산 증폭기의 피드백(feedback) 통로에 사용하여 나눗셈을 할 수 있다.

analog driver amplifier[-dráivər ǽmplifàiər] **아날로그 출력 증폭기**

analog facsimile[-fæksímili(:)] **아날로그 팩시밀리** 저중속 팩시밀리이며, 주사(走査) 신호를 연속량으로 포착하여, 원고를 주사했을 때 농도에 비례한 아날로그 전기 신호로 바꾸어 전송하고 상대편에서 재현하는 방식.

analog function generator[-fʌ́ŋkʃən dʒenəréitər] **아날로그 함수 발생기**

analog gate[-géit] **아날로그 게이트**

analogical inference[ænəládʒikəl ínfərəns] **유추적 해석** 알고 있는 객체나 처리 과정의 묘사에서 잘 알지 못하는 비슷한 객체에 그 정보를 대응(mapping)하여 추론하는 방법.

analogical means-end analysis [-mí:nz end ənǽlisis] **유추적 방법-목적 분석** 새로운 문제를 해결하는 데 예전의 비슷한 문제 해결 방법을 이용하여 대응되는 해결책들 간의 차이를 줄이는 연산자를 새로운 문제에 전달하여 해결하는 방법.

analogical problem solving[-prábləm sálviŋ] **유추적 문제 해결** 두 문제가 여러 가지 관점에서 비슷한 경우에 이미 해결된 문제의 경험을 이용하여 현재의 문제를 해결하는 방법.

analogical problem space[-spéis] **유추적 문제 공간** 문제 상태가 문제 해결을 묘사할 때, 연산자를 한 문제의 해결책과 관련된 다른 문제에 전달하는 문제 공간.

analog input[ǽnəlɔ(:)g ínpùt] **AI, 아날로그 입력** 계측, 프로세스 제어 등의 분야에 그들의 대상으로부터의 신호가 아날로그량 그대로 컴퓨터에 입력되는 것. 일반적인 컴퓨터에서는 A/D 변환기를 통해 디지털량으로 변환하여 처리한다.

analog input adapter[-ədǽptər] **아날로그 입력 어댑터**

analog input card[-ká:rd] **아날로그 입력 카드**

analog input channel[-tʃǽnəl] **아날로그 입력 채널** 프로세스 제어에서의 아날로그 입력 서브시스템 가운데 A/D 변환기와 단자 사이의 아날로그 데이터 경로.

[주] 이 경로에는 필터, 아날로그 신호 멀티플렉서(multiplexer)와 하나 이상의 증폭기가 포함되는 경우가 있다.

analog input channel amplifier[-ǽmplifàiər] **아날로그 입력 채널 증폭기** 한 개 이상의 아날로그 입력 채널의, 후단에 장착되며 아날로그 신호 레벨을 A/D 변환기의 입력 범위에 적합하게 해주는 증폭기.

analog input control[-kəntróul] **아날로그 입력 제어 기구**

analog input converter module[-kənvə́:rtər mádʒu:l] **아날로그 입력 변환 모듈**

analog input data channel adapter [-déitə tʃǽnəl ədǽptər] **아날로그 입력 데이터 채널 어댑터**

analog input device[-diváis] **아날로그 입력 장치** 다른 장치에서 발생하는 연속적인 정보를 사람의 개입 없이 직접 컴퓨터에 입력시킬 수 있는 입력 장치. 연속적인 정보를 이산적인 정보로 변환하는 A/D 변환기를 포함한다.

analog input expander[-ikspǽndər] **아날로그 입력 확장 기구** 완전한 아날로그 입력 장치를 입력 어댑터의 형태로 변환시켜 주는 장치.

analog input module[-mádʒu:l] **아날로그 입력 모듈**

analog input multiplexer[-mʌ́ltiplèksər] **아날로그 입력 멀티플렉서**

analog input scanner[-skǽnər] **아날로그 입력 주사(走査) 장치** 명령에 의해 지정된 감지기를 측정기에 연결하고 컴퓨터로 판독될 계수를 발생시키는 장치.

analog input subsystem [-sʌ́bsistəm] **아날로그 입력 서브시스템**

analog interface[-íntərfèis] **아날로그 인터페이스**

analog joystick[-dʒɔ́istìk] **아날로그 조이스틱** 비행 시뮬레이터 등에 이용되는 조이스틱. 스틱을 누르는 방식이나 눌린 방향을 아날로그량으로 탐지하기 때문에 미묘한 제어가 가능하다.

analog line[-láin] **아날로그 회선** 전화선과 같이 아날로그 정보를 전달하는 통신 선로.

analog magnetic tape[-mægnétik téip] **아날로그 자기 테이프**

analog modem[-móudem] **아날로그 모뎀** 사진, 팩시밀리 등과 같이 아날로그 신호를 전송하기 위한 변복조 장치. 주로 진폭 변조, 주파수 변조 방식 등을 사용한다. 단순히 모뎀이라 하면 디지털 데이터 신호용을 의미한다.

analog modulation[-màdʒuléiʃən] **아날로그 변조** 신호의 크기에 비례하여 반송파의 진폭이나 주파수, 위상 또는 펄스의 진폭, 위치 등을 연속적으로 변화시키는 변조 방식. 디지털 변조와 비교하면 전송시에 외부의 영향을 받기 쉬우나 좀더 간편하고 기본적인 방식이라 할 수 있다.

analog multiplier[–mʌ́ltiplàiər] **아날로그 곱셈기** 두 개 이상의 입력 아날로그 변수의 곱에 비례하는 출력 아날로그 변수를 얻는 연산기. 이 용어는 서보(servo) 곱셈기와 같이 두 개 이상의 곱셈을 할 수 있는 장치에도 적용한다.

analog network[–nétwə̀:rk] **아날로그 회로망** 변수들 간의 수학적 관계식을 표현하고 해를 구할 수 있도록, 또는 전기적·전자적 수단에 의해 직접 해를 구하기 위해 사용된 물리량을 표현하는 회로나 회로망.

analog operation circuit[–àpəréiʃən sə́:rkit] **아날로그 연산 회로**

analog output[–áutpùt] **AO, 아날로그 출력** 전압이나 전류와 같이 연속적으로 변화하는 물리량을 출력으로 하는 것.

analog output card[–ká:rd] **아날로그 출력 카드**

analog output channel amplifier [–tʃǽnəl ǽmplifàiər] **아날로그 출력 채널 증폭기** 하나 이상의 아날로그 채널의 후단에 장치되며, D/A 변환기의 출력 신호 범위를 제어하기 위하여 필요한 신호 레벨에 적합하도록 해주는 증폭기.

analog output control[–kəntróul] **아날로그 출력 제어 기구**

analog output device[–diváis] **아날로그 출력 장치** 컴퓨터에서 처리한 결과를 이용하여 다른 장치를 조작할 경우에 사람의 개입 없이 직접 연속적인 정보를 출력시킬 수 있는 출력 장치. 여기에는 D/A 변환기가 포함된다.

analog output module[–mádʒu:l] **아날로그 출력 모듈**

analog output point[–pɔ́int] **아날로그 출력점**

analog output terminal[–tə́:rminəl] **아날로그 출력 단자**

analog power supply[–páuər səplái] **아날로그 전원 기구**

analog processor/controller[–prásesər kəntróulər] **아날로그 처리기/제어기** 편집·감독·데이터 분석·직접 제어 등에 사용되며, 좀더 강력한 감독이 필요한 시스템에서는 제어와 데이터 통로가 있다.

analog pulse modulation[–pʌ́ls màdʒuléiʃən] **아날로그 펄스 변조**

analog quantity[–kwántiti(:)] **아날로그량**

analog representation[–rèprizentéiʃən] **아날로그 표현** (1) 연속적으로 바꿀 수 있는 물리량으로 변수값을 표현하며, 그 물리량의 크기는 그 변수 또는 그 변수의 적당한 함수에 정비례한다. (2) 데이터의 크기를 연속적이고 그에 비례하는 물리량으로 표현하는 것.

analog RGB 아날로그 RGB 컬러 화면의 색 표시는 CPU에서 전송된 적색(red), 녹색(green), 청색(blue)의 신호로 이루어지는데, 이때 각 계조(階調)를 임의로 지정할 수 있는 방식. 디지털 RGB에서는 계조를 디지털로 지정하므로 8색이나 16색 표시가 많지만 아날로그 RGB는 매우 다양한 색을 표시할 수 있다.

analog sampling[–sá:mpliŋ] **아날로그 표본 추출** 컴퓨터가 프로세스로부터 개별적인 혼합 입력 신호를 선택하여 그에 해당하는 2진 형태로 변환하고 기억 장치에 데이터를 저장하는 과정.

analog sensor[–sénsɔ:r] **아날로그 센서** 아날로그 신호를 출력 신호로 하는 센서. 입력 변수와 출력 신호의 관계가 디지털 센서에서는 불연속적인데 대하여 아날로그 센서에서는 연속적으로 결정된다. 센서의 출력 신호 형태는 아날로그 신호와 디지털 신호로 대별할 수 있지만, 아날로그형이 압도적으로 많다. NC 공작 기계나 마이크로컴퓨터 응용기기 등이 보급됨에 따라 인코더와 같은 디지털 신호를 출력 신호로 하는 디지털 센서도 증가하고 있긴 하지만, 물리 법칙이나 효과를 이용하는 센서는 아날로그 센서가 대부분이다. 출력 신호나 표시가 디지털 형식으로 되어 있는 경우에도 A/D 변환 등의 신호 처리로 디지털 출력을 얻고 있을 뿐이고, 본질은 아날로그 센서인 것이 많다. 기계 진동자나 표면 탄성파 소자를 이용한 주파수 출력형 센서는 그 출력이 간단히 디지털 신호로 변환되기 때문에 디지털 센서라 불리는 경우가 있다. 그러나 주파수의 차원은 $[T^{-1}]$로서 아날로그량이기 때문에 이러한 것들도 본질적으로는 아날로그 센서이다.

analog signal[–sígnəl] **아날로그 신호** 정보를 나타내는 신호가 전압 크기나 전류 크기와 같이 연속적인 경우. 반면, 펄스 등은 불연속적인 신호이기 때문에 디지털 신호이다.

analog simulation[–sìmjuléiʃən] **아날로그 시뮬레이션** 아날로그량을 이용하는 시뮬레이션으로 아날로그 컴퓨터에 의해 실현된다. 예를 들어, 진동 현상의 시뮬레이션 등에 유용한 방법이다. 전기적 시스템을 이용해서 실제 시스템을 묘사하여 시험하는 것. 두 시스템의 특성을 나타내는 변수들이 수학적으로 대응된다는 점에서 실제 시스템과 전기적 시스템은 유사한 관계에 있다. 따라서 전기적 모델과 실제 시스템의 작동이 유사하므로 실제 시스템의 시뮬레이션이 가능하다.

analog stop control[-stáp kəntróul] **아날로그 정지 제어** 정지 제어는 마지막 값을 관측할 수 있도록 풀이를 끝낸다.

analog storage expander[-stɔ́:ridʒ ikspǽndər] **아날로그값 기억 확장 기구**

analog switch[-swítʃ] **아날로그 스위치**

analog system[- sístəm] **아날로그 시스템** 연속적인 정보를 입력시켜 처리하여 연속적인 정보를 출력시키는 장치로서 라디오와 텔레비전 등이 여기에 속한다.

analog telemetering[-təléмətəriŋ] **아날로그 원격 계측**

analog-to-digital [-tu dídʒitəl] **A/D, 아날로그-디지털 변환** 아날로그량을 디지털량으로 변환하는 것이며, 디지털에서 아날로그(D/A) 변환의 상대개념이다. 계기로 측정되는 음성, 온도, 압력, 진동수, 전압, 길이 등 아날로그량을 컴퓨터(대개 디지털형)에 입력하여 해석, 제어하는 것으로 디지털로 변환하는 데 필요한 조작이다. 이러한 기능을 수행하는 장치 자체를 A/D 변환기(A/D conveter)라고 한다.

analog-to-digital converter[-kənvə́:rtər] **ADC, 아날로그-디지털 변환기, A/D 컨버터, A/D 변환기** ⇨ 보충 설명 참조 ⇨ A/D converter

analog-to-digital LSI 아날로그-디지털 고밀도 집적 회로 하나의 칩(chip)에 복잡한 선형 기능과 디지털 기능을 조합한 반도체 장치. A/D 변환기를 내장한 단일 칩 마이크로컴퓨터, 마이크로프로세서에 연결이 가능한 A/D 변환기 등이 여기에 속한다.

analog transmission[-trænsmíʃən] **아날로그 전송** 연속적으로 변화하는 아날로그 신호의 전송. 즉, 데이터의 종류에 관계없이 아날로그 신호를 사용하여 전송하는 방식이다. 음성과 같이 연속적으로 변환하는 신호를 아날로그 전송 매체를 이용하여 전송하는 것이다.

analog variable[-vɛ́(:)riəbl] **아날로그 변수** 수식의 변수 또는 물리량에 대응하는 연속 신호.

analog vector generator[-véktər dʒénərèitər] **아날로그 벡터 생성기** 아날로그 집적기를 사용하여 벡터 신호를 생성하기 위해서는 0에서 최대값까지 일정 시간 동안 선형적으로 변하는 참조 전압 램프를 사용한다. x와 y의 편향 신호는 참조 램프에 원하는 x와 y의 변화로부터 유도된 신호를 곱하여 생성하는데, 이 신호는 편향 증폭기를 동작

A/D 변환기와 D/A 변환기

A/D 변환기는 아날로그 신호를 디지털 신호로 변환시키는 것이고, D/A 변환기는 그 역변환을 하는 것이다. 시스템의 디지털화가 진행되는 중에는 아날로그 인터페이스로서 중요하며, LSI 기술의 진보와 더불어 1칩(chip) 집적화가 진행되고 있다. 아날로그와 디지털이 혼재한 LSI 기술에 의하여 A/D, D/A를 한 곳에 포함시킨 LSI 개발이 활발하게 이루어지고 있다. A/D, D/A의 정밀도는 비트 수로 표시되고, 속도는 변환 속도로 표시된다. 정밀도 4~15비트, 속도 10~70M 샘플/초의 것이 집적 회로로 실현되고 있다.

A/D 변환 방식으로는 축차 비교형(逐次比較形)이 가장 일반적이다. 이 방식은 샘플 폴드 회로, D/A 변환기, 전압 비교기, 축차 근사(逐次近似) 레지스터(registor)로 구성되고, D/A 변환기에서 상위 비트부터 순차로 각 비트에 대응하는 전압을 발생시켜 이것과 샘플 폴드된 입력 전압을 비교하여 디지털 신호를 얻게 된다.

축차 비교는 비트 수와 같은 횟수로 행해지고 그 사이의 입력 전압을 일정하게 유지할 필요가 있다. 이 기능은 정밀도, 8~100K 샘플/초의 속도로서 적당하며, 음성을 PCM 신호로 변환하는 PCM-CoDEC에 사용된다. 화상 신호의 부호화에는 고속화에 적합한 병렬 비교형이 사용된다. 이것은 2^n(n은 비트 수)개의 비교기를 사용하여 순간적으로 A/D 변환하는 것이다.

D/A 변환기는 2^n을 가진 전류 또는 전하를 디지털 신호에 따라 가산하는 원리를 이용한다. 12비트 이상의 정밀도를 얻기 위하여 집적 회로를 제작한 후에 레이저 광선 등으로 저항과 용량값을 미세 조정하는 트리밍 수법이 사용되고 있다.

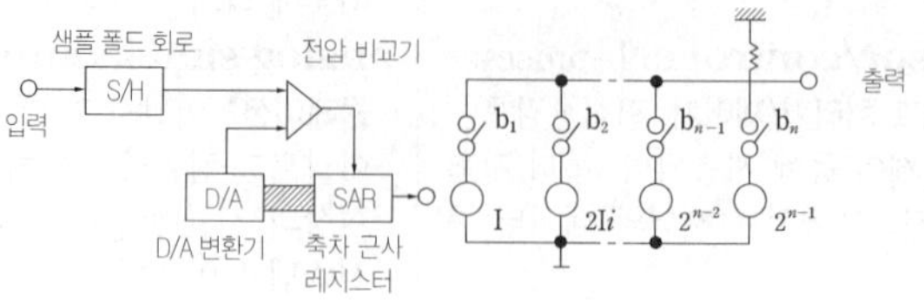

〈축차 비교형 A/D 변환기, D/A 변환기의 원리도〉

시키는 매끄러운 신호를 생성하며 매끄러운 직선을 그린다.

analog voltage reference[−vóultidʒ réfərəns] **기준 전압 기구**

analog wide band adapter[−wáid bǽnd ədǽptər] **아날로그 광대역 어댑터**

analogy[ənǽlədʒi(ː)] *n.* **유추** 문제를 해결하기 위해 과거에 해결된 문제들로부터 현재의 문제와 비슷한 문제들을 찾아 이것을 현재의 문제 해결에 잠재적으로 적용할 수 있도록 변형시키는 것.

analysis[ənǽlisis] *n.* **분석** (1) 어떤 것을 구성하고 있는 부분 또는 요소로 분해하고, 그 특성이나 다른 부분, 요소와의 관련성 등에 대하여 조직적으로 명확히 분리해가는 것. 이 과정을 해명 절차로 사용함으로써 컴퓨터에 의한 정보 처리 프로그램에 이용할 수 있다. (2) 관리 방식의 하나로서 부품표를 전개해갈 때의 수법이 된다. 즉, 부품의 구성을 알려고 할 때, 제품 전체를 중간적 조립 단위로 하고 또한 그것을 구성 부품으로 정하며 전체에서 부품의 순서로 게시하는 방식을 말한다. 이를 위한 기법, 즉 오퍼레이션 리서치(OR ; operation research), 시스템 공학(system engineering), 최적화(optimization)를 사용하여 시스템을 분석하기 위한 기술의 총칭이다.

analysis activity[−æktíviti(ː)] **분석 활동** 고객의 요구 사항이나 제약 사항의 결정 및 목표 제품의 타당성 판단 기준 등의 설정 활동. 프로젝트와 생산 제품에 대한 표준 지침을 수립한 후 제품의 일률성을 유지시키며, 이정표를 정하여 계획한 대로 생산 제품이 생산됨을 확신시키는 것 등이 주요 내용이다.

analysis block[−blák] **분석 블록** 기억 장치 내의 재배치 가능 영역에 기억되는 프로그램 자료나 통계 자료로서 이를 사용하여 나중에 컴퓨터의 효율을 측정할 수 있다. 프로그램 테스트중에 각 단위 작업마다 분석 블록이 있고, 단위 작업이 시스템을 떠날 때 이 블록은 파일이나 테이프에 옮겨진다.

analysis graphics[−grǽfiks] **분석 그래픽** 사용자들이 데이터를 명확하게 조사분석할 수 있도록 고안된 그래픽 프로그램의 형태로서, 데이터 그 자체가 의미하는 것을 쉽게 결정할 수 있다. 상업용 그래픽이라고도 하며 가장 중요한 요소는 막대 · 선 · 원 그래프이다.

analysis method[−méθəd] **분석법**

analysis mode[−móud] **분석 모드** 시스템 성능을 조사하기 위하여 특수 프로그램이 수행되는 모드. 분석 모드에서 동작중일 때는 프로그램 테스트나 통계들이 자동으로 기록된다.

analysis of algorithm[−əv ǽlgəriðm] **알고리즘 분석** 알고리즘의 성능을 평가하기 위한 분석. 이 성능은 크게 그 수행 시간과 필요한 기억 장치의 양으로 평가되는데, 많은 경우에 수행 시간이 더 중요한 의미를 지닌다. 알고리즘의 분석 목적은 알고리즘 수행 시간을 예측하고 확인함으로써 더욱 효율적인 알고리즘을 개발하기 위한 것이다. 하나의 명령문을 수행하는 실제 시간은 컴퓨터 기종과 컴파일러에 의해 차이가 있으므로 계산 시간에 의한 분석은 명령문의 수행 빈도 수를 기준으로 한다. 이것은 사용하는 프로그래밍 언어나 컴파일러 기종에 관계없이 알고리즘으로부터 직접 구할 수 있다.

analysis of covariance[−kouvɛ́(ː)riəns] **공분산 분석**

analysis of variance[−vɛ́(ː)iriəns] **분산 분석**

analysis program[−próugræm] **분석 프로그램** 하드웨어 자체 또는 운영 체제가 기억해두고, 각 데이터 처리 시스템의 운용, 보수, 가동 상태 등을 추정 분석하기 위한 프로그램.

analysis report[−ripɔ́ːrt] **분석 접근 보고서**

analysis technics[−tékniks] **분석 기술** 시스템 엔지니어링, 운용 과학, 시스템 시뮬레이션 기법을 사용한 시스템 분석 기술의 총칭.

analyst[ǽnəlist] *n.* **분석가** 문제의 성격을 명확히 알고 그 문제를 해석하기 위해 수법과 순서를 전개하는 사람. 정보 처리 분야에서 이 용어가 쓰일 때는 문제를 컴퓨터를 사용해서 해석하여 시시비비를 판별하고, 컴퓨터로 해석하는 것이 유망하다는 판단이 들면 문제를 컴퓨터로 해석하기 위해 일반적으로는 플로 차트를 사용하여 문제 해석 방법을 밝힌다.

analytical[ænəlítikəl] *a.* **해석적, 분석적**

analytical engine[−éndʒin] **해석 기관** 1833년 영국 케임브리지 대학의 수학 교수였던 찰스 배비지(Charles Babbage)가 고안한 자동 계산기. 그 당시 기술 수준이 낮아 실현되지 못했으나 이것이 오늘날 컴퓨터의 기초가 되었다. 이 해석 기관은 최초의 범용 자동 디지털 컴퓨터라고 할 수 있다.

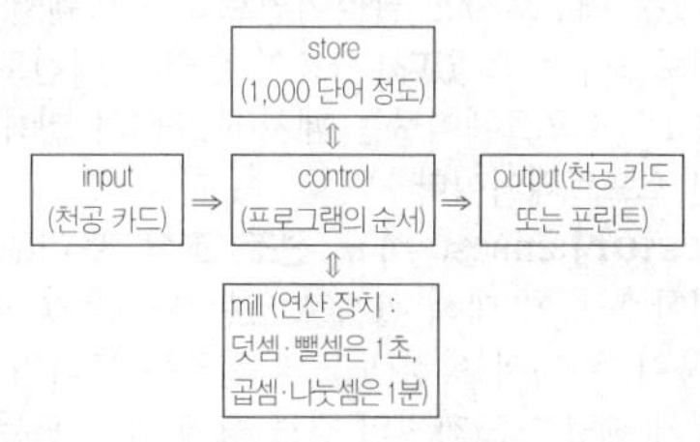

〈해석 기관의 개념〉

analytical function generator [−fʌ́ŋkʃən

dʒénəreitər] **해석적 기능 발생기** 어떤 물리적 법칙에 기능이 일치하도록 하기 위한 장치.

analytical model [-mάdəl] **분석 모델** 어떠한 대상을 수학적으로 분석하기 위해 만든 모델. 예를 들어, 컴퓨터 시스템의 성능 평가를 위해 만들어진 모델에서는, 컴퓨터 CPU의 사용률, 캐시(cache)의 접근 시간, 시스템과 단말의 인터랙션(interaction) 등을 수식으로 나타내고, 그것을 분석함으로써 성능을 평가한다. 매개변수를 바꾸어 미치는 영향을 살펴보는 것이 쉬운 반면 시뮬레이션 모델과 달리 시스템이 복잡한 경우에는 수학적 분석에 따라 성능을 얻어내는 것이 곤란하다.

analytic relationship [ænəlítik riléiʃənʃip] **분석적 관계** 개념들과 이에 대응하는 용어들 사이에 존재하는 관계로서, 그 정의와 내포된 의미의 범주에 의해 관계가 형성된다.

analytic substitution [-sʌbstitjú:ʃən] **해석적 대입** 직접적인 해법이 불가능한 함수 대신에 그와 비슷한 새로운 식으로 대치하는 것. 직접적인 해법이 불가능한 함수 $f(x)$ 대신에 1차 함수 $P_1(x)$로 대치하는 선형 보간법이 그 중 한 방법이기도 하다.

analyzer [ǽnəlàizər] *n*. **해석기, 해석용 프로그램, 해석 프로그램** 프로그램을 해석하기 위한 「프로그램」을 가리키는 경우가 있다. 예를 들면, 원시 프로그램의 구문, 명령의 실행 빈도, 실행 경로 등을 해석할 수 있다. 대개 하나의 프로그램을 세그먼트로 분할하고 각 세그먼트마다의 통계적 정보를 꺼내면, 그 프로그램의 정적, 동적 특성이 구해진다. 프로그램의 디버깅(debugging)에도 유용하다.

anamorphic optical system [ænəmɔ́:rpik άptikəl sístəm] **아나모픽 광학계(光學系)** 상면(像面) 상에서 가로 방향과 세로 방향의 배율이 다르면 상을 발생하는 광학계. 시네마스코프용의 촬영 · 투영계(投映系) 등으로 쓰인다.

anaphora [ənǽfərə] *n*. **어구 반복** 문장 또는 대화에서 대명사는 어떤 명사를 가리키는데, 이같은 관계를 어구 반복이라 한다.

Anarchie 아나키 FTP와 아카이브 서버에 접근할 수 있는 매킨토시용 클라이언트 소프트웨어. 셰어웨어로 보급하고 있다. 사용이 손쉽고 매킨토시 상의 FTP 소프트웨어로는 페치(Fetch)와 함께 대표적인 소프트웨어이다.

ancestor [ǽnsestər] *n*. **선조, 조상** 트리(tree)의 특정한 노드에 대해 관계가 있는 노드들을 나타내는 용어. 여기서 특정 노드의 선조는 트리의 근 노드에서 해당 노드까지의 경로 상에 있는 모든 노드를 말한다.

ancestor of a node [-əv ə nóud] **노드의 선조**

ancestral task [ænséstrəl tά:sk] **선조 태스크**

ancestry filtered form strategy [ǽnsestri(:) fíltərd fɔ́:rm strǽtədʒi(:)] **조상절 선택형 방식** 비교 흡수 제어 방식의 하나로서 각 비교 흡수절의 두 부모절 가운데 적어도 하나는 기초 집합에 포함된 절이거나 한쪽의 부모절이 다른쪽 부모절의 조상절이라는 관계일 때의 비교 흡수 부정 방식을 말한다.

anchor [ǽŋkər] **앵커** 앵커의 원래 의미는 닻이라는 뜻이다. 앵커는 하이퍼링크(hyperlink)와 같은 의미로, 월드 와이드 웹(WWW) 상에서 밑줄이 그어진 단어나 문구로 나타나게 되며, 이를 누르게 되면 다른 화면이나 페이지로 넘어가게 된다. 앵커는 하이퍼링크보다 자주 쓰이지는 않지만 네트워크 상에서 항해한다거나 서핑(surfing)한다는 등 항해를 주제로 하는 용어를 많이 쓰므로 아직도 쓰이고 있다. ⇨ hyperlink

anchor block [-blάk] **참조 시작 블록** 레코드가 체인으로 연결되어 있을 때, 이 체인의 첫 번째 레코드를 저장하고 있는 블록을 뜻한다.

anchor color [-kʌ́lər] **앵커 컬러** 웹 브라우저에서 앵커를 표시할 때 사용하는 색으로 디폴트값은 파란색이다. 넷스케이프에서는 옵션 메뉴에서 색깔을 바꿀 수 있다.

anchor point [-pɔ́int] **참조점** 해싱(hashing)에서 충돌이 발생한 레코드들이나 페이지들을 연결한 포인터 체인의 헤드.

AND [ænd] **앤드, 논리곱** 논리 연산의 하나. 두 개의 논리 변수 l, m의 논리곱 $l \cdot m$($l \cap m$ 등이라고도 쓴다)은 l, m이 모두 「1」일 때만 1, 다른 경우(어느쪽이든지 한쪽이라도 「0」일 때)는 0이다. 또 복수 명제의 AND 연산의 결과는 모든 명제가 「참」이면 「참」, 그 중 하나라도 「거짓」이면 「거짓」이 된다.

AND circuit [-sɔ́:rkit] **AND 회로** 두 개 이상의 입력 단자와 한 개의 출력 단자를 가지며, 모든 입력 단자의 진리값 1에 대응하는 신호가 가해진 경우에만, 출력 단자의 진리값 1에 대응하는 출력 신호가 나타나는 회로. 여러 개의 입력 정보가 있을 경우 모든 입력이 1일 때에만 출력에 1을 출력하고 그 이외는 0을 출력하는 회로이다. AND 논리곱을 트랜지스터 등을 사용하여 전자적인 회로로 만든 것이며, 컴퓨터의 논리 회로로서 반드시 필요한 것이다. 이 회로는 진공관이나 트랜지스터 또는 IC 등의 소자로 구성할 수 있다.

AND element [-éləmənt] **논리곱 소자, AND 소자** 논리곱의 불 연산을 행하는 논리 소자. 모든 입력이 논리 상태 1일 때만 출력이 논리 상태 1이 되는 소자. AND 문(AND-gate)과 같은 뜻으로 쓰인다.

ANDF architecture neutral distribution format의 약어. OSF가 개발중인 S/W 배포용 중간 언어. 각 아키텍처 공통의 ANDF 형식으로 번역한 프로그램의 실행시에 각 기계 고유의 기계어로 변환한다. 따라서 애플리케이션 ANDF 형식으로 배포하면 변환에 따라 어떠한 기계에서도 이용할 수 있게 되며 같은 운영 체제를 쓰는 다른 기종에의 배포에도 큰 도움이 된다. ⇨ OSF

AND-gate[ænd géit] AND 문 두 개 이상의 입력 단자를 가지며, 모든 입력의 논리값이 참일 때만 출력의 논리값이 참이 되는 게이트.
⇨ AND element

AND immediate[–imíːdiət] AND 즉시값 명령어 자체의 일부분으로 되어 있는 바이트 또는 보수 바이트의 데이터를 사용하여 AND를 취하는 명령.

AND operation[–àpəréiʃən] AND 연산 논리곱(conjunction)과 같은 뜻으로 쓰인다. 각 피연산자(operand)가 불 값 1을 취할 때에 한하며, 결과가 불 값 1이 되는 불 연산. ⇨ conjunction, intersection

AND operator[–ápəreitər] AND 연산자

AND/OR graph[–ɔːr grǽf] AND/OR 그래프 인공 지능 분야에서 생성 시스템의 작용들을 나타내는 데 편리한 그래프 데이터 구조. 이것은 한 노드에 대해 AND 또는 OR의 명칭이 주어지는 그래프로서 부모 노드와 자식 노드 간의 단계를 나타낸다. AND 노드와 OR 노드로 그래프를 나타내는데, AND 노드는 모두 처리되어야 하며 OR 노드는 하나만 처리되면 끝낼 수 있다.

AND/OR relationship[–riléiʃənʃìp] AND/OR 관계

Andrew Grove 앤드루 그로브 인텔 사의 최고 경영자로서 1956년 헝가리 혁명이 실패하자 미국으로 건너가 뉴욕 시티 대학에서 공학을 공부했다. 버클리 캘리포니아 대학에서 화학 공학 박사 학위를 취득하였고, 1963년 페어차일드 사에 입사하여 무어와 함께 일하였다.

AND term[ænd tə́ːrm] AND 항 불식에서 논리 변수와 AND 논리 연산자만으로 구성된 항.

aneroid barometer[ǽnərɔ̀id bərámətər] 아네로이드 기압계 금속 다이어프램을 사용한 절대 압력(진공을 기준으로 한 압력) 측정형의 기압계. 빈합 기압계라고도 한다. 아네로이드(액체를 사용하지 않는)는 희랍어에서 유래된 것이다. 내부가 진공으로 된 두 개의 다이어프램의 한쪽은 본체에 고정되고 다른 한쪽은 지시 기구에 이어져 있다. 기압에 의하여 다이어프램에 작용하는 힘과 다이어프램의 탄성력, 또는 다이어프램의 내부에 설치된 스프링의 탄성력이 균형을 이루고 있다. 기압이 변동하면 다이어프램이 변위하기 때문에 그것을 확대하여 지침을 움직인다. 소형으로서 휴대하기도 편리하기 때문에 자기식(自記式) 기압계나 고도계로도 사용된다. 또한 다이어프램의 변위를 차동 트랜스 등을 사용하여 전기 신호로 변환하여 출력하는 형식도 있다.

angel capital[éindʒəl kǽpitəl] 앤젤 캐피털 창업 초기 단계의 벤처 기업에 투자하는 개인 투자자들의 자금. 개인 투자자가 벤처 기업의 초기 기술 개발 단계에 투자하면 앤젤 캐피털 제도에 따라 세제 혜택을 받는다. 앤젤 투자 시장을 통해 투자 대상 벤처 기업을 물색한 투자자들은 기술 신용 보증 기금과 생산 기술 연구원 등 전문 기관에 해당 기업의 기술력과 자산 가치에 관한 평가를 의뢰하여 투자 여부와 투자 금액 등을 결정할 수 있으며, 이에 필요한 평가 수수료는 전액 정부가 부담한다.

Angel Club[–klʌ(ː)b] 앤젤 클럽 친한 미국 친구들의 소개로 유망 신기술을 개발하여 사업화하려는 사람들에게 자금을 지원해주는 실리콘 밸리의 개인 투자자 모임.

angle[ǽŋgl] *n*. 각도, 앵글

angle eikonal[–áikɔnəl] 각 아이코날 아이코날의 일종. 변종으로는 물(物)공간과 상(像)공간에서의 광선의 방향 코사인에 굴절률을 곱한 것을 사용한다. 물 · 상공간이 균질인 때는 각 공간의 원점에서 그 광선에 내린 수선의 발 사이의 광학 거리를 나타낸다.

angle tuning[–tjúːniŋ] 각도 동조 광고조파 발생, 광혼합, 광파라메트릭 발진 등에서 복굴절성을 가진 비선형 광학 결정에의 입사각을 변화, 조정함으로써 위상 정합을 취하는 방법. 각도 정합이라고도 한다.

angle modulation[–màdʒuléiʃən] 각도 변조 반송파의 각을 변화시키는 변조 방식. 위상 변조(PM)나 주파수 변조(FM) 등이 이에 속한다.

anglicize[ǽŋglisàiz] *v*. 영어화 프로그래밍 언어를 영문으로 번역하는 것.

angular aperture[ǽŋgjulər ǽpərtʃər] 개구각(開口角) 광학계(光學系)의 광축 위의 물점(物點)에서 입사동(入射瞳)의 지름이 맞서는 각. 사출동의 지름이 축 위의 상점(像點)에서 맞서는 각을 상쪽의 개구각이라 하는 경우도 있다. 둘은 일반적으로 같지 않다.

angular dispersion[–dispə́ːrʃən] 각분산 빛의 분산에 의해 파장이 변할 때 빛의 진행 방향이 변화하는 것. 프리즘이나 회절 격자에 의한 빛의 분

산에서 사용되는 용어. 파장차 $\delta\lambda$에 대한 광선의 진행 방향의 차이를 $\delta\theta$라 할 때, $\delta\theta/\delta\lambda$로 각분산의 크기를 나타낸다.

angular frequency[-fríːkwənsi(ː)] **각주파수** 주파수 ν의 2π배로서 $2\pi\nu$. 각진동수라고도 한다. 보통 기호 ω가 사용된다.

angular magnification[-mæ̀gnifikéiʃən] **각배율** 배율의 일종. 축 위의 공액점(共扼點)을 통하는 공액의 광선이 상(像)공간과 물(物)공간에서 광축과 이루는 각의(탄젠트의) 비를 말한다.

angular spectrum[-spéktrəm] **각 스펙트럼** 한 평면 내의 파동의 복소 진폭 분포를 다른 방향으로 진행하는 평면파 성분으로 분해하여 나타낸 것. 광파의 전파(傳播) 해석에 사용된다. z방향에 대한 방향 코사인 n은 $n^2=1-l^2-m^2$이고, n이 실수인 경우에는 z방향으로 진행하는 파면을 나타내지만, n이 허수인 경우에는 z방향으로는 진행하지 않는 에바네센트파가 된다.

angular velocity sensor[-vəlásiti(ː) sénsɔːr] **각속도 센서** 단위 시간당의 각변위를 측정하기 위한 센서. 각속도는 회전각의 시간 미분이기도 하기 때문에 각속도 센서와 회전각 센서는 공통되는 바가 많다. 또 속도 센서의 다수는 각속도 측정에 이용할 수 있다. 일반적으로는 인코더형 센서가 많이 사용된다. 그것은 회전체에 부착된 기어 형상의 요철이나 자석(자극)의 위치를 홀 소자, 자기 저항 소자, 픽업 코일, 위건드 와이어, 리드 스위치, 포토커플러 등에 의하여 검출하는 방식이다. 비교적 간편하게 측정할 수 있다. 레이저 자이로는 회전체 상에서 서로 역방향으로 나아가는 레이저의 위상차가 회전 각속도에 비례하는 성질을 이용한 것이다. 광범위한 각속도를 측정할 수 있을 뿐 아니라 정밀도도 비교적 높다.

ANI automatic number identification의 약어. 통화시 송신자의 전화 번호를 자동적으로 인식하는 것으로, 국내에서는 아직 상용화되지 않고 있다. ANI가 상용화되면 송신자가 자신의 신분을 밝히는 별도의 키를 누르지 않아도 서버가 전화 번호를 자동으로 인식하여 데이터를 콜(call)과 동시에 상담원의 화면에 띄울 수 있다.

animated GIF 움직이는 GIF 웹 페이지 상에서 마치 살아 있는 개체처럼 움직이는 그래픽 이미지. 움직이는 GIF는 하나의 파일 내에 여러 개의 이미지들이 정해진 순서대로 들어가 있는 GIF 파일로, 여러 개의 이미지들이 번갈아가며 무한 루프를 돌게 하거나 몇 개의 순서를 보여준 다음 애니메이션이 멈추도록 하는 방식으로 만들어진다.

animation[æniméiʃən] *n*. **애니메이션, 동화** 컴퓨터를 이용하여 화상의 형태를 시간에 따라 변화시켜 마치 움직이고 있는 것처럼 표시하는 기법 또는 그러한 영상. 최근 컴퓨터 보조 교육(CAI) 등에서도 학습자의 이해를 높이기 위하여 이러한 애니메이션을 사용한다. 영화나 만화 영화 그리고 비행 모의 실험 등에 이용된다. ⇨ 그림 참조

animation software[-sɔ́(ː)ftwὲər] **애니메이션 소프트웨어** 애니메이션을 제작하기 위해 사용되는 소프트웨어의 총칭. 비디오 텍스처 보드 등에 내장한 애니메이션 파일을 영상의 1코머 단위로 편집할 수 있다. 애니메이션을 이용한 표현이나 교재 등을 작성하는 분야에서도 사용되고 있다.

animation tool[-túːl] **애니메이션 도구** 애니메이션을 만들기 위해 사용되는 응용 소프트웨어의 총칭. 편집 기능을 통해 손쉽게 애니메이션이나 3차원 처리가 가능한 것을 이용해 인터넷의 홈페이지를 겨냥한 도구도 판매되고 있다.

anisochronous transmission[ænáisəkrὰnəs trænsmíʃən] **비등시성(非等時性) 전송** 동일 그룹 안에서의 임의의 두 개의 유의 순간(significant instant)의 간격은 항상 단위 시간의 정수배가 되지만 다른 그룹에 걸치는 두 개의 유의 순간의 간격은 반드시 단위 시간의 정수배가 되는 것은 아닌 데이터 전송 처리 과정. 데이터 전송에서의 그룹이란 하

〈3차원 그래픽으로 애니메이션한 포크와 샹들리에〉

나의 블록 또는 문자를 말한다.

anisotropic thin film waveguide [ænàisətróupik θín fílm wéivgàid] **비등방성 박막 도파로(導波路)** 유전(誘電) 특성 또는 자기 특성이 비등방성을 갖는 매질을 기판 박막에 포함하는 도파로. 보통 광학 영역의 모든 것을 지칭한다. TE 또는 TM 모드 필터 작용, 일방성 도파 작용 등의 성질을 갖는다.

annealing [əníːliŋ] **어닐링** 반도체에 불순물을 도핑시킬 때 이온 이식 직후에 반도체의 격자에 생긴 손상을 제거하기 위해서 약 1시간 동안 웨이퍼를 400℃ 정도로 가열하는 것. ⇨ 보충 설명 참조

annex memory [ənéks méməri(ː)] **부속 기억 장치** 기억 장치와 입출력 장치 사이에 사용되는 작은 기억 장치. 버퍼로 더 많이 알려져 있다.

annotate [ǽnətèit] *v.* **주석 첨가** 프로그램의 어떤 부분에 설명을 덧붙이는 것.

annotation [æ̀nətéiʃən] *n.* **주석, 코멘트, 주** 프로그램이나 문서에 덧붙여진 기술적, 설명적 주해. 원시 프로그램(source program)의 명령문으로 삽입 또는 추가되는 기술이나 참조, 설명문이며, 해석 후의 목적 프로그램(object program) 속에서는 어떠한 효과도 갖지 않는 것. 즉, 프로그램 속에 기술된 기호로 컴퓨터에서는 실행되지 않는 것. 프로그램이 특정한 스텝으로 설명을 붙이기도 하며, 메모를 위하여 쓰여진다. 같은 의미로는 comment, remark, note 등이 있다. 또한 표명(assertion)과 같은 뜻으로 사용되며 프로그램 속에서 나타나는 변수 사이의 관계를 표현한 것이다. 주석으로서 프로그램 속에 기술되어 있는 경우가 많다.

annotation symbol [–símbəl] **주석 기호** 순서도에 메시지나 설명을 더하기 위해 사용되는 부호.

annunciator [ənʌ́nʃièitər] **예고 장치, 경보기** 프로세스 제어 등에서 패널이나 콘솔에 설치한 이상 표시기. 회선 또는 회로의 상태를 나타내는 시각적 또는 청각적 경보 장치.

anode [ǽnoud] *n.* **양극**

anomalous contour [ənɑ́mələs kɑ́ntuər] **변칙적 외형** 다단계 해상도에서의 물리적 변화로 나타나지는 않지만, 지각이 가능한 모서리들.

anomaly [ənɑ́məli(ː)] *n.* **어나멀리** 데이터 베이스의 설계를 잘못하여 이것을 사용하는 사용자의 의도와는 달리 나타나는 이상 현상. 데이터 베이스에 가해지는 삭제, 삽입, 갱신의 각 조작에 이상이 생기는 것은 데이터 베이스의 내용이 잘못 구성되었기 때문이며, 이를 제거하기 위해서는 테이블을 적당히 나누어 정규화해야 한다.

anonymous [ənɑ́niməs] **파일 전송** 프로토콜에서 자주 사용되는 것으로 사용자 ID나 비밀 번호 등에 상관없이 누군가에게 호스트에서 익명의 컴퓨터로 파일을 전송하는 것을 허용할 때 사용한다.

anonymous FTP 익명 FTP FTP는 인터넷 상에서 접속되어 있는 여러 호스트간에 파일 전송을 지원하는 일종의 파일 전송 프로토콜로서, 사용자는 FTP 사이트에 접속해서 파일을 전송하거나 전송받는다. anonymous는 어떠한 FTP 사이트라도 접속할 수 있도록 해주는 일종의 개인 ID이다. 즉, 원하는 FTP 사이트에 계정이 없더라도 접속할 수 있도록 해준다. 그러나 anonymous로 접속하는 경우 접속하는 사이트에 따라 인원 등의 제한을 받게

어닐링 기술

어닐(anneal)이란 열처리를 함으로써 어느 물질에 축적되어 있는 일그러짐을 없애 전기적 또는 기계적 특성을 개선하는 것을 말한다. 반도체 소자 제조 프로세스에서는 반도체 중의 결정 결함의 회복, 박막의 내부 일그러짐의 회복 등을 위하여 사용된다. LSI 제작 프로세스에서는 이온 주입 등에 수반된 손상의 어닐, MOS 소자의 경계면 특성 개선을 위한 어닐 등이 중요하다. 이온 주입에 따르는 도너(donor) 또는 억셉터(acceptor) 불순물을 반도체 중에 도입하는 경우, 반도체 원자와 충돌 과정을 반복하여 이온이 정지하기 때문에 반도체 중에는 많은 격자 결함이 생긴다. 이러한 결함을 회복하고 주입된 이온을 치환 위치로 배열하여 전기적으로 활성화된 도너 또는 억셉터 불순물로 만들 필요가 있다. 이를 위하여 전기로에서 시료를 가열시켜 어닐을 행한다. 가열은 질소 또는 아르곤 등의 비활성 가스 중에서 행하는 경우가 많으며, 실리콘 프로세스에서는 온도가 900~1,000℃에서 30분 정도 열처리를 한다. 이에 비하여 1977년 이후에 이온 주입층을 레이저에 의하여 가열시켜 어닐을 하는 레이저 어닐이 연구되고 있다. 이것은 대단히 단시간(1ms 이하~수 ms) 레이저를 조사(照射)시킴으로써 가열하여 어닐하는 것으로, 종래의 전기로에서 어닐하는 것에서는 얻을 수 없는 특성(예를 들면, 이온이 주입된 불순물의 분포 상태를 보유한 채 활성화될 수 있다)이 얻어진다든가 시료 전체를 가열하지 않고 국부적인 가열을 할 수 있다는 이점이 있다. 레이저 대신에 전자 빔을 사용하여 어닐을 하는 전자 빔 어닐도 레이저 어닐과 같은 이점이 있기 때문에 활발히 연구되고 있다.

MOS 소자의 경계면 특성 개선을 위한 어닐로는 질소 또는 질소와 수소의 혼합 가스 속에서 열처리가 행해지고 있다. 이것을 수소 처리라고 한다. 이 밖에 증착 등에 의한 박막 형성 후, 내부 변형을 완화시키기 위한 어닐도 행해진다.

된다. FTP 서비스의 일종으로 사용자 이름을 입력할 때, anonymous 또는 FTP를 입력하고, 비밀 번호는 임의의 문자를 사용할 수 있는 시스템이다. 이 서비스는 거의 공개 소프트웨어나 인터넷을 사용하는 데 필요한 문서, 또는 프로그램 등이다.

anonymous remailer[–riméilər] **익명의 리메일러** 이메일 주소나 실명을 사용하지 않고 익명으로 특정 통신망에 메일을 송신하기도 하고 유즈넷(USENET)에 대해 투고하기도 하는 서비스. 사용자는 메일이나 기사를 직접 투고하는 대신에 최종 목적지와 펜 네임을 표시하는 특별한 헤더를 추가한 메시지를 익명의 리메일러에게 보내면 된다. 리메일러는 메시지에서 개인 정보를 소거한 후에 전송한다.

ANS 미국 표준 규격 American National Standard의 약어.

ANSI 미국 표준 협회 American National Standards Institute의 약어. 1928년에 ASA(American Standards Association)로 설립되어, 1966년에 USASI(United States of American Standards Institute)로 명칭을 바꾸었으며, 그 후에 ANSI로 변경되었다. 미국 공업 분야의 표준화 활동을 하고 있다. ① 예를 들면, 정보 처리 분야에서는 컴퓨터와 정보 처리(X3), 사무 기기와 소모품(X4), 도서관, 도큐멘테이션(Z39), 도서관용 소모품과 기기(Z85), 네 개의 기술 위원회가 관계했으나 1981년 ISO 기술 위원회의 통폐합에 따라 X4는 X3 기술 위원회로 병합되었다. X3 기술 위원회는 또한 인식, 매체, 언어, 도큐멘테이션, 데이터의 표현, 통신, 시스템 공학 분야로 갈라진다. ② 키보드(ANSI keyboard), 레이블(ANSI label), 제어 문자(ANSI control character), 데이터 카트리지(ANSI data cartridge) 등이 모두 ANSI 규격이다.

ANSI blocking data ANSI 블로킹 데이터 일반적으로는 워드, 블록 또는 파일들로 데이터를 구성하는 것이 편리하다. 테이프는 이런 목적으로 주기적인 갭이 있는데, 이것은 판독 장치에 의해 일련의 데이터를 참조할 수 있고 또 데이터를 읽고 나서 멈출 수도 있게 해준다. 표준 ANSI 형식은 블록 위주의 체제로서 한 개의 블록에 72개의 문자를 수용하며, 제어 문자 개행(linefeed), 복귀(carriage return) 등의 접두부, 접미부를 수록하기 위해 공간이 블록 내에 주어져 있다. 각 블록은 6인치의 블록 갭으로 분리된다.

ANSI C 안시 C ANSI에서 정해진 C의 표준 언어 규격.

ANSI C++ 안시 C++ ANSI에서 정해진 C++의 표준 언어 규격.

ANSI control character ANSI 제어 문자

ANSI data cartridge ANSI 데이터 카트리지

ANSI keyboard ANSI 키보드 대문자 또는 대문자와 소문자 모두를 사용할 수 있도록 선택 기능을 갖춘 ANSI 표준 키보드. 이에 반하여 데이터 통신(ASR-33) 키보드는 대문자와 약간의 천공 테이프 제어 기능을 갖추고 있다.

ANSI label ANSI 레이블

ANSI-SPARC 미국 규격 협회/시스템 계획 요구 위원회 American National Standards Institute/Systems Planning and Requirements Committee의 약어.

ANSI.SYS MS-DOS에서 키보드 및 디스플레이 등의 표준 입출력 장치의 확장을 수행하는 장치 구동기. 보통 CONFIG.SYS에 내장되어 있다. 기능으로는 ANSI에 기준한 확장 문자열(escape sequence)의 지원, 키 재할당, 커서 제어, 컬러 속성 표시, MODE 명령에 의한 화면 표시 행수의 변경 등이 있다.

answer[á:nsər] *n.* **응답** (1) 데이터 전송에서는 송신측(transmitting end)으로부터 보내진 신호에 대하여 수신측(receiving end)이 몇몇 응답 신호를 송신측으로 반송할 수 있다. (2) 전화의 호출(call)에 따라 오퍼레이터가 응답하기도 하고 호출된 가입자가 응답하기도 하는 것.

answer back[–bǽk] **응답** (1) 데이터 통신에서 데이터 스테이션 간의 접속 확립을 완결하기 위하여 호출측의 데이터 스테이션으로 응답하는 처리. 즉, 호출에 대하여 수신 상태가 가능한지 어떤지를 답해오는 것. 수신이 가능한 때는 긍정 응답(전송 제어 문자 ACK를 사용)을 하며, 수신이 불가능한 때는 부정 응답(전송 제어 문자 NAK를 사용)을 한다. (2) 가입 전신(telex)에서 호출된 가입자의 기계로부터 자동으로 회선의 접속이 완료된 확인 신호를 되돌려 보내는 것.

answer back code[–kóud] **수신 단말 확인 코드** 텔렉스에서 송신 가입자의 호출에 대하여 수신 단말 장치에서 자동으로 송신 가입자에게 보내는 수신 가입자를 표시하는 코드.

answer bus[–bʌ́s] **응답 버스** 여러 개의 장치 사이를 공통인 한 조의 신호 모선으로 접속하고 각 장치 간에 송수신을 하는 버스 방식(bus system)의 하나이며, 외부 장치(external unit)에서 중앙 제어 장치(CPU)로 신호나 데이터를 반송한다.

answering[á:nsəriŋ] *a.* **응답** 데이터 스테이션 간의 접속을 완성하기 위해 호출측의 데이터 스테이션에 따르는 처리 과정으로, 호출된 쪽의 교환 회로에 접속이 확립된 것을 표시하는 처리 순서.

answering list[–líst] **응답 목록**

answer lamp[ά:nsər lǽmp] **응답 램프** 전화 교환대의 램프로서, 접속 플러그를 호출해서 태스크에 꽂으면 점등되고 호출된 전화가 응답하면 꺼지는 것. 호출이 완료되면 다시 점등된다.

answer mode[–móud] **응답 모드** 모뎀이 전화를 받을 수 있는 상태에 있는 것. 이 역할은 전화선을 통해 다른 모뎀에서 들어오는 호출을 받아들여 통신을 개시하도록 한다.

answer mode/originate mode[–ərídʒinèit móud] **응답 모드/송신 모드, 수신자 모드/송신자 모드** 전화 등과 같은 전이중 방식(full duplex) 통신에서 수신자 쪽(answer mode)과 송신자 쪽(originate mode)을 가리킨다.

answer signal[–sígnəl] **응답 신호**

answer time observation equipment [–táim àbzərvéiʃən ikwípmənt] **응답 서비스 관측 장치**

antenna[ænténə] *n*. **안테나, 공중선** 전파를 공중에 발사하기도 하고, 또 전달되어온 전파를 수신기에 받아들이는 장치.

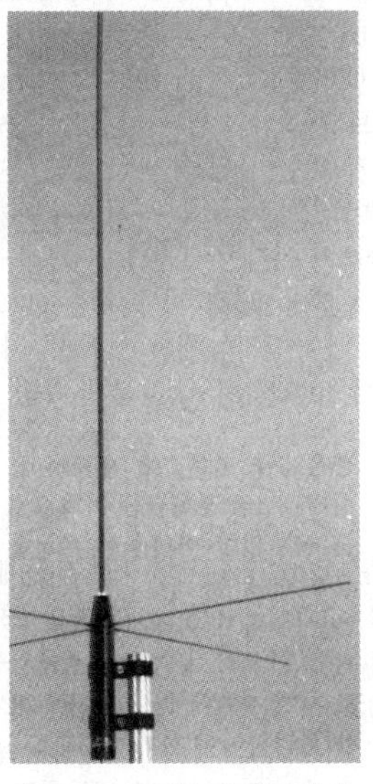

〈대표적 인단파용 수직 안테나〉

anti-aliasing[ǽnti éiliæsiŋ] **앤티에일리어싱** 컴퓨터 그래픽에서의 평활화(平滑化)의 한 수법. 래스터(raster)식 디스플레이에서는 실세계의 연속적인 도형을 화소(畵素)의 집합으로 표현하기 때문에 본래 매끄러운 직선이던 것이 거칠게 보이는데 이런 형상을 에일리어싱이라고 하며, 이 거칠거칠한 느낌을 감소시키는 방법, 즉 평활하게 하는 수법이 앤티에일리어싱이다. 이 방법은 1973년에 미국의 R.G. 샤우프에 의해 샘플링 이론을 기초로 해서 제안되었고, 1974년에 F.C. 클로가 발전시켰다. 그 한 수법으로 중간조(中間調) 표시의 기능에 의해 인접하는 화소 간을 평활한 중간 계조로 하여 도형을 어슴프레하게 하는 방법이 있다. 그리고 직선의 앤티에일리어싱에는 화소의 밝기를 직선으로부터의 거리에 의해 결정하는 방법이 있으며 문자나 다각형의 앤티에일리어싱법도 알려져 있다.

anticipate[æntísipeit] *v*. **예상하다**

anticipation mode[æntisipéiʃən móud] **예상 모드** 2진수 정보를 시각적으로 표현하는 방법. 하나의 2진수가 하나의 선으로 표현되며, 반대 상태의 2진수는 선이 없는 것으로 표현된다.

anticipatory[æntísipətɔ(:)ri(:)] *a*. **예상의, 선행하는, 선행**

anticipatory buffering[–bʌ́fəriŋ] **예상 버퍼링** CPU(중앙 처리 장치)의 대기 상태를 제거하기 위한 방법으로 사용하며, 이 예상 버퍼링의 입출력 제어 체제는 프로그램에서 필요로 하는 데이터를 미리 예측할 수 있어야 한다.

anticipatory diagnosis[–dɑiəgnóusis] **예상 진단**

anticipatory fetch[–fétʃ] **예상 인출** 가상 기억 장치 시스템에서 디스크에 있는 페이지를 사용하기 위해 주기억 장치로 가져오는 인출 기술. 즉 프로세스에 의해 요청될 페이지나 세그먼트를 미리 예상하여 프로세스가 이를 요구하기 전에 주기억 장치로 적재시키는 방법.

anticipatory paging[–péidʒiŋ] **예상 페이징 기법** 필요 이전의 보조 기억 장치에서 주기억 장치로 페이지를 전송하는 것.

anticipatory staging[–stéidʒiŋ] **예상 스테이징** 수행되는 프로그램에 의해 사용될 것을 예상하여 디스크에 있는 블록들을 주기억 장치에 미리 이동시키는 것.

anti-disaster facility[ǽnti dizά:stər fəsíliti(:)] **방재 설비**

anti site[–sάit] **안티 사이트** 소비자들을 홀대하거나 무시하는 기업에 맞서 피해자들이 피해 정보 공유를 통해 집단적인 항의로 기업에 대항함으로써 기업과 소비자의 관계를 역전시켜 경제 민주화를 이루고자 하는 것을 목적으로 생겨난 신종 사이트.

antistatic device[ǽntistǽtik divάis] **정전기 방지 장치** 컴퓨터 등의 정밀 기기에 손상을 줄 수 있는 정전기를 방지하기 위한 장치.

antisymmetric relation[æntisimétrik riléiʃən] **비대조 비교식, 비대칭적 관계** 어떤 집합에서의

2항 관계(binary relation) R이 그 집합에 속하는 임의의 원소 a, b에 대하여 aRb이고, bRb이면 $a=b$일 때의 관계.

anycast[ǽnikæst] **임의 캐스트** 송신측이 전송한 데이터를 수신 가능한 노드 중 하나를 임의로 선택하여 수신하는 방법. 일반적으로 네트워크 상의 어떠한 송신자와 가장 가까이 있는 수신자 그룹간의 통신이라고 정의할 수 있다.

any key[æni kíː] (1) 키보드 상의 임의의 키(단, Shift 키나 Ctrl 키는 제외). 응용 프로그램 상에서 사용자에게 메시지를 표시한 후에 「hit any key(아무 키나 누르시오)」 등으로 표시되는 경우가 많다. 어떤 키라도 상관 없이 키를 누르면 처리가 진행된다. (2) 미국의 GATEWAY-2000 사의 프로그램 가능한 키보드.

AO 아날로그 출력 analog output의 약어.

AOCE Apple open collaboration environment의 약어. 매킨토시의 이메일 등 통신 기능을 통합한 공동 작업을 지원하는 구조. 애플 사가 개발한 것으로 이메일, 팩시밀리, 음성 메시지 등이 아이콘 하나로 각 통신 기능에 접근할 수 있도록 통합하여 보다 나은 사용자 인터페이스를 제공한다.

AOD (1) **보조 출력 장치** auxiliary output device의 약어. 컴퓨터의 중앙 처리 장치와 직접 연결되어 있지 않은 출력 장치. (2) **주문형 음악, 요구 오디오** audio on demand의 약어. PC 통신이나 인터넷을 통해 사용자로부터 일정한 사용료를 받고 MP3 음악 파일을 판매하는 것. MOD(music on demand)라고도 한다. AOD는 차세대 디지털 음악 매체인 MP3 음악 파일을 이용한 디지털 오디오 방송에 이용하거나 인터넷을 통해 판매한다. AOD는 저렴한 비용으로 CD 수준의 오디오 음질을 제공하는 스트리밍 서비스, 초고속 다운로드 서비스를 제공하는 MP3 다운로드 서비스, 온라인 가라오케 서비스, 네트워크 게임 서비스, 타이틀 주문형 서비스, 뉴스 속보 및 각종 해외 스포츠까지도 중계가 가능하다.

AO/DI always on/dynamic ISDN의 약어. 차세대 네트워크인 기가비트 이더넷, xDSL, ISDN을 사용하고, 저속/저렴한 요금으로 상시 접속할 수 있는 환경을 구축하는 기술. ⇨ gigabit Ethernet, xDSL, ISDN

AOL American online의 약어. 미국 아메리카 온라인 사가 제공하는 PC 통신 서비스. 그래픽 사용자가 인터페이스를 활용한 전용 통신 에뮬레이터가 특징이다. 처음에는 매킨토시 전용으로 시작되었지만 현재 PC 윈도 환경 내에서도 이용할 수 있다.

AOQC 평균 검출 품질 곡선 average outgoing quality curve의 약어.

AOQL 평균 검출 품질 한계 average outgoing quality limit의 약어.

AP 응용 프로그램 application program의 약어. ⇨ application program

APAR 정식 프로그램 분석 보고서 authorized program analysis report의 약어. 어떤 현행 프로그램에 결함이 있을 때 사용되는 정정 요구서. 고객에 대해서는 먼저 PTF나 정정 코드가 발행되며, 다음 판이 나올 때까지 정정이 이루어진다.

Apache 아파치 무료로 사용할 수 있는 웹 서버. 전세계적으로 가장 많이 사용되고 있다. 유닉스를 비롯하여 매킨토시, 윈도 NT, OS/2의 각 운영 체제에서 작동하고, 모듈의 추가와 삭제 및 각종 기능을 편리하게 이용할 수 있다.

APC 자동 위상 제어 automatic phase control의 약어. 일정 주파수 신호의 위상을 규정값으로 자동적으로 조정하는 것. 동기 검파를 할 경우 변복조기의 반송파 위상이 일정하지 않으면 진폭 또는 위상 변형을 일으킨다. 이 때문에 전송로에 변조 반송파와 같은 모양의 반송파를 재생한다. 이와 같이 위상 변동에 대하여 자동으로 추적이 가능한 제어이다.

APDOS 아프도스 Apple disk operation system의 약어. 애플 운영 체제의 명칭.

Apertos 애퍼토스 VOD(video on demand)로 대표되는 네트워크 상의 멀티미디어 조작을 통일적으로 취급하기 위한 운영 체제. 1995년, 다양한 방식이 혼재되어 있는 상황을 정리하기 위해 개발되었다. 사용자측이 어떠한 시스템이나 응용을 사용해도 운영 체제 본체를 변경하는 것이 아니고 「확장 기능」에 의해 대응이 가능해지는 유연성의 특징이다.

aperture[ǽpərtʃər] *n.* **애퍼처, 구멍, 창, 개구(開口)** 마스크 속에 대응하는 문자를 보존시키는 역할을 하는 하나 이상의 인접한 문자. (1) 카드와 같은 데이터 매체나 장치에 있는 구멍. (2) 데이터 일부를 보존하기 위해 마스크에 대응하는 부분에 있는 구멍.

aperture card[–kάːrd] **애퍼처 카드** 천공 카드의 일부를 오려내어 거기에 마이크로필름을 첨부한 것. 주로 35mm 필름에 사용되며 인덱스를 위한 여백이 있다. 이 카드는 마이크로필름을 손상하지 않도록 하여 분류기로 분류, 검색하기도 한다. 자동 검색 및 투명한 용지에 복재가 가능하고 카드철이나 도면 관리에 적합하다.

aperture grill[–gríl] **애퍼처 그릴** 디스플레이에 사용되는 브라운관의 마스크 형상. 세로로 슬릿이 들어간 발 모양의 마스크로 뛰어난 콘트라스트 효과를 가진다. 소니 사의 트리니트론관이나 미츠비시전기 사의 다이아몬드트론관 등이 있다.

aperture plate[–pléit] **애퍼처 플레이트** 자기

셀(magnetic cell)의 부품으로서 강자성 재료판.

aperture time[-tάim] **애퍼처 시간, 간격 시간** 입력 아날로그 신호값을 샘플링해서 기억한 후 샘플 신호를 오프로 하기 위한 온 오프 시간. A/D 변환기로 측정하거나 변환하기 위해 걸리는 시간. 시간 간격은 시간 불확실성 또는 증폭 불확실성이라고 생각할 수 있다. 간격 시간과 증폭 불확실성은 신호 변화 속도에 따라 서로 관계가 있다.

APG 자동 우선 순위 그룹 automatic priority group의 약어.

API application programming interface의 약어. API란 함수의 모임으로, 프로그램들이 그것을 사용함으로써 귀찮은 일들은 운영 체제가 처리하도록 만들 수 있는 것이다. 예를 들어, 윈도의 API를 사용하면 프로그램은 윈도를 열거나, 파일을 열거나, 메시지 박스를 만드는 일, 또는 더 복잡한 일들을 하나의 명령으로 처리할 수 있다.

APL 프로그래밍 언어 a programming language의 약어. 아이버슨(K.E. Iverson)이 연구하여 개발한 대화형 프로그래밍 언어. 처음에는 과학기술 계산용으로 고안되었으나, 그 후에 대화형이라는 점과 배열 데이터의 취급이 뛰어나다는 점 등으로 경영 분야에서의 최종 사용자(end-user) 언어로까지 보급되기에 이르렀다. 이 언어는 다차원의 배열을 포함하는 수학적인 기술을 간결하게 표현할 수 있도록 다수의 연산자가 있으며, 새로운 연산자를 정의하는 기능도 갖추고 있다. 수식을 기술할 때, 괄호를 사용하지 않는 전위 표기법을 사용하는 것이 큰 특징이다. 명령과 데이터 구조가 특수하기 때문에 확장성이 떨어지는 면도 있으나 유연하면서 강력하기도 하고, 계산, 순서 지향이며 교육 연구에는 매우 적합하다. 현재는 그 외에 사무 계산, 시스템 개발, 과학기술 계산 등 모든 분야에서 사용되는 범용 언어로 알려져 있다.

APL advanced statistical library APL 확장 통계 라이브러리

APL assist APL 보조 기구

APL command APL 커맨드

APL computer-aided instruction course APL 컴퓨터 보조 교육 과정

APM advanced power management의 약어. 인텔 사와 마이크로소프트 사가 정한 전력 제어용 BIOS와 응용 프로그램 프로그램 간의 인터페이스.

Apollo Computer Inc.[əpάlou kəmpjú:tər inkɔ́:rpərèitəd] **아폴로 컴퓨터 사** 1989년에 휴렛 패커드 사에 합병된 미국의 컴퓨터 제조업체. 공학용 워크스테이션을 생산한다.

APOP authenticate post office protocol의 약어. 전자 우편 송수신에 일반적으로 이용되는 POP3에, 보안 기능을 갖춘 프로토콜. 전자 우편 서버에 사용자 인증을 위한 패스워드를 암호화하여 보낸다. 따라서 로그인하기 위한 패스워드와 APOP용의 패스워드를 각각 설정 및 관리해야 한다.

apostilb 아포스틸브 휘도의 단위. 완전 확산면 광원(또는 반사면)이 $1m^2$당 1lm의 광속 발산도를 갖고 있을 때의 이 면의 휘도를 lasb라 한다. 럭스 이퀴벌런트(lux equivalent) 또는 블론델(blondel)이라고도 한다. 완전 확산면이란 모든 방향의 휘도가 일정한 이상적인 면이다.

$$\text{lasb} = \left(\frac{1}{\pi}\right) \text{cd/m}^2 = 0.3183\ \text{cd/m}^2$$

apostrophe[əpάstrəfi(:)] *n*. **어퍼스트러피** 소유격 명사를 만들기도 하고, 문자나 숫자의 생략을 표시하기도 하며, 문자, 숫자, 기호 등의 복수를 표시하는 데 사용되는 구두점(punctuation mark). 예를 들면, 「'94」는 1994년의 생략형이고 「seven 0's」는 0이 7개 있다는 것을 나타낸다.

APPC advanced program-to-program communication의 약어. IBM 사에서 개발한 통신용 프로토콜의 명칭. 이것은 IBM 사의 대형 컴퓨터, 미니컴퓨터 및 개인용 컴퓨터를 모두 연결할 수 있는 프로토콜로 분산 처리 기능이 갖춰져 있다.

appear[əpíər] *v*. **나타나다, 발생하다** (1) 문자, 기호, 차트 등이 CRT 디스플레이 화면에 나타나는 것. (2) 계산 결과 등의 데이터가 목록 등으로 출력되는 것. (3) 전압이나 파형이 발생하는 것.

append[əpénd] *v*. **덧붙이기, 추가(하다)** 데이터베이스에 새로운 레코드를 더하거나 문자열(character string)에 문자를 추가하기도 한다. 그리고 목록에 항목을 추가하기도 하며 파일의 맨끝에 데이터를 추가하기도 하는 것.

appendage[əpéndidʒ] *n*. **어펜디지, 추가** 입출력 수퍼바이저(supervisor)의 처리 도중에 요구처마다 삽입 가능하도록 정해진 처리 루틴. 어펜디지를 사용함으로써 입출력 요구마다 다른 처리를 입출력 수퍼바이저 실행 도중에 행할 수 있다.

appendage task[-tǽsk] **추가 태스크**

Apple[ǽpl] *n*. **애플** 미국 애플 컴퓨터 사가 개발, 판매한 마이크로컴퓨터의 일종.

Apple Ⅱ 애플 II 1975년에 스티브 잡스와 스티브 워즈니악이 개발한 개인용 컴퓨터의 명칭. 1970년대 후반부터 1980년대 초반 사이에 미국 내에서 가장 많이 팔린 8비트 개인용 컴퓨터이다. 애플Ⅱ에는 처음 개발된 애플Ⅱ와 그것을 개량한 애플Ⅱ+, 1983년에 발표된 강력한 애플Ⅱe, 1985년 발표된 휴대용 애플Ⅱc, 1987년 그래픽 기능과 음악

기능을 보강해 발표된 16비트형 애플Ⅱgs 등 여러 가지가 있다.

Apple Ⅲ **애플 Ⅲ** 1980년에 애플 사가 발표한 개인용 컴퓨터. 이것은 애플 Ⅱ와 호환성이 없어 거의 사용되지 않았다.

Apple Computer Inc.[-kəmpjúːtər inkɔ́ːrpərèitəd] **애플 컴퓨터 사** 1977년 미국의 스티브 잡스(S. Jobs)와 스티브 워즈니악(S. Wozniak)이 창립한 개인용 컴퓨터 제조 회사. 초창기에는 애플Ⅱ 컴퓨터로 대단한 성공을 거두었으며, 1980년 중반에는 매킨토시 컴퓨터로 그 명성을 이어갔다.

Apple desktop bus[-désktàp bʌ́s] **애플 데스크톱 버스** ⇨ ADB

Apple desktop bus keyboard[-kíːbɔ̀ːrd] **ADB 키보드** ⇨ ADB keyboard

Apple desktop bus mouse[-máus] **ADB 마우스** ⇨ ADB mouse

AppleEvent[ǽplivént] **애플이벤트** 응용 프로그램 간의 통신(IAC ; inter application communication) 기능의 일부로, 매킨토시 응용 프로그램 간의 데이터 제휴 기능. 하나의 응용 프로그램 기능을 다른 응용 프로그램에서 제거하기 위한 것이다. IAC는 발행물을 인용한 응용 프로그램에 오브젝트를 선택하여 메시지를 보내는 것으로, 발행원의 응용 프로그램이 자동으로 구동된다. ⇨ IAC, OLE

Apple ImageWriter[-ímidʒràitər] **애플 이미지라이터** 애플 사가 개발한 도트 매트릭스 프린터의 상품명. 8핀과 27핀의 이미지라이터 LQ가 있다.

Apple interchange file format[-intərtʃéindʒ fáil fɔ́ːrmæt] **애플 인터체인지 파일 포맷** ⇨ AIFF

Apple key[-kíː] **애플 키** 매킨토시에서 사용되는 명령 키. 단독으로 이용하기보다는 알파벳 키나 Shift 키와 동시에 사용하여 단축 키로 쓴다.

Apple LaserWriter[-léizərráitər] **애플 레이저라이터** 애플 사가 개발한 레이저 프린터의 상품명. 1980년대 중반 매킨토시 컴퓨터와 함께 개인용 컴퓨터를 사용한 전자 출판 시대를 여는 데 큰 주역을 담당하였다. 레이저 프린터를 위한 그래픽용 언어인 포스트스크립트 인터프리터를 내장하여 복잡한 그래픽 처리가 가능하며 문자 출력에도 다양한 기능이 있다.

AppleLink[ǽpllíŋk] **애플링크** 애플 사에서 개발한 BBS(전자 게시판). 전자 우편을 서비스한다.

Apple Lisa **애플 리자** 1982년 애플 사가 개발한 개인용 컴퓨터의 명칭. 이 컴퓨터는 모토롤라 사의 32비트 마이크로프로세서인 68000을 CPU로 사용하였으며 제록스 사의 스타(star) 워크스테이션의 영향을 받아 모든 화면 처리를 그래픽으로 하는 등 당시로서는 혁신적인 기능을 갖추었다. 그러나 값이 비싸고 응용 소프트웨어가 원활히 지원되지 않아 널리 사용되지 못하고 매킨토시 컴퓨터로 그 기능이 이어졌다.

Apple Macintosh[-mǽkintɑʃ] **애플 매킨토시** 애플 리자를 바탕으로 1980년경 애플 사에서 개발한 개인용 컴퓨터 시리즈 상품명. 모든 화면 처리는 그래픽으로 하고, 윈도와 메뉴, 아이콘과 마우스로 대표되는 그래픽 사용자 인터페이스(GUI)를 채택하여 초보자도 사용하기가 쉽다는 것이 장점이다. 발표 이후 그래픽 기능을 바탕으로 하여 주로 교육용과 전자 출판 분야에서 확산되기 시작하였으며 근래는 개인용 컴퓨터에서 IBM PC 다음으로 많이 사용되고 있다. 특히 컴퓨터의 편리한 메뉴 방식의 GUI는 이후 많은 개인용 컴퓨터에 영향을 미쳤다. 최근에는 매킨토시 시리즈로서 매킨토시 si, ci, fx가 사용되고 있다.

Apple menu[-ménjuː] **애플 메뉴** 매킨토시 화면 위쪽에 있는 메뉴바 내에서 가장 왼쪽의 애플 마크를 클릭했을 때 표시되는 풀다운 메뉴. 이 메뉴를 통해 시스템에 등록된 프로그램을 실행할 수 있다.

Apple open collaboration environment [-óupən kəlæ̀bəréiʃən inváirənmənt] ⇨ AOCE

Apple Pascal[-pǽskəl] **애플 파스칼** 1980년경 애플 사가 발표한 파스칼 컴파일러 시스템의 상품명. 이것은 개인용 컴퓨터에서 사용할 수 있는 최초의 파스칼 컴파일러로서 USCD 파스칼 시스템을 근간으로 하고 애플 Ⅱ 컴퓨터에 맞추어 만들어졌다.

Apple Pilot[-páilət] **애플 파일럿** 애플 사에서 개발한 교육용 프로그램을 작성하는 데 적합한 프로그래밍 언어. 간단한 그래픽과 음악을 넣을 수 있다.

AppleScript[ǽplskript] **애플스크립트** 매킨토시용 스크립트 언어의 하나. HyperCard를 기술하는 언어로 이전부터 하이퍼토크(HyperTalk)가 사용되어 왔는데, 애플스크립트를 사용함으로써 이것에 대응하는 다른 응용 프로그램의 제어가 가능하다. 하나의 스택으로 양쪽의 언어를 사용할 수 있다. 응용 프로그램의 제어는 애플이벤트(AppleEvent)로도 가능하지만, 애플스크립트가 훨씬 알기 쉽다.

AppleShare[ǽplʃέər] **애플셰어** 매킨토시에서 네트워크를 이용하여 파일을 공유하기 위한 접속 규격. 네트워크용 파일 서버로 설계된 프로토콜이다. 이로써 매킨토시 간의 하드 디스크를 네트워크를 경유해서 이용할 수 있다. 이런 경우는 애플셰어 파일 서버에 의하지만, 프린터를 접속하기 위해서는 애플셰어 프린터 서버가 필요하다. 애플셰어는 애플토크 네크워크를 효과적으로 사용하기 위한 필수적 요소이다.

Apple standard keyboard[–stǽndərd kíːbɔ̀ːrd] **애플 표준 키보드** ADB 키보드에는 표준형과 확장형이 있고, 표준형을 애플 표준 키보드, 확장형을 애플 확장 키보드라 한다. 표준형은 영숫자와 시동용 키(삼각 화살표 키), 애플 키, 리턴 키, 화살표 키, 시프트 키 등 기본적인 것으로 구성되어 있다. ⇨ ADB keyboard

applet[ǽplet] **애플릿** 웹 브라우저에서 실행되는 자바 프로그램. 웹 브라우저에서 실행시키기 위해서 HTML 파일에 〈APPLET〉 태그를 사용한다. 애플릿은 초소형의 응용 프로그램(application 또는 app)이다. 이것은 대형 제품에 딸려나가는 한 가지 기능만을 가진 단순하고 작은 프로그램을 가리킨다. 윈도의 계산기나 파일 관리자, 노트 패드 등이 애플릿의 예이다.

AppleTalk[ǽpltɔ̀ːk] **애플토크** 애플 사에 의해 개발된 근거리 통신망(LAN)의 상품명. 이것은 여러 대의 매킨토시 컴퓨터와 레이저 프린터, 기타 다른 컴퓨터 장비를 연결할 수 있도록 해주는 통신망이다.

AppleTalk network[–nétwə̀ːrk] **애플토크 네트워크** 매킨토시용의 네트워크 시스템. 접속 케이블이나 통신용 소프트웨어도 포함한다. 따라서 매킨토시 간에 메일이나 데이터 등을 교환할 수 있고, 프린터 등의 장치를 접속해서 여러 개의 매킨토시에서 공용할 수도 있다.

AppleTalk remote access[–rimóut ǽkses] **애플토크 원격 접근** ⇨ ARA

Apple Works[ǽpl wə́ːrks] **애플 워크스** 애플 Ⅱ 컴퓨터에서 사용되는 통합 소프트웨어 명칭. 워드 프로세서, 스프레드시트, 데이터 베이스의 세 가지 기능을 갖추어 사용하기가 쉽고 그 기능이 강력하여 널리 사용된다.

application[æplikéiʃən] *n.* **응용, 애플리케이션, 적용 업무** 컴퓨터 처리의 대상이 되는 업무의 총칭. 이것은 컴퓨터를 도입한 이용자에 따라 각기 다르지만 대표적인 적용 업무로는 다음과 같은 것이 있다. ① 은행 : 예금 업무, 대출 업무, ② 메이커 : 생산 관리, 재고 관리, ③ 항공 회사 : 좌석 예약, 운항 관리, ④ 공통 : 인사 관리, 급여 계산.

application administrator[–ədmínistrèitər] **응용 관리자** 트랜잭션(transaction)을 수행하기 위하여 프로그램 라이브러리에 저장되어 있는 여러 개의 응용 프로그램이 이용되는데, 응용 관리자는 이 프로그램의 개발과 이용을 통제한다.

application control language[–kəntróul lǽŋgwidʒ] **ACL, 응용 제어 언어**

application data[–déitə] **응용 데이터, 적용 업무 데이터**

application file[–fáil] **응용 프로그램 파일** 응용 프로그램 소프트웨어로 만든 파일(예를 들면 워드 프로세서로 작성한 문장 등)을 문서 파일이라고 하는 데 대해, 워드 프로세서 소프트웨어 그 자체의 실행 부분을 저장하는 파일을 가리킨다. 이 파일은 실행 부분을 기능별로 저장할 수 있다.

application generator[–dʒénərèitər] **응용 생성기** 비절차(non-procedure) 언어로서 표현된 명세 내용을 받아들여 그와 같은 절차 프로그램을 만들어내는 소프트웨어 프로그램.

application hosting[–hóustiŋ] **응용 프로그램 호스팅** 전사적 자원 관리(ERP), 제품 정보 관리(PDM), 그룹웨어, 전자 상거래(EC), 전자 무선 교환(EDI) 등 하이엔드 응용 프로그램은 물론 워드 프로세서, 스프레드시트, 프레젠테이션 프로그램 등 사무 자동화(OA)용 프로그램을 각 기업의 전산 환경이 아닌 별도의 데이터 센터에 설치하고 기업들은 인터넷이나 전용선을 통해 데이터 센터의 원한는 응용 프로그램에 접속하여 부가 통신 서비스 비용만 지불하고 프로그램을 사용하는 서비스.

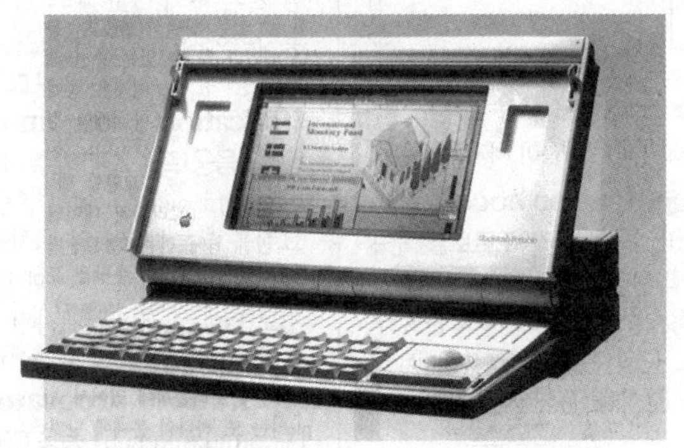

〈애플 사의 기술이 총동원된 매킨토시 포터블〉

application key[-kíː] **애플리케이션 키** 104와 109 키보드에 있으며, 마우스의 오른쪽 클릭의 대용 키.

application layer[-léiər] **응용(계)층, 적용 업무층** OSI(open system interconnection) 7개 층 가운데 최상위 계층. 즉, 이 응용층은 OSI 개발형 시스템 간 상호 접속의 참조 모델의 최상위에 위치된 층이며, 이용자의 적용 업무를 처리하는 데 필요한 모든 기능을 이용자측에서 정의하고 처리하는 부분이다. 이들의 기능으로는 시스템 공용 자원의 관리, 응용에 할당된 자원으로의 접근 관리나 완전성 제어, 응용 프로그램의 실행 등이 포함된다. 다른 시스템과 교신할 때의 대상 데이터는 모두 이 층으로 모이며, 각 층에서의 필요한 제어 정보를 부가하면서 위에서부터 아래로 한 층씩 전송되며 최하위의 물리층(physical layer)에 도달했을 때, 물리적인 데이터 전송 회선을 경유하여 상대측에 전송된다. 상대측의 시스템에서는 반대로 하위층에서부터 한 층씩 상승하여 이 응용층에 도달하여 필요한 계산 처리가 실행된다.

〈OSI 참조 모델 계층 구조에서 응용 계층이 차지하는 위치〉

application management protocol[-mǽnidʒmənt próutəkɔ(ː)l] **응용 관리 프로토콜** 응용 관리 프로토콜 간의 대화 형식을 규정하는 프로토콜.

application management service[-sə́ːr-vis] **응용 관리 서비스** 응용 관리 엔티티(entity)가 응용 관리자에게 대화 형식을 통해 제공하는 응용 관리 기능.

application note[-nóut] **응용 노트, 애플리케이션 노트**

application oriented language[-ɔ́(ː)riəntəd lǽŋgwidʒ] **응용 중심 언어, 적용 업무 언어** 사용자의 용어를 포함하거나 비슷한 명령문을 가지는 문제 중심 언어의 일종. 특정 적용 분야의 문제를 해결하기 위한 프로그램을 사용하는 데 편리하도록 적합한 기능이나 표기법을 갖추고 있다.

application package[-pǽkidʒ] **소프트웨어 패키지, 적용 업무 패키지** 공통으로 사용할 수 있도록 작성한 「시기(때)에 맞게 만들어진」 프로그램이나 상호 연관이 있는 프로그램을 하나로 정리하여 제공하고 있는 프로그램을 총칭한다. 재고 관리, 급여 관리, 통계 처리, 파일 관리라는 범용성이 있는 프로그램이 「패키지」로 다수 시판되고 있다.

application partitioning[-pɑːrtíʃəniŋ] **응용 프로그램 파티셔닝** 응용 프로그램을 네트워크 상에 분산시켜 여러 개의 서버 상에서 동작하도록 하는 것. 여러 개의 서버에 분산된 응용 프로그램의 관리나 부하 분산, 장애 복원 등의 기능이 있다.

application plan[-plǽn] **응용 계획** IBM 사에서 개발하여 판매하는 관계 데이터 베이스 관리 시스템인 DB2의 한 구성 요소인 Bind가 하나 이상의 서로 관련된 DBRM을 컴파일하여 생성한 것을 말하는데, 이것은 DBRM 안의 SQL 문을 수행하기 위한 기계어 코드로 되어 있다.

application process[-prɑ́ses] **응용 프로세스** 특정한 업무를 처리하기 위한 정보 처리 작업을 실행하는 프로세스.

application program[-próugræm] **응용 프로그램** 컴퓨터를 사용하는 본래의 목적을 이루기 위한 프로그램. 이에 대해 본래의 목적에는 직접 관여하지 않고 응용 프로그램을 수행하기 위한 환경을 준비하는 운영 체제 등을 기본 프로그램이라고 한다. 예를 들어 스프레드시트를 써서 재무 회계를 할 수 있는 형식이 있다면, 사용자는 스프레드시트를 직접 쓰지 않고 재무 회계를 할 수 있다. 이때 사용자측에서 보면, 기본 프로그램에 해당하고 재무 회계용 형식은 응용 프로그램이 된다.

application program category[-kǽtəgɔ(ː)-ri(ː)] **응용 프로그램 범주** IMS(information management system)에서 복원을 목적으로 응용 프로그램을 분류한 것. 일괄 처리 프로그램, 일괄 처리/메시지 처리 프로그램, 메시지 처리 프로그램, 빠른 경로(fast path) 비메시지 구동형 프로그램, 빠른 경로 메시지 구동형 프로그램 등이 있다.

application program communication[-kəmjùːnikéiʃən] **응용 프로그램 통신**

application program generator[-dʒénərèitər] 응용 프로그램 발생기

application programmer[–próugræmər] **응용 프로그래머** COBOL이나 PL/I과 같은 호스트 프로그래밍 언어와 데이터 베이스 언어를 사용해서 작성된 프로그램을 통해 데이터에 접근하는 사람.

application program message[–mésidʒ] **응용 프로그램 메시지**

application programming[–próugræmiŋ] **응용 프로그래밍** 컴퓨터 사용자가 자기 분야의 정보 처리를 위해 작성하는 프로그램으로 시스템 프로그램과 상대적인 개념.

application programming interface [–íntərfèis] **응용 프로그램 인터페이스** 프로그램이나 응용 프로그램이 운영 체제에 어떤 처리를 하기 위해 호출할 수 있는 서브루틴 또는 함수의 집합.

application programming language [–lǽŋgwidʒ] **응용 프로그램 개발 언어** 응용 프로그램 소프트웨어를 개발하기 위한 프로그래밍 언어. 최근에는 C(또는 C++) 언어나 비주얼 베이식 등으로 만들어진 것이 많다.

application service provider[–sə́ːrvis prəváidər] **응용 프로그램 서비스 제공자** ⇨ ASP

application software[–sɔ́(ː)ftwὲər] **응용 소프트웨어**

application study[–stʌ́di(ː)] **응용 연구** 정해진 기능이나 작동하기에 알맞은 컴퓨터 사용 체제를 결정하며, 특정 목적에 적합한 장비 선택의 기초를 설정하는 과정.

application system[–sístəm] **응용 시스템** 재고 관리, 퍼트(pert), 선형 계획 시뮬레이션 등과 같이 이미 만들어져 있는 시스템 또는 사용자 고유의 업무 처리 시스템을 말하며, 업무를 처리하기 위한 프로그램을 응용 프로그램 또는 응용 소프트웨어라고도 한다.

application terminal[–tə́ːrminəl] **응용 단말**

application window[–wíndou] **응용 프로그램 윈도** ⇨ window

applicative language [ǽplikèitiv lǽŋgwidʒ] **적용성 언어** 함수들을 순환적으로 또는 복합적으로 적용함으로써 원하는 효과를 얻어내는 언어.

apportion design[əpɔ́ːrʃən dizáin] **배분 설계** (1) 한정된 자원이 각종 용도에 최대한 효과적으로 배분되도록 배치나 생산 계획의 문제 등을 취급하는 선형 계획법 등을 말한다. 배분 문제를 다루므로 배분법이라고도 한다. (2) 한정된 개수의 변수에 대해 몇 개의 1차 등식 또는 부등식으로 표시되는 제한 조건 하에서 시스템의 효과율을 나타내는 목적 함수를 최대로 하는 변수값을 구하는 것.

apportion model[–mádəl] **배분 모델** 배분 문제를 해결하기 위해 대상 성격에 맞도록 만든 수학적인 모델.

applied robotics[əpláid roubátiks] **응용 로보틱스**

approach[əpróutʃ] *n.* **접근, 수법, 도입**

approximate[əpráksimət] *a.* **근사의, 근접한**

approximate matching[–mǽtʃiŋ] **근접 부합** 핵심어 부합을 위한 방법으로 문장에서 잘 알려진 단어는 인지하고 나머지는 무시한다.

approximation[əpràksiméiʃən] *n.* **근사** 일반 함수를 계산하기 쉬운 간단한 함수로 근사시키는 것. 근사 함수로는 대수적 다항식, 삼각 다항식, 구간별 다항식 등이 있다.

approximation algorithm[–ǽlgəriðm] **근사 알고리즘** 최적화 문제에서 최적 해에 가까운 가능 해를 구하는 알고리즘.

approximation of transfer function[–əv trænsfə́ːr fʌ́ŋkʃən] **전달 함수 근사식** 낭비 시간을 전달 함수의 곱의 형태로 근사하고 이것을 연산 증폭기 또는 LC 회로로 구성하는 방식.

approximation theory[–θíəri(ː)] **근사 이론**

APPS 자동 파트 프로그래밍 시스템 automatic parts programming system의 약어.

APP store 앱 스토어 'application store'의 약어. 모바일 애플리케이션(휴대 전화에 탑재되는 게임 · 동영상 등의 콘텐츠 응용프로그램)을 자유롭게 사고 팔 수 있는 온라인상의 모바일 콘텐츠(소프트웨어) 개방형 장터. 개인 개발자가 만든 애플리케이션을 앱 스토어에 등록하면 소비자는 무선통신에 접속하여 자신이 선택한 애플리케이션을 휴대 전화로 다운로드하거나 개인용 컴퓨터로 다운로드하여 사용할 수 있다.

APR 대체 경로 재시행 alternate path retry의 약어.

a priori [ə praiɔ́(ː)ri] **어 프라이오리** 시스템 기술 등을 종합적으로 검토하고 선험성(先驗性)을 높이는 것.

a programming language[–próugræmiŋ lǽŋgwidʒ] **APL, 프로그래밍 언어** ⇨ APL

APSE Ada 프로그래밍 지원 환경 Ada programming support environment의 약어. Ada 언어가 추구하는 긴 수명, 신뢰성, 이식성, 개발 확장성을 얻기 위해 제시된 Ada 언어의 환경.

APT 자동 프로그램 도구 automatically programmed tool(s), automatic programmed tool(s)의 약어. 수치 제어용 프로그래밍 언어의 하나.

a push phone telephone[ə púʃ fóun téləfòun] **푸시 회선** 전화기의 숫자 버튼이 특정 톤 신호(「삐」, 「뿌」 같은 음)를 발생하도록 되어 있어 컴퓨터에 접속시키기 쉽다. 이를 통해 컴퓨터와 연계한 은행의 잔고 조회, 항공권 예약 등의 각종 서비스를 이용할 수 있다.

AQL 허용 품질 수준, 합격 품질 수준 acceptable quality level의 약어.

AR 인공 현실 artificial reality의 약어. 현실감을 동반한 가상적인 세계를 컴퓨터 속에 만들어내는 기술. 이 용어는 1974년경부터 쓰여졌으며, 미국의 Myron Krueger가 「인공적인 현실」을 만든다는 취지 하에 만들어졌다.

ARA 애플토크 원격 접근 AppleTalk remote access의 약어. 매킨토시에서 모뎀이나 TA(단말기 어댑터)를 사용하여 원격의 네트워크에 접속하기 위해 사용되는 소프트웨어. 발신 전용의 클라이언트, 착신/발신 겸용의 퍼스널 서버, 4개의 통신 기기를 동시에 접속할 수 있는 Multiport Server의 3제품이 있다.

arbiter[áːrbitər] *n*. **아비터** 복수 입력 신호 중에서 적당한 규칙 하에 차례대로 하나씩 신호를 선택하고 다른 것을 대기시키도록 제어하는 회로. 예를 들면, 다중 프로세서 시스템에서는 메모리나 버스(bus) 등의 자원을 복수 프로세서로 공유하지만 동시에 두 개 이상의 프로세서가 동일 자원을 사용하여 경합하는 일이 생긴다. 이 경합을 조정하기 위한 회로를 말한다.

arbitrary[áːrbitrɛ(ː)ri(ː)] *a*. **임의의** 선택이나 판단을 자유로 행하고, 생각한 대로 지시를 내리기도 하고 실행하기도 할 수 있음을 나타내는 형용사.

arbitrary access[–ǽkses] **임의 접근** 종전에 참조된 기억 장소의 위치에 무관하게 어느 기억 장소나 접근 시간에 동일한 접근 방식.

arbitrary consant[–kánstənt] **임의 상수**

arbitrary function generator[–fʌ́ŋkʃən dʒénərèitər] **임의 함수 발생기** 특정 함수(particular function)뿐만 아니라 필요에 따라 각각 다른 함수를 발생시킬 수 있는 함수 발생기. 범용 함수 발생기(general purpose function generator)라고도 한다.

arbitrary sequence computer[–síːkwəns kəmpjúːtər] **임의 순서 컴퓨터, 실행 순서 지정 컴퓨터** 명령(instruction)마다 그 다음에 실행할 명령의 주소를 지정하는 컴퓨터이며, 명령을 실행해가는 순서를 임의로 결정할 수 있다.

arbitration[àːrbitréiʃən] **아비트레이션** (1) 여러 개의 CPU를 서로 제어하면서 동작시킬 때, 각각의 CPU를 구별하기 위해 부여하는 ID 번호. (2) MCA에서 채용된 버스의 관리 및 조절 기능. ⇨ MCA

ARC 음성 응답 제어 장치 audio response control unit의 약어. 음성 응답 장치를 제어하는 장치로 각종 통신 제어가 그 주된 기능이다.

arcade game[ɑːrkéid géim] **아케이드 게임** 게임 센터 등에서 접할 수 있는 게임과 같이, 하드웨어와 게임 소프트웨어가 일체화된 게임. 원래는 「거리의 게임기」를 의미하였으며 블록 격파, 인베이더, 갤러그, 테트리스 등을 거쳐 일반화되었다. 하드웨어의 제약을 받는 가정용 게임에 비해 좌석의 진동 기능과 같은 다양한 하드웨어 기능을 이용하여 자유롭게 게임을 디자인할 수 있다.

archie[áːrtʃi(ː)] **아치** 인터넷 시스템에 연결된 유닉스 방식 시스템에서 익명 FTP를 사용하여 다른 서버로부터 다운로드될 수 있는 파일의 인덱스를 검색할 수 있게 해주는 프로그램. 최근에는 공개적으로 액세스할 수 있는 1,200개의 서버 상에서 약 2백10만 개의 파일에 대한 인덱스를 만들 수 있다. 또한 아치는 익명 FTP 사이트에서 파일을 찾기 위한 도구, 즉 프로그램을 말하기도 한다.
⇨ anonymous FTP, gopher, Internet

archie service[–sə́ːrvis] **아치 서비스** 캐나다의 맥길(M.C. Gill) 대학에서 개발한 검색 시스템 「아치(archie)」는 처음에는 전세계에 걸쳐 수많은 익명 FTP 지역의 파일들을 쉽고 빠르게 검색하는 시스템으로 시작하였으나, 지금은 다양한 서비스를 제공하고 있다. 인터넷 계정이 없는 사용자는 FTP 메일 서버를 이용하는 전자 우편 시스템을 사용할 수도 있다. 현재 아치는 800개 이상의 익명 FTP 아치 지역을 통해 백만 개 이상의 파일, 50기가바이트(gigabyte) 이상의 정보를 검색할 수 있다. 아치 서비스는 한 달에 한 번씩 각 지역으로부터 파일 리스트를 받아 자동적으로 갱신하고 있다. ⇨ 그림 참조

architectural design[ɑːrkitéktʃurəl dizáin] **방식 설계** 일반적으로 하드웨어 시스템 또는 소프트웨어 시스템 개발의 초기 단계에서 시스템의 개념적인 구조 없이 논리적인 시방을 결정하는 작업.

architecture[áːrkitektʃər] *n*. **아키텍처** 컴퓨터의 기능적 구조 또는 물리적 구조. (1) 프로그래머나 사용자가 본 컴퓨터 시스템의 소프트웨어와 하드웨어 전체의 기능적인 "제작"을 말한다. 이 경우, 컴퓨터 자체의 물리적 구조는 포함하지 않으나 컴퓨터 시스템의 성능이나 가격 대 성능비(cost performance)의 평가를 고려하는 경우가 있다. 아키텍처를 결정함으로써 컴퓨터 시스템의 기능, 성능이 결정되며 사용할 「하드웨어」와 「소프트웨어」가 결정된다. (2) 하드웨어의 경우 컴퓨터의 주요한 논리적인 구성 요소의 종류, 구성 및 상호 접속 등을

기술하기 위한 용어이다. 일반적으로 이 구성 요소에는 CPU(중앙 처리 장치), 내부 기억 장치, 각종 레지스터, 제어 장치(control unit), 외부 기억 장치, 입출력 장치, 내부·외부 버스 구조 등이 포함되며, 이들이 어떻게 배치되고 결합되며, 어느 정도의 처리 능력과 용량을 갖고 있는가 라는 컴퓨터의 전체적인 구성 개념을 말하며 컴퓨터 시스템을 분류하는 경우에 편리한 연구 방법이다.

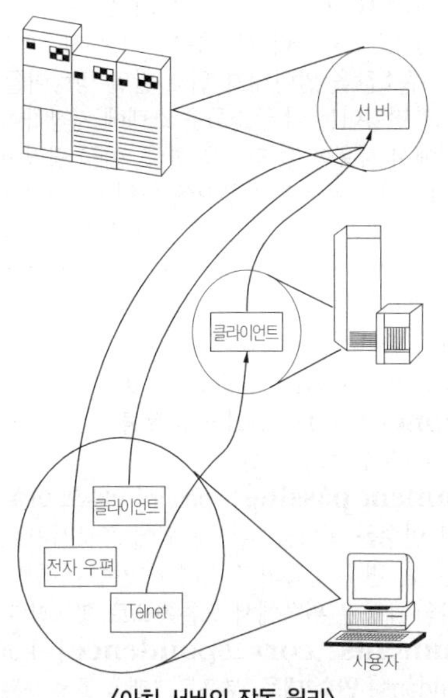

〈아치 서버의 작동 원리〉

architecture chaining mechanism [–tʃéiniŋ mékənizm] **구조 체이닝 기계** 명령 수준에 따라 동작 상태를 바탕으로, 대응되는 문제에 관한 명령을 자동으로 생산할 뿐만 아니라 자동으로 효율 향상을 도모하는 기계.

architecture design [–dizáin] **구조 설계** 컴퓨터 시스템을 개발하기 위한 모체를 마련하기 위해 하드웨어와 소프트웨어의 구성 요소들과 그들간의 인터페이스를 정의하는 과정을 말한다. 또한 구조 설계 과정의 결과를 의미하기도 한다.

archival [ɑːrkáivəl] *a*. **기록 보존** 기록 보관 파일 또는 기록 보관 레코드를 의미하는 것으로, 오랜 세월 동안 보존해둘 역사적 가치가 있는 기록.

archive [áːrkaiv] *n*. **보관, 보존, 기록, 아카이브** 원본에서 만들어지며 원본 재현이 충분한 데이터가 포함되어 있는 파일로, 「파일을 보존한다」라는 의미를 갖고 있다. 파일의 보존(archiving)이라고도 한다. 보존 파일은 자기 테이프(magnetic tape) 등의 보조 기억 매체 상에 저장시켜 두며, 주기억 장치에 온라인으로 접속되어 있지 않은 파일을 말한다. 이 파일은 운영 체제의 카탈로그에는 나타나지 않는다. 이와 같은 파일의 보관에 의해 빈번히 이용되지 않는 데이터를 저렴하게 저장시킬 수 있으므로, 이런 종류의 파일을 파일 영역(file area)에서 제거할 수 있다. 또한 파일의 보관은 컴퓨터 속에 기록 보관 파일(archived file)을 생성 보관하는 것으로 운영 체제에 의해 수행되는 기능 중 하나이다.

archive attribute [–ǽtribjùːt] **저장 속성** 백업 작업 후 새로 작성되거나 내용이 갱신된 파일에 부여되는 파일 속성. BACKUP 명령어 등에 의해 파일이 선택적으로 복사되며 실행시 자동적으로 지워진다.

archive bit [–bit] **아카이브 비트** 백업 유틸리티 등이 파일의 백업 정보를 확인하기 위해 참조하는 비트. MS-DOS 등에서는 각 파일이 가지고 있다.

archived file [áːrkaivd fáil] **기록 보관 파일** 일정 기간 보존 파일에 의해 복원시켜야 할 파일.

achive dump [–dʌ́mp] **보관 덤프** 복원을 위해 전체 데이터 베이스를 자기 테이프와 같은 보관 기억 장소에 주기적으로 저장하는 것.

archive log [–lɔ́(ː)g] **보관 로그** 복원을 위해 주기적으로 또는 일정한 양의 데이터 간격마다 필요한 레코드를 직접 접근 데이터 세트에 기록한 파일.

archiving [áːrkaiviŋ] *n*. **기록 보관 저장** 정해진 기간 동안 백업 파일 및 관련 저널을 기억해두는 작업. 이 작업은 운영 요원 지시에 따라 운영 체제에 의해 수행된다.

ARCNET [áːrknèt] **아크넷** 1977년 미국 데이터포인트(Datapoint) 사가 개발한 토큰 패싱 방식의 LAN. 변조 방식은 베이스 밴드로 전송 속도는 2.5Mbps이다. 아크넷의 어원은 데이터포인트 사가 이 LAN을 attached resource computer network로 불렀던 데에서 유래한다.

Arden's rule **아덴의 법칙**

area [ɛ́(ː)riə] *n*. **영역** 데이터 또는 프로그램을 수용하기 위해 할당되는 메모리 부분으로 다음과 같이 세분된다. ① 데이터나 프로그램을 수용하는 기억 장치 상의 구획. ② 임의의 도형을 도형 문자열(graphic character string)로서 처리할 때의 그 도형을 포함한 구역. 이 구역을 지정하기 위해서는 특수 제어 문자를 사용하며, 이 지정에 의해서 영역 내의 도형까지도 영역마다 입출력시킨다. ③ PL/I에서 영역 변수(area variable)로 식별되는 주기억 장치(main storage)의 구역 자체이며, 그 속에 기저 변수(based variable)를 할당할 수 있다. 이때 할당되는 기억 영역의 크기를 영역의 크기(area size)라고 하며, 실제로 사용되고 있는 예약 기억 영역의 크기를 구역의 영역(extent)이라고 한다. ④

IMS에서 주기억 공간 데이터 베이스의 계층이 분할된 각 장소.

area A A 영역 COBOL 코딩 시트 상에서 사용되며, 경계 A(1행의 7번째와 8번째의 문자 위치 사이)와 경계 B(1행의 11번째와 12번째의 문자 위치 사이) 사이의 문자 위치 8, 9, 10, 11을 말한다.

area assignment[–əsáinmənt] **영역 대입**

area B B 영역 COBOL 코팅 시트 상에서 사용되며, 경계 B와 경계 R(1행의 72번째 문자 위치의 바로 오른쪽) 사이의 61문자를 말한다.

area code[–kóud] **지역 코드** 미국과 캐나다의 152 지역 가운데 하나를 나타내는 세 자리의 수. 이것으로 전화의 자동 연결과 즉각적인 교환이 이루어진다.

area definition[–definíʃən] **기억 영역 정의, 영역 지정** (1) 기억 장치의 특정 클록을 지정하는 것. (2) 화상이나 도형의 특정 범위를 마우스 등으로 지정하는 것.

area diagram[–dáiəgræm] **영역 도표** 기하 도표의 하나로 통계 수량의 크기를 정사각형 또는 원의 크기로 표시한 도표. 수량의 대소를 쉽게 파악할 수 있으나 정확한 수량의 크기는 알기 어렵다.

area editing[–éditiŋ] **블록 편집** 영역의 지정된 범위 내에서 편집하는 기능.

area entry[–éntri(ː)] **영역 기술항**

area exchange[–ikstʃéindʒ] **영역 가입** 전화망 관리상 필요에 의해 설정된 지역으로 그 지역 안에서는 일정한 기본 요금으로 전화를 이용할 수 있다.

area in storage[–in stɔ́ːridʒ] **기억 장치 내부 구성** 완전한 프로그램의 편집, 프린트, 입력, 천공, 출력과 그 밖의 일들을 위해 내부 기억 장소를 문자, 필드, 워드 등으로 지정하는 것.

area search[–sə́ːrtʃ] **영역 탐색** 자료를 선택하기 위해 관련된 자료가 기억된 곳을 조사하는 작업.

area size[–sáiz] **영역의 크기**

area station[–stéiʃən] **입출력 집중 장치**

area variable[–vɛ́(ː)riəbl] **영역 변수, 구역 변수**

Arena 아리나 MIT에서 개발한 것으로, HTML 3.0 문법으로 만들어진 웹 브라우저. 차세대 모자이크(Mosaic)라고도 하며, 표나 수식 등도 표현할 수 있고 그림판에 문자 텍스트를 입력할 수도 있다.

argument[áːrgjumənt] *n.* **인수(引數)** 함수나 서브루틴, 명령(command)을 사용할 때 주어지는 변수로, 인수 · 인자 변수로 설명된다. (1) 인수란 배열(array) 중의 특정 항목의 기억 위치(location)를 식별하는 데 필요한 변수나 상수 또는 그들의 조합을 말한다. 이런 의미로는 탐색 키(search key)라고도 한다. 주프로그램과 서브루틴 사이에서 값을 넘겨주는 변수나 상수 또는 그들의 집합이며 매개변수(parameter)라고도 한다. 가인수(formal argument)는 서브루틴을 정의하기 위하여 사용하는 경우를 말하며, 실인수(actual argument)는 그것을 호출할 때 지정하는 경우를 말한다. (2) 매개변수도 인수와 같은 의미로 사용된다. (3) 변수란 독립 변수의 임의의 값을 말하며, 그것에 따라 함수의 값이 결정된다.

argument address[–ədrés] **인수 주소** 인수가 저장된 영역을 가리키는 주소. 어떤 시스템에서는 인수 주소값을 알아내기 위해 단일 명령어를 두는데, 그 명령어는 이 주소들을 스택에 저장하여 서브루틴에서 사용할 수 있도록 한다. 이들 명령어는 같은 기능의 소프트웨어 루틴에 비해 4~10배나 빠르며, 정확한 속도는 주소 지정 방식에 의해 좌우된다. 특히 데이터를 수집할 때 FORTRAN 프로그램에서 단위 변환을 행하는 경우 등과 같이 매개변수 전달이 빈번한 프로그램에서 큰 영향력을 발휘한다.

argument byte[–báit] **인수 바이트**

argument list[–líst] **인수 목록** PL/I 에서 콤마로 구분된 인수의 목록.

argument passing[–pǽːsiŋ] **인수의 이송** PL/I에서 인수를 받아들이는 것 외에 프로시저로 이송하는 것. 변수 목록의 각 변수와 인수 목록의 각 인수와의 대응은 왼쪽에서 오른쪽으로 행해진다.

arguments correspondence[–kɔ(ː)respándəns] **인수 대응** 부프로그램을 호출하는 경우 실인수와 가인수 사이의 대응 관계. 매개변수의 형식 및 개수 등을 말한다.

argument table[–téibəl] **인수 테이블**

argument transfer[–trænsfə́ːr] **인수의 주고받음** 주루틴과 서브루틴과의 사이에서 서브루틴에서 사용하는 매개변수나 서브루틴에서의 처리 결과를 주고받는 것.

argument transfer instruction[–instrʌ́kʃən] **인수 이송 명령어** 인수의 내용이나 주소를 넘겨주는 기능을 하는 명령어.

argument validation[–vælidéiʃən] **인수의 검사**

arithmetic[æ̀(ː)riθmétik] *a.* **연산의, 산술의** 산술 연산에 관한 용어로 많이 쓰이고 있다. 중앙 처리 장치(CPU) 가운데 연산을 행하는 장치가 있는데 이것을 산술 연산 장치라고 하며, 실제로는 산술 연산과 논리 연산 양쪽을 행하는 것이므로 산술 논리 회로(ALU ; arithmetic logical unit)라고도 한다. 또 산술 연산 레지스터(arithmetic register) 등은 이 장치중에 내재되어 있다. 산술 연산은 산술 명령에 의해 행해진다. 산술적 자리 이동(arithmetic shift)도 산술 연산의 하나이다. 프로그래밍 언어의 경우, 산술 연산의 표현은 다르지만 수치를 구하기 위한 식은 산술식(arithmetic expression)이라 불리며, 산술 상수, 산술 변수와 산술 연산자로 구성된다.

arithmetic addition[–ədíʃən] **산술 가산, 산술 덧셈**

arithmetic address[–ədrés] **산술 주소** 어셈블리어에서 주소를 나타내는 여러 가지 요소들을 이용하여 실제 주소를 계산하는 것.

arithmetical instruction[æ̀riθmétikəl instrʌ́kʃən] **산술 명령** 연산부가 덧셈, 곱셈과 같은 산술 연산을 지정하고 있는 명령. ⇨ arithmetic instruction

arithmetical operation[–ɑ̀pəréiʃən] **산술 연산** 산술 법칙들로 이루어지는 연산. 예컨대, 피연산자는 가산수와 피가산수이고 이 결과는 합계이다.

arithmetical shift[–ʃíft] **산술적 자리 이동**

arithmetic and control unit[æ̀(ː)riθmétik ənd kəntróul júːnit] **ACU, 연산 제어 장치**

arithmetic and logic unit[–lɑ́dʒik júːnit] **ALU, 산술 논리 연산 장치** 계산기의 일부분이며, 산술 연산, 논리 연산 및 그것에 관련되는 연산을 행하는 것. ⇨ ALU

arithmetic and program control [–próugræm kəntróul] **중앙 연산 처리 장치**

arithmetic assignment statement [–əsɑ́inmənt stéitmənt] **산술 대입문, 산술 할당문**

arithmetic built-in function[–bílt in fʌ́ŋkʃən] **산술 내장 함수**

arithmetic check[–tʃék] **산술 검사** 산술적인 검증. 수학적인 관계를 이용하여 프로그램화된 검사법.

arithmetic circuit[–sə́ːrkit] **산술 연산 회로** 사칙연산(+, −, *, /) 등의 산술 연산을 수행할 수 있는 회로.

arithmetic comparison[–kəmpǽrisən] **산술 비교**

arithmetic constant[–kɑ́nstənt] **산술 상수**

arithmetic conversion[–kənvə́ːrʃən] **산술 변환**

arithmetic data[–déitə] **산술 데이터**

arithmetic exception interrupt[–iksépʃən ìntərʌ́pt] **산술 예외 인터럽트 일시 정지 지시**

arithmetic expression[–ikspréʃən] **산술식, 연산식** 산술적인 값을 구하는 문법 단위로서 변수나 상수 등을 산술 연산자(arithmetic operator)로 묶어 전체가 하나의 수치로 되돌려지도록 표현한 것. 즉, 결과가 숫자로 나오는 식으로 숫자, 숫자 변수 및 사칙 연산자로 구성된다. FORTRAN, ALGOL, PL/I 등에서 사용되고 있는 용어이며, 대개 보통 수학에서 이용되는 산술식과 동등한 것을 쓸 수 있다. 수학과 달라서 컴퓨터가 다룰 수 있는 식은 한 행으로 쓴다거나 접미사나 특수 기호 등은 사용할 수 없다는 제한이 있다.

arithmetic fault mode[–fɔ́ːlt móud] **연산 장애 모드**

arithmetic function[–fʌ́ŋkʃən] **연산 기능** 산술과 논리 연산을 담당하는 기능으로서 산술 연산은 사칙연산과 같은 산술 연산자를 이용하는 연산으로 산술 규칙에 따라 결과를 얻는다. 논리 연산은 AND, OR, NOT 등과 같은 논리 연산자를 이용한다. 산술 연산과 논리 연산의 다른 점은 자리올림을 하지 않고 자리 변환에 의존하여 연산을 한다는 점이다.

arithmetic games set[–géimz sét] **수학 게임**

arithmetic IF statement[– if stéitmənt] **산술 IF 문**

arithmetic indicator[–índikèitər] **연산 표시기**

arithmetic instruction[–instrʌ́kʃən] **산술 명령** 컴퓨터가 갖추고 있는 명령 집합 가운데 한 가지인 사칙연산, 즉 더하기(addition), 빼기(subtraction), 곱하기(multiply), 나누기(division)의 네 가지이다. 가장 기초적이며 중요한 명령이라고 할 수 있다. 논리 명령(logical instruction)의 상대어. FORTRAN이나 BASIC 등의 프로그래밍 언어를 사용하여 이들 사칙연산 등으로 기술한 계산식을 산술식(arithmetic expression)이라고 부른다.

arithmetic-logic unit[–lɑ́dʒik júːnit] **산술 논리 연산 장치** ⇨ ALU

arithmetic mean[–míːn] **산술 평균** 변량 $X_i(i=1, \cdots, n)$의 산술 평균은 $\frac{1}{n}$은 $\sum_{i=1}^{n} X_i$ 이다. 통계 집단의 추상적인 대표값의 한 가지로 집단의 모든 데이터를 더해서 총 개수로 나눈 것. 이는 보통 가장 널리 사용되는 대표값이다.

arithmetic microoperation[–màikrouɑpəréiʃən] **산술 마이크로오퍼레이션** 단일 시간 내에 이루어지는 연산으로 여기에는 해당하는 산술 연산을 수행할 수 있는 하드웨어 회로가 포함된다.

arithmetic multiplication [–mʌltilikéiʃən] **산술 곱셈**

arithmetic operation[–ɑ̀pəréiʃən] **산술 연산** 컴퓨터의 명령으로 사칙연산 등의 「계산」을 하는 것. 산술 규칙에 따라 결과가 얻어지는 연산. 덧셈, 뺄셈, 곱셈, 나눗셈의 네 가지 연산 및 역수와 절대값 등의 총칭. 1비트마다 연산을 하며, 「비교」나 「추출」을 하기 위한 논리 연산(logical operation)의 상대어. 일반적으로 레지스터나 누산기에서 실시되는데, 기종에 따라서는 기억 장치에서 결과를 얻어내기도 한다. 취급하는 수에 따라 2진법, 10진법, 16진법으로 연산 종류가 달라지며 부동 소수점과 고정 소수점 등 소수점 방식에 의해 연산 방법을 구별하기도 한다.

arithmetic operator[–ápərèitər] **산술 연산자** 컴퓨터의 명령어 집합 가운데 가장 기본적이며 중요한 명령으로서 산술 명령이 있다. 산술 명령은 사칙연산을 행하는 것이다. 그리고 「산술 연산자」는 산술식을 구성하는 요소이며, 산술식에서 행해지는 조작의 종류를 표시하는 기호이다. 구체적으로는 덧셈(+), 뺄셈(−), 곱셈(×), 나눗셈(/), 제곱 또는 지수(**) 등의 기호를 가리킨다. 단순히 연산자(operator)라고도 하며, 논리 연산자(logical operator)의 상대어. FORTRAN이나 BASIC 등의 프로그래밍 언어를 사용했을 경우, 산술식을 그대로 기술한다.

arithmetic overflow[–òuvərflóu] **산술 자릿수 넘침, 산술 오버플로** 산술 연산의 결과로 그 자릿수가 너무 커서 자릿수에 들어갈 수 없는 경우가 생기는 일. 컴퓨터 속에서는 「수」가 유한의 「자릿수」로 표현되므로 수의 범위는 한정된다. 따라서 두 개의 「+」의 수를 더했을 때와 같은, 그 결과의 수치가 「표현할 수 있는 범위」를 넘는 경우가 있다. 이것을 「산술 자릿수 넘침」이라 부르고, 간단히 오버플로라고도 하며, 산술 하위 자릿수 넘침(arithmetic underflow)의 상대어.

arithmetic picture data[–píktʃər déitə] **산술 픽처 데이터**

arithmetic processor[–prásesər] **산술 프로세서**

arithmetic product[–prádəkt] **산술 곱** 10진법 표기 7×10=70에서처럼 두 수를 곱하여 얻은 결과. 논리 연산에서 곱은 AND 명령을 수행한 결과이다.

arithmetic register[–rédʒistər] **산술 레지스터** 산술 연산(arithmetic operation)이나 논리 연산(logical arithmetic), 자리 이동(shift) 등에서 연산의 대상이 되는 데이터나 연산 결과를 보존해 두기 위한 레지스터. CPU(중앙 처리 장치)의 연산 장치 기구 가운데 하나이다.

arithmetic relation[–riléiʃən] **산술 관계** 관계 연산 기호에 의하여 분리된 두 개의 산술식.

arithmetics[əríθmətiks] **산술**

arithmetic section[–sékʃən] **연산부** 덧셈, 뺄셈, 그 밖의 원하는 연산과 자리 이동을 위한 회로들로 구성된 부분으로, 컴퓨터 하드웨어 가운데 산술적·논리적 연산이 수행되는 피연산자들과 결과적으로 저장을 위한 특수 레지스터들을 가리킨다.

arithmetic sequence unit[–síːkwəns júːnit] **연산 제어 장치**

arithmetic shift[–ʃíft] **산술 자리 이동, 산술적 시프트** 곱셈이나 나눗셈의 효과를 얻기 위하여 정해진 방법으로 숫자들을 왼쪽 또는 오른쪽으로 자리 이동하는 작업. 어떤 장소에서 다른 장소로 「비키어 놓다」, 「움직이다」를 시프트(shift)라 한다. 컴퓨터 중에서 레지스터의 내용을 비트, 디지트, 문자 등의 단위로 「왼쪽」 또는 「오른쪽」으로 움직이는 것을 「시프트」 또는 「자리 이동」이라고 부른다. 이 「산술 자리 이동」은 레지스터 안의 데이터를 「수」로서가 아니라 논리적인 「0」「1」의 모임으로 간주하여 「좌」「우」 또는 「순환적」으로 「움직이는」 것이다.

arithmetic statement[–stéitmənt] **연산문** 프로그램 언어에서 프로그램의 단위가 되는 문의 종류의 하나. 사칙연산이나 지수의 연산 실행을 지정한다.

arithmetic statement feature[–fíːtʃər] **연산문 기능**

arithmetic subroutine[–sʌbruːtíːn] **산술 서브루틴** 사인, 코사인, 탄젠트, 아크탄젠트, 자연로그, 상용 로그, 지수 함수, 제곱근과 같은 연산을 위한 서브루틴. 일정한 연산을 다른 작업으로 몇 번이고 행할 경우에는 이 연산을 위한 서브루틴을 만들어두면 편리한 점이 많다. 예를 들면, 곱셈, 나눗셈의 하드웨어 기능을 가지지 않은 컴퓨터에서는 보통 서브루틴으로 이러한 기능을 보강하고 있다. 그 밖에 일반적인 것으로서 배정도 연산이나 부동소수점 연산 등이 있다.

arithmetic sum[–sʌ́m] **산술 합계**

arithmetic term[–tə́ːrm] **산술항**

arithmetic underflow[–ʌ́ndərflòu] **산술 하위 자릿수 넘침, 산술 언더플로** 산술 오버플로와 대비되는 연산으로, 컴퓨터 내에서 계산된 결과값이 사용하고 있는 수의 표현 범위보다 「작게 되는」 것을 산술 언더플로라고 한다. 부연하면 산술 연산에서, 절대값이 너무 작기 때문에 사용하고 있는 기수법(記數法)의 범위에서는 표시할 수 없는 상태의 결과이다. 예를 들면, ① 특히 부동 소수점 표시법이 사용되고 있는 경우, 결과를 표시할 수 있는 0이 아닌 최소값보다 작을 때 이 상태가 된다. ② 허용된 범위를 초과하는 「−」의 지수가 발생하면 결과는 언더플로가 된다.

arithmetic unit[–jú:nit] **AU, 산술 연산 장치** 사칙연산이나 대소의 비교 등에 사용하는 장치로, 계수형 자동 컴퓨터를 구성하는 5부분의 하나로 사칙연산, 논리 연산 등을 행한다. 산술 논리 연산 장치(arithmetic and logic unit), 줄여서 ALU라고도 부른다. 산술 연산 장치라는 용어는 산술 연산과 논리 연산 양쪽을 행하는 장치에 사용되기도 한다.

arithmetic variable[–vɛ́(:)riəbl] **산술 변수**

arithmetization[æ̀riθmetizéiʃən] *n.* **산술화** 문제들의 알고리즘적 해법을 계산 가능한 정수론적인 함수로 변환하는 것. 예를 들면, 괴델 번호(Gödel numbering).

ARJ 윈도, MS-DOS용 압축 프로그램. 압축된 파일은 .arj라는 확장자를 가지며, 셰어웨어 형태로 제공되고 있다.

ARL 허용 신뢰도 수준 acceptable reliability level의 약어.

ARM 비동기 응답 모드 asynchronous response mode의 약어.

ARMIS 아미스 컴퓨터 시스템에 요구되는 기본적인 성질로 availability(가용성), reliability(신뢰성), maintenability(정비성), integrity(완전성), security(기밀성)의 총칭. ⇨ RAS, RASIS

arm[á:*r*m] *n.* **암** 디스크의 정확한 위치에 기록되어 있는 정보를 읽기 위해 헤드가 읽어낼 정보가 있는 위치로 움직이는 기계적인 연결 시스템.

armed interrupt[á:*r*md ìntərʌ́pt] **무장 인터럽트** 작업을 수행할 때 다른 인터럽트에 의해 이 작업이 중지되지 않도록 한 인터럽트. 무장 인터럽트 상태에서 다른 인터럽트 신호가 발생되면 그 상태만 기억하고 나머지는 무시한 채 계속 원래의 작업을 수행한다.

arm movement[á:*r*m mú:vmənt] **암 동작**

aromaware 아로마웨어 자바로 프로그래밍된 베이퍼웨어(vaporware).

ARPANET 아르파넷 advanced research project agency network의 약어. 미국 ARPA(국방성 고등 연구 계획국)가 개발한 컴퓨터 네트워크. 미국 본토를 중심으로 일부는 하와이, 런던에도 퍼져 있다. 미국 각지의 대학이나 연구소에 분산되어 있는 서로 다른 기종의 컴퓨터를 연결시킴으로써 컴퓨터 자원(계산 능력, 기억 능력, 방대한 양의 프로그램 등)을 네트워크를 통해서 공유하며 유효하게 활용하자고 하는 것. 현재 200개 이상의 컴퓨터가 연결되어 있다. 또한 각 호스트 컴퓨터는 IMP(interface message processor)라는 소형 컴퓨터를 통해서 네트워크에 연결되며, 다시 IMP는 매초 50kbit의 전송 속도를 갖는 전용의 통신 회선을 개입시켜 여러 대의 IMP와 연결시키고 있다. 패킷 교환 방식을 채용하고 있으며, 회선의 부하 상황에 따라 임의의 두 개소의 호스트 컴퓨터 사이에 우회 경로를 구성할 수 있도록 되어 있다. 이 네트워크의 성공을 계기로 각종 컴퓨터 네트워크를 개발하게 되었다. 미 국방성이 지원했던 최초의 원거리 네트워크로 초기 인터넷의 구축을 이루고 있을 뿐만 아니라 초기 네트워크 연구에 대한 기초를 제공하였다. ARPANET은 임대 회선에 연결되어 있는 개인용 패킷 접속 컴퓨터들로 접속되어 있으며, 좀더 나은 과학적 연구를 지원하기 위해 미국 DARPA(Defense Advanced Research Projects Agency)에서 지원하는 광역 통신망으로 인터넷 발전의 중심을 이루고 있다.

ARQ 자동 재전송 요구 automatic request for repetition의 약어. 인쇄, 전신에서 전송 착오를 검출하여 자동으로 재송을 요구하는 방식. 착오 검출 코드를 사용하여 수신 신호에 착오가 검출되면 자동적으로 재전송 요청 신호를 발생시켜 착오 신호에서 데이터를 재전송시키는 시스템이다. 착오 검출 방식으로는 패리티 체크 방식 등이 있다.

arrange[əréindʒ] *v.* **배열하다**

arrangement[əréindʒmənt] *n.* **배열**

array[əréi] *n.* **배열** 동일한 특성을 가지며 일정한 규칙에 따라 몇몇 요소가 나열되어 있는 데이터 집합. 배열은 차원을 가지며, 1차원의 목록 또는 벡터, 2차원의 테이블 또는 행렬 등은 컴퓨터에서는 배열로서 표현되어 처리된다. FORTRAN에서는 배열명에 첨자를 붙여 써서 배열 요소를 식별한다. COBOL에서는 배열을 테이블이라 하고 첨자 또는 지표가 붙은 데이터명으로 테이블의 요소를 식별한다. 배열의 종류로는 1차원, 2차원, 3차원 배열이 사용되며 FORTRAN 77에서는 특이한 계산 형식의 7차원 배열까지 사용 가능하다. ⇨ 그림 참조

array allocation[–æ̀ləkéiʃən] **배열 배분, 배열 할당**

array assignment[–əsáinmənt] **배열 대입, 배열 할당**

array bound[–báund] **배열의 상하 한계**

array cell[–sél] **셀 배열** 일련의 항목들이 의미 있는 모형으로 배열되어 행과 열을 가진 행렬로 표현된 것.

array computer[–kəmpjú:tə*r*] **배열 컴퓨터**

array data[–déitə] **데이터 배열** 데이터를 테이프, 카드 등에 부호 또는 기호의 형태로 표현한 것.

array declaration[–dèkləréiʃən] **배열 선언** 프로그램에서 사용하는 배열에 관한 처리 방법이나 주소 할당에 필요한 정보를 컴파일러에 주는 것으로, 목적 프로그램으로 번역되지 않는 프로그램 중

의 문장.

A[1]	A[2]	A[3]	…	A[29]	A[30]

(1차원 배열의 표현)

	1열	2열	3열
1행	A	B	C
2행	D	E	F

(2차원 배열의 표현)

2면	1열	2열	3열
1행	a	b	c
2행	d	e	f

1면	1열	2열	3열
1행	A	B	C
2행	D	E	F

(3차원 배열의 표현)

〈배열의 종류〉

	1	2	…	j	…	n
1	A(1, 1)	A(1, 2)		A(1, j)		A(1, n)
2	A(2, 1)	A(2, 2)		A(2, j)		A(2, n)
⋮						
i	A(i, 1)	A(i, 2)		A(i, j)		A(i, n)
⋮						
m	A(m, 1)	A(m, 2)		A(m, j)		A(m, n)

〈m×n개의 원소로 구성된 2차원 배열 A(m : n)〉

array declarator [–dèklərèitər] **배열 선언자**

array declarator statement [–stéitmənt] **배열 선언문**

array dedicated processor [–dédikèitəd prɑ́sesər] **배열 전용 처리기**

array dimension [–dimén∫ən] **배열 치수, 배열 차원**

array element [–éləmənt] **배열 요소** 배열을 구성하는 데이터 항목을 말하며, 이것을 참조할 때는 배열명에 첨자를 계속해서 쓰면 된다.

array expression [–ikspré∫ən] **배열식**

array file [–fáil] **배열 파일**

array grammar [–grǽmər] **배열 문법** 형태(pattern)가 생성되는 규칙을 적은 수의 기호를 가지고 문법으로 표시하는 기법으로 해상도의 계층적 단계를 사용한다.

array-handling built-in function [–hǽndliŋ bílt in fʌ́ŋk∫ən] **배열 처리 내장 함수**

array identifier [–aidéntifàiər] **배열명**

array language [–lǽŋgwidʒ] **배열 언어**

array linkage field [–líŋkidʒ fí:ld] **배열 연계 필드**

array list [–líst] **배열명 목록**

array logic [–lɑ́dʒik] **배열 논리**

array name [–néim] **배열명**

array of structure [–əv strʌ́kt∫ər] **구조체의 배열**

array partitioning [–pɑ:rtí∫əniŋ] **배열 분할**

array pitch [–pít∫] **배열 피치**

array processing [–prɑ́sesiŋ] **배열 처리**

array processor [–prɑ́sesər] **배열 처리기, 어레이 프로세서** 소형 컴퓨터를 여러 개 규칙적으로 배열하고 접속하여 공통의 제어에 의해 동일한 연산을 병렬로 실행할 수 있도록 하고, 전체로서 큰 작업을 할 수 있도록 한 프로세서. 과학기술 계산에서는 배열 연산이 비중있는 역할을 하는데, 행렬 차수를 n으로 하면 보통 컴퓨터에서는 이런 종류의 계산은 n^3에 비례해서 시간이 증대한다. 이것을 해결하기 위해 계산 요소(element)를 배열 상태로 늘어놓아 병렬로 연산시키는 등의 특수한 하드웨어 구조를 가지고 배열 연산을 고속으로 할 수 있게 한 프로세서이다. 세 가지 벡터의 A∗B → C가 되는 연산은 매크로 명령에 따라 행해지고 연산은 파이프라인 방식에 따른 것이 많다.

array segment [–ségmənt] **배열 세그먼트**

array table [–téibəl] **배열표, 배열 테이블**

array type [–táip] **배열형**

array variable [–vέ(:)riəbl] **배열 변수**

arrester [əréstər] *n.* **보안기, 피뢰기** 장치나 인명 안전을 위해 어느 일정한 값 이상의 고전압이 가해지면 지면에 단락하여 인체나 구성 장치 속으로 고전압이 들어가지 않도록 하는 장치. 어스(earth)는 이것의 원리를 이용한 것이다.

arrival process queue [əráivəl prɑ́ses kjú:] **도착 프로세스 대기 행렬** 시스템 내에 도착한 프로세스들이 대기하는 대기 행렬. ⇨ queue

arrival rate [–réit] **도착률** 대기 행렬 이론(queuing theory)에서 단위 시간 안에 대기 행렬에 입력되는 작업의 개수. 예를 들면, 데이터 전송 장치 등에서 일정 시간에 전송을 위해 전송 장치에 부여되는 문자나 메시지의 개수.

arrow [ǽrou] *n.* **화살, 화살표** 퍼트법(PERT)이나 임계 경로법(critical path method) 등에서는 화살 다이어그램(arrow diagram)을 자주 이용하고 있다. 이러한 경우, 프로젝트의 「개시」에서 「종료」까지 각 작업의 상호 관계를 화살표와 검사점(event)으로 도표화한다. 이런 도표를 사용하면 프로젝트 전체의 파악이 용이하며, 「네크」가 되어 있는 장소를 조기 발견하여 대처할 수 있다. 건축 공사, 제품 개발, 프로그램 개발 등의 관리와 평가, 조정, 최적화 등에 폭넓게 이용되고 있다.

arrow diagram[–dáiəgræm] **화살 다이어그램** 프로젝트 달성에 필요한 작업의 상호 관계를 화살표와 검사점으로 표시한 순서 계획도. 퍼트법(PERT)이나 CPM(임계 경로법) 등을 분석할 때 개별 작업 순서를 네트워크로 표현하는 것을 말한다.

arrow head[–hé(:)d] **화살표** ⇨ arrow

ARS 자동 응답 시스템, 음성 정보 서비스 audio response system의 약어. 각종 정보를 데이터 베이스에 입력하여 저장해두고 일반 공중 전화망을 통해 전화 이용자들에게 정보를 제공해주는 시스템.

arrow key[–kíː] **화살 키** 화면상의 커서를 이동시키기 위한 키보드 상의 키. 상하좌우의 화살표가 있다. 게임에서는 조이스틱 대신에 사용되는 경우도 많다.

articulation[ɑːrtìkjuléiʃən] *n.* **명료도** (1) 청각으로 정보를 교환할 경우, 잡음 등으로 인해 통화가 방해될 때 말을 이해하는 수신 정보의 이해 비율. (2) 전화 통화 품질을 표시하는 척도의 일종. (3) 음성을 발성하기 위한 성도(聲道) 중 제반 기관의 움직임.

articulation reference equipment[–réfərəns ikwípmənt] **명료도 등가 참조** 전화 전송계에서 통화의 양호함을 나타내는 척도. 80% 단음 명료도에 대응하는 기준계의 감쇠량값과 피시험 통화계의 감쇠량값의 차로 나타낸다.

artifact[ɑ́ːrtifæ̀kt] **아티팩트** 모니터에 나타나는 모든 영상을 포함한 모든 종류의 컴퓨터 그래픽에서 보고 싶지 않은 부분을 가리키는 용어이다. 원래 영상의 일부가 아닌 빗나간 화소(pixel)들의 모임이라는 뜻을 가지고 있다. ⇨ pixel

artificial brain[ɑːrtifíʃəl bréin] **인공 두뇌** 컴퓨터와 같이 인간의 지적 작업의 일부를 담당하는 전자적 장치. 판단 기능과 기억 기능을 함께 가지고 있기 때문에 계수형 자동 컴퓨터가 인공 두뇌라고 불리지만, 연구가 진전됨에 따라 인간의 지적 기능과는 아직 큰 차이가 있는 것으로 알려져 있다. 컴퓨터는 판단 기능이 있다고 해도 본질적으로는 $x \geq y$인가 $x < y$인가를 판별하는 것만으로 결정짓는 기계이다. 패턴 인식, 기계 번역, 학습 기능 등으로 일컬어지는 오토머터(automata) 연구에 속한 것은 컴퓨터에는 매우 불리한 분야이고 사람에게 유리한 분야 정도여서 아직 중대한 미해결 문제이다.

artificial cognition[–kɔgníʃən] **인공 인식** 기계 내부의 기억 장치 속에 기억되어 있는 문자 형상 가운데 화면에 비친 문자와 가장 비슷한 형식을 인식함으로써 문자를 판별하는 시각적인 감지.

artificial continuity[–kɑ̀ntinjúːiti(ː)] **인위적 연속성** 가상 기억 장치 시스템에서 프로세스가 갖는 가상 주소 공간의 연속된 주소들이 실제 기억 장소에서도 반드시 연속적일 필요는 없다는 성질.

artificial intelligence[–intélidʒəns] **인공 지능** 인간의 지적 기능을 대행하는 기계의 연구(하드웨어, 소프트웨어 포함)이지만, 현재의 디지털 컴퓨터를 이용하면 본질적으로는 곤란하다는 것이 점차 밝혀지고 있다. 따라서 좁은 의미로는 현재 디지털 컴퓨터를 이용해서 인간의 지적 기능의 일부를 대행시키도록 하는 연구를 인공 지능이라고 한다. 이 용어는 컴퓨터 발전의 역사와 함께 하고 있으며, 각 단계에 따라 여러 가지가 중첩되어 사용되고 있다. 현재 AI를 대표하는 한 분야로 전문가 시스템(expert system)을 생각할 수 있다. 또 결정 절차(decision procedure)는 이미 알고 있는 지능 태스크(perceptual task)는 AI에 포함되지 않지만, 「보다」, 「듣다」 등의 지각 태스크(perceptual task)는 AI의 한 분야로 자리잡고 있다.

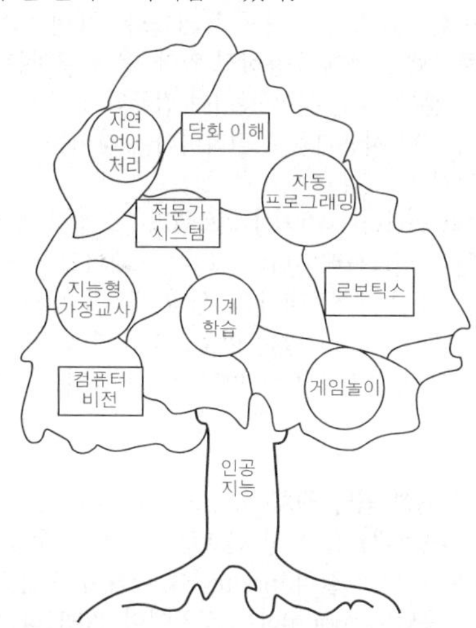

〈인공 지능 응용 분야〉

artifical intelligent language[–lǽŋgwidʒ] **인공 지능 언어, 인공 지능용 언어** ⇨ AI language

artifical language 인공 언어 「인간이 만든」 언어이며, FORTRAN, COBOL, PL/I 등의 컴퓨터 프로그램을 작성하기 위한 언어를 가리킨다. 자연 언어가 오랜 기간의 사용을 통해 발전되어 온 것과는 대조적이다.

artifitial life[–láif] **인공 생명** ⇨ AL

artifical variable[–vέ(ː)riəbl] **인위 변수**

ARTS 자동 레이더 단말 시스템 automated radar terminal system의 약어. 항공 교통 관제를 위한 터미널 레이더 정보 처리 시스템. 컴퓨터에 입력한 데이터 정보를 이용하여 레이더 영상 표시 장치 상에 항공기 심벌, 항공기명, 고도 등을 표시할 수 있고 관제관에 의해 출발기, 진입기의 관제 지원을 한다.

ARTSPEAK 아트스피크 초보자가 디지털 컴퓨터로 그림을 작성할 수 있도록 도와주는 프로그래밍 언어의 일종.

Artware[ά:rtwὲər] **아트웨어** 아트웨어는 새로운 개념의 순수 국산 저작 소프트웨어로서 사용자 인터페이스를 적극 고려하여 개발된 CD-ROM 타이틀 저작용 프로그램이다. 윈도 운영 환경의 강점들을 적극 수용하였으며, 특히 GUI의 도입, WYSI-WYG 방식의 프로그램 운영, 프로그램 내부에서의 시나리오 관련 플로 차트 방식의 저작 설계, 간단한 그래픽 편집 기능의 제공 및 모든 메뉴들의 아이콘화와 각 메뉴 아이콘 선택시 수평 이동 막대 부분에 표시되는 친절한 기능 설명 등이 독창적이고 또한 LDP, VCR, 캠코더 등의 멀티미디어 관련 외부 장치들과 연결하여 사용할 수도 있다. 글, 그림, 애니메이션, 오디오, 비디오 등의 모든 표현 미디어를 프로그램 내부에 수용하고 있다. 응용 분야는 교육, 홍보 분야, 훈련 분야 등이며 컴퓨터 전문가뿐만 아니라 일반 사용자들도 멀티미디어 타이틀을 손쉽게 저작할 수 있다.

artwork[ά:rtwə̀:rk] **아트워크** 그래픽 소프트웨어인 일러스트레이터의 일러스트레이션 작성 평면 또는 그 일러스트레이션. 선의 색, 칠 등의 페인트 속성을 표시하지 않는 아우트라인 형식(와이어 프레임)만의 표시 모드를 아트워크 모드라고 한다. 기구 CAD나 프린트 기판 CAD에서의 그림 작업도 아트워크라고 한다.

ARU 음성 응답 장치 audio response unit의 약어. 응답 내용을 음성 신호로 변환하는 출력 장치. 외부로부터의 질의(inquiry)에 대하여 직접 「음성」으로 응답(respond)하는 장치이며, ARU라는 약어로도 자주 쓰인다. 컴퓨터의 출력 장치(output unit)의 하나이며, 출력을 음성(voice)으로 내보내는 장치이다. 이와 같이 음성으로 응답하는 것을 음성 응답이라고 한다. 구조로는 미리 인간의 음성을 자기 디스크 등에 기억시켜 두고 필요할 때 적당히 골라내어 응답하는 것과 인간의 음성 생성 과정을 전기 회로로 만들어내어 이 인공적인 음성으로 응답하는 것이 있다. 은행에서의 잔액 조회 등 각종 분야에서 사용되고 있다. 반대로 인간의 음성을 부호로 변환하여 컴퓨터에 입력하는 것을 음성 인식(audio recognition)이라고 하며, 이것을 위한 장치를 음성 인식 장치(audio recognition unit)라고 한다.

AS/400 1988년 말에 등장한 IBM의 중형 컴퓨터의 한 종류. AS/400은 IBM의 기존 System/36과 System/38을 대체하면서 등장한 이래 전세계적으로 70만 대 이상이 공급되었다. AS/400은 IBM의 64비트 RISC 칩인 POWER 아키텍처 프로세서와 운영 체제로는 OS/400을 탑재하고 있으며, 소규모 기업을 위한 170 모델과 최대 12개까지의 프로세서를 탑재하고 본격적인 엔터프라이즈급 성능을 제공하는 720, 730, 740 모델로 구성되어 있다.

ASA (1) **활동 저장 영역** activity save area의 약어. (2) **비동기식 어댑터** asynchronous adapter의 약어. (3) **미국 표준 협회** American Standard Association의 약어. 한국의 KS와 같은 의미. ASA에서 USASI로 이어졌으며 현재는 ANSI이다.

ASA speed ASA 감도 ⇨ ISO 감도

ascender[əséndər] *n.* **어센더** 알파벳 소문자에서 b, d, h와 같은 글자는 대개 글자가 놓이는 위치에서 위로 혹이 나 있는 모양인데, 이렇게 올라온 부분을 말한다.

ascending[əséndiŋ] *a.* **오름차순** 오름차순(ascending order), 지수승(ascending power)에서와 같이 다른 말과 조합하여 사용되지만, 정보 처리에서 단독으로 표현될 때는 예외 없이 오름차순을 말한다. 컴퓨터에 의해 숫자, 코드, 문자 등의 값을 작은 것부터 큰 것의 순으로 배열하는 순서를 뜻한다.

ascending check[–tʃék] **오름차순 검사** 데이터가 오름차순으로 되어 있는지 아닌지를 검사하는 것.

ascending key[–kí:] **오름차순 키** COBOL 언어에서 데이터 항목의 비교 규칙에 따라 가장 낮은 값의 키에서 시작하여 가장 높의 값의 키에 이르는 순서로 데이터가 나열되는데, 그 값을 갖는 키를 말한다.

ascending order[–ɔ́:rdər] **오름차순** 값이 작은 쪽에서부터 큰 쪽으로의 순서를 말하며, 역방향의 경우는 내림차순(descending order)이다. 순서화(ordering)나 정렬화, 분류(sorting)시에 파일 중의 레코드의 순서를 결정하기 위한 기준으로 사용하는 키를 정렬 키(sorting key)라고 한다. 컴퓨터 속에서 수의 대소 관계를 결정하는 경우, 숫자나 문자 등은 여러 가지 상대적인 크기가 결정되어 있으며 그 순서를 조합 순서(collating sequence)라고 한다.

ascending sort[–sɔ́:rt] **오름차순 정렬** 데이터를 크기 순서대로 정렬할 때 작은 수가 앞에 오고 큰 수가 뒤에 오도록 하는 것. 원래 정렬이란 레코드들의 최종 배열에서 연속되는 키를 비교했을 때 크거나 작거나 또는 서로 같은 어느 한 관계를 갖는 배열을 의미한다.

ASCII 아스키, 미국 정보 교환 표준 코드 American Standard Code for Information Interchange의 약어. 미국 표준 협회(ANSI)가 1962년에 제정한 정보 교환용 표준 코드를 말한다. 7비트(패리티 비트를 포함하여 8비트) 구성의 코드이며 $2^7=128$ 종류의 제어 문자, 특수 문자, 숫자, 영문자를 표현한다. 1967년에 ISO에 의해 제정된 7비트 정보 교환 코드에 준거하고 있으며, 아스키 코드라 부르고 있다. 이 코드는 통신의 시작과 종료, 개행 등의 제어 조작을 표시할 수 있는 코드로, 데이터 통신에 널리 이용되고 있다. ⇨ 표 참조

ASCII character set 아스키 문자 집합

ASCII code 아스키 코드

ASCII control character 아스키 제어 문자

ASCII file 아스키 파일 ASCII 코드로만 구성된 파일로, 문자, 숫자, 특수 기호 등의 정보만 수록하고 있으므로 텍스트 파일이라 한다.

ASCII keyboard 아스키 키보드 96개의 대소 영문자, 숫자, 특수 기호와 32개의 제어 문자를 합해서 128개의 문자를 처리할 수 있는 키보드. 대부분 소형 컴퓨터 키보드는 이 ASCII 문자 집합을 사용한다.

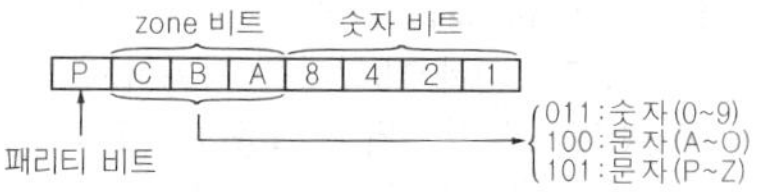

〈아스키 코드의 표현 형식〉

〈아스키 코드표〉

문자	코드	문자	코드	문자	코드
A	100 0000	P	101 0000	4	011 0100
B	100 0010	Q	101 0001	5	011 0101
C	100 0011	R	101 0010	6	011 0110
D	100 0100	S	101 0011	7	011 0111
E	100 0101	T	101 0100	8	011 1000
F	100 0110	U	101 0101	9	011 1001
G	100 0111	V	101 0110	(	010 1000
H	100 1000	W	101 0111	+	010 1011
I	100 1001	X	101 1000	$	010 0100
J	100 1010	Y	101 1001	*	010 1010
K	100 1011	Z	101 1010	)	010 1001
L	100 1100	0	011 0000	=	011 1101
M	100 1101	1	011 0001	/	010 1111
N	100 1110	2	011 0010	,	010 1100
O	100 1111	3	011 0011	.	010 1110

〈확장 ASCII 코드 구성의 일부분〉

10진수	16진수	문자	10진수	16진수	문자	10진수	16진수	문자	10진수	16진수	문자
0	00	●	23	17	↕	46	2E	.	69	45	E
1	01	●	24	18	↑	47	2F	/	70	46	F
2	02	●	25	19	↓	48	30	0	71	47	G
3	03	♥	26	1A	→	49	31	1	72	48	H
4	04	◆	27	1B	←	50	32	2	73	49	I
5	05	♣	28	1C	●	51	33	3	74	4A	J
6	06	♠	29	1D	↔	52	34	4	75	4B	K
7	07	•	30	1E	▲	53	35	5	76	4C	L
8	08	○	31	1F	▼	54	36	6	77	4D	M
9	09	○	32	20	●	55	37	7	78	4E	N
10	0A	●	33	21	!	56	38	8	79	4F	O
11	0B	♂	34	22	″	57	39	9	80	50	P
12	0C	♀	35	23	●	58	3A	:	81	51	Q
13	0D	♪	36	24	$	59	3B	;	82	52	R
14	0E	♬	37	25	%	60	3C	<	83	53	S
15	0F	☼	38	26	&	61	3D	=	84	54	T
16	10	▶	39	27	′	62	3E	>	85	55	U
17	11	◀	40	28	(	63	3F	?	86	56	V
18	12	↕	41	29	)	64	40	@	87	57	W
19	13	‼	42	2A	●	65	41	A	88	58	X
20	14	¶	43	2B	+	66	42	B	89	59	Y
21	15	§	44	2C	,	67	43	C	90	5A	Z
22	16	●	45	2D	−	68	44	D			

ASCII magnetic tape 아스키 자기 테이프

ASCII save 아스키 세이브 플로피 디스크나 카세트 테이프 리코더에 데이터를 기록하는 방식의 일종. 이 방식으로 기록된 파일을 ASCII 파일이라고 한다. 이 방식은 일반적인 중간 코드 형식으로 기록하는 것보다 많은 메모리를 필요로 하지만, 그 대신 그대로 파일 상호간의 병합(merge)이 가능하므로 프로그램 개발시에는 편리하다.

ASCII terminal 아스키 단말 장치 많은 컴퓨터, 영상 출력 표시 단말 장치, 인쇄기, 그리고 계산기 주변 장치 등에 쓰이는 표준 코드.

ASCII terminal code 아스키 단말 장치 코드 각 영문자, 숫자, 구두점들에 대해 7비트 2진수를 할당하는 ASCII 코드로서, 복귀, 개행(line feed) 탭과 같은 특수한 기계 기능들에도 코드가 할당될 수 있다.

ASCIIZ 아스키제트 컴퓨터 내부에서 문자열을 표시하는 방법의 하나. 문자열 맨 끝에 ASCII 0번(NUL) 문자를 붙여서 끝을 나타내는 방법이다.

Ashton-Tate Inc. 애시톤 테이트 사 마이크로컴퓨터용 소프트웨어를 개발하는 캘리포니아 소프트웨어 하우스로, dBASEⅢ, Frame work 등을 개발했다.

ASIC 특정 용도 지향 집적 회로 application specific integrated circuit의 약어. 불특정 용도를 대상으로 하는 표준 IC나 범용 LSI와는 달리 특정 용도에 적합한 기능을 갖춘 전용 IC. 보통 주문형 반도체로 일컬어지며 일반적으로 널리 사용되는 표준형 IC와는 달리 특정한 기능을 수행하기 위해 설계, 제조된 집적 회로 칩이다. 장난감 자동차에서 항공기에 이르기까지 산업 전반에 걸쳐 사용되고 있으며 제조되는 칩의 수량도 수백 개에서 수백만 개까지 다양하다. 따라서 칩의 용도와 생산량에 따라 적절한 ASIC 칩을 설계하여 제조하는 것이 제품의 단가를 낮추는 데 매우 중요한 요인이다. ASIC 시장은 80년대 초반까지 완전 주문형이 주도해 나가다가 80년대 중반에 이르러 게이트 배열(gate array)에 의해 활성화되었다. 근래들어 완전 주도형에서 발전한 표준 셀을 이용한 ASIC 설계가 큰 성장세를 보이고 있다.

ASIS 미국 정보 과학 협회 American Society for Information Science의 약어. 전에는 미국 문서 협회(American Documentation Institute)라고 하였다.

ASKA 아스카 automatic system for kinematic analysis의 약어. 1960년대 초부터 Stuttgart 대학에서 개발된 토목, 건축, 자동차, 각종 부품 등의 구조물 해석 시스템. ASKA는 정적 해석(작용하는 외력이 시간 함수가 되지 않는 경우의 해석), 동적 해석(지진 응답 계산과 같이 외력이 시간 함수가 되는 해석), 비선형 해석(큰 변형 문제와 같이 외력과 변형을 비선형 관계로 나타내는 경우의 해석)의 세 가지 해석이 가능하다.

ASM 보조 기억 장치 관리자 auxiliary storage manager의 약어. 실기억 장치와 직접 접근 장치 간에 페이지를 이동시키는 기능을 맡는다. 이러한 이동은 한 번에 한 페이지씩 이루어지거나 한 번에 한 태스크씩 이루어진다.

ASMO 아스모 advanced storage magneto optical의 약어. 용량이 6GB인 광자기 디스크(MO) 규격. ⇨ MO

ASOCIO 아소시오, 아시아 태평양 지역 정보 산업 기구 ASia Oceanic Computing Industry Organization의 약어. 1984년 6월 일본 동경에서 아시아 태평양 지역의 정보 산업 발전을 위해 상호 협력할 목적으로 발족된 조직.

ASP (1) **액티브 서버 페이지** active server page의 약어. 마이크로소프트 사가 개발한 서버측에서 구현되는 스크립트 언어로서 웹 서버가 스크립트를 처리하고, 처리 결과 생성된 순수한 HTML만을 클라이언트로 전송한다. 클라이언트는 실제 스크립트 코드를 볼 수 없으며, 또한 어떠한 브라우저로도 인식이 가능한 플랫폼 독립적인 응용 프로그램을 개발할 수 있다. ASP는 각 사용자의 세션 관리를 자동화할 수 있으며, 고도로 동적이고 상호 대화적인 프로그램을 개발할 수 있다. ASP는 스크립트와 HTML 코드의 결합으로 구성되며, 구획 문자 〈% --- %〉를 이용하여 일반적인 HTML 태그와 구별된다. ASP는 비주얼 베이식 스크립트(VBScript)를 그대로 이식시켜 실행시킬 수 있기 때문에 이미 비주얼 베이식으로 작성된 프로그램을 그대로 이용할 수 있으며, Access에서 만들어 놓은 데이터 베이스를 그대로 이용하여 사용할 수 있을 뿐만 아니라,

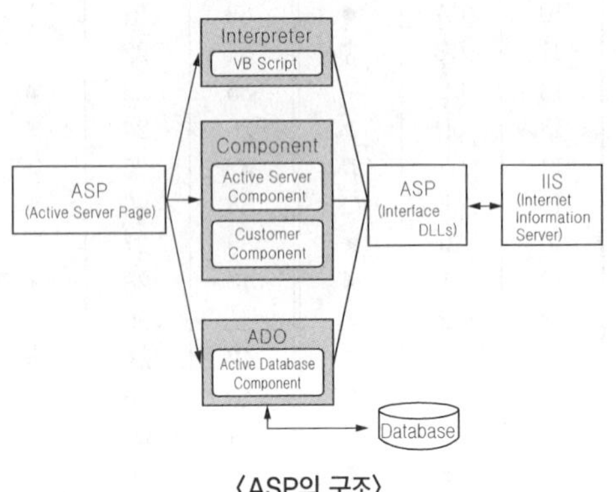

〈ASP의 구조〉

PC에 PWS(personal web server)만 설치하면 네트워크가 연결되지 않은 PC에서도 충분히 실습할 수 있는 환경을 갖출 수 있어서 비싼 서버를 구입하지 않아도 되는 것이 장점이다. (2) **응용 프로그램 서비스 제공자** application service provider의 약어. 각종 사무용 응용 프로그램들을 제공하고, 대가로 이용료(라이선스 요금)를 징수하는 서비스 사업자 또는 비즈니스 모델. ASP는 아웃소싱(out sourcing)의 한 유형으로서, 사용자들에게 네트워크를 경유하여 각종 응용 프로그램을 제공함으로써 응용 프로그램을 PC에 설치하는 작업이나 유지 보수, 소프트웨어의 버전 관리와 같은 작업에서 자유로워질 수 있으며, 사용료 또한 저렴하다는 장점이 있다. 자사의 하드웨어와 소프트웨어, 통신 장비를 사용하여 다양한 응용 프로그램을 호스팅하는 업체를 의미하는 단어로 사용되기도 하며, CSP(commercial service provider)라고도 한다. (3) **비대칭 다중 처리 시스템** asymmetric multiprocessing system의 약어. 대규모적인 데이터 처리용의 시스템에 대한 컴퓨터 조작의 자동화를 확장하기 위해서 제공된 것으로, IBM 시스템/360 운영 체제의 확장 기능이다.

aspect[ǽspekt] *n*. **표시 양상** 출력 기본 요소가 그래픽에서 실제로 표시될 때의 모든 양상.

aspect card[–kɑ́ːrd] **표시 양상 카드**

aspect indexing[–índeksiŋ] **부문 색인** 특정 항목과 관계되는 모든 단위의 정보를 탐색하기 위해, 보통 등급이 동일한 둘 이상의 항들을 공동으로 사용하여 단일 단위의 정보를 색인하는 방식이다.

aspect ratio[–réiʃiou] **가로 · 세로비** 수평 길이와 수직 높이의 비율로서 화상 크기를 말한다. TV 분야에서는 화면의 가로 길이와 세로 길이의 비. 영화 관계에서는 촬영 또는 영사 화면의 가로 길이와 세로 길이의 비. 그리고 촬영기나 영사기 등의 기계적 애퍼처의 가로 길이와 세로 길이의 비. TV 분야와 영화 관계에서는 가로 · 세로비의 정의가 다르다. 그 수치는 서로 역수 관계에 있다. 대개 컴퓨터의 모니터 화면은 정사각형이 아니므로 그림을 그릴 때 이 비율을 조정하여 비례를 맞춘다.

aspect system[–sístəm] **표시 양상 시스템** 정보 검색으로 어떤 정보를 이용할 때, 그 정보를 일단 기억 장치에 기억시킨다. 이때 정보의 개수 X의 1차 정보에 대한 주제 분석 결과 총 y개의 표제어가 존재하도록 할 경우 정보와 표제어와의 관계를 행렬로 표시할 필요가 있다. 실제로는 2차원으로 취급하는 것이 곤란하므로 이를 1차원화해서 사용한다. 이때 표제어를 키로 하여 같은 표제어와 관련되는 정보의 주소로 종합해서 배열하는 방법을 말한다. **[주]** 정보를 키로 하여 같은 내용과 관련되는 표제어를 종합해서 배열하는 방법을 문서화 시스템(document system)이라고 한다.

ASPI 미국 Adaptec 사가 개발한 사실상의 표준 규격인 고성능 SCSI 디바이스 제어 인터페이스. 이것과 디바이스 드라이버인 ASPI 매니저에 의해 업그레이드 등의 SCSI 보드 변경이 용이해졌다.

ASR 자동 송수신 장치 automatic send receive set의 약어. 반이중(half-duplex) 회로에 많이 사용되며, 키보드나 종이 테이프로부터 정보를 전송할 수 있다.

assemble[əsémbl] *v*. **어셈블** 어셈블리어로 작성된 프로그램을 어셈블러를 사용해서 번역하는 일. 프로그래밍에 사용되는 어셈블리어이며, 작성된 프로그램을 기계어 프로그램으로 변환하는 과정을 말한다. 이 과정은 기본적으로 어셈블리어의 「기호」로 표시된 명령 코드(operation code)와 신호 주소(symbolic address)를 기계어 형식으로 번역하는 것이지만, 이 결과 기계어 프로그램과 라이브러리 프로그램 등의 연계 편집(linkage) 작업이 별도로 필요하게 된다. 어셈블리어로 작성된 프로그램은 이 과정을 경유하므로 실행 가능하게 된다. 또한 어셈블리어 이외의 프로그램 언어, 예를 들면 COBOL이나 FORTRAN으로 작성된 프로그램의 번역을 컴파일이라고 한다. 「컴파일」에서는 대개 한 개의 의사 명령(pseudo instruction)에서 복수의 기계 명령(machine instruction)이 생성되지만, 어셈블에서는 이것이 거의 일대일로 작성된다.

assemble-and-go[–ənd góu] **어셈블 즉시 실행**

assembled origin[əsémbld ɔ́(ː)ridʒin] **어셈블시 프로그램 기점**

assemble duration[–dʒu(ː)réiʃən] **어셈블 시간** 어셈블을 실행하는 데 필요한 경과 시간.

assembler[əsémblər] *n*. **어셈블러** 하드웨어가 직접 이해하여 실행하는 기계어는 일반적으로 비트열 또는 16진수로 표현되기 때문에 인간이 이해하기 어렵다. 그래서 인간이 이해하기 쉽도록 기계어와 거의 일대일로 대응하는 기호로 표현된 언어로 어셈블러 언어가 있으며, 어셈블러 언어를 기계어로 번역하는 프로그램을 어셈블러, 번역하는 것을 어셈블이라고 한다. (1) 어셈블리어로 작성된 프로그램을 입력으로서 받아들이며, 실행에 적합한 형태의 목적 프로그램으로 변환하는 프로그램. 생성되는 기계어 프로그램으로 절대 주소가 할당되는 경우도 있으나 보통은 어셈블 결과의 주소에 어떤 값을 더해서 다른 기억 장소로 로드할 수 있는 형태의 재배치가 가능하게 되어 있는 것이 많다. 어셈블러는 언어 프로세서 또는 번역기(translator)의 일종이며, assembly program, assembler program

이라고도 한다. 그러나 assembler program의 호칭은 「어셈블리어로 작성한 프로그램」을 가리키는 경우도 있으므로 혼란을 피하기 위해 사용하지 않는 편이 좋다. 어셈블리어는 기호화되어 있기 때문에 기계어로 직접 프로그래밍하는 것보다도 프로그램의 작성이 용이하며, 또 기계어와 거의 일대일로 대응하고 있기 때문에 실행 효율이 좋은 프로그램을 기술할 수 있는 특징이 있다. 반면 기계어에 가깝기 때문에 고급 언어(COBOL, FORTRAN 등)로 기술하는 것보다 프로그램이 복잡해지게 된다. 이 때문에 어셈블러로 기술되는 프로그램은 운영 체제 등에 한정되어 있는 것이 현실이다. (2) 기타 「어셈블리로 작성한 프로그램」에서와 같이 assembly language, assembler language와 같은 뜻으로 쓰는 경우도 있다.

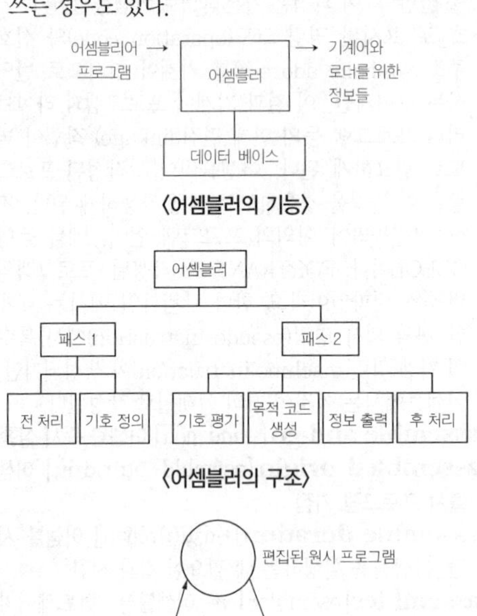

〈어셈블러의 기능〉

〈어셈블러의 구조〉

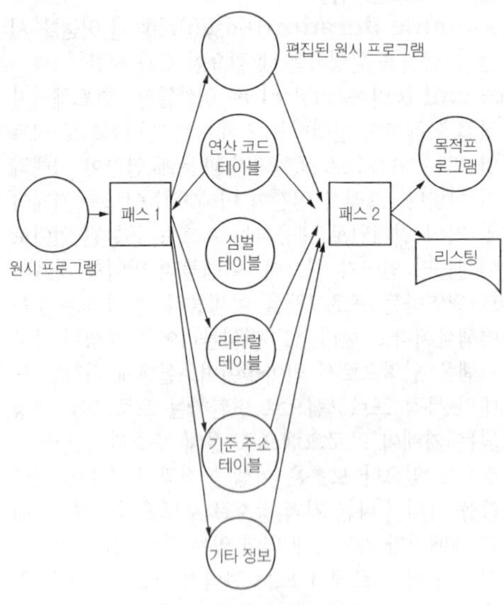

〈패스 1과 패스 2의 접속도〉

assembler control instruction[–kəntróul instrʌ́kʃən] 어셈블러 제어 명령

assembler directive[–diréktiv] 어셈블러 지시어 어셈블리어로 작성된 프로그램에 포함되며, 어셈블러에 대하여 번역 방법을 지시하는 명령어. 예를 들면, 발생되는 기계어 코드의 시작 주소를 지정한다거나 특정한 보조 프로세서를 이용하도록 하는 것 등 어셈블리 지시문을 이용하여 지정할 수 있다.

assembler directive command[–kəmǽ:nd] 어셈블러 지시 명령어 프로그래머는 어셈블시에 어셈블러 지시 명령어를 이용하여 특정 조건에 따라 프로그램에 자료를 넣고 그 값들을 지정해줄 수 있다. 명령어의 동작 코드는 하드웨어에 지시를 내리지만 이 명령어는 프로그램에 지시하는 것이다.

assembler implicit address[–implísit ədrés] 어셈블러 묵시 주소

assembler instruction[–instrʌ́kʃən] 어셈블러 명령어 원시 프로그램을 번역할 때 어셈블러에게 요구되는 동작을 지시하는 명령어.

assembler instruction statement[–stéitmənt] 어셈블러 명령문

assembler language[–lǽŋgwidʒ] 어셈블러 언어 어셈블러로 기계어를 번역해서 컴퓨터를 작동시키기 위한 언어. 컴퓨터용 언어 중에서는 가장 기계에 밀착된 언어이고 기계 성능을 충분히 활용하는 데 적합한 언어이지만, 보통 이 언어로 프로그램하는 것은 FORTRAN 같은 컴파일러 언어로 프로그램하는 것보다 손이 많이 가는 결점이 있다.

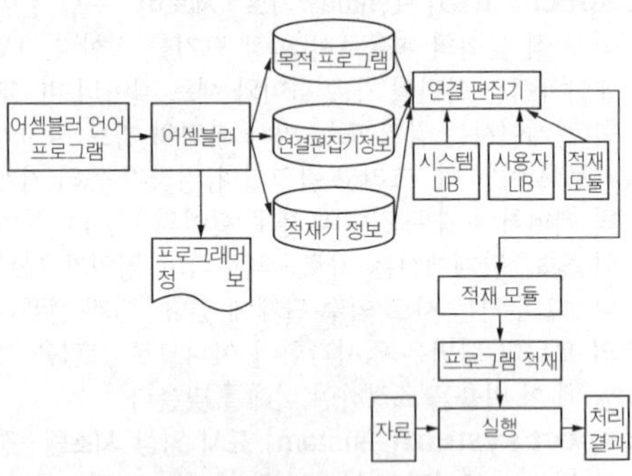

〈어셈블러 프로그램 번역 실행 과정도〉

assembler language program[–próugræm] 어셈블러 언어 프로그램

assembler macro conversion aid [–mǽkrou kənvə́:rʃən éid] 어셈블러 매크로 변환 보조 프로그램

assembler mnemonic instruction [–ni:mɑ́nik instrʌ́kʃən] 어셈블러 기호 명령어

〈어셈블러 언어와 기계어 명령의 코드 비교〉

명령어 내용	어셈블러 언어 명령의 코드	기계어 명령의 코드 (16진)	2진 표현
add	AR	1A	00011010
add decimal	AP	FA	11111010
branch on condition	BCR	07	00000111
compare	CR	19	00011001
divide	DR	1D	00011101
load	LD	58	01011000
move numerics	MVN	D1	11010001
multiply	MR	1C	00011100
pack	PACK	F2	11110010
shift left double	SLDA	8F	10001111
store	ST	50	01010000
unpack	UNPK	F3	11110011

assembler option[-ápʃən] **어셈블러 옵션**

assembler pass interface[-pǽːs íntərfèis] **어셈블러 패스 인터페이스** 어셈블러의 유형을 분류하면 동작 과정중 원시 프로그램을 조사하는 횟수에 따라 1패스 어셈블러와 2패스 어셈블러로 구분한다. 2패스 어셈블러에서 패스 1과 패스 2 사이를 연결해 주는 매개체로서 실제로 패스 1과 패스 2의 인터페이스는 공용의 각종 테이블에 의해 이루어진다.

assembler phase[-féiz] **어셈블러 단계** 주행에 관한 논리적인 일부이며 어셈블러의 실행을 포함하는 것.

assembler processor[-prásesər] **어셈블러 프로세서**

assembler processor program[-próugræm] **어셈블러 프로세서 프로그램**

assembler program[-próugræm] **어셈블러 프로그램**

assembler pseudo-operation[-súːdou àpəréiʃən] **어셈블러 의사 명령**

assembler source code[-sɔ́ːrs kóud] **어셈블러 소스 코드**

assembler verb[-vɔ́ːrb] **어셈블러 버브**

assembling[əsémbliŋ] *n.* **어셈블링** 연산 장치가 받아들여 사용할 수 있도록 명령어들을 모아 부프로그램이나 주프로그램으로 만드는 과정.

assembling a program[-ə próugræm] **프로그램 어셈블링** 일반적으로 프로그램 작성자가 기호로 표시한 프로그램을 중앙 처리 장치에서 실행할 수 있는 2진수의 형태로 바꾸는 것을 말하는데, 실제로 컴퓨터가 수행할 수 있는 형태로 프로그램을 준비하는 것.

assembling time[-táim] **어셈블링 시간** 기호 언어로 된 명령을 일대일로 대응하는 기계어로 번역하는 데 필요한 시간.

assembly[əsémbli(ː)] *n.* **어셈블리** 상징적인 기호 언어를 사용하여 작성한 프로그램을 기계어로 된 프로그램으로 번역하는 것.

assembly chaining[-tʃéiniŋ] **조립 연쇄** 조립 작업 등의 부품표(B/M ; bill of material)에서 제품부터 순서적으로 부품에 이르도록 낮은 수준의 코드(low level code)를 붙이는 방법. 조립 공업에서는 부품이나 조립 부품의 확실한 조달이 생산 관리의 필수 조건이나 그 종별, 수량을 계획 단계로 일괄하여 파악하고 수배하는 것이 바람직하다.

assembly language[-lǽŋgwidʒ] **어셈블리어** 컴퓨터 지향 언어의 일종이며, 그 명령은 보통, 컴퓨터 명령과 일대일로 대응되고 매크로 명령의 사용과 같은 기능을 갖출 수 있는 것.

assembly language coding[-kóudiŋ] **어셈블리어 코딩** 어셈블리어를 사용하여 프로그램을 작성하는 것. 명령이나 피연산자들을 나타내기 위해 상징적 의미를 갖는 기호를 사용하며 모든 명령어에 레이블을 붙일 필요는 없다.

assembly language list[-líst] **어셈블리어 목록** 컴파일러의 기계어 코드에 상응하는 어셈블리어를 열거한 것으로, 오류를 찾는 데 도움을 주며 차후 어셈블리에 의해 번역된다.

assembly language listing[-lístiŋ] **어셈블리어 목록화** 컴파일시 선택적으로 출력시킬 수 있는 목적 프로그램 목록화로 디버깅에 유용하다.

assembly language output[-áutpùt] **어셈블리어 출력** 컴파일러를 통하여 출력된 2진수로 표시된 목적 프로그램을 기호 언어인 어셈블리어로 기록하는 것. 이것은 컴파일러로부터 출력된 2진 코드와 동등한 기호 명령어로서 프로그램의 오류를 수정하는 데 편리하다.

assembly language processor[-prásesər] **어셈블리어 처리기** 프로그램을 광범위하게 분석할 수 있어 오류를 검출하는 데 도움을 주며 어셈블리 프로그램보다는 상위의 것이다. 단어나 문장, 구 등을 받아들여 기계어를 만들어내는 컴파일러 능력을 갖는다.

assembly line balancing[-láin bǽlənsiŋ] **조립 라인 균등화** 바람직하고 효율적인 관계를 계획하기 위해 사람과 일 사이의 생산 관리를 수행하는 특수 목적 프로그램.

assembly list[-list] **어셈블리 목록** 어셈블리 과정에서 생성된 번역 루틴 출력의 하나. 이 목록에는 원시 프로그램이나 목적 프로그램 외에도 문법적인 오류도 표시되어 있기 때문에 프로그램 오류 발견에도 도움이 되며, 나중에 어셈블러에 의해서 번역된다.

assembly phase[-féiz] **어셈블리 단계** 주행에 관한 논리적인 일부로서, 어셈블리어 프로그램을 어셈블러로 어셈블하여 기계어 목적 프로그램을 만드는 단계.

assembly program[-próugræm] **어셈블리 프로그램** 어셈블하기 위하여 사용되는 컴퓨터 프로그램. 어셈블러 지시문으로 구성된다.

assembly routine[-ru:tí:n] **어셈블리 경로** 어셈블리어로 작성된 부프로그램이나 함수.

assembly time[-táim] **어셈블 시간** 어셈블리로 된 프로그램을 기계어로 번역하는 데 소요되는 시간.

assembly unit[-jú:nit] **어셈블리 장치** (1) 결합하고 연관시키는 기능을 수행하는 장치. (2) 전체적인 프로그램으로 결합될 수 있는 프로그램의 단위.

assertion[əsə́:rʃən] *n.* **가정, 표명** (1) 어떤 목적을 위해 미리 성립한다고 가정하는 명제. (2) 프로그램의 정당성을 증명할 때의 기본적인 개념의 하나. 하나의 프로그램 중 여러 가지의 변수 사이에 성립되어 있는 관계를 표명하는 것.

assertion checker[-tʃékər] **표명 검사 시스템**

assertion language[-lǽŋgwidʒ] **표명 언어**

assign[əsáin] *v.* **할당하다** 컴퓨터 분야에서는 어떤 작업이 그 실행에 필요한 주변 기기나 파일을 확보하는 일을 말한다. 실제로 선으로 연결되어 있어도 할당되어 있지 않으면 사용할 수 없는데, 이 지정은 작업 지정 언어(JCL)로 한다. 어떤 프로그램을 실행함에 있어서 그것에 필요한 버퍼, 보조 기억 장치, 입출력 장치 등의 시스템 자원을 프로그램에 할당하는 것. 바꿔 말하면, 자원들을 프로그램의 주행중에 확보해두는 것을 가리킨다.

assigned GO TO statement[əsáind góu tu stéitmənt] **할당형 GO TO 문**

assigned numbers[-nʌ́mbərz] **할당 번호** 포트, 소켓 등에 쓰이는 IANA에 의해서 규정된 표준적인 번호.

assignment[əsáinmənt] *n.* **지정, 할당, 대입** 최근의 운영 체제에서는 프로그램이 필요한 컴퓨터의 여러 자원 할당을 실행 직전에 하는 것이 보통인데, 그러한 여러 자원을 프로그램에 할당하는 것을 말한다. 주기억 영역, 입출력 장치 등이 그 대상이 된다. (1) 할당 : 작업이나 작업 단계의 실행에 맞게 그곳에 필요한 입력 장치나 기억 영역을 확보하는 것. (2) 대입 : 프로그램 언어에서 우변의 식(expression)의 값에 따라서 좌변의 변수(variable)의 값을 치환하는 것.

assignment by name[-bai néim] **이름에 의한 대입** 레코드값을 레코드 변수에 대입한 것이며, 일치된 식별자끼리만 행할 수 있다.

assignment compatibility[-kəmpæ̀tibíliti(:)] **대입 호환성** 어떤 값을 변수에 대입할 때, 요구되는 형태의 정합성(整合性)의 규칙.

assignment-free language[-frí: lǽŋgwidʒ] **지정 자유 언어**

assignment name[-néim] **할당명**

assignment operator[-ápərèitər] **지정 연산자** 연산자의 오른쪽에 있는 값을 연산자의 왼쪽에 있는 변수에 넣는 것을 나타내는 연산자. 예를 들면 BASIC 언어에서는 "="이 지정 연산자이다.

assignment problem[-prábləm] **할당 문제** 배분 문제의 한 형태로서 자원이나 사람을 필요로 하는 장소, 기간에 최적으로 배치하는 문제. 예를 들면, m 명의 사람, n 개의 작업이 있을 때 개개의 사람은 각 작업에 대한 숙련도가 다르므로, 어떤 사람을 어떤 작업에 할당해야 가장 효율적인가를 결정하는 문제를 말한다.

assignment statement[-stéitmənt] **대입문, 할당문** 오른쪽 식의 값에 따라 왼쪽에 나타난 값을 치환하려 하는 문장. 「대입문」은 프로그램 언어의 가장 기본적인 문장이며 FORTRAN이나 BASIC 등에서는 대입 기호로서 등호를 사용한다. 그러나

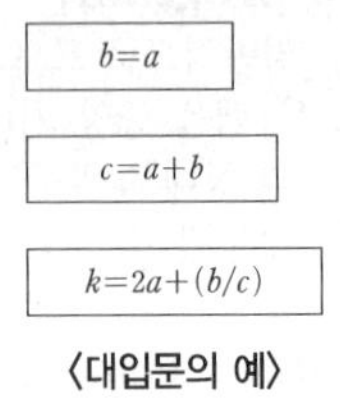

〈대입문의 예〉

등호는 「같다」는 의미와 혼동되기 때문에 두 개의 기호 " : =" 으로 표시하고, "becomes"라고 읽는 언어도 있다.

assist [əsíst] *v*. **돕다**

assistance [əsístəns] *n*. **지원**

assisted [əsístəd] *a*. **지원형** 예를 들면, computer assisted라고 하면, 컴퓨터에 지원되어 행하는 어떤 일을 나타낸다.

associated [əsóuʃièitəd] *v*. **연상하다, 연관시키다**

associated address [–ədrés] **연관 주소** 기억 장치의 주소 지정으로 정보를 판독하고 기록하는 것이 주소 지정 방식인 데 비해, 기억한 정보 내용으로 정보를 호출하도록 한 방식의 기억 장치 기능 또는 기억 장소.

associated variable [–vέ(:)riəbl] **기록 변수** 직접 입출력문에서 FORTRAN 기록의 기록 번호를 유지하기 위한 변수.

association [əsouʃiéiʃən] *n*. **결합, 연상** FORTRAN의 개념에서 프로그램 중의 변수나 배열 요소가 동일한 기억 장소를 공유하는 것이나 선언에 의하여 변수, 배열, 절차 등의 문법 단위에 이름을 부여하는 것. 또 함수나 절차 호출에 의하여 가매개변수와 실매개변수를 대응시킨다는 의미도 있다. 결합은 COMMON 문, EQUIVALENCE 문 또는 인수(引數)에 의해 이루어진다.

association abstraction [–æbstrǽkʃən] **연상 추상화** 비슷한 객체들 사이의 관계를 더 높은 상위 수준의 객체 집합으로 간주하는 추상화의 한 형태. 연상 추상화에서는 객체 요소들은 약화되고 객체 집합의 특성은 강조된다.

association control service element [–kəntróul sə́:rvis éləmənt] **연관 제어 서비스 요소** ⇨ ACSE

Association for Computer and the Humanities [–fər kəmpjú:tər ɑnd ðə hju:mǽniti(:)z] **컴퓨터 인문학 협회** 언어, 문학, 역사 또는 관련 사회과학을 컴퓨터로 연구하고, 컴퓨터를 이용한 미술, 음악, 무용 등을 연구하는 국제적 단체.

Association for Computer Machinery [–məʃí:nəri(:)] **ACM, 미국 컴퓨터 학회** 1947년에 설립된 전문 기술 학회로서 컴퓨터에 대한 기술 증진에 힘써 왔으며, 여러 가지 출판물을 발간하였다. 미국 정보 처리 협회의 연합체(AFIPS)의 한 구성원이다. 이 학회는 산하에 SIG(Special Interest Group)라는 소집단을 운영하는데, 프로그래밍 언어에 관련된 SIGPLAN, 컴퓨터 언어에 관련된 SIGRAPH 등 30여 개가 있다. 여기에서 발간되는 잡지는 가장 첨단의 연구 결과를 담고 있는 것으로 유명하다.

Association for Systems Management [–sístəmz mǽnidʒmənt] **시스템 관리 협회** 시스템 관리 분야의 전문가들이 5개의 소집단에 소속되어 정보를 교환하는 단체.

Association for Women in Computing [–wímən in kəmpjú:tiŋ] **AWC, 여성 컴퓨터 기술자 협회** ⇨ AWC

association function [–fʌ́ŋkʃən] **연상 기능** 파일명 끝의 확장자와 그것을 가동하기 위한 응용 프로그램을 관련지어 자동으로 응용 프로그램을 가동시켜 주는 기능. 매킨토시에서도 DOS 포맷 파일의 판별 등에 사용하는 경우가 있다.

association graph [–grǽf] **연합 그래프** 일치된 두 관련 구조에서 나오는 보조적 자료 구조로서 간단한 그래프 이론 구조.

association integrity [–intégriti(:)] **연관 무결성** 확장 관계 모형에서 적용되는 무결성 규칙의 하나. A를 연관 엔티티 타입, E를 A의 구성 요소를 결정하는 E 속성(attribute)의 집합이라고 하는 경우, A의 사례는 E의 각 속성이 E 널(null)값을 갖거나 적절한 유형의 현존 엔티티를 가리키고 있을 때만 존재할 수 있다는 제약 조건.

association list [–list] **관련 목록** LISP 언어에서의 기호 테이블. 여기에는 이름, 값의 쌍이 저장된다.

association name [–néim] **연상명**

association of data processing services organization [–əv déitə prɑ́sesiŋ sə́:rvisiz ɔ̀:rgənɑizéiʃən] **ADAPSO, 데이터 처리 서비스업 협회** ⇨ ADAPSO

associative [əsóuʃièitiv] *a*. **연상형, 결합성**

associative addressing [–ədrésiŋ] **연상 주소 지정**

associative array register [–əréi rédʒistər] **연상 배열 레지스터**

associative computer [–kəmpjú:tər] **연상 컴퓨터**

associative disk [–dísk] **연상 디스크** 데이터베이스 기계의 주요 부류 가운데 하나로, 전송량과 소프트웨어의 부담을 줄인다. 디스크에 탐색 회로를 부착하여 디스크 저장 공간으로부터 원하는 자료만을 찾아 호스트 컴퓨터로 보내는 기기.

associative indexing [–índeksiŋ] **연관 색인화** 두 가지 접근 방법에 대한 연구, 즉 문헌에서 발췌한 단어들의 목록에 근거를 둔 단어 상관 도표를 자동적으로 만들어내는 것과 문헌에 나타난 단어의 횟수에 근거를 두어 표현하는 것.

associative law[-lɔ́ː] **결합 법칙** 불 대수에서 연산자 「AND」와 「OR」를 계산할 때 기본이 되는 법칙으로 세 개 이상의 논리합이나 논리곱은 어느 것이나 두 개씩 묶어 먼저 계산해도 그 곱이나 합은 변하지 않는다는 법칙.

associative mapping[-mǽpiŋ] **연관 사상** 가상 기억 장치(virtual memory)를 사용할 때 주소 변환을 빠르게 하기 위한 기법 중의 하나로, 주기억 장치보다 약 10배의 빠른 주소 변환이 가능하지만 비용이 많이 드는 결점이 있다.

associative memory[-méməri(ː)] **연상 메모리, 연상 기억 장치** 기억 장치에 기억된 정보에 접근하기 위해 주소를 사용하는 것이 아니고 기억된 내용에 접근하는 것으로 검색을 빠르게 할 수 있는 기억 장치. CAM(contents address memory) 또는 CARAM(contents addressed RAM)이라고도 불린다. 일반적인 기억 장치에서의 정보는 그것이 기억되어 있는 장소(주소)에 의해서 지정되어 읽기와 쓰기가 이루어지고 있다. 이것에 대해서 연상 기억 장치는 그 기억 내용에 의해서 다음의 정보가 지정되는 기억 장치이다. 이것은 인간이 무엇을 생각해낼 때 관련이 있는 내용에서 점차로 연상해가는 것과 같다. 예를 들면, 패턴 A와 패턴 B의 대응을 기억하고, A의 제시에 따라서 B를, 또 반대로 B에서 A를 얻는 것이다. ⇨ 그림 참조

associative operation[-ɑ̀pəréiʃən] **연상 연산**

associative processer[-prɑ́sesər] **연상 프로세서** 연상 기억 장치를 가진 컴퓨터.

associative record[-rékərd] **결합 레코드**

associative record type[-táip] **결합 레코드형**

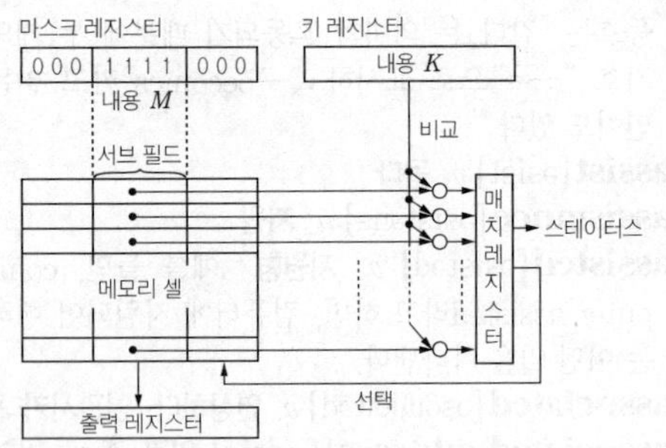

〈연상 기억 장치〉

associative register[-rédʒistər] **연상 레지스터** 보통의 기억 장치의 사용법은 그 기억 장치에 주소를 기억시키고, 주소에 의해서 데이터를 참조시키는 방법이 일반적이다. 그러나 이 방식은 데이터의 유무만을 조사하는 경우, 참조처인 주소의 내용을 조사할 필요가 있으므로 검색에 많은 시간이 소요된다. 따라서 하드웨어적으로 데이터의 유무를 고속으로 조사할 수 있도록, 주소가 아니라 그 내용으로 참조를 하는 기억 장치가 연상 기억 장치이고, 연상 레지스터는 이에 입각한 것이다.

associative search[-sə́ːrtʃ] **연관 탐색** 여러 개의 키를 사용한 파일 검색법을 가리켜 부표제(副標題) 탐색이라고 한다. 연관 탐색이 행해지는 환경에서는 요구 표현으로의 질문형으로 다음과 같은 것이 있다. ① 나열된 여러 키의 전부를 가지는(또는 지정된 일부를 가지는) 레코드를 꺼내는 완전(부분) 일치형, ② 여러 키의 나열과 벡터를 고려해 임의의 두 벡터 사이에 정해진 유사 측도 또는 거리 함수에 따르고, 질문에 가장 가까운 레코

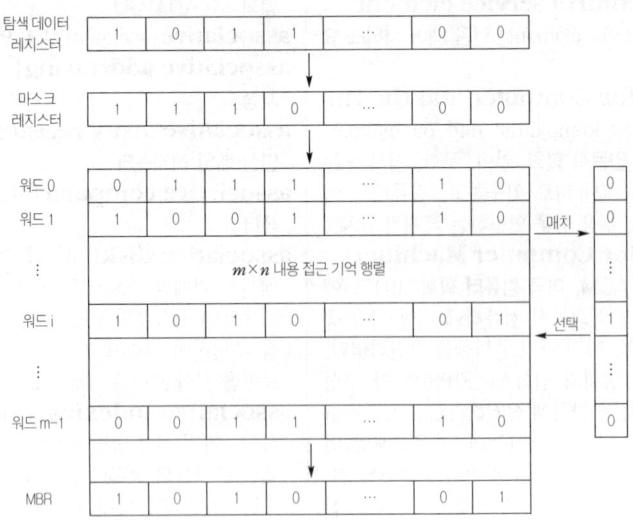

〈연상 메모리〉

드를 꺼내는 최적합형, ③ 여러 키의 논리 결합 표현에 맞는 레코드를 꺼내는 조건 지정형이 있다. 이런 각각의 질문형에 대해서 경제성, 속도성을 고려해서 넣은 파일의 편성 탐색 알고리즘이 제안되어 있다.

associative storage [–stɔ́:ridʒ] **연상 기억 장치** 정보 내용을 지정함으로써 기억 내용을 색인할 수 있는 기억 장치. 주소에 의해 기억 내용을 얻을 수 있는 보통 기억 장치의 상대 개념으로, 정보가 있느냐 없느냐의 검색을 초고속으로 할 수 있는 특징이 있다.

associative storage register [–rédʒistər] **연상 기억 장치 레지스터** 이름이나 위치에 의해서 기억 장치 내의 기억 장소를 결정하는 것이 아니라 기억하고 있는 내용의 일부분 또는 전부에 의해서 기억 장소의 위치가 결정되는 레지스터.

associativity [əsóuʃièitiviti] **결합 법칙, 결합률** 연산자에 대한 성질의 하나. 예를 들면 실수 A, B, C에 대해 연산자 +는 결합 법칙 (A+B)+C=A+(B+C)를 만족한다.

assume [əsjú:m] *v.* **가정하다, 간주하다**

assumed [əsjú:md] *a.* **가정상의, 약속상의**

assumed decimal point [–désiməl pɔ́int] **가소수점** 소수 부분을 정수 부분에 이어서 인쇄(point out)하거나 저장할 경우 본래의 소수점의 위치를 가소수점이라고 한다. 실제로 기억 위치를 할당할 수 있는 실소수점(actual decimal point)의 상대어이다. 수치 데이터 중에서 소수점에 해당하는 문자를 데이터로서 주지 않고 소수점의 위치를 나타내는 방법이다.

assumed-size aggregate [–sáiz ǽgrigət] **유사 치수 집합체** 대응하는 실인수로부터 첨자의 범위 또는 전체를 받아들이는 가인수를 갖는 집합체.

assumption [əsʌ́mpʃən] *n.* **가정**

assurance [əʃú(:)rəns] *n.* **보증**

assurance method [–méθəd] **보증 방식** 오류가 있는 이론을 교정하는 휴리스틱의 하나로서 이런 이론이 예측되는 효과를 단적으로 보증하는 상태에서 시행된다.

astable [əstéibl] *a.* **비안정의, 불안정한**

astable circuit [–sɔ́:rkit] **비안정 회로**

astable multivibrator [–mʌ̀ltivaibrèitər] **비안정 멀티바이브레이터** 두 개의 회로 상태가 모두 불안정하며 자려(自勵)로 발진하는 펄스 회로.

asterisk [ǽstərisk] *n.* **별표, 애스터리스크** 별표(*) 기호의 이름. 이 문자는 대부분의 프로그래밍 언어에서 곱셈을 나타내는 기호로 사용되며, 어셈블리어나 코볼 프로그램에서는 주석을 나타내기 위해 사용되기도 한다. 본래는 5개의 선으로 표시되어 있으나 현재는 3개의 선을 교차시킨 "*"로 표시된다. (1) 곱셈 기호를 표시하며, 수학상의 $a \times b$ 또는 $a \cdot b$라는 표현을 프로그램에서 $a * b$라는 형태로 기술할 때 사용한다. 또 r의 p제곱을 표현할 때는 $r ** p$와 같이 별표를 두 개 연속해서 쓴다. 이와 같이, 수학상의 관습을 계산기의 문자 집합에 맞춰 표현하는 것을 하드웨어 표현(hardware representation)이라 한다. (2) COBOL 코딩 용지의 제7열에 * 표시를 하면 그 행은 참고란으로 취급된다. (3) 유효 숫자 왼쪽의 불필요한 "zero" 열을 지우고, 그것을 치환하기 위하여 사용되는 문자. 금액이 수정되는 것을 방지하기 위해 사용된다.

asterisk protection [–prətékʃən] **별표 보호** 숫자 필드의 편집 수법의 하나이며, 소거되는 제로(0)에 대하여 별표 "*"를 출력한다. 즉, 최대 유효 숫자의 왼쪽에 일련의 별표를 삽입하는 것으로서, 이는 검사 보호(check protection) 시스템에 흔히 사용된다.

astigmatic processor [æ̀stigmǽtik prásesər] **애스티그매틱 프로세서** 1차원 화상의 광학적 푸리에 변환. 공간 주파수 필러링 등을 할 때 사용되는 광학계(光學系). 다수의 1차원 분포의 화상을 동시에 병렬로 처리하는 기능을 갖는다.

astrogamma [ǽstrougæmə] **애스트로감마**

asymmetrical multiprocessing [èisimétrikəl mʌ́ltipràsesiŋ] **비대칭형 다중 프로세싱** 다중 프로세서 시스템에서, 특정 프로세서로 시스템의 태스크를 처리하고, 남은 프로세서로 응용 프로그램의 태스크를 담당하는 설계 시스템. 각 프로세서의 처리가 불균형하게 이루어지기 때문에 비대칭이라고 한다. ⇨ symmetrical multiprocessing

asymmetric cable modem [èisimétrik kéibl móudem] **비대칭형 케이블 모뎀** 이전의 전화 회선이 아니라 CATV(케이블 TV)용 회선을 인터넷 접속에 이용하는 고속 모뎀. 동영상 정보의 전달을 전제로 설계된 회선을 이용하기 때문에 통신 속도는 전화 회선과는 비교가 안 될 정도로 빠르며, 서버로의 정보 송신(업로드)시에 2~3Mbps의 통신이 가능하다. CATV의 보급에 따라 서비스의 확대가 예상된다. 「비대칭」이라 불리는 이유는 송수신의 통신 속도가 다르기 때문이다. ⇨ ADSL, CATV

asymmetric cryptosystem [–kriptəsístəm] **비대칭형 암호 방식** 매우 큰 두 소수의 곱으로 이루어진 숫자의 소인수 분해가 매우 어렵다는 것에 기반을 두고 만들어졌으며, 각 사용자가 두 개의 키(공개 키, 개인 키)를 가지게 된다. 공개 키(public key)란 일반적으로 메시지를 암호화하기 위해 사용되는 키이고, 다른 사람이 메시지를 암호화해서 전달하게 하기 위해 공개된다. 개인 키(private key)란 암호화된 메시지를 복호화하기 위해 사용되는 키로 키를 사용하는 개인만이 알아야 한다. 일반적으로 메시지를 전송받는 사람의 공개 키를 이용해서 메시지를 암호화하게 되고, 이것을 받은 사람은 자신의 개인 키(비밀 키)를 이용해서 메시지를 복호화하게 된다. 비대칭형 암호 방식에서 개인 키와 공개 키는 서로 역수 관계에 있다. ⇨ symmetric cryptosystem

asymmetric digital subscriber line [–dídʒitəl səbskráibər láin] **비대칭 디지털 가입자 회선** ⇨ ADSL

asymmetrical distortion [èisimétrikəl distɔ́ːrʃən] **비대칭적 왜곡** 두 개의 중요한 상태 가운데 하나에 해당하는 모든 구간을 이론적 간격보다 더 길거나 짧게 만드는 2원 상태(2진) 변조 또는 변환에 영향을 미치는 왜곡. 이러한 요구가 만족되지 않으면 왜곡이 존재하는 것으로 간주한다.

asymmetric encryption [èisimétrik inkrípʃən] **비대칭적 암호화** 자료를 암호화하는 방식 가운데 암호화 키와 복호화 키(decryption key)가 서로 다른 방식.

asymmetric relation [–riléiʃən] **비대칭 관계식** 집합론의 관계 중에서 $\langle x, y \rangle$쌍이 그 관계에 속하면 $\langle y, x \rangle$쌍은 그 관계에 속하지 않는 성질을 가진 관계.

ASYNC **비동기식 통신** asynchronous communication의 약어. 정보를 일정 속도로 보낼 것을 요구하지 않는 자료 전송 방법. 대부분의 원거리 통신은 비동기식 통신으로 컴퓨터 본체와 단말기, 전화선을 이용한 원거리 로그인, 모뎀을 이용한 PC 통신 등이 모두 여기에 속한다.

asynchronous [æsíŋkrənəs] *a*. **비동기식** 동기식(synchronous)의 상대어. (1) 규칙적인 시간 관계가 없는 것으로, 랜덤한 사상(事象)의 출현을 말하고, 프로그램 실행에서는 명령 순서 예측이 불가능한 것. (2) 데이터 전송중 송신측과 수신측 사이에서 어떤 형태의 통신의 동기성, 즉 송수신 동작의 타이밍이 제어되지만 이에는 동기 방식과 비동기 방식이 있고, 비동기 방식은 문자나 그 이상의 적당한 단위마다 동기를 이루는 방식이다. (3) PL/I의 고도 기능으로 비동기 조작이 있다. 이것을 다중 작업(multitasking)이라 하고 운영 체제에서 주작업(main task)을 할 때에 종속 작업을 일으켜 병행으로 진행하도록 한다.

asynchronous adapter [–ədǽptər] **ASA, 비동기식 어댑터**

asynchronous balanced mode [–bǽlənst móud] **ABM, 비동기 평형 모드** 링크 제어 모드에서 사용되는 데이터 전송 모드의 하나. 링크에 연결된 모든 국(局)은 상대방 국의 수신 허가 없이도 전송을 개시하도록 허가하는 방식.

asynchronous circuit [–sɔ́ːrkit] **비동기 회선** (1) 소자의 상대적인 연산 속도가 결정되어 있고, 연산 순서를 예측할 수 없는 논리 회로(logic circuit)를 가리키며, 클록 신호의 제어 하에서 동작하지 않는 것을 말한다. (2) 전송로의 종단에 위치한 DCE(데이터 회선 단말 장치)와 DTE(데이터 단말 장치)가 송수신하는 데이터 신호의 동기용 타이밍 신호 회로가 없는 회선.

asynchronous communication [–kəmjùːnikéiʃən] **비동기식 통신** ⇨ ASYNC

asynchronous communications control [–kəntróul] **비동기식 통신 제어 기구**

asynchronous communications interface adapter [–íntərfèis ədǽptər] **ACIA, 비동기식 통신 인터페이스 어댑터** 컴퓨터 본체와 단말기 같은 주변 장치 간의 직렬 데이터 전송을 위해 사용되는 입출력 인터페이스. 두 장치의 동작 속도가 다를 경우, 정보를 정확히 교환하기 위하여 필요한 회로이다.

asynchronous communications single line control [–síŋgl láin kəntróul] **단선 비동기식 통신 제어 기구**

asynchronous communication support [–səpɔ́ːrt] **비동기식 통신 프로그램**

asynchronous communications 4 line adapter [–fɔ́ːr láin ədǽptər] **4회선 비동기식 통신 어댑터**

asynchronous communications 8 line control [–éit láin kəntróul] **8회선 비동기식 통신 제어 기구**

asynchronous computer [–kəmpjúːtər] **비동기식 컴퓨터** 비동기식 계수형 자동 컴퓨터. 기본 연산의 실행이 클록 신호(clock signal)에 의해 보조를 유지해가는 것이 아니라 앞의 연산이 완료되었을 때 생성되는 신호에 의한다든지 다음 연산에 필요한 컴퓨터 부분을 사용할 수 있다는 신호가 있을 때만 시작되는 컴퓨터.

asynchronous concurrent processes [–kənkɔ́ːrənt prásesiz] **비동기 병행 프로세스** 병행 프로세서들이 불규칙하게 독립적으로 수행할 수 있는 경우의 프로세서. 운영 체제는 상호 행동을 동기시키고 서로 통신해야 하는 다수의 비동기 프로세서들로 구성되어 있다. 오늘날의 운영 체제는 일반적으로 핵심부에 의해 제어되는 비동기 병행 프로세서의 집합으로 구현된다.

asynchronous control[-kəntróul] **비동기식 제어**

asynchronous counter[-káuntər] **비동기식 계수기** 리플(ripple) 계수기라고도 하며, 한 외부 클록에 의해 한 플립플롭(flip-flop)의 출력이 변화하며 이 출력은 다음 플립플롭의 입력으로 물결치듯 차례로 전달되는 계수기.

asynchronous data transmission [-déitə trænsmíʃən] **비동기식 데이터 전송** 하나의 문자를 나타내는 부호의 앞뒤에 시작 비트와 정지 비트를 넣어 송수신하는 전송 방식.

asynchronous device[-diváis] **비동기식 장치** 연결되는 시스템의 특정 주파수에 관계없이 동작 속도를 갖는 장치.

asynchronous entry point[-éntri(ː) pɔ́int] **비동기 입구점**

asynchronous event[-ivént] **비동기 사상** 마이크로컴퓨터와 센서 간에 자료 전송의 오류가 발생한 경우, 센서에서 마이크로컴퓨터로의 연속적이고도 규칙적인 자료 전송 간격의 시간적 지연에 대해 정확히 예측하지 못한다. 이 때문에 센서에서 마이크로컴퓨터 시스템으로의 자료 전송은 비동기가 되도록 설정되어 있다.

asynchronous exit routine[-égzit ruːtíːn] **비동기 출구 루틴**

asynchronous input[-ínpùt] **비동기 입력** 클록 펄스와 관계없이 비동기적으로 변화시킬 수 있는 사전 고정(preset) 입력과 소거(clear) 입력으로, 이런 비동기 입력들은 플립플롭의 초기 조건을 결정하는 등 여러 면으로 이용된다. 예를 들면, 철도나 항공기의 좌석 예약 시스템에서의 입력은 손님이 창구에 도착하는 시간에 기인하고 있다.

asynchronous input-output built-in functions[-áutpùt bílt ín fʌ́ŋkʃənz] **비동기 입출력 내장 함수**

asynchronous input-output statement [-stéitmənt] **비동기 입출력문**

asynchronous line group[-láin grúːp] **ALG, 비동기 회선 그룹 기구**

asynchronous line, medium speed [-míːdiəm spíːd] **AL, 중속 비동기 회선 접속 기구**

asynchronous line pair, low speed [-péər, lóu spíːd] **ALP, 저속 비동기 회선 접속 기구**

asynchronous local attachment[-lóukəl ətǽtʃmənt] **비동기 구내 접속 기구**

asynchronous local attachment cable [-kéibl] **비동기 구내 접속 케이블**

asynchronous logic[-ládʒik] **비동기 논리**

asynchronous machine[-məʃíːn] **비동기식 기계** 시스템의 어떤 고정된 특정 주파수에 관계없이 동작 속도를 갖는 기계. 다음 사건을 위해 고정된 주기나 시간 간격으로 신호를 발생시키지 않고 다음 시간이 끝나면 시작된다.

asynchronous mode[-móud] **비동기 모드**

asynchronous modem[-móudem] **비동기 모뎀**

asynchronous modem controller diagnostic[-kəntróulər dàiəgnástik] **비동기 모뎀 제어 진단 장치**

asynchronous multiplexer[-mʌ́ltiplekər] **비동기식 멀티플렉서**

asynchronous multiprogramming[-mʌ́ltipròugræmiŋ] **비동기식 다중 프로그래밍**

asynchronous operation[-àpəréiʃən] **비동기 조작, 비동기 연산** 일부의 장비를 놀리는 일이 있더라도 현재의 연산을 완료한 후에 다음 연산을 시작하는 처리 방법. 비동기적 상태에서 연산을 행하는 것과 같은 처리 형태. 예를 들면, 병행적(concurrent)으로 실행할 수 있는 연산은 비동기적이다.

asynchronous operator[-ápərèitər] **비동기 연산자**

asynchronous procedure[-prəsíːdʒər] **비동기 절차** 절차 호출에 의해 일단 실행으로 옮겨지면, 호출한 쪽의 주프로그램 이후의 실행과는 관계없이 그 실행이 속행되도록 한 절차. 이러한 절차나 프로그램을 태스크(task)라 부르고, 복수의 태스크가 병행으로 진행할 수 있도록 하는 것을 다중 작업 방식(multitasking)이라고 한다.

asynchronous process[-práses] **비동기 처리**

asynchronous processing[-prásesiŋ] **비동기 과정**

asynchronous request[-rikwést] **비동기 요구**

asynchronous response mode[-rispáns móud] **ARM, 비동기 응답 모드** 링크 제어 모드에서 사용되는 데이터 전송 모드의 하나로 불균형 형태이다. 비동기 응답 모드에서는 2차국이 명령을 기다리지 않고 응답을 보낸다(즉, 주국의 허가 없이 전송을 개시하는 것을 허락한다). 주국은 라인을 초기화하고, 오류를 복구하는 논리적 연결을 유지·보수하는 책임이 있다.

asynchronous sequential circuit[-sikwénʃəl sə́ːrkit] **비동기 순차 회로** 동기 순차 회로의 상대어. 회로의 동작이 입력 신호들이 변화하

는 순서에 의해 좌우되고 어떤 시각에서도 입력에 따라 출력이 변화될 수 있는 회로.

asynchronous signaling[-sígnəliŋ] **비동기식 신호법** 문자들이 그 자체의 시작점과 종료점을 나타내는 것으로, 어떤 일의 시작 또는 끝을 나타내는 신호를 보내기 위해 사용되는 부호.

asynchronous system[-sístəm] **비동기 시스템** (1) 데이터 전송에서 하나의 그룹 내에서는 모든 유의 순간 간격이 단위 간격의 정수배이지만 두 그룹 사이에서는 정수배일 필요가 없는 동기 방식의 한 형식. (2) 비동기 전송 방식을 취하는 시스템으로서 ① 시작-정지 시스템(start-stop system) ② 스텝 시작-정지 시스템(stepped start-stop system)으로 분류할 수 있다. ①은 송신하는 각 문자의 전후에 시작 신호와 정지 신호를 붙여 송수신 간의 동기를 취하는 방법이며 저속 또는 중속의 전송에 사용된다.

asynchronous times division multiplexing[-táimz divíʒən mʌ́ltiplèksiŋ] **비동기 시분할 다중화**

asynchronous timer[-táimər] **비동기 타이머**

asynchronous transaction processor [-trænsǽkʃən prásesər] **비동기 트랜잭션 프로세서**

asynchronous transfer mode adaptation layer[-trænsfə́:r móud ædəptéiʃən léiər] **AAL, ATM 접속층** ⇨ ATM adaptation layer

asynchronous transfer mode hub [-hʌ́(:)b] **ATM 허브, 비동기 전송 모드 허브** ⇨ ATM hub

asynchronous transfer mode LAN ⇨ ATM LAN

asynchronos transfer mode switching [-swítʃiŋ] **비동기 전송 방식 교환** 광대역 서비스 종합 디지털망(B-ISDN)을 지지하는 통신 방식. 음성이나 화상 등의 멀티미디어를 통합한 통신이 가능하다. 이전의 실시간에 정보를 전송하는 회선 교환 방식과 회선의 효율화를 지향하는 패킷 교환 방식의 장점을 가진 시스템으로 고속으로 동일 인터페이스를 이용하여 정보를 전송한다.

asynchronous transmission[-trænsmíʃən] **비동기 전송** 두 지점 사이에서 데이터를 전송할 때 공통의 클록 정보를 이용하지 않고 시작 비트와 정지 비트를 이용하여 비동기적으로 보조를 맞추는 전송 방식. 즉, 「동기를 잡는」 방식에 따라 구별되는데, 비트마다 클록 기구를 사용하여 송신하고, 수신측에서 클록 기구에 의해 비트마다 데이터를 수신하는 방식을 동기 전송(synchronous transmission)이라 하며, 문자 또는 그 이상의 적당한 단위, 즉 블록의 선두를 감지한 순간을 기준으로 하여 송수신 동작을 맞추는 방식을 「비동기」 전송이라 한다. 시작-정지 전송(start-stop transmission)은 비동기 전송의 한 방식이다.

asynchronous working[-wə́:rkiŋ] **비동기식 작동**

asyndetic[əsíndətik] *a.* **접속사 생략** (1) 접속사를 생략한 것. (2) 상호 참조가 없는 목록에 속하는 것.

ATA AT 어태치먼트 AT attachment의 약어. 주로 PC의 하드 디스크에서 사용되는 인터페이스로 IDE를 ANSI(미국 표준 협회)에서 규격화한 것. 당초의 IDE는 ATA, 확장 IDE는 ATA-2로 규격화되어 있다. 최근에는 고속 Ultra ATA가 제안되고 있다.

Atanasoff Berry Computer machine **ABC 머신** ⇨ ABC machine

ATapi 아타피 AT attachment packed interface의 약어. CD-ROM이나 MO 등을 취급하는 인터페이스 규격으로 인터페이스 IDE를 따르고 있어 지금까지 통일되지 않았던 SCSI 이외의 인터페이스 규격이 통일되었다.

Atari 아타리 미국의 컴퓨터 제조업체로, 비디오 게임기를 비롯해서 개인용 컴퓨터를 생산한다. 주로 가정용, 오락용 컴퓨터를 많이 개발한다. 미국의 컴퓨터 회사로, 여기서 개발한 PC Atari는 MIDI 포트를 붙여 저가로 발매한 히트 상품이다. 애플 사의 창립자인 스티브 잡스는 이 회사 출신이다.

AT & T 미국 전신 전화 회사 American Telephone and Telegraph의 약어. 미국 최대의 전신 전화 회사. 본사는 뉴욕. 벨 전화 연구소, 웨스턴 일렉트릭 사, 기타 다수의 지역별 운영 회사를 거느리고 있었으나, 1984년에 이들 벨 계열 전화 운용 회사는 7개의 새로운 회사로 재편성되어 AT & T로부터 분리 독립하였으며 벨 전화 연구소와 Western Electric 사는 AT & T에 그대로 남아 있다. 1985년 3월 장거리 회선에 따른 시외 통화 업무의 운영을 목적으로 설치되어 1900년 이후 장거리 시외 통화 및 국제 통화 업무 외에도 운영 회사의 면허, 통제, 투자 업무를 수행하고 있다.

AT attachment AT 어태치먼트 ⇨ ATA

AT attachment packed interface 아타피 ⇨ ATapi

ATB 주소 변환 버퍼 address translation buffer의 약어.

AT bus AT 버스 ISA 버스와 같은 의미. ⇨ ISA

ATC (1) **항공 교통 관제** air traffic control의 약어. (2) **자동 열차 운전 제어** automatic train control의 약어. 열차 운전의 제어를 컴퓨터 시스템을 이용하여 자동으로 하는 것.

AT command AT 명령어 AT는 attention의 약어로 헤이즈(Hayes) 사의 스마트 모뎀의 프로그래밍에 사용되는 명령어이다. AT 명령어들은 모뎀의 다양한 하드웨어 설정을 프로그래밍할 수 있게 하고, 자사 제품을 헤이즈 호환 모뎀이라는 말을 붙여 판매하려는 모뎀 회사들도 사용한다.

AT command set AT 명령어 집합 미국의 헤이즈(Hayse) 사가 개발한 헤이즈 스마트 모뎀을 위한 명령어 집합. 이 명령어들은 모두 AT라는 문자열로 시작되므로 AT 명령어라 하는데, AT는 attention의 약자이다. PC용 모뎀에서는 대부분 표준으로 인정되고 있으며 많은 모뎀과 통신 소프트웨어에서 이를 채택하고 있다. 여기에는 전화를 거는 ATD, 전화를 끊는 ATH, 전화를 받는 ATA 등이 있다.

AT commands modem AT 명령 모뎀 수치 제어 장치(NCU)를 내장한 모뎀으로 커맨드가 미국 헤이즈 사의 스마트 모뎀의 커맨드와 호환성이 있고 PC 등에서의 자동 발신이나 자동 수신이 가능하다. 프로토콜로는 X-Modem이나 MNP 프로토콜 등을 사용하는 경우가 많다.

AT connector AT 커넥터 PC/AT 호환기에 채택된 키보드 커넥터. 커넥터 형상은 5핀 DIN이다.

at end condition [ət énd kəndíʃən] **파일 종료 조건**

AT extensions ⇨ ATX

Athlon 알스론 미국 AMD 사가 개발한 x86 명령 호환 프로세서의 하나. 펜티엄 II 등과 동일한 카트리지 형상을 하고 있지만 인텔 사와의 라이선스 문제 등으로 인해 전기적인 접속이나 배선 등은 전혀 별도로 되어 있다. 펜티엄 III의 대항 프로세서로서 자리잡고 있고, 인텔 사가 펜티엄 III에 MMX를 확장한 SSE를 탑재하는 것을 받아들여, Athlon에서도 인텔 사의 3DNow! 기술을 확장하고 있다.
⇨ K6, 3DNow!

ATIS 첨단 교통 정보 시스템 advanced traffic information system의 약어. 차량 탑승자의 현재 위치, 정체, 사고 상황, 기상 상태, 차량 진행 속도, 차선 제한 정보 등 실시간 교통 정보 자료를 기초로 하여 중앙의 상황실에서 각 차량에 내장된 기기를 이용하여 경로 탐색 정보 및 경로 유도 정보를 제공하는 시스템. 한국에서의 ATIS 구축 사업은 1997년부터 추진된 지능형 교통 시스템(ITS) 구축 사업의 일환으로 운전자와 대중 교통 이용자들에게 양질의 실시간 교통 정보를 제공하여 교통 혼잡을 해소하고 물류란을 해결하기 위해 추진되었다.

ATL (1) **ActiveX 템플릿 라이브러리** ActiveX template library의 약어. ActiveX 컨트롤이나 다른 ActiveX 컴포넌트를 쉽게 만들어주는 라이브러리. 이와 유사한 것으로 C++로 윈도 프로그램을 쉽게 만들 수 있게 해주는 MFC가 있다. (2) **자동 테이프 라이브러리** automatic tape library의 약어.

ATLAS 아틀라스 1960년 초에 영국 맨체스터 대학에서 개발된 컴퓨터 시스템의 명칭이다. 시스템은 관리 프로그램의 관리 하에 있으며 자기 드럼 및 사이클 시간이 2μs 이하인 자심 기억 장치가 큰 기억 장치로 이용되어 52단어로 분할된 페이지식으로 되어 있다.

ATM (1) **자동 창구기, 자동 텔러 머신, 자동 예금 지급기** automatic teller machine의 약어. ⇨ automatic teller machine (2) asynchronous transfer mode의 약어. 패킷 교환망(packet switch network)의 표준 프로토콜을 가리키는 용어. 송수신 데이터에 동일한 53바이트 길이의 셀(cell)을 사용하며, 이 셀들은 디지털 ATM 망을 통해 매우 빠른 속도로 처리가 되어 600Mbps가 넘는 속도로 전송이 가능하다. ATM은 비동기식 시분할 다중화를 사용하는 특수한 형태의 패킷형 전달 방식으로서, 이 고정된 패킷들을 ATM 셀이라고 한다. ATM 방식은 송신측의 단말에서 수신측의 단말로 보내는 정보를 48바이트씩 분할하여 수신처 레이블 정보에 5바이트의 헤더를 붙여 53바이트의 일정 셀(cell) 단위로 정보를 보낸다. ATM은 음성, 그래픽, 데이터, 비디오 영상 등의 다양한 서비스들을 지원할 수 있

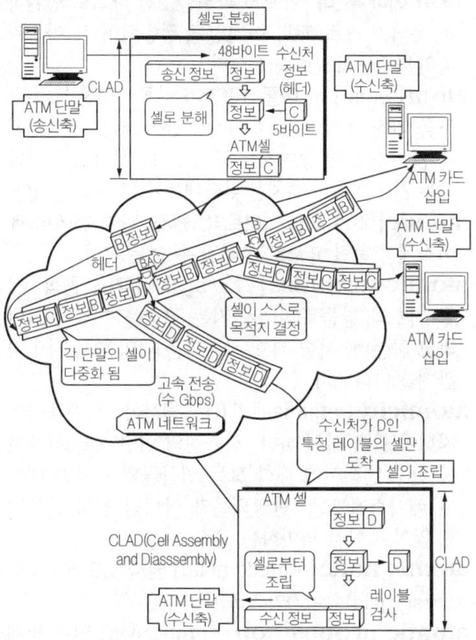

〈ATM의 정보 전달 구조〉

도록 설계되었다. ⇨ packet, protocol

ATM adaptation layer AAL, ATM **접속층** asynchronous transfer mode adaptation layer의 약어. B-ISDN 프로토콜층 모델의 제3층으로 OSI 기본 참조 모델의 네트워크층에 해당한다. 화상, 음성, 데이터 등 ATM 층 상에서 통신 성능이 서로 다른 서비스를 그 특성에 맞추어 상위의 응용층에게 제공해가는 기능을 가진다. 5종류의 유형이 있다.

ATM hub ATM **허브, 비동기 전송 모드 허브** asynchronous transfer mode hub의 약어. ATM 전송방식을 채용한 LAN 접속 장치. 그 중에서 스타형의 망 구성으로 접속하는 것을 ATM 허브라 부르고, 일반적으로는 ATM 인터페이스에 의해 단말을 수용하도록 구성되어 있다. 인터넷이나 토큰 링, 음성이나 영상 등의 인터페이스도 연결될 수 있다.

ATM LAN asynchronous transfer mode LAN의 약어. B-ISDN의 ATM을 이용한 LAN으로, 앞으로의 멀티미디어 대응 LAN의 표준으로 자리잡을 것으로 내다보고 있다. 고속 전송로나 대역의 확보, 우선 제어 등을 보증하는 구성으로 되어 있다. 제품화를 위해 견인차 역할을 하고 있는 것은 미국의 업계 표준화 단체인 ATM 폼으로, 이것은 컴퓨터 제조업체, 통신 기기 제조업체, 브리지나 라우터, 허브(HUB) 등의 제조업체를 중심으로 활동하고 있다.

atob 에이 투 비 아스키 파일을 2진 파일로 변환하는 유닉스 프로그램. 이메일로 전송되어 온 아스키 파일을 2진 파일로 변환한다.

atom[ǽtəm] *n*. **아톰** LISP가 다루는 2진 트리 구조를 가진 데이터의 그 이상 부분 트리로 나누어지지 않는 노드에 놓여지는 구성 요소. 문자열을 나타내는 기호 아톰과 수치를 나타내는 수치 아톰이 있다.

atomic[ətάmik] *a*. **어토믹, 원자** 관계 데이터 베이스에서 독립 요소로 분해될 수 없는 속성.

atomic formulas[–fɔ́ːrmjuləs] **기초 공식** 서술 기호와 항들로 이루어지는 공식을 기초 공식이라고 하는데, 서술 기호는 논리문 내의 항들 사이의 관계를 나타낸다.

atomicity[ætəmísiti(ː)] *n*. **원자성** 트랜잭션이 지녀야 할 성질의 하나. 시스템의 어떤 상황 하에서도 한 트랜잭션에 대한 모든 연산들의 결과가 데이터 베이스에 모두 반영되든가 아니면 전혀 반응되지 않아야 함을 의미하는 성질.

atomic node[ətάmik nóud] **원자 노드** 태그 필드(tag field)값이 0인 노드.

atomic proposition[–prὰpəzíʃən] **단위 명제** 논리적 연결자로 연결되지 않은 단위 명제.

atomic relation[–riléiʃən] **원자 릴레이션** 더 이상의 독립적인 요소로 분해될 수 없는 릴레이션.

atomic symbol[–símbəl] **원자 기호** 목록 처리 언어에서 원자 기호들은 가끔 원자를 표시하며, 숫자일 수도 있고 비숫자일 수도 있다. 비슷한 원자 기호의 외부 표현은 AB5, ω, ε과 같이 문자로 시작하는 문자 또는 숫자의 배열이다.

atomic value[–vǽljuː] **원자값** 속성값이 더 이상 논리적으로 분해될 수 없는 값. 릴레이션에서 모든 열과 행의 위치에 있는 데이터값은 단 하나의 값만 가질 수 있다.

AT power supply AT **전원**

ATRAC adaptive transform acousic cording의 약어. 소니 사가 개발한 MD에서의 음성 압축 기술. 사람의 귀는 작은 음과 큰 음을 동시에 들으면 작은 음은 잘 들리지 않는다. 이러한 성질을 이용하여 작은 음의 데이터를 잘라 데이터량을 절약하는 기술로, CD에 비해 데이터량이 약 1/5로 줄어든다.

ATS 행정용 단말 시스템 administrative terminal system의 약어.

at sign[ət sάin] **단가 기호** @ 문자로 나타내며 주로, 「애트」나 「알파」로 읽는다.

ATT 미국 전신 전화 회사 American Telephone and Telegraph의 약어. ⇨ AT & T

attach[ətǽtʃ] *v*. **접속하다, 태스크를 생성하다** 컴퓨터에 여러 종류의 주변 장치를 접속하는 일인데, 다음과 같이 세분된다. ① 태스크를 생성하여 그것을 감시 프로그램에게 넘겨주는 것. ② 매크로 명령의 일종으로서, 제어 프로그램(control program)에 의해 새로운 태스크에 필요한 변수를 지시하는 것. 이 경우는 ATTACH 매크로이지만, 태스크는 DETACH 매크로가 발생되었을 때 소멸된다. ③ 컴퓨터 시스템에서 사용하는 장치(device)를 유효하게 하는 것. 단순한 시스템에서는 단지, 통신 회로를 접속하는 것만으로 충분하지만, 좀더 복잡한 시스템에서는 운영 체제가 장치의 형태, 커넥터의 주소를 파악해야 된다. 그 다음, 운영 체제는 그 장치들을 위한 유틸리티 프로그램 등을 준비한다. ④ 시스템 자원을 특정 목적을 위하여 독점적으로 선정하는 것.

attach adapter[–ədǽptər] **어댑터 접속 기구**

attached file[ətǽtʃt fáil] **첨부 파일** 이메일에 첨부되어 전송되는 파일.

attached processing[–prάsesiŋ] **부착 처리** 간단하고 저렴한 컴퓨터를 여러 대 연결하여 규모가 큰 처리 능력을 갖도록 컴퓨터 시스템의 구조를 형성하는 방법. 따라서 개개의 컴퓨터 프로세서들이 동시에 여러 가지의 일을 수행함으로써 능률 향상을 꾀할 수 있다.

attached support processor[–səpɔ́:rt prásesər] **ASP, 부착 보조 프로세서** 여러 개의 간단한 작업을 처리하는 데 효율을 높이기 위해 컴퓨터들을 서로 연결한 것. 보통 두 개의 컴퓨터를 채널 어댑터로 연결한다.

attached task[–tá:sk] **생성된 태스크**

attachment[ətǽtʃmənt] **첨부 (물)**

attachment unit interface[–jú:nit íntərfèis] **보조 장치 인터페이스** ⇨ AUI

attempt[ətémpt] *v.* **시도하다** 컴퓨터 용어로서는 어떤 장해가 발생했을 경우, 그것의 대처로 사용되는 경우가 많다. 예를 들면, 기억 장치나 파일이 이미 넘칠 우려가 있을 때, 프로그램의 요구에 따라 「써넣기(기록)」를 시도할(attempt) 경우가 있다. 본래는 오류 메시지 등의 표시에 사용된다.

attended operation[əténdid àpəréiʃən] **요원 대기 조작** 데이터 세트 응용에서 각각의 스테이션에 연결하거나, 데이터 세트들을 음성 모드에서 데이터 모드로 전송하기 위해 양 스테이션 각각에 조작 요원이 항상 대기하는 것.

attended time[–táim] **요원 대기 시간** 컴퓨터의 서비스를 위해 요원이 대기하고 있거나, 서비스를 하지 않더라도 보수나 정비를 위해 요원이 상주하는 시간.

attention[əténʃən] *n.* **주의** 컴퓨터에서는 외부로부터 「주의」를 받는 경우에 사용되기 때문에, 조작원이 컴퓨터에 대해 행하는 중단(interruption) 자체를 주의라고 한다. 이 사실을 주의 중단(attention interruption)이라 부른다. 어떤 처리중에, 컴퓨터에 대하여 재촉하는 중단 신호(interrupt signal)를 주의 신호라 하며, 일련의 중단 처리(interruption processing)는 주의 처리(attention processing) 또는 어텐션 핸들링이라고 불린다. 사용자의 단말 장치에서 컴퓨터에 대한 중단의 대부분은 키보드 상의 「주의 키(attention key)」를 누름으로써 일어날 수 있다.

attention device[–diváis] **주의 환기 장치** 일단 표시된 화면 위에 다른 형태, 크기 또는 빛의 밀도에 따라서 새로운 표시를 나타내거나 그 전의 것을 더 작게 또는 희미하게 하여 새로운 표시를 지시할 수 있는 프로그램 장치.

attention exit routine[–égzit ru:tí:n] **주의 출구 루틴**

attention handling[–hǽndliŋ] **주의 처리**

attention identifier[–aidéntifàiər] **AID, 주의 식별자**

attention interrupt[–ìntərʌ́pt] **주의 중단, 작업 중단** 입출력 인터럽트의 하나. 여러 가지 외부 사상에서, 예를 들면 키보드 상의 기능 키의 하나인 「주의 키(attention key)」를 누름으로써 일어나게 되는 「중단」을 말한다. 이것에 의하여 중앙 처리 장치(CPU)가 중단된다. 또 시분할 시스템(TSS) 등에서 단말 장치 이용자가 주의 키를 누름으로써 커맨드의 실행을 중단할 수도 있다.

attention interruption[–ìntərʌ́pʃən] **주의 중단**

attention key[–kí:] **주의 키** 단말 장치에서의 기능 키의 하나. 이 키를 누르면 실행중인 프로그램을 잠시 정지시키고 운영 체제로 빠져 나올 수 있다.

attention processing[–prásesiŋ] **주의 처리**

attention scheduler[–skédʒulər] **주의 스케줄러**

attention signal[–sígnəl] **주의 신호**

attention status bit[–stéitəs bít] **주의 상황 비트**

attenuate[əténjuèit] *v.* **감쇠하다** 전송 회로에서 선로에 저항 성분이 있기 때문에 진폭이 거리에 따라 작아진다. 즉, 신호의 진폭을 감소시키는 것.

attenuation[ətènjuéiʃən] *n.* **감쇠** 이득(gain)의 상대어. 두 지점 사이의 전송에서 신호의 전류, 전압, 전력이 감소되는 양. 보통 데시벨(dB)과 네퍼(neper)로 나타낸다.

attenuation distortion[–distɔ́:rʃən] **감쇠 변형** 채널의 감쇠 특성이 각 주파수마다 차이가 있음에 따라서 특별한 주파수대에 상대적으로 커다란 감쇠가 일어나 그 결과 발생하는 변형 현상.

attenuation equalization[–ì:kwəlaizéiʃən] **감쇠 균등화** 감쇠 변형(왜곡 ; 일그러짐)을 정정하기 위하여 전송로의 주파수 특성과 반대가 되는 특성을 갖는 회로를 삽입하는 것.

attenuator[əténjuèitər] *n.* **감쇠기**

atto 아토 10억분의 1 (= 10^{-18})을 뜻하는 접두사.

attribute[ǽtribjù:t] *n.* **속성** 데이터나 변수의 형태나 길이에 부수하는 「성질」. (1) 데이터의 경우는 데이터 자체의 「길이」나 「형태」 등의 속성 외에, 그 데이터의 작성 연월일, 기록한 장치(device)의 형식, 볼륨명(volume name) 또는 파일명, 레코드 형식(record format)과 레코드 길이(record length) 등도 이에 속한다. (2) 프로그래밍 언어에 사용되는 변수, 상수 또는 데이터 성질이며, 2진수나 10진수, 정수나 부동 소수점 등의 형태와 16비트나 32비트 등의 길이를 말한다. 또 문자열(character string)을 취급할 때, 그것이 EBCDI, ASCII, BCD인지를 아는 것이 필요하다. 보통 이 속성들은 프로그램에서 명시적으로 선언문에서 지정할 수도 있으나 컴파일러에 의해서 묵시적 해석이 적용되는 속성이 있다. 이것을 속성값(attribute value)이라고 한다.

attribute binding[-báindiŋ] **속성 결합** 그래픽에서 속성을 출력 기본 요소 또는 세그먼트에 부수시키는 것.

attribute character[-kǽrəktər] **속성 문자**

attribute description[-diskrípʃən] **속성 기술** 데이터 베이스의 개념적 설계 단계에서 엔티티(entity) 정보 구조를 설계할 때 선정된 속성에 대한 설명.

attributed mapping[ǽtribjù:tid mǽpiŋ] **속성 매핑** 반사율, 투과율, 굴절률 등 물체 표면의 여러 가지 속성을 매핑에 의해 부여하는 방법. 이 기술에 의해 단순한 형상의 물체를 다양한 재질의 복합체로 표현할 수 있다. ⇨ mapping

attribute factoring[-fǽktəriŋ] **속성 분산**

attribute grammar[-grǽmər] **속성 문법** 문맥 자유 문법(CFG)의 확장으로서, 각각의 비단말 기호 또는 단말 기호의 속성들을 결합한 것으로 의미 분석에 이용된다.

attribute list[-líst] **속성 목록**

attribute relationship[-riléiʃənʃìp] **속성 관계** 같은 엔티티(entity) 또는 엔티티 관계에 포함되는 속성들의 무조건적인 소유 관계.

attribute structure[-strʌ́ktʃər] **속성 구조**

attribute synthesis[-sínθəsis] **속성 종합** 데이터 베이스의 개념적 설계 방법 가운데 상향식 방식. 이 방식은 데이터 속성들을 결정한 후에 그곳에서 엔티티와의 관계들을 추출해낸다. 주요 작업은 데이터 요소들의 분류, 엔티티들의 합성, 관계들의 구성, 도형적인 표현 등 네 단계로 구성된다.

attribute template[-témplət] **속성 템플릿, 속성 원형**

attribute value[-vǽlju:] **속성값** 실체가 가진 속성에 따라 결정되는 값. 즉, 컴파일러에 의하여 묵시적 해설이 적용되는 속성.

attribute-value element[-éləmənt] **속성값 요소** 객체에 대한 지식을 데이터 기억 장소에 기호화하여 표현하기 위한 데이터 구조로서 일정한 순서쌍으로 구성된다. 첫 번째 성분은 속성의 유형을, 두 번째 성분은 그 객체의 해당 속성값을 나타낸다.

attribution[æ̀tribjú:ʃən] **귀속** 유즈넷에 올라온 기사에 대한 응답을 올릴 때 인용 데이터의 원 저자를 명기한 부분. 남의 데이터를 인용한 경우에는 원 저자를 반드시 밝혀야 한다.

ATX AT extensions의 약어. 인텔 사에 의한 마더 보드의 레이아웃에 관한 규격. 전원이 소프트웨어 제어에 사용되는 것 이외에도 보드를 장착했을 때 CPU 소켓이나 메모리 소켓 등이 방해가 되지 않도록 배치되어 있다.

ATX power supply **ATX 전원** ATX 사양에 따라 새롭게 규정된 전원. 이전의 AT 전원과 비교했을 때 에너지 절약 설계나 서스펜드 등에 대응할 수 있게 되어 있다. 또한 마더 보드와 접속하는 커넥터 형상도 변경할 수 있으며 잘못된 쪽에서 전원을 접속하지 않도록 만들어지고 있다. ⇨ ATX

ATX Standard **ATX 규격** 인텔 사가 발표한 주기판 규격으로 풀 사이즈의 확장 슬롯을 다른 장치에 내장할 때 장애를 일으키지 않으며, 패널 내에 자유롭게 배치할 수 있다. 운영 체제를 종료하면 자동으로 전원이 꺼지도록 설계되어 있다. 이 규격에 적합한 주기판은 ATX 보드라 하여 이전의 AT 보드와 구별하고 있다. 주기판의 크기를 통일하여 업계의 세력이 분산되지 않고 하나의 시장에 집중되도록 하였다. ⇨ motherboard

A-type address constant[éi táip ədrés kɔ́nstənt] **A형 주소 상수**

AU **산술 연산 장치, 산술 연산 기구, 연산 장치** arithmetic unit의 약어. ⇨ arithmetic unit

audible alarm[ɔ́:dibl əlɑ́:rm] **가청 경보, 경보음** 기계 장치의 고장이나 프로그램의 오류 발생 또는 문제 상황의 발생을 알리기 위한 가청 신호.

audio[ɔ́:diou] **음성, 가청 주파의, 음향, 오디오** 원래 「내가 듣다」라는 의미의 라틴어이며, 인간의 가청 범위, 즉 15~20,000Hz의 주파수 신호를 말하는 것으로, 음에 관계된 용어로 사용된다.

audio amplifier[-ǽmplifàiər] **음성 증폭기**

audio cassette interface[-kəsét íntərfèis] **오디오 카세트 인터페이스** (1) 데이터나 소프트웨어에 대해 오디오 카세트 기억 장치로 제공하는 인터페이스로서 녹음할 때는 음성 주파수로 변조하고 재생할 때는 복조한다. (2) 카세트 테이프에 기록되는 정보의 규격으로는 캔자스시 규격(Kansas City standard)이 널리 사용되는데, 300보(baud)의 속도로 0은 1,200Hz의 4사이클, 1은 2,400Hz의 8사이클의 음성 신호로 기록한다.

audio cassette Kansas City standard[-kǽnzəs síti(:) stǽndərd] **캔자스시 표준 오디오 카세트** 일반적인 카세트 레코드를 컴퓨터의 기억 매체로 사용하기 위해 제작 관계자들이 캔자스시에 모여서 정한 데이터의 코드화에 관한 표준 방법.

audio cassette recording[-rikɔ́:rdiŋ] **오디오 카세트 기록** 카세트에 내장된 금속 기록 테이프를 가진 표준 가정용 카세트 테이프를 사용하는 일반 직렬 접근식 대량 저장 방법. 이러한 표준 가정용 카세트 장치와 테이프는 개인용 컴퓨터에 사용할 수 있으며, 이때 음성 변조는 0 또는 1의 형태로 기록된다.

audio cassette record interface[–rikɔ́ːrd íntərfèis] **오디오 카세트 레코드 인터페이스** 데이터나 소프트웨어를 위해 음성 카세트를 기억 장치로 제공하는 장치. 녹음할 때는 음성 주파수로 변조해서 동작하고 재생할 때는 기록된 데이터를 복조하여 얻어낸다.

audio cassette tape[–téip] **오디오 카세트 테이프** 마이크로컴퓨터의 보조 메모리로 일반 가정에서 사용되고 기억 매체나 기기가 저렴하므로 많이 보급되고 있다. 서로 프로그램을 교환하기 위해 캔자스시 표준에 따라 일정한 규격으로 제작되고 있다.

audio communication[–kəmjùːnikéiʃən] **음성 통신** 사람과 기계와의 음성 응답에 의한 통신.

audio communication line[–láin] **음성 통신 회선**

audio draft[–drǽft] **음성 드래프트** 컴퓨터에 그림이나 줄을 그릴 수 있는 플로터(plotter)를 설치하고 프로그램을 제어하여 그래프나 설계도를 작성하는 것.

audio-frequency[–fríːkwənsi(ː)] **음성 주파수** 가청 범위의 주파수. 보통 15~20,000Hz의 주파수.

audio-frequency amplifier[–ǽmplifàiər] **가청 주파 증폭기**

audio-frequency oscillator[–ásilèitər] **가청 주파 발진기, 음성 주파 전신**

audio/modem riser[–móudem ráizər] **오디오/모뎀 라이저** ⇨ AMR

audio on demand[–án dimáːnd] **주문형 음악, 요구 오디오** ⇨ AOD

audio output unit[–áutpùt júːnit] **음성 출력 장치** 컴퓨터 등에서의 부호를 인간의 음성으로 변환하여 출력하는 장치. 음성 출력 장치에는 여러 가지 방식을 채용한 것이 고안되어 있다. 음성 출력 방식은 크게 나누어 파형 기록 방식과 분석 합성 방식 및 법칙 합성 방식의 세 가지로 분류할 수 있다. 파형 기록 방식은 음성 데이터를 원 파형의 형으로 기록하고 필요에 따라서 꺼내는 방식이다. 분석 합성 방식은 원 음성 파형의 특징을 추출하여 부호화하여 기록하고 출력할 때는 이 특징 부호를 이용하여 음성을 합성하는 방식이다. 법칙 합성 방식은 음성을 음의 최소 구성 단위로 분할하여 출력할 때 적용되는 언어 특유의 합성 규칙에 기초하여 합성하는 방식이다.

audio range frequency[–réindʒ fríːkwənsi(ː)] **음성 대역(帶域) 주파, 음성 대역 주파수**

audio recognition unit[–rèkəgníʃən júːnit] **음성 인식 장치** 인간의 음성을 부호로 변환하여 컴퓨터에 입력하는 장치. 음성 인식의 방식으로는 단어 단위의 인식으로서, 음성의 표준 패턴과 입력 음성을 비교하여 입력 음성에 가장 가까운 음성 패턴을 찾아내는 패턴 부합 방식, 하나의 단어와 다른 단어를 구별하기 위한 함수를 미리 마련하고 그 함수를 입력 음성에 작용시켜 판정하는 식별 함수 방식이 있다. 또 단어마다 음성을 인식하는 것이 아니고 음소(音素) 등의 단위로 인식하여 인식 정보 등을 이용하여 문을 인식하는 방법도 고안되고 있다.

audio response[–rispáns] **음성 응답** 컴퓨터 시스템에서, 어떤 종류의 입력(input)에 대한 음성에 의한 응답으로, 기계적으로 만들어져 나온 음성으로 사람에게 응답하는 것. 전화 회선을 이용한 질문 응답 서비스 등에 이용된다.

audio response calculator[–kǽlkjulèitər] **음성 응답 계산기**

audio response controller[–kəntróulər] **음성 응답 제어기** 음성 응답 장치를 제어하는 장치로서 각종 통신 제어가 그 주된 기능이다.

audio response equipment[–ikwípmənt] **음성 응답 장치** 컴퓨터의 기억 장치에 응답 내용을 미리 기록해두고 외부의 전화 질의에 대해 음성으로 응답하는 장치. 질문자는 전화 다이얼로 일련의 숫자로 질문을 보내며, 컴퓨터가 그 질문을 해독하고 응답 용어를 골라 음성을 합성해서 내보낸다. 예컨대, 증권 시세를 자동으로 알려주거나, 예금 구좌의 잔액 조회 등이 이에 해당된다.

audio response message[–mésidʒ] **음성 응답 메시지**

audio response system[–sístəm] **음성 응답 시스템** 음성으로 정보를 입출력하는 컴퓨터 시스템. 일반적으로 컴퓨터에서는 키보드의 지시에 따라 처리를 하는데, 이것을 인간의 음성으로 하려는 것이다. 기술적으로는 입력 음성을 판단하는 음성 인식(speech recognition)과 정보를 음성으로 바꿔놓는 음성 합성(speech synthesis)으로 나누어 생각할 수 있다. 음성 합성은 이미 일부는 실용화되어 있으며, 자동 판매기나 카메라 등에도 사용되고 있다. 음성 인식은 특정인이 사전에 음성을 기억시켜 놓은 경우 100~500단어 정도의 인식이 가능하다고 한다.

audio response unit[–júːnit] **ARU, 음성 응답 장치**

audio station[–stéiʃən] **음성 단말 장치, 음성 장치**

audio support/touch-tone[–səpɔ́ːrt tʌ́tʃ tóun] **음성 응답 지원 프로그램**

audio system[-sístəm] **오디오 시스템** 컴퓨터에 음성으로 입출력 장치를 접속하고, 전화 등의 단말 장치에서 오는 질문에 대해 기억 장치 안에 기억된 내용을 음성으로 응답하도록 만들어진 장치 또는 방식. 단말 장치로서 전화기 등에 사용된다.

audio tape storage unit[-téip stɔ́:ridʒ jú:nit] **오디오 테이프 기억 장치** 일반 오디오 테이프에 컴퓨터 프로그램이나 자료들을 기억시킬 수 있는 장치. 이것은 소리의 고저를 2진 데이터로 나타내는 데 사용한다.

audio teleconference system[-teləkɑ́nfərəns sístəm] **음성 회의 시스템** 통신 음성 장치의 한 형식. 서로 떨어진 지점을 통신 회선으로 연결하여 음성 신호로 회의를 진행하는 시스템.

audio terminal[-tə́:rminəl] **음성 단말 장치** ARU(음성 응답 장치)와 관련된 단말 장치로서 키를 누르거나 다이얼에 의해 자료를 컴퓨터로 송신하여 ARU에서 만들어진 음성 응답을 수신하는 것.

AUDIOTEX **오디오텍스** 서비스 제공자측의 전화번호를 눌러주기만 하면 알고 싶은 내용에 대한 정보를 서비스 받을 수 있는 시스템. 종래의 사람 목소리를 전달해주는 단순 기능을 넘어 오늘의 날씨, 주식시세, 각종 문화 행사와 시장 정보 등을 제공한다.

audio video interleaved[-vídiòu ìntərlí:vd] **오디오 비디오 인터리브드** ⇨ AVI

audio-visual[-víʒuəl] **시청각** 테이프 · 카세트 · 디스크 · 필름 같은 인쇄 매체의 사용 없이 소리와 시각으로만 정보를 취급하는 것.

audio-visual signal[-sígnəl] **음성 영상 신호**

audit[ɔ́:dit] *n.* **감사** 컴퓨터 시스템에서 데이터가 바른 순서로 안전하고 정확히 처리되고 있는지, 또 시스템이 유효하게 그 기능을 다하고 있는지를 조사하기 위하여 데이터 처리 시스템의 적용 순서 등을 평가하여 검사를 행하는 것. 이러한 방법을 채용한 것이 감사 추적(audit trail)이다.

auditability[ɔ:ditəbíliti] *n.* **감사 능력**

audit and control[-ənd kəntróul] **감사 및 제어** 입력되어 있는 카드나 종이 테이프가 바르게 천공되어 있는가 또는 컴퓨터 처리가 바르게 실행되는가를 감사하여 사전에 그 처리를 제어하는 시스템.

audit file[-fáil] **감사 파일**

audit-in-depth[-in dépθ] **심층 감사** 어떤 변동 사항이나 세부적인 정보에 대하여 행해진 모든 조작을 자세히 검사해보는 것.

auditing[ɔ́:ditiŋ] *n.* **감사 작업** 정보 데이터나 연구된 기술을 이용해 감사하는데, 원시 데이터나 방법론, 그리고 보고된 결론 및 합계 등에 대한 신뢰성, 정확성, 타당성까지도 검사하는 것.

auditing around the computer[-əráund ðə kəmpjú:tər] **컴퓨터 주변 감사** 감사인이 정보 처리 과정에는 관계하지 않고 입출력 자료만을 대상으로 감사하는 방법.

auditing method[-méθəd] **감사 방법** 컴퓨터의 활용 기술과 그로부터 업무 처리 능력의 발전 정도를 감사하는 방법.

auditing method of the computer system[-əv ðə kəmpjú:tər sístəm] **컴퓨터 시스템 감사 방법** (1) 컴퓨터 활용 기술과 그로부터 업무의 발전 과정을 감사하는 방법. (2) 컴퓨터 처리 능력과 하드웨어의 발전 과정에 따라 감사 방법이 다음과 같이 구분된다. ① 감사인이 정보 처리 과정에는 관계하지 않고 입출력 자료만을 대상으로 하여 감사한다(컴퓨터 주변 감사). ② 컴퓨터 처리 대상이 광범위하고, 그 내용이 복잡할 때 내부 통제 질문서와 시스템 순서도 및 매뉴얼 등을 통해 감사한다(컴퓨터 처리 과정 감사). ③ 컴퓨터 처리 내용이 고도로 복잡화되었을 때 실제로 컴퓨터를 사용하여 자료 처리를 해보는 방법(컴퓨터 이용 감사).

auditing module method[-mɑ́dʒu:l méθəd] **감사 모듈법** 필요하다고 생각되는 데이터를 감사인이 지정한 조작에 의해 추출하여 일정 금액 이상 예외 취급이나 통계적 방법에 의한 표본 추출 등에 의해서 수집된 자료를 감사하는 방법.

auditing system[-sístəm] **감사 시스템** 감사용의 작업(job)을 편성하여, 내부 감사 기구를 설정한 시스템. 즉, 입력에 관한 내부 통제(원시 문서, 데이터 교환 등), 처리 절차에 관한 내부 통제(감사 프로그램, 테스트 데이터, 프로그램 감사 등), 출력에 관한 내부 통제(장부의 이용 상황, 중간 기록 매체의 보관 상황 등)에 걸쳐서 설정한 컴퓨터 처리 회계 감사 절차를 말한다.

auditing through the computer[-θrú: ðə kəmpjú:tər] **컴퓨터 처리 과정 감사** 내부 통제 질문서와 문서를 통해 시스템을 운영하는 제어 기능의 질을 평가하는 방법으로, 컴퓨터 주변 감사보다 한층 발전된 감사 방법이다.

auditing with the computer[-wiðə kəmpjú:tər] **컴퓨터 이용 감사** 컴퓨터 대상 범위가 넓어지고 처리 내용이 고도화, 복잡화됨에 따라 문서와 질문을 감사하는 것만으로는 부족하여 실제로 컴퓨터를 사용하여 데이터 처리로 감사하는 방법.

audit list[-líst] **감사표**

audit log[-lɔ́(:)g] **감사 로그** 단순히 시간, 사용자 그리고 객체에 대한 모든 접근 형태를 기록 매체에 저장해서 통계, 유지 보수 등에 사용한다.

audit program[–próugræm] **감사 프로그램** 컴퓨터 이용 감사에서 감사의 도구로 사용하기 위한 프로그램.

audit-review file[–rivjú: fáil] **감사 검토 파일** 감사용으로 데이터를 제공하는 명확한 목적을 위한 프로그램을 실행하여 작성되는 파일.

audit trail[–tréil] **감사 추적** 감사를 위해 입력된 데이터가 어떤 변화 과정을 거쳐 출력되어 나가는지를 추적하는 방법. 데이터 처리 시스템의 각 단계를 원시 레코드(source record)에서 출력까지, 혹은 이것을 역으로 거슬러 올라가서 추적할 수 있는(기록, 수단) 방법이며, 프로그램의 디버그(debug), 데이터의 검증과 시스템의 동작 감사에 사용된다.

audit window[–wíndou] **확인 창**

Auerbach method **아워바흐법** 컴퓨터 성능을 평가하기 위한 방법 중의 하나로, 사무적인 데이터 처리를 중심으로 하는 표준적인 문제들을 만들어놓고, 그 처리에 소요되는 시간으로 컴퓨터의 종합적인 성능을 판정하기 위해 고안된 방법. 표준 문제로는 데이터 파일 갱신, 데이터 정렬, 행렬 연산, 통계 문제 처리 등이 있다. 이 방법은 다양한 입출력 장치 간의 성능 비교를 정확히 평가하기가 어렵다는 단점이 있다.

auditory sensor[ɔ́:ditɔ(:)ri(:) sénsɔ:r] **청각 센서** 센서를 인간의 오감(시각, 청각, 촉각, 미각, 후각)에 대비시켜 생각할 때, 청각에 대응하는 센서를 말한다. 청각 센서에는 압력 센서나 자기 센서 등이 이용된다. 대표적인 청각 센서는 마이크로폰이다. 음압의 변화를 용량 변화나 압전 재료에 의한 전위 변화로서 검출한다. 자석과 자기 센서의 조합도 이용되고 있다.

augend[ɔ́:dʒend] *n*. **피가수** 가산(덧셈)에서 어떤 수나 양에 더해지는 수나 양. 가산에 이용되는 피연산자의 하나로서 특히 연산 종료시에 합으로 치환되는 피연산자를 말한다.

augend register[–rédʒistər] **피가수 레지스터** ⇨ register

auger effect[ɔ́:gər ifékt] **오거 효과** 빛의 조사로 인해 캐리어(carrier ; 전자 또는 전공)가 발생되어 얻어진 과잉 에너지는 어떠한 형태로 방출할 필요가 있는데, 이때 캐리어끼리의 충돌에 의해 발생하는 에너지 전달을 말한다.

augment[ɔ̀:gmént] *v*. **증가하다** 어떤 양을 그것의 포화값으로 만들기 위해 증가시키는 것.

augmentation[ɔ̀:gmentéiʃən] *n*. **증가** 주어진 함수적 또는 다치(多値) 종속성들에 대한 추론 공리 중의 하나로서 X, Y, Z가 한 릴레이션 스킴의 한 부분 집합일 때 함수적 종속성 $X \geq Y$가 성립하면 $X \cup X \geq Y$도 성립한다는 규칙.

augmented addressing[ɔ́:gmentid ədrésiŋ] **증가 주소 지정**

augmented grammar[–grǽmər] **증가 문법** 시작 기호 S를 가지는 문법 $G(G=(N, T, P, S))$에 대해서 새로운 시작 기호 S'와 새로운 생성 규칙 $S' \geq S$를 첨가한 문법으로서, 그 목적은 파서(parser)에서 입력에 대한 파싱(parsing)이 끝났음을 알리는 데 있다.

augmented matrix[–méitriks] **확대 행렬** 어떤 선형계의 계수 행렬에 상수 벡터의 열을 추가한 것. 예컨대, m개의 방정식과 n개의 미지수를 갖는 선형계는 $AX=Y$로 표시 가능하다. 여기서 계수 행렬인 $m \times n$ 행렬 A에 $(n+1)$번째 열로 열 벡터인 Y를 추가하여 만든 행렬을 확대 행렬이라고 하며 $\mathring{A}$으로 표기한다.

augmented operation code[–ɑ̀pəréiʃən kóud] **확장 연산 코드** 명령의 연산 코드 이외의 부분에서 정보를 통해 더 명확히 정의되는 연산 코드.

augmented transition network[–trænzíʃən nétwə̀:rk] **확장된 천이망** 자연 언어 이해 기법인 구문 분석을 위한 파싱(parsing) 기법 중의 하나로 한 문장이 주어졌을 때, 그 문장의 어구가 완전히 해부될 때까지 문장을 분해하는 방법이다. 즉, 가장 작은 형태소로 분해한다.

augmenter[ɔ́:gmentər] *n*. **증가값** 어느 양을 그 포화값에 도달하도록 더해가는 양. 주로 양수이지만 더한다고 할 때는 음수도 포함한다.

AUI (1) **적용 가능한 사용자 인터페이스** adaptable user interface의 약어. 오라클 툴 킷의 하나. 서로 다른 윈도 방식의 시스템들 간에서 이식 가능한 응용 프로그램들을 작성할 수 있다. (2) **보조 장치 인터페이스** attachment unit interface의 약어. 인터페이스 네트워크 트랜시버를 네트워크 디바이스에 접속하는 IEEE 802.3 규격의 테이블.

AUP **제한적 사용 정책** acceptable use policy의 약어. 인터넷 상의 행동 종류 및 기준에 관한 규칙. 대부분 상업적이거나 비학술적인 사용을 금지하는 NSFNET의 AUP가 가장 제한적이다. 그러나 인터넷이 오늘날과 같이 대중화, 상업화되면서 NSFNET AUP는 더 이상 효력을 갖지 않게 되었다.

authenticate post office protocol ⇨ APOP

authentication[ɔ:θèntikéiʃən] *n*. **인증, 확인** 시스템이 각 사용자를 정확히 식별하고자 할 때 사용하는 방법이다. 컴퓨터 네트워크 등에서 특정 범주의 정보로 접근(access)할 때, 단말 장치 또는 개인을 식별하거나 검증하는 것. 또한 전송, 메시지, 단말 장치 또는 개인의 정당성을 확립하는 것으로부터 부당한 전송을 방지하기 위하여 설계된 수단을 가리키기도 한다. authenticator라는 유사어도 자주 사용되고 있으나, 이 경우에는 메시지 전송의 인증 때문에 전송 메시지 속으로 삽입되는「인증 기호」라는 의미도 포함되어 있다.

authentication code [–kóud] **확인 코드, 인증 코드**

authentication problem [–prάbləm] **인증 문제** 고의적이거나 악의적인 사용자가 전송되는 데이터를 수정하거나 허위 정보를 출력하는 것을 방지하기 위해 접근하는 주체의 신원을 확인하는 문제.

author [ɔ́:θər] *n.* **저자, 작자** COBOL 언어에서 프로그램의 표제부(identification division) 내 단락의 하나이며, 대개 그 프로그램 작성자의 이름을 기입하는 공간을 가리킨다.

authoring software [ɔ́:θəriŋ sɔ́(:)ftwɛ̀ər] **오서링 소프트웨어** 문자나 그래픽, 음성 등의 소재를 짜맞추어 하나의 정돈된 응용 프로그램을 개발하기 위한 소프트웨어. 대표적인 오서링 소프트웨어로는 Toolbook과 Director가 있다.

authoring system [–sístəm] **오서링 시스템** 컴퓨터 이용 교육(CAI)의 코스웨어(courseware) 개발 작업을 지원하는 프로그램 시스템.

authoring tool [–tú:l] **저작 도구** 컴퓨터를 사용할 수 있는 일반 사용자들에게 영상, 사운드, 애니메이션, 그래픽 등을 손쉽게 만들어 시간 공간적으로 서로 연결함으로써 하나의 컴퓨터 화면에 다양한 형태의 것들을 출력할 수 있도록 해주는 프로그램. 저작 도구는 C나 C++처럼 코드로 프로그램을 작성하는 것이 아니라 아이콘이나 스크립트라는 고유의 프로그래밍 방법을 가지고 응용 프로그램을 개발한다. 또한 저작 도구는 자체에 그래픽 툴과 같은 각종 툴을 내장하고 있기보다는 외부에서 제작된 각종 미디어 파일들을 불러들여 적절한 위치나 시점에서 재생하는 데 초점을 맞추고 있다. 이러한 저작 도구를 사용하여 CD-ROM 타이틀 및 동화상의 디지털 영화 등을 쉽게 만들 수 있다. 저작 도구의 주요 기능은 다양한 미디어 파일 또는 미디어 장치와의 유연한 연결을 제공하는 사용자 인터페이스 기능, 사용자의 입력에 따라 멀티미디어 요소들의 제어 흐름을 조정할 수 있는 흐름 제어 기능 및 미디어 파일 간의 동기화 정보를 잘 표현하고, 표현된 동기화 정보에 따라 멀티미디어 요소들을 정확하게 결합하여 실행해주는 기능들을 갖고 있다. 많이 사용하는 저작 도구로는 Toolbook, Director, Authorware 등이 있다.

authority [əθɔ́:riti(:)] *n.* **권한, 허가** 데이터 베이스 관리 시스템(DBMS)의 제어 기능의 하나로, 정당한 사용자가 허가된 데이터에 접근할 수 있도록 부여된 권리.

authority list [–líst] **권한 목록** 시스템 보호를 위해 파일 등으로의 접근을 허락하는 대상과 그 대상에 허락된 접근 방법의 종류를 나타낸 것. 접근 방법의 종류에는 접근 금지, 기록 금지, 실행 금지 등이 있다. 또 접근을 허락하는 대상의 지정도 사용자 개개인에게 하는 경우와 그룹마다 지정하는 경우 등이 있다.

authorization [ɔ̀:θəraizéiʃən] *n.* **허가, 권한 부여** 어떠한 자원(resource)에 접근하는 것을 허가하는 권한. 데이터나 프로그램 등의 특정 자원 또는 TSS(시분할 시스템) 등의 시스템 서비스에 접근할 권한이 주어지는 것. 보통 기밀 보호(security)라는 점에서 데이터나 프로그램은 임의로 접근할 수 없는 구조로 되어 있으며, 어느 정도 접근하기 위해서는 허가가 필요하다. 또 단말 장치(terminal) 등으로부터 TSS 서비스를 받는 경우처럼 어느 정도의 권한을 요하지만, 이를 위한 일반적인 방법으로는 암호와 합치되는 방법이 채용되고 있다.

authorization checking [–tʃékiŋ] **권한 부여 검사** 사용자가 현재 요구하고 있는 트랜잭션에 대해 그 사용자가 요구할 자격이 있는지를 검사하는 것.

authorization control [–kəntróul] **허가 제어**

authorization exit routine [–égzit ru:tí:n] **허가 출구 루틴**

authorization expression [–ikspréʃən] **권한 부여식** 주체가 어떤 정보를 어떤 형태로 접근하는가에 관한 규칙을 식으로 나타낸 것.

authorization graph [–grǽf] **권한 부여 그래프** 한 사용자로부터 다른 사용자에게로 권한이 양도되는 것을 나타내는 그래프. 사용자를 노드(node)로 나타내며, 한 사용자 U_i가 다른 사용자 U_j에게 권한을 주었을 때 U_i에서 U_j로 연결선을 긋는다.

authorization list [–líst] **권한 목록**

authorization management [–mǽnidʒmənt] **허가 관리 기능** 컴퓨터 시스템에 접근(access)의 허가를 관리하는 기능이며, 허가 검증(arthorization verification)을 행한다.

authorization matrix [–méitriks] **권한 부여 행렬** 데이터 베이스의 보안을 유지하기 위해 시스템에 유지되는 테이블로서 각 사용자에 대해 이 사용자가 접근할 수 있는 객체와 이 객체에 대해 수행할 수 있는 연산 등을 나타낸다. 보통 행렬의 각 행은 사용자를 나타내고 내용은 허용되는 연산 권한을 나타낸다.

authorization rule[–rúːl] **권한 부여 규정** 데이터 베이스에 대한 사용자의 사용 가능 범위를 나타내는 것으로서, 각 사용자가 접근할 수 있는 데이터 객체와 이에 대해 수행할 수 있는 연산의 종류를 명시하는 규정이다.

authorization verification[–vèrifikéiʃən] **허가 검증**

authorized[ɔ́ːθəràizd] *a*. **허가된, 공인의**

authorized library[–láibrəri(ː)] **허가 라이브러리**

authorized program[–próugræm] **허가 프로그램** 일반 사용자들은 사용할 수 없는 컴퓨터 시스템의 중요 부분을 변경할 수 있는 권한을 가진 프로그램.

authorized state[–stéit] **허가 상태** 문제 프로그램이 자원에 접근하는 것이 허가되어 있는 상태.

authorized user[–júːzər] **허가된 사용자**

authorizer[ɔ́ːθəràizər] *n*. **권한 책임자** 데이터베이스 내에 있는 객체들과 프로그램 라이브러리의 특정 부분에 대한 접근을 통제하는 접근 규정을 작성 기술하는 관리자.

author language[ɔ́ːθər lǽŋgwidʒ] **교재 언어, 교재 작성자용 언어** 컴퓨터 이용 교육(CAI)의 교재를 제작함에 있어서 교재 작성자(author)가 사용하기 편리하도록 설계된 프로그래밍 언어의 일종.

auto-abstract[ɔ́ːtou ǽbstrækt] **자동 초록** 자동적으로 또는 기계적으로 문서 또는 문서의 자료 파일에서 키워드를 선택해 단어들의 뜻이 통하도록 순서대로 나열해둔 것.

auto-align[–əláin] **자동 줄맞춤** 워드 프로세서를 사용하여 문서를 작성할 때 사용자가 입력하는 글들이 문안 내에 입력되면서 동시에 문서의 왼쪽 끝과 오른쪽 끝 등이 미리 지정된 서식에 맞추어 정렬되는 기능.

auto-answer[–ǽːnsər] **자동 응답** 입력되는 전화 신호를 자동적으로 응답해주는 모뎀 능력을 갖춘 시스템.

autobaud[ɔ́ːto(u)bɔ̀ːd] **오토보** 데이터 전송 속도를 자동적으로 검출하는 것을 나타내는 변조 속도의 단위.

auto bypass[ɔ́ːtou báipɑ̀ːs] **자동 우회** 여러 대의 단말기들이 데이지체인(daisychain) 형태로 연결되어 있을 경우, 한 단말기가 고장났을 때 그 다음의 단말기가 계속해서 동작할 수 있는 기능.

AutoCAD **오토캐드** 미국의 오토데스크(AutoDesk) 사에서 개발한 컴퓨터 이용 설계(CAD) 소프트웨어의 상품명. 주로 IBM PC에서 많이 사용되며, 기능이 다양하고 자체 프로그래밍 기능이 있어 대형 컴퓨터를 이용한 CAD 시스템에 뒤떨어지지 않는다.

auto-call[–kɔ́ːl] **자동 호출**

auto-chart[–tʃɑ́ːrt] **자동 차트** 서류 작성 프로그램의 일종이며, 원시 프로그램을 판독하여 프로그램을 논리 흐름으로 도형화하거나 유지 갱신하는 것. 또한 출력으로 인쇄 장치 상에 입력 원시 프로그램의 순서도를 도형화하여 인쇄한 것. IBM 7070/7074용으로 개발된 순서도 작성 프로그램이 그 대표적인 예이다.

autocode[ɔ́ːto(u)kòud] **자동 코드** 컴퓨터 자체 내에서 매크로 코드(macro code)에서 기계 코드로 작성하는 것.

autocoder[ɔ́ːto(u)kòudər] **자동 코더** (1) 동일한 수준의 코딩 시스템의 총칭. (2) 프로그램용 언어를 전용 기계어에서 분리하여 일상적인 언어 형태로 코딩하는 방식의 일종으로 기호 코딩의 초기 방식에 불리던 명칭이다.

auto complete[–kəmplíːt] **자동 완성** 데이터 입력 도중 맨 앞부터 입력한 부분까지의 데이터가 과거에 입력한 것과 동일한 단어나 문장일 경우에 뒤에 이어지는 단어나 문장의 후보가 호출되어 그 중에서 선택할 수 있는 기능. 인터넷 익스플로러의 주소 입력 등에 이용되는 기능으로, 긴 문자열을 재입력하는 번거로움을 없애고 입력 오류를 줄일 수 있다.

auto correct[–kərékt] 입력된 특정 문자열(문자종)에 대해서 자동적으로 정해진 처리를 하는 기능. 예를 들면, 영문을 타이핑할 때, 오타가 나면 자동적으로 수정한다.

auto-correlation[–kɔ(ː)rəléiʃən] **자기 상관** 다른 두 가지 변량 사이의 상관 관계를 상호 상관 관계(cross correlation)라 하고 $x(t)$를 하나의 임의 프로세스로 하여 시각 t_1일 때의 값 $x(t_1)$과 시각 t_2일 때의 값 $x(t_2)$ 사이에 존재하는 상관을 자기 상관이라 한다. 자기 상관을 표시하는 것으로 자기 상관 함수가 있으며, $x(t_1)\times x(t_2)$의 조화 평균으로 정의된다.

auto-correlation function[–fʌ́ŋkʃən] **자기 상관 함수** 어떤 임의의 신호가 두 시각에 취하는 값의 상관을 나타내는 함수. 두 시각에서의 실현값은 곱의 조화 평균으로 계산되며, 정상 과정에서는 두 시점의 시간차의 함수가 된다.

autodecrement[ɔ́ːto(u)dèkrəmənt] **자동 감소** 데이터 계수기가 메모리 참조 명령의 끝에서 1만큼씩 감소되는 것.

autodecrement mode[–móud] **자동 감소 방식** 메모리 접근을 위한 주소 지정 방식의 하나로 기억 장치 주소를 가지고 있는 레지스터를 통해 간접 접근을 하되 먼저 그 레지스터의 값을 일정한 양만큼 감소시킨 다음 그 값에 해당하는 주소에 접근하는 방식. 이는 스택 기억 장소나 배열 처리에 유용하다.

autodesign[ɔ́:to(u)dizàin] **자동 설계**

AutoDesk Inc. **오토데스크 사** 개인용 컴퓨터에서 사용되는 컴퓨터 이용 설계(CAD) 관련 소프트웨어를 만드는 미국의 업체. 이 회사 제품으로 유명한 것은 AutoCAD와 그 보조 부품들이다.

autodialing[ɔ́:to(u)dàiəliŋ] **자동 전화 번호 호출** 모뎀과 전화 회선을 이용하여 컴퓨터 사이의 통신을 할 때 사람이 직접 전화를 거는 것이 아니라 모뎀 전화 번호에 해당하는 신호를 주변 모뎀이 자동으로 전화를 거는 것. 즉, 컴퓨터 프로그램으로 전화를 걸 수 있으므로 편리하다. 다이얼식은 전화 번호에 해당하는 개수만큼의 "픽"하는 음을 내는 방법이며 그리고 터치 톤 방식은 버튼을 눌렀을 때 나오는 주파수와 같은 음을 모뎀이 발생시켜 전화를 건다.

autodraft[ɔ́:to(u)drà:ft] **자동 제도** 컴퓨터 출력 장치로 그림이나 선을 그릴 수 있는 기계 장치를 접속하여 미리 작성된 프로그램의 제어로 그래프나 제도를 자동으로 작성하는 것. ⇨ 그림 참조

autodump[ɔ́:to(u)dʌ̀mp] **자동 덤프**

auto entry method[ɔ́:to(u) éntri(:) méθəd] **자동 엔트리 방식** 자동차 조립 공장 등에서 이용되는 생산 관리 시스템으로, 여러 종류의 제품에 대응해서 생산 라인을 능률적으로 하면서 동시에 부품 재고를 최소한으로 하기 위해 종래 예상 생산 방식에 대신하여 널리 이용되고 있다. 요구에 따라 필요한 부품을 필요한 양만큼 필요한 때에 확실히 공급하는 방식이다.

AUTOEXEC.BAT **자동 실행 배치 파일** AUTOmatically EXECute BATch file의 약어. MS-DOS의 배치 파일의 일종으로, 부팅 드라이브의 디렉토리에 위치시키면 MS-DOS가 부팅될 때 이 파일의 내용(명령)이 자동으로 실행된다. 컴퓨터의 초기 설정, 환경 설정 등의 절차를 기술함으로써 부팅 후의 수고를 덜기 위함이다. 일반적으로 경로 설정, 프롬프트 표시 형식 설정, 응용 프로그램 사용 환경 설정, 상주 프로그램의 설치 등을 지정한다.
⇨ batch file

Autoflow[ɔ́:to(u)flòu] **오토플로** 프로그램의 코드를 입력해서 그 프로그램의 순서도를 출력하는 기능을 가진 프로그램 패키지로 APR 사에서 판매한 상품명이다. FORTRAN, PL/I에 관한 것이 있다.

auto increment[ɔ́:tou ínkrəmənt] **자동 증가** 데이터 계수기가 메모리 참조 명령의 끝에서 1만큼씩 증가되는 것. 1바이트의 명령으로 메모리 참조와 데이터 계수기의 증가를 동시에 행한다.

auto increment mode[–móud] **자동 증가 방식** 메모리 주소를 가지고 있는 레지스터를 통해 간접 접근을 한 다음, 그 레지스터의 주소값을 일정한 값만큼 자동으로 증가시키는 것. 여기서 선택된 범용 레지스터의 내용은 다음 차례의 위치를 나타내는 주소가 된다. 이 방식은 배열 처리나 스택 처리에 유용하며, 표의 한 항목을 얻고자 할 때 등 여러 가지 목적에 사용된다.

auto increment or auto decrement mode[–ər ɔ́:tou dékrəmənt móud] **자동 증가 또는 자동 감소 방식** 메모리에 있는 데이터가 어떤 표라면, 매번 접근할 때마다 하나씩 증가 또는 감소시켜야 할 필요가 있다. 일반적으로 이런 상황이 자주 발생하므로 어떤 컴퓨터에서는 데이터 접근 뒤에 자동적으로 레지스터의 값을 증가 또는 감소시킨다.

auto indent[–indént] **자동 들여쓰기** 프로그램이나 문서를 편집할 때, 행을 바꾸었을 때 새로 시작되는 행의 첫 위치를 바로 이전 행의 위치에 맞추는 것을 들여쓰기라 하며, Enter 키를 누르면 자동으로 다음 행의 들여쓰기가 수행되는 편집기가 있

〈자동 제도기〉

다. 자동 들여쓰기를 해제하면 그 다음 행부터는 보통의 위치에서 문자가 입력된다.

auto-index [–índeks] **자동 색인** 기계로 색인을 작성하는 것, 또는 작성된 색인.

auto load [–lóud] **자동 적재** 컴퓨터의 키보드에서 볼 수 있는 키로 운영 체제를 부트하는 기능을 갖고 있다.

auto loader [–lóudər] **자동 적재기, 자동 로더** 종이 테이프, 천공 카드, 자기 테이프, 자기 디스크 같은 기억 매체에서 자동적으로 프로그램을 기억 장치에 적재하는 프로그램. 특히 컴퓨터가 작동할 때 행하는 로더는 이니셜 로더(initial loader) 또는 부트스트랩(bootstrap)이라 한다.

auto-loading command [–lóudiŋ kəmǽnd] **자동 시동 명령** 작업을 개시할 때 자동적으로 시동시키는 명령.

auto-loading unit [–jú:nit] **자동 적재 장치** 자기 테이프 구동 장치에서 파일 릴을 세트함에 따라 자동으로 테이프를 장착하는 장치. 스레딩(threading) 조작이 자동으로 행해진다.

autoload cartridge [ɔ̀:toulóud kɑ́:rtridʒ] **자동 적재 카트리지**

autoload success rate [–səksés réit] **자동 적재 성공률**

auto-log in [ɔ́:tou lɔ́(:)g in] **자동 로그인** 통신 소프트웨어 등에서 네트워크의 접속(로그인) 절차를 자동화한 기능으로, 네트워크로의 자동 다이얼과 ID, 패스워드의 조회를 자동으로 처리한다. PC용 통신 소프트웨어에는 대부분 이 기능이 갖추어져 있다. 접속 후의 조작까지 자동화한 것은 오토파일럿 기능이라고 한다. ⇨ auto-pilot, log in

automan **오토맨** (1) 그리스어에서 나온 자동 기계를 의미하는 말로 복잡한 구조를 가진 자동 인형을 의미하며, 최근에는 인간과 유사한 동작을 하는 자동 기계라는 의미로 쓰인다. (2) 자동과 수동의 동작 형태를 통제하고 지시하는 스위치의 일종.

automata [ɔ:tɑ́mətə] *n.* **오토머터** (1) atomation의 복수형으로 수학적으로 추상화된 기계의 모형을 가리키는 말이다. 일반적으로는 그 내부의 구성이나 동작에 대한 세부 사항이 무시되고 입력과 출력에 대한 사항만이 명시되는 추상적인 기계를 의미한다. 이와 같은 기계는 주로 컴퓨터와 같은 데이터 처리를 위한 기계를 그 원형으로 하지만 이론적으로는 어떤 기계라도 상관 없다. 이들은 그 능력에 따라 각각 튜링 머신, 푸시다운 오토머터, 유한 상태 오토머터, 선형 제한 오토머터 등으로 구분된다. (2) 유한 상태 기계 또는 유한 오토머터를 줄여 쓰는 말.

automate [ɔ́:təmèit] *v.* **자동화하다, 컴퓨터화하다** 처리 과정 또는 장치를 자동 조작으로 바꿔 설치하는 것.

automated data medium [ɔ́:təmèitəd déitə mí:diəm] **자동화 데이터 매체** 데이터가 자동적으로 처리 가능하도록 수록된 매체. 예를 들면, 디스켓, 드럼, 테이프, 디스크 등.

automated design approach [–dizáin əpróutʃ] **자동 설계 수법**

automated design engineering [–endʒəníəriŋ] **자동 설계 공학** 컴퓨터로 제품 설계와 제조 공정에 필요한 모든 정보(구성 부품의 특성과 명세, 설계 조직, 제조 순서 등)를 미리 기억시키고 이들의 데이터 베이스에서 유도하여 모든 서류 작업을 행하는 방법. 미국 ITE Circuit Breaker 사에서 처음 개발하였다.

automated design tool [–tú:l] **자동 설계 도구** 소프트웨어 설계의 합성, 분석, 모델링, 문서화 작업을 도와주는 도구.

automated guided vehicle system [–gáidid ví:ikl sístəm] **자동 안내 전달 시스템, AGV 시스템** 일정한 지정된 길을 따라서 각 기계 및 조립 장소에서 정지해 자동 또는 수동으로 부품들을 운반하는 자동 안내 장비를 갖춘 자동화 기계 시스템.

automated meteorological data acquisition system [–mi:tiərəlɑ́dʒikəl déitə ækwizíʃən sístəm] **지역 기상 관측 시스템** 집중 호우 같은 지역적인 이상 현상의 상시 감시를 목적으로 자동 기상 계측기에서 전화 회선을 통해 자동으로 즉시 데이터를 수집하여 기상 관서에 신호를 알리는 시스템.

automated storage/retrieval system [–stɔ́:ridʒ ritrí:vəl sístəm] **자동 저장/검색 시스템** 차량들은 자동 저장 또는 적재를 위해 AGV(자동 안내 전달)나 컨베이어 시스템을 이용하는데, 이와 같이 상자들을 자동 운반, 적재하는 차량을 갖춘 고밀도 상자 저장 시스템.

automated system operation [–sístəm ɑ̀pəréiʃən] **무인 운전**

automated tape library [–téip láibrəri(:)] **ATL, 자동화 테이프 라이브러리**

automated test case generator [–tést kéis dʒénərèitər] **자동화 검사 사례 생성기**

automated test data generator [–déitə dʒénərèitər] **자동화 검사 데이터 생성기**

automated test generator **자동화 검사 생성기** 프로그램과 검사 기준을 입력하여 검사 기준에 부합되는 검사 입력 데이터를 생성하고 예상 결과를 결정해주기도 하는 소프트웨어 도구.

automated verification system[-vèrifikéiʃən sístəm] **자동화 검증 시스템** 컴퓨터 프로그램과 명세의 표현을 입력하여 프로그램의 정확성에 대한 증명을 산출하는 시스템.

automated verification tool[-tú:l] **자동화 검증 도구** 소프트웨어를 평가하는 데 사용되는 소프트웨어 도구. 이것은 정확성, 완전성, 일관성, 추적 가능성, 검사 가능성, 표준화의 준수 여부를 검증하는 데 도움이 된다. 예컨대 설계 분석기, 정적 분석기, 동적 분석기, 표준화된 강화기 등이다.

automatic[ɔ̀:təmǽtik] *n. a.* **자동, 자동화** manual의 상대어로 인간의 개입을 필요로 하지 않는 기능 장치 또는 장치에 관한 용어.

automatic abstract[-ǽbstrækt] **자동 초록** 논문이나 기타 문서의 초록을 사람의 손을 빌리지 않고 컴퓨터 프로그램에 의해 작성하는 것.

automatic acceleration[-əksèləréiʃən] **자동 가속** NC 공작 기계를 변속할 때(시동할 때도 포함) 충격 등을 피하기 위해 원활한 가속을 자동으로 하는 기능.

automatic accounting system[-əkáuntiŋ sístəm] **자동 회계 시스템** 예산 편성, 경영 분석, 원가 관리 분석 등을 내 · 외부의 주어진 조건과 관련시켜 종합적인 계수적 판단과 기획을 지시하는 것. 또는 객관적인 회계 판단을 EDPS에 의해 자동으로 하는 것.

automatically[ɔ̀:təmǽtikəli(:)] *ad.* **자동적으로**

automatically programmed tool [-próugræmd tú:l] **APT, 자동 프로그램 도구** NC 공작 기계의 제어 테이프를 만들어내는 번역 프로그램. 수치로 통제되는 기계류, 재단기, 제도기 및 이와 비슷한 장치에 사용할 수 있도록 컴퓨터로 프로그래밍이 가능한 시스템이다.

automatically execute function[-éksəkjù:t fʌ́ŋkʃən] **자동 실행 기능** 복수의 명령을 배열한 파일을 만들어 이들 명령 집단을 자동적으로 실행하는 기능. MS-DOS의 일괄 파일 기능이나 각종 응용 프로그램의 매크로 기능이 여기에 해당한다.

automatic answering[ɔ̀:təmǽtik ǽnsəriŋ] **자동 응답** 호출된 데이터 단말 장치의 호출 신호에 대하여 자동으로 행해지는 응답. 즉, 호출된 데이터 단말 장치에 조작원의 개입 없이 수신 가능 상태에 있으면 자동으로 응답 신호를 반송하는 것.

automatic answer network system for electrical request[-ǽ:nsər nétwə̀:rk sístəm fər iléktrikəl rikwést] **ANSER, 음성 조회 통지 시스템**

automatic balancing circuit[-bǽlənsiŋ sə́:rkit] **드리프트 자동 보상 회로** 저속형 아날로그 컴퓨터의 연산 증폭기에서 직류 고이득 증폭을 얻기 위해 드리프트를 작게 함으로써 자동으로 드리프트를 보상하는 회로.

automatic bank deposit[-bǽŋk dipázit] **자동식 은행 예금** 개인이 저마다 급료 지급, 사회 보장금, 원호 보상비와 같은 개인들의 계정에 추가되는 정규 수입을 자동으로 은행에 예금하는 것.

automatic built-in check[-bílt ín tʃék] **자동 내장 검사** 내부 기계 장치에 의해 자동적으로 시행되는 검사로서 몇 가지 검사는 모든 기계에 공통적으로 시행된다. 예를 들어, 시간 착오나 퓨즈 절단 또는 다른 것과 함께 수행될 수 없는 작동에 대해 모든 기계는 그 기계 장치를 정지시키는 검사 기능이 있다. 모든 데이터가 정확하게 읽혀지고 코드화되었는지를 확인하는 입력 검사, 출력 문자가 정확히 인쇄되도록 되어 있는지를 확인하는 출력 검사, 올바른 작동 부호와 명령어 형식을 맞춘 명령어만 수행되도록 하는 명령어 검사, 컴퓨터의 각 문자들의 옳고 그름을 입증하는 패리티 검사를 수행한다.

automatic calling[-kɔ́:liŋ] **자동 호출** 선택 신호의 엘리먼트가 최대 데이터 신호 속도로 연속적으로 데이터망에 입력되는 호출. 여기서 선택 신호는 데이터 단말 장치에 의해 생성된다. 규정된 시간 간격 내에 동일 주소에 대한 미완료 호출이 허가된 횟수 이상 일어나지 않도록 하기 위해, 어떤 한계를 망의 설계 기준에 따라 규정할 수 있다.

automatic calling and automatic answering unit[-ənd ɔ̀:təmǽtik ǽnsəriŋ jú:nit] **자동 착발신 장치** NTT의 공중 회선망에 단말 장치 등을 접속하는 경우에, 단말 장치에 인터페이스시키고 호출 신호의 송출 · 검출을 행하는 것. 기능적으로 네트워크 제어 장치(NCU)와 같다.

automatic calling equipment [-ikwípmənt] **ACE, 자동 호출 장치** 데이터 전송 시스템 등에서 자동적인 작동에 의해 상대를 호출하는 장치.

automatic calling unit[-jú:nit] **ACU, 자동 호출 장치, 자동 호출기** 전화 교환망을 이용하여 데이터를 전송할 때 교환수에 의하지 않고 자동적으로 통화를 접속하여 데이터 전송 장치 상호간에 데이터를 전송하는 장치. 형태에 따라 다이얼식과 버튼식이 있다.

automatic call library[-kɔ́:l láibrəri(:)] **자동 호출 라이브러리**

automatic carriage[-kǽridʒ] **자동 용지 이송 기구** 기계의 통제 하에 인쇄가 끝나면 자동적으로 종이를 내보내는 장치. 용지의 공급, 행간 조정, 넘침, 배출 등을 제어하며 대표적인 것으로 라인 프린터가 있다.

automatic carrier[–kǽriər] **자동 캐리어**

automatic carrier return[–ritə́ːrn] **자동 개행(改行)** 커서 또는 입력하고 있는 문자가 1행당 지정된 문자 이상이 되면 자동적으로 다음 행으로 이동하는 기능.

automatic character generation [–kǽrəktər dʒènəréiʃən] **자동 문자 발생** 자동적으로 선을 만들어내고, 디스플레이 장치가 6비트 코드로 된 문자를 표시해주는 것. 각 문자는 평균 15μs 간격으로 나타난다.

automatic check[–tʃék] **자동 검사** 기기, 장치의 기능 검사가 미리 그 기기 내에 내장된 검사 기구로 자동으로 검사되는 것. 컴퓨터에서는 하드웨어가 사용되는 경우도 있지만 검사용 프로그램으로 행하는 경우가 많다.

automatic checking[–tʃékiŋ] **자동 검사 방법** 자료의 전송, 연산, 기억, 정보가 기계 내부의 모든 처리기들에 의해 자동적으로 검사되는 방법. 만약 부분 검사가 되었을 경우는 조사할 처리기의 비율, 개수 또는 검사에 할당되는 기계 장치로 검사한다.

automatic check interrupt[–tʃék intərʌ́pt] **자동 검사 인터럽트** 프로그래머가 입출력 동작을 잘못 지정하거나 입출력 장치와의 교신중 패리티 오류와 같은 오동작이 발생하면 입출력 작동이 성공적으로 종료된 직후에 입출력 인터럽트가 일어난다. 이들 인터럽트는 작동 상태와 오류들의 자동 검사를 허용하고 오류 프로그램의 작동을 시작하게 한다.

automatic checkpoint restart[–tʃékpɔ̀int riːstáːrt] **자동 체크포인트 재시동**

automatic code[–kóud] **자동 코드** 기호 언어를 기계어로 번역할 수 있도록 하는 코드.

automatic code generation[–dʒènəréiʃən] **자동 코드 생성** 중간 언어를 대상 하드웨어의 기계어로 자동적으로 번역(생성)하는 것.

automatic coding[–kóudiŋ] **자동 코딩** 컴퓨터에 의해 원시 프로그램을 자동적으로 기계어 프로그램으로 변환하는 일. 현재 전자 컴퓨터의 코딩은 대부분 이 자동 코딩에 의한다. 어셈블러, COBOL, FORTRAN 등은 모두 이것이며, 프로그래밍을 위한 시간을 절약함과 동시에 오류 개입을 배제하는 데 큰 역할을 한다.

automatic coding language[–lǽŋgwidʒ] **자동 코드화 언어** 코딩 작업시 컴퓨터를 도와주는 기술, 장치 또는 언어.

automatic computer[–kəmpjúːtər] **자동 컴퓨터** 주어진 프로그램에 따라 자동적으로 긴 일련의 연산을 행하는 컴퓨터.

automatic computing machine[–kəmpjúːtiŋ məʃíːn] **자동 계산기** 사람의 도움이나 중간 역할의 지원을 거의 받지 않고 데이터를 처리하는 계산기.

automatic configuration machine check [–kənfìgjuréiʃən məʃíːn tʃék] **자동 구성 기계 체크**

automatic control[–kəntróul] **자동 제어** 기계가 기계를 제어하는 시스템. 현대 공업 기술의 제어에서 가장 중요한 개념의 하나이며, 그 논리를 자동 제어 공학이라 한다.

automatic control engineering[–endʒəníəriŋ] **자동 제어 공학** 자동 제어 장치와 자동 제어 시스템의 설계 및 사용에 관한 과학과 공학의 분야, 또는 이들의 설계 및 이용을 취급하는 과학 설계의 한 분야.

automatic controller[–kəntróulər] **자동 조절기** 제어 편차에 따라서 제어 대상을 제어하는 데 필요한 신호를 만들어내는 기능을 가지며 지시 기록을 하는 장치.

automatic-controller program[–próugræm] **자동 조절기의 프로그램**

automatic control system[–kəntróul sístəm] **자동 제어 시스템** 시스템 상태를 미리 설정된 범위 안에서 자동적으로 변화시키는 시스템이며, 입력의 질과 양을 변화시켜 제어한다. 화력 발전, 석유 정제, 철강 생산 등 플랜트 공업을 기반으로 발달하고 있다.

automatic control theory[–θíəri(ː)] **자동 제어 이론** 피드백 이론을 중심으로 하는 제어 이론. 제어란 사상, 기계 등의 행동량을 목표값과 근사 또는 일치시키기 위해 행동량을 검출하고 목표값과 비교하여 판단한 후 정정하는 것으로, 이것을 자동적·기계적으로 실행하는 것이 자동 제어 시스템인데, 이것을 체계화한 이론이다.

automatic correction[–kərékʃən] **자동 정정** 전송할 때 발생하는 오류를 자동으로 탐지하여 정정하는 것.

automatic data collection[–déitə kəlékʃən] **자동 데이터 수집**

automatic data conversion[–kənvə́ːrʃən] **자동 데이터 교환**

automatic data medium[–míːdiəm] **자동 데이터 매체** 자동적인 장치로 처리될 수 있는 데이터 매체.

automatic data processing[–prásesiŋ] **ADP, 자동 데이터 처리** 자동 컴퓨터(automatic computer) 시스템에 의한 데이터 처리이며, 유사어인 EDP를 쓰는 경우도 많다.

automatic data-switching center[-swítʃiŋ séntər] **자동 데이터 교환 센터** 사람의 조작이나 통제없이 전문적인 내용을 감지하여 연결시켜 주는 데이터 교환 센터.

automatic deceleration[-di:sèləréiʃən] **자동 감속** NC 동작 기계를 변속할 때(정지 포함) 충격 등을 피하기 위해 원활한 감속을 자동적으로 실행하는 기능.

automatic depository[-dipázitɔ(:)ri(:)] **AD, 자동 예금기**

automatic design[-dizáin] **자동 설계**

automatic dialing unit[-dáiəliŋ jú:nit] **ADU, 자동 다이얼 장치** 자동적으로 다이얼 신호를 발생시킬 수 있는 장치.

automatic dictionary[-díkʃənəri(:)] **자동 사전** (1) 자동 검색 시스템에서 코드화 작업시 단어나 구문을 적당한 코드로 대치하는 작업을 위해 필요한 사전. (2) 언어 번역기 가운데 한 부분으로 이것을 이용하여 번역할 언어의 한 단어를 다른 언어의 한 단어로 대치하기 위한 사전.

automatic digital computer[-dídʒitəl kəmpjú:tər] **자동 계수형 컴퓨터** 계수형 컴퓨터에서 판단 기능, 기억 기능, 입출력 장치를 갖추고 수식이 주어질 때, 그 계수나 데이터 및 그 푸는 방법을 프로그램해 주고 나면 이후에는 전부 자동적으로 계산을 실행하고 답이 프린터에 인쇄되어 나오는 것을 자동 계수형 컴퓨터라고 한다. 기억 기능과 판단 기능을 함께 갖추고 있으므로 인공 두뇌라고도 불린다. 또 그것을 어떤 부품으로 제작하는가에 따라 기계식, 계전기식(繼電器式), 진공관식, 트랜지스터식 등으로 나누어지며 진공관식 이후의 것은 전자적 부품으로 제작되어 있으므로 전자식 자동 계수형 컴퓨터이며, 줄여서 컴퓨터로 불리게 되었다. 현재는 IC(집적 회로), 나아가 LSI(고밀도 집적 회로), VLSI(초 LSI)를 이용하여 제작하게 되었으며, 진공관까지의 시대를 제 I 세대, 트랜지스터로 제작한 시대를 제 II 세대, IC는 제 III 세대, LSI에 의한 시대를 제 IV 세대, VLSI에 의한 시대를 제 V 세대 컴퓨터라고도 한다.

automatic digitizing[-dídʒitàiziŋ] **자동 계수화** 자동적으로 계수화할 때 선의 추적은 컴퓨터나 공학 및 전자 탐지기의 하드웨어로 얻어진다. 기록 헤드는 자동적으로 선을 따라 가거나 가로줄이나 격자 형태로 전체 그림을 주사한다.

automatic disconnect[-diskənékt] **자동 절단**

automatic display flag sensing[-displéi flǽ(:)g sénsiŋ] **자동 디스플레이 표시기 감지** 프로그램의 중단 횟수를 감소시키기 위해 제어 상태와 양식이 그 자체 표시기의 조건에 의해 점프하는 것을 나타내는 것.

automatic document retrieval system[-dákjumənt ritrí:vəl sístəm] **자동 문헌 검색 시스템** 컴퓨터로 문헌을 검색하는 시스템으로서 도서관의 전산화 등에 이용된다.

automatic editing[-éditiŋ] **자동 편집** 자동 조판 시스템에서 사전이나 자료 색인 등을 자동으로 작성하는 것.

automatic error correction[-érər kərékʃən] **자동 오류 정정** 전송할 때 발생하는 오류를 탐지하여 정정하는 기술로, 특수 코드를 사용하거나 자동 재전송에 이용한다.

automatic error detection[-ditékʃən] **자동 오류 탐지** (1) 데이터 전송중에 발생한 오류를 검출하기 위해 오류 탐지를 위한 특별한 정보를 부가하여 전송하는 것. (2) 컴퓨터 시스템에 부가된 프로그램으로 그 시스템의 오류를 탐지하고 그 원인을 기록하도록 하는 것.

automatic exchange[-ikstʃéindʒ] **자동 교환** 데이터 통신 분야에서 단말 장치 사이에 조작원(operator)의 개입 없이 통신을 행할 수 있는 전송로 교환.

automatic feed punch[-fí:d pʌ́ntʃ] **자동 이송 천공기** 카드가 카드 호퍼로부터 카드 통로를 따라 카드 스태커(card stacker)까지 자동으로 움직이는 천공기.

automatic field duplication[-fí:ld djù:plikéiʃən] **자동 필드 복사**

automatic flow charting method[-flóu tʃá:rtiŋ méθəd] **자동 플로 차트법** 컴퓨터 이용 감사의 한 방법으로 프로그램의 내용을 검사하기 위해 시스템에서 제공하는 자동 플로 차트 작성 프로그램에 의한 원시 프로그램의 플로 차트를 작성하여 프로그램 지침서와 비교한다.

automatic formatting[-fɔ́:rmætiŋ] **자동 편집, 자동 편집 기능**

automatic function selection[-fʌ́ŋkʃən səlékʃən] **자동 함수 선택**

automatic gain control[-géin kəntróul] **AGC, 자동 이득 제어** 컴퓨터의 음극선관(CRT) 단말 장치에서 입력 레벨의 영역에 관계없이 출력 레벨이 특정한 한계 내에 들어오도록 설계된 증폭 회로.

automatic gain selection[-səlékʃən] **자동 이득 선택**

automatic head lifter[-hé(:)d líftər] **자동**

헤드 리프터 전원이 꺼질 때 하드 디스크의 헤드를 플래터(platter)에서 들어올리는 메커니즘. 하드 디스크에 필수적인 이 기능은 휴대용 PC와 같이 충격을 받을 가능성이 많은 시스템에 사용된다.

automatic head lock[–lɑ́k] **자동 헤드 로크** 하드 디스크의 헤드를 고정시키는 기능.

automatic hold[–hóuld] **자동 보류** 아날로그 컴퓨터에서 과부하 상태 또는 문제 변수의 진폭 비교를 통해 자동으로 보존 상태를 유지하는 것.

automatic home page generator[–hóum péidʒ dʒénərèitər] **자동 홈페이지 생성기** 자동으로 자신의 홈페이지를 만들어 주는 사이트. 이미 만들어져 있는 입력 양식에 맞게 필요한 사항을 입력하기만 하면 자신의 이메일 어드레스로 HTML 소스 파일이 전달된다. 물론 약간의 HTML 문서 양식과 인터넷에 대한 지식이 있어야 하지만 홈페이지 제작에 관심이 있는 사용자라면 충분히 사용할 수 있다. http://ugweb.cs.ualberta.ca/~ritter/cgi-bin/hpg.html 참조.

automatic hyphenation[–hàifənéiʃən] **자동 하이픈** 단어 처리 시스템의 기능으로 하이픈이 그어진 단어 사전을 기억함으로써 자동적으로 시스템에 의해 하이픈이 그어질 수 있게 한다.

automatic indexing[–índeksiŋ] **자동 색인** 색인 작업을 컴퓨터에 의해 자동적으로 행하는 것. 다음 두 가지로 구별할 수 있다. ① 색인어를 자동적으로 추출하는 것. ② 색인지를 자동 작성하는 것.

automatic input/output channel[–ínpùt áutpùt tʃǽnəl] **자동 입출력 채널**

automatic interrupt[–ìntərʌ́pt] **자동 인터럽트** 프로그램으로의 하드웨어나 수퍼바이저(supervisor)에 의해 발생되는 개입 중단(interrupt).

automatic key generation[–kíː dʒenəréiʃən] **자동 키 생성**

automatic library call[–láibrəri(ː) kɔ́ːl] **자동 라이브러리 호출, 라이브러리의 자동 호출** 연결 편집 프로그램이나 로더(loader)가 구분 데이터 세트의 멤버에 대한 참조를 해결하기 위해 제어 부분을 처리하는 과정.

automatic loader[–lóudər] **자동 로더** (1) 자동으로 카드를 적재하는 장치. (2) 2진 종이 테이프나 대용량 기억 장치에서 첫 번째 레코드나 섹터(sector)를 적재할 수 있게 하는 프로그램으로서 특수한 ROM 속에 들어 있다.

automatic loader diagnostic[–dàiəgnɑ́stik] **자동 로더 진단**

automatic message[–mésidʒ] **자동 메시지** 전송된 메시지를 그 속에 입력된 정보에 의해 자동적으로 한 방향 이상의 반송 회로로 보내는 것.

automatic message switching[–swítʃiŋ] **자동 메시지 교환** 컴퓨터를 이용한 메시지의 자동 교환.

automatic message switching center [–séntər] **자동 메시지 교환국** 메시지 속에 들어 있는 정보를 통해 자동적으로 그 메시지를 보낼 곳을 결정해주는 교환국.

automatic navigation[–nӕvigéiʃən] **자동 항해** SQL(structured query language)과 같은 질의어, 사용자가 자신이 무엇을 원하는가 하는 것만을 명시하고 그것을 찾는 과정을 시스템이 결정하여 자동으로 데이터에 접근하는 것.

automatic numbering[–nʌ́mbəriŋ] **자동 번호 매기기** 워드 프로세싱 프로그램에서 각 장과 절, 각주, 표나 그림의 번호를 자동적으로 매겨주는 기능.

automatic ordering system[–ɔ́ːrdəriŋ sístəm] **자동 발주 시스템** 주문서의 발행과 주문 요구를 자동적으로 해주는 시스템. 재고 관리 시스템으로 정량 발주 시스템이 있는데, 그 방식의 하나로 재고량이 발주점에 도달하면 자동으로 주문서를 출력시키는 것.

automatic park[–pɑ́ːrk] **자동 파크** 전원이 꺼질 경우 하드 디스크의 헤드를 플래터(platter)의 현재 위치에서 홈으로 이동시키는 기능.

automatic parts programming system [–pɑ́ːrts próugræmiŋ sístəm] **APPS, 자동 파트 프로그래밍 시스템**

automatic plotting[–plɑ́tiŋ] **자동 도형 작성** 자료의 신속한 이해와 평가를 위해 산업과 과학의 여러 분야에서 그 결과를 도형으로 나타내는 것이 도움이 되는데, 이와 같은 목적으로 고속 컴퓨터를 이용하여 자동으로 도형을 작성하는 것.

automatic polling[–pɑ́liŋ] **자동 폴링**

automatic precision increase[–prisíʒən inkríːs] **자동 정밀도 확장**

automatic priority group[–praiɔ́(ː)riti(ː) grúːp] **APG, 자동 우선 순위 그룹** OS/VS 2에서 동일 우선 순위 레벨이 있는 한 그룹의 태스크로서, CPU와 I/O의 자원을 최적으로 이용할 수 있도록 특별한 알고리즘에 의해 지명되는 것.

automatic program interrupt[–próugræm ìntərʌ́pt] **자동 프로그램 인터럽트** 컴퓨터가 우선 순위를 결정하는 능력. 우선 순위를 갖는 동작 상태가 발생하면 한 동작을 잠시 중단하고 우선 순위를 갖는 작업을 한 후 중단된 작업을 계속한다.

automatic programming[–próugræmiŋ] **자동 프로그래밍** 컴퓨터의 하드웨어를 해독할 수 있

는 기계어의 프로그램을 자동으로 만들어내는 것의 총칭. 실제로 COBOL, FORTRAN, 어셈블러 언어 등의 프로그래밍 언어를 사용하여 프로그램을 작성하는 것이다. 소프트웨어 개발의 자동화라는 보다 넓은 의미로도 사용된다.

automatic punch[–pʌ́ntʃ] **자동 천공기** 천공 카드가 기계에서 자동적으로 이동되는 천공기.

automatic quadding[–kwɑ́(:)diŋ] **공백 삽입 편집** 한글과 한자로 구성되는 문자열에 공백을 넣어, 한자를 보기 쉽게 표시하기 위한 편집 처리.

automatic quality control[–kwɑ́liti(:) kəntróul] **자동 품질 관리** 제품의 품질을 표준값과 대비함으로써 자동으로 평가하는 기법.

automatic queue[–kjú:] **자동 대기 행렬** 프로그램의 조작 없이 후입 선출(後入先出 ; LIFO) 대기 행렬이나 또는 선입 선출(先入先出 ; IFFO) 대기 행렬을 구체적으로 나타내기 위해 설계되어 서로 연결된 일련의 특수한 레지스터의 배열. 선입 선출 대기 행렬에서는 새로 들어가는 항목은 대기 행렬의 맨 끝으로 들어가서 자동적으로 맨 끝의 빈자리로 이동된다. 반면에 맨 앞의 항목을 꺼내면 다른 항목이 자동적으로 한 자리씩 옮겨진다.

automatic ragged-right justification[–rǽgəd ráit dʒʌ̀stifikéiʃən] **자동 오른쪽 정렬** 기억 장치 내 본문의 오른쪽 끝이 자동적으로 정렬되는 것. 각 단어는 맨 마지막 글자가 가장자리에 놓이도록 정리한다.

automatic receiving[–risí:viŋ] **자동 착신** 모뎀 기능의 하나로 전화가 걸려 왔을 때 회선을 자동적으로 접속하고 정보를 얻어내는 것.

automatic reconfiguration function[–rikənfìgjuréiʃən fʌ́ŋkʃən] **자동 재구성 기능**

automatic recovery program[–rikʌ́vəri(:) próugræm] **자동 복원 프로그램** 어떤 장비의 한 부분에 고장이 발생했을 때에도 시스템은 계속 동작이 가능하도록 하는 프로그램. 이 프로그램은 보통 이중 회로를 활성화시키거나 대기 컴퓨터를 동작시키거나 하향 조정된 시행으로 모드를 전환한다.

automatic repagination[–ripæ̀dʒinéiʃən] **자동 페이지 기록** 커서 또는 입력하고 있는 문자가 한 페이지당 지정된 행수 이상이 되면 자동적으로 다음 페이지로 이동하는 기능.

automatic repeat request[–ripí:t rikwést] **재전송 정정 방식** 전송로에서 발생하는 데이터의 착오를 송신측이나 수신측에서 검출하고, 데이터의 착오가 있는 경우 재전송을 요구하며 정정하는 방식.

automatic repetition system[–repətíʃən sístəm] **자동 연송(連送) 방식** 데이터를 일정한 간격을 두고 2회 이상 자동적으로 송신하는 통신 시스템. 수신측에서는 수신 데이터의 전송 오류를 검출한다.

automatic reporting system[–ripɔ́:rtiŋ sístəm] **자동 보고 시스템** 기업체의 현안 문제, 관리자 지시 사항의 진행 과정, 사업 계획 등을 해당 실무자가 컴퓨터에 변동 사항이 발생될 때마다 입력해 둠으로써 원하는 경우 즉시 찾아볼 수 있게 한 시스템.

automatic request for repetition [–rikwést fər repətíʃən] **ARQ, 자동 재전송 요구** 데이터 전송상 착오 제어 방식의 하나. 이것은 착오 검출 코드를 이용해 수신 신호에서 착오가 검출되면 자동으로 재전송 요구 신호를 송신 착오 신호로 해서 데이터를 반복시키는 시스템이다.

automatic response service[– rispɑ́ns sə́:rvis] **ARS, 자동 응답 서비스** 우리 나라 금융 전산망의 하나로 컴퓨터와 고객의 단말기(전화기, PC, FAX 등)를 접속하여, 고객이 필요한 금융 정보나 자금 이체 등을 요구하면 컴퓨터가 처리하여 알려주는 서비스.

automatic restart[–ri:stɑ́:rt] **자동 재시동** 작업(job) 실행중 컴퓨터 시스템에 어떤 「이상」이 발생했을 때 그 작업을 다시 하지 않고, 실행중에 있던 프로그램에서 재시동하는 것. 상대어는 지연 재가동(deferred restart)이다.

automatic retransmission[–ritrænsmíʃən] **자동 재송** 회선 교환 시스템과 그것에 접속된 단말 사이의 전송 제어에서 단말로부터 시스템으로의 전송에 착오가 발생한 경우에 자동으로 전문(電文)을 재전송하는 방법.

automatic routine[–ru:tí:n] **자동 루틴** 어떤 프로그램 내에서 또는 어떤 다른 프로세스를 행하는 동안 어떤 조건이 발생했을 경우에 수동 작업과는 무관하게 수행되는 루틴.

automatics[ɔ̀:təmǽtiks] *n.* **자동화 이론** 어떤 필요 상태를 일정하게 유지하기 위해 상태의 변동을 검출하고 그것을 수정하는 것을 논리적으로 취급하는 학문의 한 분야.

automatic saving[–séiviŋ] **자동 저장** auto save라고도 하며, 편집기나 워드 프로세서로 문서 편집을 할 때 일정 시간이 경과하거나 일정 분량의 문자열이 입력되면 자동적으로 그 문서를 디스크 등에 보관하는 기능.

automatic send/receive[–sénd risí:v] **ASR, 자동 송수신 장치** 컴퓨터의 단말기에 달려 있는 장치로 데이터의 송수신 기능을 갖고 있으며, 주로 반이중(half duplex) 회선에 사용된다.

automatic sequence controlled calculator[–síːkwəns kəntróuld kǽlkjulèitər] **자동 순차 제어 계산기** 1944년에 하버드 대학의 에이킨(H. Aiken) 교수의 지도 하에 IBM 사에서 완성한 자동 계산기. 3,000개 이상의 릴레이와 톱니바퀴 및 이들을 움직이는 모터 등의 기계 부품으로 구성되어 있다. 이것은 MARK-I이라는 명칭으로 널리 알려져 있다.

automatic sequencing[–síːkwənsiŋ] **자동 순서** 사람의 개입 없이 정보를 순서대로 또는 연속적으로 연결시킬 수 있는 장치의 능력.

automatic sequential-operation[–sikwénʃəl àpəréiʃən] **자동 순차 연산** 초기 조건 또는 기타 매개변수의 조합 순서에 따라 자동 매개변수 설정 기구에 의해 방정식의 해답을 구하는 연산. 순차 연산은 경계값 문제나 시스템 매개변수의 최적화 문제의 해를 자동적으로 구하는 데 사용한다.

automatic skip[–skíp] **자동 스킵** IBM 3270 디스플레이 장치에서 보호되어 있지 않은 표시 필드의 마지막 문자 자리에 문자를 넣은 후 커서를 다음의 보호되어 있지 않은 표시 필드의 첫 문자 자리로 재이동시키는 기능.

automatic start[–stáːrt] **자동 실행** (1) 하드웨어적으로는 전원 스위치를 켜면 아무런 조작이 없이도 시스템이 자동적으로 시동하는 것. 소프트웨어적으로는 어떤 하나의 명령에 의해서 그 명령에 이어지는 복수의 명령을 자동적으로 수행해주는 것. (2) 윈도에서 어떤 매체가 들어왔는지를 자동으로 감지해서 매체를 재생시키는 기능. 오디오 CD를 집어넣는 즉시 자동으로 실행되거나 프로그램 설치가 자동으로 진행되기도 한다.

automatic stop[–stáp] **자동 정지** 오류가 검색 장치에 의해 발견되면 컴퓨터 처리 작업이 자동적으로 중지되는 것.

automatic storage[–stɔ́ːridʒ] **자동 기억 장소** PL/I 언어에서 자동적 변수에 대한 기억 장소. 내부 기억 장소의 일종으로 정의된 프로시저 안에서만 조회된다.

automatic storage allocation[–æ̀ləkéiʃən] **자동 기억 할당** 데이터 대상물에 대하여 공간을 할당하는 구조이며, 그 데이터 대상물의 유효 범위의 실행 사이에만 할당되는 것. 자동 기억 할당은 동적 기억 할당의 일종이며, 이용자의 요구에 의해 제어되는 기억 할당이다.

automatic switching[–swítʃiŋ] **자동 전환** 온라인 시스템에서 컴퓨터의 고장에 대비하여 미리 고장을 탐지하는 장치를 설치하고, 고장 발생시 자동적으로 즉시 예비 컴퓨터(stand-by computer)로 자동 전환하는 기능.

automatic switching center[–séntər] **자동 교환 센터** 전자적인 방법을 사용해 숫자화된 데이터의 전달을 위해 설계된 통신소.

automatic switchover[–swítʃòuvər] **자동 전환** 온라인 기계가 잘못 작동되는 것을 탐지해낼 수 있는 대기 기기를 갖는 운영 체제로 일단 오동작으로 판단하면 그 작업을 대기 기기가 대신한다.

automatic tape library[–téip láibrəri(ː)] **ATL, 자동 테이프 라이브러리**

automatic tape punch[–pʌ́ntʃ] **자동 테이프 천공기** 중앙 처리 장치에서 또는 데이터 전송 회선을 거쳐 전송되어 온 신호에 의해 자동적으로 동작하는 테이프 천공기.

automatic tape transmitter[–trænsmítər] **자동 테이프 천공기** 컴퓨터 입력 장치를 위해 종이나 자기 또는 마일러 테이프의 데이터를 판독하여 테이프를 천공, 주입, 제어 그리고 감는 작업을 해주는 주변 장치. 때로는 프린터, 플로터, 카드 천공기 또는 전송 모뎀을 운전하는 데도 사용된다.

automatic task initiation[–tǽːsk iniʃiéiʃən] **자동 태스크 개시**

automatic teller machine[–télər məʃíːn] **ATM, 자동 창구기, 자동 텔러머신, 자동 예금 지급기** 은행 출납계(teller)의 역할을 기계화한 은행의 온라인 시스템의 단말 장치(terminal)의 하나이며, 각 지점에 몇 대씩 설치되어 고객이 직접 조작하여 현금의 예입/지불, 송금 등이 가능하도록 한 기계. 대형 은행에서는 몇 천 대씩의 ATM이 통신 회선을 중개하여 중앙의 대형 컴퓨터에 연결시켜 고객의 요구를 「기다리고 있는 사이에」 실시간(real-time)으로 처리되는 구조로 되어 있다.

automatic test[–tést] **자동 검사**

automatic test generation[–dʒènəréiʃən] **자동 검사 생성** 알고리즘과 경험적 루틴을 제공하는 컴퓨터 프로그램을 사용하여 특정 입력 시험 데이터를 계산해내는 과정. 자동 시험 양식 생성(ATPG)이라고도 한다.

automatic ticket-examination[–tíkət igzæ̀minéiʃən] **자동 개찰** 철도 등의 개찰을 자동화한 시스템. 자기(磁氣) 승차권을 투입구에 넣으면 승차 때에는 그 유효성을 판정해서 유효일 때는 승차권을 내주어 문을 통과시키고, 무효일 때는 문을 닫고 경보를 낸다. 하차할 때에도 같은 식으로 판정을 하며 유효할 경우 승차권은 개찰기에 회수된다.

automatic timed recall[–táimd rikɔ́ːl] **자동 간격 소환** 미리 예측하여 정해놓은 시간 내에 수신처로 보낸 호출에 대한 응답이 없을 때 이러한 응답을 대기하고 있는 곳으로 자동적으로 알리는 것.

automatic tracking[-trǽkiŋ] **자동 추적** 자동 제어에서 목표값이 시간적으로 임의의 변화를 일으킬 경우의 제어로 추종 제어라고도 한다. 예를 들면, 제트기에 레이더를 자동적으로 추종시키도록 사전에 동작이 정해져 있지 않은 경우에 대한 것이다.

automatic traffic control[-trǽfik kəntróul] **자동 교통 제어**

automatic upshift[-ʌ́pʃìft] **자동 상단 시프트** IBM 3270 디스플레이 장치에서 숫자 표시 필드에 커서가 들어가면 자동적으로 데이터 입력형의 키보드에 시프트 또는 숫자 키가 사용되는 기능.

automatic variable[-vέ(ː)riəbl] **자동 변수** 하나의 블록에서만 유효한 변수로서 그 블록이 실행되는 동안에만 유효하다.

automatic verifier[-vérifàiər] **자동 검공기(檢孔機)** 카드 검공을 위해 이용되는 천공 카드 검색 기기.

automatic voltage regulator[-vóultidʒ régjulèitər] **AVR, 자동 전압 조정기** ⇨ AVR

automatic volume recognition [-váljum rekəgníʃən] **AVR, 자동 볼륨 인식 기능** 작업 단계에서 어떤 볼륨을 필요로 하기 전에 조작원이 유효한 입출력 장치에 레이블이 붙은 볼륨을 장치할 수 있는 기능.

automatic volume switching[-swítʃiŋ] **자동 볼륨 전환** 둘 이상의 볼륨에 전하는 순차 데이터 세트(data set)에 접근하거나 다른 볼륨에 기억된 연결 데이터 세트에 접근하는 기능.

automatic warehouse control[-wέərhàus kəntróul] **자동 창고 제어** 상품 등의 창고 출입이 컴퓨터 제어에 따라 자동적으로 행해지는 것으로 패킷 선택과 이동은 컴퓨터로 제어되는 스태커(stacker)와 크레인으로 행해져 패킷에 적재되는 경우가 많지만, 약품 같은 소형인 것은 스태커에서 패킷으로의 적재도 자동적으로 행해져 완전 무인화된 것도 있다.

automatic wiring[-wáiriŋ] **자동 결선 방식** 아날로그 컴퓨터의 배치 보드(batch board)식 프로그램 대신에 아날로그 연산기 사이의 접속에 전자 스위치를 이용하여 자동 결선을 실현하고 시스템의 높은 신뢰도와 유연성의 증진을 목표로 한 방식.

automation[ɔ̀ːtəméiʃən] *n.* **자동화** 노동력에 의존하고 있던 생산 활동에 「기계력」을 도입해가는 과정과 프로세서를 자동적인 수단에 의해 행할 수 있도록 하는 과정의 총칭. 최근에는 컴퓨터가 자동화의 중심이 되어 온 것에서 비롯하여 자동화가 컴퓨터화(computerization)와 같은 의미를 갖는 경우가 있다. 우리 주변에 가장 가까이 있는 자동화의 예로는 사무자동화(OA)를 들 수 있다. 워드 프로세서, PC, 오피스 컴퓨터 등을 LAN으로 연결하는 등 사무실 내의 사무 작업을 자동화한다. 또 공장 내의 생산 공정에 "로봇"을 도입하는 등 자동화해가는 것을 공장 자동화(FA)라고 한다. 이외에도 사무 합리화를 목적으로 한, 병원 내의 자동화(HA ; hospital automation) 같은 「HA」이지만 마이크로컴퓨터 등을 가정 생활에 응용해가는 홈 오토메이션(home automation) 등 모든 분야로 퍼져가고 있다. ⇨ 그림 참조

automation design[-dizáin] **자동 설계** 필요한 조건과 요소, 수치 등을 컴퓨터에 입력시키고 변동 요인 등을 고정시킨 후에 구하는 대상물을 미리

〈종합 자동화 시스템 전경〉

알아볼 수 있도록 정형화된 순서와 계산식에 따라 설계하는 것.

automaton[ɔːtámətən] *n.* **자동 기계, 오토머턴** 인간의 지능적 동작을 흉내내거나 미리 설계된 프로그램이나 자극 또는 신호에 대해 자동으로 반응하도록 설계된 기계. 섀넌(C.E. Shannon)의 통신 이론 체계화에 따른 정보 이론을 기초로 하고 있다. 복수형은 automata.

auto-mode secure terminal[ɔ́ːtou móud sikjúər tə́ːrminəl] **자동식 안전 단말** 전화 통신에 사용되는 방식으로 키보드나 카세트 재생에 의해 입력된 데이터는 평문으로 간주하고 암호화한 후 전화 송신기로 보낸다. 그러나 화면이나 프린터, 카세트 기기에서 받은 데이터는 암호문으로 간주하여 해석한 다음에 화면이나 프린터, 카세트 기록 채널에 평문으로 나타낸다. 이런 방식 하에서 전화 통신이 이루어지면 양끝에서는 평문의 결과가 나온다.

automonitor[ɔ̀ːto(u)mánitər] **자동 감시자** 컴퓨터에게 컴퓨터가 행하는 정보 처리 작업을 기록하도록 지시하는 것. 또는 위와 같은 목적을 수행하는 프로그램.

automonitor routine[–ruːtíːn] **자동 감시자 루틴** 컴퓨터 수행중 어떤 프로그램의 종류에 관한 기록을 담당하는 특별한 감속 프로그램.

automotive computer[ɔ̀ːtəmóutiv kəmpjúːtər] **자동차 내장 컴퓨터** 자동차에 내장되어 있는 마이크로컴퓨터를 말하며, 속력 · 주행 거리 · 연료 · 축전지 전압 · 냉각수의 온도 등을 점검하고 제어하는 데 사용된다. 연료 관리를 위해 매 순간마다 연료 소비량과 평균 소비량, 사용된 양과 남아 있는 양, 그리고 다 소모될 때까지의 시간과 주행 거리를 알려주는 시스템을 가진 것도 있다.

AUTONET 오토넷 부가 가치 통신망(VAN) 서비스의 일종. 미국 ADP(Automatic Data Processing) 사가 제공하는 VAN 서비스로 1980년에 시작하였다. 9,600비트/초 이하의 데이터 전송 속도를 지원하는 패킷 교환망(packet switching network)이며, 전화 회선, 전용선, X.25 인터페이스 장치 등으로부터 호스트 컴퓨터나 단말 장치를 AUTONET에 접속한다.

auto-network shutdown[ɔ́ːtou nétwə̀ːrk ʃʌ́tdàun] **자동 네트워크 차단**

autonomous devices[ɔːtánəməs diváisiz] **자율 장치** 중앙 처리 장치, 기억 장치, 입력 장치, 출력 장치들로 구성된 컴퓨터 시스템에서 각 장치들은 다른 장치들과는 무관하게 동작하므로 자율 장치라고 한다.

autonomous operation[–àpəréiʃən] **독립 조작**

autonomous system[–sístəm] **자율 시스템**

autonomous working[–wə́ːrkiŋ] **자율 작업** 컴퓨터나 자동 시스템에서 시스템 내의 다른 부분에서 행해지는 작업과는 무관하거나 분리될 수 있는 부분을 시작하고 수행하는 것. 여러 데이터에 대해 행해지는 독립적인 작업들은 그들 자신만이 감시할 수 있다.

auto-park[ɔ́ːtou páːrk] **자동 대피** 컴퓨터에서 사용되는 하드 디스크의 기능 가운데 하나로 전원이 꺼질 때 자동으로 하드 디스크의 헤드를 사용하지 않는 영역으로 후진시키는 것. 하드 디스크는 충격을 받으면 디스크 표면과 헤드가 충돌하여 고장이 날 수 있으므로 전원을 끄기 전에 항상 헤드를 대피시켜야 한다. 자동 대피 기능이 있는 하드 디스크는 사용자가 특별히 명령을 내리지 않아도 자동으로 대피하므로 편리하다.

Auto PC 오토 PC 1998년 1월에 마이크로소프트사가 발표한 차량 탑재 단말용의 사양. 구체적으로는 윈도 CE를 기반으로 카 오디오나 내비게이션 기능, 개인 데이터, 전자 우편 등을 취급하고 있다. 이것에 대항해서 기존의 자동차 업체인 GM, 르노, 도요타, 크라이슬러 등과 한국 미국 일본 유럽의 8사는 마이크로소프트웨어의 독점을 경계하여 기업 컨소시엄 「AMIC」를 발족했다. 여기에는 자동차 정보 기능의 Wintel화를 저지하려는 목적이 있다.

auto-pilot[–páilət] **오토 파일럿** 통신 소프트웨어 등에서 네트워크에 접속한 후 자동으로 조작되도록 한 기능. 조건 분기나 외부 프로그램의 시동 등 고도의 기능을 갖춘 경우도 있다. 대부분 부가 요금을 절약하기 위해 사용된다. 오토 파일럿은 통신 소프트웨어에 딸려 있는 매크로 언어(명령)를 사용하여 작성한다. 최근에는 사용자가 원하는 조작 순서를 간단히 자동화할 수 있는 유틸리티도 나와 있다.

AutoPlay[ɔ́ːtoupléi] **오토플레이** 윈도 95/98/NT 등에서 CD-ROM에 CD-ROM 타이틀을 넣으면 CD-ROM 타이틀 안에 있는 프로그램이 자동으로 실행되는 기능. 윈도는 CD-ROM 타이틀에서 autorun.inf라는 파일을 발견하면 자동적으로 실행된다.

auto-polling[–páliŋ] **자동 폴링** 미리 정해진 프로그램이나 순서에 따라 작업 장치 사이의 자동 전송이 이루어지게 하는 장치를 갖춘 공동 회선 형태의 회로.

auto power-off[–páuər ɔ̀(ː)f] **오토 파워 오프** 배터리로 구동되는 노트북 PC 등에서와 같이 전력 소비를 억제하기 위해 일정 시간 조작이 없으면 전원이 자동으로 꺼지는 구조.

auto rebuild[–riːbíld] **하드 디스크의 자동 재구축** 시스템의 전원을 끌 필요 없이, 서버를 이용하고 있는 사용자에게는 고장을 알릴 필요 없이 스스로 복원한다. ⇨ disk array

auto recalculation[–riːkǽlkjulèiʃən] **자동 재계산** ⇨ recalculate

auto regressive model[–rigrésiv mάdəl] **자기 회귀(自己回歸) 모델** 정상 확률 과정 모델의 하나. 선형 미분을 행하는 것과 백색 잡음으로 된 것. 예를 들면, 영상 처리에 따른 텍스처 해석을 위해 사용된 각 화소의 농도를 근방점(近傍點) 농도 선형 결합과 자기 잡음의 합으로 나타낸다.

auto-repeat[–ripíːt] **오토리피트** 컴퓨터나 단말기의 키보드의 키를 장시간 누르고 있으면 자동적으로 그 키를 계속 빠른 속도로 여러 번 누른 것과 같이 입력되는 것. 예컨대 커서 이동 키와 같은 것은 오토리피트 기능이 있으면 편리하다.

auto-report function[–ripɔ́ːrt fʌ́ŋkʃən] **자동 보고서 작성 기능**

auto-restart[–riːstάːrt] **자동 재시동** 컴퓨터 시스템이 장비의 고장이나 정전 등으로 동작이 정지되었다가 자동으로 다시 시스템을 부트하여 작업을 계속할 수 있는 기능.

auto retract[–ritrǽkt] **오토 리트랙트** 하드 디스크를 가동시키다가 전원을 끄면 미디어와 헤드가 접촉하여 데이터가 파괴되는 경우가 있다. 이것을 방지하기 위해 키 조작이나 명령으로 하드 디스크 안의 헤드를 안전한 위치로 이동시키는 것을 리트랙트라고 하고, 데이터에 접속하고 있지 않을 때 자동으로 리트랙트를 행하는 것을 오토 리트랙트라고 한다. 이 때의 안전한 위치를 시핑 존(shipping zone)이라고 하는데, 이 때문에 오토 시핑이라고도 한다. ⇨ retract

auto save[–séiv] **자동 저장** 워드 프로세서 등에서 편집중인 파일을 일정 시간마다 자동 저장함으로써 갑작스러운 시스템 다운이 일어날 경우 피해를 최소화하는 기능. 데이터 베이스, DTP 소프트웨어 등에서도 많이 쓰인다.

auto scroll[–skróul] **자동 스크롤** 원하는 키를 누르면 화면의 스크롤이 시작되고 중지 키를 누르면 계속되는 기능. ⇨ scroll

autostart routine[ɔ́ːtoustάːrt ruːtíːn] **자동 시작 루틴** 전원이 들어오거나 리셋되었을 때 시동되는 프로그램. AUTOEXEC.BAT 등이 여기에 해당된다.

auto-stop[ɔ́ːtou stάp] **자동 정지** 천공 테이프를 송신할 때 테이프의 절단이 생기지 않도록 관련 기기의 동작에 맞추어 자동적으로 송신을 정지시키는 것.

auto-warehouse[–wέərhàus] **자동 창고** 창고 관리를 컴퓨터에 의해 자동적으로 관리하도록 설계된 창고. 창고 선반에 주소를 붙이고 컴퓨터로 이를 기억시켜 저장물의 수불을 전용 크레인에 의해 자동적으로 제어하는 것.

A/UX 애플 유닉스 미국의 애플 사에서 개발한 매킨토시 컴퓨터용의 유닉스 운영 체제.

auxiliary[ɔːgzíljəri(ː)] *a.* **보조의** 하드웨어, 소프트웨어에 「보조적」, 「이차적」인 기능, 장치, 조작 등에 사용된다.

auxiliary block[–blάk] **보조 블록**

auxiliary carry[–kǽri(ː)] **보조 자리올림**

auxiliary console[–kάnsoul] **보조 콘솔** 주된 콘솔 이외의 콘솔.

auxiliary control unit[–kəntróul júːnit] **보조 제어 장치**

auxiliary data[–déitə] **보조 데이터** 다른 데이터들과 연관되어 있는 데이터로 주데이터 가운데 일부를 구성하고 있는 데이터. 어떤 하나의 처리를 행하는 데 반드시 필요한 것은 아니지만 간접적으로 필요한 데이터. 정확도를 높이기 위해 사용된다.

auxiliary data base[–béis] **보조 데이터 베이스** 이질 분실 데이터 베이스 시스템인 멀티베이스(multibase)에서 발생되는 충돌을 해결하기 위한 수단으로서 시스템이 정상적으로 작동할 때 데이터의 이름과 규모의 변화뿐만 아니라 구조적이고 추상적인 충돌을 조정하기 위해 보조적으로 사용되는 데이터 베이스. 멀티베이스를 접근할 수 있는 각 사이트에 저장된다.

auxiliary data station attachment[–stéiʃən ətǽtʃmənt] **데이터 장치 접속 기구**

auxiliary directory[–dírektəri(ː)] **보조 디렉토리**

auxiliary equipment[–ikwípmənt] **보조 장치** 컴퓨터의 중앙 처리 장치와 직접 또는 간접으로 통신할 수 있는 주변 장치들. 예컨대 천공 카드, 자기 테이프, 디스크, 드럼 등이다.

auxiliary function[–fʌ́ŋkʃən] **보조 기능** 공작 기계 중 제어에서 워크 피스나 커터 등의 제어를 제외한 기능. 윤활이나 냉각 등의 제어는 전형적인 보조 기능이다.

auxiliary input device[–ínpùt diváis] **보조 입력 장치** 컴퓨터의 중앙 처리 장치와 직접적으로 접속되지 않은 입력 장치.

auxiliary input-output statement[–άutpùt stéitmənt] **보조 입출력문**

auxiliary keyboard[–kíːbɔ̀ːrd] **보조 키보드**

auxiliary memory[–méməri(ː)] **보조 기억 장**

치 컴퓨터로 제어되고 자동적으로 이용되나 컴퓨터 시스템에서 중앙 처리 장치에 의해 직접 사용되지 않는 정보들을 저장하기 위한 기억 장치. 다량의 데이터를 파일할 때 사용한다.

auxiliary operation[–àpəréiʃən] **보조 조작** 컴퓨터의 CPU에 직접 연결된 주기억 장치가 아닌 디스크, 테이프 등의 보조 기억 장치. 2차 기억 장치라고도 한다.

auxiliary output device[–áutpùt diváis] **AOD, 보조 출력 장치** 출력 장치 중에서 카세트 자기 테이프, 라인 프린터, 고속지(종이) 테이프 천공기, 고속 직렬 프린터 등을 가리킨다.

auxiliary power[–páuər] **보조 전원**

auxiliary problem[–prábləm] **보조 문제** 주어진 문제를 그래프로 나타낼 때 노드의 내부적 구조에 휴리스틱 정보를 연관시켜 표현한다. 해결해야 할 문제를 그래프로 나타낼 때 이 그래프에 여분의 마크를 첨가함에 따라 변형된 그래프를 만들 수 있으며, 이렇게 변형된 그래프에 대응되는 문제를 보조 문제라고 한다.

auxiliary processor[–prásesər] **보조 프로세서** 주프로세서에 종속되어 작동하는 프로그램이 가능한 마이크로프로세서 등을 가리킨다. 배열 처리나 입출력 처리용으로 사용된다. 연계 편집기(linkage editor) 등이 그 예이다.

auxiliary right[–ráit] **보조 권한** 능력에 기초를 둔 상당히 융통성 있는 보호 시스템인 HYDRA에서 객체의 정의가 HYDRA에 알려질 때, 그 객체 형태에 보조 권한은 어떤 형태의 한 실례에 대한 능력에 기술될 수 있다.

auxiliary routine[–ruːtíːn] **보조 루틴** 컴퓨터의 조작이나 프로그램의 디버그(debug)를 돕는 기능을 갖춘 각종 루틴.

auxiliary schema[–skíːmə] **보조 스키마** 이질 분산 데이터 베이스 시스템에서 멀티베이스를 구성하는 데이터 베이스 관리 시스템에 저장되지 않고 멀티베이스의 제어를 받는 보조 데이터 베이스에 저장되는 데이터를 기술하는 스키마.

auxiliary storage[–stɔ́ːridʒ] **보조 기억 장치** 주기억 장치(main storage)와 대비되는 경우가 많다. 고속이기는 하지만 주기억 장치의 「기억 용량」을 보충하기 위한 2차적인 기억 장치. 예를 들면, 자기 테이프나 자기 디스크를 말한다. 주기억 장치의 기억 용량의 부족을 보충한다는 의미가 강하다. 2차 기억 장치(secondary storage)와 같은 뜻으로 사용되는 경우가 있다. 또 중앙 처리 장치의 바깥쪽에 위치한다는 의미에서 외부 기억 장치라고도 한다. 이 경우, 주기억 장치는 내부 기억 장치(internal storage)라 할 수 있다. 자기 드럼, 자기 디스크, 자기 자료 셀 등이 그 예이다. ⇨ 그림 참조

[주] ISO에서는 "외부 기억 장치"의 의미로는 사용하지 않는 편이 좋다고 되어 있다.

auxiliary storage area[–έ(ː)riə] **보조 기억 장치 영역**

auxiliary storage management[–mǽnidʒmənt] **ASM, 보조 기억 장치 관리** 보조 기억 장치에 파일을 저장하기 위해 공간을 할당하거나 삭제시키는 관리.

auxiliary storage manager[–mǽnidʒər] **ASM, 보조 장치 관리자** 실기억 장치(real memory)와 직접 액세스 장치 간에 페이지를 이동시키는 기능을 담당한다. 이런 작업은 한 번에 한 페이지씩 이루어지거나 한 번에 한 태스크(task)씩 이루어진다.

AV **사용 가능한, 입수 가능한** available의 약어. 이

〈대형 컴퓨터에 사용하는 보조 기억 장치(마그네틱 테이프)〉

용 가능 상태에 있는 것. 예컨대 데이터 버스나 주소 버스에 송출되고 있는 신호가 이용 가능한 상태, 즉 유효한 상태임을 나타내는 것.

availability[əveiləbíliti(ː)] *n.* **가용성, 사용 가능도, 가동률** 컴퓨터 시스템 등이 이용자의 입장에서 보아 어느 정도 사용할 수 있는가 하는 것을 표시하는 것. 컴퓨터 자체가 작동 상태(operational)라고 해도 그 전체 시간을 온전히 이용자가 「사용할 수 있다」고는 할 수 없다. 즉, 보수도 필요하며 고장이 날 때도 있다. 그래서 전사용 가능 시간에서 어떤 사유로 "사용 불능"이 된 시간을 뺀 값을 전사용 시간으로 나눈 것을 가용성이라고 한다. 이 가용성을 가동률(operation ratio)과 같은 뜻으로 사용하는 경우도 있다. 또 「사용 가능 시간」을 업타임(uptime)이라고 한다.

$$가용성 = \frac{(사용가능기계시간 - 보수고장수리시간 - 기술개량시간)}{사용가능기계시간}$$

availability check[–tʃék] **가용성 검사**

availability control[–kəntróul] **가용성 제어**

availability criteria[–kraitíriə] **사용 가능도 기준**

availability cycle[–sáikl] **가능 사이클**

availability model[–mádəl] **가용성 모델** 가용성을 예상하거나 평가하는 데 사용되는 모델.

availability notice[–nóutis] **사용 가능 안내**

availability ratio[–réiʃiou] **가용률** 정상적인 유지 보수 시간, 백업 시간, 서비스 가능 시간 대 고장 시간 전체에 대한 총 서비스 시간의 비율.

available[əvéiləbl] *a.* **사용 가능한, 입수 가능한** 컴퓨터나 기기류 등이 「사용 가능」한 상태에 있는 것을 표시하는 형용사. 반대로 이용자의 입장에서 「사용할 수 없는」 상태에 있는 경우는 「사용 불가능(unavailable)」이라고 한다. 무엇인가를 「사용 가능하게 하다」로 "to make available~"이 자주 쓰인다. 또 이용 가능 자원(available resource), 이용 가능 시스템(available system), 사용 가능 대기 행렬(available queue) 등 컴퓨터의 하드웨어, 소프트웨어의 각종 대상물을 형용하는 데 쓰인다.

available blocking factor[–blákiŋ fǽktər] **사용 가능 블로킹 계수**

available frame count[–fréim káunt] **사용 가능 프레임 수** VM/370이나 OS/VS 2에서 재할당을 위해 사용되는 프레임의 수.

available list[–líst] **유효 목록** 기억 장치나 입출력 장치 등 컴퓨터 시스템의 자원 중에서 「사용 가능」한 요소를 목록화한 것을 가리킨다. 운영 체제 등이 「자원」을 할당할 때 사용한다.

available machine time[–məʃíːn táim] **사용 가능 기계 시간** 사용 유무에 관계없이 컴퓨터가 동작 상태에 있는 동안 경과한 시간.

available page queue[–péidʒ kjúː] **사용 가능 페이지 대기열** VM/370이나 OS/VS 2에서 실기억 장치를 태스크로 배당할 수 있는 페이지의 대기 행렬.

available resource[–risɔ́ːrs] **이용 가능 자원**

available space[–spéis] **이용 가능 공간, 사용할 수 있는 기억 영역**

available space list[–líst] **가용 공간 목록** 사용 가능한 기억 장치의 블록들을 모아서 만든 목록.

available storage list[–stɔ́ːridʒ líst] **가용 기억 공간 목록** 감시 프로그램의 기억 공간 할당 작업을 위해 사용되지 않는 기억 장치의 블록들을 모아서 대기 행렬이나 체인 형태로 만든 목록.

available system[–sístəm] **이용 가능 시스템**

available time[–táim] **사용 가능 시간, 가용 시간** (1) 컴퓨터 시스템에서 고장 없이 사용할 수 있는 시간. 사용 가능 시간은 유휴 시간과 가동 시간으로 이루어지며, 가동 시간은 개발 시간, 생산 시간, 복원 시간 등이 포함된다. 사용 불가능 시간(unavailable time)의 상대어. (2) 특정 이용자가 컴퓨터를 자유로이 사용할 수 있는 시간.

available unit queue[–júːnit kjúː] **사용 가능 단위 대기 행렬**

avalanche breakdown [ǽvəlɑ̀ːntʃ bréikdàun] **사태 급강하** 트랜지스터에서 역바이어스가 크게 걸려서 출력 전류가 갑자기 크게 증가하는 현상.

avalanche effect breakdown[–ifékt bréikdàun] **애벌란시 항복(降伏)** 항복 전압에 가까운 충분한 크기의 역바이어스를 반도체 접합부에 가했을 때 넓어진 공핍층에서 캐리어가 높은 전계(電界)에 의해 가속되고, 원자와 충돌하여 눈사태와 같이 새 캐리어가 생성되어 전류가 증배되는 현상.

avalanche photodiode[–fòutoudáioud] **APD, 애벌란시 포토다이오드** 애벌란시 포토다이오드는 내부에 광전류의 증폭 기구(增幅機構)를 가진 포토다이오드(PD)로서 광전송에서 광검파기로 널리 사용된다. 비교적 저속의 핀(pin)-PD에 대하여 APD는 고속 펄스 전송용 광검파기로서 적합하다. 1966년에 APD 동작이 발견된 이래 광섬유 전송의 진전에 따라 규소(Si)와 게르마늄(Ge)을 시작으로 하여 최근에는 Ⅲ-Ⅴ족 반도체에 의한 APD의 연구가 진행되고 있다. APD의 광전류 증폭 작용은 반도체 PN 접합에 높은 역방향 바이어스 전압을 인가할 때 생기는 항복 현상(降伏現象)에 의한 것이다. 반도체에 높은 전계(電界)를 인가하면 전자와 정공은 전계에서 가속되어 높은 에너지를 얻어 다른 원자에 충돌하여 새로운 전자-정공대가 발생된다. 이것이 점차로 「눈사태」처럼 일어남으로써 전류가 증가하게 된다. 이것을 전자 사태 증폭이라고 부른다. 전자 사태 증폭 과정은 전자와 정공의 단위 길이당 충돌 횟수로서 기술된다. APD는 광전송에서 검파기로서 특히 100Mb/s 이상의 펄스 전송에서 널리 사용되고 있다. 실용적인 APD로는 규소와 게르마늄이 있으며 각각 0.85μm 대(帶), 1~1.6μm 대의 광검파기로 사용되는데, 현재 InGaAs, InGaAsP, AlGaAsSb 등 화합물 반도체를 사용하여 규소와 게르마늄에는 없는 장점을 가진 APD의 실현을 목표로 연구가 진전되고 있다. APD의 기본적인 구조는 PD와 같은데, 대단히 높은 전계가 인가되기 때문에 접합면 내에서 불균일한 것이 있고, 부분적인 전자 사태 항복을 나타내는 경우가 있다. 특히 접합 부분에서 일어나기 쉬운데, 이것을 방지하기 위하여 보호 링(guard ring)이 설치되어 있다. APD의 구조적인 특징은 반드시 접합부의 전자 사태 항복을 막는 기구가 설치되어야 한다는 점이다. 또한 결정의 불량 여부, 접합의 불균일 등도 APD의 안정한 동작에 관계되며, 결정 성장 및 소자 제작에서는 세심한 주의가 필요하다. 양자 효율 응답 속도 증가에 수반된 잡음 등의 특성도 고려하여 설계되어야 한다.

avantgo 아방고 PDA(개인 휴대 단말기)에서도 웹 사이트를 볼 수 있게 변환해주는 프로그램. 아방고 사이트에 웹 사이트를 등록해 놓으면 아방고 프로그램이 해당 웹 사이트 정보를 PDA에서 볼 수 있는 형식으로 바꿔준다.

Avatar 아바타 채팅은 PC 통신이나 인터넷을 자주 사용하는 사람에게 가장 인기있는 서비스이다. 최근 들어 이 채팅 서비스에도 큰 변화가 일고 있다. 과거 단지 ID로 채팅 대화방에 참여하던 네티즌들이 2, 3차원 채팅 서비스가 등장하면서 ID와 함께 독자적인 사이버 캐릭터를 갖고 네티즌과 사이버 공간에서 만나는 경우가 많아졌다. 이를 가리켜 아바타라고 부른다. 아바타는 대화를 하면서 상대방의 특징적인 모습을 볼 수 있고 이를 움직여 다른 장소로 이동할 수도 있다. 자신의 사진으로 직접 제작할 수도 있고 자신이 좋아하는 캐릭터를 대신 사용하기도 한다. 원래 아바타는 인도 신화에서 유래한 것으로 신이 인간 세상으로 내려올 때 밖으로 드러내는 모습을 말한다. 영어로는 구현, 구체화라는 뜻으로 사용되고 있다.

AVCC audio, visual, computer, communication의 약어. 오디오 음성, 비주얼 영상, 컴퓨터 디지털화, 통신 네트워크의 결합을 의미하며 전자 산업과 기술의 목표 방향을 나타낸다.

average [ǽvəridʒ] *n.* **평균** 평균에는 산술 평균, 기하 평균, 조화 평균 등이 있는데 보통 산술 평균을 말할 때가 많다. 컴퓨터에서도 「평균」을 표시하는 형용사로서 여러 경우에 쓰여진다. 대상에 따라서는 「평균의(mean)」란 의미로 쓰이는 경우도 있다. 「시간」, 「길이」, 「크기」의 「평균」 외에 평균적 프로그램(average program)으로 사용하기도 한다.

average absolute value [–ǽbsəlùːt vǽljuː] **절대값 평균**

average access time [–ǽkses táim] **평균 접근 시간** 자기 디스크, 자기 드럼이 1/2회전하는 데 걸리는 시간. 즉, 목적 정보의 기록 장소가 회전하는 디스크의 자기 헤드 바로 아래에 있으면, 대기 시간 없이 읽고 쓰기가 가능하며, 통과 직후라면 1회전분의 대기가 필요하다.

average arrival rate [–əráivəl réit] **평균 도착률** 단위 시간중의 도착 비율. 도착률이라고도 한다.

average block length [–blák léŋkθ] **평균 블록 길이**

average calculating operation [–kǽlkjulèitiŋ àpəréiʃən] **평균 계산 작업** 두 개의 덧셈과 한 개의 곱셈, 또는 좀더 일반적으로 여러 개의 덧셈과 하나의 곱셈 등으로 계산하는 데 걸리는 시간 등 여러 컴퓨터 기종들의 계산 속도의 측정 및 표시 기준으로 사용되는 대표적인 연산의 일종.

average-case analysis [–kéis ənǽlisis] **평균 케이스 해석**

average-case complexity [–kəmpléksiti(ː)] **평균 복잡도** 가능한 모든 입력에 대한 알고리즘 복잡도의 평균값.

average data transfer rate [–déitə trænsfə́ːr réit] **평균 데이터 전송률** 단어들, 블록들, 레코드들 간의 간격을 포함한 상대적으로 긴 시간 동안 채널을 통한 데이터의 전송 속도. bps(bits per second) 단위로 표시하며, 초당 몇 비트를 전송하였는가를 나타낸다.

average detector [–ditéktər] **평균값 검출기**

average-edge line [–é(ː)dʒ láin] **평균 가장자리 선** 광학 문자를 인식할 때 원하는 형태를 얻기 위해 인쇄되었거나 손으로 쓴 문자 형태를 추적하고 부드럽게 하는 가상의 선.

average effectiveness level [–iféktivnəs lévəl] **평균 효율성** 컴퓨터의 총사용 시간에서 고장 등에 의한 손실 시간의 합계를 빼고 그 차를 총사용 시간으로 나누어 산출한 백분율.

average error [–érər] **평균 오차**

average frequency of a modulated signal [–fríːknsi(ː) əv ə mádʒulèitəd sígnəl] **변조파 평균 주파수**

average information content[–ìnfərméiʃən kántent] **평균 정보량** 제한된 완전 사상계 중에서 어떤 사상이 발생했는가를 앎으로써 전해지는 정보 측도의 평균값. 수학적으로는 확률 $p(x_1)$, …, $p(x_n)$인 사상 집합 x_1, …, x_n에 대한 엔트로피 $H(x)$는 개개의 사상 정보량 $I(x_1)$의 기대값(평균값)과 같다.
[주] 완전 사상계란, 그것을 구성하는 사상이 서로 배반이며, 모든 사상의 합집합이 전 사상과 일치하는 사상계를 말한다.

average information rate[–réit] **평균 정보율** 단위 시간당의 평균 엔트로피. 수학적으로는 이 속도 H^*는 평균 엔트로피 H'를 문자 집합 x_1, …, x_n에 대한 x_i의 시간 길이 r_1의 기대값 r로 나눈 것이다.
[주] 평균 정보량은 사논(Shannon)/초 등의 단위로 표현된다.

averageing out[ǽvəridʒiŋ áut] **평균값** 의사 결정 트리에서 기회 분기점의 기대값을 구하기 위하여 기회 분기점마다 평균을 내는 과정.

average load[ǽvəridʒ lóud] **평균 부하**

average maximum demand[–mǽksiməm dimǽ:nd] **평균 최대 수요**

average memory access time[–méməri(:) ǽkses táim] **평균 메모리 접근 시간** 기억 장치가 주소와 판독/기록 명령을 받은 후부터 그 명령을 완료하기까지의 평균 시간 간격.

average method[–méθəd] **평균법** 종합 지수를 계산할 때 비례 계산을 먼저 하여 평균을 내는 방법, 즉 각 품목별로 먼저 개별 지수를 구한 다음에 개별 지수의 합을 구해, 매 시점마다 산술 평균이나 기하 평균으로 평균 지수를 구하게 된다.

average mutual information[–mjú:tʃuəl ìnfərméiʃən] **평균 상호 정보량**

average operation time[–àpəréiʃən táim] **평균 연산 시간** 중앙 처리 장치(CPU)의 연산 시간은 연산의 종류에 따라 다른데, 그들의 평균을 평균 연산 시간이라고 부른다. 즉, 특정 연산들의 집합을 컴퓨터가 수행하는 데 걸리는 시간을 연산들의 수로 나눈 값을 말한다. 예를 들면, 일련의 덧셈, 곱셈, 나눗셈을 수행하기 위한 평균 연산 시간은 이 세 연산을 수행하는 데 걸린 시간의 총합을 이 연산들의 총수 3으로 나눈 것이다.

average outgoing quality curve[–áutgòuiŋ kwáliti(:) kə́:rv] AOQ, **평균 검출 품질 곡선** 선별형 발췌 검사에서 검사에 걸리는 로트의 불량률과 평균 검출 품질의 관계를 표시하는 곡선.

average outgoing quality limit[–límit] AOQL, **평균 검출 품질 한계** 선별형 발췌 검사, 연속 생산형 발췌 검사 등에서 검사 후의 평균 로트 품질(평균 검출 품질)이 최악인 값.

average picture level[–píktʃər lével] **평균 화상 레벨**

average positioning time[–pəzíʃəniŋ táim] **평균 위치 시간**

average power output[–páuər áutpùt] **평균 출력 전력**

average pulse amplitude[–pʌ́ls ǽmplitjù:d] **평균 펄스 진폭**

average random access time[–rǽndəm ǽkses táim] **평균 임의 접근 시간** 어떤 장치가 임의의 선택된 주소로부터 움직이기 시작하여 역시 임의의 선택된 주소의 특정한 위치 또는 데이터에 도달하는 데 걸리는 시간.

average sample number[–sǽ:mpl nʌ́mbər] **평균 검사량** 선별형 발췌 검사에서 어떤 발췌 검사 방식을 채용했을 때 장기간에 걸친 검사량의 평균값.

average search length[–sə́:rtʃ léŋkθ] **평균 탐색 길이**

average selectivity[–səlèktíviti(:)] **평균 선택도**

average service rate[–sə́:rvis réit] **평균 서비스율** 평균 서비스 시간의 기대값의 역수.

average transmission rate[–trænsmíʃən réit] **평균 전송률** 통신 회선을 중개한 정보의 전송 능력을 표시하는 단위.

average working set size[–wə́:rkiŋ sét sáiz] **평균 워킹 세트 사이즈** 워킹 세트에 포함되는 페이지의 개수를 프로그램 실행에 따라 걸리는 시간에 대해 평균한 것.

avi **윈도용의 멀티미디어 확장 모듈** Video for Windows에서 작성된 동화상 파일을 의미하는 확장자.

AVI **오디오 비디오 인터리브드** audio video interleaved의 약어. 윈도 상에서 디지털 비디오를 지원할 수 있도록 한 압축 기술. 마이크로소프트 사가 1992년 4월 베타 버전을 내놓은 뒤, 1992년 가을 컴덱스 쇼에서 발표하여 윈도 비디오에 채용된 기술이다. AVI는 멀티미디어에서 풀 모션(full motion) 비디오 지원을 해결하기 위해 개발된 기술로 특별한 압축 소프트웨어나 하드웨어의 지원 없이도 비디오 파일에 접근할 수 있다. ⇨ 표 참조

AVL **이동체 위치 자동 측정 시스템** automatic vehicle location의 약어. AVL 시스템보다는 우리들에게 내비게이션 시스템(navigation system)이라

는 이름으로 더욱 친숙하다. 이 내비게이션 시스템은 자동차나 선박 같은 동체가 지상이나 바다 위에 움직일 때 그들의 위치 변화를 모니터링하는 시스템이다. 내비게이션 시스템이 성공적으로 구성되기 위해서는 GPS 기술과 GIS 기술이 선행되어야 한다.

〈비디오 파일 형식〉

파일 형식	내 용	
AVI	윈도용 저가 저해상도를 위한 동영상 형식 (윈도의 매체 재생기로 실행)	• 액티브무비에서 AVI 파일을 그대로 수용 • 작은 윈도상에서 15fps 정도의 속도로 보여준다 (가속 장치를 사용할 경우 30fps). • 하드디스크나 CD-ROM의 데이터 재생 가능 • 적재와 재생 속도가 빠르고 압축 기능도 제공
MOV	퀵타임(Quick Time)의 영화 파일에서 사용하는 파일 형식	• AVI와 같이 여러 가지 코덱 사용 가능 • 매킨토시와 윈도 환경에서 사용 가능
MPEG	MPEG 표준으로 정해진 복원 알고리즘을 사용하여 보여주는 파일	• 재생에 필요한 규격만 제정 • 압축은 임의의 어떤 방법을 사용하더라도 무관
RA	리얼미디어(Real Media)	• 원래는 스트림 방식의 오디오용(비디오 처리능력 포함)
ASF	Active Stream Format	• 앞으로 스트림 방식의 표준이 될 가능성이 높다.
XDM	크로징 테크놀로지(Xing Technology)에서 발표한 파일 형식	• 스트림웍스(Stream Works) 방식에서 사용

AVL tree **AVL 트리** 균형 트리(balanced tree)는 각 노드의 왼쪽 부트리와 오른쪽 부트리의 높이가 서로 균형을 이루는 트리를 말한다. 균형 트리는 노드의 삽입과 삭제시에도 균형을 이룰 수 있도록 재균형이 필요하므로 삽입과 삭제가 적고, 검색이 많은 자료 구조로서 적합하다. 이런 균형 트리의 대표적인 예로 AVL 트리가 있다. AVL 트리는 Adelson-Velski와 Landis의 이름의 첫글자를 딴 것으로, 트리를 구성하는 왼쪽 및 오른쪽 부트리의 높이가 1 이하인 균형 트리로서 트리 내의 검색 시간을 줄이는 것을 목적으로 한다.

avoidance method [əvɔ́idəns méθəd] **회피 방식** 이론의 예측을 단정적으로 배정하는 상황을 배제하는 방식으로, 오류를 포함한 이론을 갖는 휴리스틱의 하나.

avoidance of deadlock [–əv dé(:)dlɑ̀k] **교착 상태 회피** 교착 상태는 두 개 이상의 프로세스가 지금 기다리고 있는 프로세스에 의해서만 발생될 수 있는 사건을 무작정 기다리는 상태로서, 교착 상태를 피하기 위한 방법에는 각 프로세스가 자원을 어떻게 사용할 것인가 하는 정보가 필요하다. 뱅커(banker) 알고리즘은 각 프로세스가 요청하는 각 자원 종류의 최대수를 알 필요가 있다. 이 정보를 이용하여 교착 상태 회피 알고리즘을 정의할 수 있다.

AVR (1) **자동 전압 조정기** automatic voltage regulator의 약어. 컴퓨터는 안정된 전력 공급이 요구되나 여러 가지 수요의 영향으로 일반 전력은 전압이 일정하지 않기 때문에 그대로 사용할 수 없다. 1차측 전압 변동의 영향을 방지하고 필요한 2차측의 설정 전압 범위를 자동적으로 유지하며 안정된 전력을 공급하는 장치가 있다. 이것이 AVR인데, 일반적으로 정전압 장치라고도 한다. 정전압 조건을 설정하기 위해 AVR을 사용함과 동시에 변전실에서 컴퓨터실의 분전반까지 소요 전류가 허용 전류의 70% 이하인 굵기의 케이블을 사용하는 것이 바람직하다. 중형 기기의 구성인 경우에는 25~30kVA 용량이 적당하다. (2) **자동 볼륨 인식 기능** automatic volume recognition의 약어.

〈자동 전압 조정기〉

awaiting repair time [əwéitiŋ ripέər tάim] **수리 대기 시간** 조작원이 기계의 고장을 지적한 후 그것을 기술자나 보수자가 고치기 시작할 때까지의 시간적 간격. 만약 고장이 없었다면 이 시간의 간격을 작업 지연이라고 부른다.

awaken [əwéikən] **재개** 실행이 일시적으로 정지된 프로세스가 정지 상태를 풀고 다시 계속되는 것.

Award BIOS **어워드 바이오스** 미국 어워드 소프트웨어 사가 개발한 대표적 BIOS 제품. 주로 대만제 주기판에서 많이 사용하여 높은 시장 점유율을 보이고 있다.

AWC **여성 컴퓨터 기술자 협회** Association for Women in Computing의 약어. 컴퓨터 데이터 처

리에 관심이 있는 여성들로 구성된 비영리 전문가 단체. 회원들 간의 유대를 강화하고 여성들의 컴퓨터 교육 확대 실시, 전문인 양성 등을 목표로 하고 있다.

AWD/AWS 대안적 세계 분열증/대안적 세계 증후군 alternate world disorder/alternate world syndrome의 약어. 비행 시뮬레이터는 조종사의 실제 물리적 움직임과 시뮬레이터 속에서 지각된 운동 사이의 불일치 때문에 방향 상실과 구토 등을 유발할 수 있다. 사용자의 실제 머리 움직임과 컴퓨터로 모의된 움직임 간의 시간 지연도 역시 「구토 영역」에 따라 일어날 수 있다. 가상 현실(virtual reality)에서도 이와 유사하게 사이버 육체와 실제 육체가 지향하는 관심의 차이로 갈등을 일으킨다. 이 경우, 세상이 오락가락하는 것처럼 느껴질 때 존재론적인 분열이 일어난다. 이것은 비행기 머리와는 또 다른 것이다. 대안적 세계 증후군에서는 대안적인 세계로부터 얻은 이미지와 기대들이 현재의 세계를 뒤집어놓고 인간의 잘못 등을 자꾸 증가시킨다. 만약 다른 세계 증후군이 고질화되면 사용자는 대안적 세계 분열증을 겪게 된다. 이것은 시각적으로 자기 동일성을 확인할 수 있는 능력이 상실되어 운동 감각이 심하게 망가진 상태이다. AWS나 AWD의 치료법은 사이버 공간에서의 "탈-연결" 연습에서부터 태극권이나 요가와 같이 육체적 경험의 통합성을 되찾아주는 훈련에 이르기까지 다양하다.

AWK 오크 유닉스 운영 체제에서 사용되는 패턴 조작 언어. 파일 내에서 정규식(regular expression)으로 표현된 패턴을 검색하여 지정된 작업을 할 수 있게 되어 있으며, 다양한 문자열 처리 능력을 갖고 있다. AWK라는 말은 제작자인 아호(Aho), 와인버그(Weinberg), 커니건(Kernighan)의 머리글자를 딴 것이다.

AX architecture extended의 약어. 1980년대 중반 일본의 여러 컴퓨터 회사들이 연합하여 제정한 IBM PC/AT 호환의 개인용 컴퓨터 규격을 말한다.

axiom [ǽksiəm] *n.* **공리(公理)** 논리의 전개나 추론의 기저(basis)로 참(true)으로 인정되는 문장(statement)을 말한다. 예를 들면, 유클리드 기하학은 평행선의 공리와 같은 몇 가지 공리에 기초하고 있다.

axiomatic definition [æ̀ksiəmǽtik dèfiníʃən] **공리적 정의** 어떤 구조나 연산을 정의하기 위해 몇 가지의 공리를 정하는 것. 공리적인 정의는 그것이 실제로 어떻게 구현되는가 하는 것과는 관계없이 추상적으로 정의할 수 있으므로 수학적으로 다루기 쉽다는 장점이 있다.

axiomatic semantics [–səmǽntiks] **공리적 의미론** 프로그램의 수행 효과를 형식적인 문장으로 표현하여 의미를 나타내는 프로그래밍 언어의 의미 정형화의 한 접근법. 따라서 계산 과정이나 하드웨어뿐 아니라 별도의 중간 상태 등을 명시하지 않는다.

axiom of extension [ǽksiəm əv iksténʃən] **확장 공리** 집합의 상등 관계를 정의해주는 공리.

axis [ǽksis] *n.* **축** 2차원의 시스템에 있어서 도식적으로 표시하기 위해 수직축(y 축)과 수평축(x 축)으로 고정되어 있는 선.

B

B[bíː] **비** (1) byte의 약어. (2) 누산기(accumulator)를 A로 사용하는 데 대해서 두 번째 누산기(second accumulator)를 B로 구분한다. 16진수에서 십진법의 11에 해당하는 문자(2진수는 1011).

B판 JIS 규격에 따른 용지 규격의 하나. 기본이 되는 B0판은 1.5m² 면적이고, 용지를 긴 변의 중앙에서 접으면 면적은 1/2씩 줄어들며 B1, B2, … 식으로 이름이 붙는다.

BA 버스 사용 가능 bus available의 약어. 그 신호는 L 레벨, 외부에서 버스 사용이 가능하다는 뜻.

Babbage 배비지 영국의 수학자이자 천문학자인 배비지(C. Babbage). 컴퓨터의 기초 원리에 대한 기본 착상을 갖고 차등 기관(differential engine)과 해석 기관(analytical engine)을 최초로 고안하고 제작한 사람이다.

〈배비지의 해석 기관〉

BACAIC 베카익 Boeing Airplane Company Algebraic Interpreter Coding system의 약어. 미국 보잉 항공사에서 1955년에 개발한 대수 해석용 프로그래밍.

Bachman diagram 바크만 도표 데이터 베이스의 구조를 나타내기 위한 각종 데이터 엔티티(entity)들을 사각형으로 나타내고, 그 관계를 플로차트로 나타낸 것(1 : *n*, 1 : 1). 바크만(C. Bachman)이 개발한 데이터 구조도(DSD ; data structure diagram)라고도 한다.

back[bǽk] *n*. **백, 후방** 원래대로 되돌린다는 것으로 데이터의 입출력측을 전방(front)이라 하고, 데이터의 가공 처리를 행하는 보조 기억 장치 등을 후방(back)이라 한다.

backbone[bǽkbòun] *n*. **백본** 네트워크에서 핵심을 이루고 있는 주요한 라인이며, 네크워크 구조의 최상의 레벨을 말한다.

backbone network[–nétwə̀ːrk] **중추망**

back door[–dɔ́ːr] **백도어** 허가받지 않은 사용자가 네트워크에 들어갈 수 있을 만큼 허술한 부분을 일컫는 말. 뒷문. 원래는 네트워크 관리자가 외부에서도 시스템을 점검할 수 있도록 빈틈을 만들어둔 데서 시작되었지만, 최근에는 해킹에 취약한 부분을 일컫는 용어로도 사용된다.

back-end[–énd] **후위, 백 엔드**

back-end computer[–kəmpjúːtər] **후위 컴퓨터** 메인 컴퓨터(호스트 컴퓨터)와 보조 기억 장치 사이에 개재하는 전용 컴퓨터.

back-end machine[–məʃíːn] **후위 머신** 데이터 베이스 머신을 사용하여 컴퓨터 시스템을 주컴퓨터에서 수행하고, 데이터 베이스에 대한 처리 요구는 데이터 베이스 머신에서 담당한 후 처리가 끝나면 결과를 주컴퓨터에 전달하게 되는데, 이때 주컴퓨터에 대해서 데이터 베이스 머신을 후위 머신이라고 한다.

back-end DB processor 후위형 DB 프로세서 back-end data base processor의 약어.

back-end processor[–prɑ́sesər] **BEP, 후위 처리 장치, 백 엔드 프로세서** 전위 프로세서(FEP ; front end processor)의 상대어. 중앙 처리 장치

(CPU)와 보조 기억 장치 사이에 위치하는 프로세서로, 예를 들면 대규모의 데이터 베이스 처리나 파일 관리 같은 전문 기능을 담당하는 프로세서. 실제로는 미니컴퓨터 등에 사용되는 경우가 많으나 소형의 범용 컴퓨터에 사용되고 있는 예도 있다. 이와 같이 중앙 처리 장치면에서 보아 보조 기억 장치측이 후위(back end)이고 반대측, 즉 입출력 장치와 통신 제어 장치가 있는 쪽을 전위(front end)라고 한다. 그리고 통신 제어 등을 전문으로 처리하기 위한 프로세서를 「전위 프로세서」라고 한다. 정보 처리 시스템의 대규모화, 복잡화에 따라 한 대의 중앙 처리 장치로는 부족하며, 이러한 전용 프로세서를 호스트 컴퓨터의 전후에 설치하여 중앙의 CPU 부하의 경감을 비롯하여 장애시 영향의 분산 등을 예측할 수 있도록 되어 있다.

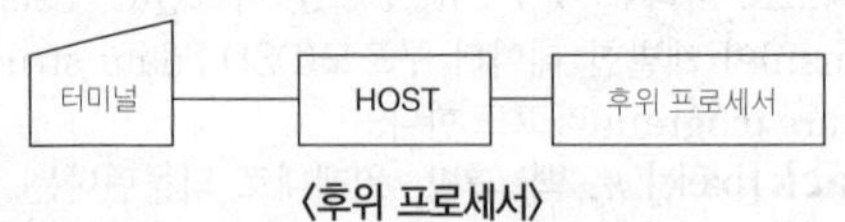

〈후위 프로세서〉

back-end unit [-jú:nit] **후위 장치**

backgammon [bǽkgæ̀mən] *n.* **주사위 놀이** 컴퓨터 게임 프로그램으로 서양식 주사위 놀이.

back gate bias [bǽk géit báiəs] **백 게이트 바이어스** MOS 트랜지스터의 소스와 서브스트레이트 사이에 걸리는 전압.

background [bǽkgràund] *n.* **후면** 우선 순위(priority)가 높은 작업이 먼저 실시되고, 그 실시 도중 남는 시간이 있을 경우에 우선도가 낮은 작업이 실행되는 환경. 즉, 입출력 없이 CPU 계산만 많은 경우 프로그램의 우선 순위가 후면으로 밀리게 된다. 일반적으로 배치 프로그램(batch program)은 이 환경에서 실행된다.

background activity [-æktíviti(:)] **백그라운드 액티비티** 하나의 CPU로 몇 개의 업무가 동시에 병행되는 경우에 그 중에서 가장 낮은 우선 순위의 프로그램 단위. 높은 우선 순위를 갖는 처리가 시행되기 시작하면 중단되며, 우선 시행된 처리가 끝날 때까지 처리되지 않는다.

background image [-ímidʒ] **배경, 영상, 백그라운드 영상** 개개의 영상 처리 과정에 의해 그때마다 변화하는 것이 아닌, 예를 들면 서식 오버레이와 같은 표시 영상의 배경 부분.

backgrounding [bǽkgràundiŋ] **백그라운드 처리** 우선 순위의 작업이 종료 또는 부재시에 낮은 우선 순위의 작업을 처리하는 것.

background job [bǽkgràund dʒɑ́(:)b] **후면 작업, 배경 작업** 복수 프로그램이 동시 병행적으로 사용되는 다중 프로그래밍(multi programming)과 실시간(real time) 처리 등에서 우선 순위(priority)가 「높은」 작업인 전면 작업(foreground job)이 먼저 처리되는데, 우선 순위가 낮아 후면에서 뒤에 처리되는 작업.

background knowledge [-nɑ́lidʒ] **백그라운드 지식, 배경 지식** 어떤 가정이나 제한 조건 등을 정의하여 개념을 일반화하는 과정에서 생성되는 개념 묘사에 대해 기본적으로 부여되는 지식.

background noise [-nɔ́iz] **백그라운드 잡음, 배경 잡음** 전압, 전류 데이터 등으로 시스템 내부의 데이터에 영향을 미치는 오류인데, 정상적인 조작을 방해하는 장치나 시스템의 모든 장애 요인. 사용할 때 무의미하거나 무시되기도 하고 또한 제거해야만 하는 여분의 비트(bit)나 워드.

background partition [-pɑːrtíʃən] **백그라운드 파티션**

background printing [-príntiŋ] **뒷면 인쇄** PC에서 프린터로 인쇄 데이터의 전송 처리를 백그라운드로 실행하는 것. 인쇄할 데이터를 일단 작업 파일이나 버퍼에 저장해두고 별도의 워드 프로세서 편집이나 표 계산을 화면상에서 실행하고 있는 사이에 프린터로 전송한다. 윈도에서는 프린트 매니저가 뒷면 인쇄를 실행한다.

background processing [-prɑ́sesiŋ] **백그라운드 처리** 보통 각종 통계 업무, 급여 계산 등이 백그라운드 처리로서 행해지는데, 백그라운드 처리는 우선 순위가 높은 처리가 발생하면 그 처리는 중단되고 우선 순위가 낮은 처리가 먼저 행해진다. 온라인이나 실시간 처리에 터미널 조회 등 우선도가 높으면서 실시간으로 행해야 할 처리가 있는 경우에 행하는, 우선도가 가장 낮은 처리.

background processing interrupt [-ìntərʌ́pt] **백그라운드 처리 인터럽트** 우선 순위가 낮아서 더 높은 우선 순위나 실시간 처리를 요구하는 작업이 없을 때 컴퓨터로 처리되는 동작.

background program [-próugræm] **백그라운드 프로그램, 배경 프로그램** 다중 프로그램에서 우선 순위가 가장 낮은 프로그램, 또는 시간에 별로 구애받지 않는 프로그램. 이 프로그램은 일괄 처리, 연속식 작업 입력에서 실행된다.

background recalculation [-rì:kælkjuléiʃən] **후면 재계산** 스프레드시트 프로그램에서 키보드 입력을 기다리는 잠시 동안에 화면에 나타나지 않는 셀에 대한 계산을 하는 것. 복잡하고 많은 계산을 하는 동안 다른 셀에 데이터를 입력하는 것이 가능하므로 매우 편리하다.

background reader [-rí:dər] **배경 판독 프로**

그램

background region[–ríːdʒən] 배경 영역

backing[bǽkiŋ] *n.* 보조

backing memory[–méməri(ː)] 예비 기억 장치 데이터는 블록 단위로 옮기며, 주기억 장치에 비해서 기억 용량은 비교적 크지만 접근 시간이 길다. 보조 기억 장치와 유사한 의미이다.

backing storage[–stɔ́ːridʒ] 예비 기억 장치

backing store[–stɔ́ːr] 보조 기억 장치, 외부 기억 장치 내용을 백업하기 위한 보조 기억 장치로서 디스크보다 큰 용량을 가지며 접근 속도는 느린 테이프.

backlight[bǽklait] 후면 발광 액정 표시 장치의 가시성을 좋게 하기 위해 액정의 뒤에서 비추는 조명. EL 백라이트나 FL 사이드 라이트 등이 있다.

back line feed[bǽk láin fíːd] 역개행(逆改行)

backlit LCD 후면 발광 LCD 들어온 빛을 반사하여 발광하므로 어두운 곳에서는 사용할 수 없으며, 액정판 뒤에 빛을 내는 판이 붙어 있는 휴대용 컴퓨터의 표시 화면에 나타나는 액정 표시 장치.

backlog[bǽklɔːg] 백로그 기업 등에서 이미 정보 시스템에 대한 개발 계획을 수립했지만 우선적으로 개발해야 하는 다른 시스템으로 인해 개발을 보류한 시스템. 기업의 정보 시스템은 복잡하고 거대하기 때문에 백로그도 많아진다.

back off algorithm[bǽk ɔ́(ː)f ǽlgəriðm] 백오프 알고리즘 방송망(CAMA 또는 CSMA/CD 방식) 전송 매체 상의 데이터 전송 신호가 충돌을 일으켰을 때 다시 전송을 시도하기까지의 지연 시간을 계산하는 알고리즘.

Back Office 백오피스 마이크로소프트 사가 발매하는 서버용 스위트 패키지. 윈도 NT 서버, SQL 서버, 익스체인지 서버(Exchange Server), 시스템 매니지먼트 서버(System Management Server), 프록시 서버(Proxy Server) 등이 여기에 속한다. 중소 기업에서 필요한 시스템 구축용 서버 응용 프로그램이 일반적인 세트이다.

Back Orifice 백 오리피스 1998년 7월, 미국 라스베거스의 「죽은 소에 대한 숭배자(Cult of Dead Cow)」라는 해커 그룹이 제작해 발표한 해킹 도구. 인터넷과 PC 통신으로 한국에도 급속히 확산되고 있어 많은 피해가 우려된다. 백 오리피스는 바이러스처럼 자신을 복제하는 기능은 없지만 큰 피해가 우려되기 때문에 트로이 목마 바이러스로 분류된다.

Back Orifice 2000 백 오리피스 2000 백 오리피스의 업그레이드 버전. 기존의 백 오리피스가 윈도 9x에서만 작동한 데 반해 윈도 NT에서도 작동하며, 플러그 인(plug in) 기능을 제공함으로써 그래픽, 게임 등의 프로그램에 백 오리피스를 추가할 수 있어 사용자가 게임 프로그램인 줄 알고 설치했다가 피해를 입을 수 있다. 백 오리피스는 마이크로소프트 네트워크 관리 프로그램인 「백 오피스」를 응용(일종의 패러디)한 것이다. 1999년 7월에 발표된 이후 인터넷과 PC 통신을 통해 전세계로 확산되어 많은 피해를 주고 있으며, 새로운 버전이 계속 나오고 있다. 백 오리피스는 「MS 백 오피스」와 마찬가지로 원격지에서 윈도용 PC의 모든 프로그램 파일을 관리할 수 있지만, 타인의 PC에 저장된 파일을 삭제하거나 PC 이용자 모르게 프로그램을 실행할 수 있을 뿐만 아니라, 실행중인 프로그램의 제거 및 정지, 사용자 키보드 입력 자료의 모니터링, 비밀 번호 빼내기, 레지스트리 편집 등이 가능하기 때문에 악용될 소지가 크다. 백 오리피스가 내장되어 있는 시스템들 간의 원격 제어를 가능하게 함으로써 멀리 떨어진 컴퓨터의 파일을 컴퓨터 사용자보다 많은 권한을 갖고 조작할 수 있어서 뜻하지 않은 피해를 입을 우려가 높다. 더욱이 파일을 조작하거나 시스템 정보를 얻을 수 있는 것은 물론, 사용자가 입력하는 내용이나 암호를 몰래 갈무리하거나, 이를 파일로 저장했다가 해커의 컴퓨터로 빼돌릴 수도 있으며 컴퓨터를 재부팅시킬 수도 있다.

back out[–áut] 백 아웃 디스크 레코드에 추가된 변경을 원래대로 되돌리는 것.

back out file[–fáil] BOF, 백 아웃 파일

back out file buffer[–bʌ́fər] 백 아웃 파일 버퍼 태스크마다 존재하고 트랜잭션 중에 데이터베이스의 갱신 의뢰가 있는 경우에 사용되며, 갱신 전 데이터를 축적하기 위한 버퍼.

back out processing [–prásesiŋ] 백 아웃 처리

back panel[–pǽnəl] 백 패널 소형 컴퓨터 케이스의 뒷면으로 각종 주변 장치와 연결되는 포트들이 설치된다.

back panel assembly[–əsémbli(ː)] 백 패널 어셈블리

back patching[–pǽtʃiŋ] 백 패칭 단일 패스 컴파일러나 단일 패스 어셈블러에서 문장의 자신보다 뒤에 있는 주소를 참조할 필요가 있을 때 그 자리를 비워두고 나중에 채워넣는 것.

back-plane[–pléin] 뒤판 주변 장치 등을 접속하기 위한 소켓 군(群).

back print[–prínt] 백 프린트

back radiation[–reìdiéiʃən] 배면 방사

back read[–ríːd] 역판독 자기 테이프 등을 역방향으로 판독하는 것.

back scattering[–skǽtəriŋ] 후방 산란 입사

방사속(入射放射束)에 수직인 평면을 밑면으로 하여 입사 방향과 반대의 반구 공간에 입사 방사 에너지가 산란되는 현상. 전방 산란의 상대어. 대개의 후방 산란은 태양 빛이 지표에 도달하기까지 약 6~9%를 감쇄시킨다. 레이더의 후방 산란은 지표 등에 의해 레이더 방사원 방향으로 반사되는 레이더파를 말한다. ⇨ backward scattering

back scheduling[–skédʒuliŋ] **백 스케줄링** 조립품의 완성 기일을 설정하여 최종 공정부터 거꾸로 계산하여 각 공정에 제조 소요 시간을 할당, 착수일을 정하는 것으로 생산 계획에서 생산 능력을 일단 무시하고 완성 기일을 설정하므로 각 워크 센터에 과부하가 되기 쉽다. 그러므로 다른 곳으로 일을 분산하여 과부하되지 않도록 해야 한다.

backscroll[bǽskroul] **백스크롤** PC 통신 등에서 표시 장치에 나타난 문자열은 차례로 스크롤업되면서 사라진다. 이렇게 사라지는 부분을 기억 장치에 보존해두고, 반대로 스크롤다운시켜 앞쪽 부분도 볼 수 있도록 하는 것.

backside bus[bǽksàid bʌ́s] ⇨ BSB

backside cache[–kǽʃ] **백사이드 캐시** ⇨ BSC

backslash[bǽkslǽʃ] **백슬래시** 「\」 기호. 프로그래밍 상에서는 예약어로서 특별한 의미를 갖는다.

back solver[bǽk sɔ́lvər] **백 솔버**

backspace[bǽkspèis] *n.* **BS, 백스페이스, 후진, 후퇴** 타자기에서 1문자 또는 어느 정도 문자만큼 되돌아가는 것, 블록 간격에서 1레코드만큼 역방향으로 움직이는 것, 오자 또는 중복된 것을 정정하기 위한 역방향 이동 조작 또는 그 제어 문자. (1) ASCII 코드에서 8번째에 해당하는 문자 이름. 타이프라이터 등에서 「1문자」 또는 「수 문자」분을 후진시키는 것을 가리킨다. (2) 블록 간격(IRG ; inter-record gap)으로부터 1레코드분만 역방향으로 움직여서 앞의 IRG의 위치로 되돌리는 것이며, 정확히는 후진 레코드(backspace record)라 한다. 또 1파일 후진하는 것을 말하는 경우도 있으며, 이것은 정확히는 후진 파일(backspace file)이라고 해야 한다. (3) 오자 정정과 중복 인쇄 때문에 역방향으로 가동시키는 조작. 아울러 그것을 위한 제어 문자(키)를 말한다.

backspace and delete[–ənd dilíːt] **후진 삭제** 표시된 문자열 등의 행을 따라 커서를 역방향으로 1문자분 이동시키고 문자를 지우는 기능.

backspace character[–kǽrəktər] **BS, 후진 문자** 프린터와 표시 장치의 화면상에 쓰이는 서식 제어 문자의 하나. ASCII 코드 체계에서 8번째. ⇨ backspace

backspace cursor[–kɔ́ːrsər] **후진 커서**

backspace file[–fáil] **후진 파일**

backspace key[–kíː] **백스페이스 키** 이것을 작동시키면 동작중인 테이프 장치가 한 레코드 뒤로 후퇴한다.

backspace record[–rékəːrd] **후진 레코드**

backspace tape[–téip] **후진 테이프**

back track[bǽk trǽk] **퇴각 검색, 역행법, 역행**

back track control[–kəntróul] **퇴각 검색 제어, 역행 제어**

back tracking[–trǽkiŋ] **역추적** 트리 검색을 시행하다가 막힌 곳에 이르면 다시 되돌아와 개별적 분기의 가지를 다시 찾아나가는 계통적인 시행착오법.

back tracking control strategy[–kəntróul strǽtədʒi(ː)] **퇴각 제어 방식, 역행 제어 방식** 어떤 문제 상태에 대해 하나의 규칙이 선택될 때에 역행점도 함께 설정하여 문제 해결이 불가능한 상황에서 다시 그 역행점으로 되돌아와 이번에는 다른 규칙을 적용시킴으로써 탐색을 계속하는 탐색 과정이 복원 가능한 제어 방식의 한 가지이다.

backup[bǽkʌ̀p] *n.* **백업** 정상으로 동작할 수 없게 된 시스템 구성 장치에 대신하여 동작하거나, 과부하 상태가 되었을 때 처리 능력을 증강하기 위해 동작하도록 준비된 절차나 사용 방법. 또한 이를 위한 후위 장치(back-end unit)를 가리킨다.

backup copy[–kápi(ː)] **예비 복사** 파일을 사용할 수 없게 되었을 때를 대비하여 미리 파일의 내용을 복사한 것. 복사 결과 완성된 데이터.

backup data set[–déitə sét] **예비 데이터 세트**

backup diskette[–dísket] **예비 디스켓**

backup domain controller[–do(u)méin kəntróulər] **백업 도메인 제어기** ⇨ BDC

backup dump[–dʌ́mp] **예비용 덤프** 보관할 수 있는 이동식 장치에 데이터 베이스 내용을 복사하여 저장함으로써 고장에 대비한 데이터 베이스 복원 방법의 하나.

backup file[–fáil] **예비 파일** 파일은 프로그램 중의 오류나 기록 매체 그 자체의 물리적 장애, 더욱이 조작 실수 등에 의해 내용이 파괴되는 수가 있다. 중요한 데이터가 다량으로 기록되어 있는 마스

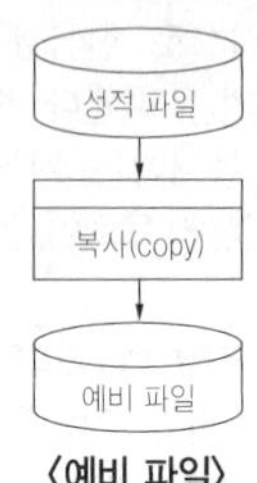

〈예비 파일〉

터 파일(master file) 등에서는 파일이 사용 불능 상태로 되면 치명적인 상태가 된다. 이러한 것에 대처하기 위해서 별도로(복수인 경우도 있다) 작성해 두는 복사를 예비 파일(backup file)이라든가 예비 복사(backup copy)라고 한다. 이 예비 파일을 컴퓨터 설치 장소에서 떨어진 장소에 보관해두면 더욱 안전성이 높아진다.

backup library [–láibrəri(:)] **예비 라이브러리**

backup memory [–méməri(:)] **예비 기억 장치** 시분할 시스템에서 각 사용자로부터 오는 정보를 일시적으로 저장해두는 기억 장치.

backup operation [–àpəréiʃən] **예비 조작**

backup point [–pɔ́int] **예비 포인트**

backup power indicator [–páuər índikèitər] **예비 전원 표시기**

backup program [–próugræm] **예비 프로그램** 프로그램의 작성 · 테스트용 또는 시스템 이상시의 지원용 등에 도움을 주기 위해서 업무 처리 프로그램의 작성에 맞추어 만들어지는 지원용 프로그램의 총칭. 종류를 크게 나누면 시스템 설계 분석용, 시험용, 운전 보조용으로 나누어지며, 시스템의 양부(良否), 개발의 효율화를 크게 좌우하는 중요한 프로그램이다.

backup programmer [–próugræmər] **예비 프로그래머**

backup storage [–stɔ́:ridʒ] **예비 기억 장치**

backup system [–sístəm] **예비용 시스템, 대체용 시스템** 하나의 시스템에 의한 서비스가 오버플로 상태가 되면 다시 하나의 시스템으로 교체되는 방식.

backup unit [–jú:nit] **예비 장치**

backup utility [–ju(:)tíliti(:)] **예비 유틸리티**

backup utility file system [–fáil sístəm] **예비 유틸리티 파일 시스템** 이 기능으로 다른 저장 매체에 있는 단일 파일 또는 파일의 집단을 복사하여 하드웨어의 고장이나 소프트웨어의 오류에 대한 데이터의 전체적인 손실의 원상 복구가 가능하게 된다.

backup version [–və́:rʃən] **예비 버전, 백업 버전** 예비 파일과 다른 점은 데이터 변경을 별도 파일에 수행하지 않고 현재 버전에 수행한다는 것이며, 이 현재 버전은 완료 상태에서 예비 버전으로 복사된다.

Backus-Naur form BNF, **배커스–나우어형** 비단말 기호(nonterminal symbol)에서 단말 기호(terminal symbol)와 비단말 기호로 이루어진 기호열을 도출하는 생성 규칙(production)으로 언어의 문법을 정의하게 되어 있다. 배커스(J. Backus)와 나우어(P. Naur)를 중심으로 한 위원회에서 만든 ALGOL-60의 문법 구조.

Backus-Naur form syntex **배커스–나우어형 구문** 배커스-나우어형을 사용하여 기술된 구문 구조. ⇨ ALGOL-60

Backus normal form **배커스 정규형** 배커스의 언어 문법 구조를 기술하는 표기법. 즉 ALGOL, FORTRAN 등이 있다.

backward [bǽkwərd] *a. ad.* **후진, 역방향**

backward chaining [–tʃéiniŋ] **후향 추론** 후향 추론 방법은 전향 추론 방법과 반대되는 경우로서 목표 상태에서 출발하여 목표 상태에 도달하기 위한 초기 조건을 찾아가는 방법을 말한다. 즉, 하나의 가설이나 목표에 대하여 그와 관련 정보를 수집함으로써 그 진위를 증명하거나 문제의 조건을 찾는 추론 전략이다. 어떤 문제의 결과 또는 목표를 입력받아 그 전제부의 사실이나 지식들을 찾아내는 방법이 후향 추론 방법이다. 후향 추론 방법은 전향 추론 방법과는 달리 문제의 목표에서부터 추론을 시작하므로 목표 중심 방법, 하향식(top down) 방법, 기대(expectation) 방법이라고도 한다. 후향 추론 방법을 이용한 인공 지능 시스템에는 박테리아에 의한 질병의 진단을 지원해주는 의료 진단 시스템인 MYCIN, 컴퓨터 하드웨어의 고장 진단을 지원해주는 DART, 전산과 대학원생에게 그들의 과정 계획을 도와주는 GCA 등이 있다.

```
Backward_Chaining()
{
  While exist applicable rules R;
  {
    select a rule R' from R;
          IF the Condition Part of R' exists in FACTS
                THEN return (TRUE);
          ELSE
          {
                set the Condition Part of R' to Sub goal;
                IF Backward Chaining(Sub goal) is TRUE
                      THEN return (TRUE);
                ELSE return (FALSE);
          }
  }
}
```

〈후향 추론 방법의 알고리즘〉

backward channel [–tʃǽnəl] **후진 채널, 역방향 통신로** 긍정 응답 또는 그 외의 제어 데이터가 그것과 조를 이루는 순방향 통신로와는 역방향으로 전송되는 데이터 회로의 통신로. 즉, 송신측 장치의 제어와 신호나 오류 신호를 전송하기 때문에 수신측이 송신측으로 향하는 채널이다.

backward characteristic[-kærəktərístik] **후진 특성** 역방향의 전류-전압 특성으로 정류 특성을 갖는 반도체 장치.

backward counter[-káuntər] **감산 계수기** 입력이 있을 때마다 하나씩 값이 줄어가는 형식의 계수기의 총칭. 중앙 처리 장치(CPU) 내의 제어용 레지스터 등에서 많이 쓰이고 있다.

backward current[-kə́ːrənt] **역전류**

backward diode[-dáioud] **역다이오드, 후진 다이오드, 백워드 다이오드** 터널 다이오드에서 불순물 농도를 점점 낮추어 정류(整流) 특성을 얻는 것.

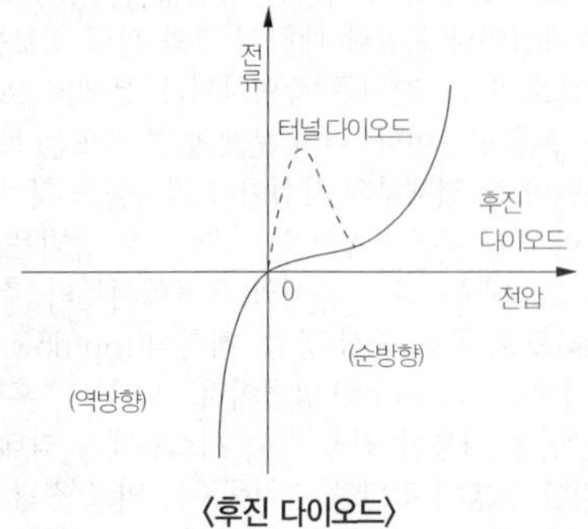

〈후진 다이오드〉

backward error analysis [-érər ənǽlisis] **후진 오류 해석** 수치 계산 방법에서 오류 평가 방법의 하나. 본래의 데이터에 대하여 유한 자릿수의 연산을 반복했을 때 생기는 오류를 줄이기 위한 방법. 최종 결과가 같은 문제의 정확한 계산 결과값과 같기 위해서는 원래의 데이터로는 어디까지의 오류를 허용할 것인지를 추구하는 오류 감소법. 어떤 계산 과정에서 생기는 미묘한 오류가 최종 결과의 어느 것에만 영향을 미치는지를 계산 순서를 따라 조사해가는 방법과는 반대인 전진 오류 해석(forward error analysis)의 상대 개념이다.

backward file recovery[-fáil rikʌ́vəri(ː)] **역방향 파일 복원** 파일의 새로운 판과 저널에 기록된 데이터를 사용하고, 오래된 판의 파일을 복원하는 것.

backward-forward counter[-fɔ́ːrwərd káuntər] **양방향 계수기** 어느 방향으로든지 수를 헤아려갈 수 있는 계수기. 즉, 덧셈·뺄셈 입력을 하여 증가 또는 감소 방향을 모두 헤아릴 수 있는 계수기.

backward pointer[-pɔ́intər] **역방향 포인터** 포인터로 연결된 2중 연결 리스트 데이터 구조에서 양쪽 가운데 한쪽의 뒷면 노드를 가리키는 것.

backward processing[-prásesiŋ] **역방향 처리**

backward production system[-prədʌ́kʃən sístəm] **역방향 생성 시스템** 전체 데이터 베이스가 목적 상태로 구성되고, 문제의 목적 상태에서 시작하여 역방향 이동을 시행하고 문제의 초기 상태에 도달하도록 하여 문제를 해결하는 생성 시스템.

backward read[-ríːd] **역판독, 역방향 판독** 천공 테이프 판독 장치와 자기 테이프 장치 등에서 역방향으로 데이터 매체(종이 테이프나 자기 테이프 등)를 되돌리면서 기록되고 있는 데이터를 판독하는 것. 최근 자기 테이프 장치의 대부분이 이 기능을 갖추고 있으며 호출 시간이 단축되었다.

backward reading[-ríːdiŋ] **역판독, 역방향 판독** ⇨ backward read

backward reasoning[-ríːzəniŋ] **후향 추론** 프로덕션 시스템에서 룰(rule)의 적용 방법의 하나로서 어떤 결론이나 목표를 만족시키는 조건부를 찾으면서 추론을 해나가는 것. 몽타주 사진의 추론과 비슷하여, 증거를 모으면서 전체상을 얻어내는 추론 방식으로 유명하다.

backward recovery[-rikʌ́vəri(ː)] **역방향 복원, 백워드 리커버리** 파일의 갱신중에 오류가 검출되었을 때 오류가 있었던 데이터에 의해 영향을 받은 부분을 갱신 전의 이미지로 치환하고, 그 파일을 장애 발생 전의 상태로 복원하는 방법. 장애의 정도가 한정되며, 오류가 있었던 데이터가 어느 것인가를 측정할 수 있는 경우에 적용된다.

backward reference [-réfərəns] **역방향 참조**

backward round-the-world echo [-ráund ðə wə́ːrld ékou] **역방향 지구 회전 반향, 역방향 지구 반향 반사**

backward scheduling[-skédʒuliŋ] **역방향 스케줄링** 최종 공정에서 역방향으로 조립품의 완성 기일을 부하하여 각 공정에 표준 소요 시간을 할당하여 제조 착수일을 구하는 방법.

backward supervision[-sùːpərvíʒən] **역방향 감시**

backward voltage[-vóultidʒ] **역전압**

backward wave[-wéiv] **후진파**

BACP 대역폭 할당 조절 프로토콜 bandwidth allocation control protocol의 약어. IFTF의 표준안. 장비들 간의 대역폭을 일정하게 할당, 분배한다. ⇨ bandwidth

BADGE 배지 basic air defence ground environment의 약어. 미국 방송 시스템 가운데의 하나.

badge[bǽ(ː)dʒ] *n.* **배지**

badge card [-káːrd] **배지 카드** 플라스틱제로 만들어진 것이 많은데, 컬렉션 장치로 고정 데이터를 투입하는 카드. 투입할 정보는 천공되고 배지 판독기에 의해 판독된다.

badge punch [–pʌ́ntʃ] **배지 천공기**

badge reader [–ríːdər] **배지 판독기** 특수한 배지나 구멍이 뚫린 카드를 이용하여 정보를 입력할 수 있게 된 장치.

bad sector [bæ(ː)d séktər] **불량 섹터** 플로피 디스크 또는 하드 디스크 등과 같은 기억 장소에서 정보를 저장하기 위해 사용되는 섹터 중에서 물리적 또는 자기적 결함으로 인해 정보의 저장이 불안정한 상태에 있는 섹터. 이곳에 저장된 정보는 불안정하여 갑작스럽게 손실될 수가 있으므로 CHKDSK, Scan-Disk, 노턴 유틸리티의 디스크닥터(Disk-Doctor) 등을 사용하여 불량 섹터에는 정보가 기록되지 않도록 해야 한다.

bag [bǽ(ː)g] *n.* **백** 함수적 표현에서 필요한 인자들이 그 순서에 관계없이 함수값이 같을 때 인자들을 그룹으로 만들어 하나의 인자로 취급한다.

Bairstow-Hitchcock's method **히치콕법** 실계수의 대수 방정식 $f(x) = a_0 x^n + a_1 x^{n-1} + \cdots + a_{n-1} x + a_n = 0$의 해를 구하는 방법의 하나 $n \geq 5$인 경우는 일반적으로 대수적으로는 풀 수 없으므로 순차 해법이라고도 부른다. 원리적으로 $f(x)$를 2차식으로 분해해서 2차 방정식에서 해를 구해가는 것이다. 즉, 2차식 $x^2 + px + q$에서 $f(x)$는 $f(x) = (x^2 + px + q)Q(x) + rx + s$라고 나타낼 수 있지만, 여기서 $r = s = 0$이 되도록 p, q를 정하고 $x^2 + px + q$에서 해를 구하며, 다시 이 과정을 $Q(x)$에도 적용해서 점차로 해를 구하는 방법이다.

BAK **백** 백업 파일에 붙는 확장자. MS-DOS용 응용 소프트웨어에서 파일을 편집하여 저장할 때 편집 전의 파일을 백업 파일로 남겨두는 기능을 가진다. 이때의 확장자가 .BAK이며 파일명은 원래의 파일과 같다.

Baker clamp [béikər klǽmp] **베이커 클램프** 컬렉터의 전위를 기준 전위보다 낮추는 회로인데, 게르마늄 다이오드와 실리콘 다이오드를 사용하되 양자의 특성 차이를 이용한다. 현재 트랜지스터가 일반적이고 컴퓨터의 논리 소자로 사용되고 있다.

bakery algorithm [béikəri(ː) ǽlgəriðm] **제과점 알고리즘** 분산 환경을 위해서 개발된 것으로, 제과점이나 수퍼, 정육점 등에 보편적으로 사용되는 스케줄링 알고리즘에 기초를 두고 상호 배제(mutual exclusion)를 보장해주는 두 프로세서를 위한 소프트웨어의 해결책으로 1974년 Lamport에 의해 고안되었다.

BAL **기본 어셈블러 언어** basic assembler language의 약어.

balance [bǽləns] *n.* **평형, 균형**

balance adjustment [–ədʒʌ́stmənt] **평형 조정**

balance check [–tʃék] **평형 검사, 밸런스 체크** 입력 데이터 등을 검사하는 방법 가운데 하나. 부기(簿記)에서 차변, 대변과 같이 수치 데이터의 합계(total)가 있는 부분에 두 종류의 계산 결과가 서로 밸런스(평형)되어 있는지의 여부에 따라 오류 데이터(error data)를 검출하는 방법. 부기에서 대차 금액의 조회와 같은 구성이다. 이러한 구성을 입력 프로그램 중에 미리 포맷하여 둔다. 대차 대조표에서의 기장 오차의 검출 방법에서 생겨난 언어이며, 컴퓨터 처리에서의 데이터 체크 방법의 하나. 즉, 사람이 미리 계산한 수치와 컴퓨터 처리의 수치를 비교하여 두 개의 값이 일치하면 정상인 데이터로 하고, 「차」가 있으면 어느 곳인가 집계에 오차가 있다는 것을 표시하는 체크 방법.

balance circuit [–sə́ːrkit] **평형 회로**

balance converter [–kənvə́ːrtər] **평형 주파수 변조기**

balance cylinder [–sílindər] **평형 실린더**

balanced [bǽlənst] *a.* **평형의, 균형의**

balanced amplifier [–ǽmplifàiər] **평형 증폭기**

balanced binary search tree [–báinəri(ː) sə́ːrtʃ tríː] **평형 2진 검색 트리** 좌우 종속 트리의 높이 또는 노드 수가 거의 같도록 구성된 2진 검색 트리.

balanced binary tree **평형 2진 트리**

balanced circuit [–sə́ːrkit] **평형 회로**

balanced class [–klǽːs] **평형 클래스**

balanced converter [–kənvə́ːrtər] **평형 주파수 변조기**

balanced deflection [–diflékʃən] **대칭 편향**

balanced demodulator [–diːmádʒulèitər] **평형 복조기(復調器)**

balanced direct access technique[–dirékt ǽkses tekníːk] **평형 직접 접근 기법**

balanced error [–érər] **평형 오차** 일정 범위 내의 모든 오차값이 같은 확률로 발생하고 그 범위의 최대 · 최소값이 절대값과 같고 부호만 다를 때(평균값이)를 가리킨다.

balanced error range [–réindʒ] **평형 오차 범위** 오차의 범위가 최고(+), 최저(–)로 그 오차값이 같은 것.

balanced frequency converter [–fríːkwənsi(ː) kənvə́ːrtər] **평형 주파수 변조기**

balanced line [–láin] **평형 선로**

balanced line logic element [–ládʒik éləmənt] **평형선 논리 소자** 대(對) 회로에 지연선을

통해 직류 및 사인파 전압을 가하여 사인파가 없는 경우에도 진동을 일으킨다. 사인파 전압은 발진의 주기와 방향성을 주는 것이며, IBM 사가 개발한 에사키 다이오드 회로이다.

balanced link access protocol[-líŋk ǽkses próutəkɔ(:)l] **평형 링크 액세스 프로토콜**

balanced load[-lóud] **평형 부하**

balanced-load meter[-míːtər] **평형 회로용 계기**

balanced merge[-mə́ːrdʒ] **평형 합병** 외부 소팅(분류)법의 일종. 내부 소팅으로 만들어낸 스트링을 이용이 가능한 기억 장치의 반분된 영역에 배치하고, 다음에 동수의 기억 장치 사이에서 스트링을 움직임으로써 합병(머지)하고, 합병 처리가 완료될 때까지 이 과정을 반복하는 방법.

balanced mode[-móud] **평형 모드**

balanced modulator[-mádʒulèitər] **평형 변조기**

balanced multiway search tree[-mʌ́ltiwèi sə́ːrtʃ tríː] B-tree, **평형 다방향 탐색 트리**

balanced parentheses[-pərénθəsiːz] **평형 괄호** 괄호(,)로 이루어진 문자열로 (,)의 수가 같고 진위 부분은 양쪽 괄호의 수가 크거나 같다.

balanced sample[-sáːmpl] **평형 잡힌 표본**

balanced search tree [-sə́ːrtʃ tríː] **균형 검색 트리**

balanced sorting[-sɔ́ːrtiŋ] **평형 정렬법** 순서화된 데이터의 문자열을 합병시키기 위해 정렬 프로그램에서 사용하는 방법.

balanced station[-stéiʃən] **평형국(局)** 복합국(combined station)과 같은 뜻이며, high level data link 제어 절차(control procedure) HDLC에서의 1차 지국과 2차 지국의 양쪽 기능을 가지며, 커맨드(command)와 응답(response)을 수시로 송출할 수 있는 데이터 스테이션.

balanced tape technique[-téip tekníːk] **테이프 밸런스 기법**

balanced tree-phase circuit[-tríː féiz sə́ːrkit] **평형 3상(三相) 회로**

balanced-to-unbalanced transformer [-tu ʌnbǽlənst trænsfɔ́ːrmər] **평형/불평형 변조기**

balanced tree[-tríː] **평형 트리** 임의의 노드(node)에 주목했을 때, 거기서 파생하는 좌우의 부분 트리(subtree)의 노드의 수가 최대 「1」밖에 틀리지 않는 트리.

balance error[bǽləns érər] **균형 오차**

balance sheet[-ʃíːt] **BS, 대차 대조표, 밸런스 시트**

balance sorting[-sɔ́ːrtiŋ] **평형 정렬** 순차적인 문자열을 병합하기 위한 방법.

balancing network[bǽlənsiŋ nétwəːrk] **평형 회로, 평형 회로망**

ball bonding[bɔ́ːl bándiŋ] **볼 본딩** 집적 회로의 접속법의 하나로 극세선(極細線), 리드선을 녹여 잘라서 선단을 공 모양으로 형성시키고 이것에 열이나 초음파 진동을 가하면서 압착하는 것.

ball mouse[-máus] **볼 마우스** 입력 장치의 하나. 밑면에 볼이 달린 플라스틱 또는 나무로 된 마우스를 움직여 그 마찰로 인한 회전을 가로, 세로의 이동량으로 계산하는 방식으로 되어 있다.

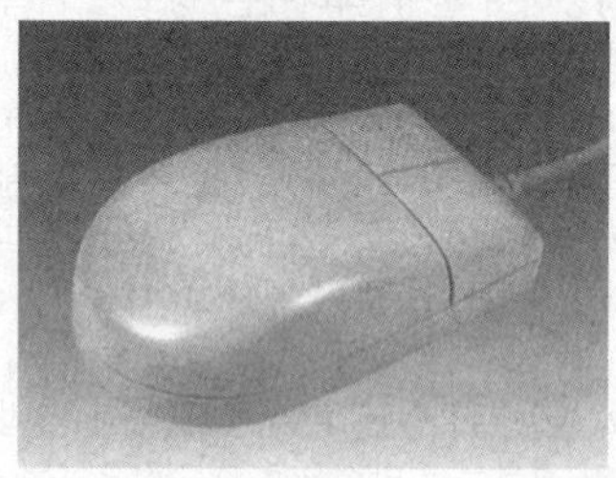

〈볼 마우스〉

balloon help[bəlúːn hélp] **풍선 도움말** (1) 매킨토시의 도움말 표시 기능. 이 기능을 사용할 수 있도록 설정한 다음, 알고자 하는 항목 위로 커서를 이동하면 분출하듯이 도움말 메시지가 표시된다. System 7부터 사용되고 있다. (2) 프로그램의 메뉴 표시줄 및 도구 표시줄의 특정 아이콘 위에 마우스 포인터를 두면 각 아이콘에 대한 간단한 설명이 나오는 노란색의 설명 표시를 보게 되는데, 이를 말한다.

ball printer[bɔ́ːl príntər] **볼 프린터** 공 모양으로 생긴 타이프 볼(type ball)에 활자를 양각하고 이것을 움직여 활자를 인쇄하는 프린터. 타이프 볼은 필요한 활자가 제자리에 오도록 회전한다.

BANCS 시중 은행 현금 서비스 bank cash service의 약어. 시중 은행을 온라인으로 연결한 현금 서비스. 종래에는 상위 은행(TOCS)과 하위 은행(SICS)으로 나누어 있었으나 현재는 통합되어 BANCS로 되어 있다. 한 은행의 현금 카드를 사용하여 다른 은행의 점포에 있는 자동 예금 지급기(ATM)에서 현금을 인출할 수 있다(예금은 할 수 없음).

band[bǽnd] *n.* **띠, 대역, 밴드** (1) 자기 디스크 또는 자기 드럼 표면의 트랙(track)의 하나 혹은 몇몇의 모임. 예를 들면, 1자리수를 4비트로 동시에 표시하는 경우에는 4트랙이 1밴드가 된다. (2) 밴드식 인쇄 장치(band printer)로 글자를 새기기 위한 띠 모양의 쇠바퀴. (3) 데이터 통신(data communication)에서의 특정 주파수의 범위.

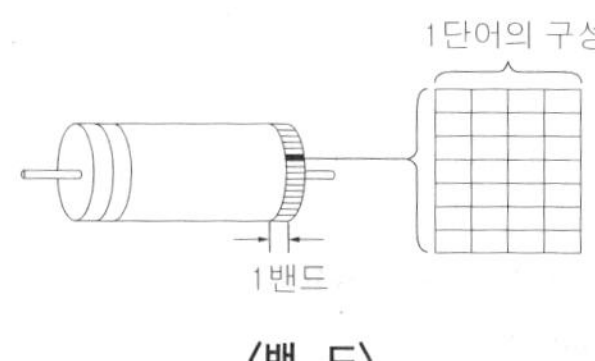

〈밴 드〉

band center[–séntər] 밴드 중심

band compression[–kəmpréʃən] 대역 압축

band elimination filter[–ilìminéiʃən fíltər] 대역 소거 필터

band envelope[–énvəloup] 밴드 포락선(包絡線)

band head[–hé(:)d] 밴드 머리

band-limited channel[–límitəd tʃǽnəl] 대역 한정 채널

band matrix[–méitriks] 띠 행렬, 밴드 매트릭스 대각선에 평행한 몇 줄의 원소들 외에는 전부 0이어서 전체적으로 숫자들의 비스듬한 띠로 보이는 행렬.

band origin[–ɔ́(:)ridʒin] 밴드 원점

band overlap[–òuvərlǽp] 밴드 중첩

band pass[–pɑ́:s] 통과폭

band pass filter[–fíltər] 대역 통과 필터 전파 통신에서 단말국에서 수신된 전파 가운데 필요한 전파만을 추출하기 위해 사용하는 회로.

band printer[–príntər] 밴드 프린터 양각된 벨트 모양의 활자를 고속 회전시켜 해당 활자가 위치에 오면 타격하여 인쇄하는 인쇄 장치.

band reduction[–ridʌ́kʃən] 대역 압축 데이터를 전송하는 회선에는 여러 가지가 있지만 가장 일반적으로 사용되고 있는 것이 음성 대역의 회선이다.

2비트	위상 변화
00	+45°
01	+135°
11	+225°
10	+315°

[주] 이 위상 변화는 어떤 신호 엘리먼트의 중앙에서 연속하는 신호 엘리먼트의 중앙에 이르러 과도 영역에 대한 실제의 회로 상에서의 위상의 편이다.

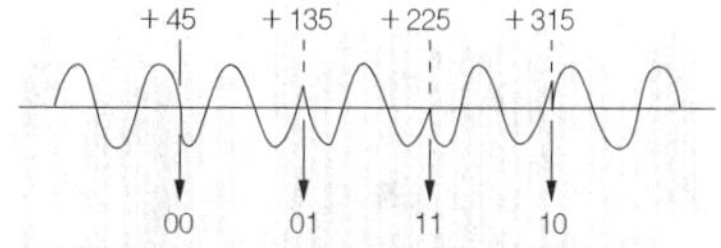

〈위상 변조에 의한 2진 전송(2비트)〉

음성 대역의 회선은 0.3~3.4kHz 주파수의 신호만 전송할 수 있다. 또 좀더 고속으로 데이터를 전송할 경우에는 일반적으로 더 넓은 주파수 대역이 필요하게 된다. 그래서 제한된 전송 대역 가운데 좀더 고속의 전송을 하기 위해서 대역을 유효하게 이용하는 것이 대역 압축이다. 정보 통신에서 사용하는 변복조 장치에서는 위상 변조 또는 위상-진폭 변조에 의해 하나의 유의 순간에 2비트, 3비트 등 여러 비트의 정보를 전송하는 다상 변조를 하고 있다.

band-reject filter[–ridʒékt fíltər] 대역 소거 필터

band selector[–səléktər] 대역 선택기 자기 드럼에서 지정된 주소가 어떤 대역 상에 있는가를 검출하는 회로.

band spectrum[–spéktrəm] 띠 스펙트럼

band-stop filter[–stɑ́p fíltər] 대역 정지 필터, 밴드 스톱 필터

band type[–tɑ́ip] 밴드 타입

bandwidth[bǽndwìdθ] 대역폭 데이터 통신(data communication)에서 어떤 대역의 크기를 표시하는 것으로 최고 주파수와 최저 주파수와의 차를 말한다. 대역폭이 넓을수록 더 많은 정보를 전송할 수 있으며 그 폭이란 주파수 대역의 상하한 주파수의 차이로서 헤르츠(Hz)로 나타낸다.

bandwidth allocation control protocol [–æ̀lo(u)kéiʃən kəntróul próutəkɔ(:)l] 대역폭 할당 조절 프로토콜 ⇨ BACP

bandwidth allocation protocol ⇨ BAP

bandwidth hog[–hɔ́(:)g] 대역폭 호그 주어진 통신이나 통신망의 용량을 독점하거나 지나치게 많이 쓰는 사용자 또는 그러한 프로그램.

bandwidth of FM signal FM 대역폭

bang[bǽŋ] 뱅 uucp 메일 버스에서는 사이트명의 구분에 이용된다. 유닉스 명령에서는 일시적으로 셸을 호출해서 다른 명령을 실행할 때 이용된다.

bank[bǽŋk] *n.* 뱅크 주기억 장치를 구성할 때의 최소 단위(논리적 단위). 통상 이 뱅크 단위로 설치된다. 뱅크 전환으로 한정된 기억 장치 공간을 더 넓게 활용하려는 목적으로 사용되며 증설도 가능하다. 또 컴퓨터 작업중에 이들 뱅크에 동시 병행적으로 접근할 수 있다.

bank cash service[–kǽʃ sə́:rvis] BANCS, 시중 은행 현금 서비스 ⇨ backward read

bank GIRO system 은행 지로 시스템 거래에서 대금 지불을 은행 구좌를 통하여 결제하는 제도.

banking online system[bǽŋkiŋ ɔ́(:)nlàin sístəm] 은행 온라인 시스템 지점 은행에 단말 장치(terminal)를 설치하고, 이것을 통신 회선과 연결시켜 중앙의 대형 컴퓨터에 접속하며, 현금의 지급, 예입, 배당 등을 행하는 시스템의 총칭. 대도시의 은

행에서 채용하기 시작하여 중소 은행에까지 널리 보급되었다. 좌석 예약 시스템(seat reservation system)과 함께 일상 생활에서 가장 친밀한 컴퓨터 이용의 예라고 할 수 있다. 대형 은행에서는 지점 수가 수백 개씩 되고 단말 장치는 수천 대에 이른다. 또 중앙측에는 호스트 컴퓨터로서 초대형 클래스가 여러 대 있으며, 이 업무의 데이터 베이스가 되는 「원장 파일」을 기억시켜 두기 위한 방대한 용량을 갖는 자기 디스크 장치 등이 다수 갖추어져 있다. 고장이 났을 때의 영향이 극히 큰 시스템이기 때문에 「장애 대책용」 하드웨어, 소프트웨어도 충분히 고려되어야 한다. 이러한 설비와 일련의 소프트웨어의 개발 비용은 실제로 막대하다. 데이터 처리가 실시간(real time)으로 행해지기 때문에 은행 실시간 시스템(banking real time system)이라고도 부른다.

banking POS terminal **은행 판매점 단말기** 일반 상점에 설치되어 있고 은행과 연결되어 있는 단말기를 통하여 잔고를 확인하고 고객의 구좌에서 거래액을 전용하여 대금을 지불하는 방식.

banking system [-sístəm] **은행 업무 시스템** 온라인의 예금 업무 시스템이나 환전 시스템을 가리키는 것이며 은행의 사무 기계화를 위한 컴퓨터 시스템으로 통상의 사무 기계화와는 조금 다른 것이다.

banking terminal [-tə́ːrminəl] **은행용 단말 장치, 금융 단말, 뱅킹 터미널** 은행 온라인 시스템(banking on-line system)용 단말 장치의 총칭. 고객이 조작하여 현금의 예입(deposit), 인출(withdrawal), 송금(transfer) 등을 행할 수 있도록 한 터미널과 창구 카운터 내에서 은행원이 조작하는 텔러(teller)용의 터미널이 대표적인 것이다. 그 밖에 카운터 후방에서 사용되는 「후방 업무 처리용」의 단말 장치나 영업 사원이 휴대할 수 있는 형태의 섭외 지원용의 것도 뱅킹 터미널에 포함된다.

banking terminal system [-sístəm] **은행용 단말 시스템**

bank memory specification [bæŋk méməri(ː) spèsifikéiʃən] **뱅크 메모리 방식** (1) 동일 주소 공간 내에 교체 가능한 복수의 물리 메모리를 매핑하여 소프트웨어로 교체함으로써 사용 메모리량을 늘리는 방법. (2) I/O 데이터 기기 사가 제창한 메모리 관리 방식의 하나. PC-9800 시리즈의 80000H에서부터 A0000H까지의 메모리 공간을 창으로 하여 128kB 단위로 메모리를 교체하고 640kB를 넘는 메모리를 관리한다. 이것을 뱅크 메모리라고 하며, 몇 개의 뱅크를 가지도록 교체하기 때문에 이런 이름이 붙었다. 그러나 뱅크를 교체하는 창을 640kB의 주기억 장치 속에 설치한 것으로 뱅크 상의 프로그램으로 교체할 수 없기 때문에 데이터 영역으로밖에 사용할 수 없다는 문제가 발생하여 곧 EMS로 대체되었다. ⇨ EMS

bank processing unit [-prásesiŋ júːnit] **중앙 연산 처리 장치**

bank select register [-səlékt rédʒistər] **뱅크 선택 레지스터** 주기억 장치의 뱅크를 레지스터로 선택하는 것.

bank switching [-swítʃiŋ] **뱅크 전환**

banner [bǽnər] *n.* **배너** 현수막을 가리킨다.

banner word [-wə́ːrd] **표제어** 파일 레코드의 첫째 단어.

BAOBBAB **바오바브** 병력(病歷)을 분석하기 위해 유사한 자연어로 의사가 작성한 의학 전문가 시스템인 MYCIN의 지식 기반을 열람하는 본문 이해 프로그램.

BAP bandwidth allocation protocol의 약어. 데이터 통신에 사용하는 채널 수를 통신중에 변경하기 위한 제어 프로토콜.

BAR **기준 주소 레지스터, 기저 주소 레지스터** base address register의 약어.

bar [báːr] *n.* **막대**

bar chart [-tʃáːrt] **막대 도표, 바 차트** 프로젝트 등에서의 작업 진척 상황을 막대 그래프로 표현한 「일정 관리표」를 말한다. 대형 시스템의 개발 등에서는 수많은 다른 작업이 동시에 병행하여 진행되는 것이 보통이다. 따라서 어떤 작업의 완료가 다른 작업을 개시하기 위한 조건이 되는 경우가 많다. 이러한 것으로부터 작업 목적이나 개발 담당마다 진척 상황를 표시하는 막대 도표가 자주 쓰이고 있다. 이 도표 작성시 막대 모양은 가로나 세로 어느 쪽이든 무방하나 그 밑부분만은 항상 0의 선에 놓여야 한다.

bar code [-kóud] **바 코드** 세로선의 집합이며, 각 선의 여러 가지 두께와 각각의 간격을 조합시킴으로써 구별하는 코드로 제품 또는 상품에 일대일로 대응시켜 값의 등급 표시나 관리에 사용되는 코드이다. 광학적으로 용이하게 판독할 수 있으며 POS 단말 등에서 널리 이용되고 있다.

〈바 코드〉

bar code optical scanner [-ɑ́ptikəl skǽnər] **광학 바 코드 주사기(走査器)** 특수한 바 코드로 코드화된 기록을 매 초당 수백 자의 속도로 읽는 광학적 주사 장치.

bar code reader [-ríːdər] **바 코드 판독기, 바 코드 리더** 굵은 선과 가는 선의 조합으로 코드를 나타낸 바 코드를 판독하는 장치로서, 컴퓨터의 입력 단말 장치로 사용된다. 당초 수퍼마켓 등에서 판매 시의 정보를 급속히 처리하기 위해서 식품이나 잡화류에 인쇄된 바 코드를 판독하는 장치가 개발되어 판매 시점 정보 관리(POS ; point of sales) 시스템의 단말로서 보급되었다. 바 코드의 판독에는 광학식의 바 코드 센서가 사용된다.

〈바 코드 판독기〉

bar code scanner [-skǽnər] **바 코드 스캐너**

bar code sensor [-sénsɔːr] **바 코드 센서**

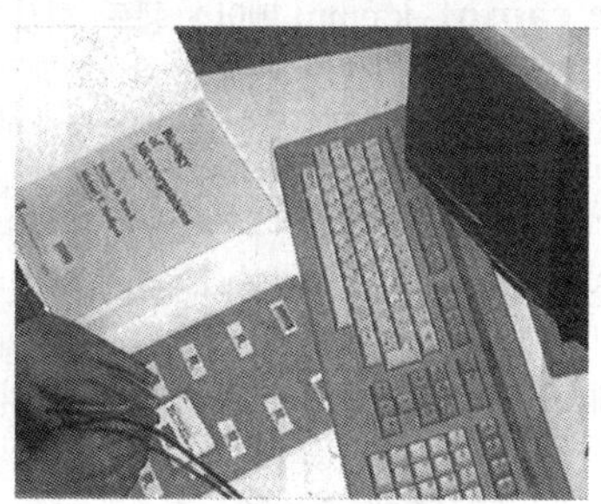

〈바 코드를 이용한 도서관 대출〉

bar display [-displéi] **막대 표시 장치**

bare board [bɛər bɔ́ːrd] **빈 기판** 칩을 설치할 수 있는 회로와 소켓만 장착되어 있고, 칩은 설치되어 있지 않은 보드. CPU와 RAM이 설치되지 않은 상태에서 판매되는 마더 보드가 여기에 속한다.

bare drive [-dráiv] **베어 드라이브** 케이스 등에 넣지 않은 상태의 드라이브. 자작 머신의 보급에 따라 내장용 하드 디스크나 CD-ROM 등이 베어 드라이브로 판매되고 있다.

Barker sequence [bɑ́ːrkər síːkwəns] **바커 시퀀스**

bar printer [bɑ́ːr príntər] **막대형 프린터, 바 프린터** 활자가 파져 있는 막대가 수평으로 왕복 운동을 하며, 잉크 리본으로 문자를 전사(轉寫)하는 충격식 인쇄 장치(impact printer).

barrel capacity [bǽrəl kəpǽsiti(ː)] **배럴 용량**

barrel printer [-príntər] **원통 프린터**

barrel connector [-kənéktər] **배럴 커넥터** 두 개의 동축 케이블을 연결하는 장치.

barrier free [bǽriər fríː] **배리어 프리** 장애물이나 장벽을 없앤다는 의미로 사회 생활에서 불이익을 입기 쉬운 사람도 안심할 수 있는 사회 환경이나 도구, 인적 자원을 중시하는 사고 방식. 컴퓨터 분야에서도 소프트웨어와 하드웨어의 인터페이스 설계의 지침으로 자리잡고 있다.

bar type [bɑ́ːr táip] **바형** ⇨ printer type bar

barter [bɑ́ːrtər] **교역** 웹 사이트에서의 배너 교환을 의미한다. 중소 규모의 작은 사이트의 경우에는 전문적인 인터넷 광고 대행사들에게 광고를 의뢰할 만큼 광고 수익이 충분치 않다. 따라서 이들은 긴밀한 유대 관계를 맺고 서로의 웹 사이트에 배너를 교환하는 식으로 광고를 한다. 이 과정에서 광고 비용은 발생하지 않는데, 이러한 관행을 가리킨다.

BAS 빌딩 자동 제어 시스템 building automation system의 약어. 빌딩이 대형화되고 고급화됨에 따라 급격하게 증가하는 각종 설비들, 즉 공기 조화 설비(냉난방 설비), 전기, 방재, 방범, 통신 설비 등을 중앙 통제 센터에서 감시하며 일괄적으로 제어할 수 있도록 한 시스템.

base [béis] *n.* **기준** (1) 기준. (2) 지수에 따라 지정된 횟수만큼 곱해지는 수. (3) 밑수 : 기수 부동 소수점 표시이며 거듭제곱의 밑이 되는 양의 고정 소수점 수. (4) 진법 · 수 표현법의 한 가지이며, 각 자리 크기의 단위가 밑이 되는 정수. 10진수로 표시한 수치이며 명확히 하기 위해 235_{10} 과 같이 기수를 표시한 수 밑에 기입하기도 하나 기수가 없을 때에는 10진수로 본다. 그 밖에 2진수, 8진수, 16진수 등을 주된 기수로 사용한다.

base64 전자 우편에 관한 규격인 MIME(multi-purpose Internet mail extensions)에서 정하고 있는 부호화 방식의 하나. uuencode를 대신해서 사용되는 부호화 방식으로 uuencode와 마찬가지로 4문자를 3문자로 변환한다. 용도로는 음성, 화상, 2진 파일 등의 변환에 쓰인다.

base address [-ədrés] **기준 주소** 기준 주소 프로그램 실행시 주소 계산의 기준(기초)으로서 사용되는 주소. 이것과 상대 주소(relative address)를 가산하여 절대 주소(absolute address)를 산출하는데 사용된다. 프로그램은 주기억 장치 속의 일정한 장소를 점유하지만, 물리적인 주소 범위는 항상 같다고는 할 수 없다. 이것은 통상 프로그램이 상대 주소로 작성되며, 이것에 기준이 되는 주소를 더하여 주기억 장치 상의 물리적 장소가 결정되기 때문이다. 이것을 기준 주소라 부르며, 기준 주소를 사용함으로써 프로그램은 재배치가 가능(relocatable)하게 되고, 주기억 장치 어딘가에 그 프로그램을 수행할 크기의 영역이 있기만 하면 실행 가능하게 된다.

base address appoint[–əpɔ́int] **기준 주소 지정 방식**

base addressing[–ədrésiŋ] **기준 주소 지정**

base addressing displacement system[–displéismənt sístəm] **기준 주소 변경 시스템** 프로그램이 적재될 때 상대 주소에서 절대 주소로의 변환을 쉽게 하고 많은 기억 장소를 각각의 명령 코드에 비교적 적은 주소 비트로 주소를 나타낼 수 있다. 또 3차원 배열에 주소를 붙일 수 있는 장점이 있으며 명령 코드 주소 부분의 비트 수가 기억 장치의 전역을 지시하는 데 필요한 비트 수보다 적을 때에는 이 부분은 원칙적으로 기준 주소 레지스터로 변경되어 실제 주소가 된다.

base address register[–ədrés rédʒistər] **BAR, 기준 주소 레지스터** 프로그램 실행시 기준 주소 값을 갖고 있는 레지스터. 명령어에는 기준이 되는 주소 레지스터의 번호와 상대 주소를 표시하고 접근할 때마다 주소값이 더해져 절대 주소를 만든다.

base address register modification[–màdifikéiʃən] **기준 어드레스 레지스터 수식**

base alignment[–əláinmənt] **기준선 정렬** 동일 인쇄 행의 일련의 문자를 수평 기준선, 즉 동일 행으로 인쇄한 문자의 수직 상대 위치를 정하기 위해 수평선을 따라 배치하는 것. 또는 인접한 문자의 상하의 어긋남을 허용 범위 이하로 조정하는 것.

baseband[béisbæ̀nd] **기저대, 베이스밴드** 데이터 통신에서의 반송파를 변조하기 위하여 쓰이는 신호가 점유하는 주파수 대역을 가리킨다.

baseband method[–méθəd] **베이스밴드 방식** 꼬임 쌍선이나 동축 케이블에 적용하며 디지털 신호 형태로 전송하는 방식으로, 원래 신호를 다른 주파수 대역으로 변조하지 않고 전송하는 가장 간단한 방식. 선로 상에서는 전압 펄스열로 나타내며 한 신호를 전송하기 위해서 매체의 전 주파수 스펙트럼이 이용되므로 FDM 기술은 사용할 수 없다. 보통 광대역 전송 방식보다 거리에 많은 제약을 받기 때문에 중계기 없이 사용될 수 있는 거리는 1~2km이다.

baseband networking[–nétwə̀:rkiŋ] **기저대 네트워킹**

baseband signal[–sígnəl] **기저대 신호** 변조되지 않은 저주파 신호.

baseband signaling[–sígnəliŋ] **기저대 신호화** 데이터 전송 방식 중의 하나로 직류 또는 저주파로부터 큰 대역폭의 회선에 적합한 전송 방식. 기저대 전송은 전신 회선에 이용되어 온 방식으로 새로운 디지털 데이터망에서도 가입자와 국 사이에 이용되고 있다.

baseband system[–sístəm] **기저대 방식** 데이터 신호를 변조하지 않고 그대로 보내는 방식. 이더넷은 기저대 방식의 기술이 이용된 대표적인 예이다. ⇨ Ethernet

baseband transmission[–træ̀nsmíʃən] **기저대 전송** 저주파의 기저대 신호를 사용하여 단거리 동축 케이블을 통해 신호를 전송하는 방법.

baseband transmission characterstics[–kæ̀rəktərístiks] **기저대 전송 특성** 광섬유에 펄스 광신호(light signal)를 입사시킬 때 다른 단의 출력 펄스폭은 원래의 펄스에 비하여 넓어지는데, 이 현상을 분산이라고 하며 시간 영역에서의 전송 손실이 증가된다. 이 분산 현상이 주파수 영역(frequency domain)으로 변환되면 고역(高域)에서의 전송 손실이 증가하게 된다. 이 주파수 영역에서의 전송 특성을 기저대 전송 특성이라고 하며 광섬유의 성능상 중요한 요소이다.

base-bound register[béis báund rédʒistər] **베이스 바운드 레지스터**

base camp[–kǽmp] **베이스 캠프** 회사 내의 인트라넷에 접속하기 위한 비용을 최소화하기 위해서 개발중인 일련의 소프트웨어들. 백오피스 패밀리의 확장 형태로 제공되며, 간단한 인터넷 접속을 위한 클라이언트 소프트웨어, 원격 접속 사용자를 위한 프록시 서버와 폰북 서버 등이 포함되어 있다. 특히 베이스 캠프는 클라이언트와 네트워크 간의 접속을 위해 PPTP 프로토콜을 사용하므로 저가의 인터넷을 사용하여 흩어져 있는 회사의 LAN을 상호 접속하는 용도로 사용할 수 있다.

base clock[–klák] **기준 클록** 시스템 버스 클록과 동의어. ⇨ clock, system bus clock

base cluster[–klʌ́stər] **베이스 클러스터, 기초 클러스터** 데이터 가운데 대체 색인의 대상이 되는 것.

base conversion[–kənvə́:rʃən] **진법 변환** 어떤 수치를 10진에서 2진으로 또는 2진에서 10진으로 변환하는 것 등을 가리킨다.

based[béist] *a.* **베이스트**

base-displacement address[béis displéismənt ədrés] **기저 변위 주소**

base-displacement address system[–sístəm] **기저 변위 주소 방식** 명령어에서 기억 장치의 절대 주소를 지정하지 않고 기저 주소 레지스터와 이것으로부터 변위를 지정하여 이 둘의 합으로 실제 주소를 지정하는 주소 지정 방식.

based reference[béist réfərəns] **기저부 참조, 베이스 참조**

based storage[–stɔ́:ridʒ] **베이스 기억 장소, 베이스 기억 영역** ALLOCATE 문으로 생성되고 FREE 문으로 없어지는 성질을 갖는 것. PL/I 언어에서 기억 장소 구분의 하나. 제어 기억 장소와 비슷하나 스택이 관여하지 않는다.

based storage built-in function[–bílt ín fʌ́ŋkʃən] **베이스 기억 장소 내장 함수**

based variable[–vέ(:)riəbl] **기저 변수**

base element[béis éləmənt] **기본 요소** 프로그래밍 언어의 PL/ I 에서 구조체를 구성하는 요소 가운데 새로 구조체를 뺀 것을 의미한다.

base expansion[–ikspǽnʃən] **베이스 확장 기구**

base field[–fí:ld] **기본 필드**

base film[–fílm] **기막(基膜)**

base group[–grú:p] **베이스 그룹**

base item[–áitəm] **기초 항목**

base level[–lévəl] **베이스 레벨** 클록 인터럽트에 의하여 실행되는 레벨 중 최하위의 실행 레벨을 말하며 시간적인 정확도가 엄격하지 않은 주기적인 처리나 다소의 대기가 허용되는 개별 처리를 하는 레벨. 베이스 레벨도 다른 레벨과 마찬가지로 우선도가 높은 순으로 BQ_1, BQ_2, BQ_3와 같이 세 개의 실행 레벨로 나누어지며 이 처리는 FIFO 대기 행렬(first in first out queue) 방식으로 행한다. BQ_1에는 주기 프로그램이나 실시간에서 우선적으로 처리 시간이 짧은 프로그램을 처리하고, BQ_2에서는 일반 교환 프로그램 처리를 하며, BQ_3에서는 보수 운용 관계 프로그램을 처리한다.

base-limit register[–límit rédʒistər] **기준 한계 레지스터**

base line[–láin] **기준선** 신호 펄스의 기준.

base line dwell time[–dwél táim] **펄스 기준 지속 시간** 펄스의 진폭이 기준이 되는 진폭에서 일정한 한계 내에 머물러 있는 시간.

base notation[–noutéiʃən] **기수 표기법**

base notation mixed[–míkst] **혼합 기수 표시법** 둘 이상의 문자를 사용하여 어떤 양을 표현하는 방법.

base number[–nʌ́mbər] **기수** 2진법, 8진법, 10진법, 16진법 등과 같은 수 체계에서 각각의 숫자 위치에서 사용되는 숫자 또는 문자의 크기.

base of number system[–əv nʌ́mbər sístəm] **수 체계의 기수** 2진법에서는 2, 5진법에서는 5, 8 · 10진법에서는 8, 10이 기수이다.

base-plus-displacement addressing[–plʌ́s displéismənt ədrésiŋ] **기준+변위 주소 지정** 명령을 실행할 때 절대 주소는 기준 레지스터의 내용+변위로 계산되는데, 변위는 프로그램의 기준으로부터의 간격을 나타내는 것이다.

base point[–pɔ́int] **기수점**

base register[–rédʒistər] **기준 레지스터, 베이스 레지스터** 기준 주소(base address)를 기억하고 있는 레지스터. 중앙 처리 장치(CPU)의 제어 장치 중에 있는 레지스터의 하나. 주기억 장치의 용량이 커지면 명령 주소(address part)의 비트 수도 증가하지만, 기준 레지스터 중의 「기준 주소」와 주소부의 변위(displacement)를 더함으로써 모든 기억 위치의 어드레스 지정이 가능해진다.

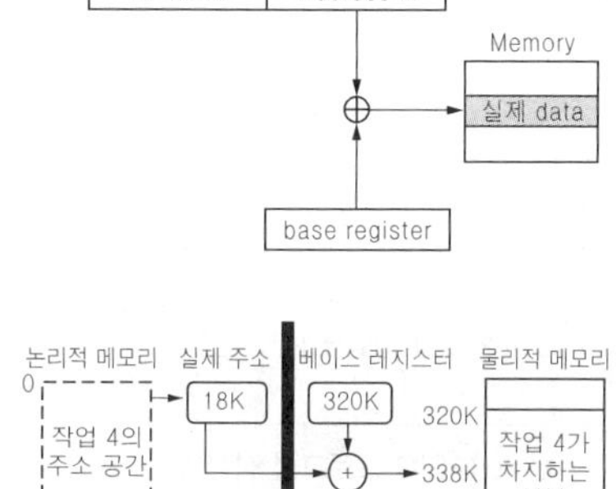

〈베이스 레지스터를 이용한 재배치 방법〉

base register addressing mode[–ədrésiŋ móud] **기준 레지스터 주소 지정 방식** 기준 레지스터는 기준 주소를 가지며 명령의 주소 부분이 이 기준 주소로부터 상대적인 위치에 결정되는데, 기준 레지스터의 내용에 명령의 주소 부분이 더해져서 유효 주소가 결정되는 방식.

base register modification[–màdifikéiʃən] **기저 레지스터 수식**

base relation[–riléiʃən] **기본 릴레이션** 유도 릴레이션의 기본이 되는 릴레이션으로 뷰(view) 또는 순환적으로 정의된다.

base set[–sét] **기저 집합** 비교 흡수 부정 방식을 시작할 때 처음 비교 대상이 되는 절(clause)의 집합.

base table[–téibəl] **베이스 테이블**

base time[–táim] **기준 시간**

base volume[–váljum] **기준 볼륨**

BASIC 베이식 beginner's allpurpose symbolic instruction code의 약어. Dartmouth 대학에서 개발되었으며, 누구나 바로 컴퓨터를 이용할 수 있도록 하는 것을 목적으로 만들어진 교육용의 대화용 언어. 일상 언어에 가까운 표현으로 이루어지며,

명령문은 간단한 선언문, 실행문, 각종 커맨드로 구성되어 있고, 구문(syntax)도 간단하다. 또 BASIC은 프로그램을 1행씩 해석하고, 그때마다 기계어 명령으로 바로 실행해가기 때문에 처리 속도는 늦지만 해석에 관한 메모리 용량은 작아도 된다. PC의 프로그램 언어로서 널리 보급되어 왔다.

```
10 REM ** This is a sample program.
20 REM
30 REM ** Written by H.Y. BAE **
40 REM
50 REM ** READ statement **
60 REM D, H
70 S=3.14*(D/2)^2
80 V=4/3*3.14*(D/2)^3
90 C=S*H/3
100 DATA 6.5,3.2
110 REM**PRINT output S,V,C **
120 PRINT S,V,C
130 END

RUN
  33.16625  143.7204  35.37734
Ok
```

〈BASIC 프로그램 작성 예〉

basic access level[béisik ǽkses lévəl] **기본 접근 레벨**

basic access method[-méθəd] **기본 접근 방법** IBM 대형 기종의 파일 처리를 위한 접근 방식 중 가장 원시적 방식. 기억 영역에 판독한 코드를 블록화하지 않거나 출력 영역에 쓰여진 레코드를 블록화하지 않고 레코드로서 입출력하는 방식.

basic access module[-mádʒu:l] **기본 접근 모듈** 데이터 베이스에 대한 모든 요구 작업은 모듈에 모든 명령어들이 검사되며 접근 처리 순서가 결정되고 검사되어 정렬된 후 처리를 시작한다.

basic access technique[-tekní:k] **기본 접근 기법**

basic activity subset[-æktíviti sʌ́bsèt] **기본 액티비티 서브셋** 세트 계층, 즉 ISO 7계층의 기능 가운데 소동기점과 액티비티 간의 관리 기능을 제공하는 기본 서브셋.

basic assembler[-əsémblər] **기본 어셈블러** 어셈블러가 가진 기능 중 특히 기본적인 기능만을 구비한 것. 그러나 특히 이 기능까지 구비한 것이 기본 어셈블러라고 정의할 수는 없지만 명령 코드가 쉽게 기억되는 기호화(symbolic)한 것으로 되어 있는 것, 주소 지정을 기호를 사용하여 가능한 것 등은 기본적인 기능이다.

basic assembler language[-lǽŋgwidʒ] **BAL, 기본 어셈블러 언어**

basic assembley language[-əsémbli(:) lǽŋgwidʒ] **BAL, 기본 어셈블리어**

basic attachment[-ətǽtʃmənt] **기본 접속 기구**

basic block[-blák] **문절(文節), 기본 블록** 어떤 프로그램 중 순차적으로 실행되는 명령 문자와 식의 예. 한 개의 입구와 한 개의 출구만을 가지며 중간에 레이블이 없고 무조건 점프하는 명령문도 포함되어 있지 않은 것. 코드의 최적화와 프로그램의 올바른 증명, 검사용 데이터의 생성 등 다양하게 사용된다.

basic byte multiplexer channel[-báit mʌ́ltiplèksər tʃǽnəl] **기본 바이트 다중 채널**

basic card print[-ká:rd prínt] **기본 카드 인쇄**

basic character generation area[-kǽrəktər dʒènəréiʃən ɛ́(:)riə] **기본 문자 발생 영역**

basic character generation storage [-stɔ́:ridʒ] **기본 문자 발생 기구**

basic character patterns[-pǽtərnz] **기본 문자 패턴**

basic character set[-sét] **기본 문자 집합**

basic class[-klá:s] **기본 클래스** 가상 단말기 클래스의 하나. 기본 클래스는 3차원 배치 구조에서 문자 외의 모자이크 도형을 배치하는 클래스.

basic coding[-kóuding] **기본 코딩**

basic combined programming language [-kə́mbaind próugræmiŋ lǽŋgwidʒ] **기본 컴바인드 프로그래밍 언어** ⇨ BCPL

basic combined subset[-sʌ́bsèt] **기본 조합 서브셋** ISO 7계층의 세션 계층에서 최소한의 서비스를 제공하는 기본 서브셋.

BASIC compiler[-kəmpáilər] **베이식 컴파일러**

basic console[-kənsóul] **기본 콘솔**

basic controller[-kəntróulər] **기본 제어 기구**

basic control mode[-kəntróul móud] **BC mode, 기본 제어 모드, BC 모드**

basic control program[-próugræm] **기본 제어 프로그램**

basic conversation support[-kànvərséiʃən səpɔ́:rt] **기본 대화 지원**

basic counter unit[-káuntər jú:nit] **기본 계수 장치**

basic cycle[-sáikl] **기본 사이클**

basic data exchange[-déitə ikstʃéindʒ] **기본 데이터 교환**

basic data type[-táip] **기본 데이터형** 그 자체 내에 더 이상 하위의 데이터형을 포함하지 않는, 기본이 되는 데이터형. 레코드는 정수형이나 문자형 데이터 항목에 의해 구성되므로 기본 데이터형이 아니다.

BASIC delayed execution mode **베이식 지연 실행 방식** 직접 실행과 대비되는 형식으로 문장 앞에 행 번호를 붙여 그 순서대로 저장되고 나중에 RUN 명령으로 그 프로그램을 실행한다.

basic device unit[–diváis júːnit] **BDU, 기본 장치 단위**

basic direction access method[–dirékʃən ǽkses méθəd] **BDAM, 기본 직접 접근 방식**

basic disk operating system[–dísk ápərèitiŋ sístəm] **기본 디스크 운영 체계**

basic exchange format[–ikstʃéindʒ fɔ́ːrmæt] **기본 교환 양식**

basic external function[–ikstə́ːrnəl fʌ́ŋkʃən] **기본 외부 함수** FORTRAN 언어에서 프로그래머가 정의하지 않고 사용하는 것이 가능한 함수. 삼각함수와 대수함수 등이 그 예이다. 프로그램 중에서 공통적으로 이용되는 기본적인 함수, 지수, 자연대수, 상용대수, 사인, 코사인, 쌍곡선, 탄젠트, 제곱근, 아크탄젠트, 절대값, 인수 · 함수의 형식 등이 있다.

basic external function reference[–réfərəns] **기본 외부 함수 인용**

basic field definition prompt[–fíːld definíʃən prámpt] **기본 필드 규정 프롬프트**

basic field descriptor[–diskríptər] **기본란 설명자**

basic group[–grúːp] **기본 집단**

basic ideographic character set[–ádiəgrǽfik kǽrəktər sét] **기본 한자 문자 집합**

BASIC immediate execution mode **베이식 직접 실행 방식** 대화형으로 BASIC 프로그램을 작성할 때 행 번호를 붙이지 않고, BASIC 문장을 입력하면 입력 즉시 해석되고 실행되어 결과가 실행되는 실행 방식.

basic indexed sequential access method[–índekst sikwénʃəl ǽkses méθəd] **BISAM, 기본 색인 순차 접근 방식** 접근 방식의 하나이며, 데이터 세트(파일)의 위치를 표시하는 색인을 사용하며, 직접 접근 기억 장치의 데이터 세트의 각 블록을 직접 판독하기도 하고 추가하기도 하며, 삽입하기 위한 접근 방식. 동일 데이터 세트의 블록을 순서대로 처리할 수 있다.

basic information unit[–ìnfərméiʃən júːnit] **BIU, 기본 정보 단위**

basic information unit segment[–ségmənt] **기본 정보 단위 세그먼트**

basic input/output system[–ínpùt áutpùt sístəm] **BIOS, 기본 입출력** ⇨ BIOS

basic instruction[–instrʌ́kʃən] **기본 명령** 지정된 주소 수식을 행하기 전 형태의 명령. 비수정 명령(unmodified instruction)이라고도 한다.

basic instruction set[–sét] **기본 명령 집합** 컴퓨터에서 모든 명령의 구성 요소가 되는 기초적인 명령의 집합.

basic interchange format[–íntərtʃéindʒ fɔ́ːrmæt] **기본 교환 형식**

basic interface[–ìntərfèis] **기본 접속, 기본 인터페이스** 채널 장치, 제어 신호의 송수신 방식 등의 입출력 장치가 각 제작 회사마다 달라도 쉽게 접속할 수 있게 표준 방식을 정한 것을 말하며, 1회 전송 시의 데이터량은 1바이트이다.

basic language[–lǽŋgwidʒ] **기본 언어** 명령이 기계 코드에 일대일로 대응되는 제곱 언어.

basic language for implementation of software system[–fər ìmpləmentéiʃən əv sɔ́(ː)ftwὲər sístəm] **블리스** ⇨ BLISS

basic license[–láisəns] **기본 라이선스, 기본 라이선스 방식**

basic linkage[–líŋkidʒ] **베이식 링키지, 기본 결합, 기본 연계** 프로그램이나 루틴 시스템에서 동일한 형식으로 반복되어 이루어지는 연결 작업.

basic link unit[–líŋk júːnit] **BLU, 기본 링크 단위**

basic mode[–móud] **기본형, 베이식 모드**

basic mode data link control procedure[–déitə líŋk kəntróul prəsíːdʒər] **기본형 데이터 링크 제어 절차**

basic mode data transmission control procedures[–trænsmíʃən kəntróul prəsíːdʒərz] **기본형 데이터 전송 제어 절차** 단말 장치와 컴퓨터 간 등의 전송을 확실하게 하는 것을 전송 제어 절차라 하며, 블록마다 확인을 하는 블록 전송 방식에 따라 정보를 전송하는 절차이다. 그 전제 조건은 다음과 같다. ① 전송하는 정보는 KIS 7단위 부호이다. ② 전송 제어 기능은 십수 종의 전송 제어 캐릭터로 한다. ③ 전송 형태는 직렬 · 병렬, 속도, 조보/동기에 관계없다. ④ 상호 감시를 전제로 한 일대일의 단방향 또는 반이중 통신으로 한다. 데이터 통신 기술의 진전에 따라 회화형, 전이중 코드 트랜스퍼런스(code transference), 복수 종속국(複數從屬國) 선택 등의 확장 모드가 추가되었지만 이것을 포함하여 베이식 절차라 부르는 경우도 있다.

basic mode link control[–móud líŋk kəntróul] **기본형 링크 제어** ISO/CCITT에 규정되어 있는 정보 교환용 7비트 문자 집합의 제어 문자를 이용한 데이터 링크 제어.

basic monitor[–mánitər] **기본 모니터** 컴퓨터의 조작 절차를 가능한 자동화하여 정확성을 향상시키고 처리 시간을 단축하기 위한 제어 프로그램. 주기억 장치에 상주하여 컴퓨터 전체를 제어하는 제어 프로그램 중의 하나. 초기 운영 체제 시스템(OS)을 말한다.

basic network[–nétwɔ̀:rk] **기본 회로망**

basic number[–nʌ́mbər] **기수(基數)**

basic operating system[–ápərèitiŋ sístəm] **BOS, 기본 운영 체제** 운영 체제(OS)로서 필요한 최소한의 기능을 갖춘 것. 작업 스케줄링, 자동 처리 등의 기본 기능이다.

basic operating panel[–pǽnəl] **BOP, 기본 조작반**

basic organization[–ɔ̀:rgənaizéiʃən] **기본 편성** 자기 드럼(magnetic drum) 상의 파일에 허용되는, 키가 없는 고정 길이 레코드의 파일 편성이다.

basic partitioned access method[–pa:rtíʃənd ǽkses méθəd] **BPAM, 기본 구분 접근 방식** 등록부(directory)와 데이터 영역으로 이루어지는 데이터 세트(파일)에 접근하는 방법. 등록부에는 데이터 세트를 구성하는 멤버(member)의 이름과 멤버가 기억되어 있는 최초의 주소가 등록된다. 데이터 영역은 같은 형식의 여러 개의 레코드로 이루어지는 순차 편성의 서브파일(멤버)로 구성된다. 자기 디스크 등의 직접 접근 기억 장치 상에 작성된다. 프로그램 라이브러리 파일로 자주 사용된다.

basic procedure 베이식 프로시저

basic processing unit[–prásesiŋ jú:nit] **기본 처리 장치** ⇨ BPU

basic programming support[–próugræmiŋ səpɔ́:rt] **BPS, 기본 프로그래밍 지원**

basic real constant[–rí:əl kánstənt] **기본 실상수**

basic remote concentrator[–rimóut kánsəntrèitər] **원격 집선 장치**

basic scheduler[–skédʒulər] **BSCH, 베이식 스케줄러**

basic segment[–ségmənt] **기본 세그먼트**

basic sequential access method[–sikwénʃəl ǽkses méθəd] **BSAM, 기본 순차 접근 방식** 데이터의 접근 방식의 하나로 데이터를 기억 장치에 물리적 · 연속적으로 기억시키기도 하며, 그것을 연속적으로 판독해내는 경우에 사용한다. 자기 테이프와 같은 순차 접근 장치에도, 자기 디스크 등의 직접 접근 장치에도 사용된다.

basic set top computer[–set táp kəmpjú:tər] ⇨ BSTC

basic software[–sɔ́(:)ftwɛ̀ər] **기본 소프트웨어** 컴퓨터의 적용 분야가 넓어짐에 따라 컴퓨터 메이커나 사용자가 작성하고 제조하는 소프트웨어의 양은 방대해짐과 동시에 기능도 풍부해지고 있다. 컴퓨터 메이커가 사용자에게 제공하는 체계화된 범용적인 소프트웨어를 기본 소프트웨어라 하며, 그 대표적인 것으로 관리 프로그램, 통신 제어 프로그램, 데이터 베이스 관리 프로그램, 언어, 실시간 패킷 등이 있다.

basic solution[–səlú:ʃən] **기본해** 수리 계획법의 심플렉스법에서 기저 변수에 의하여 구성되는 해. 이것은 비기저 변수를 모두 0으로 치환해서 구한다.

basic statement[–stéitmənt] **기본문** ALGOL 언어에서의 기본문의 대치문, 제어문, 공문 및 절차문 등을 말한다.

basic status register[–stéitəs rédʒistər] **BSTAT, 기본 상황 레지스터**

basic storage[–stɔ́:ridʒ] **기본 기억 장치**

basic storage expansion[–ikspǽnʃən] **기본 기억 확장 장치**

basic storage upgrade[–ʌ́pgrèid] **기본 기억 확장 장치**

basic subroutine[–sʌbru:tí:n] **기본 서브루틴**

basic subroutine reference[–réfərəns] **기본 서브루틴 인용**

basic symbol[–símbəl] **기본 기호, 기준 기호** 하나의 프로그램 중에서 허용되는 문자의 집합.

basic telecommunications access method[–tèləkəmjù:nikéiʃənz ǽkses méθəd] **BTAM, 기본 통신 접근 방식, 기본 통신 접근법** 원격지의 단말 장치간의 정보의 읽고 쓰기를 가능하게 하는 데이터 전송에 적합한 접근 방식. 프로그램 중에서 데이터의 전송 요구에는 READ, WRITE 매크로 명령을 사용하며, 데이터 전송과 프로그램 처리의 동기(同期)를 취하기 위하여 WAIT 매크로를 사용하도록 되어 있다. 데이터 전송을 행하는 단말 장치(terminal)는 일반적인 입출력 장치와 성질이 다르므로 이러한 접근 방식이 이용되고 있다.

basic terminal[–tɔ́:rminəl] **기본 단말기** 덤 단말 장치(dumb terminal)라고도 하는 것으로 조작자가 컴퓨터가 읽을 수 있는 형태로 암호화하여 통신 회선 네트워크를 통해 인쇄 또는 화면상으로 표시된 문자를 사용자가 읽을 수 있는 형태로 만들어 주는 입출력 장치.

basic time stamp mechanism[–táim stǽmp mékənizm] **기본적 타임 스탬프 방식**

basic trace[–tréis] **기본 추적 프로그램**

basic transmission header[–trænsmíʃən hédər] **BTH, 기본 전송 헤더**

basic transmission unit[–jú:nit] **BTU, 기본 전송 단위**

basic utility[–ju(:)tíliti(:)] **기본 유틸리티**

basic variable[–vɛ́(:)riəbl] **기본 변수**

basic working display[–wə́:rkiŋ displéi] **기본 작업 화면**

BA signal 버스 가능 신호 bus available signal의 약어.

basis[béisis] *n.* **기저, 근거**

Bastion Host[bǽstʃ(ə)n houst] **배스천 호스트** 배스천 호스트는 방화벽 시스템이 가지는 기능 중 가장 중요한 기능을 제공하게 된다. 원래 배스천(bastion)은 중세 성곽의 가장 중요한 수비 부분을 의미하는데, 방화벽 시스템 관리자가 중점 관리하게 될 시스템이 된다. 방화벽 시스템의 중요 기능으로서 접근 제어와 응용 시스템, 게이트웨이로서 가상 서버(proxy server)의 설치, 인증, 로그 등을 담당하게 된다. 그러므로 이 호스트는 외부의 침입자가 노리는 시스템이 되므로 일반 사용자의 계정을 만들지 않고 해킹의 대상이 될 어떠한 조건도 두지 않는 가장 완벽한 시스템으로서 운영되어야 한다. 보통 판매되는 방화벽 시스템은 이러한 배스천 호스트를 제공하는 것이라고 보면 된다. ⇨ firewall, proxy, server, hacking

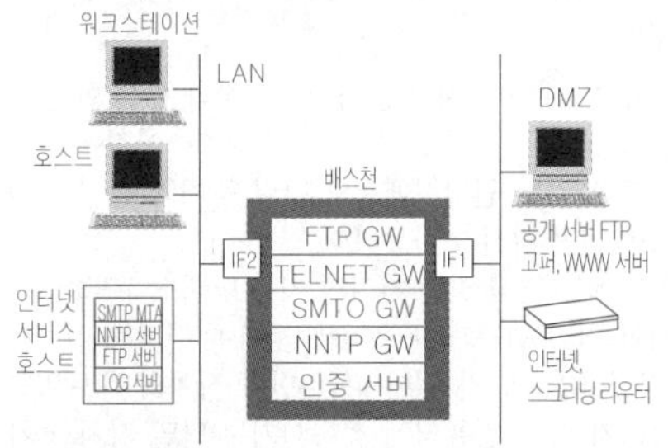

〈배스천 호스트를 이용한 방화벽 시스템 구성〉

batch[bǽtʃ] *n.* **일괄, 배치** 발생한 데이터를 일정 기간마다 또는 데이터의 발생 장소마다 어떤 단위로 정리하는 것. 하나로 정리된 데이터는 업무의 관리 사이클과 컴퓨터의 처리 사이클을 고려하여 일괄해서 처리한다. 이런 형태의 컴퓨터 처리 방식을 일괄 처리(batch processing)라 한다.

batch accumulator[–əkjú:mjulèitər] **일괄 누산기**

batch board[–bɔ́:rd] **일괄 보드** 회로 구성 방식의 하나로 연산 장치를 접속하고 장치의 입출력 단자를 한 곳에 모아서 배선을 간단히 하는 기판.

batch BSC 일괄 BSC

batch communication[–kəmjù:nikéiʃən] **일괄 통신**

batch compilation[–kàmpiléiʃən] **일괄 편집**

batch compile[–kəmpáil] **일괄 컴파일**

batch control[–kəntróul] **일괄 제어** 다량의 데이터를 대상으로 하는 컴퓨터에 의한 데이터 처리에서 전체의 정확성을 유지하기 위해서는 배치를 단위로 카드 천공 등의 데이터 엔트리 단계의 검사, 컴퓨터로 입력 단계의 검사 처리 과정의 검사, 최종 출력의 검사 등을 배치 합계를 기초로 하여 종합적으로 검사하는 방법.

batch data processing[–déitə prásesiŋ] **일괄 데이터 처리**

batch data transmission[–trænsmíʃən] **일괄 데이터 전송**

batch device[–diváis] **일괄 입출력 장치**

batched processing[bǽtʃid prásesiŋ] **일괄 처리 방식**

batch entry mode terminal[bǽtʃ éntri(:) móud tə́:rminəl] **일괄 입력 방식 단말기**

Batcher's parallel method 배처 병행 방법

batch execution[bǽtʃ èksəkjú:ʃən] **일괄 실행**

batch file [–fáil] **일괄 파일**

batch-header document[–hédər dákjumənt] **총괄표, 일괄 표제 문서** 일괄된 입력 문서에 첨부하여 이것을 식별하는 문서이며 입력 문서의 내용을 검증하기 위해서 사용하는 경우가 있다. 예를 들면, 밸런스, 조회 합계, 검사 합계를 포함하는 문서.

batch indexing[–índeksiŋ] **일괄 색인법**

batching[bǽtʃiŋ] **배칭** ⇨ block

batching with a control total[–wið ə kəntróul tóutəl] **제어 합산 배칭** 모든 레코드나 항목 또는 문서에서 공통적인 데이터 처리 과정에 부하를 균형화시키기 위한 데이터로 사용되는 것.

batch/interactive[bǽtʃ intərǽktiv] **일괄/대화식**

batch input reader[–ínpùt rí:dər] **일괄 입력 판독기**

batch input spooler[–spú:lər] **일괄 입력 스풀러** 순차적 입력 장치에 입력한 데이터를 스풀링함으로써 일련의 프로그램들이 병행하여 수행되도록 하는 처리 프로그램.

batch job [–dʒɑ́(:)b] **일괄 작업** 프로그램을 로드하고 작업을 수행할 때 작업의 중단 없이 계속해서 컴퓨터를 점유하여 처리하는 작업.

batch job entry[–éntri(:)] **일괄 작업 입력**

batch job stream[–strí:m] **일괄 작업 스트림**

batch mode[–móud] **일괄 모드**

batch moniter[–mánitər] **일괄 감시 프로그램**

batch number[–nʌ́mbər] **일괄 번호**

batch numbering[–nʌ́mbəriŋ] **일괄 번호 인쇄 기구**

batch-only system[–óunli(:) sístəm] **일괄 전용 시스템**

batch output spooler[–áutpùt spú:lər] **일괄 출력 스풀러** 순차적 출력 장치를 통하여 스풀된 출력을 출력시키는 처리 프로그램.

batch partition[–pa:rtíʃən] **일괄 구획**

batch print[–prínt] **일괄 인쇄**

batch process[–prɑ́ses] **일괄 처리**

batch processing[–prɑ́sesiŋ] **일괄 처리** 컴퓨터의 데이터 처리 형태의 하나. 처리해야 할 데이터를 일정 기간 또는 일정량 정리하여 일괄 처리하는 것. 데이터 발생 직후에 처리하는 「즉시 처리」의 상대어이다. 또 원격에서 발생한 데이터를 통신 회선과 연결하여 일괄 처리를 행하는 형태를 원격 일괄 처리(remote batch processing)라 한다.

batch processing interrupt[–intərʌ́pt] **일괄 처리 인터럽트** 높은 우선 순위의 정보를 가진 원격 외부 장치에서도 컴퓨터에 인터럽트를 가할 수 있도록 한 이 실시간 시스템의 두드러진 특징은 실시간 처리의 일괄 처리를 동시에 할 수 있는 능력이다. 원격 외부 장치로 높은 우선 순위의 트랜잭션이 주어지면 일괄 처리 프로그램은 잠시 쉬고 높은 우선 순위의 실시간 처리 트랜잭션이 우선 처리되며 그 처리 결과를 외부 장치로 전송하기도 한다.

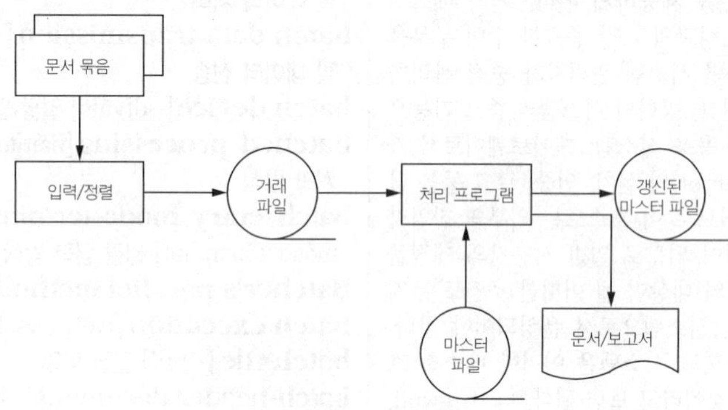

〈일괄 처리 방식의 예〉

일괄(batch) 처리

일괄(배치)이라는 것은 1군(群)이라든가 1속(束)이라는 의미이며, 컴퓨터 시스템에서는 처리의 대상이 되는 데이터를 일 단위나 월 단위마다 모아두고 그것을 하나로 종합하여 처리하는 것을 배치 처리 또는 일괄 처리라고 한다.

일괄 처리를 하는 데 필요한 데이터를 컴퓨터에 입력하는 방법으로서 회선 경유로 하는 원격 일괄 형태와 사람이 직접 컴퓨터에 가지고 가서 처리하는 지역 일괄 형태가 있다.

이용 형태면에서 지역 일괄 처리(local batch processing)와 원격 일괄 처리(remote batch processing)로 나누어진다. 지역 일괄 처리는 데이터의 입출력을 컴퓨터실 내에서 행하는 일괄 처리로서 종래로부터 일반적으로 행해지는 형태이다. 원격 일괄 처리가 출현하면서 특히 구별하여 부르고 있다. 원격 일괄 처리는 최근 증가되는 이용 형태의 하나로서 중앙의 컴퓨터와 원격지의 단말 장치를 통신 회선으로 연결하여 단말 장치에서 정리된 데이터를 입력시켜 컴퓨터실에서의 일괄 처리와 같은 데이터 처리를 하며, 그 결과 통신 회선을 개입시켜 단말 장치에 출력시키는 것이다. 이것에 의하여 컴퓨터가 없는 원격지에서도 단말 장치와 통신 회선만 있으면 일괄 처리가 가능하다.

최근에는 원격 일괄 처리의 이용 형태도 고도화, 복잡화되어 처리 결과가 나오기에 앞서 데이터를 입력시키는 자국(自局) 단말 없이 다른 단말 장치와 네트워크를 개입시켜 다른 컴퓨터에 접속시키는 단말 장치도 가능하게 되었다. 대량의 출력 데이터, 특수 기기를 요하는 출력 데이터(한자, 대형 XY 프린터)는 직접, 센터 내의 출력 기기 등과 각각 지정하는 것이 가능하다.

일괄 처리 전용 컴퓨터를 설치하여 온라인 처리 전용 컴퓨터와의 사이를 통신 회선으로 접속하여 일괄 처리하는 데이터가 있으면 여기에 전용 컴퓨터로 전송시켜 처리하는 이용 형태와 일괄 처리의 내용(파일 처리 주체, 연산 처리 주체 등)에 따라 처리하는 컴퓨터를 사용하는 이용 형태가 있다.

batch processing mode[–móud] **일괄 처리 방식**

batch processing system[–sístəm] **일괄 처리 시스템**

batch processor log[–prάsesər lɔ́(:)g] **일괄 처리 프로그램**

batch process system[–prάses sístəm] **배치 처리 방식** 정보를 그 발생점으로부터 전표, 카드, 테이프와 같은 중간 매체에 의해 일정량 또는 일정 시간 간격으로 컴퓨터실에 모아 일괄 처리하는 방식.

batch program[–próugræm] **일괄 프로그램**

batch session [–séʃən] **일괄 세션**

batch subsystem[–sʌ́bsistəm] **일괄 서브시스템**

batch system[–sístəm] **일괄 시스템**

batch terminal[–tə́:rminəl] **일괄 단말기**

batch terminal simulator[–símjuléitər] **일괄 단말 시뮬레이터**

batch ticket[–tíkət] **일괄 티켓** 원시 문서의 그룹을 나타내며 제어 합산을 요약한 제어 문자.

batch total[–tóutəl] **일괄 합계** 데이터의 정확성을 검사하는 방법의 하나. 예를 들면, 데이터 처리의 1회분의 데이터 수량, 금액, 합계 등을 각각 1단위로 파악하는 것. 이 「1회분」이란 1일, 10일, 1개월 등 그 업무와 데이터의 성격에 따라 달라진다. 같은 성질의 전표 매수나 필드의 일부 등의 합을 미리 구해두며, 컴퓨터의 계산 결과와 비교해서 오차가 생기면 올바르게 수정하는 검증법. 일괄 합계 검사(batch total check)라고도 한다.

batch total check[–tʃék] **일괄 합계 검사**

batch transfer program[–trænsfə́r próugræm] **일괄 전송 프로그램**

batch transaction file[–trænsǽkʃən fάil] **일괄 트랜잭션 파일** 마스터 파일에 대한 일괄 처리를 위해 누적해둔 트랜잭션 파일.

batch transmission[–trænsmíʃən] **일괄 전송**

bathtub curve[bǽθtʌ́b kə́:rv] **배스터브 곡선** 하드웨어의 고장률과 시간의 관계를 나타낸 곡선. 초기에는 고장률이 저하되고 잠시 동안 일정한 값을 유지하다가 다시 증가한다.

Batten system[bǽtən sístəm] **배튼 시스템** 행과 열이 만나는 좌표점에 문서의 종류와 내용을 나타내는 구멍을 뚫은 카드에 핀을 통과시킴으로써 원하는 카드를 검색할 수 있는 파일링 검색 시스템의 일종으로 배튼(W.E. Batten)이 고안했다.

battery[bǽtəri(:)] *n.* **축전지, 배터리**

battery backup[–bǽkʌ̀p] **배터리 백업** 컴퓨터의 주기억 장치인 RAM은 전원이 끊어지면 그 내용이 지워져 버리므로 별도의 배터리를 사용하여 전류를 끊어지지 않게 하는 것.

battle net[bǽtl nét] **배틀 넷** 인터넷 게임 서버. 전세계 사용자들과 인터넷 상에서 함께 만나서 채팅을 하거나 게임을 즐길 수 있다.

baud[bɔ́:d] *n.* **보** 신호의 전송 속도를 나타내는 단위. 1초 동안 보낼 수 있는 전신 부호의 단위 수(비트의 수)로 나타낸다. 1분간에 보내지는 글자수에 한 자를 보내는 데 필요한 부호의 단위 수를 곱해서 60으로 나눈 것이 「보」이다. 200보 이하를 저속보, 200~600보를 중속보, 600~2,400보를 고속보, 그 이상을 초고속보라고 한다. 일반적으로 회선 설계나 보수를 고려해 50, 200, 1200보를 표준으로 하고 있다.

비트값 1 0 1 0 0 1 1 (+1 V / 0 V)
보값 1 2 3 4 5 6 7

〈비트와 보 관계〉

baud instant[–ínstənt] **보 시점**

Baudot code[–kóud] **보도 코드** 1874년 Badot에 의해 회선 하나로 6명의 운용자가 통신할 수 있는 전신 회선의 다중화 방식이 개발되었는데, 이 전송 코드 체계를 말하며, 또 이 데이터 전송에 이용되는 정보 코드를 말한다.

baud rate[bɔ́:d réit] **보율, 보 속도** 컴퓨터와 통신 장비 간에 직렬 데이터의 전송 속도를 나타내는 단위이고, 1초당 불연속 상태의 데이터 전송의 수를 말한다.

baud rate generator[–dʒénərèitər] **보율 발생기** 오실레이터에서 주변 접속부에 대해 클록 신호로서 보정할 수 있는 것. 가장 상위 「보(baud)」의 속도는 9,600보이고, 전형적으로 110 또는 300보의 속도를 갖는다.

baud time[–tάim] **보 시간**

baud transmission rate[–trænsmíʃən réit] **보 전송률**

bay [bei] **베이** PC 본체에서 플로피 디스크 드라이브와 CD-ROM 드라이브 등을 내장하기 위해 마련된 공간. 베이의 크기에 따라 탑재할 수 있는 장치가 다르다. PC/AT 호환기용 본체에는 많은 베이를 가진 것이 있어 다양한 드라이브를 내장할 수 있다. ⇨ drive bay

BAYES' rule **베이스의 규칙** 사상 A_1, A_2, ⋯, A_n이 표본 공간의 분할이고 $P(A_i) > 0$, $P(B_i) > 0$ 이면

$$P(A_k|B) = \frac{P(A_k)PCB|A_k}{\sum_{i=1}^{n} BP(A_i)P(B|A_2)}$$

B-box [bíː bάks] **색인 레지스터** ⇨ index register

BBS 게시판 bulletin board service의 약어. 전자 우편 중의 하나로 여러 사람에게 알리고 싶은 내용을 정보 통신망이나 전화선으로 서로 연결된 컴퓨터 단말기를 통해 가입자가 볼 수 있도록 한 통신 서비스.

B-bus [bíː bʌ́s] **B 버스** A 버스와 함께 산술 연산 장치(ALU)의 두 입력 중의 하나에 해당되는 버스. 프로세서 내부에서 ALU에 연결되는 버스.

BC++ 볼랜드 C 더블플러스 ⇨ Borland C++

BCC (1) **블록 검사 문자, 블록 체크 문자** block check character의 약어. 수신측에서 데이터 전송로 상의 오류를 검출하고 정정해야만 할 때 그 오류를 체크할 수 있는 기능을 가진 비트나 문자를 부가해야 하는데, 그 여분의 문자를 말한다. (2) **블록 검사 코드** block check code의 약어.

Bcc 비밀 참조 blind carbon copy의 약어. 같은 이메일을 여러 이용자에게 송신할 때 수취인 본인 이외의 주소는 숨긴 상태로 송신하는 기능. 따라서 수신자는 다른 사람에게도 같은 메시지가 보내졌다는 사실을 모른다.

BCD (1) **2진화 10진수** binary-coded decimal의 약어. 이 코드는 0~9까지의 10진수 1자리를 4비트의 2진수로 표현한 것이다. 10진수를 나타낼 경우 8-4-2-1이라는 자리값을 부여한 4비트의 2진수로 표현하고, 자리값의 합이 10진의 1자리를 나타내고 있다. (2) binary-coded decimal notation의 약어. 2진화 10진법, 2진화 10진 표기, 2진화 10진 표기법. (3) binary-coded decimal representation의 약어. 2진화 10진 표현.

BCD adder 2진화 10진 가산기

BCD code 2진화 10진 코드 binary-coded decimal code의 약어. 10진수의 각 자리의 값을 4비트의 2진수로 기술한 것. 특히, 2진수로는 소수점 이하의 연산에서 피할 수 없는 오차를 BCD 코드로 처리하면 피할 수 있다. ⇨ 그림 참조

BCD coding 2진화 10진 코드화 10진 숫자를 일련의 4비트 2진수로 나타내는 방법.

BCD counter BCD 계수기 BCD 코드에 의한 수를 나타내는 계수기.

BCD ripple counter BCD 리플 계수기 직렬로 연결된 플립플롭을 제외한 플립플롭의 클록 펄스 입력 단자에 바로 앞의 플립플롭의 출력을 입력하는 2진화 10진수를 나타내는 계수기. ⇨ 그림 참조

BCH 블록 제어 헤더 block control header의 약어.

B channel [bíː tʃǽnəl] **신호 채널** bearer channel의 약어. ISDN 서비스에서 최대 64kbps의 데이터를 전송할 수 있으며, ISDN을 통해 음성과 데이터 또는 영상 신호를 동시에 전송할 수 있는 채널. ⇨ ISDN

10진수	2진수
0	0000
1	0001
2	0010
3	0011
4	0100
5	0101
6	0110
7	0111
8	1000
9	1001

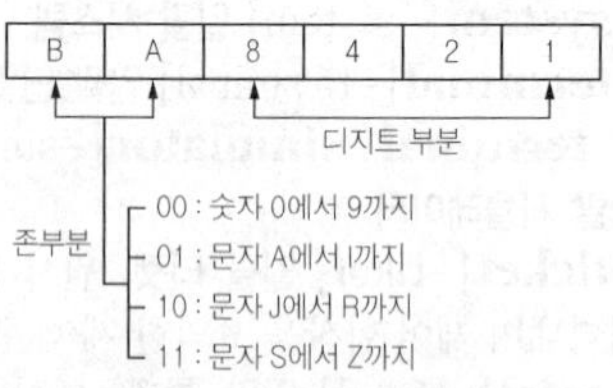

〈BCD 코드의 일반 형식〉

BCH code BCH 코드 BCH란 발견자 Bose, Chaudhri, Hocquenghem 세 명의 머리글자를 딴 것으로 임의 오류의 수정에 적합한 순회 코드이다.

BCI 두뇌 컴퓨터 인터페이스 brain computer interface의 약어. 인간의 생각이나 심리 작용만으로 컴퓨터를 작동시킬 수 있는 기술. 이 기술은 사람의 머릿속에서 생각하는 바를 읽어서 컴퓨터로 보내고 그에 따라 작업을 수행하도록 하는 것이다. 텔레파시나 멀리 떨어져 있는 대상을 움직이게 하는 염력 작용(telekinesis)을 이용하여 컴퓨터에 명령어를 보내는 이 방법은, 특히 지체 장애자 등 손발이 자유롭지 못한 사람들에게 적용할 수 있다.

BCN 광대역 통신망 (1) broadband communication network의 약어. 전송로의 단위는 음성 대역보다 넓은 지역의 광대역 통신망이며 고속 팩시밀리, 고속 데이터 전송, 텔레비전 전화 등의 전송에 쓰인다. (2) broadband convergence network의 약어. 인터넷망, 유선통신망, 이동통신망, 방송망 등을 하나로 통합한 차세대 통합 네트워크. BcN은 새로 네트워크를 깔지 않고 기존 광동축 혼합망이나 초고속 인터넷망을 그대로 이용하면서 교환장치나 전송장치, 단말장치를 업그레이드해 가입자들이 100Mbps 속도로 인터넷과 통신, 방송망을 융합한 서비스를 받게 한다.

BCNF 보이스/코드 정규형 Boyce/Codd normal form의 약어. 각 결정 요소가 하나의 후보 키로 정

규화될 때 그 후보 키를 가리킨다.

BCO 2진화 8진 binary coded octal의 약어. 8진법의 각 숫자들을 2진수로 표현한 코드.

BCP 바이트 제어 프로토콜 byte control protocol의 약어. 파일과 데이터 베이스 간의 데이터 교환을 가능하게 하는 프로토콜. 테이블 단위로 백업을 하거나 다른 DBMS 또는 ISAM 파일의 데이터를 SYBASE SQL Server의 테이블로 옮기거나 또는 반대로 할 경우에 BCP를 사용하여 간단히 할 수 있다. 테이블에 데이터를 넣는 경우와 테이블의 데이터를 꺼내는 경우로 구분할 수 있으며 명령어에서 옵션으로 선택한다.

BCPL 기본 컴바인드 프로그래밍 언어 basic combined programming language의 약어. 비교적 단순하고 표현이 간결하며 포인터 연산을 많이 사용한다. B 언어의 다음 단계, C 언어의 전단계에 해당한다.

BCP massage 바이트 제어 프로토콜 메시지 byte control protocol message의 약어. 블록 단위로 전송되는 바이트 제어 프로토콜 메시지들이 전송되는 블록이 여러 부분으로 구성되는데, 그 중 헤드 필드가 몇 가지 부수적 정보를 갖는 것.

BCR 바 코드 판독기, 바 코드 리더 bar code reader의 약어. 막대 형태, 1 또는 0으로 판독되는 데이터를 조합하여 데이터를 읽는 전기 신호로 변환하여 컴퓨터로 입력시키거나 바로 표시된 프로그램이나 데이터를 라이트펜으로 순서대로 읽어들이는 판독기.

BCS (1) **블록 검사 순서** block check sequence의 약어. (2) **영국 컴퓨터 학회** British Computer Society의 약어. (3) **상업용 통신 시스템** business communication system의 약어. (4) binary compatibility standard의 약어. 같은 아키텍처 CPU를 탑재하고 있는 다른 메이커의 머신 사이에 애플리케이션 프로그램의 binary level의 이식성을 확보하기 위한 사양이다.

BCU 블록 제어 단위 block control unit의 약어.

BD 상업용 디자인 business design의 약어.

BDAM 기본 직접 접근 방식 basic direction access method의 약어. 직접 접근 방식으로 직접 접근 장치에 있는 데이터 세트의 블록을 직접 검색 또는 직접 주소 또는 상대 주소를 지정하는 방식.

BDC 백업 도메인 제어기 backup domain controller의 약어. 윈도 NT 서버 도메인에서 도메인의 보안 데이터 베이스의 복사를 통해 PDC의 오류를 복구시켜 준다.

BDL 비즈니스 정의 언어 business definition language의 약어. 사무용 데이터 처리를 위한 OIS(office information system)에 적합하고 IBM의 Waston(왓슨) 연구소에서 개발한 최고급 프로그래밍 언어.

BDOS 비도스 basic disk operating system의 약어. 디스크의 기본적인 조작을 동적으로 할당하여 관리하는 CP/M 중요부.

BDS-C 기본 단위 CP/M80에서 작동하는 C 컴파일러.

BDU 기본 단위 장치 basic device unit의 약어.

BDW 블록 기술어 block descriptor word의 약어.

beacon-code [bíːkən kóud] **비컨 코드** 무지향성 무선 표지(nondirectional radio beacon)라고 불리는 지상 장치로부터 200~1,750kHz의 전파가 1,020Hz로 진폭 변조된 것이 송신된다. 이것에 따라서 항공로망이 형성되고 있다. 이 장치에서 발사되는 식별 코드는 2~3문자의 모스 부호로 구성되어 있으며 송신 속도는 매분 약 7단어로 적어도 30초에 1회는 송신된다.

bead [bíːd] *n.* **비드**

beam [bíːm] *n.* **빔**

beam deflection [–diflékʃən] **빔 편광** CRT 단말 장치에서 전자 광선의 범위를 변경하는 것.

beam expander [–ikspǽndər] **빔 익스팬더** 레이저에서 나오는 빛과 같은 평행 광선속을 굵은 평행 광선속으로 변화하기 위해서 초점 위치를 일치시킨 두 쌍의 렌즈로 구성된 장치.

beam indexing tube [–índeksiŋ tjúːb] **빔 인덱스 관** 컬러 수상관의 일종으로 3원색의 형광체를 선으로 구별하여 칠한 형광면을 전자 빔으로 주사할 때, 빔의 위치를 정확하게 나타내는 신호(컬러 인덱스 펄스)를 관 안에서 발생하고, 그것에 의해서 몇 가지 색의 형광체에 빔이 닿는지를 시시각각으로 확인함으로써 빔의 양을 제어하여 컬러 화상으로 표시하는 홀 빔형의 음극선관. 1956년 Philco 사가 발표한 애플관과 그 후에 개량관으로 나온 것으로 제불라관, 유니테이관 등이 있다.

beam lead [–líːd] **빔 리드** 리드 패턴이 실시된 패키지 기판에 열압착 또는 초음파에 의해 접속한다. 벨 연구소에서 개발된 페이스 본딩(face bonding) 기술의 대표적인 것으로 빔 리드가 소자 기판 바깥쪽까지 처리된 것.

beam-penetration CRT 광선 침투 음극 선관 두 가지 방법으로 색을 나타내는 유색 CRT는 단색 화법과 적색 화법이 있다. 단색 화법은 색을 나타내는 인으로 색을 표시하고 그 이상의 색은 CRT 화면에 인을 덧칠해서 나타낸다. 즉, 동시에 서로 다른 색이 나타나면 양극의 전위차에 따라 광선의 깊이로 인의 침투층의 정도가 달라지게 된다.

beam search [–sə́ːrtʃ] **빔 탐색** 음성 인식, 버전

또는 학습 기계에서 유용한데, 여러 개의 최상 선택을 동시에 탐색하는 휴리스틱 탐색 기법.

beam storage[-stɔ́:ridʒ] **빔 기억 장치** ⇨CRT storage

beam switching commutator[-swítʃiŋ kámjutèitər] **빔 전환기**

beam switching tube[-tjú:b] **빔 전환관**

Bean[-bi:n] **빈** 자바 소스를 컴파일한 클래스 파일.

bearer rate[bɛ́(:)ərər réit] **베어러 레이트, 신호 속도** 디지털 데이터망의 엔벨로프 제어에서는 표본화 펄스 6비트마다 F 비트, S 비트를 부가하므로 망 내의 신호 속도는 단말 속도의 8/6배가 되는 것으로, 샘플된 데이터 신호에 소요의 제어 비트를 부가한 비트열의 속도를 말한다.

beat[bí:t] *n*. **비트** CPU 장치의 프로그램 제어 장치에서 명령 실행에 관한 시 단위.

BEC 버스 예외 코드 bus exception code의 약어.

beddel language[biddel lǽŋgwidʒ] **베델 언어** 어떤 언어로 작성된 프로그램 논리 안에 직접 기술할 수 있는 다른 언어. FORTRAN이나 COBOL에서 이용하는 SQL과 같은 데이터 베이스 접속 언어가 여기에 속한다.

beep sound[bí:p sáund] **비프음** 「삐」라는 음으로 스피커에서 소리가 나도록 하는 프로그램의 명령어. 잘못된 명령을 입력하는 오류를 범했을 경우 등에 나는 경고음이다. 또 전자 장치 등에서 나는 신호음도 비프음이다. 비프음은 조작원 기술자에게 상기 상태를 알리기 위한 것이다. 비프음을 발생하는 장치를 비퍼(beeper)라고 한다.

before[bifɔ́:r] *ad*. **사전에, 갱신 전, 인쇄 전**

before chart[-tʃá:rt] **사전(갱신) 도표** 그림으로 작성한 기계화 대상 업무의 순서도.

before image[-ímidʒ] **사전 이미지** 행동 전에 정보를 복사하는 방법으로 복원 데이터를 유지하는 복원 로그 기법의 한 부분.

before image log[-lɔ́(:)g] **사전 이미지 로그** 한 트랜잭션이 데이터 베이스를 수정할 경우 수정되기 이전의 사전값의 기록.

before journal[-dʒɔ́:rnəl] **사전 동작 기록**

before journalization[-dʒɔ̀:rnəlaizéiʃən] **사전 동작 기록**

before space[-spéis] **인쇄 전 행 이송**

begin[bigín] *v*. **시작하다** ALGOL 언어에서 블록과 블록의 경계를 나타내는 분리 기호.

begin block[-blák] **시작 블록** 블록 구조의 프로그래밍 언어(ALGOL)에서 프로시저 블록이나 복합문의 시작을 나타내는 시작어.

begin column[-káləm] **시작 열(列)**

begin-end block[-énd blák] **시작 종료 블록** 단일 출구와 단일 출구에 의해 특징지워지는 일련의 설계나 프로그램의 문장으로 시작 종료(begin-end)의 분리 기호 안에 모두 내포된다.

beginner[bigínər] *n*. **초보자**

Beginner's All purpose Symbolic Instruction Code[bigínərs ɔ́:l pɔ́:rpəs simbálik instrʌ́kʃən kóud] **BASIC, 베이식**

beginning[bigíniŋ] *n*. **시작, 개시**

beginning file label[-fáil léibəl] **시작 파일 레이블**

beginning label[-léibəl] **시작 레이블**

beginning of file label[-əv fáil léibəl] **파일 시작 레이블** 파일을 식별하고 그 장소를 지정하며 파일 제어에 쓰이는 데이터를 포함하는 레이블. ⇨header label HDR

beginning-of-information marker[-ìnfərméiʃən má:rkər] **정보 시작 표시** 정보 수록의 시작점을 나타내며 광전기적으로 감지할 수 있는데, 테이프의 실제적인 시작점으로부터 3m 정도의 위치에 부착된다.

beginning of tape[-téip] **BOT, 테이프 시작점, 테이프 시작** 테이프의 끝(EOT ; end of tape)과 상대어이다. 자기 테이프(magnetic tape)의 「시작」을 말한다. 자기 테이프에 데이터를 써넣기도 하고 판독하는 경우, 장치가 「테이프 시작」이 어딘지를 감지할 수 없어서는 안 된다. 그곳에 테이프의 물리적인 선단에서부터 약 3m 앞에 빛을 반사하는 알루미늄박의 마크가 붙어 있다. 장치가 이 BOT 마크를 자동적으로 검출하여 그곳으로부터 데이터를 기록하기도 하고 판독할 수 있도록 되어 있다. 테이프의 「끝」에도 같은 것이 있으며 이것을 EOT 마크라고 한다.

beginning of tape control[-kəntróul] **테이프 제어 시작**

beginning of tape label[-léibəl] **테이프 시작 레이블** 자기 테이프의 맨 처음 부분에 있는 레이블인데, 그 테이프의 내용을 알 수 있는 내용의 설명을 갖고 있다.

beginning of tape mark[-má:rk] **BOT mark, 테이프 시작 마크** 자기 테이프의 시작점으로 맨 처음 부분에 표시한 광점 또는 투명 부분.

beginning of tape marker[-má:rkər] **테이프 시작 마크** 허용된 기억 영역의 시작점을 표시하기 위하여 사용되는 자기 테이프 상의 특별한 반사점. 예컨대 광반사편, 자기 테이프의 투명 부분을 말한다.

beginning of volume label[-váljum léibəl] **볼륨 시작 레이블** 볼륨을 식별하고, 그 데이터의 시작을 표시하는 내부 레이블.

beginning tape label[-téip léibəl] **테이프 시작 레이블** ⇨beginning of tape label

BEL 벨 문자 bell character의 약어. 사람의 주위를 환기시키기 위하여, 즉 경보 장치나 다른 신호 장치에 사용하는 특수 기능 문자.

Belady's anomaly 벨래디의 변이 이 벨래디의 변이 발견으로 최적 페이지 대치 알고리즘을 추구할 수 있게 되었는데, 어떤 페이지 대치 알고리즘에 대해 할당되는 프레임의 수가 증가하면 페이지 부재율도 증가할 수 있다는 사실을 반영한 것이다.

belief[bəlí:f] *n.* **믿음** 신뢰도, 확신도로 표현되는 믿음의 정도는 「참」인 것으로 추정되거나 그 결과를 알지 못하는 상태를 표현하는 말.

bell[bél] *n.* **BEL, 벨** 특수 기능 문자의 하나로서 경보용.

Bell 103 벨 103 컴퓨터와 전화선을 연결, 통신하는 모뎀의 한 규격(300보 이하의 통신 속도).

Bell 212A 벨 212A 컴퓨터와 전화선을 연결한 통신용 모뎀의 한 규격으로 1,200보 이하의 통신 속도를 갖는다.

bell character[-kǽriktər] **BEL, 벨 문자** 인간의 주의를 환기시킬 목적으로 사용하는 제어 문자이며, 경보 장치나 다른 신호 장치를 시동하는 것 등으로 조작자에게 메시지를 전달한다.

Bell laboratories[-lǽbərətɔ̀(:)ri(:)z] **벨 연구소** 세계적으로 유명한 미국의 전자공학과 컴퓨터 분야를 연구하는 연구소로 수많은 개발과 연구 성과를 거두고 있다.

belt[bélt] *n.* **벨트**

Bell Telephone Laboratories[bél téləfòun lǽbərətɔ̀(:)ri(:)z] **BTL, 벨 전화 연구소**

belt printer[bélt príntər] **벨트식 프린터** 일반적으로 사용되는 충격 라인 프린터의 일종이다. 이와 같은 종류의 프린터는 글자를 포함해서 수평으로 회전하는 밴드나 벨트를 이용한다. 이 문자들은 종이와 리본 뒤에 있는 해머에 의해 타격되어 글자가 생성된다. 다른 형태의 활자 사용을 위해 밴드 형태를 바꿀 수 있는 밴드 프린터는 인쇄의 질이 좋고 높은 신뢰성이 있으며 분당 2,000행까지 인쇄가 가능하다.

BEMA 비마, 미국 사무 기계 공업회 Business Equipment Manufacturers Association의 약어. 정보처리에 관한 표준화 분야에 적극적 관심을 갖고 있다.

benchmark[béntʃmɑ̀:rk] *n.* **벤치마크** 평가 대상이 되는 컴퓨터 시스템에 있는 특정 프로그램을 실제로 처리시키며, 그 처리 시간 등을 비교하여 그 능력을 평가하기 위한 기준(점). 벤치마크 시험(benchmark test)과 같은 뜻으로도 쓰인다.

Benchmarking[béntʃmɑ̀:rkiŋ] **벤치마킹** 자사가 속한 업종의 최우수 기업이나 세계적 우량 기업 등의 현실적인 목표를 설정한 다음, 이를 달성하기 위해 본을 따르는 과정. 벤치마킹은 기본적으로 목표 기업이 시장에서 경쟁 우위를 차지하는 근본적인 이유가 무엇 때문인지를 파악하여 이를 자기 것으로 소화함으로써 자사의 혁신과 시장에서의 경쟁력을 높이는 과정이다. 따라서 벤치마킹에서 중요한 첫째 사항은 목표 기업이 이룩한 가시적인 성과값, 예를 들면 생산성 지표, 자산 활용도 등과 같은 정량적 지표에만 집착하기보다 이러한 가시적인 성과를 얻을 수 있었던 보다 근본적인 이해와 분석이 필요하다.

benchmark method[béntʃmɑ̀:rk méθəd] **벤치마크 방법** 컴퓨터의 성능 평가, 즉 하드웨어나 소프트웨어 또는 그 양쪽의 성능 평가 방법 중의 하나. 실제 사용 데이터와 유사 데이터를 사용하여 결과를 평가한다.

benchmark problem[-prábləm] **벤치마크 문제** 평가를 위해서 사용하는 표준적인 문제 자체를 말하며, 줄여서 벤치마크라고도 한다. 하드웨어나 소프트웨어 또는 그 양쪽의 성능을 평가하기 위해 사용되는 문제를 말한다.

benchmark program[-próugræm] **벤치마크 시험** 컴퓨터 기종 간의 처리 속도 등의 성능을 테스트하기 위해 만든 테스트 프로그램.

benchmark routine[-ru:tí:n] **벤치마크 루틴** 컴퓨터의 성능 가운데 속도 등을 측정하기 위해서 만든 특별 프로그램.

benchmark system[-sístəm] **벤치마크 시스템**

test[-tést] **벤치마크 시험** (1) 컴퓨터의 기종을 선택, 결정하기 위해 같은 기기 구성의 시스템으로 실제의 작업을 컴퓨터에 걸어보는 시험. (2) 어떤 장치나 시스템을 그들이 실제 사용되는 동일한 여건 하에서 성능을 측정하기 위한 제반 검사.

bending loss[béndiŋ lɔ́(:)s] **휨 손실** 개방형의 도파관에서 도파관의 휨으로 인한 방사 손실. 특히 균일한 휨에 따른 방사 손실을 뜻하는 것이 보통이다. 광선 섬유나 광집적 회로에서 중요하다.

Benoit Mandelbrot 브누아 맨델브로 1924년 폴란드에서 태어나 미국으로 이주한 수학자. IBM 연구원이면서 하버드의 객원 교수로 있었던 맨델브로는 자연계의 복잡하고 불규칙한 상태를 다루는 프랙털 이론을 발표하였다. ⇨ fractal theory

BeOS 두 개의 PowerPC 603e 프로세서를 장착한

비(Be) 사의 고유 시스템 모델인 「비박스(BeBox)」를 위해 개발되었으며, 하드웨어 성능을 최대한 살리기 위해 모든 호환성을 포기하고 새로 만든 운영 체제. 유닉스 커널을 기반으로 하고 있으며, 멀티태스킹과 멀티 스레드/멀티 프로세싱 기능을 지원해 미디어 운영 체제로써 통합적 솔루션을 제공한다. 특히 C++를 기반으로 한 객체 지향 API를 지원하며 실시간 작업을 위해 최적화된 구조를 지니고 있다(http://www.be.com).

BEP 후위 처리 장치, 백엔드 프로세서 backend processor의 약어.

BER basic encoding rules의 약어. ASN.1에 기술되어 있는 encoding data units를 나타내는 표준 규칙. 때때로 인코딩(encoding) 기술을 언급하는 것이 아니라 abstract syntax 언어만을 언급하는 ASN.1의 용어로 사용됨에 따라 부정확하게 표현되기도 한다.

Berkeley Macintosh user group 버클리 매킨토시 사용자 그룹 ⇨ BMUG

Berkeley RISC 버클리 리스크 UC Berkeley(버클리 분교)에서 개발한 축소 명령 세트형 컴퓨터(reduced instruction set computer) 기술의 마이크로프로세서의 이름. 32비트 레지스터 32개를 조합한 실험적 컴퓨터.

Berkeley UNIX 버클리 유닉스 ⇨ BSD UNIX

Bernoulli distribution 베르누이 분포 ⇨ binomial distribution

Bernstein conditions 번스타인 조건 Bernstein이 제창한 것으로 문장 S_1과 S_2가 병행해서 수행되어도 똑같은 결과를 가져오기 위해서는 선행되는 세 가지의 조건이 있는데, 그것은 첫째 $R(S_1) \cap W(S_2) = \phi$, 둘째 $W(S_1) \cap R(S_2) = \phi$, 셋째 $W(S_1) \cap W(S_2) = \phi$로, 여기서 R은 판독(read), W는 기록(write)이다.

best fit [bést fít] **최적합** 컴퓨터 시스템의 메모리 할당에서 시스템에 남아 있는 메모리 부분 중에서 요구하는 메모리보다 크면서 가장 가까운 적당한 메모리 부분을 할당하는 것.

best fit decreasing [–dikríːsiŋ] **감소순 최적합** 객체들을 크기의 감소순으로 정렬하여 최적합을 시행하는 방법.

best fit placement strategy [–pleísmənt strǽtədʒi(ː)] **최적합 배치 전략** 이용 가능한 공간들을 크기순으로 정렬하고 요구되는 크기 가운데 최적 공간을 배치하는 것으로, 이용 가능한 공간의 크기순 배열로 정렬되어 시간이 절감되며 최적 부분을 사용하므로 큰 부분의 구획이 필요 없다는 장점을 갖는 반면, 연속적 작업 할당 후 프래그먼테이션 발생 가능성이 있고 합당한 크기를 찾기 위해 유지보수(maintenance)의 복잡성 등의 단점을 갖는다.

best fit storage placement strategy [–stɔ́ːridʒ pleísment strǽtədʒi(ː)] **최적합 기억 장치 배치 전략** 입력된 작업을 주기억 장치 내의 공백 중 그 작업에 가장 알맞은 공백으로 할당하는 것.

best fit strategy [–strǽtədʒi(ː)] **최적합 전략** 시스템으로 들어오고 작업이 주기억 장치 내의 가장 적합한 분할 부분으로 들어가도록 하여 단편화(남아 있는 공백의 최소화)를 최소화하는 방법.

〈초기 상태〉	〈first-fit〉	〈best-fit〉	〈worst-fit〉
운영 체제	운영 체제	운영 체제	운영 체제
16K 공백	12K 배당됨 4K 공백	16K 공백	16K 공백
사용중	사용중	사용중	사용중
14K 공백	14K 공백	12K 배당됨 2K 공백	14K 공백
사용중	사용중	사용중	사용중
30K 공백	18K 배당됨 12K 공백	30K 공백	12K 배당됨 8K 공백
사용중	사용중	사용중	사용중
26K 공백	26K 공백	18K 배당됨 8K 공백	18K 배당됨 8K 공백

〈초기 상태의 기억 장소에 12K와 18K를 필요로 하는 프로세스가 순서대로 도착하여 기억 장소의 배당을 요구했을 때 최적화 전략의 기억 장소 배치도〉

beta cutoff [béitə kʌ́tɔ̀(ː)f] **베타 절단** 게임 트리 노드의 생성을 중단하는 것. 즉, 게임 트리 노드를 생성시켜 나갈 때, 부트리에 원하는 근 노드가 없음을 알고 더 이상 생성을 하지 않는 것.

beta reduction [–ridʌ́kʃən] **베타 정리 편집**

beta software [–sɔ́(ː)ftwɛ̀ər] **베타 소프트웨어** 상업용 소프트웨어의 베타판이란 완성판에 앞서서 공개되는 작업중인 시험용 소프트웨어를 말한다. 이것은 제품이 완성되어 출시되기에 앞서 실상황에서의 시험을 통해 버그를 찾아내기 위해 사용된다. 베타 소프트웨어는 대개 완성판이나 나오는 시기가 다음 베타판이 배포되는 시점이 지나면 사용하지 못하게 되는 경우가 많다. 원래 베타 소프트웨어는 개발자에게만 배포되었는데, 개발사의 웹 사이트를 통해 일반인들에게 공개되는 베타판들이 늘어나고 있다. 베타 소프트웨어를 시험해보는 것은 새 제품을 구매할 필요가 있는지 알아보는 좋은 기회가 된다.

beta testing [–téstiŋ] **베타 검사** 컴퓨터의 개발품들(하드웨어 또는 소프트웨어)을 시장에 출하하기 전에 잘못된 점이 있는지 체크하기 위해 특정 사용자가 검사하는 것.

beta version [–vɔ́ːrʃən] **베타 버전** 베타 검사에 사용할 컴퓨터의 개발품들로서 대중적 시장 상품화에 앞서 오류를 체크하기 위해 특정 사용자에게 먼저 배포하는 소량의 시제품.

B except A gate [bíː iksépt éi géit] **B 익셉트 A 게이트** B AND-NOT A gate, 즉 B가 참이고 A가 거짓일 때만 그 결과가 참인 논리 게이트.

Bezier curves 베지어 곡선 3차원의 곡선을 표시하는 데 양 끝점의 위치와 곡선 위에 있지 않은 다른 두 점의 도함수를 사용하여 곡선의 양 끝점의 도함수를 간접적으로 정의한 곡선.

Bezier function 베지어 함수 베지어 곡선의 기술에 이용되는 함수식. 1970년대 초 프랑스 르노(Renault) 사의 자동 설계로 3차원 곡면을 그리는 수법으로 고안되었고, 후에 컴퓨터 그래픽(CG)에서의 2차원 곡선에 응용되었다.

BG 상업용 그래픽 business graphics의 약어.

〈상업용 그래픽〉

BH 블록 핸들러 block handler의 약어.

BHR 블록 취급 루틴 block handling routine의 약어.

bias [báiəs] *n.* **편중, 바이어스** (1) 측정값 또는 추정값(expected value)과의 차이. (2) 트랜지스터(transistor) 등의 전자 디바이스(electronic device)에 미리 동작 거점(operating point)을 부여해두기 위하여 격자(grid) 등의 전극에 일정한 전압 또는 전류를 가하는 것. 또는 그 가해진 전압(바이어스 전압)이나 전류(바이어스 전류)를 말한다.

bias check [–tʃék] **편중 검사, 한계 검사** 회로의 간헐적, 돌발적인 고장을 검사하기 위하여 회로에 다양한 전압을 가해 검사하는 방법.

bias distortion [–distɔ́ːrʃən] **편중 변형** 마크나 공백 어느 것이든 펄스가 원래의 신호보다도 항상 일정한 길이만큼 길거나 짧은 상태로 수신되는 것. 이와 같이 마크 시간과 공백 시간이 길어지기도 하는 것은 입력 펄스의 진폭 변동과 판정 펄스의 어긋남 등이 원인이다.

biased data [báiəst déitə] **바이어스 데이터** 파일 내의 데이터 레코드가 임의적, 순서적으로 배열되어 있는 것이 아닌 중간 형태로 분포되어 있는 것.

biased exponent [–ikspóunənt] **편중 지수** 부동 소수점을 이용한 수 체계에서 모든 지수의 값을 양수로 만들기 위해 일정한 상수를 모든 지수에 더해주는 방법.

bias error [báiəs érər] **편중 오차** 편중 변형에 의한 오차이며, 크기가 모두 일정한 오차이다. 일종의 계통 오차(systematic error)라고도 할 수 있다.

bias high-mode testing [–hái móud téstiŋ] **바이어스에 의한 하이 모드 테스트**

bias logic element [–ládʒik éləmənt] **편중 논리 소자** 입방체와 직교하는 두 개의 구멍으로 된 페라이트 코어이고, 각각의 선은 구멍을 통하여 서로 교차하는 형태로 되어 있다.

bias temperature treatment [–témpərətʃər tríːtmənt] **바이어스 온도 처리**

bias test [–tést] **편중 검사** 고장에 대한 안전도 허용 범위를 점검하기 위해서 고장 검출, 고장 교정 등의 한 부분으로 시행하는 점검 방법.

bibliographic [bìbliəgrǽfik] *a.* **문헌의**

bibliographic data [–déitə] **문헌 자료** 주석이 달린 문헌의 목록이나 주제나 저자가 포함된 문서들의 자료.

bibilographic data base [–béis] **문헌 데이터베이스**

bibliographic information [–ìnfərméiʃən] **문헌 정보**

bibliographic search [–sɔ́ːrtʃ] **문헌 탐색**

bibliographic terms [–tɔ́ːrmz] **문헌 사항** 자료의 표지, 저자명, 책의 권수, 호수, 게재 페이지, 단행본, 출판 형태, 출판 일자, 출판사명 등이다.

bibliography [bìbliágrəfi(ː)] *n.* **문헌 목록**

BiCMOS 양극성 CMOS, 바이시모스 양극성의 구동 능력과 CMOS의 집적성, 소비 전력의 절감과 같은 장점을 동시에 이용할 수 있다.

BiCMOS LSI 양극성 CMOS LSI 양극성 소자와 CMOS형 소자를 동일 칩 내에 함께 넣은 LSI로, 양극성의 부하 구동 능력과 CMOS의 고집적도, 저소비 전력 등의 장점을 합친 것이다. ⇨ IC

biconditional [baikəndíʃənəl] *a.* **두 조건의 일치, 양조건문** 두 개의 조건을 모두 만족할 경우, 또는 만족하지 않을 경우에 성립되는 논리 조건.

biconditional gate [–géit] **양조건 게이트**

biconditional operation [–àpəréiʃən] **양조건 일치 연산**

biconditional statement [–stéitmənt] **양조

건문 biconditional과 동일한 의미.

biconnected graph [bàikənéktid grǽf] **2중 결합 그래프**

biconnectivity [bàikənéktivəti] **2중 결합성** 그래프에서 임의의 두 정점을 연결하고 경로들 중에서 동일한 정점을 연결하지 않는 경로가 두 개 이상 존재하는 것.

bidirectional [bàidirékʃənəl] *a.* **양방향의, 쌍방향의** 두 방향의 하나의 매체(media)에 대해 어떤 방향과 그 반대 방향에 대해서 어떤 역할을 부여할 수 있는 것. 단방향(unidirectional)과 대비된다.

bidirectional bus [–bʌ́s] **쌍방향 버스, 양방향 버스** 전환함으로써 송신과 수신을 겸할 수 있는 한 조의 것.

bidirectional bus driver [–dráivər] **쌍방향 버스 드라이버**

bidirectional CATV **쌍방향 CATV**

bidirectional chaining [–tʃéiniŋ] **양방향 연쇄**

bidirectional communiation link [–kəmjùːnikéiʃən líŋk] **양방향 통신 연결** 두 프로세서 사이에 통신을 원한다면 이 두 프로세서 사이에 쌍방이 다 메시지를 주고받을 수 있어야 한다. 즉, 이 양방향의 정보 전달을 가능하게 하는 연결.

〈양방향 동시 통신〉

적 용		데이터 링크	데이터 회선	통신로
전송별	전이중	–	가 능	불가능
	반이중	–	가 능	불가능
	단방향	–	가 능	가 능
사용별	양방향동시	가 능	–	–
	양방향교차	가 능	–	–
	단방향	가 능	–	–

bidirectional data bus [–déitə bʌ́s] **쌍방향 데이터 버스** 컴퓨터의 CPU와 주변 기기 사이에 어느 방향으로도 데이터나 신호를 전송할 수 있는 구조를 가진 버스.

bidirectional diode thyristor [–dáioud θairístər] **양방향성 다이오드 사이리스터**

bidirectional flow [–flóu] **양방향 흐름** 플로 차트(flow chart)에서 하나의 흐름선(flow line)에 의해 표시된 양방향 어느 쪽으로나 흐르는 흐름.

bidirectional image information network [–ímidʒ ìnfərméiʃən nétwə̀ːrk] **양방향 화상 정보 네트워크** 두 점 간이 여러 점들 간에 상호 통신이 가능한 네트워크 시스템의 하나로 대량의 화상 정보를 취급한다.

bidirectional line [–láin] **양방향 회선**

bidirectional list [–líst] **양방향 리스트** 전후 양방향의 포인터(pointer)를 가진 리스트.

bidirectional logical relationship [–lɑ́dʒikəl riléiʃənʃìp] **양방향 논리 관계**

bidirectional microphone [–máikrəfòun] **양방향 마이크로폰**

bidirectional operation [–ɑ̀pəréiʃən] **양방향 연산** 읽기, 쓰기, 탐색 등을 양방향으로 가능하도록 한 연산 기능. 처리 시간이 대폭 절약된다.

bidirectional pacing [–péisiŋ] **양방향 보조 맞춤**

bidirectional printing [–príntiŋ] **양방향 출력** 프린터 헤드의 동작을 프린터 라인에서 연속적으로 왼쪽에서 오른쪽으로, 오른쪽에서 왼쪽으로 번갈아가며 출력할 수 있도록 한 방식.

bidirectional production system [–prədʌ́kʃən sístəm] **양방향 생성 시스템** 전체 데이터베이스는 전진 방향으로 유도되는 상태와 후진 방향으로 유도되는 상태를 동시에 포함하는 상태 표현을 가지며, 전진 방향과 후진 방향을 동시에 생성하는 시스템.

bidirectional relationship [–riléiʃənʃìp] **(IMS) 양방향 관계** 물리적 쌍과 가상 쌍을 이용하여 IMS에서 $m:n$의 관계를 표현하기 위해서 사용하는 상관성.

bidirectional search [–sə́ːrtʃ] **양방향 탐색**

bidirectional shift register [–ʃíft rédʒistər] **양방향 이동 레지스터** 전진 또는 후진 방향의 어느 방향으로라도 정해진 만큼 이동할 수 있는 시프트 레지스터.

bidirectional thyristor [–θairístər] **양방향 사이리스터**

bidirectional transistor [–trænzístər] **양방향 트랜지스터**

bidrectional transmission [–trænsmíʃən] **양방향 전송** 두 지점 간에 정보를 교환하는 경우 양방향으로 정보 전달이 가능한 것.

bifurcation [bàifəːrkéiʃən] *n.* **2진 논리 조건** 두 가지의 상태만을 가질 수 있는 논리 조건으로 2진법 디지털 컴퓨터의 기본 논리이다.

Big Blue [bí(ː)g blúː] **빅 블루** IBM 사를 컴퓨터 업계에서 부르는 별명 또는 별칭.

big data [bí(ː)g déitə] **빅 데이터** 스마트 폰·SNS 대중화에 힘입어 폭발적으로 늘고 있는 대규모 디지털 데이터. 거대한 크기(volume), 빠른 데이터 생성·유통 속도(velocity), 형태적 다양성(variety)이 특징이다. 빅 데이터에서 유용한 정보를 캐내 미래를 예측하는 기술을 데이터 마이닝(mining)이라 한다.

big-endian format [–éndiən fɔ́ː rmæt] **빅 엔디언 형식** 이 방식은 데이터의 최상위 비트가 가장 높은 주소에 저장되므로 그냥 보기에는 역으로 보인다. 바이트 단위로 주소가 할당되는 컴퓨터 기억 장소에서 바이트 이상의 큰 데이터가 저장되는 형식의 하나이다.

B ignore A gate [bíː ignɔ́ːr éi géit] **B 무시 A 게이트** A의 입력 신호를 무시하고 B의 입력 신호를 그대로 출력하는 2진 논리 회로. 출력은 A와는 관계없이 B와 같다.

big-oh notation [bí(ː)g ou noutéiʃən] **빅 오 표기** 수학에서 함수의 성질을 나타낼 때 쓰이는 말.

bigot [bígət] **비고트, 편견가** 이성적인 생각 없이 특정 컴퓨터를 최고 또는 최악이라고 믿는 사람들.

bilateral [bɑilǽtərəl] *a.* **좌우 동형** 릴레이 접점을 이용한 것과 같은 논리가 대표적인 것으로, 일정한 방향을 가지지 않는 양방향성을 지칭하는 말.

bilateral device [–divɑ́is] **양방향 장치** 신호의 전송을 양방향으로 할 수 있는 장치.

bi-level display [bɑi lévəl displéi] **2단계 표현** 종이의 흰색과 잉크의 검은색으로 2단계 색을 표현하는 라인프린터나 펜, 플로터들의 표현 방법.

Bill Gates 빌 게이츠(William H. Gates) 미국 마이크로소프트 사의 회장. 1955년생으로 초등 학교 시절부터 프로그램을 만들었고 고등 학교 시절에는 트래포 데이터(Traf-O-Data) 사를 설립하여 교통량 데이터 분석 시스템을 개발하였다. 1973년, 하버드 대학에 입학하여 최초의 미니컴퓨터인 알테어용 베이식을 개발하기도 했다. 1975년, 19세 때 하버드 대학을 중퇴하고 고교 선배인 폴 앨런과 함께 마이크로소프트 사를 설립하였다. ⇨ Microsoft

billi 빌리 단어의 앞에 붙어 10억(10^9)을 나타낸다.

billing [bíliŋ] *n.* **빌링** 전표를 기표(起票)하는 것으로 계산 기능과 장부 기록을 복합한 기능. 컴퓨터의 사무용 용도로서 중요한 작업의 하나로 되어 있고, 이를 위해 설계된 소형 컴퓨터도 존재한다.

billing machine [–məʃíːn] **회계기** 전표의 기표를 위해 사용되는 기계. 전표를 오퍼레이터가 만듦과 동시에 컴퓨터로의 입력 매체를 만드는 것이나 기표를 위해 필요한 간단한 계산 등을 행하는 것이 가능한 것 등이 있다.

billisecond 빌리초 $1/10^9$초를 나타내고, 나노초(nanosecond)라고도 한다.

bill of materials [bíl əv mətí(ː)riəlz] **부품표** CAD/CAM 시스템에 의해서 자동으로 만들 수 있는 자료로서 조립 생산품 또는 부품을 생산함에 있어서 그 원재료들의 목록.

BIM 정보 시작 표시기 beginning-of-information-maker의 약어. 컴퓨터의 입력에서 정보의 시작을 나타낸다.

bimag core 2상태 자기 코어 두 개의 자화 상태를 갖는 자기 기억 코드.

bimodal distribution [bɑimóudəl dìstribjúːʃən] **쌍봉 분포** 최빈수(mode)를 두 개 가지는 분포.

Bi-MOS 바이모스 ⇨ bipolar-MOS

bin [bín] *n.* **빈** (1) 유닉스의 운영 체제에서 수행 가능한 기계어 프로그램들을 넣어두는 디렉토리의 이름. (2) 빈 정렬에서 한 단계마다 구성되는 임시 저장 장소.

binarize [bɑ́inərɑ̀iz] **2진화** 어떤 기준을 설정하고 그것과 대조하여 큰가 작은가에 따라 두 개의 값을 변환시키는 것.

binary [bɑ́inəri(ː)] *n.* **2진** (1) 2값 : 0과 1에 의해 표기되는 2진수. 두 개의 서로 다른 값 또는 상태로 특성이 붙여지는 것을 표시한다. (2) 2진(법) : 전기에서의 +(양)와 −(음)를 말하고, 자기에서의 S(남)와 N(북)이라는 「두 개밖에 없는」 상태를 숫자의 0과 1에 대응시켜 표시하는 방법. 고정 기수(基數) 표기법에 있어서 기수(radix)로서 「2」를 취하는 것. 대개 그 방식을 가리킨다.

〈2진〉

구 분	0상태	1상태
천공 카드 (punched card)	구멍 없음	구멍 있음
자기 코어 (magnetic core)	전류방향 자화 방향	자화 방향 전류방향
펄스(pulse)	없음	있음
트랜지스터 (transistor)	전류차단	전류도통
스위치(switch)	열림	닫힘

binary adder [–ǽdər] **2진 가산기**

binary addition [–ədíʃən] **2진 가산** 0과 1의 2진수의 가산. 즉, 가산되는 자리의 올림수는 상위 자리에 가산되므로 10진수와 같다.

binary address [–ədrés] **2진 어드레스, 2진수 어드레스** 10진법보다 주소 지정이나 디코더 회로가 더욱 간단하며 디지털 컴퓨터에서 처리 명령과 그 명령에 의한 정보 처리를 부호화하여 실행하는 것으로 정확도, 기능, 속도, 용량 등에 따라서 2원 요소를 조합한 부호로 2진수를 사용하고 있다.

binary alphabet [–ǽlfəbèt] **2진 알파벳** {0, 1}로 나타내는 유한 집합.

binary arithmetic [–əríθmətik] **2진 산술**

binary arithmetic operation [–ɑpəréiʃən]

2진 산술 연산 오퍼랜드(operand)와 결과가 순 2진 기수법(記數法)으로 표현되는 산술 연산.

binary backward counter[-bǽkwə̀rd káuntər] **2진 뺄셈 계수기** 입력 펄스가 한 개 올 때마다 내용을 하나씩 감소하는 2진 계수기.

binary base[-béis] **2진, 2진법**

binary baud rate[-bɔ́:d réit] **2진 보율** 직렬 통신 접속기를 통과하는 2진 신호의 개수. 보율은 1s(초)당 비트 수(bps)와 동일하다.

binary Boolean operation **2진 불 연산** 두 오퍼랜드를 가지는 불 연산으로서 결과는 두 개의 오퍼랜드에 따라 결정되어 진리표 또는 불 연산표가 작성된다.

binary card[-ká:rd] **2진 카드** 표준 카드(세로 82.5mm, 187.3mm) 지면의 1란(자리)에 1문자를 표시하여 80란 80문자분의 데이터를 기록하는 위치를 선정하고 1단은 숫자와 영문자 및 기초 중 하나의 문자를 선정하여 표시(펀치)하는 12개의 위치가 설정되어 있다. 1란에서 12개의 위치에 어떻게 천공되는가에 따라서 2진수의 1과 0으로 매핑(mapping)시켜 데이터를 기록하여 천공한 카드.

binary cell[-sél] **2진 소자** 2진 문자를 하나만 저장할 수 있는 기억 소자.

binary chain[-tʃéin] **2진 연쇄** 두 가지의 상태에서 어느 한 상태만을 나타낼 수 있는 회로를 직렬로 연결한 것.

binary character[-kǽrəktər] **2진 문자** 두 개의 문자로 구성되는 문자 집합의 문자.

binary chop[-tʃáp] **2진 분할법** 어떤 데이터가 내림차순 또는 그 반대로 배열되고, 그 속에서 데이터를 검색하는 경우 데이터군(群)을 두 부분으로 나누고, 다시 그 부분을 둘로 나눈다. 이를 반복함으로써 바라는 데이터를 찾아내는데, 컴퓨터는 부분으로 나뉜 데이터군 가운데 바라는 데이터가 들어 있는 쪽을 선택하는 처리를 하면 된다. 2진 검색(binary search)이라고도 한다.

binary circuit[-sə́:rkit] **2진 회로** 2진 회로가 동작할 수 있도록 설계된 디지털 회로.

binary code[-kóud] **2진 코드화** 2진(0과 1)을 사용한 코드.

binary code character[-kóud kǽrəktər] **2진 코드 문자** 특수 문자나 10진 숫자, 알파벳 등을 연속된 2진 부호로 나타내는 표현법.

binary-coded[-kóudəd] **2값화** 정보를 1과 0의 2진 부호의 조합으로 표현하는 것.

binary-coded address[-ədrés] **2진화 주소** 2진 부호의 형태로 나타내는 주소.

binary-coded decimal[-kóudəd désiməl] **BCD, 2진화 10진수** 컴퓨터로 숫자를 나타낼 때 십진수 한 자리를 2진수 4비트로 나타내는 방법. COBOL, PL/I 등 사무용 처리 언어에서는 이를 근본적인 연산용 숫자 코드를 이용하여 10진수와 2진수 사이의 변환에 자주 이용된다.

binary-coded decimal character code [-kǽrəktər kóud] **2진화 10진 문자 코드**

binary-coded decimal code[-kóud] **2진화 10진 코드, BCD 코드** 10진법의 각 자리를 4비트의 2진 부호로 표현하는 부호.

binary-coded decimal digit[-dídʒit] **2진화 10진수** 10진법으로 나타낸 수를 BCD 방식으로 나타내는 것.

binary-coded decimal notation[-noutéiʃən] **BCD, 2진화 10진법, 2진화 10진 표기법** 10진수를 2진수로 나타낸 숫자의 자릿수를 정하는 기수법. 예를 들면, 10진수 「12」는 BCD를 표시하면 「0010010」, 「42」는 「01000010」이 되며 각 4비트로 표현된다.

binary-coded decimal number[-nʌ́mbər] **2진화 10진수** 10진수의 특정 숫자를 BCD, 즉 네 개의 숫자로 만들어진 그룹의 각 숫자인 2진수로 나타내고 그룹의 산술적인 양을 나타내고 있다.

binary-coded decimal representaion [-rèprizentéiʃən] **BCD, 2진화 10진 표현** 10진법의 수를 2진법으로 나타내는 방법. ⇨binary coded decimal notation

10진수	2진수	10진수	2진수
0	0000	5	0101
1	0001	6	0110
2	0010	7	0111
3	0011	8	1000
4	0100	9	1001

binary-coded notation[-noutéiʃən] **2진화 표기법** 각각의 문자가 2진수 표시로 표현되어 있는 2진 표기법.

binary-coded octal[-áktəl] **2진 코드화 8진** 8진수의 숫자들을 나타내기 위하여 0과 1의 2진수를 사용하는 부호법.

binary code[-kóud] **2진 코드** 0과 1로만 표현되는 코드.

binary column[-káləm] **2진 칼럼** 천공 카드의 1란 또는 1항 중에서 데이터를 구성하는 비트에 매핑(mapping)시켜 천공하는 2진법 표현으로 2진 카드와 유사하다.

binary comparator[-kámpərèitər] **2진 비교 회로** 두 변수의 값이 나타날 때 다르게 나타나면

1, 같게 나타나면 0을 출력하는 논리 구성. 2진수를 비교하는 회로이다.

문자	BCD코드	문자	BCD코드	문자	BCD코드
0	000000	D	110100	Q	101000
1	000001	E	110101	R	101001
2	000010	F	110110	S	010001
3	000011	G	110111	T	010010
4	000100	H	111000	U	010011
5	000101	I	111001	V	010100
6	000110	J	100001	W	010101
7	000111	K	100000	X	010110
8	001000	L	100011	Y	010111
9	001001	M	100100	Z	011000
A	110001	N	100101	/	011001
B	110010	O	100110		
C	110011	P	100111		

binary compatible[-kəmpǽtibl] **2진 호환** 기계어로 작성된 프로그램이 다른 기기에서도 작동하는 성질. 이것을「2진 호환이 있다」등과 같이 말한다.

binary condition[-kəndíʃən] **2진 상태**

binary constant[-kánstənt] **2진 상수**

binary countdown[-káuntdàun] **바이너리 카운트다운** 데이터 통신에서 하나의 국이 하나의 국을 점유하면 경쟁 기간 동안에 충돌할 수 있는데, 그 충돌과 경쟁을 해결하기 위해 사용하는 방식.

binary counter[-káuntər] **2진 계수기**

binary data[-déitə] **2진 데이터** 컴퓨터 내부의 수치 데이터로 2진수를 이용하는 것.

binary data item[-áitəm] **2진 데이터 항목**

binary decimal code[-désiməl kóud] **2진화 10진 코드**

binary device[-diváis] **바이너리 디바이스** 전기적 스위치가 on 혹은 off의 두 가지 상태를 기록하는 장치. 각종 데이터를 2진 형태로 기록하거나 또는 읽는 장비.

binary digit[-dídʒit] **2진 숫자, 2진수, 1자릿수의 2진수** 순 2진 기수법에서 사용되는 숫자 0 또는 1. 비트는 정보 이론 분야에서 샤논(Shannon)과 동의어이며 한 개의 2진 숫자가 보유할 수 있는 최대 정보량을 표시한다.

〈2진수〉

10진법	2진법	기호 표시
0	0+0= 0	●●
1	0+1= 1	●○
2	1+1=10	○●

binary digit character[-kǽrəktər] **2진수 문자**

binary digit circuit[-sə́:rkit] **2진수 회로** 2진수, 즉 0과 1의 두 값을 가지고 작동되는 거의 모든 회로.

binary digit string[-stríŋ] **2진 숫자열** 2진 숫자만으로 구성된 열(列).

binary dump[-dʌ́mp] **2진 덤프**

binary dump program[-próugræm] **2진 덤프 프로그램**

binary file[-fɑil] **바이너리 파일** binary란 2진수라는 의미로서 바이너리 파일은 0과 1, 즉 2진수로 이루어진 파일을 의미한다. 컴퓨터 통신에서는 주로 화상, 음성 등의 대부분 파일들이 바이너리 파일로 처리된다.

binary format[-fɔ́: rmæt] **2진 포맷** 소스 프로그램의 오브젝트 코드 등, 8비트 형식으로 데이터를 표현하는 형식.

binary element[-éləmənt] **2진 원소** 데이터를 구성하는 원소가 0과 1 혹은 +와 - 등과 같이 두 가지 상태만을 가질 수 있는 것.

binary encoding[-inkóudiŋ] **2진 코드화**

binary exponential backoff[-èkspounénʃəl bǽkɔ̀(:)f] **2진 지수 백오프** 임의 지연(random delay) 시간을 계산하는 알고리즘. 즉, CS-MA/CD 방식의 근거리망에서 버스 상의 충돌이 일어나면 재전송을 위하여 지연 시간을 계산하는 알고리즘 중의 하나이며, 그 충돌이 있을 때마다 임의로 지연 시간을 늘여간다.

binary file [-fáil] **2진 파일** 기계어 코드로 된 프로그램을 포함한 파일.

binary form[-fɔ́:rm] **2진형**

binary forward counter[-fɔ́:rwərd káuntər] **2진 전진 계수기** 입력 펄스가 한 개 올 때마다 내용을 하나씩 증가하는 2진 계수기.

binary half adder[-hǽ:f ǽdər] **2진 반가산기** 2진 신호로 표현되는 1자리 2개의 입력에 의한 열 숫자로 그 합에 의한 출력으로 동작하는 반가산기.

binary hologram[-hálәgræ̀m] **바이너리 홀로그램** 진폭 투과율이 1과 0의 두 값밖에 갖지 않는 홀로그램. 2진화 홀로그램이라고도 한다. 컴퓨터 홀로그램에는 홀로그램 원도(原圖)의 표시 관계로 보통 바이너리 홀로그램이 쓰인다.

binary image [-ímidʒ] **바이너리 이미지** 0과 1의 두 값으로 구성되며 종이 테이프와 천공 카드에 정보를 천공할 때 그 각각의 구멍이 그대로 기억 장치에 저장되는 것.

binary increment representation[-íkrəmənt rèprizentéiʃən] 2진 증분 표시 주어진 값을 단계적으로만 변화시킬 수 있는데, +1 또는 −1의 단계별로만 수행이 가능한 것.

binary information[−ìnfərméiʃən] **2진 정보** 디지털 시스템에서 모든 정보를 2진수로 표시하는 것.

binary integer[−íntədʒər] **2진 정수** 2진법으로 나타내는 수 가운데 정수로만 표현되는 수.

binary item[−áitəm] **2진 항목**

binary loader[−lóudər] **2진 로더**

binary logic[−ládʒik] **2진 논리** 두 상태, 즉 0과 1, on과 off, yes와 no, 참과 거짓의 상태만으로 나타낼 수 있는 디지털 논리 요소.

binary logic circuit[−sə́ːrkit] **2진 논리 회로**

binary merge[−mə́ːrdʒ] **2진 병합** 두 파일의 크기의 차가 클 때 주로 사용되는데, 두 개의 정렬된 파일을 2진 검색으로 병합하는 방법.

binary merge tree[−tríː] **2진 병합 트리** 여러 개의 정렬된 파일을 2진 병합해 나가는 과정을 보여주는 트리.

binary mode[−móud] **바이너리 모드, 2진형** 컴퓨터 내의 2진법으로 기본적인 연산이 수행되는 경우의 연산.

binary multiplication[−mʌ̀ltiplikéiʃən] **2진 곱셈** 2진수의 각 자리곱이 0 또는 피제곱수의 값(0 또는 1이 곱해지는 값)이 되는 것.

binary notation[−noutéiʃən] **2진 표기법, 2진법** 두 개의 다른 문자, 통상 2진 숫자의 0과 1만을 사용하는 표기법. 예컨대 교번 2진 코드는 2진 표기법이기는 하지만 순 2진 기수법은 아니다.

〈2진 표기법〉

10진수	32
2진수	100000
8진수	1000
16진수	100

binary number[−nʌ́mbər] **2진수** 수를 나타내는 데 0과 1의 두 개의 숫자를 사용하고 있으며, 컴퓨터에서 사용하는 기본적인 수이다. 컴퓨터의 내부에서는 전압의 고저, 펄스의 유무 등 2진(바이너리) 현상에 의해서 2진수가 표시되고 있다.

binary number system[−sístəm] **2진 숫자 체계**

binary numeral[−njúːmərəl] **2진 숫자** 순 2진 표기법에서의 수 표시. 101은 로마자 표시의 V와 등가인 2진수 표시이다.

binary operation[−àpəréiʃən] **2진 연산** 피연산자와 결과가 모두 비트로 나타나며 불 대수에 근거한 연산이다. A+B와 같은 두 숫자 간의 연산. 두 개의 피연산자(operand)에 대한 연산. 예를 들면, 디지털 회로에 사용되고 있는 논리 회로의 AND, NAND, OR, NOR, EOR 등은 2항 연산을 전기적으로 하는 것이다.

binary operator[−ápərèitər] **2진 연산 기호** 두 개의 오퍼레이터에 대한 연산을 표시하는 연산 기호.

binary pair[−pɛ́ər] **2진 쌍** 두 개의 서로 다른 상태를 가지는 회로로서 A 상태에서 B 상태로 변환하기 위해서는 적절한 트리거를 요구한다.

binary pattern[−pǽtərn] **바이너리 패턴** 바이너리 이미지(binary image)와 동일하다.

binary picture data[−píktʃər déitə] **2진 픽처 데이터**

binary point[−pɔ́int] **2진 소수점**

binary radix[−réidiks] **2진 기수** 2진법의 수 체계로 수를 표현할 때의 기수. 즉, 2진법에서의 기수는 2이다.

binary relation[−riléiʃən] **2진 관계**

binary relationship[−riléiʃənʃìp] **2진 관계**

binary representation[−rèprizentéiʃən] **2진 표현**

binary ripple counter[−rípl káuntər] **2진 리플 계수기** 비동기 계수기라고도 하는데 플립플롭의 출력이 동시에 변화하지 않고 순차적으로 변하며 JK 플립플롭을 이용하여 n번째 플립플롭의 출력이 $(n+1)$번째 플립플롭을 제어하고 첫 번째 플립플롭은 외부에서 오는 클록 펄스에 의해서 제어되는 계수기.

binary row[−róu] **2진 행**

binary save[−séiv] **2진 저장** 데이터를 2진 형식으로 파일에 저장하는 것. 특히 프로그램을 실행 형식으로 저장할 때나 데이터를 컴퓨터가 직접 이용할 수 있도록 저장할 때 사용한다. 2진으로 저장한 파일은 2진 파일이라 부르며, 문자로서는 읽을 수 없다. 문자 형식으로 저장하는 것은 ASCII 저장이라고 한다. ⇨ ASCII save, binary file

binary scale[−skéil] **2진법** 수체계 binary number system과 같은 의미.

binary search[−sə́ːrtʃ] **2진 검색** 표(table) 중에서 목적 항목을 찾아내는 테이블 색인(table lookup) 수법의 하나로서 흔히 쓰인다. 1군의 항목을 두 부분으로 나누어 목적 항목이 어느 부분에 있는지를 판정하는 것을 그때마다 반복해가는 절차.

binary search algorithm[−ǽlgəriðm] **2진 검색 알고리즘** ⇨ 그림 참조

binary search tree[−tríː] **2진 검색 트리** 트

리와 각 노드가 한 개의 키 값을 가진 2진 트리로서 각 노드의 키 값이 다음 성질을 만족해야 한다. ① 왼쪽 서브트리의 노드들이 갖는 키 값은 루트 노드의 키 값보다 작다. ② 오른쪽 서브트리의 노드들이 갖는 키 값은 루트 노드의 키 값보다 크다. ③ 각 서브트리 내에서도 위의 성질이 순환적으로 적용된다. 이러한 성질을 만족하는 2진 검색 트리 *n*개의 노드 중 특정 키 값을 찾는 시간이 0으로서 주기억장치 내에서 자료의 저장에 적합하다.

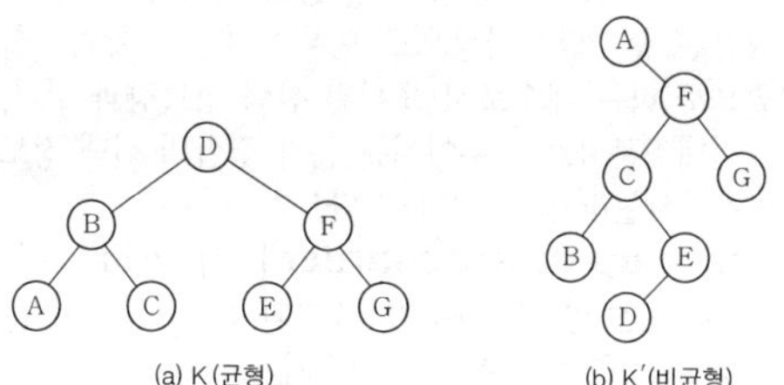

〈2진 검색 트리의 예〉

binary self defining term[-sélf difáiniŋ tə́ːrm] **2진 자기 규정항**

binary semaphore[-séməfɔ̀ːr] **2진 세마포** 2진 세마포는 0과 1의 값을 가지며, 그 값을 변환시키기 위해서는 반드시 P의 호출로 연산을 시작하고 V의 호출로 프로세서의 일을 마치게 되는 것인데, 다중 프로그래밍 시스템에서 프로세서 간의 동기를 취하기 위하여 사용되는 공유 변수를 가리킨다.

binary sensor[-sénsɔːr] **2진 센서** 많은 센서는 검지 대상물의 상태를 어떤 아날로그량으로 연속적으로 검출하기 위해서 사용된다. 2진 센서는 검지한 것이 있나 없나, 흑인가 백인가 하는 상반되는 두 가지를 다루는 센서이다. 컴퓨터를 사용한 지능화 기기에 있어서 인간과 기계의 인터페이스용 센서로서 2진 센서가 이용된다. 터치 센서와 키보드 스위치 등이 대표적인 2진 센서이다.

binary sequence[-síːkwəns] **2진 시퀀스**

binary signal[-sígnəl] **2진 신호**

binary signaling[-sígnəliŋ] **2진 신호법**

binary sort[-sɔ́ːrt] **2진 정렬**

binary subtraction[-səbtrǽkʃən] **2진 감산** 마이크로 컴퓨터는 2진수 뺄셈을 할 수 없으므로 2진수의 덧셈으로 바꾸어 실행하는데, 이것은 감수 2의 보수를 되감수에 더함으로써 행한다.

binary subtree[-sʌbtríː] **2진 종속 트리** 2진 트리 중 어느 노드의 자식 노드가 루트 노드인 2진 트리 부분.

binary symmetric channel[-simétrik tʃǽnəl] **BSC, 2진 대칭 채널**

binary synchronous adapter [-síŋkrənəs ədǽptər] **BSA, 2진 동기 어댑터**

binary synchronous communication [-kəmjùːnikéiʃən] **BSC, BISYNC, 2진 동기식 통신** IBM 사가 발표한 동기 전송 방식의 전송 제어 절차. 반이중식이며, 캐릭터 동기식의 전송을 행한다. 전송 블록의 머리에 동기용 문자(SYN 숫자)라 부르는 특정한 비트 패턴을 두 개 붙여서 보냄으로써 수신측과 송신측이 동기를 취한다. 수신측에서는 각 블록마다 오차 검사를 해서 그 결과에 따라 ACK(긍정 응답) 또는 NAK(부정 응답)를 반송하는 방식이다. 데이터 전송의 메시지 형식은 그 표지와 수신처를 표시하는 「헤더」와 메시지의 본문에 상당하는 「텍스트」로 구성된다.

```
procedure BINSRCH(X, n, K)               /* n개의 레코드로 구성된 파일 X에서 K를 검색 */
  low ← 1;
  high ← n;
  F ← false;
  while((lowhigh) and (not F)) do         /* 부분 파일에서 low값이 high보다 작은 동안 */
    m ← (low+high)/2;                     /* m은 정수형 변수이므로 소수점 이하는 버린다. */
    case
          K>Km : low ← m+1 ;
          K<Km : high ← m-1 ;
          K=Km : F ← true ;               /* 찾고자 하는 레코드 Xi 를 발견 */
    end
end
if(F)then FOUND                           /* 찾고자 하는 레코드 Xi 를 발견 */
   else UNFOUND                           /* 검색 실패 */
  end BINSRCH
```

〈2진 검색 알고리즘〉

binary synchronous transmission[–trænsmíʃən] **2진 동기 전송** 문자의 동기가 송수신국에서 만들어지는 타이밍 신호를 가지고 제어하는 데이터 전송.

binary system[–sístəm] **2진 시스템** 0과 1의 두 개의 숫자 조합으로 사용하는 수 시스템으로 전압의 유무에 의해 on, off, 즉 0과 1로 표시하므로 편리하게 사용할 수가 있다.

binary tape assembler[–téip əsémblər] **2진 테이프 어셈블러**

binary-to-decimal conversion[–tu désiməl kənvə́ːrʃən] **2진 10진 변환** 2진수를 10진법으로 변환하는 것.

binary-to-hexadecimal conversion [–héksədèsiməl kənvə́ːrʃən] **2진 16진 변환** 2진수를 16진법으로 변환하는 것.

binary-to-octal conversion[–áktəl kənvə́ːrʃən] **2진 8진 변환** 2진수를 8진법으로 변환하는 것.

binary transmission[–trænsmíʃən] **2진 전송** 컴퓨터에서 편리하게 컴퓨터와 다른 데이터 단말기들 사이에 교환되는 정보는 2진의 펄스, 즉 전압의 on-off 패턴으로 이루어진다. 데이터 처리 장치들을 연결하는 전송 매체는 이 펄스형 신호 양식을 이상적으로 취급할 수 있어야 한다.

binary tree[–tríː] **2진 트리** 리스트 구조의 하나이며, 최상의 루트 노드로부터 서브트리 방향에 도달할 때, 각 루트로부터 나와 있는 노드가 겨우 두 개인 모양의 트리. 데이터 집합을 기억 영역상에 표현한 경우 다음에 계속되는 데이터 항목으로의 포인터가 겨우 두 개인 모양의 구조를 가리킨다.

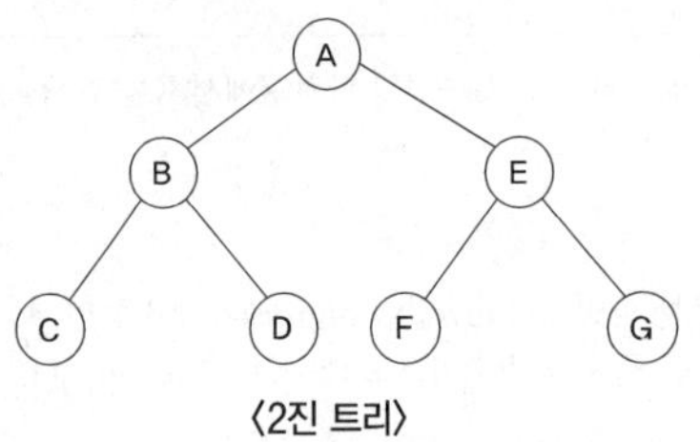

〈2진 트리〉

binary tree list[–líst] **2진 트리 리스트** 트리의 일종으로 자식을 단지 두 개밖에 가지지 않은 것.

binary tree representation[–rèprizentéiʃən] **2진 트리 표시** 모든 노드의 차수가 2 이하인 트리에서 각 노드의 가지가 2 이하인 크누스(Knuth) 2진 트리 근 노드를 중심으로 좌우가 완전 대칭을 이루는 정 2진 트리(full binary tree), 정 2진 트리에서 단노드(terminal node)가 한두 개 없거나 한두 개 추가된 전 2진 트리(complete binary tree), 노드가 한쪽으로만 치우친 사향 2진 트리(skewed binary tree)가 있다.

binary tree structure[–strʌ́ktʃər] **2진 트리 구조**

binary tree traversal[–trævə́ːrsəl] **2진 트리 운행법** 2진 트리의 각 노드를 지정된 규칙대로 한 번씩만 운용하는 것.

binary unit[–júːnit] **2진 단위**

binary unit of information content [–əv ìnfərméiʃən kántent] **정보 측도 단위** 서로 상반된 두 개의 사상으로 이루어지는 집합의 2를 밑으로 하는 대수로서 표시된 선택 정보량과 같다. 예컨대 8문자로 이루어지는 문자 집합의 선택 정보량은 3샤논($\log_2 8 = 3$)과 같다.

binary up-down counter[–ʌ́p dáun káuntər] **2진 양방향 계수기** 증가와 감소의 양방향으로 계수를 할 수 있는 2진 계수기.

binary variable[–vɛ́(ː)riəbl] **2진 변수** 두 개의 서로 다른 값 가운데 어느 한쪽의 값을 취하는 변수.

binary word[–wə́ːrd] **2진 워드** 2진수, 0과 1의 값만을 가질 수 있는 변수.

bin card[bín káːrd] **빈 카드** 이 빈 카드에는 펀치 카드가 많고 취급할 때마다 컴퓨터에 입출력하여 재고 관리를 곧 바로 할 수 있는 카드.

BIND **바인드 속성** bind attribute의 약어.

bind[báind] *v.* **결부시키다, 속박하다, 설정하다** (1) 설정하다(변수에 대하여) : 변수에 값을 할당하는 것. 특히 파라미터에 값을 할당하는 것. (2) 결부시키다(어드레스에 대하여) : 절대 어드레스, 가상 어드레스 또는 장치 식별자를 계산기 프로그램 중의 기호 어드레스 또는 표(標)에 관련시키는 것.

bind attribute [–ǽtribjùːt] **BIND, 바인드 속성** no-bind attribute(비 바인드 속성)와 대비된다.

binder[báindər] *n.* **바인더**

binding[báindiŋ] *a.* **바인딩** 프로그램 언어에서 어떤 대상물의 이름을 그것이 나타내는 실제의 대상물과 연결하는 것.

binding time[–táim] **바인딩 시간** 주로 컴파일 또는 실행 도중에 결속이 일어나는 시간. 즉 동일한 의미인 「text」와 「address」, 「pure number」로 대치되는 시간이다.

bind mode[báind móud] **바인드 모드**

Binhex[binheks] **빈헥스** binary hexadecimal의 약어. 문서 파일이 아닌 파일들을 ASCII 파일 포맷으로 변경하는 방식이다. 인터넷 이메일은 ASCII 파일만 전송이 가능하기 때문에 이 방식은 이메일을 이용할 때 중요하다.

binomial[bainóumiəl] *a. n.* **2항식의, 2항식**

binomial coefficient[–kòuəfíʃənt] **2항 계수** n개의 요소 가운데 r개를 뽑아 만든 조합의 계수.

$$nC_r \text{ 또는 } \frac{n}{r} = \frac{n!}{(n-r)!r!}$$

binomial distribution[–dìstribjú:ʃən] **2항 분포** 통계학에서 확률을 구하는 계산 기법의 하나.

binomial probability[–pràbəbíliti(:)] **2항 확률** 독립 사상 A가 p를 갖는 경우 n회 시행중 사상 A가 x회 나타날 확률을 $P(n,x)$라 하면 2항 확률은 다음과 같이 나타낸다.

$$P(x : n, p) = {}_nC_xP^x\,(1-P)^{n-x}$$

bin packing problem[bin pǽkiŋ prɑ́bləm] **상자 채우기 문제** 서로 다른 크기를 갖는 유한 개의 객체들과 같은 용량을 갖는 상자가 주어지면 이 객체들을 넣는 데 소요되는 상자의 최소 수를 결정하는 문제.

bin tape[–téip] **빈 테이프** 각 테이프마다 고정된 헤드를 가지고 있거나 이동 가능한 헤드를 가지고 있는 테이프 기억 장치로서 한 개의 고정 헤드를 가진 테이프 기억 장치보다 처리 시간이 빠르다.

biochip[báioutʃìp] *n.* **바이오칩** 컴퓨터 산업에서 마이크로칩으로 대치하려는 시도. 이 바이오칩은 존재하는 큰 단백질 분자 같은 생물 체계로부터 만들어지며 전자 회로와 스위치를 만드는 데 사용된다.

biocomputer[báioukəmpjú:tər] **바이오컴퓨터** 분자들이 모여 만들어진 분자 집합체에 의한 장치를 바이오소자(biodevice)라 하고, 이것으로 구성된 컴퓨터를 바이오컴퓨터라고 한다. 바이오소자에는 합성 유기 분자를 이용한 디지털형과 산소와 같은 단백질을 이용한 아날로그형이 있는데, 양쪽 모두 발열하지 않고 전력 소비도 적기 때문에 컴팩트하게 만들 수 있다. 그러나 현재로서는 정보 처리의 새로운 원칙을 계속 추구해야 하며 실체는 매우 애매한 실정이다.

biodevice[báioudiváis] **바이오소자** 분자가 모인 분자 집합체를 이용한 디바이스. 바이오소자는 발열을 거의 하지 않기 때문에 3차원 구조로 하는 등 집적 밀도를 비약적으로 높일 수 있을 것으로 기대되므로 분자 스위치로부터 기능적인 논리 회로나 메모리 어레이를 설계하고 조립하는 연구가 진행중이다.

Bio Informatics[báiou ìnfərmǽtiks] **바이오 정보과학** 분자생물학과 정보과학의 결합으로 생긴 새로운 학문 분야. 게놈 생물학이라고 하는 경우도 있으나 유럽이나 미국에서는 정보과학에 더 가까운 분야로 여기고 있다. 지금까지 얻어진 분자생물학이나 게놈 해석의 지식을 바탕으로 컴퓨터를 이용한 연구가 진행되고 있다.

biological computer[baiəlɑ́dʒikəl kəmpjú:tər] **바이오 컴퓨터** 인간의 두뇌에 견줄 만한 고도의 처리 능력을 실현할 컴퓨터. 컴퓨터 자체에 지능을 가지게 하여 패턴 인식, 판단, 유추 등의 작용을 가능케 함으로써 최종적으로는 인간의 두뇌 기능을 지니게 하려는 구상의 컴퓨터이다.

biometric[báioumetric] **생체 인증, 바이오메트릭** 개개인의 생체 고유의 정보를 이용하여 인증하는 방식. 주요 방법으로 지문이나 음성, 망막을 사용한 인증법을 들 수 있다. MacOS 9는 음성 인증을 채택하고 있으며, 새로 출시된 영문 윈도 XP에서도 일부 채택하고 있다.

bionics[baiɑ́niks] *n.* **생체 공학** 생물체의 생존 시스템을 분석하고, 생체 기능을 공학적으로 연구하여 하드웨어 등에 활용하려는 학문으로 공학과 의학의 첨단 과학이다.

BIOS 기본 입출력 체계 basic input-output system의 약어. 운영 체제(OS)가 없는 하드웨어에 의존하는 제어 프로그램. 일반적으로 퍼스널 컴퓨터의 운영 체제는 서로 다른 하드웨어 상에서도 공통으로 작동하도록 하드웨어 의존 부분과 그렇지 않은 부분을 모듈(module)로 나누어 만들고 있다.

biosensor[báiousênsər] **생체 감각기** 어떤 유기체에 있어서 생물학적으로 데이터를 검출하여 전송하기 위한 메커니즘.

biotechnology[bàiouteknɑ́lədʒi(:)] **바이오테크놀러지** 일반적으로 생체와 그 기능을 직접 또는 시뮬레이트(simulate)하여 이용하는 물질 생산 기술. 즉, 생물 세포의 촉각, 호흡, 광합성, 성장, 번식, 유전, 에너지 · 물질의 대사, 호르몬에 의한 자기 제어, 면역의 기능을 직접 또는 시뮬레이트하여 생산, 생활, 보건, 위생에 사용되게 하려는 것. 바이올러지(biology ; 생물학)와 테크놀러지(technology ; 기술)의 합성어.

bipartite graph[baipɑ́:rtait grǽf] **2분할 그래프** 그래프의 구성 정점들을 두 부분으로 나누었을 때 각 부분에 속하는 정점들이 모두 인접하지 않는 그래프.

bi-phase modulation[bai féiz mɑ̀dʒuléiʃən] **2단계 변조** 자기 테이프에 자료를 부호화하는 한 방법으로 0은 양변화(고→저), 1은 음변화(고→저)를 나타낸다.

bipolar[baipóulər] *a.* **양극성, 2극성, 쌍극성, 바이폴러** 서로 다른 논리 상태가 서로 다른 전압 극성으로 표시된 때의 입력 신호. 단극성(unipolar)과 대별된다. ⇨ 보충 설명 참조

바이폴러와 유니폴러 부호

C 전송 부호 극성이 +와 −의 2극에 걸쳐 있는 것을 바이폴러 부호라고 하고 어느 1개의 단극성(單極性)인 것을 유니폴러 부호라고 한다. 일반적으로 유니폴러 부호는 잡음에 약하며 고속 전송에 적합하지 않다. 유니폴러 부호는 직류 성분을 포함하고 있기 때문에 보통 중계기에서는 정확한 전송이 이루어지지 않는다.

이에 대하여 바이폴러 부호는 신호의 "1"이 계속해서 올 때마다 극성이 교대로 변화하는 복극성(復極性)이므로 직류 성분을 함유하지 않으면 일반적으로 고속 전송에 적합하다.

그러나 유니폴러 부호에 비하여 IC와 LSI의 정합(整合)이 안 되는 등 결점을 가지고 있다.

보통 전송로에서는 바이폴러 부호의 일종인 AMI 부호를 사용하며, 국내 인터페이스에서는 유니폴러 부호의 일종인 CMI 부호를 사용하고 있다.

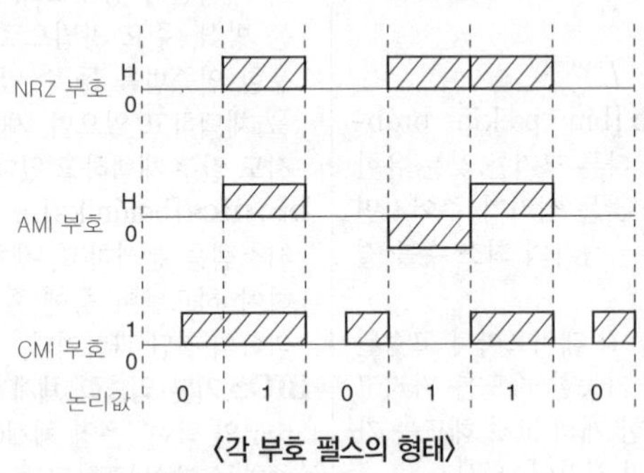

〈각 부호 펄스의 형태〉

bipolar amplifier[−ǽmplifàiər] **양극성 증폭기**

bipolar chart[−tʃɑ́:rt] **2극 선도**

bipolar code[−kóud] **양극성 부호** 직류분을 억압하기 위해 1 신호에는 $x(t)$, 0 신호에는 $-x(t)$를 대응시킨 부호.

bipolar device[−diváis] **양극성 디바이스**

bipolar emitter follower logic[−imítər fɑ́louər lɑ́dʒik] **바이폴러 이미터 폴로어 논리 회로** 이미터 폴로어 증폭기를 이용한 바이폴러의 논리 회로.

bipolar flip-flop memory cell[−flíp flɑ́p méməri(ː) sél] **양극성 플립플롭 기억 소자** 플립플롭을 구성하는 소자가 전자 또는 정공 두 종류의 캐리어를 필요로 하는 것.

bipolar integrated circuit(IC)[−íntəgrèitəd sə́:rkit] **양극형 트랜지스터 집적 회로, 양극형 IC** 양극형 트랜지스터를 주체로 하고, 전자와 정공 두 종류의 전하를 사용하여 구성한 IC로서 반도체를 기판으로 하여 트랜지스터, 다이오드, 저항, 콘덴서 등의 회로 소자를 형성한다.

bipolar integrated circuit(IC) memory[−méməri(ː)] **양극성 집적 회로 기억 장치** 반도체 집적 회로에서 그 구성 소자인 트랜지스터나 다이오드의 작용에 의해 전자 또는 정공의 두 종류의 캐리어를 필요로 하는 기억 장치.

bipolar integrated injection logic [−indʒékʃən lɑ́dʒik] **바이폴러 I^2L** IC의 제조 공정이 다른 논리 회로보다 쉽고 작은 면적으로 집적도를 높일 수 있는 논리 회로. 단독으로는 AND, OR 등의 회로로는 되지 않지만, 앞뒤로 접속했을 때 전단과 후단 관계에서 논리 회로가 실현 가능한 것이다.

bipolar junction transistor[−dʒʌ́ŋkʃən trænzístər] **BJT, 양극성 접합 트랜지스터** 이미터, 컬렉터, 베이스로 구성되어 있으며, 전자와 정공 두 캐리어를 이용하여 증폭, 스위칭 등의 작용을 하는 통상의 트랜지스터.

bipolar linear IC 양극형 리니어 IC

bipolar LSI microprocessor 양극성 LSI 마이크로프로세서

bipolar machine[−məʃí:n] **2극 머신**

bipolar memory[−méməri(ː)] **양극성 기억 장치** 플립플롭(flip-flop) 회로를 사용한 반도체 기억 장치. 바이트 단위·워드(語) 단위의 비순차적 접근(random access)이 가능하며 기억 용량은 적으나 동작 속도가 빠르다. 그래서 중앙 처리 장치(CUP) 내부의 고속 소용량 기억 장치로 사용되는 일이 많다.

bipolar MOS 양극성 MOS 동일 기판 위에서 양극형 소자와 모스형 소자가 형성되어 있는 집적 회로.

bipolar PROM 양극성 PROM 양극성의 프로그램 가능한 ROM. 액세스가 대단히 빠르며, 프로그램 변경도 가능하고, 액세스 시간은 50~90ns이다.

bipolar pulse[−pʌ́ls] **양극성 펄스** 양값(+), 음

값(−)도 함께 다루는 펄스. 단극성 펄스의 상대어.

bipolar pulse train[-tréin] **양극성 펄스 열** 펄스의 극성이 양극성인 펄스의 열(列).

bipolar random access memory system [-rǽndəm ǽkses méməri(ː) sístəm] **양극성 임의 접근 기억 장치 시스템** 이 장치는 TTL과 혼용 가능한 메모리 시스템이 매우 빠른 접근 속도와 주기 속도를 제공한다. 또한 제어 메모리, 디스크 제어부, 스크래치 패드, 신호 처리 응용 등에 필요한 장치이다.

bipolar semiconductor[-sèmikəndʌ́ktər] **양극성 반도체**

bipolar signal[-sígnəl] **양극성 시그널**

bipolar slice[-slɑís] **양극성 슬라이스**

bipolar slice system[-sístəm] **양극성 슬라이스 시스템**

bipolar system **2극식**

bipolar transistor[-trænzístər] **양극성 트랜지스터** 「플러스(+)」 전하체인 전자로 작동하는 트랜지스터. p형 반도체와 n형 반도체를 조합해서 만든 트랜지스터 중에서 pnp와 npn이라는 형식을 갖는 것을 가리킨다. 중앙부를 베이스(base), 좌우의 영역을 이미터(emitter) 및 컬렉터(collector)라고 한다. 모스(MOS) FET에 비해서 동작이 고속인 반면에 구조가 복잡하고 집적도(集積度)가 낮다.

bipolar transmission[-trænsmíʃən] **양극성 전송**

bipolar type IC **양극형 IC**

bipolar type PROM **양극형 PROM** 사용자가 자료 입력을 전기적으로 하는 ROM이며 양극형인 것.

biquinary[bɑikwáinəri] *a.* **2진-5진** 주판과 같은 체계로, 하나의 10진법 수를 0 또는 1로 나타내는 2진법 부분과 0에서 4까지 나타내는 5진법 부분으로 나눠 표현하는 방법. ⇨ 표 참조

biquinary code[-kóud] **2진-5진 코드** 10진수의 1자리를 나타내는 데 7비트를 사용하여 이 7비트를 2비트와 5비트로 나누어 각각의 비트에 자리값을 부여하여 나타낸다. 주산의 수 표현이 이 표시법과 비슷하다. 이 코드는 1의 비트가 반드시 두 개 있으므로 에러의 발견이 용이하다는 장점이 있다.

biquinary-coded decimal number[-koúdəd désiməl nʌ́mbər] **2진 5진 부호화 10진수** biquinary number와 유사하다.

biquinary notation[-noutéiʃən] **2-5진법 부호화** 10진법의 일종으로 10진 n을 $fn_1 + n_2$ ($n_1 = 0, 1 : n_2 = 0, 1, 2, 3, 4$)로 나타내는 것.

biquinary number[-nʌ́mbər] **2-5진수** ⇨ biquinary notation

〈2-5진〉

10진수	기어 또는 링 카운터	2-5진수	
		2진부	5진부
0	0000000001	01	00000
3	0000001000	01	00100
5	0000100000	10	00001
8	0100000000	10	00100

〈2-5진 코드〉

10진수	기어 또는 링 카운터	2-5진수	
		2진부	5진부
7	0111	10	00100

biquinary system[-sístəm] **2-5진 체계** ⇨ biquinary code

birds of feather[bə́ːrdz əv feðə́r] ⇨ BOF

birth-and-death process [bə́ːrθ ənd déθ prɑ́ses] **생성 소멸 과정** 상태 공간 $S = (0, 1, 2 \cdots)$를 가지며 상태 변화가 ± 범위 내에서 이루어지는 마르코프 과정(Markoff process).

birth site [-sáit] **생성 사이트** 분산 데이터 베이스에서 릴레이션이나 뷰 등과 같은 객체가 처음으로 생성된 사이트.

BISAM **바이삼, 기본 색인 순차 접근 방식** basic indexed sequential access method의 약어. ⇨ basic indexed sequential access method

B-ISDN **광대역 ISDN** broadband integrated services digital network의 약어. ISDN 시대의 도래와 함께 비즈니스 분야를 중심으로 텔레비전 회의, 화상 응답, CATV, 고속 데이터 통신 등의 고속 광대역 통신 서비스 요구가 현저히 증가하고 있다. 이러한 통신 서비스의 광대역화와 이에 병행한 멀티미디어화에 대한 차세대 네트워크로서 연구와 표준화가 추진되고 있는 것이 광대역 ISDN이다.

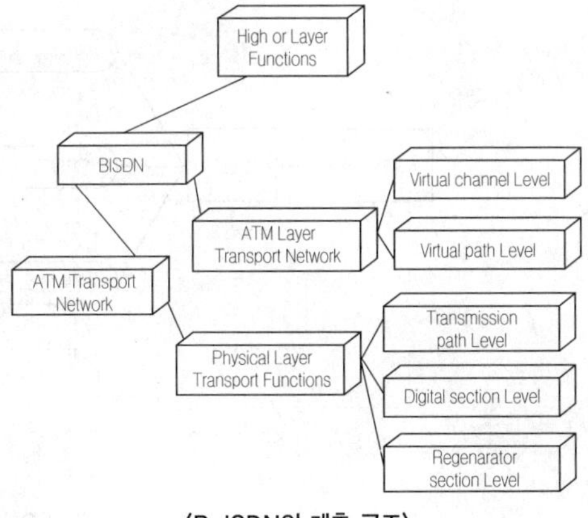

〈B-ISDN의 계층 구조〉

bisection algorithm[bɑisékʃən ǽlgəriðm] **2분 검색 알고리즘**

bisection method[–méθəd] **2분법** 수치 해석에서 비선형 방정식의 해를 구하는 방법 가운데 한 가지.

bistable[bɑistéibəl] *a.* **쌍안정의, 쌍안정** 스위치에 의하여 두 개의 상태를 취할 수 있는 장치와 회로를 나타내는 말.

bistable circuit[–sə́ːrkit] **쌍안정 회로** 두 개의 안정 상태를 갖는 트리거 회로. 즉, 트리거 신호에 의해 두 개의 안정 상태 가운데 어느 한쪽의 상태를 취하는 회로.

bistable element[–éləmənt] **쌍안정 소자**

bistable latch[–lǽtʃ] **쌍안정 래치** 논리값 0 또는 1의 1비트의 정보를 저장할 수 있는 플립플롭(flip-flop) 기억 장치와 레지스터 회로에서 사용하는 것.

bistable magnetic core [–mægnétik kɔ́ːr] **쌍안정 자기 코어** 두 개의 자기 상태 중 어느 한쪽의 상태를 나타내는 자기 코어.

bistable multivibrator[–mʌ̀ltivɑ́ibreitər] **쌍안정 다조파 발진기** 두 개의 회로 상태가 모두 안정되었을 때 입력 신호에 따라 어느 한쪽 회로 상태를 선택해서 안정되는 멀티바이브레이터.

bistable trigger[–trígər] **쌍안정 트리거** 한 상태에서 다른 상태로의 변환을 유발시키는 트리거를 필요로 하는 두 개의 안정 상태를 가진 회로. 이것은 단일 입력에 의해서도 유발된다.

bistable trigger circuit[–sə́ːrkit] **쌍안정 트리거 회로** 두 개의 안정 상태를 갖는 트리거 회로. ⇨ bistable circuit

bi-state[bɑi stéit] **2상태** 컴퓨터 내의 어느 부분이 두 가지의 가능한 경우만을 가질 때.

BISYNC 2진 데이터 동기 통신 binary synchronous communication의 약어. 통신 회선을 통하여 데이터 전송을 하기 위해서 IBM에서 발표한 것으로 회선 프로토콜, 메시지 형태 등을 제어하기 위한 규칙과 절차의 집합체이다.

bit[bít] *n.* **비트** (1) 컴퓨터 내부에서의 정보 표현의 최소 단위이며, 2진 숫자(binary digit). 1비트에서는 "0"과 "1" 두 개의 값으로 표시되며, 2비트에서는 "00", "01", "10", "11" 네 개의 값으로 표시된다. 이것은 10진수(decimal)에서는 "0", "1", "2", "3"에 각각 대응된다. *n*비트에서는 2^n의 값을 표시할 수 있다. 문자를 표시하기 위해서 이 비트를 8개 정리한 단위를 일반적으로 바이트(byte)라 한다. 기억 용량(storage capacity) 등은 비트 혹은 바이트로 표시된다. (2)「비트가 on이 된다」라든가「비트를 on으로 설정한다」라고 할 때는 그 비트의 값을「1」로 하는 것을 의미한다. (3) 정보 이론 분야에서는 2진수 1자릿수의 문자를 보유할 수 있는 최대 정보량을 표시하며, 샤논(Shannon)과 동의어이다.

bit address[–ədrés] **비트 어드레스** 각 비트마다 주소 지정을 할 수 있는 방식. 단어 길이를 필요에 따라 변경할 수 있어서 기억 용량은 효율적 운용이 가능하지만 어드레스 지정이 정밀하고 복잡해진다.

bit addressable[–ədrésəbl] **비트별 주소 지정 가능** 기억 장치의 각 비트별로 주소를 할당하여 읽고 쓸 수 있게 하는 주소 지정 방식.

bit addressing[–ədrésiŋ] **비트 주소 지정** 시뮬레이션이나 마이크로프로그래밍 등에서 1비트의 연산이나 임의의 주소에서 임의 길이의 비트 필드 처리가 필요할 때 사용되는데, 메모리의 전체 비트에 주소를 붙여서 1비트 단위로 접근시키는 것.

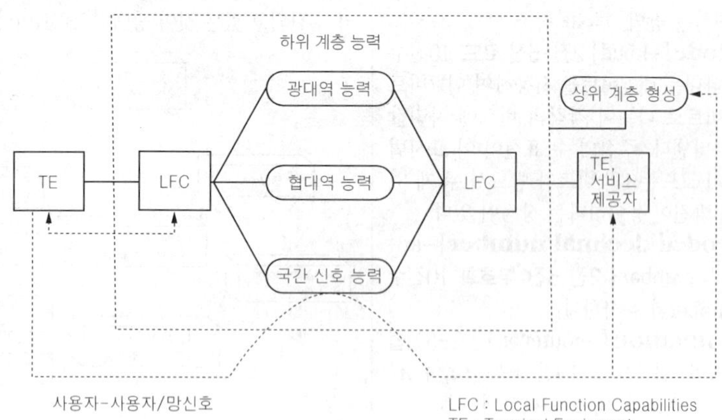

〈B-ISDN의 기본 구조〉

bit-block transfer[–blák trǽnsfər] **비트 블록 전송** 컴퓨터 그래픽에서 화면의 한 부분을 떼내어 다른 곳으로 보내거나 복사 또는 반전 등의 조작을 하는 기능. 고속 윈도 시스템에서는 필수 기능이다.

bit-BLT 비트 영역 블록 전송 bit-boundary block transfer의 약어. 재생 버퍼의 한 사각형 영역에 있는 값을 다른 사각형 영역으로 복사하는 것인데, 복사할 때에는 논리 연산이나 덧셈, 뺄셈 등과 같은 간단한 산술 연산을 거칠 수도 있다.

bit bumming[–bʌ́miŋ] **비트 압축** 저장되는 자료의 크기를 줄이기 위해 비트 수준에서 압축시키는 것.

BitCash 비트캐시 온라인 상의 소액 결제 시스템의 하나. 비트캐시 카드 판매점에서 카드를 구입하고 그 카드에 저장된 정보에 따라 비트캐시 마크가 있는 웹 사이트에서 원하는 컨텐츠를 구입할 수 있다. 웹 사이트 등에서 온라인 쇼핑을 즐기는 경우에는 캐시 카드 등이 편리하지만 캐시 카드는 수수료가 붙기 때문에 고액의 물건을 사면 수수료 부담이 커진다. 때문에 이러한 수수료 무료 서비스가 등장하고 있다. 이 외에도 웹머니(WebMoney) 등이 있다.

Bitcast 비트캐스트 인포시티 사가 개발한 TV 전파 간격을 이용하여 HTML 등의 데이터를 송신하는 기술. 이 기술을 이용하려면 전용 보드 등이 필요하지만, 이 시스템을 사용하면 실제로 TV 방송을 보면서 관련 웹 컨텐츠를 수신할 수 있어 TV와 인터넷을 융합한 서비스를 받을 수 있다.

bit code[–kóud] **비트 코드**

bit combination [–kàmbinéiʃən] **비트 조합** 문자를 나타내는 코드의 각 비트의 조합.

bit comparison[–kəmpǽrisən] **비트 비교**

bit configuration[–kənfìgjuréiʃən] **비트 구성** 컴퓨터에 정보를 기억시키고 처리시키기 위해서는 몇 개의 비트를 조합하여 어떤 단위를 구성한 것을 사용한다. 정보의 1단어는 1비트로는 불가능하여 알파벳과 기호는 숫자 4비트 표현에 2비트를 더한 6비트, 이것은 숫자가 0~9까지 표현에 4비트인데, 이에 2비트를 더한 6비트이다. 4비트 구성은 $2^4=16$종, 6비트에는 $2^6=64$종이 가능하다.

bit control[–kəntróul] **비트 제어** 직렬 데이터를 전송하는 방법으로 각 비트는 상당한 의미를 가지며, 한 개의 문자는 개시와 종료 비트로 싸여 있다.

bit density[–dénsiti(:)] **비트 밀도** 보조 기억 장치의 단위 면적당 저장되는 정보량을 비트 수로 나타내는 것. 문자로 나타내면 문자 밀도라고 하는데, 밀도는 1트랙, 1인치당의 수로 나타내기도 하고, 여기에 트랙 수를 곱해서 테이프 전체 폭에 대해 단위당 길이로 표시하는 경우도 있다.

bit error rate[–érər réit] **비트 오차율** 데이터 전송(data transmission)에서 이송되어 온 전체 신호(비트 수로 표현)에 대하여 어느 것만 오차 비트가 있었는지를 표시하는 비율.

bit flipping[–flípiŋ] **비트 조작**

bit handling[–hǽndliŋ] **비트 조작**

bit image[–ímidʒ] **비트 이미지** 컴퓨터의 기억 소자에 저장된 여러 비트의 모임. 대개 그래픽 데이터를 가리킨다.

bit image mode[–móud] **비트 이미지 방식** 도트 매트릭스 프린터에서 그 자신이 받아들이는 데이터를 문자 코드로 해석하지 않고 문자 또는 그림을 위한 비트 이미지 데이터로 인식하는 것.

bit length[–léŋkθ] **비트 길이**

bit location[–loukéiʃən] **비트 기억 소자**

bit manipulation[–mənìpjəléiʃən] **비트 조작**

bit map[–mǽp] **비트 맵** 컴퓨터 그래픽에서 화면상에 나타나는 영상 데이터를 저장하는 방식. 즉, 여러 개의 비트로 구성된 배열로서 각 비트마다 특정한 의미가 부여되어 각 비트의 0 또는 1값이 그 배열에 해당되는 원소 상태를 나타낸다.

bit map display[–displéi] **비트 맵 디스플레이** 화면의 1도트가 메모리의 1비트에 대응하는 디스플레이.

bit map graphic[–grǽfik] **비트 맵 그래픽** 그래픽 화면상의 각 점이 비디오 램(RAM)의 각 비트에 대응되어 비트의 0과 1의 값이 점의 ON, OFF 또는 색깔을 결정하게 하는 방식.

bit map image[–ímidʒ] **비트 맵 이미지** 픽셀(pixel)이라는 개별적인 점들의 집합. 비트 맵 이미지 파일 내에는 각 픽셀의 위치 및 색에 대한 정보가 담겨 있다. 각 픽셀의 크기는 모두 같으며 이미지 내의 픽셀의 수가 화질을 결정해준다. 즉, 픽셀의 수가 많으면 많을수록 그림이 더 선명해진다.

bit mapped character[–mæpt kǽrəktər] **비트 맵 문자** 비트 맵으로 메모리나 컴퓨터 파일에 저장되어 있고, 픽셀 패턴으로 그래픽 화면에 표시되며 그래픽 데이터는 프린터에 전송되는 문자.

bit mapped font[–fánt] **비트 맵 폰트** 비트 맵 문자들로 구성되어 있는 폰트.

bit mapped screen[–skríːn] **비트 맵 화면**

bit matrix[–méitriks] **비트 행렬, 비트 매트릭스**

bit memory element[–mémәri(:) éləmənt] **비트 기억 소자** 한 비트를 기억시킬 수 있는 기억 장치의 단위 요소.

BITNET 비트넷 because it's time network의 약어. 1981년 미국의 뉴욕 시립대학과 예일대학의 컴퓨터를 통신 회선으로 연결하면서부터 발전한 세계적인 대학 간 학술 정보 전산망. 1990년 2월까지 37개 국의 3천 159개 노드가 가입했다. 대화식 메시지 교환, 전자 우편, 파일 전송 및 공유 등의 기능을 제공할 뿐만 아니라 공동 관심사를 갖는 사람들끼리 일정한 주제에 대한 토론도 할 수 있는 그룹 단위의 통신도 가능하다. IBM의 network job entry 규약에 근거한 이메일과 파일 전송 서비스를 제공하는 학술 컴퓨터 네트워크로 인터넷과는 분리되어 있지만 BITNET-Ⅱ는 IP 패킷 내에 BITNET 프로토콜을 포함하고 있으며 이것을 통해 인터넷에서 사용될 수 있다. 가장 유명한 이메일 토론 그룹인 Listservs는 BITNET에 그 기원을 두고 있다. 이 네트워크는 인터넷의 등장으로 인해 사용자가 줄어들고 있다.

bit operation[bit àpəréiʃən] **비트 오퍼레이션** 비트, 즉 2진수 이외의 한 자리를 연산의 대상으로 하는 조작.

bit pad[–pǽ(:)d] **비트 매립, 비트 패드**

bit parallel[–pǽrəlel] **비트 병렬** 어떤 개수의 비트 전부를 동시에 이동 또는 전송시키는 방식에 관한 용어이다. 비트 직렬(bit serial)과 대비된다.

bit pattern[–pǽtərn] **비트 패턴** 데이터의 표현이나 부호화에 있어서의 비트 구성.

bit per inch[–pər íntʃ] **비트 / 인치** 저장 매체의 1인치에 몇 비트의 데이터가 저장되는지 측정하는 단위. ⇨BPI

bit per second[–sékənd] **비트 / 초** 자료를 전송할 때 1초에 몇 비트의 자료를 저장할 수 있는지를 측정하는 단위. ⇨BPS

bit position [–pəzíʃən] **비트 위치** 2진 표기법에서의 단어 가운데 문자의 위치.

bit rate[–réit] **비트율, 비트 레이트** 통신 회선 등에서의 정보의 전송 속도를 비트 단위로 표현한 것(bps ; bit per second).

bit-rate generator[–dʒénərèitər] **비트 전송률 발생기** 직렬 접속을 위한 기본 주파수를 제공해주는 장치.

bit ratio [–réiʃiou] **비트율** 참조한 횟수 가운데 주기억 장치에 대한 참조가 이루어진 횟수의 비.

bit resolution [–rezəlú:ʃən] **비트 분해**

bit sampling [–sá:mpliŋ] **비트 샘플링**

bit select[–səlékt] **비트 선택**

bit serial[–sí(:)riəl] **비트 직렬** 어떤 개수의 비트를 한 번에 한 개씩 순차적으로 이동 또는 전송하는 방식에 관한 용어이다. 비트 병렬(bit parallel)과 대비된다.

bit set[–sét] **비트 세트** 비트 연산이나 비트별로 플래그 역할을 해야 할 때 쓰이며, 모듈러-2 언어에서 사용되는 데이터의 하나로 구성 원소가 비트로 이루어진 세트.

bit shift[–ʃíft] **비트 시프트**

bit significance[–signífikəns] **유효 비트** 비트 모양 중 특정한 의미를 갖는 비트 수.

bit site[–sáit] **비트 장소** 한 비트의 정보가 저장되어 있는 자기적 기록 매체의 위치.

bit slice[–sláis] **비트 슬라이스**

bit slice computer[–kəmpjú:tər] **비트 슬라이스 컴퓨터** 비트 슬라이스 시스템의 원리를 이용하여 작성한 단위 비트의 마이크로컴퓨터를 임의로 몇 개 접속해서 필요한 단어 길이를 갖는 컴퓨터를 사용할 수 있는 컴퓨터.

bit slice machine control store[–məʃí:n kəntróul stɔ́:r] **비트 슬라이스 기계 제어 저장** 마이크로 프로그램 기억 장치라고도 하는데, 비트 슬라이스 프로세서를 제작한 기계의 조작을 결정하는 명령어의 순서 유지를 위해 사용되는 기억 장치 또는 회로.

bit slice machine fetch and execute cycle[–fétʃ ənd éksəkjù:t sáikl] **비트 슬라이스 기계 채취 수행 주기** 이 비트 슬라이스 마이크로프로세서가 기억 장소로부터 명령어를 필요로 할 때마다 기계는 채취와 실행 주기를 거치게 된다. 이를 위해서는 먼저 기억 장치 주소 레지스터가 지정하는 위치를 파악하여 기억 장치에서 명령어를 가져와 기계의 명령어 디코더에 적재한다.

bit slice machine field[–fí:ld] **비트 슬라이스 기계 필드** 마이크로프로그램 단어의 한 부분으로 하드웨어의 특정 부분을 제어하기 위한 비트들의 집합을 나타내도록 설계되어 있다.

bit slice machines microprogram[–mái-kroupròugræm] **비트 슬라이스 기계 마이크로프로그램** 주기억 장치에 들어 있는 각 명령의 수행을 위해 프로세서가 해야 할 일을 결정하는 제어 기억 장치에 저장되어 있는 일련의 명령어.

bit slice machines pipe lining[–páip lái-niŋ] **비트 슬라이스 기계 파이프 라이닝** 비트 슬라이스 프로세서의 여러 부분들이 동시에 작동할 수 있도록 한 하드웨어 장치로서 처리 속도가 빨라진다.

bit slice microprocessor[–màikrouprá-sesər] **비트 슬라이스 마이크로프로세서** 여러 프로세서를 병렬로 접속해서 임의의 병렬 처리 폭 프로세서를 구축할 수 있도록 되어 있는 마이크로프로세서로, 현재 2, 4, 8비트 폭의 비트 슬라이스인 것이 입수 가능하다. 많은 경우, 마이크로프로그램 제어 방식 컴퓨터의 기본 연산 칩으로 이용된다.

bit slice microprocessor architecture

[–ɑ́:rkitèktʃər] **비트 슬라이스 마이크로프로세서 구조** 프로세서 슬라이스는 연산기와 레지스터를 포함하고 있어서 많은 슬라이스를 직렬 연결하여 중앙 처리 장치를 만드는 데 사용하는데, 전형적으로 비트 슬라이스 칩은 2비트, 4비트의 크기를 갖는다. 비트 슬라이스는 응용 가능한 단어 길이를 만들어내기 위해 직렬로 연결시킬 수 있다. 다중 비트 슬라이스 프로세서의 기본 구조는 세 개의 주요 블록이 있는데, 프로세서 슬라이스, 제어기, 제어 기억 장치이다.

bit slice microprocessor instruction decoder [–instrʌ́kʃən di:kóudər] **비트 슬라이스 마이크로프로세서 명령어 해독기** 중앙 처리 장치를 제작하는 데 사용할 수 있는 부품으로, 직렬로 연결하여 원하는 비트 수의 장치를 만들 수 있고 명령어 수행 제어는 마이크로프로그램 기법을 채용하는데, 이러한 경우 마이크로프로그램과 이의 수행을 위한 부분을 명령어 해독기라 한다.

bit slice microprocessor microprogramming [–màikroupróugræmiŋ] **비트 슬라이스 마이크로프로세서 마이크로프로그래밍** 제어 기억 장치 내에 들어 있는 마이크로프로그램을 변경시킴으로써 연산 장치가 명령어를 수행하는 방법을 바꾸는 것. 제어 기억 장치와 몇 개의 비트 슬라이스, 제어기를 붙여 완전한 제어기를 만든다.

bit slice processor [–prɑ́sesər] **비트 슬라이스 처리기** 비트 슬라이스 시스템을 바탕으로 한 빌딩 블록을 가능하게 하는 LSI 패밀리의 마이크로프로세서.

bit slice system [–sístəm] **비트 슬라이스 시스템** 16비트 CPU 하드웨어를 비트 방향으로 4비트씩 나누어 사용할 때 이를 임의로 조립해서 새로운 기억 장치의 CPU로 이용하는 방식.

bit slice word processor [–wə́:rd prɑ́sesər] **비트 슬라이스 워드 프로세서** 보편적으로 프로그램된 비트 슬라이스 프로세서는 모든 작동을 제어하는 데 100~1,024단어의 마이크로프로그램을 위한 기억 장치를 필요로 한다. 각 단어는 다수의 비트로 구성되며 프로세서 슬라이스와 다른 부분을 제어하는 데 쓰인다. 또한 단어는 주변 장치, 기억 장치, 다른 프로세서의 기능을 제어하는 데 쓰인다.

bit slice type processor [–táip prɑ́sesər] **비트 슬라이스형 프로세서**

bit slicing system [–sláisiŋ sístəm] **비트 슬라이싱 방식**

bit speed [–spí:d] **비트 속도** 전송 속도에 있어서 정보의 양을 비트 단위로 나타내는 것.

bits per inch [–pər íntʃ] **bpi, 비트/인치** ⇨ bpi

bits per second [–sékənd] **bps, 비트/초** ⇨ bps

bit stream [–strí:m] **비트 스트림** 단말 장치가 문자를 분리하는 전송 방식과 관련되어 사용되는 용어. 회로를 통해 연속된 일련의 비트들을 전송한다.

bit stream transmission [–trænsmíʃən] **비트 스트림 전송** 문자를 일정한 시간마다 전송하는 방법으로 시작(start) 또는 종료(stop)를 나타내는 방법을 쓰지 않으며, 문자 구성 비트를 끊임없이 계속 연결하여 전송한다.

bit string [–stríŋ] **비트 스트링, 비트열(列)** 인접한 숫자 사이의 관계를 유지하기 위해 사용하는 순서가 정해진 비트의 1차원적 배열.

bit string constant [–kɑ́nstənt] **비트열 상수**

bit string data [–déitə] **비트열 데이터**

bit string operation [–ɑ̀pəréiʃən] **비트열 연산**

bit string operator [–ɑ́pərèitər] **비트열 연산자**

bit stuffing [–stʌ́fiŋ] **비트 스터핑**

bit synchronization [–sìŋkrənaizéiʃən] **비트 동기화(同期化)** 데이터 전송에서 단말 장치 사이에 메시지의 송수신을 행할 때, 비트 단위로 동기를 취하는 방식.

bit test [–tést] **비트 검사**

bit transfer rate [–trǽnsfər réit] **비트 전송률** 단위 시간당 전송되는 비트 수. 보통 bps(초당 비트 수)로 나타낸다.

bit transmission rate generator [–trænsmíʃən réit dʒénərèitər] **비트 전송률 발생기** 직렬 접속, 즉 TTY UART 카세트, 모뎀을 위한 기본 주파수를 제공해주는 장치.

bitty box [bíti(:) bɔ́ks] **바보 상자** 워크스테이션이나 메인 프레임에 대해서 PC를 바보 상자라 부른다.

bit variable [bit vɛ́(:)riəbl] **비트 변수**

bit vector [bit véktər] **비트 벡터** 대개의 경우 사용 가능 공간 목록은 비트 벡터로 구성되는데, 각 블록은 한 비트에 대응되어 사용되면 1, 사용되지 않으면 0으로 2비트 값이 된다.

BIU 기본 정보 단위 basic information unit의 약어.

blackboard [blǽkbɔ̀:rd] **블랙보드** 학습 시스템의 구성 요소들 사이의 통신을 책임지는 요소로서 시스템에서 필요한 정보에 접근할 수 있는지를 알려준다. 또한 여러 처리 과정에서 접근할 수 있는 지식원이라고 하는 데이터 베이스 또는 기억 장소를 구비한 시스템 구조.

blackboard approach [–əpróutʃ] **블랙보드 접근** 블랙보드라는 공통의 작업 자료 메모리를 통해 시스템의 다른 요소와 통신할 수 있는 문제 풀이 접근 방법.

blackboard architecture [-á:rkitèktʃər] **블랙보드 구조** 독립된 지식 베이스가 블랙보드라는 공통 작업 메모리를 조사하도록 설계된 전문가 시스템.

blackboard system [-sístəm] **블랙보드 시스템** ⇨ production system

black box [blǽk bɔ́ks] **블랙 박스** 물품 상자 또는 사진의 어둠 상자에서 유래된 말이며 입력해서 소요 처리 후 구하는 출력까지 그 내부 구조에서 처리하는 과정을 알 수 있는 상태. 어떠한 자료를 입력해서 처리 후 결과를 얻고자 하는 경우에 시스템이나 회로 등의 기능에만 착안하고 그 내용의 구성은 무시해서 생각할 때 사용하는 표시법이다. 예를 들어 수의 정렬을 블랙 박스식 관점에서 정의해보면 다음과 같이 표시될 수 있다.

정렬될 수 ⟶ [정 렬 프로그램] ⟶ 정렬된 수

〈블랙 박스〉

black coat [-kóut] **블랙 코트** 기생 발진을 방지하기 위해서 디스크 레이저용 유리의 주변에 블랙 솔더 유리를 코팅하는 것.

black hole [-hóul] **블랙 홀** 어떤 버그(bug)에 의해 네트워크에서 패킷이 벗어나지 못하는 상태.

black-on-white [-ən hwáit] **흰색 배경의 검은 글씨** 워드 프로세서나 전자 출판에 이용되며 모니터에 나타나는 글씨는 검은색, 그 바탕은 흰색이다.

Bliaise Pascal 블레이즈 파스칼 차분 기계와 해석 계산기를 고안하고 기계적으로 작동하는 계산기를 맨 처음 고안한 프랑스의 수학자.

B language B 언어 1970년에 톰프슨(Kenneth L. Thompson)이 BCPL을 개량하여 만든 절차형 언어. 언어 구조가 간결하고 실행 효율도 높다. 오늘날의 C 언어는 이것을 발전시킨 것이다. B는 톰프슨의 아내 Bonnie의 머리글자를 딴 것이다.

blank [blǽŋk] *n.* **빈(자리)** 라인 프린터 등의 용지에 인자(印字)되지 않거나 아무 기입도 하지 않은 것이나 천공 카드나 종이 테이프에 펀치되지 않은 것. 혹은 표시 장치 등에 전자와 빔을 멈추어 표시면 상에 빛을 내지 않게 한 부분.

blank after [-á:ftər] **뒷면 소거** 필드의 출력 후 필드의 내용을 소거하는 것. 숫자 필드이면 제로, 영숫자 필드이면 공백이 된다.

blank and zero filling [-ənd zí(:)rou fíliŋ] **공백 및 제로 채우기**

blank card [-ká:rd] **공백 카드** 아무것도 찍혀 있지 않은 공간을 천공할 수 있는 카드.

blank character [-kǽrəktər] **빈 문자** 인쇄 기록할 경우 등에 대하여 아무것도 인쇄하지 않는 것을 표시하기 위해서 「공백」이란 문자가 있는 것처럼 할당된 내부 코드(internal code).

blank coil [-kɔ́:l] **빈 코일** 이송 구멍만 있는 천공 용지 테이프이며 코일 모양으로 말려 있다.

blank column [-káləm] **공백 열**

blank common [-kámən] **무명 공통 블록** FORTRAN 언어에서 복수의 프로그램 단위로 공통하여 사용할 수 있는 데이터 영역. common 문에서 블록명을 생략한 것.

blank control edit descriptor [-kəntróul édit diskríptər] **공백 제어 편집 설명자**

blank deleter [-dilí:tər] **공백 소거 기구** 천공 종이 테이프에서 공백들을 제거하는 장치.

blank disk [-dísk] **공 디스크**

blank field descriptor [-fí:ld diskríptər] **공백란 설명자**

blank groove [-grú:v] **빈틈 (홈)**

blanking [blǽkiŋ] **비우기, 공백화** 하나 이상의 표시 요소 또는 세그먼트의 표시를 억제하는 것.

blank instruction [blǽŋk instrʌ́kʃən] **공백 명령어**

blank line [-láin] **공백 행** COBOL 언어에서 경계 C(1행의 6번째와 7번째 문자 위치 바로 오른쪽)까지가 모두 공백인 행.

blank medium [-mí:diəm] **공백 매체** 어떠한 데이터도 기록되어 있지 않은 기록 매체.

blank segment [-ségmənt] **공백 세그먼트**

blank signal [-sígnəl] **공백 부호**

blank tape [-téip] **공백 테이프, 블랭크 테이프** 아무것도 기록되어 있지 않은 자기 테이프와 천공되어 있지 않은 종이 테이프.

blank-tape halting problem [-hɔ́:ltiŋ prábləm] **빈 테이프 정지 문제** 내용이 전혀 기록되지 않은 테이프가 입력되는 경우에 튜링 기계가 멈추어야 하는지 말아야 하는지를 결정하는 문제. 이 문제의 해결 알고리즘은 없다.

blank transmission test [-trænsmíʃən tést] **공백 전송 검사**

BLAS 블라스 basic linear algebra subroutines의 약어. IMSL에서 제공하는 소프트웨어 패키지의 이름.

blast [blá:st] **블라스트** 작동중인 프로그램에 더 필요 없는 기억 장치 구역을 해제하고 다른 프로그램을 사용하도록 하는 것.

BLC 경계층 제어 boundary layer control의 약어.

blend [blénd] **블렌드** 그래픽 응용에서 그라데이션을 표현할 때 사용되는 기능. 양끝의 색이 지정되면 그 사이에 있는 색을 컴퓨터는 자동으로 만든다. 또한 사각에서 원으로 서서히 변형시키는 기능을 가진 소프트웨어도 있다. Adobe Illustrator나 Aldus FreeHand 등이 이 기능을 지원한다.

blind[bláind] *n.* **블라인드, 수신 정지** 전송 프린터나 천공 기계의 선택적 제어 기능 또는 수신한 데이터 중의 필드 정의 문자를 인식시켜 장치가 불필요한 데이터를 감지할 수 있도록 하는 것.

blind carbon copy[–ká:rbən kápi] **비밀 참조** ⇨ Bcc

blind controller[–kəntróulər] **블라인드 컨트롤러** 그 양의 지시나 기록 없이 자동으로 조절 기능을 갖는 기구.

blind search[–sə́:rtʃ] **블라인드 탐색** 해결책을 탐색하는 데 주어진 사전 지식이 없거나 전혀 고려하지 않고 무조건 차례대로 접근을 시도하는 방법.

blind touch[–tʌ́tʃ] **블라인드 터치** 데이터를 열람하는 프로그램의 총칭. 여러 개의 화상을 한 번에 표시하는 앨범 형태와 인터넷에 있는 데이터를 볼 수 있는 웹 브라우저 등이 있다. 일반적으로 브라우저 자체가 데이터의 편집 기능은 가지고 있지 않다. 뷰어와 같은 의미로 사용되는 경우도 있다.

B-line[bí: láin] **B 라인**

blink[blíŋk] *n. v.* **명멸하다, 블링크하다** 도형 또는 문자의 밝기를 주기적으로 변화시키는 것. CRT 디스플레이 상에 표시 데이터 등이 점멸 표시되는 것을 블링킹(깜박이는 빛이라는 뜻)이라고 하며, 다음과 같은 경우가 있다. ① 커서(cursor) 블링킹 : 키보드로부터 커맨드 또는 데이터 등을 입력하는 경우에 입력되는 문자가 CRT 디스플레이 화면상 어느 위치에 표시되는가를 나타낸다. ② 표시 데이터의 블링킹 : 일반적으로 커맨드 입력은 키보드로부터 직접 행하여지는데, 대량 입력의 경우에는 일단 플렉시블 디스크(flexible disk)에 저장된 후에 전송할 수 있으며, 이때의 전송중인 데이터(1행씩)를 표시한다.

blinking[blíŋkiŋ] **깜박임** 하나 이상의 표시 요소 또는 세그먼트의 휘도를 의도하여 주기적으로 변화시키는 것.

blinking cursor[–kə́:rsər] **깜박임 커서** 조작원의 주의를 끌기 위해 1~6Hz로 깜박이게 한 커서.

BLISS 블리스 basic language for implementing system software의 약어. 프로그래밍 언어의 하나로서 BCPL과 마찬가지로 typeless 언어. ALGOL-60을 기본으로 하고 있는데, GO TO 문의 불합리성을 지적하며 GO TO 문을 제외시키고 그를 대치한 제어문으로 카네기 멜론 대학에서 Wulf를 중심으로 개발된 기계용 고수준 언어.

BLLE 평형 선로 논리 회로 balanced line logic element의 약어.

BLOB binary large object의 약어. 그래픽, 음성, 텍스트, 바이너리 데이터의 어레이 등을 데이터베이스에 저장하기 위한 바이트의 연속체.

Bloch line memory 블로호 라인 메모리 자기 버블을 줄무늬 모양으로 길게 늘렸을 때 그 자기장 영역 주위의 자기벽 중에 생기는 블로호 라인 쌍을 이용하는 메모리. 자기 버블보다도 30배에서 100배 정도 밀도가 높다.

block[blák] *n.* **블록** 블록 한 단위로 취급할 수 있는 문자(character), 단어(word), 레코드(record)의 집합. 주기억 장치와 입출력 장치 사이의 전송은 이 블록 단위로 행해진다. 자기 테이프에 데이터를 기록할 때 레코드가 몇 개인지 정리해서 블록에 지정해두면 처리 효율이 좋아진다. 데이터 통신 분야에서는 전송 메시지의 시작과 끝에 적어도 한 개의 전송 제어 문자를 포함하는 일군의 문자열을 블록이라 부르는 경우가 있다. 프로그램 언어인 ALGOL의 경우, 선언열에 문(文)이 계속된 것을 시작(begin)과 끝(end)으로 묶은 것을 블록이라고 한다. COBOL의 경우에는 복수 레코드로 조합시킨 데이터의 물리적 단위를 블록이라고 한다.

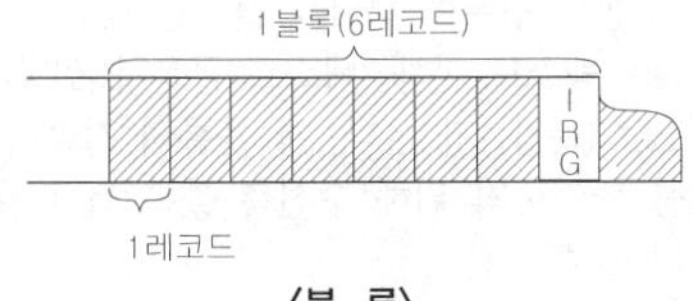

〈블 록〉

block access[–ǽkses] **블록 액세스** 보조 기억 장치에 저장된 정보를 사용하기 위해 블록 단위로 보조 기억 장치를 사용하는 것.

blcok activation[–æktivéiʃən] **블록 활성, 블록 시동**

block address[–ədrés] **블록 어드레스** 블록의 위치를 나타내는 것으로 버퍼 기억 장치를 갖는 컴퓨터에서 버퍼 메모리는 통상 여러 개의 섹터로 분할되며 이 섹터는 또 여러 개의 블록으로 나뉜다.

block allocation[–æləkéiʃən] **블록 할당** 이 블록 할당의 기법은 연속 할당과 불연속 할당 기법의 절충형으로서 보조 기억 장치를 좀더 효율적으로 관리하고 실행 시간중의 추가 비용을 덜기 위해 기억 장소를 할당하는 것이다.

block cancel character[–kǽnsəl kǽrəktər] **블록 취소 문자, 블록 소거 문자** 하나 앞의 블록 표시까지 그 이전의 블록 부분을 무시해야 하는 것을 표시하는 취소 문자.

block chaining[–tʃéiniŋ] **블록 체이닝** 기억 장

치 내의 데이터 블록에 대해서 그 어드레스순이 아닌 순서를 지정하는 데 이용된다. 체이닝을 행할 경우에는 각 블록에 체인 어드레스를 준비해놓고 그 안에 다음에 이어지는 블록 어드레스를 놓는다. 이것에 의해 각 블록의 논리적 순서가 만들어진다.

block chart[–tʃɑ́:rt] **블록 차트** 블록 다이어그램(block diagram)이라고도 하며, 상호간에 순서와 관련 상태를 선으로 연결함으로써 상호 관련 상태를 정보의 흐름이라는 입장에서 도표화하여 업무 전체를 개괄적으로 파악하는 데 사용한다. ⇨ 그림 참조

block check[–tʃék] **블록 검사, 블록 체크** 데이터 전송에서 오차 제어 절차의 일부. 전송해야 할 데이터를 적당한 크기의 블록으로 구분짓고, 그 블록마다 오차를 조사하는 것. 실제로는 한 블록 모두를 전송하며, 그 후에 오차를 조사하여 오차가 있으면 그 블록을 재송(再送)하고, 오차가 없으면 다음 블록을 전송한다. 각 블록 뒤에 검사용 문자가 부가되는데, 이 문자를 블록 검사 문자(BCC)라고 한다.

block check character[–kǽrəktər] **BCC, 블록 검사 문자, 블록 체크 문자** (1) 데이터 전송에서 블록 전송의 검사를 행하기 위하여 각 메시지 블록(message block) 뒤에 부가해두는 검사용 문자. (2) 블록 전송의 경우에 하나의 블록은 텍스트 시작 문자(SIX), 텍스트 본체, 텍스트 끝문자(ETX) 그리고 이 「BCC(문자)」가 온다. 각 블록의 전송이 성공했는지를 확인하기 위해 수신측 블록 검사 문자와의 비교가 행해진다.

block check code[–kóud] **BCC, 블록 체크 코드**

block check procedure[–prəsí:dʒər] **블록 검사 절차, 블록 체크 절차**

block check sequence[–sí:kwəns] **BCS, 블록 체크 시퀀스**

block code[–kóud] **블록 코드** 정보 코드화 종류의 하나로서 코드화 대상 항목을 미리 공통 특성이 있는 것끼리 묶어 임의의 크기를 블록으로 구분하고, 각 블록 안에서 차례대로 번호를 배열하는 것.

block compaction[–kəmpǽkʃən] **블록 단축**

block control header[–kəntróul hédər] **BCH, 블록 제어 헤더**

block control unit[–jú:nit] **BCU, 블록 제어 단위**

block control word[–wə́:rd] **블록 제어 단어**

block copy[–kɑ́pi(:)] **구역 복사** 텍스트 에디터나 워드 프로세서에서 블록으로 묶은 문서의 일부를 다른 곳에 복사하는 것. 똑같거나 유사한 문장을 반복할 때 유용하다.

block count[–káunt] **블록 카운트**

block count error[–érər] **블록 카운트 에러**

block count field[–fí:ld] **블록 카운트 필드** 하나의 파일 안에 존재하는 블록 수를 나타내는 영역으로서 보통 블록 끝(EOB)에 존재한다.

block cursor[–kə́:rsər] **블록 커서** 커서 표시의 일종으로 텍스트 모드에서, 문자가 차지하는 영역과 같은 크기를 가진 커서.

BLOCK DATA[–déitə] **블록 데이터** 많은 변수의 값을 한꺼번에 초기화할 때 사용하는 FORTRAN 프로그램 문장의 한 종류.

block data subprogram[–sʌbpróugræm] **블록 데이터 부프로그램**

block definition[–dèfiníʃən] **블록 정의** 문서 중 표와 도형의 일부 또는 전부를 이동하는 등 특정 편집 처리를 행하기 위하여 시스템에 미리 정해져

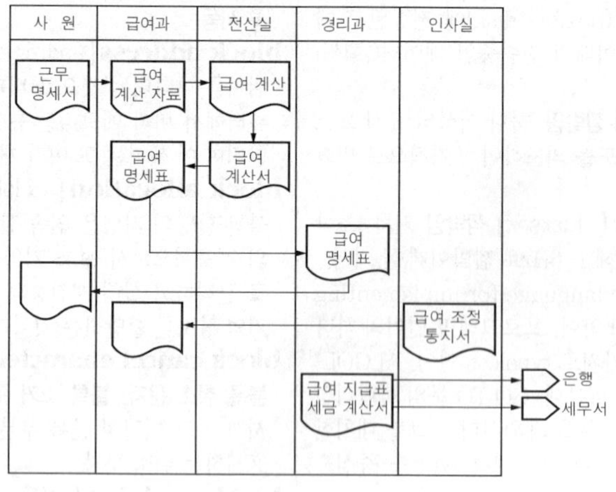

〈블록 차트의 예〉

있는 방법이며, 대상 범위를 지정하는 기능.

block delete[–dilíːt] **블록 제거** 조작반의 블록 삭제 ON-OFF 변환 스위치를 ON으로 하면 테이프 상에 슬래시(/)가 있더라도 그 블록은 무시되는 기능.

block descriptor word[–diskríptər wə́ːrd] **BDW, 블록 기술어**

block devices[–diváisiz] **블록 장치** 고정 크기의 문자 블록 단위로 입출력하는 기기. 디스크가 대표적인 예이다. 실제의 입출력은 고정 길이의 버퍼를 통하여 실행된다.

block diagram[–dáiəgræ̀m] **구역 도표** 블록 선도, 블록 다이어그램 시스템, 컴퓨터 또는 장치의 그림이며, 각 부의 기본적인 기능 및 그들의 상호 관계를 표시하기 위하여 그 주요부에 적절히 주석을 단 기하 도형으로 표현한 것.

block diagram design[–dizáin] **블록 선도 설계**

block diagram simulator[–símjulèitər] **블록 선도 시뮬레이터** 시스템이 블록 선도로 표시될 때 이를 컴퓨터에 넣어서 처리하기 위해 개발된 특별한 컴퓨터 언어.

blocked[blákt] **블록화** 보조 기억 장치의 입출력에서 데이터가 블록 단위로 이동되는 것.

blocked file[–fáil] **블록화 파일** 제지 가능한 디스크 장치의 저장 관리는 물리적 저장 구조와 논리적 저장 구조를 갖는데, 블록화 파일은 이 두 방식을 결합하여 물리적 장치의 자료를 논리적인 레코드와 필드로 변환할 수 있다.

blocked gap [–gǽp] **블록 갭, 블록 간격** 한 개의 블록 또는 레코드의 끝을 표시하기 위한 데이터 매체 상의 간격.

block editing[–éditiŋ] **블록 편집** 영역이 지정된 범위 안에서 편집하는 기능. ⇨ area editing

blocked level access[blákt levəl ǽkses] **블록 레벨 접근** 자기 테이프나 자기 디스크 상의 블록화된 데이터의 블록 번호를 지정함으로써 블록마다의 입출력 동작을 행하는 접근 방식.

blocked process[–práses] **블록화 과정**

blocked record[–rékərd] **블록화 레코드** 한 프로그램 내에 복수 레코드 또는 스팬화 레코드(spanned record)의 일부를 기록할 수 없는 파일 중의 레코드.

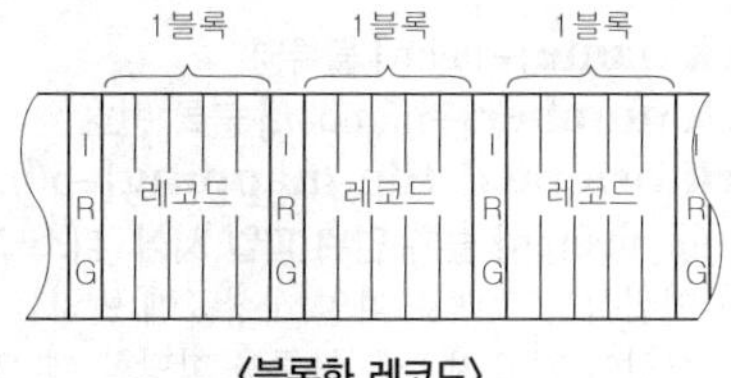

〈블록화 레코드〉

blocked state[–stéit] **블록화 상태**

block error rate [blák érər réit] **블록 오차율** 전송된 블록 전체 수에 대해 잘못 전송된 블록 수의 비율.

blockette[bləket] **블로켓** 입출력을 기준으로 하나의 단위로 전송되는 연속적인 기계어들의 집합 부분.

block handler[blák hǽndlər] **BH, 블록 핸들러**

block handler set[–sét] **블록 핸들러 세트**

block handling macro instruction[–hǽndliŋ mǽkrou instrʌ́kʃən] **블록 처리 매크로 명령**

block handling routine[–ruːtíːn] **BHR, 블록 처리 루틴**

block head[–hé(ː)d] **블록 헤드**

block header[–hédər] **블록 헤더** 한 블록의 데이터 내용을 설명하는 간단한 레코드.

block heading statement[–hédiŋ stéitmənt] **블록 표제문**

block ignore character[–ignɔ́ːr kǽrəktər] **블록 무시 문자**

blocking[blákiŋ] *n.* **블록화, 블로킹** 복수의 논리 레코드(logical record)를 하나의 블록으로 정리하는 것. 블록화를 행함으로써 자기 디스크 기억 장치(magnetic disk storage)와 자기 테이프 기억 장치(magnetic tape storage) 등의 외부 기억 장치(external storage)의 데이터 써넣기(write)와 판독(read) 효율을 높일 수 있다. ⇨ 그림 참조

blocking factor[–fǽktər] **블로킹 계수, 블록화 계수** 하나의 블록을 구성하고 있는 레코드의 수. 하나의 블록에 포함할 수 있는 최대 레코드 수는 주기억 장치(main storage)의 능력과 각각의 논리 레코드(logical record)의 크기 등에 따라 결정되지만, 블로킹 계수가 클수록 입출력 효율이 높아진다.

blocking oscillator[–ásilèitər] **블로킹 발진기**

blocking record[–rékərd] **블로킹 레코드**

blocking signal[–sígnəl] **블로킹 신호**

block initial statement[blák iníʃəl stéitmənt] **문절의 개시문**

block input processing[–ínpùt prásesiŋ] **블록 입력 처리**

block interface[–íntərfèis] **블록 인터페이스** 전자 교환기 프로그램은 서브시스템과 그것을 구성하는 기능 블록으로 이루어지며, 기능 블록은 복수의 프로그램 유닛과 복수의 블록 데이터로 구성된다. 기능 블록 상호간은 미리 결정된 프로그램 유닛 상호간에 결합할 수 없는데, 이것을 블록 인터페이스라고 한다. 블록 인터페이스 결합 형식에는 리턴

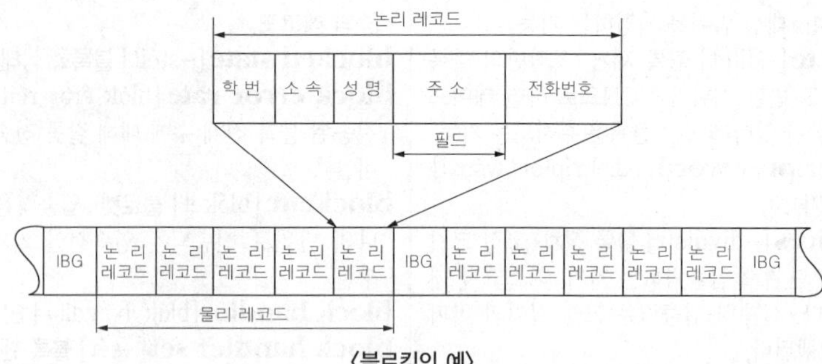

〈블로킹의 예〉

결합과 논 리턴 결합이 있다. 자체 기능 블록 처리 중에 다른 기능 블록의 프로그램을 실행할 필요가 있을 때 일단 다른 기능 블록의 프로그램으로 제어를 옮겨 실행 종료한 후 다시 자체 기능 블록으로 돌아오는 결합 형식을 리턴(return) 결합이라고 한다. 이 리턴 결합의 경우에는 실행 제어 블록에 제어를 위임하고 자체 기능 블록 처리를 계속한다. 제어 이행에 따라 처리에 필요한 입력 정보와 처리 결과의 출력 정보가 필요하게 된다. 이 정보의 인계(引繼) 방법에는 직접 인계, 간접 인계, 혼합 인계가 있다.

block interrupt[–ìntərʌ́pt] **블록 중단**

block I/O system 블록 입출력 시스템 블록 데이터 방식은 512바이트 이상의 블록 단위로 데이터 전송을 하는 데 쓰는 주변기기에 사용되므로 보통 디스크나 테이프에 적용되며 커널이 I/O빈도를 줄이기 위해 버퍼를 쓰는 것이 특징이다. 또한 유닉스 시스템은 I/O 주변기기를 관리하는 데 블록 I/O 시스템과 문자 I/O시스템 두 가지 방법이 있다.

block length[–léŋkθ] **블록 길이** 한 블록 안의 레코드, 단어(word), 문자의 개수이며 블록 사이즈(block size)와 같은 의미로 사용된다.

block length indicator[–índikèitər] **블록 길이 지시기**

block level access[–lévəl ǽkses] **블록 레벨 접근** 자기 테이프나 자기 디스크 상에 블록화된 데이터 블록 번호를 지정함으로써 블록마다의 입출력 동작을 실행하는 접근 방법.

block loading[–lóudiŋ] **블록 적재** 보조 기억 장치로부터 데이터 자료를 블록 단위로 주기억 장치로 전송하는 것.

block mapping[–mǽpiŋ] **블록 사상** 가상 기억 장치를 구현하기 위해서 사상 정보의 양을 줄이는 방법으로 정보를 블록 단위로 묶어 여러 개의 가상 기억 장치의 각 블록이 실기억 장치의 어느 곳에 위치하는지를 시스템이 관리하는 것.

block mapping system[–sístəm] **블록 사상 시스템** 어떤 항목을 참조할 때 주소는 2차원이 되며 먼저 그 항목이 속해 있는 블록과 그 블록의 시작에서부터 해당 항목까지의 변위로서 계산한다.

block mapping table[–téibəl] **블록 사상표** 각 프로세서는 실기억 장치 내의 시스템에 의해 유지되는 블록 사상표를 갖는데, 프로세서의 각 블록은 블록 사상표에 하나의 항목만 가지며 각 항목은 블록 0, 블록 1 등의 순서로 배열된다.

block mark[–mɑ́ːrk] **블록 마크, 블록 표시** 가변 길이 블록 등에 블록의 맨 처음과 맨 끝부분에 시작단 또는 중단인 것을 표시하기 위하여 붙여지는 마크나 기호.

block memory protection[–méməri(ː) prətékʃən] **블록 기억 보호**

block move[–múːv] **블록 옮김** 하나의 단위로서 데이터나 텍스트의 블록을 옮기는 것.

block multiplexer channel[–mʌ́ltiplèksər tʃǽnəl] **BMC, 블록 멀티플렉서 채널, 블록 다중 채널** 입출력 제어 장치와 채널 제어 장치의 사이에 있으며, 데이터나 입출력을 위한 제어 신호의 송수신을 한다. 이 BMC는 블록 단위이며 동시에 여러 개의 주변 장치와의 입출력 동작이 실행되기 때문에 자기 디스크 장치의 채널로서 많이 사용되고 있다. 전송 속도가 고속인 것, 동시에 여러 개의 주변 장치와 입출력이 가능하다는 것 때문에 입출력 동작이 처음부터 끝까지 하나의 주변 장치에 점유되는 실렉터 채널(SLC)보다는 많이 사용된다.

block multiplexer shared subchannel [–ʃɛ́ərd sʌ́btʃǽnəl] **블록 다중 공용 서브 채널**

block multiplexing[–mʌ́ltiplèksiŋ] **블록 다중 방식**

block name[–néim] **블록명**

block number[–nʌ́mbər] **블록 번호**

block oriented file mapping[–ɔ́(ː)riənt-əd fáil mǽpiŋ] **블록 단위 파일 사상** 디스크의 물리적 인접성을 그대로 파일 사상표에 반영할 수 있다는 장점이 있고 새로운 블록을 할당할 때 그 파일이 차지하고 있는 블록과 가장 가까운 빈 블록을 찾아내는 것도 쉬워 삽입과 삭제로 쉽게 할 수 있는 포인터 대신 블록의 번호를 써서 블록 단위로 할당하는 기법.

block oriented random access memory[–rǽndəm ǽkses mémәri(:)] **BORAM, 보람, 블록 중심 임의 접근 메모리** 회전식 메모리 드럼과 코어식 메모리 드럼의 중간 영역 메모리 드럼. 전자 빔 메모리, 자기 밸브 등이 이에 해당된다.

block parity check system[–pǽriti(:) tʃék sístәm] **블록 검사 방식** 오류의 발생이 적은 경우에 유효한 방식. 데이터 블록 전체에 검사 문자를 부가하여 오류 검출을 하는 방식.

block parity system[–sístәm] **블록 패리티 시스템** 블록 내에서 비트의 오류를 감지하기 위해서 부가적인 비트를 사용하는 방법.

block prefix[–prí:fiks] **블록 접두어**

block protection[–prәtékʃәn] **블록 보호**

block read[–rí:d] **구역 읽기** 프로그램에서 외부 파일에 접근할 때 문자나 행 단위가 아니라 블록 단위로 다량의 데이터를 한 번에 읽어들이는 것. 또는 워드 프로세서나 에디터에서 디스크의 파일을 편집하고 있는 텍스터 중간에 블록으로 읽어들여서 삽입하는 것.

block record[–rékәrd] **블록 레코드**

block register[–rédʒistәr] **블록 레지스터** 선제어 컴퓨터에 의한 사용을 위해서, 또 받아들여지는 정보의 저장을 위해서 서로 연결된 저장 블록을 지시하는 주소 레지스터.

block retrieval[–ritrí:vәl] **블록 검색**

block searching[–sә́:rtʃiŋ] **블록 검출** 키 값으로 배열된 레코드들을 블록 단위로 나누어 저장하고 주어진 키값의 레코드를 찾을 경우 먼저 주어진 키값과 블록 가운데 가장 크거나 작은 키값을 비교하여 주어진 키값의 레코드가 있을 만한 블록을 정하고 블록 내의 키값들은 순차적으로 비교하여 원하는 레코드를 찾는 검색 기법.

block sequence indicator[–sí:kwәns índikèitәr] **블록 순서 표시**

block signal system[–sígnәl sístәm] **폐쇄 신호 시스템**

block size[–sáiz] **블록 크기** 데이터 또는 프로그램에 있어서 한 블록의 크기를 말하며, 정보를 처리하는 이론적인 단위로 보통 레코드의 집합으로 구성되어 있다.

block sort[–sɔ́:rt] **블록 정렬** 수많은 레코드로 구성된 파일을 분류할 때 상위의 소프트 키에 의해서 분할되고 분할된 블록을 먼저 분류한 다음 전체를 정리하는 분류 방법.

block splitting[–splítiŋ] **블록 분할**

block state[–stéit] **정지 상태** 태스크가 활동에 들어가지 않고 정지하고 있는 상태.

block structure[–strʌ́ktʃәr] **블록 구조** ALGOL 류의 프로그래밍 언어에서 프로그램을 여러 단계로 블록화하여 작성할 수 있게 한 언어의 구조.

block structured languages[–strʌ́ktʃәrd lǽŋgwidʒz] **블록 구조 언어**

blocks world[–wә́:rld] **블록 세계** 육면체와 사면체로 구성된 가상의 작은 세계를 컴퓨터 시각, 로보틱스, 자연어 인터페이스 등의 개발시 쓰인다.

block synchronization[–sìŋkrәnaizéiʃәn] **블록의 동기화**

block terminal statement[–tә́:rminәl stéitmәnt] **문절의 단말문**

block transfer[–trǽnsfә:r] **블록 전송** 1회의 동작으로 기동되는 한 개 이상의 데이터 블록을 전송하는 처리.

block transfer function[–fʌ́ŋkʃәn] **블록 전송 기능**

block transmission[–trænsmíʃәn] **블록 전송**

block/wakeup protocol[–wéikʌ̀p próutәkɔ(:)l] **블록/깨움 프로토콜** 한 프로세서가 입출력 요구를 하게 되면 입출력이 완료될 때까지 그 프로세스는 블록 상태인데, 그러면 어떤 다른 프로세서가 이와 같이 블록된 프로세서를 깨워야 하는 것을 말한다.

block write[–ráit] **구역 쓰기** 프로그램에서 외부 파일에 접근할 때 문자나 행 단위가 아니라 블록 단위로 다량의 데이터를 한꺼번에 기록하는 것. 또는 워드프로세서, 텍스트 에디터에서 블록으로 된 문서의 부분을 디스크 등에 나누어 파일로 저장하는 것.

blog[blɔ́g] **블로그** 웹(web)과 로그(log)의 합성어. 새로 올리는 글이 맨 위로 올라가는 일지(日誌) 형식으로 되어 있어 이런 이름이 붙었다. 일반인들이 자신의 관심사에 따라 일기 · 칼럼 · 기사 등을 자유롭게 올릴 수 있을 뿐 아니라, 개인출판 · 개인방송까지 다양한 형태를 취하는 일종의 1인 미디어를 말한다.

blow-up[blóu ʌ́p] **블로업** (1) 프로그램이 오류가 있거나 처리할 수 없는 입력 정보가 들어와 임의적으로 다운되는 것. (2) 작은 사진을 큰 것으로 확대하는 것.

BLP 레이블 처리 바이패스 bypassing label processing의 약어.

BLU 기본 링크 단위 basic link unit의 약어.

BlueBox[blúːbɑ́ks] **블루박스** 애플 사의 서버 운영 체제인 MacOS X 서버와 이전의 MacOS가 호환성을 갖도록 하기 위한 API군. MacOS X와 Mac OS X 서버는 다른 아키텍처를 사용하기 때문에 MacOS용 응용 프로그램으로 이용하는 경우에는 이 호환 환경이 필요하다.

Blue Ribbon[blúː ríbən] **블루 리본** 인터넷 상에서 정부 또는 공권력의 검열로 인해 표현의 자유가 구속되는 것에 반대하여 「정보와 표현의 자유」를 주창하는 운동으로, 캠페인에 참가한 사람들이 인터넷 사이트에 파란색의 리본 그림을 붙인 데에서 유래한 용어. 블루 리본의 발단은 1995년 미국에서 인터넷 상에 저속한 내용을 실었을 때 형사 처벌을 할 수 있다는 내용의 법안(Decency Act)을 상정하면서 시작되었다.

blue ribbon program[-próugræm] **블루 리본 프로그램**

Bluetooth[blúːtuːθ] **블루투스** 가정이나 사무실 내에 있는 컴퓨터, 프린터 등 각종 통신 기기와 이동 전화 단말기, 개인 휴대 단말기(PDA) 등 정보 통신 기기는 물론 다양한 디지털 가전 제품을 유선 접속 장치 없이 무선으로 연결해주는 근거리 네트워킹 기술 규격. 블루투스는 반지름 10m 이내(전파를 높이면 100m까지도 가능)에 있는 휴대 기기들의 정보를 무선으로 교환하고, 데이터 및 음성 전송, 다양한 호환 가능성, 저비용 솔루션 등에 주안을 두고 개발되었다. 블루투스 기술을 하나의 규격으로 발전시키기 위해 에릭슨, 도시바, IBM, 인텔 등 5개 업체가 주축이 되어 Bluetooth SIG(Special Internet Group)를 구성하였고, 기존 5개 사 이외에도 모토롤라와 마이크로소프트, 3COM 등의 회사가 참가중이며, 현재 전세계 2,000여 개 업체가 제품화를 추진중이다.

BM 법 보이어-무어법, 보이어-무어 문자열 참조 합산법. ⇨ Boyer-Moore string pattern matching algorithm

BMC 블록 다중 채널, 블록 멀티플렉서 채널 block multiplexer channel의 약어.

BMD biomedical computer program의 약어. 캘리포니아 대학에서 W.J. Dixon을 중심으로 개발된 일반 통계 프로그램 패키지. 현재는 개정되어 BMDP 시리즈가 나오고 있다.

BMP 비트맵 bitmap의 약어. BMP는 마이크로소프트 사에 의해 개발된 윈도 운영 체제의 기본적인 그래픽 포맷이다. 윈도가 시작되거나 끝날 때 보이는 그림이나 바탕 화면에 보이는 그림은 모두 BMP 형태의 파일이다. BMP는 그림 데이터를 비효율적으로 저장하므로 실제로 필요한 크기보다 큰 파일을 만들게 된다.

BMUG 버클리 매킨토시 사용자 그룹 Berkeley Macintosh user group의 약어. 캘리포니아 주 버클리에 본부가 있는 세계 최대 규모의 매킨토시 사용자 그룹.

BNC connector BNC 커넥터 이더넷(Ethernet)의 일종인 Thin-Net에서 사용되며, 통신 기기 등에 사용되는 동축 케이블 접속 커넥터. 소형으로 고주파 특성이 좋기 때문에 10Base2의 배선이나 고해상도 디스플레이, 고주파 측정 장치 접속 등에 사용된다.

BNF 배커스 기법, BNF형, 배커스-나우어 형식 Backus-Naur form의 약어.

board[bɔ́ːrd] *n.* **기판, 판** 배선을 변경할 수 있는 전기적 패널. 플러그 기판, 패널 또는 배선반이라고도 한다.

board computer[-kəmpjúːtər] **기판 컴퓨터** 기판에 중앙 처리 장치, 메모리 장치, 입출력 포트 등을 부가시킨 컴퓨터로 전원과 컴퓨터 기기를 접속하면 바로 작동하는 것.

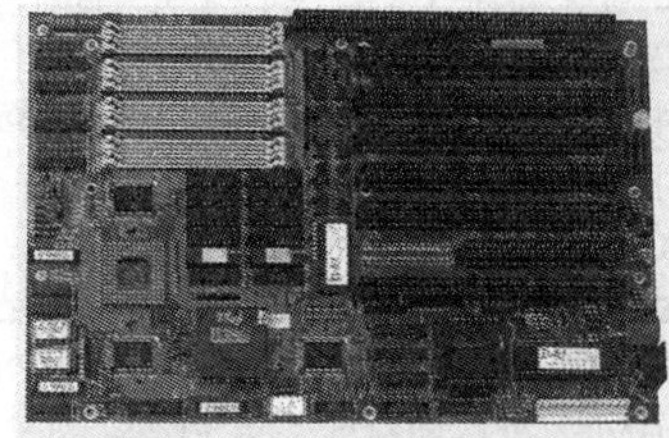

〈386 캐시 보드〉

board game[-géim] **보드 게임** 체스나 바둑, 장기와 같이 특정한 모양의 기판에서 진행되는 게임.

bobbin core[bɑ́bin kɔ́ːr] **보빈 코어** 보빈 주위에 페로 마그네틱 테이프를 감아서 만든 자기 코어의 일종.

BOC 벨계 시내 전화 회사 Bell Operating Company의 약어. 1984년 1월 1일자로 AT & T로부터 독립한 전화 회사. 전체 24개 사인 BOC 가운데 AT & T의 소유 주식수가 적은 2개 사를 제외한 22개 사가 분리되었다. BOC는 다시 7개 그룹으로 나누어지고, 새로이 설립된 7개 지역 지주 회사(RHC)가 그룹 내의 BOC를 통할하고 있다. BOC는 가입자를 직접 수용하고 있으며, LATA라 불리는 한정된 구역 내에서 서비스를 제공하고 있다.

Bode diagram[bóud dáiəgræ̀m] **보드 선도** 제어계의 주파수 응답의 표시법으로 세로축에 크기를 dB로 나타내고 가로축에 주파수의 대수 눈금을 취한 그래프.

body[bɑ́di(ː)] *n.* **몸체, 본체**

body effect[–ifékt] **몸체 효과** MOS 트랜지스터와 게이트와 소스 그 밖에 소스와 서브스트레이트 사이에 전압을 걸어주었을 때 임계 전압이 변화하는 현상.

body group[–grú:p] **본체 집단**

body of edit word[–əv édit wə́:rd] **편집어의 주부(主部)**

BOF (1) **백 아웃 파일** ⇨ back out file (2) birds of feather의 약어. 어떤 특정 토픽에 관해서 관련된 사람들이나 흥미를 가진 사람들이 모여 비공식적으로 개최하는 회담. 또는 자유 토론회. (3) beginning of file의 약어

boilerplate[bɔ́:lərplèit] **보일러 판** 각종 문서에서 반복적으로 인용되는 문서의 한 부분.

boldface[bóuldfèis] **굵은 글씨** 보통 글자보다 획이 굵은 문자체

boldfacing[bóuldfèisiŋ] **볼드 활자 기능** 프린트나 워드 프로세서 시스템에서 굵은 문자를 인쇄할 수 있게 지원해주는 기능.

bold printing[bóuld príntiŋ] **볼드 활자 인쇄** 글자를 다른 글자보다 굵게 인쇄하여 두드러져 보이게 하는 것.

bolometer[boulάmətər] **볼로미터** 저항의 온도 계수나 큰 재료를 사용하여 방사에 의한 온도 상승으로 생기는 전기 저항 변화를 측정하는 방사 검출기. 재료로는 백금(Pt), 니켈(Ni), 금(Au) 등의 금속과 초전도체, 서미스터 그리고 탄소(C), 게르마늄(Ge), 규소(Si) 등의 반도체를 박막으로 하여 흡수율을 높이는 표면 처리를 하거나 진공 용기에 넣어 쓴다. 광검출용으로서 인듐 안티몬 볼로미터, 서미스터 볼로미터, 초전도 볼로미터, 카본 볼로미터, 게르마늄 볼로미터에 있어서 적외 · 원적외 영역에 쓰인다.

BOM 물자표 bill of material의 약어. 어떤 제품을 생산하는 데 필요한 부품의 소요량을 나타내는 물자표로서 자재 관리 및 생산 관리의 필수 사항의 하나.

bomb[bάm] *n.* **폭탄** 보통 시스템을 파괴할 수 있을 정도의 큰 실수와 같은 큰 오류.

bomb icon[–άikαn] **폭탄 아이콘** 매킨토시에서 시스템에 오류가 발생했을 때 화면에 표시되는 아이콘. 문제를 해결하려면 재부팅을 해야 한다.

bond[bάnd] *n.* **결합** 원자나 이온 등이 결합하여 분자 등을 형성하는 것. 화학 결합에서의 결합력은 공유 결합, 이온 결합, 금속 결합, 배위 결합으로 분류된다. 또 결합의 다중도(多重度)에 따라 단일 결합, 이중 결합, 삼중 결합 등으로 분류된다.

bonding[bάndiŋ] *n.* **연결**

bonding pad[–pǽ(:)d] **연결 패드** 반도체 칩 내부 회로와 외부의 핀을 연결하는 구조.

book[búk] *n.* **기장, 기록** 가상 기억 장치에서 가장 많이 사용되는 기억 장치의 가장 큰 부분.

book keeping[–kí:piŋ] **부기**

book keeping operation[–ὰpəréiʃən] **기장 연산**

bookmark[búkmὰ:rk] **북마크** 여러 웹 사이트를 검색하다가 다음에 다시 찾아보고 싶은 웹 사이트를 발견하면 그 주소를 등록해놓았다가 다음에 쉽게 다시 연결할 수 있다. 이렇게 웹 사이트 주소를 등록해놓은 곳을 북마크라고 한다. 북마크를 이용하면 웹 사이트 주소를 별도로 적어서 보관한다든지 하는 불편함을 해소할 수 있다.

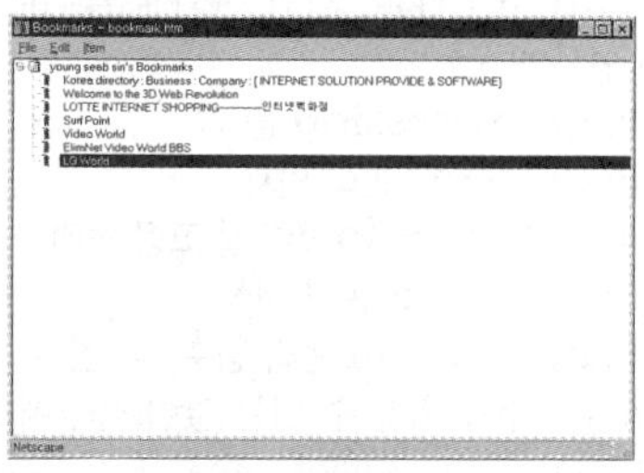

〈북마크의 예〉

book message [búk mésidʒ] **북 메시지**

book name[–néim] **북명**

book run[–rʌ́n] **수행서** 문제 서술, 순서도, 코딩, 작동 지시 등을 포함하여 컴퓨터 응용을 수행하는 데 필요한 자료.

book-size personal computer[–sάiz pə́:rsənəl kəmpjú:tər] **북형 PC** 현재의 노트북 PC를 말하는 것으로, 랩톱형보다 가벼운 A4 사이즈 정도의 PC.

Books law [búks lɔ́:] **북스 법칙** 지연되는 프로젝트에 더 많은 프로그래머를 투입하여도 프로젝트가 더욱 더 지연된다는 이론.

Boolean 불 영국의 논리학자이며 수학자인 G. Boole이 체계화한 대수(불 대수)에 관련된 연산(operation), 연산자(operator), 연산식(expression) 등을 표시할 때 사용하는 용어.

Boolean add 불 합

Boolean algebra 불 대수 영국의 수학자 G. Boole에 의해서 창시된 논리 수학. 논리 대수를 사용한 연산 과정이 정의되어 있는 대수계이다. 논리곱(AND), 논리합(OR), 부정(NOT), IF-THEN 등과 같은 논리 연산자(operator)를 사용함으로써 수학적인 연산이 가능하다. 컴퓨터 등에 사용되는 전자 회로 설계에 응용되고 있다. ⇨ 표 참조

Boolean calculus 불 계산 시간 개념이 도입되

어 변형된 불 대수.

Boolean complement 불 보수 ⇨ NOT gate

Boolean complementation 불 보수 ⇨ negation

Boolean connective 불 연결어 두 개의 피연산자 사이에 또는 피연산자 앞에 놓여지는 부호. 제외, 부등, 분리 등의 부호.

Boolean control system 불 제어 시스템

Boolean data 불 데이터

Boolean data type 불 데이터형 참, 거짓을 값으로 갖는 자료 객체로 이루어진 데이터형.

Boolean equation 불 논리식 불 대수로 표현된 식. 이것에는 참, 거짓의 두 가지 값만을 가지는 불 변수와 AND, OR, NOT, EXCEPT, IF, THEN 등의 연산자가 있다.

Boolean expression 불 식

Boolean factor 논리 인자

Boolean failure logic 불 고장 논리

Boolean format 논리 서식

Boolean function 논리 함수, 불 함수 함수 및 각 독립 변수가 취할 수 있는 값이 둘밖에 없는 스위칭 함수.

Boolean instruction 논리 명령

Boolean literal 불 리터럴

Boolean logic 불 논리 0과 1 또는 참과 거짓의 두 가지 값을 이용하는 논리학의 한 분야.

Boolean matrix 불 행렬

Boolean operation 불 연산 (1) 각 오퍼랜드(operand) 및 결과가 두 개의 값 중 하나를 취하는 연산. 즉, 개개의 불 연산의 정의를 간단히 하기 위해서 두 개의 불 값은 "불 값 0"과 "불 값 1"이라 쓴다. 이 밖의 값에 대해서도 정의에 모순되는 일 없이 사용할 수 있다. (2) 불 대수의 규칙에 따르는 연산.

Boolean operation dyadic 2가 불 연산 ⇨ dyadic Boolean operation

Boolean operation table 불 연산표 오퍼랜드의 각각과 그 결과가 두 개의 값 중 하나를 취하는 연산표. 불 연산의 세 가지 기본 연산의 연산표는 다음과 같다.

변 수	논리곱	논리합	부 정
A B	A·B	A+B	A
0 0	0	0	1
0 1	0	1	1
1 0	0	1	0
1 1	1	1	0

Boolean operator 불 연산 기호 논리 연산의 조작을 나타내는 것으로 AND, OR, NOT 등이 있다.

Boolean predictive technique 불 예측법

Boolean primary 1차 논리

Boolean ring 불 환(고리)

Boolean secondary 2차 논리

Boolean term 논리 항

Boolean value 불 값

Boolean variable 불 변수

boomerang[bú:mərӕŋ] **부메랑** 매킨토시용 파일 관리 프로그램. 히로아키 야마모토에 의해서 개발된 프리 소프트웨어로 매킨토시 사용자들에게 인기가 높다.

boot[bú:t] **부트** ⇨ bootstrap

booting[bú:tiŋ] **부팅** 컴퓨터의 운영 체제를 가동시킬 때, 즉 컴퓨터를 사용할 수 있도록 만드는 것. 부팅이란 단순히 전원 스위치를 올리는 것과는 다르다. 예를 들어, 프린터의 전원 스위치를 올리는 경우에 프린터를 부팅한다고 말하지 않는다. 또는 롬 베이식이 설치되어 있는 기종의 경우 컴퓨터를 켜면 자동으로 베이식이 가동되지만 이때도 롬 베이식을 부팅한다는 표현은 사용하지 않는다. 일반적으로 부팅한다고 하면 HDD 또는 FDD에 들어 있는 시스템 소프트웨어를 읽어들여 사용자가 MS-

〈불 대수〉

가 설	$X+0=X$	$X\cdot 1=X$
가 설	$X+X=1$	$X\cdot X=0$
정 리	$X+X=X$	$X\cdot X=X$
정 리	$X+1=1$	$X\cdot 0=0$
정 리(누승)	$(\overline{\overline{X}})=X$	
가 설(교환)	$X+Y=Y+X$	$X\cdot Y=Y\cdot X$
정 리(결합)	$X+(Y+Z)=(\overline{X}+\overline{Y})+Z$	$X\cdot(Y\cdot Z)=(X\cdot Y)\cdot Z$
가 설(분배)	$X(Y+Z)=X$	$Y+XZX+Y\cdot Z=(X+Y)\cdot(X+Z)$
정리(드 모르간)	$(X+Y)=\overline{X}\cdot\overline{Y}$	$\overline{X}\cdot\overline{Y}=\overline{X}+\overline{Y}$
정 리(흡수)	$X+X\cdot Y=X$	$X\cdot(X+Y)=X$

DOS 등의 운영 체제를 사용할 수 있도록 만드는 것을 의미한다. 목이 긴 구두를 가리키는 단어인 부트(boot)가 컴퓨터를 켜는 것을 의미하게 된 데는 두 가지 설이 있다. 하나는 운영 체제가 디스크에서 읽혀져 가동될 때까지 동일한 스텝(step ; 과정)이 조금씩 실행되는 데에서 기인했다는 설이다. PC가 켜지기까지는 ROM에 들어 있는 프로그램이 HDD나 FDD의 초기 프로그램을 읽어내고 읽어들인 이 초기 프로그램이 다시 디스크를 읽고 하는 스텝을 몇 번이고 반복한다. 이러한 과정이 마치 군화와 같이 줄을 당겨 묶게 되어 있는 구두의 끝(bootstrap ; 부트스트랩)을 밑에서부터 위로 당겨올리는 동작을 연상시키기 때문에 부트스트랩이라고 이름 붙여졌는데, 다만 자주 사용되는 용어로는 부트스트랩이 약간 길기 때문에 이를 줄여서 부트 또는 부팅이라고 부른다는 것이다. 또 하나의 설도 역시 장화와 관계가 있다. 서부 영화 등에서 카우보이들이 말을 탈 때 신는 가죽 장화를 보면 뒤꿈치 부분에 금속 조각이 붙어 있다. 이것은 말에 탄 채 총을 쏠 경우 채찍질 대신 발로 차서 말을 달리게 하기 위한 것으로 장화를 신고 말을 차는 이 행동을 부팅이라고 한다. 위에서 설명했듯이 컴퓨터가 켜지기까지는 일정한 스텝의 반복 과정이 필요한데, 이것을 발로 차서 말을 빨리 달리게 하는 것에 비유하여 부팅이라고 한다는 것이다.

bootload[búːtlòud] **부트로드**

BOOTP **부트피** 네트워크 구성 정보를 얻기 위한 프로토콜.

boot sector[búːt séktər] **부트 섹터** 부트 레코드를 담고 있는 디스크 섹터. 대부분 0트랙, 0섹터이다.

bootstrap[búːtstræ̀p] *n.* **부트스트랩** 그 자체의 동작에 의해서 어떤 소정의 상태로 이행하도록 설정되어 있는 방법. 예를 들면, 최초의 수 개의 명령에 의해서 그것에 계속해서 모든 명령을 입력 장치에서 컴퓨터 내에 인출(fetch)할 수 있도록 하는 방법이라고 정의된다. 컴퓨터에 처음으로 프로그램을 입력하는 방법의 하나이다. 우선 최초로 명령을 판독하기 위한 몇 가지 명령을 작동시키는 조작을 해두면 그 후 우선은 이 명령에 의해 계속되는 명령을 순차적으로 판독하며, 최종적으로는 프로그램 모두가 주기억 장치에 프로그램명이 정해져 입력이 된다.

bootstrap circuit[–sə́ːrkit] **부트스트랩 회로** 입력시 스위치와 콘덴서를 병렬로 접속하고 양극(+)의 피드백을 건 증폭기를 이용하여 직선 램프 파형 또는 톱니파 펄스 등을 생성하는 회로.

bootstrap input program[–ínpùt próugræm] **부트스트랩 입력 프로그램** 정보나 프로그램의 입력을 원활히 하기 위해 컴퓨터를 조작하는 간단한 프로그램으로, 프로그램을 모아 수행되도록 주기억 장치로 읽어들이는 명령어를 몇 개 가지고 있다.

bootstrap loader[–lóudər] **부트스트랩 로더** 입력 루틴이며, 그 중에서 사전 설정된 컴퓨터의 연산이 부트스트랩을 로더하기 위하여 사용되는 것. ⇨ bootstrap

bootstrap loading routine[–lóudiŋ ruːtíːn] **부트스트랩 적재 루틴** ⇨ loding routine

bootstrap memory[–méməri(ː)] **부트스트랩 기억 장치** 프로그램의 수행 시간의 단축을 위한 주 컴퓨터에 설치한 기기로 고정 배선 기억 장치로 구성되어 다양한 컴퓨터 사용자들의 필요에 따라 프로그램된다. 이것은 자체의 저장 명령어를 지우는 것을 방지함과 동시에 새로운 프로그램을 컴퓨터 내로 자동으로 읽어들인다.

bootstrapping[búːtstræ̀piŋ] **부트스트래핑** 자동적으로 메모리를 지우고 최초 몇 개의 명령어를 적재함으로써 컴퓨터를 사용 가능하게 하는 컴퓨터 초기화 과정.

bootstrap program[búːtstræ̀p próugræm] **부트스트랩 프로그램** 운영 체제의 일부는 아니고 대개 대용량 기억 장치(보통 디스크)에 저장된 운영 체제를 주기억 장치로 읽어들이는 프로그램.

bootstrap record[–rékərd] **부트스트랩 레코드**

bootstrap routine[–ruːtíːn] **부트스트랩 루틴**

BOP **기본 조작반** basic operator pannel의 약어.

BOP messages **비트 중심 프로토콜 메시지** bit oriented protocol message의 약어. 메시지는 프레임으로 전송되고 모든 메시지는 한 개의 표준 프레임 형식을 따른다.

BORAM **보람, 블록 중심 임의 접근 메모리** block oriented random access memory의 약어.

Boranet[bóurənet] **보라넷** 데이콤에서 운영하는 네트워크이며, T1(1.5MB) 및 T2(6MB)급의 두 회선을 이용하여 고속의 해외 접속 트렁크를 구성하고, T3급 국내 백본망을 구성하였다. 셸 서비스와 PPP 서비스를 따로 운영하고 있으며, 빠른 속도로 승부할 정도로 안정된 서비스를 제공한다. ⇨ T1, T3

Border Manager[bɔ́ːrdər mǽnidʒər] **보더 관리자** 미국 노벨 사에서 만든 네트워크 관리 소프트웨어로, NOS와 연계한 보안 기능을 통해 방화벽을 사용하지 않고도 불법적인 네트워크 접속을 차단해주는 기능이 있다. 또 인터넷 캐싱 기능을 제공하므로 많은 사용자가 접속했을 때 발생되는 병목 현상도 완화시켜 준다.

border punched card[–pʌ́ntʃit kɑ́ːrd] **보더 천공 카드**

bore[bɔ́:*r*] *n*. **보어** 테이프 릴의 내부 지름.

Borland C++ BC++, 볼랜드 C 더블플러스 미국의 볼랜드 인터프라이즈(Borland Interprise) 사가 개발한 C 언어 컴파일러로 터보 C가 이전부터 판매되고 있었으나 C++에 대응할 수 있도록 기능이나 성능을 향상시켰다.

Borland International Corp. 볼랜드 인터내셔널 사 터보 파스칼, 터보 C, 터보 베이식, 터보 프로토콜, 터보 어셈블러 등의 PC용 소프트웨어 회사로서 프로그래밍 언어 제품을 주로 개발한다. 이 밖에도 데이터 베이스인 패러독스, 스프레드시트인 쿼드로 등도 개발했다.

borrow[bɔ́(:)rou] *n*. **빌림** 연산에 있어서 음(−)의 올림수(negative carry)이다. 자리 표기법(positional notation)으로 표현되어 있는 두 개의 수에서 어떤 자리에서의 감산 결과가 0보다 작게 될 경우에 하나의 자리에서 1을 빌려와 감산을 행하는 것이다.

borrow digit[−dídʒit] **빌림 숫자** 어떤 숫자 위치의 차가 산술적으로 음(−)일 때 생기며, 다른 곳(한 자리 위)에서의 처리를 위하여 보내는 숫자. 자릿수 결정 표현법에서는 빌림 숫자는 그 다음의 하위값을 가지는 숫자의 위치로 보내진다.

BOS 기본 운영 체제 basic operating system의 약어. ⇨ basic operating system

Bose-Chaudhuri-Hocquenghem code BCH code, **BCH 코드**

boson[búzən] **보존** 보스 통계에 따르는 입자. 보스 입자라고도 한다. 스핀이 정수인 입자, 예컨대 광자, 음자(音子), π 중간자 등의 소립자나 질량수가 짝수인 원자핵과 같은 복합 입자가 이에 속한다.

boss screen[bɔ́:s skrí:n] **보스 스크린** 연결 패닉 스크린(panic screen)과 동일한 의미. 보스 스크린으로 전환해주는 단축키를 말한다.

BOT 테이프 시작, 테이프 개시 beginning of tape의 약어. ⇨그림 참조 ⇨beginning of tape

BOT mark 테이프 개시 마크 beginning-of-tape mark의 약어

BOT marker 테이프 개시 마커 문의 마지막에 쓰며 마그네틱 테이프의 시작을 표시한다.

bothway[boúθwèi] *n*. **양방향**

bothway communication[−kəmjù:nikéiʃən] **양방향 통신, 쌍방향 통신** 양방향으로 정보가 동시에 전송되는 방식.

bottleneck[bátlnèk] *n*. **병목 현상** 어떤 시스템 프로그램 가운데 집중적인 사용으로 전체 시스템에 절대적 영향을 미치는 사용 빈도가 많은 부분 또는 중요 프로그램으로 사용 빈도가 많아 그 부분의 성능 저하로 전체 시스템이 마비되는 현상. ⇨ limitting operation

bottom-up[bátəm ʌ́p] **상향식** 간단하고 확실한 개념으로부터 좀더 크고 복잡 다양하고 또한 추상적인 방향으로 진행하는 개발 전략 문제.

bottom-up approach[−əpróutʃ] **상향식 접근 방식** 기업의 최하부 단위 업무부터 자동화하여 그 효과를 점차 증대시키고 그 업무와 부서를 늘려가는 방법으로 업무 개선 기계화, 재편성의 단계를 거치는 사무 자동화 추진 접근 방법.

bottom-up control structure[−kəntróul strʌ́ktʃə*r*] **상향식 제어 구조** 현재 상태 또는 시작하는 순방향 추론 방식을 사용한 문제 해결 방식.

bottom-up design[−dizáin] **상향식 설계** 소프트웨어의 계층적인 모듈러 설계에서 하위 모듈, 즉 구체적인 순서적 처리 레벨의 모듈 설계로부터 시작해서 차례로 그것을 좀더 고위의 모듈로 통괄시켜 전체 기능을 설계하는 방식. 하드웨어(VLSI)의 설계에도 이용된다.

bottom-up development[−divéləpmənt] **상향식 개발**

bottom-up integration method[−intəgréiʃən méθəd] **상향식 집적 방법** 소프트웨어 테스트의 한 방법으로 하위 모듈부터 상위 모듈을 테스트하는 방법.

bottom-up method[−méθəd] **상향식 방식** 한 번에 한 개씩 사건을 처리하여 점차적으로 최종 경합된 일반화가 계산되기까지 현재 상황들을 일반화시키는 방식.

bottom-up parsing[−pá:*r*ziŋ] **상향식 해석** 해석 방법 중 해석 트리를 만드는 데 있어서 단말 노드에서 루트 노드로 만들어 나가는 해석.

bottom-up programming[−próugræmiŋ] **상향식 프로그램** 하위의 세세한 모듈의 프로그래밍

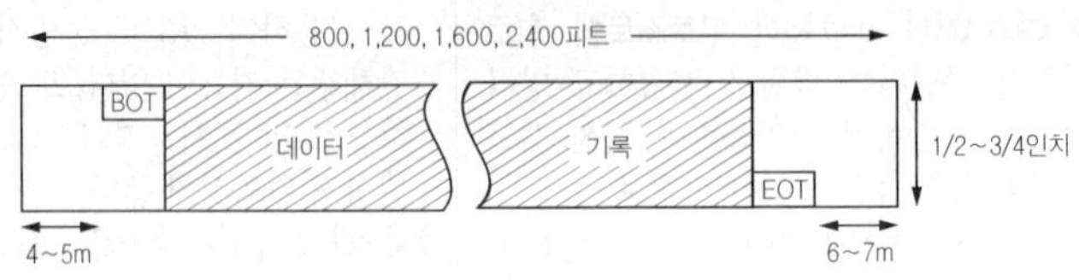

〈자기 테이프의 BOT〉

에서 시작하여 최종적으로 전체를 제어하는 상위 모듈을 프로그래밍하는 것. 반대 순서일 경우는 하향식 프로그래밍(top-down programming)이라고 한다.

bottom-up test[-tést] **상향식 검사** 하위 시스템부터 검사를 시작하여 전체 시스템으로 검사해가는 것.

bounce[báuns] *n.* **바운스** 프린트 휠(wheel) 등의 이동 동작 이후에 생성되는 진동.

bounce message[-mésidʒ] **바운스 메시지** 이메일이 상대방 주소지에 도달하지 않았음을 발신자에게 회답해주는 메시지.

bound[báund] *n.* **바운드, 속박, 연결 완료** 허용되는 상한값 또는 하한값.

boundary[báundəri(:)] *n.* **경계** 서로 다른 성질 혹은 같은 성질을 갖는 것 또는 영역끼리의 한계. 페이지와 페이지의 경계와 레코드 사이, 단어 사이의 경계 등을 표시하는 데 쓰인다.

boundary alignment[-əláinmənt] **경계 정렬** 데이터 일단(一端)의 문자가 주기억 장치 중 고유의 경계, 예를 들면 반어(half word), 전어(full word), 2배어(double word), 페이지(page) 등의 경계에 오도록 필요에 따라 시프트하여 기억시키는 것. 반어, 단어, 2배어 등의 데이터를 그들의 정수배 어드레스에 위치하도록 배치하는 것을 말한다.

boundary argument[-á:rgjumənt] **경계 인수**

boundary condition[-kəndíʃən] **경계 조건** (1) 공간의 경계 또는 물체의 표면에서 주어지는 조건. 예컨대 다른 굴절률을 가진 두 개의 비도전성(투명) 매질의 경계면에서는 맥스웰의 방정식으로부터 다음의 경계 조건이 충족된다. 즉, 자속 밀도 B, 전도 밀도 D인 법선 성분 및 전계 E, 자계 H인 절전 성분은 각각 연속으로서, 여기서 경계면에서의 광파의 반사 계수, 투과 계수(진폭 발사율, 진폭 투과율)가 유도된다. 또 개구에서의 회절을 계산하는 데도 경계 조건이 필요하다. (2) 미분 방정식의 수치 해법에 있어서 해를 구할 때 생각하는 영역의 경계에 대하여 설정하는 조건이다.

boundary control[-kəntróul] **경계 제어** 컴퓨터 그래픽스에서 이웃하는 화소(畵素)의 콘트라스트가 높을 때, 재기(jaggy ; 매끈해야 할 선이 계단 모양으로 되는 현상)가 눈에 띄는데, 경계를 조정하여 평탄화시킴으로써 눈에 보이는 재기를 줄일 수 있다.

boundary defined region[-difáind rí:dʒən] **경계 정의 영역** 그래픽 화상이 어떤 경계의 화소값에 의해서 정의된 화상의 영역.

boundary detection[-ditékʃən] **테두리 검출, 경계 검출** 화상의 농도와 품질이 급격히 변화하는 부분(경계 부분)인 테두리와 선을 검출하는 조작.

boundary dimension[-diménʃən] **경계 차원**

boundary element[-éləmənt] **경계 요소**

boundary film[-fílm] **경계막**

boundary function[-fʌ́ŋkʃən] **경계 기능**

boundary layer[-léiər] **경계층**

boundary layer control[-kəntróul] **BLC, 경계층 제어**

boundary potential[-pəténʃəl] **경계 전위차**

boundary protection[-prətékʃən] **경계 보호**

boundary register[-rédʒistər] **경계 레지스터** 다중 프로그래밍에서 사용자(user)의 메모리 블록의 높낮이 어드레스를 지정하기 위한 레지스터.

boundary table[-téibəl] **경계 테이블**

boundary value control[-vǽlju: kəntróul] **경계값 제어**

boundary value controllability[-kəntròuləbíliti(:)] **경계값 가능 제어성**

boundary value control problem[-kəntróul prábləm] **경계값 제어 문제** 2차 이상의 미분 방정식의 문제는 크게 초기값 문제와 경계값 문제로 나눌 수 있으며, 여기서 쓰이는 기법은 유한 차분법, 유한 요소법, 발사법, 배열법 등이 있다.

boundary value problem **경계값 문제**

bounds pair[báundz pɛ́ər] **상하한**

bounds pair list[-líst] **상하한 리스트**

bound variable[báund vɛ́(:)riəbl] **경계 변수** 범용 명제 $(\forall x)F(x)$나 존재 명제 $(\exists x)F(x)$에서 x와 같은 변수.

bourne shell[bɔ́:rn ʃél] **Bshell, 본 셸** 유닉스의 가장 기본적인 셸. AT & T 벨 연구소의 Steve Bourne이 개발했기 때문에 이렇게 부른다. Cshell은 이를 확장한 것이며, 프로그램 언어로서의 구문은 ALGOL과 비슷하다. ⇨ shell

Bowley's coefficient of skewness **볼리 비대층 계수** 비대칭도를 표현하는 계수로서 중위수와 4분위수와의 상호 위치 관계를 이용한다.

box[báks] *n.* **박스** 시스템 또는 프로그램의 논리 단위를 나타내기 위해 사용되는 순서도의 기호.

boxing[báksiŋ] **박싱** 그래픽 디스플레이에서 윈도의 크기와 위치를 산출하는 조작.

Boyce/Code normal form **B/CNF, 보이스/코드 정규형** 데이터 베이스에서 한 릴레이션 R의 모든 결정자가 후보 키인 정규형.

Boyer-Moore string pattern matching algorithm **BM법, 보이어-무어법, 보이어-무어 문자열 참조 합산법** 시문자열(텍스트) 중에서 다른

문자열(패턴)을 찾아내기 위해 텍스트와 패턴을 왼쪽 끝으로 모아서 패턴의 오른쪽에서 왼쪽으로 한 문자씩 검색해 나가는 방법. 문자열 검색의 알고리즘으로, 1977년에 보이어(R.S. Boyer)와 무어(J.S. Moore)에 의해 발표되었다.

BPAM 기본 구분 접근 방식 basic partitioned access method의 약어. 직접 접근 장치에 프로그램 라이브러리를 만들 때 사용하는 접근 방식. 프로그램을 기억시키거나 검색하는 데 편리하다. ⇨ basic partitioned access method

bpi 비트/인치 bits per inch의 약어. 기억 매체의 기록 밀도를 표시하는 단위이며, 1인치당 기록할 수 있는 비트 수. 예를 들면, 자기 테이프로의 정보 기록 형식이며 테이프의 길이 방향 1인치당 정보량을 표시하는 단위. 자기 테이프의 길이 방향에 기록 열(列)을 7개 또는 9개 갖고 있으며, 그것을 트랙(track)이라고 한다. 이 트랙 상의 1인치당 비트 수를 bpi, 그 복수 트랙당 비트 수를 rpi(row per inch)라 부르며 그 값은 일치한다. 기록 단위로서는 800bpi, 1,600bpi, 6,250bpi 등이 있다. ⇨ 그림 참조

B plus B 플러스 NIFTY SERVE 등의 PC 통신에 사용하고 있는 통신 프로토콜로 2진 파일을 전송하는 규격의 하나. 에러 정정 기능과 프로토콜의 자동 기동 기능 등이 있고, X-Modem 등의 전송 프로토콜과 비교하여 파일 전송 속도가 빠르다.

BPR business process reengineering의 약어. 비용, 품질, 서비스, 속도와 같은 핵심적 부분에서 극적인 성과를 이루기 위해 기업 업무 프로세스를 기본적으로 다시 생각하고 근본적으로 재설계하는 것. BPR은 모든 부분에 걸쳐 개혁을 하는 것이 아니라 중요한 비즈니스 프로세스들, 즉 핵심(core) 프로세스를 선택하여 그것들을 중점적으로 개혁해 나가는 것이다.

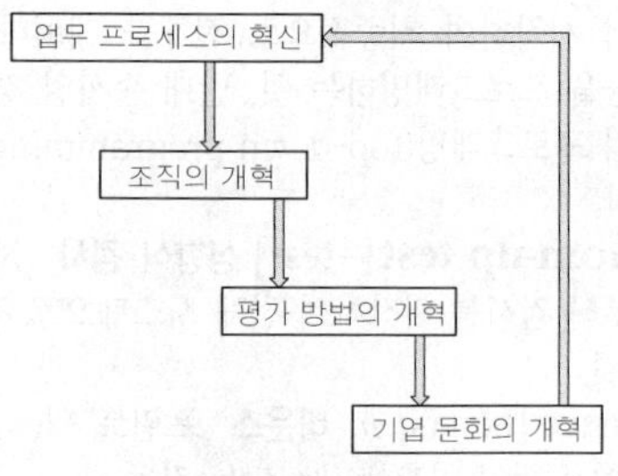

〈BPR의 사이클〉

BPS 기본 프로그래밍 서포트 basic programming support의 약어.

bps 비트/초 bits per second의 약어. 전송 속도의 단위. 두 개의 양단말 사이에서 정보를 전달하는 속도를 데이터 신호 속도라 하며, 1초간에 전송되는 비트로 표시한다. 예를 들어, 1초 동안에 200비트를 전송하면 이 데이터 신호 속도는 200bps가 된다.

〈2400bps인 통신 모뎀〉

BPSK biphase shift keying의 약어. 동축 케이블을 통한 데이터 전송에 사용되는 디지털 주파수 변조 기술. 이 방식은 QPSK나 64QAM 등의 변조 방식에 비해 효율은 떨어지지만 잡음은 덜하다. ⇨ QPSK, 64QAM

BPU 기본 처리 장치 basic processing unit의 약어. 컴퓨터의 가장 기본적인 부분으로 프로그램을

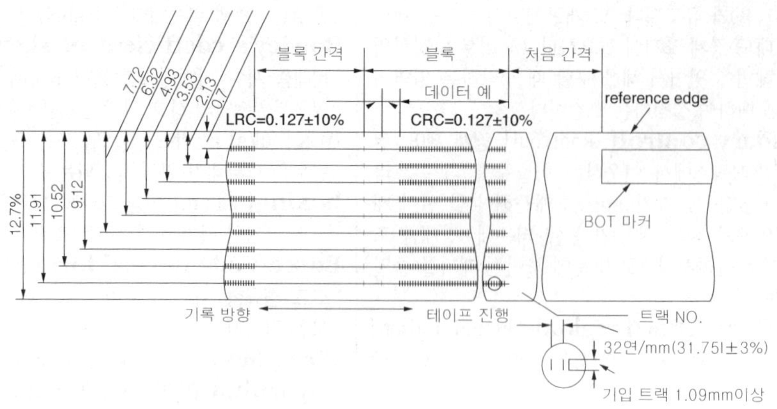

〈bpi〉

구성하는 명령을 읽어내어 해석하고 실행하는 장치 또는 회로. ⇨ CPU, MPU

BRA 교체 우선 순위의 방송 인식 broadcast recognition with alternating priorities의 약어. 기본적인 비트 맵 프로토콜은 국번호에 대해 비대칭성이라는 결점과 가벼운 부하를 가진 국은 현재의 주사가 끝날 때까지 전송을 기다려야 하는 약점이 있어 이것을 해결하려는 기법.

brace[bréis] *n.* **중괄호**

bracket[brǽkət] *n.* **대괄호**

BRADS 보고서 작성 적용 업무 개발 시스템 business report/application development system의 약어.

bracketing method[brǽkətiŋ méθəd] **구간 축소법** 함수 f가 구간(a, b)에서 연속이고, $f(a) \cdot f(b) < 0$ 일 때, 방정식 $f(x) = 0$ 의 해는 구간(a, b)에 적어도 하나 존재하는데, 이 때 구간을 축소하여 해를 찾는 방법.

brail processor[bréil prάsesər] **점자 처리 프로그램** 점자에 의한 텍스트의 입출력, 기타 처리를 수행하는 프로그램.

brain computer interface[bréin kəmpjúːtər íntərfèis] **두뇌 컴퓨터 인터페이스** ⇨ BCI

brain-dead[–déd] **브레인 데드** (1) 완전히 파괴되어 기능하지 못하는 것. 일반적으로 하드웨어나 소프트웨어에 관계된다. (2) 문제에 대한 접근이 거의 이루어지지 않는 것.

BrainFade[bréinfeid] **브레인페이드** 인터넷에 너무 열중한 나머지 IRC를 너무 오래하거나 무작정 웹 사이트를 계속 돌아다니다 보면 머리가 갑자기 어지러워지는 상태. 지나치면 두통과 환영에 사로잡힐 수도 있다.

BRAINS 브레인스 business & regional area INS의 약어. 한국 통신(KT)이 서비스하는 기업 내의 정보를 통합화, 효율화하는 통신 시스템. 지식 베이스의 작성 지원 기능을 갖춘 범용 추론 시스템의 하나.

Brain virus[bréin váirəs] **브레인 바이러스** IBM PC의 바이러스. 플로피 디스크에 기생하고 디스크의 볼륨을 「C. Brain」으로 바꾼다.

branch[brǽntʃ] *n.* **분기** (1) 프로그램의 실행 순서를 변경하여 다른 명령을 실행할 수 있도록 하는 것. (2) 컴퓨터 등에 접속되어 있는 통신 회선을 효과적이고 경제적으로 이용하기 위하여 한 개의 통신 회선에 다수의 단말 장치(terminal)를 접속하여 사용하는 것. ⇨ 그림 참조

branch address[–ədrés] **분기 어드레스** 분기 명령문에서 다음에 실행되기 위해 건너뛸 곳이 지정된 명령 어드레스(주소).

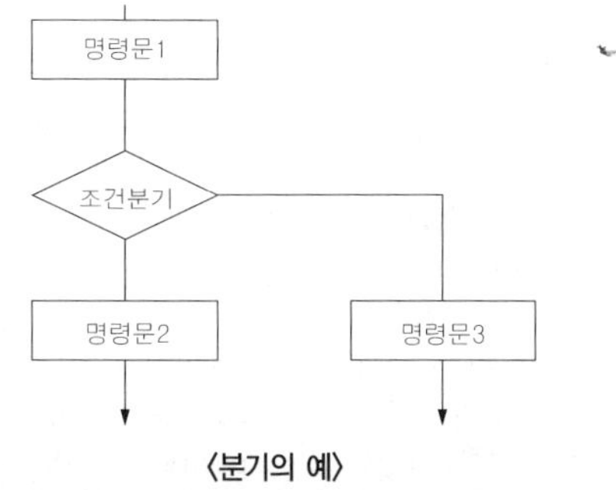

〈분기의 예〉

branch and bound[–ənd báund] **분기와 한정** 퇴각 검색(backtracking)과는 달리 현재 검색하는 노드에서 한정 함수(bound function)를 이용하여 근 노드(answer node)의 생성이 가능한가를 결정하여 가능한 노드의 모든 자식 노드를 생성하는 것으로, 상태 공간 트리(state space tree)를 생성, 검색하여 해를 구하는 알고리즘 기법.

branch cable[–kéibl] **분기 케이블**

branch calling[–kɔ́ːliŋ] **분기 호출**

branch circuit[–sɔ́ːrkit] **분기 회로**

branch circuit distribution center[–dìstribjúːʃən séntər] **분기 회로 배전 중심**

branch condition[–kəndíʃən] **분기 조건** 분기의 출구에 기입하는 기호나 신호를 말하며 〈, 〉, =, ≑ 또는 –, 0, + 또는 yes, no 등의 기호가 있다.

branch construction[–kənstrʌ́kʃən] **분기 구성체** 레이블을 참조하여 몇 개의 서로 다른 실행 순서에서 하나를 선택해내는 언어 구성 요소.

branch controller[–kəntróulər] **분기 제어기** 원격지에 있는 컴퓨터와 단말 장치를 센터의 컴퓨터에 접속시키는 중계용 장치로 여러 개의 단말 장치를 제어한다.

branch form[–fɔ́ːrm] **분기 형식**

branch group instruction[–grúːp instrʌ́kʃən] **분기 집합 명령어** 조건부, 무조건 분기 명령어를 포함하는 명령어. 내부 제어 플래그를 유지하기 위한 부프로그램 호출 명령어에 대한 통칭.

branch impedance[–impíːdəns] **분기 임피던스**

branching[brǽntʃiŋ] *n.* **분기** 조건에 근거를 둔 두 개 이상의 가능한 동작 중에서 하나를 선택하는 스위치와 유사한 컴퓨터 연산.

branching factor[–fǽktər] **분기 계수** 여러 검색 기법들을 비교하기 위한 휴리스틱 능력을 계산하는 방법. $B + B{**}2 + \cdots + B{**}L = T$의 관계 성립에서 깊이가 경로 길이($L$)와 같고 총노드의 개수가 검색 과정에서 생성된 노드의 개수(T)와 같

은 트리에서 각 노드가 소유하는 후계 노드의 일정한 계수를 말한다.

branching filter[–fíltər] **분파기(分波器), 분기 필터**

branch instruction[brǽntʃ instrʌ́kʃən] **분기 명령** 흔히 「분기 명령」이라고 번역한다. 범용 컴퓨터의 명령어 목록(instruction repertory)의 하나. 순서대로 실행되어 가는 프로그램의 흐름을 두 개의 값의 대소 관계 등으로 분기(branch)시키기 위한 명령. 특정한 조건(specified condition)에 따라 분기를 지시하는 조건부 분기 명령(conditional branch instruction)과 무조건 분기 명령(unconditional branch instruction)이 있다.

branch instruction conditions[–kəndíʃənz] **분기 명령 조건** 분기 명령 조건은 결과가 0, 덧셈의 오버플로, 외부 플래그의 발생 등 여러 가지가 있는데, 그 결과에 따라 기억 장치 내에 있는 다른 프로그램 중의 한 부분으로 분기하며, 의사 결정 명령어는 조건에 따라 새로운 메모리 주소를 프로그램 카운터에 부여한다.

branch instruction test[–tést] **분기 명령 검사** 분기 명령어는 대부분 검사 형태인데, X가 A보다 큰가, 작은가 하는 산술적 관계를 만족하면 지정된 명령으로 분기한다. 여기서 X는 보통 기계 레지스터의 내용이 된다.

branch inversion theorem[–invə́ːrʃən θíərəm] **분기 반전 정리**

branch line[–láin] **분선, 분기선**

branch network[–nétwəːrk] **분기 네트워크**

branch node[–nóud] **분기 노드** 트리 구조에서 최소한 한 개의 자식 노드를 갖는 노드.

branch office[–ɔ́(ː)fis] **지구, 지점, 분국**

branch on indicator[–ən índikèitər] **분기 표시기** 적당한 표시기들, 즉 스위치, 키, 버튼 등 적당한 표시기들이나 조건이 특정 레지스터 그룹을 가리키도록 고정되면 분기가 일어난다.

branch-on-switch setting[–swítʃ sétiŋ] **분기 스위치 세팅** 분기는 기억 장소 또는 인덱스 레지스터에 스위치 값을 설정하도록 설계하는데, N개의 가능한 스위치 값 중 하나를 정하여 그 값에 따라 N개의 지점들 가운데 한 곳으로 분기하도록 하는 것.

branch-on-zero instruction[–zí(ː)rou instrʌ́kʃən] **제로 조건 분기 명령어** 산술 누산기가 제로이면 컴퓨터의 수행이 다른 위치로 넘어가는 것.

branch point[–pɔ́int] **분기점** 컴퓨터 프로그램 중에서 분기를 발생시키는 점이며, 특히 명령 어드레스 또는 표(標)를 말한다.

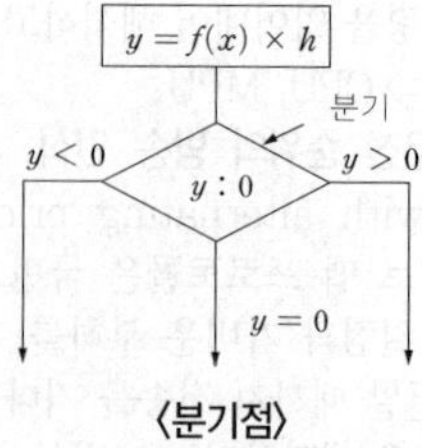

〈분기점〉

branch prediction[–pridíkʃən] **분기 예측** 마이크로프로세서의 고속화 기술의 하나로, 명령에 따라 발생되는 분기를 미리 예측하여, 그 계산에 필요한 주소나 명령을 준비해두는 것. 예측이 벗어난 경우에는 큰 손실이 발생하기 때문에 예측 알고리즘의 정밀도가 중요하다. ⇨ microprocessor, RISC

branch switch[–swítʃ] **브랜치 스위치** 프로그램 동작을 지정된 장소에서 정지하거나 점프하도록 할 때 사용하는 키이며, CC의 콘솔 패널(console panel)에 설치되어 있다. 전자 교환기의 브랜치 스위치는 점프 온 브랜치 스위치 명령에 따라 읽어내도록 구성되어 있고 프로그램의 지정 장소에 이 명령을 삽입하여 해당 브랜치 스위치를 조작하면, 점프 또는 스톱 상태가 된다. 브랜치 스위치가 오프(off) 상태일 때에는 그 명령이 무시되고 다음 명령으로 옮겨진다.

branch table[–téibəl] **분기 테이블, 분기표** 프로그램의 번호를 식별하는 주소의 목록으로 그 중의 하나가 현재의 프로그램 논리에 따라 실행되고 있다.

branch terminal equipment[–tə́ːrminəl ikwípmənt] **분기 단말 장치**

BRANDS 보고서 작성 적용 실무 개발 시스템 business report application development system의 약어.

Braun tube[bráun tjúːb] **브라운관** 전기 신호를 광학적인 상으로 변환해서 표시하는 음극선관. ⇨ CRT

breadboard[bré(ː)dbɔ̀ːrd] *n.* **브레드보드** 일반 사용자용 회로에 대하여 특정 기능의 추가, 변경을 할 수 있도록 소켓 등을 갖추어 세트로 된 것.

breadboard construction[–kənstrʌ́kʃən] **브레드보드 구성**

breadboard design[–dizáin] **브레드보드 설계** 개별 부품을 사용하여 목적하는 집적 회로와 동등한 기능을 갖는 회로를 만들고 해당 집적 회로를 평가, 설계하는 것.

breadboard kit[–kít] **브레드보드 키트** 여기에는 사용자가 모듈러 마이크로컴퓨터 시스템에 추가할 수 있는 여러 키트들이 있고 이것은 ASCII 키보드, 8비트 병렬 TTL 입출력 소스, ASR-33 및 다른 프린터를 접속시키는 데 사용되며 일반적으로 브레드보드에 삽입할 부품, 소켓 등 명령문들의 집합을 말한다.

breadboard model[-mádəl] **브레드보드 모델**

breadth first searth[brédθ fə́:rst sə́:rtʃ] **가로(너비) 우선 검색** 트리 구조로 표현할 수 있는 데이터 검색의 한 기법. 노드에서 불일치가 발생할 경우 우선적으로 그 노드와 같은 레벨의 노드를 검색하여 점차적으로 깊은 레벨로 이행해가는 방법.

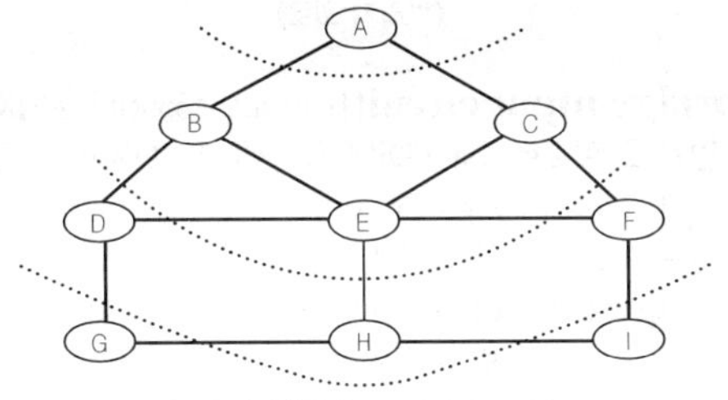

〈가로 우선 검색의 예〉

breadth first spanning tree[-spǽniŋ trí(:)] **가로 우선 스패닝 트리** 가로 우선 검색의 결과 얻어진 트리로서 주어진 그래프에 대한 스패닝 트리의 일종.

break[bréik] *n*. **(일시) 정지** (1) 프로그램의 디버그(debug)와 감시(monitor) 등을 행하기 위하여 프로그램 중에 특정 명령(instruction)을 넣음으로써 필요에 따라 실행중인 처리를 일시적으로 정지하는 것. (2) 프로그램 언어인 COBOL에서 보고서(report) 출력 행의 종류와 합계가 제어 데이터 항목이라고 불리는 데이터값의 변화에 의하여 제어되는데, 이 「변화」를 제어 차단(control break)이라 한다. (3) 데이터 전송에서 송신측(sending end)에 인터럽트(interrupt)를 걸어서 그 통신 회로를 수신측(receiving end)이 제어하는 것이다.

break contact[-kántækt] **브레이크 접점, 개접점** 전자 계전기에서 여자(勵磁) 코일에 전류가 흐르고 있는 동안은 열리고, 전류가 흐르지 않으면 닫혀 있는 접점.

break delivery[-dilívəri(:)] **전송 중단**

breakdown[bréikdàun] *n*. **브레이크다운, 항복, 파괴(절연물의), 고장** (1) 고장 : 컴퓨터의 하드웨어나 소프트웨어에 장애가 존재하기 때문에 사용할 수 없는 것. down(다운)과 동의어. (2) 항복 : 반도체 회로의 접합부에 가해진 역전압을 증가시켜 어떤 일정 전압이 되었을 때 역방향 전류가 급증하는 것. (3) 파괴 : 절연물의 내부를 통과하는 방전이 생겼기 때문에 절연 저항이 저하하고 이상 전류가 흐르는 것.

breakdown plasma[-plǽzmə] **브레이크다운 플라스마**

breakdown voltage[-vóultidʒ] **항복 전압** 전압에 흐르는 역전류가 규정값보다 컸을 때의 전압.

break in[bréik in] **브레이크 인** 입출력 장치의 인터럽트 신호와 같은 특별한 신호에 의해 실행중인 진행 순서에서 벗어나 일시적으로 다른 곳으로 분기하는 것.

break key[-kí:] **중단 키** 컴퓨터에서 현재 진행중인 일을 중단하고 다른 새로운 명령어를 기다리도록 하는 기능의 키보드 키.

break-make ratio[-méik réiʃiou] **단속비** 선을 단속할 때 끊는 시간과 계속되는 시간과의 비율.

breakpoint[bréikpɔ̀int] **(일시) 중단점** (1) 프로그램의 디버그(debug) 등에서 검사(check)를 행하기 위하여 실행중인 처리를 일시적으로 정지하도록 설정된 점. (2) 눈으로 검사, 출력, 인쇄 등 다른 해석이 가능하도록 조건 개입이 일어나는 점. 이 중단점은 프로그램 디버깅 작업을 위해서 사용된다.

breakpoint conditions diagnosis[-kəndíʃənz daiəgnóusis] **중단점 조건의 진단**

breakpoint halt[-hɔ́:lt] **중단점 정지** 단독 점프 명령으로서 이루어지는 폐쇄된 루프이며, 그 자체로 점프를 행하고 중단점을 만들기 위하여 흔히 사용되는 것. ⇨ breakpoint instruction

breakpoint instruction[-instrʌ́kʃən] **중단점 명령어** 중단점을 설정하는 명령어. 중단점 정지(breakpoint halt)와 같다. ⇨ breakpoint halt

breakpoint switch[-swítʃ] **중단점 스위치** 중단점에서 조건부 작동을 제어하는 수동 스위치. 주로 프로그램 수정에 사용된다.

breakpoint symbol[-símbəl] **중단점 기호** 인디케이션, 플래그, 태그 등의 중단점임을 나타내는 명령문 중 임의의 기호.

break signal[bréik sígnəl] **중단 신호** 현재 진행되고 있는 작업을 강제적으로 중단시키고 초기 상태로 되돌아가게 만드는 신호. 두 대의 컴퓨터가 통신망을 통해 데이터를 교환하는 과정에서 수신자가 중단 신호를 전달하면, 송신측에서는 현재 전달하고 있던 데이터의 송출을 중단하고 데이터 전송이 시작되는 초기 위치로 되돌아간다.

break through[-θrú:] **브레이크 스루, 관통 중단** 컴퓨터 시스템의 개발 프로젝트 등에서 기술적으로 어려운 문제를 해결하여 프로젝트를 성공시키는 것 등을 가리킨다.

B-register[bí: rédʒistər] **B-레지스터, 지표-레지스터** ⇨ index resister

Brent's method 브렌트의 방법 방정식을 푸는 방법 중의 하나로 2분법(bisection)과 가위치법(fals-position method)을 기초로 하여 미분법을 사용하지 않고 방정식을 푼다.

Bresenham's algorithm 브레젠험의 알고리즘 실수 연산이 필요 없고 정수 연산만으로 처리되는 속도가 매우 빠른 래스터 방식 컴퓨터 그래픽에서 선을 긋는 알고리즘. 이 방법은 가로나 세로의 어느 한쪽 좌표를 시작점으로 하여 종료점까지 1씩 가산하여 좌표를 증가시킬 것인가 또는 그대로 유지할 것인가를 판단한다.

Bresenham's circle algorithm 브레젠험의 서클 알고리즘 브레젠험이 고안한 매우 효율적이고 점진적인 서클 알고리즘.

Bresenham's line algorithm 브레젠험의 라인 알고리즘 브레젠험이 고안한 것이며 실수를 사용하지 않고 정수만을 이용하여 선을 그리는 알고리즘.

BRI basic rate interface의 약어. 이 ISDN 서비스는 현재 많은 전화 회사들이 가정의 사용자들에게 제공하는 방식이다. 기존의 전화 서비스에 약간의 변형만 가하고도 ISDN BRI는 최대 128kbps의 속도를 제공한다. 이것은 데이터와 음성 전송에 사용되는 2개의 64kbps B 채널과 전화 걸기와 신호용으로 쓰이는 1개의 16kbps D 채널로 구성된다. 그래서 BRI 서비스를 2B+D라고 부르는 경우도 있다.

bridge [brí(:)dʒ] *n.* **브리지** 예를 들면, 데이터 통신에 있어서 동종의 네트워크를 상호 접속하기 위한 인터페이스 장치를 가리키는 경우가 있다.

bridge & router [–ráu:tər] **브루터, 브리지와 라우터** 두 개의 LAN끼리 데이터 교환이 이루어질 수 있도록 서로 접속시켜 주는 장치. 브루터는 브리지와 라우터의 양쪽 기능을 모두 갖추고 있다. LAN은 흘러온 데이터의 내용을 보고, 그 프로토콜을 알 수 있으면 라우터 역할을 하고, 그렇지 않으면 브리지 역할을 한다. 브루터는 여러 개의 프로토콜이 공존할 경우나 라우터가 대응할 수 없는 프로토콜이 혼재할 경우에도 사용된다.

bridge circuit [–sə́:rkit] **브리지 회로** 그림과 같이 마름모의 변에 임피던스 소자를 가진 회로를 브리지 회로라고 하며 이를 이용한 측정기를 브리지라고 한다. 그림의 A, B 단자에 전압을 가했을 때, $Z_1 : Z_2 = Z_3 : Z_4$ 의 조건을 만족하면 C, D 간의 전위차는 0이다. 이 상태를 평형 상태라 하며 자기 유도, 저항 등의 측정에 사용된다. ⇨ 그림 참조

bridge format [–fɔ́:rmæt] **브리지 포맷** CD-I 플레이어와 CD-ROM XA 드라이브에 대한 포맷으로, 똑같이 디스크를 재생할 수 있게 해준다. 예를 들면, 필립스와 이스트먼 코닥 양사가 공동 개발하고 있는 포토 CD에는 이 포맷을 사용하고 있고 어느 것이라도 재생할 수 있다. ⇨ photo-CD

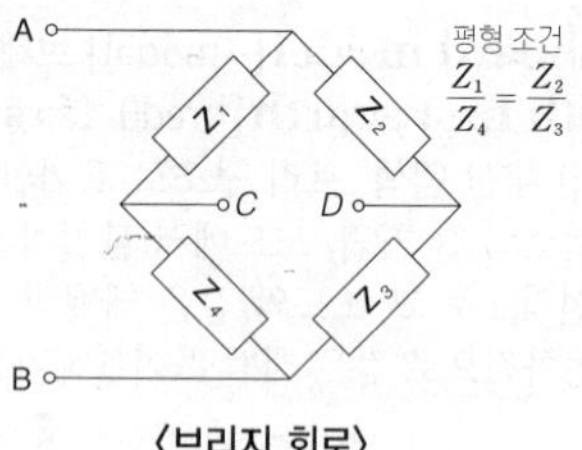

〈브리지 회로〉

bridge input circuit [–ínpùt sə́:rkit] **브리지 입력 회로(프로세서 제어에 있어서)** 한 단자에 검출 소자, 다른 단자에 비교 소자가 있는 브리지로 구성되는 아날로그 입력 회로.

bridge limiter [–límitər] **브리지 리미터** 아날로그 기계에서 변수가 어떤 특정한 한계를 넘지 않도록 하기 위해 사용되는 장치.

bridgeware [brí(:)dʒwɛ̀ər] *n.* **브리지웨어** 어떤 컴퓨터 시스템을 위해 작성된 소프트웨어를 다른 컴퓨터에서도 실행시킬 수 있게 변환해주는 프로그램.

briefcase computer [brí:fkèis kəmpjú:tər] **브리프케이스 컴퓨터** CRT 디스플레이보다는 액정 디스플레이를 사용하는 컴퓨터로 그 크기와 모양이 서류 가방과 비슷한 데에서 이름이 유래되었다. 이것은 들고 다니는 휴대용 컴퓨터보다는 약간 크며 CRT 스크린이 있는 휴대용 컴퓨터보다는 작다.

brightness [bráitnis] *n.* **휘도** 색상과 채도와는 무관한 색을 제거한 빛의 강도.

brightness control [–kəntróul] **휘도 조절**

brilliancy [bríljənsi(:)] *n.* **명증도(明燈度)** 영사기의 성능을 나타내는 양의 하나. 원화의 명암이 스크린 면에서 재현되는 정도.

BRISC 버클리 리스크 ⇨ Berkeley RISC

British Computer Society [brítiʃ kəmpjú:tər səsáiəti(:)] **BCS, 영국 컴퓨터 학회**

British Telecom [–téləkɑm] **BT, 영국 전기 통신 회사** ⇨ BT

broadband [brɔ́:dbæ̀nd] *n.* **넓은띠, 넓은 대역** 고속 데이터를 전송할 때 사용하며, 음성 대역 통신로보다 큰 대역폭을 갖는 통신로.

broadband channel [–tʃǽnəl] **광대역 채널** 음성 밴드 채널보다 빠른 속도로 데이터 통신이 가능한 채널로서 안정성도 크며 초당 수백만 비트의 전송이 가능하다.

broadband coaxial systems [–kouǽksiəl sístəmz] **광대역 동축(同軸) 시스템**

broadband communication network [–kəmjù:nikéiʃən nétwə̀:rk] **광대역 통신망** 음성 대역보다도 넓은 대역을 갖는 전송로를 단위로 한 통신망으로 고속 데이터 전송, TV 전화, 고속 팩시밀리 등의 전송에 사용된다.

broadband exchange [–ikstʃéindʒ] **광대역 교환** 웨스턴 유니언 사의 공업 교환 통신 시스템으로 여러 가지 대역폭의 전이중 회선을 연결할 수 있다.

broadband integrated services digital network [–íntəgrèitəd sə́:rvisiz dídʒitəl nétwə̀:rk] **광대역 ISDN** ⇨ B-ISDN

broadband method [–méθəd] **광대역 방식** RTC 범위의 아날로그 신호 형태로 동축 케이블에 적용된다. 케이블의 주파수 스펙트럼은 여러 대역폭을 가진 채널로 나누어지며 각각의 채널은 데이터, 그래픽, TV 또는 무선 신호 등을 지원한다.

broadband network [–nétwə̀:rk] **광대역 네트워크** 동축 케이블이나 광섬유 케이블을 사용하여 동일 케이블 내에서 화상, 음성, 디지털 정보 등 복수의 정보를 혼재시켜 양방향으로 전송할 수 있다. 근거리 통신망이나 CATV 망에서 사용되는데, 수십 MHz에서 수백 MHz 대의 방송 주파수를 사용하는 네트워크이다.

broadband networking [–nétwə̀:rkiŋ] **광대역 네트워킹**

broadband noise [–nɔ́iz] **광대역 잡음** 넓은 범위의 에너지 준위의 주파수 스펙트럼에 걸쳐 고르게 분산되어 나타나는 잡음.

broadband system [–sístəm] **광대역 시스템** 데이터 신호를 주파수 변조 등과 같은 교류 신호로 변조하여 전송하는 방식. 복수의 신호를 다른 대역에 할당하여 동시에 전송할 수 있다. ⇨ baseband system

broadband transmission [–trænsmíʃən] **광대역 전송** 기저대 전송으로 가능한 거리보다 좀 더 긴 전송 거리를 허용하는데, 근거리 통신망과 함께 고주파 전송 형태로 동축 회선을 사용한다.

broadband wireless local loop [–wáiər-lis lóukəl lú:p] **광대역 무선 통신망** ⇨ B-WILL

broadcast [brɔ́:dkɑ̀:st] *n.* **동보 통신(同報通信), 동시 통신, 방송** 어떤 한 장소에서 복수의 장소로 동일한 정보나 메시지를 동시에 보내는 것이다. 예를 들면, 온라인 시스템에서는 중앙 처리 시스템으로부터 단말 유저(terminal user)가 공보(公報) 메시지(notice message) 등의 동보 통신 메시지를 송신하는 것이다. 텔레비전이나 라디오 방송도 동보 통신의 대표적인 예이다.

broadcast addressing [–ədrésiŋ] **동보 통신 어드레싱**

broadcast band [–bǽnd] **방송대**

broadcast communication [–kəmjù:nikéiʃən] **동보 통신** 하나의 송신측이 여러 수신 단말을 지정하고 같은 내용을 동시에 많은 수신 단말에 전송하는 통신 방식.

broadcast data set [–déitə sét] **브로드캐스트 데이터 세트** 시분할 시스템(TSS)에서 중앙 처리 시스템과 단말 유저 사이 또는 단말 유저끼리의 정보 교환(information exchange)에 이용되는 메시지가 저장(store)되는 데이터 세트.

broadcasting [brɔ́:dkɑ̀:stiŋ] *n.* **방송, 동보 통신** 데이터 전송에서, 복수의 단말 장치에 대하여 동일 정보나 메시지를 일제히 전송하는 통신 기술.

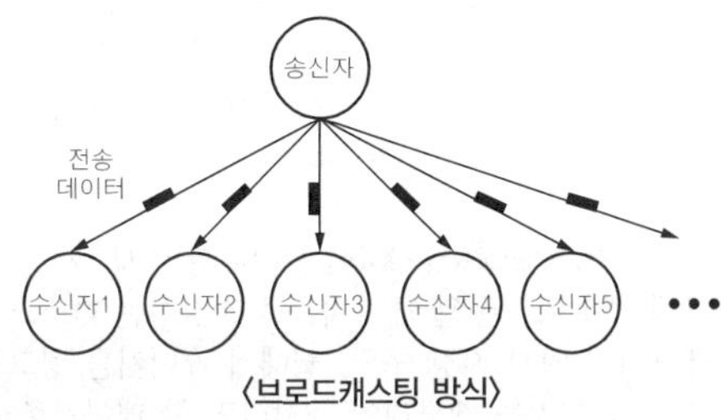

〈브로드캐스팅 방식〉

broadcasting service [–sə́:rvis] **동보 통신 서비스** 동일 메시지를 이메일이나 팩스 등으로 여러 상대에게 모아서 보내는 기능 또는 그 서비스. 이메일을 보내기 위해서는 메시지 본문의 업로드와 송신처를 지정하지만, 동일 메시지를 여러 상대에게 보낼 경우에는 업로드와 송신처의 지정을 그 횟수만큼 반복하는 것이 아니라 한 번의 업로드로 미리 등록해둔 그룹이나 다수의 송신체를 일괄 지정하는 방식이다. ⇨ Bcc, cc

broadcast message [brɔ́:dkɑ́:st mésidʒ] **동보 통신 메시지, 동시 통신 메시지, 동보 메시지, 방송 메시지** 중앙의 호스트 컴퓨터 등으로부터 다수의 단말 장치 모두에 일제히 송신되는 메시지. 이 종류의 메시지 내용에는 각각의 업무에 관련한 것이 있는 반면에 시스템의 장애에 관련한 긴급 메시지의 것도 있다. 한편 한 송신측이 다수의 수신 단말기를 지정하여 같은 내용을 동시에 많은 수신 단말기로 전송하는 통신 방식을 동보 통신(broadcast communication)이라고 한다.

broadcast wave [–wéiv] **방송파**

broadcatch [brɔ́:dkæ̀tʃ] **브로드캐치** 수신측에서 정보의 내용을 선택, 가공할 수 있는 것.

broad recognition alternating priorities [brɔ́:d rekəgníʃən ɔ́:ltərnèitiŋ praiɔ́(:)riti(:)z] **교체 우선 순위의 방송 인식**

brother node[brʌðər nóud] **형제 노드** 동일한 부모 노드를 갖는 노드들.

brouter[brúːtər] **브루터** 같은 종류의 패킷(바꾸어 말하면 데이터 링크층에 기초를 두고 있는 패킷)들을 연결해주고, 다른 종류의 패킷(다시 말하면 네트워크층에 기초를 두고 있는 패킷)들의 경로를 연결해주는 장치. 원래 이러한 작업을 브리지와 라우터가 각각 담당하는데, 브루터는 이러한 작업을 동시에 수행하는 장비이다. 브리지/라우터의 결정은 configuration의 정보에 기초한다.

browse[braúz] *v.* **훑어보기, 훑어보다, 브라우즈** 일정한 방법 없이 책, 문헌이나 파일의 내용을 조사해 나가는 것.

browser[bráuzər] **브라우저** 월드 와이드 웹 정보를 검색하는 데 사용되는 응용 프로그램. 이러한 프로그램으로는 넷스케이프, 모자이크가 유명하다. 최근에는 인터넷 환경이 일반화됨에 따라 인터넷 익스플로어(Internet Explorer)가 많이 사용되고 있다.

browser cache[–kǽʃ] **브라우저 캐시** 가장 최근에 다운로드된 웹 페이지들을 저장하는 디스크나 메모리의 임시 저장 구역. 웹에서 페이지를 링크할 때 이 페이지를 메모리에 캐시하면 한 페이지로 돌아갈 때마다 그 페이지를 웹에서 다시 다운로드하지 않아도 된다. 브라우저 세션이 끝나면 이 페이지들이 디스크 상에 저장된다.

browsing[bráuziŋ] *v.* **훑어보기, 브라우징**

Broyden's method **브로이덴의 방법** 이 방법은 1회 반복해서 n개의 함수 계산을 하므로 계산 횟수 $O(n^2)$으로 감소하나 수렴 속도가 뉴턴법의 2차보다 조금 낮으며, Quasi-Newton법으로 비선형 방정식을 풀 때의 한 기법이다.

Bruce G. Buchnam **브루스 부넘** 덴드럴(Dendral) 프로그램에서 경험적 탐색 모형 개발과 함께 이 프로그램에서 MATA 덴드럴 프로그램을 만들었다. 스탠포드 대학에 재직중 브루스 부넘 교수는 대량의 자료에서 규칙을 찾고 이 자료의 처리를 위한 일반적인 원칙을 제시하고자 했다.

B-rule[bíː rúːl] **B룰, B 규칙** 이 B룰은 부목적 상태를 생성시키는 것인데, 후진 방향 생성 시스템에서 룰이 목적 상태에 적용되면 부목적 상태가 되는 것이고, 이 초기 상태에서 경로를 찾는 것이다.

brush[brʌ́ʃ] *n.* **붓, 브러시** 컴퓨터 시스템에서 사용하는 전기 도체로 천공 카드의 천공 상태를 감지하기 위한 것.

brush sensing[–sénsiŋ] **브러시 판독** 대부분 광전식으로서 카드에 뚫린 구멍을 통하여 +극(롤러)과 −극(브러시)이 접촉되어 전류가 흐를 때 카드에 천공되어 있는 데이터 등의 정보를 판독하도록 되어 있다.

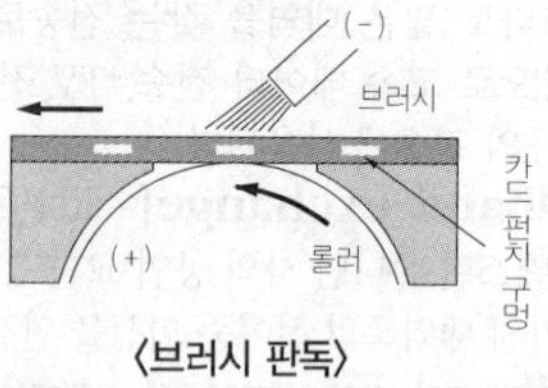

〈브러시 판독〉

brush station[–stéiʃən] **브러시 기구** 전기적인 접촉으로 카드의 천공 구멍을 판독하는 브러시가 위치하는 곳.

Brussel's system[brʌ́slz sístem] **브루셀 시스템** 분류 사항들을 0~9의 10개 숫자로 나타내는 국제 10진 분류.

brute-force approach[brúːt fɔ́ːrs əpróutʃ] **무작위 대입 접근** 수학적이거나 논리적인 것이 아닌 접근법으로서, 해결할 수 없는 문제의 해법에 컴퓨터의 기술을 적용하려는 시도.

brute-force technique[–tekníːk] **무작위 대입 기법** 수학적으로나 논리적인 해결이 불가능한 것을 컴퓨터의 계산 능력을 이용한 가장 원시적인 해결 기법으로, 최후의 수단이라 할 수 있다.

BS (1) **후퇴시키다** backspace의 약어. (2) **후퇴 문자** backspace character의 약어. 화면, 프린터에서 인쇄 위치를 앞당기는 제어 문자. 잘못 입력시킨 글자를 삭제하는 역할도 하며 ASCII 코드의 8번에 해당하는 문자 이름. ⇨ backspace character (3) **대차 대조표, 밸런스 시트** balance sheet의 약어.

BSA (1) **2진 동기 어댑터** binary synchronous adapter의 약어. (2) **비즈니스 소프트웨어 협회** Business Software Association의 약어. 소프트웨어의 저작권 침해와 소프트웨어 교역 반대 행위를 조사하고 통제하기 위해 알더스, 애수톤데이트, 로터스, 마이크로소프트, 오토데스크, 워드퍼펙트 등 미국 내 주요 소프트웨어 업체가 1988년에 창설한 조직.

BSAM **기본 순차 접근 방식** basic sequential access method의 약어. 주기억과 2차 기억 장치 간의 데이터 입출력을 행하기 위한 방법. 순차 파일을 대상으로 입출력 단위는 물리적인 레코드마다 행해진다. 시스템은 버퍼링이나 읽기 또는 쓰기를 하지 않는다. 그 대신 사용자는 스스로 입출력 동기(同期)를 다루어 문제에 따른 효과적인 처리를 할 수 있다. 연속된 순법으로 데이터 블록을 기억, 탐색하는 방식으로 순차 접근 장치나 직접 접근 장치를 이용한다. ⇨ basic sequential access method

BSB backside bus의 약어. CPU와 2차 캐시 메모리를 연결하는 전용 버스. ⇨ FSB, bus

BSC (1) **2진 대칭 채널** binary symmetric channel의 약어. IBM 대형 컴퓨터에서 데이터 전송을 조절하는 한 방법으로 사용하였다. (2) **2진 데이터 동기 통신** binary synchronous communication의 약어. 데이터 통신 시스템에서 통신 국가에 2진 코드 데이터의 동기 전송을 하기 위해 정의된 문자의 집합과 제어 문자 순서를 사용하는 프로토콜. ⇨ binary synchronous communication (3) **백사이드 캐시** backside cache의 약어. CPU와 2차 캐시 기억 장치를 전용 버스로 직접 연결하는 것으로, 메모리로의 고속 접근을 가능케 한다. 이 전용 버스를 백사이드 버스라고 한다. ⇨ second cache

BSCH 베이식 스케줄러 basic scheduler의 약어.

BSD UNIX BSD 유닉스 고속 파일 시스템(fast file system), 네트워크 지원, 가상 기억 장치 등을 주요 골자로 캘리포니아 대학 버클리 분교에서 개발한 유닉스 운영 체제의 하나로서 대학과 연구소 등의 미니컴퓨터 또는 공학용 워크스테이션에서 널리 쓰이고 있다.

BSP 경영 시스템 계획 작성법 business systems planning의 약어.

B-spline curve [bíː spláin kə́ːrv] **B 스플라인 곡선** Hermite 곡선이나 Bezier 곡선보다 매끄러운 형태의 곡선을 구할 수 있는데, 3차원에서 곡선을 표시할 때 양 끝점의 1차 도함수와 2차 도함수가 연속되도록 정의된 곡선이다.

BSTC 셋 탑 컴퓨터 set top computer의 약어. 인텔 사가 개발한 400달러 정도의 가전 PC. PC와는 호환성이 없으며, 조작이 간단한 TV나 비디오 같은 스타일을 지향하고 있다. 제2세대 셀러론(Celeron)을 CPU로 사용하고 있다. ⇨ STPC

B-store [–stɔ́ːr] **B-스토어** ⇨ index register

BSTAT 기본 상황 레지스터 basic status register의 약어.

BT 영국 전기 통신 회사 British Telecomm의 약어. 한국 통신(KT)에 해당하는 영국의 전기 통신 사업자. 영국의 우편 전기 통신 사업의 분리 정책에 따라 우편 공사(PTT)가 전기 통신 공사(BT)와 우편 공사(PO)로 분할되면서 만들어진 민영 회사로서 머큐리 사가 있다.

BTAM 기본 통신 접근 방식, 기본 통신 액세스법 basic telecommunications access method의 약어. 통신 회선을 통한 데이터의 주고받음을 컴퓨터가 다루는 경우의 액세스 방법의 호칭. 이 프로그램을 이용함으로써 단말 장치에서의 데이터를 보통 순차 형식의 입출력 장치와 같이 취급할 수 있다.

BTH 기본 전송 헤더 basic transmission header의 약어.

BTL 벨 전화 연구소 Bell Telephone Laboratories의 약어.

BTO build to order의 약어. 소비자의 주문을 받아서 제품을 생산하는 수주 생산 방식. BTO 방식으로 제품을 생산하면 소비자는 자신이 원하는 제품 사양을 만족스러운 가격으로 구입할 수 있을 뿐 아니라 생산자는 항상 재고를 보유할 필요가 없어 재고 관리 비용을 낮출 수 있는 장점이 있다.

B to B 기업 간의 거래 business to business의 약어. 전자 상거래 유형 중의 하나로 기업 간에 발생되는 전자 상거래. 기업 간 거래는 사설 데이터 시스템이나 부가 가치망(VAN) 등의 네트워크 상에서 주로 EDI를 사용하여 기업 간에 주문을 하거나 송장을 받고 대금을 지불하는 것으로 무역 · 제조 등의 분야에서 활용되고 있다.

B to C 기업과 개인 간의 거래 business to customer의 약어. 전자 상거래의 유형 중 기업과 개인 간에 발생되는 거래. 최근 인터넷의 급격한 증가로 상품의 생산자 또는 판매자들이 소비자들을 상대로 가상의 공간인 인터넷에 상점을 개설하고 상품을 판매하는 형태이다.

B to G 기업과 행정 기관 간의 거래 business to government의 약어. 전자 상거래의 유형 중 기업과 정부 조직 간에서 발생되는 거래.

BTP 일괄 전송 프로그램 batch transfer program의 약어. 중앙 또는 원격 단말 장치의 데이터 전송을 제어한다. 데이터 전송은 가상 원격 통신 접근 방식(VTAM)으로 이루어진다.

B-tree [bíː tríː] **균형 다방향 검색 트리** Balanced multiway search tree의 약어. 다음 조건을 만족하는 트리를 말한다. ① 뿌리(근)는 둘 이상의 자식을 가진다. 뿌리 이외의 어느 마디도 $k+1$ 이상의 자식을 가진다. 잎은 자식을 갖지 않는다. ② 어떤 마디의 자식의 개수도 높이가 $2k+1$이다. ③ 뿌리에서 잎에 닿는 경로의 길이는 어느 잎에서나 같다. B 트리는 「적당한」 균형을 가진 트리이고, 간단한 조작으로 균형을 이루는 것이 가능하다. R. Bayer와 E. McCreight가 제안하고 VSAM 등의 파일 편성법 기초 개념으로 사용된다.

B^+ tree B^+ 트리 인덱스 부분과 키 값을 저장하는 잎으로 된 순차 세트 부분의 2부분으로 구성되고 인덱스 부분은 잎에 있는 키를 신속하게 직접 접근할 수 있는 경로에 관한 정보를 갖고 있다.

B^* tree B^* 트리 빈번한 노드의 분열을 줄이고자 하는 것으로 모든 키와 그에 관련된 레코드들이 잎 노드에 존재하며, B 트리 인덱스로 검색되는 자료 구조.

Btrieve 비트리브 (1) B 트리(B-tree)를 이용한 색

인용 편성 파일(ISAM 파일) 조작용 툴. (2) 미국 노벨 사의 네트워크 운영 체제 「넷웨어」에 기본으로 제공되는 데이터 베이스 엔진. 네트워크 서버에서 작동하는 BTRIEVE.NLM(모듈)과 클라이언트에서 작동하는 BREQEST.EXE(Btrieve requester)로 구성된다. 데이터 베이스 기능 외에 Roll Back(문제 발생시 한 단계 전으로 되돌아가기) 기능이 있다.

B-TRON B-트론 business the realtime operating system nucleus의 약어. 다국어 처리, 파일 관리, 사람-기계 인터페이스, 기계 사이의 통신, 응용 프로그램 간의 데이터 교환 등 이용자들에게 고도의 통합 조작 환경을 제공해주기 위한 수준 높은 운영 체제. TRON은 일본 동경대를 중심으로 컴퓨터 제조 업체와 통산성이 협력하여 추진하고 있는 32비트 수퍼 워크스테이션을 개발하는 프로젝트 명령이며, 또한 32비트 노이만형 컴퓨터를 위한 운영 체제이기도 하다.

BTS 일괄 단말기 시뮬레이터 batch terminal simulator의 약어.

BTU 기본 전송 단위 basic transmission unit의 약어.

BTW 「bye the way(그런데)」의 약어. 인터넷 이메일이나 뉴스그룹, 채팅 등에서 주로 사용된다.

bubble [bʌ́bl] *n.* **버블** 「거품」 상태의 것과 「거품」 상(狀)의 행동에 대한 이름으로 쓰인다.

bubble domain [-douméin] **버블 영역**

bubble-forming films [-fɔ́ːrmiŋ fílmz] **버블 형성 필름** 레이저 광선의 열에 의해 유연한 금속 필름에 버블을 형성시켜 정보를 기록하고 반사된 광선의 진폭 변화에 의해 정보를 인지할 수 있는 필름.

bubble jet printer [-dʒət príntər] **버블젯 프린터** 캐논이 개발한 잉크젯 프린터의 일종으로 상표명이기도 하다. 잉크가 들어 있는 가는 파이프의 일부를 전기로 가열하여 발생한 기포(버블)의 압력으로 잉크를 분출하는 방식의 프린터. 장점은 기포의 압력이 높기 때문에 잉크젯 프린터보다 파이프가 막히는 일이 드물고, 소음이 적으며 유지비가 적게 든다. ⇨ ink jet printer

bubble memory [-méməri(ː)] **버블 메모리, 버블 기억 장치** 작은 모듈에 들어 있는 버블 기억 장치는 버블이라고 하는 작은 영역에 자성을 바꾸어 주어 디지털 정보를 저장한다. 이 기억 장치는 자성을 띠어 정전 상태에서도 정보를 기억하며 신뢰성이 높고, 속도가 빠르며 부피가 작고 에너지 소모가 적다.

bubble memory chip [-tʃíp] **버블 기억 장치 칩** 버블이라는 영역의 자성을 바꿈으로써 디지털 정보를 저장하는 기능을 가진 전기적인 칩으로 조그만한 모듈에 들어 있다. 버블은 박막의 자성 방향과 반대 방향으로 자성을 띠고 있는 원통형의 자력체이다. 테이프, 카세트, 플로피 디스크 등의 전기적 기억 장치보다 신뢰성이 높고 접근 속도가 빠르며 부피가 작고 에너지 소모도 적다.

bubble sort [-sɔ́ːrt] **버블 정렬** 일반적으로 사용되는 분류 알고리즘(sorting algorithm)이지만, 알고리즘이 수중(水中)의 「거품」과 움직임이 유사하기 때문에 이러한 이름이 붙여졌다. 이 말은 인접한 레코드의 키를 비교해서 그 결과 순서화되어 있지 않으면 교환하는 방식이다.

```
/*버블 정렬 알고리즘(플래그를 둔 경우)*/
procedure BUBBLE (X, n)      /*n개의 레코드로 구성된 파일 X*/
  k ← n;FLAG ← 1;            /*수행할 횟수와 플래그 결정*/
  while (FLAG>0) do          /*레코드의 교환이 없을 때까지*/
    k ← k - 1;
    FLAG ← 0;
    for i ← 1 to k do
    if(K[i]>K[i+1]) then
      {X[i] ↔ X[i+1]);FLAG ← 1;}  /*레코드의 교환*/
    end
  end
end BUBBLE
```

〈버블 정렬 알고리즘〉

```
입력 파일(16, 12, 37, 55, 34, 48, 21, 28)을 버블 정렬로 분류
1회전 : 16  12  37  55  34  48  21  28
        12  16  37  55  34  48  21  28
        12  16  37  34  55  48  21  28
        12  16  37  34  48  55  21  28
        12  16  37  34  48  21  55  28
        12  16  37  34  48  21  28  55
2회전 : 12  16  37  34  48  21  28  55
        12  16  34  37  21  28  48  55
3회전 : 12  16  34  37  21  28  48  55
        12  16  34  21  28  37  48  55
4회전 : 12  16  34  21  28  37  48  55
        12  16  21  28  34  37  48  55
```

〈버블 정렬의 예〉

bucket [bʌ́kət] *n.* **버킷** 어떤 종류의 레코드를 몇 개씩 묶은 것을 기억하는 장소. 대용량 파일을 처리할 경우 키 변환에 의해 구해지는 어드레스는 완전히 일정 분포로 되어 있으므로 어드레스는 어디에서인가 중복되어 오버플로 문제가 생긴다. 이 오버플로를 줄이기 위해 복수개(m개)의 레코드를 기억할 수 있도록 스페이스를 분할한다. 이 단위를 버킷이라고 한다. 몇 개의 레코드가 동일 어드레스로 변

환된다면 도착순으로 버킷에 넣는다. 만약 m 레코드 이상의 레코드가 도착했다면 비로소 오버플로가 생긴다.

bucket address [–ədrés] **버킷 주소** 해싱을 개개의 레코드 슬롯으로 하지 않고, 몇 개의 레코드를 수용할 수 있는 블록 공간을 이용하는 방식. 충돌 문제를 해결하는 한 가지 방법이다.

bucket address table [–téibəl] **버킷 주소표** 해시 구조에서 키의 해시값과 그 키를 갖는 레코드가 저장된 버킷의 주소를 가지고 있는 표.

bucket-brigade device [–brigéid diváis] **버킷 브리게이드 소자** 반도체 기판(n형)과 반대인 반도체(p형)를 전극 아래에 마련하고 전극에 전송용 전압 펄스를 가하여 전하를 버킷 릴레이식으로 옆으로 차례로 전송하는 소자.

bucket capacity [–kəpǽsiti(ː)] **버킷 용량** 1버킷에 저장할 수 있는 레코드의 수.

bucket sort [–sɔ́ːrt] **버킷 정렬** 버킷 정렬은 기수 정렬(radix sort)라고도 하며, 컴퓨터가 개발되기 이전에 나타난 카드 분류기(card machine)의 작동원리를 응용한 정렬 방법이다.

① 정렬되지 않은 입력 파일
(7, 19, 24, 13, 31, 8, 82, 18, 44, 63, 5, 10)
② 가장 하위에 있는 숫자로 버킷에 분배시킴(LSD)

버킷	입력 파일
0	10
1	31
2	82
3	13, 63
4	24, 44
5	5
6	
7	7
8	8, 18
9	19

③ 이들 버킷에서 결합 상태는 큐(FIFO)로서 다음과 같다.
10, 31, 82, 13, 63, 24, 44, 5, 7, 8, 18, 19
④ 다시 상위에 있는 숫자로 버킷에 분배시킴(MSD)

버킷	입력 파일
0	5, 7, 8
1	10, 13, 18
2	19
3	24
4	31
5	44
6	
7	63
8	
9	82

⑤ 각 버킷을 결합하면 다음과 같다.
5, 7, 8, 10, 13, 18, 19, 24, 31, 44, 63, 82

〈버킷 정렬의 예〉

buddy list [bʌ́di líst] **버디 목록** 온라인 상에서 연락하고 싶은 동료나 작업 그룹 회원 또는 친구들의 목록. 특히, 각종 인스턴트 메신저 프로그램에서 목록에 들어 있는 사람들이 네트워크에 접속했는지 확인하기 위한 용도로 자주 사용된다.

buffer [bʌ́fər] *n.* **버퍼, 사이, 칸** 동작 속도가 크게 다른 두 개의 장치(예컨대 중앙 처리 장치와 단말 장치) 간의 인터페이스로 이용되며, 속도차를 조정하기 위하여 이용되는 「일시적인 기억 영역」을 가리킨다. 예를 들면, 버퍼는 타이프라이터와 같은 저속인 입력 장치와 극히 고속으로 작동하는 중앙 처리 장치와의 사이에 설치된다. 또 서로 신호 레벨이 다른 장치 간의 데이터 송 · 수신을 조정하는 데에도 사용된다.

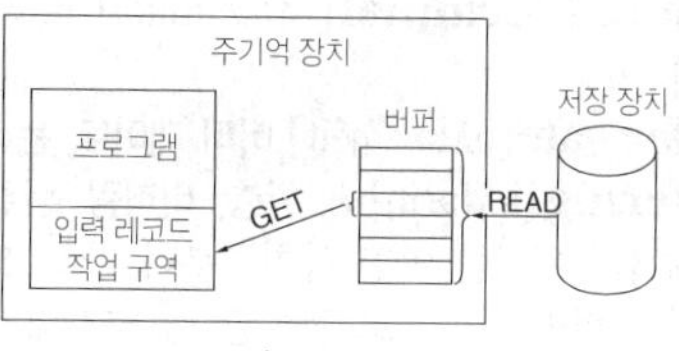

〈버 퍼〉

buffer alignment [–əláinmənt] **버퍼 경계 맞춤**

buffer amplifier [–ǽmplifàiər] **버퍼 증폭기** 두 개의 회로나 증폭기 사이에 위치하여 신호의 조정이나 간섭 방지의 역할을 하는 증폭기.

buffer area [–έ(ː)riə] **버퍼 영역** 버퍼로 사용되는 장소 또는 사용될 수 있는 장소.

buffer cache [–kǽʃ] **버퍼 캐시** 디스크의 입출력 효율을 높이기 위하여 주기억 장치의 한 영역을 최근에 사용된 디스크 블록의 내용을 기억하는 버퍼 영역으로 할당한 보조 기억 장치. 버퍼 캐시에 있는 디스크 블록은 디스크 접근 없이 바로 이용할 수 있으므로 효율적이다.

buffer capacitor [–kəpǽsitər] **버퍼 콘덴서**

buffer chain [–tʃéin] **버퍼 체인**

buffer circuit [–sɔ́ːrkit] **버퍼 회로** 수동되는 쪽의 회로가 구동되는 회로의 특성에 의해서 영향받는 것을 방지하는 회로. 즉, 신호원에 의해서 구동되는 회로로부터 격리시키기 위한 회로를 말한다.

buffer control [–kəntróul] **버퍼 제어, 버퍼 관리** 컴퓨터 장치에서 데이터 흐름 속도의 차이를 보상하거나 다른 장치로 데이터를 전송할 때 일어나는 시간차를 보상하기 위한 저장 장치의 제어.

buffer directory [–diréktəri(ː)] **버퍼 등록부(簿)**

buffer drum [–drʌ́m] **버퍼용 자기 드럼**

buffered computer [bʌ́fərd kəmpjúːtər] **버퍼 이용 컴퓨터** 일시적으로 잠시 동안 데이터를 기억하는 버퍼를 장착한 컴퓨터. 이것은 입출력 장치의 속도와 CPU 처리 장치의 속도 간격이 심하여 이러한 불균형을 극복하기 위해 입출력 장치와 CPU 사이에 버퍼를 장착한 것이다.

buffered input/output [–ínpùt áutpùt] **버퍼 이용 입출력** 입출력 통신이 행해지는 모든 주변

기기 사이에 최대 속도를 유지하면서 계속적이고 동시에 작동할 수 있도록 컴퓨터에 전송된 데이터를 일시적으로 보관할 수 있는 버퍼 레지스터를 이용한 입출력.

buffered keyboard printer [–kíːbɔ̀ːrd príntər] **완충 키보드 프린터** 키보드를 눌렀을 때 전송선으로 신호가 직접 전송되는 것이 아니라 일종의 완충 기능을 갖는 키보드 프린터.

buffered printer [–príntər] **버퍼 이용 프린터**

buffered terminal [–tə́ːrminəl] **버퍼 이용 단말기**

buffer gate [bʌ́fər géit] **버퍼 게이트, 논리합 회로**

buffering [bʌ́fəriŋ] *n.* **완충, 버퍼링** 컴퓨터 시스템에서의 처리를 어떤 장치로부터 다른 장치로 데이터를 일방 통행으로 전송할 때 양자의 속도차를 수정하기 위하여 중간에서 데이터를 일시적으로 기억 장소에 축적하는 수법. 이 방식에 의하면 고속 중앙 처리 장치(CPU)와 저속 입출력 장치의 작동 속도를 조정할 수 있으며, 컴퓨터 시스템 전체의 처리 능력이 향상된다. 현재 거의 모든 컴퓨터 시스템에서 채용하고 있다.

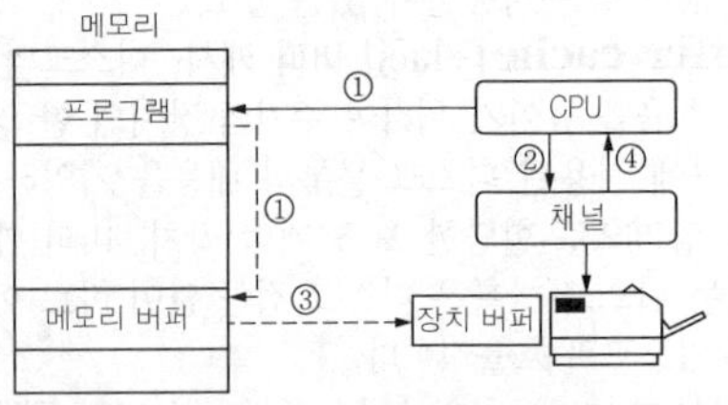

〈버퍼링의 수행 개념〉

buffering area [–ɛ́(ː)riə] **완충 영역**

buffering exchange [–ikstʃéindʒ] **버퍼 교환** 데이터의 내부 이동을 방지하기 위한 버퍼 교환은 작업과 완충 작용을 위해 특별히 설정된 장소와 연관이 있다.

buffer input/output channels [bʌ́fər ínpùt áutpùt tʃǽnəlz] **버퍼 이용 입출력 채널**

buffer input/output section [–sékʃən] **버퍼 이용 입출력 부분** 입출력 통신이 행해지고 있는 동안에 처리기는 계속해서 계산할 수 있으며, 중앙 처리 장치와의 데이터 통신은 입출력 통신으로 직접 주고받는다. 기억 장치의 접근은 시분할에 의해 이루어지고 입출력 속도에 의해 자동 제어되므로 접근 방법의 별다른 프로그램시 고려 사항은 없다. 또한 기억 장치의 접근 속도 주기는 프로그램보다 우선 순위가 높아 항상 입출력을 위해 이용된다.

buffer length [–léŋkθ] **버퍼 길이**

buffer management [–mǽnidʒmənt] **버퍼 관리**

buffer memory [–méməri(ː)] **버퍼 메모리** 일반적으로 주기억 장치와 중앙 처리 장치 사이에 명령이나 데이터를 일시 유지하는데 사용되는 고속의 기억 장치. 버퍼 메모리는 주기억 장치보다 메모리 용량은 적지만 고속의 기억 소자를 사용함으로써 주기억 장치와 중앙 처리 사이의 정보의 흐름을 원활하게 한다. 또 다른 입자에서 보면 기억의 계층 구성을 실현하고 있다고도 할 수 있다. 근래에는 다중 레벨을 가진 버퍼 메모리를 실현한 컴퓨터도 등장하였다. 또한 버퍼 메모리를 달리 로컬 메모리 혹은 캐시(cache)라고도 한다.

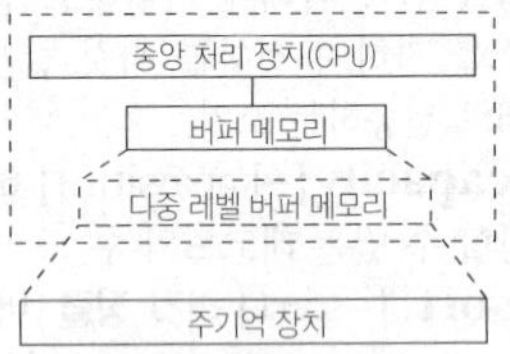

〈버퍼 메모리의 구성〉

buffer memory register [–rédʒistər] **버퍼용 기억 레지스터**

buffer number [–nʌ́mbər] **버퍼 수**

buffer offset [–ɔ́(ː)fsèt] **버퍼 오프셋** 물리 아스키 레코드 내의 최초 필드로서 최초의 논리 레코드에 선행하는 것.

buffer output [–áutpùt] **버퍼 출력** 컴퓨터의 보통 명령문을 기억하며 전송되어 오는 데이터를 받아 저장한다.

buffer output register [–rédʒistər] **버퍼 출력 레지스터** 내부의 기억 장소에서 데이터를 받아 자기 테이프와 같은 출력 매체에 전송하는 버퍼 역할을 하는 장치.

buffer overflow [–òuvərflóu] **버퍼 오버플로** 서버에서 가동되고 있는 프로그램에, 설정되어 있는 수신 용량보다 훨씬 큰 용량의 데이터를 한꺼번에 보낼 때 서비스가 정지되는 상태. 보낸 데이터에 특수한 실행 프로그램을 넣어두면, 정지시킨 서비스가 관리자 권한으로 움직이는 경우에 그 특수한 프로그램이 관리자 권한으로 동작한다. 이렇게 하여 서버에 침입하여 다양한 공격을 한다. 버퍼 오버플로는 응용 프로그램을 이용하여 보내진 데이터가 수신 용량을 넘는지를 체크하도록 해두면 막을 수 있다.

buffer pad character [–pǽd kǽrəktər] **버퍼 내장 문자**

buffer point [–pɔ́int] **버퍼 포인트** 입출력 버퍼에서 현재 입출력 장치가 데이터를 전송하는 곳의 위치나 프로그램이 데이터를 읽고 쓰는 위치를 가리키는 포인트.

buffer pool[-pú:l] **버퍼 풀**

buffer prefix[-prí:fiks] **버퍼 접두부**

buffer register[-rédʒistər] **버퍼 레지스터** 서로 다른 입출력 속도로 자료를 주고받는 두 장치. 즉, 중앙 처리 장치나 주변 장치의 임시 저장용 레지스터.

buffer segment[-ségmənt] **버퍼 세그먼트**

buffer storage[-stɔ́:ridʒ] **완충 저장 장치, 버퍼 저장 장치** 동작 속도가 다른 두 개의 장치(예를 들면, 입출력 장치와 주기억 장치)가 있을 때 속도와 시간 등의 조정을 행하기도 하며, 양자를 독립시키기 위한 기억 장치. 최근 범용 컴퓨터 주기억 장치의 접근 시간은 보통 수백 나노(nano)초이다. 한편 중앙 처리 장치(CPU) 내부의 연산 속도는 수백 나노초~수십 나노초 단위이다. 이런 속도차를 극복하고 처리 능력을 높이기 위하여 고안된 것 중의 하나가 「완충 저장 장치(buffer storage)」이다. 캐시 메모리(cache memory)라든가 고속 완충 저장 기구라고도 한다. 또 고속인 중앙 처리 장치와 저속인 출력 장치 사이에 있으며, 양자의 속도와 시간의 조정을 행하기도 하고, 양자를 독립하여 동작시키기 위한 저장 장치를 가리키기도 한다.

buffer storage area[-ɛ́(:)riə] **완충 저장 장소** 데이터의 임시 저장 장소. 주기억 장치의 저장 장소는 하나의 단어이거나 큰 블록일 수도 있어서 매우 다양하다.

buffer storage locations[-loukéiʃənz] **완충 저장 위치** 이쪽의 장치에서 저쪽의 장치로 데이터를 전송할 경우 생기는 시간, 전송 속도의 차이를 보상하기 위한 장소로 사용되는 일련의 기억 장소.

buffer store[-stɔ́:r] **완충 기억 장치** ⇨ buffer storage

buffer system[-sístəm] **버퍼 시스템** 디스크 시스템에 의해 제공되는 자원의 성능이나 효율을 극대화하며 CPU에 대한 입출력 요구를 낮추는 것을 목적으로 하는 완충 영역 시스템.

buffer unit[-jú:nit] **버퍼 구성 단위**

buffer unit pool[-pú:l] **버퍼 구성 단위 풀**

bug[bʌ́(:)g] *n.* **버그, 결함, 프로그램 내의 오류** 프로그램 상의 오류(error) 또는 에러 발생 개소를 말한다. 컴퓨터에 사용되고 있는 전자 디바이스(device) 등도 포함한 하드웨어의 오동작(誤動作 ; malfunction)과 고장 등을 「버그」라고 하는 경우도 있다. 버그는 시스템 설계(system design)와 프로그래밍에서의 실수(mistake)가 원인인 경우가 많다. 프로그램이나 하드웨어 중의 버그를 찾아내어 수정하는 것을 「디버그」 또는 「디버깅」이라 한다. 근년에는 프로그램에 한하지 않고 소프트웨어 전체에 있어서도 논리 모순, 설계 오류 등을 총칭하여 버그라고 하는 경우도 있다.

bug fixing[-fíksiŋ] **오차 정정**

bug patch[-pǽtʃ] **버그 패치** 프로그램에서 잘못이 발견되면 그 잘못을 고치기 위해 패치가 삽입되고 기록될 수 있다. 여러 개의 패치가 만들어지면 원시 프로그램에 삽입시키고 그 프로그램은 재정비되어야 한다.

BUGS 버그스 Brown University Graphics System의 약어.

build[bíld] *n.* **구축** 최종 시판 제품이 갖게 될 기능 가운데 지정된 부분 집합을 구현한 수행 가능한 소프트웨어 제품.

build in control[-in kəntróul] **빌드 인 컨트롤** 컴퓨터가 데이터 전송이나 계산을 잘못하지 않도록 자동으로 검사하도록 되어 있는 회로 또는 장치. 자동 검사 또는 빌트인 체크(built-in check)라고도 한다.

building block[bíldiŋ blɑ́k] **빌딩 블록** 컴퓨터는 다양해서 극히 복잡한 기능을 갖지만 그 구성은 몇 종류의 기본적인 회로 조합으로 되어 있다. 그러한 몇 종류의 기본적인 회로를 빌딩 블록이라고 한다.

building block principle[-prínsipl] **빌딩 블록 원칙** 모듈화라고도 하며, 하나의 큰 시스템을 구성하기 위해 서로 다른 설치 장치를 추가시킬 수 있는 시스템.

building block system[-sístəm] **빌딩 블록 방식** 처리 능력의 증강이 필요할 때 내부 기억 장치의 용량, 입출력 장치의 수, 보고 기억 장치의 용량 등을 간단히 증설할 수 있도록 되어 있는 방식. 일반 컴퓨터에서는 대부분 이 방식을 취하고 있다.

building layout[-léiàut] **빌딩 설계 방식** 기본 논리 회로의 블록을 열로 배열하고 열 사이의 장방형 영역에서 각 블록 사이의 배선을 하는 방식으로 LSI의 자동 설계 방식의 하나.

build to order[bíld tu ɔ́:rdər] ⇨ BTO

built-in[bílt ín] **내장** 하드웨어와 프로그램에 내장되어 있는 것을 표시할 때, 또는 내장(조립)되어 있는 디바이스와 루틴을 사용하여 검사와 제어 등을 행하는 것을 표시할 때 사용하는 용어.

built-in automatic check[-ɔ̀:təmǽtik tʃék] **내장 자동 검사** 자동 검사(automatic check)라고도 하며, 기계나 시스템이 정상으로 기능을 하고 있는지의 여부를 계통적(systematically)으로 검사하는 것이다. 검사 방법으로는 기계나 시스템에 내장된 검사 기계(check mechanism)를 사용하는 경우와 프로그램에 내장되어 있는 검사 루틴을 사용하는 경우가 있다.

built-in check[–tʃék] **조립(내장) 검사** 기기의 기능 검사가 미리 그 기기 내에 내장된 검사 기구를 사용하여 자동으로 검사되는 것.

built-in command[–kəmǽːnd] **내장 명령** MS-DOS나 CP/M에서 사용되는 명령으로 이들 운영 체제 내에 내장되어 상주하고 있는 것. 일반적으로 명령은 외부 파일 형태로 존재하지만, 자주 사용되는 명령을 운영 체제 안에 내장함으로써 빠른 응답 속도를 기대할 수 있다.

built-in controls[–kəntróulz] **내장(조립) 제어** 제작자가 정보 처리 시스템 속에 내장한 다양한 오류 검증 기능.

built-in documents[–dákjumənts] **온라인 매뉴얼** 시스템 내부에 있는 전자화된 매뉴얼(취급 설명서). 사용자가 보고 싶을 때 수시로 도움말 기능이나 안내 정보로 불러올 수 있다.

built-in font[–fánt] **내장 글꼴** 프린터나 컴퓨터에 미리 내장되어 있는 글꼴.

built-in function[–fʌ́ŋkʃən] **내장 함수** FORTRAN 등의 컴파일러 속에 내장되어 있는 함수. 시스템 라이브러리에 등록되어 있는 라이브러리 함수는 어셈블리, COBOL 등으로 호출되나 내장 함수는 그것을 조립해넣은 컴파일러가 아니면 호출할 수 없다. 대개 제작자에 의해 제공되며, 대표적인 것으로 삼각함수, 로그, 반올림 등의 연산을 행하는 것과 일군(一群)의 데이터 가운데 최대값, 평균값 등을 얻는 것이 있다. 예를 들면, sin(52°)라든가 cos(27°)의 계산을 하고자 하는 경우 코딩 상은 Y = sin(X), Y = cos(X)로 하여 X에 52°, 27°를 대입함으로써 자동으로 계산할 수 있도록 되어 있다.

built-in predefined[–prídifàind] **내장 정의 완성** 프로그램 언어의 정의에 따라 선언되어 있는 대상물에 관한 용어이며, 예를 들면 PL/I의 내장 함수 SIN, FORTRAN의 정의 완성 데이터형 INTEGER 등.

built-in procedure[–prəsídʒər] **내장 절차**

built-in storage[–stɔ́ːridʒ] **내장 기억 장치**

built-in subroutine[–sʌbruːtíːn] **내장 서브루틴** PL/I 언어에서 처리계에 의해 정의된 입구명(入口名)을 가지며, CALL 문에 의해 호출되는 서브루틴을 말한다. 이것에 의해서 특정 운영 체제(OS)의 기능을 프로그램 자체적으로 이용할 수 있다.

built-in testing[–tésting] **내장 검사** 구성 요소들의 동작 환경에서 집중적인 사용에 의한 구성 요소들의 검사 방법.

built-in tracing structure[–tréisiŋ strʌ́ktʃər] **내장 추적 구조** 프로그램 수행 기간중 부분적인 결과를 출력시키는 명령어. 이 명령은 일시적인 특성이 있고, 여러 테스트 명령을 사용하여 쉽게 제거될 수도 있다. 특히 여러 오류 제거, 고장 진단 및 오류 추적 루틴은 프로그램이 저장한 부분이다.

bulk[bʌ́lk] *n.* **대용량, 벌크, 부피** 크기(size), 두께(thickness), 용적(volume) 등이 많이 있는 것.

bulk-effect device[–ifékt diváis] **대량 효과 장치**

bulk eraser[–iréisər] **대량 삭제기** 테이프를 릴에서 제거하지 않고도 테이프 릴에 기록된 정보를 파괴하거나 지우는 장치.

bulk generation[–dʒènəréiʃən] **내부 발생**

bulk item[–áitəm] **대용량 상품** 어떤 이유로 제조업자가 방출한 비정규 상품이나 상점용으로 출하된 부품을 그대로 상품화한 것. 가격이 저렴한 대신 보증을 받을 수 없거나 패키지 또는 설명서가 너무 간단하거나 없을 수도 있다는 단점도 있다.

bulk lifetime[–láiftaìm] **내부 수명**

bulk loader[–lóudər] **벌크 적재기** 데이터 베이스의 테이블에 새로운 레코드를 첨가할 때, 데이터 베이스의 외부의 별도 파일에 저장된 데이터들을 일괄적으로 데이터 베이스 테이블 내로 첨가시키는 기능을 하는 프로그램.

bulk media conversion[–míːdiə kənvə́ːrʃən] **대용량 매체 변환**

bulk memory[–méməri(ː)] **대용량 기억 장치** ⇨ mass storage

bulk photoconductor[–fòutoukəndʌ́ktər] **대량 광도전체**

bulk recombination[–riːkàmbinéiʃən] **내부 재결합도**

bulk storage[–stɔ́ːridʒ] **대용량 기억 장치** 기억 용량(memory capacity)이 상당히 큰 기억 장치.

bulk store[–stɔ́ːr] **대용량 기억**

bullet[búlət] **불릿** 텍스트 앞에 주의를 끌기 위해 붙이는 그래픽 문자. 원래는 검은 동그라미나 흰 동그라미를 의미했지만 일반적으로 검은 네모나 별표, 사각형, 이중원 등의 모든 장식 무늬를 가리킨다.

bulletin board[búlətin bɔ́ːrd] **전자 게시판**

bulletin board system[–sístəm] **BBS, 게시판 체계** 데이터 통신(data communication)에서 통신 기능의 하나로서 주컴퓨터(host computer)와 터미널(terminal), 또는 터미널을 통해서 접속하여 가입자에게 정보를 제공하는 시스템. 포스트(post)라고도 하며, 전자 사서함 이용자들에게는 어떤 사실을 공표하거나 물건을 매매할 때 정보 게시 등의 용도로 쓰일 수 있고 한 회사 내의 게시판으로도 쓰여질 수 있으며, 전자 사서함의 전체 가입자를 위해 쓰이기도 한다.

bump mapping[bʌmp mǽpiŋ] **범프 매핑** 3D 컴퓨터 그래픽에서, 다각형으로 표현된 물체 표면에 요철을 나타내는 기법. 이것에 의해 빛에 대한 음영 등을 세밀하게 묘사할 수 있다. 텍스처 매핑 등을 병용해서 보다 실감나게 화상을 표현할 수 있다. ⇨ texture mapping

BUNCH **번치** 컴퓨터 업계 용어의 하나. 「거대한」 IBM에 대한 「기타」 외국 컴퓨터 메이커를 일컫는 이름이며, 버로우스(Burroughs), UNIVAC, NCR, CDC, 허니웰(Honeywell)의 메인 프레임 메이커 5개 회사를 가리킨다. 단, 1987년에 버로우스와 유니백이 합병하여 유니시스(Unisys)가 되었기 때문에 이 말은 사장될지도 모른다.

bundle[bʌ́ndl] *n.* **묶음** 그래픽에서 한 출력 요소에 따르는 비기하학적 속성의 그룹.

bundled[bʌ́ndld] *a.* **가격 비분리**

bundled software[–sɔ́(:)ftwὲər] **번들 소프트웨어** 컴퓨터나 PC 서적 등에 기능 확장용 또는 서비스로 첨부된 소프트웨어.

bundle index[bʌ́ndl índeks] **묶음 지표** 그래픽에서 한 출력 요소에 따르는 묶음표 가운데 하나의 항목을 나타내는 지표.

bundle of rays[–əv réiz] **광선속(光線束)** 광선의 집합. 광속이라고도 하지만 측광량(測光量)인 광속과 구별하기 위해서 광선속이라 하는 것이 좋다. 기하 광학에서는 임의의 광선의 집합이 아니라 수직으로 교차되는 직교면이 반드시 있고, 그 성질은 임의 회수의 반복 · 굴절을 한 후에도 변화하지 않는 것을 특히 광선속이라 한다.

bundle table[–téibəl] **묶음표** 워크스테이션의 속성으로 어느 출력 기본 요소에 따르는 묶음으로 구성된 표.

bundling[bʌ́ndliŋ] **번들링** 어떤 제품에 다른 제품을 첨부해서 판매하는 것. 특히, 하드웨어 제품을 구입할 때 각종 응용 소프트웨어들이 번들링되는 경우가 많다.

burden[bɔ́:rdən] *n.* **부담**

buried cable[bérid kéibl] **매립 케이블** 땅속에 묻는 케이블.

buried layer[–léiər] **매립층** 트랜지스터 구조에서 전도도를 증가시키기 위한 외피층 밑에 마련된 도핑층.

burn[bɔ́:rn] *v.* **번**

burn-in[bɔ́:rn in] **번 인, 기능 시험** 기능 단위의 친숙함을 좋게 하거나 특성을 안정시키기 위해 사용 전에 일정 시간 동작시킨다는 의미가 있다. 초기의 동작 정지율이나 고장을 발견하는 부품 검사의 특별한 단계를 의미한다.

burn-in acceptance criterion[–əkséptəns kraitíəriən] **번 인 합격 기준**

burn-in board checkout[–bɔ́:rd tʃékàut] **번 인 기판 검사**

burning[bɔ́:rniŋ] *a.* **버닝, 굽기** PROM(programmable ROM)에 전류를 흘려 자료를 써넣는 것. 25V 정도의 전압이면 ROM이 뜨거워지므로 「버닝」, 즉 「롬을 굽는다」고 한다.

burn-in test[bɔ́:rn in tést] **번 인 시험**

Burroughs **버로우스** 미국의 주요 컴퓨터 메이커(브랜드)의 하나. 스페리, 유니백과 합병하여 Unisys(유니시스)로 바뀌었다.

burst[bɔ́:rst] *v. n.* **버스트** 어떤 특정된 기준(criterion)에 따라 한 단위로서 취급되는 연속된 신호(signal) 또는 데이터의 모임. 어떤 현상이 짧은 시간에 집중적으로 일어나는 현상. 또는 주기억 장치의 내용을 캐시 기억 장치에 블록 단위로 한꺼번에 전송하는 것.

burst amplifier[–ǽmplifàiər] **버스트 증폭기**

burster[bɔ́:rstər] *n.* **버스터** 컴퓨터 시스템의 오프라인에서 사용되는 장치로서 인쇄기의 출력으로 나오는 연속 인쇄 용지를 한 매씩 분리하는 장치.

burst error[bɔ́:rst érər] **버스트 오류** 에러가 일시적으로 연속하여 발생하고, 또 일반적으로는 에러 비트(erroneous bit) 사이에 오는 교정 비트(correct bit)의 수가 목표로 하는 수보다도 적게 되는 현상.

burster trimmer stacker[bɔ́:rstər trímər stǽkər] **BTS, 용지 후 처리 장치**

burster trimmer stacker feature[–fí:tʃər] **스태커 기구**

burst flag[bɔ́:rst flǽ(:)g] **버스트 플래그**

bursting[bɔ́:rstiŋ] **버스팅** ⇨ burst

burst interval[bɔ́:rst íntərvəl] **버스트 기간**

burst mode[–móud] **버스트 모드, 버스트 방식** 주기억 장치와 입출력 장치 사이의 데이터 전송에서 필요한 데이터 전송을 필요한 자릿수만, 끼어들기 없이 보내는 자료 전송 방식. 이에 대하여 1문자의 전송이 끝날 때 다음 입출력 장치의 전송을 행하며, 복수의 입출력 장치에서 동시에 데이터를 전송하는 방식을 멀티플렉스 방식(multiplex mode)이라 한다. 버스트 방식은 멀티플렉스 방식에 비해 고속의 데이터 전송을 할 수 있는 특징이 있다.

burst mode multiplexer[–mʌ́ltiplèksər] **버스트 방식 멀티플렉서** 한 입출력 장치가 선택되면

그 입출력이 끝날 때까지 최선의 데이터 통로를 독점하는데, 멀티플렉서는 고속 장치에 대해서는 버스트 방식으로 동작하고 버스트 방식에서는 입출력 장치의 작업이 끝날 때까지 최선을 제어하게 된다.

burst noise [–nɔ́iz] **잡음 구역** 대전 구역이 전자를 흡수하거나 방출하여 베이스 전류 혹은 이미터 전류를 변화시키기 때문에 발생되며, 데이터 베이스 공간의 대전 구역 한가운데 발생되는 잡음.

burst quiet interval [–kwáiət íntərvəl] **버스트 침묵 기간**

burst refresh mode [–rifréʃ móud] **버스트 재생 방식**

burst repetition rate [–repətíʃən réit] **버스트 반복률**

burst separator [–sépərèitər] **버스트 분리 회로**

burst-slug detector [–slʌ́(:)g ditéktər] **버스트 슬러그 검출기**

burst transfer [–trǽnsfər] **버스트 전송** 버스 주기로 연속 사용할 때 여러 개의 바이트 데이터를 모아서 전송하는 것.

burst transmission [–trænsmíʃən] **버스트 전송** 데이터 전송 분야에서 사용되는 용어. 일정한 간격으로 데이터를 적재해두고 몇 십 배의 전송 속도로 전송하는 것. 데이터의 수신측에서는 또 원래의 속도로 선행 단말 장치 등으로 송신된다. 이 방법을 사용하면 종류가 다른 단말 장치 간의 통신이 가능하게 된다.

bus [bʌ́s] *n.* **버스** 복수개의 장치(unit)와 레지스터(register) 사이에서 데이터의 전송(data transfer)이 행해지는 공통의 정보 전송로. 메모리와 다른 장치 사이에 접속되는 버스를 메모리 버스라 하고, 입출력 장치(input/output unit)가 접속되는 버스를 입출력 버스(I/O bus)라 한다.

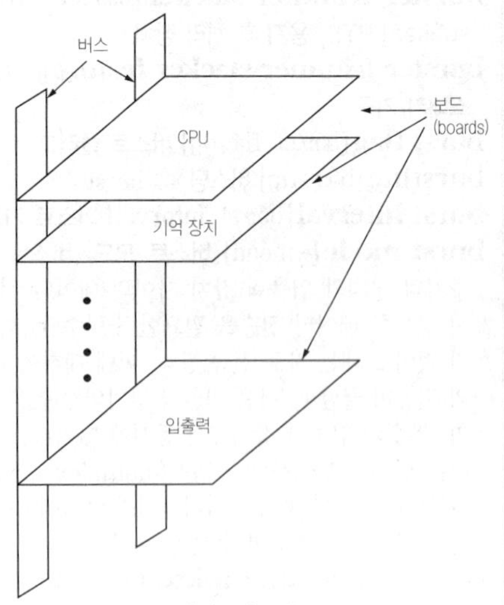

〈버 스〉

bus adapter module [–ədǽptər mádʒu:l] **버스 어댑터 모듈**

bus address register [–ədrés rédʒistər] **버스 주소 레지스터** 어떤 시스템에 사용되는 레지스터로서 다양한 수신지 형태에 대해 마지막으로 비명령어 채취 버스 주소를 포함하고 있는 레지스터.

bus arbitration [–ɑ:rbitréiʃən] **버스 재정(裁定)**

bus arrangement [–əréidʒmənt] **버스 구성** 하나의 입출력 채널에 대하여 복수의 주변 장치를 접속하는 방식의 하나.

bus available signal [–əvéiləbl sígnəl] **BA signal, 버스 가능 신호**

bus-bar [–bá:r] **모선(母線)** 전기적 전도체 또는 기업체 내의 여러 부분을 연결시켜 주는 물리적인 신호 운반체. 버스의 대체어로 사용되기도 한다.

bus busy [–bízi(:)] **버스 비지**

bus circuit [–sə́:rkit] **버스 회로** 중앙 처리 장치, 주기억 장치, 주변 장치 사이의 통신 통로를 제공하는 회로의 집단.

bus controller [–kəntróulər] **버스 제어기** 버스 지령 및 제어 신호를 발생하는 장치.

bus cycles [–sáiklz] **버스 사이클** 각 처리기 명령어에 필요한 것으로 먼저 프로그램 카운터가 지정하는 주소에서 명령어를 가져와서 그 명령어가 기억 장치나 입출력 장치에 들어 있는 피연산자를 필요로 하지 않으면 그 이상의 버스 사이클을 요구하지 않는다. 만약 기억 장치나 입출력 장치가 참조된다면 대부분의 시스템에서는 하나 이상의 부수적인 버스 사이클을 필요로 한다.

bus driver [–dráivər] **버스 드라이버** 버스 방식에서 입출력 기기나 메모리를 순차적으로 접속하는 형태를 취할 때 MOS 또는 TTL의 각 장치 간에 있는 레벨 변환 칩이 필요하며, CPU에 적당한 드라이브를 주기 위해 버스에 넣는 집적 회로.

bus driver circuit [–sə́:rkit] **버스 드라이버 회로**

bus driving circuit [–dráiviŋ sə́:rkit] **버스 드라이브 회로**

bus error [–érər] **버스 오류** 접근 불가능한 주소로 접근하거나 주변 입출력으로부터의 응답 타임아웃에 의해 발행되는 예외. 복원 불능의 오류인 경우와 가상 기억의 페이지 오류인 경우가 있다. 버스 폴트(bus fault)라고도 한다. ⇨ bus

bus error traps [–trǽps] **버스 오류 트랩** 시스템에서 발생하는 시간 초과의 오류에 관한 것으로 이러한 현상은 기억 장치 내에 존재하지 않는 주소나 존재하지 않는 주변 장치에 접근을 시도할 경우에 발생한다.

bus exception code[–iksépʃən kóud] BEC, 버스 예외 코드

bus extender module[–iksténdər mádʒuːl] 버스 연장 모듈

bus family[–fǽmili(ː)] 버스 계열 여러 종류의 기능을 갖는 버스들의 집단.

bus hub[–hʌ́(ː)b] 버스 허브 버스 신호들의 출입구로 설정된 제어판 상의 위치.

bus idle[–áidl] 버스 아이들

bus-in[–in] 버스 인 데이터 채널과 입출력 제어 장치 간의 접속면인 입출력 인터페이스에서 채널로의 출력 버스.

business[bíznəs] *n.* 비즈니스 회계(會計 ; accounting)와 관리(management) 등의 사무 등 기업 경영에서 필요로 하는 업무 전반.

business analysis[–ənǽlisis] 경영 분석

business applications[–æ̀plikéiʃənz] 사무 응용 재고, 판매, 고객, 인사, 구매 등 기업의 업무 처리에 관련된 컴퓨터의 응용 분야.

〈사무 응용〉

business assessment[–əsésmənt] 업무상 심사, 비즈니스 어세스먼트, 사무상 심사

business automation[–ɔ̀ːtəméiʃən] 사무 자동화 1953년에 영국의 리오스 상회에서 급여 전산화를 한 것이 사무 자동화의 시초이며, 1978년 미국 NCC(National Computer Conference)에서 공식적으로 이 용어(OA)가 사용되었다. 컴퓨터에 의한 데이터 처리가 중심을 이루고, 현장에서 보내오는 대량의 데이터나 사무에 필요한 정보를 기계에 의한 신속한 처리와 활용에 의한 경영의 효율적이고도 합리적인 운영을 하기 위한 것.

business calculation language[–kæ̀lkjuléiʃən lǽŋgwidʒ] 사무 계산용 언어

business communication system [–kəmjùːnikéiʃən sístəm] BCS, 상업용 통신 시스템

business computer[–kəmpjúːtər] 사무용 컴퓨터

business cost[–kɔ́(ː)st] 사무 비용

business data processing[–déitə prásesiŋ] 사무 데이터 처리 재무와 관리 업무 등의 번잡한 사무 처리(business transaction)를 컴퓨터를 이용하여 자동으로 하는 것. administrative data processing이라고도 한다.

business definition language[–dèfiníʃən lǽŋgwidʒ] 사무 처리의 정의 언어 Thomas J. Watson(IBM 사) 연구소에서 사용하기 편리하도록 설계한 초고급 프로그램 언어.

Business Equipment Manufacturers Association[–ikwípmənt mænjufǽktʃərərz əsòuʃiéiʃən] BEMA, 미국 사무 기계 공업회

business form[–fɔ́ːrm] 비즈니스 폼

business game[–géim] 비즈니스 게임 기업에서의 경영 전략을 여러 각도에서 측정하고, 컴퓨터에 의한 시뮬레이션에 의해 그 결과를 판정하여 최량의 전략을 얻고자 하는 것. 몇 그룹의 팀이 같은 마켓을 두고 경쟁하여 생산 계획과 판매 계획을 세우고, 심판측이 시장 상황 등의 요소를 덧붙여 컴퓨터를 이용하여 각 팀의 성과를 판정한다. 기업 전체를 넓은 시야에서 파악하는 것을 훈련한다는 의미에서 효과가 기대되며 널리 활용되고 있다.

business graphic[–grǽfik] BG, 비즈니스 그래픽, 사무 도표 그래픽 표시 기능을 가지고 있는 단말을 이용해 경영 정보를 그래프 · 지도 · 그림 등 시각화 정보로 변환함으로써 경영상의 의사 결정에 도움이 되고자 함을 목적으로 하는 컴퓨터 그래픽. 신속한 경영의 대국적인 상황이나 움직임의 파악이 가능하며 OA(사무 자동화)의 중요한 요소 기술이 되고 있다. 비즈니스 그래픽은 LAN(근거리 통신망)으로 연결된 오피스 워크스테이션 상으로 실현되는 것이 이상적이며 취급되는 도형도 여러 가지이다.

business graphics components[–grǽfiks kəmpóunənts] 사무용 그래픽 장치 CRT 디스플레이, 펜 플로터, 플라스마 디스플레이 등의 사무 응용을 위한 그래픽 정보와 문자들을 나타내기 위한 장치.

business graphics software[–sɔ́(ː)ftwɛ̀ər] 비즈니스 그래픽스 소프트웨어

business instruction[–instrʌ́kʃən] 비지니스 명령

business instruction set[–sét] 비즈니스 명령 세트

business language[–lǽŋgwidʒ] 비즈니스 언어

business machine[–məʃíːn] 사무 기계, 자영

기기 (1) 사무용 기기, (2) 데이터 송수신을 위해 통신 시설에 접속되는 기계로서 사용자가 준비하는 것.

business machine clock[-klák] **내부 시각 기구**

business management information system[-mǽnidʒmənt ìnfərméiʃən sístəm] **비즈니스 경영 정보 시스템** ⇨ MIS

business management system **경영 관리 시스템**

business model patent[-mádəl pǽtənt] **비즈니스 모델 특허** 주로 인터넷 비즈니스 상의 아이디어에 대한 특허. 미국 Amazon.com 사의 「One Click Order」가 유명하다. 이것은 인터넷 쇼핑 등에서 최초로 입력된 고객 정보를 바탕으로 두 번째 이후부터는 입력을 생략할 수 있다는 것이다. 기술적으로는 간단하지만 널리 사용되는 곳이 많기 때문에 특허권 침해도 늘어나고 있다. 또한 국경이 없는 인터넷에서는 타국의 특허를 침해하여 소송 당하는 경우도 있다.

business operation[-àpəréiʃən] **경영 활동** 기업의 목표 달성을 위한 기본적인 활동.

business oriented application[-ɔ́(:)riəntəd æ̀plikéiʃən] **사무용 응용**

business oriented language[-lǽŋgwidʒ] **비즈니스 중심 언어**

business presentation[-prèzəntéiʃən] **업무용 발표 자료** 기업 등에서 주제 발표나 브리핑에 쓰이는 자료.

business process[-práses] **경영 관리** 시간 경과에 따른 연속·반복적으로 생기는 경영 가치 활동의 과정.

business programming[-próugræmiŋ] **비즈니스 프로그래밍**

business psychology[-saikálədʒi(:)] **경영 심리학**

business regional area INS **BRAINS, 브레인스** ⇨ BRAINS

business report/application development system[-ripɔ́:rt æ̀plikéiʃən divéləpmənt sístəm] **BRADS, 보고서 작성/적용 업무 개발 시스템**

business software[-sɔ́(:)ftwὲər] **업무용 소프트웨어** 사무 처리를 목적으로 하는 소프트웨어.

business system[-sístəm] **경영 시스템**

business system analysis[-ənǽlisis] **경영 시스템 분석**

business system coordinator[-kouɔ́:rdinèitər] **경영 시스템 조정자**

business system planning[-plǽniŋ] **BSP, 정보 시스템 계획 작성법**

business terminology dictionary[-tə:rminálədʒi(:) díkʃənəri(:)] **사무 처리 용어 사전**

business to business[-tu: bíznəs] **기업 간의 거래** ⇨ B to B

business to customer[-kʌ́stəmər] **기업과 개인 간의 거래** ⇨ B to C

business to government[-gʌ́vər(n)mənt] **기업과 행정 기관 간의 거래** ⇨ B to G

bus interface unit[bʌs íntərfèis jú:nit] **버스 인터페이스 장치** 노드의 외부 노드와 CIU 사이의 인터페이스 역할을 하는 것. RS-232C나 CCITT의 V.24가 대표적이다.

bus interfacing [-ìntərféisiŋ] **버스 인터페이싱**

bus-line[-láin] **모선**

bus master[-mǽ:stər] **버스 마스터** 컴퓨터 시스템에 연결된 시스템 중 버스의 사용을 억제 또는 통제하는 역할을 하는 장치.

bus mouse[-máus] **버스 마우스** PC에 사용되는 입력 장치. 컴퓨터의 직렬 통신 포트에 의하지 않고 본체 기판에 직접 인터페이스 카드를 꽂아서 연결하도록 되어 있다.

bus multiplexing[-mʌ́ltiplèksiŋ] **버스 다중화** 시스템에서 프로그램된 자료를 전송하는 동안에 프로세서를 먼저 고정된 시간 동안 버스로 주소를 전달하고 주소 처리에 필요한 시간이 경과된 후 그 프로세서는 프로그램된 입력이나 출력 자료의 전송을 수행하는 것. 즉, 같은 버스에 주소와 자료를 함께 전송하는 방법.

bus network[-nétwə̀:rk] **버스망** 각 국(station) 근방의 긴 케이블을 이용하여 널리 보급된 지역망.

bus orbiter[-ɔ́:rbitər] **버스 오비터** 버스에 접속되어 있는 요소 가운데 어느 요소에 버스의 사용권을 주는가를 결정하는 것.

bus organized structure[-ɔ́:rgənàizd strʌ́ktʃər] **버스의 유기 구조**

bus-out[-áut] **버스 아웃** 데이터 채널과 입출력 제어 장치의 입출력 인터페이스에서 채널로부터의 출력 버스.

bus out check[-tʃék] **버스 아웃 검사** 컴퓨터 시스템을 구성하는 각 장치 간에 데이터를 전송하는 경우 전송 경로를 버스라 하고, 그 버스의 출구에서 오류를 검사하여 판단한다.

bus peripheral[-pərífərəl] **주변 장치 버스**

bus polling protocol[-páliŋ próutəkɔ(:)l] **버스 폴링 프로토콜** 시스템에서 벡터화된 인터럽트를 가능하게 하는 버스 프로토콜이 있는데, 이 방식에서 장치 폴링을 인터럽트 처리 루틴 내에서 수행하지 않고 인터럽트 서비스를 요구하는 많은 장치들이 이 버스에 접속되어 있을 경우 상당한 양의 처리 시간 단축을 뜻하는 것.

bus priority structure[-prɑiɔ́(ː)riti(ː) strʌ́ktʃər] **버스 우선 순위 구조** 버스는 여러 입출력 장치에 의해서 사용되므로 프로세서나 입출력 장치 중 어느 것이 버스에 대한 제어권을 갖는가 결정하는 우선 순위 구조.

bus program counter[-próugræm káuntər] **버스 프로그램 카운터**

bus receiver[-risíːvər] **버스 수신기**

bus signal[-sígnəl] **버스 신호**

bus slave[-sléiv] **버스 종족** 버스 상의 데이터 전송의 제어가 CPU와 그 주변 장치의 양쪽에 공존하는 버스 기구에서 데이터를 버스 마스터로부터 받거나 또는 버스 마스터로 전송하는 장치.

bus structure[-strʌ́ktʃər] **버스 구조**

bus system[-sístəm] **버스 시스템**

bus terminal[-tə́ːrminəl] **버스 단말** 버스의 끝에서 전기적으로 신호를 반사하는 장치.

bus termination[-təːrminéiʃən] **버스 종단(終端)** 매우 높은 속도의 시스템에만 필요한 것으로 버스의 종단에서 반사를 방지하는 전기적인 수단.

bus topology[-təpɑ́lədʒi(ː)] **버스 위상**

bus transceiver[-trænsíːvər] **버스 송수신기**

bus type[-táip] **버스형** 이것은 케이블 설치에 소요되는 비용. 가장 적고 각 노드의 고장이 다른 부분에 영향을 미치지 않으나 기저대 방식을 쓸 경우에는 거리에 민감하여 중간 단말기가 필요한 LAN의 기본 토폴로지 중의 하나. 모든 노드들은 버스에 T자형으로 연결되고 간선과 단말 장치와의 접속은 간단한 접속 장치를 붙이는 것으로 가능하고 통신 부분의 대부분이 단말 장치측으로 분산되므로 통신 시스템 전체의 비용과 단말과의 사이는 거의 비례 관계가 되며 소규모에서 대규모까지의 시스템을 경제적으로 규정할 수 있다.

bus wire[-wáiər] **버스 배선** 중앙 처리 장치, 기억 장치, 입출력 장치 등이 서로 정보를 교환할 수 있게 하는 배선 그룹.

busy[bízi(ː)] *a.* **사용중인, 통화중인** 제어 장치(control unit)나 입력 장치가 일시적으로 커맨드(command) 또는 명령(instruction)을 실행할 수 없는 상태가 되는 것을 표시할 때 사용하는 용어. 이와 같이 제어 장치와 입출력 장치가 비지(busy)인 상태가 되는 것은 개입 중단(interruption)이 발생하고 있거나, 앞에서 실행한 커맨드 또는 명령이 종료되지 않은 상태이거나 하는 등의 원인이 많다.

busy after reset[-ɑ́ːftər riːsét] **리셋 동작중**

busy-back signal[-bǽk sígnəl] **통화중 신호**

busy-back tone[-tóun] **통화중 음**

busy-buzz[-bʌ́z] **통화중 음**

busy condition[-kəndíʃən] **사용 상태**

busy-flash signal[-flǽʃ sígnəl] **통화중 점멸 신호**

busy hour[-áuər] **최다 통화 시간**

busy hour call[-kɔ́ːl] **최다 통화 호출**

busy lamp[-lǽmp] **통화중 램프**

busy line[-láin] **통화중 회선**

busy period[-pí(ː)riəd] **전가동 시간**

busy signal[-sígnəl] **사용중 신호** 커맨드와 데이터를 수신(accept)할 수 없는 상태임을 알리기 위하여 송신(transmission)되는 신호.

busy test[-tést] **통화중 시험**

busy tone[-tóun] **통화중 음**

busy trunk line[-láin] **통화중 중계선**

button[bʌ́tən] *n.* **버튼**

button device[-diváis] **버튼 장치** 프로그램화되어 기능 키보드로 구현될 수 있는 그래픽 시스템의 입력 장치.

buzzer[bʌ́zər] *n.* **버저**

buzz word[bʌ́z wə́ːrd] **버즈 워드** 스톱 워드(stop word)라고도 한다. 너무 일반적이라 검색 대상으로서 가치가 없는 말. 예를 들면, and, address, record 등. 대부분의 데이터 베이스에서는 미리 버즈 워드 목록을 갖추고 있고 검색시에 필터를 걸어두고 있다.

BW 띠너비(대역) 너비 bandwidth의 약어.

B-WILL 광대역 무선 통신망 broadband wireless local loop의 약어. 시내 전화는 물론 초고속 데이터와 인터넷 접속 서비스를 무선으로 제공할 수 있는 통신망. 20GHz 이상의 초고주파 전파를 이용하며, ① 일반 가정이나 소규모 자영업자를 대상으로 초고속 인터넷 무선 접속이 가능해지며, 중소 기업에는 고속 무선 전용 회선으로 사용된다. ② 가입자들은 일반 전화나 영상 전화, 무선 방식의 케이블 TV 수신도 할 수 있다. B-WILL 같이 주파수 대역이 높은 초단파에서는 정보 전송량을 쉽게 늘릴 수 있지만, 반면 전파의 직진성이 강해 빌딩과 같은 건물을 우회하기 어렵기 때문에 도시 지역에서는 손실이 높아지는 단점이 있다.

Byline[báilàin] *n.* **바이라인** IBM PC용의 전자출판 프로그램의 상품명. 미국 애시톤 테이트 사의 개발 상품이다.

bypass[báipɑ̀ːs] *n.* **바이패스** 번역 프로세서(compilation process)의 코드 생성(code generation)

등의 위상을 뛰어넘거나 스테이트먼트의 중간을 빼고 읽거나 입출력 오류(input/output error)와 기계적인 오동작(machine malfunction) 등을 회피하는 것이다.

bypass block [-blák] **바이패스 블록** 자기 테이프 상에 체크 포인트를 설정할 때 그 앞, 뒤의 블록.

bypass capacitor [-kəpǽsətər] **바이패스 축전기**

bypass label processing [-léibəl prásesiŋ] **BLP, 레이블 처리 바이패스**

bypass procedure [-prəsíːdʒər] **우회 절차** 회선 제어 컴퓨터가 고장났을 때 주컴퓨터가 가장 중요한 정보를 보내는 데 사용하는 절차. 주컴퓨터에 연결된 여러 개의 직접 제어 회선도 다른 터미널의 입력을 최대로 하기 위해서 자주 전환된다.

bypass record [-rékərd] **바이패스 레코드**

BYTE 미 컴퓨터 종합 월간 잡지. 1976년 창간되어 아마추어에서 프로에 이르기까지 폭넓은 층을 대상으로 하여 대뇌생리학에서 컴퓨터 아트까지 온갖 컴퓨터에 관한 기사가 실린다.

byte [báit] *n.* **바이트** 8비트로 구성되는 비트 집단이며 자기 테이프 등에서 1열로 배열된 것. IBM 사가 시스템 360을 발표하였을 때 최초로 이 용어가 사용되었으며, 최근에는 타사에서도 사용하고 있다. 컴퓨터와 관련되어 만들어진 용어이다. 컴퓨터에서 하나의 단위로 취급되는 2진 문자(bit)의 열(집합)이며, 대개 단어의 소부분(subdivision)으로 되어 있는 것도 있다. 8비트로 1바이트를 구성하는 것이 가장 일반적이다. 6비트, 9비트 등으로 구성된 경우도 있지만, 8비트의 경우, 비트의 조합은 2^8=256가지가 되며, 영문자, 숫자, 한글, 특수 기호 등을 표시할 수 있다. 주기억 장치(main storage) 상에서 어드레스가 붙여져 있는 최소의 단위이다. ⇨ 그림 참조

byte address [-ədrés] **바이트 어드레스** 기억 장치 안에서 바이트 단위로 붙인 어드레스 수치. 보통은 8비트 단위로 한 개의 어드레스를 할당한다.

byte boundary [-báundəri(ː)] **바이트 경계** 바이트 기계에서 바이트 단위로 구분짓는 것.

byte codes [-kóudz] **바이트 코드** 자바(Java) 컴파일러는 플랫폼에 독립적인 자바 가상 머신(virtual machine) 상에서 동작하는 바이트 코드를 생성해낸다. 이것은 자바 애플릿은 자바 가상 머신을 지원하는 모든 기계 상에서 동작을 하는 것을 의미한다.

byte control protocol [-kəntróul próutəkɔ(ː)l] **바이트 제어 프로토콜** ⇨ BCP

byte count [-káunt] **바이트 수**

byte index [-índeks] **바이트 인덱스**

byte instructions [-instrʌ́kʃənz] **바이트 명령어** 시스템에서 바이트 피연산자를 조작하기 위해 명령어의 완전한 보수를 구함으로써 모드 주소 지정이 바이트 중심이 되어 바이트 조작 주소 지정을 간단하게 만드는 명령어. 특정 레지스터의 값을 1만큼 가하거나 감하여 자동 증가나 자동 감소가 가능한 직접 주소 방식을 취하는 것이 이러한 명령어들이다.

byte-interleave mode [-intərlíːv móud] **바이트 다중 모드**

byte machine [-məʃíːn] **바이트 머신, 바이트 컴퓨터** 프로그램과 데이터의 기억 장치(어드레스)를 바이트 단위로 취급하는 컴퓨터. 「단어」 단위로 처리하는 워드 머신(word machine)과 비교된다. 최근에는 바이트 머신이 많이 보급되고 있다. 이 바이트 머신은 8비트로 구성되는 바이트를 처리 단위로 하고 있어서 캐릭터 머신과 워드 머신의 결점을 보완하고 있다.

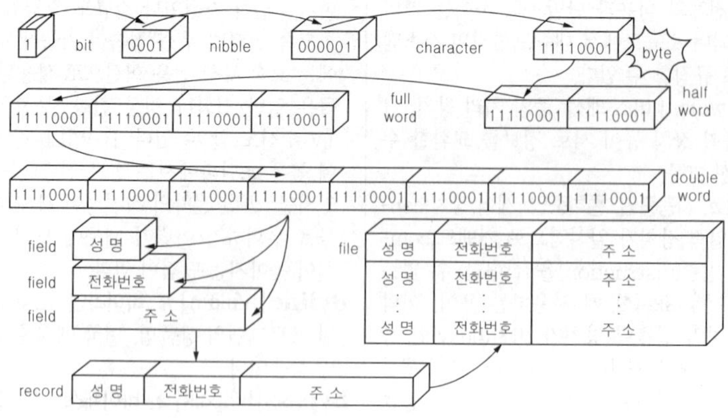

〈정보 단위의 구성에서 바이트가 차지하는 위치〉

byte manipulation[-mənìpjuléiʃən] **바이트 처리** 한 개의 문자 또는 두 개의 숫자로 나타내며, 1바이트는 8비트로 구성되는 개별 명령어로서 문자와 같은 비트의 그룹을 처리하는 능력.

byte mode[-móud] **바이트 모드, 바이트 형태** 다중 채널(multiplexer channel)에서 바이트 단위로 데이터 전송을 하는 형태. multiplexer mode와 대비된다.

byte multiplexer channel[-mʌ́ltiplèksər tʃǽnəl] **바이트 다중 채널** 데이터를 전송하는 경우 데이터를 몇 바이트 단위로 분할하여 차례로 다른 입출력 장치에서 변화해가는 방식. 동시에 복수의 입출력 장치에서 채널을 사용할 수 있으나 그로 인해 데이터 전송 속도가 느려진다.

byte multiplexing[-mʌ́ltiplèksiŋ] **바이트 멀티플렉싱** 주기억 장치에서 보내온 자료를 바이트별로 분해해서 각각의 입출력 장치를 보내거나 한 회선에 배당된 시간을 저속의 각 입출력 장치에 재할당해서 각각 전송되는 바이트들을 조합하여 한 회선으로 주기억 장치로 보내는 프로세스.

byte multiplexing mode[-móud] **바이트 다중 방식** 데이터의 전송 속도가 느리기 때문에 한 개의 바이트 다중 방식 채널에 여러 개의 입출력 장치가 동시에 공통으로 데이터를 전송하는 방식으로 입출력 바이트 다중 채널의 한 방식.

byte oriented[-ɔ́(:)riəntəd] **바이트 중심**

byte oriented operand feature[-ɑ́pərǽnd fí:tʃər] **바이트 중심 오퍼랜드 기구**

byte per inch[-pə:r íntʃ] **인치당 바이트** 자기 테이프의 기록 밀도를 나타내는 단위로서 1인치에 저장할 수 있는 바이트 수. 1,600bpi, 6,250bpi와 같은 식으로 사용되며, 각각 1인치당 1,600자, 6,250자가 기록되어 있는 것을 나타낸다.

byte storage[-stɔ́:ridʒ] **바이트 스토리지** 기억 장치 안에서의 번지 지정을 바이트 단위로 하는 기억 장치.

byte stream[-strí:m] **바이트 스트림** 여러 개의 바이트가 배열되어 있는 데이터 또는 바이트 단위로 입출력이 가능한 파일.

byte string[-stríŋ] **바이트 열**

byte type[-táip] **바이트형** 변수나 상수 및 함수의 변화값 등의 데이터 특성을 가리키는 데이터형의 하나로, 2진 데이터를 저장하기 위한 데이터 형태. 0~255까지의 수치를 저장한다.

Byzantine agreement[bizǽntin əgrí:mənt] **비잔틴 일치** 메시지를 서로 교환할 수 있는 여러 개의 처리기 중에서 한 처리기가 보낸 메시지 값에 대해 다른 모든 처리기가 일치되도록 하는 것인데, 고장난 사이트가 보낸 오류 메시지를 처리하는 한 방법이다.

C

C [síː] **시** (1) 16진수에서 10진수 12에 해당되는 숫자. (2) carry의 약자. (3) 생략된 말이 아님. 미국의 벨(Bell) 연구소에서 개발된 범용 프로그래밍 언어. PDP 11/70에 있어서 유닉스 운영 체제 작성에 해당하며, 그 기술(記述)용 언어로서 벨 연구소의 Dennis Ritchie가 개발한 고수준 언어로 시스템 기술용 프로그래밍 언어로서의 특징을 갖추고 있다. 1975년에 발표된 이래, 대학 관계자나 상공업 분야에 보급되고 있다. 풍부한 연산자를 갖고 있으며, 구조화 프로그래밍이 쉽고, 이행성(移行性), 적응성에도 뛰어나며 보수가 매우 용이하다.

C++ 미국 벨 연구소에서 C 언어의 기능을 확장하여 개발한 프로그래밍 언어로서, 사용자에 의한 새로운 데이터 타입의 정의를 위한 신축성 있고 효율적인 기능을 제공하는 등 객체 지향 중심 프로그래밍(object-oriented programming)의 개념을 도입하였다.

C³ C 큐빅 컴퓨터를 이용하여 군을 통제하는 군사 작전 시스템. 군사 작전을 지휘(command), 통제(control)하고, 이를 위한 정보 수집이나 명령 전달을 통신(communication) 수단을 통해서 수행하는 통합된 시스템이다. 인간에 의한 수동식 처리에 비해 압도적인 처리 능력을 지닌 C³시스템은 판단·데이터를 작성하는 컴퓨터와 결정을 내리는 지휘관이 일체가 된 인간-기계 시스템이지만 C³ 자체가 지휘관을 대행하는 것은 아니다.

C6 미국 IDT 사에서 발매하는 Socket 7에 대응한 펜티엄 호환 프로세서. i486을 응용한 파이프 라인 방식을 사용하고 있으며 전력 소비량이 적다. 이전의 호환 CPU보다 저렴한 가격으로 판매하여 호환 CPU 시장에 침투하였다. ⇨ IDT

C# 씨 샵 C#의 컴퓨팅 파워와 비주얼 베이식의 프로그래밍 편의성을 결합하기 위한 목적으로 마이크로소프트 사에서 개발한 객체지향 프로그래밍 언어. C#은 C#에 기반을 두고 있으며, 자바(Java)와 비슷한 특징을 갖고 있다. C#은 마이크로소프트의 .NET 플랫폼과 함께 작업하도록 설계되었다. 또한 웹을 통해 정보와 서비스의 교환을 촉진하고, 개발자들이 이식성 높은 응용 프로그램을 만들 수 있다.

CA (1) **통신 어댑터** communication adapter의 약어. 기존 전화망을 이용하여 두 기종 간에 상호 통신이 가능하도록 표준화한 통신 어댑터. (2) **채널 어댑터** channel adapter의 약어. 다른 설비를 갖춘 데이터 채널 사이의 연결을 가능하게 하는 기기. 속도가 느린 데이터 전송도 가능하다. (3) **제어 구역** control area의 약어.

CAB file 캐비닛 파일 cabinet file의 약어. 미국 마이크로소프트 사가 정의한 파일 압축 형식. 여러 개의 파일을 하나의 파일로 압축하고 확장자는 「.cab」이다.

cabinet file [kǽbinət fáil] **캐비닛 파일** ⇨ CAB file

cabinet projection [-prədʒékʃən] **캐비닛 투영** 빛 투영면이 아크 코탄젠트(1/2)의 각을 이루도록 투영하는 기법. 투영면에 수직인 선은 실제 길이의 1/2로 표시된다.

cable [kéibl] *n.* **케이블** 신호나 전력을 보내는 선로로서 강선의 꼬인선 또는 한 선으로 된 도체를 절연한 상태로 하거나 전체를 공통의 외피로 싼 것이 있다. 대개는 물리적인 전선을 가리키나 데이터 전송로의 의미로도 확대 해석하여 이 용어가 사용된다. 그 응용 범위에 따라 동축형(coaxial)과 평면형(flat)이 있다.

cable box [-báks] **케이블 상자**

cable box network system [-nétwəːrk sístəm] **CAB, 캡 시스템**

cable bridge [-brí(ː)dʒ] **케이블 전용 브리지**

cable clip [-klíp] **케이블 클립**

cable conduct [-kʌ́ndəkt] **덕트**

cable connector [-kənéktər] **케이블 연결기** 공업 표준 회로(예 : RS232)를 연결하는 데 필요한

암 · 수 플러그.

cable core[-kɔ́ːr] **케이블 코어(심선 ; 心線)**

cable manager[-mǽnidʒər] **케이블 매니저** 컴퓨터의 각 장치들에 부착된 다양한 케이블(배선)들을 간단하게 정리하여 수납하는 것으로 고리로 묶는다.

cable modem[-móudèm] **케이블 모뎀** 케이블 TV 망의 광대역을 사용해서 양방향의 고속 데이터 통신을 가능하게 하는 모뎀. 이론상 하행은 최대 10Mbps, 상행은 2Mbps의 속도를 가진다.

cable modem service[-sɔ́ːrvis] **케이블 모뎀 서비스** 케이블 모뎀 서비스는 고속 데이터 통신과 24시간 상시 접속 및 그에 따른 정액제 요금의 두 가지 큰 특징을 가진다. 케이블 모뎀 서비스는 전화선이 아닌 케이블 TV용 네트워크를 사용한다. 케이블 TV용 네트워크는 구리선과 광케이블이 혼합된 HFC(hybrid fiber coaxial) 망으로, 이론상 10Mbps의 초고속 데이터 통신이 가능하다. 또한 하루 종일 시청이 가능한 케이블 TV처럼 시청 가능한 케이블 모뎀 서비스도 전용선처럼 24시간 접속이 가능하다.

cable select[-səlékt] **케이블 실렉트** IDE의 하드 디스크나 CD-ROM 드라이브에서 점퍼 스위치를 자동으로 전환하는 기능. 디바이스가 한 대일 때는 Single로, 디바이스가 두 대일 때는 Master(부팅에 사용할 때는 Primary)와 Slave로 설정하는데, 케이블 실렉트로 설정해두면 스위치를 자동으로 전환할 수 있다.

cable television[-téləvìʒən] **유선 텔레비전, 케이블 텔레비전** ⇨ CATV

cable terminal[-tɔ́ːrminəl] **케이블 단말기**

cable thru[-θrúː] **케이블 접속 기구**

cable thru feature[-fíːtʃər] **케이블 접속 기구**

cable trailer[-tréilər] **케이블 트레일러**

cable trench[-tréntʃ] **케이블 트렌치**

cable turning table[-tɔ́ːrniŋ téibəl] **케이블 드럼 회전대**

cable TV 유선 TV ⇨ CATV

cable TV Internet[-íntərnèt] **케이블 TV 인터넷** 전화회선을 사용하지 않고, 기존의 케이블 TV 선을 이용하여 인터넷에 접속하는 것. 케이블 TV선은 영상정보를 전송하기 위해 설계되었기 때문에 주파수 대역이 넓고, 구리선보다 고속으로 전송할 수 있다.

cable vault[-vɔ́ːlt] **국내 맨홀**

cabling diagram[kéibliŋ dáiəgræ̀m] **배선도** 시스템과 케이블의 위치 및 연결 상태를 보여주는 다이어그램. 이는 케이블로 연결된 시스템의 설치나 수리에 이용된다.

CAC (1) **컴퓨터 이용 지도 제작** computer assisted cartograph의 약어. (2) **화학 문헌 초록지(抄錄誌)** chemical abstracts condensates의 약어. 화학 초록지에 수록되어 있는 문헌 정보와 키워드 색인을 컴퓨터를 이용해서 처리하도록 한 데이터 베이스로, 자기 테이프에 수록해서 분포되고 있다.

cache[kǽʃ] *n.* **캐시** 주기억 장치에 읽어들인 명령이나 프로그램들로 채워지는 버퍼 형태의 고속 기억 장치. 주기억 장치와 중앙 처리 장치(central processing unit)와의 사이에 설치되어 있는 고속 버퍼 메모리이다. 캐시 메모리(cache memory) 또는 로컬 메모리(local memory)라고도 한다. 기억 용량(memory capacity)은 적지만 주기억 장치에 비해 고속이며 액세스할 수 있는 장점이 있다. 따라서 중앙 처리 장치가 명령이 필요하게 되면, 맨 먼저 액세스하는 것은 주기억 장치가 아니라 캐시 메모리인 셈이다. 자주 액세스하는 데이터나 프로그램 명령을 반복해서 검색하지 않고도 즉각 사용할 수 있도록 저장해두는 영역이다.

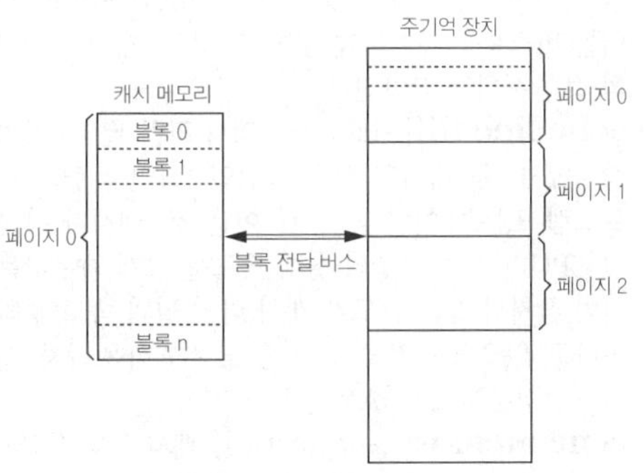

〈캐시와 주기억 장치의 정보 전달〉

cache catalog[-kǽtəlɔ̀(ː)g] **캐시 카탈로그** 원격 사이트에 저장되어 있는 카탈로그 정보를 주기적으로 받아서 지역 사이트의 디스크에 저장해놓은 카탈로그. 현재 상태의 카탈로그를 항상 원격 사이트로 나타내지는 못하므로 버전 번호를 사용하여 구분한다.

cache coherency[-kouhí(ː)rənsi(ː)] **캐시 일관성** 컴퓨터의 속도 향상을 위해 사용되는 캐시 기억 장치에서, 캐시 기억 장치에 기억된 내용과 그와 대응되는 주기억 장치의 내용이 항상 일치해야 한다는 것. 이는 기억 장치의 신뢰성과 관계되므로 캐시 설계시에 매우 중요한 문제가 된다.

cache control[-kəntróul] **캐시 제어** 캐시라는 고속의 기억 장치에 주기억 장치의 최근 참조된 기억 위치 및 그 주변을 보관하고, 그 데이터를 다시 이용함으로써 성능을 향상시키는 방법.

cache controller[-kəntróulər] **캐시 제어기** 중앙 처리 장치(CPU) 외부에 구성된 캐시 기억 장치를 관리하는 초대규모 집적 회로(VLSI) 칩.

cache disk[-dísk] **캐시 디스크** 하드 디스크 등의 디스크 장치를 도와 처리를 고도화하는 소용량의 고속 기억 장치. 컴퓨터가 데이터를 처리하거나 프로그램을 가동시킬 때는 하드 디스크 등 외부 기억 장치에서 필요한 것을 RAM으로 가져가서 하는데, RAM의 속도에 비해서 외부 기억 장치는 아무래도 데이터의 출입이 느려진다. 그래서 외부 기억 장치뿐만 아니라 캐시 디스크에도 데이터를 기억시켜 둔다. 다음 번에 같은 데이터가 필요하게 되면 외부 기억 장치보다 먼저 캐시 디스크에서 데이터를 읽어내는 것이 고속화된다.

cache DRAM **캐시 DRAM** 캐시 메모리와 주기억을 하나의 칩에 정리한 것으로 주기억을 대용량 DRAM으로 실현하고, 캐시를 고속 소용량 SRAM으로 실현하고 있다. 보통 SRAM을 외부에 부착하는데, 비용이 증가하고 실장 면적이 커진다는 문제를 안고 있다. 따라서 DRAM과 SRAM 사이에 놓이는 버스폭을 용이하게 넓힐 수 있고, 캐시 실패시의 접근 부하가 작아진다.

cache line fill[-làin fíl] **캐시 라인 필** 주기억 장치에서 1차 캐시의 전송 단위인 1라인 분량의 프로그램 또는 데이터를 읽어들이는 것. 캐시가 장착된 CPU의 경우 명령의 실행 속도를 크게 좌우하는 기억 장치의 접근 속도가 캐시 라인 필의 속도에 의존하고 있으므로 버스트 전송을 지원하는 2차 캐시, EPDRAM, SDRAM을 사용한다.

cache memory[-méməri(:)] **캐시 기억 (장치)** 캐시 기억 장치 컴퓨터의 CPU 내에 있는 고속으로 액세스가 가능한 기억 장치이며, 버퍼 메모리(buffer memory), 로컬 메모리(local memory)라고도 한다. CPU의 처리 속도에 비해 주기억 장치의 액세스 속도는 대단히 늦다. 그 때문에 주기억 장치로부터 처리에 필요한 명령이나 데이터를 실행할 때마다 읽어내는 방법으로는 명령을 빨리 처리할 수가 없다. 따라서 주기억의 일부를 캐시 메모리에 복사해놓고, 메모리 참조를 이 캐시 메모리에 함으로써 처리를 고속화하는 방법이 개발되었다. 지금은 대표적인 대형 기기에 전부 채용되고 있다. 초기에는 기억 용량이 8KB 정도였으나 최근에는 64~262KB에 달하고 있다. 주기억으로부터의 캐시에는 수십 바이트로 된 블록 단위로 전송한다. 메모리 액세스를 할 때에는 필요한 데이터가 캐시 메모리에 있는가를 조사한다. 캐시 상에 존재하는 모든 블록의 어드레스는 어드레스 어레이(address array)에 들어 있으며, 필요한 데이터의 어드레스와 이 어레이를 비교하여 일치하는 어드레스가 있으면, 그 어드레스에 대응하는 데이터를 캐시 메모리에서 읽어내게 된다. 만약 없으면 주기억으로부터 전송한다. 이와 같은 어드레스 비교를 단시간에 하는 것과 동시에 비교 횟수도 가급적 줄이기 위해 세트 어소시에이티브(set associative)라는 매핑(mapping ; 기억 영역의 배분법) 방식을 쓰고 있다. 이 방식은 캐시 내부의 블록을 몇 개의 열로 구분하고 열 내에 복수 블록을 두는 식의 어드레스 어레이로 한다. 주기억도 여기에 대응하는 블록 구조로 하여 주기억으로부터 캐시로의 블록 전송도 대응하는 열로 하는 것이다. 이러한 배치를 해놓으면 캐시 메모리로 액세스할 때 쓰이는 어드레스 비교기가 열 내의 블록 수만큼만 있으면 된다. 최근에는 주기억보다 더욱 액세스 속도가 느린 외부 기억 장치(주로 마그네틱 디스크)와의 속도차를 메우기 위해 주기억과 외부 기억 사이에 고속 디스크 캐시(disk cache)를 두는 컴퓨터 시스템도 볼 수 있다.

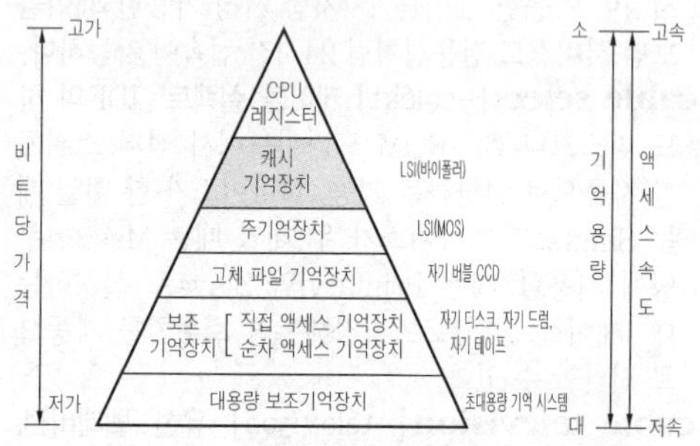

〈기억 장치 계층에서 캐시 메모리의 위치〉

cache memory hit[-hít] **캐시 메모리 적중** 캐시 메모리가 갖고 있는 내용이 CPU에서 필요로 할 때를 적중했다고 하며, 바로 주기억 장치로 가지 않고 캐시 기억 장치에서 필요한 자료를 가지고 간다. 적중률이 높을수록 기억 장치 참조의 시간이 절약되므로 컴퓨터의 성능을 향상시킬 수 있다.

cache memory look ahead [-lúk əhé(:)d] **캐시 메모리 룩 어헤드** 대체로 프로그램은 현재의 위치와 가까운 전후 위치에 접근해서 차례로 명령어를 수행하거나 루프를 수행한다. 스택은 최상단 근처에서 증가하거나 감소하고 데이터는 순서적으로 접근된다. 대개의 프로그램은 데이터를 참조할 때 참조 집약성(referential locality), 즉 어떤 주소를 참조할 경우 다음 번의 참조에서는 그 주소를 전후한 주소를 참조하는 성질이 있으므로 이를 미리 캐시 기억 장치에 옮겨놓고 기다림으로써 적중률을 높일 수 있다.

cache memory organization[-ɔ̀:rgənɑizéiʃən] 캐시 기억 장치 기구

cache register[–rédʒistər] 캐시 레지스터

cache storage[–stɔ́:ridʒ] 캐시 기억 기구, 캐시 기억 장치

caching[kǽʃiŋ] *n.* 캐싱 반복을 피하기 위해 빈도가 높은 질문을 저장, 활용하는 기계 학습의 일종.

CAD 캐드, 전산 (도움) 설계 computer aided design의 약어. 컴퓨터 이용 설계. 컴퓨터를 이용한 설계 작업의 소요 시간과 경비 절감으로 효율화를 꾀하며, 생산성을 향상시킴과 더불어 품질, 신뢰성의 향상을 꾀하는 설계 수법을 가리킨다. 설계자가 도형 정보를 매체로 하여, 대화 형식으로 컴퓨터를 사용하면서 설계(design)를 수행한다. 예를 들면, 프린트 기판 설계, 항공기 · 선박 · 자동차의 설계, 택지 조성 등 건축 분야에서 널리 이용되고 있다. 컴퓨터 이용 제조(CAM)와 대비를 이룬다.

〈컴퓨터 이용 설계〉

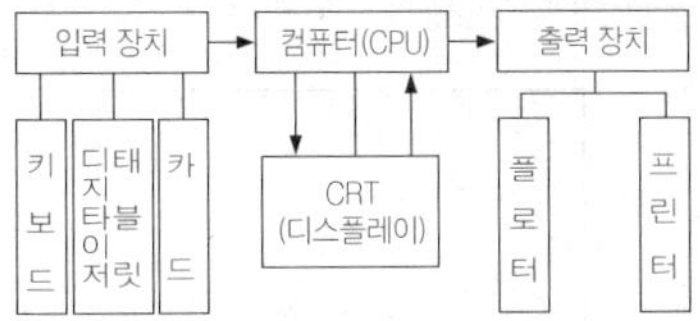

〈CAD의 기본 구성〉

CADAM 캐담 computer-graphics augmented design and manufacturing의 약어. 컴퓨터 보조 설계 및 생산을 뜻하는 말로, 미국 록히드 사가 개발한 설계 부분과 생산 부분의 기계화를 보조하는 시스템. 상품을 설계하는 데 그래픽 기능을 이용하고, 이 설계를 컴퓨터가 분석하여 자동으로 생산하는 방식이다.

CADAM-According information module 캐담 회계 정보 모듈

CAD/CAM 캐드/캠, 전산 (도움) 설계 제조 컴퓨터 이용 설계/제조를 뜻하며, 제품의 설계와 제조에 컴퓨터가 이용되는 것.

CAD/CAM system 캐드/캠 시스템 이 시스템은 CRT 화면, 플로터, 키보드 그리고 한 개 이상의 그래픽 입력 장치로 구성되며, 부품 및 기계류, 복잡한 배선, 인쇄된 회로판의 설계나 3차원 구조 해석 등에 사용된다.

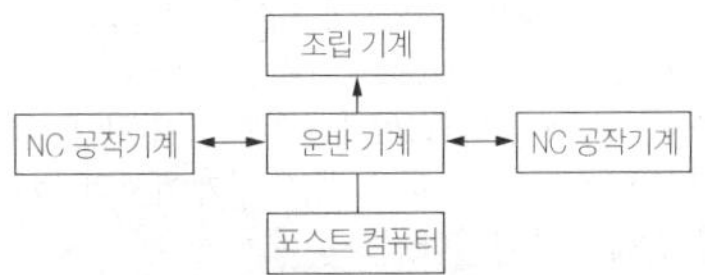

〈CAM의 기본 구성〉

〈CAD/CAM 시스템〉

CADD 컴퓨터 이용 설계 제도 computer aided design and drafting의 약어. AD와 비슷한 의미지만, 협의의 CAD가 설계만을 가리키는 데 비해 설계와 함께 그 결과를 그림으로 그려내는 기능을 강조한다.

CAD data 캐드 데이터 종래의 데이터와는 달리 공학 설계 등의 분야에서 CAD를 이용하여 생성 · 조작되는 데이터로서 텍스트, 기호, 기하학적 데이터들을 포함하는 이질 데이터를 말한다.

CAD data base 캐드 데이터 베이스 주로 CAD 도구를 사용하는 응용 환경에서 생성, 조작 및 접근되는 CAD 데이터를 사용자나 CAD 도구들이 공용 목적으로 사용하기 위하여 통합해 저장한 데이터의 집합.

caddy[kǽdi(:)] **캐디** CD-ROM 장치에 CD-ROM을 삽입할 때 사용하는 케이스. CD-ROM에 손상을 입히거나 먼지가 붙는 것을 방지한다. 요즘은 일반 CD 플레이어와 같은 트레이 로딩 방식을 사용하고 있기 때문에 캐디는 사용하지 않는다.

caddy type[–táip] **캐디형** 캐디식 트레이식의 CD 드라이브가 일반화되기 전에 CD를 네모난 상자에 넣어 삽입하던 방식.

CAD flatform CAD 플랫폼 플랫폼은 1985년경에 사용했던 용어로 현재는 업계 표준을 의미한다. SUN Workstation, VAX 등은 하드웨어 플랫폼으로, UVX와 VMS 등은 소프트웨어 플랫폼으로 알려

CAD와 CAM

설비, 기기(機器) 등 물건을 만들 때 먼저 만들고 싶은 물건의 설계를 하고 제조에 필요한 정보를 도면화(圖面化)하여 그 도면에 따라 가공 조립하는 것이 순서이다. CAD(computer aided design)라는 약어는 「컴퓨터의 지원에 의한 설계」이며 CAM(computer aided manufacturing)이란 「컴퓨터의 지원에 의한 제조」를 말한다. 즉, CAD는 주로 설계 단계에서의 컴퓨터의 이용이고 CAM은 제조 단계에서의 컴퓨터 이용을 말하는 개념이다.

CAD란 설계 작업중에서도 도면의 작성, 수정이나, 도면 상에 그려져 있는 공작물의 구조 계산 등 기계적 작업에서 인간이 하면 시간이 걸리는 작업에 전념하여 인간과 컴퓨터가 서로 어려운 부분을 보완해서 질이 좋은 설계를 효율적으로 하는 것을 목적으로 한다.

CAM은 컴퓨터를 이용하여 제조 공정의 생산성 향상을 꾀하는 것이다. 생산 공장에서 로봇을 움직이려면 제조하는 물건의 가공 순서를 기억하고 있는 소프트웨어나 물건의 크기 등의 데이터가 필요하다. 이 소프트웨어나 데이터를 인간이 알기 쉬운 말로 컴퓨터에 입력함으로써 자동으로 생산하는 것이 CAM의 구체적 이미지이다.

CAD와 CAM은 시스템으로서는 따로 발전해 왔지만 최근에는 데이터 베이스를 공용(共用)함으로써 통합되어 가고 있다.

CAD는 그 적용 범위가 더 넓어져서 최근에는 제조업 이외에 건축, 토목이나 설비 서비스업에서의 각종 시설, 설비의 설계, 디자인 등 많은 분야에서 이용되기 시작하였다. 한편 CAM은 제조에 있어서 NC 공작기(工作機)의 제어용 테이프 작성이 중심이었으나 현재는 공장의 로봇화가 진전되어 감에 따라 이용 형태가 여러 가지로 나타날 것이다.

CAD, CAM이 종래의 컴퓨터 이용 기술과 크게 다른 특징은 데이터의 형식이 문자나 숫자뿐만 아니라 인간의 시각에 직접적으로 호소하는 도면(혹은 화상)을 다루는 것이다.

따라서 CAD, CAM 시스템에서는 맨머신(man machine) 인터페이스(interface)에 손을 가하여 도형 처리를 효율적으로 하는 것이 중요한 열쇠가 된다. 현재 실용화되어 있는 CAD, CAM 제품은 맨머신 인터페이스에 따라 이용 분야도 다양하다.

CAD, CAM은 하드웨어, 소프트웨어 그리고 이용 기술이 삼위일체가 된 종합 기술이라고 할 수 있다.

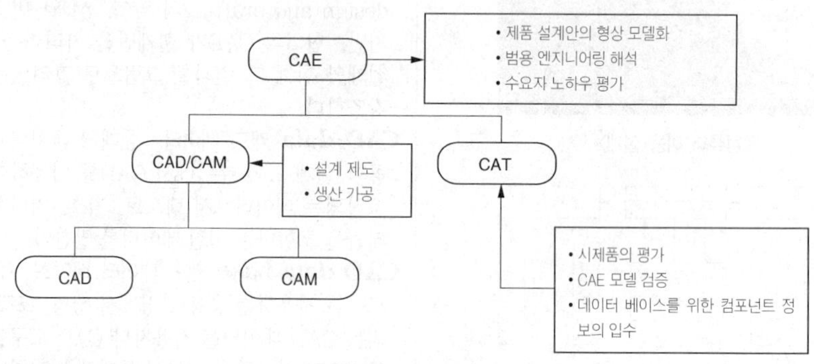

〈CAD · CAM · CAE의 비교〉

져 있다. 이들 플랫폼 상에서 동작하는 CAD 시스템으로 네트워크를 구축할 수 있는 것을 CAD라 한다.

cadmium telluride semiconductor radiation detector[kǽdmiəm téljuràid sèmikəndʌ́ktər rèidiéiʃən ditéktər] **텔루르화 카드뮴 반도체 방사선 센서** 화합물 반도체 방사선 센서의 하나로서 밴드갭이 1.47eV이고, 액체 질소 냉각이 필요없는 상온 반도체 방사선 센서이다. 또 원자 번호가 크기(48과 52) 때문에 γ선과 상호작용할 확률이 높은 이점이 있다. 그러나 다른 화합물 반도체 방사선 센서와 같이 대형으로서 질좋은 단결정체를 만들기가 곤란하다. 즉, 에너지 분해력의 개선과 검출 효율의 향상이 과제이다. 따라서 소형 검출기의 핵의학이나 우주 개발 등의 특수한 분야에서만 사용할 수 있다.

caduceus [kədjúːsiəs] *n.* **커듀시어스** 일반적으로 인터니스트(internist)라 불리는 것으로, 피츠버그 대학의 포플(People)과 마이어(Myers)에 의해 개발된 내과용 의학 진단 전문가 시스템.

CAE (1) **컴퓨터 이용 공학** computer aided engineering의 약어. 컴퓨터 이용에 관한 기술 전반을 의미하며, 설계(design)란 공정 전체를 통해 컴퓨터를 이용해간다는 개념. 넓은 의미로는 시뮬레이션(simulation)에서 개발 · 설계 · 제도까지 일련의 작업 공정을 컴퓨터로 지원하는 것을 가리킨다. 또 좁은 의미로는 설계의 일부와 제도를 컴퓨터 이용 설계(CAD)라 하며, 그 전단계 작업을 「CAE」라 하는 경우도 있다. 컴퓨터 이용 제조(CAM)는 전혀 포함되지 않는다. 제품의 성능과 특성을 시험적으로 만들어보기 전에 예측하여, 개발 기간을 단축하고, 공정수/비용(cost)을 줄이는 것이 목적이다. (2) common application environment의 약어. X/open이 규정하는 사양 규격 전체의 총칭. CAE를 기술하고 있는 사양서가 XPG(X/open portability guide)이며 때에 따라 개발된 애플리케이션은 대부분의 유닉스 머신에서 공통으로 쓸 수 있다. ⇨ XPG

cafeteria system [kæfətí(:)riə sístəm] **카페테리아 시스템** 카페테리아란 손님 스스로 식사를 가져다 먹는 식당이란 말에서 유래된 것으로 다수의 사용자의 업무를 맡아 처리하는 시스템. 시스템의 작업량을 감소시키는 수단으로 고안되었는데, 카페테리아 방식에서는 분류와 회수를 사용자가 직접한다.

CAFIS 신용 정보 시스템 credit and finance information system의 약어. 일본의 EFT/POS 망으로 판매점이나 음식점에 설치된 카드 조회용 단말기를 이용하여 온라인으로 신용 카드 사용 승인 및 결제 처리 등 각종 서비스를 제공해주는 시스템을 말한다.

CAFS content addressable file store의 약어. ICL 회사에서 판매하고 있는 데이터 베이스 기계의 일종.

CAI 전산 (도움) 교육 computer assisted instruction, computer aided instruction의 약어. 컴퓨터 보조 교육. 컴퓨터를 대화 모드로 이용한 교육 방식으로 컴퓨터를 이용한 개별 학습 시스템. 개인의 능력이나 요구에 따라 텍스트(설명문과 질문)를 제시하고, 그것에 대하여 학습자가 응답하며 그 응답에 대하여 피드백 메시지(feedback message)를 제시하는 형식으로 컴퓨터와 학습자가 대화 형식(conversational)으로 학습을 진행한다.

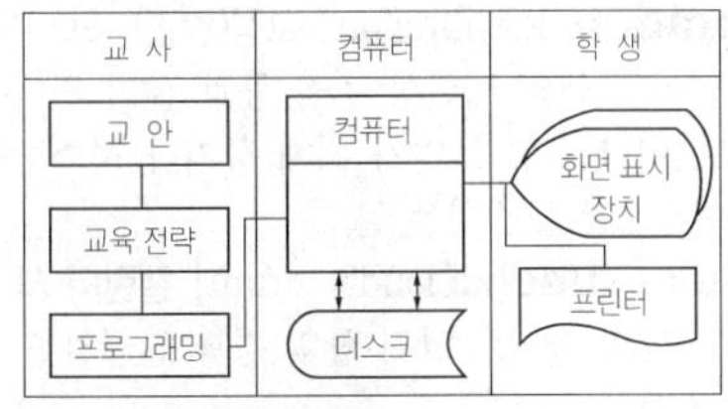

〈CAI 관련 요소와의 관계〉

Cairo [káirou] **카이로** 마이크로소프트 사의 윈도 NT 운영 체제의 미래 버전에 대한 코드명.

CAIS common APSE interface set의 약어. ⇨ APSE

CAI Language CAI 언어 학습자가 컴퓨터와 상호 응답을 해가면서 학습을 전개하는 CAI 시스템에서 학습 내용과 학습 행동이 컴퓨터가 제어 가능한 형으로 편집된 교재 파일을 작성하기 위해 설계된 프로그래밍 언어.

CAL 컴퓨터 이용 학습 보강 computer assisted (aided) learning의 약어. 학습시 시뮬레이션 프로그램을 이용하여 문제풀이에 도움을 받듯이 컴퓨터를 이용하여 재래식 교육 체제를 보강하는 교육 방법. ⇨ 그림 참조

calc [kælk] *n.* **캘크** calculate(계산하다) 또는 calculator(계산기)의 약어인데 개인용 컴퓨터에서는 표 계산으로 불리는 소프트웨어를 가리킨다.

Calcomp 캘콤프 컴퓨터 그래픽 관련 약품을 주로 생산하는 미국의 제조업체로 X-Y 플로터, 디지타이저, 그래픽 프린터 등을 생산한다.

calcurate [kǽlkjulèit] *v.* **셈하다** 주어진 숫자 데이터를 연산하여 새로운 데이터를 만드는 일. 단순한 산술 연산을 행하는 데이터 처리 장치에는 컴퓨터, 계산기(calculator) 등이 있다. 일반적으로 말하는 탁상 계산기는 이에 해당된다. 이것은 특히 산술 연산에 적합하며, 연산을 수행하는 순서, 즉 초기화나 일련의 입력 등을 조작함에 있어서 빈번히 사람의 손이 필요한 장치이다. 이에 대하여 컴퓨터는 처리 순서가 프로그램으로서 장치측에 주어지므로 실행중에 사람의 손을 개입할 필요가 없으며, 많은 산술 연산과 논리 연산(logical operation)을 포함하는 방대한 계산을 할 수 있는 기계이다.

calculated address [kǽlkjulèitəd ədrés] **계산 어드레스** 명령어 안에 들어 있는 주소 오퍼랜드를 계산하여 산출해낸 어드레스.

calculating center [kǽlkjulèitiŋ séntər] **계산 센터** 비용과 기능 균형상, 컴퓨터를 구입하지 않고 기계 계산 처리에 의존하려는 회사, 컴퓨터 구입을 앞두고 기계화를 선행하려는 회사, 또 자기 회사의 컴퓨터 시설만으로는 모든 업무량을 처리할 수 없는 회사 등에서 주로 이용한다.

calculating punch [–pʌ́ntʃ] **계산 천공기** 펀치 카드 시스템(PCS)에서 사용되는 계산기. 카드 판독 장치와 카드 천공 장치를 갖춘 계산기이며, 천공 카드의 데이터를 판독하고, 데이터에 대해 산술 연산 또는 논리 연산을 하며, 그 결과를 동일한 카드나 다른 카드에 천공하는 것.

calculation [kælkjuléiʃən] *n.* **셈** 계산. 연산. 데이터에 가해지는 수학적인 처리 과정.

calculation error [–érər] **계산 오류** 컴퓨터에

〈컴퓨터를 이용한 학습〉

의한 계산에서 생기는 오류로서, 처음부터 포함된 절대 오류, 한 스텝 전에서 이월된 이월 오류, 종결 계산으로 생기는 종결 오류, 잘라 버린 것으로 생긴 버림 오류 등이 있다.

calculation specifications form [-spèsifikéiʃənz fɔ́ːrm] **연산 명세서**

calculator [kǽlkjulèitər] *n.* **계산기** 산술 연산을 하기 위한 데이터 처리 장치. 개별 연산 또는 일련의 연산을 시작하기 위하여 사람의 손을 필요로 하는 것. 프로그램을 내장하고 있는 경우에는 그것을 변경하는 데도 사람 손이 필요하다.
[주] 계산기는 컴퓨터의 기능을 어느 정도 수행하지만, 대개 그 조작에는 빈번히 사람 손이 필요하다.

calculator chip [-tʃíp] **계산기 칩** 마이크로프로그램이 내장됨으로써 수치 함수를 계산하기 위한 마이크로 프로세서를 포함하고 있는 칩.

calculator device [-diváis] **계산기 장치** 주로 통계 계산에 이용되는 계산기로 수동 계산기, 전동 계산기, 전자 계산기로 대별되는 연산 기계.

calculator mode [-móud] **계산기 모드** 대화식 컴퓨터 시스템에서 사용자가 컴퓨터를 계산기처럼 쓸 수 있게 한 상태. 이 상태에서 사용자가 산술식을 입력하면 컴퓨터는 이를 계산하여 즉시 결과를 알려준다.

calculator structure [-strʌ́ktʃər] **계산기 구조** 흔히 쓰이는 계산기는 소형이면서도 특별한 용도를 갖는 컴퓨터라 볼 수 있다. 기억 장치 구조는 고정 및 가변 기억 장치로 구성되어 있으며, 판독 전용 기억 장치(ROM)는 펌웨어(firmware)라고 불리는 시스템 제어 프로그램을 담고 있다. 이것은 소프트웨어로 프로그램되는 다목적용 컴퓨터와 고정 배선 회로를 사용하는 임의 논리 시스템과는 대조적이다.

calendar [kǽləndər] *n.* **캘린더** 달력 PC 본체에 내장된 시계. 연월일에서 시분초까지의 데이터를 읽어들일 수 있다. 파일을 작성하거나 변경하면 캘린더에 따라서 파일의 시간 표시가 찍히게 된다.

calendar clock [-klák] **캘린더 시계** 컴퓨터 내부의 시간 계측용 IC. 전원을 꺼도 배터리로 전원을 공급받아 계속적으로 작동한다.

calendar function [-fʌ́ŋkʃən] **캘린더 기능** 컴퓨터에서 날짜와 시간을 표시하는 기능 및 이를 알리는 기능. 파일의 관리, 프로그램의 자동 실행 등에 쓰인다.

calibration [kæ̀libréiʃən] **교정(較正)** 프린터, 디스플레이의 색의 재현성 조정 등과 같이 원하는 동작 특성이나 성능을 얻기 위해 장치나 시스템을 하드웨어적으로 조정하는 일.

calendar time [kǽləndər táim] **캘린더 시간** 신뢰성 공학의 술어로 달력 상의 경과 연월일 또는 시간의 총계값.

call [kɔ́ːl] *n.* **불러내기, 호출** 컴퓨터 분야에서도 「호출하다」, 「호출」이라고 번역되는 경우가 많다. 다음과 같은 경우에 흔히 쓰인다. ① 프로그램, 루틴(routine), 서브루틴(subroutine)을 실행으로 옮기는 동작이다. 프로그램 중에서, 폐쇄된 서브루틴(closed subroutine)으로 제어권을 옮기는 것을 가리킨다. 제어권을 옮기면 서브루틴이 실행된다. 즉, 중앙 처리 장치가 루틴 내의 최초의 명령(instruction)을 주기억 장치(main storage)에서 꺼내어 해독하고 실행한다. 호출을 하기 위한 명령을 호출 명령(call instruction)이라고 하며, 호출하는 쪽의 프로그램과 호출되는 쪽의 프로그램(subroutine)과의 사이에는 호출하여 제어를 건네기 위해 필요한 정보(information)의 이동이 행해진다. 이 정보에는 호출된 프로그램 내에서 사용하는 데이터, 호출된 쪽의 프로그램의 계산(처리) 결과를 기억하고, 그것을 호출쪽의 프로그램에서 사용하는 데이터가 있다. 이들을 인수(引數 ; argument), 파라미터(parameter), 호출 순서(calling sequence)라고 한다. ② 데이터 통신의 경우에 두 개의 국(局 ; station) 사이를 접속하는 데 필요한 호출측의 동작(action)과 그 호출에 필요한 조작(operation)을 지시하는 경우가 있다. 전화와 가입 전신 이용자가 상대방과 통신(화)할 때의 동작을 뜻하기도 한다.

[주] 호출하다 : 계산기의 프로그래밍에서 호출을 실행하는 것.

call-accepted signal[-əkséptəd sígnəl] **도착 호출 신호** 호출된 데이터 단말 장치가 도착한 호출을 접수하는 것을 표시하기 위하여 보내는 호출 제어 신호.

call back[-bǽk] **콜백** 컴퓨터를 다이얼 방식으로 호출하고 있는 단말 장치를 일단 절단하고, 컴퓨터측에서 그 단말 장치의 전화 번호로 다이얼함으로써 직접 고치는 것.

call back modem[-móudèm] **콜백 모뎀** 전화 회선을 사용해서 통신할 경우 수신하는 측이 그 요금을 지불하도록 설정된 모뎀. 구체적으로는 발신자의 신호를 받아 일단 전화를 끊고, 수신자측의 모뎀으로부터 자동적으로 발신자에게 전화를 걸어 통신 회선을 확보한다.

call by name[-bɑi néim] **이름에 의한 호출** 이름 호출, 이름 변경. ALGOL 언어에서 도입된 개념으로, 파라미터 전달 기법(parameter passing)의 일종으로 절차와 함수를 호출할 때 가(假)파라미터와 실(實)파라미터 사이에서 취해지는 대응 양식의 하나. 호출되는 절차(본체라고 한다) 내의 가파라미터를 모두 대응하는 실파라미터의 기호 표현으로 치환하여 실행하는 것을 말한다.

call by need[-níːd] **요구에 의한 호출** 부프로그램의 호출에서 함수가 인수를 통해 그 값이 최초로 필요해진 순간에 1회만 호출하고, 나중에는 그 값을 그대로 사용하는 메커니즘을 기초로 한 호출 방법.

call by reference[-réfərəns] **참조에 의한 호출** 참조 호출. PL/I, COBOL, FORTRAN 등과 같은 언어에서 주로 사용되며, 절차나 함수를 호출할 때, 가파라미터와 실파라미터 사이에서 취할 수 있는 대응 양식의 하나. 어드레스와 지표(포인터) 등 실파라미터를 참조하기 위한 정보가 파라미터에 대하여 주어진다.

call by result[-rizʌ́lt] **결과에 의한 호출** LISP에서 사용되는 매개변수 전달 기법으로 실매개변수의 클로저(closure)를 호출시에 취하지 않고 연기했다가, 대응하는 가매개변수를 만나면 호출된 프로시저의 환경을 이용하여 계산하는 방법.

call by text[-tékst] **텍스트에 의한 호출** LISP에서 사용되는 파라미터 전달 방법의 하나. 실파라미터의 클로저(closure)를 호출시에 취하지 않고 연기하였다가 대응하는 형식 파라미터를 만나면 호출된 프로시저의 환경을 이용하여 계산하는 방법.

call by value[-vǽlju] **값에 의한 호출** 값 호출. (1) 파라미터 전달 기법의 한 가지로 절차를 호출하기 전에 실인수의 값을 계산하고 그 값을 호출시에 대응되는 국소적 변수인 가인수에 대입함으로써 전달되는 방식. (2) 직접 γ값(위치)을 가인수에 전달하는 방식. 즉, 실인수의 내용을 참조하기 위해

값에 의한 호출, 참조에 의한 호출, 이름에 의한 호출 비교

① 값 호출 방식(call by value)

호출 프로그램에서 $a=5$, $b=3$이면 $a+b=8$이므로 피호출 프로그램에 대응되는 값은 $x=8$, $y=z=5$이기 때문에 $y=y+1=5+1=6$, $z=z+x+1=5+8+1=14$가 된다. 따라서 a는 5를 출력한다.

② 참조 호출 방식(call by reference)

호출 프로그램에서 $a=5$, $b=3$이면 $a+b=8$이므로 피호출 프로그램에 대응되는 값 x에는 $a+b=8$이 저장되어 있는 주소, y와 z에는 $a=5$가 저장되어 있는 주소이다. 첫 문장에서 $y=y+1=5+1=6$으로 여전히 $x=8$이고 $y=z=6$이다. 그리고 두 번째 문장에서 $z=z+x+1=6+8+1=15$가 된다. 따라서 a는 15를 출력한다.

③ 이름 호출 방식(call by name)

호출 프로그램의 $a+b$, a, b가 피호출 프로그램의 x, y, z와 같은 변수로 대치된다. 즉, 첫 문장 $y=y+1$은 $a=a+1$로 대치되어 $a=5+1=6$이 되고, 두 번째 문장에서 $z=z+x+1$은 $a=a+(a+b)+1$로 대치되어 $a=6+(6+3)+1=16$이 된다. 따라서 a는 16을 출력한다.

일일이 주소를 찾을 필요 없이 직접 가인수에 전달된 값으로 실행하는 방식. PASCAL 언어나 C 언어 등에서 일반적으로 사용된다.

call by value result[-rizʌ́lt] **값 결과에 의한 호출** 값 호출과 참조 호출의 장점을 결합한 파라미터 전달 기법으로, 호출시 실파라미터의 값이 가파라미터에 복사되고, 호출된 프로시저의 수행이 끝나면서 가파라미터의 값이 실파라미터에 다시 복사된다.

call by variable[-vέ(:)riəbl] **변수에 의한 호출** 지정된 서브루틴이나 매크로 명령 등에 변수를 건네주는 것. 변수의 주고받기에는 값을 건네기, 주소를 건네기, 이름을 건네기 등의 세 가지 기본적인 방법이 있다.

call collision[-kəlíʒən] **호출 충돌** 외부로 나가는 가상 회로 번호는 데이터 단말 장치(DTE)에 의해 결정되고, 네트워크에서 들어오는 가상 회로 확립 요청에 대해서는 데이터 회선 종단 장치(DCE)가 그 번호를 결정하게 된다. 이때 DTE로부터 나가는 확립 요청과 DEC로 들어오는 확립 요청이 동시에 발생하면 둘 다 같은 번호를 선택하게 되는데 이를 호출 충돌이라고 한다.

call control procedure[-kəntróul prəsí:dʒər] **호출 제어 절차** 호출 설정 및 해제에 필요한 일련의 프로토콜을 실현한 것.

call direction code[-dirékʃən kóud] **CDC, 호출 지시 코드** 전신망에서의 메시지와 커맨드를 자동적으로 송신하기 위한 부호. 보통 2문자로 표시된다.

called party[kɔ́:ld pá:rti(:)] **피호출 가입자** 통신 교환 네트워크에서 접속으로 호출되는 상대방 가입자.

called program[-próugræm] **피호출 프로그램** 어떤 프로그램에서 호출된 프로그램. 피호출 프로그램을 호출하는 프로그램은 호출 프로그램이라 한다.

(호출 프로그램)

```
procedure PROC
    a ← 5 ;
    a ← 3 ;
    call AB(a+b, a, a) ;
    print a ;
end PROC
```

(피호출 프로그램)

```
procedure AB(x, y, z)
    y ← y+1 ;
    z ← z+x+1 ;
end AB
```

〈예제 프로그램〉

called station[-stéiʃən] **피호출 지국(支局)** 통신 교환에서 호출 지국으로부터 호출받은 지국.

callee[kɔ́:li] *n.* **피호출자** 한 루틴이 다른 서브루틴을 호출할 때 호출되는 서브루틴이나 프로시저를 가리키는 말.

caller[kɔ́:lər] *n.* **호출자** 서브루틴을 호출하는 쪽을 가리키는 말.

caller ID service **발신자 전화 번호 통지 서비스** 발신자 전화 번호를 착신측에 알리는 서비스. 이를 위해서는 번호를 송신할 수 있는 교환기와 수취한 전화 번호를 표시할 수 있는 장치가 필요하다. 통화를 하기 전(일반적으로는 수화기를 들기 전)에 상대의 전화 번호를 알 수 있기 때문에 불쾌한 전화를 방지할 수 있으며, 데이터 베이스와의 조합으로 고객 서비스도 향상시킬 수 있다.

call error[kɔ́:l érər] **호출 오류** 어떤 한 프로그램에서 호출할 수 있는 서브프로그램들의 수를 초과하여 호출했을 때 생기는 오류.

call graph[-græf] **호출 그래프** 정적 분석기에 의해서 생성되는 하나의 프로그램을 구성하고 있는 단위 프로그램(함수, 프로시저 등)들 사이의 호출 관계를 나타내는 그래프. 이 그래프의 노드(node)는 단위 프로그램을, 간선(edge)은 단위 프로그램 사이의 호출을 의미한다.

calligraphic display device[kæligræfik displéi diváis] **캘리그래픽 표시 장치** 표시 요소가 프로그램 제어의 순번으로 생성되는 표시 장치.

calling[kɔ́:liŋ] *n.* **호출** (1) 데이터 전송에 있어서 「호출」은 데이터 전송에 앞서 올바른 상대인지 상대의 수신 준비가 좋은지의 확인 여부 등 데이터 연결을 확인하기 위하여 어드레스 신호를 전송하는 것. (2) 프로그래밍에서는 프로그램 또는 서브루틴을 실행으로 옮기는 동작. 예를 들면 주프로그램의 CALL 명령이 서브루틴의 입구점인 SUB 1을 지정하는 경우, 그 입구점으로 「점프하는」 것에 상응한다. (3) 데이터 망에 있어서는 데이터 지국 간의 접속을 확립하기 위하여, 선택 신호를 전송하는 처리 과정을 말한다.

calling device[-diváis] **호출 장치**

calling indicator[-índikèitər] **호출 표시** 데이터 전송 시스템에서 신호 변환 장치에 있던 호출을 「변복조 장치에 나타내는 제어 신호 및 그 상태」.

calling lamp[-læmp] **호출 램프**

calling party[-pá:rti(:)] **호출 가입자** 교환 네트워크에서 접속 동작을 개시하는 쪽.

calling plug[-plʌ́(:)g] **호출 플러그**

calling program[-próugræm] **호출 프로그램** 호출측의 프로그램이란 뜻.

calling routine[-ru:tí:n] **호출 루틴**

calling sequence[-sí:kwəns] **호출 순서, 호출 계열, 호출 시퀀스** 닫힌 서브루틴을 호출해서 제어를 건네기 위해 필요한 데이터나 명령을 지정된 형으로 늘어놓은 것. 서브루틴을 호출하여 사용하고 그것에 필요한 데이터를 건네는 것뿐만 아니라 그 서브루틴이 종료한 시점에서 제어를 되돌리거나 리턴 어드레스를 세트하는 것.
[주] 경우에 따라서 데이터를 포함하는 명령의 편성이며 호출을 행하기 위하여 필요한 것이다.

calling station [–stéiʃən] **호출 지국** 통신 교환에서 선택과 폴링(polling) 동작을 수행하는 지국(支局).

calling subscriber [–səbskráibər] **호출 가입자**

call instruction [kɔ́:l instrʌ́kʃən] **호출 명령** 프로그램 수행중 서브루틴으로 분기했다가 수행이 끝나면 원래 위치로 복귀시키는 명령어. 호출 명령은 서브루틴에 들어가기 위해 필요한 파라미터를 설정한다. 마이크로컴퓨터에서는 보통 CALL 문으로 이루어지며, 서브루틴으로부터 복귀 주소가 스택에 저장되고 서브루틴의 입구로 컴퓨터의 실행에 옮겨진다.

call list [–líst] **호출 리스트**

call-not-accepted signal [–nát əkséptəd sígnəl] **호출 접수 불가 신호** 호출된 데이터 단말 장치가 도착한 호출을 접수하지 않는 것을 표시하기 위하여 보내는 호출 제어 신호.

call number [–nʌ́mbər] **호출 번호** 메인 루틴에 들어 있지 않으나 필요할 때마다 호출이 가능한 루틴에 대해 사용되는 식별 번호. 이것은 프로그램 언어로 규정되고 프로세서에 테이블이 작성되어 어셈블리될 때 호출 순서에 따라 참조된다.

call release time [–rilí:s táim] **호출 복구 시간**

call request packet [–rikwést pǽkət] **호출 요청 패킷** 네트워크에 부착된 컴퓨터나 터미널 제어 장치가 가상 호출을 개시하려고 할 때 이용하지 않는 논리 채널을 선택하여 지역 데이터 회선 종단 장치(DCE)에 보내는 것.

CALL statement [–stéitmənt] **호출문** FORTRAN 언어에서 서브루틴을 호출하기 위해 사용하는 명령으로 CALL 문이 수행되면 현재 수행중인 프로그램 상태를 저장한 후 제어가 호출문 내에 명시된 서브루틴으로 넘어가게 된다.

call word [–wɔ́:rd] **호출 단어** 식별자로 사용되며 서브루틴이나 데이터를 지칭하거나 서브루틴 자체 혹은 이를 포함하는 프로그램에 옮기기 위하여 만든 문자의 집합.

CALS 칼스 computer aided logistics support의 약어. 1982년 국무성이 막대한 국비 예산과 운영 유지비의 절감 방안을 강구하던 중 무기 체제 연구 개발 장기화에 따른 문제점이나 서류 관리를 포함한 물류 지원상의 비합리적 절차와 제반 관리 활동의 문제점 등 여러 가지 사안에 대한 해결 방안을 지원하기 위해 당시 국무장관이었던 캐스퍼 와인버거의 지시에 의해 시작된 프로젝트이다. CALS는 과거에는 군의 무기 체제를 지원하는 개념에서 출발하였으므로 일반적으로 「무기 체제의 설계, 제작 및 군수 유통 체계 지원을 위해 디지털 기술의 통합과 정보 공유를 통한 신속한 자료 처리 환경 구축」으로 정의할 수 있었으나, 오늘날에 와서는 「제품의 생산

〈CALS 표준〉

표 준	내 용
IETM	컴퓨터를 사용하는 대화형 매뉴얼의 개발 및 화면 규격에 관한 기준
CITIS	발주자와 공급자 간의 거래 문서와 기술 자료를 검색하고 전달하는 표준
STEP	설계 · 제조 · 유지보수에 관한 모든 자료를 일괄적으로 다루는 표준
IGES	CAD/CAM으로 작성된 설계도의 형상 자료와 관련된 표준
CGM	그림 · 표 · 삽화 등의 그래픽 데이터 교환을 위한 표준
CCITT	이미지 정보에 대한 표준
SGML	텍스트 자료(숫자 · 문자)에 대한 표준

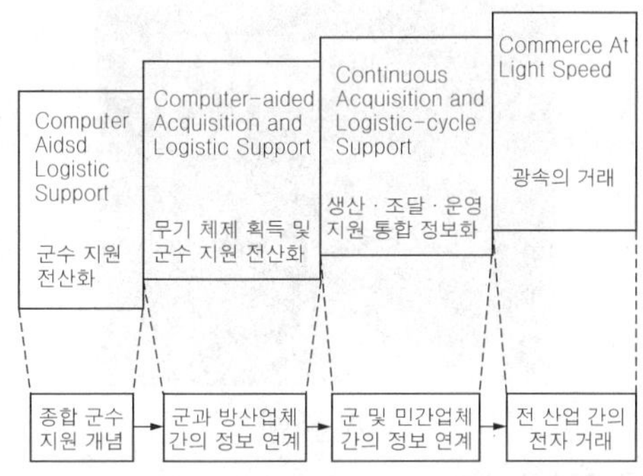

〈CALS 개념의 발전〉

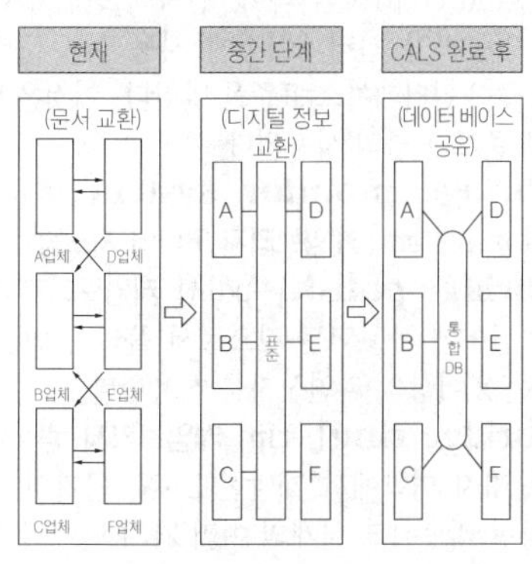

〈CALS의 정보 최종 목표 환경〉

(생산 계획 등 이전 활동 포함)에서 폐기에 이르는 모든 활동을 디지털 정보 기술의 통합을 통해 구현하는 산업화 전략」으로 제품에 대한 요람에서 무덤까지의 총체적 관리를 위한 정보 기술 통합 전략이라고 정의할 수 있다.

CAM (1) **캠, 전산 (도움) 제조, 컴퓨터 보조 생산** computer aided manufacturing의 약어. 컴퓨터 이용 제조. 컴퓨터를 이용하여 제조 공정 업무를 수행하는 것을 가리키며, 가공뿐만 아니라 계획과 관리를 포함하는 제조 설비의 제어 등 모두가 적용 대상이 된다. 궁극적으로는 이들 서브시스템을 통합하여 제조 업무의 전체적인 시스템화와 자동화를 꾀하고자 하는 것이며, 컴퓨터를 이용한 설계 업무의 CAD와 대조를 이룬다. 1800년 초에 기계 작동을 조정하기 위해 작동 순서를 기계적으로 수행시킨 데에서 비롯하여 1950년 초의 수치 제어(NC) 기술의 개발로 본격화되었으며, 그 후 1955년 APT (automatic programmed tool)의 개발로 현실화되었다. (2) **내용 주소화 기억 장치** contentaddressable memory의 약어.

〈CAM의 예〉

CAMAC 캐맥 computer automated measurement and control의 약어. 원자핵 산업에서 계기들의 일반적인 인터페이스에 사용되는 규정으로, IEEE-583 인터페이스 표준을 말한다. 이것은 IEEE-488 표준보다 널리 사용된다.

Cambridge monitor system [kéimbridʒ mánitər sístəm] **케임브리지 모니터 시스템** ⇨ CMS

Cambridge polish [-páliʃ] **케임브리지 폴리시** LISP 언어에 사용되는 것으로서 폴리시 연산자 = 과 ×는 2 이상의 피연산자를 허용한다.

Cambridge ring [-ríŋ] **케임브리지 링** 영국의 케임브리지 대학에서 개발한 LAN. 근거리 네트워크, 링형 네트워크 설계의 여러 가지 면에서 영향을 미쳤다.

[주] LAN(local area network)이란, 근거리 지역 네트워크의 약어로 분산 시스템의 일종이며, 지역적으로 근거리에 걸쳐 분산된 프로세서들로 구성된 네트워크를 말한다.

camcoder [kéimkoudər] *n*. **캠코더** 카메라와 레코더의 합성어로 카메라 일체형 VTR을 말한다. 원래 일본 소니의 상품 이름으로서 비디오 카메라의 기능과 녹화, 재생의 세 가지 기능을 모두 갖춰 다음 세대 VTR의 총아로 꼽힌다. 무게가 2kg 정도밖에 안되므로 휴대가 간편하고 초보자도 손쉽게 촬영 대상의 선정과 연출 · 촬영 · 녹화 · 재생의 전 과정을 해낼 수 있다. 기존의 VHS형 VTR과 호환성이 있어 재생이 쉽고 테이프 유통에 편리한 VHS형과 VHS형보다 가벼우며 고화질로 두 시간 가량 녹화가 가능한 8mm형이 있다. 현재는 6mm형도 출시되었다.

camera-ready copy [kǽmərə rédi(ː) kápi(ː)] **바로 인쇄할 수 있는 사본** 전자 출판(DTP)에서 바로 필름으로 찍어 오프셋 인쇄를 할 수 있도록 된 출력. 소규모 전자 출판에서는 레이저 프린터나 사진 식자기에서 나온 출력을 그대로 이용하나 대규모 출판에서는 그 출력을 원본으로 하여 이를 촬영해서 오프셋 인쇄할 수 있게 하는 것이 보통이다.

CA mode 계속 불특정 모드 continue-any mode의 약어.

camp on [kǽmp ən] **캠프 온** 사용중인 회선에 대한 호출을 잠시 보류해두고 회선이 공백일 때 신호를 내게 하는 방법의 하나.

cam tower [kǽm táuər] **캠 타워**

CAN (1) **취소, 캔슬** cancel의 약어. ⇨ cancel (2) **취소 문자** cancel character의 약어. 잘못된 데이터, 무시해도 되는 데이터를 표시하기 위해 사용되는 제어 문자.

Canadian Standards Association [kənéidiən stǽndərdz əsòuʃiéiʃən] ⇨ CSA

cancel [kǽnsəl] *n*. **없앰, 취소, 캔슬** 잘못 입력시킨 데이터 등을 「취소」, 「무효로 하는 것」 등의 의미로 여러 가지 복합어가 있다. 예를 들어, 취소 문자(cancel character)라고 하면 제어 문자의 일종이며, 데이터가 잘못되어 있는 것 또는 무시해야 할 것을 몇 가지 약속에 따라 표시하는 데 사용한다.

cancel character [-kǽrəktər] **취소 문자** 데이터가 잘못되어 있는 것 또는 무시해야 할 것을 몇 가지 약속에 따라 표시하기 위해서 이용되는 제어 문자.

cancel indicator [-índikèitər] **취소 표지**

cancellation [kæ̀nsəléiʃən] *n*. **취소**

cancellation of signification digits[–əv sìgnifikéiʃən didʒíts] **자릿수 내림** 어떤 연산 과정에서 수치의 내용에 따라 현저하게 정밀도를 떨어뜨리는 것.

cancel release[kǽnsəl rilíːs] **해제** 지시한 기능을 정지시키는 것.

cancel transmission[–trænsmíʃən] **전송 취소** ⇨ CANTRAN

C & C 컴퓨터 통신 computer and communication의 약어. 컴퓨터와 통신의 두 가지 기술을 통합한 종합적인 정보 기술.

candidate[kǽndidèit] *n*. **후보(자), 대상**

candidate key[–kíː] **후보 키** 관계 데이터 베이스 이론에서 사용되는 용어로, 릴레이션의 투플(tuple)들을 구별할 수 있는 최소한의 속성들의 집합으로 모든 릴레이션은 최소한 하나의 후보 키를 갖는다.

candidate rule[–rúːl] **후보 규칙** 연산 규칙을 보편화하는 과정에서 아직 완전히 보편화가 이루어지지 않은 규칙.

candidate solution graph[–səlúːʃən grǽf] **후보 해결 그래프** 일관성을 갖지 못한 해결 그래프로, 일관성 있는 해결 그래프를 찾을 때까지 계속 검색해야 한다.

candidate volume[–váljum] **후보 볼륨**

canned cycle[kǽnd sáikl] **고정 주기** ⇨ fixed cycle

canned routine[–ruːtíːn] **고정 루틴** 이전에 기록된 루틴으로 프로그램 중에 복사되어 있고, 변경 없이 그대로 사용하는 것.

canned software[–sɔ́(ː)ftwɛ̀ər] **기성 소프트웨어** 한 가지 이상의 일반적인 기능을 수행하도록 작성되어 오류 수정까지 끝난 프로그램으로서 패키지(package)라고도 한다. 업무용으로는 수입 회계, 지불 회계, 일반 원장, 재고 조정, 임금 계산 등의 기능이 있다.

Canon engine[kǽnən éndʒin] **캐논 엔진** 레이저 프린터에서 사용하고 있는 캐논 사의 사진 복사기 내부 메커니즘.

canonical[kənánikəl] *n*. **정규** 식이나 스키마(schema)의 정규적이고 표준에 맞는 간단한 양식을 말한다. 예컨대, 불 식은 곱의 정규합이나 합의 정규곱으로 변환하여 나타낼 수 있다.

canonical collection of item [–kəlékʃən əv áitəm] **정규 항목 집합** 정규 문법의 각각의 항목에 대해 폐쇄(closure) 연산을 적용하여 그 결과로 얻은 항목들의 집합.

canonical form[–fɔ́ːrm] **정규형** 논리식을 논리곱의 합이나 논리합의 곱으로 나타낸 것.

canonicalization[kənánikelizèiʃən] **정규화** 하드웨어나 소프트웨어의 운반성이나 접속성을 높이기 위해 표준 규격을 결정하는 것. 정보 기술 분야에서는 ISO/IEC가 국제적인 활동을 하고 있다.

canonical LR parsing 정규 LR 파싱 상향식 구문 분석 기법 중의 하나로, 문맥 자유 언어(context free language) 중 가장 강력하고 광범위한 문법에 사용된다.

canonical map[–mǽp] **정규 함수** R을 집합 A 상의 동치 관계라 할 때, 함수 $g : A \to A/R$, $g(a) = (a)R$을 A에서 상집합 A/R로의 정규 함수라고 한다.

canonical schema[–skíːmə] **정규 스키마** 사용자들의 외부 뷰(view)들을 통합, 최소한의 구조로 구성해서 데이터의 고유한 구조적 성질을 표현한 모형.

CANTRAN 전송 취소 cancel transmission의 약어. 정규 메시지의 종결 신호 대신 사용하여 표제 정보를 포함하는 메시지 전체가 무시되어야 할 것을 표시하는 제어 문자.

capability[kèipəbíliti(ː)] *n*. **능력, 기능, 자격** (1) 기능, 능력 :「~을 할 수 있는 힘」의 의미이지만 전후 문맥에 따라 두 가지로 나누어 사용한다. 우리말의 「능력」을 적용시키는 것보다는 「기능」을 적용하는 편이 좋을 듯하다. 예를 들면, multiprogramming capabilities(다중 프로그래밍 기능). (2) 자격 :「부여된 권리를 행사할 수 있다」는 의미이며, 컴퓨터 보안(computer security), 접근 제어(access control)의 문맥으로 표현된다. 컴퓨터 시스템의 이용자와 컴퓨터 프로그램을 사용할 수 있는 장치와 파일, 프로그램에 대하여 설정한 접근 권한, 컴퓨터의 자원과 자원에 대한 접근 권한의 범위를 규정함으로써 보호 기능이 가능하다.

capability-based addressing[–béist ədrésiŋ] **자격 기준 어드레스 지정** 컴퓨터 시스템에서 기억 장치의 어드레스 지정 하드웨어에 자격 개념을 도입, 주기억 장치를 참조할 때마다 사용하도록 하는 기법.

capability list[–líst] **자격 리스트** 임의의 사용자(user)가 한 객체에서 수행할 수 있도록 허용된 작업들의 리스트.

capability maturity model[–mətʃú(ː)riti(ː) mádəl] **능력 성숙도 모델** ⇨ CMM

capability segment[–ségmənt] **자격 세그먼트** 일반 사용자가 임의로 자격을 생성하지 못하도록 통제하기 위해 일반 사용자의 접근이 불가능하도록 짜여진 특수 세그먼트.

capacitance[kəpǽsitəns] *n*. **정전 용량** 축전기가 전하를 얼마나 저장할 수 있는가를 나타내는 척도. 이의 기본 단위는 패럿으로 기호 F로 나타낸다. 보통 패럿은 너무 크므로 마이크로패럿(μF) 또는 피코패럿(pF)을 많이 쓴다.

capacitor[kəpǽsitər] *n*. **축전기** 두 장의 금속판 사이에 절연체를 넣고 전극판에 전하를 대전시킨 것. 컴퓨터의 기억 장치로 사용되는 동적 램(dynamic RAM)은 이 원리를 이용한 것이다.

capacitor storage[–stɔ́:ridʒ] **축전기 기억 장치** 데이터를 기억시키기 위해 정전 용량 특성을 사용한 기억 장치.

capacitor store[–stɔ́:r] **축전기 기억 장치**
⇨ capacity storage

capacity[kəpǽsiti(:)] *n*. **용량** 용적. (1) 기억 용량(storage capacity)과 동의어. 기억 장치(storage)에 넣을 수 있는 데이터의 양이며, 비트(bit), 바이트(byte), 문자(character), 단어(word) 등의 단위로서 표현된다. (2) 시스템이 작업을 받을 준비가 되어 있고 항상 처리할 작업이 있다고 가정할 때 시스템이 낼 수 있는 최대 처리량(throughput)에 대한 척도. (3) 특정 시스템이 자료를 저장하고, 트랜잭션(transaction)을 수행하고, 자료를 처리하고 결과를 산출하는 능력을 말한다. (4) 전기 전자 분야에서는 「정전 용량」의 의미로 쓰인다.

capacity analysis[–ənǽlisis] **용량 분석** 특정 시스템이 자료를 저장하고, 트랜잭션(transaction)을 수행하고, 자료를 처리하고, 결과를 산출하는 능력을 조사·분석하는 것.

capacity attenuator[–əténjuèitər] **용량 감쇠기**

capacity bridge[–brí(:)dʒ] **용량 브리지**

capacity coupler[–kʌ́plər] **용량 결합 장치**

cap-height[kæp háit] **캡 높이** 영문 대문자의 높이로 기준행에서 캡 라인까지의 높이. 어떤 글꼴의 동일 유형 크기의 영문 대문자 높이를 나타낸다. 영문 소문자의 높이는 x-height라 한다.

capital[kǽpətəl] **캐피털, 대문자** 영문 대문자. 보통 대문자의 높이는 캡 바이트로 표시하는데, 소문자의 높이인 x-height를 높이로 하여 작게 설계된 대문자를 스몰(small) 캐피털이라고 한다.

Caps Lock key[kæps lɑk kí:] **대문자 키** 컴퓨터 키보드에 있는 키로 이것을 조작해두면 입력되는 영문자는 모두 대문자로 입력된다.

capstan[kǽpstən] *n*. **캡스턴** 자기 테이프나 종이 테이프는 캡스턴이라고 불리는 활차(滑車)에 의해서 구동되어 주행한다. 일반적으로는 테이프의 필요한 속도에 맞추어 캡스턴을 회전시켜 테이프를 핀치 롤러(pinch roller) 등으로 눌러서 구동시키고 있다. 테이프 구동 기구(tape transport)의 구성 부품이며, 자기 테이프를 구동시키기도 하고, 헤드 밑을 통과하는 속도를 제어하는 기능을 갖는다. 캡스턴 자체는 회전축이지만 테이프 릴이란 독자적인 작동을 한다. 종이 테이프(paper tape) 장치에도 갖추어져 있다.

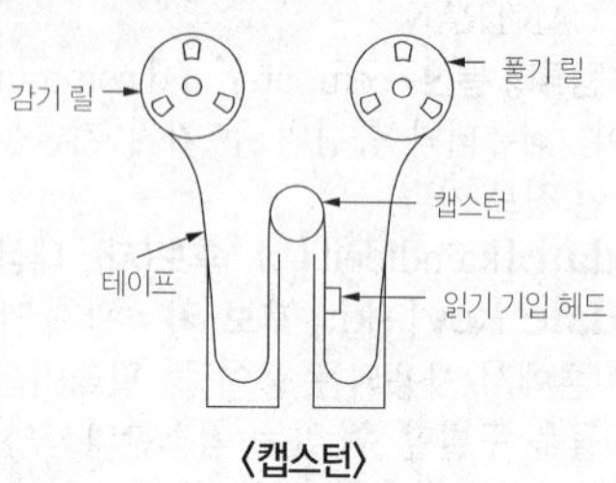

〈캡스턴〉

capstan feed[–fí:d] **캡스턴 피드** 캡스턴을 사용해서 테이프를 보내는 기구.

capstan head[–hé(:)d] **캡스턴 헤드**

capstan idler[–áidlər] **캡스턴 아이들러**

capstan roller[–róulər] **캡스턴 롤러** 데이터 판독 장치의 테이프 구동 기구의 일부. 입력 제어 회로로부터의 신호이며 피드 롤러에 의해 테이프는 회전하고 있는 캡스턴 롤러에 꽉 눌러져 이송할 수 있도록 되어 있다.

CAPTAIN 캡틴 character and pattern telephone access information network의 약어. 공중 기호용 비디오 텍스 서비스에서 이용되는 시스템/단말의 총칭. ⇨ 그림 참조

captain information center[kǽptən ìnfərméiʃən séntər] **캡틴 정보 센터** 정보 제공자가 경제적으로 다양한 영상화 서비스를 제공할 수 있으며, 전기 통신 공사와 같은 기구에서 공동 형태로 설비를 제공하는 정보 센터.

CAPTAIN system 캡틴 시스템 character and pattern telephone access information network system의 약어. 가정 등에 있는 텔레비전과 컴퓨터 센터를 전화 회선으로 연결하여 사용자가 필요로 하는 정보를 텔레비전 화면에 그림이나 문자의 형태로 표시하는 정보 미디어. 이 캡틴 시스템은 화상 데이터를 축적하기 위한 정보 센터용 호스트 컴퓨터, 화상 작성용 정보 입력 장치, 이용자 단말로 구성된다. 전화선을 경유하며, 중앙의 호스트 컴퓨터로부터 각 가정의 텔레비전 수상기로 각종 정보를 제공한다.

capture[kǽptʃər] *n*. **갈무리, 캡처** 포획. 입수. 수집. (1) 어떤 규격에 맞는 자료를 컴퓨터에 저장하는 일. (2) 데이터 통신에서 통신 회선을 통해 들

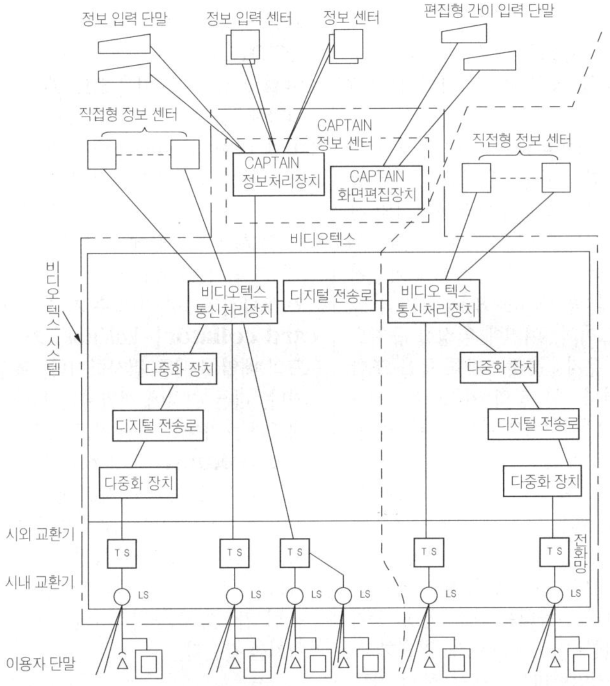

〈CAPTAIN 서비스의 구성도〉

어오는 데이터를 화면에 표시하면서 동시에 그 내용을 디스크에 파일로 저장한다. 이것은 먼 곳에 있는 컴퓨터와 통신하는 경우 한 번 전송된 데이터를 잃어버리지 않고 안전하게 보관하기 위해 사용된다.

capture board[–bɔ́ːrd] **캡처 보드** 비디오의 영상과 음성을 컴퓨터에서 이용할 때 필요한 보드 장치를 비디오 디지타이저 보드라고 한다. 비디오 덱에서 오는 영상과 음성은 원래 아날로그 데이터이므로 컴퓨터에서 이용할 수 있도록 디지털 데이터로 변환해야 한다. 캡처 보드에는 디지털 데이터로 변환하기 위한 A/D 변환기(아날로그-디지털 변환기) 등의 회로가 있다. 사용할 때는 컴퓨터 뒤에 있는 확장 슬롯에 캡처 보드를 넣고 비디오 덱의 코드를 연결한다.

capture program[–próugræm] **캡처 프로그램** (1) 현재 화면에 나타나는 이미지의 전체 또는 일부분을 포착하는(캡처하는) 소프트웨어. 대표적인 것으로는 페인트 샵(Paint Shop)과 캡처 프로페셔널이 있다. (2) 윈도는 캡처 기능을 기본적으로 갖추고 있으며, Ctrl/Alt 키를 이용하여 활성 창과 전체 화면을 선택적으로 캡처할 수 있다.

CAR 컴퓨터 지원 검색 computer assisted retrieval의 약어. 컴퓨터로 정보를 검색하는 것으로, 마이크로필름에 들어 있는 정보의 검색에 이용된다. 제작된 마이크로필름은 릴, 카세트, 카트리지 형태로 보관되고, 색인표, 키워드, 페이지 등에 의해 검색된다.

carbon API 카본 API MacOS X에서 이전의 MacOS 시스템과의 호환성을 유지하기 위해 사용되는 API 세트. ⇨ API, MacOS

carbon copy[kɑ́ːrbən kɑ́pi(ː)] **복사본** 원래는 타자기 등에서 먹지를 사용해 복사한 서류의 사본을 가리키는 말. 그러나 컴퓨터에서는 문서나 데이터의 복사본을 뜻한다.

carbon fiber[–fáibər] **탄소 섬유** 유기 섬유를 비활성 기체 속에 적당한 온도로 열처리해 탄화, 결정화시킨 섬유. 아크릴 섬유 등을 원료로 1,000~1,500°C에서 산화 등의 화학 반응이 일어나지 않는 비활성 상태에서 탄화시켜 제조하는 폴리아크릴로니트릴(PAN)계의 탄소 섬유가 중심이다. 특히 플라스틱 재료의 강화 섬유로서 이용 가치가 높다.

carbon ribbon[–ríbən] **탄소 리본** 프린터에 사용되는 잉크 리본.

carbon separator[–sépərèitər] **탄소 분리기** 컴퓨터에서 작성되는 보고서는 배부처별로 정리하여 발송하는데, 이때 탄소 종이를 분리하기 위해 사용되는 장치이다. 최근에는 절단기와 조합된 형태의 분리기가 이용된다.

carbon spot[-spát] **탄소점** 일부분만을 탄소 처리하여 어떤 항목들을 복사지에 복사되지 않게 한 탄소 종이.

card[ká:rd] *n.* **카드** 데이터의 기록 매체(recording media)로서 컴퓨터 출현 당시부터 사용되어 왔다. 또 컴퓨터 이용 분야의 확대와 테크놀리지의 진전에 따라 각종 카드가 등장하여 이용되고 있다. (1) 컴퓨터에서 데이터 입력 수단으로서 최초에 이용된 것이 종이 카드이다. 대략 18cm×8cm 크기의 유연성이 있는 종이 카드이며, 여기에 일정한 규칙으로 천공(punch)하여, 문자 · 숫자 · 기호 등을 조합시켜 데이터를 기록한다. 한 장의 카드에는 80자(란) 또는 90자(란)분의 데이터를 수용할 수 있다. 이 카드를 카드 판독 장치(card reader)로부터 중앙 처리 장치(CPU)로 판독 · 기록하여 처리한다. 비용도 싸고 간편하기 때문에 오랫동안 사용되어 왔으나, 최근에는 고속 대량 처리의 필요성 때문에 자기 테이프와 자기 디스크 등으로 대체되고 있다. (2) 카드에 데이터를 천공하는 데는 천공 장치와 천공을 행하는 천공수(puncher)가 필요하다. 좀더 손쉽게 데이터를 입력하는 수단으로서 카드에 연필로 「기호」를 표시하고, 이 「기호」를 판독하는 방식이 고안되었다. 이와 같은 카드를 표시 감지 카드(mark sensed card)라 하며, 여러 분야에서 광범위하게 사용되고 있다. (3) 종이 카드 외에 자기 카드(magnetic card)도 있다. 플라스틱제의 카드에 자기 성분 기록 매체를 도포한 것으로 기록 원리는 자기 테이프(magnetic tape)의 경우와 유사하다. 자기 카드 기억 장치로서, 컴퓨터 시스템의 구성 요소로서 사용할 수 있다. 또 은행 현금 인출 카드와 신분 증명용 카드와 같이 이용자가 휴대할 수 있도록 하는 용도도 급속도로 확대되고 있다. 그 밖에 IC 카드라는 것이 있으며 이는 반도체 회로 소자를 집적하여 하나의 기판 위에 정리한 것을 가리킨다. 표준 카드(80자)는 세로 82.5mm, 가로 187.3mm 크기에 두께 0.2mm, 한 모서리는 60°로 1/4 정도 절단되어 있고 80열 12행을 갖는다.

card back[-bǽk] **카드 백** 카드 이면. 카드 표면의 반대쪽으로 천공 카드에서 인쇄되지 않은 쪽.

card base[-béis] **카드 베이스** 컴퓨터의 입력 매체로 천공 카드를 중심으로 처리하는 데 기초를 둔 시스템 또는 목적 프로그램의 출력을 카드로 하는 시스템.

card bed[-bé(:)d] **카드 베드** 천공 및 판독 스테이션(station)에 있는 카드를 보존하는 기계 장치.

card bus[-bʌ́s] **카드 버스** 노트형 PC의 버스 아키텍처인 16비트 PC 카드 규격을 32비트 규격으로 확장한 것. 최고 132MB/초의 전송 속도를 가진다. ⇨ PC card

card cage[-kéidʒ] **카드 케이지** 컴퓨터의 본체 기판에 카드를 수용할 수 있도록 만든 프레임 구조.

card code[-kóud] **카드 코드** 데이터나 프로그램을 카드에 천공할 경우의 코드. 80란 카드에서는 캐릭터 포지션(0에서 9까지의 숫자가 인쇄되어 있는 부분)에 천공함에 따라 숫자를 나타내고(디짓 펀치) 존 펀치(zone punch, 11번째와 12번째의 위치)와 조합시켜 문자나 특수 기호를 나타낸다.

card collator[-kɑléitər] **카드 대조기** 천공 카드의 배열 순서를 검사하거나, 특정 내용을 추출하거나, 다른 위치에 끼워넣거나 다른 집단의 카드와 대조하는 기능을 가진 카드 처리용 장치.

card column[-kɑ́ləm] **카드의 열** (1) 천공 카드(punched card)의 세로에 평행한 1열의 천공 위치. 각 행은 천공을 위한 하나의 단위로서 취급되며, 천공 패턴에 따라 특정 문자를 표현할 수 있다. 카드의 행(card row)과 대비된다. (2) 80란 카드 및 90란 카드에서는 각각 1열에 12개 및 16개의 천공 위치를 갖는다.

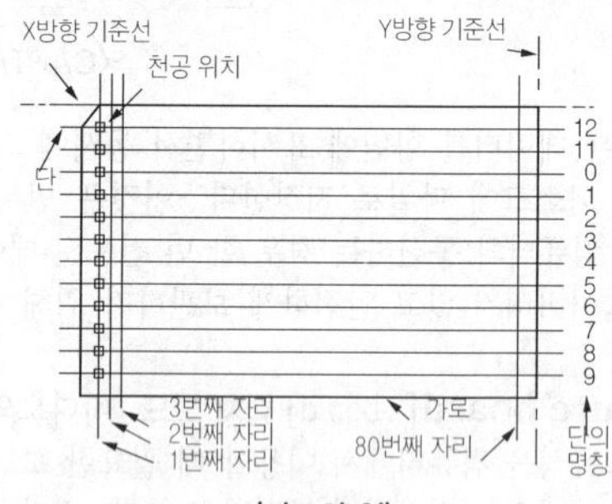

〈카드의 열〉

card control unit[-kəntróul jú:nit] **카드 제어 장치** 천공 카드로 일괄 처리(batch processing)가 가능한 컴퓨터에서 천공 카드의 입출력 작업을 담당하는 장치.

card cycle[-sáikl] **카드 사이클** 카드를 읽거나 천공하는 데 걸리는 시간.

card data recorder[-déitə rikɔ́:rdər] **카드 데이터 리코더** 카드를 천공 · 검증 · 인쇄 · 해석하는 장치. 어떤 장치들은 번역이 필요하지 않은 부분은 생략하고 수치 부분만을 번역하거나 또는 프로그램의 제어기에 선행 0(제로)들을 프린트하도록 설계되어 있다. 또한 어떤 부분에서는 카드들이 천공된 후에 바로 검증될 수도 있다.

card deck[-dék] **카드 덱** 단순히 덱이라고 하면 천공된 카드의 묶음(프로그램 카드의 집합)을 말한다. 자료를 천공한 카드의 묶음은 자료 덱으로 호칭하여 구별하고 있다.

card design[–dizáin] **카드 설계** 컴퓨터 데이터의 입력 매체로 카드를 사용하여 업무 처리를 하는 경우 어떤 항목을 천공하는가를 결정하고, 카드에 그 위치를 명확히 설계해서 양식을 결정하는 것. 카드 설계 상의 기본적인 요건은 다음과 같다. 첫째, 원시 자료와 카드 상의 항목 순서를 되도록이면 일치시킨다. 둘째, 각 항목의 자리는 발생 가능한 최대의 자리를 고려하여 설정한다. 셋째, 동일 업무에 사용되는 여러 종류의 카드 설계가 필요할 때에는 각 카드의 식별란을 설정하여 구분하도록 한다. 넷째, 다른 카드와 구별하기 위한 카드 번호, 코너 잘림, 줄무늬 등도 고려한다.

card face[–féis] **카드 표면** 천공 카드의 인쇄된 쪽의 면. 만약 양쪽 인쇄로 된 경우는 중점도가 높은 쪽의 면. 카드의 표면을 위쪽으로 하는 것을 페이스-업(face-up)이라 하고, 표면을 아래쪽으로 하는 것을 페이스-다운(face-down)이라 한다.

card feed[–fiːd] **카드 이송** 천공 카드를 카드 판독기에서 한 번에 한 장씩 보내는 기구.

card field[–fiːld] **카드 필드** 천공 카드에 한 항목을 표시하기 위해 천공하는 칼럼 수를 의미한다. 예를 들면, 날짜 항목은 칼럼 1부터 6까지, 품목 항목은 칼럼 7부터 16까지, 단가 항목은 칼럼 17부터 36까지, 수량 항목은 칼럼 37부터 43까지라는 형태로 할당한 데이터의 기록 장소를 말한다.

card file[–fáil] **카드 파일** 정보를 저장하는 매체가 카드의 한 조로 되어 있는 것.

card format[–fɔ́ːrmæt] **카드 양식** 일반적으로 시스템의 정의나 프로그램 규정의 일부로서 제공되는 천공 카드의 내용에 대한 설명.

card gauge[–géidʒ] **카드 게이지** 카드의 크기 및 천공 위치를 검사하는 게이지.

card hopper[–hápər] **카드 발송기** 천공 카드를 내보내는 장치. 예를 들면, 카드 천공기나 카드 판독기에서 그 장치에 공급하는 카드를 쌓아 축적해놓은 장소.

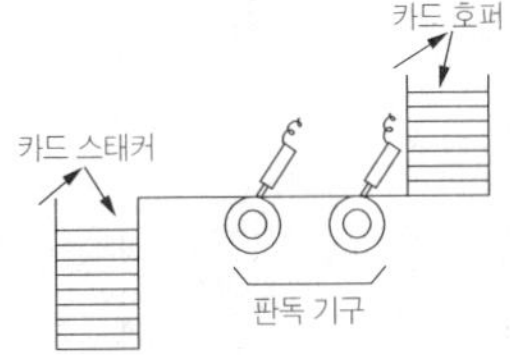

〈카드 발송기의 구조〉

card image[–ímidʒ] **카드 영상** 카드에 천공된 형식대로 기억 장치 내에 저장하는 형식으로서 이런 방법으로 천공된 구멍들을 2진 숫자 1로 나타내고 천공되지 않은 부분은 다른 2진 숫자 0으로 표현된다.

cardinality[kóudinəliti(ː)] *n.* **카디널리티** 한 릴레이션을 구성하는 투플의 수.

card interpreter [káːrd intə́ːrprətər] **카드 번역기** 천공된 카드의 천공 위치를 확인하며 그것을 판독해서 소정의 공란에 번역한 문자를 인쇄하는 장치. PCS(punched card system)의 일종. 속도는 매분 60~100매 정도.

card jam[–dʒǽm] **카드 잼** 카드 판독기로 천공하거나 컴퓨터로 카드를 판독하는 도중 장치 안이 막히거나 파괴되어 정상적인 판독이나 천공을 하지 못하는 상태.

card layout[–léiàut] **카드 설계** 카드의 필요 항목을 어떻게 배열하고 배치하는가를 설계하는 것.

card leading edge[–líːdiŋ é(ː)dʒ] **카드 선행 에지** 천공 카드의 가장자리로서, 카드가 카드 트랙을 따라 보내질 때 선두가 되는 부분.

card loader[–lóudər] **카드 적재기** 천공 카드에서 프로그램을 기억 장치로 적재할 때의 루틴.

card machine[–məʃíːn] **카드 머신** 천공기, 카드 판독기, 카드 분류기, 회계기 등으로 구성된 사무 처리기.

card magnetic stripe reader[–mægnétik stráip ríːdər] **카드 자기 띠 판독기** 자기 띠가 있는 카드를 판독할 수 있는 판독 장치.

card mode[–móud] **카드 모드**

card module[–mádʒuːl] **카드 모듈** 마이크로프로세서 시스템을 구성하는 경우에 사용되는 트럼프와 같은 카드식 모듈로서 21.6×27.9cm의 프린트 기판 상에 구성된다.

card pack[–pǽk] **카드 팩, 카드 덱** 천공 카드의 묶음.

card path[–páːθ] **카드 통로** 카드 처리 기구에 있어서 카드가 그것에 따라서 움직이게 되고 유도되는 부분.

card programmed electronic calculator[–próugræmd ilèktránik kǽlkjlèitər] **카드 프로그램 전자 계산기** 카드의 조합 또는 패널 보드에 의해 프로그램이 입력되어 처리되는 절충식 기계.

card programming control [–próugræmiŋ kəntróul] **카드 프로그래밍 제어** 자동 제어 시스템의 일종.

card punch[–pʌ́ntʃ] **카드 천공 장치, 카드 펀치** 컴퓨터 출력 장치의 하나. 컴퓨터의 지령에 따라 카드에 정보를 천공 기록하는 장치. 전기적 출력 정보가 1이면 전자석이 작동하여 핀을 아래로 눌러 카드에 천공하는 기구로 되어 있다. 천공된 구멍이 잘못된 것이 없는지를 확인하는 기능이 첨부되어 있는 것도 있다. 키 천공기(key punch)와 같은 뜻으로 쓰이는 경우도 있지만 이 의미로는 사용하지 않는 것이 좋다. 카드 판독 장치(card reader)와 대비된다.

card puncher[-pʌ́ntʃər] **카드 천공 장치** ⇨ card punching machine

card punching[-pʌ́ntʃiŋ] **카드 천공** 천공 카드에 천공하는 일.

card punching machine[-məʃíːn] **카드 천공기** 중앙 연산 처리 장치에서 처리된 결과를 카드에 천공하기 위한 출력 장치.

card punch typewriter[-pʌ́ntʃ táipràitər] **카드 천공 타이프라이터** ⇨ punch typewriter

card punch unit[-júːnit] **카드 천공 장치** 컴퓨터 등의 명령에 의해 카드에 정보를 천공하여 기록하는 장치로 단순히 카드 펀치라고도 한다. 사람의 손으로 키를 눌러 천공한다.

card random access memory[-rǽndəm ǽkses méməri(ː)] **CRAM, 카드 임의 접근 메모리** ⇨ CRAM

card reader[-ríːdər] **CR, 카드 판독 장치, 카드 판독기** 종이 카드에 기록되어 있는 정보를 판독하여, 중앙 처리 장치(CPU)로 전송하는 장치. 문자와 숫자를 카드 위의 세로·가로의 천공 조합으로서 표현한 데이터를 판독한다. 컴퓨터 출현 당시 입력 매체(input media)로서 널리 사용되었으나 최근에는 현저히 줄어들었다. 카드 리더의 판독 속도는 저속인 것에서는 500매/분, 고속인 것에서는 2,000매/분이다. 천공을 검출하는 방식으로는 브러시식, 핀 센스식, 광전식 등이 있으나 지금은 거의 광전식이 많다. 데이터의 판독 단위는 1열 2비트의 세로 판독과 1줄 80비트의 가로 판독 형식이 있다.

card read punching unit[-ríːd pʌ́ntʃiŋ júːnit] **카드 입력 천공 장치** 카드 내용을 읽어 기억 장치에 보내고 처리된 결과를 천공할 수 있는 컴퓨터 입출력 장치의 일종.

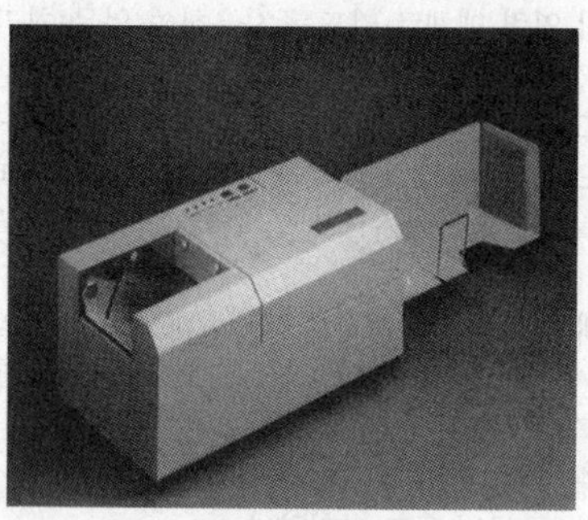

〈카드 판독기〉

card reproducer[-riːprədjúːsər] **카드 복제기** 천공 카드용 장치이며, 어떤 카드로부터 판독한 데이터의 전부 또는 일부를 복사하여 다른 카드를 작성하는 기계. 이것은 컴퓨터의 주변 장치가 아니고 다만 전형적인 자료 처리 기계일 뿐이다.

card reproducing punch [-rìːprədjúːsiŋ pʌ́ntʃ] **카드 재생 천공기** 천공 카드용 장치로서 어떤 카드에서 판독한 데이터의 전부나 일부분을 복사해서 다른 카드를 작성하는 것.

card row[-róu] **카드 열** 천공 카드의 가로에 평행한 1열의 천공 위치. 예를 들어, 80란 카드의 경우는 12행, 90란 카드의 경우 카드 상반부에 6행, 하반부에 6행의 천공 위치가 있다.

card row punch[-pʌ́ntʃ] **카드 열 천공**

card sorter[-sɔ́ːrtər] **카드 분류기** 천공 카드를 그 카드의 구멍 패턴에 따라 선별된 포켓에 넣는 장치로 천공된 카드를 자동적으로 분류, 정리하는 기계. 처리 속도는 650~2,000매/초 정도이다.

cards per minute[-pər mínət] **cpm, 분당**

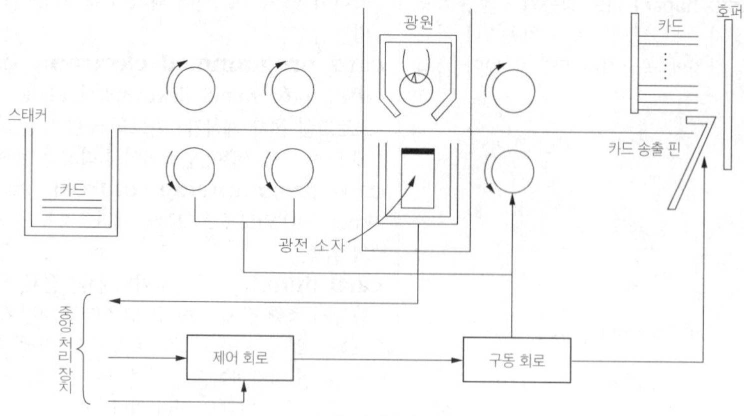

〈카드 판독기 구성도〉

카드 종이 카드를 1분에 몇 매 「판독할 수 있는가」, 「천공할 수 있는가」를 표시하는 단위.

card stacker[–stǽkər] **카드 적재기** 카드 판독기나 카드 천공기의 구성 부품의 하나. 판독 또는 천공이 끝난 카드를 모아두는 부분. 장치에 따라서는 카드 적재기가 복수로 갖추어진 것도 있고, 카드에 오류가 있는 것을 분류해서 모을 수도 있다.

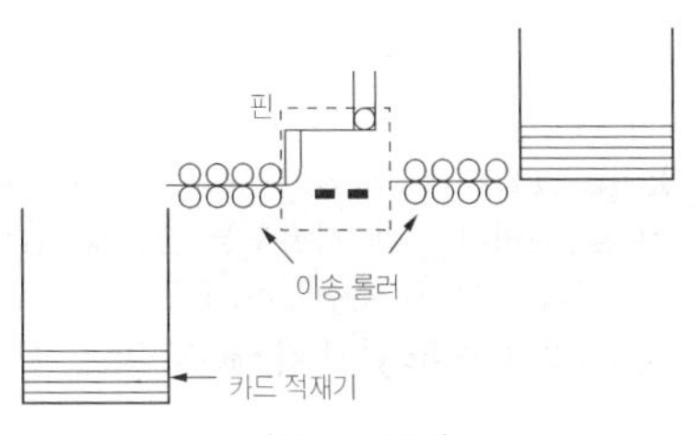

〈카드 적재기〉

card system[–sístəm] **카드 시스템** 예비 보조 기억 장치가 없는 것으로 입력 장치로는 카드 판독기, 출력 장치로는 카드 천공기, 인쇄 장치를 갖춘 컴퓨터 시스템을 말한다.

card-to-card[–tuː kɑ́ːrd] **카드 대 카드** 자료 전송에서 천공된 카드에 기록된 자료를 다른 천공 카드에 원격 단말기로 천공하여 전송하는 과정.

card to card converter [–kənvə́ːrtər] **카드 대 카드 변환기** 카드 내용을 다른 카드에 옮기는 장치 또는 프로그램.

card-to-disc conversion[–dísk kənvə́ːrʃən] **카드 대 디스크 변환** 카드에 천공되어 있는 정보를 자기 디스크에 그대로 기록하는 것.

card-to-magnetic tape converter[–mægnétik téip kənvə́ːrtər] **카드 대 자기 테이프 변환기** 기록된 천공 카드의 자료를 읽어서 다음 처리를 위해 대기중인 자기 테이프에 논리 레코드로 기록하는 장치로서 중앙 처리 장치를 경유하지 않고 자료의 입력 및 오류 검사가 가능하도록 설계되어 있다. 이것은 시분할 방식과 다중 프로그램 방식이 가능할 때는 그다지 필요하지 않다.

card-to-tape[–téip] **카드 대 테이프** 카드에 천공된 자료를 카드 대 테이프 변환기로 종이 테이프에 변환시키는 작용.

card-to-tape converter[–kənvə́ːrtər] **카드 테이프 변환기** 매체 변환기라고도 하는데, 천공 카드에서 하나의 기억 단위를 테이프로 기록하는 장치.

card track[–trǽk] **카드 트랙** 여러 종류의 판독하는 스테이션이나 천공하는 스테이션을 통해 입력 적재기에서 출력 적재기로 이동시키는 천공 카드 기계의 부분.

card trailing edge[–tréiliŋ é(ː)dʒ] **카드 트레일링 에지** 천공 카드의 테두리로서 카드가 카드 트랙을 따라 전달될 때 나중이 되는 부분.

card type data base[–tɑ́ip déitə bèis] **카드형 데이터 베이스** 데이터 베이스 관리 시스템(DBMS)의 일종으로, 단일 파일만을 다루는 간단한 것. 플랫 파일형 DBMS가 올바른 명칭이다. 이른바 도서관 카드처럼 어떤 형식에 따라 기입한 데이터군을 포개어 쌓은 것. 카드 내의 모든 항목 또는 몇 개의 항목으로 검색하거나 바꾸어 늘어놓을 수 있다.

card verifier[–vérifɑ̀iər] **카드 검증기** 천공 카드의 검공을 하기 위한 장치. 검공된 카드를 판독기에 놓고 원고에 따라 치면, 입력된 코드와 카드 구멍이 일치하지 않을 때는 정지하도록 되어 있으므로 에러를 발견할 수 있다.

card verifying[–vérifɑ̀iŋ] **카드 검증** 정확히 천공되었는지를 검사하는 하나의 수단.

card wreck[–rék] **카드 렉** 1매 또는 다수의 천공 카드가 천공 카드 장치의 카드 트랙에 낌으로써 발생되는 고장.

caret[kǽrət] *n.* **삽입 기호** 삽입될 자리를 표시하는 데 쓰이는 V자를 거꾸로 세운 모양의 기호.

CAR function **CAR 함수** contents of the address register function의 약어. LISP에서 사용되는 함수로, 주어진 리스트의 첫번째 원소를 반환한다.

car navigation system[kɑːr nævəgéiʃən sístəm] **CAS, 자동차 항법 시스템** 두 가지 방식이 있다. 하나는 CD-ROM에 지도와 도로 정보, 관광안내 정보 등을 수록하고, GPS(global position system) 위성 전파나 지자기를 이용하여 위치 검사 장치에서 현재의 위치를 알아내고 자동차 운전자에게 도로 정보, 목적지까지의 도로 순서(도로 경로) 등을 가르쳐주는 GPS 항법 방식이고 다른 하나는 차량 속도 센서나 자이로 센서 등으로 측정하는 자립 항법 방식이다.

carousal memory[kərɑ́uzəl méməri(ː)] **캐루젤 기억 장치** 스웨덴 Faeit 회사가 제작한 특수 자기 테이프 장치. 64개의 작은 릴에 자기 테이프를 감고 이것을 프레터라는 한 개의 회전판에 설치해서 일정한 속도로 주행시키는 것. 호출 시간은 최대 2초이다.

carpal tunnel syndrome[kɑ́ːrpəl tʌ́nəl síndroum] **카펄 터널 증후군** 컴퓨터에서 장시간 키보드나 마우스로 작업하다 보면 손목 관절의 연골 부위의 부상이나 부종으로 인해 손으로 이어지는 주신경이 압박받는 증상. 손목을 부적절하게 사용하거나 손목 통증, 관절염으로 인해 야기되며, 손에 심각한 손상을 입을 수 있다.

car PC 카 PC 차량 탑재용 PC. 구체적인 제품으로는 도로 정보를 음성으로 수신하는 카 내비게이션이나 전자 우편을 음성화하여 알려주는 기능을 갖춘 것이 있다. 이외에도 전화 기능이나 긴급시 자동 연락 기능 등 여러 가지 기능이 고려되고 있다. ⇨ auto PC

carpet bagger[ká:rpət bǽgər] **카펫 배거** 미국의 남북 전쟁 직후 승리한 북부 사람들이 패한 남부 사람들을 경멸하고 무시하여 부르던 말로, 발전 가능성은 충분하지만 아직은 미발달된 영역에서 재빠르게 이익을 챙길 목적으로 인터넷에 참가하는 사람이나 회사.

carriage[kǽridʒ] *n.* **캐리지, 종이 이송 기구** 타이프라이터나 인쇄 장치의 종이 이송 기구. 종이 이송 기구는 인쇄 위치(print position)를 다음 행(line)으로 넘기는 동작을 한다. 보통 타이프라이터나 표시 장치의 복귀(carriage return) 키를 누르면, 표시 위치와 인쇄 장치는 다음 행의 최초의 문자 위치(character position)로 넘어가도록 동작을 한다. 그러나 엄밀히 말하면 「복귀」는 동작 위치를 동일 행의 최초의 문자의 위치로 되돌리는 동작이며, 다음 행으로 동작 위치를 넘기는 것은 개행(改行 ; line feed)이라는 동작이다. 복귀와 개행에 의해 다음 행의 최초의 문자 위치로 동작 위치가 넘어간다. 복귀와 개행을 합한 동작을 new line이라고 한다.

carriage control[–kəntróul] **캐리지 제어** FORTRAN 언어에서 출력의 형식을 제어하기 위해 사용되는 문자나 제어. FORTRAN에서는 각 행의 맨 첫칸에 출력되는 문자가 캐리지 제어를 위해 사용되는데, 공백은 정상적인 줄바꿈, 「0」은 페이지 넘김, 「+」는 줄을 바꾸지 않고 줄에 다시 찍는 등의 역할을 한다.

carriage control tape[–téip] **캐리지 제어 테이프, 종이 이송 제어용 테이프** 컴퓨터의 기종에 따라서는 라인 프린터에 대한 종이 이송 제어 조건(스킵, 스페이스 등)을 종이 테이프에 천공해서 장치에 세트하여 작동시키는데, 이렇게 천공해서 장치에 끼울 수 있도록 만든 천공된 종이 테이프.

carriage restore key[–ristɔ́:r ki:] **캐리지 복원 키** 프린터의 캐리지를 초기 위치로 돌리는 키.

carriage return[–ritə́:rn] **복귀** 타이프라이터나 표시 장치의 인쇄 동작에서 인쇄 위치를 용지의 좌측으로 돌리는 기능. 복귀와 함께 행을 바꾸는 경우도 있다. 표시 장치에서는 다음 행의 좌측의 문자 위치에 커서가 나타난다. ⇨ CR

carriage return character [–kǽrəktər] **CR, 복귀 문자, 캐리지 리턴 문자** 인쇄 또는 표시 위치를 같은 행의 처음 위치로 이동시키는 서식(書式) 제어 문자. 아스키 코드에서는 10진수로 13번 문자가 이에 해당된다. ⇨ 그림 참조

carriage return code[–kóud] **복귀 코드** 줄 맨 앞으로 복귀하는 데 사용되는 코드로 16진수에서의 0D이다. ⇨ carrage return

carriage return key[–ki:] **캐리지 리턴 키** ⇨ CR key

carriage tape[–téip] **캐리지 테이프**

carrier[kǽriər] (1) 신호 전송에 있어서 신호를 통신로에 적합한 주파수로 변환하기 위해 혹은 다중화를 위해 변조 조작이 행해진다. 이 때 신호에 따라 변조를 받는 고주파수의 파를 반송파라고 부른다. 반송자. (2) **캐리어** : ① 정보 자체에는 에너지가 불필요하지만 정보를 전파하려면 에너지가 필요하다. 이 정보를 전파시키는 역할을 맡은 것이 캐리어이다. 예를 들어, 종이에 쓴 문자라면 잉크이고, 라디오라면 전파가 음성 캐리어이다. ② 반도체 내에서 움직이는 상태로 있는 전도(傳導) 전자 또는 정공(正孔)을 말한다.

carrier current telegraphy[–kə́:rənt təlégrəfi(:)] **반송자 전류 텔레그래피** 텔레그래프 전송기에서 나온 신호가 교류 전류에 의해 변조되는 전송방식의 하나.

carrier detector[–ditéktər] **반송파 검출기** 수신 신호의 유무를 판정하는 인터페이스 회로용 제어 신호를 발생시키는 부분.

carrier frequency[–frí:kwənsi(:)] **반송 주파수** 일반 가입 전화는 하나의 회선에 한 통화만 가능하지만 TV 또는 라디오는 주파수를 바꿈에 따라 다중 통화가 가능하다. 이런 방식을 반송 방식이라 하고 통화 전류를 그 자체보다 높은 주파수로 바꿔 송·수신할 때 이를 원위치로 보내는 조작을 한다. 이러한 높은 주파수를 반송 주파수라 하고, 형태를

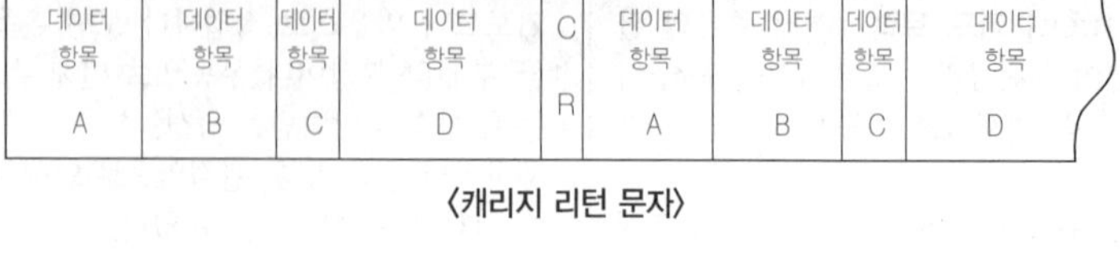

데이터 항목 A	데이터 항목 B	데이터 항목 C	데이터 항목 D	CR	데이터 항목 A	데이터 항목 B	데이터 항목 C	데이터 항목 D

〈캐리지 리턴 문자〉

바꾼 주파수를 변조파라고 한다.

carrier injection[-indʒékʃən] **캐리어의 주입** 반도체 속에 열평형 밀도 이상의 소수 캐리어를 만들어내는 것. 정류성이 있는 전극에서 주입한다든가 빛을 조사하는 방법 등이 있다. pn 접합에 순방향 전류를 흘리면 그 대부분은 주입된 소수 캐리어에 의해서 운반된다. 이 캐리어는 어떤 수명을 가지고 다수 캐리어와 재결합한다. 재결합이 끝나기까지는 캐리어 수가 증가하기 때문에 반도체의 전도도(傳導度)가 변조된다(트랜지스터 작용의 중요한 요소). 재결합에 있어서 빛이 방출되는 (방사 재결합, 주입형 발광의) 경우, 이것을 이용하여 발광 다이오드가 만들어진다.

carrier return[-ritə́:rn] **캐리어 복귀**

carrier recovery[-rikʌ́vəri(:)] **캐리어 재생** 동기 검파를 하기 위해 자동 위상 제어 등을 통해 파일럿 신호 등으로부터의 변조 캐리어와 같은 위상의 캐리어를 재생하는 조작.

carrier sense multiple access[-séns mʌ́ltipl ǽkses] **반송자 감지 다중 접근** 근거리 통신망(LAN)에서 여러 기계가 동시에 통신 회선을 사용하려고 할 때 발생하는 충돌을 해결하는 프로토콜의 하나. 각 기계는 데이터 패킷을 송신하기에 앞서 회선이 사용 가능한가를 검사하는데, 이것은 특정한 반송파를 출력하여 그것이 돌아올 때까지 기다림으로써 이루어진다. 만일, 회선이 사용 가능하면 즉시 패킷을 내보내지만 그렇지 않을 때는 적당한 시간을 기다린 다음 다시 시도하게 된다. 이 방식은 간단하기는 하나 통신망의 부하가 많아지면 거의 사용할 수 없다는 단점이 있다.

carrier sense multiple access/collision detection[-kəlíʒən ditékʃən] **CSMA/CD, 캐리어 감지 다중 액세스/충돌 검출 (기능)** ⇨ CSMA/CD

carrier sense network [-nétwə̀:rk] **반송자 감지 네트워크** 여러 국(station)으로 구성된 네트워크에서 반송파를 인식하기 위한 회로망. 일반적인 전송 매체는 동축 케이블, 트위스트 페어, 필터 옵틱 등이 있다.

carrier shift[-ʃíft] **캐리어 시프트** 주파수 시프트 변조를 사용하는 데이터 반송 시스템에서 안정 상태 표시와 공간 주파수와의 차이.

carrier signal[-sígnəl] **반송파 신호** 다중 채널 반송파 전송 시스템에 사용되는 임의 형태의 신호 기술. 대역 내 신호, 대역 외 신호, 분리 채널 신호 등이 대표적인 방법이다.

carrier storage data[-stɔ́:ridʒ déitə] **반송자 저장 데이터** 이 형태의 기억은 보통 자동 제어가 이루어지기 전에 조작원에 의한 선택 및 적재와 같은 행동이 요구된다.

carrier system[-sístəm] **반송 시스템** 단일 전송로 상에 다수의 통신조를 공유하여 전송하는 방법의 하나. 즉, 한 개의 전송로에 여러 개의 통신로를 설치하여 각 통신로에 대해 전자 신호를 전송하기 쉽도록 다른 반송 주파수로 변조하여 송신하고, 수신할 때 원형으로 복조하는 전송 방식이다. 대부분의 경우 다중화 목적으로 변조 · 복조를 하고 있다.

carrier telegraph[-téləgræ̀f] **반송 전신** 어떤 주파수의 교류(반송 전류)를 전신 신호로 변조하여 전송하는 전신 방식. 변조 방식은 진폭 변조나 주파수 변조 방식이고 대부분 다중화하여 사용한다.

carrier telegraph system[-sístəm] **반송 전신 방식** 직류 전신 방식의 반대어로 회선과의 정합이나 다중화의 목적으로 변복조를 이용하여 신호를 전송하는 전신 방식.

carrier telephone circuit[-téləfòun sə́:rkit] **반송 전화 회선** 통화 전류 외에 반송파를 사용하여 한 쌍의 도선에 동시에 많은 통화를 할 수 있도록 다중화된 것. 장거리 회선에 많이 이용된다.

carrier wave[-wéiv] **반송파** 사인파(sine wave) 또는 주기적 펄스 등의 진폭 주파수 등에 신호파에 의해 변화를 주어 전송하면서 정보를 포함시키는 변조 조작에 있어서 정보를 전송하는 구실을 하는 처음의 사인파나 펄스를 의미한다.

carry[kǽri(:)] *n.* **올림** 덧셈을 했을 때 자리가 올라가는 일. 덧셈 결과 덧셈이 행해진 자리만으로 처리할 수 없게 되어 상위 자리로 수를 보내는 것. 두 개의 수치 덧셈인 경우는 그 진법에도 불구하고 자리올림은 겨우 1이다. 일반적으로 p진법인 경우는 각 자리 숫자는 $p-1$과 같거나 그보다 작기 때문에 겨우 $2(p-1)=p+(p-2)$이 되므로 p의 계수는 겨우 1이 된다. 그러나 세 개 이상의 수치를 가한 경우는 자리올림은 1 이상도 된다.

carry bit[-bít] **올림 비트** 어떤 연산이 일어났을 때 최상위 비트(MSB) 자리에서 올림이 일어났는지 아닌지를 나타내는 비트.

carry-complete signal [-kəmplí:t sígnəl] **올림수 완료 신호** 가산기로 생성된 어떤 특정 연산에 관련되는 모든 산술 올림수가 모두 생성되었음을 알리기 위한 신호.

carry digit[-dídʒit] **자리올림수** 어떤 숫자 위치의 합 또는 곱이 그 숫자 위치로 표현되는 최고수를 넘을 때 생기며, 다른 곳으로 전달되는 숫자.

carry-end-around [-énd ɑráund] 컴퓨터로 가감승제를 통해 숫자들을 연산할 때 최대 유효수 자리에서 최하의 자릿수로 옮겨지는 올림수.

carry flag[-flǽ(:)g] **올림수 플래그** 컴퓨터 내에

서의 수학적인 연산 과정에서 발생하는 레지스터의 오버플로(overflow)나 언더플로 조건을 가리키기 위한 플래그이다. 그 결과로 인한 차후 수행 조건을 가릴 때의 지침으로 사용된다.

carry generator[-dʒénərèitər] **올림수 생성기** 컴퓨터 내의 수학적인 연산 과정에서나 특수한 상황에서 올림수를 발생시켜 연산이나 특수 동작에 쓰이도록 하는 올림수 발생 장치.

carry holder[-hóuldər] **올림수 홀더**

carry indicator[-índikèitər] **올림수 표시자**

carry look-ahead[-lúk əhé(:)d] **올림수 예견** 부분 가산기 등으로부터 제공되는 확산, 발생 기호들에서 최종 올림수를 예견하는 회로로서 올림수 전파 지연을 해소함으로써 2진 가산 속도가 빨라지도록 하는 기능을 수행한다.

carry look-ahead circuit[-sə́:rkit] **올림수 예견 회로** 올림수 스킵(carry skip)을 더욱 고속으로 하는 수단으로 각 그룹 간에 스킵하는 방법. 그룹 안도 스킵시키고, 그룹 사이도 스킵시키는 방법 등 여러 가지 확장이 고려되고 있다. 이와 같이 스킵하는 방법을 확장해가면 미리 각 자리마다 필요한 올림수를 예견할 수 있다. 그러나 이러한 방법을 극한 상태까지 끌고 가면 소자 개수가 지나치게 증대하고 어느 소자의 입출력도 증대하여 회로는 복잡하게 되어 실용적이지 못하다.

carry-over[-óuvər] **자릿수 올림**

carry skip[-skíp] **자리올림 스킵** 두 개의 수치를 덧셈하는 속도를 고속으로 하기 위한 방법으로, 예를 들면 2진법으로 수치가 표현되어 있을 때 4자리씩 끊어서 최하위 자리올림의 4자리째로의 영향을 고려하여 회로를 구성한다. 그러나 끊은 4자리 중에서는 1자리마다 자리올림을 한다. 이에 따라 전체적으로 얼마간 덧셈 속도를 빠르게 할 수 있다. 몇 자리씩 끊어가면 가장 고속으로 되는 것은 $k=2n$(n자리씩 스킵하는 그룹을 k개 설치한다고 한다. 따라서 전 자릿수 : $nk=2n^2$)인 것이 증명되고 있다.

carry time[-táim] **올림수 시간** 올림수를 다음의 윗자리 수에 넘겨서 거기서 더해주는 데 걸리는 시간.

carry type[-táip] **올림수형**

Cartesian coordinate system[ka:rtí:ʒən kouɔ́:rdinət sístəm] **직교 좌표계, 데카르트 좌표계, 카티전 좌표계** 두 개의 직교하는 축 위의 두 점의 교점을 이용해서 평면 공간상의 좌표를 표시하는 체계. 이것은 기초 수학에서 다루는 X, Y축으로 이루어진 2차원 평면 좌표계와 같다.

Cartesian product[-prádəkt] **카티전 곱** 임의의 두 집합 A, B에 대해 $a\in A$이고 $b\in B$인 모든 순서쌍(a, b)의 집합을 A와 B의 카티전 곱이라 하며, $A\times B$로 나타내고 A cross B라고 읽는다. 정의에 의해서 $A\times B=\{(a,\ b)\mid a\in A,\ b\in B\}$이고, $A\times A$는 A^2 으로 쓰기도 한다.

cartridge[ká:rtridʒ] *n.* **카트리지** 컴퓨터에 주변 기기를 접속시키거나 부품을 장착할 경우 그 절차를 간략화하기 위해 카트리지라는 것을 사용한다. 이것은 주변 기기나 부품을 케이스에 넣어 원터치로 컴퓨터에 접속할 수 있게 한 것이다. 그 종류에는 롬(ROM) · 램(RAM) 카트리지, 잉크 리본 카트리지 등이 있다. 카세트라고 하는 경우도 있다.

cartridge access station[-ǽkses stéiʃən] **CAS, 카트리지 출입 기구** 대용량 기억 장치에서 데이터 카트리지(data cartridge)를 장치에 넣거나, 끄집어 내기 위한 기구.

cartridge BOT **카트리지 테이프 시작점** BOT는 begining of tape의 약어. 카트리지 테이프가 시작되는 점.

cartridge case[-kéis] **카트리지 케이스**

cartridge cell[-sél] **카트리지 셀**

cartridge disk[-dísk] **카트리지 디스크** 컴퓨터의 보조 기억 장치로 쓰이는 디스크 타입의 기억 장치를 좀더 쉽게 삽입하고 고장시 쉽게 제거하고 교환할 수 있도록 카트리지 형태로 만든 것. 고정 자기 디스크 장치에 비해 실질적인 기억 용량을 증가시킬 수 있다.

〈카트리지 디스크〉

cartridge drive[-dráiv] **카트리지 구동 기구**

cartridge drive system[-sístəm] **카트리지 구동 기구 시스템**

cartridge label[-léibəl] **카트리지 레이블** 대용량 기억 시스템(MSS)에서 사용하는 데이터 카트리지의 레이블. 이 중에는 볼륨 일련 번호, 카트리지의 격납 어드레스, 카트리지 일련 번호 등 카트리지 제어용의 정보가 들어 있다.

cartridge reader[-rí:dər] **카트리지 판독 장치**

cartridge serial number[-sí(:)riəl nʌ́mbər] **카트리지 일련 번호** 카트리지를 식별하기 위한 번호. 대용량 기억 시스템(MSS)의 카트리지에 부착되어 있다.

cartridge storage[-stɔ́:ridʒ] **카트리지 기억 장치**
cartridge store[-stɔ́:r] CS, **카트리지 보관 기구**
cartridge system[-sístəm] **카트리지 시스템**
cartridge tape[-téip] **카트리지 테이프**
CAS (1) **자동차 항법 시스템** ⇨ car navigation system (2) **카트리지 출입 기구** cartridge access station의 약어. ⇨ cartridge access station
cascade[kæskéid] *n.* **층계형** 두 개 이상의 장치를 서로 연결하는 것.
cascade connection[-kənékʃən] **층계형 이음** 두 개 이상의 장치가 연결될 때 하나의 출력이 다른 하나의 입력이 되도록 연결한 방식.
cascade control[-kəntróul] **연속성 제어** 제어 단위들이 순서적으로 연결됨으로써 각각의 제어 단위가 다음 위치에 있는 제어 단위의 작동을 규제하게 되는 자동 제어 체제.
cascaded carry[-kǽri(:)] **연속 자리올림** 병렬 가산 방식에 대한 자리올림의 일종이며, 앞에서 자리올림된 수와 이에 대한 수의 부분합을 더하여 새로운 자리올림이 끝날 때까지 자리올림한다. 2진수의 덧셈에 많이 사용되며 그 방식은 수직형 덧셈 방식과 같다. 가산할 경우 보통 최하위 자리에서부터 계속하여 차례로 자릿수 올림을 고려해가면서 한 자릿수씩 계산한다. 컴퓨터 내부의 연산 회로에는 보통 필산(筆算)에 따른 경우처럼, 자릿수 올림을 하위 자릿수에서부터 상위 자릿수로 차례로 옮기는 방법이 취해지는 경우가 많다. 이와 같이 하위에서 상위로 각 자릿수 연산 결과에 따른 자릿수 올림을 옮겨가는 방법을 연속 자리올림이라고 한다. 연산 회로의 구성법으로는 가장 간단한 방법이다.
cascade joint[-dʒɔ́int] **종속 접속** 10Base-T 등의 네트워크 구축시 허브(hub)를 직렬로 접속하는 것. 허브 한 대의 포트 수에는 제한이 있으므로 노드를 늘리고 싶을 때는 종속 접속을 이용한다. 단, 너무 많은 허브를 통과하면 신호의 품질에 문제가 생기므로 10Base-T의 경우 접속 노드간 4대 이내로 규정하고 있다.
cascade merging[-mə́:rdʒiŋ] **종속 합병** 연속된 데이터를 합병하는 정렬 프로그램에 이용되는 기술. 처음에는 $T-1$개의 데이터에 대해 합병하고, 그 다음에는 $T/2$로 계속된다. 연속된 데이터는 합병하기 전에 보조 작업 테이프에 피보나치(Fibonacci) 수열로 분포되며, 합병의 효율적인 멱수 $T-1$에서 $T/2$ 사이에 분포한다.
cascade recovery[-rikʌ́vəri(:)] **연속적 회복** 여러 개의 트랜잭션들이 동시에 수행중에 있을 때 어느 한 트랜잭션 T_1이 현재 수행중인 트랜잭션 T_2가 처리한 데이터를 이용하였다고 하면, 이때 T_1은 처리를 완료하였으나 T_2는 문제가 발생해 처리를 취소해야 한다면 부정확한 T_2의 데이터를 사용한 T_1도 또한 문제가 발생해 다시 처리를 해야 한다. 즉, T_2를 회복할 때 T_1도 회복해야 하는 형태를 연속적 회복이라고 한다.
cascade sort[-sɔ́:rt] **연속 정렬** 폰 노이만 정렬(von Neumann sort)을 개량한 정렬 방법. 홀수 개수의 자기 테이프를 사용하여 후진 판독(backward read) 기능을 이용한 정렬 방식이며, 짝수 개수의 테이프를 사용한 합병 정렬을 개량한 것이다. 테이프에 기입되는 스트링을 미리 정해진 규칙으로 분배함에 따라 패스의 횟수를 감소시킬 수 있다.
cascade stack[-stǽk] **연속 스택** 스택 어드레스 지정의 한 방법. 이것은 스택 포인터(stack pointer)를 갖지 않고 8개 또는 16개의 레지스터를 취하여 데이터의 바이트가 스택에 밀어 넣어지면(push) 스택 안의 내용이 종속적으로 각각 아래로 이동하고, 반대로 팝(pop)이라는 루틴이 되면 각각 상승한다.
cascade update[-ʌpdéit] **연속적인 갱신** 어떤 릴레이션의 한 속성값을 갱신했을 경우 만약 그 속성이 그 릴레이션과 관계가 있는 다른 릴레이션의 속성값으로 나타난다면 그 값도 갱신된다는 뜻이다.
cascading style sheets level 1 종속형 시트 1 ⇨ CSS1
cascading style sheets level 2 종속형 시트 2 ⇨ CSS2
CASE 컴퓨터에 의한 소프트웨어 제작 computer aided software engineering의 약어. 「소프트웨어 개발의 자동화」라고 정의할 수 있으며, 컴퓨터의 도움을 받는 소프트웨어 공학, 즉 소프트웨어 생명주기(software life cycle)의 전체 단계를 연결시켜 주고 자동화시켜 주는 통합된 도구들을 제공하여 소프트웨어의 생산성 향상을 도모하자는 것. CASE 기술은 도구(tool)와 방법론(methodology)이라는 두 개의 영역에서 소프트웨어 구현의 해결책에 초점을 맞추는 것이 아니라 전체적인 소프트웨어 생산성과 신뢰성 문제에 초점을 맞춘다는 면에서 전통적인 소프트웨어 기술과 차이가 있다. CASE 시스템이 사용자에게 제공하는 이점으로는 소프트웨어 공학의 개념 적용, 자동화된 검사를 통한 소프트웨어 품질 향상, 프로그램 유지 보수의 용이성, 개발 기간의 단축 및 비용 절감 등을 들 수 있다. CASE는 다이어그래밍(diagramming) 도구, 설계 분석기, 코드 생성기(code generator), 정보 저장소(repository), 재공학 도구(reengineering), 원형화(prototyping) 도구, 프로젝트(project) 관리 지원 도구 등으로 구성된다.
case[kéis] *n.* **케이스** 제어 수식값에 따라 프로그램의 문장을 선택하여 수행하도록 하는 다중 분기 제어문.

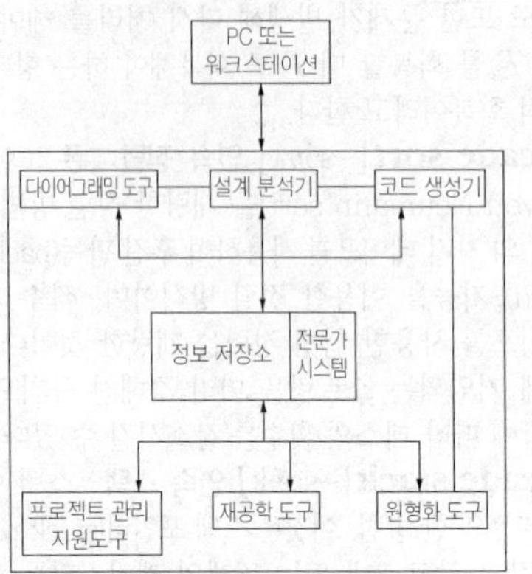

〈CASE 시스템 구성 요소〉

case-based reasoning[–beist ríːzəniŋ] ⇨ CBR

case control structure[–kəntróul strʌ́ktʃər] **케이스 제어 구조** 조건문의 결과에 따라 여러 문장 그룹들 가운데 어느 하나를 수행할지를 결정하는 제어 구조로, 선택 구조에 비해 두 개 이상의 문장 그룹에 대해서도 가능한 구문이다.

case frame[–fréim] **케이스 프레임** 의미 네트워크에 있어서 노드는 오브젝트와 오브젝트의 집합뿐만 아니라 상황 및 행위도 나타내게 되는데, 이 상황 노드로부터 많은 아크가 출발된다. 이 아크를 케이스 프레임이라 한다.

case-insensitive[–insénsətiv] **케이스 인센서티브** 파일명이나 명령 등에서 대문자와 소문자를 구별하지 않고 알파벳을 입력하는 것. MS-DOS, 윈도 등은 그렇지 않지만, 유닉스에서는 대문자와 소문자가 구별되므로 정확히 입력해야 한다. 대문자와 소문자를 별개의 문자로 취급하는 것은 케이스 센서티브라고 한다. ⇨ case-sensitive

case-sensitive[–sénsətiv] **케이스 센서티브** 프로그램이나 프로그래밍 언어에서, 대문자와 소문자를 서로 다른 문자로 취급하는 것. 예를 들면 FULL과 full은 서로 다른 문자로 처리한다. ⇨ case insensitive

case shift[–ʃíft] **형태 변화** 전신기 번역 기법의 변환을 말하는 것으로, 전신기의 수신 문자 형태를 도형 형태로 또는 이와 반대로 변환하는 것이다. 이런 변환은 전신 장치에서 주로 행해지는데, 문자 형태를 나타내는 문자를 선행하여 전송하든지 또는 숫자 도형 변환 신호 기능을 이용한다.

case temperature[–témpərətʃər] **케이스 온도** 반도체 소자의 케이스 상의 규정된 점에서 측정한 온도.

cash dispenser[–dispénsər] **CD, 현금 자동 지급기** 은행의 온라인 시스템 단말 장치(terminal)의 일종이며, 예금에서 현금을 자동으로 인출하는데 사용되는 기계로 예금자가 카드 번호, 성명 등이 기록되어 있는 자기 카드를 카드 리더에 넣고, 비밀 번호와 금액을 키로 입력하면 온라인으로 접속된 컴퓨터에서 조회하여 정보가 맞을 경우 현금이 자동으로 수취인 입구 쪽으로 나오도록 되어 있다. 입금도 가능하다.

cash dispensing bank teller machines [–dispénsiŋ bǽŋk télər məʃíːnz] **은행 현금 지급기** 고객이 자기 카드를 기계에 집어넣고, 키보드에 자신의 비밀 번호와 원하는 금액을 입력시키면 해당 금액만큼의 현금이 지급되는 자동 기계. 24시간 서비스할 수 있으며 처리 가능한 업무로는 예금과 저축 및 당좌계좌 사이의 금전 이체와 같은 일 등이 있다.

cashless society[kǽʃlis səsáiəti(ː)] **현금 없는 사회** 정보화 사회로의 발전 및 각종 금융 기관 업무의 전산화에 따라 실질적인 현금의 이동이 없어진 사회. 즉, 지폐 · 동전 등 현금이 필요하지 않은 사회를 말한다.

cash management service[kǽʃ mǽnidʒmənt sə́ːrvis] **CMS, 자금 관리 서비스** 기업 내의 단말 장치(terminal)와 컴퓨터 자체와 은행 측의 (대형) 컴퓨터를 통신 회선으로 연결, 현재 잔고의 조회, 송금, 결제 등의 정보를 수시로 제공하는 은행이 주로 대기업에 대하여 제공하고 있는 서비스의 일종.

CAS latency ⇨ CL

cassette[kəsét] *n.* **카세트** 카트리지와 동의어로 사용되지만, 정식으로는 네덜란드의 필립스 사가 최초로 컴팩트 카세트의 명칭으로 제품화한 음향용의 카세트에 한정하여 사용되었다. 자기 테이프를 용기에 넣어서 이 용기 그대로 장치에 착탈(着脫)하여 사용 가능하도록 한 것. 소형 경량으로 휴대와 운반이 편리하고, 착탈이 쉬운 등의 이점이 있다. 한 개의 패키지 안에 있는 두 개의 릴(reel)에 컴퓨터의 입력 신호를 기억시킬 수 있는 자기 필름이나 자기 테이프, 전기적 기록이 가능한 비닐 테이프 등을 한 줄로 감아놓은 것.

cassette bootstrap loader[–búːtstræ̀p lóudər] **카세트 부트스트랩 적재기** 이것은 기억 장치 어드레스 0에서부터 프로그램을 적재할 수 있도록 하는 것으로 자동으로 기억 장치의 시작점을 찾아 그곳에 자신을 재배치하게 된다. 적재 스위치를 누르면 기억 장치의 어드레스 0을 찾는 동안 기억 장치 전체를 검사하게 된다.

cassette diagnostic [–dàiəgnástik] **카세트 진단**

cassette drive [–dráiv] **카세트 구동 기구**

cassette interface [–íntərfèis] **카세트 접속 장치** 하나의 카세트 테이프와 컴퓨터 사이에서 데이터 전송을 제어하기 위해 사용되는 특수 회로.

cassette magnetic tape [–mægnétik téip] CMT, **카세트 자기 테이프** 자기 테이프보다 컴팩트하고 취급이 쉬우므로 미니컴퓨터의 보조 메모리나 종이 테이프 또는 카드 대신의 입력 매체로서 또는 데이터 전송이나 실험 장치의 기록용으로 쓰이고 있다.

cassette magnetic tape unit [–jú:nit] CMTU, **카세트 자기 테이프 장치**

cassette recorder [–rikɔ́:rdər] **카세트 녹음기** 카세트에 음악 등을 녹음하고 재생할 수 있는 장치. 컴퓨터의 보조 기억 장치로서 사용할 때는 디지털 정보를 기록하거나 읽을 수 있다.

cassette recording audio [–rikɔ́:rdiŋ ɔ́:diou] **카세트 레코딩 오디오** 연속적인 음을 표현하는 아날로그 신호의 기록.

cassette storage [–stɔ́:ridʒ] **카세트 기록**

cassette tape [–téip] **카세트 테이프** 보통 자기 테이프로 가장 많이 사용되는 것은 1/2인치 폭의 오픈 릴 형식이지만, 이것에 비해 카세트형은 작고 취급이 용이하므로 마이크로컴퓨터의 보조 메모리나 종이 테이프 또는 카드 대신 입력 매체로, 또 자료 전송이나 실험 장치의 기록용으로 쓰인다.

cassette tape data organization [–déitə ɔ̀:rgənaizéiʃən] **카세트 테이프 데이터 구조** 일반적인 카세트 시스템에서는 데이터가 하나의 직렬 비트 트랙의 형태로 기록되므로 모든 데이터는 반드시 순차적으로 기억시키고 호출해야 한다.

cassette tape transport system [–trænspɔ́:rt sístəm] **카세트 테이프 전달 시스템** 카세트 테이프를 작동시킬 때 테이프를 움직이게 하는 장치. 이 시스템에서는 테이프를 헤드의 정확한 위치에 맞추어야 하며, 일정한 속도를 유지해야 하는데, 이를 위해 테이프의 이동을 조정하는 전자 회로가 필요하다. 또한 데이터 신호의 기억 및 증폭을 해주는 기능은 물론, 데이터를 정해진 형식에 맞추는 기능도 필요하다.

cassette tape unit [–jú:nit] **카세트 테이프 장치**

cassette unit [–jú:nit] **자기 테이프 카세트 장치** 카세트 구동 기구, 자기 헤드 및 그것에 부수하는 제어 기구를 포함하는 장치.

cassette utility [–ju(:)tíliti(:)] **카세트 유틸리티**

Cast [kæst] **캐스트** C나 자바 같은 컴퓨터 언어에서 캐스트는 객체를 하나의 형태에서 다른 형태로 변환시켜 주는 프로그램 행위를 자칭한다. 각 언어는 어떻게 캐스트가 이루어질 수 있는지 정의하는 구체적인 법칙을 가지고 있다.

casting out 9 [kǽ(:)stiŋ áut náin] **캐스팅 아웃 나인** (1) 숫자의 이동을 검사하기 위한 여유도. (2) 검사 숫자의 작성 또는 연산 조작의 검사를 위한 방법. 예를 들면, 더하기의 경우 번호 내의 각 수를 합하고 합이 9를 넘으면 9를 빼는 방식으로 검사 숫자를 만들고, 이를 계산 결과에도 같이 적용한 다음 둘을 비교하여 검사한다.

castnet [kǽstnet] **캐스트넷** 인터넷과 같이 접속된 호스트가 계속해서 변하는 특성을 보이며, 게이트웨이나 라우터를 통해서 내부적으로 연결되어 있는 네트워크.

casual user [kǽʒuəl jú:zər] **임시 사용자** 컴퓨터 네트워크에서 고정 가입자가 아닌 일시적인 사용자.

CAT (1) **컴퓨터 이용 검사** computer aided testing의 약어. 컴퓨터로 제품을 검사하는 것으로 제품의 규격 · 성능 등을 측정하는 기기에 컴퓨터를 접속해서 제품을 검사하는 시스템. (2) **신용 카드 조회 단말기** credit authorization terminal의 약어. CATNET 등에서 이용한다. 신용 카드의 신용도를 문의하는 단말기, 신용 카드에 표시된 발행 회사, 회원 번호 등을 자동으로 판독하여 통신 회선을 통해 카드 회사로부터 소지자에 대한 신용도를 알아낸다. 소지자의 신용도는 카드 회사의 컴퓨터가 즉석에서 판단하여 단말기를 통해 전달된다. 결격 사유의 카드 번호 일람표를 각 가맹점에 보내 일일이 대조하는 방식보다 신속하고 정확하다. 우리 나라에서도 신용 카드의 보급이 늘어남에 따라 도입되고 있다.

catalog [kǽtəlɔ̀(:)g] *n.* **카탈로그, 목록** 컴퓨터 분야에서는 「카탈로그」, 「목록」으로 번역된다. 또 「카탈로그에 등록하다」라는 동사로도 쓰여진다. 대개 카탈로그는 컴퓨터에서 사용되는 데이터 또는 프로그램의 파일 이름과 이들에게 할당되는 기억 장소를 운영 체제에 등록해두며, 기호명으로 참조할 수 있도록 되어 있다. 가상 기억 액세스(access) 방식(VSAM)의 경우는 데이터 세트(data set)의 소재에 관한 정보를 갖는 등록부이며, 마스터 카탈로그와 사용자 카탈로그 두 종류가 있다. 마스터 카탈로그는 시스템에 단지 하나 존재하며, 사용자 카탈로그는 마스터 카탈로그로부터 지시되는 복수개가 존재할 수 있다.

cataloged [kǽtəlɔ̀(:)gd] *a.* **카탈로그화된, 목록화, 등록된** 컴퓨터에서 사용하는 프로그램 파일과 데이터 파일이 운영 체제에 등록되어 있고, 필요에 따라 참조할 수 있다는 의미.

cataloged data set[-déitə sét] **목록화된 데이터 집합, 카탈로그식 데이터 세트** (1) 명령이나 정보의 소재를 지정하는 데 색인 또는 계층식 색인을 사용하는 데이터 세트. (2) 목록 방식으로 관리하는 데이터 파일을 가리킨다.

cataloged file[-fáil] **목록화된 파일** 시스템 카탈로그 파일에 의해 관리되는 파일이며, 파일명과 볼륨 일련 번호, 파일 순서 번호 등이 카탈로그에 저장되어 있다.

cataloged procedure [-prəsí:dʒər] **목록화 처리 과정** 작업 제어문(job control statement)을 라이브러리로서 등록한 것이다. 즉, 컴퓨터에 저장된 프로그램 라이브러리에 목록화되어 필요에 따라 언제라도 사용할 수 있는 서브루틴을 말한다.

catalog file [kǽtəlɔ̀(:)g fáil] **목록 파일**

catalog management[-mǽnidʒmənt] **목록 관리** 분산 데이터 베이스에서 시스템 목록을 관리하는 것. 여기서 시스템 목록에는 시스템에서 중요한 도메인, 릴레이션, 속성, 사용자 등을 포함한다. 관리 방법은 중앙 집중식, 완전 중복식, 분할 저장식 등이 있다.

catalog organization[-ɔ̀:rgənaizéiʃən] **목록 편성** 잡(job) 제어문이나 커맨드의 목록에 사용하는 파일 편성이다.

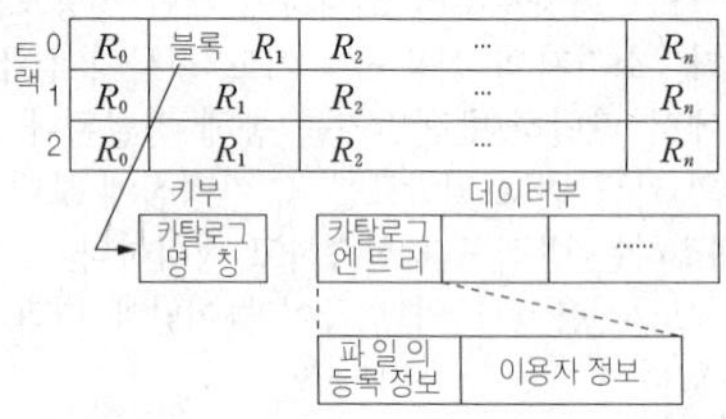

〈목록 편성〉

catalog recovery area[-rikʌ́vəri(:) ɛ́(:)riə] CRA, **목록 복구 구역**

catalogue[kǽtəlɔ̀:g] *n*. **목록** 세부 정보를 가진 항목의 리스트.

Catastrophe Theory[kətǽstrəfi(:) θíəri(:)] **돌발 이론** 대참사, 파국. 수정란에서 하나의 개체로 성장하기까지의 과정에 대한 연구로 시작된 이 이론은 연속적인 배경에서 불연속이 발생하는 과정을 수학적으로 추구하는 학문으로 발전했다. 1960년대에 프랑스의 수학자 르네 톰(Rene Thom)에 의해 제창되었다.

catastrophic[kæ̀təstráfik] *a*. **재해(적), 치명(적)** 컴퓨터의 하드웨어 장치 안에 갑자기 발생하는 중대한 고장 등을 형용하는 데 쓰이는 경우가 많다. 예를 들면, 재해적 고장(catastrophic failure)이라고 하며 이것을 sudden failure라고도 한다.

catastrophic discontinuity[-diskɑ̀ntinjú:iti(:)] **재해적 불연속성**

catastrophic error[-érər] **재해적 오류** 컴파일러가 컴파일할 경우 모든 오류 상태를 알려줄 수 없을 때 컴파일을 멈춘다.

catastrophic error propagation[-prɑ̀pəgéiʃən] **재해적 오류 전파**

catastrophic failure[-féiljər] **재해적 고장** 잠시 동안 회복 불가능한 상태로 하루 정도의 업무 중단을 일으키는 시스템 고장의 일종이다. 예를 들면 유리 균열, 전자관 · 전구의 필라멘트의 단선 등.

catch up[kǽtʃ ʌp] **캐치 업** 한 뉴스 그룹 내의 모든 기사들을 실제 내용을 읽지 않았어도 읽은 것으로 표시하는 것.

categorical grammar[kæ̀təgɔ́(:)rikəl grǽmər] **범주 문법** 문맥 자유 문법의 하나. 촘스키(Chomsky)의 표준형 문법에 제한을 가해, 인접한 두 항을 묶어 하나로 한 문법. 결합 가능한 단어끼리 결합하여 구나 절을 만들고 다시 문을 끌어냄으로써 문맥 자유 문법에 속하는 언어로 쓰여진 문장 구조를 해석하는 데 이용할 수 있다.

category[kǽtəgɔ̀(:)ri(:)] *n*. **범주, 카테고리** 컴퓨터로 처리되는 데이터 등을 수학적 또는 표현상의 성질에 따라 분류한 것. COBOL 언어에서 사용되는 용어의 하나. 데이터형(data type)과 거의 같은 뜻. 관련된 기록들의 논리적인 분류.

category limit check[-límit tʃék] **범주 한계 검사**

category storage[-stɔ́:ridʒ] **카테고리 기억 부분** 운영 체제에 의해 사용되는 파일 저장의 일부로서 여러 범주들을 기억하고 있다.

catena[kətí:nə] *n*. **사슬** 연결 리스트에 기록되는 일련의 항목.

catenate[kǽtənèit] *n*. **연결** 연쇄 또는 연쇄 리스트에 일련의 항목을 배열하는 것.

catenation[kæ̀tənéiʃən] *n*. **접합** 의미적으로 관련된 것들 사이를 연결시켜 좀더 큰 형태를 갖게 하는 연산자. PL/I에서는 "||"기호를 둘 이상의 문자열을 하나의 문자열로 합하는 접합 연산자로 사용하고 있다.

cathode[kǽθoud] *n*. **음극** 건전지나 2극 진공관, 다이오드 등 두 개의 극을 가지는 전자 부품에서 음(−)에 해당하는 것.

cathode-ray luminescence[-réi lù:minésəns] **음극선 루미네선스** 전자선 조사(照射)에 의

한 여기(勵起)로 생기는 루미네선스. 전자선의 가속 전압이나 전류를 증가시켜 여기 강도를 높이기가 쉽다. 브라운관 등 전자선을 이용한 각종 기기의 영상면의 발광에 이용된다.

cathode-ray tube[–tjú:b] **CRT, 음극(선)관** 진공중의 가속 전자류를 이용하여 화상의 표시나 기록 혹은 정보의 축적 등을 하는 전자관. TV용 수상관, 파형관 측면 CRT, 축적관, 인쇄관, 문자 표시관 등이 있다. 그 구성은 전자류를 공급하는 음극, 필요에 따라서 전자류의 접속인 편향을 하는 부분, 전자 충격에 의해 발광, 발색부 혹은 2차 전자 방출, 유기 도전(誘起導電), 관 밖으로 전자의 투과 또는 도출 등의 어느 것이나, 그 조합을 하는 부분으로 되어 있다. ⇨ CRT

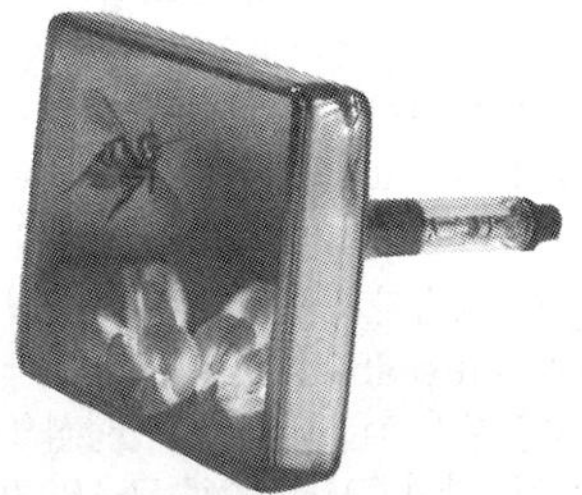

〈음극선관(CRT)〉

cathode-ray tube display[–displéi] **CRT 표시 장치** 컴퓨터의 출력 데이터를 브라운관의 형광면에 전자 빔으로 문자나 도형 등을 눈으로 보는 형태로 표시하는 장치로서, 문자 디스플레이, 그래픽 디스플레이로 사용된다. 장치에 따라 다소 차이는 있으나 문자 1자가 5×7 정도이고 도형의 경우는 전체 화면을 1024×1024의 매트릭스로 표시한다. 부속 장치로 화면상의 정보를 수정하기 위해 키보드, 기능 키 또는 라이트 펜 등의 입력 장치가 있다. 자동 설계, 정보 검색, 컴퓨터 학습 지도 등을 인간과의 대화 형식으로 할 수 있는 유력한 수단이다.

cathode-ray tube display unit[–jú:nit] **음극선관 표시 장치** 브라운관의 형광면에 컴퓨터로부터의 출력을 문자나 도형 등에 의해 표시함과 동시에 그 표시 내용을 쉽게 수정해서 그 수정 내용을 컴퓨터에 입력하는 것이 가능한 입출력 장치. 표시 내용이 문자만으로 이루어진 것은 문자 디스플레이 장치, 도형을 주로 한 것은 그래픽 디스플레이 장치라고 부른다.

cathode-ray tube function key[–fʌ́ŋkʃən kí:] **음극선관 기능 키** CRT(음극선관) 콘솔에 부착되어 있는 여러 가지 기능 키. 여러 형태의 특수 콘솔이 특정 사용자를 위해 개발되어 있는데, 그 예로는 항공기 좌석 예약 장치 등이 있다.

cathode-ray tube memory[–mémәri(:)] **음극선관 기억 장치**

catizen 캐티즌 인터넷 방송을 뜻하는 캐스트(cast)와 시민을 뜻하는 시티즌(citizen)의 합성어로, 세계적인 다채널 서비스를 통하여 주문형 오디오와 비디오를 즐기는 사람들을 가리키는 용어. 인터넷 방송이 증가되고 인터넷망이 고속화됨에 따라 캐티즌도 폭발적으로 증가하였다.

CATNET 신용 응용 단말망 credit application terminal network의 약어. 일본 IBM 사가 개발한 크레디트용 온라인 시스템. CAT(신용 응용 단말기)와 전화 회선으로 가맹점과 신용 카드 회사를 연결한다. 신용 카드의 조회나 고객 목록 조회, 예금 조회, 가맹점의 영업 분석 등을 온라인으로 처리하는 기능을 가진다.

CATV 유선 텔레비전, 케이블 텔레비전 community antenna television system, cable television의 약어. TV 방송의 난시청 대책으로서 1949년에 미국에서 개발되었다. CATV란 동축 케이블이나 광섬유 케이블 등 광대역을 전송할 수 있는 전송 매체를 이용하여 영상, 음성 등의 정보를 가입자에게 전송하는 시스템을 지칭한다. CATV는 공동 수신 안테나에 의해 수신된 TV 방송을 재송신하는 의미의 community antenna television의 약어로 사용되어 왔지만, 최근에는 공중선 전파에 의한 TV방송에 대응하여 케이블을 이용한 TV 방송이라는 의미로 Cable TV의 약어로 사용되고 있다. CATV의 특징은 네트워크 자체가 갖는 광대역 전송 특성에 있다. CATV는 하나의 케이블에 동시에 수십 채널의 TV 방송을 할 수 있으며 하이비전(hivision)과 각종 데이터 전송, 음악 방송 등 추가 정보를 주파수 할당하여 각 가입자에게 서비스할 수 있는 2000년대 정보화 사회의 리딩 미디어(leading media)로서 또한 지역 정보 통신 기반의 중추적인 미디어로 자리잡고 있다. 이 시스템은 컴퓨터 및 위성 통신, 광통신

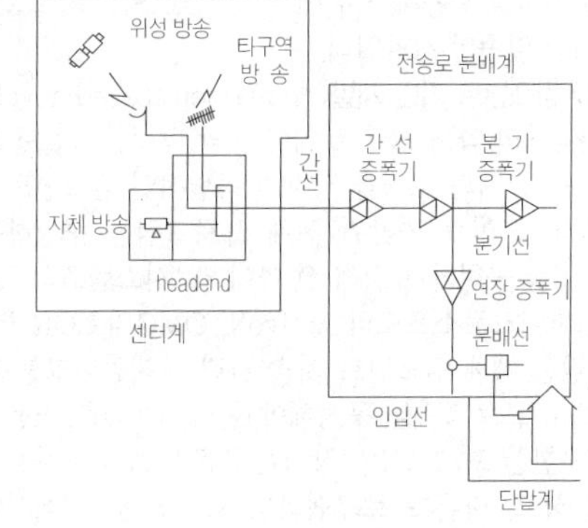

〈CATV 시스템의 기본 구성〉

시스템과의 응용 결합도가 높아서 다양화된 현대 사회의 정보 환경에 부합되는 시스템이다. 케이블 텔레비전이라고도 하며 미국에서는 최근 방송 위성을 이용하여 큰 진전을 이루고 있다. 이용 방법도 종래의 방송국에서의 일방 통행만이 아니고 수신측에서 영상, 음성 등을 반송할 수 있는 쌍방향 CATV가 주목받고 있다.

CATV telephone 케이블 텔레비전 전화 케이블 TV(CATV) 회선과 통신 사업자의 회선을 연결하여 전화 서비스를 하는 것. 영국에서는 융합형 CATV로 구성하여 통신 사업자에 대한 본격적인 참가가 이루어지고 있다. 기존 전화보다 10% 이상의 저가로 방송 서비스와 함께 전화 서비스를 제공하면서 급속한 성장을 이루고 있다.

causual analysis [kǽʒuəl ənǽlisis] **원인 분석** 신뢰 할당에서 자주 사용되는 말로 관찰된 일의 모든 기능 원인을 분석 · 추적하는 것.

causual model [–mάdəl] **원인 모형** 여러 행동과 사건 사이의 인과 관계가 명시적으로 표현되어 있는 모형.

CAV 각속도 일정 constant angular velocity의 약어. 디스크 회전과 데이터 전송 속도를 항상 일정하게 유지함으로써 평균 시크 타임(seek time)을 단축시키는 디스크 회전 제어 방식. 영상용의 LD 등에서 채용하고 있다.

caviton [kǽbitən] *n.* **캐비톤** 전자파와 플라스마의 비선형 상호작용에 의해 플라스마 내에 발생하는 밀도 저하 영역.

CAW 채널 어드레스 단어 channel address word의 약어. 입출력 명령을 수행하기 전 CPU가 저장하는 단어로 입출력 프로세서는 수행할 입출력 프로그램에 대한 시작 어드레스를 포함하고 있다.

C-band [síː bǽnd] **C–밴드** 3.9~6.2kHz(미국), 즉 3,900~6,200Hz의 주파수.

C-BASIC C–베이식 8080, Z80 계열의 마이크로프로세서를 사용하기 위해 설계된 BASIC 프로그램 언어의 일종인 컴파일러.

CBD 컴포넌트 기반 개발 component based development의 약어. 소프트웨어 개발 방법론의 일종으로 프로그램의 로직을 각각의 독립적인 컴포넌트로 구성하고 이를 짜맞춰 전체 프로그램을 구성하는 것. 이를 구현하기 위해 선 마이크로시스템즈의 Java, 마이크로소프트의 ActiveX, OMG의 CORBA와 같은 객체 컴포넌트 기술 관련 프레임워크를 기반으로 프로그램을 구성해야 한다. CBD를 이용하여 구현한 프로그램의 장점은 소프트웨어 재사용이 가능하고, 다른 프로그램과의 호환성 및 이식성이 우수하여 소프트웨어 개발 생산성이 높다는 것이다.

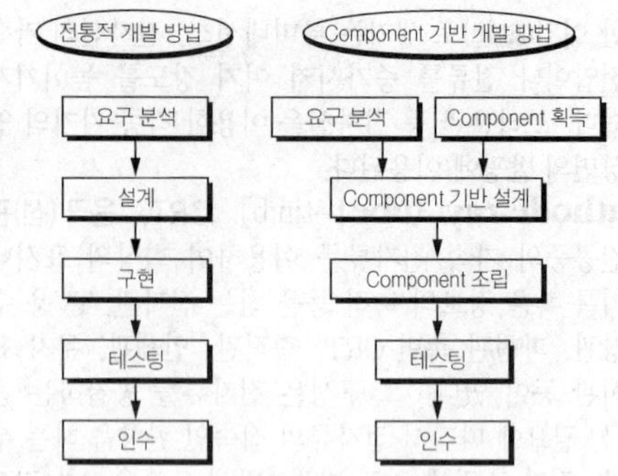

〈전통적 개발 방법과 컴포넌트 기반 개발 방법의 비교〉

CBE 컴퓨터 이용 교육 computer based education의 약어. 컴퓨터를 사용하여 수업 계획, 교재 작성, 학습 진단, 평가까지 교육 활동 전체를 종합적으로 지원하는 것. 이 CBE 중에는 CAI와 CMI(컴퓨터 이용 학습 관리)가 포함되어 있다. CAI는 컴퓨터를 이용한 개별 학습 시스템이며, 개인의 능력과 요구에 따라 텍스트(설명문과 질문)를 제시하고, 그것에 대하여 학습자가 응답하며 그 응답에 대하여 피드백 메시지(feedback message)를 제시하는 형식이며 학습자가 컴퓨터와 대화 형식으로 학습을 진행하는 것. 한편 CMI는 주로 교육의 기록을 보관하거나 관리하거나 지시를 부여하는 교육 관리면에 컴퓨터를 사용하는 것을 말한다.

CBEMA 컴퓨터 및 사무 기기 제조업자 computer and business equipment manufacturers association의 약어. 미국 워싱턴 시에 있는 전자 컴퓨터 및 사무 기계 관계의 제조 관련 업체이다. 정보 처리에 관한 표준화에 관해서는 ANSIX3의 사무국을 담당하고 적극적인 활동을 하고 있다.

CBL 컴퓨터 이용 학습 computer based learning의 약어. 컴퓨터를 이용한 문제 풀이, 실습, 시험 등과 같이 인간 학습에 포함되는 모든 과정을 뒷받침하거나 정의하기 위한 컴퓨터 사용법.

CBM 비용 중심 모듈 cost benefit module의 약어.

CBMS 컴퓨터 이용 메시지 시스템 computer based message system의 약어. 1970년 초에 개발된 완전한 전자 우편 기능을 가진 것으로 문자의 수정, 편집 기능, 보관 · 검색 기능, 상대방에게 직접 전송하는 기능 등을 갖추었고, 대화 형식의 명령문을 가졌으며, 송수신자가 동시에 대기하지 않아도 되도록 우편함의 개념을 도입했다.

CBR case-based reasoning의 약어. 문제가 주어졌을 때 과거의 사례 중 현재의 문제와 가장 유사한 사례를 찾아내어 그때의 솔루션을 현재의 문제에 대한 솔루션으로 선정하는 방식의 추론 형태. 이 방식은 대상 문제를 해결하기 위한 원칙이나 지식의 확보가 불가능하거나 존재하지 않을 때 매우 유용하다.

CBSD 컴포넌트 기반 소프트웨어 개발 component-based software development의 약어. 독립적인 기능을 담당하는 다양한 컴포넌트 소프트웨어 집합으로부터, 해당 업무의 수행에 필요한 기능을 담당하는 하나 이상의 컴포넌트를 결합하여 해당 업무를 위한 소프트웨어를 개발하는 것.

CB simulator CB 시뮬레이터 citizens band simulator의 약어. PC 통신으로 여러 명의 사용자가 이용할 수 있는 실시간 회의실. 불특정 다수의 사람이 참가하는 시민대(citizens band) 무선에서 붙여진 명칭이다.

CBX (1) computer-controlled private automatic branch exchange의 약어. 컴퓨터에서 제어되는 사설(구내) 자동 분배 교환기. (2) computerized branch exchange의 약어. LAN이나 HSLN이 패킷 교환 방식에 의존하는 데 비하여 CBX는 회선 교환 방식에 의존한다. 두 지점 간의 데이터 전송 속도는 비교적 낮지만 접속이 이루어지면 독자적으로 채널을 갖게 되므로 네트워크 지연이 발생되지 않는다. CBX는 음성 전송을 목적으로 설계되었는데, 데이터 전송 기능이 추가되었다. CBX는 전전자 교환기로서 이용 가능한 채널을 할당하고 교환하기 위하여 TDM 방식을 이용한 디지털화 컴퓨터 교환기이다. 교환기에 전달되는 회선 신호는 아날로그 신호이다. 음성 신호는 먼저 디지털 신호로 변환되어야 하고, 데이터 장치로부터의 신호는 모뎀(MODEM)을 거쳐 아날로그 신호로, 그리고 다시 디지털 신호로 바뀌어야 CBX 교환기에서 처리될 수 있다. CBX의 장점은 빠른 교환을 할 수 있고 TDM 방식을 채택하여 통화로 연결을 효율적으로 할 수 있다는 것이다.

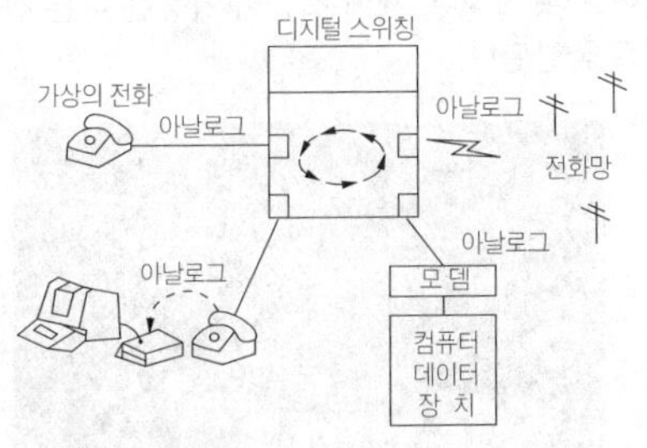

〈CBX 통신망〉

CC 조건 코드, 상태 코드 condition code의 약어. ⇨ condition code

CCB (1) **셀 제어 블록** cell control block의 약어. (2) **명령 제어 블록** command control block의 약어.

CCC 컴퓨터 제어 통신 computer control communication의 약어. 컴퓨터로 계산 기기, 통신 기기를 원격지 간에 제어하여 자료 통신이나 정보 처리를 하는 것.

CCD 전하 결합 소자, 전하 전송 소자 charge coupled device의 약어. ⇨ charge coupled device

CCD architecture 전하 결합 소자 아키텍처

CCD memory 전하 결합 소자 메모리

CCD operation 전하 결합 소자의 동작

CCD storage 전하 결합 소자 기억 장치 CCD에 근거하는 기억 장치로서 RAM과 같이 전원이 단절되면 내용이 지워지나 판독 후 내용이 파괴되지 않으므로 자기 코어 배열의 전자적 조정 기능과 비교할 때 간편하다. 그러나 CCD는 임의 접근이 불가능한 연속 기억 장치에 불과하다.

CCE 통신 제어 장치 communication control equipment의 약어. 통신 회선과 정보 처리 장치와의 사이에 위치하여 단말 장치와의 제어, 정보 신호의 제어를 실행하는 장치. 주된 기능은 다음과 같다. ① 문자의 조립 · 분해, ② 일시 저장, ③ 오류 검출 및 오류 검출용 여유 비트의 부가, ④ 회선의 감시 및 접속 제어, ⑤ 데이터 전송 제어 등이다.

CC flag 연쇄 명령 플래그 chain command flag의 약어.

CCH 채널 체크 조정기 channel-check handler의 약어.

CCI common client interface의 약어. CGI는 그 자신이 단지 하나의 게이트웨이 역할을 함으로써, 웹 서버의 역량을 최대한으로 끌어 올려주는 역할을 한다. 웹 서버가 하지 못하는 일을 다른 서버에게 맡길 수 있는 기능을 CGI가 제공하고 있는 것이다. CGI는 웹 브라우저를 위해 역시 같은 일을 한다. 즉, 서버와 웹 브라우저 사이에서 브라우저가 하나의 게이트웨이 역할을 함으로써, 웹 브라우저 이외의 다른 브라우저들과 서버와의 통신이라는 기본 생각을 구현한 것이다. CCI는 CGI와 같은 기본 생각을 가지고 있음에도 불구하고, 지금 현재는 거의 무시되고 있다. 그 이유는 플랫폼에 따라서 CCI를 구현할 수 있는 방법이 너무 천차만별이고, 소프트웨어를 개발하는 사람들의 입장에서는 오버헤드가 크기 때문이고, 또한 같은 맥락에서 통일된 표준이 존재하지 않기 때문이다. 앞으로도 표준으로 어떠한 안이 나오기는 힘들지도 모른다. 하지만 웹 브라우저가 채팅과 같은 모델을 가지는 시스템을 지원하기 위해서는 어떠한 방식으로든지 CCI의 역할을 할 수 있는 기능을 제공해야만 할 것이다. ⇨ CGI, web browser

CCIA 중국 컴퓨터 산업 협회 China Computer Industry Association의 약어.

CCIR 국제 무선 통신 자문 위원회 Committee Consultatif International Radiophonique의 약어. 1972년에 설립되었으며 1993년에 ITU-R로 명칭이 바뀌었다.

CCIRN coordinating committee for intercontinental research networks의 약어. 미국의 FNC와 북미, 유럽에서 이와 비슷한 기관들을 포함하는 협의회. FNC의 집행 감독관이 의장을 맡고 있으며 EARN(European academic and research networks)과 CCIRN은 북미와 유럽 연구 네트워크 사이의 협력을 위한 포럼을 제공한다.

CCITT 국제 전신 전화 자문 위원회 Consultative Committee on International Telegraphy and Telephony, International Telegraph and Telephone Consultative Committee의 약어. 국제 통신 연합(ITU)의 하부 조직에 속하는 자문 위원회. 전신, 전화, 팩시밀리에 관한 모든 문제에 대하여 협의하고 각국에 권고한다. 패킷 스위칭(packet switching)의 국제 표준화 규격 CCITX-25 등도 이 조직의 활동 성과의 하나이다. 본부는 제네바에 있다.

CCITT adapter CCITT 어댑터

CCITT A-law 이것은 CCITT가 인정한 음성 인코딩/압축 기술로 윈도 95와 웹 폰에서 사용된다. 유사한 여러 기술이 있는데, A-law는 처음부터 전화 통신 표준을 목표로 개발되었다. ⇨ CCITT

CCITT interface CCITT 인터페이스 국제 연합(UN)의 통신에 관한 표준. 미국의 EIA 표준 RS-232B 또는 C와 유사한데, 이것은 데이터 처리나 단말기 또는 데이터 통신 장비 사이에 필요한 접속기로서, 미국의 데이터 전송과 사무 기기 제조업자들에 의해 공인된 것이다.

CCITT local CCITT 구내 접속 기구

CCITT recommendation 국제 전신 전화 자문 위원회 권고 CCITT에서 결정한 국가간의 통신에 관한 권고 사항들의 총칭.

CCITT signalling system No.1 CCITT No.1 신호 방식

CCITT signalling system R-1 CCITT R-1 신호 방식

CCITT U-law 이것은 CCITT가 인정한 음성 인코딩/압축 기술로 윈도 95와 웹 폰에서 사용된다. 유사한 여러 기술이 있는데, U-law는 처음부터 전화 통신 표준을 목표로 개발되었다. ⇨ CCITT

CCITT V-35 interface CCITT V-35 인터페이스 기구

CCITT X-21 protocols CCITT X-21 프로토콜 자 단위로 데이터를 전송할 때 호출 설정을 위한 프로토콜 및 비트 단위의 데이터 전송을 위한 프로토콜. 접속 1단계에서는 5개 핀만으로 DTE-to-DEC를 간단하게 연결할 수 있기 때문에 보편화되었으며, 다중 프로토콜 DLC 칩에 의해서 2단계의 설치도 쉽게 되었다.

CCNP 컴퓨터 통신망 프로토콜 computer communication network protocol의 약어. 일본 우정성이 일본 전신 전화 공사, 국제 전신 전화, 민간 회사 등의 협력을 받아 컴퓨터 간 통신을 표준화하기 위한 프로토콜.

C compiler[síː kəmpáilər] C 컴파일러

CCP (1) **컴퓨터 프로그래밍 검증** certificate in computer programming의 약어. 미국과 캐나다를 비롯한 여러 국가의 대학 내 전문 검증 기관에서 연중 실시하는 컴퓨터 프로그래밍 검증. 조사 대상은 사업 프로그래밍, 학문 프로그래밍, 시스템 프로그래밍 등의 세 부분으로 나누어지는데, 각 부문은 데이터와 파일 구성, 프로그래밍 기술, 프로그래밍 언어, 하드웨어와 소프트웨어의 상호작용, 인간과의 상호작용 등 5가지 측면에서 중점적으로 검증된다. (2) **통신 제어 처리 장치** communication control processor의 약어. (3) compression control protocol의 약어. 점대점 통신 규약(PPP)으로 접속된 기기 간의 데이터 압축 프로토콜. (4) **콘솔 명령 처리기** console command processor의 약어.

CCPU 통신 제어 처리 장치 communication control processing unit의 약어. 통신 제어 장치(CCU) 중 프로그램에 의해 제어하는 종류의 것. 데이터 통신선과 컴퓨터 사이에서 통신에 관한 처리(제어 부호 등을 읽고 데이터를 재구성하는 등)를 담당한다.

CCTV 폐쇄 회로 텔레비전 closed circuit television의 약어. 방송 텔레비전에서 사용되는 방송 신호와는 달리 CCTV 신호는 동축 케이블, 마이크로웨이브 링크 혹은 제어 접근이 가능한 다른 전송 매체로 국한된다.

〈CCTV 모니터실 전경〉

CCU 통신 제어 장치 communication control unit의 약어. 데이터 통신 회선과 컴퓨터 사이에서

데이터의 전송에 관한 제어를 한다. 컴퓨터와 모뎀 사이에서 컴퓨터로부터 보내오는 병렬의 비트 정보를 직렬의 비트 정보로 변환하거나 모뎀으로부터의 전송 부호를 처리한다. 이 처리를 프로그램에 의해 하는 것을 CCPU라고 한다.

C curve C 곡선 직교 좌표에서 현재의 점으로부터 X축 방향으로 x, Y축 방향으로 y만큼 나가는 조작을 분해하여 X축 방향으로 $(x+y)/2$, Y축 방향으로 $(-x+y)/2$만큼 진행한 후, X축 방향으로 $(x-y)/2$, Y축 방향으로 $(x+y)/2$만큼 진행했을 때 그려지는 곡선.

CCW 채널 명령어 channel command word의 약어. 중앙 처리 장치(CPU)는 프로그램을 실행해가는 과정이며, 입출력 명령이 오면 그 명령이 어느 입출력 장치에 무엇을 행하도록 하는 명령인가를 해독하고, 그것이 지향하는 지령을 입출력 제어 장치로 보낸다. 이것을 채널 명령어(channel command)라 한다. 보통「채널 명령어」는 몇 개의 단어(word)에 수용되며 채널 제어 장치로 인도된다. 이런 일련의 명령(command)을 채널 프로그램(channel program)이라고도 한다.

CCW list address CCW 리스트 어드레스

- Channel Program
  압축되는 블록 수가 n일 때 채널은 n개의 채널 명령으로 수행

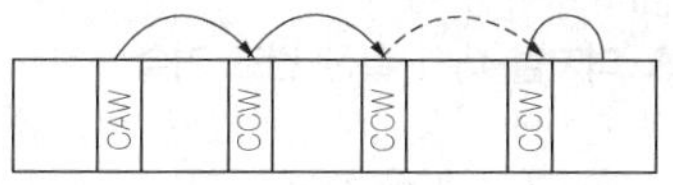

- Channel Status Word(CSW)
  입출력 장치의 상태에 관한 정보
- Channel Address Word(CAW)
  첫 번째 채널 명령어의 주소를 기억하는 워드
- Channel Command Word(CCW)
  주기억 장치에 기억된 각 블록에 관한 정보
  1. 명령어 필드는 입출력(판독/기록)의 기능
  2. 블록의 위치는 블록의 첫 번째 워드의 주소
  3. 블록의 크기는 블록을 구성하는 워드의 수
  4. 연결 리스트는 링크 부분과 유사한 역할(플래그)

〈CSW · CAW · CCW 비교〉

CD (1) cash dispenser의 약어. ⇨ cash dispenser (2) **반송파 검출** carrier detector의 약어. 모뎀과 통신 제어 장치 간의 인터페이스의 반송파가 모뎀까지 도착하였는가를 컴퓨터측에 알려주는 신호. (3) **콤팩트 디스크** compact disk의 약어. 디지털화한 음성 신호를 기록한 레코드판에서 레이저 광선으로 음을 재생시키는 새로운 방식의 음향 기기. 일본의 소니 사와 네덜란드의 필립스 사가 공동 개발하여 1982년에 상품화되었다.

CDA compound document architecture의 약어. DEC 사가 개발한 텍스트, 그래픽스, 이미지 등이 혼재하는 복합 문서 포맷 규약을 규정한 아키텍처. 멀티 벤더 환경에서 문서의 공유나 효율적인 문서 교환을 위한 것이다.

CDC (1) **컨디션 코드** condition code의 약어. 컨디션 코드(CDC)란 중앙 처리 장치 명령 실행 결과를 표시하는 것으로 2비트의 플립플롭(flip-flop)으로 구성(AAG0 : PSW의 22, 23비트)되어 네 개의 상태를 취할 수 있다. CDC의 사용 방법을 대별하면 두 가지가 있다. 하나는 비교 명령이나 로드, 가감산 명령 등을 실행했을 때 연산 결과를 표시하는 점프계(jump 系) 명령의 조건 성립 판정에 사용하는 경우이고, 또 하나는 입출력 명령에 있어서 기동 결과 및 채널 IO 장치의 동작 상태를 표시하는 경우이다. CDC 세트 조건 예를 표로 나타내었다. (2) **호출 지시 코드** call direction code의 약어. 메시지나 명령을 자동으로 보내기 위한 두 문자 또는 세 문자 코드. (3) **컨트롤 데이터 사** Control Data Corporation의 약어.

〈CDC 세트 조건 예〉

사용 방법 CDC	연산 결과의 경우 (일반 명령)	입출력 명령의 경우 (SIO 명령의 경우)
0	연산 결과=0	• 동작 개시 채널, IO도 정상이며, 동작을 개시한다.
1	연산 결과<0	• CSWA 스토어 명령 실행중에 기능상의 에러를 검출한다. IO가 입출력 동작을 실행하는 데 적합하지 않은 상태이다.
2	연산 결과>0	• 채널 버저 지정된 채널 IO가 동작중이다.
3	연산 결과 오버플로	• 채널 사용 불가 지정된 채널이며, 메이크 버저이다. 명령 코드가 적합하지 않다.

CD-DA compact disc-digital audio의 약어. 자기(磁氣) 카드와 비밀 번호를 이용하여 현금을 인출하고 잔고를 조회할 수 있는 장치. 금융 기관의 컴퓨터에 온라인으로 연결되어 있어 금융 기관의 폐점 후나 소재지 이외의 장소에서도 이용할 수 있다는 이점이 있다. 예금과 불입도 가능한 장치는 ATM(automated teller machine)이라고 부른다.

CDDI 코퍼 분산형 데이터 인터페이스 copper distributed data interface의 약어. 실드 없는 꼬임선으로 100Mbps라는 고속 전송을 행한다. 이 표준화는 ANSI(미국 규격 협회)에서 진행하였고, 전송 신호 레벨의 규격도 정해져 있다.

CD-EXTRA CD 엑스트라 음악용 CD에 PC 등에서 재생 가능한 데이터를 포함한 CD의 포맷. 음악은 일반적인 CD 플레이어로 재생 가능하다. 데이터에는 가수나 아티스트의 프로모션 비디오나 그들이 말한 내용 등이 수록되어 있는 경우가 많다.

CDF channel definition format의 약어. (1) 푸시 기술은 해당 채널 구조를 구체적으로 지정하는 CDF 파일을 이용하여 채널을 통해 푸시될 웹 페이지, 이미지, ActiveX 컨트롤을 나열한다. CDF 파일은 또한 채널의 내용과 다운로드 시간과 다른 옵션들을 설명하는 헤드라인을 포함한다. 채널 개발자들은 CDF 파일을 만드는 데 HTML 같은 태그를 이용한다. (2) 웹 캐스팅(web casting)을 위해서 정의된 파일 포맷으로 근원은 SGML이다. 웹에서 제공되는 정보를 적절하게 구성, 정보 가치의 편의성을 높이기 위해 마이크로소프트 사에 제안하였다. ⇨ push, HTML, SGML

CD-G 콤팩트 디스크 그래픽 compact diskgraphics의 약어. 오디오용 CD의 빈 채널에 그래픽 신호를 첨가, 가정용 TV에 접속하여 음성뿐만 아니라 그래픽의 재생도 가능하다. 주로 업무용 가라오케 시장에서 이용되고 있다. 가정용 플레이어가 많이 선보였으며 교육 및 음악용 소프트웨어도 상품화되었다.

CD-I (1) **대화형 CD 매체** CD-interactive media의 약어. 음악용 CD를 기본으로 컴퓨터용 프로그램, 데이터, 화상이나 음성 등도 다룰 수 있게 만든 저장 매체. 가정용, 교육용을 목적으로 한다. 1986년, 소니와 필립스 사가 규격을 공개하여 정했다. 이 규격에는 디스크의 내용이나 하드의 내용(CPU나 운영 체제, 조이스틱의 규격 등)까지 정해져 있다. CD-I의 장치는 보통의 CD-ROM과 같은 외부 기억 장치와 달리, 입력 장치 자체에 마이크로프로세서가 짜여져 단독 장치로 사용된다. 마이크로프로세서에는 모토롤라 사의 68000 계열, 운영 체제에는 마이크로소프트 사의 CD-RT 운영 체제가 지정되어 있다. (2) **콤팩트 디스크 인터액티브** compact disk interactive의 약어. CD 플레이어와 흡사한 모습을 갖춘 CD-I는 사용된 소프트웨어 역시 CD 음반과 똑같아 또 하나의 CDP로 생각할 수 있다. 인터액티브란 말이 상징하듯이 CD-I는 PC처럼 상호 대화식으로 작동되는 것이 일방적으로 음악을 들려주기만 하는 CDP와는 크게 다른 점이다. CD 음반처럼 생긴 CD-I 디스크는 5인치 크기에 총 650MB의 정보를 처리할 수 있다. 여기에는 CD와 같은 소리뿐만 아니라 영상까지 추가하여 72분 정도의 만화 영상, 7천 장면 비디오와 같은 고화질 영상 등을 담을 수 있다. 1천6백만 가지 색을 나타낼 수 있고 사람의 연설을 19시간까지 담을 수 있다. 특히 CD-I는 그 소리의 질에 있어서 CD와 버금가는 원음 재생 능력을 갖추고 있는데, 만들기에 따라서 크게 CD와 같은 디지털 오디오, 하이파이, 미디파이, 연설 등 네 가지 종류의 사운드 질로 운행될 수 있다. 이와 같은 CD-I 디스크들은 CD-I 플레이어에 삽입, 어떠한 TV나 비디오 등과도 연결할 수 있다. 이렇듯 가정이나 교육용 시장에서 커다란 파급 효과가 기대되고 있는 CD-I의 기술은 필립스 사에서 발명했다. 그리고 상품화는 필립스 사와 소니, 양사가 공동 개발, 이들 두 회사는 상호 라이선스를 공동 소유하고 있는데, 이미 CD-I는 규격의 표준화는 물론 음악, 게임, 취미, 유아교육용 SW까지 개발되어 이젠 소비자들이 사용하는 일만이 남아 있는 셈이다.

CD-interactive media 대화형 CD 매체 ⇨ CD-I

CDK 회선 감지 장치 communication deck의 약어. 데이터 통신 시스템에서 복수의 데이터 회선의 통신 상황을 운영자가 집중적으로 감시하기 위한 장치.

CDL 컴퓨터 기술 언어 computer description language의 약어.

CDMA 디지털 대역 확산 변조 기술 주로 개인 휴대 통신 기기에 사용된다. CDMA는 음성을 디지털화하여 거기에 특정한 주파수 코드로 꼬리표를 붙인다. 그 데이터는 주파수 대역에 걸쳐 난수처럼 보이는 패턴으로 뿌려지게 된다. 수신하는 기기는 특정 코드에 해당하는 데이터만을 암호로 해제하여 원래의 신호로 재구성하는 것이다.

cdmaOne 시디엠에이원 현재 주류를 이루고 있는 TDMA(시분할 다중 접속) 방식이 아니라 CDMA(부호 분할 다중 접속) 방식을 채택한 디지털 휴대 전화 기술 및 서비스. 미국의 IS-95A/IS-95B 기술을 다르게 표현한 말이다. 잡음에 좌우되지 않는 깨끗한 통화 품질과 순단(瞬斷 ; 이동중 기지국의 변화로 일어나는 순간적인 끊김) 없는 안정적인 통화가 가능하다. 이전의 휴대 전화(9,600bps)나 PHS(32 kbps)에 비해 통화 속도도 훨씬 빠르고(1994년 4월부터 64kbps가 됨) 국제 로밍 서비스로의 대응도 꾀하고 있다. 이미 DDI 셀룰러에서 1998년 7월부터 서비스를 개시하고 있으며, 1999년 4월에는 IDO(일본 이동체 통신)와의 접속이 가능해졌다.

CD-MIDI CD 미디 compact disk-musical instrument digital interface의 약어. CD에 MIDI

데이터를 기록한 것으로 규격은 음악 CD의 규격을 정한 레드북에서 파생된 서브코드 CD 규격에 따른다.

CDP 데이터 처리 검증 certificate in Data Processing의 약어. 미국과 캐나다를 비롯한 여러 국가의 대학 내 검증 기관에서 실시하는 데이터 처리에 관한 검증.

CDPD cellular digital packet data의 약어. 아날로그 휴대 전화의 통신망을 그대로 이용해서 패킷 교환 방식의 디지털 무선 데이터 통신을 실현하는 통신 서비스.

CD player CD 재생기, CD 플레이어 compact disc player의 약어. CD에 기억된 정보를 판독하는 장치. 디스크 내용을 판독하는 광학 장치와 판독한 데이터를 번역하는 전자 회로가 내장되어 있다.

CD-R 기록 가능한 CD compact disk recordable의 약어. CD-WO(CD write once)라고도 한다. 컴팩트 위에 데이터를 기록하여 일반적인 CD-ROM 드라이브에서 읽을 수 있게 한 CD-ROM의 형식을 말한다. CD-R 드라이브로는 기록이 가능한 디스크에 여러 번 데이터를 기록할 수도 있는데, 이런 것을 전문 용어로 multiple session이라고 한다. 1989년에 네덜란드의 필립스 사와 일본의 소니 사가 발표한 오렌지 북(Orange Book)이라는 규격서에 정의되어 있다. CD-ROM 라이터라는 라이팅 장치를 사용하며, 오디오 데이터나 CD-ROM용의 데이터 등을 CD에 기록할 수 있다. 기록한 디스크는 그대로 CD 플레이어나 CD-ROM 드라이브에서 재생할 수 있기 때문에 데이터의 백업 등과 같이 조정을 필요로 하지 않는 데이터의 스톡(축적)으로서, 기업 등에서 그 이용이 늘고 있는 추세이다.

CDRM 교차 영역 자원 관리 프로그램 cross-domain resource manager의 약어.

CD-ROM 시디롬 compact disk read only memory의 약어. 음악용 콤팩트 디스크(CD)에 데이터와 도형 정보를 기록해두고, 판독 전용(read only)으로 사용한 것. 콤팩트 디스크는 지름이 12cm이며 기록 용량은 약 550MB이다. 그러므로 대개의 CD-ROM 한 장에는 「볼륨이 큰 소설」 30권 분량의 정보가 들어간다. 플로피 디스크의 용량은 겨우 1MB이다. 이 대용량과 랜덤 액세스가 가능함으로써 전자 출판과 데이터 베이스 분야에 급속히 보급되고 있다.

CD-ROM drive CD-ROM 드라이브 CD-ROM을 재생하고 음악 CD도 들을 수 있는 컴퓨터 주변기기. 주요 부품으로는 디스크를 회전시키는 스핀들, 디스크의 균일하지 않는 표면을 비추는 레이저, 레이저 광선을 반사시키는 프리즘, 표면에 반사된 빛을 읽어내는 광센서 다이오드 등이 있다.

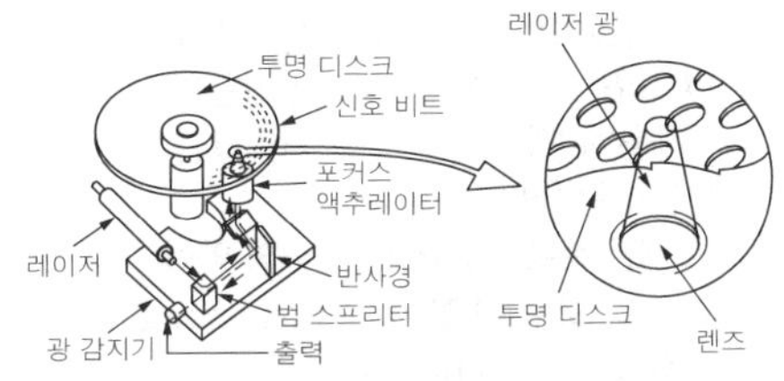

〈CD-ROM 드라이브의 구조〉

〈CD-ROM과 하드 디스크의 차이점〉

CD-ROM 드라이브

자료 저장 능력의 측면에서 CD-ROM은 더 우수하지만 프로그램 실행의 측면에서는 비교적 뒤떨어진다. 하드 디스크의 읽기 헤드는 레이저 광선이 CD-ROM 디스크 표면을 가로질러 이동하는 것보다 빠른 속도로 이동할 수 있으므로 정보 검색 속도가 훨씬 빠르다. 하드 디스크의 평균 탐색 시간은 20밀리초, 평균 자료 전송 속도는 초당 2~3MB로 CD-ROM 드라이브보다 월등히 빠르다. CD-ROM 프로그램을 사용할 때는 느린 속도에 적응할 필요가 있다. 게임 프로그램을 즐기는 사람들은 주목해야 하는데, 빠른 속도를 원한다면 하드 디스크에 설치하여 실행할 수 있는 플로피 디스크를 선택하는 것이 좋다.

CD-ROM player CD-ROM 플레이어 각 제조업체는 CD-ROM 규격에 준한 광디스크 시스템을 만들었으나 원래 규격이 음악용이었기 때문에 이들 시스템의 전송 속도는 느리다(CD-ROM의 경우 약 150kbps). 반면, 하드 디스크의 디스크 전송 속도는 8~40Mbps(SCSI 인터페이스의 경우)로 빠르다. CD-ROM 드라이브는 일정한 선형 속도로 회전한다. 즉, 판독 헤드가 디스크 중심에서 바깥쪽으로 이동함에 따라 디스크의 회전 속도가 변화한다. 이 기법은 음악의 재생에는 적합하지만 임의 접근이 필요한 데이터 시스템에서는 제성능을 얻을 수 없다.

CD-ROM XA CD-ROM 확장 아키텍처 CD-ROM extended architecture의 약어.

CD-RW CD 리드 라이트 compact disk read write의 약어. 데이터를 한 번만 기록할 수 있는 CD-R과는 달리 마치 하드 디스크를 사용하듯이 DC 매체를 쓰고 읽을 수 있는 장치. 사용시 특별한 매체가 필요한데, CD-RW 매체는 최근에 나온 고급 사양의 CD-ROM과 CD-RW에서만 인식이 가능하다는 단점이 있다.

CDRWin 골든 호크(Golden Hawk) 사에서 개발한 CD 복사 전문 프로그램. 복사 능력이 다른 프로그램에 비해 뛰어나고, 소니 사의 가정용 게임기인 플레이스테이션(PlayStation) 등의 게임기용 CD도 복사할 수 있다. 또한 복사 방지 장치가 되어 있는 것도 경우에 따라서는 복사할 수 있으며, PC 통신이나 인터넷에서 시험판을 다운받을 수 있다.

CD single **시디 싱글** CD 한 장분의 노래를 채우기 어려울 때 필요한 것으로 디스크를 소형화한 것으로서 지름이 80mm이다.

CE (1) **채널 종료** channel end의 약어. ⇨ channel end (2) **보수 기술자** customer engineer의 약어. ⇨ customer engineer

CeBIT **세비트** World center for office, Information and the Telecommunications technology의 약어. 컴퓨터 및 커뮤니케이션(C & C) 분야에서 세계 최대의 규모를 가진 전시회. 1986년에 처음 시작되어 매년 3월 중순 독일의 하노버에서 개최되고 있다.

ceefax **시팩스** 텔레비전 방송중에 방송중인 전파를 이용해 뉴스 · 일기예보 · 물가 · 영화 안내 등 각종 정보를 송출하는 장치. 영국 IBA가 개발한 것은 오라클(ORACLE), 일본 NHK에서는 텔레비전 텍스트라고 불리는데, 총체적으로 텔레텍스트(teletext) 또는 텔레비전 신문이라 한다.

C element[síː éləmənt] **C 소자** 쌍안정 장치로, 모든 입력이 1이 된 후 출력이 1이 되고, 모든 입력이 0이 되었을 때 출력이 0이 된다.

Celeron **셀러론** 인텔 사가 1,200달러대 이하의 가정용 PC와 업무용 PC 시장을 겨냥해 내놓은 기본형 CPU 제품으로 P6 마이크로 아키텍처를 기반으로 설계하여 펜티엄 II 프로세서와 호환성을 유지하도록 했다. 초기에는 L2 캐시 메모리를 탑재하지 않고 단가를 낮춰 많은 보급형 PC에 탑재되었다.

cell[sél] *n.* **낱칸, 셀** (1) 독방이라는 일반적인 의미로부터 정보를 구성하는 최소 단위인 1bit(비트), 1문자(character), 1바이트(byte), 1단어(word)를 위한 기억 장치(storage) 상의 기본 단위를 가리킨다. (2) 기억 장치 상, 파일 영역(file area)을 확보하거나 파일을 탐색할 때 하나의 단위로서 참조되는 연속된 기억 장소. 셀은 트랙(track)과 실린 (cylinder)에서 볼 수 있듯이 기억 영역 안에서 그 양쪽이 연결되어 있어도 좋다. (3) 집적 회로(IC)에서는 메모리 셀(memory cell)을 말한다. 기억 장치의 최소 단위이며, 1비트의 정보를 저장하는 부분을 가리킨다. (4) 단일 구성의 「전지」. 셀이 모인 것이 축전지(battery)이다.

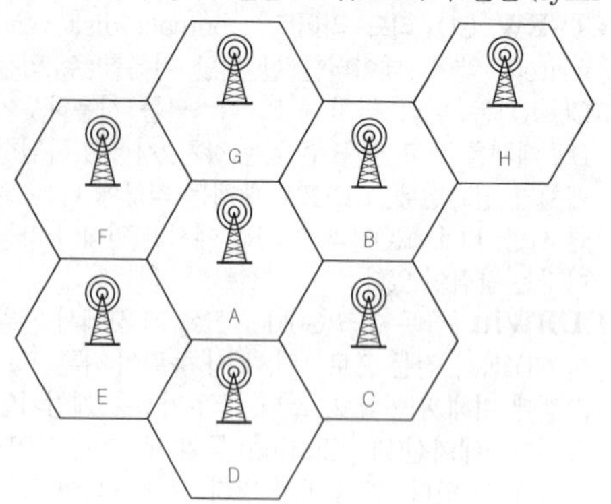

〈이동 전화 기지국의 셀〉

cell animation[-ænəméiʃən] **셀 동화상** 셀 화면의 동화상. 셀은 셀룰로스(cellulose)를 말한다. 투명 셀룰로이드에 착색한 그림을 1코마(그림의 단편)씩 필름에 촬영해간다. 동화상은 인간의 눈의 잔상 현상을 이용하고, 그림이 차례로 표시됨으로써 움직임을 짐작할 수 있도록 한 것이다.

cell array[-əréi] **원소 배열** (1) 일련의 항목들이 행과 열을 가진 행렬을 구성하여 의미 있는 모형을 이루는 것. 특정 데이터는 하나의 행 번호와 열 번호를 가지는 요소로 지정된다. (2) 두 개의 점으로 지정된 직사각형의 내부가 주어진 새 지표의 배열로 색이 칠해지는 출력 기본 요소.

cell array attribute[-ǽtribjùːt] **원소 배열 속성** 원소 배열에 주어진 속성.

cell control block[-kəntróul blák] **CCB, 셀 제어 블록**

cell culture[-kʌ́ltʃər] **세포 배양** 동식물의 세포 중 대량으로 배양하고 단백질이나 대사 산물을 생산하는 기술. 즉, 동물이나 식물의 조직 · 기관 · 세포를 꺼내 생육시키는 배양 기술을 조직 배양이라고 하며, 특히 세포에 대해 하는 것을 세포 배양이라고 한다.

cell data[-déitə] **셀 데이터**

cell encoding[-inkóudiŋ] **셀 코드화** 화소당 하나의 물리적 기억 장소를 사용하지 않고 화상을 6×8에서 10×14화소에 이르는 직사각형의 셀로 나누고 각 셀을 보통의 재생 버퍼보다 작은 바이트 수로 재생 버퍼에 코드화하여 재생 버퍼를 구성하는 기법.

cello[tʃélou] **첼로** Cornell Law 학교의 Legal Information Institute에 의해 개발된 셰어웨어 웹 브라우저.

cell pointer[sél pɔ́intər] **셀 포인터** 스프레드시트의 워크시트에서 입력의 대상이 되는 셀을 나타내는 커서. 일반적으로 셀 포인터의 위치는 셀 전체를 반전 표시하거나 셀의 테두리를 굵게 표시하여 명시한다.

cell size[-sáiz] **셀 폭** 스프레드시트에서 워크시트 안의 셀의 가로 폭.

cell-switching[-swítʃiŋ] **셀 스위칭** 데이터 패킷을 매우 작은 고정된 길이의 크기로 나누어 네트워크 상에서 전송하는 방식.

cell technology[–teknάlədʒi(ː)] **세포 공학** 세포 배양 기술이나 세포 융합 등 세포 단계에서의 유전자 조작을 지향하는 학문 분야. 1986년에는 일본의 오사카 대학 세포 공학 센터에서 뇌염에 세포 공학을 응용한 새로운 치료법을 개발했다.

cellular[séljulər] *n*. **원소**

cellular automaton[–ɔːtάmətən] **셀룰러 오토머턴** 병렬 컴퓨터로 실제 컴퓨터 대신 여러 대의 동일한 프로세서(셀)를 조합하여 이들 프로세서의 병렬 출력을 얻는 연구 모델.

cellular chain[–tʃéin] **원소 체인** 트랙(track)이나 실린더(cylinder) 등과 같은 물리적 단위 저장소를 벗어나지 않도록 분할된 연결 리스트.

cellular inverted list[–invə́ːrtəd líst] **원소 역 리스트** 인덱스 크기를 줄이기 위해서 각 레코드의 번지 대신 그 레코드가 들어 있는 트랙과 같은 물리적 단위 저장 장소의 표지를 인덱스에 보관하는 역 리스트 구조.

cellular logic[–lάdʒik] **원소 논리** NOR 또는 NAND 등의 기본 논리 회로를 셀(cell)로 하여 X-Y 축에 배열하고, 각 셀의 배열 방법으로 여러 논리 회로를 만들 수 있도록 한 것.

cellular multilist[–mʌ̀ltilíst] **원소 다중 리스트** 다중 리스트 조직의 한 형태로서, 이 리스트 안에서 체인들은 원소의 경계를 통과하여 확장될 수 없다.

cellular partition[–pɑːrtíʃən] **원소 분할** 파일 검색 시간을 줄이기 위해 기억 장소를 셀(cell)로 나누는 방법. 이 경우 원소는 하나의 실린더 또는 하나의 디스크 팩일 수도 있다. 리스트의 하나는 원소 내에 위치하므로 만일 KEY-1=PROG에 관한 다중 리스트의 레코드가 여러 개의 실린더에 걸쳐 있다면 이것을 좀더 작은 여러 개의 디스크로 분할해서 각 PROG 리스트는 같은 실린더에 있는 레코드만을 포함하도록 하는 것이다.

cellular phone[–fóun] **휴대용 전화** 반지름 수 km 이내의 지역에서 들고 다니면서 무전기와 같이 사용할 수 있는 전화. 이를 이용하기 위하여는 수 km 간격으로 이를 위한 전화국 설치가 필요하다. 아직까지는 특수한 목적으로만 사용되나 앞으로 이러한 형태의 무선 전화가 널리 보급될 것으로 예상된다.

cellular protocol[–próutəkɔ̀(ː)l] **셀룰러 프로토콜** 데이터 통신시 에러 정정에 사용되는 프로토콜. 통신 상황이 악화되었을 때 자동적으로 패킷 크기를 축소시켜 데이터의 신뢰성을 높이는 기능이 있다.

cellular system[–sístəm] **원소 시스템** 동일한 기능을 갖는 장치들을 여러 개 연결하여 하나의 시스템을 갖춘 것. 예컨대, 비트 슬라이스 컴퓨터 같은 것이 이에 속한다.

censored sample[sénsərd sάːmpl] **센서드 샘플** 끊어진 분포가 아닌 모집단으로부터 발췌한 샘플이 있고, 그 측정값 이하(또는 이상)에 관해서는 개수밖에 알려져 있지 않은 샘플.

censorship[sénsərʃip] **검열** 온라인 통신 서비스처럼 통신망을 통해 전달되는 정보의 내용에 책임을 지는 경우, 이들 서비스 제공자들이 공급하는 정보의 내용을 사전에 조사하고 검토하는 작업.

center[séntər] *n*. **중앙, 계산 센터** 입력되고 있는 정보를 그 줄의 중앙에 위치시키는 기능을 뜻한다.

center-feed tape[–fíːd téip] **중앙 주입 테이프** 현재 가장 많이 쓰이는 방법으로 중심이 정보 구멍의 중심과 일치되는 주입 구멍이 있는 종이 테이프.

center hole[–hóul] **중앙 홀**

centering[séntəriŋ] *v*. **센터링** 문자열의 중앙을 미리 정해진 범위의 중앙으로 보이게 하는 기능. 중앙 일치라고도 한다.

center point[séntər pɔ́int] **중앙점** 규정된 시간의 중앙에서의 파형상의 점.

center time point[–tάim pɔ́int] **시간 중점** 규정된 두 시점 또는 하나의 시간폭의 중앙의 점.

center-to-end[–tuː énd] **센터-투-엔드** 호스트 컴퓨터와 단말이 회선을 통해서 연결되어 있는 상태. 일반적으로 대형 시스템에서는 하나의 호스트 컴퓨터에 모든 단말을 연결할 수 있는 센터-투-엔드 방식이 취해지고 있다.

centisecond[séntisèkənd] *n*. **센티초** 1/100 초를 뜻한다.

central[séntrəl] *a*. **중앙의**

central computer[–kəmpjúːtər] **중앙 컴퓨터**

central computer input-output[–ínpùt áutpùt] **중앙 컴퓨터 입출력** 각 채널을 통하여 중앙 컴퓨터와 주변 장치 사이의 데이터 및 제어 신호 등의 양방향 전송이 가능한 것으로 중앙 컴퓨터와 다른 컴퓨터의 주변 장치 사이에 입출력 채널을 통하여 이루어지는 통신.

central control[–kəntróul] **집중 관리** 업무를 집중적으로 관리하는 것으로 데이터 처리상의 제약으로 업무량이 늘어나면 그 처리를 중앙에서 OR나 EDPS에 힘입어 집중 관리하는 것.

central control panel[–pǽnəl] **집중 제어판**

central control unit[–júːnit] **CCU, 집중 제어 장치** 기능은 프로그램 제어 장치와 같은 것으로 같은 시스템에서 동작하고 있는 하나 또는 다수의 종속 제어 장치를 제어하는 장치.

central data file[–déitə fáil] **집중 데이터 파일** 컴퓨터로 처리된 데이터는 자기 테이프나 자기 디스크 등에 각각 기억되어 데이터 파일이 되지만, 관련된 필요 항목은 하나의 파일에 집중 통합하여 수록해두는데, 이와 같은 파일을 말한다.

central difference[–dífərəns] **중심 차분** 점 x_j에서 $x_j < x_j$일 때 계산한 모든 함수값의 차로 표시되는 후향 차분과 $x_j > x_j$일 때 계산한 모든 함수값의 차로 표시되는 전향 차분을 재배열하거나 평균함으로써 표의 중심부 부근에서 주어진 점의 양쪽 함수값을 써서 차분을 표시하는 방법.

central distributed system[–distríbju(:)tid sístəm] **집중 분포 시스템**

central exchange office[–ikstʃéindʒ ɔ́(:)fis] **중앙 교환국**

central filing[–fáiliŋ] **중앙 파일화** 집중 관리, 집중 보관으로 조직체가 보유하고 있는 전체 기록을 한 장소에 집중시켜 기업 내에서 통일된 기록 정보를 관리하는 것.

central host[–hóust] **중앙 상의 컴퓨터**

central information file[–ìnfərméiʃən fáil] **중앙 정보 파일**

centralization[sèntrəlaizéiʃən] *n*. **중앙 집중화** 정보와 시스템이 한 곳에 집중되어 공동으로 사용되는 형태로 관리의 기능을 중앙에 집중시키는 것.

centralize[séntrəlàiz] *v*. **집중화하다, 중앙으로 모으다** 과거 분사형 centralized로 표현되며, 「집중화」, 「집중」으로 번역된다. 집중 데이터 처리(centralized data processing)는 지리적으로 떨어진 장소 또는 사업부 단위에서 행한 처리 결과를 중앙측, 즉 본사 기구로 흡수하여 기업 전체로서의 처리를 수행하는 방식을 말한다. 통합 데이터 처리(integrated data processing)와 같은 의미로 쓰이는 경우가 있으나 본래의 의미는 데이터의 수집으로부터 그 이후의 데이터 처리가 통합된 컴퓨터 시스템에 의하여 결합되어 있는 데이터 처리를 가리킨다. 이것에 대비되는 단어가 decentralized이며, 「분산」으로 번역된다.

centralized[séntrəlàizd] *v*. **집중형, 집중화한**

centralized computer network[–kəmpjú:tər nétwə̀:rk] **집중형 컴퓨터 네트워크**

centralized control[–kəntróul] **중앙 집중 제어** 분산된 시스템에서 중앙 지령소로부터 집중적으로 지령 제어를 행하는 일. 예를 들면, 열차의 자동 운전에서 각 열차의 운행을 모두 중앙 지령소에서 제어하는 방법.

centralized contral system[–séntrəl sístəm] **중앙 집중 제어 시스템** 하나의 중앙 제어 기기가 다른 모든 처리 과정을 제어하는 시스템.

centralized data base[–déitə béis] **중앙 집중 데이터 베이스** 데이터 베이스가 하나의 센터에 집중 배치되어 관리되고 있는 것.

centralized data processing[–prásesiŋ] **집중 데이터 처리** 거리적으로 혹은 관리적인 면에서 다른 지역에서 얻어진 데이터를 중앙 지역에서 일괄 처리하는 데이터 처리 기능.

centralized network[–nétwə̀:rk] **집중형 망** 중앙 집중식 망 구성 방법으로, 분산형 통신망과는 반대 개념이다.

centralized network configuration[–kənfìgjuréiʃən] **집중식 네트워크 구성** 망을 구성하는 모든 컴퓨터들이 중앙의 한 컴퓨터에 연결되어 있는 구조의 망으로서, 성형 망(star network)이라고도 한다.

centralized processing[–prásesiŋ] **중앙 집중 처리** 낮은 비용의 컴퓨터 처리를 목적으로 중심이 되는 센터에 대형 시스템을 설치하고 분산되어 있는 지역. 지방 사업소에서 발생한 데이터를 모두 중앙에 집중시켜 계산 처리하는 시스템. 이 경우는 온라인이나 오프 라인이나 관계없다.

centralized supervisor and control unit[–sú:pərvàizər ənd kəntróul jú:nit] **집중 감시 제어 장치**

central office[séntrəl ɔ́(:)fis] **중앙국** 전신·전화 회사가 가입자 회선을 수용하는 국으로서 중앙국에서는 그들 회선을 서로 접속하는 장치가 설치되어 있다.

central processing system[–prásesiŋ sístəm] **중앙 처리 시스템**

central processing unit[–jú:nit] **CPU, 중앙 처리 장치** ⇨ CPU

central processor[–prásesər] **중앙 처리기, 센트럴 프로세서** central processing unit(CPU ; 중앙 처리 장치), processor(처리 장치).

central processor organization[–ɔ̀:rgənaizéiʃən] **중앙 처리기 구조** 중앙 처리기로 들어가거나 나오는 모든 입출력 부분에서 처리하여 모든 주변 장치의 작동도 제어하게 된다. 레지스터는 중앙 처리기의 중요한 심장부로 모든 데이터 명령들의 수행과 처리를 위해 임시로 기억시키는 장소로 쓰이므로 사이클 타임이 처리기의 전체 속도를 결정하는 중요 요소가 된다.

central region[–rí:dʒən] **중심 영역** 그룹 역학에서 한 통신망 내의 임의의 두 개 노드(node) n과 m의 거리 b_{mn}을 다른 노드로 옮기는 데 필요한 최소한의 연결수라고 할 때 m에 대해 통신망 안의 다른 노드로부터의 거리 중 최대인 것을 B_m으로 표시하는데, B_m이 최소값을 가진 노드를 중심 영역이라고 한다.

central scanning loop[–skǽniŋ lúːp] **중앙 주사 루프** 운영 체제에서 다음에 처리해야 할 작업을 결정하는 프로그램. 실행해야 할 것이 없는 경우는 WAIT 상태가 된다.

central service[–sə́ːrvis] **중앙 서비스**

central site[–sáit] **중앙 지점** 원격지(remote site)의 상대어로도 쓰이며, 분산 정보 처리 시스템의 주설비 장치이다. 주로 통신 회선이 개재하는 온라인 시스템 등에서의 호스트 컴퓨터를 설치하고 있는 장소(측)를 가리킨다.

central system[–sístəm] **중앙 시스템**

central terminal unit[–tə́ːrminəl júːnit] **중앙 터미널 장치** 중앙 처리기와 전송 콘솔 사이의 교신을 제어하는 장치. 콘솔에서 임의의 간격으로 도착하는 전문을 받아 중앙 처리기가 이를 처리할 수 있는 상태가 될 때까지 보관하고, 처리된 결과는 그 전문을 보낸 콘솔로 응답해준다.

central traffic control system[–trǽfik kəntróul sístəm] **중앙 교통 제어 시스템** 기후, 러시아워의 상태에 따라 시내 교차로의 신호를 중앙에서 자동으로 제어하여 차량의 원활한 소통을 조정하는 시스템. 이 제어는 시내 몇 개의 지점에서 통과하는 차량 수를 측정하고 그것을 중앙의 통제 센터에 전송하여 신호의 ON/OFF 주기를 변화시킴으로써 이루어진다.

central value[–vǽljuː] **중앙값** 통계 집단에 속하는 모든 데이터들을 하나의 수치로 대표하여 나타낸 것. 집중값, 평균값 또는 대표값이라고도 한다.

centrex[séntreks] **센트렉스** 모든 계약자들에게 외부에서 직접 다이얼을 돌릴 수 있도록 해주는 설비. 보통 이 장비는 중앙 사무실에 설치한다.

centronics interface[séntrouniks íntərfèis] **센트로닉스 접속 장치** 미국의 센트로닉스 회사가 정한 개인용 컴퓨터의 프린터 접속 장치. 8비트씩 데이터를 동시에 전송할 수 있는 병렬 접속의 일종으로 데이터의 송수신을 하나하나 확인하는 핸드셰이크 방식에 의하고 있다. 현재 대부분의 메이커가 이 접속 장치를 채택하고 있으며, 사실상 프린터 접속 장치의 표준이 되고 있다.

CEO 최고 경영 책임자 chief executive officer의 약어. 말 그대로 최고 의사 결정권자, 즉 한 회사를 대표하여 회사의 비전과 전략을 수립, 최종적인 결정을 내리는 최고 경영자.

ceramic package[sərǽmik pǽkidʒ] **세라믹 패키지** IC 칩을 세라믹으로 만든 패키지. 이것은 열에 강하고 동작 성능이 좋은 고급 제품에 속한다.

ceramic paper[–péipər] **세라믹 페이퍼** 세라믹 원료 펄프분(分)을 함유시켜 초지기(抄紙機)로 제조한 종이. 수산화마그네슘, 탄산칼슘 등이 원료로 쓰이며, 펄프보다는 세라믹이 주재료가 된다. 불에 잘 타지 않는 종이로 벽지의 바탕재로 쓰이는 아스베스트지가 효시인데, 종이처럼 접고 굽히고 바르고 인쇄하는 등의 가공이 가능하다. 건축재, 가전용, 신선도 유지용 포장재로 이용된다.

ceramics[sərǽmiks] *n.* **세라믹스** 반도체의 반송자로 사용되는 것으로, 유리, 타일, 토기 재료로 만들어지는 생산 물질.

ceramic sensor[sərǽmik sénsɔːr] **세라믹 센서** 세라믹스의 특성을 이용한 여러 가지 센서. 센서란 속도 · 질량 · 길이 · 온도 등의 물리량 측정과 물체의 존재 · 성질 등을 검지하는 기구나 소자인데, 세라믹스의 특성을 살린 수많은 센서가 실용화되고 있다. 망간 · 니켈 · 코발트 등의 산화물을 사용한 NTC 서미스터는 온도에 따라 전기 저항이 변화하는 것을 이용한 온도 센서이다. 또한 세라믹스의 표면에 기체가 부착하면 표면의 전하 상태가 변화하는 것을 이용해 가스 누출 검지, 연기의 검지, 습도 검출 등에 쓰이고 있는 가스 센서도 있다.

cermet[sə́ːrmet] *n.* **서멧** 탄화티탄의 분말, Ni-MO 합금의 분말을 원료로 한 내열 화합물의 합금. ceramic과 metal의 합성어. 세라믹의 종류에 따라 산화물 서멧, 탄화물 서멧, 질화물 서멧 등으로 분류된다. 제트 엔진이나 로켓 추진용의 내열 재료, 고속도 절단용 공구 외에 원자로 내의 일부 재료로서 주목받고 있다.

CERN 유럽 소립자 생리학 연구소 Conseil European Ia Research Nurcleaire의 약어. European Laboratory for Particle Physics와 같은 의미. CERN은 월드 와이드 웹 (world wide web)을 개발하는 기관으로 스위스에 위치하고 있으며 이곳에서 많은 웹 프로그램이 개발되었다. 또한 이곳에는 아주 훌륭한 웹을 구축하고 있으며 웹에 관한 정보나 프로그램을 찾고자 하는 사람들에게 FTP 사이트를 제공하고 있다.

CERT computer emergency response team의 약어. CERT는 인터넷 사용시에 나타나는 문제들로 인한 필요성 때문에 1988년 11월에 DARPA에 의해 구성되었다. CERT의 문서는 인터넷 호스트를 포함한 컴퓨터 보안에 관계된 인터넷 공용의 일을 하며 컴퓨터 보안 문제점에 대한 공동의 인식을 증대시키는 일을 한다. CERT는 컴퓨터 보안 사건과 취약한 곳에 대한 도움, 기술적인 문서, 개인 지도에 대하여 24시간 기술적인 도움을 주고 있다. 또한 여기에서는 메일링 리스트를 운영하고 있으며 cert.org에 보안에 관련된 문서와 도구들을 모아놓은 익명 FTP 서비스를 제공하고 있다. 우리 나라에는 CERT-Korea가 활동하고 있다.

certainty[sə́ːrtənti(ː)] *n.* **확실성** 어떤 사실이나 관계에 대한 믿음의 정도. 인공 지능 분야에서는 확률이 상대 개념으로 어떤 사건이 발생할 가능성(likehood)을 의미한다.

certainty factor[-fǽktər] **확신도** 어떤 사실이나 관계에 대한 확실성에 대한 정도를 수치로 나타낸 것인데, 확률 변수와는 그 성격이 다르다.

certificate[sərtífəkit] **인증서** 인증 기관의 개인 키나 비밀 키를 사용하여 변조가 불가능한 실체의 데이터.

certification[sə̀ːrtifikéiʃən] *n.* **검증, 인가** (1) 운영될 수 있는가를 알아보기 위해 시스템의 안전성을 나타내는 형식적 증명. (2) 시스템 또는 컴퓨터 프로그램이 명세화된 요구 사항들에 맞게 번역되는 것을 보여주는 서면화된 보증. (3) 컴퓨터 프로그램이 안정하다는 것과 민감한 정보를 생산하는 정의된 환경 내에서만 작동하도록 허가하는 것을 서술한 서면화된 인가.

certification authority[-əθɔ́ːriti(ː)] **인증 기관** 이메일 등의 데이터 송수신에서 키를 사용하여 암호화할 때, 키 소유자임을 증명하기 위한 특별한 기관. 미리 암호화하기 위한 키를 등록함으로써 키 소유자는 증명서를 발행받는다.

certified tape[sə́ːrtifàid téip] **보증 테이프** 모든 트랙의 기계적인 정밀 검사를 통하여 오류가 전혀 없거나 기준값 이하임을 메이커측에서 보증하는 컴퓨터 테이프.

CES (1) **세스** centralized extension system의 약어. 사업소 집단 전화 또는 빌딩 전화를 가리키는 말. 전용 구내 교환기(PBX)와 큰 차이점은 다이얼링 기능이다. (2) circuit emulation service의 약어. ATM 등의 패킷/프레임 교환형 네트워크로, 전용선 같은 회선 서비스를 위한 기술 방식. (3) **소비자 전자 쇼** consumer electronics show의 약어. 미국 실리콘 밸리에서 매년 여름과 겨울에 개최되는 전자 제품 쇼. 원래는 가전 제품을 전시하였지만 애플 사가 뉴턴(Newton)을 전시한 1992년 이후부터는 컴퓨터 관련 제품이 출품되었다.

CESD 복합 외부 기호 사전 composite external symbol dictionary의 약어.

CESD record 복합 외부 기호 사전 레코드 연결 편집 프로그램이나 적재기에 의해 만들어진 레코드로서 제어절(control section) 이름이나 입구점 이름에 대한 정보를 포함하는 것.

CE track CE 트랙

CFA 개념 실현 가능성 해석 concept feasibility analysis의 약어.

CFC 컴퓨터와 팩시밀리 통신 computer and facsimile communicator의 약어.

CFG 문맥 자유 문법 context free grammer의 약어. 비단말 알파벳 V, 종단 알파벳 Σ, V의 특정 초기 기호 S, 고쳐 쓰기 규칙을 P로 했을 때, 문법 G의 어느 고쳐 쓰기 규칙도 $A \rightarrow a$, 단 $A \in V$, $a \in (V \cup \Sigma)$ 모양을 하고 있는 문법을 가리킨다.
[주] 길이 0인 언어를「ε」, 연접(連接)을 다음과 같이 나타낸다.

$X \cdot Y = \{x \cdot y \mid x \in X$ 동시 $y \in Y\}$,

$X^0 = \varepsilon$

$X^n = X^{n-1} \cdot X \bigcup_{i=1}^{\infty} X^i$로 정의했을 때

$X^+ = X^i - \{\varepsilon\} X = \bigcup_{i=1}^{\infty} X^i$로 된다.

CFIA 구성 요소 장애 영향 분석 component failure impact analysis의 약어.

CFO 재무 담당 중역 chief fund officer의 약어.

CFS 사이버 포럼 시스템 cyber forum system의 약어. 각종 통신망과 주문형 비디오(VOD) 등을 기반으로 실제로 전시회에 참가한 듯한 감각으로 회의장 내에서 설명자나 참가자가 자유롭게 토의하거나 각종 정보를 교환할 수 있도록 만든 시스템.

CG 컴퓨터 그래픽스, 컴퓨터 도형 처리 computer graphics의 약어. ⇨ computer graphics

CGA computer graphics adapter의 약어. IBM 카드에 사용되는 그래픽 카드의 일종. 이것은 IBM PC가 처음 나올 때 같이 나온 것으로 80칸 25행의 문자와 320×200 또는 640×200의 그래픽을 나타낼 수 있다. 최근에는 낮은 해상도 때문에 별로 사용되지 않는다.

CGI (1) **컴퓨터 그래픽 인터페이스** computer graphics interface의 약어. 그래픽 참조 모델의 약칭. (2) **컴퓨터 그래픽 이미지** computer graphics image의 약어. 컴퓨터를 이용하여 만든 그래픽 이미지. 실사(實寫)와 컴퓨터 그래픽을 합성시킨 영상을 가리키기도 한다. (3) common gateway interface의 약어. WWW 서버와 서버 상에서 등장하는 다른 프로그램이나 스크립트와의 인터페이스. 폼을 사용한 메일의 송신이나 게임 등, HTML에서는 불가능한 인터랙티브(interactive)한 요소를 홈페이지에 받아들여 쓸 수 있다. 예를 들면, 자신의 홈페이지를 만들었을 때 누가 자신의 홈페이지에 접속했고 자신의 홈페이지에 대해 어떻게 생각하는지 알고 싶다거나, 홈페이지를 통해 물건을 주문받

는다거나, 특정한 데이터 베이스의 내용을 서비스 해주고 싶은 경우 홈페이지를 사용하는 사람들로부터 이름이나 주소 등의 자료를 얻어야 할 것이다. 그리고 원하는 상품을 고르게 한 후 찾고자 하는 자료의 이름을 입력하도록 해야 할 것이다. 이런 기능을 지원하는 홈페이지 작성 기법이 CGI이다. 쉽게 말해 CGI는 웹 서버를 운영하는 사람이 사용자들로부터 특정 정보를 얻어 자신의 프로그램에 사용하려고 할 때 필요한 인터페이스이다.

CGI-bin CGI 바이너리 CGI binary의 약어. 웹 브라우저의 URL 창에 이런 디렉토리가 보이는 경우 그것은 검색 도구 같은 CGI 프로그램을 수행시키는 것으로 보면 된다.

CG indicator current group indicator의 약어.

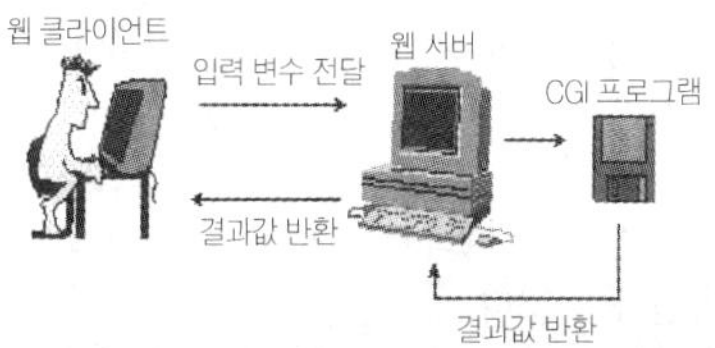

〈CGI 프로그램의 작동 원리〉

CG-ROM 문자 생성기 롬 character generator ROM의 약어. 판독 전용 메모리(ROM)의 일종. 캐릭터 패턴을 ROM에 써넣은 메모리. 전원을 꺼도 기억하고 있는 내용이 보존된다.

chad[tʃǽd] *n.* **채드, 세공(細孔)** 천공할 때 데이터 매체에서 분리되는 종이 조각들.

chad box[–bɑ́ks] **천공 조각 상자**

chadded[tʃǽdid] **완전 천공**

chadded tape[–téip] **완전 천공 테이프, 완전 세공 테이프, 채드 테이프** 천공할 때 천공된 구멍의 종이 조각이 완전히 떨어져 나가지 않고 일부가 붙어 있도록 되어 있는 종이 테이프.

chaddless tape[tʃǽdles téip] **부분 천공 테이프** 채드가 나지 않게 천공이 끝난 테이프. 즉, 종이 테이프를 천공했을 때 완전히 끊겨 나가지 않고 부착되어 있는 상태를 제거한 테이프.

chain[tʃéin] *n.* **사슬** (1) 물리적으로 떨어진 위치에 있는 데이터나 프로그램을 논리적으로 연결하는 것. 또는 연결된 것을 가리킨다. 예를 들면, 기억장치 상 떨어진 주소(address)에 저장되어 있는 데이터를 연결하여 논리적으로 계속된 것으로 한다. (2) 라인 프린터(line printer)에 사용되고 있는 체인. 활자체를 체인으로 고정하고, 자동차의 체인과 같이 둥글게 연속 회전시키면서 활자를 선택하여 인쇄하는 방식.

chain addition program[–ədíʃən próugrӕm] **연쇄 첨가 프로그램** 파일에 새로운 레코드를 추가시킬 수 있는 프로그램.

chain address[–ədrés] **연쇄 어드레스** 레코드의 체이닝을 행할 경우, 각 레코드 안에 다음 레코

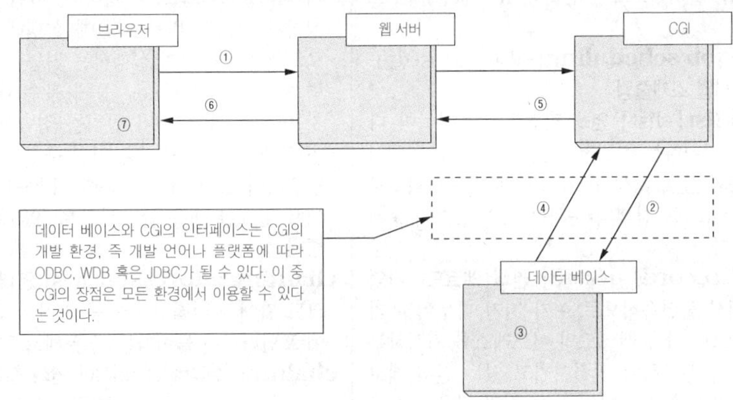

① 입력되는 내용의 대부분은 데이터 베이스 쿼리에 사용된다.
② 분석된 내용에 따른 쿼리를 데이터 베이스 인터페이스에 전달한다.
③ 인터페이스에 의해 전달된 쿼리가 데이터 베이스 시스템에 의해 실행된다.
④ 쿼리 결과로 얻어진 레코드를 데이터 베이스 인터페이스에 전달한다.
⑤ CGI는 레코드를 이용해 HTML 문서를 작성하고 이를 표준 출력 스트림에 출력한다. 이때 쿼리를 통해 얻어진 데이터를 분석하거나 적정 통계 절차를 추가할 수 있다. 그리고 스트림에 출력된 HTML은 웹 서버로 이동한다.
⑥ 웹 서버는 클라이언트로 HTML 출력 내용을 전송한다.
⑦ 브라우저의 submit으로 전달된 파라미터에 따른 쿼리와 연산 내용이 보여진다.

〈데이터베이스와 CGI와의 관계〉

드의 어드레스를 넣음으로써 논리적인 순서를 만드는데, 이 다음 레코드의 어드레스를 연쇄 어드레스라고 한다. 연쇄 어드레스는 하나의 레코드에 여러 개 붙여지는 경우도 있고, 뒤에 이어지는 어드레스뿐만 아니라 하나 앞의 레코드 어드레스도 붙여놓는 경우도 있다.

chain address file[–fáil] **연쇄 어드레스 파일**

chain base method[–béis méθəd] **연쇄 기준법**

chain circuit[–sə́ːrkit] **체인 회로**

chain code[–kóud] **연쇄 코드** 하나에 연결된 2진 코드의 일부 또는 전부를 사용하여 만드는 한 무리의 코드로, 원래 코드 배열에 몇 가지 형으로 연결되어 있는 것. 예를 들면, 011010을 하나의 체인으로 해서 그 3비트씩을 사용하여 만든 코드이다.

chain command flag[–kəmáːnd flǽ(ː)g] CC flag, **명령 인쇄 플래그**

chain-cross-correlation[–krɔ́(ː)s kɔ̀(ː)rəléiʃən] **연쇄 교차 상관** 길이가 같은 곡선이 얼마나 비슷한가를 나타내는 식.

chain data flag[–déitə flǽ(ː)g] **데이터 연쇄 플래그**

chained[tʃéind] *a*. **연쇄의, 연쇄식**

chained command[–kəmáːnd] **연쇄 명령**

chained field[–fíːld] **연쇄 필드**

chained file[–fáil] **연쇄 파일** 논리적으로 「연쇄된」 파일. 물리적으로는 인접해 있지 않은 경우도 있다.

chained job scheduling[–dʒɑ́(ː)b skédʒuliŋ] **연쇄 작업 스케줄링**

chained list[–líst] **연쇄 리스트** 각 항목이 다음 항목을 표시하는 식별자를 가지며, 이로 인해서 다음 항목의 장소를 알 수 있도록 하여 논리적으로 연결시킨 리스트. 검색의 순서는 기억 장소의 순서에 관계없다.

chained record[–rékərd] **연쇄 레코드** 기억 장치 상에서 불연속적으로 여기 저기 나누어져 기억되어 있으며 다음 레코드의 어드레스를 지시하는 제어 필드를 사용하여 연결시키고 있는 실제 레코드. 긴 대기 리스트나 파일 등을 이와 같은 방식으로 연결할 수 있다.

chained scheduling[–skédʒuliŋ] **연쇄 스케줄링**

chained sector[–séktər] **연쇄 섹터** 연속된 장소에 계속 기억시키는 것이 아니고, 서로 다른 장소에 하나의 논리적 레코드를 기억시킬 수 있도록 하는 기억 방법이다.

chained set [–sét] **연쇄 세트** IDMS(통합 데이터 베이스 운영 시스템)에서 저장 장치에 세트 구조를 나타내기 위한 두 가지 기본적인 방법(색인된 세트, 연쇄된 세트) 중의 하나.

chain-encoding[tʃéin inkóudiŋ] **연쇄 인코딩** 주어진 곡선에 메시(mesh)를 씌워 메시와 만나는 점을 가까운 메시의 정점으로 표시하여 곡선을 8개 방향의 순서열로 표시하는 것.

chain field[–fíːld] **체인 필드** 연결 리스트에서 다음에 오는 노드를 가리키는 포인터 필드.

chain file[–fáil] **연쇄 파일**

chain file control record[–kəntróul rékərd] **연쇄 파일 제어 레코드**

Chain Gang[tʃéin gǽŋ] **체인 갱** 인터넷에서 서로 친한 몇몇 친구들끼리 각자의 홈페이지를 연결해놓고 이를 훌륭한 추천 사이트라고 소개하는 사람들을 비꼬는 속어. 연쇄 목록(chained list) 각 항목이 다음 항목을 가리키는 포인터를 갖는 목록이다. 이 경우 각 항목은 물리적으로 연결되어 있을 필요는 없으며, 따라서 검색 순서는 기억 장소의 순서와 관계가 없다.

chaining[tʃéiniŋ] *n*. **연쇄 체이닝** 「사슬로 연결하다」라는 의미로 컴퓨터 분야에서 다음과 같이 쓰이고 있다. (1) 기억 장치(storage) 내의 물리적으로 떨어진 위치(어드레스)에 기억되어 있는 레코드를 「체인」으로 연결하고, 연속적으로 액세스할 수 있도록 하는 기능. (2) 작업(job)이나 태스크(task)의 처리를 연쇄적으로 행하며, 어떤 프로그램의 실행이 종료되면 바로 다음에 실행해야 할 다른 프로그램을 호출하여 실행하는 기능. (3) 하나의 입출력 채널(I/O channel) 등에 복수 대의 입출력 장치 또는 입출력 제어 장치를 접속하여 입출력 제어를 행할 수 있도록 한 기기 구성. (4) 각 레코드가 연결되어 있어 자신이 속한 리스트나 레코드 그룹에서 필요한 내용을 탐색할 수 있도록 저장해놓는 형태.

chaining address[–ədrés] **연쇄 어드레스** 레코드 간에 논리적인 관계를 가지기 위해 각 레코드에 포인터로서 들어가는 다른 레코드의 어드레스.

chaining block[–blɑ́k] **연쇄 블록** 컴퓨터 기억 장치 안의 두 개의 블록들을 서로 연결시키는 데 사용하는 프로시저.

chaining check[–tʃék] **연쇄 체크**

chaining command[–kəmáːnd] **연쇄 명령어** 입출력 처리기에 의해 제어되는 하나 또는 그 이상의 논리 레코드 상의 명령 목록에 있는 입출력 명령의 연속적인 수행.

chaining field[–fíːld] **체이닝 필드** RPG 언어에서 파일 중의 레코드를 꺼내기 위한 키가 되는 필드.

chaining file[–fáil] **체이닝 파일** RPG 언어에서 파일 중의 레코드를 꺼내기 위한 키가 되는 데이터가 저장되어 있는 파일.

chaining method[–méθəd] **연쇄 방법** 해싱(hashing) 파일 구조에서 최초의 해시로 지정된 장소에 레코드를 기록할 장소가 없을 때, 연결 리스트 형태로 다른 장소에 기억시키고 포인터로 연결시켜 주는 방식.

chaining of control word[–əv kəntróul wə́:rd] **제어어 체이닝** 제어어가 그 지정에 의해 다음 제어어를 지정하는 것.

chaining overflow[–òuvərflóu] **연쇄 오버플로** 직접 접근 기억 장치에서 다음에 사용될 상위 트랙에 오버플로 레코드를 기록하는 것. 각 트랙에는 홈 트랙과 오버플로 트랙을 연결하기 위한 레코드가 포함된다.

chaining search[–sə́:rtʃ] **연쇄 탐색** 탐색 방법의 일종. 각 항목 중에 다음으로 조사해야 할 항목의 위치를 정하기 위한 단서가 포함되어 있으며 그것에 기초하여 탐색을 행하는 것. 연쇄 리스트로 구성된 항목의 집합을 탐색하는 방법이다.

chain job[tʃéin dʒɑ́(:)b] **체인 작업**

chain link[–líŋk] **연쇄 링크** (1) 일련의 연결된 데이터 항목. (2) 연속적인 처리에서는 연속적인 프로그램 부분을 말하며, 이들은 각각 앞 부분의 결과에 영향을 받는다.

chain mail[–meil] **체인 메일** 연쇄적으로 전송되도록 만든 이메일. 「행운의 편지」, 멀티 상법의 권유, TV 프로그램의 기획이나 바이러스 대책 관련 정보를 가장한 악선전 등을 내용으로 하는 경우가 많다. 때문에 그 내용을 믿고 아는 사람이 보내왔다고 해도 수상한 정보는 유포시키지 않도록 주의할 필요가 있다.

chain maintenance program[–méintənəns próugræm] **연쇄 유지 프로그램** 파일에서 레코드를 제거시킬 수 있는 명령문의 집합.

chain operation[–ɑ̀pəréiʃən] **연쇄 조작**

chain printer[–príntər] **체인 인쇄 장치, 체인식 인쇄 장치, 체인 프린터** 임팩트 프린터(impact printer)의 일종. 회전하는 사슬(chain)을 구성하는 개개의 링에 활자가 갖추어져 있으며, 체인의 회전에 따라서 활자가 인쇄 용지의 적당한 위치까지 운반되어 왔을 때 타이프 해머로 종이를 때리는 방식으로 인쇄한다. 한 줄마다 인쇄해가므로 라인 프린터(line printer)의 일종이기도 하다. 분당 300~3,000줄을 인쇄하는데, 한 줄에 보통 120~142자 정도가 인쇄된다.

chain printing principle[–príntiŋ prínsipl] **체인 인쇄 원리** 한 행을 나타내는 데이터를 글자로는 순서적으로 비교하고, 비트로는 병행으로 버퍼에서 추출하여 체인 위치 계수기와 비교한다. 그렇게 이들이 일치할 때 적당한 해머를 작동시키며, 이렇게 작동된 해머의 수가 버퍼에 적재된 글자의 수(빈칸 제외)와 같을 때 인쇄 사이클이 끝나고, 프린터는 종이를 전진시키며 다음 인쇄할 줄을 받을 준비가 된다. 이런 적응적 조정 기술로 인해 한 줄에서 빈칸만으로 이루어진 나머지 부분을 무시하고, 글자 부분이 끝나면 곧바로 다음 줄로 전진할 수 있다.

chain search[–sə́:rtʃ] **연쇄 탐색** ⇨ chaining search

challenge and response procedure[tʃǽləndʒ ənd rispɑ́ns prəsí:dʒər] **도전과 응답 절차** 암호화에 의한 패스워드 로그인(log in)의 보호 기법.

challenge handshake authentication protocol[–hǽndʃéik ɔ:θènʃikéiʃən próutəkɔ̀(:)l] ⇨ CHAP

chance failure[tʃɑ́:ns féiljər] **우발 고장** 초기 고장 기간을 지나서 마모 고장 시간이 되기 이전에 우발적으로 발생하는 고장.

change[tʃéindʒ] *n.* **바꾸기** 파일의 변경(갱신)이란 파일에 트랜잭션(transaction)을 대조시켜서 레코드의 수정, 추가, 삭제를 행하는 것을 가리킨다. 갱신(update)과 동의어.

changeable storage[tʃéindʒəbl stɔ́:ridʒ] **가변 기억 장치** 디스크, 종이 테이프 매거진, 테이프 릴 같은 저장 매체가 바뀌어도 그 과정에서 이 주변 장치 또는 기억 장치에 들어 있는 데이터는 보존된다. 데이터가 들어 있는 이 기억 장치의 일부가 다른 저장 장소의 데이터들이 들어 있는 부분과 대체될 수 있다.

change bar[tʃéindʒ bɑ́:r] **변경 바**

change bit[–bít] **변경 비트** 가상 기억 시스템에서 실기억 장치 상의 각 페이지 안에 들어 있는 비트로서 그 페이지의 내용이 변경되면 하드웨어에 의해 나타난다.

change control[–kəntróul] **변경 제어** 변경의 제안, 평가, 승인, 불허, 일정, 계획, 추적 등을 행하는 과정.

change control authority[–əθɔ́:riti(:)] **변경 제어 담당관** 정비 업무를 취급하는 조직에서 변경에 필요한 조치를 결정하는 담당자.

change coordinator[–kouɔ́:rdinèitər] **변경 조정역**

change-direction-command indicator

[-dirékʃən kəmɑ́ːnd índikèitər] **방향 변환 지령 표지**

change-direction protocol [-próutəkɔ̀(ː)l] **방향 변환 프로토콜**

change directory [-diréktəri(ː)] **(자료)방 바꾸기**

change dump [-dʌ́mp] **변경 덤프** 어느 시점 이후에 변화가 일어난 기억 장소 전체의 내용을 덤프하는 것. 세분하면 앞의 상태, 보통 하나 앞의 덤프의 시점으로부터 변화한 곳의 기억 장소의 내용만을 인쇄 출력의 형태로 끄집어낸 것이며, 디버깅(debugging) 등에 사용하는 수법이다.

change file [-fáil] **변경 파일** 마스터 파일을 갱신하기 위하여 사용하는 수정용 레코드의 집합. 트랜잭션 파일(transaction file), 수정용 파일(amendment file)과 동의어.

change log [-lɔ́(ː)g] **변경 기록부**

change management [-mǽnidʒmənt] **변경 관리, 변경 관리 기능**

change notification [-nòutifikéiʃən] **변경 통보** CAD 데이터 베이스의 무결성(integrity) 유지를 위해 서로 종속 관계에 있는 버전에 변동이 생기면 관련되는 버전에 변경 내용을 통보하는 것.

change of control [-əv kəntróul] **제어의 변경** 제어 키(control key) 값이 변화하는 것을 가리키며, 제어 차단(control break)과 동의어.

change record [-rékərd] **변경 레코드** 마스터 파일 레코드의 정보 가운데 일부를 변경시키는 레코드.

change report [-ripɔ́ːrt] **변경 보고서**

change request [-rikwést] **변경 신청**

change tape [-téip] **변경 테이프, 갱신용 테이프** 마스터 테이프에 수록된 정보를 수정하기 위해 사용할 정보를 수록한 종이 테이프 또는 자기 테이프.

change tracker [-trǽkər] **CT, 변경 추적 프로그램**

channel [tʃǽnəl] *n.* **통신로, 채널** 분야에 따라 표현하는 방법이 다르다. (1) 주기억 장치(main storage)와 주변 장치(peripheral unit) 사이에 개재하는 하드웨어이다. 입출력 데이터의 통로로 되어 있다. CPU(중앙 처리 장치)의 지령(command)에 따라서 완전히 독립적으로 입출력 장치와 주변 장치 사이의 「데이터의 수」를 제어하는 기능을 갖는 장치. 「채널」이라고 부르는 것은 간략화한 것이므로, 채널 제어 장치라든가 입출력 제어 장치라고도 부른다. 입출력 데이터의 「통로」와 더불어 그들을 제어하는 기능도 갖추고 있는 장치이다. 전용의 「소형 컴퓨터」라고도 할 수 있다. (2) 데이터 통신의 경우에는 「통신로」라든가 「전송로」, 즉 송수신되는 데이터의 「통로」이다. 「통신 회선」 그 자체를 가리키고 있는 경우도 있다. 따라서 분리된 단방향 통신의 전송로를 말하기도 한다. 일반적으로는 공통 전송로를 몇 가지의 수단으로 분류함으로써 얻을 수 있는 전송로의 용어로 쓰인다. 통신 채널(communication channel)이라고도 한다. (3) 자기 테이프나 자기 디스크 등의 기록면 상에서 한 개의 헤드로 데이터를 써넣거나, 판독할 수 있는 부분을 채널이라고 하는 경우가 있다. 이 의미로는 트랙이라든가 밴드와 같다고 할 수 있다. 통신로는 예를 들면 주파수 다중 또는 시분할 다중으로부터 제공되는 경우가 있다.

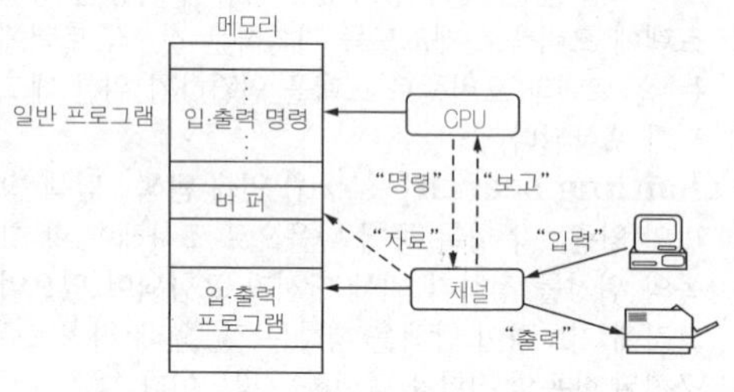

① CPU가 일반 프로그램 실행 도중 입 · 출력 명령을 만난다.
② CPU는 채널에게 "명령"한다. 이때 입 · 출력 프로그램의 위치 및 입 · 출력 장치명 등을 제보한다.
③ 채널은 입 · 출력을 실행한다. 일반 프로그램에서의 버퍼에 자료를 입력 장치에 읽어서 자료에 넣는다. 이때, CPU는 다른 프로그램을 수행한다.
④ 입 · 출력이 완료되면 CPU에게 인터럽트를 통해 보고한다. CPU는 이를 접수하여 입 · 출력을 요구했던 블록 상태의 프로그램을 깨운다.

〈CPU와 채널과의 관계〉

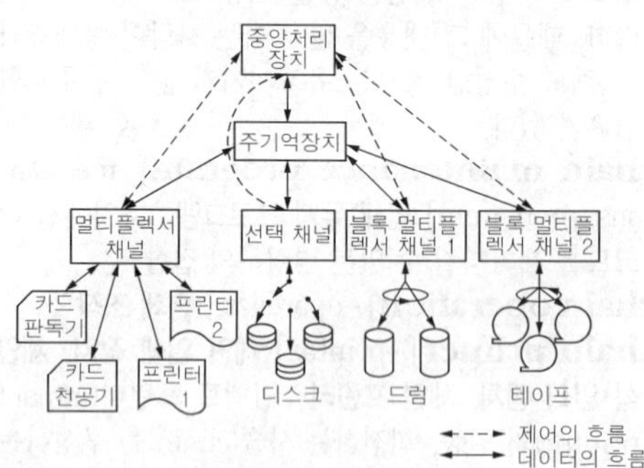

〈다양한 형태의 채널 연결 구조〉

channel adapter [-ədǽptər] **CA, 채널 접합기** 각기 다른 설비를 갖춘 데이터 채널 사이의 연결을 가능하게 하는 기기로서 속도가 느린 데이터 전송도 가능하다.

channel address [-ədrés] **채널 어드레스**

channel address word[–wə́ːrd] **CAW, 채널 번지어** CPU로부터의 시동 명령(스타트 I/O)에 의해 시동된 채널은 이 워드에 의해 채널 명령어(CCW)의 위치를 알 수 있다. ⇨ CCW

channel band range[–bǽnd réindʒ] **채널 대역(帶域) 범위**

channel band width[–wídθ] **채널 대역 폭**

channel bar[–báːr] **채널 바** 인터넷 익스플로러(4.0부터)에서, 푸시형 정보 전송을 하는 웹 사이트의 일람을 데스크탑 상에 표시하는 버튼.

channel busy[–bízi(ː)] **채널 사용중** 입출력 장치를 제어하는 통신로가 여러 대 사용중이므로 다른 작업의 요청을 받아들일 수 없는 상태.

channel capacity[–kəpǽsiti(ː)] **채널 용량, 통신로 용량** (1) CPU(중앙 처리 장치)와 입출력 장치(I/O units)와의 사이에 「데이터의 수수」를 행하는 장치가 입출력 채널 장치(input/output channel unit)이다. 단순히 채널이라고 한다. 이 채널을 통해 정해진 오류율 안에서 전송할 수 있는 최대의 전송률을 말한다. 보통 단위 시간당의 통과 비트(bit) 수, 바이트(byte) 수, 문자(character) 수 등으로 표시한다. (2) 데이터 통신 분야에서는 채널을 「통신로」, 「전송로」 등으로 해석하고 있다. 이 경우는 소정의 통신로에 가능한 소위 정보 발생원을 접속했을 때의 전송 속도의 최대값을 표시한다.

channel-check handler[–tʃék hǽndlər] **CCH, 채널 검사 조정기**

channel code[–kóud] **채널 코드**

channel coding[–kóudiŋ] **채널 코딩**

channel coding theorem [–θíərəm] **채널 코딩 정리** 입출력 장치에 대한 명령은 통상, 중앙 처리 장치(CPU)와는 별개로 입출력 채널(input/output channel)에 의해 해독되어 실행된다. 이 입출력 채널로 주어지는 「명령」을 채널 명령어(channel command)라고 부른다. 이런 커맨드는 1회의 입출력 조작에 대하여 몇 개의 단어(word)에 실려서 입출력 채널 제어 장치로 보내진다. 이것을 채널 명령어(channel command word)라고 한다.

channel command word[–kəmǽːnd wəːrd] **CCW, 채널 명령어** ⇨ CCW

channel connection[–kənékʃən] **채널 결합 방식** 프로세서 결합 방식의 하나로 프로세서 간에 채널 인터페이스를 두고, 상대 프로세서를 입출력 장치의 하나로 보는 방식.

channel controller[–kəntróulər] **채널 제어기** 다수의 처리 장치가 모든 채널을 연결시켜 사용할 수 있게 함으로써 다수의 시스템이 최대 능력을 발휘할 수 있도록 하며, 기억 장치에 독립적인 데이터 통로를 제공하는 장치.

channel control register[–kəntróul rédʒistər] **채널 제어 레지스터** 채널 제어어를 저장해 두는 레지스터.

channel control unit[–júːnit] **채널 제어 장치**

channel control word[–wə́ːrd] **채널 제어 단어**

channel cross call system[–krɔ́(ː)s kɔ́ːl sístəm] **채널 크로스 호출 방식**

channel DAT **채널 DAT** 일반적으로 많은 시스템에서 CPU(중앙 처리 장치)의 내부는 논리 어드레스를 사용하고 있지만 채널 프로그램은 실어드레스로 동작하고 있다. 이 때문에 운영 체제는 I/O 동작을 채널에 의뢰하기 전에 채널 프로그램 내의 어드레스를 논리 어드레스에서 실어드레스로 변환하고 있다. 채널 DAT(dynamic address translation)는 이 어드레스 변환을 채널 기능의 일부로서 하드웨어에 의해 수행하는 방식이며, 운영 체제의 오버헤드(over head) 삭감을 의도한 것이다.

channel definition format[–dèfiníʃən fɔ́ərmæt] ⇨ CDF

channel dynamic address translation [–dɑinǽmik ədrés trænsléiʃən] **channel DAT, 채널 동적 주소 변환, 채널 DAT**

channel end[–énd] **CE, 채널 종료** 입출력 처리마다 데이터나 제어 정보의 전송을 포함하는 처리가 완료된 시점에서 발생하는 조건.

channel error[–érər] **채널 오류**

channel interface[–íntərfèis] **채널 인터페이스** 채널과 그것에 접속되는 기기 사이에 설정된 경계 조건. 다종 기기와의 호환성을 가지기 위해 통일하는 것이 바람직하다.

channel interference[–ìntərfí(ː)rəns] **채널 간섭** 입출력 장치와 주기억 장치 사이에 데이터 전송을 행하기 위해 채널이 준비되어 있으며, 이때 일반적으로 채널은 주기억 장치의 액세스 사이클을 우선적으로 가진다. 여기서 주기억 장치의 액세스 사이클 중 채널이 사용하는 비율을 채널 간섭이라 하고, 데이터 전송 속도나 채널 성질에 따라 그 정도가 정해진다.

channel interrupt[–ìnterʌ́pt] **채널 중지** 입출력 채널 장치에서 CPU에 보내지는 인터럽트.

channelizing[tʃǽnəlaiziŋ] *v.* **채널화** 한 개의 회선을 분할하여 여러 개의 통신로를 만드는 것. 이 경우 물리적으로 분할하는 것이 아니고 서로 주파수 대역이 다른 통신 펄스를 전송해서 여러 개의 통신로로 한다.

channel load[tʃǽnəl lóud] **채널 부하**

channel mask bit[–má:sk bít] **채널 마스크 비트**

channel multiplexer[–mʌ́ltiplèksər] **CHM, 채널 다중 기구** 여러 대의 입출력 장치를 접속하여 한 개 단어 또는 한 개 문자 단위로 데이터를 전송하는 입출력 채널 기구. 1단어 또는 1비트의 전송이 끝나면 지금까지 사용한 입출력 장치와 분리되어 다른 입출력 장치와 접속이 가능하게 된다. 따라서 여러 대의 입출력 장치를 동시에 제어할 수 있다.

channel number[–nʌ́mbər] **채널 번호**

channel op 채널 op IRC 채널의 특권 사용자.

channel processor[–prásesər] **채널 프로세서**

channel program[–próugræm] **채널 프로그램** 입출력 장치에 대한 명령은 중앙 처리 장치(CPU)와는 개별적으로 입출력 채널(input/output channel)에 의해 행할 수 있다. 이 입출력 채널이 입출력 장치에 대하여 실행하는 명령을 커맨드(command)라고 한다. 보통 1회의 입출력에 대하여 여러 개의 커맨드가 준비되어 있으며, 이것을 채널 프로그램이라고 한다. 채널 프로그램은 다른 프로그램이나 데이터와 같이 주기억 장치 상의 특정 장소에 기억시키고 있다.

channel program block[–blák] **채널 프로그램 블록** 원격 통신 접근 방식에서 완충 영역(buffer area)과 디스크 상에 보관 · 유지되는 메시지 대기열 사이의 데이터 전송에 사용되는 제어 블록.

channel program translation[–trænsléiʃən] **채널 프로그램 변환**

channel puls[–pʌ́ls] **채널 펄스**

channel region[–rí:dʒən] **채널 영역** MOS-FET 등에서 드레인과 소스 사이에 게이트 전압을 가할 때 트랜지스터 표면에 발생하는 캐리어(반송자)의 통로로, 트랜지스터의 도통을 제어하거나 증폭을 위해 사용된다.

channel reliability[–rilàiəbíliti(:)] **채널 신뢰도** 채널의 제작자나 사용자가 그 시스템의 가용성, 평균 고장 시간 간격(BTBF), 평균 수리 시간(MTTR), 오류 발생률 등에 관한 수치적인 지표를 만족하는 시간의 백분율.

channel request block[–rikwést blák] **채널 요구 블록** VAX 기계에서 제어기의 상태를 기술하는 정보가 들어 있는 제어 블록.

channel resistance[–rizístəns] **채널 저항** FET의 드레인과 소스 사이에 채널이 나타나는 저항.

channel scheduler[–skédʒulər] **채널 스케줄러** 입출력 명령이 순서대로 옳게 수행되도록 하는 기능을 가진 시스템 제어 프로그램.

channel select signal[–sílekt sígnəl] **채널 선택 신호**

channel select time[–táim] **채널 선택 시간**

channel service unit[–sə́:rvis jú:nit] **채널 교환 장치** ⇨ CSU

channel status routine[–stéitəs ru:tí:n] **채널 상태 루틴** 채널 상태를 파악하기 위하여 호출되는 루틴. 일단, 이 루틴을 호출하면 원하는 채널을 사용 가능하게 될 때까지 이 루틴의 제어를 유지한다. 시스템 내의 모든 채널의 상태는 채널 상태표에 기록되어 있다.

channel status table[–téibəl] **채널 상태표** 여러 종류의 인터페이스 채널의 상태를 나타내기 위해 감시 프로그램에 보관된 도표. 이 표에 의해 어느 채널의 통화 상태(busy)를 검사하게 된다.

channel status word[–wə́:rd] **채널 상태어** 출력 동작의 종료 및 입출력 장치의 상태를 검사하는 것으로 주기억 장치 내의 고정 영역이 기억되어 있다. 이것에 의해서 감시 프로그램이 다음 처리를 결정하고 실행해 나간다.

channel structure[–strʌ́ktʃər] **채널 구조** 정보의 발생원으로부터 다른 수요처에 이르는 전선 선로와 장비들을 포함하는 기능적인 접속 회로들의 구조.

channel switching[–swítʃiŋ] **채널 교환**

channel synchronizer[–síŋkrənàizər] **채널 동기화 장치**

channel time response[–táim rispáns] **채널 시간 응답**

channel-to-channel adapter[–tu tʃǽnəl ədǽptər] **CTCA, 채널 간 결합 장치** 동일한 컴퓨터 시스템 또는 서로 다른 컴퓨터 시스템의 두 채널을 결합하기 위해 쓰이는 하드웨어 기기.

channel-to-channel connection[–tu tʃǽnəl kənékʃən] **채널 간 연결, 채널 대 채널 연결** 컴퓨터와 컴퓨터 사이에 신속한 데이터의 전송을 가능하게 하는 장치로, 이때 데이터의 전송은 두 개의 채널 중에서 속도가 느린 채널의 속도로 이루어진다.

channel unit[–jú:nit] **채널 유닛, 채널 장치**

channel utilization[–jù(:)tilaizéiʃən] **채널 이용률** 채널이 움직이고 있는 비율. 파일 이용률에 비해 채널 이용률이 높은 경우에는 채널의 증설, 파일 장치의 고속화, 채널 서비스 기간의 감소 등을 고려하여 양자의 균형을 이루도록 하여야 한다.

channel waiting queue[–wéitiŋ kjú:] **채널 대기 행렬** 온라인 시스템에 있어서 통신로가 할당되는 것을 기다리고 있는 메시지의 대기 행렬.

Chaos[kéiɑs] *n.* **카오스** 카오스는 복잡, 무질서,

불규칙한 상태를 말하며, 장래의 예측이 불가능한 현상을 가리킨다. 카오스의 어원은 그리스어로 우주가 생성되는 과정 중 최초의 단계로 천지의 구별이 없는 무질서한 상태를 뜻한다. 그러나 혼돈 상태라는 의미에는 서로 깨어지고 부서지는 상태가 아니라, 마치 교향악을 연주하듯 조화를 이룬 가운데 혼동하는 복잡함 속의 일정한 규칙이 존재하며, 카오스는 혼돈이라는 원래의 의미보다는 「복잡한 본질을 이루고 있는 요소」 또는 「불규칙한 이동 현상」이라는 뜻으로 쓰이고 있다. 카오스 이론을 통해 복잡한 현상을 일으키는 여러 요인들 중에서 2~3개 정도의 요인만을 분석함으로써 예측도 가능하게 되었다. 이것은 언뜻 보아서는 무질서하게 보이는 현상의 배후에는 정연한 질서가 감추어져 있다는 것을 의미한다. 그렇게 베일 속에 감추어져 있는 알려지지 않은 법칙을 파헤치는 것이 카오스 연구의 최대 목적이다. 따라서 카오스에는 완전히 새로운 과학을 탄생시키는 가능성이 있는 것이다. 카오스 이론을 처음으로 제안한 사람은 미국의 기상학자인 에드워드 로렌츠이다. 로렌츠는 1963년에 기상 현상의 대류 현상을 컴퓨터로 시뮬레이션(simulation) 하던 중 처음의 조건이 아주 조금만 다를지라도 그 결과가 크게 달라지는 불안정한 현상이 존재한다는 사실을 발견하게 되었는데, 이 때문에 천기의 예측이 어렵다는 것을 알게 되었다. 로렌츠의 이러한 연구 발표로 카오스의 연구가 여러 분야로 확산되었으며, 오늘날 카오스 공학으로 자리잡게 되었다. 카오스의 특징은 다음과 같이 설명할 수 있다. ① 결정론적 시스템(deterministic system)에서 일어난다. ② 외부 잡음(external noise)과는 다르다. ③ 초기 조건에 따라 결과는 매우 다르게 나타난다. 이상하고 복잡한 시스템의 운동은 서브하모닉스(subharmonics)가 존재하는 일련의 과정을 통해 일어난다.

Chaos neural network[–nú(ː)rəl nétwə̀ːrk] **카오스 뉴럴 네트워크, 카오스 신경 회로망** 인간의 뇌세포에 해당하는 뉴런(neuron)과 그 뉴론을 연결하는 시냅스(synaps)로 구성된 네트워크. 인간의 뇌에서 배우는 전자 계산기 시스템으로는 신경 회로망이 일찍부터 제안되었으나 더욱 강력한 시스템으로서 카오스 신경 회로망 이론이 명맥을 이어가면서 실용화를 위한 모색이 진행되고 있다. 뉴런의 IC화는 이미 1993년에 성공했고, 1995년 5월 1일 미국 콜롬비아 대학의 일부 교수들은 시냅스의 IC 설계도 예정했다고 발표한 바 있다. 설계한 시냅스 IC는 한 개에 48개의 뉴런들이 서로 정보를 교환할 수 있도록 234개의 스위치 부분을 보유하고 있다. 이 IC를 이용하면 150개 정도의 뉴런 IC를 한 장의 보드에 접속할 수 있다.

CHAP challenge handshake authentication protocol의 약어. PPP를 통한 인터넷 접속에서 사용자의 아이디와 암호를 검증하는 데 쓰이는 두 가지 인증법 중의 하나이다. CHAP는 PAP에 비해 더 안전한 방법이다. 그 이유는 개인 PC와 원격 호스트 사이에서 초기 접속이 이루어질 때 3가지 방법으로 검사를 행하기 때문이다. 또 이 방법은 접속이 이루어진 이후에도 지속적으로 인증을 반복한다. ⇨ PPP, PAP

chapter[tʃǽptər] *n.* **장(章)** 프로그램 세그먼트와 같은 의미로 쓰이며, 프로그램의 일부이지만 그 자체가 완결되어 있다. 프로그램 전부를 주기억 장치 내에 적재하지 않아도 프로그램 수행을 가능하게 하기 위해 프로그램을 나누는 한 가지 방법이다.

char[tʃɑ́ːr] *n.* **문자** PASCAL이나 C 언어에서 문자형 변수를 나타내는 지정어.

character[kǽrəktər] *n.* **문자** (1) 컴퓨터가 기억하거나 처리하거나 하는 기호, 숫자, 영문자, 한글, 한자, 구두점 등이며 컴퓨터 내부에서의 단어 구성 요소가 되기도 한다. (2) 정보 처리 분야에서 쓰이는 문자는 다음과 같이 대별된다. ① 도형 문자 : 숫자, 영문자, 한자, 한글, 특수 문자 등(간격 문자 포함). ② 제어 문자 : 전송 제어 문자, 서식 제어 문자 등. (3) 전기 기계에서 문자는 비트나 펄스의 조합으로 표현되기도 한다.

[주] 문자로는 알파벳, 그리스 문자, 한자, 한글, 숫자, 구두점, 기타 기호가 있으며, 종종 인접 혹은 접속하는 자획(字劃)의 공간적 배치 또는 기타 물리적인 형태로 데이터 매체 상에 표시된다.

character addressing[–ədrésiŋ] **문자 단위 어드레싱**

character adjustment[–ədʒʌ́stmənt] **문자 조정** 정해진 수나 문자들을 참조하여, 주소를 변경하기 위한 문자열이 정해진 수나 문자들을 지정하는 방식의 주소 조정법.

character alignment[–əlɑ́inmənt] **문자 정렬**

character and pattern telephone access information network[–ənd pǽtərn téləfòun ǽkses ìnfərméiʃən nétwə̀ːrk] **CAPTAIN, 캡틴** ⇨ CAPTAIN

character array[–əréi] **문자 배열**

character-at-a-time printer[–ət ə tɑ́im príntər] **문자별 인쇄 장치** 한 번에 한 개의 문자를 인쇄하는 장치. 예 텔레타이프라이터

character attribute dictionary[–ǽtribjùː(ː)t díkʃənəri(ː)] **문자 속성 사전**

character based[–béist] **문자 기반 방식** 문자

를 기본으로 한 인간-기계 인터페이스. 인간과 컴퓨터와의 통신이 문자에 의해 이루어지는 기기나 소프트웨어를 칭하는 용어로서 그 예로 MS-DOS는 문자 기반 운영 체제이다. 그러나 매킨토시라든가 윈도는 시각적인 인터페이스이므로 그래픽 기반이라고 부른다.

character boundary[–báundəri(:)] **문자 경계** 문자 인식 시스템에서 한 문자를 둘러싸는 경계로 사용하는 사각형. 그 한 변은 문서의 기준선에 평행하고 각 변은 소정의 문자 윤곽에 접한다.

character buffer[–bʌ́fər] **문자 버퍼 방식** 전송로에서 보내온 데이터는 센터에서 통신 제어 장치 등을 거쳐서 기억 장치 등에 보내지만 그때 통신 제어 장치에서는 비트열을 수신하여 문자(캐릭터)로 조립하여 1문자마다 기억 장치 등에 전송하는데, 이 방식을 캐릭터 버퍼 방식이라고 한다. 이 경우 통신 제어 장치는 1문자분 또는 2문자분의 버퍼를 가지고 있으면 된다. 또 문자에서 메시지의 조립은 중앙 처리 장치측에서 하게 된다.

character check[–tʃék] **문자 검사** 하나 이상의 문자를 데이터와 함께 전송하여 데이터 중에서 1비트의 오류가 발생했을 때 검사에서 발견되도록 하는 것. 검색 문자는 데이터에 따라 다르다.

character class[–klá:s] **문자 부류**

character code[–kóud] **문자 코드** 단일 문자의 내부 표현을 나타내는 코드. 6비트 BCD 코드와 8비트 ASCII, EBCDIC 등이 있다.

character comparison[–kəmpǽrisən] **문자 비교**

character composition[–kàmpəzíʃən] **문자 합성**

character constant[–kánstənt] **문자 상수** 프로그램 실행중 그 값이 변하지 않는 데이터 항목 수치가 아니고 문자로 성립되어 있는 상수.

character conversion dictionary [–kənvə́:rʃən díkʃənəri(:)] **문자 변환 사전**

character crowding[–kráudiŋ] **문자 밀집화** 이것은 자기 테이프에서 연속적으로 기억된 문자를 읽을 때 기계적인 비틀림이나 흩어져 있는 공백, 흔들림, 진폭의 변화 등으로 시간을 감소시키는 기억 방법이다.

character cyclic redundancy check[–sáiklik ridʌ́ndənsi tʃek] **문자 순회 리던던시 검사** ⇨ CRC, error detecting system

character data type[–déitə táip] **문자 데이터형** 데이터 형태의 일종으로 문자열로 구성되는 데이터 형태이며, 파스칼에서는 A : char로 하여 A로 한 문자값을 갖는 변수로 선언하고 있다.

character decoration[–dèkəréiʃən] **문자 수식** 워드 프로세서 등에서 입력한 문자의 서체를 바꾸거나 밑줄 등을 긋거나 작은 점 등의 모양을 씌우거나 하는 것. 서체에는 이탤릭체, 볼드체, 그림자 넣기, 문자의 가장자리를 장식한 테두리 등이 있다. 작은 점의 모양을 씌우는 문자 수식은 음영이라 부른다. 점(망점)의 농도를 바꾸거나 형태를 꾸밀 수 있다.

character defined by users[–difáind bai jú:zərz] **사용자 정의 문자** ⇨ external charater

character definition[–dèfiníʃən] **문자 정의** 그래픽에서 표시될 문자를 2차원 배열의 형태로 그리드(grid)에서의 점의 패턴을 정의한다.

character deletion[–dilí:ʃən] **문자 소거**

character density[–dénsiti(:)] **문자 밀도** 자기 테이프 등과 같은 기억 매체의 단위 길이당 기억시킬 수 있는 문자 수.

character design matrix[–dizáin méitriks] **문자 설계 매트릭스**

character devices [–diváisiz] **문자형 기기** 한꺼번에 임의의 문자수가 입출력 가능한 기기. 키보드나 마우스가 대표적이다.

character dial[–dáiəl] **캐릭터 다이얼** 공중망의 경우 통신에 앞서서 통신 상대에 접속하기 위해서 통신 상대의 가입자 번호를 지정, 송출할 필요가 있다. 그 방법으로서 전화에서 사용되고 있는 것처럼 일련의 직류 단속(斷續) 펄스(DP ; dial pulse)에 의한 방법, 복수의 주파수(MF ; multi-frequency) 조합에 의한 방법이 있지만 수동이기 때문에 시간이 걸린다. 한편, 캐릭터 다이얼에서는 상대의 번호를 컴퓨터, 키보드의 문자 코드(예를 들어, KIS 7단위 부호 등)로 송출하는 것이다. 따라서 통신 속도와 같은 빠르기로 다이얼할 수 있기 때문에 전화의 다이얼과 비교하여 현격하게 접속 시간의 스피드업(speed up)이 가능하게 된다. 회선 교환 서비스, 패킷 교환 서비스에서 사용되고 있다.

character display device[–displéi diváis] **문자 표시 장치** 컴퓨터의 출력을 문자나 숫자의 형식으로 표시하는 방식 또는 그 장치. 컴퓨터에 의한 처리 결과를 문자 신호 발생기와 조합시켜 제어 장치를 통하여 디스플레이 디바이스(주로 브라운관)에 표시한다.

character display unit[–jú:nit] **문자 디스플레이 장치** 브라운관 디스플레이 장치 중 표시 내용이 알파벳 등의 문자에 한하는 것. 글자형은 알파벳과 숫자인 경우 보통 5×7개 점의 매트릭스로 나타난다. 키보드로 표시 내용의 입력, 말소 등의 수정 편집 조작을 하는 것이 가능하다.

character edge[–é(:)dʒ] **문자 가장자리** 광학 문자 인식에서 사용되는 용어로 인쇄된 부호나 문자에서 인쇄된 부분과 인쇄되지 않은 부분 사이에 경계를 이루는 선. 이 선에 따라 반사되는 빛의 변화, 즉 광학적인 불연속성을 관찰할 수 있으며 그것으로 문자의 윤곽을 파악할 수 있다.

character edit descripter[–édit diskríptər] **문자 편집 기술어**

character element[–éləmənt] **문자 요소** (1) 전송이나 인쇄 또는 영상적으로 표시할 수 있거나 코드를 사용할 때 통신 제어로 사용할 수 있는 정보의 기본 요소. (2) 주기적으로 나타나는 비트나 펄스의 집단.

character emitter[–imítər] **문자 방출기** 주기적으로 하나의 문자에 해당하는 코드를 나타내는 펄스들을 발생하는 기계 또는 전자 회로.

character encoding[–inkóudiŋ] **문자 암호화** 전송하거나 저장하는 데이터의 양을 줄이기 위해 사용하는 코드보다 적은 수의 비트들로 한 문자를 표현하는 데이터 압축 기법.

character error rate[–érər réit] **문자 오류율** 데이터 전송에서 전송된 문자의 전체수와 올바르게 전송되지 못한 문자 수와의 비.

character expression[–ikspréʃən] **문자 표현** 어셈블러 프로그래밍에서 인용 부호로 둘러싸인 문자의 연속을 말하며, 조건부 어셈블러 명령에만 사용된다.

character fill[–fíl] **문자 충전** 기억 매체의 특정 장소에서부터 일련의 영역을 같은 문자로 채우는 것. 이것은 일반적으로 기억 장소의 초기화나 필요하지 않은 데이터를 지우기 위하여 사용된다.

character gap[–gǽp] **문자 간격** 행 중의 인접하는 문자의 가장자리 선 사이의 거리.

character generation feature[–dʒènəréiʃən fí:tʃər] **문자 생성 기구**

character generator[–dʒènəréitər] **문자 발생기, 캐릭터 제너레이터** 도형 문자의 코드화 표현을 표시용의 문자 형상으로 변환하는 기능 단위. 스트로크(stroke)식과 도트 매트릭스(dot matrix)식의 두 종류가 있다.

character generator ROM CG-ROM, 시지롬 ⇨ CG-ROM

character height[–háit] **문자 높이** 그래픽에서 문자의 높이를 지정하는 기하학적 속성. 문자의 세로 방향의 길이로 나타낸다.

character identifer font[–aidéntifər fɔnt] CID 글꼴 ⇨ CID font

character ID keyed font CID 폰트 ⇨ CID font

characteristic[kæ̀rəktərístik] *n.* **지수** (1) 원래는 상용 대수의 정수 부분을 가리키며, 컴퓨터 분야에서도 이런 의미로 사용된다. 즉, 부동 소수점(floating point) 표시에 관한 지수부를 가리키지만, 소위 지수(exponent)와는 상당히 다르다. 지수부(characteristic)는 부동 소수점 표시의 지수에 부호(+ 또는 −)를 사용하지 않은 컴퓨터에서 쓰인다. 어떤 바이어스(bias)에 근거한 지수, biased exponent이며, 지수부는 지수에 바이어스를 가산함으로써 얻을 수 있다. 예를 들어, 지수부가 8비트이며 바이어스를 128로 했을 경우 표현할 수 있는 지수값(exponent)은 −128~+127이며, 지수부는 0~255가 된다. (2) 「특성」이란 말로 쓸 경우에는 특히 전문 용어로서의 색채는 없다. 오히려 복합어로서 종래부터 「전기」와 「일렉트로닉스」 분야에서 사용된다.

[주] 1. (대수의) 지수 : 대수 표시에서 양 또는 음의 값을 취할 수 있는 정수부. 2. (부동 소수점 표시의) 지수부 : 부동 소수점 표시에서 부동 소수점 표시의 지수를 나타내는 수 표시.

characteristic curve[–kə́:rv] **특성 곡선**

characteristic description[–diskrípʃən] **특성 서술** 한 집단의 모든 객체에 대한 사실을 설명하는 객체 집단의 특성에 관한 서술.

characteristic distortion[–distɔ́:rʃən] **특성 변형, 특성 왜곡** (1) 충격파가 짧아지거나 길어지게 하는 고정된 변경을 말하나 일반적으로 그 정도가 매일 변하지는 않는다. (2) 통신 채널 변조 때문에 발생하는 일시적인 변형으로 송신의 질과 관계가 있다.

characteristic entity[–éntiti(:)] **특성 엔티티** 유일한 기능이 다른 엔티티를 기술하거나 특성화하는 엔티티.

characteristic equation[–ikwéiʒən] **특성 방정식** n 차 정방 행렬 A에 대해서 $f(\lambda)=\det(A-\lambda I)=0$ 이라는 식이다. 여기서 λ는 행렬의 고유값이고, I는 n차의 단위 행렬이며 det는 행렬식을 나타낸다.

characteristic frequency[–frí:kwənsi(:)] **특성 주파수**

characteristic frequency region[–rídʒən] **특성 주파수 영역**

characteristic function[–fʌ́ŋkʃən] **특성 함수** 어떤 집합 A에서 $A' \subset A$일 때 그 집합의 특성 함수 x'_A는 다음과 같이 정의된다.

$x'_A : A \rightarrow \{0, 1\}$

$x'_A(a) = 1 \qquad a \in A'$ 일 때

$x'_A(a) = 0 \qquad a \in A'$ 일 때

characteristic impedance[–impí:dəns] **특성 임피던스** 입력 신호가 흐르는 방향에 대한 전송 회선 상의 임피던스이며, 일반적으로 Z_0라는 기호로 표시한다.

characteristic instant distortion[–ínstənt distɔ́:rʃən] **특성 순간 변형(왜곡)**

characteristic integrity[–intégriti(:)] **특성 무결성** RM/T에서 적용되는 무결성 규칙의 하나로서, 특성 엔티티는 그것이 기술하는 엔티티가 데이터 베이스에 있어야만 데이터 베이스에 존재한다는 제약 조건.

characteristic noise resistance[–nɔ́iz rizístəns] **특성 잡음 저항**

characteristic of floating point number[–əv flóutiŋ pɔ́int nʌ́mbər] **부동 소수점 표시의 지수부**

characteristic overflow[–òuvərflóu] **지수부분 오버플로** 부동 소수점 표시의 연산에서 지수부분이 허용된 범위보다 크게 된 오버플로.

characteristic parameter[–pərǽmətər] **특징 파라미터** 패턴 인식 장치, 예를 들면 문자 판독기에서 읽혀지는 각 문자의 패턴을 인식하기 위해 그 특징을 가지고 그 특징의 차이를 추출함으로써 문자를 식별한다. 그 특징의 차이를 특징 파라미터라고 한다.

characteristic part[–pá:rt] **지수부**

characteristic table[–téibəl] **특성표** 플립플롭과 같은 소자에서 현재의 상태가 들어오는 입력에 따라 어떻게 변화하는지를 나타내는 표.

characteristic test[–tést] **특성 시험**

characteristic tuple[–tú:pl] **특성 투플** 식에 대한 특성들로 구성된 상위 레벨의 투플.

characteristic underflow[–ʌ̀ndərflóu] **지수 부분 언더플로** 부동 소수점 표시의 연산에서 허용된 범위가 들어가지 않는 음(–)의 지수가 발생하는 것.

characteristic value[–vǽlju:] **고유값** n차의 정방 행렬 A에 대해 $AV=\lambda V$가 되는 상수 λ와 0이 아닌 벡터 V가 존재할 때 λ를 행렬 A의 고유값이라 하고, V를 행렬 A의 고유 벡터라 한다.

characteristic vecter[–véktər] **고유 벡터**

character machine[kǽrəktər məʃí:n] **문자 기계** 데이터의 기억, 연산, 전송 등을 1캐릭터(6~8비트)를 단위로 행하는 컴퓨터. 단어(12~32비트의 것이 많다)를 단위로 행하는 워드 머신에 대비되는 것.

character mail[–meil] **캐릭터 메일** 캐릭터를 이용한 메일 소프트웨어의 총칭. 인터넷 상에서 가공 캐릭터를 메일에 첨부한 채로 이메일을 이용한다. 인물 캐릭터뿐 아니라 햄스터 등 다양한 형태의 캐릭터들을 볼 수 있다.

character map[–mǽp] **문자 지도** 표시 장치 위의 블록의 격자. 각 블록은 하나의 문자나 숫자, 구두점 또는 특수 문자와 대응된다.

character mapping[–mǽpiŋ] **문자 사상** 한 기종에서 사용되는 문자 코드를 다른 기종에서 사용하는 문자 코드로 바꿀 때 사용하는 문자 대체 방법의 리스트.

character mode[–móud] **문자 모드** 처리 장치(컴퓨터 본체)가 다루는 데이터 형식의 하나로, 데이터를 문자 단위로 취급하는 형식이다. 보통 6비트나 8비트 단위로 문자를 나타내므로 처리 장치 내부에서도 6비트나 8비트 단위이고, 나란히 바꾸거나 크기 비교 등의 처리가 행해진다.

character modifier[–mádifàiər] **문자 수정자** 어드레스 수정에서 어떤 특정 문자의 위치에 접근하기 위해 사용되는 용어.

character operator[–ápərèitər] **연결 연산자, 문자 연산자**

character outline[–áutlàin] **문자 윤곽** 인쇄체나 필기체 문자 인식에서 문자의 각 획의 윤곽을 형성하는 도형적 형태.

character pattern[–pǽtərn] **문자 패턴**

character pattern dictionary[–díkʃənəri(:)] **문자 패턴 사전**

character pitch[–pítʃ] **문자 피치** 본문 또는 인쇄된 단어에서 이웃 문자 외의 수직 기준축 사이의 거리.

character position[–pəzíʃən] **문자 위치**

character printer[–príntər] **문자 프린터, 캐릭터 프린터** 프린터의 대표적인 일종. 한 번에 한 문자를 인쇄하는 인쇄 장치(printer). 「좌에서 우로」 또는 「우에서 좌로」 한 자씩 인쇄한다. 문자별 프린터(character-at-a-time printer)의 경우이며, 시리얼 프린터(serial printer)와도 같은 뜻으로 쓰여진다. 이에 대하여, 한 줄씩(line-at-a-time) 인쇄하는 방식의 것을 라인 프린터(line printer)라 하며, 1페이지 분량 전체를 한 번에 인쇄하는 것을 페이지 프린터(page printer)라 한다.

character processing[–prásesiŋ] **문자 처리** 문자열 데이터의 비교, 문자 코드에 따른 크기 비교, 특정 문자의 검출, 코드 변환 등 처리의 총칭.

character rate[–réit] **문자 속도**

character reader[–rí:dər] **문자 판독기** 문자 판독을 행하는 입력 장치. 사람이 읽을 수 있는 활

자체나 인쇄체 문자를 직접 기계가 이해할 수 있는 형태로 변환한다. 이것은 대부분 광학적 원리로 동작되며 자성 잉크로 된 문자의 경우에는 광학 또는 자기적인 원리로 동작된다.

character reading[–ríːdiŋ] **문자 판독** 온라인 시스템에서의 새로운 입력 방식으로 문자 도형 등을 전자적, 기계적으로 주사(走査)하고 인식해서 부호화하는 것.

character recognition[–rèkəgníʃən] **문자 인식** 문자를 자동으로 식별하여 컴퓨터에 입력하는 것이며, 패턴 인식의 일종이다. 광학 문자 판독기(OCR), 자기 잉크 문자 인식(MICR) 등의 형태로 널리 실용화되어 있다. 최근에는 손으로 쓴 문자의 식별이 서서히 실용화되고 있다.

character recognition input device[–ínpùt diváis] **문자 인식 입력 장치** 인쇄된 문자를 판독하고 식별하여 컴퓨터가 이해할 수 있는 코드로 변환시키는 장치. 인식의 대상이 되는 문자는 보통 식별에 유리한 형태로 규격화되어 패턴의 정규화 및 특징의 추출 조작을 간단하게 한다.

character relation[–riléiʃən] **문자 비교**

character repertoire[–répərtwɑ̀ːr] **사용 가능 문자 집합** 상이한 문자의 유한적인 집합으로, 어느 특정 부호 또는 인쇄 장치의 각 프린트 요소로서 이용할 수 있다.

character representation[–rèprizentéiʃən] **문자 표현 방식**

character rotation[–routéiʃən] **문자 회전**

character scroll[–skróul] **문자 스크롤** 문자 단위로 화면 표시를 이동시키는 것. 8비트나 16비트 단위로 화면을 이동시키기 때문에 다소 거칠다.

character self-defining term[–sélf difáiniŋ tə́ːrm] **문자 자체 정의항**

character separation[–sèpəréiʃən] **문자간 여백**

character set[–sét] **문자 집합** (1) 한 쌍의 숫자, 문자, 특수 기호 등의 집합. ISO-646 「정보 교환용 부호」와 ASCII의 문자 집합 등을 가리킨다. (2) 프로그래밍 언어(programming language)에서 프로그램이나 데이터를 표현하기 위하여 미리 결정되어 있는 문자의 집합. 각 언어 프로세서로 허용되어 있는 문자의 모임.

character shell[–ʃel] **캐릭터 셸** MS-DOS 등의 문자에 의한 명령 조작을 주로 하는 인터페이스.

character signal[–sígnəl] **문자 신호** 데이터의 전송은 일반적으로 1단어 단위로 하는 것이 원칙이나 어느 경우에는 문자 단위일 때도 있는데, 기억 장치에서의 이동이나 연산의 제어상 이동하는 단어의 시작과 끝자리의 구분 등 데이터 펄스의 위치, 시간, 역할 등의 표지를 부여하는 것.

character size[–sáiz] **문자 크기** 기억 장치 내에서 하나의 문자를 나타내는 비트 수.

character size control [–kəntróul] **문자 크기 제어** 데이터를 한 페이지에 보통 문자 크기로 나타내거나 두 배 크기로 반 페이지에 나타낼 수 있는 제어.

character skew[–skjúː] **문자 휨** 인식하고자 하는 문자의 영상이 수평 기준선에 대해 비틀린 형태로 배치된 상태.

character spacing[–spéisiŋ] **문자 간격** 문자와 문자 사이의 간격을 지정하는 비기하학적 속성. 문자 높이와의 비율로 나타낸다.

character spacing reference line[–réfərəns láin] **문자 간격 참조선** 문자 사이의 수평적 간격을 결정하기 위해 사용하는 수직선. 이 수직선은 문자들의 경계선 사이를 여러 등분한 직선이거나 수직 스트로크의 중심선과 일치하는 선이다.

character speed [–spíːd] **문자 속도** 전송 속도 가운데 정보의 양을 문자 수를 단위로 하여 나타낸 것.

characters per inch[–pər íntʃ] **cpi, 문자/인치** ⇨ cpi

characters per second[–sékənd] **cps, 문자/초** 1초당 프린터를 통해 인쇄되는 문자 수.

character standard procedure[–stǽndərd prəsíːdʒər] **문자형 표준 절차**

character storage feature[–stɔ́ːridʒ fíːtʃər] **문자 수용 기구**

character string[–stríŋ] **문자열, 스트링** 문자로만 이루어지는 열(列). 단어, 문장, 소절, 페이지 혹은 수식 등을 의미하며, 1차원적인 문자의 배열 공백과 구두점, 특수 문자들을 포함한 모든 유효 문자들이 사용된다.

character string constant[–kánstənt] **문자열 상수**

character string data[–déitə] **문자열 데이터**

character string picture data[–píktʃər déitə] **문자열 픽처 데이터**

character string picture specification [–spèsifikéiʃən] **문자열 픽처 지정**

character stroke[–stróuk] **문자획** 문자 형태의 각 부분을 나타내기 위해 사용하는 선, 점, 호 등의 부호.

character stuffing[–stʌ́fiŋ] **문자 스터핑** 투명 데이터 필드 내에서 데이터로서의 DLE를 표시하기 위해 또는 제어 기능으로서의 제어 문자를 표기하기 위해 별도의 DLE를 앞에 덧붙이는 것을 문자 스터핑이라 한다. 수신 접속 장치는 데이터를 수신기에 넘겨주기 전에 중복된 DLE 가운데 하나를 제거시킨다.

character style[–stáil] **문자체** 광학 문자 인식(OCR)에서 문자를 나타내는 데 유효하게 통용되는 독특한 형태의 문자체로 크기와는 관계없다. 예컨대 고딕체, 이탤릭체 등을 말한다.

character subset[–sʌ́bsèt] **문자 부분 집합** 문자 집합으로부터의 문자의 선택이며, 지정된 공통적인 특징을 갖는 모든 문자로 이루어진다. 컴퓨터에서 사용되는 문자 집합에서 숫자 0에서 9는 하나의 문자 부분 집합을 구성할 수 있다. 어느 문자 집합에서 고른 글자의 집합으로서 지정된 어떤 공통된 특징을 갖춘 글자를 모두 포함하고 있는 것이다.

character suppression[–səpréʃən] **문자 압축** 반복 횟수와 반복 표시를 여러 번 반복하는 문자들을 나타내는 한 문자와 원래의 문자 등 두 문자로서 표현하는 데이터 압축 기법.

character synchronization[–sìŋkrənɑizéiʃən] **문자 동기** 직렬로 전송되는 연속적인 데이터 비트들을 각 문자로 구분하기 위한 동기 방법. 비동기식 전송에서는 각 문자의 전후에 스타트와 스톱 비트를 붙이고, 동기식 전송에서는 송수신 양측이 같은 동기 신호를 유지하기 위해 시간 간격으로 비트들을 분리한다.

character timing[–táimiŋ] **캐릭터 타이밍** 데이터 전송에는 정보어(캐릭터)가 연속해서 보내지기 때문에 각 캐릭터 분할이 가능하도록 고려되어야 한다. 이 때문에 캐릭터 추출의 동기(同期)가 필요하여 이것을 캐릭터 타이밍이라고 한다. 이 타이밍을 갖는 방식으로서는 주국(主局) 제어에 따른 완전 동기나 자기 동기 부호를 이용한 조보식(調步式) 동기 방식 등이 이용된다.

character transfer rate[–trænsfə́ːr réit] **문자 전송률** 컴퓨터와 보조 기억 장치(또는 데이터 통신)의 입출력에서 이들 장치 사이에 데이터를 교환하는 속도. 장치의 특성에 따라 디스크와 같은 경우 원하는 데이터가 기억된 곳 또는 데이터를 기억시킬 곳에 디스크 헤드를 위치시키는 데 소요되는 시간은 이 속도에서 제외한다.

character type[–táip] **문자형**

character type device[–diváis] **문자형 장치** 키보드, CRT, 프린터처럼 한 문자씩 순서대로 입출력하는 장치. 반면, 플로피 디스크 드라이브나 RAM 디스크 등을 블록형 장치(block type device)라고 한다.

character up vector[–ʌp véktər] **문자 높이 벡터** 문자의 높이 방향을 지정하는 기하학적 속성. 벡터로 나타낸다.

character user interface[–júːzər íntərfèis] **문자 사용자 인터페이스** ⇨ CUI

character value[–vǽljuː] **문자 값**

character variable[–vέ(ː)riəbl] **문자 변수**

character writing direction[–ráitiŋ dirékʃən] **문자 방향**

charactron[kǽrəktrən] **캐릭트론** 문자나 기호를 발생 · 표시하는 전자관. 브라운관과 비슷한 구조이지만 전자총은 단면이 사각형인 전자 빔을 발생한다. 또 전자총과 형광면 사이에 행렬 모양으로 수 10개의 영숫자를 입력한 문자 전극이 있고, 그 앞뒤에 각 1조의 편향계(偏向系)가 있다. 빔은 제1의 편향계에 의해 우선 바라는 1문자를 조사(照射)하고, 단면이 문자형으로 된 빔을 제2편향계로 형광면 상의 바라는 위치에 결상(結像)시켜 문자를 표시한다. 차례로 다른 문자를 지정하여 문(文)을 표시할 수 있다. 표시 내용의 기록은 사진에 의하며 15,000~30,000자/초의 고속으로 표시할 수 있다.

charge[tʃɑ́ːrdʒ] *n.* **전하(電荷), 요금**

charge coupled device[–kʌ́pld diváis] **CCD, 전하 결합 장치** 미국의 벨 연구소가 1920년에 발표한 반도체 소자로서, 정보를 정전 용량의 형태로 축적해두는 방식의 메모리의 일종. 종래의 메모리와는 다르며, 정전 메모리가 기록 매체(recording media) 속을 이동하여 정보를 꺼내도록 되어 있다. 아날로그와 디지털 양쪽 신호를 처리할 수 있다. 구조가 간단하기 때문에 집적도의 향상이 용이하고 작동 속도가 버블 메모리(bubble memory)보다 빠르며, 비트 단가가 싸다는 등 기억 소자로서의 많은 특징을 갖추고 있다.

charge sharing[–ʃέəriŋ] **전하 공유** 서로 다른 전압을 가지는 두 개의 콘덴서가 패스 트랜지스터로 연결되어 있는 경우 패스 트랜지스터에 전류가 흐르면 콘덴서의 전압이 어떤 중간값을 가지게 되는 현상.

charge steering[–stíəriŋ] **전하 스티어링** 게이트 전압을 제어해서 입력단에서 출력단으로 전하를 전달하는 과정.

charging usage[tʃɑ́ːrdʒiŋ júːsidʒ] **사용료**

chart[tʃɑ́ːrt] *n.* **차트, 그림, 도표** 두 개 이상의 상호 관계와 변화의 상태를 도형적으로 표현한 것. (1) 사무용 그래프(business graphics) 분야에서는 그래프와 같은 뜻으로 쓰여진다. pi chart, bar chart, line chart는 각각 원 그래프, 막대 그래프, 꺾은선 그래프로 번역되며, scatter chart는 산포도(散布圖)라고 한다. (2) 순서도는 문제의 정의, 분석 또는 해법의 도식적 표현(graphical representation)이며, 일련의 연산이나 문제 해결시 데이터의 경로 등을 기호를 사용하여 표현한 것을 말한다. flow diagram과 같은 뜻으로 쓰이지만 미국에서는 프로그램 작성시 알고리즘을 기술한 「순서도」로 한정하여 사용된다.

char type 캐릭터형 character type의 약어.

chassis[ʃǽsi(:)] *n*. **섀시** 전자 회로 부품, 메모리 보드, CPU 보드, 커넥터, 스위치, 표시 등과 같은 것을 설치하기 위한 받침대. 알루미늄판이나 철판으로 만든다.

chatter[tʃǽtər] *n*. **채터**

chat[tʃǽt] **채트** 네트워크를 통해 실시간으로 메시지를 교환하는 것. PC 통신에서는 채트 전문 코너가 있어 그것에 접속하면 접속되어 있는 다른 사람과 동시에 문자 메시지로 대화할 수 있다. 상대방이 여러 명이어도 된다.

chattering[tʃǽtəriŋ] *n*. **채터링** 스위치나 릴레이 등의 접점이 개폐될 때 기계에서 발생하는 진동이다. 스위치를 ON 또는 OFF로 했을 때, 접점 부분의 진동으로 말미암아 단속(斷續) 상태가 반복되는 일. 키보드에서 이 상태가 발생하면 같은 문자가 여러 개 찍힌다. 이를 방지하기 위해 하드웨어 내부나 소프트웨어에 특수 장치가 첨가되는데, RS 플립 회로가 대표적인 것이다.

chatting[tʃǽtiŋ] *n*. **대화** 통신 회선으로 연결된 두 컴퓨터의 사용자가 키보드를 통해 서로 대화하듯이 짧은 메시지를 주고 받는 것. 즉, 한쪽에서 타자한 내용이 다른 쪽 컴퓨터 화면에 그대로 표시된다.

CHDL 컴퓨터 하드웨어 기술 언어 computer hardware description language의 약어.

cheat key[tʃíːt kíː] **치트 키** 소프트웨어나 하드웨어의 매뉴얼에 없는 방법으로 조작하는 것. 특히 게임 소프트웨어 등에는 작위적으로 만들어놓은 것도 있다.

Chebyshev approximation 체비셰프 근사법 minimax 근사법이라고도 하며, 각 구간의 최대 오류를 최소화시킴으로써 함수를 근사시키는 방법이다.

Chebyshev expansion 체비셰프 전개 함수 계산시 사용되는 1차 근사식. 함수 $f(x)$의 최량 근사 다항식을 구하는 데는 여러 방법이 있지만, 그 하나로서 1차 근사식을 먼저 구하고, 이로부터 최량 근사를 구하는 방법이 있다. 1차 근사를 구하는 한 방법으로서 체비셰프 전개를 이용할 수 있다. 함수 $f(x)$의 정의 구간$[a, b]$를$[-1, 1]$로 변환하여 $x=\cos\theta$로 했을 때

$$f(x) = a_1 + \sum_{n=1}^{\infty}(2a_n)\cdot\cos n\theta$$

$$f(x) = \sum_{n=1}^{\infty}(2a_n)T_n(x)$$

를 $f(x)$ 체비셰프 전개라 한다. 체비셰프 전개의 계수는 푸리에 전개 계수로 구해진다.

Chebyshev polynomials 체비셰프 다항식 체비셰프 다항식 $T_n(x)$는 미분 방정식

$(1-x^2)\cdot y_{44} - x\cdot y_4 + n^2\cdot y = 0$

의 풀이로서 정의되고, 함수 근사 문제 등 많은 적용 분야가 있다.

$T_n(x) = \cos(n \arccos x)$

위 식은 n차 다항식으로 다음 점화식(漸化式)을 만족한다.

$T_{n+1}(x) - 2xT_n(x) + T_{n-1}(x) = 0$

check[tʃék] *n*. **검사, 체크** 컴퓨터에 데이터가 입력되고 처리(process)되며 출력되기까지의 여러 가지의 과정이며, 처리 결과가 각각 전체적 또는 부분적으로 정확하게 되어 있는지를 검사하는 것이며, 컴퓨터 자체가 자동으로 행하기도 하고, 프로그램에 의하여 행하기도 하는 등 여러 종류가 있다. 구체적인 검사로는 순차 검사(sequence check), 형식 검사(format check), 제한 검사(limit check) 등이 있다.

check bit[-bít] **검사 비트, 체크 비트** 중앙 처리 장치(CPU), 장기 테이프 등에서는 숫자나 문자는 비트로 구성되어 있으나, 하나의 비트가 변화해도 그 의미가 틀려진다. 이러한 오류(error)를 없애고, 정확성을 기하기 위하여 모든 문자 또는 일정 비트 수로 체크용의 비트 수를 추가하고, 자동으로 체크를 하는데, 이를 위하여 추가되는 비트를 검사 비트라 한다. 패리티가 그 좋은 예이다.

check box[-bɑ́ks] **체크 박스** GUI 환경에서 사용자에게 여러 항목 중 원하는 항목을 한 개 이상 선택하게 할 때 사용되는 작은 사각형. control object의 일종. 사각형을 클릭하면 X 또는 V가 체크되어 그 항목이 선택된다. 기본적으로 클릭할 때마다 선택과 선택/해제 동작이 반복되는 토글 조작의 형태를 취하고 있다.

check bus[-bʌ́s] **검사 버스** 검사할 데이터를 검사 장치나 검사기, 비교기 등으로 보내기 위한 병렬 데이터 선로.

check byte[-bɑ́it] **검사 바이트** 데이터값으로부터 계산되어 데이터값과 함께 저장되는 정보, 판독/기록 오류를 검사하기 위해 사용된다.

check character[-kǽrəktər] **검사 문자** 자기 테이프에 기록된 정보 중 블록마다 홀수 짝수 검사와 CRC 검사 등을 하기 위해 설치된 중복 문자.

check code[–kóud] **검사 코드** 루틴 안의 오류를 분리하거나 제거하도록 하는 코드.

check digit[–dídʒit] **검사 숫자** 정보가 블록 단위로 전송될 때 전송 도중에 정보가 변화하면 발견할 수 있도록 하기 위해 추가된 자리. 일련의 숫자를 보낼 때, 그 합계의 최하위 자리가 그 예이다.

check digit check[–tʃék] **검사 숫자에 의한 검사** 코드를 설계할 때 본래의 코드에 한 자리의 검사 숫자를 붙여 이 숫자에 의해 오류가 발생한 코드를 찾아내는 방법. 검사 숫자를 만드는 방법은 여러 가지가 있으나, 일반적으로 본래 코드의 각 자릿수에 일정한 값을 곱해 1단위 자리값을 검사 숫자로 사용하는 경우가 많다.

check digit method[–méθəd] **검사 숫자법** 숫자 코드를 검사하는 방법으로서 검사용 숫자를 코드의 끝자리에 부가하여 사용한다. 이 방법은 코드 기입시 오류를 찾아내는 데 유효하나 잘못된 코드를 정정하지는 못한다.

check divide indicator[–dəváid índikèitər] **나눗셈 검사 표시기** 타당하지 못한 나눗셈이 시도되었거나 이미 발생했음을 표시하는 표시기.

checker[tʃékər] *n.* **체커** 바둑판 무늬를 뜻하는 말로 컴퓨터 그래픽에서 지정된 영역을 바둑판 모양의 무늬로 채우는 작용을 가리키기도 한다.

check indicator[tʃék índikèitər] **검사 표시기** 오류나 고장의 발생을 알리거나 나타내는 장치.

check indicator instruction[–instrʌ́kʃən] **검사 표시기 명령** 현재 사용하고 있는 프로그램에 오류가 있을 때 조작원에게 주의를 환기시킬 필요가 있을 때 신호 장치를 동작하도록 지시하는 명령어.

check indicator sign[–sáin] **검사 표식용 사인**

checking[tʃékiŋ] *n.* **검사, 검사용**

checking loop[–lú:p] **검사 루프** 전송 데이터의 정확성을 검사하는 기법. 수신 데이터를 송신측에 반송하여 송신측에서 송신 데이터와 반송된 데이터를 비교하여 정확성을 검사하는 것.

checking program[–próugræm] **검사 프로그램** 다른 컴퓨터 프로그램 또는 데이터의 집합에 대하여 구문상의 실수 등을 조사하는 것으로 프로그램이나 데이터에 존재하는 명백한 실수를 발견하고 진단하기 위한 프로그램.

checking routine[–ru:tí:n] **검사 루틴** 컴퓨터가 올바르게 동작하는지 또는 소프트웨어가 오류 없이 만들어졌는지를 검사하는 루틴.

check key[tʃék kí(:)] **검사 키** 데이터의 항목에서 도출되어 그 항목에 부가되는 한 개 이상의 문자이며, 처리중에 정확성이 검사되도록 데이터에 부가되는 것을 말한다.

check light[–láit] **검사 표시등** 패리티 오류나 계산 결과의 과다를 나타내기 위한 제어판 위의 지시등.

check list[–líst] **검사 리스트, 점검표** 예방 정비(PM)를 위한 일상 검사(daily check)나 주간 검사(weekly check) 등에서 정비 · 보수 누락이 없도록 확인하며, 점검 개소를 열거하여 검사 또는 정밀도의 기준을 표시하여 확인과 유지의 정확성을 기하는 것 또는 이에 관한 기록을 명확히 하는 것을 말한다.

check list method[–méθəd] **검사 리스트 방법** 의사 결정을 할 때 필요한 항목을 빠짐없이 열거해서 한 개씩 차례로 검토하는 방법. 이 방법은 기종마다 특성이 있으므로 검사 리스트 배열과 채점 내용이 주관적으로 흐르기 쉽다.

check mark[–má:rk] **체크 마크** 어떤 물품을 검사할 때 검사 목록의 앞에 붙이는 V자 모양의 표시. 컴퓨터 그래픽에서는 사용자가 여러 가지 선택 중 하나를 고르는 표시로도 쓰인다.

check number[–nʌ́mbər] **검사 수** 데이터가 옮겨지는 동안 오류가 발생했는지를 찾아내는 데 사용하는 수.

checkout[tʃékàut] *n.* **성능 검사** 프로그램이나 하드웨어가 올바르게 작동하는지를 평가하는 검사 과정.

checkout compiler[–kəmpáilər] **성능 컴파일러** 코드를 생산하는 데 있어서 같은 기억 장소를 가지고 운영 체제 기능을 위한 라이브러리를 공유하는 컴파일러로 특히 프로그램 개발에 도움을 주는 부가적인 자가 진단 특성도 가지고 있다.

checkout routine[–ru:tí:n] **성능 검사 루틴** 성능 검사를 하는 데 여러 도움을 주는 루틴. 제작사가 제공하는 소프트웨어로 기억 장치 또는 주변 장치의 내용과 상태를 인쇄해준다.

checkpoint[tʃékpɔ̀int] *n.* **검사점** 컴퓨터 조작을 위해 특별히 설계된 프로그램의 중단점(break point)이며 이 중단점에서 작업을 중단하거나 다시 시작하는 것이 가능하다. 잘못 조작하거나 데이터의 잘못으로 조작을 수정할 때 이 중단점을 이용하며, 재조작을 위한 시간을 절약하는 것 등에 이용된다. 각각의 프로그램의 검사점이 있으면 사고가 발생했을 때, 또는 스케줄 작성시에 그 대응이 용이하게 된다. 각각의 프로그램에 검사점이 있으면 사고가 발생했을 때 또는 스케줄 작성시에 유연하게 대처할 수 있다.

checkpoint and restart procedure[–ənd ri:stá:rt prəsí:dʒər] **검사점과 재개 절차**

checkpoint data set[–déitə sét] **검사점 데**

이터 세트 검사점 엔트리의 세트를 포함하는 순차 또는 구분 데이터 세트. 검사점 데이터 세트가 구분 데이터 세트일 때는 각 검사점 엔트리가 멤버(member)가 된다.

checkpoint dump[–dʌ́mp] **검사점 덤프**

checkpoint entry[–éntri(:)] **검사점 엔트리**

checkpoint identifier[–ɑidéntifɑ̀iər] **검사점 식별자**

checkpoint record[–rékərd] **검사점 레코드**

checkpoint restart[–riːstɑ́ːrt] **검사점 재시작** 검사점에서 기록된 데이터를 사용하여 프로그램의 실행을 재개하는 것.

checkpoint restart facility [–fəsíliti(:)] **검사점 재시작 기능** 프로그램이 프로그램이나 시스템의 고장으로 중단된 후 프로그램의 시작점이 아닌 점에서부터 프로그램을 다시 시작하는 기능.

checkpoint routine[–ruːtíːn] **검사점 루틴** 장시간 걸리는 계산 또는 데이터 처리를 행할 때 처리 도중에 회복 불가능한 장애가 생기면 그때까지의 귀중한 시간을 버리게 되므로 도중의 요소요소에 그때 컴퓨터 상태를 덤프할 루틴 검사점 처리를 하고 있을 때, 에러가 발생한 경우에는 최후 검사점에 덤프한 내용을 사용해서 컴퓨터 상태를 최종 검사점으로 되돌려 처리를 재개할 수 있다.

check problem[tʃék prɑ́bləm] **검사 문제** 기능 단위가 바르게 동작하고 있는지의 여부를 확인하기 위해서 사용한다. 답을 알고 있는 문제.

check program[–próugræm] **검사 프로그램** 다른 프로그램의 오류를 검출하는 프로그램. 디버거(debugger)의 일종이다. 이 프로그램이 독립해서 기능하는 경우도 있으나 어셈블러나 컴파일러 등에서 원시 프로그램을 기계어로 변환할 때 소스 레벨에서 프로그램의 오류를 검사하거나 인터프리터 형식의 컴퓨터 언어에서 프로그램을 실행할 때 수시로 프로그램의 오류를 검사하듯이 다른 프로그램에 포함되어 있는 경우도 있다.

check protect[–prətékt] **검사 방지** 인쇄할 때 공백이 되는 곳이 없도록 특별한 문자로 채우는 것.

check pulse[–pʌ́ls] **검사 펄스** 순서 논리 회로 등의 동작 타이밍을 결정하기 위한 신호로서, 일정한 주기를 가지는 펄스 신호이다. 동기식 컴퓨터의 경우 펄스에 의해 전체적인 동기를 취하면서 동작하게 된다.

check register[–rédʒistər] **검사 레지스터** 입력 데이터를 일시적으로 기억하기 위한 레지스터. 입력 데이터를 기억시키는 이유는 다른 시간이나 다른 버스에서 입력되는 데이터와 비교하기 위해서이다.

check reset[–riːsét] **검사 재고정**

check reset key[–kíː] **검사 재고정 키**

check routine[–ruːtíːn] **검사 루틴** 컴퓨터가 제대로 동작하는지 또는 소프트웨어가 오류 없이 만들어졌는지를 확인하는 루틴.

checksum[tʃéksʌ̀m] *n.* **검사합** 데이터 항목의 집합에 대한 합계이며, 자료가 기록될 때 계산되고 검사 목적으로 집합에 추가된 것으로 자료 처리의 정확성을 기하기 위해 어떤 항목에 대한 숫자, 또는 비트의 합계값이다. 또한 컴퓨터가 취한 데이터 항목의 검사 합계가 미리 갖고 있는 검사 합계와 합치하지 않는 경우, 이를 검사합 에러(checksum error)에 걸렸다고 한다.

checksum digit[–dídʒit] **검사합 숫자** 합계 검사에 의해서 생성되는 점검 자릿수.

check summation[–sʌméiʃən] **검사 합산** 특정 그룹 안의 수들을 더해 그 합계를 이미 계산되어 있는 검사 합계와 비교하여 데이터의 정확성을 통제하는 검사.

check symbol[–símbəl] **검사 기호** (1) IBM 2260이나 2265 디스플레이 장치에서 문자나 기호가 배당되어 있지 않은 코드가 키보드에서 입력되었을 때 표시되는 문자. 이 기호는 장치에서부터 데이터를 전송할 때에 홀수-짝수 착오가 발생했을 경우에도 그 문자의 위치를 나타내기 위해 디스플레이 면에 표시된다. (2) 데이터의 어느 특정 항목에 대해, 그 항목에 관한 검산의 실행에 의해 발생되는 숫자. 이러한 숫자는 검산 이후 그 항목에 부가되고 여러 처리 단계를 통해 부수되며, 검사는 각 단계에서 그 항목을 확인하기 위해 반복된다.

check system[–sístəm] **검사 시스템** 데이터 처리를 정확히 하기 위해서는 검사를 체계적으로 할 필요가 있다. 컴퓨터 처리의 경우 장치, 설비, 종사하는 요원의 조작 등에서 발생하는 오류를 방지하고 발견하기 위한 체계적인 기능.

check total[–tóutəl] **검사 합계**

check word[–wɔ́ːrd] **검사어** 검사의 목적에 사용되는 검사 기호가 기억되는 단어. 일반적으로 검사어는 데이터의 마지막 부분에 첨가된다.

Chemical Information System [kémikəl ìnfərméiʃən sístəm] **CIS** 미국 환경 보호청과 국립 위생 시험소가 중심이 되어 제작한 화학 물질에 관한 데이터 뱅크. 독성이 있는 화학 물질에 대해 특히 자세하게 나와 있다.

chemical laser[–léizər] **화학 레이저** 화학 반응의 생성물이 여기(들뜬) 상태에 있음을 이용한 레이저. 방전이나 광분해로 생성되는 반응성이 강한 원자나 분자 또는 유리기(遊離基)의 화학 반응을 사용하는 경우가 많지만, 여러 종류의 기체를 단지 혼합하기만 하면 일어나는 반응에 의해 레이저 발진을 일으키는 순수한 화학 레이저도 있다. 보통은 진동 준위가 여기된 분자가 생성되고, 적외선대에서 많은 발진선이 얻어지고 있다. 특히 수소와 플루오르를 기상(氣相)으로 혼합함으로써 발진하는 플루오르화수소 화학 레이저는 고출력 레이저로서 중요하다.

chemi luminescence[kèmi lù:minésəns] **화학 루미네선스** 화학 반응에 따라 일어나는 루미네선스로서 그때의 온도에 상당하는 에너지보다 짧은 파장의 빛을 방출한다. 이것은 화학 반응 과정에 있어서의 분자, 원자의 여기 상태가 정상 상태로 돌아갈 때 빛으로서 에너지를 방출하기 때문이다. 산화 환원 반응에 있어서 자주 관측된다.

Cherenkov counter 체렌코프 카운터 체렌코프광은 물이나 사염화탄소, 질소 가스 등의 물질 속을 하전 입자가 그 물질에 있어서의 광속(光速)보다도 빠른 속도로 통과할 때 물질 속에 생긴 편극 에너지가 방출되어 나오는 빛이다. 그 빛을 검출함으로써 방사선의 입사를 알아내는 검출기를 체렌코프 카운터라고 한다. 이 카운터는 신호 레벨은 작지만 응답이 빠르고, 빛의 방출에 확실한 방향성이 있다. 에너지 판별 능력이 높은 장점이 있어서 그것을 살릴 수 있는 고에너지 입자를 검출하는 데 사용되는 경우가 많다.

Chernobil virus CIH 바이러스, 체르노빌 바이러스 ⇨ CIH virus

Chicago[ʃiká:gou] *n.* **시카고** (1) 미국 마이크로소프트 사에서 개발한 운영 체제(operating system). 기존의 윈도 3.1이나 MS-DOS를 대체할 수 있는 새로운 운영 체제이며, 윈도를 더욱 쉽게 쓸 수 있는 화면 구성(사용자 인터페이스)과 더욱 안정되고 강력해진 동시 작업 기능(multitasking), 뛰어난 네트워크 기능을 갖춘 전혀 새로운 32비트 운영 체제를 말한다. 시카고의 가장 큰 장점은 사용자에게 편리하다는 데 있다. 하드웨어 측면에서는 사용자가 시스템의 상태에 관계없이 하드웨어를 쉽게 장착하거나 제거할 수 있는 플러그 앤드 플러그(플러그를 꽂기만 하면 바로 작동한다는 뜻)를 지원해 시스템 전체를 쉽게 사용할 수 있다. 소프트웨어 측면에서는 직감적인 사용자 인터페이스를 제공해 초보자들도 쉽게 컴퓨터를 사용할 수 있게 해준다. 또한 네트워크 기능을 제공해 전자 우편 기능, 외부에서 시스템을 사용할 수 있는 리모트 통신 기능을 갖추었다. (2) 영어판 MacOS에서 표준으로 사용되는 시스템 글꼴.

chief fund officer[tʃí:f fʌ́nd ɔ́:fisər] **재무 담당 중역** ⇨ CFO

chief-programmer team[-próugræmər tí:m] **책임 프로그래머 팀, 주임 프로그래머 팀** 경험과 능력이 풍부한 책임 프로그램을 중심으로 한 개발 팀의 구성으로 효율성을 증대시킬 수 있는 시스템 개발 방법. 이것은 소프트웨어 품질 저하를 방지하는 방법이다.

child[tʃáild] *n.* **아래, 자식** 트리(tree) 구조 중의 하위의 노드에 대하여 사용된다.

child node[-nóud] **자식 노드** 트리 구조에서 한 노드의 종속 트리의 루트 노드들.

child process [-práses] **지식 프로세스** 부모 프로세스(parent process)에서 포크(folk)하여 생긴 프로세스. 프로그램에서는 부모 프로세스의 복사로 부모와 교신하면서 프로세스를 진행하게 된다. 예를 들면, 부모 프로세스에서 계산을 하고 있는 동안에 자식 프로세스에서 키보드를 감시하여 키보드 입력이 없으면 부모에 그것을 전달하는 형태의 프로세스를 할 수 있다. ⇨ parent process

child segment[-ségmənt] **자식 세그먼트**

child window[-window] **자식 윈도** 어떤 윈도(부모 윈도)의 경계 내에 형성된 또 따른 윈도. 부모 윈도가 크기를 바꾸거나 이동하거나 제거되면 자식 윈도도 따라서 크기를 바꾸거나 이동하거나 제거된다.

Chinese character printer[tʃainí:z kǽrəktər príntər] **한자 프린터** 한자를 포함한 여러 가지 한글을 출력 인쇄하는 장치로, 문자 발생 방식으로는 도트식, 라인 도트식, 플라잉 스폿식이 있다.

chip[tʃíp] *n.* **회로석, 칩** (1) 반도체의 작은 조각 위에 많은 논리 소자를 갖는 IC(integrated circuit)를 짜넣은 것. (2) 천공 카드(punched card)와 종이 테이프(paper tape)를 천공했을 때 잘려진 작은 종이 부스러기.

chip architecture[-á:rkitèktʃər] **칩 구조**

chip box[-báks] **칩 상자**

chip-card[-ká:rd] **칩 카드**

chip-carrier[-kǽriər] **칩 캐리어, 칩 반송자**

chip device configuration[-diváis kənfìgjuréiʃən] **칩 장치 구성**

chip enable[-inéibl] **칩 가능** 많은 칩에 달려 있는 단자로 출력 버스가 기억 장치로부터 분리되어 칩의 기록 회로가 불가능한 상태로 되어 있는 것을 기록 가능하게 하는 상태.

chip enable input[-ínpùt] **칩 가능 입력**

chip family[-fǽmili(:)] **칩 패밀리** 서로 관련된 칩들의 집합. 예를 들어, CPU, 버스 관리, 병렬 입출력, 직렬 입출력, 타이머 등의 칩들이 하나의 패밀리를 이룰 수 있다. 또는 한 칩이 처음 나온 후에 그 칩의 기능을 계속적으로 발전시켜 하나의 패밀리가 되는 경우도 있다. 대개, 한 패밀리 내에 있는 칩들은 서로의 구성 요건을 잘 갖추고 있기 때문에 특별한 노력 없이 조합하여 사용할 수 있는 것이 보통이다.

chip-in-tape[–in téip] **칩 인 테이프**

chip material[–mətí(:)riəl] **칩의 질**

chip microprocessor[–màikrouprásesər] **칩 마이크로프로세서**

chip processing laser system[–prásesiŋ léizər sístəm] **칩 처리 레이저 시스템**

chip reduction[–ridʌ́kʃən] **칩 축소**

chip resistor[–rizístər] **칩 저항**

chip select[–səlékt] **칩 선택** 다수의 LSI 칩 가운데서 특정한 칩 하나를 선택하는 데 사용되는 LSI의 입력 단자나 신호.

chip select input[–ínpùt] **칩 선택 입력**

chip select signal[–sígnəl] **칩 선택 신호**

chip set[–sét] **칩 세트**

chip size[–sáiz] **칩 크기**

chip size limit[–límit] **칩 선택 한계**

chip slice[–sláis] **칩 슬라이스**

chip socket[–sákət] **칩 소켓**

chip tray[–tréi] **칩 트레이, 칩 상자** 카드 천공기나 테이프 천공기의 천공 위치 아래에 카드 천공기를 설치하여 천공 카드나 종이 테이프에서 천공된 조각을 모으는 작은 용기.

chip-type thermistor[–táip θərmístər] **칩형 서미스터** 작은 평판형의 서미스터(NTC 및 PTC로서 5mm×0.5mm 이하의 크기가 많고, DHT(DHD형 서미스터)나 소형의 온도 센서로서 사용하는 것으로는 0.5mm×0.15mm 정도인 것도 있다. 제조법으로는 디스크형 서미스터의 웨이퍼로부터 다이아몬드 커터로 베어내는 방법과 그린시트법으로 박판 모양으로 가공하여 소결한 후에 베어내는 방법이 있다. 전극은 소결법 또는 증착법으로 화면에 붙이지만 사용법에 따라서는 끝부분에 붙이는 경우도 있다. 비드형에 비하여 대량 생산이 가능하다. 내열성은 비드형과 디스크형의 중간으로서 200~250℃이다.

chi-square distribution[kái skwɛ́ər dìstribjúːʃən] **카이(χ) 제곱 분포** 도수 분포 데이터에 대해 이론적인 기대 도수 분포와 비교하는 데 사용되며, 여러 집단의 통계 차이를 비교할 수 있는 것으로 이론적 분포형과 표본적 분포형 사이에 차이의 정도를 나타내는 분포이다. χ^2-분포.

CHKDSK (저장)판 검사 디스켓 검사를 위한 프로그램의 명령.

CHM 채널 다중 장치 channel multiplexer의 약어.

choice[tʃɔ́is] *n.* **선택, 선출** 한 그룹의 선택 후보 중에서 선택된 하나의 후보에 대응하는 양의 정수를 주는 입력의 한 종류.

choice device[–diváis] **선택 장치** 선택값 입력을 실행하는 논리 입력 장치.

choice structure[–strʌ́ktʃər] **선택 구조** 프로그램 구문 구조 중의 제어 구조로서 주어진 조건에 따른 결과에 따라 문장 그룹을 수행하거나 수행하지 않게 되는데, 이러한 선택이 두 문장 그룹에 한해서 일어나는 구문.

Cholesky method 콜레스키법 연립 1차 방정식을 풀기 위한 방법으로 원리적으로는 가우스(Gauss) 소거법과 같아서 종이 위에 계산하는 경우에는 기록 공간을 차지하지 않지만 컴퓨터인 경우에는 복잡하게 바뀌어서 그다지 이용되지 않는다. 크라우트법(Crout method)이라고도 불린다.

Chomsky hierarchy[tʃámski háiərɑ̀ːrki] **촘스키 계층 구조** 촘스키가 1950년대 후반에 개발한 것으로 자연 언어에 수학적 이론을 도입한 것이다.

Chomsky normal form[–nɔ́ːrməl fɔ́ːrm] **촘스키 정규형** 임의의 2형 언어는 생성 규칙이 $A \to BC$ 또는 $A \to a$라는 형만으로 되는 문법에 의해 생성 가능하다. 여기서 A, B, C는 비단말 기호, a는 단말 기호이다. 이러한 정리를 촘스키의 정규형 정리라고 한다.

chopper[tʃápər] *n.* **초퍼** 미약 전류를 증폭할 경우 기계적 또는 전자적으로 단속(斷續)하고 증폭하기 쉽도록 교류로 변환하는 직류-교류 변환기.

chopper stabilized amplifier[–stéibilàizd ǽmplifàiər] **초퍼 안정화 증폭기** 변조기, 교류 결합 증폭기 및 복조기를 포함하여 회로의 변동을 안정화시키기 위한 장치.

chopping[tʃápiŋ] *n.* **버림** (1) 필요 없는 데이터를 무시하는 것. (2) 컴퓨터 내부에서 실수를 부동소수점으로 나타낼 때 유효 숫자의 한계로 말미암아 다 나타낼 수 없는 숫자를 버리는 것. 예를 들면, 56.789를 유효 숫자 네 자리로 나타낸다면 56.78이 되며, 반올림을 할 때의 결과와는 다르다.

chroma[króumə] *n.* **색** 명암, 색조 같은 색의 속성들.

chromatic number[kroumǽtik nʌ́mbər] **색수** 그래프의 인접한 정점이 서로 다른 색을 가지도록 모두 다른 색을 배정하면 최소한 몇 가지의 색이 필요한가 하는 것. 지도와 같은 평면 그래프는 4가지 색만 있으면 되는 것으로 알려져 있다.

chromatron [kroumǽtrən] **크로마트론** 적, 녹, 청의 3원색 각 형광체를 선 모양으로 칠한 형광면 앞에 전자 빔을 원하는 대로 형광체 선에 닿게 하기 위해서 그와 평행인 줄무늬 모양의 전극을 단 컬러 수상관. 단빔형과 3빔형이 있다. 단빔형은 로렌스관이라고도 하고, 줄무늬형 전극은 한 개 걸러 각각 접속되어 한 쌍의 전극계를 구성하여 그 사이에 고주파 전압을 가하고 빔을 편향시켜 색 변환을 한다.

chrome [kroum] **크롬** 마이크로소프트 사가 발표한 운영 체제에 내장되는 3D 그래픽 소프트웨어. 윈도 운영 체제를 구성하는 시스템 컴퍼넌트 소프트웨어로 DVD나 CD-ROM 드라이브, 웹을 통해 제공되는 3D 그래픽이나 동영상 같은 멀티 미디어 컨텐츠들을 웹 브라우저나 기타 소프트웨어에서 즐길 수 있는 환경을 제공한다.

chrom effects [–ifékts] **크롬 이펙트** 마이크로소프트 사의 XML 기반 멀티미디어 기술. 이 기술을 이용하면 여러 장의 웹 페이지를 책을 넘기는 것처럼 참조할 수 있고 웹 상에서 3D 애니메이션을 움직일 수 있다. 윈도 운영 체제에 모듈로 설치되기 때문에 웹 컨텐츠의 다운로드 속도와 웹 응용 프로그램의 실행 속도가 빠르고, XML 태그를 사용하여 VML(virtual markup language)과 DirectX의 멀티미디어 기능을 웹에 적용시킬 수 있다.

chrominance [kromínəns] **크로미넌스** 임의의 색과 그의 같은 휘도로 특정한 색도를 가진 기준색 사이의 측색(測色)적인 차. 3차원 색공간에서는 휘도가 일정한 평면 내에 있는 벡터이다. 디멘션으로는 색도와 휘도의 곱에 대응한다. 휘도가 일정한 평면 내에서 성분으로 분해된 것은 크로미넌스 성분이라 한다. 컬러 TV의 전송에서는 상술한 기준색의 색도로서는 특정한 백색이 쓰인다.

chronological [krɑ̀nəlɑ́dʒikəl] *a.* **연대순의, 입력순의**

chronological structure [–strʌ́ktʃər] **연대 구조** LIFO(last-in first-out)의 성질을 표현한 것.

CHRP 차프 common hardware reference platform의 약어. PPCP(PowerPC platform)의 옛 명칭으로, 애플, IBM, 모토롤라 3사에서 작성한 CPU로 파워 PC에 탑재된 컴퓨터의 공통 규격.

chunk [tʃʌ́ŋk] *n.* **청크** 규칙 기반 시스템에서 단일 단위로서 저장 · 검색되는 사실의 집합체.

Church-Rosser theorem 처치-로사의 정리

CHW 채널 워드 channel word의 약어. 데이터 채널이 멀티플렉스 모드(MPX) 및 로컬 버스트 모드로 동작하는 경우 채널 다중 장치를 결합시키는 입출력 장치의 사용이 변경되어 각종 제어 정보를 메모리로 대피 회복할 필요가 생긴다. 이 메모리로의 대피는 각종 입출력 장치의 기번(機番)에 대응하여 정해진 메모리 번지에 4워드씩 할당되어 있다. 이 4워드의 제어 정보를 채널 워드라고 한다. 채널 워드 영역은 메모리 시스템 영역의 8192번지에서 IO 장치에 대응하여 4워드씩 합계 256개분의 영역이 확보되어 있다.

CI 제어 구간 control interval의 약어. VSAM이 데이터 레코드들과 이들과 연관된 제어 정보를 저장하는 하나의 연속적인 직접 접근 기억 공간.

C³I C Cubic I, **군 작전 지휘 통제 자동화 시스템** command, control, communication & intelligence의 약어. 지휘, 통제, 통신, 정보의 머리글자로 가까운 미래에는 전투가 육 · 해 · 공의 확대된 영역으로 넓혀지는 동시에 신속성을 요하는 점에서 군사 조직 내의 C³I의 기능이 한층 중시되어 전자 기술이 도입되고 있다. C³I는 시스리아이, 시큐빅아이, 시큐바이로 발음한다. ⇨ C³

CIAR 현재 명령 어드레스 레지스터 current instruction address register의 약어.

CIB 명령 입력 버퍼 command input buffer의 약어.

CICA 시카 the Center for Innovative Computing Applications의 약어. 윈도 관련 프리웨어와 셰어웨어를 중심으로 한 세계 최대의 FTP 사이트. 미러 사이트도 다수 존재한다.

CICS processor CICS 프로세서 복잡한 명령어 세트 컴퓨터 프로세서. CICS 프로세서는 여러 개의 필드들, 어드레싱 모드들, 그리고 오퍼랜드들을 포함하는 많은 수의 명령어들을 사용한다. 많은 CICS 명령어들은 디코드하고 수행하는 데 하나의 클록(clock) 주기 이상이 소요된다.

CID 통신 식별자 communication identifier의 약어.

CID font CID 폰트 character ID keyed font의 약어. 미국 어도비시스템즈 사가 개발한 폰트 형식. 구조가 복잡한 OCF 폰트의 결점을 해결하여 처리의 고속화와 메모리 소비의 경감을 가져왔다. 더욱이 서체의 치환 기능 등이 폰트 자체에 있다.

CIDR classless inter-domain routing의 약어. 32비트의 주소를 가변 길이로 해서 주소와 함께 그 비트 길이의 정보도 교환하는 기술.

CIF 고객 정보 파일 customer information file의 약어. 고객에 대한 모든 정보를 모아놓은 파일.

CIFF camera image file format의 약어. 캐논이 개발한 디지털 카메라용의 화상 포맷. 기본적으로 JPEG으로, 이것에 촬영시에 정보를 부가할 수 있다. 제조업체에 따라 다른 화상 저장 방법까지 다룸으로써 카메라 간에도 화상의 공유가 가능해지는 점이 특징이다.

CIH virus CIH **바이러스, 체르노빌 바이러스** Chernobil virus의 약어. 이메일 등을 통해서 전세계에 퍼져나간 악성 바이러스. 1999년 6월 26일 전세계에서 일제히 발병하여 세상을 떠들썩하게 만들었으며 한국 내에서만 1천억 원 이상의 피해를 입었다. 따라서 전세계가 악성 바이러스에 대한 각종 대책들을 강구하고 있고, 한국 정부도 범부처 차원에서 해커 대응팀과 컴퓨터 바이러스만 전문적으로 다루는 전담 조직을 만들었다.

CIM (1) **컴퓨터 통합 생산 시스템** computer integrated manufacturing의 약어. 공장 생산 부문의 자동화뿐만 아니라 자재의 발주나 품질 관리, 생산 관리 등을 공장 내의 네트워크(LAN)로 연결하여 종합적으로 관리하는 공장의 자동화 시스템. (2) **컴퓨터 입력 마이크로필름** computer input microfilm의 약어. 마이크로필름의 내용을 컴퓨터 내부로 직접 입력시킬 수 있도록 입력 장치를 사용하는 기술.

cinepak[sinəpǽk] 가장 광범위하게 사용되는 디지털화된 비디오 처리를 위한 코덱(codec)의 한 종류로서, 수퍼맥 테크놀로지(SuperMac Technologes) 사가 개발하고 마이크로소프트 사에서 라이선스하였다. 압축률이 다른 코덱보다 높으며 압축/해제를 모두 소프트웨어로 구현한다. ⇨ codec, indeo

CIO 정보 통괄 임원 chief information officer의 약어. 기업의 정보 전략을 입안하는 핵심적인 사람. 1980년대 후반부터 정보 시스템의 중요성이 부각됨에 따라 등장한 직종으로 정보 기술을 기업 전략으로 계획하고 실행할 책임을 지며, 정보 기술에 관한 지식 이상으로 기업 전략 및 마케팅에 관한 식견이 필요하다.

CIOCS 통신 입출력 제어 시스템 communication IOCS의 약어.

cipher[sáifər] *n.* **암호, 암호문, 사이퍼** 컴퓨터의 안전을 보장하기 위해 정보를 특수한 방법으로 변조하여 남들이 알아보지 못하게 하는 방법. cypher라고도 쓴다.

cipher processing, encryption processing[–prásesiŋ, inkrípʃən prásesiŋ] **암호 처리** 누가 읽어도 알 수 있는 정보의 의미를 알 수 없는 정보(암호문)로 변환하여 송신하고 제3자에 의한 정보 내용의 고의의 변경을 방지하는 것. 암호 기술은 옛날부터 외교나 군사 분야에서 연구하고 이용되어 왔는데, 대표적인 것에 미국 상무성이 표준화한 DES(data encryption standard) 암호 방식이 있다.

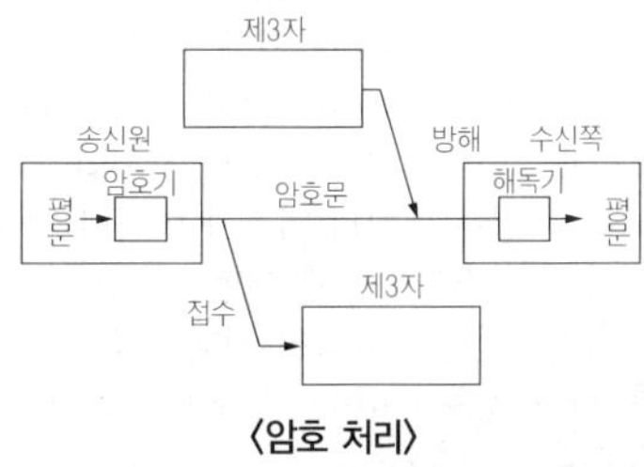

〈암호 처리〉

cipher system[–sístəm] **암호화 방식, 암호 방식, 암호 시스템** 데이터 전송 등에 있어서 암호 방식의 하나이며, 원문의 구성 단위와 같은 길이를 갖도록 암호화하는 방식. 이 방식에서는 원문의 구성 단위를 다른 문자나 문자열, 숫자열로 치환하는 것뿐이므로 암호화되는 키들은 길이가 같아야 한다.

cipher text[–tékst] **암호문** 데이터 보안을 위하여 원문을 암호화 키와 알고리즘을 사용하여 변환한 형태.

CIPS 캐나다 정보 처리학회 Canadian Information Processing Society의 약어. 정보 처리 분야에 대한 일반인들의 관심을 높이기 위해 조직된 캐나다의 기구. 과학자와 경영인을 포함하여 컴퓨터와 정보 처리 분야 종사자들로 구성되어 있다. 회원은 7천여 명 정도이다.

CIR 현재 명령 레지스터 current instruction register의 약어.

CIRC cross interleave read-solomon code의 약어. 버스트 오류를 정정하는 부합의 일종. ⇨ burst error

circle test[sə́:rkl tést] **서클 테스트** 아날로그 컴퓨터의 계산 오차를 테스트하는 방법의 일종으로 널리 이용되고 있다. 즉, 연산기로 비감쇠 단진동(單振動) 방정식의 해를 구하도록 접속해놓으면 세로축, 가로축에 적당한 신호를 출력해서 원이 그려진다. 실제는 오차 때문에 진짜 원이 아니라 일그러진 원으로 되거나 산발적인 궤적을 그리기도 한다. 그것에 따라 연산기의 정도(精度)를 판정한다.

circuit[sə́:rkit] *n.* **회로** (1) 회로 : 전기적 성질을 갖는 소자, 디바이스와 도선(導線)의 조합이며, 상호 결합시켜 도전로를 형성했을 때, 희망하는 신호와 에너지 처리 기능을 실현할 수 있는 것. (2) 회선 : 교환기와 단말 장치, 단말 장치 상호간을 접속하고, 데이터를 송수신하는 설비를 가리키는 용어. 데이터 단말 장치(DTE ; data terminal equipment)에서 발생하는 신호는 데이터 회선 종단 장치(DCE ; data circuit-terminating equipment)를 경유하여 동선(銅線)과 동축 케이블, 광 케이블, 마이크로 무선 등의 데이터 전송로(data transmission line)에 의하여 수신측으로 전달된다. 이 DTE와 데이터 전송로를 합친 것을 데이터 회선(data circuit)이라고 한다. 또 두 개의 데이터 단말 장치와 그것을 상호 접속하고 있는 데이터 버스가 데이터 링크(data link)이다. (3) 그래프 중에 어떤 절점(node)으로부터 몇 개의 절점을 경유하여 원래 절점으로 되돌아오도록 하는 경로(path)를 말한다. 순환(cycle)과 같은 뜻이다.

circuit assurance[–əʃú(:)rəns] **접속 확보**

circuit board[–bɔ́:rd] **회로판** 전자 회로를 구성하기 위한 기판. 대개 페놀이나 에폭시 등을 소재로 하여 만든 얇은 절연 기판에 구멍을 뚫고 구리의 박막으로 회로를 배선한 다음 부품을 납땜하여 만든다.

circuit breaker[–bréikər] **배선용 차단기** 정상적인 회로 상태에서는 수동으로 회로를 개폐할 수 있으나 단락 고장 등으로 이상 상태가 되면 회로가 자동 차단되도록 설계된 장치.

circuit buffer[–bʌ́fər] **회선 버퍼** 온라인 시스템에서는 각 회로에서 보내진 데이터, 또 각 회선으로 송출되는 처리 결과를 일시 메모리에 축적하고 통신 제어 장치에 따라 컴퓨터에 입력하거나 회선으로 송출하거나 한다. 이 때문에 사용되는 메모리를 회선 버퍼라고 한다. 버퍼 메모리의 사용 방법으로서 ① 메모리를 분할해서 각 회선에 할당한다. ② 할당을 행하지 않고 각 회선에서 공통 사용한다. ③ 일부를 공통, 일부를 할당하는 방법이 있지만 제어면에서는 ①이, 효율면에서는 ②가 유리하다.

circuit capacity[–kəpǽsiti(:)] **회로 용량** 한 회로가 동시에 취급할 수 있는 통신 채널의 수.

circuit card[–ká:rd] **회로 카드**

circuit changing switch[–tʃéindʒiŋ swítʃ] **변환 스위치**

circuit chip[–tʃíp] **회로 칩**

circuit class[–klǽs] **회선 종별** 데이터 통신용 회선을 서비스 품목상에서 분류하면 다음과 같다.

- 특정 통신 회선
  - 부호 품목 (50bit/s~48kbit/s)
  - 대역 품목 (D–1, D–13 등)
- 공중 통신 회선
  - 전화형
  - 전신형
- 회선 교환 서비스(200bit/s~48kbit/s)
- 패킷 교환 서비스(200bit/s~48kbit/s)

특정 통신 회선은 전용선과 동등한 설비를 사용한 것이며, 한쪽 끝에는 컴퓨터 등이 접속된다. 부호 품목과 대역 품목의 차이는 전자가 오로지 부호 전송에만 사용할 수 있는 데 대해서 후자는 전화 등 혼합 사용이 가능한 점이다. 공중 통신 회선은 전화 또는 전신 회선을 데이터 통신에 사용하는 것이다.

circuit constant[–kánstənt] **회로 상수**

circuit controller[–kəntróulər] **회로 제어기**

circuit control office[–kəntróul ɔ́(:)fis] **회로 통제소**

circuit delay[–diléi] **회로 지연** 축전지에 들어 있는 전압이 순간적으로 증가하거나 감소할 수 없기 때문에 회로 안에서 생기는 지연.

circuit diagram[–dáiəgræ̀m] **회로도, 회선도**

circuit element[–éləmənt] **회로 소자**

circuit emulation service[–èmjuléiʃən sə́:rvis] ⇨ CES

circuit extractor[–ikstrǽktər] **회로 추출기** 집적 회로(IC)의 물리적 레이아웃으로부터 회로 연결, 트랜지스터의 크기 및 특성, 기생 용량 등을 추출하는 프로그래밍.

circuit gettering[–gétəriŋ] **회로 게터링**

circuit grade[–gréid] **회선의 종류** 정보 반송 능력에 따라 분류된 회선의 종류이며, 신호의 속도나 형상으로 결정된다. 형상으로 보면 주파수 대역에 따라 광 주파수 대역, 음성 주파수 대역, 부음성 주파수 대역 및 전신용 주파수 대역 등으로 분류한다. 속도에 의하면 50, 200, 600, 1,200, 2,400bps (bit per second ; 비트/초)로 구별된다.

circuit load[–lóud] **회선 부하** 회선의 최대 용량과 회선의 이용도를 백분율로 표시한 것.

circuit logic[–ládʒik] **회선 논리**

circuit noise[–nɔ́iz] **회선 잡음** 여러 가지 원인으로 회선에서 발생하는 모든 전기적인 잡음. 예를 들면 전송 도중에 데이터 비트가 일부 소멸하거나 다른 문자로 변하고, 때로는 전혀 전송이 불가능하게 되는 원인이 된다. 기준 잡음에 대한 회선 잡음의 비가 기준을 넘는 만큼을 데시벨(dB)로 표시하고 이것을 회선 잡음 레벨이라고 한다. ⇨ 보충 설명 참조

circuit noise level[–lévəl] **회선 잡음 레벨** 기준으로 선택한 임의의 양에 대한 회선 잡음의 비.

circuit or line switching[–ər láin swítʃiŋ] **회로 또는 선로 교환** 전화 교환기처럼 의사 전달 교환 시작 전에 송수신측 사이를 연결하는 교환 기법.

circuit parameter[–pərǽmətər] **회로 매개 변수**

circuit power factor[–páuər fǽktər] **회로 역률**

회선 잡음과 잡음 설계

넓은 의미로는 전화기에서 전화기까지의 전화 회선에 출현하는 잡음을 말하는데, 보통 통화계를 구성하는 전송 방식에 기인하는 잡음을 지칭한다. 전화 회선에 생기는 잡음에는 교환국 내에서 발생하는 국내 잡음이 있는데, 주로 가입자선에서 생기는 유도 잡음이 있다.

회선 잡음은 통화를 방해하는 요인의 하나이며 전화 전송 기준 중에서 통화계의 통합 회선 잡음 한계값과 각 회선 구간의 회선 잡음 배분값을 규정하여 이것을 설계·보수의 근거로 하며, 양호한 통화의 확보를 도모하고 있다. 예를 들면, 구역 통화의 통합 회선 잡음 한계값은 수화측(受話側)의 가입자 교환국에서 1.3mV이며, 회선 구간의 잡음 배분값은 단국 – 집중국, 집중국 – 중심국, 중심국 – 총괄국의 각 구간 각각 2,000PWOP이다. 총괄국 간은 거리 비례로 잡음을 배분하여 최대치 9,600PWOP이다. 배분값은 상대 레벨점으로 환산한 평가 잡음 전력 평균값으로 표시한다.

전송 방식의 잡음 설계에서는 방식 적용 구간의 표준 의사 회선을 결정하고 잡음을 구성 장치에 배분하여 소요 잡음 규격을 만족시키도록 설계한다. 주파수 분할 다중(FDM) 전송 방식의 회선 잡음은 기본 잡음(입력 신호의 유무에 따라 발생하는 잡음 : 열잡음 등), 비직선 일그러진 잡음, 누설 잡음 등으로 이루어진다. CCITT에서는 국제 통화계(系)의 4선의 국내 연장 회선에 적용하는 반송 방식에 대해 거리 2,500km에서 음성 구간 3구간에서 이루어지는 표준 의사 회선에 있어서 평가 잡음 전력 평균값이 10,000PWOP를 초과하지 않는 잡음 설계에 의한 것을 권고하고 있으며, 장거리 전송 방식은 이 권고에 합치하도록 설계하여야 한다. 이때 단국 장치에 2,500PWOP, 전송로 구간에 7,500PWOP를 배분한다. 전송로 구간의 회선 잡음은 중계수에 비례하여 누적되는데, 중계기의 설계를 3PWOP/km 이하로 잡음이 발생하도록 한다.

디지털 전송 방식의 회선 잡음은 FDM 전송 방식과는 달리 표본화·양자화의 조작을 하여 AD(analog-digital) 변환 장치에서 주로 생긴다. 전화 전송용으로는 15번 접은 선에 근사한 대수 압신(對數壓伸) PCM 8bit 부호화 방식이 표준 방식으로 사용되고 있다. 회선 잡음은 입력 신호가 없을 때의 잡음 전력과 입력 신호 대 잡음비로 규정된다.

circuit reliability[–rilàiəbíliti(ː)] **회로의 신뢰성** 회로가 사용자에 의해 임의 기준 집합에 도달하는 시간의 백분율.

circuitry[sə́ːrkitri(ː)] *n.* **회로, 회로 소자**

circuit switched connection[sə̀ːrkit swítʃit kənékʃən] **회선 교환 접속** 접속이 해제될 때까지 데이터 회선을 배타적으로 사용하는 것을 목적으로 하며, 필요할 때마다 두 개 이상의 데이터 지국(station) 사이에 확립되는 접속.

circuit switched data network[–déitə nétwə̀ːrk] **정보 회선 교환망** 키보드 프린터, 캐릭터 디바이스 플레이(character device play) 등의 데이터 단말, 전자 컴퓨터 및 디지털 팩시밀리 단말 등을 수용하여 교환 서비스를 제공하는 디지털 정보 교환망(DDX망)에는 회선 교환망과 패킷(packet) 교환망의 두 종류가 있다. 이 중에서 정보 회선 교환망은 디지털 신호를 취급하는 점을 제외하면 기본적으로는 전화망과 같은 기능을 가지며, 통신로가 일단 설정되면 출발 신호, 다이얼 송출이 연속(sequence)적으로 통신의 종료까지 특정한 회선을 하나의 통신으로 전용해서 사용한다. 통신중에는 전용선을 쓰는 것과 같은 상태에서 송신측의 정보가 일정한 전송 지연을 하게 되어 수신측에 전송된다(통신 투과성). 더욱이 정보 회선 교환망은 팩시밀리 통신처럼 시간 정보를 빠르게 전송할 필요가 있는 통신에 적합한 망이다. 또한 일반적으로 통신 밀도가 높은 대량의 정보를 전송하는 경우에 경제적이다. 정보 회선 교환망은 디지털 정보 회선과 정보 회선 교환기로 구성된다. 정보 회선 교환기는 시분할 다중 회선을 그대로 교환하는 시분할 통화로 장치(TSWE)와 중앙 처리 장치로 이루어진다. 가입자 회선은 집선 다중화 장치(LC)로서 집선된 후 교환기와 접속된다. 단말에서 온 정보는 디지털 신호대로 망 안에서 전송되고 교환되는데, 종래의 아날로그망을 사용한 정보 전송에 비하여 높은 전송 품질이 얻어진다. 또한 고속 정보를 취급하는 것을 고려하여 호출 설정 시간도 수백 msec로 억제된다. 정보 회선 교환망에 가입되는 단말은 CCITT(국제 전신 전화 자문 위원회) 권고 X20, X20 bis(조보식), X21, X21 bis(동기식)에 의한 인터페이스를 갖출 필요가 있다. 단말 속도에 관하여는 50b/s~48kb/s로 넓은 범위에 걸쳐 사용되며, 망 내에서는 3.2, 4.8, 9.6 및 64kb/s의 네 종류의 속도로 전송·교환된다. 정보 회선 교환망에 있어서 번호 계획은 7숫자의 폐쇄 번호 방식으로 되며 국계위(局階位)로서 2계위가 가장 적당하다고 생각된다.

circuit switching[–swítʃiŋ] **회로 교환, 회선 교환** 필요할 때마다 두 개 이상의 데이터 단말 장치를 접속하고, 그 접속이 해제될 때까지 그들 사이의 데이터 회선을 배타적으로 사용하는 처리 과정.

circuit switching network[–nétwə̀:rk] **회선 교환망** 데이터 통신에서 네트워크 내에서 두 국(station) 사이를 연결해주는 방식의 하나. 통신하고자 하는 두 기계 사이에 물리적인 회로를 직접 연결하는 것으로, 이때 회로는 컴퓨터 제어 하에서 신속하게 연결되며, 통신이 지속되는 동안 계속 유지된다. 전송이 끝난 후에는 다른 사용자가 같은 설비를 이용할 수 있도록 연결이 끊어진다. 전화 교환망과의 차이점은 사용자 회선이 연결되거나 단절되는 데 소요되는 시간이 매우 짧다는 점이다. ⇨ packet switching network

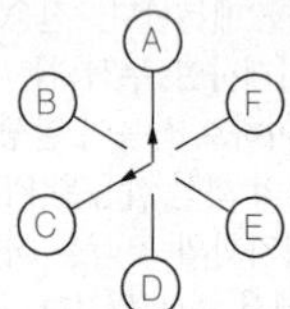

〈회선 교환망의 개념〉

circuit switching service [–sə́:rvis] **회선 교환 서비스** 단말기 사이에서 통신을 하고 싶을 때, 통신 회선을 상호의 단말을 직접 접속하도록 설정하는 일. 이 교환을 설정하면, 교환기는 통신 회선을 통해서 들어온 데이터를 처리하지 않고 받는 쪽의 단말로 통과시켜 전화처럼 일대일의 통신이 가능하다. 이 서비스 방식에는 공간 분할 방식과 시분할 방식이 있는데, 어느 것이나 고속이므로 대화형 통신 처리에 적합하다.

circuit switching system[–sístəm] **회로 교환 방식** 전화 변환 등과 같이 정보의 축적 없이 교환하는 방식으로 직접 호출, 피호출자가 접속되기 때문에 에러 제어 방식이나 컴퓨터 등의 연동(連動)에 적합하다. 주된 방식으로 ① 수동 중계 방식, ② 자동 중계 방식(텔렉스 방식), ③ 특수 변환 방식(집배신(集配信) 분기 방식, 기타)이 있다.

circuit system[–sístəm] **회로 방식** 컴퓨터나 그 주변 기기의 회로 구성.

circuit tester[–téstər] **회로 시험기** 직류와 교류의 전압·전류 및 저항값을 측정하는 소형의 휴대용 범용 계기.

circuit theory[–θíəri(:)] **회로 이론**

circuit turn-off time[–tə́:rn ɔ́(:)f táim] **회로 턴 오프 시간**

circular[sə́:rkjulər] *a*. **원형의, 순환의**

circular array[–əréi] **원형 배열** 데이터 구조의 하나로서 마지막 원소 다음에 다시 첫 번째 원소가 계속되는 배열.

circular buffer[–bʌ́fər] **원형 버퍼** 버퍼가 실제로 하나의 원형을 구성하게 되는 것으로 버퍼의 가장 마지막 장소의 다음 장소가 처음이 되는 버퍼.

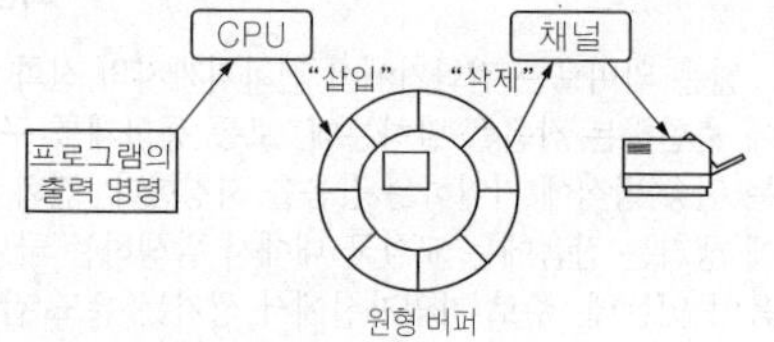

〈원형 버퍼 실행 개념〉

circular constant[–kánstənt] **원주율**

circular file[–fáil] **원형 파일** 둥근 모양으로 연결된 파일 구조. 다시 말해, 맨 마지막 어드레스 다음의 장소는 첫 번째 장소로 생각하는 파일 구조를 말한다.

circular interpolation[–intərpəléiʃən] **원형 보간(법)** 양 끝점과 보간을 위한 수치 정보를 제공하여 이에 따라 결정되는 원형으로 기계 공구 운동을 제어하는 것.

circular linked list[–linkt líst] **환상 연결 리스트** 일반적인 연결 리스트 구조는 처음 노드와 마지막 노드가 분명하게 구분되는 선형 리스트인데 마지막 노드의 LINK 필드값은 항상 「∧(null)」이었다. 이와 같은 선형 리스트를 좀더 융통성 있게 처리하고 마지막 노드의 LINK 필드를 활용하기 위해서 마지막 노드의 LINK 필드가 null이 아닌 첫 번째 노드의 주소를 지적하도록 리스트를 구성할 수 있는데, 이렇게 구성된 리스트를 환상 연결 리스트라 한다.

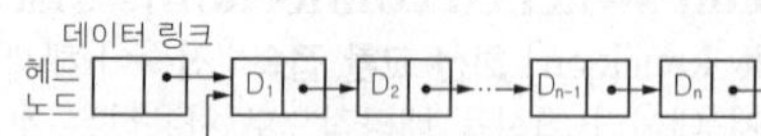

〈n개의 노드로 구성된 환상 연결 리스트의 구조〉

circular shift[–ʃíft] **원형 시프트, 순환 자리 이동** 누산기(累算器)의 최고위 자리와 최하위 자리를 접속해서 자리 이동을 명령에 따라 행한다.

circular variation[–vɛ̀(:)riéiʃən] **순환 변동** 시계열의 변동중 어떤 현상이 장기간에 걸쳐 반복·순환하는 변동.

circular wait[–wéit] **원형 대기** 여러 프로세스들이 서로 다른 프로세서들이 갖고 있는 자원을 기다리는 것. 즉 프로세스 {P_0, P_1 …, P_n }에서 프로세스 P_0는 프로세스 P_1이 가지고 있는 자원을 기다리고, 프로세스 P_1은 프로세스 P_2가 가지고 있는 자원을 기다리고, 이런 식으로 각각 남이 가지고 있는 자원을 기다려 전체가 순환적으로 끝없이 기다리게 되는 상황. 이러한 원형 대기는 교착 상태가 된 시스템에서 볼 수 있는 특징이다.

circulate[sə́:rkjulèit] *v*. **순환하다** 컴퓨터 처리

에서, 예를 들면 레지스터(register) 속에서 데이터를 자리 이동(shift)하는 경우 왼쪽 또는 오른쪽으로 자리 이동되며, 초과한 자리 이동이 다시 다른쪽 끝으로 이동되는 동작을 의미한다. 이때 레지스터의 자릿수가 10자리이면 10자리분, 즉 10회 순환하면 원래의 상태로 되돌아오게 된다. 이러한 시프트의 것을 순환 시프트에서는 순환 레지스터(circulating register)라 한다.

circulating[sə́ːrkjuleitiŋ] *a.* **순환식, 순환의**

circulating axis[–ǽksis] **순환축**

circulating memory[–méməri(ː)] **순환 기억 장치** 정보에 일정 시간의 지연(delay)을 부여하고, 그 신호를 증폭 성형하고 다시 같은 지연 횟수의 입력 끝에 부여하며, 이 폐쇄 회로를 반복 순환시킴으로써 정보를 기억시키는 장치. 기억 지연 장치(delay memory)라고도 한다. 지연을 부여하는 수단으로는 초음파의 전파 시간을 이용하는 것, 자기 드럼을 이용하는 것, 수동 전기 회로를 사용하는 것 등이 있다.

circulating memory unit[–júːnit] **순환 기억 장치**

circulating register[–rédʒistər] **순환 레지스터** 시프트하는 데 따라서 최하위 비트가 최상위 비트로 그대로 들어가도록 되어 있는 시프트 레지스터.

circulating storage[–stɔ́ːridʒ] **순환 기억 장치** 일정 기간 지연을 만드는 회로와 증폭 정형(整形)을 하는 회로를 조합시켜 데이터를 순환시켜 기억하게 하는 기억 장치.

circulation[sə̀ːrkjuléiʃən] *n.* **순환**

circulation control[–kəntróul] **순환 제어**

circulator[sə́ːrkjulèitər] *n.* **서큘레이터**

circumscription[sə̀ːrkəmskrípʃən] *n.* **한계 지정** 어떤 객체가 주어진 속성을 갖는가에 따른 추측 법칙으로, 어떤 객체가 문제 안에서 언급되지 않았다면 그 문제에 관해서는 고려하지 않는다는 암시적 가정이 있다는 법칙이다.

CIS (1) **컴퓨서브의 정보 서비스** CompuServe information service의 약어. 미국 컴퓨서브 사 PC 통신 서비스의 총칭. 이메일이나 포럼 등 다양한 서비스를 제공하고 있으며, 서비스 수는 400개 이상이 된다. (2) **신용 정보 시스템** credit information system의 약어.

CISA 공인 정보 시스템 감사사 certified information systems auditor의 약어. 공인 회계사가 장부상에 기록된 개개 회사의 회계 기록의 감사를 통하여 건전한 기업 활동을 도와주듯이 CISA는 기업의 감사 활동을 주로 컴퓨터 분야에서 도와주는 사람.

C-ISAM C-아이삼 미국의 인포믹스 소프트웨어(Infomix Software) 사가 개발한 C 언어에서 ISAM 파일을 사용할 수 있게 해주는 소프트웨어 패키지. 이것을 사용하면 C 언어로 데이터 베이스를 구축하는 일이 간편해지므로 널리 사용된다.

CISC 복합 명령 집합 컴퓨터 complex instruction set computer의 약어. 수많은 전문화된 명령어를 사용하여 프로그램을 수행하도록 하는 컴퓨터 기술. 각 명령어를 수행하는 데 몇 개의 클록 주기를 요구하며 마이크로코드에 의존해서 해석한다. CISC 마이크로프로세서의 예로는 인텔의 80286, 80386이 있다. ⇨ RISC

CIS-COBOL 콤팩트 대화식 표준 코볼 compact interactive standard COBOL의 약어.

citation index[saitéiʃən índeks] **인용 색인** 자료의 저자가 그 자료 중에 인용한 인용 자료(citation)에 기초하여 색인을 작성하는 방법. 인용된 자료의 표제는 원래 자료 내용과 밀접한 관계를 가지므로 이것을 실마리로 작성한 색인은 원래 자료의 주제만이 아니라 그 관련 분야를 잘 표현한다. 자료 중의 인용 자료 부분은 페이지 최하단이나 권말 등 알기 쉬운 위치에 꽤 엄밀한 형식으로 표시하고 있으므로 색인 작성자도 작업하기가 쉽다.

citizens band simulator[sítizənz bænd símjulèitər] **CB 시뮬레이터** ⇨ CB simulator

CITL 컴퓨터 통합 교육 및 학습 computer integrated teaching and learning의 약어. 교육 및 학습 통합 분야에서 컴퓨터를 이용하는 것. CAI, CAL, CMI 등도 이 개념에 포함된다. IEA가 컴퓨터와 교육에 관한 국제 공동 연구를 한 때부터 사용되기 시작한 용어이다.

CIU 컴퓨터 인터페이스 장치 computer interface unit의 약어.

CIX 킥스, 상용 인터넷 협회 Commercial Internet eXchange의 약어. 인터넷 서비스 제공자가 설립한 비영리 기관. 상용 서비스의 활성화를 목적으로 하기 때문에 학술 부문과 상용 부문이 상호 연결되어 있다. 1992년에 UUNET, PSI, CERFNET의 3개의 사업자들에 의해 설립되었으나 그 후 NSP(network service provider)의 증가에 따라 급속하게 증가했다. 상용 서비스 제공업체끼리의 접속이 이루어지고 미국을 비롯한 세계 각국에 수많은 업체들이 회원으로 참여하고 있다.

CKD 카운트 키 자료 구조 count key data architecture의 약어.

CKO chief knowledge officer의 약어. 최근 등장하고 있는 신개념. CIO가 다소 오퍼레이트(operate)한 측면에 비중을 두고 있다면 CKO는 경영 측면에 비중이 더 실린다. 경영 혁신에 필요한 새로운 아이디어와 가치를 창출하고 전략화하는 의사 결정자를 말한다.

CL CAS latency의 약어. SDRAM이 어떤 클록 주파수에서 동작하고 있을 때, CPU에서 받은 명령으로 데이터를 메모리에 보낼 때 필요한 클록 수. CL=2이면 2클록, CL=3이면 3클록을 필요로 하지만 둘의 차이를 체감하기는 힘들다. ⇨SDRAM

clamp[klǽmp] *n*. **클램프**

clamping circuit[klǽmpiŋ sə́ːrkit] **클램핑 회로** 파형의 표준 레벨을 바꿀 때 사용하는 회로.

C language[síː lǽŋgwidʒ] **C 언어** 미국 벨 연구소의 리치(D. Ritchie)가 개발한 운영 체제나 언어 처리계 등의 시스템 기술에 적합한 프로그래밍 언어. 기본적인 프로그램 구조가 기술 가능하고, 비트 조작 등 세밀한 기술도 가능하다. 미니컴퓨터용 운영 체제인 유닉스의 대부분은 이 언어로 기술되어 있다. 최근에는 마이크로컴퓨터용 소프트웨어의 공통화를 꾀하기 위한 언어로서 보급되고 있다.

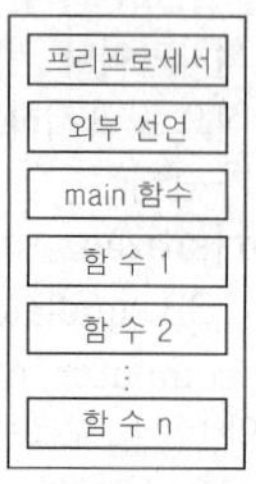

(프로그램의 구조)

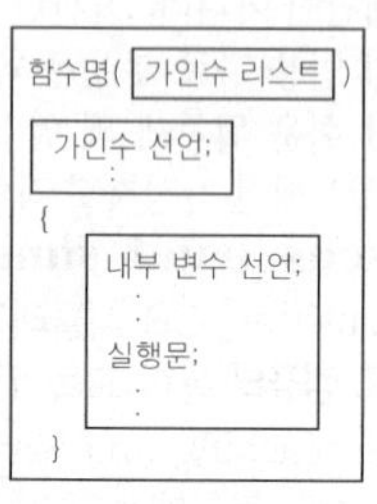

(함수의 구조)

〈C 프로그램의 구조〉

Clarinet[klæ̀rəét] **클라리넷** 인터넷 상에서 UPI 통신과 같은 뉴스그룹이 제공하는 개인 기업 중심의 유료 서비스. 비용은 저렴한 편이다.

Claris Corp. 클라리스 사 애플 사에서 독립한 소프트웨어 개발의 자회사. 통합 소프트웨어 Claris Works, FileMaker 등으로 알려져 있고 후에는 윈도 소프트웨어 개발에도 뛰어들었다. 현재는 FileMaker만을 남겨두고 다른 부문은 애플 사에 흡수 통합되어 회사의 이름도 파일메이커로 변경되었다.

class[klɑ́ːs] *n*. **클래스, 부류, 종별** (1) 프로그래밍 언어에서 사용되는 class. FORTRAN 용어에서는 「부류」라고 한다. 프로그램 단위 중에 나타나는 영문자가 표현할 문법상의 대상을 그 표현 방식에 따라 제Ⅰ류에서 제Ⅷ류의 8종류로 분류한 것. 각 부류에 속하는 영문자명이 표시하는 대상은 다음과 같다. 제Ⅰ류 : 배열이나 배열 요소, 제Ⅱ류 : 변수, 제Ⅲ류 : 문함수, 제Ⅳ류 : 내장 함수, 제Ⅴ류 : 외부 함수, 제Ⅵ류 : 서브루틴, 제Ⅶ류 : 프로그램 단위에서는 서브루틴이나 외부 함수로 분류할 수 없는 외부 절차, 제Ⅷ류 : 블록명이다. (2) 데이터 통신에서는 통신 회선의 종류를 표시하며, 회선 종별(circuit class)이라고 한다. 서비스 품목에 따라 네 종류로 분류한다. 특정 통신 회선, 공중 통신 회선, 회선 교환 서비스, 패킷 교환 서비스이다. (3) 운영체제(OS)에서 쓰이는 용어로서 작업 클래스(job class)가 있다. 즉, 실행을 의뢰하는 작업의 형태.

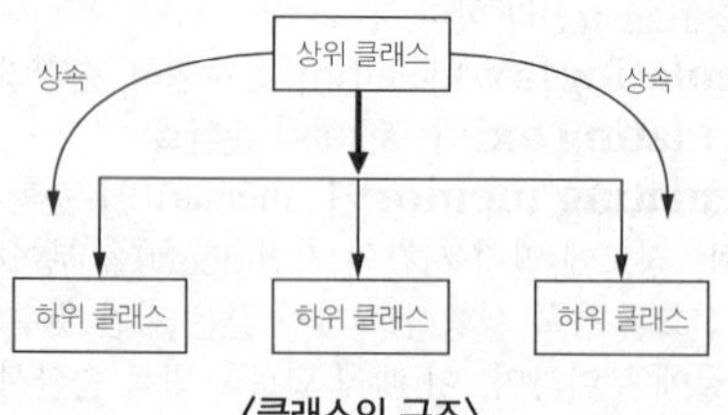

〈클래스의 구조〉

class condition[-kəndíʃən] **자류(字類) 조건, 문자 종류 조건** COBOL 언어에서 어떤 항목의 내용이 영문자, 공백, 또는 숫자인지에 따라서 진리값을 결정하는 명제.

class D channel D급 채널 데이터 전송 채널의 한 종류로, 채택한 코드(5, 6, 7, 8단계 중)에 따라 다르기는 하지만 천공된 종이 테이프를 분당 약 240단어의 비율로 전송할 수 있다. 80컬럼 천공 카드의 경우는 분당 10~11장을 보낼 수 있다.

class display[-displéi] **클래스 표시 화면**

classical logic[klǽsikəl lɑ́dʒik] **고전 논리** 힐베르트(Hilbert)류까지의 명제 논리, 술어 논리.

classical predicate logic[-prédikət lɑ́dʒik] **고전 술어 논리** 힐베르트(Hilbert)류의 술어 논리 체계. 그 이후 연구 개발된 겐첸(Gentzen)에 의한 자연 추론이라고 불려지는 방법과 구별해서 고전 술어 논리라고 한다. 즉, 힐베르트류에서는 술어 논리 공리계가 있어 그 독립성, 완전법 등을 논의한다. 술어 논리는 일반적으로 명제 자체의 논리적 구조, 예를 들면 주어와 술어와의 관계로 생각하고 그러한 것을 논한다.

classical propositional calculus[-prɑ̀pəzíʃənəl kǽlkjuləs] **고전 명제 계산** 시초는 G.W. Leibniz이고 그 후 A. de Morgan, G. Boole, E. Schröder 등 많은 학자에 의해 발달하였으며, A.N. Whitehead, B.A. Russsell, D. Hilbert에 의해 완성되었다. 명제의 내용에는 관계하지 않고 명제와 명제와의 관계를 논하는 것을 명제 논리라고 한다. 따라서 명제 논리는 몇 가지 명제 변항(變項) 사이에 성립하는 일반적 논리 법칙의 연구이다. 기호를 사용하므로 그 계산을 명제 계산이라고 한다.

classification[klæ̀sifikéiʃən] *n*. **분류** (1) 어떤 집합을 특별한 순서로 바꿔 배열하는 조작 방법. 데

이터의 파일을 지정한 순서로 배열하여 조작하는 방법으로서 정렬(sorting)이 있다. (2) 데이터 처리에 필요한 각종 코드화 체계이다.

classification level[–lévəl] **분류 레벨** 민감도에 따라 객체들을 분류한 몇 가지 등급.

classification of cards[–əv ká:rz] **카드 분류** 카드 종류에 따라 분류하는 것으로, 카드 설계 상으로는 전기(轉記) 카드, 2원 카드, 마크센스 카드 등으로 분류되고, 기계 작업 상으로 명세 카드, 합계 카드, 마스터 카드 등으로 분류된다.

classification of computer[–kəmpjú:tər] **컴퓨터 분류** 일반적으로 사용 목적, 데이터 취급 방법, 기억 용량, 연산 처리 능력, 가격 등 여러 측면에서 컴퓨터를 분류할 수 있다.

classify[klǽsifài] *v.* **분류하다**

class interrupt[klá:s intərʌ́pt] **클래스 간섭**

class interval[–íntərvəl] **부류 간격** 도수 분포표에서의 한 계급의 계급 하한과 다음 계급 하한 사이의 간격. 계급 간격에는 대체로 등간격, 부등간격의 경우가 있다.

classless inter-domain routing[klá:sləs íntər douméin ráutiŋ] ⇨ CIDR

class library[klá:s láibrəri(:)] **클래스 라이브러리** 재사용을 위해 구축된 클래스의 집합으로, 마이크로소프트 사의 MFC가 대표적인 예이다.

class test[–tést] **클래스 테스트**

clause[klɔ́:z] *n.* **구, 절** (1) 구(句) : COBOL 용어. 데이터부(data division), 환경부(environment division)에서 각각 데이터와 컴퓨터의 특성 등을 기술하는 데 쓰이는 문법 단위. (2) 절(節) : 논리식을 논리합의 표준형으로 표시할 때, 각 항(項)을 논리합으로 연결한 형식이 된다. 이러한 식을 절이라고 한다.

clean output[klí:n áutpùt] **클린 출력** 전송 에러된 데이터는 출력시키지 않고 정상인 데이터만을 출력하는 방식. 일반적으로 수신측에는 전송 상 발생한 에러 데이터를 포함하여 모든 데이터가 송신되어 오지만 송신측과 수신측에 기록 장치를 가지고 데이터는 일단 기억 장치에 축적하여 에러가 없는 것을 확인하여 정상인 데이터만을 프린터 등에 출력하는 방식이다.

clean room[–rú:m] **클린 룸** 반도체 소자나 집적 회로 · 비디오텍스 · 정밀 기계를 제조하기 위한 깨끗한 방. 지극히 미세한 필터를 통해서 청정화한 공기를 천장에서 흘려 보내 금망상(金網狀)의 마루에서 아래로 흘려보내는 다운 플로어(down floor) 방식과 가로 벽면에서 배기하는 방식이 있다. 먼저 제거와 함께 습도 제어도 가능하다. 청정도는 5μ 이상의 먼지가 1입방 필터에 몇 개 있는가에 따라 1등급이라든가 10등급이라는 표시를 하게 되는데, 등급 표시는 세계 표준이다. 클린 룸 입실시에는 흰 옷과 마스크를 착용한다.

clear[klíər] *n.* **지움, 지우기** (1) 한 개 이상의 기억 장소(storage location)를 어떤 상태로 결정하는 것. 대개 제로 또는 공백에 상당하는 상태로 하는 것. 그 자체로는 데이터로서의 의미를 갖지 않으며, 불필요한 데이터를 지울 수 있는 문자를 기억 매체에 써넣어 「~로 소거한다」라는 표현을 쓴다. zero를 표시하는 문자를 써넣는 것을 제로 충전(zero-fill) 또는 제로화한다(zeroize)라고 한다. (2) reset과 같은 뜻. 레지스터나 카운터를 지정된 초기 상태로 하는 것.

clear area[–ɛ́(:)riə] **소거 영역** 문자 인식에 있어서 소거 영역은 용지 상에 지정된 장방형의 영역이며, 판독에 관계없는 문자나 기타의 기호를 넣어서는 안 되는 부분.

clear band[–bǽnd] **소거 밴드** 자기 잉크 기록 매체 상에서 자기 잉크 문자가 인쇄되는 띠 모양의 구역을 가리킨다. 이 밴드 내에서는 자기 잉크 문자 이외에 자기 잉크도 부착해서는 안 된다.

cleared condition[klíərd kəndíʃən] **소거 상태**

clearing[klíəriŋ] *n.* **클리어링** (1) 화면 표시 장치에 나타나고 있는 문안이나 그림을 지우는 것. (2) 기억 장치, 레지스터 등의 제로(0) 또는 공백 상태로 대치하는 것.

clearing service[–sə́:rvis] **클리어링 서비스** 과학 기술에 관한 연구 체제의 변화(시스템화, 고속화, 다경계 영역화)의 결과, 연구 기획을 세울 필요성과 동시에 전통적인 2차 정보(주로 문헌) 서비스에 포함되지 않는 종류의 정보를 더 넓게, 더 많이, 더 빨리 구하지 않으면 안 되는데, 이런 종류의 정보가 얻어지도록 하는 활동을 클리어링 서비스라고 총칭한다. 이것에 포함되는 것으로는, 예를 들면 정보 시스템 안내, 정보 관련 기관에 관한 안내, 학술 협회 및 회의에 관한 정보, 연구 기관의 활동 상황이나 연구 시설 등에 관한 정보, 진행중인 연구 테마와 연구자에 관한 정보 등의 서비스가 있다.

clear to send[klíər tu sénd] **송신 준비 완료** 데이터 통신에 이용되는 RS-232C 표준 인터페이스에서 사용되는 신호의 한 가지. 특정 방향으로 가는 신호의 전송을 위한 준비 상태를 나타낸다.

click[klík] *n.* **클릭, 누름** 키보드의 키나 마우스 단추를 누르는 것.

clickable map[klíkəbl mæp] **클리커블 맵** ⇨ image map

click and drag[klík ənd drǽ(:)g] **눌러서 끌**

기 입력 장치인 마우스를 사용하는 방법 중 하나로 어떤 위치에 화살표를 갖다 놓고 단추를 누른 다음 단추를 누른 채로 마우스를 이리저리 끌고 다니는 것. 이는 메뉴를 연 다음 그 중에서 하나를 고를 때 사용되는데, 적당한 위치로 가져간 다음 단추를 떼면 그것이 선택된다.

click and type[–tάip] **클릭 앤드 타입** 마이크로소프트 사의 워드에 있는 기능으로, 마우스 포인터를 원하는 위치로 이동하여 더블 클릭하면 그 자리에 입력할 수 있는 것. 단락 기호나 공백이 자동으로 추가되므로 조작상의 번거로움을 줄일 수 있다.

click through rates[–θruː reits] **광고 연결률** ⇨ CTR

client[kláiənt] **클라이언트** 클라이언트/서버(client/server) 구성에서 사용자측. 사용자가 서버에 접속했을 때 클라이언트는 사용자 자신을 지칭할 수도 있고, 사용자의 컴퓨터를 가리키기도 하며, 컴퓨터에서 동작하고 있는 프로그램이 될 수도 있다. 컴퓨터 시스템의 프로세스는 또 다른 컴퓨터 시스템의 프로세스를 요청할 수 있다. 네트워크에서는 네트워크 서버에 정보나 응용 프로그램을 요구할 수 있는 PC 등의 처리 기능이 있는 워크스테이션을 말하며 객체 연결 및 포함(OLE)에서는 서버 응용 프로그램이라는 다른 응용 프로그램에 데이터를 포함시켜 놓은 응용 프로그램을 말한다. 파일 서버로부터 파일의 내용을 요청하는 워크스테이션을 파일 서버의 클라이언트라 한다. 각각의 클라이언트 프로그램은 하나 또는 그 이상의 서버 프로그램에 의하여 자동 실행될 수 있도록 디자인되며, 또한 각각의 서버 프로그램은 특별한 종류의 클라이언트 프로그램이 필요하다. ⇨ server

client/server [–sə́ːrvər] **클라이언트/서버** 웹(WWW)에서 웹 브라우저의 작동 원리를 이해하기 위해서는 클라이언트와 서버라는 용어를 알아야 한다. 이 웹 서비스가 바로 클라이언트(client)/서버(server) 모델을 기본으로 작동하고 있기 때문이다. 여기서 클라이언트란 네트워크에서 정보를 요구하는 쪽의 컴퓨터를 의미하고, 서버란 요구받은 정보를 제공하는 쪽의 컴퓨터를 의미한다. 즉, 웹 브라우저를 사용하고 있는 컴퓨터가 클라이언트이고, 홈페이지를 통해 정보를 제공하고 있는 쪽이 서버가 된다. 하나의 프로세서를 네트워크 상의 클라이언트와 서버에 나누어 분산하는 프로세서 방식에서 클라이언트 쪽에서 RPC 등의 형태로 요청하면 서버에서 그것에 대응한 프로세스를 하여 응답한다. 프로세서를 의뢰하는 쪽을 클라이언트라 하며, 의뢰받은 프로세서를 실행하여 응답하는 쪽을 서버라 한다. 이 방식의 네트워크 소프트웨어로는 X Windows system, NFS 등이 있다. ⇨ X Windows system

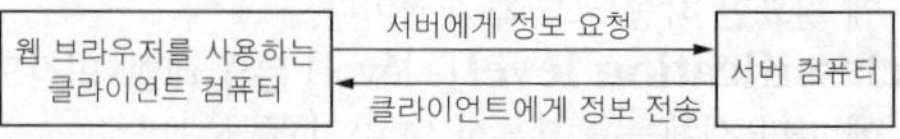

client/server architecture[–άːrkitèktʃər] **클라이언트/서버 아키텍처** 네트워크의 구성 형식으로서 중앙의 컴퓨터에 자원을 저장하며 여기에 연결되는 여러 클라이언트는 서버의 자원을 공유하고, 네트워크 장비를 사용하게 된다. 클라이언트 서버 및 네트워크의 자원을 사용하기 위해 클라이언트 소프트웨어를 사용하며 서버는 클라이언트를 포함한 네트워크의 기능을 수행하기 위한 서버 프로그램을 사용한다.

client/server model[–mάdəl] **클라이언트/서버 모델** 보통 정보나 자원을 일원적으로 관리하고, 제공하는 역할을 하는 컴퓨터(하드웨어나 소프트웨어)를 서버(server)라 부르고, 서버에게 정보나 자원을 요청하여 그것을 이용하는 역할을 하는 하드웨어나 소프트웨어를 클라이언트(client)라 부르는데, 이들이 서로 관련을 가지고 하나의 응용 프로그램을 효율적으로 실행하는 방식(모델). ⇨ 그림 참조

client/server networking [–nétwə̀ːrkiŋ] **클라이언트/서버 네트워킹** 공유되는 자원들이 강력한 서버 머신들에 집중되는 네트워크 구조. 연결된 데스크톱 시스템들은 네트워크를 통해서 중앙 집중된 정보를 요청하면서 클라이언트의 역할을 수행한다.

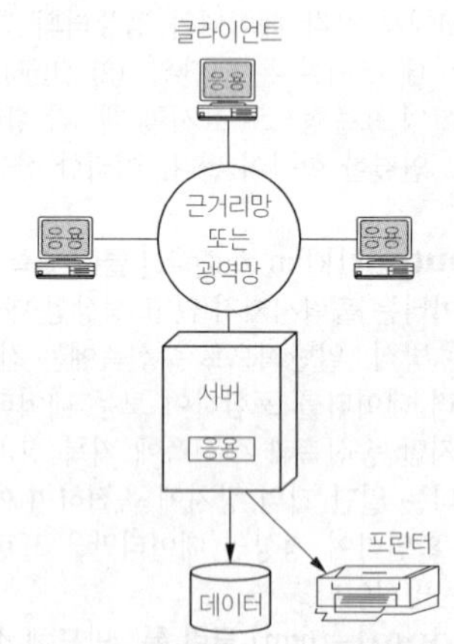

〈클라이언트/서버 처리 환경〉

client/server system[–sístəm] *n.* **클라이언트/서버 시스템** 사용자측의 PC인 클라이언트와 그것에 접속한 서버 컴퓨터에서 처리를 분담하여 클라이언트와 서버로 맞춰서 하나의 업무를 처리하는 시스템. 응용 프로그램을 호스트 컴퓨터에서 동작

시켜 집중 처리하는 호스트 단말 시스템과 달리 처리의 일부를 주변의 PC(클라이언트)에서 행하기 때문에 입력에 대한 응답이 빠르다. 현재 클라이언트 서버의 형태를 채용하여 많이 사용하고 있는 것이 데이터 베이스 소프트웨어이다.

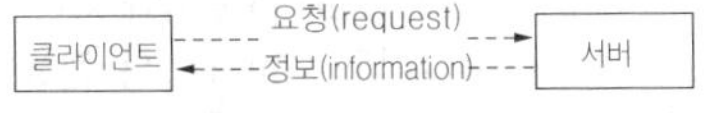

클라이언트는 사용자, 서버는 정보 제공자의 역할을 수행한다.

〈클라이언트/서버 시스템의 구성〉

climbing generalization tree[kláimiŋ dʒènərəlaizéʃən tríː] **상향 일반화 트리** 일반화 방식의 하나. 구조적인 묘사에 적용 가능한 방법이고, 트리의 위쪽으로 올라갈수록 더욱 일반적인 표현을 나타낸다. 이러한 트리를 이용해서 좀더 일반적인 개념을 형성할 수 있다.

clinical parameter[klínikəl pərǽmətər] **임상 매개변수** 오브젝트(object)를 특징짓는 여러 가지 속성 등.

clip[klíp] *n.* **오림, 오리기**

clip art[–ɑ́ːrt] **클립 아트** 웹이 보편화되기 전에 탁상 출판 시절에도 자주 사용되었는데, 전문 디자이너나 비전문가들이 출판 또는 웹 페이지 설계시 쓸 수 있도록 미리 준비된 삽화. 클립 아트를 사용하면 전문 디자이너의 시간을 절감시켜 주며, 비전문가들도 경제적으로 그림을 만들 수 있다. 클립 아트에는 주제와 관련 있는 삽화와 수평선, 불릿 기호, 그리고 텍스트 분리 기호 등과 같은 시각적 구성 요소 등이 모두 포함된다.

clipboard[klípbɔ̀ːrd] *n.* **클립보드** (1) 하나의 파일에서 다른 파일로 옮길 데이터를 저장하기 위한 주기억 장치의 부분. (2) 윈도 방식의 사용자 인터페이스에서 한 윈도에 있는 데이터를 복사하여 다른 윈도로 옮길 때 그 내용을 임시로 기억하는 윈도. 예를 들어, 워드 프로세서 프로그램이 동작하는 윈도에서 작성한 문서를 클립판에 옮겨놓고, 스프레드시트 프로그램을 위한 윈도를 연 다음에 클립판의 내용을 복사해보면 쉽게 데이터를 이동시킬 수 있다.

Clipper 클리퍼 미국 Nantucket 사에서 발표한 dBASE 프로그램의 컴파일러. 이는 dBASE와 호환되며, dBASE 프로그램을 컴파일하여 실행 가능한 기계어 프로그램으로 바꾸어준다. 기능이 우수하고 속도가 빨라 많이 이용된다.

clipper[klípər] *n.* **클리퍼** 입력 신호가 어떤 설정 수준을 초과하면 출력을 발생하는 것.

clipping[klípiŋ] *n.* **클리핑, 오려냄, 오려내기** 디스플레이(표시 장치)에 있어서 필요한 화상을 꺼내기 위하여 표시 영역의 미리 결정된 부분. 예를 들어, 윈도의 외측에 표시되는 화상을 없애는 조작이다. scissoring이라고도 한다.

clipping circuit[–sə́ːrkit] **전단 회로** 설정된 최대 진폭값에 따른 입력 신호값에 출력 신호의 최대 순서값을 자동으로 제한하는 회로.

clipping path[–pɑ́ːθ] **클리핑 패스** (1) 문서의 일부분만을 잘라내려고 할 때 사용하는 다각형이나 닫힌 곡선. 문서를 인쇄하면 클리핑 패스의 안쪽에 있는 것만 나타난다. (2) 어떤 프로젝트의 개시부터 완료까지의 경로가 최단 시간으로 끝나는 것.

clipping service[–sə́ːrvis] **클리핑 서비스** 정보 서비스 회사의 서비스의 하나. 등록한 키워드를 사용하여 신문이나 잡지 등에서 필요한 기사 등의 정보를 요점만을 정리하여 전자 메일로 보내준다.

Clippinger Dimsdale's method 클리핑거 딤스데일법 상미분 방정식 $dy/dx=(x, y)$의 수치 적분 공식 중 소위 2단 비월법(飛越法)에 속하는 것으로, 공식은 다음과 같이 나타난다.

$$(P): y_{n+2} = y_n + 2hy_n'$$

〈호스트와 클라이언트/서버, 인트라넷 장·단점 비교〉

항 목	호 스 트	클라이언트 / 서버	인트라넷
환 경	폐쇄적 자체 네트워크	폐쇄적 표준 네트워크	개방형 인터넷
사용자 인터페이스	텍스트	각양각색	단일 웹 브라우저
이식성	단일 프로토콜	클라이언트마다 개발	다중 클라이언트
클라이언트	적은 자원 텍스트 단말기	많은 M/M과 계산 능력 필요	적은 자원 요구(NC, NetPC 지원)
서버 접속	지속적인 접속	지속적인 접속	필요시에만 접속
구 조	1-tier	기본적으로 2-tier(3-tier 가능)	기본적으로 3-tier
교 육	비교적 많은 교육	비교적 많은 교육	적은 교육
S/W 분배	자 동	클라이언트마다 설치	거의 자동
유지보수 비용 (서버 클라이언트)	저 렴 고 가 저 렴	고 가 저 렴 고 가	저 렴 저 렴 저 렴

$(C): y_{n+1} = (y_n + y_{n+2})/2 + (h/4)$
$(y_n' - y_{n+2}')$
$(T \cong h^4 y^{(4)}/24)$
$(\overline{C}): y_{n+2} = (y_0 + h/3)(y'4y_{n+1}' + y_{n+2}')$
$(T \cong -h^5 y^{(5)}/90)$

(P)에서 y_{n+2} 를 예측하고 (C)에서 y_{n+1}을 구해 $(\overline{C})$에서 y_{n+2}을 수정한다. 이 반복을 y_{n+1} 또는 y_{n+2}가 수렴되기까지 행한다. 이 공식의 특징은 초기값 이외의 값을 필요로 하지 않는 것과 눈금 폭 h의 변경이 쉽다는 것이다.

clique[klíːk] *n.* **클리크** 어떠한 두 정점(頂點)이 변으로 연결되어 있는 부분 그래프를 완전 부분 그래프라고 하며, 이 중 극히 큰 것(다른 정점을 붙이면 완전하게 된다)을 클리크라 한다. 클리크 개념은 패턴 인식 분야에서의 패턴의 클러스터화에 쓰여진다. 패턴 집합을 정점, 패턴 간의 유사 관계를 변으로 한 그래프를 고려할 때, 그래프의 클리크는 모든 패턴에 대해 관계가 존재하는 듯한 부분 집합에 대응해서 「비슷하다」는 관계로 구해진 동질의 패턴 클러스터를 형성한다.

clobber[klábər] *v.* **클라버** 파일에 있는 데이터의 앞 부분에 새로운 데이터를 겹쳐 쓰는 것. 또는 파일을 지우는 것.

clock[klák] *n.* **시계** (1) 같은 주기를 취하기 위하여 사용되는 주기적인 신호를 발생하는 기구. 이 신호가 클록 신호, 클록 펄스이며, 컴퓨터에서 각 부의 동작 보조를 맞추기 위하여 사용된다. 시각 신호를 계산하기 위한 계수기가 계시 기구(timer), 계시 레지스터이며, 계산되어 있는 값이 프로그램에서 설정한 값, 즉 시각이 되면 간섭 신호(interrupt signal)를 발생시키는 기구를 실시간 클록 또는 디지털 클록이라 한다. (2) 시각 기구에서 발생한 펄스 그 자체. (3) 시간을 계산하고, 그것을 표시하는 장치.

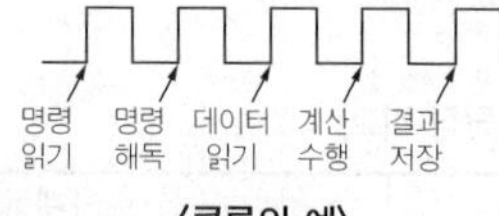

〈클록의 예〉

clock comparator[–kámpərèitər] **클록 비교기**

clock control system[–kəntróul sístəm] **클록 제어 시스템**

clock cycle[–sáikl] **클록 사이클**

clock frequency[–fríːkwənsi(ː)] **시계 주파수** 클록 펄스의 주파수. 주파수가 높을수록 클록 펄스가 공급되는 회로의 동작 속도가 빨라진다.

clock generator[–dʒénərèitər] **시계 생성기** 중앙 처리 장치(CPU) 및 입출력(I/O), 롬(ROM), 램(RAM) 등의 장치에서 사용하기 위한 클록 신호를 발생하는 회로.

clocking[klákiŋ] *n.* **클로킹** 데이터를 보내고 받는 것을 동기화하기 위해 클록 펄스를 사용하는 기술. 고속의 동기 전송이 가능하다.

clocking period on-off control[–pí(ː)riəd ɔ́(ː)n ɔ́(ː)f kəntróul] **클록 개폐 제어 기구**

clock interrupt[klák ìntərʌ́pt] **클록 인터럽트** 컴퓨터에 내장된 시계로부터 일정 기간 간격마다 걸리는 인터럽트. 간격은 기계마다 다르나 대개 1/60초에서 1/20초 정도이다.

clock jitter[–dʒítər] **클록 지터** 클록 동작의 영향으로 미소하게 입력 신호의 파형이 흐트러지는 현상. 노이즈의 원인이 된다. ⇨ clock, noise

clock level[–lévəl] **클록 레벨** 실시간 다중 처리를 실현하기 위하여 프로그램이 분할되어 처리되는데, 프로그램의 실행에서는 처리 내용에 따라 세 개의 레벨로 대별된다. 클록 레벨은 그 중의 하나로 클록 인터럽트(class B 인터럽트)에 의하여 기동되는 레벨이다. 실제 시간과 주기성이 요구되는 처리가 주요 내용이며 조건이 엄격한 H 레벨과 비교적 조건이 완화된 L 레벨로 성립된다.

clock pulse[–pʌ́ls] **클록 펄스** 동기식 컴퓨터에서 각 부 동작의 보조를 맞추기 위해 준비된 주기적 펄스. 그 시간 간격은 가능한 한 짧게 선택된다. 디지털 교환기는 디지털망과 통일해서 동작시킬 필요가 있으며 이를 위하여 클록 펄스라고 하는 주기적인 펄스와 함께 각 부분이 동작하게 된다. 이들 펄스는 DCS(digital clock supply)라고 하는 장치에서 공급되며, 수신된 각 장치의 클록부에서 필요에 따라 소요의 펄스를 만들어낸다.

clock pulse generator[–dʒénərèitər] **클록 펄스 발진기**

clock rate[–réit] **클록 속도** 클록 펄스의 주파수.

clock read-out control[–ríːd àut kəntróul] **클록 판독 출력 제어**

clock register[–rédʒistər] **클록 레지스터** (1) 신호를 셈하기 위한 계수기. (2) 클록을 재기 위하여 규칙적인 간격으로 내용이 변화하는 레지스터.

clock signal[–sígnəl] **시계 신호** 동기화(同期化)에 쓰이는 주기적인 신호. 이 클록 신호에는 약 2MHz의 $\phi 1$과 $\phi 2$라는 명칭이 붙은 두 종류가 있어 2상 클록이라고도 한다.

clock signal generator[–dʒénərèitər] **클록 신호 발진기**

clock skew[–skjúː] **클록 스큐** 클록 펄스의 지연. 이것은 클록이 사용되는 곳과 주클록 발진기와의 거리 때문에 생긴다.

clock timing[–táimiŋ] **클록 타이밍** 테이프, 드

럼, 디스크 등에 기억된 문자 뒤에 위치하여 판독 회로의 시간 조절과 문자 수의 계수 또는 클록 펄스가 해야 할 기능들의 유도와 수행을 하는 펄스.

clock track[-træk] **클록 트랙** 자기 디스크 등의 기억 매체에서 시각용의 신호를 기록하고 있는 트랙.

clock up[-ʌp] **클록 업** 설계시 클록 주파수를 높이는 것으로 오버 클록이라고도 한다.

clone[klóun] *n.* **복제품** 마이크로컴퓨터 기술면에서 같은 프로세서를 포함하고 같은 프로그램을 실행시키고 활성화시키는 것.

close[klóuz] *n.* **닫음, 닫기** (1) 프로그램에서 처리가 끝난 파일을 닫는 것. 보통 파일을 처리하는 경우 최초로 파일을 연 뒤에 그 파일 안의 레코드의 판독 처리를 행하고, 처리가 전부 끝난 부분에서 그 파일을 폐쇄한다. 사람이 「종이」 파일을 「열고」 나서 사용하고, 끝나면 「닫고」 원래의 위치로 되돌아가는 것처럼 컴퓨터의 경우에도 이러한 순서를 프로그램 속에 짜넣어 둘 필요가 있다. (2) 회로(circuit)를 닫는 것.

close box[-báks] **클로즈 박스** 매킨토시의 윈도 타이틀 바의 왼쪽 모서리에 있는 프로그램을 종료시키기 위한 사각형 버튼. 이것을 클릭하면 응용 프로그램 윈도가 닫힌다. ⇨ window

closed[klóuzd] *a.* **닫힌, 폐쇄된** 하나의 시스템으로서 자립(自立)해 있다는 의미로 쓰이며, closed 용어는 여러 분야에서 나타난다. 프로그램에서의 폐쇄 서브루틴, 폐쇄 루프, 자동 제어계의 폐쇄 루프 제어, 데이터 통신 분야의 폐쇄 사용자 그룹 등에 사용되고, 수학 분야에서는 집합 S의 두 요소 a와 b에 대하여, 연산 $a*b$에 의한 결합이 원래의 집합 S의 요소라면, 연산 $*$에 관하여 「닫혀 있다」라고 한다. 예를 들면, 정수 집합은 덧셈, 뺄셈, 곱셈에 대하여 닫혀 있지만, 나눗셈에 대해서는 닫혀 있지 않다.

closed address[-ədrés] **폐쇄 주소** 해시(hash)법으로 데이터의 저장 위치가 중복되었을 때의 처리 방법의 하나. 이 방식에서는 미리 영역을 정해 놓고 그 중 비어 있는 난을 찾아 저장 위치를 결정한다.

closed air circuit[-ɛ́ər sə́ːrkit] **폐쇄 통풍로**

closed architecture[-ɑ́ːrkitèktʃər] **폐쇄형 구조, 폐쇄형 시스템** 설계 시방이 공개되어 있지 않은 하드웨어나 운영 체제. ⇨ open architecture

closed array[-əréi] **폐쇄 배열** 좌우 양 끝에서 확장할 수 없는 배열.

closed circuit[-sə́ːrkit] **폐쇄 회로** 하나의 회로를 보낸 후에 다음 부호를 보낼 동안 선로에 전류를 연속적으로 흐르게 하는 회로.

closed circuit principle[-prínsipl] **폐쇄 회로 원리**

closed circuit signaling[-sígnəliŋ] **폐쇄 회로 신호법** 무작동 상태에서도 기본 전류가 흐르고 있어 전류를 증가시키거나 감소시킴으로써 신호가 발생되는 방법.

closed circuit television[-têləvìʒən] **CCTV, 닫힌 (회로) 텔레비전** 폐쇄 회로 텔레비전. 대개 무인 감시용으로 사용되는 것으로 비교적 가까운 거리에 텔레비전 카메라와 수상기를 설치하여 동축 케이블 등으로 연결한 텔레비전 시스템.

closed circuit transition[-trænzíʃən] **폐쇄 회로 전송**

closed formula[-fɔ́ːrmjulə] **폐쇄 공식** 공식 내의 모든 변수가 정량에 의해 한정된 공식.

closed instruction loop[-instrʌ́kʃən lúːp] **폐쇄 명령어 루프** 무한히 반복되는 일련의 명령어들.

closed loop[-lúːp] **폐쇄 루프** 컴퓨터가 사람의 개입 없이 외계의 프로세스를 직접 제어하는 상태. 자동 제어에서는 출력을 입력측으로 되돌려 피드백에 의해 가능한 루프를 폐쇄 루프라고 한다. 대개 폐쇄 루프는 오류(error)가 발생하면 정보 정지를 당한다. 오퍼레이터의 개입이 감시 프로그램(supervisor)의 간섭 이외에는 루프로부터 빠져 나올 수 없다. 다른 말로 무한 루프(endless loop)라고도 한다. 프로그램의 반복 구조(repective construct)를 가리키는 것도 있다.

closed loop control[-kəntróul] **폐쇄 루프 제어** 프로세스 제어 시스템의 최종 목표는 프로세스를 최적화하는 것이다. 이 시스템은 입력을 유량, 압력, 온도 등의 검지기로부터 받아들여 최적한 운용을 행하는 데 필요한 조건을 산정한다. 폐쇄 루프 제어란 프로세스에 필요한 제어 조건을 컴퓨터로 산정하여 그 결과를 직접 제어 기기에 지령하며 오퍼레이터가 개입하지 않는 제어 방식이다. 피드백 제어(feedback control)와 같은 뜻이다.

closed loop control system[-sístəm] **폐쇄 루프 제어계**

closed loop system **폐쇄 루프 체제** 테이블이나 헤드의 위치 또는 이와 같은 등가량을 검출하고, 수치 제어 장치의 출력인 명령 신호(입력 수치 또는 이것과 등가인 물리량)와 비교해 편차를 제로(0)로 하는 제어 시스템.

closed numbering system[-nʌ́mbəriŋ sístəm] **폐쇄 번호 방식**

closed-open operation[-óupən ɑ̀pəréiʃən] **개폐 동작**

closed operation[-àpəréiʃən] **폐쇄 연산** 어떤 한 집합에서 정의된 연산 결과가 또한 그 집합의 원소가 되는 연산.

closed region[-ríːdʒən] **폐쇄 영역**

closed routine[-ruːtíːn] **폐쇄 루틴** 주루틴과 링키지(linkage) 부분을 통해서 접속하도록 되어 있는 독립한 서브루틴. 주루틴에서 필요한 장소에 호출함으로써 하나의 폐쇄 루틴을 몇 번이고 이용할 수 있는 이점이 있다. 대규모의 프로그램은 수많은 폐쇄 루틴의 모임인 것이 많다.

closed service[-sə́ːrvis] **폐쇄 서비스**

closed shop[-ʃáp] **폐쇄 전문점** 컴퓨터 시스템의 모든 설비 운영에 관하여 쓰이는 용어이며, 거의 모든 문제 프로그램의 작성을 문제의 발생측이 아니라, 「전문 프로그래머」가 행하는 방식. 또 컴퓨터 그 자체의 사용에 대해서도 사용자들과 프로그래머가 조작을 겸임하는 것이 아니라, 훈련된 오퍼레이터가 조작을 행하는 경우에도 폐쇄 전문점이라 한다. 개방 전문점(open shop)과 대비된다.

closed subroutine[-sʌ́bruːtìːn] **폐쇄 서브루틴** (1) 하나의 프로그램 중 서로 다른 장소에서 아주 똑같은 처리를 행하는 것과 서로 다른 프로그램으로 같은 작업을 행하는 경우에 대해 흔히 쓰여지는 루틴(routine)을 별도로 만들어두고 공용(共用)할 수 있도록 한 것이 서브루틴(subroutine)이다. (2) 루틴의 어느 점에서 옮기기 시작하여 끝나면 주루틴의 적당한 점에서 다시 제어가 되돌아오도록 만든 루틴. 어느 프로그램에서 같은 루틴을 몇 번이고 이용할 필요가 있을 때 이 형식을 이용하면 필요할 때마다 주루틴에 링키지만을 짜넣는 것으로 이용할 수 있는 이점이 있다.

closed system[-sístəm] **폐쇄 시스템** 밀폐 용기 내에서 일어나는 화학 반응과 같이 주위 환경과 에너지, 정보 및 물적 유통이 없는 시스템.

closed user group[-júːzər grúːp] **CUG, 폐쇄 사용자 그룹** 공중 네트워크를 전용 네트워크처럼 사용하는 방식. 이 경우 동일 그룹 내 설치된 단말 장치(terminal)로만 통신을 행하며, 그룹(群) 외의 통신은 행하지 않는다. 그 그룹 속에서 상호 통신하는 것은 허용되지만 다른 모든 사용자와 통신하는 것은 허가되지 않는다는 기능을 분배시키고 있는 것. 어떤 사용자의 데이터 단말 장치는 한 개 이상의 폐쇄 영역 사용자 그룹에 소속해도 된다.

closed user group with outgoing access[-wið áutgòuiŋ ǽkses] **출력 접근 가능 폐쇄 사용자 그룹** 폐쇄 사용자 그룹의 하나이며, 데이터망 전송 서비스 내에서 다른 사용자와 통신하는 것이 허용되는 기능을 분배시키고 있는 사용자를 보유하는 것. 상호 운용 설비가 사용 가능하고 다른 교환망으로 접속되어 있는 데이터 단말 장치를 갖는 사용자를 보유하는 것 또는 그 양쪽.

closed user group service[-sə́ːrvis] **CUG 서비스**

closed wff **폐쇄 우량 형식** 모든 변수가 정량자에 의해 한정된 우량 형식. 일반적으로 줄여서 폐쇄 공식이라고도 한다.

closed world assumption[-wə́ːrld əsʌ́mpʃən] **폐쇄 세계 가정** 모델링(modeling)된 세계에 대한 정보가 완전하다고 가정하는 용어. 즉, 데이터베이스에 표현된 정보만이 오로지 전부이며 「참」으로 인정하고, 존재하지 않는 정보는 「거짓」으로 인정한다는 의미이다.

closing[klóuziŋ] *n.* **폐쇄, 종료** 프로그램에서 주요한 처리가 끝난 뒤, 파일을 닫는 처리를 가리키는 경우가 있다. 또 closing brace는 오른쪽 중괄호를 말한다.

closure[klóuʒər] *n.* **폐쇄, 닫힘** 어떤 문자의 집합이 있을 때 그 집합의 문자들을 임의의 횟수만큼 덧붙여 만든 문자열의 집합.

closure of items[-əv áitəmz] **항목 폐쇄** 한 항목들로부터 폐쇄 연산에 의해 만들어지는 항목들의 집합.

closure of set[-sét] **집합 폐쇄** 항목 폐쇄와 같은 개념으로 항목의 집합에 대한 폐쇄 연산을 취한 것으로 단위가 집합이라는 차이만 있다.

closure property[-prápərti(ː)] **폐포(閉包) 특성**

cloud computing[kláud kəmpjúːtiŋ] **클라우드 컴퓨팅** 클라우드 컴퓨팅은 서로 다른 물리적인 위치에 존재하는 컴퓨터들의 자원들을 가상화 기술로 통합해 제공하는 기술이다. 즉 하드웨어(hardware), 소프트웨어(software) 등 IT자원을 필요할 때 필요한 만큼 빌려 쓰고 이에 대한 사용요금을 지급하는 방식의 서비스를 말한다. 클라우드 컴퓨팅은 이용편리성이 높고 산업적 파급효과가 커 제2디지털혁명을 주도할 차세대 인터넷 서비스로 주목받고 있다.

cls **화면 지우기**

clueless newbie[klúːləs nuːbi] **클루리스 뉴비** 기사를 모두 대문자로 쓰고 통신망에 대한 지식이 없는 초보자들을 무시하는 말. 누구라도 처음에는 클루리스 뉴비였다.

clump theory[klʌ́mp θíəri(ː)] **클럼프 이론**

cluster[klʌ́stər] *n.* **클러스터** 같은 속성을 갖는 대상을 여러 개 모아서 하나의 대상으로 한 것이라는 의미로 여러 분야에서 사용된다. (1) 운영 체제에 의해 할당된 장소의 기본적인 단위. (2) 컴퓨터의 하드웨어에서는 한 대의 제어 장치에 접속되어 제어되는 자기 테이프나 표시 장치, 키보드 단말기 등의 모임. 보통 호스트 시스템이란 단일 접속기를 갖는다. 서브시스템(subsystem)과 거의 동의어로 사용된다. (3) 데이터 관리(data management)에 있어서 물리적 레코드(physical record)의 관리 단위. 파일을 저장하는 입출력 매체의 종류이며, 데이터 구조 등에 의해 처리 단위가 다르다. (4) 계량적 또는 정성적인 측정에 기초하여 데이터를 몇몇 그룹으로 분류한 것. 분류하는 수법을 클러스터 분석(clustering, cluster analysis)이라 하며, 문서 검색과 패턴 인식, 경영 과학 분야에 응용된다. (5) 통계 데이터를 수집할 때, 모집단을 몇 개의 부분으로 분할한 것.

cluster analysis [-ənǽlisis] **클러스터 분석** 표본 데이터 분류를 위한 방법. 패턴 인식 등에 사용된다. 하나의 카테고리명으로 주어진 표본 데이터가 몇 개의 클러스터를 포함하고 그 클러스터의 위치나 모양에 관해서 분석하는 일.

cluster control [-kəntróul] **집단 제어**

cluster controller [-kəntróulər] **집단 제어 장치** 몇 개의 저속 장치에서 데이터를 모아 하나의 통신 채널로 집중된 데이터를 보내는 통신 처리기.

cluster controller node [-nóud] **집단 제어 장치 노드**

cluster control unit [-kəntróul jú:nit] **집단 제어 장치**

cluster device [-diváis] **클러스터 장치** 공통의 조절기에 연결된 단말기의 모임.

clustering [klʌ́stəriŋ] *n.* **클러스터링** 유사성 등의 개념에 기초하여 데이터를 몇몇의 그룹으로 분류하는 수법의 총칭. 문헌 검색, 패턴 인식, 경영 과학 등에 폭넓게 응용되고 있다.

clustering index [-índeks] **클러스터링 인덱스** 논리적으로 연관된 레코드들을 물리적인 디스크 상에 인접하게 기억시켜 접근 효율을 향상시키는 것을 클러스터링이라 하는데, 클러스터링의 유지를 지원하는 용도로 사용되는 인덱스를 말한다.

cluster master file [klʌ́stər mɑ́:stər fáil] **클러스터 마스터 파일**

cluster sampling [-sɑ́:mpliŋ] **클러스터 표본 추출법, 집단 샘플링** 세분화한 집단을 무작위로 선별하여 거기서 표본 추출(sampling)을 행하는 수법. 모집단(母集團)을 몇 개의 부분으로 나누고, 그 나눈 부분 등 몇 개를 무작위로 택하면, 택한 부분은 모두 샘플로 한다.

cluster-seeking technique [-sí:kiŋ tekní:k] **클러스터 탐색 기법**

CLUT color look up table의 약어. 컴퓨터에 화상을 표시하는 경우 적은 데이터 용량으로 많은 색을 표현하는 기능. 1,670색 중에서 복수의 색을 선택하여 사용하기 때문에 「컬러 팔레트」라 불리는 경우도 있다.

CLV 상수 선형 속도 constant linear velocity의 약어.

CM (1) **공통 메모리** common memory의 약어. 전자 교환기에서 사용하는 주기억 장치에는 멀티프로세서(multiprocessor) 제어 방식을 채용함에 따라 액세스 경합을 가능한 한 감소시키는 등의 이유로 호출 제어 처리 장치(CNP)에 대응하여 일대일로 접속되어 다른 CNP에서 액세스할 수 없는 개별 메모리(IM)와 장애에 대하여 중복 구성된 양쪽 CNP에서 액세스 가능한 공통 메모리가 있다. 공통 메모리는 CNP에 대응하는 처리 프로그램이나 개별적인 데이터를 기억하는 IM에 대하여 호출 상태 정보나 번역 데이터 등을 기억하여 128K 워드에서 384K 워드의 기억 용량을 가지고 있다. (2) **코어 기억 장치** core memory의 약어. IC가 나오기 전에 컴퓨터의 주기억 장치의 중심을 이루던 고속 기억 장치의 일종. 소형의 반지 모양의 자성체를 2차원적인 행렬로 배열하여 절연 동선으로 짠 것이며, 코어의 자속 방향에 따라 정보를 기억한다. (3) call if minus의 약자. 마이너스이면 호출하라는 명령이다.

CMA 보수 어큐뮬레이터 complement accumulator의 약어. 보수 어큐뮬레이터라는 뜻으로 누산기의 보수를 취하하라는 명령.

CMC 통신 회선 멀티플렉서 채널 communication multiplexer channel의 약어.

CMC 7 자기 잉크 문자로 정해진 글자체의 일종. 0~9의 숫자, A~Z의 알파벳 및 5종의 기호가 포함된다. 1자의 자형은 7개의 세로선으로 구성되고 그 7개 세로선이 만드는 6개의 간격에는 크고 작은 것의 두 종류가 있으며 그 조합에 따라 코드화되어 이용되고 있다.

CMI 컴퓨터 관리 지도 computer managed instruction의 약어. 컴퓨터를 이용한 교육에 있어서 운영 · 관리 · 교사의 지도나 학습 환경의 운영 · 학생의 관리 등을 행하는 것을 가리킨다. 이것에 대하여 컴퓨터 보조 교육(CAI)은 학습자가 학습 테마를 이해하는 단계에 컴퓨터를 이용하는 것이다. 또 컴퓨터를 사용하여 수업 계획, 교재 작성, 수업 그 자체, 학습 진단, 평가까지 교육 활동 전체를 종합적으로 지원하는 것을 컴퓨터 이용 교육(CBE)이라고 부른다.

CMIP 공통 관리 정보 프로토콜 common management information protocol의 약어. OSI 응

용층에 위치하는 OSI 네트워크 관리용 프로토콜. 1990년대 ISO가 국제 표준화했다. 범용기 등의 관리측에 설치된 네트워크 자원을 감시하는 기능(매니저)과 모델이나 PBX 등의 네트워크 구성 기기 상에 준비된 피관리 기능(에이전트) 간에서 다양한 네트워크 관리 정보(공통 관리 정보)를 전송하기 위한 규약을 규정하고 있다.

CMIP over TCP ⇨ CMOT

CML 전류 모드 논리 current mode logic의 약어. 불포화 논리 회로의 한 가지로 이미터(emitter) 전류를 전환하여 콜렉터 전압을 변환시키는 방법. 이 회로는 트랜지스터를 활성 영역으로 사용하도록 한 것이며, 스위칭 회로에 포화 영역과 차단 영역을 사용할 경우에 비해서 동작 속도를 빠르게 할 수 있다.

CMM 능력 성숙도 모델 capability maturity model의 약어. 미국 카네기 멜론 대학의 소프트웨어 공학 연구소(SEI ; Software Engineering Institute)에서 개발한 소프트웨어 능력 성숙도 모델. 조직의 소프트웨어 프로세스 성숙도 측정 기법의 하나. CMM에서는 조직의 프로세스 성숙도를 초기의 미숙한 프로세스 단계부터 성숙하고 지속적으로 개선이 가능한 5단계로 나누어 구성하기 때문에 조직이 수행해야 할 단계적인 개선 지침을 알 수 있다. CMM은 CMU/SEI에서 개발 조직의 개선과 개발자의 소프트웨어 처리 능력을 증가시키기 위하여 프로세스 성숙 프레임워크를 제시하여 소프트웨어 프로세스의 성숙도를 평가하고 실제 실행을 식별함으로써 프로세스 개선을 통한 애플리케이션 개발 비용의 절감을 꾀하는 모델이다. 이 모델은 모든 프로젝트에 적용하기 위하여 추상적인 모델을 제시하기 때문에 각자의 환경에 맞는 변환이 필요하다. CMM은 그림과 같이 5단계의 성숙도 구조로 이루어져 있으며, 각 레벨은 조직의 가능한 전체 성숙도를 기술하며 KPA(key process area)로 구성된다.

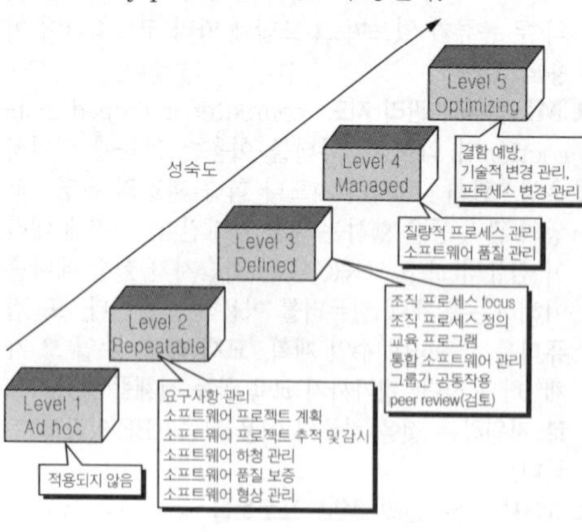

〈CMM의 성숙도 레벨〉

C·mmp 카네기 멜론 다중 프로세서 Carnegie Mellon multiminiprocessor의 약어. 카네기 멜론 대학의 미니컴퓨터에 의한 조밀 결합 다중 컴퓨터. 음성 인식 등의 용도로 개발되어 16대의 프로세서와 16대의 주기억과 프로세서 주기억 간 스위치로 구성된다. 프로세서는 공유 자원과 아주 대등한 간격이 있고 또 각 프로세스마다 가상 어드레스 공간을 형성할 수 있다. 프로세서 상호 인터럽트가 가능한 특징이 있다.

CMOS 시모스, 상보형 MOS, 상보형 금속 산화막 반도체 complementary metal oxide semiconductor의 약어. 구조의 집적 회로(IC)의 일종. p형 금속 산화막 반도체와 n형 금속 산화막 반도체를 직렬로 접속한 구조를 갖는 금속 산화막 반도체. 소비 전력이 매우 적다는 장점을 갖고 있으며, 전자 계산기, 전자 시계, 초소형 컴퓨터 등에 널리 채용되고 있다.

CMOS applications CMOS 응용

CMOS circuit CMOS 회로

CMOS contamination CMOS 오염

CMOS converter CMOS 컨버터

CMOS device CMOS에 의한 장치

CMOS ion implantation CMOS 이온 집중

CMOS logic CMOS 논리 CMOS로 구성한 논리 회로.

CMOS noise immunity CMOS 잡음 강도

CMOS power CMOS 소비 전력

CMOS power requirement CMOS의 전력 요구

CMOS propagation delay CMOS의 전파 지연

CMOT CMIP over TCP의 약어. 인터넷의 관리 프로토콜. TCP/IP 상에서는 SNMP가 관리 프로토콜의 업계 표준으로 되어 있고 OSI에서는 CMIP가 사용되고 있다. 이것의 이동 수단으로 CMOT가 사용된다. ⇨ CMIP, CMIS, SNMP

CMP compare registor, compare memory with accumulator의 약어. 레지스터 또는 메모리와 누산기를 비교하라는 명령.

CMRR 동상(同相) 제거 비율 common mode rejection ratio의 약어. 정상이나 반전의 두 입력을 갖는 자동 앰프나 OP 앰프의 성능을 나타내는 하나의 지수를 말하며, 대개 성분 제거 비율이라고도 한다.

CMS (1) **자금 관리 서비스, 캐시 매니지먼트 서비스** cash management service의 약어. ⇨ cash management service (2) **컴퓨터화된 생산 서비스** computerized manufacturing system의 약어. (3) **대화형 모니터 시스템** conversational monitor system의 약어. ⇨ conversational monitor system (4) **교차 메모리 기능** cross memory service의 약어. ⇨ cross memory service

CMT 카세트 자기 테이프 cassette magnetic tape의 약어.

CM/T 변경 관리 · 추적 프로그램 change management tracking의 약어.

CMTU 카세트 자기 테이프 장치 cassette magnetic tape unit의 약어.

CMY color model CMY 색 모델 시안(cyan), 마젠타(magenta), 옐로(yellow)의 특성을 이용하는 색깔 모델로 플로터나 복사기와 같이 종이 위에 색깔을 증착시키는 출력 장치를 취급하는 데 중요하다.

CMYK cyan-magenta-yellow-black의 약어. 탁상 출판(DTP)을 포함한 다양한 인쇄 시스템에서 사용되는 색 표시 모델의 하나로, 사이안-마젠타-황색-흑색 모델을 가리키는 말. 인쇄업계에서는 이를 YMCK(yellow-magenta-cyan-black)라고도 부른다.

CNC 컴퓨터 수치 제어 computer numerical control의 약어. 선반이나 절삭기 같은 공작 기계를 컴퓨터로 제어하는 시스템.

CNC tool management 컴퓨터 수치 제어 공구 관리 작업장의 공구 이용도와 기계 생산성을 높이기 위하여 CNC 시스템을 이용해서 자동으로 공구 선택, 날의 지름 보정, 공구 길이 기억 및 다듬질 등의 기능을 수행하는 것.

CNE certified network engineer의 약어. 노벨이 인증하는 네트워크 기술자. CNE가 되기 위해서는 노벨이 인정한 교육 센터에서 소정의 교육 코스를 밟아 인정 시험에 합격해야 한다.

CNF 논리곱 정규형 conjunctive normal form의 약어.

CNI Coalition for Networked Information의 약어. 미국 연구 도서관(American Research Libraries), CAUSE, EDUCOM으로 구성된 협회로 통신망 환경에서 정보 자원의 생성과 접근을 높이기 위해 설립되었다.

CNN cable news network의 약어. 미국 조지아주 애틀란타에 있는 수퍼 스테이션 WTBS계의 뉴스 전문 방송망. 위성을 통해서 미국 전역의 CATV 국에 24시간 뉴스 프로그램을 공급한다. 1980년 6월에 설립되어 1981년 12월, 요약 뉴스의 전문 방송 CNN II가 탄생하였다. CNN은 내외 정치 · 경제 뉴스 외에 예능 · 스포츠 등 전문 분야별 뉴스 쇼 프로그램이지만 CNN head line news는 30분마다 주요 뉴스를 간결하게 종합 정리해서 내보내는 형태이다. 1991년 1월 17일 걸프 전쟁의 발발을 세계 최초로 보도했을 뿐만 아니라 챌린저호 폭발, 샌프란시스코 대지진 등 대형 뉴스를 특종으로 보도하면서「세계 뉴스의 제왕」으로 자리잡았다.

CNP 호출 제어 처리 장치 call control processor의 약어. 멀티 프로세서 제어 방식에 있어서 호출의 논리적인 제어를 하는 프로세서이다. 호출의 상태 관리 및 호출 처리 태스크(task)를 실행함과 더불어 다른 프로세서에 대해 호출 처리 태스크(trunk ; 가입자 제어 등)를 실행한다. 각 CNP는 동등한 호출 처리 기능을 가지고 IPC에 의한 호출 처리를 분배함으로써 부하 분산을 실현하며 장애 처리와 보수 운용에 있어서는 CNP 가운데 한 대가 중심이 되어 처리한다. 이 CNP를 주제어 처리 장치(MCP ; master control processor)라고 하며, 위에서 서술한 기능 외에 입출력 장치(FM, STD 등)의 제어도 한다.

coalesce [kòuəlés] *v.* **합병하다** 항목이 두 개 이상인 집합을 결합하여 임의의 하나의 집합으로 합치는 것.

coalesced chaining [kòuəlést tʃéiniŋ] **합병 연쇄** 모든 주소 가능한 버킷(bucket)들의 자유 기억 공간 리스트를 유지하는 해싱(hashing)의 연쇄화 기법. 각 버킷은 연쇄를 가지나, 다음 연쇄항은 자유 기억 공간 헤드 포인터로 지정된 유용한 버킷에 존재한다.

coalescing holes [kòuəlésiŋ hóulz] **공백 통합** 가변 분할 다중 프로그래밍 시스템에서 하나의 작업이 끝났을 때 그 작업이 점유하고 있던 기억 장소를 회수하여 가용 리스트에 기록하게 되는데, 이때 그 기억 장소가 다른 비어 있는 기억 장소(공백)와 인접되어 있는지를 점검하여 빈 기억 장소 리스트에 새로운 공백으로 기록할 수도 있고, 이미 있는 공백과 새로이 인접한 공백을 통합하여 하나의 공백으로 기록할 수도 있는데, 이처럼 인접한 두 공백들을 하나의 공백으로 합치는 과정이 공백의 통합이다. 공백을 통합함으로써 큰 기억 장소를 다시 이용할 수 있다.

Coalition for Networked Information [kòuəlíʃən fər nétwə̀ːrkt ìnfərméiʃən] ⇨ CNI

COAM equipment 자영 기기 customer owned and maintained equipment의 약어. 데이터 통신에서 중앙의 회선과 연결되어 있으나 사용자측이 소유하고 보수하는 단말 통신 장치.

COAX 동축 케이블 coaxial cable의 약어. ⇨ coaxial cable

coaxial [kouǽksiəl] *a.* **동축의** 「동축(同軸)…」형의 복합어로 쓰인다. 대표적인 예로서 동축 안테나(coaxial antenna)와 동축 케이블(coaxial cable)

을 들 수 있다.

coaxial antenna[-ænténə] **동축 안테나** 이 안테나는 27MHz로 높이가 90cm 정도, 전파의 방사 범위는 좁다. 동축이라고 하는 이유는 동축 케이블(coaxial cable)과 방사부(放射部 ; radiating element)를 조합시킨 수직 쌍극(vertical bipole)이라고 하는 구조에 의한 것이다.

coaxial cable[-kéibl] **동축 케이블** 중심부에 도체(conductor)를 사용하고, 그 주위를 실드 도체(shield conductor)로 둘러싸며, 또한 그 외측에 관(管) 형태의 금속 실드를 사용한 것. 이 케이블은 설치가 용이하고, 또 금속 부근이나 지하에 사용해도 손실이 적은 점이 특색이다. 그러나 보통 2도선 케이블(2-conductor line)에 비하여 단위 길이당의 손실은 크다. 초단파와 같은 고주파수의 경우 차폐성이 강해 케이블 속을 흐르는 전파가 외부로 새거나 외부의 전파가 케이블 안으로 들어오는 일이 없으므로 유선 텔레비전 시스템 건설에 동축 케이블이 많이 활용되고 있다.

coaxial filter[-fíltər] **동축 필터**

coaxial loudspeaker[-láudspìːkər] **동축 스피커**

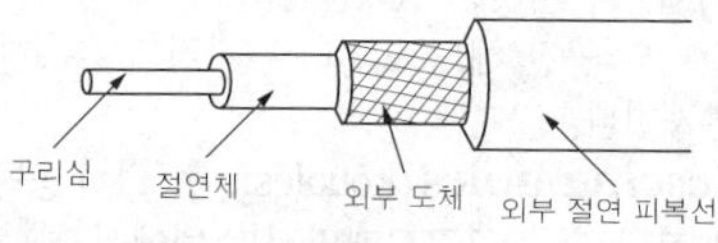

〈동축 케이블〉

coaxial resonator[-rézənèitər] **동축 계전기**

coaxial stub[-stʌ́(ː)b] **동축 스터브**

coaxial wavemeter[-wéivmìːtər] **동축 파장계**

COBOL 코볼 common business oriented language의 약어. 사무 처리용 고수준 프로그래밍 언어의 하나. 가장 오래 전부터 폭넓게 보급되고 있다. 1959년에 미국에서 데이터 시스템 언어 회의(CODASYL ; conference on data system language)가 설립되어 같은 해 사무 처리용 공동 프로그램 언어의 필요성에서 공통성, 읽기 쉽고 쓰기 쉬운 것을 주안점으로 한 사무 처리용 공동 프로그램 언어로서 COBOL을 발표했다. CODASYL의 COBOL 위원회는 현재도 활동을 계속하여 COBOL 언어의 명세 보수와 개정을 행하고 있으며, 수많은 CODASYL COBOL 보고가 발표되고 있다. 이 COBOL은 미국 규격(ANSI), 국제 규격(ISO)으로 받아들여지고 있다. COBOL은 처리 순서를 간단한 영문 형태로 기술해갈 수 있다. 어셈블러 언어가 기계 지향 언어인 것에 대해서 문제 지향(problem oriented) 언어라는 특색을 가지고 있다. 즉, COBOL을 사용하면 컴퓨터의 기종에 관계없이 그 처리해야 할 문제에 따라서 영어에 가까운 언어로 프로그래밍을 가능하게 하였다. 거의 대부분이 「동사」가 선두에 오는 「명령문」으로 되어 있으며, 영어는 중학생이라도 이해할 수 있는 정도의 것이다. 60단어 이상의 동사가 준비되어 있다. 현재도 대부분의 사무 처리 분야에서 사용되고 있다.

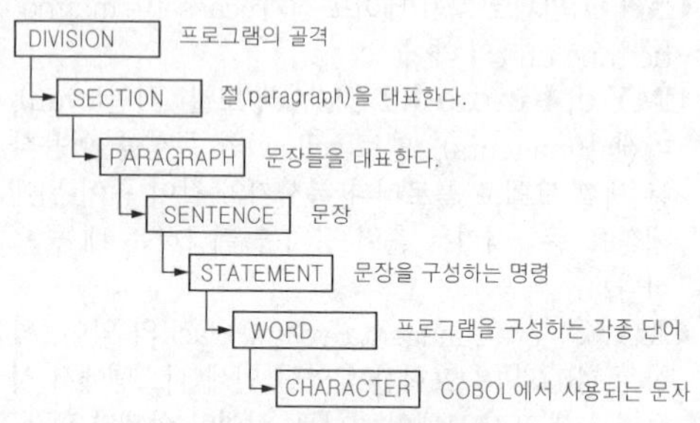

〈COBOL 프로그램의 체계〉

COBOL application cross reference COBOL 적용 업무 상호 참조 프로그램

COBOL character COBOL 문자

COBOL character set COBOL 문자 집합 COBOL 언어에 있어서 허용되는 문자의 집합.

COBOL compiler COBOL 컴파일러 COBOL 언어로 작성한 프로그램을 번역(컴파일)하여 기계어 프로그램을 생성하는 프로그램.

COBOL data division COBOL 데이터부 데이터부는 프로그램에서 사용될 모든 파일들을 기술하는 파일 부분과 중간 결과의 저장을 위한 기억 공간을 할당하는 작업용 기억 공간 부분으로 이루어져 있으며 목적 프로그램에 의해 처리될 데이터를 기술한다.

〈COBOL 각 division의 특징〉

division	division의 특징
identification division	COBOL 프로그램 전체 내용을 객관적으로 파악하는 데 도움을 주는 부분
environment division	컴퓨터의 종류와 입 · 출력 파일 및 장치와의 관계에 대한 정보를 기술하는 부분
data division	입 · 출력 데이터의 형식과 기억 장소에 대한 설명을 기술하는 부분
procedure division	컴퓨터가 처리할 내용을 구체적으로 지시하는 명령문을 기술하는 부분

COBOL division COBOL 부 COBOL의 모든 원시 프로그램은 식별부, 환경부, 데이터부, 절차

부의 네 개부로 구성되며, 이것은 프로그램을 구성하는 단위의 하나이다.

COBOL environment division COBOL 환경부 이 환경부의 구성 부분은 사용 컴퓨터를 상술하고 하드웨어의 이름과 프로그래머가 제공한 기억이 쉬운 이름을 연결시키는 세 개의 구절을 포함하여 입출력 부분은 각 파일을 지정하는 구절과 입출력 방식을 명시하는 구절의 두 부분으로 되어 있어 원시 프로그램이 컴파일되거나 목적 프로그램이 수행될 컴퓨터 및 데이터 파일들과 입출력 매체와의 관계를 기술한다.

COBOL identification division COBOL 식별부 원시 프로그램의 이름과 구별되는 문헌을 기록한다.

COBOL interactive debug COBOL 대화형 디버그 프로그램

COBOL language COBOL 언어 문장을 이해하기 쉽도록 흔히 사용되는 명사, 동사, 접속사들이 COBOL 프로그램의 절차 부분에 쓰이며, 사무 지향형 문제를 표현하는 비교적 하드웨어에 무관한 영어와 유사한 프로그래밍 언어.

COBOL library COBOL 라이브러리 COBOL 라이브러리 프로세서는 프로그램 검사를 손쉽게 하기 위한 특정 데이터 구역의 동작 덤프들을 제공하고 데이터부와 처리부 내의 기술들을 저장하거나 회수할 수 있다.

COBOL procedure division COBOL 절차부 데이터부에서 기술된 데이터를 처리하는 데 사용되는 절차의 기술로서 처리 절차는 문자들이 결합되어 구절을 이루고 이 구절들이 모여 절을 형성하며, 구절 또는 절에는 제어의 편의를 위하여 프로그래머가 이름을 붙이고, 절차부는 주어진 문제를 해결하는 데 필요한 과정을 포함한다.

COBOL segmentation COBOL 분할 COBOL 프로그램에서 절차부 상의 우선 순위 번호들을 써서 분할시키는 것.

COBOL-SP COBOL 구조화 프로그래밍

COBOL word COBOL 단어 COBOL 언어에서 사용되는 각종 단어로 규정된 문맥에서만 사용되는 선택 단어와 핵심 단어들을 포함한다.

cocktail shaker sort[kάktèil ʃéikər sɔ́:rt] **칵테일 셰이커 분류**

COCOM 코콤, 대공산권 수출 통제 위원회 Coordinating Committee for Export Control to Communist Area의 약어. 북대서양 조약 가맹국과 독일이 공산권 국가들에 대한 수출 통제를 조정하기 위해 설치한 위원회. COCOM의 결성 동기는 미국이 러시아와의 대립이 격화됨에 따라 대외 원조의 조건으로 피원조국에 대해 공산권 각국에 대한 군수 물자의 금수에 협력(1951년, 상호 방위 원조 통제법)해줄 것을 요구하게 되었고, 이에 따라 미국에서 군사 및 경제 원조를 받는 유럽의 여러 나라들이 공산권에 대한 수출 통제를 같이 하기 위해 설치한 기관이다. 본부는 파리에 있으며 금수품의 리스트를 「파리 리스트」라고도 하는데, COCOM은 비공식 기관이기 때문에 그 활동 사항에 대해 공포되는 것은 없으나 거래상에 있어서 상당히 구체적인 통제를 하고 있다.

COCOMO 코코모 constructive cost model의 약어. Barry Boehm은 "소프트웨어 공학 경제학"이라는 책에서 소프트웨어 추정 모형을 소개하였으며, COCOMO 모형을 기본 COCOMO와 중급 COCOMO, 고급 COCOMO 모형의 세 가지로 분류하였다. 기본 COCOMO 모형은 경험적으로 추출된 상수와 추정된 LOC를 기반으로 개발 노력과 개발 기간을 계산하며, 이를 구하기 위한 공식은 다음과 같다.

- 개발 노력 = $axKLOC^{b}$
- 개발 기간 = cxE^{d}

위 공식에서 a, b, c, d는 경험으로부터 얻어진 상수이며 아래 표와 같다. 기본형(organic)은 비교적 작고 간단한 프로젝트를 말하며, 소수로 구성된 많은 경험을 가진 팀이 까다롭지 않은 요구 사항을 갖는 프로젝트를 수행하는 경우에 해당한다. 중간형(semi-detached)은 중간 정도의 크기와 복잡도를 갖는 프로젝트를 말하며 다양한 경험 수준을 갖는 팀이 약간 까다로운 요구 사항을 갖는 프로젝트를 수행하는 경우에 해당한다. 내장형(embedded)은 제한된 하드웨어와 소프트웨어, 운영 조건을 갖고 개발해야 하는 경우에 해당한다.

프로젝트 유형	a	b	c	d
기본형 (organic)	2.4	1.05	2.5	0.38
중간형 (semi-detached)	3.0	1.12	2.5	0.35
내장형 (embedded)	3.6	1.20	2.5	0.32

COCR 실린더 오버플로 제어 레코드 cylinder overflow control record의 약어.

codabar code 코다바 코드 ⇨ bar code

CODASYL 코다실, 데이터 시스템 언어 회의 conference on data systems languages의 약어. 사무 처리용의 데이터 시스템 언어를 폭넓게 연구·개발할 것을 목적으로 1959년 5월 미국 국방성 주최로 사용자(user)와 제조업자(maker)가 모여 논의가 행해져 이 회의가 모체가 되어 CODASYL이 설립되었다. CODASYL은 COBOL의 개발 선구자로서 유명하다. COBOL 언어의 개발에 맞춰서 1960년 5월에 미국 정부 출판국으로부터 이 회의에서 채택된 보고서에 의해 처음으로 COBOL 언어의 개념이 명확히 정립되었다. 그 밖에 CODASYL은 정보 대수, 결정표(decision table)를 사용한 프로그래밍 언어의 DETAB-X를 제안하고, 범용 데이터 베이스 관리 시스템을 검토하는 데이터 베이스 연구회(DBTG)를 하부 조직으로 발족시켰다.

CODASYL model 코다실 모델 기존의 IDS 개념에 데이터 정의어, COBOL, FORTRAN의 데이터 베이스 기능을 추가한 모델로서 네트워크 구조의 데이터 베이스를 갖고 있으며 1971년 CODASYL DBTG에서 개발했다.

CODASYL standard DBMS DBMS, 코다실 표준 실생활의 자료 처리 경험에 기초하여 CODASYL 표준은 복잡한 데이터 베이스에 효과적인 관리를 위한 언어 도구로 쓰이며 컴퓨터 사용자와 제조업자의 저명한 집단에 의해 만들어진 종합적 연구 프로그램으로 1969년 CODASYL의 보고서에서 처음 만들어졌다.

code [kóud] *n*. **부호, 코드** 데이터를 사용 목적에 따라서 식별하고 분류, 배열하기 위하여 사용되는 숫자, 문자 또는 기호. 코드는 대량 다중의 것을 구별하여 동질의 그룹으로 분류하고 순번으로 나열하며, 특정의 것만 선별, 수량 파악, 간결한 표현 등을 하는 데 필요하다. 코드의 기능은 식별, 분류, 배열의 세 가지이며, 코드의 종류는 다음과 같다.

① 일련 번호식 코드(sequence code) : 발생순, 크기순, 방향순에 따라 코드에 부여. 예 시, 도별 코드

② 구분식 코드(block code) : 코드화 대상 사물의 총수를 미리 파악하여 발생순, 크기순으로 블록을 분류해서 코드를 부여하는 방법.

예 각 부별 코드
01 – 10 총무부
11 – 30 경리부
⋮
⋮

③ 그룹 분류식 코드(group classification code) : 대분류, 중분류, 소분류 등 각 분류별로 행수를 구성하고, 최하 행이 개개의 대상을 나타내는 방법.

예 X – XX – X – XX
대 중 소 세(대상)
분 분 분 분
류 류 류 류

④ 표의 숫자식 코드(significant digit code) : 중량, 면적, 용량, 거리, 광도 등의 물리적 수치를 직접 코드에 적용시키는 방법.

예 1220 20W의 전구, 1325 25인치 텔레비전

⑤ 십진 분류식 코드(decimal code) : 코드화 대상 사물을 일정한 소속으로 10개로 구분하여 대분류하고, 같은 방법으로 중분류, 소분류하여 코드를 부여하는 방법.

예 도서관의 도서 분류 코드

⑥ 연상식 코드 : 숫자나 문자를 조합해서 나타내는 것으로 어떤 기억을 할 수 있도록 표시한 코드.

예 SEL … 서울, BKK … 방콕

⑦ 약자식 코드 : 습관적으로 약자를 코드화한 것.

예 BX … 박스, LB … 파운드

⑧ 말미식 코드(final digit code) : 다른 종류의 코드와 조합해서 사용하며, 코드의 최종행에 붙여서 그 의미를 나타낸다.

예 인명의 말미에 숫자를 코드로 넣어서 남녀를 구분

⑨ 영숫자 대조식 코드(numerical alphabetical code) : 문자를 숫자 2행으로 나타낸 코드.

예 A … 01, B … 02, C … 03

⑩ 합성 코드 : 어떤 종류의 코드와 조합을 이루어서 만들어진 코드.

code alphabetic [–ælfəbétik] **코드 영문자** 영문자를 가능한 짧게 코드화하는 것으로 New York은 NY, Boston은 BS 등으로 기록하는 기계에 입력하기 위하여 정보를 준비하는 데 사용하고 있는 영문자의 약자를 체제화한 것.

code and go FORTRAN 코드 앤드 고 FORTRAN 프로그램의 신속한 컴파일과 실행을 하기 위하여 만들어진 FORTRAN.

code area [–ɛ́(:)riə] **프로그램 영역**

code audit [–ɔ́:dit] **코드 검사** 정확도와 효율성을 측정할 수도 있고, 소프트웨어 설계 문서와 프로그래밍 표준에 따르고 있는지를 개개인, 그룹 또는 도구(tool)에 의하여 원시 코드를 독립적으로 조사하는 것.

code bar [–bɑ́:*r*] **코드 바**

code beacon [–bí:kən] **코드 비콘**

code book [–búk] **코드 북** 코딩 작업을 할 때의 안내서로서 코드의 관리 및 정보 처리 시스템의 효율성을 위하여 필요한 안내서의 일종으로, 코드의 사용이나 관리를 위한 대상이 되는 코드를 수록한 것이며 코드 체계는 인사 관계, 소속, 직원 번호, 성명, 각종 자재, 제품 등 매우 다양하다.

CODEC 코덱 coder-decoder의 약어. 데이터 전송 장치에서 쓰이는 장치. 음성 신호의 디지털 부호기(符號 ; coder)와 디지털 복호기(復號器 ; decorder)의 합성어. 컴퓨터로부터 전화 회선(아날로그망)을 사용하여 데이터를 전송하는 경우에 사용한

다. 송신의 경우는 코더로 디지털 신호를 아날로그 신호로 변환(D/A 변환)하고, 또 수신의 경우는 디코더로 아날로그 신호를 디지털 신호로 변화(A/D 변환)한다. 이 장치와 전송 속도 변환 장치를 하나로 한 것을 모뎀(MODEM)이라고 하는데, 과거에는 장치가 커서 독립 장치로 되어 있었지만, 현재는 IC화되어 내장되는 형식이 많다.

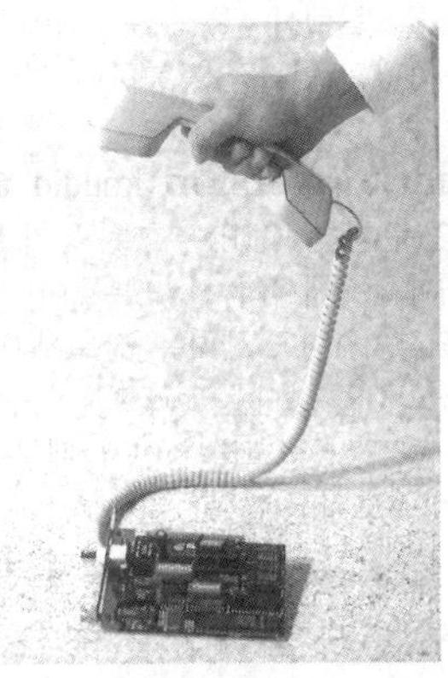

〈코 덱〉

code chain [kóud tʃéin] **코드 연쇄** 인접한 단어들은 이웃 단어의 비트들을 왼쪽 또는 오른쪽으로 한 자리씩 이동시키고 맨 앞의 비트는 제거하며 맨 뒤에 새로운 비트를 첨가해서 형성하는데, 모든 다른 N 비트 단어들의 일부 또는 전부를 주기적인 순서로 배열한 것이다.

code character [-kǽrəktər] **코드 문자** 이 데이터는 한 단어를 단위로 이동되지만 그 시작과 끝, 자리 구분 등의 타이밍 눈금을 주는 등 회로의 제어에 필요한 타이밍 신호의 일종인데, 컴퓨터에서는 이러한 데이터 이동이 빈번히 이루어진다. ⇨ character signal

code check [-tʃék] **코드 검사** 루틴에서의 잘못을 분리 제거하는 것이며, 그 방법은 그냥 사람의 시간적 인지에 의한 것과 코드 중에 미리 검사 코드를 포함시켜서 행하는 기계적인 방법 등이 있다.

code-checking time [-tʃékiŋ táim] **코드-검사 시간** 기계에서 문제를 검사하여 그 문제가 바르게 고쳐져 코드가 맞다는 것을 확신시켜 주는 데 걸리는 시간.

code classification [-klæ̀sifikéiʃən] **코드 분류** 데이터 처리 상에서 대상 품명이나 거래처명 등을 분류하고 체계를 만들어서 코드를 부여하는 것을 말하는데, 이것은 기본형과 응용형으로 분류된다.

code comparing unit [-kəmpέəriŋ júːnit] **오자 검출 코드 비교 장치**

code complexity [-kəmpléksiti(ː)] **코드 복잡도** 작성된 프로그램의 복잡성을 표현하는 정도를 나타내는 것으로, cyclomatic number, Halstead metrics 등의 방법으로 측정되는데, 컴퓨터에 의한 데이터 처리 상 그 대상이 되는 품명, 거래처명 등을 분류하고 체계를 만들어 코드를 주는 것이다.

code configuration [-kənfìgjuréiʃən] **부호 구성**

code conversion [-kənvə́ːrʃən] **부호 변환** 어떤 코드 체계의 코드를 다른 코드 체계의 코드로 변환하는 것. 서로 다른 시스템으로 작성된 데이터의 처리를 행할 때 필요하게 되는 경우가 있다. 변환에는 코드 변환 프로그램(code conversion program)이 사용되는 경우가 많으나, 시스템 설계의 필요에 따라 장치 내부에 하드웨어로서 조립되는 경우도 있다. 또 코드 변환이라고 하면 어떤 코드 체계의 코드를 다른 코드로 변환하는 회로의 것을 의미한다.

code convert [-kənvə́ːrt] **부호 변환** ⇨ code conversion

code converter [-kənvə́ːrtər] **부호 변환기** 이것은 컴퓨터의 입력 단자에 어떤 조합에 의한 코드를 주었을 때 출력 단자측에 그것과 대응하는 새로운 조합 코드가 출력되도록 되어 있는 장치. 데이터 변환기의 하나이며, 어떤 코드 또는 코드화 문자 집합을 사용한 데이터의 표현을 다른 코드 또는 다른 코드화 문자 집합을 사용한 표현으로 변환하는 것을 말한다.

coded [kóudid] *a.* **코드화된, 부호화된** 임의의 숫자를 특정의 코드 체계로 표현하는 것. 본래 코드란 법전, 규약 등을 의미하는 말이지만 컴퓨터 분야에서는 「부호」의 의미로 사용하는 경우가 많다. 따라서 코드 또는 「부호화된」이라는 의미를 말한다. 좀 더 구체적으로는 데이터를 미리 정한 수의 2진 기호(binary symbol)와 대응시킨 것이다. 예를 들면 6개의 2진 기호 조합 110001을 a에, 000001을 1에 대응시키는 것 등이다.

coded arithmetic data [-əríθmətik déitə] **코드화 산술 데이터**

code data [kóud déitə] **코드 데이터** 데이터 요소의 여러 데이터 항목들이 일대일로 대응되도록 표현하는 데 쓰이는 코드들의 집합.

coded character set [-kǽrəktər sét] **코드화 문자 집합** 문자 집합을 정하고, 그 문자 집합 중의 문자와 코드화 표현 사이의 일대일 대응을 정한다. 모호함을 갖지 않는 규칙의 집합.

coded character set code [-kóud] **코드화 문자 집합 코드**

coded decimal [-désiməl] **코드화 10진수** 10

진수의 각 자리를 주어진 진법(numbering system)으로 표현하는 코드화 표현(coded representation)이다. 대표적인 것으로는 2진화 10진법(BCD ; binary coded decimal)이 있다. 예를 들어, 4비트 BCD에서는 10진수의 13은 1을 0001에, 3을 0011에 대응시킨다.

coded decimal notation [-noutéiʃən] **코드화 10진 표기법** 10진수의 각 숫자를 한 문자나 숫자들로 표현하는 방법. 즉, 10진법의 1자리를 4비트 또는 그 이상의 비트 수인 2진 부호의 조합으로 표시하는 방법. 최소 4비트가 필요하며 적당히 중복도를 가지고 오동작을 검출하거나 계산 회로를 간단히 하는 데 이용한다. 다시 말하면 컴퓨터는 2진법 원리를 기본으로 하고 있지만 10진법의 장점을 따온 2진-10진의 절충식도 변환이 쉽고, 표시가 간단한 점이 있으나 이것 역시 자리올림이 쉽지는 않아 3초과 코드 등을 연구하여 보수 계산으로 대응하는 것으로 이러한 간단한 작업을 총칭한다.

coded decimal number [-nʌ́mbər] **코드화 10진수** 10진수를 2진수로 나타내는 방법으로 3초과 코드, BCD 코드, 5043210 코드가 있는데, 이러한 2진수로 코드화된 10진수를 말한다.

code delay [kóud diléi] **부호 지연**

code design [-dizáin] **코드 설계** 컴퓨터를 이용한 데이터 처리시에 요구하는 효과나 결과를 얻기 위해서 일정한 법칙에 따라서 기호화하는 것.

coded form [kóudid fɔ́:rm] **코드화 형식**

code dictionary [kóud díkʃənəri(:)] **코드 사전** 영어 단어와 용어를 그것에 맞게 부호법 상의 표현에 맞도록 배열한 것.

coded identification [kóudid aidèntifikéiʃən] **코드화 식별** 컴퓨터의 프로그램, 파일, 데이터를 액세스하기 위한 개인, 장비, 조직의 특성에 따라 코드들을 부여하는 과정.

coded image [-ímidʒ] **부호화 영상, 코드화 영상** 기억과 처리에 적합한 형식으로 표현되는 표시 영상.

code directing character [kóud diréktiŋ kǽrəktər] **코드 지시 문자** 메시지의 처음에 메시지의 목적지를 정해주는 한 개 또는 여러 개의 지시어.

code distance [-dístəns] **코드 거리**

code distortion [-distɔ́:rʃən] **부호 일그러짐, 부호 변형** 전송로의 품질을 저하시키는 각종 요인(감쇠, 지연, 잡음, 순단(瞬斷), 주파수 변동 등)에 의해 전송된 파형과 수신되어 재현된 직류 부호와의 사이에는 차이가 생긴다. 이것을 부호 일그러짐이라 총칭한다. 부호 일그러짐을 형태에 따라 구분하면 규칙 일그러짐과 불규칙 일그러짐으로 분류된다. 일그러짐량의 표현은 올바른 시간 길이와 실제의 시간 길이와의 차를 퍼센트로 나타낸다.

code division multiple access [-divíʒən mʌ́ltipl ǽkses] **코드 분할 다중 접근** 컴퓨터나 도표 작성기의 자료나 명령을 표현하기 위한 기호를 분할하여 여러 입력, 출력 등에서 접근이 가능하도록 한 시스템.

code division multiplexing [-mʌ́ltiplèksiŋ] **코드 분할 멀티플렉싱** 통신 시스템에서 코드를 분리시키고 하나의 연결선을 통하여 여러 신호를 전송하는 방식.

coded mark inversion [kóudid má:rk invə́:rʒən] **CMI 부호** CMI 부호는 동기 단말 장치와 국내 인터페이스에서의 전송 부호이다. CMI 부호는 그림과 같이 1이 발생하는 경우에 0과 1을 교대로 송출하고 0일 때에는 0과 1을 송출한다. 또한 CMI 부호는 단극성(單極性)이기 때문에 유니폴러(unipolar) 부호라고 한다.

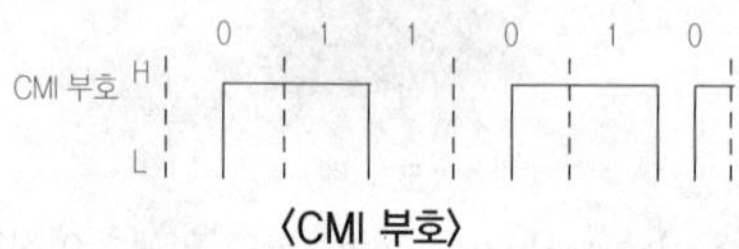

〈CMI 부호〉

coded passive reflector [-pǽsiv rifléktər] **부호 수동 반사기**

coded program [-próugræm] **코드화 프로그램** 특정 컴퓨터나 프로그래밍 시스템의 코드 또는 그 언어로 표현한 프로그램.

coded representation [-rèprizentéiʃən] **코드화 표현** 코드에 의해서 정해진 데이터 항목의 표현, 또는 코드에 의해서 정해진 문자 집합 중의 문자의 표현. 예컨대 정보 교환용 부호에서의 복귀 문자를 표시하는 7비트 또는 8비트의 2진 문자.

coded stop [-stáp] **코드화 정지** 루틴에 내장된 프로그램 명령에 의한 정지.

code efficiency [kóud ifíʃənsi(:)] **코드 효율** 전체 비트 중에서 정보를 나타내는 비트가 차지하는 비율. 즉,

$$\frac{\text{정보 비트의 수}}{\text{전체 비트의 수}}$$

code element [-éləmənt] **코드 소자, 부호 소자** 코드를 구성하는 기본적인 단위. 2진 코드인 경우에는 1 또는 0으로 표시되는 각 자리의 비트.

code error [-érər] **코드 오류** 어떤 원인으로 코드가 틀린 형태로 수신되는 것.

code extension [-iksténʃən] **코드 확장**

code extension character [-kǽrəktər] **코드 확장 문자** 제어 문자의 일종이며, 이에 계속되는 하나 이상의 코드화 표현이 서로 다른 코드 또는

서로 다른 코드화 문자 집합으로 해석되는 것을 표시하기 위해서 이용되는 것.

code for information interchange [–fər ìnfərméiʃən ìntərtʃéindʒ] **정보 교환용 부호** 종이 테이프나 자기 테이프에 데이터를 표현하는 경우의 부호이며, 데이터 전송, 정보 처리를 위한 코드.

code generation [–dʒènəréiʃən] **코드 생성** 원시 프로그램을 분석해서 얻은 중간 코드를 입력하여 이에 대응하는 목적 코드 프로그램을 만드는 과정으로, 컴파일 단계 중 하나이다.

code generator [–dʒénərèitər] **코드 생성기** 코드를 생성하는 프로그램.

code hole [–hóul] **정보 구멍** 종이 테이프에 천공된 코드 요소 구멍.

code image [–ímidʒ] **코드 영상**

code image read [–ríːd] **코드 영상 판독**

code-independent [–indipéndənt] **코드 독립** 데이터 전송에 있어서 문자를 기본으로 하여 송신 장치로 사용되는 문자 집합 또는 코드가 전송 형태, 전송 제어 순서 등으로부터 제한을 받지 않는 상태를 표시할 때 쓰인다.

code-independent data communication [–déitə kəmjùːnikéiʃən] **코드 독립 데이터 전송** 데이터 송신 장치에서 사용되는 문자 집합 또는 코드에 의존하지 않는 문자를 기본으로 하는 프로토콜(protocol)을 사용하는 데이터 통신의 한 형태.

code-independent mode [–móud] **코드 독립 모드** 정보 메시지 블록의 포맷에 특수 부호를 사용하여 코드의 제한을 받지 않고 정보 메시지를 전송할 수 있는 방식.

code-independent transmission procedure [–trænsmíʃən prəsíːdʒər] **코드 독립 전송 절차** 국제 표준과 일치하지 않는 컴퓨터 내부 코드나 2진 정보를 사용하는 것이 가능하므로 컴퓨터간의 전송에 유리하며, 전송하는 비트 패턴에 어떠한 제한도 가하지 않는 제한 방식으로 송수신 사이에 미리 정해져 있으면 어떤 부호라도 송수신이 가능하다.

code inhibit [–inhíbit] **코드 금지** 시프트나 외부 제어와 같은 조건 하에서 불필요하거나 무의미한 코드 집합을 폐쇄하는 기능.

code input [–ínpùt] **코드 입력** 문자 등을 번호 등으로 입력하는 기능.

code inspection [–inspékʃən] **코드 검열**

code line [–láin] **코드 라인, 코드선** 어떤 문제를 풀기 위해 어느 코드의 한 줄에 작성된 단일 지시어.

code management [–mǽnidʒmənt] **코드 관리** 프로그램 관리를 말한다.

〈코드 입력〉

code optimization [–àptimaizéiʃ(ə)n] **코드 최적화** 비효율적인 중간 코드에서 생성되는 목적 코드 프로그램은 수행 시간과 기억 공간을 낭비하는데, 이런 낭비 자원을 최소화하기 위해 중간 코드나 목적 코드에 적용되는 과정.

code page [–peidʒ] **코드 페이지** MS-DOS 버전 3.3 이후에 지원되는 기능으로, 전세계 문자와 키보드를 대응시키기 위한 방법. 미국 영어와 포르투갈어, 러시아어와 같은 각 나라마다 서로 다른 알파벳을 동일한 키보드로 입력하거나 화면에 표시할 수 있다. 구체적으로는 단어 단위로 독립된 숫자가 할당되어 있고, 이것을 전환하여 각각 용어로 만들어진 응용 프로그램으로 문자를 바르게 입력, 표시, 인쇄하도록 되어 있다.

code parameter [–pərǽmətər] **코드 매개변수**

code position [–pəzíʃən] **천공 위치** 데이터를 기록하기 위하여 천공할 경우 데이터 매체 상의 정의된 위치.

coder [kóudər] *n.* **코더, 부호기** encoder의 약어. 컴퓨터에서 통용되는 용어로 프로그램을 작성하는 사람, 또는 어떤 코드의 규칙을 적용하여 그 코드의 체계에 적합하도록 하는 것이나 몇 개의 입력 단자 중 한 개에 신호가 가해진 경우 그 각각에 대응하는 부호를 출력으로 하는 논리 회로.

coder-decoder [–diːkóudər] **CODEC, 코덱, 암호기–해독기** 정보에 의한 신호를 통신 회선을 통해 원격지까지 정송하기 위한 장치로 변복조기와 기능이 비슷하지만 변환 방향이 다르다. 이것은 아날로그 신호를 디지털 신호로 변환하거나 그 반대의 작업을 수행하는 장치이다. ⇨ 보충 설명 참조

coder-decoder chips [–tʃíps] **암호기–해독기 칩** 카드 천공기나 델타 변조 시스템에서 디지털 형식으로 음성을 변환시키는 집적 회로.

code regenerator [–ridʒénərèitər] **부호 재생 회로**

code repertory[-répərtɔ̀(:)ri(:)] **코드 축적**

code scheme[-skíːm] **코드 체계**

code segment[-ségmənt] **코드 세그먼트**

code set[-sét] **코드 집합, 코드 세트** 코드 또는 코드화 문자 집합에 의하여 정의되는 코드화 표현의 완전한 집합. 예를 들면, 각국의 TV, 라디오 통신소 등에 할당된 통신소명이나 각국 공항의 국제 표지 등이다.

code sysnthesis[-sínθəsis] **코드 합성** 컴파일러의 최종 단계로 컴파일 단위로 생성된 목적 코드의 부분들을 재배치 형태로 모아주는 것.

code system[-sístəm] **코드 시스템, 코드 체계** 사람, 물체, 거래나 행위의 상태, 조건 등을 정리하여 대상을 구별·분류해서 관리 제도나 방법 등에 참고하기 위한 코드의 구분을 말한다.

code table[-téibəl] **코드표** 비트의 조합과 대응을 나타내는 표, 즉 컴퓨터에서 다루는 정보를 구성하는 문자와 이에 대응하는 코드.

code track[-trǽk] **코드 트랙** 피드 트랙을 제외한 종이 테이프의 트랙.

code translation[-trænsléiʃən] **코드 변환** 홀로그래픽 필터링에 의한 화상 처리의 일종. 어떤 화상을 입력했을 경우에 그와 대응하는 특정한 화상을 출력하는 변환.

code translator[-trænsléitər] **코드 번역기**

code transmission[-trænsmíʃən] **부호 전송** 과거에는 전시용의 부호를 송수신하는 것을 의미했으나 현재는 데이터 전송과 같은 의미이다.

code transparent[-trænspɛ́(:)rənt] **코드 투과형** 데이터 전송에 있어서 비트를 기본으로 하여 송신 장치로 사용되는 비트열(列)의 구성법이 전송 형태나 전송 제어 순서 등으로부터 제한을 받지 않은 성질을 표시할 때 쓴다.

code-transparent data communication[-déitə kəmjùːnikéiʃən] **코드 투과형 데이터 전송** 데이터 송신 장치에서 사용되는 비트열(列)의 구성에 의존하지 않는 비트를 기본으로 하는 프로토콜. 데이터 통신의 한 형태이다.

code-transparent mode[-móud] **코드 투과형 모드** 기본형 데이터 전송 제어 절차의 확장 모드의 하나이며, 투과형 전송을 실현하는 방법의 하나이다. 코드 인디펜던트 전송 제어 절차라고도 한다. 일반적으로 전송 제어를 하기 위한 전송 제어 캐릭터가 정해져 있기 때문에 그 코드는 제어 캐릭터로 사용되지 않는다. 이것에 대해서 어떠한 코드 체계 또는 비트 구성의 문자에서도 전송할 수 있는 방식을 코드 투과형 모드라고 한다. 그 밖에 HDLC 절차(하이 레벨 데이터 링크 제어 절차)도 투과형 전송을 할 수 있는 방식이다. 투과형 모드에서는 데이터 전송중에 특정한 전송 제어 캐릭터의 전송을 실현하기 위해서 텍스트의 개시에 DLE·STX 시퀀스, 블록 또는 텍스트 종료에 DLE·ETB 또는 DLE·ETX 시퀀스를 이용해서 데이터를 전송한다. 데이터 중에 DLE와 같은 캐릭터가 발생한 경우 DLE를 여분으로 붙여서 전송하고, 수신측에서 DLE 두 개가 연속할 때는 한 개를 제거하고 DLE·STX, DLE·ETX 및 DLE·ETB와 같은 패턴이 발생하는 것을 방지하여 투과형 전송을 실현하고 있다. 투과형 전송 방식 실현에 의해 컴퓨터 등의 내부 코드를 그대로 송수신할 수 있기 때문에 코드 체계가 달라진 컴퓨터 간 통신 등에서 코드 변환이 쉽게 된다는 장점이 있다.

code value[-vǽljuː] **코드 값** 코드 세트의 요소. 코드에 의해서 정해진 데이터 항목의 표현 또는 코드에 의하여 정해진 문자 집합 중의 문자의 표현.

CodeView[kóudvjuː] *n.* **코드뷰** 사용자가 화면에서 프로그램의 작동 상황을 직접 보면서 진행하는 대화식 디버거로 특히 FORTRAN, C, PASCAL 컴파일러로 컴파일된 프로그램은 원시 코드를 보면서 직접 진행시킬 수 있다. MS 사가 개발한 IBM-PC용 디버거 프로그램의 상품명.

code walk through[kóud wɔ́ːk θrúː] **코드 검토회** walk through와 유사하다.

coding[kóudiŋ] *n.* **부호화** 컴퓨터에서 일의 수행 단계에는 문제의 분석과 처리 방법을 위한 알고리즘, 순서도 작성 등이 일련의 작업으로 특정 문제를 푸는 데 필요한 컴퓨터 연산 기호나 의사 코드의 준비, 또는 연산 그 자체를 의미하기도 한다. 부호화는 일련의 명령을 코드화한 리스트를 말하기도 한다. ⇨ 그림 참조

coding bounds[-báunz] **코드 한계**

coding characteristic measuring[-kæ̀rəktərístik méʒəriŋ] **부호화 특성 측정 장치** 디지털 동기 단말 제어 시스템에서 제어되는 측정 장치의 일종으로 자동 측정 기능, 매뉴얼 측정 기능, 자기 진단 기능을 가지고 있다. 자기 측정 기능에는 전송 손실 측정 기능, S/N 비, Q 측정 기능, 주파수 특성 측정 기능, 무통화시 잡음 측정 기능과 이들 네 가지 측정을 간단하게 측정하는 간이 측정 기능이 있다. 매뉴얼 측정 기능에는 자동 측정 기능 중 무통화시 잡음 측정과 간이 측정을 제외한 세 가지 측정이 가능하고 수동으로 송출 레벨은 5포인트 설정할 수 있다. 자기 진단 기능은 자동 측정 기능과 동일한 항목에 대하여 자기 진단을 한다.

coding check[-tʃék] **코드 검사** 코딩된 프로그램을 컴퓨터를 사용하지 않고 하는 검사. 즉, 루

부호기-복호기

C 음성 및 컬러 TV 신호와 같은 아날로그 신호를 디지털 신호로 변환하는 기기를 부호기, 그 역조작을 하는 기기를 복호기라고 한다. 부호기 구성의 형식으로는 귀환형(歸還形), 종속형(從屬形), 계수형(計數形) 또는 이들의 조합에 의한 것이 있다.

귀환형은 한 개의 비교 회로를 N회 반복하여 사용하는 부호화 형식으로 회로 구성 상 다른 부호화 형식과 비교하여 아날로그 부분이 약간 단순하게 되어 있다. 그림은 8비트 부호기의 동작을 설명한 것이다. 부호기는 우선 PAM화된 입력 아날로그 신호 X_nT의 플러스, 마이너스를 판정하여 그 결과에 대응한 PCM 신호를 하나(y_1) 만든다. 다음으로 판정 결과 플러스(또는 마이너스)의 경우 미리 결정된 부호기의 허용 최대 입력값의 $\frac{1}{2}\left(-\frac{1}{2}\right)$을 국부(局部) 복호기가 만들어내어 이것과 X_nT와의 차신호(差信號)의 플러스, 마이너스를 판정한다. PCM 신호를 하나(y_2) 더 만든다. 판정 결과가 플러스(또는 마이너스)의 경우 부호기 허용 최대 입력값의 $\frac{1}{2}+\frac{1}{4}=\frac{3}{4}\left(\frac{1}{2}-\frac{1}{4}=\frac{1}{4}\right)$을 다시 국부 복호기가 만들어내며, 이것과 X_nT와의 차신호의 플러스, 마이너스를 또 다시 판정한다. 이와 같은 조작을 전부분에서 8회 반복하여 X_nT에 대응하여 8비트의 PCM 신호 $X_nT(y_1, y_2, \cdots y_8)$을 만들어낸다. 부호기의 속도화는 귀환 회로의 지연 시간에 의해 결정되는데, 현재의 부품 기술에서는 100Mb/s 정도가 실현될 수 있으며, 대부분의 PCM 부호기는 귀환형으로 만들어낸다.

종속형은 정류 회로와 증폭 회로의 지연을 상당히 적게 할 수 있으며, 귀환 루프를 유지하지 않아서 원리적으로는 초고속화에 적합하다고 생각된다. 그러나 아날로그 동작 부분이 많고 회로 구성이 복잡하기 때문에 조정도 곤란하여 현재에는 별로 사용하지 않는다.

계수형은 기준 전압원을 가지고 있으며 적분기는 충전 또는 방전하여 입력 신호의 진폭값에 달할 때까지의 시간을 계수(計數)하여 이것을 부호화하는 형식이다. 회로 구성은 간단하지만 표본화 주파수의 2^N배(N 비트로 부호화하는 경우) 정도의 클록을 필요로 하기 때문에 고속화에는 적합하지 않다. 높은 정밀도의 전압 측정기 등에 사용되고 있다. 전화를 대상으로 이제까지의 부호기는 장치의 경제화를 도모할 목적으로 한 개의 부호기를 여러 채널로 시분할 다중으로 사용하여 구성되어 있다. 그러나 LSI 기술의 발달에 의하여 각 채널마다 각각 부호기를 할당하는 것이 경제적으로 유리하여 이제까지 부호기와 구성이 변천되어 왔다. 전자와 같은 부호기를 공통 부호기, 후자를 싱글 채널 코덱(single channel CODEC)이라고 부른다.

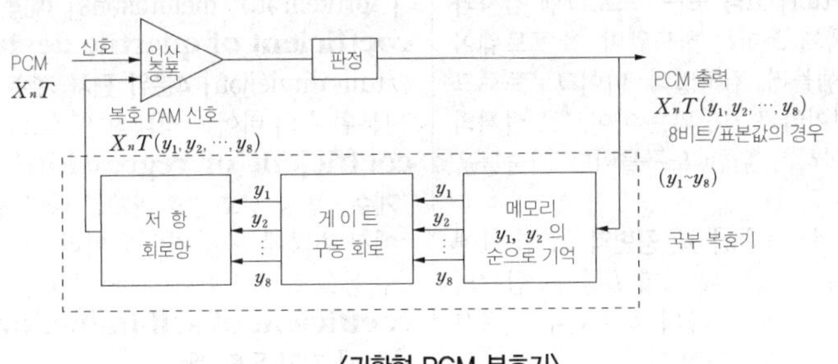

〈귀환형 PCM 부호기〉

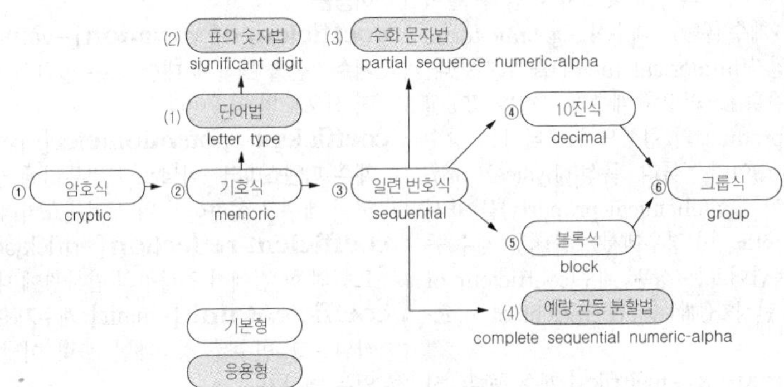

〈부호화의 종류〉

틴이 에러를 포함하고 있는지의 여부를 확인하기 위해 수행하는 검사를 뜻한다.

coding efficiency[-ifíʃənsi(ː)] **코딩 효율** 입출력 또는 기억 장소의 효율성에 의하여 결정되는 원시 코드를 생성할 때 쓰이는 연산자의 효율.

coding error[-érər] **코딩 오차, 코딩시 오류**

coding form[-fɔ́ːrm] **코드 폼** 프로그램에서 명령어가 쓰여진 형태.

coding line[-láin] **코딩 라인** 프로그램의 1행(한 줄). 대개 단일 명령어이다.

coding scheme[-skíːm] **코딩 구성, 코딩 체계, 부호화 체계** 정보를 코드로 표현하는 방법을 정하는 규칙 또는 정보를 교환하는 송수신 사이에서 결정된 코드화 방법의 규칙. ⇨ code

coding sheet [-ʃíːt] **코딩 용지, 코딩 시트** 프로그램을 작성할 때 사용한다. 일정한 형식으로 인쇄된 용지이며 FORTRAN, COBOL, ALGOL 등 프로그래밍 언어별로 고유 형식의 용지가 정해져 있다.

coding standard[-stǽndərd] **코딩 표준**

coding technique[-tekníːk] **코딩 기법** 특정 문제를 푸는 데 필요한 일련의 컴퓨터 연산들을 기호나 의사 코드로 준비하는 행위 또는 연산 그 자체.

coding theorem[-θíərəm] **코딩 정리**

coding theory[-θíəri(ː)] **암호설, 부호화 이론**

coding tool[-túːl] **코딩 도구** 프로그램 검사와 오류의 위치 탐색에 쓰이는 하드웨어, 소프트웨어 시뮬레이터나 어셈블러, 컴파일러, 마이크로프로그래밍 등으로 코딩이라고 지칭되는 마이크로 설계의 한 단계를 단순화하기 위한 도구들이나 기술들을 말한다.

codomain[koudouméin] *n.* **공변역** 집합 A에서 B로 가는 함수가 있을 때 집합 B를 그 함수의 공변역이라 한다. 즉, $y=f(x)$의 꼴로 함수를 표시할 때 y가 속하는 집합이 공변역이다.

coefficient[kòuəfíʃənt] *n.* **계수** 본래 공동 작용(cooperating)이란 의미를 갖으며 다음과 같이 나누어진다. (1) 계수(係數) : 대수항(algebraic term)에서의 수치 인자(numerical factor)를 표시한다. 예를 들면, 대수항 $2x$의 2를 계수라고 한다. (2) 실험식 중에 곱(product)의 형식으로 나타나는 상수(常數 ; constant)이며, 물리 특성(physical property)이나 화학 특성(chemical property)을 표시하는 수치적인 척도. 이 경우에서는 율(率), 계수 등이 있다. (3) 복합어로는 상관 계수(coefficient of correlation)나 탄성률(彈性率 ; coefficient of elasticity)이 있다.

coefficient matrix[-méitriks] **계수 행렬** 선형 방정식에서 변수의 계수로서 형성된 행렬인데, 선형 방정식에서 오른쪽에 첨가하여 얻어진 증가 행렬식과는 구분되며, 선형 방정식에서 왼쪽 계수들의 행렬식을 말한다.

coefficient of correlation[-əv kɔ̀(ː)rəléiʃən] **상관 계수** a와 b 사이에 상관 관계(correlation)가 있을 때, a와 b와의 공분산(共分散 ; covariance)을 a와 b의 표준 편차(standard deviation)와의 곱으로 나눈 몫을 말한다.

coefficient of coupling[-kʌ́pliŋ] **결합 계수**

coefficient of detection[-ditékʃən] **검파 계수**

coefficient of determination[-ditə̀ːrminéiʃən] **결정 계수** 그 값이 0~1 사이이고 선형 상관 계수에서의 상관 계수의 제곱.

coefficient of electrostatic capacity[-ilèktrəstǽtik kəpǽsiti(ː)] **정전 용량 계수, 용량 계수**

coefficient of electrostatic induction[-indʌ́kʃən] **정전 유도 계수, 유도 계수**

coefficient of mean deviation[-míːn dìːviéiʃən] **평균 편차 계수** 중위수 또는 산술 평균에 대한 편차의 비이며 상대적 산포도의 일종.

coefficient of mutual induction[-mjúːtʃuəl indʌ́kʃən] **상호 유도 계수**

coefficient of potential[-pəténʃəl] **전위 계수**

coefficient of preventative maintenance [-privéntətiv méintənəns] **예방 보전 계수**

coefficient of quartile deviation[-kwɔ́ːrtail dìːviéiʃən] **4분위 편차 계수** 중위수에 대한 4분위 수의 비이며 상대적 산포도의 일종.

coefficient of regression[-rigréʃən] **회귀 계수** 변량 상호간의 관계를 나타내는 회귀 방정식에서 변량에 대한 변수에 따라 첨가되는 계수와 상수 등을 합하여 회귀 계수라 한다.

coefficient of self-induction [-sélf indʌ́kʃən] **자기 유도 계수**

coefficient of utilization[-jù(ː)tilaizéiʃən] **이용률**

coefficient of variation[-vɛ̀(ː)riéiʃən] **변이 계수** 산술 평균에 대한 표준 편차의 비이며, 상대적 산포도의 일종이다.

coefficient potentiometer[-pətènʃiámətər] **계수 퍼텐쇼미터** 아날로그 컴퓨터에 사용되는 1 이하의 계수를 실현하기 위한 퍼텐쇼미터.

coefficient reflection[-riflékʃən] **계수 반영** 표면의 한 점에서 입사광의 반사광에 대한 비율.

coefficient unit[-júːnit] **계수기(係數器)** 입력 아날로그 변수를 정수배한 출력 아날로그 변수를 얻는 연산기.

coercion[kouə́ːrʃən] *n.* **강제 변환** 프로그래밍

언어에서 편의를 위해서 표현 형식 범위 내에서 자료형에 문맥 호환성을 부여하기 위해 자동으로 다른 자료형으로 변환되도록 하는 것. 예를 들면, A가 정수형이고 B가 실수형인 경우 $A+B$라는 식을 계산하려면 정수와 실수를 곧바로 더할 수 없으므로 먼저 A를 실수로 변환한 다음 더하여야 한다. 이러한 변환 작업은 대개 컴파일러에서 자동으로 해준다.

coexistence[kòuigzístəns] **공존성** 다른 종류의 시스템이 같은 프로그램을 지원하는 능력.

cofactor[koufǽktər] **여인수** $A_{ij}=(-1)^{i+j}D_{ij}$를 원소 a_{ij}의 여인수라 하는데, 정방 행렬 A_{ij}의 원소 a_{ij}에 대한 소행렬식 D_{ij}를 사용하여 구한 값이다.

COFF common object file format의 약어. 공통 object 형식. 유닉스 System V에서 쓰인다.

cognition[kagníʃən] *n.* **인식** 지각이나 관념에 관한 내용을 지식으로 바꾸어주는 지능적 처리 과정.

cognitive engineering[kágnitiv èndʒəníəriŋ] **인지 공학** 인간의 사고를 지원하는 기계 설계를 위한 공학적 체계. 컴퓨터의 계산 능력이 높아짐에 따라 컴퓨터를 인간의 사고를 지원하는 기계로 생각하게 되었는데, 특히 그것을 고도의 그래픽 기능이나 윈도 조작 기능, 또는 다른 미디어와의 통합 기능과 짝지어진 인간에게 사용하기 쉽고 이해하기 쉬운 인터페이스로 이용하게 되어 있다.

cognitive model[-mádəl] **인식 모델** 사용자가 인식할 수 있게 하는 시스템을 설명하는 인식 모델.

cognitive science[-sáiəns] **인지 과학** 심리학의 인지 심리학과 컴퓨터 과학의 결합으로 새롭게 탄생한 학문 분야. 인간의 지적 활동을 규명하여, 그것을 컴퓨터에 구현하려는 연구가 진행중이다.

COGO 좌표 기하학 coordinate geometry의 약어. 기하학을 풀기 위한 프로그래밍 언어의 명칭.

Cohen-Sutherland algorithm 코헨-서덜랜드 전단 알고리즘 컴퓨터 그래픽에서 화면에 그릴 화상을 정해진 사각형 윈도에 맞추어 자르는 알고리즘의 하나.

Cohen-Sutherland clipping algorithm 코헨-서덜랜드 전단 알고리즘 지정된 윈도의 위치 관계를 나타내는 4비트, 6비트의 아웃 코드를 계산하고 그 값이 모두 0이면 선을 받아들이고 0이 아니면 버리는 윈도의 지역 검사를 통하여 어떤 대상선을 받아들이거나 버리도록 설계된 알고리즘.

coherence[kouhí(:)rəns] *n.* **응집** 소프트웨어 설계의 기본적인 목적인 복잡성과 모듈 간의 상호 연관 관계를 줄이려는 목적 달성을 위해 이러한 개념을 포함하는 것.

coherency[kouhí(:)rənsi] **가간섭성** 전자파가 파장이 같은 가지런한 사인파의 집합인 상태. 통신에 이용하는 전파는 모두 가간섭성의 파(coherent wave)이지만 일반 빛은 그렇지 않다. 레이저나 홀로그래피(holography)는 가간섭성의 빛을 발생시켜 이용하는 대표적인 예이다.

coherent detection[kouhí(:)rənt ditékʃən] **동기 검파**

cohesion[kouhíːʒən] *n.* **응집도** 응집도란 한 모듈 내에 필요한 함수와 데이터들의 친화력을 측정하는 척도이다. 한 모듈의 응집도가 높을수록 모듈에 필요한 함수와 데이터들이 그 모듈 내에 존재할 확률이 높으며, 응집도가 낮을수록 모듈 내에 서로 관련없는 함수나 데이터들이 존재한다. 응집도는 정보 은닉 개념을 확장한 것으로서, 응집력이 있는 모듈은 프로그램의 다른 부분을 수행하는 다른 프로시저들과의 상호작용이 거의 없이 한 프로시저 내에서 하나의 임무를 수행할 수 있다.

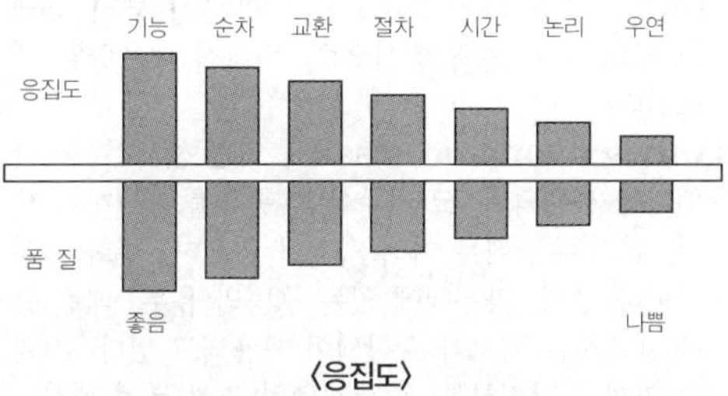

〈응집도〉

cohort[kóuhɔːrt] *n.* **동료 프로세서** 분산 데이터베이스에서 같은 트랜잭션을 처리하는 두 개의 대체 프로세스가 있을 경우 이 프로세서.

coil[kɔ́il] *n.* **코일, 권선** 공진 회로, 변압기, 전자 릴레이 등에 사용되며 속에 철심을 넣은 것과 넣지 않은 것이 있다.

coincide[kòuinsáid] *v.* **일치하다**

coincidence[kouínsidəns] *n.* **일치** 두 개 이상의 사상이 동시에 또는 한정된 시간 내에 발생하는 것.

coincidence circuit[-sə́ːrkit] **동시 발생 회로** 일치 회로라고도 하며 이러한 회로에 의해서 사상을 계수하는 계수기를 동시 계수기라고 하는데, 둘 또는 그 이상의 입력 단자를 갖는 회로로, 각 입력단에 신호가 동시에 혹은 짧은 시간 Δt 중에 연속적으로 주어졌을 때 출력단에 신호를 발생하게 되어 있는 것.

coincidence duration[-dju(:)réiʃən] **동시 발생 시간** 매핑이 일치하는 동안의 시간 간격.

coincidence element[-éləmənt] **동시 연산 요소** XOR 연산 결과의 부정 연산을 하는 회로 소자.

coincidence error[–érər] **동시성 오류** 다른 적분기들을 계산 모드나 유지 모드에 접속하는 시간 상의 차이.

coincidence gate[–géit] **동시 발생 게이트** ⇨ AND gate

coincidence method[–méθəd] **일치법** 눈금선 등의 일치점을 관측하여 측정량과 기준량 사이에 일정한 관계가 성립된다는 것을 알아보거나 측정하는 것.

coincidental cohesion[kouìnsidéntəl kouhí:ʒən] **동시성 응집도** 부속 요소들 사이에 의미 있는 관계가 존재하지 않는 모습을 나타내는 데 사용.

coincident-current selection[kouínsidənt kə́:rənt səlékʃən] **동시 전류 선택** 자기 기억 셀의 배열에서 두 개 이상의 선 상에 동시에 전류를 흐르게 하고, 선택된 기억 셀에 대해서만 그 합계의 기자력이 임계값(threshold)을 초과하도록 함으로써 배열 중 한 개의 셀을 선택하는 것.

coincident selection[–səlékʃən] **동시 선택** ROM의 주소 선택 방식으로, 비교적 대용량일 때 쓰인다.

coin sensor[kɔ́in sénsɔ:r] **코인 센서** 자동 판매기에 사용되며, 코인(주화)의 종류를 판별하는 센서. 검지 수법에는 여러 가지가 있으며, 주화의 지름이나 무게, 가운데에 있는 구멍의 유무, 패턴 등을 계측하는 센서가 조합되어 사용되고 있다. 진짜와 가짜를 감정하는 데는 재료의 조성 분석 센서도 사용된다.

Coke machine[kouk məʃí:n] **콜라 판매기** 인터넷에는 자동 판매기도 연결할 수 있다. 자동 판매기에는 각 슬롯의 개수와 차가와지기 시작한 후의 시간 경과를 감지하는 기계를 부착하고, 인터넷 상의 어디에서라도 finger 명령으로 상태를 알 수 있도록 하고 있다.

COL 콜, 문자 윤곽 제한 character outline limits의 약어. 인쇄체 혹은 필기체 문자 인식에서 문자의 각 획의 윤곽을 형성하는 도형적인 형태를 제한하는 것.

CO-LAN 코랜, 가입형 LAN central office local area network의 약어. 음성과 데이터를 동시에 전송할 수 있는 VTM과 데이터 교환 장치인 VCS(virtual circuit switch)만을 이용, 기존의 전화망에서도 데이터 교환 기능을 수행할 수 있게 한 것이다. 따라서 통신 사업자나 이용자들이 기존의 독자적인 LAN을 구축할 때와 같은 막대한 시설 투자가 필요 없는 데다 이용 요금이 저렴하고 일괄적으로 유지·보수할 수 있다. 개인이 전용 회선을 끌어 쓰기에는 적지 않은 비용 때문에 무리가 많으나 그 중에서 가장 저렴한 서비스가 하나 있는데, 바로 한국통신의 코넷(KORNET) 서비스이다. 코랜은 공중기업 통신망을 통한 전용 회선 인터넷 서비스로 월 사용료가 6만원 이상이며, 기업이나 개인이 사용하기 편리한 시스템이다. 이 서비스는 코넷에서 제공하는 서비스의 하나로 호스트 컴퓨터에 접속할 때는 9,600bps 이하 12만4천원, 19,200bps의 경우 14만천원의 요금이 부과되며, 도메인이 하나만 부여되기 때문에 여러 명이 사용할 수 없다. 근거리 통신망에서 접속할 때 LAN 포트나 전용선을 통한 LAN이 코넷 노드에 직접 접속되므로 전용 연결할 때 DSU, 라우터, 트랜시버 등의 장비가 필요하고, LAN의 규모에 따라 도메인 등급이 부여되며, LAN에 연결된 모든 컴퓨터가 동시에 인터넷을 사용할 수 있는 주소를 갖게 된다. ⇨ LAN, DSU, KORNET

COLD computer output to laser disk의 약어. 컴퓨터로 출력된 문서를 자기 또는 광 디스크 상에 곧바로 저장, 인덱싱(indexing)하여 사용자가 원할 때 빠른 속도로 검색하여 볼 수 있도록 만든 시스템.

cold[kóuld] *a*. **콜드, 전원 공급 중단** 컴퓨터에 「전원이 넣어 있지 않은」 상태를 형용하는 것으로 흔히 쓰인다.

cold boot[–bú:t] **콜드 부트** 데이터 처리 시스템 재시동의 하나. 컴퓨터를 처음 켜는 것이나 껐다가 다시 켜는 것.

cold fault[–fɔ́:lt] **콜드 폴트** 컴퓨터를 켜자마자 나타나는 심한 고장.

cold reserve[–rizə́:rv] **냉 예비 전력**

cold restart[–ristá:rt] **콜드 재시동**

cold standby[–stǽndbài] **완전 시작 예비 시스템** 수동으로 동작하는 예비 시스템.

cold start[–stá:rt] **첫 시작** 운영 체제의 실행을 개시하는 초기 설정 절차 또는 시스템 고장이 매우 치명적일 때 시스템을 처음부터 다시 시동하는 것.

cold start loader[–lóudər] **완전 시작 적재기** ⇨ boot strap loader

collapsed backbone[kəlǽpst bǽkbòun] **컬랩스트 백본** 고성능 라우터의 교환 능력을 이용한 고속 백본 구축 방법. 라우터와 허브가 내장된 고속의 내부 허브(백플레인)를 LAN의 백본으로 사용하는 LAN 구축 방법이다. 백본이 라우터나 허브 내부에 위치하기 때문에 backbone in a box라고 한다. 각 세그먼트를 수용한 허브를 라우터 내부 버스를 교환, 처리하기 위한 백본으로 이용한다.

collate[kaléit] *v*. **조합하다, 대조하다** 복수의 순서가 붙여진 데이터의 집합(ordered sets of values)을 원래의 집합과 동일한 순서를 갖는 하나의 집합으로 하는 것. 조합 순서의 대표적인 것에 EBCDIC와 ASCII가 있다. 실제 조합 작업은 순서 검사(sequence check), 매칭(matching), 선별(selecting), 합병(merging)의 네 가지로 분류할 수 있다. 조합 순서는 오름차순(ascending order)인지 내림차순(descending order)인지를 검사하며, 매칭은 두 쌍의 데이터의 특정한 열(column)끼리를 비교하는 작업이다. 선별은 지령된 조건에 근거하여 데이터를 선별하는 작업이고, 합병은 특정 컬럼에 순서가 붙여져 나열된 복수의 데이터를 하나로 정리하는 작업이다.

collate program[–próugræm] **조합 프로그램, 대조 프로그램**

collate programs and tape sort [–próugræmz ənd téip sɔ́:rt] **조합 및 테이프 정렬 프로그램** 프로그래머가 지정한 변수에 따라 데이터를 특정 양식으로 정렬 및 조합하도록 하기 위해 특정한 구성에서 운용하게 하는 일반화된 프로그램.

collater[kɑléitər] *n.* **조합기, 대조기** 펀치 카드 시스템에서 보조 기계의 하나.

collating[kɑléitiŋ] *n.* **조합(照合), 병합(併合)** 데이터의 특정 항목에 관해서 대소 관계를 판별하고 해당하는 항목에 부수되어 있는 데이터도 포함해서 나누는 일. 구체적인 처리로는 ① 순서 검사(sequence check), ② 부합성(matching), ③ 선별(selection), ④ 조합(merging) 등이 있고 이것은 중복해서 행해지는 경우가 많다.

collating and merging[–ənd mə́:rdʒiŋ] **조합과 합병** 다수의 같은 종류의 항목이 복잡하게 구성되어 있는 경우 그것을 적당히 분류 또는 조합하여 필요한 순서로 구성하는 방법.

collating sequence[–sí:kwəns] **조합 순서, 병합 순서** 순서를 붙일 때 사용되는 지정된 나열 방법. 병합을 행할 때는 대소 관계의 기초가 되는 것으로, 활자 기호에 주어져 있는 대소 관계는 병합 순서이다.

collating sorting[–sɔ́:rtiŋ] **조합 정렬** 순서를 이룰 때까지 데이터를 대조하면서 조합하는 정렬 방법. 어떤 집합의 항목들 간에 부여된 순서.

collation pass[kɑléiʃən pǽ:s] **조합 패스** 정렬 프로그램에서 첫 번째 패스가 끝난 후에 실행하는 패스.

collator[kɑléitər] *n.* **조합기** 천공 카드 등의 파일을 조합, 합병, 매치(match) 등을 하는 장치.

collecting digit method[kəléktiŋ dídʒit méθəd] **그룹 디짓 방법** 여러 개의 코드를 그룹으로 취급하여 그 중 코딩 오류를 발견하여 정정하는데, 이 방법은 그룹 중 한 개의 숫자의 오류는 발견이 가능하지만 여러 번 중복된 오류의 발견은 불가능하다.

collector[kəléktər] *n.* **컬렉터** 트랜지스터에 있어서 베이스 영역에서 기능의 주체를 이루는 캐리어의 흐름을 수집하는 작용 부분.

collector capacitance[–kəpǽsitəns] **컬렉터 용량** 트랜지스터의 컬렉터와 베이스 간의 장벽 용량.

collimator[kɑ́limèitər] *n.* **콜리메이터** 방사선이나 전자선, 빛 등을 어떤 입체각 속에 평행 빔으로 접속시키는 것.

collinear beam[kəlíniər bí:m] **콜리니어 빔** 두 개 이상의 파의 파동 벡터의 방향이 같고, 또 중첩되어 전반되는 상태. 광고조파 발생, 광혼합 등에 있어서 상호작용하는 파의 파동 벡터의 방향이 같고 위상 정합이 실현되는 경우 콜리니어 빔이 채용된다.

collision[kəlíʒən] *n.* **부딪힘, 충돌, 부조화** 색인법(indexing)에서 두 개의 서로 다른 원소가 같은 내부 어드레스로 사상(mapping)되는 현상. 또는 유한 개수의 프로세서가 하나의 버스를 공유할 때, 버스 사용 요청이 동시에 발생할 경우.

collision chain[–tʃéin] **충돌 연쇄** 해싱 함수에 의해 여러 레코드들이 같은 기억 장소의 주소를 갖게 될 때 이 레코드들을 연결해놓은 포인터 연쇄.

collision detection[–ditékʃən] **충돌 방지** 다중 접근 네트워크에서 동시에 두 대의 컴퓨터가 전송하는 것을 방지하기 위하여 수행하는 일.

collision resolution technique[–rèzəlú:ʃən tekní:k] **충돌 해결 기법** 해싱으로 충돌 현상이 발생할 때, 한 키값에 대한 다른 주소를 결정하기 위해 이용하는 방법.

colon[kóulən] *n.* **콜론** 콜론(:)은 ISO, EBCDIC의 코드 체계에 들어 있으며 컴퓨터에서는 데이터로 취급하는 특수 문자의 하나이나 FORTRAN, COBOL의 코딩을 위해서는 사용되지 않는다. ALGOL에서는 세퍼레이터(separator)로 사용된다. 구두법(句讀法 ; punctuation)에 규정된 것의 하나로서 영어에서는 다음과 같이 사용된다. 기호는 :. 설명, 강조 등의 구나 절을 유도, 일련의 정보를 열거한다. 콜론과 아주 비슷한 구두법에 세미콜론(;)이 있다. 세미콜론(semicolon)의 역할은 주절과 종속절을 하나로 연결하는 것이다.

colon alignment tab[–əlɑ́inmənt tǽ(:)b] **콜론 정렬 탭**

colon classification[–klæ̀sifikéiʃən] **콜론 분류법** 분류를 몇 개의 독립된 시점에서 행하고 각각의 분류 결과를 콜론(:) 등을 써서 부연하는 방법.

color[kʌ́lər] *n.* **색채** 광학 문자 인식에서는 영상의 분광 반사에 따라 여러 가지 다른 영상이 나타난다. 이와 같이 나타나는 영상의 겉보기를 말한다.

colorability problem[kʌ̀lərəbíliti(:) próublәm] **채색성 문제** ⇨ chromatic number problem

color code[kʌ́lər kóud] **색채 코드** 색채를 표시할 수 있는 디스플레이를 갖춘 컴퓨터에서 색채를 지원하는 코드. MS-DOS에서는 특정 확장 문자열(escape sequence)을 사용하고 있다.

color CRT **색채 음극선관**

color display[–displéi] **색표시 장치** 문자나 도형을 흑백은 물론 여러 가지 다양한 색으로 표시할 수 있는 화면 표시 장치.

color enhancement[–inhǽːnsmənt] **색채 강화** 흑백 그림상을 무지개 색으로 만든 회색 수준의 의사 색채(pseudo-color) 영상을 기초로 색을 뚜렷하게 하는 작업.

color graphics[–grǽfiks] **색그림 인쇄** 여러 색으로 표시하는 컴퓨터 그래픽.

color holography[–halágrəfi(ː)] **컬러 홀로그래피** 기록하려는 물체의 색 정보도 재현시키기 위해서 둘 이상의 상이한 파장의 빛을 사용하여 홀로그램을 기록하는 방식의 홀로그래피. 홀로그램은 각 파장의 빛에 의한 간섭을 흑백의 감광 재료에 다중 기록한 것으로서 재생시 각 파장의 빛에 의한 상을 중첩하여 컬러상을 얻는다. 각 파장 간의 크로스토크의 영향을 없애기 위해서 몇 가지 기록 방식이 제안되어 있다. 재현되는 색 범위는 기록 및 재생에 사용되는 빛의 파장에 따라 결정된다.

color index[–índeks] **색 지표** 색 정의표 중 한 항목을 가리키는 지표.

color liquid crystal display[–líkwid krístəl displéi] **컬러 액정 표시 장치** 컬러 이미지를 표시할 수 있는 LCD. 소형은 소비 전력이 낮지만 CRT보다 해상도가 떨어지고 어두운 곳에서는 잘 보이지 않는 단점이 있다. ⇨ LCD

color management[–mǽnidʒmənt] **색상 관리** 스캐너, 디스플레이, 프린터 등 서로 다른 장치 간에서 동일한 색을 취급할 수 있도록 시스템 환경을 정비하는 것. 예를 들어, 화면에 표시된 컬러 화상을 프린터에서 출력할 경우 미묘하게 다른 색으로 인쇄되는 경우가 있는데, 색상 관리 시스템을 이용하여 이러한 문제를 개선한다. 색상 관리 시스템의 기능은 원래 응용 소프트웨어로 제공되며, 코닥 사의 컬러 센스(Color Sense), 아그파 사의 포토 플로(Photo Flow) 등은 모두 이런 종류의 소프트웨어이다. 그러나 최근에는 컬러 컴퓨터의 보급에 따라 컴퓨터의 운영 체제 또는 페이지 기술 언어의 레벨에서 색상 관리 기능을 지원하고 있다.

color mixtures[–míkstʃərz] **색채 혼합** 빛의 3원색과 같은 3차원의 색채 공간상에 그래스맨의 법칙에 의해 벡터를 첨가하는 작업.

color mode[–móud] **컬러 모드** ⇨ display

color monitor[–mánitər] **색채 화면기** 컬러 모니터. 여러 색을 나타낼 수 있는 CRT 모니터.

color of character on screen[–əv kǽrəktər ən skríːn] **표시 문자색** 표시 장치에 나타나는 문자의 색.

color palette[–pǽlət] **컬러 팔레트** DTP나 그래픽 소프트웨어의 기능 중 하나로 도형 그리기, 칠하기 등에 사용하는 색을 지정하기 위한 도구 또는 선택 상자.

color palette LSI **컬러 팔레트 LSI** 색채 화상을 표기하기 위한 LSI. 프레임 버퍼에 보관된 화상 데이터를 컬러 데이터로 변환하고, 아날로그 비디오 신호로 출력한다. 특징은 프레임 버퍼의 플랜수를 증가시키지 않고 표시할 수 있는 색상수를 증가시킬 수 있다.

color printer[–príntər] **색채 인쇄기, 컬러 프린터** 컬러 디스플레이가 보급됨에 따라 앞으로 컬러 프린터에 대한 요구가 높아졌다. 주요 컬러 기록 방식으로는 액체 잉크를 입자화(粒子化)하여 종이에 뿜어 칠하는 잉크젯 방식, 고체 잉크를 열로 용융하여 종이에 전사하는 감열식, 잉크 리본을 와이어로 두들겨 잉크를 종이에 전사하는 임팩트 도트(impact dot)식, 착색 미립자(토너)를 종이에 전사하여 정착하는 전자 사진식 등이 있다. 일반적으로는 잉크젯식이 많지만 최근에는 감열식이 많이 사용되고 있다.

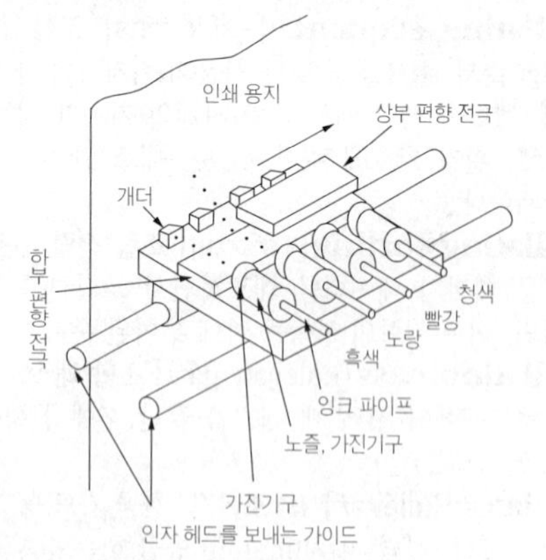

〈컬러 잉크젯 프린터 내부 구조〉

color saturation[–sæ̀tʃuréiʃən] **색상 포화** 색깔에 포함된 흰 빛의 양으로, 포화도가 높다는 것은 흰 빛의 요소가 없다는 것이다.

color table[–téibəl] **색 정의표** 색으로 구성되는 표를 색 정의표라 하고, 워크스테이션의 속성이다.

color temperature[–témpərətʃər] **색 온도** 빛의 색을 온도로 나타내는 방법. 단위는 캘빈(K ; 절대 온도). 자외선을 포함하는 태양 광선은 약 6,500K이지만, 같은 색을 비교하면 실제와는 다르다. 이것은 광원의 종류가 다르기 때문이다.

Colossus **콜로서스** 세계 최초의 프로그래밍 가능 전자 계산기. 제2차 세계 대전중 영국이 독일의 암호를 해독하기 위해 개발하였다.

column[kɑ́ləm] *n.* **세로, 칸, 열** 칼럼. 본래의 의미는 「기둥, 표의 세로 열」을 의미한다. 또 신문의 칼럼란을 뜻하는 경우도 있다. 컴퓨터에서는 난, 열 등으로 번역된다. 또, 행렬(行列 ; matrix)의 세로 방향으로 나열한 글자열도 칼럼이라고 한다. 그 밖에 다른 말로는 난이라는 말이 있다. 예를 들면, 80column card라고 말하면 80란 카드를 말한다. 자릿수란 말의 예로서는 the product name begines in column 8(제품명은 8자리부터 시작한다)을 들 수 있다. 또 하나의 사용법으로는 문자 도트(dot)를 표현한다. 예를 들면, 80columns×23rows(80열×23행) 같은 것이다.

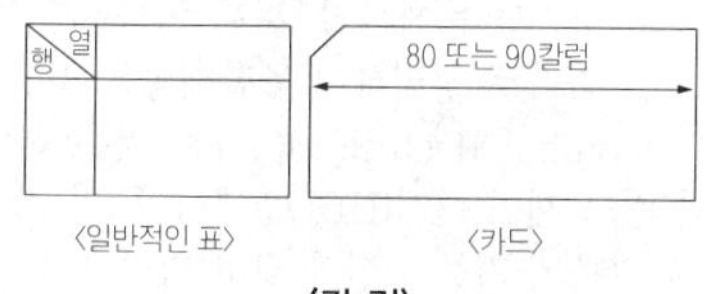

〈칼 럼〉

column address[–ədréss] **칼럼 주소** 기억 장치의 주소를 상위와 하위를 나누었을 때 하위에 해당하는 부분이며, 상위에 해당하는 부분은 행 주소(row address)라고 한다.

column address strobe[–stróub] **열 주소 스트로브** 어드레스(주소) 지정을 위해 동적 메모리의 제어에 사용되는 스트로브.

columnar writing[kəlʌ́mnər ráitiŋ] **세로 쓰기**

column binary[kɑ́ləm báinəri(:)] **열 2진수** 펀치 카드에 2진수를 직접 표현하는 방법으로 카드 각 자리의 위치가 캐릭터 포지션이나 존(zone) 포지션을 같이 다루어서 한 단어가 36비트인 경우에는 3자리로 1단어를 나타낼 수 있다.

column binary card[–kɑ́:rd] **열 2진수 카드**

column binary code[–kóud] **열 2진수 코드**

column binary mode[–móud] **열 2진수 모드**

column block[–blɑ́k] **세로 구역** 텍스트 에디터나 워드 프로세서에서 문서의 일부분을 지정하여 블록으로 만들 경우 그 블록이 화면상에서 하나의 네모꼴로 되는 것.

column by column[–bai kɑ́ləm] **칼럼 단위**

column check[–tʃék] **자리 벗어남 체크** 체크 방법의 일종으로, 데이터의 자릿수가 소정의 것인지 어떤지를 검사하는 것. 이 방법은 이제부터 처리하고자 하는 데이터에 대해서 특정한 자리에 공백이 아니면 안 된다고 하는 것처럼 미리 정해둠으로써 그 특정한 자리를 컴퓨터에서 판단시키는 방법이며, 주로 카드 등의 펀치 미스를 발견하기 위해서 체크한다.

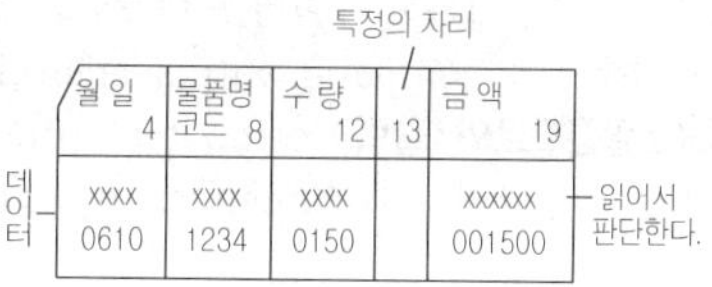

[결과] 특정의 자리(13자리째)가 공백(블랭크)이면 OK의 데이터

[결과] 특정의 자리(13자리째)가 공백(블랭크)이 아니면 에러의 데이터

〈자리 벗어남 체크〉

column indicator[–índikèitər] **열 표시기**

column 1 leading[–wʌ́n lí:diŋ] **제1열 선두식** 천공 카드를 천공기의 보내기 호퍼에 놓는 방법으로 짧은 쪽의 테두리를 선두로 하여 제1열이 최초로 읽혀지도록 하는 것.

column locate[–loukéit] **열 지정 기구**

column major[–méidʒər] **열 우선**

column major ordering[–ɔ́:rdəriŋ] **열 우선 배열** 1차원 배열인 기억 장치에 2차원 이상의 배열을 기억시키기 위해서는 각 원소에 순서를 부여해야 하며, 이때 열 순서도 같은 열에 속한 원소에 행을 따라 순차적으로 부여하고 다음 열의 원소에 순서를 부여하는 방법이다. 행 우선 배열(row major ordering)과 비교된다.

column setting[–sétiŋ] **열 세팅** 워드 프로세서 소프트웨어나 페이지 레이아웃 소프트웨어에서 문자열을 몇 개의 블록(열)으로 나누어 배치하는 것. 문자열을 나누지 않고 배치하는 것은 1열 세팅, 두 개로 나누는 것은 2열 세팅이라고 한다.

column matrix[–méitriks] **열 행렬** ⇨ column vector

column split[–splít] **열 분할** 카드 처리 기구의 기능이며, 하나의 카드의 열을 두 개로 나누어 부호 또는 문자로 판독하거나 천공하는 것.

column vector[–véktər] **열 벡터** 한 개의 열로 이루어진 행렬. ⇨ column matrix

COM (1) **컴포넌트 객체 모델** component object model의 약어. 응용 프로그램이나 컴포넌트 간 interoperability를 구현하기 위한 객체에 기반을 둔 프로그래밍 모델. COM은 윈도 내에서 객체 간의 통신과 협력을 위한 기반이 되며 CORBA와 유사한 개념이다. (2) **마이크로필름 출력 장치** computer output microfilm의 약어. 컴퓨터에서 발생한 신호를 직접 기록한 데이터를 수용하고 있는 마이크로필름. ⇨ computer output microfilm (3) **마이크로필름으로의 출력** computer output microfilming의 약어. ⇨ computer output microfilming

COM+ 콤플러스 common object model plus의 약어. 이전의 COM 기능을 확장하여 보다 쉽게 COM 객체를 작성할 수 있게 한 규격. 셀프 레지스트레이션이나 참조 카운터 등의 처리를 런타임 서비스가 제공한다. ⇨ COM

COMAL 공통 알고리즘 언어 common algorithmic language의 약어.

combination[kàmbinéiʃən] *n.* **조합** 결합. 콤비네이션. 집합에서 선택된 어떤 주어진 개수의 상이한 요소이며, 선택된 요소가 나열되는 순서는 무시된다.

combinational[kàmbinéiʃənəl] *a.* **조합의**

combinational check[–tʃék] **조합 체크** 여러 종류의 코드를 조합하여 하나의 코드로 할 때 있을 수 없는 조합을 에러(error)로 검출하는 방법이다. 예를 들면, 첫 번째 자리를 텔레비전은 1, 두 번째 자리에서 흑백 텔레비전은 1, 컬러 텔레비전은 2라는 코드를 부여하였을 때 첫 번째 자리가 1이었다면 두 번째 자리는 1이나 2 이외는 있을 수 없다. 따라서 이 경우 11 또는 12 이외의 코드는 에러의 대상이 된다.

combinational circuit[–sə́ːrkit] **조합 회로** 어떤 시점에 대해서도 출력값이 그 시점의 입력값만으로 정해지는 논리 기구. 두 개 이상의 입력 신호를 받아들이고 이 신호들에 대해 논리적으로 동작하여 출력 신호를 생성하는 회로. 조합 회로는 순서 회로의 기억 능력을 갖지 않는 특별한 경우이다.

combinational explosion[–iksplóuʒən] **조합적 확산** 탐색 가능성에 대한 탐색 공간이 확장되면서 발생되는 탐색 경로의 급격한 증가 현상.

combinational logic[–lɑ́dʒik] **조합 논리** 입력에 대응해서 회로 속에 기억되어 있는 정보가 출력된 것.

combinational logic circuit [–sə́ːrkit] **조합 논리 회로** 불 대수들의 집합에 의해 명세(明細)된 특수한 처리 동작을 수행하는데, 처음에 입력한 입력 조합에는 관계없이 현재의 입력 조합에 의해서만 출력이 결정되는 논리 게이트들로 구성된다.

combinational logic element [–éləmənt] **조합 논리 소자**

combination cable[–keíbl] **조합 케이블** 두 가닥 또는 네 가닥의 여러 가닥의 조합으로 된 전도체들로 이루어진 케이블.

combination generation[–dʒènəréiʃən] **조합 생성** 집합 {1, 2, ⋯, N}에서 R개의 요소를 취하는 조합을 사전식 순서로 생성하는 것. 조합의 전체 개수는 $_NC_R$개이다.

combination hub[–hʌ́(ː)b] **조합 중추** 제어판에서 전기적 충격파를 송·수신할 전기적 잭 연결부.

combinatorics[kàmbinéitəriks] *n.* **조합 이론** 어떤 형태의 물체가 몇 개인가 또는 어떤 일을 할 수 있는 가능한 방법이 몇 가지나 되는가를 세는 방법에 관한 이론.

combined[kəmbáind] *a.* **복합형, 통합화, 결합된** 몇 개의 기능 등을 조합하여 통합한 기기, 장치, 시스템. 예를 들면, 컴바인드 헤드(combined head)라는 자기 디스크 등에서의 「판독용」과 「기입용」 자기 헤드를 하나로 정리하여 조합해넣은 것이고, 결합 지국(combined station)이라는 것은 하이레벨 데이터 링크 제어 순서(HDLC)에서의 1차 지국과 2차 지국 양쪽의 기능을 함께 갖고 명령어 및 응답의 송출을 수시로 행할 수 있는 데이터 지국이다.

combined code[–kóud] **결합 코드** 이 결합 코드는 한 가지 코드로는 적용 업무의 요구 조건을 모두 만족시킬 수 없을 때 사용하는데, 결합 코드는 두 개 이상의 코드 방식을 조합시킨 코드이다.

combined condition[–kəndíʃən] **조합 조건**

combined entity diagram[–éntiti(ː) dáiəgræ̀m] **결합된 객체 다이어그램** 각 객체 사이의 관계를 나타내는 객체 다이어그램.

combined file[–fáil] **입출력 공용 파일**

combined head[–hé(ː)d] **결합 헤드** 자기 테이프나 자기 디스크 또는 자기 드럼의 정보를 판독·기록·소멸시키는 데 사용하는 소형 전자 장치.

combined index[–índeks] **결합된 인덱스** 각 항이 다른 타입의 키 필드 값들의 집합으로 구성되는 인덱스.

combined print and punch[–prínt ənd pʌ́ntʃ] **결합 인쇄 천공** 천공 카드를 천공할 때 상단 부분에 천공 자료가 동시에 인쇄되는 것.

combined programming language [–próugræmiŋ lǽŋgwidʒ] **CPL, 결합 프로그래밍**

언어

combined read/write head[-rí:d ráit hé(:)d] **결합 판독/기록 헤드** 읽고 쓰는 데 사용되는 자기 헤드.

combined station[-stéiʃən] **결합 지국** 데이터 지국의 일부이며, 하이 레벨 대이터 링크 제어에 있어서 데이터 링크의 결합 제어 기능을 송신하는 지령과 응답을 생성하고, 수신한 지령과 응답을 해석하는 것.

combiner[kəmbáinər] *n.* **결합기** 빈 칸에 의해 분리되어 있는 여러 개의 입력 데이터들을 하나의 출력으로 형성하기 위해 모아들이는 기능적 블록.

combo box[kàmbou báks] **콤보 박스** 윈도에서 사용되는 것으로, 사용자가 직접 정보를 입력하거나 나열된 항목들 중에서 하나의 항목을 선택하여 정보를 입력할 수 있는 컨트롤.

COM computer application **COM 컴퓨터 응용** COM과 고속도의 마이크로필름 검색 장치는 송장의 발부 처리나 소비재, 교통 부문, 선적 등에 의한 지불 명세나 의료 등의 인사 기록 파일 등의 업무에 적합한 마이크로필름과 컴퓨터 기술의 혼합에 의하여 이루어진다.

COM device **COM 장치, 컴퓨터 출력 마이크로필름 장치** ⇨ computer output microfilmer

COMDEX (1) **통신 및 데이터 처리 전시회** Communication and Data-processing Exposition의 약어. 미국을 비롯하여 세계 여러 나라에서 열리는 대형 컴퓨터 무역 전시회. (2) **컴덱스** Computer Distribution Exposition의 약어. 세계 최대 규모의 컴퓨터 전시 회의의 하나로 컴퓨터와 관련된 제품들의 경연장으로 하드웨어와 소프트웨어 생산자 · 판매자 · 소비자가 한 자리에 모여 벌이는 세계적인 잔치이다. 전시회를 주관하는 인터페이스 그룹은 "컴덱스는 컴퓨터 및 통신 제품의 기술 쇼로는 세계 제일의 규모"라고 하며 매년 봄, 가을 두 차례 열린다.

COM image **COM 영상**

COM indexing **COM 색인** 마이크로피시(microfiche)에 있는 정보를 검색하는 방법으로서 현재 활용 가능한 것으로는 지역 색인, 열 색인, 마스터 파일 색인, 교차 참조 색인 등이 있다.

COMIT **커밋** string manipulation language의 약어. 문자열 처리 언어의 하나로 기계 번역을 위하여 1954년에 MIT의 Yungue가 중심이 되어 개발했다.

comité consultatif international télérаphique et téléphonique **CCITT, 국제 전신 전화 자문 위원회** ⇨ CCITT

comma[kámə] *n.* **콤마**

comma format[-fɔ́:rmæt] **콤마 표시** 수치를 표시할 때 3행마다 콤마(,)를 넣어 표시하는 것. 예를 들면 12345는 12,345가 된다.

command[kəmǽnd] *n.* **명령** 연산의 시작, 정지 또는 계속하기 위한 전기적 펄스, 신호의 집합으로, 어느 시스템 또는 장치에 외부에서 주어지는 작업 지령. 이용자가 시스템에 주는 이용자 커맨드, 조작원이 시스템에 주는 조작원 커맨드, 처리 장치가 채널에 주는 채널 커맨드 등이 있다. 컴퓨터 중앙 처리 장치(CPU)의 「명령」인 지령(instruction)과 거의 같은 의미이지만, 입출력 채널 제어 장치가 입출력 조작을 실행하기 위한 「명령」을 커맨드(command)라 구별하기도 한다. 온라인 처리의 경우 응답의 지시 등을 커맨드라 부른다. 또 소프트웨어적으로는 운영 체제(OS)에 대한 「지령」이 명령이다.

command and control system[-ənd kəntróul sístəm] **지령 관리 시스템** 시스템 관리 대상 영역 내의 각 장소에서 얻어져 센터로 전송 처리되어 표시된 정보를 기본으로 지령관(指令官)은 결정을 내리고, 명령을 각 장소의 직원이나 장치에 직접 전송해서 시스템 전체의 관리나 제어를 행하는 컴퓨터 시스템. 온라인, 리얼 타임 시스템인 것이 많다. 군용의 방공(防空) 시스템이나 교통 관제 시스템에 응용되고 있다.

command argument[-á:rgjumənt] **명령 인자** RBASE의 명령문 구성 요소는 명령어, 키워드, 명령 인자로 되어 있는데, 명령이나 키워드와는 달리 변경이 가능한 것으로서 명령문이 특정 정보를 나타낼 수 있게 해준다. 명령 인자는 RBASE 명령문의 구성 요소 중의 하나이다.

command chain[-tʃéin] **연쇄 명령어** 시스템을 동작시킬 때에는 시스템이 가진 각각의 기능 동작을 지시하는 명령을 조합시켜 그것을 순차 실행함으로써 요구된 기능을 실현한다. 입출력 채널 제어 장치 등이 실행하는 복수 명령의 열(列), 시스템을 동작시킬 때는 시스템이 갖는 개개 기능의 동작을 지시하는 일련의 명령어를 조합하고, 그것을 순차적으로 실행함으로써 하나의 정리된 기능, 입출력 조작 등을 실행한다. 이 명령어를 순차적으로 실행할 수 있게 조합시켜 연쇄(chain)로 한 것을 말한다.

command chained memory[-tʃéind méməri(:)] **명령 연쇄 메모리**

command chaining[-tʃéiniŋ] **연쇄 명령어** 하나 이상의 논리적 레코드에 대해 입출력 처리기의 제어 하에서 명령어 목록에 있는 일련의 입출력 명령어들을 수행하는 것.

command character[-kǽrəktər] **명령 문자**

대표적인 것은 인쇄 장치의 개항 문자를 들 수 있는데, 주변 동작의 제어 동작을 개시, 수정, 정지시키는 데 사용되는 문자.

command code[-kóud] **명령 코드** 컴퓨터에 주는 명령 코드.

COMMAND.COM MS-DOS의 표준 셸. 키보드 입력 내용을 해석하고 MS-DOS 명령이나 프로그램을 실행한다. MS-DOS 명령에는 내부 명령과 외부 명령이 있다. 프로그램 파일이 없어도 실행할 수 있는 TYPE이나 DIR 등은 내부 명령이고, 프로그램 파일이 없으면 실행 불가능한 CHDSK나 DISK COPY 등은 외부 명령이다. COMMAND.COM 자체는 외부 명령의 하나로 배치 파일이나 응용 소프트웨어 등에서 COMMAND.COM을 시동하여 MS-DOS의 명령을 이용할 수 있다. MS-DOS 부팅시에는 CONFIG.SYS 파일로 시동 디스크의 루트 디렉토리에 있는 COMMAND.COM이 읽혀진다.

command control block [-kəntróul blák] CCB, **명령 제어 블록** 입출력 채널 제어 장치에 대한 명령이나 운영 체제에 대한 명령이 무엇인가, 처리는 어느 정도인가를 체크 기록해주고 이러한 명령 처리에 대한 제어를 쉽도록 한 블록.

command control program[-próugræm] **명령 제어 프로그램** 사용자 콘솔로부터 대화형 시스템에 부여되는 모든 명령들을 처리하거나 적재할 수 있는 프로그램.

command control system[-sístəm] **명령 제어 시스템** 명령을 보내서 컴퓨터 시스템이나 장치 등을 제어하는 시스템.

command decorder[-di:kóudər] **명령 해독기** 명령에서 지정된 작업을 행할 프로그램을 호출하기 전에 매개변수 등을 사전 처리하여 주는 작업. 즉, 사용자(user) 단말기에서 입력되는 명령을 받아서 해석하는 시스템 프로그램이다.

command double word[-dʌ́bl wə́:rd] **2배 단어 명령** 입출력 연산의 일부분에 관한 자세한 정보를 나타내는 2배 단어.

command-driven[-drívən] **명령어 방식** 명령어를 입력하여 컴퓨터를 동작시키는 방식.

command-driven method[-méθəd] **명령 구동형 시스템** 홈페이지의 검색 엔진 등에서 검색 항목을 키보드로 입력하면 구동이 시작되는 시스템. 상용 데이터 베이스 등에서도 이러한 시스템을 볼 수 있다.

command-driven user interface [-jú:zər íntərfèis] **명령어 방식 사용자 인터페이스** 메뉴(menu ; 그래픽 입력 기법 중의 하나) 방식에 반대되는 것으로 시스템으로 수행되며, 사용자의 명령어를 실제 문장들로 번역하는 소프트웨어 루틴.

command file[-fáil] **명령 파일** dBASE III plus 명령어로 작성되는 컴퓨터 프로그램. 확장자명이 .prg인 디스크 파일에 저장된다.

command frame[-fréim] **명령 프레임** 정보 전송 단위인 프레임에 있어서 정보를 포함하고 있는 프레임. 즉, 고수준 데이터 링크 제어에서 정보 전송 단위로서 채용되고 있는 프레임 가운데 수신측의 주소를 갖는 프레임을 말한다.

command functions[-fʌ́ŋkʃənz] **명령 함수** 어떤 특별한 동작을 수행하기 위해서 회로를 통제하는 중앙 처리 장치에 의해 쓰이는 명령.

command history[-hístəri(:)] **명령 이력** 현재에서 과거로 거슬러 올라가 어떠한 명령을 사용했는가를 알 수 있는 목록. 일반적으로 이 목록은 버퍼에 저장되어 있기 때문에 재이용할 수 있다.

command input buffer[-ínpùt bʌ́fər] **명령 입력 버퍼**

command interpreter[-intə́:rprətər] **명령 인터프리터** 컴퓨터의 입출력 처리에서 사용자가 입력한 명령(입출력 명령)을 하나씩 번역해서 실행시키는 프로그램. 특히 유닉스 운영 체제에서는 셸(shell)이라 부르는 것으로, 셸은 유닉스 운영 체제의 커널과 사용자 간의 통신을 받아서 사용자가 입력한 명령어를 해독하여 하나 또는 복수의 디렉토리를 검색하고 필요한 프로그램을 메모리에 적재하여 실행시킨다.

command interrupt mode[-ìntərʌ́pt móud] **명령 인터럽트 모드**

command key[-kí:] **명령 키**

command language[-lǽŋgwidʒ] **명령 언어, 명령어** 순차적인 연산자의 집합으로 이루어지며, 운영 체제(OS)가 직접 실행 기능을 지시하는 데 사용하는 원시 언어. 보통 이 지령은 카드로 주어지며 이 카드를 만드는 것을 작업 제어(job control) 카드를 자른다고 한다. ⇨ control language

command level interface[-lévəl íntərfèis] **명령 레벨 인터페이스** 시스템에다 한 번에 한 명령씩 대화 형식으로 입력하는 방식으로 NOMAD가 데이터 베이스에 지원하는 세 가지 인터페이스 중의 하나이다.

command library[-láibrəri(:)] **명령 라이브러리**

command line[-láin] **명령줄, 명령행** 사용자가 명령을 하나씩 입력함으로써 작업이 진행되는 방식.

command line interface[-íntərfèis] **명령 라인 인터페이스** 사용자와 컴퓨터 프로그램 사이에 정보를 주고받는 구실을 하는 사용자 인터페이스.

사용자가 명령어를 입력함으로써 작업을 수행하도록 되어 있다.

command line tail[–téil] **명령 라인 뒷부분**

command list[–líst] **명령 리스트** 입출력 동작을 지시하는 명령어들의 리스트로 구성된 입출력 프로그램.

command mode[–móud] **명령 모드** 텍스터 에디터와 같은 프로그램 문안을 입력하는 상태와 명령어를 입력하는 상태가 구별되는데, 각종 명령을 입력하는 상태.

command name[–néim] **커맨드명**

command pointer[–pɔ́intər] **명령 포인터** 제어 명령 저장 장치에서 액세스될 기억 장치 장소를 가리키는 다수의 특정 비트 레지스터.

command procedure[–prəsí:dʒər] **명령 절차** TOS 명령을 포함하고 TOS에서의 데이터 집합 또는 구분 집합의 요소로서 실행 명령으로 실행되는 것.

command processing[–prásesiŋ] **명령 처리** 콘솔(console) 또는 입력 스트림(stream)을 통해서 나온 명령을 판독하거나 분석하고 실행하는 일.

command processor[–prásesər] **명령 프로세서**

command pulse[–pʌ́ls] **명령 펄스** 수치 제어 공작 기계에 운동 명령을 주기 위한 펄스. 즉, 명령을 실행할 때 해당 부분의 동작을 촉진시키기 위해 제어 장치에서 보내는 펄스로서 명령에 따라 컴퓨터 각 부분의 작동을 지시하는 펄스. NC에서 기계에 작동 명령을 주는 펄스이며, 1펄스가 기계의 단위 이동량에 대응된다.

command register[–rédʒistər] **명령 레지스터**

command reject[–ridʒékt] **명령 거부**

command response message[–rispáns mésidʒ] **명령 응답 메시지**

command retry[–ri:trái] **명령 재시행**

command scan[–skǽn] **명령 스캔**

command search path[–sə́:rtʃ pǽ:θ] **명령 검색 경로** MS-DOS에서는 입력된 명령이 COMMAND.COM에 있는 내부 명령이면 그대로 실행하고, 외부 명령이면 명령 파일을 우선, 현재 디렉토리부터 찾아나간다. 다음에는 경로가 지정된 디렉토리부터 찾고 발견되면 그 명령을 실행시킨다. 여기서 지정한 경로를 검색 경로라고 한다. 유닉스는 모든 명령이 외부 명령이기 때문에, 검색 경로는 더욱 중요하다. path라는 환경 변수는 지정 경로 디렉토리의 데이터 베이스이며, DOS에서는 AUTOEXEC.BAT에서 정의하며 유닉스에서는 C 셸(shell)의 경우 .cshrc에 정의한다.

command sequence[–sí:kwəns] **명령 시퀀스** 컴퓨터의 동작을 지시하기 위한 일련의 명령 지령 순서. 컴퓨터에 소기의 동작을 일으키게 하기 위해서는 일정한 절차에 의해서 동작을 지시해야 하는데, 이 때 각각의 명령 순서가 중요하고, 이 지시 순서를 가진 명령군을 명령 시퀀스라 한다.

command shell[–ʃel] **명령 셸** 명령을 해석하여 실행하는 프로그램. 명령을 입력하면 셸이 해당하는 파일(내부 명령)을 찾아 실행한다. 셸 자체가 갖고 있는 명령은 내부 명령이라 한다.

command statement[–stéitmənt] **명령문**

command stream[–strí:m] **명령 흐름**

command system[–sístəm] **커맨드 시스템** MAC(multi-access computer)에서는 이용자가 중앙 처리 장치를 직접 마주해서 사용하는 것과 똑같이 자유로이 사용하도록 하기 위해 많은 명령어를 준비하고 있다. 이것을 커맨드 시스템이라고 한다. 명령어에는 중앙 컴퓨터와의 접속을 요구하는 것, 프로그램이나 데이터의 전송, 소스 프로그램의 변환 요구, 실행의 요구, 파일 제어를 위한 것, 사용 종료를 나타내는 것 등이 있다.

command wait state[–wéit stéit] **명령 대기 상태** 프로그램 또는 시스템이 다음 명령을 기다리고 있는 상태. 이때 프롬프트라는 입력 커서 기호가 표시된다.

comma separated value format[kámə sépərèitid vǽlju fɔ́:rmæt] **CSV 형식** ⇨ CSV format

comment[kάment] *n.* **설명** 해설. 논평. 비평. 코멘트. 프로그램 중의 특정 스텝을 설명하거나 식별하기 위한 기호나 문장. 주로 프로그램 언어(programming language) 중에 문장의 역할을 설명하지 않으면 나중에 잘못 알게 되는 경우가 있는데, 이 설명에 사용되는 것이 코멘트이다. 코멘트는 문장의 설명뿐만 아니라 하나의 프로그램의 의미, 목적, 전제 조건 등의 설명으로도 사용된다. 코멘트는 원시 프로그램(source program) 중에서 위와 같은 목적으로 사용되지만, 컴파일(compilation)이나 실행(run)에서는 어떤 역할도 하지 않는다. 결국 목적 언어(object language)에서는 아무런 효과가 없는 것이다.

comment card[–ká:rd] **코멘트 카드**

comment convention[–kənvénʃən] **주석의 편법**

comment entry[–éntri(:)] **주기항(注記項)** COBOL 언어에서 컴퓨터의 문자 집합으로부터 임의의 글자를 조합하여 견출부(見出部)에 쓰는 기술항(記術項).

comment field[-fíːld] **주석 필드** 프로그램이 좀더 읽히기 위해 사용되는 원시문을 기술하는 필드 중에 주어지는 필드. FORTRAN에서는 프로그램 코딩 용지의 주석 옆에 C로 표기하고, COBOL에서는 *로 표시한다.

comment line[-láin] **주석행** 코딩 용지 등에 코멘트가 쓰여진 행.

comment out[-aut] **코멘트 아웃** 디버그에서 자주 사용되는 방법으로, 코멘트를 지시하는 문을 삽입하여 프로그램이나 명령어 집합의 일부를 일시적으로 사용하지 않는 것.

comment statement[-stéitmənt] **주석 문장, 주석문** 도움이 되는 정보를 주기 위하여 사용하는 문장으로, 주로 작업을 실행하거나 혹은 출력 리스트를 검토하는 데 사용된다.

CommerceNet[kàmərːsnet] **커머스넷** 인터넷을 이용한 전자 상거래의 보급 촉진을 목적으로 하는 단체. 1994년, 미국 정부의 TRP의 자금 원조를 받아 발족되었다. 창설 멤버는 인터넷 제공자인 미국 BBN 프로넷 사, 인터넷 관련 컨설팅 회사인 미국 엔터프라이즈 인테그레이션 테크놀로지스 사, 스탠퍼드 대학의 CIT(Center for Information Technology)이다. 커머스넷 운영은 창설 멤버 관할이다. 6개의 태스크 포스와 7개의 스페셜 인터레스트 그룹이 활동하고 있다. 태스크 포스의 테마는 「공개 키 인프라스트럭처」, 「인터넷의 완강성(로버스트네스)」, 「전자 카탈로그」 등이다. 페이먼트 인프라스트럭처/인터오페라빌리티의 태스크 포스는 웹 기술 표준화 단체인 웹 컨소시엄과 공동으로 활동하고 있다.

commerce server[-sə́ːrvər] **상용 서버** 온라인 쇼핑 등을 관리할 수 있게 한 웹 서버. 상용 서버에서는 SSL 등의 암호화 기술을 도입하여 온라인 쇼핑의 보안 문제에 대처하고 있다.

commercial[kəmə́ːrʃəl] *n.* **상용, 범용**

commercial character[-kǽrəktər] **상업용 문자**

commercial collating sequence[-kəléitiŋ síːkwəns] **사업용 조합 순서**

commercial data processing[-déitə prásesiŋ] **상업용 자료 처리** 상업용의 응용과 관계되는 자료 처리. 즉, 수치 계산이 주가 되는 과학 기술 데이터 처리에 대비하여 쓰이는 말이며, 재고 관리 · 생산 관리의 사무 또는 경영에 소요되는 데이터의 처리를 말한다.

commercial FORTRAN **상용 FORTRAN** 상업용 업무와 과학 계산을 원활히 하기 위해 FORTRAN Ⅳ에 BASIC과 COBOL의 요소를 첨가한 FORTRAN.

commercial instruction[-instrʌ́kʃən] **상업용 명령**

commercial instruction set[-sét] **상업용 명령 세트**

Commercial Intenet eXchange[-ìntərnét ikstʃéindʒ] **킥스, 상용 인터넷 협회** ⇨ CIX

commercial language[-lǽŋgwidʒ] **상업용 언어** 급여 계산, 재고 · 생산 관리 등의 프로그램을 기술하기 위한 언어. 즉, 커머셜 데이터 처리 언어. 프로그램 언어의 사용 목적을 상업적 업무에 맞춰 개발한 언어로 그 대표적인 것이 COBOL이다.

commercial mix[-míks] **상업용 믹스** 컴퓨터 성능 평가 방법 중 하나이며, 특히 사무 계산쪽의 능력을 나타낼 수 있다. 얻어지는 명령 실행 시간의 합으로 표현된다. 컴퓨터 명령 실행 속도는 명령마다 다르므로 각각 명령의 실행 속도를 알고 있어도 실제로 계산을 실행하고 있을 때의 평균적인 속도는 알 수 없다. 그 때문에 각 명령에 중복하여 계산 속도 종합 지표를 만들게 된다. 상업용 믹스는 그 한 방법이다. 같은 방법으로 깁슨 믹스(Gibson mix)가 있다. 그러나 어떤 방법이든 컴퓨터 시스템이 복잡화되어 동시 처리를 행하도록 한 환경에서는 컴퓨터 능력을 평가하는 적절한 방법은 아니다.

commercial provider[-prəváidər] **상용 서비스 제공자** 인터넷 접속을 위해 회선이나 기간망(backbone network)을 구축하고, 개인이나 법인 사용자들에게 유료로 회선을 대여하는 업자.

commercial translator[-trænsléitər] **커머셜 트랜슬레이터** COBOL과도 상당한 관련이 있으며 IBM이 개발한 상업용 언어.

commercial vehicle operation[-víːikl àpəréiʃən] **화물 운송 정보 시스템** ⇨ CVO

commercial ware[-wέər] **상용 소프트웨어** 시중에 판매되는 소프트웨어.

commission error[kəmíʃən érər] **임무 오류** 분산 시스템에서 어느 부분이 고장 발생으로 인해 수행은 중단하지 않고 그 자신의 임무를 올바르지 못하게 수행하는 것.

commit[kəmít] *n.* **완료** 트랜잭션의 수행 결과가 데이터 베이스에 반영되어 영속적으로 남아 있게 된 것.

commitment service[kəmítmənt sə́ːrvis] **완료 서비스** 복수 개방형 시스템에 올라간 분산 정보 처리의 완전성을 고장 발생시에도 보증하는 서비스.

commit point[kəmít pɔ́int] **완료 지점** 트랜잭션의 모든 변경된 데이터는 확인된 것으로, 데이터 베이스에서 트랜잭션의 처리가 성공적으로 종료됨을 알리는 지점.

committed transaction[kəmítəd trænsǽkʃən] **완료된 트랜잭션**

Committee' Consultatif International Radiophonique 국제 무선 통신 자문 위원회 ⇨ CCIR

Committee on Scientific and Technical Information[–ən sàiəntífik ənd téknikəl ìnfərméiʃən] **COSTI, 코스티, 미국 연방 과학 기술 정보 위원회**

Commodore Business Machines Inc. 코모도어 사 70년대말 코모도어 VIC-20을 발표하여 많은 판매량을 보였고, 80년대 나온 아미가(Amiga) 컴퓨터도 성공적이었다.

COMMON 커먼 FORTRAN에서 쓰이는 명령문으로서 하나의 프로그램을 구성하고 있는 여러 개의 루틴 사이에 파라미터(parameter)의 전달 기법 없이 데이터를 공유할 수 있게 한다. 현재는 별로 쓰이지 않고 있다.

common[kámən] *a.* **공통의**

common address space section[–ədrés spéis sékʃən] **공통 어드레스 공간 섹션**

common algorithmic language[–ǽlgəriðmik lǽŋgwidʒ] **COMAL, 공통 알고리즘 언어**

common applications environment [–æplikéiʃənz inváirənmənt] ⇨ CAE

common application service element [–sə́ːrvis éləmənt] **공통 응용 서비스 요소** OSI 기본 참조 모델로 규정되어 있는 통신 기능의 응용층 개체(entry)의 하나로, 어소시에이션 제어, 완료 제어, 네트워크 관리 등의 응용층 내에서 공통으로 사용되는 서비스 요소.

common area[–ɛ́(ː)riə] **공통 영역** 트랜잭션의 일종으로 다른 모듈에 의해 참조될 수 있는 주기억 영역을 확보하기 위하여 쓰이는 영역 또는 하나 이상의 프로그램, 세그먼트, 루틴 등에서 공동으로 쓰이는 영역.

common APSE interface set ⇨ CAIS

common assembler directive[–əsémblər diréktiv] **공통 어셈블러 명령**

common block[–blák] **공통 블록** FORTRAN 언어에서 복수 프로그램 단위가 공통으로 사용하는 기억 위치. 그곳은 주프로그램과 부프로그램에서 공통적으로 필요한 자료나 정보가 들어 있는 기억 장소이다.

common block name[–néim] **공통 블록명**

common block storage[–stɔ́ːridʒ] **공통 기억 장소** 주프로그램과 부프로그램 모두에 요구되는 정보나 자료에 연관된 디지털 컴퓨터의 기억 장소군.

common bus[–bʌ́s] **공통 버스** 각 프로세스 및 장치들을 공통 버스를 통해 연결한 것으로 이 방식은 매우 간단하고 확장성이 용이하고 경제적이지만, 모든 통신이 버스를 통해서만 처리되므로 버스가 고장나면 전체가 정지되고 성능이 저하되는 단점이 있다.

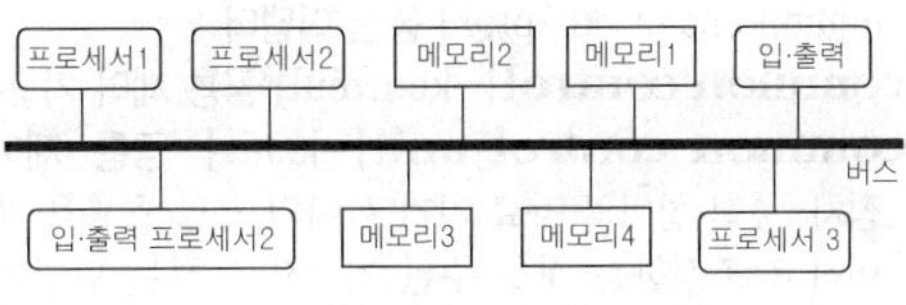

〈공통 버스 방식〉

common business oriented language [–bíznəs ɔ́(ː)riəntəd lǽŋgwidʒ] ⇨ COBOL

common carrier[–kǽriər] **커먼 캐리어, 공중 전기 통신 사업자** 각국의 전기 통신 주관의 총칭. 우리 나라에서는 한국 전기 통신 공사(KT) 등이 여기에 해당한다. 정해진 요금 체계로 정보나 데이터, 메시지의 반송을 전문으로 행하는 사업 주체이며, 통신 회선의 이용을 희망하는 자에 대하여, 누구에게나 개방, 제공하는 것이 원칙이다. 반송하는 정보나 데이터, 메시지의 내용을 스스로 제작·가공하는 것은 원칙적으로 인정되어 있지 않다. 「커먼 캐리어」는 미국에서는 흔히 쓰이고 있으며, 미국 전신 전화 회사(AT & T)를 비롯하여 크고 작은 회사가 약 1,500개 정도나 있다. 1980년 이후 컴퓨터를 중심으로 한 고도 정보화 사회를 목표로 「제도」의 개정이 실시되어 왔다. 이것을 「통신의 자유화」라 부르고 있으며, 이후 VAN을 비롯하여 뉴미디어에 의한 새로운 정보 통신 시스템의 실시가 가능하게 되었다.

common carrier adapter[–ədǽptər] **변복조 장치 어댑터**

common carrier leased line[–líːst láin] **전용선, 전용 회선**

common carrier telecommunications [–tèləkəmjùːnikéiʃənz] **공중 원거리 통신** 정부나 기타 유관 운용 기관에 의해 제공되는데, 주로 공공 대상의 봉사로서 특징 지점들 간에 유선, 무선, 광학적 또는 다른 전자기적 체제에 의해 부호나 신호, 영상이나 소리들의 전송, 방출, 수신 등을 의도한 원리로 통신하는 것을 뜻한다.

common channel signalling system [–tʃǽnəl sígnəliŋ sístəm] **공통선 신호 방식** 회로의 다중화에 관한 신호 정보나 망관리에 사용되

는 각종 정보를 지시된 메시지에 의해 단일 채널을 통해 전송하는 신호 방식. ⇨ 보충 설명 참조

common channel type protocol [–táip próutəkɔ(:)l] **공통 채널형 프로토콜** 하나의 전송 회선을 여러 통신이 공유하며, 그 중 공유되는 회선은 신호의 배분에 쓰일 수 있게 되어 있는 형태의 통신 규범.

common collector [–kəléktər] **컬렉터 접지**

common communications adapter [–kəmjù:nikéiʃənz ədǽptər] **통신 어댑터**

common control [–kəntróul] **공통 제어 기구**

common control unit [–jú:nit] **공통 제어 장치** 통신 설비와 자료 기기 사이의 자료 흐름을 제어하고 조정하는 것을 주된 기능으로 하는 단말기의 일부분.

common data bus addressing [–déitə bʌ́s ədrésiŋ] **공통 데이터 버스 주소법** 실행중인 프로그램에 정의되어 있는 데이터나 명령어들은 지정된 기억 장소와 처리 장치 사이에서 옮겨지게 되는데, 기억 장소와 주변 기기는 공통 데이터 버스에 연결되어 있으므로 기억 장소의 주소를 지정하는 것과 같은 방법으로 주변 기기의 고유 번호를 지정하는 방법.

common data description [–diskrípʃən] **공통 데이터 기술**

common data management [–mǽnidʒmənt] **공통 데이터 관리, 공통 데이터 관리 기능**

common emitter [–imítər] **이미터 접지** ⇨ grounded emitter

common error [–érər] **자료 공유 오류** 처음 적재된 프로그램에 COMMON 문(공유문)의 최대 크기가 명시되어 있지 않을 때 발생하는 오류.

common expression [–ikspréʃən] **공통식**

common field [–fí:ld] **공통 필드** 두 개 이상의 루틴에서 동시에 접근할 수 있는 필드.

common-gate amplifier [–géit ǽmplifàiər] **게이트 공통형 증폭기**

common hardware reference platform [–há:rdwὲər réfərəns plǽtfɔ:rm] **차프** ⇨ CHRP

common hub [–hʌ́(:)b] **공유 중심** 연결된 여러 회로에 전압을 제공하는 접지 전압과 같이 공유되어 있는 접속 부분.

common interface circuit [–íntərfèis sə́:rkit] **IFCOM, 계 선택 회로** 계 선택 회로(IFCOM)는 SLIC와 2중화(ACT, HOT-SBY)되어 있는 SLCIF(가입자 인터페이스 회로) 사이에 위치하여 SLCIF의 계(0, 1)를 선택한다. SLIC에서 올라가는 정보(FHW ; 음성+SCN)는 IFCOM을 경유하여 LCNE의 0계와 1계, 양계로 보내진다. SLIC에서 내려가는 정보(BHW ; 음성+SD)는 LCNE, SLCIF를 경유하여 0계와 1계의 양계로 보내지는데, IFCOM에서 하나의 계를 선택하여 SLIC로 송출한다.

common language [–lǽŋgwidʒ] **공통 언어** 다른 종류의 컴퓨터에서도 같은 약속으로 프로그램이 가능하도록 하기 위해 고안된 컴퓨터를 위한 인공어. 예를 들어, 사무 처리용 COBOL, 과학 계산용 FORTRAN, ALGOL 등이 있고, 또 일반용 PL/I, 새로운 C 언어 등도 사용되고 있다.

common logarithm [–lɔ́(:)gəriðm] **상용 대수** 기수 a가 10이면 $a = \log N$이라 하고, 이를 상용대수라고 한다.

common logical address space [–lɑ́dʒikəl ədrés spéis] **공용 논리 주소 공간** 가상 기억을 사용하는 컴퓨터에서 두 개 프로그램의 논리 주소가 공용되는 경우의 주소 공간. 이 공간은 주소 공간을 바꾸지 않고도 접근할 수 있다.

common machine language [–məʃí:n lǽŋgwidʒ] **공통 기계어** 연관된 자료 처리 기계들에 공통된 기계 감응식 정보 표현.

common management information protocol [–mǽnidʒmənt ìnfərméiʃən próutəkɔ(:)l] **공통 관리 정보 프로토콜** ⇨ CMIP

common mask [–mɑ́:sk] **공통 마스크**

common memory area [–méməri(:) ɛ́(:)riə] **공통 기억 영역** ⇨ common storage area

common mode input [–móud ínpùt] **공통 모드 입력** 계속적으로 증가하거나 감소하는 두 개의 신호로 이루어지는 입력.

common mode rejection [–ridʒékʃən] **CMR, 공통 모드 제거법** 공통 모드 전압의 영향을 억제하는 차동(差動) 증폭기의 능력.

common mode rejection ratio [–réiʃiòu] **CMRR, 공통 모드 제거비** 정상이나 반전의 두 입력을 갖는 차동 증폭기나 OP 앰프의 성능을 나타내는 하나의 지수.

common mode voltage [–vóultidʒ] **공통 모드 전압** 대칭형의 자동 시스템에서 전송로의 두 선의 공통 전압.

common network [–nétwə̀:rk] **공통 네트워크**

common object model [–ɑ̀bdʒikt mɑ́dəl] **콤, 공용 객체 모델** ⇨ COM

common object model plus [–plʌ́s] **콤플러스** ⇨ COM+

common object request broker architecture [–rikwést bróukər ɑ́:rkitèktʃər] **코바**

공통선 신호 방식의 특징

CAD 공통선 신호 방식은 종래의 회선이 구비한 통화와 신호의 기능을 분리하여 신호를 전용 회선에 따라 4.8kbit/s 또는 48kbit/s의 고속 데이터 전송 형식으로 교환 접속에 필요한 신호를 송수신하는 방식을 말한다. 따라서 통화 회선에는 신호의 송수신 기능이 필요없다.

공통선 신호 장치(CSE)는 서브채널에 접속하고, 신호의 설정에 있어 No.7 신호 방식에 준한 신호 방식을 채용하고 있다. 공통선 신호 방식의 기본적인 망(network) 구성을 나타내면 그림과 같다.

통화 회선은 교환기의 네트워크 상호간에 접속되어 신호의 송수신이 공통선 신호 장치(CSE), 신호 회선, 신호 중계국을 사이에 두고 중앙 처리 장치(CC) 사이에서 행해진다. 공통선 신호 방식의 특징을 들면 다음과 같다.

① 풍부한 신호나 정보의 전달이 가능하며 융통성이 풍부하고 다양화된 서비스에 대응할 수 있다.
② 신호 전달이 고속이고 접속 시간이나 응답 표시 등의 지연 단축이 가능하다.
③ 통화 회선에 양방향성을 가지게 할 수 있어서 회선 능률이 높다.
④ 통화 회선과 신호 회선이 분리되어 있으므로 통화 중에도 신호 전송이 가능하다.
⑤ 가입자 회선 등의 상태를 나타내는 정보도 전위(前位)로 전송할 수 있어서 이것에 의한 각종 대화 상태를 구별하여 가입자에게 알리고, 대화음 등을 발신국에서 송출하여 시외 회선의 무효 보유를 감소시킬 수 있다.

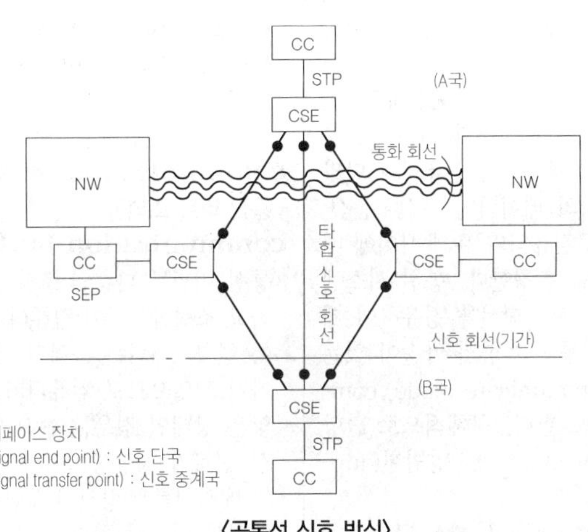

〈공통선 신호 방식〉

⇨ CORBA

common open policy service[–óupən pάləsi sə́ːrvis] ⇨ COPS

common program[–próugræm] **공용 프로그램** 상이한 기종 또는 사용자 그룹에 의해 공통적으로 사용하는 프로그램.

common section[–sékʃən] **커먼 섹션**

common segment[–ségmənt] **공통 세그먼트** 두 개의 배타적 세그먼트가 종속되어 있는 오버레이(overlay) 세그먼트 또는 다수의 상이한 컴퓨터 기종 또는 사용자 그룹 등에서 공통으로 쓰이는 프로그램을 세분화한 부분.

common sense knowledge[–séns nάlidʒ] **상식 지식** 사물의 본질, 사무, 모양, 움직임 등의 일상의 실제 상황에 대한 기본적인 지식.

common sense reasoning[–ríːzəniŋ] **상식적 유추** 인공 지능 기능을 수행하는 소프트웨어나 하드웨어에 의한 상식 원칙의 사용.

common service area[–sə́ːrvis ɛ́(ː)riə] **공통 서비스 영역**

common service facility[–fəsíliti(ː)] **공통 서비스 기능**

common signalling link[–sígnəliŋ líŋk] **공통선 신호 링크**

common software[–sɔ́(ː)ftwɛ̀ər] **공통 소프트웨어** 대형 프로젝트의 운영 체계를 구성하는 소프트웨어를 말한다.

common storage area[–stɔ́ːridʒ ɛ́(ː)riə] **공통 기억 영역** 프로그램이나 서브루틴(subroutine) 사이에 데이터를 주고받는 데 사용하는 공통의 기억 영역. 같은 의미로 common memory area라고도 한다. 즉, 프로그램의 오버레이(overlay)의 경우 복수의 서브루틴이나 링크(link)가 사용하는 영역이고, 멀티프로그래밍(multiprogramming)의 경우는 둘 이상의 작업(job)이 공통으로 사용하는 영역이다.

common system area[–sístəm ɛ́(:)riə] **공통 시스템 기억 영역**

common term[–tə́:rm] **공통 용어, 논리 용어**

common user profile[–jú:zər próufail] **공통 사용자 프로필**

common variable[–vɛ́(:)riəbl] **공유 변수** 다중 프로그래밍 시스템에서 여러 프로그램들이 공유하며 사용하는 변수.

communarity[kɔ́mju:nəriti] *n.* **공유율** 같은 집합에서 서로 다른 측정으로 공유된 하나의 공분사비율.

communicability[kəmjù:nikəbíliti(:)] *n.* **전달성** 소프트웨어의 품질 특성의 하나로 소프트웨어의 목적, 사용법 등을 이용자에게 정확히 전달하는 경우.

communicate[kəmjú:nikèit] *v.* **통신하다, 전달하다** 정보(information)와 메시지(message)를 전달하는 것. 컴퓨터 시스템에서는 컴퓨터와 단말 장치(terminal) 사이에서의 데이터의 수신 · 송신, 통신 시스템에서의 통신, 컴퓨터와 유저 사이에 메시지를 전달해주는 동작을 총칭한다. 통신 시스템과 컴퓨터 시스템에서는 통신 회선을 경유하여 데이터를 전송하는 경우에 통신 방향의 약속이 있는데, 이것을 통신 방식(communicate mode, communication mode)이라고 한다. 구체적으로 단향식(simplex), 반이중(half-duplex), 양방향(duplex) 등의 방식이 있다.

communicate mode[–móud] **통신 모드**

communicating sequential process[kəmjú:nikèitiŋ sikwénʃəl práses] **통신 순차 프로세서** 프로세서들이 메시지를 통해 통신하는 특징을 갖고 있으며, 소결합형 분산 네트워크에서는 프로세서 간의 통신에 모니터 개념을 사용할 수 없어서 이러한 문제 해결을 위해 Hoare에 의해 제안된 프로세스 통신 기법의 하나.

communicating word processor [–wə́:rd prásesər] **CWP, 통신식 워드 프로세서**

communication[kəmjù:nikéiʃən] *n.* **통신, 커뮤니케이션** (1) 컴퓨터와 단말 장치 사이를 비롯하여 컴퓨터와 인간 사이, 인간과 인간 사이에 정보, 데이터, 메시지 등을 전달하는 것의 총칭. (2) 데이터 통신(data communication), 통신 시스템(communication system), 통신 네트워크(communication network) 등 많은 경우 복합어가 중요한 의미를 갖고 있다.

communication abort timer[–əbɔ́:rt táimər] **통신 단절 타이머** 모뎀에 자료가 도착했는지 계속해서 조사하는 장비로 주어진 시간 안에 도착되지 않으면 다른 사용자(user)가 사용하도록 연결을 단절시키는 역할을 한다.

communication adapter[–ədǽptər] **통신용 어댑터**

communication and inquiry system[–ənd inkwáiri(:) sístəm] **통신 · 문의 시스템** 한 곳에 집중 저장된 데이터와 이의 처리 능력은 원격지의 정보 요구자들에게 직접 연결되어 원격지의 지국으로부터의 질문과 데이터에 즉각 응답할 수 있도록 한 현장에서의 각종 문의에 대응하기 위해 만들어진 데이터 통신 시스템.

communication area[–ɛ́(:)riə] **통신 영역**

communication between application programs[–bitwí:n æ̀plikéiʃən prógræmz] **응용 프로그램 간 통신** 시스템 프로그램이 아닌 응용 프로그램(user area) 사이의 여러 매개체를 통해 정보를 전달하는 과정.

communication bit stuffing[–bít stʌ́fiŋ] **통신 비트 스터핑**

communication buffer[–bʌ́fər] **통신 버퍼** 통신 버퍼는 다수의 조작원이 보내온 정보를 정리하고 조정함으로써 컴퓨터가 이를 원만히 처리하도록 한다. 버퍼는 자체의 기억 장치와 제어 회로를 가지고 있으므로 컴퓨터가 아직 처리 준비가 되지 않은 상태인 경우는 수신 메시지들을 저장하고 통신 선로가 사용중이어서 송신이 지연될 경우에는 그 메시지를 저장하기로 한다. 즉, 컴퓨터 통신망에 있어서 데이터 처리 센서로 보이는 여러 통신선을 따라 이동되고 송신 및 수신 데이터의 속도 차이를 해소하기 위해 사용되는 일종의 기억 장치.

communication cable[–kéibl] **통신 케이블**

communication channel[–tʃǽnəl] **통신 채널** 한 장치나 위치에서 멀리 떨어진 다른 장소로 데이터를 송 · 수신하기 위한 회선. 전달률은 초당 100,000자까지 가능하다.

communication codes[–kóuz] **통신 코드** 이 코드에는 통신 제어를 위해 추가한 특수 문자가 포함되어 있어 신호의 동기, 메시지 헤딩 및 제어 기능을 수행하는 데 주로 ASCII 코드가 쓰인다.

communication computer[–kəmpjú:tər] **커뮤니케이션 컴퓨터**

communication control[–kəntróul] **통신 제어** 데이터의 송수신을 제어하는 전송 제어 이외에 수신처별 메시지 흐름의 관리, 통과 번호의 부여와 검사, 통신 전문의 대기 행렬의 관리 등의 데이터 통신을 원활하게 하기 위한 모든 제어의 총칭.

communication control character[-kǽrəktər] **통신 제어 문자** 데이터 단말 장치 사이에서의 데이터 전송을 제어하거나 용이하게 하기 위하여 쓰이는 제어 문자로 2진수 형태로 표현된다. ⇨ transmission control character

communication control device[-diváis] **통신 제어 장치**

communication control equipment[-ikwípmənt] **통신 제어 장치**

communication controller[-kəntróulər] **통신 제어 장치**

communication control processor[-kəntróul prásesər] **CCP, 통신 제어 처리 장치** 중앙 처리 장치에서는 업무 처리를, CCP에서는 통신 처리와 같이 기능의 분담이 가능하도록 되어 있는데, 통신 회선과 CPU 사이에 존재하며, 네트워크 제어 프로그램이 내장되어 대부분의 통신 제어 기능을 실행하는 프로세서.

communication control program[-próugræm] **통신 제어 프로그램** 컴퓨터 단말마다의 전송 제어 처리, 입출력 데이터 처리, 인터럽트 처리, 코드 변환, 오류 회복 등의 처리를 하는데, 이때 컴퓨터로서 회선과의 데이터 송수신을 전문으로 하는 프로그램을 말한다. CCU에는 ROM에 기록된 마이크로프로그램이 내장되어 있고, 신규 전송 제어 절차의 단말을 도입할 경우 마이크로프로그램을 변경할 필요가 있다. 최근에는 스토이드 프로그램 방식의 독립된 처리 장치로서 통신 제어 처리 장치(CCP)가 CCU를 대신하고 있어 CCU는 구식 장치가 되고 있다. 온라인 시스템에서는 전기 통신 회선을 통해서 컴퓨터와 단말 사이에서 데이터의 주고받음을 한다. 이때 컴퓨터에서 회선과의 데이터 송수를 전문으로 하는 프로그램을 통신 제어 프로그램이라고 한다.

communication control routine[-ru:tí:n] **통신 제어 루틴**

communication control system[-sístəm] **통신 제어 시스템** 통신 회선과 컴퓨터 또는 통신 회선과 단말 장치간의 데이터 수수 제어를 할 수 있는 시스템.

communication control unit[-jú:nit] **C-CU, 통신 제어 장치, 회선 제어 장치** 문자를 조합·분해하고 전송을 제어하는 장치를 통해서 통신 회선과 각 단말 장치가 시스템 채널에 직접 연결될 수 있다. 데이터 회선을 경유하여 전송되는 데이터의 주고받음에 관한 제어를 행하는 장치로 다음과 같은 역할을 부과한다. 데이터 전송에서 단말 장치를 컴퓨터에 접속하기 위한 제어 장치. 이 장치의 주된 기능은 다음 네 가지이다. ① 회선 및 단말 장치의 상태 감시, 단말 장치의 선택, 아울러 전송의 개시·종료 등의 제어. ② 전송 과정에서의 오류 검출 및 전송 제어. ③ 전송 코드와 컴퓨터 내부 코드와의 사이의 코드 변환. ④ 전송 속도와 처리 속도의 변환.

communication data set[-déitə sét] **통신 데이터 집합** 보편적으로 변조와 복조 및 정보 전달을 위해 여러 가지 상업 기계와 통신 회선 간의 호환성 제공을 위해 설계된 제어 기능을 갖는 장치.

communication data system[-sístəm] **통신 데이터 시스템** 다수 사용자의 컴퓨터 시분할, 메시지 교환 시스템, 데이터 수집 처리 시스템 등에 이상적이며, 전신국과 컴퓨터를 연결하는 실시간 시스템.

communication deck[-dék] **회선 감시 장치** 데이터 통신 시스템에서 복수 데이터 통신 회선의 통신 상황을 운영자가 집중적으로 감시하기 위한 장치.

communication density[-dénsiti(:)] **통신 밀도** 1접속 단위 시간중에 보낼 수 있는 최대 정보량에 대한 실제로 보낸 정보량의 비율.

communication device[-diváis] **통신 장치** 데이터를 주고받기 위한 데이터 전송 장치나 데이터 입출력 장치 또는 통신 제어 장치.

communication direction[-dirékʃən] **통신 방향**

communication equipment for maintenance[-ikwípmənt fər méintənəns] **보안 통신 설비**

communication facility[-fəsíliti(:)] **통신 기능**

communication identifier[-aidéntifàiər] **CID, 통신 식별자**

communication information[-ìnfərméiʃən] **통신 정보**

communication interface[-íntərfèis] **통신 인터페이스** 정보 전송에서 송신측과 수신측 간의 인터페이스. 기계적인 케이블이나 커넥터의 형상, 전기적 특성상의 인터페이스 및 소프트웨어적인 인터페이스를 위한 절차 등을 포함한다.

communication interface adapter[-ədǽptər] **통신 인터페이스 접속기** 통신 회선에 접속하기 위한 제어 회로 또는 장치.

communication interface circuit[-sə́:rkit] **통신용 인터페이스 회로**

communication interface unit[-jú:nit] **통신 인터페이스 장치** 컴퓨터와 통신하는 서브시스

템 사이의 데이터 전송을 위해 컴퓨터 입력 채널에 연결된 입력 단자와 컴퓨터 출력 채널에 연결된 출력 단자를 연결하는 기기.

communication IOCS CIOCS, **통신 입력 제어 시스템**

communication line[-láin] **통신 회선** 주로 케이블이나 전화선 등을 많이 이용하는 데 사용되는 것으로, 두 개 이상의 장치가 서로 통신하기 위해 사용하는 ① 공중 통신 회선, ② 특정 통신 회선, ③ 전용 회선, ④ 데이터 통신 서비스용 회선, ⑤ 신데이터 네트워크 등의 전송 매체를 말한다.

communication line adapter[-ədǽp-tər] **통신 회선 접속기**

communication line bootstrap[-búːt-stræ̀p] **통신 회선 부트스트랩** 회선 제어 절차를 사용하는 회선 끝에 있는 컴퓨터 시스템 중에서 어떤 것은 통신 회선을 통하여 적재될 소프트웨어와 재개시할 시스템을 갖고 있는데, 이 시작하는 시점을 부트스트래핑이라 하고 그 절차는 회선 제어 절차의 한 부분이거나 텍스트 난에 첨가될 수도 있다.

communication line control[-kəntróul] **통신 회선 제어 기능**

communication line encryption device [-inkrípʃən diváis] **회선 암호 장치**

communication line group[-grúːp] **통신 회선 집단** 통신 회선의 묶음으로 같은 형태의 단말에 연결되어 있는 회선들과 같은 특성을 가진 회선의 집단.

communication link[-líŋk] **통신 링크** 무선 또는 유선으로 이루어진 정보를 송 · 수신할 수 있는 그 지점 간을 연결하는 물리적인 모든 수단을 총칭하는 것.

communication management[-mǽnidʒ-mənt] **통신 관리**

communication medium[-míːdiəm] **통신 매체** 데이터를 전송하기 위하여 사용하는 물리적인 매체.

communication method[-méθəd] **통신 방식** 데이터 전송에 있어서 회선망을 이용한 데이터 송수신 방법이다. 이것에는 데이터의 흐름 방향에 착안한 분류로서 단향 통신(simplex) 방식, 반이중 통신(half duplex) 방식, 전이중 통신(full duplex) 방식이 있다.

communication mode[-móud] **통신 방식, 통신 모드** 컴퓨터와 컴퓨터 사이에 정보를 주고받는 데이터 전송에서 데이터의 송 · 수신에 관한 여러 방식을 말한다.

communication monitor[-mánitər] **통신 감시자** 통신을 위해 설계된 특별한 운영 체계.

communication multiplexer channel [-mʌ́ltiplèksər tʃǽnəl] **통신 회선 멀티플렉서 채널**

communication network[-nétwəːrk] **통신망, 통신 네트워크**

communication network classification [-klæ̀sifikéiʃən] **통신망 분류**

communication parameter[-pərǽmətər] **통신 매개변수** 컴퓨터로 통신을 하는 데 필요한 설정 조건. 비동기 통신에서는 모뎀의 속도나 데이터 비트 수/정지 비트 수, 패리티 종류가 2대의 모뎀들 간에 통신을 확립하는 데 올바로 설정되어야 하는 매개변수이다.

communication path[-pɑ́ːθ] **통신로** 여러 단말 기기들을 통신 회선으로 결합할 때 회선의 경로. 즉 데이터 통신 시스템에서 중앙에 설치되어 있는 컴퓨터와 원격지에 설치되어 있는 여러 개의 단말기기를 통신 회선에 결합하는 것.

communication port[-pɔ́ːrt] **커뮤니케이션 포트** COM 포트는 IBM 호환 PC 계열에 부착되어 있는 통신 포트의 명칭이다. COM1/COM2/COM3/COM4 네 가지가 있으며 마우스와 모뎀 등을 접속할 수 있다. COM1과 COM3, COM2와 COM4가 같은 기능을 하므로 마우스와 모뎀이 같은 통신 포트에 꽂히지 않도록 주의해야 한다.

communication processing[-prɑ́sesiŋ] **통신 처리** 통신의 편리성 향상을 목적으로 정보의 의미, 내용을 바꾸지 않고 정보의 형식이나 전송 절차의 변환, 정보의 일시 축적 등을 실시하는 처리.

communication processor[-prɑ́sesər] **통신용 프로세서** 주컴퓨터의 부담을 줄이기 위해 주컴퓨터 간의 통신 처리를 담당하고, 주컴퓨터들이 네트워크의 통신 기능을 이용하고자 할 때 그 인터페이스를 규정하는 기능을 수행한다.

communication program[-próugræm] **통신 프로그램** 컴퓨터 통신을 위한 프로그램. 에뮬레이터(emulator)라고도 부른다. 대표적인 것에 PC 통신용「이야기」를 들 수 있다.

communication protocol[-próutəkɔ̀(ː)l] **통신 규약** 각 장치 사이에 전송된 데이터를 잃어버리지 않기 위하여 오류를 검사할 수 있도록 주어진 통신 규칙.

communication redundancy[-ridʌ́ndə-nsi(ː)] **통신 중복** 통신 중복은 중복성이 필요 이상으로 많거나 자세한 정보들을 통신함으로써 결과적으로 유용한 통신 용량을 낭비하게 되는 부적당한 통신을 알아보는 데에도 사용되고, 특히 시스템이나 통신 오류의 가능성을 줄이기 위해 작성된 정보나 회로의 일부 또는 전체를 복제한 것.

communication region[-ríːdʒən] **통신 영역** 감시 프로그램과 문제 프로그램의 양쪽에 유효한 정보가 포함되어 있는 DOS(disk operating system)와 TOS(tape operation system) 간의 통신과 프로그램 내의 통신을 위해 준비되는 감독 프로그램의 구역.

communication reliability[-rilàiəbíliti(ː)] **통신 신뢰도**

communication satellite[-sǽtəlàit] **COMSAT, 콤새트, 통신 위성** 원격지와의 데이터 통신을 가능하게 하기 위해 개발된 인공 위성. 대륙간, 외딴 섬, 항해중인 선박과의 통신 등에 이용되며, 최근에는 고품질의 영상이나 음성을 보낼 수 있어서 텔레비전 방송에도 이용된다. 세계 최초의 통신 위성은 1958년 12월 18일에 발사된 미국의 이동 수동형 위성인 스코어, 최초의 능동 통신 위성은 미국의 텔스타(1962. 7. 10)이다.

communication satellite corporation [-kɔ̀ːrpəréiʃən] **통신 위성 법인** 많은 회원국으로 구성된 인텔샛(INTELSAT) 기구의 전체 시스템에 대한 위성 통신의 기술적 운영 서비스를 맡고 있는 미국의 통신 위성 회사.

communications bug monitors[-bʌ́(ː)g mɑ́nitərz] **통신 결함 모니터** 소프트웨어 버그나 장비의 기능 결함 또는 회선 고장으로 인한 미세한 오류를 찾아내는 데이터 통신 모니터 또는 하드웨어와 소프트웨어 시스템의 문제점을 발견하는 것.

communications control device[-kəntróul diváis] **통신 제어 장치**

communication security[-sikjú(ː)riti(ː)] **통신 보안** 통신망 내의 두 지점 간에 안전하게 정보를 송 · 수신하는 것으로 불안전한 데이터 채널 상에서 상호 암호 체계로서 통신하는 것.

communication server[-sə́ːrvər] **통신 서버** 광역 통신망과 근거리 통신망(LAN)을 잇는 장치.

communication service[-sə́ːrvis] **통신 서비스**

communication serviceability facility [-səːrvisəbíliti(ː) fəsíliti(ː)] **통신 보수 서비스 기능**

communication service subroutine[-sə́ːrvis sʌ̀bruːtíːn] **통신 서비스 서브루틴**

communication software[-sɔ́(ː)ftwɛ̀ər] **통신 소프트웨어** 모뎀 제어나 프로토콜의 설정, 데이터 송수신, 기록, 파일 조작 등을 하는 소프트웨어. 통신 소프트웨어의 기능에는, 통신처나 프로토콜의 등록, 자동적으로 호스트에 접속하는 자동 로그온, 파일을 전송하는 업로드, 수신된 데이터를 디스크 등에 기록하는 다운로드, 2진 데이터를 다루는 데이터 전송 프로토콜, 통신 기록을 남기는 로그, 통신중에 화면에서 없어진 부분을 참조하는 백 스크롤 기능 등이 있다. 최근에는 조작이 간단한 통신 소프트웨어가 개발되고, 통신을 용이하게 하기 위한 여러 가지 소프트웨어가 등장하고 있다.

communications interface[-íntərfèis] **통신 접속** 통신 접속기는 데이터와 제어 단자들과 통신 서브시스템 사이에 존재하는 기기로서 컴퓨터와 통신하는 서브시스템 사이의 데이터 전송은 컴퓨터 입력 채널에 연결된 입력 단자와 컴퓨터의 출력 채널에 연결된 단자간에 일어나는데, 이러한 데이터용 단자 외에도 데이터 흐름을 제어하는 여러 개의 제어 단자가 있다.

communications linkage[-líŋkidʒ] **통신 연결** 중앙 컴퓨터와 원격지의 입출력 장치 간의 데이터 교환을 위한 고속 설비.

communications network[-nétwə̀ːrk] **통신 네트워크**

communication software[-sɔ́(ː)ftwɛ̀ər] **통신 소프트웨어** 커뮤니케이션 소프트웨어. 모뎀을 통해 컴퓨터 간에 통신을 할 수 있도록 작성된 프로그램.

communications subsystem[-sʌ́bsìstəm] **통신 서브시스템** 중앙 처리 장치가 데이터를 표준 공동 캐리어 통신 시설을 통해 원격지와 동시에 교환할 수 있도록 한 서브시스템. 중앙 처리 장치(CPU)가 실시된 시스템으로서 가장 효과적으로 수행하도록 고안된 시스템을 말한다.

communication statement[-stéitmənt] **통신 명령**

communications transparency[-trænspɛ́(ː)rənsi(ː)] **통신 가시성**

communication subnetwork[-sʌ̀bnétwə̀ːrk] **통신 서브네트워크** 각 자료 단말 장비(DTE) 간에 교환 구조를 사용하여 데이터를 전파하는 컴퓨터 네트워크에서 이러한 통신 교환기만으로 구성되는 교환망.

communication support program[-səpɔ́ːrt próugræm] **통신 서포트 프로그램**

communications word[-wə́ːrd] **통신용 단어**

communications word arrangement [-əréindʒmənt] **통신 단어 배열** 기능어, 입력 데이터, 출력 데이터, 출력 데이터 요청어의 네 가지 표준 통신 부프로그램에서는 네 가지 유형의 컴퓨터 입출력 단어를 제공한다.

communication system[-sístəm] **통신 시스템** 전형적인 통신 시스템은 키보드에서 입력된 문자를 회선을 통해 전송할 수 있는 전기적 신호로 변환시켜 주는 멀티플렉서에 의해 일반 전화 회선에 연결된 전신 타자기, 화면 및 음성 응답 장치로 구성되는 온라인, 실시간 처리(real time processing)를 행하는 컴퓨터 시스템을 말한다.

communication task[–tá:sk] **통신 임무** 콘솔(console)로 모든 통신을 할 수 있도록 하기 위해 컴퓨터가 제공하는 일련의 기능.

communication terminal equipment [–tə́:rminəl ikwípmənt] **통신 단말 장치** 통신 회선 또는 유사한 것을 이용하여 그 단말에 접속된 장비.

communication terminal unit[–jú:nit] **통신 단말기기**

communication theory[–θíəri(:)] **통신 이론** 잡음 및 기타 방해를 받는 상태에서의 통신의 전송을 취급하는 이론 분야.

communication unit system[–jú:nit sístəm] **통신 단위 시스템**

communication with word processor [–wið wə́:rd prásesər] **워드 프로세서 통신**

community[kəmjú:niti(:)] **커뮤니티** 네트워크상에서의 정보 교환을 목적으로 하는 단체 또는 그 정보 교환 네트워크 자체. ⇨ forum

community antenna television system [–ænténə téləviʒən sístəm] **CATV, 유선 텔레비전, 케이블 텔레비전** ⇨ CATV

commutative group[kəmjú:tətiv grú:p] **교환 그룹**

commutative law[–lɔ́:] **교환 법칙** 두 개 또는 그 이상의 수에 대한 셈의 결과는 이들 수의 순서에 상관 없다는 법칙. 만일 $x*y=y*x$가 만족되면 교환 법칙이 성립한다고 한다.

commutative operation[–àpəréiʃən] **교환 연산**

comutative production system[–prədʌ́kʃən sístəm] **교환 생성 시스템**

commutative ring[–ríŋ] **교환 링**

commutator pulse[kámjutèitər pʌ́ls] **교환기 펄스** 특정 기준 펄스에 대해 어느 한 시점에 나타난 펄스는 양(+) 또는 음(–)의 펄스가 된다. 이 펄스는 컴퓨터 단어를 표시하며, 클록(clock)이나 제어하는 데 이용된다.

compact[kəmpǽkt] *a.* **압축한, 단축한** 구별하여 두 가지 의미가 있다. (1) 꽉 짜인(closely packed)이라는 의미로 이것은 데이터 전송(data transmission)의 경우 「압축」이라고 번역된다. 즉, 전송 시간을 절약하기 위하여 데이터 길이(data length)를 짧게 하는 것이다. 구체적으로 2문자 구성의 데이터를 8비트로 변환하여 보낸다. 그 결과 생성된 데이터를 압축 데이터(compressed data)라고 한다. (2) 체적이 작은(occupying a small volume)이라는 의미. 단순하고 가벼운 제품의 특징(features)을 설명할 때 사용하며 또 때때로 「콤팩트」로 번역되는 경우가 있다. 예를 들어, 우리가 이미 친숙한 것으로 콤팩트 디스크(CD ; compact disc), 콤팩트 플로피 디스크(compact floppy disc)가 있다. 전자 출판(eletronic publishing) 분야에서 많이 사용되는 것으로 CD-ROM, CD-I 등이 있다.

〈콤팩트 통장 프린터〉

compact disc-digital audio[–dísk dídʒitəl ɔ́:diou] ⇨ CD–DA

compact disc interactive media [–intərǽktiv mí:diə] **CD–I** ⇨ CD-I

compact disk[–dísk] **콤팩트 디스크** 디지털 오디오 디스크 규격의 하나이나 이제는 디지털 오디오의 대표격이 되어 있다. 원래는 비디오 디스크를 위해 필립스 사가 만든 광디스크 방식을 써서 디지털 음성을 기록하기 위해 탄생한 것이다. 대량의 디지털 정보를 기록할 수 있는 장점이 있어 이를 컴퓨터의 외부 기억 장치로 이용하는 것이 고안되어 일부 실용화되고 있다. 단독 전용 기억 칩(ROM)으로서 백과 사전을 통째로 수록하거나 게임 소프트웨어에 쓰이는 CD-ROM, CD-ROM과 그것을 컨트롤하는 마이크로컴퓨터를 일체화한 CD-I 등이 있다. ⇨ 표 참조

〈콤팩트 디스크〉

〈콤팩트 디스크의 종류〉

규격집	규 정	종 류	내 용
Red Book	음악용 CD에 관한 규정	CD-DA (Digital Audio)	고음질의 디지털 음악
		CD-G (Graphic)	오디오 및 그림 정보 동기
Yellow Book	음성, 텍스트, 이미지, 디지털 정보에 관한 규정	CD-ROM (Read Only Memory)	컴퓨터 데이터 저장
		CD-ROM/XA (eXtended Architecture)	화상, 음성 형식
Green Book	오디오, 그래픽 압축/재생 가능한 H/W와 S/W에 관한 세부적인 규정	CD-I (Interactive)	멀티미디어 플레이어 /FMV (full motion video)
Orange Book	기록 가능한 CD 기술에 관한 규정	CD-R (Recordable)	컴퓨터 데이터 기록 가능
		Photo CD	고화질 사진 저장 기능
White Book	비디오용 CD에 관한 규정	Video CD	MPEG-1 전용 플레이어 역할
		CD-DV (Digital Video)	디지털 비디오 지원

compact disk-musical instrument digital interface [–mjúːzikəl ínstrumənt dídʒitəl íntərfèis] **CD 미디** ⇨ CD-MIDI

compact disk player [–pléiər] **CDP, 콤팩트 디스크 플레이어** 기존의 오디오는 음을 전기 신호로 바꿔 이 신호에 따라 디스크에 홈을 파서 저장했다. 그러나 CDP는 음의 음색 · 고저 · 강약 등을 디지털(1과 0의 조합) 신호화하여 디스크에 기록하는 오디오이다. 바늘 대신 레이저 광선을 사용하므로 디스크의 수명이 반영구적이고 흠과 먼지 등에 강하다. 또한 음의 저장 방식을 디지털화함으로써 주파수 특성 · 잡음 · 스테레오 분리도 등에서 아날로그 방식과는 비교도 안 될 만큼 원음에 가깝다. 우리 나라는 1985년에 삼성, LG, 동원전자 등에서 본격 생산에 성공했다.

compact disk read only memory [–ríːd óunli(ː) méməri(ː)] **CD-ROM, 시디 롬** ⇨ CD-ROM

compact disk read write [–ráit] **CD 리드 라이트** ⇨ CD-RW

compact disk recordable [–rikɔ́ːrdəbl] **기록 가능한 CD** ⇨ CD-R

compacted data [–déitə] **압축 데이터, 단축 데이터**

compact flash [–flǽʃ] **콤팩트 플래시** 1994년 11월 발표된 것으로 플래시 메모리 카드를 소형화한 기억 매체. 크기는 성냥갑 정도이다. 디지털 카메라, 핸드 벨트 PC, 오디오 레코더 등이 있다.

compact floppy disk [–flɑ́pi(ː) dísk] **콤팩트 플로피 디스크**

compact HTML **컴팩트 HTML** 액세스, 마츠시타 전기산업, NEC, 후지츠, 미시비시 전기, 소니의 6사가 W3C에 대해 제출한 휴대 단말기용 마크업 언어의 사양. HDML이 HTML과의 기술 호환성이 결여되어 있는 데 비해, 컴팩트 HTML은 현재 웹에서 널리 이용되고 있는 HTML과의 호환성이 유지되고 있어, 지금까지 축적된 콘텐츠를 쉽게 이용할 수 있는 이점이 있다. ⇨ W3C, HDML

compact interactive standard COBOL **CIS-COBOL, 콤팩트 대화식 표준 코볼**

compaction [kəmpǽkʃən] *n.* **압축** (1) 기억 장소, 대역폭, 비용, 전송 시간 등을 줄이는 일련의 방법인데, 불필요하거나 반복되는 사항을 제거하기 위해서 특수한 코딩 기법을 이용하는 것을 말한다. (2) 압축 기억 장소에서 사용하지 않는 기억 장소들이 여기저기 분산되어 있으면 새롭게 실행할 프로세스가 큰 기억 장소를 요구할 때, 분산되어 있는 공백들의 합이 그 필요한 기억 장소보다 커도 제일 큰 공백 하나로는 그 프로세스를 수행할 수 없게 되는 기억 장소 단편화(fragmentation) 현상이 발생한다. 이러한 단편화 현상을 방지하기 위해 기억 장소 통합(memory compaction)을 사용한다. 기억 장소 통합이란 주기억 장소 내의 모든 공백들을 재배치하여 하나의 연속된 공백으로 모으는 작업이다.

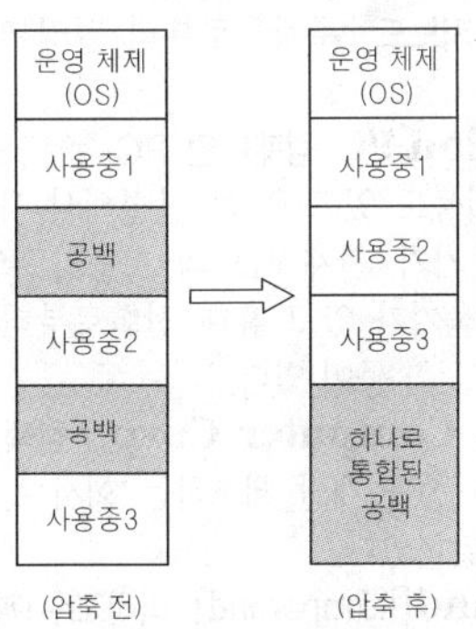

〈기억 장소 압축의 예〉

compaction of file record[–əv fáil rék-ə*r*d] **파일 레코드 압축** 레코드 크기에 따라 데이터 처리 시간이 증가하기 때문에 기억 장소의 감소와 처리 시간의 증가에 따른 균형과 파일 크기의 감소와 채널 효율성에 대한 균형이 유지되어야 한다. 즉, 레코드 저장에 필요한 기억 장소를 줄이기 위해 특수한 코딩이나 프로그램 기법으로 레코드 크기를 줄이는 것.

compaction programs[–próugræmz] **압축 프로그램** 중복을 피하고 부적절한 것을 제거하기 위한 목적으로 설계되었으며 기억 공간, 대역폭, 전송 시간, 생성 시간, 비용, 자료 저장 장소 등을 줄이는 데 이용되는 기법.

compaction technique[–tekní:k] **압축 기법** 주기적으로 저장 장치에 산재되어 사용되지 않는 부분들을 한 곳에 모으는 기법으로 데이터 베이스에서 한 레코드를 제거할 때 실제로 저장 장치에는 표시만 해둔다.

compactness[kəmpǽktnis] *n*. **압축성** 인간의 생각을 코드 형태의 정보로서 프로그래밍 언어로 나타낼 수 있는 정도.

compact pro **컴팩트 프로** 빌 굿맨(Bill Goodman)이 작성한 셰어웨어로, 매킨토시에서 가장 많이 이용되는 파일 압축 프로그램. 압축 및 해제 툴(아카이버)의 하나. 확장자는 CPT이다. PC 통신의 전자 게시판(BBS) 등에서 배포하는 무료 소프트웨어에서 이 형식을 볼 수 있다.

compact set of gate[–sét əv géit] **게이트 완전 집합** 회로를 만들 수 있는 집합이나 여러 개의 게이트 조합으로 임의의 다른 기능을 가진 게이트들의 집합.

compander[kámpændə*r*] **컴팬더** 입력 신호를 압축 형태로 전송하고 수신시에는 원상태로 복원하며 전용 효율을 높이기 위해 전화용 채널에 쓰이는 장치.

companion keyboard[kəmpǽnjən kí:bɔ̀:-*r*d] **보조 키보드** 주장치로부터 멀리 떨어져 있는 키보드.

companion PC **컴패니언 PC** 손바닥만한 크기로 통신 기능도 있고 PC와 연결해서 사용할 수 있는 휴대용 기기. 현재 PDA와 호출기로부터 발전된 스마트 호출기가 있고 휴대 전화로부터 발전된 인터넷 휴대 전화 등이 있다.

Compaq Computer Corp. **컴팩 사** IBM-PC 호환 기종을 개발 제조하는 회사로, 휴대용 컴퓨터를 개발하였다.

comparand[kámpərənd] **피비교수(被比較數)** 다른 숫자나 단어와의 비교에 사용되는 단어나 숫자.

comparator[kámpərèitə*r*] *n*. **비교기(比較器)** 어떤 정보의 두 개의 표현 방식(transcription)을 비교하여 크기, 순서, 특성 등에 차이가 있는지 없는지 또 컴퓨터 내의 기억 형태(storage), 산술 연산(arithmetic operation) 등의 정확도도 체크하는데, 체크 결과는 출력 신호(output signal)의 형태로 통지한다. 전자 공학에서는 콤퍼레이터는 복수의 신호(signal)를 평가(evaluate)하고, 이 신호들이 어떤 특정한 규칙으로 일치(match)하는지를 표시하는 회로라 생각하고 있다. 이 경우 일치는 「h」(high) 상태이고, 불일치는 「l」(low) 상태로 표시하는 것이 보통이다.

comparator sorter[–sɔ́:*r*tə*r*] **비교 분류기** 천공된 카드를 분류하고 특정한 카드를 골라내어 순서 검정이 가능하도록 한 카드 분류기.

compare[kəmpέə*r*] *v*. **비교(하다)** (1) 컴퓨터 중에서 두 개의 항목을 비교한다라는 의미를 갖는다. 비교하는 대상은 수치(numeric value), 문자(character), 단어(word), 메시지(message)도 포함되며, 비교하는 장치를 비교기(comparater)라고 부른다. 컴퓨터 명령 중에서 산술 명령(arithmetic operation instruction)과 함께 중요한 것이 비교 명령(compare instruction)이다. (2) 전기 회로에서 어떤 기준 입력 신호와 다른 입력 신호의 대소를 조사하는 것. 그 결과에 따라서 출력측에 미리 정해진 두 값의 신호 중 어느 것이든 한쪽이 출력된다. 차동 증폭기(differential amplifier)는 그 응용 예이다.

compare and print[–ənd prínt] **비교·인쇄** 두 개의 테이프에서 측정한 수의 레코드를 상호 비교하여 일치하지 않는 것을 문자의 형태나 8진수의 형태로 인쇄해내는 것.

compare check[–tʃék] **비교 검사**

compare facility[–fəsíliti(:)] **비교 능력** 가능한 여러 가지의 비교 결과에 따라 일련의 동작을 수행할 수 있는 기계의 능력.

compare immediate[–imí:diət] **비교 명령** 두 개의 데이터 항목을 비교하고 그 결과에 따라 신호를 발생시키는 명령.

compare instruction[–instrʌ́kʃən] **비교 명령어** 두 숫자의 크기를 비교하기 위해 쓰이는 명령어이지만, 일종의 판단도 함께 하는 명령어이다. 즉, 비교한 후 분기(branch)나 점프(jump)를 하거나 얻어진 결과를 지정된 장소에 세트하도록 할 수 있다.

compare portion[–pɔ́:*r*ʃən] **비교 구분**

comparing check[kəmpέəriŋ tʃék] **비교 검사** 별도의 부분 또는 동작에 의해 도출된 둘 이상

의 데이터를 비교하여 그 결과에 의해 기계, 장치, 최근의 오류나 고장을 검출하는 방법.

comparing control change[–kəntróul tʃéindʒ] **비교 제어 변환** 레코드의 제어 필드값의 변화로서 제어 필드 결과에 의해 어떤 결정된 동작을 유도한다.

comparing operator[–ápərèitər] **비교 연산자** 컴퓨터 언어인 FORTRAN, COBOL 등의 두 변수, 값, 주소의 비교에 사용되는 기호로 관계 연산자의 일종.

comparing unit[–jú:nit] **비교 기구** 유사한 두 데이터 항목의 관계를 살피는 것을 비교라 하고 비교하는 기구를 콤퍼레이터라 한다.

comparison[kəmpǽrisən] *n.* **비교** 두 개의 데이터 항목을 비교하고, 일치성(identity), 상대적 크기(relative magnitude), 부호(sign)에 대하여 검사한다. 어셈블러(assembler)나 컴파일러(compiler)의 프로그램에서 두 개의 식을 비교한다는 의미도 있다.

comparison approach testing [–əpróutʃ téstiŋ] **비교식 검사** 두 개의 장치를 탑재하여 입력 데이터를 각각 분리된 구동기를 통해서 동시에 보내어, 두 장치에서 동시에 얻은 결과가 서로 일치되면 정당하다고 인정하는 중앙 처리 장치로 잘 알려진 성능이 뛰어난 장치와 비교하는 시험 방법이다.

comparison counting sort[–káuntiŋ sɔ́:rt] **비교 카운트 분류**

comparison expression[–ikspréʃən] **비교식**

comparison indicators[–índikèitərz] **비교 표시기** 큼, 작음, 일함을 표시하는 세 가지가 있다. 이들은 산술 레지스터나 인덱스 레지스터 내의 어드레스부와 메모리 내의 어드레스부를 비교한 결과로서 세트된다. 동일 표시기는 합산 또는 감산 명령의 수행 결과가 0이면 세트되고 그렇지 않으면 리셋된다.

comparison instruction[–instrʌ́kʃən] **비교 명령**

comparison measuring[–méʒəriŋ] **비교 측정**

comparison of pairs sorting[–əv pɛ́ərz sɔ́:rtiŋ] **쌍비교 정렬** 두 레코드의 키를 비교해서 내림 차순일 때는 키값이 작은 값보다 앞에 나타나게 하는 정렬.

comparison operation[–àpəréiʃən] **비교 연산**

comparison operator[–ápərèitər] **비교 연산자**

comparison shopping[–ʃápiŋ] **비교 구매** 인터넷을 이용한 쇼핑에서 동일하거나 유사한 상품에 대해서 가격과 품질, 배달 등의 조건을 비교한 후에 물건을 구매하는 형태. 사용자가 제품을 구매하기 전에 검색 로봇(search robot)을 이용하여 제품에 대한 정보를 얻거나 가격 정보 등을 종합적으로 제공하는 웹 사이트를 방문하여 제품에 대한 비교 구매 행위를 할 수 있다.

comparison test[–tést] **비교 테스트**

comparison testing[–téstiŋ] **비교 검사** 같은 입력을 두 장치에 가한 후 결과를 비교하여 한 장치의 기능을 검사하는 실시간 비교법으로서 이 때 한쪽 장치는 신뢰할 수 있어야 한다.

compart[kəmpá:rt] *v.* **컴파트** ⇨ computer art

compartmentalization [kəmpà:rtmentəlàizéiʃən] *n.* **컴파트멘트화**

compatibility[kəmpæ̀təbíliti(:)] *n.* **호환성** 하나의 장치로 처리한 데이터나 프로그램을 변환(conversion)이나 코드의 변경(modification) 없이 다른 장치로 처리할 수 있는 성질을 말한다. 하나의 프로그램을 다른 컴퓨터로 실행하여도 같은 결과가 얻어지는 것이다. 호환성에는 여러 가지 단계가 있다. 우선, 완전히 호환성이 있는 것을 full compatibility라고 한다. 업계에서는 흔히 줄여서 「풀 컴패티」라고 한다. 다음에 소프트웨어측에서 호환성을 갖도록 하는 것과 하드웨어측에서 호환성을 갖도록 하는 것을 각각 소프트웨어 호환성(software compatibility), 하드웨어 호환성(hardware compatibility)이라 한다. 이것은 소프트웨어 없이 하드웨어와 구조(architecture)에 공통성이 있는 것을 표시한다. 세 번째 단계는 상향 호환성(upward compatibility), 하향 호환성(downward compatibility)이라 불리는 것이다. 이것은 호환성의 방향을 표시하는 말로서 전자는 하위 기종이 상위 기종에 대하여 데이터나 프로그램 상에서 호환성이 있는 것, 후자는 그 반대의 개념이다.

compatibility feature[–fí:tʃər] **호환성 구조** 에뮬레이터 프로그램(emulator program)과 더불어 에뮬레이터를 구성하는 부분을 담당하는 것으로 표준 장치에 부과되는 회로와 제어 명령으로 구성된다.

compatibility graph[–grǽf] **호환성 그래프** 유한 상태 기계의 각 상태 쌍이 호환되는지 그렇지 않은지를 나타내는 그래프로 각 노드는 상태를 나타내고 간선은 호환 상태 쌍을 표현하며 간선 위에는 함축 쌍이 위치한다.

compatibility interface[–íntərfèis] **호환성 인터페이스**

compatibility matrix[–méitriks] **호환성 행렬** 여러 로크 유형(lock type)에 관한 상호 관계에

있어서 충돌이 발생할 것인가의 여부에 대한 테이블 형식의 행렬.

compatibility mode[-móud] **호환 모드**

compatibility objective[-əbdʒéktiv] **호환성 목적** 여러 가지 프로그램이나 데이터, 컴파일러 등을 다른 컴퓨터에서 시행할 경우 프로그램을 직접 실행할 수 있고 어셈블리어 프로그램의 번역이 쉬우며 시스템 사이의 데이터 교환이 쉽고 같은 구조의 컴파일러 작성을 쉽게 하려는 목적을 갖는다.

compatibility support system[-səpɔ́:rt sístəm] **호환성 보조 시스템**

compatibility test[-tést] **호환성 검사** 시스템의 소프트웨어와 하드웨어의 호환성을 점검하는 특수한 검사.

compatible[kəmpǽtibl] *a.* **호환(되는)** 소프트웨어나 주변 장치 또는 데이터를 특정 기기에 상관없이 여러 종류에 사용이 가능한 것을 나타낸다.

compatible box[-báks] **호환 박스** ⇨ DOS compatible box

compatible chip[-tʃíp] **호환 칩** 이미 제품화되어 발매되고 있는 칩의 생산 라이선스를 취득하고, 그 칩을 다른 회사가 제조 판매하는 것. 이와 같은 회사를 세컨드 소스(second source)라고 부른다.

compatible format[-fɔ́:rmæt] **호환 형식** 어느 프로그램에서든지 활용할 수 있는 데이터나 파일. 아스키 파일(텍스트 파일)이나 그래픽의 비트맵 형식이 대표적이다.

compatible format of data[-əv déitə] **데이터 호환 포맷** 사양이 다른 포맷에서 데이터를 서로 취급하는 것. 데이터 형식이 표준적인 ASCII 형식이라면 각종 워드 프로세서, 데이터 베이스, 표 계산 사이에서 데이터 호환성이 보증된다. 이것은 데이터 호환 포맷의 대표적인 예이다. ⇨ ASCII, data format

compatible hardware[-há:rdwὲər] **호환 하드웨어** 별도의 조정 없이 하나 이상의 시스템에서 사용이 가능한 주변 장치, 부분품 또는 기타 기기들을 말한다.

compatible integrated circuit [-íntigrèitəd sə́:rkit] **호환적 집적 회로** 반도체 집적 회로의 표면 절연막을 기판으로 하고 다시 박막(薄膜) 또는 후막(厚膜) 수동 소자를 집적화해서 만든 집적 회로.

compatible machine[-məʃí:n] **호환기** 동일한 소프트웨어 및 주변 기기를 사용하여 특정 기종의 컴퓨터와 똑같은 동작을 하도록 설계된 컴퓨터. 예를 들어, IBM PC에 대한 컴팩 사, 델 사, 기타 용산의 조립 컴퓨터들 같은 경우 IBC 호환 기종이라 불린다.

compatible mode[-móud] **호환성 모드**

compatible pin[-pín] **호환 핀** 특정한 전자 신호를 수신할 때, 동일 규정을 사용하는 장치들을 말한다. 이때 각 핀들은 특정 신호 하나만 수신한다.

compatible relation[-riléiʃən] **호환 관계** 대칭적 · 반사적이지만 추이적이 아닌 2진의 관계.

compatible software[-sɔ́(:)ftwὲər] **호환 소프트웨어** 다른 컴퓨터에서나 다른 운영 체제 상에서 프로그램이 번역되거나 실행될 수 있는 소프트웨어.

compatible time sharing system [-táim ʃέəriŋ sístəm] **호환 시분할 시스템** TSS에 역사적인 의미를 갖는 미국 MIT에서 사용된 운영 체제. 여기에 쓰인 리소스 관리 방법은 현재에도 다른 시스템에 채용되고 있다.

compendium[kəmpéndiəm] *n.* **요약** 주제에 대한 핵심 내용의 요약.

compensate[kámpənsèit] *v.* **수정하다, 보정하다**

compensating transaction[kámpənsèitiŋ trænsǽkʃən] **원상 회복 트랜잭션** 데이터 베이스 사용자가 한 트랜잭션을 완전히 수행한 후에 이 트랜잭션을 취소하고자 할 때는 앞의 트랜잭션에서 만들어진 새로운 값을 원래의 값으로 변경하는 트랜잭션을 수행해야 하는데, 이때의 트랜잭션을 가리킨다.

compensation[kàmpənséiʃən] *n.* **보상** 갑자기 발생하는 원인에 의한 악영향을 보상하기 위한 대책.

compensation method[-méθəd] **보상법** 측정량에서 측정하기 전의 이미 알고 있는 양을 빼고 그 차를 측정하여 측정량을 아는 방법.

compete[kəmpí:t] *v.* **경쟁하다, 경합하다**

competitive[kəmpétitiv] *a.* **경쟁하여 얻는**

competitive connection[-kənékʃən] **경쟁적 결합**

competitive design[-dizáin] **경쟁적 설계** 시스템을 파괴하려고 할 경우 그 입력에 대해 어떻게 응답하는가를 생각하는 시스템 설계.

competitive system[-sístəm] **경합 시스템**

competitive upgrade[-ʌ́pgréid] **경쟁적 격상** 사용자에게 어떤 소프트웨어를 판매할 때 그 사용자가 타사의 동일 기종의 소프트웨어를 사용하고 있을 경우, 반액 이하의 가격으로 할인하여 판매하는 것. 이는 자사에 사용자를 끌어들이기 위한 전략으로, 미국에서는 이미 오래 전부터 이러한 일들이 경쟁적으로 이루어져 왔으며, 최근에는 한국에서도 심심찮게 찾아볼 수 있다.

compilation [kàmpiléiʃən] *n*. **컴파일, 번역** 컴파일러를 이용하여 원시 프로그램으로부터 목적 프로그램을 만드는 과정.

compilation process [–práses] **번역 프로그램**

compilation time [–táim] **컴파일 시간** 원시 프로그램을 목적 프로그램으로 번역하는 데 소요되는 시간을 말하지만 그 수행 시간과는 다르다.

compilation unit [–júːnit] **컴파일 단위** 이 단위는 언어마다 다르며, 하나의 프로그램이 여러 개의 컴파일 단위로 구성되는 경우, 각각 독립적으로 컴파일되고 이것이 다시 연결되어 전체에 대한 목적 프로그램이 된다.

compile [kəmpáil] **컴파일** 편집하다. 수집하다. (1) 프로그래머가 CHILL, FORTRAN, COBOL 등의 고급 언어(high level language)로 작성한 프로그램을 번역하고, 컴퓨터가 실행(execute)할 수 있는 형식인 기계어(machine language)의 (목적)프로그램으로 변환하는 동작. 기계어와 거의 일대일에 대응한 기호를 쓰는 어셈블리 언어로 쓰여진 프로그램을 번역하는 어셈블(assemble)과 대비된다. (2) 컴파일을 실제로 행하는 프로그램(소프트웨어)을 컴파일러(compiler)라고 한다. COBOL 컴파일러, FORTRAN 컴파일러 등으로 부른다. 전자 교환기의 교환국 파일 작성 과정에서는 CHILL 언어로 작성된 교환용 프로그램의 소스 모듈을 컴파일러에 입력시켜 기계어로 번역된 오브젝트 모듈을 출력시킨다. 컴파일러는 언어 프로세서(language processor)의 하나이다.

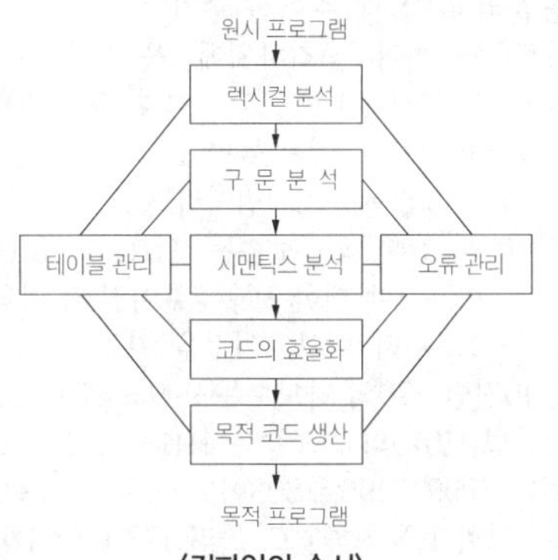

〈컴파일의 순서〉

compile-and-go [–ənd góu] **컴파일 앤드 고** 어떤 프로그램을 컴파일한 뒤, 연속해서 바로 그 프로그램을 실행시키는 것. 대부분의 컴파일 앤드 고 프로그래밍 체계에서는 원시 언어로 FORTRAN을 사용한다.

compile-and-go feature [–fíːtʃər] **컴파일 즉시 실행 기구**

compiled [kəmpáild] *a*. **컴파일을 마친, 번역을 마친**

compiled duration [–dju(ː)réiʃən] **컴파일 시간** 컴파일의 실행에 요하는 경과 시간.

compiled knowledge [–nálidʒ] **번역 지식** 청크(chunk)화된 지식, 즉 표면 지식과 심층 지식이 있다.

compiled program [–próugræm] **컴파일한 프로그램**

compile phase [kəmpáil féiz] **컴파일 단계, 컴파일 페이스** (1) 컴파일이 실행되는 스텝. 컴파일의 출력인 목적 프로그램이 검사되어 실행되는 실행 단계(executive phase)와 대비된다. (2) 주행에 관한 논리적인 일부이며, 컴파일러의 실행을 포함하는 것. 원시 프로그램을 컴퓨터 고유의 기계어로 번역하는 절차이다.

compiler [kəmpáilər] *n*. **컴파일러** FORTRAN, COBOL, ALGOL 등의 컴파일러 언어로 쓰여진 소스 프로그램을 번역해서 각각 목적의 기계가 해독할 수 있는 기계어로 고치기 위한 프로그램. 따라서 컴파일러는 각 기계에 고유한 것이 개발되어 메이커에서 사용자에게 공급되는 것이 보통이다. ⇨ language processor

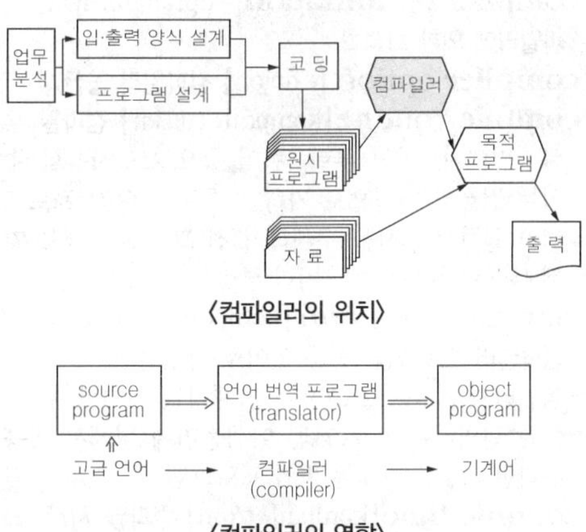

〈컴파일러의 위치〉

〈컴파일러의 역할〉

compiler-compiler **컴파일러–컴파일러** 입력으로서 어떤 언어의 명세, 즉 구문(syntex)이라든가 의미를 넣으면 출력으로서 그 언어의 컴파일러가 얻어지는 것으로, 컴파일러 자동 작성 방식의 하나이다. 넓게는 컴파일러를 특별한 기술 언어를 사용해서 기술하는 방식 등 컴파일러 자동 작성에 관한 것도 포함되어 있는 경우도 있다.

compiler diagnostics [–dàiəgnástiks] **컴파일러 진단** 수정할 수 없는 오류일 때 그 문장을 제거하고 진단문을 인쇄한 후 계속 컴파일하거나 더 이상 진단문을 인쇄해도 소용이 없을 정도로 오류가 많이 발생할 때, 경고문을 낸 다음 계속 컴파일하거나 오류를 수정하고 필요한 사항을 출력한 다음 계속 컴파일한다.

compiler directing statement [–diréktiŋ stéitmənt] **번역 지시문** COBOL 용어로서 번역 지시 동사(COPY, ENTER, USE)와 각각의 작용 대상에 표현되는 명령으로 컴파일러에서 지시한 동작을 받아들이거나 고급 언어로 작성된 프로그램에 대해 컴파일러에 동작을 지시하는 명령을 말한다.

compiler directive [–diréktiv] **컴파일러 지시문** 컴파일러의 상세한 동작을 지시하는 명령문.

compiler generator [–dʒénərèitər] **컴파일러 생성기** 언어의 이름 및 컴퓨터의 이름 등을 입력함으로써 그 컴퓨터를 위하여 주어진 언어에 번역 루틴을 생성하는 시스템. 컴파일러를 만들기 위하여 사용되는 프로그램 또는 해석 프로그램.

compiler language [–lǽŋgwidʒ] **컴파일러 언어** 프로그래밍 언어로서는 고수준의 것이고, 이 컴파일 언어로 프로그래밍된 것은 컴파일을 다시 함으로써 다른 컴퓨터에도 쓸 수 있다. 즉, 컴퓨터 수행시 먼저 프로그램이 수행할 컴퓨터의 목적 코드로 번역되어야 하는 언어를 말한다.

compiler optimization [–àptəmaizéiʃən] **컴파일러에 의한 최적화**

compiler option [–ápʃən] **컴파일러 옵션**

compile routine [kəmpáil ruːtíːn] **컴파일 루틴** 번역기, 번역 루틴, 번역 등으로도 사용할 수 있는 컴퓨터 명령으로 가상 기호로 쓰여진 프로그램이 원하는 계산을 수행하기 전 그 프로그램을 기계 부호로 바꾸어주는 처리 루틴.

compiler program [kəmpáilər próugræm] **컴파일러 프로그램** 공통 언어로 작성한 프로그램을 컴퓨터가 자동으로 고유한 기계어로 처리할 수 있도록 번역하는 프로그램. 어셈블러에 비해서 더욱 강력한 기능을 가지는 번역 프로그램.

compile time [kəmpáil táim] **컴파일 시간, 해석 시간** 원시 프로그램을 목적 프로그램으로 번역하는 데 걸리는 시간으로, 실행 시간의 상대적인 개념이다.

compile time array [–əréi] **컴파일 시간의 배열, 번역 시간의 배열**

compile time built-in function [–bílt ín fʌ́ŋkʃən] **컴파일 시간의 조립 함수**

compile time error [–érər] **컴파일 시간 오류** 컴파일 과정에서 발생하는 오류.

compile time expression [–ikspréʃən] **번역시 수식**

compile time facility [–fəsíliti(ː)] **번역시 기능**

compile time group [–grúːp] **번역시 그룹**

compile time procedure [–prəsíːdʒər] **번역시 절차**

compile time statement [–stéitmənt] **번역시 문**

compile time table [–téibəl] **번역시 테이블**

compile time variable [–vέ(ː)riəbl] **번역시 변수**

compiling duration [kəmpáiliŋ dju(ː)réiʃen] **컴파일 시간** 컴퓨터에서 프로그램을 어셈블리 프로그램으로 번역하는 데 소요되는 시간 또는 프로그램을 컴퓨터에서 시행 가능하게 번역하는 데 걸리는 시간.

compiling phase [–féiz] **컴파일 단계** 주행에 관한 논리적인 일부이며 컴파일러의 실행을 포함하는 것.

compiling program [–próugræm] **컴파일 프로그램** 컴파일하기 위하여 사용되는 컴퓨터 프로그램.

compiling time [–táim] **컴파일 시간** 컴파일러 실행에 필요로 하는 경과 시간.

complement [kámpləmənt] *n.* **채움수, 보수** 보수를 사용하면, 뺄셈(subtraction)을 덧셈(addition)으로 바꾸어놓고 연산할 수 있기 때문에, 기본적으로 덧셈 기능만이 사용되어 단순화된다. 때문에 컴퓨터에서는 매우 중요하다. 보수에는 다음의 두 종류가 있다. ① 기수(基數) b에 대한 보수 : 기수를 b라고 할 때 주어진 수치의 각 자리 숫자를 $b-1$로부터 빼어서, 최하위에 1을 가한 수치를 말한다. 이것을 참(眞) 보수라고 한다. 예1. 10진법이라면 $b=10$이므로, 예를 들면 470의 보수는 999－470＋1＝530. 예2. 2진법이라면 B＝2가 되므로, 예를 들면 11010의 보수는 11111－11010＋1＝00110. ② $b-1$에 대한 보수 : 주어진 각 자리의 숫자를 $b-1$로부터 뺀다. 이것을 가보수라고 한다. 예1. 10진법 470의 가보수는 999－470＝529. 예2. 2진법 11010의 가보수는 1111－11010＝00101. 가보수＝999－196＝803이 되므로 370＋803＝1173. 상위 1을 최하위로 돌려 173＋1＝174인 정답을 얻는다. 여기서 최상의 1을 최하위로 돌려서 더하는 것을 순환 자리올림(end around car-ry)이라고 한다.

complement accumulator [–əkjúːmjulèitər] **보수 어큐뮬레이터**

complement addition [–ədíʃən] **보수 가산** 보수 가산이란 곱셈, 나눗셈, 뺄셈을 할 때 보수를 구하여 계산하는 것이고, 보통 중앙 처리 장치 중 연산 장치에서 수행되는 사칙연산은 덧셈으로 이루어진다고 할 수 있는데 곱셈, 나눗셈의 경우는 좌측 또는 우측으로 비트를 한 비트씩 옮겨가면서 LSB의 내용을 검사해가며 결과를 구할 수 있고, 뺄셈의 경우는 피감수의 보수를 구하여 더해감으로써 결과를 얻을 수 있다.

complementary [kàmpləméntɛ̀(:)ri(:)] *a.* **채우는**

complementary circuit [–sə́:*r*kit] **보수성 회로** 극성이 다른 트랜지스터끼리 접속한 회로.

complementary logic [–ládʒik] **보수 논리**

complementary metal-oxide semiconductor [–métəl áksid sèmikəndʌ́ktə*r*] **CMOS, 보수성 MOS, 보수성 금속 산화막 반도체** ⇨ CMOS

complementary MOS 보수성 쌍금속 산화 반도체 바이폴러 트랜지스터로 만든 게이트에 비해서 속도는 느리지만 전력 소모가 적고, p형 MOSFET와 n형 MOSFET 소자를 쌍으로 결합하여 만든 논리 게이트.

complementary operation [–àpəréiʃən] **채움셈** 어떤 불 연산에 대한 다른 불 연산이며, 같은 오퍼랜드에 대하여 그 연산들을 행했을 때 제1의 불 연산 결과, 부정의 결과로서 얻어지는 것. 그 예로는 논리합은 부정 논리합의 보수 연산이다.

complementary operator [–ápərèitə*r*] **채움셈 기호** NOR, NAND 등의 주어진 연산자에 대해 논리 연산을 수행하는 연산자.

complementary record [–rékə*r*d] **보수 레코드**

complementary transistor diode logic circuit [–trænzístə*r* dáioud ládʒik sə́:*r*kit] **CTDL, 보수 트랜지스터 다이오드 논리 회로**

complementary transistor logic CTL, 보수 트랜지스터 논리 고속 논리 회로에 쓰이고, 부정 논리 회로 구성을 할 수 없는 결점이 있으나 PNP 트랜지스터와 NPN 트랜지스터를 사용하여 논리단, 출력단, 이미터 폴로어로 하는 처음의 이미터 폴로어 출력단에 사용하기 때문에 와이어드 OR에 의해 논리합 회로는 간단히 구성할 수 있는 장점이 있다.

complementation [kàmpləmentéiʃən] *n.* **보수를 취하는 것**

complementation rule [–rú:l] **보수 공식** 한 릴레이 스킴에 대해 성립하는 한 다치 종속성은 이에 포함되지 않은 다른 속성들에 대해서도 성립하는 다치 종속성을 논리적으로 내포한다는 공리.

complement base [kámpləment béis] **보수 기저** 표현 기수법(記數法)에 있어서 어떤 주어진 수의 보수를 구할 때 지정되는 수이며, 그 수의 디지털 표현은 부여된 수의 디지털 표현의 각 숫자에 의해 각각 이끌려지는 대응되는 숫자를 포함한다.

complementer [kámpləməntə*r*] *n.* **보수기(補數器)** 입력 데이터로 표현되는 수의 보수를 출력 데이터로서 표현하는 기구.

complement graph [kámpləment grǽf] **보수 그래프** 완전 그래프에서 주어진 그래프에 존재하는 간선을 제거한 그래프.

complementing flip-flop [kámpləmentiŋ flíp fláp] **보수 플립플롭** 입력 단자가 하나이며 여기에 한 개의 입력 신호가 들어오면 지금까지의 상태를 변화시키는 회로.

complement instruction [kámpləment instrʌ́kʃən] **보수 명령어** 보수 논리 연산 명령어.

complement integrated circuit [–íntəgrèitid sə́:*r*kit] **보수성 집적 회로** 집적 회로의 전기적 특성을 개량하기 위해 트랜지스터의 pnp와 npn을 조합하여 집적화한 회로. FET에서는 p채널과 n채널을 조합하여 집적한 회로.

complement lattice [–lǽtis] **보수 속(束)**

complement number system [–nʌ́mbə*r* sístəm] **보수 시스템**

complement of function [–əv fʌ́ŋkʃən] **함수의 보수** 같은 입력 조합에 대해서 원래 함수와 그것의 보수 함수는 서로 정반대의 출력을 나타내는데, 원래 함수의 정반대의 동작을 하는 불 함수.

complement on N N의 보수 기저(base) N의 보수를 구하는 연산.

complement on N–1 N–1의 보수 기저(base) N–1의 보수를 구하는 연산.

complement on nine [–ən náin] **9의 보수** 기수(radix)가 10일 때 구해지는 보수의 하나로서 10진수 체계에서 보수를 취할 때 자릿수를 9에서 뺀 수를 말한다. ⇨ nines complement

complement on one [–wʌ́n] **1의 보수** 2진 기수법에 있어서 보수를 취할 때 각 자리의 반대수(0→1, 1→0)를 취하는 보수. ⇨ ones complement

complement on ten [–tén] **10의 보수** 10진 기수법에 있어서의 기수의 보수. 어떤 수의 각 자릿수와 9와의 차이에다 최소 유효 숫자에 1을 더함으로써 얻어진다. ⇨ tens complement

complement on two [–tu:] **2의 보수** 순 2진 기수법에 있어서 기수의 보수. 기저가 2인 2진수 체계의 보수의 하나를 말한다.

complete [kəmplí:t] *a.* **완전한, 컴플리트** 시스템 생성(system generation), 검사(check), 연산

(operation) 등 모든 일들에 대하여 필요한 조건이 모두 만족되어 있는 것과 같은 모양을 표시할 때, 또는 결점이 없는 것을 표시할 때 사용한다.

complete binary tree[–báinəri(:) trí:] **완전 2진 트리** 알고리즘에서 마지막 레벨까지는 정 2진 트리 형태이고, 마지막 레벨의 리프 노드들은 맨 왼쪽부터 차례로 인접하여 구성되는 2진 트리의 한 종류.

complete bipartite graph[–baipá:rtait grǽf] **완전 2분할 그래프** 2분할 그래프 중 서로 다른 집합에 속한 모든 정점의 쌍에 대해서 간선이 존재하는 그래프.

complete carry[–kǽri(:)] **완전 올림수** 병렬 가산(parallel addition)에 있어서의 용어. 모든 올림수(carry)를 동시에 전송하는 것. 부분 올림수(partial carry)와 대비된다.

complete code[–kóud] **완전 코드**

complete graph[–grǽf] **완전 그래프** n 개의 정점을 갖는 방향 그래프이며, 서로 다른 점들은 모든 쌍을 연결하는 선이 존재하고, 각 정점이 $n-1$ 개의 가지를 갖고 있는 것.

complete instruction[–instrʌ́kʃən] **완전 명령어** 완전한 컴퓨터 연산을 하기 위한 특정 명령어.

complete key[–kí:] **완전 키** 가상 기억 액세스 방식(VSAM)에서의 키 순차 데이터 세트에 대한 키에 의한 액세스에 있어서 키 전체의 값을 지정할 때의 키. 총칭 키(generic key)와 대조된다.

complete lattice[–lǽtis] **완전 격자**

completely EDP 완전 종합 데이터 처리 사람이 보고 읽는 원시 기록을 기계로 그대로 읽어들일 수 있도록 하는 데이터 처리로서 EDP 시스템을 설계할 때의 데이터 수집 방법이다. 사람이 판독할 수 있는 원시 기록 외에 동시에 데이터를 카드나 테이프에 기계가 이해하는 형식으로 기록하여 후의 데이터 처리에서 이중적인 처리를 거치지 않는 것을 말한다.

completeness[kəmplí:tnis] *n*. **완전성** 두 종류의 정의가 있다. 제1의 정의는 공리계(公理系)가 고려될 때 그 공리계로부터 어떤 내용적으로 특징된 식(예를 들면, 항상 참이 되는 식)이 모두 연역(演繹)되는 것을 말하고, 제2의 정의는 그 공리계로부터 연역할 수 없는 식을 공리로 해서 그 공리계에 부가하면 반드시 모순이 생기는 경우를 말한다. 제2정의는 공리계는 강한 의미로 완전하다고 한다.

completeness check[–tʃék] **완전성 검사** 필요한 항목에 데이터가 결합되어 있는지 없는지를 확인하는 검사.

completeness error[–érər] **완전성 오류** 사용자가 프로그램을 운용함에 있어서 자신의 프로그램의 완전성을 믿고 있는데, 실행 도중 변수값 정의가 되지 않거나 산술 연산 등의 오류가 발생되는 것.

complete operating system generation [kəmplí:t ápərèitiŋ sístəm dʒènəréiʃən] **완전 연산 시스템 생성**

complete operation[–àpəréiʃən] **완전 연산** ① 명령(instruction)을 꺼내어, ② 명령을 해석(interpret)하고, ③ 필요한 오퍼랜드(operand)를 찾아낸 후, ④ 명령을 실행(execute)하여, ⑤ 그 실행 결과를 기억 장치(memory)에 저장(store)할 때의 일련의 명령 실행 사이클을 말한다.

complete routine[–ru:tí:n] **완전 루틴** 변경이나 수정 없이 바로 사용을 할 수 있는 루틴으로서 보통 기업체에서 주로 사용하는 라이브러리 루틴.

complete set[–sét] **완전 집합** 임의의 불 함수를 나타내기 위하여 필요한 최소한의 연산자들의 집합.

complete system generation[–sístəm dʒènəréiʃən] **완전 시스템 생성**

complete tree[–trí:] **완전 트리** 가까운 노드로부터 어느 가지에나 똑같은 수의 자식 노드를 가진 트리를 일컫는다.

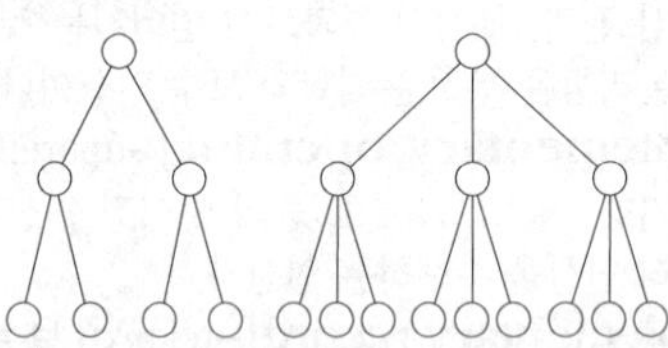

〈완전 트리〉

completion[kəmplí:ʃən] *n*. **완료, 완성** 프로그램의 실행을 완료하는 것. 입력 장치(input unit)로부터 데이터의 판독(read)이 완료되고, 다음 처리로 움직이는 상태가 되는 것. 하나의 명령어 실행(execution)이 완료되는 것들을 표시한다. 프로그램의 최후까지 (예정대로) 실행한 것을 successful completion이라 한다. 이 경우 처리 결과가 바른지 어떤지는 별개이다.

completion code[–kóud] **종료 코드** 출력 파라미터의 하나로 프로그램의 종료 상태를 나타낸 것. 즉, 어떤 프로그램이 정상적으로 종료하거나 그 처리를 수행할 수 없고, 반드시 결과를 얻을 수 없다고 판단했을 때 표시 장치 등으로 나타내는 코드. 이 코드에 의하여 후속 작업 단계(job step)를 실행할 수 있는지의 여부 또는 어떠한 정정(訂正) 처리가 필요한지를 알 수 있다.

completion recognition adder[–rèkəgníʃən ǽdər] **올림수 완료 검출 가산 회로**

completion value[-vǽljuː] **완료 값**

complex[kámpleks] *a*. **복잡한, 복합의** 복잡한(complicated)이라는 의미와 복합의(composite)라는 의미를 갖는다. 「복잡한」이라는 의미를 표시할 때는 complicated의 쪽을 사용하는 경우가 많다. 이 의미가 좀더 발전하여 복잡한(sophisticated)이 되며, 같은 복잡이라도 기능이 한 단계 위라는 것을 표시한다.

complex alternative structure evaluation [-ɔːltə́ːrnətiv strʌ́ktʃər ivæ̀ljuéiʃən] **복합 택일문 구조 평가** LCP(logical construction of programs)에서 복잡한 소프트웨어 요구들을 해결하기 위해서 Warnier가 제시한 기법.

complex bipolar[-baipóulər] **복합 바이폴러**

complex condition[-kəndíʃən] **복합 조건** COBOL 언어에서 한 개 이상의 논리 연산자를 작용시킨 조건.

complex constant[-kánstənt] **복소수 상수**

complex data[-déitə] **복소수 데이터**

complex expression[-ikspréʃən] **복소수식**

complex format item[-fɔ́ːrmæt áitəm] **복소수 서식 항목**

complex instruction set computer[-instrʌ́kʃən sét kəmpjúːtər] **CISC, 복소수 명령 세트 컴퓨터**

complex interval[-íntərvəl] **복소수 구간**

complexity[kəmpléksiti(ː)] *n*. **복잡도** 하나의 시스템이나 시스템 구성 요소의 복잡한 정도를 나타내는 말로 장치에 사용되고 있는 부품 수를 척도로 하며, 여러 시스템 특성에 의해 결정된다.

complexity classes[-klǽːsiz] **복잡도 계급** 알고리즘이나 또는 다른 종류의 문제들의 「연산 복잡도」의 정도를 말한다.

complexity function[-fʌ́ŋkʃən] **복잡성 함수**

complexity hierarchy[-háiəràːrki(ː)] **복잡도 계층 구조** 언어를 인식하는 데 필요한 복잡도에 따라 구분되는 계층 구조.

complexity measure[-méʒər] **복잡도 측정값** 프로그램의 복잡도를 정량적으로 측정하는 데 사용되는 척도로서 연산자나 피연산자의 수, 변수나 인수의 수 등이 있다.

complexity of calculation[-əv kæ̀lkjuléiʃən] **계산의 복잡성** 어떤 문제를 컴퓨터로 풀 때 필요로 하는 시간(시간 계산량)과 기억 영역의 크기(영역 계산량)로 측정하는 척도. 동시에 입력 데이터량 n 의 함수는 오더[$O(n^2)$, $O(n \log n)$ 등]로 나타낸다.

complex number[kámpleks nʌ́mbər] **복소수** 실수(real number)와 허수(imaginary number)로 이루어지는 수이며, $a + bi$ 의 형태로 표현된다. 이 표현을 복소수식(complex expression)이라고 한다. $a + bi$ 에서 a 와 b 는 실수이고 $i^2 = -1$ 이다.

complex process logic[-práses ládʒik] **복합 처리 논리** DSSD(data structured systems development)에서 LPS(logical process structure)의 수행성을 나타내는 데 사용되며 산술 연산자는 논리 연산자와 구별하기 위해 안에 표시한다.

complex relocatable expression[-riloukéitəble ikspréʃən] **복합 재배치식**

complex RISC 컴플렉스 리스크 ⇨ CRISC

complex system[-sístəm] **복소수 시스템** 복잡한 집합체 속에서 기능한 법칙을 발견해내는 학문. 지금까지의 과학은 사물을 개개의 요소로 분해하여 그 개개의 요소를 지배하는 법칙을 발견하는 것을 목적으로 한 분석적, 요소 환원적, 선형적인 것이었다. 그러나 이러한 방식은 개개 요소의 설명에는 적합했지만 개개의 사물이 집합된 전체의 움직임을 설명하기에는 한계가 있었다. 예를 들면, 인간의 몸을 구성하는 세포를 분석하더라도 그 세포의 집합체인 인간의 마음의 움직임을 이해할 수 없는 것처럼, 개별 요소를 세밀하게 분석해오던 지금까지의 과학은 전체에 대한 설명에서 커다란 문제점을 안고 있었다. 그 폐해를 없애기 위해 개별 요소가 집합했을 때 거기에 어떤 규칙이 발생하고, 어떻게 집합되는지를 해명하기 위한 비선형적인 학문인 복소수 시스템의 과학적 필요성이 대두되었다. 복소수 시스템의 과학은 복잡한 것을 그대로 받아들여 분석하므로 고도의 분석 능력을 갖춘 컴퓨터가 필요하다. 실제로 카오스나 프랙털처럼 컴퓨터 연구로 탄생된 논리를 피드백하고 있는 것도 많다. 복소수 시스템의 과학은 막다른 길에 이른 과학의 돌파구를 여는 것으로 자연 과학계뿐만 아니라 경제학, 생물학계 등 다양한 분야에서 주목되고 있다. 본격적인 연구를 시작하기에는 컴퓨터의 처리 능력이 아직은 미흡하다는 문제점이 있다.

complex system industry[-sístəm índəstri(ː)] **시스템 산업** 일반적인 호칭으로 종래의 각 산업의 기능 요소를 세분화하여 목적에 따라 재편성한다. 지식 산업, 레저 산업, 수송 산업, 시스템 개발 산업 등.

complex type[-táip] **복소수형**

complex value[-vǽljuː] **복소수 값** 수치(numeric)가 복소수형이라는 것을 말한다.

comply[kəmplái] *v*. **응하다, 따르다**

component[kəmpóunənt] *n*. **구성 요소, 소자**

구성 요소, 성분의 의미이며 프로그램에 대해서는 디버그 때의 최소 단위를 말한다. 예를 들면, 컴퓨터 시스템의 요소는 중앙 처리 장치(CPU)와 주변 장치(peripherals) 하나 하나로 표시한다. 또 운영체제의 경우에는 모니터, 컴파일러 등과 같이 하나의 독립된 역할을 하는 것을 표시한다.

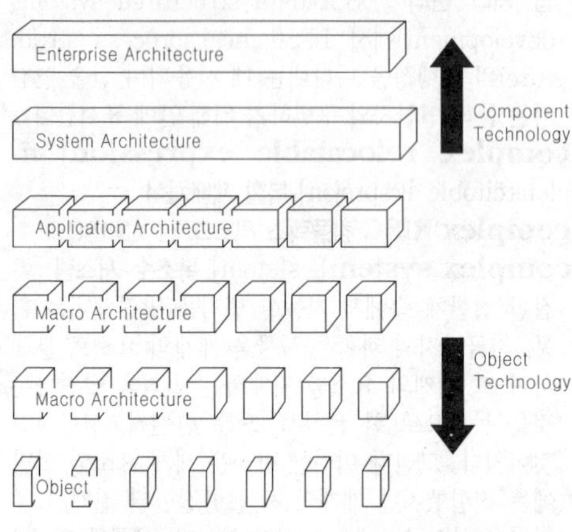

〈컴포넌트 개발에 의한 소프트웨어 개발 형태〉

component address[-ədrés] **구성 장치 어드레스**

component based development[-béist divéləpmənt] **컴포넌트 기반 개발** ⇨ CBD

component based software development[-sɔ́(ː)ftwɛ̀ər divéləpmənt] **컴포넌트 기반 소프트웨어 개발** ⇨ CBSD

component block diagram[-blák dáiəgræ̀m] **블록 구성도** 시스템 각 장치 내부의 부품 기능과 그 상호 관계를 도표로 표시한 것을 말한다.

component density[-dénsiti(ː)] **부품 밀도** packaging density와 동의어이며 혼란을 피하기 위해 packaging density를 쓰는 것이 좋다.

component derating[-diːréitiŋ] **소자 감소** 제한된 구성 요소와 불리한 환경 하에서도 신뢰성 있게 동작하는 시스템을 얻기 위해 회로나 모듈에서 사용하는 소자 성능을 생산자들이 규정한 것보다 훨씬 낮게 감소시켜 보는 것을 의미한다.

component entry[-éntri(ː)] **구성 장치 기입 항목**

component failure impact analysis[-féiljər ímpækt ənǽlisis] **CFIA, 구성 요소 장애 영향 분석**

component hour[-áuər] **컴포넌트 시간** 기기, 부품 등에 대해서 측정된 개개의 동작 시간 또는 시험 시간의 총계 값.

component object model[-ábdʒikt mádəl] **컴포넌트 객체 모델** ⇨ COM

component selection[-səlékʃən] **장치 선택 기구**

component side[-sáid] **구성면** 프린트 기판에서 IC, 콘덴서, 저항 등의 전자 부품이 배치되는 측면.

component software[-sɔ́(ː)ftwɛ̀ər] **컴포넌트 소프트웨어** 객체 지향 개념에서 나온 것으로 하드웨어를 조립하듯이 소프트웨어도 필요한 기능을 가진 소프트웨어 부품(모듈)을 조립한다는 개념. 콤포넌트웨어(componentware)라고도 한다. 컴포넌트 소프트웨어는 소프트웨어를 구성하는 부품을 의미하며, 독립적인 기능을 갖고 있고, 소프트웨어 재사용(software reuse)의 대상이 된다.

component type[-táip] **컴포넌트 타입** 시스템에서 일괄형(all-in-one)이란 대조적으로 각각의 장치가 독립해 있는 것을 표시한다. 즉, 시스템 융통성(system flexibility)이 있으며, 확장(extension)을 용이하게 할 수 있는 것을 표시하고 있다. 이 의미로 보면 이 모듈 타입(module type)과 같은 것이다.

COM port **COM 포트** DOS에서 컴퓨터에서 사용되는 직렬 통신 포트를 가르치는 장치명. COM은 모두 대문자로 표기되지만 두 문자어는 아니다. 그것은 communication의 줄임말로 PC의 시리얼 포트를 나타내는 데 쓰인다. COM은 일반적으로 숫자를 붙여서 COM1, COM2, COM3, COM4처럼 쓰인다.

compose[kəmpóuz] *v*. **조립하다, 구성하다**

composite[kəmpázit] *a*. **복합의, 합성의, 혼성의** 일반적인 복합어로서 합성 사진(composite photograph)이 있다. composite와 아주 유사한 말로 혼성(hybrid)이 있다. 이것은 모놀리식(monolithick)과 대조어이다.

composite attribute[-ǽtribjù(ː)t] **복합 애트리뷰트** 두 개 이상의 애트리뷰트가 모여서 이루어진 속성(데이터의 가장 작은 논리적 단위).

composite cable[-kéibl] **복합 케이블** 일반적으로 동축 케이블처럼 서로 틀린 형태, 규격 또는 두 가지 이상의 형식의 도선이 같은 외장 속에 함께 들어 있는 케이블.

composite card[-káːrd] **합성 카드** 카드의 절약, 작업량이 소량인 경우에 효과적이지만 오조작 등의 오류가 발생하기 쉽다. 즉, 한 건당의 데이터량이 적고, 작업량이 적을 때나 또는 카드를 절약하기 위해 몇 종류의 데이터를 합성하여 한 장의 카드 안에 넣어서 필요한 부분만 사용하도록 설계한 카드.

composite console[–kánsoul] **복합 콘솔** 콘솔로 입출력 장치를 갖는 것을 표시한다.

composite data[–déitə] **복합 데이터** 여러 개의 기본 데이터들로 분류될 수 있는 데이터.

composite data structure[–strʌ́ktʃər] **복합 데이터 구조** 기본 데이터 구조들을 조합하여 구성한 데이터 구조.

composited circuit[kəmpázitid sə́:rkit] **복합 회선** 전화와 직류 전신 또는 신호 전송에 있어서 동시에 사용할 수 있는 회선을 말하며, 그 구별은 주파수의 차이에 따라 나누어진다.

composite design[kəmpázit dizáin] **복합 설계** 시스템 상세 설계의 초기 단계로 프로그램 구조를 설계할 때 프로그램 기능을 하강(top down)으로 상세화해서 기능 계층 구조를 만들고, 각 기능을 한 모듈에 대응시킨다. 또 모듈 간 인터페이스를 명확히 정의해줌으로써 모듈화의 기준이 주어진다. 프로그램의 모듈 구성을 설계하는 하나의 기법을 말한다.

composite domain[–douméin] **복합 도메인** 두 개 이상의 도메인이 모여 이루어진 것.

composite external symbol dictionary [–ikstə́:rnəl símbəl díkʃənəri(:)] **CESD, 복합 외부 기호 사전**

composite function[–fʌ́ŋkʃən] **합성 함수** 두 함수 $f: A \rightarrow B$, $g: B \rightarrow C$ 가 있을 때 집합 A 에서 집합 C 로의 함수 $g \cdot f \cdot A \rightarrow C$ 를 함수 f 와 g 의 합성 함수라 한다.

composite module[–mádʒu:l] **복합 모듈**

composite module data set[–déitə sét] **복합 모듈 데이터 집합**

composite module library[–láibrəri(:)] **복합 모듈 라이브러리**

composite operator[–ápərèitər] **복합 연산자**

composite part[–pá:rt] **복합 부품** 복수 개의 부품을 기판 상, 기판 내 또는 패키지 내에 조립한 것으로 임의의 회로에 쓰이는 부품.

composite pulse[–pʌ́ls] **합성 펄스** 둘 이상의 펄스가 겹쳐져서 얻어지는 한 개의 펄스.

composite signal[–sígnəl] **복합 신호** 자기 디스크 장치 등의 서보 신호의 일종이며, 컴퓨터에서 컬러 모니터로 색상 신호를 보내는 방식 중의 하나. 3색 신호를 합성해서 하나의 신호를 낸다.

composite video signal[–vídiòu sígnəl] **복합 영상 신호** 이 신호는 텔레비전 신호의 변조 파형(modulating waveform)으로 동기 신호(synchronous signal), 소거 신호(blanking signal)로 이루어진다. 컴퓨터나 통신용 단말기(communication terminals)에 사용하는 비디오 단말기는 복합 비디오 신호로 동작한다.

composition[kàmpəzíʃən] *n*. **합성, 구성, 조립**

composition error[–érər] **구성 오류** 사용자의 잘못이 쉽게 발견되는 오류로서 발견 즉시 수정이 가능하다.

compound[kámpaund] *a*. **복합의, 합성의** 기술 영어에서는 화합한(combine) 결과 만들어진 생성물·화합물을 표시한다. 결국, 각종 성분을 화합시키고 있는 물질(substance) 또는 상태(state)를 만들어내는 것이다. 컴퓨터 분야에서는 복합의(composite)와 같은 의미를 갖고 있다.

compound command[–kəmá:nd] **복합 커맨드**

compound condition[–kəndíʃən] **복합 조건** 기본적인 논리 연산자인 AND, OR, NOT 등을 결합하여 만들어진 복합 논리 연산.

compound conditional statement[–kəndíʃənəl stéitmənt] **복합 조건문**

compound connection[–kənékʃən] **복합형 결합**

compound design[–dizáin] **복합 설계**

compound editor[–éditər] **컴파운드 에디터**

compounded relocatable expression [kámpaundid rilòukéitəbl ikspréʃən] **복합 재배치 가능식** 주기억 장치 상의 다른 주소에 다시 적재해도 재배치 레지스터의 보조에 의해 실행이 가능한 프로그램 또는 그러한 형식의 것.

compound expression[kámpaund ikspréʃən] **복합식**

compound goal[–góul] **복합 목적** 최소 한 두 개의 부목적을 포함하는 목적.

compound interface[–íntərfèis] **복합 인터페이스** 하나의 칩(chip)에 여러 가지 인터페이스의 기능을 구성한 것.

compound logical element[–ládʒikəl éləmənt] **복합 논리 소자** 여러 개의 입력을 결합하여 출력을 제공하는 컴퓨터 회로.

compound mode multiprocessor[–móud mʌ̀ltiprasésər] **복합형 다중 처리기** 규모, 능력이 다르며, 각각 전문화된 프로세서를 조합하여 더욱 고성능인 컴퓨터를 구성하는 방식.

compound ODT reference **복합 ODT 참조**

compound proposition[–pràpəzíʃən] **혼합 명제** 임의의 두 단순 명제가 논리 연산자에 의해 결합된 명제.

compound relocatable expression[–rilòukéitəbl ìkspréʃən] 혼합 재배치 표현 ⇨ compounded relocatable expression

compound request[-rikwést] 혼합 요구 분산 데이터 베이스 시스템에서의 질의 처리 방법 중 한 방법으로 한 노드 내에서 처리될 수 없으므로 질의 처리를 위해 여러 개의 노드가 필요한 질의 형태.

compound semiconductor[-sémikəndʌ́ktər] 화합물 반도체 GaAs, PbS, CdSe 등으로 각각의 물리적 성질에 적합한 응용면이 개발되고 있는데, 둘 이상의 원소의 화합물로서 구성되는 반도체.

compound sentence[-séntəns] 복합문

compound statement[-stéitmənt] 복합문 ALGOL 용어로 begin 명령과 end 명령을 내포한 복수의 문장(statement). ALGOL 등의 프로그래밍 언어에 있어서 순차적으로 실행되는 복수 개의 문(文)을 하나로 정리하여 하나의 문장과 동등하게 취급하기 위한 문법 단위. 임의의 문장을 s_1 : s_2 : … s_n end와 같은 형으로 표현되며, 몇 개의 문장을 순번을 붙임으로써 구성되는 하나의 문장. 복합문은 대부분의 경우 구성 요소로 되어 있는 몇 개의 문장을 구문 규칙에 따라 하나로 정리한 것이다.

compound tail[-téil] 복합 후부

compress[kəmprés] *v*. 압축하다 유닉스 표준의 압축 프로그램. 압축된 파일에는 확장자 「.Z」가 붙는다. 압축 파일을 풀 때는 uncompress를 이용한다.

compressed[kəmprést] *a*. 압축시 컴퓨터 분야에서 「압축(compress)」이라고 하면 기억 영역(storage area)을 줄이기 위하여 데이터의 길이를 짧게 하는 것을 표시한다. 이 경우에는 단축(compaction)과 같은 의미를 갖는다. 전자 공학에서는 어떤 장치의 유효 이득(effective gain)을 그것 이하의 신호 레벨(signal level)의 이득으로 저감시키는 것을 말한다. 이로 인하여 약한 신호 성분(signal components)의 손실을 막는다. 그 밖에 데이터 통신 등에서도 압축한 형태로 송신을 행하며 수신시에 원래대로 되돌리는 것이 행해진다.

compressed block[-blák] 압축 블록

compressed code[-kóud] 압축 코드

compressed core image library [-kɔ́:r ímidʒ láibrəri(:)] 압축 형식의 실행 라이브러리

compressed data item[-déitə áitem] 압축 데이터 항목

compressed deck[-dék] 압축 덱

compressed fomat[-fɔ́:rmæt] 압축 형식

compressed index[-índeks] 압축 색인

compressed speech[-spí:tʃ] 압축 음성 양자화(digitize)된 자연어의 표현에서 중복된 특징들이 제거된 음성의 표현을 말한다.

compression[kəmpréʃən] *n*. 압축 APL에서 사용하는 연산자로 "/"로 표시하며 배열에서 원소(element)를 선택하고자 할 때 사용한다.

compression code[-kóud] 압축 코드 데이터 전송에서 데이터 전송량을 삭감하기 위한 데이터 압축을 하는 경우에 사용되는 코드.

compression coding[-koúdiŋ] 압축 코딩

compression control protocol[-kəntróul próutəkɔ̀(:)l] ⇨ CCP

compression of data[-əv déitə] 자료 압축 불필요하거나 중복된 자료를 제거하고 필요 없는 공간을 제거하여 레코드나 블록 크기를 줄임으로써 자료 저장 공간을 절약하는 기법.

compression ratio[-réiʃiòu] 압축 비율 압축 전과 압축 후의 크기 비율. 압축 비율이 높을수록 압축이 잘 된 것이다. 일반적으로 텍스트보다는 이미지 파일의 압축률이 높다.

COM processing COM 처리 컴퓨터에서 출력되는 디지털 신호를 마이크로필름 감광용 아날로그 신호로 변환시키는 작업.

compromise[kàmprəmáiz] 위해(危害) 컴퓨터 보안에서 보호된 데이터나 자원에 불법으로 접근하거나 수정을 가하거나 또는 파괴하는 행위.

compromise net[-nét] 절충 연결망 가입자 회선의 평균 길이와 가입자의 평균적인 실내 장치 또는 양쪽을 조절하여 하이브리드의 두 방향 통신로를 허용할 수 있는 범위에서 분리할 수 있는 것으로 가입자 회선과 평형을 취하기 위하여 하이브리드 코일에 사용되는 연결망.

compunication[kàmpju:nikéiʃən] 컴퓨니케이션 컴퓨터의 도움으로 전개되는 새로운 형태의 정보 전달을 가리키는 말로, 컴퓨터(computer)와 커뮤니케이션(communication)의 합성어.

CompuServe [kempjú:sə:rv] 컴퓨서브 미국에서 가장 널리 이용되는 PC 정보 서비스. 온라인 정보 서비스 자원을 가지며, 이윤을 목적으로 운영되는 전자 게시판이다. 컴퓨서브는 파일 다운로드, 전자 메일, 최신 뉴스, 최근의 주식 시세, 온라인 백과사전, 다양한 주제에 대한 토론 등을 제공한다. 또한 미국 내 대부분의 데이터 베이스 서비스와 접속되어 있다.

CompuServe information service[-ìnfərméiʃən sɔ́:rvis] ⇨ CIS, 컴퓨서브의 정보 서비스

computability[kəmpjù:təbíliti(:)] *n*. 계산 가능성

computable[kəmpjú:təbl] *a*. 계산 가능, 계산할 수 있는, 산출되는

computable function[-fʌ́ŋkʃən] **계산 가능 함수** 튜링 기계에 의해 계산할 수 있는 함수. 즉, 모든 인수에 대해 결과를 계산할 수 있는 튜링 기계가 존재하는 정수론적 함수.

computable number[-nʌ́mbər] **계산 가능한 수** 계산하는 알고리즘이 주어지고 있는 수. 튜링 기계에 의해 계산될 수 있는 수.

computation[kɑ̀mpjutéiʃən] *n.* **계산**

computational[kɑ̀mpjutéiʃənəl] *a.* **계산의** 계산을 의미하는 말. arithmetic이 같은 의미로 쓰이며, 산술 계산쪽을 나타내는데 좀더 의미가 넓다. 프로그램 언어(programming language)의 일종인 COBOL에서는 데이터를 두 가지 방식으로 취급한다. 하나는 디스플레이 방식으로 데이터를 문자 형식으로 취급하며, computational은 데이터를 수치 형식으로 취급한다. 즉, 계산할 수 있는 형식으로 취급하는 방식이다.

computational built-in function[-bílt ín fʌ́ŋkʃən] **계산형 내장 함수** PL/I 언어에 있어서 산술 연산(덧셈, 나눗셈 등), 수학 연산(삼각함수, 제곱근 등), 열처리 및 배열 처리의 내장 함수(function).

computational complexity[-kəmpléksiti(ː)] **계산 복잡도** 문제 해결에 필요한 시간과 공간 등 여러 자원의 양으로 문제의 복잡도를 나타낸 것을 말한다.

computational engineer[-èndʒiníər] **계산 기사**

computational geometry[-dʒiɑ́mətri(ː)] **계산 기하학** 기하학적 문제들의 계산의 복잡 정도를 연구하는 분야.

computational item[-ɑ́itəm] **계산용 항목** COBOL 언어에서 USAGE 구(句)에 의하여 computational(COMP)을 지정한 항목. 즉 2진 항목이다.

computational lingustics[-liŋgwístiks] **계량 언어학** 이것은 초기에는 자동 번역을 위한 컴퓨터의 입장에서 언어를 보는 관점에서 출발했으나 컴퓨터를 이용한 과학적인 언어학이나 자연 과학의 수법을 언어학에 도입하는 매우 다양한 분야가 되었고 N. Chomsky의 구조 언어학은 하나의 큰 정점이라고 할 수 있으며, 한 마디로 컴퓨터에 의한 자동 번역의 연구와 병합하여 활발해진 언어학의 한 분야이다.

computational problem[-prɑ́bləm] **계산화 문제**

computational procedure[-prəsíːdʒər] **계산 과정** 알고리즘과 유사하나 알고리즘의 요건 가운데 종료성은 만족하지 않아도 되며, 주어진 문제를 해결하기 위해서 그 해결 방법을 정확히 단계적으로 기술하는 것.

computational stability[-stəbíliti(ː)] **계산 안정도** 오류 등 잘못이 나타나는 여러 상태가 발생했을 경우에 계산 과정이 유효하고 신뢰도를 유지할 수 있는 정도.

computational-3 item[-θríː ɑ́itəm] **계산용-3 항목** COBOL 언어에서 USAGE 구(句)에 의하여 complitational-3(COMP-3)을 지정한 항목이며, 즉 내부 10진 항목의 것.

computation macro[kɑ̀mpjutéiʃən mǽkrou] **계산 매크로** 코드 생성시에 호출되는 매크로.

compute[kəmpjúːt] *v.* **계산하다** 컴퓨터의 가장 기본적인 기능인 셈을 하는(reckon) 것, 계산(calculation)하는 것이다. 초기의 컴퓨터로 하던 것은, 예를 들면 1942년에 등록한 에니악(ENIAC)은 막대한 계산을 지정한 정밀도(precision)를 사용하여 고속으로 실시하여 작성했다. 당시 컴퓨터의 최대 관심은 수학상 문제(mathematical problems)를 고속으로 푼다는 것이었다. 그러나 오늘날에는 컴퓨터의 일은 수학적인 것만이 아닌 수치적인 성질(numerical nature)을 가지고 있다. 따라서 컴퓨터라는 말은 본래의 「계산한다」라는 의미를 넘어서 「컴퓨터 처리한다」라는 의미로 확대되어 왔다. 이 의미에는 계산한다(calculate) 등의 의미도 있다. 또 compute의 구체적인 내용으로는 산술 연산(arithmetic operation)과 논리 연산(logical operation)이 있다.

compute-bound[-báund] **계산 제약** 컴퓨터 동작이 계산 동작의 완료 때문에 지연됨으로써 프로그램 내에서의 출력 정도가 가지는 제약성.

computed[kəmpːuítid] *v.* **계산형** 프로그래밍 언어에서 computed GO TO statement라고 하면, 계산형 GO TO 문을 가리킨다.

computed address[-ədrés] **산출 어드레스**

computed branch[-brǽntʃ] **계산형 분기** 내부 처리된 계산값에 의해 제어 흐름을 결정하는 분기를 말하는데, 통상적인 예로서 GO TO n_1, n_2 …, n_m일 때 계산값이 1이면 n_1 으로, 2이면 n_2 로 분기하는 것이다.

computed GO TO statement[-góu tu stéitmənt] **계산형 GO TO 문**

computed jump[-dʒʌ́mp] **계산형 점프** 누산기와 프로그램 카운터 사이에서 데이터를 이동시킨 다음, 프로그램 논리에 점프 주소를 계산시키고 이것을 프로그램 카운터에 적재하여 점프하는 방법.

compute-limited[kəmpjúːt límitid] **컴퓨트-**

리미티드, 계산 속도 제약의

compute mode[-móud] **연산 모드** 아날로그 계산기의 동작 모드이며, 연산을 실행하고 해를 구하는 모드. ⇨ operate mode

compute processing prompt[-prásesiŋ prámpt] **계산 처리 프롬프트**

computer[kəmpjú:tər] *n.* **전산기, 컴퓨터** 계산하기 위한 기계의 총칭. 계수형(디지털형)과 계량형(또는 상사형(相似形), 아날로그형)으로 크게 구별되며, 계수형의 가장 간단한 예는 주판이고 가장 복잡한 예는 컴퓨터이며, 주행중에 조작원의 개입 없이 산술 연산(arithmetic operation)과 논리 연산을 포함하는 방대한 계산을 행할 수 있는 데이터 처리 장치(data processor)를 말한다. 현재는 프로그램 기억식 컴퓨터(stored program computer)를 의미하며, 데이터에 대하여 정해진 순서대로 연산을 실시하는 것 외에 기억시킨 프로그램 자체로도 조작을 가할 수가 있다. 보통 입출력부(input-output unit), 기억 장치(storage) 논리 연산 장치(arithmetic logic unit), 제어 장치(control unit) 또는 명령 제어 장치(instruction control unit)로 이루어진다. 또한 명령의 해석과 실행을 제어하는 부분, 경우에 따라서는 주기억 장치(main storage)를 포함한 부분을 처리 장치(processor)라 부르며, 그 밖의 것을 주변 장치(peripheral equipment)라고 한다. 또한, processor는 중앙 처리 장치(CPU ; central processing unit 또는 central processor)라 불렀으나 "central"이 생략되고 간단히 processor라 불려지는 경우가 많으며, 약어로 CPU만이 흔히 쓰이고 있다. 컴퓨터는 그 용도에 따라 범용 컴퓨터(general purpose computer)와 전용 컴퓨터(special purpose computer)로 대별되지만, 후자는 내장형 컴퓨터(embedded computer)라는 이름으로 불리기도 한다. 또 처리하는 데이터가 이산적(離散的)인가 연속적인가에 따라서 디지털 컴퓨터(digital computer)와 아날로그 컴퓨터로 구별되지만, 현재로는 컴퓨터라 하면 예외 없이 전자를 가리킨다고 생각해도 좋다. 주컴퓨터는 독립한 단위로 해도 괜찮고, 서로 접속된 몇 개의 장치로 이루어져 있어도 좋다.

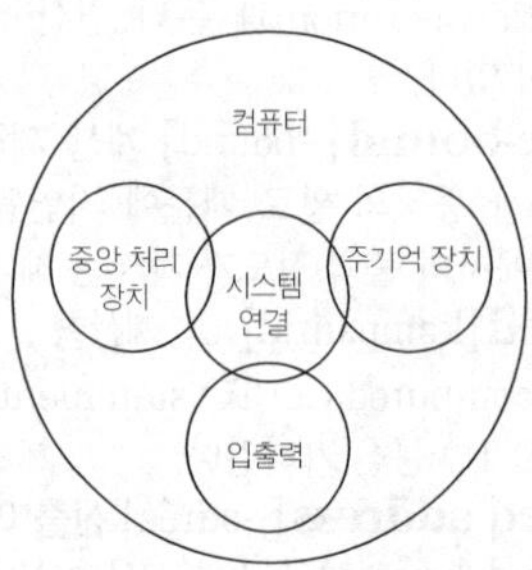

〈컴퓨터의 내부 구조〉

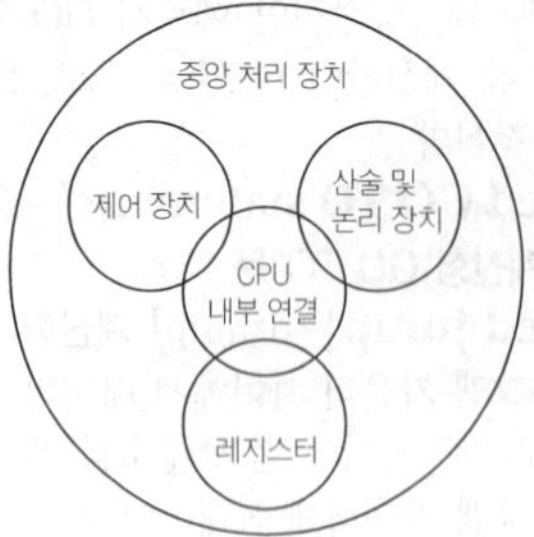

〈중앙 처리 장치〉

computer aided design[-éidid dizáin] **C-AD, 컴퓨터 이용 설계** ⇨ 그림 참조 ⇨ CAD

computer aided design and drafting[-ənd drá:ftiŋ] **컴퓨터 이용 설계 제도**

computer aided design/computer aided manufacturing[-mӕnjufӕktʃəriŋ] **컴퓨터 이용 설계/제조** ⇨ CAD/CAM

computer aided diagnostics[-dàiəgnástik] **컴퓨터 지원 진단** 의료 분야에서 전문가 시스템 등을 이용하여 정확한 진단을 하도록 지원하는 것.

computer aided engineering[-èndʒəníəriŋ] **CAE, 컴퓨터 이용 공학** ⇨ CAE

computer aided insteruction[-instrʌ́kʃən] **CAI, 컴퓨터 보조 교육** ⇨ CAI

computer aided learning[-lə́:rniŋ] **CAL, 컴퓨터 이용 학습** ⇨ CAL

computer aided manufacturing[-mӕnjufӕktʃəriŋ] **CAM, 컴퓨터 이용 제조, 컴퓨터 이용 생산, 제조 지원 시스템** ⇨ CAM

computer aided software engineering[-sɔ́(:)ftwὲər èndʒəníəriŋ] **컴퓨터 이용 소프트웨어 공학** 이미 개발된 소프트웨어 자원에 해당하는 각종 자동화 도구들을 소프트웨어 공학에서 다루는 여러 응용 분야에서 이용하는 것.

computer aided testing[-téstiŋ] **CAT, 컴퓨터 이용 제품 검사**

computer allergy[-ӕlərdʒi(:)] **컴퓨터 알레르기** 이러한 감정은 컴퓨터에 관한 이해 부족, 컴퓨터에 일을 빼앗기는 것은 아닌가 하는 불안에서 생길 수 있다. 즉, 컴퓨터에 대한 저항감이나 불안감.

computer and communication[-ənd kəmjù:nikéiʃən] **컴퓨터와 통신** ⇨ C&C

computer and facsimile communicator[-fӕksímili(:) kəmjù:nikéitər] **CFC, 컴퓨터와 팩시밀리 통신**

computer animation[-æ̀niméiʃən] **컴퓨터 애니메이션** 컴퓨터 그래픽으로 만들어진 화상을 바탕으로 그린 애니메이션.

computer application[-æ̀plikéiʃən] **컴퓨터 응용, 컴퓨터 적용 업무**

computer architecture[-ɑ́ːrkitèktʃər] **컴퓨터 아키텍처** "아키텍처(architecture)"라는 용어가 최초로 사용된 것은 IBM/7030때부터이다. 이때의 정의는 "사용자로부터의 요구를 컴퓨터에 도입하기 위한 설계 기술"이었다(Buchholz에 의함). 그 후 당시 IBM 시스템/360의 설계자인 Amdal에 의해서 다음과 같이 정의되었다. "프로그래머에서 본 하드웨어의 논리 명제". 또 같은 정의로 Joshep은 다음과 같이 정의했다. "Architecture is a style of design or construction of computer system." 현재는 일반적으로 다음과 같이 해석되고 있다. "컴퓨터 아키텍처란 프로그램에 대한 또는 소프트웨어에서 본 하드웨어의 논리 명제이다."

computer arithmetic[-əríθmətik] **컴퓨터 계산** 컴퓨터를 이용한 수학적인 계산의 수행.

computer art[-ɑ́ːrt] **컴퓨터 아트** 다양한 또는 정교한 애니메이션, 앱스트랙 등의 예술적 영상의 생성을 컴퓨터를 이용해서 표현하는 것.

computer artist[-ɑ́ːrtist] **컴퓨터 예술가** 컴퓨터 장치로서 각종 예술적 활동을 하는 사람. 세계적으로 유명한 백남준 등을 들 수 있다.

computer assisted instruction [-əsístid instrʌ́kʃən] **CAI, 컴퓨터 이용 학습** ⇨ CAI

computer assisted instruction language[-lǽŋgwidʒ] **컴퓨터 지원 학습 언어** 학습 내용과 학습 행동이 컴퓨터가 제어 가능한 형으로 편집된 교재 파일을 작성하기 위해 설계된 프로그래밍 언어. 즉, 학습자와 상호 응답으로 학습을 전개하는 CAI 시스템의 운용 언어.

computer assisted learning[-lə́ːrniŋ] **C-AL, 컴퓨터 지원 학습, 컴퓨터 조성 학습**

computer assisted management[-mǽnidʒmənt] **CAM, 컴퓨터 이용 관리** 컴퓨터를 이용하여 사무, 경영 활동에 필요한 정보를 수집 · 보관 · 관리하는 것. 즉, 자동 데이터의 도움으로 이루어지는 사무 관리를 말한다.

computer assisted training[-tréiniŋ] **CAT, 컴퓨터 지원 훈련**

computer audit[-ɔ́ːdit] **컴퓨터 감사, 시스템 감사** 컴퓨터 시스템의 효율성, 신뢰성 및 안전성을 확인하기 위해 컴퓨터 시스템에서 독립한 감사인이 일정한 기준에 기초하여, 컴퓨터 시스템을 종합적으로 평가하고 운용 관계자에게 조언 및 권고를 하는 것.

computer based education[-béist èdʒukéiʃən] **CBE, 컴퓨터 이용 교육** ⇨ CBE

computer based learning[-lə́ːrniŋ] **CBL, 컴퓨터 기초 학습** 컴퓨터를 이용한 연습문제 풀이, 실습, 실험 등의 인간 학습에 포함된 과정을 지원하거나 정의하기 위한 컴퓨터 사용법.

computer based message system[-mésidʒ sístəm] **컴퓨터 기초 메시지 시스템** 대화형 명령문으로 처리되는 우편 박스의 개념을 도입한 시스템으로 문서의 수정, 편집 기능, 보관 검색 기능, 전송 기능 등을 갖추고 있다.

computer binder[-báindər] **컴퓨터 바인더** 전산 용지를 묶는 서류철.

computer bulletin boards[-búlətin bɔ́ːrdz] **컴퓨터 게시판** 특정한 시스템을 이용한 통신 방식. 이것은 특정 사용인을 위한 메시지 기억 장소를 갖는다.

computer cartography[-kɑːrtɑ́grəfi(ː)] **컴퓨터 도면 작성학** 도시 계획, 산림 관리, 환경 관

〈컴퓨터를 이용한 설계(CAD)〉

리, 농경, 정치 등의 다양한 분야에서 응용되며, 컴퓨터로 작성되는 도면을 이용하여 실로 방대한 데이터를 짧은 시간에 살펴 연구하는 학문 분야.

computer center[-séntər] **전산실, 컴퓨터 센터** 컴퓨터 시스템을 설치하고 전속 인원을 두어 데이터 처리에 관련된 서비스를 하는 기업 내의 부분 또는 이런 일을 하는 기업.

computer center manager[-mǽnidʒər] **컴퓨터 센터 관리자** 컴퓨터 센터에서 표준을 확립하고 고도의 처리 능률의 수준을 유지할수록 데이터 처리의 주된 기능을 관리하는 자.

computer circuit[-sə́ːrkit] **컴퓨터 회로** 디지털 컴퓨터를 구성하는 기억 회로, 타이밍 회로 등의 회로.

computer classification[-klæ̀sifikéiʃən] **컴퓨터 분류** 컴퓨터는 디지털과 아날로그 형태의 두 가지 분류가 일반적이며, 여기에 하이브리드 형태, 즉 디지털과 아날로그의 혼성형이 있다.

computer code[-kóud] **컴퓨터 코드** 컴퓨터가 이해하는 전용의 기계 명령에 사용되는 코드의 조합들.

computer communication network protocol[-kəmjùːnikéiʃən nétwə̀ːrk próutəkɔ̀(ː)l] **컴퓨터 통신 네트워크 프로토콜** 특정한 통신 규약에 의해 이루어진 규칙들의 그룹을 가리키며, 이것은 두 개 이상 서로 연결된 컴퓨터가 네트워크를 통해 서로 통신하고자 할 때 교환되는 메시지의 형태나 내용으로 이루어진 규약의 집합이다.

computer complex[-kɑ́mpleks] **컴퓨터 결합** 좁은 의미로는 비교적 근거리에 있는 여러 대의 컴퓨터가 채널 결합 등 고속 데이터 전송이 가능한 결합이 행해져 하나의 복합체를 형성하고 있는 것을 말하지만, 넓은 의미로는 컴퓨터 네트워크, 다중 프로세서 시스템 등을 포함한 것으로 한다.

computer conference[-kɑ́nfərəns] **컴퓨터 회의** 지역적으로 멀리 떨어진 회의 참석자들이 컴퓨터 네트워크를 이용, 원격으로 진행하는 방식의 회의.

computer configuration[-kənfìgjuréiʃən] **컴퓨터 구성** 컴퓨터 시스템을 구성하는 중앙 연산 처리 장치의 제어 장치, 카드 판독 장치, 자기 디스크 장치 등의 각 장치 및 그룹의 총칭.

computer console[-kɑ́nsoul] **컴퓨터 콘솔** 컴퓨터와 관리 또는 조작 기술자 간에 교신을 위해 사용하는 컴퓨터의 한 단말 장치.

computer control[-kəntróul] **컴퓨터 제어** 자동 제어 시스템의 제어 루프에 컴퓨터를 짜넣은 제어 방식을 컴퓨터 제어라고 한다. 컴퓨터로서는 아날로그형, 디지털형 또는 하이브리드형이 경제성이나 제어 퍼포먼스 입장에서 유리하다. 철강이나 화학 플랜트에서 사용 예가 많고 오프라인에서 주기적으로 목표값을 계산하는 방식에서부터 온라인으로 연속적인 제어 방식까지 여러 가지 타입이 있다.

computer control communication[-kəmjùːnikéiʃən] **CCC, 컴퓨터 제어 통신**

computer control mode[-móud] **연산 제어** 아날로그 컴퓨터에서 계산을 행할 때 필요한 연산기 동작 상태로, 리셋, 컴퓨터, 홀드 등을 말한다.

computer control mode circuit [-sə́ːrkit] **연산 제어 회로** 연산 제어 모드를 선정하는 회로.

computer control of power station[-əv páuər stéiʃən] **발전소 컴퓨터 제어** 대규모 발전소에서 기술적, 경제적인 운용을 정밀하게 하기 위해 컴퓨터에 의해 자동 주파수 제어, 효율, 기동 정지, 경제 부하 배분 등을 제어한다.

computer control of traffic network [-trǽfik nétwə̀ːrk] **교통망 컴퓨터 제어** 자동차 교통량에 대처하기 위하여 도로의 자동차 교통량을 측정하고 적당한 알고리즘, 예를 들면 관계 지역 내의 교통 흐름의 대기 시간이 최소로 되도록 교차점 신호의 시간 간격을 컴퓨터로 제어하는 방식. ⇨ traffic control

computer control panel[-pǽnəl] **컴퓨터 제어판**

computer control system[-sístəm] **컴퓨터 제어 시스템** 전력, 화학, 금속 등의 생산 계획 실시, 관리에 대해 전반적인 균형과 통제를 가하면서 효율적인 운용을 자동으로 하는 자동 제어 방식의 하나.

computer crime[-kráim] **컴퓨터 범죄** 컴퓨터를 사용한 범죄. 그러나 본질적으로는 본래의 범죄와 다를 바 없다. 크게 나누어 ① 데이터의 개찬, 컴퓨터/데이터의 부정 사용, ③ 컴퓨터/데이터의 파괴 등이 있다. 컴퓨터 상호간에 온라인에 의해 접속되는 경향에 따라 현금 카드의 부정 이용, 남의 파일을 엿보는 등의 네트워크와 관련된 컴퓨터 범죄가 늘고 있다.

computer data[-déitə] **컴퓨터 데이터** 이것도 컴퓨터가 해독 가능한 형태로 컴퓨터 외부에 존재하거나 내부에 존재할 수도 있는데, 디지털, 아날로그의 형태로 존재한다. 즉, 컴퓨터 간이나 컴퓨터 내부에서의 통신에 사용되는 모든 데이터.

computer dealers exposition[-díːlərz èkspəzíʃən] **콤덱스** ⇨ COMDEX

computer dependent language [-dipéndənt lǽŋgwidʒ] **컴퓨터 종속 언어**

computer description language [–diskrípʃən lǽŋgwidʒ] **CDL, 컴퓨터 기술 언어**

computer efficiency [–ifíʃənsi(ː)] **컴퓨터 효율** 컴퓨터의 서비스 시간율, 가동률, 사용 효율 등 컴퓨터 신뢰성에 관한 척도.

Computer Emergency Response Team [–imə́ːrdʒənsi(ː) rispáns tíːm] 인터넷 보안과 관련된 기관으로 인터넷 상에서 보안 문제가 발생했을 때 지원한다.

computer equation [–ikwéiʒən] **연산 방정식** 아날로그 컴퓨터의 컴퓨터 상에서 실현될 수 있도록 환산된 방정식.

computer family [–fǽmili(ː)] **컴퓨터 집단**

computer fraud [–frɔ́ːd] **컴퓨터 사기**

computer fraud category [–kǽtəgɔ̀(ː)ri(ː)] **컴퓨터 범죄 부류** 프로그램을 수정하거나 파일을 변경, 입력 트랜잭션의 조작 등의 형태로 나타나는 컴퓨터 범죄.

computer game [–géim] **컴퓨터 게임** 컴퓨터의 그래픽 기능을 이용한 오락 게임.

computer gap [–gǽp] **컴퓨터 이용 격차** 컴퓨터를 이용하는 정도, 즉 소프트웨어를 이용할 수 있는 기술의 정도를 말하며 이 정도에 따라 기술 또는 경영면에서 차이가 생기고 그 격차에 따라 기업 존폐의 여부를 좌우할 수도 있다.

computer generated hologram [–dʒénərèitid hálәgræ̀m] **컴퓨터 홀로그램** 컴퓨터에 의해 작성한 홀로그램. 물체의 진폭 분포로부터 홀로그램면(회절면)의 복소 진폭 분포를 계산하고, 그것을 기초하여 홀로그램을 작성한다. 보통 컴퓨터의 플로터를 사용하여 그려지기 때문에 그것을 적당한 크기로 축소하여 사진 기록하고 홀로그램을 만든다. 재생은 레이저 빛으로 조명하여 한다. 실재하지 않는 물체, 혹은 파면(波面)을 실현하는 경우에 쓰인다.

computer graphics [–grǽfiks] **CG, 전산 그림** 컴퓨터에서의 출력을 도형이나 그래프로 표시하는 것이다. 그렇게 하기 위한 프로그램이나 하드웨어를 총칭하여 컴퓨터 그래픽스라고 한다. 컴퓨터에서 데이터나 회답을 낼 때 다이어그램(diagram), 도형 혹은 심벌을 이용하는 것. 다시 말하면 컴퓨터에 의한 제도법이다. 컴퓨터 출력 장치로 CRT 디스플레이, 그 외 표시 장치가 사용되고 이에 따라 표시된 도형에 대해서 라이트 펜(light pen), 조이스틱(joy stick), 트랙 볼(track ball), 기타를 이용하여 사람이 직접 조작할 수 있도록 하고 있다. 이 방법은 CAD나 각종 문제 해결에 많이 이용되고 있다.

computer graphics augmented design and manufacturing [–ɔ́ːgməntid dizáin ənd mæ̀njufǽktʃəriŋ] **CADAM, 캐담** ⇨ CADAM

computer graphics image [–ímidʒ] **컴퓨터 그래픽 이미지** ⇨ CGI

computer graphics interface [–íntərfèis] **컴퓨터 그래픽 인터페이스** ⇨ CGI

computer graphics standard [–stǽndərd] **컴퓨터 그래픽 표준** 컴퓨터 그래픽의 보급에 따라 각종 그래픽 기기나 시스템들이 다양하게 개발되고, 이들을 위한 소프트웨어들이 무질서하게 난립하였다. 이것은 사용자들에게는 대단히 불편한 일이기 때문에 기본적인 부분들에 대한 표준화가 필요해지고, 소프트웨어나 기기들 간의 호환성을 유지하는 일이 중요해졌다. 1970년대 중반 미국 ACM의 SIGGRAPH와 독일의 표준화 조직인 DIN 등이 그래픽 표준화에 관해 검토를 시작으로, 1976년에 프랑스에서 열린 국제 정보 처리 연맹(IFIP)이 표준화의 방향에 합의를 하고 GKS를 국제 표준 규격으로 결정했다.

computer hacker [–hǽkər] **컴퓨터 해커** 타인의 컴퓨터에 접근하기 위해 꼭 필요한 암호문을 찾아내 불법적으로 침입, 정보 처리 네트워크를 파괴시키는 무리. 이들은 대개 10대나 20대의 학생인데, 침식을 잊고 단말기에 몰두하는 일이 많다. 미국에서는 1984년 소년 해커가 NASA의 컴퓨터 정보를 훔쳐내어 국방상 큰 물의를 일으킨 일이 있다.

computer hardware description language [–háːrdwὲər diskrípʃən lǽŋgwidʒ] **CHDL, 컴퓨터 하드웨어 기술(記述) 언어**

computer independent language [–ìndipéndənt lǽŋgwidʒ] **컴퓨터 독립 언어** 번역 처리 과정을 거쳐서 특정한 컴퓨터 언어로 변환할 수 있는 프로그래밍 언어. 기계어는 아니다.

computer input microfilm [–ínpùt máikrəfìlm] **CIM, 컴퓨터 입력 마이크로필름** 마이크로필름에 기록된 문자를 디지털 부호로 변환하여 입력하는 장치.

computer installation [–instəléiʃən] **컴퓨터 설치**

computer instruction [–instrʌ́kʃən] **컴퓨터 명령(어)** 컴퓨터의 중앙 처리 장치에 의하여 인식될 수 있는 명령어이며, 컴퓨터에서 수행 가능한 기계 명령어를 말한다. ⇨ machine instruction

computer instruction code [–kóud] **컴퓨터 명령어 코드** 명령 집중의 명령어를 표시하기 위하여 사용되는 코드. ⇨ machine code, instruction code

computer instruction set [-sét] **컴퓨터 명령어 집합** 컴퓨터 내에서 번역 과정을 거치지 않고 직접 수행이 가능한 기계 명령어들의 집합.

computer integrated manufacturing [-íntəgrèitid mæ̀njufǽktʃəriŋ] **컴퓨터 통합 생산 시스템** ⇨ CIM

computer integrated teaching and learning [-tí:tʃiŋ ænd lə́:rniŋ] **컴퓨터 통합 교육 및 학습** ⇨ CITL

computer interface types [-íntərfèis táips] **컴퓨터 인터페이스 유형** 프로그램 방식, DMA 방식, 인터럽트 방식의 유형이 있다. 프로그램 방식은 컴퓨터가 주변 장치의 제어를 하나하나 한 단어의 단위로 수행하므로 컴퓨터의 처리 속도와 주변 장치의 처리 속도 차이로 인해 입출력이 상당히 늦은 단점이 있다. DMA 방식은 주기억 장치와 대단위 보조 기억 장치 간의 입출력 방식으로 블록 단위의 데이터가 빠른 속도로 입출력되고 처리 속도는 기업 장치 주기에 의해서 제한된다. 인터럽트 방식은 주변 장치가 데이터의 입출력 준비를 완료하고 인터럽트를 요구하여 입출력이 이루어지기 때문에 저속 · 중속일 때 쓰인다.

computer interface unit [-jú:nit] **CIU, 컴퓨터 인터페이스 장치**

computer interpreter (interpretation) [-intə́:rprətər(intə̀:rprətéiʃən)] **기계 번역**

computerization [kəmpjù:tərɑizéiʃən] **컴퓨터화, 자동화, 정보화, 기계화** 컴퓨터에 의한 자동화.

computerize [kəmpjú:tərɑ̀iz] *v.* **컴퓨터화하다, 자동화하다, 정보화하다, 기계화하다** 컴퓨터를 이용하여 자동화하는 것.

computerized [kəmpjú:terɑ̀jzd] *a.* **컴퓨터화**

computerized manufacturing system [-mæ̀njufǽktʃəriŋ sístəm] **CMS, 컴퓨터화 생산 시스템**

computerized numerical control [-njumérikəl kəntróul] **CNC, 컴퓨터 수치 제어** 프로그램 내장 방식의 전용 컴퓨터를 사용하여 수치 제어 기능을 수행하는 수치 제어 시스템.

computerized operations research [-ɑ̀pəréiʃənz risə́:rtʃ] **컴퓨터 운용 과학** 컴퓨터를 사용하면 과거에는 시간과 비용면에서 불가능했던 문제의 해결까지도 가능하며 대량의 인자들을 동시에 처리할 수 있고 전자적인 속도로 처리가 가능하게 되어 컴퓨터의 운용 차원은 새로운 차원에 돌입하고 있다.

computerized tomographic body scanning [-təmɑ́grəfi(:)k bɑ́di(:) skǽniŋ] **단층 촬영 인체 주사** 양쪽 수직 평면에서 인체의 180° 주위로 낮은 강도의 X선 빔을 주사기가 회전하면서 단층 촬영하는 시스템.

computerized type-setting system [-táip sètiŋ sístəm] **컴퓨터 식자 시스템** 컴퓨터로 제어되는 편집 조판 시스템을 이용하여 서적과 신문 등을 제작하는 것. ⇨ CTS

computer kit [kəmpjú:tər kít] **컴퓨터 키트**

computer language [-lǽŋgwidʒ] **컴퓨터 언어** 예를 들면, 컴퓨터 중심 언어(computer-oriented language), 기계어(machine language) 등으로 컴퓨터 명령만으로 이루어지는 컴퓨터 중심 언어. ⇨ computeroriented language, lowlevel language

computer language symbol [-símbəl] **컴퓨터 언어 기호** 일정한 기능이나 의미를 나타내기 위해서 컴퓨터 프로그램에서 미리 정하여 둔 기호.

computer learning [-lə́:rniŋ] **컴퓨터 학습** 컴퓨터가 자신의 논리 경로, 인자값의 변화를 이용하여 스스로 프로그램의 수정을 통하여 스스로 기능을 향상시켜 가는 것.

computer limited [-límitid] **컴퓨터 한계적** 과학 기술 연산시에 일어날 수 있는 것으로 중앙 처리 장치의 계산 시간이 길어 다른 장치의 동작을 지연시키는 상황.

computer limited sorting [-sɔ́:rtiŋ] **컴퓨터 제한 정렬** 명령어들의 제한 시간에 의하여 필요한 시간이 결정되는 정렬 프로그램.

computer link [-líŋk] **컴퓨터 링크** 미국과 러시아의 컴퓨터 네트워크가 인공 위성을 통해 직접 연결되어 가동되는 시스템. 이 시스템은 샌프란시스코-모스크바 텔레폰트 사가 구성했는데, 과학자는 물론 기업인과 일반인들에게도 광범위한 정보 교류를 허용하고 있다. 한편, 미국의 민간 기업들은 이 링크에 가입, 러시아 내의 시장 정보 등을 담는 데이터 뱅크를 이용하기 시작했다. 미국 프린스턴의 우주 연구소와 러시아의 모스크바 항공 연구소, 미국 과학 아카데미와 러시아 과학 아카데미가 각각 고급 과학 정보를 교류하기 시작했다.

computer literacy [-lítərəsi(:)] **컴퓨터 소양, 컴퓨터 리터러시** 컴퓨터를 이해하고 효과적으로 활용할 수 있는 능력. 컴퓨터 활용 능력이 기본적 생활 능력에 포함되어 감에 따라 이를 위한 컴퓨터 소양 교육도 일반화되고 있다. 컴퓨터 보조 교육은 컴퓨터를 교육 수단으로 활용하는 것이므로 컴퓨터 소양 교육과는 근본적으로 다르다.

computer logic [-lɑ́dʒik] **컴퓨터 논리 연산** 컴

퓨터가 수행하는 사칙연산, 즉 가감승제와 비교를 합한 다섯 가지를 일컫는 컴퓨터의 논리 연산을 의미한다.

computer mail[–méil] **컴퓨터 우편**

computer managed instruction [–mǽnidʒd instrʌ́kʃən] **CMI, 컴퓨터 관리 교육** ⇨ CMI

computer management[–mǽnidʒmənt] **컴퓨터 관리** 컴퓨터의 효율적인 사용을 위해 ① 훌륭한 시스템 설계, ② 좋은 프로그램, ③ 정확한 데이터 투입, ④ 출력 데이터의 정밀도 유지, ⑤ 완전한 작업 관리 등을 하는 기계실 관리를 말한다.

computer mapping[–mǽpiŋ] **컴퓨터 매핑** 각 매크로(macro) 동작은 그 자신의 전용 루틴을 위한 제어 메모리를 갖는다. 매크로 동작의 비트 롬(ROM)에서 루틴의 첫 번째 번지를 찾아내는 것.

computer message system[–mésidʒ sístəm] **CMS, 컴퓨터 메시지 시스템** 컴퓨터끼리 서로 지정한 통신 기능을 이용하여 메시지를 전달하는 시스템으로 메시지의 형태는 문자, 영상, 그림, 음성 등으로 다양하다.

computer micrographics[–máikrəgrǽfiks] **컴퓨터 마이크로그래픽스** 컴퓨터 축소 도형 처리, 컴퓨터에 의하여 작성된 데이터를 마이크로 형식 상으로 기록하기도 하고, 또는 마이크로 형식 형태로 기록된 데이터를 컴퓨터의 사용에 적합한 형식으로 변환하기 위한 기법.

computer mind[–maind] **컴퓨터 마인드** 정보화 사회에 적절히 대처해 나가기 위한 사고 방식. 정보 마인드라고도 하며 지식이나 정보를 효과적으로 활용하여 생산적인 사고나 지적인 창조를 추구함으로써 새로운 열린 사회를 향해서 적극적으로 가능성을 추구해 나간다는 자세나 의욕을 의미한다.

computer music[mjú:zik] **컴퓨터 음악** 컴퓨터를 이용하여 만든 음악. 시퀀서와 MIDI 음원을 이용한 DTM(데스크탑 뮤직)이 일반적 형태이지만, 최근에는 PC의 성능 향상과 각종 장치의 저렴화로 샘플러를 이용한 하드 디스크 레코딩이 발전하고 있다. 필요한 소프트웨어와 하드웨어가 세트로 되어 있어 PC에 연결하여 손쉽게 즐길 수 있는 DTM 패키지도 있다.

computer-name[–néim] **컴퓨터 이름**

computer network[–nétwə̀:rk] **전산망, 컴퓨터 네트워크** 지역적으로 떨어져 존재하는 두 개 이상의 서로 독립한 컴퓨터 시스템(호스트 컴퓨터)을 통신 회선을 개입시켜 연결한 조직망. 각 호스트 컴퓨터는 자립하여 단독으로도 운전이 가능하고, 한편 통신 네트워크를 개입시켜 상호 메시지를 교환하며, 네트워크에 널리 퍼지는 작업(job)을 형성할 수 있다. 네트워크의 형성에 의해, 서로간의 호스트 컴퓨터의 자원(resource ; 하드웨어, 소프트웨어, 데이터 베이스 등)을 시간, 공간 등을 초월하여 공유할 수 있다.

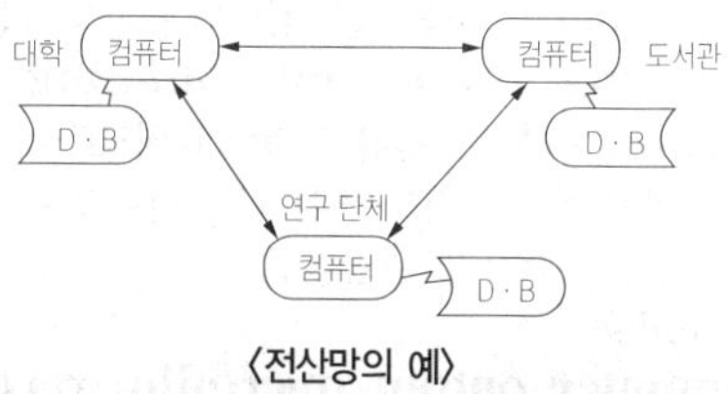

〈전산망의 예〉

computer network component [–kəmpóunənt] **컴퓨터 네트워크 구성**

computer numerical control [–njumérikəl kəntróul] **컴퓨터 수치 제어** 컴퓨터를 이용하여 선반, 절삭기 등의 공작 기계를 제어하는 것. ⇨ CNC

computer numerical control programming [–próugræmiŋ] **컴퓨터 수치 제어 프로그래밍** 컴퓨터와 기계를 서로 연결하여 기계의 현재 상태를 컴퓨터가 탐지한 후 기계가 취해야 할 다음 동작을 컴퓨터가 조정하는 기법을 말하는데, 생산 자동화의 중심을 이룬다.

computer operation[–àpəréiʃən] **컴퓨터 연산** 이미 주어져 있는 명령어를 수행하는 전자적인 동작이나 컴퓨터가 직접 수행이 가능하고, 미리 일정하게 동작되도록 만든 기본적 연산.

computer operator[–ápərèitər] **컴퓨터 조작원** 컴퓨터 센터에서 필요한 여러 조작인. 컴퓨터와 관련 주변기기를 작동, 조작하는 사람.

computer operator's console[–ápərèitərz kánsoul] **컴퓨터 조작원의 콘솔** ⇨ computer console

computer-oriented language[–ɔ́:riəntid lǽŋgwidʒ] **컴퓨터 중심 언어** 어떤 컴퓨터 또는 어떤 종류의 컴퓨터 구조를 반영하고 있는 프로그램 언어. ⇨ low-level language

computer output microfilm[–áutpùt máikrəfìlm] **COM, 컴퓨터 출력 마이크로필름** (1) 컴퓨터의 출력을 직접 마이크로필름에 기록하는 것. 일반적으로 그 장치. 표시 장치(CRT) 상의 문자와 도형을 카메라로 촬영하는 방법과 전자빔으로 직접 기록하는 방법이 있다. (2) 컴퓨터에서 발생한 신호를 직접 기록한 데이터를 수용하고 있는 마이크로필름.

[주] COM이라는 약어는 상기의 기법 및 그 장치를 표시하는 경우도 있다.

computer output microfilmer[–máikrəfìlmər] **컴퓨터 출력 마이크로필름 장치, COM 장치** 컴퓨터 또는 자기 테이프 장치에서의 정보를 마이크로필름 상에 출력하는 장치이다. 마이크로필름이 컴퓨터의 출력 매체로서 주목받게 된 것은 출력 속도의 고속성, 저렴한 값, 검색의 용이성 때문이다.

computer output microfilming[–máikrəfìlmiŋ] **COM, 컴퓨터 출력 마이크로필르밍** 컴퓨터의 출력 데이터를 변환하고, 마이크로 형식 상에 직접 기록하기 위한 기법. ⇨ online COM recorder

computer output microfilm recorder[–máikrəfìlm rikɔ́ːrdər] **COM recorder, 컴퓨터 출력 마이크로필름 리코더**

computer output to laser disk[–tu léizər dísk] ⇨ COLD

computer performance evaluation[–pərfɔ́ərməns ivæ̀ljuéiʃən] **컴퓨터 성능 평가**

computer phobia[–fóubiə] **컴퓨터 공포증** 컴퓨터를 무서워하는 정신 쇠약 증세.

computer power service[–páuər sə́ːrvis] **컴퓨터 파워 서비스** 원격 정보 처리 서비스의 일종인데, 컴퓨터의 하드웨어와 전력만을 제공하는 것을 가리킨다.

computer prescribed instruction[–priskráibd instrʌ́kʃən] **컴퓨터 기술 명령어, 컴퓨터 기술 지시**

computer program[–próugræm] **컴퓨터 프로그램** 처리에 적합한 명령의 순번이 붙여진 일련의 프로그램. (1) 처리에는 프로그램의 실행 및 프로그램을 실행하는 준비로서의 어셈블러, 컴파일러, 해석 프로그램 또는 기타의 해석 프로그램 등의 사용도 포함되어 있다. (2) 프로그램에는 명령문 및 소요의 선언문이 포함된다.

computer program abstract[–ǽbstræ̀kt] **컴퓨터 프로그램 추상화** 컴퓨터 사용자가 프로그램이 사용자의 요구와 자원에 적절하게 일치하고 있는가를 결정할 수 있도록 충분한 정보를 전달하는 컴퓨터 프로그램에 대한 개략적인 기술.

computer program annotation [–æ̀nətéiʃən] **컴퓨터 프로그램 주석** 원시 언어의 명령문에 추가 또는 삽입되는 기술, 참조 또는 설명이며, 목적 언어 중에서 어떤 효과도 갖지 않은 것. ⇨ comment, annotation, remark, note

computer program certification [–sə̀ːrtifikéiʃən] **컴퓨터 프로그램 검정**

computer program configuration identification [–kənfigjuréiʃən aidèntifikéiʃən] **컴퓨터 프로그램 구성 식별**

computer programmer[–próugræmər] **컴퓨터 프로그래머** 컴퓨터 프로그램의 설계, 코딩, 디버그, 문서화를 담당하는 사람.

computer program origin[–próugræm ɔ́(ː)ridʒin] **컴퓨터 프로그램 기점**

computer program validation [–væ̀lidéiʃən] **컴퓨터 프로그램 정당성**

computer program verification [–vèrifikéiʃən] **컴퓨터 프로그램 검증**

computer resource[–risɔ́ːrs] **컴퓨터 자원**

computer's character set [kəmpjúːtər kǽrəktər sét] **컴퓨터 문자 집합**

computer science[kəmpjúːtər sáiəns] **컴퓨터 사이언스, 전산 과학** 과학 기술의 한 분야이며, 자동적 수단에 의하여 수행되는 데이터 처리에 관련하는 방법과 기술을 취급하는 분야.

computer security[–sikjú(ː)riti(ː)] **컴퓨터 보안** 컴퓨터의 기능도 다양화되고 고도화되면서 범죄나 온라인 사고가 격증함에 따라 컴퓨터의 이용 기술, 데이터에 대한 피해나 재해를 방지하기 위한 보안 조치를 말하는데, 컴퓨터의 쓰임이 다양하고 광범위한 만큼 그에 대한 보안 조치도 다양하고 광범위하다.

computer sensitive language[–sénsitiv lǽŋgwidʒ] **컴퓨터 민감 언어** 실행될 컴퓨터 기계의 형태에 따라서 전면적으로 또는 상당 부분이 종속되어 있는 컴퓨터 프로그래밍 언어.

computer simulation[–sìmjuléiʃən] **전산 모의 실험, 컴퓨터 시뮬레이션** 비행기의 날개나 자동차 엔진의 동작 등을 시뮬레이션함으로써 최적의 설계를 하는 데 도움을 줄 수 있는 것과 같이 어떠한 현상이나 사건을 컴퓨터로 모형화하여 가상적으로 수행시켜 봄으로써 실제의 상황에서의 결과를 예측하는 것. 이러한 시뮬레이션은 비용과 시간을 절감시킬 뿐만 아니라 실제 상황에서는 도저히 할 수 없는 가상적인 실험도 가능하게 한다.

〈컴퓨터 시뮬레이션〉

computer simulation model[–mádəl] **컴퓨터 시뮬레이션 모델** 컴퓨터에 의해 어떤 시스템의 기능과 동작을 규정하여 여러 가지 요인(입력)에 대한 결과(출력)를 검토하도록 작성된 프로그램 및 사고 방식.

computer storage[–stɔ́:ridʒ] **컴퓨터 기억 장치** 자동 기억 장치를 말하기도 하며, 조작원의 개입 없이도 자동 조절되도록 설계된 자동 데이터 처리의 하드웨어나 시스템의 일부이다.

computer store[–stɔ́:r] **컴퓨터 취급점**

computer structure[–strʌ́ktʃər] **컴퓨터 구조** 컴퓨터의 구조는 입력 장치, 연산 장치, 제어 장치, 기억 장치, 출력 장치의 다섯 가지로 크게 대별되며 연산 장치, 제어 장치, 기억 장치를 중앙 처리 장치라고 통괄해서 부른다.

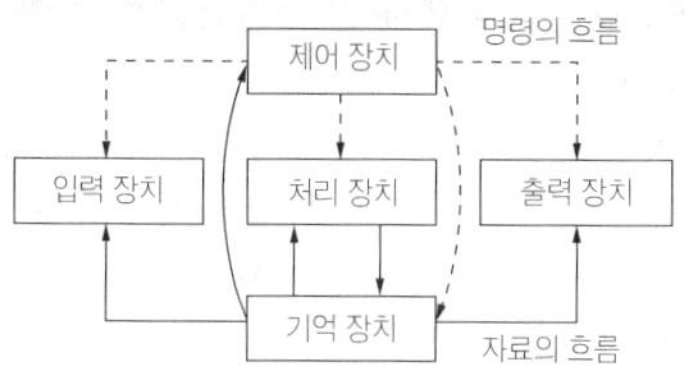

〈컴퓨터의 주요 구조〉

computer supervisor[–sú:pərvàizər] **컴퓨터 감독자** 컴퓨터나 주변 장치의 계획적인 사용과 작동에 대해 감독하고 책임을 지는 자.

computer supplies[–səpláiz] **컴퓨터용 비품류**

computer system[–sístəm] **전산 체계, 컴퓨터 시스템** 계산 장치 및 관련 요원을 포함하는 시스템이며, 데이터에 대한 일련의 조작을 위해 입력, 처리, 출력, 제어의 제기능을 부과시키는 것. (1) 요원까지 포함시키는 경우에는 데이터 처리 시스템이라 부르는 편이 바람직하다. (2) 데이터 처리 시스템은 대개 하나 이상의 컴퓨터와 그와 관련되는 소프트웨어로 구성된다. 시스템은 프로그램과 그 실행에 필요한 데이터 때문에 공통 기억 장치를 이용하며, 사용자 프로그램 또는 사용자가 지정한 프로그램을 실행하고 산술 연산과 논리 연산을 포함하는 사용자가 지정한 데이터를 조작한다. 또한 실행시에 스스로 자체 내용을 변경하는 프로그램을 실행할 수 있다.

〈컴퓨터 시스템〉

computer system audit[–ɔ́:dit] **컴퓨터 시스템 감사(監査)** 컴퓨터 시스템에 이용되는 절차의 유효성과 정확성을 평가하고, 그 개량을 권고하기 위한 음미를 의미한다.

computer system engineer [–èndʒəníər] **컴퓨터 시스템 기술자**

computer system engineering [–èndʒəníəriŋ] **컴퓨터 시스템 공학**

computer system fault tolerance [–fɔ́:lt tɑ́lərəns] **컴퓨터 시스템 결함 허용력** 컴퓨터 시스템이 구성 요소의 오작동에도 관계없이 정확하게 계속해서 동작하는 능력. ⇨ computer system resilience, fault tolerance, resilience

computer system resilience[–rizíliəns] **컴퓨터 시스템 장애 허용력**

computer system security[–sikjú(:)riti(:)] **컴퓨터 시스템 보안** 우연 또는 악의에 의한 변경, 파괴 또는 하드웨어, 소프트웨어 및 데이터를 확보하기 위하여 데이터 처리 시스템에 확립되어 적용되는 기술적 및 관리적인 안전 대책.

computer telephony[–tiléfəni] **컴퓨터 텔레포니** PC와 워크스테이션 등으로 전화 기능을 이용하는 방법의 총칭. 내선 전화망, 전화망 등의 음성 네트워크와 LAN과 같은 데이터 네트워크를 통합하는 것이 목적이다. 구체적으로 ① PC에 텔레포니 보드를 탑재해서 PC를 전화로 이용한다. ② LAN의 서버와 PBX를 접속해서 클라이언트 PC에서 서버 경유로 회선을 제어하는 방법 등이 있다. PC의 GUI를 사용해서 화면에 전화기를 표시하거나 데이터 베이스와 전자 우편 등의 응용 프로그램을 이용하여 필요할 때에 전화를 걸 수 있게 되었다.

computer telephony integration[–ìntəgréiʃən] ⇨ CTI

computer time[–tάim] **컴퓨터 시간** 컴퓨터 사용 요금을 산출하기 위해서 많이 쓰이는데, 디지털일 경우는 사용한 시간을 말하며, 아날로그일 경우는 컴퓨터 상에 환산된 시간을 가리킨다.

computer tomography [–təmάgrəfi(:)] **CT, 컴퓨터 단층 촬영** X선 또는 초음파를 여러 다른 각도에서 투사하여 그 투영 프로필을 컴퓨터로 해석하고 인체 등의 단면상을 재생하는 기술. 이 방법에 의한 장치에서는 종래 방법에 비교해서 선명한 체축(體軸)의 단층 사진이 얻어지므로 급속히 보급되고 있다. 인체의 뇌 진단에 주로 이용된다.

computer type-setting system [–tάip sètiŋ sístəm] **CTS, 전산 시스템** ⇨ CTS

computer utility[–ju(:)tíliti(:)] **컴퓨터 공공사업** 전기와 수도 등과 같이 컴퓨터를 이용하여 일반 사람들에게 정보를 서비스하는 공공 사업 방식.

computer virus[–vάirəs] **컴퓨터 바이러스** 컴

퓨터를 동작시키는 운용 체제나 소프트웨어에 몰래 들어가서 자기 자신을 시스템이나 사용자의 프로그램 및 데이터 파일에 복제하고 또 그것들을 파괴 또는 제한을 가하는 프로그램. 컴퓨터 바이러스란 말은 1983년 11월 3일에 개최된 보안 세미나(Security Seminar)에서 미국 남가주 대학의 프레드릭 코헨(Fredrick Cohen) 박사가 「컴퓨터 바이러스 : 그 경험과 이론(Computer Virus : Theory and Experiment)」이라는 논문에서 처음 사용하였다. 그 밖에도 소프트웨어 에이즈(Software AIDS), 전자 페스트(Electronic Pests) 등과 같은 이름도 사용되었는데, 그 정의에 가장 잘 어울리는 「컴퓨터 바이러스」란 말이 보편적으로 사용된다. 컴퓨터 바이러스의 일반적인 특징은 다른 시스템이나 소프트웨어를 감염시키기 위하여 자신을 복제할 수 있는 코드를 갖고 있고 바이러스 프로그램을 분석해보면, 주로 저수준의 언어 사용으로 작성되어 있고, 새로운 컴퓨터 바이러스 출현시 그것을 모방한 다양한 잡종 바이러스가 나오며, 바이러스 프로그램들이 날이 갈수록 지능화 · 악성화되고 있다. ⇨ 그림 참조

computer vision [-víʒən] **컴퓨터 비전** 인공지능(AI ; aritificial intelligence)의 한 분야로 컴퓨터를 사용하여 인간의 시각적인 인식 능력 일반을 재현하는 연구 분야.

computer word [-wə́:rd] **컴퓨터 단어, 기계어** 컴퓨터 내의 하나의 기억 장소에 기억시켜 하나의 단위로서 취급할 수 있는 말. ⇨ machine word

computing [kəmpjú:tiŋ] *n*. **전산** 정확한 진행 규정에 따라 수행되는 논리적이고 수학적인 모든 연산에 대한 일반적인 용어.

computing amplifier [-ǽmplifàiər] **연산 증폭기** 증폭 기능과 기능을 결합한 증폭기로서 아날로그 가산기, 가산 증폭기, 부호 반전 증폭기 등이 있다.

computing circuit [-sə́:rkit] **계산 회로** 컴퓨터에서 사칙연산을 하기 위하여 필요한 회로. 곱셈은 덧셈의 반복, 나눗셈은 뺄셈의 반복(실은 보수(補修)를 이용함에 따라 뺄셈은 덧셈에 귀착한다)에 따라 실행되므로 사칙연산은 덧셈에 귀착 가능하다. 가산기에서 입력 수에 따라 2입력, 3입력 등의 가산기가 구성될 수 있다 예를 들면, 수치 $X+Y$ 이면 2입력, $X+Y+Z$ 이면 3입력. 그런데

$$A_1+A_2+\cdots+A_n = d_m 2^m + d_{m-1} 2^{m-1} + \cdots + d_1 + d_0$$

여기서, 각 A_i, 각 d_i : 0 또는 1 이외의 값을 갖지 않는 것으로 한다. $m : 2^m \leq n$을 만족하는 최대의 양의 정수가 되는 식에서 각 A_i를 기지수, 각 d_i를 미지수로 보면, 일반적으로 d_i는 논리 수학을 사용하여

$$d_i = \sum_n^{2i}(A_1,\ A_2,\ \cdots,\ A_n)$$

과 같이 풀 수 있다. 여기서 $\sum_n^{2i}$는 n 개의 A_1, A_2 …, A_n에서 임의의 $2i$ 개를 취해 논리곱하고, 그것의 모든 조합을 배타적 논리합으로 결합하는 것을 의미한다. 예를 들면,

$$\sum_3^{2}(A_1,\ A_2,\ \cdots,\ A_n) = A_1A_2 \oplus A_2A_3 \oplus A_3A_1$$

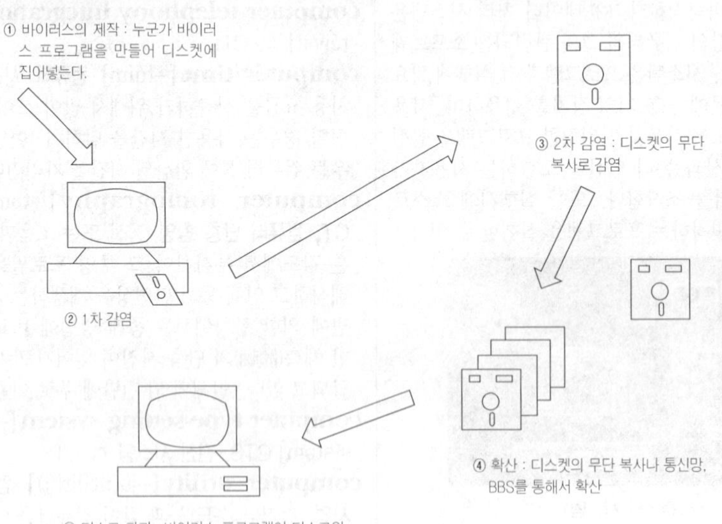
① 바이러스의 제작 : 누군가 바이러스 프로그램을 만들어 디스켓에 집어넣는다.
② 1차 감염
③ 2차 감염 : 디스켓의 무단 복사로 감염
④ 확산 : 디스켓의 무단 복사나 통신망, BBS를 통해서 확산
⑤ 디스크 파괴 : 바이러스 프로그램이 디스크의 자료 파괴

〈컴퓨터 바이러스의 전염 경로〉

위 식의 $n=2$인 경우는 반가산기, $n=3$인 경우는 전가산기, $n=5$인 경우는 3입력 2진법 가산기, 2입력 10진법 가산기 등으로 되어 이것에 따라 일반 n입력 가산기의 통일적인 설계가 가능하게 된다. $\sum_{n}^{2i}$에서 알 수 있는 바와 같이 배타적 논리합(exclusive-OR)이 계산 회로에서 중요한 역할을 한다. ⇨ exclusive-OR

computing control[–kəntróul] **계산 제어**

computing element[–éləmənt] **계산 요소** 아날로그 컴퓨터에서 입력 신호에 연산 또는 수학적인 조작을 가한 것을 출력 신호로 하는 요소. 연산기.

computing logger[–lɔ́(:)gər] **계산 로거** 데이터 로거(data logger)의 일종이다. 공업 플랜트 등에 대한 계측은 디지털 기술의 발달에 따라 계측단의 아날로그 신호를 A/D 변환기를 사용해 디지털 신호로 변환해서 이를 로거 본체라는 장치로 자동 타이프라이터를 작동시키고 이에 따라 지금까지 많은 계기로 감시하는 방법을 간략화할 수 있게 되었다.

computing machinery[–məʃí:nəri(:)] **계산 기계** 입출력 장치, 기억 장치, 통신 장치, 다른 목적 장치로 구성되어 일정한 작업 순서에 따라 데이터 처리를 할 수 있게 설계한 시스템.

computing speed[–spí:d] **계산 속도, 연산 속도** 덧셈, 곱셈, 나눗셈에 대해 명령 수행에서 걸리는 시간의 평균 또는 수행 결과에 출력 단계의 시간 평균을 더한 것.

computing system[–sístəm] **계산 시스템** ⇨ data processing system, computer system

computing time[–táim] **계산 시간** 컴퓨터에 의한 처리 시간 중 데이터의 판독이나 기입 등의 시간을 제외하고 사칙연산 등 실제로 연산 처리에 소요되는 시간을 말한다.

computopia[kəmpjú:toupiə] *n*. **컴퓨토피아** computer와 utopia의 합성어로서 컴퓨터에 의해 작성되는 이상향이라는 뜻.

computopolis [kəmpjú:topɑ̀lis] *n*. **컴퓨토폴리스** 컴퓨터의 기술을 이용한 고도의 정보 기능을 갖는 미래의 도시. 컴퓨터 정보 도시.

COM recorder 마이크로필름 출력 장치 리코더 computer output microfilm recorder의 약어.

COMREG 분할 연락 영역 partition communication region의 약어.

COMSAT 콤샛, 통신 위성 Communications Satellite Corp.의 약어. 국내 위성 통신을 담당할 뿐 아니라 국제 위성 통신 등으로 세계의 위성 통신 사업을 리드하고 있다. COMSAT 이외에 RCA, 웨스턴 유니언, 휴즈라는 위성 통신 회사가 있다. 통신 위성 그 자체의 의미로도 쓰이며, 미국의 통신 위성 회사. ⇨ INTELSAT

COM system 출력용 출사 시스템 computer output microfilm system의 약어. 종이에 출력하지 않고 라인 프린터에 인쇄 형태로 브라운관에 표시하고 마이크로필름 카메라로 사진을 찍은 후 마이크로필름으로 만든 장치.

concatenate[kɑnkǽtənèit] *v*. **연결하다** 복수의 문자열(character string)을 하나의 문자열로 모아서 연결시키는 것. 예를 들면, BASIC에서는 문자 연산자(character operator)로서 ||를 사용한다. 예 10x$ =「PROTO」, 15y$ =「TYPE」, 20z$ = x$ || y$ 결과로서 z$에는「PROTOTYPE」이라는 값이 들어간다. 이외에 자료 집합(data set)을 연결시키는 경우도 있다. concatenate와 link의 차이는 전자는 링크하여 하나의 체인(chain)으로 하는 것이고, 후자는 두 개의 것을 연결하는 것이다. ⇨ link, character string

concatenated[kɑnkǽtənèitid] *a*. **연결의** 문자(character)와 문자열(character string)을 서로 잇는 것을 연결(connection)이라 한다. 예를 들면, COMPUT와 ER이라는 두 개의 문자열을 연결한 결과는 COMPUTER가 된다. 의미로는 접속(connection)이나 링크(link)와 같다. 흔히 사용되는 복합어로는 연결 파일(connected file), 연결 레코드(connected record), 연결 자료 집합(connected data set) 등이 있다. 연결된 자료 집합은 job step으로 논리적으로 결합된 자료 집합의 그룹, 그 job step 사이는 하나의 자료 집합으로 간주된다. ⇨ link, connected

concatenated code[–kóud] **연결 코드**

concatenated coding systems[–kóudiŋ sístəmz] **연결 코딩 시스템**

concatenated data set[–déitə sét] **연결된 자료 집합** 운영 체제에서 취급되는 단위의 데이터(자료)를 논리적으로 연결해서 접합시킨 것.

concatenated file[–fáil] **연결 파일**

concatenated key[–kí:] **연결 키** 보통 한 개의 필드 또는 레코드의 여러 항목으로 구성되는데, 필드의 우선 순위에 따라 레코드를 검색하거나 데이터를 정렬할 때 쓰이는 일련의 문자값.

concatenated record[–rikɔ́:rd] **연결 레코드**

concatenated record type[–táip] **연결 레코드형** 요구된 레코드와 동시에 검색되는 레코드형.

concatenated segment[–ségmənt] **연결 세그먼트**

concatenation[kɑnkæ̀tənéiʃən] *n*. **연결, 접합** 두 개의 문자열을 연결하여 하나의 문자열로 구성시키는 연산. 일련의 요소를 하나의 요소로 결합하는 것. 수리 언어학에서 알파벳 $\sum = \{a_1, a_2, \cdots, a_n\}$ 상의 단어 x, y를 줄 때, x와 y를 연결해서 쓴 것($x \cdot y$로 나타냄)을 x, y의 연접이라 한다. 집합 U, V(무한 집합이라도 좋다)의 연접은

$$U_0V = \{u_0v \mid u \in v,\ v \in V\}$$

로 정의한다.

concatenation character[–kǽrəktər] **연결 문자** 어셈블러 프로그래밍에 있어서 조건부 어셈블리 처리에서 서로 연결되어야 하는 문자열을 분리하기 위해 사용되는 마침표(.).

concatenation closure[–klóuʒər] **연결 폐쇄**

concatenation expression[–ikspréʃən] **연결식**

concatenation operation[–ɑ̀pəréiʃən] **연결 연산**

concatenation operator[–ɑ́pərèitər] **연결 연산자**

concave edge[kɑnkéiv é(ː)dʒ] **오목 간선** 「–」 신호로 나타내는데, 오목하게 두 개의 면이 만나서 생긴 간선.

concentrated system[kɑ́nsəntrèitid sístəm] **집중 시스템** 운영 체제가 처리중인 작업에 피해를 주지 않도록 언제라도 중단할 수 있도록 설계되고 동시에 복수 프로그램의 처리를 할 수 있게 다중 프로그래밍 체제를 갖추고 있는, 인터럽트 제어를 하여 다수의 원격 단말 장치에 대하여 서비스하는 시스템.

concentration[kɑ̀nsəntréiʃən] *n*. **집중**

concentration synchronization equiqment[–síŋkrənɑizéiʃən ikwípmənt] **집중 동기 장치** 교환기에서의 1차군 전송로로부터 데이터 프레임 위상을 검출해서 집선 다중화 장치의 기본 클록으로 공급하고, 역방향에는 데이터 프레임을 식별하기 위해서 동기 패턴을 삽입하는 기능의 데이터 통신 기기.

concentrator[kɑ́nsəntrèitər] *n*. **집중기, 집중 장치** 데이터 통신 분야에서 사용하는 집중 장치. 합계 대역폭(帶域幅 ; bandwidth)이 출력 회선의 합계 대역폭보다도 큰 복수 입력 회선을 정리하는 통신 장치(communication device)를 말한다. 이 장치는 각 입력 회선의 실트래픽(actual traffic)이 예상 트래픽(potential traffic)에 만족하지 않는 경우에 사용된다. 집중 장치를 사용하여 입력 회선을 결합하는 방법을 비동기 시분할 다중화(非同期時分割多重化 ; asynchronous time division mulitplexing)라고 한다.

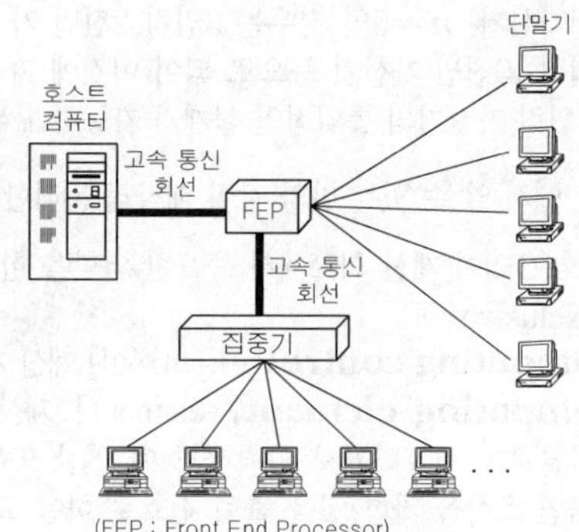

〈집중기를 설치한 네트워크의 예〉

concept[kɑ́nsept] *n*. **개념** 일반적인 아이디어(general idea)이다. 「개념」이라고 번역되는 경우가 많으나 착상(conception), 논리(logic), 이론(theory) 등의 의미가 있다. 컴퓨터 분야에서 설계 사상(design concept)이라 하면 구조(architecture)와 같은 의미를 갖는다. 구조는 컴퓨터 시스템의 논리적 구조(logic configuration)라는 의미도 있으나 이것을 사용자 입장에서 보면 시스템 기능(system function)이 된다.

concept acquisition[–æ̀kwizíʃən] **개념 습득** 서로 구별할 수 있는 차별적 기술로 주어진 순서로부터 다음 순서를 예측할 수 있는 순서 보간 규칙을 추론하는 것과 객체들의 집합에서 공통적인 성질들을 기술하는 특징적 기술을 학습하는 것이 있다.

concept classification[–klæ̀sifikéiʃən] **개념 분류**

concept coordination[–kouɔ̀ːrdinéiʃən] **개념 동등성, 개념 정합** 개념 동등에서 부여된 개념은 문서 내용을 특정짓고 문서 내용은 부여된 개념이나 이들의 조합으로 검색하는 동안에 식별되는데, 천공 카드 또는 데이터에 대해서 여러 가지를 분석하는 정보 검색 시스템의 기본 원리를 설명하는 용어이다.

concept description[–diskrípʃən] **개념 기술** 개념을 기술하기 위해 기호를 활용하여 데이터의 표현을 완성하는 것.

concept development[–divéləpmənt] **개념 개발**

concept feasibility analysis[–fiːzibíliti(ː) ənǽlisis] **CFA, 개념 실현 가능성 해석**

concept formation[–fɔːrméiʃən] **개념 형성**

concept formulation phase[–fɔ̀ːrmjuléiʃən féiz] **개념 형성 단계**

concept learning[–lə́ːrniŋ] **개념 학습** 일반

적으로 외부의 지원이나 교사 또는 환경적 요인에서 제공된 기본적인 정보에 개념의 표현을 구축하는 방식으로서 기계 학습의 한 분야이며, 학습의 계산 이론 개발과 학습 시스템을 구축하기 위한 분야이다.

concept modeling[–mádəliŋ] **개념 모형화** 이 개념 모형은 그 타당성을 확인하고 그 다음 실험을 진행할 때 이용되는데, 실험으로 얻어진 결과에 의해 수학적인 모형을 구성하여 문제를 풀어나가는 방법.

concept of P-information[–əv píː ìnfərméiʃən] **P 정보 개념**

concept system[–sístəm] **개념 시스템**

conceptual[kənséptʃuəl] *a*. **개념적**

conceptual clustering[–klʌ́stəriŋ] **개념의 군집화** 관찰된 특성이나 사실들을 수학적인 수치에 의해 객체들을 어떤 기술적 개념에 대응하는 집단으로 조정하는 것을 말하며, 물리적이거나 추상적인 객체들을 비슷한 객체의 집단으로 보는 방식.

conceptual data base view[–déitə béis vjúː] **개념 데이터 베이스 뷰**

conceptual DDL **개념적 DDL** 개념 스키마를 정의할 때 사용되는 데이터 정의어.

conceptual dependency[–dipéndənsi(ː)] **개념적 의존** 의미 분석을 위한 시스템의 하나.

conceptual design[–dizáin] **개념적 설계** 명시된 처리 작업에 엔티티 관계 도형을 이용하여 실세계의 구성과 엔티티들과의 관계를 정확하게 만드는 DBMS의 독립적인 정보나 그 정보 요구 사항을 분석하는 일.

conceptual diagram[–dáiəgræ̀m] **개념도** 논리적인 구조를 그림의 형태로 표시한 것.

conceptual/internal mapping[–intə́ːrnəl mǽpiŋ] **개념/내부 사상** 실제 물리적 장치에 저장된 데이터 베이스와 개념적 관점에서의 데이터 베이스의 관련성을 정의하는 것으로 개념적 레코드와 필드들이 내부 단계에서 어떻게 표현되는가를 명시한다.

conceptual model[–mádəl] **개념적 모형** 데이터 베이스를 설계하는 과정에서 개개인 사용자의 요구 사항이 하나로 통합된 형태로서 엔티티들 간의 관계를 나타내는 조직체의 고유 모델이라 할 수 있고 데이터의 전반적 흐름을 알 수 있다.

conceptual modeling[–mádəliŋ] **개념적 모형화** 모형이 연속적으로 만들어지고, 순환적 방법으로 시험되고 변경되는 생물학적 실험 결과와 같도록 하고 실제 모형이 옳은지를 알기 위해 다른 실험을 유도하는 모형 형식.

conceptual record[–rikɔ́ːrd] **개념 레코드** 특정 언어나 하드웨어에 제한을 받지 않고 개념적인 관점에서 레코드를 추상적으로 표현한 것.

conceptual schema[–skíːmə] **개념 스키마** 각 응용 프로그램들이 필요로 하는 자료를 종합한 조직 전체의 데이터 베이스 구조를 말하며 하나만 존재한다.

conceptual tool[–túːl] **개념적인 도구** 물리적인 것이 아니라 생각과 일의 도구.

conceptual view[–vjúː] **개념 뷰** ANSI/SPARC DBMS 구조에서 논리적 데이터 베이스를 기술한 것.

conceptual world[–wə́ːrld] **개념 세계** 인간이 이해하기 위한 현실 세계에 대한 인식을 추상적 개념으로 표현하는데, 그러한 과정을 정보 모델링이라 하고 그 결과가 엔티티 유형, 애트리뷰트, 값으로 기술되는 정보 구조, 즉 현실 세계에 대한 인간의 지식, 실체의 의미를 해석해서 얻은 정보로 표현되는 세계를 말한다.

concept virus[–váirəs] **컨셉트 바이러스** 문서 파일을 통해 전염되는 바이러스. 이 바이러스에 전염되면 문서를 저장할 때 다른 폴더에 저장하거나 기존 문서를 읽을 때 문서 대신에 「1」이라고 표시된 작은 상자가 나타난다. 주로 인터넷에서 문서 파일을 받는 경우 일어난다.

concert InternetPlus network[kánsə(ː)rt íntərnètplʌs nétwə̀ːrk] **콘서트 인터넷플러스 네트워크** 영국의 브리티시 텔레콤(BT)과 미국의 MCI 사가 협력하여 세계 최대의 인터넷 기간 통신망을 관장하는 「콘서트 인터넷플러스 네트워크」를 통해 전세계를 상대로 하는 인터넷 통신 서비스. 전세계를 유럽과 미주, 그리고 아시아 지역으로 나누어 전략적 마케팅을 추진하고 있는 이들 기업은 이미 70여 개국 1,200지역에서 직접 인터넷 접속 서비스를 개시하고 있으며 앞으로 더욱 늘어날 것으로 전망되고 있다. 「콘서트 인터넷플러스 네트워크」는 전세계를 단일망으로 연결하기 위해 일차로 「수퍼허브(super-hub)」를 호주, 독일, 일본 등 총 20여 개국에 설치할 계획이다.

conciseness[kənsáisnis] *n*. **간결성** 소프트웨어의 이해 용이성을 정하는 구체적인 품질 특성이나 정량적인 측정은 아니다.

conclude[kənklúːd] *v*. **끝나다, 끝내다**

conclusion[kənklúːʒən] *n*. **종말, 결말**

concordance[kənkɔ́ːrdəns] *n*. **편람** 문서의 끝에 기재된 용어 색인을 가리키며, 문서의 어디쯤에 나오는가를 알 수 있도록 알파벳 또는 문자순으로 배열된 리스트.

concordance program[–próugræm] **용어**

목록 프로그램 입력된 어셈블리어 프로그램 내에 사용하는 모든 기호와 사용하는 장소를 알파벳 순서로 배열, 참조 목록을 작성하는 프로그램.

concurrency[kənkə́:rənsi(:)] *n*. **동시 실행, 동시성, 병행성, 동시 병행** 두 개 이상의 프로세스들이 다른 프로세스의 수행과 상호 독립적으로 동시에 수행될 수 있는 성질.

concurrency control[–kəntróul] **동시 실행 제어** 복수의 처리 단위(트랜잭션)가 데이터 베이스의 내용을 동시에 갱신해도 데이터의 처음과 끝의 일관성을 잃지 않도록 제어하는 것.

concurrency mode[–móud] **병행성 모드**

concurrency operation[–àpəréiʃən] **동시 운영** 실행 제어 시스템의 실시간 처리 작업은 항상 우선 순위를 가지며 이에 따라서 자원도 분배해준다. 즉, 실행 제어 시스템의 통제 하에 동시에 실시간 처리와 일괄 처리를 수행하는 것. 실시간 처리 업무가 없으면 과학 계산, 사무 업무 처리 등의 일괄 처리가 실행된다.

concurrency transparencies [–trænspɛ́(:)rənsi(:)z] **병행 가시성** 병행 처리에 관한 작업을 사용자와 관계없이 또는 사용자가 모르는 사이에 자동으로 수행해주는 것.

concurrent[kənkə́:rənt] *a*. **병행의, 컨커런트** 어떤 동일한 시간 내에 두 개 이상의 동작이 발생하는 것을 뜻하는 용어.

concurrent control system[–kəntróul sístəm] **병행 제어 시스템** 많은 프로그램들을 동시에 실행할 수 있는 시스템.

concurrent conversion[–kənvə́:rʃən] **병행 변환** 보통 사용하는 프로그램과 변환 프로그램을 동시에 수행시키는 것.

concurrent design[–dizáin] **병행 설계**

concurrent engineering [–èndʒəníəriŋ] **컨커런트 엔지니어링** 컨커런트라는 말에는「동시에 일어난다」,「동일점에서 교차한다」등의 의미가 있으며, 컨커런트 엔지니어링은「병렬 처리」가 기본 개념이다. 제품 및 그와 관련된 모든 프로세스를 병렬적으로 구축하기 위한 계통적인 접근법이며, 목적은 개발자에게 개발 제안에서 폐기에 이르는 제품의 라이프 사이클에 포함된 모든 요소를 처음부터 고려하게 하는 것이다.

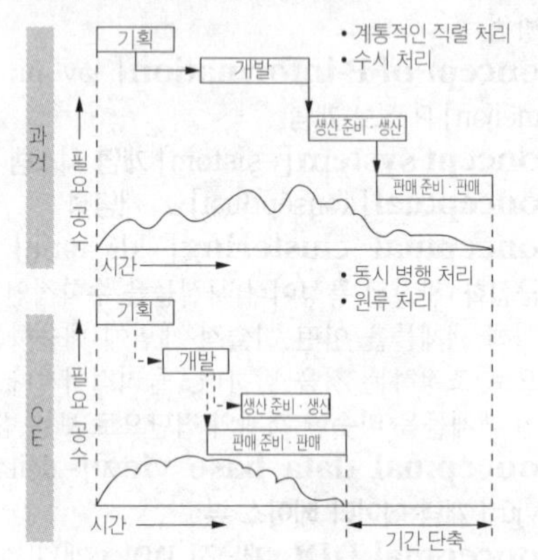

〈동시 공학(CE)을 이용한 개발 기간 단축〉

concurrent hardware maintenance [–há:rdwɛ̀ər méintənəns] **병행 하드웨어 보수** 단말 기기와 관련된 용어로 진행중인 데이터 입력 작업을 방해하지 않고 중앙 컴퓨터와의 통신 프린트, 파일 관리와 같은 입출력을 수행하는 것이다.

concurrent I/O data transfer 병행 입출력 데이터 전송

concurrent maintenance support[–méintənəns səpɔ́:rt] **병행 보수 서포트**

concurrent mode[–móud] **병행 모드**

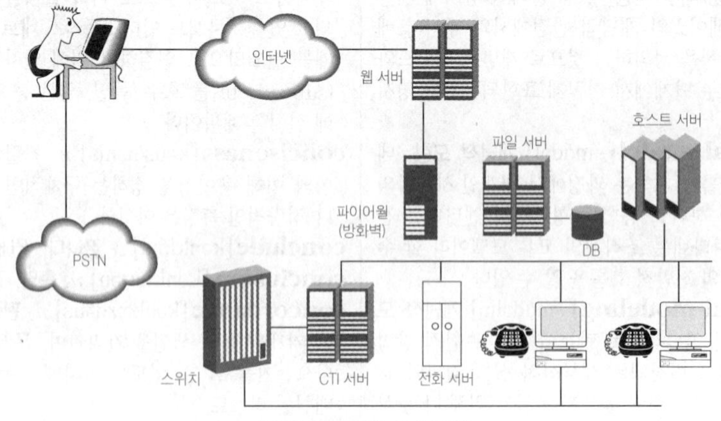

〈인터넷을 이용한 CTI 구현〉

concurrent operating control [–ápərèitiŋ kəntróul] **병행 운영 제어** 주변 장치 운용, 시분할 처리 및 다중 프로그래밍, 사업자의 작업 처리 등 동시에 진행되도록 하는 다수의 프로그램이 한 컴퓨터에서 동시에 실행되도록 하는 운영 체제 방식.

concurrent operation [–àpəréiʃən] **병행 연산, 병행 동작, 동시 병행 조작** 어떤 동일한 시간 내에 두 개 이상의 연산을 행하는 처리 형태. 이는 시분할, 우선 순위 처리 등에 관한 주요한 개념 중의 하나이다. 즉, 컴퓨터의 각 장치는 일반적(연산 장치와 입출력 장치)으로 어느 동작이 끝날 때까지(출력 결과의 프린트) 기다리고 있다가 다음 동작을 시키는 것은 별로 효율적이지 못하므로, 어느 조작을 하고 있는 동안에 다른 조작을 병행해서 수행하려는 것이다. 이것을 병행 조작이라고 한다.

concurrent operation control [–kəntróul] **병행 운영 제어** 예를 들어, 출력 장치 레지스터에 출력 결과를 전송하면, 그 뒤의 것은 출력 장치에 부속한 제어 장치에 따라 출력 결과가 프린트되고, 주제 장치로부터 아무런 명령을 받지 않는다. 따라서 중앙 처리 장치는 그 사이에 다음 명령을 실행한다. 이러한 컴퓨터의 제어 방식을 말한다. ⇨ concurrent operation

concurrent peripheral operation [–pərífərəl àperéiʃən] **CPO, 병행 주변 조작, 동시 주변 조작**

concurrent processing [–prásesiŋ] **병행 처리** (1) 어떤 시간 간격 내에 두 개 이상의 연산 등을 행하는 처리 형태를 가리키고 있다. 예를 들면, 프로그램의 실행은 하나의 명령(instruction)이 실행되면 다음 명령이 실행된다고 하는 것과 같이 축차적으로 행해진다. 한편, 입출력 동작도 축차적인 동작의 반복이다. 이러한 서로 다른 두 개의 동작은 동시에 행해져도 서로 영향을 미치지 않는 경우에는 「병행 동작」이 가능하다. 순차적 수행보다 시간 절약과 시스템 이용률을 높이는 장점이 있다. (2) 인쇄 통신 등을 행하면서 동시에 문서 작성이나 편집 등의 처리를 행하는 기능.

concurrent program execution [–próugræm èksəkjú:ʃən] **동시 프로그램 실행** 동시에 둘 이상의 프로그램을 수행하는 것.

concurrent programming [–próugræmiŋ] **병행 프로그래밍** 병행 처리 복수 개의 프로그램을 중간 개입(interrupt) 등을 이용하여 동시 처리하는 것. 즉, 다중 프로그래밍(multiprogramming)을 가리킨다.

concurrent programming language [–lǽŋgwidʒ] **병행 프로그래밍 언어** concurrent PASCAL, Ada, MODULA-2 등 병행 처리를 할 수 있게 설계된 언어.

concurrent PROLOG 병행 PROLOG

concurrent real-time processing [–rí:əl táim prásesiŋ] **병행 실시간 처리** 데이터 처리와 통신 시스템을 조합하여 통신 회선을 통해 중앙 컴퓨터가 먼 위치에 떨어져 있는 업무 데이터를 발생 즉시 직접 처리할 수 있는 실시간 처리와 일괄 처리를 병행하여 수행할 수 있는 통신 지향적인 데이터 처리 시스템으로서 실제로 업무를 위탁받은 다음부터 컴퓨터에서 처리를 시작하기까지 소요되는 시간을 단축시키기 위해 고안된 것.

concurrent service monitor [–sɔ́:rvis mánitər] **CSM, 병행 서비스 모니터**

concurrent subprogram [–səbpróugræm] **병행 부프로그램** 다른 부프로그램과 병행으로 수행이 가능한 병행 처리 언어로 작성한 부프로그램.

concurrent system design [–sístəm dizáin] **병행 시스템 설계**

concurrent task performance [–tá:sk pərfɔ́:rməns] **병행 태스크 성능**

concurrent test function [–tést fʌ́ŋkʃən] **병행 시험 기능** 복수 프로토콜 층에 있어서 각각의 시험을 병행하는 기능.

concurrent update control [–ʌ̀pdéit kəntróul] **병행 갱신 제어**

condensation [kàndənséiʃən] *n.* **압축**

condense [kəndéns] *v.* **압축하다** 대량의 데이터를 기억 장치 속에 저장하거나 통신 회선으로 송출할 때 절단된 문자나 중복 항목을 정리하는(압축하는) 데 따라서 소요 기억 영역을 줄이기도 하고, 회선의 사용 시간을 단축할 수 있다. 이러한 기능을 갖는 루틴을 압축 루틴(condensing routine)이라고 한다. 또한 압축된 데이터를 원래의 형태로 되돌리는 루틴도 필요하게 된다.

condensed [kəndénst] *a.* **압축된**

condenser [kəndénsər] *n.* **콘덴서** 전기, 전자 분야에 널리 쓰이는데, 두 개의 분리된 금속판에 전지의 양극을 각각 연결하면 전하를 충전할 수 있는데, 이들은 전기를 충전하며 필요한 전기장을 형성해주는 것.

condensing routine [kəndénsiŋ ru:tí:n] **압축 루틴** 기계 언어를 변환시키는 루틴을 말한다. 기억 장치로부터 천공 카드로 목적 프로그램을 압축하여 이송하고 가급적 여러 개의 명령이 각각의 카드에 포함되도록 하는 루틴.

condition [kəndíʃən] *n.* **조건** WHILE, FOR, IF 등의 제어문에서 프로그램의 수행 순서에 영향

을 주는 조건식. 하드웨어와 소프트웨어가 동작하기 위한 「조건」 또는 그들의 「상태」를 표시하는 데 쓰인다. (1) 예를 들면, 어떤 컴퓨터 처리가 완료된 후 그것이 「정상으로」 끝났는지를 나타내는 코드(code)가 표시되는 경우가 있는데, 이런 코드를 조건 코드(condition code)라 한다. 오류 상태(error condition)는 처리가 정상으로 끝나지 않은 상태이며 조건 코드로부터 알 수 있다. 또 개입 중단 조건(interruption condition)이라 하면 「개입(interruption)」이 일어나는 어떤 조건이며, 주기억 장치(main storage)를 부정으로 하려고 하는 예외 조건(exceptional condition)과 부정 연산(operation)을 행한 경우의 상태가 포함된다. (2) 논리 연산(logical operation)과 산술 연산(arithmetic operation)에 있어서 조건의 진위(眞僞)에 따라서 연산의 내용을 변경하는 것이 빈번히 행해지는 프로그래밍 언어에서는 IF~THEN 문 혹은 IF 문, ELSE IF 문 혹은 ELSE 문, END IF 문 등을 이용하여 연산을 한다. 이들 문(文 ; statement)을 조건부 표현식(coditional expression), 혹은 조건문(conditional statement)이라고 한다.

conditional[kəndíʃənəl] *a*. **조건의, 조건부**

conditional assembly[–əsémbli(ː)] **조건부 어셈블리** 어셈블되어야 하는 원시 문장의 내용과 순서를 어셈블리 이전의 처리로 변경하기 위한 것이므로 어셈블러 기능의 하나.

conditional assembly instruction [–instrʌ́kʃən] **조건부 어셈블리 명령** 조건부 어셈블리 명령은 어셈블리 이전 처리에서 수행되는데, 조건부 어셈블리 조작을 실행하는 어셈블리 명령.

conditional branch[–brǽntʃ] **조건부 분기** 점프의 일종이며, 주어진 조건을 만족시켰을 때에만 점프가 되는 것.

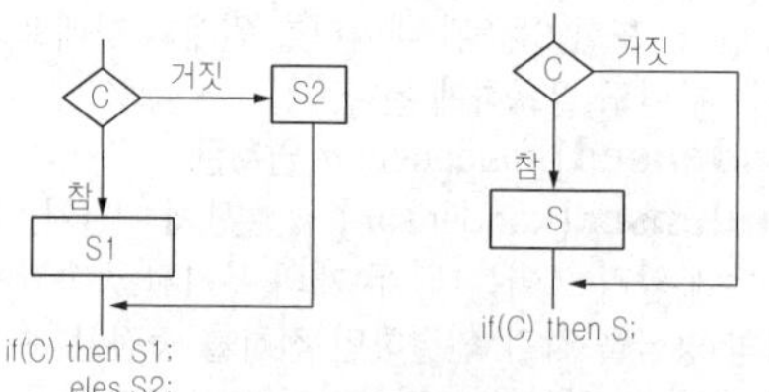

〈조건부 분기의 예〉

conditional branching[–brǽntʃiŋ] 주어진 조건에 만족할 때 점프하는 것.

conditional branch instruction [–brǽntʃ instrʌ́kʃən] **조건부 분기 명령** 미리 결정한 조건을 만족하는 경우만 제어(control)를 다른 곳으로 옮긴다(transfer)는 것. 그 조건을 만족하지 않는 경우는 분기 명령의 다음 명령을 수행한다. 이것은 conditional jump와 같은 의미. ⇨ conditional jump instruction, conditional control

conditional breakpoint[–bréikpɔ̀int] **조건부 중단점** 지정된 조건의 만족 여부에 따라 프로그램의 수행을 계속하거나 중단하는 프로그램 상의 부분.

conditional breakpoint instruction[–instrʌ́kʃən] **조건부 중단점 명령어** 다른 주소로 점프하여 수행하다가 지정한 스위치가 세트되거나 프로그램된 그대로 수행을 계속하거나 지정된 상황이 발생하면 컴퓨터 실행을 중단시키는 조건부 점프 명령.

conditional built-in function[–bílt ín fʌ́ŋkʃən] **조건 내장 함수**

conditional code[–kóud] **조건부 코드**

conditional compile[–kəmpáil] **조건부 컴파일** 컴파일러가 컴파일하는 원시 프로그램에 컴파일러 지시문을 넣어 특정 조건에 따라 원시 코드가 다르게 컴파일되도록 하는 것.

conditional construct [–kənstrʌ́kt] **조건부 구성체** CASE 문, IF 문, ALGOL에 있어서 조건식처럼 복수의 상이한 실행 순서를 지칭하는 언어 구성 요소.

conditional control[–kəntróul] **조건부 제어**

conditional control structure [–strʌ́ktʃər] **조건부 제어 구조** 어떤 조건의 만족에 따라 프로그램 제어의 흐름을 선택하는 프로그래밍 제어 구조.

conditional entropy[–éntrəpi(ː)] **조건부 엔트로피** 완전 사상계(思想界) 중에서 하나의 사상이 발생한다는 조건으로, 조건부 확률의 지정된 다른 완전 사상계 중에서 하나의 사상이 발생한 것을 앎으로써 전달되는 정보 측도(測度)의 평균값, 사상의 집합 X_1 … X_n으로부터 사상 발생이 사상 집합 Y_1 … Y_m으로부터의 사상 발생에 의존하고, 두 개의 사상 X_i, Y_j가 결합 확률이 $P(X_i, Y_j)$일 때, 이에 대한 이 양 $H(X \mid Y)$는 모든 사상의 모임에 대한 조건부 정보량 $I(X_i, Y_j)$의 기대값과 같다.

conditional expression[–ikspréʃən] **조건식**

conditional flag[–flǽ(ː)g] **조건 플래그**

conditional implication[–ìmplikéiʃən] **조건부 함축** 첫번째의 오퍼랜드가 불 값 1, 두 번째의 오퍼랜드가 불 값 0을 취할 때에 한하며, 결과가 불 값 0이 되는 2항 불 연산.

conditional implication operation [–ɑ̀pəréiʃən] **조건부 함축의 연산** 피연산 m 및 n의 값에 대한 결과가 다음 표와 같이 부여되는 불 연산.

피연산자		결 과
m	n	r
0	0	1
0	1	1
1	0	0
1	1	1

conditional information content [-ìnfərméiʃən kántent] **조건부 정보량** 어떤 사상이 발생했다는 조건 하에서 다른 사상의 발생을 아는 것으로부터 전달되는 정보의 측도. 집합 $Y_1 \cdots Y_m$으로부터 어떤 사상이 발생했다고 하는 조건 하에서 집합 $X_1 \cdots X_n$에서 어떤 사상이 발생한 경우, 이 양 $H(X_i \mid Y_j)$는 수학적으로는 Y_j가 발생했다는 조건 하에서 X_i가 발생할 확률 $P(X_i \mid Y_j)$의 역수의 대수와 같다.

conditional jump [-dʒʌ́mp] **조건부 건너뜀** 프로그램 속에서의 점프의 일종. 어떤 특정 명령이 실행되고, 더구나 지정하고 있는 조건(condition)이 만족되었을 때에만 일어나는 것. 대개 지정한 조건이 만족되었을 때 다음 순번의 명령 이외의 명령 어드레스로 프로그램의 제어가 이동되고, 그 조건이 만족되지 않을 때는 프로그램행의 다음 순번의 명령이 실행된다. 무조건 점프(unconditional jump)와 대비된다. ⇨ unconditional jump

conditional jump instruction [-instrʌ́kʃən] **조건부 점프 명령, 조건부 분기 명령** 조건부 점프 명령 및 그때 만족되어 있어야 할 조건을 지정하는 명령. ⇨ conditional control, jump instruction

conditional operator [-ápərèitər] **조건부 연산자** 각 조건의 형태는 「필드명 조건 연산자 값」과 같으며, 흔히 조건 연산자로서 <, <=, >, >=, = 등이 허용되고 한 세그먼트 타입을 가진 필드 상의 조건 내에서 쓰이는 구성 요소.

conditional paging [-péidʒiŋ] **조건부 페이지 나누기** 워드 프로세싱에서 문서를 인쇄할 때 한 페이지에 남아 있는 공간이 다음에 나오는 블록을 찍기에 부족할 경우 그 페이지의 공간을 남긴 채 다음 페이지부터 찍게 하는 것.

conditional probability [-prὰbəbíliti(ː)] **조건부 확률** 어떤 두 개의 사상 A와 B에 있어서 사상 A가 일어나는 것을 조건으로 하여 사상 B가 일어나는 경우에 대한 확률.

conditional replacement [-ripléismənt] **조건부 치환** 치환 명령에 조건이 붙었을 때 데이터 베이스의 내용을 변경하는 기법.

conditional request [-rikwést] **조건부 요구**

conditional sentence [-séntəns] **조건문**

conditional statement [-stéitmənt] **조건문** 하나의 조건에 근거하여 다음에 실행할 처리를 결정하는 수행문. 예를 들면, COBOL의 경우 이 조건문(statement)에 의해 하나의 조건이 참(true)인지 거짓(false)인지를 판정하고, 그것에 따라 목적 프로그램(object progam) 중에서 다음 처리를 결정한다.

conditional stop instruction [-stáp instrʌ́kʃən] **조건부 정지 명령** 어떤 주어진 조건이 검사될 때, 프로그램의 실행을 정지시키는 명령.

conditional substitution [-sʌ̀bstitjúːʃən] **조건부 치환** 절들을 중첩시키지 않기 위해서 조건 표현을 가진 치환 부문을 두어서 조건에 맞는 절의 치환에 의한 결합을 수행한다.

conditional-sum logic [-sʌ́m ládʒik] **조건부 덧셈 논리** 두 개의 수치 덧셈에서는 각 자리의 자리올림은 0이나 1 가운데 하나이므로 앞단에서의 자리올림이 1인 경우의 회로와 0인 경우의 회로 양쪽을 설치해놓고 앞단에서 자리올림 신호가 오기 전에 양쪽 중 어느 회로를 선택할 것인가를 결정한다. 이에 따라 계산 속도를 올릴 수 있지만 n 자리 회로를 몇 등분해서 이상의 것을 실행할 것인가가 문제이고, 극단적인 경우 각 자리마다 실행하면 소자수가 많아져 실용적이지 못하다. 따라서 적당한 자릿수로 나누어서 실행한다. ⇨ carry look-ahead, carry skip, high speed carry

conditional transfer [-trænsfə́ːr] **조건부 이동** 조건문에서 제시된 조건식의 계산 결과값에 따라 프로그램의 수행 순서가 바뀌는 것.

conditional transfer instruction [-instrʌ́kʃən] **조건부 이동 명령어**

conditional transfer of control [-əv kəntróul] **조건부 제어 이전**

conditional variable [-vɛ́(ː)riəbl] **조건 변수**

condition box [-báks] **QBE 조건 상자** 조건 상자는 단말기의 기능 키를 사용하여 얻을 수 있으며, QBE에서 원하는 조건을 질의어 테이블 내에 표현하기 힘들 때 사용자가 별도로 조건을 지정하는 곳.

condition code [-koud] **CC, 조건 코드, 상태 코드** 어떤 컴퓨터 처리가 완료된 후, 그것이 「정상으로」 완료되었는지의 여부를 표시하는 코드로서 분기 명령의 조건 등에 사용된다.

condition flag [-flǽ(ː)g] **조건 플래그** 산술 논리 연산 장치의 연산 결과 상태를 나타내는 것을 플래그 플립플롭이라 하며, 그 상태로 되는 조건을 조건 플래그라고 한다. 조건 플래그는 제로 플래그,

부호 플래그, 올림 플래그, 패리티 플래그, 보조자리 올림 플래그 등이 있다.

condition-handling built-in function [–hǽndliŋ bílt ín fʌ́ŋkʃən] **조건 처리 내장 함수**

conditioning [kəndíʃəniŋ] 음성 대역 전송 회선의 경우 회선의 품질을 높여 데이터 전송을 원활히 하기 위해 특별한 등급의 제어가 이루어지는데 이 제어를 특성 보상이라고 한다.

condition list [kəndíʃən líst] **조건 리스트**

condition mask [–mɑ́ːsk] **조건 마스크**

condition name [–néim] **조건 변수명** 원시 프로그램에서 프로그램에 의해 어떤 변수가 가질 수 있는 값 또는 값의 범위에 이름을 부여하는 것.

condition name description entry [–diskrípʃən éntri(ː)] **조건 변수명 기술항**

condition number [–nʌ́mbər] **조건 수**

condition prefix [–príːfiks] **조건 접두어**

condition register [–rédʒistər] **조건 레지스터**

condition statement [–stéitmənt] **조건문**

condition variable [–vɛ́(ː)riəbl] **조건 변수**

conduction band [kəndʌ́kʃən bǽnd] **전도대** 고체의 에너지 띠 구조에서 에너지 간격으로 분리된 두 띠 가운데 위의 띠로 고체의 전도에 기여한다.

conductor [kəndʌ́ktər] *n*. **도체** 도체(導體 ; conductive material)이며, 전기가 잘 통하는 물질을 말한다. 예를 들면, 대부분의 금속은 도체이며 전해액도 그렇다. 전도(conduction)는 궤도 전자(orbital electron)의 원자간(原子間 ; atom-to-atom) 이동의 결과 생기는 것이다. 하나의 원자가 여분인 전자를 받아들이면, 곧바로 부근의 원자로 전자를 건넨다. 양질의 도체라는 것은 이 동작을 용이하게 하는 것이다. 전도율(傳導率 ; conductivity)이 높은 물질의 경우는 인가 전압이 작아도 큰 전류가 흐른다. 가장 양질의 전도율이 높은 금속은 구리(銅)이다. 전기 공학 분야에서 말하는 전도체(conductor)는 도선(導線), 심선(心線)이라는 의미도 있다.

conductor arrangemet [–əréindʒmənt] **전선 배치**

conductor base width [–béis wídθ] **도체 베이스 폭**

conductor configuration [–kənfìgjuréiʃən] **전선 구성**

conductor layer [–léiər] **도체층**

conductor resistance unbalance [–rizístəns ʌnbǽləns] **도체 저항 불평형**

conductor side [–sɑ́id] **도체면**

conductor spacing [–spéisiŋ] **도체 간격**

conductor thickness [–θíknəs] **도체 두께**

conductor to hole spacing [–tu hóul spéisiŋ] **도체 구멍 간격**

conductor width [–wídθ] **도체 폭**

cone [kóun] *n*. **원뿔** 인간 영상 시스템에서 색을 인지할 때 세 가지 유형의 감지 장치를 사용하는데, 이것이 원뿔이다.

conference [–kɑ́nfərəns] **컨퍼런스** 원래는 「회의」라는 뜻이지만, 기업, 단체가 개최하는 강연회를 의미할 때가 많다.

conference on data systems languages [–ən déitə sístəmz lǽŋgwidʒz] **CODASYL, 데이터 시스템 언어 회의(위원회, 협의회)** ⇨ CODASYL

confidence [kɑ́nfidəns] *n*. **신뢰성, 확실성** ⇨ certainty

confidence coefficient [–kòuəfíʃənt] **신뢰 계수** 경영 시스템을 평가할 때 응답성, 안정성, 적응성 등 중요한 몇 가지 기준과 함께 사용하는 평가 기준의 하나로서 시스템이 규정대로의 목표나 기능을 달성하는가에 대한 정확성 또는 그 상태의 지속성을 측정하는데, 대체로 어떤 모집단 중의 참모수를 추정하는 경우 어느 구간을 설정하여 그 안에 참모수의 값이 존재하는 확률을 신뢰 계수라 한다. 또 신뢰도, 신뢰 확률이라고도 한다.

confidence factor [–fǽktər] **신뢰도**

confidence interval [–íntərvəl] **확신 구간** 어떤 모집단 안에 참모수(population parameter)가 존재할 것으로 추정되는 구간.

confidence level [–lévəl] **신뢰도** 백분율로 표시되는 신뢰성을 나타내는 확률의 정도.

confidence limit [–límit] **신뢰 한계** 어떤 모집단에 참모수가 존재할 것으로 추측되는 구간의 상한에서 하한까지의 범위.

confidence unit [–júːnit] **확신 장치** ⇨ AND gate

confidentiality [kɑ̀nfidénʃəliti] *n*. **신뢰성** 기밀에 속하는 정보나 중요한 정보에 대하여 허가 없이 접근하는 것을 금지하는 보조 장치의 믿을 만한 정도.

CONFIG.SYS 구성 체계 MS-DOS 상태에서 시스템이 부팅될 때 초기 상황을 설정하기 위한 명령어를 담고 있는 파일명.

configuration [kənfìgjuréiʃən] *n*. **구성** 넓은 뜻으로 데이터 처리 시스템을 구성하고 있는 기기의 구성을 말한다. (1) 컴퓨터 시스템의 기기 구성. 컴퓨터 시스템은 중앙 처리 장치(CPU), 주기억 장치(main storage), 자기 디스크 장치(magnetic disk unit) 등의 보조 기억 장치(auxiliary storage), 프린터(printer), 표시 장치(display unit), 키보드(keyboard) 등의 주변 장치(peripheral unit)로 구성되어 있다. 하나의 장치(device) 속의 더욱 세밀한 구성을 표시하는 경우도 있다. (2) 이러한 기기 구성의 기본이 되는 장치 각각을 구성 장치(component)라 한다.

[주] 이 용어는 하드웨어 구성과 소프트웨어 구성의 양쪽에서 이용된다.

configuration audit[-ɔ́ːdit] **구성 감사** 요구되는 모든 구성 항목들이 만들어졌는지 기술적 문서화 작업이 완전하고 정확하게 구성 항목들을 서술하는지 모든 변화들이 해결되었는지 현재 구성이 명세화된 요구 사항들이 일치하는가를 증명하는 과정.

configuration control[-kəntróul] **구성 제어** 구성에 대한 형식적인 확립 후에 구성 항목들의 변화를 수용하는 과정과 평가, 승인 또는 승인하지 않는 결정 과정.

configuration control board [-bɔ́ːrd] **구성 제어 보드** 제안된 공학적 변화를 승인하거나 불인정하고, 승인된 변화를 구현함을 확인하고 평가하는 집합.

configuration control panel[-pǽnəl] **구성 제어판**

configuration control register [-rédʒistər] **구성 제어 레지스터** 데이터 처리 시스템의 구성을 제어하기 위한 레지스터.

configuration file[-fáil] **구성 파일, 환경 설정 파일** 운영 체제나 각종 응용 프로그램에서 사용 상황에 맞는 설정을 기록한 파일.

configuration identification [-aidèntifikéiʃən] **구성 동일화**

configuration image[-ímidʒ] **구성 이미지**

configuration item[-áitəm] **구성 항목, 컨피규레이션 품목** 하드웨어 또는 소프트웨어 집합, 또는 그들의 일부분으로서 최종 사용 함수를 만족하여 구성 관리를 위해 지적되어 운영과 유지 보수 단계에서는 수정될 수 있는 항목.

configuration management [-mǽnidʒmənt] **구성 관리, 컨피규레이션 매니지먼트, 형상 관리** 개발 및 유지 보수 과정에서 변화되어 가는 소프트웨어 짜임새를 질서있게 통제하고, 또한 변경 관리를 제도적으로 수렴하려는 방법. ⇨ 그림 참조

configuration management data base [-déitə béis] **구성 관리 데이터 베이스** 각 제품의 버전, 제품, 구조에 대한 정보, 현재의 개정 번호 등에 대한 변경 요청 이력들을 제공할 수 있는 데이터 베이스.

configuration member[-mémbər] **구성 멤버**

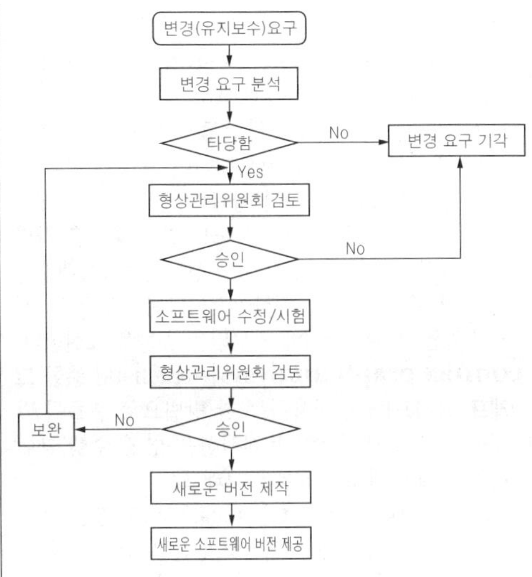

〈형상 관리 프로세스의 예〉

configuration modeling[-mádəliŋ] **구성 모델 작성**

configuration procedure[-prəsíːdʒər] **구성 절차**

configuration record[-rikɔ́ːrd] **구성 레코드**

configuration restart[-riːstáːrt] **구성 재시동**

configuration review[-rivjúː] **구성 재검토** 소프트웨어 생명 주기 가운데 보수 단계를 지원하기 위해 필요한 문서들의 가용성(availability)을 보증한다.

configuration section[-sékʃən] **구성 절** COBOL 언어에서의 환경부 중의 절(節)로, 여기에 번역용 컴퓨터 및 실행용 컴퓨터의 전반적인 명세를 쓴다.

configuration service[-sə́ːrvis] **구성 서비스** 서비스망 중에서 연결의 활성화, 단말기의 활성화를 비롯하여 오류 발생시 덤프 및 망의 변경을 하고, 물리적 자원 관리를 주목적으로 한다.

configuration space control[-spéis kəntróul] **구성 공간 제어**

configuration unit[-júːnit] **구성 제어 장치**

configure[kənfígə] *v.* **구성하다**

configure to order[-tu ɔ́ːrdər] ⇨ CTO

conflict[kánflikt] *n.* **모순, 충돌** 어떤 항목과 다른 항목이 모순되는 것. 이를 해결하기 위해서는 병행 수행 제어를 할 수 있는 방법 또는 알고리즘이 필요하다. a와 b가 모순되는 것을 a conflicts with b라 한다. 이것과 같은 의미로 사용하는 말로서 동사에 differ, 형용사로서 inconsistent, contradictory 등이 있다.

conflict analysis[-ənǽlisis] **충돌 분석**

conflict controllable system[-kəntróuləbl sístəm] **충돌 제어 가능 시스템**

conflict graph[-grǽf] **충돌 그래프** 충돌 그래프는 각 트랜잭션의 부류에 대하여 읽는 데이터 항목의 집합과 쓰는 데이터 항목의 집합을 나타내는 두 노드가 존재하고 어떤 두 노드 간의 충돌을 나타내는 노드 간의 연결선으로 구성되는데, 트랜잭션의 병행 수행 제어를 위하여 사용되는 그래프로서 트랜잭션의 부류 사이에 발생되는 충돌을 표현한다.

conflict graph analysis[-ənǽlisis] **충돌 그래프** SDD-1에서 사용하는 한 방법으로 충돌이 발생할 경우를 대비하여 트랜잭션을 병행 수행 제어하기 위해 미리 분석해놓은 그래프.

conflict resolution[-rèzəlú:ʃən] **충돌 해소** 가장 많이 쓰이는 대립 해결 기법은 우선 순위를 두는 방법인데, 이 방식으로서 규칙-기반 시스템에서 한 사실이 규칙에 대해 다중으로 부합되는 문제를 해결하는 방법.

conflict set[-sét] **충돌 집합** 작업 기억 장치에 있는 사실과 이것과 부합된 일련의 규칙 집합.

confluent[kɑ́nfluənt] *v*. **합류하다**

conform[kənfɔ́:rm] *v*. **따르다, 준거하다**

conformable[kənfɔ́:rməbl] *a*. **준거하는**

conformance[kənfɔ́:rməns] *n*. **적합성** 프로토콜 제품이 프로토콜 명세에 따라서 동작하는지의 여부.

conformance of protocol implementation[-əv próutəkɔ̀(:)l ìmpləmeutéiʃən] **프로토콜 실현의 적합성** 프로토콜 제품이 프로토콜 사양에 따라서 동작하고 있는 것.

congestion [kəndʒéstʃən] **밀집, 급증, 과잉** 네트워크 상의 데이터가 급증하는 현상. congestion은 제공된 경로가 데이터 통신 경로의 용량을 초과할 때 발생한다.

congruence method[kɑ́ŋgruəns méθəd] **합동법**

conjunction[kəndʒʌ́ŋkʃən] *n*. **논리곱** 각 피연산자(operand)가 불 값 1을 취할 때에 한하여 결과가 불 값 1이 되는 불 연산. m과 n을 두 개의 논리 변수라 할 때, 다음과 같은 표로 정해지는 논리 함수 $m \cdot n$을 m과 n의 논리곱이라 한다. $m \cdot n$

m	n	$m \cdot n$
0	0	0
0	1	0
1	0	0
1	1	1

을 $m\,n$, $m \wedge n$, $m\,\&\,n$ 등으로 적기도 한다.

conjunction gate[-géit] **논리곱 게이트**

conjunction search[-sɔ́:rtʃ] **논리곱 검색**

conjunctive generalization [kəndʒʌ́ŋktiv dʒènərəlaizéiʃən] **논리곱 일반화** 기본 문장들을 논리곱으로 절을 형성하여 생성된 일반화.

conjunctive normal form[-nɔ́:rməl fɔ́:rm] **CNF, 논리곱 정형 표현**

connect[kənékt] *v*. **잇다** 접속하다. 연결하다. 연락시키다. 장치 사이에 설정된 데이터 전송로(data transmission line)를 열어서 데이터를 전송할 수 있도록 하는 것. 단말(terminal)과 컴퓨터를 접속하는 데는 다음 방법을 이용한다. 교환 전화 회선(switched telepone-lines)을 경유하여 접속시키는 경우는 전화 번호를 다이얼하여 접속한다. 이것을 다이얼 접속(dial connection)이라 한다. 컴퓨터와 인터페이스를 경유하여 직접 배선 접속시키고 있는 경우는 몇 개의 스위치를 세트하여 접속한다. 이 경우 입출력 인터페이스(I/O interface)는 채널과 부수하는 제어 회로로 이루어진다.

connect data set to line[-déitə sét tu lάin] **회선 접속 명령** 신호 변환 장치의 신호 변환부를 통신로에 접속하는 것을 지시하기 위해 데이터 전송 단말 장치에서 보내는 제어 신호.

connected[kənéktəd] *a*. **연결한, 접속된** 「접속되어 있는」이란, 전송 회선(transmission circuit)을 통하여 두 개의 장치가 결합되어 있는 상태를 말한다. 「연접(連接)인」이란 컴퓨터 용어로 어떤 참조의 대상이 틈새 없이 일렬로 주기억 장치에 정렬해 있는 것을 말한다.

connected component[-kəmpóunənt] **연결 요소** 적어도 한 개 이상의 경로로 연결된 정점들로 구성된 종속 그래프.

connected directed graph[-diréktid grǽf] **연결 방향 표시 그래프**

connected graph[-grǽf] **연결 그래프** 모든 정점의 쌍을 연결하는 경로가 존재하는 그래프.

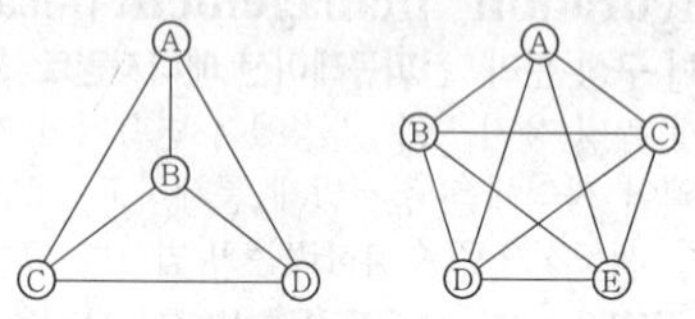

〈연결 그래프의 예〉

connected reference[-réfərəns] **연결 참조**

connected-speech system[-spí:tʃ sístəm] **연결 음성 시스템** 화자가 단어 사이를 멈추지 않고 이야기하는 것을 이해할 수 있는 시스템.

connected speech voice recognition [–vɔ́is rèkəgníʃən] **연결 음성 인식**

connected star network [–stɑ́ːr nétwə̀ːrk] **연결 성형망** 노드들이 중앙 노드뿐만 아니라 인접 노드들과도 연결된 성형망.

connected storage [–stɔ́ːridʒ] **연결 기억 영역, 연접 기억 영역** PL/I 용어로 단일 이름으로 참조할 수 있으며, 그 이름으로 참조할 수 없는 데이터에 의해 빈틈 없이 만들어져 있지 않은 기억 영역. 또 이 기억 영역을 참조하는 것을 연결 참조(connected reference)라고 한다.

connected word pronouncing [–wə́ːrd prənáunsiŋ] **이산 발성** 인식 대상이 되는 언어를 단위별로 끊어서 발성하는 발성법의 한 가지.

connected word recognition [–rèkəgníʃən] **연결 단어 인식** 말하는 것을 인식하는 음성 인식의 한 방법.

connection [kənékʃən] *n.* **잇기, 이음** 결합. 접속. 관련. 정보를 전달하기 위하여 기능 단위 사이에 확립되는 관계. 모듈 사이의 상호작용, 특히 비동기에 대한 절차 호출을 가능하게 하는 구조. 예를 들면, COBOL의 ENABLE 문은 통신 접속을 확립하고, OPEN 문은 입출력 접속을 가능하게 한다. 프로그램의 어떤 부분에서 다른 부분을 참조하는 것.

connection by serial line interface protocol connection [–bɑi sí(ː)riəl lɑin íntərfèis próutəkɔ̀(ː)l kənékʃən] **직렬 회선 접속 프로토콜 연결** ⇨ SLIP connection

connection cable [–kéibl] **연결 회선** 두 장치 사이에 전기적 신호를 전달하는 데 사용하는 회선.

connection-endpoint [–éndpɔ̀int] **연결 종단점** 여러 층으로 구성된 개방 시스템에서 N층 개체가 N+1 중에서 서비스하기 위하여 서로 결합되었을 때 N접속의 종단점이라고 말한다.

connection-endpoint identifier [–ɑidéntifɑ̀iər] **연결 종단점 식별자** 개개의 N접속을 N서비스 액세스점에서 식별하기 위한 것.

connection graph [–grǽf] **연결 그래프** 규칙들 간의 가능한 모든 비교 선택을 미리 계산하여 결과적 치환을 저장해두는 규칙 연결 그래프로서 실제 연산에서는 이를 찾아 사용할 수 있다.

connection identifier [–ɑidéntifɑ̀iər] **연결명** 워크스테이션을 지정하기 위한 논리적인 장치명.

connectionisms [kənékʃənizmz] **커넥셔니즘** 인간의 뇌는 약 100억 개의 신경 세포들이 결합되어 있다고 한다. 이러한 인간의 뇌 구조나 동작을 기초로 하여 지능 처리 모델을 고안하고 연구하는 경향을 말한다. Hopfield와 Hinton 등에 의해 제안된 볼츠만 머신 등의 모델이 있다.

connectionless [kənékʃənlis] **비접속형** 데이터 통신에서 가상 회선을 설치하고 데이터를 전송하는 형태. 즉, 두 지점에서 서로 통신을 주고받는 상태이지만, 두 지점의 통신 회선이 완전하게 점유된 상태는 아니다.

connectionless-mode-transmission [–móud trænsmíʃən] **비연결형 전송** 서비스 데이터 간의 논리적인 관계를 유지하지 않고 접속을 이용하지 않는 데이터 전송.

connection matrix [kənékʃən méitriks] **접속 행렬** N 단자 개폐 회로에서는 행렬에 따라 임의의 단자 m 보다 n 에 직접 도달하는 변의 개폐 특성을 x, m, n 으로 나타내면

$$\begin{matrix} 1 & x_{12} & x_{13} & \cdots\cdots, & x_{1N} \\ x_{21} & 1 & x_{23} & \cdots\cdots, & x_{2N} \\ \cdots & \cdots & \cdots & \cdots & \cdots \\ x_{N1} & x_{N12} & x_{N13} & \cdots\cdots, & 1 \end{matrix}$$

이 되고 이것을 접속 행렬이라고 한다.

connection-mode-transmission [–móud trænsmíʃən] **연결형 전송** 서비스 데이터 단위의 집합을 식별하고, 이 집합에 대하여 제공하는 데이터 전송 서비스에 관하여 합의하는 방식을 이용하는 데이터 전송 형태로, 데이터를 전송하기 위하여 여러 개의 $n+1$ 개체 간에 n 층에서 동적으로 확립되는 것이다.

connection multiplexing [–mʌ́ltiplèksiŋ] **접속 다중화** 다수의 사용자 접속을 하나의 물리적 포트로 다중화(여러 스트림을 나누어 하나의 스트림으로 만들어 전송하는 방법)해서 서버에 접속하도록 하는 기술. 이를 통해 같은 수의 물리적 포트를 사용하면서도 이전에 비해 데이터 베이스에 실제로 접속 가능한 사용자수는 배로 늘어나게 된다.

connection-oriented [–ɔ́ːriəntid] **접속 지향형** 데이터 통신에서 가상 회선을 설정한 후에 데이터를 전송하는 형태. 통신을 주고받는 두 지점 사이에 통신 회선이 완전하게 할당되며, 양측은 할당된 회선을 완전히 점유한다. 일반적으로 사용하는 전화는 접속 지향형 방식의 통신이다. ATM 또한 접속 지향이다.

connection polling [–póuliŋ] **접속 폴링** 현재 데이터 베이스에 접속되어 있는 사용자 중에서 지정된 일정 시간 동안 요청이 없는 사용자, 즉 접속만 한 상태에서 데이터 베이스를 사용하지 않는 경우 이 사용자의 데이터 베이스 접속을 일시적으로 중단시키고 할당받았던 자원을 반환받아 다른 사용자가 접속할 수 있도록 도와주는 기술. 만약 원래 사용자의 데이터 베이스 사용 요구가 다시 발생되면 연결이 다시 확립되도록 한다. 접속 폴링은 제

한된 자원을 효율적으로 활용하여 더 많은 사용자를 지원할 수 있도록 해주는 기술이다.

connective[kənéktiv] *n*. **연결자** 컴퓨터와 단말기, 프린터 등을 연결해주는 접속 장치 또는 논리문이나 순서도의 관계 표시 연산자나 흐름선의 표시 기호.

connective word[–wə́:rd] **연결어** COBOL에서 수식어의 유무를 나타내는 용어. 이것은 복합 조건을 만드는 데 사용되기도 한다.

connectivity[kɑ̀nektíviti(:)] *n*. **연결성, 접속성** 서로 다른 기종 접속의 접속성. 최근에 사무 자동화(OA) 기기, 통신 기기의 신제품 발표와 더불어 여러 제조업체의 기기로 시스템을 구성할 수 있게 되었다.

connect node[kənékt nóud] *n*. **연결 노드** 컴퓨터를 이용한 설계, 즉 CAD에서 라인이나 텍스트에 대한 부착점.

connector[kənéktər] *n*. **이음기, 연결기** 커넥터. 여기에는 두 가지의 의미가 있다. (1) 커넥터 : 전자, 전기 분야에서 전기적 접속(electrical connection)을 유지하는 장치. (2) 결합자 : 순서도에서 흐름선(arrow)의 접선을 표시하고 그것이 다른 장소에 이어져 있는 것을 표시하는 기호(symbol). 순서도를 작성할 때 한 장의 용지로 끝나지 않을 경우 등에 그 순서도가 끊기는 부분에 출구 표시를 하고, 다음 용지의 첫 머리에 입구 표시를 하고서 순서도를 계속 작성한다. 이 경우의 출구와 입구 표시를 연결자(결합자)라고 한다.

〈여러 가지 커넥터〉

connector record type[–rikɔ́:rd táip] **연결 레코드 유형**

connector symbol[–símbəl] **연결자 기호** 한 화살표가 여러 개로 갈라지거나 여러 개의 화살표가 하나로 합쳐지는 것을 나타내며, 순서도에서 쓰이는 굵은 점 모양의 기호를 말한다.

connect time[kənékt táim] **접속 시간** 시분할 시스템(TSS) 등에서 단말측의 사용자(user)가 그 단말을 시스템으로 on 표시하고, 사용 개시한 뒤부터 종료하여 off 표시할 때까지의 시간을 가리킨다.

CONNIVER 코나이버 1992년 MIT의 Sussman이 제안한 인공 지능용 언어. 콘텍스트 기구가 달린 데이터 베이스나 가능성 소프트나 코루틴(coroutine) 제어의 계산 기구가 설치되어 있다. 이런 것은 문제 해결에서 대상이 되는 문제를 풀어가기 위한 통로를 양(陽)으로 파악하기 위한 도구이고 백트래킹을 중심으로 하는 계획의 비효율성에 대한 반성에서 개발되었다.

Co-NP class Co-NP 부류 NP에 속한 언어들의 여집합들의 집단.

consecutive[kənsékjutiv] *a*. **연속적인** 두 개의 순차적인 사상이 그와 같은 다른 사상을 중간에 개입하는 일 없이 발생하는 것에 관한 용어. 예를 들어, three consecutive numbers라 하면, 3, 4, 5 혹은 201, 202, 203이라고 하는 연속 번호를 표시한다. 이 경우 3, 6, 8과 201, 206, 300이라는 수열은 순차(sequential)이기는 하지만 consecutive는 아니다. 이 개념을 좀더 일반적으로 말하면 두 개의 순차적인 사상(事象 ; event)이 서로 다른 사상을 중간에 넣지 않고 나타나는 것을 말한다. 이 의미로 순차적인(sequential), 일련의(series) 등과 구별한다. 복합어는 어드레스나 바이트에 관한 것이 많다. 메모리 워드의 종류로서 하프 워드(half word)와 더블 워드(double word)로 나눌 수 있고 더블 워드는 연속 바이트(consecutive bytes)의 필드를 구성한다.

consecutive add file[–ǽ(:)d fáil] **연속 추가 파일**

consecutive addresses[–ədrésiz] **연속 어드레스** 복수의 인접한 바이트 위치(byte location)에 연속적으로 붙여져 있는 어드레스로 대개 어드레스는 기억 위치(location)의 오른쪽 방향에 순서대로 1씩 크게 바뀐다.

consecutive bytes[–báits] **연속 바이트**

consecutive data set[–déitə sét] **연속 데이터 세트**

consecutive file[–fáil] **연속 파일**

consecutive number[–nʌ́mbər] **연속 번호** 어떤 규정된 약속에 따라 부여되는 연속된 정수.

consecutive operation[–ɑ̀pəréiʃən] **연속 조작**

consecutive processing[–prɑ́sesiŋ] **연속 처리** 실시간 처리에 대하여 1일 단위나 1시간 단위로 축적된 데이터를 일괄 처리시키는 방식. 연속 작업(job) 처리, 배치 처리라고도 한다. 은행이나 백화점의 집계에 적합하고, 야간 등 영업 시간 이외의 시간에 일괄 처리가 가능하므로 일반의 계산 센터에서도 쓰이는 처리 형식이다.

consecutive sequence computer [–sí:kwəns kəmpjú:tər] **연속 순서 컴퓨터** 점프 명령에

의하여 다음에 실행되는 명령의 기억 장소가 지정되어 있지 않은 경우에 암시적으로 규정된 순서에 따라 명령이 실행되는 컴퓨터로서 특히 점프 명령이 지정될 때까지 정의된 순서대로 명령을 실행하는 컴퓨터를 말한다.

consecutive spill method[-spíl méθəd] **연속 보관법**

Conseil European Ia Research Nurcleaire 유럽 소립자 생리학 연구소 ⇨ CERN

consensus[kənsénsəs] *n*. **견해 일치, 컨센서스**

consequent[kánsəkwènt] *n*. **결론부** IF-THEN 형태를 갖는 규칙에서 THEN 부분.

conservation law[kànsərvéiʃən lɔ́:] **보존 법칙** 대기 행렬에서 큐 내에 작업이 있으면 창구는 서비스를 행하고 서비스 순서가 우선권형 모델일 때는 서비스 시간은 전 부류에 대해서 동일한 지수 분포이고, 큐에 도착한 작업의 서비스 형태는 변하지 않는다.

conservative timestamp method[kənsə́:rvətiv táimstæ̀mp méθəd] **보수적 타임스탬프 방식** 트랜잭션 간에 충돌이 일어나면 시스템에 먼저 도착한 트랜잭션이 모두 실행될 때까지 기다린 후 버퍼에 저장된 트랜잭션을 실행하는 병행 수행 제어 기법인데, 기본적인 타임스탬프 기법에서 늦게 도착한 트랜잭션을 철회하는 과정을 제거한 방식.

CONS function CONS 함수 LISP에서 사용되는 함수로서 CONS(A(BC))는 (ABC를) 반환한다. 즉, 이 함수는 두 개의 인자를 가지며 그 첫째 인자를 리스트인 둘째 인자의 첫째 원소로 삽입하며 구성된 리스트를 반환하는 함수이다.

consist[kənsíst] *v*. **이루다, 구성시키다**

consistency[kənsístənsi(:)] *n*. **일관성** 공리계가 주어졌을 때 그 공리계로부터 어느 정리(이것을 *A*라고 한다)가 증명되고 동시에 *A*의 부정 명제 ~*A*도 증명되었을 때 그 공리계는 모순이라고 한다. 바꾸어 말하면 어느 공리계로부터 정리 *A*는 증명할 수 있지만, 그때 ~*A*는 증명되지 않는 것이 그 공리계가 모순 없는 일관성이 있다는 것이다.

consistency check[-tʃék] **일관성 검사** 데이터에 관해서 컴퓨터에 설정된 처리 규칙과의 일관성 여부를 확인하는 검사.

consistency error[-érər] **일관성 오류** 규정된 형식이 아닌 문장을 사용하여 시스템이 올바른 문장으로 바뀔 수 있는 기회를 주는 것으로 바로 발견되지 않은 오류는 수행중에 발견된다.

consistent data base[kənsístənt déitə béis] **일관성 데이터 베이스**

consistent formula[-fɔ́:rmjulə] **일관성 공식**

consistent state[-stéit] **일관성 상태** 데이터 베이스의 정보가 사용자의 무결정 규정을 위반하지 않은 상태 또는 데이터 베이스에 오류가 없는 정확한 상태.

consistent unit[-jú:nit] **일관 장치** 모든 입력과 출력 변수가 같은 방법으로 나타나는 장치로서 선형 장치의 반대 개념이다.

console[kánsoul] *n*. **콘솔** 컴퓨터의 조작원과 데이터 처리 시스템과의 사이에 교신을 위해 사용되는 컴퓨터 단말 장치의 하나. 오퍼레이터가 컴퓨터에 지령을 주는 경우에 사용하는 제어반(control panel)을 콘솔(console)이라 하고, 콘솔에는 타이프라이터, 표시 램프(indicator lamp), 표시부(display), 콘솔 스위치 등이 붙어 있다. 다시 말하면, 컴퓨터의 오퍼레이터가 기계의 운전 상황을 감시하기 위한 각종 표시나 기계에 명령을 주기 위해 키를 준비한 조작대. 콘솔에는 CRT 디스플레이 또는 타이프라이터가 있고 컴퓨터와의 교신 내용을 표시하도록 되어 있다.

console command processor[-kəmǽ:nd prásesər] **콘솔 명령 처리기** 사용자가 입력한 명령문을 조사하고, 확인한 후에 요구되는 일을 수행하기 위하여 적절한 BDOS와 DIOS의 기능들을 부르는 것.

console debugging[-di:bʌ́(:)giŋ] **콘솔 오류 수정** 프로그래머가 기계 또는 보고 콘솔에서 한 명령어씩 수행하여 이에 관련된 레지스터나 기억 장치의 내용을 보면서 검색하는 것.

console display[-displéi] **콘솔 표시 장치** 콘솔에 부착되어 있는 램프로 표시되는 각종 출력 장치.

console display register[-rédʒistər] **콘솔 출력 레지스터** 지정된 레지스터의 내용이나 데이터를 프로그램이나 조작자의 지시에 따라 콘솔 상에 표시해주는 레지스터.

console function[-fʌ́ŋkʃən] **콘솔 기능**

console inquiry station[-inkwáiri(:) stéiʃən] **콘솔 조회 지국**

console interrupt[-ìntərʌ́pt] **콘솔 개입 중단**

console operator[-ápərèitər] **콘솔 오퍼레이터**

console panel[-pǽnəl] **조작반(盤)** 콘솔의 기능을 갖춘 조작반. 특히 중앙 처리 장치 상의 패널을 가리키는 경우가 많다.

console printer[-príntər] **콘솔 프린터** 오퍼레이터에게 메시지를 전달하기 위해 사용되는 보조적 출력 장치.

console printer-keyboard[-kí:bɔ̀:rd] **인쇄 키보드 콘솔**

console switching unit[–swítʃiŋ júːnit] **콘솔 변환 장치**

console typewriter[–táipràitər] **콘솔 타이프라이터** 콘솔에 설치된 제어용 타이프라이터 또는 콘솔 그 자체를 가리키는 경우도 있는데, 컴퓨터와 조작자 사이에 메시지를 내고 명령을 입력할 수 있다.

console typewriter keyboard[–kíːbɔ̀ːrd] **콘솔 타이프라이터 키보드** 소량의 데이터나 컴퓨터 오퍼레이션 상의 메시지를 입력하는 데 쓰이고, 콘솔에 달려 있는 타이프라이터의 키를 말한다.

consolidate[kənsálidèit] *v.* **결합하다** 원시 프로그램에 의하여 명시적 혹은 암시적으로 호출된 부프로그램을 라이브러리 파일에서 가져와 현재 컴파일중인 프로그램으로 삽입하는 컴파일 최종 단계.

consolidation[kənsàlədéiʃən] **통합 계산** 표 계산에서 여러 개의 시트를 대상으로 하는 연산의 일종. 각 시트에서 지정한 셀의 값을 꺼내어 계산하는 것. 3차원 계산이라고 하면 보통 통합 계산을 의미한다.

consortium[kənsɔ́ərtiəm] **컨소시엄** 자본 연합, 기업 연합, 투자의 효율화, 무리한 경쟁을 피하기 위해 설립되는 경우가 많은데, 자본 제휴뿐만 아니라 각 가맹 단체가 주력 분야의 기술을 공유하는 경우도 많다.

conspiracy[kənspírəsi] **음모, 공모** 인터넷은 다양한 목적을 가진 음모자들이 모이는 곳으로, 여러 가지 이론, 거짓, 사실이 혼재되어 있다. 사용자들이 잘 판단해서 이들에게 말려들지 말아야 할 것이다.

constant[kánstənt] *n.* **상수** 프로그램에서는 실행중에 바뀌지 않는 데이터를 말한다. 기억 장치 내부에 축적되어 있는 불변의 데이터로 보통 프로그램 단계에서 지정된 것이 프로그램을 읽어들일 때 루틴의 일부로서 컴퓨터 기억 장치에 읽어들여진다. 예를 들면, 수치 상수(numeric constant)가 이에 해당한다. 상수는 하나의 문자 또는 문자열(character string)인 것도 있다.

constant address[–ədrés] **상수 주소**

constant angular velocity[ǽŋgjulər vəlásiti(ː)] **각속도 일정** ⇨ CAV

constant area[–έ(ː)riə] **상수 영역** 프로그램에서 상수를 기억하기(store) 위하여 할당되는(assign) 영역을 상수 영역이라 한다.

constant data[–déitə] **상수 데이터**

constant declarator subscript[–dèkləréitər sʌ́bskript] **상수 선언자 첨자**

constant definition[–dèfiníʃən] **상수 정의** 프로그래밍 언어의 기능 가운데 프로그램에서 사용이 가능한 상수를 미리 정의할 수 있게 하는 기능.

constant folding[–fóuldiŋ] **상수 폴딩** 항상 일정한 값을 갖는 수식이 나오는 경우에 그 식을 계산한 설계값, 즉 상수로 대치하여 사용하는 것인데, 컴파일 과정의 코드 생성 단계에서 코드의 효율성을 높이기 위해 쓰는 방법의 하나.

constant function[–fʌ́ŋkʃən] **상수 기능** 수를 입력하고 그것을 반복하기 위해 컴퓨터에 유지하도록 하는 기능.

constant instruction[–instrʌ́kʃən] **상수 명령어** 상수 형태로 쓰여진 수행되지 않는 명령어를 말하며, 모조 명령어와 관계 있다.

constant length shift method[–léŋkθ ʃíft méθəd] **일정 길이 이동 방식** 컴퓨터에서 곱셈을 고속화하기 위한 방법의 하나. 승수를 예로 들어, 2비트씩 구분하면 00, 01, 10, 11의 네 가지 경우가 존재한다. 00은 가산하지 않는 이동만으로도 되지만 피승수의 1배, 2배, 3배(4배에서 1배를 감해도 좋다)를 준비해서 가할 수 있으면 좋다. 그러나 회로는 꽤 복잡하지만 실제로 이것을 실행하는 컴퓨터도 있다.

constant line velocity[–láin vəlásiti(ː)] **CLV, 상수 선형 속도**

constant multiplier[–mʌ́ltiplàiər] **계수기(係數器)** 아날로그 컴퓨터에서 연산 증폭기에 연산 임피던스를 접속함으로써 한 개의 입력 신호를 정수배(定數倍)한 값을 출력 신호로 하는 연산기.

constant ratio code[–réiʃiòu kóud] **상수비 코드** 0과 1을 일정한 비율로 조합함으로써 모든 문자를 표현하는 코드.

constant relation[–riléiʃən] **상수 릴레이션** 상수 투플로 구성되는 릴레이션으로 대개 릴레이션이라고 부른다.

constant storage[–stɔ́ːridʒ] **상수 저장 장소** 처리시에 필요한 불변값을 저장하도록 고안된 저장 장소의 일부.

constant tuple[–tʌ́pl] **상수 투플** 상수값들로 구성되는 투플을 말하는데 대개 투플이라고 한다.

constant value control[–vǽljuː kəntróul] **상수값 제어** 제어 전체 목표값이 항상 일정하도록 해주는 자동 제어를 상수값 제어라고 한다. 예를 들면, 온도나 압력을 일정하게 하고, 속도나 고도를 일정하게 갖기 위한 자동 제어는 모두 상수값 제어의 일종이다.

constant voltage constant frequency power supply[–vóultidʒ kánstənt fríːkwənsi(ː) páuər səplái] **CVCF, 정전압 정주파수 전원 장치**

constant word[–wə́ːrd] **고정 단어** 고정된 의미를 갖는 설명적인 데이터.

constituent structure[kənstítʃuənt strʌ́ktʃər] **성분 구조 이론** 문장을 최소 단위인 단부(短部)까지 분해하는 것을 고려할 때 문장은 주어부와 서술부로 분해되고 주어부는 다시 명사구라든가 전치사구로 분해되도록 단계적, 구조적으로 순차 분해하는 것.

constrained[kənstréind] *a*. **조건부의, 제약된**

constrained optimization[–àptimaizéiʃən] **조건부 최적화**

constraint[kənstréint] *n*. **제한, 제약, 제약 조건** 최적화 문제에서 변수와 관련이 있는 등식이나 부등식. 해의 범위는 가능한 한 모든 제한 조건을 만족하는 것이어야 한다.

constraint condition[–kəndíʃən] **제약 조건** 구조적인 제한과 실제값에서 오는 의미상 제한이 모두 포함되는데, 데이터 베이스에서 허용될 수 있는 데이터 레코드 어커런스에 대한 규정이다.

constraint matrix[–méitriks] **제한 조건 행렬** 계수 행렬과 상수열로 이루어지는 선형 계획법에 있어서의 제한 조건식 행렬.

construct[kənstrʌ́kt] *n*. **구조물, 구조체**

constructive generalization[kənstrʌ́ktiv dʒènərəlaizéiʃən] **구축적 일반화** 일반화된 개념의 기술에 사용된 상황 설명자들이 원래 주어진 개념 기술에 쓰이는 상황 설명자들의 집합에 속하지 않는 일반화 규칙이다.

constructive induction[–indʌ́kʃən] **구축적 귀납** 입력 데이터나 서술자에 나타나 있지 않는 서술자를 생성하여 귀납하는 방식.

constructive solid geometry[–sálid dʒiámətri(ː)] **구조적 입체 기하학** 컴퓨터 그래픽의 리소스 모델링에서 3차원 물체를 컴퓨터 내부에서 데이터로 표현하기 위해 물체 표면을 직육면체, 정육면체, 원통 등의 기본적인 입체의 합성으로서 표현하고 논리 연산과 트리 구조로 기록하는 방법. 형상의 입력이나 수정이 간단하고 데이터량도 적지만 화면 표시가 복잡하다.

constructor[kənstrʌ́ktər] *n*. **구성자** 프로그램 내에서 데이터 구조를 정의할 때 사용하는 함수.

Consultative Committee on International Telegraphy and Tele-phony[kənsʌ́ltətiv kəmíti(ː) ən ìntəːrnǽʃənəl təlégrəfi(ː) ənd təléfəni(ː)] **CCITT, 국제 전신 전화 자문 위원회** ⇨ CCITT

consumable resource[kənsjúːməbl risɔ́ːrs] **소비 가능 자원** 자원이 반복되어 읽혀지더라도 한번만 적응하는 자원. 즉, 성격상 제한된 수요에만 적응하는 자원을 말한다.

consumer[kənsúːmər] **소비자** 프로나 매니아 등을 제외한 극히 평범한 소비자. 마이크로컴퓨터나 PC 소유자를 사업적인 측면에서 일컫는 용어이다.

consumer electronics show[–ilektrániks ʃou] **소비자 전자 쇼** ⇨ CES

consumer machine[–məʃíːn] **가정용 게임기** 반면, 게임 센터 등에 있는 게임기는 아케이드 머신, 아케이드 게임 등으로 부른다.

consumption[kənsʌ́mpʃən] *n*. **소비**

contact[kántækt] *n*. **접촉, 접점, 컨택트** 계층 간에 필요한 전기적 연결을 위해 사용되는 특별한 구조물.

contact bounce[–báuns] **접점 반동** 접점의 개폐시에 생기는 바람직하지 못한 개폐 현상. 일반적으로 채터링(chattering)이라고 한다.

contact cut[–kʌ́t] **접촉 절단** 폴리실리콘 계층이나 확산 계층을 금속 계층에 연결시키는 계층.

contact input[–ínpùt] **접점 입력** 스위치 개폐에 의해 발생하는 장치로의 2진 입력. 스위치에는 기계적 또는 전기적인 것도 있다.

contact interface[–íntərfèis] **접촉 접속기** 접속 장치의 동작은 스위치와 릴레이의 방식과 유사한데, 자료와 제어 신호가 접촉 장치를 통해 상호 교환되는 자료 집합과 사무 기계 사이의 연결 배치 방법을 말한다.

contact interrogation signal[–intèrəgéiʃən sígnəl] **접점 상태 표시 신호** 접점이 열려 있는지, 닫혀 있는지의 상태를 표시하는 신호.

contactless switch[kántæktlis swítʃ] **무접점 스위치** 바이어스 전압에 의해 동작되는 트랜지스터와 같은 반도체를 이용한 스위치.

contact potential[kántækt pəténʃəl] **접속 단위** 반도체 pn 접합에서 전자나 정공의 결합 결과 생기는 전위차.

contact protection[–prətékʃən] **접점 보호** 과전류 또는 과전압에 대한 접점의 보호.

contact sensor[–sénsɔːr] **접촉각(接觸覺) 센서** 로봇용 센서의 하나로서 손가락 끝이나 피부에 가볍게 접촉한 상태를 검출하는 센서. 따라서 온오프 검출기 역할로서 마이크로스위치나 스펀지 모양 전극끼리의 접촉, 도전성 고무, 탄소 함유 스펀지, 감압 페인트 등이 사용되고 있다.

contact type process interrupt[–táip práses ìntərʌ́pt] **접점식 프로세스용 개입 중단 기구**

contained text[kəntéind tékst] **포함되어 있는 텍스트**

container[kəntéinər] *n.* **컨테이너**

contend[kənténd] *v.* **싸우다, 논쟁하다**

content[kάntent] *n.* **내용** 파일의 「내용」 등에도 쓰이지만, 특히 어드레스 또는 특별한 레지스터에 의해 지정되는 메모리의 기억 위치(storage location)에 보존되어 있는 데이터(자료, 문자, 단어)를 나타낸다.

content-addressable memory[-ədrésəbl mémәri(:)] **CAM, 내용 주소화 기억 장치** (1) 대개의 기억 장치에서는 목적 데이터의 기억 장소는 어드레스(주소) 또는 어드레스를 표시하는 이름에 의해 식별된다. 그러므로 연상 기억 장치(associative storage)라고도 불린다. (2) 데이터 자체를 이용하여 정보를 추출할 수 있는 기억 장치를 말하기도 한다.

content-addressable memory access [-ǽkses] **내용 주소화 기억 장치 접근**

content-addressable parallel processor [-pǽrəlèl prάsesər] **내용 주소화 병렬 처리기** 인식 기억 장치라고도 하며 주소에 의한 연속적인 검색을 하지 않는 것이 일반 기억 장치와 구별된다. 이 인식 기억 장치(REM)는 6가지 형태의 인식과 다중 기록 능력 등의 병렬 처리 기능을 갖는데, 연속적인 검색은 인식 기능을 대신하고 다중 기록을 허용함으로써 처리기는 하나의 명령어로 기억 장소의 여러 곳을 사용할 수 있다.

content-addressable storage[-stɔ́:ridʒ] **내용 어드레스 기억 장치** 기억 장소가 그 위치의 이름이 아니고 기억 내용 또는 그 일부에 의하여 식별되는 기억 장치.

content-addressed memory[-ədrést mémәri(:)] **내용 주소 지정 기억 장치** 보통의 기억 장치와는 달리 키에 의하여 기억 데이터와 비교하여 연상 조건에 맞는 데이터에 플래그를 세우는 연상 기능을 갖춘 기억 장치.

content-addressed paralled processor [-pǽrəlèld prάsesər] **CAPP, 내용 주소화 병렬 처리기** 내용 주소화 기억 장치의 하나로 인식 기억 장치(REM)라고도 한다. 주소에 의한 연속적인 탐색을 하지 않는다는 점에서 일반적인 기억 장치와 다르며, 명칭으로만 원하는 내용을 간단히 찾을 수 있다.

content-addressed retrieval[-ritrí:vəl] **내용에 의한 검색** 보통 어떤 데이터를 참조하는 경우 데이터가 보존되어 있는 어드레스를 사용하지만 이 방식은 어드레스에 저장되어 있는 내용 그 자체를 키로 하여 검색을 빠르게 하는 방법이다.

content-addressed storage[-stɔ́:ridʒ] **연산 기억 장치**

content-addressing[-ədrésiŋ] **내용 주소법** 저장된 자료를 찾는 경우 그 주소가 아닌 자료 내용의 일부 혹은 전체에 의해서 찾는 주소법 중의 하나이며, 속도가 빠르나 구조가 복잡하다.

content coupling[-kʌ́pliŋ] **내용 결합** 한 모듈이 다른 모듈의 내용을 직접 참조할 수 있는 심오한 형태의 결합.

contention[kənténʃən] *n.* **경쟁, 회선 쟁탈, 경합** 데이터 전송에서 분기(分岐) 회선의 각 단말로부터 동시에 데이터 전송 요구가 발생한 경우에 회선 경합이 발생한다. 이 상태를 회선 쟁탈 상태라고 한다. 이것을 방지하기 위해 중앙국에서는 폴링(polling)을 하거나 선택 접속을 한다. 통신 회선의 양측으로부터 전송 요구(request for transmission)가 발생되면, 회선 상에 두 개의 송신 요구가 충돌하여 송신 권리를 서로 다투는 것으로부터 비롯한 이름이다. 간단히 말하면, 「빠른 자가 승리」하는 방식이다.

contention method[-méθəd] **경쟁 방법** 단말 장치측이 주도권을 갖고 컴퓨터측에 통신 회선을 접속시켜 데이터 전송을 하는 경우의 회선 제어 방식.

contention mode[-móud] **경쟁 모드** 다접속된 회선이 둘 이상의 단말에 의해 쟁탈되고 있는 상태.

contention system[-sístəm] **경쟁 방식** 하나 이상의 컴퓨터와 단말기가 한 개의 회선 사용을 경합하는 시스템.

content negotiation[kάntent nigòuʃiéiʃən] **컨텐트 타협** 하나의 URL에 문서가 여러 개 존재하도록 할 목적으로 연구되고 있는 것. 브라우저와 서버가 타협을 해서 사용자에게 가장 알맞은 페이지를 주는 것을 말한다.

content retrieval[-ritrí:vəl] **내용 검색** 수집된 정보를 파일 형식으로 배열하여 색인을 하고 기억시킨 후 필요할 때 꺼내어 쓰는 정보 검색의 하나로 꺼낼 때 내용을 바탕으로 검색하는 것.

contents **컨텐츠** 컨텐츠란 원래 서적 · 논문 등의 내용이나 목차를 일컫는 말이었지만, 현재는 각종 유무선 통신망을 통해 전달되는 디지털 정보를 통칭하는 말로 사용되고 있다. 예를 들어, 인터넷을 통해 제공되는 각종 프로그램, CD-ROM에 담긴 영화, 음악, 게임 등이 모두 컨텐츠들이다.

contents addressed RAM **내용 주소 RAM**

contents delete[-dilí:t] **내용 삭제**

contents directory[-diréktəri(:)] **내용 등록부** 내부 기억 장치의 어느 영역 내의 루틴을 나타내는 일련의 대기 행렬.

contents provider[–prəváidər] **컨텐츠 제공 업체** ⇨ CP

contents supervision[–sù:pərvíʒən] **내용 감시, 내용 감시 프로그램**

contents supervisor[–sù:pərváiʒər] **내용 감독자**

context[kántekst] *n.* **문맥** 글에서 어휘 의미의 계속 상태나 문장에서의 글과 글의 전후 관계. 또 형식 언어계에 있어서는 기호별로 생성 법칙을 반복 적용하여 생성한 글 중에서 서로 이웃하는 종단 기호의 전후 관계라는 의미도 있다.

context analysis[–ənǽlisis] **문맥 해석** 자연 언어 해석에 있어서 구문 해석, 의미 해석에서 더욱 나아가 더 정확하게 문장을 이해하기 위해 문맥을 고려하여 해석하는 것. 예를 들면, 지시어가 구체적으로 지시한 것이나 생략구 등을 연역, 추론에 의해 추정한다.

context-dependent control[–dipéndənt kəntróul] **문맥 종속 제어** 데이터 베이스 보안성 제어에서 시스템에서 사용되는 변수들, 즉 현재 시간 또는 터미널 번호 등을 이용한 권한 부여 규정을 사용하는 제어 방식을 말한다. 보통 보안성 제어가 시스템 실행 상태의 환경에 종속되어 제어 여부가 결정되는 것이다.

context-dependent subset[–səbsét] **문맥 종속 부분 집합** 테이블 부분 집합인 뷰를 정의하여 특정 사용자는 그 뷰만을 접근하도록 할 수 있는데, 그 뷰가 항상 고정된 값이 아니라 사용자에 따라 다른 부분 집합을 제공해주는 경우의 뷰를 말한다.

context editing[–éditiŋ] **문맥 편집** 문장(text) 편집에서 주목해야 할 행의 삭제나 추가 혹은 그 행 중의 문자열 삭제, 추가나 수정을 행 번호에 의해서가 아니라 문자열이 패턴을 지정하여 주목하는 대상을 탐색하는 수법. 행 번호로 행하는 방법의 행 편집(line editing)과 대비된다.

context editor[–éditər] **문맥 편집기** 임의의 길이의 문자열을 삽입하고 삭제할 수 있는 문자 단위 편집기.

context free grammar[–frí: grǽmər] **문맥 자유 문법** Chomsky 계층 구조의 하나로서 생성의 왼쪽이 오직 하나의 비단말 기호로 구성되는 생성들로 이루어진 문법 또는 발생한 위치에 관계없이 임의의 메타 변수를 가능한 다른 메타 변수로 대치시키는 문법.

context free language[–lǽŋgwidʒ] **문맥 자유 언어** 형식 언어로 생성 규칙의 좌측 부분이 단 한 개의 비단말 기호로 구성되는 문법으로 각 문장이 생성될 수 있다. 생성 규칙 집합 P의 임의의 생성 규칙 $\alpha \rightarrow \beta$에 있어서 ① α는 한 개의 비단말 기호, ② β는 공어(空語)가 아닌 임의의 단어로 제한되어 있는 언어를 2형 언어 또는 문맥 자유 언어라고 한다. 따라서 $\alpha \rightarrow \beta$는 $A \rightarrow \beta$ (A는 1조의 비단말 기호)의 형을 하고 있다.

context menu[–ménju] **문맥 메뉴, 컨텍스트 메뉴** MacOS 8에 도입된 새로운 메뉴 표시. Ctrl 키를 누르면서 클릭하면 그 아이콘과 연관된 메뉴의 일람이 표시된다. 최근에는 Finder Pop 등을 비롯하여 다양한 확장용 온라인 소프트웨어도 등장하고 있다.

context parameter-value[–pərǽmətər vǽlju:] **문맥 인자 값** MYCIN 알고리즘에서 사실적 지식을 사용하기 위한 지식 표현법 중의 한 가지.

context searching[–sɔ́:rtʃiŋ] **문맥 탐색**

context sensitive help [–sénsitiv hélp] **상황 대응의 도움말** 응용 프로그램의 사용 도중에 도움말을 제공하는 기능인데, 도움말을 불러냈을 때 사용자가 사용하고 있던 그 상황에 알맞는 도움말이 선택적으로 나오는 것.

context sensitive grammar[–grǽmər] **문맥 대응 문법** (1) 메타 변수가 발생한 위치에 따라 메타 변수를 대치시키는 문법. (2) Chomsky 계층 구조의 하나. 생성(production)의 왼쪽이 비단말 기호와 단말 기호로 구성되는 생성들로 이루어지는 문법. 생성들의 왼쪽 기호의 수가 오른쪽 기호의 수와 같거나 적어야 하며 비단말 주위의 단말 내용에 따라 생성의 적용 여부가 결정되므로 문맥 대응 문법이라 한다.

context-sensitive language[–lǽŋgwidʒ] **문맥 인식 언어** 생성 규칙 집합 P의 모든 생성 규칙 $\alpha \rightarrow \beta$가 조건 $1(\beta)$, $1(\alpha)$를 만족할 때, 즉 낱말 α의 길이가 낱말 β의 길이보다 길지 않을 때 문맥 인식 문법이라 하며, 문맥 인식 문법에 따라 생성되는 언어를 말한다.

context switching[–swítʃiŋ] **문맥 교환** 실행하고 있는 프로그램 혹은 프로세스를 교환하는 것. 실행에 이용되는 프로그램 카운터, 스택 포인터, 레지스터 등의 내용을 넣어두고, 거기까지 실행해간 프로세스 등의 실행에 필요한 정보를 보존하여 다음 실행을 시작하는 프로세스 등의 정보를 이용할 수 있게 하는 조작.

context tree[–trí:] **문맥 트리** 지식 베이스에서 다른 문맥 간의 관계를 정의하는 데 사용되는 조직 구조.

contextual[kəntékstʃuəl] *a.* **문맥상의**

contextual declaration[–dèkləréiʃən] **문맥 선언**

contiguity[kàntigjú:iti(:)] *n*. **인접성** 파일을 구성하는 섹터(sector)들이 트랙 상에 연속적으로 놓여 있는 특성.

contiguity implementation technique [–ìmpləmentéiʃən tekní:k] **IMS 연속성 구현 기법** IMS의 계층 순차 구조인 경우에 모든 레코드들을 계층 순서에 따라 물리적 연관성이 있는 저장 위치에 계층 순서에 따라 기억시키는데, 계층 데이터베이스 구현시에 고정된 개수의 형제 레코드들을 하나의 그룹으로 저장하는 것.

contiguous[kəntígjuəs] *a*. **인접의** 두 개의 항목이 연속하여 서로 인접해 있는 상태. 예를 들어, contiguous page라 하면 인접 페이지, contiguous space라 하면 인접 영역을 표시한다. 또 contiguous item은 데이터부의 연속 기술항으로 기술되는 항목을 말한다. contiguous와 같은 의미를 갖는 용어로는 adjacent, neighboring, next 등이 있다.

contiguous allocation[–æ̀ləkéiʃən] **연속 할당** 사용자는 생성될 파일을 저장시키기 위한 장소의 크기를 미리 명시해야 하는데, 파일들을 보조 기억 장치에 연속적으로 인접된 장소에 할당하는 것.

contiguous areas[–ɛ́(:)riəz] **연속 영역**

contiguous item[–áitəm] **연속 항목**

contiguous data structure[–déitə strʌ́ktʃər] **연속 데이터 구조**

contiguous storage allocation[–stɔ́:ridʒ æ̀ləkéiʃən] **연속 기억 장치 할당법** 기억 공간이 순차적으로 할당되는 저장 방법.

contiguous tone image[–tóun ímidʒ] **연속 계조 화상** 색이나 다양한 그레이 수준이 각종 크기의 점 집합으로서가 아니라 사진과 같이 계조로 재현되는 화상. 연속적으로 변화하는 신호로 입력을 받아들인다. 아날로그 모니터에서 볼 수 있다.

contingency[kəntíndʒənsi(:)] *n*. **우발적 사건** 프로그램에서 부주의에 의한 오류의 일종 또는 항진 명제도 아니고 모순 명제도 아닌 명제.

contingency interrupt[–ìntərʌ́pt] **우발적 인터럽트**

contingency plan[–plǽn] **우발적 사건 계획** 긴급 상황, 재난 등에 처했을 때 그에 따른 컴퓨터 정보 체계의 복구에 관한 계획.

contingency procedure[–prəsí:dʒər] **우발적 절차** 이상(異常)이 있으나 예상된 상황이 일어난 경우에 통상적인 처리 과정에 대신하여 실행되는 절차.
[주] 우발적 절차는 조작원의 개입 등과 같은 사상(事象)에 의하여 개시되는 경우가 있다.

contingency table[–téibəl] **분할표**

continuation[kəntìnjuéiʃən] *n*. **계속**

continuation column[–káləm] **계속 표시 자리**

continuation line [–láin] **계속 행** 하나의 원시 문장이 한 행에 들어갈 수 없을 때 계속해서 문자를 기입하기 위한 행.

continuation restart[–ri:stá:rt] **계속 재시동**

continue[kəntínju:] *v*. **계속하다, 이어지다** 어떤 상태가 어떤 조건이 변하지 않는 한 「계속한다」라는 의미로 쓰인다. 예를 들면, 단말로부터의 실행(operation) 등에 무언가 명령이 입력될 때까지는 입력 모드(input mode)가 계속하는 경우에 쓰인다. 또 계속 행이라고 하면 프로그램의 수행문이 긴 경우, 계속 행의 특정 칼럼(column)에 문자를 지정하고 다음 행에 계속할 수 있도록 한 것이다.

continue-any mode[–éni móud] **CA mode, 계속 불특정 모드**

continue column[–káləm] **계속 개시 칼럼**

continued[kəntínju:d] *a*. **계속의, 연속의** 「연속하다」에서 파생된 형용사로서 「계속의(continued)」와 「연속의(continuous)」가 있다. 예를 들면, 계속 행, 계속문이라는 복합어가 있다. 계속 행(continued line)은 문, 기술 항목 및 구가 복수 행 이상이 될 때 계속되는 행이다. 프로그래밍 언어의 코딩 용지의 가로 폭에 제한이 있기 때문에 긴 문장(statement)은 계속문(continued statement)이 된다. 복수 행에 걸치는 경우, 둘째 행 이후의 개시점을 계속 열(continued column)이라고 한다.

continued line[–láin] **계속 행**

continued statement[–stéitmənt] **접속문, 계속문**

continuity check[kɔ̀ntinjú(:)əti tʃék] **연결 검사** 정보 경로가 존재하는지의 여부를 확인하기 위해 정보 채널의 연결 상태를 감시하는 것.

continuous[kəntínjuəs] *a*. **연속의, 연속적, 연속형**

continuous ARQ **연속적 ARQ** 연속적으로 데이터 블록을 보내는 방법인데, 중단 대기 ARQ 방법이 한 데이터 블록을 전송하고 ACK 또는 NAK를 받을 때까지 기다리는 블록 사이의 부담 때문에 효율이 좋지 못한 것에 대한 한 방법이다.

continuous data element[–déitə éləmənt] **연속 자료 요소** 자체 범위 내에 헤아릴 수 없을 정도로 많은 값을 갖는 자료 요소.

continuous distribution [–dìstribjú:ʃən] **연속적 분포** 관측되는 시간의 분포나 샘플로부터 관측되는 모집단의 분포와 같이 연속적인 분포.

continuous form[–fɔ́:*r*m] **연속 용지** 컴퓨터의 출력을 인쇄하기 위한 연속 용지. 컴퓨터의 출력은 프린트 명령에 의해 자동으로 연속해서 행해지므로 용지는 두루마리 형태의 용지가 쓰이고 프린트가 끝나면 필요한 치수로 재단된다. 금전 등록기의 영수증과 같은 롤형(두루마리 형태)으로 보관되어 있는 문자 인식을 위한 원시 정보를 의미한다.

continuous function[–fʌ́ŋkʃən] **연속 함수**

continuous model [–mάdəl] **연속적 모델** 연속적 모델의 대표적 기술 언어는 DYNAMO를 들 수 있는데, 컴퓨터 시뮬레이션용 모델 분류법의 한 가지로 시간의 경과를 모델로 어떻게 표현되는가에 따라서 분류된다.

continuous processing[–prάsesiŋ] **연속 처리** 트랜잭션의 발생 순서나 발생 직후에 시스템 내에 입력하는 것.

continuous random variable[–rǽndəm vέ(:)riəbl] **연속 확률 변수** 확률 변수 *X*가 한 구간 내의 모든 실수값을 취할 수 있는 경우.

continuous record[–rikɔ́:*r*d] **연속 레코드**

continuous scrolling [–skróuliŋ] **연속 스크롤** 윈도의 끝에서 끝까지 앞 또는 뒤쪽으로 한 행씩 텍스트를 움직이는 것.

continuous speech[–spí:tʃ] **연속 음성** 음성 인식 시스템에서 컴퓨터가 구어로 된 문장과 구절을 함께 이해할 수 있는 음성 인식 입력의 한 방법.

continuous speech recognition[–rèkəgníʃən] **연속 음성 인식** 일상 생활에서 말하는 것을 이해하는 음성 인식의 한 접근 방식.

continuous stationary reader[–stéiʃənè(:)ri(:) rí:də*r*] **연속 고정 판독기** 입력되는 문자는 미리 정해진 형태로 되어 있는 광학 인식 문자 판독기의 일종.

continuous system modeling program [–sístəm mάdəliŋ próugræm] **CSMP, 연속계 모형화 프로그램** 아날로그 시스템을 디지털 시스템으로 모의 실험하는 프로그램.

continuous system simulation [–sìmjuléiʃən] **연속계 시뮬레이션** 연속된 시간의 흐름에 의해 동적으로 시스템이 변화하는 상태를 미분 방정식 또는 계차 방정식으로 나타낸 것.

continuous system simulation language[–lǽŋgwidʒ] **연속계 시뮬레이션 언어** 기본적인 언어 체계는 CSMP와 같고 프로그램을 기능별로 블록화하여 기술해가는 점에서 표준화의 흔적이 있는데, 60년대 말 미국에서 시뮬레이션 심의회의 연속계 시뮬레이션 언어 명세에 따라서 UNIVAC에서 개발되었다.

continuous tone[–tóun] **연속 색조** 색깔이 점차적으로 바뀌는 프린터에 의해 생긴 점들.

continuous tone image[–ímidʒ] **연속 색조 화상** 명암을 여러 단계로 표현한 화상.

continuous tool path control [–tú:l pǽθ kəntróul] **연속식 윤곽 제어**

contour[kάntuə*r*] *n.* **윤곽** 평면상에 주어진 물체에 대해 그들의 합에 해당되는 영역의 내부와 외부를 구분하는 경계.

contour analysis[–ənǽlisis] **윤곽 분석** 표준화되지 않는 입력된 필기체 문자를 판별하는 데 사용되며, 입력 문자가 어떤 것인지는 라이브러리에 준비된 완전한 문자들과 비교해서 알 수 있는데, 광학 문자 인식에서 빛의 이동을 추적하여 문자의 윤곽을 판독하는 기법.

contouring[kάntuəriŋ] *n.* **윤곽 대비** 그래픽 화상의 표현에서 한 빛의 강도와 다음 단계의 빛의 강도의 차이가 확연하게 드러나게 하는 것.

contouring control[–kəntróul] **윤곽 제어** 수치 제어 공작 기계의 2축 이상의 축작동을 동시에 연속적으로 제어하여 공작물에 대한 공구의 경로를 연속 제어하는 것이다.

contract programming[kάntrækt próugræmiŋ] **계약 프로그래밍** 프로그래밍 개발을 외부에 위탁하는 것.

contradiction[kὰntrədíkʃən] *n.* **모순 명제** 항상 거짓의 진리값만 가지는 명제.

contrapositive [kὰntrəpάzitiv] *a.* **대조적**

contrast [kάntræst] *n.* **대비** 광학 마크 인식에 있어서 문자와 그 배경과의 색이나 빛의 강도의 차이 또는 TV, 팩시밀리, 컴퓨터 디스플레이들의 화상에서 가장 밝은 부분과 가장 어두운 부분과의 차이.

contrast enhancement[–inhǽ:nsmənt] **대비 증폭** 원 영상의 정확하지 못한 부분을 나타내기 위해 영상의 대비 속성을 증가시키거나 감소시키는 동작.

contribute[kəntríbju(:)t] *v.* **기여하다, 공헌하다**

contribution[kὰntribjú:ʃən] **투고** 전자 회의실 등에 자신의 의견이나 기사를 발신하는 것.

control[kəntróul] *n.* **제어** 「제어한다」라고 하면 a가 b를 제어한다고 하는 것에서도 알 수 있듯이 어떤 생산물을 만들어내는 것이 아니라 시스템 전체가 효율적으로 가동할 수 있는 상태를 만들기 위해 순서와 프로그램 혹은 기구(機構)가 맡은 역할과 동작을 가리키고 있다. 즉, ① 명령어가 적절한 순서로 수행하도록 제어하는 컴퓨터의 구성 장치. ② 수동으로 정해진 방향으로 일을 수행하는 기계 구성 요소.

control abstraction[–æbstrǽkʃən] **제어 추상화** 프로그램의 제어 체계를 내부적 구체 상황에 대한 표시 없이 나타내는 것으로서 동기화 세마포(synchronization semaphore)를 그 예로 들 수 있다.

control accuracy[–ǽkjurəsi(:)] **제어 정확도** 제어된 변수와 상이적인 변수 사이의 일치 정도.

control algorithm[–ǽlgəriðm] **제어 알고리즘** 제어 동작을 위해 주어진 방법.

control and read only memory[–ənd ríːd óunli(:) mémәri(:)] **제어 롬** ⇨ CROM

control and simulation language[–sìmjuléiʃən lǽŋgwidʒ] **CSL, 제어 시뮬레이션 언어**

control area[–έ(:)riə] **CA, 제어 구역, 컨트롤 에어리어** 제어 정보를 보전 유지하기 위하여 컴퓨터 프로그램에 의하여 이용되는 기억 영역.

control area split[–splít] **제어 구역 분할**

control ball[–bɔ́ːl] **제어 볼** 중심 회전으로 회전 가능한 볼 모양의 기구. 보통 위치 입력 장치로서 사용되는데, 주로 컴퓨터 그래픽스에서 쓰인다.

control block[–blák] **제어 블록** 집약되고 정리된 정보를 보관하는 기억 장소를 의미한다. (1) 운영 체제가 그 제어를 위해 내부 정보 전달에 사용되는 주기억 영역 내의 블록. 데이터 제어 블록, 작업(job) 제어 블록, 태스크 제어 블록 등이 있다. (2) 제어 프로그램으로 제어되고 또는 관리되는 대상에 무수한 제어 정보를 묶어 저장해놓은 기억 영역으로 태스크 컨트롤 블록, 이벤트 컨트롤 블록, 파일 컨트롤 블록 등이 있다. (3) 에러 제어를 위해 사용되는 블록으로 다음과 같은 것으로 구성된다. ① 블록 개시 부호, ② 데이터, ③ 블록 종료 부호, ④ 체크 요소.

control block queue[–kjúː] **제어 블록 큐** 임의로 프로그래머가 정의한 기능의 순차적 사용에 대한 조절을 경쟁적 태스크들을 상대로 하여 사용하도록 설계한 특수 제어 블록.

control board[–bɔ́ːrd] **제어 기판** 수동 제어 기능을 갖는 컴퓨터 콘솔의 부품 또는 계산 장비의 조작 제어용 전선을 관리하는 분리할 수 있는 연결 장치.

control break[–bréik] **제어 중단** 보고서의 출력 행의 종류와 집계 제어 데이터 항목의 항목값에 따라 제어되는 것.

control break level[–lévəl] **제어 차단 레벨**

control break reporting [–ripɔ́ːrtiŋ] **제어 차단 보고서** 제어값에 따른 입력 데이터의 그룹화를 할 필요가 있을 때 쓰이는 것으로 데이터는 어떤 평가 기준에 의해 처리될 수 있도록 선택된다.

control bus[–bʌ́s] **제어 버스** 컴퓨터 내부에는 데이터나 신호가 지나가는 갖가지 통로가 있는데, 이것을 버스라고 한다. 이 중에서 실제로 처리 대상이 되는 데이터가 지나는 길을 데이터 버스라 하고, 번지를 나타내기 위해 쓰는 것을 번지 버스라고 한다. 그리고 제어 장치에서 각 장치로 제어 신호를 전하기 위한 통로를 제어 버스라고 한다.

control by exception [–bai iksépʃən] **예외 관리** 경영 관리를 할 경우 모든 피관리 대상에 관리 한계를 설치해놓고, 관리 한계에서 벗어나는 것. 즉, 예외적인 것만을 자동으로 보고하는 관리 방법. 일반적으로 직위의 고하, 권한의 정도에 따라 경영 관리를 위한 정보는 그 긴요도가 다르므로 각각 요구되는 보고 정보의 종류도 달라진다. 따라서 보고의 홍수를 없애기 위해서도 이 방법을 이용한다.

control byte[–báit] **제어 바이트**

control card[–káːrd] **컨트롤 카드, 제어 카드** 컴퓨터의 컨트롤 루틴에 정보를 주는 카드. 소스 프로그램, 응용 프로그램 등의 처리 또는 실행할 경우에 프로그램 종류의 지정, 파일 형식의 지정 등을 행하는 데 컨트롤 루틴이 관여한다. 이 컨트롤 루틴에 필요한 정보를 제공하는 것이 제어 카드이다.

control card specification[–spèsifikéiʃən] **제어 카드 시방서**

control card specifications form [–fɔrm] **제어 카드 시방서 용지**

control carriage[–kǽridʒ] **제어 캐리지** 문자열의 여러 가지 형태들에 제공하기 위한 출력 장치를 제어하는 장치.

control change[–tʃéindʒ] **제어 변환** 프로그램에서 계산 기능이 바뀔 경우에 발생하는 것으로 이러한 기능의 변환은 카드인 경우에는 제어란을 바꾸어 표시한다.

control channel[–tʃǽnəl] **제어 통신로** 데이터 전송에 있어서 전송로의 표시나 제어 부호의 전송 등에 쓰이는 단방향성의 통신로.

control character[–kǽrəktər] **제어 문자** 특정 문맥 중에 나타나며, 제어 기능을 개시하거나 변경 또는 정지하는 문자. (1) 데이터 전송 제어를 위해 이용되는 특별한 의미를 가진 부호. 회선이나 단말의 감시, 단말의 지정, 선택, 식별 등을 행하기 위해 이용된다. 대표적인 것으로 ENQSTX, ETX, SYN, EOT 등의 전송 제어 신호와 LF, CR 등의 프린터 제어 부호가 있다. (2) 제어용 문자 : 데이터의 기억, 처리 등을 제어하기 위해 이용되는 제어용 문자. 처리하고 있는 문자열 중에서 단순한 데이터로서가 아니라 처리 루틴을 어떤 의미로 제어하는 의미를 가진다. 예를 들면, 프린터로 출력되는 최초의 문자가 행의 피드 제어에 사용되거나 카드 펀치 출력 스태커를 지정하거나 단말 상대 입출력에서 데이터 시작과 끝을 표시하는 것 등이 있다. ① 뒤의 동작 때문에 제어 문자를 기록하는 경우도 있다. ② 제어 문자는 도형 문자가 아니지만 어떤 경우에는 도형을 써서 표현하는 경우도 있다.

control chart[–tʃɑ́:rt] **관리도**

control circuit[–sə́:rkit] **제어 회로** 컴퓨터가 적절한 순서로 명령어를 수행하도록 제어하는 회로.

control circuitry[–sə́:rkitri(:)] **제어 회로**

control clerk[–klə́:rk] **제어 담당자** 데이터 처리의 조작에 관한 제어 임무를 수행할 때 책임을 지는 사람.

control clock[–klɑ́k] **제어 클록** 명령어 시행과 자료 처리 시간을 정해주는 하드웨어에 포함된 전자 시계.

control code[–kóud] **제어 코드** 디스플레이 스크린이나 프린터 같은 디바이스를 제어하기 위해 사용하는 하나 이상의 문자.

control command[–kəmɑ́:nd] **제어 명령** 입출력 시스템에서 입출력 장치의 동작을 제어하고 지시하는 명령어.

control command program[–próugræm] **제어 명령 프로그램** 로그인/아웃(log in/out), 편집 프로그램 사용, 수행 큐에 프로그램 입력이나 적재 등 콘솔 사용자가 시스템에 보내는 모든 명령을 다루는 프로그램.

control computer [–kəmpjú:tər] **제어용 전산기** 범용 컴퓨터 또는 특수 제작된 컴퓨터를 말한다. 자동 제어 시스템에 짜넣는 것을 목적으로 만들어진 컴퓨터로 일반 사무용, 과학 계산용과 비교하면 단어 길이가 비교적 짧고 프로세스와의 신호를 주고받은 프로세스 I/O 인터럽트 기능을 가지며, 온라인에 이용되기 위해 높은 신뢰도를 필요로 하는 등의 특징이 있다.

control console[–kɑ́nsoul] **제어 콘솔** 컴퓨터 조작자나 서비스 엔지니어와 컴퓨터 사이에서 통신할 때 쓰이는 컴퓨터 시스템의 일부로서 프로그램의 융통성을 향상시킨다.

control console panel[–pǽnəl] **제어 콘솔 패널**

control counter[–káuntər] **제어 계수기** 명령어드레스 레지스터(instruction address register)와 동의어이나 ISO에서는 이 단어 사용을 금지하는 것을 권하고 있다.

control coupling[–kʌ́pliŋ] **제어 결합** 제어의 요청이나 반납 수단으로 한 모듈이 다른 모듈에 하나 또는 둘 이상의 신호나 스위치를 전달하는 형태의 결합.

control data[–déitə] **제어 데이터** 다른 루틴이나 파일, 레코드 또는 조작 등을 식별, 선택, 실행하거나 변경할 경우 제어하는 데 사용되는 데이터를 말하며, 변수 · 상수 · 문자가 포함된다.

Control Data Corp. **CDC, 컨트롤 데이터 사** 미국의 컴퓨터 회사의 하나. 이 회사의 제품은 미해군성 선박국 등의 정보 기관에서 많이 사용하는 것으로 유명하다.

control data item[–déitə áitəm] **제어 데이터 항목**

control data-name[–néim] **제어 데이터 이름**

control design[–dizáin] **제어 설계** 제어 장치 설계를 말하는데, 요즘은 대부분 마이크로프로그래밍(microprogramming) 으로 설계된다.

control dial[–dáiəl] **조정 다이얼** 다이얼의 아날로그 출력은 하드웨어에 붙어 있는 지시자에 의해 디지털값으로 변환되는데, 논리적 수치 측정기로 사용되는 물리적 장치로 볼륨 조정에 사용되는 것과 비슷한 전위차계이다.

control dictionary[–díkʃənəri(:)] **제어 사전** 언어 처리 프로그램의 출력의 일부분으로서 연결 자료를 위한 제어 정보가 기억되어 있는 부분.

control element[–éləmənt] **제어 요소** 보통 사무 자동화 시스템(IOAS)에서 사무 기기의 사용 억제, 인적 사항 등의 제어를 위해 필요한 요소.

control engineering[–èndʒəníəriŋ] **제어 공학** 어떤 특성 등의 관측, 측정, 기록, 전송 또는 그 결과에 대한 비교, 논리 판단, 처리나 그 결과를 가지고 원활한 각종 장치의 운전, 사고 배제 등을 자동으로 하기 위한 여러 기술의 종합적인 학문으로, 자동화의 기초 기술인 계측 · 자동 제어 및 이에 관련되는 기술을 체계적으로 취급하는 공학 분야.

control equation[–ikwéiʒən] **제어 방정식** 프로세스 제어에 있어서 제어 목적으로 이용되는 변수 y가 프로세스 변수 $x_i (i = 1, 2, 3 \cdots\cdots)$의 양(陽)함수로서 $y = f(x_1, x_2, \cdots\cdots, x_n)$으로 표현된 것을 제어 방정식이라고 한다.

control field[–fí:ld] **제어 필드** 하나의 레코드 중에서 레코드 처리에 관련된 정보가 쓰여져 있는 필드.

control field length[–léŋθ] **제어 필드 길이**

control flow[–flóu] **제어 흐름** 제어 흐름은 순서도로 표현될 수 있는데, 하나의 프로그램 실행 순서에서의 모든 가능한 경로를 추상화한 것.

control footing[–fútiŋ] **제어 각주**

control footing report group[–ripɔ́:rt grú:p] **제어 각주 보고 집단**

control format item [–fɔ́ːrmæt áitəm] **제어 형식 항목**

control function [–fʌ́ŋkʃən] **제어 함수** 데이터의 기록, 처리, 전송 및 해석에 영향을 주는 동작 또는 장치의 제어를 위한 함수.

control grid voltage [–grí(ː)d vóultidʒ] **제어 그리드 전압** 이 전압이 음이 될수록 화면에 부딪치는 전자의 수가 적어져 화상의 강도를 제어하는데, 표시 장치인 CRT의 음극에서 발하는 전자가 화면에 부딪치는 정도를 결정하는 제어 그리드의 전압.

control heading [–hédiŋ] **제어 표제** 레코드의 제어 그룹에 대한 제목 혹은 간략한 정의 자료로서 각 그룹의 앞에 위치하는 것.

control hierarchy [–háiərɑ̀ːrki(ː)] **제어 계층**

control hole [–hóul] **제어 구멍** 천공 카드 상의 데이터의 성질 또는 기계가 맡아야 할 기능을 표시하기 위하여 카드 상에 천공시키는 구멍.

control information [–ìnfərméiʃən] **제어 정보** 특정 기능을 제어하기 위해 해당 기기에 보내는 정보.

control instruction [–instrʌ́kʃən] **제어 명령어** 데이터를 기억시킬 수 있는 주기억 장치의 기억 공간을 마련하거나 명령어의 순서 선택과 주기억 장치와 보조 기억 장치에 기억된 데이터를 처리하고 해석을 제어하는 데 쓰이는 특별한 명령어.

control instruction register [–rédʒistər] **제어 명령어 레지스터** 다음에 수행될 명령어의 어드레스를 기억하고 있는 특별한 레지스터.

control instruction transfer [–trǽnsfər] **제어 명령어 이전**

control interval [–íntərvəl] **CI, 제어 구간** 가상 기억 장치 접근법(VSAM)이 직접 접근 기억 장소에 대하여 파일을 입출력시키는 단위를 말하는데, 제어 구간이란 VSAM이 데이터 레코드들과 이들에 관한 제어 정보를 저장하는 하나의 연속적인 직접 접근 기억 공간을 말한다.

control interval access [–ǽkses] **제어 구역 접근**

control interval split [–splít] **제어 구역 분할** 새로 삽입할 레코드의 길이가 삽입할 제어 구간의 자유 공간보다 클 경우에 제어 구간의 분열이 일어난다.

control key [–kíː] **제어 키** 제어에 관한 지식이나 연산 과정을 조정하기 위한 여러 처리 과정이나 구조에 관한 지식.

control language [–lǽŋgwidʒ] **제어 언어** (1) 컴퓨터의 운용중 컴퓨터 오류나 사용자의 잘못된 사용을 방지하기 위해 제어 프로그램을 기술하는 데 이용되는 언어. (2) 적절한 구문을 갖는 순서 연산자의 집합이며, 운영 체제에 의해 수행되어야 할 기능을 표시하기 위하여 제어 프로그램을 기술하는 데 이용되는 언어.

controlled [kəntróuld] *a.* **제어된, 피제어의** 제어된 명사와 결부되는 경우에는 「피제어~」라는 형식으로 번역하는 경우가 많다. 예를 들면, 피제어 파라미터(controlled parameter)는 프로그래밍 언어PL/I의 ALLOCATE 문으로 할당되며, FREE 스테이트먼트로 할당을 해제시키는 변수이다. 이 밖의 복합어로는 피제어 기억 영역(controlled storage), 피제어 기억 영역 할당(controlled storage alloca-tion) 등이 있다. controlled는 의미로는 adjusted와 같으나 위와 같은 조합의 대용으로서 adjusted를 사용하는 경우는 없다.

controlled argument [–ɑ́ːrgjumənt] **제어된 인자**

controlled cancel [–kǽnsəl] **제어된 취소**

controlled head gap [–héd gǽp] **제어된 헤드 갭** 기록/판독 헤드와 디스크 표면 사이에 항상 일정하게 유지되는 미세한 간격이 있는데, 안전 헤드는 디스크 표면과 접촉하지 않도록 자동 조정된다.

controlled parameter [–pərǽmətər] **피제어 파라미터**

controlled sequential access method [–sikwénʃəl ǽkses méθəd] **제어 순차 접근 방법**

controlled state [–stéit] **관리 상태**

controlled storage allocation [–stɔ́ːridʒ æ̀ləkéiʃən] **피제어 기억 영역 할당**

controlled system [–sístəm] **제어된 시스템** 제어의 대상이 되는 기계 프로세스 시스템 등의 전체 또는 일부.

controlled variable [–vέ(ː)riəbl] **피제어 변수, 제어된 변수** 컴퓨터에 의해 조작되거나 제약 혹은 제어되는 시스템의 수량 조건 및 부분들.

controller [kəntróulər] *n.* **제어기** 데이터 처리 시스템에서 한 개 이상의 주변 장치를 제어하는 기능 단위.

control level [kəntróul lévəl] **제어 레벨** COBOL이나 RPG 또는 범용 파일 처리 시스템 등에서 보고서 작성 때에 사용되는 개념. 제어 레벨은 정의에 따라 몇 종류가 있지만 그 변화가 생길 때 합계를 만들도록 명령한다. 이 변화를 제어 레벨을 자른다고 한다.

control level indicator [–índikèitər] **제어 레벨 표지**

control line [–láin] **제어 회선** 전송이 시작될 때 회선에 연결되어 있는 각 단말기를 제어하는 무작위 또는 순차적인 시간 주기 제어. 통신 회선과 단말기를 제어하는 한 방법이다.

controlling element [kəntróuliŋ éləmənt] **제어부** 목표값에 따라 신호의 검출부에서 신호를 내는 것을 바탕으로 제어계가 요구된 동작을 하는 데 필요한 신호를 만들어 조작부에 보내는 부분.

controlling system [-sístəm] **제어 시스템** 참조 입력 부분, 합치점, 전후 제어 부분, 감지 부분을 포함한 피드백 부분으로 직접 제어를 할 수 있는 변수의 결과 오차에 따라 변수를 재조정할 수 있는 피드백 제어 시스템.

control link [kəntróul líŋk] **제어 연결** 제어 신호를 전달하기 위한 선의 연결.

control logic [-ládʒik] **제어 논리** 각 단계나 사건은 단일 연산식이나 단일 불 수식으로 정의되는데, 특별한 기능을 수행하기 위해서 필요한 단계들 또는 사건의 순서를 가리킨다.

control logic and interrupt [-ənd ìntərʌ́pt] **제어 논리와 인터럽트**

control loop [-lú:p] **제어 루프** 자동 제어 방식이라고도 하며 폐쇄 시스템의 주종을 이룬다.

control mark [-má:rk] **제어 마크** 자기 테이프의 끝이나 파일의 경계를 나타내는 특수한 부호 또는 감지 표시로서 자기 테이프 내에 하나의 블록으로 존재하여 테이프 내의 후속 정보 유형을 알리거나 정보의 끝을 알린다. 이 제어 표시는 프로그래머가 이용하는 특별 제어 기능을 갖는다.

control memory [-méməri(:)] **제어 기억 장치** 마이크로프로그램이 저장되는 기억 장소.

control message [-mésidʒ] **제어 메시지** 데이터 전송시에 그 송·수신측을 정하고 수신 블록의 오류 상태를 알려주거나 전달 순서를 취소하는 메시지. 이것을 오류 복구 또는 핸드셰이킹 과정이라고도 한다.

control message display [-displéi] **제어 메시지 표시 장치** 컴퓨터에서 일어난 사건 등을 보충 언어 상태로 보여주는 장치. 또는 여러 제어 장치에서 현재 어떤 제어 명령이 실행되고 있는지를 나타내는 장치.

control mode [-móud] **제어 상태** 회선 상의 모든 단말기들이 제어 상태에 있으면 회선 상의 문자들은 폴링이나 주소 등을 수행하는 제어 문자로 취급하는데, 회선에 연결되어 있는 모든 단말기들 중에서 회선 사용 규칙, 회선 제어, 단말기 선택 등으로 조정될 수 있는 상태.

control nondata I/O operation **제어 무자료 입출력 조작** 데이터를 검색 또는 변경하거나 원상태로 변경하지 않는 입출력 조작. 즉, 디스크 헤드의 트랙 이동, 테이프 되감기 등을 들 수 있다.

control number [-nʌ́mbər] **제어 수치** 어떤 프로세서나 문제의 정확도를 증명하기 위해 그 프로세서나 문제의 결과로 나타나는 양 또는 수치.

control operation [-àpəréiʃən] **제어 연산, 제어 기능** 데이터의 기록, 처리, 전송 및 해석에 영향을 주는 동작. 처리의 개시 및 정지, 복귀, 개행(改行), 글자체의 변경, 되감기, 전송 종료.

control oriented microcomputer [-ɔ́(:)riəntid màikrəkəmpjú:tər] **제어용 마이크로컴퓨터**

control output module [-áutpùt mádʒu:l] **제어 출력 모듈** 제어 시스템의 출력을 내는 장치. 즉 제어 명령어들을 받아들이고 저장·해석하며 시스템 제어 신호를 생성하는 장치.

control panel [-pǽnəl] **제어판** 계산 장비의 조작 제어용 전선을 관리하는 분리 가능한 연결 장치. 데이터 처리 시스템 또는 그 일부를 제어하기 위하여 사용되는 스위치를 갖는 기능 단위이다. 시스템의 기능 동작에 관한 정보를 부여하는 지시기를 갖는 경우도 있다.

〈화상 회의용 제어판〉

control panel device [-diváis] **컨트롤 패널 서류** 컨트롤 패널에 아이콘으로 표시된 항목으로, 각종 시스템 설정에 이용되는 것을 말한다. 파일 형태는 CDEV이다.

control panel interrupt transfer [-ìntərʌ́pt trænsfə́:r] **제어판 인터럽트 전송**

control panel or console [-ər kánsoul] **제어판, 제어 콘솔** 제어판에는 조작자가 기계를 동작시키거나 정지시키고 주기억 장치와 제어 장치의 내용을 알 수 있도록 많은 스위치가 달려 있는데, 조작자가 제어판을 이용해 시스템을 제어할 수 있다.

control panels folder [-pǽnəlz fóuldər] **컨트롤 패널 폴더** ⇨ system

control password [-pá:swə̀:rd] **제어용 암호**

control pen [-pén] **제어 펜** 어떤 기능이나 실행을 지시·조작하는 데 쓰이는 라이트 펜(light pen ; 광펜) 형태의 입력 장치.

control primitive [-prímitiv] **제어 프리미티브** 통신에 필요한 자원을 할당하며 서브네트워크를 제어하고, 네트워크와 호스트 컴퓨터 상호작용을 제어하는 데 필요한 프리미티브.

control printing[–príntiŋ] **제어 인쇄** 상세한 레코드의 리스트 없이 식별하는 것을 목적으로 한 제어 그룹의 리스트.

control procedure[–prəsí:dʒər] **제어 절차**

control processing method[–prásesiŋ méθəd] **제어 처리법** 감사 대상 기간중 처리된 삭제 작업 결과와 같은 프로그램을 사용하여 감사인이 입회하여 같은 작업을 행한 결과를 비교해봄으로써 시스템의 정확성을 확인하는 컴퓨터 감사의 한 방법.

control processor[–prásesər] **제어 처리계** 전자 교환기의 3대 구성 요소인 통화로계, 중앙 처리계, 입출력계의 하나로 호출의 접속이나 복구 등의 제어를 행하는 중앙 제어 장치, 제어에 필요한 프로그램이나 정보를 기록하는 기억 장치 등의 총칭이다. 중앙 처리계는 중앙 제어 장치와 입출력계와의 정보 수수(授受)를 하는 데이터 채널 장치 및 프로그램이나 데이터를 기억하는 기억 장치로 구성된다. 입출력계는 데이터 채널 장치에 접속되는 대용량 외부 기억 장치로서의 자기 드럼 또는 자기 버블 메모리, 보수용 타이프라이터, 과금(課金) 데이터나 트래픽 데이터 출력을 위한 자기 테이프 장치 등으로 구성된다.

control program[–próugræm] **제어 프로그램** 운영 체제 중에서 멀티프로그래밍 제어, 배치 작업의 일괄 제어, 파일의 통일적인 취급 등에 필요한 프로그램으로, 이 부분만을 운영 체제라고 하는 경우가 많다.

control program for microcomputer [–fər màikrəkəmpjú:tər] CP/M

control program support[–səpɔ́:rt] **제어 프로그램 지원**

control program type[–táip] **제어 프로그램 형식** 제어 프로그램에서 각 루틴들이 오류 처리, 콘솔로부터의 인터럽트, 통신 단말기로부터의 인터럽트 및 입출력 장치 처리를 담당하는데, 이러한 루틴들을 미리 작성하여 보관하고 프로그래머의 노력과 프로그래밍 오류 자체를 줄일 수 있도록 한 것.

control punch[–pʌ́ntʃ] **제어 천공** 카드에 천공되어 있는 데이터가 어떻게 처리되는가를 제어하거나 컴퓨터에 대하여 어떤 지시 또는 제어를 하기 위한 천공.

control read only memory[–rí:d óunli(:) méməri(:)] **제어 ROM**

control record[–rikɔ́:rd] **제어 레코드** 통신 액세스 방식(TCAM)에 있어서 재시작중에 메시지 제어 프로그램의 환경을 재구성하기 위해 사용되는 검사점 요구 레코드나 발생 사상 레코드로서, 환경 레코드를 계속해서 유지하는 검사점 데이터 집합에 포함되는 레코드 또는 제어 조작의 시작, 수정, 데이터 처리 방법의 결정을 위해서 사용되는 데이터를 갖고 있는 것.

control register[–rédʒistər] CR, **제어 레지스터, 명령 레지스터** 중앙 처리 장치의 제어 장치(control unit)의 일부이며, 기억 장치에서 판독한 명령을 받아들이고 그것을 실행하기 위하여 일시 기억하거나 재배치, 우선 개입 프로그램 사상(事象) 기록, 오류 회복, 태스크 조작 등의 제어용으로 쓰이는 레지스터를 가리킨다.

control ROM **제어 ROM**

control routine[–ru:tí:n] **제어 루틴** 컴퓨터 운영 체제의 일부로서 주로 다른 루틴들의 적재 및 재배치를 수행하는 명령어들의 집합을 의미한다.

control routine interrupt[–ìntərʌ́pt] **제어 루틴 인터럽트**

control searching[–sə́:rtʃiŋ] **제어 검출** 선형 검출은 주어진 키와 표의 어느 한 키를 비교한 다음 그 결과 여부에 따라 작업을 끝내든지 다음 문서의 키와 비교를 계속할 것인지를 결정한다. 이때 한 번의 비교 동작, 즉 키 K와 K_i를 비교하면 $K>K_i$ $K=K_i$ 및 $K<K_i$ 중의 어느 한 상태가 되는데, 이와 같은 정보를 $K=K_i$가 아닐 때 다음에 비교할 대상을 선택하기 위한 기준으로 이용하는 검출 방법이 제어 검출이다.

control section[–sékʃən] **제어 구간** 프로그램의 일련의 명령 또는 데이터로서 컴퓨터 시스템의 구조와 처리 과정의 변환 장치의 일부분.

control sequence[–sí:kwəns] **제어 순서, 제어 시퀀스** 명령어들의 일반적인 수행 순서를 말한다. 대부분의 컴퓨터에서는 연속적으로 수행된다.

control service of application process group[–sə́:rvis əv æ̀plikéiʃən práses grú:p] **응용 프로세스 그룹의 제어 서비스** 특정한 정보 처리를 수행하기 위해서 공동으로 동작하는 응용 프로세스 집합을 가리키는 말.

control signal[–sígnəl] **제어 신호** 이들 제어 신호들은 자료를 전송하지는 않으나 적합한 시간에 적합한 순서에 의해 정보의 전달이 이루어지도록 명령하고 구별한다.

control specification[–spèsifikéiʃən] **제어 명세** 요구되는 완전성의 수준을 보증하기 위하여 데이터 처리 시스템 중에 적용되어야 할 규칙의 기술들.

control stack[–stǽk] **제어 스택**

control standard[–stǽndərd] **제어 표준** 오

류나 탈락을 예방하고 검출해서 정정하기 위한 표준으로 받아들이는 제어 명세.

control state[–stéit] **제어 상태** 이 제어 상태는 기억 장소에 접근할 주소, 모드, 디스플레이 매개 변수를 변화시키는데, 모든 모드의 디스플레이가 12비트 길이 워드의 명령어로 해독되는 제어 상태로 들어가는 것을 말한다.

control statement[–stéitmənt] **제어문** 프로그램의 흐름을 지시하는 데 사용되는 문장들로서 특별한 전달을 유발하거나 이미 상술된 상황에 의한 전달을 실행시키는 FORTRAN의 용어. IF 문, GO TO 문, RETURN 문 등이 있다. (1) 분기, 반복, 서브루틴 호출 등과 같이 프로그램 실행의 진행 경로를 지정하는 문. 또 어셈블러나 컴파일러 등에 대해서 인자 형식 지정 등의 실행 제어를 행하기 위해 소스 프로그램 안에 끼워넣는 문. (2) 작업(job) 제어 카드에 천공되는 명령문으로 작업 구성, 입출력 장치 할당, 프로그램 실행 및 그 순서 등을 지정한다.

control station[–stéiʃən] **제어 지국(支局)** 기본형 제어 링크에서 주국(主局)을 지정하고, 폴링, 선택, 간격 및 회복 절차를 관리하는 데이터 스테이션.

control stick[–stík] **조정 스틱**

control storage[–stɔ́:ridʒ] **제어 기억** 마이크로프로그램을 저장하는 기억 장치. 초기에는 고정 기억 장치(ROM)가 이용되었지만 읽고 쓰기가 가능한 반도체 RAM이 사용됨에 따라 WCS(writable control storage)라고 불리게 되었다.

control storage address register [–ədrés rédʒistər] **제어 기억 장치 주소 레지스터** 마이크로프로그램된 제어 장치에서 명령을 수행할 수 있도록 하는 제어 워드들이 메모리에 존재하는데, 다음에 수행할 제어 워드의 주소를 가진 레지스터.

control storage data register [–déitə rédʒistər] **제어 기억 장치 데이터 레지스터** 제어 장치에서 마이크로프로그램된 제어 워드를 수행하기 위해 필요한 데이터의 주소를 가리키고 있는 레지스터.

control storage increment[–ínkrəmənt] **제어 기억 증가 기구**

control strategy[–strǽtədʒi(:)] **제어 전략** 제어 방법에는 고정 회복 불가능한 제어 방법과 고정 회복 가능의 제어 방법이 있는데, 어떠한 문제의 목표 상태가 유도될 때까지 현재 상태에 규칙들을 계속 적용하면서 적용되어 온 규칙들을 유지해서 수행이 끝났을 때 이러한 규칙들의 순서를 알도록 한다.

control stream[–strí:m] **제어 스트림** 컴퓨터 처리를 하기 위해 입출력 장치의 지정, 사용 프로그램의 명칭 등을 하드웨어와 연결하는 일종의 제어 카드 그룹. ⇨ 그림 참조

control structure[–strʌ́ktʃər] **제어 구조** 하나의 프로그램 중의 제어 흐름을 논리식의 값에 따라 분기(分岐)시키는 선택 구조. 프로그램 문(文)이 반복 실행을 지정하는 반복 구조 등을 이용한 구조이다. 구조화 프로그래밍 입장에서는 이들 구조를 써서 가능한 한 GO TO 문을 사용하지 않도록 하고 있다.

control supervisor[–sú:pərvàizər] **제어 감독기** 중앙에 데이터를 공급하고 조작자가 처리, 조작, 계산 등의 제어를 감시하며 관리하는 것을 허용하는 제어 시스템의 일종.

control system[–sístəm] **제어 시스템** 제어를 받은 제어 대상과 제어를 하는 제어 장치가 유기적으로 결합된 시스템.

control system and data acquisition[–ənd déitə æ̀kwizíʃən] **제어 시스템 · 데이터 획득**

control system output module[–áutpùt mádʒu:l] **제어 시스템 출력 모듈**

control tape[–teip] **제어 테이프** 인쇄 장치의 동작을 제어하기 위해서 천공 종이 테이프 또는 플라스틱 테이프의 폐쇄 루프.

control tape mechanism[–mékənizm] 제

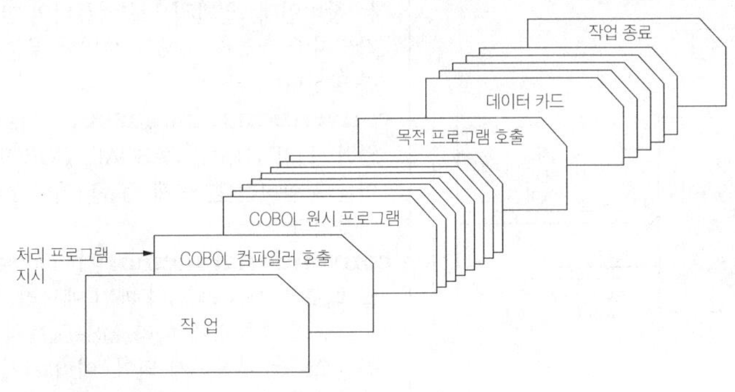

〈제어 스트림의 구성〉

어 테이프 장치 캐리어 조작을 제어하기 위한 특수 명령어들이 담긴 종이 테이프를 읽어들이는 장치인데, 인쇄 장치의 한 부분으로 인쇄 캐리지를 제어함으로써 원하는 하드 카피를 인쇄하는 장치.

control terminal[-tə́ːrminəl] **제어 단말기** 콘솔과 처리 센터 사이의 통신을 관장하는 장치.

control theory[-θíəri(ː)] **제어 이론** 고전 제어 이론은 단변수나 단일 루프의 제어를 논하는 데 그치고, 현대 제어 이론은 컴퓨터로서 다변수계의 처리에 적합하나 그 계산은 매우 복잡하고 상태 변수라는 개념의 실제의 물리적인 프로세스 변수와 대응한다고 할 수 없으므로 직관적으로는 알지 못할 때가 많다.

control token[-tóukən] **제어 토큰** 제어의 권한을 갖거나 제어하기 위해 사용되는 토큰.

control total[-tóutəl] **제어 합계** 파일이나 레코드 중에서 공통 항목을 포함한 필드의 합계. 입력 데이터 신뢰도나 프로그램 처리 등의 검사에 사용된다.

control total check[-tʃék] **제어 합계 검사** 처리 과정에서 반복적으로 나타나는 레코드의 특정 레코드 필드 숫자의 합을 계산하여 오류를 검사하는 방법.

control transfer[-trænsfə́ːr] **제어 이전** 데이터의 복사, 교환, 저장, 전송 또는 판독 · 기록하는 것이나 분기 명령의 실행시에 일반적인 순서에서 분리되는 프로그램 명령.

control transfer instruction[-instrʌ́kʃən] **제어 전송 명령어** 프로그램의 제어권(실행권)을 옮긴다는 의미에서 덤프 명령과 같은 뜻으로 쓰이는 경우가 있다.

control unit[-júːnit] **제어 장치** 중앙 처리 장치(CPU)를 구성하는 부분의 하나이며, 기억 장치에 축적되어 있는 명령을 해독하고 소요 신호를 내서 각 장치의 동작을 지시한다. 또 컴퓨터의 하드웨어 중에 특정 제어를 행하는 장치를 특별히 지정할 때를 말한다. 예를 들면, 기억 제어 장치, 채널 제어 장치, 입출력 제어 장치 등.

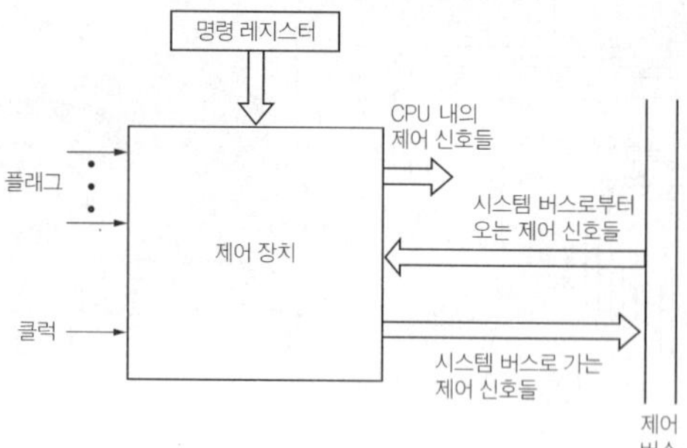

〈제어 장치의 블록도〉

control unit identification[-aidèntifikéiʃən] CUID, **제어 장치 식별**

control variable[-vɛ́(ː)riəbl] **제어 변수** 프로그램 제어의 흐름을 정하는 변수 분기의 조건을 정하는 변수 또는 명령문에서 반복되는 반복 횟수를 정하는 변수.

control volume[-váljum] CVOL, **제어 볼륨** 다수의 카탈로그 색인을 조합한 볼륨.

control word[-wə́ːrd] **제어 단어** 정보가 어떻게 처리되는가를 지령하는 명령어. 예를 들면, 입력 장치로부터 정보를 기억 장치로 전송할 때, 전송하는 기억 장치의 어드레스나 몇 단어를 계속 전송할 것인가 등을 지령하는 명령어. 따라서 일반적으로는 어드레스나 오퍼랜드를 포함하는 것뿐만 아니라 복수 개의 파라미터나 제어 정보를 포함한 것을 말한다.

convention[kənvénʃən] *n*. **규정, 협정, 약속** 컴퓨터 분야에서는 프로그램이나 시스템 분석을 위한 절차(procedures), 특수 기호(special symbols). 즉, 약어, 심벌, 특별한 시스템과 프로그램을 위해 개발되어 약속된 의미이며, 때로는 어느 것이든 표기법(notational conventions)이라고 하는 경우도 있다.

conventional[kənvénʃənəl] *a*. **재래 형식** 이미 오래 전부터 규정되어 굳어진 형식.

conventional encryption system[-inkrípʃən sístəm] **관용 암호화 방식, 공통 암호 방식** 데이터의 비밀을 보호하기 위한 암호화 방식의 하나. 미국 상공부 표준국이 사용하고 있는 DES는 이 방식을 채택하고 있다. 공개 키 암호화 방식의 상대어이다.

conventional equipment[-ikwípmənt] **재래식 장비** 카드 장치나 테이프 처리 장치, 디스크 장치 등 본체 내에 설치되지 않았거나 연결되지 않는 장비인데, 일반적으로 컴퓨터의 한 부분으로 생각되지만 컴퓨터 자체의 특별한 부분이 아닌 장비를 말한다.

conventional language[-lǽŋgwidʒ] **재래식 언어** FORTRAN, PASCAL, COBOL, C 등의 언어를 포함하는데, 현재 컴퓨터에서 널리 쓰이는 언어들이다.

conventional memory[-méməri(ː)] **컨벤셔널 메모리** MS-DOS의 메인 메모리 공간. 응용 프로그램의 대형화에 따라 MS-DOS의 원래 메모리 공간으로는 부족하게 되어, 여러 가지 메모리 확장 규격이 정해졌다. 컨벤셔널 메모리라는 호칭은 그런 확장 영역에 대해 예전부터 사용되었던 메인 메모리 공간을 가리킨다.

conventional programming language [-próugræmiŋ lǽŋgwidʒ] **재래식 프로그래밍 언어** ⇨ coventional language

conventional storage[-stɔ́:ridʒ] **컨벤셔널 메모리** 예를 들면, MS-DOS에서, 어드레싱 가능한 640KB의 RAM 영역.

convergence[kənvə́:rdʒəns] *n.* **수렴**

conversation[kɑ̀nvərséiʃən] *n.* **대화** 주로 컴퓨터와 인간과의 「대화」, 「통신」의 의미로 쓰이고 있다. 따라서 커뮤니케이션(communication)과 대화(interaction)와 같은 뜻으로도 쓰이고 있다. 최근에는 범용 컴퓨터에서 퍼스널 컴퓨터에 이르기까지 표시 장치(display unit)와 키보드를 경유하여 컴퓨터 시스템에 명령을 내린 후, 결과와 상황에 따라서 오퍼레이션할 수 있도록 되어 있다

conversational[kɑ̀nvərséiʃənəl] *a.* **대화식, 대화형** 사용자와 컴퓨터가 단계별로 서로 정보를 교환할 수 있는 처리 형태. 이것은 대화(conversation)로부터 파생된 형용사로서 대화형(interactive)과 같은 의미로 사용되는 경우가 많다.

conversational compiler[-kəmpáilər] **대화식 컴파일러** 단말기를 경유한 컴퓨터를 대화 형식으로 사용하는 방식의 컴파일러. 사용자(user)가 원시 언어로 작성된 명령문을 컴퓨터에 하나씩 순서대로 입력하면 컴퓨터가 명령문의 이상 유무를 즉시 검사하여 사용자가 사용해도 좋은지를 알려준다.

conversational device [-diváis] **대화식 장치**

conversational file [-fáil] **대화식 파일**

conversational guidance[-gáidəns] **대화식 안내** 컴퓨터 시스템과 사용자 사이의 통신이 대화식으로 진행될 때, 사용자의 어떤 행위가 있으면 시스템은 그 입력에 대한 반응이나 행위를 취하고 또다시 사용자의 재반응을 요구하는데, 이러한 형식에서 시스템은 사용자의 반응에 대한 내용이나 형태를 사용자에게 안내해주는 것을 말한다.

conversational language[-lǽŋgwidʒ] **대화형 언어** 단말 장치로부터 컴퓨터 시스템을 대화를 교환해가면서 이용하기 위해 개발된 프로그램 언어로 일련의 소스 프로그램을 준비하지 않고도 단말 장치의 키를 사용해 직접 스테이트먼트를 하나씩 입력하고 그것에 따라서 컴파일러가 계속되는 형식의 것. 일반적인 것으로 BASIC, conversational FORTRAN 등이 있다.

conversational language processor [-prásesər] **대화형 언어 프로세서** 코딩된 프로그램을 컴퓨터가 기계어로 고쳐서 읽을 때, 프로그램 전체를 일괄해서 번역하는 것이 아니라 일부분씩 번역하고 수정해서 기억해가는 방식.

conversational language system [-sístəm] **대화형 언어 시스템**

conversational mode[-móud] **대화 형식** 컴퓨터와 사람이 서로 대화해가면서 계산대로 데이터 처리 등을 하는 것. 대화 방식으로 컴퓨터를 이용하고 있을 때에는 종래의 배치(batch) 모드와는 달리 오류 등이 염려될 때 즉시 프로그램이나 데이터 등을 수정할 수 있는 것이 특징이다. 또한 컴퓨터 시스템의 조작 형태의 하나이며, 이용자와 시스템과의 상호간에 교환하는 투입 및 응답이 두 사람 간의 대화와 같은 의미의 수단이 되도록 하는 것.

conversational mode game[-géim] **대화 모드 게임**

conversational mode operation[-ɑ̀pəréiʃən] **대화형 운영** 실시간으로 사용자와 컴퓨터가 통신할 수 있게 운영하는 방식으로 원격 단말기에만 시스템이 사용되는 운영 방식.

conversational monitor system [-mánitər sístəm] **CMS, 대화형 모니터 시스템** 이용자가 프로그램을 컴파일하거나 테스트하는 것을 지원하는 것 외에 파일의 생성, 실행 등을 대화 형식으로 행할 수 있도록 한 가상 컴퓨터 운영 체제(operating system).

conversational operation [-ɑ̀pəréiʃən] **대화식 운영**

conversational operation mode [-móud] **대화식 운영 방식** 빠른 시간 내에 이루어지는 사용자와 시스템 사이의 통신 트랜잭션 처리 연산을 위해 사용되는데, 시스템은 원격 단말 장치의 서비스에 사용된다.

conversational procedure[-prəsí:dʒər] **대화식 절차** 단말과 컴퓨터가 대화적으로 입출력을 행하면서 처리를 진행하는 방식에 대한 용어인데, 단말로부터의 각 입력에 대해서 컴퓨터가 응답 메시지를 반송하고 반대로 컴퓨터로부터의 각 출력에 대하여 단말기가 응답 메시지를 반송하는 것.

conversational processing[-prásesiŋ] **대화형 처리** 컴퓨터와 사람이 CRT 등의 디스플레이 장치를 개재시켜 데이터를 주고받으면서 프로그램을 작성, 수정 또는 계산하는 방식. 시분할 시스템에 쓰이는 일이 많다.

conversational programming[-próugræmiŋ] **대화식 프로그램** 컴퓨터와 프로그래머가 대화를 하면서 프로그래밍 작업을 해나가는 방식. 이것이 가능한 언어를 대화식 언어(conversational language)라 한다.

conversational programming system [–sístəm] **대화식 프로그래밍 시스템** 컴퓨터 시스템과 프로그래머가 대화를 하면서 프로그래밍 작업을 하는 방식.

conversational remote job entry [–rimóut dʒɑ́(:)b éntri(:)] **CRJE, 대화형 원격 작업 입력** 원격(remote)으로 단말 장치를 사용하고 대화 형식의 조작(operation)을 행하면서 작업의 입력과 실행이 가능하도록 한 프로그램.

conversational system [–sístəm] **대화 시스템**

conversational terminal [–tə́ːrminəl] **대화형 단말**

conversational time-sharing [–táim ʃέəriŋ] **대화식 시분할** 사용자와 컴퓨터는 보통 고급의 쉬운 컴퓨터 언어로 통신하고, 원격 단말기를 가진 다수의 사용자들이 원거리에서 컴퓨터 시스템을 동시에 사용하게 된다.

conversational utility [–ju(:)tíliti(:)] **대화식 유틸리티, 대화형 유틸리티**

conversational utility program [–próugræm] **대화식 유틸리티 프로그램**

conversation mode [kɑ̀nvərséiʃən móud] **대화 모드, 대화 방식 기구**

conversation programming system [–p-róugræmiŋ sístəm] **CPS, 대화형 프로그램 시스템**

converse relation [kɑ́nvəːrs riléiʃən] **역관계**

conversion [kənvə́ːrʃən] *n.* **변환** (1) 전자 · 전기 분야에서는 주파수(frequency), 전압(voltage), 전류(current) 등을 변경하는 것을 말한다. 예를 들면, 주파수 변환기(frequency converter)는 신호의 대역(帶域) 특성을 바꾸지 않고 그 주파수를 바꾸는 것을 말한다. (2) 컴퓨터 분야에서는 데이터를 하나의 표현 형식으로 바꾸는 것을 말한다. 예를 들면, 데이터의 송신 모드(transmission mode)를 병렬(parallel)에서 직렬(serial) 또는 그 역으로 변환하는 것을 말한다. 또 파일 형식을 바꿔쓰는 것을 파일 변환(file conversion)이라고 한다. 코드 변환(code conversion)이라고 하면, 어떤 코드 체계의 코드를 다른 코드 체계의 코드로 변환하는 것이다. 서로 다른 시스템으로 만들어진 데이터 처리를 행할 때 필요하게 되는 경우가 있다. 프로그램 변환(program conversion)이란 소스 프로그램(source program)을 어떤 컴퓨터 특유의 언어에서 다른 것으로 변환하는 프로세스이다. 데이터 표현의 정확도는 서로 다른 데이터 모드 사이에서 변하므로, 변환에 의해 정보가 누설되는 경우도 있다.

conversion code [–kóud] **변환 기호**

conversion conductance [–kəndʌ́ktəns] **변환 컨덕턴스**

conversion device [–diváis] **변환 장치** 데이터나 내용 또는 정보의 내용은 바꾸지 않고 그 형식이나 매체를 바꾸어주는 특수한 장치나 주변 장치의 일부.

conversion equipment [–ikwípmənt] **변환 장비** 어떠한 데이터 처리를 위한 매체의 정보를 다른 형식의 처리 매체의 입력으로 사용할 수 있게 변환하는 장비.

conversion error [–érər] **변환 오류** 컴퓨터의 기억 장치에서 부동 소수점 방식으로 나타내기 위한 진법 변환시에 발생하는 오류.

conversion loss [–lɔ́(:)s] **변환 손실**

conversion mode [–móud] **변환 모드** 단말기와 컴퓨터 사이의 통신으로 매번 단말기로부터 입력이 들어올 때마다 컴퓨터가 응답을 하고 또 그 반대로도 행한다.

conversion program [–próugræm] **변환 프로그램** 여러 가지 특성을 가진 컴퓨터를 이용하는 사용자가 새로 프로그래밍하는 비용을 들이지 않고 컴퓨터의 처리량과 비용과 생산량을 극대화시키는 데 이용되는 프로그램.

conversion rate [–réit] **변환 속도**

conversion routine [–ruːtíːn] **변환 루틴** 데이터를 하나의 형식에서 다른 형식으로 변환하는 루틴. 예를 들면, 문자 모드에 입력된 10진수를 컴퓨터 내부의 2진수로 변환하는 10진 2진 변환 루틴이라든가 그 반대의 2진 10진 변환 루틴 등이 있다.

conversion table [–téibəl] **변환표** (1) 두 개의 서로 다른 기수법의 수를 비교하는 표. (2) 한 형태의 데이터를 다른 형태의 데이터로 변환할 때 속도를 높이기 위해 두 형태의 데이터를 대조할 수 있도록 만들어놓은 표. 예를 들어, EBCDIC 코드로 된 데이터를 아스키 코드로 변환하기 위해서는 EBCDIC 코드의 모든 문자에 대해 해당되는 아스키 코드 문자를 대응시킨 변환표가 필요하다.

conversion time [–táim] **변환 시간** 주어진 모든 코드화된 단어의 자릿수를 읽어들이는 데 걸리는 시간.

conversion transconductance [–trænskəndʌ́ktəns] **변환 트랜스컨덕턴스**

convert [kənvə́ːrt] *n.* **변환** (1) 변환(conversion)의 동사형. 따라서 의미는 conversion과 같다. 컴퓨터의 하드웨어, 소프트웨어의 양 분야, 데이터 통신 분야에서 여러 가지 형식으로 쓰여지고 있다. (2) 전달할 정보를 바꾸는 일 없이 데이터의 표현을 어떤 형식에서 다른 형식으로 바꾸는 것. 기수(基數) 변환, 코드 변환, 아날로그에서 디지털로의 변환 등이 있다.

converted [kənvə́ːrtid] *a.* **변환시킨**

converted journal entry [-dʒə́ːrnəl éntri(ː)] **변환 저널 항목**

converted precision [-prisíʒən] **변환시킨 정도(精度)**

converter [kənvə́ːrtər] *n.* **변환기** 데이터 변환기(data converter)라고도 한다. 어떤 코드 체계를 이용하여 표현한 데이터를 다른 코드 체계에 의한 표현으로 변환하는 장치. 예를 들면, 컴퓨터에서 사용하는 코드 체계와 다른 컴퓨터의 코드 체계가 서로 다른 경우 변환하는 장치. 이 장치에는 복수 개의 입력 단자와 출력 단자가 있으며 어떤 코드에 대응하는 입력을 주면 그 코드는 변환되며, 서로 다른 코드 체계의 코드 출력을 얻는다.

converter feature [-fíːtʃər] **변환 기구**

convertible drive [kənvə́ːrtibl dráiv] **전환 가능 장치**

convex [kənvéks] *a.* **볼록한** 도형이나 수학적인 함수의 그래프 모양이 안쪽으로 들어간 부분이 없이 볼록한 모양을 한 것.

convex angle [-ǽŋgl] **볼록각** 180° 보다 작은 각.

Convex Computer Corp. [-kəmpjúːtər kɔ̀ːrpəréiʃən] **컨벡스 컴퓨터 사** 주로 다중 처리기형 미니컴퓨터를 생산하는 미국의 컴퓨터 업체.

convex edge [-é(ː)dʒ] **볼록 간선** 볼록하게 두 개의 면이 만나서 생긴 간선으로「+」신호로 나타낸다.

convex hull [-hʌ́l] **볼록 껍질** 임의의 집합 X에 대한 볼록 껍질이란 X를 포함하는 가장 작은 볼록 집합을 말한다.

convex polygon [-páligɑ̀n] **볼록 다각형** 내부가 볼록 집합인 단순 S각형을 말한다.

convex programming [-próugræmiŋ] **볼록형 계획법** 운용 과학(OR)에서 비선형 계획법 중의 하나로 극대화 또는 극소화시킬 함수의 제약 조건식이 독립 변수에 대해 볼록한 모양으로 되는 것.

convex set [-sét] **볼록 집합** d차원 유클리드 공간상의 집합으로서 그에 속하는 임의의 두 점을 연결하는 선분도 역시 그 집합에 포함될 때 그 집합을 볼록 집합이라 한다.

convolution [kɑ̀nvəlúːʃən] *n.* **회선** 중앙 부분에서는 양수의 가중값을, 가장자리에는 음수의 가중값을 주는데, 영상의 각 픽셀에 수상력에 대한 가중값을 주는 것.

convolutional code [kɑ̀nvəlúːʃənəl kóud] **상승 코드** 정보 비트는 시프트 레지스터에 통과시켜 모듈러2 가산기를 사용해서 전송 비트를 만들어내게 하는데, 비블록형 구조를 가지고 있기 때문에 복호하기가 블록형 부호보다 쉽다.

convoy effect [kənvɔ́i ifékt] **호위 상태** 비선점 스케줄링(nonpreemptive scheduling)에서 작업량이 많아 시간이 오래 걸리는 프로세스가 CPU를 일단 차지해 버리면 다른 모든 프로세스들은 그 프로세스가 CPU를 내놓을 때까지 기다려야 한다. 이런 현상을 호위 상태라 한다.

convoy phenomenon [-finɑ́mənən] **밀집 현상** 병행 처리시 만약 트랜잭션 T가 교통량이 많은 로크를 획득중이고 시스템 스케줄러에 의해서 중단되었을 때 발생하는 현상.

cookie [kúki(ː)] **쿠키** 웹 사이트와 브라우저 간에 데이터를 교환하는 파일. 쿠키는 HTTP 서버(어떤 웹 사이트를 호스트하는 서버)가 사용자 브라우저로 같은 서버에 다시 접속하면 그 데이터 꾸러미는 다시 서버로 보내진다. 예를 들어, 사용자가 어떤 사이트(「가 사이트」)에 등록해서 「가 사이트」에 접속할 때마다 사용자 이름과 비밀번호를 입력해야 한다고 가정하자. 쿠키는 사용자 이름과 비밀번호를 기억하고 있다가 사용자가 「가 사이트」에 다시 접속했을 때 「가 사이트」에 그 정보를 자동적으로 제공한다. 즉, 사용자는 「가 사이트」에 접속할 때마다 번거롭게 사용자 이름과 비밀번호를 입력하지 않아도 되는 것이다.

Cook's theorem [kúks θíərəm] **쿡 정리** 만족성(satisfiability) 문제는 NP-complete이다.

CoolTalk [kuːltɔːk] **쿨톡** 쿨톡은 원래 인소프트(InSoft)라고 하는 회사에서 개발되었는데, 넷스케이프 사에서 이 회사를 흡수하면서 넷스케이프 3.0의 헬퍼 애플리케이션(helper application)으로 제공되고 있다. 쿨톡이 다른 인터넷 전화 프로그램과 가장 다른 점은 음성 통화 기능이 주기능이 아니라는 것이다. 물론 기본적으로 일대일 통화 기능은 제공하지만 보다 더 중점을 두고 있는 것은 원격 회의 시스템 기능이며, 이 제품은 이를 위해 화이트보드(white-board) 기능을 가지고 있다. 또 다른 장점은 환경 설정 마법사를 지원해 설치가 편리하다는 것이며, 일단 프로그램을 설치한 후, 사용자가 임의로 여러 가지 설정을 할 수 있도록 구성되어 있으며, 사용자가 갖고 있는 사운드 카드와 관련한 음질 테스트를 수행하게 되어 있는 점이 특징이다. ⇨ Netscape

cooperative algorithm [kouɑ́pərətiv ǽlgəriðm] **협동 알고리즘** consistent labeling 문제를 주는 이완법과 같은 반복적 기법.

cooperative installation [-ìnstəléiʃən] **협동 설치** 사용자들이 단합해서 모든 사용자에게 제

공되는 하나의 컴퓨터를 설치하는 데 동의하여 컴퓨터를 설치하는 것.

coordinate [kouɔ́ːrdinət] *n*. **좌표** 예를 들면 좌표계는 점(point)을 선(line), 면(plane), 입체(three-dimensional space)에 정확히 위치하는 방법이다. 2차원(two dimensions)에서는 두 개의 좌표 수로 점을 표시한다. 좌표값, 거리 또는 각도로 표현한다. 좌표계로서 가장 일반적인 것은 데카르트 좌표계로 X좌표와 Y좌표를 사용하여 점의 위치를 표시하는 방법이다. 일반적으로 2차원 이상에서 점의 좌표라고 하는 경우에는 좌표(coordinates)라고 하듯이 복수형으로 사용한다.

coordinate conversion [–kənvə́ːrʃən] **좌표 변환 요소** 직교 좌표를 θ만큼 회전해서 얻어지는 직교 좌표, 직교 좌표와 극좌표와의 변환 등을 행하는 아날로그 컴퓨터에서 사용되는 요소.

coordinate data [–déitə] **좌표 데이터** 표시 완충역 중에서 표시부 지령 후에 계속해서 기록되고 IBM 2250 표시 장치에서 지정된 조작을 하기 위해서 필요한 정보를 포함한 일련의 데이터 베이스 또는 좌표상에 나타나 있는 데이터로 표시 장치 표면에 주소 가능한 포인트를 나타낸 것.

coordinate dimension word [–diménʃən wə́ːrd] **좌표 치수 단어**

coordinate geometry [–dʒiámətri(ː)] **COGO, 좌표 기하학, 좌표 지오메트리**

coordinate graphics [–grǽfiks] **좌표 그래픽스, 좌표 도형 처리** 컴퓨터에서의 도형 처리의 일종. 표시용의 명령과 좌표 데이터를 주고 표시 영상(주로, 선화(線畵))을 생성하는 방식의 것.

coordinate grid [–grí(ː)d] **좌표 격자**

coordinate indexing [–índeksiŋ] **동등 색인법, 등위 색인법** 복수 단어를 조합해서 정보의 내용을 표현하며, 검색 쪽을 짐작하는 색인 방식. 예를 들면, 유니텀 방식은 동등 색인법이다. 이 방식은 하나의 키워드마다 카드를 추출해서 어느 것에도 공통으로 등록되어 있는 자료를 찾으면 그 자료는 키워드 모임으로 표현된 내용을 가지고 있다고 판단할 수 있다.

coordinate number [–nʌ́mbər] **좌표 수**

coordinate paper [–péipər] **좌표 용지** X–Y 프로터의 출력에 쓰이는 용지로 여백에 구멍이 뚫려 있는 연속된 모눈 종이.

coordinate storage [–stɔ́ːridʒ] **좌표 저장 장치** 기억 장치의 요소들이 행렬 형태로 배열되어 있어서 기억 장소로 호출하려면 둘 이상의 좌표를 필요로 하는 기억 장치.

coordinate system [–sístəm] **좌표계** 계산 결과나 비교를 그래프를 통해서 나타내는 데 사용되는 시스템.

coordinate-system-independent-vector [–indipéndənt véktər] **좌표 시스템 독립 벡터** 좌표 시스템의 선택에 따라 변하지 않는 성질로서 밝기에 대한 변화량의 한 예.

coordinate transformation [–trænsfərméiʃən] **좌표 변환** 같은 좌표계 또는 다른 좌표계 간에서의 좌표 변환을 말한다.

coordinate type potentiometer [–táip pətènʃiámətər] **좌표 전위차계**

coordinate value [–vǽljuː] **좌표값**

coordination [kouɔ̀ːrdinéiʃən] *n*. **협조**

coordinator [kouɔ́ːrdinèitər] *n*. **조정자** 2단계 완료 프로토콜을 통제하는 프로세서. 트랜잭션의 종료 또는 철회를 결정하는 책임이 있다.

Copland **코플랜드** MacOS 8 이전에 개발해오던 운영 체제의 개발 코드. 스케줄이 지연되고 NeXT 사가 매수하자 개발이 중지되었다. 파워 PC의 성능을 갖는 파워 PC 네이티브 코드를 대폭 도입하였다. 운영 체제가 인터럽트를 발생시켜 태스크를 교환하는 다중 작업(선점형 멀티태스크)을 실현한다. 아이콘이나 버튼을 입체화하는 등 사용자 인터페이스의 개량을 시도하였다.

copper distributed data interface [kɔ́pər distríbju(ː)tid déitə íntərfèis] **코퍼 분산형 데이터 인터페이스** ⇨ CDDI

copper interconnect [–íntərkənékt] **구리 배선** IC 칩 내부의 배선에 구리를 사용하는 것. 구리는 실리콘으로 순염(馴染)하기 때문에 지금까지는 배선 기술에 어려움이 있었지만, IBM 사에서는 도금 기술을 이용함으로써 이 방법을 쓰지 않게 되었다. 이전의 알루미늄과 비교해서 구리는 전기 저항값이 낮기 때문에 보다 정교한 배선 설계에서나 보다 저전력에서 동작할 수 있게 된다. 또한 핫 캐리어 효과(대전한 상태) 등의 LSI의 열화도 억제하는 것으로 알려져 있다.

coprocessor [kaprásesər] *n*. **보조 프로세서, 보조 처리기** 컴퓨터 내에서 CPU와 같은 취급을 받는 보조 프로세서로 수치 연산을 고속으로 실행하기 위한 수치 계산용 보조 처리기. 이것을 사용하면 좀 더 빠른 실행이 가능하다. ⇨ 그림 참조

COPS common open policy service의 약어. 네트워크 응용 프로그램에 QoS(quality of service)를 설정할 수 있게 해주는 별도의 컴포넌트를 제공하는 서비스. 네트워크 관리자가 COPS 기반의 모듈과 정책 서버를 결합시켜 네트워크 디렉토리에 등록시킬 경우, 사용자들은 자신의 로그온 위치에

관계없이 응용 프로그램과 데이터를 손쉽게 사용할 수 있다.

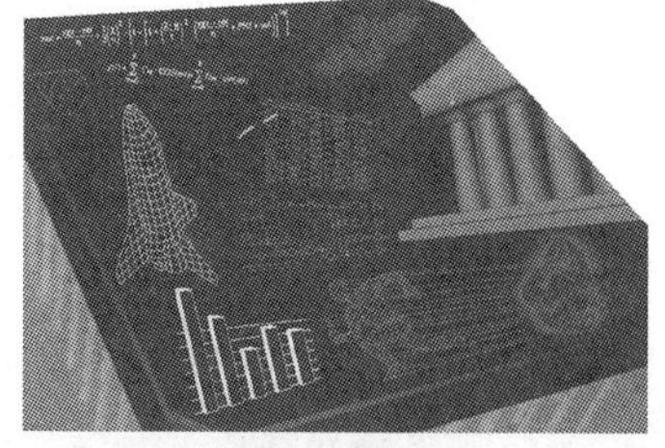

〈보조 프로세서〉

copy[kápi(:)] *n*. **복사** (1) 원래의 데이터는 그대로 남기고 원래의 데이터를 다른 장소로 이동(move)하는 것이다. 따라서 이동(move)과의 차이는 원래의 데이터는 그대로 보관시키고 있다는 것이다. 이 동작은 중요한 데이터가 파괴되거나 손실되는 것을 방지하기 위하여 행한다. 예를 들면, 퍼스널 컴퓨터용의 프로그램을 새로운 디스켓에 복사하여 원래의 디스켓은 보관해두는 것이다. 동작을 표시하는 말로서 복제(duplicate)가 있다. (2) 테이프, 디스크 혹은 인쇄된 자료의 재생을 의미한다.

copy and paste[–ənd péist] **복사하여 붙이기** 문자나 그림 등을 일단 문서에서 버퍼(일시적 기억 장소)로 복사한 다음, 필요에 따라 버퍼에서 꺼내 문서에 붙이는 것. 복사 대신 문서에서 문자를 잘라 이동시키는 것을 잘라 붙이기라고 한다.

copy function[–fʌ́ŋkʃən] **복사 기능**

copy holder[–hóuldər] **복사 홀더** 키보드로 타이핑하는 동안 사용자가 쉽게 읽을 수 있도록 종이를 받쳐주는 기기.

copying machine[kápiiŋ məʃí:n] **복사기**

copying unit[–ju:nit] **복사기, 복사 장치**

copyleft[kápilèft] **공개 저작권, 카피레프트** 모든 소프트웨어에 저작권(copyright)이 설정되면서, 사용자들의 자유로운 협력을 가로막게 되는 현실에 반대한다는 의미로 저작권을 뜻하는 copyright에서 유래된 말. 공개 저작권으로 된 소프트웨어는 배포할 때 복사와 수정의 권리를 함께 주는 것으로, 사용자들은 공개 저작권으로 된 소프트웨어를 자유롭게 복사할 수 있으며, 자신의 용도에 맞게 수정하거나 기능을 향상시켜 배포할 수도 있다.

copy library[kápi(:) láibrəri(:)] **복사 등록기**

copy machine[–məʃí:n] **복사기** 과거에는 습식이 많았으나 현재는 건식 복사 방식이 쓰이며 문서, 서적, 입체물을 용지에 복사하는 기계.

copy modification[–màdifikéiʃən] **카피 변경 기능**

copy module[–màdʒú:l] **복사 모듈**

copy protect[–prətékt] **복사 방지** 소프트웨어의 저작권을 보호하기 위해 일반적인 COPY 명령으로는 프로그램 디스크나 파일을 복제할 수 없도록 한 것. 복사 방지가 설정된 소프트웨어에는 전용 설치 프로그램을 사용하여 미리 설정된 횟수밖에 복제할 수 없는 것과 전용 키라고 불리는 하드웨어 장치를 사용하는 것 등이 있다.

copy protection[–prətékʃən] **복사 방지** 디스크에 복사가 되지 않는 특별한 자국을 주어 응용 프로그램이 그것을 검사할 때 그 자국이 없으면 실행되지 않게 한다. 소프트웨어의 불법적인 복제를 방지하기 위해서 특수한 방법으로 복사되지 않게 조치하는 것.

copy restore parameter[–ristɔ́:r pərǽmətər] **복사 재저장 매개변수** 매개변수 전달 기법 가운데 하나로 호출된 프로시저로 제어가 넘어가기 전에 실매개변수와 주소가 계산되어 넘겨지고 복귀 시에는 가매개변수의 현주소가 실매개변수의 위치 값으로 복사되는 방법.

copyright[kápiràit] *n*. **저작권** 소프트웨어, 출판물, 음반, CD, DVD 등에 대한 창작자나 출판자의 권리. 즉, 창작자와 예술가에게 그들의 작품을 출판하거나 그들 외의 누가 출판할 수 있는가를 결정할 수 있도록 독점권을 부여하는 법으로 많은 국가에서 법률로서 이를 보장하고 있다.

copyright free[–frí:] **저작권 자유** 저작자가 저작권을 포기한 프로그램, 화상, 문장, 음악 등을 일컫는 용어. 저작권 자유 컨텐츠는 사용자가 자유롭게 재사용할 수 있어 인기가 높다. 유사한 것으로 공개 저작권(copyleft)이 있다.

copy rule[kápi(:) rú:l] **복사 규칙** 부프로그램의 가매개변수를 실매개변수로 대체시키는데, 호출문에 의해 부프로그램이 호출되었을 때 실행 전에 호출문의 자리에 부프로그램의 내용이 대체되는 규칙.

copy virtual volume[–və́:rtʃəl váljum] **복사 가상 볼륨**

copy volme[–váljum] **카피 볼륨** 데이터 관리에서 베이스 볼륨과 볼륨 종류, 번호 및 볼륨 가운데 데이터가 똑같은 볼륨.

CORAL 66 코럴 66 computer on-line realtime application language의 약어. 영국에서 1966년에 개발된 군사 계획의 하나로서 제어용 프로그램 언어이다.

coral ring[kɔ́(:)rəl ríŋ] **코럴 링** 각 리스트가 헤드 노드를 갖는 원형 리스트로 다중 리스트 방식의 한 변형이다.

CORBA 코바 common object request broker architecture의 약어. 대표적인 분산 객체 기술의

일종. 분산 환경에서는 객체들이 여러 곳에 산재되어 있는데, 이질적인 분산 환경에서 부품 소프트웨어가 작동하려면 상호 운용성이 보장되어야 한다. 즉, 어떤 소프트웨어 부품도 다른 플랫폼, 네트워크 하에 있는 다른 프로그래밍 언어로 개발된 임의의 소프트웨어 부품의 속성과 메소드를 사용할 수 있어야 하는데, 이런 상호 운용성의 하부 구조를 제공하는 것이 코바이다. CORBA는 클라이언트가 원격 서버의 속성과 메소드를 자신의 기억 공간에 있는 것처럼 사용할 수 있게 해준다. 객체 지향 분산 프로세서 환경을 실현하기 위한 아키텍처이다. 객체 지향 기술의 표준화를 추진하는 비영리 단체인 OMG가 표준 사양으로 1991년 11월에 제시하였다. 오브젝트로 실현하는 각 서비스와 클라이언트 사이의 서비스 교량 역할을 하는 ORB에 대하여 이들의 역할이나 인터페이스 등을 정하고 있다. 컴퓨터업계의 주요 기업을 포함하여 800개 이상이 OMG에 참가하고 있고, OSF나 UI가 분산 관리 환경의 기술을 채택하고 있다. ⇨ DCOM, OMG

cord[kɔ́:rd] *n*. **코드** ⇨ cable

cordless plug[kɔ́:rdləs plʌ́(:)g] **무코드 플러그** 연결선에 접속기의 융통성 부분이 없는 것.

core[kɔ́:r] *n*. **알맹이** 자심. 코어. 자기 코어(magnetic core)라고도 부르는 컴퓨터 기억 장치를 구성하는 소자의 하나로 도넛 모양을 한다. 기억을 위해 쓰이는 자성체의 작은 조각이다. 이것에 큰 자기장을 일시적으로 부여하면 그 잔류 자력선속(磁力線束)이 변화하여 +측에 자력선속이 나오는 것은 1을 나타내고, −측에 자력선속이 나오는 것은 0을 나타낸다. 비휘발성 기억 장치이며, 읽어내면 내용이 모두 0으로 리셋되어 버리는 소멸성 읽기 방식을 취하고 있다. ⇨ 그림 참조

core buffer[–bʌ́fər] **코어 버퍼** 코어 기억 장치를 써서 구성한 버퍼.

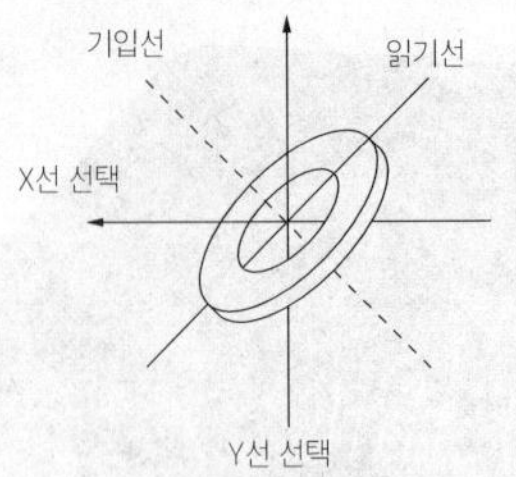

〈코어의 구조〉

core dump[–dʌ́mp] **코어 덤프** 코어 기억 장치의 내용을 출력 장치(라인 프린터나 종이 테이프 천공기)에 출력하는 것.

Core Graphics System[–grǽfiks sístəm] **코어 그래픽 시스템** 간단하게 코어라고도 부르며 독립적인 그래픽 패키지로 1977년 ACM SIGGRAPH 위원회에서 만들고 1979년에 개정되었다. 그래픽 표준의 발전에 대한 기본적인 정의를 담고 있으며 그래픽 프로그래밍의 일반적 개념과 실제를 나타내고 있다.

core hysteresis loop[–hìstəríːsis lúːp] **코어 히스테리시스 루프**

core image[–ímidʒ] **코어 영상** (1) 어떤 변화를 필요로 하지 않고 주기억 장치로 이용되는 형식의 정보. (2) 주기억 장치에 실행 또는 참조 가능한 상태로 저장되어 있는 프로그램이나 데이터 및 복사된 내용.

core image builder[–bíldər] **코어 이미지 생성기** 목적 프로그램이 주기억 장치에 변경 없이 탑재되어 실행될 수 있는 코어 이미지 형식으로 작성하는 프로그램이며, 목적 프로그램을 주기억 장치에 적재하는 적재기의 한 방식이다.

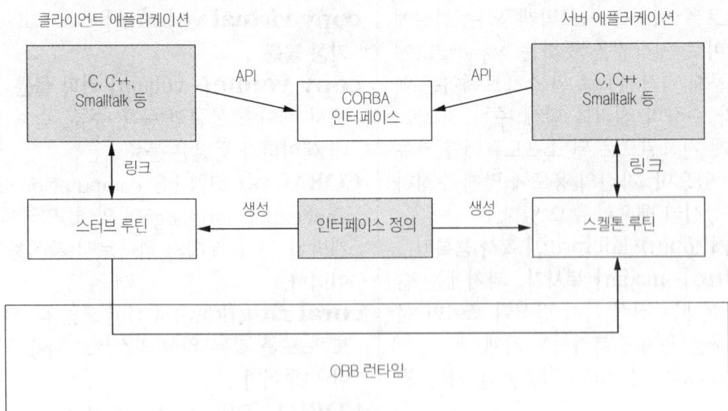

〈CORBA의 구성〉

core image library[–láibrəri(:)] **코어 영상 라이브러리** 이미 실행 가능한 기계어의 형으로 되어 있어서 프로그램이 기억 장치에 의해서 판독되고 실행되기까지의 시간을 단축시킬 수 있으며, 자기 코어 기억 장치에 의하여 판독되고 실행될 수 있는 형으로 보조 기억 장치에 들어 있는 프로그램의 집합.

core matrix[–méitriks] **코어 행렬** 고리 모양의 페라이트로 만든 자심을 매트릭스(격자) 모양으로 하고 판독/기록, 주소 선택의 배선을 하는 것.

core matrix memory[–méitriks mémәri(:)] **코어 매트릭스 기억 장치**

core memory[–mémәri(:)] **코어 메모리** 자심으로 구성된 컴퓨터의 기억 장치. 가로 세로로 짜여진 구리선의 교점에 도넛 모양의 페라이트 자석을 물린 것으로, 고리 모양의 자심의 자력선속 방향을 2진수의 값으로 대응시켜 정보를 기억한다. 이것은 고리 모양의 자심의 자력선속 방향이 자화(磁化)할 때의 전류의 방향에 따라 결정되고 보존된다는 원리를 이용한 것이다. 호출 시간이 비교적 짧고 값이 저렴하기 때문에 널리 이용되었다. 반도체 메모리가 일반화되기 전에는 메모리라고 하면 코어 메모리를 지칭했다.

core memory library[–láibrəri(:)] **코어 메모리 라이브러리** 대용량 기억 장치에 실행 가능한 형식으로 기억되어 있는 프로그램의 집합.

core memory resident[–rézidәnt] **코어 메모리 레지던트** 대용량 기억 장치에 실행 가능한 형식으로 기억되어 있는 프로그램의 집합.

core plane[–pléin] **코어 평면** 복수의 코어를 평면으로 배열·배선하는 것. 각 코어에는 X방향, Y방향에 각각 대응해서 배선시키고, 이 배선에 전류를 통하여 각각의 방향으로 자화(磁化)하도록 하고 있다. 이 밖에 금지선(inhibit line)도 배선되어 있다.

core program[–próugræm] **코어 프로그램** ⇨ core

core-rope memory[–róup mémәri(:)] **코어 로프 기억 장치**

core router[–ráutәr] **코어 라우터** 대규모 네트워크의 중심이 되는 라우터. 고성능이면서 신뢰성이 높은 라우터여야만 한다.

core stack[–stǽk] **코어 스택** 코어 평면을 여러 개 겹친 묶음.

core storage[–stɔ́:ridʒ] **코어 기억 장치** 제작이 힘들고 프로세서 기법들이 근본적으로 달라 거의 사용되지 않고 있으며 자심의 선택적인 극성에 의해 데이터가 기억되는 자기 기억 장치.

corner[kɔ́:rnәr] *n.* **코너** 경사의 불연속점 또는 파형상의 최대의 곡률 영역을 말하며, 파형의 특징을 나타내는 것이다.

corner cut[–kʌ́t] **코너 절단** 펀치 카드의 한 모서리(상단 오른쪽 또는 왼쪽)를 30°나 45° 또는 60° 각도의 세모꼴로 자르는 것. 이것은 카드 집단을 취급할 때 뒤집힌 카드를 발견하거나 카드 펀치에서 기계에 걸리지 않는 효과도 있다.

corner distortion[–distɔ́:rʃәn] **코너 왜곡** 보통 기준 파형의 진폭에 대한 비율로 나타내는 특정한 코너 영역 내의 파형의 기준파에 대한 진폭 편차.

coroutine[kɔru:tí:n] *n.* **코루틴** 프로그램에서 순서는 일반적으로 불려지는 쪽이 부르는 쪽에 속하고 있는 것이 대부분이지만 어느 쪽도 종속 관계가 아니라 대등한 관계로 서로 호출하는 것이다. 예를 들면, 게임 프로그램에서 각 플레이어 루틴은 서로 코루틴된다. 복수 프로세스 간에서 한정된 형태의 통신을 행하는 프로그램을 순차 제어로 실현한 것으로 볼 수도 있다.

corporate license[kɔ́:rpәrәt láisәns] **코퍼레이트 라이선스** 동일 기업이나 기관 내에 있는 다수의 PC에 사용하는 것을 허용하는 소프트웨어 판매 제도. 이것은 불법 복사를 피하는 것이 목적이며, PC 한 대당 한 세트씩의 소프트웨어만이 허용되는 싱글 카피 라이선스보다 가격은 다소 비싸지만 컴퓨터의 대수 비율로 볼 때 훨씬 유리하다.

corporate standard[–stǽndәrd] **기업 규격** 표준 실시 방법이라고 하는 각 기업의 사업 규격상 필요한 사람들을 규정한 것. 대체로 이것은 공표하지 않는 것이 보통이다.

correct[kәrékt] *a. v.* **올바른, 정확한, 고치다, 바로잡다** 프로그램 속의 오류를 수정한다든가 오류 데이터를 고친다고 할 때 흔히 쓰인다. 프로그램의 경우에는 디버그(debug) 작업의 일부라고도 말할 수 있다. 레지스터의 내용을 바꾼다든가, 실행 모드(mode)를 바꾼다고 하는 의미로도 쓰인다. 정확한 데이터(correct data), 바른 절차(correct procedure) 등의 형태로 모든 경우에 쓰인다.

correctable[kәréktәbl] *a.* **정정 가능한** 「오류의 수정 가능한」 것을 의미한다. 예를 들면, correctable error는 「정정 가능 오류」를 말한다. corrective는 교정적, 조정적인 의미로 사용된다. 예를 들면, corrective maintenance는 「교정 보존」이라든가 「사후 보수」를 말한다.

correctable error[–érәr] **정정 가능 오차** 컴파일할 때 발견된 오류를 그 자신이 자동으로 수정하여 계속 컴파일할 수 있는 오류.

correcting signal[kәréktiŋ sígnәl] **교정 신호** 동기 시스템에서 자료 수정을 위해 반복적으로 보

내는 특수한 신호.

correction[kərékʃən] *n.* **바로잡기, 교정** 지정한 문자열을 다른 문자열로 치환하여 오차를 바로잡는 기능. 원래의 문자열은 소거된다.

correction code[-kóud] **교정 코드** 정보의 전송상에 발견되는 오류를 교정하기 위해 쓰이는 코드.

correction program[-próugræm] **교정 프로그램** 오류나 고장 이전에 시행되던 루틴을 가장 최근의 시점으로부터 재구축해가는 것으로 컴퓨터가 고장났거나 프로그램 또는 조작원에 의한 오류가 생긴 이후에 사용되도록 고안된 루틴.

corrective[kəréktiv] *a.* **교정적, 조정적, 정정의**

corrective maintenance[-méintənəns] **교정 보존, 사후 보존** 컴퓨터를 사용할 때 고장이 발생할 경우에 행해지는 장애 검출, 재가동, 고장 식별, 장애 장치 분리 및 재구성, 원래 상태로 복구하는 절차.

correctness[kəréktnəs] *n.* **정확도** 소프트웨어 요구 사항이나 사용자의 기대에 만족되는 정도 또는 설계·코딩상의 결함이 없는 것.

correctness proof[-prú:f] **정당성 증명**

corrector[kəréktər] *n.* **수정자** 예측하는 공식을 예측자, 수정하는 공식을 수정자라고 한다. 상미분 방정식의 수치 해법의 하나로 예측자-수정자법(predictor-corrector method)에서 사용되는 것이다. 즉, 초기값에서부터 출발해서 일정 폭으로 답을 구하는 것인데, n번째 값을 $n-1$번째까지의 값을 이용해서 일정 공식으로 예측(predict)하고 그 값을 보조로 사용하여 수정한다. 그래서 충분한 정밀도가 얻어지기까지 수정을 반복하면서 n 번째 값을 구하고 다음으로 나아간다.

corrector formulas[-fɔ́:rmjuləs] **수정 공식** P차의 아담스-부시포트(Adams-Bushfort)법의 미분 방정식의 수치 해법에는 $Y_{n\times p+1}$, $Y_{n\times p+2}$, ……, Y_n에서 Y_{n+1}의 값을 구하는 것이고, P차의 Adams-Moulton법은 Y_{n+1}의 값을 구하는데 그 자신의 값을 필요로 한다. 전자와 같은 개방형 공식에서 Y_{n+1}의 값을 구하여 후자의 폐쇄형 공식으로 수정하는 방법이 많이 쓰인다.

correlation[kɔ̀(:)rəléiʃən] *n.* **관련성** (1) 일반적으로 몇 개의 사상이 서로 관련되어 있는 것. (2) 통계학 용어로 두 개 이상의 변량(random variable)이 어떤 경향을 갖고 동시에 변화해가는 성질.

correlation analysis[-ənǽlisis] **상관 분석** 모든 사상에서 인자가 서로 어떤 관련이 있는가 또는 그 관계는 어느 정도인가를 수량적으로 조사하여 분석하는 것. 품질 관리나 판매 관리에 응용되는 일이 많다.

correlation coefficient[-kòuəfíʃənt] **상관 계수** 상관 관계의 규칙성 정도를 양적으로 표현하는 계수를 상관 계수라 한다. 상관 계수는 +1과 −1 사이의 값을 취하며, 1일 때 상관도가 강하고, −1일 때 음(負)의 상관도가 강하며, 0일 때 무상관이 된다.

correspond[kɔ̀(:)rəspɑ́nd] *v.* **대응하다, 상당하다** 일반적으로는 상대하는 것이 두 개씩 틈새 없이 묶여 있는 모양을 나타낼 때 쓰인다. 두 집단의 각각으로부터 하나씩 꺼낸 구성 요소의 그룹이 명확히 다른 그룹과는 구별할 수 있는 성질이나 관계를 갖고 있는 것. COBOL 프로그램에 있어서 두 개의 집단 항목(group item)끼리의 연산을 행하는 경우, 각각이 집단 항목으로부터 하나씩 취한 데이터 항목(data item)의 그룹이 같은 데이터 이름을 가지며 또한 같은 데이터의 성질을 갖고 있는 상태. 데이터의 전기(轉記), 가감산에 적용된다.

correspondence[kɔ̀(:)rəspɑ́ndəns] *n.* **대응, 일치**

correspondence check[-tʃék] **대응 체크** 미리 코드를 컴퓨터에 기억시켜 두고 투입되어 오는 코드와 맞는지 어떤지를 체크하는 방법. 예를 들면, 거래처 코드를 메모리에 기억시켜 두고 투입 데이터의 거래처 코드가 그 중 어느 것과 합치하는지 여부를 체크하는 방법이다.

correspondence problem [-prɑ́bləm] **일치 문제** 입체 비전과 같이 다른 시점에서 본 두 영상 간의 지점(point)을 일치시키는 것.

correspond indexing[kɔ̀(:)rəspɑ́nd indéksiŋ] **상관 색인**

Corsair [kɔ́:rsɛər] **코르셰어** 노벨이 네트워크 애플리케이션과 서비스를 통합해 새로이 진보된 플랫폼으로 내놓은 것으로 다양하게 분포되어 있는 정보를 액세스하여 검색할 수 있도록 하는 네트워크 개발 언어이다. 이 언어를 이용해 다양한 포맷의 데이터와 네트워크 환경에서 사용 가능한 클라이언트 소프트웨어를 개발할 수 있다.

COS 개방형 시스템 협력 단체 Corporation for Open Systems의 약어. 1985년 5월 컴퓨터나 통신 관련 20개 사의 대표자가 OSI의 완성을 목표로 하는 표준화의 진행 사항을 조사하기 위해 조직된 단체. 참가 업체로는 DEC, HP, NCR, AT & T, 스페리, 컨버전트 테크놀로지, 제록스 등이 있다.

coset relation[kóuset riléiʃən] **코셋 비교식**

cosine roll off[kóusàin róul ɔ́(:)f] **코사인 롤 오프** 코사인 롤 오프 특성의 곡선 정도에 따라 50% 또는 100% 코사인 롤 오프 특성이라 하는데, 이상적 필터의 저역 차단 특성에 대하여 차단 특성을 코사인 파형과 같이 완만하게 하강시켜 이상 필터에 있어서의 임펄프 응답의 시간축과의 교점은 바꾸지 않고 응답 파형 아래 부분의 진동을 억제하여 부호간 간섭을 작게 한 저역 필터의 특성을 말한다.

cost[kɔ́(:)st] *n.* **비용, 가격, 코스트** 컴퓨터나 시스템 자체의 가격과 운영비를 가리킨다. 컴퓨터 시스템의 경제 비교를 행하는 기준으로 비용 가격비 혹은 성능 가격비라 불리는 척도가 있다.

cost accounting[–əkáuntiŋ] **원가 계산** 새로운 경제 가격 또는 기존 가치를 증대시키기 위해 소비되는 경제 가치의 계산이며, 원가 소비량 및 소비 가치를 일정한 급부 단위인 제품 또는 부분품, 반제품 등에 대해 산정하는 대상 계산을 일컫는다.

cost analysis[–ənǽlisis] **비용 분석** 공업이나 상업 조직체에서 작업 또는 프로세서, 서비스 등의 생산 비용을 결정하는 분석.

cost-benefit[–bénəfit] **비용 이익**

cost-benefit analysis[–ənǽlisis] **비용 이익 분석** 컴퓨터에 기초한 시스템 연구의 과제가 경제적으로 정당화될 수 있는지를 평가하는 것으로 타당성 연구의 한 분야.

cost-benefit-effectiveness analysis[–iféktivnəs ənǽlisis] **비용 이익 효율 분석**

cost-benefit module[–mádʒu:l] **CBM, 비용 이익 모듈**

cost-benefit optimization[–àptimaizéiʃən] **비용 이익 최적화**

cost-benefit ratio[–réiʃiòu] **비용 이익비**

cost-benefits[–bénəfits] **비용 이익** 비용 효과라고도 하며 달성 이익에 대한 원가의 비율.

cost-benefit trade-off[–bénəfit tréid ɔ́(:)f] **비용 이익 트레이드 오프**

cost constraint[–kənstréint] **비용 제약 조건**

cost effective allocation policy [–iféktiv æ̀ləkéiʃən pálisi(:)] **비용 효율 배분 정책**

cost effectiveness[–iféktivnəs] **비용 효율성** 컴퓨터 시스템의 경제 비교를 행하는 기준.

cost effectiveness analysis[–ənǽlisis] **비용 효율 분석**

cost effective system design[–iféktiv sístəm dizáin] **비용 유효 시스템 설계**

cost engineering[–èndʒəníəriŋ] **원가 공학**

cost estimation[–èstiméiʃən] **비용 산출** 어떤 컴퓨터에 기초한 시스템의 개발이나 그의 유지에 소요되는 모든 비용을 미리 산출해내는 것.

cost evaluation processor[–ivæ̀ljuéiʃən prásesər] **비용 평가 프로세서**

cost feedback path[–fí:dbæ̀k pá:θ] **비용 피드백 경로**

cost function[–fʌ́ŋkʃən] **비용 함수** 비용에 관련된 모든 변량에 대하여 어떤 관계를 나타내는 함수. 즉, 최적화를 위해 사용되는 복잡한 조건의 스칼라 측정을 말한다.

cost function sensitivity[–sènsitíviti(:)] **비용 함수 감도**

COSTI 코스티, 미국 연방 과학 기술 정보 위원회 Committee on Scientific and Technical Information의 약어. 정보 과학 기술(IST)의 범위에 관해 정의하고 있는데, 정보의 기억과 전달, 광학적 그래픽적인 정보 처리, 일상 언어와 언어학, 컴퓨터의 4항목에 관한 것이다.

cost index[kɔ́(:)st indéks] **비용 지수**

cost information[–ìnfərméiʃən] **비용 정보**

costing[kɔ́(:)stiŋ] *n.* **비용 예측** 어떤 작업이나 프로젝트에 소요되는 총비용을 산출하는 것.

cost minimization problem[kɔ́(:)st mìnimaizéiʃən prábləm] **비용 최소화 문제**

cost minimum[–mínimәm] **비용 최소**

cost model[–mádəl] **비용 모델** 소프트웨어 프로젝트의 여러 활동을 실행하는 데 소요되는 비용이 각 단계에 대해 완전하고 일관성이 있는가를 검증하는 수단.

cost performance[–pərfɔ́:rməns] **비용 성능비, 가격 대 성능** 컴퓨터의 원가 및 사용료나 경비를 포함한 컴퓨터에 필요한 비용과 컴퓨터 하드웨어 및 소프트웨어의 성능 비율. 이전에는 「성능은 가격의 제곱에 비례한다」라는 그로시(Grosh)의 법칙이 성립되었지만 현재는 반드시 성립되지는 않는다.

cost performance optimization [–àptimaizéiʃən] **비용 성능 최적화**

cost performance ratio[–réiʃiòu] **비용 성능비**

Cost Per thousand iMpressions **웹 페이지 광고 노출률** ⇨ CPM

cost processor[–prásesər] **코스트 프로세서**

cost rate[–réit] **코스트 비** (연간 유지비)/(구입비)를 말한다. 즉, 그 장치의 처음 비용에 대한 연간 유지비의 비율.

cost ratio[–réiʃiòu] **코스트 비**

cost reduction[–ridʌ́kʃən] **비용 절감**

costume play[kástju:m plei] **코스튬 플레이** 게임이나 애니메이션 등에 등장하는 캐릭터의 머리 모양, 복장, 액세서리 등을 흉내내는 것.

cottage key people[kátidʒ kí: pí:pl] **재택 근무자** 컴퓨터를 사용하여 작업을 하고, 그것을 통신 회선이나 플로피 디스크 등으로 회사에 가져가는 사람.

count[káunt] *n.* **계수** 사건이 있을 때마다 연속

적으로 증가하거나 감소되면서 누적되는 횟수의 합. 예를 들면, 레코드의 판독수를 레코드 계수(record count), 루프의 반복수를 루프 계수(loop count)라 한다.

countable[káuntəbl] *a. n.* **계수 가능한, 계수 가능** 집합의 원소 개수를 계수할 수 있는 집합론에서 다루는 집합의 한 성질.

countable infinite[–ínfinit] **계수 가능 무한** 집합론에서 계수가 가능한 무한 집합의 성질.

countable infinte sample space [–sǽ:mpl spéis] **계수 가능 무한 표본 공간** {1, 2, 3,…}처럼 자연수의 집합으로 셀 수는 있지만 무한히 많은 표본점들로 이루어진 표본 공간.

countable set[–sét] **가산 집합**

count area[káunt ɛ́(:)riə] **카운트 영역** 디스크 또는 드럼 등에서 레코드를 섹터 단위가 아니라 가변 길이로 써넣을 때 각각 데이터 레코드 앞에 붙이는 일종의 제어 정보로 그 내용으로는 플래그(flag ; 트랙의 오퍼레이션이 가능한가 아닌가 등의 정보), 실린더 번호를 포함한 식별자(이름), 키의 길이, 데이터 길이, 에러 검출을 위한 체크 부분 등이 있다.

count area check[–tʃék] **카운트 영역 체크**

count attribute[–ǽtribjù(:)t] **카운트 속성**

count check[–tʃék] **카운트 체크, 계수 검사**

count down[–dáun] **카운트 다운**

counter[káuntər] *n.* **계수기** (1) 프로그램 속에서 수치를 저장하는 장소이며, 그 수치에 대하여 다른 수치를 가감하거나 삭제 또는 임의의 수치를 설정하는 것. (2) 유한 개인 상태를 갖고, 각각의 상태가 계수적으로 표현되는 기구이며 적당한 신호를 받으면 그 수가 1 또는 주어진 상수만 증가하는 것. 계수기가 표시하는 수는 최대수 *n* 까지 순서대로 수취해가는 신호의 총수를 표시한다.

counter circuit[–sə́:rkit] **계수 회로** 입력 신호 때문에 내용이 하나씩 증가하거나 감소하도록 구성된 레지스터의 일종.

counter clockwise[–klákwàiz] **반시계 방향** 시계 바늘이 움직이는 방향과 반대로, 즉 오른쪽에서 왼쪽으로 돌아가는 것.

counter-controlled loop[–kəntróuld lú:p] **계수 조절 루프** 반복 수행문에 있어서 제어 변수에 반복 횟수를 지정함으로써 루프의 반복을 조절하는 것.

counter-doping[–dóupiŋ] **반대 도핑** n형 반도체에 억셉터를 넣어 p형으로 만들거나 p형 반도체에 도어를 넣어 n형으로 만들어 원형을 원래와 반대로 만드는 것.

counter inhibit[–inhíbit] **계수 금지** 프로그램의 더블 워드 상태에서 모든 카운터제로 인터럽트가 금지되었는지의 여부를 표시하는 비트.

counter mechanism[–mékənizm] **계량 기구**

counter operation[–àpəréiʃən] **계수기 연산** 계수기는 2진수 출력으로 제공되는데, 입력 펄스를 받아들이면서 입력 펄스의 개수를 헤아릴 수 있도록 플립플롭이 연결되어 구성된 디지털 장치이며, 크기에 따라 모듈러스나 간단하게 모드라고 하는 최대 계수기를 갖고 있다.

counter parameter[–pərǽmətər] **계수기 파라미터**

counter terminal[–tə́:rminəl] **카운터 단말기**

counter timer circuit[–táimər sə́:rkit] **CTC, 계수 타이머 회로** CPU와 직접 연결되어 CPU에서의 클록에 의해 동기되고 네 개가 독립적으로 프로그램이 가능한 계수 타이머 채널을 갖고 있다.

count field[–fí:ld] **계수 구역** ⇨ count area

counting[káuntiŋ] *n.* **계수** 펄스의 수를 셈하는 것.

count key data architecture[káunt kí(:) déitə á:rkitèktʃər] **CKD, 계수 키 데이터 방식**

count number[–nʌ́mbər] **카운트 수** 마우스의 이동량을 어느 정도 세밀하게 PC에 전달할 수 있을지를 나타내는 수치. 값이 클수록 정밀도가 높다.

count oriented protocol[–ɔ́(:)riəntəd próutəkɔ̀(:)l] **계수 지향 프로토콜** 임의의 2진수 데이터를 전송하는 데 블록 끝을 나타내는 경계 표시를 나타내는 대신, 블록의 처음 부분에 크기 표시 숫자를 사용하여 블록의 크기를 나타내는 프로토콜.

count parameter[–pərǽmətər] **카운트 파라미터**

country code[kʌ́ntri kóud] **국가 코드** 인터넷 상의 URL 중 맨 마지막 부분에 표시되는 호스트 컴퓨터가 존재하는 국가를 나타내는 코드. 예를 들어, kr인 경우 한국을, uk인 경우 영국을, jp인 경우 일본을 가리킨다.

count sequence[káunt sí:kwəns] **계수 순서** 계수기가 수를 셈하는 순서로 증가 방향과 감소 방향이 있다.

count zero interrupt[–zí(:)rou ìntərʌ́pt] **카운트 제로 인터럽트** 계수기의 내용이 0으로 될 때 발생하는 인터럽트.

couple[kʌ́pl] *n. v.* **결합, 결합하다, 연결하다** 특별한 케이블을 연결하기 위한 접속기.

coupled[kʌ́pld] *a.* **결합의, 결합형의**

coupled computers[–kəmpjú:tərz] **결합 컴퓨터** 컴퓨터를 짝지워서 특별한 응용을 목적으로 설치한 시스템으로 똑같이 병행되어 작동하는 컴퓨터의 작동 방식과 두 컴퓨터가 오프라인과 온라인 컴퓨터로 되어 있다가 필요한 경우에만 오프라인 컴퓨터가 스위치 조작을 하는 방식이 있다.

coupler[kʌ́plər] *n.* **결합기, 커플러**

coupling[kʌ́pliŋ] *n.* **결합** 컴퓨터 프로그램에서 모듈 간의 상호 독립의 척도. 즉, 결합도는 한 프로그램 내에 존재하는 여러 모듈들 간의 상호 의존도를 측정하는 척도이다. 소프트웨어 설계에서는 가능한 결합도를 낮추어야 모듈들 간의 오류로 인한 파급 효과를 줄일 수 있다.

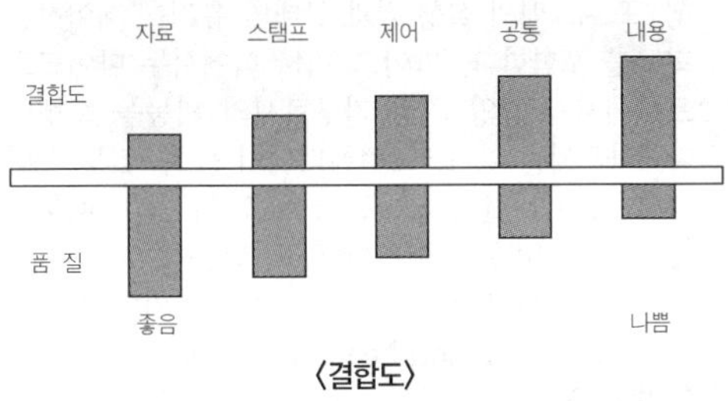

〈결합도〉

course[kɔ́:rs] *n.* **코스, 경로**

courseware[kɔ́:rswὲər] *n.* **코스웨어** 컴퓨터 이용 학습(CAI) 시스템의 개개의 교과 과정에 대한 프로그램으로 주위 환경에 대한 훈련을 하는 컴퓨터 프로그램의 하나.

covalent bond[kouvéilənt bɑ́nd] **공유 결합**

covariance[kouvέəriəns] *n.* **공분산(共分散)** 두 변량 계열의 상관성 정도와 방향을 결정짓는 기초 개념.

$$\sigma_{ab} = \frac{\sum(a_i \times \bar{a})(b_i \times \bar{b})}{N}$$

cover[kʌ́vər] *v.* **갖추다, 대상으로 하다, 논하다**

covering[kʌ́vəriŋ] *n.* **커버**

CP (1) call if plus의 약어. 플러스이면 호출하는 명령을 뜻한다. (2) **컨텐츠 제공 업체** contents provider의 약어. 인터넷 상에서 다양한 뉴스와 정보들을 제공하는 업체. 컨텐츠 제공 업체가 자신의 컨텐츠를 직접 운영할 때에도 별도의 부담 없이 정보를 증대시킬 수 있고 정보의 질에 맞는 정보 제공 계약을 체결할 수 있다. CP 서비스 기반이 인터넷으로 전환됨에 따라 특정 서비스를 통해 컨텐츠를 제공할 필요가 없어졌기 때문에 전문성과 아이디어만 있으면 굳이 독립성이 보장되지 않는 컨텐츠 일괄 관리 방식을 택할 필요가 없다.

CPB 채널 프로그램 블록 channel program block의 약어. 원격 통신 접근 방식에서 완충역과 디스크 상에 보관 · 유지되는 메시지 대기열의 데이터 전송에 사용되는 제어 블록.

CPC 카드 프로그래밍 제어 card programmig control의 약어. PCS 시대 초기에 만들어진 계산기로서 자동 제어 시스템의 일종. 제철소의 생산 라인에서 가역 압연기의 스크루 다운의 스케줄을 미리 카드에 펀치하고 이에 따라 강재가 롤을 따라 통과할 때마다 자동으로 롤 간격을 죄는 시스템.

CPE 컴퓨터 처리 요소 computer processing element의 약어. 2비트 또는 4비트로 처리하는 비트 슬라이스 컴퓨터의 처리 요소.

cpi 문자/인치 characters per inch의 약어. 자기 테이프 등의 기록 매체의 기록 밀도를 표시하는 단위의 하나이며, 1인치당 어느 정도의 문자 수가 기록되는지를 표시한다.

CPL 결합 프로그래밍 언어 combined programming language의 약어.

CPM (1) **임계 경로법, 크리티컬 패스법** critical path method의 약어. 보통 PERT/CPM이라 하고 PERT 원리와 병용하는데, 네트워크를 중심으로 한 논리 구성으로 시간과 비용 문제를 취급하며 프로젝트를 일정 기일 내에 완성시키고 해당 계획이 원가의 최소값에 의하여 보증되는 최적 스케줄을 구하는 관리 수법으로 보전 작업, 건설 또는 설계를 포함하는 복잡한 일에 이용한다. (2) **웹 페이지 광고 노출률** cost per thousand impressions의 약어. 배너 광고의 영향력을 평가하는 방식. 지면 광고에서 시작된 개념으로 얼마나 많은 사람들에게 노출되는가를 평가하는 데 초점을 두고 있다. 이는 배너 광고가 처음 시작되던 때에 주로 기존 광고업계에서 사용되던 「광고 노출」에 초점을 두고 인지도를 판단하는 기준으로 사용되었다. 그러나 실제 클릭으로 이어지는 것과 다소 차이가 있어 요즘에는 잘 사용되지 않는다.

cpm 카드 수/분 cards per minute의 약어. ⇨ cards per minute

CP/M control program for microcomputers의 약어. 미국의 디지털 리서치(Digital Research) 사가 1970년 무렵 개발한 마이크로컴퓨터용의 운영 체제(OS)의 명칭. 8비트 및 16비트의 퍼스널 컴퓨터의 OS 기준의 하나로 되어 있다. 대개 플로피 디스크 모양으로 공급된다. CP/M을 탑재하기 위해서는 BIOS라 불리는 기본 입출력 루틴을 대상 기종용으로 작성하면 되고, CP/M 본체를 변경할 필요는 거의 없는 것과 COBOL, FORTRAN을 사용할 수 있는 것이 특징이다. ⇨ 그림 참조

CP/M disk operating system **CP/M 디스크 운영 체제**

CP/M operating system **CP/M 운영 체제**

CP/M-80 8비트 마이크로프로세서군으로 사용되는 디지털 리서치 사가 개발한 운영 체제.

CP/NET 시피/네트 디지털 리서치 사에서 1980년에 발표한 같은 종류가 아닌 프로세서로 구성된 네트워크 전체에 운영 체제의 기능을 분산시킨 네트워크 운영 체제.

CPO 동시 주변 기기 조작 concurrent peripheral operation의 약어. 컴퓨터 주변 장치를 서로 독립시켜 다른 장치에 관계없이 조작하는 것. 이것은 동시 조작이 가능하므로 시스템 효율이 높아진다.

CPP 카드 천공 인쇄기 card punching printer의 약어.

C programming language[síː proúgræmiŋ lǽŋgwidʒ] **C 프로그래밍 언어** 컴파일러나 소프트웨어 개발용 도구로도 사용되는 언어로 미국 벨 연구소에서 시스템 기술(記述) 언어로 개발했는데, 이식이 용이하고 기계어 명령에 가까운 유형으로 직접 기술할 수 있고 풍부한 표준 라이브러리를 가질 수 있다.

CPS (1) **임계 경로 스케줄링** critical path scheduling의 약어. 오류의 방지와 보고를 위하여 운영 체제의 프로그래밍 요구 과정을 연속적으로 검사하는 관리 시스템. (2) character per second의 약어. 원래 주로 프린터의 상대적인 속도를 나타내는 데 쓰였던 CPS는 지금은 모뎀의 전송률을 표시하는 데 자주 사용된다. (3) **대화형 프로그래밍 시스템** conversation programming system의 약어.

cps 문자/초 characters per second의 약어. 1초 동안에 전송할 수 있는 문자의 수.

CPS-CBD 회로판 설계 시스템 circuit package system의 약어.

CPU 중앙 처리 장치 central processing unit의 약어. CPU라고 약어로 쓰는 경우가 많으며, 센트럴 프로세서(central processor)라든가 단순히 프로세서(processor)라고도 한다. 컴퓨터 시스템의 중심을 이루는 장치(unit)이며, 연산 장치(arithmetic unit)와 제어 장치(control unit)로 구성되어 있다. 그 밖에 주기억 장치(main storage)까지를 포함하기도 한다. 명령(instruction)의 해석과 실행, 프로그램의 실행 결과 상태와 유지를 제어하는 회로를 포함한다. 마이크로컴퓨터에서는 마이크로프로세서가 중앙 처리 기구로서의 기능을 수행한다. 최근에는 마이크로컴퓨터에서 볼 수 있듯이 컴퓨터 자체가 물리적으로 소형화되어 왔기 때문에 「central」이라는 단어가 빠지고, 단순히 processor만 쓰이게 되었다. 중앙 처리 장치 이외의 장치를 「주변 장치(peripheral equipment)」라고 한다. ⇨ 그림 참조

CPU accelerator CPU 가속기, 중앙 처리 장치 가속기 PC 본체의 CPU보다도 속도나 기능이 모두 뛰어난 CPU, 또는 본체의 CPU 속도 향상을 위한 장치. CPU 가속기에는 확장 보드에 삽입하여 사용하는 확장 보드형과 CPU 소켓에 부착되는 CPU 도터 보드(daughter board)형, 탑재되어 있는 CPU와 핀 호환의 CPU 가속기 칩의 세 종류가 있다. 성능적으로는 처리 속도를 2배나 3배로 높인 제품들

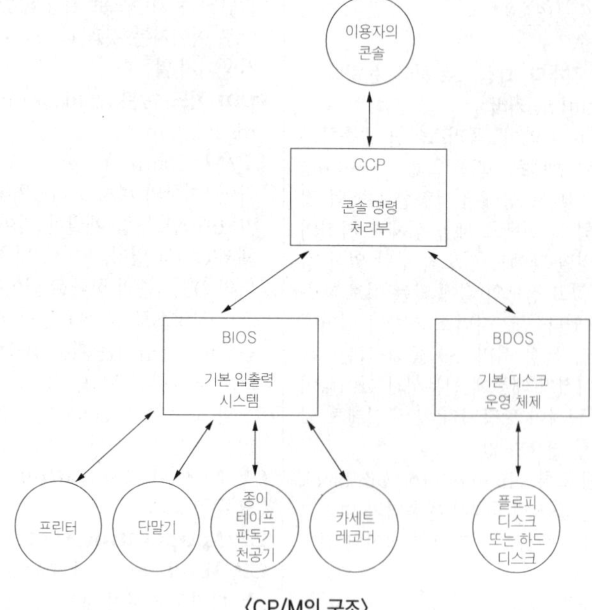

〈CP/M의 구조〉

이 있다.

CPU address space **중앙 처리 장치 어드레스 공간**

CPU affinity **중앙 처리 장치 지정, 중앙 처리 장치 유사(친밀)성**

CPU board **CPU 보드, 중앙 처리 장치 보드** CPU가 탑재된 전용의 프린트 기판. 컴퓨터에 따라서는 이 CPU 기판을 교환할 수 있다. 장점으로는 유지 보수성의 향상, CPU의 업그레이드, 서로 다른 유형의 CPU의 이용을 들 수 있다. 장착 방법은 주로 마더 보드(mother board)에 꽂는 도터 보드(daughter board)형과 확장 슬롯에 삽입하는 형의 두 종류가 있다. ⇨ 그림 참조

CPU bound **중앙 처리 장치 제약의**

CPU card **중앙 처리 장치 카드** 어떤 제품에 컴퓨터의 기능을 갖게 하는 경제적, 실제적인 응용 방법은 CPU 칩을 사용한 컴퓨터 카드를 사용하는 방법인데, 이것은 기억 장치 모듈과 함께 작용하고 CPU 대 기억 장치 접속 회로를 가져야 한다. CPU가 주변 장치와 교신하기 위해서 카드의 CPU 칩과 주변 장치 제어기 사이에 인터페이스가 있어야 한다.

CPU chip **중앙 처리 장치 칩** CPU 칩은 한 쌍의 입력 신호를 생성하여 출력하는 데 여러 가지 기능을 수행하는 만능 칩으로서 이 신호들은 칩의 입출력에 각각 대응되며 명령어 신호는 중앙 처리 장치 칩의 개별적인 논리 회로를 선별적으로 활성화시켜 준다.

CPU computer card **중앙 처리 장치 컴퓨터 카드**

CPU-CPU contention **중앙 처리 장치간 회선 쟁탈**

CPU cycle **중앙 처리 장치 사이클**

CPU-DPU synchronization **CPU와 DPU의 동기화**

CPU element **중앙 처리 장치 소자** CPU 장치의 명령어의 번역과 실행을 제어하는 소자로서 누산기, 기억 장소, 프로그램 계수기와 주소 스택, 산술 논리 장치, 기억 장치, 입출력 장치 제어 등이 있다.

〈30386 CPU〉

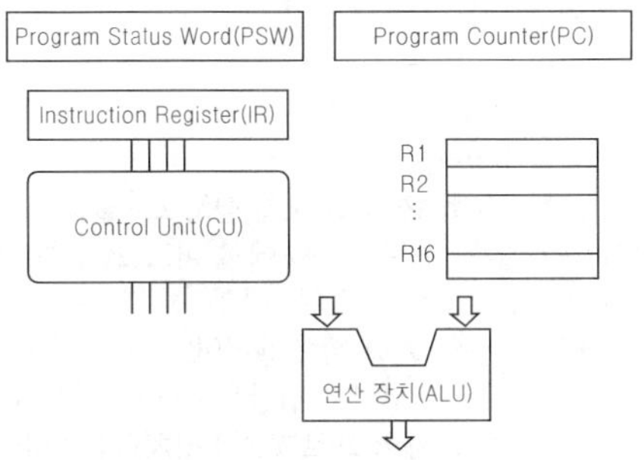

• PSW(Program Status Word)
: CPU의 현재 상태, 인터럽트의 현재 상태 등을 나타내는 레지스터

• PC(Program Counter)
: 현재 수행중인 메모리 내의 프로그램 위치(주소)를 나타내는 레지스터

• IR(Instruction Register)
: 실행할 명령어의 연산 오퍼레이션(코드) 부분이 저장되는 레지스터

• Register
: 메모리의 일종으로 프로그램 계산을 위해 사용

• ALU(Arithmetic Logic Unit)
: 가산기, 곱셈기, 나눗셈기, 로직 연산기 등

• Control Unit(제어 장치)
: CPU 자체를 통제하는 장치

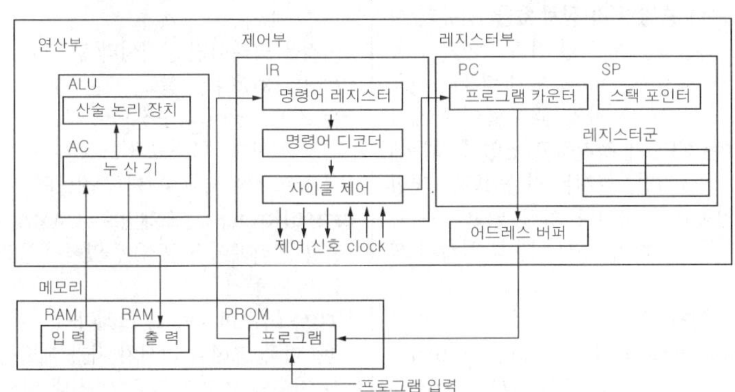

〈CPU의 구성과 각 구성 요소에 대한 설명〉

CPU expander 중앙 처리 장치 확장기 사용자가 여러 형태의 소프트웨어를 단일 시스템에 사용하는 데 있어서 사용하고자 하는 소프트웨어를 수정하지 않고 사용할 수 있도록 고안한 장치.

CPU handshaking 중앙 처리 장치 핸드셰이킹 CPU와 주변 장치들 간의 상호작용, CPU와 사용자 간의 상호작용을 말하는데, 즉 프린터가 새로운 문자를 기다리는 사이 CPU가 입출력 장치로부터 오는 신호의 상태에 따라 작동하는 것을 말한다.

CPU load 중앙 처리 장치 부하

CPU load adjustment routine 중앙 처리 장치 부하 조정 루틴

CPU pin 중앙 처리 장치 핀 마이크로컴퓨터 또는 마이크로프로세서에서 중앙 처리 장치에 있는 핀.

CPU power CPU 성능, 중앙 처리 장치 성능 CPU가 가지고 있는 성능으로 연산 처리 능력, 데이터 전송 처리 능력 등을 말한다. 즉, CPU가 1초 동안에 처리할 수 있는 정보의 수를 나타내며 여러 가지 표시 방법이 있다.

CPU scheduling 중앙 처리 장치 스케줄링 준비 상태 큐에 있는 프로세스 중에서 어느 프로세스에 CPU를 할당하는가를 정하는 작업.

CPU slice 중앙 처리 장치 슬라이스 사용자가 명령어의 집합과 그 명령어 집합을 수행할 컴퓨터의 구조를 정의하고 제어 프로그램과 장치들을 연결해 주는 입출력 시스템을 갖는 기억 장치와 정의된 구조 사이의 접속기를 개발하여 시스템 패키지를 만들어내고, 일반적으로 2비트 또는 4비트의 중앙 처리 장치로 이들을 연결하여 쓴다.

CPU time 중앙 처리 장치 시간 중앙 처리 장치가 산술 및 논리 연산을 처리하는 데 필요한 실제 계산 시간.

CPU timer 중앙 처리 장치 타이머, 중앙 처리 장치 계시 기구

CPU-to-CPU 중앙 처리 장치 사이

CPU utilization 중앙 처리 장치 효율 컴퓨터 시스템의 전 가동 시간 중에서 중앙 처리 장치가 작동하고 있는 시간이 차지하는 비율. 초기 컴퓨터 시스템에서는 입출력 동작이나 파일 참조 등이 행해지고 있는 동안에는 CPU가 정지하고 있었기 때문에 CPU 이용률이 낮았지만, 현재는 다중 프로그래밍 채용에 의해 입출력 동작이나 파일 읽고 쓰기와 CPU 처리 동작을 병행하여 CPU 이용률 향상이 꾀해지고 있다.

CR (1) **카드 판독 장치, 카드 리더** card reader의 약어. ⇨ card reader (2) **복귀** carriage return의 약어. ⇨ carriage return (3) **복귀 문자** carriage return character의 약어. 인쇄 위치를 같은 줄의 처음 위치로 보내는 서식 제어 문자. 타이프라이터나 컴퓨터 등의 인쇄 장치에서 사용되는 것이며, 한 줄의 인쇄가 끝나면 다시 처음 위치로 와서 다음 줄을 인쇄하는 것. (4) **제어 레지스터** control register의 약어. (5) **서비스 제어 레지스터** service control register의 약어.

CRA 목록 회복 구역 catalog recovery area의 약어.

crack edges [krǽk é(ː)dʒiz] **자름선** 두 픽셀(pixel) 사이를 자르는 선.

cracker [krǽkər] **파괴자** 컴퓨터 보완 시스템에 액세스하여 그 시스템을 방해하려 하는 컴퓨터광. 이러한 사람들은 때때로 해커와는 달리 악의를 가지고 있으며 시스템에 침투하여 파괴하기 위한 많은 수단을 가지고 있다.

cradle [kréidl] **크레이들** 소형 휴대 단말용의 도킹 스테이션(docking station). 스탠드 형상으로 충전 기능을 겸한 것이 대부분이다. ⇨ docking station

CRAM 카드 임의 접근 메모리 card random access memory의 약어. NCR 사의 자기 카드 기억 장치의 명칭. 카드 크기는 폭 83mm, 길이 56mm로 256장을 1조로 한다. 이것은 선택 암으로 필요한 카드를 선택하고 자기 헤드로 자료를 판독/기록하며, 자기 드럼이나 자기 디스크와 같이 랜덤 처리가 가능하다.

Cramer's formula [krǽmərz fɔ́ːrmjulə] **크래머 공식** 연립 1차 방정식

$$\begin{array}{l} a_{11}x_1 + a_{12}x_2 + \cdots + a_{1n}x_n = b_1 \\ a_{21}x_1 + a_{22}x_2 + \cdots + a_{2n}x_n = b_2 \\ \vdots \qquad \vdots \qquad\qquad \vdots \\ a_{n1}x_1 + a_{n2}x_2 + \cdots + a_{nn}x_n = b_n \end{array}$$

의 풀이 $x_j \ (j = 1, \cdots, n)$는 다음 식으로 주어진다.

$$x_j = \begin{vmatrix} a_n & \cdots & a_{1j-1} & b_1 & a_{1j+1} & \cdots & a_{1n} \\ \vdots & & \vdots & \vdots & \vdots & & \vdots \\ a_{n+1} & \cdots & a_{n-1} & b_n & a_{n+1} & \cdots & a_n \end{vmatrix} \Big/ \begin{vmatrix} a_{11} & \cdots & a_{1n} \\ \vdots & & \vdots \\ a_{n1} & \cdots & a_n \end{vmatrix}$$

이것을 크래머의 공식이라 부른다.

crash [krǽʃ] *n*. **붕괴, 파손** 시스템이 하드웨어 또는 소프트웨어의 고장으로 루프 또는 블록 내에서 손상된 상태. 디스크 시스템의 헤드 크래시는 디스크 표면 상에서 판독/기록 헤드의 사고를 의미한다.

crate [kréit] *n*. **크레이트** CAMAC(IEEE-583 계측용 인터페이스 규격)에 있어서 플러그-인 모듈 등을 담는 용기.

Cray-1 [kréi wʌ́n] **크레이-1** 수퍼 컴퓨터의 일종. 미국 크레이 리서치 사가 개발한 과학 기술 계산 전용의 초고속 컴퓨터. 최대 연산 속도는 140메가 FLOPS(1메가 FLOPS는 1초에 100만 회의 부동

소수점 연산을 실행하는 속도).

〈Cray 수퍼 컴퓨터〉

Cray Computer[–kəmpjúːtər] **크레이 컴퓨터 사** 수퍼 컴퓨터의 시조인 Cray-1을 개발하여 수퍼 컴퓨터 업계를 선도하고 있고 이 명칭은 Seymour Cray라는 설립자 이름에서 따온 미국의 컴퓨터 제조업체의 하나.

Cray Research Ins. 크레이 리서치 사 신형 슈퍼 컴퓨터 연구 개발을 전담하는 크레이 컴퓨터 사의 자매사.

CRC (1) **순회 여유 검사** cyclic redundancy check의 약어. ⇨ control register, cyclic redundancy check (2) **순회 여유 검사 문자** cyclic redundancy check character의 약어. ⇨ cyclic redundancy check character (3) **주기 여유 검사 코드** cyclic redundancy check code의 약어. ⇨ cyclic redundancy check code (4) cyclical redundancy check의 약어. CRC는 모뎀으로 데이터를 전송할 때 오류를 검출해내는 수학적인 기법이다. 어떤 전화선은 대단히 잡음이 많아 전송이 끊어지기 쉬우므로 이런 방법이 필수적이다. CRC 계산이 틀리면, 수신측은 송신측에 CRC 계산이 맞아떨어질 때까지 NAK(negative acknowledgement 또는 재전송 요구) 신호를 보내게 된다. CRC는 테이프 백업 장치나 그 외 연속적인 통신이 쓰이는 곳에서도 사용된다. ⇨ NAK

create[kriéit] *n. v.* **만들기, 만들다** 주로 파일(데이터 세트) 등을 새롭게 만들어낸다(생성한다)라는 의미로 쓰여진다. 반의어로서 소거(delete)가 있다. 보다 일반적인 동사로서 생성하다(generate)도 자주 쓰인다.

create application component [–æplikéiʃən kəmpóunənt] **적용 업무 작성 구성 요소**

creation[kriéiʃən] *n.* **작성, 생성, 개설** 파일(데이터 세트)을 새롭게 만들어내거나 태스크의 실행에 앞서 필요한 자원(resource)을 준비하여 그 태스크를 실행 가능하게 하는 것 등을 나타내는데, 파일을 개설(생성)하는 것을 작성(creation)이라고 한다. 파일의 개설에는 그 데이터의 양에 따라 기억 영역이 필요하게 된다. 이들 데이터는 어떤 형식에 따라서 제어 부호 등을 부가하여 재구성되며, 파일 형태를 취하게 된다. 그리고 파일 형태로 하여 관리한 후에 수시로 판독하여 데이터 처리를 행한다. 이때 새롭게 만든 데이터 파일에는 그 작성 연월일(creation date)을 기록으로 덧붙인다.

creation date[–déit] **작성 일자, 작성 연월일**

creation of file[–əv fáil] **파일 작성**

creation of task[–tá:sk] **태스크 생성**

creator[kriéitər] **작성 프로그램** (1) 원래의 의미는 「새로운 것을 고안하는 사람」을 가리키는 것으로 디자이너, 일러스트레이터, 게임 제작자 등 창조적 직업에 종사하는 자. (2) MacOS에서 파일에 대응하는 응용 프로그램 이름을 기술한 리소스 정보. 확장자에 의존하는 않는 MacOS는 4자의 영숫자로 표시되는 이 정보를 바탕으로 시동 응용 프로그램을 판단한다. 모두 소문자인 것은 애플 사 전용.

creature[kríːtʃər] **크리처** 「신에 의해 창조된 것」이라는 의미로 게임 안의 생물의 총칭. 일반적으로 기묘한 생물을 가리킨다.

credit application terminal[krédit æplikéiʃən tə́ːrminəl] **신용 응용 단말기** ⇨ CAT

credit application terminal network [–nétwəːrk] **신용 응용 단말망** ⇨ CATNET

credit assignment[–əsáinmənt] **신뢰 할당** 목적을 달성하는 전체 처리 과정에서 성공의 책임이 있는 단계를 이식하는 과정.

credit authorization terminal[–ɔ́ːθəraizéiʃən tə́ːrminəl] **신용 조회 단말기** ⇨ CAT

credit card[–ká:rd] **신용 카드, 크레디트 카드** 신용 판매 때 사용되는 플라스틱제 카드. 크기는 약 85mm×54mm이고 그 표면에는 카드 번호, 사용자 이름 등을 엠보스하여 사용자의 서명이 행해진다. 최근에는 자기 스트라이프를 갖춘 것도 많다. 크레디트 카드 규격으로는 ISO 2894, ISO 3554 등이 있다.

credit card reader[–ríːdər] **신용 카드 판독기** 신용 카드에 붙어 있는 자기띠를 통해서 필요한 정보를 판독하는데, 신용 조사와 비밀 보장을 위해 마이크로프로세서를 기초로 하여 제작된 카드 판독기.

CREN Corporation for Research and Educational Networking의 약어. 이 기구는 1989년 10월 Bitnet과 CSNET(computer+science network)이 하나의 관리 영역으로 통합될 때 구성되었다. CSNET은 현재 더 이상 운영되지 않고 있으나 CREN은 여전히 Bitnet을 운영하고 있다.

CR index 자격 평정 지수 capability rating index의 약어.

crickable map[kríkəbl mæp] **크리커블 맵** 웹 페이지에서 링크할 곳의 주소가 포함되어 있는 이미지. 이 이미지를 클릭하면 그 이미지에 관련된 다른 페이지가 표시된다. 페이지를 이미지 중심으로 구성할 수 있어 알기 쉬운 GUI(graphic user interface)를 구현한다.

crippleware [kríplwɛər] **크리플웨어** 성능이 좋지 않은 프로그램에 대한 비칭으로 통용된다. 이용자에게 정품 이용을 충고하는 의미에서 만들어진 용어이다.

crippled leapflog test[krípld lí:pfrɔ̀(:)g tést] **불완전 도약 검사** 기억 장소의 일정한 집합 하나만을 반복하여 검사할 수 있게 수정된 방법으로, 도약 검사의 변형.

crippled mode[–móud] **불완전 모드** 기계의 어느 부분은 동작하고 있지 않으나 시스템으로서는 부분적으로 축소된 규모로 동작하고 있는 상태.

criteria[kraití(:)riə] *n*. **표준, 기준** criterion의 복수형.

criterion[kraití(:)riən] *n*. **판정 기준** 변수의 값 등이 어떤 기준에 합치하고 있는지의 여부를 검사하거나 비교할 때 사용되는 「기준값」의 의미. 프로그램 속에서의 조건 분기(컨디셔널 브랜치)에서는 그 조건의 값이 기준으로 사용된다. 그리고 변수값과 기준값과 비교하여 변수가 기준 범위 내에 있을 때는 조건 분기 명령으로 표시되는 분기쪽으로 프로그램의 실행이 이동된다. 컴퓨터 내에서는 어떤 동작, 조작, 실행이 이루어질 때 반드시 판단을 수반하는 경우가 나타난다. 이러한 경우 기준값을 이용하지 않고, 랜덤(random)하게 처리를 행하는 경우도 있다. 특히 시뮬레이션(simulation)을 행하는 경우에는 기준점은 난수(亂數 ; random number)에 의하여 정해지는 경우가 많고, 이러한 기준점에 의한 동작과 대비된다.

criterion function[–fʌ́ŋkʃən] **기준 함수**

criterion of degeneracy[–əv didʒénərəsi(:)] **퇴화 기준**

criterion reach problem[–rí:tʃ prábləm] **기준 도달 문제**

critic[krítik] *n*. **비평** 학습 시스템의 한 요소. 몇 가지 주어진 표준 성능 수행을 이용하여 수행 요소의 출력을 해석하는 것.

critical[krítikəl] *a*. **임계의, 최장의, 크리티컬** 한계 조건 하에서 가동하고 있는 시스템과 최대/최장의 것 등을 형용하는 데 사용된다.

critical activity[–æktíviti(:)] **임계 활동**

critical activity identification system[–àidentifikéiʃən sístəm] **임계 활동 식별 시스템**

critical dumping[–dʌ́mpiŋ] **임계 제동** 오더 덤핑과 언더 덤핑의 경계 상태에 있는 것.

criticality[kritíkələti] *n*. **임계도** 시스템의 작동과 개발상의 고장이나 오류에 영향을 주는 정도의 평가에 기반을 둔 소프트웨어 오류나 고장의 분류.

criticality value[–vǽlju:] **임계도 기준값** 계층적 계획에서 전제 조건의 연기를 위해 조건들의 계층을 정의하는 숫자.

critical path[krítikəl pá:θ] **임계 경로** 프로젝트의 개시 사건(event)으로부터 완료 사건에 이르는 많은 경로 중에서 가장 짧은 시간을 요하는 경로.

critical path method[–méθəd] **CPM, 임계 경로법** 네트워크를 중심으로 논리적으로 구성하고, 시간(time)과 코스트(cost) 문제를 취급하며, 프로젝트를 일정 시간 내에 완성시킴과 동시에 그 계획이 원가의 최소값에 의해 보증되는 것처럼 최적해(최적 스케줄)를 구하는 관리 수법. 건설과 설계를 포함하는 복잡한 일에 이용되어 효과를 발휘하는 것이다. PERT/CAM이라고 불리며, PERT (program evaluation and review technique) 수법과 병용되는 경우가 많다.

critical path scheduling[–skédʒuliŋ] **임계 경로 계획** 과실을 방지하고 보고하기 위해 운영 체제의 프로그래밍 요구에서의 과정을 연속적으로 검사하는 시스템.

critical piece first[–pí:s fə́:rst] **임계 부분** 우선 임계 부분은 제공되는 서비스 위험의 정도, 어려움, 그 밖의 기준에 의해 정의될 수 있는데, 소프트웨어 시스템의 가장 중요한 부분을 맨 먼저 구현하는 데 중점을 두는 소프트웨어의 개발 방식에 관한 것을 말한다.

critical region[–rí:dʒən] **임계 구역, 위험 영역** 공통 영역(region)을 두 개 이상 병렬하는 프로세스 혹은 프로그램이 사용되는 경우에 이 영역을 말한다. 이 경우 서로 위험 영역을 바꾸어 쓰기 때문에 다른 프로세스에 영향을 미칠 가능성이 있다. 이것을 피하기 위해서는 세마포(semaphore ; 신호기)를 이용하고, 각 프로세스 간의 동기(同期)를 취하는 것 등이 행해진다.

critical section[–sékʃən] **위험 영역** 비동기 절차에 있어서 자기 자신이 또는 다른 비동기 절차 부분과 동시에는 실행할 수 없는 부분.
[주] 이때 자기 자신 또는 다른 비동기 절차 부분도 위험 영역이다.

critical segment[–ségmənt] **임계 세그먼트**

critical success factor[–səksés fǽktər] **CSF, 임계 성공 인자, 크리티컬 석세스 팩터**

critical value[–vǽlju:] **임계값**

CRJE 대화형 원격 작업 입력 conversational remote job entry의 약어. ⇨ conversational remote job entry

CR key 캐리지 리턴 키 carriage return key의 약어. 행 앞으로 되돌아가는 데 사용되는 기능 키. 현재는 대부분 개행/복귀를 하도록 되어 있다.

CRISC 컴플렉스 리스크 complex RISC의 약어. 인텔 사가 펜티엄의 개발에서 이용한 아키텍처로서 아직 일반화되지는 않고 있다.

critical error[krítikəl érər] **임계 오류** 소프트웨어나 사용자의 개입에 의해 상태가 정정될 때까지 처리를 중지하는 오류. 이런 종류에는 MS-DOS에서 존재하지 않는 디스크를 판독하려는 경우, 프린터의 용지가 공급되지 않는 상태, 데이터 메시지 내의 체크섬(checksum)의 오류 등을 들 수 있다.

critical error handler[–hǽndlər] **임계 오류 처리기** 중대한 오류나 치명적인 오류를 정정하고, 오류로부터 순조롭게 빠져 나오도록 시도하는 소프트웨어 루틴.

CRM 고객 관계 관리 customer relationship management의 약어. 고객에 대한 정확한 이해를 바탕으로 고객이 원하는 제품과 서비스를 지속적으로 제공함으로써 고객을 유지시키고, 고객의 평생 가치를 극대화하여 수익을 확대하고 지속적으로 고객 관계를 가능케 하는 통합된 고객 관계 관리 프로세스. 고객 관계 관리 프로세스는 고객 선별, 고객 획득, 고객 개발, 고객 유지의 단계가 있다.

CROM 제어 ROM control read only memory의 약어. 제어 논리를 해석하기 위해 고안된 마이크로프로그램 기억용의 특수한 ROM을 말한다. 마이크로프로세서의 중요 부분으로, 중앙 처리 장치 칩의 필요 기능을 모두 가진 부품.

croma clear 크로마 클리어 애퍼처 그릴 관과 그림자 마스크 관의 중간적 마스크를 채용한 NEC 사의 뉴포스 관의 브라운 관. 그림자 마스크 관은 육각형의 도트 형상이지만 뉴포스 관은 세로로 긴 직사각형이며, 형광체를 줄무늬로 배치함으로써 애퍼처 그릴 관과 같은 정밀한 화상을 얻을 수 있다. 크로마 클리어 관이라고도 한다.

cron[króun] *n.* **크론** 정해진 시간마다 정해진 작업을 하는 후면 프로세스의 명칭으로 유닉스 운영체제에서 쓰인다.

crop[krάp] *n.* **다듬기** 스캐너 등을 거쳐 입력한 사진 등의 화상은 화상의 윤곽이 거친 경우가 많기 때문에 이것을 다듬는 것 등을 말하는데, 컴퓨터 그래픽에 있어서 그래픽 화상의 일부분을 잘라내어 섬세한 화상을 만드는 작업.

cross[krɔ́(:)s] *a.* **교차의, 가로의** 상호간에 이용하거나 서로 관계하고 있는 것과 상태를 표시할 때에 쓰이는 형용사.

cross-and resident-assembler program[–ənd rézidənt əsémblər próugræm] **상주 크로스 어셈블러 프로그램**

cross application feature[–æplikéiʃən fí:tʃər] **교차 응용 특징**

cross assembler[–əsémblər] **크로스 어셈블러** 사용하는 컴퓨터와는 다른 명령 형태로 동작하는 컴퓨터 프로그램을 어셈블할 때 사용되는 어셈블러. 이 어셈블러의 목적 코드는 이 프로그램을 실행시키는 컴퓨터 명세로 되어 있다. 컴퓨터 시스템을 조립하는 경우 컴퓨터 시스템에는 충분한 유틸리티 프로그램이 준비되어 있지 않으므로 효율적인 개발을 행할 수 없다. 따라서 크로스 어셈블러로부터 다른 컴퓨터 시스템 상에서 목적 프로그램을 쓸 필요가 있다. 또 크로스 어셈블러를 사용함으로써 프로그램 자원의 공유가 가능하고 개발 시간을 상당히 단축할 수 있다. 두 개의 컴퓨터 프로그램이 교차하므로 크로스라는 말이 유래되었다.

crossbar[krɔ́(:)sbὰ:r] *n.* **크로스바** 크로스바나 좌표 스위치를 이용한 공동 제어 연결 시스템의 일종이다. 크로스바 연결 시스템은 저잡음 특성을 갖는 자료 연결 방식에 이상적이다.

crossbar automatic exchange system[–ɔ̀:təmétik ikstʃéindʒ sístəm] **크로스바 자동 교환 방식** 크로스바 스위치를 사용하는 것으로 전화 교환기나 데이터 전송 장치 등에 사용되는 자동 교환 방식의 하나.

crossbar switch[–swítʃ] **크로스바 스위치** 주로 공통 제어형 교환기의 통화로 신호로에 쓰이는 부품.

crossbar-switch matrix[–méitriks] **크로스바 교환 행렬** 이것은 두 가지 다른 기억 장치에 대하여 동시에 참조할 수 있으며, 서로 상충되지 않고 모든 기억 장치에 대한 동시 전송을 가능하게 하는 것으로 처음 사용되었다. 공유 버스 시스템 내의 버스의 수를 기억 장치의 수만큼 증가시킴으로써 그 속에 모든 기억 장치에 대한 별개의 회선이 존재하는 다중 처리기의 구조.

cross call[krɔ́(:)s kɔ́:l] **교차 호출** 하나의 주변 기기에 대하여 복수의 채널을 설정하는 것. 하나의 채널에 장애가 발생해도 다른 채널로부터 접근이 가능하고, 또 자원의 공유면에서도 좋다. 복수 채널의 일을 행하므로 주변 기기가 쉴 시간이 적게 되며 이용률이 높게 된다.

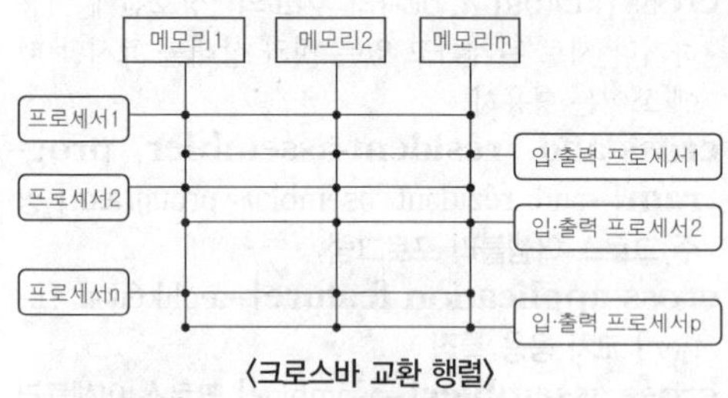

〈크로스바 교환 행렬〉

cross-check[-tʃék] **크로스 체크** 두 가지 방법으로 계산을 하여 입력된 데이터의 정확성을 검사하는 것.

cross-check system[-sístəm] **크로스 체크 시스템** 리얼 타임 처리를 하는 시스템 등에서는 컴퓨터 오동작이나 고장에 대해서 시스템의 신뢰성을 향상시키기 위해 각종 대책이 고려되는데, 그 한 방법으로 크로스 체크라는 시스템을 크로스 체크 방식이라 한다.

cross compile[-kəmpáil] **교차 컴파일**

cross compiler[-kəmpáilər] **교차 컴파일러** 실제로 그 프로그램을 실행하는 컴퓨터 이외에 다른 컴퓨터에서도 실행할 수 있는 형식을 정리한 오브젝트 모듈을 작성하는 컴파일러. 예를 들면, 중앙의 호스트 컴퓨터와 오피스 컴퓨터를 통신 회선으로 연결하여 호스트 컴퓨터에 부하가 걸리지 않은 채 오피스 컴퓨터로 소스(source) 프로그램을 컴파일해두고, 호스트 컴퓨터로 프로그램을 전송하여 실행시킬 수 있다. 보통 상위(上位) 기종에서 하위(下位) 기종을 위한 컴파일을 행하는 케이스가 많다.

cross compiling/assembling[-kəmpáiliŋ əsémbliŋ] **교차 컴파일링/어셈블링** 조작자가 모든 기존 주변 기기를 이용하여 최종적으로 마이크로컴퓨터 시스템에 적재될 기계 코드를 직접 만들어낼 수 있다는 것이 장점이며, 즉 현존하는 미니컴퓨터나 대형 컴퓨터, 호스트 컴퓨터를 이용하여 마이크로컴퓨터의 프로그램을 작성하고 디버깅하는 것이다.

cross-correlation[-kərælèiʃən] **교차 상관 (관계)** 다른 두 가지 변량 사이에 어떤 인과 관계가 존재하는 관계.

cross coupling[-kʌ́pliŋ] **상호 결합**

cross development[-divéləpmənt] **교차 개발** 하나의 컴퓨터 또는 중앙 처리용 칩으로 다른 시스템용의 소프트웨어를 개발하는 일. 이렇게 함으로써 이미 보유하고 있던 하드웨어 시스템, 주변 기기, 프로그램들을 사용할 수 있다.

cross domain network data transfer[-douméin nétwə̀:rk déitə trænsfə́:r] **정의 영역 간 네트워크 데이터 전송**

cross domain resource manager[-risɔ́:rs mǽnidʒər] **정의 영역 간 자원 관리 프로그램** ⇨ CDRM

cross fire[-fáiər] **잡음, 방해** 어떤 전신 회로에서 다른 전신 회로나 전화 회로로의 간섭 현상.

crossfoot[krɔ́(:)sfùt] *n.* **교차 검사** 주어진 문제에 대해서 한 가지 방법으로 구하여 증명된 것과 또 다른 방식으로 구한 것을 비교하여 오류를 검사하는 것. 어느 항목으로 이루어진 데이터를 합산할 때 개개의 항목을 별도로 합산하여 전체 계산 결과와 비교 검사하는 것.

crossfooting[krɔ́(:)sfùtiŋ] *n.* **교차 합계 검사, 교차 푸팅** 각 열마다의 합을 집계한 합계와 각 행마다의 합을 집계한 합계를 비교하여 일치하는 것을 확인하는 검사.

crossfooting test[-tést] **교차 합계 검사** 각각의 항목을 합계하고 그 합계를 따로 산출한 합계와 비교하여 보는 것.

cross-hair[krɔ́(:)s hɛ́ər] **십자형** 원형의 투명 플라스틱 위에 십자 모양으로 교차된 두 개의 선이 그어져 있는, 그래픽 입력 장비로서 쓰이는 디지타이저 등에 붙어 있는 위치 지정 표시.

cross-haired cursor digitizer[-hɛ́ərd kɔ́:rsər dídʒitàidʒər] **교차형 커서 디지타이저** 시스템의 좌표축과 관련된 각 지점의 위치를 디지털화하여 입력시키는 장치.

cross hatching[-hǽtʃiŋ] **교차 해칭** 두 방향의 빗금을 서로 엇갈리게 하는 컴퓨터 그래픽에 있어서 한 물체의 내부를 채우는 해칭 기법의 한 형태.

cross interleave readsolomon code ⇨ CIRC

cross memory communication[-méməri(:) kəmjù:nikéiʃən] **교차 메모리 통신**

cross memory service[-sə́:rvis] **CMS, 교차 메모리 서비스** 데이터 전송(data transfer)과 프로그램의 공용(共用)을 두 개의 어드레스 공간(address space) 상호간에 주기적으로 행하기 위한 기

능을 가리킨다.

cross memory service lock[-lák] **교차 메모리 서비스 로크**

cross-modulation[-màdʒuléiʃən] **교차 변조** 희망파가 변조를 받은 방해파에 의해 변조를 받는 일. 비선형 시스템에서 문제가 된다.

cross over[-óuvər] **교차선** 집적 회로의 배선에서 입체적으로 교차되는 것.

cross parity check[-pǽriti(:) tʃék] **교차 패리티 검사** 테이프에 배열된 부호를 가로 및 세로 방향으로 짝수 또는 홀수의 검사 비트를 추가하여 오류의 검출 정도를 높이는 검사.

cross parity check system[-sístəm] **교차 패리티 검사 방식**

cross-partition services[-pɑːrtíʃən sə́ːrvisiz] **구획 간 서비스**

cross-platform[-plǽtfɔːrm] **크로스 플랫폼** 응용 소프트웨어나 하드웨어를 여러 운영 체제에서 공통적으로 사용하는 것. 또는 공통적으로 이용 가능한 운영 체제나 컴퓨터 본체의 개발 환경.

crosspost[krɔ́(:)spoust] **크로스포스트** 복수의 뉴스그룹에 대해서 동일한 기사를 투고하는 것. 기사의 내용이 여러 분야를 포함하고 있을 경우에 사용한다. 뉴스리더를 사용할 때에는 헤더의 뉴스그룹 항목에 그룹명을 컴마로 구분하여 지정한다.

cross processing[krɔ́(:)s prásesiŋ] **교차 처리** 교차 어셈블러나 교차 컴파일러로서 처리하는 것.

cross-products software[-prádəkts sɔ́(:)ftwɛ̀ər] **교차 프로덕트 소프트웨어**

cross program[-próugræm] **교차 프로그램** 한 컴퓨터의 프로그램이 또 다른 한 컴퓨터에서 실행되는 특수한 프로그램으로 검사, 프로그램 개발, 시뮬레이션 등의 소프트웨어 개발 과정에서 쓰인다.

cross reference[-réfərəns] **교차 참조** 문서의 다른 장소에서 나타나는 임의의 단어나 구들을 참조하는 것.

cross reference dictionary[-díkʃənəri(:)] **교차 참조 사전** 보통의 시스템에서는 리스트가 원시 프로그램이 어셈블된 직후에 제공되는데, 어셈블된 프로그램의 모든 관련을 특별한 레이블로 구별하는 인쇄 리스트.

cross reference generator[-dʒénərèitər] **교차 참조 발생기** 인덱스 디렉토리는 프로시저 호출과 관련된 자세한 내용을 담고 있는데, 이러한 프로시저 호출, 문장의 사용, 데이터 참조에 대한 인덱스 표를 작성하는 프로그램.

cross reference list[-líst] **상호 참조 리스트** 프로그램에서 정의된 이름과 그 이름을 사용하는 명령이나 명령어의 상호 관계를 나타내는 표.

cross reference table[-téibəl] **교차 참조표** 프로그램에서 정의한 심벌과 그 심벌을 참조하는 명령어와의 대응을 나타낸 표. 어느 이름을 제거하거나 그 사용법을 변경하거나 할 때 그것을 참조하고 있는 전체 장소에 영향을 미치므로 교차 참조표로 그러한 영향 개소를 알 수 있다.

cross sectional testing[-sékʃənəl téstiŋ] **전역 검사** 승인 검사와 같은 원 패스 검사를 말하며, 시스템 작동 성능의 대표적인 표본을 얻기 위해 이루어지는 검사들이다.

cross section method[-sékʃən méθəd] **교차 섹션법**

cross section of an array[-əv ən əréi] **배열 단면**

cross simulator[-símjulèitər] **교차 시뮬레이터**

cross software[-sɔ́(:)ftwɛ̀ər] **교차 소프트웨어** 일반적으로 프로그램 개발에 있어서 그 프로그램을 실행하는 컴퓨터를 사용하지만 최근 마이크로컴퓨터용 프로그램을 범용 컴퓨터를 사용하여 개발하는 경우가 많아졌다. 이 경우 범용 컴퓨터측에서 목적으로 하는 마이크로컴퓨터용의 언어를 처리하기 위한 프로그램이 필요하다. 이러한 서로 다른 기종의 컴퓨터 프로그램을 개발하기 위한 프로그램을 총칭하여 「교차 소프트웨어」라고 한다.

cross software tool[-túːl] **교차 소프트웨어 도구** 소프트웨어 도구를 많이 갖지 않는 소형 기기나 그보다 충분한 능력을 갖고 있는 컴퓨터 상에 교차 소프트웨어 도구를 두고 이용하는 것. 즉, 다른 컴퓨터 상에서 이용하는 소프트웨어를 개발하기 위한 도구이다.

cross start up[-stáːrt ʌ́p] **상호 기동** 동작중에 있는 장치가 대기중인 장치를 가동하는 것.

cross stimulation[-stìmjuléiʃən] **교차 자극** 한 개의 단위 작업이 대기하고 있는 또 다른 작업에 수행이 완료되었음을 알리면 그 신호를 받은 다른 단위 태스크가 수행을 진행하는 방식.

cross system product/application development[-sístəm prádəkt æ̀plikéiʃən divéləpmənt] **CSP/AD, 교차 시스템 프로덕트/응용 개발**

cross tabulation[-tæ̀bjuléiʃən] **교차 집게**

crosstalk[krɔ́(:)stɔ̀ːk] *n*. **크로스토크** 대개 어떤 통신 회선의 전기 신호가 다른 통신 회선과 전자기(電磁氣)적으로 결합하여 다른 통신 회선에 대하여 악영향을 미치는 것. 즉, 다른 회로로부터의 바람직하지 않은 에너지 영향으로 인해 회로 중에 생기는 간섭 현상을 말한다.

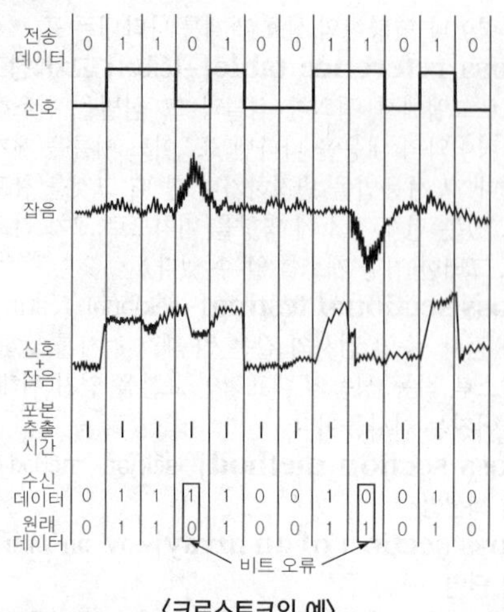

〈크로스토크의 예〉

crosstalk validation[–vælidéiʃən] **교차 확인** 서로 독립적으로 이루어진 실험의 결과들을 사용해 증명하는 방법.

cross tracking[krɔ́(:)s trǽkiŋ] **교차 추적** 점과 선들을 배치하거나 곡선을 그리는 데 사용하며, 디스플레이 상에 배열한 밝은 점에 의한 십자 모양.

crowbar[króubὰ:r] **크로바** 급격한 전압 변동 등으로부터 컴퓨터 시스템을 보호하는 회로.

crown height[kráun háit] **크라운 높이**

CRS 컴퓨터 항공 예약 시스템 computer reservation system의 약어. 항공 좌석이나 패키지 여행, 호텔 등의 상황 자료를 호스트 컴퓨터에 등록시켜 두고 여행 대리점 등에 놓인 단말기 등을 전용선이나 공준 회선을 통해 접속함으로써 즉시 예약, 검색할 수 있도록 한 시스템. 미국 항공 예약 좌석의 95%, 유럽의 경우 80% 이상이 CRS를 통하여 항공 좌석이 판매되며, 최근에 항공 운임의 자동 계산과 함께 고객 개개인의 여행 일정표 관리, 최적 요금 선택 및 전자 우편 등의 기능과 대리점의 회계 처리, 인사 관리 등 지원 업무 기능에까지도 확장되고 있다.

CRST created response surface technique의 약어. 제어량에 어떤 제한 조건이 있는 경우에 그것을 만족하도록 최적화 제어를 하는 것으로, 목적 함수로서 제한 조건을 고려한 새로운 함수를 이용하고 그 함수가 나타내는 곡면을 말한다.

CRT 음극(선)관 cathode ray tube의 약어. 영상 표시 장치 등에 많이 사용되는 진공관의 일종이며, 입력한 전기 신호를 제어하여 빛의 도형으로서 출력한다. 텔레비전 수신기의 수상관과 오실로스코프 등에 오래 전부터 사용되어 왔으나 자유롭게 필요한 정보를 표시할 수 있기 때문에 컴퓨터의 입출력 장치용으로도 널리 보급되어 왔다. CRT 표시 장치는 컴퓨터의 출력 장치로서 문자와 도형 표시에 쓰이고 있다.

CRT beam penetration CRT 빔 광선 침투

CRTC CRT 제어기 CRT controller의 약어. CRT(브라운관)를 조절하기 위해 수평 동기 신호나 수직 동기 신호에 맞추어 메모리 VRAM에서 데이터를 읽어내고 직렬로 변환하는 집적 회로(IC). 선이나 원을 그리거나 표시 영역을 다른 장소로 옮기는 등의 기능도 내장되어 있다.

CRT controller CRT 제어기 ⇨ CRTC

CRT console CRT 콘솔

CRT controlling CRT 제어 방식

CRT display 음극(선)관 표시(기) 브라운관을 컴퓨터에 접속하여 화면상에 문자, 기호, 도형을 나타내거나 입력하는 것.

CRT display device CRT 디스플레이 장치 도형 표시 장치, 문자 표시 장치가 있으며 브라운관을 컴퓨터에 접속하여 브라운관 상에 문자, 기호, 도형을 나타내거나 입력하는 단말 장치.

CRT display unit CRT 표시 장치

CRT edit function CRT 편집 기능 이 능력이 클수록 CRT 단말기는 최적이며, CRT 터미널에서 편집 기능은 한 문자나 전체 문장을 삽입하거나 삭제할 수도 있고, 어떤 위치로 커서를 옮기고, 터미널 화면상에 자료 입력이 불가능한 자료 구간을 정의하는 능력을 갖는다.

CRT function key CRT 기능 키 특수 사용자를 위한 다양한 특수 콘솔이 개발되어 있으며, CRT 단말기에 정착된 키. 누르면 미리 기억된 신호가 컴퓨터에 전송된다.

CRT graphic terminal 도형 처리 단말기

CRT highlighting CRT 강조 깜박거림, 글자의 밝기를 변화시켜서 나타내며, 영역 표시나 착오 통신문과 같은 보호된 자료들과 가변의 자료들을 구별하기 위해 쓰이는 표시 기능.

CRT inquiry display CRT 문의 디스플레이 이 장치는 문의에 대한 대답의 내용을 화면에 보여주는데, 정보가 영숫자 키보드에 의해서 컴퓨터에 입력되면 동시에 CRT 화면에 나타나게 되어 있다.

CRT-KB CRT 키보드 디스플레이 cathod ray tube display keyboard의 약어. CRT-KB는 감시 시험석을 구성하는 장치의 하나로 전자 교환기의 타이프라이터 장치에 대한 맨-머신 인터페이스를 가진 장치이다. 이 장치는 자율 메시지나 커맨드 응답의 출력뿐만 아니라 색 표시나 도형 표시에 의한 정보의 출력도 표시할 수 있어서 보수자의 시각에 의해 직접 볼 수 있으므로 작업 향상이 도모된다. 표시부는 14인치 디스플레이를 사용한 CRT 문자 표시 장치로 전송 제어 기능, 화면 제어 기능 및 출력 제어 기능이 있다. 이 중에 화면 제어 기능은 커서 이동 등의 커서 제어 기능 및 문자 삽입, 삭제 등의 화면 편집 기능 외에 일곱 가지 색 표시 및 127종의 영숫자 등의 출력이나 막대 그래프, 표 등의 도형 표시가 가능하다. 키보드부는 타이프라이터와 같은 건반 이외에 프로그램 기능 키가 설정되어 있어 CRT의 화면 제어, 플렉시블 디스크 구동 장치의 제어나 프린터 및 종이 테이프 리더 펀치 등의 제어를 위한 프로그램을 기동하는 경우에 사용된다.

CRT loader/monitor **CRT 적재기/모니터** 기억된 프로그램 전체를 검토하거나 덤핑, 재적재, 다른 제어기를 프로그램하기 위해서 자기 테이프 카세트나 천공 테이프에 저장해둘 수 있으며, CRT 키보드에서 입력되면 제어 회로의 각 접점이 화면에 표시되는 체제이며 프로그램을 즉각 검토하거나 편집, 수정이 가능하게 된다.

CRT oscillscope **CRT 오실로스코프** 수직 편향관에는 관측하는 파형을 전압으로 가하고, 수평 편향관에는 오른쪽에서 왼쪽으로 일정 속도로서 전자 빔을 이동시키도록 전압을 가함으로써 브라운관을 이용하여 파형을 관측하는 것.

CRT paging **CRT 페이징** 기억 장치 상의 한 페이지는 메모의 관리를 위하여 사용되는 논리적인 블록인데, CRT와 관련된 페이징은 한 페이지의 정보로부터 다음 페이지로의 스위칭을 수반하고, 주소는 시스템에서의 페이지 주소 번호와 페이지 내에서의 주소 번호에 의해서 정해진다.

CRT polarizing filter **CRT 편광 필터**

CRT terminal **CRT 단말 장치** 기본적인 CRT 단말 장치는 영상 감시기, 제어기, 제어부, 키보드로 구성된다. 여기에 인쇄기, 통신 접속기 등 다른 주변 장치를 추가적으로 설치할 수 있다.

crunch [krʌntʃ] *n.* **크런치** 컴퓨터가 얼마만큼 많이 수치 연산을 할 수 있는가를 나타내는 능력.

cryogenic element [kràiədʒénik éləmənt] **저온 원소** 절대 온도 0K 근처에서 동작하는 초전도 성질의 물질을 사용한 원소.

cryogenic engineering [–èndʒəníəriŋ] **저온 공학**

cryogenic memory [–mémәri(:)] **저온 메모리**

cryogenics [kràiədʒéniks] *n.* **저온학** 절대 온도에서의 물질의 특성을 활용한 장치의 연구와 사용을 연구하는 학문.

cryogenic storage [kràiədʒénik stɔ́:ridʒ] **저온 기억 장치** 저온에서 물질의 초전도 특성 및 자기 특성을 이용한 기억 장치.

cryostat [kráiəstæ̀t] *n.* **저온 유지 장치** 기체의 액화에 사용되며 매우 낮은 온도를 얻기 위해 휘발성 기체나 압축 기체를 사용하는 장치.

cryotron [kráiətroun] *n.* **크라이오트론** 임계 온도 이하에서는 전기 저항이 0으로 되는 것을 이용한 논리 소자 또는 초전도 현상을 이용한 스위치 소자를 컴퓨터에 도입한 것으로 게이트라고 하는 중심 도체 상에 제어 코일을 감아 자계에 의한 저항 제어를 이용한 것이다.

cryptanalysis [krìptənǽlisis] *n.* **암호 해독** 암호키의 사전 지식 없이 암호화된 메시지의 명백한 원문을 결정하는 방법.

cryptic code [kríptik kóud] **암호 코드** 코드의 내용을 비밀로 하여 관계자만이 알 수 있도록 숫자나 문자를 특정 문자로 코드화함으로써 비밀을 유지하는 것.

cryptice [kríptɑis] **암호화하다**

cryptogram [kríptəgræ̀m] *n.* **암호문** 암호화된 문장.

cryptography [kriptágrəfi(:)] *n.* **암호 수법, 암호화** 송신된 데이터가 판독되거나 복사 또는 조작되지 않도록, 데이터가 전송되기 전에 암호를 전송한 후 다시 그 데이터를 전송하는 방법.

cryptology [kriptálədʒi(:)] *n.* **암호 작성술** 암호화된 정보를 보호하거나 그것을 원상 복귀시키는 암호 해독법을 포함하는 과학의 한 분야이다.

crystal [krístəl] *n.* **XTAL, 수정, 크리스털** 압전 효과를 이용한 클록 주파수를 만들기 위해 사용되는 수정 공진자.

crystal clock [–klák] **수정 시계**

crystal osillator [–ásilèitər] **수정 발진기** 수정 발진자를 이용하여 일정한 주파수를 발진시키는 것.

CS **카트리지 보관 기구** cartridge store의 약어.

c/s **사이클/초(사이클 매초)** cycles per second의 약어.

CSA (1) **캐나다 표준 협회** Canadian Standards Association의 약어. 캐나다의 국가 표준 규격을 제정하는 협회. (2) **공통 서비스 영역** common service area의 약어.

CSAR **제어 기억 장소 주소 레지스터** control storage address resister의 약어.

C-scan scheduling [sí: skǽn skédʒuliŋ] **C-스캔 스케줄링** 디스크 스케줄링에서 다른 전략들도 실린더의 맨 안쪽과 맨 바깥쪽을 차별 대우하는데, C-스캔에서는 이러한 차별을 없앰으로써 응답 시간의 편차를 작게 하는 것으로 기본적인 스캔 전략

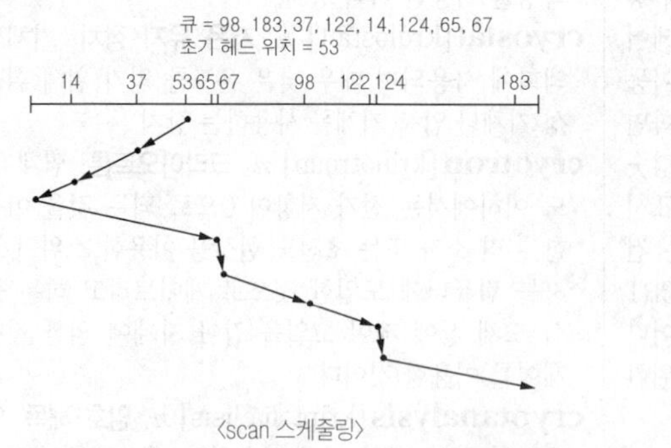

〈scan 스케줄링〉

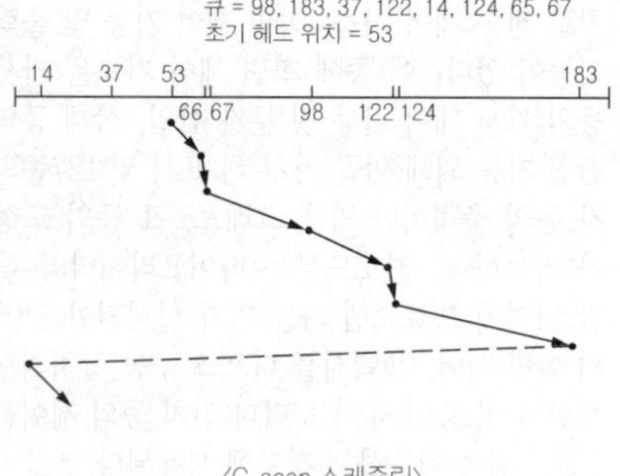

〈C-scan 스케줄링〉

〈scan 스케줄링과 C-scan 스케줄링의 비교〉

을 수정한 스케줄링 기법. ⇨ 그림 참조

CSDN 고속 회선 교환망 circuit switched data network의 약어. 통신을 시작하기 전에 통신을 원하는 쌍방간의 독립된 실제 회선을 교환에 의해 할당해주는 방식을 사용하는 통신망으로 시분할 전자 교환 기술과 디지털 전송 기술을 이용하여 고속의 정보 전송이 가능하다.

CSDR 제어 기억 장치 자료 레지스터 control storage data register의 약어. 마이크로프로그램된 제어 장치에서 제어 워드를 수행하기 위해 필요한 데이터의 주소를 나타내고 있는 레지스터.

CSF 한계 성공 인자 critical success factor의 약어.

CSG 문맥 민감 문법 context sensitive grammar의 약어.

C sh C 셸 ⇨ C Shell

C Shell [síː ʃél] **C 셸** 벨 연구소에서 만든 유닉스에 있는 셸보다 기능이 강력하고 사용하기 편리하며, C 언어와 비슷한 기능을 갖고 있어 C 셸이라 한다. 이것은 유닉스 운영 체제용의 명령어 해석기 프로그램이다.

CSIA 대만 소프트웨어 산업 협회 Software Industry Association of ROC의 약어.

CSL (1) **컴퓨터 감지어** computer sensitive language의 약어. (2) **제어 시뮬레이션 언어** control and simulation language의 약어.

CSLIP compressed SLIP의 약어. SLIP의 비효율성을 위해 새로 개발된 몇 가지의 압축 옵션 가운데 하나이다. 별로 쓸모가 없는 TCP 헤더의 크기를 줄임으로써 전송 효율을 높이고자 하는 것을 말한다.

CSM 병행 서비스 모니터 concurrent service moniter의 약어.

CSMA/CD 반송자 감지 다중 접근/충돌 검출 carrier sense multiple access/collision detection의 약어. LAN(local area network)에서의 통신 제어 방식이다. 미국 제록스 사의 Ethernet으로 사용된 것이 그 시초이며, 그 후 IEEE(전기 전자 기술자 협회)가 LAN의 표현 방식의 하나로 채용했다. 이 통신 방식은 제어 기능을 네트워크 내의 각 장치로 분산하고, 전송 속도를 높임으로써 전송 여백 시간을 증가시킨다. 다른 장치의 전송 데이터와 케이블 상에서 충돌(collision)을 일으켰을 경우, 이것을 검출(detect)한 장치는 그 데이터를 재전송하는 구조로 되어 있다. 이 CSMA/CD 방식은 LAN 중에서도 1~10Mbit/초의 저 · 중속 LAN용이다.

〈대표적인 CSMA/CD 버스 LAN〉

표 준	의 미
10Base2	최대 거리가 200미터이고 지름이 0.25″인 얇은 동축 케이블 LAN
10Base5	최대 거리가 500미터이고 지름이 0.5″인 굵은 동축 케이블 LAN
10BaseT	꼬임선을 드롭 케이블로 사용하는 허브 또는 성형 LAN
10BaseF	광섬유를 드롭 케이블로 사용하는 허브 또는 성형 LAN

CSMA with collision detection 반송자 감지 다중 접근/충돌 검출

CSMP 연속계 모델 시뮬레이션 프로그램 continuous system modeling program의 약어.

CSMS 전전자 교환기 집중 보전 시스템 centralized switching maintenance system의 약어. 여러 지역에 흩어져 있는 전화국을 일정 단위로 묶어 집중적으로 운영하고 보전하는 시스템.

CSNET 시에스넷 computer science network의 약어. 전세계의 컴퓨터 관련 대학과 연구소를 연결하는 광역망(WAN)으로 컴퓨터 과학 분야의 정보를 제공한다.

CSO central services organization의 약어. 데이

터 베이스에서 사람과 주소를 쉽게 찾을 수 있게 해 주는 서비스.

CSP (1) **시스템 검증 직업** certified systems professional의 약어. 컴퓨터 전문 검증 기구가 관리하고 있으며 다음과 같은 일을 한다. ① 시스템의 원리와 실행, 정보 운영, 관계 규율 등에 대하여 특정 수준의 지식을 시스템 운영자가 지녔는지 확인. ② 전문인이 되기 위해 필요한 툴, 지침서 평가 방법 등의 제공. ③ 전문적인 개발. ④ 직업으로서의 기준의 고양. (2) **통신 순차 프로세서** communicating sequential processor의 약어. 프로세서 통신 기법의 하나로서 프로세서들이 메시지를 통하여 통신하는 것.

CSP/AD 교차 시스템 프로덕트/응용 개발 cross system product/application development의 약어.

CSS 캐스케이딩 스타일 시트 cascading style sheets의 약어. 개발자가 여러 웹 사이트의 스타일과 레이아웃을 조절할 수 있도록 해주는 것. 캐스케이딩 스타일 시트가 나오기 전에는 많은 웹 페이지에 있는 요소들을 바꾸려면 일일이 각 페이지에 있는 요소들을 바꿔주어야만 했다. 캐스케이딩 스타일 시트는 템플릿과 비슷하게 작동하는데, 웹 개발자들이 자신들이 원하는 대로 HTML 요소들을 위한 스타일을 정의하고 모든 페이지에 적용할 수 있도록 해주는 것이다. 캐스케이딩 스타일 시트로 웹 페이지를 바꾸고 싶을 때 단지 스타일만 바꿔주면, 요소는 어느 사이트에 있건 간에 자동으로 업데이트된다. ⇨ HTML

CSS1 종속형 시트 1 cascading style sheets level 1의 약어. HTML로 작성된 웹 페이지에 레이아웃 등의 DTP 기능을 추가하기 위한 규격. W3 컨소시엄(W3C)에서 책정되었으며, 텍스트만으로 고도의 표현이 가능해진다.

CSS2 종속형 시트 2 cascading style sheets level 2의 약어. 종속형 시트 1에 음성 출력 제어 등의 기능이 추가된 규격.

CSSL 연속계 시뮬레이션 언어 continuous system simulation language의 약어. 1968년에 미국 시뮬레이션 심의회의 연속계 시뮬레이션 언어 명세서에 기초하여 UNIVAC에서 개발된 언어. 기본적인 언어 체계는 CSMP와 같지만, 프로그램을 기능별로 블록화해서 기술해가는 점에서 표준화의 노력이 보인다.

CSU 채널 교환 장치 channel service unit의 약어. 보통 128Mbps 이상의 고속 회선에서 디지털 신호를 전달하기 위한 장치로 DSU(digital service unit)와는 달리 회선을 몇 개의 채널로 분할할 수 있다.

CSV format CSV 형식 comma separated value format의 약어. CSV는 콤마로 분리된 식을 의미한다. 파일에 데이터를 기록할 때의 형식으로, 여기서는 1레코드 내의 데이터를 콤마로 나누어 한 행에 나열한다. PC용 표계산 소프트웨어나 데이터 베이스 소프트웨어 등에서 채용하고 있다.

CSW 채널 상태어, 채널 상황 워드 channel status word의 약어.

CT 컴퓨터 이용 단층 촬영 computed tomography의 약어. X선 자체로는 인체의 평면적인 투영 사진밖에 찍을 수 없으나 CT는 컴퓨터로 측정 신호를 처리하며 인체의 단면을 볼 수 있게 촬영이 가능하다. 따라서 뇌, 췌장, 신장 등 X선으로는 보기 어려운 내부 질환에 대한 진단이 쉬워졌다.

CT 변경 추적 프로그램 change tracker의 약어.

CT-2 cordless telephone-2의 약어. 공중 통신망(PS 수)을 이용해 전화를 걸 수는 있지만 받을 수 없는 발신 전용의 이동 통신 시스템. 기존의 셀룰러 이동 전화기가 반경 1km 이내의 기지국, 셀 단위에서 셀 간의 핸드오프(hand-off) 기능을 가진 고속 이동이 가능한 이동 통신인 데 비해, CT-2는 통화 가능 지역이 반지름 150~200m에 불과한데다 핸드오프 기능이 없는 보행자 중심의 저속의 휴대용 전화 서비스이다.

CTC centralized traffic control의 약어. 열차가 역 구내를 진행할 때에는 진로 설정과 그 확인이 필요하게 된다. 종래에는 각 역의 조작원이 담당하였던 선로 변경기와 신호기를 중앙에서 집중 제어하는 장치를 CTC 장치라고 한다. CTC 장치는 역 구내뿐만 아니라, 구간을 주행중인 열차에 관해서도 그 위치 정보를 제공하므로 열차의 운행 조정을 신속하게 할 수 있다.

CTCA 채널 간 결합 장치 channel-to-channel adapter의 약어.

CTDL 보수성 트랜지스터 다이오드 논리 회로 complementary transistor diode logic circuit의 약어.

CTI computer telephony integration의 약어. 컴퓨터와 전화를 통합하여 정보 처리와 통신을 연결하는 기술. CTI는 은행, 보험사, 통신 판매 회사 등의 콜 센터에서 주로 사용하는 시스템으로서, 콜 센터에 고객의 전화 문의가 오면 고객의 발신 전화 번호를 추적하여 회사의 데이터 베이스에서 고객에 관한 각종 정보가 추출되어 상담원의 컴퓨터 화면에 표시되어 신속하게 대응할 수 있다. CTI 기술을 활용하여 고객 서비스 센터의 업무 효율화와 고객 만족도를 향상시킬 수 있다. 주요 CTI 기능으로는 메시지를 데이터베이스, 워드 프로세서 등과 통합시키는 것과 음성/팩스/이메일 시스템을 하나의 애플리케이션 프로그램으로 통합시키는 것 등이 있다.

CTL 보수 트랜지스터 논리 complementary transistor logic의 약어. pnp형 트랜지스터와 npn형 트랜지스터를 사용해서 논리단(段)이나 출력단을 이미터 폴로어로 하는 회로로 고속 논리 회로에 이용된다. 부정 회로가 구성될 수 없는 것이 결점이지만 이미터 폴로어를 출력단으로 이용하기 위한 wired-OR에 의한 논리합 회로를 간단히 구성할 수 있는 장점이 있다.

CTO (1) **주문 사양 생산 대응** configure to order의 약어. 주문에 따라 부품을 조립하는 점에서는 BTO와 거의 유사하지만, 보다 자유도가 높고 각종 잡다한 주문을 받아야 한다. ⇨ BTO (2) **기술 담당 중역** chief technology officer의 약어. 기업의 연구 개발과 관련, 프로젝트 과제를 정하고 프로젝트를 수행하는 연구소장 역할은 물론 기업의 중장기적인 기술 전략을 수립하고 세우는 의사 결정자.

CTR 광고 연결률 click through rates의 약어. 얼마나 많은 사람들이 배너 광고를 클릭하여 해당 사이트로 연결되었는가를 확인하는 배너 광고 평가 방식의 새로운 기준. 기존 CPM(광고 노출률)이 간접적인 추산에 의존했다면 인터랙티브 기능이 보강된 CTR은 사용자가 광고주의 의도에 따라 최종 목적지에 도착했는가를 확인하는, 좀더 적극적인 개념이라고 할 수 있다.

CTRL 컨트롤, 제어 ⇨ control

ctrl key 제어 키

CTRON 시트론 ⇨ TRON

CTS 전산 사식 시스템 computer type-setting system의 약어. 컴퓨터를 사용한 사진 식자 시스템. 인쇄 조판에서 레이아웃, 제판까지 일괄된 시스템으로 행한다.

〈전산 사식 시스템〉

CTSS 호환 시분할 시스템 computable time sharing system의 약어. MIT에서 개발한 시분할 시스템으로 미 정부의 투자로 만들어진 MAC 프로젝트.

CU 제어 장치 control unit의 약어.

cue [kjúː] *n*. **큐** 특정한 입구점에서 폐쇄된 서브루틴으로 들어가기 위하여 사용되는 명령어, 주소, 여러 문장들.

CUG 폐쇄 사용자 그룹 closed user group의 약어. ⇨ closed user group

CUI 문자 사용자 인터페이스 character user interface의 약어. MS-DOS에 대표되는 문자만으로 입력이나 표시를 하는 조작 계열. 반대로 시각적인 요소를 많이 이용한 조작 계열을 GUI라고 한다. ⇨ GUI

CUID 제어 장치 식별자 control unit identification의 약어.

cumulative [kjúːmjulətiv] *a*. **누적의** 누적적으로 층층이 증가하는 것.

cumulative data base [–déitə béis] **누적형 데이터 베이스** 데이터를 누적적으로 등록해가며, 내용 갱신을 하지 않는 형태의 데이터 베이스. 이러한 데이터 베이스에는 거대한 기억 공간이 필요하게 되며, 정보의 검색에 시간이 걸린다. 이것에 대해서 언제나 오래된 데이터와 이용 횟수가 적은 데이터를 새로운 데이터와 교환하여 두는 형태의 데이터 베이스를 동적 데이터 베이스(dynamic data base)라고 한다.

cumulative degradation [–dègrədéiʃən] **열화 누적**

cumulative distribution [–dìstribjúːʃən] **누적 분포** 확률, 통계에 있어서 그 분포 상태를 누적적으로 가산하고, 어떤 상태 이하의 확률을 표시할 때 그 사상(事象)의 확률적인 분포 상태를 표시하는 것.

cumulative distribution function [–fʌ́ŋkʃən] **누적 분포 함수** 무작위 변수가 주어진 값 이하가 되도록 하는 확률을 주는 함수. 이것은 무작위 변수의 증가하는 순서대로 감소할 수 없고 최대 1까지 증가한다.

cumulative indexing [–índeksiŋ] **누적 색인법** 디지털 컴퓨터에 명령어 내의 단일 주소에 둘 이상의 색인을 부여하는 것.

cumulative PTF tape 누적 PTF 테이프

CUPID [kjúːpid] **큐피드** 일반 사용자들을 위해 설계된 INGRES의 화상 질의어.

currency indicator [kə́ːrənsi(ː) índikèitər] **현재 지시자** 응용 프로그램, 각 레코드 유형, 각 세트 유형, 각 영역에 대해 하나의 현재 지시자가 존재하는데, 이것은 프로그램을 수행하는 데 필요한 파일 내에서 현재 위치를 지시하는 위치 표시기의 개념이다.

currency pointer[-pɔ́intər] **현재 포인터** 계층 또는 네트워크 데이터 베이스 모델에서 한 레코드씩 처리하려고 할 때 DML 명령에서 필요한 포인터. 네트워크 모델에서는 각 레코드 유형, 집합형, 구역마다 하나의 현재 포인터가 있을 수 있다.

currency register[-rédʒistər] **현재 레지스터** 이들은 데이터 베이스 키를 가지며 이 데이터 베이스 키는 DML 명령에 의해서 최초에 참조된 레코드의 디스크에 관한 위치를 참조하는, 즉 데이터 베이스의 상태에 정보를 주는 레지스터이다.

currency sign[-sáin] **통화 기호**

currency status indicator[-stéitəs índikèitər] **현재 상태 지시자** 프로그램을 수행하는 데 필요한 파일 내에서 현재 위치를 표시하는 위치 표시기 개념. 그 값은 데이터 베이스 키가 되는데, 데이터 베이스 내에서 레코드를 유일하게 식별할 수 있게 시스템이 생성한 값이다.

currency symbol[-símbəl] **통화 문자**

current[kə́:rənt] *a*. **현재** (1) 컴퓨터 처리에 있어서 현재 사용되고 있는 「파일」과 「명령 레지스터」, 「행(行)」 등을 표시할 때 쓰이는 형용사이다. 예를 들어 current directory가 있다. (2) **전류**

current amplification factor[-æ̀mplifikéiʃən fǽktər] **전류 증폭률** 입력 전압에 대한 출력 전압의 비율로서 트랜지스터의 증폭 작용의 크기를 나타내는 것.

current asset[-ǽset] **유동 자산** 자산은 보통 유동 자산과 고정 자산으로 나누는데, 유동 자산은 현재 현금 상태를 취하는 것과 취득 목적으로 대개 1년 이내에 현금화되는 것을 말한다.

current beam position[-bí:m pəzíʃən] **현재 빔 위치**

current data[-déitə] **새로운 데이터**

current directory[-diréktəri(:)] **현재 디렉토리** 미국의 벨 연구소에서 미니컴퓨터용으로 개발된 운영 체제인 유닉스로는 트리형 디렉토리(tree type directory)라는 디렉토리 구조를 취하고 있다. 이것은 디렉토리를 계층화하고, 큰 항목인 디렉토리에 대하여 그 항목과 관계있는 세부 항목의 디렉토리가 어우러져 마치 수목 형태로 되어 있다(트리 형태). 이 현재 디렉토리에서 말단쪽의 디렉토리가 시스템에서는 유효하게 된다. 현재 디렉토리를 지정함으로써 파일의 검색이 효율적으로 행해진다.

current drive[-dráiv] **현재 드라이브** 디스크 작업에서 특별히 드라이브를 지정하지 않으면 항상 현재 드라이브가 되는데 MS-DOS에서 현재 쓰고 있는 드라이브.

current element[-éləmənt] **전류 소자, 전류 입력용 소자**

current file disk address[-fáil dísk ədrés] **현재 파일 디스크 어드레스**

current generation[-dʒènəréiʃən] **현세대**

current group indicator[-grú:p índikèitər] **CG indicator, 현 그룹 표시, CG 표지**

current instruction address register[-instrʌ́kʃən ədrés rédʒistər] **CIAR, 현재 명령어 어드레스 레지스터**

current instruction register[-rédʒistər] **CIR, 현재 명령어 레지스터** 명령 레지스터라고도 하며, 명령이 메모리에서 제어부로 옮겨진 후 실행 중에 있을 때 이 명령을 갖고 있는 제어부의 레지스터.

current length[-léŋkθ] **현재 길이**

current liability[-làiəbíliti(:)] **유동 부채** 부채 중에서 지불 기한이 1년 이내인 단기 부채. 여기에는 지불 어음, 매입금, 단기 차입금, 전수금, 예탁금, 미지불금 등이 포함된다.

current library[-láibrəri(:)] **현재 라이브러리**

current line[-láin] **현재 행**

current line pointer[-pɔ́intər] **현재 행 포인터**

current loop[-lú:p] **전류 루프** 두 와이어 케이블 상의 전류 유무로 데이터 통신을 하는 수단으로 두 지점 사이에 두 개의 전선을 설치하고 20mA의 직류 전류를 흘려 전류의 유무로 1과 0의 신호를 전달하는 방법. 간단하기는 하나 직류 전류의 특성상 가까운 거리만 허용되며 잡음에 약하다.

current loop receiver/transmitter[-risí:vər trænsmítər] **전류 루프형 수신기/전송기**

current mirror[-mírər] **전류 반복기** 트랜지스터를 전류원으로 이용하여 같은 크기의 전류를 계속해서 만들어내는 회로.

current mode logic[-móud ládʒik] **CML, 회로 방식 논리** 전류값을 규정하여 각 소자로 논리 동작을 행하도록 한 논리 회로(logic circuit)이며, 디지털 회로 방식의 일종.

current parent[-pɛ́(:)rənt] **현재 부모** GET UNIQUE 또는 GET NEXT 등의 DL/I 명령으로 맨 마지막으로 접근한 세그먼트.

current position[-pəzíʃən] **현재 위치** 그래픽 장치에서 작도 기구나 스타일러스(stylus)의 현재 위치는 움직임에 따라 표상 장치의 화면에 구성되는 가시적 화상으로 표시한다.

current priority level[-praiɔ́(:)riti(:) lévəl]

현재 우선 레벨

current program status word [–próugræm stéitəs wə́ːrd] current PSW, **현재 프로그램 상태어, 현 PSW**

current PSW **현재 프로그램 상태어** ⇨ current program status word

current record [–rikɔ́ːrd] **현재 레코드** 레코드 포인터가 지정하는 현재 사용중인 레코드.

current sensor [–sénsər] **전류 센서** 교류 전류 및 직류 전류를 감지하는 센서. 전류를 감지하는 방법에는, 예컨대 도너츠 모양의 자심을 사용하여 1차 및 2차 코일을 자심에 감아 2차 전류를 측정함으로써 1차 전류를 검지하는 변류기 방식과 전류에 의하여 생기는 자계 속에 홀 소자를 설치하여 홀 전압을 측정함으로써 자계의 강도, 즉 전류의 강약을 검지하는 홀 소자 방식, 나아가서는 전류의 대소로 용단(溶斷)하는 시간이 다른 퓨즈 방식 등이 있다.

current-switch circuit [–switʃ sə́ːrkit] **전류 전환 회로** 보통 트랜지스터를 사용하는 고속 동작을 요구할 때에 이용되는 논리 회로로 비포화형 회로이다. 이 회로는 양(+) 논리로 긍정 출력으로서의 논리합, 부정 출력으로서의 NOR를 생기게 하는 회로로 CML이라고도 불리고 있다.

current task table [–tǽsk téibəl] **커런트 태스크 표** 다중 처리 시스템에서 주기억 장치 상에 적재되어 있는 태스크를 나타내는 표.

current time [–táim] **현재 시간** ⇨ real time

current tracer [–tréisər] **전류 추적** 논리 회로의 전위에 대한 감지 및 표시를 하는 것으로 IC의 고장을 해결하는 데 사용된다.

current transformation matrix [–trænsfərméiʃən méitriks] CTM, **현재 변환 행렬** 마스터 좌표계의 출력 프리미티브를 보편 좌표계의 출력 프리미티브로 변환하도록 한 인스턴스 변환의 시스템 정의 행렬.

current transfer request [–trænsfə́ːr rikwést] **현재 전송 요구**

cursor [kə́ːrsər] *n*. **깜박이, 커서** 문자 표시 장치 등의 화면에서 다음 조작의 대상이 되는 문자 위치를 나타내기 위한 표시. 표시 장치로 데이터를 입력할 때 오퍼레이터는 이 커서가 점멸해 있는 위치로 키보드 등에서 데이터를 입력할 수 있도록 되어 있다. 문자가 1자리 입력되면 「커서」는 다음 자리 위치로 이동한다. 오른쪽 끝의 「자리」로 입력이 행해지면 개행(改行)이 된다. 또한 이동 키를 이용하면 표시 영역 상의 상하 좌우의 임의의 위치에 커서를 이동시켜 데이터를 입력하는 것이 가능하다.

cursor control [–kəntróul] **커서 제어** 디스플레이 화면상에서 커서의 위치를 바꾸는 것이나 그것을 위한 단말기의 기능 자체.

cursor control keys [–kíːz] **커서 제어 키** 키보드는 화살표로서 상하좌우를 가리키거나 제어 문자로서 커서를 제어하기도 하고 컴퓨터 각 시스템에 따라 약간의 차이가 있는데, 출력 화면상에서 커서 위치를 바꾸는 키보드 위에 특별하게 지정해놓은 키.

cursor control menu [–ménju] **커서 제어 메뉴** F1 키를 눌러서 ON/OFF 상태로 바꾸며, 항해 키들의 메뉴.

cursor description [–diskrípʃən] **커서 기술(記述)**

cursor key [–kíː] **커서 키**

cursor location [–loukéiʃən] **커서 위치**

cursor positioning [–pəzíʃəniŋ] **커서 위치** 커서를 상하좌우, 스크린의 좌측 상단 또는 하단 등 임의의 방향으로 움직이는 것.

cursor selection [–səlékʃən] **커서 선택**

cursor stability [–stəbíliti(ː)] **커서 안정성** dBASEⅡ상에서 이루어진 응용 계획을 사용하는 트랜잭션이 한 레코드를 커서가 지정하도록 하고 S로크를 걸어 갱신하지 않고 커서를 할 때 로크 상승이 없으면 S로크로 다음 동기점까지 기다리지 않고 풀어질 수 있다는 성질.

cursor tracking [–trǽkiŋ] **커서 추적** 그래픽 출력에서 그래픽 판 위에 철필을 이동시켜서 터미널의 커서를 제어하는 것.

curve [kə́ːrv] *n*. **커브, 곡선** 두 변수 간의 관계를 그림으로 표시한 것.

curve fitting [–fítiŋ] **곡선 맞춤** 평면 위에 흩어진 점에 대하여 그들에게 알맞는 곡선을 계산하고 산출하는 것. 예를 들면, 어떤 파형을 표본화(sampling)하고 데이터를 얻는다. 이 표본화한 데이터에 대하여 원래 파형 곡선의 함수(function)를 계산하고 적당한 것 등을 표시한다. 다중 회귀(多中回歸 ; multiple regression)도 곡선 맞춤을 행하기 위한 유효한 수법의 하나이다. 함수와 각 측정값과의 제곱 오차합을 구하고, 그것을 최소가 되도록 각 변수에 계수를 부여해 나가는 방법이다. 이 방법에 의하여 측정된 각 점으로부터 곡선의 편차를 최소로 할 수 있다.

curve fitting compaction [–kəmpǽkʃən] **곡선 맞춤 압축** 저장되거나 전송되는 데이터를 해석적 수식으로 변환함으로써 데이터를 압축하는 특수 기법.

curve follower[-fɑ́louər] **곡선 추적기** 곡선으로 표시된 데이터를 판독하는 주변 장치.

curve generator[-dʒénərèitər] **곡선 생성기, 커브 제너레이터** 곡선을 코드화하고 표시 가능한 형상으로 변환하는 장치. 즉, 곡선의 코드화 표현을 표시용 곡선 형상으로 변환하는 기능을 가진 기기.

curve pattern compaction[-pǽtərn kəmpǽkʃən] **곡선형 압축 곡선** ⇨ curve fitting compaction

curve plotter[-plɑ́tər] **커브 플로터** 곡선을 플롯하여 표시하는 장치로 출력 장치의 일종. 잉크 펜을 서보 방식으로 구동하는 것에 XY 플로터가 있고, CRT 디스플레이 화면을 필름에 기록하는 것도 있다.

CU-SeeMe CUSM은 원래 미국 코넬 대학에서 개발한 원격 화상 회의 시스템으로서, 화이트파인(WhitePine)이라는 회사에서 소스를 라이선스해 「Enhance CU-SeeMe」라는 제품을 상용화하였다. 이 제품의 베타 버전은 현재 「http://www.cuseeme.com」에서 다운로드할 수 있으며, 정식 제품은 온라인으로 구입이 가능하다.

custom chip[-tʃíp] **맞춤 (회로)석** ⇨ custom IC

custom communication[-kəmjù:nikéiʃən] **커스텀 커뮤니케이션** 신문 · 라디오 · 텔레비전 같은 대중 매체로 정보가 전달되는 것이 아니고 유선 방송처럼 특정 소수의 사람들을 상대로 전달되는 통신 체계. 줄여서 커스컴(cuscom)이라고도 한다. 통신 체계는 전화기나 컴퓨터의 키보드, 단말 기기를 통신 회선으로 대형 컴퓨터와 연결하여 여러 가지 계산과 정보 처리를 하는 서비스.

custom control[-kəntróul] **사용자 정의 컨트롤** 윈도용 프로그램 부품의 총칭으로, 제3자 벤더나 사용자 등이 작성한 것. 예를 들면, 스크롤 바 등부터 표계산 프로그램 등의 복잡한 기능을 갖춘 것도 있다.

customer[kʌ́stəmər] *n.* **고객, 손님, 이용자** 컴퓨터 소프트웨어를 요구하는 주체로서 사람, 그룹, 판매 부서, 외부 회사 등을 일컫는다.

customer engineer[-èndʒəníər] **CE, 보수 기술자, 서비스 기술자** 보통 컴퓨터 제작사 또는 판매사의 사원이며, 컴퓨터 시스템의 거래처에 출장을 나가 컴퓨터와 주변 장치의 설치, 보수를 행하는 기술자.

customer engineering section[-èndʒəníəriŋ sékʃən] **보수 기술자 부분** 프로그래머나 조작원이 사용할 수 없는 장비의 일부로 그 장치의 제작사나 자사의 특정 사원(기술자)만이 사용, 유지, 작동할 수 있도록 한 부분.

customer information control system[-ìnfərméiʃən kəntról sístəm] **고객 정보 제어 시스템** 각 단말기에서 들어오는 정보를 동시에 처리할 수 있고 데이터 베이스와 유지 보수 시스템을 만들어내는 데 사용된다. 이것은 IBM 주컴퓨터를 위해 만들어진 운영 체제와 프로그램 제품을 말한다.

customer information file[-fáil] **CIF, 고객 정보 파일** 데이터 처리에 필요한 정보가 고객 단위로 실려(격납되어) 있는 파일 또는 데이터 베이스를 총칭하는 경우가 있다. 특히 보험, 금융 등에서의 데이터 처리에는 방대한 고객 파일이 사용되고 있다.

customer relationship management[-riléiʃənʃip mǽnidʒmənt] **고객 관계 관리** ⇨ CRM

customer station equipment[-stéiʃən ikwípmənt] **구내 장치** 사용자의 구내에 설치하고 전용 회선을 접속하여 사용하는 전신 전화 회사의 송수신 장치.

custom feature[-fí:tʃər] **특별 주문 기구**

custom IC **주문형 집적 회로** 사용자의 주문에 따라 제조되는 집적 회로로서 특별 제작이므로 많은 칩을 가지며 다품종 다목적으로 생산되는 것이 보통이다.

customize[kʌ́stəmàiz] **맞춤** 이용자마다의 요구에 맞추기 위하여 하드웨어나 소프트웨어의 표준 명세를 부분적으로 변경한다는 의미가 있다.

custom LSI **커스텀 LSI** LSI(고밀도 집적 회로)의 설계 방식에는 개별 방식, 빌딩 블록 방식, 마스터 슬라이스(master slice) 방식이 있다. 일반적으로 커스텀 LSI는 상기 방식 중 개별 방식에 의해 제품화된 LSI를 가리킨다. 커스텀 LSI는 사용자의 요청에 따라 하나하나 설계하기 때문에 사용자에게는 최적으로 설계되지만 그 반면 비용이 높아진다.

custom program [kʌ́stəm próugræm] **주문 프로그램** ROM에 정보를 넣기 위해 제조할 때에 사용자의 요구에 따라 만들어지는 프로그램.

custom software[-sɔ́(:)ftwὲər] **주문형 소프트웨어** 특정 조직이나 개인에 의해 사용될 목적으로 설계된 소프트웨어. 기성 소프트웨어보다 비싸다.

cut[kʌ́t] *n.* **자르기** 워드 프로세싱이나 전자 출판 문서에서 문안이나 도안의 일부분을 잘라내는 것.

cut and paste[-ənd péist] **잘라 붙이기** 워드 프로세서나 그래픽 프로그램에서 문장이나 그림의 일부를 잘라서 다른 곳으로 옮기거나 복사하는 작업.

cut buffer[-bʌ́fər] **컷 버퍼** 잘라 붙이기, 복사

하여 붙이기 등으로 자르거나 복사한 데이터를 일시적으로 저장하는 버퍼 메모리.

cut capacity[-kəpǽsiti(:)] **절단 용량**

cutoff[kʌ́tɔ̀(:)f] *n.* **차단** 접속 상태에 있는 것을 잘라 버리거나 절단하는 것. 예를 들면, 장치의 전원 스위치를 off로 하여 전원을 끊는 것. 이때 시스템 내에서의 전류 루프가 전원 스위치에 의해서 절단되며, 전류의 공급이 멈추고 장치로서의 동작을 행할 수 없게 된다. 퓨즈(fuse)나 브레이커(braker)에서는 어떤 값 이상의 전류가 흐르면 단락되거나 스위치가 off되어 시스템 내에 이상한 전류가 흐르는 것을 방지해준다. 또한 컴퓨터 시스템에서 입력과 출력의 관계를 표시하는 것이며 입력은 있는데 그것에 대한 출력이 없을 때, 이 상태를 차단(cut-off)이라고 한다. 컴퓨터의 입출력 제어이며, 그 컴퓨터의 처리 능력을 초월한 정보가 입력되었을 경우 차단(cutoff) 상태에 있다고 한다. 그리고 입출력의 데이터 정보량은 이 컴퓨터 또는 주변 기기에서의 정보 처리 능력을 한계로 하여 결정짓는다.

cutoff current[-kə́:rənt] **컷오프 전류**

cutoff filter[-fíltər] **컷오프 필터**

cutoff frequency[-frí:kwənsi(:)] **차단 주파수** 필터나 증폭기 등의 입출력 전달 함수의 손실이 일정값을 넘을 때의 주파수. 많은 경우 3dB이 넘는 주파수가 사용된다.

cutoff wave length[-wéiv léŋθ] **차단 파장**

cut paper[kʌ́t péipər] **재단 용지** 미리 재단된 인쇄 용지. 컷지라고도 한다.

CUTS 카세트 사용자 테이프 시스템 cassette user tape system의 약어.

cut set[kʌ́t sét] **절단 집합**

cut-sheet[-ʃí:t] **낱장 용지, 컷 용지** ⇨ cut paper

cut-sheet feeder[-fí:dər] **절단 시트 피더** 개인용 컴퓨터나 워드 프로세서 전용기의 프린터에 A4, B4 등의 정형(定形) 용지를 세트해두면 다음은 자동적으로 종이를 공급하여 인쇄해주는 장치.

cutter compensation[kʌ́tər kɑ̀mpənséiʃən] **공구 직경 보정** 프로그램된 공구 반지름 또는 지름과 실제의 공구 지름과의 차이를 보정하는 것.

cut-through[kʌ́t θrù:] **컷스루** 스위칭 허브 내에서 수신되는 패킷의 목적지 주소를 확인하는 즉시 목적지 포트로 패킷을 전송함으로써 전송 대기 시간을 최소화하는 기법.

cut vertex[-və́:rteks] **절단 정점** 그래프의 정점 중 그것을 제거했을 때 남아 있는 그래프가 분리되는 정점.

CVCF 정전압 정주파 전압 장치 constant voltage constant frequency power supply의 약어. 컴퓨터에 필요한 전원은 전압과 주파수가 각각 일정한 허용 범위 이내에 있어야 하므로 컴퓨터에 따라서는 CVCF가 필요하나 보통 컴퓨터의 경우, 전압의 허용 범위는 약 ±10%인 것이 많다.

CVO 화물 운송 정보 시스템 commercial vehicle operation의 약어. 화물 및 차량에 대한 위치를 계속 추적 관리하여 각종 정보를 제공함으로써 공차율(空車率)을 최소화하고 효율적인 배차 관리를 목적으로 하는 시스템. 한국 통신은 1996년 12월부터 시범 사업의 일환으로 운행중인 화물 차량에 대한 위치 확인 및 데이터 교환에 대한 화물 운송 정보 서비스를 제공하고 있다.

CVOL 제어 볼륨 control volume의 약어.

CVSL 직렬 전압 스위치 논리 cascade voltage switch logic의 약어. 최소화된 논리 트리로 0과 1의 입력에서 작동하는 두 개의 도미노 게이트로 이루어진 논리 회로.

CWIS campus wide information system의 약어. 캠퍼스의 유용한 공공 서비스와 정보를 제공하여 주는 컴퓨터 시스템과 컴퓨터 네트워크를 말한다. 일반적으로 제공되는 서비스에는 디렉토리 정보, 달력, BBS, 데이터 베이스 등이 있다.

CWP 통신식 워드 프로세서 communicating word processor의 약어.

cyan[sáiæn] **사이안, 원청색** 인쇄 잉크로 삼원색 중의 하나. ⇨ CMYK

CYBER 사이버 Control Data Corp.가 생산하고 있는 컴퓨터 이름.

CyberAngels 사이버앤젤 규제하기 어렵다는 인터넷의 특징으로 인해, 인터넷 상에서 음란물이 어린이들에게 노출되는 것을 방지하기 위해 설립된 대표적인 단체.

Cyber Business[sáibər bíznis] **사이버 비즈니스** 일반적인 비즈니스는 기업측에서 바이어 또는 소비자를 대상으로 광고를 통해 직접 주문을 받고, 제품은 유통 체계를 통해 배달된다. 그런데 정보 통신 기술의 발전은 기존의 비즈니스 형태를 전혀 새롭게 바꾸고 있다. 이것을 사이버 비지니스라고 하는데, 바이어가 소비자를 직접 찾아가지 않고 인터넷이나 PC 통신 등 정보 통신 네트워크의 가상 공간(사이버 스페이스)에서 제품을 광고하고 주문을 받아 공급하며, 제품에 대한 대금 결제도 가상 공간에서 전자 결재 방식에 의해 이루어진다.

CyberCash[sáibərkǽʃ] **사이버캐시** 1994년에 설립된 CyberCash 시스템은 1995년 4월 신용 카드를 이용하는 인터넷 상거래 결제 시스템인 사이버캐시(CyberCash)를 개발하여 운영하고 있다. 컴퓨터에 내장된 전용 소프트웨어에 미리 신용 카드 번호를 기억시키고, 암호화된 카드 정보를 CyberCash 사의 중개로 네트워크 상에서 결제에 이용할 수 있도록 하는 전자 결제 방식이다.

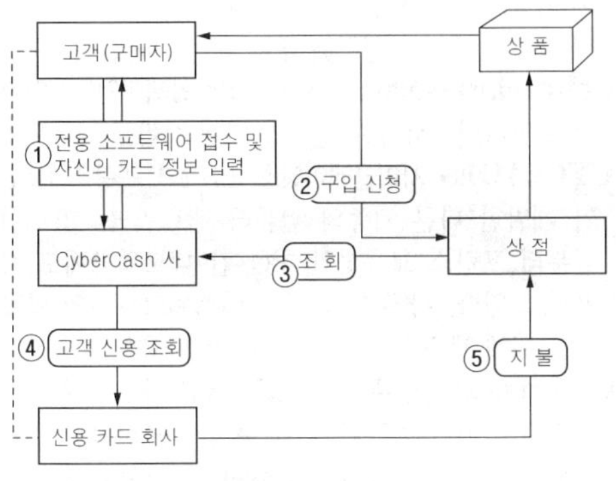

〈사이버캐시 거래 절차〉

cybercasting [sáibərkǽstiŋ] **사이버캐스팅** 인터넷을 통해 정기 간행물과 다른 문서를 배달하는 것.

cyber-chatting [sáibər tʃǽtiŋ] **사이버 채팅** 24시간 영업 운영인의 사이버 스페이스판. 전자 하이웨이를 여행하고 있는 중에 피로하면 잠시 쉬어 가는 장소.

cyber company [sáibər kʌ́mp(ə)ni] **가상 기업** 가상 기업은 컴퓨터 통신 공간 안에서 가상적인 구조를 가지고 사업을 운영한다는 개념으로 1인 회사와 소기업 또는 개인의 홈비즈니스를 위한 것이며, 전자적으로 구성된 완벽한 인텔리전트 기업이다. 가상 기업으로 할 수 없는 일은 원칙적으로 없으며, 다만 유통업, 무역업, 용역업 등 더 유리한 비즈니스가 있을 수 있다.

cybercop [sáibərkáp] **사이버 캅** 컴퓨터 통신망의 가상적 세계를 의미하는 사이버(cyber)와 경찰관을 일컫는 캅(cop)의 합성어. 사이버 상에 발생하는 온라인 범죄 행위를 수사하는 요원을 말한다.

cybercrud [sáibərkrʌ́d] **사이버 크러드** 컴퓨터에 관한 특수용어 또는 기술용어를 일컫는 말. 동일 직업 집단이나 동업자 간에만 통하는 단어나 은어와 같이 일반인들이 이해하기 어려운 용어를 말한다.

cyberculture [sáibərkʌ̀ltʃər] *n.* **인공 두뇌 문화** cybernetics와 culture의 합성어.

cyberdelics [sáibərdeliks] **사이버델릭스** 컴퓨터 기술이 가져온 의식 개혁 효과.

CyberDog [sáibərdɔ(ː)g] **사이버도그** 애플 사가 개발한 FTP, 텔넷, Gopher, 웹 브라우저 등 인터넷을 지원하는 다양한 기능을 컴포넌트화한 OpenDoc 소프트웨어군. 애플 사의 기술인 OpenDoc을 이용한 인터넷 서비스 활용 소프트웨어로 웹 브라우저나 메일러를 통합했다. 그 기술은 주목받았지만 개발은 중지되었다. 최종 버전은 1.2.1J. ⇨ OpenDoc

cyberia **사이베리아** 가상 공간에는 시간과 공간 같은 물리적인 법칙이 없고, 네트워크로부터 흘러나온 정보에 의해서 형성되어 있는데, 그 중에서 스마트 드래그, 하우스 뮤직, 롤 플레잉 게임, 사이버 파크 소설 같은 현실 세계의 제약을 뛰어넘는 새로운 문화의 활동 영역. 불연속적인 수학 방정식을 시각화한 프랙털(fractal)은 사이베리아의 상징이라고도 할 수 있다.

cyber-mail [–meil] **사이버 메일** 인터넷을 이용한 온라인 통신 판매 시스템. 컴퓨터 그래픽으로 디자인한 가상의 전자 상점가를 WWW 서버의 홈페이지에 개설하고 그곳에 상품을 진열 및 판매한다.

cyber market [–mɑ́ːrkit] **사이버마켓** 인터넷에서 마치 상점의 상품들을 전시하고, 필요한 상품을 즉석에서 주문할 수 있도록 구성한 웹사이트(web site). 사용자들은 컴퓨터 상에서 상품들을 비교해 보고, 신용카드 및 전자화폐 등으로 구매할 수 있다.

cybernaut **사이버너트** 사이버 공간(전뇌 공간, 전자 공간, 가상 공간)을 떠돌아다니는 방랑자. 인터넷을 전뇌 공간의 가장 진보된 영역으로 탐색하는 사람.

cybernetics [sàibərnètiks] *n.* **사이버네틱스, 인공 두뇌학** 미국 매사추세츠 공과대학 교수 N. 위너에 의해 사이버네틱스가 제창된 것은 1947년경이다. 사이버네틱스의 사상은 인간이 인간답게 살아가는 것이다. 인간이 인간답게 살아가기 위해서는 인간을 기계적 작업으로부터 해방하고 인간의 천부적 재능을 살릴 필요가 있다. 사이버네틱스는 이러한 사상에서 자동 기계와 생물체에 있어 통신과 제어의 일반적인 문제를 그 원리면에서 다루는 것이다. 사이버네틱스라는 용어는 원래 조종자를 의미하는 그리스어인데, 위너가 「사이버네틱스-동물과 기계에 있어서의 제어와 통신」(1949년)이라는 책을 낸 후로부터 흔히 사용하게 되었다. 또한 사이버네틱스는 피드백(feedback ; 어느 개소에서 잡은 결과를 원인측으로 되돌려서 결과를 수정하는 것)의 사상을 바탕으로 하여 자동 제어 이론에 도움이 되고 있다.

cyberphobia **사이버포비에** 컴퓨터를 두려워하는 공포증.

cyberpunk [sáibərpʌ́nk] **사이버펑크** 이전에는 가죽 진을 입고 오토바이를 몰고 다니던 사람들을 지칭하는 용어로 사용했으나, 지금은 인터넷을 휘젓고 돌아다니는 사람들을 의미하는 용어로 사용되고 있다. 실제 세계에서는 아웃사이더이면서 기술적인 세계에서 활동하는 사람들을 가리키며 그들은 가끔 그들의 존재를 정당화하고 유지하기 위해서 능력을 발휘한다.

cyber shopping mall [–ʃápiŋ mɔl] **사이버 쇼핑몰** 기업과 소비자 간의 거래를 위해 인터넷 상에 개설된 온라인 쇼핑을 가능케 하는 가상의 상점 또는 백화점. 사이버 쇼핑몰은 이제까지 별도의 시스템으로 운영되던 금융 VAN, 유통 VAN, EDI 망, 공중망 등을 인터넷과 연계하여 현실 세계의 상거래와 같은 금융, 유통, 제조, 소매업 등 다양한 분야의 새로운 인터넷 비즈니스를 창출할 것으로 기대된다.

cyber space [sáibər spéis] **사이버 스페이스, 가상 공간** 컴퓨터 시스템이 만들어내는 가상적인 영역. 공간에 대한 한 정의로 "객체와 사건이 발생하여 상대적인 위치와 방향을 가지는 무한한 3차원적인 범위"를 들 수 있다. 20세기 컴퓨터 시스템은 이러한 정의를 만족시키는 새로운 종류의 영역인 사이버 스페이스를 만들어내고 있다. 이 용어는 1984년 SF 작가인 William Gibson이 그의 소설 「Neuromancer」에서 컴퓨터의 세계와 컴퓨터를 둘러싼 사회를 설명하기 위하여 사용한 단어이다. 현재 이 사이버 스페이스라는 말은 컴퓨터 네트워크를 통하여 이용 가능한 정보 자원 전체를 나타낸다. 요즘은 이 사이버에 인터넷상에서의 가능한 모든 것을 붙임으로써 cybercity, cybercop, cybersex 등의 신조어를 만들고 있다.

cyber space-netizen [–nétizn] **사이버 스페이스 네티즌** 컴퓨터 통신망만으로 이루어진 세계. 물리적 공간이라기보다는 머릿속에 존재하는 말 그대로의 가상 공간. 네티즌이란 network와 citizen의 합성어로 이 가상 공간에서 생활하고, 정보를 주고받는 사람을 뜻한다.

cybersurfer [sáibərsə̀ːrfəːr] **사이버서퍼** 사이버 공간에서 활동하는 사람들을 일컫는 용어.

cyber terrorism [sáibər térərìzm] **사이버 테러리즘** 컴퓨터 통신망 상에 구축되는 가상공간에서의 폭력행위. 정부기관이나 민간기업체 등의 컴퓨터 시스템에 침입하여 각종 시스템이나 자료 등을 파괴하거나 장애를 일으키는 범죄 행위를 말한다.

cyber university [sáibər jùːnivə́ːrsiti(ː)] **사이버 대학** 인터넷 등의 다양한 정보통신 네트워크를 이용하여 시간과 공간의 제약을 받지 않고 교육을 받을 수 있는 가상 대학. 학교 수업이나 교수들의 강의 및 학교 생활 등이 인터넷 등의 사이버 공간에서 이루어지고, 학생들은 학교에 가지 않고 컴퓨터 · TV · 위성 등의 정보 기기를 이용하여 자신이 필요할 때 수업을 받고, 강의하는 교수들도 사이버 공간 상에서 강의하는 대학을 말한다.

cybrarian [sáibrɑrɑ̀iən] **사이브라레이언** 직업적으로 인터넷에서 정보 검색을 하는 사람들.

CYCLADES **사이클레이디스** 1972년 프랑스 IRIA가 개발한 다른 기종의 컴퓨터 네트워크. 1976년 말부터 프랑스 교육성의 대학 간 네트워크에도 사용되고 있다. 다른 기종 간의 네트워크로서의 확장성을 위해 계층 구성의 아키텍처를 채용하고 있다.

cycle [sáikl] *n.* **주기, 사이클** 어떤 사상이 완료될 때까지의 시간 간격과 동일 순서가 규칙적으로 반복되는 일련의 동작 주기. 컴퓨터 하드웨어의 동작은 클록(clock)이라 불리는 규칙 정연한 주기적인 펄스 열(pulse string)에 따라 실행된다. 여기서 컴퓨터 중앙 처리 장치(CPU)가 이 클록을 하나의 기본 단위로 하여 어떤 동작을 시작할 때부터 종료할 때까지를 기계 사이클이라 부르며, 기계 사이클에는 메모리 판독 사이클, 메모리 사이클, 호출 사이클, 명령 기입 사이클 등이 있다.

cycle access storage [–ǽkses stɔ́ːridʒ] **사이클 액세스 기억 장치** 자기 드럼과 자기 디스크라는 기억 매체를 회전시킴으로써 각 기억 장소에 축적되어 있는 데이터를 주기적으로 액세스할 수 있도록 한 것이다. 이때 자기 드럼에서는 원통 1바퀴를 1트랙으로 하여 어떤 정리된 데이터가 기입된다. 또한 어떤 폭을 가지고 등간격으로 트랙이 배치되어 있으며 대용량의 기억을 행할 수 있다. 또 자기 디스크에서는 한 장의 동심원상으로 트랙을 배치하고 있다. 이때 어떤 일정한 장소를 액세스하려고 하면 그 장소가 물리 공간적으로 판독과 기입을 행하는 헤드가 존재하는 곳까지 기다릴 필요가 있으며, 액세스 시간은 회전 등의 물리 조건에 의하여 결정된다.

cycle availability [–əvèiləbíliti(ː)] **사이클 가용성** 정해진 정보가 판독되는 동안의 특정한 시간.

cycle check [–tʃék] **사이클 체크, 주기 검사** 데이터 입력 P를 일정한 식으로 나누고 그 나머지 R을 검사 부호로서 추가시켜 전송을 하거나 입력을 행하며, 데이터를 읽어내거나 수신할 때에는 역연산을 하여 데이터의 오류를 판정하는 데이터 전송이나 자기 디스크에 사용되는 오류 검출 방법의 일종.

cycle code [–kóud] **사이클 코드** 데이터의 오류

를 검출하거나 정정하기 위해 부가되는 그룹 단위 부호의 일종.

cycle count[–káunt] **사이클 계수** 한 단어 혹은 임의의 숫자만큼에 해당되는 사이클 인덱스의 증가 혹은 감소를 말한다.

cycle counter[–káuntər] **사이클 계수기** 주기의 목록 레지스터나 집적기. 즉, 누산기나 사이클 인덱스 계수기.

cycle criterion[–kraití(ː)riən] **사이클 기준** 사이클의 수가 기억된 레지스터나 반복되는 사이클의 수.

cycle design process[–dizáin práses] **사이클 설계 과정**

cycled interrupt[sáikld ìntərʌ́pt] **주기 인터럽트** 제어상 구체적인 주기 조작으로 미리 정해진 다음 기능을 수행하도록 변환하는 방식.

cycle in action[sáikl in ǽkʃən] **활동 주기** 데이터에 대해 시작, 입력, 조작, 출력, 기억 등의 과정을 거쳐 수행되는 완전한 연산.

cycle index[–índeks] **사이클 인덱스** 사이클 횟수를 컴퓨터의 사이클 인덱스 레지스터에 기억시켜 사이클의 반복시마다 체크되게 하는 사이클 반복 횟수.

cycle index counter[–káuntər] **사이클 인덱스 계수기** 필요에 따라 체크할 수 있는 프로그램의 루프 횟수나 명령의 실행 횟수를 셈하는 계수기.

cycle of magnetization[–əv mæ̀gnetaizéiʃən] **자화(磁化) 사이클**

cycle parity character[–pǽriti(ː) kǽrəktər] **순회 패리티 문자**

cycle per second[–pər sékənd] **c/s, 사이클 매초**

cycle ratio[–réiʃiou] **사이클 비율** 멀티캐시를 이용한 멀티프로세서 시스템에서 캐시 사이클 시간 대 주기억 장치에 있는 하나의 데이터를 참조하기 위해서 걸리는 시간의 비. 이 비의 수가 작은 것이 성능이 좋은 것이다.

cycle reset[–riːsét] **사이클 재조정** 초기 위치 또는 미리 정해진 위치로 사이클 인덱스가 되돌아오는 것.

cycle seeking strategy[–síːkiŋ strǽtədʒi(ː)] **사이클 탐색 전략**

cycle sharing[–ʃέəriŋ] **사이클 분할**

cycle shift[–ʃíft] **순환 이동** 자리올림의 일종으로 기억 레지스터의 한 끝에서 밀려난 숫자, 문자, 단어 등의 데이터가 다른쪽 끝으로 붙어 삽입되는 것.

cycle steal[–stíːl] **사이클 도용, 사이클 훔침** 예를 들면, 중앙 처리 기구와 입출력 채널 또는 입출력 제어 장치와 공통의 주기억 장치에 액세스하고, 각각을 동시에 동작시키도록 하는 수법.

cycle steal address key[–ədrés kíː] **사이클 도용 어드레스 키**

cycle steal basic[–béisik] **사이클 도용 기본 기구**

cycle stealing[–stíːliŋ] **사이클 스틸링** 채널(channel)과 프로세서(processor)가 동시에 주기억 장치에 접근하려는 경우 문제가 발생한다. 왜냐하면 어떤 순간에 주기억 장치에 접근할 수 있는 것은 단지 하나뿐이기 때문이다. 이러한 경우에는 보통 채널에 우선 순위를 높게 주는데, 이렇게 되면 채널이 주기억 장치에 접근하는 동안에는 프로세서는 주기억 장치를 사용하지 못하고 잠시 쉬어야 하는데, 이것을 "사이클 스틸링"이라고 한다. 채널은 적은 양의 사이클을 필요로 하므로 이런 방식으로 채널의 우선 순위를 높게 해주면 입출력 장치의 효율이 높아진다. 일반적으로 운영 체제 스케줄링 구조는 프로세스를 주로 사용하는 프로그램보다 입출력을 주로 하는 프로그램에게 우선 순위를 높게 해준다.

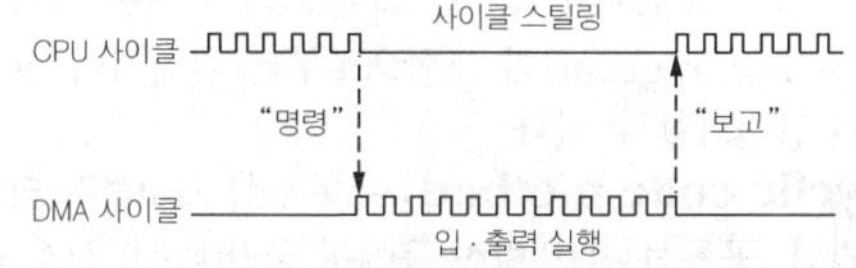

〈사이클 스틸링의 비교〉

cycle stealing data acquisition[–déitə ǽkwizíʃən] **사이클 도용 데이터 획득** 데이터 브레이크 채널은 수행중인 프로그램에 단어를 전달하는 고속도의 직접 접근 채널인데 디스플레이는 데이터 브레이크 채널을 통해 기억 장치로부터 자료나 제어문을 받아들인다.

cycle stealing direct memory access[–dirékt méməri(ː) ǽkses] **사이클 도용 직접 메모리 접근** 중앙 처리 장치의 입출력 포트와 메모리 사이에서 데이터가 전송되는 동안에 직접 메모리 액세스 인터페이스가 중앙 처리 장치에 접근하여 하나 이상의 기억 장치 사이클을 확보하여 사용하는 방식으로 중앙 처리 장치의 논리를 정지시키지 않고 행하는 방법(DMA)이다. ⇨ DMA

cycle stealing memory[–méməri(ː)] **사이클 도용 기억 장치** 컴퓨터의 주기억 장치와 주변 장치 사이의 데이터 이동은 가능한 한 재빨리 행해야 하는데, 직접 메모리 접근(DMA)으로 효율을 높이려면 입출력 장치 인터페이스가 프로그램으로부터 기억 장치 사이클을 도용하여 한 단어가 지정하는 데이터를 특정 주소 레지스터가 지정하는 곳으로 직접 옮기고 각 단어가 옮겨지면 다음 워드가 그 다음의 기억 장소로 옮겨지는 것이다.

cycle time[–táim] **사이클 시간, 사이클 타임** 주기억 장치 등이 동일 기억 장소에 대하여 판독·기록이 시작되고 난 뒤, 다시 재차 판독·기록이 가능하게 될 때까지의 최소 시간 간격. 이 사이클 타임은 컴퓨터 동작 속도를 규정하는 컴퓨터 시스템 성능의 중요한 문제 가운데 하나이다.

cyclic[sáiklik] *a*. **순환의, 순회의, 주기적** 주기적으로 반복되는 것을 형용하는 단어.

cyclic access[–ǽkses] **순환 액세스**

cyclic check[–tʃék] **주기 검사** 데이터 전송시 자기 디스크에서 사용되는 오류 검출 방법 중의 하나.

cyclic code[–kóud] **순환 부호** 어떤 부호 계열 중에서 그 부호를 구성하는 각 요소를 임의의 횟수만 순환 자리 이동(cyclic shift)하여도 다시 그 부호계로 들어갈 수 있는 부호 또는 부호계이다. 순환 부호는 구조가 정연하게 되어 있고, 전송중에 부호의 착오가 발생하여도 오차 정정 능력이 뛰어나며, 또 실제 회로에서 실현할 때에도 자리 이동 레지스터(shift register)의 조합으로부터 실현되며 장치를 간결화할 수 있다.

cyclic code method[–méθəd] **사이클릭 코드 방식** 공통선 신호 방식 등에서 국간(局間) 신호 비트의 오류를 검출하는 방식으로 CRC(cyclic code) 방식이라고 한다. 패리티 체크 방법에는 동시에 2비트 이상의 오류가 있는 경우는 검출할 수 없는데, CRC 방식으로 하면 2비트 이상의 오류를 체크할 수 있다. 이것은 미리 1회에 주고받는 데이터 수(비트 수)를 정하여 최후에 체크용 비트(16비트 등)를 부가하여 전송하고 부호 내용에 관계없이 일괄하여 2진수로 데이터를 송출 전송한다. 수신측에서는 보내진 데이터를 CRC 부호로 계산하여 나머지가 "0"일 때에는 정(+)데이터로, "0" 이외의 경우에는 오류로 판단한다. 16비트의 오류 부호를 붙이면 16비트의 오류는 100%, 그 이상에도 90%의 확률로 오류를 발견할 수 있다.

cyclic decimal code[–désiməl kóud] **순환 10진 코드** 그레이 코드(gray code)와 같은 부호로 4비트로 10진수 1자리를 표현하고, 인접한 수치의 허밍 거리(hamming distance)는 1이 되는 코드.

cyclic digital transmission equipment[–dídʒitəl trænsmíʃən ikwípmənt] **사이클 디지털 전송 장치** 아날로그 신호를 디지털 신호로 또는 그 반대로 변환시키는 A/D 변환기, 직·병렬 변환기, 그 밖에도 몇 종류가 더 있는데, 전송된 신호들은 인터페이스를 거쳐서 컴퓨터가 처리한다.

cyclic distortion[–distɔ́:rʃən] **주기성 변형**

cyclic feeding[–fí:diŋ] **순환 피딩** 문자 인식 판독기에서 사용하는 체제로서 각각의 입력들이 미리 정해진 일정 비율로 문서들을 이동하는 것.

cyclic function[–fʌ́ŋkʃən] **순환 함수**

cyclic generation data set[–dʒènəréiʃən déitə sét] **순환 세대 데이터 세트**

cyclic graph[–grǽf] **순환 그래프** 한 노드에서 출발하여 그 노드로 다시 돌아오는 경로를 갖는 그래프.

cyclic memory[–méməri(:)] **순환 기억 장치**

cyclic permuted code[–pərmjú:tid kóud] **순환 부호**

cyclic pitch control[–pítʃ kəntróul] **주기 피치 제어**

cyclic query[–kwí(:)ri(:)] **순환 질의** 질의 그래프에서 사이클이 존재하는 질의.

cyclic receiving system[–risí:viŋ sístəm] **순환 수신 시스템**

cyclic redundancy check[–ridʌ́ndənsi(:) tʃék] **CRC, 순환 중복 검사, 주기 중복 검사** 데이터 전송에서의 검사 방식의 하나이며, 블록(block) 혹은 프레임(frame)마다에 여유 부호를 붙여 전송하고, 그것에 따라서 전송 내용이 정확했는지의 여부를 조사하는 방법. 순환 여유 검사(CRC) 방식은 시간적으로 나뉘어져 발생하는 연속적인 오류(버스트 오류)에 대해서 효과가 있다.

cyclic redundancy check character[–kǽrəktər] **CRC, 순환 중복 검사 문자** 송신과 수신 양쪽으로 행해지는 오류 검출용의 문자.

cyclic redundancy check code[–kóud] **CRC, 순환 중복 검사 코드** 데이터 전송에서의 오류 검출 및 오류 정정을 위한 변경 순환 코드(modified cyclic code) 중에서 사용되는 코드를 가리킨다. 자기 테이프 상의 기록 정보를 판독하는 경우 판독 오차의 발생을 검출할 수 있게 하기 위하여 각 블록의 직후에 이 여유 코드(문자)를 삽입하여 오류 발생의 트랙을 검사할 수 있도록 하였다.

cyclic shift[–ʃíft] **순환 자리 이동, 순환 시프트** 기계어 또는 레지스터의 한쪽 끝에서 넘쳐나간 문자가 반대쪽 끝에서 다시 들어오는 논리 자리 이동.
⇨ end-around shift

A	B	C	D	E

⟶

B	C	D	E	A

〈자리 이동의 예〉

cyclic storage[–stɔ́:ridʒ] **순환 기억 장치** 기억 장치 중 개개의 기억 구성 요소로의 액세스(access)

가 일정한 주기 간격으로 행해지는 기억 장치. 정보를 한 줄의 펄스 형태로 기억하는 장치로서 일정 주기마다 동일 영역으로의 액세스가 가능하게 된다.

cyclic store[–stɔ́ːr] **순회 방식 기억 장치**

cyclic structure[–strʌ́ktʃər] **순환적 구조**

cyclic type[–táip] **순환형** 대기 행렬 직렬 모델에서 최종단의 출력이 최초단의 입력으로 들어가는 모델.

cylinder[sílindər] *n*. **원통** 실린더. 마그네틱 디스크의 회전축으로부터 등거리에 있는 모든 트랙의 집합. 보통 자기 디스크는 여러 장의 원반(disk)으로 구성되어 있으며, 각각의 디스크면에는 비슷한 트랙이 몇 개 존재한다. 이 가로 방향 트랙의 집합을 하나의 「가공(架空)의 원통」과 같은 것으로 생각하여 이것을 실린더라고 한다. 같은 실린더에 있는 트랙으로의 접근(access)은 판독 · 기록 헤드(read/write head)가 부착된 액세스 암(access arm)을 이동시키지 않고도 가능하다. 그 때문에 이 자기 디스크 파일의 매체로서 사용하는 경우 실린더를 유효하게 사용하면 처리 효율성을 높일 수 있다. 디스크 팩 이외의 동일 회전축을 갖는 복수 장의 분리, 불가능한 자기 디스크에 대해서도 실린더가 같은 뜻으로 정의된다. ⇨ 그림 참조

cylinder address[–ədrés] **실린더 어드레스** 다층의 자기 디스크 기억 장치에서 각 층 위 헤드의 위치는 하나의 실린더 표면에 있는 것같이 보인다. 이 때문에 디스크 어드레스는 실린더 어드레스와 각 층의 면(面) 어드레스에 나타나도록 되어 있다.

cylinder boundary[–báundəri(ː)] **실린더 경계**

cylinder concept[–kɑ́nsept] **실린더 개념** 실린더의 데이터는 헤드를 움직이지 않고도 많은 양의 정보에 접근할 수 있고, 널리 사용하고 있는 트랙의 상하면에 있는 데이터 판독/기록 헤드를 움직이지 않고도 접근이 가능한 개념이다.

cylinder fault[–fɔ́ːlt] **실린더 부재**

cylinder fault mode[–móud] **실린더 부재 모드**

cylinder index[–índeks] **실린더 인덱스** 인덱스 순차 접근 방식의 인덱스 구조의 한 계층을 뜻하고, 각 실린더에 보관된 레코드들의 키값 중 가장 큰 값과 그 실린더의 트랙 인덱스를 가리키는 포인터의 짝들로 구성된다.

cylinder mode[–móud] **실린더 모드** 자기 디스크에서 실린더는 하나의 연속된 기억 영역으로 하여 처리하는 모드.

cylinder operation[–ɑ̀pəréiʃən] **실린더 호출** 실린더 호출은 즉각적 호출이 가능하고, 자기 디스크와 같이 빗살 모양의 암(arm)으로서 다수의 위치 결정을 할 수 있어 다른 디스크에 대응하는 트랙을 순차적으로 호출함으로써 암의 이동 없이 다량의 주소 호출이 가능하다.

cylinder overflow[–òuvərflóu] **실린더 오버플로** 자기 디스크에서 레코드의 추가 등에 의해 동일 실린더에 더 이상 수용할 수 없는 것.

cylinder overflow area[–ɛ́(ː)riə] **실린더 오버플로 영역, 실린더 유출 영역** 자기 디스크에서 레코드의 추가 등으로는 동일 실린더에 더 이상의 수용이 불가능한 영역 자체.

cylinder overflow control record[–kəntróul rikɔ́ːrd] **COCR, 실린더 오버플로 제어 레코드**

cylinder pulse[–pʌ́ls] **실린더 펄스**

cylinder surface indexing[–sə́ːrfəs índeksiŋ] **실린더면 인덱싱** 순차 파일의 기본 키 인덱

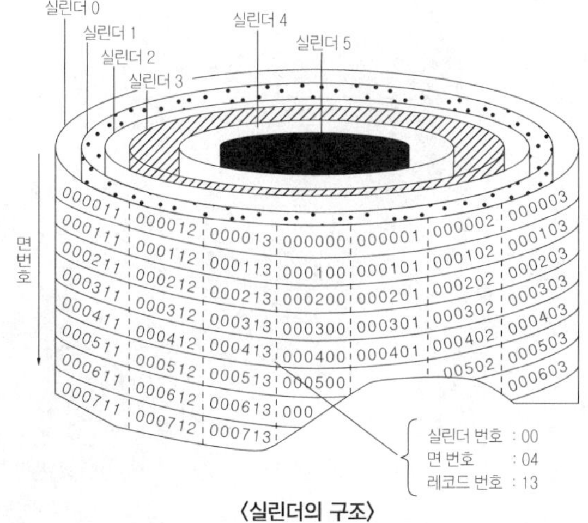

〈실린더의 구조〉

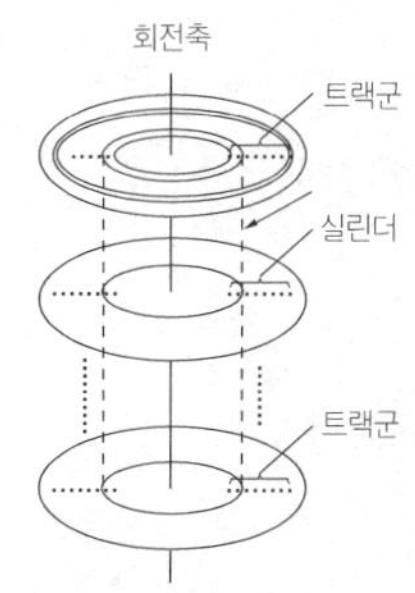

〈자기 디스크의 트랙군과 실린더〉

스에 대해서만 유용하며 인덱스로 실린더 인덱스와 몇 개의 면 인덱스로 이루어져 있는 인덱스 구성 형태의 한 방법으로 간편한 형태의 인덱싱이다. 이것은 파일이 c 개의 실린더(1~c 까지)를 기억 장소로 요구하면 실린더 인덱스는 c 개의 항을 갖고, 디스크가 n 개의 사용 가능한 면을 가지면 면 인덱스 k 번째 항은 k 면의 m 번째 트랙 중 가장 큰 값을 갖고 면 인덱스 항들의 전체 개수는 $c \cdot n$ 개가 된다.

cypher [sáifər] *n*. **암호** cipher라고도 쓴다.

Cyrix Corp. 사이릭스 사 미국 내셔널 세미컨덕터 사의 산하에 있는 반도체 제조 회사. 인텔 사의 CPU(펜티엄 등)와 호환성을 유지하면서도 보다 저가의 제품을 개발, 제조하고 있다. 최근 저가의 PC용으로 특화한 CPU「MediaGX」로도 주목받은 바 있다. 1999년 7월, 내셔널 세미컨덕터 사는 사이릭스 사의 PC용 CPU 사업을 대만의 VIA 테크놀러지스 사에 매각하여 현재 Cyrix는 브랜드명으로만 남아 있다.

CZ 제로 호출 call if zero의 약어. 0일 때 호출하는 방식의 명령.

Czochralski method 조크랄스키 방법 반도체 결정을 만들 때 불균일하게 굳는 것을 막기 위해 반도체 결정을 회전시키며 키우는 방법.

D[dí:] **디** (1) 이진수 1101로서 10진수의 13에 해당하는 16진수. (2) data line(데이터 라인)의 약어. 제품의 제작 지침을 결정한 후에 그 지침에서 제작까지의 시스템을 전자동화하는 것. DA의 첨단을 CAD라 할 수 있다.

DA (1) **설계 자동화, 디자인 자동화** design automation의 약어. 제품의 제작 지침을 결정한 후에 그 지침에서 제작까지의 시스템을 전자동화하는 것. DA의 첨단을 CAD라고 할 수 있다. ⇨design automation (2) **데스크 액세서리** ⇨ desk accessory (3) **직접 액세스** direct access의 약어.

D/A 디지털/아날로그 digital to analog의 약어.

DA 64/128/1500 digital access 64/128/1500의 약어. NTT의 ISDN 회선을 이용한 전용 회선 서비스인 「디지털 액세스」의 각 회선 속도에 따른 서비스의 명칭. 64kbps, 128kbps, 1,500kbps의 전용 회선을 제공한다. ⇨ digital access

DAA decimal adjustment accumulator의 약어. 10진 변환의 준말. 어셈블리 명령어로서 누산기(accumulator)에 들어 있는 계산 결과에 적당한 처리를 해서 10진수로 변환하는 기능을 말한다.

DAB (1) **디지털 오디오 방송** digital audio broadcasting의 약어. CD 수준의 고품질 음성은 물론 그래픽, 동화상까지 전송이 가능한 오디오 방송으로 기존 아날로그형 AM · FM 라디오 방송을 대체해나갈 것으로 기대되고 있는 시스템. 현재 DAB 상용화가 유럽 국가(유레카 147 시스템) 및 미국, 캐나다 등을 중심으로 활발하게 추진되고 있다. (2) **디스플레이 지정 비트** display assignment bit의 약어. 색깔, 밝기, 깜박거림 등을 지정하는 디스플레이되는 형태를 지정하는 비트들.

DAC (1) **컴퓨터 증보식 설계** design augmented by computer의 약어. (2) **D/A 변환기, DA 변환기** digital to analog converter의 약어. 컴퓨터에서 디지털 신호로 비연속적인 것을 연속적인 전압, 전류의 아날로그 신호로 변환하는 장치.

DACOM 한국 데이터 통신 주식회사 Data Communication Corporation Of Korea의 약어. http://www.dacom.net 참조.

D/A converter 수치 연속 변환기(수연 변환기) digital analog converter의 약어. 디지털 신호를 그 수치에 대응한 전압이나 전류 등의 아날로그 신호로 변환하는 기기나 소자로서, AD 변환기의 역기능을 가지고 있다. 또 AD 변환기의 비교 방식에 있어서는 DA 변환기를 내부에 사용하고 있고, AD 변환기와 DA 변환기는 디지털 계측 기술에 필수 불가결한 것이다. DA 변환기의 방식에는 시분할 DA 변환 방식, 사다리꼴 DA 변환 방식, 무게 저항형 DA 변환 방식과 전류 가산형 DA 변환 방식 등이 있는데, 대별하면 저항 회로망을 사용한 것과 기준 전압의 시분할 방식의 경우 분압 저항군을 필요로 하지 않기 때문에 저항값의 온도 변화나 경년 변화의 영향을 받지 않고 정밀도가 높은 것이 기대된다. 그러나 발생 전압을 기준 전압의 시간 분할비로 결정하기 때문에 고속 DA 변환기에는 부적합하다. 저항 회로망을 사용한 방식의 정밀도는 기본적으로 아날로그 스위치의 온오프 저항 및 분압 저항의 안정도와 상호 크기로 결정된다.

DACS 데이터 수집 제어 시스템 data acquisition and control system의 약어. ⇨data acquisition and control system

DAD 디지털 오디오 디스크 digital audio disk의 약어. 디지털화된 음향 신호를 기록한 레코더로서 파형을 매초당 40,000회 이상으로 분할하여 2진법으로 수치화한 음향 신호를 기록 · 재생하는 방식이다. 음질이 좋고 동적 범위가 넓다는 장점이 있다.

DADSM 직접 액세스 장치 기억 관리 프로그램 direct access device space management의 약어.

DAE 덤프 분석 중복 회피 가능 dump analysis and elimination의 약어.

DAF 수신 어드레스 필드 destination address field의 약어.

dagger operation[dǽgər ɑ̀pɑəréiʃən] **대거 연산**

daily check[déili(:) tʃék] **매일 점검** 사용 빈도 또는 기능상 안전도가 높아야 할 컴퓨터의 장치나 부분의 정비를 위하여 매일 그 점검을 실시하는 것.

DAIR 동적 배분 인터페이스 루틴 dynamic allocation interlace routine의 약어.

daisy[déizi(:)] *n.* **데이지** 일반적으로는 고구마과의 식물 줄기가 연속적으로 뻗어 있는 것. 혹은 연결되어 있는 것을 말한다.

daisy chain[–tʃéin] **데이지 체인** (1) 신호를 전송할 때 데이지 체인 신호를 요구하지 않는 장치에서 버스를 통해 신호를 전달시키는 방법인데, 실제 신호를 요구하는 첫째 장치는 필요한 작업을 하고 데이지 체인을 끊음으로써 응답하게 된다. (2) 컴퓨터 주변 장치의 인터럽트 요구선(interrupt request line)을 덩쿨같이 접속해가는 것을 말한다. 데이지 체인에서는 각 주변 장치로부터 CPU에 대하여 동시에 인터럽트가 발생한 경우보다 CPU에 가까운 쪽의 인터럽트를 우선적으로 실행한다. 그러므로 다른 CPU로부터 먼 주변 장치의 인터럽트는 마스크된다. 즉, CPU로부터 먼 주변 장치는 CPU에서 가까운 주변 장치에 인터럽트가 발생해 있지 않을 때 인터럽트가 실행된다. 데이지 체인에 의하여 인터럽트 요구선은 한 개로 정리된 형태가 된다. 그러나 인터럽트를 병렬적으로 처리하는 경우에 비하여 전파(傳播)의 지연이 눈에 띄며, 우선 인터럽트도 사용할 수 없다.

daisy chain bus[–bʌ́s] **데이지 체인 버스** 인터럽트와 관련된 신호에 주로 쓰이며 패리티 라인과 비슷하다. 한 장치가 직접 처리를 요구하게 되면 그 신호를 제지시키고 작업 처리의 요구 우선 순위는 마이크로프로세서에서 가장 가까운 장치가 높은 우선 순위를 가진다.

daisy chain configuration[–kənfigjuréiʃən] **덩쿨 연쇄 구성**

daisy chain connection[–kənékʃən] **데이지 체인 구성, 덩쿨 사슬 구성**

daisy chain device priority[–diváis praiɔ́(:)riti(:)] **데이지 체인식 장치 우선** 이 방식으로 연결되면 CPU에 전기적으로 가까운 장치가 우선권을 갖는 방식. 신호가 각 장치들을 차례대로 지나가면서 데이지 체인을 형성하기 때문에 둘 이상의 장치가 동시에 신호를 필요로 하더라도 가장 먼저 신호를 받는 장치가 우선권이 있다는 것. 이것은 인터럽트 처리에 많이 쓰이는 방식이다.

daisy chaining[–tʃéiniŋ] **데이지 체이닝** 전기적으로 프로세서에서 가장 가까운 장치가 가장 높은 우선 순위를 갖는 것으로 마이크로프로세서 컴퓨터 시스템이 동일한 순위의 인터럽트를 요구하는 경우의 외부의 디바이스가 여러 개일 때 또는 하나의 인터럽트 논리만을 가질 때 인터럽트의 우선 순위를 결정하기 위해서 사용되는 우선 인터럽트 방법이다.

daisy chaining terminal[–tə́ːrminəl] **데이지 체인 단말기** 데이지 체인 단말기는 데이터 링크를 공유하는데, 데이터 링크가 컴퓨터에서 나와서 첫 번째의 단말 장치로 가고 첫 번째 단말 장치에서 나와서 두 번째로 간다. 모든 단말 장치는 이러한 데이터 링크나 동일한 컴퓨터 출력단을 공유하는데, 이 데이지 체인은 경우에 따라서 변복조기가 사용되지 않는다는 것을 제외하면 드로핑과 유사하다고 볼 수 있다.

daisy chain mode[–tʃéin móud] **데이지 체인 방식**

daisy printer[–príntər] **데이지 프린터** 프린터 해머(printer hammer)가 데이지의 꽃잎과 같은 모양을 하고 있는 프린터를 가리킨다. 도트 프린터(dot printer)에 비하여 고품질의 인쇄가 가능하고 프린터 해머를 교환함으로써 글꼴(font)을 바꾸는 것도 가능하다. 또 이 방식의 프린터는 고속으로 인쇄할 수 있다.

daisy wheel[–hwíːl] **데이지 휠** 고속 프린터에 사용되는 부품. 원형의 축에 가느다란 막대 모양의 금속 또는 플라스틱이 붙어 있고 그 끝에 활자가 양각으로 새겨져 있고 매트릭스 방식의 프린터보다 활자가 좋은 상태이지만 가격이 비싸다.

daisy wheel printer[–príntər] **데이지 휠 프린터** 데이지 휠을 사용하여 충격을 가해 프린터한다. 전동 타자기, 워드 프로세서, 마이크로컴퓨터에서 값이 싸면서도 선명한 글자를 인쇄할 수가 있어 많이 사용되어 왔으나 글자체의 한정, 소음이 심한 점, 속도가 느린 점 때문에 차차 사용이 줄고 있다.

DAL data access language의 약어. 애플 컴퓨터사가 제공하는 데이터 베이스 액세스용 언어. 매킨토시 상에서 DAL을 이용하여 기술한 프로그램에서 네트워크로 연결된 서버 머신 상의 RDBMS에의 SQL을 액세스할 수 있다.

DAM 직접 액세스 방식 direct access method의 약어. 기억 장소에서 검색, 호출하는 경우 각 파일의 구성 요소가 되는 레코드의 주소나 가공된 데이터의 수록을 연산 루틴에 의해서 직접 처리하는 방식이며, 임의 처리에 많이 쓰이고 있다. ⇨ 그림 참조

damage[dǽmidʒ] *n.* **손해, 고장, 장애, 손상** 컴

퓨터 시스템에서는 예기치 않은 일이 발생하며, 시스템의 일부 또는 전부가 손상을 받는 경우가 있다. 예를 들어, 시스템의 전원이 끊기면, 메모리 내용이 지워져 버리기 때문에 그 메모리 안에 저장되어 있던 프로그램과 데이터가 지워지게 된다. 그러면 대형 컴퓨터 시스템에서는 지워져 버린 프로그램과 데이터를 복구하기 위하여 그 처리를 위해 사용한 마스터 파일과 그 변경점을 기록한 저널 파일을 보조 기억 장치로부터 판독하여 참고로 한다. 그리고 어느 정도 손실된 파일을 복구하도록 노력한다. 따라서 고장(damage)을 일으킨 후에는 복구 작업을 행하면서 작업의 처리를 행하기 때문에 컴퓨터의 처리 능력이 저하된다. 그러나 특히 고장의 정도가 큰 경우에는 고장이 났을 때 처리하고 있었던 것 등을 포기하면 초기의 상태로 되돌리고, 시스템으로서의 기능을 재개하게 된다. 이때, 우선 순위가 낮은 작업부터 놓여지게 된다. 본래 컴퓨터 시스템은 2중, 3중의 파일 보호 기구에 의해 정상으로 작동하도록 되어 있다. 또 컴퓨터 본체와 보조 기억 장치와의 사이에서 통신하고 있는 경우에 어떤 형태로 인터럽트가 발생하거나 하면, 보조 기억 장치에 축적되어 있는 마스터 파일은 컴퓨터 처리의 뿌리가 되는 파일이기 때문에 항상 보호되며 판독의 형태로만 사용된다. 이 파일이 파괴되면 그 파일과 관계된 처리는 행할 수 없거나 중대한 고장 피해(damage)를 입게 된다.

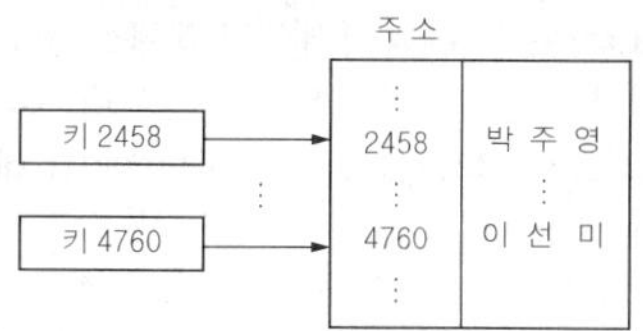

〈직접 액세스 방식의 예〉

damage assessment routine[–əsésmənt ruːtíːn] DAR, 손해 평가 루틴

damped natural frequency[dǽmpt nǽtʃurəl fríːkwənsi] 감쇠 자연 주파수

damping[dǽmpiŋ] *n.* 감쇠, 제동 필요없는 진동 상태를 방지하기 위한 전기 회로나 기계 장치에 도입한 특성 또는 파동의 진폭이 감소하는 것.

damping factor[–fǽktər] 제동 계수

damping oscillation[–àsiléiʃən] 감쇠 진동 진동이 시간이 지나면서 미미해지는 것.

damping time[–táim] 감폭 시간 지수형 감폭 파형이 초기값에서 퍼센트 감폭하는 데 필요한 시간.

dance dance revolution[dǽns dǽns revəlúːʃən] ⇨ DDR

dangling else problem[dǽŋgliŋ éls práblәm] 허상 엘스 문제 if 조건문에서 else와 if의 결합 관계를 명확하게 구문상 구별할 수 없을 때 일어나는 문제로 if cond1 then if cond2 then s1 else s2(cond: condition, s: statement)와 같은 상황이다. 여기서의 else가 허상되어 있다고 하며, ALGOL 60에서는 begin-end, PASCAL이나 PL/I에서는 null else를 이용하여 다음과 같이 해결한다. if cond1 then begin if cond2 then s1 end else s2 또는 if cond1 then if cond2 then s1 else else s2.

dangling pointer[–pɔ́intər] 허상 포인터 지시자가 지시하는 레코드가 삭제되면 지시자는 의미없는 레코드를 지시하게 되는 것을 가리키는 말.

dangling reference[–réfərəns] 허상 참조 수행중인 프로그램에서 의미가 없어졌거나 그 데이터 객체에 대한 접근 경로나 포인터 값을 가지고 있는 포인터 변수를 가리키는 것. 이와 비슷한 것으로 가비지(garbage)가 있는데, 이러한 현상이 발생한 후에 그 기억 영역이 다시 다른 데이터 객체에 할당되었을 때 기억 장치 관리에 어려움을 주게 된다.

dangling tuple[–tʌ́pl] 허상 투플 결합 연산을 하여 없어지는 투플을 말하는데, R을 릴레이션, r_i를 릴레이션 R_i의 모든 속성이라고 하면 R_i에 속하는 투플 중에서 $R_1, R_2 \cdots R_n$의 결합 연산 결과는 r_i를 프로젝션할 때 나타나지 않는 투플을 말한다.

Danilevskii method 다닐레프스키법 일반 행렬에 따라 고유 다항식의 계수를 구하는 방법으로, 비대칭 행렬인 경우의 해법으로서 주로 쓰인다.

DAPS 댑스, 직접 액세스 프로그래밍 방식 direct access programming system의 약어. 효율적인 컴퓨터 운용을 위해 고속 내부 연산 처리의 속도에 맞추어 입출력 처리를 다수 병행하는 것. 멀티프로그래밍과 온라인 처리를 위한 범용 소프트웨어 시스템으로 사용하기 위하여 고안된 것이며, 종합 처리량의 증가를 도모할 수 있다.

DAR 손해 평가 루틴 damage assessment routine의 약어.

dark bulb[dáːrk bʌ́lb] 검은 전구 인의 발광이 되지 않는 부분이 검은색이 되어 화면에 색의 대비가 뚜렷해지는 장점이 있으며 음극 선관의 일종이다.

Dalinton circuit 달링턴 회로 같은 극성의 트랜지스터 두 개를 접속하여 구성한 회로로 큰 전류 증폭률을 얻을 수 있는 것이 특징이다.

DAO 일회용 디스크 disc at once의 약어. CD-R 드라이브에서 CD에 내용을 기록할 때 디스크 전체를 한 번의 기록으로 끝내는 방법. 양산 프레스용

CD를 프레스 공장에 의뢰할 때에는 이 방식을 이용한다. 이 기록 방식으로는 추가 기록은 할 수 없기 때문에 CD에 미사용 영역이 남아 있어도 사용할 수 없다. ⇨ CD-R

DARPA 미국 국방성 고등 연구 계획국 defense advanced research projects agency의 약어. 미국 국방성 소속 기구로서 신기술 개발 연구 프로젝트를 담당한다. 이전에는 ARPA로 불렸으며, 여러 군사 연구를 원조하고 있다. 네트워크 분야에는 유명한 ARPANET이 있다.

DAS (1) dual attachment stations의 약어. FDDI 네트워크 카드에 이중의 링을 구축하여 네트워크에 문제가 발생했을 경우에 주요 회선을 보호하기 위한 방식. 문제가 발생하면 즉각 두 번째 회선으로 대체된다. (2) **디지털 아날로그 시뮬레이터** ⇨digital analog simulator

DASD 직접 액세스 기억 장치 direct access storage device의 약어. 데이터가 저장된 위치에 관계없이 일정 시간에 액세스가 가능한 보조 기억 장치로서 자기 디스크 장치를 말한다. 주로 IBM 사의 컴퓨터에서 사용하는 용어이다. 보조 기억 장치 중에서 자기 디스크 장치나 자기 드럼 장치 등 비순차적 접근이 가능한 기억 장치를 말한다. 자기 디스크 기억 장치, 자기 드럼 기억 장치를 데이터의 판독, 기록 시간과 데이터의 기억 위치 사이에 실용상의 상관 관계가 없는 기억 장치로 어떤 목적의 정보를 호출하는데, 마치 책의 페이지를 찾는 것처럼 색인으로서 임의적인 호출을 한다.

DASD-erase attribute DASD 소거 속성

DASD file protect facility DASD 파일 보호 기능

DASDI DASD 초기화 프로그램 direct access storage device initialization의 약어.

DASDR 디스크 덤프 복원 프로그램 direct access dump restore의 약어.

DASF 직접 액세스 기억 장치 direct access storage facility의 약어.

DAT (1) **디지털 오디오 테이프** digital audio tape의 약어. (2) **동적 어드레스 변환** dynamic address translation의 약어. 가상 기억 방식에서 가상 어드레스 공간보다 실어드레스 공간으로의 사상(寫像)을 행하는 하드웨어. ⇨ dynamic address translation

DATA 단말 직접 입력 프로그램 direct access terminal application의 약어.

data[déitə] *n.* **자료** 정보는 특정 목적에 따라 특유의 형식을 갖고 있다. 정보 처리 분야에서 데이터는 다음 세 가지의 의미를 갖는다. (1) 컴퓨터 프로그램과 구별했을 때의 데이터이다. 예를 들면, 변수(variable)와 상수(constant)의 값. 프로그램 파일(program file)과 데이터 파일(data file)이라고 하듯이 처리하는 것과 처리되는 것의 관점에서 본 경우이다. 그러나 이 관점은 전후의 문맥에 따라 좌우된다. 즉, 원시 프로그램(source program)은 컴파일러에 의하여 데이터로서 받아들여지고 또한 그 결과 목적 프로그램(object program)은 링커(linker)의 입력 데이터가 되기 때문이다. (2) 처리 프로그램의 관점에서 보아 결과, 즉 출력에 대한 입력이라고 한정하는 것처럼 더욱 엄밀한 의미로 사용하는 경우이다. (3) 문서(text)나 음성(voice) 및 화상(image)과 구별하는 경우이다. 이 결과 데이터 처리와는 별도로 문서 처리, 음성 처리, 화상 처리 분야가 존재하게 된다. 인간이나 자동적 수단에 의해 행해지는 통신, 해석 처리에 적합하도록 형식화(규격화)된 사실, 개념, 지시의 표현.

data above voice[–əbʌ́v vɔ́is] **음성 상역 데이터** 디지털 데이터를 전달하는 전송 체제로서 음성 신호 전달에 사용되는 주파수 이상의 초음파 스펙트럼으로 이루어지는 체제.

data abstraction[–æbstrǽkʃən] **데이터 추상화** 데이터의 물리적인 표현을 의식하지 않고 추상화한 데이터형으로서 이용할 수가 있는데, 이러한 데이터의 물리적 표현과 그 기본 조작 절차를 묶어 정의해두고 그 형의 데이터는 정의된 절차를 따라서만 이루어지는 수법.

data access[–ǽkses] **데이터 액세스** 필요한 데이터의 집합을 검색하거나 위치를 찾아내는 과정.

data access language[–lǽŋgwidʒ] **데이터 접근 언어** System 7이라는 매킨토시 운영 체제에 내장되어 있는 소프트웨어로서 호스트 컴퓨터의 데이터 베이스에 접근하기 위한 언어. SQL 등과 동일한 기능을 가진다.

data access register[–rédʒistər] **데이터 액세스 레지스터, 데이터 전송**

data acquisition[–ækwizíʃən] **데이터 수집, 데이터 취득** 계측기를 통해 들어오는 측정 자료들을 컴퓨터를 이용하여 처리하고 결과를 얻어내는 것. 중앙에 연결된 컴퓨터와 원격지의 단말기를 통해 자료를 수집하고 처리하는 것을 말하기도 하며 크게 외부의 센서(sensor)에 의해 자료를 모으는 것을 말한다. 일기예보, 의료용 계측 시스템 등에서 많이 쓰이는 실시간 입력 데이터를 얻는 것.

data acquisition and control system[–ənd kəntróul sístəm] **DACS, 데이터 수집 제어 시스템** 각종 물리량을 그대로 데이터로서 직접 판독하고, 필요에 따라 가공 처리하여 출력(전류,

전압)을 만들어내며, 다른 장치를 구동하는 컴퓨터 시스템을 가리킨다.

data acquisition system 데이터 수집 시스템 중앙 컴퓨터에 결합된 원격 단말 장치가 주변에서 발생하는 데이터를 수집하여 중앙 컴퓨터 실시간 데이터 전송이 가능하게 구성되어 있는 시스템.

data adapter unit[-ədǽptər jú:nit] **데이터 접속 장치** 이 접속 장치를 데이터의 통신 체제, 수집 체제, 프로세서 통신 체제, 통신 단말 장치, 원격 계측 단말기 제어 등의 구성 요소를 갖고 중앙 처리 장치가 여러 개의 데이터 통신 회선과 결합될 수 있도록 설계된 장치이다. 이러한 통신 회선을 통하여 원격지 단말기나 여러 개의 국부적인 인플랜트 자료 수집과 결합하는 형태로 되어 있다.

data address[-ədrés] **데이터 어드레스** 하드웨어의 취급에서는 명령이 기억되어 있는 주소나 데이터가 기억되어 있는 주소는 특히 달라지지 않는데, 데이터가 기억되어 있는 주소이다. 하나의 루틴 가운데 데이터는 루틴 다음의 부분 등에 묶여서 기억되는 일이 많다.

data administrator [-ədmìnistréitər] **데이터 관리자** 현재는 별로 쓰이지 않으며, 데이터 베이스 관리자(data base administrator)와 같은 말이다.

data aggregate[-ǽgrigèit] **데이터 집합체** 벡터는 동일 특성을 갖는 데이터 항목의 집합이고, 반복 그룹은 데이터 항목, 벡터 또는 반복 그룹의 집합인데, 데이터 군에는 벡터와 반복 그룹의 두 종류가 있으며 이러한 어느 형의 레코드에 이름을 붙인 것을 말한다.

data analog[-ǽnəlɔ̀(:)g] **아날로그 자료** 중앙 컴퓨터에 결합된 원격 단말 장치가 주변에서 발생하는 데이터를 수집하여 중앙 컴퓨터에 실시간 데이터 전송이 가능하게 구성되어 있는 시스템. ⇨analog data

data analysis display unit[-ənǽlisis displéi jú:nit] **데이터 분석 표시 장치** 설비에 관련된 용어로서 CRT 디스플레이 장치에 의해 데이터를 온라인 분석하기 위한 것.

data area[-έ(:)riə] **데이터 영역**

data array[-əréi] **데이터 배열** 자기 테이프나 종이 테이프, 카드 등에 기록된 부호나 기호의 형태로 된 데이터의 표현.

data attribute[-ǽtribjù(:)t] **데이터 속성** 소수점을 취하는 법, 정밀도, 배열형에 대한 차수, 첨자의 상하한 등에 관한 PL/I 의 용어로 산술 데이터형에 대한 기수(基數)이다.

data authentication[-ɔ:θèntəkéiʃən] **데이터 확인** 전송된 데이터, 특히 메시지의 완전성을 검증하기 위하여 사용되는 처리. 주의할 것은 이용자의 인증(authentication)과 혼동하지 말 것. ⇨authentication

data bank[-bǽŋk] **DB, 자료 은행** 여러 정보원으로부터 수집되어 있어서 다수의 이용자가 곧바로 액세스할 수 있도록 한 형태로 저장되어 있는 데이터의 파일. 보통 컴퓨터 시스템에 들어 있는 개인이나 기업의 데이터 파일을 어떠한 조직체 범위에서 체계적이고 통합적인 자료 이용을 위한 목적이 크며, 이 자료의 관리도 한 조직체에 의하여 유지 운용되는 단순한 자료의 모임. 집합체로서가 아니라 여러 파일이나 응용 프로그램의 통합된 시스템으로 더욱 고차원적 이용 가치를 갖게 된다. 개인과 기업에 관한 의사 결정에 쓰여지는 경우도 있다. 데이터 라이브러리의 집합.

data bank system[-sístəm] **데이터 뱅크 시스템** 주어진 소재나 그 응용에 따른 많은 정보를 컴퓨터의 보조 기억 장치에 축적해놓고 필요할 때에 사용자에게 필요한 정보를 제공해주는 시스템.

data base[-béis] **DB, 데이터 베이스** 사무 계산을 할 경우 각각의 업무 전용 데이터 파일을 사용하고 있지만 각 파일에는 중복된 정보가 들어 있는 것이 많다. 이 중복을 피하여 정보를 일원화(一元化)하여 처리를 효율적으로 하기 위해서 서로 관련성을 가지며 중복이 없는 데이터의 집합을 데이터 베이스라 한다. (1) database라고 쓰기도 하지만, data base의 형으로 사용하는 경우가 많다. 복수 업무에 공통으로 나타나는 데이터를 중심으로 모아서 이들을 상호 유기적으로 결합한 것. 이들 데이터는 일정한 규칙(rule)에 따라 연결하여 이용할 수 있도록 되어 있다. 종래의 업무마다 독립된 파일 처리 방식에 비하여 업무가 확대되어도 새롭게 파일을 준비할 필요가 없고, 각 파일에 같은 데이터가 중복되어 있지 않게 되는 것 등의 이점이 있다. 데이터 베이스를 관리하는 시스템을 데이터 베이스 관리 시스템(DBMS ; data base management system)이라 한다. 데이터 베이스 중에서 데이터와 데이터의 관련은 각각의 데이터 레코드(data record)의 전후에 포인터(pointer)를 붙여서 데이터 체인을 만든다. 이와 같이 하는 레코드를 오너 레코드(owner record)라 하고, 그 아래에 멤버 레코드(member record)를 붙인다고 하는 종속 관계를 갖도록 한다. 데이터 베이스의 대표적인 구조는 트리 구조(木構造 ; tree structure)이다. 이러한 형식의 데이터 베이스 외에 관계형 데이터 베이스(relational data base)라 하여 데이터를 단순한 표(relation) 형식으로 표현하는 것도 있다. (2) 어떤 데이터의 집합의 일부 또는 전부이며, 하나의 파일로 이루어지는 데이터 처리 시스템을 만족시키는 것.

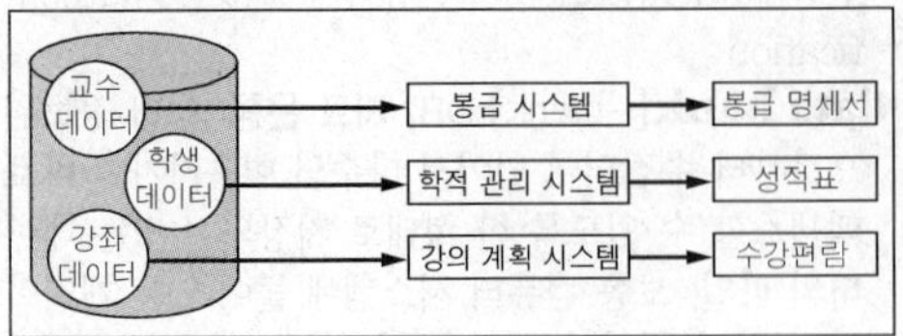

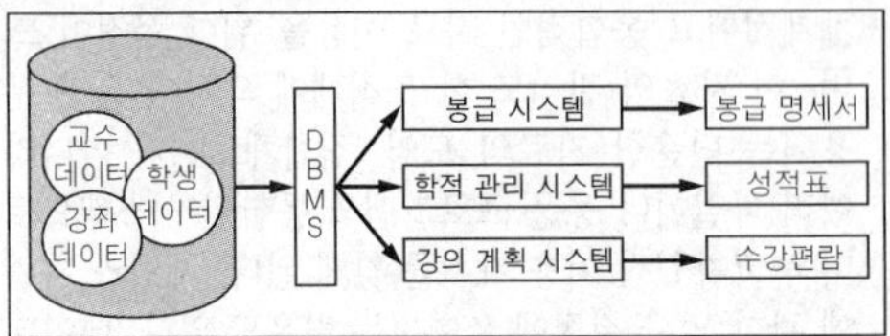

〈데이터 베이스의 예〉

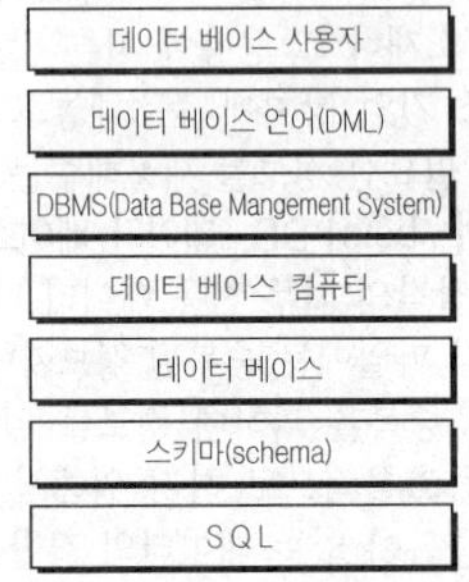

〈데이터 베이스 시스템 구성 요소〉

data base access protocol [–ǽkses próutəkɔ(:)l] **DBACP, 데이터 베이스 접근 규약** 데이터 베이스의 내용에 대한 데이터의 접근이나 데이터 베이스의 주소에 대한 데이터 접근이 가능하도록 규정하는 일련의 접근 절차.

data base access tool [–túːl] **데이터 베이스 접근 도구** PC 등의 스프레드시트 소프트웨어에서 서버에 있는 관계형 데이터 베이스에 접근하여 데이터를 인출해내기 위한 소프트웨어. Excel, WINGZ, Lotus 1-2-3에 대응하는 제품들이 있다. 원래는 스프레드시트 소프트웨어의 추가(add-in) 소프트웨어였으나 현재는 데이터 베이스에 접근하기 위한 함수를 스프레드시트 소프트웨어의 매크로와 조합하거나 데이터 베이스에 접근하기 위한 전용 소프트웨어가 주류를 이루고 있다.

data base address area [–ədrés ɛ́(:)riə] **데이터 베이스 주소 구역** 요구되는 레코드의 주소를 데이터 베이스 주소 구역에다가 저장하였다가 필요할 때 그 구역으로 이동하여 사용하는 것처럼 한 프로그램이 동시에 여러 레코드의 주소를 유지할 수 있도록 제공되는 구역.

data base administrator [–ədmìnistréitər] **DBA, 데이터 베이스 어드미니스트레이터, 데이터 베이스 관리자** 데이터 베이스에 저장되어 있는 자료를 정확하고 통합성 있게 일괄적으로 관리하는 사람 또는 관리하는 일. ⇨ data base management system DBA

〈DBA의 데이터 관리 임무〉

- 데이터 베이스 표준화
- 데이터의 소유, 검색 및 수정에 관한 권리 설정
- 붕괴에 대한 회복책 수립
- 교육
- 데이터 처리 정책의 강화
- 문서화

data base analyst [–ǽnəlist] **데이터 베이스 분석가** 데이터 베이스 환경에서 데이터 구조의 분석, 설계, 실행 여부에 대해서 깊게 연구하고 분석하는 사람.

data base architecture [–ɑ́ːrkitèktʃər] **데이터 베이스 아키텍처** 데이터 베이스의 설계 사상이나 구조 등을 의미한다.

data base automatic table look-up [–ɔ̀ːtəmǽtik téibəl lúkʌ̀p] **데이터 베이스 자동 테이블 조사** 이 조사의 시스템에서는 조사 방법이 자동 표 조사와 기본 표 조사의 두 가지 방법이 있고, 조사 결과 필드의 정의는 사전 유지가 수행되는 동안에 쉽게 변경될 수도 있으며, 자동 표 조사는 요구 사항으로 나타내기보다는 사용자가 입력 매개 변수 필드나 표, 표의 결과가 저장되어 있는 필드를 명시한다. 여기서 조사 결과의 필드 이름이 처리되거나 또는 보고서 출력을 위하여 나중에 참조될 때는 지정된 표를 자동으로 찾기 위하여 명시된 매개 변수 필드가 사용된다.

data base binary table search [–bɑ́inəri(:) téibəl sə́ːrtʃ] **데이터 베이스 2분표 탐색** 탐색 방법은 표의 중간 지점을 먼저 살펴보고 그 지점이 원하는 장소가 아닐 경우에는 그 지점 앞부분이나 뒷부분을 선택하고 최종적으로 원하는 데이터가 나올 때까지 동작을 반복하는데, 그 내용이 일정한 순서에 따라 배열되어 있는 표이다.

data base block access [–blɑ́k ǽkses] **데이터 베이스 블록 액세스** 파일을 저장 매체에 매핑할 때에 레코드들을 모아 저장해놓은 물리적 블록에 액세스하는 것이다. 블록은 데이터의 물리적 현상을 표시하는 것이고, 레코드의 논리적 접근의 시스템적인 지원이 필요하지 않은 프로그램에서는 물리적 블록을 읽고 쓸 수 있다.

data base browsing[–bráuziŋ] **데이터 베이스 주사** 질의어에 대한 구체적인 지식이 정형화된 양식이나 메뉴 방식을 이용하는 데이터 접근 방법.

data base component[–kəmpóunənt] **데이터 베이스 구성 요소** 데이터 베이스를 구성하는 기본 요소로 데이터의 속성을 나타내는 데이터 애트리뷰터 단독으로 정보를 나타낼 수 있는 개체, 이들 상호간의 관계를 나타내는 기본적인 구성 요소, 데이터의 개체·성격, 논리적 관계, 기술 방법, 데이터의 모형화 등이 있다.

data base computer[–kəmpjúːtər] **데이터 베이스 컴퓨터** 데이터 베이스 관리 시스템 기능을 갖고 호스트 컴퓨터와 채널로 연결되어 데이터 베이스 공유, 데이터 베이스 접근 시간 단축, 호스트 컴퓨터의 업무 절감, 비용 절감을 할 수 있는 데이터 베이스 전담 컴퓨터.

data base control[–kəntróul] **데이터 베이스 제어** 데이터 뱅크보다도 더 정밀하고 고차원적인 조직으로 정의된 구조로서 데이터 베이스 관리 시스템에 의하며 생성, 적재, 유지, 보수되는 논리적으로 동일한 멀티파일 자료 구조이다.

data base control system[–sístəm] **DBCS, 데이터 베이스 제어 시스템** 조작 시스템에 있어서의 입출력 제어(IOCS) 시스템과 대비시켜 쓰이고, 데이터 베이스 관리 시스템과 같은 말이다.

data base creation[–kriéiʃən] **데이터 베이스의 생성**

data base/data communication[–deitə kəmjù(ː)nikéiʃən] **DB/DC, 데이터 베이스/데이터 통신** ⇨ DB/DC

data base/data communication system[–sístəm] **데이터 베이스/데이터 통신 시스템** 데이터 베이스를 관리하는 DBMS와 네트워크에서 DBMS 간을 더 명확하게 나타내면 DBMS를 사용하는 응용 간의 메시지 교환을 담당하는 데이터 통신 관리자가 결합된 시스템.

data base data management[–mǽnidʒmənt] **데이터 베이스 데이터 관리** ⇨ data base administrator

data base data structure[–strʌ́ktʃər] **데이터 베이스 자료 구조** 적절한 자료 구조는 가능한 자료들을 광범위하게 연구한 후 결정할 수 있고 이 적절한 자료 구조의 완전성은 마이크로컴퓨터 하의 심각한 제한 조건 하에서 동작해야 하는 시스템의 설계에 의존하며, 마이크로프로세서의 적당한 자료 구조는 값비싼 컴퓨터 자원을 유지하면서 어느 정도 색다른 자료 구조 능력을 가져야 한다. 특히 RAM은 파일의 크기, 레코드 길이, 프로그램 능력, 적당한 문서화를 제한하지 않기 위해서 자원이 풍부해야 하고, 분석자에게 접근하는 것은 프로세스 그 자체로서 프로세서를 완전히 제공할 수 있다.

data base definition menu [–definíʃən ménjuː] **데이터 베이스 정의 메뉴** 선택할 수 있는 항목은 7가지로 데이터 베이스를 정의할 때 쓰이며 RBASE에서 제공하는 메뉴 중의 하나.

data base description[–diskrípʃən] **DBD, 데이터 베이스 기술** 이 데이터 베이스 기술(DBD)의 역할은 데이터의 모형을 정의하고 그 모형을 기억 장치와 매핑시키는 것으로 정보 관리 시스템(IMS)에서 데이터 베이스에 대한 기술로 네트워크 모형에서 사용하는 스키마 개념과 같다.

data base design[–dizáin] **데이터 베이스 설계** 사용자의 요구 사항을 토대로 구현이 가능한 데이터 베이스 구조를 개발하는 작업.

data base design aid program[–éid próugræm] **데이터 베이스 설계 보조 프로그램**

data base diagnosis[–dàiəgnóusis] **데이터 베이스 진단** 데이터 베이스의 구성 요소들이 정확하게 동작하는지를 알아보는 것. 즉, 데이터 베이스에 발생 가능한 오류가 있는지를 진단하는 것이다.

data base dictionary[–díkʃənəri(ː)] **데이터 베이스 사전** 잘 이용하면 프로젝트 경영과 시스템 설계 등에 좋은 도구로서 이 사전은 한 조직체의 데이터 자원이나 데이터 베이스 관리 시스템(DBMS)에 의해 성취 가능한 목표를 잘 문서화하거나 제어하고 관리할 수 있게 한다.

data base editing[–éditiŋ] **데이터 베이스 편집** 레코드들이 화면상에 나열되어 있는 상태에서 간단하게 레코드를 삭제하거나 갱신하는 작업.

data base engine[–éndʒən] **데이터 베이스 엔진** 클라이언트 서버 모델의 데이터베이스 관리 시스템에서 백엔드가 되는 서버의 데이터베이스. ⇨ 그림 참조

data base environment[–inváiərənmənt] **데이터 베이스 환경** 데이터 베이스를 구축함으로써 사용자, 파일, 시스템이 통합되는데, 여기서 생기는 환경.

data base exception condition[–iksépʃən kəndíʃən] **데이터 베이스 예외 조건**

data base facility [–fəsíliti(ː)] **DBF, 데이터 베이스 기능**

data base file[–fáil] **데이터 베이스 파일** ⇨ 그림 참조

data base growth[–gróuθ] **데이터 베이스 성장** 데이터 베이스의 양적인 증가와 응용의 확대를 동시에 가져오며, 데이터 베이스는 새로운 데이터의

삽입, 기초 데이터의 삭제와 갱신을 통하여 가장 최근의 정확한 데이터를 유지하면서 성장하게 된다.

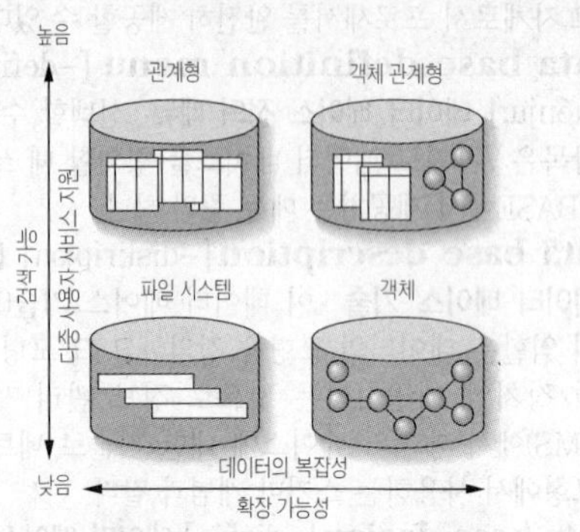

〈DBMS 분류(데이터 베이스 엔진)〉

data base guide [–gáid] **데이터 베이스 가이드**

data base hierarchy [–háiərɑːki(ː)] **데이터 베이스 계층** 자료 구조의 계층은 세그먼트, 레코드, 필드 등으로 구성되어 있다. 고유한 영숫자로 된 이름의 필드가 주어지고 필드가 모여 레코드를, 레코드가 모여 세그먼트를 각각 형성한다. 또한 필드는 필드 안에서 각각의 이름으로 나눠지기도 하는데, 즉 4바이트 필드가 2바이트 부분 필드로 나누어질 수 있다.

data base identifier [–aidéntifàiər] **데이터 베이스 식별명**

data base key [–kíː] **데이터 베이스 키** 데이터 베이스의 모든 레코드 어커런트와 연관된 고유한 식별자.

data base language [–lǽŋgwidʒ] **DBL, 데이터 베이스 언어** 데이터 베이스 시스템에서 이용자가 사용하는 언어로서 데이터 베이스를 구성, 조작, 검색하는 데 필요하다. 이것은 데이터 정의어, 데이터 조작어, 데이터 질의어로 구성된다. ⇨ data sublanguage

data base logical design [–lɔ́(ː)gikəl dizáin] **데이터 베이스 논리 설계**

data base machine [–məʃíːn] **데이터 베이스 머신, 데이터 베이스 기계** 데이터 베이스 시스템 전용의 구성 방식을 가지는 어드레스 메모리와 연산 기억 장치. 미니컴퓨터나 마이크로컴퓨터를 데이터 베이스 시스템 전용에 사용하는 방식의 데이터 베이스 기계는 이미 상용화되어 있으며, 디스크 기억 장치의 데이터 베이스를 처리할 수 있는 정도의 기억 용량이 있어야 한다.

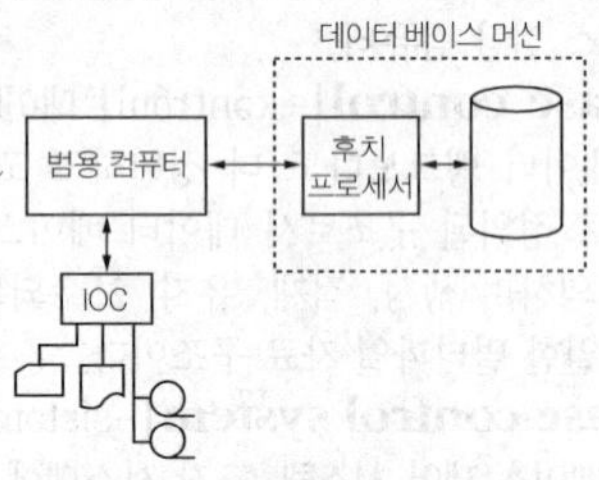

〈데이터 베이스 머신 사용 형태〉

data base maintenance utility [–méintənəns ju(ː)tíliti(ː)] **데이터 베이스 보수 유틸리티**

data base management [–mǽnidʒmənt] **데이터 베이스 관리** 여러 사용자들이나 원격지 사용자 공통으로 사용하는 데이터 베이스의 내용 변경이나 데이터 베이스에서의 인출 정보가 정확하고

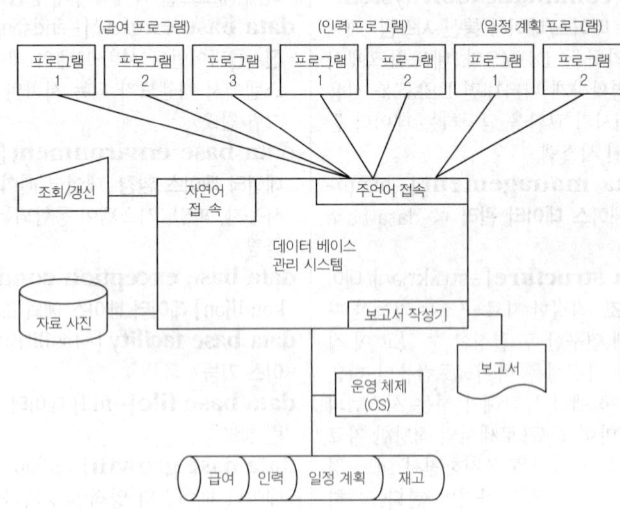

〈데이터 베이스와 관련 있는 파일〉

신뢰성을 가지도록 하기 위하여 레코드 형태로 저장되는 정보를 체계적으로 삽입, 삭제 또는 검색하는 방법이다.

data base management program [-próugræm] **데이터 베이스 관리 프로그램**

data base management system [-sístəm] **DBMS, 데이터 베이스 관리 시스템** 이것은 데이터 베이스를 관리하는 소프트웨어 시스템으로서 데이터 베이스의 작성, 데이터 베이스 데이터의 처리 이용, 데이터 베이스의 제어를 하는 일련의 프로그램 그룹이다. ⇨ data base package

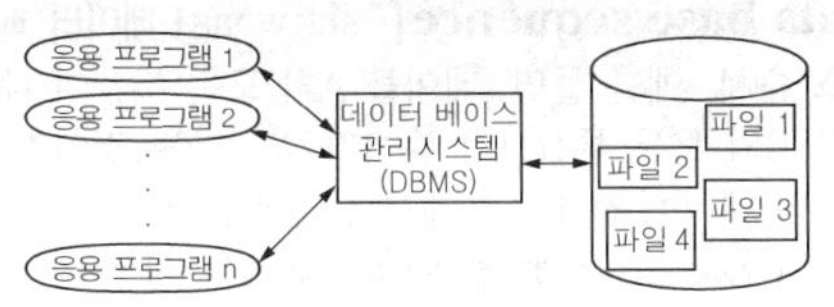

〈응용 프로그램과 데이터 베이스 관리 시스템〉

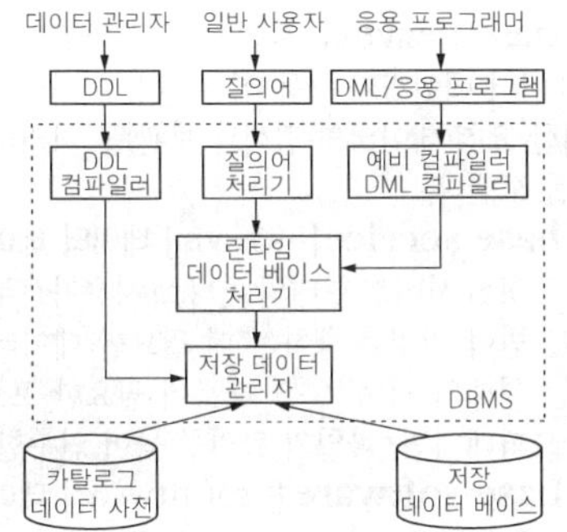

〈DBMS의 구성〉

data base manager [-mǽnidʒər] **DBM, 데이터 베이스 관리 프로그램** 데이터 베이스의 접근에 있어서 사용자가 하드웨어의 상세한 부분을 알지 못해도 그 요구를 처리해주는 물리적 데이터 베이스와 시스템 사용자 간에 존재하는 소프트웨어 층으로 DBMS라고 불린다.

data base mapping [-mǽpiŋ] **데이터 베이스 사상** 데이터 베이스에서 서로 다른 레코드 형태들 사이의 관련성을 기술한 것.

data base marketing [-mɑ́ːrkətiŋ] **DBM, 데이터 베이스 마케팅** 기업의 기존 고객 또는 잠재 고객에 대한 데이터를 데이터 베이스화하여 전산 시스템에 축적해두고, 이러한 데이터 베이스에 기반한 마케팅 유형. 데이터 베이스 마케팅은 기존 고객과 잠재 고객을 이해하고, 이를 통해 기존 고객을 유지하며, 잠재 고객을 끌어들임으로써 고객의 평생 가치(LTV ; life time value)를 최대화하는 데 있다. 데이터 베이스 마케팅은 마케팅 데이터 베이스와 이를 활용할 수 있는 OLAP(on line analytical processing), 데이터 마이닝(data mining) 도구 그리고 유능한 마케터(marketer)로 구성된다.

〈데이터 베이스 마케팅의 예〉

〈데이터 베이스 마케팅의 입력과 출력〉

입　력	출　력
• 고객 정보	• 고객 리스트(Mail, Telephone)
• 판매 정보	• 예측 모형(predictive models)
Recency	• 스코어링(scoring)
Frequency	• 불량자 조기경보
Amount	• 고객 세분화
Tenure	• 마케팅 ROI
Chum	• 리포트
• 상품 구매 패턴	
• 이전 반응률 정보	
• 인구 통계학적 정보	
• 사회 경제적인 정보	

data base model [-mɑ́dəl] **데이터 베이스 모형** 이 데이터 베이스 모형에는 관계 모형(relational model), 망 모형(network model), 계층 모형(hierarchical model)의 세 형으로 그 관리 자료들의 상호 구성 형태에 따라 분류하고, 이 중 관계 모형이 널리 쓰이고 있지만 그 우열을 비교할 수는 없다. 주로 소형의 관계 모형에서 대형으로 되면 계층 또는 망 모형으로 바꿔 관리하는 경우가 많다.

data base moniter [-mɑ́nitər] **데이터 베이스 모니터** 데이터 베이스 관리자로서의 개인 또는 단체로 DBMS의 기능이 원활히 수행되도록 데이터 베이스 시스템에 관한 전반적인 책임을 진다.

data base optimization [-ɑ̀ptimizéiʃən] **데이터 베이스 최적화** ⇨ data base management system

data base portability [-pɔ̀ːrtəbíliti(ː)] **데이터 베이스 이식성**

data base predicate [-prédikèit] **데이터 베이스 술어** 시스템 실행중 터보 프롤로그 시스템으로부터 사실이 추가되거나 삭제될 수 있는 술어.

data base print manager [-prínt mǽnidʒər] **데이터 베이스 프린트 관리** 여기에서 프로그래머는 출력될 논리적 정보에 관여할 수 있는데, 특수한 표제를 삽입할 수 있으며 프린터를 동적으로 할당할 수도 있다. PDL(인쇄 정의 언어)은 프린트의 특징(행, 열)과 표준 표제나 페이지, 초과 인쇄 조건 등을 정의하고, 정보는 데이터에 수록되기 위해 대기할 수 있고 인쇄할 수도 있으며, ASCII 코드로 변환되거나 전송하기 위해 다른 형식으로 변환할 수도 있다.

data base producer[–prədjú:sər] **데이터 베이스 저작권자** 일반적으로 출판자와는 다르다.

data base profile[–prəfáil] **데이터 베이스 프로필** 각 단편에 존재하는 투플의 개수와 각 속성의 크기, 그리고 각 단편에 존재하는 속성이 갖는 상이한 값의 개수를 포함하는 데이터의 품질 또는 데이터의 완전성을 확인하기 위한 조작. 즉, 자료를 모아 처리하기 전에 그 오류의 여부를 확인하는 것. 오차를 없애거나 적게 하는 것.

data base protocol[–próutəkɔ(:)l] **데이터 베이스 프로토콜** 호스트 명령과 데이터 필드 표준 처리 과정에 따라서 주컴퓨터와 제어기 사이에 전달되는데, 데이터 베이스 접근 프로토콜 통제로 정보가 기록되거나 검색된다.

data base rearrangement [–rì:əréindʒmənt] **데이터 베이스 재편성**

data base record[–rikɔ́:rd] **데이터 베이스 레코드** 하나의 루트 세그먼트와 루트 세그먼트에 속하는 모든 종속 세그먼트들을 의미하며 이것을 데이터 베이스 트리라고도 한다.

data base recovery[–rikʌ́vəri(:)] **데이터 베이스 회복**

data base recovery control [–kəntróul] **DBRC, 데이터 베이스 회복 관리**

data base recovery control feature[–fí:tʃər] **데이터 베이스 회복 관리 기능**

data base recovery utility [–ju(:)tíliti(:)] **데이터 베이스 회복 유틸리티** 이미지 복사와 변환 자료 누적 기능 등으로 정보의 회복을 위하여 정보 관리 시스템(IMS)에서 사용하는 유틸리티.

data base reorganization [–ri:ɔ̀rgənizéiʃən] **데이터 베이스 재편성**

data base restructuring[–ristrʌ́ktʃəriŋ] **데이터 베이스 재구조화** 접근 시간이나 기억 장소 요구를 줄이기 위해 데이터 베이스의 구조를 바꾸는 것.

data base retrieval function [–ritrí:vəl fʌ́ŋkʃən] **데이터 베이스의 검색 기능**

data base schema[–skí:mə] **데이터 베이스 스키마** ⇨ relational data base scheme

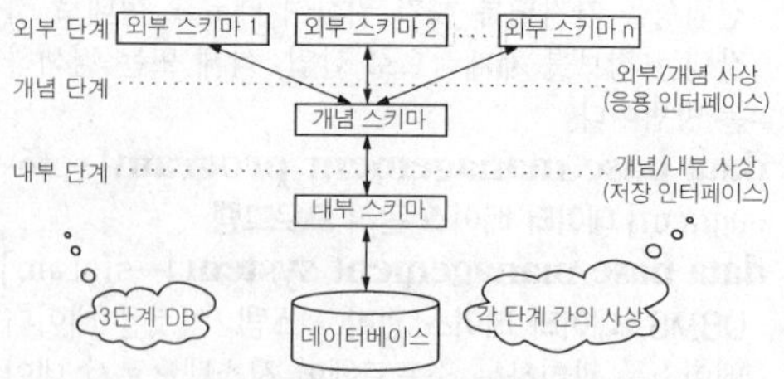

〈스키마 간의 상호 관계〉

data base security[–sikjú(:)riti(:)] **데이터 베이스 보안**

data base sequence[–sí:kwəns] **데이터 베이스 순서** 예를 들면, 테이블 A의 모든 투플이 테이블 B의 모든 투플보다 순서가 앞선다는 것이며 데이터 베이스 전체에 대해서 정의된 순서.

data base sequence access[–ǽkses] **데이터 베이스 순차 접근** 시스템의 파일이 순서대로 접근되는 것.

data base server[–sə́:rvər] **데이터 베이스 서버** 데이터 베이스가 구동되는 서버. 데이터 베이스에 대한 요청(데이터의 검색과 보관)을 처리하여 그 결과를 보낸다.

data base service[–sə́:rvis] **데이터 베이스 서비스** EDPS 서비스 형태의 하나로 사용자로부터 데이터를 받아 처리를 행하는 데 필요한 데이터를 되돌리는 형태의 서비스. 그 때문에 필요한 프로그램이나 오퍼레이션, 파일의 관리를 묶어 인수한다.

data base software [–sɔ́(:)ftwὲər] **데이터 베이스 소프트웨어** 대량의 정보를 효율적으로 정리, 운용하기 위한 소프트웨어. 정리 완료된 정보의 재이용까지 가능한 것이 많다. 컴퓨터 수준으로는 주로 패키지 판매를 목적으로 하여 마이크로소프트 사의 Access, 인프라이즈 사의 Dbase, 오라클 사의 Oracle 등 용도별, 규모별로 상품을 지원하고 있다.

data base specialist[–spéʃəlist] **데이터 베이스 전문가** 데이터 베이스 분야에 종사하는 전문가.

data base storage structures access[–stɔ́:ridʒ strʌ́ktʃərz ǽkses] **데이터 베이스 저장 구조 액세스** (1) 접근 방법은 물리적, 논리적 인덱스를 통한 순차적 방법, 임의적 인덱스 · 보조 인덱스 · 역리스트 등을 통한 직접적 방법, 부모 · 형제 · 후손 레코드를 통한 간접적 방법이 있다. (2) 저장 구조는 직접적, 간접적, 심벌릭 포인터 등이 있고, 형식은 평면 · 정렬 · 연쇄 파일 등이 있다.

data base string manipulation [–stríŋ mənìpjuléiʃən] **데이터 베이스 문자열 조작** 사용자는 문장의 왼쪽에서 오른쪽 또는 오른쪽에서 왼쪽으로 그 문장을 조사하며 기술된 문자들에 의해서 자동으로 계산 또는 대치될 수 있는 특정 데이터 항목을 찾는, 문장 정보 중에 문자열을 취급할 수 있도록 제공된 기능이다.

data base structure[–strʌ́ktʃər] **데이터 베이스 구조**

data base sublanguage [–sʌblǽŋgwidʒ] **DSL, 데이터 베이스 부속 언어**

data base system[–sístəm] **데이터 베이스 시스템** 데이터 베이스를 운용하는 하드웨어, 소프트웨어의 모임.

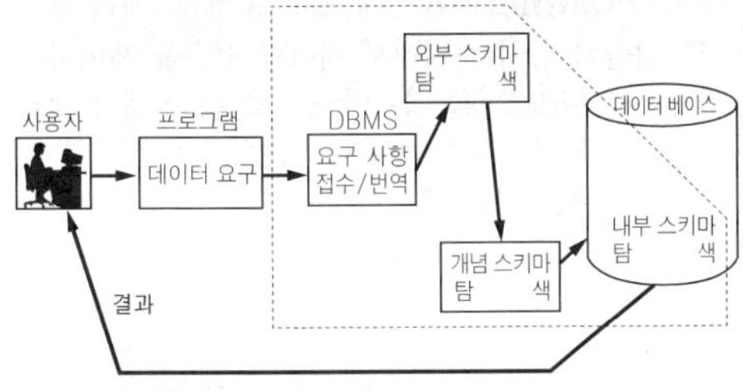

〈데이터 베이스 시스템의 구성 요소〉

data base table entry / look-up[–téibəl éntri(ː) lúk ʌ́p] **데이터 베이스 테이블 항목/조사** 테이블의 입력 필드와 테이블의 매개변수는 같은 값이 나올 때까지 비교하여 입력 필드값을 결과값으로 변환하기 위한 목적으로 사용하는데, 기본 테이블 조사 방법과 자동 테이블 조사 방법을 같은 요구에 대하여 모두 사용할 수 있으며, 시스템에서 테이블의 각 항목은 코드값(매개변수)과 코드 대응값(결과)을 보관한다.

Data Base Task Group[–tǽːsk grúːp] **DBTG, 데이터 베이스 태스크 그룹** 1968년에 조직되었으며, 통합 데이터 베이스 시스템에 대한 공통 언어와 기능의 시방을 개발 목적으로 하였다.

data base theory[–θíəri(ː)] **데이터 베이스 이론** 등가 공리, 영역 폐쇄 공리, 유일 이름 공리를 포함하는 논리에서의 데이터 베이스 이론. 일반적으로는 대수학 측면의 전개 이론과 논리에서의 전개 이론을 모두 포함한다.

data base tree[–tríː] **데이터 베이스 트리** 계층 정의 트리에 명세된 레코드 타입 관계에 따라 실제 레코드값으로 대체한 계층 정의 트리의 한 어커런스.

data base transaction[–trænsǽkʃən] **데이터 베이스 트랜잭션**

data base user[–júːzər] **데이터 베이스 사용자** 조직 내의 데이터 베이스를 사용하는 데이터 베이스 관리자, 시스템 프로그래머, 업무 분석가, 응용 프로그래머, 일반 사용자를 포함한 모두를 가리킨다.

data bit[–bít] **데이터 비트** 데이터 통신에서 전송되는 각 비트 가운데 패리티나 스타트 비트, 스톱 비트 등의 제어 신호를 제외한 순수한 자료에 해당하는 비트들. 아스키 코드에서는 7비트의 데이터 비트로 전송된다.

data block[–blák] **데이터 블록** 데이터 전송에서는 몇 가지 문자를 한 덩어리로 보내는 일이 행해지고 있다. 이 한 덩어리의 데이터를 데이터 블록이라 하고 에러 제어의 1단위로 되어 있다. 블록 길이는 고정인 것과 가변인 것이 있으며 각각 ETB, ETX나 STX, EOB의 제어어(制御語)를 부가해서 보낸다.

data broadcasting[–brɔ́ːdkæ̀ːstiŋ] **데이터 방송** 라디오 방송이나 텔레비전 방송에 코드 신호를 다중시켜 수신측의 라디오나 텔레비전 수신기를 제어하거나 각종 데이터를 전송하는 것. 코드 데이터 방송이라고도 한다. 코드를 부여함으로써 수신기의 스위치를 자동으로 넣어 긴급할 때 방송을 하거나 특정 희망 프로그램만을 수신하고 녹음 · 녹화 등을 할 수 있다.

data browsing [–bráuziŋ] **데이터 브라우징** ⇨ data base browsing

data buffer[–bʌ́fər] **데이터 버퍼** 데이터의 임시 기억 장소로서 데이터의 송신시에 있을 수 있는 시간차 간격이나 데이터 흐름 속도 차이를 조정하기 위한 저장 장치. 또 다양한 입출력 기기와 관련되어 여러 기능을 수행하는 보조 데이터의 저장을 하는 곳이다.

data buffer register[–rédʒistər] **데이터 버퍼 레지스터** 입출력이 서로 다른 시간차로 데이터를 송수신하는 주변 기기 또는 중앙 처리 장치 내에 잠시 동안 데이터를 저장하는 레지스터.

data buffer unit[–júːnit] **데이터 버퍼 장치** 소량일 때는 레지스터를, 대용량일 때는 RAM을 쓸 수 있으며 데이터 임시 기억 장치.

data bus[–bʌ́s] **데이터 버스** CPU와 메모리 사이나 CPU와 입출력 포트 사이에 상호 데이터를 전송할 수 있는 버스로 규격화된 통로. 어느 쪽으로라도 데이터를 보낼 수 있으므로 쌍방향 버스(two-way bus)라고 일컫는다. CPU 내부에서 레지스터와 ALU, 데이터 버스 버퍼 사이를 연결하고 있는 것이 내부 데이터 버스, 데이터 버스 버퍼에서 CPU 밖으로 나와 기억 장치나 입출력 장치와 연결된 것이 외부 데이터 버스이다. 개인용 컴퓨터에는 데이터 베이스 외에 번지 버스, 제어 버스 등이 있다.

data bus component[–kəmpóunənt] **데이터 버스 요소** 이 요소는 타이밍 버스, 제어 버스, 응답 신호를 위한 회선과 확장 사이클 신호 등의 세 개의 신호 버스로 구성된다.

data bus enable[-inéibl] DBE, **데이터 버스 이네이블** 데이터 버스로 전송되는 각종 데이터를 다른 장치가 받아들일 수 있게 타이밍을 주는 신호.

data bus in[-in] **데이터 버스 인** 데이터 버스가 입력 모드 상태, 즉 데이터를 받아들이고 있다는 것을 나타내는 스트로브 펄스.

data bus status[-stéitəs] **데이터 버스 상태** 마이크로컴퓨터에 입력되는 데이터의 존재 여부를 나타내는 상태.

data byte[-báit] **바이트 자료** 저장, 산술 연산, 논리 연산 등의 기본적인 단위로서 컴퓨터가 사용하는 한 문자에 해당하는 8비트의 자료.

data caching[-kǽtʃiŋ] **데이터 캐싱** 프로그램에서 한 데이터에 접근하려면 그것의 캐시 목록을 조사하여 존재 여부를 검사하고, 없을 경우에는 주기억 장치에서 캐시로 이동시킨 후 중앙 처리 장치로 전달하는데, 이와 같이 중앙 처리 장치와 주기억 장치 사이의 속도차를 보완하여 중앙 처리 장치의 활용률을 향상시키는 캐시 기억 장치를 사용하는 방법.

data capture[-kǽptʃər] **데이터 수집** 컴퓨터를 이용하여 처리하기 위한 자료의 수집. 이것은 컴퓨터의 작업에서 가장 첫 단계이다.

data carrier[-kǽriər] **데이터 반송자** 자료를 읽고 쓰는 기계 장치와는 상관없이 데이터를 쉽게 이동시킬 수 있는 자료를 기억하거나 입력하기 위해 쓰이는 매체의 카드, 자기 테이프, 종이 테이프나 디스크 등을 가리킨다.

data cartridge[-ká:rtridʒ] **데이터 카트리지** 대용량 기억 시스템 등에서의 데이터 매체.

data catalog[-kǽtəlɔ̀(:)g] **자료 카탈로그** 사용된 자료를 열거한 목록.

Data Cell[-sél] **데이터 셀, 데이터 셀 장치** IBM 사의 제조에 따른 자기 스트립 기억 장치의 명칭. 한 개의 스트립은 57mm×330mm이고 200장마다 셀에 넣어 셀 10개의 합계 2,000매를 원통 용기에 방사상(放射狀)으로 늘어놓아 수용한다. 원통 용기는 회전하고 필요한 스트립이 선택된다. 기억 용량은 32억 비트, 전송 속도는 43.8만 비트/초, 호출 시간은 288ms이다.

data cell drive[-dráiv] **데이터 셀 드라이브** ⇨ data cell unit

data cell storage[-stɔ́:ridʒ] **데이터 셀 기억 장치** 자기 필름을 20개씩 묶어 서브셀을 만들고, 이것을 10개씩 모아 하나의 셀을 만든 것. 각 필름은 200개의 트랙을 갖고 있으며, IBM 사에서 개발한 직접 액세스 자기 기억 장치이다.

data cell unit[-jú:nit] **데이터 셀 장치** 스트립 모양의 자기 테이프를 사용한 기억 장치. ⇨ data cell storage

data chaining[-tʃéiniŋ] **데이터 연쇄** 각 자료는 다음 자료의 위치를 기억할 수 있는 구조로서 각각의 자료를 연결하는 방식. 즉, 기억 장치 안에서 각각의 장소에 기억되어 있는 데이터를 일련의 것으로 결합한 것. 파일 장치에 대한 지령(입출력 제어 장치에 주어지는 명령)을 나란히 씀으로써 주기억 장치의 임의 장소에 흩어져 쓰여져 있는 데이터를 순차로 읽어내어 일련의 데이터로서 자기 테이프나 자기 디스크 등의 파일 장치에 기록할 수 있다.

data channel[-tʃǽnəl] **데이터 채널** 처리 장치와 입출력 장치 사이에서 데이터 전송을 제어하는 것. 전송 속도를 올리는 데 중점을 둔 실렉터 채널이라고 불리는 것과 동시에 복수 입출력 장치로 데이터 전송을 하는 멀티플렉서 채널이라고 불리는 것으로 나누어진다. 어느 경우나 입출력 장치의 동작중에 처리 장치 동작을 멈추지 않고 진행하기 위해 쓰인다.

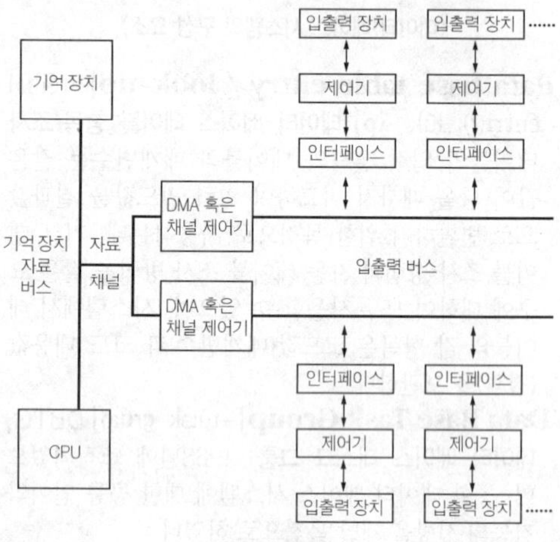

〈데이터 채널〉

data channel multiplexer[-mʌ́ltiplèksər] **데이터 채널 멀티플렉서** 기억 장치의 버퍼 레지스터를 통해 다수 입출력 장치의 데이터를 주기억 장치에 직접 보내도록 하는 컴퓨터의 데이터 이동 완충 장치로서 미리 주어진 우선 순위에 따라 멀티플렉서에 의해서 송수신의 여러 통신 회선에 서비스하는 장치.

data channel priority chain[-praiɔ́(:)riti(:) tʃéin] **데이터 채널 우선 순위 체인** 데이지 체인에 의한 인터럽트 우선 순위 방식과 같이 직렬로 우선 순위를 주어 여러 장치가 동시에 데이터 채널을 요청할 때 그 중 하나를 선택하여 사용권을 주기 위해 각 장치에 우선 순위를 부과하는 방법 중의 하나.

data channel transfer[–trænsfə́ːr] **데이터 채널 전송**

data character set[–kǽrəktər sét] **데이터용 문자 세트**

data check[–tʃék] **데이터 검사** 데이터가 올바른가를 검사하는 것이며, 기계를 사용한 데이터 처리에서는 입력된 데이터가 부정확한 경우 오답을 내는 것을 방지하기 어려우므로 가능한 한 입력 이전 단계에서 데이터의 정확성을 보증하는 것이 바람직하다. 사람 손으로 만드는 데이터는 가장 잘못되기 쉬우므로 키 펀치 작업에서는 검공(檢孔)이라고 불리는 작업으로 한 번 천공한 카드를 다른 사람이 전면적으로 검사하는 방법이 취해지고 있다.

data chip[–tʃíp] **데이터 칩** 데이터 칩에는 논리 회로, 산술 논리 장치, 데이터 경로 프로세서 상태를 나타내는 비트와 레지스터가 속해 있고, 레지스터는 범용 레지스터와 명령 레지스터로 구성되며 사용자 프로그램은 모든 레지스터와 프로세서의 상태를 나타내는 레지스터에 모두 접근할 수가 있다.

data circuit[–sə́ːrkit] **데이터 회선** 양방향의 데이터 통신 수단을 제공하는 관련된 한 쌍의 송신 통신로 및 수신 통신로. (1) 데이터 교환 장치 간의 데이터 회선의 경우에는 데이터 교환 장치에 있어서의 인터페이스의 형(型)으로부터 데이터 회선 종단 장치를 포함하는 것도, 포함하지 않는 경우의 것도 있다. (2) 데이터 스테이션과 데이터 교환 장치와의 사이 또는 데이터 스테이션과 데이터 집선(集線) 장치와의 사이의 경우에는 데이터 회선을 데이터 스테이션 측에 데이터 종단 장치를 포함하며 데이터 교환 장치 또는 데이터 집선 장치 측에 데이터 회선 종단 장치와 유사한 장치를 포함하는 경우가 있다.

data circuit-terminating equipment [–tə́ːrminèitiŋ ikwípmənt] **데이터 회선 종단 장치** 데이터 전송에 있어서 데이터 단말 장치(DTE)와 회선 사이에서 커넥션(접속)을 확립하고 유지·해방하기 위한 모든 기능과 신호의 교환, 부호화 등을 행하는 장치. 회선이 전화 회선(아날로그 전송)인 경우, 모뎀(MODEM)이 DCE에 해당한다. 또 회선 디지털 전송(DDX)인 경우 DSU(data service unit)가 DCE에 해당한다. (1) 데이터 회선 종단 장치는 데이터 단말 장치 또는 중간 장치와 별개의 장치인 경우도 그것들에 편성되어 있는 경우도 있다. (2) 데이터 회선 단말 장치는 망의 종단에 필요한 기능 이외의 기능을 갖는 경우도 있다.

data circuit transparency[–trænspɛ́(ː)rənsi] **데이터 회선 투과성** 데이터의 내용 또는 구조를 바꾸는 일 없이 모든 데이터를 전송하는 데이터의 기능.

data classification[–klæ̀sifikéiʃən] **데이터 분류** 데이터 객체의 분류 급수와 사용자의 해제 급수를 비교하여 사용자의 연산 수행 기능 여부를 가리는 보안 유지를 위한 방법의 일종.

data clause[–klɔ́ːz] **데이터 절**

data clerk[–klə́ːrk] **자료 사무원** 데이터를 관리하는 시스템에서 여러 가지 사무직 처리를 행하는 사람.

data cleaning[–klíːniŋ] **데이터 클리닝**

data code[–kóud] **데이터 코드** 전기 통신에서 데이터를 표시하는 신호를 형성, 전송, 수신 및 처리하기 위한 규제 및 약속의 집합. ⇨ code set

data code conversion[–kənvə́ːrʃən] **데이터 코드 변환** 수집된 자료를 컴퓨터가 처리할 수 있는 형태로 바꾸는 작업. 이것은 자료를 입력하는 프로그램의 형태에서 자동으로 이루어지게 된다.

data code indexing[–índeksiŋ] **데이터 코드 색인법** ⇨ coordinate indexing

data collection[–kəlékʃən] **데이터 수집** 자료 처리 시스템에 들어갈 자료를 모으는 일 또는 여러 장소에 있는 자료를 한 곳으로 모으는 일. 천공된 종이 테이프나 80란 카드를 사람 손으로 모으는 것도 데이터 수집이지만 데이터 전송 기술을 이용하여 사람 손을 쓰지 않고 한 장소에 데이터를 모으는 것에 행해지고 있다. 공장 내의 각처에서 발생하는 데이터를 공장 사무실로 모으는 것, 전국에 흩어진 지사에서 본사로 올린 보고를 모으는 것 등에 이용되고 있다. ⇨ data capturing

data collection and analysis[–ənd ənǽlisis] **데이터 수집·분석** 처리 데이터가 직접 중앙 처리 장치에 결합되어 있어서 수학적 분석을 위해 데이터가 자동으로 수집되어 분석되는 것.

data collection sensor/entry device [–sénsər éntri(ː) diváis] **데이터 수집 감지/입력 장치** 폐쇄 루프 시스템에 감지 입력 장치는 입력 문서에 해당되고, 이것은 광학 판독기, 자기 잉크 판독기, 마크 판독기 또는 컴퓨터와 온라인으로 연결된 CRT 디스플레이를 가리키기도 한다.

data collection station[–stéiʃən] **데이터 수집소** 주로 데이터 처리 시스템에 데이터를 넣기 위한 이용자 단말. ⇨ data input station

data collection system[–sístəm] **데이터 수집 시스템** 이 시스템은 입력 정보의 집중 처리나 집중 관리에 적합한데, 입력 정보의 발생 장소가 멀 때 효율적인 정보 수집을 위해 온라인 데이터 전송 체제를 이용하여 중앙 컴퓨터에 직접 데이터를 전달하는 시스템이다.

data collector[–kəléktər] **데이터 컬렉터** 자료

처리를 하기 위해 사전에 그 자료를 수집하는 것이나 처리된 자료를 한 곳에 저장하는 사람. 즉, 전화선 또는 전용 회선을 사용하여 산재한 지점에서부터 중앙 데이터 처리 지점으로 데이터를 수집하는 장치. 단말로부터 중앙으로의 일방 통신 기능만을 가지고 있으므로 공장 등에 여러 개 설치하여 출퇴근 보고, 재고 보고, 공정 관리, 생산 보고 등에 쓰여진다. 입력 단말은 고정 항목은 카드로 입력 가능하고, 변경 항목만을 키보드 등으로 입력하는 형태로 되어 있는 것이 많다.

data communication[–kəmjù:nikéiʃən] **데이터 통신** 플롯 콜에 따른 데이터 전송에 의하여 기능 단위(부호화된)로 정보를 전송하는 것. 원격지에 각각 설치된 컴퓨터 상호간에 또는 원격지 단말기와 중앙 컴퓨터 간의 통신 회선으로 접속되어 데이터의 송수신이 수행되는 데이터 전송 방식. 주로 컴퓨터용 데이터를 대상으로 한 통신을 말한다. 이를 위해서는 컴퓨터 네트워크를 구성해야 하기 때문에 전신 · 전화에 이은 「제3의 통신」이라고도 한다. 해외에서는 온라인 리얼 타임, 셰어링 시스템(TSS) 등의 방식에 이어 근거리 통신망(LAN) 기술의 실용화, 비디오텍스 등 데이터 통신을 이용한 컴퓨터의 대중화가 실용 단계에 들어갔다.

data communication basic system type [–béisik sístəm táip] **데이터 통신 기본 형태** 매우 여러 형태로 되어 있으며 전화선, 메시지 교환, 마이크로파, 분산 데이터 베이스, 패킷 교환 등 다양하다.

data communication buffer[–bʌ́fər] **데이터 통신 버퍼** 프린터가 통신 속도에 관계없이 동작할 수 있게 하는 기능을 가진 버퍼.

data communication circuit service [–sə́:rkit sə́:rvis] **데이터 통신 회선 서비스** 온라인 시스템을 만들 경우 이용자 자신이 컴퓨터와 단말기를 설치하여 통신 회선만을 전기 통신 공사에서 빌려서 구성하는 경우가 있다. 이 소요의 특성과 성능을 가진 전기 통신 회선의 임대 서비스를 데이터 통신 회선 서비스라고 한다. 이들에는 종량 과금(從量課金)에 따르고 있는 공중 통신 회선 서비스와 특정 구간에서 전용적으로 회선을 이용할 수 있는 특정 통신 회선 서비스, DDX(디지털 데이터 교환망)에 의한 회선 교환 서비스와 패킷 교환 서비스가 있다.

data communication control procedure[–kəntróul prəsí:dʒər] **데이터 통신 제어 절차** 데이터를 송신측에서부터 수신측으로 통신 회로를 통해 효율적이면서 정확하게 전송하기 위한 일련의 절차. 컴퓨터와 단말 간, 단말 상호간, 컴퓨터 상호간에 부호화된 정보를 회선을 경유하여 확실히 전송하기 위해서는 상대와의 접속, 상대의 확인 등 데이터의 전송에 앞서 각종 수속을 행하며, 또 데이터의 전송이 바르게 행해지며, 종료한 것을 서로 확인하고, 회선을 절단하는 등 데이터의 전송 후에 계속되는 수속을 행하는 것이 필요하다. 이러한 데이터의 전송에 따르는 제어나 절차를 총칭하여 통신 제어(communication control)라 부르며, 통신 제어를 행하기 위한 일련의 규칙을 「통신 제어 수순」이라 한다. 이 통신 제어 수순으로서는 종래부터 단말과 컴퓨터 센터 사이의 통신에 널리 사용되어 온 「기본형 데이터 통신 제어 수순」과 주로 컴퓨터 간 통신에 적합하도록 새롭게 개발된 높은 전송 효율, 높은 신뢰성의 하이 레벨 데이터 링크 제어 수순(HDLC) 등이 있다. 기본적인 기능은 송신측과 수신측 간의 데이터 링크의 확립과 개방, 전송하는 데이터의 완전성 확보이다. 다음의 다섯 단계로 나누어져 있다. ① 스위칭. ② 데이터 링크의 확립. ③ 정보 전송. ④ 전송 종결. ⑤ 링크 개방.

data communication control unit[–jú:nit] **데이터 통신 제어 장치** 중앙 단말 장치의 버퍼를 조사하고 그 내용을 중앙 처리 장치로 전달하는 장치.

data communication equipment[–ikwípmənt] **DCE, 데이터 통신 기기** 통신 회선을 경유하여 데이터를 송수신하기 위해 전신 전화 사업체에서 사용하고 있는 장치. 여기에는 단말기, 모뎀, 통신 채널, 통신 제어 장치, 컴퓨터 시스템 등이 그 기본 장치로 구성되어 있다.

data communication exchange[–ikstʃéindʒ] **데이터 통신 교환 장치** 여러 개의 각기 다른 모드로 동작하고 있는 여러 종류의 통신 회선을 통해 데이터가 실시간으로 동시에 송수신할 수 있게 하는 장치로 중앙 처리 장치의 제어부를 어느 통신 회선망에 결합한 특별한 하드웨어.

data communication facility service [–fəsíliti(:) sə́:rvis] **데이터 통신 설비 서비스** 전기 통신 공사가 제공하고 있는 온라인 시스템의 총칭이며, 센터의 컴퓨터, 통신 회선, 단말 장치 등의 모두를 전기 통신 공사에서 설비하고, 이용자는 이들의 기능을 사용하는 형태의 것이다. 구체적인 예로는 DRESS, DEMOS 등의 공중(公衆) 시스템이나 은행 전용의 뱅킹(banking) 시스템 등이 있다.

data communication hardware/software[–há:rdwὲər só(:)ftwὲər] **데이터 통신 하드웨어/소프트웨어** 데이터의 조성 블록은 하드웨어와 소프트웨어로 하드웨어 요소는 그 기능의 상호 관계로 설명할 수 있고, 소프트웨어 요소는 코드의 정의, 데이터와 제어 문자 패리티, 반듀플렉스/전듀플렉스, 디지털/아날로그형, 동기/비동기 등이 있다.

data communication interface card [–íntərfèis kɑ́ːrd] **데이터 통신 접속 카드** 일반적으로 통신 접속은 EIA 규격의 RS232C와 CCITT 규격의 V.24에 따르지만, 컴퓨터 사용자가 가지고 있는 다양한 종류의 사설 통신 매체나 공중 통신 사업체의 통신 시설을 이용하여 데이터를 전송할 수 있게 해주는 회로이다.

data communication manager [–mǽnidʒər] **데이터 통신 관리자** 입력 메시지를 받아 로그 레코드를 만들고 입력 큐에 그 메시지를 저장하는 역할을 하는데, 데이터 베이스 관리 시스템(DB-MS)과는 별개의 구성 요소로서 트랜잭션에 포함된 메시지와 메시지 큐를 처리한다.

data communication network [–nétwəːrk] **데이터 통신망** 여러 지역에 분산된 사용자들에게 정보를 전달해줄 수 있는 정보 전달용 통신망.

data communication network architecture [–ɑ́ːrkitèktʃər] DCNA, **데이터 통신망 구조** 데이터 통신망을 구성하기 위한 통신 규약, 절차 등을 규정한 망 구조.

data communication protocol [–próutəkɔ(ː)l] **데이터 통신 프로토콜** 이것은 컴퓨터와 컴퓨터 사이 또는 지역과 지역, 주변 장치 간의 질서 정연한 정보 교환을 보증하기 위한 약속 규정으로 되어 있는데, 이 프로토콜은 통신 링크(link)의 전기적, 물리적, 함수적인 성질에 대한 규칙이다.

data communication station [–stéiʃən] **데이터 통신소** 기업 등에서 멀리 떨어진 지점이나 창고 등이 데이터 통신소를 거쳐 중앙에 위치한 컴퓨터와 직접 통신할 수 있는데, 기업 간의 직접 또는 온라인 데이터 전송 등의 여러 가지 응용을 위하여 사용하는 원격 통신 단말 장치를 말한다.

data communication structure [–strʌ́ktʃər] **데이터 통신 구조** 데이터 통신 접속기는 DCE (data circuit terminal equipment), 2진 병렬 접속기(데이터 단말 장비), 컴퓨터나 단말 장치에서 송수신하는 장치 등 세 가지의 하드웨어로 구성되어 있다.

data communication system [–sístəm] **데이터 통신 시스템** 지역과 지역의 원근에 상관없이 지역적으로 분산된 상태에서 각 장소에서 발생하는 각종 정보를 서비스 회선을 통해 중앙 컴퓨터에 전송하여 저장하거나 처리하고 필요한 경우 각 단말 장치까지 전송될 수도 있는 방식. 일반적으로 이용 형태로는 대량 데이터의 축적과 이것에 대한 조회 응답을 하는 데이터 조회 시스템, 어음 교환 등의 데이터 교환 시스템, 데이터 수집 · 분배 시스템 등으로 분류할 수가 있다.

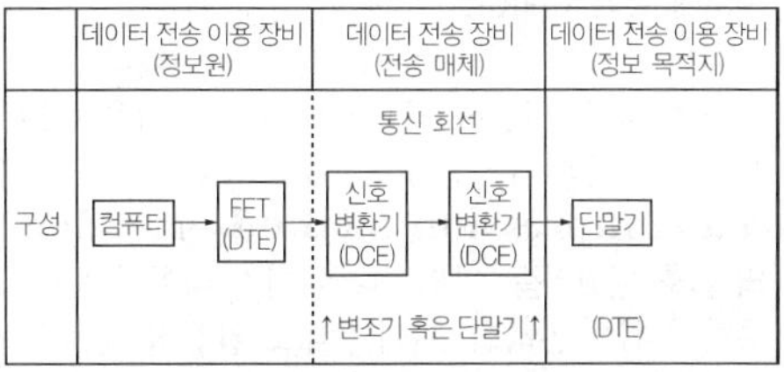

	데이터 전송 이용 장비 (정보원)	데이터 전송 장비 (전송 매체)	데이터 전송 이용 장비 (정보 목적지)
구성	컴퓨터 → FET (DTE) →	통신 회선 신호 변환기 (DCE) → 신호 변환기 (DCE) → ↑변조기 혹은 단말기↑	단말기 (DTE)

- DTE : data terminal equipment
- DCE : data communication equipment
- DSU : digital service unit
- FEP : front end processor

〈데이터 통신 시스템의 기본 구조〉

data communication terminal [–tə́ːrminəl] **데이터 통신 단말기** 장치가 설치되고 통신선을 통해 중앙 컴퓨터 시스템에 결합되어 있는 원격지의 단말 장치.

data communication unit [–júːnit] **데이터 통신 장치** 데이터 통신을 수행하기 위한 장치.

data compaction [–kəmpǽkʃən] **데이터 단축** 코드 변환이나 중복되는 항의 제거 또는 반복 문자 축소 등의 기법을 이용하여 데이터가 차지하는 공간을 줄이기 위해 데이터를 압축하는 작업. ⇨ compaction

data compatibility [–kəmpæ̀tibíliti(ː)] **데이터 호환** 사양이나 기본 형식이 다른 PC끼리 데이터를 상호 이용(일방 통행 포함)할 수 있는 것.

data compressed file [–kəmprést fáil] **데이터 압축 파일** 압축 도구를 이용하여 압축한 파일.

data compressing modem [–kəmprésiŋ móudem] **데이터 압축 모뎀** 통신 회선을 통해서 데이터를 전송할 때 특정 규정에 따라 압축하여 보냄으로써 더 빠른 속도를 내는 모뎀.

data compression [–kəmpréʃən] **데이터 압축** 기억 영역(storage area)을 절약하거나 데이터를 전송하는 시간을 단축하는 방법의 하나로서 데이터 압축을 행하는 방법. 같은 문자(스페이스 등)가 연속하는 경우에는 그 문자가 연속하는 수를 정보로 치환하는, 즉 데이터의 여유도를 제거하는 방법과 출현 빈도가 늦은 문자만큼 짧은 비트 패턴(bit pattern)에 대응하여 보내는 등의 방식이 있다.

data compression algorithm [–ǽlgəriðm] **데이터 압축 알고리즘** 파일 압축에서 이용하는 원리나 순서. 압축은 대량의 데이터를 처리할 때 필요하며 네트워크로 전송할 경우나 디스크에 기억할 경우 등에 사용된다. 압축 데이터를 원래대로 되돌리는 것을 해제라고 하며 해제할 때에 명확하게 되돌리는 압축을 가역 압축, 그렇지 않은 것을 비가역 압축이라 한다.

data compression archiver[–ɑ́ərkɑivər] **데이터 압축 아카이버** 데이터 압축 기능을 갖는 아카이버. LHA 같은 프로그램을 아카이버라고 부르기도 하지만, 엄밀하게는 여러 개의 파일을 하나로 통합한 것만을 가리킨다. ⇨ archiver

data compression method[–méθəd] **데이터 압축 알고리즘** 파일이나 이미지 데이터 등을 압축하기 위한 논리법. 원래 상태로 완전히 되돌릴 필요가 있는 2진 데이터 등에 이용되는 무손실 압축과 다소의 손실이 있어도 큰 차이가 없는 화상 데이터에 사용되는 손실 허용 압축이 있다. 무손실 압축의 예로는 LHA, 손실 허용 압축의 예로는 JPEG를 들 수 있다. ⇨ JPEG, LHA

data compression utility[–ju(ː)tíliti(ː)] **데이터 압축 유틸리티** 파일 압축용 프로그램. MS-DOS용에는 여러 개의 파일을 압축하면서 하나의 파일로 만드는 통합 아카이버(AHL, PKZIP), 압축이나 해제를 자동으로 하는 압축 전용 프로그램(Disk X II, Super Store PRO), 지정한 파일을 압축하면서 백업하는 프로그램 등이 있다. 윈도에는 WinZip, WinRAR과 같은 프로그램들이 셰어웨어로 제공된다.

data computing center[–kəmpjúːtiŋ séntər] **전산 센터** ⇨ data processing center

data concentration[–kɑ̀nsəntréiʃən] **데이터 집중** 데이터 뒤에 더 길게 다른 데이터를 추가하거나 저속·중속의 통신 회선으로부터 데이터를 고속 통신 회선으로 재전송하기 전에 이것을 수집하는 것.

data concentration formatting[–fɔ́ːrmætiŋ] **데이터 집중 형식** 정보를 집중함으로써 기억장치를 효율적으로 사용하기 위한 데이터 형식의 하나.

data concentrator[–kɑ̀nsəntréitər] **데이터 집중기** 공용의 데이터 전송로로 동시에 사용 가능한 통신로의 수보다 많은 데이터 단말 장치를 접속시킬 수 있도록 하는 기능 단위.

data connector[–kənéktər] **데이터 연결기** 회선에 공급되는 전원을 제어하고 네트워크의 제어나 신호 기능을 공급하여 사용자가 소유하는 모뎀이나 데이터 세트를 일반 전화선에 연결할 수 있도록 한 장치.

data constant[–kɑ́nstənt] **데이터 상수**

data contamination[–kəntæ̀minéiʃən] **데이터 컨태미네이션** 데이터의 오염, 데이터의 안정성의 침해. ⇨ data corruption

data control[–kəntróul] **데이터 제어** 데이터의 식별, 선별 또는 실행에 이용되거나 다른 루틴의 수정, 기록으로 파일, 연산 데이터 값에 사용되는 데이터 항목.

data control block[–blɑ́k] **DCB, 데이터 제어 블록** 접근 방식 루틴(access method routine) 등이 사용하는 제어용 블록. 일련의 데이터에 관계하는 각종 정보를 그 데이터로 액세스하여 처리할 때 상태가 좋도록 수용한 블록, 각각의 데이터의 저장 위치(location), 데이터의 건수, 데이터의 속성 등이 들어있다.

data control personnel[–pə̀ːrsənél] **데이터 통제 요원** 오퍼레이터와 사용자 사이에서 연락을 담당하는 사람.

data control section[–sékʃən] **자료 조정부** 자료 처리의 수준을 관리하고 실제 사용자의 입력을 모으고 이에 해당하는 출력을 사용자에게 보내주는 책임을 담당하는 곳.

data conversion[–kənvə́ːrʃən] **데이터 변환** 데이터를 하나의 표현 형식에서 다른 것으로 변환하는 것. 또는 데이터에 기록되어 있는 매체를 바꾸는 것. 예를 들면, 카드에 기록되어 있는 데이터를 자기 테이프로 고쳐 쓰는 것.

data conversion code[–kóud] **데이터 변환 코드** 영문자, 숫자의 데이터를 컴퓨터가 받아들여 이해할 수 있는 형태로 번역하는 것.

data conversion language[–læ̃ŋgwidʒ] **데이터 변환 언어** 파일 변환 루틴의 조작에 의해 변환된 파일의 데이터 구조를 기술하는 데 사용하는 언어. 파일의 데이터 구조를 서술하는 데 사용되는 언어.

data converter[–kənvə́ːrtər] **데이터 변환기, 데이터 컨버터** 데이터의 변환을 목적으로 하는 기구. 즉, 자료의 표현 형태를 바꾸는 일. ⇨ converter

data corruption[–kərʌ́pʃən] **데이터 오염** 데이터의 안전성 침해.

data counter[–káuntər] **데이터 카운터** 데이터 메모리 워드에 접근하기 위해 그 내용을 읽든지, 또는 데이터를 메모리 워드에 저장하기 위해 데이터 메모리 워드의 주소를 식별 또는 유지하기 위해 사용되는 계수기.

data definition[–dèfiníʃən] **데이터 정의** 자료의 분석에서 사용될 자료의 내용을 알려주는 기능을 하며, 프로그래밍에서 사용하려는 자료의 형, 크기, 구성 등을 알려주는 정의.

data definition instruction[–instrʌ́kʃən] **데이터 정의 명령**

data definition language[–læ̃ŋgwidʒ] **DDL, 데이터 정의 언어** 자료 기술 언어라고도 하며, 데이터 베이스 환경에서 사용될 자료의 처리 방식 등을 정의하기 위하여 데이터 베이스 관리자가 사용하는 언어.

data definition name [–néim] DD name, **데이터 정의명** 이름이 저장되어 있는 데이터 제어 블록(DCB)과 대응되는 데이터 정의문의 이름.

data definition statement [–stéitmənt] DD statement, **데이터 정의문, 데이터 정의 스테이트먼트** 프로그래머가 운영 체제에 데이터 세트에 관해서 필요한 정보를 주기 위한 문으로 작업 제어 카드로 지정한다. 그 내용은 데이터 세트 식별 데이터, 입출력 장치에 관한 특징, 스페이스 할당 요구 등이다.

data delay [–diléi] **데이터 지연** 데이터 자체 내에서 돌발적인 사건으로 인해 처리가 늦어지는 것이나 다른 프로세서가 수행되기까지 대기해야 하는 시간.

data delimiter [–dilímitər] **데이터 분리 기호** 복수 개의 데이터를 연속적으로 전송하는 경우 필드나 레코드의 구분에 사용되는 데이터 논리 단위의 구분을 나타내는 부호.

data dependence [–dipéndəns] **데이터 종속성** 데이터 구성 방법이나 구성 형식. 접근 방법이 변경되면 이에 관련된 응용 프로그램도 같이 변경되어야 하는 것으로 파일을 중심으로 한 데이터 처리 시스템이 갖는 문제점 가운데 하나. 응용 프로그램과 데이터 간의 상호 의존 관계를 의미한다.

data description [–diskrípʃən] **데이터 기술** 코볼에서 데이터 디비전에 자료의 이름, 길이, 레벨 등의 정보를 기입하는 것.

data description clause [–klɔ́ːz] **데이터 기술절**

data description entry [–éntri(ː)] **데이터 기술항**

data description language [–lǽŋgwidʒ] DDL, **데이터 기술 언어** 데이터 베이스 환경에서 자료가 어떻게 관리될 것인가를 알려주는 언어. CODASYL 방식에서의 DDL이 전형적인 예이며, 관계 데이터 베이스 시스템 SQL/DS 등에서는 독립된 언어가 아니라 데이터 기술 기능과 데이터 조작 기능이 일체화되어 있다. 데이터 기술 언어는 데이터 베이스 전체를 기술하는 스키마(schema) 언어와 데이터 베이스 속에 있는 프로그램에 관계하는 부분만을 기술하기 위한 서브스키마(subschema) 기술 언어로 나누어진다. 스키마 기술 언어는 또한 데이터 베이스의 논리적인 구조로서 데이터 항목이나 레코드의 이름 같은 것이며, 데이터 간의 관계 등을 기술하는 것과 데이터 베이스의 물리적 편성은, 예컨대 파일 편성 등을 기술하는 것으로 나누어진다.

data description library [–láibrəri(ː)] **데이터 기술 라이브러리** 데이터 관리자 또는 시스템 운영자가 사용하는 라이브러리인데, 데이터 관리 체제에서 데이터의 기술이나 전체적인 데이터 베이스를 설명해놓은 레코드.

data description table [–téibəl] DDT, **데이터 기술 테이블**

data descriptor [–diskríptər] **데이터 기술자** 이 데이터 기술자는 컴퓨터 중첩(overlay) 기능 때문에 매우 필요하며, 기억 장소의 형태와 관계되고, 이러한 형태들은 기술자 내에 여러 비트로서 표시된다. 즉, 데이터 기술자는 한 개 이상의 인접 데이터의 위치를 나타내는 데이터로 특정 데이터 기술자는 많은 기억 장소와 관계를 맺을 수 있고, 기술하는 데이터의 존재와 관계를 갖게 된다.

data design [–dizáin] **데이터 설계** 컴퓨터 기억 장소의 입출력을 위한 특수한 배치와 형식으로서 절차 정의와 문제 해결을 위해 순서도나 도표와 연관될 때가 있다.

data dictionary [–díkʃənəri(ː)] **데이터 사전** 데이터의 이름, 상호의 관련, 사용법 등 데이터에 관한 데이터를 미터 데이터라고 한다. 미터 데이터를 사람이 다루기 쉬운 형태로 정리한 것을 데이터 사전이라 한다.

data dictionary/directory [–diréktəri(ː)] DD/D, **데이터 사전/디렉토리** 데이터 베이스 관리 시스템에서 사용되는 모든 파일, 필드, 변수의 목록. 이것으로 사용자는 데이터 베이스 내에 수록되어 있는 자료의 정의 등을 알아내어 프로그램 등을 만들 때 사용한다.

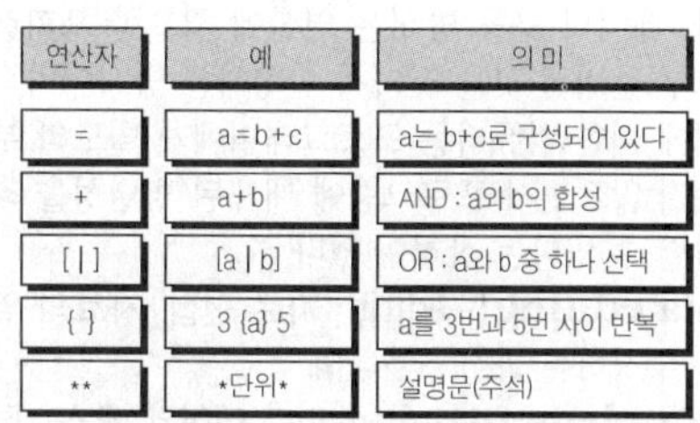

연산자	예	의 미
=	a=b+c	a는 b+c로 구성되어 있다
+	a+b	AND : a와 b의 합성
[|]	[a | b]	OR : a와 b 중 하나 선택
{ }	3 {a} 5	a를 3번과 5번 사이 반복
**	*단위*	설명문(주석)

〈데이터 사전에 사용되는 연산자〉

data dictionary processor [–prásesər] **데이터 사전 처리기** 이 처리기는 데이터 항목의 추가, 삭제, 갱신의 기능을 가지는 데이터 사전을 관리하는 프로그램이다.

data diddling [–dídliŋ] **자료 다듬기** 한 번 입력된 자료의 변경이 힘든 경우에 자료의 입력 전에 자료를 다시 한 번 검토하고 잘 다듬는 일.

data directed [–diréktəd] **데이터에 따르다**

data directed transmission [–trænsmíʃən] **데이터 지시 전송**

data directory [–diréktəri(ː)] **자료 디렉토리** 자료의 이름, 속성, 위치를 알 수 있는 자료를 정리해 놓은 것. 그 자료를 다시 볼 때 유용하다.

data directory/dictionary [–díkʃənəri(ː)] **자료 디렉토리/사전** 자료 디렉토리, 자료 카탈로그, 자료 사전의 기능을 통합하여 만든 사전. 자료의 기본적인 정보를 갖고 있다.

data display [–displéi] **데이터 표시**

data display unit [–júːnit] **데이터 디스플레이 장치** 어떤 경우 라이트 펜과 조합되어 프로그램 제어 하에서 사용자가 그래프를 수정할 수 있게 해주고, 기억 장치에 들어 있는 데이터가 선택되어 문자나 그래프로서 화면상에 표시되는 디스플레이 장치.

data distortion [–distɔ́ːrʃən] **데이터 변형** 데이터 전송에서 데이터 신호가 받는 변형. 등시성(等時性) 변형, 특성 변형 등이 있다.

data distribution [–distribjú(ː)ʃən] **데이터 분배** 처리 능력을 갖는 각 노드나 지역별로 데이터 베이스를 물리적으로 분배하는 것.

data distribution and collection service [–ənd kəlékʃən sə́ːrvis] **데이터 분산과 수집 서비스** 데이터의 분산 기능과 수집 기능을 사용자에게 제공해주는것.

data division [–divíʒən] **데이터 부** COBOL 프로그램 구성 부분의 하나. ⇨ COBOL division

data driven system [–drívən sístəm] **데이터 구동 방식** 프로그램을 수행하면서 다음에 실행할 명령을 결정하는 방식에 따라 컴퓨터는 크게 제어 구동, 데이터 구동, 요구 구동의 세 가지로 나눈다. 데이터 구동 방식은 연산에 필요한 오퍼랜드가 모두 준비된 것을 찾아서 실행하는 방식이며, 이 방식에 의한 컴퓨터는 프로그래머에게 별도의 부담을 주지 않으면서 프로그램에 내재된 병렬성을 최대로 살릴 수 있다는 장점이 있다.

data editing [–éditiŋ] **자료 편집** 자료의 일부분을 수정하는 과정. ⇨ edit

data element [–éləmənt] **데이터 요소** 하나의 자료에서 정보의 단위가 되는 항.

data enciphering [–insáifəriŋ] **데이터 암호화** 데이터의 실제 통신 회선 상의 데이터를 암호에서 보호하기 위한 것으로 DES 방식과 공개 키 암호 방식의 암호화 방법이 있으며 ADABAS에서는 자동 암호화 기능이 제공되는데, 4비트의 비트열로 구성되는 암호 키를 사용한다.

data encipherment algorithm 1 ⇨ DEA1

data encryption [–inkrípʃən] **데이터 암호화** 암호화는 데이터의 실제 내용을 허가받지 않는 사람이 볼 수 없도록 은폐시키기 위하여 데이터를 암호화시키는 것.

data encryption standard [–stǽndərd] **DES, 데이터 암호화 규격** 보안이 요구되는 자료에 미리 특별한 방법으로 조작해둠으로써 다른 사람들이 알아볼 수 없도록 해두는 일. IBM에서 개발한 자료 암호화의 한 기법. 미 국방성에서 채택하여 널리 사용되고 있으며, 하나의 개인 키(private key)를 이용하여 자료를 암호화하는 기법을 쓰고 있다.

data entity [–éntiti(ː)] **데이터 엔티티** 일반적으로 엔티티의 용도와 기능, 조직체 내에서의 그 엔티티의 목적에 대하여 기술하는 데 데이터 엔티티명과 같은 데이터 엔티티에 대한 동의어를 나열하고 데이터 엔티티명이 의미하는 것을 기술하는 것이다. 즉, 데이터 베이스를 설계할 때 요구 조건 분석 단계에서 현존 응용을 위한 데이터에 관한 정보 수집시 설문지에 포함되는 질의의 대상을 말한다.

data entry [–éntri(ː)] **데이터 엔트리** 한 회선에 입력되는 데이터나 그 항목을 가리키거나 자료를 컴퓨터 시스템에 쓸 수 있도록 그 형태에 맞게 변환하는 일.

data entry device [–diváis] **데이터 입력 장치** 데이터를 컴퓨터가 다룰 수 있는 형태로 변환하는 것을 돕는 장비.

data entry operator [–ɑ̀pəréitər] **데이터 입력 운영자** 컴퓨터가 이해하여 이용할 수 있는 형식으로 키보드로 입력하는 사람.

data entry personnel [–pə̀ːrsənél] **데이터 입력 요원** 키펀치나 이와 비슷한 장비로서 컴퓨터가 이해할 수 있는 형태로 데이터를 입력하는 사람.

data entry rule [–rúːl] **데이터 입력 규칙** 데이터 입력 연산자에 의해 생겨날 수도 있는 오류를 방지하려고 입력된 데이터가 정당한가를 알 수 있게 정의하는 데이터 무결성을 유지하기 위하여 사용자가 정의한 규칙.

data entry system [–sístəm] **데이터 엔트리 시스템** 입력 형태로는 단순 또는 가공형과 입력 방식에 따라 간접과 직접 방식으로 나누어 취급하는 경우가 있으며 EDPS 시스템 등에서의 데이터 입력 시스템을 말한다.

data entry terminal [–tə́ːrminəl] **데이터 엔트리 터미널** 보통 이 장치는 간단하고 한 가지 기능을 가지며, 또한 어떤 것은 미리 구성되거나 패키지화되어 있어 설치하기는 쉽지만 특별한 응용이나 기능의 향상은 이루어지지 않는다.

data entry terminal system [–sístəm] **데이터 엔트리 터미널 시스템** 이 시스템은 소형 컴퓨

터나 마이크로컴퓨터를 사용하며, 디스플레이 단말 장치로부터 데이터를 받아들이거나 디스켓에 저장시키거나 주컴퓨터에 전달할 수 있다. 주컴퓨터는 메시지를 저장하거나 바로 프린터로 인쇄할 수 있다. 마이크로컴퓨터나 소형 컴퓨터는 데이터 기억 장치나 입출력 장치를 가지고 있기 때문에 사용자는 어떤 작업에 필요한 응용 소프트웨어를 변경하지 않고도 단말 장치, 대형 기억 장치나 주변 장치를 연결하여 쓸 수도 있다.

data entry unit[–jú:nit] **데이터 엔트리 장치** 키펀치, 키 투 테이프(key to tape), 키 투 디스크(key to disk) 장치 등으로 키보드로부터 데이터를 입력하는 장치.

data error[–érər] **데이터 오류** 데이터를 처리하기 전에 발생되는 오류를 가리키며, 데이터의 정확성을 파괴하는 오류이다.

data evaluation[–ivæ̀juéiʃən] **데이터 평가** 주어진 상황이나 문맥과의 관계, 본질적인 의미나 정확도 등의 조정을 위해 데이터를 분석하거나 조사하는 것을 말한다.

data event control block[–ivént kəntróul blɑ́k] **DECB, 데이터 사상 제어 블록**

data exception[–iksépʃən] **데이터 예외**

data exchange[–ikstʃéindʒ] **데이터 교환**

data exchange format[–fɔ́:rmæt] **데이터 호환 포맷** ⇨ compatible format of data

data exchange system[–sístəm] **데이터 교환 시스템** 이 시스템이 기본적으로 행하는 것은 많은 입력 채널로부터 데이터를 받아들여 우선 순위나 목적에 따라서 이 데이터를 정렬하고, 필요한 번역 작업을 하며, 사용이 가능한 출력 채널로 데이터를 다시 전달하는 것이다. 이러한 시스템은 동시에 오류를 점검하며, 메시지 현황표를 관리하고 시스템에 유통되는 메시지와 근원 추적 등의 여러 가지 가상 작업을 수행한다.

data exchange unit[–jú:nit] **데이터 교환 장치** 단말 장치끼리 혹은 단말과 중앙 데이터 전송로의 접속, 절단을 행하기 위한 장치. 교환 장치에는 크게 나누어 두 가지가 있다. 하나는 텔렉스, 젠텍스 등의 직접 교환 장치이고, 또 하나는 중계 회선의 효율적 사용을 위해 개발된 축적 교환 장치이다.

data export[–ikspɔ́:rt] **데이터 익스포트** 데이터 베이스에 수록되어 있는 데이터를 다른 프로그램이 이용할 수 있게 정보를 넘겨주는 것.

data extent block[–ikstént blɑ́k] **DEB, 데이터 익스텐트 블록**

data field[–fí:ld] **데이터 필드** 데이터를 기록하는 주기억 장치 내의 영역.

data field masking[–mɑ́:skiŋ] **데이터 필드 마스킹** 특수 문자를 이용하여 데이터 필드를 분리하거나 메꾸는 것.

data file[–fáil] **데이터 파일** 이용하기 쉬운 형태로 정리되고 축적되어 있는 데이터 집단. EDP 시스템에서는 외부 기억 장치의 기억 정보를 가리키는 경우가 많다. 순차 파일이라고 불리는 차례로 읽고 쓰는 것과 랜덤 파일이라고 불리는 어느 장소에서도 직접 읽고 쓰기가 가능한 것이 있다. 자기 테이프 장치를 이용하는 경우는 전자가 되지만 자기 드럼 장치나 자기 디스크 장치인 경우는 후자의 방법이 가능하다.

data file processing[–prɑ́sesiŋ] **자료 파일 처리** 자료의 변화를 적용하기 위하여 자료 파일을 변경하는 것.

data file utility[–ju:tíliti(:)] **DFU, 데이터 파일 유틸리티**

data flow[–flóu] **데이터 흐름** 정수, 변수, 파일 사이에 있어서의 데이터의 전송이며 명령문, 절차, 모듈 또는 프로그램의 실행에 의해 행해지는 것. 데이터 순서란 비(非)노이만형 컴퓨터 구조의 일종이다. 비노이만형은 노이만형과 같이 하나의 프로세서가 차례로 처리하는 순차(順次) 처리를 하지 않고 복수의 프로세서가 병렬 처리를 한다. 데이터 순서의 특징은 그 병렬 처리가 비동기(非同期)인 점이다. 데이터 순서 시스템에 쓰이는 명령 기억 소자(cell)는 필요로 하는 입력 데이터가 모두 갖추어진 시점에서 처리를 시작한다. 그 결과 다음 명령 기억 소자에 인수 · 인도된다. 데이터 순서 시스템은 노이만형의 시스템에 비하여 실행 속도가 빠른 것이 그 특징이다.

data flow chart[–tʃɑ̀:rt] **데이터 흐름도(순서도)** 적용 업무에서의 데이터의 흐름을 표시하고, 사용되는 각종의 데이터의 매체와 더불어 처리의 주된 단계를 명확히 나타낸 순서도. ⇨ data flow diagram

data flow computer[–kəmpjú:tər] **데이터 흐름 컴퓨터** 데이터 흐름 언어를 기계어로 하는 컴퓨터. ⇨ 그림 참조 ⇨ data flow language

data flow control[–kəntróul] **데이터 흐름 제어** 통신 당사자 간에 데이터 흐름을 규제하는 데 있어서 송신 속도가 수신측의 처리 능력을 초과하지 않도록 데이터의 흐름을 조정하는 것.

data flow diagram[–dáiəgræ̀m] **DFD, 데이터 흐름도** 시스템의 분석 과정이나 설계 과정에서 사용되는 그래픽을 이용한 도표로서 시스템에서의 자료의 흐름을 나타내기 위해 사용된다. 이는 구조적인 분석 및 설계(SA/SD) 기법에서 가장 기본적인

설계 도구로 자료가 각 부분에서 어떻게 처리되어 흐르는가를 나타낸다. ⇨ 그림 참조

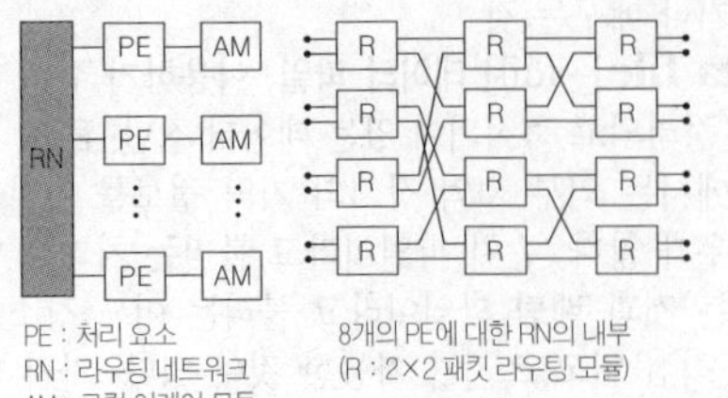

〈데이터 흐름 컴퓨터〉

data flow graph[-græf] **데이터 흐름 그래프** 프로그램이 수행하고자 하는 작업을 각 개별 연산들의 의존 관계 및 선후 관계에 맞추어 그래프 형식으로 나타내는 것. 이것은 데이터 플로 컴퓨터가 병렬적으로 연산을 수행하는 기초가 된다. ⇨data flow model

data flow language[-lǽŋgwidʒ] **데이터 플로 언어** 데이터 플로 컴퓨터를 위한 프로그래밍 언어. 기존의 언어를 수정한 것과 새로운 것이 있는데, 새로운 언어에는 VAL, SISAL, FGL 등이 있다.

data flow machine[-məʃíːn] **데이터 플로 머신** 현재 사용되고 있는 컴퓨터는 창시자의 이름을 따서 폰 노이만(J. von Neumann)형 컴퓨터라 부른다. 폰 노이만형 컴퓨터에서는 중앙 처리 장치와 주기억이 전송용 버스로 연결되어 있다. 그러나 이 전송용 버스는 처리 대상이 되는 데이터 이외에 명령이나 어드레스 등도 통과하기 때문에 대단히 혼잡하게 되어 컴퓨터의 성능은 이 버스에 의해 결정된다고도 할 수 있다. 또한 데이터의 처리 자체도 프로그램 카운터(program counter)에 의해 순차적으로 실행되기 때문에 병렬적인 계산은 불가능하다. 이와 같은 폰 노이만형 컴퓨터의 성능 한계를 폰 노이만의 보틀넥이라 하며, 이 한계를 타파하는 데는 아주 새로운 컴퓨터 아키텍처가 필요하게 된다. 이러한 새로운 아키텍처로서 가장 유망시 되는 것이 데이터 플로 머신이다. 이 컴퓨터에서는 주기억이나 프로그램 카운터가 없다. 명령이 필요로 하는 데이터가 전부 구비되었을 때 명령이 실행되는 식으로 데이터의 구동에 의해 처리 순서가 진행된다. 이러한 아키텍처에서는 병렬 처리성이 본질적으로 구비되고 있는 것이다. 이러한 데이터 플로 머신에서는 함수형 언어(functional language ; 函數型 言語)가 사용된다. 함수형 언어에는 GOTO 문과 같은 함수적이 아닌 것은 없으며, 다른 함수로부터 영향을 받거나 다른 함수 내의 변수에 영향을 미치는 일은 없다. 또한 단일 대입 규칙(single assignment rule ; 單一代入規則)이 실현된다. 그것은 어느 변수의 대입은 1회만 가능하다는 규칙으로 변수의 값이 정해지면 실행이 가능하게 되므로, 프로그램은 임의의 문장에서부터 실행을 시작할 수가 있는 것이다. 데이터 플로 머신의 연구는 최근 대단히 활발하게 진행되고 있으나 아직 기초 연구의 단계이며 실용화되기에는 상당한 시간이 필요하다.

data flow model[-mɑ́dəl] **데이터 플로 모형** 이 데이터 플로 모형은 방대한 양의 병렬성 처리에 적합하므로 관심을 모으고 있으며, 변수의 개념 없이 단지 데이터의 이동만이 있으므로 부작용이 없고, 함수적 프로그래밍의 특징이 있다. 프로그램이 수행할 연산을 데이터 플로 그래프로 나타내고, 그 각각의 계산 단위들이 어떻게 동작하는가를 규정함으로써 시행 작업을 규정한다.

data flow programming language[-próugræmiŋ lǽŋgwidʒ] **데이터 흐름 프로그래밍 언어**

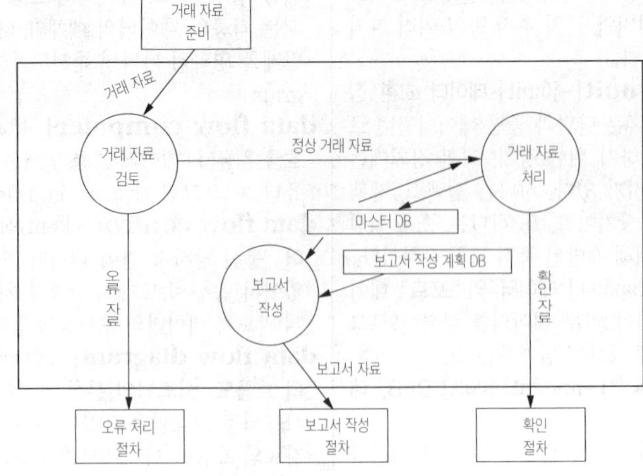

〈데이터 흐름도(DFD)의 구성〉

최대의 병행 처리가 가능하고 부작용이 없는 프로그램 언어. 프로그램은 데이터 흐름 그래프로, 함수는 노드로, 데이터의 의존 관계는 아크로 번역되어 이 그래프 모형으로 표현된 프로그램을 실행하는 컴퓨터에서 실행되는 고수준 프로그램 언어.

data format[–fɔ́:rmæt] **데이터 포맷** 자료가 파일, 레코드 안에서 실수 또는 정수 몇 바이트의 크기로 처리되는지를 나타내는 것.

data format item[–áitəm] **데이터 형식 항목**

data formatting statement[–fɔ́:rmætiŋ stéitmənt] **데이터 형식문** 상수와 예약된 기억 장소를 확정하거나 필드 경계를 나타낼 수 있게 기억 장소를 구획하도록 어셈블리 프로그램에 명령하는 문장.

data fragmentation[–frӕgməntéiʃən] **데이터 단편화** 수평 단편화, 수직 단편화, 혼합 단편화의 세 가지 방법이 있는데, 하나의 논리적 대상을 물리적으로 분산하여 저장하기 위하여 작은 단위로 나누는 것.

data frame[–fréim] **데이터 프레임** 데이터 블록의 길이는 따로 정하지 않고 테이프는 블록이 끝나 더 이상 데이터를 보내지 않을 때 정지한다. 파일의 맨 끝 블록 뒤에는 파일의 끝임을 나타내는 표시를 해야 한다. 데이터 프레임은 테이프 상에 1인치당 200 또는 6,250비트까지의 밀도로 기록된다.

data gathering[–gǽðəriŋ] **데이터 수집** 중앙 처리를 위하여 원격지에서의 데이터를 온라인 시스템으로 보다 빨리 정확하게 수집하는 것이며 일반적으로 데이터를 수집하는 것.

data gathering system[–sístəm] **데이터 수집 시스템** 데이터를 처리 전에 다수의 장소에서 한 곳으로 전송하는 처리 시스템.

Data General Corp. DG, **데이터 제너럴 사** 카스트로(Edson de Castro)가 1968년에 설립하여 미니컴퓨터를 생산하는 미국의 컴퓨터 회사의 하나.

data generator[–dʒénərèitər] **데이터 생성**

data generator program[–próugræm] **데이터 생성 프로그램** 하나의 작업을 구성하는 데 순차 접근 방식이나 구분 접근 방식을 위한 다수 개의 데이터 세트를 만드는 데이터 세트 유틸리티 프로그램.

data glove[–glʌ́v] **데이터 글러브** 가상 현실에 이용되는 3차원 입력용 인터페이스의 일종. 글러브 안에 장착된 센서가 관절의 움직임을 감지하여 컴퓨터 상에서 손의 움직임을 재현한다. 가상 공간에서의 이동 제어 인터페이스나 물체에 접근하는 방법(들어올리거나 변형시키는 것 등)으로도 이용된다. 미국 BPL 사가 개발했다.

datagram[déitəgræ̀m] *n.* **데이터그램** 패킷 교환망에서 취급되는 패킷의 일종. 다른 패킷과는 독립으로 취급되며, 발신 단말에서 수신 단말에 이르는 경로를 결정하기 위한 정보를 내부에 포함하는 패킷. 예를 들면, 동일 발신자, 수신자 사이에 통신로를 설정하는 것도 하지 않는다.

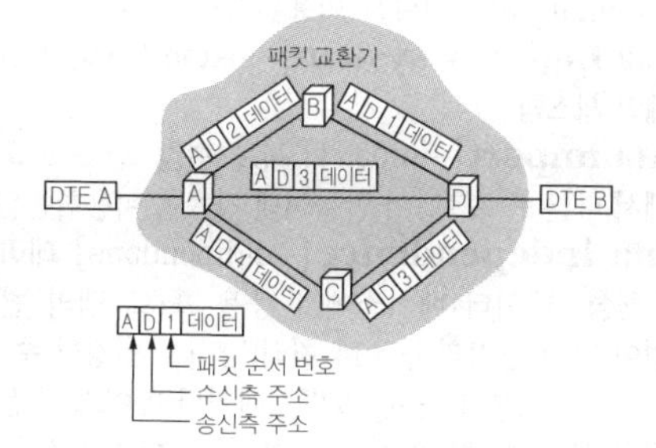

〈데이터그램 전송 방식〉

datagram service[–sə́:rvis] **데이터그램 서비스** 패킷 교환에서 데이터그램을 그 어드레스부로 표시되는 수신으로 전송하는 서비스이며, 그 전송 과정에서 망이 다른 데이터그램을 참조할 필요가 없는 것. 데이터그램이 수신측에 보내는 순서는 망이 데이터그램을 받은 순서와 다른 경우가 있으므로 주의한다.

data handling[déitə hǽndliŋ] **데이터 취급** 정렬, 입출력 연산, 보고서 작성 등의 사용자의 대부분 공통된 데이터 처리의 수행 또는 특히 레코드와 보고서의 작성 등이다.

data handling equipment[–ikwípmənt] **데이터 취급 장비** 보편적인 데이터 처리에 사용되는 장비지만 특히 자동 데이터 자료 시스템에 사용되는 장비.

data handling system[–sístəm] **데이터 취급 시스템** 데이터의 압축과 관계된 데이터의 특정 형태 분류, 해독 또는 저장 시스템 또는 디지털 형태로서 정보를 모으고 전달, 전송 또는 수용, 저장하는 데 사용되는 자동 반자동 장치의 시스템.

data hierarchy[–háiərɑ̀:rki(:)] **데이터 계층** 바이트, 비트, 워드, 문자, 필드, 레코드, 파일, 데이터 베이스 등의 순서로 한 자료의 집합이 낮은 수준의 데이터 집합의 모임으로 이루어지는 계층.

data highway[–háiwèi] **데이터 하이웨이** 복수 컴퓨터 결합에 이용되는 고리 모양의 공통 데이터 전송 회선. 직렬 전송으로 시분할에 의해 사용하는 방식이 일반적이다. 즉, 데이터 전송의 고속 도로(highway), 전송 속도가 1Mbps 이상의 초고속 도로, 다종 다량의 데이터를 정리하여 전송하기 위한 것. LAN(local area network) 형태의 하나. 동축 케이블, 광섬유 케이블 등으로 루프를 만들며, 여기에 컴퓨터, 단말 장치, 입출력 장치 등을 접속하고 상호간에 초고속으로 데이터를 주고받을 수 있다. 공장에서의 프로세서 제어, 생산 관리, 온라인 데이터에 흔히 채용되어 왔으며 최근에는 OA(office automation) 분야에도 이용된다.

data highway system[–sístəm] **데이터 하이웨이 시스템**

data import[–impɔ́ːrt] **자료 수입** 한 프로그램에서 다른 프로그램이 만들어낸 자료를 이용하는 것.

data independence[–indipéndəns] **데이터 독립성** 데이터 베이스에서 응용 프로그램의 변경 없이 기억 장치의 구조나 처리 방식을 변경할 수 있는 능력. 이용자 눈에 보이는 데이터 베이스를 컴퓨터의 물리적 측면에서 가능한 한 독립적으로 하는 것. 데이터 베이스에서는 데이터와 프로그램이 상호 독립되어 있다는 의미로 사용되는 일도 있다. 이것은 데이터 베이스를 설계할 때 매우 중요한 요인이 된다.

data independent accessing model[–indipéndənt ǽksesiŋ mɑ́dəl] **데이터 독립적 접근 모델** 이 모델의 목적은 시스템 구성의 다양한 문제들을 구조적이고 제어 가능한 방식으로 해결할 수 있는 틀을 제공하며, 데이터 베이스를 4계층으로 추상화시켜 설명하려는 데이터 베이스 모델이다. 이 4계층은 맨 위에 엔티티 집합, 스트링 계층, 암호화 계층, 물리적 계층으로 구성된다.

data index[–índeks] **데이터 인덱스** 역리스트 구조를 응용한 문서 검색 시스템 중에서 어커런스 인덱스의 한 어커런스와 관련된 문서에 관한 정보로 구성된 인덱스로 필요한 문서를 검출한다.

data initialization statement[–inìʃəlizéiʃən stéitmənt] **데이터 초기화 설정문** 원시 프로그램에서 사용되는 변수나 배열 요소 또는 배열에 초기값을 설정하기 위한 프로그램문. 초기값은 목적 프로그램의 실행을 개시하기 전에 대입된다.

data initiated control[–iníʃieitəd kəntróul] **데이터 개시 제어** 데이터를 이용하여 외부로부터 신호나 메시지를 받자마자 미리 지정된 규칙에 따라 작업이 자동적으로 시작되고 수행되게 하는 것.

data input[–ínpùt] **데이터 입력** 게이트 또는 광학 판독기, 카드 판독기, 논리 요소와 같은 입력 장치의 입력 채널과 처리를 위한 데이터 준비를 말하거나 하나 이상의 기본 처리 기능, 즉 코팅, 정렬, 요약, 보고서 작성, 기록과 통신 등에 수행될 데이터를 말한다.

data input line[–láin] **데이터 입력선** 어떤 장치에 데이터를 입력시키기 위하여 사용되는 선.

data input station[–stéiʃən] **데이터 입력 단말** 주로 데이터 처리 시스템을 넣기 위한 이용자용 단말. ⇨ data collection station

data input voice answer[–vɔ́is ǽːnsər] **데이터 입력-음성 응답** 사용자가 데이터 단말기, 즉 터치 음조 전화기 데이터 단말기를 사용하여 컴퓨터에 데이터를 입력하고 실제로 녹음되었거나 합성된 음성을 컴퓨터로 받는 통신 시스템.

data inscriber[–inskráibər] **데이터 인스크라이버** 데이터를 자기 테이프 카트리지, 자기 테이프, 카세트에 기록하는 것으로 데이터 기록 장치의 일반적인 명칭.

data integration[–ìntəgréiʃən] **데이터 통합** 여러 개의 각기 다른 파일을 결합하면서 중복되는 부분을 완전히 또는 부분적으로 제거하는 것.

data integrity[–intégriti(ː)] **데이터의 완전성, 데이터의 보전성** 컴퓨터 시스템에 의하여 관리되는 자료의 정확성, 일관성, 완전성을 통합한 데이터의 능력. 우연 또는 고의에 의한 데이터의 파괴, 변경 또는 상실이 생기지 않으면 보전되는 데이터의 품질.

data interchange[–ìntərtʃéindʒ] **데이터 교환** 특정한 컴퓨터 시스템용으로 개발된 데이터 표기법에서는 데이터와 기계가 서로 의존하고 있는 경우가 있는데, 서로 다른 아키텍처의 컴퓨터 시스템 사이에서 데이터를 사용하는 것. 즉, 데이터 표기법이 다른 경우 상대방과 문제가 되는 것들을 미리 정해 두어 데이터 교환이 가능하게 된다.

data interchange code[–kóud] **데이터 교환** 컴퓨터 간의 통신에 적합하도록 만든 코드. 아스키 코드의 변형이다.

data interchange format[–fɔ́ːrmæt] **DIF, 데이터 교환 형식** 각 필드의 데이터를 제어 코드에 의해서 감싼 형식으로 유통되는 소프트웨어에 있어서 표준이 되는 데이터 형식의 하나.

data interchange format file[–fáil] **DIF 파일** ⇨ DIF file

data interlock[–intərlɑ́k] **자료 잠금** 기억 장치에 보관된 내용의 일관성의 유지를 위해 한 번에 하나의 장치에만 그 내용을 액세스할 수 있도록 제한하는 것.

data in voice[–in vɔ́is] **DIV, 음성 데이터** 마이크로파 채널에서 디지털 데이터가 음성 회로로 대치되는 전송 형태.

data item[–áitəm] **데이터 항목** (1) COBOL 용어. 프로그램 중의 가장 기본적인 문법 단위. 이름에 의해 식별되고 이것에 값을 줄 수 있다. FORTRAN 등의 변수에 해당한다. (2) 데이터 베이스에서 사용자에 따른 의미를 가진 데이터의 최소 단위.

data item attribute [-ǽtribjù(:)t] **데이터 항목의 속성** 데이터 항목이 가지는 성질.

data item compression [-kəmpréʃən] **데이터 항목의 압축**

data item concatenation [-kɑnkæ̀tənéiʃən] **데이터 항목의 통합**

data item editing [-éditiŋ] **데이터 항목의 편집**

data item resequencing [-ri:sí:kwənsiŋ] **데이터 항목의 재배치**

data item selection [-səlékʃən] **데이터 항목의 선택**

data item split [-splít] **데이터 항목의 분할**

data language [-lǽŋgwidʒ] **데이터 언어** 데이터 베이스 시스템에서의 데이터 정의 언어, 데이터 조작 언어 등의 총칭. ⇨ data base language

data language one [-wʌ́n] **데이터 언어 1** 운영 체제 DOS/VS와 같이 사용되는 데이터 베이스 관리 시스템(DBMS)으로 IMS/VS의 한 부분이다.

data layout [-léiàut] **데이터 배치** 단어, 문자, 제목, 합계 등의 배열을 재정 기록과 같은 데이터 또는 프린터 출력이 명확히 표현되도록 정의된 배열 또는 문자, 필드, 선, 구두점, 페이지 수 등이 미리 정해져 있는 배열.

data leakage [-lí:kidʒ] **데이터 누설** 컴퓨터 시스템에서 자료가 불법으로 지워지는 것.

data length [-léŋkθ] **데이터 길이**

data level [-lévəl] **데이터 레벨** COBOL 프로그램의 데이터부에서 기술되는 레벨 번호와 유사하며, 같은 레코드 내에 있는 데이터 요소의 포함 관계. 즉, 데이터 요소 사이의 관계를 말한다.

data librarian [-láibrəriən] **데이터 사서** 자료를 저장하고 있는 데이터와 사용 안내서 등을 관리하고 자료의 사용 상황 등을 감시하는 사람.

data line [-láin] **데이터 라인** 데이터를 보내기 위한 통신선. 좁은 의미로 보면 제어 신호가 지나가는 선을 제어선, 자료만 지나가는 선을 자료선이라고 하지만 넓은 의미로는 이 두 선을 모두 데이터 라인이라 한다.

data link [-líŋk] **데이터 링크** 두 개 이상의 컴퓨터나 단말 등의 시스템 사이에서 정보(데이터)의 전송을 위한 통신로로, 이것은 통신 회선은 양단의 모뎀, 통신 제어 장치의 회선측 부분도 포함한 물리적인 통신로를 가리키고 있다. 데이터 링크의 목적은 어느 데이터 처리 시스템과 원격 데이터 처리 시스템 간의 정보 교환을 편리하게 하기 위한 것이지만 실제 데이터 전송에서는 그 정보의 교환 기동, 흐름의 제어, 체크, 종결을 위한 제어 정보 전송도 필요하다. 데이터 링크 상의 제어를 데이터 연계 제어(data link control)라고 한다.

data link control [-kəntróul] **DLC, 전송 제어** 단말 장치와 컴퓨터 사이에서 데이터가 확실히 전송되기 위한 절차. 송신측과 수신측을 잇는 통신 회선을 접속하는 회선 제어, 스타트-스톱 트랜스미션이나 동기식(同期式)에 의한 데이터 흐름의 제어, 전송 데이터에 오류가 없는가를 검사하는 오류 제어의 세 요소가 들어 있다.

data link control protocol [-próutəkɔ̀(:)l] **데이터 링크 제어 규약, 전송 제어 프로토콜**

data link control type [-táip] **데이터 연결 제어 형태** BCP에서 정의된 통신 제어 문자 집합이 데이터 연결 동작에 영향을 주는데, 데이터 연결 제어는 바이트 제어 프로토콜(BCP)과 비트 위치를 정하는 프로토콜(BOP)로 구분한다. 이러한 제어 문자들은 ASCII 코드나 EBCDIC 코드와 같은 정보 코드 집합의 한 부분이며, 그래픽 문자(문자, 숫자, $, ·)들과 주변 장치 제어 문자(LF, CR, BS)들로 이루어진다. BCP 메시지는 제어 필드 · 텍스트 필드 · 오류 검사 필드의 머리 · 몸체 · 꼬리로 구성된 블록으로 전송된다.

data link escape [-iskéip] **DLE, 전송 제어 확장** 아스키 코드의 16번에 해당하는 문자. 데이터 통신에서 보낼 때, 통신 제어용 문자가 있으면 그 제어 문자의 앞에 붙여 그 제어 효력을 정지시키는 역할을 한다.

data link escape character [-kǽrətər] **DLE, 전송 제어 확장 문자** 전송 제어 문자의 일종이며, 여기에 계속되는 한정된 개수의 문자 또는 코드화 표현의 의미를 바꾸며, 보조적인 전송 문자를 부여하는 경우에 한하여 쓰여지는 것. ⇨ data link escape DLE

data link establishment [-istǽbliʃmənt] **데이터 연결 확립** 2개의 인접한 스테이션 사이에서 일어날 수 있는 여러 가지 오류의 실제 매체를 신뢰할 수 있게 만들고 정보를 교환할 수 있는 링크를 확립하는 것.

data link layer [-léiər] **데이터 링크 계층** 두 논리적 장치 사이의 데이터 수신과 송신을 담당하고 통신 회선의 전송에 대응하는 데이터 링크 프로토콜을 실행하는 OSI의 7개 계층 가운데 하위에서 두 번째 계층에 해당되는 것으로 물리층의 상위층이다. 물리적 계층에서 발생하는 오류를 발견하고 수정하는 기능을 맡고 링크의 확립, 유지, 단절의 수단을 제공한다.

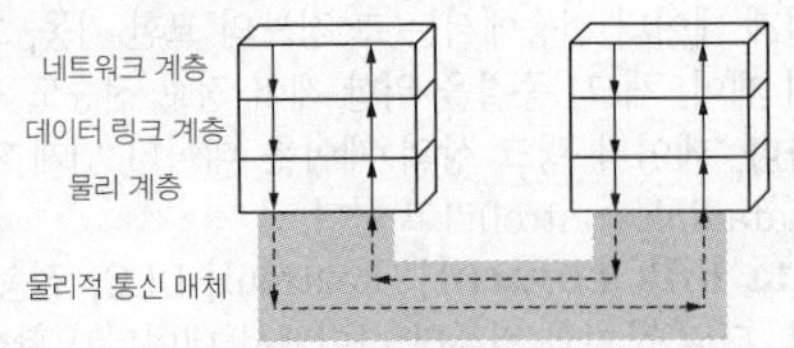

〈데이터 링크 계층 개념 모델〉

data link layer protocol[-próutəkɔ(:)l] **데이터 링크 계층 프로토콜** 두 스테이션이 하나의 채널로 직접 연관되어 있어 신뢰성과 효율성 있는 통신이 되도록 설계 매체를 만들고 링크의 확립, 유지, 단절의 수단을 주기 위한 규범.

data link level[-lévəl] **데이터 링크 레벨** 인접한 두 스테이션 간에 신뢰성 있고 효율적인 통신을 달성하는 것을 책임지고 있는 ISO/OSI 모델의 두 번째 계층을 말한다.

data link protocol[-próutəkɔ(:)l] **데이터 링크 프로토콜** OSI 참조 모델에서 2번째 데이터 링크 계층에 이용되는 프로토콜. 인접한 기기 간에 데이터 링크를 확립하여 정상적으로 데이터를 전송한다. 이와 같은 프로토콜로는 HDLC나 ATM, 프레임 릴레이, 각종 MAC 등을 예로 들 수 있다.

data list[-líst] **데이터 목록**

data location statement[-ləkéiʃən stéitmənt] **위치 부착 데이터문**

data logger[-lɔ́(:)gər] **데이터 로거** 공업 플랜트 등에서 계측단으로부터의 아날로그 신호를 A/D 변환기에 의해 디지털 신호로 변환하고 타이프라이터로 인쇄하는 장치. 데이터 기입기 자체에서 간단한 연산 기능을 가지고 관리 한계값을 초월한 경우에 경보를 자동으로 내는 것도 많다.

data logging[-lɔ́(:)giŋ] **데이터 로깅** 어떤 사건이 일어나면 그 사건에 대하여 시간 순서대로 기록하는 일.

data logging equipment[-ikwípmənt] **데이터 기입 장비** 가시 출력을 표시하는 간단한 장비로부터 마이크로컴퓨터나 미니컴퓨터와 모든 가능한 주변 장치를 가리킨다.

data maintenance function[-méintənəns fʌ́ŋkʃən] **데이터 보수 기능**

data management[-mǽnidʒmənt] **데이터 관리** 자료를 구성하고 위치시키고 분류하며, 회수, 저장, 유지하는 데 관련된 운영 체제의 주요한 기능. 하드웨어에 대한 액세스를 제공하고 입출력 장치의 사용을 조정하는 시스템을 설명하는 일반적 용어. 데이터 편성 방법(파일 구조)에 따라서 처리 속도(speed)를 올리는 것과 논리적인 정보의 연결과 그것이 기억되어 있는 매체, 즉 하드웨어와의 갭(gap)을 보충하는 것이 중요한 목적이다.

data management format[-fɔ́ːrmæt] **데이터 관리 표시 형식**

data management program[-próugræm] **데이터 관리 프로그램** 컴퓨터 시스템에서 취급하는 여러 종류의 파일과 자료가 표준적인 방법으로 처리될 수 있도록 관리하는 프로그램. 이것은 주기억 장치와 외부 기억 장치 사이의 자료 전송이나 외부 기억 장치에 저장되어 있는 자료의 수정과 유지를 맡고 있다.

data management programming system[-próugræmiŋ sístəm] **데이터 관리 프로그래밍 시스템** 대형 컴퓨터에 저장된 데이터 베이스를 조작, 갱신, 조회하는 능력을 조작원에게 제공하기 위해 제작된 프로그램 시스템.

data management routine[-ruːtíːn] **데이터 관리 루틴**

data management subsystem[-sʌbsístəm] **데이터 관리 서브시스템** 컴퓨터로 처리되는 데이터 세트, 즉 프로그램 데이터에 명칭을 붙이고 형식, 구조, 기억 장치의 물리적 조건에 관계없이 주기억 장치에 기억되거나 필요에 따라 식별, 검색하는 제어 프로그램의 기능을 사용한 관리 체계.

data management system[-sístəm] **데이터 관리 시스템** 정보 시스템에 의해 요구되는 자료 수집, 구성, 유지를 위해 필요한 프로그램을 제공하는 시스템.

data management utility system[-juːtíliti(ː) sístəm] **데이터 관리 유틸리티 시스템** 갱신, 분류, 편집 등의 공통적인 데이터 처리 이용을 형성하는 각각의 자료 관리 시스템은 매개변수 전송 루틴의 수에 기초를 두고 있다.

data manipulation[-mænipjuːléiʃən] **데이터 조작**

data manipulation instruction[-instrʌ́kʃən] **DMI, 데이터 처리 명령어** 이 명령은 주로 연산 장치에서 처리되고, 컴퓨터 명령어 가운데 논리 명령, 산술 명령, 시프트 명령, 비트 처리 명령을 통칭하여 부르는 말이다.

data manipulation language[-lǽŋgwidʒ] **DML, 데이터 베이스 조작 언어, 데이터 조작 언어** 데이터 베이스에 저장된 자료의 삽입, 삭제, 수정, 검색, 재편성하기 위한 언어. 생성 기능까지 포함한 것도 있지만 이것만으로는 독립해서 데이터 처리의 전 기능을 통괄할 수 없으므로 데이터 준언어라든가 DML 기능이라고 불린다. 특히 전문가가 아닌 단말 이용자를 위한 비순서적인 데이터 조작 언어를 조회(照會) 언어라고 한다. 주로 COBOL,

PL/I 등의 호스트 언어에 사용하며 사용자가 대화식으로 직접 사용하는 것이 있다. ⇨ DML

data manipulation language of IMS **DL/I, 데이터 언어/I, 디엘/원** ⇨ DL/I

data mark[–má:rk] **데이터 마크**

data mart[–má:rt] **데이터 마트** 데이터 웨어하우스와 사용자 사이의 중간층에 위치한 것으로, 하나의 주제 또는 하나의 부서 중심의 데이터 웨어하우스라고 할 수 있다. 데이터 마트 내 대부분의 데이터는 데이터 웨어하우스로부터 복제되지만, 자체적으로 수집될 수도 있으며, 관계형 데이터 베이스나 다차원 데이터 베이스를 이용하여 구축한다.

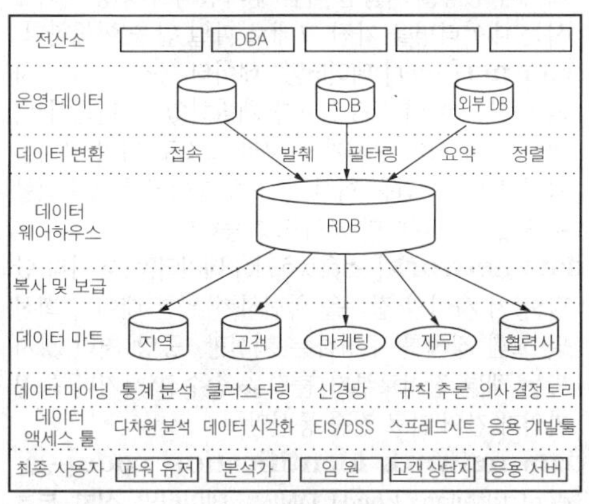

〈데이터 마트〉

data materialization[–mətì(:)riəlaizéiʃən] **데이터 실체화** 논리적인 필드 어커런스를 대응되는 저장 필드 어커런스로부터 만들어서 응용에 전달하는 과정.

datamation[dèitəméiʃən] **자동 데이터 처리** data와 automation의 합성어.

datamation processing[–prásesiŋ] **데이터 자동 처리** data and automation으로 데이터 처리의 줄임말.

data matrix[déitə méitriks] **데이터 행렬** 행과 열로 어떤 변수와 그에 대한 값을 배열한 것.

data medium[–mí:diəm] **데이터 매체** 데이터를 내부 또는 표면에 기록하는 것이 가능한 재료. 자기 디스크나 자기 테이프 등과 같이 자료를 기억시킬 수 있는 물질.

data migration[–maigréiʃən] **데이터 이송** 데이터의 사용 빈도에 따라서 데이터의 저장 공간이나 저장 형태를 조정시켜 데이터 베이스의 검색 성능이 향상되도록 하는 것.

data migration primitive[–prímitiv] **데이터 이송 프리미티브** 원격지에 있는 정보의 접근을 관할하는 프리미티브. 정보의 액세스에서 통신하는 기종이 일치하지 않을 때 자료의 재해석이 요구되는데 자료의 형은 보존되어야 하고, 문자의 코드 변환은 있을 수 있다. 이 경우에 요구한 항목만 이송할 수도 있고 그 항목이 들어 있는 전체 파일을 이송할 수도 있다.

data mining[–máiniŋ] **데이터 마이닝** 데이터 베이스 내에서 어떠한 방법(순차 패턴, 유사성 등)에 의해 관심 있는 지식을 찾아내는 과정. 데이터 마이닝은 대용량의 데이터 속에서 유용한 정보를 발견하는 과정이며, 기대했던 정보뿐만 아니라 기대하지 못했던 정보를 찾을 수 있는 기술을 의미한다. 데이터 마이닝을 통해 정보의 연관성을 파악함으로써 가치있는 정보를 만들어 의사 결정에 적용함으로써 이익을 극대화시킬 수 있다. 기업이 보유하고 있는 일일 거래 데이터, 고객 데이터, 상품 데이터 혹은 각종 마케팅 활동의 고객 반응 데이터 등과 이외의 기타 외부 데이터를 포함하는 모든 사용 가능한 근원 데이터를 기반으로 감춰진 지식, 기대하지 못했던 경향 또는 새로운 규칙 등을 발견하고, 이를 실제 비즈니스 의사 결정 등을 위한 정보로 활용하고자 하는 것. 데이터 마이닝의 적용 분야로 가장 대표적인 것은 데이터 베이스 마케팅이다.

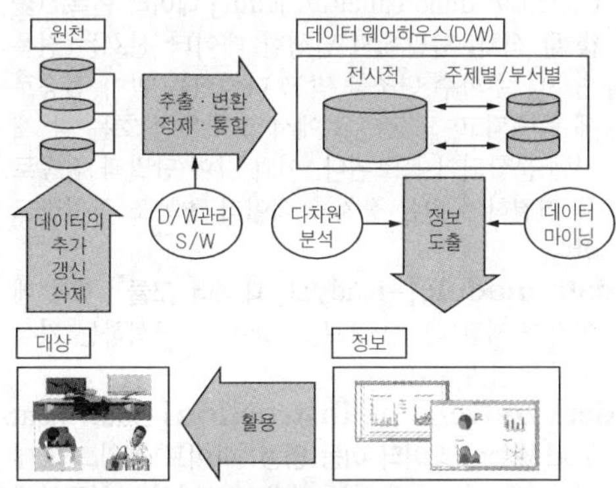

〈데이터 마이닝의 작업 흐름도〉

data mobility[–moubíliti(:)] **데이터 이동성**

data mode[–móud] **데이터 모드**

data model[–mádel] **데이터 모델** 데이터 베이스의 구조를 기술하기 위해 데이터 모델이라는 개념을 정의할 필요가 있다. 데이터 모델은 데이터, 데이터 관계, 데이터 의미 및 데이터 제약 조건을 기술하기 위한 개념적 도구들의 집단이다. 데이터 관계에 따른 데이터가 논리적으로 조직될 수 있는 양식이며, 데이터 양식에는 엔티티형과 엔티티 관계에 의한 추상적 개념의 데이터 조직 규칙, 연산의 정의, 여러 제약 조건이 포함된다.

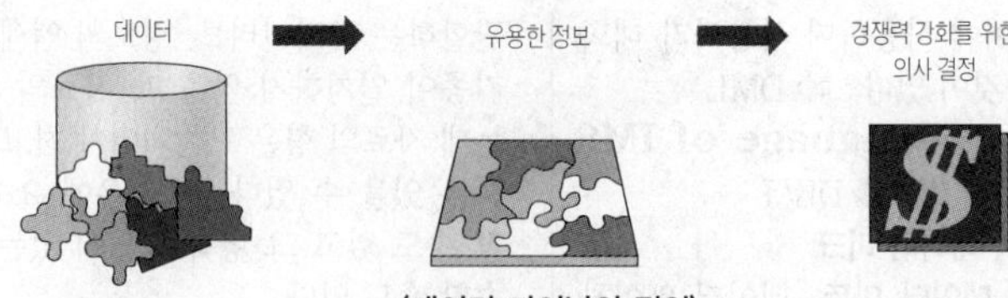

〈데이터 마이닝의 정의〉

data modeling[–mádəliŋ] **데이터 모델링** 데이터가 논리적으로 조직될 수 있도록 하는, 즉 논리적 데이터 구조로 변환되는 과정. 개념 세계가 컴퓨터가 이해하고 처리할 수 있게 하는 물리적 저장 장치에 데이터를 기록, 저장하도록 변환하기 위한 정보 구조에서 데이터 베이스 관리 시스템(DBMS)이 지원하는 모델.

data modem[–móudèm] **데이터 모뎀, 데이터 변복조 장치** 전화선을 이용하여 데이터를 전송하기 위해 디지털 형태를 아날로그 형태로, 아날로그 형태를 디지털 형태로 송수신할 때의 변복조 장치. 이 장치는 110보(baud)의 낮은 전송률에서부터 9,600보나 그 이상의 전송률까지 가능하며, 2,400보 이상의 전송률에서는 특수한 전화선이 필요하다. ⇨ MODEM

data modulator-demodulator unit[–mádʒulèitər dimádʒulèitər jú:nit] **데이터 변복조(變復調) 장치** 단말에서 발생한 데이터 신호는 진폭 변조나 주파수 변조를 받고 다중화를 받아 전송로에 송출되고, 또 전송로에서 보내온 신호는 각 채널에 분할되어 복조된다. 이와 같이 단말과 전송로를 연결하기 위한 장치를 데이터 변복조 장치라고 한다.

data module[–mádʒu:l] **데이터 모듈** 지역 데이터가 저장되는 곳으로, SDD-1을 구성하는 가상 기계 타입의 하나.

data movement instruction[–mú:vmənt instrʌ́kʃən] **데이터 이동 명령** 바이트나 워드의 데이터들을 이동하게 하는 명령으로 기억 장치로부터 적재, 기억 장치로의 저장, 레지스터에서 레지스터로 이동, 스택에 저장, 호출, 레지스터 교환 등을 명령한다.

data movement time[–táim] **데이터 이동 시간** 판독, 기록 헤더가 디스크 트랙 위에 정확히 위치한 다음 디스크로 또는 디스크로부터 자료를 이송하는 데 걸리는 시간.

data multiplexer[–mʌ́ltiplèksər] **데이터 다중 변환 장치, 데이터 멀티플렉서** 두 개 이상의 통신로가 하나의 데이터 전송로를 공용할 수 있게 하는 기능 단위.

data name[–néim] **데이터명** 데이터의 항목을 식별하기 위하여 사용되는 문자 또는 문자의 집합. 파일로 기억되는 데이터는 분류 등의 처리를 시키는 기억 장소가 랜덤하게 변하는 것이 있다. 따라서 기억 장소에 따라 그 데이터가 무엇을 위한 것인가를 아는 것이 불가능하기 때문에 데이터 일부에 그 데이터 명칭을 기록한 다음에 파일되어 통상 처리에서는 데이터명을 가진 그대로 파일 안을 이동한다.

data net[–nét] **데이터망** 데이터 통신 처리 장치의 이름으로 미국 GE 사가 개발하였다. 단순히 데이터 통신 제어 장치가 아니라 스스로 기억 장치를 가지고 있고, 전송 회선을 통해 데이터를 송수신할 수도 있으며 데이터 처리도 가능하다.

data network[–nétwə̀:rk] **데이터망** 데이터 단말 장치 사이의 접속을 확립하기 위한 데이터 회선 및 교환 장치를 구성하는 회선망. 중앙 처리 장치 또는 채널 장치로부터 출력을 송수신 하거나 특정 가입자 간의 자료 전송 통신망.

data network identification code[–ɑidèntifikéiʃən kóud] **DNIC, 데이터망 식별 부호** CCITT 권고안. X.121에 제안한 공중 데이터망 내에 존재하는 목적 DTE(data terminal equipment)가 속한 데이터망을 식별하기 위하여 추가하는 부호.

data object[–ábdʒikt] **데이터 대상물, 데이터 대상** 프로그램 언어 내에서 취급할 수 있는 형식의 데이터이며, 구조상 또는 용법상의 관점으로 분류한 것.

data organization [–ɔ̀:rgənɑizéiʃən] **데이터 편성** 한 자료의 집합에서 공간적, 실질적 배치를 위한 자료 관리 방법. 자료 구성 방법에는 순차 구성, 색인 순차 구성, 직접 구성, 원격 통신 구성 등이 있다. 그 구성에 따라 저장, 검색 방법이 달라진다.

data origination[–əridʒinéiʃən] **데이터 작성** 데이터를 카드 또는 카드에서 자기 테이프나 종이 테이프 등으로 양식을 변경 작성하는 것으로 인간이 사용하는 정보 파일을 컴퓨터가 이해할 수 있는 형식으로 바꾸는 것.

data output[–áutpùt] **데이터 출력** 기본 요소나 논리 요소의 출력 채널에서 얻을 수 있는 데이터.

data output line[–láin] **데이터 출력 단자**

DATAPAC **데이터팩** 1977년 6월에 개시된 캐나다의 패킷 교환 서비스.

data packet[–pǽkət] **데이터 패킷** 데이터 통신에서 전송되는 자료를 담은 패킷.

data packet length conversion[–léŋkθ kənvə́ːrʃən] **데이터 패킷 길이 변환** 데이터 전송시 망의 전송 가능한 최대의 데이터 패킷의 길이가 변할 때 행하는 작업. 이러한 결과로 데이터 패킷의 분할 및 통합이 이루어진다.

data path[–pɑ́ːθ] **데이터 경로** 컴퓨터의 내부에서 데이터를 전송하는 버스.

data PCS 데이터 PCS ⇨ PCS

DataPhone[déitəfòun] **데이터폰** 미국에서의 데이터 전송 서비스에서 전화 회선을 그대로 이용하여 전화와 데이터 전송 양쪽으로 사용하도록 한 것. 영국의 DTEL도 같은 서비스를 행한다.

DataPhone Digital Service[–dídʒitəl sə́ːrvis] **데이터폰 디지털 서비스** 미국 벨 시스템의 통신 장치 체제로서 데이터를 아날로그 상태가 아니라 디지털 형태로 전달하여 변복조 장치가 필요하지 않은 시스템.

DataPhone service[–sə́ːrvis] **데이터폰 서비스**

data plotter[déitə plɑ́tər] **데이터 플로터** 디지털 정보를 점, 선, 모형으로 좌표점의 경로를 구성함으로써 종이 위에 그래프 형태로 신속하게 자동으로 그리는 장치.

Datapoint 데이터 포인트 사

data point[–pɔ́int] **데이터 포인트** 도표에서 그래프가 지나가는 각 점, 또는 측정값의 쌍.

data pointer[–pɔ́intər] **데이터 포인터** 특수 레지스터로 명령에 의해 사용되는 데이터의 메모리 주소를 가지고 있다.

data pollution[–pəlúːʃən] **데이터 위장** 질의에 대해 응답할 때 통계적 중요 정보를 손실하지 않으면서 데이터를 임의로 틀리게 응답하여 보안을 유지시키는 방법.

data portability[–pɔ̀ːrtəbíliti(ː)] **데이터 가반성(可搬性)**

data preparation[–prèpəréiʃən] **데이터 준비** 데이터를 컴퓨터에 입력하거나 처리하도록 데이터 매체로 옮기는 과정.

data preparation device[–diváis] **데이터 준비 장치** 원시 데이터를 모아 컴퓨터를 판독할 수 있는 형태로 변환시키는 장치.

Datapro[déitəpròu] **데이터프로** 컴퓨터 제품, 즉 소프트웨어나 하드웨어의 여러 정보를 자세히 제공하는 회사.

data processing[déitə prɑ́sesiŋ] **DP, 데이터 처리** 주어진 데이터는 그대로의 형태로는 가치가 없으므로 필요한 정보를 얻기 위해 가하는 조작을 데이터 처리라고 한다. 사무 처리에 있어서 시행이 발생된 뒤, 보고서가 작성될 때까지의 처리 과정을 가리킨다. 이를 위한 데이터 처리(data processor)의 총칭. 즉, 데이터의 유효한 정보화 과정이 데이터 처리이고, 컴퓨터는 데이터 처리의 한 수단이다. 각각의 전표에 대해 정리, 분류, 집계 등의 처리를 하여 경영 자료를 얻는 과정은 데이터 처리의 한 예이다. 그러나 좁은 의미로는 은행 등의 기업에서 사무 또는 금전적 목적으로 이용되는 컴퓨터의 처리에 한정되는 경우도 있다. 이것을 DP라 약칭하는 경우도 있다. 이것에는 탁상 계산기, 타이프라이터, 회계기 외에 모든 컴퓨터 시스템, 단말 장치 등이 포함된다. 데이터에 대하여 행해지는 연산의 체계적 실시이다. 예 병합, 보류, 연산, 어셈블, 컴파일.

data processing center[–séntər] **계산 센터** 기업 등의 조직 안에서 자료 처리를 위해 설치되는 컴퓨터 센터로 자료를 받아들이고 그 자료를 요구하는 대로 처리하여 그 결과를 도출해내는 기관. 정보 처리 센터라고도 한다.

data processing consultant[–kənsʌ́ltənt] **DPC, 데이터 처리 컨설턴트**

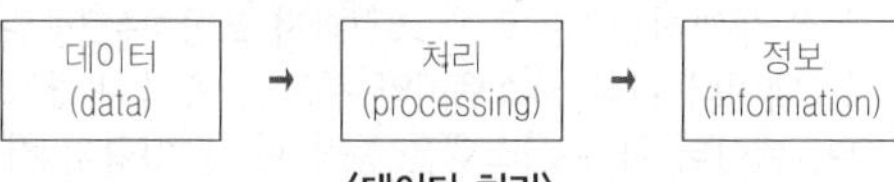

〈데이터 처리〉

data processing department organization[–dipɑ́ːrtmənt ɔ̀ːrgənaizéiʃən] **데이터 처리 부분 조직**

data processing equipment[–ikwípmənt] **데이터 처리 장치** 주어진 데이터에서 필요한 정보를 얻기 위해 데이터를 처리하는 장치. 예를 들면, 수치 계산 또는 각 전표로부터 분류, 집합, 집계, 제표(製表) 등의 수단으로 경영상 유용한 자료를 얻는 장치.

data processing graphics[–grǽfiks] **데이터 처리 그래픽스** 펄스의 순서 집합에 의해 전자 데이터 시스템을 통하여 전달하고, 재생산될 수 있는 숫자 또는 문자, 그림.

data processing machine[–məʃíːn] **데이터 처리기** 아날로그 컴퓨터, 디지털 컴퓨터 등의 자동 데이터 처리 장치와 관련되는 숫자나 문자, 정보를 기억 처리하는 기계의 총칭.

data processing management[–mǽnidʒmənt] **데이터 처리 관리** 데이터에 있어서의 계획, 제어, 동작 인지의 원칙에 따른 기본적인 필요조건은 다른 사업 관리와 같은 기술로 데이터 처리 기능이나 능력, 장비를 관리하는 것이다.

Data Processing Management Association[–əsòusiéiʃən] DPMA, **데이터 처리 관리 협회**

data processing manager[–mǽnidʒər] **데이터 처리 관리자** 관리자의 임무 중 가장 큰 부분은 새로운 시스템의 개발과 그들을 운용하는 것인데, 보통 컴퓨터의 작동을 포함하여 데이터 처리 센터를 운영하는 사람.

data processing system[–sístəm] DPS, **데이터 처리 시스템** (1) 데이터 처리를 행하는 시스템의 총칭. 컴퓨터 시스템과 그것에 관계하는 요원을 포함한 시스템이며, 데이터에 대하여 일련의 조작을 행하기 위해, 입력(input)이나 처리(processing), 출력(output), 통신(communication) 등 모든 기계를 수행하는 것을 가리킨다. 거의 같은 의미의 용어로는 전자 데이터 처리 시스템(EDPS ; el-ectronic data processing system)이 있다. (2) Honewell information system이 판매하고 있는 컴퓨터에 「DPS」라는 명칭이 붙어 있다. 좀더 자세히 설명하자면, 계산 장치 및 관련 요원을 포함하는 시스템이며, 데이터에 대하여 일련의 조작을 가하기 위하여 입력, 처리, 기억, 출력, 제어의 모든 기능을 부과하는 것. 또한 요원까지 포함하는 경우에는 데이터 처리 시스템이라 부르는 쪽이 바람직하다. 데이터 처리 시스템은 통상 한 대 이상의 컴퓨터와 그것에 관련하는 소프트웨어로 이루어진다. 시스템은 프로그램과 그 실행에 필요한 데이터 때문에 공통의 기억 장치를 이용하고, 사용자 프로그램 또는 사용자가 지정한 프로그램을 실행하고, 산술 연산과 논리 연산을 포함하는 사용자가 지정한 데이터 조작을 행하며, 게다가 실행시에 자기 자신의 내용을 변경하는 프로그램을 실행할 수 있다.

〈데이터 처리 시스템〉

data processing system security[–sikjú(:)riti(:)] **데이터 처리 시스템의 안전 보호** 우연 또는 고의에 의한 변경, 파괴 또는 누설로부터 하드웨어, 소프트웨어 및 데이터를 보존하기 위하여 데이터 처리 시스템에 확립되어 적용되는 기술력 및 관리적인 안전 대책. ⇨ computer system security

data processing technology[–teknálədʒi(:)] **데이터 처리 기술** 데이터 처리를 하기 위한 소프트웨어 및 하드웨어의 기술.

data processor[–prásesər] **데이터 처리 장치** 자료나 정보의 요약, 처리 및 입출력을 수행할 수 있는 모든 장치의 표준화 장치. 또는 정보 처리를 시행하는 기술자(processor)를 뜻하기도 한다.

data protection[–prətékʃən] **데이터 보호** 절차나 데이터를 권한 없는 조회와 사용으로부터 소실되거나 파괴되지 않도록 보호하기 위한 적절한 관리적, 기술적 또는 물리적인 안전 대책의 실현.

data protection printing[–príntiŋ] **데이터 보호 인쇄** 프린터가 제어 장치의 신호에 맞도록 동작하고 있는지의 여부를 자동적으로 점검하여 인쇄를 하는 것. 이것이 잘못되었을 경우에 프로그램에 지정된 명령에 의해서 점검 지시기가 작동된다.

data purification[–pjù(:)rifikéiʃən] **데이터 점검** 데이터 처리 시스템으로 입력되는 잘못된 데이터의 양을 줄이기 위해서 데이터를 수정하고 그 유효성을 확인하는 과정.

data quality[–kwáliti(:)] **데이터의 품질** 데이터를 사용상 적합하게 만드는 적시성, 정확성, 안전성, 적절성 및 참조 가능성.

data rate[–réit] **데이터 전송 속도, 데이터 전송률, 데이터율** 데이터 통신 시스템에서 자료가 전송되는 속도로서 초당 비트 수(bps)로 나타낸다. 일반적으로 입출력 장치와 주기억 기구 사이의 속도로 나타낸다.

data reader[–rí:dər] **데이터 판독기** 데이터 테이프 등에 천공, 기록되어 있는 정보나 자료를 판독하여 알맞은 코드로 바꾼 후 컴퓨터 본체에 그 내용을 전송, 입력하는 장치.

data record[–rikɔ́:rd] **데이터 레코드** 특정 항목에 관련된 자료 필드의 모임.

data recorder[–rikɔ́:rdər] **데이터 레코더** 원시 데이터를 카드 테이프 등의 매체를 사용하지 않고 키 조작시킴으로써 직접 자기 테이프에 판독/기록하는 기기.

data recording control[–rikɔ́:rdiŋ kəntróul] **데이터 기록 제어**

data recording device[–diváis] **데이터 기록 기구**

data record update mode[–rikɔ́:rd ʌpdéit móud] **데이터 레코드 갱신 모드**

data recovery[–rikʌ́vəri(:)] **데이터 복구** 시스템 내의 오류나 고장 등으로 인하여 못쓰게 되어 버렸거나 잃어버린 정보를 복구하는 과정.

data reduction[–ridʌ́kʃən] **데이터 정리** 가공되지 않은 원시 자료를 유용하고 요약된 또는 간단한 정보로 변환시키는 것.

data redundancy[–ridʌ́ndənsi(:)] **데이터 중복** 데이터가 여러 파일에 나타나는 것으로 이로 인해 자료의 분산으로 일관된 자료 처리가 어렵고 데이터 저장의 낭비를 초래한다. 데이터 베이스 시스템에서는 원시 정보인 미처리 테스트나 실험 결과의 대량 데이터를 유익하게 요약한 형의 정보로 하여 중복을 줄일 수 있다. 예를 들면, 무작위로 연속적으로 얻은 측정 데이터를 컴퓨터 입력이 가능하도록 여러 가지로 편집하거나 샘플링한 것을 말한다.

data register[–rédʒistər] **데이터 레지스터** 데이터의 일시적인 저장에 사용되는 특정의 레지스터. 가끔 숫자의 증가와 감소 같은 간단한 자료 처리에도 사용된다.

data reliability[–rilàiəbíliti(:)] **데이터 신뢰도** 어떤 데이터가 특정한 표준이나 정상적 수준에 만족되는 비율. 자료의 정확도 또는 자료의 오류가 없는 정도.

data replication[–rèplikéiʃən] **데이터 중복**

data representation[–rèprizentéiʃən] **데이터 표현** 디지털 컴퓨터에서 모든 프로그램 명령어와 데이터는 정해진 형태로 변환된 전기적인 펄스로 기록되는데, 숫자, 영문자, 특수 기호 등의 사용은 그 값과 묘사하는 데이터를 표현하기 위한 것이다.

data request shipping[–rikwést ʃípiŋ] **데이터 요구 전송** 분산된 데이터 베이스에서 어떤 한 지점의 응용 프로그램이 또 다른 지점의 데이터 베이스를 사용하기 위해 요구를 보내는 것으로 응용 프로그램 수준에서 위치에 상관없이 이용할 수 있게 해준다.

data retrieval[–ritríːvəl] **데이터 검색** 파일이나 데이터 베이스에 있는 정보를 선별 또는 검색, 전달하여 자료를 조사하거나 회수하는 것.

data row[–róu] **데이터 열**

data rule[–rúːl] **데이터 규칙** 이 규칙은 변형하기 용이하고, 일관성 있고 완전하며 정확하게 처리하기 위해서 서술보다는 도형, 도표 형식으로 나타내는데, 데이터의 요소, 집합, 파일, 주변의 조건과 그 조건을 만족했을 때 취할 행동들을 모은 집합을 가리킨다.

data scaling[–skéiliŋ] **데이터 결정 방법**

data scope[–skóup] **데이터 측정기** 데이터 통신에서 통신 라인의 상황을 감시, 전송된 정보의 내용을 화면에 나타내는 장비.

data secured file[–sikjúərd fáil] **데이터 기밀 보호 파일**

data security[–sikjú(:)riti(:)] **데이터 안전 보호, 데이터 보안** 컴퓨터에 축적된 데이터가 고의 또는 과실에 의해서 누설 · 개량 · 파괴된다든지, 권리가 없는 자가 액세스하는 것을 막는 것을 의미한다. 데이터의 안전성을 위협하는 일반적인 것에는 화재, 수해, 지진 등의 자연 재해와 범죄, 부당한 액세스 등에 의한 인위적 재해 등이 있다. 중점을 두는 쪽에 따라 데이터 보호 대책은 건물 · 설비의 개선 등을 목표로 하여 물리적 대책 혹은 운용 관리, 복무 규정면에 중점을 두는 관리적 대책 등으로 집약된다. 또 개인 또는 단체의 회원 자격으로 어느 한도까지 자료를 취급하게 할 것인가의 한계를 정하고 그 한계를 수호하는 비밀 유지로 구분할 수 있다.

data security scrambler[–skrǽmblər] **데이터 보안 스크램블러** 동기 데이터를 암호화하여 큰 데이터 베이스 관리 시스템의 접근을 막는 장치. 이러한 안전책은 원거리-단말기-컴퓨터, 컴퓨터-컴퓨터 전송에 전형적으로 쓰이고 있다.

data segment[–ségmənt] **데이터 세그먼트** 데이터 저장에 사용되는 특정 처리를 위한 데이터 기억 장소의 예약 단위.

data select[–səlékt] **데이터 선택** 테이프에 있는 여러 데이터의 집합으로부터 인쇄하거나 천공하기 위하여 찾고자 하는 항목의 집합을 특별히 선별 운영하는 것.

data selection[–səlékʃən] **데이터 선택** 데이터 베이스 내에 구조화된 변수들에 대해서 항상 그 변수 전체들에 접근할 필요가 없기 때문에 데이터 구조인 배열이나 레코드들이 전체 변수의 선택된 부분은 표시함으로써 특정한 데이터만 선택되도록 하는 것.

data selection and modification[–ənd màdifikéiʃən] **데이터 선택과 변경** 선택된 화면의 점에 라이트 펜을 지적함으로써 펜은 컴퓨터에 신호를 보내고 컴퓨터 프로그램도 콘솔의 위치 입력과 같이 사용자가 직접 조정하며 미리 결정된 방법으로 선택된 자료를 처리하는 증분 디스플레이와 관계되는 라이트 펜을 사용함으로써 컴퓨터 기억 장치에 저장된 관심있는 데이터를 선택하고 변경하는 것.

data selector[–səlétər] **데이터 선택기** 여러 개의 입력되는 데이터로부터 임의의 하나를 선택하도록 설정된 회로.

data sensitive error[–sénsitiv érər] **데이터 의존형 오차**

data sensitive fault[–fɔ́ːlt] **데이터 의존형 장**

애 어떤 특정 패턴의 데이터를 처리한 결과로서 나타나는 장애.

data set[–sét] **데이터 세트, 변복조 장치** 데이터 세트는 이름이 붙은 실제적 레코드들의 집합을 가리킨다. 하나의 데이터 세트는 하나 혹은 그 이상의 익스텐트(extent)에 들어가기도 한다. 또한 하나 혹은 그 이상의 볼륨에 걸쳐서 저장될 수도 있다. (1) 어떤 규칙에 따라 배열된 데이터의 집합 : 운영 체제가 데이터를 다룰 때 데이터의 기억이나 추출의 주요 단위인 것으로 규정된 배열 방법에 따라 늘어선 일군의 데이터로 구성되며, 컴퓨터 시스템 전체를 관리하는 운영 체계(OS)가 액세스하기 위한 제어 정보도 들어 있다. 응용 프로그램(application program)과 데이터 파일 등 기억 장치로 판독, 기록되는 가장 큰 단위이다. 파일과 같은 뜻으로도 쓰여진다. (2) 데이터 통신에서의 통신 회선의 제어와 변복조 기능을 가진 장치 : 데이터 전송에 사용되는 변복조 장치로 직류 신호와 주파수 변조 상호간의 변환 장치이다. 모뎀(변복조 장치)과 같은 뜻으로 쓰인다.

data set & free space manager[–ənd fríː spéis mǽnidʒər] **데이터 세트 및 자유 공간 관리 프로그램**

data set access method[–ǽkses méθəd] **데이터 세트 액세스 방식**

data set adapter unit[–ədǽptər júːnit] **회선 어댑터 장치**

data set allocation[–æ̀ləkéiʃən] **데이터 세트의 배분**

data set attachment[–ətǽtʃmənt] **변복조 장치 접속 기구**

data set attribute[–ǽtribjù(ː)t] **데이터 세트 속성**

data set available[–əvéiləbl] **DAV, 발신 가능**

data set buffer[–bʌ́fər] **데이터 세트 버퍼**

data set catalog[–kǽtəlɔ̀(ː)g] **데이터 세트 카탈로그**

data set clocking[–klɑ́kiŋ] **데이터 세트 클록킹, 변복조 장치 클록킹** IBM에서 제공했던 외부 시각 장치였으며, 비트 전송 속도의 규제를 목적으로 데이터 세트에 의하여 제공되는 정시 발진기. 즉 전달 비트율을 균일하게 하기 위하여 자료 집합에 의해 제공되는 시간축 진동자(time base oscillator)를 말한다.

data set control block[–kəntróul blɑ́k] **DSCB, 데이터 세트 제어 블록, 데이터 제어 블록** 직접 액세스 기억 장치에 저장된 파일에 대한 정보를 기록한 표준 형태의 제어 영역. ⇨ DSCB

data set definition[–dèfiníʃən] **데이터 세트 정의**

data set definition name[–néim] **데이터 세트 정의명**

data set definition statement[–stéitmənt] **데이터 세트 정의문**

data set definition table[–teíbəl] **데이터 세트 정의 테이블**

data set extension[–iksténʃən] **DSE, 데이터 세트 익스텐션**

data set label[–léibəl] **DSL, 데이터 세트 레이블** 데이터 세트 각각의 속성이라든가 용량 내의 위치에 관한 정보를 기록 저장한 특수한 블록의 모임. 블록의 앞부분에 수록한다. ⇨ DSL

data set line adapter[–lɑ́in ədǽptər] **변복조 장치 회선 어댑터**

data set migration & planning aid[–mɑ̀igréiʃən ənd plǽniŋ éid] **데이터 세트 이행 · 계획 지원 프로그램**

data set name[–néim] **데이터 세트명** 데이터 세트에는 식별을 위하여 각각의 데이터 세트에 고유의 이름이 붙여진다. 이것을 데이터 세트명이라 한다.

data set organization[–ɔ̀ːrgənɑizéiʃən] **데이터 세트 편성**

data set profile[–próufɑ̀il] **데이터 세트 프로필**

data set protection[–prətékʃən] **데이터 세트 보호**

data set ready[–rédi(ː)] **DSR, 데이터 세트 레디** 신호 변환 장치가 송수신 가능 상태로 되어 있는 것을 신호 변환 장치로부터 데이터 전송 단말 장치에 나타내는 제어 신호 또는 그 상태. 즉, 모뎀에서 단말 장치로 보내오는 신호.

data set ready lead[–líːd] **데이터 세트 레디 리드**

data set recovery[–rikʌ́vəri(ː)] **데이터 세트 회복** 어떤 장애에 의해 데이터 세트가 파괴되며, 판독과 기록을 하지 못하게 되었을 때 그 데이터 세트를 회복시켜 정상으로 사용 가능한 상태로 되돌리는 것.

data set reference number[–réfərəns nʌ́mbər] **데이터 세트 참조 번호**

data set security[–sikjú(ː)riti(ː)] **데이터 세트 기밀 보호**

data set sequence number[–síːkwəns nʌ́mbər] **데이터 세트 순서 번호**

data setup time[–sétʌ̀p tɑ́im] **데이터 준비 시간** (1) 자기 테이프를 걸거나 카드를 적재시키는 데

걸리는 시간으로 컴퓨터가 실행하기 전후 또는 그 중간에 다음 작업 준비를 위한 인위적으로 행하게 되는 작업에 걸리는 시간. (2) 플립플롭이 정상적으로 동작하기 위해서 클록 신호가 들어오기 전부터 입력 데이터가 안정된 상태로 유지되어 있어야 하는 최소한의 시간.

data set utility[–set ju(ː)tíliti(ː)] **데이터 세트 유틸리티**

data set utility program[–próugræm] **데이터 세트 유틸리티 프로그램** 데이터 세트의 내용을 변경하거나, 삭제하거나, 추가하기 위한 서비스 프로그램. 이 프로그램은 JCL 문과 유틸리티 제어문으로 제어되고 논리 레코드 내의 데이터를 필드 단위나 데이터 세트 단위로 처리할 수 있다.

data sharing [–ʃέəriŋ] **데이터 공유** 컴퓨터의 사용자가 한 곳의 자료를 액세스할 수 있는 능력이나 여러 개의 컴퓨터가 한 곳의 자료를 사용할 수 있는 것. 즉, 데이터 베이스에서 여러 명이 한 자료를 동시에 사용하거나 공동으로 응용 분야에서 한 자료를 사용 처리하는 것.

data sheet[–ʃíːt] **데이터 용지** 범용 데이터 시트와 전용 데이터 시트가 있으며, 입력하기 편리하도록 입력값을 기록하는 데 사용되는 특별 양식에 그려질 용지.

data signaling message [–sígnəliŋ méside3] **데이터 신호 메시지** 신호 유닛의 신호 정보 필드에 추가하여 신호 링크를 통하여 전송되는 부호.

data signaling rate[–réit] **데이터 신호율** 데이터 전송 시스템의 특정 전송로에 있어서 1초 사이에 보내지는 2진 숫자(비트) 개수의 총계. 정보의 순간 속도, 상대하는 장치 사이에 전송되는 정보의 속도이며, 1초간에 전송할 수 있는 부호 단위의 수로 표시된다. 단위로는 bit/sec(BPS ; bits per second)가 사용된다. 전송로가 여러 개 존재하는 병렬 전송 방식이나 다치 전송(多値傳送)을 할 경우 등을 고려하여 일반적으로 다음 식으로 나타낸다.

$$S = \Sigma \frac{m}{T_i} \log_2 n_i (\text{bit/s})$$

여기서, S : 데이터 신호 속도, m : 병렬 전송로의 수, T_i : i번째의 전송로의 유의 순간의 최소 간격을 초로 나타낸 것, n_i : i번째의 전송로의 펄스강을 나타내는 유의 상태의 수.

data signal speed[–sígnəl spíːd] **데이터 신호 속도** 1초간에 전달되는 비트 수로서 단위로는 bit/sec(bps)이다.

data sink[–síŋk] **데이터 수신 장치, 데이터 수신 단말** 전송된 데이터를 받아들이는 기능 단위. 이 장치는 수신된 데이터를 검사, 송수신 에러가 발생하면 에러 신호를 송신측에 송출하는 기능도 갖고 있다.

data source[–sɔ́ːrs] **데이터 송신 장치, 데이터 송신 단말** 전송하는 데이터를 보내는 기능 단위. ⇨ data sink

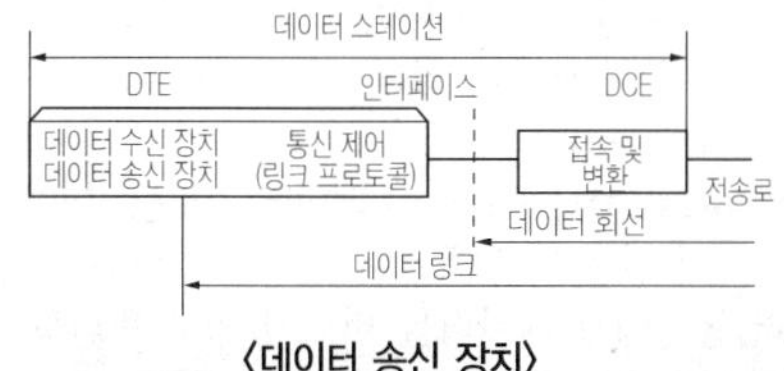

〈데이터 송신 장치〉

data source and sink[–ənd síŋk] **데이터 송수신 장치** 정보원으로부터의 데이터를 데이터 전송 회선으로 보내고 받는 장치. 데이터 전송 회선으로부터 데이터 신호를 수신하고 기록하기 위한 장치.

data space[–spéis] **데이터 공간** 어떤 볼륨 상의 가상 기억 장치 접근법(VSAM) 전용의 공간.

data specification[–spèsifikéiʃən] **데이터 지정**

data stack[–stǽk] **데이터 스택** 보통 같은 종류의 복수 개 데이터의 집합체로 순차적으로 겹쳐 쌓아 기억·저장하는 데이터.

data stack pointer[–pɔ́intər] **데이터 스택 포인터** 한 그룹의 데이터의 선두 어드레스를 저장하는 메모리 상의 어드레스 또는 레지스터.

data statement[–stéitmənt] **데이터문, 데이터 문장** 프로그램이 실행되기 전에 자료 항목의 형을 지정하거나 초기값을 설정하기 위한 프로그램 문장.

data station[–stéiʃən] **데이터 스테이션** 데이터 단말 장치, 데이터 회선 종단 장치 및 중간 장치로서 데이터 세트에 의해서 전신 전화 회선에 연결되어 중앙의 컴퓨터와 직접 통신이 가능하도록 하는 스테이션, 또는 데이터 단말로 미니컴퓨터 등에서 데이터 처리 시스템에 직접 접속되는 경우와 그 일부가 되는 경우가 있으며 비교적 복잡한 처리를 실행할 수 있는 것.

data station console[–kánsoul] **데이터 스테이션 콘솔** 이것은 통신 채널을 단말기에 연결시키기 위해서 데이터 집합을 포함하고 전송 오류의 여부를 자동으로 체크하기 위한 회선이며, 콘솔은 어떤 다른 지점에 있는 입출력 장치의 운용을 위한 제어와 자료 단말과 중앙 컴퓨터 사이의 통신을 제어하기 위한 것으로 설치된다.

data storage[–stɔ́ːrid3] **데이터 저장 장치** 자기 디스크 장치 또는 테이프 장치와 함께 다량의 자료를 저장할 수 있는 장치. 대량의 데이터를 온라인으로 직접 중앙 처리 장치에 송수신할 수 있는 능력을 의미하는 것이며, 자기 드럼, 자기 디스크 등의 경우가 그 예이다.

data storage area[–ɛ́(ː)riə] **데이터 기억 영역**

data storage techniques[–tekníːks] **데이터 저장 기술** 데이터 파일을 저장하기 위해 프로그램에 의해 운용되는 방법.

data store[–stɔ́ːr] **데이터 저장** 시스템 실행 도중 또는 작업 도중에 있는 데이터가 저장되는 시스템 내의 모든 장소.

data stream[–stríːm] **데이터 스트림, 데이터 열** 데이터가 열을 지어 흐르는 것처럼 입력되는 것. 데이터 통신에서 데이터를 비트의 열로 변환하여 직렬로 전송하는 것.

data stream compatibility[–kəmpæ̀tibíliti(ː)] DSC, **데이터 스트림 호환 기능**

data strobe[–stróub] **데이터 스트로브** 데이터 신호를 일정한 간격으로 읽기 위한 신호.

data structure[–strʌ́ktʃər] **데이터 구조** 레코드(데이터)의 특성 및 레코드 간의 관계(set)를 논리적 관점에서 나타낸 구조. 이 데이터 구조에는 리스트, 배열, 트리, 그래프, 큐, 스택, 테이블, 파일 등이 있고, 데이터 베이스에 있는 파일 간에 관련성과 각 파일 내의 항목 간의 관련성의 구조를 말한다. 데이터 개체의 집합과 그 원소들 사이에 적용되는 연산의 의미를 기술한 것으로 이것은 특별한 프로그래밍 언어나 컴퓨터 내부의 표현 방식이 아니라 추상적인 데이터와 그것을 다루는 연산에 대한 정의이다. 예를 들면, 레코드 내에 하나 또는 그 이상의 체인 필드를 설치하여 그것에 관련된 데이터 요소로의 체인 어드레스 없이 포인터를 넣어놓고, 관련된 데이터 요소를 고속으로 꺼내는 것이 가능한 리스트 구조가 전형적인 것이다. 그 외에 링 구조, 연상 데이터 구조 등이 있다. ⇨ 그림 참조

data structure diagram[–dáiəgræ̀m] **데이터 구조도** 데이터 베이스의 네트워크형 모델에서 특히 레코드 타입과 레코드 타입 사이의 연결 관계를 1 : N으로 제한하고 레코드 타입을 노드(node)로, 연결을 가지로 나타낸 연결 그래프.

data structuring[–strʌ́ktʃəriŋ] **데이터 구조화** 데이터 모델에 기초를 두고 목표 저장 장치에 사상시키는 것으로 데이터 모델을 컴퓨터가 액세스할 수 있는 물리적 저장 장치 위에 기본 구조를 형성하는 과정이다.

data structure update mode[–strʌ́ktʃər ʌpdéit móud] **데이터 구조 갱신 모드**

data subject[–sʌ́bdʒik] **데이터 주체(主體)**

data sublanguage[–sʌblǽŋgwidʒ] DSL, **데이터 부속 언어** 데이터 베이스 시스템 구성 요소의 하나. 데이터 베이스를 조작(작성, 갱신, 삽입, 삭제)하는 기능만을 가진 프로그램 언어. 응용 프로그램과 DBMS를 연결하는 도구로서 PL/ I이나 COBOL과 같은 호스트 프로그래밍 언어로 작성된 응용 프로그램 속에서 사용되는 데이터 베이스 명령어로 구성된다. 이것만으로는 데이터 처리의 전 기능을 통괄할 수 없으므로 준언어라고 부른다.

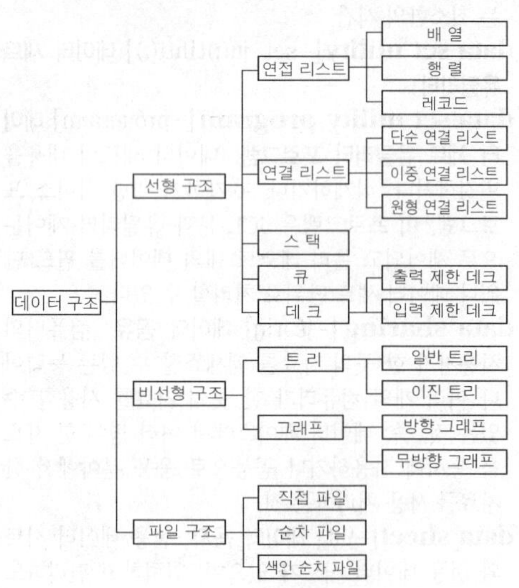

〈데이터 구조의 형태〉

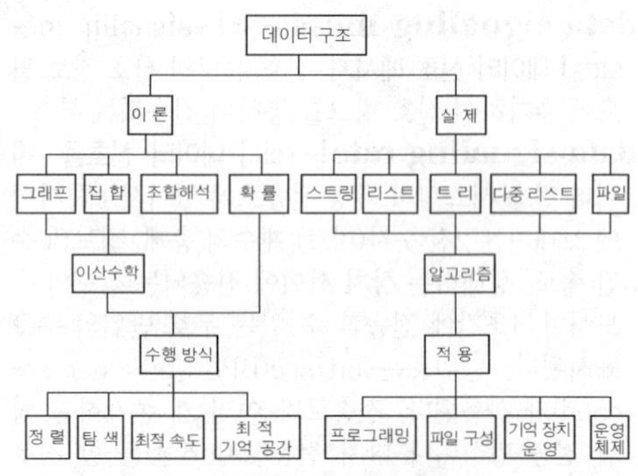

〈데이터 구조의 분류 체계〉

data subset[–sʌbsét] **데이터 서브셋**

data summarization[–sʌ̀mərαizéiʃən] **데이터 요약**

data swapping[–swɔ́(ː)piŋ] **데이터 교환** 이것은 상호 데이터 교환을 위하여 어떤 레코드들을 선택하는 방법에 어려움이 따르는데, 통계적 데이터 베이스의 보안성 유지를 위해 추적식에 의해서 특정한 값이 탐지되더라도 그 값이 특정한 개인의 레코드와 연관되지 못하게 하기 위해서 전체적인 통계값은 변하지 않고 그 항목의 값들을 여러 레코드들끼리 서로 바꿔가면서 저장하는 방법.

data switching[–swítʃiŋ] **데이터 교환** 입력 데이터가 정보에 따라 자동적·수동적으로 하나 이상의 출력 회로로 보내지는 것.

data switching center[–séntər] **데이터 교환 센터**

data switching exchange[–ikstʃéindʒ] **DSE, 데이터 교환 장치** 회선 교환, 메시지 교환, 패킷 교환 등의 교환 기능을 갖는 장치.

data switching system[–sístəm] **데이터 교환 기능** 단말기와 단말기 사이 또는 단말기와 컴퓨터 사이에서 정보를 교환하는 것. 축적 교환 방식과 회선 교환 방식이 있는데, 축적 교환 방식은 메시지 교환 방식과 패킷 교환 방식이 있고, 회선 교환 방식에는 공간 분할 방식과 시분할 방식으로 나뉘어지고 있다.

data tablet[–tǽblət] **데이터 태블릿** 이 태블릿은 선과 점(모형의 요소)을 입력하며 시각 영상을 컴퓨터에 입력할 수 있는 그래픽 입력 장치이다. 이러한 방법으로는 영상을 직접 기억 장치에 기억시킬 수가 있는데, 사용 방법은 펜 모양의 필기구로 평평한 전자기 감지판 위를 움직이면 판 위에서 펜의 위치는 제어기에 의해 분석, 제어되고 정보는 컴퓨터에 전달된다.

data tape[–téip] **데이터 테이프** 기록 내용에 조작 지령문, 자기 테이프의 사용 형태가 기록된 프로그램 테이프로서 기준 데이터 테이블 등이 파일되어 있는 마스터 테이프 등이 있다. 즉, 데이터를 기억, 파일하고 있는 자기 테이프이다.

data telephone[–téləfòun] **데이터 전화기** 디지털 자료를 전송할 수 있는 특수한 전화 회로. 가입 전화 계약에 의한 통신 회선을 데이터 통신으로 이용할 수 있으며, 그때에 단말로서 전화기를 직접 사용할 수 있다. 특히 사용된 센터의 응답 내용을 표시하는 램프 등을 부가한 전화기를 말한다. 즉, 기존 전화 이용 서비스 외에 다이얼 번호의 모니터 표시, 재다이얼 기능 및 스피커에 의한 음성 수신 기능 등의 추가로 범용 데이터 통신을 행할 수도 있다.

data telephone circuit[–sə́ːrkit] **데이터 전화 회로** 디지털 데이터를 전송할 수 있는 특수한 전화 회선.

data telex[–téleks] **DATEL, 데이터 텔렉스** ⇨ DATEL

data terminal[–tə́ːrminəl] **데이터 단말기** 원격지에서 송신한 자료나 중앙에서 처리한 결과를 표시하기 위한 단말기. 컴퓨터 시스템 또는 데이터 통신 네트워크에서 데이터가 입력되거나 회수되는 지점. 단말 장치는 정보 처리 장치의 입출력 장치와 비교하여 다음과 같은 특징을 가지고 있다. ① 이용자가 사용하기 쉽도록 되어 있다. ② 여러 가지 입출력 기기의 조합이 가능하다. ③ 인테리어 상품으로서의 성격을 가지고 있다. ④ 경제적인 설계가 이루어지고 있다. ⑤ 소형·경량화를 꾀하였다.

data terminal equipment[–ikwípmənt] **DTE, 데이터 단말 장치** 데이터 통신 회선에 접속되는 단말 장치(terminal)이며, 통신 네트워크에서 보았을 때는 컴퓨터 자체도 포함되며 DTE라고 한다. 데이터 통신이란 DTE와 DTE 사이에서 행해지는 통신이다. 이것에 관련된 용어로서 데이터 회선 종단 장치(DCE)가 있다. 이것은 데이터 단말 장치(DTE)와 데이터 통신 회선과의 사이에 설치되며, 단말 장치로부터의 디지털 신호를 아날로그 신호로 변환하거나(아날로그 송신의 경우), 통신 네트워크의 블록과 동기를 위해 전송에 적합한 신호를 변환(디지털 송신의 경우)하기도 한다. 아날로그 디지털 변환 장치는 특히 모뎀(modem)이라 부르고 있다. 이 장치는 데이터 스테이션의 일부이며, 데이터 송신 장치, 데이터 수신 장치 또는 그 양쪽으로 움직이는 것이다. ⇨ DCE

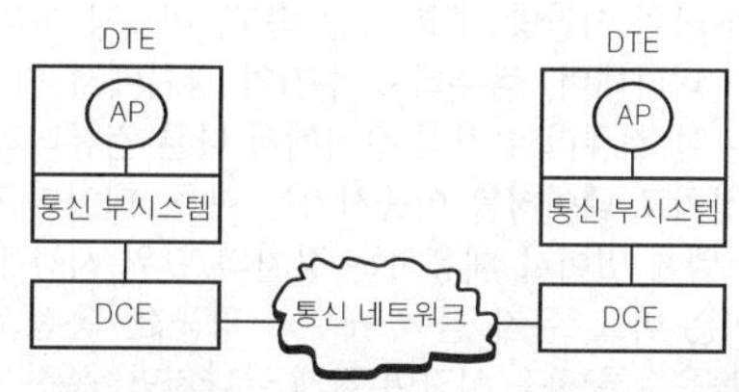

(DCE ; Data Communication Equipment, AP ; Application Program)

〈정보 통신 시스템에서 DTE의 위치〉

data terminal ready[–rédi(ː)] **데이터 단말기 준비** 데이터 전송 단말 장치가 송수신이 가능한 상태라는 것을 신호 변화 장치에 나타내는 제어 신호 또는 그러한 상태. ⇨ DTR

data time[–táim] **데이터 시간** 한 명령문을 수행하는 데 필요한 시간의 단위.

data token[–tóukən] **데이터 토큰** 분산 제어형 루프나 또는 링에서 링크 접근 제어를 제어하기 위해서 사용되는 특별한 비트의 패턴.

data transfer[–trænsfə́ːr] **데이터 전송** 컴퓨터 시스템 내의 한 장치가 다른 장치에 데이터를 보내는 것. 디스크나 테이프 등의 보조 기억 장치에 들어 있는 데이터를 주기억 장치에 옮기는 것을 말하며, EDPS에서는 데이터 전송은 각처에서 행해지고 있고 전송에 관계하는 장치나 전송 거리에 따라 여러 가지 형태로 전송이 행해진다. 표준적인 예로서는 처리 장치와 기억 장치 사이에서는 단어 단위, 데이터 채널과 입출력 장치 사이에서는 바이트 단위, 통신 회선으로 보낼 때는 비트 단위 등이 있다.

여기에는 직접 기억 장치 액세스(DMA) 방식, 인터럽트에 의한 방식, 프로그램에 의한 방식이 있다.

data transfer control [-kəntróul] **데이터 전송 제어** 데이터 전송은 제어 정보, 형식화, 핸드셰이킹 절차의 세 가지 요소로 제어되며 이 중 형식화는 특정 정보의 전송 블록 내에 각 정보를 위한 필드나 공간을 두고 제어 데이터와 제어 오류 검사용 데이터는 전송 블록 내에 포함되도록 되어 있다.

data transfer instruction [-instrʌ́kʃən] **데이터 전송 명령** 레지스터 사이 또는 레지스터와 메모리 사이에서 데이터 전송을 실행하는 명령.

data transfer operations [-àpəréiʃənz] **데이터 전송 동작** 외부적으로 데이터 통신 채널을 통하여 또는 컴퓨터 주기억 장치 안의 한 장소에서 다른 장소로 복사함으로써 자료를 이동시키는 동작.

data transfer phase [-féiz] **데이터 전송 단계, 데이터 전송 페이스** 망을 경유하여 접속되는 데이터 단말 장치 사이에 이용자의 데이터가 전송되는 호출의 일단계.

data transfer rate [-réit] **데이터 전송 속도** 정보의 단위 시간당 평균 전송 속도. 비트당 초의 단위로 나타내며, 컴퓨터의 주기억 장치에서 디스크 또는 한 컴퓨터의 기억 장치에서 다른 컴퓨터의 기억 장치로 데이터를 이동시키는 비율. 데이터 전송 시스템에 있어서 대응하는 장치의 단위 시간에 교환되는 비트, 문자 블록 개수의 평균값. 통신 속도는 높을수록 전송 시간이 짧게 끝나지만, 통신 회선의 대역폭과 신호/잡음비에 의해 속도의 상한이 정해진다(샤논의 법칙). 그러므로 회선의 상한을 넘어서 실질적인 전송 속도를 올리기 위해서는 정보 압축 등의 기술을 사용하는 일이 필요하게 된다. 이 속도는 초, 분 또는 시간당의 비트, 문자 또는 블록의 개수로 표시된다. 대응하는 장치를, 예를 들면 변복조 장치 상호간, 중간 장치 상호간, 또는 데이터 송신 장치와 데이터 수신 사이와 같이 명시해야 한다. 데이터 전송 속도(data transmission rate)와 같은 뜻으로 사용되고 있는 경우가 많다.

data transfer register [-rédʒistər] **데이터 전송 레지스터** 컴퓨터 내에서 일시적으로 자료의 교환 또는 이동을 담당하는 레지스터.

data transfermation [-trӕ̀nsfərméiʃən] **데이터 변환** 데이터의 표현 형식을 바꾸는 것. 즉, 아스키 코드를 EBCDIC 코드로 바꾸는 것 등이 그 예이다.

data translation [-trӕnsléiʃən] **데이터 변환**

data transmission [-trӕnsmíʃən] **DT, 데이터 전송** 전기 통신을 이용하여 어떤 지점에서 다른 지점으로 데이터를 전하는 것. 기계어에 의하여 처리될 또는 이미 처리된 정보를 전송하는 것. 또한 전화 전송과는 달리 이산적인 부호의 전송이다. 데이터 전송의 목적은 전송 단말 기기에서 송출된 시간 영역의 신호 파형과 같은 것을 수신 단말의 기기로 송출하는 것이다. 신호가 수신기에 도달할 때까지는 시간축 상의 파형 일그러짐을 받는데, 이 일그러짐을 억제할 필요가 있다.

data transmission baud [-bɔ́:d] **데이터 전송 보** 컴퓨터에서 한 신호는 일반적으로 1비트인데, 1초당 신호를 전송하는 전송 속도의 단위.

data transmission channel [-tʃǽnəl] **전송 통신로** 한 방향성의 송신용 데이터 통신로, 수신 데이터 통신로의 쌍으로 구성되는 양방향성의 통신 회선. 통신로는, 예를 들면 주파수 다중 또는 시분할 다중에 의해 제공되는 것이 있다. ⇨ channel

data transmission circuit [-sə́:rkit] **데이터 전송 회로** 한 지점에서 또 다른 한 지점으로 정보를 부호화하여 전기적으로 송수신하는 데 필요한 양방향 통신 설비와 데이터 통신로로 구성된 것.

data transmission control procedure [-kəntróul prəsí:dʒər] **데이터 전송 제어 절차** ⇨ data communication control procedure

data transmission efficiency [-ifíʃənsi(:)] **데이터 전송 효율** 데이터 전송로에서 단위 시간에 전송 가능한 최대량에 대한 올바르게 전송된 데이터의 비율.

data transmission equipment [-ikwípmənt] **데이터 전송 장비** 데이터 처리 장치에 직접 사용할 수 있는 통신 장비.

data transmission interface [-íntərfèis] **데이터 전송 인터페이스** 신호 특성 및 기능 특성에 의해서 정의되는 공유 경계 부분으로 상호 접속 회로간에 공통하는 물리적 상호 접속 특성.

data transmission line [-láin] **데이터 전송로** 한 지점에서 멀리 떨어진 한 지점으로 신호를 전송하기 위한 매체이다.

data transmission quality [-kwáliti(:)] **데이터 전송 품질** 정보 통신 서비스에 있어서 전송계가 사용하는 송수신 조건 하에 데이터를 전송하고 재현되는 정도를 정량적으로 표현한 것이다. 1초간의 오류를 판별하여 일정 기간중에서 오류가 발생하지 않은 1초간의 비율을 백분율로 나타낸 것으로 엄격한 데이터 통신 서비스의 회선 품질 평가에 적합하다. 즉, 데이터 전송계에서 송신 데이터가 얼마만큼 정확하게 전송되는가를 정량적으로 나타내는 척도를 말한다. 평균 부호(비트) 오류율, 캐릭터 오류율, 블록 오류율 등이 많이 쓰이고 있다.

data transmission rate [-réit] **데이터 전송**

속도, 데이터 전송률 단위 시간에 전달되는 데이터량을 나타내는 것으로 시간의 단위는 초, 분, 시간 등이 사용되고 데이터량의 단위는 비트, 문자, 블록 등이 사용되며, 자/초, 블록 시간 등의 형으로 표시된다. 이것은 이용자측의 입장에서는 회선의 실질적인 능력을 나타내는 데에는 좋지만 글자, 블록 등은 시스템에 따라서 비트 수가 다를 가능성이 있으며 보편적인 표현은 아니다.

data transmission service[–sə́ːrvis] **데이터 전송 서비스** 전기 통신 공사에서는 전신 교환, 전용 회선, 준전용 회선을 갖추고 데이터 전송을 위한 통신로를 제공하고 있다. 이것을 데이터 전송 서비스라고 한다.

data transmission standard[–stǽndərd] **데이터 전송 기준** 데이터 전송계에서의 통신 장치, 회선 에러율, 등시성(等時性) 변형, 신호 레벨, 잡음, 지연 변형 등의 표준을 정한 것.

data transmision system[–sístəm] **데이터 통신 시스템** 컴퓨터를 중심으로 하는 센터 장치와 각 곳에 분산된 단말 장치를 통신 회로로 연결하여 데이터를 주고받는 시스템. 구성은 일반 통신계와 같은 모델로 나타나지만 데이터원 혹은 수신자 한 쪽이 컴퓨터 처리 시스템인 것이 많다.

data transmission terminal equipment[–tə́ːrminəl ikwípmənt] **데이터 전송 단말 장치** 데이터 신호를 전송하는 데 적합한 전기적인 신호를 변환 또는 복원시키는 장치.

data transmission trap[–trǽp] **데이터 전송 트랩** 특수한 입출력 루틴과 연관된 프로그램들 사이에 신호를 전달하거나 통신할 수 있게 하기 위해서 프로그램에 의한 것이 아니라 그 조건에 따라 자동으로 적절한 특정 주소로 점프하는 것.

data transmission utilization measure[–jù(ː)tilaizéiʃən méʒər] **유효 데이터 전송률** 데이터 전송 시스템에서 입력 자료량에 대한 유효 출력 자료량의 비율.

data transmission utilization ratio[–réiʃiòu] **데이터 전송 활용률** 전체 입력 데이터에 대한 유용하거나 허용되는 출력 데이터의 전송 비율.

data transimission video display unit[–vídiòu displéi júːnit] **데이터 전송 영상 출력 장치** CRT(음극선관)와 같은 화면상에 정보를 표시하는 특수한 기능을 갖는 입출력 장치.

data transparency[–trænspέ(ː)rənsi(ː)] **데이터 투과 전송 기구**

data type[–táip] **자료 유형, 데이터형** 값의 집합이며, 그 집합에는 한 조의 연산이 정의되어 있는 것. 프로그램 언어에서 변수를 설정할 때 그 변수에 기억될 자료의 형 또는 실제 값의 종류이다. 데이터의 형에는 정수형, 실수형, 문자형, 불리언형, 배열형, 레코드형, 세트형, 파일형이 있다. 즉, 정수·실수·문자와 같은 비트열에 적용되는 해석을 말한다. ⇨ type

data type specification[–spèsifikéiʃən] **데이터형의 명세화** 데이터형의 대상 자료를 구분하는 애트리뷰트, 그 데이터형의 대상 데이터가 가질 수 있는 값과 그 데이터형의 대상 데이터에 대하여 가능한 연산의 집합으로 구성되는 데이터형의 논리적 구성을 표현한 것이다.

data type tag[–tǽg] **데이터형 태그** 자료에 작은 꼬리표 영역을 두어 그 자료가 어떤 형태인지를 나타내는 방법.

data under voice[–ʌ́ndər vɔ́is] **DUV, 음성 하역 데이터** 음성 전송 대역하의 마이크로파 라디오 스펙트럼의 한 부분에 디지털 데이터를 실어 전송하는 시스템.

data unit[–júːnit] **데이터 단위** 한 부분으로 취급될 수 있는 하나 또는 그 이상의 관련되어 있는 문자들의 집합.

data unit control layer[–kəntróul léiər] **데이터 단위 제어 계층** 기존의 상위 프로토콜에 공통적인 제어 기능을 추가로 제공하는 제어 계층.

data use identifier[–júːz aidéntifàiər] **데이터 사용 식별자** 데이터의 목적이 무엇인가를 밝히기 위해 붙인 이름이나 제목.

data user part[–júːzər páːrt] **DUP, 데이터 사용자 부문** 디지털 데이터 연결에 관계하는 제어를 수행하고 있다.

data validation[–vælidéiʃən] **데이터 확인** 잘못된 데이터를 입력한 경우 그 데이터가 컴퓨터 시스템에 들어가기 전, 각 필드 단위별로 점검하든가 잘못된 문자가 있으면 입력하지 않고 커서로 그 부분을 가리키고 경보음을 낸다. 데이터가 부정확, 불완전 또는 불합리한가의 여부를 확인하기 위하여 사용되는 처리. 타당성 검증에는 서식 검사, 결합 검사, 검사 키 시험, 합리성 검사 및 한도 검사를 포함한다.

data validation operation[–àpəréiʃən] **데이터 확인 조작**

data validity[–vəlíditi(ː)] **데이터 유효성** 데이터 정당성의 척도 또는 그 관계. 이것은 특수한 시험 등을 통해서 신뢰성을 밝히고, 데이터의 정당성, 수용성의 정도를 밝힌다.

data value[–vǽljuː] **데이터 값** 데이터의 어떤 항목의 값을 나타내는 기호의 값.

data verify[–vérifài] **데이터 검공** 천공 카드에

수록된 데이터의 정확성을 보장하기 위해서 이미 천공된 카드를 다시 확인하는 것. 천공된 카드값과 검사값이 일치하지 않으면 검공기가 오류를 체크한다.

data warehouse [-wέərhàus] **데이터 웨어하우스** 정보(data)와 창고(warehouse)의 합성어. 기업의 정보 자산을 효율적으로 활용하기 위한 하나의 패러다임으로서, 기업의 전략적 관점에서 효율적인 의사 결정을 지원하기 위해 데이터의 시계열적(時系列的) 축적과 통합을 목표로 하는 기술의 구조적 · 통합적 환경. 데이터 베이스가 여기저기 흩어져 있는 데이터 테이블을 연결하여 관리하는 방법론이라면, 데이터 웨어하우스는 방대한 조직 내에서 분산 운영되는 각각의 데이터 베이스 관리 시스템들을 효율적으로 통합하여 조정 · 관리하며, 효율적인 의사 결정 시스템을 위한 기초를 제공하는 실무적인 활용 방법론이다. 데이터 웨어하우스의 구성은 관리 하드웨어, 관리 소프트웨어, 추출 · 변환 · 정렬 도구, 데이터 베이스 마케팅 시스템, 메타

〈데이터 웨어하우스의 특징〉

주제 지향성(subject-orientation)	데이터를 주제별로 구성함으로써 최종 사용자(end user)와 전산에 약한 분석자라도 이해하기 쉬운 형태로 유지한다.
통합성(integration)	데이터가 데이터 웨어하우스에 들어갈 때는 일관적인 형태(데이터의 일관된 이름짓기, 일관된 변수 측정, 일관된 코드화 구조 등)로 변환되어 데이터의 통합성이 유지된다.
시계열성(time-variancy)	데이터 웨어하우스의 데이터는 일정 기간 동안 정확성을 유지한다.
비휘발성(nonvolatilization)	데이터 웨어하우스에 일단 데이터가 적재되면 일괄 처리(batch) 작업에 의한 갱신 이외에는 「Insert」나 「Delete」 등의 변경이 수행되지 않는다.

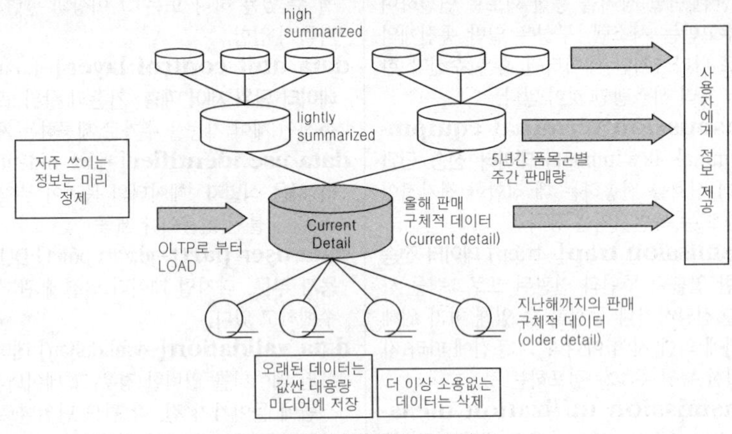

〈데이터 웨어하우스의 개념〉

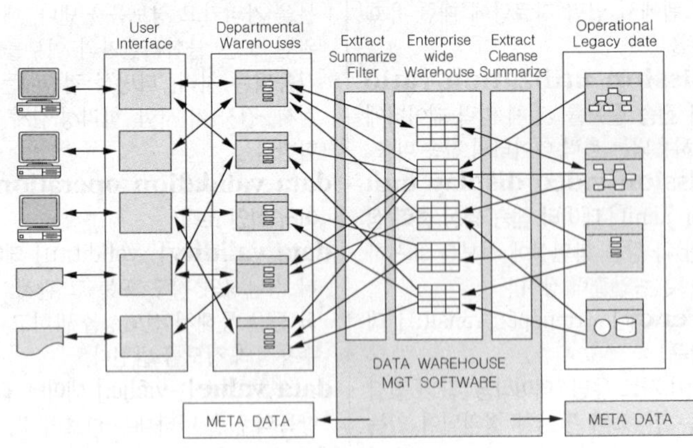

〈데이터 웨어하우스의 구조〉

데이터(meta data), 최종 사용자 접근 및 활용 도구 등으로 구성된다. 데이터 웨어하우스는 경영자의 의사 결정을 지원하는 주제 지향적(subject-oriented), 통합적(integrated), 시계열적(timevariient) 그리고 비휘발적(nonvolatile) 데이터의 집합체이다. 주제 지향적에서 주제는 의사 결정 지원 시스템에서 분석하고자 하는 주제를 의미하며, 통합적이란 데이터 웨어하우스에서 발견되는 모든 자료는 언제나 예외없이 통합되어야 한다는 것이다. 시계열적이란 자료의 내용이 시간에 따라 변경되더라도 변경 전의 내용은 계속 관리해야 함을 의미하며, 비휘발성이란 데이터 웨어하우스에 일단 적재된 데이터는 가동 또는 변경될 수 없다는 것을 의미한다. 일반적인 데이터 웨어하우스 구조는 데이터의 저장고(repository)에 해당하는 부분과 데이터 웨어하우스의 데이터를 다양한 방식으로 액세스하게 되는 데이터 웨어하우스 응용으로 나눌 수 있다.

data way system [–wéi sístəm] **데이터 웨이 시스템** ⇨ data highway

data word [–wə́ːrd] **데이터 워드** 컴퓨터의 회로에 의해 정보의 기본 단위로 저장되고 전송되는 이미 조절된 순서로 배열된 문자의 집합.

data word length [–léŋkθ] **데이터 워드 길이** ⇨ word capacity

data word size [–sáiz] **데이터 워드 크기** 특정 컴퓨터에서 다룰 수 있는 데이터 워드의 지정된 길이를 일컫는 말. 일반적으로 데이터 워드가 크면 그 데이터의 표현 능력이 증가되고, 산술 연산의 정밀도가 높아지며 메모리 장소 주소 지정 능력이 커진다.

date [déit] *n.* **날짜, 연월일**

DATEL 데이터 텔렉스 data telex의 약어. 데이터 통신 서비스의 일종. 텔렉스에 화상 통신 기능을 부가한 서비스.

DAT feature 동적 어드레스 변환 기능 dynamic address translation feature의 약어.

dating routine [déitiŋ ruːtíːn] **날짜 루틴** 현재의 날짜나 테이프 데이터의 폐기 날짜 등을 계산하거나 필요한 곳에다 저장해두는 루틴.

dating subroutine [–sʌbruːtín] **날짜 서브루틴** 여러 종류의 컴퓨터 수행에 관련된 파일을 개정하기 위하여 프로그램하며, 관련된 날짜와 시간을 계산하고 저장하는 특수 서브루틴.

datum [déitəm] *n.* **데이텀** 자료의 단위. 보통 복수형의 데이터가 이용된다.

datum-limit register [–límit rédʒistər] **데이텀 극한 레지스터**

daughter board [dɔ́ːtər bɔ́ːrd] **보조 기판** 컴퓨터의 본체 기판의 슬롯에 끼울 수 있는 인쇄 회로 기판.

DAV (1) **발신 가능** data set available의 약어. (2) **음성 상역 데이터** data above voice의 약어. (3) **데이터 유효성** data valid의 약어. 범용 인터페이스 버스의 핸드셰이크를 위한 신호선으로서 데이터의 유효성을 표현한다.

DAVIC digital audio visual council의 약어. VDT 서비스의 각종 표준 제정을 위해 설립된 DAVIC은 1994년 3월 컴퓨터 관련업체인 HP, SUN, SONY 등과 통신 관련업체인 BT, NTT, BBC, NHK, KT 등 40여 개 업체 후원으로 설립되어 현재 한국, 일본, 미국 등 약 170여 개 기관이 참가하고 있으며, 이미 표준화가 끝난 MPEG-1, MPEG-2 등을 기반으로 디지털 오디오, 비디오와 관련된 장비·응용·서비스 등 표준화와 VOD 시스템의 국제 표준을 다루고 있다. ⇨ VDT, MPEG

day [déi] *n.* **일** 연월일의 「일」. 컴퓨터 내부에서는 일반적으로 NiCd 배터리로 백업시킨 시계 기능을 갖고 있으며, 이것에 의하여 언제라도 리얼 타임에 시간을 알 수 있도록 되어 있다. 컴퓨터의 자원 관리상, 연월일의 정보를 더하는 것은 맨-머신 인터페이스(man-machine interface)를 향상시키는 데 유익할 뿐만 아니라 운용상의 효과도 높다. 구체적으로 파일의 열고 닫음에 관하여 이 시계를 이용하여 파일을 연 시각이나 접속 해제한 시각을 기록한다. 또 컴퓨터에 접속한 시각을 기록하기도 한다. 이 시계는 보통 연월일, 시분초를 표시한다.

day clock [–klák] **데이 클록**

day-of-week read-in [–əʌ wíːk ríːd ín] **요일 기록 기구**

day-of-week read-out [–áut] **요일 판독 기구**

day-of year [–jíər] **연간 통산일**

dazzler [dǽzlər] *n.* **대즐러** 마이크로컴퓨터의 영상 출력을 컬러 TV에 연결하기 위하여 사용되는 회로. ⇨ RF modulator

DB (1) **데이터 뱅크** data bank의 약어. ⇨ data bank (2) **데이터 베이스** data base의 약어. ⇨ data base

dB 데시벨 decibel의 약어. 신호의 송전단과 수전단의 전력비. 상용 대수를 가진 단위를 bel이라고 하며 그 10분의 1을 데시벨이라고 한다. 즉,

$$dB = \frac{1}{10} \log_{10} \frac{P_1}{P_2}$$

여기서, P_1 : 송전단 전력, P_2 : 수전단 전력.

DBA 데이터 베이스 어드미니스트레이터, 데이터 베이스 관리 책임자 data base administrator의 약어. ⇨ DBA

DBA authority DBA 권한 권한을 가진 자가 다

른 사용자에게 연산을 포함하여 특권에 속하는 DBA 권한 자체까지도 허가하는 시스템에서 어떤 유효한 연산도 수행할 수 있도록 허용하는 것.

dBASE 디베이스 미국 애시톤 테이크(Ashton Tate) 사가 개발한 관계형 데이터 베이스 소프트웨어.

dBASE Ⅱ 8비트 CP/M용으로 맨 처음 만들어졌고 기능이 많고 간단해서 널리 이용되었으며, 개인적인 데이터 관리, 소규모 조직체의 업무 관리에 적당하지만 대규모의 DBMS에는 부적합하다. 이것은 PC용 데이터 베이스 패키지의 상품명이며, 애시톤 테이트(Ashition Tate) 사의 상품 이름이다.

dBASE Ⅲ 관계 데이터 베이스(RDB) 소프트웨어의 일종. 미국의 애시톤 테이트(Ashton Tate) 사가 개발한 퍼스널 컴퓨터용의 관계 데이터 베이스 소프트웨어. 처리를 자동화하는 프로그래밍 기능이 포함되어 있으며 정형 업무를 추가할 수 있다.

dBASE Ⅲ PLUS 마이크로컴퓨터용 관계 데이터 베이스의 관리 시스템이며, 메뉴식 인터페이스나 명령어 방식을 모두 지원하면서 자체 프로그래밍 기능도 갖는다.

dBASE Ⅳ 디베이스 Ⅲ를 개량한 대형 컴퓨터에서 사용되는 구조화 질의 언어(SQL)를 보강한 제품.

DBA staff DBA 구성원 DBA는 데이터 베이스 시스템의 개발, 운영, 관리의 전 단계에서 시스템의 전체적인 제어에 책임이 있는 자를 말하며, DBA 구성원은 시스템의 규모가 커서 DBA의 기능을 여러 명이 분담하는 다수의 사람을 말한다.

DBC 데이터 베이스 컴퓨터 data base computer의 약어.

DBCS 데이터 베이스 제어 시스템 data base control system의 약어.

DBD 데이터 베이스 기술(記述) data base description의 약어.

DBDA 데이터 베이스 설계 보조 프로그램 data base design aid의 약어.

DB/DC 데이터 베이스/데이터 통신 data base/data communication의 약어. 주로 대형 컴퓨터를 중심으로 한 시스템이 갖추고 있어야 할 기능의 하나를 표시하는 용어. 대규모 시스템에서는 다종 다양한 데이터 베이스를 정리 · 보수 · 관리해두는 것이 필요하게 된다. 또 이러한 시스템에는 예외 없이 통신 회선이 개재하고 있다. 따라서 데이터 통신 기능을 준비하고 있는 것도 필요하게 된다.

DBE 데이터 베이스 이네이블 data base enable의 약어.

DBF 데이터 베이스 기능 data base facility의 약어.

DBIN 데이터 버스 인 data bus in의 약어.

DBM (1) **데이터 베이스 관리 프로그램** data base manager의 약어. (2) **데이터 베이스 마케팅** data base marketing의 약어.

dBm decibel milliwatt의 약어. ⇨ dBmW

dB meter 데시벨 계기 이미 정해진 기준 신호의 크기를 기준으로 어떤 신호의 크기를 데시벨 단위로 측정할 수 있는 계기. 대개 1mW(밀리와트)의 크기.

DBMS 데이터 베이스 관리 시스템 data base management system의 약어. 데이터 베이스를 관리하는 데 필요한 데이터의 추가, 변경, 삭제, 검색 등의 기능을 집대성한 소프트웨어 패키지로 이용자가 작성한 적용 업무 프로그램과 그 프로그램에서 사용하는 데이터 베이스 본체와의 사이에 개재한다. 즉, 사용자는 DBMS를 경유하여 데이터 베이스를 이용한다. 사용자 프로그램 속의 CALL에 의해서 DBMS에 있는 「처리 프로그램」이 호출되며, 이 프로그램이 「데이터 베이스」 속의 「데이터」를 이용한다. 이때, 같은 레코드가 동시에 액세스되거나 하는 것을 금지하는 잠금(lock)기능, 기밀 보호를 위한 패스워드(password), 장애에 대비한 마스터 파일(master file)의 이중화 등의 기능을 갖추며, 「데이터의 보호」가 충분히 배려되고 있다. 이러한 DBMS를 이용함으로써 복수의 독립된 사용자가 집중 관리하고 있는 데이터 베이스를 동시에 호출하여 이용할 수 있고, 단말 장치(terminal)로부터 데이터 베이스로 데이터를 기록하거나 판독할 수도 있다.

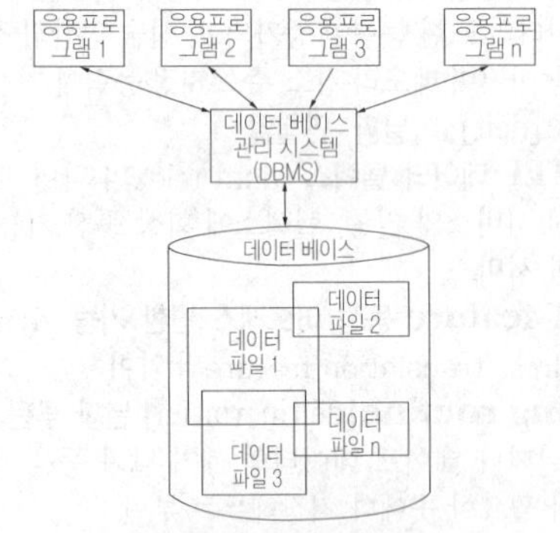

〈DBMS의 기본 구조〉

dBmW 데시벨 밀리와트 decibel milliwatt의 약어. 데시벨로 나타낸 전력 레벨의 표시 단위로 1밀리와트의 전력을 기준으로 한다.

DBOS 디스크 기반 운영 체제 disk based operating system의 약어.

DBRC 데이터 베이스 회복 관리 data base recovery control의 약어.

DBTG 데이터 베이스 작업 그룹 data base task

group의 약어.

D bus [díː bʌ́s] **D 버스** 컴퓨터의 CPU 안에서 연산 장치로부터 레지스터로 데이터를 전송하는 내부 버스.

dbx 유닉스 운영 체제에서 사용되는 오류 수정용 프로그램의 이름.

DC (1) **장치 제어** device control의 약어. 정보 처리용 부호 중 단말 기기가 컴퓨터에서 직접 그 동작을 제어하는 부호의 총칭으로, 장치 제어 부호라고도 한다. DC_1, DC_2, DC_3, DC_4의 각 기능 캐릭터가 이것에 해당한다. (2) **직류** direct current의 약어.

DC4 장치 제어 문자 4 divice control four의 약어.

DCA (1) **드라이버 제어 영역** driver control area의 약어. (2) **문서 내용 아키텍처** document content architecture의 약어.

DC amplifier 직류 증폭기 직류 또는 낮은 증폭기 주파수의 신호를 높이는 장치. 증폭 회로는 교류에 대해서만 작동하여 직류 증폭시는 직류 신호를 교류 신호로 증폭한 후 다시 직류로 변환한다.

DCB (1) **데이터 제어 블록** data control block의 약어. ⇨ data control block (2) **장치 제어 블록** device control block의 약어.

DCC 디지털 카세트 컨트롤러 digital cassette controller의 약어. 디지털 카세트 핸들러의 기구부 제어 및 데이터 전송 등의 제어를 마이크로프로그램으로 처리할 수 있게 되어 있는 대규모 집적 회로(LSI).

DC coupling 직류 결합 정상 상태의 신호인 것은 통과시키고 과도 현상과 진동 현상은 제거하는 장치에 의하여 결합하는 것.

DC-DC converter 직류-직류 변환기 낮은 전압의 직류를 교류로 변환하고, 그것을 변압하여 그 다음 정류하여 더 높은 전압의 직류를 얻는 장치.

DC dump 직류 제거 전자 회로의 흐르는 신호에서 직류 성분을 제거하는 것.

DCE (1) **데이터 회선 단말 장치, 가정 회선 단말 장치** data circuit terminating equipment의 약어. 전기 통신망과 사용자와의 접점에 위치하여 사용자 택내(宅內) 등에 설치하여 회선을 종단하는 장치를 총칭한다. DCE는 데이터 단말에서의 신호를 망측의 전송 형태에 알맞은 신호로 변환하거나 망에서의 신호를 데이터 단말의 신호 형태로 변환하는 기능 등을 가진다. 그림은 통신망과 DEC의 구성이다. DCE에는 아날로그 회선용의 변복조 장치, 디지털 회선용의 택내 데이터 회선망 장치 등이 있다. ⇨ DTE
(2) **DCE 분산 컴퓨팅 환경** distributed computing environment의 약어. OSF가 개발한 네트워크 기술로 HP의 NCS, DEC의 domain name service, Simens의 X.500 directory service, Microsoft 사의 LAN manager for UNIX 등이 포함되어 있다.

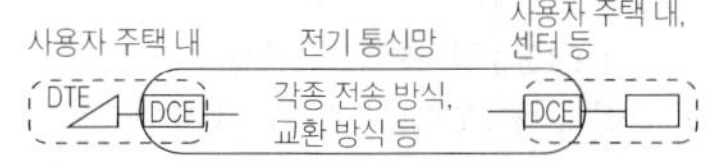

〈네트워크와 DCE의 구성〉

DC erasing head 직류 소거 헤드 직류에서 유도된 자장에 의해서 자기 테이프로부터 자기 비트들을 제거하는 헤드.

D channel [díː tʃǽnəl] **D 채널** ISDN에서 전화를 거는 신호를 발생시키고 연결 설정을 담당하는 선을 말한다. 이 패킷 교환망의 통화 데이터는 BRI(basic rate interface) 서비스에서 하나의 16kbps 선을 통해 전달된다. PRI(primary rate interface) 서비스는 64kbps의 D 채널을 사용한다. delta channel로 불리기도 한다.

D-character [díː kǽriktər] **D 문자** 특수 문자이며, 어떤 부문의 장비에서 조작 코드를 변형하는 데 사용한다.

DCI 표시 제어 인터페이스 display control interface의 약어. 다이렉트 드로가 발표되기 이전에 빠른 그래픽 속도를 얻기 위해 마이크로소프트와 인텔이 공동으로 제정한 디스플레이 하드웨어의 직접 액세스에 관한 표준 인터페이스. 현재 이를 사용하는 대표적인 윈도 서브 시스템에는 디지털 재생 시스템인 비디오 for 윈도, 고속 화면 출력 라이브러리인 WinG, 그리고 인텔의 3차원 렌더링 라이브러리인 3DR 등이 있다.

DCL 직접 결합 논리 direct coupled logic의 약어. 디지털 논리 회로 베이스에 저항을 설치하지 않고 입력과 직접 연결해서 쓰는 바이폴러 트랜지스터를 이용한다.

DCM 표시 제어 모듈 display control module의 약어.

DC manager 데이터 통신 관리자 data communication manager의 약어.

DC motor 직류 모터 직류를 전원으로 사용하는 모터.

DCNA 데이터 통신망 구조 data communication network architecture의 약어. 일본에서 개발되어 1978년 5월에 발표한 네트워크 아키텍처. 다른 기종간 결합, DDX 망과의 결합, 가상 단말, 파일 전송, 작업 전송, 데이터 베이스 액세스 등이 가능하다.

DCOM 분산 컴포넌트 객체 모델 distributed component object model의 약어. 마이크로소프트 사가 CORBA에 대항하여 만든 분산 객체 시스템과의 연동을 위해 선보인 미들웨어(middleware). DC-

OM은 네트워크 상에서 클라이언트 프로그램 객체가 다른 컴퓨터에 있는 서버 프로그램 객체에 서비스를 요청할 수 있도록 해주는 프로그램 인터페이스들이며, DCOM의 초기 모델인 COM의 기반 하에 제작되었다. DCOM은 여러 가지 분산 서비스들을 제공한다는 차원에서 CORBA와 비교된다. ⇨ CORBA

DCOMP 디콤프 이것은 목적이 상호작용하는 것을 막기 위해 다음 두 단계의 작업을 수행하는 시스템이다. ① 상호작용의 목적은 없는 것으로 가정하고, AND/OR 그래프를 이용한 임시 해결 그래프를 해답으로 제공하고, ② 임시 해결 그래프에 대해 목적의 상호작용 여부를 검사하고, 상호작용이 없도록 규칙 적용 부분의 순서를 찾아 해답으로 한다.

DCP (1) **진단 제어 프로그램** diagnostic control program의 약어. (2) **디스플레이 컨트롤 프로그램** display control program의 약어.

DC regulated circuit 직류 정전압 회로 제어 다이오드를 기준 전압으로 하고, 이것을 출력 전압과 비교하여 일정 전압으로 제어하는 부하의 변동이 있어도 일정한 전압을 공급하는 회로.

DC signaling 직류 신호법 직류를 사용하는 전송 방법.

DCT 이산 코사인 변환 discrete cosine transform의 약어. 직교 변환 방식의 국제 표준. 컬러 정지 이미지의 압축 방식인 JPEG이나 컬러 동영상의 압축 파일인 MPEG 등에 사용된다. 이산 코사인 함수를 사용하여 신호를 부호화한다.

DCTL 직결형 트랜지스터 논리 회로 direct-coupled transistor logic의 약어. 컴퓨터에 사용되고 있는 기본적인 회로의 하나이며, 직결형 트랜지스터 회로이다. 이 회로는 각 트랜지스터 사이를 접속할 때 전단의 트랜지스터 컬렉터를 후단의 트랜지스터 베이스에 직접 접속해가는 방법을 쓰고 있는데, 이것은 그 구성이 간단하고 고속, 전력 소비가 적지만 온도에 따른 특성 변화가 심하고 잡음 등의 결점이 있는 초소형 디지털 회로 방식의 일종이다. 이 회로는 트랜지스터와 컬렉터 저항에 의해서 구성되어 있으며, 컴퓨터 IC 회로의 하나이다. 동작에 불안정한 결함이 있으므로 그다지 많이 사용되지 않는다.

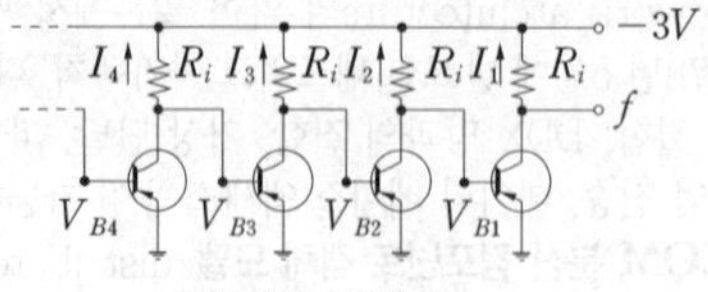

〈DCTL 회로〉

DD (1) **데이터 기술** data description의 약어. (2) **데이터 사전** data dictionary의 약어. (3) **배밀도** double density의 약어.

DDA 디지털 미분 해석기 digital differential analyzer의 약어. 증분 계산기의 일종으로 주요 계산 장치는 적분 기구의 동작과 유사한 동작을 하는 디지털 적분기이다.

DDB (1) **설계 데이터 베이스** design data base의 약어. (2) **장치 기술 블록** device descriptor block의 약어.

DDC (1) **다이렉트 디지털 컨트롤, 직접 디지털 제어** direct digital control의 약어. 디지털 컴퓨터에 의한 프로세스 제어. 단일 프로세스만을 대상으로 하는 것에서 기술, 정보 등 상호 관계 하의 다수 프로세스를 대상으로 하는 것까지 매우 다양하다. (2) display data channel의 약어. VESA가 1994년에 발표한 플러그 앤드 플레이(plug and play) 규격의 하나. PC 본체와 디스플레이 사이의 설정 정보를 주고받기 쉽고, 주변 기기의 자동 설정이 가능하다. ⇨ VESA, plug and play

DDCMP 디지털 데이터 통신 메시지 프로토콜 digital data communication message protocol의 약어. 지점과 지점 혹은 다수 지점 간의 자료 교환 체제에서 선국(스테이션) 간의 자료 전송을 위한 규약. 이 통신 규약은 병렬, 직렬 동기, 직렬 비동기 송수신을 다룬다.

DDD 자동 즉시 통화 direct distance dialing의 약어. 즉시 시외의 가입자를 호출할 수 있는 전화 교환 서비스. 이용자가 교환원의 도움 없이 여러 자리 숫자에 의해 자동으로 통화가 가능하다.

DD/D 데이터 딕셔너리/디렉토리 data dictionary/directory의 약어.

DDDS 양면 배밀도 플로피 디스크 double density dual side의 약어.

DDE (1) **동적인 데이터 교환** dynamic data exchange의 약어. 사용자와 프로그래머들이 「살아 있는 링크」를 유지하면서 응용 프로그램들 간에 데이터를 복사하는 것을 가능하게 하기 위한 것으로 마이크로소프트 사는 윈도 3.0에 DDE를 도입하였다. 예를 들어, 링크된 데이터가 소스 파일에서 바뀔 때마다 그것은 또한 대상 파일에도 변화를 가져온다. (2) **직접 데이터 입력** direct data entry의 약어.

DDFF 분석 디스크 파일 기능 distributed disk file facility의 약어.

DDG 디지털 표시 생성기 digital display generator의 약어.

DDL (1) **데이터 정의 언어** data definition language의 약어. (2) **데이터 기술 언어** data description language의 약어. 데이터 베이스를 기술하는

데 쓰이는 언어. 데이터 베이스에 저장해야 할 데이터의 구조, 즉 데이터의 이름과 그 속성, 데이터 사이의 상호 관계 등을 기술한다. (3) **동적 데이터 연결** dynamic data link의 약어. 여러 응용 소프트웨어 내에서 데이터 교환이 가능한 기능. 윈도에서는 이것을 동적 데이터 교환으로 구현하고 있다.

DDM (1) **장치 기술 모듈** device descriptor module의 약어. (2) **분산 데이터 관리** distributed data management의 약어.

DDN defense data network의 약어. 미 국방부를 위한 전지구적인 통신 네트워크로서 인터넷과는 다른 부분인 MILNET으로 구성되어 있다. 이것은 인터넷과는 다른 것으로 분류되며 군사 시설을 연결하는 데 사용되고 있다.

DD name 데이터 정의명 data definition name의 약어.

DDoS attack 분산형 서비스 거부 공격 distributed denial of service attack의 약어. ⇨ DoS attack, Smurf attack, SYN flood attack

DDP 분산 데이터 처리, 분산형(形) 데이터 처리, 분산형(型) 데이터 처리 distributed data processing의 약어. ⇨ distributed data processing

DDR (1) dance dance revolution의 약어. 1999년 초 일본 코나미 사가 개발한 춤추기용 게임기. (2) **경로 지정 요구 다이얼 호출** dial-on demand routing의 약어. 사용자가 필요할 때 다이얼업 회선을 자동적으로 접속(on)하여 링크를 확립하고, 필요 없을 때는 자동적으로 중지(off)로 하는 라우팅 기능. (3) **동적 장치 재편성** dynamic device reconfiguration의 약어.

DDR SDRAM double data rate static DRAM의 약어. 외부 클록의 시작과 종료에 맞추어 데이터를 전송함으로써 전송 속도를 두 배로 높인 SDRAM. 최대 데이터 전송 속도는 동작 클록 133Mhz일 때 2.1GB/초, 100Mhz일 때에 1.6GB/초이다.

DDS (1) **디지털 데이터 스토리지** digital data storage의 약어. 디지털 음성 기록용 DAT의 기록 방식을 이용한 컴퓨터 데이터 기록 형식의 하나. 소니 사와 휴렛패커드 사를 중심으로 개발되었다. 기록 밀도에 따라 DDS(2GB), DDS-2(4GB), DDS-3(12GB), DDS-4(24GB) 등이 있다. 서버의 디스크 백업용으로 널리 이용된다. (2) **동적 오류 수정기** dynamic debugging tool의 약어.

DD statement 데이터 정의문, 데이터 정의 스테이트먼트 data definition statement의 약어.

DDT 데이터 기술 테이블 data description table의 약어.

DDX (1) **디지털 데이터 교환망, 공중 데이터 통신망** data data exchange의 약어. 한국 전기 통신 공사(KTA)가 제공하는 디지털 전송 서비스. 전화, TV, 팩시밀리 정보를 아날로그가 아니라 디지털로 전송할 수 있도록 한 공중 데이터 교환망. 서비스로는 「회선 교환」과 「패킷 교환」 두 종류가 있다. 종래의 아날로그 통신 회선의 전송 품질의 향상을 꾀하기 위하여 개발된 것으로 다음과 같은 특징을 갖는다. DDX 망에 가입한 임의의 상대와 통신할 수 있다. 회선 사용 시간과 전송 정보량 균형의 종량제 요금이다. 디지털 전송이므로 모뎀이 불필요하다. 잡음과 왜곡에 강하고 전송 품질이 좋다. 전송 속도는 200, 300, 1,200, 2,400, 4,800, 9,600bit/초 및 48kbit/초의 7종류를 선택할 수 있다. (2) **직접 디지털 교환** direct digital exchange의 약어.

DDX-circuit switch DDX **회선 교환**

DDX-circuit switching network DDX **회선 교환망** 디지털 데이터를 위한 교환망을 설치하여 고속의 고신뢰성으로 오류가 없는 데이터 통신을 위한 것으로 일본의 전기 전화 공사가 시행하는 디지털 데이터 교환망으로 컴퓨터까지 포함한 대량의 디지털 데이터의 고속 통신이 가능하다.

DDX-P 공중 패킷망 digital data exchange packet의 약어.

DDX-packet switch DDX **패킷 교환**

DDX-packet switching network DDX **패킷 교환망** 고속 고신뢰성을 가진 일본에서 시행하는 패킷 교환망.

DDX service DDX **서비스** 발신과 수신 터미널 사이에 고속 고품질의 통신 회선을 설정하여 데이터 전송을 행하는 것으로 비교적 길이가 길고 통신 밀도가 높은 데이터 통신에 유리하고 디지털 팩시밀리에도 이용이 가능한 일본에서 시행되는 통신 서비스.

DDX-TP digital data exchange-telephone packet의 약어. NTT에 의한 VAN으로 PC 통신도 가능하다.

DE 디스크 인클로저 disk enclosure의 약어.

DEA1 data encipherment algorithm 1의 약어. ⇨ DES

deactivate [diǽtiveit] *v.* **비활동화하다** 동작중인 기기나 시스템을 「동작하지 않는 상태」로 하는 것, 즉 비(非)활동하는 것, 활동화하다(active)의 반의어이다. 컴퓨터 시스템에서는 프린터나 디스플레이 단말 등의 주변 기기에 제어 코드를 보냄으로써 그 주변 기기의 동작을 정지시킬 수 있다. 컴퓨터 시스템에서는 그 내부에 불필요한 부분과 동작해서는 안 되는 부분, 혹은 그 부분이 동작하고 있는 것에 의해서 처리 능력이 저하해 버리는 부분이 존재할 때 그 부분의 동작을 수시로 정지시키고, 처리 능력을 향상시킬 수 있다. 예를 들면, 소형 컴퓨터 시스템에서는 CRT 디스플레이(CRT display)와 동기(同期)를 취하기 위하여 그 처리중에 인터럽트(interrput)를 발생시키는 경우가 있다. 그 경우, CRT 디스플레이의 동작을 정지시킴으로써 처리 속도를 향상시킬 수 있다.

deactivation [diæ̀ktivéiʃən] *n.* **비활동화**

dead band [déd bǽnd] **불감대** 프로세스나 계측, 제어 시스템이나 장치는 어느 크기의 입력 변화를 주면 이 입력 변화에 따라 출력의 변화가 있는데, 이 입력 변화량이 아주 작아져 어떤 변화량 이하에서는 출력에 아무런 변화를 보이지 않는 대역이 있다. 이러한 출력측의 변화량이 전혀 감지할 수 없게 되는 입력 변화량의 유한 범위를 말한다.

dead card [–kɑ́ːrd] **데드 카드** 사용이 끝난 필요 없는 카드나 천공이 잘못되어 못쓰게 된 카드.

dead code [–kóud] **불필요한 코드** 프로그램에 있기는 하나 실제 프로그램에서 시행하지 않는 코드 부분.

dead code elimination [–ilìminéiʃən] **불필요한 코드의 제거** 프로그램의 최적화 작업. 프로그램의 컴파일 과정에서 필요 없는 부분의 제거 작업.

dead file [–fáil] **데드 파일, 비사용 파일** 현재 사용하지 않으면서 보존되고 있는 파일.

dead halt [–hɔ́lt] **완전 정지, 절대 정지** 컴퓨터 시스템이 정지되어 원시점으로의 복구가 불가능한 상태. 수행중이던 작업도 다시 회복할 수가 없다.

deadline [dédlàin] *n.* **기한** 작업의 완료가 이루어져야만 하는 기한.

deadline scheduling [–skédʒuliŋ] **기한부 스케줄링** 이러한 작업은 주어진 시간 내에 구해야만 효율성이 크고 시간이 지난 후에는 쓸모가 없으며, 작업이 명시된 시간이나 기한 내에 완료되도록 계획하는 것.

deadlock [dédlɑ̀k] *n.* **교착 상태** 둘 이상의 프로세서가 서로 남이 가진 자원을 요구하면서 양쪽 모두 작업 수행을 할 수 없이 대기 상태로 놓여지는 상태. 멀티프로그래밍이 가능한 시스템에서 일어날 수 있는 현상으로, A라는 태스크가 B라는 태스크의 종료 후에 실행되기 위해 대기 상태에 있을 때 B라는 태스크도 A의 종료 후에 실행을 종료시키는 상태에 있으면 모두 대기 상태가 된 채 언제까지나 실행이 시작되지 않아 컴퓨터가 마치 정지해 있는 것처럼 되어 버린다. 이 상태를 교착 상태라고 하며, 이 경우 어느 태스크를 강제적으로 종료시키지 않으면 처리가 행해지지 않는다. 그림은 태스크 A가 파일 A를 점유하여 파일 B의 점유 해제를 기다리거나 태스크 B가 파일 B를 점유하여 파일 A의 점유 해제를 기다리게 되어 양 A, B 태스크가 모두 이것 이상 처리가 진행되지 않는 상태의 예를 나타낸다.

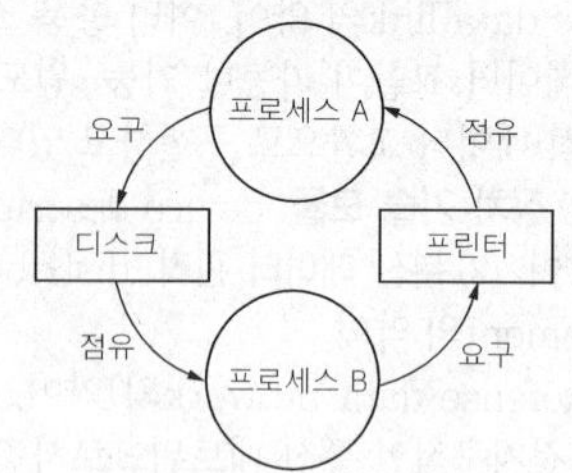

〈자원의 요구와 배당이 잘못된 교착 상태의 예〉

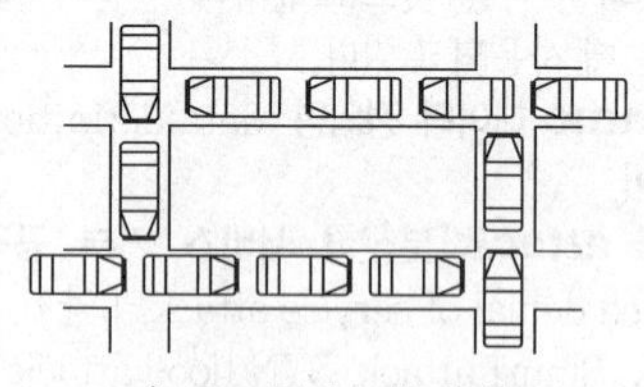

〈도로 교통의 교착 상태〉

〈돌다리에서의 교착 상태〉

deadlock avoidance [–əvɔ́idəns] **교착 상태 회피** 교착 상태를 인정하고 교착 상태가 발생할 때 적절히 피해가는 것이며, 교착 상태의 완전 제거가 아니다. 교착 상태 예방에 비해 완화된 요구 조건으로 자원의 효율적인 이용에 그 목적이 있다.

deadlock detection [–ditékʃən] **교착 상태 탐지** 교착 상태가 시스템 내에 존재하면 이와 관련된 프로세스와 자원을 규명하며, 교착 상태에 관련된 프로세스와 자원을 결정하여 이러한 사항이 결정되면 교착 상태를 해제하거나 삭제할 수 있다.

deadlock necessary condition [–nésəsɛ̀(ː)ri(ː) kəndíʃən] **교착 상태의 필요 조건** 교착 상태는 상호 배제 조건, 보유 대기 조건, 비중단 조건, 환형 대기 조건 등의 네 가지 필수 조건이 수반되어야만 존재한다.

deadlock prevention [–privénʃən] **교착 상태 예방** 이것은 교착 상태의 조건 중에서 어느 한 조건만이라도 만족되지 않는 상황으로는 교착 상태 발생이 일어나지 않는다는 결론 하에 이런 조건들이 발생하지 않도록 방안을 제시하는 것으로 자원을 한꺼번에 제공한다든가, 자원 제공 순서를 미리 정한다든가, 자원의 필요 최대량을 미리 선언하는 방법 등이 있다.

deadlock recovery [–rikʌ́vəri(ː)] **교착 상태 회복** 교착 상태에 빠진 프로세스 중의 한 쪽을 강제로 탈락시키고, 자원을 회수하여 다른 프로세스에게 주는데, 중단된 프로세스는 그때까지의 작업의 전부 또는 일부를 잃게 된다.

deadlock resolution [–rezəlúːʃən] **교착 상태 해결** 이러한 상태가 발견되면 그 포함된 트랜잭션 중에서 희생자를 선정하여 작업 전의 상태로 되돌리고 다른 트랜잭션은 계속 작업을 수행하여 다 끝낸 다음에 그 희생자로 선택된 것을 다시 시작하여 수행한다.

deadlock restart [–riːstáːrt] **교착 상태 재시동** 교착 상태에서 빼앗겼던 자원을 재공급받고 프로그램을 다시 재개하는 것.

deadly embrace [dé(ː)dli(ː) imbréis] **교착 상태**

dead memory [dé(ː)d méməri(ː)] **고정 기억 장치** 읽어내기 전용에 이용되는 기억 장치로 고정되어 있다는 것은 컴퓨터 스스로의 명령에 의해서 변경할 수 없다는 것. 이것은 정수나 상용의 서브루틴의 기억, 마이크로프로그램의 기억 등에 이용할 수 있다.

dead on arrival [–ən əráivəl] **데드 온 어라이벌** 상품이 처음부터, 즉 공급자가 공급한 당시에 이미 고장이 발생된 상태로 못쓰게 된 상품.

dead time [–táim] **부동작 시간** 두 개의 연속된 작업 사이에 중복을 방지하기 위해 넣는 지연 시간.

dead zone [–zóun] **불감대, 비사용 구역** 저장 매체에 있는 여러 형태의 특정한 부분으로 데이터 저장을 위해 남겨진 부분이 아닌 장소.

dead zone circuit [–sə́ːrkit] **불감대 요소** 출력 아날로그 변수가 아날로그 변수의 특정 범위 내에서는 일정한 연산기.

dead zone unit [–júːnit] **불감대 요소** 출력 아날로그 변수가 입력 아날로그 변수의 특정 범위 안에서는 일정한 연산, 즉 비트 그룹 사이의 간격 등.

dealer [díːlər] *n*. **프로그램 공급, 딜러**

deallocate [diǽləkèit] *v*. **할당을 해제하다, 분배를 해제하다** 사전에 할당해둔 것을 그 컴퓨터 처리가 끝난 시점에서 해제(free)하는 것. 컴퓨터에서는 프로그램을 실행하거나 데이터를 처리할 때, 우선 주기억 장치에 그것들을 집어넣는다. 즉, 프로그램과 데이터를 보조 기억 장치에서 주기억 장치로 로드하거나 전송(transfer)함으로써 최종적으로 주기억 장치에 이동시키는 것이다. 이때 주기억 장치 상의 어느 위치에 프로그램과 데이터를 할당하는가는 운영 체제(OS)에 의하여 결정된다. 보통 주기억 장치에는 이미 데이터와 프로그램이 존재하고 있다고 생각할 수 있으므로, 이 결정은 새롭게 입력되는 데이터와 프로그램의 크기와 이미 사용되고 있는 영역(region)의 크기를 고려하여 서로 겹치지 않도록, 또 이유없이 공간이 발생하지 않도록 구성된다. 이 조작을 할당(allocate) 조작이라고 한다. 이렇게 하여 할당된 영역을 사용하여 프로그램 데이터, 파일 등의 처리가 실행되며 결과가 출력된다. 또한 주기억 장치 상의 영역을 유효하고 효율적으로 이용하기 위하여 이들의 파일이 사용하고 있던 영역을 해방하고, 새롭게 사용할 수 있도록 관리한다. 이 조작을 할당 해제(deallocate)라 한다. 할당한 후에는 반드시 할당 해제가 필요하게 된다.

deallocation [diæ̀ləkéiʃən] *n*. **할당 해제**

deassembler [diːəsémblər] *n*. **디어셈블러, 역어셈블러**

DEB 데이터 익스텐트 블록 data extent block의 약어. 입출력 처리의 대상이 되는 데이터 세트(파일)의 물리적인 상황에 관한 정보를 포함하는 제어 블록.

debatable time [dibéitəbl táim] **미해결 시간** 문제 발생으로 인한 지연 시간이 있게 되었을 때 그 문제의 원인을 파악하지 못한 시간을 말하며, 그 원인 조사는 프로그램 운영상 실수로 인한 것인지, 일시적 고장으로 인한 것인지의 순서로 확인한다.

debit card [débit kaːrd] **데빗 카드, 차변 카드** (1) 은행의 캐시 카드와 같이 예금 구좌에서 카드 이용 대금이 결재되는 캐시 카드 시스템. (2) 예금주가 돈을 한 계좌에서 다른 계좌로 옮기기 위해 사용되는 신원 확인 카드.

deblock [diblák] **비(非)블록화하다, 블록을 분해하다, 비블록화** 블록을 풀어서 각 논리 레코드 단위로 만드는 것. 레코드는 데이터 관리 루틴에 의해서 자동적으로 블록화되어 비블록화된다. 단, 일정하지 않은 길이 형식 레코드의 비블록화는 사용자 프로그램으로 실행되어야 한다.

deblocking [diblákiŋ] *n*. **비(非)블록화** 블록 단위의 데이터에서 레코드를 잘라내는 작업. 보조 기억 장치에서 주기억 장치로 데이터를 전송할 때 여러 개의 논리적 레코드를 묶어 하나의 물리적 레코드, 즉 블록 단위로 보내므로 이를 논리적 레코드로 분해하는 것.

deboss [dibɔ́(ː)s] **데보스** 플라스틱제의 카드에 문자를 기계적으로 기록하는 수단인데, 엠보스와는 반대로 평탄하거나 오목하기도 하고 뒷면에 문자의 모양이 부각되도록 밀어내는 방법.

debouncing [dibáunsiŋ] *n*. **디바운싱** 기계식 스위치의 동작을 전기적 신호로 바꿀 때 생기는 진동 잡음을 제거하기 위하여 사용하는 하드웨어의 지연 회로, 소프트웨어의 적절한 지연 시간. ⇨ chattering

debug[dibʌ́(:)g] *n.* **디버그** 오류 수정. 주로 컴퓨터의 프로그램 중에 존재하는 오류를 제거하는 작업을 의미한다. 「프로그램의 버그를 취하다」로 표현된다. 긴 프로그램을 새롭게 만든 경우 등 반드시라고 해도 좋을 만큼 이곳 저곳에 버그가 존재한다. 이들 버그를 제거하지 않으면 그 프로그램은 도중에 실행이 정지되거나 틀린 결과가 출력되기도 한다. 디버그는 프로그램 작성중의 중요한 작업이기 때문에 디버그의 방법으로서는 자신이 작성한 프로그램을 책상 위에서 잘 고쳐보고 버그를 찾아 점검하는 데스크 디버그로부터 디버그용의 디버그 에이드(유틸리티)를 사용하여 행하는 방법 등 수없이 많다. 흔히 사용되는 디버그 에이드로서는 주기억 장치의 내용을 표시 또는 프린트하도록 하는 메모리 덤프, 특정의 기억 영역이나 레지스터의 내용을 표시하도록 하는 스냅샷 덤프, 프로그램의 실행 과정을 하나씩 표시하면서 실행해가는 트레이서 등이 있다. 데스크 디버그에 대하여 이러한 컴퓨터 단말로 표시하도록 하면서 디버그를 행하는 것을 콘솔(console) 디버그라 부른다. 또 디버그는 하드웨어 장치의 설계 오류를 없앤다는 의미도 담고 있다. 프로그래밍에서는 「디버그를 한다」는 것은 계산기 프로그램 또는 다른 소프트웨어에 있어서의 잘못을 검출, 추적, 삭제한다는 것을 뜻한다.

DEBUG card[–kɑːrd] **디버그 카드**

debugger[divʌ́(:)gər] *n.* **디버거** 오류 수정기. 프로그램의 오류를 찾아내기 위한 소프트웨어의 총칭. 대상으로 하는 프로그램을 1명령마다 분할해서 실행시키고, 그때의 레지스터값이나 프로그램 계수기, 플래그 등 중앙 처리 장치의 내부 상황을 나타낸다. 트레이서라고도 한다.

debugging[dibʌ́(:)giŋ] *n.* **디버깅** 오류 수정. 컴퓨터 프로그램의 잘못을 찾아내고 고치는 작업. 일단 작성된 프로그램들이 정확한가(즉 잘못 작성된 부분이 없는가)를 조사하는 과정. 이 작업은 ① 기계에 넣기 전에 책상 위에서 주어진 문제대로 프로그램이 작성되었는가를 순서도와 메모리의 작업 영역표에 실제 데이터를 넣어서 수동 작업으로 정확한 결과가 나오는가를 검사하는 데스크 상의 검사와 ② 컴퓨터를 이용한 표준적 데이터로 메인 루틴을 조사하는(이때 예외 사항이 포함된 데이터와 오류가 있는 데이터도 함께 이용한다) 컴퓨터를 사용한 검사, ③ 실제 데이터를 사용하는 조사 등 세 단계로 나누어 진행된다. 또한 이 작업은 프로그램의 한 스텝 한 스텝씩을 추적해가는 추적(trace) 기능을 이용해도 좋지만, 프로그램 처리 내용이나 기억장치의 내용을 덤프하여 디버그 보조기(debugging aid)를 이용하는 것이 바람직하다.

debugging aid[–éid] **디버깅 에이드, 디버그 보조기** 오류를 찾아내기 위한 디버깅 작업을 도와주는 루틴들의 집합체.

debugging aid program[–próugræm] **디버깅 보조 프로그램**

debugging aid routine[–ruːtíːn] **디버깅 보조 루틴** 프로그래머가 자신이 작성한 루틴들의 오류를 검출할 때 이용하는 루틴으로 추적(trace) 루틴, 스냅샷 덤프(snapshot dump) 루틴, 사후 처리 덤프(post mortem dump) 루틴 등이 있다.

debugging aids[–éidz] **디버깅 보조기** 이미 알려져 있는 오류의 원인을 찾아내도록 보조하기 위해서 트랩, 트레이스, 단언 체크(assertion checking), 덤프, 이력 파일(history file)을 제공하는 프로그램.

debugging line[–láin] **디버그 행**

debugging packet[–pǽkət] **디버그용 패킷**

debugging program[–próugræm] **디버깅 프로그램**

debugging routine[–ruːtíːn] **디버깅 루틴**

debugging section[–sékʃən] **디버깅 섹션**

debugging statement[–stéitmənt] **오류 수정문** 이 오류 수정문으로 사용자가 문장의 삽입과 삭제, 선별적 수행, 변화가 일어날 때의 변화값, 출력과 전송시의 제어 전달이나 이름과 레이블 간의 모든 상호 연관성에 대한 고정 출력과 불안전한 수행의 가변적인 결과를 구할 수가 있는데, 프로그램을 다룰 때 폭넓고 다양한 방법을 제공한다.

debugging system[–sístəm] **디버깅 시스템**

debugging testing tool[–téstiŋ túːl] **디버깅 검사 도구** 어떤 항목, 프로그램 또는 시스템의 특별한 점과 실제 특성을 파악하거나 프로그램이나 그 장비에서 나타나는 모든 비정상적인 동작 등을 위한 검토 과정을 위하여 설치한 장치나 소프트웨어.

debugging tool[–túːl] **디버깅 툴**

debug line[dibʌ́(:)g láin] **디버그 행**

debug macro instruction[–mǽkrə istrʌ́kʃən] **디버그 매크로 명령어** 프로그램의 에러 발견 정정용으로 각 스텝에서의 실행 상태를 보기 위해 준비된 매크로 명령.

debug mode[–móud] **디버그 모드**

debug routine[–ruːtíːn] **디버그 루틴, 오류 수정 루틴**

DEC 디지털 이퀴프먼트 사 Digital Equipment Corporation의 약어. 간단히 「DEC 사」 또는 「DEC」라 불리기도 한다. 미국 컴퓨터 메이커의 하나이며, 대표적인 기종으로 「VAX」, 「PDP-XY」 등이 있다. 최근에는 인공 지능(AI) 분야로도 진출했다. 1957

년 켄 올슨에 의해 창설되었으며, 매사추세츠 주의 메이나드에 위치하고 있다. 디지털 사는 개인용 컴퓨터에서부터 범세계적인 종합 정보 시스템에 이르기까지 다양한 하드웨어와 소프트웨어를 공급한다. 디지털 사는 낡은 모직 공장 한 구석에 약 8,500ft^{2}의 공간을 빌려 3명의 직원으로 시작했으나, 지금은 세계적인 네트워크 컴퓨터 시스템, 소프트웨어 공급업체로 성장하였다. 1960년에 보스턴의 컴퓨터 학술 회의에서 소개된 디지털 사의 PDP-1 컴퓨터는 중형 컴퓨터 산업의 시원이 되었다.

decade[dékeid] *n*. **10단위** 10단위로 된 기억 장소의 집합.

decade counter[–káuntər] **10진 카운터** 4비트 이상의 기억 소자로 구성되며 대부분 BCD 코드(2진화 10진 코드)가 사용되며, 10개씩의 입력으로 처음의 상태로 되돌아가는 계수기.

decatenate[dikǽtənèit] **분리** 연결(concatnate)의 반대 개념으로 하나의 덩어리로 된 것을 여러 개로 나누는 것.

decatron[dækátrən] **데카트론** 대표적인 10진 계수 방수관. 원형의 양극 주위에 10조의 음극 및 전달 음극을 가지고 10개 중 1개의 음극과 양극 사이의 글로 발전(glow discharge)이 입력 펄스에 가해질 때마다 옆으로 이동한다. 속도는 최고 30kHz 정도이며, 한 개의 펄스로 이동하는 단일 펄스 데카트론과 연속된 두 개의 펄스를 필요로 하는 이중 펄스 데카트론이 있다.

decay time[dikéi táim] **감쇠 시간** 전압이 최대값의 1/10로 감소하는 데 걸리는 시간. 감쇠 시간은 회로의 시간 상수의 비율이다.

DECB 데이터 사상 제어 블록 data event control block의 약어.

deceleration time[disèləréiʃən táim] **감속 시간** 자기 테이프 장치에서 마지막 레코드를 읽거나 쓰기를 마친 이후로부터 테이프가 완전히 정지할 때까지 걸리는 시간.

decentralization[di:sèntrəlizéiʃən] *n*. **분산화, 비(非)집중화** 컴퓨터에 의한 정보 처리 분야에서는 각 공장에의 컴퓨터의 분산화, 데이터 베이스의 분산화 등이 있는데, 일반적으로 관리의 기능을 지점이나 공장 등의 말단으로 분할해 내려가는 것을 분산화라고 한다.

decentralize[di:séntrəlàiz] *v*. **분산시키다** 컴퓨터, 장치, 기능 등을 한 곳에 정리해놓지 않고 각 장소로 분산시키는 것. 집중화하다(centralize)의 반대말. 이 경우 분산 비치된 컴퓨터마다 사용자가 있으며 각각의 데이터 처리를 행한다. 또 각 컴퓨터는 데이터 통신을 함으로써 네트워크 시스템을 형성하고 있으며, 서로 각각의 데이터를 그 처리 결과로 이용할 수 있다. 이것에 의하여 자원(resource)의 유효한 이용이 가능하다. 이 분산 방법으로서 노드만을 분산하는 것, 호스트를 포함하여 분산하는 것이 있다.

decentralized authorization[di:séntrəlàiəd ɔ̀:θəraizéiʃən] **분산 권한 부여** 여러 데이터 베이스 관리자에게 권한 부여 기능이 분산되어 있는 것.

decentralized charging[–tʃá:rdʒiŋ] **분산 과금(課金)**

decentralized computer network[–kəmpjú:tər nétwə̀:rk] **분산형 컴퓨터 네트워크**

decentralized control[–kəntróul] **분산 제어, 비집중식 제어** 하나의 컴퓨터 시스템을 구성하는 각 장치를 인텔리전트화함으로써 각 장치를 독립시키는 것. 이로써 컴퓨터의 중앙 제어부에서의 부담이 가볍게 되고 처리 능력이 향상한다. 각 장치는 어느 정도 독자적인 판단으로 동작하므로, 동시에 가동시키는 것이 가능하며 능률적이다. 그러나 조직 전체로 볼 때는 자료의 공유가 이루어지지 않아 조직 통제가 불가능한 문제점이 있다.

decentralized control system[–sístəm] **분산화 제어 시스템**

decentralized data processing[–déitə prásesiŋ] **분산 데이터 처리, 비(非)집중 데이터 처리** 컴퓨터를 몇몇 분산되어 있는 장소에 배치하여 서로간에 데이터 회선으로 연결하는 것. 이로써 각 컴퓨터는 어떤 처리를 분담하면서 전체로서 어떤 하나의 목적을 달성하는 처리 방식이다.

decentralized data processing mode[–móud] **분산 데이터 처리 방식**

decentralized decision making[–disíʒən méikiŋ] **분산화 의사 결정**

decentralized decision-making system[–sístəm] **분산화 의사 결정 시스템**

decentralized dynamic system[–dainǽmik sístəm] **분산화 동적 시스템**

decentralized feedback control[–fí:dbæ̀k kəntróul] **분산화 피드백 제어**

decentralized hierarchical control[–háiərà:rkikəl kəntróul] **분산형 계층 제어**

decentralized hierarchical structure[–strʌ́ktʃər] **분산형 계층 구조**

decentralized information and control[–infərméiʃən ənd kəntróul] **분산화 정보 제어**

decentralized information structure[–strʌ́ktʃər] **분산화 정보 구조**

decentralized information system[–sístəm] 분산화 정보 시스템

decentralized item[–áitəm] 분산화 항목, 분권 품목

decentralized multicriterial optimization[–mʌ̀ltikraití(ː)riəl ɑ̀ptimizéiʃən] 분산화 다기준 최적화

decentralized optimal control[–ɑ́ptiməl kəntróul] 분산화 최적 제어

decentralized power supply system [–páuər səplái sístəm] 분산 전원 방식

decentralized processing[–prɑ́sesiŋ] 분산 처리 본사나 지사, 공장 등에 따로 따로 컴퓨터를 설치하여 각 지점에서 발생한 데이터는 해당 지점에서 처리하는 것.

decentralized regulation theory[–règjuléiʃən θíəri(ː)] 분산화 조정 이론

decentralized resource allocation[–rissɔ́ːrs æləkéiʃən] 분산화 자원 배분

decentralized signalling[–sígnəliŋ] 분산 신호 방식 한 조직의 각 부분이나 지리적으로 분산된 한 조직의 각 지역 내에서 적절한 매체를 통하여 신호를 전파하는 형식.

decentralized stabilization[–stèibilaizéiʃən] 분산화형 안정화

decentralized state feedback stabilization[–stéit fíːdbæ̀k stèibilaizéiʃən] 분산화 상태 피드백 안정화

decentralized stochastic control[–stəkǽstik kəntróul] 분산화 확률 제어

decentralized structure[–strʌ́ktʃər] 분산 구조

decentralized system[–sístəm] 분산 시스템 집중식 시스템의 반대. 중앙에 설치된 대형 시스템이 아니라 데이터가 발생하는 각 부서에 하나씩 컴퓨터 시스템을 설치하여 직접 처리하는 시스템. 간단하고 신속한 장점이 있는 반면 데이터의 공유가 없으므로 조직 전체로 볼 때 효율적이지 못하다.

decentralized two-level optimization system[–tuː lévəl ɑ̀ptimizéiʃən sístəm] 분산화 2레벨 최적화 시스템

decibel[désibèl] *n.* dB, 데시벨 통신 회선의 전력, 음향 출력, 음의 세기 등의 비교량에 사용하는 단위. dB는 1벨(bel)의 10분의 1의 의미. 「bel」은 G. Bell의 이름에서 생긴 말이다.

decibel milliwatt[–míliwɑ̀t] dBm, 데시벨 밀리와트 1밀리와트를 기준으로 한 데시벨.

decidability[disàidəbíliti(ː)] *n.* 결정 가능성 논리학에서 어떤 술어의 참 또는 거짓을 결정적으로 판단할 수 있는 가능성.

decidable[disáidəbl] *a.* 결정 가능, 결정 가능성

decidable problem[–prɑ́bləm] 결정 가능 문제 모든 실례에 대한 답을 올바르게 결정할 수 있는 알고리즘이 존재하는 결정 문제.

deciding[disáidiŋ] 결정 정보를 구하는 어떤 항목의 수용 여부를 결정하는 행동.

decimal[désiməl] *a.* 10진의 10진법이란 일상 쓰여지는 수의 표현법이며, 0~9까지의 10개의 10진 숫자(decimal digit)를 사용하고 9의 다음 수는 자릿수 올림을 하여 표시하는 방법이다. 「고정 기수법(fixed radix numeration system)에서 기수(radix)로서 10을 취하는 것, 그리고 그러한 방식」으로 정의한다. 같은 의미를 표시하는 합성어로는 10진 표기법(decimal numeration), 10진 기수법(decimal numeration), 10진수 표시, 10진법 등이 있다. 또 이 방식에서의 소수점을 10진 소수점, 소수를 소수 ALGOL 또는 소수부 FORTRAN이라 한다. 컴퓨터에서 사용되는 방식에는 2진(binary), 8진(octal), 16진(hexadecimal)이 있다.

decimal adder[–ǽ(ː)dər] 10진 가산기 10진수 한 자리를 위한 10진 가산기는 4비트 2진 가산기 두 개와 AND 게이트 두 개, OR 게이트 한 개로서 만들 수 있는데, BCD로 표현된 숫자의 덧셈을 수행하는 장치.

decimal address[–ədrés] 10진법 어드레스 2진화 코드의 종류는 2-10진수법, 2-5진수법 등의 여러 가지가 있고 인간의 일상 관습에 있어서 대부분의 수치 표현은 10진수이지만 이것을 토대로 한 구식 계산기와 같은 기억식이나 플립플롭식은 속도 · 효율 · 경제성 면에서 현대에 와서는 거의 소용가치가 없어져 현재의 전기적, 전자적 방법에 의한 2진법이라는 10진수를 2치 상태로 바꾼 2진화 코드에 의하여 기억이나 연산을 하는 방식을 고안해내었다.

decimal adjust[–ədʒʌ́st] 10진 보정 2진수로 연산된 결과를 2진화 10진수(BCD)로 바꾸는 것.

decimal adjust accumulator[–əkjúːmjulèitər] 10진 보정 어큐뮬레이터 누산기의 내용을 10진수로 변환하는 명령.

decimal alignment[–əláinmənt] 소수 자리 맞춤

decimal alignment tab[–tǽ(ː)b] 데시멀 탭, 소수점 정렬 탭 입력할 때 자동으로 소수점의 위치와 1의 자리에 정렬하는 탭 기능.

decimal arithmetic[–əríθmetik] 10진수 연산 10진수 데이터에 대해 수행하는 연산.

decimal arithmetic operation[–ɑ̀pəréiʃən] **10진수 연산** 2진수 연산과 같이 연산은 모두 사칙연산에 귀착된다. 또 곱셈은 덧셈에, 나눗셈은 뺄셈에, 그리고 뺄셈은 보수(補數)를 취함으로써 역시 덧셈에 귀착하므로 결국 10진수 연산은 하드웨어에서는 10진수의 덧셈으로 귀착된다. 10진수 표현에는 10진 코드, 2진-5진 코드, $_5C_2$(two-out-of five) 코드, BCD(2진화 10진) 코드, XS-3(excess-three) 코드 등 여러 가지 방법이 있다.

decimal base[–béis] **10진법** 고정 기수 기수법에서 기수로 10을 취하는 것 및 그러한 방식.

decimal classification[–klæ̀sifikéiʃən] **10진 분류법** (1) M. Dewey가 고안한 도서 분류법. (2) 오늘날 많이 쓰이고 있는 UDC(국제 10진 분류법 ; universal decimal classification)가 있으며, 모든 범위에 걸쳐 있으나 과학 기술 관계면에서 상당히 세밀화되어 있다.

decimal classification code[–kóud] **10진 분류 코드**

decimal code **10진 코드** 10진수를 다른 코드 체계로 나타내기 위하여 쓰는 방법의 총칭. 10개의 수를 기수로 하는 수를 말하며 10이 넘으면 자리올림을 하는 코드로서 문서의 정리에 사용되는 10진 분류법과 과학 기술 관계의 국제 10진 분류법은 대표적이며 10진수를 0과 1의 대치로 2-5진법, 순 2진수의 2-10진법이 있다.

decimal coded digit[–kóudəd dídʒit] **10진 코드화된 숫자** 숫자나 문자를 표현하기 위한 10진수의 집합으로 정의된 숫자나 문자.

decimal constant[–kánstənt] **10진 정수**

decimal correction[–kərékʃən] **10진 보정**

decimal counter[–káuntər] **10진 계수기** 10진법에 따라 계산하는 계수기. 플립플롭에 의해 이것을 구성할 때 4개의 플립플롭을 10진 1행에 할당하여 적당히 궤환시킴으로써 10진으로 한다.

decimal data format[–déitə fɔ́:rmæt] **10진 데이터 형식**

decimal digit[–dídʒit] **10진 숫자, 10진수** 10진 기수에 쓰여지는 숫자 0, 1, 2, 3, 4, 5, 6, 7, 8, 9 중의 하나.

decimal digit character[–kǽrəktər] **10진 숫자 문자**

deciaml display[–displéi] **10진수 표시 장치**

decimal divide exception[–diváid ikséPʃən] **10진 나눗셈 예외**

decimal fraction[–frǽkʃ(ə)n] **소수**

decimal fraction format[–fɔ́:rmæt] **소수부의 서식**

decimal integer constant[–íntedʒər kánstənt] **10진 정정수** 소수점을 갖지 않는 10진 정수.

decimal marker[–márkər] **소수점 기호** 수중의 소수점을 나타내는 시각적 표시.

decimal normalization[–nɔ̀:rməlaizéiʃən] **10진 정규화**

decimal notation[–noutéiʃən] **10진 표기법** 10개의 서로 다른 문자로 대개 10진 숫자를 사용하는 표기법. 우리가 보통 사용하고 있는 수치의 표기법이다. 수치를 10씩 전개했을 때의 계수를 늘어놓은 것으로 생각하면 된다. 예 (1) 문자열 199312312359는 1994년이 시작되는 1분 전의 날짜와 시각을 표현하도록 되어 있다고 생각할 수 있다. (2) 국제 10진 분류법(UDC)에서 사용되는 표현.

decimal number[–nʌ́mbər] **10진수** 0, 1, 2, 3, … 9까지의 10개의 숫자. 이들 10개의 숫자를 사용하고, 9 다음의 수로 자리올림(carry)이 발생하도록 하여 수를 표시하는 방법을 10진 표기법(decimal notation)이라 한다.

decimal number format[–fɔ́:rmæt] **10진수의 서식**

decimal numbering system[–nʌ́mbəriŋ sístəm] **10진법** 0부터 9까지의 숫자를 사용하여 10이나 10의 역으로 수량을 나타내는 수 체계.

decimal number system[–nʌ́mbər sístəm] **10진법**

decimal numeral[–njú:mərəl] **10진수 표시, 10진수** 10진수에 의해서 표시되는 숫자.

decimal numeration system[–njù:məréiʃən sístəm] **10진 기수법** 숫자 0, 1, 2, 3, 4, 5, 6, 7, 8, 9를 사용하여 기수가 10이고 가장 작은 정수의 크기가 1인 고정 기수 기수법. 예를 들어, 이 기수법에서 576.2라는 수 표시는 $5\times10^2+7\times10^1+6\times10^0+2\times10^{-1}$이라는 수를 표현하는 것이다.

decimal operation[–àpəréiʃən] **10진 연산**

decimal operator[–ápərèitər] **10진 연산자**

decimal overflow[–òuvərflóu] **10진 자릿수 넘침**

decimal overflow exception[–iksépʃən] **10진 자릿수 넘침 예외**

decimal part[–pá:rt] **소수부**

decimal point[–pɔ́int] **10진 소수점** 10진수에서 정수부와 소수부를 구분하는 점. 10.25에서 정수부는 10, 소수부는 .25이다. 10진 기수법에 있어서의 소수점. 10진 소수점을 여러 가지 관습에 따라 컴마(comma), 점(period) 또는 숫자의 반분(半分)의 높이 위치에 있는 점으로서 표현된다.

decimal point specifier[–spésifàiər] **10진 소수점 지정자, 소수점 지정**

decimal position[–pəzíʃən] **소수부의 자리**

decimal radix[–réidiks] **10진 기수**

decimal self-defining term[–sélf difáiniŋ tə́:rm] **10진 자기 규정항, 10진수 자기 규정항**

decimal system[–sístəm] **10진수 체계** $629=6\times10^2+2\times10^1+9\times10^0$과 같이 10을 기수로 수를 나타내는 수 체계.

decimal tab[–tǽ(:)b] **10진 탭** 숫자의 자릿수를 맞출 때 사용하는 특수 탭. 보통 탭은 입력 문자의 왼쪽 끝(선두 위치)을 맞추지만 10진 탭은 상수의 경우에는 오른쪽 끝(끝 위치)을 맞추고 소수의 경우는 소수점 위치를 맞춘다.

decimal tabulation[–tæ̀bjuléiʃən] **소수점 정렬** 지정된 위치에 숫자의 소수점을 정렬하는 기능. 자릿수 정렬이라고도 한다.

decimal to binary conversion[–tu báinəri(:) kənvə́:rʃən] **10진-2진 변환** 10진수로 표현된 수치를 컴퓨터가 취급하기 쉬운 2를 기수로 하는 2진법의 수치로 변환하는 것.

decimal to binary encoder[–inkóudər] **10진-2진 변환 회로** 10-2진수 변환을 전기적으로 행하는 회로. 보통 컴퓨터 내부에서 데이터는 모두 2진법으로 취급되기 때문에, 인코더로 일단 2진으로 변환한 뒤, 기억과 연산 등의 처리를 한다.

decimal to hexadecimal conversion[–heksədésiməl kənvə́:rʃən] **10진-16진 변환** 10진수를 16진수로 바꾸는 것.

decimal to octal conversion[–áktəl kənvə́:rʃən] **10진-8진 변환** 10진수를 8진수로 변환하는 것.

decimal unit of information content[–jú:nit əv ìnfərméiʃən kəntént] **하틀리(hartley), 10진법 정보 내용 단위** 정보의 측정 단위. 서로 배반인 10개의 사상으로 구성되는 집합의 10을 밑으로 하는 대수로서 표시된 선택 정보량과 같다. 예를 들면, 8문자로 구성되는 문자 집합의 선택 정보량은 0.903 하틀리($\log_{10}8=0.903$)와 같다. ⇨ hartley

decipher[disáifər] **복호(復號)** 암호화된 데이터를 해당 암호계의 키를 사용하여 원래의 평문 데이터로 복원시키는 것.

decipherment[disáifərmənt] **복호화** 암호화 과정의 역과정. 암호적 알고리즘에 따라 암호문을 평문으로 바꾸는 것.

decipher mode secure terminal[disáifər móud sikjúər tə́:rminəl] **해독 모드 안전 단말기** 시스템은 정보를 해독하여 해독된 형태로 출력하고 이러한 양식에서 암호화되어 도착하는 기억된 카세트와 같은 정보를 해독하는 데 쓰는 데 모든 입력이 암호화되어 있다고 가정한 양식.

decision[disíʒən] *n.* **결정, 판단** 조건부 점프나 이와 유사한 기법에 의해 이루어지는 컴퓨터 연산의 한 종류로 기억 장치의 두 값이 어떤 관계가 있는지를 밝혀 다수의 선택 가능한 행동의 하나를 고르는 것.

decision accounting[–əkáuntiŋ] **의사 결정 회계** 경영의 급부 목적, 입지 목적, 물적 설비, 인적 조직, 자재 구성 등에 관한 선택적 의사 결정을 위한 회계 정보를 말하는데, 경영의 전략적 의사 결정을 위한 프로젝트이다.

decision aid[–éid] **결정 원조**

decision-aiding system[–éidiŋ sístəm] **결정 원조용 시스템**

decision algorithm[–ǽlgəriðm] **결정 알고리즘** 결정 문제를 해결하는 연산, 즉 알고리즘.

decision analysis[–ənǽlisis] **결정 해석**

decision and control process[–ənd kəntróul práses] **결정 · 제어 과정**

decision and information system[–ìnfərméiʃən sístəm] **결정 · 정보 시스템**

decision behavior[–bihéivjər] **결정 거동, 결정 행동**

decision box[–báks] **결정 박스, 판단 기호** 데이터 처리 도중에 판단이 필요할 때 판단 기능을 나타내기 위한 기호로 순서도에서 마름모꼴로 나타내는 기호, 판단, 분기 연산을 나타낸다. 마름모 내부에는 판단 조건 등이 쓰여진다. 판단 결과가 긍정인가 부정인가에 따라 흐름의 목표가 달라진다.

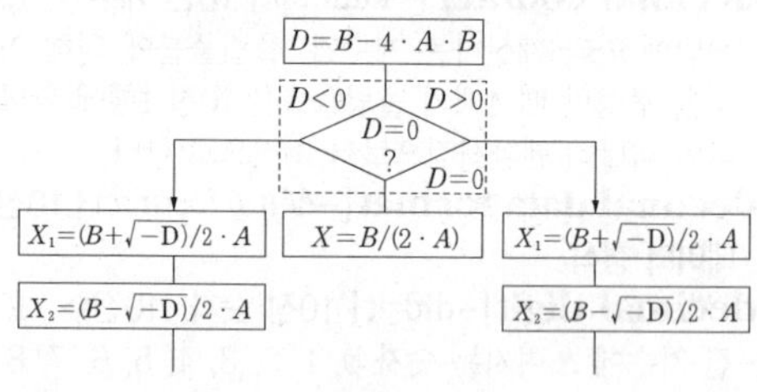

〈결정 박스〉

decision content[–kəntént] **선택 정보량** 유한 개의 서로 상반된 정보 중에서 어떤 정보를 선택하기 위하여 필요한 선택 횟수를 의미하는 대수적 척도. 수학적으로는 그 선택 정보량은 $H_0=\log_n$으로 표시된다. 여기서, n은 사상의 개수이다. (1) 대수의 밑으로부터 단위가 정해진다. (2) 선택 정보량은 정보의 발생 확률에 대하여 독립이다. 그러나 선택 정보량이 사용되는 경우는 발생 확률이 같다고 가정하고 있는 경우가 많다.

decision control [–kəntróul] **결정 제어**

decision criteria [–kraití(ː)riə] **결정 기준**

decision diagram [–dáiəgræ̀m] **결정도**

decision element [–éləmənt] **논리 소자, 결정 논리 소자** 논리 연산에 있어서의 최소의 구성 요소이며, OR(논리합), AND(논리곱), NOT(논리 부정)의 연산자로 나타낸다. 즉, 입력 정보를 구성하는 한 개 이상의 2진수(긍정, 부정)에 대해서 논리 연산을 하고 결과를 출력하는 회로.

decision environment [–inváirənmənt] **결정 환경**

decision feedback equalizer [–fíːdbæ̀k íːkwəlàizər] **결정 재입력 등호기** 송신된 데이터를 수신측에서 일정한 방식에 의하여 오류를 검출하고 송신측에 알려서 송신측의 상태를 제어하여 오류 정정 등을 하도록 하는 기기.

decision feedback system [–sístəm] **판정 피드백 방식** 보내진 데이터로부터 수신측에서 일정한 방식에 따라 오류의 유무를 검출하고 송신측에 정정 동작을 하는 방식. 정보 피드백 방식에 속한다.

decision flexibility [–flèksibíliti(ː)] **결정 자재성**

decision flow diagram [–flóu dáiəgræ̀m] **결정 흐름도**

decision function [–fʌ́ŋkʃən] **결정 함수** 자료를 분석하고 그 분석 자료를 최종적으로 결정할 때에 사용되는 자료. A. Wald에 의해 처음 사용되었다. 확률 변수의 조(組) X의 관측값을

$x=(x_1, x_2,\cdots, x_n)$

이라고 하고 x의 가능한 집합 X를 표본 공간이라고 한다. 통계적으로 추론 결정을 할 경우에 X의 가능한 확률 분포 θ에 관해서 추론 결정 가능한 집합 A를 액션 공간이라고 한다. X 위에 정의되고 값 영역이 A인 함수를 일반적으로 결정 함수라고 한다.

decision gate [–géit] **결정 게이트** 두 개 이상의 입력에서 하나의 출력을 가지며, 그 입력에 의한 출력량이 참(true)인지 거짓(false)인지 어느 것인가의 상태를 표시하는 논리 게이트(logic gate)이며, 비교기(比較器 ; comparator), 다수결 게이트(majority gate) 등이 있다.

decision grid chart [–grí(ː)d tʃáːrt] **결정 그리드 차트**

decision information [–ìnfərméiʃən] **결정 정보**

decision instruction [–ìnstrʌ́kʃən] **결정 명령, 판단 명령** 프로그램 중의 분기(branch) 부분으로서 사용되는 명령이며, 연산자의 대소 관계를 비교하여 분기와 조건부 비월(conditional jump)이라는 동작이 포함된다. 판단 명령(discrimination instruction)과 같은 뜻. 처리 결과가 저장되어 있는 레지스터 내용의 양(+), 음(−) 또는 제로인가의 여부를 하드웨어가 조사하여 지정된 번지에 시프트한다. ⇨ discrimination instruction

decision level [–lévəl] **결정 레벨, 결정 수준**

decision logic [–ládʒik] **결정 논리**

decision making [–méiking] **의사 결정** 의사 결정을 기업에서 각종 통계 자료에 기초하여 매니지먼트가 경영 목적 달성을 위하여 몇 개의 대체안 중에서 그 하나를 선택하는 것. 통계 자료의 작성으로부터 시작하여 대체안의 작성까지의 일련의 과정을 모두 컴퓨터로 처리하려고 하는 시스템이 의사 지원 시스템(DSS ; decision support system)이다. 또 분기한 많은 프로그램을 해독하기 쉽게 표 형식으로 기술하고, 각각의 조건이 성립되는가 성립되지 않는가에 따라서 선택해야 할 프로그램의 경로(path)를 표시한 것이 결정표(decision table)이다. 결정 가능성(decidability), 결정 문제(decision problem), 결정 절차(decision procedure)는 프로그램 기호 분야의 용어.

decision making complex [–kámpleks] **의사 결정 복합체**

decision making effectiveness [–iféktivnəs] **의사 결정 유효성**

decision making function [–fʌ́ŋkʃən] **의사 결정 기능**

decision making game theory [–géim θíəri(ː)] **의사 결정 게임 이론**

decision making information [–ìnfərméiʃən] **의사 결정 정보**

decision making process [–práses] **DMP, 의사 결정 과정**

decision making strategy [–strǽtədʒi(ː)] **의사 결정 전략**

decision making support system [–səpɔ́ːrt sístəm] **의사 결정 지원 시스템**

decision making system [–sístəm] **의사 결정 시스템** 경영 의사 결정을 돕기 위해서 필요한 정보를 컴퓨터에 의해서 제공하는 시스템. 내용은 기업 등의 경상적인 데이터를 주제로 하여 경영 지표를 내는 것이나 경영 의사를 가하여 시뮬레이션을 하는 것, 외부의 데이터 베이스를 이용하여 예측을 하는 것 등이 있으며 종래의 직감(육감)만으로 의사 결정하는 경향인 톱 매니지먼트에게 조금이라도 수치적인 판단 재료를 제공하는 것을 목적으로 하고 있다.

decision making tree[–tríː] **의사 결정 트리**

decision making utility function[–ju(ː)tíliti(ː) fʌ́ŋkʃən] **의사 결정 효용 함수**

decision mechanism[–mékənizm] **결정 기구** 문자 인식에서 입력 문자의 최종 형태를 받아 이 입력 문자를 구별하는 입력기의 부품.

decision model[–mάdəl] **결정 모델**

decision optimization[–àptimizéiʃən] **결정 최적화**

decision-oriented information display[–ɔ́(ː)riəntəd ìnfərméiʃən displéi] **결정 지향 정보 표시 (장치)**

decision plan[–plǽn] **결정 계획** 이것은 반드시 데이터 처리 장치를 사용해야 하는 것은 아니며 일반적으로 보고의 예외주의 시스템과 관련되어 있다. 즉, 어떤 정해진 사상(事象) 또는 조건을 만족시키기 위해 인간이나 기계 또는 그 둘의 조합에 의해 개발과 규칙에 따라 경영상의 결정을 하는 방법이다.

decision problem[–prάbləm] **결정 문제** 어느 형에 속하는 명제가 참인가 거짓인가를 결정하는 알고리즘이 존재할 것인가 여부를 논하는 문제. 즉, 「어떤 형에 속한 일련의 문제에 관해서 일반적이고 통일적인 풀이법이 있어 그 형에 속하는 어느 문제를 취해도 그 방법을 이용하면 유한회(有限回)의 조작으로 그 문제가 참(성립함)인가 거짓(성립하지 않음)인가를 판정하는 것이 가능하다. 그러한 방법이 존재하는가 아닌가를 연구하는 문제」이다. 튜링(Turing) 기계 이론에 따르면 결정 문제는 튜링 기계 계산에 귀착된다. 따라서 계산화 문제라고도 한다. 또 수학자 괴델(Gödel)이 도입한 괴델 수의 수법을 이용하면 계산화 문제는 자연수의 문제로 귀착되므로 이 방법을 산술화라고 한다.

decision procedure[–prəsíːdʒər] **결정 절차** OR(운용 과학) 분야에서 사용되며 컴퓨터를 이용한 결정 방식을 가리킨다. 컴퓨터에 의한 광범위한 자료에 의하여 그 결정 방식을 선택할 수가 있다. 일반적으로 축차 결정 방식인데 이것은 선택의 대상이 되는 행동의 형식이 몇 가지 있을 때 앞 스텝의 결과에 따라서 다음 스텝을 선택한다.

decision process[–prάses] **결정 과정**

decision risk[–rísk] **결정 리스크**

decision rule[–rúːl] **결정 규칙** 운용 결정을 위한 프로그램화된 실시간 시스템 사용 기준. 시스템이 사용하는 결정 규칙은 주기적으로 점검하는 것이 중요한데, 이것은 해결해야 할 문제의 성질이 시간이 지남에 따라 변경되거나 예기치 못했던 새로운 상황이 발생할 수도 있어서 주기적인 점검이 필요하다.

decision science[–sάiəns] **결정 과학**

decision space[–spéis] **결정 공간**

decision space technology[–teknάlədʒi(ː)] **결정 공간 기술**

decision split[–splít] **판단, 수행 분리** 판단 조건이 이루어지는 부분과 수행 프로그램 부분이 떨어져 있는 것. 이것은 IF 문에서 주로 사용되는데, 프로그램을 읽어들이는 속도가 아주 느리므로 불편하다. GO TO 문을 자주 쓰면 나타나는데, 프로그램의 기록성을 저하시키므로 피하는 것이 좋다.

decision-state method[–stéit méθəd] **결정 상태법**

decision-strategy[–strǽtədʒi(ː)] **결정 전략**

decision structure[–strʌ́ktʃər] **결정 구조**

decision support system[–səpɔ́ːrt sístəm] **DSS, 의사 결정 지원 시스템** 규모가 큰 프로젝트의 개시시에 이용되는 경우가 많으며, 많은 변동 요소가 복잡하게 관계되는 경영이나 정책 등의 분야에서 변동 요소의 데이터를 컴퓨터를 이용하여 분석하거나 모델을 사용한 모의 실험(simulation)을 행하여 영향을 판정하는 시스템. 문제가 정형적일 때는 즉시 해결 방안을 제시하고, 비정형적일 때는 분석을 통하여 각종 요인을 검토하고 요약 제시해주는 정보 시스템이다. 종래의 정보 시스템과는 달리 특정 문제 또는 일단의 문제 해결을 위해 구축되고 있다. 전용 데이터 베이스, 모델 베이스와 대화 생성 관리 시스템으로 구성되어 있다. 1970년대부터 급속히 진전되어 현재는 상당한 실용화가 이루어지고 있다.

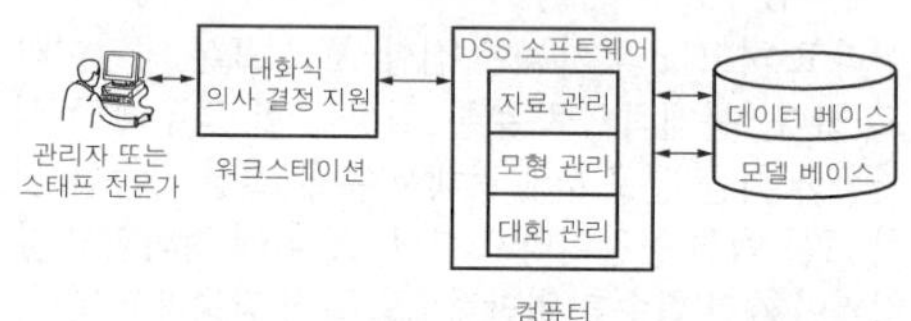

〈의사 결정 지원 시스템(DSS)의 구성〉

decision symbol[–símbəl] **판단 기호** ⇨ decision box

decision table[–téibəl] **결정 테이블, 결정표** (1) 문제를 분석할 경우에 생각할 수 있는 복잡한 모든 조건과 각 조건에 대하여 취해야 할 행동을 열거한 표. 논리 판단을 복잡하게 조합시킨 타입의 문제가 되면 현행 공통 언어에 의한 1차원적인 기술 방식이 반드시 최적인 것은 아니다. 보기 좋게 표현하기 위해 생겨난 흐름도나 프로그램 명세서에 대신한 것으로 애널리스트나 프로그램 등의 상호 통신에 사용되는 것뿐만 아니라 그 형식(form)이나 사용하는 자모(字母)에 제한을 가해서 컴퓨터가 읽혀지도록 하면 그대로 입력 언어로 사용되는 구성이 된다. (2) 의사 결정표 : 업무 기계화를 시작할 때, 업무 분석 기술 방법으로서 사용되는 것으로 조건과 그 결과를 가로 세로로 표에 명기하여 상호 관계를 표로 표시함으로써 처리 법칙을 에러 없이 기술하도록 하는 것.

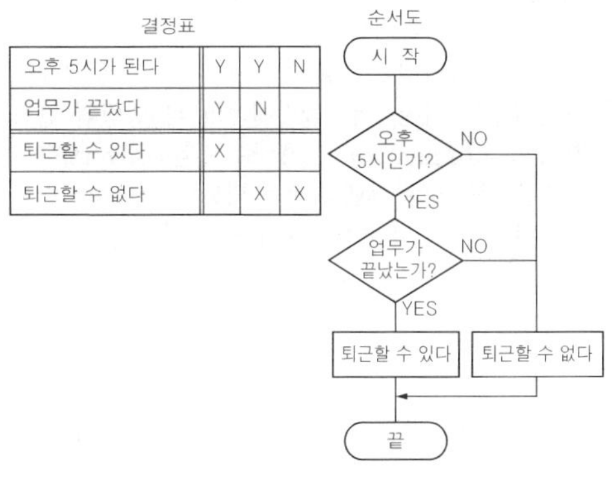

〈결정표와 순서도〉

decision table compiler [–kəmpáilər] **결정표 컴파일러** 결정표를 직접 컴퓨터에 입력할 수 있는 프로그래밍 언어. 그대로 컴퓨터 입력이 가능하므로 그 포맷, 사용하는 자모 등은 컴퓨터에 적합하지 않으면 안 된다. 구체적인 것으로는 FORTRAN과 결합한 FORTAB이라든가 COBOL과 엄밀한 관계를 가진 사무 계산용 DETAB-X 등이 있다.

decision task [–tá:sk] **결정 태스크**

decision theoretic approach [–θìərétik əpróutʃ] **결정론적 접근**

decision theoretic aid [–éid] **결정론적 지원**

decision theory [–θíəri(:)] **결정 이론** 의사 결정에서 문제의 설명, 그 방법의 선택 유도를 위한 모든 방법과 이론. 즉, 통계적 결정 이론이 중심이 되는 이론으로 가장 적절한 행동을 선택하는 과정을 연구하는 이론.

decision time [–táim] **결정 시간**

decision tree [–trí:] **결정 트리** 여러 단계의 복잡한 조건을 갖는 문제와 그 조건과 그에 따른 해결 방법을 트리 형태로 나타낸 것. 모든 비종점 노드가 하나의 결정을 나타내는 2진 트리.

decision tree analysis [–ənǽlisis] **결정 트리 분석**

decision variable [–vέ(:)riəbl] **결정 변수**

decisive start day and time [disáisiv stá:rt déi ənd táim] **확정 개시 일시**

deck [dék] *n.* **덱, 대(臺)** 보통 전표나 펀치 카드의 한 묶음. 한 조의 집합을 말하며 천공 카드(punched card)일 때는 프로그램 덱 또는 카드 덱(card deck)이라고도 한다. 보통 이 덱에는 고유의 이름이 붙여져 있다. 이것을 덱명(deck name)이라고 한다. 하나의 덱을 카드 판독 장치에 걸면 컴퓨터에는 하나의 파일이 입력된 것이 된다.

deck name [–néim] **덱명**

declaration [dèkləréiʃən] *n.* **선언** PL/I 프로그램 중에서 이름과 그 속성을 사용할 수 있게 설정하는 것. 즉, 어떤 언어의 원시 프로그램에서 그 프로그램의 번역에 필요한 정보. 즉, 변수, 프로시저, 함수명 등과 그의 자료형, 함수의 변환값, 함수나 프로시저의 인자 등을 정의하는 것.

declaration statement [–stéitmənt] **선언문**

declarative [diklǽrətiv] *a.* **선언 부분, 선언** COBOL 프로그램의 처리 절차부의 최초의 섹션 집합. 선언 부분 섹션을 사용하면 통상은 COBOL 프로그래머가 테스트할 수 없는 예외 조건이 생겼을 때 실행되고 처리 절차를 추출할 수 있다. 즉, 프로그래밍 언어에서 어떤 변수에 대하여 스토어(store)와 환경에 영향을 주기 위하여 정의할 수 있는 기능.

declarative knowledge [–nálidʒ] **선언적 지식** 직접 실행은 불가능하지만, 검색이나 저장은 가능한 지식이며 사실과 단언이 표현되는데, 전체 데이터 베이스 내에서 표현되는 지식이나 특징의 사실을 나타내는 주데이터 베이스의 지식을 말한다.

declarative language [–lǽŋgwidʒ] **선언 언어** 원시 프로그램 중에서 이용하는 수치나 변수 등을 어떠한 형식으로 사용할 것인지를 미리 정하도록 규정된 언어. 대부분의 고급 언어는 이 선언형으로 되어 있다.

declarative macro instruction [–mǽkrou instrʌ́kʃən] **선언 매크로 명령** 목적 프로그램의 명령을 생성하지 않는 매크로 명령으로서 컴파일러 또는 어셈블러에 관해서 어떤 조건이나 동작만을 부여할 뿐이다.

declarative-statement [–stéitmənt] **선언문** 프로그램의 일반적인 특성과 그 프로그램을 다루는 데이터의 특성을 지정하는 비실행문.

declarator [diklǽrətər] *n.* **선언자** 선언의 종류에는 형의 선언, 배열의 선언, 스위치의 선언, 절차의 선언 등이 있고, 프로그램에서 사용되는 데이터의 성질을 정의하고 그것에 명칭을 대응시키기 위한 선언문에서 사용되는 단어이다.

declarator name [–néim] **선언자명**

declare [diklέər] *v.* **선언하다** FORTRAN 언어 등에서의 프로그래밍에 있어서 그 프로그램으로 사용하는 변수나 배열(array) 등의 속성이라든가 언을 수 있는 값의 범위를 미리 컴파일러에 알려주는 것이다. 이것은 그 프로그램에서의 변수나 배열 몇 바이트분의 메모리를 확보하는가를 표시하고, 그 변수의 처리 방식 등도 결정한다. 변수에 대해서는 정수(integer)형, 실수(real)형, 문자(character)형 등을 지정할 수 있다. 또 그 변수가 수치를 취급하는 경우, 그 변수를 어느 정도로 연산하는가에 따라서 단정도(單精度) 또는 배정도(倍精度) 등의 선언도 행한다. 문자형의 경우에는 최대 몇 문자까지를 그 변수 데이터로서 취급할 수 있는지를 지시한다. 또한 배열 구조를 갖는 데이터의 경우에는 그 배열이 몇 차원의 것인지 또 각각 그 차원(dimension)에 대하여 그 배열이 취할 수 있는 최소 데이터값과 최대 데이터값과 최대 문자 수 등을 선언한다. 그리고 그 배열의 「정수형」이라든가 「실수형」이라고 하는 데이터의 형을 선언할 필요가 있다. 처리할 수 있는 변수의 형과 정도 등은 프로그래밍 언어에 의하여 제한이 있다거나 배열의 차수나 얻을 수 있는 값에 대한 제한이 있다. 또는 변수의 형과 배열에 대한 속성 등을 선언하지 않고 사용한 경우에는 미리 언어 내에서 결정된 규칙(rule)에 따라서 초기(default)값이 주어지는 경우가 있지만, 그 밖의 경우에는 오류(error)로 처리된다.

declare statement [–stéitmənt] **선언문**

DEC net **DEC 네트** DEC 네트의 구조는 DNA(digital network architecture)라고 하는데, 실제로 구조상의 개념과 이를 실현시키는 실제 방법상의 개념은 구분하기가 힘든 점이 많기 때문에 DEC 네트라는 용어로서 이러한 두 개의 개념을 통칭한다. DEC 컴퓨터 시스템에서 사용되는 프로그램과 프로토콜의 집합.

decode [di:kóud] *n.* **(부호)복호, 새김** 코드화하다(encode)와 대비되는 용어. 코드(부호)화된 데이터를 원래의 형(形)으로 변환하는 것을 가리킨다. 컴퓨터 등에서의 처리를 위하여 부호화된 문자를 인간에게 알기 쉬운 형으로 바꾸기 위하여 또는 다음 단락의 처리를 위하여 번역(translate)하는 것이다. 예를 들면, 「1」이라는 데이터를 어떤 규칙에 따라 「a」라 부호화한 것을 이전의 「1」이라는 데이터로 되돌리는 것이다. 이러한 「복호화」를 하는 회로 또는 장치를 디코더(decoder)라 부른다. 또한 복호화의 역 조작을 「부호화한다」고 하며, 이를 위한 회로 또는 장치를 인코더(encoder)라 한다.

decode cycle [–sáikl] **해독 기간** IR 중에 들어 있는 명령은 레지스터의 게이트, ALU 기능, 외부 장치와 같은 시스템 구성의 모든 것에 필요한 제어 신호의 집합 또는 시퀀스로 해독되는데, 실행 명령의 인출(fetch)-해독-실행에서 제2의 사이클을 말한다.

decoded operation [di:kóudəd àpəréiʃən] **해독 연산**

decoder [di:kóudər] *n.* **(부호)복호기, 디코더** 부호기(encoder)의 반대 용어로 사용된다. (1) 데이터를 어떤 부호화된 형으로부터 다른 형으로 바꾸기 위한 회로와 장치를 가리킨다. 입력 신호(input signal)의 조합에 따라 하나 또는 그 이상의 출력을 선택할 수 있는 매트릭스(matrix)로 되어 있는 경우가 많다. (2) 소프트웨어 분야에서는 프로그래밍 언어의 경우이며, 어셈블러에서의 각 명령의 간략 기억 코드(mnemonic code)로 변환(convert)하는 역할을 하는 프로그램의 것을 디코더(decoder)라고 하는 경우가 있다. 여러 개의 입력 단자와 출력 단자를 가진 장치로 입력 단자의 어느 조합 신호가 가해졌을 때, 그 조합에 대응하는 하나의 출력 단자에 신호가 나타나는 것이다. 디코더의 작용은 부호기 작용과 반대이다. 임의의 개수로 신호가 보내지는 복수의 입력선과 동시에 두 개 이상의 신호가 보내

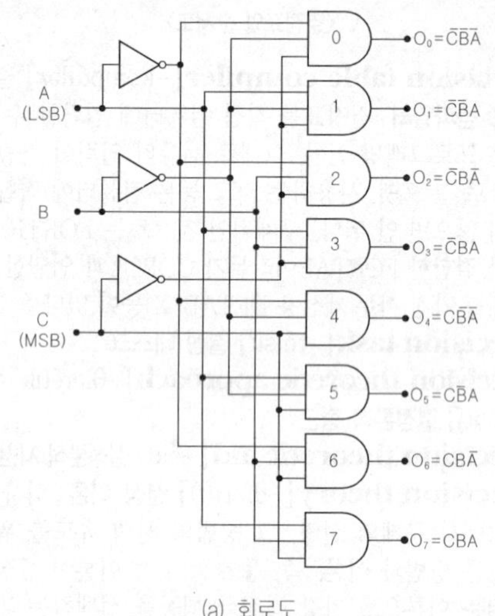

(a) 회로도

C	B	A	O_0	O_1	O_2	O_3	O_4	O_5	O_6	O_7
0	0	0	1	0	0	0	0	0	0	0
0	0	1	0	1	0	0	0	0	0	0
0	1	0	0	0	1	0	0	0	0	0
0	1	1	0	0	0	1	0	0	0	0
1	0	0	0	0	0	0	1	0	0	0
1	0	1	0	0	0	0	0	1	0	0
1	1	0	0	0	0	0	0	0	1	0
1	1	1	0	0	0	0	0	0	0	1

(b) 진리표

〈3×8 디코더의 회로도와 진리표〉

지는 일이 없는 복수의 출력선과의 사이에 일대일의 대응이 있는 기구.

decoder/driver [-dráivər] **디코더/구동 장치**

decoder error [-érər] **해독기 착오**

decoding [diːkóudiŋ] *n.* **암호 해독, 디코딩** (1) 이해할 수 없는 언어를 명확하게 번역하는 것. (2) 컴퓨터가 명령어의 뜻을 알아내는 내부 행동으로서 명령어의 주소부에도 적용된다. (3) 해석 루트 및 몇몇 서브루틴에서 컴퓨터가 루틴 내의 매개변수들의 뜻을 결정하는 행동.

decollate [dikáleit] *v.* **분리하다** 카드나 정보 또는 데이터 등을 각 부분별로 용지를 잘라 나누는 등의 의미.

decollating [dikáleitiŋ] *n.* **분리** 컴퓨터 시스템에서 리포트는 연속된 형태로 인쇄되는데, 이 경우 먹지로 여러 장의 복사본을 출력하게 되므로 레포트를 사용자에게 전달하기 전에 먹지를 빼고 각 사본을 한 장씩 나누는 분류 과정.

decollator [dikáleitər] *n.* **분리 장치, 분리기** 분리를 하는 장치.

decompiler [dikəmpáilər] *n.* **디컴파일러, 역컴파일러** 기계어로부터 원시 언어에 가까운 코드를 만들어내는 것으로 이 작업은 어려움이 많은데, 컴파일러에 대해 디스어셈블러가 어셈블러 출력에 대하여 하는 것과 비슷한 것을 시도하는 프로그램을 말한다.

decomposable production system [diː-kəmpouzéibl prədʌ́kʃən sístəm] **가분해 생성 시스템** 초기 데이터 베이스는 여러 개로 분리되어 그 각각에다 생성 규칙이 적용되어 독립적으로 처리될 수 있도록 해서 경로가 중첩을 피할 수 있게 한 생성 시스템.

decomposition [diːkɑ̀mpouzíʃən] *n.* **분해** 분해 작업을 할 때의 각별한 유의점은 그것이 갖는 정보가 손상되거나 손실되지 않도록 유지해야 한다는 것이며, 한 릴레이션 스킴을 함수적 종속적 또는 다시 종속성 등을 근거로 둘 이상의 작은 릴레이션 스킴으로 나누는 것으로 이 작은 릴레이션 스킴들은 원래 릴레이션 스킴들의 부분 집합이다.

decomposition tree [-tríː] **분해 트리** 루트 노드는 원래 릴레이션 스킴인데, 그 자식 노드들은 분해 결과의 각 릴레이션 스킴들에 해당하며, 그 자식 노드 릴레이션 스킴이 더 분해되면 그 노드의 자식 노드들로 표시하여 구성되는 트리. 각 노드가 한 릴레이션 스킴을 나타내어 분해되는 과정을 나타내는 트리라고 할 수 있다.

decompressed [diːkəmprést] *a.* **압축 해제된**

deconcatenation [diːkɑnkæ̀tənéiʃən] *n.* **연결 해제**

deconvolution [diːkɑ̀nvəlúːʃən] *n.* **디콘볼루션** 콘볼루션을 제거하는 연산. 아이소플라나티즘을 충족시키는 결상계에서는 점상(點像) 분포 함수를 $h(x, y)$라 하면 물체의 강도 분포 $o(x, y)$와 상의 강도 분포 $i(x, y)$ 사이에는

$i(x, y)=o(x, y)\phi h(x, y)$

라는 관계(ϕ는 콘볼루션을 나타내는 연산 기호)가 있어 점상 분포 함수가 커지면 상이 선명하지 않게 된다. 선명하지 않은 화상 $i(x, y)$가 주어지고, $h(x, y)$를 알고 있는 경우 위의 콘볼루션을 분리하여 물체 $o(x, y)$를 구하는 화상 처리 연산이 이에 해당한다. 코히어런트 필터링, 광전적 처리, 컴퓨터 처리 등 많은 방법이 고안되어 있다.

decoration [dèkəréiʃən] **수식(修飾)** 문법에서는 내용을 제한하거나 상세히 설명하는 것을 의미하지만, 컴퓨터에서는 문자에 그림자, 테두리, 밑줄, 반전 등을 적용하는 방법으로 글씨체를 강조해서 나타내는 것을 가리킨다.

decrease and mix color [díkriːs ɑnd míks kʌ́lər] **감색(減色) 혼합** 자연광을 흡수 물질로 흡수시켜 그 색을 표현하는 것. 이것은 컬러 인쇄의 기본적 기술 원리이다. ⇨ trichromatic

decrease color [-kʌ́lər] **감색** 이미지 파일에서 사용하는 색의 수를 줄이는 것. 또는 사이안, 옐로, 마젠타 등의 특정 색에 흡수시켜 자연색으로 표현하는 것.

decreasing failure rate [dikrísiŋ féiljər réit] **DFR, 고장률의 감소형** 시스템이나 기기를 구성하고 있는 부품의 고장 발생률이 시간과 함께 감소하는 경우를 가리키는 것이고 그 형을 총칭한다.

decreasing failure rate type [-táip] **고장률의 감소형** ⇨ decreasing failure rate

decrement [dékrəmənt] *n.* **감소분** 컴퓨터 용어로서는 「감분」, 「감소량」, 「디크리먼트」, 「감소하다」라고 하는 의미를 갖고 있다. 증분(increment)의 반대어로 쓰인다. (1) 변수(variable)의 값이 감소할 때 앞의 값과 새로운 값의 차를 가리키는 경우가 있다. (2) 프로그램 중에서 레지스터와 카운터의 내용을 −1, −2로 줄이는 동작을 의미한다. (3) 명령어(instruction word)의 수행(operand part)을 가리키는 경우도 있다. 이 경우 이 부분을 디크리먼트 필드(decrement field)라고 한다.

decrement counter [-káuntər] **감산 계수기** 특별한 지정이 없으면 1씩 감소하게 되는, 매 횟수마다 기억하고 있는 수치가 감소되는 계수기.

decrement field [-fíːld] **디크리먼트 필드** 기억장치의 어느 위치에 있는 내용 또는 레지스터의 내

용을 수정, 변경하기 위한 특별 명령어의 일부분.

decryption[dikrípʃən] *n*. **해독** 정보가 암호화되어 있을 때 실제로 그 데이터의 내용을 해독할 수 있도록 변환하는 것.

decryption key[–kíː] **해독 키** 보통 암호 키는 일반에 공개될 수도 있지만 해독 키는 공개되지 않으며 권한을 갖는 일부 사람만이 사용 가능하고, 암호화된 문서를 원래대로 복구하는 데 사용되는 키이다.

DECUS 데크 컴퓨터 사용자 협회 Digital Equipment Computer Users Society의 약어. 1961년 미국에서 소수의 디지털 컴퓨터 사용자들에 의해 설립된 단체로 미국, 유럽, GIA(General International Area ; 기타 지역)로 구분되며 전세계적으로 12만 명 이상의 회원을 가진 비영리 단체이다.

dedicated[dédikèitid] *a*. **전용** (1) 통신 장비의 전용선이나 기계 등을 의미한다. (2) 특정 목적을 위해 전용으로 설계되어 사용되는 시스템과 장치 등에 사용된다. 「범용의(general purpose)」와 대비되는 경우가 있다. 예를 들어, dedicated mode라고 하면 전용 모드로 번역되며 특정의 형과 카테고리의 데이터만을 처리하기 위하여 중앙 처리 장치에 접속되어 있는 주변 장치, 통신 장치, 원격지 단말을 특수한 이용자에 한하여 사용하도록 하는 방식을 가리킨다.

dedicated channel[–tʃǽnəl] **전용 채널** 특별한 목적과 그 응용을 위해서 사용되는 채널.

dedicated channel option[–ápʃən] **전용 채널 옵션** 어떤 특정 목적을 위해서 미리 예약된 채널로서 VM/370 가상 컴퓨터 선택 기능의 하나. 가상 기억 장치의 주소 변환이나 채널 스케줄링 등을 변환함으로써 가상 컴퓨터의 기능을 향상시킨다.

dedicated computer[–kəmpjúːtər] **전용 컴퓨터** 공업용 제어 컴퓨터, 가전 제품 등의 마이크로 컴퓨터 등과 같이 가격이 싸고 특정의 목적 처리에 대하여만 그 기능성이 높은 것. 이것은 특정 목적에 한해서만 사용할 수 있는 컴퓨터이다.

dedicated device[–diváis] **전용 장치** 특수한 용도에 맞추어 설계되어 다른 용도에는 사용할 수 없는 장치.

dedicated interface[–íntərfèis] **전용 인터페이스**

dedicated line[–láin] **전용 회선** leased line과 같은 뜻으로 쓰여진다. 데이터 통신 등에서 각 장치들을 연결하는 회선으로 그 연결된 장치들만 사용할 수 있는 회선. 그 밖의 다른 사람은 사용할 수가 없다.

dedicated line network[–nétwəːrk] **전용 회선망** 전용 회선으로 컴퓨터와 컴퓨터들을 연결한 전산 연결망.

dedicated memory terminal[–méməri(ː) tə́ːrminəl] **전용 메모리 단말기** 이러한 단말 장치는 화면 자료를 위해 1~2kB의 기억 장치를 갖는데, 기억 장치는 계속적인 화면 쇄신을 위하여 전용으로 사용되고, 처리기는 영상 기억 장치에 대하여 입출력이 가능하다. 전용 메모리 단말기들은 일반적으로 마이크로프로세서 시스템에서 볼 수 있다.

dedicated network[–nétwəːrk] **전용망** 특정한 응용 목적으로 구축되는 전산망.

dedicated purpose computer[–pə́ːrpəs kəmpjúːtər] **전용 컴퓨터**

dedicated register[–rédʒistər] **전용 레지스터** 어떤 특정한 데이터만을 취급하는 레지스터.

dedicated resource[–risɔ́ːrs] **전용 자원** 순차적 재사용 가능 자원이라고도 하며 한 순간에 한 명의 사용자만이 쓸 수가 있는 자원이다.

dedicated service[–sə́ːrvis] **전용 서비스**

dedicated storage[–stɔ́ːridʒ] **전용 저장 장소** 이것은 해당 조건, 즉 특별한 목적 문제를 위해 고정적으로 할당되는 기억 장소인데, 그 해당 조건이 만족될 때만 사용이 허용되어 보안 유지나 안전성이 높고 처리 시간도 단축된다.

dedicated system[–sístəm] **전용 시스템** 컴퓨터에서 하드웨어, 기계 장치, 프로그램 등의 시스템 각 부분을 특정 목적을 위해 설계, 작성, 운용하는 시스템. 프로그램은 ROM에 기억시켜 사용하고 마이크로컴퓨터는 초소형, 저가, 간편함으로 전용 시스템으로 많이 사용하고 있다.

dedicated trap cell[–trǽp sél] **전용 트랩 장소** 이 장소는 사용자 프로그램이 수정할 수가 없으며 특정 명령에 의해서만 처리가 가능하고 인터럽트 처리 루틴의 주소를 기억하는 목적으로만 사용되는 기억 장소이다.

dedicated word processor[–wə́ːrd prásesər] **워드 프로세서 전용기** 일반적인 사무 처리 능력은 갖추지 않고 단지 워드 프로세서 전용으로 만들어진 사무 기기.

dedication[dedikéiʃən] *n*. **전용**

deduction[didʌ́kʃən] *n*. **연역** 주어진 일반 사실로부터 특정한 사실이 참이라는 것을 유도해내는 추론 방법.

deduction completeness[–kəmplíːtnəs] **연역의 완전성** 한 논리절의 집합에 대하여 논리적 결과인 논리절을 추론 규칙의 유한한 적용으로 찾아낼 수 있을 때 이 추론 규칙이 연역의 완전성을 보장한다고 하는 것.

deduction theorem[–θíərəm] **연역 정리** 논리식들 F_1, …, F_n과 논리식 G가 주어졌을 때, 만약 논리식 $(F_1 \cdots F_n \rightarrow G)$가 유효식이라면, G는 $F_1 \cdots F_n$의 논리적 귀결이 된다. 이것이 연역 정리이다.

deduction tree[–trí:] **연역 트리** 절의 집합 S의 연역 트리는 초기 노드 각각에 S에 있는 한 절을 연결시키고, 바로 위 노드들에 연결된 절들의 도출에는 초기 노드가 아닌 노드들을 연결시킨 상향 트리.

deduction system[–sístəm] **연역 시스템** 주어진 전제들로부터 결론을 유도하는 증명 시스템으로 인공 지능 분야에서 연구되는 시스템의 일종.

deductive[didʌ́ktiv] *a.* **연역적** 반드시 이것이어야만 되며 그렇지 않으면 안 되는 것. 즉, A이기 위해서는 B여야 한다고 추론하는 것.

deductive capability[–kèipəbíliti(:)] **연역 능력** 이것은 일반적인 원리로부터 결론을 이끌어 낸다. 그러한 기본적인 이론이나 규칙.

deductive data base[–déitə béis] **연역 데이터 베이스** 연역이라는 것은 이미 알려진 사실과 규칙 기반으로 사용자의 질의에 답함을 뜻하며, 이것은 데이터 베이스가 제한된 능력을 갖는 것을 뜻하기도 한다. 연역 데이터 베이스는 논리 데이터 베이스나 연역 관계 데이터 베이스라고도 하며, 논리 프로그래밍과 관계 데이터 베이스 시스템의 결합체이기도 하다.

deductive inference[–ínfərəns] **연역적 추론** 유도된 사실보다 많지 않은 정보를 가진 새로운 사실을 유도하기 위해 연역적 추론 규칙을 확립하는 형태로서 형식 논리에서 주어진 전제들로부터 논리적 결과를 유도하는 과정.

deductive inference rule[–rú:l] **연역적 추론 규칙** 한 개, 그 이상의 주장들로부터 논리적으로 같거나 좀더 특수한 주장을 결론짓는 추론 규칙.

deep binding[dí:p báindiŋ] **심층 바인딩** 환경 추적을 위해서 스택 기법으로 기억 장소를 관리하는데, 전단계 스택에서 자유 변수의 선언 여부를 알아보고 선언되지 않았으면 다시 그 이전 단계로 이행하여 같은 작업을 반복 수행하게 되므로 심층 바인딩 탐색 시간이 길어져 비효율적이고, 스택 내의 탐색이 거의 선형이기 때문에 이러한 비효율성은 더 커진다. 이러한 단점을 보완하는 동적 바인딩 구현 방법의 하나이다. 자유 변수를 만나면 최초로 선언된 곳을 찾아서 환경을 추적해가야 한다.

Deep Blue[–blú:] **딥 블루** 1초 동안에 10억 가지 방법을 계산할 수 있는 체스 전용 컴퓨터. IBM이 개발하였다. 1997년 5월에 러시아의 체스 세계 챔피언인 갈리 카스펠로프와 대전하여 2승 1패 3무로 승리했다. 컴퓨터가 인간 체스 챔피언을 이긴 것은 사상 최초이다. 여기서 블루는 IBM 사를 상징하는 색이다.

deep knowledge[–nálidʒ] **심층 지식** 사실을 나타내는 지식으로 한정된 영역에 관한 이론, 원리, 공리, 보통의 교과서적 지식.

defacto[difǽktou] **디팩토** 공식적으로 인증 기관의 허가를 받은 표준 제품은 아니지만 업계 전반에 걸쳐 사실상의 표준으로 인식되고 있는 제품이나 기술. 문서 형태로 인증받은 것은 아니지만 업계와 사용자가 대부분 이를 표준으로 받아들이기 때문에 생겨난 시스템이라고 할 수 있다. 예컨대 모뎀 제어 명령인 AT, 컴퓨터 악기를 연결하는 미디 음원 규격인 GS 등은 각각의 업체가 개발한 독자 방식이었지만 산업 전반에 영향을 끼치는 동시에 후발업체에서도 이 규격을 지원했다는 점에서 디팩토로 분류할 수 있다. 디팩토로 인식되는 경우 특정 분야의 점유율을 높이는 도구로 사용될 수 있다.

defact standard[difǽkt stǽndərd] **업계 표준, 디팩트 스탠더드** 국제 표준에는 없지만 사실상 시장에서 거의 표준으로 인정받고 있는 기술.

default[difɔ́:lt] *n.* **생략시 해석, 생략값, 디폴트** 프로그램 속과 운영 체제(OS)의 제어문 등에서 어떤 종류의 선언문과 파라미터 등을 프로그래머가 지정하지 않아도 어떤 정해진 해석이 되는 것. 명시적으로 지정되어 있지 않는 경우에 선택되는 속성값 등에 관한 용어.

default condition[–kəndíʃən] **생략시 조건** 컴퓨터를 사용하기 쉽게 하는 기능으로 명령 등을 입력할 때 사용자가 지정하지 않으면 자동적으로 결정된 것으로 간주되는 조건. 표준값이라고 한다. ⇨ default

default assumption[–əsʌ́mpʃən] **생략시의 해석**

default attribute[–ǽtribjù(:)t] **생략시 속성**

default delivery[–dilívəri(:)] **생략시 전송**

default drive[–dráiv] *n.* **디폴트 드라이브** 사용자가 특별하게 지정하지 않는 경우 모든 작업이 디폴드 드라이브에서 일어나는데, 개인용 컴퓨터에서 현재 사용하고 있는 드라이브이다.

default error handler[–érər hǽndlər] **생략시 에러 처리 프로그램**

default file attribute[–fáil ǽtribjù(:)t] **생략시 파일 속성**

default function[–fʌ́ŋkʃən] **디폴트 기능** 예를 들면, 맨-머신 인터페이스 설계에 있어서 커맨드나 매개변수 입력을 생략했을 때 정보를 내부에서 보충하여 적절한 실행 제어를 하는 기능 등인데, 여러 개 가운데 어떠한 선택지를 선택하는가 지정하지 않았을 경우에도 프로그램 가운데 특정한 선택지를 선택할 수 있는 절차가 내장되어 있어 지정을 잊었더라도 적절한 결과가 얻어지게 설계되어 있는 것을 말한다.

default length [–lǽŋkθ] **생략시 길이**

default mass storage volume group [–mǽs stɔ́:ridʒ vɑ́ljum grú:p] **생략시 대용량 기억 볼륨 그룹**

default mode [–móud] **생략시 해석 모드**

default option [–ɑ́pʃən] **디폴트 옵션** 어셈블러나 컴파일러 등에서 옵션의 지정을 행하지 않았을 때 자동으로 취할 수 있는 옵션 값.

default precision [–prisíʒən] **생략시 정도(精度)**

default printer [–príntər] **생략시 인쇄 장치**

default program [–próugræm] **생략시 프로그램**

default prompt [–prɑ́mpt] **생략시 프롬프트**

default query [–kwí(:)ri(:)] **생략시 데이터 검색**

default reasoning [–rí:zəniŋ] **당연 추리** 시스템 처리시 정보가 부족할 때 반박할 정보가 없는 한 일련의 추측들이 있을 수 있는데, 즉 모든 정보가 유용할 수가 없으므로 이러한 추측들을 구성하는 것.

default rule [–rú:l] **디폴트 룰, 생략시 규제** 디폴트로서 취할 수 있는 값을 어떤 일정한 규칙에 따라 정하는 것. 일반적으로 가장 사용 빈도가 높은 것, 혹은 가장 사용 효율이 높은 것이 디폴트 룰로서 선정된다.

default specification file [–spèsifikéiʃən fáil] **생략시 명세 파일**

default storage group [–stɔ́:ridʒ grú:p] **묵시적 기억 공간 군(群)** 주어진 데이터 베이스에 대하여 데이터 베이스 수준에서 명시되지 않고 그 데이터 베이스에 적용되는 시스템 설정시 정의된 기억 공간 군.

default table space [–téibəl spéis] **묵시적 테이블 공간** 시스템이 자동적으로 지정한 새 테이블이 저장된 공간, 즉 일반 사용자가 물리적 기억 장치와 관련된 테이블 공간을 지정하는 일은 번거로우므로 DB2는 사용자가 이 인자를 생략할 수 있게 해준다.

default user name [–jú:zər néim] **생략시 사용자명**

default value [–vǽlju:] **디폴트 값** 프로그램에서 사용자가 값을 지정하지 않아도 컴퓨터 시스템 자체에서 저절로 주어지는 값.

defect [difékt] *n.* **결함** 디스크 장치에서 디스크 표면에 일어난 손상으로 사용할 수 없는 부분. 일반적으로 시스템에 존재하는 손상으로 인해 사용이 불가능한 부분을 가리킨다.

defective track [diféktiv trǽk] **결함 트랙**

Defense Advanced Research Projects Agency [diféns ədvɑ́:nst risə́:rtʃ prədʒékts éidʒənsi] **DARPA, 방위 고도 연구 기획점**

Defense Communications Agency [–kəmjù:nikéiʃənz éidʒənsi] **방위 통신국** MILNET과 같은 방위 데이터망을 관리하는 미국 국방 방위 통신국.

deferal mode [dífərəl móud] **지연 모드** 출력 도형 표시의 지연 정도를 제어하는 방법.

deferal state [–stéit] **지연 상태** 지연 모드와 자동 재표현 모드에 의하여 정해지고, 표시의 지연에 관해서 워크스테이션의 성능이나 응용 프로그램의 요구에 따른 제어 방법을 규정하는 상태.

deferred [difə́:rd] *a.* **지연형**

deferred addressing [–ədrésiŋ] **지연 어드레스 지정** 어드레스 지정의 한 방법이며, 미리 결정된 횟수만 또는 표지에 의하여 처리를 종료할 때까지 참조되면 간접 어드레스가 다른 간접 어드레스로 치환할 수 있는 것.

deferred checkpoint restart [–tʃékpɔ̀int ristɑ́:rt] **디퍼드 체크포인트 리스타트**

deferred constraint [–kənstréint] **지연 제약 조건** 어떤 트랜잭션 시행 전과 시행 후에는 만족되지만 트랜잭션의 시행중에는 만족되지 않는 제약 조건으로, 무결성 규칙 가운데 그 성질상 항상 만족될 수 없는 제약 조건.

deferred entry [–éntri(:)] **지연 입구** 비동기적 시간에 의하여 수행중이던 프로그램이 중단되고 미리 지정된 서브루틴으로 들어가는 것.

deferred entry/deferred exit [–difə́:rd égzit] **지연 입구/지연 출구** 이것은 중앙 처리기의 제어를 서브루틴이나 엔트리 포인트에 전함으로써 비동기 사건의 지연 입구를 유발시키고 이렇게 하여 중앙 처리기의 제어를 받았던 프로그램으로부터 지연 출구가 유발된다.

deferred exit 지연 출구 비동기적 사건이 발생하였을 때 수행중이던 프로그램이 잠시 중단되고 그 제어권이 다른 곳으로 넘어가는 것.

deferred maintenance [–méintənəns] **지연 보수**

deferred processing [–prɑ́sesiŋ] **지연 처리** 우선 순위가 낮거나 나중에 처리해도 문제가 없는 작업을 대기 상태로 두었다가 급한 작업을 먼저 처리한 후 나중에 처리하는 것.

deferred restart [–ristɑ́:rt] **디퍼드 리스타트, 지연 재가동** 조작원은 시스템 입력 판독 장치를 사용하여 시스템 가동 덱(deck)을 넘기게 되는데, 프로그래머가 작업을 다시 제출함으로써 실행되는 가동.

deferred step restart[-stép ristá:rt] **디퍼드 스탭 리스타트**

deferred storage[-stɔ́:ridʒ] **지연 기억 장소** 느린 장치로 출력되는 데이터를 디스크와 같이 빠른 장치에 잠시 기억시켰다가 조금씩 출력함으로써 CPU의 효율을 높이는 것. 스풀링과 비슷함. ⇨ spooling

deferred update[-ʌpdéit] **지연 갱신** 고장 회복 기법의 한 방법으로, 트랜잭션의 연산 실행 과정에서 변경된 데이터 값을 바로 물리적 데이터 베이스에 반영하지 않고 트랜잭션이 완료되거나 적당한 시기에 반영시키는 방법.

deferred updating[-ʌpdéitiŋ] **지연 갱신** 복수의 파일에 대한 변경용 데이터를 동시에 적용할 수 있도록 한 시점에서 파일을 갱신하는 기법.

define[difáin] *v.* **규정하다, 정의하다** 프로그래밍에서 어떤 프로그램에 사용하는 변수의 속성과 구체적인 수치를 미리 확정하는 것 등을 가리킨다. FORTRAN 등에서는 이러한 정의가 이루어지면 변수나 배열 요소에 값이 주어지고 프로그램 중에서 인용할 수 있는 상태가 된다. 또 이로부터 파생하여 시스템 전체의 동작을 좌우하는 요소를 결정하는 것을 define이라 부른다.

define constant statement[-kánstənt stéitmənt] **정수 정의문**

defined[difáind] *a.* **확정된** 변수나 배열 요소가 정의되고 있을 때 그 변수나 배열 요소는 확정적이라고 하며 FORTRAN의 용어이다.

defined item[-áitəm] **정의 항목**

defined variable[-vɛ́(:)riəbl] **정의 변수**

define statement[difáin stéitmənt] **정의문**

define storage statement[-stɔ́:ridʒ stéitmənt] **기억 장소 정의문**

define the file[-ðə fáil] **DTF, 파일 정의**

define the file macro instruction[-mǽikrou instrʌ́kʃən] **파일 정의 매크로 명령**

define the file table[-téibəl] **파일 정의표, DTF 테이블**

definite answer[définit á:nsər] **확정, 응답** 어떤 질의에 대한 응답으로 단 하나의 *n*-투플로 구성된 최소 응답, 논리합의 형태는 포함하지 않는다.

definite clause[-klɔ́:z] **확정 절** 이것은 → 의 머리에 하나의 양의 리터럴이 존재하는 혼(horn) 절로서 하나의 리터럴을 포함하는 혼 절(horn clause)의 한 형태.

definite data base[-déitə béis] **확정 데이터 베이스** 폐쇄 세계 가정에서 일치성을 만족하는 확정 절로만 구성된 데이터 베이스.

definite horn clause[-hɔ́:rn klɔ́:z] **확정 혼 절** 일차 프레디킷 논리에서 일반적인 절의 형태가 다음과 같을 때 $m=1$인 경우이다.

$Q_{1v}\,Q_{2v}\cdots Q_{nv} : P_1\,P_2\cdots P_n$

여기서, n, m : 0, P_i와 Q_i는 원자 공식.

definite response[-rispáns] **확정 응답**

definition[definíʃən] *n.* **정의** 어떤 용어의 정의. 즉, 그 뜻을 명확히 하는 것. 변수나 배열 요소에 값이 주어져 그것을 인용할 수 있는 형태로 만드는 것.

definition facility[-fəsíliti(:)] **정의 기능** 응용 프로그램과 데이터 베이스 간의 상호작용의 수단을 제공하는 것으로 하나의 데이터 베이스 저장 형태로 여러 사용자들이 요구에 맞도록 데이터를 기술해줄 수 있도록 데이터를 조작하는 기능.

definition file[-fáil] **정의 파일** 모든 키 데이터 요소들은 값 테이블에 대한 포인터를 갖고 있는데, 정의 파일은 데이터 구조에 대한 데이터 베이스명, 사용자 정의 함수, 스트링 정의, 각 부품에 대한 이름, 타입, 키 등에 관한 특징 등을 포함하고 있다.

definition macro[-mǽikrou] **정의 매크로** 여러 개의 명령을 하나의 상징적 명령으로 대체하는 것이 매크로이며, 이것을 사용하겠다고 프로그램 내에 선언하는 것을 말한다.

definition parameter[-pərǽmətər] **정의 파라미터**

definition statement[-stéitmənt] **정의문** 프로그램 언어에서 영역이나 상수, 테이블 등을 정의하는 명령.

definition tree[-trí:] **정의 트리** 트리에서 노드들의 위치는 상당히 중요한 의미를 가지며 화살표 방향이 항상 루트로부터 아래쪽으로 향하게 된다. 이러한 데이터 구조도를 계층 정의 트리 또는 단순히 정의 트리라 부른다.

deflation[difléiʃən] *n.* **수축**

deflection[diflékʃən] *n.* **편향** 빛이나 전자 빔 등의 진행 방향을 임의로 변화시키는 것. 또 편향기나 변조기를 사용하여 외부 신호(아날로그 혹은 디지털)에 대응하여 빛이나 전자 빔을 공간적으로 주사하는 것.

deflection method[-méθəd] **편차법** 측정하고자 하는 측정량을 직접적인 다른 반응으로부터 측정량을 파악해내는 것.

deflection system[-sístəm] **편향 시스템** 컴퓨터 그래픽의 관점에서 CRT의 핵심적인 부분으로 스크린에서 화상을 추적하는 데 사용되고, 정전기장이나 전자기장이 전자 빔의 편향을 제어한다.

defrag[difrǽg] **디프래그** 하드 디스크의 최적화에 사용되는 소프트웨어. MS-DOS 버전 6과 윈도 95 부터는 표준으로 내장되어 있다. ⇨ fragmentation

defragmentation [difrӕgmentéiʃən] **단편화 제거** 각 파일의 모든 부분들이 연속된 섹터로 쓰여질 수 있도록 하드 디스크 상의 모든 파일들이 새로 쓰여지는 과정. 이러한 정리 작업은 읽고 쓰는 동작의 효율을 높이기 위해서이다.

degauss [digáus] *v.* **소자, 소자하다, 자화(磁化)하다, 장치를 달다** 잔류 자화를 제거하는 것.

degausser [digáusər] *n.* **소자기, 자기 중화기** 자기 디스크나 테이프와 같이 자화에 의해 정보를 저장하는 매체에서 정보를 없애 버리거나 지우기 위해 사용되는 장치.

degradation [dèɡrədéiʃən] *n.* **성능 저하, 효율 저하** 가동 상태가 점점 나쁘게 되어 효율과 성능이 점점 저하되는 것.

degradation factor [–fǽktər] **성능 저하 인수** 컴퓨터 시스템에서 시스템을 재편성함으로써 성능이 얼마만큼 저하하는가를 표시하는 상태. 주기억 장치의 용량(memory capacity)을 줄이거나 CPU의 수를 줄이는 데 따른 실행 속도의 저하 등을 표시한다.

degradation failure [–féiljər] 기기(equipment)의 사용중에 그 기기를 구성하는 요소와 부품의 성능이 저하하고, 어떤 한계 조건(limited condition)을 초월했을 때 기기 전체로서의 기능이 손실되어 고장을 일으키는 것을 표시한다. 탈착이 빈번히 행해지는 네트워크에서는 접점이 열화(劣化)하고, 접점 불량이 생기기 쉬우며, 또 기록이나 판독이 빈번히 행해지는 플렉시블 디스크(flexible disk)의 트랙에서는 자성체가 없어져서 에러가 발생하기 쉽게 된다.

degradation testing [–téstiŋ] **성능 저하 시험** 극한 상황에서 시스템의 작업 능력을 측정하는 것.

degraded mode [digréidəd móud] **저하 모드**

degree [dígri:] *n.* **도(度), 정도** 물건, 일의 정도(수준), 상태를 말한다.

degree of blance of circuit [–əʌ bǽləns əv sə́:rkit] **회선 평형도**

degree of balance of installation [–instəléiʃən] **설비 평형도**

degree of balance of noise [–nɔ́is] **잡음 평형도**

degree of compounding [–kəmpáudiŋ] **직권도**

degree of consistency [–kənsístənsi(:)] **일관성 정도**

degree of coupling [–kʌ́pliŋ] **결합도**

degree of dispersion [–dispə́:rʃən] **산포도** 통계 집단 내의 자료의 분산 정도를 나타내는 것. 이러한 산포도는 통계 집단의 특성값을 추정할 때 그 특성값이 갖는 통계 집단에 대한 대표 능력을 판정하는 기준이 된다.

degree of feeding [–fí:diŋ] **공급도**

degree of freedom [–frí:dəm] **자유도** 변수의 수에서 구속 조건을 뺀 수, 즉 어느 좌표계를 표시하기 위하여 필요한 독립된 방향 성분의 좌표이다. 2차원에서는 x축과 y축의 두 개의 좌표에 의하여 또 3차원에서는 x, y, z 세 축에 의해서 전 좌표를 표시할 수 있으므로 각각의 자유도는 2, 3이 된다.

degree of hardness [–há:rdnəs] **경도(硬度)**

degree of integration [–ìntəgréiʃən] **집적도** 한 변이 수밀리인 실리콘 등의 칩(chip) 위에 반도체 기술을 이용하여 트랜지스터나 다이오드 등의 디바이스로 회로를 구성할 때 칩당의 소자 수.

degree of modulation [–madʒuléiʃən] **변조도**

degree of multiprogramming [–mʌltiprόugræmiŋ] **다중 프로그래밍 차수** 다중 프로그래밍 시스템에서 동시에 처리가 가능한 작업이나 프로그램의 수.

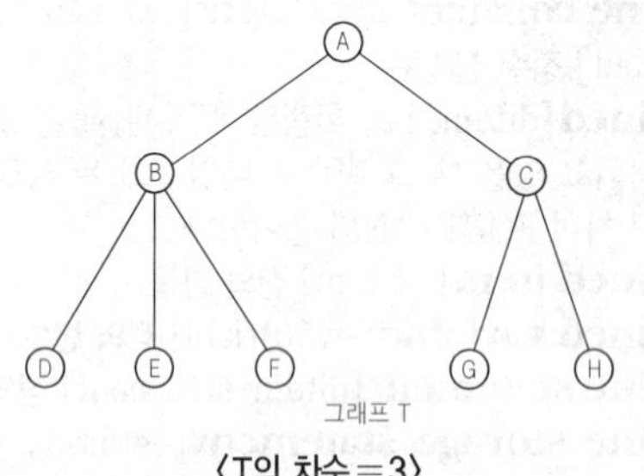

〈T의 차수＝3〉

degree of node [–nóud] **노드의 차수** 트리에서 한 노드의 가지로 배치된 노드의 수나 그래프에서 한 노드에 인접한 노드의 수.

degree of polynomial [–palinóumiəl] **다항식의 차수** 다항식에서 차수가 가장 큰 항의 지수값.

degree of staturation [–stӕtʃəréiʃən] **포화도**

degree of sequence [–sí:kəwns] **차수열** 그래픽에서 모든 정점들에 대한 차수들의 나열.

degree of start-stop distortion [–stá:rt stáp distɔ́:rʃən] **출발 정지 변형도**

degree of steadiness [–stédinəs] **작용 확도(確度)**

degree of superheat [–su:pərhí:t] **과열도**

degree of tree [–trí:] **트리의 차수** 트리 내의 각 노드들의 차수 중 가장 큰 값.

degree of unbalance[–ʌnbǽləns] **불평형도**

degree of vacuum[–vǽkjum] **진공도**

dejagging[didʒǽgiŋ] **재깅 제거** 컴퓨터 그래픽에서 도형을 표시할 때 생기는 선, 면 등의 울퉁불퉁한 계단 모양을 없애고 직선이나 곡선을 매끄럽게 하는 기술.

Dekker's algorithm **데커 알고리즘** 두 개의 프로세서의 상호 배제 문제를 하드웨어의 도움 없이 소프트웨어로 해결한 알고리즘.

DEL **지움** delete character의 약어. 아스키 코드의 127번 문자. DELete의 준말로 입력 도중 틀린 문자를 지우기 위한 것으로 천공 테이프 상의 잘못된 부호나 불필요한 부호를 삭제하는 데 쓰이는 특수 기능 문자.

Delaunay triangulation **델로네 삼각 분할** 평면상의 점의 집합에 대한 보로노이 다이어그램에서 인접한 모든 보로노이 다각형에 대응되는 두 점을 선분으로 연결하여 얻어지는 삼각 분할.

delay[diléi] *n.* **늦춤** 타이밍 등을 늦게 하는 것. 컴퓨터 본체와 주변 기기 사이에서 데이터의 주고받음에 있어서 본체가 데이터를 보내는 속도를 주변 기기가 데이터를 받아들이는 속도가 따라 잡지 못할 때에는 흔히 데이터를 전환하는 경우가 있다. 이러한 것을 피하기 위하여 컴퓨터 본체측에서는 하나의 데이터를 보낸 후 아무 것도 행하지 않는 루프(loop)를 만들어 타이머로 실행함으로써 시간적인 지연(delay)을 꾀한다. 이것에 계속하여 보내는 데이터와의 사이에 시간적 여유를 갖도록 주변 기기와의 사이에 정확히 데이터를 받거나 넘길 수 있도록 한다. 또 단말의 CRT 디스플레이로 처리 결과를 표시하는 경우 이용자는 너무 빠르게 표시하면 이해할 수 없기 때문에 인간의 눈에 맞도록 어느 정도 지연시켜 표시되고 있다.

delay chain[–tʃéin] **시간 지연 연쇄**

delay characteristics[–kæ̀rəktərístiks] **지연 특성**

delay circuit[–sə́:rkit] **지연 회로** 현재의 시간 간격 동안 신호의 전달을 의도적으로 지연하는 전자 회로.

delay counter[–káuntər] **지연 계수기** 컴퓨터 제어 장치에서 한 동작이 완료될 때까지 프로그램의 수행을 지연시키는 데 사용되는 계수기.

delay difference[–dífərəns] **지연차** 필터 등의 전자 소자를 통과할 때 나타나며 최대 주파수 지연과 최소 주파수 지연 간의 차이.

delay differential[–dìfərénʃəl] **지연차** ⇨ delay difference.

delay digit[–dídʒit] **지연 숫자** 입력 신호를 한 숫자 길이만큼 지연시키는 논리 소자.

delay distortion[–distɔ́:rʃən] **지연 변형(왜곡)** 데이터 전송에서 소요 주파수 대역 내에서, 데이터 전송로의 군(群) 지연 값이 주파수에 대하여 일정하지 않기 때문에 수신측에서 신호가 왜곡되어 일어나는 변형.

delayed[diléid] *a.* **지연된, 늦은** 늦어서 뭔가를 기다리는 혹은 얼마간 시간적 지연을 대기시키는 의미로 사용된다.

delayed assignment[–əsáinmənt] **지연 할당**

delayed branch[–brǽntʃ] **지연 분기** 라인 처리를 이용하여 명령어 수행을 고속으로 수행하는 컴퓨터에서 분기 명령이 주어질 때 일어나는데, 분기 명령 조건 값이 계산되고 있을 때 이미 그 라인에서는 다음 값을 읽고 있으므로 분기시 수행 순서가 엉망이 될 경우가 있으므로 NOD 명령을 넣어 혼란되지 않고 잘 수행할 수 있게 해야 한다.

delayed call[–kɔ́:l] **대기 호출** 데이터 통신계에서 회선과 장치에 공백이 없을 때, 그곳으로의 입력이 있었을 경우에는 그 입력을 기다리게 하는 것. 이 기다리도록 하는 입력(부름)을 대기 호출이라 한다.

delayed command reject[–kəmá:nd ridʒékt] **지연 명령 거부**

delayed control mode[–kəntróul móud] **지연 제어 모드**

delayed delivery[–dilívəri(:)] **지연 수신** 데이터 전송에서 착신 후의 단말이 기억 용량 등의 관계로 수신 불가능이 되었을 때, 교환망이 착신측 단말 대신 메시지를 수신하여 착신 단말이 수신 가능하게 되었을 때, 이 메시지를 교환망으로 송출하는 방식.

delayed output equipment[–áutpùt ikwípmənt] **지연 출력 장비** 처리가 끝났거나 처리 중인 자료를 시스템으로부터 제거하는 장치. 나중에 사용하거나 자료의 추가를 수행하기 위해서 제거된 자료를 보존한다.

delayed request mode[–rikwést móud] **지연 요구 모드**

delayed response[–rispáns] **지연 응답**

delayed response mode[–móud] **지연 응답 모드**

delayed space[–spéis] **지연 공간**

delayed time[–táim] **지연 시간**

delayed time processing[–prásesiŋ] **지연 시간 처리**

delayed time system[–sístəm] **지연 시간 시스템** 처리를 행하지 않으면 필요없는 데이터가 발생했을 때, 이 데이터의 양이 적으면 데이터가 일정량 쌓일 때까지 기다리도록 하는 처리 방식. 즉, 자료의 발생 즉시 처리하는 것이 아니라 중간 매체에 일정량 또는 일정 기간 모았다가 처리하는 시스템.

delayed transaction processing[–trænsǽkʃən prásesiŋ] **지연 변동 처리**

delayed update[–ʌpdéit] **지연 갱신** 어떤 특정 작업이 끝날 때까지 레코드의 갱신을 미루는 것.

delayed write[–ráit] **지연 기록** 운영 체제에서 디스크 입출력을 관리할 때, 기억 장치 버퍼에 있는 내용에 변화가 일어나면 즉시 디스크에 기록하지 않고 기다리는 것. 내용이 번번히 바뀔 때에는 효율적일 수 있으나 사용중 정전 등이 있으면 내용이 모두 소거되므로 위험하다.

delay element[diléi éləmənt] **지연 소자** 어느 주어진 시간 간격 후, 먼저 입력된 입력 신호와 본질적으로 같은 출력 신호를 출력하는 기구. 즉, 자료를 받아 일정 기간 지연시킨 후 전송하는 전자 회로나 그 장치를 말한다.

delay equalization[–ìːkwəlaizéiʃən] **지연 등화** 일반 전송로나 전송 시스템에서는 군(群)전파 속도는 주파수에 따라 달라지고, 그 때문에 신호 파형에 지연 변형이 생긴다. 이 변형을 보상하는 것을 지연 등화라 한다.

delay equalizer[–íːkwəlàizər] **지연 등화기** 고속으로 행하는 데이터 전송에서 주파수에 따른 신호 전달 지연 시간의 차이를 보정하기 위한 조작.

delay-feedback[–fíːdbæ̀k] **지연 피드백**

delay flip-flop[–flíp fláp] **지연 플립플롭**

delay/frequency distortion[–fríːkwənsi(ː) distɔ́ːrʃən] **지연/주파수 일그러짐** 특정한 조건하에서 어떤 대역 내의 주파수에 대한 최대 전송 시간과 최소 전송 시간의 차로 인해 전송 시스템 내에 발생하게 되는 일그러짐.

delay gate[–géit] **지연 게이트** 입력 펄스가 있을 경우에 단위 시간을 지연하여 출력 펄스를 내는 게이트.

delaying[diléiiŋ] **지연** 사상(事象)이 지연되는 시간 또는 파형을 어느 시간 폭만큼 지연시키는 것.

delaying circuit[–sə́ːrkit] **지연 회로** 사상 또는 파형의 입력시 지연시키는 회로.

delay input/output block[diléi ínpùt áutpùt blák] **지연 IOB, 지연 입출력 블록**

delay line[–láin] **지연선** 데이터 전송에 있어서의 신호의 전송에 관하여 전기 신호를 변환기 등에서 초음파 진동 등으로 변환하여 그 전달 속도의 지연을 이용하는 회로 소자. 목적으로 하는 지연을 일으키도록 설계된 선 또는 망으로 제1세대 계산기의 기억 장치로 이용되었다. 입력한 시간과 출력되는 시간과의 시간차를 기억 시간으로 이용하는 것이 많다.

delay line memory[–méməri(ː)] **지연선 기억 장치** 지연선, 즉 신호의 전달 속도가 늦은 선로를 이용해서 동적 기억을 시키는 장치. 전기적 신호의 전파 시간을 이용하는 전자(電磁) 지연선을 사용하는 것과 전기적 신호를 초음파로 변환하여 초음파 전파 시간을 이용하는 초음파 지연선이 있다. 동적 기억이기 때문에 항상 신호 재생을 요하는 것, 호출 시간이 긴 것 등의 결점이 있지만 비교적 싼 값으로 안정된 것이 이점이다.

delay line memory unit[–júːnit] **지연선 기억 장치** ⇨ delay line storage

delay line register[–rédʒistər] **지연선 레지스터** 피드백 수단, 지연선과 신호 재생을 통합한 유일한 레지스터로 직렬형 데이터의 저장은 계속적인 원 운동으로 성취된다.

delay line storage[–stɔ́ːridʒ] **지연선 기억 장치** 신호를 순환시킴으로써 기억시키는 장치. 시간 지연을 만드는 수단으로서는 초음파 전파 시간을 이용하는 것과 자기 드럼을 사용하는 것, 수동 전기 회로 등을 사용하는 것이 있고, 제1세대 계산기의 기억 장치로서 이용되었다.

delay line store[–stɔ́ːr] **지연선 기억 장치** ⇨ delay line storage

delay line synthesizer[–sínθəsàizər] **지연선 신시사이저** 이것은 최근에 자동 제어계의 제어 요소로서 주목받고 있으며, 아날로그 컴퓨터에서 시간 지연을 이용한 함수 발생기를 말한다.

delay loop[–lúːp] **지연 루프** 신호 전달 속도가 느린 전송 매체를 루프로 형성한 것. 이는 그 안의 신호의 유무로 정보를 저장하는 데 이용된다.

delay loop store[–stɔ́ːr] **지연 루프 저장** 지연 루프를 통해 0과 1의 비트 순서대로 전송하여 정보를 저장하는 방법.

delay memory[–méməri(ː)] **지연 기억 장치**

delay table[–téibəl] **지연 테이블**

delay time[–táim] **지연 시간** 어떤 한 가지 일이 끝나고 다음 일이 시작되는 시각 사이에 소요되는 시간.

delay timing[–táimiŋ] **지연 타이밍**

delay unit [–jú:nit] **지연 장치** 신호를 일정 시간 동안 지연시키는 장치.

delay updating [–ʌpdéitiŋ] **지연 갱신** 특정한 거래에 대한 모든 작업이 완결될 때까지 파일의 레코드 집합의 갱신을 미루는 방식.

delete [dilí:t] *v.* **지우기** 삭제하다. 지우다. 말소하다. 데이터나 파일의 일부 또는 전부를 소거하는 것을 나타낸다. 예를 들면, 프로그램 속의 버그가 발견되었을 때는 그 부분을 삭제하여 그 부분에 바른 문장(statement)을 입력하여 고친다. 또 실행이 종료되어 불필요하게 된 프로그램과 데이터 파일 등을 소거하는 일도 있다. 이외에 트랜잭션 파일과 마스터 파일을 비교하여 불필요하게 된 마스터측의 레코드를 무효로 하는 경우도 「삭제」라고 한다.

delete capable file [–kéipəbl fáil] **삭제 가능 파일**

delete character [–kǽrəktər] **DEL, 지움 문자** 틀린 문자나 불필요한 문자를 소거하기 위하여 사용되는 제어 문자. 특수 기능을 가진 문자의 일정이며 커서 위의 문자를 삭제하는 동작을 행한다. 단말로부터 이 지움 문자를 입력함으로써 틀리게 입력한 문자를 삭제할 수 있다. 이 「삭제하다」와 대비를 이루는 것에는 삽입한다(insert)가 있다. 주로 틀린 문자나 불필요한 문자를 소거하기 위하여 사용되는 제어 문자. 예를 들면, 천공 테이프에서는 이 문자는 각 천공 위치를 전(全)천공 위치로 한다.

delete code [–kóud] **삭제 코드**

deleted representation [dilí:təd rèprizentéiʃən] **삭제 표현** 그래픽에서는 정보가 없음을 나타내기도 하며 해당 표현이나 문자가 삭제되었음을 뜻하는 표시이다.

delete field [dilí:t fí:ld] **삭제 필드**

delete flag [–flǽ(:)g] **삭제 플래그** 세그먼트가 삭제되었는지 또는 삭제되지 않았는지의 지시에 사용되는 시스템 데이터를 구성하는 요소. 이것은 다중 세그먼트 타입 HISAM 데이터 베이스 내에 있는 모든 세그먼트에 저장된다.

delete key [–kí(:)] **지움(글) 키** 데이터를 없애는 키.

delete list [–líst] **제거 목록** F 규칙이 현재 상태에 적용될 때 비교 선택 치환에 의해서 제거 목록의 표현들에 적용되어 얻어진 기초 문자들은 새로운 표현을 구성하며 이전의 상태에서 제거되는 STRIPS 형태의 F 규칙을 형성하는 한 요소.

delete mode [–móud] **삭제 모드**

delete mode indicator [–índikèitər] **삭제 모드 표시기, DL 표시기**

deleter [dilí:tər] *n.* **제거자** dcomp가 임시 해결 그래프에서의 목적 상호작용 여부를 판단하기 위해 필요한 집합으로서 *j*번째 규칙의 *i*번째 전제 조건을 그래프에서 제거하면서 *j*번째 규칙의 선행 규칙도 아니고 자신도 아닌 F 규칙들의 집합.

delete rights [dilí:t ráits] **삭제권**

deleting [dilí:tiŋ] **제거**

deletion [dilí:ʃən] *n.* **삭제, 소거** 지정한 문자열을 지우는 기능을 갖는 데이터 베이스에 대한 조작 연산 중의 하나. 전후의 문자열은 꽉차는 경우와 공백이 되는 경우가 있다.

deletion anomaly [–ənáməli(:)] **삭제 이상** 릴레이션에서 한 투플을 삭제하게 되었을 때 삭제하지 않고 보존해야 될 다른 정보의 손실을 초래하게 되는 연쇄 삭제가 일어나게 되는 현상.

deletion record [–rikɔ́:rd] **삭제 레코드** 파일에 이미 존재하는 레코드를 대치하거나 삭제하기 위한 레코드.

delimit [dilímit] *n.* **구분, 분리, 경계 지정** 미리 경계를 정하고 한계(limit)를 고정하는 것. 또는 최대값, 최소값을 정하고 범위를 정하는 것. 컴퓨터 프로그램에서는 미리 한계를 정하여 데이터의 취급과 연산 자릿수, 필요한 메모리의 크기 등을 미리 결정하여 효율적인 상태로 한다. 특히 수치 연산과 화상 처리 등에서는 그 처리 범위가 중요하다. 처리 범위가 확대되면 당연히 처리 속도는 떨어지고, 처리 범위가 좁아지면 처리 속도는 올라간다. 또 연산의 자릿수가 많게 되면 처리 속도는 저하하고, 적게 되면 향상된다. 따라서 필요한 처리 속도, 정도(精度) 등을 고려하여 적당한 처리 범위를 줄 필요가 있다. 또 단말 장치(terminal)의 버퍼 길이와 프로그램의 1행의 길이 등도 미리 최대값이 정해져 있으며 최대값을 초월한 부분은 무효가 된다.

delimiter [dilímitər] *n.* **구분 문자** 일반적으로 텍스트 중의 문자열(string)을 목적에 따라서 특수 문자로 구분하는 경우와 프로그래밍 언어 중의 문법의 일부로서 구분을 표시하는 경우와 데이터 전송에 있어서의 텍스트의 개시, 종료를 표시하는 것 등 명확히 용도를 정해둔 경우가 있다. 전자의 경우에는 ( ), ; 등이 흔히 사용된다. 후자의 경우에는 COBOL에서는 「.」를 사용하고, C 언어에서는 「;」을 사용하지만, FORTRAN에서와 같이 공백을 사용하는 경우도 있다. 또 데이터 전송에서는 STX, SOH 등이 있으며, 각각 1바이트의 코드에 대응하고 있다.

delimiter card [–ká:rd] **구분 카드**

delimiter character [–kǽrəktər] **구분 문자** 입력 데이터의 항목을 구분하기 위한 문자.

delimiter macro instruction [–mǽkrou instrákʃən] **경계 매크로 명령**

delimiter statement[–stéitmənt] **구분 스테이트먼트, 분리문** 자료의 마지막 끝부분임을 나타내기 위하여 쓰이는 작업 제어문.

delivery[dilívəri(:)] *n*. **인도, 배달** 프로그램 개발시의 맨 마지막 주기의 단계. 이 단계에서는 프로그램이나 시스템이 실자료에 대해서 실행되기 위해 사용자에게로 온다. 어떤 것으로부터 다른 것으로 상태와 계산 결과 등의 필요한 정보를 건네주는 것. 예를 들면, 메인 루틴(main routine)으로부터 서브루틴(subroutine)으로 인수(引數 ; argument)를 인도하는 것이다. 또 데이터 통신(data communication)에 있어서의 데이터를 건네주는 것도 표시한다. 데이터 통신에서의 수수(受授)는 프로토콜에 따라서 행해지며 데이터를 송수(送受)한다. 이 밖에 컴퓨터 시스템을 도입측으로 하여 납품하는 것을 일컫기도 한다.

delivery confirmation bit[–kànfərméiʃən bít] **D–비트**

delivery data[–déitə] **인도 기일, 전 달일**

Dell.Computer Corp. 델 사 미국의 컴퓨터 제조 회사로 PA/AT 호환 기종으로 유명하다. 1984년 세계 최초로 사용자 직판 제도를 채택하고 세계 제3위의 PC 제조 회사로 성장했다.

Delphi[délfai] **델파이** 미국 제너럴 비디오텍스사가 운영하는 PC 통신 서비스의 하나로, 온라인 백과 사전 기능을 위해 1982년에 설립된 전반적인 서비스를 제공하는 온라인 컴퓨터 네트워크. 전자 우편이나 회의실과 같은 통신 서비스에서부터 여행 정보나 온라인 쇼핑, 유료 번역 서비스에 이르기까지 실용적인 정보가 다양하다. Delphi를 통해서 DIALOG 등 미국 내의 주요 데이터 베이스에 접속할 수 있다.

Delphi method[–méθəd] **델파이법** 그리스 Delphi라는 신화에서 이름이 붙여진 예측 방법이며 미국의 랜드 연구소에서 1964년에 개발하였다. 이 방법은 예비 테마에 대해서 그것에 따른 몇 개 분야의 다수의 전문가에게 전회(前回)까지의 결과를 나타내면서 몇 회씩 반복하여 앙케이트를 한다. 어떤 내용의 실현 가능 시기를 수납시켜 가는 직관적 예측 방법이다. 이른바 논리적인 예측 방법이 아니라 실험적, 체험적인 방법이다.

delta modulation[déltə mɑdʒuléiʃən] **델타 변조** 아날로그 파형은 연속적인 파형이므로 현재의 표본화한 값과 다음 표준화값이 급격히 변하지 않는다는 전제 하에 과거의 표본값에서 다음 표본값을 예측할 수가 있고, 예측한 값에는 어느 정도의 오차는 피할 수 없다. PCM(pulse code modulation)은 좋은 변조 방법이나 매 표본마다 다수의 비트를 필요로 하는 단점을 개선한 것이 델타 변조이다. 델타 변조는 양자화 레벨을 일정하게 정하고, 현재의 표본화값과 다음 값과의 차이를 1비트로 표시한다. 즉, 현재값보다 다음 표본화값이 크면 “1”, 작으면 “0”을 부여한다.

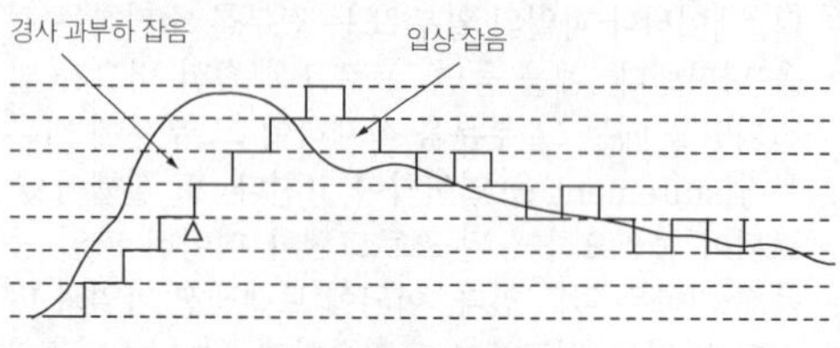

〈델타 변조에 의한 파형〉

delta routing[–rú:tiŋ] **델타 경로** 중앙 집중과 고립 제어를 혼성한 예로서 TRANSPAC에서 채용하고 있는 방식. 여기서 일단 회로가 확립되면, 정해진 경로를 따라 패킷을 전송한다.

demagnetization[di:mæ̀gnətɑizéiʃən] *n*. **자기 제거** 자기 디스크나 테이프에 저장된 정보를 지우는 조작. ⇨ degausser

demand[dimǽ:nd] *n*. **요구, 디맨드** 버퍼가 할당되지 않으며 입출력 동작이 데이터 처리 작업과 병렬적으로 일어나지 않고, 새로운 블록을 읽거나 쓸 필요가 있을 때, 해당하는 명령을 지시하는 입출력 프로그램 작성 기법.

demand-adaptive urban public transportation system[–ədǽptiv ə́:rbən pʌ́blik trænspɔ:rtéiʃən sístəm] **디맨드 적응형 도시 공용 교통 시스템**

demand analysis[–ənǽlisis] **수요 분석**

demand assignment[–əsáinmənt] **요구 할당** 채널에 대한 접근 순서를 정의하기 위하여 각 스테이션에 대하여 제어 정보를 전송시키는데, 고정 할당과는 달리 동작국에만 채널을 할당함으로써 대역폭의 낭비를 피하는 것이다.

demand assignment multiple access system[–mʌ́ltipl ǽkses sístəm] **요구 배당 다중 액세스 방식**

demand buffering[–bʌ́fəriŋ] **요구 버퍼링** 프로그램에서 read라는 명령이 주어지면 할당된 버퍼에 데이터를 읽어들여 사용하고, 제한된 주기억 장치의 버퍼 공간을 사용자에게 최적으로 준비하기 위해 버퍼 관리자가 사용자의 요구에 따라 버퍼 공간을 할당한다.

demand bus system[–bʌ́s sístəm] **디맨드 버스 시스템**

demand charge[–tʃá:rdʒ] **수요 전력 요금**

demand control[–kəntróul] **디맨드 제어**

demand curve[–kə́ːrv] **수요 곡선**

demand estimate[–éstimeit] **수요 상정**

demand factor[–fǽktər] **수요율**

demand fetch[–fétʃ] **요구 인출** 다중 프로그래밍 시스템이나 보조 기억 장치에서 프로그램 등을 디스크에서 주기억 장치로 옮기는 방식의 하나로서 그 프로그램 등이 실제로 필요할 때 옮기는 방식.

demand fetch strategy[–strǽtədʒi(ː)] **요구 채취 전략**

demand file[–fáil] **요구 파일**

demand forecast[–fɔ́ːrkàːst] **수요 예측** 여러 분야에 걸친 기본 계획 수립을 하기 위해서 경제 현상에 관련된 각 요인을 추출하고 그의 수량적 관계를 밝히는 것.

demand forecasting[–fɔ́ːrkàːstiŋ] **수요 예측**

demand interval indicator[–íntərvəl índikèitər] **수요 시한 표시기**

demand mode[–móud] **디맨드 모드** 파일의 판독/기록 등을 할 때 입출력용의 버퍼 영역(buffer area)이 필요하게 된다. 이때 버퍼 영역을 하나만 준비해두는 방식을 말한다. 두 개 준비해두고 변환하는 스탠드바이 방식(standby mode)과 대비된다. 스탠드바이 방식 쪽은 주기억 영역이 「2배」 필요하며 처리 「효율」은 높다.

demand paging[–péidʒiŋ] **요구 페이징** 프로그램의 실행중에 필요하게 된 시점에서 보조 기억 장치(auxiliary storage)로부터 주기억 장치로 페이지를 전송하는 것. 선행 페이징(anticipatory paging)과 대비된다.

demand paging scheme[–skíːm] **요구 페이징 방식** 주기억 장치가 있어 페이지라는 일정 크기로 나뉘어져 고속 디스크와 주기억 장치 사이에 페이지 단위로 정보를 교체할 수 있는 방식으로, 주기억 장치에 있지 않는 데이터나 코드가 요구되면 페이지 결함이 생기게 되는 운영 체제에서 이용하는 주기억 장치 관리 방식의 한 가지.

demand possibility area[–pɑsibíliti(ː) ɛ́(ː)riə] DPA, **수요 가능 영역**

demand possibility frontier[–frʌ́ntiər] DPF, **수요 가능 변경**

demand print system[–prínt sístəm] **디맨드 프린팅 방식** 컴퓨터 시스템 운용 관리의 에너지 절약화를 도모하는 방향으로서 대학의 컴퓨터 센터 등에서 실용화되어 가고 있는데, 일괄 처리의 라인 프린터로의 출력 결과를 작업 종료시에 인쇄하지 않고 모두 스풀의 출력 파일에 보존하면서 토큰 리더 등으로부터 입력되는 사용자의 출력 요구에 의하여 라인 프린터로 인쇄하여 사용자에게 출력하게 하는 방식이다.

demand processing[–prɑ́sesiŋ] **요구 처리** 컴퓨터 이용 형태의 하나. 이것은 「요구시」 처리라든가 「즉시」 처리라고도 말할 수 있다. 일반적으로는 통신 회선이 개재하고 있는 경우가 많으나 데이터가 (중앙의) 컴퓨터에 도착한 시점에서 데이터량의 「다소」에 관계없이 「바로」 처리 결과로 되돌리는 것을 가리킨다. 바꾸어 말하면 입력 데이터를 보조 기억 장치 등에 「축적해두지 않는」 것이 된다. 타임셰어링(TSS) 방식을 가리키는 경우도 있다. 컴퓨터 측에서 보면 데이터의 처리를 요구시에 바로 행하는 형태를 말한다.

demand processing system[–sístəm] **요구 처리 방식**

demand reading[–ríːdiŋ] **디맨드 리딩, 요구 판독** 중앙 처리 장치에서 필요할 때 자료의 블록을 입력해서 즉시 처리하는 방식.

demand-responsive transportation system[–rispɑ́nsiv trænspəːrtéiʃən sístəm] **수요 응답 교통 시스템**

demand-scheduling model[–skǽdʒuliŋ mɑ́dəl] **수요 스케줄링 모델**

demand staging[–stéidʒiŋ] **요구 이송** 예상에 의하지 않고 응용 프로그램의 요청에 의해 디스크로부터 주기억 장치로 데이터를 옮기는 것.

demand-supply model[–səplái mɑ́dəl] **수요-공급 모델**

demand-supply-resource interaction[–risɔ́ːrs intərǽkʃən] **수요-공급 자원 상호 관계**

demand writing[–ráitiŋ] **요구 기록** 중앙 처리 장치로부터 필요할 때 자료의 블록을 출력하기 위한 조작. 그 자료는 저장 장치가 없으며 즉시 처리된다.

DEMATEL 데마텔 decision making trial and evaluation laborator의 약어.

demo[démou] *n*. **데모** 소프트웨어나 하드웨어의 성능이나 기능을 보여주기 위한 시범 또는 전시.

demodifier[dimɑ́difàiər] **디모디파이어** 기본 명령을 그 본래의 값으로 되돌리는 데 사용하는 데이터의 한 요소.

demodulate[dimɑ́dʒulèit] *v*. **복조하다** 변조하다(modulate)의 반대어로 변조 반송파를 수신하고 반송파를 제거하여 원래 보내진 신호를 잡아내는 것. 예를 들면, FM 변조(frequency modulation)된 음성 신호로부터 원래의 음성을 「복조하는」것을 나타낸다. 통신 네트워크를 경유하여 데이터를 전송하는 경우에는 데이터 신호로 변조를 행한 반송파 신호(carrier signal)를 송수(送受)한다. 수신측에서는 이것을 원래의 데이터 신호로 되돌릴 필요가 있으며 일반적으로는 변복조 장치(MODEM)에 의하여 실현된다. 이 작업도 demodulate이다.

demodulation [dimàdʒuléiʃən] *n.* **복조** 변조를 받아 보내오는 신호로부터 원 신호를 추출하는 조작.

demodulator [dimádʒulèitər] *n.* **복조기** 복조를 담당하는 회로 부분이나 기구 등. 변조된 신호를 원래 신호로 복원하는 기능 단위. 전기적 펄스나 비트로 바꾸어주는 장치로 변조 방식에 따라 포락선(包絡線) 검파기, 주파수 판별기, 동기 검파기, 지연 검사기 등 많은 종류가 있다.

demonstration [dèmənstréiʃən] *n.* **전시, 데몬스트레이션** 규정의 신뢰도 목표를 달성했는가를 나타내는 표시. 확인 표시라고도 한다.

demonstration program [–próugæm] **전시 프로그램** 응용 프로그램의 기능이나 조작법 등을 소개하는 프로그램.

demonstration testing [–téstiŋ] **전시 검사** 시스템 기본 능력과 한계를 나타내기 위한 검사.

demonstration version [–vəːrʃən] **데모, 전시용 버전** 제품 소개용 프로그램으로 제작 업체에서 정한 순서에 따라서만 동작을 재생한다. 주로 자사 제품의 소개시에 사용한다.

demo program [démou próugæm] **전시 프로그램** 어떤 시스템의 성능을 보이기 위한 목적으로 만들어진 프로그램.

demo software [–sɔ́(ː)ftwὲər] **데모 소프트웨어** 회사들이 프로그램을 개발하여 시판하기 전에 맛보기용으로 배포하는 프로그램으로 사용에 제한이 많다. 가장 탐나는 기능만 할 수 없게 되어 있거나, 만들어낸 것을 저장할 수 없는 경우도 있고, 모든 기능이 다 동작하지만 며칠이 지나면 동작이 안 되는 등의 제한이 있을 수 있다. 데모 프로그램은 대개 제작사의 웹 사이트에서 다운로드하여 사용해 볼 수 있다.

De Morgans theorem **드 모르간의 정리** A, B가 2값 명제로 할 때 다음 두 식이 성립한다.

$$\sim(A \vee B) = \sim A \cdot \sim B$$

$$\sim(A \cdot B) = \sim A \vee \sim B$$

이것을 드 모르간의 정리라고 한다. 이것은 n개의 명제에까지 확장할 수 있다. 즉,

$$\sim(X_1 \vee X_2 \vee \cdots \vee X_n) = \sim X_1 \cdot \sim X_2 \cdots \cdot \sim X_n)$$

$$\sim(X_1 \cdot X_2 \cdots \cdot X_n) = \sim X_1 \vee X_2 \vee \cdots \vee \sim X_n$$

논리 대수 성질의 하나로 이것을 이용하면 어떤 논리 회로도 NAND와 NOR를 사용하여 맨 위의 두 식처럼 간단히 나타낼 수가 있게 된다.

DEMOS **디모스** Dendenkosha multiaccess on-line system의 약어. 대형 컴퓨터를 이용하여 과학 기술에 필요한 계산을 위한 온라인 공동 이용 서비스를 제공하는 시스템.

demount [diːmáunt] *v.* **제거하다** 자기 테이프 장치나 자기 디스크 장치로부터 자기 테이프(릴)와 자기 디스크(팩)를 떼어내는 것. 하나의 컴퓨터 처리가 종료되었을 때와 처리 도중에 다 사용한 파일의 볼륨을 다른 볼륨과 교환할 때 등에 필요하다. 이것과 반대되는 조작을 부착(mount)이라고 한다. 일반적으로 부착한 것은 제거(demount)할 필요가 있다.

demountable [diːmáuntəbl] *a.* **분해 가능한** 자기 디스크 등에서 분해가 가능한 형식의 것을 형용할 때에 흔히 쓰인다.

demountable volume [–váljum] **분해 가능 볼륨**

demultiplexer [dimʌ́ltiplèksər] **DEMUX, 디멀티플렉서** 데이터 분배 회로(data distributor)라고도 하며, 한 개의 선으로부터 입수된 정보를 받아들임으로써 N개의 선택 입력에 의해 2^N개의 가능한 출력선 중의 하나를 선택하여 정보를 전송하는 조합 회로. 출력선의 선택은 선택 입력의 비트 조합에 의해 결정된다.

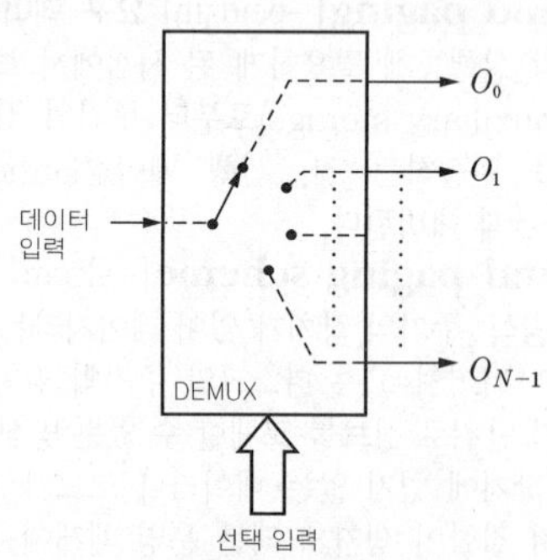

〈디멀티플렉서의 기능도〉

demultiplexing [dimʌ́ltiplèksiŋ] **디멀티플렉싱** 하나 이상의 정보 전달 회선을 그 이상의 정보 전달 회선으로 분할한 것.

DEMUX **디멀티플렉서** ⇨ demultiplexer

DEN directory enabled networks의 약어. 마이크로소프트 사와 미국 Cisco Systems 사가 공동 개발한 통합 네트워크. 사용자 프로파일, 응용 프로그램, 그리고 네트워크 서비스를 통합하는 것으로, 네트워크 관리자에 의한 총소유 비용의 삭감이나 1 지점부터의 집중 관리가 가능해진다. 한편, 사용자

측은 그 지리적인 위치에 상관없이 일정한 확장된 서비스를 받을 수 있도록 되어 있다.

denary [dí:nəri(:)] *n*. **10치, 10진, 10진법** 10개의 서로 다른 값 또는 상태를 취할 수 있도록 한 선택, 또는 조건으로 특성이 붙여진 것을 표시하는 용어. [주] 10진, 10진법 : 고정 기수 기수법에서는 기수로서 10을 취하는 것과 그러한 방식.

Dendenkosha immdiate arithmetic and library system DIALS, 다이얼스

Dendral 덴드럴 성분을 모르는 화합물 시료의 질량 스펙트럼과 핵자기 공명 스펙트럼 데이터로부터 그 성분과 분자 구조를 추측해내는 시스템으로 1970년 말에 만든 화학 분석용 전문가 시스템이다.

dendrogram 역트리형도 샘플들이 그룹화되는 과정을 나타내는 트리 형식의 그림.

denial of service attack [dináiəl əv sə́:rvis ətǽk] **서비스 거부 공격** ⇨ DoS Attack

denotational sementics [di:noutéiʃənəl sí:mentiks] **표기 의미론** 의미를 규명하는 데 수학적 개념을 도입하여 수학적 논리를 적용하는 심벌들의 의미를 체계적으로 규정하는 방법 중의 하나로서 프로그램의 의미를 프로그램 구문 요소로부터 상태 천이 함수로의 함수(범함수)로 취해 그 최소 부동점으로서 프로그램의 의미를 부여하는 프로그램의 의미를 기술하는 수학적 이론.

dense binary code [déns báinəri(:) kóud] **조밀 2진 코드** 자료를 2진수로 나타낼 때 2진 형태의 가능한 모든 상태의 코드가 사용된 코드.

dense file [–fáil] **조밀 파일** 데이터 필드의 내용이 모든 레코드마다 동일하게 반복될 때에는 중복성이 존재하게 되는데, 특정 목적에 유용한 정보를 제공하기 위한 파일의 한 형태.

dense index [–índeks] **조밀 인덱스** 파일 내에서 각 코드에 대한 각각의 항(entry)을 갖는 인덱스.

dense matrix [–méitriks] **조밀 행렬** 행렬의 값이 이미 의미 있는 값으로 채워져 있는 행렬. sparse matrix와 대비된다.

density [dénsiti(:)] *n*. **밀도** 데이터의 기록 밀도를 말하는 경우가 많다. 기록 밀도는 단위 길이, 단위 면적당 기록할 수 있는 비트 수이며, 단위로서 BPI(bit per inch)는 자기 테이프, 자기 드럼, 플로피 디스크 장치(FDD) 등의 성능을 표시하는 데 사용된다. 또 FDD에서는 인치당 몇 개의 트랙이 존재하는지를 나타낸 것을 trade 밀도라 부르며, 단위는 TPI(track per inch)로 표시한다.

density modulation [–mɑdʒuléiʃən] **밀도 변조**

density modulation tube [–tjú:b] **밀도 변조관**

density of scanning [–əv skǽniŋ] **회선 밀도**

density of states [–stéits] **상태 밀도**

density of states effective mass [–iféktiv mǽs] **상태 밀도 질량**

Department of Defence [dipá:rtmənt əv diféns] **미국 국방성** ⇨ DoD

department store system [–stɔ́:r sístəm] **백화점 시스템** EDPS를 도입하여 경영 관리의 계획 결정, 거래, 보정 처리, 명령 하달 등을 처리하는 시스템. 이 시스템에서의 처리 목적은 EDPS의 활용으로 각 상품의 조사, 재고, 당일 판매량 등의 카드 기입 등으로 다음의 구입 주문 신청 등을 신속히 결정할 수 있게 된다.

departure rate [dipá:rtʃər réit] **출발률** 대기 행렬 시스템(queuing system)에서 작업의 처리가 끝나고 그 시스템을 벗어나는 비율. 즉, 단위 시간당 처리되는 작업의 수.

departure time [–táim] **출발 시간** 응용 프로그램의 수행을 마치고 운영 체제 프로그램으로 다시 되돌아가는 시간.

dependence [dipéndəns] *n*. **종속, 의존**

dependency [dipéndənsi(:)] *n*. **종속성, 의존성** 추론 규칙의 적용 결과로서 만들어지는 전제부들과 결론부 간의 관계.

dependency graph [–grá:f] **종속성 그래프** 무결성 유지를 위해 트랜잭션 수행 순서를 적절하게 유지해야 할 필요성이 있고, 트랜잭션의 수행 순서가 무결성을 유지하는가 못하는가의 검사를 위해 종속 그래프를 이용할 수 있다. 이 그래프의 노드는 트랜잭션을 나타내고 연결선은 트랜잭션 간의 종속 관계를 나타낸다.

dependency structure [–strʌ́tʃər] **의존 구조론** 단어의 의미가 서로의 단어에 의존하여 정해지는 것에 유의하여 문장 속의 동사는 독립된 것으로 하고 목적부나 부사부는 그것에 의존하는 것으로 분석하는 기계 번역에서의 문장의 분석 방법. RAND 사의 D.G. Hays가 고안한 방법이다.

dependency theory [–θíəri(:)] **종속성 이론** 데이터 베이스 정규화에 관한 이론.

dependent [dipéndənt] *a*. **종속의, 의존하는**

dependent contact [–kántækt] **공동 접점**

dependent failure [–féiljər] **종속 고장**

dependent job control [–dʒá:b kəntróul] **의존 작업 제어**

dependent power operation [–páuər àpəréiʃən] **파워 의존 동작**

dependent record type [–rikɔ́:rd táip] **종속 레코드 타입** 계층 정의 트리의 최상위 루트 레코드 타입을 제외한 그 밖의 다른 레코드 타입.

dependent segment[-ségmənt] **종속 세그먼트** 각 종속 세그먼트는 하나의 부모를 가지며 각 부모는 하나 또는 그 이상의 자식을 갖게 되는 것으로 물리적 데이터 베이스 레코드 타입(계층 정의 트리에 해당)의 최상위에 있는 루트 세그먼트를 제외한 세그먼트들이다.

dependent segment type[-táip] **종속 세그먼트 타입** 종속 세그먼트 타입은 이름을 갖는 필드들의 모임인 각 세그먼트 타입들로 구성된 정의 트리에서 루트 세그먼트 타입을 제외한 나머지 세그먼트 타입들을 말한다.

dependent variable[-vέ(:)riəbl] **종속 변수** 표준식 $y=f(x)$에서 y는 x의 값과 수행되는 함수의 성질에 따라서 결정되므로 종속 변수이다. 즉, 그 값이 다른 양이나 표시의 함수값으로 결정되는 변수이다.

depletion layer[diplí:ʃən léiər] **공핍층** 장벽이라 하기도 하고, 예를 들면 반도체 pn의 접합부로서 반도체에서 전기적으로 성질이 서로 다른 두 영역의 경계 부분으로 캐리어가 전혀 존재하지 않는 층으로 전하 밀도의 중화에 불충분한 영역이다.

depletion mode[-móud] **공핍 방식** 게이트 바이어스 전류 없이 드레인 전류가 흐르고, 역방향 바이어스인 경우일 때만 드레인 전류가 차단되는 트랜지스터를 구성하는 방법의 하나.

depletion region[-rí:dʒən] **공핍 지역** pn 접합의 결과로 전자와 정공의 결합이 이루어져 캐리어가 소멸하고 부동 전하만 남아 있는 지역.

depletion threshold voltage[-θréʃould vóultidʒ] **공핍 임계 전압** 공핍 현상이 발생되기 위해 소요되는 최소한의 게이트 전압.

depletion type[-táip] **공핍형** 게이트 바이어스 전류를 걸지 않아도 드레인 전류가 흐르고 역방향 바이어스를 걸었을 때에는 드레인 전류가 흐르지 않는 것.

deposit[dipázit] *v.* **저장하다, 예금하다** 주기억 장치에 그 내용을 보관하거나 보조 기억 장치에 기록해두어 기억 영역의 내용을 보존하는 것.

depository[dipázitɛ(:)ri(:)] *n.* **보관**

depreciation[dipri:ʃiéiʃən] *n.* **감가 상각비** 토지 등을 제외한 무형 · 유형의 고정 자산의 물리적 또는 기계적인 원인에 의해 생기는 감가액을 일정한 산정 방식에 따라 비용으로서 계산하는 것.

depression[dipréʃən] *n.* **기능 저하, 압하(押下)** 키보드와 패널 상의 키와 버튼류를 내려 누른다는 의미로 흔히 쓰인다.

depth[dépθ] *n.* **심도(深度)**

depth bound[-báund] **깊이 한계** 역행 제어 방법을 이용하는 경우 계속적으로 규칙이 적용될 수 있는데, 어느 정도까지는 규칙을 적용하고 그 정도가 지나면 역행하여 새로운 규칙을 적용하도록 하는 규칙 적용의 개수를 제한하는 한계.

depth clipping[-klípiŋ] **깊이 전단** 3차원 그래픽에서 z축 경계값에 의해 화상을 전단하는 기법.

depth first numbering[-fə́:rst nʌ́mbəriŋ] **깊이 우선 번호 부여** 그래프에 대한 깊이 탐색을 할 때 각 정점에 방문하는 순서대로 번호를 붙이는 것.

depth first search[-sə́:rtʃ] **DFS, 깊이 우선 탐색** 자료의 검색, 트리나 그래프를 탐색하는 방법. 한 노드를 시작으로 인접한 다른 노드를 재귀적으로 탐색해가고 끝까지 탐색하면 다시 위로 와서 다음을 탐색하여 검색한다.

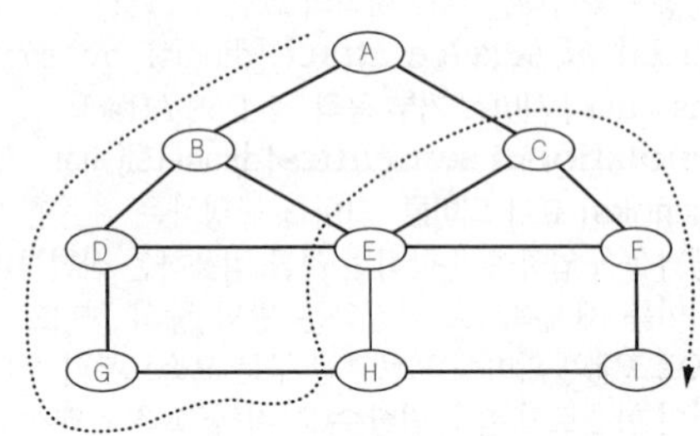

〈깊이 우선 탐색의 예〉

depth first spanning tree[-spǽniŋ trí:] **깊이 우선 스패닝 트리** 깊이 우선 탐색의 결과로 얻어지는 트리이며, 주어진 그래프에 대한 스패닝 트리의 일종이다.

depth of modulation[-əv mɑdʒuléiʃən] **변조의 깊이**

depth queuing[-kjú:iŋ] **깊이 큐잉** 컴퓨터 그래픽에서 3차원의 물체를 2차원 상에 나타내는 것. 즉, 관찰자를 중심으로 원근감을 나타낸다.

deque[dék] *n.* **데큐** 리스트의 양쪽 끝에서 삽입과 삭제를 모두 허용하는 자료의 구조. 이것은 스택과 큐의 자료 구조를 복합한 형태이다. ⇨ 그림 참조

derating[di:réitiŋ] *n.* **부담 경감** 신뢰성을 개선하기 위해 계획적으로 내부 스트레스를 경감하는 것.

dereferencing[diréfərənsiŋ] *n.* **역참조** 어떤 주소를 취하여 그 주소에 저장된 값을 리턴하는 것을 역참조라고 하고, 참조를 산출한다는 뜻이다. BLISS 언어에서는 프로그래머가 역참조를 직접 수행하게 되지만 대부분의 언어에서는 직접 프로그래머가 수행하지 않고 암시적으로 이루어진다.

derivation[derivéiʃən] *n.* **도출, 유도** 스트링이 모여서 그 문법에 의한 언어를 형성하며, 언어는 여

러 알파벳과 숫자, 특수 문자로 이루어지는데, 문법에 맞는 스트링을 만들어내는 과정을 말한다. 생성 규칙은 $\alpha \rightarrow \beta$ 형태를 취하는데, 이것은 문법이 유도하는 유도 원칙이며 이의 반복 적용이 유도이며 α가 나타난 곳이면 β로 대신할 수 있으므로 생성 규칙을 대치라고도 할 수 있으며, 모든 심벌이 말단 문자로 이루어지면 유도는 끝나게 되고, 이때 형성된 스트링은 그 언어의 문이 되는 것이다.

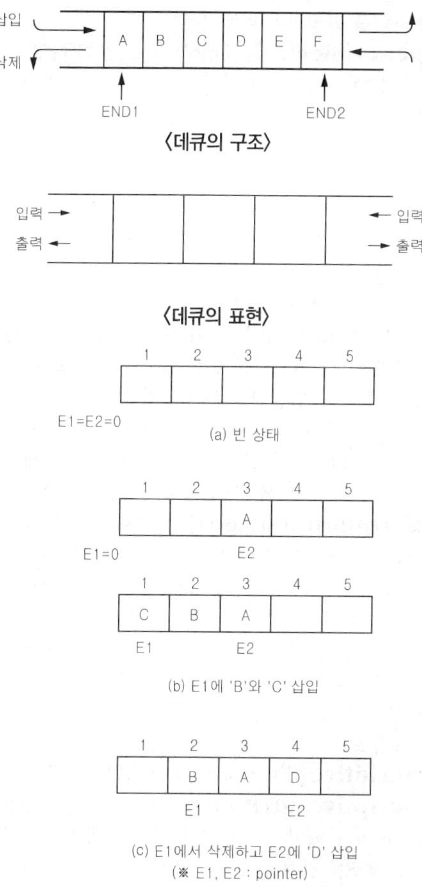

〈데큐의 구조〉

〈데큐의 표현〉

〈데큐의 동작 예〉

derivation graph[-grǽ:f] **유도 그래프** 초기 데이터 베이스에 규칙을 적용하면 후속 데이터 베이스가 생성되는데, 이때 유도되는 전체 데이터 베이스에 대한 추적을 행하는 구조로서 이때까지 적용되어 온 규칙들의 적용 과정을 담은 전체 데이터 베이스를 구축한 형태를 말한다.

derivation rule[-rú:l] **유도 규칙** 연역 데이터 베이스에서의 가상 릴레이션을 정의하는 규칙처럼 명확히 표현된 사실이나 또 다른 유도 규칙을 이용하여 새로운 정보를 유도해내는 규칙.

derivation sequence[-sí:kəwəns] **도출 순서** 형식 문법에서 한 문자열로부터 생성 규칙을 사용하여 다른 문자열을 도출해내는 순서.

derivation tree[-trí:] **도출 트리, 유도 트리** 생성 규칙의 좌측을 부모 노드, 우측을 자식 노드로 하여 도출 과정을 트리 모양으로 표현한 것.

derivative[dərívətiv] *a.* **미분의, 미분** 한 함수에 있어서 그 함수의 변화율을 나타내는 함수.

derivative control action[-kəntóul ǽkʃən] **미분 동작** 입력의 시간 미분값에 비례하는 크기의 출력 신호를 내는 제어 동작으로 D 동작이라고도 한다.

derivative time[-táim] **미분 시간** PD 동작(비례, 미분 각 동작이 조합된 것), PID 동작에서 램프 모양으로 변화하는 입출력 신호가 가해진 경우 비례 동작만에 의한 출력과 미분 동작만에 의한 출력이 같아질 때까지의 시간.

derived quantity[diráivd kwántiti(:)] **조립량** 기본량을 조합해서 만들어지는 양.

derived relation[-riléiʃən] **유도 릴레이션** 유도 릴레이션은 데이터 베이스 시스템 내의 뷰 정의에 의해서 유도되는데, 물리적 저장 장치에 실제로 저장된 릴레이션으로부터 유도되는 릴레이션.

derived stored table[-stɔ́:rd téibəl] **유도 저장 테이블** IDMS/R에서 유도 저장 테이블은 한 개 이상의 다른 테이블에서 유도되는데, 유도 저장 테이블을 정의하는 질의와 함께 저장된다. 유도 저장 테이블이 이식(IDMS/R의 명령어)될 때 질의가 수행되고 그 결과가 유도 저장 테이블의 현재 내용으로 저장된다.

derived type[-táip] **유도형** 유도형은 기존의 데이터형으로부터 유도되지만, 기존의 데이터형과는 논리적으로 완전히 다른 것으로 정의되기 때문에 기존형과의 어떠한 연산도 허용되지 않으며, 기존의 것에서 유도된 것이므로 기존형이 포함하는 성질, 연산 등의 모든 성질은 그대로 갖게 된다. 즉, 연산은 같은 형의 유도 변수들 사이에만 이루어지는데, 유도형은 결국 모든 성질을 그대로 유지하면서 완전히 새로운 데이터형을 정의하는 특수한 방법으로, Ada 언어가 가진 강력한 형태의 타입 정의 방법의 일종이다.

DES 데이터 암호화 규격 data encryption standard의 약어. 미국의 국가 표준국(NIST ; National Institute of Standards and Technology)이 국가 표준으로 채택하였으며, 암호 알고리즘이 공개되어 있고, 로열티 없이 사용할 수 있도록 허가하였기 때문에 전세계적으로 가장 널리 사용되어 왔다.

DES는 대표적인 비대칭형 암호 방식으로 정보를 보내는 사람과 받는 사람이 동일한 비밀 키를 가지고 사용하며, 암호화되는 키가 작아 암호화가 빠르다. 미국에서는 금융 업무용 암호 알고리즘으로 표준화되어 있으며, 우리 주변에서 DES를 이용한 것으로는 스마트 카드(smart card)를 들 수 있다. IBM에서 개발한 블록 암호화 방법이며, 미국 정부에서 1급 비밀 이하의 일반적인 데이터 전송에 사용할 수 있다는 인증을 받았다. DES는 개인 키(private key) 암호화를 하는 알고리즘이다. 키는 64비트의 데이터로 구성되는데, 그것이 변환되고 보내질 내용의 첫 64비트 데이터와 혼합된다. 암호화를 하기 위해 메시지는 64비트 블록으로 나누어지고, 각각 복잡한 16단계의 과정을 통해 키와 혼합된다. DES는 단 1회의 반복 계산만을 하기 때문에 취약한 면이 있지만 키를 약간씩 달리하여 반복하게 되면 강력한 보안 효과가 있다.

Descartes law of sign [deikɑ́:rt lɔ́: əʌ sɑ́in] **데카르트의 부호 법칙** 실수 계수인 n차 방정식

$$f(x)=a_0x^n+a_1x^{n-1}\times 1+ \cdots + a_{n-1}x+a_n=0$$

에서 양의 해의 수는 $f(x)$ 계수의 부호 변화의 수와 같거나 그보다 짝수 개가 적고, 음의 해의 수는 $f(\times x)$의 계수의 부호 변화의 수와 같으나 그보다 짝수 개 적은 것. 단, K중근은 K개의 해로서 셈하는 것으로 한다.

descendant [diséndənt] *n.* **후손, 파생** 트리 중 어느 한 노드로부터 경로를 통하여 도달할 수 있는 노드들을 그 노드의 후손이라고 한다.

descenders [diséndərz] *n.* **디센더스** g, j, p, q, y 등의 문자와 같이 문자 표시 기본선 아래로 프린트되거나 디스플레이되는 문자들. 도트식 프린터 중 일부는 이런 문자들에 대해 문자 표시 기본선 아래는 표시하지 않는 것도 있다.

descending [diséndiŋ] *a.* **내림차순** 양과 수가 차례로 줄어가는 것과 수치가 큰 순서(내림차순)로 나열하는 것을 표시할 때에 쓴다. 올림차순(ascending)의 반대어. 특히 어떤 항목만을 내림차순 혹은 올림차순으로 바꾸어 나열한 파일을 색인 파일이라 하며, 데이터 베이스 등의 고속 탐색에 사용된다.

descending check [–tʃék] **내림차순 검사** 기억된 데이터의 순서가 어떤 기준의 큰 것에서부터 작은 것의 순으로 나열되어 있는지의 여부를 조사하는 것.

descending key [–kí:] **내림차순의 키**

descending key sequence [–sí:kwəns] **키의 내림차순**

descending order [–ɔ́:rdər] **내림차순** 데이터를 정렬시킬 때 큰 것에서부터 작은 것으로 차례로 정렬해가는 일. 알파벳의 경우는 Z에서 A로, 한글의 경우에는 ㅎ에서 ㄱ으로 정렬시킨다. 이것은 파일을 정렬시키는 처리(sort) 등에 흔히 쓰인다.

descending sequence [–sí:kwəns] **내림차순**

descending sort [–sɔ́:rt] **내림차례 정렬** 파일(데이터 세트)의 내용을 자료의 크기 순서로 정렬할 때 키 값이 큰 순서로 나열하는 작업. 내림차순으로 해두는 것은 탐색을 빨리 행하기 위해서나 순차 색인 파일을 작성하기 위해서이다.

descrambler [diskrǽmblər] **디스크램블러** 스크램블러에 의해 만들어진 임의(random) 부호 계열로부터 원래 데이터를 생성하는 회로를 의미한다. 즉, 동기식 데이터 전송에 있어서 데이터 신호의 0 또는 1의 연속에 의해 타이밍 정보가 상실되지 않도록 송신측에서 데이터 신호를 스크램블하여 전송하는 일이 많은데, 이 스크램블된 데이터 신호를 수신측에서 원래의 데이터 신호로 되돌리는 전기 회로를 디스크램블러라고 한다.

describe [diskrɑ́ib] *v.* **기술하다, 설명하다** 여러 가지 일의 상세나 상태 등을 문자어나 도형을 써서 표현하는 것. 일반적으로는 문제를 정의하거나 사양을 기술하는 것이며, 프로그래머가 사용자에 대하여 문제의 전달을 행하는 수단이다. 문제의 해법을 프로그램으로 기술할 때도 describe를 사용한다.

description [diskrípʃən] *n.* **기술** 레코드의 구조를 설명하기 위해 사용되는 자료의 요소. (1) 수순과 사양을 문장으로 기술하거나 도형을 그려서 표현하는 것. 문제 정의를 말한다. 프로그래머와 사용자 사이에 문제의 내용을 전달하기 위한 수단이다. (2) 데이터의 중요 항목(item)과 요소(element), 기술 요소를 가리킨다. 레코드의 판별, 식별에 쓰이는 항목과 요소.

descriptive [diskríptiv] *a.* **기술의, 기술적**

descriptive attribute [–ǽtribjù(:)t] **기술적 속성** 데이터 베이스의 개념적 설계 단계에서 엔티티 정보 구조를 결정하는 데 먼저 엔티티를 결정하여 각 엔티티의 실례를 유일하게 식별하는 키 속성을 결정한다. 엔티티 간의 관계를 결정한 다음 엔티티의 특성을 설명하기 위하여 기술적 속성이 추가된다.

descriptive model [–mɑ́del] **기술 모델**

descriptive procedure [–prəsí:dʒər] **설정 절차**

descriptive programming [–próugræmiŋ] **기술적 프로그래밍**

descriptive qualifier [–kwɑ́lifɑ̀iər] **내용 식별 수식자**

descriptive statistics [–stətístiks] **기술 통계**

학 고전적 통계학을 중심으로 하는 집단 관찰을 토대로 얻어진 자료에서 집단의 개연적 특성을 설명하는 것. 이 자료의 수집 과정에서 도수 분포표, 평균값, 표준 편차 등 대표값 등을 구하는 작업.

descriptor[diskríptər] *n.* **기술자, 기술어** 컴퓨터에서 프로그램 단위의 성질을 정하거나 파일의 각 블록마다 레코드마다의 특성을 정의(define)하는 데 쓰이는 용어이며 「기술자(記述子)」, 「기술어」로 번역된다. 이 기술자는 정보의 내용을 적절히 표시하는 짧은 단어이다. 파일 내에서 목적 레코드와 목적 프로그램 등을 발견하기 위한 키워드로서 사용되며, 어휘의 사용을 한정한 시스템 검사에 쓰여진다. 정보 검색에서는 데이터 베이스 중의 정보를 분류하거나 정보에 색인(index)을 붙이는 데 쓰여지는 이름과 종류명, 이러한 이름과 종류명을 키워드로 검색하고 목적한 것을 조사해낸다.

descriptor code[–kóud] **기술 코드**

descriptor field[–fíːld] **기술 필드** 각 기술 필드는 반드시 길이가 지정되어야 하고, ADABAS에서 파일의 한 필드의 특별한 특성을 지정하는 선택 요소 중의 하나이다.

descriptor queue element[–kjúː éləmənt] **DQE, 기술자 대기 행렬 요소**

deserialize[disíːriəlàiz] *v.* **비직렬화하다**

deserializer[disíːriəlàizər] *n.* **직·병렬 변환기**

design[dizáin] *n.* **설계** 컴퓨터 도입에 의한 시스템 설계(system design)란 컴퓨터를 이용한 정보처리 시스템(information processing system)을 만들어내어 가동시킬 때까지의 일련의 작업 프로세스를 말한다. 컴퓨터에 무엇을 어떻게 시킬 것인가를 정한다. 요구 조건(requirements)의 분석을 비롯하여 필요한 하드웨어와 소프트웨어의 명세(specification)를 결정하고 프로그램을 작성하는 단계로 나누어 생각할 수 있다. 단, 협의로 시스템 설계라 하면 소프트웨어의 명세를 결정하고 기술하는 부분을 가리키며, 코드 설계, 입출력 설계와 파일 설계 등의 작업이 포함된다.

design activities[–æktíviti(ː)z] **설계 활동** 이것은 두 가지로 나누어지는데 ① 기본 설계는 기능별 성분과 개념적 데이터 구조와 소프트 시스템을 상호 연결하는 것이며, ② 상세 설계는 알고리즘의 내부 사항, 구체적인 데이터 표현, 루틴과 데이터 간의 인터페이스를 정의하는 활동을 말한다.

design aids[–eidz] **설계 보조기** 프로그램이나 하드웨어의 요소로서 시스템 구현을 보조하기 위한 것.

design alternative[–ɔːltə́ːrnətiv] **설계 대안** 설계 대안들은 성능 평가 기준에 따라 선택되는 경우가 많은데, 즉 두 엔티티 간의 관계를 나타낼 때 두 엔티티 사이의 관계를 나타내는 별도의 엔티티로 표현하거나 연관된 두 엔티티가 공동 속성을 갖게 함으로써 묵시적으로 나타낼 수도 있다. 데이터베이스 설계는 데이터 중복을 최소화하면서 데이터 처리의 효율성을 높이는 것이 중요하므로 이를 위한 여러 가지 설계 대안이 있게 된다.

design and monitoring simulation[–ənd mánitəriŋ sìmjuléiʃən] **설계·감시 시뮬레이션** 특별한 언어를 사용하여 컴퓨터 프로그램 형태로 시스템의 모델을 만드는 것. 시스템의 모델은 쉽게 변경될 수 있으며, 설계되고 있는 시스템은 변화에 따른 영향을 보일 수 있도록 검사될 수 있어야 한다.

designate[dézignèit] *v.* **지정하다, 지시하다** 속성이나 특성을 「지정하다」, 「표시하다」라고 하는 의미로 쓰인다. 예를 들면, 레지스터 중의 어떤 비트가 어떻게 사용되고 있는가를 지시하거나 어느 지령(command) 중의 어느 필드로 동작의 대상이 되는 어드레스를 지정한다는 등의 사용 방법이 있다. 「프로그램에 의하여 지정된다」고 하듯이 수동태로도 흔히 쓰인다. 지정하다(specify), 표시하다(indicate) 등과 비슷한 의미를 갖고 있다.

designating device[dézignèitiŋ diváis] **지시 장치** 일련의 유사한 데이터에 대해서 첫 항목만 인쇄를 허용하고 그 나머지(또는 전체)는 인쇄하지 않도록 하는 기기인데, 일부 도표 작성 장치에 사용된다.

designation[dèzignéiʃən] *n.* **지시, 명시**

designational expression[dèzignǽʃənəl ikspréʃən] **행선식** 이 식은 단순 행선식과 조건절을 내포하는 행선식이 있는데, 단순 행선식의 기본적인 구성 요소는 명칭, 스위치 호출이며, 조건절을 포함하는 행선식의 형태로는 if 논리식, then 단순 행선식, else 행선식 등이 있으며, 명칭이 값으로 구해지는 ALGOL의 식이다.

designation hole[dèzignéiʃən hóul] **제어 구멍** 공 카드 상의 데이터의 성질 또는 기계가 부과해야 할 기능을 표시하기 위하여 카드 상에 천공시키는 구멍. ⇨ control hole, control punch

designation number[–nʌ́mbər] **지정 번호** 하나의 지정 번호는 한 개의 특정한 불(Boolean) 식을 표에서의 행이나 열로 나타내는 숫자들의 집합으로 어떤 변수들의 집합에 대하여 가능한 모든 2진 상태들의 조합을 나타내는 진리표에 사용된다.

designation register[–rédʒistər] **지정 레지스터** 데이터가 들어갈 레지스터.

designator[dèzignétər] *n.* **지정자** 프로그램 용어에서 그 명칭의 어떤 속성으로 어떤 형태의 글자가 인식되도록 하는 규약과 규칙.

design augmented by computer[dizáin

ɔ́:gmɘntɘd bai kɘmpjú:tɘr] DAC, **계산기 증보식 설계**

design automation[-ɔ̀:tɘméiʃɘn] DA, **자동 설계** 계산 부문의 작업을 컴퓨터를 이용하여 행하는 것으로 컴퓨터에 의한 설계 자동화. 컴퓨터의 시분할 이용 시스템(TTS) 개발이나 도형 입출력 장치, 도형 처리 프로그램의 개발에 따라 각 방면 설계에 컴퓨터를 이용하는 것이 가능하게 되어 설계 질의 향상, 시간 단축, 가격 단축을 도모하였다. 설계 자동화가 적극적으로 실용화되고 있는 분야로는 논리 장치나 컴퓨터 설계, 기계 부품 설계 등을 비롯하여 광범위하게 보급되고 있다. 컴퓨터에 입력한 도형 데이터를 디스플레이 장치에 비춰내어 도형의 선회, 투시도 변환 등을 행하고, 또 필요한 정정을 가하기도 하면서 설계를 진행해가는 기법으로 컴퓨터와 대화하면서 행해지는 경우가 많다.

design concept[-kάnsept] **설계 사상**

design/control subsystem[-kɘntróul sɘ-bsístɘm] **설계/제어 부시스템** 설계 및 제어하는 작업을 지원하는 부시스템.

design costs[-kɔ́(:)sts] **설계 비용** 시스템의 설계, 프로그래밍, 시험, 문서 작성 등에 관련되는 비용.

design cycle[-sáikl] **설계 주기** 문제 기술, 알고리즘 개발, 코딩, 프로그램 디버깅, 문서 작성 등을 포함하는 소프트웨어 시스템에 있어서 동작하는 시스템의 생산을 할 수 있는 완전한 계획 주기 또는 하드웨어 시스템 장비 개발의 완전한 주기를 말한다.

design data base[-déitɘ béis] DDB, **설계 데이터 베이스**

designed articles[dizáind ά:rtiklz] **설계 요강** 설계 요강은 전자 교환기 프로그램 시스템의 개요를 규정하는 것이다. 즉, 시스템의 각종 조건을 기술한 설계 조건과 시스템을 구성하는 기능 블록 간의 결합 조건을 기술한 시스템 구성도로 이루어진다. 설계 조건은 ① 적용 조건, ② 서비스 조건, ③ 적용주의 설계 조건, ④ 각종 장치 공통의 공사 증설 조건, ⑤ 보수 운용에 제공되는 커맨드 등의 조작 조건, ⑥ 시스템 구성 조건, ⑦ 각 기능 블록의 외부 조건과 설계 조건으로 구성된다. 시스템 구성도는 각 프로세서 시스템에 대응된 서브시스템을 구성하는 기능 블록 간의 블록 인터페이스에 의한 결합 조건을 도시하는 것이다. 여기에는 하드웨어와 인터페이스를 포함하여 도시하게 된다.

design heuristics[dizáin hjurístiks] **경험적 설계 지식** 부피가 큰 문제나 프로그램을 좀더 작고 처리하기 쉬운 모듈로 처리할 때 다룰 수 있는 경험적인 지식.

design input data base[-ínpùt déitɘ béis] DID, **설계 입력 데이터 베이스**

design limit[-límit] **설계 한계**

design matrix[-méitriks] **계획 행렬** 경영 과학에서 기초 방법의 하나인 통계 · 확률 문제로서 회귀 분석이 있는데, 이들 $Y=XB+e$로 표시할 때, 여기서 X를 계획 행렬이라고 한다.

design methodology[-mèθɘdάlɘdʒi(:)] **설계 방법론** 디자인 과정, 디자인 기법 및 평가 기준, 정보 요구, 기술 방법을 주요 성분으로 하는 설계 방법론에서 데이터 베이스 시스템은 프로그램과 데이터를 모두 포함하여 구성되므로 데이터 베이스 설계 방법론은 소프트웨어 시스템 방법론의 총체적인 부분으로 간주되고 이러한 데이터 설계 방법론은 합리적인 시간 내에 데이터 베이스 구조를 만들어낸다. 그리고 연속적인 데이터 베이스 구조 개발 과정에 일관성 있게 적용할 수 있는 도구와 기법들의 집합이라 할 수 있다. 그 결과 융통성과 일반성을 갖고, 동일한 문제를 적용하면 동일한 결과를 가져오는 재생산성을 지니게 되는 것이다.

design objective[-ɘbdʒéktiv] **설계 목표** 이미 채택되어 기초가 되는 계획과 추진 목표, 기대 성과 또는 이미 개발된 시스템이나 개발될 시스템에 대해서 계획하거나 예상되는 성취 목표를 일컫는다.

design of experiment[-ɘv ikspérimɘnt] **실험 계획법** 실험 데이터 해석 방법의 하나로서 인자 간의 상호작용에 주목하여 어떤 인자가 어떤 영향을 미치는가를 실험하는 방법.

design of input bill[-ínpùt bíl] **입력 장표의 설계**

design optimization model[-ὰptimaizé-iʃɘn mάdɘl] DOM, **설계 최적화 모델**

design phase[-féiz] **설계 단계** 이전에 만들어진 시스템에서 요구되었던 것들에 기반을 두고 정보 시스템을 개발하는 과정.

design programmer[-próugræmɘr] **설계 프로그래머** 프로그램의 논리에 대하여 설계하고 검토하며, 서브루틴들을 설정하고 해당 프로그램에 이동될 다른 소프트웨어 모듈들을 선택하는 사람.

design review methodology[-rivjú: mè-θɘdάlɘdʒi(:)] **설계 검토 방법론** 설계 검토는 여러 단계에서 이루어지는 것이며, 요구 사항 분석과 정보 구조 설계(개념적 설계)가 성능 데이터가 모아진 후 시행되며, 데이터 베이스 설계와 관련 데이터 구조나 응용 프로그램의 구조적 워크스루와 같은 설계상의 오류를 발견하여 교정하려는 기법.

design right[-ráit] **의장권**

design rule[-rú:l] **설계 규칙** 반도체 회로 제조 공정상에서 발생할 수 있는 최악의 상태에서도 회로의 동작이 실패하지 않게 하기 위하여 설정된 설계 제한의 규칙.

design synthesis[-sínθəsis] **디자인 신서시스**

design verification[-vèirifikéiʃən] **설계 검증** 시스템 설계를 한 후 그 설계가 주어진 규격과 제한 조건에 합당한지를 검증하는 것.

desk[désk] *n*. **책상, 데스크**

desk accessory[-æksésəri] **데스크 액세서리** 컴퓨터 사용 도중에 수시로 불러내어 쓸 수 있는 간단한 프로그램. 대표적인 것에는 시계, 달력, 메모판, 계산기 같은 것이 있다.

desk check[-tʃék] **탁상 검사** 순서도를 기초로 하여 프로그램의 코드나 논리를 검사하는 것으로 실제로 컴퓨터로 프로그램을 수행시키기 전에 시행한다.

desk checking[-tʃékiŋ] **탁상 검사** 프로그래밍을 만들어 컴퓨터에 수행시키기 전에 탁상에서 프로그램 에러의 유무를 검사해두는 것.

desktop[désktɑ̀p] *n*. **탁상** 컴퓨터나 주변 기기용 탁자.

desktop computer[-kəmpjú:tər] **데스크톱 컴퓨터** 탁상용 컴퓨터. 책상 위에 설치할 수 있는 소형 컴퓨터. 종래의 대형 컴퓨터 수준의 기능을 반도체 기술의 발달로 소형화시킨 것을 가리킨다. OA 기기의 주력 기종은 이 형이 주류를 이루고 있다.

〈일체형 소형 데스크톱 컴퓨터〉

Desktop Management Task Force[-mǽnidʒmənt tǽsk fɔ́:rs] **데스크톱 관리 표준화 협의회** ⇨ DMTF

desktop metaphor[-métəfɔ̀ər] **데스크톱 메타포** 컴퓨터의 표시 화면상에, 마치 책상에서 일하고 있는 것과 같은 환경을 가능하게 하는 것.

desktop music[-mjú:zik] **데스크톱 뮤직** ⇨ DTM

desktop publishing [-pʌ́bliʃiŋ] **DTP, 탁상 출판, 전자 출판** 레이저 프린트 겸용의 워크스테이션 등을 사용하여 사용자가 출판물의 원판을 장식하는 것. 컴퓨터를 이용한 원고의 입력, 출력, 레이저 프린터 등의 고급 프린터로 결과를 인쇄한다. 이것은 디자이너나 편집자가 스스로 판까지 만들 수 있으므로 시간이나 경비를 절감할 수 있고 앉은 자리에서 출판될 실제의 인쇄 글자, 그림을 원상태로 볼 수 있어야 하고, 그림, 사전 등의 입력, 편집, 이동이 가능해야 하는데, 아직 완벽한 단계는 아니지만 널리 이용되고 있다.

〈탁상 출판〉

desktop publishing program[-próugræm] **전자 출판 프로그램** 텍스트의 입력, 수정, 삭제, 이동, 복사, 검색, 대치 등의 일반적 워드 프로세서의 기능, 그래픽 기능, 사진 등의 스캐너를 통한 편집 기능, 화면상의 문자 크기나 서체의 지정·교환 기능, 문단과 줄맞춤, 그림·텍스트의 배치 기능, 인쇄될 페이지를 확인 조정하는 기능을 갖는 전자 출판 기능을 가진 프로그램.

desktop theme[-θí:m] **데스크톱 테마** 데스크톱이나 윈도의 이미지를 어떤 테마에 따라 통일하는 기능. 윈도 배경색이나 아이콘의 디자인 및 동작에 수반되는 사운드 등을 기호에 맞는 테마로 조정할 수 있다. 윈도 98에서는 표준으로 장착되어 있다.

desktop video[-vídiòu] **탁상용 비디오** ⇨ DTV

despiking[dispάikiŋ] **디스파이킹** 전압 공급원으로부터 고속 논리 회로의 전선 전압 스파이크를 없애는 것.

DesQ View **데스큐 뷰** 이 프로그램을 이용하면 많은 프로그램을 기억 장치에 기억시켜 두고 필요한 것을 사용할 수가 있는데, IBM-PC용의 다중 작업 지원용 소프트웨어이다.

Desqview/X 미국 Quarterdeck Office System 사에서 발매된 X 윈도 시스템(X Window System)으로, 유닉스의 X 윈도 시스템을 IBM PC 호환기로 실현할 수 있다. ⇨ X Window System

destination[destinéiʃən] *n*. **수신지, 목적지** 목적. 데이터를 전송하는 「목적지」를 가리킨다. 소스(source)와 대비된다. 컴퓨터 간 네트워크를 경유하여 데이터를 컴퓨터에서 컴퓨터로 전송하는 경우 전송처의 컴퓨터를 destination이라 부른다. 이런 종류의 네트워크에서 공통적인 것으로는 USENET, CSNET, ARPANET 등이 있으나 각 컴퓨터는 각 네트워크 내에서 독자적인 어드레스를 갖고 있다.

destination address [–ədrés] **수신지 어드레스** 어떤 어드레스의 데이터를 다른 어드레스로 전송하는 경우, 전송처의 어드레스를 가리킨다. 이것은 송신과 수신국을 명확히 지정하는 패킷 방식의 데이터 전송에서 사용된다.

destination address field [–fí:ld] **DAF, 수신지 어드레스 필드**

destination address register [–rédʒistər] **수신지 어드레스 레지스터**

destination area [–έ(:)riə] **수신지 영역**

destination code [–kóud] **수신지 코드** 메시지를 보내는 곳의 단말 장치나 응용 프로그램의 명칭을 포함하는 메시지 헤더 중의 코드.

destination code basis [–béisis] **착신국 부호 방식** 전화 교환망의 접속 방법으로 각 국마다 미리 붙인 번호에 따라서 각 교환점마다 적당한 출회선(出回線)을 골라서 접속하는 방법.

destination control table [–kəntróul téibəl] **수신지 관리 테이블**

destination field [–fí:ld] **수신지 필드** 컴퓨터에서 특정한 처리를 한 데이터를 수취하는 필드.

destination file [–fáil] **목적 파일** 프로그램 수행시에 출력 데이터가 들어가 기억되는 파일.

destination queue [–kjú:] **수신지 대기 행렬**

destination station [–stéiʃən] **수신국** 메시지가 전달되는 국(局).

destination warming maker [–wɔ́:rmiŋ méikər] **DWM, 종착 경고 표시** 자기 테이프의 끝에 도달했음을 알리기 위해 테이프 끝에서 18피트 전방에서 광전식으로 감지되게 한 반사점.

destruction read [distrʌ́kʃən rí:d] **파괴성 판독** 데이터를 읽으면 데이터 자체가 파괴되는 판독 방법의 하나.

destructive [distrʌ́ktiv] *a*. **파괴의** 지금까지의 상태가 어떤 동작에 따라서 파괴되는 것.

destructive addition [–ədíʃən] **파괴 가산** 컴퓨터 가산을 행하는 경우에는 레지스터나 어큐뮬레이터에 가산하는 값을 미리 대입하여 둔다. 그리고 가산 후의 결과가 같은 레지스터나 어큐뮬레이터에 대입된 경우에는 가산되기 전의 값은 없어지게 된다.

destructive cursor [–kɔ́:rsər] **소거식 커서** 화면상에서 커서가 이동한 상하 좌우의 모든 문자를 소거하는 커서.

destructive discharge voltage [–distʃá:rdʒ vóultidʒ] **파괴 방전 전압**

destructive read [–rí:d] **파괴 판독** 파괴 해독 기억 장치의 각 메모리 셀로부터 그 내부에 축적되어 있는 「0」, 「1」의 상태를 읽어내면, 그 축적되어 있는 데이터의 내용이 없어지게 되는 판독. 따라서 이러한 판독에 대해서는 판독 후의 그 판독한 내용을 다시 써넣는 조작이 필요하게 된다. 즉, 파괴 판독이 행해지는 장치에서는 데이터의 판독 사이클에 있어서 메모리로의 기록(write)이 필요하게 되므로 메모리의 사이클 타임은 길게 된다. 페라이트제의 코어를 사용한 자심 기억 장치(magnetic core memory)나 RAM(random access memory)은 파괴 판독이 행해진다.

destructive read out [–áut] **DRO, 파괴 판독** 기억 장치에서 기억 내용을 읽을 때 전에 저장되었던 기억 내용이 소실되는 것. DRAM 등의 반도체 메모리는 이것의 가장 대표적인 기억 소자이다. 따라서 기억 내용을 유지하기 위해서는 판독 동작에 반드시 그 직후에 판독한 내용과 같은 것을 다시 써넣는 동작이 필요하게 된다.

destructive read out memory unit [–méməri(:) jú:nit] **파괴 판독 기억 장치** 자기 코어 기억 장치처럼 계산시에 기억 장치로부터 정보를 읽을 때 읽혀지는 정보가 기억 장소에서 파괴되는 기억 장치.

destructive storage [–stɔ́:ridʒ] **파괴 기억 장치** 파괴적 형태의 저장 장치(예 : CRT)들은 계속적인 내용을 재기억하게 하기 위해 내용이 자동적인 재생을 할 수 있는 기억 소자로 구성되는 기억 장치.

destructive test [–tést] **파괴 시험** 시험받는 장비에서 얻어지는 성능 정보로부터 장비가 못쓰게 되는 원인을 규명하는 시험. 즉, 장비 성능에 대한 시험 중의 하나.

destructive testing [–téstiŋ] **파괴 시험**

destuffing [distʌ́fiŋ] **디스터핑** 스터핑(stuffing)의 반대 개념으로서 투명 데이터 필드 내에서 데이터로서의 DLE를 표기하기 위하여 별도의 DLE 분자를 앞에 붙이는 것을 스터핑이라 하는데, 디스터핑은 그 반대 개념으로 그것을 제거하는 것이다.

DETAB-X 디탭–엑스 descision tables experimental의 약어. 의사 결정표와 COBOL을 결합한 프로그래밍 언어.

detach [ditǽtʃ] *v*. **분리하다**

detachable keyboard [ditǽtʃəbl kí:bɔ̀:rd] **분리식 키보드** 최근 키보드의 경향으로 컴퓨터와 단말기 본체에 고정시키지 않고 자유롭게 이동시킬 수 있게 케이블로 연결된 키보드.

detachable plugboard [–plʌ́gbɔ̀:rd] **분리 가**

능 배선반 조작원에 의해 다루어져 다른 것으로 교환 가능한 플러그 보드.

detail[ditéil] *n*. **세부, 상세, 명세, 디테일**

detail card[–ká:rd] **명세 카드** 원시 카드라 하는 것으로 정보 또는 데이터가 발생할 때마다(작업표, 매상 전표처럼) 한 건으로 하는 카드를 가리킨다.

detail chart[–tʃá:rt] **상세도** 작업 순서를 프로그램의 각 단계나 컴퓨터의 조작 기호로서 상세히 나타낸 순서도. 이것을 작성함으로써 프로그래머가 처음 의도한 순서로 컴퓨터의 특성이나 명령어까지 반영하면서 작업을 진행할 수 있다.

detail design[–dizáin] **상세적 설계** 정확한 알고리즘과 자료 구조를 상세하게 설명하고, 각 사항들의 인터페이스를 더 세부적으로 구성하는 설계의 3단계인 외부적인 설계, 내부적인 설계, 구조적인 설계 중에서 내부적인 설계를 의미한다.

detail diagram[–dáiəgræm] **상세 다이어그램** 수행되는 특정 기능을 설명하기 위해 또는 모듈에서 사용되는 자료 항목을 설명하기 위해 HIPO에서 사용하는 도표.

detailed[ditéild] *a*. **디테일드, 상세의**

detail file[ditéil fáil] **명세 파일** 마스터 파일의 갱신 등 배치 처리(batch processing)로 사용되는 트랜잭션 레코드(transaction record) 또는 명세 레코드(detail record)의 집합이다. 특별한 기간 동안 발생하는 일시적인 정보를 포함한 파일로서 트랜잭션 파일이라고도 한다. 또한 리얼 타임 처리(real time processing)에서는 레코드가 발생할 때마다 입출력하므로 상세 파일을 만들 수 없다.

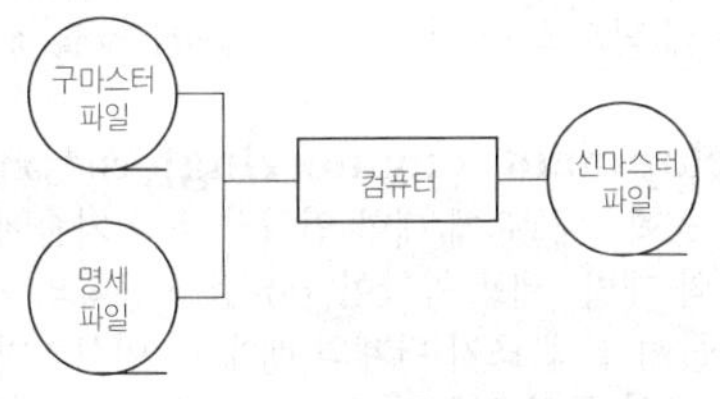

detailed flow chart[ditéild flóu tʃá:rt] **상세 흐름도(순서도)** 플로차트에 의한 프로그램 기능의 표현 수법의 하나로서 개략 순서도(general flow chart)가 비교적 대충 기술한 것인 데 비하여 상세히 수순, 처리 등을 기술한 것. 상세 순서도는 원시 프로그램의 수 행에 상당하는 상세함으로 쓰도록 되어 있다. 상세 순서도와 개략 순서도와의 명확한 구분은 없지만 상세 순서도는 1~3명령 대응에 기호로 표시되는 데 비해서 개략 순서도는 여러 명령에서의 처리를 기호로 나타내고 있는 것이라 할 수 있다.

detail printing[ditéil príntiŋ] **디테일 프린팅**

detail record[–rikɔ́:rd] **상세 레코드** 컴퓨터의 처리시 대단위로 분류된 데이터에서 세분화되어 있는 최소 단위의 목록.

detail report group[–ripɔ́:rt grú:p] **명세 보고 집단** COBOL 용어에서 보고서 작성 기능을 구성하는 기술항(entry)의 하나.

detail reporting[–ripɔ́:rtiŋ] **명세 보고서 작성**

detail specification[–spèsifikéiʃən] **명세 시방**

detail tape[–téip] **상세 테이프** 원시 전표 등의 상세 카드의 내용을 자기 테이프에 판독하는 것 또는 상세 레코드를 파일한 종이 테이프나 자기 테이프.

detail time[–táim] **명세 시간**

detect[ditékt] *v*. **검출하다, 발견하다** 프로그램에 의해서 데이터 착오를 발견하거나 하드웨어 속의 고장을 「검출하는」 것을 표시한다. 또 전기 용어에서는 변경된 파형으로부터 원래의(목적의) 신호(signal)를 재현하는 것을 말한다. 이 의미로는 복조(復調)하다(demodulate)와 동의어이다.

detectability[ditèktəbíliti(:)] *n*. **검출성** GKS에서는 비검지, 검지의 값으로 나타내고 있으며, 세그먼트를 입력할 수 있는가 없는가를 나타내는 세그먼트 속성이다.

detectable element[ditéktəbl éləmənt] **검출 가능 요소** 피크 입력 장치에 의해 검지할 수 있는 표시 요소.

detectable segment[–ségmənt] **검출 가능 세그먼트**

detected error[ditéktəd érər] **검출된 오류** 시스템으로부터 출력이 나오기 전에 자동으로 교정되지 않은 채 탐지되는 오류들.

detecting element[ditéktiŋ éləmənt] **검출부** 제어 장치에서 제어 대상, 환경 등으로부터 제어에 필요한 신호를 추출하는 부분.

detection[ditékʃən] *n*. **검출, 탐지** 오류를 발견하기 위하여 보내는 감시 회로. 즉, 펄스나 파형의 유무를 조사하는 것이므로 검파라고도 한다.

detective[ditéktiv] *n*. **검지**

detector[ditéktər] *n*. **검출기, 검파기** 특정한 입력이 들어올 때 계획된 출력을 발생시키는 전자 회로로서 (1) 검출기 : 물리 현상을 정량적인 것으로 변환하고, 우리가 이해하기 쉬운 형(形)으로 표시하는 기능을 갖는 소자 또는 기기를 말한다. 구체적으로는 전기 회로에서 전압, 전류를 검출하는 전압계, 전류계 또는 방사능을 검출하는 가이거 카운터(Geiger counter) 등을 검출기로 들 수 있다. 또 소자로서는 교류 전류를 정류(rectification)하는 다이오드, 증폭 작용을 갖는 트랜지스터 등이 있다. (2) 검파기 : 라디오 등의 변조된 신호에서, 원래의 신호를 검출 검파, 복조(復調)하는 기기 또는 소자이다.

detector locking[-lákiŋ] **검파 쇄정(鎖錠)**

detector primary element[-práimәri élәmәnt] **탐지 주요 소자** 주요 소자는 측정되는 에너지에 대해 초기 변환을 하며, 초기 특정 동작을 수행하여 측정된 값을 정량적으로 표시하는 첫 단계의 시스템 소자.

determinant[ditә́:rminәnt] *n*. **결정 요소** 정규화에서 몇 개의 속성들이 완전히 함수적으로 의존하는 단일 속성 또는 속성들의 집합.

determined[ditә́:rmind] *a*. **확정적**

deterministic[ditә̀:rminístik] *n*. **결정성, 결정적** 입력값에 따라 출력값이 결정되는 것. 같은 입력에 대하여 같은 출력이 행해지는 성질.

deterministic automation[-ɔ̀:tәméiʃәn] **결정성 오토메이션** 입력과 출력 사이의 관계가 결정론적이어서 입력어와 그때의 내부 상태에 의해 다음의 내부 상태가 임의적으로 결정되는 오토머톤.

deterministic finite automation[-fáinait ɔ̀:tәméiʃәn] **결정성 유한 오토메이션** 현재 입력 기호 및 현재 내부 상태가 고려되면 다음에 따르는 내부 상태가 일의적으로 결정되는 유한 오토메이션. 결정성 유한 오토메이션이나 비결정성 유한 오토메이션은 모두 언어의 수리 능력에 관해서는 거의 동일하여 3형 언어 클래스를 수리한다.

deterministic language[-lǽŋgwidʒ] **결정성 언어** 주어진 입력에 의해서 그 동작이 완전히 결정되는 언어. 현재의 프로그래밍 언어는 이 결정성 언어에 속하는 것이 많다.

deterministic model[-mádәl] **결정적 모형** 입력에 따라 그 출력이 고정적으로 결정되는 성질의 모형으로 어떤 대상물을 추상화시킨 수학적 모형이다.

deterministic push-down automation[-púʃ dáun ɔ̀:tәméiʃәn] **결정성 푸시다운 오토메이션** 결정성 유한 오토메이션에 푸시다운(push-down) 레지스터가 부가된 것.

deterministic recognizor[-rikàgnizɔ́:r] **결정 인식자** 입력을 인지하는 기능만을 가진 기계. 입력은 알파벳의 조합으로 구성되는데, 기계는 입력에 대해 항상 2진 신호(ON, OFF)로 반응한다. 즉, 입력을 받는 것과 거부하는 것으로 분류할 수 있다.

deterministic simulation[-sìmjuléiʃәn] **확정적 시뮬레이션** 확정적 모형, 즉 주어진 입력 변수에 대한 결과가 항상 같도록 각각의 작용, 값, 사건에 대한 입력 변수와 출력 결과 사이에 고정된 관계가 주어지는 모의 실험에 의한 시뮬레이션.

deterministic Turing machine **결정성 튜링 기계** 각 움직임에 대하여 다음 움직임이 유일하게 존재하는 튜링 기계.

Detroit system[ditrɔ́it sístәm] **디트로이트 시스템** 제조 과정의 컨베이어를 작업 순서, 체계에 따라 배열하여 일관된 컨베이어로 하고 그 상호간의 흐름을 같게 하기 위해 그것을 조정하는 기계를 설치하고 생산하는 방식의 주로 제조업에 사용되는 시스템.

de-updating[di(:) ʌpdéitiŋ] **복고 수정** 최근에 갱신된 레코드를 갱신 전에 저장했던 같은 레코드에 저장 대체함으로써 갱신 이전의 형태로 환원하는 작업으로 회복 절차의 한 부분.

Deutsch Industrie Norm **딘** ⇨ DIN

Deutsch Industrie Norm connector **DIN 커넥터** ⇨ DIN connector

develop[divélәp] *v*. **개발하다, 발전하다** 프로젝트, 소프트웨어, 프로그램 등을 개발할 때 흔히 쓰인다. 프로젝트를 개발하는 경우에는 조사 연구, 탐구 계획, 개발 계획, 개발(develop), 추종 등 몇몇 단계로 나누어진다. 이 중 개발 계획으로는 개발의 목적과 수단을 계획한 뒤에 프로젝트에 필요한 비용과 자재, 일정 등을 세밀하게 검토하고, 계획을 세우는 것을 말한다. 이 개발 계획으로 결정된 설계서에 따라서 상세한 시방이나 설계도를 작성하는 것을 개발 사이클(development cycle)이라 한다.

development[divélәpmәnt] *n*. **개발, 발전**

development cycle[-sáikl] **개발 사이클** 시스템 개발의 실행 단계에 있어서 개발 계획 단계에서 작성된 계획서에 따라 상세한 설계도 및 양식을 결정하는 데 맞도록 한 사이클. ⇨ development planning

development engineering[-èndʒәníәriŋ] **발생 공학** 배(胚)에 대한 인위적 조작 기술에 의한 연구와 개발. 세포 공학이나 유전자 공학의 기술을 받아들여 발생 초기 단계의 배에 핵 이식 · 외래 유전자 도입 등의 인위적 조작을 가해 개체 발생이나 생명 현상의 해석을 행할 것을 지향한다. 현재로서 발생 공학은 포유류에 대한 조작 기술의 개발에 힘을 기울이고 있으며, 그 성과로서 핵 이식에 의한 클론 마우스(clone mouse), 래트(rat)의 성장 호르몬 유전자의 도입에 의한 수퍼마우스 등을 만든 것을 들 수 있다.

development planning[-plǽniŋ] **개발 계획** 하나의 프로젝트를 완성하기까지에는 조사 연구, 탐구 계획, 개발 계획, 개발, 추종(follow up)의 5단계로 나누어진다. 개발 계획 단계에서는 어느 개발 프로젝트의 실행이 결정되면 개발 목적과 수단을 명확히 한 실행을 위해 계획을 작성한다. 이 단계에서 개발에 필요한 인원수나 비용의 예측, 스케줄이나 우선되는 작업 등이 상세히 검토된다.

development support library [–səpɔ́ːrt láibrəri] **DSL, 개발 원조 라이브러리** 이것은 컴퓨터가 관리할 수 있는 것은 모두 컴퓨터 내부 라이브러리로 하고, 그 복사본의 프로젝트 참가자들이 공동으로 정보 교환을 하도록 외부 라이브러리에서 관리하게 하는 것으로서 개발 환경의 개선으로 관리를 쉽게 하는 기법이다.

development system [–sístəm] **개발 시스템** 새로운 컴퓨터의 하드웨어 또는 소프트웨어를 개발하는 데 사용하는 장치. 마이크로프로세서에 기초한 하드웨어와 소프트웨어를 개발하는 것을 말한다. 이 시스템에는 CRT 디스플레이(또는 TTY), 대용량 기억 장치(하드 디스크, 플로피 디스크), 프린터, PROM 프로그래머(PROM writer), 종이 테이프 판독기, 인서킷 에뮬레이터 등을 그 최소한의 장비에 포함시킨다.

development system breakpoint card [–bréikpɔ̀int káːrd] **개발 시스템 중단점 카드** 프로그램을 메모리 판독, 메모리 기록, 입출력 포트 읽기, 입출력 포트 쓰기 등에서 시스템 버스를 감시하고 명시된 어떤 일이 발생하면 사용자의 프로그램 수행을 중지시키게 되고, 사용자는 채택된 거래가 명시된 주소와 데이터 비트 유형을 갖는다고 지정할 수도 있다.

development system history command [–hístəri(ː) kəmǽnd] **개발 시스템 이력 명령문** 사용자 프로그램에서 단점이 발생하면 그 이전의 동작 상태가 단말기에 나타나는 것. 즉, 주소와 데이터에 단점이 일어나기 직전까지 사용자의 프로그램에서 발생한 수백에 이르는 버스 이용 내역 가운데 버스들의 상태 등이 포함되어 단말기에 나타난다.

development system processor module [–prásesər mádʒuːl] **개발 시스템 처리기 모듈** 개발 시스템의 처리기 모듈이 한 장의 카드로 구성되는 경우 TTY와 CRT 단말기의 동작을 위해서 직렬 비동기 입출력 비트가 있고 3~8KB 정도의 ROM과 운영 체제, 주변 장치 구동기, 부트스트랩 적재기, 오류 수정 소프트웨어가 존재하는 1KB 이상의 RAM 등이 함께 구성되어 처리기 모듈이 독립된 컴퓨터로서의 역할을 할 수 있도록 한 것. 주변 장치 구동 루틴은 사용자에 의해 이용될 수도 있다.

development system software [–sɔ́(ː)ftwɛ̀ər] **개발용 시스템 소프트웨어** 여기에는 BASIC, PL/I, FORTRAN 등의 고급 언어로 작성된 대형 프로그램이 존재하여 이것으로 고급 언어로 작성된 프로그램을 개발하는 데 작성되며, 이것으로 기계의 프로그램을 변역하여 프로세서를 제어할 수 있게 한다. 즉, 어셈블러, 에디터, 컴파일러 등의 프로그램 개발에 사용되는 전형적인 시스템 소프트웨어를 말한다.

development time [–táim] **개발 시간** 컴퓨터의 가동 시간 중에서 새로운 루틴 또는 하드웨어의 테스트에 사용되는 시간.

development tools [–túːlz] **개발 도구** 어셈블러, 에디터, 컴파일러와 하드웨어 개발에 이용되는 회로 분석기, 에뮬레이터, ROM 라이터 등의 장비를 포함한 소프트웨어나 하드웨어 시스템 개발을 위해 사용되는 소프트웨어와 하드웨어의 각 도구들.

deviation [diːviéiʃən] *n.* **편차** 통계 집단의 각 요소들과 그들 사이의 평균과의 차이.

deviation alarm [–əláːrm] **편차 경보** 제어 대상의 변량이 목표값에 대해서 이미 설정된 변동폭을 벗어난 경우에 발생하는 경보.

device [diváis] *n.* **장치** 「소자(素子)」, 「기기」 또는 「기구」의 총칭. 특정 목적을 가진 기계적, 전기적 장치. 또한 일반적으로 표현하면, 능동적으로 어떤 일정한 역할과 기능을 부과하는 구체적인 장치가 된다. 예를 들면, 컴퓨터 시스템에서 중앙 처리 장치(CPU)에 대하여 여러 가지 기능을 부과하기 위한 기기, 입출력 인터페이스(I/O interface), 디스플레이 장치(display), 플로피 디스크 장치(FDD), 터미널 장치(terminal) 등이 이 디바이스에 해당한다. 「소자」로서는 일반적으로 반도체 소자(semiconductor device) 등의 부품을 가리킨다. 트랜지스터(transistor), 다이오드(diode) 등을 들 수 있다. 기구로서는 주로 전자적 기구 부품을 가리키는 경우가 많으며 커넥터, 계전기, 릴레이, 스위치 등을 들 수 있다.

device adapter [–ədǽptər] **장치 어댑터**

device address [–ədrés] **장치 어드레스** 입출력 장치, 보조 기억 장치 등에 붙여지는 장치 고유의 어드레스.

device allocation [–æ̀ləkéiʃən] **장치 할당, 장치 배분**

device assignment [–əsáinmənt] **장치 할당**

device attachment [–ətǽtʃmənt] **장치 접속 기구**

device backup [–bǽkʌ̀p] **장치 백업**

device base control block [–béis kəntróul blák] **장치 기본 제어 블록**

device bay [–bei] **디바이스 베이** IEEE 1394나 USB 등의 인터페이스가 내장된 플러그 앤드 플레이(plug & play)용 확장 드라이브를 위한 공간. 드라이브 등을 앞면부터 삽입할 수 있기 때문에 가전 제품과 같이 주변 장치의 접속을 용이하게 하는 방식이다.

device characteristics table[–kæ̀rəktərístiks téibəl] DVCT, **장치 특성 테이블**

device class[–klɑ́:s] **장치 클래스**

device cluster[–klʌ́stər] **장치 클러스터**

device cluster adapter[–ədǽptər] **장치 클러스터 어댑터** 단말기 또는 통신 제어 기기를 공유하는 다른 장치의 어댑터.

device code[–kóud] **장치 코드** 특정 입출력 장치의 식별 번호를 나타내는 일련의 비트들.

device code bus[–bʌ́s] **장치 코드 버스** 입출력 장치의 식별 번호를 나타내는 일련의 비트들에 대한 정보를 전달하기 위한 버스.

device configuration[–kənfìgjuréiʃən] **입출력 장치 구성**

device control[–kəntróul] **장치 제어** 정보 처리 또는 전기 통신 시스템에 관한 보조 장치를 제어하는 것. ⇨ device control character

device control block[–blɑ́k] DCB, **장치 제어 블록**

device control character[–kǽrəktər] **장치 제어 문자** 데이터 처리 시스템 또는 데이터 통신 시스템에 관련한 보조 장치의 ON/OFF 등의 제어를 하기 위하여 쓰여지는 제어 문자. ⇨ device control

device control expansion[–ikspǽnʃən] **확장 제어 기구**

device control four[–fɔ́:r] DC 4, **장치 제어 문자 4** 보조 장치의 동작을 중단 또는 정지시키는 장치 제어 문자.

device controller[–kəntróulər] **장치 제어기** 입출력 기기를 마이크로컴퓨터 버스에 직접 접속하기 위한 인터페이스 칩.

device control unit[–kəntróul jú:nit] **입출력 제어 장치** 한 대 이상의 입출력 장치 또는 단말 장치에서의 자료 판독, 표시 기록 등을 제어하는 하드웨어 기기.

device coordinate[–kouɔ́:rdinət] DC, **장치 좌표** 그래픽 시스템에서 장치에 의존한 직교 좌표. 화면상에서 한 점마다 배정된 좌표. 장치에 의존한 좌표계에서 지정되는 좌표.

device coordinate system[–sístəm] **장치 좌표계**

device correspondence table[–kɔ̀(:)rəspɑ́ndəns téibəl] **장치 대응표**

device coupler[–kʌ́plər] **기기 결합 장치**

device data block[–déitə blɑ́k] DDB, **장치 데이터 블록** 한 제어기에 연결된 여러 개의 같은 유형의 장치에 공통된 정보를 갖는 기능을 하는 것.

device data management[–mǽnidʒmənt] **입출력 데이터 관리, 입출력 장치 데이터 관리(기능)**

device dependence[–dipéndəns] **장치 의존성** 어떤 특별한 컴퓨터 또는 특별한 주변 기기와 함께 사용해야만 작동하는 프로그램 또는 언어.

device dependent[–dipéndənt] **장치 종속** ⇨ device dependence

device dependent program[–próugræm] **장치 의존 프로그램**

device descriptor block[–diskríptər blɑ́k] DDB, **장치 기술 블록**

device descriptor module[–mɑ́dʒu:l] DDM, **장치 기술 모듈**

device diagnostic program[–dàiəgnɑ́stik próugræm] **장치 진단 프로그램**

device directory[–diréktəri(:)] **장치 디렉토리**

〈개발용 컴퓨터 탠덤 CLX720〉

장치에 있는 모든 파일들에 대한 파일명, 위치, 크기, 형태에 관하여 정보를 저장한 장소.

device driver[–dráivər] **장치 드라이버** (1) 그래픽 시스템 중에서 그래픽 처리 장치에 의존하여 처리하는 부분. (2) 특정 입출력 주변 기기를 제어하는 프로그램의 루틴.

device error log[–érər lɔ́(:)g] **장치 오차 로그**

device explosion[–iksplóuʒən] **부품 전개** 어떤 기간에 생산할 제품에 필요한 구성 부품의 종류와 수량을 구하는 것.

device flag[–flǽ(:)g] **장치 플래그** 장치의 현재 상태를 기록하는 플립플롭.

device handler[–hǽndlər] **장치 핸들러, 디바이스 핸들러** 컴퓨터 시스템에 접속되어 있는 입출력 장치의 기본적인 제어 프로그램(routine)이며, 입출력 명령의 대기 행렬 처리나 처리의 실행, 인터럽트의 처리, 오차 제어 등을 포함하는 것.

device identification[–aidèntifikéiʃən] **장치 식별**

device identifier[–aidéntifiər] **장치 식별명**

device independence[–indipéndəns] **장치로부터의 독립성, 장치 독립성** 프로그램의 입출력 제어 부분을 특정의 입출력 장치를 전제로 하지 않는 것. 즉, 입출력 장치를 사용하는 프로그램을 작성할 경우에 입출력 장치의 하드웨어 상의 성능을 고려하지 않고 액세스가 가능한 것. 실제의 입출력 장치의 할당은 실행시에 자동 혹은 오퍼레이터의 지시에 의하여 행하도록 고려되는 것. 예를 들면, 파일의 액세스를 행할 때 그 파일이 자기 디스크에 있는가, 자기 테이프에 있는가에 관계없이 액세스에 관한 프로그램을 작성할 수 있는 것.

device independent[–ìndipéndənt] **장치와 무관한** 프로그램의 입출력 제어 부분을 특정의 입출력 장치를 전제로 하지 않는 것. 즉, 입출력 장치를 사용하는 프로그램을 작성할 경우에 입출력 장치의 하드웨어 상의 성능을 고려하지 않고 액세스가 가능한 것을 말한다.

device independent access method[–ǽkses méθəd] **장치 독립 액세스법**

device independent data set[–déitə sét] **장치 독립의 데이터 세트**

device independent display operator console support[–displéi ápərèitər kánsoul səpɔ́:rt] **DIDOCS, 장치 독립 표시 조작 콘솔 서포트**

device independent file[–fáil] **DVI 파일** ⇨ DVI file

device independent I/O program **장치 독립 입출력 프로그램** 일부 시스템에서 각 장치의 특성과는 독립적으로 일련의 호출 순서를 이용하여 임의의 언어로 작성된 프로그램으로 입출력 장치나 파일에 요구할 수 있는 프로그램.

device independent program[–próugræm] **장치 독립 프로그램**

device inoperable[–inápərəbl] **장치 동작 불능의**

device input queue[–ínpùt kjú:] **장치 입력 큐**

device interface[–íntərfèis] **장치 인터페이스, 디바이스 인터페이스, 기기 인터페이스** 입출력 제어 장치와 입출력 기기와의 사이의 인터페이스, 입출력 기기마다 다른 인터페이스.

device interface expansion[–ikspénʃən] **확장 접속 기구**

device I/O control block **DIOCB, 장치 입출력 제어 블록**

device I/O manager **DIOM, 입출력 장치 관리**

device mask[–mǽ:sk] **장치 마스크**

device media control language[–mí:diə kəntróul lǽŋgwidʒ] **DMCL, 장치 매체 제어 언어** 데이터 베이스 논리적 데이터 구조의 실제적인 구현을 규정하기 위해 쓰이는 언어로서 서브스키마가 정의되기 전에 적어도 하나의 장치 매체 제어 언어 모듈이 정의되어야 하는데, 이것은 이 정의된 모듈을 통해서 논리 페이지들을 사용할 수 있는 물리적 블록, 버퍼 저장 장소, 구역으로 사상시키는 것과 같은 스키마와 서브스키마의 운용적 특성을 명세한다.

device mounting[–máuntiŋ] **소자 실장, 소자 내장** 부품을 프린트 배선판의 소정의 위치에 탑재하고, 리드선이나 단자류를 프린트 배선판의 표면에 형성한 랜트 또는 패드에 끼워서 접속하는 것. 부품의 고밀도 실장화, 기기의 소형화 및 경박(經薄)화를 위해 표면 실장화가 이루어지고 있다.

device name[–néim] **장치명**

device number[–nʌ́mbər] **장치 번호** 외부 장치에 할당된 고유 번호. 제어 프로그램으로 입출력 장치를 식별할 수 있도록 입출력 장치에 붙여진 이름. 데이터 정의문에서 장치 정보로 지정되며 초기화 장치가 작업시 입출력 장치를 제어 할당할 때 사용한다.

device option statement[–ápʃən stéitmənt] **입출력 옵션 스테이트먼트**

device parameter[–pərǽmətər] **장치 파라미터**

device parameter area[–ɛ́(:)riə] **장치 파라미터 영역**

device parameter list[−líst] **장치 파라미터 리스트**

device precedence list[−présədəns líst] **장치 순위 리스트**

device presentation control[−prèzəntéiʃən kəntróul] **장치 표시 제어** 데이터 전송 시스템 및 정보 처리에 관련된 장치들 간의 표준화된 표현의 변환을 제어하는 것.

device priority[−praiɔ́(ː)riti(ː)] **장치 우선 순위** 기본적으로 장치에 부여되는 우선 순위. 여러 장치가 동시에 버스를 이용하거나 CPU로 인터럽트를 요청할 때 선택의 기준으로 쓰인다.

device profile[−próufàil] **장치 프로필**

device ready/not ready[−rédi(ː) nát rédi(ː)] **장치 준비 여부** CPU에 입출력 장치가 데이터를 수신할 준비가 되었음을 알리는 것.

device selection control[−səlékʃən kəntróul] **장치 선택 체크**

device service task[−sə́ːrvis tǽsk] **장치 서비스 태스크**

device space[−spéis] **장치 공간** 표시 장치의 어드레스 지정 가능점의 집합에 의하여 정의되는 공간.

device status byte[−stéitəs báit] **장치 상태 바이트** 입출력 제어 장치 및 입출력 장치의 현재 상태를 컴퓨터의 레지스터에 표시하는 것.

device status word[−wə́ːrd] **DSW, 장치의 상태어** 기기의 상태를 나타내는 비트들을 포함하는 컴퓨터 단어.

device support data management[−səpɔ́ːrt déitə mǽnidʒmənt] **입출력 장치 데이터 관리**

device support facility[−fəsíliti(ː)] **DSF, 장치 서포트 기능**

device tolerance[−tálərəns] **디바이스 톨러런스** 장치와의 응답으로 되돌려지는 어떤 종류의 장치를 위험 영역을 제외하는 치역에 재평가하기 위한 확률 또는 장치에 대해 정해진 정수가 허용될 오차를 가지고 있는 것.

device type[−táip] **장치 타입** 컴퓨터 제작사에서 붙인 장치명, 장치 번호를 가리키기도 하며, 어떤 종류의 입출력 장치의 총칭.

device unit description[−júːnit diskrípʃən] **입출력 장치 기술**

device validation function[−vӕlidéiʃən fʌ́ŋkʃən] **입출력 장치 검사 기능**

device vector table[−véktər téibəl] **DVT, 장치 벡터 테이블**

Dewey decimal classification[djúːi(ː) désiməl klӕsifikéiʃən] **듀이 10진 분류법** 3자리의 숫자로 대분류를 하고 다시 3자리의 숫자로 소분류를 한다. 듀이(Melvil Dewey)가 개발하여 근대 도서관 문헌 정보 분류의 근간을 이루었다.

〈도서관의 도서 분류 코드〉

코 드	구 분
000	총기(總記)
100	철 학
200	역 사
300	사회 과학
310	정 치
320	법 률
330	경 제
331	경제학

Dewey decimal system[−sístəm] **듀이 10진 체계** 책을 분류하는 체계로서 듀이(Dewey)가 개발하였다.

Deza news research service[dezə n(j)úːz risə́ːrtʃ sə́ːrvis] **데자 뉴스 리서치 서비스** 다른 검색 엔진들이 주로 웹에서 정보 검색을 하는 데 반해 데자 뉴스는 유즈넷 뉴스에서 정보를 검색해준다. 현재 약 4GB 정도의 인덱스된 데이터가 제공된다. 뉴스 그룹, 필자, 게재 날짜 등으로 찾을 수 있다. 검색 기능에서는 불 함수와 검색식의 결합도 이용할 수 있으며, 검색 결과는 date, SCR(score의 약자로 이 수치가 높을수록 키워드에 대한 근접도가 높다) subject, newsgroup, author의 순으로 출력된다. ⇨ Usenet

DF 디테일 플로 차트 detail flow chart의 약어.

DFA 결정 유한 오토머턴 deterministic finite automaton의 약어.

DFD 데이터 순서도 data flow diagram의 약어.

DFG 다이오드 함수 발생기 diode function generator의 약어.

D flip-flop[díː flíp fláp] **D 플립플롭** 동기 입력을 가진 RS 플립플롭을 변형한 플립플롭으로 입력의 논리값이 그대로 출력으로 유지되는 플립플롭. ⇨ 그림 참조

DFP digital flat panel의 약어. 1999년에 VESA가 발표한 디지털 액정 디스플레이와 프로젝터의 표준 규격. VGA 대응의 TMDS, DDC, 20핀 물리적 인터페이스가 표준화되어 있다. ⇨ VESA, TMDS, DDC

DFR 고장률 감소형 decreasing failure rate의 약어.

DFT 기능 진단 테스트, 기능 진단 시험 diagnostic function test의 약어. 컴퓨터의 시스템 또는 각 장

치의 시스템에 대한 신뢰도 시험 프로그램.

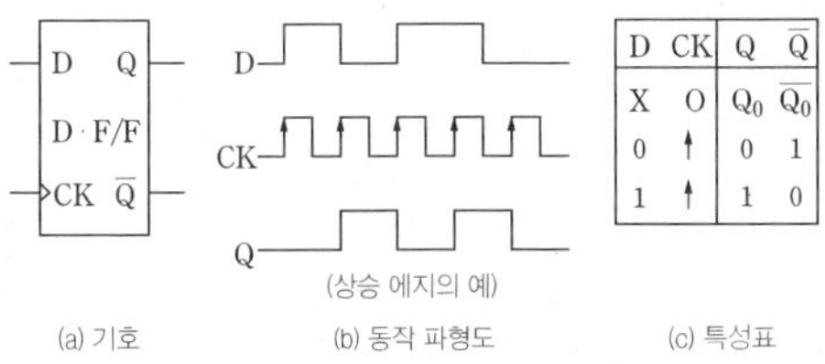

(a) 기호 (b) 동작 파형도 (c) 특성표

〈D 플립플롭과 특성표〉

DFU 데이터 파일 유틸리티 data file utility의 약어.

DG 데이터 제너럴 data general의 약어.

DHCP dynamic host configuration protocol의 약어. 윈도 NT를 기본으로 하는 근거리망(LAN)에 접속하는 컴퓨터에 IP 주소를 할당하는 마이크로소프트 사의 기술. 컴퓨터가 네트워크에 접속하면 DHCP 서버가 자신의 목록에서 IP 주소를 선택하여 할당해주는 것을 말한다.

dhrystone[drìstɔ́n] **드라이스톤** 벤치마크(benchmark) 프로그램의 하나로서 컴퓨터 수행 속도를 비교하기 위하여 사용되는 프로그램.

DHTML 동적 HTML dynamic hypertext markup language의 약어. 기존 HTML에서 한 단계 발전한 기술로서, 기존의 HTML 문서를 보다 생동감 있게 표현할 수 있다. 기존의 HTML에 DOM(document object model)과 CSS(cascading style sheets), 그리고 자바 스크립트나 VB 스크립트 등과 같은 스크립트 언어를 추가한 것을 말한다. 마이크로소프트 사의 DHTML은 크게 dynamic styles(동적 스타일), dynamic content(동적 내용), positioning(위치 지정), data binding(데이터 바인딩)의 4가지 내용으로 구성된다.

DI 기능 억제 인터럽트 disable interrupt의 약어.

DIA 문서 교환 아키텍처 document interchange architecture의 약어. 정보 검색 시스템의 하나.

Diablo 630 다이어블로 630 프린터의 상품명으로 미 제록스 사에서 판매하는 데이지 휠 프린터.

DIAC 다이액 diode AC switch의 약어. TRIAC이나 SCR의 게이트 트리거용으로 사용되어 트리거 다이오드라고도 하며, NPN 구조의 3층 2단자 양방향성 부성(負性) 저항 소자. 백열 전구의 밝기, 모터 속도의 제어 등에 응용된다.

diagonal definition[daiǽgənəl défíniʃən] **대각 정의** 그래픽 소프트웨어나 워드 프로세서 소프트웨어에서 범위를 지정하는 방법의 하나. 사각형의 대각선을 그리듯이 마우스 포인터를 움직여 사각형의 범위를 지정한다.

diagnose[dɑiəgnóus] **진단하다** 프로그램의 오차나 장치의 장애를 식별할 때 쓰인다.

diagnosis[dàiəgnóusis] *n.* **진단** 진단 기능을 갖는 진단 프로그램이나 하드웨어에 마이크로 진단, 진단용 프로세서 등이 있으며, 이것들은 컴퓨터의 루틴, 하드웨어의 구성에 있어서 오동작 또는 착오가 생긴 장소를 검출, 해명하는 과정을 말한다.

diagnosis list[–líst] **진단 리스트** 원시 프로그램을 컴파일할 때 언어 프로세서가 사용하고 있는 언어법이 올바른가를 검사하여 오류가 있을 때 오류의 메시지로 작성한 리스트.

diagnostic[dàiəgnɑ́stik] *a.* **진단의** (1) 프로그램에 의하여 생성되는 메시지이며, 다른 시스템의 구성 요소(system component) 중에 장애(fault)가 잠재해 있는 것을 지적하는 것. 예를 들면, 컴파일러에 의해 발생되는 구문상의 장애(syntax fault) 등을 진단 메시지(diagnostic message)라고도 한다. (2) 장애나 고장(failure)을 검지하여 그 개소를 확실하게 하는 것에 관하여 쓰이는 형용사로 그러한 행위나 동작 자체가 진단(diagnosis)이다.

diagnostic analysis[–ənǽlisis] **진단 해석**

diagnostic check[–tʃék] **진단 검사** 컴퓨터의 하드웨어 장애나 고장의 원인을 규명하여 확실히하기 위하여 특별한 프로그램을 사용하는 것.

diagnostic compiler[–kəmpɑ́ilər] **진단 컴파일러** 이 기능은 프로그래머에게 문법적 오류(syntax error) 등을 조기에 감지해 고쳐주어 프로그램의 개발이 훨씬 쉽고도 신속하게 이루어질 수 있다. 즉, 원시 프로그램을 컴파일할 때 발생하는 오류를 스스로 감지하여 수정하거나 해당 오류의 정보를 출력시키는 기능을 갖는 컴파일러.

diagnostic control program[–kəntróul próugræm] **DCP, 진단 제어 프로그램**

diagnostic decision[–disíʒən] **진단 결정**

diagnostic diskette[–dísket] **진단 디스켓**

diagnostic flow chart[–flóu tʃɑ́ːrt] **진단 순서도**

diagnostic function[–fʌ́ŋkʃən] **진단 기능** 올바로 기능하고 있는지 아닌지를 검지하여 오류(error)의 종류를 식별하는 기능.

diagnostic function test[–tést] **DFT, 기능 진단 테스트** 컴퓨터 시스템이나 각 장치의 시스템 신뢰도 측정을 위한 프로그램.

diagnostic information system[–ìnfərméiʃən sístəm] **DIS, 진단 정보 시스템**

diagnostic message[–mésidʒ] **진단 메시지** 운영 체제나 컴파일러, 어셈블리 등이 입력 정보를 검사하여 그 결과 오류가 발견되면 오류의 장소, 상태 등을 지적해서 출력하는 메시지.

diagnostic mode[–móud] 진단 모드

diagnostic operator's console[–ápərèit-ərz kánsoul] 진단 조작 콘솔

diagnostic probability[–probəbíliti(ː)] 진단 확률

diagnostic probability estimation[–èstiméiʃən] 진단 확률 추정

diagnostic problem solving[–prábləm sálviŋ] 진단적 문제 해결

diagnostic process[–práses] 진단 과정, 진단 프로세스

diagnostic program[–próugræm] 진단 프로그램 컴퓨터 시스템을 구성하고 하드웨어의 고장과 프로그램의 오류(error)를 찾는 프로그램. 진단 루틴(diagnostic routine)이라고도 한다. 프로그램의 테스트는 운영 체제가 구성되어 있는 이 루틴을 사용하는 경우가 많으나 컴퓨터 하드웨어의 체크를 위하여 특별히 작성되어 있는 진단 프로그램도 있다. 기기의 장애나 컴퓨터 프로그램의 차이를 식별하고 확실히 하여 설명하는 컴퓨터 프로그램.

diagnostic program result[–rizʌ́lt] 진단 프로그램 결과 진단 프로그램이 수행되면 오류에 관한 정보가 제공되지만, 이러한 정보가 없으면서 정지 상태가 되면 프로그램이 어떤 검사를 하다가 정지했는가를 알기 위해 정지한 주소를 출력한다.

diagnostic program utilization[–jù(ː)tilaizéiʃən] 진단 프로그램 이용 진단 프로그램에 의하여 체크된 오류에 관한 정보의 이용은 프로그램 설명서에 기재되어 있는데, 조작자가 이것에 익숙해지면 하드웨어의 오류가 있으리라 예상되는 곳에 가장 적절한 진단 프로그램 중의 한 명령어를 수행함으로써 신속한 진단을 내릴 수 있다.

diagnostic routine[–ruːtíːn] 진단 경로 중앙 처리 장치나 주변 장치에서 오류를 발견하도록 설계된 루틴 또는 전체 프로그램 내에서 오류를 발견하도록 설계된 루틴. ⇨ diagnostic program

diagnostic routine simulator[–símjulèitər] 진단 루틴 시뮬레이터

diagnostics[dàiəgnástiks] *n.* 진단 컴퓨터 기기의 고장을 발견해내거나 프로그램과 시스템 사이의 오류를 찾아내는 과정 또는 컴파일러가 원시 프로그램을 번역하는 중에 감지된 오류를 알려주는 메시지.

diagnostic scan[dàiəgnástik skǽn] 진단 주사(走査) 진단 프로그램을 이용하여 하드웨어의 오동작이나 오류를 검출하기 위해 해당되는 영역을 주사하는 것.

diagnostic search[–sə́ːrtʃ] 진단 탐색

diagnostic strategy[–strǽtədʒi(ː)] 진단 전략

diagnostic structure[–strʌ́ktʃər] 진단 구조 진단시 사용자가 범하는 오류는 문법적 오류와 문장의 의미적인 오류의 두 가지로 크게 대별할 수 있다.

diagnostic system[–sístəm] 진단 시스템 고장난 부분을 찾아 발견하는 것보다도 전체 시스템에서 기능의 결함을 탐색하는 프로그램.

diagnostic test[–tést] 진단 테스트 특정 부분의 고장이나 고장 가능성을 발견하고, 그 위치를 찾아내기 위하여 기계어 프로그램이나 루틴을 수행하는 것.

diagnostic test routine[–ruːtíːn] 진단 테스트 루틴

diagnostic trace program[–tréis próugræm] 진단 추적 프로그램 추적 프로그램의 출력에는 점검된 프로그램의 명령어나 이러한 명령어 수행의 중간 결과가 포함되어 있는 특정 형태의 진단 프로그램으로 다른 프로그램에 대한 점검 사항, 점검 작업 과정을 보여준다.

diagnostic trace routine[–ruːtíːn] 진단 테스트 루틴, 진단 추적 프로그램 하드웨어나 입출력 장치의 오동작을 예방하고 고장을 발견하기 위한 검사 프로그램.

diagnostic unit[–júːnit] 진단 장치 컴퓨터의 기능적인 결함을 검출하기 위해 사용되는 단위 진단 프로그램으로, 입출력 및 연산 회로 등과 같은 단위 회로의 컴퓨터 유지, 관리를 도와주는 장치.

diagnotor[dàiəgnóutər] 진단기, 진단 기록 루틴 컴퓨터의 루틴 또는 하드웨어의 오동작이나 오류를 검출하고 그들의 데이터를 편집하여 인쇄하기 위한 프로그램의 일종.

diagonalization[daiæ̀gənəlaizéiʃən] 대각화 증명법 가정에 대한 모순을 유도하는 기본적인 증명 방법 중의 하나.

diagonal matrix[daiǽgənəl méitriks] 대각 행렬 행렬에서 주대각 원소를 제외한 나머지 모든 원소가 0인 정방 행렬.

diagonal microprogramming[–máikrouprògræmiŋ] 대각선 마이크로프로그래밍 간단한 기계어 형식의 명령어를 이용하여 매우 높은 성능을 발휘하는데, 제어 기억 장치의 내용을 부호화하는 데 수평 마이크로프로그래밍의 성질을 더하여 제어 처리기를 만드는 기술.

diagram[dáiəgræ̀m] *n.* 도표, 다이어그램 각종 조작 순서와 조작 방법 혹은 작성 공정 등 도식 표시를 한 것을 포괄적으로 다이어그램이라 한다. 어떤 정보 처리 프로세스의 공정은 일반적으로 몇몇 세분화된 기본적인 공정으로 나눌 수 있다. 즉, 일

반적인 공정은 기본적인 조작과 순서의 조합으로 실현할 수 있다. 이 공정의 흐름을 알기 쉽게 도식으로 표시한 것이 다이어그램이다. 다이어그램의 표기법을 일의적으로 함으로써 그 공정의 알고리즘을 간편하게 기술할 수 있으므로 소프트웨어의 개발에 흔히 쓰인다. 다이어그램의 가장 전형적인 예로서 플로 차트를 들 수 있다. 플로 차트는 한국 공업 규격(KS)에 의하여 그 도식 표현 방법이 정해져 있으며, 이 방식이 일반적으로 널리 이용되고 있다. 소프트웨어를 개발할 때는 플로 차트로 소프트웨어에서 실시하는 순서를 표기하고, 그 후 구체적으로 프로그래밍을 개시한다. 또 이 다이어그램이 완전한 형으로 기술되어 있으면 디버그도 용이하게 된다.

diagram queuing[–kjúːiŋ] **큐잉 도형** 일반적으로 중앙 처리 장치 스케줄링에 대해 설명하기 위하여 사용하는 모형.

diagraph[dáiəgræ̀f] *n.* **다이어그래프**

dial[dáiəl] *n.* **번호판, 다이얼** 통신 네트워크에 있어서 상대의 단말 장치와의 통신로를 설정하기 위하여 경로를 지정하는 어드레스 신호를 단말 장치로부터 송출(send)하는 것을 다이얼이라 한다. 교환기에서는 이 다이얼 신호를 받아서 상대의 회선에 접속하는 절차를 취한다. 이러한 일련의 작업을 다이얼링이라 부른다. 다이얼 작업은 통상 이용자에 의하여 행해지지만, 이것을 망 제어 장치(NCU ; network control unit) 등의 인텔리전트 기기(intelligent equipment)에 의하여 행해지는 경우가 많으며, 이것을 자동 다이얼링(auto dialing)이라 한다. 다이얼링의 자동화를 행할 때에는 불가결한 기능이다.

dial connection[–kənékʃən] **다이얼 접속** 교환 회선을 거쳐서 단말 통신망에 접속하는 것.

dialectic sensors[dàiəléktik sénsərz] **다이얼렉틱 센서, 변증적 감지기** 특수한 감지기에 의해 종이 테이프에서 데이터를 읽어내는 방식.

dial exchange[dáiəl ikstʃéidʒ] **자동 교환, 자동 교환국** 모든 가입자들이 다이얼을 이용하여 호출할 수 있는 교환 방식.

dial-in[–in] **다이얼 인**

dial-in direct account[–dirékt əkáunt] SLIP, C-SLIP, PPP를 사용한 인터넷 계정.

dialing[dáiəliŋ] *n.* **번호 부르기, 다이얼링** 전화 등의 통신 시스템에서 상대와의 통신을 위해 상대를 호출하는 것.

dialing adapter[–ədǽptər] **다이얼 어댑터**

dialing device[–diváis] **다이얼 장치**

dialing directory[–diréktəri(ː)] **호출 목록** 이 목록에서 이름이나 번호만 입력하면 자동으로 전화를 걸어 상대방을 호출할 수 있도록 상대방의 이름, 전화 번호, 각종 통신 매개변수 등이 함께 기록되는 모뎀이나 통신용 프로그램에서 자주 사용되는 전화번호를 저장해놓은 목록.

dialing mode[–móud] **다이얼 모드**

dial-in terminal account[dáiəl ín tə́ːrminəl əkáunt] 전용선이 아니라 시리얼 통신을 이용하는 인터넷 계정.

dial line[–láin] **다이얼 교환 회선**

DIALOG[dáiəlɔ̀ːg] **다이얼로그** (1) 미국 Lockheed 사의 온라인 대화형 정보 검색 시스템. 미국의 IIT Research Institute에서 개발한 도형 처리 언어. (2) 미국의 Dialog Information 사가 운영하는 온라인 데이터베이스 서비스. 인문 사회에서 자연 과학에 이르기까지 폭넓은 정보를 제공하고 있으며, 약 400여 종류의 데이터 베이스를 가지고 세계 100여 개국에 서비스를 제공하고 있다. 다수의 데이터를 검색하기 위한 기능도 충실하며 결과는 전자 우편으로 받을 수 있다.

dialog[dáiəlɔ̀(ː)g] *n.* **다이얼로그, 대화, 문답** dialogue라고도 쓴다. 개인 또는 기업체의 요구 정보를 컴퓨터를 통해 전달하는 데이터 베이스 검색 서비스. 컴퓨터 시스템 중에서 사용되고 있는 코드나 신호 등에 익숙치 않은 이용자에게는 그 의미를 이해할 수 없기 때문에 흔히 조작상, 운용상의 오류를 일으키는 경우가 많다. 그래서 어떤 시스템을 구축할 때, 시스템과 이용자와의 사용자 인터페이스(user interface)를 개선하기 위하여 시스템과 이용자와의 관계를 대화식으로 하는 방식이 고안되었다. 이것은 이용자가 마치 대화와 같이 표시(제시)되는 순서에 따라서 조작(운용)해 감으로써 일정한 작업과 공정을 종료시킬 수 있는 방법이다. 이러한 대화식에서 발생되는 시스템의 표시(제시)와 이용자측의 그것에 대한 응답 작업을 다이얼로그라 한다. 다이얼로그는 마치 어떤 질문에 대하여 대답이 존재하도록 일대일로 대응하는 작업이며, 솔직히 그 질문을 따라가면 대화식으로 어떤 프로세스를 종료할 수 있는 특징을 갖는다. 학습 시스템이나 시스템의 도입시에 흔히 이용되는 방법이다. 이것으로부터 전해져서 시스템 도입시의 초기화(initialization) 작업이나 또는 그 작업용 프로그램을 다이얼로그라 부르는 경우도 있다. 또 고유 명사인 DIALOG는 의학, 전기 · 물리, 생화학 등의 종합 데이터 베이스이며, 1억 이상의 데이터를 가진 세계 최대급의 것이다.

dialog box[–báks] **대화 상자** 이것은 메뉴에서 어느 항목을 선택하면 그것에 해당하는 대화 상자가 나와 자신이 원하는 데이터를 선택할 수 있게 되어 있다. 메뉴 방식의 사용자 인터페이스에서 사용자의 지시 사항이나 어떤 사항에 대한 결정을 묻기 위해 화면상에 나타나는 상자이다.

dialog type diagram[–táip dáiəgræ̀m] **대화형 도식** 프로토콜 엔티티 상호간에 교환하는 PDU의 흐름을 시간의 진행에 따라 그림으로 나타낸 것.

dialogue[dáiəlɔ̀(ː)g] *n.* **대화**

dialogue box[–bɑ́ks] **대화 상자** ⇨ dialog box

dialog unit[–júːnit] **대화 단위** 통신 당사자 양단간에 데이터 전송시 하나의 차례중에 보내어지는 레코드 하나의 배열.

dialog-up service[–ʌp sə́ːrvis] **다이얼 호출 서비스** 전화 서비스 형태의 하나로 전화 교환망을 거쳐서 국(station)들 간의 호출용 전화에 의존한 서비스.

dial-on demand routing[dáiəl ən dimǽːnd rúːtiŋ] **경로 지정 요구 다이얼 호출** ⇨ DDR

Dialpad 다이얼패드 (주)새롬기술에서 만든 무료 인터넷 전화 제공 사이트. 2001년 7월 7일 이후 유료화되어 매월 30분만 무료 통화가 가능하다.

dial pulse[dáiəl pʌ́ls] **다이얼 펄스** 다이얼을 돌릴 때 발생하는 연결음. 다이얼의 틀린 숫자만큼 발생한다.

DIALS 다이얼스 Dendenkosha immediate arithmetic and library system의 약어.

dials feature[dáiəlz fíːtʃər] **다이얼 기구**

dials terminal[–tə́ːrminəl] **다이얼 단말 장치**

dial terminal feature[dáiəl tə́ːrminəl fíːtʃər] **다이얼 단말 장치**

dial-up[–ʌp] **자동 교환 서비스, 다이얼 업, 다이얼 호출** 데이터 통신에서 지역간 통화를 하려 할 때, 다이얼을 사용하여 상대를 호출하는 것.

dial-up connection[–kənékʃən] **다이얼업 접속** 인터넷을 이용하고 싶을 때만 서비스 제공자의 접속점(access point)에 전화를 걸어 접속하는 방식. 기업이나 SOHO 등에서 상시 인터넷을 이용하는 경우는 전용선으로 접속한다.

dial-up IP connect 다이얼업 IP 접속 TCP/IP 프로토콜로 전화 회선을 이용한 인터넷 접속. 사용자는 인터넷 서비스 제공자와 계약한 후 전화 회선을 경유하여 인터넷에 접속한다. 고가의 전용선을 도입하지 않아도 간단히 인터넷을 이용할 수 있다.

dial-up line[–láin] **다이얼업 회선** 주로 반이중 방식(half duplex)으로 사용되는 공중 통신 회선에서 제공되는 공중 교환 전화망에 사용되는 두 쌍의 회선.

dial-up modem[–móudèm] **전화식 모뎀** 자동 다이얼 기능을 갖춘 것도 있으며, 다이얼업 회선에 연결되는 모뎀. 이는 그 연결 회선의 교환 시스템의 특성에 따라야 한다.

dial-up networking[–nétwəːrkiŋ] **다이얼업 네트워킹** ⇨ DUN

dial-up router[–ráutər] **다이얼업 라우터** ISDN 회선으로 다이얼업 접속을 하는 데 사용되는 라우터. 대부분의 기종에 허브가 내장되어 있어 여러 대의 PC를 이더넷으로 간단히 접속할 수 있기 때문에 일반 가정에도 널리 보급되어 있다. TA에 비해 가격은 약간 비싼 편이다.

dial-up server[–sə́ːrvər] **다이얼업 서버** 원격 접근을 받아들이기 위한 윈도 95 이후부터 장착된 기능.

dial-up terminal[–tə́ːrminəl] **다이얼 호출 단말**

DIAM 데이터 독립적 접근 모델 data independent accessing model의 약어.

diameter[daiǽmətər] *n.* **지름, 직경** 그래프에서 두 정점 사이의 거리를 두 점 간의 최단 경로의 길이로 정의할 때 이들 중 가장 큰 것을 그래프의 지름이라 한다.

diamond cursor[dáiəmənd kə́ːrsər] **다이아몬드 커서** 키보드에서 키 할당의 일종으로 Ctrl 키를 누르면서 E, S, D, X 키를 누르면 커서가 각각 상, 좌, 우, 하로 이동한다. 다이아몬드 키라고도 한다. CP/M, MS-DOS의 시대에 큰 인기를 끌었던 영문용 워드 프로세서인 「Word Star」에 채용된 이래 많은 응용 프로그램에 계승되었다.

Diamondtron 다이아몬드트론 미치비시 기전이 개발한 CRT 디스플레이의 명칭. 애퍼처 그릴 방식을 이용하여 고휘도 화면을 표시한다.

diazo film[daiǽzou fílm] **디아조 필름** 마이크로필름의 일종으로 수중에서 처리되지 않는 장점이 있으며, 복사용 필름으로 널리 사용된다. 암모니아에 의한 화학 처리와 자외선에 의한 방법으로 복사, 현상되며 해상도가 높고 가격은 저렴하다.

diazo process[–prɑ́ses] **디아조 사진** 디아조 화합물을 칠한 필름이나 종이는 감광 재료로 사용할 수 있는 원리에 의한 것으로 디아조 화합물은 암모니아와 결합하여 색소를 나타내는데, 어떤 종류는 자외선을 쪼일 경우 광분해하고 암모니아와 결합하지 않으며 발색하지 않는 것도 있다. 즉, 이것은 디아조 화합물이 자외선에 반응하는 것을 이용한 사진이다.

DIB dual independence bus의 약어. 인텔 사가 펜티엄 II를 개발하면서 PC의 전통적인 구조를 변경시킨 구조가 DIB이다. DIB는 이름 그대로 독립 이중 버스라는 의미로, 버스가 두 개 있으며 독립되어 있다는 뜻이다. DIB 구조는 기존의 전통적인 단일 버스를 사용한 펜티엄 PC보다 2배나 많은 데이터를 처리할 수 있다.

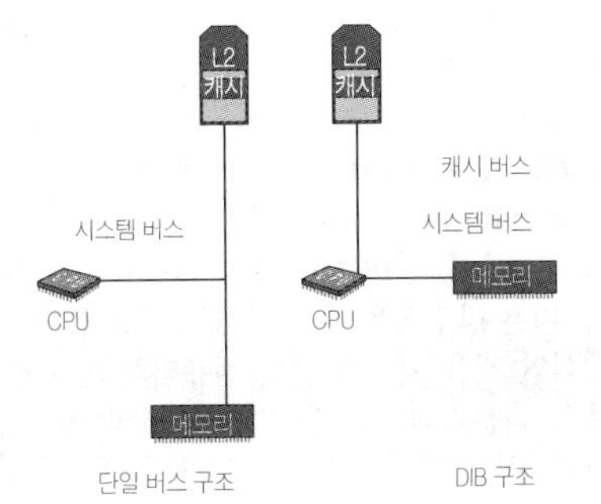

〈단일 버스 구조와 DIB 구조〉

DIB architecture DIB 아키텍처 dual independent bus architecture의 약어. CPU와 마더보드 사이를 통신하는 이전의 외부 버스에 덧붙여 CPU와 2차 캐시 메모리 사이를 통신하는 버스를 가진 프로세서 설계. 미국 인텔 사가 개발하고 있다.

dibit[dibít] *n.* **다이비트** 00, 01, 10, 11 중의 하나로 구성되며, 이 두 개의 비트로 이루어지는 데이터. 위상 변조에서, 4위상 변조 방식에서는 1회의 변조로 2비트를 전송할 수 있는데, 이 2비트를 전송하는 것을 말한다. 즉, 입력 비트열을 다이비트마다 구분하여 그것을 하나의 변조 상태에 할당함으로써 위상 변조를 하고 있다. 또 8위상 변조 방식에서는 3비트 단위로 할당하는데, 이것을 트리비트(tribit)라고 하며, 진폭-위상 변조 방식인 2진(바이너리) 8위상 변조 방식에서는 4비트 단위로 취급하는데, 이것을 쿼드비트(quadbit)라고 한다.

di-cap storage 다이오드 축전기 기억 장치 diode capacitor storage의 약어.

dice[dáis] *n.* **다이스** ⇨ chip

dichotomizing search[daikátəmàiziŋ sə́ːrtʃ] **탐색** 항목에 붙여진 순서에 따라서 행하는 탐색이며, 집합을 2분하여, 그 한쪽을 버리고, 받아들인 부분에 대하여 이 처리를 탐색이 완료될 때까지 반복하는 방법.

dichotomy[daikátəmi(ː)] *n.* **이분법** (1) 샘플을 두 그룹으로만 나누는 것. (2) 한 그룹을 두 그룹으로 분류하여 필요한 한 그룹을 찾는 것.

dictionary[díkʃənəri(ː)] *n.* **사전** 프로그램, 루틴, 시스템에 사용되는 코드 이름이나 키를 모아놓은 책. 단순히 「사전」이라고 번역되는 경우가 많으며, 이 경우는 일련의 관련된 단어(word) 또는 어떤 체계 잡힌 정보(information)를 어떤 일정한 규칙에 근거하여 보여진 것을 추상적으로 딕셔너리(dictionary)라 부르고 있다. 일반적으로 흔히 쓰여지는 것은 알파벳 순으로 나열된 단어의 사전, 혹은 수치의 대소를 바꾸어서 정렬한 코드 번호들이다. 이 경우 사전은 시스템이 어떤 일을 달성하기 위하여 참조되며 일정한 변환과 관련시켜 행하기 위하여 사용된다. 이로부터 알 수 있듯이 사전은 관련된 일정한 어군(語群)의 모임이라고도 할 수 있다. 예를 들면, 컴퓨터 시스템에서 이용자가 기술한 고급 언어(high level language)를 시스템 자신이 이해할 수 있도록 기계어(machine language)로 변환하는 컴파일러(compiler) 작업에도 기계어와 고급 언어와의 대응표로서의 사전이 필요하게 되는 것이다. 이 경우에는 그 사전 자체를 라이브러리(library)라 부르는 경우도 있다. 일반적으로 이 사전은 정보량이 많으며, 컴퓨터 시스템에서는 대용량의 자기 디스크 파일(magnetic disk file) 혹은 판독 전용 메모리(ROM)에 수용되어 있다.

dictionary application[-æplikéiʃən] **사전 응용** 데이터에 관한 정의를 사전에 모두 포함시켜 데이터의 성질, 특성, 사용 경향, 데이터의 관계, 출처 등의 정보를 응용할 수 있도록 정보를 저장 집산한 곳.

dictionary order[-ɔ́ːrdər] **사전 순서** 문자형 데이터를 대문자와 소문자로 구별하지 않고 알파벳 순서로 나열한다.

DID (1) **설계 입력 데이터 베이스** design input data base의 약어. (2) **장치 식별명** device identifier의 약어.

diddle[dídl] *v.* **조작하다, 속이다** 데이터를 함부로 조작하여 변환하는 행위.

DIDOCS 장치 독립 표시 조작 콘솔 서포트 device independent display operator console support의 약어.

die[dái] *n.* **다이** 패키지에 장착되면 칩(chip)이라 하는 것으로 웨이퍼 상 실리콘의 작은 사각형에 만들어진 회로 소자.

die attachment[-ətǽtʃmənt] **다이 접착** 반도체의 칩을 기판이나 패키지에 장착하는 것.

die bonding[-bándiŋ] **다이 접착** 반도체 다이를 절연 기판이나 패키지에 접착제 등의 물질을 이용하여 접착하는 공정.

dielectric[dàiəléktrik] *n.* **유전체** 절연체이면서 특별히 재료가 분극 현상을 가지고 있기 때문에 축전지의 재료로 사용하기도 한다.

dielectric isolation[-àisəléiʃən] **절연층 분리** 반도체 집적 회로의 각 소자를 절연층(산화규소 SiO_2)으로 분리시키는 것.

dielectric sensor[-sénsər] **절연층 감지기** 종

이 테이프에서 데이터를 판독하는 데 사용되는 특수 감지기.

die OR 다이 OR ⇨ wired OR

die separation[dάi sèpəréiʃən] **다이 분리** 집적 상태의 회로로 만들어진 웨이퍼를 하나하나의 칩으로 분리하는 것.

die size[–sάiz] **다이 사이즈** LSI의 반도체 칩의 크기. 즉, 한 장의 실리콘 웨이퍼로 제조할 수 있는 칩 수를 결정하는 절단면의 크기. 다이 사이즈를 줄이면 한 장의 실리콘 웨이퍼로 생산할 수 있는 LSI의 수가 증가하므로 제조 원가의 절감, 제조 공정의 효율화 등을 기대할 수 있다. 신축성 있는 접착 테이프를 웨이퍼의 밑에 부착하면 웨이퍼가 고정되어 절단시의 정밀도를 높일 수 있다.

DIF 데이터 교환 방식 data interchange format의 약어. 한 소프트웨어 패키지에서 생성한 데이터를 다른 소프트웨어에서 이용하기 위하여 사용된다.

difference[dífərəns] *n.* **차(差)** 뺄셈에서 빼지는 수(피감수)로부터 빼는 수를 뺀 결과의 수 또는 그 양.

difference amplifier[–ǽmplifὰiər] **차동 증폭기** 두 개의 입력 신호를 받아들여 그 차이를 출력 신호로 만들어내는 전자 회로.

difference engine[–éndʒin] **미분기** 덧셈만으로 여러 종류의 수표를 자동으로 계산할 수 있도록 설계되었으며, 배비지(C. Babbage)가 1823년에 만들었다.

difference equation[–ikwéiʒən] **차분 방정식**

difference file[–fáil] **차분 파일** 신구(新舊)로 변경된 점만이 준비되어 있는 파일. 변경된 부분을 차분 파일로 해두면 소프트웨어의 버전을 높일 수 있다.

difference gate[–géit] **차동 게이트** ⇨ exclusive OR gate

difference method[–méθəd] **차분 근사법**

difference report[–ripɔ́ːrt] **차이 보고서** 원프로그램과 변경된 프로그램 사이의 변경 내용을 나타내는 보고서.

differential[difərénʃəl] *a.* **미분의, 차동(差動)의, 차동형** 예를 들어 differential gate라 하면 배타적 논리합 게이트, differential dynamic programming은 미분 동적 계획법을 가리킨다.

differential amplifier[–ǽmplifὰiər] **차동(미분) 증폭기** 두 개의 입력 회로를 가지며, 두 개의 입력 신호의 차를 증폭하는 증폭기. 두 개의 트랜지스터를 접속하여 각각의 베이스에 신호를 주면 두 개의 트랜지스터와 컬렉터의 부하 저항으로 브리지를 구성하고 있기 때문에 전원 전압이나 온도의 변동 등으로 인한 드리프트가 적게 발생된다. 연산 증폭기(OP 앰프)의 반전, 비반전 입력을 함께 이용하면 차동 증폭기가 된다. 차동 증폭기를 사용하면 두 개의 입력에 동시에 들어오는 잡음 등의 성분을 제거할 수 있다. 차동 증폭기의 이 능력을 CMRR(common mode rejection ratio)이라고 한다.

differential analog input point[–ǽnəlɔ̀(ː)g ínpùt pɔ́int] **차동 아날로그 입력점**

differential analyzer[–ǽnəlὰizər] **미분 해석기** 미분 방정식을 푸는 기계. V. Bush가 고안한 기계식인 것을 가리키는데, 컴퓨터의 발달에 따라 기계식 적분기의 기능을 디지털 방식으로 치환한 디지털 미분 해석기(DDA)의 이용이 최근 성행하고 있다. 또 연산 증폭기를 주체로 한 아날로그 컴퓨터도 미분 해석기 정도밖에 되지 않지만 정밀도면에서 사용 범위가 한정된다.

differential circuit[–sə́ːrkit] **미분 회로** 스위칭 회로를 동작시키기 위해서는 샤프한 상승을 가진 펄스 전압(트리거 펄스)이 필요하다. 이 샤프한 트리거 펄스를 만들어내는 것이 저항과 콘덴서로 구성되는 미분 회로이다.

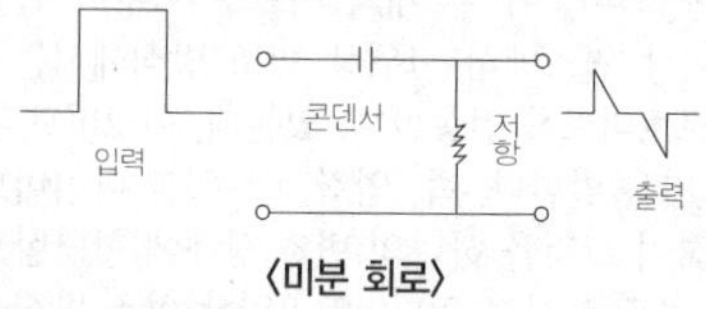

〈미분 회로〉

differential compression[–kəmpréʃən] **차분 축약** 이것은 순차적 접근만이 가능하며, 데이터 저장에 필요한 기억 용량을 절약하는 일반적 방법이다. 데이터를 표현할 때 자신과 그 바로 전의 데이터 사이의 차이점만을 나타내는 방법이다.

differential delay[–diléi] **지연 차이** 주파수 대역에서 발생하는 최대 주파수와 최소 주파수 지연과의 차이.

differential detection[–ditékʃən] **차동 검파** 동변조된 신호의 검파 방식. 예를 들면, 위상 차분 변조 방식에 따른 지연 검파 방식 등이다.

differential dump[–dʌ́mp] **미분 덤프**

differential engine[–éndʒin] **차분 기관** 1823년 영국의 수학자 찰스 배비지에 의해 만들어진 기계식 계산기. 경제적 문제로 이 기계를 완성시키지 못했지만 1933년 그 원리를 바탕으로 하여 세계 최초의 자동 계산기인 해석 기관(analytical engine)을 완성시켰다.

differential equation[–ikwéiʒən] **미분 방정식**

differential file[–fáil] **동 파일** 주어진 레코드 집합 중 일부가 수정되면 그 이전의 값과 새로이 변경된 값을 모두 갖게 되는데, 동 파일은 기존 레코드 중 수정된 레코드만 그 값을 저장하는 것으로 데이터 베이스에서 발생하는 모든 변경된 사항들을 기록, 유지하는 작용을 수행하기 위한 특수한 파일의 형태이다.

differential four phase modulation system[–fɔ́ːr féiz mɑ̀dʒuléiʃən sístəm] **4상 차분 변조 방식** 신호 위상으로서 4상을 사용하는 것이며, 다상 차분 변조 방식의 하나이다.

differential gain[–géin] **미분 이득** 입력 신호의 진폭 변화분에 대한 출력 신호의 진폭 변화분.

differential gear[–gíər] **동 기어** 두 축의 회전각의 대수합이 다른 한 축의 회전각의 두 배가 되도록 제작되어 덧셈 · 뺄셈을 할 수 있는 세 축의 각 회전각과 관련되는 기어.

differential modulation[–mɑ̀dʒuléiʃən] **차분 변조** 상태 선택이 앞의 상태가 되도록 한 변조 방식. 대표적인 것으로는 DPCM이나 DPM 등이 있다.

differential multiplexer[–mʌ́ltiplèksər] **차동 멀티플렉서**

differential operator[–ápərèitər] **미분 연산자** x에 대한 편미분, y에 대한 편미분과 같이 공간적인 미분 연산자에 적절한 수용 영역의 회선 연산자가 접근할 수 있다.

differential PCM **DPCM, 차동 펄스 부호 변조** 음성 샘플값과 그 앞의 음성 샘플과의 차를 양자화하는 PCM(pulse code modulaion) 방식.

differential phase inversion modulation system[–féiz invə́ːrʃən mɑ̀dʒuléiʃən sístəm] **위상 반전 차분 변조 방식** 위상 반전 변조 방식과 거의 같지만 기준 위상을 하나 앞의 위상 상태로 갖는 경우가 다르다. 예를 들어, 앞과 같은 위상이면 "0", 다른 위상이면 "1"을 나타내게 된다.

differential phase modulation system[–mɑ̀dʒuléiʃən sístəm] **위상 차분 변조 방식** 위상 변조 방식의 하나이다. 이 방식에서는 하나 앞의 위상 상태와의 차이를 신호로 대응시킨다. 이와 같이 하나 앞의 위상 상태를 기준 위상으로 갖기 위해 반송파의 기준 위상을 유출할 필요는 없다.

differential polyphase modulation system[–pálifèiz mɑ̀dʒuléiʃən sístəm] **다중 위상 차분 변조 방식** 위상 차분 변조 방식 중 신호 위상으로서 n개를 이용한 것이다. n으로는 4, 8 등이 있다.

differential system[–sístəm] **차등 시스템** 이 시스템은 대칭형과 비대칭형이 있으며, 대칭형은 컴플리멘터리 출력의 드라이버, 대칭 2선 전송로, 차등 입력의 리시버로 구성되며, 비대칭형은 1출력의 드라이버와 차등 입력이 리시버로 구성된다.

differential-type photosensor[–táip fóutəsènsər] **차등형 광전 센서** 두 개 이상의 광검출기를 사용하여 빛의 압력에 대한 응답의 차를 출력 신호로 하는 센서. 광빔 스폿의 변위 검출 등에 쓰인다. 두 검출기의 접점에 빔이 닿게 해두면 변위에 따라 출력이 역위상으로 변화하기 때문에 그 차를 취하면 변위에 비례하는 신호를 얻게 된다. 이 방법으로 수 μm의 검출 감도를 얻고 있다.

differentiating amplifier[difərénʃièitiŋ ǽmplifàiər] **미분 증폭기** 입력 전압의 시간에 대한 미분값에 비례하는 전압을 출력하는 기기로 아날로그 컴퓨터에서 사용되는 증폭기.

differentiating circuit[–sə́ːrkit] **미분 회로**

differentiation[difərènʃiéiʃən] *n.* **미분** 파형의 미분값에 비례하는 파형을 만드는 것.

differentiation circuit[–sə́ːrkit] **미분 회로**

differentiator[difərénʃièitər] *n.* **미분기** 출력 함수가 입력 함수의 변화율에 비례하며 변화하는 장치 또는 회로.

DIF file **DIF 파일** data interchange format file의 약어. 스프레드시트 등의 데이터 교환용 파일 형식. 일반적인 스프레드시트에서는 주로 SYLK 형식을 사용하지만, DIF는 레코드나 필드의 데이터를 상세하게 표현할 수 있다는 장점이 있다. 스프레드시트 「VisCalc」에서 최초로 사용된 이후 데이터 베이스 소프트웨어 등의 데이터 교환에도 사용되었다.

DIF format **DIF 포맷** 스프레드시트 등에서 이용되는 데이터 파일의 기록 형식. 레코드 파일 등을 어느 정도 표현할 수 있다. 최초로 「VisiCalc」에 사용되었다. ⇨ SYLK format

diffused capacity[difjúːzd kəpǽsiti(ː)] **확산 용량** 반도체의 pn 접합에 의해 생기는 용량.

diffused layer[–léiər] **확산층** 불순물 소자를 고체 반도체의 결정 속으로 그 표면에서부터 열적으로 넣을 때 표면의 불순물 농도가 가장 크고 내부로 감에 따라 작아지는데, 그 농도 기울기를 가진 층을 말한다.

diffused resistor[–rizístər] **확산 저항** 확산층의 저항을 말하는 것으로 불순물 농도는 표면이 가장 크고 내부로 감에 따라 작아지지만 저항은 표면이 가장 작고 내부로 감에 따라 커진다.

diffuse reflection[difjúːz riflékʃən] **확산 반사** 물체 표면의 작은 요철(凹凸)로 인해 생기는 반사광. 빛의 입사각과 광원량으로 반사율을 구할 수 있다. CG(컴퓨터 그래픽)의 셰이딩에서 물체 표면의 매끄러움을 표현하는 요소이다.

diffusion[difjúːʒən] *n.* **확산** 반도체의 전하 밀도의 차이로 밀도가 높은 곳에서 낮은 곳으로 흐르려는 성질 또는 반도체 제조 공정에서의 약간의 불순물을 반도체에 포함시키는 열적 처리.

diffusion capacitance [–kəpǽsitəns] **확산 용량** 소자 스위칭에서 과도 지연을 일으키는 원인으로 p형, n형 반도체에 초과 소수 캐리어가 축적되고 소멸되면서 발생하는 전하에 의한 정전 용량.

diffusion process [–prάses] **확산 처리** 반도체 물질 전체에 불순물을 첨가시키는 처리 과정.

diffusion reflection [–riflékʃən] **확산 반사** 3차원 컴퓨터 그래픽에서 나타내는 효과로서 물체의 거친 표면에서 빛이 산란되는 것을 나타내는 효과.

diffusion self-align MOS **DSA 모스** 채널 길이를 2중 확산의 차로 정해지도록 제작하는 것으로, 고속 MOS IC용 소자로 개발되었다.

digest [dɑidʒést] **다이제스트** 우편 목록 형태로 기사를 수집한 것.

digilog **디지로그** 아날로그에서 디지털로 넘어가는 과도기에 디지털의 장점을 수용하지만 기본적으로는 아날로그 시스템으로 구성된 제품. 속어로는 아날로그와 디지털의 변혁기에 서 있는 세대를 뜻하기도 한다.

digit [dídʒit] *n*. **숫자, 수치** 「손발의 하나 하나의 가락」이라는 의미로부터 파생된 단어. 한 자리의 정수를 표시하는 도형 문자. 예를 들면, 문자 「0」에서 「9」까지의 하나, 또는 0에서 9까지의 아라비아 문자, 혹은 10진 표시의 한 자리의 것. 숫자(numeric character)라든가 단순히 numeric이라고도 말한다. 2진 숫자를 binary digit라고 하며, 생략하여 비트(bit)라고도 한다. 10진 숫자는 decimal digit 이다.

digital [dídʒitəl] *a*. **수치형** 아날로그와 대비된다. 모든 정보를 이상적인 숫자로 표현하는 방식으로 데이터나 물리량을 「숫자」의 나열에 의해 표현하는 것을 가리킨다. 일반적으로 2값 부호(0과 1) 조합에 의해서 수의 표시를 행한다. 최근에는 「컴퓨터」라 하면, 디지털 컴퓨터(digital computer)를 가리키는 것이 대부분이다. 이것도 아날로그 컴퓨터(analog computer)와 대비된다.

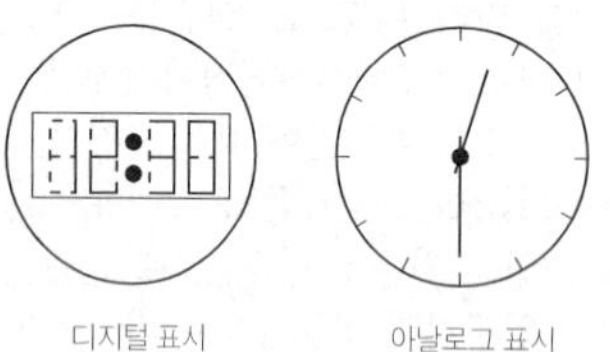

〈디지털과 아날로그 표현의 예〉

digital access 64/128/1500 ⇨ DA 64/128/1500

digital adaptive system [–sístəm] **디지털 적응 시스템**

digital adder [–ǽ(ː)dər] **디지털 가산기** 입력으로 들어오는 두 개 이상의 수의 합을 계산하는 장치.

digital-analog conversion [–ǽnəlɔ̀(ː)g kənvə́ːrʃən] **디지털/아날로그 변환** 디지털 부호화된 양을 그것에 대응하는 아날로그량으로 변환하는 조작.

digital-analog coverter [–kənvə́ːrtər] **D/A converter, 디지털/아날로그 변환기** A/D 변환기의 반대 조작을 행하는 기기로 디지털 코드화된 전압 입력에 대해서 그것에 대응하는 아날로그 전압을 출력해낸다.

digital-analog simulation [–sìmjuléiʃən] **DAS, 디지털 아날로그 시뮬레이션**

digital analysis [–ənǽlisis] **디지털 분석법** 해싱 함수의 한 종류로 키 값을 미리 알 수 있을 때 적합하며, 각 키 값을 한 기수의 숫자 값으로 해석하며 각 단위 자리별 숫자들의 분포를 검토해서 비교적 고른 분포의 자리를 택하고 그 자리의 숫자 값들로 주소를 결정한다.

digital analysis system [–sístəm] **디지털 해석 시스템**

digital analyzer [–ǽnəlɑ̀izər] **디지털 분석기** 기계의 보수나 회로의 해석을 목적으로 하는 장치로 주로 디지털 회로의 상태, 논리, 동작, 타이밍을 조사할 수 있다.

digital and analog output basic [–ənd ǽnəlɔ̀(ː)g άutpùt béisik] **디지털 아날로그 출력 기본 기구**

digital and analog output data channel adapter [–déitə tʃǽnəl ədǽptər] **디지털 아날로그 출력 데이터 채널 어댑터**

digital attitude control system [–ǽtitjùːd kəntróul sístəm] **디지털 자세 제어 시스템**

digital audio [–ɔ́ːdiou] **디지털 오디오** 디지털 녹음 방식을 이용한 디지털화 오디오 기기. 디지털화에 의해 신호는 잡음과는 관계없이 전송·증폭되므로 음질이 비약적으로 향상되었고, 다이내믹 레인지(dynamic range), 즉 녹음·재생 가능한 최강음과 최약음의 폭이 넓어지는 등 음질면에서의 혁신을 가져왔다. 현재 CD·DAT·PCM(펄스 신호 변조) 리코더를 디지털 기기라고 부른다.

digital audio broadcasting [–brɔ́ːdkæ̀stiŋ] **디지털 오디오 방송** ⇨ DAB

digital audio disk [–dísk] **DAD, 디지털 오디오 디스크** 음질이 좋고 동적 범위가 넓은 디지털화된 음향 신호를 기록한 리코더. 파형을 매초 40,000

이상 분할하여 2진법으로 수치화한 정보를 기록하고 재생하는 방식.

digital audio tape[–téip] **DAT, 디지털 오디오 테이프** 디지털 녹음 방식을 이용한 녹음 테이프. 콤팩트 디스크의 원리와 같다. 음악용과 데이터 기록용으로 사용할 수 있다.

digital audio tape recorder[–rikɔ́ːrdər] **디지털 오디오 테이프 리코더** 디지털 녹음·재생이 되는 카세트 리코더. 콤팩트 디스크의 테이프라고 할 수 있는 DAT는 아날로그 신호를 디지털 신호로 변환하는 회로와 2MHz의 고주파 기록이 되는 리코더로 구성되어 녹음과 재생에서 CD를 상회하는 고음질을 얻을 수 있다.

〈디지털 테이프 리코더〉

digital autopilot[–ɔ́ːtəpáilət] **디지털 자동 조종**

digital avionics[–èiviániks] **디지털 에이비오닉스**

digital avionics infomation system[–ìnfərméiʃən sístəm] **디지털 에이비오닉스 정보 시스템**

digital backup[–bǽkʌ̀p] **디지털 백업** 컴퓨터 시스템의 오류 발생시에 특별 기능을 가진 이 디지털 회로를 활성화함으로써 시스템의 재기동을 제어하기 위해 특별히 제작한 디지털 프로세스의 제어 방식.

digital bit[–bít] **디지털 비트** 이산 정수로 표현되는 수 체계 중 2진 체계의 수 0과 1로 표현되는 수.

digital camcorders[–kèimkoudərz] **디지털 비디오 카메라** 이전의 아날로그 방식과는 달리 화상을 디지털 방식으로 녹화/재생하는 비디오 카메라.

digital camera[–kǽmərə] **디지털 카메라** 필름 없이 촬영할 수 있는 차세대 카메라. 디지털 카메라는 사진 촬영 후 컴퓨터와 연결하여 곧바로 촬영한 내용을 확인할 수 있으며 프린터로 출력할 수도 있다. 디지털 카메라는 일반 카메라에 비해 사진 출력과 보관이 간편하고, 촬영된 사진 파일을 그래픽 소프트웨어(graphic software)를 이용하여 축소·확대 등을 원하는 대로 할 수 있는 장점이 있다.

〈디지털 카메라〉

digital book[–búk] **디지털 북, 전자 책** 문자 정보와 흑백 그래픽의 일부를 3.5인치 플로피 디스크에 수록한 것. 또는 종이가 아닌 매체에 텍스트를 수록하여 특정한 디스플레이를 통해서 책을 읽을 수 있도록 만든 것. ⇨ electronic book

digital broadcasting[–brɔ́ːdkæ̀stiŋ] **디지털 방송** 화상을 디지털 신호로 보내는 방송 형식. 아날로그 형식에 비해 송신 효율이 높고, 같은 주파수대에 아날로그에서는 1채널인 것을 4~6채널 취할 수 있다. 또한 디지털 형식이기 때문에 PC에서도 이용할 수 있다.

digital CAPTAIN 디지털 캡틴

digital cassette[–kəsét] **디지털 카세트** 보통의 오디오용 카세트보다 기록 밀도가 높으며 디지털 신호를 기록하는 카세트 테이프.

digital cassette controller[–kəntróulər] **디지털 카세트 컨트롤러** 데이터 전송시의 제어 또는 디지털 카세트 핸들러 기구부의 제어를 마이크로프로그램으로 처리할 수 있도록 되어 있는 LSI.

digital certificate[–sərtífikət] **디지털 서티피킷** 디지털 ID라고도 불리는데 이것은 전자 메일이나 웹 페이지와 같은 통신 수단에 암호화된 개인 정보를 붙여주는 것을 말한다. 공개 키(public key) 암호화라는 기술을 사용하여 수신자는 전자 메일이나 웹 페이지가 작성자로 등록되어 있는 사람이 실제로 송신한 것인지를 확인할 수 있다.

digital channel[–tʃǽnəl] **디지털 채널** 디지털 정보가 흐르는 전송로 내의 채널.

digital circuit[–sə́ːrkit] **디지털 회로** 디지털 처리나 연산을 할 수 있도록 짜여진 회로. 즉, 디지털 신호로 입력하고, 그것을 디지털적으로 처리하여 원하는 디지털 출력 신호를 일으키는 전기 회로. 회로는 주로 논리합, 논리곱, 부정 등의 논리 회로 조합으로 구성된다.

digital clock[–klák] **디지털 클록** 시간을 숫자 형태로 출력하는 시계.

digital clock supply[–səplái] **디지털 클록 공급 장치** 전자 교환기는 국내(局內) 및 디지털 국간에 병행해 있는 동기 단국이 디지털 방식에 의하여 음성과 신호를 주고받는데, 펄스 사이의 시간적 위치(클록 위상)가 차이가 있으면 교환 동작을 할 수 없다. 교환망의 클록을 모두 조합하기 위하여 기본으로 하는 클록을 망내의 디지털 교환기에 공급하는 장치를 클록 공급 장치(DCS)라고 한다. DCS는 고정밀도의 표준 주파수를 발생시키기 위해서는 고가로 된다. 이 때문에 마스터국에 한 개 설치하여 RC국에는 서브 마스터용 DCS, TD, TC국에는 슬레이브(slave)국용 DCS, LO, EO에는 로컬 슬레이브용 DCS를 설치하여 종속 주기 방식을 채용하고 있다.

digital command communication system[–kəmǽ:nd kəmjù:nikéiʃən sístəm] **디지털 명령 통신 시스템**

digital communication 디지털 통신 전화나 팩시밀리, TV 컴퓨터 데이터 등 모든 정보를 「0」과 「1」로 구성되는 디지털 신호로 교환하는 통신 방식. 전화로 보내는 음성이나 TV 등의 신호는 파형이 아날로그 신호인데 디지털 통신에서는 단말 장치로 아날로그 신호를 디지털 신호로 전환시킨다. 이 디지털 신호는 디지털 통신망이라 부르는 전용 회선으로 상대측에 전송되어 수신측에서 또다시 원래의 신호로 바꾼다. 이 때문에 통신 회선의 사용 효율이 높아지고 통신 비용을 절감할 수 있으며 잡음에 강한 고품질의 통신이 가능해진다.

digital communication network[–nétwə̀:rk] **디지털 통신망** 데이터 통신 분야에서 음성 등의 아날로그 정보를 일단 디지털 부호로 변환하여 전송을 행하는 통신망. 음성과 화상 등의 아날로그 정보를 진폭, 위상, 주파수형으로 전송하는 아날로그 통신망(analog communication network)과 대비된다.

digital communication processor[–prásesər] **디지털 통신 프로세서** 데이터 집중기, 속도와 코드 변환기, 메시지 교환, 진단 처리기, 멀티플렉서 등의 역할을 하고 모뎀이나 반향 억제기와도 접속이 가능하게 되어 있는 프로그램할 수 있는 다양한 기능의 소프트웨어를 갖도록 설계된 다중 마이크로프로세서.

digital communication system[–sístəm] **디지털 통신 시스템**

digital comparator[–kámpərèitər] **디지털 콤퍼레이터**

digital compression[–kəmpréʃən] **숫자 압축** (1) 숫자를 채워넣는 데 사용되는 기법 중의 하나. (2) 할당된 영역에 부가 숫자를 포함하도록 압축하여 저장하는 방법.

digital computer[–kəmpjú:tər] **수치형(디지털) 컴퓨터** 데이터를 디지털값, 곧 수치화하여 처리하는 컴퓨터. 현재의 컴퓨터는 초소형 컴퓨터, 탁상 컴퓨터로부터 대형 범용기에 이르기까지 대부분이 디지털형이다. 디지털 컴퓨터는 ① 계산 정밀도의 향상이 쉽다. ② 프로그램을 만들기가 쉽다. ③ 처리의 자동화가 쉽다. ④ 소형화, 생산비 인하가 실현되었다. ⑤ 동작이 안정되어 있는 등의 장점이 있다. 숫자에 의한 표현을 사용하여 연산하는 컴퓨터를 말하며, 전력량, 압력 등을 취급하는 아날로그형 컴퓨터와 구별할 때 사용되고 있다. 컴퓨터라고 하면 이 디지털형을 가리키는 것이 보통이다.

digital computer animation[–æ̀niméiʃən] **디지털 컴퓨터 애니메이션**

digital computer design[–dizáin] **디지털 컴퓨터 설계**

digital computer simulation[–sìmjuléiʃən] **디지털 컴퓨터 시뮬레이션**

digital contents[–kántents] **디지털 컨텐츠** 디지털화된 방법으로 제작, 유통, 소비될 수 있는 제품군을 의미하며, 구체적으로는 최근에 각광받고 있는 각종 동영상 파일, 이미지 파일, MP3 음악 파일, 멀티미디어 서적 등이 있다. 디지털 컨텐츠는 디지털 형태로 존재하고, 유통 및 소비도 디지털 형태로 이루어진다.

digital continuous-system[–kəntínjuəs sístəm] **디지털 연속 시스템**

digital control[–kəntróul] **디지털 제어** 입력 숫자열에 의해서 출력 숫자열을 발생시키는 처리.

digital controller[–kəntróulər] **디지털 제어 장치** 정보 제어에 있어서 이산된 수치에 의해 그 대상을 제어하는 기기.

digital converter[–kənvə́:rtər] **디지털 변환기** 종래의 아날로그 방식 대신에 디지털 컴퓨터를 중심으로 측정이나 제어가 행해짐에 따라 필요하게 된 기기이다. 당초에 주로 전기량이나 전압·전류 등의 측정 분야에서 널리 보급되었다. 그 후 디지털 처리 기술의 발달과 마이크로컴퓨터의 보급에 따라 전기량뿐만 아니라 온도나 압력 등의 물리량과 개수를 계측하는 데도 널리 사용하게 되었다. 디지털 변환기는 측정량 q를 정해진 양자량 a의 n배라는 이상적인 수치로 변환한다. 모든 양은 양자량 a로 나눌 수 없기 때문에 디지털로 변환함으로써 양자화 오차가 반드시 생긴다. 그 때문에 디지털 변환을 하는 경우의 자릿수는 필요한 정확도나 분해력을 고려하여 양자화 오차가 영향받지 않게 정할 필요가 있다.

digital data[–déitə] **디지털 데이터** 숫자 및 경우에 따라서는 특수 문자와 간격 문자에 의해서 표현된 데이터.

digital data communication message protocol[–kəmjù:nikéiʃən mésidʒ próutəkɔ̀:l] **DDCMP, 디지털 데이터 통신 메시지 프로토콜** 이것은 다중 데이터 교환 체제에서 각 스테이션 간

에 데이터 전송을 위한 회선에서 사용한다.

digital data communication network [-nétwə̀ːrk] **디지털 데이터 통신망**

digital data exchange [-ikstʃéindʒ] **DDX, 디지털 데이터 교환망, 공중 데이터 통신망** 디지털 신호를 전송하기 위해 디지털 교환기를 사용하여 접속하는 통신망. 임의의 상대와 고속 고품질의 데이터 통신을 행할 수 있고, 종래 아날로그 데이터망에 대신하는 통신망이다. ⇨ 보충 설명 참조

digital data exchange package [-pǽkidʒ] **디지털 데이터 교환 패킷** ⇨ DDX-P

digital data exchange packet [-pǽkət] **DDX-P, 공중 패킷망**

digital data exchange-telephone packet [-téləfòun pǽkət] ⇨ DDX-TP

digital data processing [-prásesiŋ] **디지털 데이터 변환** 측정량과 출력 신호와의 사이에 이산적인 일정한 값을 대응시키는 신호 처리. 출력 신호는 양적으로나 시간적으로나 이산적인 값을 취하게 되므로 출력 신호의 부호화 길이로 변환의 정밀도와 분해력이 좌우된다. 또 변환 과정에서의 양자화 오차 등이 정확도에 영향을 준다. 그러나 출력 신호의 판독에는 아날로그 변환의 경우와 같은 애매함은 없다. 물리량을 직접 디지털 변환하는 센서의 대표적인 것으로서 직선 변위나 각(角) 변위의 인코더가 있다.

digital data processor [-prásesər] **디지털 데이터 처리 장치**

digital data service adapter [-sə́ːrvis ədǽptər] **디지털 데이터 서비스 어댑터**

digital data storage [-stɔ́ːridʒ] **디지털 데이터 스토리지** ⇨ DDS

digital data system [-sístəm] **디지털 데이터 시스템**

digital data transmission [-trænsmíʃən] **디지털 데이터 전송** 일반적으로 디지털 신호는 장거리 전송에 부적합하여 가까운 거리에 이용하며, 컴퓨터 장치에서 생성된 디지털 신호를 그대로 전송하는 것을 뜻한다.

digital design [-dizáin] **디지털 설계**

digital design language [-lǽŋgwidʒ] **디지털 설계 언어**

digital device read-in [-diváis ríːd ín] **디지털 장치 접속 기구**

digital differential analyzer [-difərénʃəl ǽnəlàizər] **DDA, 디지털 미분 해석기**

digital display [-displéi] **디지털 표시 장치** (1) 숫자 표시. (2) 아날로그량을 디지털량으로 바꾸어 사용하는 미분 해석기.

digital display generator [-dʒénərèitər] **DDG, 디지털 표시 생성기**

digital divide [-dəváid] **디지털 격차** 세계가 전화나 TV 그리고 인터넷 등 최신 정보 기술을 사용할 수 있는 능력이나 환경을 갖춘 사람들과 그렇지 않은 사람들의 두 부류로 나뉘어질 수 있다는 사실. 또한 도시 지역과 시골 지역에 사는 사람들간에도

디지털 데이터 교환망 기본 서비스

고도화 · 다양화하는 데이터 통신에 적합한 여러 가지 서비스를 제공하기 위하여 세계 각국에서 시분할 교환 기술을 이용한 정보 회선 교환 방식 및 축적 교환 기술을 이용한 패킷 교환 방식이 실용화되고 있다. 디지털 데이터 교환망에는 기본 서비스로서 ① 불특정 다수의 상대방과 같은 속도, 같은 순서로 회선을 설정하고 해제하는 정보 회선 교환 서비스, ② 불특정 다수의 상대방과 논리적인 회선을 설정, 해제하는 선택 접속과 통신 상대방이 고정되어 항상 논리적인 회선이 설정되어 있는 고정 접속의 두 가지를 제공하는 패킷 교환 서비스가 있다.

이러한 기본 서비스 이외에 디지털 정보 교환에서는 가입자 상호 접속상의 편리, 금전 출납상의 편리를 주기 위한 부가 서비스가 고려되어 있다. 부가 서비스로는 ① 단말 조작상의 편리를 도모하고, ② 한정되어 있는 상대방 통신을 가능하게 하고, ③ 데이터 통신 운용상 편리를 도모할 것 등을 고려하여 단축 다이얼, 다이렉트 콜(direct call) 폐역 접속(閉域接續), 상대방 통지 및 센터 일괄 부금 등 각종 서비스가 있다.

이 중에 폐역 접속, 센터 일괄 부금의 두 가지 서비스는 정보 통신이 ① 기업 활동의 정보 처리 수단으로 발달된 것이 많은데, 원래 폐역망적(閉域網的) 성격이 강하고, ② 종래의 전화망을 사용한 데이터 통신에 있어서는 요금의 센터 일괄 부금을 하게 하는 것이 많다는 것 등 통신 형태상 특징에 적합한 디지털 정보 교환망 특유의 서비스가 있다.

이러한 부가 서비스는 정보 통신의 국제화에 대비하여 CCITT에서 표준화하여 새로운 정보망용 권고 시리즈 X.2에 규정하고 있으며 다채로운 통신 처리에의 발전이 기대된다.

최근에는 분산 처리 시스템 DP/10이 일본에서 개발되어 본격적인 DDX 망에 의한 정보 통신이 가능하게 되었다. 고도의 한자 변환 입력, 한자 처리 기능 그리고 그래픽 처리 기능의 확충, 게다가 COBOL, FORTRAN (DP 시리즈로서는 최초)의 고급 언어, 데이터 베이스 기능 등 풍부한 소프트웨어를 준비한 것이 큰 특징이다.

일어날 수 있다. 1999년의 조사에 의하면 총 인터넷 접속의 약 86%가 20대 도시에서 집중적으로 이루어졌다고 한다. 디지털 격차는 교육을 많이 받은 지식층과 그렇지 않은 사람들간에, 그리고 경제 규모나 지역적으로는 선진국과 후진국 사이 등에서도 발견된다.

digital divider[–dəvάidər] **디지털 제산기** 디지털 컴퓨터의 회로.

digital earth project[–ɔ́:rθ prədʒékt] **디지털 지구 구상** 미국의 고어 부통령이 1998년에 제창한, 지형 등의 지역 정보를 디지털화하여 지구 모양의 네트워크로 연결하고자 하는 구상. 환경 문제에 대한 관심을 배경으로 식물이나 동물의 분포에서부터 행정 구역, 도로, 인구, 기상 등 지구상의 여러 가지 정보나 상태를 네트워크에 집적하여 디지털 기술로 가시화함으로써 교육이나 연구, 도시 계획 책정 등에 기여하고자 한 것이다.

Digital Equipment Corp.[–ikwípmənt kɔ̀:rpəréiʃən] DEC, **디지털 이큅먼트 사**

digital error[–érər] **부호 오차**

digital error noise[–nɔ́iz] **부호 오차 잡음**

digital facsimile[–fæksímili(:)] **디지털 팩시밀리** 보통의 전송 회선 외에 디지털 전송 회선으로 사용할 수 있는 팩시밀리. 그 부호화 방식은 MR(이차원 부호화) 방식이라 하여, 화상을 전송할 때 앞의 주사선과 전송중인 주사선으로 변화시킨 데이터만을 전송하는 팩시밀리의 데이터 전송을 위한 압축 방식이 이용되고 있다. 디지털로 전송하기 때문에 화상의 재현성이 높다.

〈디지털 팩시밀리〉

digital filter[–fíltər] **디지털 필터** 고속 푸리에 변환(FFT)을 이용하여 신호파를 행하는 기술. 신호 중에 포함되어 있는 특정한 영역만의 주파수만을 발췌하거나 제거하기 위한 수치 해석적인 알고리즘이나 실제의 필터 회로. 필터에는 종래 사용된 아날로그 필터와 디지털 신호를 직접 처리하는 디지털 필터의 두 종류가 있다. 아날로그 필터는 코일, 콘덴서, 저항의 세 종류의 소자로 구성되어 있고 그 정밀도는 부품의 정밀도에 따라 결정된다. 한편 디지털 필터는 가산기, 승산기, 시프트 레지스터(shift resister)를 사용하여 디지털 신호를 직접 처리하기 때문에 그 정밀도는 연산 과정의 내부 오차로 결정된다. 따라서 양자화 비트 수를 크게 함으로써 고정밀도의 필터를 쉽게 실현할 수 있다.

digital fingerprinting[–fíŋgərprintiŋ] **디지털 지문** 사람의 지문을 디지털화한 것. 속기(stenography)이라고도 하며, 숨은 메시지를 디지털 시청각 자료에 깊숙이 파묻는 것으로 저작물의 질에는 아무런 영향을 미치지 않는다. 일단 이 방식으로 암호화되면 어떤 자료로 복제되든 이 신호를 지니게 되어 저작물의 권리를 파악할 수 있다. 심지어 본래 자료를 압출, 해체하거나 변경, 삭제하더라도 이 신호는 그대로 탐지된다.

digital flat panel[–flǽt pǽnəl] ⇨ DFP

digital hierarchy[–háiərὰ:rki(:)] **디지털 하이어라키** 전송 방식에서 소용량에서 대용량에 이르는 다중화 스텝을 하이어라키(계층 구성)라고 하며, 디지털 전송 방식에서는 0차군에서 5차군까지 디지털 하이어라키가 알려져 있다. 회선의 기본 단위로는 64kbit/s를 0차군으로 하는데, 이것은 전화 1회선분(8bit×8kHz)에 해당한다. 0차군의 24배 용량이 1차군(1.5Mbit/s)으로, 전화 전송의 기본 단위가 되며 이 1차군을 기초로 2~5차군 용량을 정한다. 예를 들면, 1차군의 4배 용량이 2차군이고 2차군의 5배 용량이 3차군이 된다. 디지털 전송의 하이어라키는 CCITT를 중심으로 논의되고 있고, 각국의 개발 경위도 있는데, 완전히 통일되어 있지 않아 미국에서는 전화 24회선(1.5M)을 기본으로 하고 유럽에서는 30회선(2M)을 기본으로 한 하이어라키를 채용하고 있다.

digital IC 디지털 IC, 디지털 집적 회로 (1) 논리 소자의 단일체로 집적되어 있는 반도체 회로의 집합. (2) 디지털 논리 회로를 위해서 사용되는 회로.

digital image[–ímidʒ] **디지털 화상** 화상을 화소의 집합으로 표시한 것. 화상을 가로 세로로 수많은 작은 정사각형 격자로 나누고, 각각의 정사각형 농도값과 색을 일정하게 했을 때, 그 정사각형 하나하나를 화소(pixel ; 픽셀)라 부른다. 화소 수가 많을수록(화소가 작을수록) 화상은 정밀하고 세밀해진다.

digital image analysis[–ənǽlisis] **디지털 화상 해석**

digital image processing[–prάsesiŋ] **디지**

털 화상 처리

digital incremental computer[–inkrəméntəl kəmpjúːtər] 디지털 인크리멘털 컴퓨터

digital incremental plotter[–plátər] 디지털 인크리멘털 플로터, 디지털 증분 플로터 플로터의 일종으로 지면상 현재점으로부터 상하, 좌우, 경사의 모두 8방향의 1구분(증분) 중 한 개의 이동 장치와 그 점에서의 펜의 동작 상태 명령의 조합에 따라 도형이나 문자를 그리는 방식. 1구분은 70~250㎛로 도형은 짧은 선분의 집합으로 나타나 있을 뿐이지만 실제로는 매끄러운 선도(線圖)로 보인다. 제법 큰 지면에 그릴 수도 있으며 가격이 비교적 싸므로 출력 장치로서 중요한 지위를 차지한다.

digital information[–ìnfərméiʃən] 디지털 정보 수치에 의해서 표현된 정보를 말하는데, 수량을 수치로서 표현한 것이 계수이고, 거래 · 사무 등에 관련된 사항은 계수적 표현인데, 이것을 수치로 나타내는 것을 계수 정보 또는 디지털 정보라 한다.

digital information processing[–prásesiŋ] 디지털 정보 처리

digital input[–ínpùt] 디지털 입력

digital input adapter[–ədǽptər] 디지털 입력 어댑터

digital input control[–kəntróul] 디지털 입력 제어 기구

digital input data channel adapter[–déitə tʃǽnəl ədǽptər] 디지털 입력 데이터 채널 어댑터

digital input/digital output[–dídʒitəl áutpùt] 디지털 입출력 기구

digital input feature[–fíːtʃər] 디지털 입력 기구

digital input fuse[–fjúːz] 디지털 입력 퓨즈

digital input module[–mádʒuːl] 디지털 입력 모듈

digital input/output[–áutpùt] 디지털 입출력 이산적인 입 · 출력의 양. 즉, 시스템 내의 현재 입력(조건) 또는 후에 설정되는 출력(상황)을 나타내는 것.

digital input/output module[–mádʒuːl] 디지털 입출력 모듈

digital integrated circuit[–íntəgrèitəd sə́ːrkit] 디지털 집적 회로 TTL, ECL, MOS, CMOS 등의 종류가 있으며, 작은 실리콘 반도체 결정의 칩(chip)으로 2진 신호에 의해서 동작이 되고 기억 장치, 레지스터, 카운터 등의 디지털 기능을 수행한다.

digital integrator[–íntəgrèitər] 디지털 적분기 입력 변수 x와 y, 출력 변수 z의 증분을 나타내는 데 디지털 신호를 쓰는 적분기.

digital I/O power supply 디지털 입출력 전원 기구

digital library[–láibrəri] 디지털 라이브러리 전자 도서관은 인쇄 형태의 도서, 정기 간행물, 포스터와 보고서로부터 PC, 슬라이드 필름, 비디오, 컴팩트 오디오 디스크, 오디오 테이프, 광학 디스크, 마그네틱 테이프, 플로피 디스크에 이르는 다양한 매체에 저장된 정보, 문헌, 시청각 자료, 그리고 그래픽 자료의 집합체이다. 즉, 광학 매체를 통해 전자 정보에의 접근을 제공하는 것 이외에 소장하고 있는 정보를 전자화하여 그 자체로 전자 문헌으로서의 개념이 제시되고 있다. 전자 도서관은 다른 전자 도서관의 정보 자원과 정보 서비스를 연결시켜 주는 기술을 필요로 하며, 이용 가능한 전자 파일에는 온라인 목록, 정보 및 레퍼런스, 온라인 백과 사전, 지역 백과 사전, 지역 사회 정보 파일, 전자 메시지 시스템 등이 있다. 일명 Electronic Library, Virtual Library, Logical Library라고도 불린다. 미국 의회 도서관 홈페이지(http://marvel.loc.gov/home-page/lchp.html) 참조.

digital linear gauge[–líniər géidʒ] 디지털 리니어 게이지 직선 변위를 측정하는 디지털 표시 장치를 가진 측정기. 좁은 뜻으로는 리니어 인코더를 사용하여 직선 길이나 직선 변위를 측정하는 스케일을 말한다.

digital line[–láin] 디지털 회선 사용자망 인터페이스로서 디지털 인터페이스가 제공되는 회선. ISDN이나 고속 전용선 등이 여기에 해당되다. ISDN의 기본 인터페이스로는 최대 128kbps까지 데이터 통신이 가능하다. 이에 대해, 일반 가입 회선을 아날로그 회선이라고 한다. ⇨ ISDN

digital logic[–ládʒik] 디지털 논리

digital logic design[–dizáin] 디지털 논리 설계

digital logic gate[–géit] 디지털 논리 게이트 이산적인 숫자를 게이트 입력으로 받아들여 입력 논리의 필요 요건을 만족하거나 그렇지 않는 것을 1이나 0의 신호로 출력하는 하드웨어 소자.

digital logic module[–mádʒuːl] 디지털 논리 모듈

digital logic type[–táip] 디지털 논리 유형 TTL(transistor-transistor logic), ECL(emitter coupled logic), CMOS(complementary metal oxide semiconductor logic)의 유형이 있다.

digital man-machine control system[–mǽn məʃíːn kəntróul sístəm] 디지털 인간-기계 제어 시스템

digital machine[–məʃíːn] 디지털 기계 컴퓨터

의 모델과 같은 디지털한 데이터를 처리하는 기계. 즉, 입출력이 이산적인 값을 가지는 데이터는 모두 0이나 1의 조합으로 나타낸다. 디지털 기계는 조합 기계와 순서 기계로 대별된다. 조합 기계는 출력이 그 순간의 입력 상태에 의해서 결정되는 기계이다. 순서 기계의 경우에는 그 출력이 그 순간의 입력뿐만 아니라 그 기계가 과거에 어떤 입력이 주어졌는가에도 의존한다. 즉, 순서 기계는 과거의 입력을 기억하는 기능을 갖고 있다.

digital manometer[-mənάmətər] **디지털 마노미터** 압력값을 숫자로 표시하는 측정기. 압력 센서를 내장하여 센서로부터의 신호를 디지털 변환한 다음, LED나 액정 등으로 표시한다. 종래, 실험실에서 압력을 측정할 때는 물이나 수은을 사용한 액주(液柱) 마노미터가 많이 사용되었지만, 측정기의 디지털화에 따라 숫자로 표시하는 압력계가 출현하게 되었는데, 그것이 디지털 마노미터라 불리는 것이다. 압력 센서에는 정전 용량식과 가동(可動) 자기 저항식, 반도체 변형 게이지식, 진동식 등 여러 가지 방식의 센서가 사용되고 있다. 표시 패널의 스위치 조작으로 영점 조정과 측정 압력 범위, 압력 단위의 변환 등을 쉽게 할 수 있게 되어 있는 것도 있다. 액주식에 비해서 판독하기 쉽고, 조작성이나 휴대하기가 아주 쉬워서 실험실 내에서의 압력 측정 외에 프로세스 공업용, 압력 전송기 등의 현장 교정용으로도 사용된다.

digital memory[-méməri(:)] **디지털 메모리** 0과 1로 부호화한 신호를 기억하는 장치. 정보를 처리하기 위해서 필요한 데이터나 프로그램 등을 보관할 수 있고, 또 그것이 필요하게 되었을 때 읽어 내어 쓸 수 있다. 자기 테이프 메모리와 플렉시블 디스크 메모리, 자기 디스크 메모리, 광 디스크 메모리, 반도체 메모리 등이 있다. 이들 기억 장치는 주로 컴퓨터의 부품이나 주변 장치에 많이 사용된다. 이들 메모리 중에서 회로 부품으로 사용되는 반도체 메모리(IC 메모리)에는 바이폴러형과 MOS형이 있는데, 전자는 기억 용량이 적지만 매우 고속이고, 후자는 대용량이라는 특징이 있다.

digital microcircuit[-màikrousə́:rkit] **디지털 마이크로회로** 특정한 논리 형태를 받아들여 이에 대하여 논리 상태 순서를 변경시켜 이를 주어진 논리 함수나 함수표에 따라 출력 단자로 변경시켜 주는 마이크로회로의 한 형태.

digital millennium copyright act[-miléniəm kάpiràit ǽkt] **디지털 밀레니엄법** 미국의 지적 소유권법의 일부 개정법. 정확히 표현하면 「WIPO 저작권 조약에 준하는 실제 공연 및 음악 레코드 조약의 이해 이외의 목적을 위해 합중국 법전 타이틀 17을 개정한 법률」을 말하지만 2000년을 맞이한 이후에 1000년을 포괄하는 영향력이 큰 저작권법으로 밀레니엄법이라 명명되었다. ⇨ WIPO

digital model[-mάdəl] **디지털 모델**

digital modem[-móudèm] **디지털 모뎀** FSK (frequency shift keying ; 주파수 이동 키)를 이용하는 음성급 채널을 통하여 데이터 통신 연결을 하는데 필요한 감독 제어나 변 · 복조 기능을 하는 모뎀.

digital moduation[-màdʒuléiʃən] **디지털 변조** 신호를 양자화, 즉 그 크기에 상응한 이산적 값에 대응시키고, 다시 일정한 규칙에 따라 부호화하는 변조 방식. 예컨대 신호는 최종적으로 펄스의 유무로 변환되기 때문에 아날로그 변조에 비해서 잡음인 레벨 변동 등의 외란에 대해 쉽게 견딜 수 있다. 널리 쓰이는 변조는 FSK, AM, PM으로서 아날로그 성질의 주파수, 위상, 진폭의 세 가지 성질을 디지털 데이터의 전달에 이용하고 있는데, 이 데이터 전달에 사용되는 기법은 FM(주파수 변조), PM(위상 변조), AM(진폭 변조)과 관계된다.

digital modulator[-mάdʒulèitər] **디지털 변조기** 1,200bps, 2,400bps의 음성급 회전으로 2,400bps의 전형적인 장치가 데이터 통신 연결을 수행하는데 필요한 제어 기능과 변조 기능을 제공해주는 변조기.

digital money[-mʌ́ni] **디지털 머니, 전자 화폐** ⇨ electronic money

digital multi-meter[-mʌ́lti mí:tər] **DMM, 디지털 멀티미터** 측정한 값을 숫자로 나타내는 미터기로서 전기 회로의 가장 기본적인 전압, 전류, 저항을 측정하는 전자 기기.

digital multiplex equipment[-mʌ́ltiplèks ikwípmənt] **디지털 다중 변환 장치**

digital multiplexer[-mʌ́ltiplèksər] **디지털 다중화 장치**

digital multiplex switching system[-mʌ́ltiplèks swítʃiŋ sístəm] **디지털 멀티플렉스 교환 시스템** 이 시스템에서는 전송 시스템에서 PCM(pulse code modulation) 신호를 아날로그로 바꾸지 않고 직접 교환하는 것이 가능한데, 음성과 데이터 전송을 위하여 디지털 회로 교환 역할을 담당하는 시스템이다. 이것을 통하여 PCM과 TDM(time division multiplexing)을 사용할 수 있다.

digital multiplier[-mʌ́ltiplàiər] **디지털 승산기, 디지털 곱셈기** 디지털 컴퓨터에서 사용되는 왼쪽 자리 이동과 덧셈 회로로 구성되는 곱셈 회로.

digital multiplier unit[-jú:nit] **디지털 곱셈 장치** 피승수를 반복적으로 더해감으로써 두 수의 곱을 구하는 장치.

digital nerves system[-nɔ́ːrvs sístəm] **디지털 신경 시스템, 디지털 신경계** 마이크로소프트사의 빌 게이츠가 제창한 개념으로, 인간이 외부의 자극을 정보로 변환한 후 신경을 통해 전달, 처리, 집약하여 오리지널 지식으로 축적하는 과정을 컴퓨터로 실현시키고자 하는 것. 조직체를 인간과 같은 신경계를 가진 것으로 간주하는 개념으로 이 개념을 적용한 컴퓨터 시스템을 구축하기 위한 방안이 고려되고 있다.

digital network[-nétwə̀ːrk] **디지털망** 디지털 데이터 전송이 가능한 통신망으로 광섬유 케이블 등을 이용하여 고속, 고품질, 대용량 통신이 가능하다.

digital network architecture[-áːrkitektʃər] **DNA, 디지털 네트워크 아키텍처** DNA의 네트워크 계층은 내부적으로 데이터그램을 사용하여 트랜스포트 계층에 순수한 데이터그램 서비스를 제공한다. 패킷은 순서 또는 비순서 형태로 전달되거나 전달되지 않기도 하고, 루프를 형성하거나 중복되기도 하며 적체 제어 알고리즘에 의해 폐기될 수도 있다. SNA와는 달리 네트워크에 대해 노드 유형은 구분하지 않고 각 노드 교환 기능과 응용 업무 처리 기능을 모두 수행한다.

digital output module[-áutpùt mádʒuːl] **디지털 출력 모듈** 밸브·경보 등을 작동, 가동시키거나 on/off 전기 장치들을 제어하기 위해 접점을 여닫는 기능을 갖는 모듈.

digital pattern recognition[-pǽtərn rèkəgníʃən] **디지털 패턴 인식**

digital PBX **디지털 구내 교환기** digital private branch exchange의 약어.

digital photograph[-fòutəgræ̀f] **디지털 사진** 영상을 필름에 담는 것이 아니라 디지털화하여 디스크에 수록한 것. 스캐너 등의 중간 매체 없이 화상을 곧바로 컴퓨터에 입력할 수 있다.

digital picture[-píktʃər] **디지털 화상** 화상 정보를 디지털 표현으로 처리한 것. 외계의 대상을 디지털화하고, 2차원 배열로서 표현한 것으로 컬러 화상이나 동화상을 그 복합체 또는 다중화라고 생각할 수 있다. digital image와 동의어.

digital plotter[-plátər] **디지털 플로터** 디지털 신호에 의해서 종이나 쓸 수 있는 면에다 잉크 펜이나 볼펜 등으로 그래픽을 디자인하는 출력 장치.

digital printer[-príntər] **디지털 프린터** 출력 장치의 일종으로 주로 숫자만큼 10자리 정도까지 프린트하는 장치. 각 자리마다 모든 종류의 활자를 갖추어 1행의 각 자리가 일제히 프린트된다. 일반 컴퓨터에는 별로 사용하지 않지만 각종 제어 장치나 간이 디지털 기기의 출력 장치로서 쓰인다.

digital private branch exchange[-práivət brǽntʃ ikstʃéindʒ] **디지털 구내 교환기, 디지털 PBX** 펄스 부호 변조(PCM) 방식을 써서 아날로그 정보를 디지털 정보로 변환하고, 하나의 통화로를 다수의 통화로로서 사용하기 위한 장치. 종래의 아날로그 PBX는 「음성」만 있었으나 디지털 PBX는 「화상」도 디지털 신호로 처리할 수 있다. 회선 사용 효율이 높아 고품질의 통신도 가능하게 되었다. 팩시밀리, 워드 프로세서 등과 접속한 새로운 형태의 LAN으로 부각되고 있다.

digital process control[-práses kəntróul] **디지털 프로세스 제어**

digital public circuit[-pʌ́blik sə́ːrkit] **디지털 공중 회선** ISDN과 같이 디지털화된 공중 통신 회선.

digital-pulse converter[-pʌ́ls kənvə́ːrtər] **디지털 펄스 변환 장치**

digital pulse modulation[-màdʒuléiʃən] **디지털 펄스 변조**

digital quotient[-kwóuʃənt] **디지털 친숙도** ⇨ DQ

digital readout[-ríːdaut] **디지털 판독**

digital recorder[-rikɔ́ːrdər] **계수형 기록기** 데이터를 수치적으로 정의된 이산점들로 기록하는 주변 장치.

digital recording[-rikɔ́ːrdiŋ] **디지털 기록** 각각 분리된 위치에다 자기 기록 매체에 이산점의 형태로 정보를 기록하는 것.

digital register[-rédʒistər] **디지털 레지스터** ⇨ register

digital repeater[-ripíːtər] **디지털 리피터** 디지털 전송로의 거리가 멀어짐에 따라서 감소되는 펄스 신호를 재구성하는 통신 선로상의 중계 장치.

digital representation[-rèprizentéiʃən] **디지털 표현** 변수의 양자(量子)화된 값의 이산적 표현. 즉, 숫자와 경우에 따라서는 특수 문자 및 간격 문자에 의한 수의 표현을 말한다.

Digital Research Inc.[-risə́ːrtʃ inkɔ́ːrpərèitəd] **디지털 리서치 사** 미국 소프트웨어 회사. 8비트 개인용 컴퓨터의 표준 운영 체제 CP/M과 PL/I 컴파일러를 발표했다.

digital RGB **디지털 RGB** RGB 3원색의 조합으로 8색 표시를 실현하는 방식. ⇨ analog RGB

digital rights[-ráits] **디지털 권리** 이미 발표된 저작물 등을 제3자가 디지털화하기 위한 권리. 현재는 아직 법적 근거가 없기 때문에 상호 합의하에 계약이 성사되고 있다.

digital search tree[-sə́ːrtʃ tríː] **디지털 탐색**

트리

digital service unit[–sə́ːrvis júːnit] **디지털 서비스 장치** 선로 인터페이스 부분, 부호화 부분, 단말기 인터페이스 부분 등으로 구성된 디지털 전송로.

digital sensor[–sénsər] **디지털 센서** 디지털 신호를 출력 신호로 하는 센서. 입력 변수와 출력 신호의 관계가 아날로그 센서에서는 연속적인 데 대해, 디지털 센서에서는 이산적으로 결정된다. 대표적인 디지털 센서로서 직선 변위나 각 수나 주기 외에 평균 주기, 주파수비, 시간, 계수, 적산, 상승 하강 시간, 슬루레이트, 듀티 사이클 등의 기능이 부가되어 있다. 기준 시간 발생기의 성능은 카운터의 측정 정밀도에 직접 영향을 미치기 때문에 온도나 전원 변동으로 인한 안정도의 악화를 줄이도록 특히 주의를 기울인다. 기준 발진기로는 수정을 사용한다. 고정밀형은 수정 발진자를 항온조에 넣어 안정도를 향상시킨 것을 사용하고 있다.

digital servo[–sə́ːrvou] **디지털 서보** 디지털 신호를 직접 그것에 상당하는 변위로 변환하는 서보. 입력형으로는 펄스열과 부호 등이 있으며, 펄스열에 관해서는 스텝 모터를 사용하는 방식과 피드백 펄스 수와의 차이로 아날로그 서보를 구동하는 방식이 있다. 또 부호 입력에 대해서는 출력 신호를 부호판 등으로 부호로 변화하여 입력과 일치하기까지 아날로그 서보를 구동한다.

digital signal[–sígnəl] **수치형(디지털) 신호** 전기적인 두 가지 상태로만 표현되는 신호. 수치화된 신호. 자연계의 값은 온도, 속도, 질량 등 아날로그로 변화하는 것이 많으나 이것을 어떤 폭으로 구분하여(양자화) 대응하는 수치에 끼워 맞춘 것이 디지털 신호이다. 이것은 컴퓨터가 인식하는 0이나 1의 2진수에 해당한다. 데이터 전송시에는 모뎀을 통하여 아날로그 신호로 변환하고 다시 디지털 신호로 복조하여 받는 경우가 많다.

digital signal analysis[–ənǽlisis] **디지털 신호 해석**

digital signal processing[–prɑ́sesiŋ] **디지털 신호 처리** 영상이나 음향, 레이더 펄스, 실제의 자연적 신호를 받아 분석하거나 필터 작용, 푸리에 변환 등의 다양한 조작을 하는 기술. 현재 컴퓨터에서도 영상 처리, 음성 출력 등의 목적에 사용되고 있다.

digital signal processor[–prɑ́sesər] **디지털 신호 처리기** 기계 진동, 음향, 음성, 화상 등의 신호에 대해서 여파(濾波)나 푸리에(Fourier) 변환 등의 연산 처리를 하여 필요한 정보를 추출하거나 합성하는 전용 프로세서.

digital signature[–sígnətʃər] **디지털 서명** 공용 키 시스템에 대한 키 구현으로 송신자 한 사람만이 사용할 수 있는 개인 키를 사용하여 서명을 보내면, 수신측에서는 그 송신자의 공용 키를 이용해 보내온 메시지를 해독한 다음 이를 보관하는 것. 비디오 테이프, 음반, 그래픽 이미지 등에 레이저 데이터로 서명되며, 각각의 비트 정보는 볼 수도, 들을 수도 없고, 저작물에 무작위적으로 퍼져 있기 때문에 이를 삭제하는 것은 불가능하다.

digital simulation[–sìmjuléiʃən] **디지털 시뮬레이션** 시스템의 퍼포먼스(performance)를 평가할 경우와 같이 문제가 되는 시스템의 모델을 컴퓨터의 프로그램형으로 기술한다. 모델이 만들어지면 입력을 주어 동작시키고 결과를 기록한다. 수학 모델에 의한 시스템 해석 수법과 같은 이론과 같지 않지만 이론 해석이 불가능한 복잡한 시스템 계획이나 설계에 있어서는 불가결한 수법이다.

digital simulator[–símjulèitər] **디지털 시뮬레이터**

digital sort[–sɔ́ːrt] **디지털 정렬** 천공된 카드의 분류에서 모든 항목이 완전히 분류될 때까지 가장 낮은 자리 숫자를 기준으로 분류를 시작하여 가장 높은 자리 숫자까지 차례로 분류하여 배열하는 것.

digital sorting[–sɔ́ːrtiŋ] **디지털 분류** ⇨ radix sorting

digital speaker[–spíːkər] **디지털 스피커** 디지털 신호로 입력된 음성이 DA 변환기에 의해 아날로그 신호로 변환되어 음이 울리는 스피커. 음성 케이블을 PC 본체에 접속하여 아날로그 음성 신호를 직접 울리는 일반 스피커에 비해, 본체와의 접속에 USB 케이블 등을 이용하여, 음성이 디지털 신호 때문에 노이즈의 영향을 받지 않고 깨끗한 음을 재생할 수 있다. ⇨ DA converter, USB

digital speech[–spíːtʃ] **합성 음성** 각각의 양자화된 소리에는 수치로 표현되는 소리의 길이와 크기가 기록되어 디지털화되는데, 즉 음성을 양자화하여 발생되는 기록된 소리로서 디지털 신호 처리 과정을 통해 생성되거나 합성 · 조작되고 소리로 구성되며 스피커를 통해 전달된다.

digital speech communication[–kəmjùːnikéiʃən] **디지털 음성 통신** 음성을 아주 잘게 구분하여 그 쪼개진 소리를 기록하는 음성 통신. 그 각각의 구분된 소리에는 수치로 표현되는 소리의 길이와 크기가 기록되어 디지털 신호로 된다. 그것을 다시 컴퓨터에 디지털 신호 과정을 거쳐 생성, 합성, 조작되어 통신하게 된다.

digital speech processor[–prɑ́sesər] **디지털 음성 처리기** 전화에서 온 음성 입력을 2,400bps

의 디지털 음성으로 바꾸어 컴퓨터 데이터와 동시에 보내는 음성 처리기.

digital subscriber line[–sʌbskráibər láin] ⇨ xDSL

digital subscriber line access multiplexer[–ǽkses mʌ́ltiplèksər] ⇨ DSLAM

digital subtracter[–səbtrǽktər] **디지털 감산기** 입력으로 들어온 두 숫자 사이의 차이를 구하는 장치.

digital switching[–swítʃiŋ] **디지털 변환**

digital switching system[–sístəm] **디지털 전자 교환기**

digital system[–sístəm] **디지털 시스템** 제한된 수의 이상적인 값을 갖는 변수로서 표기되는 정보를 가지고 여러 가지 계산을 수행하는 시스템.

digital system design[–dizáin] **디지털 시스템 설계**

digital system design language[–lǽŋgwidʒ] **논리 설계용 언어** 논리식으로의 트랜슬레이터, 시뮬레이터도 개발되고 있으며, 레지스터 등의 구성 요소 간에 데이터 전송을 중심으로 기술하는 레지스터 트랜스퍼 레벨의 하드웨어 기술용 언어. Duley가 1965년에 개발했다.

digital system synthesis[–sínθəsis] **디지털 시스템 합성**

digital telephone[–téləfòun] **디지털 전화** INS에서 전화 서비스의 고도화, 다양화를 도모하기 위하여 디지털 전화망에서 기본적인 전화 서비스를 제공함과 더불어 새롭고 다채로운 전화 서비스를 효율적으로 제공하는 것이다. 이 전화기는 가입자선의 디지털화에 수반하여 음성을 핸드 세트 내의 송수화기에서 전기를 음향으로 교환함과 동시에 부호 · 복호기(CODEC)에서 아날로그 신호를 디지털 신호로 변환하는 기능을 가지고 있다. 음성과 함께 교환기 · 전화기 간의 제어 신호도 디지털화되어 있고 표시기를 부가하여 통화중 종료시에 요금에 즉시 알려주며 착신시에 발신 가입자 번호를 표시하는 등 새로운 전화 서비스를 제공할 수 있다.

digital television[–téləviʒən] **디지털 TV** 수신한 방송 전파를 아날로그 형태 그대로 처리하지 않고 디지털 부호화함으로써 영상 및 음성 신호의 열화를 방지해줄 뿐만 아니라 그것을 정확히 복원시켜 주는 TV. 따라서 화면 재생 능력이 우수하며 컴퓨터가 데이터를 처리하듯이 방송 신호를 기억 · 처리할 수 있다. 이에 따라 순간 동작은 정지시켜 확대해볼 수 있으며, 기억된 화면을 느린 동작으로 다시 확인하거나 프린터로 뽑아볼 수도 있다.

digital television broadcast[–brɔ́ːdkæ̀ːst] **디지털 TV 방송** ⇨ digital broadcasting

digital terminating system[–tə́ːrminèitiŋ sístəm] **DTS, 디지털 터미네이팅 시스템**

digital test equipment[–tést ikwípmənt] **디지털 검사 장치** 계수형 서비스 기술자나 설계자에게 알맞은 특성을 가진 소형 장비나 칩, 펄스기, 시험 클립 비교기, 오실로스코프 등의 장치.

digital test simulation[–sìmjuléiʃən] **계수형 검사 시뮬레이션** 장치 모델 및 그들 상호간의 연결에 대한 위상 정보를 포함하고 있는 컴퓨터 프로그램에 의한 논리 회로로 동작의 모형화 과정.

digital theater system[–θíːətər sístəm] ⇨ DTS

digital time read-in[–táim ríːd in] **시각 기록 기구**

digital time read-out[–áut] **시각 해독 기구**

digital time unit[–júːnit] **시각 장치**

digital to analog[–tu ǽnəlɔ̀(ː)g] **D/A, 디지털에서 아날로그** (1) 디지털 처리를 한 결과를 원래의 아날로그 신호로 되돌리는 경우나 제어에 사용할 경우에 하는 조작. (2) 디지털 부호로 된 부호나 값을 아날로그 형태로 바꾸는 것.

digital to analog conversion[–kənvə́ːrʃən] **디지털–아날로그 변환** 순간 크기가 디지털 수치에 비례하는 아날로그 신호를 생성하는 것.

digital to analog converter[–kənvə́ːrtər] **DAC, D/A 변환기, DA 변환기** 디지털 신호를 연속한 아날로그 신호로 변환하기 위하여 사용되는 기계적, 전기적 장치. 아날로그-디지털 변환기(analog to digital converter)와 반대어. 이것은 컴퓨터 제어에서 출력 데이터를 아날로그량으로 전환하는 데 사용된다.

digital transmission[–trænsmíʃən] **디지털 전송** 데이터 통신에서 통신 회선에 흐르는 0과 1의 신호로 이 두 가지 펄스만으로 전달하는 것. 점진적인 선 작도 알고리즘의 하드웨어적 구현으로서 X와 Y의 변화에 비례하는 비율로 X_{old}와 Y_{old} 레지스터의 값을 증가 또는 감소시키는 기능을 갖는다.

digital TV **디지털 텔레비전** 디지털로 영상 음성 신호를 전송하는 TV 방송의 총칭. TV 방송을 디지털화하면 디지털 압축 기술이나 큰 수치의 디지털 변조 기술을 사용함으로써 주파수 이용 효율을 기존의 아날로그 TV 이상으로 높일 수 있다. 즉, 같은 주파수대를 사용하여 4~8배의 채널을 보낼 수 있다. 또한 문자나 팩시밀리, 음성 등 모든 정보를 디지털화하여 본래의 영상 신호 이외의 것도 전송하는 것이 쉽고, TV 측에 컴퓨터와 같은 데이터 처리 기능을 추가하여 다양한 방송 서비스를 제공할 수도 있다. 디지털 TV에 대한 대처가 본격화된 것은 미국의 차세대 TV 방송 ATV 측에 미국 제너럴 인스트루먼츠 사가 모든 디지털 방식의「DigiCiper」를 개발한 이후부터이다.

digital vehicle control [-víːikl kəntróul] **디지털 차량 제어**

digital versatile disc-random access memory/read/read-write [-vəːrsətl dísk rǽndəm ǽkses méməri(ː) ríːd ríːd ráit] **디지털 다기능 디스크 램/읽기/읽고 쓰기** ⇨ DVD-RAM/R/RW

digital video 디지털 비디오 ⇨ DV

digital video interactive [-ìntrǽktiv] **디지털 비디오 인터랙티브** ⇨ DVI

digital video interface [-íntərfèis] **DVI, 디지털 비디오 인터페이스** 일반적인 화상 처리가 발전된 형태로 TV 카메라가 잡은 화면을 컴퓨터가 마음대로 변형 처리할 수 있도록 하는 인터페이스.

digital video terminal [-tə́ːrminəl] **DV 단자** ⇨ DV terminal

digital visual interface [-víʒuəl íntərfèis] **디지털 비디오 인터페이스** ⇨ DVI

digital voltmeter [-vóultmìːtər] **디지털 전압계(電壓計)** 전압을 측정하는 계측기로서 측정한 전압을 발광 다이오드나 액정을 사용하여 숫자로 표시하는 것. 아날로그 전압을 그와 등가인 디지털량으로 AD 변환기에 의해 변환하여 조직 회로를 통해서 표시한다든가, 외부로 전송한다든가 할 수 있다. DVM으로 약칭되기도 한다. 디지털 전압계는 측정 전압을 지침으로 지시하는 아날로그 전압계에 비하여 높은 확실도와 높은 분해력을 가지며, 고속인 점에서 전압 측정의 주류를 차지하고 있다.

digital wallet [-wálit] **디지털 지갑** 전자 상거래에서 지갑 기능을 하는 소프트웨어. 전자 지갑(e-wallet)이라고도 한다. 전자 지갑에는 여행자 수표와 유사한 디지털 화폐를 구입해서 넣을 수 있고, 유자격 카드 소지자임을 나타내주는 디지털 증서와 함께 자신의 신용 카드 정보도 넣을 수 있다.

digital watermarking [-wɔ́ːtərmàːrkiŋ] **디지털 워터마킹** 동영상이나 음성 데이터에 사용자가 알 수 없는 형태로 저작권 정보를 기록하는 장치. 디지털 워터마킹에는 작성자, 저작권자, 작성일 등이 인간의 눈이나 귀로는 알지 못하도록 숨겨져 있으며, 만약 불법 복제를 위해 디지털 워터마킹 정보를 삭제하려 하면 원래의 동영상이나 음성 정보가 삭제되도록 설계되어 있다. ⇨ 그림 참조

digit analysis [dídʒit ənǽlisis] **숫자 분석법** 저장되어야 할 레코드들의 표본을 이용하여 키 값에 의한 표를 만들고 그것에 각 숫자별로 빈도수를 표시하여 균등한 분포를 가지는 자릿수를 파일의 주소로 사용하는 해싱 알고리즘의 한 방법이며, 키 값의 분포를 이용해서 주소를 결정하는 방법.

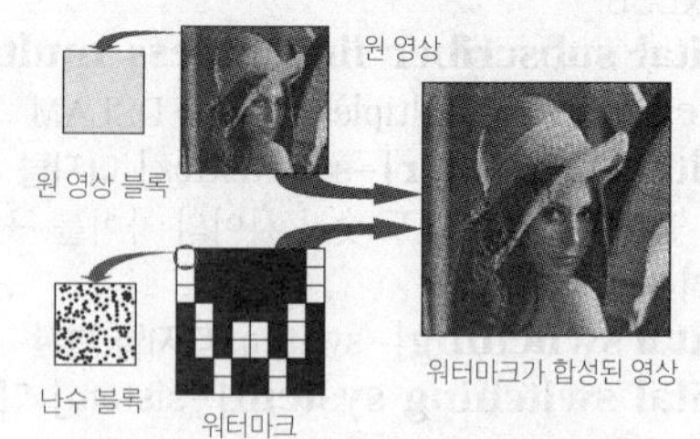

〈디지털 워터마킹의 전체적인 개념〉

digit analyzing [-ǽnəlàiziŋ] **숫자 분석**

digit bit [-bít] **숫자 비트** 바이트는, 예를 들면 8 비트를 써서 하나의 문자(character)를 표시한 것이지만 이 8비트를 상위 4비트와 하위 4비트의 조합으로 하여 이 하위 4비트의 것을 디짓 비트(숫자 비트), 상위 4비트를 존 비트(zone bit)라 부른다.

digit compression [-kəmpréʃən] **자릿수 압축** 세 자리 10진수를 6비트, 즉 12비트의 형식으로 묶어서 저장하는 형태로 자릿수를 절약하기 위해 여러 개의 숫자를 묶어서 넣어두는 기법.

digit delay [-diléi] **숫자 지연** 입력 신호의 한 숫자가 들어올 주기만큼 출력 신호를 늦추는 논리 소자.

digit delay divice [-diváis] **숫자 지연 장치** 산술 회로에서 하나의 자릿수 위치에서 다른 자릿수 위치로 자리 이동(carry) 효과를 나타낼 때 이용하는데, 자리 신호를 지연시키기 위한 논리 장치.

digit delay element [-éləmənt] **숫자 지연 소자** 신호 또는 펄스를 한 숫자의 기간 동안 지연시켜 주는 특정 지연 소자.

digit emitter [-imítər] **디짓 이미터** 입력 매체의 기록 상태에 대응하여 펄스를 발생시키는 장치나 그 기능을 말하며, 입력 데이터를 컴퓨터의 내부 코드로 변환시키기 위한 것이다.

digitization [dìdʒitəzéiʃən] *n.* **디지털화** 어떤 한 색채를 빛의 3원색의 3벡터로 표시했을 때 이 3벡터들이 교차하여 생긴 영역을 말하는데, 아날로그 영상 신호를 표본과 정량화의 과정으로 변환하는 것을 말한다.

digitize [dídʒitàiz] *v.* **수치화하다, 디지털화하다** 일반적으로 물리적인 측정값은 아날로그라 불리는 연속량이며, 이것은 컴퓨터 내부에서는 취급할 수 없으므로, 이 연속량을 이산적인 값으로 변환할 필요가 생긴다. 이산적인 값은 소위 디지털(digital)이라 부르며, 어떤 임의의 최소값의 정수배라는 표현 방식 혹은 일정한 정보에 대해 일정한 코드를 할당하

는 표현 방식을 취한다. 연속량에는 이 최소값 혹은 세세한 값의 정보가 포함되어 있는 데 대하여 이산적인 값은 그 변환시에 적은 값의 정보가 누락되어 버린다. 마치 수치의 반올림을 행하면 미묘한 오차가 생기는 것과 마찬가지로 연속량으로부터 이산적인 값으로 변환할 때 필연적으로 사소한 오차가 생긴다. 이 오차 성분을 양자화 오차(quantizing error), 혹은 양자화 잡음(quantizing noise)이라 부르며, 디지털화할 때에는 반드시 발생하는 것이다. 이 경우 디지털화 작업에 AD 변환기(analog-digital converter)를 사용하는 경우가 많으며, 이 AD 변환기는 집적 회로로 구성된다.

digitized speech[dídʒitàizd spíːtʃ] **양자화 음성** 인간이 말하는 음성 인식 시스템에서 보통 초당 800~12,500회 정도의 샘플링(sampling)을 거치는데, 음파의 진폭이 일정 간격으로 기록된 음성의 수치적 표현이다.

digitizer[dídʒitàizər] *n.* **수치기, 계수기** 화상과 형상을 부합(符合)화하여 디지털의 데이터로 변환하는 기기나 장치. 도형의 좌표 등을 판독할 수 있다. 즉, 아날로그 도형을 사람 손으로 추적하고 그 장치 신호를 디지털 정보로서 컴퓨터에 송출하는 것이 가능한 장치이다. 위치 추적에는 커서라 칭하는 지시기가 사용된다. 태블릿(tablet)보다 정밀하게 위치 신호를 발생할 수 있다. 소형인 것을 태블릿이라고 하는 경우가 있다.

〈수치기〉

digitizer stability[–steibíliti(ː)] **계수기 안정도** 계수기 입력 장치, 즉 커서나 펜 등이 움직이지 않는다고 가정할 때에 계수기의 출력이 일정하게 될 때의 온도 · 습도 · 기압 등을 포함한 주변 환경의 변동 범위를 말한다.

digitizing scanner[dídʒitàiziŋ skǽnər] **계수화 주사기** 각 표본으로부터 얻어진 연속 신호를 양자화된 수치 신호로 바꾸어주는 작용을 계수화라 하고, 영상에 대해 그러한 작용을 하는 기구를 주사기(scanner)라 한다.

digitizing system cartesian coordnates[–sístəm kɑːrtíːʒən kouɔ́ːrdinəts] **디지타이징 시스템 커티전 좌표계** 이것은 일부 대형 시스템에서는 32개의 Y축과 2개의 X축의 정의가 가능하고, 로그(log) 등의 다수 분할 추적 차트에 대한 복수 스케일링을 가능하게 하거나 데이터 분류 기술이 정의된다. 즉, 한 작업의 주축 시스템을 완전하게 정의할 수 있는 시스템이 있을 경우 비선형 규모의 단계적인 선형 근사 계산이 있는 회전된 비직교축의 정의가 가능하게 된다.

digitizing tablet[–tǽblət] **이산화 태블릿** 태블릿 표면 하단에는 그물 형태의 세세한 전선이 깔려져 있고, 그 위에는 움직이는 물체의 자기장을 이용한 2진수로 좌표 정보를 변환하여 컴퓨터가 이용할 수 있게 입력한다. 이것은 디지타이저의 한 종류이다.

digitopia **디지토피아** 토머스 모어의 유토피아를 디지털에 맞추어 만들어낸 신조어. 모든 자료의 디지털 처리를 통해 진정한 의미의 유토피아를 건설할 수 있다는 이상향에 대한 추구로 소설을 통해 처음 알려졌다.

digit period[dídʒit pí(ː)riəd] **숫자 주기** 연속적으로 숫자가 발생되는 시스템에서 숫자를 나타내는 신호와 신호 사이의 시간적인 간격.

digit place[–pléis] **숫자 위치, 자릿수 위치** 자릿수 선정 기수법에서 어떤 수의 각 자리의 위치의 것을 말한다. 이 「행(자릿수) 위치」는 보통 최하위 숫자 LSD(least significant digit)의 행으로부터 순번으로 번호가 붙여져 있다. 또한 최상위 숫자의 것은 MSD(most significant digit)라 한다. 자릿수 선정 표현에 있어서 문자에 의하여 점거되는 각각의 장소로서 순서수 또는 그것과 동등한 식별자에 의하여 식별되는 것.

digit plane[–pléin] **디짓면** 3차원 효과를 얻기 위한 소자의 배열.

digit position[–pəzíʃən] **숫자 위치, 자릿수 위치**

digit present[–prézənt] **숫자 표시**

digit pulse[–pʌ́ls] **디짓 펄스, 숫자 펄스** 컴퓨터 내의 데이터 펄스들이 각종 데이터 펄스와 조합되어 기억 장치에 기억되어 있는 단어 내의 한 숫자 위치에 해당하는 소자를 공유하는 특수 구동 펄스.

digit punch[–pʌ́ntʃ] **숫자 천공** 펀치 카드 상에 0~9까지의 숫자를 나타내는 어느 위치들을 천공한 것.

digit punching position[–pʌ́ntʃiŋ pəzíʃən] **숫자 천공 위치**

digit-select character[–səlékt kǽrəktər] **숫자 선택 문자**

digit selector[–səléktər] **디짓 선택기** 카드의 천공된 위치에 대응하는 각각의 펄스의 지시에 따라 동작되는 장치.

digit signal [–sígnəl] **DS, 디짓 신호, 숫자 신호** 이 신호는 일정 시간 동안 높은 수준을 유지해야 하는 신호이므로 플립플롭 또는 핑퐁 방식을 취할 필요가 있는데, 기억 장치에서 얻어낼 수 있는 데이터 중에서 수치 해당 부분만 구분하기 위한 것으로 주어지는 신호를 말한다.

digit specifier [–spésifàiər] **숫자 지정자**

digit symbol [–símbəl] **숫자 부호** 10진 체계의 0~9 사이의 정수 부호처럼 여러 가지 수 체계에 있어서 정수를 나타내는 숫자.

digit time [–táim] **디짓 간격** 직렬로 들어오는 특정한 자리 신호에 대응하는 시간 간격.

digit transfer bus [–trænsfə́ːr bʌ́s] **숫자 전송 버스** 여러 레지스터들과 계수기들 사이에 데이터나 명령어들을 전송하는 데 사용하는 버스.

digit transfer trunk [–trʌ́ŋk] **숫자 전송 트렁크** 여러 가지 레지스터와 카운터에 데이터와 명령을 나타내는 전기적인 펄스를 전달하는 데 이용되는 한 조(한 세트)의 전선. ON-OFF와 유사 전달선, 제어 신호는 여기서 제외된다.

digit wheel [–hwíːl] **숫자 바퀴** 원통형 부분 표면에 0에서 9까지의 숫자를 배열한 것으로 이것에 의해 숫자를 나타낸다.

digit zone [–zóun] **숫자 존** 코드의 한 부분에 대한 숫자 키, 어떤 천공 카드의 한 열의 X 위치에 천공되었을 때 그 카드의 열에 천공된 구멍에 한 값을 부여하고, Y 위치에 천공되면 그 위치의 구멍에 다른 값을 부여한다. X와 Y, 0 천공 위치를 존 숫자라 한다.

digraph [dáigræ(ː)f] *n*. **방향성 그래프**

Dijkstra's algorithm 다익스트라의 알고리즘 통신의 최단 경로를 결정하기 위해 경로 길이를 계산하는 알고리즘.

Dijkstra's banker algorithm 다익스트라의 은행원 알고리즘 다익스트라가 제안한 알고리즘으로, 병렬 수행 프로세스 간의 교착 상태를 방지하기 위해 프로세스가 요구한 자원의 수가 현재 사용 가능한 자원의 수보다 작을 때 프로세스가 요구한 수만큼 더 자원을 할당하는 방식.

DIL 듀얼 인라인 dual in-line의 약어. 핀 간격이 2.54mm이고 두 줄의 직선으로 배열된 패키지. 한 줄로 된 것은 SIL, 네 줄의 것은 QIL이라고도 한다.

DIL switch 듀얼 인라인 스위치

dimension [dimén∫ən] *n*. **차원** (1) 치수, 크기 : 일반적으로는 구체적인 물건의 크기나 폭, 면적, 용적 등을 가리키는 용어. (2) 치수 : 수학적 공간의 넓이를 표시하는 것. 예를 들면, 직선은 1차원, 평면은 2차원의 공간이다. 통상 기하학상 공간은 3차원이지만 n차원 공간도 고려할 수 있다. 이 개념은 프로그램이 처리하는 데이터 구조의 일종인 배열(array)에도 적용된다. 배열의 개개의 요소는 첨자(subscript)에 의해 식별되며, 첨자의 개수가 dimensionality 또는 차원수(number of dimensions)를 표시한다. 배열 요소의 개수를 배열의 크기(size)라 하며 각각의 차원의 치수의 곱으로 표시된다. 예를 들면, m행 n열의 행렬 $a(m, n)$는 2차원 배열이며, 차원의 치수는 m과 n이며 배열의 크기는 $m \times n$이다. (3) 차원 : 기본 물리량에 대하여 임의의 다른 물리량이 어떻게 하여 산출되는가를 표시하는 것. 예를 들어, 길이에 대하여 a라는 기본량을 주면 면적은 a^2, 체적은 a^3이라는 물리량으로 표시되며, 면적의 길이에 대한 차원은 2, 체적은 3이라는 표시 방법이 있다.

dimensional [dimén∫ənəl] *a*. **차원의**

dimensionality [dimen∫ənǽləti(ː)] *n*. **차원, 차원수**

dimension attribute [–ǽtribjù(ː)t] **차원 속성**

dimension suffix [–sʌ́fiks] **차원 접미어**

dimension word [–wə́ːrd] **차원 단어** 이 워드의 주소에는 X, Y, Z, A, B, C 등의 캐릭터가 있으며, 수치 제어 테이프 상의 치수, 각도 등을 나타내는 워드.

dimension X [–eks] **디멘션 엑스** 디자인 관련 회사였지만 자바(JAVA)와 VRML의 겸용 브라우저를 개발해 주목받고 있는 회사. http://www.dimensionx.com/lr/ 참조.

diminished radix complement [dimíni∫it réidiks kámplimənt] **감기수(減基數)의 보수(補數)** 주어진 수의 각 숫자를 그 숫자 위치의 기수보다 1 작은 수에서 뺌으로써 얻을 수 있는 보수. ⇨ radix-minus-one complement

diminishing increment sort [dimíni∫iŋ ínkrəmənt sɔ́ːrt] **감소 증분 분류**

DIMM 양면 메모리 모듈 double inline memory module, dual inline memory module의 약어. 확장 기억 장치 모듈 규격의 하나. SIMM을 능가하는 고속성을 가진다. SIMM의 핀은 겉과 안쪽 기판의 단자를 동일한 신호로 인식하고 있으나 DIMM에서는 안팎의 단자를 별도의 신호로 인식하게 함으로써 1회의 접근량을 증가시키고, 기억 장치와 CPU의 데이터 교환을 고속화시킨다. 노트북 PC에서는 SO-DIMM(소형 아우트라인 DIMM)이라는 소형의 DIMM이 사용되고 있다. 또한 데스크톱 PC에서는 168핀의 DIMM이 있으며(64비트), 펜티엄을 탑재한 PC에서는 한 장 단위로 기억 장치를 증설할 수 있다. RAM 칩으로 채워진 작은 회로판으로서 데이터 전송이 128비트씩 이루어질 수 있어서 SIMM보다 10%까지 빠른 속도를 낼 수 있다. DIMM은 파워맥에 많이 쓰이는데, 다른 고성능 시스템에도 사용된다. ⇨ SIMM

DIN 딘 Deutsch Industrie Norm의 약어. 독일 공업 규격. PC 관련에는 커넥터 규격에 사용되고 있다.

DINA 다이나, 분산형 정보 처리 네트워크 체계 distributed information-processing network architecture의 약어.

DIN connector DIN 커넥터 Deutsch Industrie Norm connector의 약어. PC 본체와 주변 기기의 접속에 사용되는 DIN 규격 커넥터. 매킨토시의 모뎀 보드용 미니 DIN8 핀, 마찬가지로 매킨토시의 ADB 보드 접속용 미니 DIN4 핀, AT 보드를 사용한 DS/V의 키보드 접속용 DIN5 핀, PS/2 접속용 미니 DIN6 핀 등이 있다.

dining philosopher problem[dáiniŋ filásəfər prábləm] **식사하는 철학자 문제** 식사를 하기 위해 충돌 없이 포크를 잡는 것을 제어하는 문제로서 세 명의 철학자가 식탁에 앉아 있는데, 철학자 사이에 각각 3개의 포크가 놓여져 있을 때 음식을 먹기 위해 2개의 포크가 필요하다면, 이때 철학자가 병렬로 음식을 먹기 위해서 포크를 잡는 문제.

DIO 디스크 입출력 disk input/output의 약어.

DIOCB 장치 입출력 제어 블록 device I/O control block의 약어.

diode[dáioud] *n.* **다이오드** 전류를 한 방향으로만 흐르게 하고, 그 역방향으로 흐르지 못하게 하는 성질을 가진 반도체 소자(semiconductor device)의 명칭. 2극 진공관의 의미를 표시하는 경우도 있다. 다이오드의 전류를 한 방향만으로 흐르게 하는 작용을 정류(整流 ; rectification)라 하며, 교류(交流 ; alternative current)를 직류(direct current)로 변환할 때 쓰인다. 다이오드에는 이 정류용 다이오드가 흔히 쓰이지만 그 밖에도 여러 가지 용도가 있다. 예를 들면, 논리 회로(logic circuit)를 구성하는 소자 등의 스위칭(switching)에는 다이오드가 많이 사용된다. 또 다이오드에는 많은 종류가 있으며 특성이 다르다. 예를 들어, 빛을 내는 발광 다이오드나 전압에 의하여 정전 용량이 바뀌는 가변 용량 다이오드 등이 있다.

〈다이오드〉

diode AC switch 다이오드 AC 스위치

diode array[-əréi] **다이오드 어레이**

diode capacitor[-kəpǽsitər] **다이오드 커패시터**

diode-capacitor storage[-stɔ́:ridʒ] **다이오드 커패시터 기억 장치** 커패시터에 부하되는 전위에 따라서 2진수를 기억하고 선택 동작에 다이오드를 이용하는 기억 장치.

diode chopper[-tʃápər] **다이오드 초퍼**

diode clamped circuit[-klǽmpt sə́:rkit] **다이오드 클램프 회로**

diode function generator[-fʌ́ŋkʃən dʒénərèitər] **다이오드 기능 발생기** 바이어스를 건 다이오드와 저항으로 구성되며, 다이오드의 양단 전압이 바이어스 전압 이상으로 되면 전류가 흐르는 현상을 이용한 기능 발생기.

diode gate circuit[-géit sə́:rkit] **다이오드 게이트 회로**

diode laser[-léizər] **다이오드 레이저**

diode limiter[-límitər] **다이오드 리미터**

diode logic[-ládʒik] **다이오드 논리**

diode logic circuit[-sə́:rkit] **다이오드 논리 회로** 기본적인 것으로 게이트 회로(다이오드 AND 회로), 버퍼 회로(다이오드 OR 회로), 다이오드 AND-OR 회로, 다이오드 클램프 회로 등이 있는데, 순방향으로는 고전도, 역방향으로는 저전도의 다이오드 단방향성 스위칭 특성을 이용해서 디지털 소자의 구성 요소에 이용되는 논리 회로이다.

diode matrix[-méitriks] **다이오드 매트릭스** 스위치 회로와 코어 매트릭스 사이의 회로 소자에 다이오드만을 사용한 것으로, 불 대수로 표시되는 매트릭스 함수를 최소화한 것이다. 해독기(decoder)와 부호기(encoder)가 이 논리 회로를 사용하고 있는 것이고, 이를 응용한 제어 회로의 고정 기억 장치인 마이크로프로그램 제어 등이 있다.

diode matrix memory[-méməri(:)] **다이오드 매트릭스 고정 기억 장치** 여러 개의 다이오드가 종횡으로 배치된 논리 회로 기억 장치.

diode noise[-nɔ́iz] **다이오드 잡음**

diode pair circuit[–pέər sə́ːrkit] **다이오드 쌍 회로**

diode switch circuit[–swítʃ sə́ːrkit] **다이오드 변환 회로**

diode switching matrix[–swítʃiŋ méitriks] **다이오드 변환 매트릭스**

diode theory[–θíəri(ː)] **2극관 이론**

diode transistor logic[–trænzístər ládʒik] **DTL, 다이오드 트랜지스터 논리** 각 입력 단자에서 다이오드를 거쳐 합류시켜 트랜지스터의 베이스로 입력되는 디지털 회로 방식의 하나인데, 팬인 및 팬아웃이 크고 잡음 여유가 크며, 전원 전압의 변동 저항 편차의 변동이 작은 것은 장점이지만 동작이 느린 단점이 있다.

diode-transistor logic circuit[–sə́ːrkit] **다이오드-트랜지스터 논리 회로**

diode-trans matrix[–træns méitriks] **다이오드 트랜스 매트릭스**

DIOM 입출력 장치 관리 device I/O manager의 약어.

DIP 딥, 이중 인라인 패키지 dual in-line package의 약어. IC 칩을 고정하는 패키지. 전극핀을 세로로 나란히 두 줄로 배열하며, 그 간격은 2.54mm가 보통이다.

〈이중 인라인 패키지〉

dipole[dáipòul] *n*. **쌍극자**

DIPS 딥스 Denden information processing system의 약어. 데이터 통신 서비스용으로 개발중인 컴퓨터의 총칭.

DIP switch 딥 스위치 딥 상의 일련의 ON-OFF 스위치로서, 하드웨어의 변경 없이 사용자가 회로 기판 상에서 기능을 임의로 선택할 수 있다.

〈딥 스위치〉

DIR (자료)방 보이기

direct[dirékt] *a*. **직접의, 다이렉트** 중간으로 벌어져 있는 것이 전혀 없으며, 대상에 직접 접하거나 관계를 갖는 것과 같은 것을 표시할 때 사용하는 형용사.

Direct3D 디스플레이 하드웨어와 프로그램 사이에 위치하는 hardware abstraction layer라 불리는 API의 일종이다. 소프트웨어 개발자들은 Direct3D에 대한 명령들만 사용하면 Direct3D가 그것을 그래픽 카드에 맞게 해석을 해주는 것이다. 이 API의 장점을 활용하기 위해서는 프로그램과 그래픽 카드가 모두 Direct3D를 지원해야만 한다.

direct access[–ǽkses] **직접 액세스, 직접 접근** 이미 액세스한 데이터에 관계없이 목적하는 데이터의 기억 장소에만 존재하여 기억 장소로부터 데이터를 호출해내거나 기억 장치로 데이터를 저장하는 기능. 랜덤 액세스(random access)와 동의어이며, 순차 액세스(sequential access)와 대비된다. 또, 하나의 물리적 레코드(physical record)가 단위로 되어 고유한 주소가 배정되는 장치로서 판독/기록 헤드(read/write head)가 있어서 직접 움직여 트랙(track)에 위치하고 난 후 물리적 레코드 하나를 입력하거나 출력하는 장치이다. 자기 디스크, 자기 드럼, 데이터 세트 등은 직접 액세스 기억 장치이다.

direct access application[–æplikéiʃən] **직접 액세스 적용 업무**

direct access channel display[–tʃǽnəl displéi] **직접 접근 채널 디스플레이** 여기서 인덱스 사용이 가능한 주소 레지스터는 다음의 디스플레이 제어에 사용될 주기억 장치 내의 데이터 워드를 가지고 있다. 컴퓨터에 플로팅이 끝났음을 알려주는 정지 비트에 의하여 전송의 종료를 제어하며, 채널 레지스터의 내용을 검사하여 정지 비트의 위치를 결정할 수 있는 하나의 명령어로서 주기억 장치로부터 데이터나 제어 정보를 자동적으로 수집할 수 있게 하는 장치이다.

direct access device[–diváis] **직접 액세스 장치**

direct access device space management[–spéis mǽnidʒmənt] **DA DSM, 직접 액세스 장치 기억 관리 프로그램**

direct access file[–fáil] **직접 액세스 파일** 이 파일은 데이터 레코드가 순차적으로 저장되지 않고, 데이터 레코드를 직접 액세스할 수 있는데, 그것은 각 데이터 레코드에 주소가 부여되어 있어 데이터를 모두 검색하지 않아도 그 주소만을 가지고도 직접 액세스한다.

direct access hash[–hǽʃ] **직접 액세스 해시** 이것의 모든 요소는 서로 다른 해시 인덱스를 갖는데, 여기서 해시 인덱스는 표 내의 항목 위치의 초기 추정값으로, 인덱싱에서 충돌이 일어나는 경우를 배제한 해시 알고리즘.

direct access input-output statement [–ínpùt áutpùt stéitmənt] 직접 액세스 입출력문

direct access method [–méθəd] DAM, 직접 액세스법, 직접 액세스 방식 자기 디스크의 직접 액세스 기억 장치(DASD)용의 액세스 방식으로 자료를 직접 액세스가 가능한 디스크에 저장하고 데이터의 기록이나 검색할 때 키 값에서 해시 함수를 통하여 레코드의 주소를 얻어 액세스하는 방식. SAM(순차 액세스 방식), ISAM(인덱스 순차 액세스 방식)보다 속도는 빠르고, 기억 장소의 효율은 떨어진다.

direct access programming system [–próugræmiŋ sístəm] DAPS, 직접 액세스 프로그래밍 방식

direct access queue [–kjúː] 액세스 대기 행렬, 직접 대기 행렬 직접 접근 기억 장치에 들어 있는 큐의 집단으로 특히 세그먼트 체인 큐를 말하며, 이 집단에는 목적지 큐와 프로세스 큐가 포함될 수도 있다.

direct access READ statement [–riːd stéitmənt] 직접 READ 문, 직접 액세스의 READ 문, 직접 액세스 READ 문

direct access reference [–réfərəns] 직접 접근 참조

direct access storage [–stɔ́ːridʒ] 직접 액세스 기억 장치 데이터에 직접 액세스할 수 있는 기억 장치.

direct access storage device [–diváis] DASD, 직접 액세스 기억 장치 데이터로 직접 액세스할 수 있는 기억 장치이며, 자기 디스크 장치(magnetic disk unit)가 대표적이다. 데이터가 랜덤한 상태이고 그곳에 번지가 주어져 있어서 끝에서부터 순번대로 조사하지 않아도 목적하는 데이터를 직접 꺼낼 수 있는 기억 장치로서 자기 디스크 장치, 자기 카드 장치, 자기 드럼 장치 등이 있다. 즉, 정보의 기록이나 기억된 정보의 호출에 대기 시간이 필요 없이 즉시 처리가 가능하다. 데이터로의 액세스 시간(access time)이 그 데이터가 기억 장치의 어디에 저장되어 있어도 같다. 반면 자기 테이프(magnetic tape) 등은 곧바로 액세스할 수 있는 것은 판독·기록 헤드(read and write head)의 바로 뒤에 어떤 데이터뿐이며, 통상 소정의 위치까지 테이프를 가동시킬 필요가 있다.

direct access storage device initialization [–iniʃəlizéiʃən] DASDI, DASD 초기화 프로그램

direct access storage dump restore [–dʌ́mp ristɔ́ːr] DASDR, 디스크 덤프 복원 프로그램

direct access storage facility [–fəsíliti(ː)] DASF, 직접 액세스 기억 장치

direct access storage inquiry [–inkwáiri(ː)] 직접 접근 기억 장치 조회 임시 기억 장치나 영구 기억 장치로부터 직접 정보 요구를 할 수 있는 프로세스.

direct access storage volume [–váljum] 직접 액세스 기억 볼륨

direct access store [–stɔ́ːr] 직접 액세스 기억 장치 데이터로 직접 액세스할 수 있는 기억 장치.

direct access terminal application [–tə́ːrminəl æ̀plikéiʃən] DATA, 단말 직접 입력 프로그램

direct access unit [–júːnit] 직접 액세스 기구, 직접 접근 장치 기억 장치 상의 기억 위치에 관계없이 어떤 위치든지 일정한 시간에 접근할 수 있는 기억 장치.

direct access volume [–váljum] 직접 액세스 볼륨

direct access WRITE statement [–ráit stéitmənt] 직접 액세스 WRITE 문

direct address [–ədrés] 직접 주소 가장 일반적인 어드레스 지정 방식이며, 어드레스부로 기억 장소를 지정하는 어드레스이다. 피연산자(operand)로서 취급되는 데이터 항목의 기억 장소를 지시하는 어드레스.

direct addressing [–ədrésiŋ] 직접 어드레스 지정 어드레스 지정 방법의 하나. (1) 명령(instruction)의 어드레스(address)부가 직접 어드레스를 포함하는 어드레스 지정 방법. 이것은 간접 어드레스 지정(indirect addressing)과 대비된다. (2) 명령 혹은 피연산자(operand)의 어드레스가 베이스 레지스터나 인덱스 레지스터를 참조하는 일 없이 완전히 기계어 명령 속에 오퍼랜드로 직접 지정되는 어드레스 지정. ⇨ addressing

direct addressing instruction [–instrʌ́kʃən] 직접 주소 지정 명령 LDA(직접 로드), STA(직접 스토어), SHLD(직접 스토어), LHLD(직접 로드) 등의 2바이트 주소에 의해서 메모리를 지정하는 명령.

direct address mode [–ədrés móud] 직접 주소 형식 명령의 주소 부분이 그대로 유효 명령의 주소 필드에 의해 직접적으로 주어지는 형식. 분기(branch) 형식의 명령에서는 실제 분기할 주소를 나타낸다. ⇨ addressing

direct address processing [–prásesiŋ] 직접 주소 처리 주어진 유효 주소로부터 데이터를 읽거나 기록하는 것.

direct address relocation [–rìːloukéiʃən] 직접 주소 재배치

direct allocation [–æ̀ləkéiʃən] 직접 얼로케이

션, 직접 배치 주변 장치의 고유 번호나 메모리의 기억 장소가 프로그램이 작성될 때 정해지는 컴퓨터.

direct analogy computer[–ənǽlədʒi(:) kəmpjú:tər] **직접 아날로그형 컴퓨터** 주어진 시스템의 각 소자에 각각 대응한 (보통 일대일) 소자를 가진 회로를 사용하여 계산하는 장치. 즉, direct analog computer가 아니라 direct analogy computer이다.

Direct API 다이렉트 API 마이크로소프트 사의 멀티미디어 응용 소프트웨어용 API의 총칭. API에는 고속 그래픽용 다이렉트드로(DirectDraw), 오디오 재생용 다이렉트사운드(DirectSound), 네트워크를 이용한 대전형(對戰型) 게임용의 다이렉트 플레이(DirectPlay), 입력 장치용 다이렉트인풋(DirectInput), 다이렉트 3D 등이 있다. DirectX라고도 한다.

direct call[–kɔ́:l] **직접 호출** 이용자가 교환 매체 없이 선택 신호로 호출하는 것 또는 그 기능으로, 인텔리전트 단말기 등에 이용하기도 한다.

direct call facility[–fəsíliti(:)] **직접 호출 기능, 다이렉트 콜 기능** 이용자가 어드레스 선택 신호를 내지 않고도 호출이 가능하도록 하는 기능. 망은 사전(事前)에 결정된 데이터 스테이션에 대한 접속을 확립하기 위한 명령으로서 호출 요구 신호를 해석한다. 이 기능에 의하여 통상보다도 빠르게 호출을 확립할 수 있다. 다른 이용자와의 사이에 접속 확립에 관한 특별한 우선 순위는 설정되어 있지 않다. 지정한 어드레스는 합의한 기간 할당된다.

direct chaining[–tʃéiniŋ] **직접 연쇄화** 한 버킷에 보관할 수 없는 레코드를 해시 테이블 내의 다른 빈 자리가 있는 버킷에 보관하고, 그 레코드를 연결 리스트로 구성하는 해싱의 오버플로 처리 기법의 한 가지.

direct character code[–kǽrəktər kóud] **직접 문자 코드** 메시지 앞에 위치하여 메시지의 수신지를 결정하기 위해 하나 이상의 행선지를 표시하는 코드.

direct chatting[–tʃǽtiŋ] **다이렉트 채팅** 인터넷과 같은 네트워크를 통해 상대방과 실시간으로 대화할 수 있는 프로그램 또는 서비스. 전자 우편이 지닌 한계성, 즉 상대방이 메시지를 수신하였는지 확인할 수 없고, 보내는 즉시 받아볼 수 없는 점을 해결할 수 있다. 1998년부터 인기를 끌기 시작하여 대부분 무료로 운영되고 있으며, 인터넷으로 연결된 전세계 어떤 지역과도 실시간으로 대화나 파일을 주고받을 수 있다.

direct circuit[–sə́:rkit] **직접 회선** 점대점(point to point) 회선이라고도 하는 두 개의 단말이 하나의 회선을 점유하고, 항상 접속되어 있는 형태의 회선.

direct code[–kóud] **직접 코드** 변환이 필요 없이 컴퓨터가 그대로 이해 가능한 코드. 기억 장치의 위치에 붙어 있는 주소와 기계어 코드를 그대로 사용한 프로그램.

direct coding[–kóuding] **직접 코딩, 직접 코딩화, 다이렉트 코딩** 사용자가 인터프리터, 어셈블러, 컴파일러 등의 해석의 도움 없이도 직접적 기계 코드로 사용되는 실제 명령 코드나 번지를 이용하여 프로그램을 작성하는 것.

direct condition testing[–kəndíʃən téstiŋ] **직접 조건 검사** 저가의 시스템에서는 칩에서 직접 접속기에 대한 비동기 제어 신호를 생성할 수 있고, 어떤 속도의 기억 장치라도 사용할 수 있다.

direct connect modem[–kənékt móudèm] **직접 연결 모뎀** 전화기 또는 음향 결합기를 통하여 연결되지 않고 전화망을 통해 직접 모뎀으로 연결되는 것.

direct control[–kəntróul] **직접 제어** 현재 각 분야에서 실용화되었으며, 사람의 개입 없이 한 주변 장치가 다른 주변 장치를 관리(통제)하는 것으로 자동 조절의 아날로그량을 컴퓨터의 디지털량으로 변환한다.

direct control channel[–tʃǽnəl] **직접 제어 채널**

direct control connection[–kənékʃən] **직접 제어 접속** 각 컴퓨터에서 단일 명령어로 접속기를 통해 제어 정보를 보낼 수 있고, 채널 통과를 제어할 목적으로 두 개의 시스템을 연결하는 장치.

direct control feature[–fí:tʃər] **직접 제어 기구**

direct conversion[–kənvə́:rʃən] **직접 변환**

direct coupled amplifier[–kʌ́pld ǽmplifàiər] **DC, 직결 증폭기** OP 앰프 등을 사용하여 직류를 교류로 교환하지 않고 바로 증폭하는 직류 증폭기의 한 형태.

direct coupled flip-flop[–flíp flάp] **직결형 플립플롭**

direct-coupled logic[–lάdʒik] **DCL, 직접 결합 논리** 베이스에 저항을 설치하지 않고 입력과 직접 연결해서 쓰는 바이폴러 트랜지스터를 이용한 디지털 논리 회로.

direct-coupled machine[–məʃí:n] **직결 머신**

direct-coupled system[–sístəm] **직결 방식** 입출력에 사용되는 디스크가 주변 장치와 주컴퓨터 양쪽에 연결되어 있는 형태의 컴퓨터 구조. 디스크를 두 컴퓨터에서 공용하기 때문에 디스크의 활용이 정확하게 조정되어야 하며, 두 컴퓨터에서는 디스크에 새로운 작업이 수록되었다는 것을 알 수 있게 해야 한다.

direct-coupled transistor logic[–trænzístər ládʒik] DCTL, **직결형 트랜지스터 논리 회로** 앞단의 트랜지스터를 직접 베이스에 접속하는 구성의 트랜지스터 논리 회로인데, 트랜지스터가 갖는 성질을 이용하여 극소 부품으로 구성된 직결형 논리 회로이다. 구성이 간단하고 전력 소모도 극히 적지만, 신호의 진폭이 작고 잡음의 영향을 받기가 쉽다.

direct coupling system[–kʌ́pliŋ sístəm] **직결 방식** ⇨ direct-coupled system

direct current[–kə́:rənt] DC, **직류** 전자의 흐름이 한쪽으로만 흐르는 전류.

direct current amplifier[–ǽmplifàiər] **직류 증폭기** 직류 입력 신호를 사용하는 증폭기.

direct current restorer [–ristɔ́:rər] **직류 복원기** 직류 또는 저주파 성분을 전송된 신호로 복원시키는 방법.

direct data capture[–déitə kǽptʃər] **직접 데이터 파악** 금전 등록기나 판매 전표에 이용되는 기법. 고객의 계정 번호와 구매량, 또 다른 정보들을 자동으로 기록하고 이를 광학 판독 장치로 읽어 컴퓨터로 보내 처리하는 것.

direct data entry[–éntri(:)] DDE, **직접 데이터 입력** 컴퓨터가 처리할 수 있는 원시 데이터를 거치거나 온라인 단말기를 통하여 데이터를 직접 컴퓨터에 입력하는 작업.

direct data processing[–prásesiŋ] DDP, **직접 데이터 처리** 데이터가 발생하는 현장인 공장이나 영업소에 컴퓨터를 설치하고, 그 자리에서 데이터를 처리하는 일. 이것은 그때마다 데이터를 중앙 컴퓨터에 보내는 것이 비효율적이라고 생각해서 고안된 것으로 즉각적인 처리를 현장에서 하고, 결과의 집계 등을 중앙에 가서 한다.

direct data set[–sét] **직접 데이터 세트** 랜덤 액세스가 가능한 기억 매체에 만들어진 파일로 그것을 구성하는 레코드는 사용자의 지정에 따라 임의의 방법으로 구성 또는 배치된다. 색인 등이 아니라 레코드는 몇 가지 방법으로 직접 어드레스를 지정해서 읽고 쓴다.

direct dependent segment[–dipéndənt ségmənt] **직접 종속 세그먼트** IMS의 DEDB(data entry data base)는 한 루트 세그먼트에 0~7개의 즉각 자식 세그먼트 타입들이 존재하는데, 이 중에서 가장 왼쪽 자식 세그먼트 타입을 제외한 우측 6개 타입을 말한다.

direct digital control[–dídʒitəl kəntróul] DDC, **직접 디지털 제어, 다이렉트 디지털 컨트롤** 디지털 장치의 디지털 출력으로 제어 기기의 조작부를 직접 제어하는 방식.

direct digital transfer[–trænsfə́:r] DDX, **직접 디지털 교환**

direct display[–displéi] **직접 표시 장치** 기억 장치 내의 데이터를 직접 도형이나 문자 형태로 나타내기 위해 사용하는 장치.

direct distance dialing[–dístəns dáiəliŋ] DDD, **장거리 자동 통화** 장거리 시외 통화를 가입자가 직접 호출하여 교환을 거치지 않고 통화한다.

direct dump[–dʌ́mp] **직접 덤프**

directed[diréktəd] *a.* **직접의, 방향성의**

directed acyclic graph[–əsáiklik grǽf] **방향성 비사이클 그래프** 방향 그래프에서 사이클이 존재하지 않는 그래프.

directed beam device[–bí:m diváis] **방향 빔 표시 장치**

directed beam display device[–displéi diváis] **방향 빔 표시 장치** 표시 요소가 프로그램 제어의 순번으로 생성되는 표시 장치. ⇨ calligraphic display device

directed beam scan[–skǽn] **방향성 빔 주사(走査)** 표시 화상의 요소를 임의의 순서로 생성 또는 기록하는 기법. 이 요소의 순서는 프로그램으로 결정된다.

directed cycle[–sáikl] **방향성 사이클** 방향 그래프에서 간선의 방향을 고려한 순환 경로.

directed graph[–grǽf] **방향성 그래프** 화살표로 방향을 나타내는데, 그래프를 나타내는 각 모서리에 방향이 있다. 특히 가지가 절점 T_1에서 T_2로 향하는 방향이 될 때 T_1을 시작점, T_2를 종점이라 하여 구별한다.

directed path[–pá:θ] **방향 경로** 방향 그래프에서 간선(edge)의 방향을 고려한 경로.

directed scan[–skǽn] **방향성 주사(走査)**

directed set[–sét] **방향성 집합**

directed tree[–trí:] **방향성 트리**

direct-execution language[–èksəkjú:ʃən lǽŋgwidʒ] **직접 실행 언어**

direct file[–fáil] **직접 파일, 직접 편성 파일** 직접 액세스 기억 장치에 레코드가 불규칙하게 저장되어 있는 파일이며, 어떤 순번(order)으로도 검색이 가능하다.

direct file-organization[–ɔ̀:rgənaizéiʃən] **직접 파일 구성**

direct index[–índeks] **직접 색인** 데이터 설정에 의해 특정 계산식을 정하고 테이블의 주소를 구한 후 직접 데이터를 색인하여 처리하는 방법.

direct indexing[-índeksiŋ] **직접 지표부**

direct input[-ínpùt] **직접 입력** 컴퓨터에 데이터를 입력하기 위하여 일괄 처리 시스템에서는 데이터를 일단 종이 테이프, 카드, 자기 테이프 등의 매체에 축적하고 나서 읽어넣거나 타이프라이터 조작에 따라 데이터를 쳐서 넣는 방식이 취해지고 있다. 이것에 대해서 온라인 실시간 시스템에서는 데이터가 발생한 시점에 발생한 지점에서부터 통신 회로를 경유해서 직접 컴퓨터에 입력된다. 이것을 직접 입력이라 한다.

direct input device[-diváis] **직접 입력 장치**

direct insert routine[-insə́ːrt ruːtíːn] **직접 삽입 루틴** 오픈 루틴(open routine)으로 직접 삽입이 가능한 서브루틴.

direct insert subroutine[-sʌbruːtíːn] **직접 삽입 서브루틴** 서브루틴의 일종이며, 컴퓨터 프로그램 중의 그 서브루틴이 사용되는 개개의 장소에 그것을 삽입하지 않으면 안 되는 것.

direct instruction[-instrʌ́kʃən] **직접 명령** 직접 주소를 갖는 오퍼랜드를 포함하는 명령어. 지정된 연산에 대한 오퍼랜드의 직접 어드레스를 포함하는 명령.

direct inward dialling[-ínwərd dáiəliŋ] **DID, 직접 내부 다이얼링** 공중 전화망으로 PABX 내의 가입자에게 교환원의 도움 없이 직접 다이얼링하여 착신 가입자를 연결할 수 있는 기능.

direction[dirékʃən] *n*. **방향** 전류나 정보의 흐름의 방향, 플로 차트 등의 방향. (1) 플로 차트에서는 일반적으로 위에서 아래의 방향으로 공정이 흘러간다. 이 방향을 흐름의 방향(direction flow)이라 한다. (2) 통신 회선 등에서는 이 통신 방향(communication direction)이 특히 문제가 된다. 회선수가 1인 통신 회선에서는 복수의 단말(terminal)이 동시에 송신할 때 통신 방향의 교환을 결정해두지 않으면, 통신 회선 상에서 정보가 충돌(contention)해 버린다. 이 통신 방향을 교환하는 결정을 프로토콜이라 부른다.

directional[dirékʃənəl] *a*. **방향성의, 지향성의**

directional coupler[-kʌ́plər] **분기기** 도파관 회로는 동축 선로 등의 전송선의 주전송선과 부전송선을 결합하여 주전송선이 있는 방향의 전송파에 대해 부전송선의 한쪽에만 결합파가 생기는 것이나 또는 주전송선의 역방향의 전송파에 대해 부전송선의 다른 쪽에만 결합파가 생기는 전송파를 방향에 의해 분리하는 결합 회로를 말한다.

direction flow[dirékʃən flóu] **방향 흐름** 블록 다이어그램이나 흐름도에 있어서 좌에서 우로, 위에서 아래로 흘러가는 방향.

directive[diréktiv] *n*. **선언, 지시문, 지시어, 디렉티브** (1) 어셈블러나 컴파일러에 대하여 여러 가지 지시를 하기 위하여 그 원시 프로그램에 포함되는 명령문. (2) 프로그램 언어에서 그 언어 속의 다른 표현의 해석에 영향을 주는 의미 있는 표현.

directive command of assembler[-kəmáːnd əv əsémblər] **어셈블러의 지시 커맨드**

directivity[direktíviti(ː)] *n*. **방향성**

direct key input[dirékt kíː ínpùt] **풀 키 방식, 직접 키 입력**

direct key-in system[-in sístəm] **직접 키인 시스템** 출력에 사용되는 디스플레이 장치를 이용하여 입력 매체가 되는 자기 테이프에 직접 데이터를 기록하거나 디스플레이 장치에 메모리의 정보 처리 결과를 출력해 그 내용을 판단하고 직접 새로운 정보를 입력시킬 수 있는 시스템.

direct knowledge representation[-nálidʒ rèprizentéiʃən] **직접 지식 표현** 영상을 이해하기 위하여 로봇의 카메라로 들어온 영상을 그 밝기에 따라 배열 속의 값으로 표현하는 경우처럼 특정 목적 영역의 지식 표현을 위하여 사용되는 지식 표현의 하나.

direct look-up[-lúk ʌp] **직접 룩업**

direct mail[-méil] **직접 발송** 홍보나 상품 광고를 위하여 대상 고객의 명단을 데이터 베이스에 입력하고 이것을 편지 봉투나 엽서에 인쇄하여 직접 고객의 집으로 우송되게 하는 것.

direct mapping[-mǽpiŋ] **직접 사상** 페이지 번호와 변위로 구성된 가상 주소를 페이지 맵 테이블(page map table)을 이용하여 실제 물리적 주소로 사상시키는 것.

direct memory access[-méməri(ː) ǽkses] **DMA, 직접 메모리 접근** 중앙 처리 장치(CPU)에서 독립한 입출력 장치를 가지고 주기억 장치와 직접 데이터를 주고받을 수 있는 방식. 그렇게 하기 위해서 직접 기억 장치 접근(DMA) 제어를 하는 전용 하드웨어를 준비할 필요가 있으나 중앙 처리 장치는 한 번 입출력의 개시 명령을 내리기만 하면 되므로 다른 작업에 유효하게 사용할 수 있다.

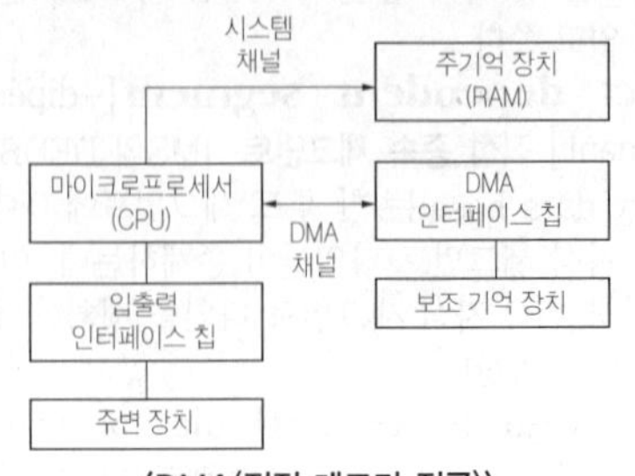

〈DMA(직접 메모리 접근)〉

direct memory access channel[–tʃǽnəl] **직접 메모리 액세스 채널**

direct memory access channel unit[–júːnit] **직접 메모리 액세스 채널 장치**

direct memory access controller[–kəntróulər] **DMAC, 직접 기억 접근 제어기** CPU와는 별도로 DMA(직접 기억 접근) 방식으로 데이터를 입출력할 때, 주변 장치와 주기억 장치의 데이터 전달을 제어하는 집적 회로.

direct momory access interface[–íntərfèis] **직접 기억 접근 인터페이스** DMA 동작을 위한 회로.

direct memory access mode[–móud] **직접 기억 접근 모드**

direct memory access peripheral control[–pərífərəl kəntróul] **직접 메모리 접근 주변 장치 제어** 전송 속도를 높이기 위해서 중앙 처리 장치의 간섭 없이 사이클 도용을 이용하여 기억 장치와 외부 기억 장치에 직접 데이터를 전송하는 장치.

direct memory access terminal[–tə́ːrminəl] **직접 기억 접근 단말기** 이러한 형태의 단말기들은 처리기 버스에 연결되어 있으며 영상 기억 장치는 실제로 처리기 기억 장치에 존재하는데, 이것은 전용 기억 장치가 아니므로 정보가 처리기로부터 화면으로 화면 쇄신을 할 때마다 움직여야 하므로 주로 처리기 동작은 쇄신 때문에 중단되어 결과적으로 처리기의 처리율은 높지 않다.

direct memory buffering[–bʌ́fəriŋ] **직접 버퍼 방식**

direct method for solving linear system[–méθəd fər sálviŋ líniər sístəm] **선형계를 푸는 직접법** 연립 1차 방정식 $Ax=b$를 반복법으로가 아니라 소거법, LU 분해법 등으로 직접 푸는 방식.

direct numerical control[–njumérikəl kəntróul] **DNC, 직접 수치 제어** NC가 부품 프로그램들, 조작원용, 명령어 또는 수치 제어 처리에 관련된 데이터를 모으고, 보여주며, 편집하는 기능을 부가적으로 갖는 것처럼 수치적으로 제어되는 기계들을 부품 프로그램 또는 공구 프로그램의 저장용 기억 장치에 연결하는 시스템을 말하며, 이 시스템의 요청시는 데이터를 기계들에 분배해주는 기능도 가지고 있어야 한다.

direct operand addressing[–ápərӕnd ədrésiŋ] **직접 피연산자 주소 방식** 피연산자를 이용하여 직접 주소를 찾아가는 방법.

Director[diréktər] **디렉터** 멀티미디어 소프트웨어의 편집이나 프레젠테이션에 이용되는 미국 매크로미디어 사의 저작 소프트웨어. 시판되는 대부분의 멀티미디어 소프트웨어도 디렉터에 의해 제작된다. Lingo라는 스크립트 언어를 사용하면 복잡한 처리도 가능하다. 이 밖에도 고급 애니메이션 기능이나 외부 기기의 컨트롤 기능을 갖는다.

direct organization[dirékt ɔ̀ːrgənizéiʃən] **직접 편성, 직접 편성법** 레코드의 1차 키와 레코드를 저장하는 어드레스와의 사이에 대응시킴으로써 구성하는 파일 구조. 각 레코드와 어드레스를 일대일로 대응시키는 것이 바람직하지만 기억 영역의 이용 효율을 생각하면, 일대일의 대응이 어려울 경우가 많다. 이용자가 기록 매체 상의 레코드 위치를 직접 가정하여 액세스하는 직접 액세스(direct access)에서 작성되는 파일 편성을 말하며, 이용자가 지정한 대로 레코드의 배치가 이루어지며 자기 드럼, 자기 디스크 상에서만 실현이 가능하다.

direct organization file[–fáil] **직접 편성 파일**

direct organized file[–ɔ́ːrgənàizəd fáil] **직접 편성 파일** 파일 선두로부터의 상대 번호, 장치에 따라 정해진 어드레스 혹은 레코드를 식별하는 키 등으로 직접 참조, 갱신, 추가 대상이 되는 레코드를 지정 가능하도록 편성한 파일.

〈직접 편성 파일〉

directory[diréktəri(ː)] *n.* **자료방, 디렉토리** (1) 식별자 및 그것에 대응하는 데이터 항목의 참조를 구성하는 표. (2) 보조 기억 장치(auxiliary storage) 등의 어디에 어떠한 데이터가 들어 있는가를 표시하는 「표」. 통상은 파일이며, 데이터의 종류, 작성 연월일, 저장 장치 등이 등록되고 있다. 실제로는 데이터를 검색하는 데는 이 디렉토리를 참조하여 행해진다. 파일 시스템에서 레코드나 파일에 주어진 이름은 파일의 논리적 구조에 대응하고 있지만, 그런 레코드나 파일이 실제로 기억되어 있는 물리적인 장소를 나타내는 것은 아니다. 따라서 파일이나 레코드 이름과 파일 장치 내의 어드레스 사이의 대응 관계를 지정하는 것이 필요하고, 일반적으로 몇 단계의 레벨마다 순차 대응 테이블을 지정하여 최종적으로는 실제 어드레스가 주어지도록 구성되어 있다. 이러한 대응 테이블의 집합을 디렉토리라고 한다. 일반적으로 디렉토리의 구조는 대단히 복잡하지만 하드웨어 기기 구성의 지식 없이 디렉토리를 경유하여 데이터를 이용할 수 있도록 되어 있다. (3) 또한 번역하면 "등록부"이지만, "디렉토리"

가 그대로 용어로 사용된다.

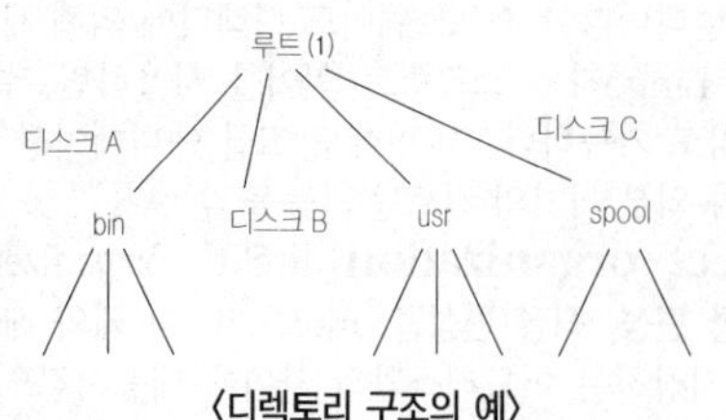

〈디렉토리 구조의 예〉

directory block[–blák] **등록부 블록**

directory device[–diváis] **디렉토리 장치** 이 장치를 사용하면 하드웨어에서 디렉토리를 먼저 검사하여 원하는 정보가 기억된 섹터로 바로 갈 수 있어 파일 접근 시간이 몇 십 배로 빠르며, 이 장치는 그 장치 내에 저장되어 있는 파일에 관한 중요한 정보와 목차를 갖는 장치이므로 터미널의 목록표에는 모든 정보를 볼 수 없지만, 디렉토리에는 파일의 이름과 생성 및 변경 날짜, 파일 크기, 주소에 관한 정보를 보관한다.

directory enabled networks[–inéibld nétwə̀:rks] ⇨ DEN

directory entry[–éntri(:)] **디렉토리 엔트리** 각 디렉토리에 저장된 파일의 관리 정보를 기록한 디스크 상의 영역. MS-DOS의 포맷을 수행한 디스크에는 디렉토리 내의 각 파일에 관한 파일명, 확장자, 속성, 갱신 일자, 실제의 데이터가 기록되어 있는 물리적인 위치를 표시하는 선두 클러스터 번호나 파일의 크기 등의 정보가 기록되어 있다. 디렉토리 엔트리의 위치는 루트 디렉토리와 서브디렉토리에서 서로 다르다. 루트 디렉토리 정보는 비교적 선두에 위치하는 예약 영역에 기록되며, 서브디렉토리의 정보는 그 이후의 데이터 영역에 있다.

directory file[–fáil] **등록부 파일**

directory locator[–loukéitər] **디렉토리 위치 지시자** 분산 데이터 베이스에서 어떤 카탈로그 엔트리의 위치 지식에 대한 한 단계 높은 수준의 카탈로그를 말하며, SDD-1에서는 완전히 중복되어 사용된다.

directory management[–mǽnidʒmənt] **디렉토리 관리** 파일의 갱신, 삭제, 추가에 따르는 디렉토리 자체의 갱신, 삭제, 추가 등을 행하는 기능.

directory name[–néim] **디렉토리명** 각 디렉토리에 붙이는 이름.

directory path[–pá:θ] **디렉토리 경로** 루트 디렉토리로부터의 경로.

directory service[–sə́:rvis] **디렉토리 서비스** 분산 처리 환경으로 개개의 컴퓨터(서버)에 어떤 응용 프로그램이 있는지를 관리하는 기능. 어떤 응용 프로그램에서 다른 서버의 응용 프로그램을 호출할 때 서버의 물리적인 위치를 의식하지 않고 프로그램 이름을 지정하면 된다. 디렉토리 서비스 기능에 의해 개개의 응용 프로그램의 물리적인 존재 장소에 관한 정보(디렉토리 정보)를 항상 유지, 보존할 수 있다. 응용 프로그램을 모두 서비스명으로 관리하므로 네임 서비스(name service)라고도 한다.

directory tree[–trí:] **디렉토리 트리** 계층 구조를 시각적으로 표현하는 윈도. 계층 구조가 가지를 뻗고 있는 나무처럼 보이기 때문에 이렇게 불린다.

direct output[dirékt áutpùt] **직접 출력** 이것의 최종 출력은 컴퓨터에 직접 연결되어 컴퓨터의 직접 제어하에 산출되는데, 온라인 장비에 의해 생성되고 인쇄된 판독 가능한 전송 데이터.

direct page register[–péidʒ rédʒistər] **직접 페이지 레지스터**

direct point repeater[–pɔ́int ripí:tər] **직접 중계기** 한 회선으로부터의 수신 신호에 의하여 제어되는 수신용 릴레이가 다른 릴레이나 전송 장치를 거치지 않고 다른 몇 개의 회선에 대응 신호를 직접 중계하는 기기.

direct processing[–prásesiŋ] **직접 관리** 디스크 등의 직접 액세스가 가능한 보조 기억 장치에 있는 데이터 파일을 주대상으로 하여 진행되는 처리 작업.

direct product[–prádəkt] **직적(直積), 직접 프로덕트, 직접 곱** 집합 A와 집합 Z의 직적으로는 A에 속하는 임의의 한 개 요소와 Z에 속하는 임의의 한 개 요소를 쌍으로 하고 그 쌍을 취한 모든 경우를 요소로 하는 집합을 A와 Z의 직접 프로덕트라 한다. 예를 들면, A와 Z가 다음과 같은 유한 집합, 즉 $A=\{a, b\}$, $Z=\{x, y, z\}$인 경우 A와 Z의 직접 프로덕트 〈$A\times Z$라고 쓴다〉는 $AA\times Z=\{ax, ay, az, bx, by, bz\}$이다.

direct program control[–próugræm kəntróul] **DPC, 직접 프로그램 제어** 입출력을 위한 작업이 명령어의 순서대로 직접 수행될 수 있게 소프트웨어로 장치를 직접 제어하는 기법.

direct read after write method[–rí:d ǽ:ftər ráit méθəd] **DRAW, 기록 후 직접 판독법** 정보에 대응해서 변조된 레이저 빔을 매체면 위에 쪼여서 매체에 미세한 구멍을 내어 매체의 반사 특성이 변화하도록 하며, 재생시에는 기록시보다 약한 레이저 빔을 조사해서 매체면으로부터 반사광을 광전 변환기로 검출하여 그 출력의 강약에 의해 정보를 읽어내는 방법으로 광디스크의 기록 형태 중의 하나이며 추기형이라고도 한다. 그러나 기록시의 매체의 변화가 비가역적이어서 여러 번 판독이 가능하지만 재기록은 불가능하다.

direct read after write optical disc [–áptikəl dísk] **단일 기록형 광디스크** 사용자가 일단 정보를 기록하면 두 번 다시 기록할 수 없는 광디스크. 단, 판독은 자유롭다.

direct reading instrument [–rí:diŋ ínstrumənt] **직접 판독 계기** 측정량의 값을 눈금을 통해 직접 판독할 수 있는 계기.

direct reference address [–réfərəns ədrés] **직접 참조 어드레스, 직접 레퍼런스 어드레스** 간접 주소법에 의해서 변경되는 것이 아니라 인덱싱에 의해서 변경되는 가상 주소.

direct retrieval [–ritrí:vəl] **직접 검색**

direct search [–sə́:rtʃ] **직접 추적**

direct sequential file [–sikwénʃəl fáil] **직접 순차 편성 파일**

DirectShow [diréktʃóu] **다이렉트쇼** 마이크로소프트 사가 개발한 음성 및 동영상 재생 기술. 네트워크의 다른 컴퓨터에 있는 동영상이나 음성 파일을 재생하는 경우, 지금까지의 기술로는 모든 데이터의 다운로드가 완료된 다음 재생했지만 다이렉트쇼를 이용하면 다운로드중이라도 로드한 부분까지 재생이 가능하다.

direct statement [dírekt stéitmənt] **직접 명령문** 베이식 등의 대화식 언어에서 사용하고 있는 명령어로서 이 명령어를 사용하는 즉시 그 내용을 수행 응답하고, 프로그램으로는 기억되지 않는 명령문.

direct store-and-forward deadlock [–stɔ́:r ənd fɔ́:rwərd dé(:)dlàk] **직접 교착** 수요에 따라 버퍼가 할당될 수 있는 공동 버퍼 집단을 같이 사용하는 경우에 일어날 수 있으며, 사용 가능 버퍼가 없으므로 어느 쪽도 더 이상의 패킷을 수신할 수도 전송할 수도 없는 상태이다.

direct survey [–sərvéi] **직접 조사** 통계 조사의 한 방법으로서 통계 단위에 대한 통계 조사를 실시할 때 조사자가 직접 조사를 실시하는 방법.

direct system output [–sístəm áutpùt] **DSO, 시스템 출력 직접 쓰기 프로그램**

direct system output writer [–ráitər] **DSO writer, 시스템 출력 직접 쓰기 프로그램**

direct trunk mode [–trʌ́ŋk móud] **직통 회선 방식**

direct view storage tube [–vjú: stɔ́:ridʒ tjú:b] **직접 화상 저장관** CRT와 비슷한 표상 장치. 재생이 필요하지 않고, 화상이 DVST 안쪽 부분에 스크린의 전하 분포로서 저장되는데, 초점화 전자총은 저장될 화상을 생성하고, 플러드 빔(flood beam)은 저장 화상을 가시화한다. 화면에서 부분적인 삭제가 가능하고 흑백 대비가 낮은 반면, 재생 버퍼가 필요 없으므로 비용이 낮으며 편향 시스템이 재생 그래픽처럼 빠를 필요가 없으며 깨끗한 화상을 얻을 수가 있다.

direct word [–wə́:rd] **직접 전송 기구**

DirectX **다이렉트 X** 윈도 95 상에서 실행되는 게임이나 동적 웹 페이지 등과 같은 응용 프로그램에서 그래픽 이미지와 멀티미디어 효과를 만들고 관리하는 데 필요한 응용 프로그램 인터페이스. DirectX의 대표적인 기능으로는 204 DirectDraw(2차원 이미지를 정의하고, 질감의 설정이나 이중 버퍼의 관리 등을 할 수 있게 하는 인터페이스), Direct3D(3차원 이미지를 만들기 위한 인터페이스), DirectSound(이미지와 사운드를 통합하고 조화시키기 위한 인터페이스), DirectPlay(멀티 플레이어를 지원하기 위한 인터페이스), DirectInput(입출력 장치로부터 입력을 받기 위한 인터페이스) 등이 있으며 계속 새로운 기능들이 추가되고 있다.

DirectX7 **다이렉트 X7** 마이크로소프트 사가 윈도 98용으로 개발한 멀티미디어 API의 최신 버전. 다이렉트드로(DirectDraw), 다이렉트사운드(DirectSound), 다이렉트플레이(DirectPlay), 다이렉트인풋(DirectInput) 등의 API 군으로 구성되어 있고, 3D 그래픽, 음향 효과 기능 등이 강화되었다.

dirigible linkage [díridʒibl líŋkidʒ] **디리저블 링키지** 기계식 아날로그 컴퓨터에서 곱셈이나 나눗셈 장치의 일부로 사용되는 기계적 결합 시스템.

dirty bit [də́:rti(:) bít] **더티 비트, 오손 비트** 페이지를 교체하기 위해 사용되는 NUR 방식에서 쓰이는 비트이며 수정 비트라고도 한다. 이것은 가상 기억 장치 체계에서 주기억 장치의 페이지나 해당 페이지에서 수정 여부를 나타내는 것이다.

dirty data [–déitə] **오손 데이터** 병행 수행에서 어떤 트랜잭션이 갱신한 후 작업적 상태로 되돌려졌을 때 그 갱신 데이터는 원래 상태로 돌아가기 위해 없어져 버리는데, 이때 다른 트랜잭션이 이 데이터를 찾으면 존재하지 않는다고 표시되는 완료되지 않는 데이터를 말한다.

DIS (1) **진단 정보 시스템** diagnostic information system의 약어. (2) **분산 지능 시스템** distributed intelligence system의 약어. (3) draft international standard의 약어. ISO에서 제정되는 국제 표준 규격(IS)의 바로 전단계 표준안. DIS에 대하여 각국의 투표를 거쳐 찬성이 많으면 IS가 된다. ⇨ ISO

disable [diséibl] *v.* **불능, 기능 억제** 컴퓨터 시스템에 있어서 「사용 금지」 혹은 「중간 개입 금지」 상태로 하는 것을 말한다. 이 「금지」라는 것은 어떤 조건(condition)을 따라서 실행된다. 예를 들면, 전원에 이상이 있었을 때에 컴퓨터 본체를 「사용 금지」 상태로 하는 것은 disable이 된다. 또 그것이 원인으로 「사용 금지」 혹은 「중간 개입 금지」 상태가 되는 경우도 disable로 표현한다. 예를 들어, 컴퓨터의 특정 응용 프로그램(application program)을 실행할 때에는 중간 개입 금지 상태가 되는 경우가 있다. 그러나 컴퓨터가 외부 하드웨어 기기(external hardware)를 액세스(access)할 때에는 통상이 중간 개입 금지를 해제하고 다중 처리가 가능한 상태로 한다. 인터럽션 금지(interruption disabled)의 형태로도 자주 쓰인다.

disabled [diséibld] *a*. **사용 금지의, 중간 개입 금지의** 인터럽트가 발생하지 못하도록 하는 중앙 처리 장치의 제어 상태.

disabled page fault [–péidʒ fɔ́:lt] **중간 개입 금지 페이지 부재**

disable interrupt [diséibl ìntərʌ́pt] **DI, 디스에이블 인터럽트** 인터럽트를 금지하는 명령.

disarm [disá:rm] *v*. **없애다, 제거하다**

disarmed interrupt [disá:rmd ìntərʌ́pt] **비무장 인터럽트**

disassemble [disəsémbl] *v*. **역어셈블** 기계어 프로그램이 주어졌을 때 그를 분석하여 그의 어셈블리 원시 프로그램을 만들어내는 작업. 이는 기계어 프로그램을 분석하는 데 크게 도움을 주지만 완벽한 어셈블리 원시 프로그램을 만들어내는 것에는 한계가 있다. 디버깅, 기존 프로그램의 분석에 이용한다.

disassembler [disəsémblər] *n*. **역어셈블러** assembler와 반대로, 기계 언어를 입력으로서 받아들이고, 그것을 등가인 어셈블러 언어에 의한 프로그램을 작성해내는 원시 프로그램. deassembler 라고도 한다.

disassembly register [disəsémbli(:) rédʒistər] **분해 레지스터** 여러 바이트로 구성된 데이터 워드를 필요에 따라 한 바이트씩 분해할 수 있도록 구성한 레지스터.

disaster dump [dizá:stər dʌ́mp] **재해 덤프** 프로그램을 실행하다가 회복이 어려운 에러가 발생한 경우에 주기억 장치의 내용을 보여주는 것. 이것은 그 원인을 분석하는 기초 자료가 된다.

disaster recovery plan [–rikʌ́vəri(:) plǽn] **재해 복구 계획** 하드웨어나 소프트웨어의 재해 발생에 대비하여 이러한 재해가 발생했을 때 취해야 할 행동을 미리 준비하는 것.

disc [dísk] *n*. **디스크** disk라고도 쓴다.

disc at once [–ət wʌ́ns] **일회용 디스크** ⇨ DAO

discharge [distʃá:rdʒ] *n*. **방전**

discharge indicator tube [–índikèitər tjú:b] **표시 방전관** 기계 방전의 발광을 이용하여 숫자나 문자, 부호 등을 표시하는 전자관. 표시하려는 기호(숫자, 문자 등) 모양의 가는 금속선 전극을 음극으로 하고, 이것을 1~10개 정도 포개어 그 상하 또는 중간에 표시에 방해가 되지 않게 놓은 양극과의 사이에 글로 방전을 일으켜 바라는 기호를 선택 표시하는 것과 동일 평면 위에 세그먼트 모양의 음극을 배치하여 그 몇 개와 양극 사이의 선택 방전을 통해 숫자 등을 표시하는 것. 그리고 이들을 동일한 관 속에 봉입한 것 등이 있다.

disclaimer [diskléimər] *n*. **기권, 부인** 소프트웨어에 사용되는 말. 소프트웨어의 사용으로 인한 어떤 손해에 대해서도 그 소프트웨어의 판매자는 책임이 없다는 것.

disc momory [dísk méməri(:)] **디스크 메모리**

disconnect [diskənékt] *v*. **절단하다** 컴퓨터 속의 기기와 단말 장치를 통신 회선 등으로부터 떼어 놓는 것. 혹은 제어 상태로부터 물리적인(하드웨어적) 혹은 논리적(소프트웨어적)으로 해제(release) 하는 것을 표시한다. 또 이들을 해제 상태로 하는 지령(command)을 해제 지령(disconnect command)이라 하며, 이 해제 지령을 상대측에 닿게 하는 신호를 해제 신호(disconnect signal)라 부른다. 예를 들면, 통신 네트워크를 경유하여 호스트 컴퓨터에 접속되어 있는 통신 회선을 분리한다. 단, 통신 회선에서의 제어의 수수(受授)를 프로토콜(protocol)이라 하며 단말의 종류, 통신 회선의 종류에 따라 정해진다.

disconnect instruction [–instrʌ́kʃən] **절단 명령** 이 명령은 주스테이션이나 통합 스테이션에 의하여 일어나며 링크 동작을 정지시킨다. DIS 명령은 VA에 의하여 확인 응답되고 종합 스테이션이나 종속 스테이션은 RDC(request disconnect) 반응을 보내어 절단 모드로 들어가도록 요청할 수 있다.

disconnection [diskənékʃən] *n*. **절단, 단로(斷路)**

disconnect mode [diskənékt móud] **절단 모드** VM-370 체제 하에서 터미널이 조작용 콘솔로서 연결되지 않았거나 가상 기계가 물리적인 선로를 갖지 않는 상태.

disconnect signal [–sígnəl] **절단 신호** 어떤 회선의 한쪽 단말에 접속되어 있는 장치의 해방 또는 사용되지 않는 다른 단말 장치를 작동 가능한 상태로 하기 위한 신호.

discrete [diskrí:t] *a*. **불연속형, 이산(離散), 개별의** 「개별 부품」, 「구분할 수 있는 요소」의 것. 또

역할과 수단 등을 개별 요소로 실현하는 것. 또 전자 회로를 다이오드나 트랜지스터와 같은 개별 부품으로 구성하는 것을 디스크리트라 표현하는 경우도 있다.

discrete and continuous system[-ənd kəntínjuəs sístəm] **이산적 연속 시스템**

discrete channel[-tʃǽnəl] **이산적 통신로**

discrete circuit[-sə́ːrkit] **디스크리트 회로** 트랜지스터, 다이오드, 저항이나 콘덴서 등의 소자를 접속하여 조립한 회로.

discrete component[-kəmpóunənt] **이산적 요소, 개별 부품** 단 하나의 기능만을 하는 전기 요소. 이는 여러 개의 기능을 통합해놓은 집적 회로와는 상반되는 것. 고유한 형태를 가지고 단독으로 하나 또는 복수 소자 혹은 디바이스 기능을 다하며, 분할하면 전기적 특성을 잃는 것.
[주] 이산적, 이산 : 문자와 같은 구별할 수 있는 요소에 의하여 표현되는 데이터 또는 구별하여 식별할 수 있는 물리량에 관한 용어.

discrete component part[-pάːrt] **이산적 요소부**

discrete cosine transform[-kóusain trǽnsfɔ́ːrm] **이산 코사인 변환** ⇨ DCT

discrete data[-déitə] **이산 데이터** 개별 문자(character)로 표시되는 데이터. 아날로그 데이터의 상대어로 값이 연속적으로 변화하지 않고, 불연속적으로 채취되는 데이터.

discrete data element[-éləmənt] **이산 데이터 요소** 각각 의미를 갖는 제한된 개수의 값들을 취하는 데이터 요소.

discrete data type[-tάip] **이산 데이터형** 일반적으로 코드화하여 디지털 신호로 바꾸기가 쉬우며, 연속적 데이터 형태와 반대되는 개념으로 여러 가지 분명히 구분되는 상태를 갖는 데이터 유형.

discrete distribution[-dìstribjúːʃən] **이산형 분포** 어떤 시스템의 상태가 1이라든가 이와 같이 확실하게 이산적으로 나타나며, 또한 그 상태 확률의 합계가 1로 되는 것과 같은 분포를 말한다. 즉, 모든 2항 분포나 푸아송 분포와 같이 연속적이 아닌 이산적인 분포를 말한다.

discrete event simulation[-ivént sìmjuléiʃən] **이산형 사상(事象)의 시뮬레이션**

discrete IC **개별 집적 회로**

discrete model[-moud] **이산계 모델, 이산 모형** 컴퓨터 시뮬레이션용 모형 분류법의 한 가지. 시간의 경과에 따라 기록을 어떻게 하는가에 따라 분류한다. 그 기술 언어는 GPSS, SIMSCRIPT 등이다.

discrete noiseless channel[-nɔ́izləs tʃǽnəl] **불연속 무잡음 통신로** 불연속적인 정보를 전달하는 통신로로 잡음이 전혀 없는 상태. 현실적으로는 불가능한 추상적인 모형.

discrete part[-pάːrt] **개별 부품** 트랜지스터나 저항 등과 같이 각각 단독으로 만들어진 부품.

discrete programming[-próugræmiŋ] **이산형 프로그래밍** 모든 변수들이 정수값만을 갖도록 제한하는 최적화 문제의 한 부류.

discrete representation[-rèprizentéiʃən] **이산적 표현** 문자에 의한 데이터의 표현이며, 각각의 문자 또는 문자의 모임은 다수의 선택 가능한 것 중의 하나를 표시한다.

discrete signal[-sígnəl] **이산 신호**

discrete simulation[-sìmjuléiʃən] **이산 시뮬레이션**

discrete structure[strʌ́ktʃər] **이산적 구조**

discrete system simulation[-sístəm sìmjuléʃən] **이산 시스템 시뮬레이션** 시간을 단위마다 연속으로 진행시키지 않고 어떤 사상(事象)이 발생한 후 다음 사상이 발생할 때까지 시간은 경과하여도 상태의 변화는 없는 것을 이용해 띄엄띄엄 진행시키는 것.

discrete time control[-tάim kəntróul] **이산 시간 제어** 제어 동작을 시간적인 의미로 분류하여 연속 제어와 이산 시간 제어로 나눌 수 있다. ① 연속 제어는 제어 장치의 입력이나 출력을 연속적으로 행하는 방식. ② 이산 제어는 계측량을 시간 간격을 두고 간헐적으로 제어 장치에 입력하여 이것을 바탕으로 조작량을 출력하는 제어 방식이다.

discrete type[-tάip] **분리형, 이산형** 프로그래밍 언어의 Ada에서 사용되는 데이터형의 하나. 유한인 값의 집합을 가지며 각각의 값이 일의적인 후속 요소를 갖도록 순서가 매겨지도록 되어 있다. 이 이산형은 또한 정수형, 논리형으로 나누어진다.

discrete variable method, difference method[-vɛ́(ː)riəbl méθəːd dífərəns méθəd] **차분 근사법** 편미분 방정식 수치 해법의 하나. 미분몫(dy/dt)을 차분 몫($\Delta y|\Delta t$)으로 치환하고 원래 미분 방정식을 근사하는 차분 방정식을 구한다. 이 차분 방정식을 수치적으로 해석하여 미분 방정식의 근사해를 구하는 방법.

discrete word intelligibility[-wə́ːrd intèlidʒibíliti(ː)] **단어 분해도**

discretization[diskritizéiʃən] *n.* **이산화**

discretization error[-érər] **이산화 오차**

discriminant[diskríminənt] *a.* **판별식** 보통 두 숫자의 비교를 많이 하는데, 서로에 대해 큰가, 작은가, 같은가에 따라서 각각 다른 행동을 취할 수 있고, 이러한 판별자의 결과에 따라서 서로 다른 항목을 취할 수 있도록 하는 능력이 컴퓨터의 필수적, 기본적 기능이라 할 수 있다. 즉, 프로그램 내에서는 어떤 조건을 판별하여 판단 결과에 따라 서로 다른 행동을 취하도록 하는데, 이러한 조건을 판단하도록 하는 수식.

discriminant analysis [–ənǽlisis] **식별 분석** 축적되어 있는 몇 가지의 측정 데이터(건강 진단 등에 의한 병력 또는 병명)에서 어느 무리에 속하는가를 분석해내는 기법.

discrimination [diskrìminéiʃən] *n*. **주파수 판별** 주파수 변조된 신호의 주파수 변화를 검출해서 원신호로 되돌리는 것.

discrimination circuit [–sə́ːrkit] **판단 회로** 여러 종류의 펄스 상태 중 어느 하나를 판별하는 회로.

discrimination instruction [–instrʌ́kʃən] **판단 명령** 분기 명령 및 조건부 덤프 명령으로 이루어지는 명령의 부류에 속하는 명령.

discrimination level [–lévəl] **판단 레벨** 프로그램 내에서 미리 정해진 조건에 따라 판단할 때 기준이 되는 레벨.

discrimination net [–nét] **판단 망** 객체 집단을 미리 정해진 객체의 형태에 따라 고정된 범주로 집단화시킨 부호화된 망 구조.

discrimination ratio [–réiʃou] **판별 비** 신뢰성 발췌 검사에서 합격으로 할 수 있는 최악의 신뢰성 특성값의 한계값과 가능하면 불합격이라고 하고 싶은 신뢰성 특성값의 한계값과의 비.

discriminator [diskrímineìtər] *n*. **주파수 판별기** 주파수 판별을 이용해 FM 파를 복조하기 위한 장치.

discussion group [diskʌ́ʃən grúːp] **토론 그룹** 하나의 주제에 대해 토론하는 그룹. 뉴스 그룹이나 게시판, IRC 등에서 존재한다.

disjoint [disdʒɔ́int] *v*. **떼다, 벗다, 피하다, 풀다**

disjunction [disdʒʌ́ŋkʃən] *n*. **논리합** 각 피연산자(operand)가 불 값을 취할 때 한하여 결과가 불값 0이 되는 불 연산. 두 개 또는 그 이상의 입력이 있을 경우 그 중 하나 이상이 참(1)의 값이면 그 결과(출력)를 참으로 하는 논리를 논리합 또는 OR 논리라 한다. 즉, A 또는 B로 표현할 경우의 "또는"이라는 말로 표현되는 경우이다.

disjunction gate [–géit] **논리합 게이트** ⇨ OR gate

disjunctive normal form [disdʒʌ́ŋktiv nɔ́ːrməl fɔ́ːrm] **논리합 정규형**

disjunctive search [–sə́ːrtʃ] **논리합 탐색**

disk [dísk] *n*. **디스크, 저장판** 일반적으로 자기 디스크(magnetic disk)나 자기 디스크 장치(magnetic disk unit)를 총칭하여 말한다. 대표적인 정보 기록 매체, 광학 디스크(optical disk)도 최근에 이용이 빈번해지고 있다. 자기 기록에 의하여 데이터를 기록할 수 있는 자기 표면층을 갖는 평평한 회전판 컴퓨터의 보조 기억 장치.

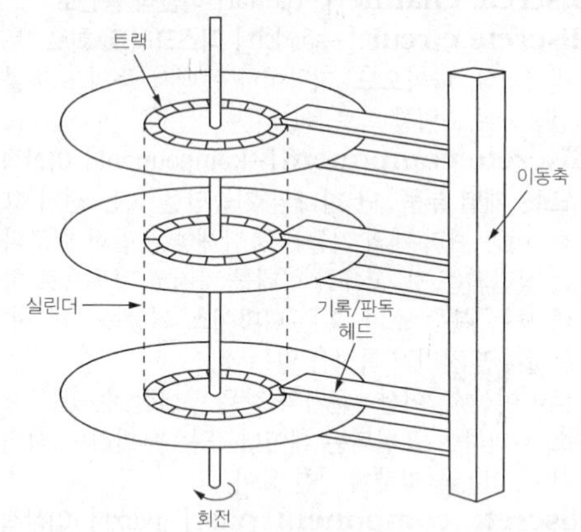

〈디스크의 구조〉

disk access [–ǽksəs] **디스크 접근** 디스크의 접근은 물리적 주소, 즉 실제 디스크 상의 위치를 이용하거나 다양한 수준의 기호 또는 키를 갖고 있는 레코드 주소 지정 절차를 사용하여 이루어지는 디스크 구동기의 판독/기록 헤드가 디스크의 특정 트랙에 도달하여 데이터를 기록하거나 판독하는 것.

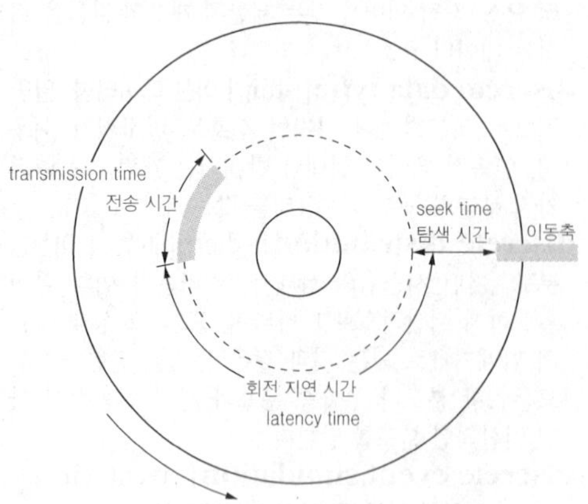

〈디스크 접근 구조〉

disk accessing [–ǽksesiŋ] **디스크 액세스 방법**

disk access time [–ǽkses táim] **디스크 접근**

시간 디스크의 임의의 위치에서 정보를 꺼낼 때 그 정보가 들어 있는 트랙을 찾는 데 걸리는 평균 시간.

disk adapter[–ədǽptər] **디스크 어댑터**

disk address mark[–ədrés mɑ́:rk] **디스크 주소 표시** 데이터와 클록 비트를 종합하여 얻어지는 디스크의 주소 표시.

disk allocation table[–æ̀ləkéiʃən téibl] **디스크 얼로케이션 테이블**

disk arm[–ɑ́:rm] **디스크 암** 디스크 상에 기억되어 있는 레코드에 접근하여 읽고 쓰기 위하여 헤드를 디스크면 상의 소요 위치에 이동시키기 위한 암.

disk array[–əréi] **디스크 어레이** 데이터를 수 바이트 단위로 분해하고 여러 개의 디스크 드라이버에 대해서 병렬로 판독/기록하는 자기 디스크 장치. RAID(redundant arrays of inexpensive disk)라고도 한다.

disk base system[–béis sístəm] **디스크 베이스 시스템** 컴퓨터 구성 시스템의 형식으로 프로그램, 시스템, 애플리케이션 등을 위한 데이터 기억 매체의 중심을 자기 디스크에 둔 것.

DISK BIOS ⇨ BIOS

disk buffer[–bʌ́fər] **디스크 버퍼** 임시 기억 영역으로서 디스크를 보조 기억 장치로 쓸 때 주기억 장치 중 디스크에 있는 데이터를 읽고 쓰기 위해 사용된다. 이는 디스크와 이를 사용하는 프로그램 사이의 입출력 속도가 다른 것을 해소하고 디스크의 이용 효율을 높이는 역할을 한다.

disk cache[–kǽʃ] **디스크 캐시** 디스크와의 입출력 속도를 빠르게 하기 위해 주기억 장치의 일부분을 최근 읽은 디스크 블록 내용을 기억하도록 하는 캐시 용도로 사용하는 것. 이것은 디스크의 이용 효율을 크게 향상시킨다. 디스크 캐시의 원리는 주기억의 버퍼 메모리(캐시)의 원리와 같다. 즉, 자기 디스크 장치의 제어 장치 내(제어 장치와 디스크 장치의 사이에 설치하는 것도 있다)에 버퍼용 메모리를 설치하고 중앙 처리 장치에서의 입출력 요구에 기초하여 데이터의 전송을 해당 메모리 상에서 행하며 디스크에 직접 액세스하는 것보다도 훨씬 고속의 액세스를 실현하고 있는 것이다. 이 버퍼용 메모리를 디스크 캐시라고 한다. 디스크 캐시에 의해 종래의 10분의 1 정도의 액세스 시간을 달성할 수 있다. 또 일반적으로 디스크 캐시는 반도체 메모리이다.

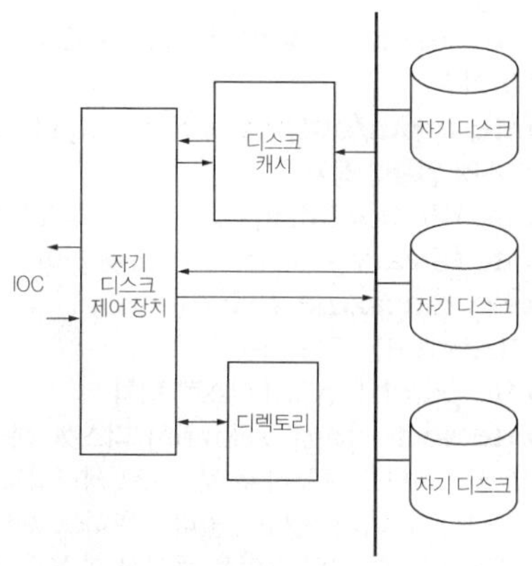

〈디스크 캐시를 갖춘 자기 디스크 제어 장치〉

disk cache memory[–méməri] **디스크 캐시 메모리** 자기 디스크나 플로피 디스크 등의 접근을 고속화하기 위해 설치한 버퍼 메모리. 디스크 캐시라고도 한다. CPU와 디스크의 처리 속도에는 상당한 차이가 있기 때문에 그 접근 갭(gap)을 흡수하기 위해 고안되었다. 디스크로부터의 판독 데이터를 디스크 캐시 메모리에 일시적으로 저장하므로 캐시 상의 데이터를 사용하게 되어 디스크 접근을 생략할 수 있다. 반대로 디스크에 대한 기록시에는 캐시 메모리에 전송한 후에 이루어지므로 CPU나 주기억 장치의 부담이 가벼워진다. ⇨ cache memory

disk cartridge[–kɑ́:rtridʒ] **디스크 카트리지** 한 장의 디스크를 보호하기 위하여 원형 모양으로 만든 것으로 케이스를 디스크 장치에 끼우고 뺄 수 있도록 한 것.

disk cartridge unit[–jú:nit] **디스크 카트리지 장치**

disk controller[–kəntróulər] **자기 디스크 제어 장치** 자기 디스크 장치 등의 제어를 목적으로 하는 회로. 이 회로에 의하여 디스크의 읽기와 기록, 기록 위치의 검색 등을 한다. 그러므로 프로그램 상에서는 이러한 움직임에 대하여 지시할 필요가 없어진다.

disk controller board[–bɔ́:rd] **디스크 제어 기구**

disk controller card[–kɑ́:rd] **디스크 제어기 카드** 주컴퓨터와 주변 장치인 디스크를 연결하는 접속 장치. 단순 연결뿐만 아니라 디스크를 조작하는 기능을 갖는다.

disk copying[–kɑ́piŋ] **디스크 복사** 한 디스크를 다른 디스크로 똑같이 옮기는 것.

disk crash[–krǽʃ] **디스크 파손** 디스크 장치가 완전히 쓸 수 없게 된 상태. 이것은 시스템의 오동작으로 발생되며, 디스크의 표면과 드라이브의 판독/기록 헤드와의 무리한 접촉에 의하는 경우가 많다.

disk cycle steal[–sáikl stí:l] **디스크 사이클 스틸 기구**

disk cylinder[–sílindər] **디스크 실린더** 1차원

이동 헤드형 디스크에는 빗살 사이에 디스크를 집는 형으로 각 디스크면에 액세스용의 암이 하나씩 대응하고 있다. 각 암에는 여러 개의 헤드가 있고, 암이 어느 한 위치에 있을 때 이동시키지 않고 읽고 쓸 수 있는 트랙은 디스크 회전축을 중심으로 실린더에 배치된다. 이것을 디스크 실린더라고 한다.

disk data management[–déitə mǽnidʒmənt] **디스크 데이터 관리**

disk directory[–diréktəri(:)] **디스크 목록** 디스크의 목차 또는 페이지 집합 사전이라 하며 현재 디스크 내에 존재하는 페이지 집합들의 리스트와 각 페이지 집합의 첫 번째 페이지에 대한 포인터들을 포함하는 디스크 내의 특정 페이지.

disk drive[–dráiv] **디스크 드라이브** 디스크 팩 또는 자기 디스크의 정보를 읽어 컴퓨터 주기억 장치로 보내주거나 컴퓨터의 주기억 장치의 정보를 받아서 디스크에 기록하는 장치. 그 움직임을 제어하는 기구.

disk drive motor[–móutər] **디스크 드라이브 모터**

disk driver[–dráivər] **디스크 구동기** 판독/기록 헤드가 달린 암(arm)을 움직여 특정 트랙에 도달하는 방식과 트랙마다 판독/기록 헤드가 있는 방식이 있는 디스크에 데이터를 기록하거나 판독하는 장치. 원형의 디스크를 일정 속도로 회전시켜 판독/기록 헤드가 원하는 트랙과 섹터에 위치하게 함으로써 데이터를 판독/기록한다.

Disk Druid 디스크 드루이드 미국 레드햇 소프트웨어 사가 제품화하고 있으며, 리눅스 운영 체제로 하드 디스크를 구성하기 위한 유틸리티의 하나. 하드 디스크의 파티션 영역을 작성하거나 삭제할 수 있다. 리눅스를 설치할 경우에는 사전에 하드 디스크의 구성을 결정해두어야 한다.

disk duplex[–djúpleks] **디스크 이중화** ⇨ disk duplex function

disk duplex function[–fʌ́ŋkʃən] **디스크 이중 기능** 디스크 미러링 기능과 같은 고장 대비(fault tolerence) 기능의 하나. 여기서는 하드 디스크의 인터페이스를 포함하여 이중화하고 고장에 대처할 수 있다.

disk enclosure[–inklóuʒər] **DE, 디스크 인클로저**

disk envelope[–énvəlòup] **디스크 봉투** 5.25인치나 8인치의 플로피 부속 재킷을 넣을 수 있게 종이로 만든 봉투. 디스크 표면의 밖으로 나와 있는 부분을 보호해줌으로써 표면의 상처로 인해 기록 데이터가 손상되지 않도록 한다.

diskette[dísket] *n.* **저장판, 판, 디스켓** 원형의 자성체를 특별한 보호 재킷에 쌓은 형태의 자기 디스크(magnetic disk). 보통 인벨로프(envelope)라 하는 봉투에 넣어서 보존한다. 개인용 컴퓨터에 사용되는 경우가 많으며 저가격, 경량으로 운반이 편리하다. 디스켓의 크기에는 3인치, 3.5인치, 5(5.25)인치, 8인치 등이 있으며 최근에는 3.5인치, 5인치가 주류를 이룬다. 디스켓의 기록 방식에는 기록 밀도(density), 트랙, 양면, 편면 등의 변수가 관여하며, 이것을 표시하기 위하여 2DD(double side with double density and double track), 1D(single side with double density and single track) 같은 표현 방법을 사용한다. 이 기록 방식이 틀린 것과 디스켓의 기입 및 판독을 위해서는 FDD라는 디스크 드라이브 장치가 사용된다. 또한 디스켓을 플로피 디스크라고도 부르는 경우가 있으나, 이것은 IBM 사의 플렉시블 디스크(flexible disk)의 애칭이다.

[주] 플렉시블 디스크 : 보호 용기에 들어 있는 유연성이 있는 자기 디스크.

diskette adapter[–ədǽptər] **디스켓 어댑터**

diskette cover lock[–kʌ́vər lák] **디스켓 커버 로크, 디스켓 잠금 장치**

diskette drive[–dráiv] **디스켓 구동 기구, 디스켓 기구**

diskette drive and magnetic tape attachment[–ənd mægnétik téip ətǽtʃmənt] **디스켓 자기 테이프 접속 기구**

diskette file directory[–fáil diréktəri(:)] **디스켓 파일 목록** 파일 목록의 열람은 대개의 경우 하나의 명령어에 의해 가능하고, 일반적으로 모든 디스켓은 어떤 파일의 크기가 어느 정도인가, 어떤 특성으로 기억되어 있는지의 정보를 갖는다.

diskette initialization[–inìʃəlizéiʃən] **디스켓 초기 설정**

diskette input device[–ínpùt diváis] **디스켓 입력 기구**

diskette input/output unit[–áutpùt júːnit] **디스켓 입출력 장치**

diskette IPL bootstrap 디스켓 IPL 부트스트랩

diskette library[–láibrəri(:)] **디스켓 라이브러리**

diskette magazine drive[–mæ̀gəzíːn dráiv] **디스켓 매거진 구동 기구**

diskette patch[–pǽtʃ] **디스켓 패치**

diskette sectoring[–séktəriŋ] **디스켓 섹터링** 디스켓에서 섹터를 구분하는 것. 하드 섹터링과 소프트 섹터링 두 가지 방법이 있다. (1) 하드 섹터링은 각 섹터마다 한 개의 구멍을 뚫어서 디스켓 섹터를 구분하는 것이고, (2) 소프트 섹터링은 디스크 상의 자성 코드에 의해서 섹터를 구분하는 것. 이 두 방법은 모두 디스켓 상에 인덱스 홀이라는 구멍을 갖는데, 모두 같은 반지름을 갖는 트랙의 시작 부분을 식별하기 위한 것이다.

diskette slot[-slát] **디스켓 슬롯**

diskette sort[-sɔ́ːrt] **디스켓 분류 기능**

diskette storage[-stɔ́ːridʒ] **디스켓 저장**

diskette storage control[-kəntróul] **디스켓 저장 제어** 프로그램 루틴들이 디스켓 자원을 제어하고 배당된 기억 공간을 형식화하는 디스켓 저장 장치 할당을 제어하는 기능.

diskette to disk copy[-tu dísk kάpi(ː)] **디스켓 판독 인쇄 장치**

diskette to printer dump[-príntər dʌ́mp] **디스켓 판독 인쇄 장치 덤프**

diskette unit[-júːnit] **디스켓 장치**

disk file[dísk fáil] **디스크 파일** 자기 디스크에 저장된 파일로 여러 개의 레코드가 조작되어 디스크에 저장되어 있는 것.

disk file addressing[-ədrésiŋ] **디스크 파일 주소법** 임의 접근이 가능한 디스크에 기억된 파일에 접근하기 위한 주소 지정 방식.

disk file index[-índeks] **디스크 파일 색인** 다른 영구 디스크 파일에서 실제적인 디스크 레코드를 확인하는 표의 키 부분.

disk file organization[-ɔ̀ːrgənaizéiʃən] **디스크 파일 편성**

disk format[-fɔ́ːrmæt] **디스크 형식, 디스크 서식**

disk formatting[-fɔ́ːrmætiŋ] **디스크 포맷** 미리 정해진 형식으로 디스크의 데이터를 구조화하는 것. 이 과정에서 데이터의 위치에 대한 정보가 수록된다.

disk hard sector[-hάːrd séktər] **디스크 하드 섹터** 디스크의 섹터가 디스크 사용시 필요에 따라 나뉘어지는 소프트 섹터 방식이 널리 사용되며, 하드 섹터 디스크는 오래된 방식으로 디스크의 섹터가 디스크 제작시 표시되어 변경이 불가능한 디스크를 말한다.

disk index hole[-índeks hóul] **디스크 인덱스 홀**

disk initialization[-iniʃəlizéiʃən] **디스크 초기 설정**

disk input/output[-ínpùt άutpùt] **DIO, 디스크 입출력**

disk interface[-íntərfèis] **디스크 인터페이스** ST506 규격과 같이 디스크와 컴퓨터를 접속시키는 규격 또는 접속용 회로.

disk interfacing[-íntərfèisiŋ] **디스크 인터페이싱**

diskless[dískləs] **디스크리스** 디스크리스 머신이라고도 하며, 부팅용 운영 체제가 설치된 하드 디스크가 실제로 장착되어 있지 않은 컴퓨터. 보통 네트워크를 매개로 서버 상의 운영 체제를 로드하여 시동한다. 최근에는 디스크 장치 가격이 떨어져 사용하지 않는다.

Diskless Workstation[-wə́ːrkstèiʃən] **디스크리스 워크스테이션** 하드 디스크를 전혀 갖고 있지 않은 워크스테이션. 네트워크에 연결되어 NFS의 기능을 이용하여 다른 컴퓨터의 디스크를 사용한다.

disk library[-láibrəri(ː)] **디스크 라이브러리** 디스크를 안전하게 보관하는 안전한 장소.

disk memory[-méməri(ː)] **디스크 기억 장치** 기억 소자로서 디스크를 이용한 기억 장치.

disk mirroring[-mírəriŋ] **디스크 미러링** 한 대의 디스크 컨트롤러에 붙어 있는 두 대의 디스크에 동시에 같은 정보를 기록하는 것. 정보가 이중화되어 있으므로 한쪽 데이터가 유실되어도 정보는 상실되지 않는다. ⇨ mirroring

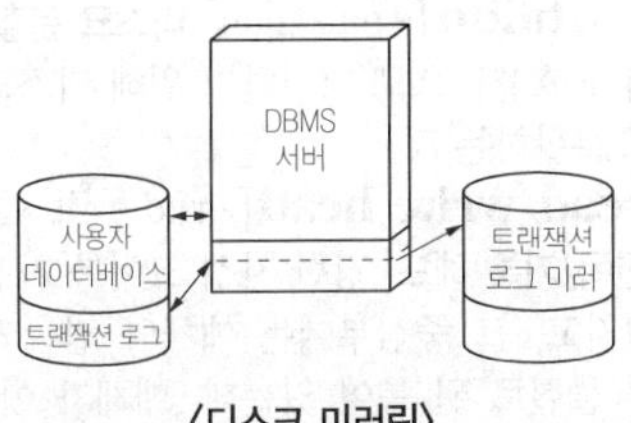

〈디스크 미러링〉

disk module[-mάdʒuːl] **디스크 모듈** 컴퓨터의 외부 기억 장치에 사용되는 자기 기억 매체의 대표적인 자기 디스크를 판독 헤드 등과 함께 내장하여 팩으로 한 것.

disk monitor system[-mάnitər sístəm] **디스크 모니터 시스템**

disk operating system[-άpərèitiŋ sístəm] **DOS, 디스크 운영 체제** 디스크를 위주로 동작하는 운영 체제. 디스크의 파일을 읽거나 기록하고 기억 장소를 할당하고 그와 관련된 일을 수행한다.

disk optimization[-àptiməzéiʃən] **디스크 최적화** 단편화된 파일들을 재배치하여 디스크의 접근 속도를 최대로 높이는 것. ⇨ fragmentation

disk oriented system[-ɔ́(ː)riəntəd sístəm] **디스크 중심 시스템** 운영 체제가 자기 디스크에 기억된 컴퓨터 시스템.

disk pack[-pǽk] **디스크 팩** 디스크의 원판 자체를 여러 개 겹쳐 하나로 묶은 것. 디스크 드라이브 장치에 넣어 사용하여 뺄 수도 있는데, 주로 대형 컴퓨터에 사용한다.

disk pack control adaptor[–kəntróul ədǽptər] **디스크 팩 제어 어댑터**

disk pack controller[–kəntróulər] **DPC, 디스크 팩 제어 장치**

〈디스크 팩〉

disk pack drive unit[–dráiv júːnit] **디스크 팩 장치**

disk pack unit **디스크 팩 장치** 디스크 팩의 착탈, 운전 기구를 갖고 컴퓨터의 외부 기억 장치 및 입출력 장치로 사용되는 것. 대개의 경우 서로의 장단점을 보완하기 위하여 자기 테이프 장치와 병용한다.

disk partition[–pɑːrtíʃən] **디스크 분할** 소량의 데이터를 효율적으로 처리하기 위해 디스크를 논리적으로 분할하는 것.

disk read/write head[–ríːd ráit hé(ː)d] **디스크 판독/기록 헤드** 강한 자성 코어를 가진 코일로 만들어지고, 그 중심부에는 매체와 접촉되어 있는 비자성 물질로 된 틈이 있는데, 매체가 이 틈 아래를 지나갈 때 코일에 흐르는 전류가 매체를 자화시켜 기록한다.

disk recording format[–rikɔ́ːrdiŋ fɔ́ːrmæt] **디스크 기록 형식** 모든 트랙에 주소가 있고 주소에 의해 트랙 속의 각각의 데이터를 지정해서 판독/기록할 수 있는 형식. 트랙은 실린더의 번호와 판독/기록할 수 있는 헤드의 번호로 지정되며, 트랙 속의 개개의 데이터는 기록 번호로서 지정된다.

disk RPG **디스크 RPG** 어떤 시스템에서 이는 간소화된 문제 위주의 프로그래밍 언어이다. 사용자에게 데이터를 이해하기 쉽게 해주고 인쇄된 보고서를 산출하고, 파일을 참조, 갱신, 유지하는 편리를 제공한다.

disk sector[–séktər] **디스크 섹터** 데이터 블록은 트랙과 섹터 번호에 의해 지정되는데, 디스크 표면에 있는 삼각형 모양의 구획으로 대부분의 디스크는 약 128단어의 정보를 기억시킬 만한 크기의 섹터들로 나누어져 있다.

disk sector formatting[–fɔ́ːrmætiŋ] **디스크 섹터 포맷화** 디스크에 정보를 기록할 때 기준이 되는 구역으로 한 트랙을 다시 나눈 것을 포맷하는 것.

disk sort[–sɔ́ːrt] **디스크 정렬** 대용량 파일의 레코드 순서를 그 레코드 내의 키워드에 따라서 정리하는 것을 분류라고 하는데, 임의 접근 기억 장치인 디스크에 보조 기억 장치를 사용하는 방법을 디스크 정렬이라고 한다.

disk sorting[–sɔ́ːrtiŋ] **디스크 정렬** 자료를 크기대로 정리할 때 그 양이 너무 많으면 주기억 장치 내에서 모두 정리할 수가 없는데, 자료를 디스크에 넣고 자료를 정렬하는 것.

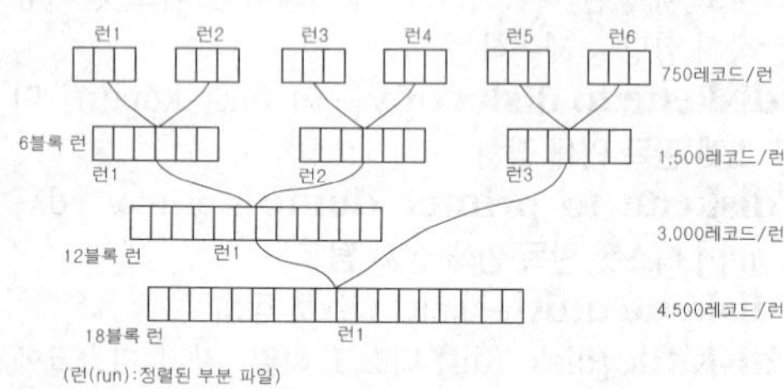

〈디스크 정렬의 예〉

disk sort/merging[–sɔ́ːrt mə́ːrdʒiŋ] **디스크 정렬/합병** 디스크 상의 데이터 정렬/합병은 보통 헤드의 위치를 정하는 데 걸리는 탐색 시간과 원하는 위치로 돌아갈 때까지 기다리는 회전 지연 시간이 너무 많이 걸리지 않도록 프로그램된다. 이것은 데이터 블록들의 n번째 블록을 읽고 n번째 블록을 처리한 다음에 $n+1$번째 블록의 기록이 디스크가 되돌아와 있는 위치에 헤드가 이동되어 있는 곳에서 수행되도록 함으로써 이루어진다.

disk storage[–stɔ́ːridʒ] **디스크 저장, 디스크 기억 장치** 사용시에 회전하는 한 장 또는 여러 장의 디스크의 평평한 표면에 자기 기록함으로써 데이터를 기억하는 자기 기억 장치.

disk storage area[–ɛ́(ː)riə] **디스크 저장 구역**

disk storage drive[–dráiv] **디스크 기억 구동 장치** 액세스 암을 수평으로 이동시켜 원판 표면의 모든 동심원 상의 트랙에 대해 자유로이 데이터를 읽고 쓰는 데 한 개의 축에 고정한 한 개~수 개의 자기 피막 원판을 고속으로 회전시키고 액세스 암에 정착한 자기 헤드를 그 원판의 표면과 미소한 틈을 유지하여 고정하고 동심원 상에 읽고 쓰기를 하거나 기타의 조작을 하는 것. ⇨ 그림 참조

disk storage module[–mádʒuːl] **디스크 기억 장치 모듈** 두 개의 접근 기구에 의해 접근되는 자기 디스크 기구.

disk store[–stɔ́ːr] **디스크 기억 장치**

disk system[–sístəm] **디스크 시스템** 디스크 또는 디스크 드라이브, 기록/판독 헤드, 전자적 조정과 소프트웨어 등을 포함하여 디스크 기억 장치

에서 요구되는 모든 구성 요소.

disk terminal control system[-tə́ːrminəl kəntróul sístəm] **디스크 단말 제어 시스템** 전형적으로 디스크 운영 체제와 함께 다중 단말 장치 운영을 효과적으로 관장하는 제어 프로그램으로 태스크 계획, 입출력 관리, 파일 액세스 우선 순위 배당, 신속한 태스크 운영 등을 다루고 있다.

disk to diskette copy[-tu dísket kάpi(ː)] **디스크/디스켓 복사**

disk to printer dump[-príntər dʌ́mp] **디스크/인쇄 장치 덤프**

disk track[-trǽk] **디스크 트랙** 디스크 원판을 여러 개의 동심원 모양으로 구분한 것. 판독/기록 헤드는 디스크가 회전하면 트랙을 따라서 돌게 된다.

disk unit[-júːnit] **자기 디스크 장치** 디스크 구동 기구, 자기 헤드 및 그것에 부수하는 제어 기구를 포함하는 장치.

disk unit enclosure[-inklóuʒər] **디스크 장치 포장** 다수 개의 디스크 드라이브와 이에 필요한 파워 공급기를 한데 묶는 것.

disk utility[-juːtíləti] **디스크 유틸리티** 디스크를 관리하는 소프트웨어의 총칭. 복사나 삭제 등 파일 단위로 관리하는 유틸리티와 디스크 자체의 최적화 등을 실행하는 유틸리티로 구성되는 경우가 많다.

disk volume[-vάljum] **디스크 용량** 디스크 전체를 통틀어 일컫는 것. 또는 사용자가 디스크에 붙인 이름으로 디스크 특정 부분에 저장된 것.

disk working storage[-wə́ːrkiŋ stɔ́ːridʒ] **디스크 작업 기억 장소** 작업을 수행할 때 작업 수행에 필요한 데이터나 작업 수행 도중 발생하는 일시적 혹은 중간 결과를 저장하기 위해 확보된 디스크 기억 장소.

disk write data[-ráit déitə] **디스크 기록 데이터** 시스템은 워드 계수가 0이 되거나 오류가 발생할 때까지 데이터를 전송하는데, 이 작동은 주컴퓨터로부터 디스크에 쓸 수 있는 시스템으로 데이터를 전송하는 데 사용된다. 그리고 디스크에 데이터를 쓰기 위해 워드 계수와 기능 0, 기능 1에 의해 나타내는 디스크 주소를 사용한다.

dismount[dismáunt] *v.* **떼다, 들어내다, 분해하다**

DISOSS **분산 오피스 지원 프로그램** distributed office support system의 약어.

dispatch[dispǽtʃ] *n.* **태스크 지명** (1) 컴퓨터가 어떤 일(job)이나 처리 단위(task)를 행하는 경우에는 그 일 등을 처리하기 위한 시간을 할당해야만 한다. 그 할당 작업을 디스패치(dispatch)라 한다. 예를 들면, 단말로부터 어떤 작업의 처리를 요구하면 운영 체제(OS)는 그 작업에 대하여 필요한 주기억 영역과 시간을 할당한 뒤 그 작업의 처리를 개시한

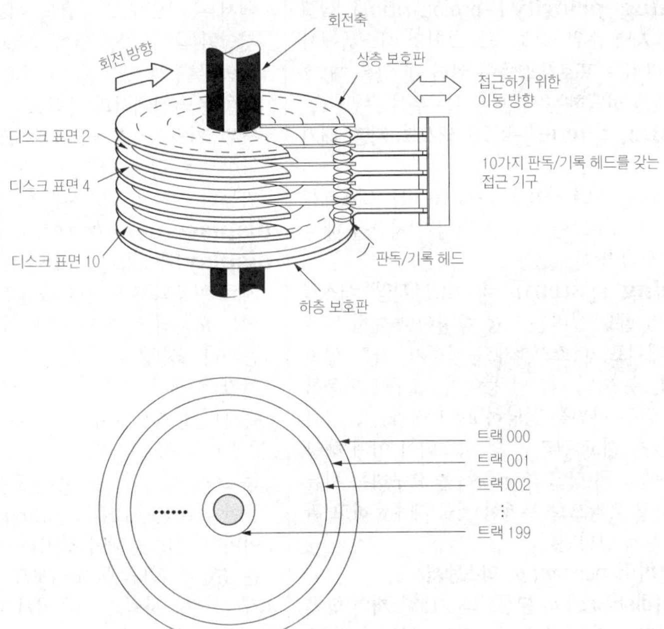

[디스크 기억 구동 장치]

다. 이와 같이 태스크 지명의 관리를 행하기 위하여 특별한 프로그램이나 운영 체제의 기능이 준비되는 경우가 많다. 특히 그것만의 목적으로 배치(locate)되는 프로그램을 디스패처(dispatcher)라 한다. (2) 컴퓨터에서 처리가 끝난 결과(보고서, 일람표, 집계표) 등의 데이터 처리를 의뢰, 원래의 부소(部所)로 「배포하다」라는 의미도 있다. 실행 준비가 되어 있는 작업 또는 태스크에 대하여 처리 장치 상의 시간을 할당하는 것.

dispatchable[dispǽtʃəbl] *a*. **실행 가능, 태스크 지명 가능**

dispatcher[dispǽtʃər] *n*. **디스패처, 지명기** 중앙 처리 장치(CPU)가 태스크를 실행할 때의 실행 순서를 스케줄하는 루틴을 가리킨다. OS(operating system) 기능 단위의 하나. 운영 체제에서의 컴퓨터 프로그램 또는 그 외의 기능 단위이며 그 목적이 디스패치하는 것이다.

dispatching[dispǽtʃiŋ] *n*. **디스패칭, 태스크 지명** (1) 멀티태스크 시스템에서 우선 순위에 따른 태스크의 전환. 우선 순위를 나타내는 번호를 디스패칭 우선 순위(dispatching priority)라고 한다. (2) 전력의 경제 부하 배분.

dispatching center[–séntər] **디스패칭 센터** 생산 계획에 따라 제품 제조를 수주에서 생산 현장, 작업 배당 등의 여러 과정을 이것의 수행 달성을 위해 한 곳에서 집중화하여 관리하는 중앙의 기구.

dispatching priority [–praiɔ́(:)riti(:)] **실행 우선 순위, 지명 순위** 다중 프로그래밍 시스템에서 처리를 기다리는 프로세스들이 여러 개 있을 때 그 프로세서들을 선택하는 기준이 되는 우선 순위.

dispatching queue[–kjúː] **태스크 지명 대기 행렬**

dispatching schedule[–skédʒul] **디스패칭 방식** 복수의 프로그램에 중앙 처리기 시간을 배분하기 위한 선택 방식.

dispatching system[–sístəm] **지명 시스템** 이 시스템의 필요 설비는 보통 중형이나 대형 컴퓨터, 자기 테이프, 디스크, 카드 천공기, 카드 입력기, 프린터, 수 대의 터미널 등이며, 요구에 반응하여 그것에 맞는 자원을 할당하고 그 결과를 보고하는 시스템. 즉 재고 관리 등의 시스템이 이에 해당하며, 주문에 의해 창고 해당 품목을 요구하는 서류의 작성, 재고 파악으로 부족한 것을 재주문하고 관련 회계 업무를 담당한다.

dispenser[dispénsər] *n*. **디스펜서**

disperse[dispə́ːrs] *v*. **분산하다** (1) 한 개의 항목은 여러 개의 출력 집합에 분산될 수 있는 원래 주어진 것보다 많은 집합 간의 항목 분산. (2) 입력 항목 또는 필드가 두 개 이상의 출력 항목 또는 필드에 중복되거나 분산되는 데이터 처리 수행.

dispersed data processing[dispə́ːrst déitə prásesiŋ] **분산 자료 처리**

dispered intelligence[–intélidʒəns] **분산 지능** 처리 능력이 전체 네트워크에 퍼져 있는 네트워크 시스템.

dispersion[dispə́ːrʃən] *n*. **분산** 데이터가 기대한 값과 얼마나 다른지에 대한 그 범위.

dispersion gate[–géit] **편차 게이트** ⇨ NAND gate

displacement[displéismənt] *n*. **변위** 어떤 기준점으로부터 어느 정도 기울어져 있는가, 벗어나 있는가를 표시한 것. 주기억 장치의 물리적 어드레스와 기저 어드레스(base address)와의 차이나 기저 어드레스와 실행 어드레스와의 차이를 표시한다. 후자의 경우에서는 이 값을 계산하고 기저 어드레스에 더함으로써 실행 개시 번지가 얻어진다. 이것을 상대 어드레스라 부르는 경우도 있다. 또 어떤 블록이나 프로그램의 선두로부터 희망하는 레코드(record)가 몇 번째에 존재하는지를 표시하는 경우도 있으며, 데이터 베이스 시스템(data base system)이나 사전 시스템(dictionary system)에서 사용된다. 소스 프로그램(소스 언어)은 번역 처리(어셈블이나 컴파일) 및 결합 편집 처리(링크)에 의해서 실행 가능한 프로그램으로 변환되지만 이 단계에서는 어드레스 공간의 어느 위치에서 실행되는 것인가 알 수 없는 것이 보통이다. 그래서 프로그램 내의 특정한 위치를 기점(베이스)으로 하고, 다른 위치는 기점에서의 간격으로 표시하고 실행시의 할당된 기점의 어드레스(베이스 어드레스라 한다)를 근본으로 하여 간격을 둠으로써 어드레스 산출이 가능하도록 하고 있는데, 이 간격을 변위라고 한다.

dispiacement byte[–bait] **변위 바이트**

display[displéi] *n*. **화면 표시** 컴퓨터의 출력 장치로 이용되는 모니터 화면 또는 출력 장치로 이용되는 모니터 화면. (1) 표시 장치(display device)에 문자나 도형을 표시하는 경우를 말한다. (2) 표시 장치란 컴퓨터로부터 출력 정보를 브라운관 등으로 문자나 도형으로서 표시하는 장치이며, 단순히 디스플레이(display)라고도 말한다. 현재 표시되고 있는 표시 장치의 대부분은 표시부에 브라운관을 이용한 음극선관(CRT ; cathode ray tube) 디스플레이이며, 디스플레이 장치라고 하면 이것을 가리키는 경우가 많다. 대개 키보드와 함께 사용되는 경우가 많으며 사람과 컴퓨터가 대화하면서 처리한다. 예를 들면, 데이터의 정정, 추가, 삭제 등을 용이하게 할 수 있다. 또 키보드로부터의 입력을 확인하기 위해서도 쓰여지며, 라이트 펜이나 마우스 등을 사용한 경우에는 일종의 입력 장치라고도 할 수 있다. CRT 외에 액정 디스플레이(LCD ; liquid crystal display)나 플라스마 디스플레이(PDP ; plasma display)도 사용할 수 있도록 되어 있다.

display adapter[–ədǽptər] **화면 접속기** 컴퓨터에 부속되어 컴퓨터와 화면을 연결해주는 보드. 대개 화면 접속기의 종류가 화면의 표시 능력을 결정한다. 화면 접속기가 결정하는 표시 능력에는 해상도, 단색 또는 컬러 그래픽 기능이 있는가 없는가 등이 있다.

display adapter unit[–jú:nit] **디스플레이 접합 장치** 이 장치는 컴퓨터의 기억 장치로부터 받은 데이터를 CRT 장치에 대한 편향 명령어에 적합한 형으로 만들거나 데이터의 전송, 장치 제어 정보, 장치 상태 정보, 시스템 내의 여러 장치들의 배열과 동기화를 제어한다.

display area[–ɛ́(:)riə] **표시 영역**

display attachment[–ətǽtʃmənt] **표시 장치 접속 기구**

display background[–bǽkgràund] **표시 배경** 표시 화상의 폼 오버레이와 같은 부분의 것이며, 특정 적용 업무 처리중 사용자가 변경할 수 없는 것. 표시 전경(display foreground)과 대비된다.

display buffer[–bʌ́fər] **화면 버퍼** 컴퓨터의 표시 화면. 나타나야 할 내용을 저장하는 기억 장소로 컴퓨터는 주기적으로 이 버퍼의 내용을 화면 접속기에 보내고 화면 접속기는 이를 받아서 지정된 장소에 그려줌으로써 화면이 계속 보이게 된다. 프레임을 버퍼 또는 비디오 기억 장치라고도 부른다.

display buffer memory[–méməri(:)] **화면 버퍼 메모리** 화면에 즉시 나타낼 수 있게 하기 위해 필요한 문자를 저장하고 있는 기억 장소.

display buffer size[–sáiz] **화면 버퍼 사이즈** 화면 장치에서 표현되는 단어들의 일시적인 기억 장소의 크기를 말하는 것으로 디스플레이 장치를 위해서 저장되고 그림을 자동적으로 나타내는 데 사용되는 단어의 최소 및 최대의 수.

display capacity[–kəpǽsiti(:)] **화면 용량** 한 화면에 표시할 수 있는 문자의 양. 흔히 쓰이는 개인용 컴퓨터의 경우 가로 80자, 세로 25줄이므로 2,000자가 화면 용량이다.

display card[–ká:rd] **디스플레이 카드** 메모리에 기억되어 있는 그래픽 디지털 데이터를 비디오 신호로 변환하는 장치. 디스플레이 어댑터, 비디오 어댑터라고도 부른다. ⇨ video adapter

display category[–kǽtəgɔ̀(:)ri(:)] **디스플레이 범위** 데이터의 그룹, 유형, 부류나 그 배열 또는 CRT 상에 시각적으로 표시된 정보.

display character generation[–kǽrəktər dʒènəréiʃən] **디스플레이 문자 발생** 자동적으로 줄이 생기게 하는 것 이외에 디스플레이 하드웨어는 6비트 코드로 된 문자를 표시할 수 있다.

display character generator[–dʒénərèitər] **표시 문자 발생 기구** 컴퓨터에서 오는 신호를 그에 해당하는 문자로 화면에 나타나게 하고 전기적인 신호로 바꾸는 장치.

display character per frame[–pər fréim] **프레임당 디스플레이 문자 수** 표시된 문자가 어른거리지 않게 최대로 나타낼 수 있는 문자 수.

display character set[–sét] **표시 문자 집합** 표시 문자 생성기가 사용하는 각 글자의 모양이나 크기를 저장한 것. 화면에 나타나는 글자의 모양은 이 집합에 들어 있는 문자가 어떻게 생겼는가에 의존한다.

display command[–kəmǽ:nd] **표시 지령** 컴퓨터의 도형 출력 장치로서 CRT 디스플레이 장치를 이용할 경우, 도형 표시를 위해 컴퓨터로부터 보내진 광점(光點) 위치를 지정하는 정보. 광점의 명암에 관한 정보가 표시 지령이다. 이런 정보를 해독하기 위해 특수한 제어 장치 또는 소형 컴퓨터가 사용된다.

display console[–kánsoul] **표시 조작 콘솔, 디스플레이 콘솔** CRT 화면과 키보드로 구성된 입출력 장치. 하나의 표시면을 가지며 또 하나 이상의 입력 장치를 가질 수 있는 조작 콘솔.

display console keyboard[–kí:bɔ̀:rd] **표시 조작 콘솔 키보드** 타자기 제어 콘솔 대신으로 디스플레이를 사용하는 처리 장치의 조작원 제어반.

display control[–kəntróul] **표시 제어 장치, 원격 표시 제어 장치** 하나의 중앙 처리 장치에서 다수의 단말기에 효과적인 디스플레이를 위하여 채용한 회선과 제어 회로.

display control dynamics[–dainǽmiks] **표시 제어 동적 특성**

display controller[–kəntróulər] **디스플레이 제어기** 디스플레이를 위한 회로 상의 모든 문제를 종합적으로 해결해주는 기기.

display control module[–kəntróul mádʒu:l] **DCM, 표시 제어 모듈**

display control program[–próugræm] **DCP, 표시 제어 프로그램**

display control system integration[–sístəm ìntəgréiʃən] **표시 제어 시스템 통합**

display copier[–kápiər] **영상 복사 장치**

display copier attachment[–ətǽtʃmənt]

영상 복사 장치 접속 기구

display cursor[-kə́:rsər] **디스플레이 커서** 사용자가 커서를 상하 좌우로 조종해서 해당 문자에 이동시킨 후 삭제 문자 키를 눌러 문제를 삭제할 수 있는데, 디스플레이 편집 기능에서 수정을 요하는 문자를 지정하는 데 이용되는 커서.

display cycle[-sáikl] **표시 주기** CRT의 전자 빔이 화면을 완전히 일주하는 데 걸리는 시간. 대개의 화면은 전자 빔이 화면상의 인을 때리고 이 인이 발광하는 것을 이용하여 글자나 그림을 표시하는데, 가만히 두면 인의 발광이 중단되어 화면이 꺼지므로 똑같은 화면이라도 반복하여 계속 화면을 전자로 때려주어야 한다. 이렇게 계속 화면을 때리는 일을 리프레시(refresh)라고 하는데, 이 재생 작업 주기가 표시 주기이다.

display data channel[déitə tʃǽnəl] ⇨ DDC

display-decision function[-disíʒən fʌ́ŋkʃən] **표시 결정 기능**

display density[-dénsiti(:)] **표시 밀도**

display device[-diváis] **화면 표시 장치** 자료를 볼 수 있는 형태로 바꾸어 표현할 수 있는 장치. 그래픽 프린터, 플로터, 디스플레이 단말기, 필름 녹화기 등이 이에 속한다. 데이터를 눈에 보이는 형으로 표시하는 출력 장치이다. 데이터는 통상 일시적으로 표시될 뿐이지만 영구적인 기록을 하는 경우도 있다.

display driver[-dráivər] **디스플레이 드라이버** 운영 체제가 디스플레이 어댑터를 관리, 제어하기 위한 소프트웨어. 디스플레이 어댑터를 제어하기 위한 소프트웨어로 장치 드라이버의 일종. ⇨ device driver

displayed character size[-kǽrəktər sáiz] **표시 문자 사이즈** 표시하는 전각 문자의 외곽 크기. 문자의 높이×문자의 폭으로 표시한다.

display editing function[displéi éditiŋ fʌ́ŋkʃən] **디스플레이 편집 기능**

display editor[-éditər] **디스플레이 에디터**

display element[-éləmənt] **표시 요소, 디스플레이 엘리먼트** 기본적인 도형의 요소. 점, 선, 원호, 숫자, 문자 등이다.

display field[-fí:ld] **표시 필드**

display file[-fáil] **디스플레이 파일** DPU라 하기도 하며, 표상 장치 구성의 한 성분인 표상 버퍼에 저장되어 표상 처리기가 이를 실행하는데, 그래픽 시스템에서 좌표값을 가진 점, 선 및 문자에 대한 작도 명령을 포함하는 프로그램.

display foreground[-fɔ́:rgràund] **표시 전경** 화면에서 실제로 영상이 표시되는 부분.

display for horizontal writing[-fər hɔ̀(:)rizántəl ráitiŋ] **가로 쓰기 표시** 각 행의 문자가 가로 읽기가 되도록 표시하는 기능.

display format[-fɔ́:rmæt] **표시 형식**

display format control[-kəntróul] **표시 형식 제어 기구**

display format facility[-fəsíliti(:)] **표시 형식 기능**

display for vertical writing[-fər və́:rtikəl ráitiŋ] **세로 쓰기 표시** 각 행의 문자가 세로 읽기가 되도록 표시하는 기능.

display group[-grú:p] **디스플레이 군(群), 표시 그룹**

display high lighting[-hái láitiŋ] **강조 표시** 화면 위에 글자를 강조하여 나타내는 일. 여기에 쓰이는 방법은 깜박이는 글씨, 굵은 글씨, 진한 글씨, 역상 글씨, 밑줄 글씨, 다른 색의 글씨 등이 있다.

display image[-ímidʒ] **표시 화상, 표시 이미지** (1) 표시 영역 상에 한 번에 표시되는 표시 요소의 집합. (2) 표시면 상에 동시에 그릴 수 있는 표시 요소 또는 세그먼트의 집합.

display increment[-ínkrəmənt] **표시 장치 접속 기구**

display information analysis[-ìnfərméiʃən ənǽlisis] **표시 정보 해석**

display information vector[-véktər] **표시 정보 벡터**

displaying compactedly[displéiŋ kəmpǽktidli] **압축 표시** 축소 표시와 동의어. ⇨ layout display

display instruction[displéi instrʌ́kʃən] **표시 명령** 표시 장치의 상태를 변경하든지 또는 동작을 제어하는 지령.

display item[-áitəm] **디스플레이 항목**

display line[-láin] **표시 행**

display management system[-mǽnidʒmənt sístəm] **DMS, 정보 표시 관리 시스템**

display menu[-ménju:] **표시 메뉴** 표시 화면상에 표시된 임의 선택 항목의 일람으로 이용자가 키보드 등으로 이들의 항목 중에서 하나 이상의 항목을 표시함으로써 프로그램에 대하여 다음 행동을 선택하도록 할 수 있는 것.

display mode[-móud] **화면 표시 방식** 화면 접속기가 여러 가지의 표시 기능을 가진 경우 어느 기능을 이용하는지를 가리키는 말. 화면에 글자나 그림을 나타내는 기계적인 기술의 종류를 가리키는 말. 이러한 종류에는 점을 이용하는 법, 벡터를 이용하는 법 등이 있다.

display module[–mádʒu:l] **디스플레이 모듈**

display monitor[–mánitər] **화면 표시 모니터** CRT 화면을 사용한 컴퓨터의 출력 장치. 현대의 컴퓨터의 출력 장치로 가장 많이 사용된다. 크게 단색과 컬러로 나누어지는데, 단색에는 백색, 녹색, 오렌지색, 노란색 등이 있다.

〈랩톱형 화면 표시 모니터〉

display-monitoring load[–mánitəriŋ lóud] **표시 장치 감시 부하**

display multiplexer[–mʌ́ltiplèksər] **표시 장치 다중 기구**

display numeric pad[–njumérik pǽ(:)d] **디스플레이 숫자 패드** 사용자가 필요로 하는 손 움직임의 범위를 작게 함으로써 숫자 데이터의 입력 속도를 증가시키는 가산기에서 사용되는 것과 같은 숫자 키의 그룹.

display of document head[–əv dákjumənt hé(:)d] **문두 표시** 표시 화면에 문서의 문두를 호출하여 표시하는 기능.

display of document tail[–téil] **문말 표시** 표시 화면에 문서의 문장 끝을 호출하여 표시하는 기능.

display of layout[–léiàut] **레이아웃 표시** 표시 장치에 해당 페이지의 레이아웃을 표시하는 것.

display of ruled line[–rú:ld láin] **괘선 표시** 표시 장치에 괘선을 표시하는 것.

display of specified line[–spésifàid láin] **행 호출** 임의의 행을 지정하여 표시하는 기능.

display of specified page [–péidʒ] **페이지 호출** 임의의 페이지를 지정하여 표시하는 기능.

display panel[–pǽnəl] **디스플레이 패널**

display position[–pəzíʃən] **표시 위치** 표시 영역 상의 임의의 점이며, 문자 또는 표시 요소로 점유할 수 있는 것.

display PostScript[–póustskrìpt] **디스플레이 포스트스크립트** 미국 Adobe(어도비) 사와 애플 사가 합작하여 개발한 레이저 프린터용의 그래픽 언어인 포스트스크립트를 화면용으로 만든 것. 이는 고해상도 화면에서 각종 그래픽 정보를 표현할 수 있게 해준다. ⇨ PostScript

display procedure[–prəsí:dʒər] **디스플레이 프로시저** 일반적인 프로시저 호출의 구문과 의미의 확장을 제공하는 프로시저 계층 구조의 특별한 형태로 현재 변환 행렬의 인용과 인스턴스 변환을 포함한다.

display processing unit[–prásesiŋ jú:nit] **DPU, 디스플레이 처리 장치** 그래픽 시스템에서 그래픽 명령어와 데이터를 해독하고 처리하며 명령어 계수기와 레지스터를 갖는 그래픽 처리 장치.

display processor[–prásesər] **표시 연산 처리 기구**

display RAM **화면 RAM** CRT에 나타내기 위한 정보를 보관하고, 주기억 장치에서 별도로 분리되어 있는 RAM의 기억 영역인데, 기억된 정보는 전원이 끊어지면 모두 소멸된다.

display refresher rate[–rifréʃər réit] **디스플레이 갱생률** 제작사가 제시한 매 초당의 디스플레이 재생성률.

display register[–rédʒistər] **표시 레지스터**

display scheduler[–skédʒulər] **DSCH, 디스플레이 스케줄러**

display screen[–skrí:n] **표시 화면** (1) 화상이 표시되는 비디오 장치의 부분. (2) 표시 장치의 하나로 컴퓨터의 출력 화면을 비디오 프로젝터(TV 화상을 영화와 같이 스크린에 확대해서 투영하는 장치) 등으로 대형 스크린에 투영하는 장치.

display scrolling[–skróuliŋ] **표시 스크롤링**

display space[–spéis] **표시 영역** 표시 화면 위에 표시 이미지를 사용할 수 있는 부분. 표시 화면의 일부를 가리키는 경우도 있으며 전체를 가리키는 경우도 있다. 장치 공간의 부분이며 화상 표시로 사용 가능한 영역이다.

display station polling[–stéiʃən póuliŋ] **디스플레이 스테이션 폴링** 단말 장치를 단일 장치로 작동시키거나 단일 통신 회선으로 다른 장치와 데이지-체인할 수 있는 단말 장치의 한 형태. 폴링은 통신 네트워크에서 동기 멀티포인터를 선택적으로 사용할 수 있으며, 모뎀, 데이터 회선, 입출력 채널 등의 공유 통신 자원의 가격을 절약하는 이점이 있고, 전송 오류 검사를 돕고, 다양한 부류의 컴퓨터 시스템에 일관된 통신을 하게 한다.

display storage tube[–stɔ́:ridʒ tjú:b] **표시 축적관**

display surface[–sɔ́:rfəs] **표시면** 실제로 그래픽이 표시되는 매체. 표시 화면, 프린터 종이, 플로터 종이, 필름 등이 여기에 속한다. 음극관의 화면, 작도 장치의 용지 등이 있다.

display system engineering [–sístəm èndʒəníəriŋ] **표시 시스템 공학**

display terminal [–tə́ːrminəl] **표시용 단말 장치** 그래픽 자료를 표시할 수 있는 출력 장치. 컴퓨터의 이용 범위가 확대됨에 따라 사람과 컴퓨터와의 정보 교환을 밀접하게 할 필요성이 높아졌다. 커뮤니케이션의 수단으로 컴퓨터와의 처리 결과를 용지에 인자 기록하는 것뿐만 아니라 브라운관에 문자나 도형으로 표시하는 장치가 개발되었다. 또 라이트 펜이나 마우스를 조합시킨 장치에서는 단순히 출력 터미널로서가 아니라 도형 형태로 사람이 지시한 판단을 그대로 직접 컴퓨터에 부여하는 입력 장치로도 사용되고 있다. 이의 예로는 CRT, 플로터, 그래픽 프린터, 필름 녹화기 등이 있다.

display terminal interchange [–ìntərtʃéindʒ] **원격 표시 제어 장치**

display tolerance [–tálərəns] **표시 허용 오차** 그래픽 자료가 표시될 때의 정확성의 정도.

display tube [–tjúːb] **표시관**

display type [–táip] **화면 표시 유형** 화면 표시에 이용된 기술의 종류. 가장 많이 사용되는 것은 음극선관(CRT)이고, 그 외에 발광 다이오드(LED), 액정(LCD), 가스 플라스마 방식 등이 있다.

display unit [–júːnit] **디스플레이 장치** 입력된 자료를 볼 수 있도록 화면으로 나타내는 장치. 컴퓨터 출력 장치의 일종으로 출력 내용을 브라운관 형광면에 문장이나 도형으로 나타내거나 지면에 작도해서 나타내는 것 등을 말한다. 현재는 특히 브라운관 디스플레이 장치를 말한다. CRT(cathode ray tube) 디스플레이이며 디스플레이 장치라고 하면 이것을 가리키는 경우가 많다. 디스플레이 장치는 출력 데이터를 보존할 수는 없지만 출력 속도가 빠르고, 소음이 나지 않으며, 표시 데이터의 수정 · 추가 · 삭제를 용이하게 할 수 있는 등의 장점이 있다. 보통 키보드와 함께 사용되는 경우가 많고 사람과 컴퓨터가 대화하면서 처리할 수 있다.

〈디스플레이 장치〉

display window manager [–wíndou mǽnidʒər] **디스플레이 윈도의 관리**

Display Write [–ráit] **디스플레이 라이트** 이 프로그램은 1970년대 워드 프로세스 전용 시스템 상품명과 같으며 IBM 사가 PC용 워드 프로세싱 프로그램명에 붙였다.

disposition [dìspəzíʃən] **후처리** 작업 단계 종료 시 데이터 베이스의 후처리. DD 문의 DISP 매개변수로 지정한다. 작업 단계가 정상 종료되었을 때의 일반적인 후처리와 작업 단계가 이상 종료되었을 때의 조건부 후처리가 있다. 일반적인 후처리의 경우 데이터 세트의 삭제, 보관, 카탈로그 또는 카탈로그로부터의 삭제, 다음 작업 단계로의 인도 등을 요구할 수 있다.

dissector [diséktər] *n*. **해독기** 광학 문자 판독에서 샘플 공간 전체에 빛을 비추어서 빛의 차이를 차례로 감지하여 해독할 수 있는 기계적, 전자적 변환기.

dissemination [disèminéiʃən] *n*. **배포**

distance [dístəns] *n*. **거리** 길이가 같은 두 개의 2진수 단어에서 서로 상이한 값을 갖는 비트의 자릿수.

distance gate [–géit] **거리 게이트**

distinguishable [distíŋgwiʃəbl] *a*. **구별 가능한** 유한 상태 기계 M의 두 상태 S_i, S_j에 대해 서로 다른 출력 순차를 내게 하는 입력 순차가 있을 경우 두 상태는 구별 가능하다고 한다.

distortion [distɔ́ːrʃən] *n*. **변형, 왜곡** 데이터 전송에서는 보내진 사각형파와 수신된 사각형파에서 그 모양이 다른 것이 많다. 그 원인으로서 송수신기의 불안정, 전송계의 잡음, 레벨 변동, 주파수 변동이 있다. CCITT에서는 데이터 전송에서의 변형으로 동시성(同時性) 변형과 조보(調步) 변형을 정의하고 있다.

distortion factor [–fǽktər] **변형률**

distortion rate [–réit] **왜율** 비율로 나타낸 일그러짐(변형)의 값. 왜곡과 같지만, 특히 비율이라는 것을 명시하고자 할 때 사용한다.

distribute [distríbju(ː)t] *v*. **분산하다** 중앙의 대형 컴퓨터로 집중 처리하고 있던 데이터를 원격지의 데이터 발생 지점으로 분산하여 처리하는 것과 센터 시스템의 장애가 시스템 전체의 기능 정지를 초래하는 경우가 없도록 위험을 분산하거나 하는 것을 표시할 때 이용된다. 정보나 자료를 「배포한다」고 하는 의미도 있다. distributed의 형으로 자주 쓰인다.

distributed [distríbj(ː)təd] *a*. **분산된, 분산시킨** 물리적 혹은 논리적으로 분산 혹은 분리시키고 있고, 또한 전체로서는 하나의 정리로 되어 있는 시스템의 형식을 표시하는 경우가 많다. 분산 시스템에는 시스템 전체의 신뢰성(reliability)이나 품질(quality)은 향상되어도 가격이나 효율(efficiency)이 떨어지게 되는 결점이 있다. 예를 들어, 분산형 노드(distributed node)란, 통신 네트워크의 노드를 각지로 분산하는 대신에 신뢰성을 향상시킨 방식이지만 전체의 비용은 높게 된다.

distributed amplifier[-ǽmplifàiər] **분산 증폭기** 광대역용의 증폭기.

distributed array processor[-əréi prásesər] **분리형 어레이 처리 장치**

distributed communications network [-kəmjù:nikéiʃənz nétwə̀:rk] **분산형 통신망**

distributed component object model [-kəmpóunənt ábdʒikt mádəl] **분산 컴포넌트 객체 모델** ⇨ DCOM

distributed computation network[-kàmpjutéiʃən nétwə̀:rk] **분산 계산 네트워크** 다중 작업을 여러 대의 호스트 컴퓨터들이 나누어 병행 처리하는 네트워크로서 어느 특정 자원들을 그 자원을 가장 많이 사용하는 사용자들 부근에 위치시키고 이러한 자원들을 직접 관리하는 호스트 컴퓨터들을 서로 연결시켜 구성하는데, 이때 응용 프로그램이나 데이터 베이스들은 네트워크 전체에 분산되어 있다.

distributed computer communication network[-kəmpjú:tər kəmjù:nikéiʃən nétwə̀:rk] **분산형 컴퓨터 통신 네트워크**

distributed computer control system [-kəntróul sístəm] **분산형 컴퓨터 제어 시스템**

distributed computer intelligence[-intélidʒəns] **분산형 컴퓨터 인텔리전스**

distributed computer resources[-risɔ́:rsiz] **분산형 컴퓨터 자원**

distributed computer system[-sístəm] **분산 컴퓨터 시스템** 각 분산 지점에는 소규모 컴퓨터를 배치하여 간단한 업무를 처리하도록 하고, 복잡 · 방대한 업무는 중앙 컴퓨터가 처리하도록 하는데, 한 조직 내에서 협동적으로 일할 수 있도록 지역적으로 필요한 장소마다 여러 대의 컴퓨터를 분산시켜 배치하는 시스템이다.

distributed computing[-kəmpjú:tiŋ] **분산형 계산 방식** 처리 장치와 저장 설비가 서로 분산되어 있으나 전송 매체로 연결시켜 계산하는 것. 또는 여러 대의 처리 장치들이 병렬로, 비동기로 서로 지원하면서 계산하는 방식.

distributed control[-kəntróul] **분산 제어** 전체 컴퓨터 시스템의 제어가 프로세서 수가 많아짐에 따라 프로세서급으로 제어가 분산되어 제어가 이루어지는 것.

distributed control loop network[-lú:p nétwə̀:rk] **분산형 제어 루프망**

distributed data base[-déitə béis] **분산형 데이터 베이스** 컴퓨터 네트워크 내에서 각각의 노드(node)로 공용되는 데이터 베이스의 일부를 갖고 있는 형태. 하나의 데이터 베이스가 데이터 통신망 내의 여러 곳(node)으로 분산되어 있고, 어디에서도 그 데이터의 공용이 가능한 데이터 베이스이다. 여러 곳에 데이터 베이스의 부분이 분산되어 있어도 이용자 측에서는 데이터 베이스 모두가 자기의 센터에 존재하는 것처럼 보인다. 즉, 이용자는 데이터의 존재 장소를 전혀 의식하지 않고 이용할 수 있다. 데이터를 분산하는 이유는 데이터의 크기 문제 때문이다. 한 컴퓨터에 여러 개의 디스크 드라이브를 연결하는 것은 곤란하다. 따라서 어떤 한계 이상에서는 여러 대의 컴퓨터가 필요하다. 컴퓨터가 계속 증가하는 경우 하나의 큰 컴퓨터보다는 작은 시스템으로 집합하여 대처하는 것이 유리하다.

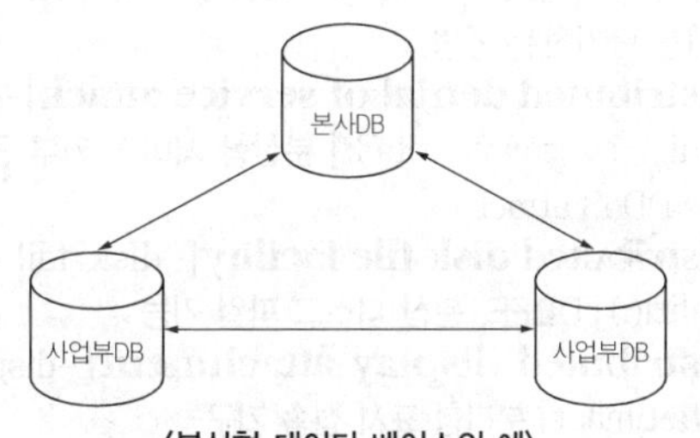

〈분산형 데이터 베이스의 예〉

distributed data base design[-dizáin] **분산형 데이터 베이스 설계** 기존의 데이터 베이스 설계에 속하는 개념적인 스키마와 물리적 데이터 베이스를 설계할 뿐만 아니라 개념적 스키마를 어떻게 분할하고 각 단편을 어떤 사이트에 할당할 것인가를 결정하는 모든 활동.

distributed data base management[-mǽnidʒmənt] **DDM, 분산형 데이터 베이스 관리** 분산형 데이터 베이스의 생성과 유지 관리를 지원하는 데이터 베이스 관리 시스템(DBMS).

distributed data base system[-sístəm] **분산형 데이터 베이스 시스템** 지리적으로 분산되어 있는 데이터에 대하여 사용자는 어떤 데이터가 어떤 위치에 저장되어 있는지 알 필요 없이 단지 데이터의 논리적 명칭으로 접근할 수 있도록 분산 처리기, 통신 네트워크, 분산 데이터 베이스, 분산 데이터 관리 시스템으로 구성되어야 하는 시스템.

distributed data processing[-prásesiŋ]

DDP, **분산 데이터 처리, 분산형 데이터 처리** 컴퓨터의 데이터 처리의 한 형태. 독립한 형태로 데이터 처리를 행하면, 동시에 각각의 데이터 베이스가 네트워크에 연결되어 있고, 상호간에 유효 이용이 가능한 처리 방식. 데이터 처리 형태에서 입출력 기능 이외에 처리, 기억 및 제어 기능의 일부 또는 전부를 네트워크의 절점(node)으로 분산시켜 행하는 것. 분산 데이터 처리(decentralized data processing)와 같은 뜻으로 쓰이는 경우도 있다. 이와 같이 함으로써 처리 능력, 처리 효율이 향상되고 위험이 분산된다. ⇨ 보충 설명 참조

distributed data transfer [–trænsfə́ːr] **분산 데이터 전송**

distributed data transfer controller [–kəntróulər] **분산 데이터 전송 제어 장치**

distributed deadlock detection [–dé(ː)dlɑ̀k ditékʃən] **분산 교착 상태 탐지** 교착 상태를 탐지하기 위하여 주로 트랜잭션 간의 대기 상태를 나타내는 대기 그래프를 이용하는데, 분산 시스템의 각 사이트에 교착 상태 탐지를 위한 프로세스가 존재하여 사이트 간의 메시지 교환에 의해서 교착 상태를 탐지하는 방법.

distributed denial of service attack [–dináiəl əv sə́ːrvis ətǽk] **분산형 서비스 거부 공격** ⇨ DDoS attack

distributed disk file facility [–dísk fáil fəsíliti(ː)] **DDFF, 분산 디스크 파일 기능**

distributed display attachment [–displéi ətǽtʃmənt] **분리형 표시 접속 기구**

distributed environment [–inváirənmənt] **분산 환경**

distributed fault-tolerant control system [–fɔ́ːlt tálərənt kəntróul sístəm] **분산형 고장 허용 제어 시스템**

distributed feedback [–fíːdbæ̀k] **분산형 피드백**

distributed feedback laser [–léizər] **분산형 피드백 레이저** 활성 영역(능동 매질이 있는 영역)을 따라 주기 구조를 갖게 하고, 그에 의한 브랙 반사로 빛을 분포적으로 되먹이는 형식의 공간지를 이용한 레이저. 색소 레이저, 반도체 레이저 등에서 연구되며, 특히 반도체 레이저에서는 활성 영역을 따라 주기적인 요철(회절 격자)을 형성하여 매입한 구조의 더블헤테로 접합 레이저에 의해 실온 연속 발진도 관측되고 있다. 단일 세로 모드 발진이 일어나기 쉽고, 그 발진 파장이 주기 구조의 주기로 거의 결정되기 때문에 온도 변화도 작은 것 등의 장점이 있다. 또 벽개면(劈開面) 등에 의한 보통의 반사 거울이 필요 없는 점에서는 집적 레이저로서 주목받고 있다.

distributed feedback system [–sístəm] **분산형 피드백 시스템**

distributed file-sharing system [–fáilʃɛ́əriŋ sístəm] **분산형 파일 공유 시스템** LAN에 접속된 컴퓨터들 간에 파일을 공유하는 시스템. 원격지의 컴퓨터가 가지고 있는 파일도 로컬(수중에 있는) 파일과 마찬가지로 직접 판독이 가능하다. 대표적인 시스템에는 유닉스에서 이용할 수 있는 미국 AT & T의 RFS와 미국 선 마이크로시스템즈사의 NFS가 있다.

distributed file system **분산형 파일 시스템**

distributed free space [–fríː spéis] **분산 자유 공간** 새로운 레코드의 추가 등으로 데이터의 삽입을 위해 파일 등에 남겨둔 미사용 공간.

distributed function [–fʌ́ŋkʃən] **분산 기능**

distributed function computer system [–kəmpjúːtər sístəm] **분산 기능 컴퓨터 시스템** 여러 가지 기능을 분산 구축하여 컴퓨터의 성능이나 신뢰성을 높인 시스템. 즉, 컴퓨터의 계산 처리나 입출력 처리, 통신 제어의 기능을 분산한 것.

distributed information management system [–ìnfərméiʃən mǽnidʒmənt sístəm] **분산형 정보 관리 시스템**

distributed information network [–nétwə̀ːrk] **분산형 정보망**

distributed information-processing network architecture [–prásesiŋ nétwə̀ːrk áːrkitèktʃər] **DINA, 다이나, 분산형 정보 처리 네트워크 체계**

distributed information-processing service system [–sə́ːrvis sístəm] **분산형 정보 처리 서비스 시스템**

distributed information system **분산형 정보 시스템**

distributed INGRES **분산 대화식 그래픽 검색 시스템** 중앙 집중식 관계 데이터 베이스 시스템인 INGRES를 분산 데이터 베이스 시스템으로 확장한 것으로 캘리포니아 대학교 버클리 분교에서 개발하였다.

distributed intelligence [–intélidʒəns] **디스트리뷰티드 인텔리전스, 분산 지능**

distributed intelligence system [–sístəm] **DIS, 분산 지능 시스템** 컴퓨터의 성능과 신뢰성을 위한 지역적인 입출력이나 하드웨어, 정보 수집과 일시적 저장, 정보 처리, 원거리 입출력과 통신의 네 가지 기능의 처리 장치로 조합적 기능을 수행한다.

distributed intelligence system pro-

분산 처리의 방식

분산 처리의 방식이 출현한 배경으로는 LSI 기술을 중심으로 하는 하드웨어 기술의 진보에 따라 처리 장치의 가격이 저하하여 가격 성능에서 보아 그로슈의 법칙이 성립되지 않게 된 것, 또한 각 분야의 처리를 전용의 처리 장치에서 함으로써 스르프트의 향상이 꾀해지는 것 등을 들 수 있다.

컴퓨터 시스템은 가격과 성능비가 우수한 대형 컴퓨터로 다수의 단말을 접수하여 모든 처리를 한 곳의 센터에서 처리하는 집중 처리 시스템이 대부분이었다. 그러나 최근에는 다음과 같은 이유에서 분산 처리 시스템이 주목받고 있다.

(1) LSI 기술 및 컴퓨터 이용 기술의 진보에 따라 컴퓨터의 가격과 성능비가 향상되어 상호 결합에 의하여 고성능으로 경제적인 시스템 구축의 가능성이 생기게 되었다.

(2) 시스템의 확장성, 자원의 분산에 따른 파괴로부터 위험 분산 등의 점에 관하여 분산 처리하는 것이 유효한 해결법이라는 가능성이 있게 되었다.

분산 처리 시스템은 센터 내의 처리를 복수의 프로세서에서 분담하여 수행하는 센터 내 시스템과 지리적으로 떨어져 있는 컴퓨터 간을 회선으로 결합된 광역 분산 처리 시스템으로 대별된다.

① 센터(center) 내의 분산 시스템 : 이 시스템은 분산형 머신(machine)이라고 부르는데, 분산 형태에 따라 다음과 같이 두 개로 분류된다.

(가) 기능 분산형 시스템 : 성능 향상을 목적으로 각 프로세서가 특정한 기능을 발휘하여 전용화(專用化)된 시스템이며, 이 시스템을 구성하는 프로세서에는 통신 제어 기능과 파일 관리 기능을 분산 실행하는 통신 제어 프로세서(CCP)와 파일 제어 프로세서가 있다.

(나) 부하 분산형 시스템 : 동일한 기능의 프로세서를 결합하여 각각의 부하를 분산함으로써 성능과 신뢰성의 향상을 실현하는 시스템이며, 미국의 카네기 멜론 대학의 C, mmp 시스템이 알려져 있다.

② 광역 분산 처리 시스템 : 시스템 자원의 공용을 목적으로 한 미국의 ARPA 네트워크, 부하의 분산을 목적으로 한 일본 전신 공사의 DEMOS-E 네트워크 및 데이터 통신량의 절감을 목적으로 한 인텔리전트 터미널과 센터 계산 기간의 분산 처리 시스템 등 목적 및 형태가 다양하다. 통신 네트워크에 접속된 컴퓨터 프로토콜(통신 규약)을 정하여 상호 정보를 교환함으로써 처리할 필요가 있다.

gram[-próugræm] **분산 지능 시스템 프로그램** 각 처리 장치들이 독립되어 있으면서 통신선을 통하여 정보를 교환함으로써 독립적 또는 시스템의 부분으로 공통 작업을 수행하게 된다.

distributed intelligent terminal[-intélidʒənt tə́ːrminəl] **분산형 인텔리전트 단말 장치**

distributed keyboard attachment[-kíːbɔ̀ːrd ətǽtʃmənt] **분리형 키보드 접속 기구**

distributed join[-dʒɔ́in] **분산 조인** 수평적으로 분할된 릴레이션들 사이의 결합.

distributed loop computer network[-lúːp kəmpjúːtər nétwə̀ːrk] **분산 루프 전산망** 기본적으로 몇 개의 루프로 구성된 개별망을 브리지를 통하여 상호 연결한 형태로 구성되는데, 근거리 전산망을 구성하는 방법 중의 하나이다.

distributed management information system[-mǽnidʒmənt ìnfərméiʃən sístem] **분산형 경영 정보 시스템**

distributed message switching system [-mésidʒ swítʃiŋ sístəm] **분산 메시지 교환 시스템**

distributed multiaccess computer communication system[-mʌ̀ltiǽkses kəmpjúːtər kəmjùːnikéiʃən sístəm] **분산형 다중 액세스 컴퓨터 통신 시스템**

distributed multiprocessing[-mʌ̀ltiprɑ́sesiŋ] **분산형 다중 처리**

distributed multiprocess system[-mʌ̀ltiprɑ́ses sístəm] **분산형 다중 프로세스 시스템** ⇨ multiprocessing

distributed network[-nétwə̀ːrk] **분산형 네트워크** 전산망의 임의의 두 노드가 직접 또는 다른 매체를 통하여 간접적으로 모두 연결되어 있는 전산망.

distributed node[-nóud] **분산형 노드**

distributed office support facility[-ɔ́(ː)fis səpɔ́ːrt fəsíliti(ː)] **DOSF, 분산 처리 오피스 지수 기능**

distributed office support system[-sístəm] **DISOSS, 분산 오피스 지수 프로그램**

distributed operating system[-ɑ́pərèitiŋ sístəm] **분산 운영 체제** 분산 운영 체제는 일관성 있는 설계가 가능하여 네트워크의 이해, 유지, 수정 등이 쉽고, 주로 미니 또는 마이크로컴퓨터의 국소 네트워크에 많이 사용되고 있는 것이다. 즉, 각 호스트에 고유한 운영 체제가 있는 것이 아니라 전체 네트워크에 공통적으로 운영 체제가 실행되는 시스템.

distributed overflow area[-òuvərflóu ɛ́(ː)riə] **오버플로 분산 구역** 오버플로 구역을 기본 데이터 구역의 일정한 단위마다 설정한 형태.

distributed parameter differential ga-

me[-pərǽmətər difərénʃəl géim] **분산 정수 미분 게임**

distributed parameter system[-sístəm] **DPS, 분산 정수계**

distributed parameter system model[-mádəl] **분산 정수계 모델**

distributed problem solving[-prábləm sálviŋ] **분산형 문제 해석**

distributed process automation[-prɑ́ses ɔ̀:təméiʃən] **분산형 프로세스 자동화**

distributed process computer system[-kəmpjú:tər sístəm] **분산형 프로세스용 컴퓨터 시스템**

distributed process control[-kəntróul] **분산형 프로세스 제어**

distributed process control system[-sístəm] **분산형 프로세스 제어 시스템**

distributed processing[-prásesiŋ] **DP, 분산 처리** 집중 처리(centralized processing)와 대비된다. 즉, 중앙의 대형 컴퓨터에 모든 처리를 맡기는 「집중 처리」에 대하여 복수의 거점을 붙이고, 각각에서 처리를 행하며, 또한 그들을 유기적으로 결부시켜 종합화하는 시스템. 데이터 통신 기술의 발전과 컴퓨터 이용 분야의 확대가 그 배경이 되고 있다. 컴퓨터 네트워크(computer network)와 같이 대형 시스템이 대등하게 결부되어 기업 내의 LAN(local area network)과 같이 개인용 컴퓨터, 사무용 컴퓨터와 대형 컴퓨터를 계층적으로 구성하여 상위 컴퓨터의 부하를 경감하는 형태도 있다. 또 양자가 결합한 종합 시스템을 형성하게 된다. 시스템의 안전성(security)이라는 관점에서도 많은 이점을 갖고 있다.

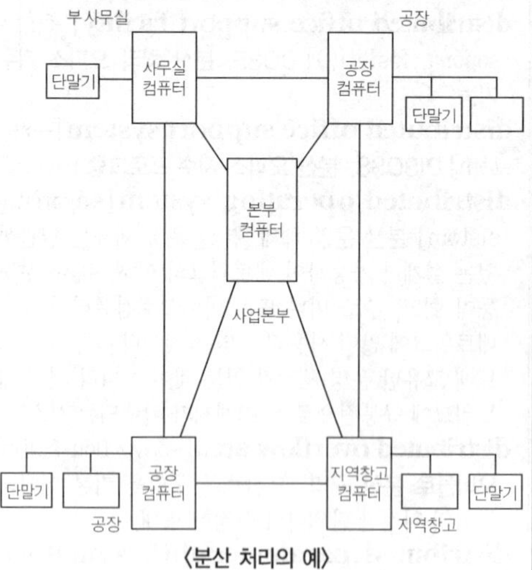

〈분산 처리의 예〉

distributed processing control executive[-kəntróul igzékjutiv] **DPCX, 분산 처리 제어 담당자**

distributed processing network[-nétwə̀:rk] **분산 처리 네트워크**

distributed processing operating system[-ápərèitiŋ sístəm] **분산 처리 운영 체제** ⇨ distributed processing OS

distributed processing OS 분산 처리 운영 체제 distributed processing operating system의 약어. 사용자 프로그램에 대해 분산 처리 형태를 의식하지 않도록 하는 기능을 가진 운영 체제. 소프트웨어의 구성에 따라 분산 운영 체제와 네트워크 운영 체제로 나누어진다.

distributed processing program executive[-próugræm ìgzékjutiv] **DPPX, 분산 처리 프로그램 담당자**

distributed processing software[-sɔ́(:)ftwɛ̀ər] **분산 처리 소프트웨어**

distributed processing system[-sístəm] **DPS, 분산 처리 시스템** 이 시스템은 처리 능력이나 처리 효율의 향상 또는 위험 분산을 할 수 있으며 여러 개의 처리 장치가 병렬로 비동기적으로 서로 도와가며, 작업을 처리하는 컴퓨터 시스템으로 모든 처리를 하나의 처리 시스템에 집중시키는 것이 아니라 지리적으로, 기능적으로 복수의 시스템에 분담시키는 시스템이다.

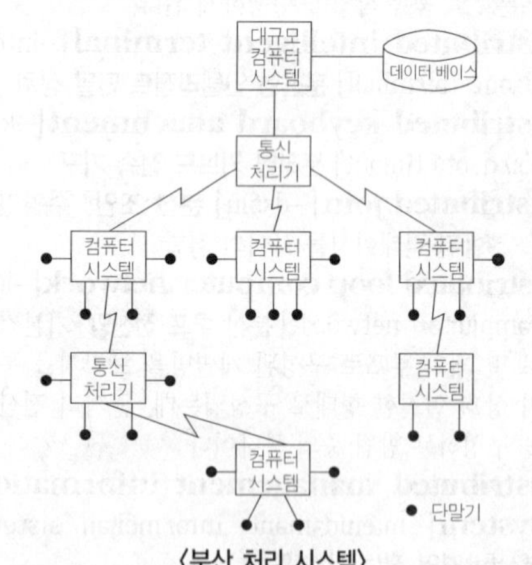

〈분산 처리 시스템〉

distributed processor[-prásesər] **분산형 프로세서** 이것은 원래 그 지역에서 생성되는 데이터를 처리하는 지역 처리기로 하나의 독립된 자료 처리 시스템의 중추 역할을 한다.

distributed product quality control system[-prádəkt kwáliti(:) kəntróul sístəm] **분산형 제품 품질 관리 시스템**

distributed query processing[–kwí(ː)-ri(ː) prásesiŋ] **분산 질의 처리** 분산 데이터 베이스에서는 각 단말기와 데이터가 분산되어 있으므로 질의를 요청한 지역과 데이터 저장 지역이 다를 수가 있는데, 이러한 경우에 질의가 단편으로 분할되어 질의 수행에 필요한 데이터가 있는 곳으로 보내지거나 필요한 데이터가 질의가 요청된 곳으로 전송되어 실행될 수 있는 처리 기능.

distributed ray tracing[–réi tréisiŋ] **분산 레이 트레이싱** 레이 트레이싱에서, 한 픽셀에 대한 계산을 여러 번 랜덤하게 하여 보다 정확하게 3D 그래픽을 표현하는 방법. ⇨ ray tracing

distributed schema[–skíːmə] **분산 스키마** 분산 스키마는 전역 스키마와 지역 스키마로 나눠지며, 전역 스키마는 특정 노드에 국한되지 않는 데이터 사이의 관계와 논리적인 데이터 형식에 대하여 정의한다.

distributed server[–sə́ːrvər] **분산 서버** 네트워크 내의 각 컴퓨터에 서버 기능을 분산시켜 놓은 피어 투 피어(peer to peer) 방식의 네트워크. 디스크 드라이브, 프린터, 기타 주변 기기들은 각 컴퓨터들에서 이용될 수 있다.

distributed surroundings[–səráundiŋz] **분산 환경** 호스트 컴퓨터 대 단말과 같은 중앙 집중적인 관리가 아니라 참가하는 컴퓨터를 모두 균등하게 다루는 네트워크. 능력에 따라 역할 분담이 이루어지나 관리가 번거롭다는 단점도 있다.

distributed switching system[–swítʃiŋ sístəm] **분산 교환 장치** 분산 교환 장치는 데이터 통신망의 제어가 분산되어 있는 경우에 사용하는 교환 장치인데, 데이터 통신망에서 교환 장치는 노드를 선택하는 역할을 한다.

distributed system **분산형 시스템, 분산 처리 시스템** 개개의 업무나 기능의 일부를 여러 컴퓨터 시스템에 분산시켜 담당하게 한 시스템.

distributed system function[–fʌ́ŋkʃən] **분산형 시스템 기능**

distributed system network[–nétwə̀ːrk] **분산형 시스템 네트워크**

distributed system object model[–ábdʒ-ikt mádəl] **분산 시스템 객체 모델** ⇨ DSOM

distributed systems executive[–igzékju-tiv] **분산 시스템 담당자**

distributed systems node executive[–nóud igzékjutiv] **DSNX, 분산형 시스템 노드 담당자**

Distributed TP Monitor **분산 TP 모니터** 분산 TP 모니터는 배치나 의사 결정 시스템보다는 대규모의 사용자와 트랜잭션 처리를 위한 OLTP 업무를 효율적으로 지원하는 미들웨어이다. TP 모니터가 제공하는 대표적인 기능으로는 트랜잭션의 스케줄링, 작업 대기(queue) 관리, 분산 이질적인 환경에서의 2단계 커밋(2-phase commit) 지원 등이 있다.

distributed transaction processing[–trænsǽkʃən prásesiŋ] **분산형 트랜잭션 처리** 지역 트랜잭션 A가 원격 지역에 트랜잭션 B를 시작시키고 원격 트랜잭션이 끝날 때까지 기다렸다가 그 결과를 받은 후에 A의 다음 연산을 계속 실행해 가는 트랜잭션 처리 방법.

distributed transaction processing facility[–fəsíliti(ː)] **DTPF, 분산형 트랜잭션 처리 기능**

distributed transparency[–trænspɛ́(ː)rə-nsì(ː)] **분산 무관성** 분산 데이터 베이스 시스템에서 사용자가 분할된 단편이나 릴레이션이 어느 지역에 저장되어 있는지 알 필요가 없게 하는 것.

distributer[distríbju(ː)tər] *n*. **디스트리뷰터** 기억 장치에 있는 데이터나 레코드를 사용자가 지정한 규칙에 따라 부분으로 나누는 장치 또는 프로그램. 디스트리뷰션 소트란 소트를 하는 경우에 데이터를 부분으로 나누면서 소트하는 것이다. 디스트뷰티드 인텔리전트란 분산된 많은 프로세서를 가지며, 그것들을 하드웨어적으로 접속한 것으로 분산 처리 시스템을 형성하는 것으로, 기억 장치의 절약과 처리의 고속화가 가능하다.

distributing frame[distríbju(ː)tiŋ fréim] **배선반** 구매 교환기나 전화 중앙국의 교차 접속 전선에 의한 전선 간의 단절과 접속을 용이하게 할 수 있도록 하기 위한 구조물.

distribution[dìstribjúːʃən] *n*. **분포, 분배, 배포** 「분포(상태)」, 「분배」의 뜻으로 사용된다. 또 「배선」으로 번역되는 경우도 있다. 단순히 배포(distribution)로만 표현될 때는 어떤 전체로부터 본 그 개개의 요소의 표현 방법, 또는 배치를 시키는 방법을 표시한다. 예를 들면, 지수 분포(exponential distribution), 푸아송 분포(Poisson distribution), 정규 분포(normal distribution) 등을 들 수 있다. 또 배포 프로그램(distribution program)이나 제공 라이브러리(distribution library)와 같이 「배포」 혹은 「제공」으로 번역되는 경우도 있다.

distribution cable[–kéibl] **배선 케이블** 일반 가정 내의 배선 혹은 기판 상의 배선 등을 표시한다.

distribution coefficient[–kòuəfíʃənt] **분배 계수**

distribution condition[–kəndíʃən] **분포 조건** PC 통신 이외의 방법으로 배포되는 프리 소프트웨어에는 일반적으로 재배포시 저작권자의 조건이 주어져 있다. 조건에는 배포시 문서를 포함하여 관련 파일을 모두 첨부하여 배포할 것이라든가 내용의 변경은 허가하지 않는다든가 하는 내용들이 있다.

〈파일 분배 처리의 예〉

distribution control[–kəntróul] **분산 제어**

distribution counting sort[–káuntiŋ sɔ́:rt] **분산 카운트 분류**

distribution disk[–dísk] **배포 디스크** 사용자가 컴퓨터 소프트웨어가 든 디스크를 샀을 때, 그 디스크를 가리키는 말.

distribution frame[–fréim] **배선반, 분산 프레임** 연결선을 단절시키고 이들을 요구되는 임의의 순서로 연결시킬 수 있게 하는 구조물.

distribution function[–fʌ́ŋkʃən] **분포 함수**

distribution library[–láibrəri(:)] **DLIB, 제공 라이브러리, 배포 라이브러리**

distribution list[–líst] **배포처 리스트**

distribution list printer module[–príntər mádʒu:l] **분배 리스트 인쇄 기구**

distribution medium[–mí:diəm] **배포 매체**

distribution of time-to-human error[–əv táim tu hjú:mən érər] **휴먼 에러까지의 시간 분포**

distribution optimization problem[–àptimaizéiʃən prábləm] **유통 최적화 문제**

distribution program[–próugræm] **디스트리뷰션 프로그램, 제공 프로그램** 프로그램의 작성자가 이용자에게 넘겨주는 프로그램.

distribution request[–rikwést] **배포 요구**

distribution sort[–sɔ́:rt] **디스트리뷰션 소트, 분배 분류** 레코드를 판독, 분류 키에 따라서 기억 영역의 속에 설정한 몇 개의 구역으로 분배(distribute)하면서 행하는 분류(sort) 수법이다. 카드의 소터에 나타난 것 같이 기억 장치가 여러 개의 구획으로 나뉘어 있고, 키를 판단해서 각각의 구획에 레코드를 분류하는 방법. 키의 자릿수가 적은 경우에 한해서 합병 단계가 불필요하기 때문에 유효한 방법이다.

distribution stage[–stéidʒ] **분배 스테이지**

distribution system of information[–sístəm əv ìnfərméiʃən] **정보 유통 시스템**

distribution tape[–téip] **분배 테이프**

distribution tape reel[–rí:l] **DTR, 소프트웨어 배포용 테이프 릴**

distribution volume[–váljum] **디스트리뷰션 볼륨, 제공 볼륨**

distributive[distríbjutiv] *a*. **분배의, 기능 분산의** 분산되거나 분포되어 있는 것을 형용하는 데 사용된다.

distributive lattice[–lǽtis] **분배 속(束)**

distributive law[–lɔ́:] **분배 법칙** 논리 연산에서는

$$Z \lor Y \cdot Z = (Z \lor Y) \cdot (Z \lor Z) \quad \cdots\cdots\cdots (1)$$

$$Z(Y \lor Z) = Z \cdot Y \lor Z \cdot Z \quad \cdots\cdots\cdots (2)$$

가 성립한다. 여기서 ∨, ·는 각각 논리합, 논리곱을 나타내는 것이다. 이것을 분배 법칙이라 한다. 보통 수학에서의 분배 법칙은 위의 제2식에 대응하는

$$ab(b+c) = abb + abc$$

가 성립하지만 제1식에 대응하는 식은 성립하지 않는다.

distributive sort[–sɔ́:rt] **분산 정렬** 개개의 데이터의 요소를 두 개 이상의 그룹으로 나누거나 서브셋(subset)으로 분할하는 등 분류 절차를 말한다. 이때 각 요소, 각 그룹은 어떤 일정한 법칙에 따라서 나열된다.

distributive system[–sístəm] **기능 분산 시스템** 계산 처리, 데이터 수집, 출력 작성 처리, 데이터 통신 등의 기능을 매 시스템마다 나누어 처리하도록 한 시스템. 이렇게 함으로써 시스템의 장애에 대한 리스크를 작게 할 수도 있고, 효율을 좋게 할 수도 있다. 이러한 시스템을 기능 분산 시스템(functionally distributed system)이라고도 한다.

distributor[distríbjutər] *n*. **디스트리뷰터** 메모리 버퍼 레지스터(memory buffer resister). 주기억 장치와 컴퓨터 내의 다른 부분과의 사이에서 정보를 주고받을 때의 버퍼 레지스터(buffer resister)로서 동작하는 것. 또 하나의 노선이나 공통의 노선으로부터 시분할(time sharing)로 여러 노선의 각각에 접속되며, 신호를 여러 노선의 개개로 분할하는 장치. 이 시분할의 신호 펄스를 발생하는 장치를 디스트리뷰터라 부르며, 회선을 시분할 다중으로 하여 사용하기 위한 교환기는 디스트리뷰터의 역할을 갖고 있다. 이 경우, 여러 개의 저속도 데이터의 전송을 행하는 중계선이 한 개로 마무리되기 때문에 중계선의 이용 효율은 높게 된다. 따라서 각 저속도 데이터 회선이 부담하는 비용은 낮아진다.

이외에 직렬(serial)로 전송되어 온 신호를 병렬(parallel)로 변환하여 원래의 2진수의 부호를 재생하고 역으로 병렬 부호를 시리얼 신호로 바꾸는 것도 디스트리뷰터라 한다.

distributors management accounting system[–mǽnidʒmənt əkáuntiŋ sístəm] **판독 정보 관리 시스템**

distributor tape transmitter[–téip trænsmítər] **디스트리뷰터 테이프 송신기**

disturbance[distə́ːrbəns] *n.* **교란** 제어계의 상태를 혼란시키는 외부의 작용.

dithering[díðəriŋ] *n.* **혼합** 표현하려는 이미지와 화면 장치의 해상도가 일치할 때 이를 진하게 표현하는 그래픽 기술 또는 CRT 화면상에서 색상을 나타낼 때 안정된 여러 점에 다른 색을 섞어서 새로운 색을 만드는 것.

dither method[díðər méθəd] **디더 방법** 사진의 화상을 흰색과 검은색 두 종류를 사용하여 표현하는 기법.

DIU 문서 교환 유닛 document interchange unit의 약어.

diversity[divə́ːrsiti(ː)] *n.* **상위** ⇨ exclusive OR operation

diversity gate[–ɡéit] **상위 게이트** ⇨ exclusive OR gate

divide[dəváid] *v.* **나누다** 수치 연산 중 나눗셈을 하는 것.

divide and conquer[–ənd káŋkər] **분할 정복** 어떤 문제를 해결하는 알고리즘에서 원래 문제를 성질이 똑같은 여러 개의 부분 문제로 나누어 해결하여 원래 문제의 해를 구하는 방식.

divide and conquer algorithm[–ǽlgəriðm] **분할 정복식 알고리즘** 문제를 해결할 때 분할 정복의 기법을 적용하는 알고리즘. 대표적인 것으로 이진 검색, 퀵 정렬 등이 있다.

divide and conquer method[–méθəd] **분할 정복법** 문제를 보다 다루기 쉽게 부분으로 분해하여 해결한 후 거꾸로 풀린 부분 문제를 조합해서 원래의 문제를 푸는 방법.

divide by zero[–bai zí(ː)rou] **0으로 나누기** 프로그램중 0으로 나누는 산술문 오류를 발생시켜 수행중 컴퓨터의 동작을 멈추게 한다.

divide check[–tʃék] **디바이드 체크, 나눗셈 검사** 8비트 중앙 처리 장치(CPU) 등의 나눗셈을 직접 실행할 수 있는 명령을 갖고 있지 않는 컴퓨터에서는 덧셈이나 다른 논리 연산을 어느 정도 실행함으로써 이 나눗셈을 실행하고 있다. 컴퓨터 내부의 연산 중 나눗셈을 행하는 경우, 매우 작은 수(0을 포함)로 나눗셈이 행해지면 취급할 수 있는 수치를 초월하여 오버플로(overflow)가 발생해 버린다. 그래서 이 매우 작은 수로 나누는 연산이 발생하기 전에 몇 가지 체크할 필요가 있다. 이것을 디바이드 체크(devide check)라 하며, 나눗셈의 루틴에 필요하게 된다. 통상 이 디바이드 체크는 인터럽트(interrupt)를 사용하여 행하므로 디바이드 체크 결과 0으로 나누는 것으로 판명되면 미리 설정해둔 번지(address)로부터 명령(interrupt)을 실행하게 된다.

divide exception[–iksépʃən] **나눗셈 예외**

dividend[dívidènd] *n.* **나뉨수, 피제수** 나눗셈에서 다른 수 또는 양으로 나누어지는 수 또는 양.

divide overflow[dəváid òuvərflóu] **나눗셈 과잉** 나눗셈 검사를 하지 않고 0 혹은 매우 작은 수로 나눗셈을 실행한 결과, 오버플로하는 것.

divider[dəváidər] *n.* **디바이더** 아날로그 또는 하이브리드 컴퓨터에 사용되는 비선형 연산기의 일종으로 두 개의 시간 신호 $x(t)$와 $y(t)$의 나눗셈 $x(t)/y(t)$를 실행하는 장치 또는 주파수를 분주(分周)하는 회로.

divide time[dəváid táim] **나눗셈 시간** 평균 크기의 수에 대해 한 번의 나눗셈을 하는 데 걸리는 시간.

dividing filter[dəváidiŋ fíltər] **분파기(分波器)** 주파수 다중화된 통신의 각 채널 파의 결합이나 분리를 목적으로 하는 회로. 여기에서는 T 분기 회로와 대역 통과형 필터를 조합시킨 것이나 정(定)저항형 등이 있다.

divisible[divízibl] *a.* **나눌 수 있는**

division[divíʒən] *n.* **나눗셈** COBOL에서 프로그램을 구성하는 요소로 표제부, 환경부, 데이터, 절차부가 있다. 또한 나눗셈의 피제수를 나누어 몫과 나머지를 구하는 것.

division algorithm[–ǽlgəriðm] **나눗셈 알고리즘** 디지털 컴퓨터로 나눗셈을 처리하기 위한 명령어 처리 순서.

division by shifting[–bai ʃíftiŋ] **시프트에 의한 나눗셈** 나눗셈에서 각 비트를 오른쪽으로 한 비트씩 옮김으로써 그 전의 수를 2로 나눈 수와 같아진다는 원리를 이용하는 것.

division by subtraction[–səbtrǽkʃən] **뺄셈에 의한 나눗셈** 2진수로 나타낸 수의 나눗셈은 그 수의 구체적인 표현에 상관 없이 제수를 피제수에서 계속 빼어 피제수가 제수보다 최초로 작아지거나 0이 될 때 그 뺀 횟수가 몫이 되며, 빼고 남은 피제수가 나머지가 되는 원리를 이용한다.

division header[–hédər] **부의 견출**

division name[–néim] **부의 이름, 부명**

division of labor[-əv léibər] **작업 분담** 주어진 조직 내에서 목표로 하는 작업을 수행하기 위해 각자에게 특정 작업을 부여하는 것.

division operation[-àpəréiʃən] **나눗셈 연산**

division remainder hashing[-riméindər hǽʃiŋ] **나눗셈 잔여 해싱** 키 값을 적당한 값으로 나눈 나머지를 레코드에 상대 주소로 사용하는 해싱 방법 중의 하나.

division subroution[-səbru:tí:n] **나눗셈 서브루틴** 역수의 근사값 서브루틴 또는 반복적인 뺄셈이나 급수 전개 알고리즘에 의해 수행되는 산술 나눗셈을 수행하기 위해 특별히 작성된 서브루틴.

division transformation[-trǽnsfərméiʃən] **나눗셈 변환법** 이것은 제수를 단순한 숫자로 선택하면 결과가 균등 분포가 되지 않을 경우가 생기므로 소수를 제수로 이용하면 균등한 분산성을 얻고 오버플로도 방지할 수 있는 해싱 알고리즘의 한 방법으로 주소 공간을 제수로 하여 키를 나눈 나머지를 레코드 주소로 하는 방법.

divisive hierarchical clustering[diváisiv háiərà:rkikəl klʌ́stəriŋ] **나눗셈 계층 클러스터링** 하나로 그루핑된 샘플들을 연계적으로 분류시키는 과정.

divisor[dəváizər] *n.* **나눔수, 제수(除數)** 나눗셈에서 피제수를 나누는 수 또는 양.

Divx 디빅스 digital internet video express의 줄임말. 인터넷에서 영상 등을 실시간으로 제공할 목적으로 MPEG4를 무단으로 개조하여 만든 동영상 파일. MP3가 오디오 파일의 대표적인 파일 형식이라면, Divx는 영화 파일의 대표적인 파일 형식이다.

DIX 딕스 초기의 이더넷 규격. 이더넷은 1970년대 초에 미국 제록스 사의 개발로부터 시작한 것이지만, 후에 미국 DEC 사와 인텔 사가 개발에 참가하여 1980년대 초에 이더넷 버전 1.0이 발표되었다. 버전 1.0은 3사가 공동 개발하였기 때문에 3사의 머리글자를 따서 DIX라고 부른다. IEEE(미국 전기전자 기술 협회)에 의해 LAN의 원안으로 채택되어 보급되었다. 현재 주류를 이루는 IEEE 802.3은 이 DIX와는 달리 IEEE가 독자적으로 개선한 것이다. ⇨ IEEE 802.3

Dixon 딕슨 미국 인텔 사의 모바일 펜티엄 II 칩의 개발 코드명. 256KB의 2차 캐시를 프로세서 코어와 하나의 칩으로 통합한 것.

DIY kit DIY 키트 소비자가 부분 조립된 것을 사서 조립하여 사용하도록 된 제품 초기의 기계이지만 사용되는 컴퓨터가 취미로 컴퓨터를 하려는 사람들에게 이러한 형태로 보급되었다. do it yourself kit의 준말.

DK/NF 도메인 키/정규형 domain key/normal form의 약어.

DLC 전송 제어 data link control의 약어.

DLE 전송 제어 확장 문자 data link escape character의 약어. 전송 제어 문자에 이어지는 한정된 개수의 문자 또는 코드화 표현의 의미를 바꾸어 보조적인 전송 제어 문자를 주는 경우에 한하여 사용하는 전송 제어 문자의 일종. 이 문자는 보조적인 전송 제어 기능을 주는 경우에 한하여 사용되며, 도형 문자나 전송 제어 문자만을 사용할 수 있다.

DLF 라이브러리 프로그램, 문서 라이브러리 기능 document libray facility의 약어.

DL/I 데이터 언어 data manipulation language of IMS의 약어. 대규모 온라인 시스템을 위한 DB/DC 패키지인 IMS/VS의 데이터 조작용 언어, 데이터 구조의 정의, 적용 업무 프로그램과의 관련된 기능을 갖추고 있다. 가상 기억 확장 시스템(VSE)과 고객 정보 관리 시스템(CI-CS)의 근본이며, 데이터베이스를 액세스하는 것도 있다.

DLIB 제공 라이브러리, 배포 라이브러리 distribution library의 약어.

DLL 동적 연결 라이브러리 dynamic link library의 약어. 독립된 객체들을 하나로 종합한 라이브러리 파일. 윈도와 OS/2에서 프로그램 실행중 참조된다. DLL이라는 확장자가 붙는다. 각 객체들이 서로 독립적으로 작동하기 때문에 필요할 때 주기억 장치에 적재해서 실행시킬 수 있으므로 기억 장치를 효율적으로 이용할 수 있다.

DM (1) **데이터 모델** data model의 약어. (2) **직접 발송** direct mail의 약어. ⇨ direct mail

DMA 직접 기억 접근 direct memory access의 약어. 중앙 처리 장치의 처리를 거치지 않고 주변 기억 장치와 주기억 장치 간에 자료를 주고받는 방식. 이것은 중앙 처리 장치의 처리량을 줄이고 자료의 입출력이 진행되고 있는 중에도 다른 처리를 할 수 있도록 해서 컴퓨터의 성능을 높이는 방법이다.

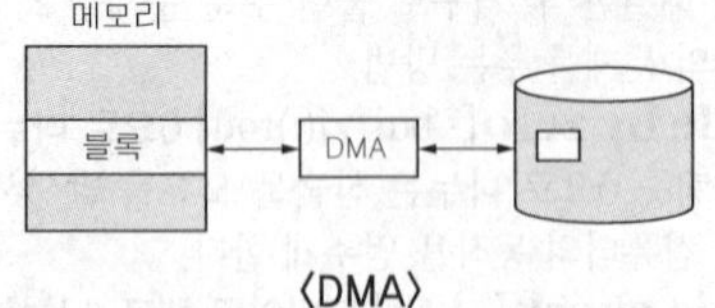

〈DMA〉

DMA channel 직접 메모리 접근 채널 이 채널의 원래 개념은 레지스터를 통하지 않고서 기억 장치 버스에 직접 액세스하는 것이며 다른 기능은 벡터 인터럽트 기능이 있다. 일반적으로 적당한 인터럽트선의 수는 4개 이상으로 제2세대 마이크로프로세서에서 나타난 개념으로 데이터 전송 속도를 향상시킬 수 있는 직접 기억 장치에 액세스가 가능한 채널.

DMA function 직접 메모리 접근 기능 데이터 전송이 그 대표적 기능이고, 데이터와 기억 장치 내용의 합산, 증가, 논리적인 OR 기능(데이터가 장치에 대한 읽기/쓰기 또는 내용을 읽고 그 내용을 지울 것인가/아닌가)을 지정한다.

DMA initialization 직접 메모리 접근 초기 설정 DMA 조작을 시작하기 전에 중앙 처리 장치에 의해서 프로그램을 실행하여 데이터를 DMA 장치 레지스터에 적당히 적재시키는 것.

DMA I/O control 직접 메모리 접근 입출력 제어 메모리에 읽기/쓰기를 위해 하나 이상의 메모리 사이클 동안에 입출력 장치가 중앙 처리 장치를 제어하는 것이며, 프로그램 수행 순서는 그대로이다.

DMA I/O operation 직접 메모리 접근 입출력 동작 이것은 주변 기기와 시스템 기억 장치 사이의 작업을 말하며, 프로세서 모듈 내의 기억 장치 또는 버스에 연결된 기억 장치에 데이터를 전송 또는 수신한다.

DMB 이동 멀티미디어 방송 Digital Multimedia Broadcasting의 약어. 이동하면서 휴대용 단말기나 차량용 단말기 등을 이용해 다채널 디지털 TV를 시청할 수 있는 통신·방송 융합 디지털 멀티미디어 서비스. DMB는 위성을 사용하는 위성 DMB와 지상 전파송신기를 사용하는 지상파 DMB로 나눌 수 있다.

DMCL 장치 매체 제어 언어 device media control language의 약어.

DMDT 도메인 기술(記述) 테이블 domain descriptor table의 약어.

DMI desktop managment interfaced의 약어. PC의 소프트웨어와 주변 기기를 집중 관리하기 위한 표준 사양. PC LAN(근거리 통신망)을 집중 관리하는 툴인 데스크톱 관리 툴이며 복수 기업의 제품을 관리 대상으로 하기 위해 작성되었다. DMI는 관리 대상이 되는 각 PC 상에서 가동하는 서비스 레이어라고 불리는 시스템 소프트웨어와 관리 정보를 집중 관리하는 MIF(매니지먼트 인포메이션 포맷)라는 데이터 베이스로 구성된다.

DML 데이터 조작 언어 data manipulation language의 약어. 데이터 베이스에 대한 탐색, 갱신(更新)을 행하기 위한 언어. 「self contained system」과 친(親)언어 시스템(host language system)으로 나눌 수 있다. 전자는 데이터 베이스 관리 시스템(DBMS ; data base management system)이 독립한 언어를 제공하는 것이며, 이용자가 데이터 베이스에 대한 간격 맞춤 처리를 간단히 행할 수 있도록 되어 있다. 후자는 COBOL, FORTRAN 같은 프로그래밍 언어로 데이터 베이스 처리를 행하기 위한 명령을 추가하는 것이며, 액세스한 데이터의 처리는 친(親)언어의 기능에 의해 행해진다.

DMM 디지털 멀티미터 digital multimeter의 약어.

DMP 의사 결정 과정 decision making process의 약어.

DMS 정보 표시 관리 시스템 display management system의 약어. 데이터 베이스 매니지먼트 시스템에 속하는 소프트웨어로 데이터를 저장하고, 조회하는 등의 데이터의 관리를 전문적으로 수행하는 소프트웨어.

DMTF 데스크톱 관리 표준화 협의회 Desktop Maagement Task Force의 약어. DMI를 규격화한 데스크톱 관리 표준화 단체.

DMZ 중립 지대 기업의 내부 네트워크와 외부 네트워크 사이에 일종의 중립 지역이 설치되는 호스트 또는 네트워크. 외부 사용자가 기업의 정보를 담고 있는 내부 서버에 직접 접근하는 것을 방지하며, 외부 사용자가 DMZ 호스트의 보안을 뚫고 들어오더라도 기업 내부의 정보는 유출되지 않는다.

DNA 디지털 네트워크 아키텍처 digital network architecture의 약어. 이 계층은 내부적으로 데이터그램을 사용하여 트랜스포트 계층에 순수한 데이터그램 서비스를 제공하고 패킷들은 순서대로, 비순서적으로 전달되거나 전달되지 않기도 하고 패킷은 루프를 형성하거나 중복될 수도 있고 객체 제어 알고리즘에 의해 폐기되기도 한다. ⇨ 그림 참조.

DNA server DNA 서버 domain name system server의 약어. 도메인 이름에서 IP 주소를 추출하는 역할을 하는 서버. DNS 서버는 분산형 데이터베이스로, 어떤 DNS 서버에서 IP 주소를 알지 못하면 상위의 DNS 서버를 검색하게 된다. 인터넷을 경유하여 메일을 주고받기 위해서는 메일 서버 이름을 DNS 서버에 등록해야 한다.

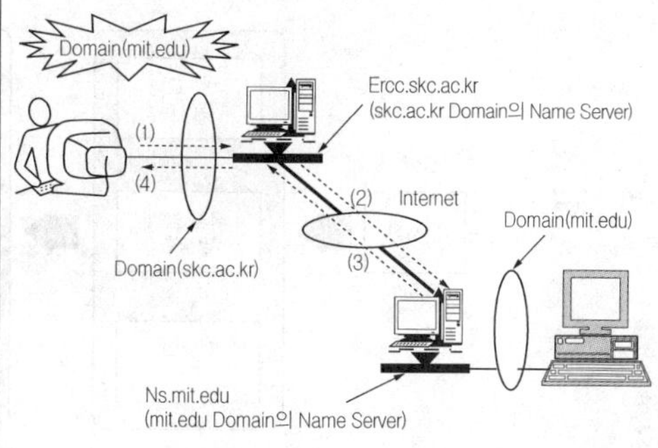

〈DNS의 Name Server의 역할〉

DNC 직접 수치 제어 direct numerical control의 약어. 데이터 센터라는 중앙 컴퓨터의 공용 기억 장치에 연결하여 온라인 무인화로서 생산 공정을 관리하며, 생산 관리를 위한 데이터 수집 파트 프로그램의 실시간 편집 기능 등을 갖는다.

DNS Dacom-Net Service의 약어. 데이콤(DACOM)이 국제 공중 데이터 통신망을 이용, 세계 각국의 정보를 서비스해주는 통신 서비스의 하나이다. 이 서비스를 위해 데이콤은 미국의 다이얼로그와 대리점 계약을 맺고 있다. 이용 방법은 DNS 가입자가 데이터 통신 컴퓨터와 연결된 터미널을 통해 필요한 정보를 요구하면 이 컴퓨터는 국산 위성 지구국→태평양 통신 위성→미국 위성 지구국→다이얼로그 컴퓨터 등의 순으로 즉시 연결, 정보를 알아내게 된다. 이때 정보 입수 시간은 불과 수 초면 된다.

DNS server address DNS 서버 주소 DNS 서버 자체에 할당된 주소로 보통은 IP 주소로 나타낸다. ⇨ DNS, IP address

do [du:] *v.* **~을 하다, 달성하다** 컴퓨터에서 「~을 행하다」의 의미로 쓰여지지만 대문자로 DO라 쓰면 프로그래밍 언어의 DO 문에 관한 것이다.

document [dákjumənt] *n.* **문서** 인간 또는 기계가 판독할 수 있는 영속성이 있는 기록된 데이터를 가리킨다. 이 데이터에는 설명서, 매뉴얼 등에서 컴퓨터가 직접 실행 가능한 기계어, 인간이 읽을 수 있는 주석문 등도 포함된다.

documentability [dàkjuməntəbíləti] **문서성** 프로그램을 문장으로 취급할 때 프로그램의 이해 용이성. C 언어에 비해 BASIC은 문서성이 높다. ⇨ document

document alignment [dákjumənt əláinmənt] **문서 위치 맞춤**

documental information [dàkjuméntəl ìnfərméiʃən] **문헌 정보** 문헌이라는 형태로 표현·기록되어 있는 정보.

documentation [dàkjuməntéiʃən] *n.* **문서화** 소프트웨어의 개발 과정에서 개발 방침 요구 조건, 설계 내용, 운전 보수 방법, 각종 관리 정보 등을 인간에게 이해시키는 문장, 도식 등을 써서 문서화하는 것을 말한다. 또 문서화된 생산물을 도큐먼트(document)라고 한다. 프로그램을 작성할 때 이것에 관한 각종 문서 도큐먼트에는 설계, 제조 공정에서의 작업 결과를 나타낸 후 다음 공정으로 입력되는 설계 도큐먼트, 운전 보수를 위한 정보를 주는 보수 도큐먼트 외에 작업의 실시에 관한 계획, 방법, 규약 등을 나타내는 도큐먼트가 있다. 예를 들면, 알고리즘, 플로 차트, 시방서(specification) 등은 프로그램 작성 등에 있어서의 도큐멘테이션이다.

documentation aids [–éiz] **문서화 도움** 자동적으로 문서화를 할 수 있도록 도와주는 모든 것. 프로그램의 의사 코드, 알고리즘, 프로그램을 수행한 사항 등이 있다.

documentation book [–búk] **문서철, 도큐멘테이션 북** 문제 정의, 순서도, 코딩, 작동 지시 등을 포함한 컴퓨터 응용을 문서화하는 데 필요한 데이터의 기록.

documentation management [–mǽnidʒmənt] **문서 관리** 도큐멘테이션을 효율적으로 관리하는 것. 이 경우 도큐멘테이션은 대용량의 자기 드럼(magnetic drum)이나 자기 테이프(magnetic tape)에 보존되며 일괄하여 관리된다.

documentation network [–nétwə:rk] **도큐멘테이션 네트워크**

documentation processing system [–prásesiŋ sístəm] **문서 처리 시스템** 문서의 인쇄시에 문선, 식자, 교정, 조판의 작업을 모두 컴퓨터로 처리하는 것.

document composition facility [dákjumənt kàmpəzíʃən fəsíliti(:)] **문서 작성 기능, 문서 구성 프로그램**

document composition facility train-

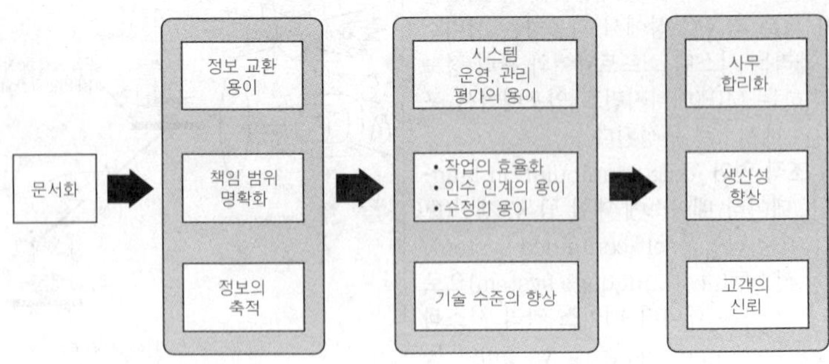

〈문서화의 효과〉

ing course [–tréiniŋ kɔ́ːrs] 문서 작성 프로그램 훈련 코스

document content architecture [–kántent áːrkitèktʃər] DCA, 문서 내용 아키텍처

document copy [–kápi(ː)] **문서 복사** 문서 파일에 등록되어 있는 모두 또는 특정의 문서를 다른 파일로 전사하는 기능.

document correction station [–kərékʃən stéiʃən] 서류 정정 기능

document counter [–káuntər] 문서 카운터

document description [–diskrípʃən] 문서 기록

document endorser [–indɔ́ːrsər] 서류 배서(背書) 기구

document feed station [–fíːd stéiʃən] 서류 수동 이동 기구

document file [–fáil] **문서 파일** 기억 매체에 기억되어 있는 문서의 모임.

document folder [–fóuldər] 문서 폴더

document format [–fɔ́ːrmæt] 문서 형식

document handling [–hǽndliŋ] **문서 취급** 문자 인식을 위해서 제시된 서류를 제출, 공급, 운반, 회수하는 과정.

document ID 문서 식별 코드, 문서 ID

document index [–índeks] 문서 색인

document information [–ìnfərméiʃən] 문헌 정보

document inscriber [–inskráibər] 자기 문자 인쇄 장치

document insertion device [–insɔ́ːrʃən diváis] 서류 삽입 기구

document interchange architecture [–ìntərtʃéindʒ áːrkitèktʃər] DIA, 문서 교환 아키텍처

document interchange protocol [–próutəkɔ̀(ː)l] **문서 교환 규약** 국제 표준화 기구(ISO)의 SC(sub committee) 18그룹에서 표준화한 DIP는 UA(user agent)와 MTA(message transfer agent)의 두 계층을 갖는데, UA 계층은 이용자와 대화하는 문서 데이터의 작성이나 이용자를 대신하여 메시지를 수신하는 기능을 포함하고, MTA 계층은 UA 계층으로부터 전달된 메시지의 전송 처리를 실행한다.

document interchange unit [–júːnit] DIU, 문서 교환 유닛

document library facility [–láibrəri(ː) fəsíliti(ː)] DLF, 문서 라이브러리 프로그램, 문서 라이브러리 기능

document list [–líst] 문서 리스트

document merge [–mə́ːrdʒ] **문서 합병** 복수 문서의 각각 지정된 부분을 지정 순서로 계속 합하여 새로운 하나의 문서를 작성하는 기능. 문서 합성이라고도 한다.

document misregistration [–misrigistréiʃən] **서식 오기, 장표 위치 누락** 문자 인식의 경우에 문자 입력기에서 가상 또는 실제의 평행 기준선에 맞출 때 서식의 형태가 적절하지 못하게 나타나는 것.

documentor [dákjuməntər] *n.* **서류 작성 프로그램, 문서기** 프로그램의 순서도, 텍스트 자료, 도표, 그래픽 정보를 작성, 유지하기 위한 설계 프로그램

document originating machine [dákjumənt ərídʒnèitiŋ məʃíːn] 문서 복사 인쇄 천공기

document per minute [–pər mínət] DPM, 분당 문서수

document printer [–príntər] 도큐먼트 프린터, 인쇄 장치

document processing [–prásesiŋ] 문서 처리, 서류 처리

document processing system [–sístəm] **서류 처리 시스템** 문서를 인쇄하는 경우의 문선(文選), 식자, 교정, 조판 작업을 컴퓨터 처리에 의해 행하는 시스템.

document processor [–prásesər] 서류 판독 처리 장치, 서류 처리 장치

document reader [–ríːdər] **도큐먼트 리더, 자기 문자 판독 장치** 장표나 카드 상에 기입된 문자를 직접 판독하는 장치. 사용 전력의 검색 등 넓은 분야에 보급하고 있다. 판독 속도는 400~1,500매/분.

document retrieval [–ritríːvəl] **문헌 검색** 파일로 된 수많은 문헌 중에서 특정 키워드를 근본으로 필요한 문헌을 선출하는 것. 정보 검색에서 검색하는 대상이 문헌, 인사 기록 등과 같은 문서인 경우에 이것을 문헌 검색이라고 한다. 필요한 정보는 이렇게 하여 얻어진 문서에서 사람이 찾아낸다. 필요한 정보를 직접 검색하는 사실 검색(fact retrieval) 및 데이터를 구하는 데이터 검색에 대응하는 용어이다. 도서, 특허 정보, 연구 논문 등의 검색에 널리 실용화되고 있다.

document retrieval system [–sístəm] **문서 검색 시스템** 이 시스템의 검색 과정에서 주어진 질문들에 대해서 직접 대답하는 것을 사실 검색 또는 확정 검색이라 하는 색인 언어로 구성된 질문과 파일과의 조합에 따라 검색하여 이용자에게 필요한 정보를 제공해주는 시스템. ⇨ 그림 참조

document scanner [–skǽnər] 문서 스캐너

document sorter [–sɔ́ːrtər] 문서 분류기

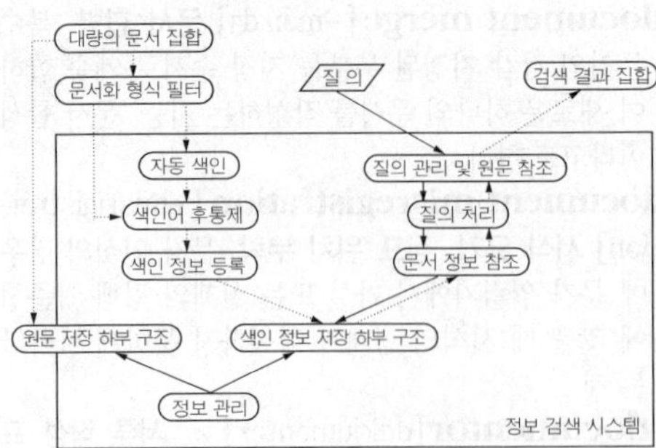

〈문서 검색 시스템의 기본 구성〉

document style semantic and specification language[–stáil səmǽntik ənd spèsifikéiʃən lǽŋgwidʒ] ⇨ DSSSL

document system[–sístəm] **도큐먼트 시스템** 정보 검색(IR)시에 2차 정보 파일을 취급하는 경우 매트릭스 형상의 정보를 1차원화하여 기억하고, 같은 기사와 관련되는 표제어를 묶어서 배열하는 방법으로 2차 정보를 파일하는 것.

document text[–tékst] **문서 텍스트** 인간이 이해할 수 있도록 2차원 형식으로 표현된 정보. 예를 들면, 용지 상에 인쇄 또는 화면상에 표시되는 것.

document transfer[–trænsfə́ːr] **문서 전달** 문서 교환 규약(DIP)에 따라서 문서를 전송하는 것.

document translation assistance facility[–trænsléiʃən əsístəns fəsíliti(ː)] **문서 번역 원조 프로그램**

document transportation[–trænspɔːrtéiʃən] **장표 이송** 원시 문서를 판독기에 효과적으로 보내게 하는 문자 인식에서의 판독 과정의 한 단계.

document type[–táip] **장표 인쇄 형식**

document type definition[–dèfiníʃən] ⇨ DTD

document window[–wíndou] **문서 윈도** 문서를 작성하거나 편집하기 위해 사용되는 화면상의 사각형 작업 영역.

document writing machine[–ráitiŋ məʃíːn] **장표 작성 기계**

docuterm[dákjutərm] **도큐텀, 문서 항목** 데이터 요소에 붙여진 명칭. 그 요소의 내용을 나타내기 위해 사용되는 데이터명.

DoD 미 국방성 Department of Defence의 약어. 네트워크 개발에 재정적인 원조를 하고 있는 미 행정부의 한 부서.

DoD TCP 미 국방성 전송 제어 프로토콜 DoD transmission control protocol의 약어. TCP 사용자들간에 신뢰성이 높은 통신을 제공하고자 하는 것으로 데이터는 할당된 버퍼에 저장된 후 세그먼트 단위로 TCP에 의해 전송되는 미 국방성에서 정의한 두 종류의 트랜스포트 레벨 프로토콜 중의 한 가지. 다양한 네트워크를 통한 프로세스가 가능하다.

DO group DO 그룹

DO implied list DO형 리스트

do it yourself kit[–it juərsélf kít] **DIY kit, DIY 키트**

Dolby prologic[dɔ́(ː)lbi(ː) próulɔ(ː)gik] **돌비 프롤로직** 미국의 돌비 연구소가 개발한 돌비 스테레오(영상용 서라운드 시스템)의 재생 장치(decoder) 중 극장용으로 개발된 고성능의 민간용 기기. 돌비 시스템의 민간용인 돌비 서라운드가 3채널 구성인 데 대하여 프롤로직은 센터 스피커를 더한 4채널이며, 전후좌우에 음상(音像)이 움직여 정위함으로써 더욱 입체적인 서라운드 효과를 얻을 수 있다.

dollar sign[dálər sáin] **달러 기호**

DO loop DO 루프 어떤 스테이트먼트(statement)의 그룹을 반복 시행하는 것을 가리킨다. FORTRAN의 경우에 10 DO 10 DO i=1, 100 statement 10 CONTINUE라 써두면 〈 〉 안의 명령을 100회 반복시키라는 지시가 된다.

DO loop statement DO 순환문 FORTRAN의 DO 순환문은 현대 프로그램 언어의 구조화된 반복문의 시작이라 할 수 있고 대표적 형식이다. DO 순환문은 초기값 지정 부분과 증가분 결정 부분, 종료 조건 검사 부분의 3요소로 이루어진다.

DOM (1) **문서 객체 모델** document object model의 약어. W3C가 정한 개발 규정. DOM은 RMFOVR, 텍스트, 헤드라인, 스타일 등 웹의 모든 요소가 자바 스크립트(Java Script)나 스크립트 언어에 의해 조정될 수 있도록 해준다. DOM은 CSS, HTML, 스크립트 언어와 함께 DHTML을 구성하는 핵심 기술이다. ⇨ DHTML (2) **설계 최적화 모델** design optimization model의 약어.

domain[douméin] *n*. **도메인, 영역** 영역 혹은 특정 지역, 블록, 일정한 범위로 분류한 모임. 운영 체제(OS)에 있어서는 우선 순위순으로 분류한 작업이나 태스크의 그룹을 말한다. 또 사상(寫像)이나 데이터 베이스 관계의 속성을 취할 수 있는 값의 집합 등의 의미로 사용되는 경우도 있다. 인터넷에서 각 호스트를 표시하는 이름으로 도메인 이름(domain name)은 점과 단어들로 구성된다. 예를 들어, somewhere.domain은 시스템의 이름이나 위치, 그리고 어떠한 기관에 이 컴퓨터가 있는지를 말해주며 도메인의 마지막 부분은 대체로 다음의 것들 중의 한 가지이다. 예를 들면, 기관의 도메인 이름은 그 기관의 FQDN(fully qualified domain name)이라고 한다. 또한 국가는 고유의 가장 상위 라벨 도메인을 갖고 있다. 예를 들면,

com : 회사나 상업적인 목적의 기관
edu : 교육 기관
gov : 정부 기관
mil : 군사 기관
net : 게이트웨이 시스템이나 네트워크를 관리하는 호스트
org : 다른 도메인을 사용하기에 적합하지 않은 기관
kr : Korea
jp : Japan
au : Australia
ca : Canada

domain address[–ədrés] **도메인 주소, 영역 주소** 교육망의 세계에서 사용되고 있는 IP 주소는 숫자로 구성되고, 도메인 주소는 약호로 구성되는 경우가 많다. 예를 들어, sobak.kornet.nm.kr에서 sobak은 사용되고 있는 컴퓨터 이름, kornet은 정보 처리 센터의 이름, nm은 네트워크 관리자, kr은 대한민국을 의미한다. IP 주소는 4바이트의 숫자로 표현되며, 도메인 주소는 이러한 두 가지 방식을 모두 가리켜 사용되는 경우가 많다.

domain calculus expression[–kǽlkjuləs ikspréʃən] **도메인 해석식** 도메인의 해석식은 원소를 값으로 갖는 도메인 변수로 표현되어 도메인 변수를 특정 도메인과 연관시키는 범위식 x와 y가 도메인 변수 또는 x, y로 표현되는 비교 조건식과 R이 릴레이션명이고, A가 속성이고, V가 도메인 변수 또는 상수일 때 $R(A_1, V_1, \cdots, A_k, V_k)$로 표현되는 멤버십 조건식으로 변수가 도메인 변수인 wff로 구성된다. 도메인 해석식은 변수의 범위가 릴레이션이 아니라 도메인이라는 점에서 투플 해석식과 다르다.

domain controller[–kəntróulər] **도메인 제어** 윈도 NT 서버 컴퓨터에서 도메인을 위해 보안의 데이터 베이스를 복사하여 접속 정보를 제어하는 기능.

domain descriptor table[–diskríptər téibəl] **DMDT, 도메인 기술 테이블**

domain integrity rule[–intégriti(:) rú:l] **도메인 무결성 규정** 주어진 값이 데이터 베이스에 있는 다른 값들과의 관계를 전혀 고려하지 않고 그 자체로서 허용될 수 있는가를 규정하는 것으로 삽입이나 갱신 연산이 적용되는 무결성 규정의 한 종류.

domain key normal form[–kí: nɔ́:rməl fɔ́:rm] **도메인 키 정규형** 릴레이션 R의 모든 제약 조건이 도메인 제약 조건과 키 제약 조건의 논리적인 순서로 표현되는 정규형.

domain knowledge[–nάlidʒ] **정의역 지식** 응용 환경에 대한 특정 지식.

domain migration[–maìgréiʃən] **영역 이동**

domain name[–néim] **도메인 네임** 인터넷에 접속되고 있는 사이트를 식별하는 고유 명칭. 도메인 네임은 항상 두 부분이나 그 이상의 부분으로 되어 있다. 부분들 사이에 "."이 삽입되어 있다. 한 네트워크의 컴퓨터들은 모두 오른쪽 부분이 똑같게 되어 있다.

domain name server[–sə́:rvər] **도메인 네임 서버** 각 호스트 컴퓨터의 IP 주소를 기억하고 있다가 문자로 된 도메인 네임이 입력되면 접속에 필요한 숫자로 이루어진 IP 주소로 바꾸어주는 역할을 하는 서버.

domain name system[–sístəm] **도메인 네임 시스템** 인터넷에서 컴퓨터(호스트, 서버) 각각의 이름을 보다 큰 체계로 계층화하여 쉽게 분류 또는 파악하기 위한 일련의 체계 방식. 도메인은 각각 점으로 구성된다. 즉, 서로 다른 그룹 이름의 부분 집합을 조정함으로써 그 호스트들의 이름을 관리해 나가는 분할 시스템이다. 이것은 또한 영문으로 각각 점과 점 사이를 기입해주는 방법과 소수 표기법(dotted decimal notation)으로 기입하는 방법이 있다. 한국통신은 www.kornet.nm.kr과 168.126.63.1이다.

domain name system server[–sə́:rvər] **DNA 서버** ⇨ DNA server

domain predicate[–prédikèit] **도메인 프레디케이트** 인자가 해당 영역에 속하는 값이면 참이 되고, 그렇지 않으면 거짓으로 해석되는 영역 관계 해석에서의 정량자를 제거하기 위한 프레디케이트로 하나의 인자를 갖는 프레디케이트이다.

domain relational calculus[–riléiʃənəl kǽlkjuləs] **도메인 관계 해석** 도메인 변수와 우량 공식의 도메인 해석 공식으로 표현되는 도메인 해석식으로 구성되며, 투플들이 만족해야 하는 조건을 명시하여 검색하려는 투플들의 집합을 서술하는 질의 표현 언어.

domain specific knowledge[–spisífik nάlidʒ] **특정 도메인 지식** 주어진 문제 영역에 대한 특별한 지식.

domaint entity[dάmeint éntiti(:)] **주도 엔티티** 엔티티 관계 모델에서 한 엔티티 x가 다른 엔티티 y가 있음으로써 존재할 때 이 엔티티 y를 주도 엔티티라 한다.

domain tip[douméin típ] **도메인 팁** 얇은 필름에 자기의 형태로 디지털 정보를 저장하는 저장 장치.

⇨ thin film

domain variable[–vέ(ː)riəbl] **도메인 변수** 항상 지정된 도메인의 한 값을 나타내는 변수. 즉, 변수의 값이 도메인이 아니고 도메인의 원소이기 때문에 원소 변수라고도 하는 도메인 해석식을 구성하는 한 요소.

DOMF 분산 객체 관리 기능 distributed object management facility의 약어. 1991년 2월에 휴렛 팩커드와 선 마이크로시스템스 사가 공동으로 OMG에 제안하였다. 네트워크 상의 멀티 벤더 환경에서 정보를 공유하기 위한 객체 지향의 분산 처리 환경이 정의되고 있다.

dominance relation [dάminəns riléiʃən] **우위 관계** d차원 공간의 두 점 $A=(a_1, a_2 \cdots, a_d)$, $B=(b_1, b_2, \cdots, b_d)$에 대해 $a_i \geq b_i (i=1, \cdots d)$이면, A는 B보다 우위에 있다고 하고, 이런 관계를 우위 관계라 한다.

domino logic[dάminòu lάdʒik] **도미노 논리** 트랜지스터의 각 단이 체인 형태로 연결되어 있어서 그 전단에서 결정된 논리값이 다음 단의 논리값에 파급되는 방식으로 동작하는 논리 회로.

donation[dounéiʃən] **도네이션** PC 통신에서 셰어웨어를 시험적으로 사용해보고 난 후 계속 사용하고자 할 때 지불하는 요금. 셰어웨어를 계속 사용하지 않을 경우에는 그것을 폐기하면 된다. 이것은 요금이라기보다는 다소간 기부금의 성격을 띠고 있기 때문에 이와 같이 불린다.

dongle[dάngl] **동글** 프린터에 부가되어 이 장치가 없으면 소프트웨어가 수행되지 않으며, 개인용 컴퓨터에서 소프트웨어를 무단 복제하기 위한 부가 장치의 별명.

doner[dάnər] *n.* **도너** 반도체에서 전자 전도를 일으키는 불순물. 일반적으로 IV족(게르마늄)의 반도체에 대해서는 V족(안티몬) 전자가 도너로 되기도 한다.

do-nothing instruction[dúː nʌ́θiŋ instrʌ́kʃən] **무동작 명령**

do-nothing operation[–àpəréiʃən] **NO-OP, 공(空) 명령** 연산은 되지만 어떤 효과도 미치지 않는 명령(NOP-instruction)이며, 다음 명령으로 넘어가는 것 이외에는 아무 것도 하지 않는 명령. 또한 DO 변수(DO variable)는 ALGOL에서의 for 문의 반복 횟수를 제어하는 변수(variable)이다. ⇨ no operation instruction NO-OP

don't care gate[dóunt kέər géit] **무관심 회로** 출력은 입력과 무관하며, 제어 신호를 받으면 정상 작동 상태가 바뀌거나 방해를 받을 수 있는 게이트.

don't care term[–tə́ːrm] **무시 항** 논리 회로 설계시에 1이나 0 어느 것으로 취급해도 상관 없는 항.

DOOM 둠 PC/AT용의 3D 액션 슈팅 게임. 3D의 미로와 같은 장소에서 적과 싸우면서 출구를 찾는 게임이다. 인터넷을 경유한 대전 모드가 있다. 3D 액션 슈팅의 전형이 된 게임인 Quake, HALF-LIFE 같은 종류의 게임을 DOOM 타입이라고 한다.

door swing[dɔ́ər swíŋ] **도어 스윙** 비디오 제작에서 영상을 디지털 효과 발생기의 어떤 축을 따라 회전시키는 것.

dopant[dɑpǽnt] *n.* **도팬트** 주입된 불순물로서 반도체 제조 과정에서 이미 존재하는 불순물의 효과를 보상하기 위한 목적에서 쓰인다.

dope[dóup] *n.* **도프** 불순물을 반도체에 주입하는 것.

doping[dóupiŋ] *n.* **도핑** 반도체를 제작하는 과정에서 원하는 전기적 특성을 얻기 위해서 순수한 실리콘에 불순물을 첨가하여 결정화하는 과정.

DOS 디스크 운영 체계 disk operating system의 약어. 디스크(disk)를 사용한 OS(operating system)이며, 테이프를 이용한 TOS에서 DOS로 발전해온 것이다. 컴퓨터를 제어하는 모니터나 프로그램, 루틴, 라이브러리 등이 모두 「자기 디스크」를 이용하고 있는 시스템이다. DOS는 복수의 태스크, 복수의 단말 장치의 어느 쪽이나 처리할 수 있는 능력을 가지며, 조작 콘솔로부터 하드웨어, 소프트웨어를 제어할 수 있으며, 또 배치의 입력 단말도 될 수 있다.

DoS attack 서비스 거부 공격 denial of service attack의 약어. 서버가 처리할 수 있는 능력 이상의 것을 요구하여, 그 요구만 처리하게 만듦으로써 다른 서비스를 정지시키거나 시스템을 다운시키는 것. 이 공격의 목적은 네트워크 기능을 마비시키는 것이다. 일반적으로 여러 사이트에서 이루어진다. ⇨ DDoS attack

DOS-compatible box[–kəmpǽtibl bάks] **DOS 호환 박스** ⇨ DOS prompt

DOS extender[–iksténdədər] **도스 익스텐더** MS-DOS에서는 원칙적으로 640KB의 메모리를 기본으로 하는데, 컴퓨터 이용 설계(CAD) 프로그램이나 데이터의 크기가 큰 경우에는 더욱 큰 메모리 공간을 필요로 하는 경우가 있다. DOS 익스텐더는 이를 목적으로 하는 기구의 하나로, 주기억을 확장한 형태로 이용할 수 있어 편리하다. 라이브러리 형태로 제공되는 것도 있지만 매니저를 상주시켜 이용하는 것이 보다 일반적이다.

DOSF 분산 처리 오피스 지원 기능 distributed office support facility의 약어.

DOS format 도스 포맷 윈도 98, MS-DOS, PC-DOS에서 이용되는 플로피 디스크나 하드 디스크 등의 보조 기억 장치 기록 형식.

DOS Merge 386 도스 머지 386 유닉스 운영 체제의 일종이며, 80386을 채택한 IBM PC 호환 기종을 위해 로커스(Locus) 컴퓨팅 사가 개발했다. 유닉스 운영 체제 상에서 MS-DOS 응용 프로그램을 수행할 수 있게 한다.

DOS prompt 도스 프롬프트 명령 입력을 할 수 있는 상태임을 나타내는 기호. MS-DOS 관리 하에서는 C : DOS>와 같이 디스크 장치와 디렉토리 이름을 결합하여 나타낸다. ⇨ prompt

DOS protected mode interface 도스 보호 모드 인터페이스 ⇨ DPMI

DOS protected mode service 도스 보호 모드 서비스 ⇨ DPMS

DOS Shell 도스 셸 MS-DOS의 비주얼 셸(DOS SHELL.EXE). IBM용 DOS는 버전 4부터 장착되어 있다.

DO statement DO 문

DO statement range DO 문 범위 DO 루프 명령을 반복해서 수행할 때 포함되는 모든 FORTRAN 문.

DOS/V MS-DOS 계열의 운영 체제로, IBM PC/AT 또는 그 호환기로 작동한다. 일본어 처리를 모두 소프트웨어로 하도록 되어 있다. 그 이전에는 한자를 표시하기 위해 한자 폰트용 ROM이라는 하드가 필요했지만, VGA의 화면 표시 능력과 컴퓨터 자체의 처리 능력의 향상에 따라 소프트웨어적으로 가능하게 되었다. 이 표시의 구조는 2바이트 코드망을 모든 언어에 사용할 수 있기 때문에 세계 각국에 확대되고 있다. 일본어 모드, 영어 모드를 바꾸는 것으로 DOS/V 응용 프로그램을 이용할 수 있다. DOS/V라는 이름에서 「V」는 이 VGA에서 딴 것이다.

Do symx 도심크스 DOS 운영 체제 기반의 컴퓨터 시스템에서 동작하는 브라우저 이름.

dot[dát] *n.* **점** 출력 장치의 문자나 도형의 표시에 있어서 격자(格子 ; matrix)상(狀)에 점을 배치하고, 그것을 적당히 조합시킴으로써 문자나 도형의 패턴을 만드는 방법이 있다. 이 점을 도트, 조합에 의해서 생긴 형을 도트 패턴(dot pattern)이라 한다. 이 문자나 도형의 구성 단위로서 점이 많을수록 선명하고 복잡한 표현을 행할 수 있다. 그러나 이러한 도트 표현 방식(dot presentation)은 캐릭터 프린터(character printer)나 타이프라이터와 같은 활자(活字) 방식에 비하여 인쇄 품질은 떨어진다.

dot address[–ədrés] **도트 주소** 일반적인 IP 주소의 표현 형식. 4바이트를 각각 8비트씩으로 나누어 각각을 10진수로 표현한다. 예를 들면, 192.149.89.61과 같은 것. ⇨ IP address

dot chart[–tʃɑ́ːrt] **점 도표** 통계량의 크기를 점의 개수로 표현한 그래프. 점의 개수를 세는 것만으로 전체 크기를 쉽게 비교할 수 있는데, 일정한 면적 내에 배열하는 경우 밀도를 잘 나타내주는 특징이 있다.

dot commands[–kəmǽːndz] **점 명령어** 많은 워드 프로세서에서 문서의 인쇄 형식을 지정하기 위해 문서에 삽입하는 명령을 가리키는 말로서 실제로 인쇄되지는 않고 프린트를 조작하는 기능만 한다.

dot cycle[–sáikl] **도트 주기** 데이터 전송에 있어서 각각 단위 지속 시간만 계속하는 두 개의 신호가 주기적으로 전송될 때의 한 주기이다. 특히, 그 신호가 바이너리 신호(binary signal)의 경우에는 도트 신호 외의 하나를 스페이스 신호(space signal)라 한다. 전송 속도를 매 초당의 도트 속도라 하며, 보(baud) 단위로 표시되는 전송 속도의 2분의 1에 해당한다.

dot display[–displéi] **도트 표시** 확대경 기능을 사용해서, 그림을 그릴 때나 기타 픽셀 단위로 수정할 때 등에 이용되는 1픽셀 단위의 표시법. ⇨ draw software, photo-retouching software

dot font[–fɑ́nt] **도트 글꼴** 바둑판 모양의 모눈상에 있는 점(도트)의 위치에 따라서 문자 형태를 기록하는 글꼴. 디스플레이나 프린터로 문자를 표시할 때 사용된다. 문자를 확대했을 때 윤곽이 흐려지는 것이 결점이다.

dot generation[–dʒènəréiʃən] **도트 생성**

dot impact printer[–ímpækt príntər] **도트 임팩트 프린터** 도트 매트릭스 프린터의 일종으로, 인쇄 헤드에 줄지어 있는 가느다란 핀, 또는 용지 사이에 낀 잉크 리본을 두드려서 문자나 도형 등을 인쇄하는 프린터. 유지 비용도 적게 들고 프린터 구조도 비교적 단순해서 고장이 적다. 단점은 인쇄중 잡음이 크고 작은 문자 인쇄에는 적합하지 않다.

dot matrix[–méitriks] **점 행렬, 도트 매트릭스** 출력 장치로서 인자 또는 문자 표시를 하기 위해 글자형을 발생시키는 방식의 하나. 가로 세로 각 몇 개에 점(도트)을 매트릭스상으로 배치하고 그 적당한 조합을 흑색으로 하거나 발광시키는 등의 방법으로 글자형을 만든다. 알파벳 대문자와 같이 단순한 자획으로 이루어진 것은 7×5 정도의 매트릭스에 의한 것이 많지만 한자와 같이 복잡한 것은 최저 22×18 정도가 필요하게 된다. 글자형에 고품질이 요구될 때에는 더욱 여러 개의 도트가 사용된다.

dot matrix character[–kǽrəktər] **도트 매트릭스 문자**

dot matrix character generator[–dʒénərèitər] **도트 매트릭스 문자 발생기** 도트로 구성된 문자 화상을 생성하는 문자 발생기.

dot matrix method[–méθəd] **도트 매트릭스법** 점의 집합을 기본으로 하여 인쇄하는 방식.

dot matrix printer[–príntər] **점 행렬 인쇄기, 도트 매트릭스 프린터** 도트 매트릭스 방식을 이용한 프린터. 이는 헤드에 일렬로 배열된 핀들이 있고 헤드가 이동하면서 각 위치의 점의 색깔에 따라 망치로 이 핀들을 때려 리본을 통해 종이에 인쇄된다. 각 핀을 프로그램으로 제어할 수 있으므로 문자 또는 그림도 인쇄할 수 있다. 주로 9핀과 24핀이 쓰이고 마이크로컴퓨터의 프린터로 가장 많이 쓰인다.

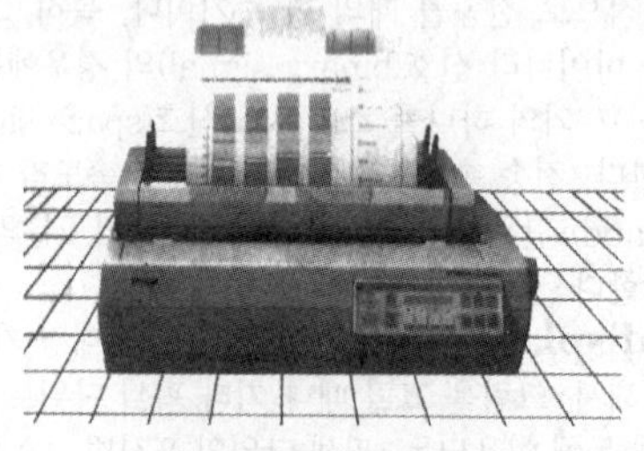

〈도트 매트릭스 프린터〉

dot method[–méθəd] **도트 방식**

dot pattern[–pǽtərn] **도트 패턴**

dot pattern generator[–dʒénərèitər] **도트 패턴 발생기**

dot pattern information[–ìnfərméiʃən] **도트 패턴 정보** 문자, 도형 등을 도트로 나타낸 정보이다. 한자를 출력 장치에 인자할 경우 출력 장치에 보내오는 한자 코드(2바이트로 표현한다)에 대응하는 도트 패턴 정보에 따라서 형성되는 문자 패턴을 발생시켜 출력하는 것이 일반적이다. 도트 패턴 정보는 내부 문자인 경우 출력 장치에 내장되어 있고, 외부 문자의 경우 외부 문자 처리가 이루어진다.

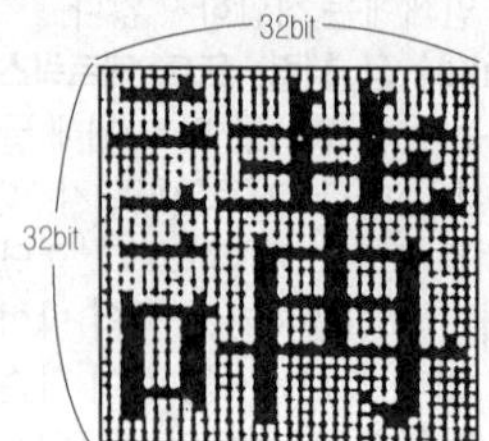
32bit
32bit
3행째의 비트 패턴을 흑 "1", 백 "0"로 하여 표현하면 (0011 1111 … 0000) 2진(3F80E380) 16진이 된다. 출력 장치로는 출력 문자 패턴을 이와 같이 16진으로 표현하고 축적한다.

〈도트 패턴 정보〉

dot per inch[–pər íntʃ] **dpi, 인치당 도트** 1인칭(inch)당 몇 개의 도트가 인쇄되는지를 측정하는 단위.

dot pitch[–pítʃ] **도트 간격** 브라운관의 화면상에서 각 점의 거리를 밀리미터로 나타내는 것으로 이 값이 작을수록 화면은 정밀해지고 일반적인 고해상도 화면은 각 점의 거리가 0.2~0.5mm 정도이다.

dot presentation[–prèzəntéiʃən] **도트 표시 방식** 문자 표시 장치에서의 문자 표시 방식의 하나. 문자 패턴을 그물 모양으로 분해하고 의미있는 도트의 연결로 새 문자를 표현한다. 수직 방향으로 일정 간격 옮겨가면서 전자 빔을 수평으로 주사시켜 이것을 휘도 변조하여 도트를 발광시키는 TV 스캔 방식과 한 개의 주사선을 문자 높이만큼 세로로 수평 방향에 일정 간격씩 옮겨 이것을 휘도 변조하는 수정(modified) 스캔 방식도 있다.

dot printer[–príntər] **도트 프린터** 각각의 문자가 점의 집합으로서 표현되는 인쇄 장치.

dot product space[–prádəkt spéis] **내적 공간** 주어진 벡터 A와 단위 벡터의 연장선 상에서 단위 벡터 방향으로 내적을 취했을 경우에 생기는 공간.

dot sequential system[–sikwénʃəl sístəm] **점 순차 방식**

double[dʌ́bl] *a*. **배의, 2배의** 「2배의」라는 의미로 많이 사용되고 있다. 2배 길이의 단어(word). 2배의 「정도(精度)」, 「밀도」를 형용하는 데 흔히 쓰인다.

double address[–ədrés] **2중 어드레스**

double alternative[–ɔːltə́ːrnətiv] **2중 택일문** 조건이 참일 경우와 거짓일 경우를 나누어 수행할 문장들이 따로 주어지는 것.

double apostrophe[–əpástrəfi(ː)] **2중 인용부, 더블 어퍼스트러피**

double buffer[–bʌ́fər] **2중 버퍼** 버퍼는 주기억 장치의 파일의 물리적 블록 여러 개를 동시에 저장할 수 있는 공간인데, 파일 시스템의 성능을 높이기 위해 두 개의 버퍼를 써서 하나의 버퍼가 주어진 내용을 처리하는 동안 다른 버퍼는 다음에 처리할 데이터를 미리 읽어들이게 하는 것.

double buffering[–bʌ́fəriŋ] **2중 완충 방식, 2중 버퍼링** 컴퓨터와 주변 장치 사이에서 이루어지는 정보 전달의 소프트웨어 또 하드웨어적인 기법 중의 하나로서 한 버퍼에 있는 정보가 입출력되는 동안 또 다른 버퍼는 컴퓨터에 의하여 처리된다. 이는 파일 시스템의 처리 성능을 높이기 위해 두 개의 버퍼를 사용한다. ⇨ 그림 참조

double buffers[–bʌ́fərz] **2중 버퍼**

double card[–káːrd] **2중 카드** 천공이 끝난 카드 안에 동일한 카드가 여러 장 들어 있는 것이나 카드를 결합(merge)한 결과로 카드가 복수 개 있는 것.

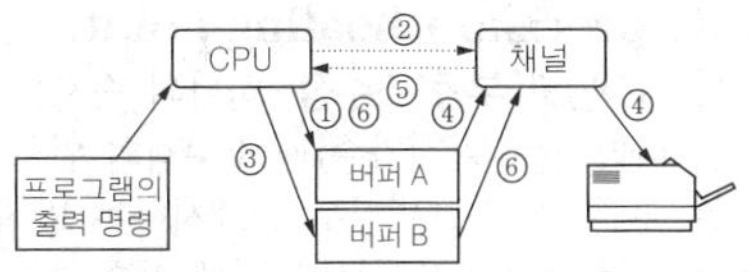

① CPU는 출력 자료를 버퍼 A에 넣는다.
② 다 채우면 채널에게 알린다.
③ CPU는 출력 자료를 버퍼 B에 넣는다.
④ 채널은 버퍼 A의 내용을 출력한다.
⑤ 채널은 버퍼 A가 비워졌음을 알린다.
⑥ CPU는 다시 버퍼 A를 채우고 채널은 버퍼 B를 비운다.
여기서, ①과 ⑥, ③과 ④는 각각 동시에 수행될 수 있다.

〈2중 버퍼링 실행 개념〉

double click[–klík] **더블 클릭** 입력 장치인 마우스를 이용하는 방법의 한 가지로 원하는 지점에 화살표를 갖다 놓고 마우스 단추를 재빨리 두 번 누르는 것. 이는 2자리에 해당되는 프로그램을 실행하거나 2자리의 파일을 로드하라는 지시이다.

double clock technique[–klák tekní:k] **배클록 기술** CPU의 성능을 높이는 방법의 하나. 주위의 회로는 그대로 두고 CPU 내부만 클록 주파수를 배로 증가시켜 처리 속도를 향상시키는 방법.

double commutator-type machine[–kámjutèitər táip məʃí:n] **2정류자 전기 기계**

double cross[–krɔ́(:)s] **2중 교차** F 규칙들의 적용이 상호간에 전제 조건을 제거하는 경우로서 이때 두 개의 F 규칙은 서로 우선될 수 없다. 이러한 모순이 2중 교차이다.

double current[–kɔ́:rənt] **복류**

double current method[–méθəd] **복류식** 플러스나 마이너스 상태를 2원 상태의 0과 1로 대응시켜 신호를 보내는 전신 전송 방법. 즉, 데이터 전송에 있어서 전압, 전류의 극성으로 나타낸다.

double current transmission[–trænsmíʃən] **복류식 운송**

double data rate static DRAM[–déitə réit stǽtik drǽm] ⇨ DDR SDRAM

double density[–dénsiti(:)] **배밀도** 디스크면에 두 배의 밀도로 기록할 수 있도록 한 디스켓.

double density diskette[–dísket] **배밀도 디스켓** 디스크면에 두 배의 밀도를 기록할 수 있도록 한 디스켓을 가리킨다.

double density floppy disk[–flápi(:) dísk] **배밀도 플로피 디스크** 배밀도로 기록할 수 있는 플로피 디스크. 대개 마이크로컴퓨터에서는 양면에 기록할 수 있는 양면 배밀도 플로피 디스크가 표준으로 사용된다.

double density recording[–rìkɔ́:rdiŋ] **배밀도 기록**

double DLE 이중 DLE 데이터 통신시에 동기형 송신 방법을 보면 문자를 이용하거나 비트를 이용하여 동기를 맞추는 방법이 있는데, 문자를 이용하여 동기를 맞추고자 할 때 데이터 프레임 양끝에 DLE(data link escape)라는 문자를 써서 전송되는 데이터 프레임의 시작과 끝을 나타낸다.

double drawer[–drɔ́:ər] **더블 드로어**

double ended amplifier[–éndəd ǽmplifàiər] **더블 엔디드 증폭기**

double ended queue[–kjú:] **더블 엔디드 큐**

double error[–érər] **2중 오차** 데이터 통신 분야에서 2중 오차라고 하면 하나의 문자(character) 중에서 2비트 오차가 생기는 것을 가리킨다. 이러한 오차는 문자마다의 패리티 검사(parity check)를 행해도 발견할 수 없다.

double fallback[–fɔ́:lbæ̀k] **2중 장애 대치** 두 개의 장비나 두 개의 프로세서 사이에 발생한 장애나 고장을 해결하는 프로시저.

double frequency record[–frí:kwənsi(:) rékərd] **2중 주파수 기록** 2개의 주파수 f 및 $2f$의 전류를 사용하여 자심 기억 소자를 직접 작동하는 것으로, 신호의 위상에 의해 1, 0의 정보를 기록하는 파라메트론에 사용되는 기록 방식.

double hashing[–hǽʃiŋ] **2중 해싱** 충돌이 발생한 두 키에 대해 각기 다른 탐색 순서가 결정되는 군집 현상을 감소시키기 위해 쓰이는 해싱 기법.

double height and width size[–háit ənd wídθ sáiz] **4배각** 문자의 높이, 문자의 폭이 각각 전각의 200%인 문자의 크기.

double height size 종배각 문자의 높이가 전각의 200%인 문자의 크기.

double hetero junction laser[–hétəròu dʒʌ́ŋkʃən léizər] **2중 헤테로 접합 레이저** 2중 헤테로 접합에 의해 제작된 반도체 레이저.

double index[–índeks] **2중 인덱스** 하나의 인덱스 엔트리는 각 파일에 속하는 하나씩의 관련된 레코드의 쌍에 대응되므로, 두 개의 데이터 값과 두 개의 포인터를 갖는 두 데이터 파일을 동시에 접근하는 인덱스. 즉, $m : n$ 관계를 나타내는 한 방법을 말한다.

double inline memory module[–ínlàin mémәri(:) mádʒu:l] **양면 메모리 모듈** ⇨ DIMM

double left rotation[–léft routéiʃən] **2중 좌회전** 새로운 노드가 삽입된 좌종속 트리에 불균형을 맞추기 위해서 새로운 노드가 속한 좌종속 트리의 루트 노드의 오른쪽 자식 노드가 되도록 변경하여 높이 균형이 유지되도록 재조정하는 방법.

double length[–léŋkθ] **2배 길이** 데이터나 저장 장치의 한 단위의 길이가 다른 정상적인 것에 비해 2배가 되는 것.

double length arithmetic[-əríθmətik] **2배 길이 연산**

double length number[-nʌ́mbər] **배정도 수**

double length numberal[-nʌ́mbərəl] **2배 길이 수** 정밀도를 보통의 연산보다 2배 높이기 위해 기억 장치 속의 연속된 워드 속에 저장된 수.

double length register[-rédʒistər] **2배 길이 레지스터** 단일 레지스터로서 기능하는 두 개의 레지스터. 2배 길이 레지스터는 다음과 같은 목적으로 사용된다. ① 곱셈에 있어서 곱의 값을 기억한다. ② 나눗셈에서 부분 몫과 나머지를 기억한다. ③ 문자 조작에서 문자열을 자리 옮김하여 좌측 또는 우측 부분으로 액세스한다.

double length working[-wə́ːrkiŋ] **2배 길이 작업** 하나의 수를 표현하는 데 정밀도를 높이기 위해 둘 이상의 기계어를 사용하는 것.

double metal process[-métəl prɑ́ses] **2중 금속 처리** 두 층의 금속 계층을 사용하는 방식으로 수평, 수직의 와이어를 구별하여 배치할 수 있다.

double modulation[-mɑ̀dʒuléiʃən] **2중 변조** 데이터 전송에서 다른 신호파에 의하여 변조된 신호파를 다시 변조하는 것.

double negation[-nigéiʃən] **2중 부정**

double operand[-ɑ́pərænd] **2중 피연산자** 한 명령어에서 두 개의 주소 영역. 이것은 원시 피연산자 주소 영역과 목적 피연산자 주소 영역을 갖는 것이다.

double operand instruction[-ìnstrʌ́kʃən] **2배 연산 명령** 원시 피연산자 주소 영역과 목적 피연산자 주소 영역의 두 주소 영역을 갖는 명령어로 두 개의 레지스터를 하나의 64비트 워드로 간주하여 연산한다.

double precision[-prisíʒən] **2배 정밀도, 배정밀도** 어떤 하나의 수를 표시할 때, 요구되는 정도(精度)에 따라서 기계어를 두 개 사용하는 것에 관한 용어.

double precision arithmetic[-əríθmətik] **배정밀도 연산** 보통의 연산보다 정도(精度)를 높이기 위하여 2배 길이 언어를 사용하여 연산하는 것.

double precision complex constant [-kɑ́mpleks kɑ́nstənt] **배정밀도 복소 상수**

double precision complex type[-táip] **배정밀도 복소수형**

double precision constant[-kɑ́nstənt] **배정밀도 상수**

double precision exponent part[-ekspóunənt pɑ́ːrt] **배정밀도 지수부**

double precision floating-point[-flóutiŋ pɔ́int] **배정밀도 부동 소수점** 하나의 숫자를 정수 부분을 나타내는 부분(가수)과 소수점의 위치를 나타내는 부분(지수)으로 나누어 표시하는 방식으로 부동 소수점 방식이 쓰이는데, 이때 지수 부분의 정밀도를 크게 하기 위해 별도의 한 워드를 포함하여 나타내는 방식.

double precision hardware[-hɑ́ːrdwὲər] **배정밀도 하드웨어** 이 하드웨어는 부동 소수점 계산을 할 수도 있는데, 배정밀도 수를 피연산자로 사용하여 산술 연산을 수행하게 함으로써 연산 결과가 더 많은 유효 숫자를 갖도록 설계된 산술 연산 장치.

double precision integer[-íntədʒər] **배정밀도 정수** 두 개의 워드에 정수 부분을 표시함으로써 표현 범위를 크게 한 것.

double precision number [-nʌ́mbər] **배정밀도의 수** 컴퓨터의 처리 장치는 레지스터를 구성하는 비트의 수(예를 들면, 32비트라든가 24비트)에 따라 한 번의 연산으로 취급하는 데이터의 정밀도가 정해진다. 숫자 1자리는 10진급일 때는 4비트가 필요하기 때문에 32비트 컴퓨터에서는 8자리만이 한 번에 연산이 가능하다. 이 경우 8자리의 배인 16자리가 2배 정밀도의 수가 된다. 일반적으로는 처리 장치에서 고정 길이의 형식으로 수치를 취급할 때 하나의 레지스터로 취급하는 자릿수의 2배 자릿수를 배정밀도 수라고 한다. 가변 길이를 취급할 때는 이러한 사고 방식이 적용되지 않는다.

double precision operation[-ɑ̀pəréiʃən] **배정밀도 연산** 대형 시스템에서의 레지스터는 4바이트(32비트)로 구성되는 것이 보통인데, 두 개의 레지스터를 합해 하나의 64비트 워드로 간주하여 연산을 하는 것.

double precision quantity[-kwɑ́ntiti(ː)] **배정밀도 양** 컴퓨터가 정상적일 때보다 2배의 자릿수를 갖는 것.

double precision type[-táip] **배정밀도 실수형**

double pulse[-pʌ́ls] **2중 펄스**

double pulse reading[-ríːdiŋ] **2중 펄스법** 각 셀이 반대 방향으로 자화되는 두 개의 영역으로 나누어지는 2진 숫자를 자기 셀에 기록하기 위한 기술.

double pulse recording[-rikɔ́ːrdiŋ] **2중 펄스 기록** 자화 영역의 양측이 자화되어 있지 않는 영역으로 되어 있는 위상 변조 기록.

double punch[-pʌ́ntʃ] **더블 펀치, 2중 천공** 80란 카드에서 동일 난에 두 개 천공하는 것. 하나의 난에는 위에서부터 Y, X, 0, 1, 2, 3, ⋯, 9의 12개의 천공 위치가 있다. 이 12개 천공 위치 중 Y,

X, 0의 세 개는 존(zone), 1, 2, 3, …, 9의 9개 장소는 필드(field)라고 불리고 있으며 2중 천공은 존과 필드의 각 한 개에 천공되어 알파벳이나 특수 문자를 나타내기 위해 행해진다.

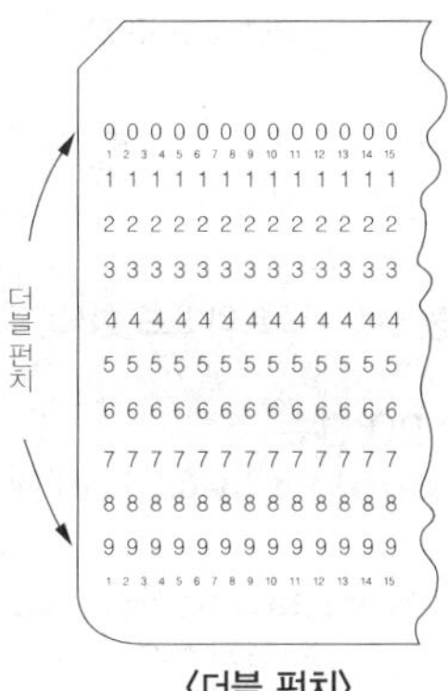

〈더블 펀치〉

double qoute symbol[–kwóut símbəl] **2중 인용 부호** 문자열을 나타내기 위한 방법으로 자주 쓰이는 부호.

doubler[dʌ́blər] **2배기** 곱셈 루틴에 사용되는데 주어진 수를 2배로 하는 컴퓨터 내부 장치.

double rail logic[dʌ́bl réil lɑ́dʒik] **복선 논리 회로** 0, 1, 미정의 세 가지 형태가 있고, 이 회로 상의 각 논리 변수는 두 개의 회선으로 표시된다.

double record check[–rikɔ́:rd tʃék] **2중 레코드 검사** 파일 보수 유지에서 검색 도중에 동일한 검색 키를 가진 데이터가 중복해서 투입되었을 때, 이를 오류로 검출해내는 것.

double register[–rédʒistər] **2배 레지스터** 단일 레지스터로서 기능하는 2개의 레지스터.

double right rotation[–rάit routéiʃən] **2중 우회전** 어떤 높이 균형 트리에 새로운 노드가 삽입되어 높이 균형이 맞지 않고, 균형 요소가 커진 노드의 우종속 트리에 새로운 노드가 있을 때, 이 우종속 트리의 루트 노드의 좌종속 트리를 이 두 종속 트리의 루트 노드의 우종속 트리로 옮기고, 이 루트 노드를 새로운 노드가 속한 우종속 트리의 루트 노드의 왼쪽 자식 노드가 되도록 변경하여 높이 균형이 유지되도록 재조정하는 방법.

double side-band[–sάid bænd] **DSB, 양측파대** 진폭 변조 방식으로 변조하는 경우 반송파를 중심으로 상하 대역에 생성되는 신호파의 대역.

double side-band modulation[–màdʒuléiʃən] **양측파대 변조** (1) 주파수 스펙트럼이 반송되지 않을 때 필요한 수정, 정정의 순서로 다시 같은 목적을 위해 컴퓨터 시스템을 움직이는 것. 재실행의 원인은 데이터의 오류, 조작 오류, 프로그램 오류 등 여러 가지이지만, EDP를 한 다음에 가장 비생산적인 작업으로 이를 위한 시간을 최소로 억제하는 노력이 필요하다. (2) 주파수 스펙트럼이 반송파를 중심으로 하여 상하 대칭되도록 한 변조 방식.

double sided disk[–sάidəd dísk] **양면 디스크** 양면에 정보를 저장할 수 있는 자기 디스크.

double sided, double density diskette[–dʌ́bl dénsiti(:) dísket] **양면 배밀도 디스켓** 양쪽 표면에 데이터를 저장할 수 있는 능력을 갖는 자기 디스크 단면 디스크와 비교된다. 마이크로컴퓨터에 사용되는 디스크를 자기 디스크 장치에서의 디스크 팩과 구분하여 디스켓이라 하는데, 종류로 단면 배밀도(SS-SD), 양면 배밀도(DS-DD), 양면 고밀도(DS-HD)가 있다.

double sided extra high density[–ékstrə hάi dénsiti(:)] **양면 초고밀도** ⇨ 2ED

double sided printed circuit[–príntəd sə́:rkit] **양면 인쇄 배선 회로**

double size of character[–sάiz əʌ kǽrəktər] **배각(倍角)**

double speed CD-ROM drive **2배속 CD-ROM 드라이브** 미디어의 회전 속도를 높여 고속으로 만든 것. 데이터 전송 속도가 음악용 CD(44.1kHz×16bit×2초=176kB/초)의 속도인 약 150kB/초의 전송 속도를 가진 것을 표준 CD-ROM이라고 부른다. 음악 CD 재생시의 속도를 1로 하여 16배속, 32배속 등으로 부른다. 최신 CD-ROM은 50배속을 넘는다. ⇨ CD-ROM

double striking[–strάikiŋ] **2중 인쇄**

doublet[dʌ́blət] *n.* **더블릿, 2비트 바이트** 두 개의 2진 문자로 구성되는 바이트.

double transposition error[–trænspəzíʃən érər] **2중 전환 오류** 코드를 기입할 때 발생하는 착오로서 한 자리를 건너 좌우 문자를 바꾸어 기록한 것.

double use card[–jú:z kά:rd] **2회 사용 카드** 한 건의 데이터가 40칼럼 이하인 경우 1배 카드를 2회 이상 사용하기 위해 설계된 카드.

double width size[–wídθ sαíz] **횡배각** 문자 폭이 전각의 200%인 문자의 크기.

double word[–wə́:rd] **2배 단어, 더블 워드** 컴퓨터의 중앙 처리 장치에서는 처리 단위로서 단어를 쓰는 경우가 많다. 단어 크기(몇 비트가 1단어로 되는가 하는 것)는 그 컴퓨터가 행하는 연산 정밀도에 관계된다. 따라서 2배 단어를 취급하는 것은 정밀도를 2배로 하게 된다. 또 다른 의미로서는 처리 장치와 기억 장치 간의 데이터 전송 단위로서 사용되는 경우도 있다. 2배 단어의 전송은 대형 컴퓨터인 경우가 많다.

double word boundary [-báundəri(:)] **2배 길이 경계**

double word command [-kəmá:nd] **2배 길이 명령어** 입출력 동작의 일부분에 관한 상세한 정보를 가진 2배 길이의 단어.

double word length [-léŋkθ] **2배 단어 길이** 정수나 소수의 나눗셈에서 피제수는 2배의 길이이고 나머지와 몫은 A 레지스터에 저장되며 많은 산술 명령은 2단어의 결과를 산출한다. 고정 소수점 곱셈에서 정수 또는 소수 계산에 대해 2배 길이의 곱이 제어 기억 장치 내의 두 개의 A 레지스터에 저장된다. ⇨ 그림 참조

double word register [-rédʒistər] **2배 길이 단어 레지스터**

doubling recording-frequency [dʌ́bliŋ rikɔ́:rdiŋ frí:kwənsi(:)] **2배 기록 주파수** 자화된 부분에서 반대 방향으로 자화된 것은 0, 같은 방향으로 자화된 것은 1을 의미하는데, 면에 자화 부분과 비자화 부분으로 구성되는 기억 소자를 이용하여 비트들을 기록하는 특별한 방법이다.

doubly chained tree [dʌ́bli(:) tʃéind trí:] **2중 연계 트리** 키 값이 인덱스 항을 이루고, 각 키 필드가 각 계층을 이루는 인덱스 계층 구조를 가지며, 인덱스에 사용된 키 값이 데이터 레코드에 저장되지 않는 역파일 구조.

doubly circulary linked list [-sɔ́:rkjuləri(:) líŋkt líst] **이중 환상 연결 리스트** 한 노드에 두 링크를 두어 각각 그 노드의 선행 또는 후행의 노드를 지칭하며, 처음과 마지막 노드는 서로를 각 링크가 지칭하여 고리 모양을 이루는 연결 리스트.

doubly linked list [-líŋkt líst] **이중 연결 리스트** 하나의 노드에 자신의 앞에 있는 포인트와 그 자신의 뒤에 있는 노드의 포인트를 연결시킨 구조로 여러 노드들이 포인터로 연결된 연결 리스트 구조, 이것은 리드를 전방 혹은 후방의 양방향으로 탐색이 가능하고 노드의 삽입이나 삭제가 쉽다는 장점을 갖는다.

^ D1 ⇄ D2 ⇄ D3 ⇄ … ⇄ D4 ^

〈이중 연결 리스트의 구조〉

역방향 (backward) 순방향 (forward)

왼쪽 연결 부분 (link)	자료 (data)	오른쪽 연결 부분 (rlink)

〈이중 연결 리스트의 노드 형식〉

DO variable **DO 변수**

DO-WHILE loop [dú: hwáil lú:p] **DO-WHILE 루프**

Dow Jones Information Service [dau dʒóunz ìnfərméiʃən sɔ́:rvis] **다우 존스 정보 서비스** 주식 가격과 금융 뉴스를 제공하는 컴퓨터 데이터베이스. 이 데이터 베이스는 예약 구독자에 의해 마이크로컴퓨터와 모뎀으로 연결되어 이용된다.

down [dáun] *n*. **고장** 시스템이 정상으로 동작하지 않는 상태. 컴퓨터 등의 기기가 고장나서 움직이지 않게 되거나 파괴되는 것.

down converter [-kənvə́:rtər] **다운 컨버터**

down counter [-káuntər] **하향 계수기** 이 계수기는 일반적인 계수기의 역구조로서 일반적인 계수기는 숫자가 커지는 쪽으로 계수하지만 하향 계수기는 숫자가 작아지는 쪽으로 계수한다.

Down Jones News [dáun dʒóunz n(j)ú:z] **다운 존스 뉴스** 미국 월 스트리트(Wall Street) 저널지를 발간하는 다운 존스 사가 전세계에 제공하는 온라인 데이터 베이스 서비스의 이름. 경제, 금융 등의 정보에 특히 강하며, 키워드를 등록해 팩시밀리로 수신하는 서비스도 실시하고 있는 것이 특징이다.

downline [dáunlàin] *a*. **하방으로의, 하방**

downline load [-lóud] **다운라인 로드** 전산망

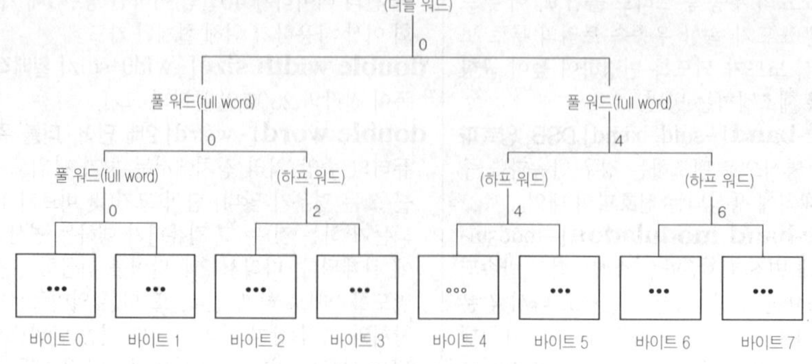

〈주기억 장치의 단어 길이〉

의 한 노드에서 그 노드의 전체 시스템 상태 또는 한 프로그램의 상태를 다른 노드로 옮겨 수행하도록 하는 처리 과정.

downline processor[–prásesər] **다운라인 프로세서** 데이터 통신망 내의 끝점인 단말 지점에 있거나 단말 지점 가까이에 있는 프로세서.

down link[dáun líŋk] **다운 링크** 통신 위성에서 지상국으로 정보를 송신하는 것. 그 반대를 업링크(up link)라고 한다.

down load[–lóud] **내려받기, 다운로드** 호스트 컴퓨터로부터 아래쪽에 있는 단말측이 데이터 등을 받아들이는 것. 상위의 계층으로부터 하위 계층으로 이동한다는 의미도 있다. 또는 프린터에 사용자가 정의한 문자의 모양을 알려주는 것. 이는 문자의 표준 문자 세트에 없는 문자를 찍기 위한 것으로 문자의 코드를 보내면서 사용자가 정의한 그 모양이 찍힌다.

down loading[–lóudiŋ] **다운 로딩** 전형적인 로딩 소프트웨어는 원시 이미지에 반대되는 실행 가능 2진 이미지 형태의 소프트웨어를 말하고, 한쪽 시스템에서 다른 시스템으로 데이터나 소프트웨어를 전송하는 과정.

downsizing[dáunsàiziŋ] **다운사이징** 일반적으로 「소형화」를 의미하는 말로서 종래에 비해 좀더 소형 컴퓨터를 사용하는 것을 말한다. 구체적으로는 대형 컴퓨터를 대신해서 워크스테이션이나 개인용 컴퓨터를 활용하는 것이다. 이에 따라 비용의 삭감이나 개발 기간의 단축이 실현된다. 다운사이징이 가능하게 된 배경에는 워크스테이션이나 개인용 컴퓨터의 기능 향상, 네트워크 시스템의 발전 등을 들 수 있다.

downstream[dáunstrìːm] *a.* **하류로, 다운스트림, 하류** 호스트에 도착한 뉴스 기사의 다음 배포처. upstream의 반대어.

downstream load utility[–lóud ju(ː)tíliti(ː)] **다운스트림 로드 유틸리티**

down time[dáun táim] **다운 시간, 휴지 시간, 고장 시간, 동작 불능 시간** 컴퓨터 등이 몇 개의 고장으로 사용할 수 없든, 동작하지 않든 경과된 시간. 즉, 시스템, 기기, 부품 등이 규정한 기능을 다하여 얻는 상태가 없는 시간. 보통 총 가용 시간의 백분율로 표시한다. 참고로 말하면 다운 시간은 그 기능 단위 자체의 장애에 의한 것과 주변의 장애에 의한 것이 있으며, 전자의 경우에 다운 시간은 동작 불능 시간과 같다.

down time rate[–réit] **운전 정지율** 계획된 정규 서비스 시간에 대한 고장 등에 의해 정지되는 시간비를 말하는 것으로, 신뢰성을 나타내는 하나의 지표가 된다. 운전 정지율＝전체 운전 정지 시간/정규 서비스 시간.

downward[dáunwərd] *a.* **아래쪽의**

downward call[–kɔ́ːl] **아래쪽의 콜**

downward compatibility[–kəmpæ̀tibíliti(ː)] **하위 호환성** 한 컴퓨터가 또 다른 컴퓨터와 호환성을 갖추기는 했으나 모든 기능을 갖는 것이 아니라 일부 기능만 갖는 것.

downward reference[–réfərəns] **하방의 참조** 오버레이 구조에서 어떤 세그먼트로부터 그 경로가 보다 낮은 세그먼트를 루트 세그먼트로부터 보다 먼 세그먼트로 참조하는 것.

DP (1) **데이터 처리** data processing의 약어. ⇨ data processing (2) **분산 처리** distributed processing의 약어. ⇨ distributed processing

DPA (1) **미 국방성 프로토콜 구조** DOD protocol architecture의 약어. (2) **수요 가능 영역** demand possibility area의 약어.

DPC (1) **직접 프로그램 제어** direct program control의 약어. (2) **디스크 팩 제어 장치** disk pack controller의 약어.

DPCM 차동(差動) 펄스 부호 변조 differential PCM의 약어. 음성 샘플값과 하나 앞의 음성 샘플과의 차를 양자화하는 PCM 방식.

DPCX 분산 처리 제어 담당자 distributed processing control executive의 약어.

DPF 수요 가능 변경(邊境) demand possibility frontier의 약어.

dpi 점/인치 dot per inch의 약어.

DPM 분당 문서 수 documents per minute의 약어. 1분 동안에 처리되는 문서(도큐먼트)의 수를 나타내는 단위.

DPMA 자료 처리 관리 협회 Data Processing Management Association의 약어. 컴퓨터 운영 분야에서 가장 큰 전문 협회로 회원들의 자아 증진을 위한 효율적인 프로그램 개발을 중점으로 한 교육과 연구에 목적을 두고 있다.

DPMA certificate DPMA 자격증 미국과 캐나다에서 매년 실시하는 자료 처리 분야의 시험에 통과한 사람들에게 DPMA가 수여하는 자격증.

DPMI 도스 보호 모드 인터페이스 DOS protected mode interface의 약어. 80286 이상의 보호 모드를 사용한 메모리 확장 규격. 메모리 관리자를 상주시켜 DOS 익스텐더를 사용할 때의 규격 중 하나이다. 마이크로소프트 사와 인텔 사 등이 중심이 되어 작성하였다. ⇨ DOS extender

DPMS 도스 보호 모드 서비스 DOS protected mode service의 약어. 보호 기억 장치 내 상주 프

로그램이나 장치 구동기를 동작시키기 위한 기억 장치 관리 규격.

DPPX 분산 처리 프로그램 담당자 distributed processing program executive의 약어.

DPR 숫자 표시 digit present의 약어.

DPS (1) **데이터 처리 시스템** data(document) processing system의 약어. IBM 사에서 개발한 정보 검색 시스템의 이름. 영어로 기록된 문서 및 검색 질문에 대한 처리를 자동으로 한다. ⇨ data processing system (2) **분포 정수계** distributed parameter system의 약어. (3) **분산 처리 시스템** distributed processing system의 약어. (4) **문서 처리 시스템** document processing system의 약어. 정보 검색 시스템의 하나로 미국의 IBM 사가 개발한 프로그램. 자연어(영어)로 표시한 축적 문서 및 검색 질문에 대한 처리를 자동으로 하는 것.

DQ 디지털 친숙도 digital quotient의 약어. IQ, EQ와 같은 맥락에서 이해할 수 있다. 대개 한 기업의 최고 경영자가 디지털 경제를 얼마나 이해하고 있는지를 평가하는 데 사용된다. 디지털에 대한 이해 정도, 사무실의 디지털 환경, 디지털 장비 활용 능력, 디지털 세대에 필요한 리더십, 디지털 시대에 대한 비전 등이 DQ의 평가 요소들이다.

DQE 기술자(記述子) 대기 행렬 요소 descriptor queue element의 약어.

draft[drá:ft] *n*. **초안** 기계 설계 또는 전기 설계에서 작성한 도면.

drafting[drá:ftiŋ] *n*. **제도** 기계나 전자 분야의 설계 도면을 작성하는 일.

draft international standard[drá:ft ìntə:rnǽʃənəl stǽndərd] **국제 규격안** 국제 표준화 기구(ISO)에서 규격(IS ; international standard)으로 공포하기 전에 발표하는 초안.

draft mode[–móud] **드래프트 상태** 프린터의 찍힌 글자의 상태가 별로 좋지 못한 상태. 이 상태에서 출력 속도를 빠르게 하기 위해 글자 모양을 구성하는 점들의 수를 줄이므로 글자 모양의 품질이 떨어진다. 이 상태는 프린터가 찍을 수 있는 최고의 인쇄 속도로 찍는 것이다.

draft quality[–kwáliti(:)] **드래프트 품질** 글자체를 구성하는 점의 수를 적게 하여 빠른 인쇄 속도를 가지지만 프린트된 활자체는 섬세하거나 예쁘지 않다. 이것은 한 번 쓰고 버리거나 중간 출력 결과 확인을 위해서 쓰인다.

drag[drǽ(:)g] *n*. **끌기** 포인터를 대상물에 위치시키고 마우스 버튼을 누른 채 마우스를 움직여 간 다음 마우스 버튼을 놓는 일련의 동작.

drag and drop[–ənd dráp] **드래그 앤드 드롭** 마우스 조작 방법의 하나로, 윈도나 매킨토시에서 아이콘을 드래그하여 목적 장소에 포인터를 놓는 것. 다른 폴더로 드래그 앤드 드롭하면 파일이 이동한다. 데이터 파일의 아이콘을 응용 프로그램의 아이콘으로 드래그 앤드 드롭하면 응용 프로그램이 실행되면서 파일이 열린다.

drag and hold[–hóuld] **드래그 앤드 홀드** 마우스 버튼을 누른 채로 임의의 위치까지 마우스를 이동한 상태에서 마우스 버튼을 눌러 대기하는 것.

dragging[drǽ(:)giŋ] *n*. **드래깅** 마우스의 사용 방법 중 하나로서 마우스 버튼을 누른 상태에서 마우스를 끌고 다니는 것.

Dragnet 드래그넷 인터넷의 웹 사이트를 평가하는 단어로, 연결이 아주 느린 웹 사이트를 일컫는다.

dragon curve[drǽgən kə́:rv] **드래곤 곡선** 상대 이동 →←↑↓에 의해서 그려지는 곡선으로 용이 올라가는 모습과 같다고 해서 붙여진 이름이다. ↓→가 초기 상태이고, 이것에 의해 그리는 곡선을 1차 드래곤 곡선, 여기서 ↓을 ↓→으로, ↑을 ↑←으로, →을 ↑→으로, ←을 ↓←으로 변환하여 얻어지는 곡선을 2차 드래곤 곡선, 이런 식으로 해서 고차 드래곤 곡선이 얻어진다.

DRAGON QUEST 드래곤 퀘스트 에닉스 사의 롤 플레잉 게임의 시리즈명.

drain[dréin] *v*. **드레인** (1) 전기장 효과 트랜지스터의 세 개의 극, 즉 게이트, 소스, 드레인의 하나. (2) FET의 전자 및 정공이 흘러나가는 출구.

DRAM 디램, 동적 랜덤 액세스 기억 장치 dynamic random access memory의 약어.

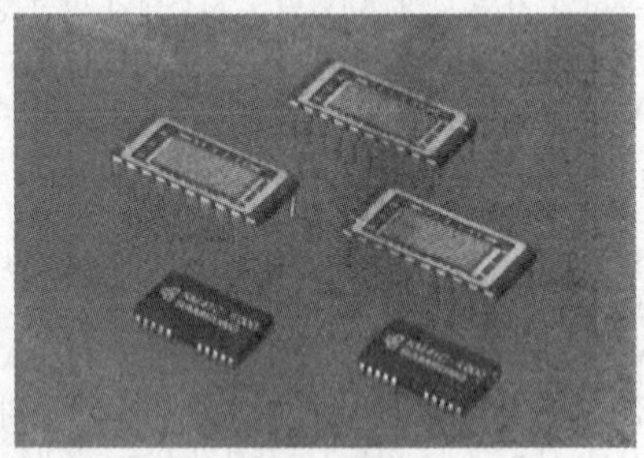

〈4메가 디램〉

drawer[drɔ́:ər] *n*. **인출**

drawing[drɔ́:iŋ] *n*. **그림, 그리기** 컴퓨터 그래픽 기능을 이용하여 작도하거나 색칠 등 그래픽 도형을 작성하는 과정.

drawing graphic software[–grǽfik sɔ́(:)ftwὲər] **드로잉 그래픽 소프트웨어** 선으로 그림을 그리는 그래픽 소프트웨어. 페인팅 소프트웨어가 도트로 그리는 데 비해, 드로잉 소프트웨어는 선을 그대로 객체로 취급하므로 확대 축소해도 윤곽이 계단이나 톱니 모양이 되는 jaggy 현상이 나타나지 않아 매끄러운 곡선을 얻을 수 있다.

drawing program[–próugræm] **드로잉 프로그램** 객체 지향 그래픽을 위한 프로그램. 픽셀 화상을 조작하는 것과는 대조적이다. 사용자는 드로(draw)계 그래픽 툴을 사용하여 선, 원, 텍스트를 독립된 객체로서 그 객체를 선택하고 이동하는 것만으로 조작할 수 있다. 이에 비해 페인트 프로그램은 선택한 구역으로 픽셀을 이동시키기 위해서는 이동된 구역에 생긴 「홀」의 복원이 필요하다. MacDraw로 대표되는 드로계의 화상 묘화용 소프트웨어는 직선이나 곡선, 다각형이나 원 등의 도형이나 문자를 하나의 객체로 취급하므로 각 요소들은 더 이상 분해될 수 없다. 확대 축소해도 화상이 변하지 않고, 화면과 프린터에서도 차이가 나지 않는다.

drawing software[–sɔ́(:)ftwɛ̀ər] **드로잉 소프트웨어** (1) 마우스 등을 사용하여 간단하게 그림을 그릴 수 있도록 설계된 소프트웨어. 본격적인 페인팅, 드로잉 그래픽 소프트웨어와는 다르다. (2) 맥드로(MacDraw)로 대표되는 드로잉 그래픽 소프트웨어. 직선, 곡선 다각형, 원형 등의 도형이나 문자를 하나의 옵션(부품)으로 취급하기 때문에 각 요소는 그 이상 분해할 수 있다.

DRC 데이터 기록 제어 data recording control의 약어.

DRD 데이터 기록 기구 data recording device의 약어.

DR-DOS 디알도스 digital research disk operating system의 약어. 미국의 디지털리서치 사가 발표한 16비트 PC의 운영 체제로 MS-DOS와 호환성을 갖고 있다.

Dr. Halo[dáktər héilou] **닥터 할로** IBM-PC용 그래픽 프로그램으로 마우스, 키보드를 가지고 화면을 그리고 색칠을 하며 프린트할 수도 있는데, 미디어 사이버네틱스(Midia Cybernetics) 사에서 개발했다.

drift[dríft] *n.* **드리프트** (1) 전자 회로의 출력이 시간에 따라 서서히 변하는 현상. (2) 장치의 전입력 신호값이 일정값을 보존하고 있을 때, 규정된 시간 내의 장치 출력 신호값의 바람직하지 못한 변동.

drift corrected amplifier[–kəréktəd ǽmplifàiər] **편류 정정 증폭기** 입력 신호의 전압 변화에 따라 출력 신호의 전압도 변동하게 되는데, 편류를 줄이거나 막는 특수 직결 아날로그 컴퓨터 증폭기.

drift error[–érər] **편류 오류** 아날로그 컴퓨터에서 편류에 의해 컴퓨터 장치에 발생하는 오류.

drifting[dríftiŋ] *n.* **부표**

drifting character[–kǽrəktər] **부표 문자**

drift mobility[dríft moubíliti(:)] **드리프트 이동도**

drive[dráiv] *n.* **드라이브** 자기 테이프나 디스크로부터 데이터를 읽어내거나 기록하기 위해 필요한 물리적인 기기 장치. 자기 디스크 장치(magnetic disk unit) 등에서 장치로서 기능을 하는 최소 단위의 것을 「구동 장치」라고 하는 경우가 있다. 또 테이프 드라이브(tape drive)라 하면, 자기 테이프 장치(magnetic tape unit)나 종이 테이프 장치(paper tape unit) 자체를 가리킨다.

drive bey[–béi] **드라이브 자리** 개인용 컴퓨터의 케이스에 디스크 드라이브를 넣을 수 있는 자리.

drive motor[–móutər] **드라이브 모터** 자기 디스크를 회전시키는 모터.

driven[dráivən] *v.* **구동형** menu driven(메뉴 구동형)과 같이 쓰인다.

drive number[dráiv nʌ́mbər] **드라이브 번호** 이 번호는 프로그램에서는 정확한 드라이브명을 모르더라도 단순히 이 번호만을 이용해서 접근할 수 있는 융통성이 커지고 다른 드라이브와는 구별되어 이해가 쉽도록 시스템에서 이용이 가능한 어떤 하나의 디스크 드라이브에 부여된 숫자.

drive pulse[–pʌ́ls] **구동 펄스** 자기 코어에 사용되는 펄스화된 「기자력」.

driver[dráivər] *n.* **드라이버** 하위 서브루틴들의 호출을 결정하는 상위의 모듈. 한 주변 장치의 제어와 데이터 전송을 위해서 사용되는 명령어의 집합이나 프로그램(운영 체제의 부분일 때) 또는 디스크나 테이프 등의 기록 매체를 구동하는 기계 장치. 회전부와 읽기, 쓰기, 헤드, 제어 및 데이터 변환용의 전자 회로로 구성되어 있다.

driver buffer[–bʌ́fər] **구동기 버퍼** 마이크로프로세서 칩과 기억 장치 주소 회선 사이에 사용되고, 마이크로프로세서 집적 회로로부터의 접속기는 구동 전류를 많은 수의 장치를 동시에 구동시키기에 적합한 값으로 높이는 데 쓰이는 구동원으로부터 부하를 분리시키기 위해 만든 회로이다.

driver circuit[–sə́:rkit] **구동 회로**

driver control area[–kəntróul ɛ́(:)riə] **DCA, 드라이버 제어 영역**

driver logic function[–ládʒik fʌ́ŋkʃən] **구동 논리 함수** (1) 순서 회로를 구성하는 플립플롭 구동 조건을 정하는 식. (2) 파일되어 있는 데이터를 항목별로 분리하거나 결합하기 위한 특정 부호. 데이터 항목 길이를 부정 길이로 취급할 경우에 필요하다.

drive unit[dráiv jú:nit] **드라이브 유닛, 구동 장치**

drive wire[–wáiər] **작동 전선** 자기 셀에 유도

적으로 결합된 전선 코일.

driving source[dráiviŋ sɔ́ːrs] **구동원**

DRM digital right management의 약어. 디지털 컨텐츠의 불법 복제와 유포를 막고 저작권 보유자의 이익과 권리를 보호해 주는 기술과 서비스. DRM은 사용료 부과를 통해 컨텐츠의 유통과 관리를 지원하며, 불법적인 배포와 복제를 막는다.

DRO 파괴 판독 destructive read out의 약어. 데이터를 읽어내면서 원래의 데이터를 소거하는 판독 방법.

droid[drɔ́id] **드로이드** 공상 과학 영화 등에 등장하는 인간 형태의 로봇들을 가리키는 말. 여성을 gynoid, 남성을 android라 한다.

drop[drάp] *n.* **드롭** 네트워크 내에서 원격 단말기의 위치 또는 컴퓨터 인쇄 종이의 맨처음과 끝 사이의 길이로서 mm, inch로 나타낸다.

drop dead halt[–dé(ː)d hɔ́ːlt] **완전 정지** 회복 불가능한 컴퓨터 시스템 장치.

dropdown menu[drὰpdáun ménjuː] **드롭다운 메뉴** 소프트웨어의 사용자 인터페이스 형식의 일종. 계층화된 메뉴 구조를 설계하여 필요에 따라 서브메뉴를 표시하는 것.

drop-in[–in] **드롭인** 자기 기억 장치에 기억할 경우 또는 자기 기억 장치로부터 꺼내는 경우에 발생하는 오차이며, 사전에 기록되어 있지 않은 2진 문자를 판독 가능한 형태로 나타나게 하는 것.

drop-out[–aut] **드롭아웃** 자기 기억 장치에 기억할 경우 또는 자기 기억 장치로부터 꺼내는 경우에 발생하는 오차이며, 2진 문자를 판독에서 누락시키는 형태로 나타내는 것. 참고로 드롭아웃은 대개 자기 표면층의 손상 또는 미편(微片)이 그 위에 존재함으로써 발생한다.

drop-out voltage[–vóultidʒ] **드롭아웃 전압** 이 전압은 부하 전류와 접합부 온도(평균 칩 온도)의 함수로 표시되는데, 입력 전압을 감소시켜 갈 때 그 소자가 출력 전압을 제어할 수 없게 되는 경우의 입력과 출력의 전압차이다.

dropping condition rule[drάpiŋ kəndíʃən rúːl] **조건 제거 방식** 논리곱으로 연결된 개념 묘사 중에서 하나를 제거함으로써 좀더 일반화된 개념을 형성하는 방식으로 일반화 방식의 하나.

drug sensor[drʌ́(ː)g sénsɔ̀ːr] **드러그 센서** 생체 시료 중의 약물 농도를 측정하는 바이오 센서의 일종. 원리적으로는 폴라로그래피 등의 전압 전류법, 이온 선택성 전극, 효소 전극, 면역 전극, 효소 면역 전극, 미생물 전극 혹은 화학 수식 전극 등이 사용된다. 인슐린, 테오피린, 리포좀, 페니실린 등의 측정이 시도되고 있다.

drum[drʌ́m] *n.* **드럼, 자기 드럼** (1) 자기 드럼(magnetic drum)을 가리키는 경우가 많다. (2) 드럼식 프린터(drum printer)나 정전식 프린터 등의 드럼을 가리키는 경우도 있다. (3) 자기 기록에 의해서 데이터를 기록할 수 있는 자성 표면층을 갖는 직원통형의 회전체.

drum based system[–béist sístəm] **드럼 기본 시스템** 드럼을 2차 기억 장치로 사용하는 컴퓨터 시스템.

drum controller[–kəntróulər] **드럼 제어기**

drum drive[–dráiv] **드럼 구동 기구** 자기 드럼을 구동하고 그 움직임을 제어하는 기구.

drum factor[–fǽktər] **드럼 계수**

drum mark[–mάːrk] **드럼 마크** 자기 드럼의 기록 트랙 상에 있는 한 무리의 문자의 마지막을 나타내는 데 사용하는 특별한 문자.

drum memory[–méməri(ː)] **드럼 기억 장치** 순환 기억 장치로 사용하기도 하며 표면이 자성 물질로 피막된 회전 원통과 자기 헤드를 결합시켜 정보를 기억하는 장치.

drum oriented system[–ɔ́(ː)riəntəd sístəm] **드럼 오리엔티드 시스템** 자기 드럼에 컴퓨터 시스템 제어 프로그램을 기억시킨 시스템.

drum plotter[–plάtər] **드럼식 플로터** 도표, 그림 등을 그릴 수 있는 플로터의 한 가지. 회전하는 드럼이 종이를 물고 수직으로 움직이며 그 위에서 펜이 수평 이동을 하면서 그림을 그린다. 이는 종이가 고정되어 있는 플로터에 비해 그릴 수 있는 그림의 크기가 크고 속도가 빠르나 정밀도는 떨어진다.

drum printer[–príntər] **드럼식 프린터, 드럼식 인서(印書) 장치** 주로 대형 컴퓨터의 출력 장치로 쓰이는 라인 프린터의 일종으로 일정한 속도로 회전하는 원통 표면에 인쇄를 위한 동일한 활자가 원주 방향으로 한 행에 120~136자씩 양각되어 있다. 드럼이 회전하여 필요한 활자가 제위치에 왔을 때 종이 뒤에 설치된 망치로 때려서 인쇄된다. 분당 수천 행에 이르는 빠른 속도로, 드럼 표면에 활자를 배열한 「드럼」을 회전시켜 인쇄를 하는 프린터이다.

drum scanning[–skǽniŋ] **원통 주사(走査)**

drum scheduling[–skédʒuliŋ] **드럼 스케줄링** 드럼 내 정보를 효율적으로 기억 저장하거나 읽어오기 위한 헤드 동작을 제어하는 것.

drum sort[–sɔ́ːrt] **드럼 정렬**

drum sorting[–sɔ́ːrtiŋ] **드럼 분류, 드럼 정렬** 정렬하는 과정에서 외부 기억 장치로 자기 드럼 장치를 사용하도록 되어 있는 정렬 프로그램.

drum storage[–stɔ́ːridʒ] **드럼 기억 장치, 자기 드럼 장치** 사용시에 회전하는 원통의 곡면상에 자기 기록함으로써 데이터를 기억하는 자기 기억 장치.

drum store[–stɔ́ːr] **드럼 기억 장치** ⇨ magenetic drum storage, drum storage

drum switch[–swítʃ] **드럼 스위치**

drum type plotter[–táip plátər] **원통형 플로터** 회전하는 드럼이 종이를 물고 앞뒤로 움직이며 펜은 수평 이동만 하는 방식의 플로터.

drum unit[–júːnit] **드럼 장치** 드럼 구동 기구, 자기 헤드 및 그것에 부수하는 제어 기구를 포함하는 장치. ⇨ magnetic drum unit

dry etching[drái étʃiŋ] **건식 에칭** 반도체 가공 기술로, 종래와 같이 화학적인 수용액으로 에칭하면 치수 정밀도에 한계가 있으므로, 최근에는 진공 중에서 이온 또는 가스에 의해 에칭하는 방법이 주목받고 있다.

dry plasma etching[–plǽzmə étʃiŋ] **건식 플라스마 에칭** 반도체 제조 공정에서 웨이퍼 위에 마스크를 형성하는 한 가지 방법.

dry process[–práses] **건식 공정** 종래의 IC 제조 기술은 광학적 방식에 따라 그 패턴을 형성하여 왔는데, 빛의 회절 효과 등 때문에 패턴의 선폭은 수 μm 정도로 되었다. 그에 따라 고밀도 집적화를 높이기 위해 선폭을 1μm 이하로 하고 동시에 생산성을 올리기 위해 전자 빔이나 X선을 이용한 노광(露光) 기술, 이온 주입이나 건식 에칭 등의 기술을 이용하는 것이 주목받기 시작했다. 이것을 총칭해서 건식 공정이라고 한다.

dry run[–rʌ́n] **연습 실행** ⇨ dry running

dry running[–rʌ́niŋ] **연습 실행** 실제로 프로그램을 컴퓨터에 실행시키기 전에 연산의 여러 단계를 기록하면서 순서도와 이에 따라 작성된 명령어로 만들어진 프로그램의 논리와 코딩을 조사하는 것.

dry-type electrophotographic method [–táip ilèktroufòutəgrǽfik méθəd] **건식 전자 사진 방식**

DS (1) **디짓 부호** digit signal의 약어. (2) **백탁 현상 디스플레이 패널** dynamic scattering display panel의 약어. 액정의 표시 방식으로 전압 인가에 의해 액정 내의 분자에 산란을 일으키고 백탁 현상(dynamic scattering)으로 빛을 난반사시켜 표시를 얻는 것이다.

DSA-MOS DSA-모스 diffusion self-align MOS의 약어. 고속 MOS IC용 소자로서 개발된 것으로 채널 길이가 이중 확산의 차로 결정되도록 제작한다.

DSC 데이터 스트림 호환 기능 data stream compatibility의 약어.

DSCB 데이터 세트 기억 블록, 데이터 제어 블록 data set control block의 약어. IBM 360 OS에서 사용하는 제어 블록으로 VTOC(volume table of contents)를 구성하는 것. VTOC에는 몇 종류의 DSCB가 있으며 그것에 따라 그 볼륨에 포함되는 각 데이터 세트에 관한 기술, VTOC 자체에 할당된 스페이스에 관한 기술, 사용되고 있지 않은 트랙에 관한 기술 등이 있다.

DSCH 디스플레이 스케줄러 display scheduler의 약어.

DSDD 양면 배밀도 디스켓 dual sided double density diskette의 약어.

DSE (1) **데이터 세트 익스텐션** data set extension의 약어. (2) **데이터 교환 장치** data switching exchange의 약어. ⇨ data switching exchange

DSF 장치 서포트 기능 device support facility의 약어.

DSK 드보락 간소화 키보드 Dvorak simplified keyboard의 약어.

DSL (1) **데이터 베이스 준언어** data base sublanguage의 약어. (2) **데이터 세트 레이블** data set label의 약어. ⇨ data set label (3) **개발 원조 라이브러리** development support library의 약어. (4) **동적 시뮬레이션 언어** dynamic simulation system의 약어.

DSLAM digital subscriber line sccess multiplexer의 약어. 아파트, 빌딩에 위치하며 가입자의 ADSL 회선을 집중화하고, 음성은 전화망으로 우회시키며, 데이터는 가입자나 네트워크망으로부터 고속으로 전달하여 가입자와 네트워크망을 연결하는 역할을 한다.

DSLO 분산 시스템 라이선스 방식 distributed system license option의 약어.

DSNX 분산 시스템 노드 관리 기능 distributed systems node executive의 약어.

DSO 시스템 출력 직접 쓰기 direct system output의 약어.

DSOM 분산 시스템 객체 모델 distributed system object model의 약어. IBM에서 정의한 SOM(system object model)의 컴포넌트 중 하나로서 분산 환경 하에서 SOM 객체 간의 통신을 지원한다.

DSO writer 시스템 출력 직접 쓰기 프로그램 direct system output writer의 약어.

DSP (1) **동적 서포트 프로그램** dynamic support program의 약어. (2) **디지털 신호 처리기** digital signal processor의 약어. 불필요한 음을 제거해줄 뿐만 아니라 음의 왜곡 현상을 바로잡아 주는 마이크로프로세서로 일반 마이크로프로세서보다 40배가량 연산 속도가 빠르다.

DSR 데이터 세트 레디 data set ready의 약어. ⇨ data set ready

DSS (1) **의사 결정 지원 시스템** decision support system의 약어. DSS는 여러 가지 다른 방법으로 자료를 검색, 처리, 보고서 작성 등의 프로그램을 제공하는데, 수시로 요구되는 특수한 자료 조작이나 보고서 작성에 필요한 툴(tool ; 도구)을 제공하여 의사 결정을 돕는다. ⇨ decision support system (2) **동적 서포트 시스템** dynamic support system의 약어.

DSSSL document style semantic and specification language의 약어. SGML 문서를 처리하기 위한 표준. SGML로 구성된 문서들을 어떻게 시각적으로 보여주고 다른 문서로 변환하며, 다른 방법으로 처리할 수 있는지를 기술해주며, 특히 표현이나 변환을 위한 문서 처리 언어. ⇨ dynamic support system

DST 장치 서비스 태스크 device service task의 약어.

DSTN dual scan super twisted nematic의 약어. 액정 디스플레이의 표시 방식 중 하나. STN 액정의 화면 위아래에서 두 줄의 주사선을 동시에 주사함으로써 표시 속도를 높여준다.

DSU 디지털 서비스 장치 digital service unit의 약어. 단말 장치 등에서의 신호는 직류 신호이기 때문에 그대로는 감쇠하게 된다. 따라서 장거리의 데이터 전송에는 적합하지 않다. 그 때문에 망내를 전송할 수 있는 형으로 신호를 변환할 필요가 있다. 신호를 바이폴러의 디지털 신호로 변환하고 또한 동기용 등의 신호를 부가한 형식으로 변환하는 장치이며 회선 종단 장치의 하나이다.

D-SUB 커넥터 규격. 예를 들면, D-SUB 25핀이라면 합계 25개의 핀이 이중으로 되어 있다. 이외에도 9핀, 15핀, 50핀 등이 있다.

DSVD digital simultaneous voice and data의 약어. 단 하나의 전화선을 통해서도 동시에 음성 통화와 데이터 전송을 할 수 있는 기능을 가진 모뎀. DSVD의 구성 단어들이 의미하는 것처럼 전화선을 통해서 누군가와 음성 대화를 하는 동시에 내 컴퓨터와 그 사람의 컴퓨터끼리 서로 데이터를 주고받는 기능을 가진 모뎀이다. DSVD 모뎀은 음성과 데이터를 일정한 크기의 프레임 단위로 잘라서 전송한다. 하나의 전화선에 음성과 데이터를 동시에 전송할 수 있으며, 음성을 제외한 모든 것, 즉 문서나 동영상, 정지 영상, 기타 모든 것을 데이터로 간주하고 음성과 함께 전송할 수 있다. DSVD 모뎀은 음성 및 비음성 신호를 디지털 신호 체계로 전환하여 이를 다시 아날로그 신호로 바꿔 전화선으로 전달하는 역할을 한다. 기본적으로 19.2kbps를 데이터 전송에, 9.6kbps를 음성으로 나누어 전송하기 때문에 28.8kbps의 속도는 지원되어야 한다. 데이터와 음성이 동시에 전송될 때는 데이터와 음성을 나누어 전송하지만, 음성이 전송되지 않을 때는 일반 모뎀과 마찬가지로 28.8kbps의 속도를 모두 지원받을 수 있다. 하드웨어적인 요구 사항은 이와 같지만 어떤 소프트웨어를 만들어 DSVD 모뎀을 사용하느냐에 따라 전송 속도에서부터 응용 분야가 일대일 개인 회의, 기술 지원, 머드 게임, 홈쇼핑 등으로 나누어질 수 있다. ⇨ MODEM

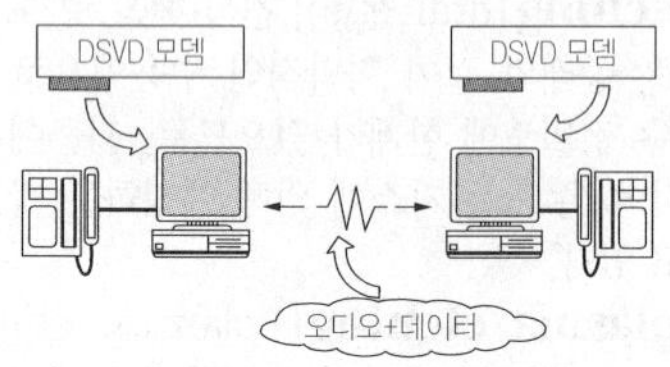

〈DSVD 모뎀의 통신 방법〉

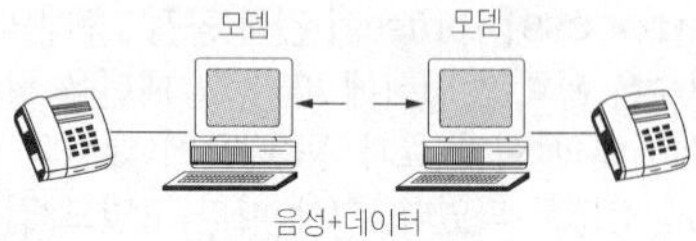

〈DSVD 모뎀의 원리〉

DSW 장치의 상태어 device status word의 약어.

DT 데이터 전송 data transmission의 약어.

DTD 문서 타입 정의 document type definition의 약어. 문서 텍스트의 구조를 SGML 구문을 사용하여 정의 및 기술한 것. 정의의 내용은 문서 중에 어떠한 요소가 어떠한 순서로 나타나는지, 각 요소가 어떠한 속성을 가지는지 등에 대한 것이다. ⇨ SGML

DTE 데이터 단말 장치 data terminal equipment의 약어. 컴퓨터, 디지털 전화기, 디지털 팩시밀리 등의 기능처럼 디지털 정보를 송신하고 수신하는 모든 통신 제어 장치를 광범위하게 가리키는 CCITT, 즉 국제 전신 전화 자문 위원회의 용어. ⇨ DCE

DTE/DCE interface 데이터 단말 장치/데이터 통신 장비 인터페이스 송신 또는 수신하고자 하는 상대국과의 통신을 위해 네트워크에 설치되는 장비로 DTE는 데이터 단말 장치(data terminal equipment)이고, DCE는 데이터 통신 장비(data communication equipment)인데, 보통의 단말기와 모뎀 사이의 접속을 말한다.

DTF 파일 정의 define the file의 약어.

DTF macro instruction 파일 정의 매크로 명령 define-the file macro instruction의 약어.

DTL 다이오드 트랜지스터 논리 diode transistor logic의 약어. 반도체 다이오드와 트랜지스터 사이에 연결된 마이크로일렉트로닉 논리.

DTM 데스크톱 뮤직 desktop music의 약어. 컴퓨터 음악 중에서 특히 가정용, 개인용의 소규모 시스템으로 롤랜드 사에서 발표하였다. MIDI 음원 등의 음원의 발전에 따라 데스크톱의 음원과 시퀀스 소프트웨어만으로도 완성도 높은 연주가 충분히 가능하며, 공간을 차지하지 않고 음악을 즐길 수 있다는 뜻으로 이런 명칭이 붙었다. ⇨ MIDI

DTMF 이중 톤 다중 주파수 dual tone multifrequency의 약어. 두 개의 음성 주파수의 음을 조합시켜 다이얼하는 방식으로, 푸시 폰에 대응되는 기술이다.

DTP (1) **탁상 전시** desktop presentation의 약어. PC를 사용하여 제안, 설득, 고지 등에 사용되는 응용 프로그램 또는 그것을 실행하는 것. 마이크로소프트 사의 파워포인트가 대표적인 예이다. (2) **전자 출판** desktop publishing의 약어. 광의로는 컴퓨터를 사용하여 문자, 영상 데이터를 편집, 처리하여 출판물을 작성하는 것. 워드 프로세서나 영상 스캐너 등을 사용하여 디지털화된 데이터를 자유자재로 가공하는 것으로 편집, 조판 작업을 매우 효율적으로 할 수 있다. 협의로는 인쇄물 대신 전자 매체를 사용한 출판 활동을 가리킨다.

DTPF 분산 트랜잭션 처리 기능 distributed transaction processing facility의 약어.

DTR (1) **소프트웨어 배포용 테이프 릴** distribution tape reel의 약어. (2) **데이터 전송률** data transfer rate의 약어.

DTS (1) **디지털 터미네이팅 시스템** digital terminating system의 약어. (2) digital theater system의 약어. 앞면부의 좌우 스피커, 중앙 스피커, 뒷면부의 좌우 스피커 및 서브 스피커 등으로 구성된 5.1채널의 음향을 제공하는 새로운 개념의 오디오 포맷. 돌비 연구소의 오디오 포맷인 AC-3와 비슷하기 때문에 DVD(디지털 다기능 디스크)나 LD(레이저 디스크)용 오디오 포맷으로 사용할 수 있어 AC-3와 강력한 경쟁 관계에 있다. AC-3와 마찬가지로 영화관의 사운드 트랙용 시스템으로 개발되었다.

DTV 탁상용 비디오 desktop video의 약어. PC를 이용하여 비디오를 편집하는 것. 현재는 비디오 영상을 PC에 입력하여 편집하는 비선형 편집이 주를 이룬다. 이점은 모니터에서 디지털 효과를 사용할 수 있고, 아날로그 테이프를 사용하지 않기 때문에 화질이 떨어지지 않는다는 것이다. 그러나 본격적인 DTV에는 디지털 비디오 카메라, 영상 편집 소프트웨어, 대용량 하드 디스크 등 고가의 기재가 필요하다.

D-type bistable circuit [díː táip bistéibəl sə́ːrkit] **D형 쌍안정 회로**

D-type flip-flop [–flíp flɑ́p] **D 타입 플립플롭, D형 플립플롭**

dual [djúːəl] *a.* **이중** 컴퓨터 분야에서는 「이중의」, 「이원적인」이라는 의미로 여러 가지 사물의 형용에 쓰여진다. 이중 계통 시스템(dual system), 이중 연산(dual operation). 이외에 듀얼 채널(dual ch-annel), 이중화 데이터 세트(dual data set), 듀얼 프로세서(dual processor), 이중 목적 카드(dual card) 등이 많이 쓰이고 있다.

dual attachment stations [–ətǽtʃmənt stéiʃənz] ⇨ DAS

dual brightness [–bráitnəs] **이중 휘도**

dual bus [–bʌ́s] **이중 버스** 다중 프로그램 시스템을 형성하는 소자는 중앙 처리 장치와 입출력 장치에 연결된 입출력 프로세서와 다수의 분리된 모듈로 나누어질 수 있는 메모리 장치가 있는데, 이들 소자 사이의 상호 연결은 프로세서 간의 유용한 전송 통로의 수에 따라 나누어지고 이중 버스는 그 중의 한 방법이다.

dual card [–kɑ́ːrd] **이중 카드** 카드의 전면 또는 일부를 전표로 하고 그 카드를 보면서 같은 카드에 천공하는데, 천공 오류인 경우 원장부에서 재생할 필요가 생겨 그 처리에 대해 충분한 고려가 필요하다. 원장부와 천공 카드를 겸용하도록 설계된 카드이다.

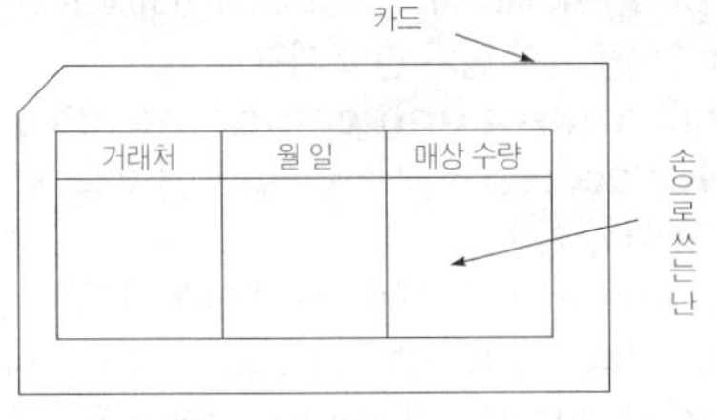

〈이중 카드〉

Dual Celeron 이중 셀러론, 듀얼 셀러론 인텔 사가 단일 프로세서 구성으로 보증한 셀러론 프로세서를 이중 프로세서 구성으로 설계한 것 및 그 컴퓨터 시스템. 펜티엄 II/III와 동일한 CPU 코어를 갖는 셀러론은 원래 이중에 대응한 회로로 일부 배선이 접속되지 않은 상태로 되어 있다. 거기에 슬롯 타입의 셀러론을 직접 개조하거나 메인 보드의 배선 개조를 이중화하여, 리눅스와 윈도 NT를 저비용으로 고성능화시킬 수 있다. 현재는 개조하지 않고 이중화되는 메인 보드도 판매하고 있다.

dual channel [–tʃǽnəl] **이중 채널** 자기 테이프 장치나 자기 디스크 장치와 중앙 처리 장치를 연결하는 채널과 같이 쓰기/읽기 기능이 양방향으로 동시에 되는 것.

dual channel controller[–kəntróulər] **이중 채널 제어기** 입출력 장치와의 읽기와 쓰기를 동시에 수행할 수 있는 제어기. 이는 대용량의 데이터를 외부 기억 장치를 통해 정렬과 병합 작업을 할 때 성능을 향상시켜 준다.

dual check system[–tʃék sístəm] **이중 체크 시스템** 데이터 처리의 중요 항목인 날짜, 번호, 데이터의 종류 등을 나타내는 키들을 이중으로 검사하여 시스템의 신뢰성을 높이는 것.

dual circuitry check[–sə́:rkitri(:) tʃék] **이중 회로 검사, 듀얼 서키트리 체크** 입력된 수치의 정확성을 보증, 점검하기 위해 체크의 대상인 수치, 펄스를 두 개의 회로에 흐르게 하고 그것들을 비교·대조하여 오차가 없다는 것을 확인하는 체크 방법.

dual clocking[–klɑ́kiŋ] **이중 클록킹**

dual cluster[–klʌ́stər] **복식 집합 제어 기구**

dual cluster feature[–fí:tʃər] **복식 클러스터 기구**

dual code[–kóud] **이중 코드**

dual communication interface[–kəmjù:nikéiʃən íntərfeìs] **이회선 통신 인터페이스 기구**

dual computer speech system[–kəmpjú:tər spí:tʃ sístəm] **이중 컴퓨터 음성 시스템**

dual control unit communications coupler[–kəntróul jú:nit kəmjù:nikéiʃənz kʌ́plər] **이중 제어 장치 결합 기구**

dual control unit communication coupler accessory[–əksésəri(:)] **이중 제어 장치 결합 부속 기구**

dual data set[–déitə sét] **이중 데이터 세트**

dual data station[–stéiʃən] **이중 데이터 장치**

dual density[–dénsiti(:)] **이중 기록 밀도, 이중 밀도, 이중 기록 밀도 기구**

dual density tape adapter[–téip ədǽptər] **이중 기록 밀도 자기 테이프 어댑터**

dual density tape unit[–jú:nit] **이중 기록 밀도 자기 테이프 기구**

dual disk drive[–dísk drɑ́iv] **이중 디스크 드라이브** 디스크 드라이브를 두 개 보유하고 있는 플로피 시스템. 이것은 기억 용량의 증가, 한 디스크에서 다른 디스크로의 데이터 전송 및 백업이 가능하다.

dual display station[–displéi stéiʃən] **복식 표시 장치**

dual entry magnetic slot reader[–éntri(:) mæ̀gnétik slɑ́t rí:dər] **양방향형 자기 슬롯 판독기**

dual feed carriage[–fí:d kǽridʒ] **복식 종이 이송 기구**

dual feed carriage control[–kəntróul] **복식 종이 이송 제어 기구**

dual form[–fɔ́:rm] **이중 형태** 주어진 논리식을 OR는 AND로 AND는 OR로, TRUE는 FALSE로 FALSE는 TRUE로, 0은 1로, 1은 0으로 바꾸었을 때의 논리식.

dual gap head[–gǽp hé(:)d] **이중 간격 헤드** 판독 헤드와 기록 헤드를 하나로 만든 자기 헤드. 양쪽의 헤드 갭이 근접해서 두 개 만들어져 있기 때문에 이러한 명칭이 붙었다. 자기 테이프 정보를 써넣고 이것을 바로 다음에 읽어내어(이것을 read after-write라 함) 검사할 때 등에 편리하므로 현재의 자기 테이프 기억 장치에서는 대부분 이 형태의 자기 헤드를 사용하고 있다.

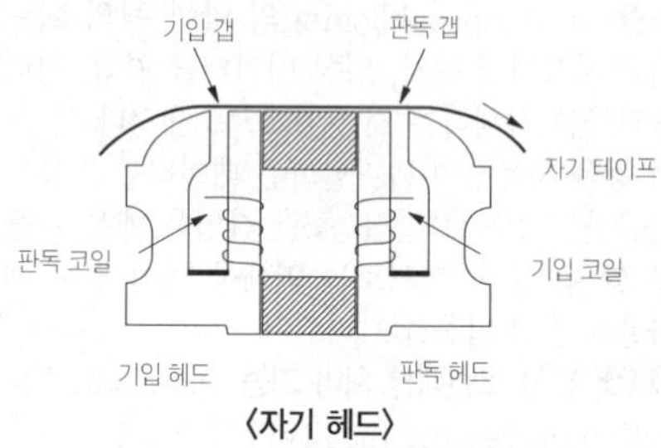

〈자기 헤드〉

dual gap rewrite head[–ri:rɑ́it hé(:)d] **이중 간격 재기록 헤드** 수록된 데이터의 정확성을 보장하기 위해 테이프에 수록된 문자를 즉시 읽어내는 헤드.

dual graph[–grǽf] **이중 그래프** 평면 그래프의 각 면마다 하나의 정점을 대응시키고 인접한 두 면 사이에 하나의 에지를 대응시켜 만든 그래프를 원래 그래프의 이중 그래프라 한다.

dual hardware stack[–hɑ́:rdwɛ̀ər stǽk] **이중 하드웨어 스택** 기억 장치 스택 위치와 관계없이 모든 연산에서 오버플로, 언더플로의 보호 기능을 가진 대형 시스템과 같은데, 몇몇 시스템에서는 확장된 명령어에 의해 수행되는 이중 하드웨어 스택을 제공한다.

dual head[–hé(:)d] **복식 헤드**

dual-homed hosts[–hóumd hóusts] **이중 네트워크 호스트** 이중 네트워크(외부 네트워크와 내부 네트워크) 호스트는 두 개 이상의 네트워크에 동시에 접속된 호스트를 말하며 보통 게이트웨이 호스트라고 한다. 외부 네트워크와 내부 네트워크 간의 유일한 패스를 제공함으로써 방화벽 시스템의 구성 요소가 된다. ⇨ firewall

dual independent bus architecture[–ìndipéndənt bʌ́s ɑ́:rkitektʃər] DIB 아키텍처 ⇨ DIB architecture

dual independent forms feed[-fɔ́:rmz fí:d] **복식 종이 이송 기구**

dual in-line[-in lɑ́in] **DIL, 이중 인라인**

dual in-line package[-pǽkidʒ] **DIP, 이중 인라인 패키지** 칩이 고정되어 있는 집적 회로 패키지 중에서 일반적인 형태의 패키지 플라스틱이나 세라믹으로 만들어져 있으며 외부 회로와 연결시키는 단자가 패키지의 길이 방향으로 나란히 두 줄로 배열되어 있기 때문에 이와 같은 이름으로 불린다. 대개의 경우 DIP로 약칭한다.

dual intensity[-inténsiti(:)] **이중 강도** CRT 단말기나 프린터로 문자를 출력할 때 보통의 문자보다 밝게 또는 굵게 나타내는 능력을 가리키는 말.

duality[dju:ǽliti(:)] *n.* **이중성, 쌍대성** 논리합, 논리곱의 기호를 각각 ∨, ∧로 하면,

$X \wedge (Y \vee Z) = (X \wedge Y) \vee (X \wedge Z)$ … ①

$X \vee (Y \wedge Z) = (X \vee Y) \wedge (X \vee Z)$ … ②

인 관계식이 성립한다. ①식에서 ∨, ∧의 기호를 바꾸어 넣으면 ②식이 얻어지고 또 그 역도 성립한다. 이것을 논리합, 논리곱의 쌍대성이라고 한다.

duality principle[-prínsipl] **이원성 원리** 논리식 A 및 B에서 $A \rightleftarrows B$인 관계가 성립할 때, A 및 B 중의 논리합 ∨ 및 논리곱 ∧ 기호를 서로 교환해서 생기는 식을 각각 $A1$, $B1$이라 하면 $A1 \leftrightarrow B1$이 성립한다. 이것을 이원성 원리라고 한다.

dual key entry station[djú:əl kí: éntri(:) stéiʃən] **복식 키보드 입력 장치**

dual level sensing[-lévəl sénsiŋ] **듀얼 레벨 센싱, 이중 레벨 검출, 이중 수위 검출** 자기 테이프 내에서 읽어낸 데이터 펄스 신호는 전압값의 변동, 잡음에 따라 변화하므로 이러한 오차를 수정하기 위하여 일정한 전압 레벨을 내려서 검사하는 방식.

dual mode[-móud] **이중 모드** 두 개의 컴퓨터가 동시에 같은 업무를 수행하고 처리 결과를 비교하여 그 결과가 같은 경우에만 수행 결과를 이용하는 방식. 높은 신뢰성이 요구되는 경우에 사용한다.

dual mode principle[-prínsipl] **이중 모드 원칙** 터미널에서 사용하는 모든 SQL 문을 응용 프로그램에도 사용할 수 있다는 기본 원칙.

dual multiple column control[-mʌ́ltipl kɑ́ləm kəntróul] **복수 칼럼 제어 기구**

dual operation[-ɑ̀pəréiʃən] **이중 작동** 어떤 논리 연산과 대(對)를 이루는 별도의 논리 연산이며 제1의 논리 연산의 부정을 제2의 논리 연산의 피연산자(operand)로서 연산했을 때 제1 논리 연산의 결과의 부정이 결과로 얻어지는 것이다. 논리합(OR) 연산은 논리곱(AND) 연산과 쌍대(雙對)가 되고 있다. 상보(相補) 연산(complementary operation)의 상대어이다. 어떤 불 연산에 대한 다른 불 연산으로 제1 불 연산의 결과의 부정을 제2 불 연산의 피연산자(operand)로서 연산했을 때, 제1 불 연산의 결과의 부정이 결과로서 얻어지는 경우. 예를 들어, 논리합은 논리곱의 이중 연산이다.

dual page print[-péidʒ prínt] **이중 페이지 인쇄** 문서의 연속한 페이지를 한 장의 용지에 두 개로 나누어서 취할 수 있도록 인쇄하는 기능.

dual pen recorder[-pén rikɔ́:rdər] **이중 펜 기록계**

dual port[-pɔ́:rt] **듀얼 포트**

dual port memory[-méməri(:)] **듀얼 포트 메모리** 판독과 기록을 지정하는 제어 신호에 따라 선택되는 어느 한쪽에 기록되는 데이터의 입구와 판독되는 출구가 공용으로 되어 있는 형식의 기억 장치.

dual port RAM **이중 포트 램** VRAM과 같이 포트가 두 개 있어 두 개의 회로에서 동시에 접근 가능한 RAM. 디스플레이의 표시 회로가 VRAM에 접근하고 있더라도 CPU는 VRAM을 수정할 수 있기 때문에 화면 표시 속도가 빨라진다.

dual processor[-prɑ́sesər] **듀얼 프로세서, 이중 프로세서, 이중 처리기** 어떤 컴퓨터 내에 기능이 동시에 수행되는 두 개의 중앙 처리 장치. 두 개의 프로세서가 동시에 동일한 기억 장치를 공유하므로 프로그램이나 데이터를 소프트웨어적으로 두 칩을 나누어 사용하도록 하는 분리 처리로 처리 효율을 높이고 한쪽 프로세서에 장애가 생기면 다른쪽 처리기로 처리되는 등의 신뢰성이 높은 반면 자원 경합의 부담이 커진다.

dual processor system[-sístəm] **이중 프로세서 시스템** 두 대의 프로세서를 동기로 운용하고 동일한 처리를 하도록 함으로써 고장시에는 한 대만 운전하여 신뢰성을 향상시킬 수 있는 시스템.

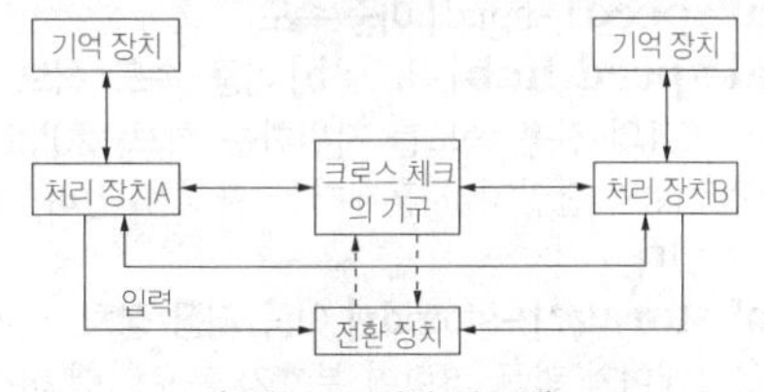

〈이중 프로세서 시스템〉

dual program[-próugræm] **이중 프로그램**

dual programmable data station[-próugræməbl déitə stéiʃən] **프로그램식 복식 데이터 장치**

dual program status vector[–próugræm stéitəs véktər] **이중 프로그램 상황 벡터**

dual purpose card[–pə́ːrpəs káːrd] **이중 목적 카드** 천공된 정보뿐만 아니라 인쇄된 정보를 포함하고 있는 천공 카드.

dual recording[–rikɔ́ːrdiŋ] **이중 기록** 중요한 데이터의 이중 기록으로 확인을 위한 기록된 두 데이터의 비교가 가능하게 된다.

dual scan color super twisted nematic [–skǽn kʌ́lər suːpər twístid nimǽtik] **이중 주사 컬러 네마틱** 단순 매트릭스 방식의 STN 액정 디스플레이의 일종. STN 액정 디스플레이에서는 이 방식이 주류를 이룬다. 싱글 스캔 방식의 STN 액정 디스플레이는 640×480 도트 사양일 경우 행 방향의 주조선 480개를 순서대로 위에서 아래로 시분할해서 전압을 건다. 그러나 이중 주사 방식은 화면을 위아래로 나누어서 240개의 시분할 구동을 병행한다. 시분할하는 개수가 적은 쪽이 전압을 거는 시간이 길어져 액정의 흔들림이 커진다.

dual scan super twisted nematic[–súːpər twístid nimǽtik] ⇨ DSTN

dual-sided disk drives[–sáidəd dísk dɑrívz] **양면 디스크 드라이브** 디스크 양면에 데이터를 저장하고 읽어낼 수 있는 두 개의 읽기/쓰기 헤드를 갖고 있는 디스크 드라이브.

dual sided, double density diskette[–dʌ́bl dénsiti(ː) dísket] **DSDD, 양면 배밀도 디스켓**

dual side mounting PC board **양면 부착 PC 보드**

dual signature[–sígnətʃər] **이중 서명** 전자 상거래에서 주문 정보의 메시지 다이제스트와 지불 정보의 메시지 다이제스트를 합하여 다시 이것의 메시지 다이제스트를 구한 후 고객의 서명용 개인 키로 암호화한 것.

dual slope converter[–slóup kənvə́ːrtər] **양연(兩緣) 변조기**

dual speed[–spíːd] **이중 속도**

dual speed hub[–hʌ́(ː)b] **이중 속도 허브** 10 Base-TX의 전송 속도를 지원하는 허브. 20Mbps, 100Mbps의 단말기가 혼재하는 환경을 정리, 통합할 수 있다.

dual storage[–stɔ́ːridʒ] **이중 저장 장치** 이것은 프로그래머가 만든 명령어 부호가 프로그램 작성에 유용하게 쓰이는데, 특정 명령어나 데이터는 물론 프로그래머가 고안한 논리도 기억할 수 있는 기억 장치이다.

dual system[–sístəm] **듀얼 시스템** 컴퓨터 시스템의 고장에 대한 백업 방식의 하나이며, (1) 온라인 실시간 처리를 주로 하는 컴퓨터 처리 시스템에서 기계 고장으로 인해 작업이 중단되지 않게 하기 위해 미리 두 대의 컴퓨터를 설치하여 한 대는 항상 대기 상태에 있도록 한 시스템. (2) 같은 기능을 갖는 두 대의 컴퓨터 시스템에 동일 데이터를 입력시켜 처리 결과의 비교로 처리의 정당성을 확인해 신뢰성을 높이는 시스템. 보통 처리 결과가 비교되며 일치한 것을 출력으로 사용한다. 인공 위성의 발사, 항공 관제 시스템 등에 사용되고 있다. 구체적으로는 중앙 처리 장치(CPU), 입출력 장치, 통신 제어 장치 등이 각 처리에 관계하고 있는 모든 기기를 각각 두 대씩 설치한다.

dual tone multi frequency[–tón mʌ́lti fríːkəwnsi(ː)] **이중 톤 다중 주파수** ⇨ DTMF

dubbing[dʌ́biŋ] *n.* **더빙** 필름이나 녹화 테이프에 소리와 음향 효과를 집어넣는 일. 외국 영화의 대사를 우리말로 교체하는 경우 단번에 한국어판 테이프를 만드는 것이 아니라 대사 · 음악 · 효과음을 각각 다른 테이프에 수록하고 이 3개의 테이프를 화면에 맞추어 재생한 다음 다른 자기 테이프에 수록 · 완성하는 방법을 취하고 있다. 외국 영화 필름에 제3국어로 입을 맞춰 소리를 넣는 일을 립 싱크(lip sync)라고 한다.

Dublin Core[dʌ́blin kɔ́ːr] **더블린 코어** Dublin Core Metadata Element Set의 약어. 인터넷의 다양한 자원을 효율적으로 검색하기 위한 메타데이터. 미국 오하이오 주 더블린에서 개최된 메타데이터 워크숍에서 최초로 제안되었기 때문에 이런 명칭으로 불린다. 더블린 코어는 메타데이터의 요소로서 제목, 작성자, 출판사, 데이터 포맷, 언어 등 15개의 기본 요소가 설정되어 있다.

Dublin Core Metadata Element Set[–métədéitə éləmənt sét] **더블린 코어** ⇨ Dublin Core

Ducol punched card system **두콜 천공 카드 시스템** 0~99 범위에 있는 수가 한 카드 칼럼에 두 구멍으로 천공되어 표시되도록 하는 것.

duct system[dʌ́kt sístəm] **공조 시스템** 컴퓨터 기계실에 신선한 공기를 불어넣거나 오염된 공기를 빼내는 천장에 설치하는 시설.

due in[djúː ín] **입고 예정** 컴퓨터로 처리할 데이터를 업무 담당 부분에서 기계 계산 담당 부분으로 도착시키는 기일이나 시각.

due out[–áut] **출고 예정** 컴퓨터로 처리할 데이터를 기계 계산 담당 부분에서 업무 담당 부분으로 송출해야 할 기일이나 시각.

dumb terminal[dʌ́m tə́ːrminəl] **벙어리 단말기** 데이터 처리 능력은 없으며 단순한 최소 기능의 입출력 능력만을 갖는 화면 표시 단말기.

dummy[dʌ́mi] *n*. **가상, 모조, 더미** 겉보기의. 가정의. 물리적으로 「형」을 갖고 있거나 어떤 「장소」를 차지하고 있으나 기능적으로는 아무런 역할을 부여받지 않는 것.

dummy activity[–æktíviti(:)] **의사 액티비티**

dummy address[–ədrés] **가상 주소** 아무런 의미가 없는 어드레스. 원시 프로그램(source program)을 투 패스(two pass)의 컴파일러가 해석할 때, 원 패스(one pass)로 레이블에 더미 어드레스를 할당하고, 투 패스시에 실어드레스를 할당하고 있다.

dummy argument[–ɑ́:rgjumənt] **가상 인수** 함수를 호출할 때 사용되는 인수 중에서 그 값이 실제 사용되지 않는 것. 이것은 어떤 값을 가져도 무방하여 단지 자리만 차지하고 있으면 된다. 절차의 입구에 나타나는 식별자이며 절차의 실행을 야기시키는 호출 중의 대응하는 실인수와 결합되는 것.

dummy argument parameter[–pərǽmətər] **가인수 매개변수**

dummy argument part[–pɑ́:rt] **가인수부, 가인수의 나열**

dummy control section[–kəntróul sékʃən] **가상 제어 섹션** 기억 영역 내의 데이터의 레이아웃 또는 어느 구역의 형식을 기술하는 제어 섹션.

dummy data set[–déitə sét] **의사 데이터 세트, 더미 데이터 세트** 겉보기로는 데이터 세트로 되어 있지만 입출력에 대하여는 아무런 처리를 행하지 않는 데이터 세트.

dummy entry[–éntri(:)] **의사 입구**

dummy file[–fáil] **의사 파일**

dummy instruction[–instrʌ́kʃən] **의사 명령** 명령으로서 존재하지만 겉보기상 아무런 실행도 수반하지 않는 명령. 예를 들면, 단지 시간 지연(time delay)을 위하여 사용되는 NOP(no operation) 명령 등이 있다. 또 데이터 부분, 어드레스(address) 부분 등의 것을 가리키는 경우도 있다.

dummy load[–lóud] **의사 부하**

dummy module[–mɑ́dʒu:l] **모조 모듈** 실제적인 프로세싱을 하지 않는 입구와 출구를 갖는 모듈. 특히 하위의 부프로그램이 계산할 준비가 되지 않았을 때의 하향식 테스트에 유용하게 사용된다.

dummy parameter[–pərǽmətər] **더미 파라미터**

dummy record[–rikɔ́:rd] **가상 레코드, 의사 레코드** 의미있는 정보를 넣기 위해서가 아니라 시스템 조건에 맞도록 하기 위해 적당히 부가된 레코드.

dummy record type[–táip] **가상 레코드 타입**

dummy section[–sékʃən] **더미 섹션, 의사 섹션**

dummy sentence[–séntəns] **공문** 프로그램 안의 빈 줄. 프로그램을 삽입할 예정이거나 단순히 소스 코드를 보기 편하게 만들기 위해 넣는다.

dummy statement[–stéitmənt] **의사문** 가명령문. 공문. 고급 언어의 문법상 개념으로 실체가 없는 문. 프로그램의 최후에 레이블을 추가하는 경우에 사용되거나 FORTRAN에서 CONTINUE 등과 같은 문.

dummy string[–stríŋ] **가(假) 스트링**

dummy system variable[–sístəm vɛ́(:)riəbl] **의사(疑似) 시스템 변수**

dummy task[–tɑ́:sk] **가상 태스크** 설명이나 명령을 위하여 사용되는 가상적 · 인위적 태스크.

dummy variable[–vɛ́(:)riəbl] **가변수, 더미 변수** 정의시에 삽입되는 기호로서 나중에 실변수로 치환된다.

dump[dʌ́mp] *n*. *v*. **떠붓다, 떠붓기, 덤프** 짐을 내린다는 의미이지만 컴퓨터에서는 기억 장치(storage unit)의 내용을 외부 장치의 하나인 프린터 등으로 출력(인쇄)하는 것을 일컫는다. 컴퓨터 분야에서는 기억 장치의 내용을 전부 또는 일부를 인쇄하여 출력하는 것을 말한다. 일부만을 출력할 때 출력되는 장소를 덤프 영역(dump area)이라 한다. 컴퓨터로 어떤 장애가 발생했을 때, 그 상태를 표시하기 위해서 주기억 장치의 내용을 표시하거나 프로그램의 디버그를 위하여 프로그램의 내용을 표시하는 것을 말한다. 메모리의 내용을 출력하는 것을 메모리 덤프 또는 스토리지 덤프라 하며, 기억 덤프(memory dump)라고도 한다. 이 덤프의 표시 방법으로는 여러 가지 방식이 있으나 2진법, 8진법, 16진법, ASCII 표시 등이 사용된다.

[주] 디버그하다 : 기억 장치 또는 그 일부의 내용을 보통 내부 기억으로부터 외부 매체 상으로 써넣는 것이며, 예를 들어 기억 장치를 다른 곳으로 전용하거나 장애 혹은 오차에 대하여 방어하는 등 특정 목적을 위하여 또는 디버그와의 관련에 있어서 행해지는 것.

dump after update[–ɑ́:ftər ʌ̀pdéit] **갱신 후 덤프** 갱신한 직후의 새로운 파일의 내용을 덤프하는 것.

dump analysis[–ənǽlisis] **덤프 분석**

dump analysis and elimination[–ənd ilìminéiʃən] **DAE, 덤프 분석 중복 회피 기능**

dump and restart[–ri:stɑ́:rt] **덤프와 리스타트** 작업중의 이상 발생시에 작업을 처음으로 되돌리지 않고 그 중단된 곳에서 다시 시작할 수 있도록 적당한 간격으로 프로그램 상태를 보조 기억 장치에 기록해두어 최종 덤프가 발생한 곳에서 다시 실행이 가능하도록 한 것.

dump area[–ɛ́(:)riə] **덤프 영역**

dump before update[–bifɔ́:r ʌpdéit] **갱신 전 덤프** 주처리의 논리적 구분을 시스템에 알리면 재시작의 요구 시간을 단축할 수 있는데, 장애에 의한 파일 복원을 간단히 하여 재시작을 쉽게 하기 위해 파일 갱신 직전에 덤프하는 것.

dump check[–tʃék] **덤프 검사**

dump facility[–fəsíliti(:)] **덤프 기능**

dumping[dʌ́mpiŋ] *n.* **덤핑** 덤프하는 동안 모든 숫자의 합계와 재전송시의 합계를 확인하여 구성되는 조사.

dump list[dʌ́mp líst] **덤프 리스트** 주기억 장치에 저장된 프로그램이나 데이터를 16진수 형태로 화면이나 프린터 그대로 출력한 리스트.

dump management[–mǽnidʒmənt] **덤프 관리**

dump point[–pɔ́int] **덤프 지점** 효과적인 덤프를 위하여 어느 특정 시간이나 프로그램 수행중 미리 지정된 것에 위치하는데, 고장에 대비하기 위하여 프로그램과 데이터를 예비 기억 장소에 기억시켜 두도록 하는 프로그램 내에서의 덤프 위치.

dump printout[–príntàut] **덤프 인쇄** 기억 장치에 기억된 데이터를 모두 인쇄하는 것. 일반적으로 프로그램이나 데이터는 16진수 형태로 저장되므로 16진수로 인쇄된다. 이 출력은 오류와 고장의 원인을 발견할 수 있으므로 중요한 고장 진단 도구로서 사용된다.

dump program[–próugræm] **덤프 프로그램**

dump routine[–ru:tí:n] **덤프 루틴** 덤프를 행하기 위하여 미리 짜여져 있는 이용 루틴(utility routine). 장애 발생의 인터럽트가 발생하면, 이 루틴의 어드레스를 제어가 이동하여 인터럽트가 실행된다.

dump terminal[–tə́:rminəl] **덤프 단말기** 여러 가지 단말 작업을 제어할 마이크로프로세서를 가지고 있지 않은 단말기.

DUN dial-up networking의 약어. 원격지 접속 서비스라고도 불리는 것으로 원격지에서 전화 회선을 통해 네트워크에 접속한다. 접속이 이루어지면 사용자는 네트워크 환경에서와 동일한 작업이 가능하다.

dungeon RPG 던전형 RPG 미궁이나 동굴을 탐험하면서 적과 싸우는 롤 플레잉 게임(RPG)의 한 장르. dungeon은 성안의 지하 감옥이라는 뜻.

duo-binary[djú:ou báinəri(:)] **듀오 바이너리** 부호 간의 간섭을 적극적으로 이용하여 나이퀴스트 속도(Nyquist rate)의 2배 속도로 2진 신호를 전송하는 방식.

duo-binary system[–sístəm] **듀오 바이너리 방식** 파형의 스펙트럼을 될 수 있는 대로 저주파 부분으로 모아 고역 주파수의 전송에 따른 감쇠 영향을 경감하는 방식으로 폴리바이너리 방식의 하나. 결점으로서는 평형 부호 방식과는 반대로 직류 차단의 영향을 받기 쉽다.

duodecimal[djù:ədésiməl] *a.* **12진, 12치(値), 12진의** (1) 12개의 서로 다른 값 또는 상태를 취할 수 있듯이, 선택 또는 조건으로 특정지어지는 것을 표시하는 용어. (2) 고정 기수 기수법에 있어서 기수로서 12를 취하는 것이나 그러한 방식.

duodecimal number[–nʌ́mbər] **12진수** 여기에 사용되는 문자는 0, 1, 2, 3, 4, 5, 6, 7, 8, 9, T(10), E(11)가 있는데, 이러한 문자들이 연속적으로 모여서 나타내는 수로 각 문자에 의해 표현되는 크기는 기수 12에 근거를 둔다.

duoprimed word[djù:əpráimd wə́:rd] **이중 기본어** 80열의 카드에 있는 6, 7, 8, 9행이 나타내는 정보를 표시하는 컴퓨터 단어.

dup[djú:plikət] *n.* **복사** duplicate의 약어. (1) 고장 발생시에 고장난 장비에 대처할 이차적인 장비나 연산 장치의 집합. (2) 천공 카드를 똑같이 복사한 카드로서 duplication의 약자.

duplex[djú:pleks] *n.* **양방** (1) 하나의 조직이나 장치 중에 동일한 역할을 하는 어떤 두 개가 존재하나 보통 때는 그 한 방향, 어느 쪽인가 밖에 동작하고 있지 않은 것. (2) 쌍방향으로 송수신이 가능한 통신 회선.

duplex cable[–kéibl] **듀플렉스 케이블** 서로 꼬인 두 가닥의 절연된 도체로 구성된 케이블.

duplex channel[–tʃǽnəl] **이중 통신로, 이중 전송로, 이중 채널** 양쪽 방향으로 데이터 전송을 동시에 할 수 있는 데이터 통신 채널.

duplex circuit[–sə́:rkit] **듀플렉스 회로**

duplex computer system[–kəmpjú:tər sístəm] **듀플렉스 컴퓨터 시스템** 두 대의 컴퓨터를 사용하는 온라인 구성으로 한 대는 실제 업무를, 다른 한 대는 예비 컴퓨터로 고장에 대비한 시스템.

duplex console[–kɑ́nsoul] **듀플렉스 콘솔** 두 대 이상의 컴퓨터에 대해서 어느 컴퓨터와 연결할 수 있는지를 결정하고 통제하는 전환 콘솔.

duplex constitution[–kɑ̀nstitjú:ʃən] **듀플렉스 구성** 전자 계산기 등을 사용한 시스템에서 설비의 고장에 의한 시스템 다운(system down) 등의 장애에 대처하여 시스템의 신뢰성을 높이기 위하여 일반적으로 이중화, 예비, 대행 등을 설계하여 구제하는 방법이 취해진다. 이 구성법으로서는 ① 듀얼(dual) 구성 ② 듀플렉스(duplex) 구성 ③ 폴백 방식 ④ 장치 예비 등의 수법이 있다. 이 중에서 대표적인 것은 듀플렉스 구성인데, 은행, 좌석 예약 등 많은 시스템에서 사용되고 있다. 이 수법은 기본적으로는 처리에 필수적인 설비(hardware)를 2조로 하는 이중화 방식이 있는데, 이 중의 한쪽은 본래의 주요한 처리로서, 예컨대 온라인 처리를 하고, 다른 쪽은 고장 발생시를 대비한 예비용으로서 유휴(遊休)하거나 좀더 즉시성이 적은 처리이다. 예를 들면, 관련 있는 배치(batch) 처리를 하는 것이다. 이 방법에 의하면 한편의 보다 중요한 서브시스템(subsystem) 처리가 설비의 고장에 의하여 처리 속행(續行) 불능인 경우에는 곧 다른쪽의 설비로 충분한 처리를 속행시켜 고장난 서브시스템의 상태를 보존하여 원인 구명 등의 처리를 할 수 있다. 처리 계통을 완전히 이중화하여 항상 하나의 처리를 두 개의 서브시스템에서 하고, 각각의 처리 결과를 조합하여 처리를 진행하는 방법이 듀얼(dual) 구성이라고 하며 가장 값비싼 수법으로서 군용(軍用) 시스템 등에서 사용되고 있다. 또한 고장 발생시를 위하여 특히 예비기를 사용하지 않고 구성 기기 사이에 서로 기능을 대행함으로써 능력이 저하되어도 처리가 속행되는 방법을 폴백(fall-back) 방식이라고 부르며, 멀티프로세서(multi-processor) 시스템은 폴백 방식이 가능하다는 것이 특징으로 되어 있다. 그리고 시스템 구성 중에 중요한 개소, 또는 신뢰도가 부족한 개소 등에 중점적으로 예비기를 설치 보강하는 방법을 장치 예비 또는 요소 예비(element stand by)라고 한다.

duplexed system [djú:plekst sístəm] **이중 시스템** 한 시스템 내에서 두 개의 컴퓨터 주변 장치 또는 다른 회로 등에 사용하며 한쪽이 고장이 났을 때 다른쪽 시스템을 계속 운용하는 것. 주계 시스템과 종계 시스템으로 구성된다.

duplex equipment [djú:pleks ikwípmənt] **예비 장치** 기본 장비가 고장났을 때 사용할 수 있는 예비, 비상 안전 장비 또는 장치.

duplexing [djú:pleksiŋ] **이중화** 시스템의 신뢰성을 올리기 위해 같은 기능을 가진 시스템을 두 개 준비하여 활용하는 것. 활용 방법에는 병렬 방식, 대기 방식의 두 가지가 있다. 이중화는 비용이 드는 방식이지만 높은 신뢰성을 요구하는 시스템(BME-WS 등)에서는 널리 활용되고 있다.

duplex line [djú:pleks láin] **이중 회선**

duplex log [-l5(:)g] **이중 로그** 로그 고장시 회복을 위해 로그를 이중으로 기록하는 것.

duplex mode [-móud] **이중 모드** 서로 연결된 두 장치에서 데이터를 교환할 때 양방향으로 동시에 데이터를 교환할 수 있는 상태.

duplex modification [-mɑ̀difikéiʃən] **이중 수식**

duplex online computer [-ɔ́(:)nlɑ̀in kəm-pjú:tər] **듀플렉스 온라인 컴퓨터**

duplex system [-sístəm] **DX, 듀플렉스 시스템, 이중 방식, 이중 시스템, 대기(待機) 시스템, 복신 방식** 두 개의 동일한 시스템을 구동시켜 한쪽을 삭제함으로써 한 번 더 예비로 사용하는 방법. 고장난 경우에는 자동적으로 다른쪽으로 처리가 이행하기 때문에 아무런 지장을 초래하지 않는 시스템이다. 신뢰성(reliability)이 높은 반면 비용이 드는 결점이 있으나 은행의 온라인 시스템 등에 채용되고 있다. 또 예비 시스템에서는 자원의 유효 이용을 위해서 배치 작업이 백그라운드 작업(background job)으로 행해지고 있다.

duplex transmission [-trænsmíʃən] **전이중 전송, 양방향 전송** 동시에 양방향 전송이 가능한 데이터 회선에서 이루어지는 데이터 전송.

duplicate [djú:plikət] *n.* **복제** 주변의 기억 장치에서 물리적으로 그대로 꼭 닮은 데이터나 프로그램을 복사 전송하는 것. 혹은 그 작업을 이중으로 행하는 것이나, 아주 똑같은 두 개처럼 행해진다고 하는 의미도 있다.

[주] 복제하다 : 원전(原典)으로부터 원전과 물리적으로 같은 형으로 데이터를 복사하는 것. 예 새로운 천공 카드를 원래의 천공 카드와 같은 천공 카드 패턴으로 천공한다.

duplicate disk [-dísk] **복사 디스크** ⇨ disk copying

duplicate distribution [-distribjú(:)ʃən] **중복 배선**

duplicated record [djú:plikətəd rikɔ́:rd] **중복 기록, 중복 레코드** 레코드 중에서 동일 파일에 존재하고 있으나 별도의 레코드와 아주 똑같은 키 번호를 갖고 있는 것을 표시한다.

duplicate elimination [djú:plikət ilìminéiʃən] **중복 삭제** 데이터 베이스 검색 결과에 포함된 서로 같은 투플 중에서 한 투플만 남기고 다른 것은 제거하는 작업.

duplicate key record [-kí: rikɔ́:rd] **중복 키 레코드**

duplicate label [-léibəl] **이중 정의 레이블** 두 개의 레이블에 두 개의 정의를 붙인 것. 고급 언어용에서 사용된다.

duplicate literal [-lítərəl] **중복 리터럴** 특별한 의미 없이 자체를 명명, 기술, 정의하는 데 사용하는 단어, 숫자, 부호(리터럴)가 프로그램 상에 두 번 이상 사용되는 경우.

duplicate mass storage volume[–mǽs stɔ́:ridʒ váljum] **중복 대용량 기억 볼륨**

duplicate record[–rikɔ́:rd] **중복 기록**

duplicate volume[–váljum] **중복 볼륨**

duplicating card punch[djú:plikeitiŋ ká:rd pʌ́ntʃ] **중복 카드 천공**

duplication[djù:plikéiʃən] *n*. **복사, 복사물, 중복** 원시 데이터와 물리적으로 같은 형으로 데이터를 옮기는 것.

duplication check[–tʃék] **이중 검사, 중복 검사** 동일한 작업을 독립적으로 두 번 하여 각각의 결과가 동일한가를 검사하는 것. 이 작업은 동일한 두 설비에서 동시에 일어나고, 하나의 설비에서는 시간 간격을 두고 수행한다.

duplication factor[–fǽktər] **복사 인수**

durability [djù(:)rəbíliti(:)] *n*. **지속성** 트랜잭션이 일단 완료되면 그 후에 어떤 형태로 시스템 고장이 나더라도 트랜잭션의 결과는 잃어버리지 않고 지속된다.

Durand/Kerner/Aberth method DKA법 한 변수가 n차 다항식으로 표시되는 대수 방정식의 영(0)점을 구성하는 방법으로, 모든 답을 동시에 구성하는 것이 가능하고 그 오차에 대해서는 엄밀한 평가가 가능하다.

duration[dju(:)réiʃən] *n*. **지속 기간, 존속 기간**

duration time[–táim] **지속 시간** 특정 작업의 소요 시간.

dust counter[dʌ́st káuntər] **먼지 계수기(計數器)** 대기중에 떠도는 먼지를 측정하는 장치로서 압전 결정 소자를 센서로 하는 피에조 밸런스법과 산란 광량을 전기 신호로 변환하는 광산란법 및 β선 흡수법이 있다. 피에조 밸런스법은 분진의 입자 지름이나 종류에 의한 영향이 적고, 또 최소 분해력 $1\mu g/m^3$의 저농도까지 안정적으로 측정할 수 있다. 광산란법은 먼지의 시간적 변화나 공간적 변화의 측정에 유효하며 빌딩 관리나 작업 환경을 감시 · 제어하는 공조(空調) 설비나 환풍기와 연동시킬 수 있다.

dust cover[–kʌ́vər] **먼지 덮개** 마이크로컴퓨터 디스크 장치, 단말기 등에 먼지의 침입을 방지하기 위해 덮는 플라스틱제 비닐 커버.

duty cycle[djú:ti(:) sáikl] **듀티 사이클, 듀티 주기** 펄스의 주기에 대한 펄스폭의 비율을 나타내는 주기.

duty factor[–fǽktər] **듀티 팩터**

DV 디지털 비디오 digital video의 약어. 이제까지 VTR이나 캠코더에서 사용되던 아날로그 방식이 아닌 디지털 방식으로 촬영한 비디오. 6mm 디지털 테이프를 시작으로 8mm용 제품도 나와 있다. 기존의 아날로그 방식은 재생 시간이 길 경우 화질에 손상을 가져오고, 정지 화면의 상하단에 떨림이 생기는 데 반해, 디지털 방식은 재생과 상관없이 화질에 손상이 없어 선명하다. 부대 장치를 PC에 설치하면 컴퓨터로도 바로 편집이 가능하다는 장점이 있어 인터넷 방송국을 중심으로 보급이 늘고 있다.

DVCT 장치 특성 테이블 device characteristics table의 약어.

DVD 디지털 비디오 디스크 digital video disk의 약어. 디지털 방식으로 입출력이 가능한 차세대 영상 매체. 저장 용량면에서 비디오 CD의 경우 약 680MB의 데이터를 저장하는 반면, DVD는 단면에 4.7GB, 양면 구조 디스크가 8.5GB의 데이터를 저장할 수 있다. 비디오 CD는 MPEG-1 규격의 1.2 Mbps(1초당 1.2MB)로 압축된 비디오와 오디오 테이프를 74분 가량 저장할 수 있으므로, 한 편의 영화를 감상하려면 2장의 CD가 필요하다. 그러나 DVD는 단면 디스크인 경우 MPEG-2 규격으로 평균 4.7Mbps로 압축된 비디오 화면과 멀티 채널로 압축된 오디오 신호를 최소 133분 저장하고, 양면 디스크인 경우 최소 242분을 저장할 수 있으며, 재생된 영상 화질도 레이저 디스크(LD)보다 선명하여 현재까지 나와 있는 어떤 매체보다 뛰어난 매체이다. DVD의 규격은 컴팩트 디스크(CD)와 같은 크기의 지름 12cm의 원반에 CD와 같은 지름을 갖고 있으며, 극장에서 느낄 수 있는 현장감 있는 사운드와 영화 자막 변환, 내용별 보기, 주인공 소개 등 다양한 메뉴를 소비자가 직접 선택해볼 수 있으며, 대용량 · 고음질 · 고화질 · 상호작용성 기능 등을 갖춘 차세대 미디어로 등장하고 있다. DVD는 차세대 기록 미디어로서 기대를 모으고 있으며, CD와 같은 크기의 광디스크로 4~26배의 데이터를 저장할 수 있다. CD나 CD-ROM은 두께 1.2mm의 단일판으로 한 장이지만 DVD는 두께 0.6mm의 단일판이 2장 맞붙어 있다. DVD의 종류는 기록 매체인 DVD 디스크와 이것을 판독하기 위한 DVD 드라이브가 있다. DVD는 크게 판독 전용의 DVD-ROM(read only memory), 수정 가능한 DVD-RAM(random access memory), 기록 가능한 DVD-R(recordable)이 있다. ⇨ 표 참조, 그림 참조

DVD-R 레코더블 DVD digital versatile disk recordable의 약어. 한 번만 기록할 수 있는 DVD. CD 크기(지름 12cm)와 싱글 CD 크기(지름 8cm)의 디스크가 규격화되어 있고, 기억 용량은 8cm 단면 1.2GB, 양면 2.5GB, 12cm 단면 3.9GB, 양면 7.9GB이다. ⇨ DVD, DVD-RAM, DVD-ROM

DVD-RAM digital versatile disk-RAM의 약어. 몇 번이라도 기록할 수 있는 DVD. 기억 용량은 단

〈DVD의 특성〉

구 분	내 용
고화질	· MPEG-2 국제 압축 표준을 이용한 동영상 압축 · LD(laser disk) 이상의 고선명 화질
고음질	· Dolby AC-3에 의한 디지털 서라운드 오디오 · 가정에서 극장과 동일한 음향 효과
대용량	· 단면인 경우 기존 CD(650MB)의 8배 용량인 4.7GB · 기존 영화의 90% 이상을 단면으로 제작 가능
wide screen 기능	· 16 : 9 비율의 wide screen 영상을 기본으로 제공 · 4 : 3 비율의 기존 영상 규격과 호환
multi-language 기능	· 최대 8개 국어의 음성 처리 가능 · 최대 32개 국어의 자막 처리 가능
multi-angle 기능	· 최대 9개 각도의 카메라 영상 지원 가능
multi-story 기능	· 사용자의 선택에 의한 multi-screen과 줄거리 감상 기능 지원
다양한 호환성	· 기존의 Video-CD, CD-I, CD-ROM 등과 호환

면 2.6GB, 양면 5.2GB이다. 앞으로는 양면 합쳐서 15GB 이상의 기억 용량을 목표로 하고 있다. PC뿐 아니라 비디오를 대신하여 영상 기록 매체로서 그 활용이 기대된다.

〈CD-ROM과 DVD-ROM의 비교〉

구 분	CD-ROM	DVD-ROM
용 량	680MB	4.7GB(단면)
해상도	352×240	720×480
저장 방식	MPEG-1	MPEG-2
속 도	3,600kB/sec(24×)	DVD:1,350kB/sec(1×) CD:1,200kB/sec(8×)
단 점	많은 양의 데이터 저장 불가능	CD-R 타입의 CD (백업 CD) 사용 불가, 은색 CD만 인식 가능

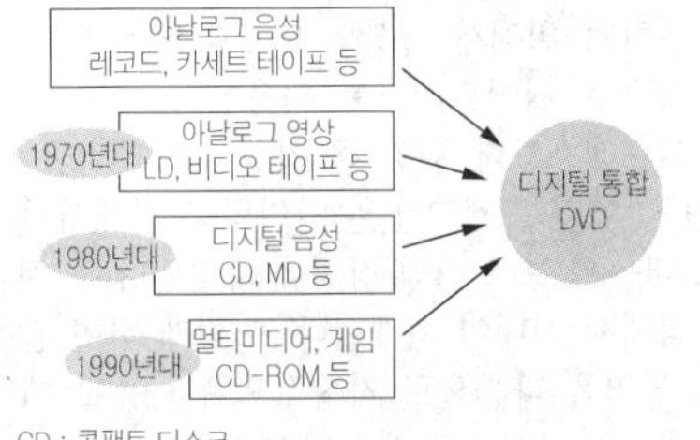

〈DVD로의 발전 방향〉

DVD-RAM/R/RW 디지털 다기능 디스크 램/읽기/읽고 쓰기 digital versatile disc-random access memory/read/read-write의 약어. 디스크 한 장에 CD-ROM(680MB)의 약 7배인 4.7GB의 정보를 담을 수 있는 차세대 기록 매체. 처음에는 MPEG-2 표준에 따라 비디오 CD보다 월등한 고화질, 고음질의 디지털 비디오 디스크를 의미했지만, 최근에는 디지털 다기능 디스크(digital versatile disc)로 그 뜻이 전이되고 있다. DVD는 CD-ROM에 비해 트랙 사이의 간격과 피트/랜드 간격이 2배 이상 좁기 때문에 더 많은 용량을 저장할 수 있다. DVD 미디어의 두께는 CD-ROM과 같이 1.2mm이지만 0.6mm의 두 개의 판이 겹쳐진 형태로 되어 있어 각각의 판에는 서로 다른 데이터를 저장할 수 있으며, 한쪽 면은 다시 이중 구조로 구성되어 레이저의 초점 거리를 변화시켜 용량을 최대 17GB까지 증가시킬 수 있다. DVD는 용도에 따라 DVD-ROM, DVD-RAM, DVD-R, DVD-RW 등으로 분류된다.

DVD-ROM digital versatile disk-ROM의 약어. DVD를 이용한 기록 전용 매체. 읽기용 레이저 광의 초점을 겹치지 않게 하여 데이터의 기록층을 2층으로 만들 수 있다. 기억 용량은 1층 단면 4.7GB, 2층 단면 8.5GB이고, 1층 양면 9.5GB, 2층 양면 17GB이다. 영상을 기록한 것은 DVD 비디오라 한다. 영화나 애니메이션 등으로 시판이 차츰 증가하고 있다.

DVD+RW digital versatile disk phase change rewritable의 약어. 소니 사가 독자적으로 발표한 DVD를 이용한 기록 매체의 규격. 디스크 단면의 기억 용량은 3.0GB, 디스크 양면은 6.0GB이다.

DVD-R/W digital versatile disk rewritable의 약어. 읽기 가능한 DVD 규격의 하나. DVD를 기본으로 한 번만 추가 기록할 수 있는 DVD-R을 몇 번이라도(약 1,000회) 기록할 수 있게 되어 있다. 디스크 단면의 기억 용량은 4.7GB이다.

DVI (1) **디지털 비디오 인터랙티브** digital video interactive의 약어. 미국의 RCA 사와 GE 사가 디지털 TV를 만들 목적으로 개발한 영상 압축 기술. DVI 기술의 가장 큰 특징은 대용량의 영상 및 음성 데이터를 압축하여 CD-ROM에 담을 수 있으며, 압축률은 최고 144 : 1 정도이다. DVI 보드는 딜리버리 보드(delivery board)와 캡처 보드(capture board)로 구성되며, 딜리버리 보드는 주로 압축과 이미지 재생을, 캡처 보드는 이미지 데이터와 아날로그 신호를 디지털로 변환하는 역할을 한다. (2) **디지털 비디오 인터페이스** digital visual inerface의 약어. 액정 디스플레이와 같은 디지털 디스플레이와 PC를 디지털 인터페이스로 연결하는 규격. 미국 컴팩과 실리콘 이미지 사 등으로 구성되는 DDWG (Digital Display Working Group)에서 1999년 4월에 책정하였다.

DVI file DVI 파일 device independent file의 약어. TEX 파일을 컴파일할 때 생성되는 파일 데이터 형식. ⇨ TEX

DVM 디지털 전압계 digital volt meter의 약어. 측정된 전압이 바늘이 아니라 숫자로 표시되는 고정밀도 전압계.

Dvorak keyboard[dvɔ́:rɑ:k kíbɔ̀:rd] **드보락 키보드** A. Dvorak에 의해 고안된 키보드 배열 방법. 많이 쓰이는 문자가 가장 강한 손가락이 조작할 수 있게 중앙에 배열한다. 쿼티(QWERTY) 자판보다 오류가 적게 발생하고 사용자가 덜 피로하며 속도도 훨씬 빠른 것으로 나타난다.

DVT 장치 벡터 테이블 device vector table의 약어.

DV terminal DV 단자 digital video terminal의 약어. 소니, 마츠시타 전기산업, 캐논 등의 디지털 비디오 카메라에 채용되어 있는 디지털 비디오용 입출력 단자. 전송 속도는 25Mbps, IEEE 1394 인터페이스를 기준으로 하고 있다. IEEE 1394 보드를 장착한 PC와 디지털 비디오를 접속하여 고품질 화상을 얻을 수 있다. ⇨ IEEE 1394

dwell[dwél] *n.* **드웰** (1) NC 공작 기계에서 정지 시간을 정해두고, 그 명령이 나오면 미리 정해둔 시간만큼 지연되는 것. (2) 프로그램된 시간 또는 결정된 시간만큼 다음 블록으로 들어가는 것을 지연시키는 모드인데, 인터록이나 홀드는 아니며 NC의 준비 기능의 하나이다.

DX 이중 방식, 이중 시스템, 대기 시스템, 복신 방식 duplex system의 약어.

DXF 데이터 교환 방식

dyadic[dɑiǽdik] *a.* **이항의, 이항** 두 개의 피연산자를 사용하는 연산을 말한다.

dyadic Boolean operation 이항 불 연산 두 개의 오퍼랜드에 관한 불 연산. 두 개의 피연산자가 있는 논리 연산자. AND, OR, XOR, NAND, NOR 등이 있다.

dyadic Boolean operator 이항 불 연산자

dyadic operation[–ɑ̀pəréiʃən] **이항 연산** 두 개의 피연산자에 대한 연산.

dyadic operator[–ɑ́pərèitər] **이항 연산자** 둘만의 오퍼랜드에 대한 연산을 표시하는 연산자. ⇨ binary operator

Dynabook 다이나북 (1) 앨런 커티스 캐이(Alan Curtis Kay)가 제창한 이상적 컴퓨터. 노트 정도의 크기, 대화형 그래픽 컴퓨터, 객체 지향 언어, 통신 기능 등을 특징으로 한다. 아이들도 쉽게 사용할 수 있는 것을 목표로 하고 있다. (2) 도시바 사가 1988년에 발매한 세계 최초의 노트북 컴퓨터의 상품명.

dynamic[dɑinǽmik] *a.* **동적** 장치나 시스템의 상대가 시시각각으로 변화하고 있는 것을 표시한다. 정적인 것과 대비된다. 컴퓨터의 주기억 장치로 사용되는 RAM에서 MOS 축전기의 전하로 정보를 기록하는 회로 방식.

[주] 프로그램의 실행중에만 확립될 수 있는 성질에 관한 용어. **예** 가변 길이 변수의 길이는 동적이다.

dynamic access[–ǽkses] **동적 호출**

dynamic access control method[–kəntróul méθəd] **동적 점유 방식**

dynamic adaptive operating system [–ədǽptiv ɑ́pəreitiŋ sístəm] **동적 적응형 운영체제** 목적에 대해서 최적의 구조를 예측해서 시스템 매개변수를 최적으로 할 수 있는 운영 체제.

dymamic address relocation[–ədrés ri:loukéiʃən] **동적 어드레스 재배치**

dynamic address translation[–trænsléiʃən] **DAT, 동적 어드레스 변환** 명령의 실행중에 가상적인 기억 어드레스로부터 실기억 영역 어드레스로 변환을 행하는 것. 시스템은 메모리를 유효하게 사용하기 위해서 가상의 어드레스를 준비하고, 다중적으로 실어드레스를 사용한다. 이것에 의해서 실어드레스보다 훨씬 큰 가상 어드레스를 얻을 수 있다. 어떤 프로그램은 임의의 시점에서 중단되고 그 내용은 보조 기억 장치에 축적된다. 그것을 어떤 시점에서 꺼내어 재개한다. 이렇게 하여 같은 메모리 영역을 다중으로 가상적으로 사용할 때의 실어드레스와 가상 어드레스의 변환이다.

dynamic address translator[–trænsléitər] **동적 어드레스 변환기** 가상 기억 방식에 있어서 가상 어드레스 공간에서 실어드레스 공간으로의 사상(mapping)을 하는 하드웨어.

dynamic allocation[–ǽləkéiʃən] **동적 할당, 다이내믹 얼로케이션, 동적 분배** 기억 영역을 할당하는 기법의 하나. 필요가 발생한 시점에서 적용되는 기준에 따라 프로그램 및 데이터에 대하여 기억 영역을 분배하는 방식. 다중 프로그램에서 시스템 자원을 효율적으로 사용하기 위하여 수시로 각 작업의 상태를 판단하여 그때마다 메모리의 분배를 바꾸는 방식이다.

dynamic allocation index[–índeks] **동적 배분 지수, 동적 할당 지수**

dynamic allocation interface routine [–íntərfèis ruːtíːn] **DAIR, 동적 분배 인터페이스 루틴**

dynamical system[dɑinǽmikəl sístəm] **동적 시스템** 이 시스템의 프로세싱은 외부의 입력에 따라 영향을 받아 작동하고 출력으로서 프로세싱의 양을 외부에 반영시키는 것인데, 시스템의 원리란 입력, 프로세싱, 출력의 기구가 존재하는 것이다.

dynamic architecture[dɑinǽmik ɑ́ːrkitèktʃər] **다이내믹 아키텍처, 동적 구조** 컴퓨터의 프로그램이 실행될 때, 현재 실행 조건에 최적이 되도록 컴퓨터 구조를 변경하는 구조. 좁은 의미로는 COBOL이나 FORTRAN 등의 고급 언어가 실행될 때 그 언어에 적합하도록 컴퓨터 아키텍처를 변경하는 아키텍처를 다이내믹 아키텍처라고 한다. 넓은 의미로는 실행 환경을 이해하지 못하면서 컴퓨터의 아키텍처를 변경하는 것을 말한다.

dynamic area[–ɛ́(ː)riə] **동적 영역** (1) OS/VS에서 작업 단계나 시스템 태스크에 배당되는 영역으로 분할된 가상 기억 장치의 부분. (2) OS/VS에서 작업 단계 또는 시스템 태스크를 실행하는 프로그램에 의해 사용되고 있는 영역의 기억 장치 전체.

dynamic array[–əréi] **동적 배열** ALGOL 등의 언어에서 배열의 크기와 상한, 하한이 실행시에 결정되도록 해서 배열의 크기나 상한, 하한에 수식을 사용할 수 있도록 융통성을 부여한 것.

dynamic array area[–ɛ́əriə] **동적 배열 영역**

dynamic array bound[–báund] **동적 배열 한계** 동적으로 데이터 구조를 정할 수 있는 언어 프로그램에서 선언된 배열의 한계가 프로그램 수행중에 결정되는 수행의 한계.

dynamic asynchronous logic circuit system[–əsíŋkrənəs lɑ́dʒik sə́ːrkit sístəm] **DALC system, DALC 시스템** 직류 방식이 아닌 비동기 방식의 하나로 2진 부호(0, 1)에 각 발진파 직류 레벨(레벨 포함)을 대응시키거나 주파수가 다른 두 개의 발진파를 대응시킨다.

dynamic balance[–bǽləns] **동적 평형** 치열한 기업 경쟁에서 이미 처한 환경과 그에 필요한 여러 가지 전략적 문제 해결의 관계에서 평형이 유지되는 것.

dynamic binding[–báindiŋ] **동적 바인딩** 버전이 생성될 때 버전 구성시에 컴포넌트 객체의 지정은 이루어지지만 컴포넌트 객체의 어떤 버전을 사용할 것인지는 미지정인 상태.

dynamic block allocation[–blɑ́k æ̀ləkéiʃən] **동적 블록 할당** 빈 블록들로 구성된 공간으로부터 임의의 한 공간을 공간이 필요한 파일에 부여하는 것.

dynamic brake[–bréik] **다이내믹 브레이크**

dynamic buffer[–bʌ́fər] **동적 버퍼 방식** 전문(電文)의 송수신 처리 사이에 컴퓨터의 주기억 장치 내에 처리 대기 전문을 보존하는 방식(버퍼링)의 하나. 이 방식은 주기억 장치 내의 버퍼를 고정한 회선에 할당하지 않고 어느 회선과의 송수신 메시지에서도 자유롭게 사용할 수 있는 회선 버퍼 집단을 마련하는 것으로 제어는 복잡하지만 메모리 사용량에서 보면 경제적인 방식이다.

dynamic buffering[–bʌ́fəriŋ] **동적 버퍼링** 버퍼 기억 장치에 대한 동적 할당. 즉, 버퍼의 크기나 버퍼 풀의 크기를 도착 데이터의 크기에 따라 가변으로 하는 방법. 버퍼 사용법의 하나이며, 개개의 회선에는 버퍼를 만들지 않고 회선 모두가 공용할 수 있는 버퍼를 준비한다. 이 버퍼 방식을 실현하기 위하여 버퍼 풀이라는 기억 장치를 블록으로 나누어 사용하는 방법을 채택하고 있다. 이것은 회선으로부터 데이터의 입력이 있었을 경우 그 데이터의 크기에 따라 기억 장치를 블록으로 구분하여 거기에 회선에서 온 데이터를 수용한다. 이 방법을 쓰면 버퍼로 쓰는 영역이 작아져서 기억 장치를 효과적으로 사용할 수 있으나 제어 프로그램이 복잡해진다.

dynamic bandwidth allocation [–bǽndwìdθ æ̀ləkéiʃən] **동적 대역폭 할당** 네트워크에서 파일을 다운로드하는 사람이 같은 ISDN 라인으로 전화 통화도 할 수 있는 것. 이것을 가능하게 하기 위해 ISDN 기기는 데이터 전송에 쓰이는 채널 하나를 음성 통화에 다시 할당하는 것이다. 일단 통화가 끝나면 그 채널은 다시 데이터 전송에 복귀되어 전송의 효율을 향상시키게 된다.

dynamic cell[–sél] **동적 셀** 콘덴서 충전으로 데이터를 저장하는 기억 셀. 데이터 유지 전력도 작고 구조도 단순하다.

dynamic chain link[–tʃéin líŋk] **동적 체인 링크** 서브루틴이 호출되면 각 서브루틴에 해당되는 활성 레코드가 스택에 차례로 들어가는데, 이때 활성 레코드의 첫 항목에 호출 부분의 주소를 갖게 되고, 이때 서브루틴들이 다중화되어 네스티드(nested)되면 호출 순서대로 각 서브루틴의 리턴 주소들이 체인 모양으로 연결되는 것이 동적 체인으로 서브루틴 호출시에 사용되는 메커니즘이다.

dynamic characteristics[–kæ̀rəktərístiks] 동적 특성 측정량이 변동할 때의 계측기의 지시 측정.

dynamic check[–tʃék] **동적 검사** 미리 계산된 값과 계산 모드에서 얻어진 결과를 비교하여 검사하는 방법인데, 프로그램의 정확성을 검사하는 방법.

dynamic circuit[–sə́ːrkit] **동적 회로** 커패시터 상에 전하로서 정보를 기억하는 회로.

dynamic control[–kəntróul] **동적 제어** 계산 또는 명령어가 수행되는 도중에 컴퓨터 자체가 명령어를 변경하는 방법으로 컴퓨터를 작동시키는 것.

dynamic data base[–déitə béis] **다이내믹 데이터 베이스**

dynamic data field[–fíːld] **동적 데이터 필드**

dynamic data link[–líŋk] **동적 데이터 연결** ⇨ DDL

dynamic data set definition[–sét dèfiníʃən] **동적 데이터 세트 정의**

dynamic data structure[–strʌ́ktʃər] **동적 데이터 구조** 데이터의 효율적인 첨가 또는 삭제가 가능한 자료.

dynamic debug[–diːbʌ́(ː)g] **동적 오류 수정** 사용자가 작성한 프로그램을 대화 형식으로 오류 수정을 할 수 있게 하는 것.

dynamic debugging tool[–diːbʌ́(ː)giŋ túːl] **동적 디버깅 도구** 사용자가 작성한 프로그램을 대화 형식으로 오류 수정을 할 수 있게 하는 프로그램.

dynamic device reconfiguration[–diváis rikənfìgjuréiʃən] **DDR, 동적 장치 재편성** 작업을 비정상 상태로 중지하거나 초기 프로그램 적재를 다시 하지 않고, 제거 가능한 볼륨을 이동시켜서 필요하면 재위치 설정을 가능하게 하는 기구.

dynamic dispatching[–dispǽtʃiŋ] **동적 태스크 지명**

dynamic dissipation[–dìsipéiʃən] **동적 소모** 트랜지스터 회로의 스위칭 과정에서 부하 용량을 충전, 방전시킬 때 소모되는 전력.

Dynamic Document[–dɔ́kjumənt] **다이내믹 도큐먼트** 넷스케이프 사에서 제안한 프로토콜로 서버측에서 문서를 연속적으로 보내고 브라우저는 이를 처리해 주기적으로 문서를 수정·변경하는 메커니즘 또는 브라우저에게 일정 주기 후에 문서를 자동으로 요구하도록 하는 메커니즘. http://home.netscape.com/assist/net_sites/dynamic_docs.html 참조.

dynamic dump[–dʌ́mp] **동적 덤프** (1) 프로그램의 「실행중」에 덤프(발생)하는 것. 정적 덤프(static dump)와 비교된다. (2) 컴퓨터 프로그램이 실행 중에 덤프하는 것이며, 통상 컴퓨터 프로그램 제어의 근본으로 행해진다.

dynamic dumping[–dʌ́mpiŋ] **동적 덤핑** 프로그램이 테스트되고 있는 동안 인터럽트를 피하기 위해 고장 진단 테스트를 인쇄하는 특수 덤핑.

dynamic error[–érər] **동적 오차** 아날로그 장치에서 그 장치의 주파수 응답이 적절하지 않는 것에서 발생되는 오차.

dynamic flip-flop[–flíp flɑ́p] **다이내믹 플립플롭** 동기식 컴퓨터에서만 사용되며, 플립플롭 펄스가 어떤 상태에 있다는 것을 직류적 신호가 아니고, 연속적인 펄스 발생 상태로 나타내는 것.

dynamic flow diagram[–flóu dáiəgræ̀m] **동적 순서도** 테이블, 인덱스 레지스터, 서브루틴 등과 같은 항목을 참조할 수 있게 하는 것으로 컴퓨터 프로그램이 수행되는 상태를 시간의 함수로 나타내는 도표.

dynamic focus[–fóukəs] **동적 초점** CRT 화면 중심에서 제어 통로 설계를 잘 하면 화면이 흐려지거나 비초점의 수의 차이가 생기는 현상을 감소시킬 수 있고, 전자 렌즈 설계로서 주사점 크기를 최소화할 수가 있다. 균일한 초점을 얻는 실제적 방법은 초점 그리드(grid)에 정확한 전압을 공급하는 것으로, 이것이 동적 초점 맞추기이며 대부분 CRT 화면 표시 장치 등에서 사용한다.

dynamic group[–grúːp] **동적 집단** 인구 통계 단위와 같은 일정 시간 내에 계속적 조사에 의한 통계 집단을 말하며, 동적 집단의 역개념으로 정적 집단은 일정 시점을 기준으로 조사된다.

dynamic handling[–hǽndliŋ] **동적 조작** 여러 의미가 있으나, 보통 기계어로 된 프로그램이 수행될 때까지 주어진 특성이 미리 조작되지 않는 것을 말한다.

dynamic hashing[–hǽʃiŋ] **동적 해싱** 레코드의 삽입이 빈번히 이루어질 때 발생되는 오버플로 문제를 해소하기 위해 주소 공간의 크기를 동적으로 변화시키는 기법.

dynamic hazard[–hǽzərd] **동적 해저드** 신호가 전이될 때 그 값이 한 번 이상 바운스(bounce)하면서 발생되는 현상.

dynamic hypertext markup language [–hàipərtékst mɑ́ːrkʌ̀p lǽŋgwidʒ] **동적 HTML** ⇨ DHTML

dynamic image[–ímidʒ] **동적 이미지** 개개의 화상 처리 과정에 의하여 변화할 수 있는 표시 화상의 전경(前景) 부분.

dynamic index[–índeks] **동적 인덱스** 이것에 쓰이는 방법은 2진 트리, AVL 트리, B 트리 등이 있고, 인덱스된 파일이 변경됨에 따라서 인덱스의 구조도 변경되는 인덱스.

dynamic indicator[–índikèitər] **동적 인디케이터** 클록 펄스가 0에서 1, 1에서 0으로 되는 변이 과정에서 출력도 변하는 장치.

dynamic instruction[–instrʌ́kʃən] **동적 명령어** 실시간이나 시뮬레이션된 환경에서 컴퓨터가 수행하는 일련의 기계 절차.

dynamicizer[dainǽmisizər] *n.* **다이내미사이저** 공간적으로 동시에 존재하는 상태로 표현되고 있는 데이터를 이것에 대응하는 시간적으로 직렬인 상태로 표현하도록 변환하는 기구.

dynamic knowledge base[dainǽmik nɑ́lidʒ béis] **동적 지식 베이스** 전문가 시스템에서 상당 시간 동안 만들어지는 모든 결과를 임시 저장하는 작업 메모리.

dynamic library[–láibrəri] **동적 라이브러리** 필요할 때만 호출되는 라이브러리.

dynamic link[–líŋk] **다이내믹 링크, 동적 링크** 컴퓨터에서 프로그램을 실행하기 전에 필요한 프로그램을 완전히 결합하는 것을 정적 링크라 하는 데 반해 실행중에 필요한 프로그램을 결합하여 실행을 수행하는 결합 방식.

dynamic linker[–líŋkər] **동적 연결기** 동적 연결을 해주는 프로그램.

dynamic linking structure[–líŋkiŋ strʌ́ktʃər] **동적 링크 구조**

dynamic link library[–líŋk láibrəri] **동적 연결 라이브러리** ⇨ DLL

dynamic link monitor program[–mɑ́nitər próugræm] **동적 링크 감시 프로그램**

dynamic link table[–téibəl] **동적 링크 테이블**

dynamic loading[–lóudiŋ] **다이내믹 로딩, 동적 적재** 실행중인 프로그램이 다른 프로그램 모듈이나 루틴을 참조할 때 프로그램 모듈이나 루틴을 주기억 장치에 적재하는 것.

dynamic logic[–lɑ́dʒik] **동적 논리** 논리 자체를 매개체로 이용하는 것으로 프로그램에서 데이터의 흐름을 이미 명시된 순서에 따라 표현하는 것이 논리라고 할 때 동작 논리는 데이터의 흐름을 단 하나로 명시하는 것이 아니고, 논리 자체를 매개변수처럼 필요한 경우에는 변형하여 적용할 수 있는 것.

dynamic loop[–lú:p] **동적 루프** 자체가 스스로 분기하는 하나의 명령문으로 구성된 특정한 루프 종류로서 오류를 나타내는 등의 컴퓨터 운용의 편의를 위해 사용된다.

dynamic memory[–méməri(:)] **동적 기억 장치** 동적 램(DRAM)을 써서 구성한 기억 장치. RAM에는 DRAM과 SRAM(정적 램)의 두 종류가 있는데, SRAM은 회로에 전원을 공급하고 있는 동안은 기억한 데이터를 계속 유지할 수 있지만, DRAM은 전원을 공급하더라도 점점 데이터가 사라져간다. 그 때문에 데이터가 사라지기 전에 다시 데이터를 써놓지 않으면 안 된다. 이것을 리프레시(refresh)라고 하며, 몇 천분의 1초마다 해준다.

dynamic memory allocation[–ǽləkéiʃən] **동적 메모리 할당** 할당의 개념에 따라서 프로그램에 어떤 메모리를 할당하는 것인데, 우선 순위나 크기 또는 효율성 등에 입각한다.

dynamic memory element[–éləmənt] **동적 기억 소자**

dynamic memory relocation[–ri:loukéiʃən] **동적 메모리 재배치**

dynamic menu[–ménju:] **동적 메뉴** 스크린 커서가 움직일 때마다 자동으로 메뉴의 위치가 변하는데, 사용자가 요구할 때만 현재의 스크린 커서 위치에 나타나는 메뉴로 화면의 일정한 위치에 항상 존재하는 정정 메뉴와는 다르다.

dynamic microprogramming[–màikroupróugræmiŋ] **동적 마이크로프로그래밍** 컴퓨터의 심장부인 CPU의 기계어 명령에 융통성을 갖게 하고, 기계어 명령 그 자체를 변경 가능하게 한 시스템으로 프로그래밍하는 방법. 이 경우 마이크로프로그램을 제어 기억 장치에 기억시켜 두고, 변경할 경우는 그 마이크로프로그램을 고쳐 쓰기만 하면 된다.

dynamic models[–mɑ́dəlz] **DYNAMO, 다이내믹 모델** 운용 과학 기법의 일종.

dynamic multiplexing[–mʌ́ltiplèksiŋ] **동적 다중화** 각 통신 회선에 대한 채널의 할당이 시간에 따라 계속해서 변하는 다중화 방식.

dynamic nesting[–néstiŋ] **동적 내포** 블록 활성화의 내포 관계이며 프로그램이 실행되는 동안 블록 프로그램이 실행되는 순서.

dynamic page relocation[–péidʒ ri:loukéiʃən] **동적 페이지 재배치** 주소 지정이 가능한 레지스터에 의해서 자동으로 주소가 지정될 수 있는 여러 개의 블록으로 내부 기억 장치를 분할하는 방법.

dynamic parameter[–pərǽmətər] **동적 파라미터** 컴퓨터 프로그램의 실행중에 설정되는 파라미터. ⇨ program generated parameter

dynamic partition[–pɑ:rtíʃən] **동적 분할** 고정 분할에서의 고정된 경계를 없애고 작업을 처리하는 과정에서 크기에 맞도록 기억 장소를 할당하는 방법. 동적 분할을 하기 위해서는 기억 장소를 배당하고 다시 회수하는 알고리즘이 필요하다.

dynamic pert[–pə́:rt] **동적 퍼트** 각 공정의 비

용이 그 소요 일수에 의존할 때 프로젝트 전체에서 시간과 비용을 동시에 제어하는 수법으로 프로젝트의 진행에 따라 비용과 시간의 관계를 체크한다. 다시 말해 일정 대 비용의 최적화를 계산하는 방법이다. CPM(critical path method)이라고 불리는 수법도 있다(CPM은 정적 퍼트라는 의미로도 사용되므로 주의를 요한다).

dynamic printout[–príntàut] **동적 출력** 기계가 프로그램을 수행하는 동안 일어나는 일련의 동작의 일부로서 일어나는 데이터 출력.

dynamic priority[–praiɔ́(:)riti(:)] **동적 우선 순위** 작업들 사이에 우선 순위를 결정하여 정해진 순서를 상황의 변화에 대처하여 계속 변동하는 것.

dynamic processing[–prɑ́sesiŋ] **동적 처리** 파일 처리에서 랜덤 처리에 의해 레코드의 위치를 정한 뒤에 그보다 앞부분의 것을 순차로 처리하는 것.

dynamic program loading[–próugræm lóudiŋ] **동적 프로그램 적재** 이미 적재되어 실행중인 프로그램이 필요로 하는 프로그램 모듈이나 루틴을 주기억 장치에 적재하는 것.

dynamic programming[–próugræmiŋ] **동적 프로그래밍** 문제에 대한 해결의 알고리즘 설계 기법 중의 하나. 순차적으로 된 의사 결정의 최적화 문제를 정식화함으로써 얻어지는 문제 취급 이론 및 수법. R. Bellman이 창시한 이론이며, 적용 범위는 최적성 원리와 그가 부르는 일종의 가정이 만족되는 문제, 종류에 한정된다. 의지 결정을 최적성 원리 등을 사용해서 취급하는 방법 또는 이론으로, 동적 계획법의 내용에는 다단(多段) 배치 과정, 확률적 다단 결정 과정, 최적 재고 방정식, 병목 현상(bottle neck) 문제, 다단 게임, 마르코프형 결정 과정 등이 있다. ⇨ principle of optimality

dynamic program relocation[–próugræm riːloukéiʃən] **동적 프로그램 재배치** 정상적인 처리 능력에 악영향을 끼치지 않는 상태에서 부분적으로 실행된 프로그램을 주기억 장치의 다른 장소로 옮기는 것.

dynamic RAM **DRAM, 디램, 동적 RAM** 현재 MOS 메모리의 주류는 이 형식이다. 정적(static)인 RAM은 트랜지스터(MOS)가 6개 필요하고 동적 RAM에서는 원칙적으로 한 개밖에 필요 없지만, 용량(콘덴서)을 필요로 하여 시간이 되면 용량의 전압이 방전하므로 기록을 정기적으로 하여야 한다. 그러나 1비트당 저가격으로 구성할 수 있는 이점이 있다. ⇨ RAM

dynamic RAM module **동적 RAM 모듈** 대개 8K 동적 RAM은 8,192×8비트 NMOS 기억 장치로 4,096바이트 DRAM 칩 두 개로 되어 있는데, 각 칩은 선택할 수 있는 스위치가 있고, ROM으로도 사용할 수 있다.

dynamic range[–réindʒ] **동적 범위** 전송 시스템에서 동적 범위는 그 시스템의 잡음 수준과 과부하 수준 간의 차이를 데시벨로 나타낸 것.

dynamic register[–rédʒistər] **동적 레지스터** 각 레지스터를 링 모양으로 연결하여 신호를 순환시키면서 보존하는 직렬형과 여러 개의 신호 비트를 각각의 레지스터에 독립시켜 보존하는 병렬형이 있으며, 교류적인 진동의 유무에 따라 2치(二値) 신호를 나타내는 레지스터.

dynamic relocation[–riːloukéiʃən] **동적 재배치** (1) 다중 프로그래밍을 실행하기 위해 어느 루틴이 일정 주기억 장치의 영역을 항상 점령하는 것이 아니라, 필요에 따라 로케이션이 이동하는 것이다. 이것은 프로그래밍으로 각각 지정해서 행하는 것이 아니라 운영 체제 관리에 따라 자동으로 행해진다. (2) 프로그램을 주기억 장치와 서로 다른 영역에서 실행시키기 위해서 실행중에 이 프로그램에 대하여 새로운 절대 어드레스(absolute address)를 할당하는 처리. 다중 프로그래밍의 환경 하에서 주기억 영역에 있는 프로그래밍을 이동시킴으로써 주기억 영역에 별도의 프로그램을 할당하기 위한 영역을 할당할 수 있으며, 효율적이게 된다. 주로 시분할 등에서 하나의 태스크가 입출력 대기된 때 등 외부 기억 장치에 롤 아웃되었다 다시 롤 인될 때 이 재배치가 생긴다.

dynamic resource allocation[–risɔ́ːrs æ̀ləkéiʃən] **동적 자원 할당** 컴퓨터 프로그램의 실행을 위하여 할당된 자원이 필요시에 적용되는 기준에 의하여 결정되는 분배 기법의 하나. ⇨ dynamic allocation

dynamic response[–rispɑ́ns] **동적 반응** 시간에 대하여 입력의 함수를 나타내는 출력 장치의 출력 행위.

dynamic routine[–ruːtíːn] **동적 루틴**

dynamic routing[–ruːtíŋ] **동적 경로 배정** 컴퓨터의 네트워크에서 메시지를 전달하기 위한 통신로의 배정을 통신로를 거쳐가면서 결정하는 것.

dynamic routing algorithm[–ælgəriðm] **동적 경로 배정 알고리즘** 동적 경로 배정시 사용되는 방법론.

dynamics[dainǽmiks] *n.* **역학** 모든 사물에 작용하고 있는 힘의 작용. 제어 시스템, 사회 구조 시스템의 요소 간의 상호 관계를 일컫는다.

dynamic scattering display panel [dainǽmik skǽtəriŋ displéi pǽnəl] **동적 분산 디스플레이 패널** 전압의 인가에 의해서 액정 내의 분자

가 흩어지게 되어 빛을 난반사시켜 표시를 얻는 액정 표시 방식.

dynamic scheduling[–skédʒuliŋ] **동적 스케줄링** 미리 정해진 방법에 따라 스케줄링하는 것이 아니고, 시스템에서 만들어지는 요구에 따라 변화하는 스케줄링.

dynamic scope[–skóup] **동적 영역** 정적 영역과 반대 개념. 변수와 그 값의 연결이 실행시에 결정되는 것.

dynamic scope rule[–rú:l] **동적 영역 규칙** 각 변수들의 범위를 결정할 때 호출 관계를 통해서 결정하는 규칙. 즉 프로그램 구조 상에서 단순한 형태의 포함 관계로서 결정되는 것이 아니라 프로그램 수행시의 다양한 경로에 의해 결정된다.

dynamic search algorithm[–sə́:rtʃ ǽlgəriðm] **동적 탐색 알고리즘** 탐색의 대상이 되는 데이터의 첨가나 삭제를 가능하게 하는 알고리즘.

dynamic shift register[–ʃíft rédʒistər] **동적 시프트 레지스터** ⇨ shift register

dynamic simulation language[–sìmjuléiʃən lǽŋgwidʒ] **동적 모의 실험 언어** 계속적으로 변화하는 공학적이고 과학적인 문제를 모의 실험하는 데 적합한 고급 언어의 한 가지. DSL은 시간의 함수식으로 나타나는 상미분 방정식의 해법으로 구성되어 있으므로 동적 시스템의 과도 반응 분석에 유용하다.

dynamic skew[–skjú:] **다이내믹 스큐** 자기 테이프의 주행중에 발생되는 테이프의 비틀림. 이것은 트랙 간 정보의 시간적인 편차를 일으키므로 동기 판독에 지장을 주게 된다. 즉, 자기 테이프 같은 열에 내포되는 두 트랙의 비트 사이에 발생되는 테이프 길이 방향의 거리 변동폭을 말한다.

dynamic space reclamation[–spéis rèkləméiʃən] **동적 공간 회수** 데이터가 삭제된 후 남은 빈 공간을 다시 쓸 수 있도록 자유 공간으로 정리하는 작업.

dynamic stop[–stáp] **동적 정지** 단독의 점프 명령으로 이루어지는 닫힌 루프이며, 그 자체로 점프를 행하고 동적 정지를 만들기 위하여 자주 쓰이고 있다. ⇨ breakpoint halt, breakpoint instruction

dynamic storage[–stɔ́:ridʒ] **다이내믹 스토리지, 동적 기억 장치** 이러한 기억 장치에는 음향 지연선, 자기 드럼 등이 있으며, 시간의 경과에 따라 데이터가 이동 또는 변화하는 것을 허용하는 데이터를 기억하는 데 파형의 연속적인 반복에 의하는 방식이다.

dynamic storage allocation[–æ̀ləkéiʃən] **동적 기억 장치 할당** 기억 할당 기법의 일종으로 컴퓨터 프로그램 및 데이터에 대하여 할당되는 기억 영역이 필요하게 된 시점에서 적용되는 기준에 따라서 결정되는 것. 즉, 프로그램이 필요로 하는 만큼의 기억 장치를 할당해주고 프로그램의 수행이 끝나면 그것이 차지하던 기억 장치를 회수하는 것.

dynamic storage area[–ɛ́(:)riə] **동적 기억 영역**

dynamic store[–stɔ́:r] **동적 저장** 정보 신호가 순환하면서 유지되는 재생 기억 장치. 기억 장치 내의 어떠한 사이클 내의 정해진 시간 사이에 정보가 얻어진다.

dynamic string switch[–stríŋ swítʃ] **다이내믹 변환 기구**

dynamic structure[–strʌ́ktʃər] **동적 구조** 이 구조는 실행중에 복수의 로드 모듈을 필요로 한다. 이 때 필요한 각 로드 모듈은 단순 구조 또는 다른 동적 구조이어도 되며, 프로그램의 복잡도에 따라 더 유리해지고, 실행중에 다른 로드 모듈에 제어권을 넘길 수 있는 로드 모듈 구조로서 동적 구조의 로드 모듈은 한 번에 그 전체가 가상 기억 영역에 적재된다.

dynamic subroutine[–sʌbru:tí:n] **동적 서브루틴** 데이터의 처리 조건에 따라서 수행되기 위해 변화 또는 조정되어 완성하는 프로그램 루틴.

dynamic support program[–səpɔ́:rt próugræm] **DSP, 동적 서포트 프로그램**

dynamic support system[–sístəm] **DSS, 동적 방식 시스템** 프로그램의 디버그를 대화 형식(conversational)으로 행하는 기능으로 정해진 조작원만이 사상을 감시하고 분석 변경할 수 있는 것.

dynamic system[–sístəm] **동적 방식** 논리 회로 간의 접속 방식이 교류 결합을 갖는 회로 방식. ⇨ static system

dynamic system interchange[–ìntərtʃéindʒ] **동적 시스템 변환**

dynamic tape and memory dump routine[–téip ənd méməri(:) dʌ́mp ru:tí:n] **동적 테이프 및 기억 장치 덤프 루틴** 프로그램의 오류 수정시에 중요한 루틴으로서 이 루틴의 호출은 미리 매크로 명령으로 프로그램되거나 컴퓨터의 조작원에 의해 필요할 때마다 조작되며 기억 장치와 자기 테이프 파일의 내용을 자동으로 기록해준다.

dynamic test[–tést] **동적 테스트** 테스트의 데이터를 이용해서 프로그램을 실행시키고 원시 코드의 동작을 조사하여 살피는 방법.

dynamic type checking[–táip tʃékiŋ] **동적 형태 검사** SNOBOL4, LISP, APL의 언어들은

이 동적 형태 검사가 필요하도록 만들어져 있으며, 변수들의 구조 형태가 같은가를 살펴볼 때 각각의 형태를 그 변수들이 선언된 위치로 결정하지 않고 실행시의 각각의 변수가 가진 형태로 결정한다.

DYNAMO 다이나모 dynamic models의 약어. 미국의 MIT에서 개발한 연소계의 시뮬레이션 언어. 차분 방정식 시스템으로 기술(記述)한 모델을 사용하여 시뮬레이트하기 위한 것.

dyna turtle [dáinə tə́ːrtl] **다이나 터틀** LOGO 언어에서 사용하는 세모꼴의 그래픽 커서. 이 커서가 이동하면 LOGO는 그 움직이는 방향이나 속도, 가속도 등을 변화시키는 명령을 여러 가지 가지고 있다. ⇨ LOGO turle

E

E [iː] **이** (1) enable의 약어. (2) 16진법에서 10진수의 14에 해당하는 숫자.

E1 2,048Mbps의 속도를 가지는 디지털 전송 회로. E1은 총 30개의 음성 채널을 전송하는 데 사용되는 전송 채널로, 각 채널은 초당 64kbps의 속도를 가지며, 이들을 모두 합하면 2,048Mbps가 된다.

E3 전자 엔터테인먼트 엑스포 electronic entertainment expo의 약어. 미국에서 매년 개최되는 전시회로, PC용 게임 제조 회사, 완구 제조 회사, 소비자용 게임 제조 회사가 모여 새로운 소프트웨어 및 신제품 전시와 정보 교환을 목적으로 한다.

EAI 전사적 응용 프로그램 통합 enterprise application integration의 약어. 미들웨어(middleware)를 이용하여 비즈니스 로직을 중심으로 기업 내 각종 응용 프로그램을 통합하는 것. 전통적인 미들웨어가 개별적인 응용 프로그램 간의 통합과 그들간의 불연속적인 트랜잭션을 용이하게 하는 반면, EAI는 기업이 여러 응용 프로그램 간의 관계와 비즈니스 프로세스의 근간을 이루는 트랜잭션 네트워크를 관리할 수 있도록 한다.

EAM 전기식 회계기 electrical accounting machine의 약어. 주로 전기적 · 기계적인 기구를 사용하여 데이터를 처리하는 장치이며, 천공기 · 분류기 · 대조기 · 제표기 등 PCS(punched card system)의 별칭이다.

E and M signaling EM 신호 신호와 음성 신호에 대하여 별도의 신호 회선을 사용하는 신호 배열 방법.

earliest start time [ə́ːrlist stáːrt táim] **초기 시작 시간** 총괄 업무의 수행 시간을 측정할 때 사용되는 것으로 각 작업이 시작될 수 있는 가장 빠른 시점을 말한다.

early adapter [ə́ːrli(ː) ədǽptər] **얼리 어댑터** 일찍 받아들이는 사람이란 뜻으로, 끊임없이 새로운 상품이 쏟아지는 디지털시장에서 기술 이해도가 빠르고, 새로운 것에 대한 호기심과 열정으로 무장되어 최초로 생산된 제품과 신기술들을 남들보다 먼저 구입하여 사용하는 사람을 말한다. 주로 20~30대 젊은 층으로 구성되어 있으며, 신제품을 꼼꼼히 뜯어보고 자체적인 평가단을 구성하는 등 여론을 주도한다.

early failure [–féiljər] **초기 고장**

early vision [–víʒən] **초기 단계 비전** 영상 신호에서 기호로 나타내는 첫 단계로서 방향과 속도와 같은 영상 표면으로 국부적인 속성과 변화의 세기를 서술해준다.

EARN European academic and research network의 약어. Bitnet 프로토콜(protocol)을 사용하여 전자 우편과 파일을 주고받을 수 있는 서비스를 제공하는 유럽의 교육 기관과 연구 기관들로 구성되어 있는 네트워크.

EAROM 이에이롬, 전기 소거식 ROM electrically alterable ROM의 약어. EPROM과 같이 프로그램을 기억시키고 지울 수 있는 ROM이며, EPROM과 다른 점은 기억된 데이터 가운데 일부분만을 지울 수도 있다. 매우 느린 기억 사이클과 아주 빠른 사이클(2μs)을 가지는 특수한 임의 접근 판독/기록 기억 장치.

earth [əːrθ] *n*. **어스, 그라운드** 장치 자체를 기준 전위로 하기 위해 전기적으로 땅에 접속하는 것. 대개 외부 프레임에서 땅으로 연결한다.

earth station [–stéiʃən] **지구국** 위성 통신 방식으로 통신하기 위해 지구 표면, 선박, 항공기 상에 설치되는 무선국과 위성 통신에 의한 TV의 우주 중계에 쓰이는 지구국(地球局) 등이 여기에 해당된다.

ease [iːz] *n*. **용이함, 평이** 컴퓨터 조작(operation)이 간단한 것 또는 사용이 쉬운 것. 대상은 하드웨어뿐만 아니라 소프트웨어도 포함된다. 시스템의 구성이 손쉬운 것이나 절차의 용이함을 표시하는 말이다.

Easter egg [í:stər é(:)g] **이스터 에그** 알록달록 색칠한 계란? 그것뿐만은 아니다. 이스터 에그란 소프트웨어나 운영 체제, 심지어는 하드웨어에 제작하는 「숨겨진 기능」을 말하기도 한다. 숨겨진 명령어나 입력 순서에 의해 이스터 에그가 있는 제품은 감춰진 메시지를 보여주거나 어떤 소리를 내거나 작은 애니메이션을 보여주는 등의 동작을 하게 된다.

easy [í:zi(:)] *n. a.* **간단한, 용이한** 이용자 입장에서 운용 · 조작이 간편한 컴퓨터 시스템이나 단말 장치를 형용할 때에 흔히 쓰여진다.

Easy CD Creator Deluxe 이지 CD 크리에이터 디럭스 아답텍(Adaptec) 사가 만든 레코딩 프로그램으로 마법사가 있어 쓰기 쉽고 안전성이 뛰어나다. 데이터 백업, 음악 · 비디오 CD 만들기, CD 복사 등의 기능이 있다. 또한 음악 CD 제작 프로그램인 「CD 스핀 닥터」와 CD 복사 프로그램인 「CD 복사기」를 따로 가지고 있다. 레코더의 번들로 많이 제공되며 한글판도 있어 초보자에게 편리하다.

easy software[-sɔ́(:)ftwὲər] **이지 소프트웨어** 직감적으로 조작할 수 있는 간단한 소프트웨어. 컴퓨터에 관한 지식이 별로 없어도 사용이 가능하다.

E-attribute [í: ǽtribjù:t] **E-속성** RM/T의 E-도메인에서 정의되는 특정 속성.

EB (1) **전자 빔** electron-beam의 약어. (2) electronic book의 약어. 소니 사의 전자 책자 규격으로 텍스트 데이터만을 지원한다. 텍스트 데이터와 이미지 데이터를 지원하는 전자 책자의 확장 규격을 EBG라고 하고, 음성 데이터를 지원하는 규격을 EBXA라고 한다.

EBAM 메모리 번지 전자 빔 electron beam addressed memory의 약어. 금속성 산화 반도체 상에서 읽고 쓰는 빔을 제어하는 데 전기 회로를 사용하는 전자 기억 장치.

EBCDIC 엡시딕 extended binary-coded decimal interchange code의 약어. IBM 사가 개발한 코드. 8비트의 조합으로 1문자(character)를 표현하는 부호 체계이며, 이 8비트를 1바이트라 하고, 1바이트로는 영문자(a~z), 숫자(0~9), 특수 기호 등 256종의 문자를 표현할 수 있다. 8비트(또는 7비트)의 부호 체계의 세계 표준은 ISO 코드(ASCII 코드와 같다)이지만 EBCDIC은 이것과는 다르다. 그러나 범용 컴퓨터에서는 일종의 업계 표준으로서 널리 사용된다. 특히 숫자는 4비트를 사용하여 16진법으로 표현하고 있다. 2진화 10진 코드란 말은 10진수의 0~9의 숫자를 2진수로 나타낸 것으로서 이 4비트에서 다시 4비트를 추가(즉, 확장)한 데서 생겨났다.

〈EBCDIC 코드〉

문자	표준 BCD 코드 (6비트)	ASCII 코드 (7비트)	EBCDIC 코드 (8비트)
A	010 001	100 0001	1100 0001
B	010 010	100 0010	1100 0010
C	010 011	100 0011	1100 0011
D	010 100	100 0100	1100 0100
E	010 101	100 0101	1100 0101
F	010 110	100 0110	1100 0110
G	010 111	100 0111	1100 0111
H	011 000	100 1000	1100 1000
I	011 001	100 1011	1101 0010
J	100 001	100 1010	1101 0001
K	100 010	100 1011	1101 0010
L	100 001	100 1100	1101 0011
M	100 100	100 1101	1101 0100
N	100 101	100 1110	1101 0101
O	100 110	100 1111	1101 0110
P	100 111	101 0000	1101 0111
Q	101 000	101 1111	1101 1000
R	101 001	101 0010	1101 1001
S	110 010	101 0011	1100 0010
T	110 011	101 0100	1110 0011
U	110 100	101 0101	1110 0100
V	110 101	101 0110	1110 0011
W	110 100	101 0111	1110 0110
X	110 111	101 1000	1110 0101
Y	111 000	101 1001	1110 1000
Z	111 001	101 1000	1110 0111
0	000 000	011 0000	1111 0000
1	000 001	011 0001	1111 0001
2	000 010	011 0010	1111 0010
3	000 011	011 0111	1111 0011
4	000 100	011 0100	1111 0100
5	000 101	011 0101	1111 0101
6	000 110	011 0110	1111 0110
7	000 111	011 0111	1111 0111
8	001 000	011 1000	1111 1000
9	001 001	011 1001	1111 1001
blank	110 000	010 0000	0100 0000

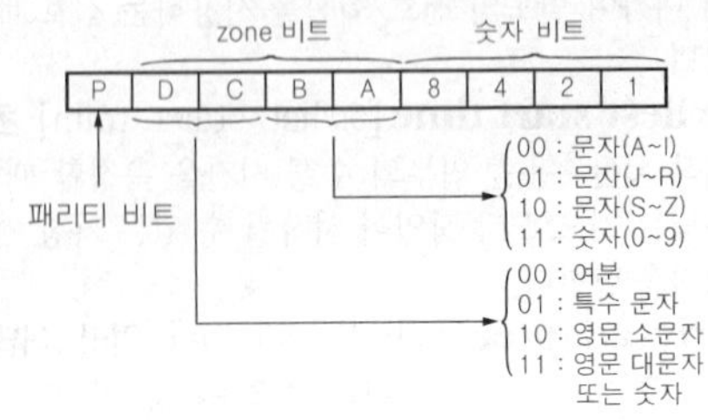

〈EBCDIC 코드 표현 형식〉

EBCDIC mode 엡시딕 모드

EBCDIC transparency 엡시딕 투과 전송 기구

EBIC 에빅 electron bombardment induced conductivity의 약어.

EBG electronic book graphics의 약어. EB 규격의 확장 규격. 텍스트 데이터에 추가할 수 있으며 이미지 데이터를 지원한다. ⇨ EB

EBNF 확장 BNF extended BNF의 약어.

e-book[iː búk] **이북** electronic book의 약어. 책의 내용이 종이가 아닌 전자적인 매체에 저장되어 있는 형태. 초기에는 책의 내용이 CD-ROM이나 디스켓 형태로 저장되었으나, 최근에는 인터넷을 통해 전용 뷰어(viewer) 프로그램을 다운받고 이어 책 내용을 다운로드해 읽는 형태로 바뀌었다.

〈이 북〉

EBR 전자 빔 기록, 일렉트론 빔 레코딩 electron beam recording의 약어.

EBS 전자 증권 시스템 electronic bond system의 약어. 통신 제어 장치와 고속 데이터 전송 회선을 이용하여 주식 매매 현황, 시황, 주가 변동 등 각종 증권 관련 정보를 제공하는 시스템.

e-Business[íː bíznis] **인터넷과 정보 기술의 결합** 기업 구조를 바꾸고 이익을 창출할 수 있는 모든 형태의 비즈니스를 총괄한다는 개념.

EBXA electronic book XA의 약어. EB의 확장 규격. 텍스트 데이터, 이미지 데이터, ADPCM에 의한 음성 데이터를 지원한다. ⇨ EB

EC 오류 정정, 에러 커렉팅 error correcting의 약어.

e-Cash[íː kǽʃ] **이캐시** 네덜란드의 암스테르담에 본사를 둔 디지캐시(DigiCash) 사의 전자 화폐(디지털 캐시) 서비스. 은행이 금액이나 발행원을 나타내는 데이터 파일을 발행하고, 거기에 전자 서명을 부기하는 형태로 유통된다.

ECAP 전자 회로 해석 프로그램, 일렉트론 서킷 어낼러시스 프로그램 electronic circuit analysis program의 약어.

ECB 사건 제어 블록, 이벤트 제어 블록 event control block의 약어. 운영 체제의 태스크 대상인 이벤트 정보를 주고받기 위해 주기억 장치 안에 일시적으로 형성되는 것으로 매크로 명령으로 생성된다.

ECC (1) **방출기 결합 회로, 전류 스위치형 회로** emitter coupled circuit의 약어. (2) **오류 검사 정정** error checking and correction의 약어. (3) **오류 정정 부호, 오류 정정 기호** error-correcting code의 약어. 재송(再送)이 가능하지 않은 통신로에서의 통신이나 고신뢰성을 요구하는 시스템에서는 오류가 없는 정보 전달을 위해 오류 정정 능력을 가진 코드가 이용된다. 주기억 메모리에서는 단일 오류 정정이 가능한 부호 간의 해밍 거리를 3 이상으로 한 코드가 사용되고, 대용량 디스크 장치에서는 결함을 피하기 위해 버스트 오류 정정 능력을 높인 CRC가 사용된다.

Eccles Jordan circuit 에클레스 조단 회로 ⇨ flip-flop

ECCM 대 전자 대책 electronic counter-counter measures의 약어. 적군의 전자 대응 수단(ECM)에 대해 아군의 레이더와 전자 장비의 기능을 지키는 방법. 일반적으로 레이더에 조립하여 ECM의 주파수를 변환하거나 방해 전파 신호를 제거하는 수신기를 채용하는 수단 등이 있다.

ECD 일렉트로크로믹 디스플레이 electrocromic display의 약어. ⇨ electrocromic display

ECD coding ECD 코딩 하나의 10진수를 4자리 2진수로 나타내는 수 체계.

e-check[íː tʃék] **이체크** electronic check의 약어. 전자 수표 유형의 전자 결제 시스템. e-check는 FSTC(Financial Service Technology Consortium)에서 계획중인 전자 수표 시스템으로, 기존 수표와 유사한 방식으로 교환·결제되며, 고객과 판매자 간의 전자 수표 교환으로 거래가 이루어진

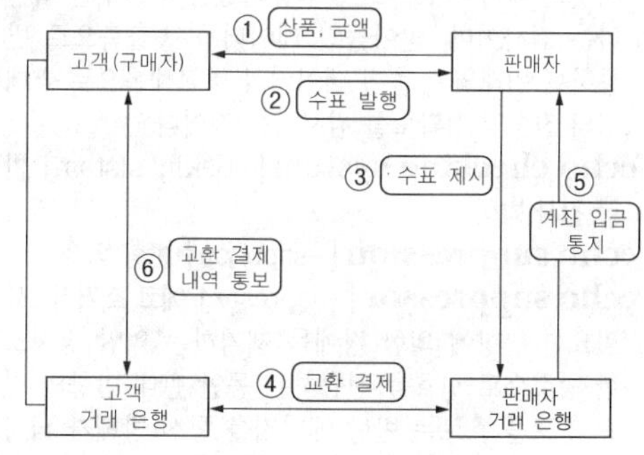

〈이체크의 거래 절차〉

다. 고객은 하드웨어 기반의 서명 카드를 PC에 설치하고 서명 카드를 이용하여 전자 수표에 서명하고 이서할 수 있다.

ECHELON 에셜론 미국을 중심으로 영국, 캐나다, 오스트레일리아, 뉴질랜드로 구성되는 도청망 시스템의 암호명.

echo [ékou] *n*. **메아리** 반향이라는 의미로서 주로 데이터 통신에서 많이 사용된다. 네트워크를 경유하는 데이터 전송 등에서 송신측(sender)과 수신측(receiver)에 데이터가 바르게 송신되었는지를 조사하기 위하여 수신측이 송신측으로 데이터를 반송한다. 이 경우 반송하는 것을 되울림(echo back), 또 반송된 데이터를 에코라고 한다. 최초에 보낸 데이터와 되울림된 데이터를 비교하는 것을 반향 검사(echo check)라 하며 단말기나 통신 회선의 동작을 검사할 수 있다.

echo attenuation [–ətenjuéiʃən] **반향 감쇠량** 두 가지 전송 방향을 서로 분리시켜 주는 반복기와 다중화기 장비를 갖춘 4회선(또는 2회선) 회로에서 반향된 전력에 대한 전송된 전력의 비율.

echo back [–bǽk] **되울림, 반향** 컴퓨터로 입출력되는 자료의 정확도를 확인하기 위해 디스플레이 장치와 같은 출력 장치로 되돌려보내는 것을 의미한다.

echo cancellation [–kænsəléiʃən] **반향 제거** 전화 등의 통신 시스템에서 필요 없는 반향을 제거하기 위한 것.

echo canceller [–kǽnsələr] **반향 제거기** 통신 선로 상에서 상대방의 음성 신호에는 영향을 미치지 않으면서 반향되어 오는 신호만을 제거하는 장치. 제거 방법은 송신되는 음성 신호를 저장하고 있다가 선로 상의 지연 시간만큼 지난 후에 수신되는 신호에서 저장하고 있던 신호를 감쇠시킴으로써 에코를 제거하는 것이다.

echo check [–tʃék] **메아리 검사** 최초로 보낸 데이터와 되울림된 데이터를 비교하는 것을 말하며, 단말기나 통신 회선의 동작을 검사할 수 있다. 이것은 데이터가 바르게 전송되었는지 여부를 확인하는 검사이며, 받아들인 데이터를 송출측으로 반송하여 원래의 송출된 데이터와 비교해봄으로써 데이터 전송의 정확도를 검사하는 것이다.

echo checking system [–tʃékiŋ sístəm] **반향 검사 방식**

echo suppression [–səpréʃən] **반향 억제**

echo suppressor [–səprésər] **에코 소거기** 불필요한 반향에 의한 장애를 제거하는 억압 장치로 한 방향으로 신호를 전송하는 동안 반대 방향의 전송 경로를 흐르는 반향 에너지를 통신 방해가 되지 않도록 억제하기 위해 반향 귀로를 폐쇄하는 데 충분한 감쇠량을 통신로에 순간적으로 삽입해서 감쇠시키는 것. 주로 그룹 전파 시간이 큰 국제 전화 회선 등에 사용된다.

ECL (1) **방출기 결합 논리, 이미터 결합 논리, 전류 스위치형 논리** emitter coupled logic의 약어. ⇨ emitter coupled logic

ECL advantage ECL 장점 ECL을 사용한 회로는 간단하고 매우 안정되며 회선을 구동하기 좋으므로 회로 설계자들이 많이 사용한다. ECL은 동작 속도가 매우 빠르므로 설계시에는 일정한 부품을 고속 동작에 유의해서 설치해야 하며, 다중 회로 기판이 필요하다. 보통의 쇼트 키 TTL이 3~4초 내에 5V의 스윙 전압을 필요로 하는 반면, ECL은 1V의 스윙 전압만을 필요로 하며 잡음이 적은 장점이 있다.

ECL microprocessor ECL 마이크로프로세서 대표적인 것은 4비트 슬라이스, 제어 레지스터부, 동기부, 슬라이스 기억 장치 인터페이스, 슬라이스 룩 어헤드(look-ahead) 등의 5개 칩으로 구성되며, 이런 칩들은 4비트 이상의 능력을 갖는 마이크로프로세서의 블록을 만드는 데 이용되기도 한다.

ECM 전자 대책 electronic counter measures의 약어. 적의 데이터를 방해하거나 속이거나 하여 아군에 관한 정확한 정보를 얻을 수 없도록 하는 전자전에서의 대표적인 방법.

ECMA 유럽 전자 계산기 공업회 European Computer Manufacturers Association의 약어. 본부가 스위스의 제네바에 있으며 유럽의 컴퓨터 제조회사들이 모인 단체명이다. 정회원 14사, 준회원 6사가 있으며, 전자 계산기 관계의 표준화 등에 관해서 활발한 활동을 하고 있다. 이미 70여 건의 ECMA 규격이 발행되고 있지만 그런 작성에 관해서는 항상 ISO/TC 97과 긴밀한 연락을 가짐과 동시에 같은 TC 내에서 당파적 집단을 형성하고 있다.

EC mode EC 모드, 확장 제어 모드 extended control mode의 약어.

ECOM 이콤 electronic computer oriented mail의 약어. 전기 통신 시설을 이용하여 디지털 형태로 메시지를 주고받는 것.

econometrics [ikɑnəmétriks] *n*. **계량 경제학** 경제학의 새로운 분야로서 경제 현상의 분석을 위해 경제 이론, 수학, 추계학의 여러 방법을 적용하는 경제 계측을 취급하는 학문 체계. 계량 경제의 모델 실험이나 분석뿐만 아니라 실험 규모의 예측 업무까지도 포함한다.

economical order quantity [èkənɑ́mikəl ɔ́:rdər kwɑ́ntiti(:)] **경제적 발주량** 적정한 재고를 항상 유지하기 위해 재고 유지비와 발주 경비의

합이 최소가 되도록 한 발주 로트(lot)를 경제 발주량이라고 한다.

economic growth and cycle analysis [iːkənámik gróuθ ənd sáikl ənǽlisis] **경제 성장 순환 분석법**

economic model [–mádəl] **경제 모델** 현실의 경제는 꽤 복잡하므로 그것을 있는 그대로 이론적으로 취급하는 것은 현실적으로 불가능하다. 그래서 실물 경제에서 몇 가지 특징을 추출, 추상화하여 하나의 이론 모형을 만들고 그 중에서 이론적인 해석을 행한다. 그 이론의 배경으로 채용한 명확한 여러 가정 또는 공리 체계를 경제 모델이라 한다. 모델이 정해진 뒤에는 순수하게 논리적인 추론만을 구사하여 여러 가지 결론을 끌어낸다. 케인즈(Keynes)의 국민 소득 모델 등이 그 예이다.

economic prediction [–pridíkʃən] **경제 예측** 예측 방법의 하나인 유추적 예측에 속하는 수학적 모형으로 성립하며, ① 행동 방정식, ② 기술 관계식, ③ 정의식, ④ 조정 방정식의 네 가지 관계식으로 구성된다.

ECP extended capabilities port의 약어. MS와 휴렛팩커드에 의해 개발된 ECP 스펙은 병렬 포트의 속도를 향상시키고 양방향 처리를 가능하게 하기 위한 것이다. 널리 쓰이는 EPP 스펙과 마찬가지로 ECP는 빠르고 양방향 통신을 지원하는데, DMA(direct memory access)를 사용하고 버퍼링을 하기 때문에 멀티태스킹 환경에서는 EPP보다 약간 더 나은 성능을 보인다. 윈도 95는 ECP를 지원하지만 1995년 말경 많은 병렬 포트 하드웨어(스캐너나 CD-ROM 등의)가 DMA를 사용하는 스펙을 별로 좋아하지 않았다. IEEE 1284 스펙이 ECP와 EPP 모두를 지원함에 따라 많은 새로운 병렬 포트 기기들은 양쪽 모두를 지원한다. ⇨ EPP

ECR (1) **효율적 소비자 반응 시스템** efficient consumer response의 약어. 원자재 공급자로부터 상점에 진열되기까지 유통의 전체 사슬을 리엔지니어링(reengineering)함으로써 비효율성과 초과 비용을 제거하는 것. (2) **전자식 금전 등록기** electronic cash register의 약어. 금전 등록기의 연산 제어에 전자적 기술을 이용한 것으로서 상업 어음의 결제와 기록, 판매 정보의 수집, 금전의 보관 등을 할 수 있다. 이는 기계식 금전 등록기에 비해 다수의 데이터를 수록할 수 있고, 키 조작이 부드러워 장시간 사용해도 손의 피로가 적으며 온라인화가 쉽다.

ECS embedded computer system의 약어. 컴퓨터가 시스템에 묻힌 형식으로 사용되는 방식. 마이크로컴퓨터가 그 대상이 되며, 실시간 시스템을 그 예로 들 수 있다.

ECSG 전자 상거래 연구 그룹 Electronic Commerce Study Group의 약어. 21세기 정보 사회의 새로운 세계 경제 질서로 급부상하고 있는 인터넷 전자 상거래의 인터넷 라운드에 대응하기 위한 각종 정책 연구 및 개발을 목적으로 1997년말에 발족된 정부측 관계 전문가의 연구 모임. 한국전산원, 한국전자통신연구원, 정보통신정책연구원, 정보통신윤리위원회, 생산기술연구원 등 정부 각 부처 산하 연구 기관의 관계자들로 구성되었다. 전자 상거래와 관련된 정보 통신 인프라, 물류, 전자 지불, 암호/보안 인증, 프라이버시, 지적 재산권, 소비자 보호, 조세, 산업 활성화/교육, 법제도 등 거의 모든 부문에 대한 기본 입장 정립 및 대책이 마련되어 있다.

ECT 환경 제어 테이블 environment control table의 약어. ⇨ environment control table

ECTF Enterprise Computer Telephony Forum의 약어. 컴퓨터와 전화 이용을 통합하는 CTI(computer telephony integration) 시스템을 상호 접속하기 위한 규격을 검토하는 조직.

ECTL 전류 모드 논리

ED 전자 표시 electronic display의 약어. 전자 표시를 뜻하며 텔레비전이나 컴퓨터의 화면을 구성하는 브라운관을 비롯하여 발광 다이오드(LED), 액정 표시(LCD), 형광 표시관(VFD), 플라스마 디스플레이(PD), 일렉트로 루미네선스(EL) 등 전자적인 표시를 전자 표시라고 한다. 전자 표시의 대표적인 표시 장치는 생산 규모나 표시 품위면에서는 단연 브라운관을 들 수 있으나 정보화 사회에의 진입과 함께 점점 높아지는 전자 표시 장치의 다양화와 수요에 따라 고도로 정세하면서도 브라운관에 가까운 표시 품위를 갖는 대형화된 플랫(flat) 디스플레이의 개발이 급진전하고 있다. 액정 디스플레이(LCD)는 40×400(480)도트 기종이 개발되어 OA기기 등에의 채용이 급진전하고 있으며 최근에는 PDP, EL, VFD 등의 디스플레이가 크게 주목을 받으면서 활발히 응용 분야를 넓혀가고 있다.

EDA 탐구 데이터 분석 exploratory data analysis의 약어.

ED address 외부 장치 주소 어떤 특정한 명령어에서 외부 장치(ED ; external device)를 참조할 수 있도록 지정해주는 주소. 이 경우 많은 외부 장치가 지정될 수 있다.

EDC 오류 검출 기호 error-detecting code의 약어. ⇨ error-detecting code

Eddie Haskel 에디 해스켈 공연히 어슬렁거리며 다른 사람 일에 참견하거나 문제를 일으키는 유치한 사람을 말하며 모든 네트워크에 있다.

Eddy.1530 회오리.1530 국내 파일 바이러스로서

1월 11일에 활동한다. command.com과 com.exe 파일을 전염시키고, com 파일은 파일 앞부분이, .exe 파일은 뒷부분이 감염된다. 메모리에 상주한 뒤 파일 열기와 파일 속성 설정, 프로그램 수행, 파일 관련 도스 내부 명령어(copy, type) 등을 이용할 때 감염되고, 전염 파일의 크기를 1,530바이트만큼 줄여 보여준다.

eddy current [édi(:) kə́:rənt] **맴돌이 전류**

eddy current brake [–bréik] **맴돌이 전류 브레이크**

edge [é(:)dʒ] *n.* **모서리, 단, 변, 에지** (1) 그래프를 구성하는 선을 가리킨다. 그래프는 점과 선으로 구성되는 도형이다. (2) 파형의 가장자리, 즉 천이 부분. (3) 천공 카드의 한쪽 끝. (4) 회로 기판의 한쪽 끝. (5) 구성의 불연속성 또는 급격한 변화를 의미하며, 이상화된 에지로서는 스텝 에지(step edge)와 루프 에지(loof edge) 등이 있다. 일반적으로 에지 부분에는 화상에 관한 중요한 정보가 포함되어 있는데, 디지털 화상 처리에서는 미분 처리를 비롯한 각종 에지 검출 알고리즘이 사용된다.

edge card [–ká:rd] **에지 카드** (1) 카드의 한 끝에 종이 테이프와 같은 형식의 부호가 천공(穿孔)되어 있고 공백부에는 각종 데이터가 기입 가능하도록 되어 있는 종이 카드. 반복해서 쓰이는 데이터를 자동으로 타이프할 수 있도록 되어 있다. (2) 폭 76.2mm, 82.55mm 또는 127mm, 깊이 177.8mm의 카드이며 깊이 방향의 한쪽 끝에 따라 6 또는 8 단위의 종이 테이프 코드로 데이터가 천공한 것.

edge card connector [–kənéktər] **에지 카드 접속기** 컴퓨터의 회로 기판에 확장 회로 카드를 접속시킬 때 사용하는 연결 장치.

edge chromatic number [–kroumǽtik nʌ́mbər] **에지 채색 수** 그래프에서 서로 인접한 에지에 서로 다른 색을 칠할 경우 필요로 하는 최소 색깔의 수.

edge connectivity [–kɑnektíviti(:)] **에지 연결성** 그래프의 결합 정도를 나타내는 척도로 그래프를 분리시키기 위해 제거해야 할 최소 에지 수.

edge connector [–kənéktər] **에지 접속기** 컴퓨터 본체 기판에 보조 기판을 끼울 수 있도록 마련된 소켓.

edge-connector test point [–tést pɔ́int] **에지 접속기 시험용 접점**

edge contraction [–kəntrǽkʃən] **에지 수축** 그래프에서 하나의 에지를 제거하고, 그 에지의 양끝 정점을 하나로 합병하는 것.

edge cutter [–kʌ́tər] **가장자리 절단기** 프린터에서 인쇄되어 나오는 연속 종이의 구멍이 뚫린 양쪽 가장자리를 끊어내는 장치.

edge covering [–kʌ́vəriŋ] **에지 커버링, 에지 피복(被覆)** 그래프 G의 부분 집합 F에 있어서의 G의 각각의 마디(절점)가 F의 어느 에지 끝점으로 될 때 F를 G의 에지 커버링이라 한다.

edge detection [–ditékʃən] **모서리 검출, 모서리 탐지** 빛의 세기, 색깔과 같은 화상의 속성이 불연속적으로 변하게 되는 경계면의 위치를 찾는 것.

edge-notched card [–nátʃt ká:rd] **가장자리 노치 카드** 가장자리에 따라 다수의 구멍이 뚫려 있는 카드로서 간단한 기계에 의한 검색에 사용된다.

edge operator [–ápərèitər] **모서리 연산자** 화상에서 모서리를 찾는 데 사용하는 형판.

edge-perforated card [–pə́:rfərèitəd ká:rd] **에지 천공 카드**

edge punch card [–pʌ́ntʃ ká:rd] **에지 천공 카드** 에지 카드 중 정보 코드가 종이 테이프와 같은 형태로 천공되어 있는 것.

edge punched card [–pʌ́ntʃt ká:rd] **에지 천공 카드** 모서리 끝에 따른 복수 트랙에 구멍 패턴이 천공된 카드로서 천공 형태나 코드는 천공 테이프에 사용되는 것과 같다. 즉, 천공 타이프라이터를 사용해서 장표(帳票)나 종이 테이프를 작성할 때 성명 코드나 품명 코드와 같이 반복 사용하는 항목을 기록하기 위한 카드이다. 이 카드를 천공 타이프라이터의 에지 카드 판독 기구에 세트함으로써 자동으로 그 내용을 인쇄한다든지, 종이 테이프에 천공한다든지 할 수 있기 때문에 에러의 방지, 능률 향상에 큰 도움이 된다.

edge punching [–pʌ́ntʃiŋ] **모서리 천공 기구**

edge punch reader [–pʌ́ntʃ rí:dər] **모서리 판독 기구**

edge sharpening [–ʃá:rpəniŋ] **모서리 확인** 회색도(gray-level)에서의 변화를 중점으로 마스크를 확장시켜 가면서 모서리를 찾아내는 방법.

edge subgraph [–sʌ́bgræ̀f] **에지 서브그래프** A* 알고리즘의 휴리스틱을 유도하기 위해서 주어진 문제를 그래프로 나타내고, 이 문제와 유사한 그래프를 이용하여 둘 다 같은 수의 동일한 노드를 가질 때, 주어진 문제의 그래프보다 에지의 개수가 적은 그래프.

edge trigger [–trígər] **모서리 트리거** 클록이 0에서 1로 또는 1에서 0으로 변환할 때 플립플롭의 출력이 변화하는 것.

edge-triggered flip-flop [–trígərd flíp fláp] **모서리 트리거 플립플롭** 모서리 트리거에 의해 출력 변화가 일어나는 플립플롭.

EDI **전자적인 데이터 교환** electronic data interchange의 약어. 사무, 서류 등의 물리적인 수단에 의해 교환되어 온 수주, 발주 등 다른 기업간의 거래 활동에 관한 정보를 전자화하고, 일정한 표준에 따라 네트워크를 통해 정보 통신 시스템 간에 직접 교환하는 것을 말한다. EDI의 구체적인 효과를 정리해보면 다음과 같다. ① 발주자측의 이점으로는 정보가 단시간에 수주자측에 도달함으로써 납품까지의 시간이 현저하게 단축되고 정보가 서류화되지 않음으로써 인위적인 실수를 피할 수 있고, 그에 따른 비용을 삭감할 수 있다. ② 수주자측의 이점으로는 정보가 컴퓨터를 통해 직접 전송되어 오므로 수주에 필요한 시간을 대폭 단축할 수 있고 사람이 개재되는 작업이 감소되므로 실수에 따른 비용을 삭감할 수 있다.

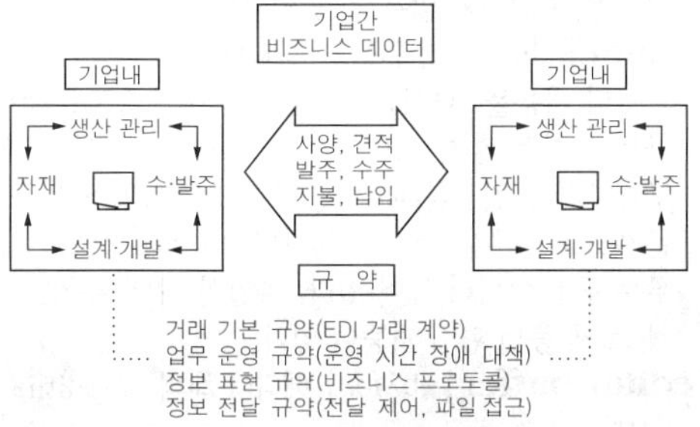

〈EDI 개념도〉

EDIFACT 에디팩트 electronic data interchange for administration, commerce and transport의 약어. 행정, 상업 및 운송을 위한 전자적인 데이터 교환. 1988년 미국과 유럽에서 채택한 표준 EDI(전자 데이터 교환) 프로토콜. ED(전자 문서) 기술에 관한 문법(구문 규칙), ED 용어집(데이터 요소), 표준 문례집 등으로 구성되어 있다.

Edison effect [édisən ifékt] **에디슨 효과** 진공관 속에 필라멘트와 플레이트(양극)를 넣었을 때 양극쪽이 필라멘트보다 전위가 높을 경우에 플레이트에서 필라멘트로 전류가 흐르는 현상.

edit [édit] *n*. **편집** 데이터 형식을 목적에 맞도록 정리하는 것으로, 예를 들면 유효 숫자가 나타나기까지의 상위 자리의 제로를 스페이스로 치환하는 것이나 $ 같은 특수 기호를 필요한 장소에 삽입하거나 금액 숫자의 3자리마다 「,」를 삽입하는 것 등이다. 더 설명하면 데이터를 추가하거나 불필요한 데이터를 삭제하거나 레코드의 내용을 변경하여 목적에 맞게 하는 것을 표시한다. 문자를 편집하거나 하는 일반적 의미에서 유래되었다. 문장이나 데이터 등을 편집하고 정리하는 것을 말한다. 프로그램 등의 편집을 하기 위하여 사용되는 프로그래밍 툴(tool)을 편집기(editor)라 한다. 편집기로 편집을 행하기 위한 명령은 편집 명령(edit commands)이라 불리며, 특정의 문자열을 발견하거나 그것을 별도의 문자열로 치환하는 명령, 행의 삽입이나 삭제, 어떤 행수(行數) 분량을 별도의 부분으로 전송하는 명령 등이 있다.
[주] 편집에는 데이터의 교환 배치 또는 부가, 불필요한 데이터의 삭제, 서식 제어, 코드의 변환, 표준적인 처리, 예를 들어 제로 제어의 적용 등이 포함될 수 있다.

edit capability [–keipəbíliti(ː)] **편집 능력** 0의 삭제, 별표 표시, 통화 기호 표시, 콤마와 소수점 삽입, 부호 조정 등을 동시에 수행할 수 있는 능력.

edit code [–kóud] **편집 코드**

edit command [–kəmáːnd] **편집 명령** 보통의 온라인 기종에서 원시 프로그램 편집시 사용하는 것으로, 명령어 변수의 1자, 2자 또는 3자의 약어로 실행된다. 모든 명령어는 캐리지 리턴 키를 누름으로써 끝나며, 명령어들은 원시 프로그램 작성중 아무 때라도 수행시킬 수 있다. 만약 오류가 검출되면 편집 프로그램은 의문 부호(?)를 출력시키며, 명령어는 무시해 버린다. 그리고 명령어에 의해 출력되는 결과들은 키보드의 브레이크 버튼을 누름으로써 중단된다.

edit control character [–kəntróul kǽrəktər] **편집 제어 문자** 어떤 문자를 포함한 데이터가 착오인지, 무시할 것인지, 특정 장치로 표현되지 않을 것인지를 표시하기 위한 일종의 제어 문자.

edit description [–diskrípʃən] **편집 코드 기술**

edit descriptor group [–diskríptər grúːp] **편집 설명자 그룹**

edit-directed input output [–dírektəd ínpùt áutpùt] **편집형 입출력, 편집에 따른 입출력**

edit-directed transmission [–trænsmíʃən] **편집 지시 전송**

edit display [–displéi] **편집 표시 화면, 편집 화면**

edited macro [éditəd mǽkrou] **편집 형식 매크로**

edit function [édit fʌ́ŋkʃən] **편집 기능**

editing [éditiŋ] *n*. **편집** 신문이나 잡지 등을 일정한 형태로 정리해가는 작업 과정을 가리키는 것이므로 컴퓨터의 경우에도 이것과 유사한 의미로 이용되고 있다. 입력 데이터를 판독, 처리하고, 결과를 프린터나 표시 장치로 출력할 때 소정의 출력 서식에 맞춰 데이터의 표현 형식이나 배열을 정리하는 것. 예를 들면, 데이터의 재배열, 추가, 불필요한 데이터의 삭제, 데이터의 표현·형식의 지정, 코드 변환, 제로 억제 등을 가리킨다.
[주] 표시 장치의 화면상에 레이아웃, 문자의 정정, 삽입, 삭제 등을 행하는 것으로부터 문서의 체제나

내용을 정리하는 기능.

editing buffer [–bʌ́fər] **편집 버퍼** 문서 편집기에서 현재 편집중인 텍스트가 기억되어 있는 기억 장치 내의 영역. 보통 편집 버퍼는 그 크기가 제한되어 있다.

editing character [–kǽrəktər] **편집용 문자, 편집 문자**

editing instruction [–instrʌ́kʃən] **편집 명령**

editing program [–próugræm] **편집 프로그램, 에디팅 프로그램** 편집(edit)을 행하는 프로그램. 보통 이용자마다의 응용 프로그램(application program) 중의 「출력 처리」의 일부로서 구성되어 있다. 또 코드 변환(code conversion)이라든가 제로 제어(zero suppression) 등의 명령(instruction)이 준비되어 있는 경우도 많으며, 프로그래밍 언어에 따라서 「기입 방법」은 다르지만 「편집 프로그램」은 이러한 명령을 조합시켜 용이하게 만들 수 있다.

editing routine [–ruːtíːn] **편집 루틴**

editing sign control character [–sáin kəntróul kǽrəktər] **편집용 부호 제어 문자**

editing sign control symbol [–símbəl] **편집용 부호 제어 기호**

editing statement [–stéitmənt] **편집 문장**

editing subroutine [–sʌ́bruːtìːn] **편집 서브루틴** 우선권을 갖는 값을 매개변수로 갖는 서브루틴으로서 여러 동작을 수행하는 데 사용되며, 일반적으로 데이터의 입출력을 위해 주프로그램 동작 전에 수행된다.

editing symbol [–símbəl] **편집용 기호**

editing tab key [–tǽ(ː)b kíː] **편집 탭 키** 조작원이 커서를 필드의 마지막 문자로 움직이게 하는 색인표 키. 현재 사용중인 필드에 정보를 추가할 때 쓰인다.

editing terminal [–tə́ːrminəl] **편집용 단말기** 문자 교환, 숫자들의 개수, 연속 형태 등을 포함하는 필드 점검. 오른쪽이나 왼쪽에 6을 채워넣고 일괄 처리 평형기, 점검 자릿수 검증 등의 능력을 제공해주는 체제.

edition [idíʃən] *n.* **에디션** 시스템 프로그램의 기능 범위나 성능 레벨을 표시하는 것이므로 보통 컴퓨터 시스템마다 별개로 관리시키고 있다.

edit item [édit áitəm] **편집 항목** COBOL 언어의 프로그램에서는 사용하는 데이터의 크기나 형태를 PICTURE의 항으로 지정하나 그 중 편집 기호

편집 문자	자릿수	비편집 항목	편집 항목
Z	Z Z Z Z	0012	12
₩	₩₩₩₩	0012	₩12
*	* * * *	0012	*12

(₩, 콤마, 마침표 등)를 붙이거나 유효 숫자 앞의 제로를 공백으로 하여 알기 쉽게 한 것. 그 이외의 것을 비편집 항목(non-edit item)이라고 한다.

edit line [–láin] **편집 라인** 워드 프로세싱이나 스프레드시트 프로그램을 사용할 때 화면에 출력되는 상태 표시 라인. 이는 현재의 커서 위치, 남은 기억 장치의 기억 용량, 현재 사용중인 파일명 등을 알려준다.

edit mode [–móud] **편집 모드** 텍스트 에디터나 워드 프로세싱 프로그램에서 새로운 문안을 입력하는 것이 아니라 이미 입력된 텍스트에 대해 삭제, 수정, 대치 등의 여러 작업을 하는 상태. 에디터에 따라서 편집 상태와 입력 상태가 명확히 구별되는 것도 있고 그렇지 않은 것도 있다.

editor [éditər] *n.* **편집기, 에디터** CRT 화면상에 파일의 내용을 「편집」하는 데 사용되는 소프트웨어라는 의미로 흔히 쓰이며, 프로그램이나 데이터를 구축하거나 편집할 때 사용되는 소프트웨어 도구. 문자열을 다루는 텍스트 에디터, 데이터 구조를 다루는 구조 에디터 등이 있다. 파일의 기록, 추가, 수정, 삭제 등의 편집 기능이 있다.

editor buffer [–bʌ́fər] **에디터 버퍼** ⇨ editing buffer

editor command [–kəmǽnd] **편집 명령** 온라인 기종에서 원시 프로그램을 편집할 때 사용한다.

editor program [–próugræm] **편집자 프로그램** 자기 테이프나 드럼 상의 텍스트 파일을 취급하는 방법을 제공하는 프로그램. 이 프로그램은 본문을 생성, 삭제, 이동하거나 나중에 사용될 데이터나 컴파일러에 의해서 번역될 프로그램을 작성하는 데 이용된다.

editor programmer [–próugræmər] **편집기 프로그래머** 정확하고 어느 정도는 자동화된 프로그래밍의 편집을 위해 둘 이상의 비디오 테이프 기계들을 조정하는 전자 장치.

editor types [–táips] **편집기 형태** 일반적인 편집기를 비롯하여 문헌 편집기, 종이 테이프 편집기, 디스크 편집기 등이 있다.

edit pattern [édit pǽtərn] **편집 형태** 프로그램에서 사용하는 데이터를 편집하기 위하여 미리 설정한 문자의 양식. 예를 들면, 유효 숫자 이전의 제로를 공백이나 별표로 표시해두고, 나중에 그 부분을 편집하기 쉽게 하기 위해 이용하는 하나의 양식 항목이다.

edit program [–próugræm] **편집 프로그램** 자기 테이프나 드럼 상의 텍스트 파일을 다루는 방법을 제공하는 프로그램. 이 프로그램은 본문을 생성, 삭제, 이동하거나 나중에 사용될 자료나 컴파일러

에 의해서 번역될 프로그램을 작성하는 데 이용되는 프로그램.

edit routine [–ru:tí:n] **편집 루틴**

edit statement [–stéitmənt] **편집 문장**

edit word [–wɔ́:rd] **편집 워드**

EDMS electronic documents management system의 약어 인트라넷을 중심으로 한 기업 네트워크 구축이 확산되면서 일반 종이를 대체하는 전자 문서가 중요한 업무 수단으로 등장하였는데, 이런 전자 문서를 관리하는 시스템을 말한다. EDMS 도입으로 문서 조회, 검색 및 활용 등을 통한 생산성 극대화와 종이 문서 보관 장소의 획기적인 절감으로 쾌적한 사무 환경의 조성이 가능해졌다.

EDO RAM extended data-out RAM의 약어. DRAM의 일종인 이것은 메모리 위치를 찾아가는 속도를 높이기 위해 단순한 가정을 한다. 다음 번 메모리 액세스는 이어지는 하드웨어의 이어지는 주소가 될 것이다. 이러한 가정이 메모리 액세스 시간을 표준 DRAM에 비해 10% 향상시킨다. ⇨ DRAM, IDE, SCSI, RAM

E-domain [–í: douméin] **E-도메인** RM/T(확장 관계 모형)에서 모든 가능한 대리자 값들의 범위.

EDP 전자 데이터 처리 electronic data processing의 약어. 주로 전자적 수단에 의해 실행되는 데이터 처리. 단순히 EDP를 사용하는 경우가 많고, 컴퓨터 시스템을 중심으로 한 경영 관리, 과학 관리 등을 위한 정보 처리. 종래의 수법에서는 질, 양, 속도 등의 이유 때문에 불가능했던 여러 가지 데이터 처리를 컴퓨터와 데이터 커뮤니케이션 장치, 기타 주변 기기를 조합한 시스템과 그 이용 기술에 따라서 행하는 것을 말한다.

EDPAA 전자 데이터 처리 감사인 협회 Electronic Data Processing Auditors Association의 약어. 1969년, 전자 데이터 처리 시스템 감사인의 기술 향상과 사회적 지위의 확립을 목적으로 설립된 국제 조직.

EDP audit 전자 데이터 처리 감시 electronic data processing audit의 약어. 컴퓨터 시스템의 효율성, 신뢰성, 안정성을 위해 컴퓨터 시스템에서 독립된 감사인이 일정한 기준에 기초한 컴퓨터 시스템을 종합적으로 점검 및 평가하고, 운용 관계자에게 조언 및 권고를 하는 것.

EDP center 전자 데이터 처리 센터 대형의 컴퓨터, 주변 장치, 센터의 운영과 각 기능을 맡은 요원 및 사무실 건물 등을 포함한 하나의 완전한 복합체.

EDPM 전자 데이터 처리기 electronic data processing machine의 약어. 원래는 IBM 사에서 제작하는 중형 · 소형 컴퓨터의 명칭이었으나, 최근에는 정보 처리에 의한 종합적인 사무 처리 기계를 총칭한다. 주로 전자 회로를 사용해 산술 연산과 논리 연산을 한다.

EDPS 전자 데이터 처리 체계 electronic data processing system의 약어. 컴퓨터를 중심으로 한 데이터 처리 시스템의 총칭. 전자 데이터 처리 조직이라고도 부른다. 기술 혁신 또는 경영의 근대화에 따라서 경영 격차의 발생을 방지하고, 그 우위성을 얻기 위해서 전통적인 데이터 처리 방식으로는 얻을 수 없었던 각종 정보의 수집을 목적으로 개발한 컴퓨터와 데이터 통신 회선을 포함하는 그 주변 장치에 따라서 구성된 시스템. 컴퓨터에 의해서 데이터 처리를 하는 방식을 말하며, 단지 EDP라고 하는 경우도 있다. EDP는 입력, 출력, 기억, 연산 및 제어의 5개의 장치로 구성되어 있다.

EDP system audit EDP 시스템 감사

EDS 교환 가능 디스크 기억 장치 exchangeable disk store의 약어.

EDSAC 에드삭 electronic delay storage automatic calculator의 약어. 세계 최초의 노이만형 컴퓨터. 노이만형 컴퓨터란 프로그램 내장식으로 순차적 처리를 하는 컴퓨터를 말한다. 출력은 펀치 또는 텔레타이프로 인쇄하는 방식을 취하며 서브루틴 라이브러리의 개발이 처음으로 이루어진 초기의 컴퓨터이다. ENIAC 컴퓨터의 결점을 보완하여 1949년 노이만이 개발한 것으로 현재 사용하고 있는 컴퓨터의 대부분은 노이만형이므로 EDSAC은 컴퓨터의 원형이라 할 수 있다.

EDTV extended definition television의 약어. 현행 TV와 주사선 수가 동일한 고화질의 TV.

education software [edʒukéiʃən sɔ́(:)ftwὲər] **교육용 소프트웨어** 교육용 자료를 사용자 개인이 쉽게 사용할 수 있도록 도표화하고 학습의 단계를 설정, 평가하여 사용자의 능력에 알맞게 단계를 높여 학습의 효과를 높이는 소프트웨어.

Edunet [édʒunet] **에듀넷** 한국 통신과 멀티미디어 교육 센터, 한국 PC 통신이 손잡고 교육 정보화를 앞당기기 위해 1996년 9월부터 시범 서비스하고 있는 교육 전문 인터넷망. 교육 정보를 보다 빠르고 효과적으로 전달해주고 흩어져 있는 교육 관련 정보를 하나로 모아놓아 누구나 자유롭게 이용할 수 있다. 각종 연구 보고서, 주제별 학습 자료, 해외 교육 정보, 교육 통계 정보, 영재 교육 상담, 청소년 고민 상담, 온라인 학교 및 각종 교육 자료 등을 검색할 수 있다. 인터넷 접속 주소는 edunet.nmc.nm.kr이다.

edutainment [edʒutéinmənt] **에듀테인먼트** 교육(education)과 오락(entertainment)의 합성어.

교육용 소프트웨어에 오락성을 가미하여 싫증을 느끼지 않고 즐기면서 교육적 효과를 얻을 수 있는 소프트웨어 제품.

EDVAC 에드박 electronic discrete variable automatic computer의 약어. 세계 최초의 컴퓨터인 ENIAC의 결점을 극복하기 위해 2진수에 의한 표현과 프로그램 내장 방식을 설계의 중심으로 한 컴퓨터로 곧 노이만형 컴퓨터를 말한다. EDVAC의 개발이 시작된 것이 1945년, EDSAC이 완성된 것은 1949년이며, 그로부터 1년 뒤인 1950년에 EDVAC의 개발이 완성되었다. 이것은 입력, 기억, 연산, 제어, 출력인 컴퓨터의 5대 기능을 모두 갖추고 레지스터에 숫자를 기억하고 기억한 프로그램 순서대로 명령을 자동으로 수행할 수 있다.

EEPROM 이이피롬, 전기적 소거 가능한 PROM electrically erasable and programmable ROM의 약어. 빈번히 사용되는 프로그램 등을 고정 정보로서 저장해두고, 판독 전용(read only)의 메모리로 해두는 기억 소자를 롬(ROM)이라 한다. 한편, 피롬(PROM)은 이용자가 정보를 기입할 수 있는 판독 전용 메모리(ROM)이며, 전기 펄스로 프로그램할 수 있도록 해두고 있다. 한 번 프로그램되면 판독 전용이 된다. PROM은 빈 상태로 구입하고, 그 후 특수한 기계(ROM 라이터)로 프로그램을 기입한다. 한 번 프로그램되면 이 메모리는 ROM과 같은 역할을 하는, 즉 기록 내용은 판독되지만 기입을 할 수 없다. 그래서 기록 내용을 전기적으로 소거, 재사용할 수 있도록 한 것이다.

EEROM 이이롬, 전기적 소거 가능한 ROM electrically erasable ROM의 약어. 전기적 신호로 그 내용을 1초 내에 지울 수 있는 기억 장치로서 백만 번까지 지울 수 있으며, 다시 프로그램할 수도 있다.

effect [ifékt] *n. v.* **효과, 영향을 주다** 어떤 사상이 다른 일에 대하여 영향을 주거나 어떤 효과가 나타나는 것, 또는 유효한 모양. 예를 들면, 컴퓨터 시스템의 어딘가에 어떤 장애가 발생하여 컴퓨터가 오동작을 일으킨 결과 그때 처리중인 프로그램에 「영향을 미치는」 경우 등에 쓰인다. 또 고급 언어(high level language)인 FORTRAN에서는 각 서브프로그램마다 그 중에서 사용하는 변수(variable)는 각 서브프로그램 내에만 그 목적을 부여하여 유효(effect)하고 다른 서브프로그램에 대해서는 무효하다. 단, 전역 변수(global variable)로 선언한 경우는 프로그램 상의 어떤 위치라도 유효하다.

effective [iféktiv] *a.* **유효한, 효과적인, 실효가 있는** 어떤 영향이나 효과를 주는 것을 형용하는 말.

effective access time [–ǽkses táim] **유효 접근 시간** 캐시 메모리(cache memory) 시스템은 원하는 데이터가 캐시에 없을 때 주기억 장치에 접근하게 된다. 이때 캐시의 적중률을 고려해서 원하는 데이터를 읽을 때까지 걸리는 시간을 말한다. 만약 캐시의 적중률이 0.9라면 주기억 장치에 있을 확률은 0.1이 되고 캐시 메모리의 접근 시간이 100ns이며, 주기억 장치가 1,000ns라면 유효 접근 시간은 0.9×100－0.1×1000＝190ns가 된다.

effective address [–ədrés] **유효 어드레스** 컴퓨터의 명령이 실행될 때의 어드레스. 명령의 어드레스 부분은 인덱스 레지스터에 의한 수식이나 프로그램에 의한 고쳐 쓰기 등으로 필요에 따라 변하지만 최종적으로 그 명령이 실행될 때의 어드레스이다. 즉, 여러 가지의 레지스터에 의한 어드레스 수식이 종료하였다든가 이들의 수식이 없는 어드레스를 말한다.

effective address generation [–dʒènəréiʃən] **유효 어드레스 발생**

effective addressing [–ədrésiŋ] **유효 어드레스 지정**

effective algorithm [–ǽlgəriðm] **유효 알고리즘**

effective byte [–báit] **유효 바이트** 한 개의 바이트나 바이트 스트링을 동작시킬 때 실제로 접근되는 바이트.

effective byte location [–loukéiʃən] **유효 바이트 위치** 바이트 주소 지정 명령어의 유효 가상 주소에 의해서 지정되는 실제의 기억 장소 위치.

effective channel length [–tʃǽnəl léŋkθ] **유효 채널 길이** MOS 트랜지스터에서 실제로 유효한 동작이 일어나는 채널의 길이.

effective computability [–kəmpjù:təbíliti(:)] **유효 계산 가능성**

effective data transfer rate(in data transmission) [–déitə trænsfə́:r réit(in déitə trænsmíʃən)] **유효 데이터 전송 속도** 데이터 전송에 있어서 전송측으로부터 송신되며 수신측에서 유효하게 수신된 단위 시간당의 비트 수, 문자 수 또는 블록 수의 평균값. 단위 시간은 초, 분, 시간을 취해, 예컨대 1,200비트/초로 표현한다. 이 속도는 초, 분 또는 시간당의 비트 문자, 블록의 개수로 표시된다.

effective double word [–dʌ́bl wə́:rd] **유효 2배 단어** 두 개의 단어를 연결하여 하나로 사용하는 단어.

effective enumeration [–injù:məréiʃən] **유효 열거법**

effective half-word [–hǽ:f wə́:rd] **유효 반단어** 반단어 조작에서 실제적으로 접근되는 단위.

effective instruction [–instrʌ́kʃən] **유효 명령** 오퍼랜드의 어드레스 등을 수식하지 않고 그대로 실행할 수 있는 명령어.

effective location byte [–loukéiʃən báit] **유효 위치 바이트** 바이트 어드레스 지정 명령어의 유효 어드레스가 가리키는 실제 기억 장소 위치.

effectiveness [iféktivnis] *n*. **유효성, 효율** 생산된 출력이 원하는 목표를 달성하는 정도.

effective operand address [iféktiv ápəræ̀nd ədrés] **유효 피연산자 주소** 실제 피연산자 주소를 산출하기 위해 프로그램이 수행될 때 컴퓨터에 의해 얻어지는 주소.

effective order [–ɔ́:rdər] **유효 순서, 유효 명령**

effective procedure [–prəsí:dʒər] **유효 절차**

effective speed [–spí:d] **유효 속도, 실효 속도** 어떤 장치가 유효 시간 동안 계속 유지될 수 있는 평균 속도. 유효 속도는 시작 시간, 중지 시간, 블록간 간격 등의 요인으로 제조업자가 제시하는 최고 속도보다 느린 것이 일반적이다.

effective time [–táim] **유효 시간** 어떤 처리를 요구했을 때, 실제로 그 처리가 실행되고 있는 시간이다. 그 처리를 행할 때까지의 준비를 위한 시간, 아무 것도 하지 않는 유휴 시간(idle time), 컴퓨터 시스템의 보수를 위하여 필요한 시간 등을 제외한 그 처리에 걸린 실제 시간이다.

effective transfer rate [–trænsfə́r réit] **유효 전송률** 대량의 데이터가 이전되거나 최적 코딩 기술이 사용될 때, 데이터가 한 장치나 기억 장소에서 다른 곳으로 이전되는 평균 속도.

effective transmission speed [–trænsmíʃən spí:d] **유효 전송 속도** 정보가 전송 장비에 의해 전송되는 속도, 유효 시간 동안의 평균 전송률로 나타내며, 그 크기는 단위 시간당 평균 문자 수 또는 단위 시간당 평균 비트 수로 표시된다.

effective value [–vǽlju:] **유효값** 제곱의 합의 평균 제곱근, 즉 순간값의 제곱의 합을 하나의 주기로 평균하고 그 값의 제곱근을 취하는 것으로 사인파이면 유효값이 1/2이다.

effective virtual address [–və́:rtʃuəl ədrés] **유효 가상 주소** 간접 주소 지정 방식 또는 접근의 변경이 이루어진 후의 가상 주소값으로 메모리 사상(mapping)이 이루어지기 전의 주소.

effective word [–wə́:rd] **유효 단어** 한 단어에 대한 조작으로 실제 접근되는 단어.

effective word location [–loukéiʃən] **유효 단어 위치** 단어 지정 명령어의 유효 가상 주소에 의해 지정되는 기억 장소의 위치.

efficiency [ifíʃənsi(:)] *n*. **효율** (1) 어떤 입력에 대하여 어느 정도의 출력을 얻을 수 있는지, 회로, 기기 등의 작동이 양호함을 표시하는 것으로 출력의 입력에 대한 비(比)이다. (2) 컴퓨터 전반에 품질, 평가, 특성을 표시하는 요소의 하나. 예를 들면, 소프트웨어가 시스템의 자원(resource)을 낭비하는 일 없이 목적을 달성하는 정도를 「효율」로 하고 있다. 프로그램 작성에 있어서도 알고리즘을 채용하거나 메모리 등의 자원으로 사용 방법에 따라서 효율이 달라진다. 또 고급 언어의 컴파일러(compiler)에는 효율적으로 하기 위하여 최적화(optimization) 기능을 갖는 것이 많다. (3) 데이터 처리의 「효율」로서는 처리 속도(transaction speed)가 있다. 계측의 기준으로서는 그 시스템이 1초간에 몇 건을 처리할 수 있는가 하는 것과 같은 것을 이용한다. 이것을 처리율(throughput)이라 한다. (4) 소프트웨어 개발의 경우, 어떤 작업 전체의 진전의 빠르기를 표시하는 말로서 쓰인다. 예를 들면 각종 도구(tool)의 도입에 의해서 작업 효율이 향상되는 경우가 있다.

efficient consumer response [ifíʃənt kənsú:mər rispáns] **효율적 소비자 반응 시스템** ⇨ ECR

efficient data set [–déitə sét] **유효 데이터 집합**

efficient estimate [–éstimeit] **유효 추정값** 모집단의 성질을 추정하는 경우 두 추정값 θ_1과 θ_2가 있을 때 어느 쪽이 더 모집단을 잘 설명하는 추정값인지를 평가하는 것. 이는 그 둘의 분산을 비교함으로써 평가된다.

EFT 전자식 자금 이동 electronic funds transfer의 약어. 상품 매매나 서비스 제공 등에 대해 현금으로 결제하는 것이 아니라 신용 카드를 이용하거나 자신의 구좌에서 상대방 구좌로 전자적인 방법으로 이전하게 하는 것.

EFTS 전자적 자금 이동 시스템 electronic funds transfer system의 약어. 수표나 어음을 사용하지 않고 자금 결제를 행하는 것을 목적으로 미국에서 개발한 것. 타지점 간의 서로 다른 이용자의 구좌간에 자동적 · 전자적으로 자금을 이동하는 것. 최근에는 POS(point of sales, home banking)까지도 포함한다.

EGA 그래픽 강화 접속기 enhanced graphic adapter의 약어. IBM PC를 위한 그래픽 카드의 일종.

egoless programming [í:gouləs próugræmiŋ] **객관화 프로그래밍** 와인버그(Weinberg)에 의해 주장된 것으로, 프로그래머가 자기 자신만이 알 수 있도록 프로그램을 설계, 코딩하는 것을 탈피하여 누구든지 알아볼 수 있는 내용으로 프로그래밍하는 것.

EI (1) enable interrupt의 약어. 인터럽트를 허가하는 명령. (2) **기업 통합** enterprise integration의 약어. 기업 간의 데이터베이스를 네트워크 시스템으로 공유하고, 각 기업의 공정을 통합하는 것. 독립된 기업 간뿐만 아니라 동일 기업 내의 기능 부문 간의 통합도 포함된다. EI는 CALS의 목적이다.

EIA 전자 산업 협의회 Electronic Industries Association의 약어. 미국 내 전자 기기 생산업체들로 구성된 단체. 본부는 워싱턴에 있으며, 창설 당시에는 RMA(Radio Manufactures Associations)로 불리던 것이 EIA로 개편되었다. 조직은 품목별로 10개 부문으로 이루어져 있는데, 그 중에서 오디오, 비디오, 개인용 전자의 3개 부분으로 구성된 소비자 전자 그룹이 유명하다.

EIA-530 RS-232C의 후속 규격으로 DTE와 DCE의 기계적인 사양.

EIAK 한국 전자 공업 진흥회 Electronics Industries Association of Korea의 약어.

EIDE enhanced integrated device(or drive) electronics의 약어. PC 환경에서 IDE 드라이브 인터페이스를 대체하는 것으로, 디스크의 최대 용량을 504MB에서 8GB 이상으로 늘리고 데이터 전송 속도를 2배 이상으로 빠르게 하였으며 PC에 연결할 수 있는 드라이브의 개수를 2개에서 4개로 2배 늘린 것이다. PC 환경에서 EIDE는 SCSI-2와 가격 경쟁을 벌이는데, 많은 사람들이 SCSI-2가 기술적으로 우위에 있는 것에 동의하지만 EIDE가 훨씬 저렴하기 때문에 점점 더 널리 쓰이고 있다.

eight bit code [éit bít kóud] **8단위 부호** 정보 교환용 부호 중 3개 비트의 조합으로 한 자를 나타내는 형식을 취하고 있는 부호를 3단위 부호라고 한다. 그러나 실제로 자기 테이프 상에 기록될 경우는 체크를 위해서 여분으로 1비트가 부가되어 9비트로 된다.

eight bit microcomputer [–màikroukəmpjúːtər] **8비트 마이크로컴퓨터** 8비트 단어의 크기를 갖는 중앙 처리기를 사용한 컴퓨터 시스템.

eight bit microprocesser [–màikrouprásesər] **8비트 마이크로프로세서** 8비트 레지스터와 8비트 워드 형식으로 데이터를 처리하는 마이크로프로세서.

eight level code [–lévəl kóud] **8단위 코드** 8비트로 1문자(character)를 표시하는 코드. 원래는 영문용으로 5단위, 한글은 6단위, 오류 없는 전송용으로 1단위를 증가시켜 7단위로 하였으나 취급 정보 종류의 증가와 컴퓨터 발달로 인해 과학용으로 6단위, 사무용으로 8단위가 되었다. 8단위 코드에서는 숫자가 8-4-2-1코드, 한글 및 영문은 2진법에 패리티 검사 비트를 조합하여 사용한다. 8단위 코드는 정보 교환용 코드로서 ISO가 국제적 통일을 기하고 있다.

eight-phase modulation system [–féiz mɑdʒuléiʃən sístəm] **8상 변조 방식** 위상 변조 방식의 하나로 45도마다 다른 유의(有意) 상태를 할당하는 방식. 이 방식에 따라 1신호 구간에 3비트의 정보가 전송 가능하다.

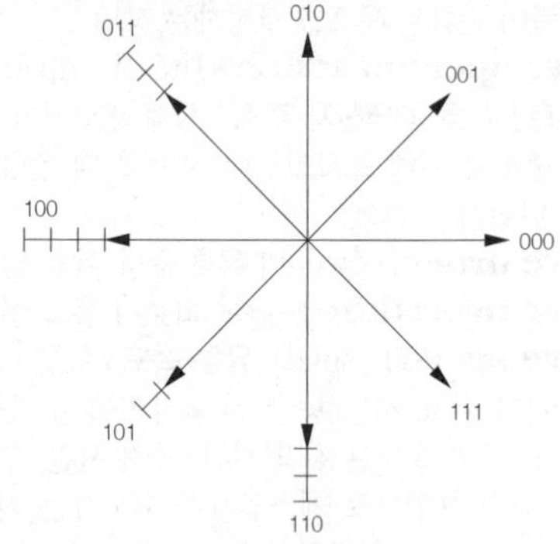

〈8상 변조 위상〉

eight queens problem [–kwíːnz prábləm] **8퀸 문제** 어느 두 개의 퀸 중 하나라도 같은 열, 같은 행, 같은 대각에 놓이지 않도록 8×8 체스판에 8개의 퀸을 놓는 문제.

eighty column [éiti(ː) kάləm] **80란** 가장 많이 사용되는 펀치 카드의 천공 최대 자릿수 또는 숫자.

EIP enterprise information portal의 약어. 기업 내에 저장되어 있는 정보를 기업 내부 및 외부에서 공유할 수 있도록 해주고, 사용자들이 의사 결정을 하는 데 필요한 정보에 접근할 수 있는 단일 창구를 제공해주는 응용 프로그램. EIP의 종류에는 퍼블리싱 포털(publishing portal ; 불특정 다수인에게 개방되며 주로 홍보 등), 퍼스널 포털(personal portal ; 특수한 목적으로만 사용되며, 개인이나 소규모 조직 단위로 개인화되어 있음), 커머셜 포털(commercial portal ; 상업적인 목적으로 공개되며, 주요 대상은 고객), 엔터프라이즈 포털(enterprise portal ; 가장 보편적인 EIP로, 회사 내의 정보 시스템 역할)이 있다.

EIRV 오류 간섭 요구 벡터 error interrupt request vector의 약어.

EIS 최고 경영자 시스템 executive information system의 약어. 중역의 기업 경영을 돕기 위해 전산화한 시스템으로 근래에는 결재 시스템으로도 사용되고 있다. 관리자들이 경영자들에게 문서와 요약된 정보를 컴퓨터를 통해 사장단에게 전송하면서 경영자는 그 정보를 보고 수정을 지시하거나 결재를 한다.

EISA 에이사 extend industry standard architecture의 약어. 1989년 IBM-PC 호환 기종 생산업체들이 연합하여 제정한 32비트 마이크로컴퓨터를 위한 버스 규격.

EISPACK 아이스팩 고유값 문제용 서브루틴 패키지의 하나.

either or operation [í:ðər ər ɑpəréiʃən] **포함적 논리 연산**

either-way communication [–wéi kəmjù:nikéiʃən] **양방향 교차 통신** 양쪽 방향이나 한 번에 한쪽 방향으로만 정보가 전송되는 방식.

EJB 엔터프라이즈 자바빈 enterprise javabeans의 약어. 클라이어트/서버 시스템을 위한 컴포넌트 아키텍처와 이를 지원하는 자바 API(application programming interface). EJB는 서버 상의 자바 컴포넌트와 그 컴포넌트의 동작 환경에 대한 프레임워크를 함께 의미하며, 재사용이 가능하고, 신뢰성 있는 업무용 응용 프로그램 미들웨어를 구축할 수 있게 해준다. EJB에서 작동하는 자바 컴포넌트를 특히 엔터프라이즈 빈(enterprise beans)이라고 하며, 엔터프리이즈 빈의 기반이 되는 동작 환경을 엔터프라이즈 빈 컨테이너(enterprise beans container)라고 한다.

eject [iʒékt] *v.* **배출하다, 종이를 이송하다** 장치에 세트한 카드 등의 기억 매체를 사용 후에 분리하는 것을 나타낸다. 예를 들면, 유연성 디스크(flexible disk) 장치에서는 디스크 레버를 열면 내부에 고정되어 있던 디스크가 장치에서 분리되며, 디스크의 교환도 가능하다. 이때 팝업(pop up) 기구에 붙어 있는 장치는 레버를 여는 것과 동시에 내부에 들어 있던 플렉시블 디스크가 나오며, 꺼내기 쉽게 되어 있다. 이 분리 작업을 이젝트(eject)라 한다. 또 캐시 카드(cash card) 등의 자기 카드나 IC 카드(IC card)의 경우 사용자(user) 자신이 서비스가 끝났을 때 종료 버튼을 누르든가, 이젝트 버튼을 누름으로써 카드 판독기(card reader)에 삽입된 카드가 되돌아온다.

eject button [–bʌ́tən] **이젝트 버튼** 플로피 디스크나 CD-ROM 등을 장치에서 꺼낼 때 사용되는 버튼. 5.25인치 플로피 디스크는 레버형이었으나 3.5인치로 개량된 후부터는 버튼형이 주를 이룬다.

ejection [idʒékʃən] *n.* **배출**

elapsed [ilǽpst] *a.* **경과한**

elapsed time [–táim] **경과 시간** 하나의 처리(process)에 사용된 전체 시간이며, 처리의 시작 시간과 끝시간의 차로서 측정한다. 일반적으로 이 시간은 처리에 사용된 실제 시간보다 더 길 수가 있다.

EL 전자 발광 electro-luminescence의 약어. 신호 전류가 흐르면 화소(火素)가 빛을 내는 특수 재료로서 유리 기판에 수 미크론 두께로 증착시켜 도형과 문자를 표시하는 디스플레이용으로 사용된다.

ELD 경제 부하 배분 economic load dispatching의 약어. 전력 수송 배분에 관한 이론으로, 발전 가격은 싸나 송전 손실은 큰 수력 발전과 가격은 높으나 이용하기 쉬운 화력 발전을 경제적으로 배분하여 적당한 전력을 공급하기 위한 수치 이론.

EL display 전자 발광식 표시 장치 EL을 이용한 컴퓨터 화면 표시 장치. 이는 액정 표시 장치나 가스 플라스마 표시 장치와 비슷한 특성을 갖고 있으며, 가볍고 전력 소모가 적어 휴대용 컴퓨터에 널리 이용된다.

electric [iléktrik] *a.* **전기의, 전기적** 전기에 의해 동작하는 장치나 전기를 이용한 것. 전기로부터 발생하는 현상 등을 형용할 때 사용된다. 전기적(electronic)이라든가 자기적(magnetic) 등과 대비된다.

electrical accounting machine [iléktrikəl əkáuntiŋ məʃí:n] **전기식 회계기** 데이터 처리에 쓰이는 전기 기계적 장치로 컴퓨터 장비와는 별개로 구분된다. 예를 들면, 도표 작성 장치, 계산기, 평형기와 같은 장치. ⇨ EAM

electrical communication [–kəmjù:nikéiʃən] **전기 통신** 송신측에서 정보가 모아져 전류로 변환시켜 전기적 네트워크로 전송하고, 수신측에 의해 해석에 적합한 형태로 다시 변환시키는 과학 기술.

electrical impulse [–ímpʌls] **전기 임펄스** 카드나 자기 테이프 판독기 또는 그와 비슷한 장치에서 나오는 신호. 이 신호는 컴퓨터에서 사용되는 코드로 바뀌어 처리되거나 저장되기 위하여 기억 장치로 이송된다.

electrically alterable read-only memory [iléktrikəli(:) ɔ́:ltərəbl rí:d óunli méməri(:)] **전기적 변환 롬** 전기적으로 특정한 비트의 정보를 바꿀 수 있는 롬(ROM ; read only memory).

electrically erasable and programmable ROM EEPROM, **이이피롬, 전기적 소거 가능한 PROM** ⇨ EEPROM

electrically-erasable read-only memory [–rí:d óunli méməri(:)] **전기적 소거 가능한 ROM** 일단 모든 비트를 전기적으로 소거하거나 새로운 정보를 기억시킬 수 있는 ROM.

electric charge [iléktrik tʃɑ́:rdʒ] **전하**

electric contact [–kɑ́ntækt] **전기 접점**

electric library [–láibrèri] **일렉트릭 라이브러리** 천 개 이상의 신문, 잡지, 학술 잡지에 게재된 글과 그림, 참고 서적, 문학 작품, 예술품 등의 데이터 베이스에서 정보를 검색할 수 있는 검색 엔진. http//www.elibrary.com/ 참조.

electric mail [-méil] **전자 우편, 전자 메일**

electric mail network [-nétwə̀:rk] **전자 우편 네트워크**

electric news [-njú:z] **전기 뉴스** 컴퓨터 통신에 있어서 불특정 다수의 사람을 위한 메시지. 불특정 다수의 사람이 이 메시지를 열람할 수 있으며, 또 자기 스스로도 새로운 전기 뉴스를 게시할 수 있다.

electric photoalbum[-fòutouǽlbəm] **전자 앨범** PC 상에서 이미지 파일 목록을 작성하여 열람하기 위한 소프트웨어. 일반적으로 디지털 카메라의 데이터나 컴퓨터 그래픽(CG) 등의 데이터를 조정, 열람하기 위해 사용된다.

electric power supply [-páuər səplái] **전원** 컴퓨터나 가전 제품에 필요한 전기를 공급하는 설비. 개인용을 제외한 컴퓨터는 가정이나 고층 건물의 일반 공급 전원을 이용할 수 없으므로, 공업용 전원으로 200V, 50 또는 60Hz를 사용한다. 그러나 이것도 주파수나 전압 변동의 허용 오차가 적으므로 정밀도가 높은 정주파, 정전압 장치가 필요하다. 미국 기종은 모두 60Hz이므로 일본 수입의 기종인 50Hz는 변환기로 60Hz로 변환해야 한다.

electric pulse [-pʌ́ls] **전기 펄스** 순간적으로 상당한 전압이 올라갔다가 내려가는 것.

electric still camera[-stil kǽmərə] **전자 스틸 카메라** ⇨ digital camera

electrochromic display [ilèktroukróumik displéi] **일렉트로크로믹 디스플레이** 전하(양전하, 음전하)가 입사되면 색깔이 변화하는 절연체를 이용해 만든 표시 장치.

electrode [iléktroud] *n*. **전극** 부품의 특정한 영역으로부터 전기적 기능을 꺼내어 다른 부분과 전기적 접속을 하는 도체.

electrode position [iléktroud pəzíʃən] *n*. **전착(電着)** 전해액 중에 녹아 있던 이온이 석출되어 전극에 부착되는 것을 말하며, 이 성질을 이용해서 금속선(전극으로서)에 교류를 흘리면서 자성 박막(permalloy)을 전착시켜 와이어 메모리를 제조하는 데 사용하기도 한다.

electrodynamometer type multiplier [-ilèktroudáinəmamətər táip mʌ́ltiplàiər] **전류력계형 곱셈기** 전류력계의 메커니즘을 응용한 곱셈기.

electrofax [iléktroufæ̀ks] *n*. **전자 사진법** 산화아연을 합성 수지에 혼합시킨 것을 종이에 칠해서 감광지(感光紙)로 이용한다. 미리 정전 전하를 주어 노광(露光)하면 빛이 닿은 부분만 전하가 없어진다.

electrographic non-impact printer [ilèktrəgrǽfik nán ímpækt príntər] **전위 기록적 비충격 프린터** 인쇄시에 다양한 기술을 이용할 수 있는 프린터로, 전압이 가해질 때 색깔이 변하도록 특별히 코딩된 종이를 사용하는 것도 있고, 밑의 검은 층을 나타내기 위해 종이의 위층을 태워서 필요한 상을 만드는 것도 있다. 이 프린터의 장점은 비교적 값이 싸고 인쇄 속도가 빠르다는(초당 160~ 200자) 것이며, 단점은 종이값이 비싸고 복사가 불가능하며 인쇄질이 불량하다는 점이다.

electroluminescence [ilèktroulu:minésəns] **일렉트로루미네선스** 전계를 가함으로써 일어나는 발광, 전계 발광, 혹은 줄여서 EL이라고도 한다. 발광의 여기(勵起) 과정에 따라 진성 EL과 주입형 EL로 나뉜다. 진성 EL에서는 형광체 결정 중의 캐리어가 높은 전계에 의해 가속되고, 이것이 발광 중심과 충돌하여 여기하며, 여기 준위로 올라간 전자가 기저 상태로 돌아갈 때 발광한다. 주입형 EL에서는 pn 접합에 순방향 전류를 통하여 소수 캐리어를 주입했을 때의 재결합 과정에 의해 발광한다.

electroluminescent display[ilèktroulu:minésənt displéi]] **전자 발광식 표시 장치** 플랫패널 디스플레이의 일종이며, 발광 물질이 수평 방향과 수직 방향으로 배열된 전극 사이에 들어 있다. 수평 전극과 수직 전극의 교점은 모두 픽셀이며, 대응하는 전극에 전류가 통과하면 발광한다. 이러한 발광체들의 조합을 이용하여 원하는 숫자나 문자를 나타내는 디스플레이 장치를 전자 발광식 표시 장치라 한다.

electromagnetic [ilèktroumægnétik] *a*. **전자기식** 전기 및 자기의 원리를 사용하는 것.

electromagnetic compatibility [-kəmpæ̀tibíliti(:)] **EMC, 전자기 호환성**

electromagnetic deflection system[-diflékʃən sístəm] **전자기적 편향 시스템** CRT의 튜브 주위에 두 개의 코일이 있는데, 하나는 전자 빔을 수평적으로 편향시키고, 다른 하나는 전자 빔을 수직적으로 편향시키는 시스템으로 각 편향의 크기는 각 코일에 흐르는 전류에 비례한다.

electromagnetic delay line [-diléi láin] **전자기 지연선** 전자기파가 분산 또는 집중되어 있는 인덕턴스나 커패시턴스를 통과하는 데 걸리는 시간을 이용한 지연선.

electromagnetic interference [-intərfí(:)rəns] **EMI, 전자기 간섭** 용량 결합에 의한 전계, 상호 인덕턴스에 의한 자계 또는 전자계(전파)에 의해 일어나는 간섭.

electron-beam-accessed MOS storage, electron beam memory **전자빔 메모리** SiO

를 끼운 표면에 금속 전극을 설치한 Si 타깃을 읽고 쓸 수 있는 기억 매체로 하여 이것을 전자 빔으로 액세스하는 기억 장치.

electron beam recording [iléktrɑn bíːm rikɔ́ːrdiŋ] **전자빔 레코딩** 전자선을 이용하여 컴퓨터에서 나온 데이터를 직접 마이크로필름에 기록하는 것.

electron emission [–imíʃən] **전자 방출** 물질에서 그 바깥으로 전자를 방출하는 현상. 물질과 외부와의 경계에는 전자를 물질 내에 거두어두는 에너지의 장벽이 있고(그 높이는 물질에 따라 고유하여 일함수라 불리는데, 보통의 금속에서는 4~5eV, 알칼리 금속에서는 2eV 전후), 물질 내의 전자가 이 장벽 이상의 에너지를 받으면 물질 밖으로 방출된다. 에너지의 공급 수단에 따라 광전자 방출, 2차 전자 방출, 열전자 방출 등의 종류가 있어서 각종 전자관의 전자원으로 쓰인다.

electron gun [–gʌ́n] **전자총** 컬러 모니터는 음극선관(CRT)을 바탕으로 한다. 음극선관은 전자의 선을 만들어내는 3개의 전자총(electron gun)으로 이루어지는데, 각각 빨간색, 녹색, 파란색의 발광체를 점등시키게 된다. 전자기적으로 제어되는 전자총이 화면 위를 각기 다른 강도로 휩쓸고 지나가는 색을 가진 영상이 그려지는 것이다. 다양한 색상은 빨강, 녹색, 파랑의 발광체의 조합에 의해 표현된다. ⇨ color balance, color purity, CRT

electronic [ilektrɑ́nik] *a.* **전자 (식), 전자의** 전자식 장치(electronic device)를 사용한 장치 부품(device)이나 회로(circuit), 시스템을 형용하는 단어이며, 「전자에 의해서 작동한다」, 「전자를 포함한다」, 「전자를 생성한다」라는 의미. 전자식 장치는 진공이나 반도체를 통과하여 이동하는 전자(electron)에 의해서 전도가 생기는 장치 부품 · 전자 제어, 전자 기기(electronic equipment), 전자 계측(electronic instrument), 전자 회로(electronic circuit) 등이 일상어로 쓰이고 있다. 전자 공학(electronics)의 진전에 따라서 「전자 장치」를 강조하여 사용되고 있던 전자 계산기(electronic computer), 전자 데이터 처리 시스템(EDPS ; electronic data processing system)이라는 용어에서, 「electronic」이 없어지고, 단순히 computer, data processing system이라는 말로 대신하게 되었다. 그 반면, 컴퓨터 응용 분야의 확대에 따라 새로운 용어도 사용되고 있다.

electronic accounting machine [–əkáuntiŋ məʃíːn] **전자식 회계기**

electronic authentication [–ɔːθèntikéiʃən] **전자 인증** 전자 서명을 개인이나 조직에 개별적으로 대응시키는 것. 인터넷을 통한 전자 상거래에서 부정 이용을 방지하기 위한 방법으로서 그 중요성이 부각되고 있다. ⇨ certificates

electronic banking [–bǽŋkiŋ] **전자(식) 은행** 금융 기관의 컴퓨터와 기업의 컴퓨터 혹은 개인의 단말 장치를 데이터 통신망을 통해서 접속하고, 직접 고객에 대해서 출납 업무 등 각종 서비스를 행하는 것.

electronic board [–bɔ́ːrd] **전자기판** 여러 가지 기능을 가진 집적 회로(IC). 예를 들면, 레지스터(register), 계수기, 디코더(decoder)들이 목적에 맞는 기능을 수행할 수 있도록 배열된 보드.

electronic book [–búk] **이북** ⇨ e-Book

electronic branch exchange [–brǽntʃ ikstʃéindʒ] **전자식 교환기** 내장된 프로그램에 의해 전화 교환을 전자적으로 하는 것. 종래의 스텝 바이 스텝 교환기에 비해 신뢰도가 높고 전송 서비스 등의 부속 기능을 가지고 있다. 이와 같은 기능을 가지며, 한 기업 내에서만 쓸 수 있는 것에 EPBX(사설 전자식 교환기)가 있다.

electronic bulletin board [–búlətin bɔ́ːrd] **전자 게시판** 가입자가 작성하여 저장해둔 메시지를 다른 가입자가 찾아볼 수 있도록 한 전자 통신 서비스.

electronic cafe [–kǽfə] **전자 카페** 인터넷을 즐길 수 있는 카페. 인터넷 접속시 카페 입장료와는 별도의 요금을 지불하는 방식으로 운영되며, 해외에서는 점점 인기를 끌어 점포수가 늘어나는 추세이다.

electronic calculating punch [–kǽlkjulèitiŋ pʌ́ntʃ] **전자 계산 천공** 천공 카드에서 데이터를 읽고 일련의 산술 계산을 한 후 결과를 다른 천공 카드에 천공하는 장치.

electronic cash register [–kǽʃ rédʒistər] **전자식 금전 등록기** 전자적 연산 능력과 기억 능력이 있는 금전 등록기. 내장된 테이프에 날짜, 연속된 숫자, 항목의 개수, 점원, 기능, 보고서마다의 분야 등을 인쇄하며 동일 품목 가격의 곱셈 등 여러 가지 계산 능력과 할인이나 환불 기능도 갖추고 있다. 기계적 금전 등록기에 비해 많은 양의 데이터 수록이 가능하고, 키 조작이 부드러워 오래 사용해도 손의 피로가 적으며 온라인화가 쉽다는 장점이 있다.

electronic catalog [–kǽtəlɔ̀(ː)g] **전자 카탈로그** 상품 또는 기업에 대한 광고를 전자 파일(electronic file) 형태로 제작하는 것. 전자 카탈로그의 종류에는 CD-ROM이나 DVD 등의 저장 매체를 이용한 카탈로그, 홈페이지를 이용한 웹 기반 카탈로그 등이 있다. 전자 카탈로그는 기존의 인쇄 매체를 이용한 종이 카탈로그보다 경제적이며, 변경이 용이하고, 동영상 및 사운드 등의 멀티미디어 데이터를 삽입하여 만들 수 있고, 구매 및 판매와 직접 연결시킬 수 있는 장점이 있다.

electronic central control system[–séntrəl kəntróul sístəm] ECCS, **전자 집중 제어 시스템**

electronic circuit[–sə́:rkit] **전자 회로**

electronic circuit analysis program[–ənǽlisis próugræm] ECAP, **전자 회로 해석 프로그램**

electronic commerce [–kámə:rs] **전자 상거래** 미 국방성 프로젝트를 수행하면서 처음 사용된 용어로, 네트워크를 통한 상품의 구매와 판매를 의미한다. 구매처와 고객, 비즈니스 파트너가 전자적(電子的)으로 행하는 모든 상거래 활동을 뜻한다. 전자 상거래는 거래가 시작되면서 끝날 때까지 일련의 과정에서 서류가 사용되지 않는 기업 환경 구축이 가능하며, 중간의 복잡한 유통 구조를 거치지 않으며, 전세계적으로 마케팅을 할 수 있다는 장점을 가지고 있다.

electronic community[–kəmjú:niti(:)] **전자 통신**

electronic commuting[–kəmjútiŋ] **재택 근무** 사무실과는 별도의 장소(자택 등)에서 작업을 하고 모뎀과 통신 소프트웨어를 장비한 PC를 통해서 사무실과 연락을 취하는 근무 형태.

electronic computer[–kəmpjú:tər] **전자식 컴퓨터** 전자 장치를 사용하여 산술 및 논리 연산을 수행하는 컴퓨터.

electronic computer for scientific use [–fər sàiəntífik jú:z] **과학용 전자식 컴퓨터** 편미분 방정식의 해 또는 행렬 계산과 같이 많은 시간이 소요되는 과학 기술 상의 복잡한 계산을 주목적으로 하는 컴퓨터. 기억 용량은 일반 상업용 컴퓨터보다 작아도 상관 없지만 연산 속도와 접근 시간이 빨라야 한다.

electronic computer system[–sístəm] **전자 계산기 시스템**

electronic conference[–kánfərəns] **전자 회의** 주컴퓨터(main computer)에 여러 개의 전자 회의 공간을 할당하고 특정한 PC 통신 가입자들이 일정한 주제에 대해 컴퓨터로 메시지를 교환하여 의견을 나눌 수 있는 것.

electronic control[–kəntróul] **전자 제어**

electronic cottage[–kátidʒ] **전자 가정 사무실** 컴퓨터 기기를 완비하고 데이터 통신에 의해 외부와 연결되어 있어 OA 기기를 갖춘 사무실과 동등한 기능을 가진 주거. 이 같은 주거가 등장함으로써 「자택 근무」가 가능하게 된다고 한다. 이것은 미국의 앨빈 토플러(Alvin Toffler)가 그의 저서 『제3의 물결』에서 예측한 것이다.

electronic counter[–káuntər] **전자식 계수기** 입력 펄스에 따라서 레지스터의 상태가 미리 정한 순서대로 진행되는 레지스터를 계수기라고 하는데, 이를 전자 장치로 구현한 것을 말한다.

Electronic Data Interchange For Administration, Commerce and Transport[–déitə intərtʃéindʒ fər ədmìnistréiʃən kámə:rs ænd trænspɔ́:rt] EDIFACT, **에디팩트** ⇨ EDIFACT

electronic data processing[–déitə prásesiŋ] EDP, **전자 데이터 처리** (1) 컴퓨터와 이를 위한 데이터 수집 처리 시스템을 통합시킨 시스템을 말하며 일반적으로 EDP라고 통한다. (2) 계산 문제를 처리하거나 데이터의 저장, 작표, 변환 등을 컴퓨터로 처리하는 것을 의미한다. (3) 일반적으로 컴퓨터 시스템을 가리킨다. ⇨ EDP

electronic data processing audit[–ɔ́:dit] **전자 데이터 처리 감시** ⇨ EDP audit

Electronic Data Processing Auditors Association [–ɔ́:ditərz əsòuʃéiʃən] **전자 데이터 감사인 협회** ⇨ EDPAA

electronic data processing machine [–məʃí:n] EDP machine, **전자 데이터 처리 기구** 원래는 IBM 사에서 제작하는 중형 · 소형 컴퓨터를 일컫는 명칭이었으나, 최근에는 정보 처리에 의한 종합적인 사무 처리 기계를 총칭한다. 즉, 데이터 처리를 위해 사용되는 기계로서 주로 전자 회로를 사용하여 산술 연산과 논리 연산을 하는 장치.

electronic data processing system [–sístəm] EDPS, EDP **시스템, 전자 데이터 처리 시스템** 컴퓨터에 의해 사무 · 관리 · 경영 · 과학 · 기술 등에 관한 데이터를 처리하는 시스템 체계.

electronic delay storage automatic calculator[–diléi stɔ́:ridʒ ɔ:təmǽtik kǽlkjuleitər] EDSAC, **에드삭** ⇨ EDSAC

electronic desk calculator[–désk kǽlkjulèitər] **전자식 탁상 계산기**

electronic device[–diváis] **전자 장치, 전자 디바이스** 대부분 반도체를 주로 사용한 전자 장치를 일컫는 경우이다.

electronic dictionary[–díkʃənəri(:)] **전자 사전** 사전 정보에 검색을 위한 키 또는 인덱스를 붙여 파일화한 것.

electronic differential analyzer [–difərénʃəl ǽnəlàizər] **전자식 미분 해석기** 주로 반도체를 이용한 전자 장치. 장치라고 하면 보통 대형인 것만을 상상하지만, 전자 디바이스라고 할 때는 소형인 것으로, 예를 들면 트랜지스터 등도 전자 디바이스 안에 포함된다. 따라서 현재 전자 공학에서 개발된 소자는 대개 전자 디바이스 범위에 들어간다.

electronic discrete variable automatic computer [–diskríːt vέ(ː)riəbl ɔ̀ːtəmǽtik kəmpjúːtər] **EDVAC, 에드박** ⇨ EDVAC

electronic disk [–dísk] **전자 디스크** 대용량으로 등속(等速) 호출하는 데 가까운 기억 장치로서 자기 디스크 기억 장치가 있으나 이것과 거의 같은 기능을 가진 전자적인 장치를 총칭해서 전자 디스크라고 부르는데, 전자 빔 메모리, CCD, 자기(磁氣) 버블 등이 이에 포함된다.

electronic documents or management system[–dákjumənts ər mǽnidʒmənt sístəm] ⇨ EDMS

electronic editing [–éditiŋ] **전자 편집** VTR로 기록한 프로 소재를 테이프의 절단이나 접합 없이 전기적으로 편집하는 방식. 한 대의 VTR로 소재 테이프를 재생하고, 다른 VTR 상의 테이프에 접합할 부분의 신호를 차례로 연속 기록한다. 편집점에서 흐트러짐이 없는 연속된 신호를 얻기 위해서 두 대의 VTR의 완전한 동기 운전을 한다.

Electronic Entertainment Expo 전자 엔터테인먼트 엑스포 ⇨ E3

electronic equipment [–ikwípmənt] **전자 기기**

electronic exchanger [–ikstʃéindʒ] **전자 교환기** 전화 교환기의 제어 장치를 컴퓨터 처리 장치와 같은 연산 장치와 기억 장치로 이루어지는 구성으로 하고, 입력 정보에서 출력 정보로의 변환을 기억 장치 내의 프로그램 지시에 따라 실시하는 방식의 변환 장치. 이에 따라 전화를 이용한 각종 새로운 서비스가 프로그램 변경에 의해 가능하게 된다.

electronic file[–fáil] **전자 파일** 문서 등의 정보를 전자적으로 보존하는 대용량 기억 시스템. 광디스크 파일, 자기 디스크 파일을 가리키는 경우가 많다. 마이크로그래픽(마이크로파일 및 마이크로컴퓨터를 이용한 파일링 시스템)도 넓은 의미에서는 전자 파일이다. 광디스크 데이터 기억 매체는 쉽게 교환할 수 있어 자기 디스크에 비해 대용량의 데이터를 저장할 수 있다. 상품화되어 있는 전자 파일은 대부분 광디스크 방식이며, 데이터의 소거나 재기록이 가능한 재기록 가능형과 불가능한 추기형(追記型)이 있다.

electronic file system [–sístəm] **전자 파일 시스템** 데이터 베이스 등에 필요한 대용량 기억 장치에 쓰이는 파일 시스템. 대용량 기억 장치로는 비디오 디스크, CD-ROM 등의 광디스크, 플로피 디스크나 하드 디스크 등의 디스크 장치, 비디오 테이프 등이 있다. 비디오 테이프 이외에는 모두 고속 파일 접근이 가능하다.

electronic filing [–fáiliŋ] **전자 파일링** 전자 서류 보관이란 작성된 서류나 도면 등을 캐비넷, 철제 서류함 등에 보관함으로써 발생되는 공간의 낭비, 사후 참고시 서류를 찾는 데 인력과 시간의 낭비를 배제하기 위한 방법으로 컴퓨터의 보조 기억 장치에 워드 프로세서로 작성한 문서나 전자 우편을 통해 접수된 정보를 보관하였다가 활용하는 기법을 말한다.

electronic filing document [–dákjumənt] **전자 파일링 문서**

electronic filing system [–sístəm] **ELF, 전자 파일링 시스템**

electronic forms overlay [–fɔ́ːrmz òuvərléi] **전자식 서식 오버레이**

electronic funds transfer system [–fʌ́ndz trænsfə́r sístəm] **EFTS, 전자식 자금 전달 시스템**

Electronic Industries Association [–índəstri(ː)z əsouʃiéiʃən] **EIA, 미국 전자 공업 협의회** 미국 내 전자 기기 생산업체들로 구성된 단체.

electronic ink[–íŋk] **전자 잉크** (1) 종이나 플라스틱 등의 시트 표면에 전하로 색상이 변화되는 마이크로캡슐(1/10mm 정도의 캡슐형 도트를 말함)을 채워넣는 것으로 보통 잉크와 마찬가지로 텍스트나 이미지를 표시하는 기술. 표시 화면은 전원을 꺼도 사라지지 않고 전자적으로 다시 쓸 수 있으므로 동이미지 표시도 기대할 수 있다. 이 전자 잉크를 흡착한 종이 형태의 매체를 전자 종이라고 하지만, 일반적으로 전자 잉크나 전자 종이나 같은 뜻이다. 종래의 인쇄물을 대신할 수 있는 획기적인 기술로 주목된다. (2) 전기적으로 출력을 제어할 수 있는 특수 잉크, 전기적으로 흑백 반전이 가능한 입자를 사용하는 용지로 CRT를 대신하였다. MIT 미디어 랩에서 연구중이다.

electronic intelligence [–intélidʒəns] **ELINT, 전자식 지능**

electronic journal [–dʒə́ːrnəl] *n.* **전자 일지** 컴퓨터 시스템에서 수행된 모든 처리 사항들에 대한 기록을 시간 순서로 요약한 기록 파일.

electronic library [–láibrəri(ː)] **전자 도서관** 사용자가 컴퓨터 단말기를 통해 도서의 저자, 제목

또는 도서관 내에 있는 어떤 도서의 어느 페이지를 볼 수 있도록 한 도서관 시스템.

electronic magazine [-mæɡəzíːn] **전자 잡지** 비디오 테이프 또는 비디오 디스크 형태로 출판된 잡지.

electronic mail [-méil] **전자 메일** 종래의 「우편」과 똑같이 컴퓨터 네트워크나 LAN(local area network) 등의 통신망을 경유하여 메시지를 전자식으로 배송(配送)하는 시스템이다. 자기 디스크 등에 설치된 우편함(mail box)에 텔렉스 단말 등의 단말로부터 메시지를 투입한다. 수신자는 각자의 우편함에 착신이 있으면 텔렉스 단말 등의 단말로 화면 표시나 프린트 출력을 한다. 이러한 전자 메일 시스템(electronic mail system)에서는 메시지를 시간 지정으로 또는 동시에 많은 상대에게 송신하거나, 수신 메시지에 코멘트를 붙여서 따로 전송하는 기능 등 폭넓은 용도로 쓰인다. 「전자 메일」은 사무 자동화의 주요한 요소의 하나이다.

electronic mail box [-bɑ́ks] **전자 사서함** 사용자가 자신에게 배정된 컴퓨터 내의 우편함에 서신이나 메모, 보고서 등의 각종 메시지를 담아두고 언제든지 찾아볼 수 있게 해주는 서비스.

electronic mail network[-nétwə̀ːrk] **전자 우편 네트워크, 전자 우편망** 전화 회선이나 무선 통신 회선에 의해 단말 장치들을 연결하고 정보를 교환하는 시스템. 이 네트워크 서비스는 PC, 워드 프로세서, 팩시밀리 등 어떤 단말기에도 적합하며, 디지털 입력을 축적하여 송신한다.

electronic mail packet [-pǽkət] **전자식 우편 패킷**

electronic mall[-mɔ́ːl] **전자 몰** 사이버 몰과 같은 의미로, 인터넷이나 PC 통신 상의 쇼핑 몰을 말한다. 가상 공간인 전자 네트워크 상에 상품의 소개 정보 등을 게재하여 온라인 쇼핑을 가능하게 한 것. 여러 상점이 모여 있다는 것에서 몰이라 불린다. ⇨ cyber mall

electronic micro-ledger accounting corporation [-máikrou lédʒər əkáuntiŋ kɔ̀ːrpəréiʃən] **전자 마이크로 원장 회계 시스템** 매장 창구에 단말 입력 장치를 설치하고 중앙의 교환대를 경유하여 집중적으로 판매 회계를 하는 시스템. 태그(tag) 시스템의 중요한 수단이다.

electronic money[-mʌ́ni] **e-money, 전자 화폐** 현재 사용하고 있는 동전이나 지폐의 역할을 수행하기 위해 돈의 가치가 디지털 데이터로 구성되어 있는 화폐. 전자 화폐는 화폐의 가치가 IC 칩(integrated circuit chip)이 내장된 카드(IC 카드)나 공중 정보 통신망과 연결된 컴퓨터 등의 전자 기기 등에 디지털 데이터 형태로 존재하며, 이를 일반적 물품이나 서비스 구매 등에 사용할 경우 저장 금액이 판매자의 단말기(또는 전자 지갑)로 이전되는 새로운 형태의 지급 결제 수단이다. 전자 화폐의 유형으로는 전자 현금형, 전자 수표형, 신용 카드형, 전자 자금 이체형이 있다.

electronic music [-mjúːzik] **전자 음악** 전자적으로 소리가 만들어지는 음악. 이는 1960년대 전자 악기의 시초인 무그(Moog)에서 비롯되었으며, 현재는 신호 처리 기술의 발달과 함께 거의 무한한 소리를 마음대로 만들어낼 수 있는 음악 합성기가 널리 사용되고 있다.

electronic neuron network simulation [-nú(ː)rɑn nétwə̀ːrk sìmjuléiʃən] **전자식 신경 계통 시뮬레이션** 여러 가지 목적에 사용하기 위해 아날로그 전자 부품을 이용하여 신경 세포나 신경 조직을 복제하기 위한 모의 실험.

electronic note[-nóut] **전자 수첩** 전자 계산기 기능에 스케줄 관리나 전화 번호부 및 메모 등의 기능을 추가한 휴대 정보 기기. ⇨ PDA

electronic numerical integrator and calculator [-njumérikəl íntərɡrèitər ənd kǽlkjulèitər] **ENIAC, 에니악** ⇨ ENIAC

electronic office [-ɔ́(ː)fis] **전자식 오피스** 종이 등을 사용하지 않고, 컴퓨터 등 OA 기기에 의해 사무 처리를 하는 사무실.

electronic packaging [-pǽkidʒiŋ] **전자식 패키징**

electronic payment[-péimənt] **전자 결제** 상품을 구입할 때 실제 화폐가 아닌 네트워크나 IC 카드로 결제하는 것 또는 그러한 시스템.

electronic printer [-príntər] **전자 프린터** 전자 기록에 따라 인자하는 프린터. 전자 기록이란 기록지에 정전기를 하전시키고 이것을 빛에 노출하면 노출된 부분의 하전이 없어지고 거기에 현상용의 흑색 분말을 하전 부분에만 부착하는 것을 이용하는 기록법으로, 글자형의 노출은 브라운관 형광면의 상(像) 등에 따라 행해진다.

electronic publishing[-pʌ́bliʃiŋ] **전자 출판** CD-ROM, IC 카드, 플로피 디스크 등의 전자 매체를 사용하여 문자 정보뿐만 아니라 이미지, 영상, 음성 데이터 등의 정보를 가공, 출판하는 것. CD-ROM으로 출판된 전자책도 이에 포함된다.

electronic publishing system [-sístəm] **전자 출판 시스템** 컴퓨터를 이용하여 문장, 도판, 사진의 편집 및 레이아웃, 인쇄까지 하는 것. 32비트의 워크스테이션을 중심으로 고해상도의 디스플레이, 레이저 빔 프린터, 이미지 스캐너 등을 조합한 시스템 구성이 일반적이다. 도판이나 사진은 스캐너로 해독하고 문장과 함께 화면에서 인쇄 상태와 같은 이미지로 편집할 수 있다. 마이크로컴퓨터와 인쇄 품질이 높은 프린터(보통 레이저 프린터)를 주체로 한 출판 시스템에서 기업의 사외 홍보용 문서나 경(輕) 인쇄로의 사용이 기대된다.

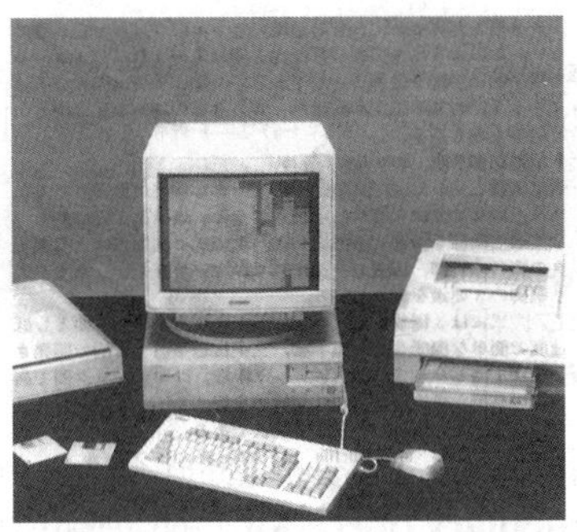

〈전자 출판 시스템〉

electronic publishing wing[–wiŋ] ⇨ EP-WING

electronics [ilèktrániks] *n.* **전자 공학** 전자 장치와 그 응용의 연구 및 제어를 취급하는 과학 기술의 한 분야.

electronic scales [–skéilz] **전자 계량기** 마이크로컴퓨터를 이용하여 정지 상태의 물건의 무게를 재거나 그런 동작을 조정하는 기기. 발광 다이오드 표시가 초과 용량, 동작, 모자라는 무게, 영점 등을 표시하며 시간과 날짜 및 관계되는 정보 등도 계측할 수 있다.

electronic scanning[–skǽniŋ] **전자 주사(走査)**

electronic scientific and technical information system [–sàiəntífik ənd téknikəl ìnfərméiʃən sístəm] **전자 과학 기술 정보 시스템**

electronic smog [–smá(:)g] **전자 스모그** 전기적인 스파크나 전자 기기의 동작에 의해 불필요하게 생기는 전자파 때문에 발생하는 눈에 보이지 않는 환경 오염.

electronic spreadsheet [–spré(:)dʃì:t] **전자 스프레드시트** 컴퓨터 화면을 마치 큰 계산표와 같이 사용할 수 있게 해주는 프로그램. 업무용 또는 과학용 도표 작성 용지를 모방한 소프트웨어로 사용자는 이것을 이용해 데이터 사이의 관계를 나타낼 수 있다. 유명한 스프레드시트 프로그램에는 비지캘크(Visi Calc), 수퍼캘크(Super Calc), 로터스(Lotus) 1-2-3 등이 있다.

electronic statistical machine [–stətístikəl məʃí:n] **전자식 통계 처리기** 정렬을 하면서 데이터를 합산하거나 인쇄할 수 있는 정렬기.

electronic stylus [–stáiləs] **전자식 스타일러스** 프로그램 제어 하에 정보를 입력하거나 변경시키기 위해 CRT와 함께 사용되는 펜과 같이 생긴 장치. 이것은 전자 펄스로 컴퓨터에 신호를 보냄으로써 작동되는데, 컴퓨터는 이런 신호를 받아서 화면에 나타난 모양을 바꾸거나 미리 프로그램된 명령에 따라서 입력된 데이터를 이용하여 다른 연산을 할 수 있다.

electronic switch [–swítʃ] **전자식 스위치** 빠른 속도로 전자적인 시작 · 종료 동작이나 개폐 동작을 하는 회로 소자.

electronic switching system [–swítʃiŋ sístəm] **전자식 교환 시스템** 미국 벨 연구소에 의해 개발된 것으로 저장 프로그램에 의해 교환되는 시스템.

electronic table calculator [–téibəl kǽlkjulèitər] **탁상 전자 계산기** 전자 부품을 이용해서 만든 탁상 전자 계산기. 주로 MOS IC를 이용하여 논리 회로를 짠다. 표시 기구는 답을 인자하는 기계적인 것과 광 표시를 이용한 것도 있다.

electronic text[–tékst] **이텍스트** ⇨ e-text

electronic tube [–tjú:b] **전자관** 기밀 용기 속에서 전자 또는 이온이 진공 혹은 가스 속을 운동함으로써 전기 전도를 일으키는 전자 장치.

electronic vertical format unit[–vɔ́:rtikəl fɔ́:rmæt jú:nit] **EVFU, 전자 수직 양식 장치**

electronic wallet [–wálit] **전자지갑** 미국의 체크프리 사와 사이버캐시 사가 공동으로 개발한 인터넷용 전자 결제 시스템. 가정의 PC를 이용하여 전용 소프트웨어와 통신회선을 이용하여 무료로 은행의 현금자동지급기를 이용할 수 있다. 이용자는 사전에 자기 이름이나 신용카드 번호를 사전에 등록할 필요가 없기 때문에 언제나 쉽게 이용할 수 있다.

electrophotographic printer [iléktroufoutəgrǽfik príntər] **전자 사진식 인쇄 장치**

electrosensitive printer [ilèktrousénsitiv príntər] **방전 파괴식 인쇄 장치** 기록지 표면에 침상 전극과 귀로 전극을 두어 방전에 의한 절연 파괴에 의해 문자가 기록되는 프린터. 가격이 싸고 고속이므로 초기에 많이 보급되었으나 차츰 도트 매트릭스 프린터로 대체되었다.

electrostatic memory tube [ilèktrəstǽtik méməri(:) tjú:b] **정전 기억관** 맨체스터 대학의 윌리엄 교수의 제안에 의한 것으로 브라운관 표면에 정전하의 형으로 정보를 기억하는 것. 컴퓨터의 초기에 사용되었지만 동작 불안정 때문에 또 자심 기억 장치나 IC 기억 장치 등의 발달에 따라 현재는 별로 사용되지 않게 되었다.

electrostatic plotter [–plɑ́tər] **정전기식 플로터** 열(列)을 지은 전극을 이용하여 잉크를 정전기식으로 용지에 부착시키는 래스터(raster) 작도 장치. 한 번 그린 그림에서 추가로 보관하여 그릴 수 없다는 단점이 있다.

electrostatic printer [–príntər] **정전기식 인쇄 장치** 정전 기록에 따라 기록 용지에 인자하는 프린터. 핀 모양의 전극을 배치하고 여기에 적시에 전압을 가해 기록지에 하전시키는 등의 방법으로 글자형을 만든다.

electrostatic printing tube [–príntiŋ tjú:b] **정전 기록관**

electrostatic recording [–rikɔ́:rdiŋ] **정전 기록식** 절연성 기록지 위에 입력 정보에 따라서 정전하를 주고, 현상(現像) 가루(수지와 염료로 된 흑색의 가는 분말)에 의해 현상하여 정착시켜 기록을 얻는 방식. 기록지로서는 종이 위에 10㎛ 정도의 얇은 절연성 수지를 도포한 것이 사용된다. 매우 고속의 기록이 가능하다.

electrostatic recording printer [–príntər] **정전 기록식 프린터** 기록지 표면에 전하상(電荷像)을 만들고 이것에 분말(토너)을 정전 흡착시켜 가시상(可視像)을 만드는 장치. 건식과 습식이 있다. 기록 속도는 20~2,000자/초이며 화질도 비교적 좋기 때문에 한자 프리터, 라인 프린터, 단말용 프린터, 팩시밀리 등에 널리 이용되고 있다.

electrostatic storage [–stɔ́:ridʒ] **정전관식 기억 장치, 정전 기억 장치** 정전관의 형광면이 전자 빔의 조사를 받고 대전하여 재기입이 되는 기억 장치.

electrostatic store [–stɔ́:r] **정전 기억 장치** ⇨ eletrostatic storage

electrostatic storage tube [–stɔ́:ridʒ tjú:b] **정전 축전관** 정보가 전하 형태로 저장되는 기억 장치.

ELEM 요소 문장 element statement의 약어.

element [éləmənt] *n*. **요소** (1) 항목, 집합의 구성 요소로서 더 이상 세분할 수 없는 것. (2) 회로의 단위로서 하나의 기능을 갖고 다른 소자와 조합되어 보다 복잡한 기능을 나타낼 수 있지만 그 자신은 분할할 수 없는 것. (3) 소프트웨어에서는 구성 프로그램의 부분이고, 하드웨어에서는 트랜지스터, IC, 코어(core) 등의 구성 부분.

element address [–ədrés] **구성 요소 어드레스, 엘리먼트 어드레스**

elementary [eləméntəri(:)] *a*. **기본의** 「기초적인」, 「초보적인」, 「요소적인」 것을 형용한다. COBOL 프로그램에서 취급하는 최소 단위인 데이터 항목이라는 의미도 있다. ⇨ elementary item

elementary divisor [–diváizər] **단인자(單因子)**

elementary event [–ivént] **근원 사상** 하나의 시행에서 $E_1, E_2, \cdots, E_n$ 중의 하나의 사상이 반드시 일어나며 동시에 두 개가 일어나는 일이 없다고 가정할 때, 사상 $E_1, E_2, \cdots, E_n$을 근원 사상이라고 한다. 예컨대, 주사위의 경우 1, 2, 3, 4, 5, 6의 각 숫자가 근원 사상이 된다.

elementary functions library [–fʌ́ŋkʃənz láibrəri(:)] **기초 함수 라이브러리** 제곱근이나 거듭제곱, 사인(sin), 코사인(cos), 탄젠트(tan) 등의 삼각 함수, 자연 대수나 상용 대수, 또는 아크사인(arcsin), 아크코사인(arccos)이라는 역삼각 함수를 구하기 위한 서브루틴을 모은 것.

elementary item [–áitəm] **기초 항목** 데이터 항목의 최소 단위이며, 그 이상 자세히 나눌 수 없는 것.

elementary move [–mú:v] **기본 항목 이동**

elementary operation [–ɑ̀pəréiʃən] **기본 조작**

elementary reliability unit [–rilɑ̀iəbíliti(:) jú:nit] **ERU, 기본 신뢰도 단위**

elementary unit 기본 단위 문제를 표현하는데 필요한 기본 단위.

element by element [éləmənt bɑi éləmənt] **요소** 배열 등의 연산이 항목별로 이루어지는 것.

element duration [–dju(:)réiʃən] **엘리먼트 길이, 엘리먼트 지속 시간** 데이터 전송에 있어서 각 캐릭터를 표시하는 길이가 같은 다단위(多單位) 부호가 전송될 때, 하나의 엘리먼트를 전송하는 데 걸리는 시간.

element error rate [–érər réit] **요소 착오율** 데이터 전송에서 전송된 모든 요소에 대한 잘못 전송된 요소의 비율.

element expression [–ikspréʃən] **요소 수식**

element list [–líst] **요소 리스트** 데이터 베이스의 질의어에서 조건절을 만족하는 속성 리스트.

element name control [–néim kəntróul] **요소 이름 제어**

element number [–nʌ́mbər] **소자 수** IC의 규격을 판단하는 기준으로 나타내는 트랜지스터 개수. 특히 메모리 칩 등에 쓰이는데, 메모리의 비트는 대개 1~3개의 트랜지스터로 이루어진다.

element of data structure [–əv déitə strʌ́ktʃər] **데이터 구조 소자**

element statement [–stéitmənt] **ELEM, 요소 문장**

element uniqueness problem [–ju:ní:knes prɑ́bləm] **원소 유일성 문제** 주어진 수들이 모두 유일한가를 결정하는 문제.

element variable [–vέ(:)riəbl] **요소 변수** 지

정된 도메인의 한 값을 나타내는 변수를 도메인 변수라 하고, 변수의 값이 도메인이 아니고 도메인의 요소인 경우에는 요소 변수라 한다.

elevator seeking[éləvèitər síːkiŋ] **엘리베이터 시킹** 디스크 내부의 데이터 검색을 고속화하는 기술. 디스크에 대해서 여러 개의 접근 명령이 연속적으로 나왔을 때, 검색 요구 순서대로 헤드가 움직이는 것이 아니라 첫 트랙과 마지막 트랙 사이를 왕복 운동하면서 요청 위치의 데이터를 읽는 방법. 헤드의 움직임을 최소화하고 응답 시간의 편차를 줄이고자 하는 방법이다. 따라서 접근 명령의 실행 순서와 실제의 검색 순서가 반드시 일치하는 것은 아니다.

eleven punch[ilévən pʌ́ntʃ] **11번 천공** IBM 80란 카드에서 위로부터 2단째의 위치를 천공하는 것. X-Y 위치의 X 위치이기도 하다.

ELF **전자 파일링 시스템** electronic filing system의 약어.

eligible[élidʒibl] *a*. **자격이 있는**

eliminate[ilímineìt] *v*. **삭제하다**

elimination[ilìminéiʃən] *n*. **소거법**

elimination factor[–fǽktər] **소거 인수** 정보 검색 시스템의 성질을 판단하는 파라미터의 하나. 시스템에 축적되어 있는 전 정보 N건 중 R건이 검색되었을 때($N-R$건은 검색되지 않았다) $(N-R)/N$을 소거 인수라고 한다. Perry와 Kent에 의한 정의.

elimination method[–méθəd] **소거법** 행렬의 개념을 사용하지 않고 대수적으로 미지수를 하나씩 소거하여 마지막으로 남은 미지수의 값을 구한 후 이 값을 역으로 계속 대입하여 미지수를 구하는 방법.

eliminator[ilímineìtər] *n*. **일리미네이터, 배제기**

ELINT **전자식 지능** electronic intelligence의 약어.

elite[eilíːt] **엘리트** 타이프라이터의 규격에서 유래된 오래된 단위로, 문자 폭의 단위를 말한다. 1인치당 12문자가 들어간다.

elite pitch[–pítʃ] *n*. **엘리트 피치**

elite type[–táip] **엘리트 타입** 프린터에서 인쇄되는 문자의 크기를 나타내는 용어. 보통 문자보다 홀쭉하며, 정확하게는 1인치에 12개의 문자가 인쇄되는 크기.

ELIZA **엘리자** LISP 언어를 사용해 만들어진 고전적 프로그램의 명칭. 이것은 인공 지능 프로그램의 한 예를 보여주는 것으로, 어떤 환자와 정신과 의사와의 대화를 흉내내는 프로그램이다. 표면적으로는 지능을 가지고 있는 것과 같이 보이나 실제로 간단한 패턴 매칭(pattern matching) 프로그램에 지나지 않는다.

ellipses[ilípsiːz] *n*. **생략 부호** ellipsis의 복수형.

ellipsis[ilípsis] *n*. **생략 부호**

else rule[éls rúːl] **예외 법칙** 명확한 법칙으로도 해결할 수 없는 조건들을 처리하기 위해서 만든 의사 결정표 내의 각종 법칙.

EM (1) **매체 종료** end of media의 약어. ⇨ end of media (2) **매체 종료 문자** end of medium character의 약어. 기록 매체의 물리적인 끝이나 기록 매체에 기록되는 정보의 사용 종료 또는 필요 부분의 종료를 나타내기 위해 사용되는 제어 문자. 이 문자 위치는 반드시 기록 매체의 물리적 끝에 대응하는 것에 한정되지 않는다.

EMACS **이맥스** 미국 MIT 대학에서 제작된 범용 텍스트 편집기의 명칭. 이는 공개 소프트웨어로 매우 다양한 종류의 컴퓨터에 이식되어 있으며, 사용하기 쉽고 기능이 강력하여 널리 이용된다.

e-Mag **e 맥** 이메일 잡지. 특정 분야에 관심을 가지고 있는 사용자들이 전자 우편을 통해 정보를 주고받는 메일링 리스트의 개념이 확장된 형태. 전자 우편을 통해 자신만의 잡지를 발간할 수 있다. 일본과 미국 등에 널리 보급되어 있으며, 이메일 잡지사는 하드웨어와 소프트웨어를 담당하고 참여자는 내용을 정리하는 분업 형태를 띠고 있다. 국내에서도 Ezpaper, Emag21 등의 이메일 잡지사가 활동하고 있다.

e-mail[iː méil] **전자 메일, 전자 우편, 이메일** electronic mail의 약어. 메일이란 인터넷을 통해 종이와 우편 배달부 대신 편지를 주고받는 기능을 말한다. 메일은 다른 사람에게 어떤 정보를 보내기 위해 사용한다는 측면에서 일반 우편과 매우 유사하나, 일반 우편은 배달부에 의해 전달되지만 메일은 컴퓨터 네트워크를 통해 전달된다는 점이 다르다. ⇨ 그림 참조

〈일반 우편과 전자 우편의 차이점〉

일반 우편
① 편지를 쓴다. ② 편지 봉투에 수신인 이름과 주소를 기입한다. ③ 편지를 봉투에 넣어 우체통에 넣는다.
전자 우편
① 컴퓨터 에디터를 이용해 전자 우편 내용을 작성한다. ② 수신인의 ID가 포함된 전자 우편 주소를 입력한다. ③ 전자 우편 내용을 전송한다.

e-mail address[–ədrés] **전자 우편 주소** 전자 우편을 특정 지점으로 보내는 데 쓰이는 표지.

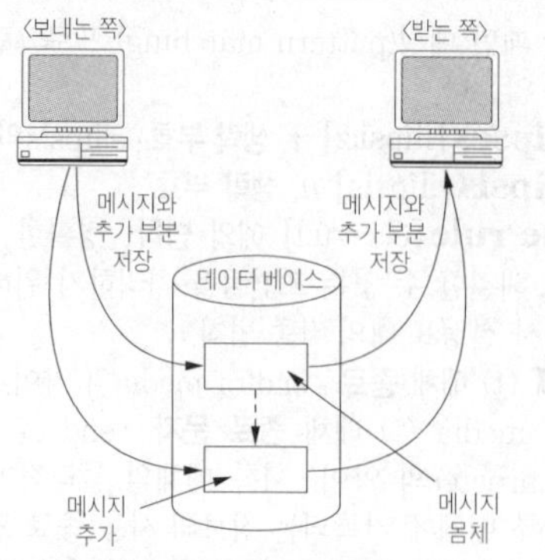

〈이메일 시스템의 구성도〉

e-mail phone[–fòun] **이메일 폰** 전자 우편을 송수신할 수 있는 전화기. 모뎀을 내장하고 있어 전화선을 연결하여 인터넷 서비스 공급자에 등록만 하면 된다.

embed[imbé(:)d] *v.* **내장하다** 부호와 부호 사이에 다른 부호를 삽입하거나 내장하는 것. 예를 들면, 기록 매체인 데이터의 길이가 가변 길이가 아니라 고정 길이인 경우, 기록하고 싶은 데이터의 길이에 따라서는 여분이 발생하는 경우가 있다. 이 경우 남은 부분에도 규정 길이의 데이터 영역이 주어진다. 그리고 데이터가 들어 있지 않은 부분에 공백 등의 특정 캐릭터 코드를 끼워넣는다. 이렇게 함으로써 데이터 길이는 일정하게 한다.

embedded[imbé(:)dəd] *a.* **내장형, 끼워넣기형**

embedded blank[–blǽŋk] **내장 공백**

embedded command[–kəmǽ:nd] **내장 명령** 워드 프로세싱에서 작성하는 문장의 중간에 특정 명령어를 넣어 서식이나 출력 형태를 제어하는 것. 많은 워드 프로세서들이 도트 명령, 즉 맨 첫 칸이 점(.)으로 시작되는 명령어로 페이지의 크기, 좌우 여백, 문자체 등을 조정한다.

embedded computer[–kəmpjú:tər] **내장형 컴퓨터**

embedded computer system[–sístəm] **내장형 컴퓨터 시스템** ⇨ ECS

Embedded Java 임베디드 자바 1998년에 사양이 공개된 내장형 자바 환경. 휴대 전화나 프린터 등 컴퓨터 이외의 기기에서 자바를 동작시키는 것이 목적이다. ⇨ Java

embedded key[–kí:] **내장 키**

embedded modem[–móudem] **내장 모뎀**

embedded pointer[–pɔ́intər] **내장 포인터** 포인터를 저장하기 위해 다른 데이터 구조를 사용하지 않고 레코드 내의 빈 공간을 사용하여 데이터 베이스에서 레코드 사이의 관계를 구현하는 기법.

embedded servo[–sə́:rvou] **내장형 서보**

embedded software[–sɔ́(:)ftwὲər] **내장형 소프트웨어** 임베디드(embedded)란 제품 자체에 끼워져있다는 의미로, 다양한 디지털 기기에 탑재돼 제품을 구동시키는 프로그램을 말한다. 컴퓨터가 아닌 전자제품이나 정보기기 등에 설치되어 미리 정해진 특정한 기능을 발휘한다.

embedded SQL 내장 SQL 데이터 베이스 질의어의 일종인 SQL(structured query language)을 COBOL, PL/I, C 언어 등의 상용 언어와 섞어서 프로그램을 작성하는 것. 즉, SQL이 제공하는 데이터 베이스 관리 기능을 편리하게 이용하기 위한 방법이다.

embedded SQL/C ESQL/C C 프로그램에 포함하여 사용되는 SQL. 이런 ESQL/C 프로그램을 처리하는 일반적인 방법은 C 컴파일러로 컴파일하기 전에 ESQL 문을 분리해 C 컴파일러가 처리할 수 있는 구문으로 바꿔주는 전위 컴파일러(pre-compiler)를 이용하는 것이다.

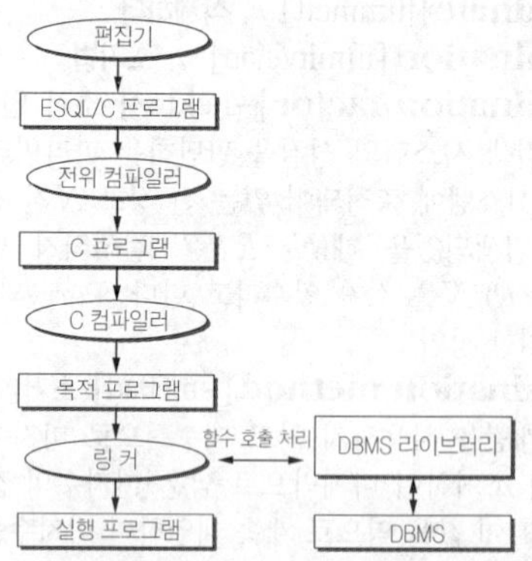

〈ESQL/C 프로그램의 처리 과정〉

embedded type[–táip] **내장형**

embedding[imbé(:)diŋ] **삽입** 워드 프로세서 등의 응용 프로그램에 문자, 도형, 표 등을 붙여넣는 것. 윈도의 OLE 기능이 그 대표적 예이다.

emboss[imbɔ́(:)s] *v.* **엠보스, 양각(陽刻)하다** 플라스틱제 카드에 문자를 기록하는 수단으로, 기록면에 튀어나오도록 기계적으로 누르는 방법. 크레디트 카드에 널리 이용되고 있다.

embossed character[imbɔ́(:)st kǽrəktər] **엠보스 문자, 양각 문자**

embossment[imbɔ́(:)smənt] *n.* **양각, 부각, 새김(양각)하기** 자기 줄(magnetic stripe) 부착 크레디트 카드에 부착되어 있는 문자의 볼록 부분. 본래는 직물의 표면에 붙여진 부조(浮彫) 모양을 가리켰으나 수표 숫자의 타출(打出)에도 적용되었다. 카드

위의 양각 문자를 엠보스 문자(embossed character), 카드 위에 요철 부분을 각인(刻印)하는 기계를 엠보서(embosser)라고 한다.

EMC 전자 정합성 electromagnetic compatibility의 약어.

emergency [imə́:rdʒənsi(:)] *n*. **비상 사태, 긴급 사태** 재빠른 대응을 필요로 하는 사태를 가리키며, 돌연한 전원 차단이나 고장, 오동작 등 주로 하드웨어에 이상이 발생한 사태를 일컫는다. 보통 컴퓨터 시스템에서는 이러한 긴급 사태에 대응하기 위한 각종 프로그램이나 조작 절차가 준비되어 있다.

emergency action [–ǽkʃən] **긴급 제어 동작**

emergency broadcast system [–brɔ́:dkæ̀:st sístəm] **비상용 방송 시스템**

emergency call [–kɔ́:l] **긴급 호출**

emergency control [–kəntróul] **긴급 제어**

emergency maintenance [–méintənəns] **긴급 보수, 고장 수리** 컴퓨터 시스템에 어떤 이상이 발생하는 「시점」에서 그 원인을 규명하여 수리하는 것. 이것에 대하여 정기적으로 보수용 프로그램(maintenance program) 등을 작동시켜 불량 개소를 발견하여 부품의 교환 등을 해 두는 것을 예방보수(PM ; preventive maintenance)라 한다.

emergency maintenance time [–táim] **고장 수리 시간, 긴급 고장 수리 시간** 시간 계획에 없는 긴급 보수에 필요한 시간.

emergency medical information system [–médikəl ìnfərméiʃən sístəm] **구급 의료 정보 시스템**

emergency medical services system [–sə́:rvisiz sístəm] **EMSS, 구급 의료 서비스 시스템**

emergency mode [–móud] **비상 모드** 프로세스의 컴퓨터 제어에서 시스템화의 계획 · 설계를 할 때 프로세스의 상황을 운전 모드로 나누어서 규정하고, 각각의 경우에 가장 적합한 기능과 설계를 결정하는 것이 필요하다. 비상 모드는 프로세스의 운전이 원료나 유틸리티(전력이나 급수 · 송품 · 유압원 등)의 돌연한 정지, 장치의 돌발 고장, 장치 내의 이상 반응, 조작 잘못 때문에 중대한 이상 상태(또는 이상 상태에 준하는 위험성)에 이른 것을 말한다. 비상 모드에 대해서는 모든 종류의 경우를 상정하여 대책을 고려해둘 필요가 있다.

emergency power off [–páuər ɔ́(:)f] **EPO, 긴급 전원 절단**

emergency power-off control [–kəntróul] **비상 전원 절단 제어 기구**

emergency power-off panel expansion [–pǽnəl ikspǽnʃən] **비상 전원 절단 패널 확장 기구**

emergency processing [–prásesiŋ] **비상 프로세싱** 컴퓨터에서 전원, 부속 장치, 입력 데이터, 동작 시간, 패리티, 그 외의 이상이 발생했을 때 경보, 검사, 이상 이력(異常履歷)의 기억 등을 행하는 일. 이것은 서비스 프로그램에 따라 실행된다.

emergency response [–rispáns] **긴급 상태 응답**

emergency restart [–ri:stá:rt] **긴급 재시작** 시스템이 고장났을 때 다시 시작하는 방법으로 회복 절차와 기억 장치로부터 해당 데이터 베이스의 재적재를 포함한다.

emergency shut down [–ʃʌ́t dáun] **긴급 정지**

emergency signal [–sígnəl] **EMS, 긴급 신호**

emergency supervisory equipment [–su:pərváizəri(:) ikwípmənt] **ESE, 이상 감시 장치**

emergency switch [–swítʃ] **긴급 스위치** 컴퓨터 시스템에서 모든 전기를 단절시키는 제어판 위의 스위치.

emergency timer [–táimər] **긴급 타이머**

EMI 전자 방해 잡음 electro magnetic interference의 약어. 전기, 전자 기기로부터 직접 방사 또는 전도되는 전자파가 다른 기기의 전자기 수신 기능에 장해를 주는 것. 국제 전기 표준 회의(IEC)의 정의에 의하면 EMI는 불필요한 전자기 신호 또는 전자기 잡음에 의해 희망하는 전자 신호의 수신이 장애를 받는 것으로 되어 있다. 1930년대부터 대두되기 시작한 EMI가 50년대까지는 주로 전파 잡음 간섭의 범위에서 다루어졌으며 1958년에 전기, 전자 기기에서 직접 방사하는 방사 잡음 간섭(radiated EMI) 과 전원선을 따라 새어나오는 전도 잡음 간섭(conductive EMI) 등을 취급하는 전문그룹으로 GRFI (Group-Radio Frequency Interference)를 미국 전기 전자 학회(IEEE) 내에 설치했다. 각종 전자 기기의 사용이 폭발적으로 증가함과 동시에 디지털 기술과 반도체 기술 등의 발달로 정밀 전자 기기의 발달로 정밀 전자 기기의 응용 분야가 광범위해지면서 이들로부터 발생하는 전자파 장애가 전파 잡음 간섭을 비롯해 정밀 전자 기기의 상호 오동작, 인체 등 생체에 미치는 생체 악영향(biological hazard) 등을 초래하여 생물 생태계에의 전자 에너지의 영향이 큰 문제로 대두되면서 1973년에 IEC는 EMC(전자 환경 문자 ; electro magnetic compatibility)를 다루는 기술 위원회인 TC-77을 만들어 전자 환경 문제를 중점적으로 심의하고 있다. 특히 전자파가 생체에 미치는 영향은 심각한 것으로 나타나, 생체에 미치는 열적 효과의 경우 생체에 의해 흡수된 전자 에너지에 의해 온도 상승이 발생, 이 때문에 생체의 조직, 기능이 손상을 입기도 한다. 따라서 사람에게 안전하다고 인정되는 전자계 레벨이 국제 기구(WHO, IRPA)나 미국(ANSI, NIOSH, ACGIH), 캐나다, 러시아, 독일 등 각국에서 설정되어 있다.

emission [imíʃən] *n*. **배출, 이미션**

emitter [imítər] *n*. **이미터** 트랜지스터에서 베이스 영역으로 움직임의 주체를 이루는 캐리어 흐름을 주입하는 작용을 하는 부분. 주입 효과율을 좋게 하기 위해 일반적으로 컬렉터보다 면적이 작다.

emitter character [–kǽrəktər] **이미터 문자**

emitter-coupled circuit [–kʌ́pld sə́ːrkit] **ECC, 이미터 결합 회로, 전류 스위치형 회로**

emitter-coupled logic [–ládʒik] **ECL, 이미터 결합 논리, 전류 스위치형 논리** 바이폴러형 트랜지스터(bipolar transistor)의 이미터끼리를 공통 접속함으로써 논리합 또는 논리곱 회로를 형성한 것. 회로 모드 논리(CML ; current-mode logic)라고도 부르며, 고속 동작 비포화형의 논리 회로의 하나이다. 범용 대형 컴퓨터의 회로 소자로서 사용된다.

emitter-coupled transistor logic [–trænzístər ládʒik] **이미터–트랜지스터 논리 회로**

emitter follower [–fálouər] **이미터 폴로어** 컬렉터 접지 트랜지스터 증폭 회로의 별명. 입력 신호는 베이스로부터 더해지고 출력 신호는 이미터에서 꺼낸다. 입력 임피던스는 높고 출력 임피던스는 낮은 것이 특징이다. 다시 말하면, 신호의 레벨을 변경한다든지 증폭하는 회로이며, 출력을 트랜지스터의 이미터측에서 추출하고 있으며, 이미터 폴로어 회로는 응답 속도가 빠르고, 극성을 바꾸지 않고 전류 증폭할 수 있으므로 신호의 감쇠나 일그러짐의 방지, 정합용(整合用)으로 사용된다.

emitter-follower diode transistor logic [–dáioud trænzístər ládʒik] **이미터–폴로어 다이오드 트랜지스터 논리**

emitter-follower logic circuit [–ládʒik sə́ːrkit] **이미터–폴로어 논리 회로**

emitter-follower output [–fálouər áutpùt] **이미터–폴로어 출력** 입력 신호 형태를 그대로 유지하여 출력으로 보내는 양극 트랜지스터에서 이루어지는 이미터의 출력을 말한다.

emitter injection efficiency [–indʒékʃən ifíʃənsi(ː)] **이미터 주입 효율**

emitter modulation circuit [–màdʒuléiʃən sə́ːrkit] **이미터 변조 회로**

emitter pulse [–pʌ́ls] **이미터 펄스** 천공기에 관계되는 것으로, 한 카드의 세로줄 내의 특정한 가로줄을 결정하기 위해 사용되는 펄스군 가운데 하나.

emitter time constant [–táim kánstənt] **이미터 시상수**

e-money [iːmʌ́ni] **전자 화폐** ⇨ electronic money

emoticon **이모티콘** : –) : –(: –P %^) : B–) : D 등의 표기. 통신을 하면서 얼굴 표정을 나타내는 문자열로 스마일 마크라고도 한다.

empirical [empírikəl] **경험적** 이론적 · 수학적 결론보다 경험이나 실험적인 증거에 기초를 둔 문장이나 공식에 관해 논할 때 사용되는 말.

empty [émpti(ː)] *a*. **공(空)의, 비어 있는** 데이터가 아무 것도 기록되어 있지 않은 기록 매체 등을 형용하는 데 사용된다.

empty clause [–klɔ́ːz] **공백 절** 리터럴을 포함하지 않는 절. 보통 반증 증명에서 성공적인 증명이 이루어질 때 마지막 결론이 공백 절이다.

empty file [–fáil] **공백 파일**

empty file section [–sékʃən] **공백 파일 영역**

empty list [–líst] **공백 리스트**

empty medium [–míːdiəm] **공백 매체** 기준이 되는 데이터만이 이미 기입되어 있으며 정보를 기록할 수 있도록 되어 있는 데이터 매체. 표제나 괘선이 이미 인쇄되어 있는 서식이다. 이송 구멍이 뚫려 있는 종이 테이프, 소거된 자기 테이프나 자기 디스크. 원시 매체(virgin medium)와 대비된다.

empty relation [–riléiʃən] **공백 관계** 집합론에서 정의되는 관계 중에서 원소를 하나도 갖지 않는, 즉 공집합이 되는 관계.

empty set [–sét] **공집합** 요소를 갖지 않는 집합. 수학적으로 명확한 어떤 조건을 만족시키는 대상을 모은 것을 집합이라 하는데, 특별히 조건을 만족시키는 대상이 없을 경우, 이 「조건을 만족시킬 대상이 없는 집합」을 말한다.

empty string [–stríŋ] **공 문자열** 영문자 · 숫자 등과 같은 문자로 구성된 열(列)을 문자열이라 하는데, 공 문자열은 어떤 기호 혹은 문자도 포함하고 있지 않은 유일한 문자열로 스트링의 길이는 0이다.

empty word [–wə́ːrd] **공어(空語)** 길이가 0인 언어를 공어라고 한다.

EMS (1) **메모리 확장 방식** expanded memory specification의 약어. MS-DOS에서 이용할 수 있는 메모리 영역(640KB)을 확장하는 방식. 메모리 영역이 증가하면 용량이 큰 소프트웨어를 실행하거나 한 번에 다량의 데이터를 취급할 수 있다. (2) **전자 전송 시스템** electronic messaging system의 약어. 게임 기록, 진행 상황 등의 신속한 검색을 위한 시스템으로 1984년 LA 올림픽, 1986년 서울 아시안 게임, 1988년 서울 올림픽 때 이용되었다. (3) **긴급 신호** emergency signal의 약어.

EMS board **EMS 보드** EMS 규격에 기초한 메모리 보드. 일반적으로 보호 메모리 보드라도 80286 이상의 CPU를 탑재한 시스템에서는 소프트웨어적으로 EMS 메모리를 이용할 수 있다. 한편, EMS 보드에서는 같은 소프트웨어(장치 드라이버)를 이용하지만 EMS를 지원하기 위한 칩이 보드 상에 탑재되어 있기 때문에 물리 페이지에서 논리 페이지로의 분배가 빠르게 처리되어 메모리 접근 속도가 빠르다. ⇨ EMS

EMSS **구급 의료 서비스 시스템** emergency medical services system의 약어.

emulate [émjulèit] *v.* **대리 실행(대행)하다** 컴퓨터 시스템의 하드웨어는 일반적으로 각각 고유이고, 호환성(compatibility)이 없는 경우가 많다. A라는 컴퓨터 시스템이 B라는 컴퓨터 시스템의 동작을 모방하는 것을 가리킨다.

emulation [èmjuléiʃən] *n.* **대리 실행(대행)** 일종의 한 하드웨어 시스템에 부가 장치를 부착하여 다른 하드웨어를 모방하는 것으로 하나의 컴퓨터가 다른 컴퓨터와 똑같이 행동하도록 만들어진 마이크로프로그래밍의 소프트웨어를 이용하는 기법. 하나의 컴퓨터 시스템에서 다른 컴퓨터 시스템으로 변환할 때 영향을 최소화하는 데 주로 사용하고 프로덕션 프로그램을 계속 이용할 때도 사용한다. 또한 에뮬레이션(emulation)은 IBM PC를 특정 기종의 메인 프레임이나 미니컴퓨터의 터미널과 똑같은 작동을 하도록 만드는 기법이다. 이 기법을 사용하려면 하드웨어와 소프트웨어가 필요한 경우가 종종 있다. PC를 터미널 에뮬레이션(terminal emulation)으로 사용함으로써 사용자는 동일한 하드웨어를 가지고 호스트 액세스(host access)와 로컬 프로세싱(local processing)을 할 수 있다. 방대한 양의 프로그램은 대형의 고속 호스트 컴퓨터에서 처리하고, 작은 스프레드시트(spreadsheet)나 워드 프로세싱(word processing) 응용은 PC에서 국부적으로 처리할 수 있다.

emulation mode [–móud] **모방 모드** 모방을 실행하는 경우에 호스트 시스템에 모방의 대상이 되는 컴퓨터 시스템의 구성 이외에서는 동작하지 않는 방식.

emulation program [–próugræm] **EP, 모방 프로그램**

emulation testing [–téstiŋ] **모방 검사** 시험 중인 장치와의 비교에 의해 기대되는 정확한 출력 결과를 실시간으로 산출하는 소프트웨어(또는 하드웨어)의 사용.

emulator [émjulèitər] *n.* **대리 실행기(대행기), 에뮬레이터** 어떤 컴퓨터의 기계어 프로그램을 그대로 다른 컴퓨터에서도 연산 처리를 할 수 있도록 하는 하드적인 기능. 모방 시스템이 피모방 시스템과 똑같이 동일 데이터를 받아들여 동일한 컴퓨터 프로그램을 실행하고, 동일한 결과를 얻도록 어떤 시스템을 모방하는 장치나 컴퓨터 프로그램이다. 어떤 컴퓨터가 다른 컴퓨터용으로 작성된 프로그램을 특별한 기구나 프로그래밍 기법을 이용하여 그대로 실행할 수 있도록 하는 것을 가리킨다. 즉, 컴퓨터 시스템을 변경할 경우 「프로그램의 호환성」의 유무가 문제로 된다. 이것은 오랫동안 축적되어 온 방대한 양의 프로그램을 다시 만드는 것은 쉽지 않기 때문이다. 그래서 낡은 프로그램은 그대로 두고 어떤 방법으로 주행 가능하게 하는 것을 생각해내었다. 그 하나의 방법이 에뮬레이터이다. 컴퓨터 시스템은 각각 고유의 기계 명령에 의하여 동작하기 때문에 다른 시스템과의 호환성을 갖지 않는 경우가 많다. 이용자가 컴퓨터 시스템을 변경하는 경우 「프로그램 호환성」의 유무가 문제가 된다. 이미 사용하고 있는 방대한 양의 프로그램을 다시 고친다는 것은 실제로 불가능에 가까운 경우가 많다. 그래서 오래된 프로그램은 그대로 두고, 몇몇 방법으로 새로운 컴퓨터 시스템에서도 주행 가능하게 하는 방법이 고안되었다. 그 하나가 에뮬레이터이다. 에뮬레이터로서 전면적으로 하드웨어로 행하는 것, 하드웨어와 소프트웨어의 조합으로 구성된 것, 하드웨어 · 소프트웨어 · 운영 체제의 조합으로 처리하는 것 등이 있다. 또한 상기의 기능을 소프트웨어만으로 실현하는 것이나 전용 단말 장치의 동작을 퍼스널 컴퓨터로 실현하는 소프트웨어 등도 에뮬레이터라고 한다.

emulator generation [–dʒènəréiʃən] **에뮬레이터 생성**

emulator program [–próugræm] **에뮬레이터 프로그램** (1) 에뮬레이터를 구성하는 두 요소 중 하나. 새로운 기종이 기계어로 기입되어 주기억 장치에 기억되는 것. 이것으로 기계 구성을 세트하여 프로그램의 제어를 호환 상태로 넘긴다. (2) 호환 지원 운영 체제에 들어 있는 에뮬레이터 프로그램은 CPU에 신 · 구 프로그램을 혼입하여 적재하여도 컴퓨터를 정지시키지 않고 계속해서 작업을 처리한다.

emulator software [–sɔ́(:)ftwὲər] **에뮬레이터 소프트웨어** 어떤 컴퓨터 시스템용으로 작성된 프로그램을 수정하거나 하드웨어를 바꾸지 않고도 다른 컴퓨터 시스템에서 실행할 수 있도록 해주는 프로그램.

enable [inéibl] *v.* **가능하게 하다, 인터럽트를 허가**

하다, 사용 가능하게 하다, 허가 어떤 장치가 활동적(active)인 상태와 정적(inactive)인 상태의 두 가지 상태를 취할 경우, 정적인 상태에서 활동적인 상태로 되는 것을 enable이라 한다. 이로부터 그 장치는 사용 가능하게 된다. 또 어떤 동작을 허가하는 것을 enable이라고도 한다. 그 동작과 배타적으로 쌍을 이루는 동작이 있을 때 등도 어느 쪽인가 한쪽을 enable로 하고 다른 쪽은 금지(disable)해야만 한다. 또 중앙 처리 장치에 대하여 인터럽트가 발생했을 때 인터럽트 처리를 행해도 좋다고 허가를 하는 경우도 enable이라고 한다. 인터럽트의 금지나 허가를 할 수 있도록 하는 것은 항상 인터럽트가 허가된 상태이면 특별한 처리를 할 때 인터럽트 발생으로 시스템이 파괴될 우려가 있으므로 이때에는 인터럽트의 금지를 해둘 필요가 있기 때문이다.

enabled [inéibld] *a.* **사용 가능한, 인터럽트 가능** 어떤 장치의 금지 신호가 해제되어 액티브한 상태가 되는 것 혹은 장치를 사용 가능한 상태로 하는 것, 예를 들면, 데이터 통신(data communication)에서 전송 제어 장치가 데이터를 받아 건네는 곳이 언제라도 가능하도록 되어 있는 상태는 인에이블(enable)된 상태라고 말할 수 있다. 이 상태에서는 외부에서 신호가 전송되어 오면, 그것을 바로 수신할 수 있고, 또 호스트 컴퓨터로부터 중앙 처리 장치(CPU)가 메모리에 작성되어 있는 프로그램의 실행을 도중에 중단하고 다른 동작을 행하게 하는 것을 인터럽트(interrupt)라 한다. CPU에는 인터럽트를 허가하는 명령도 있으며 중간 개입(interrupt)을 허가하는 것을 enable, 허가하지 않는 것을 중간 개입 금지(disabled) 또는 중간 개입 마스크(mask)라고 한다.

enabled interrupt [–ìntərʌ́pt] **가능 인터럽트** 일시적으로 금지한 인터럽트의 기능을 회복하는 것.

enabled page fault [–péidʒ fɔ́:lt] **가능 페이지 부재**

enabled wait state [–wéit stéit] **가능 대기 상태**

enable interrupt [inéibl ìntərʌ́pt] **EI, 가능 인터럽트**

enable pulse [–pʌ́ls] **가능 펄스** 기록 펄스와 함께 동작하여 자기 소자를 변환시킬 만큼 강한 수의 펄스.

enable signal [–sígnəl] **가능 신호**

enabling signal [inéibliŋ sígnəl] **허가 신호** 각 모듈의 사용을 가능하게 하는 신호로 하나의 연산 작용이 일어나도록 하는 수단.

encapsulated postscipt file [inkǽpsjulèitəd póustskrìpt fáil] **EPS 파일** ⇨ EPS file

encapsulated type [–táip] **밀폐형** 추상 데이터형을 표시하는 모듈. 예를 들면, 스택 처리 모듈.

encapsulation [inkæ̀psjuléiʃən] *n.* **캡슐화** 객체의 자료와 행위를 하나로 묶고, 실제 구현 내용을 외부에 감추는 것. 캡슐화된 객체의 행위는 외부에서 볼 때는 실제가 아닌 추상적인 것이 되므로 정보 은닉(information hiding) 개념이 지켜진다. 정보 은닉을 통해 다른 객체로부터 접근할 수 있는 것은 메시지 전달을 통해 간접적으로 자료에 접근하지만, 객체 자료에는 직접적으로 접근할 수 없다. 객체지향의 개념. 데이터와 이 데이터를 다루는 방법(method)을 통합한 것으로 정보 은폐의 장점을 가질 수 있다.

ENCARTA **엔카르타** 마이크로소프트 사에서 판매하는 멀티미디어 백과 사전.

Encina 미국 Transarc 사가 개발한 TV 모니터. OSF의 DCE를 기초로 하고 있으며 계층 구조의 모듈 구성으로 되어 있다. 독자적으로 SPARC station에 장착하는 외에 소스 코드의 라이선스 판매도 하고 있다. 현재 라이선스를 받고 있는 메이커는 IBM, HP, Stratus Computer 사 등이다. 일본에서는 일본 IBM과 NEC가 각 메인프레임용 TP 모니터와 결합한 제품을 판매하였다.

encipherment [insáifərmənt] *n.* **암호화** 통신문을 암호문으로 하는 조작. 데이터 기밀 보호의 한 수단으로 사용된다. 암호화 수법에는 사이퍼(cipher)법과 코드법이 있다. 사이퍼법은 일정한 알고리즘과 암호화를 위한 키에 따라 보통문(통신문)을 한 문자씩 암호로 치환하는 수법이고, 코드법은 보통문의 글자를 일정한 암호 숫자나 암호 부호로 변환하는 수법이다.

enclose [inklóuz] *v.* **싸다** 예를 들면, 산술에서의 괄호를 들 수 있다. 괄호로 싸여진 산술식(arithemetic expression)은 다른 부분보다 먼저 계산이 된다. 또 FORTRAN 등의 고급 언어(high level language)에서는 문자형인 변수로 문자를 대입할 때는 문자열을 「(세미쿼테이션)」으로 묶어서 대입한다. 또한 메인 루틴에서 서브루틴으로 파라미터가 인도될 때에는 그 파라미터는 「(」와 「)」로 묶어진 부분에 기술된다.

enclosed [inklóuzd] *a.* **묶여진**

enclosure [inklóuʒər] *n.* **격납 장치**

encode [inkóud] *v.* **부호를 매기다** 해독하다(decode)와 대비되는 용어이다. 「데이터를 부호화하는 동작」을 가리킨다. 천공 카드(punched card)나 단말 장치에서 사용하고 있는 코드, 즉 입력 데이터를 컴퓨터 속에서 사용하는 코드로 변환하는 것이다. 보통 매트릭스 회로라고 하며, 플립플롭 회로를 몇 개

조합시켜 특정 출력을 지정할 수 있도록 되어 있다. 이러한 기능을 갖는 회로 기구를 암호기(encoder)라고 한다.

encoded [inkóudəd] *a*. **부호화된**

encoded question [–kwéstʃən] **부호화된 문의** 시스템이 해독 가능한 형태로 부호화된 문의.

encoder [inkóudər] *n*. **부호 매김기, 인코더** 데이터를 부호화하는 기구. 동시에 두 개 이상의 신호가 처리될 수 없는 복수의 입력선과 임의의 개수로 신호가 처리될 수 있는 출력선을 가지고, 출력 신호의 조합과 입력 신호와의 사이에 일대일의 대응이 있는 기구.

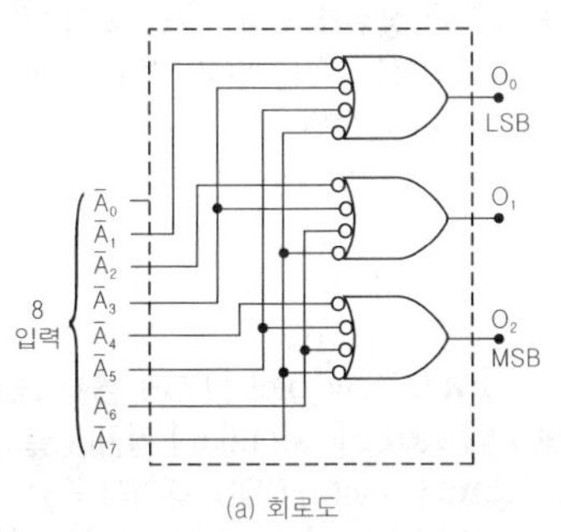

(a) 회로도

입	력							출	력	
$\overline{A_0}$	$\overline{A_1}$	$\overline{A_2}$	$\overline{A_3}$	$\overline{A_4}$	$\overline{A_5}$	$\overline{A_6}$	$\overline{A_7}$	O_2	O_1	O_0
X	1	1	1	1	1	1	1	0	0	0
X	0	1	1	1	1	1	1	0	0	1
X	1	0	1	1	1	1	1	0	1	0
X	1	1	0	1	1	1	1	1	1	1
X	1	1	1	0	1	1	1	1	0	0
X	1	1	1	1	0	1	1	1	0	1
X	1	1	1	1	1	0	1	1	1	0
X	1	1	1	1	1	1	0	1	1	1

(b) 진리표

〈8×3 인코더의 회로도와 진리표〉

encode table [inkóud téibəl] **인코드 테이블**

encoding [inkóudiŋ] *n*. **코드화** 제품 이름이나 거래처 이름 등에 일정한 방법으로 기호 혹은 부호열을 대응시켜 간결한 별표로 나타내어 데이터 처리를 하는데, 이 대응시키는 조작을 코드화라고 한다.

encoding format [–fɔ́ːrmæt] **코드화 형식**

encoding strip [–stríp] **암호줄** 은행 수표에서 글자를 표현하기 위해 자기 잉크로 쓰여진 부분.

encounter [inkáuntər] *v*. **만나다**

encrypt[inkrípt] **암호** 파일이나 전자 우편의 메시지에 스크램블을 거는 것. 암호화 키를 이용하여 암호를 풀고, 읽는 형식으로 되돌릴 수 있다.

encryption [inkrípʃən] *n*. **부호 매김, 암호화** 데이터 전송 등에 있어서 암호계에 의하여 전달문을 제3자가 이해하기 곤란한 형식으로 변환하는 것. 데이터를 읽을 수 있는 특정 사람만을 제외하고 다른 사람들로부터 패킷 데이터를 보호하기 위하여 수행하는 과정이며 네크워크 보안의 기초가 된다. 또 암호화 알고리즘(encryption algorithm)이라고 하면, 정보에 대하여 일련의 변환을 시행하며 정보를 제3자가 이해하기 곤란한 형식, 즉 불법적인 데이터의 도청이나 변경을 막기 위한 방편으로 수학적으로 표현한 규칙의 모임을 가리킨다. 네트워크의 발전으로 암호화의 중요성도 점차 커지고 있다.

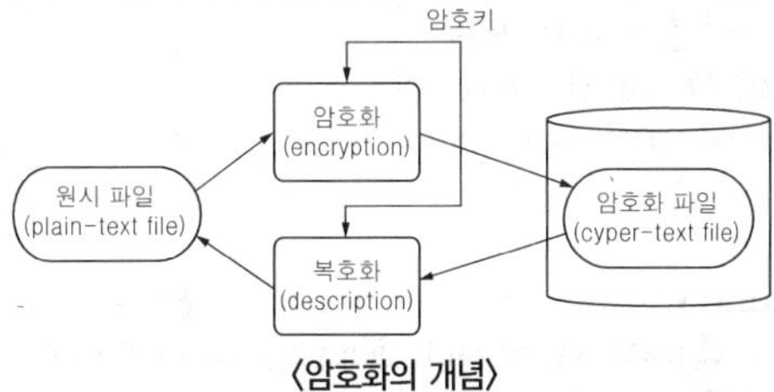

〈암호화의 개념〉

encryption algorithm [–ǽlgəriðm] **암호화 알고리즘** 원문과 암호화 키를 입력으로 하여 암호화된 데이터를 출력으로 생성하는 알고리즘.

encryption device [–diváis] **암호 장비** 어떤 기관의 네트워크가 공공의 인터넷을 통해 여러 지역으로 분산되어 있을 경우 어떤 본사 네트워크가 방화벽 시스템을 구축했을 때 지역적으로 멀리 떨어진 지점 네트워크도 본사 네트워크처럼 보호되어야 한다. 이 경우 본사와 지점 네트워크 간이 인터넷으로 연결되었다면 안전을 보장하기 어려우므로 두 지점 사이를 암호 장비를 이용해 가상 사설 링크(VPL ; virtual private link)로 만들어 운영하면 된다. 그러므로 두 개의 네트워크를 하나의 안전한 네트워크로 만드는 것이다. ⇨ firewall

encryption key [–kíː] **암호화 키** 원문을 암호화시키는 데 사용되는 문자.

END [énd] *n*. **끝, 종료, 말단부, 종말** 컴퓨터 경우에도 어떤 「말단부」, 「끝」의 의미로 쓰일 수 있지만, end of ~의 형으로 쓰여지는 경우가 많고, beginning of ~, start of ~와 대비되는 경우도 많으며 또 대문자로 쓴 END는 하나의 프로그램 등의 「끝」을 표시하는 데 쓰인다. FORTRAN에서는 보통 프로그램 마지막 행에 END라 쓰고 그 프로그램이 「끝」이라는 것을 컴파일러가 알도록 한다. 이것을 END 행(END line)이라 부른다. 또 일반적으로 컴파일러 언어나 어셈블러 언어로 쓴 원시 프로그램의 끝을 표시하는 「문」을 END 문(END statement)이라 한다.

end-around borrow [-əráund bɔ́(:)rou] **순환 자리 빌림** 빌린 숫자를 최상위의 숫자 위치로부터 최하위의 숫자 위치로 보내는 동작.

end-around carry [-kǽri(:)] **순환 자리 올림** 자리 올림을 최상위의 숫자 위치에서 최하위의 숫자 위치로 보내는 동작.

end-around shift [-ʃíft] **순환 자리 이송** 보통 레지스터의 한 끝으로부터 밖으로 밀려나간 문자가 다른 끝으로부터 다시 들어오도록 하는 논리 자리 이송이며, cyclic shift와 같은 뜻으로 쓰여지며, 버림 자리 이동(end-off shift)과 대비된다.

end-around shift instruction [-instrʌ́kʃən] **순환 시프트 명령**

END card [-kɑ́:rd] **종료 카드**

end column [-kɑ́ləm] **종료 열** 프로그램에서 테이블 등의 인덱스를 하는 경우 테이블 끝을 나타내기 위해 사용되는 열.

end connection [-kənékʃən] **단 접속**

end data symbol [-déitə símbəl] **데이터 종료 기호** 이 기호 다음에 데이터가 더 이상 오지 않는 것을 나타내는 표시.

end device [-diváis] **단말 장치**

END directive [-diréktiv] **종료 지시** 프로그램의 최후 명령으로 더 이상 실행할 명령이 없을 때 어셈블러에게 알리는 것을 말한다.

end distortion [-distɔ́:rʃən] **종단 왜곡** 텔레타이프에서 데이터를 송수신할 때 신호 펄스가 제 위치에서 옆으로 밀려 전혀 다른 데이터가 되는 왜곡 현상.

end event [-ivént] **최종 단계** 네트워크에서 최후에 위치하고 있는 단계.

end file record [-fáil rékə:rd] **엔드 파일 레코드**

ending [éndiŋ] *n.* **종료** 예를 들면, 프로그램 중에서 어떤 처리가 종료된 것을 일시적으로 기억해 두기 위한 플래그를 ending flag라 한다.

ending address [-ədrés] **종료 어드레스**

ending file label [-fáil léibəl] **파일 종료 레이블** 파일의 내용을 서술한 각 파일의 끝에 붙이는 표지로서 오직 한 번만 나타난다.

ending tape label [-téip léibəl] **테이프 종료 레이블** 테이프의 내용을 기록하여 테이프 내의 모든 자료 다음에 붙이는 표지.

end instrument [énd ínstrumənt] **말단 장치** 순환 형태의 한 터미널에 연결된 장치로서 사용 가능한 정보를 전기적 신호로 또는 그 반대로 변환할 수 있는 장치. 예를 들면, 송수신 위치에서 사용되는 모든 신호 변환이나 발생 장치, 순환 종료 장치 등이다.

end key [-kí:] **종료 키** 작업을 끝내는 키.

endless [éndləs] *a.* **엔드리스, 무한의**

endless loop [-lú:p] **무한 루프** 프로그램이 어떤 처리 루틴을 반복 실행하여 그 부분에서 벗어나지 못하고 있는 상태.

END line [énd láin] **종료 행** 프로그램의 맨 나중을 기술하는 행으로 프로그램의 끝을 나타내는 데 사용된다.

end mark [-mɑ́:rk] **엔드 마크** 일련의 정보(파일) 끝을 나타내기 위해 쓰여지는 마크. 보통은 종이 테이프, 자기 테이프 등에서 쓰이지만 자기 디스크의 경우에도 기억 방식에 따라서는 이런 종류의 마크가 필요한 경우가 있다. 예를 들어, 종이 테이프로 이니셜 프로그램을 읽을 경우에 하드웨어와 소프트웨어에서 약속된 코드를 종이 테이프 마지막에 천공해놓고, 종이 테이프, 자기 테이프 등 위의 일련의 정보(파일) 끝을 나타내기 위해 쓰이는 마크 같은 것이다. 읽기 제어 회로로 이 코드를 읽고 나서 읽기 동작을 종료한다.

end of block [-əv blɑ́k] **EOB, 블록 종료**

end of cylinder [-sílindər] **실린더 끝**

end-of-data [-déitə] **EOD, 데이터 종료**

end-of-data search [-sɔ́:rtʃ] **EOD 탐색, 데이터 종료 탐색**

end-of-data-set record [-sét rékə:rd] **데이터 집합 종료 기록, 파일 종료 기록**

end-of-data statement [-stéitmənt] **데이터 종단문**

end of extent [-ikstént] **EOE, 익스텐트의 종료**

end of file [-fáil] **EOF, 파일 종료** 자기 테이프나 자기 디스크 상에 기록되어 있는 1단위의 파일의 끝이며, 신호, 마크, 코드 등이 사용된다.

end-of-file indicator [-índikèitər] **파일 종료 지시기, 엔드 오브 파일 인디케이터** 입출력 장치와 관련된 장치로 파일 종결 상태를 컴퓨터 제어 루틴이나 조작원(operator)에게 알려주는 것.

end-of-file label [-léibəl] **EOF, 파일 종료 레이블, 파일 종료 표지** (1) 자기 테이프 등의 기록 매체에 기록되어 있는 파일 중 최후 레코드(last record)의 직후에 놓여져 있는 레이블이며, 「파일의 끝」을 표시하는 것. 처리중에 누계된 합계와 비교하기 위한 조사 합계를 포함하는 일도 있다. 파일 중의 최후 레코드의 직후에 기록되는 내부 레이블로 그 파일의 끝을 표시한다. 간단히 EOF 레이블이라 부른다. (2) 파일 처리에 있어서 레코드를 하나 읽었을 때, 그것이 일반적인 데이터 레코드인지 EOF인지를 구별하는 것은 자기 테이프의 하드웨어가 행하는 경우가 보통이지만 프로그램을 이용하여 레코드의 내용을 조사하여 결정하는 경우도 있다. EOF를 인식했을 때에는 보통의 레코드를 읽었을 때와 다른 처리를 하는 것이 보통이다. 이러한 처리를 행하는 프로그램을 EOF 프로그램 또는 EOF 루틴이라고 부른다.

end-of-file mark [–máːrk] **파일 종료 마크** 파일 종료를 나타내는 특수 기호로 보통의 데이터와는 별도로 취급되어 이 마크를 쓰거나 검출하기 위해서는 특별한 명령이 준비되어 있다.

end-of-file marker [–máːrkər] **EOF marker, 파일 종료 마커**

end-of-file program [–próugræm] **EOF program, 파일 종료 프로그램**

end-of-file record [–rékəːrd] **EOF record, 파일 종료 레코드**

end-of-file routine [–ruːtíːn] **EOF routine, 파일 종료 루틴**

end-of-file spot [–spát] **파일 종료 지점** 파일의 끝을 알리기 위한 테이프의 한 영역.

end of job [–dʒá(ː)b] **EOJ, 작업의 끝** 작업의 종료를 나타내는 제어문.

end of job card [–káːrd] **EOJ card, 작업의 끝 카드**

end of line [–láin] **행 종료** 레코드(record)의 끝을 나타내는 코드 문자.

end-of-line condition [–kəndíʃən] **행 종료 조건**

end of media [–míːdiə] **EM, 엔드 오브 미디어, 매체 종료** 기록 매체(recording media)의 물리적인 종단 그 자체를 말하며, 자기 테이프(magnetic tape)나 종이 테이프(paper tape)의 마지막의 끝(통상 기록할 수 있는 부분의 마지막). 마그네틱 테이프(magnetic tape)의 경우에는 릴 상태로 되어 있기 때문에, 특히 엔드 오브 릴(end of reel) 또는 약해서 EOR이라 하는 경우도 있다.

end of medium [–míːdiəm] **EM, 매체 종료**

end of medium character [–kǽrəktər] **EM, 매체 종료 문자** 데이터 매체의 물리적 종료, 데이터 매체 중의 기록 부분의 종료 또는 데이터 매체상에 기록되어 있는 필요한 데이터의 종료를 식별하기 위하여 쓰이는 제어 문자.

end-of-message [–mésidʒ] **EOM, 메시지 종료, 메시지 종결 문자** (1) 데이터 전송에 있어서 전송 제어 문자의 하나로서 텍스트나 종료 문자(ETX)와 같은 뜻이다. 하나의 메시지의 끝이나 통신문의 끝을 표시하는 특정 문자나 신호를 나타내고, 메시지 개시 문자(SOM)와 대비된다. 송신 메시지의 처음에 이 SOM이 오며, 그 위에 이 메시지를 수신해야 할 국(局)의 어드레스가 계속된다. 그리고 본체의 메시지(텍스트)가 오며, 최후에 「메시지의 끝」을 표시하는 EOM이 온다. (2) end of media를 줄여서 쓰는 경우도 있다.

end-of-message signal [–sígnəl] **메시지 종료 신호**

end-of-module indication [–mádʒuːl ìndikéiʃən] **모듈의 종료 표지**

end-of-page condition [–péidʒ kəndíʃən] **페이지 종료 조건**

end-of-page halt [–hɔ́ːlt] **페이지 끝 정지** 프린터가 한 페이지를 인쇄한 다음에 멈추는 기능. 이것은 낱장 용지를 수동으로 한 장씩 공급하여 인쇄하는 경우에 쓸모 있다.

end-of-page prompt [–prámpt] **페이지 종료 프롬프트**

end of procedure division [–prəsíːdʒər divíʒən] **절차부의 끝**

end of program [–próugræm] **프로그램 종료** 공작물 가공 프로그램의 종료를 표시하는 보조 기능. 수치 제어 장치가 이를 표시하는 단어를 판독하면 블록 작업을 완료한 뒤에 추출, 절삭 유제, 이송 등이 정지된다. 제어 장치나 기계 리셋에 사용되고 이 명령으로 프로그램 시작 문자까지 테이프로 되감는다.

end of record [–rékəːrd] **EOR, 레코드 종료, 엔드 오브 레코드**

end-of-record word [–wə́ːrd] **레코드 종료 단어** 테이프에서 한 레코드의 마지막 단어로 독특한 비트 형태를 하고 있으며, 메모리에서 한 레코드의 끝을 정의하는 데 사용되기도 한다.

end-of-reel [–ríːl] **릴 종료** ⇨ EOR

end-of-reel mark [–máːrk] **릴 종료 마크**

end-of-reel marker [–máːrkər] **릴 종료 표시기** 자기 테이프의 끝을 표시하기 위해 테이프의 물리적인 가장 끝에서 약 5m의 곳에 붙이는 표시. 보통 알루미늄박을 사용한다.

end of run [–rʌ́n] **실행 종료** 프로그램의 실행이 끝나는 것으로, 일반적으로 프로그램에서의 메시지 또는 표시기에 의해 알려진다.

end of run routine [–ruːtíːn] **실행 종료 루틴** 실행을 끝내기 전에 필요한 보존 관리 조작(예를 들어, 테이프 되감기 등)을 위한 프로그램.

end-of shift [–ʃíft] **버림 자리 이동** 논리 자리 이동의 일종이며, 오른쪽 또는 왼쪽으로 자리 이동을 하여 한 끝에서 잘려나간 문자가 잘려지도록 하는 자리 이동. 순환 자리 이동(end-around shift)과 대비된다.

end of string character [–stríŋ kǽrəktər] **문자열 끝 문자** 문자열의 끝을 나타내는 바이트.

end-of-tape [–téip] EOT, **테이프 종료, 테이프 종단** 자기 테이프의 끝. 테이프 시작(BOT ; beginning of tape)과 쌍을 이루는 용어. 자기 테이프에서는 이 EOT와 BOT 사이가 정보를 기록할 수 있는 부분이 된다. 또한 테이프의 끝이라는 것을 기계로서 광학적으로 검출할 수 있도록 테이프의 끝에 ISO 규격으로 정해진 크기의 알루미늄박이 붙어 있다. 이 부분의 것을 테이프 끝 표시기(end of tape maker)라 부른다. 이것도 테이프 시작 표시기(beginning of tape maker)와 쌍을 이루고 있다.

end-of-tape label [–léibəl] **테이프 종료 레이블** 자기 테이프 끝에 기록되어 있는 특별한 코드. 테이프나 파일의 끝을 식별하기 위해 사용되며, 보통 그 파일 중의 레코드 수 등 파일과 관계 있는 정보가 기록되어 있다.

end-of-tape mark [–mɑ́:rk] EOT mark, **테이프 종료 표시**

end-of-tape marker [–mɑ́:rkər] **테이프 종료 표시기** 허용되는 기록 영역의 끝을 표시하기 위하여 쓰이는 자기 테이프 상의 표시. 테이프의 끝 또는 기록의 끝을 나타내기 위한 특수한 표시로 특정 문자, 공백 문자를 사용한다. 광반사편, 자기 테이프의 투명 부분.

end-of-tape program [–próugræm] EOT program, **테이프 종료 프로그램**

end-of-tape routine [–ru:tí:n] EOT routine, **테이프 종료 루틴** 하나의 테이프 릴에 있는 마지막 레코드가 처리되었을 때 수행되는 테이프 운영 체제 중의 한 부분. 테이프의 끝 표시나 마지막 레코드에 기록된 제어 통계를 수정하고 테이프를 되감는 등의 일을 한다.

end-of-tape signal [–sígnəl] **테이프 종료 신호**

end-of-tape warning [–wɔ́:rniŋ] **테이프 종료 경고** 사용중인 자기 테이프가 일정한 길이(보통 1.5m)만 남았을 때 테이프의 끝이 얼마 남지 않았음을 나타내기 위해 테이프에 표시해놓은 부분.

end-of-task [–tɑ́:sk] EOT, **태스크 종료** 하나의 태스크가 종료되면, 그 태스크가 사용하고 있던 시스템 자원(system resource)의 해제(release) 등 후처리가 행해진다.

end-of-task exit routine [–égzit ru:tí:n] EOT exit routine, **태스크 종료 출구 루틴**

end of text [–tékst] EOT, ETX, **텍스트 종료, 엔드 오브 텍스트** 데이터 전송 시스템에서 STX(start of text)로 개시되어 한 개 단위로 전송되는 일련의 데이터 부호의 끝을 표시하기 위해 사용되는 통신 제어 문자.

end of text character [–kǽrəktər] ETX, **텍스트 문자 종료** 텍스트를 종결시키기 위하여 사용되는 전송 제어 문자.

end of transmission [–trænsmíʃən] EOT, **전송 종료** ⇨ EOT

end of transmission block [–blɑ́k] ETB, **전송 블록 종료** ⇨ ETB

end of transmission block character [–kǽrəktər] ETB, **전송 블록 종료 문자** 전송 상의 이유로 몇 개의 블록으로 분할된 데이터에서 하나의 전송 블록의 종료를 표시하기 위하여 쓰이는 전송 제어 문자.

end of transmission character EOT, **전송 종료 문자** 데이터 전송에서 텍스트나 메시지의 전송 종료를 표시하는 전송 제어 문자. 하나 이상의 텍스트 및 그것에 부수하는 모든 헤딩(heading)의 전송 종료를 표시하기 위하여 사용된다.

end-of-volume [–vɑ́ljum] EOV, **볼륨 종료** 자기 테이프나 자기 디스크의 종료 등 하나의 기록 매체(recording media)의 끝 또는 그 끝을 표시하는 어떤 정보.

end-of-volume label [–léibəl] EOV, **볼륨 종료 레이블** 볼륨에 포함되는 데이터 끝을 표시하는 내부 레이블.

endogeneous variable [endɑ́dʒənəs vɛ́(:)riəbl] **내생 변수** 개량 경제학에서 경제 모형으로 사용되는 것은 함수 또는 방정식으로 표시되는데, 그 속의 변수 중 모형의 내부에서 정해지는 변수.

endorsement [indɔ́:rsmənt] **이서(裏書), 배서(背書)** 어떤 문장에서 확실성은 여러 요소에 의존하는데, 이서는 이런 요소들의 기록이다.

END parameter [end pərǽmətər] **END 파라미터**

end point [–pɔ́int] **엔드 포인트** 선분의 시작이나 끝.

end product [–prɑ́dəkt] **최종 생성물**

end repeater [–ripí:tər] **종료 중계기**

end ring [–ríŋ] **단락 링**

end scale value [–skéil vǽlju:] **최대 눈금값**

END statement [end stéitmənt] **END 문**

end system [–sístəm] **엔드 시스템, 최종 시스템** OSI 네트워크에서 계층 4 이상의 기능을 제공하는 네트워크에 접속되어 있는 컴퓨터 및 단말 장치 집합을 일컫는 총칭.

end system to intermediate system [–tu intərmí:diət sístəm] ⇨ ES-IS

end-to-end [–tu énd] **단대단** 단말 장치에서 단

말 장치로의 통신. 호스트 컴퓨터의 제어를 받지 않는 것으로, 알기 쉬운 예로는 전화나 팩시밀리를 들 수 있다.

end-to-end encryption [–inkrípʃən] **단대단 암호화, 종단 간 암호화** 데이터 통신에 있어서 네트워크 내부의 발신측에서 정보를 정보원(source)에서 암호화하고, 최종 수신 지점인 목적지(destination)에서 한 번 해독하는 방식.

end-to-end protocol [–prótəkɔ(:)l] **종단 간 프로토콜** 컴퓨터 네트워크에 있어서 단말 혹은 컴퓨터끼리 통신 상의 규약. ⇨ host-to-host protocol

end-to-end test [–tést] **단말 상호간 시험**

end-to-end transport layer [–trænspɔ́:rt léiər] **단대단 트랜스포트층** 트랜스포트층은 OSI(개방형 시스템 간 상호 접속)의 7개 층 중의 하나. 트랜스포트 서비스는 상위 계층인 세션(session)을 가지고 있는 두 사용자 사이의 명확한 데이터 전송을 제공해준다. 또한 가능한 네트워크 서비스를 최대한 이용하여 최소한의 경비를 가지고 각각의 세션 층에서 요구하는 작업을 수행해준다. 트랜스포트층에 정의된 규범은 「단대단」이라는 의미를 가지며, 트랜스포트층 기능은 네트워크 서비스 특성에 의존하게 된다.

end user [–jú:zər] **(최종) 사용자** 컴퓨터에서 시스템 엔지니어나 프로그래머 또는 오퍼레이터 이외의 업무 부분에서 컴퓨터를 이용하여 업무 처리에 종사하는 사람, 즉 컴퓨터의 전문적 지식이 없는 최종 이용자를 말한다.

end user facility [–fəsíliti(:)] **최종 사용자 기능**

end user language [–lǽŋgwidʒ] **최종 사용자 언어** 컴퓨터에 관한 특별한 지식이 없는 최종 사용자라도 간단히 조작할 수 있는 언어. 최종 사용자의 확대와 그에 따른 소프트웨어 위기(software crisis)와 함께 그 필요성이 더욱 높아가고 있다.

end user oriented language [–ɔ́(:)riəntəd lǽŋgwidʒ] **최종 사용자 중심 언어**

end user utility [–ju(:)tíliti(:)] **최종 사용자 유틸리티** 사무 자동화(OA)의 발달에 따라 전문가 없이도 단말기에서 간단히 조종해 OA 시스템의 기능을 충분히 이용할 수 있게 해주는 기능.

end warning area [–wɔ́:rniŋ ɛ́(:)riə] **종료 경고 구역** 자기 테이프의 끝에 접근한 부분.

energizer [énərdʒàizər] *n.* **에너자이저** 주기억 장치, 디스크, 테이프 등을 사용하기에 앞서 잘못된 기능을 검사하기 위한 검사 시스템이나 프로그램.

energy band [énərdʒi(:) bǽnd] **에너지 띠** 전자가 존재할 수 있는 에너지 준위의 집합. 파울리(Pauli)의 배타 원리와 페르미-디랙(Fermi-Dirac)의 확률 함수를 이용하여 밀집된 원자의 구조에서 계산한 것을 말한다.

energy saving function [–séiviŋ fʌ́nʃən] **절전 기능** 소비 전력을 줄이기 위한 장치, 또는 소프트웨어. 배터리 등의 제한된 전원으로 구동되는 노트북 PC, PDA, 휴대 전화 등에 사용된다. ⇨ Energy Star

Energy Star [-stá:r] **에너지 스타** PC의 절전 기능 규격. 미국 환경 보호청의 추진 하에 컴퓨터를 사용하지 않을 때의 소비 전력을 30W 이하로 규정하고 있다.

enforcement level [infɔ́:rsmənt lévəl] **집행 수준** 접근 요구를 감지·분석하고 요구 권한을 검사하며 요구를 허용·거부·수정하는 접근 제어 집행은 여러 구조적 수준으로 구성되는데, 이를 집행 수준이라고 한다.

engine [éndʒin] *n.* **기관** 처리기(processor)를 달리 부르는 말. 예를 들면, 그래픽 엔진, 부동 소수점 엔진 등이 있다.

engineer [èndʒəníər] *n.* **엔지니어, 기술자**

engineering [èndʒəníəriŋ] *n.* **기술, 엔지니어링**

engineering gap [–gǽp] **기술 격차** 컴퓨터 이용 기술의 격차로 인해 발생하는 것으로서 이것이 경영 격차로 이어져 심한 경우에는 기업 경영에서의 생존 여부도 좌우하게 된다.

engineering graphics [–grǽfiks] **공학 그래픽** 산업계에서 이용되는 그래픽으로 설계도나 스케치도 등의 작성에 사용된다. 주택의 설계도와 그 설계도를 그리기 위한 스케치도를 그릴 수 있다. 이 밖에도 LSI의 설계 등 다방면에서 유용하게 쓰인다.

engineering time [–táim] **엔지니어링 시간** 컴퓨터의 고장 수리, 기계 서비스나 혹은 예방 보수를 위해 컴퓨터가 정상 가동하지 않은 시간.

engineering unit [–jú:nit] **공업 단위** 공업 프로세스의 상태에 관한 각종 양에 적용되는 측정 단위를 말한다.

engineering workstation [–wə̀:rkstéiʃən] **EWS, 엔지니어링 워크스테이션** 32비트의 중앙 처리 장치를 중심으로 하는 CAD/CAM 시스템을 말한다. EWS에서 입력 장치로 키보드, 마우스, 조이스틱, 디지타이저, 플로피 디스크 장치 등이 있다. 출력 장치로는 인간과의 대화로 꼭 필요하지 않는 고분해 화질의 컬러 그래픽 디스플레이 장치, 모니터 장치(캐릭터 디스플레이라고도 한다), 프린터, 정전 플로피, NC 테이프 작성 장치 등이 있다. 정보의 기억과 보존, 관리용 매체로서 MT(magnetic tape)나 플로피 디스크, 카세트 디스크 등이 있다.

〈엔지니어링 워크스테이션〉

enhance [inhǽːns] *v.* **높이다, 향상시키다** 능력과 성능을 향상시키는 것. 예를 들면, 컴퓨터의 클록(clock) 주파수를 열거하거나 동작 속도가 빠른 논리 소자를 사용함으로써 처리 속도를 향상시키는 것. 또 소프트웨어의 알고리즘 등을 개량하는 데 따라서도 성능을 향상시킬 수 있다.

enhanced[inhǽːnst] **개량, 확장** 제품의 품질과 기능을 향상시키는 것.

enhanced CD 확장 CD 음악용 CD 안에 컴퓨터용 CD-ROM의 기능을 추가시킨 CD의 총칭. CD 플레이어로는 음악을 듣고 CD-ROM 드라이브로는 컴퓨터 데이터를 이용한다. CD 엑스트라(소니, 필립스 사 등)와 액티브 오디오(Pacific Advanced Media 사)의 두 가지 규격이 있는데, 현재는 CD 엑스트라가 주류를 이루고 있어 확장 CD와 동의어로 쓰이는 경우가 많다. 실제로는 CD Plus 형식을 채용하고 있다.

enhanced graphics adapter [–grǽfiks ədǽptər] **EGA, 강력 그래픽 접속기** 텍스트 문자와 그래픽 점으로 이루어진 그림 두 가지 모두를 화면에 표시하기 위해 설계되었다. 최대 16가지 색을 제공하며, 색의 사용도나 화면의 해상도가 다른 몇 개의 화면 모드를 제공한다.

enhanced IDE 확장 IDE 케이블이나 커넥터 등의 기계적인 규격을 IDE(하드 디스크를 ISA 버스에 접속시키는 IBM PC/AT 계열 인터페이스의 확장을 의미함)에 맞추어서 레지스터와도 호환되게 한 것.

enhanced keyboard [–kíːbɔ̀ːrd] **확장 키보드** IBM 사가 IBM PC/AT를 발표한 후에 채택한 101/102 키보드. 이러한 레이아웃은 PA/2 상품 라인의 표준 키보드가 되었으며 IBM 호환 키보드의 표준이 되었다. 확장 키보드(당초에 IBM 사는 advanced keyboard라고 불렀다)는 초기의 IBM 키보드와는 크게 다른데, 12개의 기능 키(이전에는 왼쪽 아래의 10개)가 있으며 부가적으로 extra Ctrl 키와 Alt 키가 있다.

enhanced mode [–moud] **확장 모드** 인텔 사의 80386 이상의 CPU에 갖추어져 있는 동작 모드. 하드 디스크 상의 빈 공간을 임시 파일로 하여 가상 메모리로 이용하거나 윈도 상에서 가상 기계를 구성하여 DOS 응용 프로그램으로 이용할 수 있다. 일반적으로 필요한 메모리가 확보되어 있으면 자동적으로 확장 모드가 선택된다. 윈도 3.0 이상에서 사용할 수 있다.

enhancement [inhǽːnsmənt] *n.* **영상 강화, 개량, 향상, 확장** 사람의 시각적 인식의 개선을 위해 입력 영상을 강화(확장, 개량, 향상 등)시켜 주는 작업.

enhancement load NMOS 인핸스먼트 부호 엔모스 게이트와 드레인을 묶어서 부하로 사용하는 NMOS 트랜지스터.

enhancement mode [–móud] **인핸스먼트 방식** MOS 트랜지스터에서 게이트 전압이 일정 전압보다 클 때 트랜지스터로 드레인 전류가 흐르는 것.

enhancement type [–táip] **인핸스먼트형** 게이트 전압이 제로 상태에서 드레인 전류가 흐르지 않다가 게이트 전압을 증가시키면 드레인 전류가 증가하는 것.

ENIAC 에니악 electronic numerical integrator and calculator, electronic numerical integrator and computer의 약어. 세계 최초의 컴퓨터. 1946년에 미국 펜실베니어 대학의 P. 에커트와 J.W. 모클리가 중심이 되어 제작하였다. 기억 장치에 진공관 회로를 응용하고, 무게 130톤, 18,800개의 진공관이 사용되었다. 10진법을 사용하여 미육군의 탄도 계산을 했다. 컴퓨터 역사의 시작이라고 할 수 있고, 1955년까지 사용되었으며, 현재는 워싱턴의 스미소니언(Smithonian) 박물관에 보관되어 있다.

〈ENIAC〉

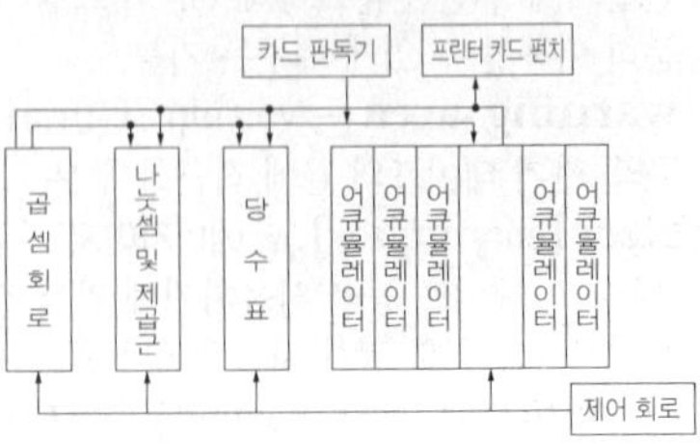

〈ENIAC의 구성도〉

enlarged character[inlɑ́ːrdʒəd kǽrəktər] **확대 문자** 워드 프로세서 등에서 표준 크기의 문자에 대해 가로세로 정수배만큼 확대한 문자. 최근에는 포인트 지정으로 문자 크기를 미세하게 지정할 수 있다.

enlarged letter printing[–létər príntiŋ] **확대 인쇄 방식**

ENQ 문의, 조회 문자 enquiry의 약어. 데이터 전송에 있어서 회선 접속이 확립되어 있는 지국(station)으로부터 응답을 요구하는 데 쓰여지는 전송 제어 문자의 하나. 이 조회 문자를 수신한 상대국은 긍정 응답(ACK) 또는 부정 응답(NAK)을 보내온다. 조회 문자는 통신의 수신국에게 어떤 응답을 요구하는 데 사용되는 통신 제어 문자를 말한다. 또한 전송된 데이터의 상태나 수신국의 고유 번호를 묻는 데 사용되는 제어 문자이다. 어떤 PC 비동기 통신 패키지는 이 문자를 프로토콜 파일 전송에 사용한다. ENQ 문자의 수신에 대한 응답에서 수신국 장치는 성공적으로 수신한 블록의 수를 응답하여야 한다. 이것은 ENQ 문자의 표준적인 응용이 아니고, 목적지 장치에 의해서 올바르게 수신되지 않은 데이터 블록을 재송신할 것을 요구하는 데 사용된다.

ENQ/ACK protocol ENQ/ACK 프로토콜 enquiry/acknowledgement protocol의 약어. 휴렛 팩커드 사의 통신 프로토콜. 목적지 단말에 데이터 수신 준비가 갖추어졌는지를 알아보기 위해 ENQ를 보내며, 이 신호를 수신한 목적지 단말은 준비가 되었다는 의미로 ACK를 보내어 응답한다.

ENQ delay minimization routine ENQ 지연 최소화 루틴

ENQ sequence ENQ 순서

enqueue[enkjúː] *v.* **인큐** 복수의 작업 등이 동일 자원을 액세스(access)하거나 동일한 것에 대해 요구(request)를 했을 경우에는 이 중의 하나만이 처리되며, 다른 요구는 파기되어 손실(loss)되든가 혹은 대기 행렬(queue)로 들어가며, 자체 순번이 되돌아올 때까지 대기한다. 이 대기 행렬로 들어가는 것을 「인큐」 혹은 「큐로 넣어지다」라고 한다. 컴퓨터에서 계산 프로그램 등의 작업을 행하도록 할 경우에 작업의 요구가 동시에 여러 개 발생한 경우에는 우선권이 높아 처리를 제일 먼저 실행하고 우선권이 낮은 것은 대기 행렬로 들어간다. 또 컴퓨터가 어떤 처리를 행하고 있는 도중에 요구가 발생했을 경우에도 발생한 요구는 대기 행렬로 들어가 자체 순서가 오는 것을 기다리게 한다. 이들 대기 행렬은 작업 큐(job queue)라 한다. 작업의 대기 행렬 등에서는 우선권의 관계에 따라서 나중에 발생한 요구가 먼저 발생한 요구보다 앞서 처리되는 수가 있다. 작업의 관리는 작업 스케줄러(job scheduler)가 행한다. 미리 정해진 절차를 따라서 일괄적으로 작업을 처리하는 배치 처리(batch processing)에서는 의도적으로 대기 행렬을 만들며, 그 중에서 같은 형태의 처리를 행하는 것을 선별하여 실행시킨다. 이러한 형태를 취함으로써 효율적으로 정보를 처리한다.

enqueue residence value[–rézidəns vǽljuː] **ENQ 프로그램 상주값**

enquiry[inkwáiri(ː)] *n.* **찾기** inquiry와 같은 뜻이다. 컴퓨터에 대해서 어떤 질문을 하고 정보를 인출하는 것. 예를 들면, 데이터 베이스에서 개인의 전화 번호를 인출하거나 항공기의 공석이 있는지 등의 정보를 조회하는 것이다.

enquiry/acknowledgement protocol [–əknálidʒmənt próutəkɔ̀(ː)l] **ENQ/ACK 프로토콜** ⇨ ENQ/ACK protocol

enquiry character[–kǽrəktər] **조회 문자** 데이터 전송에 있어서 상대국(局)의 응답을 구하기 위하여 사용되는 특수한 전송 제어 부호. 조회 문자는 상대국을 식별하기 위하여 WRU(who are you)을 이용하지만 구역적인 것이며, 이것들은 단말기나 각 기기 특유의 것을 사용하고 있는 경우가 많다. 그 응답은 보통 국(局) 식별, 사용중인 기기의 형식 및 그 원격지의 상황 등이 포함된다.

enquiry processing[–prásesiŋ] **조회 처리**

enrich text[inrítʃ tékst] **인리치 텍스트** 글꼴이나 문자의 색, 크기 등이 설정되어 있는 문서.

enroute control[eːnrúːt kəntróul] **엔루트 컨트롤** 항공 교통 관제에 있어서 관제 공역(空域)은 공항 근방 터미널 공역, 터미널 공역을 도넛형으로 둘러싸는 트랜지션 공역, 하나의 터미널 공역과 다른 터미널 공역을 연결하는 엔루트 공역의 세 가지로 나누어진다. 이 엔루트 공역의 항공 교통 관리를 엔루트 컨트롤이라 한다.

ENTER[éntər] *n.* **엔터** 주프로그램에서 서브프로그램을 부르고자 할 때 사용하는 명령어.

enter[éntər] *v.* **넣기** 컴퓨터에 대하여 단말기 등의 외부 장치에서 명령(command)이나, 프로그램 또는 데이터를 입력하는 것. 보통 단말기의 입력에서는 키보드에서 커맨드나 프로그램, 데이터 등의 문자를 입력한 후에 「Enter 키」라 불리는 키를 누름으로써 행해진다. 이 「Enter 키」의 조작에 의하여 처음 단말기로부터의 입력은 컴퓨터로 해석되어 처리되는 것이다. 「Enter 키는 키보드의 종류에 따라서 명칭이나 키보드 상에서의 위치가 다른 경우가 있다. 「Enter 키」 대신에 「return」, 「CR」이라 표시되어 있거나 특수한 기호가 사용된 경우도 있다. 이 표현은 타이프라이터 인쇄(typewriter printing)로 글자 인쇄 위치를 행의 처음이 되도록 하는 개행(new line) 동작에 기인하고 있다. 단말기의 화면상에서도 「Enter 키」는 타이프라이터와 똑같이 표시 위치를 행의 처음으로 이동하는 것이라고 간주할 수 있다.

enter/inquiry mode [–inkwáiri(ː) móud] **입력/조회 모드**

Enter key [–kí] **엔터 키** 대부분의 콘솔, 단말기나 마이크로컴퓨터의 키보드에 달려 있는 키로 하나의 문자나 문자열의 입력이 완료되었음을 시스템에 알려주는 역할을 한다. 어떤 키보드에서는 return, CR, 화살표 등으로 표시되어 있기도 하며, 대개 이 키를 누르면 ASCII 13번인 CR 문자가 입력되므로 화면상에서 개행이 된다.

enter mode [–móud] **입력 모드**

enterprise application integration [éntərpràiz æ̀plikéiʃən ìntəgréiʃən] **전사적 응용 프로그램 통합** ⇨ EAI

Enterprise Computer Telephony Forum[–kəmpjúːtər təléfəni(ː) fɔ́ːrəm] ⇨ ECTF

enterprise information portal[–ìnfərméiʃən pɔ́ːrtəl] ⇨ EIP

enterprise Javabeans **엔터프라이즈 자바빈** ⇨ EJB

enterprise network[–nétwəːrk] **기업 내 네트워크** 기업 내의 네트워크(LAN)를 가리킨다.

enterprise resource planning[–risɔ́ːrs plǽniŋ] **전사적 자원 계획** ⇨ ERP

enterprise system [–sístəm] **엔터프라이즈 시스템** 기업 등 다양한 운영 체제가 혼재하는 환경에서, 메인 프레임에서 PC까지의 모든 시스템을 관리하는 것. ⇨ main frame

entirety [intáiərti(ː)] *n.* **전체**

entity [éntiti(ː)] *n.* **엔티티, 요소, 주체** (1) 사물의 구조나 상태, 동작 등을 모델로 표현하는 경우 그 모델의 구성 요소를 엔티티라고 부른다. (2) 시스템이나 프로그램 등도 하나의 「모델」로 생각할 수 있다. 이 모델에서, 예를 들면 정보를 통일적·추상적으로 취급할 때, 이 정보를 엔티티라 부른다. 컴퓨터 시스템 중에 기억되는 데이터, 파일, 원시 프로그램(source program), 목적 프로그램(object program) 등도 각각 엔티티이다.

entity classification [–klæ̀sifikéiʃən] **엔티티 분류** RM/T에서 다음의 세 가지로 분류한다. ① 특성 엔티티 : 유일한 기능은 다른 엔티티를 묘사하거나 특성을 주는 것. ② 연관 엔티티 : 기능은 두 개 이상의 다른 엔티티와 *m* : *m* 또는 *m* : *m* : *m*을 표현하는 엔티티. ③ 커널 엔티티 : 위의 두 가지가 아닌 경우.

entity group [–grúːp] **엔티티 그룹** 전체 엔티티들의 집합.

entity identifier [–aidéntifàiər] **엔티티 식별자** 데이터 베이스 파일에서 관련된 데이터 파일에 중복된 값을 허용하지 않기 위해서 정의된 최소한 한 개의 속성.

entity instance [–ínstəns] **엔티티 인스턴스** 이것은 릴레이션에서 하나의 투플(tuple)에 해당되며, 엔티티는 그 엔티티를 구성하고 있는 속성들이 값을 가짐으로써 구체화된다.

entity integrity [–intégriti(ː)] **엔티티 무결성** 기본 릴레이션의 기본 키를 구성하는 어떤 속성도 널(null) 값을 가져서는 안 된다는 성질.

entity record [–rékəːrd] **엔티티 레코드**

entity relation [–riléiʃən] **엔티티 관계** 계층 데이터 베이스에서 세그먼트와 세그먼트 사이의 관계.

entity relationship data model [–riléiʃənʃip déitə mádəl] **엔티티 관계 데이터 모델** 객체를 나타내는 엔티티와 이들 객체 사이의 연관성을 나타내는 관계의 집합으로서 실세계를 표현하는 데이터 모델.

entity relationship diagram [–dáiəgræ̀m] **ERD, E–R diagram, 엔티티 관계 도형** 첸(P. Chen)이 제안한 데이터 베이스 도식화 기법. 엔티티 관계 데이터 모델에서 엔티티 집합은 직사각형으로, 속성은 타원으로 나타내고, 엔티티 집합과 그 속성은 선으로 연결하며, 관계 집합은 마름모로, 관계 집합의 사상 형태는 화살표로 나타낸 도형.

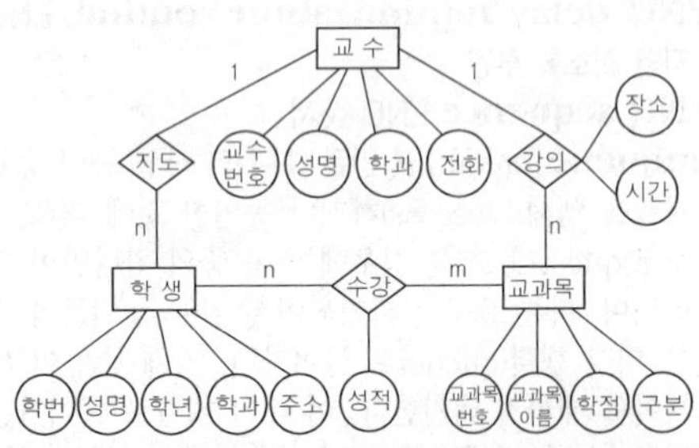

〈수강 데이터 베이스에 대한 E–R 다이어그램〉

entity set [–sét] **엔티티 집합** 네트워크 모형에서 주로 쓰는 말로, 보통 세트라고 하며, 주종 관계, 즉 오너(owner)와 멤버(member) 등의 엔티티 그룹을 말한다. 엔티티 집합의 중요한 특성은 다음과 같다. ① 세트는 레코드들의 집합이다. ② 데이터 베이스 내의 세트 수에는 제한이 없다. ③ 각 세트는 하나의 오너 레코드형과 하나 이상의 멤버 레코드형으로 구성된다. ④ 각 오너 레코드 어커런스는 하나의 세트 어커런스를 정의한다. ⑤ 하나의 세트 어커런스 내의 멤버 어커런스의 수에는 제한이 없다. ⑥ 세트 레코드들은 순위를 정할 수 있다. ⑦ 세트 레코드들은 레코드 내의 데이터 항목의 값에 의해 직접 접근이 가능하다. ⑧ 한 레코드는 하나 이상의 세트형의 멤버가 될 수 있다. ⑨ 한 레코드는 동일한 세트형 내에서 동시에 오너와 멤버가 될 수 없다는 점이다.

entity set model [–mɑ́dəl] **엔티티 집합 모형** 엔티티들과 엔티티 집합들을 이용하여 한 조직체의 구조를 기술하는 방법으로, ANSI/SPARC 구조의 개념 스키마에 해당된다.

entity subtype [–sʌ́btàip] **엔티티 서브타입** 엔티티 타입 Y가 엔티티 타입 X의 서브타입이 되기 위한 필요 충분 조건은 모든 엔티티 타입 Y가 반드시 엔티티 타입 X이어야 한다.

entity type [–táip] **엔티티 유형** 속성 이름들로 구성된 엔티티. 즉, 속성들에 의한 엔티티의 정의를 뜻한다.

entrance [éntrəns] *n.* **입구** 컴퓨터 프로그램, 루틴 또는 서브루틴에 들어갔을 때 실행되는 최초의 명령 어드레스 또는 표로 제어 순서가 들어가는 지점이나 시작하는 위치를 말한다.

entropy [éntrəpi(ː)] *n.* **엔트로피** 일반적으로 정보는 동등한 가능성이 여러 개 생각되는 경우 가능성의 하나를 지정하는 것이다. 따라서 n개의 사상(事象)이 생각되는 경우 그 하나를 지정하는 정보량 $I=\log_2 n$[비트]로 주어진다. 만약, 그런 n개의 사상이 같은 확률로 일어난다면 $I=-\log_2 p$[비트]로 된다. 따라서 통보량이 큰 경우 처음의 불확실한 비율로 관계한다. 보다 일반적으로는 통신로를 통해서 통보를 수취한 후에도 불확실한 것이 남아 있는 셈이므로 어떤 사상에 관한 통보를 받기 전에 이 사상이 일어나는 확률을 p_1, 통보를 받은 후에 이 사상이 일어나는 확률을 p_2로 하면 $I=-\log(p_1/p_2)$로 되는 양이 그 통보에 의해서 흘린 정보량으로 생각된다. 통신로에 잡음이 없으면 통보를 수취한 후에 사상이 일어나는 확률은 $p_2=1$이고, 이 경우 $I=-\log p_1$으로 된다. 이제, 정보원에 n개의 문자를 가지며 그것이 상호 독립적으로 발생하고, i번째 문자 발생률을 $p(x_i)$라고 하면,

$$H=-\sum_{i=1}^{n}+p(x_i)\log p(x_i)$$

가 되어 한 문자당 평균 정보량을 정의할 수 있게 되고, 이것을 정보원의 엔트로피라 한다. 연속계인 경우에는 그 확률 밀도를 $p(x)$로 할 때,

$$H=\int_{-\infty}^{\infty} p(x)\log p(x)dx$$

로 엔트로피가 정의된다.

entropy of information [–əv ìnfərméiʃən] **정보 엔트로피** (1) 문서의 집합에서 유용하지 못한 정보. (2) 정보량에 대한 요구 사항을 충당하기 위해 정보원 중 한 개의 문자가 가지고 있는 정보량을 표시함과 동시에 정보원에서 특정 정보를 선택할 경우의 자유도 또는 추정할 경우의 부정확성을 표시하는 것.

entry [éntri(ː)] *n.* **입구** 진입점(entry point)과 같은 뜻으로 사용되는 경우도 있다. (1) 「진입」의 의미로부터 프로그램, 루틴, 서브루틴 등으로의 입구를 가리키는 경우가 있다. 서브루틴(subroutine) 등의 실행에 들어갔을 때 최초로 실행되는 명령어(instruction), 스테이트먼트(statement), 어드레스(address), 지시(indication) 등을 가리킨다. (2) 하나의 프로그램 중의 하나의 문장(항)이라든가 수표(數表) 중의 개개의 수치 등 어떤 구성 요소의 집합 가운데 하나의 요소를 가리키는 경우가 있다. 결국, 정보를 기입 · 등록하는 장소나 항목에 대하여 사용된다. 일반적으로 이러한 「엔트리(entry)」에 넣거나, 기입하거나 하는 데는 어떤 조건이 만족될 필요가 있다. 이러한 조건을 진입 조건(entry conditions)이라고 한다.

entry block [–blɑ́k] **엔트리 블록** 입력된 정보가 저장되는 주기억 장치의 저장 블록과 그 정보가 사용되는 동안 관련된 주기억 장치의 저장 블록.

entry condition [–kəndíʃən] **진입 조건, 엔트리 조건** 컴퓨터 프로그램, 루틴 또는 서브루틴에 들어갈 때 지정되는 조건. 예컨대, 프로그램, 루틴 또는 서브루틴이 오퍼랜드를 받아들이는 장소의 어드레스 및 입구점과 출구점이 연계되는 장소의 어드레스.

entry constant [–kɑ́nstənt] **입구 상수**

entry expression [–ikspréʃən] **입구식**

entry format [–fɔ́ːrmæt] **입력 양식**

entry format definition prompt [–definíʃən prɑ́mpt] **입력 양식 정의 프롬프트**

entry instruction [–instrʌ́kʃən] **진입 명령** 서브루틴에서 최초로 수행되는 명령어. 서브루틴의 서로 다른 기능에 따라 여러 개의 진입점이 가능하다.

entry job [–dʒɑ́(ː)b] **입력 작업**

entry machine [–məʃíːn] **엔트리 머신** IBM PC/AT 등과 같이 일련의 시리즈로 개발되는 제품군 중에서 최저 성능, 최저 가격이라는 이점 때문에 가장 많은 사용자들이 손쉽게 구입할 수 있는 제품.

entry name [–néim] **진입명** 진입점을 정의하거나 어떤 제어 구간으로부터도 참조할 수 있도록 되어 있는 제어 구간 내의 명칭.

entry of a procedure [–əv ə prəsí:dʒər] **절차의 입구** 절차 하나에 대한 실행 순서의 시작점을 표시한다. 그 절차 내의 언어 구성 요소.
[주] 절차는 두 개 이상의 입구를 가질 수 있다. 각 입구는 보통 진입명이라 불리는 식별자와 필요하면 가인수를 갖는다.

entry point [–pɔ́int] **진입점, 엔트리 포인트** 어느 프로그램을 실행하고 있을 때 다른 프로그램 기능이 필요하게 되어 호출된 프로그램(called program)이 최초로 실행하는 명령이 저장되어 있는 어드레스.

entry range [–réindʒ] **엔트리 범위**

entry record [–rékə:rd] **엔트리 레코드**

entry record type [–táip] **엔트리 레코드 타입**

entry sequence [–sí:kwəns] **엔트리 순차**

entry sequenced data set [–sí:kwənst déitə sét] **ESDS, 엔트리 순차 데이터 집합** 이름대로 레코드를 입력(entry)순으로 저장한 VSAM의 순차 파일(데이터 세트). 이 ESDS에 기억하기 위한 입력 레코드는 미리 키 항목으로 키의 크기의 순번으로 분류(sort)해둘 필요가 있다. ESDS는 순차 처리에 적합하나, 이 경우 파일의 선두 레코드에서 순번으로 액세스하는 경우도 가능하고 랜덤(random) 처리도 가능하다.

entry sequenced file [–fáil] **엔트리 순차 파일**

entry symbol [–símbəl] **진입 신호**

entry table [–téibəl] **진입 테이블**

entry technique [–tekní:k] **진입 수법**

entry time [–táim] **진입 시간** 제어가 관리 프로그램에서 응용 프로그램으로 넘어가는 시간.

entry value [–vǽlju:] **진입값**

entry variable [–vɛ́(:)riəbl] **진입 변수**

Enum 이넘 「이넘(Enum)」은 「텔레폰 넘버 매핑(telephone number mapping)」의 줄임말로 하나의 식별 번호를 통해 팩스 · 전화 · 이메일을 모두 사용할 수 있는 프로토콜 혹은 서비스를 말한다. 우리가 흔히 사용하는 웹 브라우저에 이넘 번호를 기입, 공중망을 이용한 모든 서비스를 이용할 수 있어 차세대 웹 커뮤니케이션 도구라고도 불린다. 이넘 서비스를 위해서는 먼저 전화 번호를 갖고 있는 개인 혹은 조직이 이넘 사업자에 자신의 전화나 식별 번호를 메인 아이디(ID)로 등록한다. 또 식별 번호와 함께 이동 전화 · 팩스 · 이메일 주소 등 부가적인 정보를 기입하게 된다.

enumerated data type [injú:mərèitid déitə taip] **열거 데이터형** (1) 특정 순서로 배열된 값의 집합으로 이루어지는 데이터형. (2) 프로그래밍 언어에서 사용자가 정의한 값의 집합을 나타내는 데이터형.

enumeration [injù:məréiʃən] *n.* **열거** 어떤 문제에 대해 가능한 결과를 모두 나열하는 것.

enumeration data type [–déitə táip] **열거 데이터형** 데이터 구조 내에서 원소들의 정의된 값들이 리스트로서 주어지며, 열거 데이터형의 사용으로 프로그래머는 새로운 데이터형을 생성할 수 있고, 열거 목록 내의 식별자들은 기억을 돕는 의미로 선택된다. 이는 프로그래머용 형태로 기능과 프로그램 문서화에 도움을 준다.

enumeration type [–táip] **열거형** 프로그래밍 언어에서의 데이터형의 일종. 상수명이 놓여진 형의 값을 나타내는 것. 예 type direction=(NORTH, EAST, SOUTH, WEST)

envelope [invéləp] *n.* **덧붙임, 포락선(包絡線)** DEC(데이터 회선 단말 장치) 교환기 사이의 통신 정보를 6 또는 8비트 단위로 분할하고, 거기에 2비트의 제어 비트를 부가한 정보 단위.

envelope delay [–diléi] **포장 지연** 회로의 한 특성으로서 동시에 전송된 주파수들 중 일부 주파수가 먼저 도달하게 하는 특성.

envelope detection [–ditékʃən] **포락선 검파(包絡線檢波)** 진폭 변조를 받은 파의 복조(復調) 방식으로서, 정류 회로의 이용으로 신호의 포락선에 비례한 출력을 내어 변조 신호를 복원한다. 과(過) 변조가 아닌 한 정확한 복조가 가능하다.

environment [inváirənmənt] *n.* **환경** (1) 시스템이 설치되어 있는 상태 또는 환경으로, 시스템과 기기의 설계나 동작에 있어서 외부로부터 영향을 받을 수 있는 요소, 요인의 총칭. 컴퓨터 시스템에서는 하드웨어적으로 영향을 받는 경우와 소프트웨어적으로 받는 경우가 있으나 이들은 밀접하게 관계되어 있으며, 분리할 수 없는 경우가 많다. 예를 들면, 물리적인 외부의 환경인 기온이 상승하면, 컴퓨터 시스템의 하드웨어의 안정성(stability)이 손상되며, 폭주(run away)나 오동작 등이 다발적으로 발생하기 쉽다. 또 시스템 내의 메모리와 레지스터의 상태, 또한 프로그램의 실행 상황, 시스템 내에서 사용할 수 있는 프로그램의 상태 등도 표시한다. (2) 컴퓨터 시스템 등을 설계, 제작하는 경우에 그 컴퓨터 시스템의 설계, 제작을 행하기에 편리한 도구가 갖추어져 있어 쉽게 개발할 수 있는 상태이면, 이때는 「개발 환경이 좋다」고 표현한다.

environmental condition [invàirənméntəl kəndíʃən] **환경 조건** 장치가 갖는 기능의 보호와 올바른 동작을 위하여 필요한 물리적 조건. 예 온도, 습도, 진동, 방사선, 먼지

environmental data [–déitə] **환경 자료**

environmental information [–ìnfərméiʃən] **환경 정보**

environmental loss time [–lɔ́(ː)s táim] **환경 손실 시간** 기능 단위의 외부 장애에 기인하는 다운(down) 시간.

environmental test [–tést] **환경 시험** 시스템, 기기, 부품 등에 대한 환경의 영향을 조사하는 시험.

environment analysis [inváirənmənt ənǽlisis] **환경 해석**

environment clause [–klɔ́ːz] *n*. **환경구**

environment control system [–kəntróul sístəm] **환경 제어 시스템**

environment control table [–téibəl] **ECT, 환경 제어 테이블** 고급 언어(high-level language)를 사용하는 경우, 보통 사용자는 프로그램이 메모리 상의 어디에 존재하는가 또는 데이터 파일(data file)이 어디에 존재하는가 라는 환경 제어는 행하지 않아도 된다. 사용자가 직접 관여하지 않아도 되는 이러한 시스템 내의 상태를 관리해두는 제어 블록을 환경 제어 테이블이라고 한다.

environment description [–diskrípʃən] **환경 기술(記述)** 프로그램 부분에서는 아니지만, 프로그램의 실행에 관한 사항을 기술하는 언어 구성 요소. 예 기기의 특성, 파일의 특성, 다른 프로그램의 인터페이스

environment division [–divíʒən] **환경부** COBOL의 용어. 원시 프로그램을 구성하는 4개의 부 가운데 두 번째로 사용되는 것으로 내용은 번역용 컴퓨터와 실행용 컴퓨터의 특성, 사용 파일, 외부 매체, 접근 기법 등이 기술된다. ⇨ COBOL division

environment for software development [–fər sɔ́(ː)ftwὲər divéləpmənt] **소프트웨어 개발 환경** 소프트웨어 개발에서 개발자가 이용할 수 있는 기재, 자원 체제 전반을 가리키는 용어. 지원 체제에는 개발자가 소속해 있는 조직에서 제공하는 편의까지 포함된다.

environment management [–mǽnidʒmənt] **환경 관리**

environment mapping [–mǽpiŋ] **환경 매핑** ⇨ reflection mapping

environment record [–rékəːrd] **환경 레코드**

environment risk [–rísk] **환경 리스크**

environment simulation technique [–sìmjuléiʃən tekníːk] **환경 시뮬레이션 기법**

environment simulator [–símjulèitər] **환경 시뮬레이터**

environment specification [–spèsifikéiʃən] **환경 명세**

environment variable [–vέ(ː)riəbl] **환경 변수** MS-DOS에서 환경 영역에 저장되는 문자열 변수. 이들은 시스템의 작업 환경을 조정하는 역할을 하며, 중요한 것으로는 PATH, PROMPT, COMSPEC 등이 있다. 환경 변수의 값은 SET 명령으로 바꿀 수 있다.

EOB 블록 종료 end of block의 약어. 자기 테이프 상의 블록 끝을 규정하는 특별한 표지.

EOD 데이터의 끝 end of data의 약어.

EODS 탐색 end of data search의 약어.

EOE 영역의 끝 end of extent의 약어.

EOF (1) **파일 끝** end-of-file의 약어. 자기 테이프 등과 같이 데이터를 몇 레코드로 나누어 기록할 경우에 데이터 레코드의 마지막을 나타내기 위한 것으로서, 일반적으로 테이프 마크(특정 비트 구성을 가진 것을 두 번 계속해서 쓴다)에 의해 나타낸다. 보통 읽기를 계속해 가다가 이 테이프 마크를 읽으면 제어 장치에서는 인터럽트를 발생해서 프로그램에 파일 종료를 알려오도록 되어 있는 경우가 많다. ⇨ BOT (2) **파일 종료 레이블** end-of-file label의 약어. ⇨ end-of-file label (3) **파일 종료 마크** end-of-file mark의 약어. ⇨ end-of-file mark

EOF indicator 파일 종료 지시기 ⇨ end-of-file indicator

EOJ 작업 종료, 엔드 오브 작업 end-of-job의 약어. ⇨ end-of-job

EOL 행의 끝 end of line의 약어. 문서의 내용을 저장한 파일에서 문서가 하나의 줄이 끝났다는 것을 표시하기 위해 사용하는 코드. 일반적으로 CR과 LF 또는 이 두 문자의 조합으로 사용된다.

EOM 메시지 종료 문자, 메시지 종결 문자 end-of-message의 약어.

EOR (1) **릴 종료** end of reel의 약어. 자기 테이프의 파일이 두 권 이상 될 때 최종의 것 이외는 다음에 계속되는 것이 있다는 것을 확실하게 할 필요가 있다. 이 때문에 최종 릴을 제외한 각 절에 붙여지는 마커를 말한다. 구체적으로는 테이프가 마지막에 가깝다는 것을 나타내는 반사지에 의한 마커, 릴 안에서 최종 레코드인 것을 나타내는 테이프 마크 및 다음에 연결되는 것을 나타내는 트레일러 레이블에 의해 식별된다. (2) **레코드 종료** end of record의 약어. 자기 테이프 등에 기록되어 있는 파일에서 기록(레코드) 끝에 부가하는 부호. (3) **배타적 논리합** exclusive OR의 약어. 입력 변환 A, B를 생각하였을 경우 A가 참인 경우 B는 거짓이거나 A가 거짓인 경우 B가 참이 아니면 안 된다. 즉, A, B

가 서로 상반(相反)된 조건일 때에만 결과를 참으로 하는 논리를 배타적 논리합 또는 exclusive OR이라고 한다.

EOS 전자 발주 시스템 electronic ordering system의 약어. 컴퓨터나 통신 회선을 이용하여 발주 정보를 수집하는 장치. 식품 수퍼 등의 체인 스토어가 상품의 보충 발주 업무를 수행하기 위해 사용하는 경우가 많다. 매장별로 재고를 조사하고 이 데이터를 점포의 단말기로부터 통신 회선을 통해 본부의 주컴퓨터로 송신한다. 본부는 발주 전표 및 납품 전표를 출력하여 메이커나 도매상에 넘긴다. 발주 업무의 인력 절감화, 고속화를 꾀할 수 있다. 업계 VAN, 유통 VAN의 대부분은 EOS 기능을 갖는다.

EOT (1) **테이프 종료, 테이프 종단** end-of-tape의 약어. ⇨ end-of-tape (2) **태스크 종료** end-of-task의 약어. ⇨ end-of-task (3) **본문 종료, 엔드 오브 텍스트** end-of-text의 약어. ⇨ end-of-text (4) **전송 종료** end of transmission의 약어. 데이터 전송에서 하나 이상의 텍스트의 전송 종료를 나타내는 전송 제어 부호. (5) **전송 종료 문자** end of transmission character의 약어. 전송 종료 문자는 특정 장치에 전송되는 메시지와 관련된 모든 데이터의 전송의 끝을 알리기 위해서 사용되는 통신 제어 문자이다. 또한 이 제어 문자는 네트워크의 다른 장치에게 수신될 정보가 더 있는가를 체크하도록 알려주는 신호이기도 하다. EOT 문자는 SOH 문자에 의해서 시작된 메시지의 전송 프레임의 끝을 나타내는 제어 문자이다. 또한 이 문자는 XModem 프로토콜에서 파일 전송의 끝을 나타내기 위해서도 사용된다. ⇨ end of transmission character

EOT exit routine EOT 출구 루틴 end-of-task exit routine의 약어.

EOT marker EOT 마커 EOT(end of tape)를 검출하기 위해 설치된 마커. BOT 마커와 같이 광전식, 도전식, 반사식 등의 방법이 있으며, ISO 국제 규격에서는 반사식을 채용하여 테이프 끝에서부터 $7.6^{+1.5}$m 위치에 테이프 베이스측의 기준 에지가 먼 쪽의 반쪽 폭에 빛을 잘 반사하는 마커를 둔다.

EOV (1) **볼륨 종료** end-of-volume의 약어. ⇨ end-of-volume (2) **볼륨 종료 레이블, 볼륨 끝 레이블** end-of-volume label의 약어. ⇨ end-of-volume label

EP (1) **모방 프로그램** emulation program의 약어. (2) **수행 제어 프로그램, 실행 관리 프로그램** executive control program의 약어.

epilogue [épilɔ̀(ː)g] *n.* **에필로그, 맺음**

episodic learning [episádik lə́ːrniŋ] **일화적 학습** 문제를 푸는 과정에서 유용했던 연산자들을 순차적으로 연결하여 각 연산자의 활용 휴리스틱을 증가시킨 후 이런 순차적인 연산자를 총체적으로 생각하여 한 개의 매크로 연산자로 학습하는 방법.

epistemology [ipìstəmálədʒi(ː)] *n.* **인식론** 지식의 한계와 타당성에 관계되는 지식의 본성과 근거에 대한 연구 또는 이론.

epitaxial film [èpitǽkʃəl fílm] **에피택시얼 막(膜)** 에피택시얼 성장으로 얻어지는 막.

epitaxial growth [–gróuθ] **에피택시얼 성장** 기체 상태 또는 액체 상태로 기판 결정과 동일 결정 축방향으로 결정 성장을 하는 것. 이 경우, 단결정의 반도체 기판과 그 표면에 성장시키는 단결정막은 동일 물질인 것도 있고 다른 종류의 물질인 것도 있다. 다른 종류의 물질인 경우는 각각 격자(lattice) 방위 및 격자 간 거리가 있는 일정값 이내에서 일치해가야 한다.

epitaxial planer technique [–pléinər tekníːk] **에피택시얼 플레이너 기술** 에피택시얼 성장과 플레이너 기술과의 조합.

epitaxy [èpitǽkʃi(ː)] **에피택시** 반도체 소자를 만들 때 기판 위에 성장되는 편향된 단일 결정층.

epitome [ipítəmi(ː)] *n.* **에피톰** 데이터의 정확한 요약.

EPO 긴급 전원 절단 emergency power off의 약어. 비상시에 컴퓨터 가동을 중단시키는 회로와 버튼을 의미. 대규모 시설에는 보통 이러한 EPO 버튼이 20개나 있다.

EPP enhanced parallel port의 약어. 인텔, Xircom, Zenith과 몇몇 다른 업체들이 개발한 EPP 스펙은 병렬 포트에 양방향 통신을 추가하고 속도를 향상시켰다. 이것은 1991년 중반부터 랩탑에 많이 쓰이고 있는데, 병렬 포트를 사용하는 하드 디스크, 테이프 백업 장비, CD-ROM 드라이브 등 대용량 저장 장치가 급격히 늘면서 수요가 확대되었기 때문이다. IEEE 1284 스펙이 ECP와 EPP 모두를 지원함에 따라 많은 새로운 병렬 포트 기기들은 양쪽 모두를 지원하게 되었다. ⇨ ECP, parallel port

EPROM 이피롬, 소거 가능 PROM, 프로그램 소거 가능 ROM erasable programmable read-only memory의 약어. 소거 가능(erasable)하며, 또한 프로그램 가능(programmable)한 판독 전용 메모리(ROM). 대표적인 것은 몇 번이고 반복하여 사용하기 때문에 강한 자외선에 수분간 노출시킴으로써 소거할 수 있도록 한 자외선 소거 가능 ROM이다. 이것은 특별한 PROM 프로그래머(PROM 라이터)이며, 프로그램할 수 있고, 몇 년이고 그 내용을 보존 · 유지할 수 있다. 이 UV형 EPROM은 칩 위에 석영 유리창을 갖고 있으며, 그곳에서 자외선을 쪼인다. 이 밖의 EPROM은 전기적으로 소거가 가능(electrically erasable)하다.

〈EPROM〉

EPROM eraser 이피롬 소거기 EPROM에 기록되어 있는 프로그램이나 데이터를 수정이나 변경을 위해 소거하는 장치.

EPROM programmer 이피롬 프로그래머 내용이 소거된 EPROM에 새로운 내용을 기록하기 위한 장치. 25V 정도의 전압을 EPROM에 가하여 내용을 바꾼다. 전기가 흐를 때 ROM이 뜨거워지므로 EPROM 프로그래밍 작업을 "ROM을 굽는다"라고 하기도 한다.

EPS file EPS 파일 encapsulated postscipt file의 약어. 이미지 기록 형식의 하나인 EPS로 기록된 파일. 이미지나 문자 레이아웃 데이터를 다른 응용 프로그램에 입력하기 위해 캡슐화한 포스트스크립트 파일. 어떤 크기를 출력해도 매끄러운 곡선을 인쇄할 수 있다.

epsilon [épsilən] *n*. **엡실론** 그리스어의 알파벳 중 다섯 번째로 ε으로 쓰며, 영어의 E에 해당한다. 수학에서는 매우 작은 수를 의미하는 기호로 자주 쓰인다.

EPSON 엡손 도트 매트릭스 프린터 분야에서 가장 영향력 있는 일본의 컴퓨터 및 주변 기기 생산 업체.

EPWING electronic publishing wing의 약어. EP(전자 출판)와 WING(「정보 기술과 출판의 양쪽 날개」를 의미)의 합성어. 출판, 인쇄, 가전 등 수십여 개 회사가 가맹되어 있는 EPWING 컨소시엄이 제정한 CD-ROM에 대한 데이터 수록 형식으로 검색 기능까지 강화시켰다.

eqn 유닉스 운영 체제에서 돌아가는 수식의 출력을 위한 프로그램. 이 프로그램은 문서 포매팅 프로그램인 troff의 전처리기(preprocessor)로서, 수식을 영어로 읽었을 때 소리나는 그대로 입력해주면 그것을 해당되는 troff 명령으로 바꿔준다.

Eqntott C 언어로 작성된 정수 연산 중심의 벤치마크(bench mark) 프로그램. Eqntott는 불 방정식에 의한 논리적 표현 형태를 진리표로 바꾸어주며, 여기서 수행되는 기본적인 연산은 정렬(sorting)이다. 소스는 버클리 캘리포니아 대학의 산업연락 프로그램(industrial liaison program)이다.

EQU equate의 약어. 어셈블리어 명령의 하나로 동등함을 나타낸다. 예컨대, A EQU 100이라고 하면 그 다음에 나오는 A라는 기호는 모두 100으로 대치된다.

equal [íːkwəl] *n*. **같은, 동등의** 어떤 두 개의 사상(事象)이 모두 같은 것. 이 기호로서 등호(equal sign) 「=」를 쓴다. 수학적으로는 좌변과 우변이 같은 것을 표시한다. 그러나 프로그래밍 언어에서는 등호 좌변 부분의 연산을 행하고, 그 결과를 우변 부분에 있은 변수(variable), 배열(array) 등에 현재 들어 있는 값과 교환하고, 그 값을 대입하는 것을 표시하는 경우가 있다. 예를 들어, $a=a+1$에서는 변수 a에 들어 있는 값에 1을 더한 값을 다시 변수 a에 대입한다는 것을 표시한다. 결국, 이 경우 a는 하나의 카운트 업(count up) 혹은 증분(increment)된다. 이와 같이 등호는 변수를 취급하기 때문에 중요한 역할을 담당한다.

equal indicator [–índikèitər] **등가 표시기**

equality [ikwɔ́(ː)liti(ː)] *n*. **같음, 동등** 어떤 두 양이나 객체가 같음을 나타내는 개념.

equality axiom [–ǽksiəm] **동등 공리** 동등이 갖는 특성(반사성 · 대칭성 · 추이성)들을 논리 공식으로 나타낸 것으로, 특수한 도출 원리를 사용하여 이러한 동등 공리에 이용한다.

equality circuit [–sə́ːrkit] **동등 회로** 두 개의 데이터가 일치하는지를 판정하는 논리 회로.

equality character [–kǽrəktər] **일치 문자** 원거리에 대한 응답 요구를 위해 사용하는 통신 제어 문자. 응답에는 대개 국에 대한 식별 번호가 포함되며, 요청이 있으면 사용중인 장치의 형식 및 상황 등이 포함된다.

equalization [ìːkwəlaizéiʃən] *n*. **동등화** 데이터 전송에서 주파수의 감쇠나 전파 시간의 편차에 의한 변형을 보상하기 위해 회로를 부가하여 변경을 감쇠시키는 조작. 이 목적은 일정한 온도일 때는 균일한 주파수 응답을 만들며, 이를 위해 코일, 콘덴서, 저항을 조합한 것을 사용한다.

equalize [íːkwəlàiz] *v*. **같게 하다**

equalizer [íːkwəlàizər] *n*. **균등기** 전송계나 장치 등에서 받은 신호의 변형을 보정하는 장치로서 주변 기기나 모뎀을 말한다.

equal-length code [íːkwəl léŋkθ kóud] **동일 길이 코드** 각 코드를 구성하는 요소가 동수(同數)인 코드 계열의 것이다. 예를 들면, teleprinter(TTY)

에서는 국제 5단위 코드라고 하는 5비트 길이 코드를 사용한다. 또 컴퓨터에서의 각각의 캐릭터에 대하여 존재하는 아스키(ASCII ; American standard code for information interchange) 코드에서는 7비트 길이의 7단위 코드가 표준으로 사용되고 있다.

equal probability quantization [–pràbəbíliti(ː) kwántàizéiʃən] **동등 확률 양자화** 텍스처(texture) 분석을 하기에 앞서 화상에 나타난 영상 정보의 값이 균일한 분포 함수의 값을 갖도록 표준화시켜 주는 과정. 대표적인 예로 히스토그램 단일화를 들 수 있다.

equal sign [–sáin] **등호** 수학에서는 등식을 나타내기 위해 사용되는 기호 「=」로 나타내고, 프로그래밍 언어에서는 치환(assignment)을 표시한다.

equal space [–spéis] **균등 분할** 미리 지정한 범위로 문자열 방향의 문자를 동등 피치로 배치하는 기능.

equal-speed access memory unit [–spíːd ǽkses mémәri(ː) júːnit] **등속도 액세스 기억 장치, 다이렉트 액세스 기억 장치**

equal zero indicator [–zí(ː)rou índikèitәr] **동등 제로 지시기** 산술 계산의 결과가 제로이면 「NO」 신호를 보내주는 컴퓨터 내부의 지시기.

equation [ikwéiʒәn] *n*. **방정식** $2x=10$과 같이 미지수를 포함한 등식. 이 미지수의 값을 구하는 것을 「방정식을 푼다」라고 한다.

equation solver [–sálvәr] **방정식 해법기** 선형 방정식, 미분 방정식 등 여러 가지 방정식을 해결하는 아날로그 컴퓨터 장치.

equijoin [ìːkwidʒɔ́in] **이퀴조인** X와 Y가 속성의 집합이고, $R(X)$와 $S(Y)$를 릴레이션이라 할 때, A가 X의 원소이고 B가 Y의 원소이면 릴레이션 R과 S의 조인은 다음과 같이 정의된다.

$R(A \cdot B)S = \{r, s\}$

$r \in R \wedge s \in S \in r(A)\theta s(B)$

이때 θ가 「=」인 조인을 이퀴조인이라고 한다.

equilibrium density [ìːkwilíbriәm dénsiti(ː)] **균형 밀도** 레코드들이 빈번히 삽입되고 삭제되는 시스템은 블록 내에 레코드들을 자주 이동시키거나 재배치시켜야 하는데, 이러한 파일에서는 그 구조의 설계에 따라 파일에 대한 상당량의 저장 공간이 이산되거나 사용할 수 없게 된다. 더 이상 사용하지 않는 저장 공간은 다른 레코드를 저장하기 위해 다시 배정될 수 있으며, 상당한 기간 동안 운용된 뒤 예상되는 저장 밀도를 균형 밀도라 한다.

equilibrium state [–stéit] **균형 상태** 큐잉(queing) 시스템에서 큐에 도착하는 고객의 평균수와 시스템에서 제공하는 평균 처리 시간이 평형을 이루어 일정 기간 동안 큐에서 기다리는 고객의 수가 일정한 상태.

equip [ikwíp] *v*. **장치하다, 장치시키다** 시스템 내에 장치나 기능을 설비하는 것. 하드웨어나 주변 기기(peripheral equipment)를 갖추고 있는 것, 혹은 설비하는 것.

equipment [ikwípmәnt] *n*. **장비** EDP(electronic data processing ; 전자 자료 처리) 관계자가 사용하는 컴퓨터 관계의 여러 가지 장치.

equipment compatibility [–kәmpæ̀tibílit-i(ː)] **장비 호환성** 다른 컴퓨터가 준비한 데이터를 받아서 별도의 변환이나 코드 수정을 하지 않고 그대로 처리할 수 있는 컴퓨터의 특성.

equipment failure [–féiljәr] **장비 고장** 장치가 규정된 기능을 다할 수 없게 된 상태.

equipotential surface [ìːkwipәténʃәl sɔ́ːrfәs] **등전위면(等電位面)** 전계 속에 정전하를 놓으면 그 전하는 전계의 방향으로 한 개의 선을 그리며 움직인다. 이 선을 전기력선이라 하고, 전기력선에 직각으로 교차하는 곡선 위에서는 모두 같은 전위로 된다. 이와 같은 곡선으로 만들어진 면을 등전위면이라 한다. 여러 가지 형의 전극에 의해 만들어지는 등전위면은 실험적으로는 전해조(電解槽)를 사용하여 등전위면을 플롯함으로써 얻을 수 있지만 컴퓨터를 사용하여 라플라스 방정식의 풀이를 구하는 방법도 있다. 라플라스 방정식의 풀이를 구하려면 차분 방정식 대신 완화법 또는 유한 요소법 등의 계산법을 쓰며, 복잡한 형상의 시스템을 계산으로 풀 수 있게 되었다.

equivalence [ikwívәlәns] *n*. **등가, 등치** (1) 명제 A가 성립하기 위한 필요 충분 조건이 명제 B일 때, A와 B는 등가라 하고 $A|B$ 또는 $A \leftrightarrow B$로 나타낸다. 논리 수학에서 $A \leftrightarrow B$는 다음과 같이 정의한다. $(A \leftrightarrow B) = A \cdot B \vee \sim A \cdot \sim B$. (2) FORTRAN의 선언문(statement)의 하나. 변수(variable)나 배열 요소(array element) 등의 데이터 요소를 두 개 이상 사용하여 하나의 기억 장소(storage location)를 공유시키기 위하여 사용된다.

equivalence circuit [–sɔ́ːrkit] **등가 회로**

equivalence class [–kláːs] **동치류** 어떤 집합 S 위에서 정의된 동치 관계 R이 있을 때 S의 원소 x의 동치류는 $R|x|$로 표시되며 x와 함께 관계 R에 속하는 S의 원소 y들의 집합이다. 좋은 해시 함수일수록 작은 크기의 동치류를 만든다.

equivalence element [–élәmәnt] **등가 소자** 두 개의 2가 논리 입력과 하나의 출력과의 관계가 등가 연산으로 정의된 논리 소자.

equivalence gate [−géit] **등가 게이트** 같은 입력에 대해 TRUE를 출력하는 게이트들.

equivalence of linear system [−əv líniər sístəm] **선형 시스템 등가** 1차 연립 방정식 $Ax=b$에서 $Ax=B$를 얻었다면 이들 두 연립 방정식은 대등하다. ① 0이 아닌 상수를 한 방정식에 곱한다. ② 한 방정식의 몇 배를 다른 방정식에 더한다. ③ 두 방정식을 교환한다.

equivalence operation [−àpəréiʃən] **등가 연산** 두개의 오퍼랜드(피연산자)가 같은 불 값을 취할 때 한하며, 결과가 값 1이 되는 2항 불 연산.

피연산자		결 과
p	q	r
1	1	1
0	1	0
0	0	1

equivalence relation [−riléiʃən] **동치(同値) 관계** 여기서 말하는 동치란 「똑같다」라는 보통 등호로 나타내는 관계(예를 들면, $x=y$)를 말하는 것은 아니다. 물론 등호로 나타내는 관계도 동치의 일종이다. 따라서 동형(同形)도 동치 관계의 일종이다. 동치 관계를 기호 R로 나타낼 때 집합 S에 속하는 두 가지 요구 x, y가 동치 관계인 것을 xRy로 나타내면 동치 관계는 ① $x \in S$라면 xRx, ② xRy라면 yRx, ③ xRy과 동시에 yRz라면 xRz가 성립한다. ①을 반사 법칙(reflexive law), ②를 대칭 법칙(symmetric law), ③을 전이 법칙(transitive law)이라 부르고 이런 것을 동치 법칙(equivalence law)이라고 한다.

equivalent [ikwívələnt] *a.* **동등한, 동치의, 같은, 동일의** 두 개의 물건 상태가 동등하거나 같은 의미를 갖는다거나 같은 양 등의 대응 관계가 있는 것.

equivalent binary digit [−báinəri(ː) dídʒit] **등가 2진수** 하나의 문자 집합에 대하여 각각 순서대로 2진수를 대응시켜 갈 때 문자 집합의 모두를 표시하는 데 필요한 2진수의 자릿수. 알파벳 26문자를 2진수로 표시하는 데는 5자리, 즉 5비트(bit)로 표시할 수 있다. 또 아스키 코드(ASCII code ; American standards code of information interchange code)에서는 컴퓨터에서 사용하는 기본적인 문자(character)인 영문자, 숫자, 제어 코드를 7비트의 2진 코드에 대응시키고 있다.

equivalent feedback system [−fíːdbæ̀k sístəm] **등가 피드백 시스템**

equivalent network [−nétwə̀ːrk] **등가 회로망**

equivalent problem [−prábləm] **등가 문제** 문제를 변형하여 새로운 문제를 만들었을 때, 두 문제의 해가 같을 경우 두 문제는 등가 문제라 하고 서로 등가 관계에 있다고 한다.

equivalent system [−sístəm] **등가 시스템**

equivalent tree [−tríː] **등가 트리**

equivocation [ikwìvəkéiʃən] *n.* **애매한 양** 채널을 통하여 전송된 메시지와 수신된 메시지의 차이의 측정.

ER 관리 요구 executive request의 약어.

erasable magnetic-optical disk [iréisəbl mægnétik áptikəl dísk] **소거 가능 광 자기 디스크**

erasable programmable read-only memory [−próugræməbl ríːd óunli(ː) méməri(ː)] **EPROM, 소거 가능 PROM, 프로그램 소거 가능 ROM** ⇨ EPROM

erasable ROM **EROM, 소거 가능 ROM** ⇨ EROM

erasable storage [−stɔ́ːridʒ] **소거 가능 기억 장치** 이미 기억되어 있는 데이터를 지우고 그 위에 새로운 데이터를 쉽게 기록할 수 있는 기억 장치 또는 기억 매체.

erasable store [−stɔ́ːr] **소거 가능 기억 장치** ⇨ erasable storage

erase [ireis] *v.* **지움, 지우기** 메모리나 기억 매체에 기억되어 있는 데이터나 프로그램 등의 정보를 삭제하고, 공백인 "0" 상태로 하는 것. 컴퓨터에는 명령(command)으로서 삭제 명령(erase command)을 갖는 것이 있다. 데이터를 기억할 필요가 있으나 메모리가 모자라는 경우에는 삭제 명령을 사용하여 불필요한 데이터를 메모리 공백으로부터 삭제한다. 이로서 필요한 데이터를 메모리로 취입할 수 있다. 자기 테이프, 자기 디스크에서는 기록된 데이터를 삭제하기 위해서는 공백을 표시하는 데이터를 매체(media) 상으로부터 재차 기입한다.

erase character [−kǽrəktər] **삭제 문자** 틀린 문자나 불필요한 문자를 지우기 위해 사용되는 문자.

erase command [−kəmáːnd] **삭제 명령**

erase head [−hé(ː)d] **삭제 헤드** 자기 테이프에 써넣은 정보를 소거하기 위한 자기 헤드. 컴퓨터용 자기 테이프에서는 원리적으로 새로운 정보를 써넣으면 그곳에 쓰여져 있던 정보는 없어지므로 소거 헤드는 불필요하지만, 테이프의 가로 막힘 등의 영향으로 소거되지 않은 부분이 남아 잡음이 되므로 이것을 피하기 위해 소거 헤드를 설치하는 일도 있다.

erase key [−kíː] **삭제 키** 마이크로컴퓨터나 단말기의 키보드에 있는 키로, 현재 커서 위치 앞의 한 글자를 지우고 나머지 문자를 끌어당기는 구실을 하는 키. 대개 DEL이나 후진 키가 이 기능을 한다.

eraser [iréisər] *n.* **소거 장치, 삭제기**

erasure channel [iréʃʒər tʃǽnəl] **삭제 채널**

E register [í: rédʒistər] **E 레지스터** 누산기와 같은 레지스터의 확장으로 쓰이는 레지스터. 2배 단어 연산 등에 쓰인다.

ergonomic keyboard [əːrgənámik kíːbɔ̀ːrd] **인체 공학적 키보드** 종래의 키보드의 결점을 보완하여 장시간 입력해도 피곤하지 않는 인체 공학에 기초한 키보드. 아직까지는 각 제조 회사의 기준이 다르고 표준화되어 있지 않다.

ergonomics [əːrgənámiks] *n*. **인간 공학, 인체 공학** 작업을 하는 사람에게 가장 적합한 작업 환경이 무엇인가를 구명하는 학문. 사람의 갖가지 특성에 맞추어 시스템이 구성되어야 한다는 사고 방식을 일컫는다.

Erlang **ERL, 얼랑** 통신량을 나타내는 국제 단위. 약자는 ERL. 제창자인 덴마크인 A.K. Erlang의 이름에서 딴 것이다. 하나의 회선이나 기기를 한 시간 이용했을 경우의 통신량으로 나타낸다. 1얼랑은 1회선으로 송신할 수 있는 한 시간당의 최대 통신량을 말한다.

Erlang B formula **얼랑 B 공식** 대기 이론 또는 전화 교통 공학에서 고객이 푸아송 분포에 따라 시스템에 도착한다고 할 때 고객이 서비스를 받을 수 있는 확률을 규정한 공식. 얼랑 손실 공식이라고도 한다. 이때의 시스템은 고객이 서비스 요청을 받았을 때, 서비스 창구가 모두 통화중일 때는 이 고객을 대기 행렬(queue)에 기억시키고 차례대로 서비스를 제공한다. 예를 들면, 고객이 공중 전화를 걸 때 자신이 원하는 수신국이 모두 통화중일 경우 다시 다이얼을 돌려야 한다. 이때, 고객이 다이얼을 돌려 서비스를 받을 수 있는 확률을 규정한 공식을 얼랑 B 공식이라고 한다.

Erlang C formula **얼랑 C 공식** 대기 이론 또는 전화 교통 공학에서 고객이 푸아송 분포에 따라 시스템에 도착한다고 할 때 고객이 서비스를 받을 수 있는 확률을 규정한 공식. 얼랑 지연 공식이라고도 한다. 이때의 시스템은 고객의 서비스를 요청받았을 때, 서비스 창구가 모두 통화중일 때는 이 고객을 대기 행렬(queue)에 기억시키고 차례대로 서비스를 제공한다.

Erlang distribution **얼랑 분포** 덴마크 수학자인 A.K. Erlang에 의하여 1917년에 발표된 교통 이론상의 공식에 기초를 둔 분포.

EROM **이롬** erasable ROM의 약어. 짧은 파장의 자외선으로만 지울 수 있고 프로그램이나 데이터를 기록하기 위해서는 특별한 장비가 필요하며 회로 내에서는 프로그램을 할 수 없는 ROM. 프로그램하는 데는 보통 500ns 정도의 시간이 걸린다.

ERP (1) **전사적 자원 계획** enterprise resource planning의 약어. 기업의 사업 운용에 있어서 자원의 효율적인 활용과 경영 효율화를 위해서 생산 관리, 재고 관리, 재무 회계 등 기업의 기간 업무부터 인사 관계까지 기업 활동 전반을 통합적으로 관리함으로써 경영 자원의 활용을 최적화하는 계획 및 관리를 위한 경영 개념. ERP를 실현하기 위해 ERP 소프트웨어 패키지를 사용하여 생산, 판매, 재무 회계, 인사 등 경영 자원을 회사 전체적으로 일원화하여 관리한다. 미국 가트너(Gartner) 그룹에서 사용하는 enterprise application 개념에서 출발하였으며, 기존의 생산 공정 자동화뿐만 아니라 회계 · 인사 관리 등 일반 기업의 전업무를 관리하는 애플리케이션을 일컫는다. ERP는 선진 기업의 업무 프로세스와 global logistics에 기반하여 개발됨으로써 향후 글로벌 경영 환경의 표준화된 업무 프로세스를 지원하며, 특히 해외 지사 및 해외 영업망 관리 등 다국적 기업 환경을 지원한다. ⇨ 그림 참조 (2) **오류 회복 순서** error recovery procedure의 약어.

ERR **오류, 오차** error(오류)의 약어. FORTRAN 언어에서의 오류 파라미터(error parameter)는 READ 문의 실행중에 하드웨어의 오류가 검출되었을 때에 제어를 거쳐야 할 실행문을 지정하기 위한 것이다.

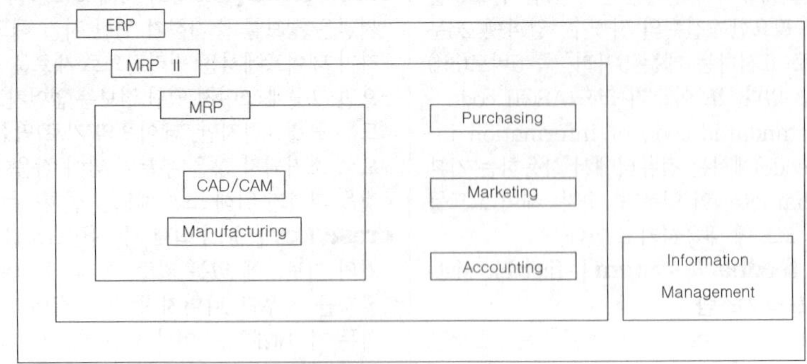

〈ERP 시스템의 구성 요소〉

errata[erάːtə] **에러터** 오자나 정오표 등. 사양과 다른 동작을 일으키는 오류나 설계 상의 결함 등도 가리킨다.

error [érər] *n*. **오류, 오차** 하드웨어 기기의 고장(fault)의 원인이 되는 오류를 기계 오류(machine error), 인간이 저지른 실수를 휴먼 오류(human error)라 하는 경우도 있다. 컴퓨터에 관한 주된 오류에는 다음과 같은 것이 있다. ① 판독 오류(read error), ② 기억 오류(memory error), ③ 프로그램 오류(program error), ④ 형식 오류(format error).

error analysis [–ənǽlisis] **오류 분석** 수치 계산이나 실험값 측정에서 발생한 오차의 원인을 분석하는 데 관련된 수치 해석의 한 분야.

error bit [–bít] **오류 비트** 부호 중 오류가 생겨서 변화된 비트.

error burst [–bə́ːrst] **오류 버스트** 두 개의 인접한 오류 비트 사이에서 정확한 비트의 수가 어떤 주어진 수 x보다 모두 작은 오류 비트의 집합.

error burst correction [–kərékʃən] **오류 버스트 정정** 통신로에서의 임펄스성 잡음이나 시간이 단절됨에 따라 단시간에 에러가 집중되는 오류 버스트에 대한 정정은 군 계수(群計數) 방식에 의한 오류 버스트 검출, 재송(再送)에 의한 것이나(n, k) 순회 부호에 의한 $n-k$ 이하의 버스트에 대한 오류 정정 기능을 이용하여 행한다.

error character [–kǽrəktər] **오류 문자** 제어 문자들 중의 하나로 데이터의 준비 과정이나 데이터의 전송 과정에서 오류가 발생했음을 나타낸다. 대개 정해진 양만큼 앞으로 전송할 데이터나 최근에 전송한 데이터를 무시하도록 한다. 즉, 상정하고 있던 처리 결과, 연산 결과가 얻어지지 않는 상태를 에러(잘못) 상태라 하며, 에러를 검출하는 것을 에러 체크라고 한다. 에러의 원인에는 데이터 에러, 처리하는 프로그램 에러 및 하드웨어 에러 등이 있으며, 데이터의 에러 체크에는 크게 나누어 다음의 세 가지가 있다. ① 프리 체크 : 입력의 정확성을 미리 조사하여 주계산(主計算) 전에 그 에러를 지적하는 것을 말한다. ② 파일 메인티넌스 체크 : 입력 데이터와 기본 파일을 대조하여 기본 파일의 현행 유지를 하는 과정에서 체크하는 것을 말한다. ③ 주계산 체크 : 계산, 편집의 과정에서 체크하는 것을 말하며 이상치(異常值) 자리올림(오버플로), 부정 · 불양음(+, −) 부호 등이 있다. 이들의 에러를 보정(補正)하는 것을 에러 보정, 에러의 종별을 기호로 나타내는 것을 에러 코드, 에러의 결과를 인쇄한 것을 에러 리스트라고 한다.

error checking [–tʃékiŋ] **오류 검사** (1) 데이터가 정확한지를 검사하는 일반적인 작업. (2) 데이터를 전송할 때 송수신 양쪽에서 전송 도중 오류가 발생하였는지를 검사하는 것.

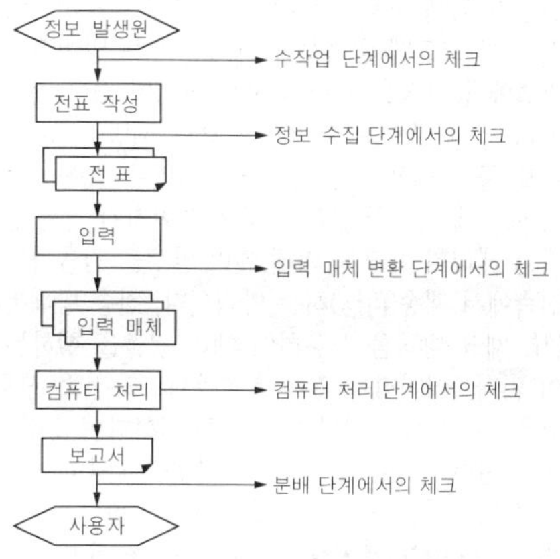

〈데이터 처리에서 오류 검사의 예〉

error checking and correction [–ənd kərékʃən] **ECC, 오류 검사 정정**

error checking and recovery [–rikʌ́vəri(ː)] **오류 검사 분류** 패리티를 검사하여 패리티 오류가 발생하면 컴퓨터는 적절한 위치에 인터럽트하고 경보를 울리며, 조작원 콘솔의 특정 전구에 점등된다. 모든 실시간 적용에서는 시스템이 원상태로 회복을 시도하여 컴퓨터가 완전히 원상태로 되었을 때 시스템은 정상적인 작업을 수행한다.

error checking code [–kóud] **오류 검사 코드** 데이터 전송을 위해 사용되는 코드 중에서 전송할 때 발생한 오류를 발견하거나 그것을 고칠 수 있게 하는 능력을 가지는 코드. 오류 검출 코드와 오류 정정 코드로 나누어진다.

error checking in assembler [–in əsémblər] **어셈블러 오류 검사** 어셈블러로 작성된 프로그램을 어셈블러로 어셈블링할 때 시행하는 오류 검사.

error checking in compiler [–kəmpάilər] **컴파일러 오류 검사** 고급 언어로 작성된 프로그램을 컴파일러로 번역할 때 오류를 검사하는 것. 문법 · 유형 · 경계 오버플로 등의 오류를 검사할 수 있다. 그러나 실행시에만 발생하는 오류는 검사할 수 없다.

error code [–kóud] **오류 코드** 오류가 발생하였을 때 발생 상황, 원인 등을 코드로서 출력하는 것. 키보드로 입력할 때 실수를 하였을 경우에는 코드가 디스플레이에 표시되는 것과 컴파일시에 오류를 리스트에 출력하는 것 등이 그 예이다.

error condition [–kəndíʃən] **오류 상태** 프로

그램 중에서 무효 명령 또는 무효 데이터를 사용하는 명령을 실행하려고 한 결과로 발생하는 상태.

error control [–kəntróul] **오류 제어** 오류율을 낮추기 위해 사용되는 방식. 여기에는 크게 구별해서 정보 코드에 중복성을 가지게 하는 방법과 전송 방법에 중복성을 가지게 하는 방법이 있다. 전자는 에러 정정 부호로 불리는 것으로 해밍(hamming) 부호 등이 대표적인 것이다. 단, 전송 효율이 나쁘기 때문에 특수한 용도로 밖에 쓰여지지 않는다. 후자는 패리티 체크에 의해 에러 발생을 검출하고 송신측에서 재송(再送)하는 방식이다. 전송 방해는 군(群) 체크 방식을 사용하여 에러 검출을 행하는 일이 많다. 데이터를 전송할 경우에 그 전송 신호는 잡음 · 순간적인 절단 등에 의해 변화하여 수신측에 잘못 전하는 경우가 있다. 이 잘못을 검출하여 어떤 방법으로 정정하는 것을 에러 제어라 한다.

error control character [–kǽrəktər] **오류 제어 문자**

error control procedure [–prəsí:dʒər] **오류 제어 순서**

error control software [–sɔ́(:)ftwὲər] **오류 제어 소프트웨어** 컴퓨터 시스템이 오류를 검출하고 기록하며 경우에 따라서는 정정하기 위하여 감시하는 소프트웨어.

error control system [–sístəm] **오류 제어 방식** 컴퓨터, 통신 회선 등에 발생한 데이터의 에러 유무를 검출하고(오류 검출 방식), 필요하면 정정하는 방법(오류 정정 방식)의 총칭.

error correcting code [–kəréktiŋ kóud] **오류 정정 코드** (1) 데이터 내의 오류를 검출하여 수정할 수 있도록 조립되어 있는 코드. 코드화된 중요한 데이터를 잘못 기재하거나 천공했을 때 특수한 연산으로 그 오류를 발견하여 수정한다. (2) 자동 정정 코드 : 에러를 자동적으로 검출할 뿐만 아니라 정정도 자동으로 할 수 있도록 된 코드로, 이 때문에 여분의 비트를 몇 개 포함하고 있다. 해밍 코드는 그 일례이다. 실현되고 있는 방법은 여러 가지 있지만 정정할 수 있는 에러의 비트 수가 한정된 것이나 중복성이 꽤 크다는 것 등이 문제가 된다.

error correcting system [–sístəm] **오류 정정 방식** 데이터의 오류 검출뿐만 아니라 그 정정도 행하는 오류 제어 방식을 말하지만, 특히 오류 정정 코드를 사용한 오류 제어 방식을 가리키는 경우도 있다.

error correction [–kərékʃən] **오류 정정** 프로그램 실행 결과 오류가 발생했을 경우 실제 데이터에 의한 작동을 부분적으로 출력시키거나 프로그램 덤프로서 오류를 분석하고 정정하는 것.

error correction protocol[–próutəkɔ(:)l] **오류 정정 프로토콜** 통신에서 발생하는 오류의 복원 순서로서 오류가 발생했을 때에는 재전송하는 것이 특징이다.

error correction routine [–ru:tí:n] **오류 정정 루틴** 탐지된 오류 상태를 정정하기 위해 프로그램된 일련의 명령어들.

error correction save point [–séiv pɔ́int] **오류 정정 보관점**

error count [–káunt] **오류 계수** 잘못 전송된 데이터 수나 연산이 잘못된 수를 계산하는 것. 이것에 의해 시스템의 일시적인 오동작의 정도를 감시하고, 진단을 해야 하는가 혹은 회선을 바꿔야 하는가 등의 조치를 취하게 된다.

error detecting and correcting code [–ditéktiŋ ənd kəréktiŋ kóud] **오류 코드의 검출과 정정** 일반적으로 n비트의 2진 부호는 2^n개의 종류가 있다(예를 들어, $n=2$인 경우는 00, 01, 10, 11의 합계 $2^2=4$종류). 그러면 2^n개의 종류를 표현하는 데 n보다 큰 m비트($n<m$)의 2진 부호를 이용하는 것을 생각해보자. 즉, m비트의 2진 부호에서 2^m개의 종류를 표현할 수 있지만, 그 중 일부분인 2^n개를 사용하는 것이다. 그래서 코드에 오류가 있다면 2^m-2^n 종류의 부호 집합 가운데 어느 하나의 부호로 되는 것이 가능하게끔 한다. 그때 잘못된 부호가 2^n개의 집합 부호 중에 속하지 않으면 오류가 검출될 수 있으며, 또한 원래의 올바른 코드로 정정할 수 있으면 정정 가능한 부호계가 된다. n비트의 부호로 본래 표현 가능한 것을 nm인 m비트로 표현하는 셈인데, 이 $m-n$을 중복이라 한다. 중복을 어느 위치로 하는가에 따라 검출 가능한 부호계로 되며 다시 정정 가능한 부호계로 된다. 예를 들면, 예(yes), 아니오(no)로 표현하는 데는 원리적으로 1비트의 부호가 좋다. 즉, 예(yes)는 1을, 아니오(no)는 0을 대응시키면 된다. 그런데 이것을 나타내는 데 3비트용으로 하면 중복은 $3-1=2$비트이다. 그래서 예(yes)는 111, 아니오(no)는 000의 부호로 표현하는 것으로 한다. 이제 가정으로서 오류가 있다 해도 겨우 한 개만 오류로 된다고 하면 예(yes)인 111은 110, 101, 011의 어느 하나가 오류이며, 아니오(no)인 000은 001, 010, 100의 어느 하나가 오류이다. 그런데 예(yes)에서의 오류 부호는 「1」의 개수가 두 개도 되지만 아니오(no)에서의 오류인 것은 「1」의 개수가 한 개밖에 없다. 따라서 이 경우는 오류 부호가 예(yes)에서인지 아니오(no)에서인지 알 수 있기 때문에 정정할 수 있다. 그러나 이것을 중복을 1비트로 하여 2비트의 부호계로 표현하도록 하면, 즉 예(yes)는 11, 아니오(no)는 00으로 하면 예(yes)

에서의 오류로 10, 01이 되고 또 아니오(no)에서의 오류로 01, 10이 된다. 따라서 예(yes)에서의 오류도 아니오(no)에서의 오류도 똑같이 부호계 10, 01 중에는 있지 않으므로 어느 쪽이 오류인가를 알 수 없다. 그러므로 정정 가능한 부호계가 아니다. 그러나 11이나 00이 아닌 것에 오류가 있는 것만은 알 수 있다. 즉, 검출 가능한 부호계가 된다.

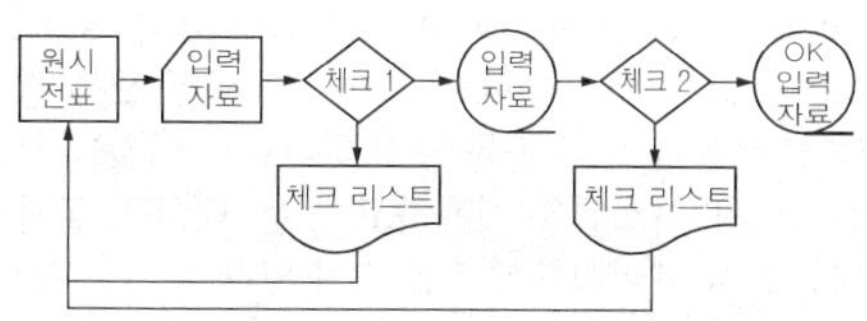

〈에러 코드 검출과 정정의 예〉

error detecting code [-kóud] **오류 검출 코드** 데이터의 처리나 전송중에 데이터의 오류가 발생했는지의 여부를 조사하기 위해 첨가된 코드. 수직 패리티 비트, 수평 패리티 비트, 사이클릭 코드, 해밍 코드 등이 있다. 이 코드는 오류가 일어났을 때 금지된 조합을 만들어내는 코드이다.

error detecting code system [-sístəm] **오류 검출 코드 방식** 데이터의 블록에 검사 비트를 부가시키는 오류 검출 방식. 예컨대 검사 비트로서는 수평 방향으로 「1」의 개수를 2진법으로 나타내고, 그 일부 또는 전부를 사용하는 경우가 많다.

error detecting routine [-ruːtíːn] **오류 검출 루틴** 컴퓨터에 입력된 프로그램 또는 데이터가 이미 결정된 형식이나 내용에 합치되는지의 여부를 조사함으로써 컴퓨터 입력으로 적당한가를 판별하기 위한 루틴. 어셈블리 언어나 컴파일러 언어로 쓰여진 프로그램이 문법대로인가를 확인하는 경우나 데이터 전송시킨 데이터에 관해서 개행(改行)에서 개행까지 문자 수가 정해진 수를 헤아리는지 여부를 조사하는 경우 등이 있다.

error detecting system [-sístəm] **오류 검출 방식** 데이터의 오류 유무만을 검출하는 오류 제어 방식. 즉, 중앙 처리 장치(CPU) 내부 또는 데이터 전송에서 오류를 검출하는 데 사용한다. CPU 안에서는 패리티 검사나 각종 검사 회로를 이용하고, 데이터 전송에서는 오류 검출 코드를 이용한다.

error detection [-ditékʃən] **오류 검출**

error detection and correction [-ənd kərékʃən] **오류 검출 · 정정**

error deviation [-diːviéiʃən] **오류 편차** 제어계에서 목표값과 제어값의 차.

error diagnostics [-daiəgnástiks] **오류 진단** 컴파일러가 프로그램을 컴파일하면서 오류가 있는 문장을 발견하면 그 문장과 틀린 부분을 함께 인쇄해주는 것. 프로그램 내에서 오류가 발견되더라도 프로그램을 끝까지 컴파일하면서 위와 같은 처리를 하게 된다. 이때 발견된 오류들은 원시 프로그램 리스트와 함께 출력되어 사용자가 쉽게 정정할 수 있다.

error diffusion method [-difjúːʒən méθəd] **오차 확산법** 프린터, 스캐너, 디지털 카메라, 팩시밀리 등에서 사용하는 이미지 표현 방법. 팩시밀리는 1화소를 64계조로 읽어들인 다음, 각 화소의 값과 백이나 흑과의 오차를 주변의 화소로 분산되도록 평균화하여 중간 계조를 표현한다. 플로이드 슈타인버그(Floyd-Steinberg)법이라고도 한다.

error displacement [-dispĺeismənt] **오류 변위**

error estimate [-éstimət] **오류 추정**

error event [-ivént] **오류 사상**

error file [-fáil] **오류 파일** 파일 분류나 갱신 등 파일 조작중에 발생하는 오차를 기록하는 파일.

error flag [-flǽ(ː)g] **오류 플래그** 컴퓨터 주변 장치의 인터페이스 회로에 있는 플래그로 장치가 작동중 오류가 발생한 것을 나타낸다. 예를 들어, 프린터의 경우 용지가 없거나 리본이 꼬였을 경우 오류 플래그가 세트된다.

error frequency [-fríːkwənsi(ː)] **오류 빈도**

error generation [-dʒenəréiʃən] **오류 생성** 어떤 프로그램 또는 시스템이 바르게 작동하는지를 검사하기 위해 오류 데이터를 입력시켜 시스템의 반응 여부를 확인할 때, 오류 데이터를 발생시키는 프로그램 또는 장치.

error handling [-hǽndliŋ] **오류 처리** 오류를 감지한 경우 조건에 맞추어 취하는 일련의 작업을 말한다.

error handling routine [-ruːtíːn] **오류 처리 루틴**

error interrupt [-ìntərʌ́pt] **오류 인터럽트** 시스템 안에서 오류가 발생한 경우에 모니터로 전달되는 인터럽트 신호. 오류의 원인에는 전원 이상, 주기억 패리티 오류, 주변 장치 이상, 명령 코드 불량, 파일 오버플로 등이 이에 속한다.

error interrupt request vector [-rikwést véktər] **EIRV, 오류 인터럽트 요구 벡터**

error job [-dʒɑ́(ː)b] **오류 작업**

error level [-lévəl] **오류 수준** 컴퓨터에서 발생하는 오류의 크기 정도. 고급 언어의 컴파일과 링크 시에 주로 사용되며 정도가 낮을 경우에는 처리를 계속한다. 어느 경우이든 오류 메시지는 출력한다.

error list [-líst] **오류 리스트** 컴퓨터로 데이터를 처리할 때, 처리 공정이 최초의 입력일 때, 또는 대조 처리일 때 행하는 검사 루틴에 의한 오류 검출을 출력시킨 것을 말한다. 이 일람표를 참고로 하여 데이터의 재생과 수정이 이루어진다.

error lock [−lák] **오류 로크**

error log [−lɔ́(ː)g] **오류 로그**

error logging area [−lɔ́(ː)giŋ ɛ́(ː)riə] **오류 기록 영역**

error logging facility [−fəsíliti(ː)] **오류 기록 기구**

error management of magnetic tape [−mǽnidʒmənt əv mægnétik téip] **자기 테이프 오류 관리**

error message [−mésidʒ] **오류 메시지** 컴퓨터가 운전중에 오퍼레이터에게 알리고 싶은 에러를 발견한 경우에 에러 내용 또는 에러 내용을 확인할 수 있는 코드 등을 디스플레이 장치 등에 표시하여 오퍼레이터에게 알리는데, 이 경우의 표시 내용을 말한다. 이 오류 메시지를 컴퓨터가 표시했을 때, 그 내용이나 컴퓨터의 운전 방법 등에 따라서 컴퓨터가 다음 일로 옮기는 경우, 일시 작동을 중지하고 오퍼레이터의 조작을 기다릴 때와 전혀 작동을 계속 할 수 없는 경우 등이 있다.

error of the second kind [−əv ðə sékənd káind] **제 2 종의 오류**

error option [−ápʃən] **오류 옵션**

error override key [−òuvərráid kíː] **오류 취소 키**

error parameter [−pərǽmətər] **오류 파라미터**

error procedure [−prəsíːdʒər] **오류 절차**

error propagation [−prɑpəgéiʃən] **오류 전파**

error range [−réindʒ] **오류 범위** 오류가 허용되는 값의 범위.

error rate [−réit] **오류율** 데이터 전송 시스템에서 전송된 전체 비트 수와 오류로 수신된 비트 수와의 비율.

error ratio [−réiʃiou] **오류 비** 어떤 데이터 단위의 총 개수에 대하여 착오가 있는 데이터 단위의 개수 비율.

error recovery [−rikʌ́vəri(ː)] **오류 복구** 하드웨어나 소프트웨어에 어느 정도의 오류가 발생하고, 소정의 결과가 얻어지지 않았을 때 재시행 등의 수단으로 회복시키는 것.

error recovery procedure [−prəsíːdʒər] **ERP, 오류 복구 절차** 독립된 시스템으로서 기기의 오류를 가능한 한 수정하여 복구할 수 있도록 도와주는 절차들. 이들은 종종 기기의 오동작에 관한 통계를 기록하는 프로그램과 함께 사용된다.

error routine [−ruːtíːn] **오류 루틴** 프로그램의 실행중 오류가 발생했을 때 미리 설정해놓은 일련의 처리. 오류 일람표의 출력, 데이터의 복구, 처리의 재기동(再起動) 등의 기능을 가지는 것이 많다.

error signal [−sígnəl] **오류 신호**

error span [−spǽn] **오류 스팬** 오류의 최대값과 최소값과의 차. 즉, 올바른 신호와 잘못된 신호의 오류 거리를 말한다. 2진 코드의 경우에 한 개의 비트가 잘못되는 거리는 1이고, 두 개의 비트가 잘못되는 거리는 2이다.

error statistics by tape volume [−stətístiks bái téip vɑ́ljum] **테이프 볼륨별 오류 통계** DOS 볼륨과 통계 볼륨 중의 하나로서 이것을 사용함으로써 시스템은 사용하고 있는 테이프 볼륨에 대한 오류 데이터를 수집할 수가 있다.

error statistics by volume [−vɑ́ljum] **볼륨별 오류 통계**

error symptom code [−símptəm kóud] **오류 증상 코드**

error tape [−téip] **오류 테이프** 오류의 연구와 분석을 목적으로 시스템 내에서 발생한 오류들을 기록하기 위해 개발된 특수 테이프.

error tester formatter [−téstər fɔ́ːrmætər] **오류 테스터 포매터**

error volume analysis [−vɑ́ljum ənǽlisis] **오류 볼륨 분석** DOS 볼륨과 통계 선택 기능 중의 하나로, 현재 접근하고 있는 테이프 볼륨 상에는 어느 일정 수(시스템 생성시에 사용자에 의해서 지정) 이상의 일시적인 판독/기록 오류가 발생하면 시스템이 메시지를 보내어 조작원에게 알려주는 것.

ERR parameter **오류 파라미터**

ERU **기본적 신뢰도 단위** elementary reliability unit의 약어.

Esaki diode **에사키 다이오드, 터널 다이오드** 일본의 에사키가 1958년에 발표한 초고속 컴퓨터의 스위치 소자. 반도체의 pn 접합 불순물 농도를 높게 하여 터널 효과를 이용하므로 터널 다이오드라고도 하며 전압-전류 특성의 일부에 음(−)의 저항 영역을 갖는 것이 특징이다. 작동 속도가 매우 빠르므로 초고속 컴퓨터의 논리 소자로서 중요하다.

ESC **확장 문자** escape character의 약어. 전송용 코드로 이 문자가 나타나면 그 후의 문자는 모두 특별한 규칙으로 해석하는 것을 의미한다.

escape [iskéip] *n.* **나옴, 나오기, 탈출** (1) 아스키(ASCII), EBCDIC 등과 같은 일련의 코드에 대하여 확장을 행하기 위한 코드이며, "ESC"라고 약해서 쓴다. ESC 다음에 한 문자 또는 몇 문자의 코드화 표현을 계속하기 때문에, ESC는 전위(前位) 코드라 불린다. 일반적으로 ESC 다음에 오는 코드의 의미를 바꾼다고 약속되어 있으며, 의미는 코드의 송수신간에 미리 합의해둔다. ESC와 같은 코드는 특수 기능 문자이며 논로크(non-lock), 시프트(shift)라고도 한다. (2) 실행중인 프로그램을 중단하거나 강제로 종료시킬 키보드 신호를 ESC 키에 할당하는 경우가 있으며, 에스케이프를 브레이크와 똑같이 쓰는 경우도 있다.

escape character [-kǽrəktər] **ESC, 확장 문자** 사용하는 문자를 표현하는 코드가 부족할 때 특별한 문자를 만들고, 이에 후속하는 코드는 함께 다른 코드를 표시하는 것을 지시하는 용어. 실제로 데이터를 처리할 때는 무시하는 경우가 많다.

escape code [-kóud] **확장 코드** 컴퓨터에서 정의된 문자 코드의 조합으로서 보통 단말 장치에서 그 코드 이후에 계속되는 코드 조합을 다른 의미로 인식할 수 있도록 하는 데 사용된다.

escape guiding system [-gáidiŋ sístəm] **피난 유도 시스템**

escape key [-kíː] **에스케이프 키, ESC 키** 마이크로 컴퓨터나 단말기의 키보드에 있는 키의 하나로 이것을 누르면 ESC 문자가 입력된다. 대부분의 응용 프로그램들은 이 ESC 키를 그 프로그램의 어떤 작용이나 상태에서 벗어나는 데 사용하고 있다.

escape procedure [-prəsíːdʒər] **면책 절차**

escape sequence [-síːkwəns] **이스케이프 순차** 정보 교환용 부호를 확장하기 위해 쓰여지는 문자 집합으로, 2바이트 이상의 조합으로 이루어진다. 한 개의 확장 문자(ESC), n개(n=0, 1, 2, …)의 중간 문자(I) 및 한 개의 마지막(종단) 문자(F)의 조합으로 구성된다. I와 F의 선택 방향에 따라 여러 가지 다른 부호계로 확장할 수 있다.

esc key 나옴 키, 탈출 키

ESC/P 엡손이 발표한 프린터 명령 체계. 이것에 따라 프린터를 제어한다. 여러 가지 프린터에 사용되고 있고 사실상의 세계적 표준으로 자리잡고 있다. 이외에도 NEC의 PC-PR 등의 명령 체계가 있다.

ESD 외부 기호 사전 enternal symbol dictionary의 약어. 목적 모듈 또는 판독 모듈에 포함되어 그 모듈 내에서 외부 기호를 식별하는 제어 정보.

ESDI enhanced small device interface의 약어. 자기 디스크 장치를 위한 인터페이스의 한 가지. 원래 미니컴퓨터를 위해 개발되었으나 현재는 개인용 컴퓨터에서도 많이 사용된다. 주로 100MB 이상의 큰 하드 디스크에 채용된다.

ESDS 엔트리 순차 데이터 집합 entry sequenced data set의 약어.

ESE 이상 감시 장치 emergency supervisory equipment의 약어.

ES-IS end system to intermediate system의 약어. 호스트 자신의 존재를 라우터에 알려주는 OSI 프로토콜(규약).

ESN 사상(事象) 스케줄 네트워크 event schedule network의 약어.

Espresso [esprésou] *n*. **에스프레소** 벤치마크 프로그램으로, 입력으로 불 함수를 받아들여 좀더 적은 항의 논리적 등가 함수를 생성해내는데, 입력 및 출력은 모두 진리표이며, 7개의 모델로 이루어진 한 세트를 수행하는 데 경과한 시간이 성능의 척도가 된다. 버클리 캘리포니아 대학의 CAD 그룹이 개발한 것으로 C 언어로 작성되어 있다.

ESPRIT project 유럽 연구 및 정보 기술 전략 프로그램 European strategic program for research and development in information technology project의 약어. 유럽 경제 공동체(EEC)의 10개 회원국이 5개년 계획으로 정보 기술 분야에서 미국과 일본에 도전하기 위해 세운 계획. 이 계획은 다음과 같이 크게 5개 연구 분야로 나누어 실행중에 있다. ① 초고속의 VLSI를 설계, 제작 및 시험할 것을 목적으로 하는 첨단 마이크로 일렉트로닉스, ② 소프트웨어 기술, ③ VL-SI 개발을 포함한 첨단 정보 처리, ④ 사무 시스템, ⑤ 컴퓨터 통합 제작. 이 프로그램에는 영국의 GEC, ICL 및 플레시 사, 독일의 닉스도르프, 지멘스, 프랑스의 톰슨-CSF 및 CIT-알카텔, 이탈리아의 올리베티, 네덜란드의 필립스 사 등 12개 기업이 공동 참여하고 있다.

ESS 전자 교환 시스템 eletronic switching system의 약어.

essential fanset [isénʃəl fǽnsèt] **필수 팬셋** 네트워크 데이터 베이스에서 링크가 제거되었을 때, 정보의 손실을 초래하는 링크를 말한다.

essential prime implicant [-práim ímplikənt] **필수 프라임 임플리컨트** 다른 어떤 프라임 임플리컨트에 의해서도 커버되지 않는 주 논리곱을 하나 이상 커버하는 프라임 임플리컨트.

establishment [istǽbliʃmənt] *n*. **설정, 설치**

estimate [éstimeit] *v*. **추정하다, 예측하다**

estimation [estiméiʃən] *n*. **추정, 예측** 통계학에서 관측된 표본값을 기초로 모집단의 어떤 모수의 값을 찾아내는 것. 이때 모수의 추정값은 확률적인 계산값이므로 절대적일 수는 없고 신뢰도의 개념과 함께 상대적으로 해석되어야 한다.

estimation of parameter [-əv pərǽmətər] **모수 추정** 관찰된 목표의 통계로서 표본 분포의 확률을 응용하여 상대적 신뢰도를 가지고 모집단의 특성을 추정하는 것. 이때 모수의 지정값은 확률적인 계산값이므로 신뢰도 또는 신뢰 구간의 개념과 함께 상대적으로 해석되어야 한다.

ETB 전송 블록 종결 문자 end of transmission block character의 약어. 전송 상의 이유로 분할된 데이터 블록의 종결을 나타내는 전송 제어 문자. 이 전송 블록은 데이터 프로세싱 포맷과 반드시 일치할 필요는 없다. 전송 블록 종결 문자는 전송된 특정 데이터 블록의 끝을 나타내는 통신 제어 문자이다. Bisync 프로토콜은 데이터가 하나의 연속된 블록 대신 두 개 또는 그 이상의 블록으로 전송될 때 ETX 문자 대신에 이 ETB 문자를 사용한다.

etching [étʃiŋ] *n.* **에칭** 반도체 기판 상에 어떤 패턴에 의해 필요한 소자를 배치하는 가공을 할 때 소용없는 부분을 부식 등으로 제거하는 기술. 에칭을 할 때 에칭하지 않고 남길 부분에는 부식되지 않는 레지스트를 칠하고 에칭을 한다. 에칭하는 산이나 알칼리 등의 용액을 사용하는 웨트 에칭(wet etching, 습식 에칭)과 이온화한 가스 등을 사용하는 드라이 에칭(dry etching, 건식 에칭)의 두 가지 방법이 있다. 웨트 에칭에서는 강한 산을 쓰고 난 후의 폐기물 공해의 문제가 있고 에칭 후 다량의 물을 쓰기 때문에 물의 확보나 배수 처리에 비용이 들어 드라이 에칭을 많이 쓰게 되었다. 다른 가공 과정에서도 물을 쓰지 않는 드라이 가공(dry process)이 진척되고 있다. 또한 웨트 에칭은 장치가 간단하고 처리 능력도 크지만 에칭액이 레지스터 아래로 돌아드는 언더컷(undercut) 현상을 일으켜 패턴폭을 좁히는 일이 있다. 따라서 최소 패턴폭은 3미크론이 한계로 되어 있다. 드라이 에칭에서는 비활성 아르곤 가스를 고주파 방전으로 이온화하여 이것으로 표면 원자를 벗겨내는 스패터 에칭(spatter etching)법이나 플루오르 등 할로겐 원소를 포함하는 가스를 플라스마(plasma ; 전자와 양이온이 거의 같은 밀도로 존재하는 하전입자화)하여 그 반응성에 의해서 나오는 휘발성이 높은 화합물로 표면을 제거하는 플라스마 에칭(plasma etching)이 널리 사용되고 있다.

e-text [íː tékst] **이텍스트** electronic text의 약어. 전자 출판물. 인터넷 상에서 공개되고 있는 저작물. 주로 역사적인 문헌, 고전서 등 학술 연구소나 대학 등의 문헌 전자화를 이룬다.

Ethernet [íːθərnèt] **이더넷** 한 버스 네트워크에 최대 1,042개의 노트를 연결할 수 있는 근거리 통신망(LAN) 하드웨어, 프로토콜, 케이블 표준으로 원래 제록스(Xerox) 사에서 개발되어 뒤에는 Digital, Intel, Xerox(DIX)에 의하여 정의된 100Mb/s LAN 표준. 모든 호스트(host)는 동축 케이블을 사용해서 연결되어 있으며, 이 호스트들은 두 개의 장치가 동시에 하나의 네트워크에 액세스할 때 발생하는 네트워크 오류를 막기 위해 반송파 검출 다중 액세스/충돌 감지(CSMA/CD ; carrier sence multiple access with collision detection) 방법을 사용하여 네트워크를 이용하게 된다. 이것은 컴퓨터 네트워크의 가장 일반적인 방법으로 이더넷은 약 10,000,000bps의 속도가 나오며 거의 모든 종류의 컴퓨터에서 사용될 수 있다.

Ethernet address [-ədrés] **이더넷 주소** 이더넷에 연결할 시스템에는 이더넷 주소라는 고유 번호가 ROM의 형태로 붙어 있어 사용자가 임의로 변경할 수 있다.

EtherTalk [íːθərtɔːk] **이더토크** 이더넷용의 애플토크(AppleTalk) 프로토콜. 종래의 로컬토크(LocalTalk)를 보완하기 위해 개발되었다. 최대 전송 속도는 10Mbps. ⇨ AppleTalk

ETRI 한국 전자 통신 연구소 Electronics and Telecommunications Research Institute의 약어. ETRI(에트리)는 한국과학기술연구소 부설로 1976년 12월 설립 이래, 20여년 동안 전 전자식 교환기(TDX), 초고집적 반도체(DRAM), 수퍼미니컴퓨터(TiCOM), 디지털 이동통신시스템(CDMA) 등 경쟁력 있는 정보통신 기술 개발을 성공적으로 수행한 바 있는 국내 최대의 종합 정보통신 국책 연구기관이다. 그 후 1985년 3월에는 기존의 한국전기통신연구소와 한국전자기술연구소가 통합하여, 특정연구기관 육성법에 의한 정부출연연구기관으로 발족하였다. 1992년 3월에는 정부의 출연연구기관 기능 재정립 방침에 따라 과학기술처에서 체신부(현 정보통신부)로 이관되었고, 1995년 1월에는 전기통신기본법 제15조에 의하여 민법 상 재단법인에서 법정법인으로 바뀌게 되었으며, 1997년 1월에는 한국전자통신연구원으로 명칭이 변경되었다. 1998년 6월에는 부설기관으로 있던 시스템공학연구소를 흡수하여 한국전자통신연구원 산하 4개의 연구소로 조직을 개편하였으며, 1999년 1월에 "정부출연연구기관 등의 설립 · 운영 및 육성에 관한 법률"에 의거, 국무총리실 산하 산업기술연구회 소관기관으로 이관되었다.

ETX (1) **텍스트 종료 문자** end of text의 약어. 텍스트 종료 문자는 모든 정보 데이터가 전송되었음을 수신단에게 알리는 통신 제어 문자로서 Bisync 프로토콜 신호. 또한 이 문자는 통신 에러를 검출하기 위해서 사용되는 블록 검사 문자의 시작을 나타내기 위해서 사용된다. (2) **텍스트 종결 문자** end of text character의 약어.

EUC (1) **최종 사용자 컴퓨팅** end user computing의 약어. 데이터나 프로그램들에 접근하기 위해 실제로 터미널이나 PC를 사용하는 직접적인 이용자들에 의해 수행되는 정보 처리 활동. 실사용자가 자신들이 필요한 애플리케이션 시스템을 시스템 분석가나 설계자의 직접적인 도움 없이 스스로 개발한다는 것이 특징이다. (2) **확장 유닉스 코드** Extended UNIX Code의 약어. 1985년 일본어 유닉스 시스템 자문 위원회의 제안에 따라 AT & T가 정한 복수 바이트의 문자를 취급할 수 있는 문자 코드 방식. 일본어 코드만 규정되어 있는 것이 아니라 EUC 방식으로 각국의 코드가 규정되어 있다. ASCII 코드에서는 최상위 비트가 0이지만 EUC의 한자 코드에서는 2바이트 코드의 각 바이트의 최상위 비트가 모두 1로 되어 있다.

Euclideans algorithm [ju:klídiənz ǽlgəriðm] **유클리드 알고리즘** 두 개의 자연수 x와 y의 최대 공약수(GCD)를 계산하는 알고리즘.

Eudora [jú:dorə] **유도라** 매킨토시용 이메일 소프트웨어들 중에서 가장 유명하며 그만큼 가장 많은 이용자를 확보하고 있는 소프트웨어. 유도라의 개발사인 퀄컴은 차세대 이동 통신인 CDMA를 개발한 회사로 유명하다.

Euler cycle [julər sáikl] **오일러 주기**

Euler method [–méθəd] **오일러 방법** 미분 방정식의 초기값 문제의 수치해를 구하는 방법의 하나로, x_n 점에서 값 y_n을 알고 있을 때, x_{n+1} 점에서 y_{n+1}을 $y_{n+1}=y_n+\Delta y_n$의 형으로 얻은 경우 y_n을 구하기 위해 (x_n, y_n)에서의 경사를 이용하는 방법이다.

Euler path [–pá:θ] **오일러 패스, 오일러 주기**

Euronet [jú:rənèt] **유로넷** 유럽 정보 네트워크. 1971년 6월 유럽 공동체(EC)의 각료 이사회 결의에 따라 그 설정이 결정되어 1980년 3월 31일에 상용(商用) 가동을 개시했다. EC 9개국 공용 데이터 통신망으로 EC 각국의 주요 도시가 연결되어 있다. 이것을 이용한 정보 검색 시스템을 DIANE(Direct Information Access Network for Europe)이라 부르고 과학 기술, 사회, 경제 등의 관계 데이터 베이스 100여 종의 서비스를 하고 있다.

European Computer Manufactures Association [ju(:)rəpí:ən kəmpjú:tər mænjufǽktʃərz əsouʃiéiʃən] **ECMA, 유럽 컴퓨터 제조 공업회** 그 목적은 각국의 기관이나 국제 기관과 협력하여 컴퓨터 시스템에 관한 표준화 방법, 절차를 연구하고 여러 가지의 표준을 공포하는 것이다. 유럽 컴퓨터 제조 회사들이 데이터 처리 시스템 장치를 연구 개발하고 표준화하기 위해 국제 표준화 기구(ISO), 국제 전기 표준 회의(IEC)와 협력해서 1961년에 만든 단체.

European font [–fɔnt] **구문 글꼴** 영어, 독일어, 프랑스어 등 유럽에서 사용되고 있는 글꼴의 총칭. ⇨ font

EUROTRA 유로트라 1982년 11월에 유럽 공동체(EC)에서 착수한 기계 번역 프로젝트의 명칭.

evaluate [ivǽljuèit] *v.* **평가하다** 사물을 어떤 기준에 대하여 평가하고, 그 결과를 표시하는 것. 예를 들면, 컴퓨터 시스템 전체 「성능」을 각 구성 장치의 처리 능력을 산정하고 「평가한다」고 하는 경우에 쓰인다. 또 식(式 ; expression)을 일정한 순서로 계산해서 수치를 구하는 것과 수식을 간략화하는 경우도 「평가한다」라고 한다.

evaluation [ivæ̀ljuéiʃən] *n.* **평가** (1) 프로그램에서 「식(expression)의 평가」라는 방법으로 사용하는 경우는 식의 연산 결과를 구하는 것으로 산술식이면 계산의 결과를, 논리식이면 「참」, 「거짓」을 구하는 것을 가리킨다. 또 「평가 순서」, 「평가 규칙」이라고 하는 경우는 우선 순서나 규칙을 가리키고 있다. 예를 들면, 계산에서 사칙 연산자나 괄호 등이 포함되어 있을 때, 괄호 안의 계산을 우선한다고 하는 것과 같은 것이다. (2) 새로 개발한 시스템이 조작성이나 처리 능력 등의 요구 조건(requirement)을 만족하는지의 여부를 평가하는 것을 시스템 평가(system evaluation)라고 한다.

evaluation chip [–tʃíp] **평가 칩**

evaluation function [–fʌ́ŋkʃən] **평가 함수** 시스템을 평가하는 함수. 최적 설계나 최적 제어를 행하는 경우에는 시스템 모델을 만족하는 답 중에서 정해진 평가 함수값을 최대(또는 최소)로 하는 값을 찾아내어야 한다.

evaluation kit [–kít] **평가용 키트** 새로 개발된 마이크로프로세서 칩을 평가하기 위해 이 칩과 함께 몇 가지 주변 장치 제어 칩 등을 실제로 동작하도록 하는 원 보드(one board) 마이크로컴퓨터.

evaluation matrix [–méitriks] **평가 행렬**

evaluation module [–mádʒu:l] **평가용 모듈** 평가용 카드로 마이크로컴퓨터나 그 주변 장치 등을 측정하기 위해 제작 회사로부터 공급되는 모듈. 이들 모듈은 미리 조립된 것, 기판에 납땜하면 되는 것, 각 칩 사이의 인터페이스 설계를 하지 않으면 안 되는 것 등 아마추어에서 OEM까지 사용할 수 있도록 여러 종류가 있다.

evaluation of expression [–əv ikspréʃən] **식 계산** 산술식을 규칙대로 연산하여 한 값으로 이끌어내는 것.

evaluation of infix expression [–infíks ikspréʃən] **인픽스식 계산** 인픽스식으로 표현된 산술식을 규칙에 따라 계산하여 값을 도출하는 것.

evaluation of postfix expression [–póustfiks ikspréʃən] **포스트픽스식 계산** 포스트픽스

방식으로 표현된 산술식을 규칙에 따라 계산하여 한 값을 도출하는 것.

evaluation routine [–ru:tí:n] **감정 루틴**

evaluation rule [–rú:l] **평가 규칙**

evaluation system [–sístəm] **평가 시스템**

evaluation systems prototyping [–próutətàipiŋ] **평가 시스템 원형화**

evaporation [ivæ̀pəréiʃən] *n.* **증착(蒸着)** 금속화 또는 박막의 구성 부품이 증발되어 포토 마스크를 통해 기질에 퇴적되는 과정. 반도체나 메모리용의 자기 박막 등의 제조에 이용된다.

even [í:vən] *a.* **짝수의** 2, 4, 6, 8, 10 등의 짝수를 표시한다. 10진법에서는 2로 나누어 떨어지는 수를 표시하지만, 2진수에서 짝수 2=10, 4=100, 6=110과 같이 오른쪽 끝의 비트는 "0"이 되는 수로 정의할 수 있다.

even byte boundary [–báit báundəri(:)] **짝수 바이트 경계**

even check [–tʃék] **짝수 검사**

even function [–fʌ́ŋkʃən] **짝수 함수** 입력 신호에서 0의 개수가 짝수인 경우에만 출력 신호가 1이 되는 함수.

even-odd check [–á(:)d tʃék] **짝수·홀수 검사** 정보를 표현하는 비트 이외에 1비트(패리티 비트)를 더 포함시켜 정보를 나타내는 한 단위의 1의 비트 수가 짝수를 이루는지 홀수를 이루는지 검사하는 것.

even parity [–pǽriti(:)] **짝수 패리티** 패리티를 포함한 「1」인 비트의 수가 항상 짝수가 되도록 하는 것. 정보 비트(information bit) 중 「1」의 수가 홀수 개일 때는 패리티 비트를 1로 하고, 전체를 짝수가 되도록 한다. 또 정보 비트 중 「1」의 수가 짝수 개일 때는 패리티 비트를 0으로 하고 전체를 짝수가 되도록 한다. 따라서 정보를 전송했을 경우에 패리티 비트에 의해서 어느 정도 오류 검출이 가능하게 되지만 어디서 오류가 발생했는지 알 수 없기 때문에 오류 정정은 불가능하다.

even parity check [–tʃék] **짝수 패리티 검사** 1군의 정보(1단어, 1자 또는 10진수의 한 자릿수 등)에서 1의 값을 갖는 비트의 수가 짝수로 되어 있는가를 찾아내는 검사.

even servo signal [–sə́:rvou sígnəl] **짝수 서보 신호**

even servo track [–trǽk] **짝수 서보 트랙**

event [ivént] *n.* **사건** (1) 사건 : 활동이나 동작의 개시, 종료의 「동기(또는 계기)」가 되는 것을 의미하는 경우가 있다. 이 경우는 「입출력 동작」 그 자체가 「사건」이라고 할 수 있다. (2) 결합점 : 화살 선도(arrow diagram) 상에서 각 화살선의 시점과 종점으로 되어 있는 점. 결합점은 일반적으로 0으로 표시하고 그 속에 번호를 붙인다. 보통 PERT 법의 네트워크에서 사용되는 기호의 하나. 액티비티(activity)의 처음 또는 끝의 시점을 가리키며 그 작업을 실제로 하는 것은 아니다. 따라서 「이벤트」는 시간이나 자원을 필요로 하지 않으며, 어떤 판단을 해야 하는 시점에 지나지 않는다. 시스템 내에는 복수의 태스크가 있으며, 각각 병행하여 비동기로 동작하고 있다. 비동기 동작의 사이에는 상대의 처리 결과를 얻을 수 없으면 앞으로 진행하지 않도록 하는 상황이 발생하여 상대를 "대기"하는 것이 필요하게 된다. 이와 같은 것을 미리 정하고 기다리는 것을 올바로 실현하기 위해서 도입된 개념이 이벤트이다. 이벤트는 비동기 동작을 하는 양쪽에서 동기를 잡기 위한 약속된 내용이며, 태스크의 처리 완료, 입출력 동작의 처리 완료 등에서 사용된다.

event based Monte Carlo simulation [–béist mànti kɑ́:rlou sìmjuléiʃən] **사상 베이스 몬테카를로 시뮬레이션**

event chain [–tʃéin] **사건 연쇄** 최초 사건의 결과로 발생되는 일련의 조치.

event control [–kəntróul] **사건 제어**

event control block [–blák] **ECB, 사건 제어 블록** 매크로 명령으로 생성되는 것으로, 어떤 동작이나 특별한 신호를 기다리고 있는 연산 상태를 제어하기 위한 고유의 정보 블록.

event control routine [–ru:tí:n] **사건 제어 루틴**

event driven [–drívən] **이벤트 구동형** 윈도나 매킨토시의 운영 체제 방식으로, 발생한 이벤트에 대한 처리를 기술함으로써 응용 프로그램 전체가 기술되는 소프트웨어의 한 형태. 사용자측의 모든 동작이 운영 체제를 경유하여 이벤트의 형태로 각 소프트웨어에 건네진다.

event driven simulation [–sìmjuléiʃən] **사건 중심 시뮬레이션** 평가 대상 시스템의 컴퓨터화 모델을 개발하는 시뮬레이션의 두 가지 유형 중의 하나로서 시뮬레이션 내에서 확률 분포에 따라 발생되는 사건에 의해 제어되는 것. 다른 나머지 하나에는 각본 중심 시뮬레이션이 있다.

event driven task scheduling [–tǽsk skédʒuliŋ] **사건 중심 태스크 스케줄링** 어떤 시스템의 태스크 스케줄링은 태스크의 수행 적격 여부를 결정하는 정적인 스케줄링 기법을 사용하는 시스템과는 대조적으로, 주로 사건의 발생에 좌우된다. 사건 중심의 태스크 스케줄링은 각각의 작동중인 태스크에 부과된 소프트웨어 우선 순위에 그 근거를 두고 있다. 입출력 종료와 같은 의미있는 일이 일어날 때 실행 제어자는 수행중인 태스크를 인터럽트하여 수행 가능한 가장 높은 우선 순위를 가진 태스크를 찾아낸다.

event establishment [–istǽbliʃmənt] **사건 설정** 운영 체제(OS)에서 어떤 현상을 사건으로서 정의하는 것.

event evaluation [–ivæ̀ljuéiʃən] **사건 평가**

event evaluation and review [–ənd rivjúː] **사건 평가 · 심사**

event flag [–flǽ(ː)g] **사건 플래그** 어떤 사건의 발생을 표시하기 위해서 세트되거나 소거될 수 있는 상태 표시 비트.

event handler [–hǽndlər] **이벤트 핸들러** 이벤트란 웹 페이지에서 일어나는 하나의 행위를 다루는 것으로서, 이를테면 링크를 클릭하거나 텍스트 영역의 밸류(value)를 바꾼다든가 하는 것들이다. 이벤트는 사용자에 의해 수행되거나 스크립트를 통해서 강제로 행해진다. 자바스크립트(JavaScript)에서 이벤트 핸들러는 스크립트가 한 이벤트에 반응하게 하는 장치이다. 예를 들어, 만약 사용자가 onClick 이벤트 핸들러를 자바스크립트 스테이트먼트와 동등하게 설정하였고 링크 안에 속성으로 이벤트 핸들러를 가지고 있다면 이 링크를 클릭하면 이 코드는 실행될 것이다.

event identifier [–aidéntifàiər] **사상 식별자**

event method [–méθəd] **이벤트법** 논리 시뮬레이션법(피검증 논리 회로의 모델을 컴퓨터에 입력하고 실제 회로 동작을 시뮬레이션시켜 회로를 구성하는 각 소자의 임의 시각에서의 상태를 계산시키는 수법)의 하나. 계산 순서의 제어법으로서 소자 상태가 변화할 때 그 출력 소자와 신호 전파 시간을 스케줄표에 등록하고 시간이 가장 빠른 순서로 처리하는 방법. 이것에 타이밍 링을 병용하여 고속화한 수법을 타이밍 매핑법이라 한다.

event mode [–móud] **사상 모드** 트리거(trigger)가 있을 때 논리 입력 장치에서 비동기적으로 입력을 받아들이는 동작 모드.

event network [–nétwə̀ːrk] **사상 네트워크**

event-node network [–nóud nétwə̀ːrk] **사상 노드 네트워크**

event oriented simulator [–ɔ́(ː)riəntəd símjulèitər] **사상 지향 시뮬레이터**

event primitive [–prímitiv] **사상 원시 기능** 하나의 처리를 한 가지 사건(또는 여러 사건의 조합)이 실제 일어날 때까지 기다리게 하거나 다른 처리가 사건의 발생을 알리는 신호를 보내면 그 사상을 기다리던 모든 처리들이 준비 완료 큐에 놓여지게 되는 기능.

event processing [–prásesiŋ] **사건 처리, 이벤트 프로세싱** 유닉스, MacOS, 윈도 등에서 사용되는 기능으로 대기 행렬을 이용해서 누락을 방지하는 처리. 운영 체제는 여러 개의 디바이스로부터 발생되는 사건에 의해서 처리를 개시하지만 지금까지는 두 개 이상의 사건 발생이 동시에 있었다고 판단될 경우에 그 결과로서 한쪽이 무시되었다. 이러한 불합리를 해소하기에 유효한 기법이다.

event processor [–prásesər] **사상 프로세서**

event report [–ripɔ́ːrt] **사상 보고** 동작 모드가 사상인 경우의 입력값. 논리 입력 장치의 명칭과 그 장치로부터의 논리 입력값으로 이루어진다.

event-scanning mechanism [–skǽniŋ mékənizm] **사상 주사(走査) 기구**

event schedule network [–skédʒul nétwə̀ːrk] **ESN, 사상 스케줄 네트워크**

event-scheduling [–skédʒuliŋ] **사상 스케줄링**

event-scheduling process [–práses] **사상 스케줄링 과정**

event-scheduling technique [–tekníːk] **사상 스케줄링 기법**

event sequenced data set [–síːkwənst déitə sét] **사상 순서 데이터 집합**

event sequence model [–mádəl] **사상 순서 모델**

event simulation [–sìmjuléiʃən] **이벤트 시뮬레이션, 사상 시뮬레이션**

event space [–spéis] **사상 공간**

event spaced simulation [–spéist sìmjuléiʃən] **사상 간격 시뮬레이션**

event spaced time control [–táim kəntróul] **사상 간격 시간 제어 방식**

event space method [–méθəd] **이벤트 공간법, 사상 공간법**

event table [–téibəl] **사건 표** 많은 사건이 서로 다른 조합들의 집합 하에서 발생되었을 때 취해야 할 행위를 나타낸 표.

event termination [–tə̀ːrminéiʃən] **사상 종료**

event trapping [–trǽpiŋ] **사건 처리** 어떤 사건이 발생했을 때 미리 지정된 서브루틴을 실행하는 것.

event tree analysis [–tríː ənǽlisis] **사상 트리 해석**

event variable [–vɛ́(ː)riəbl] **사상 변수** PL/I 언어에서 EVENT형으로 정의된 변수. 이러한 변수는 어떤 사건이 일어났는가 그렇지 않은가에 따라서 두 가지 값을 갖는다. 다중 프로그래밍 시스템에서 프로세스 간 통신(IPC)과 프로세스 동기화 혹은 예외 처리 등의 목적을 위해 사용된다.

EverLock [évərlɑ̀k] **에버락** IBM-PC에서 프로그램의 복사 방지를 위해 사용되는 프로그램의 일종.

EVOP 진화 운영, 진화적 조작 evolutionary operation의 약어. G.E.P. Box의 제안에 따른 것으로 돌연변이와 자연 도태의 두 법칙을 공학적으로 생각해서 EVOP 개념을 도입했다. 즉, 제어계에서 조작 변수의 조합이라든가 그 값의 변화를 돌연변이와 대응시키고 최적 조작 변수의 조합이나 값의 선택을 자연 도태에 대응시켰다.

EWA 종료 경고 영역 end warning area의 약어. 자기 테이프 끝(EOT)에 가까운 부분을 말하며, 컴퓨터의 자기 테이프 장치에 따라서는 이것을 검출하는 방법을 설정하여 프로그램 상 어떤 대책을 강구하도록 되어 있는 것도 있다.

EWS 산업용 워크스테이션 engineering workstation의 약어. 공장 자동화에 많이 이용되는 워크스테이션으로 CAD/CAM과 같은 작업을 수행한다.

EVFU 전자식 수직 양식 장치 electronic vertical format unit의 약어.

exa 엑사 10^{18} 또는 2^{60}을 기본으로 하는 수의 단위로, 기호는 E 또는 e이다.

examination [igzæ̀minéiʃən] *n*. **조사, 검사, 시험**

examine [igzǽmin] *v*. **조사하다**

example [igzɑ́ːmpl] *n*. **보기, 예**

example element [–éləmənt] **보기 요소** 질의로 구할 수 있는 값의 한 예로서, 스크린의 테이블 골격에 사용자가 입력하는 도메인 값이다.

example of addressing [–əv ədrésiŋ] **주소법의 예** 필요한 정보의 지정된 장소의 주소를 지정하는 방법으로 지연 주소법, 직접 주소법, 디스크 주소법 등이 있다.

example of conditional assembly [–kəndíʃənəl əsémbli(ː)] **조건부 어셈블리의 예** 본래 문장의 순서나 내용 등을 어셈블리하기 전에 변화시켜 주는 것으로서 지정된 조건의 만족 여부에 따라 어셈블리하는 예를 가리킨다.

example of modular programming [–mɑ́dʒulər próugræmiŋ] **모듈 방식 프로그래밍의 예** 모듈 단위로 나누어서 프로그래밍하는 예.

EXC 외부 문자 코드 명세서 external character code specification의 약어.

exceed [iksíːd] *v*. **초과하다** 정해진 범위를 벗어나는 것.

exceed capacity [–kəpǽsiti(ː)] **초과 용량** 주어진 용량을 초과한 것. 예컨대 컴퓨터에서 계산 결과가 들어갈 자리에 비해 너무 크거나 디스크가 꽉 차서 더 이상 파일을 넣을 수 없는 상태.

Excel 엑셀 마이크로소프트 사가 판매하는 대표적인 스프레드시트. 최신 버전은 「Excel 2002」.

except gate [iksépt géit] **예외 게이트** 한 개 이상의 입력이 참(true)이고 동시에 한 개 이상의 입력이 거짓(false)일 때만 참이 되는 게이트.

exception [iksépʃən] *n*. **예외, 이상** 실행중에 생기는 특수한 상태에서 이상(異常)으로 간주되고 보통의 실행 순서로부터 이탈하는 경우도 있으며, 프로그램 언어 중에 이 상태를 정의하고, 발생시키고, 인식하며, 무시하고 조작하는 기능이 있는 것. 예 PL/I의 ON 조건, Ada의 예외. 컴퓨터 분야에서도 몇 개의 예외나 이상을 가리키는 경우가 많으며, 프로그램 실행중 정상으로 실행 처리가 될 때 「일시적인 중단」을 야기시키는 원인이 되는 사상(事象 ; event)이나 예기치 않은 데이터가 들어오는 경우 등을 총칭하고 있다. 예를 들면, 산술 연산(arithmetic operation)을 실행했을 때의 자리넘침(overflow), 주변 장치(peripheral unit)에 발생하는 고장(fault) 등이 포함된다. 일반적으로 이러한 「예외」의 발생에 대해서는 프로그램 중에 그 예외마다 대처할 루틴을 작성해두고, 그 루틴을 실행하여 적절한 동작을 취한 후 정상적인 처리로 되돌리도록 하고 있다. 이와 같은 처리를 예외 처리(exception handling), 그것을 처리하는 루틴을 예외 핸들러(exception handler)라고 한다. 또 예측한 표준에서 이탈되었을 때에만 보고되며, 처리 결과가 예기되는 범위 내에 있을 때에는 보고되지 않도록 되어 있는 컴퓨터 시스템을 예외 원리 시스템(exception principle system)이라고도 한다.

exceptional [iksépʃənəl] *a*. **예외의** 컴퓨터 시스템에서는 정상적인 동작을 보증하기 위하여 예외적인 사상이 발생했을 경우에는 그것을 검지(detect)하여 적절한 조치를 취할 필요가 있다. 이와 같은 예외적인 사상에 시스템이 대응하고, 그것에 대한 처리를 행하는 것을 예외 처리(exceptional treatment)라 한다. 예를 들어, 키보드로부터 숫자를 입력해야 할 경우에 영문자를 입력했다고 하자. 그러면 시스템은 그 입력이 확실히 틀리다고 판단하여 CRT 디스플레이 상에 입력이 잘못되어 있는 부분을 표시하고, 다시 한 번 더 입력하도록 한다. 이 경우에 잘못된 입력은 무효가 되며 시스템은 키보드에서 입력 데이터를 얻는 처리를 한 번 더 하게 된다. 또 소프트웨어에서도 예외적인 것이 발생하는 경우가 있다. 예를 들면, 0에 의한 나눗셈(division)과 그 컴퓨터에 없는 명령 코드(instruction code)를 실행하려고 했을 경우 등이다. 0으로 나누기를 했을 경우에는 시스템은 계산할 수 없는 부분의 오류(error)를 사용자에게 되돌린다. 이때 사용자는 프로그램을 변경하여 0으로 나누기가 발생하지 않도록 해야만 한다.

exceptional condition code [–kəndíʃən kóud] **예외 조건 코드** 존재하지 않는 명령 코드가 검출되었을 때에는 시스템에 따라서 그 대응 방법이 다르며 문법상의 오류인 부분을 명시해올 경우나 무시할 경우 등 여러 가지 경우가 있다. 시스템은 발생한 여러 가지 사상이 어떤 종류의 것인가를 판단하고 그것에 대하여 대응하는 코드를 발생하는 경우가 있다. 이것을 예외 조건 코드라 부르며, 시스템 내의 예외 처리를 행할 때에는 이 코드를 참조하고, 또 사용자도 이 코드를 참조함으로써 어떤 형태의 오류가 발생했는지를 알 수 있다.

exceptional treatment [–trí:tmənt] **예외 처리**

exception condition [–iksépʃən kəndíʃən] **예외 조건** 프로그램 인터럽트의 원인이 되는 조건 또는 상태이며, 명령이나 데이터 사용 방법 또는 지정한 오류 디버그를 위한 특정한 사상 등을 말한다.

exception description [–diskrípʃən] **예외 기술**

exception file [–fáil] **예외 파일** 다른 소프트웨어 양식을 RBASE 양식으로 변환시킬 때 변환되지 않는 레코드를 저장하는 파일.

exception handler [–hǽndlər] **예외 처리기**

exception handling [–hǽndliŋ] **예외 처리** 프로그래밍 언어의 능력 가운데 수행 도중 발생하는 예외 상황을 처리할 수 있도록 하는 기능. PL/I이나 Ada 같은 언어가 이러한 기능을 갖는다.

exception-item encoder [–áitəm inkóudər] **예외 항목 암호기** 은행의 전자동 연결 시스템에 최종 연결을 제공하여 서류를 회람하기 전에 입력점을 암호화함으로써 은행 자동화 시스템이 입을 수 있는 막대한 손실을 막는다.

exception message [–mésidʒ] **예외 메시지**

exception message queue [–kjú:] **예외 메시지 대기 행렬**

exception principle system [–prínsipl sístəm] **예외 원리 시스템** 실제 결과가 예상했던 결과보다 다를 때에 대해 보고하는 정보 처리, 자료 처리 시스템.

exception record [–rékɔ:rd] **예외 레코드**

exception report [–ripɔ́:rt] **예외 보고서**

exception reporting [ripɔ́:rtiŋ] **예외 보고, 예외 보고서** 예외 상황이 발생했을 때 그 원인이나 처리 상황 등에 대한 보고를 하는 것.

exception response [–rispáns] **예외 응답**

exception routine [–ru:tí:n] **예외 처리 루틴** 예외 상황에 대비하여 처리하고 정상적인 작업을 계속하거나 작업을 끝마치도록 하는 일을 하는 루틴.

exception scheduling routine [–skédʒuliŋ ru:tí:n] **예외 스케줄링 루틴** 예외적인 처리가 필요한 메시지나 상황이 발생하면 그러한 것을 정상적인 루틴 등에서 분리하여 처리하고, 시스템은 다시 정상 루틴으로 돌아오게 하는 루틴.

exception tape [–téip] **예외 테이프** 관리자의 초기 결정과 현실의 트랜잭션 사이에 상이한 예외 상황이 발생할 경우에 작성되는 테이프.

EXCEPT operation [iksépt àpəréiʃən] **익셉트 연산**

excess [iksés] *n*. **초과, 과도**

excess carrier ratio [–kǽriər réiʃiou] **과잉 반송파 비율**

excess factor [–fǽktər] **과잉 계수**

excess fifty [–fífti(:)] **50초과** 어떤 수 n이 $n+50$과 같이 2진수 표시로 표현된 것.

excess fifty code [–kóud] **50초과 코드** 어떤 수가 2에 50을 더한 수와 같은 2진수 패턴으로 표시되는 2진 코드 체계.

excess number representation [–nʌ́mbər rèprizentéiʃən] **액세스 넘버 표현법** 실제의 수치에 어떤 수만큼 더해서 표현하는 방법으로, 부동 소수점 형식 데이터에 대한 지수부 표현에 사용된다.

excess sixty-four code [–síksti(:) fɔ́:r kóud] **64초과 코드** –64에서 +63까지의 숫자를 표현하기 위해 실제의 수에 64를 더하여 0에서 127 사이의 숫자로 바꿔 표시하는 방법. 주로 부동 소수점 형식 데이터에서 지수부 표현에 사용된다.

excess three binary code [–θrí: báinəri(:) kóud] **3초과 2진 코드**

excess three code [–kóud] **3초과 코드** 2진화 10진법에 3을 더한 것. 즉, 2진법 3에서 12까지를 10진법 0에서 9까지로 각각 대응시킨 것으로, 각 자릿수의 1, 0을 바꾸는 것만으로 9의 보수(補數)를 간단히 만들 수 있는 장점이 있다.

10진수	(3초과 코드)	(2진 수치)	10진수	(3초과 코드)	(2진 수치)
0	0011	3	5	1000	8
1	0100	4	6	1001	9
2	0101	5	7	1010	10
3	0110	6	8	1011	11
4	0111	7	9	1100	12

exchange [ikstʃéindʒ] *n*. **교환** (1) 전반적으로 보아 데이터 등을 교환하는 것을 가리킨다. 예를 들면, 컴퓨터를 포함한 데이터 통신 시스템을 경유하여 정보를 교환하는 것을 데이터 교환(data exchange)이라 한다. 또 중앙 처리 장치(CPU) 중에서 두 개의 레지스터(register)의 내용을 교환하고 명령(instruction)을 세트 중에 갖춘 컴퓨터도 있다. (2) 데이터 통신 분야에서는 회선(line)의 접속 방법과 메시지의 교환 방법을 가리킨다. 데이터의 교환 방식에는 회선 교환(circuit switching) 방식과 패킷 교환(packet switching) 방식이 있다. 이 분야에서는 「교환」을 표시하는 용어로 exchange보다도 변환(switching)쪽이 흔히 사용되고 있다.

exchangeable disk [ikstʃéindʒəbl dísk] **교환 가능 디스크** 여러 장의 디스크들로 이루어진 디스크 팩을 교환할 수 있게 되어 있는 자기 디스크 장치.

exchangeable disk store [–stɔ́ːr] **EDS, 교환 가능 디스크 기억 장치** 자기 디스크가 하나의 단위로서 디스크 구동 장치에 설치되어 있는 교체 가능한 보조 기억 장치.

exchange buffering [ikstʃéindʒ bʌ́fəriŋ] **교환 버퍼링** 장치 내부로 데이터가 직접 이동하지 않게 하는 입출력의 완충 기술.

exchange circuit [–sɔ́ːrkit] **교환 회선**

exchange class [–klɑ́ːs] **교환국 계층**

exchange device [–diváis] **교환 장치** 컴퓨터와 단말 장치 사이에서 정보의 흐름을 조정하는 장치. 단말 장치에서 타이프된 문자는 교환 장치를 통해 컴퓨터에 보내지며, 컴퓨터는 그 결과를 교환 장치에 보내준다.

exchange identification [–aidèntifikéiʃən] **동일 교환 명령, 식별자 교환 명령** 이 명령과 반응은 스테이션들이 각자의 능력에 관한 정보를 교환할 때 사용한다. 이들 프레임은 데이터 필드를 사용하여 정보를 교환하는데, 데이터 필드의 형식과 내용은 이 설비를 사용하는 프로토콜 유형에 의해 정의된다.

exchange image file format[–ímidʒ fáil fɔ́ːrmæt] ⇨ Exif

exchange instruction [–instrʌ́kʃən] **교환 명령어** 레지스터끼리 서로 내용을 바꾸도록 하는 명령어.

exchange message [–mésidʒ] **교환 메시지**

exchange register [–rédʒistər] **교환 레지스터**

exchange selection [–səlékʃən] **교환 선택**

exchange server[–sə́ːrvər] **익스체인지 서버** 마이크로소프트 사의 그룹웨어 솔루션으로, 소규모 LAN에서 그룹 내의 공동 작업이나 메시징, 고객 지원, 오피스와 같은 다른 OA 패키지와의 연동 등 폭넓게 활용할 수 있다. 중소 기업체에서 익스체인지 서버를 서버로 하고, 아웃룩(outlook)을 클라이언트로 하면 그룹웨어 솔루션으로 활용할 수 있다.

exchange service [–sə́ːrvis] **교환 서비스**

exchange sort [–sɔ́ːrt] **교환 정렬** 파일에 있는 모든 레코드의 키 중에서 가장 작은 키를 갖는 레코드를 찾아 맨 앞의 레코드와 교환한다. 다음에는 파일에 있는 두 번째 레코드에서 맨 끝 레코드까지의 키 중에서 가장 작은 키를 갖는 레코드를 찾아 두 번째 레코드와 교환하는데, 이 방법을 교환 정렬이라고 한다. 선택 정렬은 다른 파일에 정렬된 레코드를 기록하는 데 반하여 교환 정렬은 다른 기억 장소를 필요로 하지 않는다.

excitation table [èksitéiʃən téibəl] **여기표(勵起表)** 플립플롭에서 주어진 상태의 변화에 대한 필요한 입력 신호 사이의 관계를 나타내는 표.

excitatory synapse [iksáitətɔ(ː)ri(ː) sinǽps] **흥분성 시냅스** 상대방의 신경 세포를 흥분시키도록 화합 물질을 방출하는 시냅스.

excite [iksáit] **익사이트** 키워드 검색 방법보다 지능형 검색 방식인 concept 서치를 제공한다. 찾고자 하는 내용을 분명하게 키워드로 지정하기 힘들 때 익사이트의 개념을 이용한 검색을 할 수 있다. 즉, 인터넷이라고 지정하면 그 개념과 관련된 월드 와이드 웹까지 검색에 포함시키는 방식이다. 익사이트는 1,150만 페이지의 내용을 가지고 있고 매주 내용이 갱신된다. 익사이트의 전문가들이 5만5천 사이트에 대한 리뷰를 쓰며 그 밖에도 유즈넷 뉴스 그룹, 시간별 뉴스, 평론, 대화형 만화 등이 포함되어 있다(http://www.excite.com). ⇨ WWW

exclusion [iksklúːʒən] *n*. **배타** 논리 연산자의 일종으로, 첫 번째의 오퍼랜드(operand)가 불 값 1, 두 번째의 오퍼랜드가 불 값 0을 취할 때 한하며 결과가 불 값 1이 되는 2항 불 연산.

exclusion method [–méθəd] **배타 방식** 오류를 가진 이론을 교정하는 방식으로, 이론을 현상태에 적용하지 못하도록 함으로써 이론을 교정하는 휴리스틱.

EXCLUSIVE 배타 속성 exclusive attribute의 약어.

exclusive [iksklúːsiv] *a*. **배타적인** 다른 것을 제외하고 독점적인 조건에서만 성립하는 것을 표시한다. 배타적인 것. 「포함적(inclusive)」과 대비된다.

exclusive access [–ǽkses] **배타 접근** IDMS(통합 데이터 베이스 운영 시스템)에서 배타적 접근은 데이터 베이스에 대해 가능한 3가지 접근형(비보호 · 보호 · 배타적)들 중의 하나로 오직 한 응용만이 데이터에 접근하는 것을 의미한다.

exclusive attribute [–ǽtribjùːt] **EXCLUSIVE, 배타 속성**

exclusive branch [–brǽntʃ] **배타적 분기** 배타 논리에서 분기 조건이 정해지는 관계.

exclusive control [–kəntróul] **배타 제어, 배타적 제어** 어떤 작업이 특정 데이터 집합(data set)에 대하여 배타적 제어권을 갖고 있는 경우에는 액세스(access)를 행하며, 또한 그 데이터 집합을 해제하지 않으면 다른 작업은 그 데이터를 사용할 수가 없다. 또 파일의 수정(modify), 삭제(delete), 추가(append)를 행할 때는 그 파일에 대하여 배타적 제한을 꾀할 필요가 있다. 이것은 복수 처리가 그 파일에 액세스를 시험하면 그 내용이 바르게 기입되지 않았거나 판독되지 않기 때문이다. 이와 같이 하나의 자원(resource)에 대해서 배타적으로 하나의 요구(request)밖에는 받지 않도록 하는 제어 방법을 배타적 제어라고 한다.

exclusive lock [–lák] **배타적 로크** 로킹 기법을 사용하는 병행 수행 제어 기법에서 트랜잭션이 갱신하려는 데이터 항목에 대해 명시하는 로크.

exclusive-NOR [–nər] **EXNOR, 배타적 부정 논리합** 양쪽의 입력이 일치했을 때 출력 1이 되는 회로.

exclusive-NOR gate [–géit] **배타적 부정 논리합 게이트** 배타적 부정 논리합의 논리를 수행하는 게이트. 즉, A와 B의 값이 같으면 참을 출력하고 그렇지 않으면 거짓이다.

exclusive-OR [–ər] **배타적 논리합** X, Y가 0 또는 1인 값을 가질 때, X와 Y의 배타적 논리합을 $X \oplus Y$로 표시한다. 그래서 $X \oplus Y$는 표와 같은 값을 갖는 것으로 한다. 즉, $X \neq Y$일 때 $X \oplus Y = 1$이고, $X = Y$일 때 $X \oplus Y = 0$이다. 이것은 또 $X \oplus Y = X + Y (\text{mod. } 2)$, 즉 X와 Y의 보통 대수학에서의 2를 법으로 하는 덧셈을 의미한다. 또 표에 나타나듯이 $X \oplus Y = |X - Y|$도 있다. 따라서 논리 수학과 일반 수학과의 접촉점의 하나로 되어 계산 회로 등에서 중요한 역할을 한다.

X	0	0	1	1
Y	0	1	0	1
$X \oplus Y$	0	1	1	1

exclusive-OR element [–éləmənt] **배타적 논리합 소자, exclusive-OR 소자** 비등가 불 연산을 행하는 논리 소자.

exclusive-OR function [–fʌ́ŋkʃən] **배타적 논리합 함수** 두 개의 입력 중 오직 하나만이 참일 때 결과가 참이 되는 논리 연산 함수.

exclusive-OR gate [–géit] **EXOR gate, 배타적 논리합 게이트**

exclusive-OR normal form [–nɔ́:rməl fɔ́:rm] **배타적 논리합에 의한 표준형** 임의의 논리 함수는 논리 변수의 논리곱과 배타적 논리합에 따라 다음과 같이 일의적으로 전개하는 것이 가능하므로 표준형이라고도 생각된다. 즉, 임의의 두 논리 함수를 각각 이 표준형으로 고치면 서로 대응하는가의 여부를 비교할 수 있게 된다. 두 개의 논리 변수 x, y를 가지는 임의의 논리 함수 $f(x, y)$의 경우는

$$f(x, y) = g_0 \oplus g_1x \oplus g_2y \oplus g_{12}xy$$

(여기서 각 g는 정(定)계수이고 1 또는 0의 값을 가진다)와 같이 전개할 수 있다.

예 $x \vee y = x \oplus y \oplus xy$

이것은 n개의 논리 변수를 가지는 임의의 논리 함수 $f(x_1, x_2, \cdots, x_n)$에도 확장이 가능하므로

$$\begin{aligned} f(x_1,\ x_2,\ \cdots,\ x_n) &= g_0 \\ &\oplus g_1x_1 \oplus g_2x_2 \oplus \cdots \oplus g_nx_n \\ &\oplus g_{12}x_1x_2 \oplus g_{13}x_1x_3 \oplus \cdots \\ &\oplus g_{(n-1)n}x_{n-1}x_n \\ &\oplus g_{123}x_1x_2x_3 \oplus \cdots \\ &\vdots \\ &\oplus g_{123\cdots n}x_1x_2\cdots x_n \end{aligned}$$

exclusive-OR operation [–àpəréiʃən] **exclusive-OR 연산, 비등가 연산, 배타적 논리합 연산** 2개의 오퍼랜드가 서로 다른 불값을 취할 때 한하며, 결과가 불값 1이 되는 2항 불 연산.

exclusive-OR operator [–àpəréitər] **배타적 논리합 연산자** P와 Q가 명제이고 $\oplus$가 배타적 논리합 연산자라고 할 때 $P \oplus Q$의 값이 다음 진리표와 같은 특성을 갖는 논리 연산자.

피연산자		결 과
P	Q	$P \oplus Q$
0	0	0(짝수)
0	1	1(홀수)
1	0	1(홀수)
1	1	0(짝수)

exclusive-read mode [–rí:d móud] **배타적 판독 모드**

exclusive reference [–réfərəns] **배타적 참조** 배타적 제어의 하나이며, 기억 영역 안에 존재하는 세그먼트(segment)가 그 기억 영역에 존재하지 않는 세그먼트를 참조(refer)하는 것이다. 그 결과로서 참조된 세그먼트는 기억 영역 안으로 불러들여지며 대신에 참조한 세그먼트는 기억 영역의 외부로 물러나 오버레이(overlay)가 발생한다. 이때, 동시에 기억 영역 안에 머무를 수 없는 세그먼트를 배타적 세그먼트(exclusive segments)라고 한다.

exclusive retrieval [–ritrí:vəl] **배타적 검색** open 문은 영역을 개방하고 원하는 접근형을 기술하는 데 사용된다. 각 영역은 여섯 가지 모드 중 하

나의 모드로 개방되며, 그 중 하나가 배타적 검색이다. 배타적 검색과 갱신 모드는 어떤 모드에서든 다른 응용 프로그램이 영역을 개방하는 것을 금한다.

exclusive segment [-ségmənt] **배타적 세그먼트** 오버레이 구조를 갖는 프로그램에서 주기억 장치에 동시에 메모리될 수 없는 두 개의 세그먼트.

exclusive transformer [-trænsfɔ́:rmər] **전용 트랜스**

EXCP 채널 프로그램 수행 execute channel program의 약어.

EXEC 수행, 실행 execute, execution의 약어. (1) 작업 제어 언어(JCL ; job control language)로 작업 단계(job step)의 실행을 지시하는 스테이트먼트(statement)를 가리키는 경우가 있다. (2) OS(operating system)의 핵심이 되는 제어 프로그램을 가리키는 경우도 있다.

excutable [éksəkjù:təbl] *a.* **실행 가능한** 컴퓨터의 중앙 처리 장치(CPU)가 곧바로 「실행」할 수 있는 형태로 된 것. 그것을 위한 준비가 완료된 것에도 이용된다.

executable file [-fáil] **실행 가능 파일** MS-DOS나 유닉스에서 실행 가능한 프로그램을 담고 있는 파일로, 이러한 파일들은 그 이름을 입력함으로써 실행시킬 수가 있다.

executable instruction [-instrʌ́kʃən] **실행 명령** 컴퓨터가 내용을 그대로 이해하여 실행할 수 있는 명령.

executable program [-próugræm] **실행 프로그램** 주기억 장치(main storage)로 로드하여 곧바로 실행할 수 있도록 되어 있는 프로그램. 보통 컴퓨터의 프로그램은 프로그래밍 언어로 작성된 프로그램을 번역 프로그램을 이용하여 기계 코드(machine code)로 고쳐서 다른 여러 가지 프로그램과 연결시켜 하나의 프로그램으로 정리시켜야만 비로소 실행 가능한 프로그램이 된다. 이 단계 이전의 프로그램은 실행 불가능(nonexecutable)이라고 할 수 있다.

executable statement [-stéitmənt] **실행문** 프로그래밍 언어에 있어서 대입 조작, 점프, 반복, 순서 호출 등과 같이 실제 동작을 지시하는 문. FORTRAN 용어에서 실행문이라고 하면 실행시의 동작을 지정한다. 「대입문」, 「제어문」, 「입출력문」을 가리킨다.

executable unit [-jú:nit] **실행 단위**

execute [éksəkjù:t] *v.* **실행(하다)** 컴퓨터로 프로그램을 실행시키거나 장치를 동작시키는 것. 컴퓨터에서는 중앙 처리 장치(CPU)가 메모리 상에서 하나하나 명령(instruction)을 호출(fetch)하고 해석하여 그것을 수행하기 때문에 순차 실행형의 컴퓨터에서는 한 번에 하나의 명령밖에는 실행할 수 없다. 컴파일러 언어에서는 프로그램을 실행하기까지는 입력된 프로그램을 번역하고 편집하여 링크(link)해 고칠 필요가 있다. 이들 컴파일(compile) 처리 후, 실제로 실행할 수 있는 프로그램이 가능하다. 수행 단계(execute phase)에서는 이 프로그램을 트레이스(trace)하면서 수행한다. 또 순차 번역 실행형 언어의 번역에서 수행까지의 프로세스는 각각의 스테이트먼트에 대하여 행하면서 언어 프로그램을 실행한다. 이때에는 이런 동작을 한 데 묶어서 수행 단계라고 한다.

execute channel program [-tʃǽnəl próugræm] **EXCP, 채널 프로그램 수행**

execute command [-kəmá:nd] **수행 명령** 프로그램을 수행시키는 명령어로, 유닉스에서는 수행 가능한 코드로 구성된 파일 이름이 바로 수행 명령이다.

execute cycle [-sáikl] **수행 사이클**

execute form [-fɔ́:rm] **수행 형식**

execute phase [-féiz] **수행 단계** 수행에 관한 논리적인 일부이며, 목적 프로그램의 수행을 포함하는 것.

execute statement [-stéitmənt] **실행 제어문, EXEC 문** 작업 단계의 개시를 나타내고, 실행해야 하는 프로그램이나 사용해야만 하는 카탈로그식 프로세서 또는 스트림 내의 프로세서를 지정하는 작업 제어문.

execute step [-stép] **수행 스텝**

execution [èksəkjú:ʃən] *n.* **실행** 프로그램을 목적으로 하는 작업을 수행하기 위해 움직이는 것. FORTRAN, COBOL 등의 프로그램인 경우는 실행에 들어가기까지 번역(컴파일)의 단계와 시스템으로서 준비된 프로그램과 링크 등을 행하는 단계를 끝낸 후 실행하게 된다.

execution card [-ká:rd] **실행 카드**

execution cycle [-sáikl] **실행 사이클** 명령 제어 장치가 새로운 컴퓨터 명령을 인출해서 종료시킨 뒤, 그 수행이 끝날 때까지의 동작 단계.

execution cycle time [-táim] **실행 주기 시간** 제어 장치에 의해 읽혀진 명령의 실행이 종료되기까지의 시간.

execution file[-fáil] **실행 파일** ⇨ EXE file

execution error [-érər] **실행 오류** 실행중 오류가 발생하면 그 지점에서 실행이 중단되고 단말 장치에 표시된다. 그러면 사용자는 오류를 수정하고 다시 실행하게 된다.

execution error detection [-ditékʃən] **실**

행 오류 탐지 사용자 프로그램 실행중에 발생한 오류를 찾아내는 것.

execution macro [–mǽkrou] **실행 매크로** 제어문의 하나로 이미 메모리에 적재되어 있는 프로그램을 실행하도록 지시하는 매크로 명령.

execution mode [–móud] **실행 모드**

execution of an instruction [–əv ən instrʌ́kʃən] **명령 수행** 명령어의 연산 코드에 의해 지정된 결과를 산출하기 위해 컴퓨터가 수행하는 기본 단계들의 집합.

execution path [–pɑ́ːθ] **실행 경로** 프로그램의 논리나 데이터의 성격 상 컴퓨터가 작업을 처리할 때 취하는 경로나 과정.

execution priority [–prɑiɔ́(ː)riti(ː)] **실행 우선권** 태스크가 중앙 처리 장치의 할당을 받는 우선 순위. 이 순위가 높은 것으로부터 순차적으로 처리된다.

execution sequence [–síːkwəns] **실행 순서** 프로그램 중에 명령문의 열(列) 및 열의 일부분을 수행하는 순번.

execution service [–sə́ːrvis] **실행 서비스**

execution state [–stéit] **실행 상태**

execution statement [–stéitmənt] **실행문**

execution time [–tɑ́im] **실행 시간** 문제를 해결하기 위해 프로그램이 작동하는 시간. 번역 시간이나 결합, 편집을 위한 시간과 구별된다.

executive [igzékjutiv] *a*. **관리, 감시** (1) 컴퓨터 시스템 전체를 통괄 제어하는 OS(operating system)의 중심이 되는 제어 프로그램(control program). 거의 같은 의미의 용어로서 관리 프로그램(executive program), 감시 프로그램(supervisor), 모니터(moniter) 등이 있다. (2) 보통 주기억 장치에 "상주"해 있으며 작업의 스케줄링으로부터 시스템 자원의 배분, 입출력 제어, 다중 프로그램의 제어 등을 행한다.

executive command [–kəmɑ́ːnd] **실행 명령** 프로그램에게 그 안의 어떤 하부 시스템을 실행하게 하는 명령. 즉, 조작원이 실행 프로그램에 내리는 명령.

executive communication [–kəmjùːnikéiʃən] **실행 통신** 운영 체제나 실행 프로그램에 기계 조작원이 의사 전달을 할 수 있도록 설계된 모든 대화 수단. 보통 의사 전달 장치로는 단말기 모양의 시스템 콘솔 등이 사용된다.

executive control [–kəntróul] **관리 제어**

executive control program [–próugræm] **EP, 관리 제어 프로그램**

executive control statement [–stéitmənt] **관리 제어문**

executive control system [–sístəm] **관리 제어 시스템** 실행 제어 시스템의 기본 제어는 여러 종류로 원격지나 온라인과 같은 하나 이상의 여러 입력 장치에서 공급되는 시스템의 제어 정보에 의존한다. 이 제어 정보는 제어 카드 동작을 제공하는 것과 유사하지만 더 유연하고 표준적이다.

executive cycle [–sɑ́ikl] **관리 사이클**

executive deck [–dék] **실행 데크** 실행 프로그램이나 루틴, 서브루틴 등을 포함하고 있는 한 묶음의 천공 카드.

executive diagnostics [–dàiəgnɑ́stiks] **관리 진단** 실행 체제의 한 부분에는 프로그래머가 프로그램을 검사할 때 여러 가지 유용한 정보를 제공하는 진단 루틴이 모여 있다. 이것을 이용하여 프로그래머는 프로그램 실행중에 인쇄할 내용을 선택할 수 있고, 레지스터나 주기억 장치의 내용을 원시 코드 심벌과 더불어 출력하여 오류를 진단해볼 수도 있다. 또한 레지스터나 주기억 장치의 순간적인 내용이나 세부적인 내용 전체를 확인할 수도 있는 진단 방식을 말한다.

executive diagnostic system [–dàiəgnɑ́stik sístəm] **관리 진단 시스템** 사용자 프로그램을 검사하기 위해 실행 시스템에서 제공하는 종합적 진단 시스템으로 명령어의 메모리 어셈블시에 순간적 덤프가 가능하다. 사후 분석 덤프는 실행 제어문에서 가능하다.

executive dumping [–dʌ́mpiŋ] **관리 덤핑** 예기치 않았던 오류가 발생하여 거의 완전히 교정되었다고 생각된 프로그램을 중단하게 되는 경우, 필름이나 주기억 장치의 내용을 덤프할 수 있는 설비.

executive facilities assignment [–fəsíliti(ː)z əsɑ́inmənt] **실행 설비 배당** 시스템 생성시 실행 시스템이 시스템에 지시되는 설비의 이용 가능성을 파악하여 프로그램 수행시 요구되는 설비들을 그 수행에 충족되도록 할당하는 것. 여기서 실행 시스템은 설비들의 재고 목록을 유지 보수함으로써 어떤 설비들의 할당 가능성과 어느 작업이 현재 어떤 설비들을 사용하고 있는가에 대한 정보를 항상 알 수 있어야 한다.

executive guard mode [–gɑ́ːrd móud] **관리 보호 모드** 관리 시스템만이 사용할 수 있는 명령어들에 대해 다른 프로그램이 이들을 수행하지 못하게 하고, 또한 실행 시스템 작동을 위해 필요한 기억 장소를 보호하는 모드.

executive instruction [–instrʌ́kʃən] **관리 명령어** 다른 루틴이나 프로그램의 수행이나 동작을 제어하도록 설계되어 사용되는 명령어.

executive I/O device control **관리 I/O 장치 제어**

executive language [–lǽŋgwidʒ] **관리 언어, 실행 언어** 오브젝트 프로그램을 실행하기 위한 언어.

executive overlay [–òuvərléi] **관리 오버레이**

executive phase [–féiz] **수행 단계**

executive program [–próugræm] **관리 프로그램** 보통은 OS(operating system)의 일부이며 다른 컴퓨터 프로그램의 수행을 제어하고, 데이터 시스템의 작업 흐름을 통제하는 컴퓨터 프로그램.

executive program control [–kəntróul] **관리 프로그램 제어** 실행 대기 상태에 있는 프로그램들에 상대적인 우선 순위를 부여하고 기억 장소에 새로운 프로그램을 적재한다. 또 주기억 장소 블록의 할당과 보호, 시간 간격, 오류 검사 루틴 그리고 검정 과정 등도 다룬다.

executive request [–rikwést] **ER, 관리 요구**

executive routine [–ruːtíːn] **관리 루틴** 기억 장치 안에 넣어두고 다른 프로그램을 감시하여 제어하는 프로그램으로 운영 체제(OS)에서 중심적인 위치에 있다.

executive schedule maintenance [–skédʒul méintənəns] **실행 스케줄 유지 보수** 외부 매체에서 작업 수행의 요구를 받으면 이 요구는 작업 요구 스케줄에 포함되며, 실행 시스템은 다음에 수행을 시작할 작업을 정하기 위해 작업 요구 리스트를 참조하고, 먼저 제출된 요구는 기각할 수도 있다.

executive state [–stéit] **관리 상태**

executive supervisor [–súːpərvàizər] **실행 수퍼바이저** 수퍼바이저는 컴퓨터에 입력되는 모든 작업의 수행 또는 그로 인해 야기되는 작업들을 제어 관리하는 실행 시스템의 구성 요소로서 다중 프로그래밍 체제에서는 많은 프로그램의 실행을 제어한다. 이것은 개략 스케줄링, 동적 할당, 중앙 처리 장치 디스패칭(dispatching)의 3단계의 스케줄링 기능을 갖는다. 입력된 프로그램을 정보 파일에 기록·분류하고, 그들의 수행을 계획에 따라 처리하기 위해 이 파일들을 사용한다. 또한 각 작업에 대한 제어문들은 개략 스케줄러에서 선정된 작업 수행을 쉽게 하기 위해 제어 명령 해석기에 의해 검색되고 검사된다.

executive system [–sístəm] **관리 시스템** 컴퓨터의 모든 자원과 여러 작업들을 수행하고 관리하기 위해 기억 장치 내에 전부 또는 그 일부가 상주하여 기본적인 제어 관리 기능을 수행하는 제어 프로그램. 운영 체제에 비해 작은 의미의 시스템이다.

executive system concurrency [–kənkə́ːrənsi(ː)] **관리 시스템 병행성** 시스템의 사용 기능 여부에 따라 하나 이상의 프로그램을 스케줄링, 적재, 시행 등을 할 수 있는 다중 프로그래밍 제어 시스템으로 데이터에 의존하는 작업을 순차적으로 시행하며, 다른 순차적인 작업과 순서에 무관한 작업을 병행하여 수행하기도 한다. 작업의 처리 순서는 우선 순위로 처리한다. 이 시스템은 모든 입출력과 인터럽트 처리뿐만 아니라 적재, 자원 분배, 시간 분배, 단말 장치 동작, 작업 처리 시간 기록 등을 총괄한다. 그 결과 컴퓨터의 빠른 속도를 최대한 활용하여 처리 시간, 처리 공간, 주변 기기 등 시스템 전체를 적절하게 제어하여 시스템의 수행 능률을 향상시킨다.

executive system control [–kəntróul] **실행 시스템 제어** 실행 시스템에서 주요한 것은 온라인이나 하나 또는 여러 원격의 입력 장치에서 시스템에 입력된 제어 정보를 제어하는 것인데, 이 제어 정보는 제어 카드의 제어 정보와 비슷하거나 부수적으로 유연성의 증가와 표준화가 가능하다.

executive system routine [–ruːtíːn] **실행 시스템 루틴** 미리 정해진 컴퓨터의 계획에 따라 자동으로 프로그램을 실행하는 루틴.

executive system utilities [–ju(ː)tíliti(ː)z] **실행 시스템 유틸리티** 실행 시스템의 유틸리티들로는 고장 진단 루틴, 프로그램 파일 조작 루틴, 파일 유틸리티 루틴, 입출력 루틴, 파일 간 전송·관리 등을 위한 루틴 등이 있다.

executive termination [–təːrminéiʃən] **실행 종료** 실행되던 프로그램이 정상적이든 비정상적이든 어떤 이유로 종료되고, 그 동안 할당되었던 컴퓨터 자원들을 다른 프로그램이 이용할 수 있게 되돌려주는 것. 이 종료는 실행 시스템이나 프로그램 자신 또는 기계 조작자 등에 의해 이루어진다.

EXE 2 BIN **두 값화**

EXE file **실행 파일** execution file의 약어. MS-DOS 파일의 일종으로 실행 가능한 파일. 이 파일을 지정하면 프로그램이 실행된다. 파일의 확장자는 .EXE이다.

exerciser [éksərsàizər] *n*. **연습기** 소프트웨어 개발 시스템과 관련된 가장 간단한 형태로서 16진수 자판과 디스플레이로 구성되어 있다. 사용자가 프로그램을 개발하여 시험하거나 주변 장치의 인터페이스를 실행해보는 데 편리하게 되어 있다.

exhaustive search [igzɔ́ːstiv sə́ːrtʃ] **과도한 검색** 문제가 주어졌을 때 그 문제의 답을 찾아내기 위해 특별한 알고리즘을 사용하지 않고 가능한 경우를 모두 만들어 그 중 문제와 맞는 것을 답으로 하는 문제 해결 방식.

exhaustive testing [–téstiŋ] **과도한 검증** 높

은 신뢰성을 요구하는 소프트웨어를 개발할 때 만들어진 프로그램의 정확성을 검증하는 방법으로 발생할 수 있는 모든 경우의 입력과 상황에 대해 그 동작을 검사하는 것.

Exif exchange image file format의 약어. 후지필름이 발표한 디지털 카메라용의 화상 포맷. JPEG을 기반으로 해서 개량되었고, 구조의 간략화 및 촬영시의 정보를 부가할 수 있는 점 등이 특징이다.

existence dependency [igzístəns dipéndənsi(:)] **존재 의존성** 어떤 엔티티가 다른 엔티티의 존재에 의존하는 경우에 엔티티 x가 엔티티 y의 존재에 의존한다면 x는 y에 대해 존재 의존성이라 한다. 이런 경우에는 y가 삭제되면 x도 삭제되어야 한다.

existential closure [egzisténʃəl klóuʒər] **존재 폐쇄** 모든 변수가 정량자에 의해 한정되어 있지 않은 우량 형식에 대해 모든 변수를 존재 정량자에 의해 한정하도록 한 것.

existential quantifier [–kwántifàiər] **존재 정량자** 「…이 존재한다」라고 읽으며 조인(join) 연산시 존재 조건을 만족하는지를 검사하기 위해 사용된다.

existential variable [–vɛ́(:)riəbl] **존재 변수** 논리식에서 존재 정량자에 의해 한정된 변수. 존재 정량자는 논리식이 참이 되는 변수의 값이 적어도 하나 이상 존재한다는 것을 나타내므로, 논리식이 참이 되는 존재 변수의 값은 반드시 적어도 하나 이상 존재한다.

exit [égzit] *n*. **나가기, 출구** 컴퓨터로 실행되고 있는 프로그램 또는 루틴(routine)으로부터 빠져나오거나 어떤 조작 환경으로부터 개발되는 것을 표시하는 단어. 이때 컴퓨터의 제어는 수행하고 있던 프로그램, 루틴 등에서 시스템 혹은 메인 루틴(main routine) 등으로 옮겨진다. 또 프로그램 내에서 명령어로서 「exit」가 사용되는 경우가 많다. 이 경우 「exit」를 타이프하면 프로그램 실행이 중단되며 시스템으로 제어가 되돌아온다. 「exit」와 같은 명령어로서 「bye」, 「system」이 사용되는 경우도 있다.

exit address [–ədrés] **출구 어드레스**

exit list [–líst] **EXLST, 출구 리스트**

exit macro-instruction [–mǽkrou instrʌ́kʃən] **출구 매크로 명령** 모든 응용 프로그램의 마지막에 있는 매크로 명령. 이 명령에 따라 사용된 기억 영역의 각 블록이나 정보 보존 블록이 해방되고, 다른 프로그램이 사용 가능하게 된다. 혹시 필요하면 트랜잭션(transaction)에 관련된 일반 조건도 리셋된다.

exit point [–pɔ̃int] **출구점** 처리 프로그램의 마지막 명령이 저장되어 있는 장소. 이 장소에는 관리 프로그램 처리를 끌어내기 위해 매크로 명령인 exit 매크로 명령이 저장되어 있고, 이 명령이 실행되면 처리가 전부 끝났다는 것을 나타낸다. 이 명령이 주어지면 모든 입출력 동작의 종료 후 곧바로 관리 프로그램은 해당 처리로 사용되어 모든 기억 영역을 해방한다.

exit routine [–ru:tí:n] **출구 루틴** 호출한 조건 또는 조건에 의해 임의의 루틴으로 복귀하는 루틴.

exjunction [èɡdʒʌ́ŋkʃən] *n*. **배타적 합**

EXLST 출구 리스트 exit list의 약어.

EXNOR 부정 배타적 논리합 exclusive NOR의 약어.

exogeneous variable [eksádʒənəs vɛ́(:)riəbl] **외생 변수** 시스템으로부터 독립된 변수로서 시스템에 영향을 주는 변수, 즉 시스템에 입력되는 변수.

EXOR gate 배타적 논리합 게이트 exclusive-OR gate의 약어.

expand [ikspǽnd] *v*. **확장하다, 전개하다** 시스템이나 기기의 기능, 성능을 확장하는 것. 또 어떤 사상을 관측이나 측정 등을 행하기 쉽게 하기 위해서 넓히거나 확장시키는 것. 컴퓨터 시스템에서 메모리 용량을 확장하거나 중앙 처리 장치(CPU)를 복수대로 하여 기능을 확장하는 것. 또 시스템의 기능을 확장하기 위한 회로를 구성하는 부분을 확장 포트(expansional port)라 한다. 하드웨어 기능을 확장했을 경우 이것을 효과적으로 이용하기 위하여 소프트웨어의 확장도 필요하게 된다. 따라서 하드웨어의 확장이 이루어졌을 때에는 자주 프로그램을 변경할 필요가 생긴다. 이때 확장된 하드웨어를 제어하기 위하여 새롭게 추가된 명령을 확장 명령이라고 한다.

expandability [ikspændəbíliti(:)] *n*. **확장성, 확대성** 컴퓨터 시스템에서 나중에 필요한 기능을 덧붙여 기능을 향상시킬 수 있는 능력.

expandable [ikspǽndəbl] *a*. **확장 가능한, 확장 가능**

Expand Book 익스팬드 북 미국 보이저 사가 추진하고 있는 매킨토시 PC용의 전자 출판업. 플로피 디스크나 CD-ROM을 매체로 하여 문자, 정지 화상, 음성 또는 QuickTime에 의한 애니메이션 등을 이용한 전자 출판 타이틀을 비교적 간단하게 조작할 수 있다.

expanded memory [ikspǽndəd méməri(:)] **확장 기억 장치** IBM-PC의 MS-DOS에서 기계에 내장된 기억 장치 용량을 확장시키기 위해 추가로 설치하는 기억 장치. 최대 16MB까지 확장이 가능하다.

expanded order [–ɔ́ːrdər] **확장 명령**

expanded RAM 확장 RAM 대용량의 데이터를 수록하여 축적하거나 데이터를 판독할 때 쓰인다.

expanded RAM board 확장 RAM 기판 기본적인 램에 또다른 램을 보드에 추가함으로써 램의 기능이 확장된다.

〈확장 RAM 기판〉

expanded RAM card 확장 RAM 카드 주로 노트북용 RAM 증설용으로 PCMCIA 형식의 플래시 메모리를 일컫는다.

expander [ikspǽndər] *n.* **확장기, 신장기** 일정 진폭 영역 내의 입력 전압에 대해서 진폭 영역이 더 넓은 출력 전압을 만들어내는 변환기.

expander board [–bɔ́ːrd] **확장 회로판** 사용자가 시스템을 확장할 수 있도록 회로를 더 추가할 수 있게 만들어진 회로 기판.

expander circuit [–sə́ːrkit] **확장 회로** 결합한 회로의 기능을 바꾸지 않고도 결합한 회로의 입력수를 증가시킨 것과 같은 효과를 얻을 수 있는 부가 회로.

expanding[ikspǽndiŋ] **압축 해제** 데이터의 압축 해제. 압축되었던 데이터를 원래의 용량으로 되돌리는 것. 일반적으로는 extract라는 용어가 사용된다.

expansion [ikspǽnʃən] *n.* **확장, 발전** 「종류」, 「양」, 「개수」 등을 늘린다는 의미로 다음과 같은 경우에 쓰인다. (1) 주기억 장치(main storage)의 용량을 메모리 기판(memory board)을 추가하여 증가시키는 것. memory expansion. (2) 어떤 프로그램 중의 데이터 영역(data area)을 확대하는 것. (3) 전개 : 과학 기술 계산 등에서 직접 계산할 수 없는 함수 등을 계산 가능한 형태로 「전개하는 것」을 expansion이라고도 한다.

expansion-adapter [–ədǽptər] **확장 어댑터**

expansional port [ikspǽnʃənəl pɔ́ːrt] **확장 포트**

expansion base [ikspǽnʃən béis] **확장 베이스**

expansion board [–bɔ́ːrd] **확장 보드** 확장 슬롯에 삽입하여 장치함으로써 본체의 기능을 높일 수 있는 주변 기기. 증설 메모리, 하드 디스크 인터페이스, 팩시밀리 보드, 확장 그래픽스 보드, CPIB 인터페이스 보드 등 여러 종류가 있다.

expansion box [–bάks] **확장 박스** 컴퓨터 기능을 확장하는 회로로, 보통 컴퓨터 본체 외부에 설치된다.

expansion bus[–bʌ́s] **확장 버스** 기능 확장용 보드 등을 위해 마련된 버스.

expansion card [–kάːrd] **확장 카드** 개인용 컴퓨터에 마련되어 있는 확장 슬롯에 꽂는 카드 모양으로 생긴 회로 기판. 이것은 컴퓨터의 기억 장치 용량, 처리 속도, 화면 출력, 새로운 주변 장치 등 각종 기능을 확장시키는 역할을 한다.

〈확장 카드〉

expansion chassis [–ʃǽsi(ː)] **확장 섀시** IBM-PC가 하드 디스크를 지원하도록 디자인된 본체.

expansion feature [–fíːtʃər] **확장 기구**

expansion into continued fraction [–íntə kəntínjuːd frǽkʃən] **연분수(連分數) 전개** 함수항 연분수를 함수의 근사로서 사용하는 방법. 무한 연분수가 아니라 유한 연분수로 끊어내어 근사하므로 결국 유리 함수 근사의 한 방법이다. 간혹 지수 함수 계산에 사용된다.

expansion I/O box 확장 I/O 박스 접속 가능한 주변 기기를 늘리는 것을 목적으로 컴퓨터의 외부에 설치한 I/O 장치.

expansion of edit word [–əv édit wə́ːrd] **편집 단어 확장부**

expansion RAM board 증설 RAM 보드 퍼스널 컴퓨터의 주기억 용량을 증가시키기 위해 본체의 기반(基盤)에 추가할 수 있도록 만들어진 램 보드.

expansion slot [–slάt] **확장 슬롯** 퍼스널 컴퓨터에 증설 램(RMA) 보드나 외부 인터페이스 카드를 접속하기 위한 콘센트. 카드를 받치는 레일과 전기적으로 결합시키기 위한 커넥터로 되어 있다. 범용성이 높은 퍼스널 컴퓨터에 처음부터 모든 것을 커버하는 인터페이스를 다는 것은 낭비이기 때문에 본체에는 표준적인 기능을 장비하고, 필요에 따라 후에 액세서리를 첨가할 수 있게 한 것이다.

〈확장 슬롯〉

expansion stage [–stéidʒ] **전개 단계**

expansion unit [–júːnit] **증설 기구** 컴퓨터의 기능을 확장시키기 위해 주회로 기판과 슬롯이나 버스를 통해 연결되는 회로 기판. 확장 카드와 비슷하지만 카드가 비교적 소형인 데 비해 이것은 대개 주회로 기판과 맞먹을 정도로 크고 복잡한 회로 기판인 경우가 많다.

expectation [èkspektéiʃən] *n.* **기대값, 예측**

expectation-driven learning [–drívən lə́ːrniŋ] **기대 학습** 학습자는 계획하고 기대되지 않는 결과를 수정하기 위해서 계획된 실행을 감시하고, 수정할 수 있는 요소들을 필요로 한다. 잘못된 생각을 수정하는 방법으로는 retraction, exclusion, avoidance, assurance, inclusion 등의 방법이 있다. 행동의 결과를 예측할 수 있는 이론을 바탕으로 삼고 있으며, 데이터로 이론을 확신할 수 없을 때는 그 이론을 수정할 수 있는 특별한 방법들이 제시되는데, 그 이론을 형성시킨 조건을 제한하거나 이론의 예측을 약화시키는 방법이 있다.

expected completion time [ikspéktəd kəmplíːʃən táim] **예정 완성 시간** 자연적인 일수나 시간으로 표현되는 것으로 특정 단계까지 완료되는 데 소요되는 예정 활동 시간을 가산한 것.

expected value [–vǽljuː] **기대값**

expedite [ékspədàit] *v.* **촉진하다**

expedited data unit [ékspədàitəd déitə júːnit] **우선 순서 데이터 단위** 데이터 전송 네트워크에서 긴급을 요하는 전문 또는 짧은 메시지의 신속한 전송을 위해 다른 정상적인 메시지보다 높은 우선 순위를 부여한 데이터.

expedited delivery[–dilívəri] **긴급 배송** expedite는 비즈니스 등의 처리를 빠르게 한다는 의미. 긴급 배송은 어떤 네트워크의 프로토콜이 다른 층의 프로토콜에 액세스함으로써 지정된 데이터나 파일의 처리 순위를 올린다.

experiment [ikspérimənt] *n.* **실험**

experimental design [iksperiméntəl dizáin] **실험 계획, 실험 설계** 영국의 수학자 피셔(Fisher)가 창시한 통계학의 한 분야로 실측값 x를 변수 X의 실험값이라 하고 실험 조건의 변화에 대응하여 확률 변수 X의 내부 구조를 밝히려고 할 때 실측값 x를 통해서 X의 내부 구조를 미리 분석해보는 것.

expert [ékspəːrt] *n.* **전문가, 엑스퍼트**

expert data base system [–déitə béis sístəm] **전문가 데이터 베이스 시스템** 전문가 시스템과 데이터 베이스 관리 시스템(DBMS)을 통합한 시스템으로, 공유되는 정보는 지식에 기반을 두고 처리해줄 필요가 있는 응용 분야에 사용된다.

expertise acquisition [èkspəːrtíːz ækwizíʃən] **전문 지식 습득** 지식 습득이 새로운 정보를 학습하고 습득된 정보를 효율적으로 사용할 수 있는 능력과 결부시켜 정의된다. 작업을 수행하는 데 있어 지적인 면이 부각되면 지식 습득을 선호하게 되는데, 지식 습득은 추론적 학습의 결과로서 전문가를 위한 지식 베이스 구성을 자동으로 수행하는 데 활용할 수 있으며 진단 시스템에서는 진단 규칙을 필요로 하게 된다.

expert system [ékspəːrt sístəm] **전문가 시스템** 전문가 시스템이란 전문가가 지닌 전문 지식과 경험, 노하우 등을 컴퓨터에 축적하여 전문가와 동일한 또는 그 이상의 문제 해결 능력을 가질 수 있도록 만들어진 시스템이라고 정의할 수 있다. 그리고 전문가의 지식을 컴퓨터에 축적하고, 다루어 나가려고 한다면 어떠한 방법으로 하면 좋은가 등을 연구하는 것을 지식 공학이라고 하며, 대화 등의 방법을 통하여 전문가의 지식을 컴퓨터에 체계적으로 수록하고 관리, 수정, 보완함으로써 그 시스템의 효율성을 향상시켜 나가는 사람을 지식 기술자(knowledge engineer)라고 한다. 그리고 그 지식을 축적해놓은 것을 지식 베이스(knowledge base)라고 하는데, 우리가 흔히 말하는 데이터 베이스에 해당되는 개념이다. 전문가 시스템이란 먼저 대상이 되

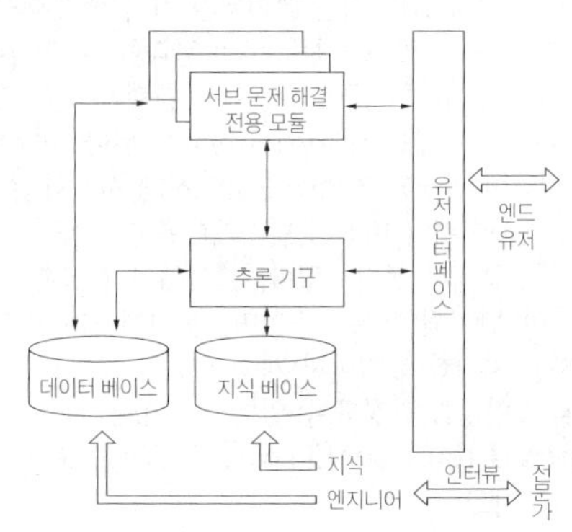

는 문제의 특성을 기술하고, 지식을 표현하는 기본 개념의 파악, 지식의 조직화를 위한 구조 결정 단계를 거쳐 구체화된 지식의 표현과 성능 평가를 하는 과정을 거쳐서 이루어진다. 전문가 시스템은 의료 진단, 설비의 고장 진단, 주식 투자 판단, 생산 일정 계획 수립, 자동차 고장 진단, 효과적 직무 배치, 자재 구매 일정, 경영 계획 분야 등을 비롯한 인간의 지적 능력을 필요로 하는 분야에 적용되고 있다.

expiration [èkspiréiʃən] *n.* **만료** (1) 어떤 정보나 데이터의 보존 연한, 비밀 유지 연한 등이 끝나 데이터의 파기나 공개가 이루어지는 것. (2) 어떤 정해진 기간 계약하여 사용하는 소프트웨어나 시스템의 계약 기간이 끝나는 것.

expiration check [–tʃék] **기한 만료 검사** 소정의 날짜를 만료 날짜와 비교하는 것. 예컨대, 레코드 또는 파일의 기한 만료 검사.

expiration date [–déit] **만료일, 만료 날짜** 데이터 관리에 있어서 데이터 세트(파일)의 보존이 해제되는 날짜. 만료일이 될 때까지는 그 데이터 세트(파일)에 대하여 삭제를 지정하여도 무효가 된다. 이 데이터 관리는 OS(operation system)가 행한다. 예를 들면, 자기 테이프 등에서는 만료일 검사(expiration date check)가 행해지게 되며, 만료일에 도달하지 않으면 그 테이프는 아직 보존해야만 하므로 다른 테이프를 세트하도록 지시가 내려진다.

expire [ikspáiər] *v.* **만기가 되다** (1) 유효 기한이 끝난 파일 상태를 표시한다. (2) 데이터 베이스 시스템(data base system)에는 신문 내용과 같은 광범위한 데이터를 수집하게 된다. 이러한 경우에는 대단히 많은 데이터를 수집(collect)하여 기억해둘 기억 장치가 필요하게 된다. 그러나 이 기억 장치의 용량에는 한도가 있으며, 또한 이 데이터 베이스 상에서 정보를 검색할 경우에 대량의 데이터가 존재하면 검색 속도가 대단히 느려지게 된다. 그러므로 어느 정도 기억 장치의 용량을 제어한 데이터 베이스를 구축할 필요가 있다. 그래서 데이터 베이스를 관리하는 시스템에서는 데이터를 기억 장치에 등록할 때 그 등록 일시도 등록하여 관리한다. 그 후 일정 기간이 경과한 데이터는 이용 횟수가 많은 것을 제외하면, 이것을 배제(expire)하게 된다. 이 조작에 의하여 한정된 기억량을 유효하게 사용할 수 있다. (3) 셰어웨어 버전의 넷스케이프를 사용할 때와 옵션 항목에서 볼 수 있다. 셰어웨어의 경우 사용 기간이 만기되었다는 뜻이며, 옵션에서는 링크된 문자를 처리함에 있어서 계속 사용할 것인지, 만기시킬 것인지를 결정할 수 있다. ⇨ shareware

expired data set [ikspáiərd déitə sét] **만기 데이터 세트**

expireware [ikspáiərwὲər] **익스파이어웨어** 상용 프로그램의 데모 버전이나 셰어웨어 등과 같이 만기 또는 사용 제한 횟수나 날짜가 정해져 있는 소프트웨어. 지정된 사용 횟수나 기한이 지나면 자동적으로 프로그램 실행이 중단된다.

explanation based learning [èksplənéiʃən béist lə́ːrniŋ] **설명 기초 학습** 일반화 과정에서 필요한 예들 가운데 긍정적인 예로 판단된 예가 학습된 개념의 예가 될 수 있는 이유를 설명해서 학습을 진행하는 방법.

explicit [iksplísit] *a.* **명시의, 명시적인** 어떤 일이 명확히 표시되어 있는 모양. 또 강조해야 할 것을 구체적으로 기술함으로써 부상(浮上)시키는 것.

explicit address [–ədrés] **명시 어드레스** 두 개의 절대식으로 정의되는 주소. 하나의 식은 변위의 값을 주며, 양쪽의 값이 목적 코드 중 하나의 기계어 명령으로 어셈블된다.

explicit addressing [–ədrésiŋ] **명시 어드레스 지정, 명시 주소 지정** 원시 언어로서 어셈블리 언어(assembly language)를 사용했을 경우 메모리 어드레스를 지정할 때 특정 문자열에 이 어드레스 수치를 주고, 어드레스 대신에 이 문자열을 사용하는 것이 보통이며, 이때의 어드레스 지정 방법을 암시 어드레스 지정(implied addressing)이라고 한다. 한편 직접 프로그램 상에서 어드레스를 지정하는 방법을 명시 어드레스 지정이라 하며, 이때에는 문자열을 매체로 하여 어드레스를 인도하거나 또는 인도하지 않는다.

explicit control [–kəntróul] **명시 제어**

explicit declaration [–dèkləréiʃən] **명시적 선언** 프로그램 중에서 변수(variable)나 배열(array) 등의 속성과 범위를 명시적으로 선언하는 것.

explicitly addressed operand [iksplísitli(ː) ədrést ápərænd] **명시 어드레스 지정 오퍼랜드**

explicit mode [iksplísit móud] **명시 모드**

explicit opening [–óupəniŋ] **명시하여 개방하는 것**

explicit route [–rúːt] **명시 경로** 컴퓨터 네트워크에서 데이터 전송을 위해 송신국과 수신국을 연결하는 가상적 경로를 실제 양 지국 사이에 사용 가능한 전송 회선들의 순서로 나열한 경로.

explicit typing [–táipiŋ] **명시적 형 선언**

explicit vs. implicit knowledge representation [–və́ːrsəs implísit nálidʒ reprizentéiʃən] **명시 대 암시적 지식 표현** 명시적 방법은 프로그래머가 외부적으로 지닌 표현 방법을 알 수 있기 때문에 시스템은 그 지식에의 직접 접근이 가능하다. 또 암시적 방법은 주로 지식이 내장되어 있으므로 그 자신의 처리를 프로그래머는 하지 않고 시스템이 내부적으로 작동한다. 예를 들어, 운영 체제에서 우선 순위 큐는 명시적, 작업 스케줄링은 암시적 표현이다.

exploded view [iksplóudəd vjúː] **분해도** 물체를 구성하는 각 부품을 분해하여 각 부품의 위치로서 그 사이의 관계를 표시한 그림.

exploratory data analysis [iksplɔ́ːrətɔ(ː)ri(ː) déitə ənǽlisis] **EDA, 탐구 데이터 분석**

exploratory method [–méθəd] **탐색법** 시스템을 수학 모델로 기술하여 그 최적 답을 구하기 위한 일반적 방법. 시스템 모델은 등식 혹은 부등식의 구속 조건을 가진 경우가 많으므로 이것을 구속 조건이 없는 최적화 문제로 변환한 다음 변수를 몇 개의 격자점으로 분할하여 각각 점에 따른 평가 함수값을 비교해서 최적의 점을 택한다. 이 방법은 변수가 많으면 격자점 수가 급속히 증가해서 계산량이 커지지만 격자점을 끝에서 계산하지 않고 랜덤하게 택하면 비교적 적은 계산으로 최적점을 구할 수 있다.

explorer [iksplɔ́ːrər] **익스플로러** 원래는 "탐사한다, 조사한다"라는 뜻이지만 인터넷에서는 정보의 바다를 찾아다닐 때 사용하는 단어이다. 또 exploration이나 exploring도 같은 의미로 사용된다.

explorer bar [–bɑːr] **익스플로러 바** 윈도 98과 인터넷 익스플로러(4.0부터) 상의 도구 모음의 하나. 이력, 검색 등에서 하나만을 선택해서 윈도 상에 표시해둘 수 있다.

explosion [iksplóuʒən] *n*. **전개** 부품을 조립하여 완제품을 생산하는 과정에서 필요한 구성 부품의 종류와 수량을 효율적으로 구하기 위한 방법. 생산 계획을 입력하고 이것을 기억 장치에 있는 부품표와 비교하면서 자재 계획을 출력한다. 이 방법에는 분석법과 종합법 및 각각에 대응하는 부품표의 작성법이 있다.

explosion proof [–prúːf] **방폭형** 폭발하지 않도록 또 폭발시키지 않도록 설계된 장치의 구조(형식).

exponent [ikspóunənt] *n*. **지수** 부동 소수점 표시에서 표현되는 실수를 결정하기 위해서 고정 소수점부의 곱셈에 앞서 암시적으로 정해진 부동 소수점 기저에 거듭제곱해야 할 수의 표시. 부동 소수점 표시 $f \times b^e$에서의 e의 값을 exponent라 한다. b의 e제곱 부분을 지수부(characteristic)라 한다. 또 b는 기수(base ; 基數), f는 소수부(fraction) 또는 가수(mantissa ; 假數)라 한다.

exponent character [–kǽrəktər] **지수 문자**

exponential [èkspounénʃəl] *a*. **지수의, 지수적** 어떤 양의 변화가 지수 함수로 나타날 때를 가리키는 말.

exponential algorithm [–ǽlgəriðm] **지수 알고리즘** 시간 계산량이 지수 함수의 차수로 되어 있는 알고리즘. 다항식 알고리즘보다도 압도적으로 시간 계산량이 많기 때문에 입력 데이터량이 작을 때만 가능하다.

exponential curve [–kɔ́ːrv] **지수 곡선** 곡선이 지수 함수적으로 나타나는 것.

exponential distribution [–dìstribjúːʃən] **지수 분포** 확률 분포의 하나로 다음과 같은 확률 밀도를 가진다.

$$f(x) = \frac{f}{c} e^{-x/c}$$

지수 분포의 평균은 c이고 분산은 c^2이다. 지수 분포는 어떤 사건이 일어나는 시간 간격의 분포와 관계가 있으며 큐잉 이론 등에서 중요하게 사용된다.

exponential function [–fʌ́ŋkʃən] **지수 함수** 미분해도 바뀌지 않는 함수. $df/dx=f$를 자연 대수 e를 밑으로 하는 함수를 지수 함수라 하며, e^x 또는 exp(x)라고 쓴다.

exponential growth [–gróuθ] **지수적 성장** 수치 계산에서 생기는 오차가 계산 단계에 따라 지수적으로 급격히 증가하는 현상.

exponentially bounded algorithm [èkspounénʃəli báundəd ǽlgəriðm] **지수 경계 알고리즘**

exponential pulse [èkspounénʃəl pʌ́ls] **지수 펄스** 파형의 상승 구간과 하강 구간의 한쪽 또는 양쪽이 곡선모양을 하는 펄스.

exponential smoothing [–smúːðiŋ] **지수 평활법** 정기 발주법 재고 관리의 수요 예측을 행할 때의 수요량 추정 등에 사용되는 수법. 과거 수요 측정값을 최근 실적으로 수정해서 이것을 새로운 수요 추정값으로 하려는 것.

exponential time algorithm [–táim ǽlgəriðm] **지수 시간 알고리즘** 시간 복잡도가 입력 데이터의 개수에 대한 지수식으로 표현되는 알고리즘.

exponential waveform [–wéivfɔ̀ːrm] **지수 파형**

exponentiate [ekspóunənteit] *v*. **거듭제곱하다** 거듭제곱을 취하는 것. 또는 지수 함수를 구하는 것. 밑이 자연 대수의 밑 e(2.72)로, 이것을 n제곱할 때, exp(n)이라 표기하고, 이것을 지수 함수(exponential function)라고 한다. 이 지수 함수의 제곱, 세제곱 … 의 산술 결과는 급격히 값이 증가하므로 이와 같은 급격히 수가 증가하는 모양을 「지수적으로」 증가한다고 표현하는 경우가 있으며, 고급 언어(high level language)의 하나인 FORTRAN에서는 이 지수 함수의 표현으로 x의 y제곱이라 했을 경우, $x**y$라고 기술한다.

exponentiation [èkspounəntéiʃən] *n.* **지수화, 거듭제곱, 지수성** 미리 선정한 인수에 의해 기저수의 증가를 나타내는 수학적 조작.

exponent in a floating-point representation [ikspóunənt in ə flóutiŋ pɔ́int rèprizentéiʃən] **부동 소수점 표시의 지수**

exponent modifier [–mádifàiər] **지수 수정자**

exponent overflow [–òuvərflóu] **지수 오버플로** 부동 소수점 연산에서 덧셈·곱셈에 의해 표현할 수 없을 정도로 절대값이 큰 수가 되는 것.

exponent overflow exception [–ikséspʃən] **지수 오버플로 예외**

exponent part [–pá:rt] **지수부** 부동 소수점 방식의 수치에 N을 $N=M \cdot E^p$로 표현했을 때 p를 지수부라고 한다.

exponent part format [–fɔ́:rmæt] **지수부의 서식**

exponent underflow [–ʌ̀ndərflóu] **지수 언더플로** 부동 소수점 연산에서 표현할 수 없을 정도로 절대값이 작은 수가 되는 것.

exponent underflow exception [–iksépʃən] **지수 언더플로 예외** 프로그램의 실행중 부동소수점의 가감승제 계산 결과 지수부가 플러스의 값으로 표현할 수 있는 값을 넘었을 때 발생되는 인터럽트 요인의 일종을 뜻한다.

export [ikspɔ́:rt] **보내기** (1) 특별한 형식의 데이터를 사용하는 프로그램이 자신의 데이터를 다른 프로그램이 사용할 수 있는 형태로 디스크 등에 저장하는 것. 예컨대, 데이터 베이스 프로그램의 데이터 레코드들을 아스키 텍스트 파일로 디스크에 저장한 다음 스프레드시트로 그것을 읽어서 처리할 수 있다. (2) Modula-2 언어에서 한 모듈에서 정의된 변수, 상수, 타입, 프로시저들을 다른 모듈에서 사용할 수 있도록 허용하는 절차.

export definition [–dèfiníʃən] **엑스포트 정의** Ada나 Modula-2 언어에서 임의의 모듈이 외부에서 사용된 모듈을 정의하기 위해 모듈 이름과 변수를 선언하는 선언문의 일종.

express [iksprés] *v.* **표현하다, 표시되다** 어떤 일을 몇 개의 형식으로 표현하는 것. 또 기호나 숫자로 수식을 표현한 것. 예를 들면, 프로그램은 명령어 코드(instruction code)의 조합으로 구성하여 표현된다. 이 경우 각 명령어 코드에는 각각에 대응하는 컴퓨터의 실행 동작이 있고, 명령어 코드는 그들 동작을 단순히 코드 형식으로 표현한 것이다. 컴퓨터의 연산에 있어서 수식이나 논리식은 각각 특유의 기호를 써서 표현된다. 예를 들어, 덧셈은「+」, 뺄셈은「−」, 곱셈은「*」, 나눗셈은「/」, 또 논리곱은 AND, 논리합은 OR, 부정은 NOT으로 표시한다.

expression [ikspréʃən] *n.* **식** 논리 동작이나 연산 동작을 프로그래밍 언어로 쓸 때의 표현식. 하나 또는 다수의 오퍼레이션 조합을 지시하는 것으로, 동일한 기종에 적용하는 데도 프로그래밍 언어에 따라 다른 것이 보통이다. 넓은 의미로는「표현」이라는 의미를 가지며, 좁은 의미로는 어떤 값을 계산하는 프로그램의 일부를 가리키기도 한다. 또 프로그래밍 언어에서「식」이라고 할 경우에는 기본적인 구문 요소와 연산(operation)을 조합시킨 문법 단위를 가리킨다. 보통 프로그래밍 언어마다「의미」와「작성법」이 정의되어 있다. (1) 예를 들면, 기호 표현(symbolic expression), 논리식(logical expression)과 같이 표기법의 성질을 표시하는 데 흔히 사용된다. (2) 수학적인 계산식의 의미로 사용되는 경우도 있다. 예를 들면, $a \times (b+2)$는 하나의 식이다. 이 식은 FORTRAN으로도 COBOL로도 표현할 수 있다. 그러나 COBOL의 경우에는 (2)에 표시한 바와 같은 엄밀한 의미에서의 식(expression)이라는 용어는 존재하지 않는다. (3) 프로그래밍 언어의 구문 요소로서의 식은 각 프로그래밍 언어마다 각각 다르다. BNF(Backus-Naur form) 등에서 엄밀히 정의되어 있다.

expression constant [–kánstənt] **수식 상수**

expression evaluation [–ivæljuéiʃən] **수식 평가** 수식을 수행하기 위해서 필요한 코드를 생성할 때 연산 순서를 계층적으로 나타내기 위해 수식을 트리(tree) 구조로 표현한 것.

expressive power [iksprésiv páuər] **표현 능력** 어떤 프로그래밍 구조나 언어가 주어진 문제를 표현할 수 있는 능력.

extend [iksténd] *v.* **확장하다** 시스템을 하드웨어적, 소프트웨어적으로 기능을 확장하고 성능의 향상을 꾀하는 것. 형용사 extended의 형태로 흔히 쓰인다.

extendability [ikstèndəbíliti(:)] **확장성** 확장 메모리, 확장용 보드 등을 추가할 수 있는 여지. 확장 슬롯, 주변 기기가 풍부할수록「확장성이 높다」고 한다.

extended [iksténdəd] *a.* **확장된** 확장 기능이 이루어진 시스템, 장치 등을 형용한다.

extended addressing [–ədrésiŋ] **확장 어드레스 지정** 보통 1명령이며 액세스 가능한 범위를 넘는 메모리 영역을 액세스하기 위한 어드레스 지정 방법을 표시한다. 명령어 코드에 계속되는 2~3바이트로 그 명령을 실행하는 어드레스를 지정할 수 있다. 이 경우, 이 명령이 존재하는 위치에는 관계없이 목적 어드레스를 지정할 수 있으므로 절대 어드레스 지정(absolute addressing)이라고도 한다.

extended addressing mode [–móud] **확장 어드레스 모드**

extended architecture [–ɑ́ːrkitèktʃər] **확장 구조**

extended area service [–ɛ́(ː)riə sə́ːrvis] **확장 구역 서비스**

extended arithmetic [–əríθmətik] **확산 연산** (1) 배정도의 부동 소수점 연산을 이용해 더욱 정밀한 계산을 하는 것. (2) 삼각 함수나 지수 함수 등의 초월 함수를 계산할 수 있는 패키지.

extended arithmetic element [–éləmənt] **확장 연산 소자** 중앙 처리 장치(CPU)의 보조용으로 만들어진 수치 연산용 IC이며, 하드웨어적으로 곱셈 · 나눗셈 등을 고속으로 할 수 있다. CPU에 이것을 부가함으로써 수 배 내지 수십 배의 속도로 수치 계산이 가능하게 된다. 이것을 수치 연산 프로세서 혹은 코프로세서(coprocessor)라 한다.

extended assembly system [–əsémbli(ː) sístəm] **확장 어셈블리 시스템**

extended binary-coded decimal interchange code [–báinəri kóudəd désiməl ìntərtʃéindʒ kóud] **EBCDIC, 확장 2진화 10진 변환 코드**

extended BNF **EBNF, 확장 BNF** John Backus에 의해 구조적으로 정의된 BNF 문법을 좀더 융통성 있게 확장한 것.

extended board [–bɔ́ːrd] **확장판, 확장 보드** 컴퓨터의 기능이나 성능을 향상시키기 위해 확장 슬롯에 추가적으로 장착되는 기판. 대표적인 것으로 사운드 기판, 그래픽 기판, SCSI 인터페이스, 각종 계측, 특수 연산(DSP) 등이 있다.

extended byte multiplexer channel [–báit mʌ́ltiplèksər tʃǽnəl] **확장 바이트 멀티플렉서 채널**

extended channel [–tʃǽnəl] **확장 채널 기구**

extended character punching [–kǽrəktər pʌ́ntʃiŋ] **확장 문자 천공**

extended character reading [–ríːdiŋ] **확장 문자 판독 기구**

extended circular image [–sə́ːrkjulər ímidʒ] **확장 원형 영상** 3차원 물체를 둔 방향에 따라 변화하지 않게 표현할 수 있는 표현 방법 중 하나인 3차원의 확장 가우시안 표현법을 2차원에 적용시켜 평면상의 곡선을 위치에 무관하게 표현하기 위해 사용되는 영상 표현법.

extended COBOL 61 **확장 코볼 61** 1962년에 발표된 COBOL 언어의 개정판. 분류나 보고서 작성 기능이 포함된다. COBOL 언어의 기초 부분을 확장한 것으로, 사무용 언어의 실용성을 실증하여 세계에 널리 보급되었다.

extended common service area [–kɑ́mən sə́ːrvis ɛ́(ː)riə] **확장 공통 서비스 영역**

extended control [–kəntróul] **확장 제어** 기본적인 제어에 또 다른 제어 기능을 추가시켜 확장한 제어.

extended control mode [–móud] **EC mode, 확장 제어 모드**

extended control program support [–próugræm səpɔ́ːrt] **확장 제어 프로그램 보조**

extended cursor control [–kə́ːrsər kəntróul] **확장 커서 제어**

extended definition television [–dèfiníʃən téləviʒən] ⇨ EDTV

extended direct control [–dirékt kəntróul] **확장 직접 제어**

extended distance repeater [–dístəns ripíːtər] **확장 거리 중계기**

extended dynamic address translation [–dainǽmik ədrés trænsléiʃən] **확장 동적 어드레스 번역**

extended fixed link pack area [–fíkst líŋk pǽk ɛ́(ː)riə] **확장 고정 연결 팩 영역**

extended format [–fɔ́ːrmæt] **확장 형식**

extended group coded recording [–grúːp kóudəd rikɔ́ːrdiŋ] **확장 그룹 코드화 기록 방식**

extended index [–índeks] **확장 인덱스**

extended industry standard architecture [–índəstri stǽndərd ɑ́ːrkitèktʃər] **확장 기술 표준 구조** 논리적 구조의 요소로서 워드 길이 번지 방법 사용의 데이터 형식. 착오 제어 방식, OS 개입 또는 중단 방식, 액세스 방식, 착오 제어 방식 등이 있다. 이들 전체 기구의 사고 방식이 아키텍처이다.

extended input/output system [–ínpùt áutpùt sístəm] **확장 입출력 시스템**

extended interface [–íntərfèis] **확장 인터페이스** 1회에 전송할 수 있는 데이터량이 2바이트 이상인 것을 바이트의 기본 인터페이스에 대해 확장 인터페이스라고 한다.

extended least recently used method [–líːst ríːsəntli(ː) júːzd méθəd] **확장 LRU 방법**

extended light source [–láit sɔ́ːrs] **확장 광원** 대기중에서와 같이 모든 방향에서 빛이 존재하는 경우.

extended local system queue area [–lóukəl sístəm kjúː ɛ́(ː)riə] **확장 지역 시스템 큐 영역**

extended LRU method 확장 LRU 방법

extended machine instruction [–məʃíːn instrʌ́kʃən] 확장 기계 명령

extended memory [–méməri(ː)] 연장 기억 장치 IBM-PC AT에서 IBM-PC가 원래 가지는 1MB의 기억 영역의 위쪽에 있는 기억 장치로 IBM-PC AT의 80286 CPU가 보호 모드에서 주로 사용하는 것. 이것은 소위 EMS라고 하는 확장 기억 장치와 구별하기 위해 연장 기억 장치라고 한다.

extended memory board [–bɔ́ːrd] 확장 메모리판 퍼스널 컴퓨터 본체에 있는 확장용 슬롯에 삽입함으로써 컴퓨터 본체의 메모리를 확장할 수 있는 기판. 슬롯(slot)에는 클록(clock), 어드레스 신호, 데이터 신호, 리셋(reset) 등의 각 신호가 있으며, 확장 기판이라는 접속 커넥터에 접속된다.

extended memory specification [–spèsifikéiʃən] 확장 기억 장치 명세 확장 메모리에 판이 부착되어 있는 각각의 기억 장치들의 이름.

extended mnemonic code [–niːmánik kóud] 확장 연상 코드

extended mode [–móud] 확장 모드 ISO(국제 표준화 기구)에서 제시한 HDLC(고수준 데이터 연결 제어) 프로토콜에서 기본 모드의 전송 제어 절차를 변형하여 용도와 기능의 확장을 도모하기 위한 모드.

extended modified link pack area [–mádifàid líŋk pǽk ɛ́(ː)riə] 확장 수정 연결 팩 영역

extended multi-file support feature [–mʌ́lti fáil səpɔ́ːrt fíːtʃər] 확장 다중 파일 지원 기능

extended nucleus [–njúːkliəs] 확장 중핵

extended pageable link pack area [–péidʒəbl líŋk pǽk ɛ́(ː)riə] 확장 페이지 가능 연결 팩 영역

extended precision [–prisíʒən] 확장 정밀도 지수 부분을 확장하여 정밀도를 높이는 것. 자심 기억 장치에 세 개의 단어를 필요로 하는 수로, 가수(mantissa) 부분의 최대 정밀도는 각 기계마다 다르나 보통 +2.147.483.647~−2.147.483.648이다.

extended precision floating point [–flóutiŋ pɔ́int] 확장 정밀도 부동 소수점

extended range of a DO statement DO 문 확장 범위

extended register [–rédʒistər] 확장 레지스터 컴퓨터에서 보통 사용되는 데이터보다 길이가 더 긴 데이터를 취급하기 위해 마련된 레지스터.

extended relational model [–riléiʃənəl mádəl] 확장된 관계 모델 RM/T라고 하며, E.F. Codd가 제안한 것으로 현실 세계를 엔티티들로 모델링하여 엔티티들은 일반적인 n항 릴레이션의 특별한 형태인 E 릴레이션과 P 릴레이션으로 표현된다.

extended search option [–sə́ːrtʃ ápʃən] 확장 탐색 옵션

extended slot [–slát] 확장 슬롯 PC에 확장 인터페이스 보드(확장용 보드)를 장착하기 위한 삽입구. 확장용 보드에는 메모리, 하드 디스크 인터페이스 보드, 비디오 보드, A/D 변환기, 윈도 가속기 보드, 사운드 보드, LAN 보드 등이 있다. 확장 슬롯의 규격(버스 규격)에는 PC-9800 시리즈의 경우 C 버스(98 버스), NESA 버스(H98), IBM PC의 경우 ISA 버스, EISA 버스, VL 버스, PCI 버스, AGP 등이 있다. 또한 이전의 매킨토시에서는 NuBus라는 독자 규격을 사용하였다. 슬롯에는 각각의 규격에 맞는 보드만 접속할 수 있다. 노트북 PC용 확장 슬롯으로는 PCMCIA 카드 슬롯이 있다.

extended source program library facility [–sɔ́ːrs próugræm láibrəri(ː) fəsíliti(ː)] 확장 원시 프로그램 라이브러리 설비

extended storage [–stɔ́ːridʒ] 확장 기억 장치

extended storage attachment [–ətǽtʃmənt] 확장 기억 장치 부착

extended subpool [–sʌ́bpùːl] 확장 서브풀

extended system queue area [–sístəm kjúː ɛ́(ː)riə] 확장 시스템 큐 영역

extended workstation controller [–wəːrkstéiʃən kəntróulər] 확장 워크스테이션 조절기

extend range of DO DO 확장 범위

extensibility [ikstènsibíliti(ː)] *n.* 확장성 컴퓨터 시스템의 하드웨어나 소프트웨어 기능의 확장이나 환경 변화에 동반된 요구 변경에 대해 하드웨어/소프트웨어가 개변하기 위한 척도.

extensible [iksténsibl] *a.* 확장 가능한, 확장 가능 기본적인 시스템에 원하는 기능을 쉽게 덧붙일 수 있음을 나타내는 말.

extensible addressing [–ədrésiŋ] 확장 가능 어드레스 지정

extensible file [–fáil] 확장 가능 파일 파일의 크기를 동적으로 변화(증가 또는 감소)시킬 수 있는 파일로 동적 파일이라고도 한다.

extensible hypertext language [–hàipərtéxt lǽŋgwidʒ] ⇨ XHTML

extensible language [–lǽŋgwidʒ] 확장 가능 언어

extensible markup language [–máːrkʌ̀p lǽŋgwidʒ] ⇨ XML

extensible style language [–stáil lǽŋgwidʒ] ⇨ XSL

extension [iksténʃən] *n*. **확장 (자)** 기기의 성능 등을 확장하거나 기능을 추가하는 것. 예를 들면, 메모리의 용량을 증가시키는 것이나 다른 옵션 기기(option equipment)를 장치하는 것. OS의 확장기 기능을 표시할 때 등에도 사용된다.

extensional data base [iksténʃənəl déitə béis] **확장 데이터 베이스** 일반적으로 연역 데이터 베이스에서 릴레이션을 정의하는 방법은 릴레이션에 대응하는 논리 프레디케이트를 만족하는 상수들의 순서쌍의 집합으로 정의하는 방법과 일반적인 규칙으로 정의하는 방법이 있다. 여기서 순서쌍은 결국 투플을 의미한다. 이러한 데이터 베이스에서 모든 릴레이션에 대한 순서쌍의 집합, 즉 투플의 집합을 확장 데이터 베이스라고 한다.

extensional first order theory [–fə́ːrst ɔ́ːrdər θíəri(ː)] **확장 1차 이론** 지식 영역의 형식화를 표준 1차 언어로 사용할 때 너무 단조롭다는 단점이 있으므로 이를 개선하고자 하는 이론.

extension code [iksténʃən kóud] **확장 코드** RPG 언어에서 파일의 시방서에 정의한 파일 정보에 대한 추가 기술이 파일 확장 시방서, 라인카운터 시방서, 원격 통신 시방서에 있는 것을 표시하는 코드를 말한다.

extension code character [–kǽrəktər] **확장 코드 문자** 다음에 오는 코드 문자들이 다른 부호법을 사용하여 해석되어야 함을 표시하도록 고안된 특정 문자.

extension field [–fíːld] **확장 필드**

extension register [–rédʒistər] **확장 레지스터**

extensions folder[–fóulder] **기능 확장 폴더** MacOS의 시스템 폴더에 있으며, 장치 드라이버나 도구류의 본체가 들어 있다. 일반적으로 설치 프로그램을 이용하여 설치한다.

extension specifications form [–spèsifikéiʃənz fɔ́ːrm] **파일 확장 명세서 용지, 파일 확장 명세서**

extension station [–stéiʃən] **부속 전화기**

extent [ikstént] *n*. **영역, 범위** 어떤 일정한 것이 점유하는 공간(space). 영역(region)의 범위. 일반적으로 메모리 영역이 데이터 세트(data set)에 의해 점유되어 있는 장소를 말한다. 또 자기 디스크(magnetic disk)나 자기 테이프(magnetic tape) 등의 기억 매체에 어떤 데이터 세트가 차지하고 있는 영역을 표시하는 경우도 있다. 이때 자기 디스크나 메모리에 점유하는 데이터 세트의 영역은 물리적으로 연속해 있지 않은 경우가 있다. 결국 이러한 경우에는 하나의 프로그램이나 루틴(routine) 등의 데이터 세트는 몇 개의 영역으로 나누어 기억되고 있다. 영역에 대한 정보로서 영역 정보나 영역 리스트가 있으나 이들은 시스템이 각 기억 장치에 어떤 데이터 세트를 할당하고 있는지, 물리적으로 어떤 장소에 할당되면 효율적으로 기억 영역을 사용할 수 있는지를 판단하는 데 유효하다.

extent information [–ìnfərméiʃən] **영역 정보** 시스템이 각 영역을 관리하기 위해서는 각 영역이 물리적으로 메모리 상의 어떤 위치에 존재하는가 등에 관한 정보.

extention [iksténʃən] *n*. **내선 전화기** (1) 동일한 회선에 접속되어 있고, 또 동일 구내에 있으나 이 전화기는 다른 장소에 있는 추가 장치이다. (2) 특정한 데이터 세트로 사용하도록 할당된 대규모 기억 장치 또는 볼륨의 물리적 장소.

extent list [ikstént líst] **영역 리스트** 각 기억 장치 안에 어떠한 영역이 존재하는가 라는 정보를 모아서 하나로 정리한 것.

extent request block [–rikwést blɑ́k] **영역 요구 블록**

exterior label [ikstí(ː)riər léibəl] **외부 레이블** 자기 테이프 릴의 바깥에 붙어 있는 이름.

exterior orientation [–ɔ̀(ː)rientéiʃən] **외부 정향** 관찰자 중심의 좌표계와 물체 중심의 좌표계를 서로 연관시키는 것.

exterior system design [–sístəm dizáin] **외부 시스템 설계** 시스템에 대한 요구와 그 환경 등 시스템 외의 사물에 관한 시스템 설계의 한 부분. 이것은 문제의 정식화로부터 시작하여 수학 모형이나 실험 계획으로 진전된다.

external [ikstə́ːrnəl] *a*. **외부의** 컴퓨터 중앙 처리 장치의 속을 내부라 하고, 그 바깥을 「외부」라 한다. 「내부」와 「외부」는 상대적인 것이기 때문에 하드웨어, 소프트웨어의 여러 가지 형태에 대하여 쓰여진다.

[주] 하나의 모듈을 초월한 유효 범위를 갖는 언어 대상물에 관한 용어. 예컨대, 모듈의 입구명은 외부적이다.

external alarm contact [–əlɑ́ːrm kɑ́ntækt] **외부 경보 접촉**

external arithmetic [–əríθmətik] **외부 연산** 컴퓨터 외부의 주변 장치나 보조 장치에서 수행되는 연산으로서 전체 문제의 일부가 될 수 있으며, 이 경우에는 인터럽트를 이용한다.

external audit [–ɔ́ːdit] **외부 감사** 정보를 생성 · 이용하는 기관 또는 조직 외부의 객관적인 공인 감사자에 의한 감사.

external auxiliary storage [–əːgzíljəri(ː)

stɔ́:ridʒ] **외부 보조 기억 장치**

external block [-blák] **외부 블록**

external bus [-bʌ́s] **외부 버스** CPU 내부의 데이터 전송에 대해서, CPU 외부에서 사용되는 버스를 일컫는 말. CPU와 다른 칩 종류나 메모리 등을 연결하는 신호로로 시스템 버스, 주소 버스, 데이터 버스 등이 있다. ⇨ expansion bus, bus, system bus

external call [-kɔ́:l] **외부 호출**

external character [-kǽrəktər] **외부 문자** 표준 장비 이외의 문자 등으로 새롭게 추가 장비하는 것.

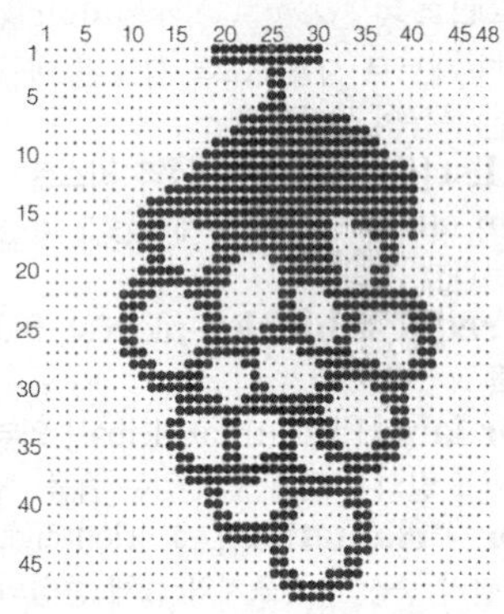

〈외부 문자〉

external character code [-kóud] **외부 문자 코드**

external character code specification [-spèsifikéiʃən] EXC, **외부 문자 코드 지정**

external character file [-fáil] **외부 문자 파일** 워드 프로세서 시스템으로 외부 문자만을 모아 놓은 파일. 미리 등록되어 있는 것도 사용자가 등록한 것도, 워드 프로세서는 이 파일을 참조해서 외부 문자를 표시하거나 출력한다. ⇨ external character

external character number [-nʌ́mbər] **외부 문자 번호**

external character processing [-prásesiŋ] **외부 문자 처리** 한글로 사용하는 문자는 매우 종류가 많기 때문에 모두 같게 입출력하는 것은 곤란하다. 이 때문에 표준적으로 사용하는 문자의 범위를 정하여(그 범위의 문자를 내부 문자라 한다) 그 범위에 들어가지 않는 문자를 외부 문자라고 한다. 외부 문자에는 입력 외부 문자와 출력 외부 문자가 있다. 입력 외부 문자는 예를 들면 태블릿 방식 입력 장치 등에서 키보드 상에 배치할 수 없는 문자를 말한다. 한편, 출력 외부 문자란 출력 장치상에 문자 패턴이 표준적으로는 장비되어 있지 않는 문자를 말한다. 출력 외부 문자에 대해서는 주변용 한자 프린터의 경우에는 중앙 처리 장치에서, 단말의 경우에는 센터에서 문자의 도트 패턴 정보를 전송하고, 출력 장치측에서 이것을 조립하여 출력하는 방법이 취해진다. 일반적으로 외부 문자 처리란 이 출력 외부 문자를 송출하기 위한 처리를 말한다.

external check [-tʃék] **외부 검사**

external clock [-klák] **외부 클록** CPU 내부의 동작 클록을 내부 클록으로 부르는 데 대해 칭하는 말. 시스템 버스 클록을 가리킨다. ⇨ internal clock, system bus clock

external command [-kəmǽnd] **외부 명령** 컴퓨터의 중앙 처리 장치는 내부, 입출력 및 기타 주변 장치를 외부라고 하는데, 하나의 모듈을 넘는 유효 범위를 갖는 언어 대상물에 관한 용어로 입출력 장치 및 주변 장치에 관한 명령어.

external/conceptual mapping [-kənséptʃuəl mǽpiŋ] **외부/개념 사상** 응용 인터페이스라고도 하는데, 어느 특정 외부 스키마와 개념 스키마 사이의 대응 관계를 정의한다. 만약 개념 스키마에 어떤 변화가 생기더라도 사상만 변경시켜 주면 외부 스키마, 즉 뷰에는 아무런 영향을 미치지 않으므로 데이터 베이스 사용자에게 논리적인 데이터 독립성을 제공한다.

external controlled storage [-kəntróuld stɔ́:ridʒ] **외부 제어 기억 장소** 외부 제어 기억 장소는 다른 프로시저에서 조회되거나 해제될 수 있다는 점에서 내부 제어 기억 장소와는 다르다. 외부 제어 기억 장소는 융통성이 있으므로 사용자는 데이터 베이스의 로킹(locking)과 언로킹(unlocking)에 관심이 있는 시스템 프로그래머와 유사한 문제에 부딪친다. 즉, 외부 제어 기억 장소는 한 프로시저가 기억 장소를 할당하면 다른 프로시저에 의해 해제될 수 있으므로 또 다른 프로시저에 의한 조회는 실패하게 된다.

external conversion [-kənvə́:rʃən] **외부 변환**

external conversion routine [-ru:tí:n] **외부 변환 루틴**

external coupling [-kʌ́pliŋ] **외부 결합** 모듈간 결합이 심각한 형태로 한 모듈이 다른 모듈 내의 요소들을 참조하고 동시에 이런 요소들이 다른 모듈에 개방되어 있는 경우.

external CPU initialization **CPU 외부 초기 설정**

external data bus [-déitə bʌ́s] **외부 데이터 버스** 마이크로컴퓨터 세트의 칩에 접속하는 공통 신호의 버스.

external DDL **외부 DDL** 외부 스키마를 표현하는 데 사용되는 데이터 부속어의 데이터 정의어 부분.

external decimal item [–désiməl áitəm] **외부 10진 항목**

external declaration [–dèkləréiʃən] **외부 정의**

external defined symbol [–difáind símbəl] **외부 정의 기호** 프로그램 모듈 안에 나타난 기호 중 모듈 안에서는 정의되지 않고 모듈과 결합된 다른 모듈에서 값(어드레스)이 주어지는 것.

external delay [–diléi] **외부 지연** 컴퓨터의 고장이 없는 상황에서 정전 등과 같이 시스템 오퍼레이터나 관리자의 제어를 넘어서서 발생하는 컴퓨터가 동작하지 못하는 시간.

external description [–diskrípʃən] **외부 기술**

external device [–diváis] **외부 장치**

external device address [–ədrés] **외부 장치 어드레스** 명령 실행중 외부 장치를 참조하는 어드레스.

external dummy section [–dʌ́mi(ː) sékʃən] **외부 더미 섹션**

external error [–érər] **외부 오류** 적재 명령을 수행중에 파일 마크를 읽거나 테이프의 마지막을 감지하는 것.

external/external mapping [–mǽpiŋ] **외부/외부 사상** 한 외부 스키마와 다른 외부 스키마 사이의 대응 관계.

external floating-point item [–flóutiŋ pɔ́int áitəm] **외부 부동 소수점 항목**

external fragmentation [–frӕ̀gmentéiʃən] **외부 단편화**

external function [–fʌ́ŋkʃən] **외부 함수**

external gate [–géit] **외부 게이트**

external hard disk [–háːrd dísk] **외부 하드 디스크** 컴퓨터의 본체 내부가 아닌 외부에 설치되는 하드 디스크. 본체에 있는 컨트롤러와 하드 디스크를 케이블로 연결한다. 케이블로 전원을 공급받는 경우도 있으나 대부분의 외장 하드 디스크는 독립 전원을 갖는다.

external hardware [–háːrdwɛ̀ər] **외부 하드웨어**

external indicator [–índikèitər] **외부 지시기**

external interrupt [–ìntərʌ́pt] **외부 인터럽트** 중앙 처리 장치(CPU) 외부의 사상(event)에 의하여 발생하는 인터럽트이며, 입출력 장치에 대하여 명령하고 있던 입출력 동작의 하나가 완료되었을 때에 발생하는 인터럽트 등을 가리킨다.

external interrupt inhibit [–inhíbit] **외부 인터럽트 금지** 프로그램의 상태를 나타내는 2배 단어에 있는 비트로서 모든 외부의 인터럽트를 허용할 것인지 금지할 것인지를 나타낸다.

external interruption [–ìntərʌ́pʃən] **외부 인터럽트** 주변 장치의 읽기와 기록에 의해서 일어나는 인터럽트. 사용자가 키보드를 누름으로써 다음 동작으로 이동하거나 RS-232C 접속 장치(interface)로부터 보내온 데이터를 수용하는 등의 외부로부터 신호가 언제 들어올지 프로그램으로는 모르기 때문에 중앙 처리 장치가 일일이 감시하지 않아도 입력이 있으면 자동으로 프로그램의 실행을 일시 중단하고 외부 입력을 조사하여 그에 알맞은 처리를 하게 한 것. ⇨ external interrupt

external I/O adapter **외부 입출력 어댑터**

external label [–léibəl] **외부 레이블** 파일 매체의 외측에 두어 보통은 기계로 판독할 수 없는 레이블. 예를 들면, 자기 테이프의 릴에 붙여진 종이 레이블 등으로 내부 레이블(internal label)과 대비된다.

external loss time [–lɔ́(ː)s táim] **외부 손실 시간** 기능 단위 외측의 장애에 기인하는 정지 시간.

externally stored program [ikstə́ːrnəli(ː) stɔ́ːrd próugræm] **외부 기억 프로그램** 초기 또는 소규모의 처리기에서 회선 기판이나 플러그 기판에 수동으로 설치한 명령어 프로그램.

external medium [ikstə́ːrnəl míːdiəm] **외부 매체**

external memory [–méməri(ː)] **외부 기억 장치** 컴퓨터에서 분리되어 있으나 컴퓨터가 받아들이는 형태로 정보를 보존하는 매체로 비휘발성이고 기억 용량이 매우 크다. 여기에는 천공 카드나 자기 테이프, 자기 디스크, 광학 디스크 등이 있다.

external memory capacity [–kəpǽsiti(ː)] **외부 기억 용량**

external memory system [–sístəm] **외부 기억 장치 시스템** 외부 기억으로서 이용되는 매체 및 이것을 동작시키는 장치. 또 최근에는 보조 기억 장치와 같은 의미로 쓰이고 자기 디스크 기억 장치 등을 포함하고 있는 예가 많이 보인다.

external memory unit [–júːnit] **외부 기억 장치**

external merge [–mə́ːrdʒ] **외부 합병** 레코드 또는 키를 기준으로 몇 개의 배열을 하나의 배열로 분류하는 방법. 대개 1회 또는 그 이상의 내부 분류 후에 이루어진다.

external message queue [–mésidʒ kjúː] **외부 메시지 큐**

external modem [–móudem] **외장형 모뎀** 케이블을 이용하여 컴퓨터 본체에 연결시킬 수 있는 모뎀. 내장형 모뎀보다 가격이 비싸다는 단점이 있으나 전송 상황을 즉시 파악할 수 있어 많은 사람들이 사용한다.

external modem interface [–íntərfèis] **외부 변복조 장치 인터페이스**

external module [–mádʒul] **외부 모듈** 프로그램의 외부에 정의된 모듈. 외부 모듈에 정의된 프로시저나 변수를 사용하기 위해서는 이들을 외부로 선언하여야 하며, 외부 모듈에 대한 참조는 연결기에 의해 해결된다.

external name [–néim] **외부명** 모든 제어 구간 또는 개별적으로 어셈블 또는 컴파일된 모듈이 참조될 수 있는 명칭. 예를 들면, 다른 모듈의 제어 구간명 또는 엔트리명 등.

external node [–nóud] **외부 노드** 2진 트리 중 차수(degree)가 0 또는 1인 노드에 첨부하는 가상적인 노드.

external observation [–àbzərvéiʃən] **외부 감시**

external page [–péidʒ] **외부 페이지**

external page address [–ədrés] **외부 페이지 어드레스** 페이지 데이터 세트 내의 페이지에 장소를 정의하는 어드레스.

external page storage [–stɔ́:ridʒ] **외부 페이지 기억 장치**

external page storage management [–mǽnidʒmənt] **외부 페이지 기억 장치 관리** OS/VS에서 외부 페이지 기억 장치를 관리하는 페이지 감시 프로그램 내의 한 루틴.

external page table [–téibəl] **외부 페이지 테이블** OS/VS2, VM/370에서 그 테이블 내의 각 외부 페이지 기억 장치 상의 장소를 식별하는 확장 페이지 테이블.

external path length [–pá:θ léŋkθ] **외부 경로 길이** 2진 트리 중 근 노드(root-node)로부터 각 외부 노드까지의 모든 경로 길이의 총칭.

external priority interrupt [–praiɔ́(:)riti(:) ìntərʌ́pt] **외부 우선 인터럽트**

external procedure [–prəsí:dʒər] **외부 프로시저** 프로그램의 외부 모듈에 정의되어 있는 프로시저로 해당 프로시저가 외부로 선언되어 있어야 사용이 가능하며, 프로그램 내부에서는 같은 이름의 프로시저가 없어야 한다. 외부 프로시저의 참조에 대한 해결은 링커에 의해 수행된다.

external program [–próugræm] **외부 프로그램**

external program method [–méθəd] **외부 프로그램 방식**

external program parameter [–pərǽmətər] **외부 프로그램 파라미터** 컴퓨터 프로그램에서 컴퓨터 프로그램을 호출할 때 설정하는 파라미터.

external record [–rékərd] **외부 레코드** 외부 뷰(view)를 구성하는 레코드를 ANSI/SPARC 용어로 외부 레코드라 하는데, 반드시 저장 레코드와 같을 필요는 없다.

external reference [–réfərəns] **EXTRN, 외부 참조** 프로그램으로 정의되지 않는 변수나 항목을 다른 프로그램에서 인용하는 것.

external register [–rédʒistər] **외부 레지스터** 처리기가 어떤 종류의 기능을 원할 때 프로그래머가 사용할 수 있는 레지스터. 프로그램에서 사용할 수 있으며 제어 기억 장치의 특정한 곳에 위치한다.

external schema [–skí:mə] **외부 스키마** 개개의 응용 입장에서 본 데이터 베이스의 일부분. 외부 스키마는 응용 프로그래머가 데이터 베이스를 바라보는 관점을 나타낸 것으로 하나의 스키마는 여러 개의 서브스키마로 나누어질 수 있다.

external searching [–sə́:rtʃiŋ] **외부 탐색** 보조 기억 공간에 저장된 파일 내의 데이터를 찾는 작업으로 파일 탐색을 의미한다.

external security [–sikjú(:)riti(:)] **외부 보안** 외부인 또는 천재 지변으로부터 컴퓨터 기재를 보호하는 것. 일단 어떤 사람이 컴퓨터 기재를 쓸 수 있게 되었다면 그 사용자의 신원을 운영 체제가 먼저 확인하고 나서 시스템의 프로그램과 데이터에 접근할 수 있게 한다. 이런 방법을 사용자 인터페이스 보안이라고 한다. 외부 보안은 시설 보안과 운용 보안으로 크게 나뉜다.

external sense and control line [–séns ənd kəntróul láin] **외부 감지 제어선** 스위치 단락, 온도의 상태, 전압의 조정 등을 중앙 처리기에 알려주는 선으로 외부 장치에 제어 신호를 보내는 데도 사용된다. 대표적인 응용으로는 원거리에 있는 신호등의 점등 및 소등, 특수 장치의 릴레이 제어 등이 있다.

external signal [–sígnəl] **외부 신호**

external signal interrupt [–ìntərʌ́pt] **외부 신호 인터럽트** 외부 장치가 프로그램을 인터럽트시키기 위해 내는 신호를 받아들여 그 장치를 위한 서브루틴의 실행을 시작시키는 기능. 이 기능이 있기 때문에 주프로그램은 외부 장치의 상태가 어떤 조건에 이를 때까지 기다리지 않고 외부 장치의 상태가 어떤 조건에 이르렀을 때 자동으로 외부 전송을 시작하게 함으로써 컴퓨터와 주변 장치 사이의 데이터와 제어 정보의 전송을 빠르게 해 준다.

external slot [–slát] **외부 슬롯** ⇨ slot

external sorting [–sɔ́:rtiŋ] **외부 정렬** 작업용으로 보조 기억 장치를 써서 주기억 영역에 데이터가 전부 수용될 수 없는 대용량 파일을 정렬하는 일. 외부 정렬은 장치의 특성에 따라 독특한 연구가 필요하나 그 기본적인 생각은 병합(併合 ; merge)이다. 특히 자기 테이프에 의한 정렬은 장치와 순차적 접근 방식이 병합에 자연스럽게 들어맞기 때문에 일반성 있는 산법(算法)이 많이 개발되어 있다.

external sort phase [–sɔ́:rt féiz] **외부 정렬 위상**

external specification [–spèsifikéiʃən] **외부 명세서** 해결하려는 문제의 분석 결과 및 작성하는 프로그램에서 처리되어야 할 일의 내용과 범위를 정의하는 문서. 이 문서는 다른 프로그램이나 하드웨어의 관련성에 대해서도 언급되어야 한다.

external statement [–stéitmənt] **외부 문장** 분리된 모듈로서 작성된 프로그램들 사이에서 다른 프로그램에서 작성된 문장을 사용하고자 할 때 외부 프로그램에서 작성된 문장들.

external storage [–stɔ́:ridʒ] **외부 기억 장치** 입출력 채널을 통해서만 컴퓨터의 액세스가 가능한 기억 장치. 내부 기억 장치(internal storage)와 대비되며, 자기 디스크, 자기 테이프 등과 같이 CPU 본체로부터 독립한 기억 장치. 주기억 장치(main storage)의 보조적 역할을 하기 때문에 보조 기억 장치라고도 한다. 컴퓨터로 처리되는 데이터나 데이터 처리를 위한 프로그램은 보통 외부 기억 장치에 기억되며, 필요에 따라서 주기억 장치에 기입되고, 처리 결과는 또 외부 기억 장치로 판독된다.

external storage protection [–prətékʃən] **외부 기억 장치 보호** 사용자의 입출력 명령들이 현재 사용중인 파일 외의 데이터를 접근하지 못하도록 하드웨어적으로 운영 체제에 제공된 외부 기억 장치 보호 방법.

external store [–stɔ́:r] **외부 기억 장치**

external subroutine [–sʌ̀bru:tí:n] **외부 서브루틴** 보고서 작성 프로그램(RPG) 등에서 외부 서브루틴이라고 하면 원시 프로그램(source program)이라는 독립적으로 생성된 프로그램을 말하며, 목적 프로그램(object program)으로부터 호출(call)할 수 있는 외부 서브루틴을 뜻한다.

external symbol [–símbəl] **외부 기호** 프로그램의 각 모듈에 있는 기호 중 자기 모듈 내에 정의되지 않은 기호.

external symbol control [–kəntróul] **외부 기호 제어**

external symbol dictionary [–díkʃənəri(:)] **ESD, 외부 기호 사전** 프로그램 내의 외부 기호를 지정하는 목적 프로그램과 관련된 제어 정보.

external symbol table [–téibəl] **외부 기호 테이블** 외부 기호에 대해 필요한 여러 정보를 저장한 기호 테이블.

external view [–vjú:] **외부 뷰** ANSI/SPARC 용어로서 각 사용자가 전체 데이터 베이스를 보는 관점.

external viewer [–vjú(:)ər] **외부 뷰어** 모자이크가 멀티미디어 정보를 하이퍼미디어화하여 검색할 수 있도록 하고 있지만 이러한 정보를 모두 자신이 처리할 수 있는 것은 아니고 서로 다른 표현 방식을 가진 정보를 사용자가 보거나 들을 수 있도록 해주는 외부 프로그램을 사용하는데, 이러한 프로그램들을 외부 뷰어라 한다. 외부 뷰어를 추가하기만 하면 어떤 정보 형태라도 모자이크에서 표현이 가능해지는 장점이 있다.

external virtual circuit [–vɔ́:rtʃuəl sɔ́:rkit] **외부 가상 회로** 단말 노드 사이의 논리적 연결을 구성할 때 이를 지원하는 하위 계층의 구성을 가상 회로이든 데이터그램이든 관계없이 두 단말 사이에 구성된 가상 회로.

extract [ikstrǽkt] *v.* **뽑아내다** 어떤 집합 중에서 목적하는 것을 골라서 빼내는 것. 지정된 데이터 영역(data region) 내에서 어떤 지정된 조건을 만족하는 데이터를 모두 골라내는 것. 또 지정된 문자열 속에서 지정된 위치, 지정된 문자를 하나도 남기지 않고 추출하는 것. 예를 들어, 프로그램 내에 특정 변수나 문자열을 골라내는 탐색(search) 명령이 있다. 탐색 명령에 의하여 특정 문자열을 조사해내고, 그 부분을 삭제하거나 다른 문자열로 치환할 수 있다.

extract function [–fʌ́ŋkʃən] **추출 기능**

extract instruction [–instrʌ́kʃən] **추출 명령** 정보의 어떤 항목에 대해 선택된 일부분의 내용을 지정된 장소에 있는 내용과 바꾸는 명령.

extraction [ikstrǽkʃən] *n.* **추출** (1) 추출 : 특정 데이터 등을 골라내는 것. (2) 압축 해제 : 데이터의 압축을 푸는 것.

extract operation [ikstrǽkt ɑ̀pəréiʃən] **추출 조작, 추출 연산** 컴퓨터 내의 추출 코드의 숫자로써 판단 조작하는 것. 추출 코드는 프로그래머에 의해 메모리에 설정되는 판단 기구로서 0과 1로 구성되는데, 코드가 1이면 데이터 숫자를 연산 장치에서 빼내고, 코드가 0이면 데이터 숫자를 0으로 바꾸어 넣는다. 예를 들면, 직원 번호와 시간 외 수당이 동일어 내에 저장되어 있는 고정 단어 길이의 기계로써 직원 번호를 분리하는 것이다.

extractor [ikstrǽktər] *n.* **추출기** 다른 기계어의 어느 부분에 작동할 것인가를 나타내는 기계어로 외부 명령의 표준이 된다.

extraneous ink [ikstréiniəs íŋk] **여분 잉크** 컴

퓨터 인쇄 출력을 할 때 인쇄된 문자 이외의 부분에 묻는 잉크.

Extranet 엑스트라넷 인터넷 및 인트라넷의 확장된 개념으로 협력업체와 공급업체 또는 업체와 고객간의 정보 공유를 목적으로 구성된 네트워크. 엑스트라넷은 기업 내부의 인트라넷을 기업 외부의 기업 또는 고객에까지 확대시킨 개념으로 기본적인 구조는 인트라넷과 비슷하며, VAN, 전자 메일, EDI, 전자 상거래, 재고 조회 등의 다양한 응용 프로그램을 운영할 수 있다.

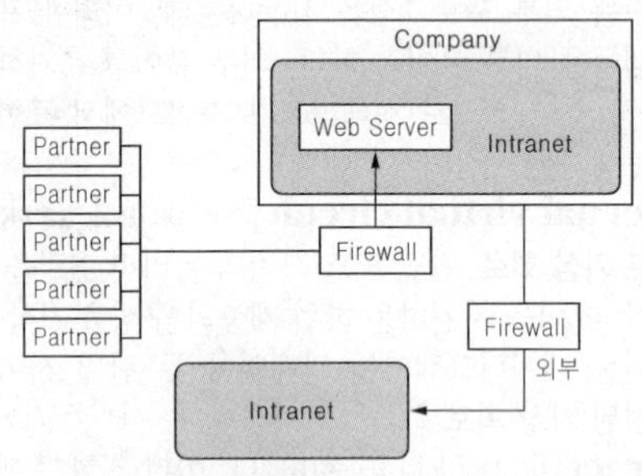

〈엑스트라넷의 구성 예〉

extrapolation [ikstræ̀pəléiʃən] *n.* **외삽(外插)** 보간법(補間法)의 일종으로서 x_1, x_2, …, x_n에 대한 함수 $f(x)$의 값으로부터 xt의 최대, 최소보다 바깥쪽에 있는 x의 값에 대한 $f(x)$ 값의 근사값을 구하는 것.

extrapolation method [-méθəd] **외삽법(外插法)** 일반적으로 미래를 예측하는 경우에 사용되는 것으로 보간 다항식에서 구간 밖의 영역에 있는 x의 함수값을 구하는 방법.

extra pulse [ékstrə pʌ́ls] **엑스트라 펄스**

extreme point [ikstríːm pɔ́int] **극단점**

extremity routine [ikstrémiti(ː) ruːtíːn] **극단 루틴** 필요한 테이프의 상대 추적이나 작동 등을 검사하고, 프로그램을 수행하는 데 관계되는 필요한 정보를 제공하는 루틴. 새로운 테이프를 시작할 때나 몇 개의 릴 파일에서 릴의 끝에 도달할 때 사용한다.

extrinsic semiconductor [ekstrínsik sèmikəndʌ́kər] **외인성 반도체** 진성 반도체에 불순물을 포함시킨 p형 및 n형 반도체. n형 반도체에는 인, 비소, 안티몬 등의 V족 원소를 첨가하고, p형 반도체에는 붕소, 갈륨, 인듐 등의 Ⅲ족 원소를 첨가한다.

EXTRN 외부 참조 external reference의 약어.

extrusion [ikstrúːʒən] **돌출** 컴퓨터 그래픽에서 1차원의 도형을 제3의 축을 따라 잡아늘려 3차원 도형을 만드는 것.

eye movement [ái múːvmənt] **안구 운동** 망막 상에 명료한 상을 맺기 위해 안구는 시선(視線)을 대상에 맞추듯이 회전 운동을 하고 있다. 양안(兩眼)이 동일한 방향으로 회전할 경우를 동공 운동이라 한다.

eye pattern [-pǽtərn] **아이 패턴** 디지털 통신에서 1타임 슬롯의 복조 신호 궤도를 많은 경우에 대해서 동일 화면상에 쓰도록 한 것. 그 모양이 눈과 비슷하므로 이 이름을 붙였다. 신호 판별이 가능한 경우에는 각 신호 레벨 사이에 공백 부분이 생긴다. 이 상태를 아이 패턴이 열려 있다고 한다.

eyephone [aifóun] **아이폰** 사용자의 시각 영역을 컴퓨터로 산출된 가상 세계의 이미지에 연결시키는 헤드마운티드 디스플레이. 아이폰은 1차적인 시각 세계를 차단하여 사용자에게 컴퓨터로 산출된 3차원 이미지들의 연속적인 흐름을 공급한다. 디스플레이에 이르는 다양한 장치들은 입력 내용을 사용자의 감각에 넣어준다.

eyes [áiz] **시선** 눈과 눈이 보고 있는 물체와의 사이를 연결하는 선.

E-zine [iː zíːn] **전자 잡지** electronic magazine의 약어. 전자 자료로서 종이 형태가 아닌 인터넷 상에서 읽을 수 있도록 만들어진 잡지. WWW 서버에 저장되어 브라우저를 사용하여 읽을 수 있으며, 전자 메일로 전송되기도 한다.

EZ-SCSI 미국 Adaptec 사의 SCSI 인터페이스용 디바이스 드라이버집. 그 회사가 발매하고 있는 SCSI 카드(AHA 시리즈)용이다.

F

F [éf] **에프** (1) flag의 약어. (2) 16진수에서 10진수의 15에 해당되는 숫자. 2진수로는 1111이다. (3) finish in BNPF code의 약어.

FA 공장 자동화, 팩토리 오토메이션 factory automation의 약어. 컴퓨터 시스템이나 산업 로봇을 도입하여 공장 전체의 무인화, 생산 관리의 자동화 등을 행하는 시스템의 총칭. 사무 자동화를 가리키는 오피스 오토메이션(OA), 가정 내의 오토메이션의 의미인 홈 오토메이션(HA) 등과 더불어 최근 급속히 보급된 이 FA는 제품의 설계에서부터 제조, 출하에 이르는 공장의 모든 공정(process)을 자동화하고, 최종적으로는 공장의 무인화를 의도한 연구, 에너지 절감, 생산성 향상 및 품질 향상 등을 목표로 하고 있다. 구체적으로는 컴퓨터 이용 설계(CAD) 및 컴퓨터 이용 제조(CAM), 해석 시스템, 생산 관리 시스템, 기능 관리 시스템(FMS) 등을 유기적으로 조합시킨 것이다.

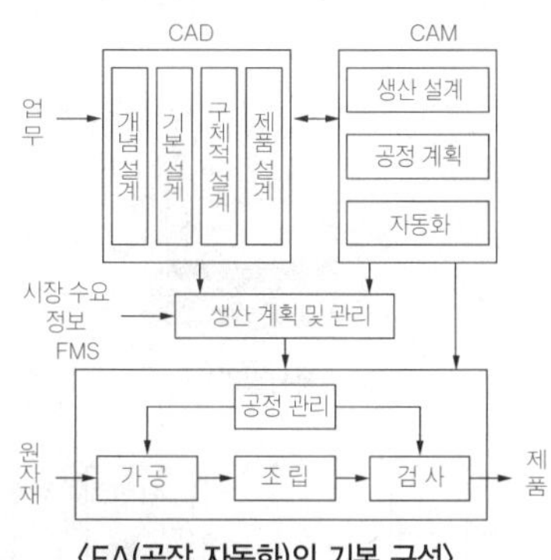

〈FA(공장 자동화)의 기본 구성〉

fabrication [fæbrikéiʃən] *n.* **제조** 설계한 회로대로 물품을 만들어내는 공정.

face [féis] *n.* **면** (1) 종이의 앞쪽과 뒤쪽. (2) 광학 문자 판독기(OCR)에서 주어진 상대적인 크기와 선의 굵기를 나타내는 문자의 형태. (3) 카드에 천공되어 있는 인쇄된 면.

face bonding [–bándiŋ] **페이스 접착** 반도체 칩 등의 집적 회로 표면 전극과 절연 기판 혹은 패키지에 형성된 상호 접속 단자를 각각 표면끼리 접착하고 전기적으로 접속하는 것.

facebook [féisbúk] **페이스북** 미국에서 가장 성공한 소셜 네트워크 서비스 중 하나로, 한국의 싸이월드와 유사한 서비스를 제공한다. 13세 이상이면 누구든 이름 · 이메일 · 생년월일 · 성별 기입만으로 간단하게 회원으로 가입할 수 있으며, '친구 맺기'를 통하여 많은 이들과 웹상에서 만나 각종 관심사와 정보를 교환하고, 다양한 자료를 공유할 수 있다.

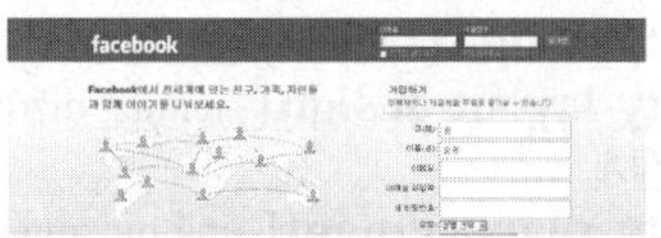

face change character [–tʃéindʒ kǽrəktər] **글자체 변경 문자** 문자 집합을 바꾸지 않은 채 도형 집합에 있어서의 도형의 모양과 크기 또는 양쪽을 다른 것으로 변경하는 데 쓰이는 제어 문자.

face down [–dáun] **페이스 다운** 복사기나 레이저 프린터 등에서 낱장의 종이가 기계로부터 나와서 쌓일 때 인쇄된 면이 밑으로 가도록 쌓이는 것. 이렇게 되면 인쇄되는 면을 직접 볼 수 없어 불편한 점도 있으나, 나중에 다시 정리할 필요가 없으므로 편리하다.

face down bonding [–bándiŋ] **페이스 다운 접착** ⇨ face bonding

face method [–méθəd] **페이스법** 페이스법은 다변량 데이터의 그래프 표현법의 일종으로 데이터의 각 성분을 인간 얼굴 도형의 각 요소의 변화에 대응시켜 데이터를 하나의 얼굴 표정으로 표현하려는 방법. 1973년경에 미국의 통계학자 Chernoff가 제안한 이래 많은 연구 보고가 각국에서 있었으나 아직 시험적인 사용 영역을 벗어나지 못하고 있다. 적용 사례로는 제로 플랜트나 시스템의 운전 상태,

대기 오염 상태, 의료 진단 데이터의 검사 결과 등이 있으며, 양호할 때는 웃는 얼굴, 초기 이상시는 기분 나쁜 얼굴, 고장시는 성난 얼굴, 원자재 공급 부족시는 우는 얼굴 등을 CRT에 표시하고, 그 표정의 정도에 따라 상태의 정도를 그대로 직감적으로 읽어낼 수 있다.

facet [fǽsət] *n.* **단면** 특정 상황에 관한 정보를 완성하기 위한 프레임 표기법의 한 요소.

facet analysis [–ənǽlisis] **패시트 분석** 사상(事象)을 분석할 때의 시점(視點)을 패시트라 하고 여러 시점에서 사상을 분석하는 수법을 패시트 분석이라고 한다.

faceted classification [fǽsətəd klæ̀sifikéiʃən] **패시트 분류** 분류의 시점을 몇 개 취해 각각의 시점에서 분류한 결과를 병기(倂記)하는 분류법.

facilities assignment [fəsíliti(ː)z əsáinmənt] **설비 지정**

facility [fəsíliti(ː)] *n.* **설비** 기능. 기구. 시설. 사용 난이도. (1) 어떤 서비스나 기능을 실현할 수 있는 소프트웨어나 주변 장치를 포함한 "컴퓨터 설비"나 "시스템"을 가리킨다. (2) 컴퓨터 시스템의 운영과 관리 상 사용이 용이(ease of use)함을 가리킨다. (3) 특정 목적을 완수하는 하드웨어나 소프트웨어의 기능(function)을 의미한다.

facility design [–dizáin] **설비 설계**

facility layout design [–léiàut dizáin] **설비 배치 설계**

facility management [–mǽnidʒmənt] **FM, 기능 관리** 컴퓨터에 관련된 시설 전반을 관리하는 것으로 기기의 리스(lease), 정비, 컴퓨터의 오퍼레이션 등을 전문으로 관리하는 서비스업. 이것에는 컴퓨터 조작과 키펀치, 프로그램 작성, 컴퓨터 용품 및 키펀처 등의 요원 파견도 포함하며, 이와 같은 일을 전문적으로 하는 기능 관리 서비스 전문 회사가 있다.

facility management service [–sə́ːrvis] **FMS, 기능 관리 서비스** 컴퓨터 설비 또는 시스템 운용과 관리를 행하는 서비스.

facility system analysis [–sístəm ənǽlisis] **설비 시스템 해석**

FACOM 파콤 Fujitsu Automatic Computer의 약어. 일본의 후지츠 사에서 개발한 대형 컴퓨터 시리즈의 상품명.

facsimile [fæksímili(ː)] *n.* **FAX, 팩시밀리, 팩스, 모사 전신** facsimile라는 라틴어에서 유래되었으며 카피를 만드는 「make similar」가 원래의 뜻이다. 문자, 통신 회선에 의해 화상 · 원고 등을 전송하는 장치. 송신 원고에 대해 전자적으로 화상 분해능의 한 단위로 나누는 송신 주사(走査) 작업을 하며, 이 주사에 의해 송신 원고에 빛을 조사(照射)하여 반사광의 강도에 따라 전기적 신호로 변환한다. 이 전기적 신호를 통신 회선으로 전송할 수 있도록 변조하여 상대방에게 보내며, 수신측에서는 보내온 신호를 복조(復調)하여 원래의 전기적 신호로 변환한다. 이 신호에 의해 수신 주사 작업을 하고 레이저 감광 또는 감열(感熱) 인쇄 등의 방식으로 수신 화상을 작성한다. 광의로는 모사 전송(模寫傳送)과 사진 전송을 총칭하지만 협의로는 모사 전송만을 가리킨다. 상호 통신을 쉽게 하기 위해서 국제 표준 규격이 CCITT에서 검토되고 있다. (1) 그룹 1(G1) : 전화 회선에 송출하는 신호의 대역을 압축하는 수단을 가지지 않는다. A4판의 전송 시간은 약 6분이며, 6분기라고 불리고 있다. (2) 그룹 2(G2) : 부호화나 대역 압축 수단을 가진다. A4판의 전송 시간은 약 3분이며 3분기라고 하고 있다. (3) 그룹 3(G3) : 팩시밀리 신호의 중복성을 억제하는 수단을 가진다. A4판의 전송 시간은 약 1분이며 1분기라고 한다. (4) 그룹 4(G4) : 주로 공중 데이터망에서 사용되는 디지털 팩시밀리를 가리킨다.

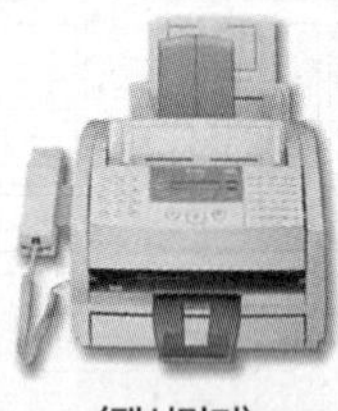

〈팩시밀리〉

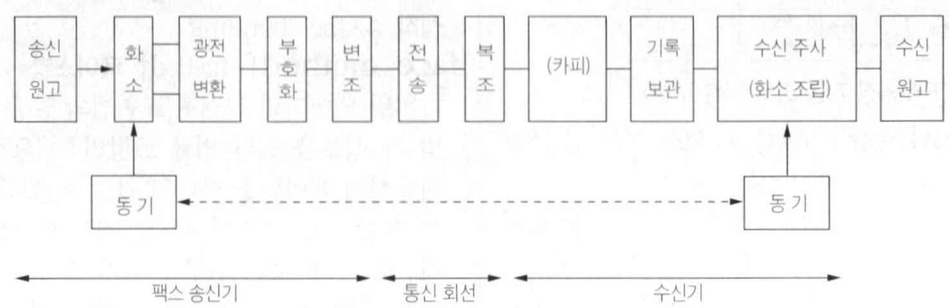

〈팩시밀리 통신의 원리〉

facsimile adaptor[–ədǽptər] **팩시밀리 어댑터** 정보 전송시 자료를 압축하거나 변환하여 전송시키는 장치.

facsimile board[–bɔ́ːrd] **팩시밀리 기판** 컴퓨터에 장치하여 팩시밀리와 같은 효과를 나타내는 기판. 문자 자료와 영상 자료를 통신 회선으로 전송할 수 있다.

facsimile broadcasting equipment[–brɔ́ːdkàːstiŋ ikwípmənt] **팩시밀리 동보(同報) 장치**

facsimile communication network[–kəmjùːnikéiʃən nétwə̀ːrk] **팩시밀리 통신망** 각종 기능을 망측으로 집약하여 공용함으로써 단말기의 소형화·경제화를 도모한다. 망의 기능으로는 팩시밀리 정보를 망에서 일시 축적하여(축적 교환 방식) 통보 통신을 가능하게 하고, 문자 인식 기능으로 팩시밀리 단말과 컴퓨터 센터와의 통신도 가능하여 다양한 서비스를 실현함과 동시에 중계 전송로의 사용 효율의 향상을 꾀하고 있다. 이상과 같은 특징에 의해 단말 요금 및 통신료가 통상의 전화망을 이용한 팩시밀리 통신에 비해 대폭으로 저렴해지고 있다.

facsimile data compression[–déitə kəmpréʃən] **팩시밀리 자료 압축**

facsimile data interface converter[–íntərfèis kənvə́ːrtər] **팩시밀리 데이터 변환 접속 장치**

facsimile document system[–dákjumənt sístəm] **팩시밀리 문서 시스템** 전화선을 이용해 자동적으로 문서를 주고받을 수 있는 시스템.

facsimile mail[–méil] **팩시밀리 우편** 공중 전화망이나 공중 데이터망에 팩시밀리를 접속하고 문자, 도표, 사진 등의 정보를 전송하는 시스템.

facsimile pollution[–pəlúːʃən] **팩시밀리 공해** 팩시밀리를 이용하여 사무실 또는 가정에 광고물을 일방적으로 보냄으로써 생기는 공해.

facsimile posting[–póustiŋ] **팩시밀리 포스팅** 일련의 정보를 하나의 기록 그룹에서 다른 그룹으로 복사하는 것.

facsimile receiving converter[–risíːviŋ kənvə́ːrtər] **팩시밀리 수신 변환 장치**

facsimile response unit[–rispáns júːnit] **팩시밀리 응답 장치** 외부에서의 조회에 대해서 팩시밀리 신호로 응답하는 장치. 주기능으로는 팩시밀리 정보와 코드 정보의 교환 등이 있으며, 이 장치를 사용함으로써 컴퓨터와 팩시밀리의 접속을 용이하게 할 수 있도록 되었다. 최근에는 부동산의 도면 조회 등에 사용되고 있는 시스템 예가 있다.

facsimile signal level[–sígnəl lévəl] **팩시밀리 신호 레벨** 팩시밀리 등의 모사 전송 시스템에서 원본에 의한 상을 주사하여 만들어지는 최대 전력 또는 전압을 측정한 값. 시스템이 양의 변조를 사용하고 있는가 음의 변조를 사용하고 있는가에 따라 그 값은 각각 그 화면의 흑백 정도에 대응하게 된다.

facsimile telegraph[–téləgræ̀f] **팩시밀리 전보** 그림, 지도, 다이어그램 등을 전송할 수 있는 전보 시스템.

facsimile telegraphy[–telégrəfi] **모사 전신** ⇨ FAX

facsimile transceiver[–trænsíːvər] **팩시밀리 송수신기** 화상을 전기적으로 변환, 송수신하는 기기.

facsimile transmission[–trænsmíʃən] **팩시밀리 전송** 서류나 화상을 통신 회선을 통하여 그대로 원거리의 이용자에게 보내는 기술.

fact[fǽkt] *n.* **사실** 추론 시스템에서 특정한 경우에 관계되는 특정 지식을 나타내는 것으로 암시적 표현(<, =, >)으로 나타내지 않은 것. 지식 베이스 시스템에서 하나의 사실은 속성값으로 구성될 수 있다.

fact data base[–déitə béis] **사실 데이터 베이스** 사실을 배열한 데이터 베이스. 실제로는 주식 지표나 통계 데이터, 과학 데이터 등과 같이 특정 분야에 대한 전문적인 데이터 베이스를 가리키는 경우가 많다.

factor[fǽktər] *n.* **인수** 어떤 결과를 초래하는 데 공헌하거나 영향을 미치거나 하는 것. (1)「인수」, 「약수」를 가리킨다. 또 가감승제 등 연산의 대상이 되는 것을 연산의 「인자」라 부른다. (2) 수학의 경우, 예를 들면 2, 3, 6, 9는 18의 「인수」이며, 어떤 수치의 크기를 바꾸기 위해서 그 수치에 「곱하는」 수치나 변수 또 작용시키는 함수 등이 「인자」이다. (3) 통계 분야에서의 「인자 분석법(factor analysis)」, 생산 관리 시스템에서의 생산 요소(factor of production) 등 여러 가지에 쓰인다.

[주] 곱셈에서 오퍼랜드(operand)가 되는 수 또는 양.

factor analysis[–ənǽlisis] **인자 분석법, 팩터 분석** 어떤 상태를 표시하는 변수의 집합을 좀더 기본적인 변수의 집합으로 고쳐 표현해 나감으로써 근본적인 요인을 찾아내는 수법. 예를 들면, 경제 지수 변동 원인의 측정, 블라인드 이미지의 분석, 정보 검색 등이다. 구체적인 방법으로는 센트로이드법, Bi-인자법, 기수법 등이 있다.

factor correlation[–kɔ̀(ː)rəléiʃən] **인자 상관**

factorial[fæktɔ́ːriəl] *n.* **순차 곱셈** 계승. 팩토리얼. 1에서부터 주어진 정수까지의 모든 자연수의 곱. 예를 들면, 100의 계승은 $1\times2\times3\times\cdots\times100$이다.

factorial design[–dizáin] **요인 배치 실험**

factorial function[–fʌ́ŋkʃən] **계승 함수** 감마

함수에서 $\Gamma(x+1)=x\Gamma(x)$이다. 여기서, x가 양의 정수이면 $\Gamma(x+1)=x!$ 이다. 그러나 x가 양의 정수가 아닐 경우에도 $\Gamma(x)=x!$ 를 계승 함수라 한다.

factoring[fǽktəriŋ] *n.* **분산, 속성 분해** 소프트웨어의 구조를 그 기능에 따라 분할 계층화할 때 하향식으로 제어를 분배하는 과정.

factorization of a matrix[fæ̀ktərɑizéiʃən əv ə méitriks] **행렬 분해** 1차 연립 방정식 $Ax=b$를 가우스의 소거법으로 풀 때, 계수 행렬 $A=PLU$와 같이 3개의 인수로 분해한다. 여기서 P는 피보팅(pivoting)을 위해서 A의 행을 교환하는 치환 행렬이고, L은 하삼각 행렬, U는 단위 상삼각 행렬이다. 이때 $Ly=P^{-1}b$로 놓아 y를 구하고 $Ux=y$에서 해 y를 구할 수 있다.

factor of production[fǽktər əv prədʌ́kʃən] **생산 요소** 생산 관리 시스템에서는 생산(production)에 관계되는 모든 요인을 해석하고 생산에 반영시키는 경우가 있다. 이 경우 노동력, 자본, 수송 수단 등을 생산 요소라 부르며 분석 대상이 된다.

factor profile [–próufɑ̀il] **요인 프로필**

factory automation[fǽktəri ɔ̀:təméiʃən] **FA, 공장 자동화** ⇨ FA

factory management [–mǽnidʒmənt] **공장 관리** 생산성 향상과 여러 분야에의 적응성 확대를 위해 컴퓨터에 의한 다목적 생산 기계의 통합 제어는 물론, 종합 정보 시스템에 의한 공장의 생산 계획, 자재 소요량, 회계, 기술, 재고 및 공정 등에 관한 관리를 말한다.

factory management system [–sístəm] **공장 관리 시스템** 경영 의사 결정과 생산 정보에 관한 계획의 입안 및 제어가 직결되는 공장의 종합 정보 시스템.

fact retrieval[fǽkt ritrí:vəl] **사실 검색** 문헌 검색(document retrieval)에 대응하는 용어. 문헌 검색 시스템이 이용자의 질문에 대해서 관련 있는 서적, 논문 등의 문헌을 회답으로 주는 데 대해서 사실 검색 시스템에서는 이용자의 질문에 대해서 직접적, 구체적인 사실(fact)로 회답한다. 「사람은 손이 몇 개 있는가」라는 질문에 대해서 그 해답이 게재되어 있는 문헌명, 예를 들면 동물 도감의 책명을 답하는 것이 문헌 검색 시스템이고 「보통 두 개이다」라고 답하는 것이 사실 검색 시스템이다.

fail[féil] *v.* **실패하다** 실행(execution), 조작(operation) 등에 실패하는 것, 또는 기기가 고장나서 정규의 동작을 하지 않는 것. 예를 들면, 메모리 내용을 플로피 디스크에 저장하는 경우에 플로피 디스크에 흠집이 나서 몇 회에 걸쳐 입력에 실패했을 경우 컴퓨터는 저장이 불가능하다고 판단하고 사용자에게 디스크의 교환을 지시하거나 한다.

failed[féild] *a.* **고장의, 고장중인**

failed state[–stéit] **고장 상태**

failover[feilʌ́vər] **페일오버** 한 데이터 베이스의 최신 버전을 대체 컴퓨터 시스템에 백업해두어, 1차 시스템에 장애가 발생하여 이용할 수 없을 경우 대체 시스템을 작동시키는 것.

fail-safe[féil séif] **고장 안전** 시스템에 고장이 생기거나 조작을 잘못하였을 경우에 치명적인 결과에 이르지 않도록 방지하는 일. 사회적 영향이 큰 은행의 온라인이나 교통 관제, 원자력 발전이나 군 관계 등에서는 고장 안전이 특히 중요시된다. 프로그램에 의한 소프트웨어적 처리가 있고 운용면에서의 처리가 있다. 운용면에서의 고장 안전의 예로는 파일의 백업을 취하여 데이터의 파괴에 대비하는 것이 있다. 또한 듀얼 시스템은 두 개의 같은 시스템을 동시에 가동시켜 한쪽이 고장이 나도 다른 한쪽을 이용하는 방법을 쓰고 있다. 듀플렉스 시스템은 두 계통의 기기를 준비하여 한쪽만 운용하고, 고장 시에는 기기를 바꾸어 사용한다.

fail-safe configuration[–kənfìgjuréiʃən] **고장 안전 구성** 시스템을 설계할 때 고장이나 오동작에 대비하여 안전 대책을 강구하여 구성하는 것을 뜻한다. 예컨대, 철도 신호 제어 등의 오동작이 큰 사고를 유발시킬 가능성이 있는 경우나 회로 내에서 어떤 장애가 일어났을 때 푸른 신호가 켜지지 않고 반드시 빨간 신호가 켜지도록 시스템을 구성하는 것.

fail-safe control system[–kəntróul sístəm] **고장 안전 제어 시스템**

fail-safe design[–dizɑ́in] **고장 안전 설계** 기능 단위에 고장이 생겨도 전체로서의 안전성이 유지되도록 배려하고 있는 설계.

fail-safe disconnect[–dìskənékt] **고장 안전 차단** 어떤 비상 사태가 발생하면 전송선으로부터 모든 단말 장치가 차단되게 하는 것.

fail-safe distributed local network[–distríbju(:)təd lóukəl nétwə̀:rk] **고장 안전 분산 로컬 네트워크**

fail-safe operation[–ɑ̀pəréiʃən] **고장 안전 동작** 구성 요소에 고장이 발생했을 경우에 장치의 상실, 장치로의 장애 및 조작원으로의 위해를 줄이는 컴퓨터 시스템의 동작.

fail-safe system[–sístəm] **고장 안전 시스템** 시스템 내의 부분적인 고장에도 불구하고 수행 능력이 떨어지더라도 데이터의 계속적인 처리가 가능하도록 되어 있는 시스템.

fail soft[–sɔ́:ft] **고장 소프트** (1) 어떤 기능 단위

의 구성 요소가 고장이 나서 능력이 부분적으로 상실되었을 때 허용할 수 있는 범위 내에 있으면, 기능 단위의 능력을 저하시킨 채로 동작을 속행시키는 것으로 일부만을 처리하는 것처럼 기능을 저하시켜도 전면적인 장애 상태로 되지 않고 중요한 처리만을 실행시키는 시스템을 말한다. 시스템을 이중화하여 장애에 대비하는 것보다 경제적인 방법이다. 예를 들면, 기억 소자로부터 다중 프로세서 시스템에 이르기까지 모든 경우에 적용되며 고장 부분을 기능 단위의 나머지 부분으로 분리시켜 축소한 형태로 기능 단위를 재구성한다는 방식이 취해진다. (2) 컴퓨터 시스템에서 고장, 기타의 불균형이 발생했을 경우에 그 결과로부터 시스템 전체의 안정성이 상실되지 않도록 하는 것을 말한다. 일부에 고장이 발생하여도 이때부터 완전히 동작을 정지하는 것이 아니라 처리 속도의 저하는 있으나 어느 정도의 일을 처리할 수 있도록 한 것이다.

fail soft configuration[-kənfìgjuréiʃən] **고장 소프트 구성** 시스템을 설계할 때 시스템 내의 작은 사고가 시스템 전체의 운영에 치명적인 영향을 주지 않도록 구성하는 것.

fail soft system[-sístəm] **고장 소프트 시스템** 시스템의 부분적인 고장이 있더라도 전체 시스템이 파괴되는 것을 방지하고, 성능 저하가 되더라도 계속적으로 작업 수행이 가능한 시스템. 이것은 고장 안전 시스템과 같은 의미로 쓰이기는 하지만, 좀더 능동적이고 고장에 대처하는 능력이 우수한 시스템을 말한다.

failure[féiljər] *n.* **실패** (1) 하드웨어 또는 소프트웨어의 어떤 구성 요소가 몇 가지 「장애」 결과, 소정의 기능을 수행할 수 없게 된 「상태」를 가리킨다. 유사한 용어인 고장(fault)보다도 폭 넓게 쓰이고 있다. (2) 이러한 「장애」는 언제, 컴퓨터 시스템 중의 어느 부분에 발생할지 알 수 없기 때문에 시스템이나 애플리케이션(적용 업무) 프로그램의 이상(異常)을 진단하는 루틴이 내장되어 있다. (3) 「장애」의 발생이 제로인 시스템은 존재하지 않는다. 그래서 시스템의 신뢰성을 표시하는 척도로서 평균 고장 간격(mean time between failure ; MTBF)이 흔히 쓰인다. 이것은 하나의 고장으로부터 다음 고장까지의 「평균 시간」으로 표시된다. 관련된 용어로는 평균 수리 시간(MTTR)이 있다.

failure analysis[-ənǽlisis] **불량 분석**

failure and corrective action report[-ənd kəréktiv ǽkʃən ripɔ́:rt] **불량 및 수정 작업 보고**

failure bit[-bít] **고장 비트** 고장률 단위. 10^{-8}/시간(0.001%/10^3시간).

failure criterion[-kraití(:)riən] **고장 판정 기준** 컴퓨터 시스템 등이 장애인지 어떤지를 판단하는 기준이 되는 기능 단위의 한계값.

failure definition[-dèfiníʃən] **고장 정의**

failure density function[-dénsiti(:) fʌ́ŋkʃən] **고장 밀도 함수**

failure detectability[-ditèktəbíliti(:)] **고장 검출성**

failure distribution function[-dìstribjú:ʃən fʌ́ŋkʃən] **고장 분포 함수**

failure identification[-aidèntifikéiʃən] **고장 식별**

failure information[-ìnfərméiʃən] **고장 정보**

failure investigation[-invèstigéiʃən] **고장 조사**

failure logging[-lɔ́(:)giŋ] **고장 추적 기록** 기계 검사 인터럽트를 수행하는 모니터의 한 부분에 위치하여 시스템 상태를 자동적으로 추적하여 기록하는 절차를 말한다. 오류가 검출되면 정정을 위한 절차가 행해진다.

failure mechanism[-mékənizm] **고장 메커니즘**

failure minimization[-mìnimaizéiʃən] **고장 최소화**

failure mode[-móud] **고장 모드** 컴퓨터 시스템 등의 고장 상태를 형식적으로 분류하는 것. 예를 들면 단선, 단락, 절손, 마모, 특성의 열화(劣化) 등을 이렇게 부르는 경우가 있다.

failure mode effect[-ifékt] **고장 모드 효과**

failure mode identification [-aidèntifikéiʃən] **고장 모드 식별**

failure mode-mechanism-analysis[-mékənizm ənǽlisis] **고장 모드 메커니즘 해석**

failure mode-mechanism distribution [-dìstribjú:ʃən] **고장 예측** 장비의 고장을 미리 예측하여 사전에 고장을 제거하거나 다른 장비로 대치하는 것을 일컫는다.

failure probability[-prὰbəbíliti(:)] **고장 확률**

failure probability analysis[-ənǽlisis] **FPA, 고장 확률 분석**

failure rate[-réit] **고장률** (1) 어느 시점까지 동작해 온 시스템, 기기, 부품 등이 계속하여 단위 시간 내에 고장을 일으키는 비율. (2) 순간 고장률 : $F(t)$를 신품이 t시간 내에 고장나는 확률 분포 함수로 $f(t)$를 그 밀도 함수로 하면 이미 t시간 사용한 부품이 매우 짧은 시간에 고장나는 확률 밀도

$$l=f(t)/\{1-F(t)\}$$

이고, 이것을 순간 고장률 또는 단순히 고장률이라고 부른다. 이것이 감소하고 있는 것을 초기 고장, 일정 상태를 우발 고장, 증가하고 있는 것을 마모 고장이라고 한다.

failure rate acceleration factor [–əksèləréiʃən fǽktər] **고장률 가속 계수** 기준 조건으로 행한 시험과 가속 시험에 있어서 규정 시간에 대한 고장률의 비.

$$\frac{\text{가속 조건에서의 고장률}}{\text{기준 조건에서의 고장률}}$$

failure rate curve [–kə́ːrv] **고장률 곡선** 하드웨어와 소프트웨어의 각각에 대한 시간과 고장률 간의 관계를 나타내는 곡선.

failure rate data [–déitə] **고장률 데이터**

failure rate data handbook [–hǽndbùk] FARADA, **고장률 데이터 핸드북**

failure rate function [–fʌ́ŋkʃən] **고장률 함수**

failure rate level [–lévəl] **고장률 수준** 고장률을 몇 개의 수준으로 구분해서 기호를 붙인 편의상의 고장률 구분. 예를 들면 (1%)/(10^3시간)을 M 수준이라고 한다.

failure recovery [–rikʌ́vəri(ː)] **고장 회복** 고장 후에 그 시스템이 믿을 만한 운영 상태로 회복되는 것.

failure reporting and correction action [–ripɔ́ːrtiŋ ənd kərékʃən ǽkʃən] **고장 보고 시정 처리 시스템**

failure resistant [–rizístənt] **고장 저항** 회복 시스템에는 예상되는 고장에 대한 예비 회복 기능과 고장이 발생한 후에 데이터 베이스를 복구하는 회복 기능 두 가지가 있다. 시스템을 고장에 대비한 고장 저항 시스템으로 이용하기 위해 고장시에 사용할 수 있는 회복 데이터를 유지한다.

failure symptom [–símptəm] **고장 징후**

failure-tolerant system [–tɑ́lərənt sístəm] **고장 허용 시스템** ⇨ fault tolerant system

failure transfer function [–trænsfə́ːr fʌ́ŋkʃən] **고장 전달 함수**

failure transparency [–trænspɛ́(ː)rənsi(ː)] **고장 무관성** 트랜잭션이 일단 시작되면 완전히 완료될 때까지 실행되든지, 아니면 전혀 실행되지 말아야 하는 성질.

failure type [–táip] **고장형**

failure unit [–júːnit] **fit, 피트** 기기나 부품의 고장률(failure rate)을 표시하는 단위(unit). 1000시간당 0.001%의 고장이 생기는 확률을 1fit로 표시한다. 다시 말하면 10억(10^9) 시간에 한 개의 고장이 발생할 확률이 된다. MTBF와는 다음과 같은 관계가 있다.

$$\text{fit} = \frac{10^9}{\text{MTBF}}$$

fit는 주로 회로 부품의 신뢰성을 표현할 경우에 사용되며, 또 회로 부품의 집합체인 장치의 신뢰성을 구할 경우에 사용된다.

Fairchild Corp. **페어차일드 사** 반도체를 주로 생산하는 미국의 전자 부품 업체. 기억 장치와 CPU 칩이 주종을 이룬다.

fairness [fɛ́ərnis] *n.* **공정성** 다중 프로그래밍 운영 체제에서 각 프로세스들이 균등하게 실행될 기회를 보장하는 것. 공정성의 척도는 각 프로세스들의 실행 대기 시간의 분포로 알 수 있다. 그러나 시스템과 작업의 성질에 따라 스케줄 방법이 달라지며 공정성의 평가 기준도 달라진다.

fake network [féik nétwəːrk] **페이크 네트워크** 특별한 네트워크 카드를 사용하지 않고 컴퓨터에 존재하는 직렬 또는 병렬 포트로 만든 네트워크. 비용은 저렴하지만 속도가 느리다.

FakeWare [féikwɛ̀ər] **페이크웨어** 겉으로 보면 정식 버전과 같은 데이터 파일과 화면을 제공하지만 그 안에는 단지 *.com과 *.exe 및 바이러스만 담겨 있는 공개 소프트웨어.

fall [fɔ́ːl] *n.* **하강, 내려서기**

fall back [–bǽk] **고장 대치** 현재 가동하고 있는 시스템 일부에 장애가 발생했을 때, 시스템 전체의 운전을 정지시키는 일없이 장애가 발생하고 있는 일부 혹은 전체 시스템에 대하여 서로 다른 방법으로 처리를 행해야만 되는 상태.

fall back mode [–móud] **고장 대치 모드** 시스템의 고장 대치 방식으로 설정되어 그러한 상황의 레벨에서 가동이 되고 있는 상태. 대개 고장 발생을 전제로 하여 가동되지만 예방 보수, 이전 공사, 확장 공사 때문에 가동시키는 경우도 있다.

fall back procedure [–prəsíːdʒər] **고장 대치 절차** 시스템을 구성하는 장비에 사고나 고장이 생긴 경우 대체 장비의 교환, 기능의 일부 저하, 수동 보조 등의 수단에 의해 작업을 계속 진행할 수 있도록 취하는 조치.

fall back recovery [–rikʌ́vəri(ː)] **고장 대치 회복** 작업 능률이 저하된 상태의 원인을 제거한 후 시스템을 완전 가동할 수 있는 상태로 회복하는 것.

fall back state [–stéit] **고장 대치 상태** 대체 처리에 의하여 운전을 속행하고 있는 상태.

falling edge [fɔ́ːliŋ é(ː)dʒ] **하강 에지** 펄스 파형에서 높은 레벨에서 낮은 레벨로 떨어지는 부분. 하강 에지는 수직에 가까울수록 스위칭 시간이 짧아 이상적이다.

fall time[fɔ́:l táim] **하강 시간** 시간적으로 안정된 어떤 양이 감소하기 시작하면서부터 소멸했다고 인정될 때까지 필요한 시간. 특히 펄스 파형에 있어서는 펄스 최대 진폭의 90%까지 하강하는 데 필요한 시간을 말한다. 계측기에 있어서는 측정 단자를 단락시켰을 때, 지침이 정상 최종 진폭 위치에서 그것의 10%만큼 돌아올 때까지 요하는 시간을 말한다.

false[fɔ́:ls] *n.* **거짓** 참(true)과 대비된다. 어떤 조건에서 명제가 바르지 않을 경우 이것을 거짓이라 하며, 논리적으로 바르지 못한 상태를 말한다. 예를 들면, 조건 분기에서는 조건이 참인지 거짓인지에 의해서 분기 방향을 판단한다. 또 논리식(logical expression)을 참인지, 거짓인지의 값에 대하여 연산한다. 예를 들면, *a*와 *b*의 배타적 논리합(exclusive-OR)은 *a*와 *b*가 참일 때는 그 결과는 거짓, *a* 또는 *b*의 한쪽만이 참이고, 또 한쪽이 거짓일 때는 그 연산 결과는 참, *a*, *b* 양쪽 모두 거짓일 때는 그 연산 결과도 거짓이 된다.

false add[–ǽ(:)d] **오류 합** 덧셈 연산에 있어서 자리올림수를 행하지 않는 것. 10진수의 덧셈에 있어서는, 예를 들어 1586 + 9237 = 713이 된다.

false alarm[–əlɑ́:rm] **착오 검출**

false code[–kóud] **거짓 코드**

false code check[–tʃék] **거짓 코드 검사** 자동으로 거짓 코드의 발생을 검사하는 것. 자체 검사용 코드나 오류 탐지용 코드에서는 한 코드에서 하나 이상의 오류가 발생하면 거짓 코드가 되게 한다. 이 밖에 패리티 검사, 중복 검사 등이 있다.

false deadlock[–dé(:)dlɑ̀k] **거짓 교착 상태** 실제로는 교착 상태가 아닌데 메시지의 지연 등으로 말미암아 교착 상태가 발생한 것으로 판단하는 것.

false drop[–drɑ́p] **착오 선택** 필요한 항목이 선택되지 않고 주제와 관계없는 것이 선택되는 것.

false retrieval[–ritrí:vəl] **착오 검색** 특정 데이터의 정보를 검색할 경우 선택 기준이 되는 키워드의 선택 방법을 잘못했기 때문에 검색된 정보가 목적한 것과 다른 것이 되는 것. 이 경우 사용자가 키워드를 지정하는 것이므로 사용자의 판단 실수로부터 발생한다.

family[fǽmili(:)] *n.* **가족, 패밀리** 시리즈(series)와 같은 의미로서 기종은 다르지만 어셈블리나 운영 체제 및 프로그램 등이 서로 호환성 있는 컴퓨터 그룹을 뜻한다.

family chip[–tʃíp] **패밀리 칩** 프로세서, 인터페이스, 메모리 등 LSI 칩을 서로 접속하기 쉽게 제조한 칩.

family computer[–kəmpjú:tər] **패밀리 컴퓨터** 같은 계열의 컴퓨터로 기본 구조는 같고, 8086에서 80286, 80386, 80486, 80586 등으로 발달함에 따라서 그 성능은 향상된다.

family IC 패밀리 집적 회로 한 중앙 처리 장치(CPU)를 위해 만들어지는 여러 주변 칩들을 패밀리 IC라고 한다. 대개 어떤 CPU가 성공을 거두면 그를 위한 기억 장치 관리, 입출력 접속, 타이머, 인터럽트 제어 칩 등이 발표되는 것이 보통이다. 같은 패밀리의 IC를 쓰면 다른 종류의 부품을 쓰는 것보다 타이밍이나 전원 특성 등이 잘 맞으므로 편리하고 실패의 위험이 적다.

family order traversal[–ɔ́:rdər trævə́:rsəl] **가계 운행법** 첫 번째 트리(tree)의 근 노드(root-node)를 방문하고, 나머지 트리들을 같은 방법으로 운행한 다음, 첫 번째 트리의 종속 트리들도 마찬가지로 운행하는 일반 트리 운행법의 한 종류.

family series[–sí(:)ri:z] **패밀리 시리즈** 가격과 성능이 다른 각 컴퓨터 모델 사이에 호환성을 유지하도록 소프트웨어와 주변 기기가 설계된 일련의 컴퓨터 모델 그룹.

FAMOS 패모스, 플로팅 게이트 애벌란시 MOS floating gate avalanche MOS의 약어. 오프(off) 상태인 트랜지스터에 외부에서 50V 정도의 고압을 가해 전자 사태(avalanche)를 발생시킴으로써 플로팅 게이트에서 전자가 축적되게 하여 온(on) 상태가 되도록 하는 단극형 집적 회로 반도체.

fan[fǽn] **팬, 냉각 기기** 컴퓨터의 본체, 레이저 프린터 등의 장치 내에 내장되어 과열을 방지하는 냉각 기구로 컴퓨터 등의 하드웨어에서 발생하는 음원. 팬은 기기를 냉각시키고 공기를 순환시키는 기능을 한다.

fan-folded paper[–fóuldid péipər] **접힌 연속지** 프린터 양쪽의 구멍에 의해 미리 접혀져 보내지는 연속지.

fan-in[–ín] **팬 입력** 기본 논리 회로가 앞단에 몇 개까지 기본 논리 회로를 입력으로 안정하게 접속하는가를 말한다.

fan-out[–áut] **팬 출력** 기본 논리 회로가 다음 단에 몇 개까지 기본 논리 회로를 출력으로 안정하게 접속하는가를 말한다.

fanset integrity constraint[fǽnsèt intégriti(:) kənstréint] **팬셋 무결성 제약 조건** 팬셋을 이용한 무결성 제약 조건.

FAQ 팩 frequently asked question의 약어. 초보 사용자가 자주 질문하는 내용에 대한 대답을 담은 컴퓨터 뉴스그룹에 정기적으로 게시되는 파일. FAQ은 뉴스그룹을 오랫동안 사용한 사람들의 지식이 축적된 것이므로 유익하고 뛰어난 읽을거리이며 대개 똑같은 질문에 대해서 반복해서 대답하기 귀찮은 사람들에 의하여 쓰여진다.

FAQS frequently asked questions의 약어. 온라인 사이트에 처음 오는 사람이 물어볼 만한 대부분의 질문들에 대답을 기록해놓은 순서 파일. 기본적인 기술 지원 요구를 줄이기 위해 만들어지는 FAQS는 사실상 어떤 구조로도 구성될 수 있고, 사이트의 기본 방향보다 더 넓은 영역의 주제를 갖기도 한다. 이것은 「팩스」라고 발음해도 되고 한 글자씩 읽어도 된다.

FAR 파일 활동률 file activity ratio의 약어. 파일 처리를 임의로 할 것인가 순서적으로 할 것인가를 결정하는 기준.

$$\text{FAR} = \frac{\text{실제 사용하는 레코드 수}}{\text{전체 레코드 수}} \times 100$$

FAR이 10% 이상일 때는 순서적 처리, 10% 이하일 때는 임의 처리가 적합하다.

farad [fǽrəd] *n.* **패럿** 콘덴서가 전하를 저장할 수 있는 양. 즉, 정전 용량의 단위. 기호는 F를 쓰며 1패럿은 콘덴서에 걸리는 전압이 1볼트/초로 변할 때 1암페어의 전류가 흐르는 것을 나타낸다.

FARADA 고장률 데이터 핸드북 failure rate data handbook의 약어.

FARNET [fɑːrnet] **파넷** 1987년에 설립된 비영리 단체. 연구와 교육을 향상시키기 위해 컴퓨터 네트워크 사용을 증가시키는 것을 목표로 하고 있다.

FAS 공장 자동화 시스템 factory automation system의 약어. ⇨ FA

FAST 패스트 flexible algebraic scientific translator의 약어. 복잡한 문장을 기본적인 언어로 번역하여 절대 프로그래밍의 부담을 덜어주고, 원시 프로그램을 대수적인 형태로 표현할 수 있도록 한다.

fast access storage [fǽ(ː)st ǽkses stɔ́ːridʒ] **고속 접근 기억 장치** 비교적 접근 시간이 빠른 기억 장치.

fast core [–kɔ́ːr] **고속 코어**

fast data encipherment algorithm [–déitə insáifərmənt ǽlgəriðm] **필, 빠른 데이터 암호화 알고리즘** ⇨ FEAL

Fast Ethernet [–íːθərnèt] **고속 이더넷** 컴퓨터들을 근거리망(LAN)에 연결시키는 발전된 표준. 이것은 최고 전송 속도가 100Mbps라는 점을 제외하면 일반적인 이더넷과 마찬가지로 동작한다. 100BaseT라고도 불리는 고속 이더넷은 비용이 많이 들어 속도가 느린 10BaseT에 비해 널리 쓰이지는 않는다. ⇨ Ethernet

fast Fourier transform [–fúriər trænsfɔ́ːrm] **FFT, 고속 푸리에 변환** 이산적(離散的) 푸리에 변환(DFT)을 행하는 알고리즘의 하나로서 FFT라 약칭된다. 컴퓨터로 N개의 데이터열의 이산적 푸리에 변환(DFT)을 하는 경우 각 주파수의 푸리에 계수를 각각 독립적으로 계산하는 N^2회의 곱셈이 필요하다. 그러나 N이 소인수로 분해되는 경우는 그 데이터열을 분할하여 개개의 소인수에 상당하는 소수(素數) 그룹에 대해서 DFT를 하여 그 결과를 사용해서 최종적으로 N개의 DFT를 하도록 하면 연산 횟수가 줄어든다. 이 효과가 가장 큰 것은 N이 2의 멱승인 경우인데, 이 알고리즘에 의하면 $N \log_2 N$[회]의 곱셈만 하면 된다. 2차원 데이터열인 화상의 2차원 DFT를 할 때 연산 시간이 매우 단축된다.

fastopen [fæstóupən] **빨리 열기** 고속 열기.

FastPath [fæstpáːθ] **단축 경로** 시바(Shiva) 사의 애플토크(AppleTalk)용 라우터. 과거 매킨토시에 표준으로 탑재되어 있던 RS-422 케이블을 이용하는 로컬토크(LocalTalk)와 최근 매킨토시에 표준으로 탑재되어 있는 10Base-T 또는 100Base-TX의 이더토크(EtherTalk)를 상호 접속할 수 있다. 애플토크와 TCP/IP의 프로토콜 교환 기능을 갖추고 있어 구 모델 매킨토시에 소프트웨어를 별도로 추가하지 않고도 유닉스나 인터넷에 접속이 가능하다. ⇨ AppleTalk, LocalTalk

fast select [fǽ(ː)st səlékt] **고속 선택** 상대 선택 접속기에 있어서 기능 선택의 하나이며, 다중점(multi-point)식 선로에서 송신국이 수신국의 수신 준비 여부를 문의하지 않고 곧바로 데이터와 함께 수신국의 어드레스를 적어 전송하는 방법. 이 방식은 짧은 전문의 빈번한 교신이 많은 시스템에 적합하다.

FAT file allocation table의 약어. PC는 FAT라는 파일 시스템을 이용하여 하드 디스크에 파일을 저장하고 불러온다. 이 파일 시스템은 하드 디스크를 바이트로 된 「클러스터(덩어리)」로 나누고 데이터를 클러스터 속에 정리해놓는다. 프로그램에서 파일을 불러올 때 FAT는 데이터가 저장되어 있는 모든 클러스터의 위치를 점검한다. 클러스터의 크기는 사용하는 하드 디스크의 크기에 달려 있어서 드라이브가 클수록 더 큰 클러스터를 사용한다. 여기서 한 가지 어려운 문제가 있는데, 하나의 클러스터는 하나의 애플리케이션, 혹은 파일에 있는 데이터밖에 저장할 수 없다는 것이다. 만약 데이터가 전체 클러스터를 다 차지하지 못할 경우 나머지 하드 디스크의 드라이브 공간은 그냥 낭비되는 셈이 된다. 한 클러스터가 32K라고 할 때 42K 워드 프로세싱 문서는 클러스터 하나 전체와 이외의 두 번째 클러스터의 10K 만큼을 차지하게 된다. 두 번째 클러스터에 남아 있는 22K는 하드 디스크의 공간이 얼마든지 간에 무용지물이 되고 마는 것이다.

FAT16 file allocation table 16의 약어. 이전의 FAT. 테이블 길이가 16비트인 것과 FAT32와 구별하기 위해 이렇게 표기한다. 파일명은 8문자 이내, 확장자는 3문자 이내로 해야 한다. 지원하는 운영체제에는 MS-DOS, 윈도 95/98, 윈도 NT, OS/2 등이 있다. ⇨ FAT, FAT32

FAT32 file allocation table 32의 약어. FAT16을 확장하여 테이블 길이를 32비트로 한 FAT. 디스크 이용 효율면에서는, 1GB를 초과하는 디스크 클러스터 크기는 FAT16에서는 32KB이지만 FAT32에서는 4KB면 충분하다. 또한 디스크를 1드라이브로 해서 취급할 때의 크기도 FAT16에서는 2GB인 데 비해, FAT32에서는 2TB(1TB=1,024GB)가 된다. FAT32는 윈도 95 OSR2에서 채용되어 윈도 98에서는 표준 탑재되고 있다. ⇨ Windows 95, FAT16

fatal[féitəl] *a.* **치명적인, 중대한** 프로그램을 작성하여 컴파일러(compiler)에 거는 경우 이때 중대한 에러가 나타나 그 상태로 컴파일(compile)을 행할 수 없는 경우에는 페이털 에러(fatal error)라는 표시가 나타나며 컴파일 처리를 중지한다. 이 에러는 기본적인 구문 오류(syntax error) 등을 가리키는 경우가 많다.

fatal error[-érər] **치명적 오류** 실행을 계속하여도 그것이 무의미한 결과를 만들어내는 것과 같은 오류.

FAT application **FAT 응용 프로그램** 파워 PC나 68계열의 모든 매킨토시에서도 작동하고 각각에 최적화되어 실행되는 응용 프로그램. 매우 편리하지만 데이터량이 쉽게 증가한다는 것이 단점이다.

fat binary[fǽt báinəri(:)] **패트 바이너리** 다운로드나 프로그램에 「fat binary」라는 표지가 붙은 것을 볼 수 있는데, 이것은 프로그램이 보통보다 크기가 크다는 것을 의미한다. 하지만 fat binary 프로그램은 매킨토시와 파워맥 두 가지 하드웨어 환경에서 모두 작동하는 장점을 가진다.

fat bit[fǽt bít] **확대 화면** 컴퓨터 그래픽용 소프트웨어에서 화면의 일부분을 크게 확대하여 각 점을 눈으로 보면서 그림을 그릴 수 있도록 하는 기능.

fault[fɔ́:lt] *n.* **장애** 고장. 거의 같은 의미를 갖는 용어로서 장애(failure)가 있다. 물리적인 고장, 즉 하드웨어 고장인 경우에 흔히 쓰인다. (1) 기능 단위가 요구대로의 기능을 수행할 수 없게 되는 우발적 조건이나 바르게 동작하고 있던 장치가 장치의 일부에 기능적 변화가 생겨 의도했던 동작이 불가능하게 되는 상태를 총칭한다. (2) 하드웨어에 있어서는 단선과 회로의 쇼트, 접촉 불량 등 전기적인 원인에 의한 것도 있으며, 자기 디스크나 프린터에서의 기계적인 트러블에 의한 것까지 극히 광범위하다. 또 소프트웨어에서는 프로그램의 오차나 특수하고 예외적인 입력 데이터에 의하여 예기치 못한 처리가 행해지는 경우도 있다. (3) 대개 이러한 여러 가지 「고장」의 원인 중 시스템 전체에 있어서 치명적인 것에 대해서는 프로그램에서 진단하고 검지할 수 있도록 조합시킨다. 이러한 프로그램을 진단 루틴(diagnostic routine)이라 부르고 있다.

fault auto-detection technique[-ɔ́:tou ditékʃən tekní:k] **고장 자동 검출 기능**

fault current[-kə́:rənt] **장애 전류**

fault detect[-ditékt] **고장 결함** 기기의 올바른 수행을 방해하는 결함.

fault detection[-ditékʃən] **결함 검출**

fault detection timer[-táimər] **결함 검출 타이머**

fault diagnostic[-dàiəgnástik] **결함 진단** 컴퓨터 시스템 등이 고장을 일으키는 장애를 알고 난 뒤에 불확실한 정도를 줄이는 데 사용하는 수법. 주로 결함에 의한 오류를 추정하기 위해 사용된다.

fault finding probelm[-fáindiŋ prábləm] **결함 발견 문제**

fault free system performance analysis[-frí: sístəm pərfɔ́:rməns ənǽlisis] **무결함 시스템 성능 해석**

fault indicator[-índikèitər] **결함 표시기**

fault insertion[-insə́:rʃən] **결함 삽입**

fault isolation[-àisəléiʃən] **결함 격리** 컴퓨터 네트워크, 회로 기판 등에서 결함이 있는 구성 요소(component)나 처리 상의 오류를 확인하여 결함의 원인이나 위치를 판별하여 그것을 격리시키는 것.

fault locating[-loukéitiŋ] **고장 장소 식별** 고장이 발생하였을 경우 그 고장이 어디에 근거하였는지를 식별하는 것.

fault location problem[-loukéiʃən próbləm] **고장 위치 문제**

fault location program[-próugræm] **고장 위치 프로그램** 보통 고장 진단 시스템의 일부로 고장난 위치나 상태를 알아내기 위하여 사용하는 고장 장비에 대한 정보를 식별하기 위한 프로그램.

fault masking[-má:skiŋ] **장애 은폐** 컴퓨터 시스템 등에 어떤 장애가 생겼을 경우 시스템 내에 그 장애와 함께 다른 장애가 발생하고 있는지의 여부를 의도적으로 「조사하지 않는」 방법. 또는 어떤 기능을 수행하는 데 필요한 기능 단위와 같은 동작을 하는 기능 단위를 조합시켜 장애 부분에 의한 오차가 출력으로 나타나지 않도록 하는 수법.

fault mechanism[-mékənizm] **고장 메커니즘**

fault model[-mádəl] **고장 모델** 하나 이상의

고장을 포함하고 있는 기기나 회로의 조작을 논리적으로 설명하는 데이터들의 집합.

fault monitoring analysis [–mánitəriŋ ənǽlisis] **결함 모니터링 해석**

fault rate [–réit] **결함률** 단위 시간당 결함이 나타나는 비율.

fault-rate threshold [–θréʃould] **결함률 한계값** 정해진 시간당 결함 건수로 표시한 결함의 한계값.

fault recognition [–rèkəgníʃən] **결함 식별**

fault recognition method [–méθəd] **결함 식별법**

fault recognition program [–próugræm] **결함 식별 프로그램**

fault recovery program [–rikʌ́vəri(ː) próugræm] **FP, 결함 처리 프로그램**

fault redundancy [–ridʌ́ndənsi(ː)] **고장 중복성**

fault seeding [–síːdiŋ] **결함 파종** 프로그램 내에 존재하는 고유 결함의 수를 측정하기 위해 그 프로그램에 미리 정한 수만큼의 결함을 고의로 더하는 것.

fault simulation [–sìmjuléiʃən] **장애 시뮬레이션**

fault symptom code [–símptəm kóud] **FSC, 장애 증상 코드**

fault table [–téibəl] **결함표** 가능한 입력과 결함에 대해 정상 출력과의 비교를 나타내는 표.

fault threshold [–θréʃould] **결함 임계값** 컴퓨터 시스템 등에 있어서 특수한 부류에 들어 있는 결함에 대하여 설정한 기준값이며, 그것을 넘었을 경우에 어떤 수리 행위를 필요로 한다. 이런 종류의 처리는 조작원에게 통보, 진단 프로그램의 실행 또는 장애가 발생한 장치를 분리시키기 위해 재구성 등을 포함하는 경우가 있다.

fault time [–táim] **고장 시간** 기계나 시스템의 고장으로 인해 운용될 수 없는 시간.

fault tolerable circuit [–tálərəbl sə́ːrkit] **고장 허용 회로**

fault tolerance [–tálərəns] **고장 허용 한계** 임의의 시스템에서 그 구성 요소의 고장에 대하여 항상 시스템의 정상 동작을 유지하는 것이 가능한 능력. failure는 사상(event)이고 fault는 상태(state)이다. 따라서 failure는 fault의 원인, 반대로 fault는 failure의 결과라고 생각하면 된다.

fault tolerant [–tálərənt] **고장 허용력, 고장의 허용 범위** 부분적인 고장인 경우에도 프로그램이나 부분적인 시스템의 동작이 허용되는 한계.

fault tolerant computer [–kəmpjúːtər] **고장 허용 컴퓨터**

fault tolerant optimal control [–áptiməl kəntróul] **고장 허용 최적 제어**

fault tolerant system [–sístəm] **고장 허용 시스템** 고장에 견딜 수 있는 시스템. 하드웨어의 오동작(fault)은 반드시 발생하는 것이라는 생각으로 연산 회로를 이중화하는 등의 중복성을 갖게 하고, 오동작을 자동적으로 수정할 수 있도록 한 시스템. 사람의 개입 없이 정확한 처리 결과가 보증된다.

fault trace [–tréis] **장애 추적** 모니터에 의하여 장애 발생까지의 상태를 연속적으로 반영한 장애의 기록.

fault tree analysis [–tríː ənǽlisis] **FTA, 고장 트리 해석**

fault tree evaluation [–ivæ̀ljuéiʃən] **고장 트리 평가**

fault tree event [–ivént] **고장 트리 사상**

fault tree simulation [–sìmjuléiʃən] **고장 트리 시뮬레이션**

FAX [fǽks] *n.* **팩스** ⇨ facsimile

FAX board [–bɔ́ːrd] **팩스 보드** 컴퓨터에 장치하여 팩시밀리와 같은 효과를 내는 보드. 이것은 문자 데이터와 영상 데이터를 통신 회선으로 전송할 수 있으며 팩시밀리 전용기를 사용하지 않아도 컴퓨터로 값싸게 팩시밀리 기능을 이용할 수 있다는 장점이 있다.

faxcom [fǽkskəm] **팩스콤** 자동 장거리 전화망으로 화상을 전송할 수 있는 팩시밀리 통신 서비스.

FAX modem [fǽks móudem] **팩스 모뎀** PC나 워드 프로세서 등에서 이용되는, 팩시밀리 송수신 기기를 갖춘 모뎀. RT-29라는 표준 규격이 결정된 이후 급속히 보급되었다. 팩스 모뎀으로 송신하는 이미지는 일반 팩시밀리 이미지보다 선명하다.

FB 전경 배경 시스템 foreground background system의 약어. 컴퓨터 자원 관리의 한 방식. 우선도가 높은 작업을 foreground로 하고 낮은 것을 background로 해서 foreground의 작업이 없을 때만 background 작업을 실행한다. 예를 들면 프로세스 관리 시스템을 foreground로, 프로그램 개발을 background로 실행하는 것이 많다. 최근에는 미니컴퓨터에도 많이 이용된다.

F-BIT 인출 방치 비트 fetch protection-bit의 약어.

FC 자형 변경 문자 font change character의 약어. 문자 집합의 변경 없이 도형 집합에서 도형의 모양, 크기 또는 모양, 크기 양쪽을 다른 것으로 변경하는 데 사용되는 제어 문자.

FCB (1) **파일 제어 블록** file control block의 약어. (2) **서식 제어 버퍼** forms control buffer의 약어.

FCC 미국 연방 통신 위원회 Federal Communications Commission의 약어. 미국 자체 및 외국과

의 전기 통신 시스템에 관한 모든 조정 권한을 행사하는 위원회. 1934년에 제정된 통신법에 의하여 미국 대통령이 임명하는 7명의 위원으로 구성된다. 라디오, TV, FAX, 전신 · 전화 등의 통신 방법에 대하여 규제하는 권한을 갖고 있다.

FCFS 선도착 선처리 firstcome firstserved의 약어. 도착순 서비스. 우선 순위가 붙은 가장 기본적인 대기 행렬에 대한 서비스 방법의 하나로 서비스 창구에 도착한 순서로 처리되는 것이다.

FCFS scheduling 선도착 선처리 스케줄링 나중 프로그래밍 시스템에서 행해지는 디스크 스케줄링의 하나로 먼저 요구된 작업 요청을 먼저 처리해주는 방식.

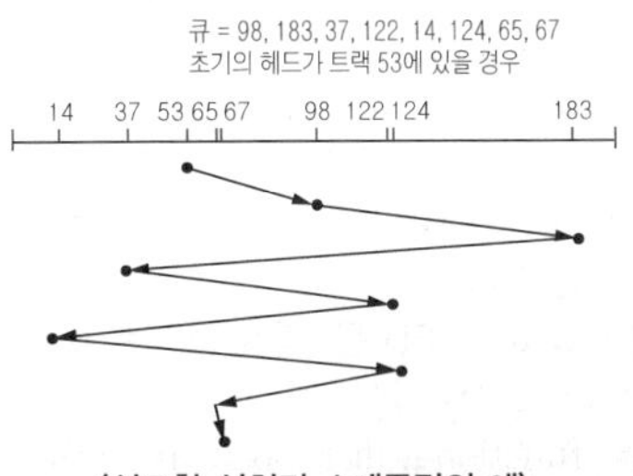

〈선도착 선처리 스케줄링의 예〉

FCI flux changes per inch의 약어. 자기 테이프에서의 기록 밀도 단위로 테이프 길이 방향의 1인치당, 1트랙당 자속(磁束) 반전 수를 나타낸다. 종래의 NRZI 방식에서는 FCI와 BPI는 일치하지만 위상 변조 방식, 주파수 변조 방식 등에서는 FCI 수치가 BPI 수치의 두 배가 된다.

F conversion F 변환 FORTRAN의 출력문에서 실수를 출력하기 위한 변환 기호. 예컨대, F 10.5라면 전체 자릿수 10자리에 소수점 이하 5자리로 찍으라는 기호이다.

FCP 파일 제어 장치 file control processor의 약어. 파일 처리를 전용적으로 하는 프로세서. 호스트와 보조 기억 장치와의 사이에 위치하여 호스트에서는 업무 처리, FCP에서는 파일 처리를 분담한다. 파일 처리 부하가 높은 시스템에 적용되고 있다. FCP는 CCP(통신 제어 처리 장치)의 프런트 엔드 프로세서(FEP)에 대해서 백 엔드 프로세서(BEP)라고도 불리고 있다.

FCS 프레임 체크 시퀀스 frame check sequence의 약어.

FCT 서식 제어 테이프 forms control tape의 약어.

FD 전이중 방식 full-duplex의 약어.

FDD 플로피 디스크 드라이버 floppy disk driver의 약어. ⇨ floppy disk driver

FDDI 광섬유 분산 데이터 접속 방식 fiber distributed data interface의 약어. LAN 사이의 고속 연결을 목표로 미국 규격 협회(ANSI ; American National Standard Institute)가 개발한 고속 통신 프로토콜. FDDI는 광섬유 회선을 기반으로 토큰을 사용하며, IEEE 802.5 토큰 링과 유사한 방식으로 동작한다. FDDI 링은 다중 또는 단일 모드의 광섬유 회선을 사용하는 두 개의 링(기본 링과 보조 링)으로 구성되는 이중 링(dual ring) 구조를 가지며 100Mbps의 전송 속도를 지원하도록 설계되었다. 다중 모드 회선을 사용할 때는 2km 떨어진 노드까지 지원하고, 단일 모드 회선을 사용할 때는 40km까지 지원하며 최대 거리 200km 내에서 최대 1,000노드까지 접속이 가능하다.

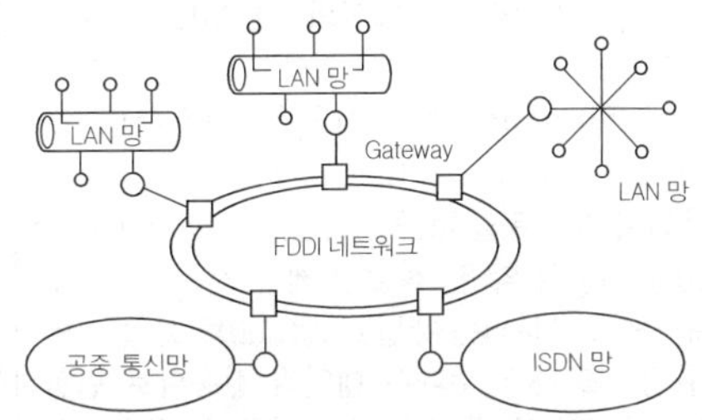

〈다수의 LAN을 연결하는 FDDI 네트워크〉

FDDI follow-on LAN ⇨ FFOL

FDDI protocol 광섬유 분산 데이터 접속 방식 통신 규약 fiber distributed data interface protocol의 약어. FDDI 프로토콜의 구조는 크게 5부분으로 구성된다. 스테이션 관리층(SMT ; station management)은 링의 동작에 필요한 제어를 통해 링의 관리를 수행하는 부분이며, 스테이션 관리층은 주소의 식별 및 지정, 오류의 점검 등과 같은 기능을 수행하는 매체 접근 제어층(MAC ; medium access control sublayer), 신호의 인코딩과 디코딩, 클록 기능 등을 제공하는 물리층(PHY ; physical sublayer), 광신호의 전송 및 수신과 관련된 일체의

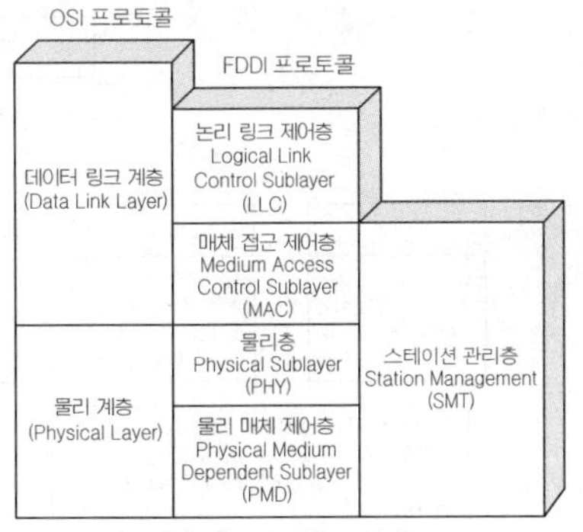

〈OSI 프로토콜과 FDDI 프로토콜의 비교〉

전기적 접속과 광케이블의 물리적 접속을 규정하는 물리 매체 종속층(PMD ; physical medium dependent), 그리고 논리 계층을 제어하는 논리 링크 제어층(LLC ; logical link control sublayer)으로 나누어진다.

FDHD floppy drive high density의 약어. 매킨토시용 플로피 디스크 드라이브의 기록 밀도. 원래는 매킨토시용의 고밀도 플로피 디스크 드라이브의 약칭이었다. 매킨토시 II x부터 채택하였다. 매킨토시 최초의 플로피 디스크의 용량은 400kB, 매킨토시 플러스에서는 800kB였지만 FDHD는 이들과 호환성을 유지하면서 1.4MB의 용량까지 높였다. 이 때문에 「Apple File Exchange」 등의 소프트웨어를 사용하면 IBM PC 계열의 1.44MB의 3.5인치 플로피 디스크를 읽고 쓸 수 있다.

F distribution[éf dìstribjú:ʃen] **F 분포** ⇨ frequency division multiplex

FDM 주파수 분할 다중화 frequency division multiplexing의 약어. 전송 매체를 서로 다른 주파수 대역으로 구분되는 채널(channel)로 분할하여 각각의 정보를 해당 주파수 대역의 전송파로 변환하여 전송하는 방식. 주파수 분할 다중화 방식은 하나의 전송로에 여러 개의 주파수 대역이 존재하고 이들 각각의 주파수 대역이 하나의 채널을 구성하기 때문에 가능한 기술이다. 이 방식은 단순한 구조로 되어 있기 때문에 구현이 쉽고, 가격이 저렴하며 자체가 변복조 기능을 수행하므로 부가적인 모뎀(MODEM) 장비가 필요 없다는 장점이 있다. 반면 단점으로는 전송 매체의 주파수 대역폭(bandwidth)이 전송할 신호의 대역폭보다 커야 전송이 가능하며, 대역폭(채널)의 중첩을 방지하고 대역폭 간의 간섭을 방지하기 위해 분할 대역폭 간의 간격을 충분히 유지해야 하므로 주파수 이용의 낭비를 초래한다. 주로 TV 방송, CATV 방송, 위성 통신, 이동 전화 시스템 등에서 이용된다.

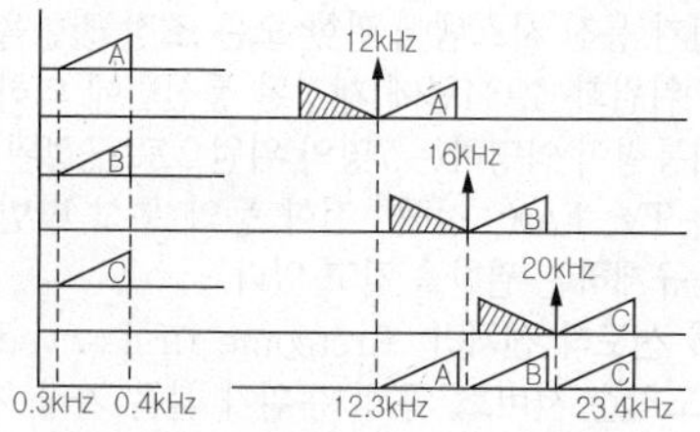

〈진폭 변조를 이용한 주파수 분할 다중화〉

FDMA 주파수 분할 다중 접근 frequency division multiple access의 약어. 위성 통신에서 한 개의 위성을 이용해 여러 지국 간에 동시에 통신하는 방법의 하나로 사용 주파수를 각 지구국별로 할당하는 것. 이외에 각 지구국의 사용 주파수는 동일하고 각 국의 전송 용량에 비례해서 시간 슬롯을 할당하는 시분할 다중 접속, 다중 주파수대 접속 및 공간을 분할해 사용하는 공간 분할 다중 접속이 있다.

FDM-PCM transmission system FDM-PCM 전송 방식

FD statement FD 문, 파일 정의문 file definition statement의 약어.

FDOS functional disk operating system의 약어. BDOS와 BIOS를 합하여 일컫는 것.

FDX 전이중, 전이중 방식 full duplex의 약어. 통신단말 A, B가 있을 때 A에서 B, B에서 A의 어느 방향으로도 통신이 가능하고 또 양방향 동시에 통신할 수 있는 방식.

FE (1) **필드 엔지니어** field engineer의 약어. 컴퓨터 하드웨어와 소프트웨어의 필드를 유지하는 데 책임이 있는 사람. 일명 대고객 서비스 요원. (2) **서식 제어** format effection, format effector의 약어. ⇨format effector (3) **서식 제어 문자** format effector character의 약어.

FEAL 필, 빠른 데이터 암호화 알고리즘 fast data encipherment algorithm의 약어. NTT가 개발한

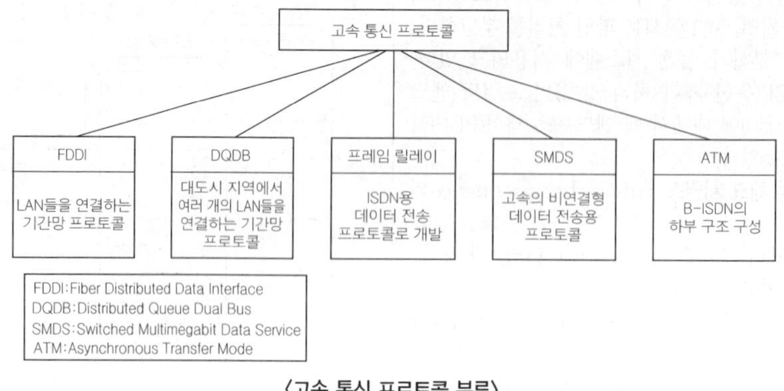

〈고속 통신 프로토콜 분류〉

고속 데이터 암호화 처리 절차. 인위적인 피해를 막기 위해 개발된 암호 방식으로 암호화/복호화 키는 NTT 센터와 단말기 양쪽 모두에 있다. 소형 컴퓨터에서 고속 암호화가 가능한 것이 특징이다.

feasibility [fìːzibíliti(ː)] *n.* **가능성** 어떤 주어진 문제에 대한 임의의 한 해가 그 문제에서 가정하고 있는 여러 가지 제약 조건을 만족하는지의 여부를 나타내는 것.

feasibility condition [–kəndíʃən] **가능 조건** 심플렉스 기법의 개발에서 모든 가능한 기본 해로부터 선택된 기본 해가 항상 음수가 아니어야 한다는 것을 보장해주는 것.

feasibility study [–stʌ́di(ː)] **타당성 조사** 프로젝트 개발이나 시스템 개발에 착수하기 전에 행하는 일련의 활동으로 시스템의 계획 단계에서 그 시스템의 타당성을 조사하는 것. 제기된 문제의 본질과 그 문제에 대한 대체적인 해결법을 모색해내고, 기술면, 경제면 및 운용면에서 검토를 추가한다. 이들 활동을 통하여 상세한 개발 계획이 승인 또는 변경되거나 경우에 따라서는 개발 프로젝트 자체가 취소되는 경우도 있다.

feasibility study evaluation [–ivæ̀ljuéiʃən] **타당성 조사 평가** 개념 단계 동안에 수행되는 타당성 조사에 대한 정확성, 완전성 및 일치성 등을 평가하는 것.

feasible flow [fíːzibl flóu] **허용 흐름** 네트워크에서 다음과 같은 조건을 만족하는 정보의 흐름을 말한다. ① 송신측은 안으로의 화살표는 갖지 않는다. ② 수신측은 밖으로의 화살표는 갖지 않는다. ③ 용량을 초과하는 화살표가 없다. ④ 수신측과 송신측을 제외하고는 모든 노드에서 그 흐름이 균형을 이룬다. ⑤ 송신측에서 나간 흐름량의 합이 수신측에서 들어오는 흐름량의 합과 같다.

feasible solution [–səlúːʃən] **가능 해** $m \times n$ 행렬 A, m차 벡터 b, n차 벡터 c, n차 벡터 x에 대해 $Ax=b$, $x>0$을 만족하는 벡터 중 cx를 최대로 하는 x를 구하는 문제(선형 계획법)에서 위의 제약을 만족하는 x를 가리킨다. 보다 일반적으로 실현 가능한 해를 말하는 경우도 있다.

feature [fíːtʃər] *n.* **특징** 시스템, 장치 등이 갖고 있는 특징적인 기능. 컴퓨터에서는 그래픽이나 통신 기능 등 시스템에 의한 특징적인 기능이 있다. 일반적으로 여러 가지 특징들이 모여서 특징 공간을 형성한다.

feature adapter [–ədǽptər] **확장 기능용 어댑터** 컴퓨터 시스템에 새로운 기능을 확장하기 위하여 장치하는 기기. 컴퓨터 본체와는 별개로 되어 있으며 케이블 또는 커넥터에서 본체와 결합시킨다. 예를 들면, CRT 디스플레이(CRT display)나 프린터 등이 그 일례이다.

feature adapter card [–kɑ́ːrd] **확장 기능용 어댑터 카드**

feature classification and matching [–klæ̀sifikéiʃən ənd mǽtʃiŋ] **특징 분류 및 대조** 물체의 특성(형상 · 색 · 거리 · 위치 관계 등)을 이용하여 상이한 물체를 구분하고 동일한 물체를 찾아내는 작업.

feature detector [–ditéktər] **특징 감지기** 2차원적인 표준 패턴을 이용하여 특정한 영상 요소를 찾아내는 기능을 가진 장치 또는 기관.

feature expansion [–ikspǽnʃən] **기능 확장**

feature expansion prerequisite [–priréкwizit] **기능 확장 전제 기구**

feature extraction [–ikstrǽkʃən] **특징 추출** 패턴 인식에서 그 패턴의 우세한 특징을 선택하는 일. 이를 통해서 패턴 인식 시스템은 복잡하고 많은 양의 데이터 대신에 특징만을 통해 패턴을 인식할 수 있게 된다.

feature programmable multiline current loop cable [–próugræməbl mʌ́ltilàin kə́ːrənt lúːp kéibl] **기능 프로그램 가능 복수 회선 루프 케이블**

feature storage [–stɔ́ːridʒ] **확장 기능용 기억 기구**

FEB 파일 엔트리 블록 file entry block의 약어.

FEC 전진 오류 수정 forward error correction의 약어. 통신 회선에서 발생하는 오류를 제어하기 위한 방법의 한 가지. 전송하기 전에 오류 수정을 위한 비트를 추가하여 전송하고, 수신측에서는 이를 수신하여 오류 발생을 검출하고 수정한다.

Federal Communications Commission [–kəmjùːnikéiʃənz kəmíʃən] **FCC, 미국 연방 통신 위원회** ⇨FCC

Federal Information Processing Standard [–ìnfərméiʃən prɑ́sesiŋ stǽndərd] **FIPS, 연방 정부 정보 처리 표준**

Federal Networking Council [–nétwə̀ːrkiŋ káuns(i)l] **미국 연방 네트워킹 협의회** ⇨FNC

Federal Privacy Act [–práivəsi(ː) ǽkt] **연방 개인 기밀법** 개인의 비밀을 기록한 정부의 파일을 다른 사람이 함부로 보지 못하도록 금지하는 미국의 법률. 또 이 법에서는 정부가 사용하고 있는 파일에 개인에 대한 어떤 정보가 들어 있는지 알 수 있게 하고 있다.

FED-STD 미국 연방 정부 표준안 Federal Government Standards의 약어. 미국 연방 정부에서 만든 표준안. FTSC(미국 연방 통신 표준 위원회)를 두고 CCITT, ISO, ANSI 등과 밀접한 관련을 갖는다.

feed[fí:d] *n.* **이송, 이동, 공급** (1) 카드 판독 장치, 종이 테이프 판독 장치, 자기 테이프 장치 등의 판독 위치로 「카드」나 「테이프」를 보내는 것. (2) LF(line feed)는 행 단위로 위치를 움직이는 것.

feedback[fí:dbæk] *n.* **피드백** 출력 신호의 일부를 입력측으로 되돌리는 동작. 일반적으로는 시스템의 어떤 단계에서 얻어진 결과가 목적으로 하는 결과와 차이가 있는 경우에 그 결과의 전부 또는 일부를 앞 단계로 되돌림으로써 결과를 수정하고 시스템의 특징을 개선하는 것을 말한다. 각종 시스템에 널리 응용되고 있다.

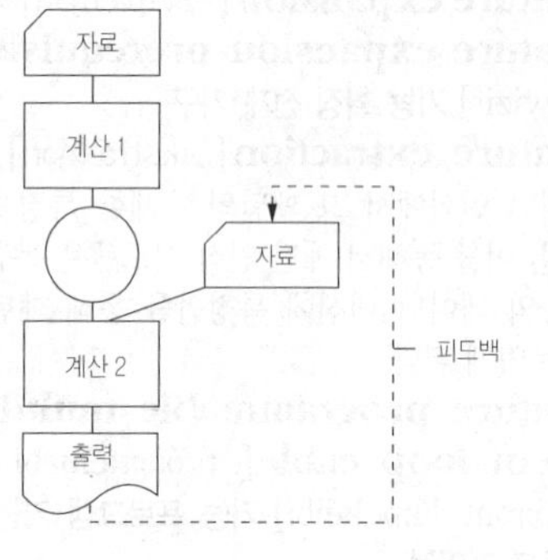

〈피드백〉

feedback amplifier[-ǽmplifɑ̀iər] **피드백 증폭기** 출력 신호의 일부를 부정 피드백(negative feedback)시키는, 즉 반대 위상에서 입력으로 되돌림으로써 출력의 변형(strain)이나 소음을 적게 하고 안정도(stability)를 늘리도록 한 증폭기. 장치 전체의 이득(gain)은 적지만 특성이 개선된다. 또한 출력 신호의 일부를 정(正) 피드백(positive feedback)시킨다. 즉, 같은 위상에서 입력측으로 되돌리면 이득이 증가하고 발진하므로 발진기(oscillator)로 사용된다.

feedback array[-əréi] **피드백 배열**

feedback circuit[-sə́:rkit] **피드백 회로** 어떤 회로나 시스템의 출력을 그 회로나 시스템의 입력으로 되돌려 보내는 회로.

feedback configuration[-kənfìgjuréiʃən] **피드백 구성**

feedback connection[-kənékʃən] **피드백 결합**

feedback control[-kəntróul] **피드백 제어** 제어된 처리 결과의 일부를 입력측으로 되돌려 보내고, 목표값과 비교하여 양자를 일치시키도록 한 정정 동작을 행하는 자동 제어 기능.

feedback control law[-lɔ́:] **피드백 제어 법칙**

feedback control loop[-lú:p] **피드백 제어 루프** 변환기, 전진 경로, 귀환 경로, 그리고 루프 입출력 신호 사이의 관계를 유지하기 위한 혼합점으로 된 폐쇄 전송 통로.

feedback control signal[-sígnəl] **피드백 제어 신호** 빠른 응답과 같이 원하는 효과를 얻기 위해 입력으로부터 피드백되는 출력 신호의 일부.

feedback control system[-sístəm] **피드백 제어 시스템** 이것은 제어된 신호와 명령어의 기능을 합친 것으로 둘 사이의 규정된 관계를 유지해주는 것으로, 하나 혹은 그 이상의 피드백 제어 루프로 구성되어 있는 특수한 제어 시스템의 형태.

feedback diagraph[-dɑ́iəgræ̀f] **피드백 방향성 그래프**

feedback diode[-dɑ́ioud] **피드백 다이오드**

feedback dynamics[-dɑinǽmiks] **피드백 다이내믹스**

feedback equalization[-ì:kwəlɑizéiʃən] **피드백 동등화**

feedback factor[-fǽktər] **피드백률**

feedback gain[-géin] **피드백 이득, 귀환 이득**

feedback identificaiton[-ɑidèntifikéiʃən] **피드백 식별**

feedback information[-ìnfərméiʃən] **피드백 정보**

feedback inhibition[-ìnhibíʃən] **피드백 금지**

feedback loop[-lú:p] **피드백 루프** 피드백 제어에 있어서 결과를 자동적으로 재투입시키는 궤환 회로를 피드백 루프라 하고, 이 회로를 갖춘 시스템을 피드백 시스템(feedback system)이라고 한다. 반드시 폐쇄 루프가 형성되므로 폐쇄 루프 제어(closed loop control)라고도 한다.

feedback mechanism[-mékənizm] **피드백 메커니즘**

feedback-mode adaptive element[-móud ədǽptiv éləmənt] **피드백 모드 적응 소자**

feedback model[-mɑ́dəl] **피드백 모델**

feedback observation theory[-ɑ̀bzərvéiʃən θíəri(:)] **피드백 관측 논리**

feedback optimal control[-ɑ́ptiməl kəntróul] **피드백 최적 제어**

feedback option[-ɑ́pʃən] **피드백 옵션**

feedback path[-pɑ́:θ] **피드백 경로**

feedback processing[-prɑ́sesiŋ] **피드백 처리**

feedback queue[-kjú:] **피드백 큐** 큐에서의 출력을 다른 단계의 큐를 위한 입력으로 사용하는 것.

feedback register[-rédʒistər] **피드백 레지스터**

feedback sensitivity[-sènsitíviti(:)] **피드백 감도**

feedback servomechanism [–sè:rvoumékənizm] **피드백 서보 기구**

feedback signal [–sígnəl] **피드백 신호**

feedback stability [–stəbíliti(:)] **피드백 안정성**

feedback strategy [–strǽtədʒi(:)] **피드백 전략**

feedback structure [–strʌ́ktʃər] **피드백 구조**

feedback synthesis [–sínθəsis] **피드백 합성**

feedback system [–sístəm] **피드백 시스템** 처리 결과가 주어진 조건과 목적대로 실행되었는가를 검사하고 확인하여 자동적으로 자기 수정 또는 제어를 위해 재입력시키는 회로로 구성된 시스템. 예를 들면, 어느 달의 출고량 정보에 따라 생산을 조절하고, 다음 달의 출고량을 증가 또는 감소시키는 것.

feedback transfer function [–trænsfə́:r fʌ́ŋkʃən] **피드백 전달 함수**

feedback type [–táip] **피드백형** 기계나 프로세스, 시스템 출력의 일부를 이전 단계의 입력으로 사용하는 형태.

feeder [fí:dər] *n.* **피더, 공급기** (1) 인쇄 용지나 천공 카드를 프린터나 카드 판독기에 보내주는 장치. (2) 낱장 용지 자동 공급기를 가리키는 말.

feeder cable [–kéibl] **피더 케이블** (1) 중앙국의 주케이블. (2) 교환국에서 가입자 배선 케이블까지의 케이블.

feed forward [fí:d fɔ́:rwərd] **피드 포워드** 앞으로의 징후를 계산에 의해 예측하고 그 정보에 기준하여 제어를 행하는 방식. 피드백은 제어하려는 목적값이 목적에서 이탈될 때 소기의 목적에 맞도록 조작하는 것이지만 피드 포워드는 예측에 따라 정보를 주고 목적에서 이탈하는 징후가 나오기 전에 장래를 제어하는 것으로 이것은 컴퓨터를 자동 제어에 이용함으로써 가능하다. 피드백에 비해 시스템 구축이 어려우므로 일반적으로 실용화된 것은 아니다.

feed forward control [–kəntróul] **피드 포워드 제어** 교란(disturbance) 정보에 의한 영향이 제어계에 나타나기 전에 필요한 정정을 하는 제어.

feed function [–fʌ́ŋkʃən] **피드 기능, 이송 기능** 공작물에 대한 공구 이송(이송 속도 또는 이송량)을 지정하는 기능. 이 워드의 번지 f를 사용하고 이것에 이어지는 것은 코드화된 수로 지정한다.

feed hole [–hóul] **이송 구멍** 위치 결정이 가능하도록 데이터 매체 상에 천공시키는 구멍.

feed hopper [–hápər] **이송 호퍼, 피드 호퍼** 카드 판독 장치나 광학적 문자 판독 장치에서 카드나 문자가 인쇄되어 있는 용지를 카드 송급 기구나 문자 해독 기구에 보내기 위해 쌓아두는 곳.

feeding [fí:diŋ] *n.* **피딩** 문자를 인식하기 위해 문자 해독기가 사용하는 시스템. 각각의 입력 서류는 지정된 일정한 속도로 서류 전송체에 보내진다.

feed pitch [fí:d pítʃ] **피드 피치, 이송 피치** 천공된 테이프에서 인접한 피드 구멍 간의 중심 거리. 각 피드 구멍에는 한 행으로 된 구멍들이 있으므로 가끔은 피드 피치와 행 피치는 같게 된다.

feed rate [–réit] **이송 속도**

feed rate bypass [–báipɑ̀:s] **이송 속도 바이패스**

feed rate override [–òuvərάid] **이송 속도 오버라이드** 수치 제어 테이프에 프로그램된 이송 속도를 다이얼 조작으로 수정하거나 NC 테이프에 프로그램이 지정한 이송 속도를 다이얼 조작으로 수정하는 것.

feed track [–trǽk] **이송 트랙** 작은 톱니 바퀴에 맞는 작은 주입 구멍을 포함하고 있는 종이 테이프의 트랙.

feep [fí:p] **삑 소리** 사용자의 주의를 끌기 위하여 터미널에서 나는 삑 소리.

Fehlber's method **펠버의 방법** 상미분 방정식에 대한 수치 해법의 하나. 5차 룬게-쿠타(Runge-Kutta) 방법을 사용해 4차 룬게-쿠타 방법의 국부 절단 오차를 계산한 다음 이것을 근거로 해서 구간의 간격을 조절해 나가는 방법.

FEM **유한 요소법** finite element analysis의 약어.

female connector [fí:meil kənéktər] **암 연결자** 다른 수 연결자와 장치를 연결하는 데 쓰이는 연결자.

female tab [–tǽ(:)b] **피메일 탭**

femto [fémtou] *n.* **펨토** 10^{-15}을 나타내는 접두어. 기호는 f이다.

femtosecond [fémtəsèkənd] **펨토초** 10^{-15}초. 단위 기호는 fs.

FEP **전위 처리기** front end processor의 약어. 대규모적인 컴퓨터 시스템 혹은 컴퓨터 네트워크를 구성할 경우 그 시스템의 호스트 컴퓨터 외에 시스템의 효율화를 꾀하기 위해 시스템의 전단에 별도의 컴퓨터를 배치하는데, 보통 이 컴퓨터를 말한다. 보통 통신 제어 처리 장치로 많이 이용되고 있다. 이 컴퓨터가 가지는 주요 기능은 데이터의 송수신, 다른 시스템과의 접속 조건의 조정, 포맷 체크 등이다. 호스트 컴퓨터와의 접속은 채널 입출력 장치 또는 회선 등에 의한 방법 중 정보량이든가 물리적인

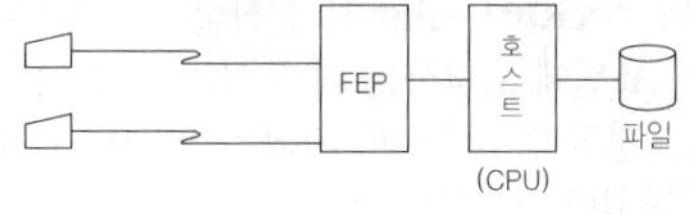

〈전위 처리기〉

위치 관계에서 판단하여 선정되지만 채널 접속이 일반적이다.

fermi level [fέərmi lévəl] **페르미 준위** 반도체 특성을 나타내는 중요한 에너지 준위.

Ferret [féret] **페레** 노벨 사가 자체적으로 확보하고 있는 네트워크 기술을 이용해 TCP/IP에서도 사용 가능하도록 만든 웹 브라우저.

ferrite [férɑit] *n.* **페라이트** 고주파용 자심(磁心) 재료로 널리 이용되고 있으며, 망간, 동, 코발트, 니켈, 마그네슘 등의 산화물과 산화철의 분말을 굳혀서 만든다. 컴퓨터의 자심 기억 장치에 사용되고 있으며, 금속 산화물 자성 재료의 총칭. 주성분인 산화제2철의 분말로 다른 금속 산화물의 분말을 넣어 가압 성형하고, 소결하여 얻어지는 일종의 세라믹이다. 고자속성이며 저항값이 비교적 높으며 고주파 손실이 적다. 박(薄)전류가 발생하지 않기 때문에 페라이트 코어(ferrite core), 페라이트 서큘레이터(ferrite circulator), 페라이트 로드 안테나(ferrite rod antenna), 다이내믹 스피커(dynamic loudspeaker) 등에 널리 이용되고 있다. 컴퓨터의 주기억 장치에 페라이트 코어 메모리(ferrite core memory)가 기억 소자(storage element)로서 널리 쓰였으나 최초에는 반도체 소자(semiconductor element)로 대신하고 있다.

ferrite circulator [–sə́ːrkjulèitər] **페라이트 서큘레이터**

ferrite control [–kəntróul] **페라이트 제어**

ferrite core [–kɔ́ːr] **페라이트 자심, 페라이트 코어** 페라이트로 만든 고리 모양의 부품. 컴퓨터 주기억 소자, 논리 소자 등에 사용된다.

ferrite core memory [–méməri(ː)] **페라이트 코어 기억 장치**

ferrite magnetic core memory [–mæg-nétik kɔ́ːr méməri(ː)] **페라이트 자기 코어 기억 장치** 얇은 도넛 모양의 페라이트 물체인 코어를 자화시켜 이때 발생하는 유도 전류의 방향으로 0과 1 상태를 분별하여 정보를 읽고 쓸 수 있는 기억 장치. 반도체가 나타나기 전까지는 많이 사용되었으며, 반도체 기억 장치와는 달리 비휘발성의 성질을 갖고 있으나 부피가 크고 값이 비싼 것이 흠이다.

ferrite-rod memory [–rɑ́(ː)d méməri(ː)] **페라이트 로드 메모리**

ferrite rotator [–róuteitər] **페라이트 회전자**

ferrite oxide [–ɑ́ksid] **산화철** 자기 디스크나 테이프 표면에 코팅하는 데 쓰이는 재료. 이것은 자화되는 성질이 있으므로 자화된 형태로 정보를 저장할 수 있다.

ferroelectric liquid crystal display [fè-rouiléktrik líkwid krístəl displéi] **강유전성 액정 플레이** ⇨ FLCD

ferroelectric RAM **강유전성 RAM, 강유전성 기억 장치** ⇨ FRAM

ferrous oxide spots [féres ɑ́ksɑid spɑ́ts] **산화철 반점** 자기 테이프 위에 정보를 표현하는 매체로서 반점이 있으면 1, 없으면 0인 2진 형태로 표현해서 자기 테이프 구동 장치에 의해 해석되며, 처리를 위해 컴퓨터 메모리에 기억된다.

FET 전계 효과 트랜지스터 field-effect transistor의 약어. ⇨ field effect transistor

Fetch [fétʃ] **페치** 매킨토시용으로 개발된 FTP 소프트웨어로, GUI를 이용한 FTP 소프트웨어의 선두주자이다. 공개 도메인으로 배포되고 있고 메뉴 형식에 따라 마우스 조작으로 입력할 수 있기 때문에 사용하기 쉽다.

fetch [fétʃ] *n.* **꺼냄, 꺼내기** 명령 레지스터에 들어있는 명령을 읽고 대상이 되는 어드레스를 찾아 명령을 실행하는 기초적인 절차. 중앙 처리 장치(CPU) 동작에 있어서 기억 장치에서 데이터를 읽어내고, 이 판독 데이터가 어떤 명령인가를 해석하기 위하여 제어 부분으로 데이터를 보낼 때까지의 행위. CPU가 명령을 실행하는 순서는 다음과 같다. 우선 CPU는 메모리에 대하여 어느 곳의 어드레스를 판독하는지를 지정하기 위하여 CPU측에서 어드레스를 확정시킨다. 어드레스의 확정에 따라서 메모리는 데이터를 내고, CPU는 이것을 떠맡으며, 또한 받아들인 데이터를 해석하는 부분으로 전송한다. 데이터를 해석할 부분에서는 이것이 명령인지, 또는 명령에 부속되는 데이터인지를 조사한다. CPU는 해석한 명령에 대응한 실제의 동작을 실행한다. 이들의 절차 중에서 데이터 전송 작업은 호출 또는 호출 사이클(fetch cycle)이라 불리는 것이다.

fetch cycle [–sɑ́ikl] **명령 인출 단계** 명령어(instruction)의 실행중 또는 실행 종료 후에 다음에 실행해야 할 명령어를 기억 장치로부터 꺼내기(인출) 시작할 때부터 끝날 때까지의 동작 단계.

fetch data [–déitə] **인출 데이터** 접근 장치나 파일의 인출 장소를 지정하는 데이터.

fetch instruction [–instrʌ́kʃən] **호출 명령**

fetch load trace [–lóud tréis] **호출 로드 트레이스, 호출 로드 추적**

fetch overflow [–òuvərflóu] **호출 오버플로** 오버플로 조건이 발생했을 경우 오버플로를 일으킨 행을 조사해내고, 강제적으로 그 행을 단말기로 출력하는 것. RPG 언어에 있어서 오버플로 조건이 발생했을 때 강제로 오버플로 행을 출력하는 기능을 가리킨다.

fetch phase[–féiz] **인출 단계** 제어 장치가 프로그램 계수기에 지정되어 있는 명령을 주기억 장치에서 명령 레지스터로 옮기는 단계. 인출 단계 이후에 제어 장치는 프로그램 계수기 변경 단계와 명령의 해독 및 실행 단계를 거쳐 명령을 수행한다.

fetch process[–prάses] **인출 과정** 기억 장치에서 인출할 어드레스를 결정하여 그 어드레스에 저장된 단어나 바이트를 CPU에 읽어내는 과정. 대부분의 명령어 인출은 기억 장치에서 명령어를 읽어내는 것을 의미하기도 한다.

fetch program[–próugræm] **인출 프로그램** 프로그램을 보조 기억 장치로부터 주기억 장치로 읽어내는 프로그램.

fetch protect[–prətékt] **인출 보호**

fetch protection[–prətékʃən] **인출 방지, 판독 보호** 메모리에 프로텍트(protect)가 걸려 있고, 메모리로부터 판독이 불가능한 상태.

fetch protection-bit[–bít] **F-BIT, 인출 보호 비트**

fetch routine[–ru:tí:n] **인출 루틴**

fetch sequence[–sí:kwəns] **인출 순서** 기억 장치에 저장된 번지를 결정하고, 기억 장치에 지정된 번지에 있는 명령어나 데이터의 바이트를 인출하는 행동 순서.

fetch strategy[–strǽtədʒi(:)] **인출 전략** 가상 기억 장치에서 필요한 페이지를 디스크로부터 가져오는 방식. 여기에는 요구 인출 전략과 예상 인출 전략이 있다.

fetch table[–téibəl] **인출 테이블**

fetch time[–tάim] **명령 인출 시간**

fetch violation[–vὰiəléiʃən] **인출 위반**

FF (1) **파이널 판타시** final fantasy의 약어. 「드래곤 퀘스트」와 함께 롤 플레잉 게임의 쌍벽을 이루는 스퀘어 사의 롤 플레잉 게임. 드래곤 퀘스트에 비해 시각적인 면에 주력하고 있다. (2) **플립플롭 회로** flip-flop circuit의 약어. 안정 상태를 유지하기 위해 구성된 두 개의 전자 회로. 가해지는 신호에 따라 두 가지의 상태가 상호 변환한다. (3) **서식 이송** form feedfeed의 약어. 프린터나 모니터에서 인쇄 위치나 표시 위치를 다음 페이지의 첫 행으로 옮기는 서식 제어 문자. ASCII에서는 0x0C.

FF character **서식 이송 문자, 용지 이송 문자, 페이지 바꾸기** from feed character의 약어. 인쇄 장치를 다음 페이지에 미리 정해진 최초의 인쇄 위치까지 이동시키는 문자.

FFOL FDDI follow-on LAN의 약어. FDDI의 표준화 작업을 계승한 LAN. 2.4GB/초의 속도까지 가능하다.

F format **F 형식, F형 서식** 논리 레코드가 모두 같은 길이로 되어 있는 데이터 형식.

FFS fast file system의 약어. 종래의 유닉스 파일 시스템의 성능이 좋지 않아 4.2BSD가 채택한 파일 시스템. System V에서도 버전 4.0부터 지원하고 있다. 파일 시스템의 용량을 2^{32}으로 확대한 것이 고속화에 크게 기여하였다.

FFT **고속 푸리에 변환** fast Fourier transform의 약어. 이산적인 데이터를 푸리에 변환하는 계산을 고속으로 하는 방법으로 Cooley-Tukey의 알고리즘이 유명하다. 표본 점수를 N으로 하면 계산 시간은 $N2$에서 $N \log N$으로 줄일 수 있다. ⇨ fast Fourier transform

FG **프레임 그라운드** frame ground의 약어.

FHD **고정 헤드 디스크** fixed-head disk의 약어.

FIB **전경 기동 배경** foreground initiated background의 약어. ⇨ foreground initiated background

fiber[fάibər] *n.* **광섬유** ⇨ optical fiber

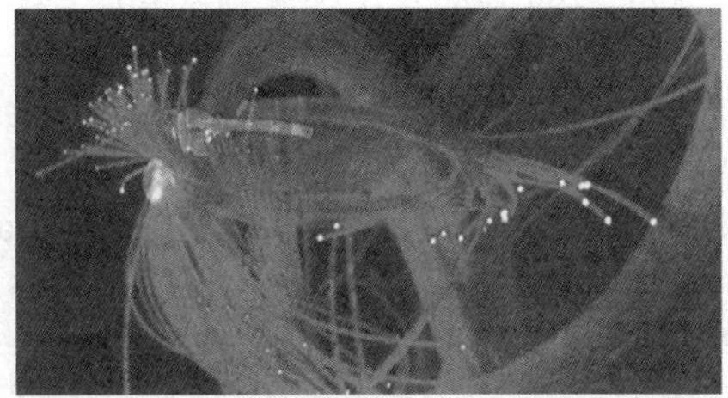

〈광섬유〉

fiber channel[–tʃǽnəl] **광섬유 채널** ANSI(미국 규격 협회)가 채택한 차세대 고속 인터페이스. 광섬유를 사용한 컴퓨터끼리 또는 컴퓨터와 주변 기기를 접속할 때 화상 등 방대한 데이터를 전송하는 멀티미디어 시대에 대응한 인터페이스이다. 광섬유의 사용을 전제로 하고 있으나 동선도 사용할 수 있다. 하드 디스크와 접속할 경우에는 광섬유 채널 아비트레이티드 루프 인터페이스라 한다.

fiber distributed data interface protocol[–distríbj(:)təd déitə íntərfèis próutəkɔ̀:l] **광섬유 분산 데이터 접속 방식 통신 규약** ⇨ FDD protocol

fibernet[fάibərnèt] **파이버네트** 근거리 지역 네트워크(LAN)를 광(光 ; optical) 방식으로 한 것. 맨체스터 부호를 사용한 10Mbps의 버스형 LAN이며, 액세스 방식으로는 CSMA/CD 프로토콜을 이용하고 있다. 동축 케이블인 경우, 단말기 간의 최대 길이는 2.5km이지만 광 방식으로 함으로써 4km로 늘릴 수 있다.

fiber optic cable [fάibər άptik kéibl] **광섬

유 케이블 광섬유 케이블은 가는 유리 섬유(또는 다른 투명한 물질)로 되어 있어서 광선을 전송한다. 레이저 전송기가 주파수 신호를 빛의 펄스로 변환하여 광섬유를 통해 수신측에 전달하면 수신기가 광 신호를 다시 주파수로 번역한다. 다른 종류의 케이블에 비해 잡음에 강하고 방해를 덜 받기 때문에 광섬유는 증폭을 하지 않아도 아주 먼 거리까지 데이터를 전송할 수 있다. 그러나 유리 섬유는 끊어지기 쉽기 때문에 전봇대 위로 연결되기보다는 지하로 연결되어야 한다.

fiber optic communication [–kəmjù:nikéiʃən] **광섬유 통신** 빛에 의한 통신은 저손실 광학 섬유와 고성능의 반도체 레이저가 개발되어 실용화되었다. 광통신 시스템은 송신부가 광원(반도체 레이저 또는 발광 다이오드)이나 변조기로, 수신부는 광검출기와 복조기로 구성되고, 그 사이를 광학 섬유 전송로로 연결한다. 신호는 광강도의 펄스 변조로 보내진다. 광통신은 광대역, 저손실, 경량 등 좁은 성질을 갖고 있어서 중 · 장거리 대용량 통신과 비행기나 선박 내외 통신, 공장 내의 통신 등에 응용되고 있다.

fiber optics [–áptiks] **섬유 광학** 석영 유리나 플라스틱을 가늘고 길게 뽑은 데이터 전송매체.

fiber optics transmission system [–trænsmíʃən sístəm] **광섬유 전송 시스템**

Fibonacci merge **피보나치 합병** 합병할 파일의 크기를 피보나치 수가 되도록 하면서 합병하는 것.

Fibonacci number **피보나치 수** 다음 식으로 나타나는 수열에서 F_n을 n번째 피보나치 수라 한다.

$F_n = F_{n-1} + F_{n-2}$(단, $F_0=0$, $F_1=1$)

Fibonacci search **피보나치 탐색** 이분 탐색의 일종이며 집합에 속하는 항목의 수가 피보나치 수와 같든지 또는 다음으로 큰 피보나치 수와 같다고 가정하고, 다음에 탐색의 각 단락에 있어서 항목의 집합을 피보나치 수열에 일치하도록 분할하는 방식. ⇨ 그림 참조

[주] 피보나치 수열이란, 수열 0, 1, 2, 3, 5, 8, …과 같이 각각의 항이 선행하는 두 항의 합과 같은 수열이다. 수열에서는 보통 다음과 같이 표시한다.

$F_n = F_{n-1} + F_{n-2}$(단, $F_0=0$, $F_1=1$)

Fibonacci sequence **피보나치 수열** 제1 및 제2항을 제외한 모든 항이 바로 앞의 두 항의 합으로 된 수열, 즉 $F_0=0$, $F_1=1$일 때 $F_n=F_{n-1}+F_{n-2}$ (n=2)로 정의되는 수열로, 그 원소는 0, 1, 2, 3, 5, 8, 13, …으로서, 이것에 대한 계차 수열 역시 피보나치 수열을 이룬다.

Fibonacci series **피보나치 수열**

Fibonacci series sorting **피보나치 수열 정렬** 연속된 테이프 상의 문자열 수가 피보나치 수열이 되도록 데이터 문자열을 분산시키는 정렬법. 피보나치 수열은 1, 2, 3, 5, 8, …, 즉 앞의 두 항의 합이 다음 항이 되는 수열이다.

```
procedure FIBSRCH(X, n, K)
/* n개의 레코드로 구성된 파일에 X에서 K를 검색 */
  i ← F k-1 ;
  p ← F k-1 ;
  q ← F k-3 ;
  if(K 〉 Ki) then i ← i+m ;
/* 찾는 키 K가 Fk-1에 있는 키보다 클 경우 */
  while (i≠0) do
    case
      K〈 Ki : if (q=0) then i ← 0 ;
        else {i ← j - q ; t ← p ; p ← q ; q ← t - p ;}
      K 〉Ki : if (q=0) then i ← 0 ;
        else {i ← i+q ; p ← p - q ; q ← q - p ;}
      K=Ki : FOUND
/* 찾고자 하는 레코드 Xi를 발견 */
    end
  end
end FIBSRCH
```

〈피보나치 탐색 알고리즘〉

Fibonacci tree **피보나치 트리** 피보나치 검색을 하면서 키값이 비교되는 레코드들의 순서를 표현한 2진 트리.

fiche [fí:ʃ] **피시** 여러 개의 마이크로 이미지를 가지고 있는 사진 필름. microfiche의 준말이다.

FID (1) **프리 인덕션 디케이** free induction decay의 약어. (2) **국제 문서화 연맹** International Federation for Documentation의 약어. 국제 협력에 의해 문서화의 연구 · 개발을 촉진하기 위한 국제기관으로 본부는 네덜란드 헤이그에 있다.

FIDO **피도** IBM PC 사용자가 중심이 되어 조직된 통신 네트워크. 세계 각국에 FIDO 국이 있어 국내외에서 메일을 송수신할 수 있다.

field [fí:ld] *n.* **필드** 항목. 파일을 구성하는 기억 영역의 최소 단위로 특정한 한 종류의 데이터를 포함한 것. COBOL의 데이터 단위 용어로 항목이라고 일컫는 것과 같다. 재고 파일의 예 등에서는 품명 번호, 색 코드 등이 각각 하나의 필드로 취급된다. (1) 소프트웨어에 관련하며, 하나의 레코드 중에서 특정 종류의 데이터를 위해서 사용되는 지정된 영역을 말한다. 예를 들면, 급여 레코드 중의「잔여 지급액」이 들어 있는 자릿수를 정한 영역 등을 가리킨다. (2) 입출력에 관련하며, 프린터의 인쇄면 또는 표시 장치(display unit)의 화면상의 행의 최초 위치에서 행의 종료 위치까지의 범위 구역을 가리킨

다. (3) 천공 카드 상에서 문자를 한 자리 기록하는 데 정해진 일군(一群)의 천공 위치. 80란의 천공 카드에서는 세로로 나열한 12개의 천공 위치를 「난」 또는 칼럼(column)이라 한다. (4) 이러한 「필드」의 물리적인 크기(예를 들면, 자릿수)를 필드 길이(field length)라 한다. 길이가 「고정」 필드인 것을 고정 길이 필드(fixed length field), 「가변」 필드를 가변 길이 필드(variable length field)라 한다. 또 통신 회선 등으로부터 들어오는 데이터용의 필드를 수신 필드(receiving field), 나가는 데이터용의 필드를 송신 필드(sending field)라 한다.

레코드

품명코드	품명	색코드	색	단가	수량
150511	COLOR-TV	111	BLACK	360,000	500
필드	필드	필드	필드	필드	필드
항목		항목		항목	

field accumulation[–əkjù:mjuléiʃən] **필드 누계**

field alterable control element [–ɔ́:ltərəbl kəntróul éləmənt] **필드 조정 소자** 사용자가 마이크로 프로그래밍을 할 수 있도록 되어 있는 칩.

field-alterable ROM 필드 변경 가능 ROM

field check[–tʃék] **필드 검사** 입력 데이터는 그 성격에 따라서 반드시 포함되어야 할 항목이 있는데, 이 항목이 기록되어 있는지의 여부를 체크하여 완전한 데이터를 확인하는 검사 방법.

field control[–kəntróul] **필드 제어**

field correct mode[–kərékt móud] **필드 정정 모드**

field data[–déitə] **필드 데이터** 현지 기술자, 앙케이트, 모니터, 판매점, 사용자 클레임, 자동 기록계 등의 고장 및 사용 상태, 스트레스 등에 관한 데이터.

field data code[–kóud] **필드 데이터 코드** 미국의 군용 표준 부호. 7개의 데이터 비트와 한 개의 패리티 검사 비트 등 8비트로 구성된 데이터 전송 코드.

field definition[–dèfiníʃən] **필드 규정**

field definition card[–kɑ́:rd] **필드 규정 카드** 필드의 명칭 · 크기 · 내용 형식 등을 규정하는 데 필요한 정보가 입력된 카드.

field density[–dénsiti(:)] **필드 밀도**

field description entry[–diskrípʃən éntri(:)] **필드 지정 항목**

field descripter[–diskríptər] **편집 기술자**

field developed program[–divéləpt próugræm] **필드 개발 프로그램** 특정 사용자를 위한 기능을 실행하는 허락 프로그램, 프로그램 프로덕트, 제어 프로그램 및 현재 이용 가능한 타입 1, 2, 3의 프로그램과 동시에 동작하는 경우도 있고, 독립된 프로그램인 경우도 있다.

field-effect transistor[–ifékt trænzístər] **FET, 전계 효과 트랜지스터** 다수 반송자의 흐름으로 전기 전도가 좌우되며, 보조 전원에 의해 생성된 전계의 세기에 따라 전기 전도가 변할 수 있는 트랜지스터.

field emission[–imíʃən] **전계 방출** 강한 전계에서 금속의 전자가 진공 속으로 방출되는 현상.

field engineer[–èndʒiníər] **FE, 필드 엔지니어** 실제 컴퓨터 하드웨어나 소프트웨어의 유지 보수의 일을 맡은 사람. 사후 봉사 요원이라고도 한다.

field format[–fɔ́:rmæt] **필드 형식**

field indicator[–índikèitər] **필드의 지시기**

field length[–léŋkθ] **필드 길이** 필드의 실제적인 길이. 천공 카드에서는 칼럼의 수를 나타내고, 테이프에서는 비트의 위치를 나타낸다.

field level control[–lévəl kəntróul] **필드 레벨 제어** 필드 수준에서 파일 보호를 제어하는 방법. 도메인이나 필드 타입에 관한 규정을 정하고 이로부터 필드에 관한 규칙을 얻을 수 있다.

field maintenance[–méintənəns] **현상 유지 보수**

field mark[–mɑ́:rk] **필드 표시** 그룹, 파일, 레코드, 블록의 시작이나 끝을 나타내는 기호로서 특별한 필드로 간주된다.

field marker[–mɑ́:rkər] **필드 마커**

field memory[–méməri(:)] **필드 메모리, 필드 기억 장치** TV 신호를 1화면분만큼 축적할 수 있는 기억 장치. 가정용 TV 기기도 TV 신호를 일단 A/D 변환한 후에 축적하는 디지털 필드 기억 장치를 도입하기 시작했다. 1.2~2Mbit 정도의 기억 장치 용량이 필요하기 때문에 과거에는 고가인 방송 기기 등에만 제한되어 사용되었으나 현재는 동적 RAM의 집적도가 높고 하나의 칩으로 구성할 수 있게 되었다. 이것을 도입하면 TV 신호의 본격적인 디지털 신호 처리가 가능해진다.

field modification[–mɑ̀difikéiʃən] **필드 수정** 구 마스터 파일의 레코드 값과 트랜잭션 파일의 값을 연관하여 새로운 값을 새로운 마스터 파일의 레코드 내에 저장해넣는 것.

field name[–néim] **필드 이름** 프로그래머나 사용자가 데이터의 특정 필드에 부여하는 명칭. 이 필드는 어셈블리 과정에서 절대 어드레스로 바뀐다.

field occurrence[–əkə́:rəns] **필드 어커런스** 물리적 데이터 베이스 레코드 어커런스를 구성하는 각 세그먼트 어커런스는 관련된 고정 길이의 필드 어커런스들의 집합으로 구성된다.

field of view[–əv vjúː] **시계(視界)** 원래는 원뿔 모양이어야 하지만 편의상 사각뿔로 가정하는데, 컴퓨터 그래픽을 이용하여 카메라를 흉내낼 때 그 카메라가 볼 수 있는 영역을 말한다.

field oxide[–ɑ́ksɑ̀id] **필드 산화물층** MOS 트랜지스터에서 절연체로 쓰이는 SiO_2 층.

field-programmable devices [–próugræməbl diváisiz] **필드 프로그래머블 기기**

field-programmable logic array[–lɑ́dʒik əréi] **FPLA, 필드 프로그래머블 논리 배열**

field selection[–səlékʃən] **필드 선택** 컴퓨터의 단어(word)를 완전히 분리하지 않고 특정 자료 부분만을 분리하는 것.

field sensitivity[–sènsitíviti(ː)] **필드 관련성** 정보 관리 시스템에서 논리적 데이터 베이스에 포함되어 있는 물리적 데이터 베이스의 필드들을 관련 필드라고 한다. 정의에 의해 모든 관련 필드는 관련 세그먼트 내에 포함되어야 한다.

field separator[–sépərèitər] **필드 분리**

field seperator mark[–mɑ́ːrk] **필드 분리 마크** 필드의 길이를 가변으로 하기 위해 필드의 끝마다 붙이는 기호.

field shifting[–ʃíftiŋ] **필드 이동** 데이터의 항목들을 재정렬하기 위해 필드를 옮기는 것.

field strength[–stréŋθ] **필드 강도**

field substitution[–sʌ̀bstitjúːʃən] **필드 대체** 마스터 파일의 레코드 필드가 트랜잭션 파일의 새로운 필드로 바뀌는 것.

field type[–táip] **필드 타입**

field upgradable[–ʌ́pgréidəbl] **필드 업그레이더블** 현장에서 성능을 향상시킬 수 있게 되어 있는 하드웨어.

field width[–wídθ] **필드 폭**

field with variable length[–wið vɛ́(ː)riəbl lǽŋkθ] **가변 길이 필드** 레코드를 구성하는 필드의 길이가 일정하지 않은 것.

FIFO 선입 선출(先入先出) first-in first-out의 약어. 먼저 도착한 것부터 먼저 처리하는 방식. 대기 행렬 처리 방식의 하나이며, 예를 들면 기억 장치에 데이터를 기입하거나 판독하여 처리할 때 먼저 써넣은 데이터를 먼저 판독하는 것을 말한다. 또, 같은 의미의 용어로 pushup이 있으며, 후입 선출(後入先出 ; pushdown)은 반대의 조작이 된다.

FIFO buffer speech chip 선입 선출 버퍼 음성 칩

FIFO-LIFO 선입 선출 후입 선출 FIFO와 LIFO 두 가지의 데이터 처리 방식을 합해서 부르는 말.

FIFO memory 선입 선출 메모리

FIFO page replacement 선입 선출 페이지 교체 각 페이지가 주기억 장치에 적재될 때마다 그때의 시간을 기억시키고, 한 페이지가 교체될 때는 주기억 장치 내에 가장 오래 있었던 페이지를 교체시키는 것.

FIFO queue 선입 선출 큐, 선입 선출 대기 행렬 선입 선출 방법으로 데이터를 저장하거나 회수하는 리스트를 가리킨다.

FIFO scheduling 선입 선출 스케줄링 아주 간단한 스케줄링 기법으로 프로세스들은 대기 행렬에서 그들의 도착 시간에 따라 디스패치된다. 일단 한 프로세스가 CPU를 차지하면 그 프로세스가 완료될 때까지 실행된다. 이 기법은 외관 상으로는 공정하지만 긴 작업이 짧은 작업을 오랫동안 기다리게 할 수 있고, 중요하지 않은 작업이 중요한 작업을 기다리게 하기도 하므로 어느 정도는 불합리하다. 이 기법은 응답 시간면에서 차이가 작게 나므로 다른 기법들보다는 예측이 쉬운 편이지만, 대화식 사용자들을 스케줄링하는 데는 적합하지 않다.

FIFO search 선입 선출 검색 어떤 문제를 풀기 위한 상태 공간 트리에서 시작점으로부터 검색되지 않은 자식 노드가 있는 노드들 중에서 가장 먼저 생성된 노드를 선택해가는 방법을 반복하여 최종적으로 해답을 찾는 방법.

FIFO virtual memory 선입 선출 가상 기억

fifth generation computer[fífθ dʒènəréiʃən kəmpjúːtər] **제5세대 컴퓨터** 1990년대를 목표로 개발이 추진되고 있는 비(非)노이만형 컴퓨터 시스템. 종전까지 개발된 컴퓨터에 비해 사람의 두뇌에 더 가까우며 학습, 추론, 음성이나 도형의 인식 등의 기능을 포함하여 인공 지능(AI)을 실현하기 위한 시스템이 될 것이다. 현재의 컴퓨터는 처리 방법이 명확한 경우 또는 그 처리를 위한 정보가 확정되어 있는 경우에 한해서 정보 처리가 가능하게 되지만 여러 가지가 조건에서 추론 판단하는 능력은 없기 때문에 어디까지나 인간에 대한 공학적인 보조 수단에 지나지 않는다. 또 소프트웨어 면에서는 시스템 전체에 차지하는 소프트웨어 개발 가동 및 그 비용이 비약적으로 증대하여 앞으로의 컴퓨터 발전에 있어서 하나의 큰 문제로 되고 있다. 한편 사회 생활이나 산업 구조 등은 앞으로 큰 변화가 예상되며, 그것에 수반하여 컴퓨터의 이용 분야, 적용 형태도 대폭적으로 확대되어 갈 것이 예상된다. 이들 여러 가지의 문제 해결을 도모함과 더불어 1990년대의 사회 구조에 적합한 기능과 성능을 제공하는 것으로서 자리매김한 것이 "제5세대 컴퓨터"이다. 제5세대 컴퓨터에서는 다음의 아키텍처의 실현이 요구된다. ① 문제 해결 · 추론 시스템(새로운 고

기능 프로그램 언어)을 대상으로 하는 고급 언어 형태의 아키텍처. ② 지식 베이스 관리 시스템을 대상으로 하는 데이터 베이스 아키텍처. ③ 지적인 인터페이스 시스템을 대상으로 하는 입출력 아키텍처.

fifth normal form[–nɔ́ːrməl fɔ́ːrm] **제5정규형** 릴레이션 *R*의 모든 조인(join) 종속형의 만족이 *R*의 후보 키로 암시될 수 있을 때, 그 릴레이션 *R*은 제5정규형 또는 프로잭션-조인 정규형에 속한다고 한다.

FIGS 문자 시프트 figure shift의 약어. 텔레타이프라이터나 컴퓨터의 콘솔 타이프라이터 등으로 숫자나 기호 또는 대문자 등을 찍을 때 사용되는 기구상의 시프트.

figurative constant[fígjurətiv kɑ́nstənt] **표의 상수, 형상 상수** 특정 프로그램 언어에서 지정된 상수를 위하여 예약된 데이터명으로, 미리 정해진 데이터명에 대응해서 정한 데이터.

figure[fígjər] *n.* **도형, 숫자**

figure pattern recognition[–pǽtərn rèkəgníʃən] **도형 인식** (1) 설비 할당 계획이나 일의 순서 계획을 세우는 것을 일반적으로 스케줄링이라고 한다. 특히 실시간 시스템 등에서는 이용률을 최대로 하기 위한 처리 프로그램 실행이나 I/O 동작, 파일 참조 등을 계획적으로 행하기 위한 스케줄링 루틴이 있고, 우선 순위를 기본으로 계획적인 태스크 제어를 행하고 있다. (2) 패턴 인식에 속한 것.

figures shift[fígərz ʃíft] **숫자 시프트** ⇨ FIGS

file[fáil] *n.* **파일** 하나의 목적을 갖춘 기록의 집합. 일상 흔히 눈에 띄는「전표의 묶음」,「성적표의 철」등이 파일이라 할 수 있다. (1) 한 단위로서 처리되는 상호 관련 있는 레코드의「집합」을 가리킨다. (2) 데이터가 기록되어 있는 파일의 기록 매체(rocording media) 그 자체를 가리키는 경우가 있다. 예를 들면, 데이터가 들어 있는 자기 디스크(magnetic disk), 자기 테이프(magnetic tape), 플로피 디스크 등이다. (3) 파일의「묶는 방법」을 파일 편성(file organization)이라 한다. (4) 파일은 사용 목적에 따라서 분류할 수 있다. 예를 들면, 어떤 업무에 관해서 기본적인 역할을 수행하고, 내용에 영속성이 있는 것을 마스터 파일(master file)이라 하

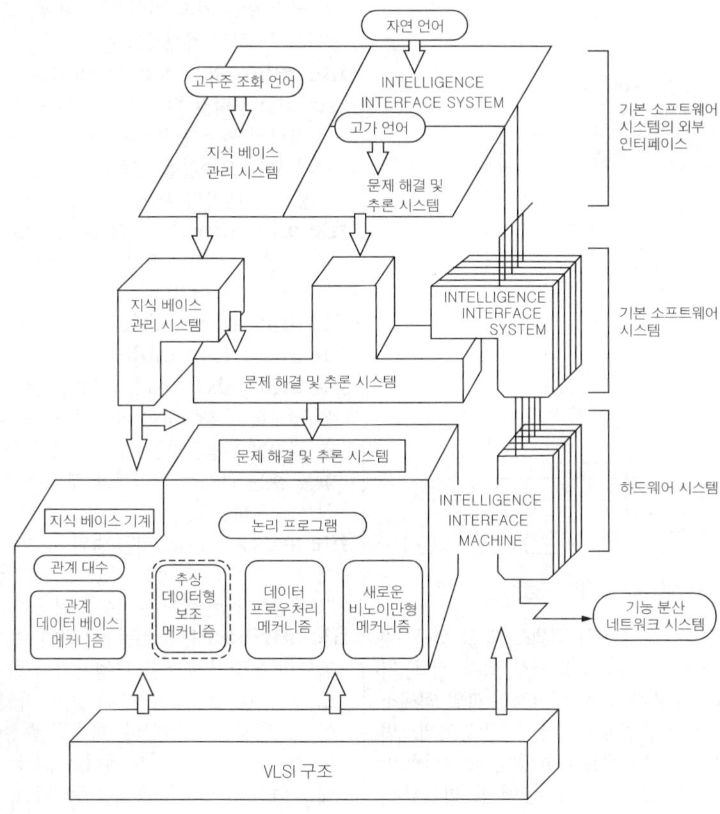

〈제5세대 컴퓨터의 기본 구성도〉

고, 마스터 파일에 대한 갱신 데이터 등 영속성이 빈약한 데이터가 들어 있는 파일을 트랜잭션 파일(transaction file)이라고 한다. 또 관련된 파일의 집합을 라이브러리(library)라 한다. 파일에는 크게 나누어 프로그램 파일과 데이터 파일이 있다. 전자는 라이브러리 파일이고 후자는 프로그램으로 처리하는 데이터를 저장하는 파일이다. 데이터 파일에는 마스터 파일, 트랜잭션 파일, 히스토리컬 파일, 트레일러 파일 등이 있다. 파일은 그 용도나 사용법에 따라 여러 가지 파일 편성이 있으며, 그들의 파일 사용법을 파일 액세스라고 한다. 또 파일의 수용 매체로는 자기 테이프, 자기 디스크 팩, 자기 드럼 등이 있으며, 그 형식은 다음과 같다.

① 자기 테이프(MT)인 경우

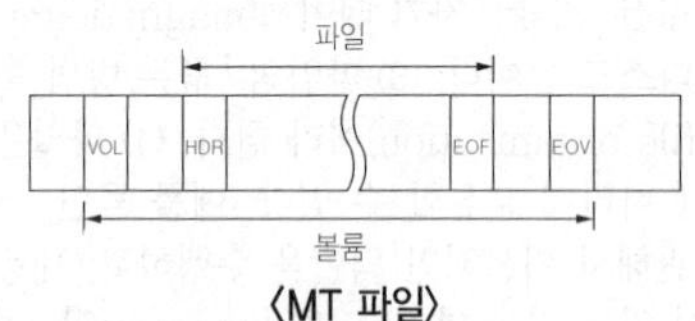

〈MT 파일〉

② 자기 디스크 팩(DP)인 경우

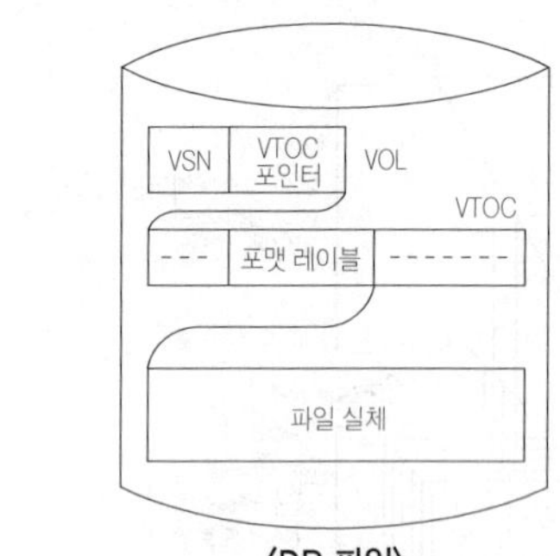

〈DP 파일〉

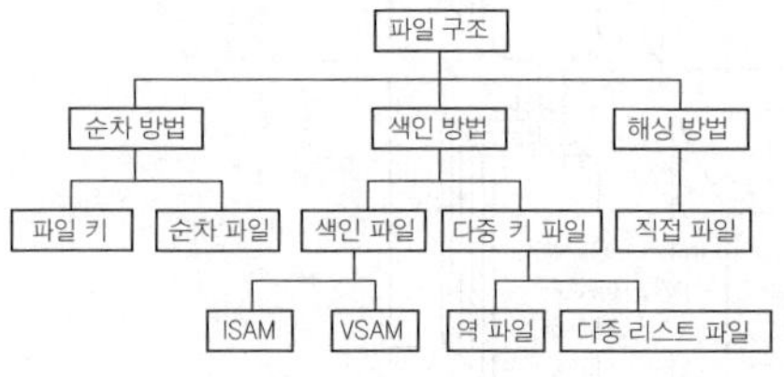

〈파일 구조의 기본 구성〉

file access [–ǽkses] **파일 액세스, 파일 접근** 원거리 및 근거리에 떨어진 파일을 생성, 복사, 판독, 기록 등의 작업을 수행하는 것. 일반적인 파일 액세스에서는 액세스하는 단위에 따라 블록 레벨 액세스법과 레코드 레벨 액세스법으로 분류되며, 또 액세스 방법에 따라 직접 액세스법(DAM), 순 액세스법(SAM), 분할형 액세스법(PAM), 색인 액세스법(ISAM) 및 카탈로그 액세스법(CAM)으로 분류된다.

file access data unit [–déitə júːnit] **파일 접근 데이터 단위** 파일에 접근하여 입력 또는 출력을 할 때 데이터의 처리 단위.

file access mode [–móud] **파일 접근 모드**

file activity ratio [–æktíviti(ː) réiʃiòu] **파일 활동률** 파일 처리를 하는 경우에는 모든 레코드가 처리에 이용되는 것은 아니다. 어느 처리에 있어서 스캔되는 레코드 수에 대해서 실제로 읽어내어 사용되는 레코드 수의 비율을 파일 활동률이라고 한다. 활동률이 높은 경우에는 자기 테이프 장치를 이용해도 랜덤 액세스가 가능한 드럼이나 디스크를 사용한 경우와 같은 정도의 시간으로 처리가 완료된다.

file addressing [–ədrésiŋ] **파일 번지법** 데이터 레코드는 파일을 확인할 수 있는 특별한 키나 부호를 가지고 있는데, 프로그램에서 이 키를 이용하여 특정 파일 번지에서 데이터를 찾아내거나 그 데이터를 사용할 수 있게 하는 것.

file addressing pocket [–pákət] **파일 번지 지정 포켓** 임의 파일에서 하나 이상의 레코드를 지정할 수 있는 작은 영역 또는 포켓. 적은 수의 레코드를 저장하는 경제적인 방법이다.

file address tree structure [–ədrés tríː strʌ́ktʃər] **파일 번지 지정 트리 구조** 계층을 줄여서 하나의 원소를 선택하거나 계층을 늘여서 한 세트의 모든 요소들을 선택하도록 설계된 특수한 스위칭 또는 데이터 파일 번지 지정 구조.

file allocation [–æləkéiʃən] **파일 할당** 파일의 배치, 관리. MS-DOS의 파일 관리는 파일 할당 테이블에서 이루어진다.

file allocation table 16 ⇨ FAT16

file allocation table 32 ⇨ FAT32

file analysis [–ənǽlisis] **파일 분석** 파일의 특성을 조사하고 분석하여 유사성과 중복된 양과 형태를 결정한 다음, 파일 내의 데이터 구성 요소에 영향을 주는 문서에 레이블을 부여하거나 리스트 작성을 점검하는 것.

file area [–έ(ː)riə] **파일 범위** 경영 직능면에서 대개 동일 계통의 작업을 하고 있는 그룹의 사람들과 그 계열에 관련된 모든 기록을 포함하여 일컫는 말.

file attribute [–ǽtribjùːt] **파일 속성** 파일 중 레코드의 논리적 구조를 규정하기 위한 것으로 레코드 길이, 레코드 형식, 블록 길이, 파일 구성, 큐 길이, 큐 위치 등을 말한다. 파일의 속성에 관한 정보는 자기 디스크나 자기 테이프에서는 파일 레이블에 쓰여져 있으며, 내용의 판독, 기입, 갱신할 때 사용된다.

file backup[–bǽkʌ̀p] **파일 백업** 파일 내용의 일부 또는 전체는 하드웨어, 기억 장치, 제어 처리 프로그램 등의 오동작이나 조작 실수에 의해 파괴되는 경우가 있는데, 이 대책 수단으로서 파일 백업이 사용된다. 손상을 입을 것을 대비하여 파일의 복사본을 미리 만들어두는 일이다. 구체적 방법은 두 가지이다. ① 동일 내용을 다중으로 갱신 유지한다. 사용중인 파일이 파괴되면 다른 파일로 전환된다. ② 특정 시점에서 좀더 값싼 매체(일반적으로는 자기 테이프)로 덤프한다. 사용중인 파일이 파괴되면 복원한다.

file cabinet[–kǽbinət] **파일 캐비닛** 관리자나 개인이 보관해야 할 데이터들을 저장시켜 두었다가 필요할 때 찾아볼 수 있도록 한 것.

file cashing[–kǽʃiŋ] **파일 캐싱** 자주 사용되는 파일을 캐시 기억 장치 상에 저장해둠으로써 소프트웨어의 처리 속도를 높이는 방법.

file clause[–klɔ́:z] **파일 절**

file clean up[–klí:n ʌ́p] **파일 정정** 파일 통합 시 구 파일의 정보 필드와 통합 파일의 정보 필드를 비교하여 차이가 있을 경우에 그것을 출력해서 분석하고 정정하는 것.

file compression[–kəmpréʃən] **파일 압축** 하나의 파일에 요구되는 기억 공간을 축소하는 것.

file component[–kəmpóunənt] **파일 성분** 파일의 구성 부분으로 보통 파일은 헤더, 테이블, 데이터 항목, 파일의 끝 표시 등으로 구성되어 있다.

file composition[–kɑ̀mpəzíʃən] **파일 구성** 레코드를 기억 장소에 정리 및 저장하는 것.

file consolidation[–kənsɑ̀lidéiʃən] **파일 통합** 두 개의 파일을 통합하고 공통되는 데이터 필드의 체크와 두 개 파일의 통합 체크가 끝나면 또 제3의 파일을 통합하고, 이와 같이 몇 번의 통합 체크를 거쳐 여러 개의 파일을 하나로 통합시키는 것.

file control[–kəntróul] **파일 관리, 파일 제어**

file control block[–blɑ́k] **FCB, 파일 제어 블록** 데이터를 읽고 쓸 때 이용되는 제어 블록의 하나로 보통 이 제어 블록은 논리적인 레코드 몇 조가 모여 구성되어 읽고 쓰거나 처리를 위해 가장 적당한 크기로 구성된다.

file controller[–kəntróulər] **파일 제어 장치**

file control table[–kəntróul téibəl] **파일 관리 테이블**

file conversion[–kənvə́:rʃən] **파일 변환** 고객의 회계 레코드, 종업원 레코드, 다른 레코드들의 일부분을 컴퓨터가 원래의 문서에서 자기 파일로 바꾸는 것.

file converter[–kənvə́:rtər] **파일 변환기** 운영체제나 응용 프로그램 등을 다른 파일 기록 형식으로 교환하는 기능을 가진 프로그램.

file copy[–kɑ́pi(:)] **파일 복사** 외부 기억 장치 상에 기록되어 있는 파일을 보존 등의 목적을 위해서 별도의 외부 기억 장치 상에 복사하는 것.

file definition statement[–dèfiníʃən stéitmənt] **FD statement, FD 문, 파일 정의문**

file delete[–dilí:t] **파일 삭제** 파일이 더 이상 필요 없을 때 디렉토리로부터 삭제하고 그 내용도 함께 삭제시키는 것.

file description[–diskrípʃən] **파일 기술** 보조 기억 장치에 있는 사용자 파일에 대한 관리 정보의 기록. 파일 기술이 있으면 사용자는 사용하는 파일의 볼륨 번호를 알지 않아도 되고 또 파일을 일괄해서 입력 처리할 수 있는 등의 이점이 있다.

file description entry[–éntri(:)] **파일 기술항**

file description specifications form[–spèsifikéiʃənz fɔ́:rm] **파일 명세서 용지**

file design[–dizɑ́in] **파일 설계**

file designation [–dèzignéiʃən] **파일 지정**

file descriptor[–diskríptər] **파일 기술자** 운영체제에서 파일을 사용할 때 각 파일에 대한 정보를 유지하는 기억 장치의 한 영역 또는 그 정보 파일 설명자.

file directory[–diréktəri(:)] **파일 디렉토리** 컴퓨터 시스템이 관리하고 있는 파일의 일람표. 파일의 이름과 기록 위치, 크기 등이 기록되어 있다. 운영 체제(OS)에 의하여 관리된다. 시스템에서 구하는 파일이 어느 주변 장치의 어느 장소에 존재하는가를 알기 위해서 설치된 파일 목록이다. 보통 분할형 순편성 파일 내의 멤버(데이터의 그룹)를 관리하기 위해 설치된 레코드를 가리킨다.

file dump[–dʌ́mp] **파일 덤프** 프로그램 디버그 또는 시스템 테스트의 목적을 위해 파일의 일부 또는 전부를 인쇄하는 것. 보통 유틸리티 프로그램 중에 포함되어 있고, 인쇄 형식으로서 8진 표시, 10진 표시, 16진 표시, 내부 코드에 의한 표시 등이 준비되어 있다.

file editing[–éditiŋ] **파일 편집**

file entry block[–éntri(:) blɑ́k] **FEB, 파일 엔트리 블록**

file error option[–érər ɑ́pʃən] **파일 에러 옵션**

file exchange[–ikstʃéindʒ] **파일 익스체인지** MacOS 8.5부터 탑재된 기능으로, 이전의 PC 익스체인지(PC exchange)와 매킨토시 이지 오픈(Macintosh easy open)의 두 가지 기능을 합친 것. 매킨토시 상에서 PC/AT 호환기용의 플로피 디스크나 MO 등을 그대로 읽어낼 수 있거나 파일과 응용 프로그램을 관련시킬 수 있다. 단, 플로피 디스크는 PC 98 시리즈에서 사용되고 있는 1.2MB의 포맷은 읽을 수 없다. 이 경우는 매킨토시측에서 읽는 포맷의 디스크에 미디어 컨버트로 해서 둘 필요가 있다. ⇨ PC exchange, media convert

file format [–fɔ́:rmæt] **파일 형식**

file fragmentation [–frægmәntéiʃәn] **파일 단편화** 파일이 디스크 상에서 물리적으로 작은 단위로 분리된 상태로 산재해 있는 것. 파일을 확대해 나가고, 이들을 디스크에 저장해나감에 따라 파일을 수용하는 데 필요한 충분한 연속 공간이 없을 때 이런 현상이 발생한다. 디스크가 가득차면 판독 및 기록 접근이 지연된다. 이러한 경우에는 조각 모음 관련 유틸리티를 이용하여 파일을 재정렬해준다. 윈도 9x/2000에서 기본으로 제공하고 있다.

file gap [–gǽp] **파일 갭** 자기 테이프, 자기 디스크 등의 기억 매체에서 한 개의 파일로 파일을 구분하기 위해 두는 구역 또는 어떤 파일의 끝과 다음 파일의 시작을 표시하는 공간 및 시간적 간격이나 신호.

file generation [–dʒènәréiʃәn] **파일 발생** 외부 기억 장치에 파일을 신규로 작성하는 것. EDPS화 할 경우 반드시 이 파일 발생이 필요하다.

file handle [–hǽndl] **파일 핸들** 마이크로소프트 윈도 또는 OS/2 등과 같은 운영 체제에서 프로그램에 사용되는 각각의 파일을 식별하기 위해 부여한 고유의 ID.

file handling routine [–hǽndliŋ ru:tí:n] **파일 처리 루틴** 데이터를 파일에 기록하거나 이미 파일에 저장된 데이터를 꺼내오는 기능을 하는 프로그램의 부분.

file header label [–hé(:)dәr léibәl] **파일 표제 레이블**

file identification [–ɑidèntifikéiʃәn] **파일 식별** 파일을 식별하는 부호로서 원하는 파일인지 아닌지, 일에 대한 접근 방법이 합법적인지 아닌지 등을 검사하는 것으로 파일 레이블을 이용하여 식별한다.

file identifier [–aidéntifàiәr] **파일 식별자**

file index [–índeks] **파일 인덱스** 순차 파일의 색인으로서 해당 파일의 포인터를 가지고 있는 부분.

file information [–ìnfәrméiʃәn] **파일 정보**

file information area [–ɛ́(:)riә] **파일 정보 영역**

file integrity [–intégriti(:)] **파일 무결성** 파일 내의 정보가 손상되지 않도록 보장해주는 것.

file label [–léibәl] **파일 표지** 파일명과 파일 속성(파일 번호, 작성일 등)에 관한 정보가 집합된 것으로, 파일을 선택하여 이용하기 위한 식별에 사용된다. (1) 자기 테이프 파일 : 자기 테이프 파일의 파일 레이블로는 헤더(HDR) 레이블이나 EOF 레이블이 존재한다. 헤더 레이블에는 파일명이나 작성일 등의 정보가 들어 있다. (2) 자기 디스크 파일 : 자기 디스크 파일의 파일 레이블로는 VOTC 내에 존재하는 포맷 레이블이 있다. 포맷 레이블에는 파일 공간의 위치나 크기에 관한 정보가 들어 있다.

file layout [–léiɑ̀ut] **파일 양식** 파일 중의 데이터 또는 단어의 편성 및 구조를 말하며, 파일 구성 요소의 순서 및 크기를 포함한다.

file level control [–lévәl kәntróul] **파일 수준 제어** 파일 보호를 위해 파일 단위에서 제어가 이루어지는 것으로서 각 파일을 하나의 객체로 보호한다.

file level model [–mɑ́dәl] **파일 수준 모델** 효율적으로 데이터 베이스의 응용과 처리를 위한 데이터 구조를 정의하는 모델.

file librarian [–lɑibrɛ́(:)riәn] **파일 라이브러리언** 플로피 디스크, 자기 테이프, 마이크로필름 등에 담겨 있는 프로그램이나 데이터 등의 모든 컴퓨터 파일의 안전한 보존을 책임지는 사람.

file load factor [–lóud fǽktәr] **파일 부하율** 파일의 전 용량에 대해서 실제로 데이터가 축적되어 있는 비율.

file maintenance [–méintәnәns] **파일 유지 보수** (1) 파일에 새로운 레코드를 「추가」하거나 필요 없게 된 레코드를 「삭제」, 「변경」 등의 조작에 의하여 파일을 갱신(update)하는 처리. 파일의 갱신(file updation)이라고도 한다. 파일의 가장 최신의 실행 상태를 갖는 현행 상태 유지이다. 데이터의 추가, 변경, 삭제에 의해 항상 파일을 최신의 상태로 유지하는 것이다. (2) 일정 기간 내에 일어나는 변동 데이터(transaction)를 사용하여 마스터 파일(master file)을 갱신하는 것. 예를 들면, 급여 계산 업무에서의 「파일 유지 보수」는 월단위로 발생한 변동 데이터를 기본으로 하여 행한다. 변동 데이터를 넣어두는 파일을 트랜잭션 파일(transaction file)이라고 한다.

file management [–mǽnidʒmәnt] **파일 관리** 보조 기억 상의 파일 편성, 등록, 정비, 기밀 유지, 공유나 파일로의 액세스 등을 조직적으로 다루는 것. 운영 체제가 갖는 기능 중 파일 관리와 프로그램이 구조적으로 중복된 부분을 합한 것은 데이터 관리라고 불린다.

file management I/O control software **파일 관리 입출력 제어 소프트웨어** 프로그램이나 데이터는 컴퓨터 내부에서 파일 단위로 처리되는데, 여러 파일의 접근, 갱신, 검색 및 보호 등을 포함한 파일 관리 기능과 입출력 장치를 직접 제어하는 기능은 밀접한 관계를 가진다. 이때 제어 프로그램은 처리 프로그램보다 먼저 주기억 장치에 옮겨져 있어야 하므로 계층 구조 상 처리 프로그램보다 높은 계층에 있다고 볼 수 있다.

file management system[-sístəm] **파일 관리 시스템** 운영 체제의 일부로 시스템에 있는 파일들의 관리 및 조작을 수행하는 프로그램의 집합.

file manager[-mǽnidʒər] **파일 관리자** 간단한 파일과 인덱스를 이용하여 데이터를 관리하는 프로그램. 이는 데이터 베이스 관리 시스템과 유사하나 규모가 작고 능력이 한정되어 있다. 대개 개인용 컴퓨터에서 데이터 베이스는 실제로는 파일 관리 프로그램인 경우가 많다.

file manipulator[-mənípjulèitər] **파일 조작기**

file mark[-mɑ́:rk] **파일 표시** 파일의 마지막 레코드를 나타내는 표시이거나 파일의 끝을 나타내는 여러 레이블 중에서 하나를 말하며, 보통 파일 표시 뒤에는 후미 레이블, 릴 표시 등이 오게 된다.

file memory[-méməri(:)] **파일 메모리** 외부 메모리라고도 부르고, 주기억 장치를 만드는 RAM이나 ROM에 대해서 주로 자기 기록 기술에 기초한 보조 기억 장치를 가리킨다.

file menu[-ménju:] **파일 메뉴** (1) 매킨토시 메뉴 바의 왼쪽 끝 메뉴 가까이에 있는 메뉴. (2) 메뉴 바 중에 「파일」이라고 쓰인 버튼을 클릭하면 표시되는 풀다운 메뉴 또는 그 내용.

file model[-mɑ́dəl] **파일 모델** 파일의 처리와 유사한 것으로서 생성 및 추가되고 다른 것과 비교될 수 있으며, 추후 사용을 위해 보관하거나 다른 곳으로 보내질 수 있다.

file name[-néim] **파일 이름** 파일에 주어진 이름. 논리적으로 명칭이 한 번 정의되면 그 파일이 물리적으로 어느 장치에 사용되는가에 관계없이 그 명칭을 사용하여 프로그램을 만드는 것이 가능하다.

file name extension[-iksténʃən] **파일 확장자** 파일명과는 섹션으로 구분되어 파일명의 두 번째 부분을 구성하는 파일. 보통은 3개의 문자를 사용하게 되어 있다.

file number[-nʌ́mbər] **파일 번호**

file organization[-ɔ̀:rgənaizéiʃən] **파일 편성** 파일을 형성하고 있는 레코드를 기록 매체 위에 어떻게 배열하면 좋을지는 데이터의 성질, 적용 업무의 내용, 데이터의 물리적 특성 등에 의해 변한다. 이와 같은 파일 구조를 파일 편성이라고 한다. 레코드의 식별, 검색, 저장하는 방법, 기록 매체의 종류 등으로 다음과 같은 「편성 방법」이 있다. (1) 순차 편성(sequential organization) : 파일 내의 레코드가 물리적으로 연속해서 기록되는 방식. (2) 직접 편성(direct organization) : 키를 지정하면 대응하는 레코드의 기록 위치가 계산에 의해 구해지도록 되어 있는 방식. (3) 색인 순차 편성(indexed sequential organization) : 키의 순번으로 나열된 레코드를 넣어두는 주데이터 영역과 레코드 소재를 키와 포인터로 표시한 색인 레코드(index record)를 넣

〈파일 편성의 종류〉

파일 형태	순차 파일(SAF)	인덱스된 순차 파일(ISAM)	직접 파일(DF)
접근 방식	순차적 접근(SAM)	인덱스된 순차적 접근	직접 접근
키의 필요성	없음	있음(인덱스 필요)	있음(키가 주소로 변환)
적합한 장치	테이프	디스크, 드럼	메모리, 드럼
행렬의 필요성	불필요 (순서대로 무순으로 넣음)	필요 (키 순서대로 넣어야 함)	불필요 (미리 예정된 곳에 넣어야 함)
용 도	• 저장용 파일 • 트랜잭션 파일 • 배치 파일 • 다량의 파일	중간용	• 대화형 파일 • 자주 바뀌는 파일 • 자주 쓰는 파일 • 소량의 파일
장 점	• 간단 • 버퍼링 용이 • 가변 길이 레코드 가능 • 메모리 효율 크다	• 파일 수정 용이 (삽입 용이) • 비교적 빨리 접근	• 매우 빨리 접근 • 수정 용이
단 점	• 매우 느리다 • 수정하기 힘들다	• 키가 필요하다 • 사전에 배열 필요 • 주기적으로 재구성 필요 • 가변 길이 레코드 사용의 어려움	• 주소 계산 시간 필요 • 가변 길이 레코드 사용 어려움

어두는 색인 영역을 조합하는 방식. (4) 구분 편성(partitioned organization) : 파일을 편성하는 멤버명과 어드레스가 들어간 등록부와 데이터 영역으로 편성하는 방식. ⇨ 표 참고

file organization logic module[–ládʒik mádʒu:l] **파일 편성 논리 모듈**

file organization routine[–ru:tí:n] **파일 편성 루틴** 입력 데이터 파일을 읽어들이거나 임의 접근 위치에서 이들을 정렬하기 위해 특별히 만든 루틴.

file oriented programming[–ɔ́rientid próugræmiŋ] **파일 중심 프로그래밍** 실제 장치에 구애받지 않고 일반적인 파일 및 레코드 제어 프로그램으로 입출력 프로그램을 단순하게 작성한 것으로 이때 정보는 장치에 독립적으로 요구된다.

file oriented system[–sístəm] **파일 중심 시스템** 파일 참조가 처리 중심으로 되어 있는 시스템. 수치 계산이 중심인 과학 계산 시스템이나 순차 파일의 정렬 합병(sort merge) 정도의 처리로 끝내도록 한 사무 계산의 경우에 파일은 부수적인 것이지만, 지극히 컴퓨터가 넓은 범위에 사용될 경우에는, 예를 들어 경영 정보 시스템과 같은 파일이 불가결하여 파일 중심의 시스템 구성으로 되어 왔다.

file output system[–áutpùt sístəm] **파일 출력 시스템** 출력 정보의 이용자가 다른 기업이나 단체일 때, 즉 다른 기업체와 단체 사이에서 정보 교환을 할 때는 다른 출력 시스템의 정보 재입력이 곤란한 경우에 대비하여 즉시 입력이 가능한 매체에 정보를 기록하여 배분 사용하는 시스템.

filer[fáilər] **파일러** 파일 목록에서 선택만 하면 파일의 복사나 삭제 등을 화면에서 간단히 실행할 수 있는 프로그램.

file packing density[fáil pǽkiŋ dénsiti(:)] **파일 패킹 밀도** 파일에 저장된 데이터의 총량과 사용한 파일 또는 데이터 저장 공간과의 비율.

file pointer[–pɔ́intər] **파일 포인터** 파일에 대한 고수준 언어 인터페이스의 한 부분으로서 접근 가능한 논리 레코드.

file primary name[–práiməri(:) néim] **파일 주요명** 둘 이상의 명칭의 합성에 의해 파일명을 구성하는 경우 주가 되는 부분. 예컨대, PROCESS.BAS라는 파일명에서 PROCESS가 주요명, BAS가 수식명이다.

file print[–prínt] **파일 인쇄** 기억 장치 내에 기억되어 있는 파일의 내용을 출력하는 것. 일반적으로 디버깅을 하기 위한 수단으로 실시한다.

file processing[–prásesiŋ] **파일 처리** 파일의 생성 비교, 수집, 순서, 배열, 합병 등을 포함한 파일에 관한 모든 작업.

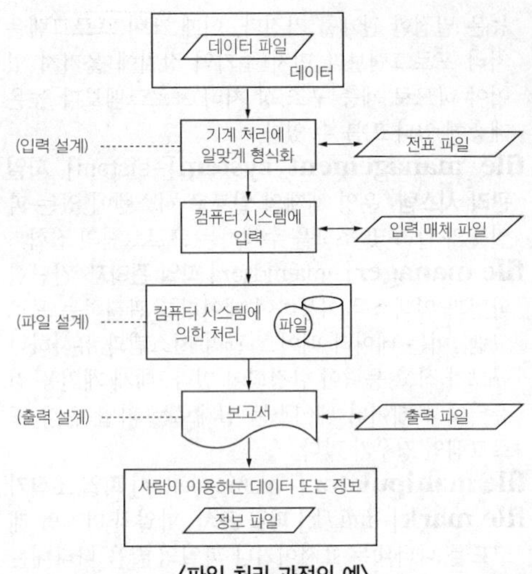

〈파일 처리 과정의 예〉

file processing routine[–ru:tí:n] **파일 처리 루틴** 파일에 대한 입출력 및 파일 내의 데이터에 대한 처리 능력을 수행하는 루틴. 일반적으로 사용자의 프로그래밍에 대한 편의를 위해 시스템 라이브러리나 운영 체제의 일부로서 제공된다.

file process system[–práses sístəm] **파일 처리 시스템** 업무별로 프로그램이나 파일을 작성 처리하는 컴퓨터 운영 체제. 이는 점차 데이터 베이스 시스템으로 개선되어 가고 있다.

file protected condition[–prətéktəd kəndíʃən] **파일 보호 상태**

file protection[–prətékʃən] **파일 보호** 대개 파일에는 대용량의 중요한 데이터가 기록되어 있다. 이러한 파일 내용이 우발적 또는 고의적으로 변질되거나 파괴되어서는 안 되므로 어떤 보호 처리가 필요하다. 파일 보호에는 물리적인 보호와 논리적인 보호가 있으며, 일반적으로는 후자를 가리키는 경우가 많다. 물리적인 보호에는 자기 테이프 릴에 세트하는 파일 보호 링이나 자기 테이프 장치, 자기 드럼 장치 등의 파일 보호 스위치가 사용된다. 논리적인 보호는 멀티 프로그래밍 하에서 대부분의 태스크가 파일을 공용하는 시스템이나 다수의 이용자가 단말에서 파일을 이용하는 TSS(타임 셰어링 시스템) 등의 온라인 시스템에 대해서 중요한 것이며, 특히 기밀 보호는 필수이다. 논리적인 파일 보호의 수단으로는 액세스 권리의 체크나 파일 사용 방법의 체크가 있다. 이것을 「파일 보호」라고 한다. 파일 보호는, 예를 들면 자기 테이프에서는 「파일 보호 링」을 사용하는 하드웨어 기능을 이용하거나 프로그램에서의 레이블 검사(label check)와 패스워드(password)의 사용 등에 의하여 대처하고 있다. 데

이터 기입이 이루어진 자기 디스크와 자기 테이프를 다른 데이터에 써넣지 않도록 하는 것을 기입 보호(write protection)라고도 한다.

file protection ring[–ríŋ] **파일 보호 링** 자기 테이프에 데이터를 기록할 때 릴(reel)에 장치하는 링이며, 이것을 제거함으로써 「기록」을 금지하여 데이터를 보호하기 위한 것. 반대로 이 링을 장치하면 기록이 가능하므로 기록 가능 링(write enable ring)이라고도 한다.

file reconstruction[–rìːkənstrʌ́kʃən] **파일 재구성** 프로그래밍이나 장비의 결함 또는 조작원의 실수 때문에 우연히 파괴되는 파일이나 데이터의 손실을 막는 과정.

file recovery[–rikʌ́vəri(ː)] **파일 복구** 하드웨어 상의 장애, 프로그램의 결함, 오퍼레이터의 오조작 등의 원인으로 파일 손상이 발생한다. 그 때문에 레코드의 액세스 기능이 없어지는데, 특히 실시간 시스템인 경우 중대한 장애가 된다. 따라서 레코드 손상에 대해서 재구성이 가능한 수단을 고려해두어야 한다. 이와 같이 손상 파일을 재구성하는 것을 파일 복구라고 한다.

file reel[–ríːl] **파일 릴** 자기 테이프 기억 장치에서 테이프가 순방향으로 주행할 때 테이프를 보내는 측의 릴. 파일로서 정보를 축적하고 있는 테이프를 감고 있으므로 감은 측의 릴을 기계 릴(machine reel)이라고 한다.

file reference number[–réfərəns nʌ́mbər] **파일 참조 번호**

file register[–rédʒistər] **파일 레지스터**

file reorganization[–riːɔ̀ːrgənizéiʃən] **파일 재편성** 파일 데이터의 추가, 변경, 삭제를 하는 것.

file retention period[–riténʃən pí(ː)riəd] **파일 보존 기간**

file scan[–skǽn] **파일 주사(走査)**

file section[–sékʃən] **파일 절** 파일 분할 부분. COBOL 용어에서는 프로그램 중에서 파일 정보를 정의하는 부분.

file security[–sikjú(ː)riti(ː)] **파일 보안** 권한이 없는 사람이 상대적인 비밀을 가진 데이터에 대해 접근(access)을 하지 못하게 하는 것.

file separator[–sépərèitər] **FS, 파일 분리 문자** (1) 정보 분리 문자의 하나로서 데이터 통신에서 논리적인 파일의 경계를 나타내는 문자. (2) 아스키 코드에서 28번에 해당하는 문자의 이름.

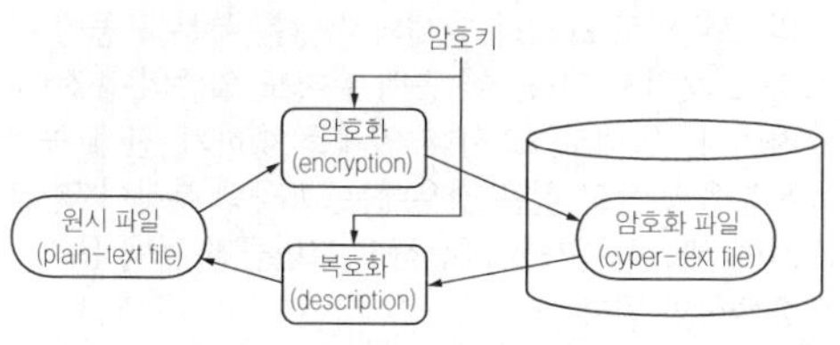

〈파일 암호화에 의한 파일 보안〉

file sequence number[–síːkwəns nʌ́mbər] **파일 순서 번호**

file serial number[–sí(ː)riəl nʌ́mbər] **파일 시리얼 번호**

file server[–sə́ːrvər] **파일 서버** PC LAN 등의 네트워크에 접속한 컴퓨터 중에서 하드 디스크를 다른 컴퓨터에 사용할 수 있는 컴퓨터. LAN 상에서 사용자 간에 공유하는 파일(데이터 또는 프로그램)들을 저장하고 있어 다른 사용자들이 함께 파일들을 사용할 수 있도록 해주는 컴퓨터. 서버가 되는 컴퓨터는 미니컴퓨터 · 유닉스 · 워크스테이션 · PC 등이 있다. 서버 운영 체제로는 미니 컴퓨터 독자적인 운영 체제나 유닉스, 네트워크 운영 체제(NOS)를 사용한다. PC LAN에서는 네트워크 운영 체제를 사용하는 경우가 많고, 서버로는 범용 PC 또는 서버 전용 컴퓨터를 사용한다. 일반적으로 서버 전용 컴퓨터에는 하드 디스크나 보드, 전원을 이중화해 보드에 장애가 일어날 때는 전원을 끊고 보드를 전환할 수 있는 기능이 있다.

file set[–sét] **파일 세트** 논리적 관계를 가진 레코드의 모임을 파일이라고 하며, 논리적 관계를 가진 파일의 모임을 파일 세트라고 한다.

file shared[–ʃέərd] **파일 셰어** 일반적으로 파일에는 복수의 사용자(user)가 공용하여 사용되는 것과 사용자 개인만의 사용이 인정되는 것이 있지만 전자의 파일에 대해서 복수의 사용자가 동시에 액세스(실제는 개개 사용자의 액세스 요구가 직렬로 처리된다)할 때 파일이 셰어(공용)되고 있다고 한다. 파일 셰어를 할 경우에는 파일의 참조, 갱신, 추가의 순서성을 보증하고, 파일의 모순이 없도록 배려하여야 한다. 또 자기 디스크 장치나 자기 드럼 장치 등의 보조 기억 장치에 의해서 복수의 컴퓨터가 결합된 시스템을 파일 공용 시스템이라 하며, 이 의미에서 파일 셰어가 이루어지는 경우도 있다. 시스템 내의 데이터의 일원화 및 신뢰성 향상에 유효하다.

file share system[–ʃέər sístəm] **파일 공유 시스템** (1) 여러 프로그램으로 동시에 한 개의 파일을 사용하는 시스템. (2) 여러 개의 중앙 처리 장치(CPU)로 동시에 파일을 사용하는 시스템.

file size[–sáiz] **파일 크기** 그 파일에 있는 레코드의 총 수 또는 파일의 총 바이트 수.

file slot[–sɑ́lt] **파일 슬롯** 보조 기억 장치를 실장할 수 있는 공간의 일종. 보조 기억 장치를 PC의 바로 앞면에 증설할 수 있도록 한 것으로 앞면 패널을 벗기고 삽입하여 부착할 수 있다. 보조 기억 장치로는 자기 디스크 장치, 광디스크 장치, CD-ROM 장치 등이 있다.

file sort[-sɔ́ːrt] **파일 정렬**

file storage[-stɔ́ːridʒ] **파일 기억 장치** 마스터 파일을 취급할 수 있도록 특별히 설계된 비교적 용량이 크고 접근 시간이 균일한 기억 장치.

file store[-stɔ́ːr] **파일 저장소** 사용자들을 위해 운영 체제가 유지되는 파일들의 집단.

file structure[-strʌ́ktʃər] **파일 구조** 데이터를 저장하기 위한 파일의 구조로 이는 그 파일을 구성하는 레코드의 구조에 밀접한 연관이 있다.

file swapping[-swɔ́(ː)piŋ] **파일 교환** 보다 많은 작업을 수행하기 위해 사용하는 주기억 장치의 메모리보다 더 많은 메모리가 필요할 때 시스템이 일시적으로 어떤 작업을 주기억 장치의 밖, 즉 시스템 관리자에 의해 정의된 교환 파일로 이동하고, 다시 그 작업이 필요할 때는 교환 파일에서 주기억 장치로 가져오는 것.

file system[-sístəm] **파일 시스템** 운영 체제에서 보조 기억 장치와 그 안에 저장되는 파일을 관리하는 시스템의 통칭. 어떤 경우에는 보조 기억 장치에 저장된 각 파일과 그 구조를 파일 시스템이라고도 한다.

file transfer[-trænsfɔ́ːr] **파일 전송** 어떤 시스템에 존재하는 파일을 컴퓨터 네트워크를 통해 다른 시스템으로 전송하는 것. 파일을 책으로 표현하면 파일 전송이란 도서관에서 책을 빌려오는 것을 가리키며, 파일 액세스란 도서관에서 책을 조사하여 필요한 개소만 조사하여 오는 것에 해당한다.

file tranfer, access and management[-ǽkses ənd mǽnidʒmənt] **파일 전송, 접근 및 관리** OSI(개방형 시스템 간 상호 접속) 표준으로 파일 전송을 수행하기 위한 응용층의 규격. 실제의 시스템을 고려하여 각 층의 기능을 분리한 서브셋이나 실장 규약을 결정하는 (파일 전송의) 기능 표준을 가리키는 경우도 있다.

file transfer protocols[-próutəkɔ̀lz] **파일 전송 규약** 파일 또는 파일의 일부를 다른 시스템으로 전송하기 위한 프로토콜.

file translation[-trænsléiʃən] **파일 교환**

file type[-táip] **파일 형태** 프로그램 언어의 하나인 PASCAL에서 구조를 가진 데이터를 다루기 위해 도입되는 기술 양식으로, 같은 형태의 데이터를 임의로 몇 개 늘어놓은 파일을 정하는 것. 예를 들면, type text = file of char라고 쓰며, text는 파일형 변수이고 파일 요소는 문자형으로 되어 있는 것을 나타낸다. text의 요소는 선두에서부터 차례로 읽어내거나 써넣을 수 있다.

file updating[-ʌ̀pdéitiŋ] **파일 갱신** 보조 기억 장치에 저장된 데이터에 대해 추가, 수정, 삭제 등의 데이터 갱신을 하여 보조 기억 장치의 데이터를 가장 최초의 상태로 유지하는 것.

file updation[-ʌ̀pdéiʃən] **파일 갱신**

file use ratio[-júːs réiʃiòu] **파일 이용률** 응용 프로그램을 실행할 때 파일 내에서의 레코드의 사용 비율. 즉, 한 파일에 대해서 응용 프로그램이 사용한 레코드 수를 파일의 전체 레코드 수로 나눈 값.

file utility[-ju(ː)tíliti(ː)] **파일 유틸리티** 시스템에 의해 파일 처리를 위하여 제공되는 소프트웨어 모듈.

file utilization[-jù(ː)tilaizéiʃən] **파일 이용률** 전처리 시간에 대해서 파일 처리에 사용되는 시간의 비율.

file variable[-vɛ́(ː)riəbl] **파일 변수** 프로그램 내에서 파일에 관계된 변수. 일반적으로 파일과 프로그램 사이의 데이터 이동에 사용된다.

file verification program[-vèrifikéiʃən próugræm] **파일 검사 프로그램**

filing[fáiliŋ] *n.* **파일링**

filing system[-sístəm] **파일링 시스템** 문서, 카드, 서적, 신문 발췌, 각종 기록 등을 필요에 따라 언제라도 즉시 꺼낼 수 있도록 배열하여 보관하는 것. 문서류를 발생 순위, 항목 순위 또는 ABC 순 등 일정한 순위로 분류 정리해두고, 항상 필요한 것을 보관하고 불필요한 것은 폐기 처분한다.

fill[fíl] *v.* **채우다, 충전하다** 파일이나 메모리의 내부를 특수한 문자(character)와 데이터로 「채우는」 것. 컴퓨터에 있어서 이 필(fill) 명령을 실행하면, 그 명령으로 지정된 메모리 공간을 지정한 특정 코드로 메울 수 있다. 특정 코드, 예를 들면 FFh에서 모든 메모리를 채웠을 경우에 FFh가 되어 있지 않는 메모리를 발견할 수 있다면, 그 메모리가 불량이라는 것을 알 수 있다. 고정 길이 데이터(fixed length data)에서도 실제의 데이터가 짧은 경우에는 나머지 영역에는 어떤 특정 코드로 채우게 된다. 이러한 코드를 충전 문자(fill character)라 한다. 또 이러한 조작을 공백 및 제로 충전(blank and zero filling)이라 부른다. 이외에 CRT 디스플레이와 프린터로 표시나 인쇄되지 않는 부분도 공백 문자로 채워져 있다. 이 공백 문자도 일종의 충전 문자이다. 반대로, 표시나 인쇄를 행하기 전에 공백 부분을 만들고 싶은 경우에는 그 공백 부분이 몇 문자에 해당하는가를 계산하고 그만큼만 공백 문자를 송출하면 된다.

fill area[-ɛ́(ː)riə] **채움 영역** 그래픽에서 점들로

둘러싸인 영역이 칠해지는 출력 기본 요소.

fill area attribute[–ǽtribjùːt] **채움 영역 속성** 영역에 주어진 속성

fill area bundle[–bʌ́ndl] **채움 영역 묶음** 영역에 속하는 비기하학적 속성, 영역 내부 모양, 영역 모양 지표, 영역 색지표 등으로 이루어지는 묶음.

fill area bundle table[–téibəl] **채움 영역 묶음표** 워크스테이션 속성과 영역 묶음으로 구성되는 표.

fill area interior style[–intí(ː)riər stáil] **채움 영역 내부 모양** 영역 내부를 칠할 모양을 지정하는 비기하학적 속성. GKS에는 hollow(속이 빔), solid(전부 칠함), pattern, hatch 등의 네 종류가 있다.

fill area representation[–rèprizentéiʃən] **채움 영역 표현** 영역의 표시 방법, 영역 묶음으로 나타낸다.

fill area style index[–stáil índeks] **채움 영역 모양 지표** 영역 내부 모양이 패턴 또는 해치인 경우에만 이용되는 비기하학적 속성.

fill charcter[–kǽrəktər] **충전 문자**

filler[fílər] *n.* **채움 문자** (1) 충전 문자 : 데이터 항목 중의 "무효" 부분을 충전하기 위한 문자. (2) 무명(無名) 항목 : COBOL 용어의 하나이며 FILLER라는 이름이 예약되어 있다. 프로그램 중에서 참조하지 않은 기본 항목에는 FILLER라고 써두면, 데이터명을 붙일 필요가 없게 된다. (3) 필러 : 발전기나 모터의 코일을 확실히 고정하기 위하여 쓰이는 절연물.

fill in blank forms display[fíl in blǽŋk fɔ́ːrmz displéi] **공백 기재 양식 화면** 여백에 기재할 수 있도록 만든 양식 화면. 제한된 용도로 사용되며 제한된 범위 내의 정보를 입력시킬 수 있고 이 정보만 전송된다.

filling[fíliŋ] *n.* **채우기, 채움** 충전(하는 것). 그래픽 시스템을 출력할 때 다각형이나 원 또는 어떤 영역의 내부를 사용자가 원하는 화소값으로 채우는 것.

filling system[–sístəm] **필링 시스템** 문서, 카드, 서적, 신문 등 각종 기록을 정리하고 보관하는 것을 필링이라고 한다. 사무 능률 향상을 위해서는 필링을 일정한 체계의 기본으로 하여 언제나 누구라도 꺼내어볼 수 있도록 할 필요가 있다. 발생순, 항목별, ABC 순 등 이것을 위한 체계 또는 그 체계의 기본으로 실현된 시스템을 필링 시스템이라 한다.

fill in the blank programming language[fíl in ðə blǽŋk próugræmiŋ lǽŋgwidʒ] **공백 기입 프로그램 언어** 미리 준비된 서식 내의 공백에 기입하는 형식의 프로그램 언어.

fill pattern[–pǽtərn] **충전 무늬** 컴퓨터 그래픽용 소프트웨어에서 화면의 특정 부분을 칠하는 데 쓰이는 무늬. 벽돌 무늬, 물결 무늬, 십자 무늬 등 여러 가지가 있으며, 사용자가 임의로 정할 수도 있다.

film[fílm] *n.* **필름, 막** 1미크론보다 더 얇은 자성체의 층을 갖고 있는 장치로 흔히 기억 소자나 연산 소자로 사용된다.

film developer[–divéləpər] **필름 현상기** 컴퓨터 마이크로필름 출력(COM) 장치에서 쓰이는 마이크로필름을 현상하는 데 쓰이는 장치.

film integrated circuit[–íntəgrèitəd sə́ːrkit] **막 집적 회로** 박막 집적 회로 및 후막 집적 회로를 총칭해서 말한다. 1미크론보다 더 얇은 자기 물질의 층을 갖고 있는 장치로 흔히 기억 소자나 연산 소자로 사용된다.

film optical sensing device[–áptikəl sénsiŋ diváis] **필름 광학적 감지 장치** 광원, 감지기, 광전관, 이송 장치로 구성되며, 필름 상의 데이터를 광학적 주사에 의해 컴퓨터가 처리 가능한 신호로 변환하는 장치.

film reader[–ríːdər] **필름 판독기** (1) 사진 필름에 나타난 명암을 그 형태에 맞춰 전기적인 펄스로 변환시켜 나타내주는 장치. (2) 마이크로필름이나 마이크로피시(microfiche) 등에 기억되어 있는 데이터를 투영된 영상으로 나타내어 사용자가 볼 수 있게 하는 주변 장치.

film recorder[–rikɔ́ːrdər] **필름 기록기** 컴퓨터로 정보를 입력해서 사진용 필름에 투명하거나 불투명하게 정보를 기록하는 기계.

film resistor[–rizístər] **필름 저항기** 절연물 표면에 탄소나 금속의 피막을 입힌 저항기로서 탄소 피막 저항기와 금속 피막 저항기가 있다.

film scanner[–skǽnər] **필름 스캐너** 스캐너의 일종으로 사진의 투과 원고를 디지털 데이터로 변환하는 입력 장치. 이 디지털 데이터를 PC로 가공하여 통신으로 보내거나 DTP 등의 출력물에 이용할 수 있다.

film twisted nematic liquid crystal[–twístid níːmætik líkwid krístəl] **FTN 액정** ⇨ FTN liquid crystal

FILO 선입 후출(先入後出) first-in last-out의 약어. (1) 데이터의 기억과 인출의 한 형식으로 데이터 테이블의 데이터 저장을 시간이 오래된 것이 뒤부터 인출되도록 한 것. (2) 마이크로컴퓨터의 스택(stack)이나 서브루틴의 복귀 어드레스 세트에 흔히 사용되며, 컴파일러에서는 산술식 번역에 많이 쓰이고 있다. (3) 대기 행렬의 처리 방식이며, 앞에 도착한 것만큼 뒤에 처리되는 방식. ⇨ LIFO

filter[fíltər] *n.* **거르개, 필터** 특정 주파수 대역의

신호는 통과시키고 그 외 대역의 신호는 감쇠시키도록 설계된 회로망. (1) 프로그램에서는 어떤 입력을 받아들여 가공하고 출력하는 프로그램을 말한다. 운영 체제의 명칭(유닉스)에서는 어떤 프로그램을 출력에 대해서 「검색」, 「나열」 등을 처리하고, 다음의 프로그램을 입력하는 프로그램을 말한다. (2) 여과기란 빛, 소리, 전류 등의 특정 주파수 범위의 것을 통과시키거나 저지하는 장치이며, 불필요한 주파수 범위에 대해서는 크게 감쇠시키도록 되어 있다. (3) 여과 장치란 고체 입자와 유체를 분리하는 다공질 재료를 가리키거나 그것을 갖춘 장치를 말한다.

filter circuit[–sə́ːrkit] **필터 회로** 전기 회로에 있어서 4단자 회로망의 일종이며 여파기(wave filter)라고도 한다. 통과 또는 저지하는 주파수 대역의 특성에 따라 분류하면 저역(低域) 필터(lowpass filter), 고역(高域) 필터(high-pass filter), 대역(帶域) 필터(band-pass filter), 대역 저지 필터(band-rejection filter)의 네 가지가 있다. 여파기를 조합시켜 특정 주파수 대역 신호를 분리, 선택하는 것을 분파기(branching filter)라 한다.

filter element[–éləmənt] **필터 소자**

filtering[fíltəriŋ] *n.* **여과, 여파(濾波), 필터링** (1) 화상 영역 전체에 걸쳐 여과기를 이동시켜 필요한 계산을 하여 새로운 화상을 만드는 과정. (2) 부합(match) 과정에서 효율을 높이기 위해 데이터와 규칙을 여과시키는 기법.

final controlling element[fáinəl kəntróuliŋ éləmənt] **조작부** 서보 기구 등에서는 조작부를 명확히 할 수 없는 경우가 많지만, 제어 장치에서 조절부 등으로부터의 신호를 조작량으로 바꿔 제어 대상에 동작을 거는 부분.

final digit code[–dídʒit kóud] **최종 숫자 코드** 코드 번호 가운데 끝자리 수에 어떤 의미를 주어 사용하게 하는 방법으로, 보통은 다른 코팅 방법과 병용한다.

final result[–rizʌ́lt] **최종 결과** 루틴이나 서브루틴을 끝낸 다음에 나오는 결과. 실제로는 주처리 동작이 끝났을 때 사용자에게 나타나는 결과이다.

final route[–rúːt] **기간 회선** 시외 전화 회선망을 합리적으로 구성하기 위하여 모든 교환국을 몇 단계의 국 단위로 나누어 상위국과 그에 속하는 하위국 간 최상위국 사이에 설치하는 회선.

financial information network[finǽnʃəl ìnfərméiʃən nétwəːrk] **FINE, 금융 정보 네트워크** ⇨ FINE

financial planning system[–plǽniŋ sístəm] **재정 계획 시스템** 재정 업무를 맡은 사람이나 경영자가 여러 가지 선택에 대해 그 결과를 알 수 있게 해주어 재정적인 선택을 도와주도록 고안된 컴퓨터 시스템.

financial system **재무 시스템** 조달, 생산, 재고, 판매, 인사 등 기업 전체 업무의 흐름에 대해 재정면에서 기업 금융, 기업 회계, 재무 분석의 촉진을 가하도록 예산, 예산 통제, 관리 회계 등을 최적화하는 경영 관리 시스템.

find[fáind] *n.* **찾기** 검색. 편집기나 워드 프로세서에서 편집하고 있는 문서에서 특정한 문자열을 찾아내는 기능.

find and replace[–ənd ripléis] **찾아 바꾸기** 편집기나 워드 프로세서에서 문서 내의 특정한 문자열을 찾아서 이를 다른 문자열로 바꿔주는 기능.

Finder[fáindər] **파인더** 애플 매킨토시 컴퓨터에서 사용되는 운영 체제의 이름. 이 운영 체제는 모든 것을 그래픽으로 처리한다.

finder[fáindər] *n.* **파인더** 디스크에 저장된 파일을 표시하고 이 파일을 재조직할 수 있게 해주는 운영 환경의 한 부분으로, 이것은 대부분의 운영 환경에서 중요한 위치를 차지하고 있다.

FINE **금융 정보 네트워크** financial information network의 약어. 금융 온라인 네트워크의 하나. 복수의 은행과 복수의 기업을 자유 접속하는 전국 규모의 펌-뱅킹용 네트워크 시스템.

fine[fáin] *a.* **파인, 세부(細部)** 예를 들면, 화면상에 표시하는 위치를 상세히 지정하는 방법을 fine grid(파인 그리드)라 부르기도 한다.

fine control[–kəntróul] **상세 제어**

fine index[–índeks] **상세 항목 색인** 항목 색인만으로는 모든 색인을 상세하게 구별할 수 없을 때, 이것을 보충할 목적으로 사용되는 2차적 색인.

finger[fíŋgər] **핑거** 네트워크를 사용하는 사람들을 위해 사용자에 관하여 가르쳐주는 프로그램. 이것은 그 사람의 실제 이름과 최근 접속 시간을 비롯하여 여러 가지 정보를 알려준다. 또한 동사로 쓰면 프로그램에 어떤 사용자명을 준다는 뜻이 된다. 핑거를 이용해서 직접 정보를 얻는 경우도 있지만, 대부분의 핑거 사용자들은 다른 사람의 이메일 주소

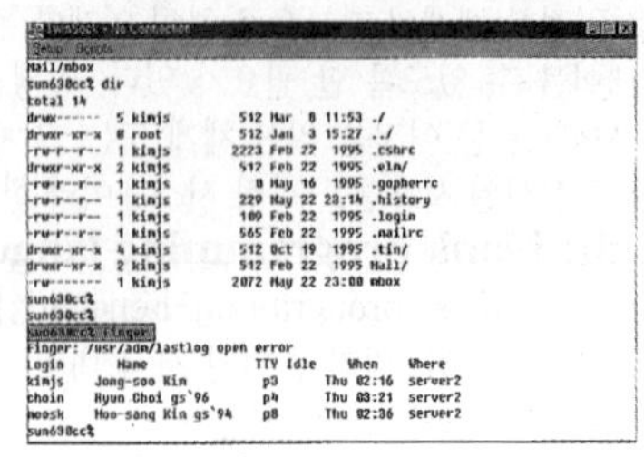

〈핑거의 사용 예〉

를 찾기 위해 사용한다.

fingerprint reader[fíŋgərprint ríːdər] **지문 판독기** 특정인의 지문 형태를 읽은 후 데이터 베이스에 저장된 지문과 비교하여 지문의 소유자를 식별하는 장치. 각종 지문 감지나 조회 등에 사용된다.

finite automata[fáinait ɔːtámətə] **유한 오토머터** 상태의 유한 집합, 입력 코드의 유한 집합, 초기 상태, 최종 상태의 집합, 상태들 간의 전이 함수로 정의되는 오토머터.

finite difference method[–dífərəns méθəd] **유한 차분법**

finite-element method[–éləmənt méθəd] **유한 요소법** 편미분 방정식의 경계값 문제에 대한 유력한 수치 해법의 하나로 고체 역학을 중심으로 유체, 열전도, 물질의 확산, 음향, 전자기장 문제 등 폭넓은 분야에 적용되고 있다.

finite graph[–grǽf] **유한 그래프** 노드의 집합과 에지의 집합이 모두 유한 집합인 그래프.

finite set[–sét] **유한 집합** 집합 A에 속하는 원소의 개수가 유한인 집합. 보통 원소의 개수가 유한인 경우에는 원소를 모두 나열하여 집합을 명백히 표현한다.

finite-state automation[–stéit ɔ̀ːtəméiʃən] **FSA, 유한 상태 자동 기계** 유한 개의 상태와 각 상태에서 유한 개의 입력 기호를 만났을 때 자동 기계의 상태를 바꾸는 상태 전이 함수가 정의되어 있는 기계.

finite-state machine[–məʃíːn] **유한 상태 기계** (1) 현재의 컴퓨터가 이 유한 상태 기계에 속하는 것으로 존재 가능한 상태의 수가 유한한 기계를 말한다. (2) 유한 개의 상태와 이런 상태들 간의 변환으로 구성된 계산 모형. (3) 동기 순차 회로를 기술하는 추상화 모델로 입력에 의해 상태를 바꾸면서 출력된다.

FIPS 연방 정부 정보 처리 표준 Federal Information Processing Standard의 약어. 미국 연방 정부의 정보 처리 분야에 관한 표준안.

fire[fáiər] **점화** 작업 메모리의 사실과 부합되는 규칙의 then 부분이 실행되는 것.

firehose[fáiərhòuz] **파이어호스** 컴퓨터 통신망에서 흐름 제어(flow control) 메커니즘이 없거나 어떠한 문제가 발생하여 수신측에서 처리할 수 있는 것보다 훨씬 많은 양의 패킷을 송신측에 보내는 현상.

firewall[fáiərwɔ̀ːl] **방화벽** 방화벽의 원래 의미는 건물에서 발생한 화재가 더 이상 번지는 것을 막는 것이다. 이러한 의미를 인터넷에서는 네트워크의 보안 사고나 문제가 더 이상 확대되는 것을 막고 격리하려는 것으로 이해할 수 있다. 특히 어떤 기관 내부의 네트워크를 보호하기 위해 외부에서의 불법적인 트래픽 유입을 막고, 허가되고 인증된 트래픽만을 허용하려는 적극적인 방어 대책의 일종, 즉 인터넷 상의 하나의 컴퓨터 시스템과 전체 인터넷을 구분시켜 주는 프로그램으로 시스템 사용자의 외부 접속을 제한하거나 보안 상의 문제로 인하여 외부인의 사용을 제한하는 데 사용된다. 방화벽 시스템의 기본 목표는 네트워크 사용자에게 투명성을 보장하지 않아 약간의 제약을 주더라도 위험 지대를 줄이려는 적극적인 보안 대책을 제공하려는 것이다. (그림 1)은 일반적인 인터넷과의 접속을 하고 있는 네트워크를 보여주고 있는데, 외부와의 투명성으로 내부망 전체가 위험 지대임을 보여주고 있다. (그림 2)는 외부와 내부 네트워크 사이의 경로에 방화벽 시스템을 둠으로써 방화벽 시스템이 보안 서비스를 제공해 불법적인 트래픽을 거부하거나 막을 수 있는 것이다.

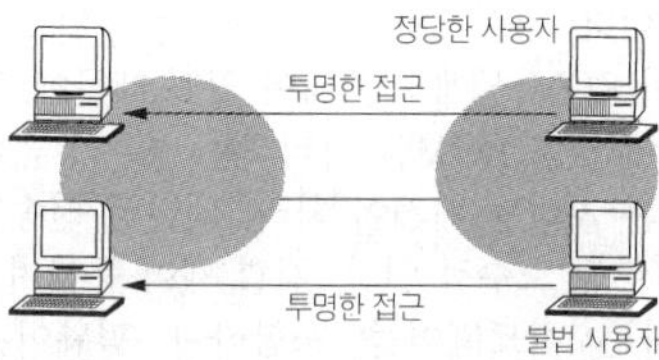

〈(그림 1) 투명한 접근으로 인한 위험 지대〉

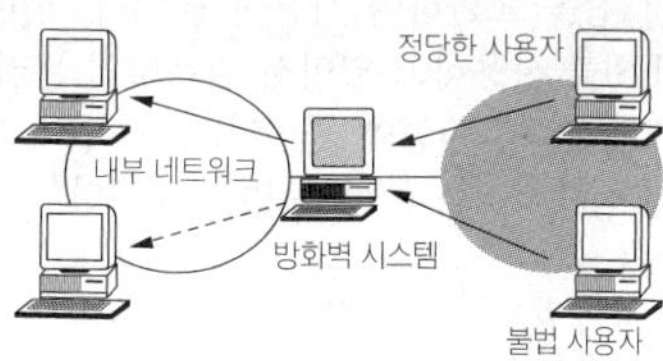

〈(그림 2) 방화벽 시스템으로 내부 네트워크의 안전 지대화〉

FireWire[fáiərwáiər] **파이어와이어** 애플 사와 텍사스 인스투르먼트 사가 개발한 고속 직렬 인터페이스. IEEE 1394에 규격화되어 있다. SCSI의 후속 규격으로 개발되었으며, 영상이나 음성 등의 대용량 데이터의 전송 능력을 중요시하고 있다. 이와 같은 종류에 소니 사의 i.Link가 있다. IEEE 1394는 P 1394라고도 한다. ⇨ IEEE 1394

FIREWORKS[fáiərwɔ̀ːrks] **파이어웍스** 매크로미디어 사가 발매하는 웹 그래픽의 통합 환경을 제공해주는 툴. 웹 그래픽이나 GIF 애니메이션 파일을 간단히 작성할 수 있다.

firing squad problem[fáiəriŋ skwád prábləm] **사격조 문제** 오토머톤 이론에서 일렬로 늘어선 사격조의 맨 끝에 있는 병사에게 사격 명령을 내렸을 때, 명령이 일정 시간의 지연을 갖고 차례로 다음 병사에게로 전달되어 모든 병사가 일제히 사격을 개시할 수 있도록 병사들의 배치를 설계하는 문제. 단, 각 병사는 옆사람끼리만 정보를 전달할 수 있고 전체는 모르는 것을 전제로 한다.

firing rule[fáiəriŋ rú:l] **수행 개시 규칙** 규칙 베이스 시스템에서 데이터와 논리적으로 관련이 있는 규칙들을 특정 제어 기법을 이용하여 선택하는 과정.

firm banking[fə́:rm bǽŋkiŋ] **펌 뱅킹** 은행과 기업을 통신 회선으로 연결하여 온라인으로 여러 가지 서비스를 제공하는 시스템. 은행의 일상 창구 업무, 예컨대 계좌의 입출금 또는 대체, 계좌 잔고 안내, 급여 불입 등은 이 펌 뱅킹에 의해서 가능한 서비스이다.

firmware[fə́:rmwὲər] *n.* **펌웨어** 펌웨어는 소프트웨어와 하드웨어의 중간에 해당하는 것이며 소프트웨어를 하드웨어화한 것이라고 할 수 있다. 즉, 고정도가 높고, 시스템의 효율을 높이기 위해 ROM (read-only memory)에 넣은 기본적인 프로그램이나 데이터. 마이크로컴퓨터에서는 거의 모든 프로그램이 ROM 상에 기재되어 있기 때문에 프로그램이 들어 있는 ROM을 가리키는 경우가 많다. 대상이 되는 처리는 기계어 처리, 데이터 전송, 리스트 처리, 부동 소수점 연산, 채널 제어 등이며, 이것에 부수하는 하드웨어를 포함하여 펌웨어는 대개 ROM에 기록되어 있기 때문에 변경은 쉽지 않으며, 메모리 칩을 교환하여 사용하게 된다. 일반적으로 고속 LSI를 사용하고 있어서 컴퓨터의 논리 설계가 간단하게 되며, 기능에 큰 융통성을 주어 제3세대 이후의 컴퓨터에는 빠질 수 없는 것이다.

〈펌웨어의 위치〉

firmware circuitary[–sə́:rkitri(:)] **펌웨어 회로** 프로그램의 명령어 기능을 수행하는 컴퓨터의 회로.

firmware compatibility[–kəmpæ̀tibíliti(:)] **펌웨어 호환성** 데이터 처리 시스템의 호환성은 기존의 데이터, 프로그램 및 동일 구조의 컴파일러의 재사용을 쉽게 한다. 이러한 호환성은 기본 하드웨어 설계나 소프트웨어 및 펌웨어에 의하여 이루어질 수 있다. 펌웨어나 마이크로프로그래밍은 소프트웨어 기법으로서 하드웨어 상의 호환성을 얻을 수 있으므로 관심의 대상이 된다.

firmware computer[–kəmpjú:tər] **펌웨어 컴퓨터** 저급 언어를 기계어로 하는 컴퓨터를 만들 때, 특수한 마이크로프로그램이 가능한 하드웨어 컴퓨터를 사용해 마이크로프로그램으로 기계어를 시뮬레이션하는 컴퓨터를 말한다.

firmware engineering[–èndʒəníəriŋ] **펌웨어 공학**

firmware instruction[–instrʌ́kʃən] **펌웨어 명령어** 제어 블록으로서 ROM에 저장되어 있는 소프트웨어 명령어로, 컴퓨터의 제어 능력과 명령어 집합을 증가시킬 수 있다.

firmware monitor[–mɑ́nitər] **펌웨어 모니터**

firmware ROM **펌웨어 ROM** 펌웨어 형태의 제어 프로그램을 포함하고 있는 ROM.

first[fə́:rst] *a.* **제1의** 레코드 중의 최초의 문자. 명령어 중의 제1오퍼랜드, 프린트에 있어서의 최초의 페이지를 형용하는 데 흔히 쓰인다. 최후(last)와 대비된다. 합성어도 많이 있다. 예를 들면, 선입 선출(先入先出, FIFO ; first-in first-out)이란, 먼저 들어온 것부터 서비스되는 모델 또는 그렇게 관리하는 방법이다. 즉, 어떤 장치로 신호를 입력했을 경우 그 입력에 따라서 순차 출력이 나타나는 경우는 FIFO라 할 수 있다.

first article[–ɑ́:rtikl] **제1계약**

first boundary value problem[–báundəri(:) vǽlju: prɑ́bləm] **제1경계값 문제**

first-come first-served[–kʌ́m fə́:rst sə́:rvd] **선착순 선처리** 스케줄링의 한 방법으로 먼저 도착한 요구를 먼저 처리하는 것. 선입 선출과 비슷하다.

first derivation[–dèrivéiʃən] **1차 미분** 어떤 함수에 대해 그 함수값의 변화율로 만들어진 함수.

first fit[–fít] **최초 적합** (1) 메모리 할당 방법 중의 하나로 요구량보다 큰 부분 중 맨 처음으로 만나는 부분을 할당하는 방법. (2) 상자 채우기 문제 해결을 위한 경험적 방법으로 상자들에 인덱스 1, 2, 3 … 을 주고, 객체들을 순서대로 상자에 담을 때 각 객체를 담을 수 있는 상자 중에서 색인이 최소인 것에 넣는 방법.

first fit allocation[–æ̀ləkéiʃən] **최초 적합 배치** 메모리 설계에서 배치되는 메모리 블록의 크기는 염두에 두지 않고 접근이 고속으로 이루어질 수 있도록 배치한 것.

first fit decreasing[–dikrí:siŋ] **최초 적합 감소순** 객체를 크기가 작아지는 순으로 정렬하여 최초 적합을 시행하는 방법.

first fit storage placement strategy[–stɔ́:ridʒ pléismənt strǽtədʒi(:)] **최초 적합 기억 장치 배치 전략** 입력된 작업을 주기억 장치 내에서

그 작업을 수용할 수 있는 첫 번째 공간에 배치하는 기억 장치 배치 전략의 한 기법. 배치 결정을 빨리 내릴 수 있다는 점에서 객관적으로 좋은 기법이다.

first fit strategy[–strǽtidʒi] **최초 적합 전략** 들어오는 작업은 주기억 장소에서 그것을 수용할 수 있는 첫 번째 유용한 공백에 들어간다. 유용한 공백을 찾을 때 낮은 번지 부분부터 찾기 시작하므로 높은 부분에 큰 공간이 남게 되는 것은 좋으나 사용치 않고 남아 있는 공간들이 누적되어 체크 시간이 길어지는 단점이 있다.

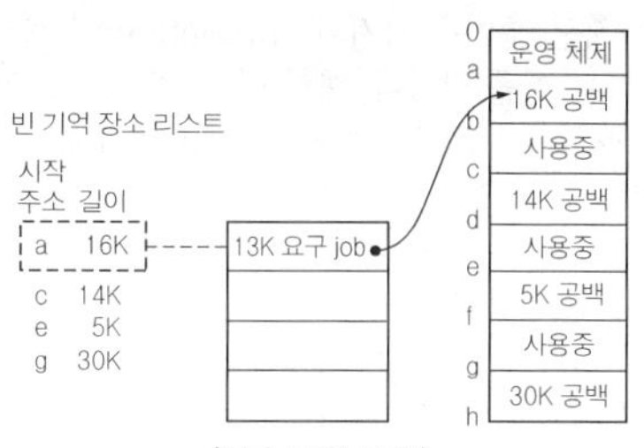

〈최초 적합 전략〉

first generation computer [–dʒènəréiʃən kəmpjúːtər] **제1세대 컴퓨터** 1951년에 미국 인구 통계국에 도입된 UNIVAC 이후, 진공관을 사용한 1950년대에 만들어진 컴퓨터. 이 1세대의 대표적인 컴퓨터는 IBM 650(1954년)이었고, 마이크로컴퓨터의 경우는 최초에 개발된 LSI 컴퓨터인 인텔 사의 4004나 8008을 제1세대 컴퓨터라 부른다. 이후는 트랜지스터 등 반도체 소자를 사용하는 제2세대로 넘어간다.

first generation microcomputer[–màikroukəmpjúːtər] **제1세대의 마이크로컴퓨터**

first generation of computer[–əv kəmpjúːtər] **컴퓨터의 제1세대**

first-in first-out[–in fə́ːrst áut] **FIFO, 선입 선출** 대개 행렬에서의 선입 선처리(先入先處理) 제어 방식이다. 복수의 신호 혹은 처리할 작업이 처리 대기되어 있을 경우 처리의 우선 순위를 붙이지 않고 먼저 도착한 순서, 즉 시계열적 순서로 처리하는 방식이다. ⇨ LIFO

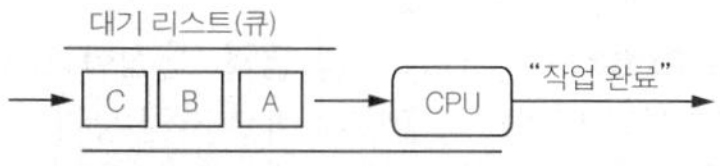

〈선입선출(FIFO)의 개념〉

first-in first-out buffer[–bʌ́fər] **선입 선출 버퍼**

first-in first-out queue[–kjúː] **선입 선출 큐** 대기 행렬을 사용하는 CPU 스케줄링에서 CPU를 할당할 수 있게 해주는 큐로서 큐에 들어오는 순서대로 처리하게 만든 큐.

first-in last-out[–láːst áut] **FILO, 선입 후출** ⇨ FILO, stack

first in still there[–stíl ðέər] **선입 대기** 큐에서 기다리는 작업들 중 하나를 선택하는 방법의 한 가지로 최초에 들어온 것을 남겨두는 기법.

first level address[–lévəl ədrés] **제1단계 어드레스, 직접 어드레스** 색인 레지스터의 내용을 참조하지 않고서도 피연산자를 찾을 수 있거나 저장된 장소를 가리키는 번지.

first level definition[–dèfiníʃən] **1단계 정의** FORTRAN의 수치에 관한 용어로서 변수나 배열 요소의 값이 수치 그 자체로서 인용되는 경우의 정의.

first level interrupt handler [–ìntərʌ́pt hǽndlər] **FLIH, 1단계 간섭 핸들러**

first level message[–mésidʒ] **1차 레벨 메시지** 이용자 단말기에 컴퓨터 시스템으로부터 최초로 출력되는 메시지. 이 메시지는 이용자에게 대하여 전체의 표제적인 내용을 전한다. 이렇게 함으로써 이용자는 시스템의 보고를 대충 파악하고, 다음에 계속하는 2차 레벨 메시지(second-level message) 등에 의해 자세한 내용을 이해하게 된다.

first normal form[–nɔ́ːrməl fɔ́ːrm] **제1정규형** 모든 속성값이 원자적으로, 모델로서는 어느 속성도 그 이상 분해해서 생각하지 않도록 한 관계를 제1정규형이라 한다. 표의 어느 난을 보아도 단일 값만이 쓰여 있어 표 중에 또다시 표가 나타나지 않는 것을 의미한다.

first operand[–ápərǽnd] **제1오퍼랜드, 제1피연산자** 피연산수라고도 한다. 예를 들면, $A+B$에서 A는 제1연산수, B는 제2연산수이다.

first order control[–ɔ́ːrdər kəntróul] **1차 제어**

first order data base[–déitə béis] **1차 데이터 베이스** 1차 논리에 의해 표현할 수 있는 데이터 베이스나 1차 논리로 표현된 데이터 베이스.

first order lag element[–læg éləmənt] **1차 지연 요소**

first order lead element[–líːd éləmənt] **1차 진행 요소**

first order logic[–ládʒik] **1차 논리** 명제 논리를 확장한 것으로 원자, 항, 속성, 정량자로 구성되며, 수학적인 언어들이 1차 논리로 기호화될 수 있다.

first order predicate logic[–prédikət ládʒik] **1차 술어 논리** 프롤로그 언어에서 사용되는 명제의 변수에 관해 가정할 수 있는 논리의 형태.

first order subroutine[–sʌ̀bruːtíːn] **1차 서브루틴** 주루틴이나 프로그램에서 직접 들어갔다가

결국 다시 주프로그램으로 되돌아가는 서브루틴.

first order system[–sístəm] **1차 시스템**

first order theory[–θíəri(ː)] **1차 이론** 1차 논리란 술어 기호 내에 또 다른 술어 기호가 나타나지 않는 논리를 의미하는데, 1차 논리에서의 기호, 상수, 변수, 용어 및 술어의 정의와 후항 형식에 관한 공리 그리고 추론 규칙으로 표현되는 이론을 말한다.

first order transfer function [–trænsfə́ːr fʌ́ŋkʃən] **1차 전달 함수**

first page alignment[–péidʒ əláinmənt] **용지의 위치 조정**

first page indicator[–índikèitər] **제1페이지 표시기**

first parity release[–pǽriti(ː) rilíːs] **퍼스트 패리티 릴리스**

first passage time[–pǽsidʒ táim] **최초 통과 시각**

first-pass sorting[–pǽːs sɔ́ːrtiŋ] **1차 패스 정렬** 어셈블리어나 기계어 형태로 프로그래머에 의해 작성된 컴퓨터 명령어들로, 이들은 입력 프로그램이 적재된 뒤 첫 단계에서 정렬로서 수행된다.

first set[–sét] **시작 기호 집합** 문법 기호의 어떤 문자열 β에 대하여 first(β)는 β로부터 유도될 수 있는 단말기 기호의 문자열의 첫 번째 단말기 기호의 집합을 가리킨다.

first virtual[–və́ːrtʃuəl] **퍼스트 버추얼** 신용 카드를 이용한 전자 결제 시스템의 한 유형. 신용 카드 번호와 같은 민감한 정보를 인터넷으로 전송하지 않고, 전자 우편을 통해 소비자의 구매 의사를 확인하는 절차로 구성된 신용 카드 모형에 기반을 둔 인터넷 상거래 결제 시스템. 일반 웹 브라우저와 전자 우편을 이용하여 구현한 신용 카드 기반의 지불 시스템으로, 암호화 기법을 이용하지 않은 것과 전자 우편만 있으면 특별한 소프트웨어의 설치 없이 거래가 가능한 것이 특징이다.

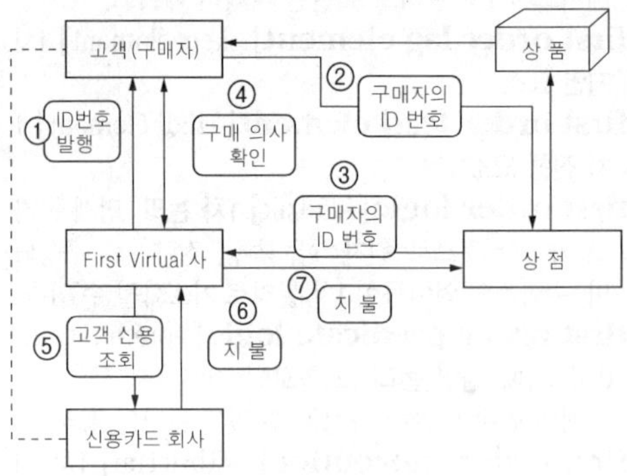

〈퍼스트 버추얼 거래 절차〉

Fisher's linear discriminate[fíʃərz líniər diskrímineìt] **피셔 선형 구별** α차원의 데이터를 직선상으로 투사시켜 차원을 낮추어 선형 분류 문제로 바꾸어주는 방법.

FIST 선입 대기 first in-still there의 약어. 대기 행렬에서의 처리 순서 결정법의 하나로서 최초에 들어온 입력을 남겨두는 법.

fit[fít] (1) **피트** failure in term의 약어. 고장률을 나타내는 단위로, 1fit는 10^{-9}을 말한다. (2) *v.* **적합하다** 어느 공간에 요소가 잘 들어있는 모양을 나타낸다. 혹은 주어진 기기와 옵션(option)에 시스템이 융합하는 것을 말한다. 예를 들면, 프로그램과 데이터를 파일형으로 보조 기억 장치(auxiliary storage)에 저장해둘 경우에는 통상 파일명을 붙여서 보존한다. 이때, 등록할 수 있는 파일명에는 제한이 있다. 이 제한을 넘은 문자수의 파일을 등록하는 것은 불가능하다. 따라서 파일명을 시스템 설정값 이내로 적합(fit)하게 할 필요가 있다.

fitting[fítiŋ] *a.* **근사, 피팅** 컴퓨터 그래픽에서 자료점(data points)의 집합과 설계 기준에 가장 정확하게 일치하는 곡선, 면, 또는 선을 계산하는 것. 예를 들면, 곡선 근사를 curve fitting이라 부른다.

Fitt's law 피트 법칙 그래픽에서 스크린 커서를 움직이는 데 걸리는 시간은 대상 물체의 크기에 대한 움직인 거리의 비의 로그값에 비례한다는 법칙.

five level code[fáiv lévəl kóud] **5단계 코드** 하나의 문자를 표시하기 위해 5비트를 사용하는 문자 코드의 일종. 이는 주로 텔렉스나 전신에서 사용하며 보드 코드(baudot code) 계통의 방식이다.

five unit code[–júːnit kóud] **5단계 부호** 5단위 요소에 의해 구성된 부호로, 주로 인쇄 전신용으로 알파벳을 나타내기 위해 사용된다.

FIX Federal Information Exchange의 약어. 인터넷과 미국 정보 기관망 사이의 연결점.

fix[fíks] *n.* **픽스** 프로그램에서의 오류(버그)를 수정하거나 또 수정을 위한 프로그램 코딩을 지칭하는 경우도 있다.

fixed[fíkst] *a.* **고정의** 물건이나 일이 고정되어 있어 변경할 수 없는 모양.

fixed area[–ɛ́(ː)riə] **고정 영역** 특정한 프로그램이나 데이터 영역으로 할당된 내부 기억 장치의 부분.

fixed base method[–béis méθəd] **고정 기준법** 연쇄 기준법과 더불어 지수를 계산할 때 기준 시점을 결정하는 방법의 하나. 통계 계열 가운데 한 항 또는 여러 항의 평균값을 일정하게 계속하여 기준항으로 사용하는 것. 통계 계열에서 연쇄 기준법은 각 항의 지수를 직접 그 앞에 있는 항목을 기준으로 하여 계산한다.

fixed BLDL table 고정 BLDL 표

fixed block[–blάk] **고정 블록** 블록 내에 포함될 수 있는 문자수가 컴퓨터의 논리에 의해 고정된 것.

fixed block format[–fɔ́:rmæt] **고정 블록 형식** 각 블록에 있는 단어 수와 문자 수 및 단어의 순서가 일정하게 고정된 수치 제어 테이프의 형식.

fixed block length[–léŋkθ] **고정 블록 길이** 데이터로서 취급하는 하나의 단위가 일정수의 단어나 문자수로 정해져 있는 것.

fixed channel controller[–tʃǽnəl kəntróulər] **고정 채널 제어기** 제어할 입출력 장치가 미리 고정되어 있는 채널 제어기.

fixed charge[–tʃά:rdʒ] **정액제, 고정제** 네트워크 서비스 이용료 책정 제도 중의 하나. 서비스 이용량에 관계 없이 일정 요금을 부과하는 방식. 반면, 시간이나 패킷(packet) 수 등의 사용량에 따라 부과되는 제도를 종량제라고 한다. 장시간 접속할 경우가 많으면 종량제보다 정액제가 유리하다.

fixed clock time control[–klάk táim kəntróul] **고정 간격 시간 제어**

fixed command control[–kəmά:nd kəntróul] **고정 명령 제어** 목표값이 일정한 제어.

fixed connector[–kənéktər] **고정 연결자** 순서도 작성에서 종료 후 나타나는 결과 표시자를 표현하는 데 사용한다.

fixed cycle[–sáikl] **고정 주기** (1) NC 프로그래밍에서 보링, 구멍 뚫기, 탭내기 등의 가공을 하기 위해 미리 정해진 일련의 작업 시퀀스를 하나로 묶은 것. (2) 명령 실행에 필요한 연산 주기가 모든 명령에 대해 동일한 방식. 일반적으로 시간이 정해진 어떤 동작을 일정한 실행 주기로 일정한 횟수를 반복하는 것.

fixed cycle operation[–àpəréiʃən] **고정 주기 동작** (1) 하나의 동작을 위해 정해진 양의 시간이 주어지는 컴퓨터 수행의 한 형태, (2) 일정 횟수의 규칙적인 수행 주기 시간 내에 완료되는 동작.

fixed data-name[–déitə néim] **고정 데이터명** 미리 지정된 값을 표현하는 지정된 단어.

fixed decimal point[–désiməl pɔ́int] **고정 10진 소수점**

fixed disk[–dísk] **고정 디스크** 매체가 장치에 고정되어 사용자가 교환할 수 없는 장치. 매체의 호환성을 보증할 필요가 없기 때문에 높은 기록 밀도를 얻을 수 있는 것이 특징이다.

fixed field[–fí:ld] **고정 필드** 각 레코드 내에서 같은 형태의 정보를 포함하는 필드가 같은 순서, 같은 길이로 되어 있는 필드.

fixed file memory[–fáil méməri(:)] **고정 파일 기억 장치** 보조 기억 장치 중에서 그 액세스가 기계적 동작을 수반하지 않는 것. 예를 들면, 전하 결합 소자(CCD) 같은 것.

fixed format[–fɔ́:rmæt] **고정 형식** 특별한 설계나 프로그램 분야에서 정보의 내용을 어떤 고정된 형식으로 나타내는 것.

fixed format message[–mésidʒ] **고정 형식 메시지** 단말기에서 발신할 때는 회로 제어 문자를 삽입하고 수신할 때는 이것을 삭제하는 메시지. 이 메시지는 다른 특성을 갖는 단말기 사이에 사용된다.

fixed form coding[–fɔ́:rm kóudiŋ] **고정 형식 코딩** 코딩을 할 때 명령어의 레이블이나 연산자, 피연산자 부분을 고정된 위치에 두는 것.

fixed function generator[–fʌ́ŋkʃən dʒénərèitər] **고정 함수 발생기** 발생하는 함수가 고정되어 있으며, 이용자에 의한 변경이 불가능한 함수 발생기.

fixed head[–hé(:)d] **고정 헤드** 유동 헤드와 반대되는 것으로, 대용량 기억 장치에 부착 고정된 판독 · 기록 헤드를 나타낸다.

fixed head disk[–dísk] **FHD, 고정 헤드 디스크** 자성체를 코팅한 원판으로 자료를 기억하는 자기 디스크 장치의 하나로, 각 트랙에 고정된 헤드를 가지는 디스크 시스템. 값은 비싸나 위치 결정의 지연 시간을 없앰으로써 매우 고속으로 처리할 수 있다.

fixed head disk unit[–jú:nit] **고정 헤드 디스크 장치**

fixed head storage[–stɔ́:ridʒ] **고정 헤드 기억 장치**

fixed index[–índeks] **고정 인덱스**

fixed insertion[–insə́:rʃən] **고정 삽입**

fixed insertion character[–kǽrəktər] **고정 삽입 문자**

fixed insertion editing[–éditiŋ] **고정 삽입 편집**

fixed length[–léŋkθ] **고정 길이** 가변 길이에 대조되는 개념. 특정한 저장 장소나 자료가 포함할 수 있는 문자의 개수에 관계되는 숫자로 그 숫자 만큼의 문자가 하나의 단위로 사용되며, 프로그래머에 의해 변경될 수 없다.

fixed length arithmetic[–əríθmətik] **고정 길이 연산**

fixed length code[–kóud] **고정 길이 코드**

fixed length data[–déitə] **고정 길이 데이터** 일정 수의 비트나 문자들로 구성되는 데이터.

fixed length field[–fí:ld] **고정 길이 필드** 사전에 피연산자의 길이가 결정되어 프로그램으로는 적당한 지정이 이루어지지 않는 것. 처리 방법으로

는 편하나 정보 기억에 낭비가 많다.

fixed length file records[-fáil rékərz] **고정 길이 파일 레코드** 일정 수의 단어, 문자, 비트 또는 필드 등을 가지고 있는 레코드.

fixed length format[-fɔ́ːrmæt] **고정 길이 형식**

fixed length record[-rékərd] **고정 길이 레코드** 파일 또는 블록 중의 각 레코드 길이가 일정한 것. 이것에 대해서 레코드마다 길이가 정해져 있지 않는 것을 가변 길이 레코드라고 하고, 레코드에 분할되어 있지 않고 더욱이 길이가 정해져 있지 않는 것을 부정(不定) 길이 레코드라 한다.

fixed length record file[-fáil] **고정 길이 형식 파일** 데이터 베이스나 표계산 데이터 파일에서 한 파일 안에 들어 있는 데이터의 양을 고정시켜 두고 모든 파일 분량의 용량을 확보한 파일.

fixed length word[-wɔ́ːrd] **고정 길이 단어** 고정된 개수의 단어로 된 컴퓨터 워드. 레지스터, 기억 장소, 게이트 등은 고정된 개수의 문자를 취급할 수 있도록 설계되어 있다.

fixed link pack area[-líŋk pǽk ɛ́(ː)riə] **FLPA, 고정 연계 팩 영역, 페이지 고정 연계 팩 영역** OS/VS2에서 기억 장치의 하위 부분의 고정 페이지를 차지하는 연계 팩 영역의 확장.

fixed medium[-míːdiəm] **고정 매체**

fixed memory unit[-méməri(ː) júːnit] **고정 기억 장치** ROM 등은 자동으로는 기록이 가능하지 않으며, 프로그램 등을 내부에 기억하고 판독 전용으로 사용된다. 이와 같이 내부의 기억이 고정되어 판독 전용으로 사용되는 것을 말하며, 보통 정수나 상수 루틴 등을 기억시키는 데 용이하다.

fixed number testing plan[-nʌ́mbər téstiŋ plǽn] **고정 숫자 시험 방식** 시험 개시 후, 고장 발생 수가 규정 수에 달하면 쳐서 끊는 시험 방식.

fixed overlayable segment[-òuvərléiəbl ségmənt] **오버레이 가능 고정 구분**

fixed page[-péidʒ] **고정 페이지**

fixed page frame[-fréim] **고정 페이지 틀**

fixed partition[-pɑːrtíʃən] **고정 분할** 다중 프로그래밍을 하기 위해 주기억 장소를 몇 개의 고정된 크기의 분할로 나누는 방법. 사용자 프로그램은 이 중 하나의 영역에 적재된다. 이 방법은 컴퓨터가 처리해야 할 작업의 성격이 잘 파악되어 있으면 기억 장소의 분할을 이에 맞도록 조절하여 기억 장소의 효율적인 사용을 기억할 수 있는 장점이 있지만, 한편 기억 장소가 낭비될 수 있는 것이 단점이다. ⇨ 그림 참조

fixed-plus-variable structure[-plʌ́s vɛ́(ː)riəbl strʌ́ktʃər] **고정 및 가변 구조** 컴퓨터 CPU의 논리적 및 물리적인 구성이 서로 다른 사용자의 일시적인 요구를 만족시키기 위한 컴퓨터 설계의 한 형태로서 통신망에서의 필수 조건이기도 하다.

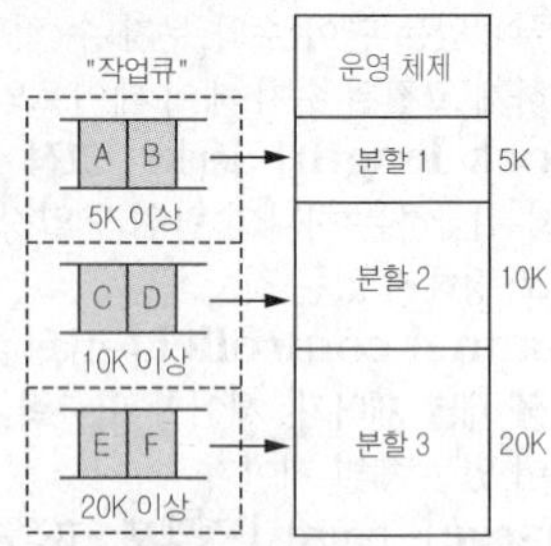

〈고정 분할 작업 방식〉

fixed point[-pɔ́int] **고정 소수점** 소수점의 위치를 숫자의 나열을 기준으로 하여 일정한 위치에 고정하는 방법. 8자리로 숫자를 레지스터(register)에 저장하고, 왼쪽으로부터 4자리째와 5자리째에 소수점을 고정하면 85.3과 333.21은 각각 00853000과 003332100이 된다. 이러한 표시 방법을 고정 소수점 표시 방법이라 한다.

fixed point addition[-ədíʃən] **고정 소수점 가산**

fixed point arithmetic[-əríθmətik] **고정 소수점 연산** 연산에 사용되는 데이터의 소수점 위치를 고정한 위치에서 취급하는 사칙연산. 데이터를 모두 정수로 다루도록 설계되어 있는 것과 모두 소수로 취급하도록 설계되어 있는 것이 있다.

fixed point binary[-báinəri(ː)] **고정 소수점 2진수**

fixed point binary constant[-kánstənt] **고정 소수점 2진 상수**

fixed point calculation[-kælkjuléiʃən] **고정 소수점 연산**

fixed point computer[-kəmpjúːtər] **고정 소수점 방식 컴퓨터**

fixed point constant[-kánstənt] **고정 소수점 상수**

fixed point data format[-déitə fɔ́ːrmæt] **고정 소수점 데이터 형식** (1) 하나의 수치 자료의 표현 방식으로, 미리 지정된 위치의 소수점을 기준으로 수치가 표시되는 형식. (2) 대부분 정수 표현에 사용되며, 음수 표현은 1의 보수, 2의 보수, 그리고 부호와 절대값 방법 등이 있다.

fixed point decimal[-désiməl] **고정 소수점 10진수** 소수점이 붙은 10진수.

fixed point decimal constant[-kánstənt] **고정 소수점 10진 상수**

fixed point divide exception[–dəvάid iksépʃən] **고정 소수점 나눗셈 예외** 프로그램 인터럽트가 원인으로 0에 의한 계산까지 포함하여 몫이 고정 소수점 계산에서 레지스터의 크기를 초과할 때 발생한다.

fixed point half word[–hά:f wə́:rd] **고정 소수점 반단어** 고정 소수점 연산 체제에서 정의된 반단어. 예를 들면, 시스템의 단어 길이가 4바이트일 때 고정 소수점 반단어의 길이는 2바이트이며, 이때 최상위 첫 번째 비트는 수의 부호를 나타내고 (0 : 양수, 1 : 음수) 나머지 15개의 비트는 수의 크기(절대값)를 나타낸다.

fixed point item[–άitem] **고정 소수점 항목**

fixed point iteration[–itəréiʃən] **고정 소수점 반복법, 축차 대입법** 방정식 $x=g(x)$를 풀기 위한 방법으로, $g(x)$의 고정점 p_n, 즉 $g(p_n)=p_n$을 만족하는 p_n을 구하는 방법. 이 방법의 알고리즘은 p_n을 $x=g(x)$의 초기값으로 하여 $\{p_n\}$을 $p_n=g(p_{n-1})$, $n=1, 2, 3, \cdots$에 따라 축차적으로 정한다.

fixed point literal[–lítərəl] **고정 소수점 리터럴**

fixed point notation[–noutéiʃən] **고정 소수점 표시법**

fixed point number[–nʌ́mbər] **고정 소수점 수** 고정 소수점 데이터 형식에 따라 표현된 수로 주로 정수를 뜻한다.

fixed point number operation[–ὰpəréiʃən] **고정 소수점 수 연산** 고정 소수점 2진수의 데이터를 가지고 연산하는 것으로, 고정 소수점 수는 소수점의 위치가 언제나 최우단 비트의 오른쪽에 고정되어 있는 것으로 간주한다. 그러므로 소수점의 위치는 프로그램에서 맞추어야 한다.

fixed point number system[–sístəm] **고정 소수점 수 체계** 실수를 표시할 때 정수 부분에 n_1개의 고정된 자리와 소수 부분에 n_2개의 고정된 자리를 사용하는 수의 체계.

fixed point numeric item[–njumérik άitəm] **고정 소수점 숫자 항목**

fixed point operation[–ὰpəréiʃən] **고정 소수점 연산** 소수점이 지정된 위치에 있다고 가정하고 수행되는 산술 연산, 불 연산 등을 말한다.

fixed point overflow exception[–òuvərflóu iksépʃən] **고정 소수점 자리넘침 예외**

fixed point part[–pά:rt] **소수부, 고정 소수점부** 부동 소수점 표시에 있어서 표현되는 실수를 결정하기 위하여 암시적으로 정해져 있는 부동 소수점의 기저를 그 지수만큼 거듭제곱한 것에 곱해지는 수 표시.

fixed point representation[–rèprizentéiʃən] **고정 소수점 표시** 컴퓨터에서의 수치 표현 방식의 일종으로, 소수점을 수치 자리의 오른쪽 끝 또는 왼쪽 끝부터 헤아려 일정한 순서 자리의 오른쪽에 놓는 표현 방식.

fixed point representation system[–sístəm] **고정 소수점 표시법** 어떤 약속에 의해서 소수점이 일련의 숫자 위치 중에 암시적으로 고정되어 있는 기수 표기법.

fixed point system **고정 소수점법** 고정 소수점 표시를 채용하고 있는 컴퓨터의 수치 표시 방식. 보통 소수점을 가상적으로 연산 데이터의 가장 오른쪽 끝에 두고 수치를 모두 정수로서 취급하는 경우가 많다.

fixed point theorem[–θíərəm] **고정 소수점 정리**

fixed point value[–vǽlju:] **고정 소수점값**

fixed portion[–pɔ́:rʃən] **고정 부분**

fixed program computer[–próugræm kəmpjú:tər] **프로그램 고정 컴퓨터** 컴퓨터 상에서 실행되는 명령이 사전에 결정되어 있으며, 실행은 자동적으로 행해지지만 프로그램의 변경은 불가능한 것. 전문적인 동작을 할 수 있도록 하는 장치에 내장되는 컴퓨터는 이와 같은 형태로 하여 그 목적만을 위하여 처리한다. 고정된 프로그램은 롬(ROM : read only memory)에 기억되어 있다.

fixed quantity ordering system[–kwάntiti(:) ɔ́:rdəriŋ sístəm] **미니맥스법, 정량 발주법** 재고량의 주문 방식의 하나로 재고량이 일정 수준까지 내려갈 때 일정량을 주문하여 재고를 보충하는 방법. 이것은 사용량이 어느 정도 안정된 다량 품목 관리에 적합하다.

fixed radix notation[–réidiks noutéiʃən] **고정 기수 표기법** 각 자리의 자리값이 어느 한 기수의 정수 제공으로 되어 있는 기수법. 예컨대, 기수가 양(+)일 때 각 자리가 취하는 값은 0에서 기수 −1까지이며, 기수의 음의 정수 곱을 사용하여 소수부를 표시한다.

fixed radix numeration system[–njù:məréiʃən sístəm] **고정 기수 기수법, 고정 기수 표기법** 모든 숫자 위치가 같은 기수로 된 기수법.

fixed radix system[–sístəm] **고정 기수 시스템**

fixed ratio transmission code[–réiʃiòu trænsmíʃən kóud] **고정 비율 전송 코드** 총 비트 수에 대해 한 비트의 고정된 비율을 사용하는 오류 검출 부호.

fixed resident routine[–rézidənt ru:tí:n] **고정 상주 루틴**

fixed routine **고정 루틴** 컴퓨터에서 실행되는 동안은 수정될 수 없는 루틴.

fixed routing[–rú:tiŋ] **고정 경로 선택** 메시지를 송수신할 때 이용되는 두 노드(node) 사이의 경로가 정해져서 바뀌어지지 않는 것.

fixed sequence robot[–sí:kwəns róubət] **고정 순서 로봇** 미리 정해진 일정한 순서와 위치에 따라 동작하는 로봇, 이때 동작 순서는 변경되지 않는다.

fixed size node[–sáiz nóud] **고정 길이 노드** ⇨ fixed size record

fixed size record[–rékərd] **고정 크기 레코드** 동일한 수의 단어나 문자, 비트, 필드 등으로 구성된 파일의 한 요소.

fixed space[–spéis] **고정 공간** ⇨ fixed space font

fixed space font[–fánt] **고정 공간 글꼴** 문자의 폭과는 무관하게 일정한 수평 공간을 갖는 글꼴. 이런 글꼴에서는 I자나 M자 모두 수평으로 같은 공간을 차지한다. 두드리는 식의 타이프라이터의 글꼴 등이 여기에 속한다.

fixed spacing[–spéisiŋ] **고정 간격** 한 행 내에서 문자 사이의 간격이 고정되어 있는 것.

fixed storage[–stɔ́:ridʒ] **고정 기억 장치** 특정 이용자 또는 특정 조건 하에서 동작하는 경우를 제외하고는 내부를 변경할 수 없는 기억 장치. 고속으로는 기입되지 않는 기억 장치에서 판독 전용에 사용되는 장치로서 상수, 상용 루틴 등을 입력하여 사용한다.

fixed storage area[–ɛ́(:)riə] **고정 기억 영역**

fixed table[–téibəl] **고정 테이블** 테이블의 크기가 테이블 생성시에 결정된 후 변하지 않는 테이블.

fixed time testing plan[–táim téstiŋ plǽn] **고정 시간 시험 방식** 시험 개시 후 규정 시간에 달하면 쳐서 끊는 시험 방식. 이 방식은 수명 시험, 신뢰도 시험 등에 사용된다.

fixed type bar[–táip bá:r] **고정형 막대** 글자를 찍는 막대가 고정되어 있으므로 조작원이 다른 글자체로 바꿀 수 없는 프린터의 막대.

fixed weight code[–wéit kóud] **고정 다중 부호** 오류 발생을 검출하기 위해 사용되는 코드에 주어진 1의 비트 수가 고정되어 있는 부호.

fixed word[–wɔ́:rd] **고정 단어** 어떤 장치가 다룰 수 있는 문자의 일정 개수에 대한 장치의 제한.

fixed word length[–léŋkθ] **고정 단어 길이** 컴퓨터에서 취급되는 단어 길이가 일정한 방식에 관한 용어. 즉, 컴퓨터 내부에서 데이터의 전위나 기억이 단어로 이루어지는 경우이다.

fixed word length computer[–kəmpjú:tər] **고정 단어 길이 컴퓨터** 연산 기억 장치의 처리 형태가 일정한 기본 단어 길이 또는 비트를 단위로 하여 데이터를 처리하는 컴퓨터.

fixed word length machine[–məʃí:n] **고정 단어 길이 기계** 공학이나 과학 분야와 같이 주로 산술 연산을 하는 컴퓨터로서 가변 단어 길이 기계에 비해 연산 속도는 빠르나 문자나 데이터를 처리하는 데는 유연성은 떨어진다. 컴퓨터에 따라서는 고정 단어 길이와 가변 단어 길이의 두 가지 형태 중 어느 하나를 선택해 작동하는 것도 있다.

fixing[fíksiŋ] *n.* **정정, 고정, 픽싱** 예를 들면, 가동중인 소프트웨어(프로그램) 속의 버그를 제거하는 것을 bug fixing이라고 하는 경우가 있다.

FL 분배선 feeder line의 약어.

flag[flǽ(:)g] *n.* **플래그** 기(旗). 표지(標識). 표. 프로그램 실행중에 특정 상태가 성립했는지의 여부를 식별하기 위하여 조사되는 데이터의 항목. 즉, 식별 또는 표시를 목적으로 하여 데이터에 붙여지는 표시기(indicator)이며, 보통은 1비트가 사용된다. 사용중 표시, 기입 금지 표시, 인터럽트 조건 발생 표시 등이 이용된다.

flag bit[–bít] **플래그 비트** 일반적으로 자리올림(carry), 오버플로 등의 인터럽트 발생을 알리는 데 이용되는 것으로, 어느 특정 상태에 도달했음을 알리는 데 사용되는 특수한 정보 비트.

flag byte[–báit] **플래그 바이트** 자기 디스크 장치의 트랙 포맷을 구성하고 있는 요소의 일부이며 트랙에 결함이 있는지의 여부와 또는 1차 트랙이 교체 트랙인지를 표시하는 바이트.

flag character[–kǽrəktər] **플래그 문자**

flag flip-flop[–flíp fláp] **플래그 플립플롭** 산술 자리올림 장치의 연산 결과를 나타내는 것으로서 그림과 같이 자리올림 플래그, 제로 플래그, 부호 플래그, 패리티 플래그, 보조 자리올림 플래그 등 5개의 조건 플래그로 구성되며 각각의 상태에 따라 세트(1) 또는 리셋(0)된다.

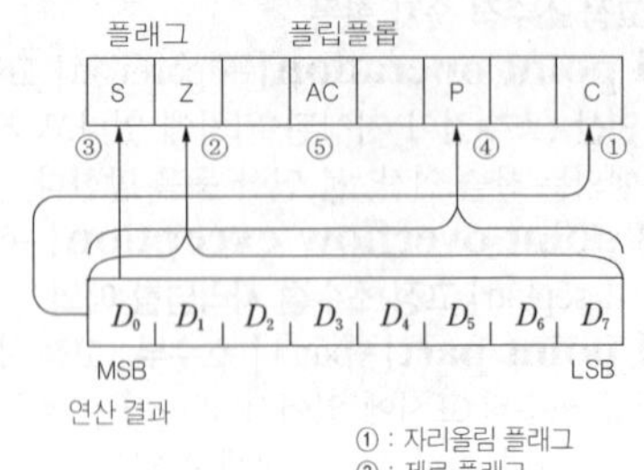

〈플래그 플립플롭〉

flag indicator[–índikèitər] **플래그 표시기** 컴퓨터에서 특정한 조건이 발생했음을 나타내기 위해 만들어지는 신호로서 프로그램이나 컴퓨터에 의해서 생성된다.

flag I/O testing mode 플래그 입출력 검사 방식

flag line[–láin] **플래그 라인** 마이크로프로세서가 갖는 제어된 I/O 장치에 입력시켜 분기, 점프 등의 브랜치 명령으로 시험하는 것.

flag register[–rédʒistər] **플래그 레지스터** 연산 결과 혹은 CPU의 동작 후의 어큐뮬레이터의 상태를 표시하기 위한 레지스터이며, 플립플롭에 의한 1 비트를 8개 묶은 것이다. 플래그 비트라고도 한다.

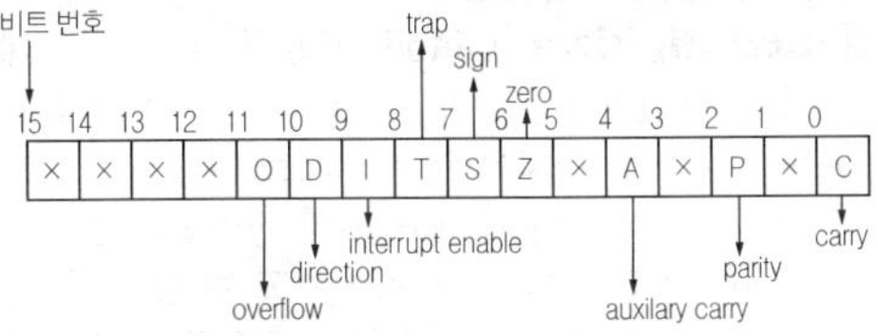

〈플래그 레지스터의 구성〉

flag sequence[–sí:kwəns] **플래그 시퀀스** 고급 데이터 연결 제어 절차(HDLC)에서의 전송 단위인 프레임 전후에 있는 8비트의 특정 비트 패턴을 말한다.

flag status register[–stéitəs rédʒistər] **플래그 상태 레지스터** 여러 플래그 소자(cell)의 상태를 기억하는 데 쓰이는 레지스터의 상태로서 각각의 플래그 상태는 레지스터 안의 특정 비트 위치에 표현된다.

flag synchronization[–sìŋkrənaizéiʃən] **플래그 동기** 동기를 취할 때 시작 플래그와 종료 플래그를 이용하는 것. 이 두 플래그 사이에는 프레임의 형식에 따라 정보 부분을 포함하여 여러 가지 필드가 있다.

flag terminal[–tə́:rminəl] **플래그 단자**

flag test[–tést] **플래그 시험** 단순한 시험 결과를 나타내기 위해 사용된 비트들의 모임으로서 대개 마이크로프로세서는 제로 테스트, 양수 테스트, 자리올림 테스트와 같은 기능을 나타내기 위한 플래그를 가진다.

flame[fléim] **플레임** 전자 메일이나 게시판(가장 흔한 경우)의 글들 또는 동호회 안에서 맹렬히 논쟁을 하고 서로를 비난할 때 그 참여자들이 서로를 플레임한다고 말한다. 플레이밍은 개인에 대한 맹렬한 인신 공격이다.

flamebait[fléimbèit] **플레임베이트** 일부러 플레임을 인출하기 위해 작성된 기사. 플레임베이트는 우편 목록이나 뉴스그룹의 종류에 상관없이 여기저기에 나타난다.

flamefest[fléimfèst] **플레임페스트** 플레임으로 인해 발생된 네트워크 상의 입씨름.

flamer[fléimə:r] **플레이머** (1) 논쟁 기사를 투고하는 사람. (2) 반박문을 상습적으로 투고하는 사람.

FLASH 플래시 미국 매크로미디어 사가 판매하는 대화형 홈페이지 제작에 사용되는 컨텐츠 작성 소프트웨어 또는 그 재생에 필요한 플러그인의 명칭.

flame war[fléim wɔ́:r] **플레임 워** 네트워크에서 서로 다른 의견을 가진 사람들이 격렬하게 논의를 교환하는 것. 문자만으로 메시지를 주고받기 때문에 미묘한 뉘앙스를 전하기 어렵고 오해를 일으키기도 쉽다.

flash address space[flǽʃ ədrés spéis] **플래시 주소 공간, 단층 주소 공간** 기억 장치 고유의 주소로 지정할 수 있는 주소 공간. 매킨토시의 운영체제와 OS/2는 모두 단층 주소 공간을 사용할 수 있다. MS-DOS는 세그먼트 주소 공간을 사용하며 기억 장치는 세그먼트 번호와 옵셋 번호로 접근해야 한다.

flash memory[–méməri(:)] **플래시 메모리** 수정이 가능한 읽기 전용 메모리 내에 전기적으로 모든 내용(부분적으로도 가능)을 지우고, 다른 내용을 저장할 수 있는 메모리 칩. 플래시 EEPROM이라고도 한다. 같은 기능을 가진 EEPROM도 있지만, 플래시 메모리는 구조가 간단하여 칩이 작게 만들어진 DRAM보다 안정적으로 제조되었으며, 휴대용 컴퓨터의 대용량 기억 장치용으로 판매되고 있다. 플래시 메모리는 하드 디스크와 비교해 소형화가 가능하고 백업 전원이 불필요하며 충격에 강하다. ⇨ EEPROM

flash mob[–mɔ́b] **플래시 몹** 얼굴도 모르는 불특정 다수인들이 인터넷이나 이메일 등을 통해 정해진 시간, 장소에서 한꺼번에 만나 즉석모임을 갖고 촛불시위, 시체놀이 등의 특정 행동을 하는 것. 플래시 몹은 특정 사이트의 접속자가 급격히 증가하는 '플래시 크라우드(flash crowd)'와 뜻을 같이 하는 군중을 의미하는 '스마트 몹(smart mob)'의 합성어이다.

FlashPath[flǽʃpà:θ] **플래시패스** 스마트 미디어를 PC에 읽어들이기 위한 어댑터로, 플로피 디스크 드라이브에 삽입하여 사용한다.

FlashPix[flǽʃpiks] **플래시픽스** 플래시픽스 파일 포맷은 특정한 업무용 해상도에서만 이미지를 보여줌으로써 사용자가 그래픽 작업을 할 때 보다 빠른 속도를 가능하게 해준다. 플래시픽스가 세련되고 유망한 기술이기는 하지만 아직까지 표준으로 확립되지 않은 상태로 인터넷에서의 그 역할은 아직 확실하지 않다.

flash ROM 플래시 롬 일단 공장에서 출시된 이후에도 새로운 BIOS 명령어를 프로그램에 넣을 수 있는 ROM 칩. 그러한 ROM 칩은 기술 용어로는 EEPROM이라고 부른다.

flash update[flǽʃ ʌ̀pdéit] **재생 갱신** 회선 사양의 변경 등에 의해, 즉시 경로 지정 정보가 갱신되는 것.

flat[flǽt] **평면** 원래는 평평, 평면을 의미한다. 신호가 도중에 끊어지는 경우를 가리키는 경우도 있다.

flat addressing[–ədrésiŋ] **플랫 어드레스 지정**

flat address space[–ədrés spéis] **평면 주소 공간** 세그먼트 주소 공간과는 달리 모든 메모리를 일련 번호로 지정할 수 있는 주소 공간. 이로써 모든 메모리 공간을 균등한 비용(소프트웨어 상의 오버헤드)으로 이용할 수 있다.

flat band voltage[–bǽnd vóultidʒ] **플랫 밴드 전압** 아래로 향해 있는 MOS(metal oxide semiconductor) 축전기의 반도체 띠를 평탄하게 하기 위해 금속에 걸어주는 전압.

flatbed plotter[flǽtbèd plɑ́tər] **평판형 플로터** 편평한 판 위를 수평 · 수직 양방향으로 움직이는 펜에 의해 평면으로 설치된 표시면상에 표시 화상을 그리는 작도 장치.

flat cable[flǽt kéibl] **플랫 케이블** 컴퓨터의 장치나 디지털 기기 사이의 접속 등에 사용되는 평형 다심(多心) 케이블. 수 내지 수십 가락의 가는 전선을 옆으로 접착시켜 납작한 띠 모양으로 만든 것.

flat file[–fáil] **플랫 파일** 테이프나 카드에 수록된 단순한 레코드의 집합으로, 계층적 또는 네트워크 구조를 갖지 않고 단순히 같은 형식의 레코드들의 모임으로 이루어진 파일.

flat pack[–pǽk] **플랫 팩** 집적 회로의 패키지로, 소형 편평 용기의 양 측면으로부터 5~7개의 리드 판을 가진 구조.

flat package[–pǽkidʒ] **플랫 패키지** 윗면 및 밑면이 평행 평판 모양이며, 리드 단자가 평판에 평행으로 돌출된 집적 회로의 패키지.

flat panel display[–pǽnəl displéi] **평면판 표시 장치** 가스 플라스마, 액정(LCD) 등의 기술을 사용하는 얇은 평면의 표시 장치. 이러한 표시 장치는 CRT 등에 비해 전력 소모가 훨씬 적고, 두께가 수 cm 정도에 불과하므로 주로 휴대용 컴퓨터의 화면 표시 장치로 사용된다. 그러나 CRT에 비해서는 해상도나 화면의 질이 떨어지고 색깔을 표시하는 것이 힘들다는 단점도 있다.

flat screen[–skríːn] **플랫 표시면** (1) 가스 플라스마 또는 액정 표시 장치 등의 얇은 평면 화면. (2) CRT 모니터의 화면이 가운데가 볼록하지 않고 전체적으로 편평한 것. 이는 주사선의 이동 속도를 변화시켜야 하므로 고급 기술이 필요하다.

flat shading[–ʃéidiŋ] **플랫 셰이딩** 3D 그래픽에서 그림을 구성하는 다각형은 색칠을 해야 한다. 그렇지 않으면 그림은 스타워즈의 조준 컴퓨터 화면에 나오는 와이어 프레임처럼 보인다. 색을 넣는 가장 간단한 방법이 플랫 셰이딩인데, 이것은 다각형을 단순히 하나의 색깔로 채우는 것이다. 3D 게임은 플랫 셰이딩만으로는 충분하지 않으므로 벤치마크가 그것으로 측정되어 있는지 주의를 기울여야 할 것이다. ⇨ gouraud shading, phong shading, shading, wireframe

flatted digitizer[flǽtəd dídʒitàizər] **평판 계수기** 태블릿이라는 유한 크기의 정사각형 면과 그 표면상의 특정 위치에 있는 커서를 감지하는 기계 장치로 구성된 계수기. 태블릿의 정방형의 면을 n개로 나누어 각 지역을 점으로 보고 행렬로 만들어 점의 위치 상태를 디지털화하는 것으로, 해상도에 따라 인치당 25~1,000개의 점들로 구성된다.

flatted plotter[–plɑ́tər] **평판 플로터** 일정한 크기의 평면상에 그림을 그리려는 재질을 놓고 펜을 필요한 양쪽 방향으로 이동하면서 그림을 그리는 작도 장치.

Flavors 플래버스 객체 지향 프로그래밍을 위한 언어 또는 언어 시스템. 매사추세츠 공학 대학(MIT)의 웨인레브(D. Weinreb)와 문(D. Moon)이 설계하였다. Lisp 언어에 입각한 객체 지향 언어로서는 최초이다.

FLCD 강유전성 액정 플레이 ferroelectric liquid crystal display의 약어. 분자 배열이 계단형으로 된 스마틱 액정을 이용하여 강유전성 기능을 갖게 한 것. 쌍안정 상태를 취하는 기억성이 있으며, 전압에 의해 쌍안정 상태들 간의 전이도 수백 마이크로초로 빠르다.

flexibility[flèksibíliti(ː)] *n.* **융통성, 유연성** 예를 들면, 어떤 시스템 등이 여러 가지 목적으로 사용되는 것을 말한다. 또 시스템의 변경과 확장이 용이한 것을 가리킨다. (1) 시스템 조작 상의 유연성이라는 의미에서는 메뉴 모드(menu mode)로도 사용되도록 된 시스템이 갖고 있는 성질이다. 메뉴는 그 시스템이 실행할 수 있는 기능을 화면으로 표시하고, 그 중에서 목적한 기능을 선택할 수 있도록 한 것이다. 그것에 대하여 커맨드에서는 사용자가 직접 그 기능에 대응하는 커맨드 이름과 지시를 입력하게 된다. 초심자에게는 메뉴가 편리하며, 숙련자에게는 커맨드가 편리하다. 또 복수의 작업을 실행하는 경우 작업마다의 중요성과 긴급성을 클래스

(class)와 우선도(priority)로 지정하고, 실행 순서를 지정할 수 있는 「유연성」을 갖춘 시스템이 많다. (2) 시스템은 자주 변경이나 확장된다. 그 때문에 시스템의 내부를 적당한 크기로 모듈화하고, 변경에 대하여 「유연성」을 높이고 있다. 또 어떤 시스템을 다른 종류의 컴퓨터 하드웨어와 운영 체제로 이식하는 경우의 용이성을 보통 이식성(移植性 ; portability)이라고 한다.

flexible automation [fléksibl ɔ̀:təméiʃən] **플렉시블 오토메이션** 비교적 다품종 소량 생산의 기계 부품이나 조립 등의 제조 · 가공을 하는 기계 공장에서의 라인에 품종별로 소수의 NC 공작 기계, 산업용 로봇, 무인 반송 시스템, 자동 창고 등을 공용 라인 상에 배치하고, 프로세스 컴퓨터로 전체 설비 효율을 높게 유지하는 제어와 관리를 하는 자동화 시스템.

flexible disk [–dísk] **플렉시블 디스크** 「플로피 디스크」, 「디스켓」이라고도 한다. 한 장의 유연성이 있는 얇은 자성체로 만들어져 있으며, 자기 디스크 등에 비하여 간편하게 사용할 수 있고, 수납 공간을 많이 차지하지 않으므로 퍼스널 컴퓨터의 보조 기억 장치로서 널리 쓰인다. 단지 한 장당 기록할 수 있는 정보량은 그렇게 많지 않다. 디스크의 「고속성」, 자기 테이프(magnetic tape)의 「저가격성」을 조합시킨 형태이며, 데이터 엔트리(data entry) 등에 널리 사용된다.

flexible disk cartridge [–ká:rtridʒ] **플렉시블 디스크 카트리지**

flexible disk data station [–déitə stéiʃən] **플렉시블 디스크 데이터 스테이션**

flexible disk drive unit [–dráiv jú:nit] **플렉시블 디스크 드라이브 장치**

flexible disk magnetic recorder [–mæg-nétik rikɔ́:rdər] **플렉시블 디스크 자기 기록 장치**

flexible disk unit [–jú:nit] **플렉시블 디스크 장치** 플로피 디스크 장치라고도 한다. 기록 매체로서 플렉시블 디스크 카트리지(또는 플렉시블 디스크라고도 한다)를 사용하여 정보를 쓰고 또는 정보를 읽는 것이며 교환형 자기 디스크 장치의 일종으로 기억 장치와 입출력 장치의 성격을 가진다. 기억 용량은 수 kB~1MB가 있으며, 소형으로 얇고, 취급이 쉽다. 쉬운 다이렉트 액세스 파일이 구성되므로 미니 컴퓨터 등의 주변 장치로 사용된다.

flexible manufacturing system [–mænj-ufǽktʃəriŋ sístəm] **FMS, 다품종 소량 생산 시스템**

flexible machining center [–məʃí:niŋ sé-ntər] **플렉시블 기기 센터** 보통 CNC 기기들로 구성된 다수의 로봇 시스템으로 로봇이 부품들을 시스템으로 운반하거나 시스템을 통과하게 한다.

flexible membrane keyboard [–mémbr-ein kí:bɔ̀:rd] **플렉시블 멤브레인 키보드** 유연성이 있으면서 뒷면이 전도성이 있는 키보드.

Flexowriter [fléksəràitər] **플렉소라이터** 전동 타이프라이터에 부호 판독 기능과 부호 구성, 천공 기능을 첨가한 결합 타자기로서 미국 Friden 회사의 상품명이다.

flicker [flíkər] *n.* **흔들림** CRT 디스플레이 화면의 깜박거림. CRT 디스플레이의 한 점 한 점은 항상 고속으로 점멸을 되풀이 하고 있으며, 형광면의 잔광과 망막의 잔상 때문에 연속된 화면으로 보일 뿐이다. 특히 프로그래머나 오퍼레이터 등 장시간 CRT 디스플레이를 보고 있어야 하는 직업인에게는 이것이 피로의 원인이 되어 문제가 되고 있다.

flicker in screen [–in skrí:n] **화면 흔들림** CRT 모니터 등의 관면(管面)상에서, 화상이 가물거리는 현상. 겉으로는 화면의 일부 또는 전부가 고속으로 점멸하는 것처럼 보인다.

flight computer [fláit kəmpjú:tər] **비행기 컴퓨터** 항공기(우주선, 비행기 또는 미사일 등)에 내장된 컴퓨터.

flight information [–ìnfərméiʃən] **운항 정보** 항공기의 예약 정보 시스템에 의해 관리, 표시되는 비행에 관한 정보. 발착 지점, 발착 시간, 등급, 기종, 경유 지점, 기내 서비스, 그 외의 정보가 포함되어 있다.

flight simulator [–símjulèitər] **모의 비행 장치** (1) 조종사의 훈련 등에 사용되는 항공기의 조종 훈련을 하는 시뮬레이터. 화면에는 항공기의 움직임에 따른 광경의 변화가 컴퓨터 그래픽으로 펼쳐진다. (2) 컴퓨터 오락의 일종.

FLIH 1단계 인터럽트 핸들러 first level interrupt handler의 약어.

flip [flíp] *v.* **플립** (1) 컴퓨터 그래픽에서 화면 전체나 일부분을 지정하여 그 안의 그림을 상하 좌우로 뒤집는 것. (2) 기억 장치나 레지스터의 한 비트를 0은 1로, 1은 0으로 뒤집는 것.

flip chip assembly technique [–tʃíp əsé-mbli(:) tekní:k] **플립 칩 기술** 절연체의 기판에 박막(薄膜) 또는 후막(厚膜) 등에 따라 상호 배선을 하고, 그 상호 배선에 집적 회로나 트랜지스터 또는 다이오드를 직접 접속하는 기술.

flip chip bonding [–bándiŋ] **플립 칩 접착** 페이스 다운 접착 중 반도체 칩상의 표면 전극을 절연 기판 또는 패키지의 배선용 전극에 직접 접착하는 것.

flip-flop [–flàp] **플립플롭** 트리거 회로라 불리는 회로의 일종이며, 두 개의 안정 상태(stable state)

중 어느 쪽이든지 한쪽을 보존한다. 이것을 논리 회로로 사용할 경우에는 이 두 개의 상태를 0과 1에 대응시킨다. 즉, 최초의 상태가 1이라 하면, 반대 상태의 입력이 없는 한 1의 상태를 계속하고 입력이 있으면 0의 상태가 된다. 이와 같이 두 개의 상태를 갖는 회로를 쌍안정 회로(bistable-circuit)라고 한다. 스위치로 말하면 토글 스위치이다. 가장 간단한 플립플롭은 NAND 게이트(NAND gate)를 사용한 것이다. 영문으로 쓰는 경우에는 flip-flop이 아니고, 바이스터블 트리거 회로(bistable trigger circuit)라든가, 바이스터블 회로라고 하는 쪽이 일반적이다. 또 단안정 회로(monostable circuit)의 의미로 쓰이는 경우도 있으나 용어 사용상 금지하고 있다. 플립플롭의 종류에는 R-S, J-K, D, T 등이 있다.

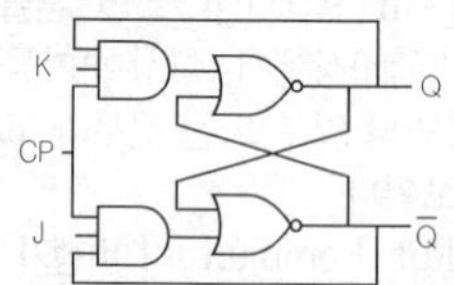

K	J	Q^{n+1}
0	0	Q^n
0	1	0
1	0	1
1	1	$\overline{Q^n}$

〈J-K 플립플롭〉

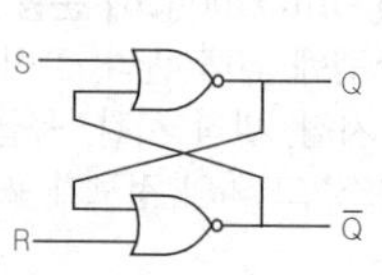

S	R	Q^{n+1}
0	0	Q^n
0	1	0
1	0	1
1	1	부정

〈R-S 플립플롭〉

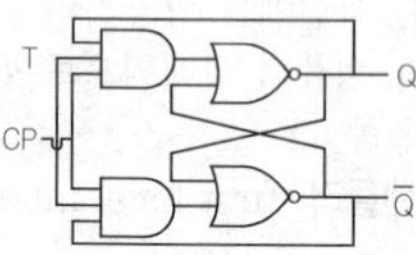

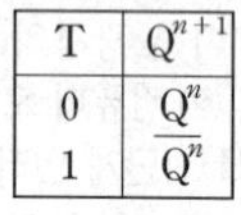

T	Q^{n+1}
0	Q^n
1	$\overline{Q^n}$

〈T 플립플롭〉

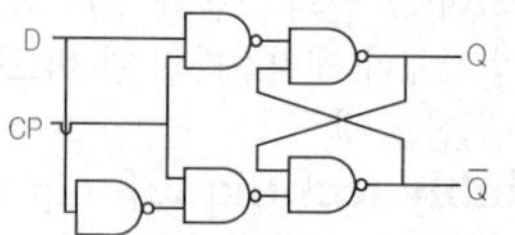

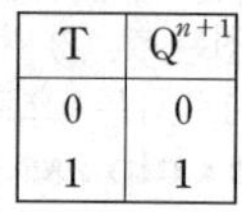

T	Q^{n+1}
0	0
1	1

〈D 플립플롭〉

flip-flop buffering[–bʌ́fəriŋ] **플립플롭 버퍼링** 버퍼를 여러 개 사용하여 입출력과 처리 작업이 동시에 수행될 수 있게 하는 방법. 즉, 채널이 데이터를 첫 번째 버퍼에 저장하는 동안 프로세서는 두 번째 버퍼에 있는 데이터를 액세스할 수 있고, 이 데이터의 처리가 끝나게 되면 첫 번째 버퍼의 데이터를 처리하게 된다. 이때 채널은 두 번째 버퍼에 데이터를 저장하고 있으므로 채널과 프로세서가 동시에 각자의 작업을 수행할 수 있다.

flip-flop circuit[–sə́ːrkit] **플립플롭 회로**

flip-flop equipment[–ikwípmənt] **플립플롭 장치**

flip-flop register[–rédʒistər] **플립플롭 레지스터** 병렬로 저장된 2진수나 직렬로 한 비트씩 데이터를 한쪽 끝에서 받아 저장할 때 사용되는 사슬처럼 연결된 플립플롭들.

flip-flop shift register[–ʃíft rédʒistər] **플립플롭 시프트 레지스터** 클록 펄스로 인해 데이터를 한 비트씩 한 플립플롭에서 이웃한 플립플롭으로 자리 이동시키기 위해 일련의 플립플롭을 사용하는 디지털 저장 회로. 데이터는 게이트의 추가나 클록 펄스의 수에 따라 좌우로 자리 이동을 하고, 이동한 뒤의 남은 자리는 0으로 채워진다.

flip-flop sign control[–sáin kəntróul] **플립플롭 부호 제어**

flip-flop storage[–stɔ́ːridʒ] **플립플롭 기억 장치** 플립플롭의 상태로 2진 자료를 기억하는 두 개의 안정된 상태를 가질 수 있는 기억 장치.

flip-flop string[–stríŋ] **플립플롭 스트링**

flippy[flɑ́pi(ː)] **플리피** 미니플로피 디스크를 가리키는 말.

FLMASK 포토 리터치(photo retouch)용의 셰어웨어. 사용자들은 누드 사진의 모자이크 떼어내기용으로 많이 이용한다.

float[flóut] *n. v.* **부동하다, 여유 시간** PERT의 네트워크 계산에 사용되는 용어로 후속하는 액티비티(activity)에 영향을 주지 않으며, 그 액티비티가 가지는 여유 시간을 말한다.

float factor[–fǽktər] **부동 인자**

floating[flóutiŋ] *a.* **부동의** 「유동적인」 상태를 말한다. 부동 소수점(floating-point) ~의 형으로 쓰이는 경우가 많다. 그 밖에 부동 헤드 자기 디스크 장치 등에서 회전하는 기억 매체와 헤드(head)와의 사이에 공간이 생긴 것을 표시한다. 이 장치들은 기억 매체와 헤드는 직접 접촉하지 않고, 읽고, 쓰기를 동작한다. 이것은 회전으로 생기는 기류와 외부로부터 가압된 기체 등에 의하여 부동한다. 하드 디스크라 불리는 윈체스터형의 디스크 장치는 거의 부동 헤드를 채용하고 있다.

floating address[–ədrés] **플로팅 어드레스** 색인이나 어셈블리 등으로 쉽게 기계 번지로 변환할 수 있는 형식으로 나타낸 번지. ⇨ relative address

floating asterisk[–ǽstərisk] **부동 별표**

floating channel[–tʃǽnəl] **부동 채널 방식** 채

널의 접속 방식에는 고정 채널 방식과 부동 채널 방식이 있다. 전자는 주기억 장치와 입출력 제어 장치의 접속이 하드웨어에서 고정된다. 하드웨어는 간단하게 되지만 채널 이용의 융통성은 적다. 그러나 채널의 종류를 여러 개 설치함으로써 최적의 구성을 취할 수 있기 때문에 대부분의 컴퓨터에서 이 방식이 채용되고 있다. 한편, 후자의 부동 채널 방식은 채널과 입출력 제어 장치를 독립시켜 그 접속을 동적으로 제어하는 것이다. 이 방식에서는 프로그램의 요구가 있으면 반드시 채널 수만큼의 입출력 장치를 동시에 동작시키는 것이 가능하다.

floating controller[-kəntróulər] **부동 제어기**

floating decimal arithmetic[-désiməl ər-íθmətik] **부동 10진 연산** 10진수의 표현은 지수 부분과 유효 숫자로 분리하여 연산하는 방식으로서 $23.456 = 0.23456 \times 10^2$ 으로 표현한다.

floating dollar sign[-dálər sáin] **부동 달러 기호**

floating gate[-géit] **부동 게이트** 플로팅 게이트 PROM(floating gate PROM)이란 내부의 기억 셀로 전하를 가지며, 그 상태를 판독해내는 형태의 판독 전용 메모리(ROM ; read only memory)이다. 전기적으로 그 내용을 바꿔 쓰는 것이 가능하며, 각 내부의 기억 셀의 값을 「1」→「0」으로만 바꿔 쓸 수 있다. 이때는 먼저 자외선을 쬠으로써 모든 기억 셀을 「1」의 상태로 하고, 내부에 기록된 프로그램을 모두 소거한다. 랜덤 액세스 메모리(RAM ; random access memory)와 같이 기록을 용이하게 할 수 없는 점이 다르다. 일반적으로 접근(access)을 하기 위한 시간은 길다.

floating head[-hé(:)d] **부동 헤드** 디스크 장치 및 드럼 장치에 디스크나 드럼의 회전에 의하여 생기는 기류 또는 외부로부터의 가압 기체에 의해서 회전면상에 사용하는 자기 헤드.

floating head magnetic disk unit[-mæ-gnétik dísk jú:nit] **부동 헤드 자기 디스크 장치**

floating insertion[-insə́:rʃən] **부동 삽입**

floating insertion character[-kǽrəktər] **부동 삽입 문자**

floating insertion editing[-éditiŋ] **부동 삽입 편집**

floating magnetic head[-mægnétik hé-(:)d] **부동 자기 헤드** 기억 매체의 운동으로 생기는 공기 흐름의 부력(浮力)에 따라 매체와의 간격이 일정하게 되도록 부동해서 설치된 자기 헤드. 헤드를 설치한 부동 조각은 가볍게 눌려져 이것과 공기 흐름에 의한 부력이 평형한 위치에서 자기 헤드가 동작한다.

floating operations per second[-àpər-éiʃənz pər sékənd] **FLOPS, 부동 연산 초** ⇨ FLOPS

floating palette[-pǽlit] **부동 팔레트** 화면상의 적당한 위치로 이동하거나 닫을 수 있는 독립된 윈도. 그래픽 소프트웨어의 툴이나 색상, 패턴 등을 선택할 때 주로 사용된다.

floating-point[-pɔ́int] **부동 소수점** 하나의 수를 고정 소수점 부분으로 나타내는 부분. 즉, 가수와 고정 소수점으로 소수점 위치를 나타내는 부분이며, 지수로 나누어 표현하는 표기법을 말한다.

floating-point accelerator[-əksélərèitər] **FPA, 부동 소수점 가속기**

floating-point arithmetic[-əríθmətik] **부동 소수점 연산** 부동 소수점 표현으로 나타낸 수를 이용하는 연산. 이 연산은 소수점이 있는 실수 연산에서 사용하게 되는데, 지수 부분과 유효 숫자 부분으로 구분해 연산한다.

floating-point arithmetic hardware[-há:rdwὲər] **부동 소수점 연산 하드웨어**

floating-point base[-béis] **부동 소수점 기저** 부동 소수점 표시법에서 암시적으로 고정된 1보다 큰 양의 정수의 기저로서 부동 소수점 표시 지수로 나타내거나 부동 소수점 표시의 지수부로 표시된 거듭제곱과 표현될 실수를 결정하기 위하여 고정 소수점부에 곱해지는 것. 부동 소수점 표시에서 수치는 ±R×M+E 형태로 표현된다. 이때 M은 기저, R은 가수, E는 지수를 뜻한다.

floating-point binary[-báinəri(:)] **부동 소수점 2진수**

floating-point binary constant[-kánst-ənt] **부동 소수점 2진 상수**

floating-point calculation[-kæ̀lkjuléiʃən] **부동 소수점 계산** 지수부와 가수부를 가진 부동 소수점 표시로 되어 있는 수치에 대한 연산. 취급하는 수치의 단위가 크게 변할 경우의 계산에 유효한 방법으로 컴퓨터가 이것을 행하기 위해서는 특별한 하드웨어를 가진 경우와 소프트웨어 처리에 의한 경우가 있다.

floating-point coding compaction[-kóu-diŋ kəmpǽkʃən] **부동 소수점 코딩 압축**

floating-point coefficient[-kòuəfíʃənt] **부동 소수점 계수** 부동 소수점 표시법으로 나타낸 수의 가수 부분.

floating-point compaction[-kəmpǽkʃən] **부동 소수점 압축** 어떤 수의 크기를 유효 숫자와 지수로 나타내는 데이터 압축 방법. 12,340,000은 1234×10^4 혹은 1234(4)로 표현한다.

floating-point computer [–kəmpjú:tər] **부동 소수점 컴퓨터** 부동 소수점을 사용하여 연산을 행하는 컴퓨터.

floating-point constant [–kánstənt] **부동 소수점 상수**

floating-point data [–déitə] **부동 소수점 데이터**

floating-point data format [–fɔ́:rmæt] **부동 소수점 데이터 형식** 수치적인 데이터의 한 표현 방법으로 하나의 수를 고정 소수점 부분(소수부)과 가수부의 소수점 위치를 나타내는 부분(지수부)으로 나눠 표현하는 형식. 같은 수의 비트로서 고정 소수점 형식보다 더 넓은 영역의 수를 나타낼 수 있어서 과학적인 응용에서 많이 이용되며, 소수점이 포함되는 실수의 표현에 사용된다.

31 30 24 23 · 0 ← 비트 위치

부호	지수부	소수부

〈부동 소수점 표현 형식〉

floating-point data item [–áitem] **부동 소수점 데이터 항목**

floating-point decimal [–désiməl] **부동 소수점 10진수** 고정 소수점 10진수 다음에 E, 그 다음에 10진 정수의 지수를 사용하여 표현하는 부동 소수점 수를 말한다. 예를 들면, 5.1E7. 이 값은 5.1×10^7=51,000,000과 같다.

floating-point decimal constant [–kánstənt] **부동 소수점 10진 상수**

floating-point divide exception [–dəváid iksépʃən] **부동 소수점 나눗셈 예외**

floating-point item [–áitem] **부동 소수점 항목**

floating-point literal [–lítərəl] **부동 소수점 리터럴**

floating-point math [–mǽθ] 휴대용 계산기의 계산 결과가 「64E7」이나 「286E-5」 등으로 표시되는 경우가 있는데, 이런 것이 부동 소수점 계산이 실제로 사용되는 예이다. 위의 숫자들은 부동 소수점 표기법으로 표현된 것이다(각각 640,000,000과 0.00286을 나타낸다). 부동 소수점은 스프레드시트 계산에서 흔히 사용되는 수학의 한 분야인데, 부동 소수점 연산(FLOPS라 부른다)은 컴퓨터의 성능을 측정하는 데 사용되기도 한다. ⇨ MFLOPS

floating-point notation [–noutéiʃən] **부동 소수점 표기법**

floating-point number [–nʌ́mbər] **부동 소수점 수** 어떤 문제의 해답을 컴퓨터로 표현하기 위해서는 매우 크거나 작은 수치가 필요할 경우가 많다. 이런 경우 수치를 지수 부분과 가수 부분으로 나누어 표현하는 것을 말한다.

floating-point number register [–rédʒistər] **부동 소수점 수 레지스터** ⇨ floating-point register

floating-point number system [–sístəm] **부동 소수점 수 체계** 실수 표현 방법의 하나로 소수점의 위치를 고정시키지 않고 지수를 사용하여 $X=a\times10^n$ 형태로 표시하는 수 체계이다. 부동 소수점 수 체계에서는 a와 n을 임의로 선택할 수 있으므로 표현이 유일하지 않다.

floating-point operation [–àpəréiʃən] **부동 소수점 연산** 매우 큰 수 또는 작은 수를 나타내거나 그러한 수를 높은 정밀도로 취급하기 위해 부동 소수점 수를 이용한 연산. 소수점 위치는 컴퓨터 내부에서 자동으로 조정하게 되므로 프로그램에서는 소수점의 위치를 맞출 필요가 없다는 장점이 있어 복잡한 과학 기술 계산에 널리 사용되고 있다. 부동 소수점 수는 표현 방식에 있어 소수부와 지수부로 구성되는데, 소수부는 유효 숫자를 나타내고, 지수부는 소수점의 위치를 나타낸다. 그리고 소수점의 위치가 최초에 나오는 유효 숫자의 왼쪽에 오도록 지수를 조정하는 것을 정규화라고 한다. 예컨대, 1,000을 부동 소수점 수로 나타내면 0.1×10^4이 되는데, 여기서 소수부는 1이고 지수부는 4이다.

floating-point package [–pǽkidʒ] **부동 소수점 패키지** 부동 소수 연산, 예를 들면 덧셈, 뺄셈, 곱셈, 나눗셈 등을 실행하는 데 필요한 소프트웨어 및 루틴의 집합을 말한다.

floating-point processor [–prásesər] **부동 소수점 처리기** 부동 소수점 연산은 가수부와 지수부를 각각 연산할 필요가 있다. 부동 소수점 연산은 복잡하며 이것을 중앙 처리 장치(CPU) 자체로 관리하는 것은 하중이 무겁기 때문에 부동 소수점 연산 전용의 프로세서가 준비되어 있다.

floating-point processor unit [–jú:nit] **부동 소수점 처리기** 부동 소수점 연산을 고속화하기 위해 제작된 특별한 연산기. 이는 시스템의 CPU를 보조하여 부동 소수점 연산을 많이 사용하는 그래픽이나 수치 해석 문제의 해결을 고속화하기 위해 이용된다.

floating-point radix [–réidiks] **부동 소수점 기수** ⇨ floating-point base

floating-point register [–rédʒistər] **부동 소수점 레지스터** 부동 소수점 표시법을 사용하여 데이터를 조작하기 위한 레지스터. 부동 소수점 표시로 표현된 수치를 저장하는 레지스터의 부동 소수점 연산에 사용된다.

floating-point representation [–rèprizentéiʃən] **부동 소수점 표시** 실수값을 표시하는 방법의 하나이며, 수치를 {고정 소수점으로 표시되는 부분 : 가수부}×{실수부}의 형태로 표현하는 방법. 이때 지수부의 결정 방법은 기저에 따라 결정되며 유동적이다. 예를 들면, 10진수라면 밑이 10, 2진수라면 밑이 2가 되며 이것의 몇 제곱이라는 표현 방법을 취한다. 일반적으로 10진수에서는 가수부E지수부라는 형태가 된다. 2진수에서는 가수부 E, 지수부 B라는 표시를 한다. 예를 들면 −638020000을 -6.3802×10^8 또는 −6.3802, 8과 같이 표시한다. 예에서 -6.3802×10^8 중 −6.3802를 가수라고 하고, 10^8의 8에 상당하는 것을 지수라 하고, 각각에 양음(+, −)을 구별하는 부호가 붙는다(+부호는 생략 가능). "10"은 이 경우 기수라 한다. 또 부동 소수점 연산이 행해지는 경우에는 가수부에서 그 정도가 정해지며, 그 가수부에 몇 워드(word)를 할당하는가에 따라 단정도(單精度), 배정도(倍精度), 고정도(高精度)로 나누어진다.

floating-point representation system [−sístəm] **부동 소수점 표시법** ⇨ floating-point representation

floating-point routine [−ruːtíːn] **부동 소수점 루틴** 부동 소수점 연산을 위해 하드웨어를 갖지 않는 컴퓨터로 부동 소수점 연산을 실행시키기 위해 만들어지는 서브루틴. 하드웨어로 처리할 경우보다 시간이 많이 걸리지만 소형 컴퓨터에서는 널리 사용된다.

floating-point shift [−ʃíft] **부동 소수점 자리 이동** 단형식 또는 장형식의 실수에 대해 수행되는 4비트 단위의 자리 이동.

floating-point subroutine [−sʌ́bruːtíːn] **부동 소수점 서브루틴** 인수로서 부동 소수점 수만을 취급하는 특수 루틴들.

floating-point system [−sístəm] **부동 소수점 방식** 수의 표시 방식의 일종으로 소수점 위치를 일정하게 하지 않고 별도로 소수점 위치를 지시하는 수를 병기하는 표시 방식이다. 예를 들면, −638,020,000을 -6.3802×10^8과 같이 표시한다.

floating-point type [−táip] **부동 소수점형**

floating-point unit [−júːnit] **부동 소수점 장치** ⇨ floating point processor unit

floating-point underflow exception [−ʌ́ndərflòu iksépʃən] **부동 소수점 언더플로 예외**

floating zero [−zí(ː)rou] **가동 원점** 수치 제어 공작 기계의 좌표계 원점을 임의의 위치에 설정할 수 있는 기능. 이 기능이 있는 공작 기계는 동일 테이프로 동일한 형상을 다른 장소에서 가공할 수 있다.

floating zero control [−kəntróul] **부동 제로 제어** 부동 소수점 연산의 결과, 지수 부분이 0 이하로 떨어졌을 때 연산의 결과가 저장되었는지(0) 저장되지 않았는지(1)를 가리키는 프로그램 상태 단어(PSW)에 있는 비트.

flooding strategy [flʌ́diŋ strǽtədʒi(ː)] **홍수 전략** 경로 배정 방법의 하나로 하나의 패킷이 노드에 들어오면 입력된 회선을 제외한 모든 노드들이 단순히 이 과정을 반복하는 전략. 간단 명료한 알고리즘을 가지고 있으나 지나치게 많은 정보가 전산망 상에 유통되므로 효율은 낮다.

FLOP 부동 소수점 수 floating point number의 약어. FLOP(x)는 x의 부동 소수점의 수를 나타낸다.

flop 부동 소수점 연산 floating point operation의 약어. 매우 큰 수 또는 작은 수를 나타내거나 그러한 수를 높은 정밀도로 취급하기 위해 부동 소수점 수를 이용한 연산. 소수점의 위치를 컴퓨터 내부에서 자동적으로 조정하게 되므로, 프로그램에서는 소수점의 위치를 맞출 필요가 없다는 장점이 있어 복잡한 과학 기술 계산에 많이 사용된다.

floppy [flάpi(ː)] **플로피** 플렉시블로 유연한 구조를 갖는 것. 플렉시블 디스크(flexible disk)의 약칭으로도 사용된다.

floppy disk [−dísk] **플로피 디스크** IBM의 등록 상표로서 디스켓. 보통 컴퓨터에 있어서의 보조 기억 장치의 매체(medium)로 사용된다. 폴리에스테르 필름으로 만들어진 유연성이 있는 원반 위에 자성체를 입힌 것으로 원반은 손으로 문질러서 흠집이 나거나 홈이 파이는 것을 막기 위해서 종이 재킷에 들어 있으며, 모양은 사각형으로 되어 있다. 플로피 디스크에는 8인치, 5.25인치, 3.5인치 등의 크기가 있다.

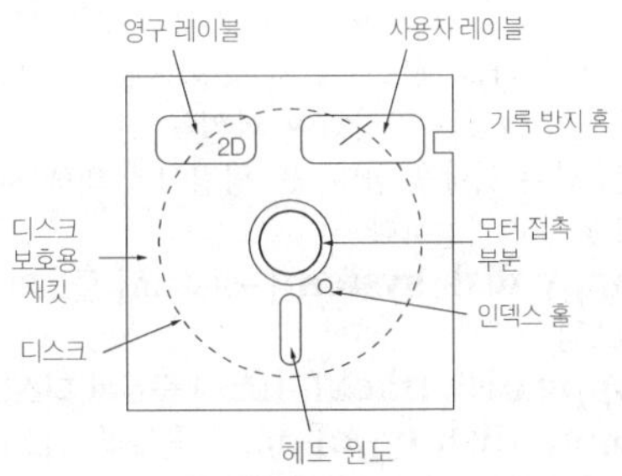

〈플로피 디스크 구조〉

〈플로피 디스크〉

floppy disk case[–kéis] **플로피 디스크 케이스** 플로피 디스크를 보관하고 보호하기 위한 플라스틱으로 만들어진 케이스.

floppy disk controller[–kəntróulər] **플로피 디스크 제어기** 플로피 디스크를 통해 오고가는 데이터의 전송을 제어하는 장치.

floppy disk driver[–dráivər] FDD, **플로피 디스크 구동 기구** 플로피 디스크의 구동 장치를 가리킨다. 플로피 디스크를 세트하여 데이터를 기록하고 판독하는 장치. 독립된 장치로 되어 있는 경우가 많으나 최근의 퍼스널 컴퓨터에서는 본체에 내장되어 있는 것도 보급되고 있다.

〈플로피 디스크 구동 기구〉

floppy disk operating system[–ápərèitiŋ sístəm] **플로피 디스크 운영 체제** DOS의 일종으로 중심이 되는 매체가 플로피 디스크인 것. 주로 마이크로컴퓨터 시스템 등에서 이용된다.

floppy disk sector[–séktər] **플로피 디스크 섹터**

floppy disk software[–sɔ́(:)ftwὲər] **플로피 디스크 소프트웨어** 플로피 디스크 시스템의 작동에 필요한 소프트웨어로, DOS(disk operating system)라고도 한다. 이 운영 체제는 구동 모터 제어 및 판독/기록 헤드의 위치 조정과 플로피 디스크에 특정 데이터를 저장하여 파일을 만들고 데이터를 전송하는 역할을 한다. 또 명령어에 의해 사용자와의 통신도 가능하다.

floppy disk system[–sístəm] **플로피 디스크 시스템**

floppy disk track[–trǽk] **플로피 디스크 트랙**

floppy disk type[–táip] **플로피 디스크 유형** 이 유형에는 지름이 8인치인 표준 플로피, 5.25인치인 미니 플로피, 3.5인치인 마이크로 플로피가 있다. 3.5인치와 5.25인치인 것은 퍼스널 컴퓨터에 이용한다. 각 플로피 디스크는 디스크의 한쪽 면에만 기억시키는 것과 양면 모두 사용하는 두 가지가 있으며, 또 기억 밀도가 보통인 단밀도형과 두 배인 배밀도형이 있다. 또한 표준형 플로피 디스크는 소프트 섹터와 하드 섹터가 있는데, 소프트 섹터는 디스크에 미리 포맷이라는 트랙 번호, 섹터 번호에 의한 신호가 들어 있으며, 플로피 디스크 사이의 호환적 데이터 검색을 고려하여 설계되었다. 하드 섹터는 색인 구멍과 동심원상에 32개의 섹터 구멍이 있고, 이것을 광학적으로 검출하여 섹터를 분할해 정보를 입출력한다.

〈플로피 디스크의 기억 용량〉

구 분	5.25인치 배밀도	5.25인치 고밀도(2HB)	3.5인치 배밀도(2DD)	3.5인치 고밀도(2HD)
트랙 수	40	80	80	80
섹터 수	9	15	9	18
바이트 섹터	512	512	512	512
용량(단면)	184,320	614,400	368,640	737,280
용량(양면)	368,640	1,228,800	737,280	1,474,560

floppy drive high density[–dráiv hái dénsiti(:)] ⇨ FDHD

floppy mini[–míni(:)] **플로피 미니** 표준형 플로피 디스크에 비해 대체로 데이터 전송 속도, 트랙 수, 액세스 시간은 1/2, 기억 용량은 1/4 정도이지만 값이 싸므로 많이 이용된다.

FLOPS 플롭스 floating operations per second의 약어. 컴퓨터의 처리 속도를 나타내는 단위. 1초에 행해지는 부동 소수점 연산의 횟수로 나타낸다. 수퍼 컴퓨터에서는 4기가플롭스(4,000,000,000플롭스)에 달하는 것도 있다.

floptical disk[flɔ́ptikəl dísk] **플롭티컬 디스크** 1992년에 미국 INSITE 사가 발표한, 약 20MB의 용량을 가진 3.5인치 대용량 플로피 디스크의 명칭. 광디스크 기술을 이용하여 헤드 서브를 종래의 10배에 이르는 정밀도까지 높여 트랙을 고밀도화하는데 성공하였다. 자성체는 이전의 플로피 디스크와 같은 것을 사용하므로 특별한 자성체를 개발할 필요 없이 플로피 디스크를 그대로 읽을 수 있다는 이점도 있다. 디스크의 회전 속도를 높임으로써 종래보다 2배나 빠른 속도로 읽을 수 있다. 오류 정정 부호로 80비트까지의 오류나 결함이 보정되기 때문에 읽고 쓸 때 오류가 거의 없다. 그러나 미리 레이저로 서브 트랙 인덱스(목표 트랙의 위치를 결정하기 위해 갖추는 영역 인덱스)를 만들어 두어야 하므로 전용 미디어가 필요하다. 용량에 비해 가격이 비싸 보급률이 저조하지만, 그 설계는 수퍼 디스크로 전승되고 있다.

flow[flóu] *n.* **흐름** 플로. 컴퓨터 분야에서도 「흐름」이라는 의미로 사용한다. 흐르는 것으로는, 예를 들면 데이터나 제어(control)가 있다. (1) 데이터의 흐름을 데이터 플로(data flow)라 하고, 그것을 그림으로 표시한 것을 데이터 순서도 또는 데이터 흐름도(data flow diagram)라고 한다. 버블 차트

(bubble chart)라고도 하며, 원과 직선을 이용하여 표현된다. 원은 각 데이터를 처리하는 기능을 표시하며, 원과 원을 맺는 선은 각 기능 간에 교환되는 데이터를 표시하고 있다. 데이터 플로 머신(data flow machine)이라고 하는 경우에는 종래 노이만형의 컴퓨터와 전혀 다른 하드웨어 구조(hardware architecture)를 갖는 컴퓨터를 의미한다. 종래의 컴퓨터에서는 하나의 프로그램을 실행하는 중앙 처리 장치(CPU)는 하나이지만 데이터 플로 머신에서는 수십 개라도 영향을 미치는 CPU가 동시 병렬적으로 하나의 프로그램을 실행하는 구조로 되어 있다. (2) 제어의 흐름(control flow)을 그림으로 표현하는 방법의 하나로 플로 차트(flow chart)가 있다. 제어의 흐름이란, 여러 가지 처리나 조작의 순서를 표시하는 것이다. 플로 차트에서는 처리 종류에 따라서 여러 가지 기호가 사용된다.

flow analysis[–ənǽlisis] **유동 (흐름) 해석**

flow chart[–tʃɑ́ːrt] **흐름도** 문제나 작업의 범위를 결정하고 분석하며, 그 해석 방법을 명확히 하기 위해서 필요한 작업과 처리의 순서를 통일된 기호와 도형을 사용하여 도식적으로 표시한 것. 프로그램에 관해서는 논리(logic)의 흐름을 특정한 순서도 기호(flow chart symbol)를 사용하여 도식적으로 표현한 다이어그램을 가리킨다. 오퍼레이션을 나타내는 것, 판단을 나타내는 것, 커넥터 등 특별히 형태가 약속된 몇 가지 요소로 되어 있다. ⇨ 그림 참조

flow chart connector[–kənéktər] **순서도 연결자** 순서도, 블록도, 논리 도표 등에서 두 선의 연결을 표시하는 부호. 즉, 순서도를 그릴 때 한 페이지 내에서 순서도의 흐름선이 끊기거나 다른 페이지에 연결되는 순서도를 그릴 때, 다른 부분에 그려진 순서도의 흐름선과의 연결 관계를 표현하는 기호.

flow charter[–tʃɑ́ːtər] **플로 차터** 입력된 프로그램의 논리를 분석하여 화면이나 플로터 또는 프린터에 자동적으로 순서도를 생성하는 컴퓨터 프로그램.

flow charting[–tʃɑ́ːtiŋ] **순서도 작성**

flow chart symbol[–tʃɑ́ːt símbəl] **순서도 기호, 플로 차트 부호** 순서도 중에서 연산, 데이터, 경로, 장치 등을 표시하기 위하여 사용하는 일련의 기호.

flow chart technique[–tekníːk] **순서도 기법** 문제 해결에 관한 처리 과정을 도표로 나타내는 기법.

flow chart template[–témplət] **순서도 작성자** 순서도 작성시 순서도 기호를 그리기 편리하게 만든 여러 가지 기호가 새겨진 플라스틱 자. ⇨ 그림 참조

flow chart text[–tékst] **순서도 설명문, 흐름도 설명문** 순서도 기호와 관련된 정보를 순서도 옆에 기술한 것.

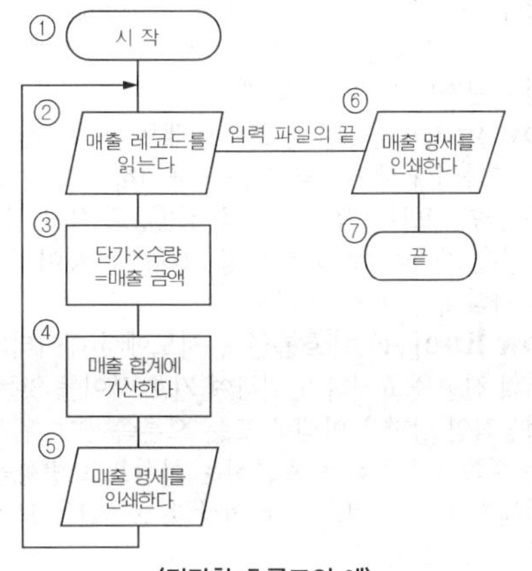

〈간단한 흐름도의 예〉

〈흐름도 기호〉

flow control[–kəntróul] **순서 제어** 패킷 교환 방식의 네트워크에서 각 노드 간을 통과하는 패킷 수가 최적이 되도록 하는 제어.

flow deviation algorithm[–dìːviéiʃən ǽlgəriðm] **흐름 편차 알고리즘** 흐름 할당 문제를 해결하는 알고리즘 중의 하나. 채널 지연 시간 t를 최소화하기 위한 방법으로 임의의 가능한 흐름에서 시작하여 t를 최소화하는 흐름 편차에 대한 최적 방향을 설정하고 t가 가장 작은 편차량을 구하는 방법.

flow diagram[–dáiəgræ̀m] **흐름 도표, 순서도** 문제의 정의, 분석 또는 해법의 도식적 표현으로 연산, 데이터 흐름, 장치 등을 표현하기 위하여 기호를 사용한 것.

flow direction[–dirékʃən] **흐름의 방향, 순서의 방향** 순서도에서 각 오퍼레이션 사이에 화살표 또는 다른 기호를 사용하여 표시하는 오퍼레이션의 전후 관계나 논리적인 관계.

flow graph[–grǽf] **흐름 그래프** 프로그램의 제어 흐름이나 데이터의 흐름을 표현하는 그래프. 예를 들면, 프로그램의 블록을 절(節)로 하고 제어의 흐름을 가지(枝)로 하는 방향 그래프는 제어의 흐름을 나타내는 그래프이다.

flow line[–láin] **흐름선** 순서도에서 데이터와 제어의 전송을 표시하기 위하여 기호 사이를 잇는 선. 정상적인 방향은 아래쪽 또는 오른쪽이다. 위쪽 또는 왼쪽으로 향하는 흐름선은 화살표로 방향을 표시해야만 한다. 또 두 개 이상의 흐름선을 모아 한 줄로 표시할 수도 있다.

FLOWMATIC 플로매틱 초기 프로그래밍 언어로 사무 계산용으로는 최초의 영어 언어이다.

flow model[–mádəl] **흐름 모델** 정보의 흐름을 객체들의 집합, 프로세스들의 집합, 보안 계층들의 집합, 계층-결합 연산자 및 흐름 관계 등 5개의 구성 요소로 나타내는 다계층 모델을 말한다.

flow network[–nétwə̀:rk] **흐름 네트워크**

flow optimization problem[–àptimaizéiʃən prábləm] **흐름 최적화 문제**

flow process chart[–práses tʃá:rt] **순서 처리도, 플로 프로세스 차트**

flow process diagram[–dáiəgræ̀m] **순서 처리 다이어그램** 작업 처리 과정에서 작업의 주요 단계 순서에 대한 도식적 표현. 사용되는 기호는 처리 과정중에 발생하는 동작, 데이터 기록, 장치 등을 표시한다.

flow rate[–réit] **유량 비율** 네트워크에서 아크의 용량이나 노드에서의 투입 비율에 대한 유량의 비율.

flow shop problem[–ʃáp prábləm] **흐름 숍 문제** 작업 계획 문제의 일종으로 각 작업은 순서를 지켜야 하는 여러 개의 태스크로 구성되며, 각 태스크는 특정 처리기에서만 처리가 가능할 때, 전체 처리 시간이 최소가 되도록 각 처리기에 대한 태스크들의 처리 순서를 결정하는 문제.

flow system[–sístəm] **흐름 시스템**

flow table[–téibəl] **흐름표** 비동기식 순차 회로를 표현하는 방법으로 현재의 상태와 입력에 의해 다음 상태를 알려준다.

flow tracing[–tréisiŋ] **흐름 추적표** 프로그램 검사 방법의 하나. 프로그래머가 어떤 프로그램에서 세그먼트의 시작과 끝을 명시하고, 그 세그먼트에서 검토하고 싶은 레지스터나 누산기의 내용을 추적하고 진단하여 오류를 제거하는 방법.

FLP 고장 위치 프로그램 fault locating program의 약어.

FLPA 고정 연계 팩 영역 fixed link pack area의 약어.

FLSF 폰트 라이브러리 서비스 기능 font library service facility의 약어.

FLT FLT 방식 fault locating test system의 약어. 하드웨어 장애 검사법의 하나. 내부 플립플롭 설정 데이터와 클록 입력에 의한 천이 데이터를 주어 프로그램으로 그런 일치를 차례로 검사함으로써 하드웨어 장애 장소를 찾는다.

fluctuation stock[flʌ̀ktʃuéiʃən sták] **변동 재고** 전혀 예상하지 못한 수요가 발생할 수 있는데, 이를 위해 준비된 재고.

Flueshot 플루샷 IBM-PC 호환 기종에서 컴퓨터 바이러스의 감염이나 활동을 막기 위한 프로그램의 일종.

fluid computer[flú:id kəmpjú:tər] **유체 컴퓨터** 전자적 소자를 사용하지 않고 공기압을 이용한 유체 논리 소자를 사용하여 구성한 컴퓨터. 비용이 저렴하고 악조건 하에서 신뢰성이 높지만 동작 속도는 느리다.

fluid logic[–ládʒik] **유체 논리** 유체 컴퓨터(pneumatic computer)의 동작을 제어하는 데 이용한다.

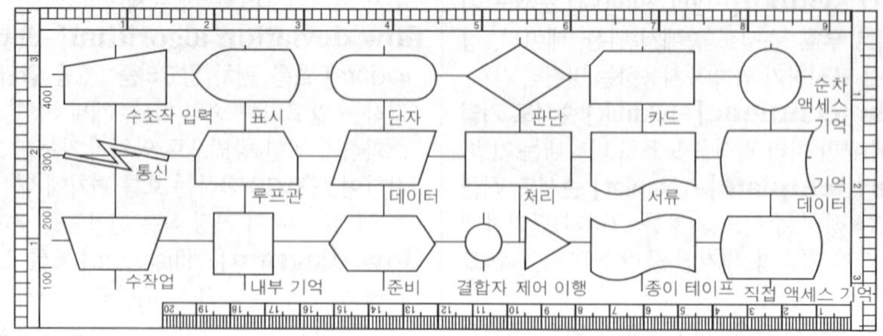

〈순서도 작성자〉

fluorescent display[flùːərésənt displéi] **형광 표시 장치** 전자 충격에 의해 빛을 내는 형광 물질로 구성된 면을 가지고 있는 표시 장치.

flush[flʌ́ʃ] *v.* **플러시** 기억 장치 부분의 내용을 비우는 것.

flutter[flʌ́tər] *n.* **플러터** 자기 테이프의 주행이나 자기 드럼 회전 등에서 속도의 미소 변동 중 주파수가 비교적 높은 것. 주파수가 비교적 낮은 것을 와우(wow)라고 한다.

flux reversal[flʌ́ks rivə́ːrsəl] **자화 반전**

flyback[fláibæ̀k] **플라이백, 회귀** CRT의 스폿이 1행의 1열로 되돌아가는 것.

flyback time[–táim] **플라이백 시간, 회귀 시간** 디스플레이 장치의 주사시에 화상을 재생하기 위해 빔(beam)을 스크린의 오른쪽 하단에서 왼쪽 상단으로 이동시키는 데 걸리는 시간.

flying belt printer[fláiiŋ bélt príntər] **플라잉 벨트 프린터** 라인 프린터의 일종으로 활자는 벨트 또는 체인 모양으로 배열하고, 이 벨트는 인쇄하는 행과 평행으로 위치시켜 움직이도록 되어 있는 인쇄 장치. 필요한 활자가 인쇄 해당 위치에 온 순간에 용지의 배후에서 해머로 두드려 인쇄한다.

flying disk printer[–dísk príntər] **플라잉 디스크 프린터** 원판 주변의 원통면에 활자를 배열하여 그 원판을 인쇄하는 행과 평행하게 회전시킴으로써 필요한 활자가 인쇄 해당 위치에 도달한 순간에 용지 뒤에 있는 해머로 두드려서 인쇄하는 장치.

flying drum printer[–drʌ́m príntər] **플라잉 드럼 프린터** 라인 프린터의 일종으로 원통면의 원주 방향으로는 모든 글자 종류, 축방향으로는 1행의 자수에 해당하는 활자를 마련하여 이 원통의 축을 용지의 행방향과 평행으로 회전시켜 필요한 활자가 인쇄 해당 위치에 왔을 때 용지의 뒤에서 해머로 두드려 인쇄하는 장치.

flying head[–hé(ː)d] **플라잉 헤드** 디스크 장치 및 드럼 장치에서 디스크와 드럼의 회전에 의해서 생기는 기류 또는 외부로부터의 가압 기체에 의해서 회전면상에 부동시켜 사용하는 자기 헤드.

flying-head storage retrieval[–stɔ́ːridʒ ritríːvəl] **플라잉 헤드 기억 장치 검색**

flying method[–méθəd] **플라잉 방식** 라인 프린터에서 인쇄하고자 하는 활자가 항상 일정 속도로 용지면을 따라 주행하며, 선택된 활자에 수직으로 눌려 인쇄되는 방식.

flying printer[–príntər] **플라잉 인쇄기** 라인 프린터 인쇄 기구의 대표적인 것에 휠식과 체인식이 있다. 휠식은 활자를 차륜 모양의 원주에 판 것을 원통 모양으로 배열하여 드럼 모양과 같이 된 것을 회전시키면서 소요 활자가 오면 해머로 쳐서 인쇄한다. 체인식은 벨트식과 함께 활자를 체인이나 벨트에 설치하고 활자의 조를 수평으로 이동시키며, 소요 활자를 해머로 쳐서 인쇄한다. 이 방식은 활자를 선택 정지시키지 않고 활자를 주행시키면서 선택한 활자가 각각의 인쇄 위치를 통과할 때 타이밍을 맞추어서 인쇄한다.

flying printing[–príntiŋ] **플라잉 프린트 방식** 충격식 프린터 등의 인쇄 장치에서 용지 및 잉크 리본에 대해 여러 개의 활자군을 일정 속도로 순회시키고, 인쇄하려고 하는 활자가 해당 위치에 온 순간에 해머로 두드려 인쇄하는 방식을 말한다. 즉, 인쇄는 활자의 순회 동작중인 채로 행해진다. 보통 충격형 라인 프린터는 이 방식을 따르고 있다.

flying spot[–spɑ́t] **비점** 보통 CRT에 의해 생성되어, 어둡고 밝은 지역을 포함하는 표면의 연속적인 점을 발광시키는 데 사용하는 작고 빨리 움직이는 광점.

flying spot scanner[–skǽnər] **비점 주사기** 광학 문자 판독기에서 2차원 도형이나 문자를 관측하여 전기적 신호로 변환하기 위해서 화면을 여러 개의 가로선으로 분해하고 광점을 이에 따라 이동시키는 장치. 즉, 전자 빔에 의한 휘점이 매우 작아 잔광성이 적고 또 그 편향 왜곡도 작은 음극 선관을 광원으로 사용한 화상 주사 장치. 입력용으로 쓰이는 것은 휘점의 상을 렌즈로 투명화 위에 포개고, 그 투과 광량을 측정하게 되어 있는데, TV용은 표준 TV 주파수로 주사하고, 컴퓨터용은 컴퓨터로 지정된 좌표로 휘점을 움직인다. 출력용인 것은 TV 신호 또는 컴퓨터 신호로 휘도의 위치와 휘도를 정하여 렌즈로 필름 위에 결상(結像)하여 촬영하게 되어 있다. 컴퓨터용에는 휘도의 밝기를 일정하게 하여 발광 시간을 바꾸어 휘점의 노광량을 변화시키는 것도 있다.

flying wheel printer[–hwíːl príntər] **플라잉 휠 프린터** 라인 프린터의 한 형식으로 활자를 회전하는 원판의 원주상에 배열하여 필요한 활자가 인쇄 해당 위치에 왔을 때 해머로 두드려서 인쇄하는 장치. 구조상 플라잉 디스크 프린터와 플라잉 드럼 프린터의 두 종류가 있다.

Flynn's classification **플라인의 분류법**

FM **기능 관리** facility management의 약어. ⇨ facility management (2) **주파수 변조** frequency modulation의 약어. 진폭이 일정한 교류 신호의 주파수를 입력 신호의 변화에 맞추어 변화시키는 방식. 데이터 전송의 경우에 입력 신호는 0과 1의 두 종류이기 때문에 0과 1로 각각 다른 주파수를 할당하고 있다. 이 방식은 정보가 주파수에 따라서 전달되기 때문에 잡음이나 레벨 변동에 강하고 안정성이 있으며, 회로도 비교적 간단하기 때문에 전세계적으로 널리 사용되고 있다. (3) **관리 기능** function manager의 약어.

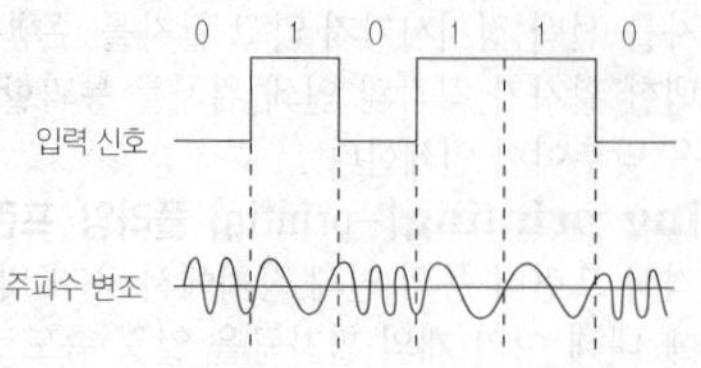

〈주파수 변조 방식〉

FMD 기능 관리 데이터 function management data의 약어. IBM의 SNA(system network architecture)에서 최상위 서비스 계층인 엔드-유저(end-user)에게 제공되는 기능과 서비스로 이루어진다.

FMEA 고장 방식 효과 해석 failure mode effect analysis의 약어. FMECA가 시스템 부품이나 재료의 고장 모드의 정량적 해석 수법인 데 대해서 고장 대책을 정성적으로 고려한 수법.

FME & CA 고장 방식 효과·임계적 해석 failure mode effect and criticality analysis의 약어. 처음에 항공기 기구 부분의 고장 해석에 사용된 방법이지만 그 후 전자 회로에도 응용되었다. 시스템 가운데 부품, 재료에 내재하는 고장 모드를 모두 리스트하여 그런 모드의 발생률, 영향의 중요성을 정량적으로 평가한다.

FM oscillator 주파수 변조 음원 frequency modulation oscillator의 약어. 야마하 사가 개발한 정축 곡선을 주파수를 변조하여 다양한 음으로 만들어내는 장치. 비교적 간단한 회로로 복잡한 고주파 성분을 만들 수 있다. PC는 NEC의 PC-9800 시리즈를 시작으로 널리 사용되고 있으며 게임의 효과음이나 주제곡으로 사용된다. 최근에는 휴대전화의 벨소리에도 사용되고 있다. 여러 주파수를 섞어 악기나 자연음 등의 유사음을 합성하거나 사람의 음성에 가깝게도 만들 수 있다.

FM oscillator board 주파수 변조 음원 기판 frequency modulation oscillator board의 약어. FM 음원을 탑재한 기판. YM2203이 비교적 많이 사용되고 있다. 사인파를 주파수 변조하여 다채로운 음원을 발생시킬 수 있다. FM 음원은 컴퓨터를 이용한 음악 연주시에 반드시 필요하며, 최근의 게임 등에서는 이것을 탑재해야만 게임이 제대로 진행된다.

FMS (1) **기능 관리 서비스** facility management service의 약어. ⇨ facility management service (2) **다품종 중소량 생산 시스템** flexible manufacturing system의 약어. 유연 생산 시스템으로 다품종 소량 생산 체제에 적합한 시스템이다. 즉, 생산 라인에서 생산량과 품종을 자유롭게 변경할 수 있는 유연한 시스템이다.

FM screening FM 스크리닝, 주파수 변조 스크리닝 frequency modulation screening의 약어. 인쇄할 때 도트의 크기를 바꾸어 농도를 조절한 종래의 방식이 아닌, 도트의 밀도로 여러 단계의 톤(tone)을 표현하는 방법.

FM tone generator 주파수 변조 음원기 frequency modulation tone generator의 약어. 주파수 변환으로 음을 만드는 장치. 주파수의 교섭에 의해 음을 합성하다. 디지털 회로 내의 수치 계산에서도 가능하다. 악기의 음색이나 자연음에 가까운 음을 만들 수 있으며, 음질이 좋고 음색의 떨림도 풍부한 것이 특징이다.

FMV 후지츠 멀티미디어 비전 Fujitsu multimedia vision의 약어. 원래는 후지츠의 MPG 프로토타입이었지만 지금은 후지츠가 출시하고 있는 DOS/V PC의 기종명을 의미한다. ⇨ MPC

FNC 미국 연방 네트워킹 협의회 Federal Networking Council의 약어. 연방 네트워크, 특히 TCP/IP와 인터넷의 이용과 개발에 관계되는 연방 기관의 대표 조정 기관. 현재 DOD, DOE, DARPA, NSR, NASA, HHS가 주요 멤버이다.

f-number [éf nʌ́mbər] **f 넘버** 초점 거리와 렌즈의 지름의 비를 나타내는 광학 용어. 영상의 밝기는 F 넘버의 제곱에 반비례한다.

focal length [fóukəl léŋkθ] **초점 거리** 렌즈의 중심에서 상이 맺히는 초점 위치까지의 거리.

focusing [fóukəsiŋ] **초점 맞추기, 포커싱** (1) TV나 래스터 주사 디스플레이에서 화면 안쪽 표면상의 한 점에 전자빔을 집약시키는 것. (2) 교환기와 같은 스위치 회로망에서 사용률이 낮은 회선들을 묶어 입력함으로써 분배단이 복잡해지고, 대규모화되는 것을 방지한 입력 구성. (3) 광디스크 드라이브 장치에서 디스크 기록 매체에 대해서 픽업의 레이저 광의 초점을 맞추는 것. 이것은 회절광을 검출하여 분석한다.

focusing system [–sístəm] **초점 시스템** 디스플레이 화면에서 전자 빔이 스크린의 작은 점에 수렴하도록 전기장이나 전자기장을 이용해 초점을 맞추는 장치.

fog [fɔ́ːg] **안개** 이미지 데이터 처리를 이용한 원경 표현 효과의 하나로, 포깅(fogging)이라고도 한다. 3차원 이미지에 안개 효과를 주어 물체의 원근감을 나타낸다. 원래는 네거티브 필름이나 필름을 흐리게 하는 것을 말하는데, 이 효과를 이용하면 좀더 현실감 있는 입체 이미지를 즐길 수 있다. 비행기 조종 게임 등에도 이용한다.

FOIRL 광섬유 인터리피터 링크 fiber-optic inter-repeater link의 약어. IEEE 802.3에 규정된 광섬유 통신의 신호 방식.

folder[fóuldər] *n.* **폴더** MS-DOS를 사용하는 컴퓨터의 서브디렉토리와 같다. 애플 매킨토시에서 진짜 서류 폴더 형태인 아이콘으로 표현되는 여러 파일들의 묶음 또는 파일들과 폴더들의 묶음이다.

folder navigation[–nævəgéiʃən] **폴더 내비게이션** MacOS 8에서 파일을 드래그하여 폴더에 겹쳐놓으면 폴더가 자동적으로 열리는 기능. 한 번의 마우스 조작으로 깊숙한 계층의 폴더에 있는 파일까지 복사할 수 있다. ⇨ drag, drag and drop

folding[fóuldiŋ] *n.* **폴딩** 해싱 함수의 하나로 키를 숫자로 보고 이를 자릿수를 기준으로 몇 개로 등분한 후 각 부분을 겹쳐 더하여 해시 주소를 얻는 방법.

folding and adding trans[–ənd ǽ(ː)diŋ trǽns] 해싱 알고리즘의 한 방법으로 키의 숫자들을 종이를 접듯이 양 끝을 접어 숫자를 변환하는 것. 이렇게 접어 포개진 두 수를 더한 결과를 주소 범위에 맞도록 조정한다. 이 변환법은 길이가 긴 키에 적합하다.

folding method[–méθəd] **폴딩법** 키 교환 방법의 일종으로 키를 두 부분 이상으로 분할하고 이것을 가산하는 방법. 이 방법은 원래 키의 모든 정보를 결과에 반영할 수 있다.

folding transformation method[–trænsfərméiʃən méθəd] **폴딩 변환법**

folio film[fóuliòu fílm] **2절판 필름** 마이크로필름의 한 형태로 애퍼처 카드(aperture card)와 재킷의 중간 형태로 105mm×148mm이다.

follow set[fálou sét] **추종 기호 집합** 일반적으로 follow(*α*)로 나타내는 것으로 문법에 맞는 문자 형태에서 임의의 비종단 기호 *α*의 바로 오른쪽에 나타나는 종단 기호의 집합.

follow-up control[–ʌ́p kəntróul] **추종 제어** 레이더로 비행기를 자동적으로 추종시키는 경우와 같이 목표값이 시간에 따라 임의로 변화할 경우의 자동 제어.

font[fánt] *n.* **글자체** 폰트란 본래 인쇄 관계의 용어이며, 동일 사이즈, 동일 서체로 디자인된 한 조의 활자 세트를 의미하는 것이지만, 정보 처리 분야에서는 인쇄에 있어서 활자와 CRT 디스플레이 상에서 자체, 서체, 폰트라고 번역되는 경우가 많다. 활자에서는 고딕체, 명조체, 교과서체 등이 있으며 문장의 느낌과 책의 종류에 따라서 분리하여 사용된다. 또 CRT 디스플레이 상에서는 각 문자(character)는 도트를 모아 표현함으로써 구성된다. 이 도트의 빛나는 부분, 빛나지 않은 부분의 조합을 바꿈으로써 자체를 변경할 수 있다. 일반 표준적인 단말기(terminal)의 도트의 포인트 수는 세로 8도트, 가로 8도트로 되어 있으므로 각 문자마다 특징이 있으며, 보기 쉽도록 되어 있다. 또한 프린터 등에서의 자체는 인쇄된 것을 광학 문자 인식 등에 이용하기 쉽도록 각 문자는 각각 특징을 갖도록 되어 있다.

font card[–káːrd] **글꼴 카드** 슬롯에 삽입하여 사용하며, 몇 종류의 카드를 준비해두면 다양한 형식의 인쇄가 가능하다.

font cartridge[–káːrtridʒ] **글꼴 카트리지** 여러 가지 글꼴이 내장된 프린터용 ROM 카드가 들어 있는 플라스틱 용기. 글꼴 카트리지에는 내장된 글꼴 이외의 글꼴 카드를 추가시킬 수 있다.

font change character[–tʃéindʒ kǽrəktər] **FC, 글자체 변경 문자** 문자 집합을 바꾸지 않은 상태로 도형 집합에 있어서의 도형의 모양, 크기 또는 모양과 크기 양쪽을 다른 것으로 변경하는 데 쓰이는 제어 문자.

font editor[–éditər] **자형 편집기** 화면이나 프린터 등에서 사용될 문자의 모양을 설계하는 데 사용되는 프로그램. 글자를 점으로 표시하는 도트 행렬 방식과 선으로 표시하는 벡터 방식으로 크게 대별된다.

font family[–fǽməli] **글꼴 집합, 폰트 패밀리** 어떤 한 종류의 글꼴을 변형시켜 형성한 글꼴의 집합. 폰트 패밀리에 의해 컴퓨터는 실제의 문자 크기를 사용할 수 있다.

font generator[–dʒénərèitər] **글꼴 생성기, 폰트 제너레이터** 내장 문자 윤곽을 인쇄하는 문서에 필요한 유형과 크기의 비트맵(글꼴의 패턴)으로 변형하는 프로그램. 문자 윤곽의 크기가 맞도록 조정하는 중요한 작업 이외에도 생성할 문자를 확대하거나 축소할 수도 있다. 또한 출력 문자를 디스크에 기억할 경우도 있고 프린터로 직접 보낼 수도 있다.

font library[–láibrəri(ː)] **폰트 라이브러리** CRT 디스플레이와 프린터로 표시되는 폰트는 도트로 구성되어 있다. 이 도트의 매트릭스 데이터를 비트 패턴으로서 파일과 판독 전용 메모리(ROM)에 축적한다. 이것을 폰트 라이브러리라고 한다. 특히, 한자는 복잡하므로 도트 매트릭스는 커지며 또 종류가 많기 때문에 폰트 라이브러리는 방대하게 된다. 일반적으로 한자의 폰트는 상당히 용량이 커서 1Mbit 이상의 ROM이 사용된다.

font library service facility[–sə́ːrvis fəsíliti(:)] FLSF, 자형 라이브러리 서비스 기능

font menu[-ménju:] **글꼴 메뉴** GUI용 운영 체제나 응용 프로그램에 사용된 문자의 글꼴을 선택하기 위한 사용자 인터페이스.

font metric[-métrik] **글꼴 메트릭** 글꼴의 문자 규격에 관한 정보. 각 문자의 높이나 폭, 문자 간의 공백을 조정하는 조판에 필요한 정보가 들어 있다.

font reticle[-rétikl] **자형 망선, 폰트 레티클** 광학 문자 판독기에서 입력 문자 위에 겹쳐 그 문자가 이미 정의된 모양과 크기를 갖고 있는가를 판단하는 격자 모양의 망선. 바깥쪽의 선들은 문자와 줄 사이의 최소 간격과 기능 부호의 크기를 검사할 수 있다.

font suitcase file[-sú:tkèis fáil] **폰트 슈트케이스 파일** 매킨토시의 폰트 데이터 파일. 이 폰트를 사용하려면 시스템 폴더에 두는 것이 좋다.

fool proof[fú:l prú:f] **풀 프루프** 제어 장치나 제어계 시스템에 대해 인간의 오동작을 방지하기 위한 설계.

footer[fútər] *n.* **꼬리말** 문서 각 페이지의 하부에 문서의 표제, 날짜 등 동일 내용을 동일 형식으로 인쇄한 것.

footing control[fútiŋ kəntróul] **집계 제어** 여러 가지 제어 그룹의 끝에 붙는 집계 데이터. 즉, 소계를 뜻한다.

footnote[fútnòut] *n.* **각주** 책이나 문서에서 각 페이지의 하단에 인쇄하는 것. 예컨대, 각 장의 제목이나 페이지 번호 등이 올 수 있다. 대부분의 워드 프로세서에서는 인쇄할 때 페이지마다 꼬리말을 자동으로 넣어주는 기능을 갖고 있다.

footprint[fútprìnt] *n.* **밑넓이, 풋프린트** 장치가 패널 등의 위에 차지하는 면적.

for[fər] **되풀이** 반복. ALGOL계의 프로그래밍 언어로 쓰여지고, for loop 또는 for state-ment의 형으로 나타내며, 「반복」의 의미를 갖는다. 「반복」이란 PASCAL 언어에서 볼 수 있듯이 for i : =1 to 10 do는 for와 do 사이에 반복에 관한 조건을 기술하고 do 뒤에 쓰여진 문(statement)을 조건이 만족되어 있는 동안 반복 실행하는 프로그램 구성체이다. 이러한 구성체(construct)에는 반복의 앞에 조건을 탐색하는 while-do와 for-do, 뒤에 조건을 탐색하는 repeat-until의 두 가지 유형이 있다. COBOL에서는 PERFORM 문, FORTRAN에서는 DO 문이 여기에 해당한다.

forbidden character code[fərbídən kǽrəktər kóud] **금지 문자 코드** 2진 코드 문자에서 허용되지 않는 코드.

forbidden code[-kóud] **금지 코드** ⇨ illegal code

forbidden combination[-kàmbinéiʃən] **금지 조합** 어떤 기준에 대해 위법인 비트 또는 그 밖의 표현들의 조합.

forbidden digit check[-dídʒit tʃék] **금지 숫자 검사**

force[fɔ́:rs] *n.* **강제, 힘** 강제적으로 동작시키는 것. 지금까지의 동작을 중단시키고 다른 동작으로 들어가도록 하는 것. 컴퓨터에서는 리셋(reset)을 걸면, 리셋을 걸기 직전까지 처리하고 있던 작업은 풀려지고 미리 정해진 초기의 상태로 되며, 동작을 재개한다. 이 리셋 동작은 강제적이며 금지할 수는 없다. 한편 인터럽트(interrupt)도 강제적인 동작이지만 리셋과 달리 인터럽트 처리 후 원래의 작업을 재개할 수 있다. 인터럽트는 외부의 입출력 장치와 타이머 등의 요구로부터 발생한다. 인터럽트 요구를 금지하는 것도 가능한 마스크 가능 인터럽트(maskable interrupt)와 금지할 수 없는 마스크 불능 인터럽트(nonmaskable interrupt)로 나누어진다. 마스크 불가능 인터럽트는 마스크 가능 인터럽트에 비해 강제력이 크다.

force-all[-ɔ́:l] **전 강제**

force control system[-kəntróul sístəm] **강제 제어 시스템**

forced[fɔ́:rst] *a.* **강제적인** 강제적으로 동작시키는 모양.

forced checkpoint[-tʃékpɔ̀int] **강제 검사점** 컴퓨터 시스템에 비상 사태가 발생했을 때, 그때까지 처리하고 있던 작업을 보조 기억 장치(auxiliary memory)로 일단 후퇴시키고 시스템의 복구를 행하는 방법.

forced control field[-kəntróul fí:ld] **강제 제어 필드**

forced display[-displéi] **강제 디스플레이** 조작원의 요청없이 시스템에 의해 행해지는 디스플레이.

forced linefeed[-láinfí:d] **강제 개행** 개행 키를 누르지 않더라도 강제적으로 개행되는 것.

forced message[-mésidʒ] **강제 메시지**

forced priority[-praiɔ́(:)riti(:)] **강제 실행 우선 순위**

forced response[-rispáns] **강제 응답**

forced synchronization[-sìŋkrənaizéiʃən] **강제 동기**

forced termination[-tə̀:rmənéiʃən] **강제 종료** 강제적으로 프로그램 또는 프로세스를 종료시키는 것. 운영 체제의 보호 기능이 불완전할 때 강제 종료를 실행하면 무조건 재시동된다.

force feedback control[-fí:dbæ̀k kəntróul] 강제 피드백 제어

forcing function generator[fɔ́:rsiŋ fʌ́ŋkʃən dʒénərèitər] **시간 함수 발생기** 아날로그 컴퓨터에서 시간 함수를 발생하는 장치.

for clause[fər klɔ́:z] **반복절**

for consumer[–kənsú:mər] **소비자용** 일반 소비자용이라는 의미. 최대 공약수적인 성능 제품 구성을 취하고 가격도 저렴하게 설정하는 경우가 많다.

forecast[fɔ́:kà:st] *n.* **예측, 예상** 어떤 기정 사실로부터 추론하여 앞날을 예측하는 조직적인 시도로서 계획 결정의 기초 정보를 제공하는 것.

foreground[fɔ́:rgràund] *n.* **전경(前景)** 배경(background)과 대비된다. (1) 다중 프로그래밍에서 높은 우선 순위를 갖는 프로그래밍이 수행되는 환경. (2) TSS에서 단말기와 각 사용자 사이에 CPU 시간을 분할하기 위해 주기억 장치에 프로그램을 교체 인(swap-in), 교체 아웃(swap-out)하는 환경. 모든 지정 처리 프로그램은 전경으로 수행된다.

foreground/background processing[–bǽkgràund prásesiŋ] **전경/배경 처리** 높은 순위의 프로그램이 시스템을 사용하지 않을 때 낮은 순위의 프로그램을 자동적으로 수행하는 것. 낮은 순위의 프로그램은 높은 순위의 프로그램에 의한 입출력 장치를 사용하려는 인터럽트 요구를 처리하기 위해 잠시 중단되기도 한다.

foreground environment feature[–inváirənmənt fí:tʃər] **전경 환경 기능**

foreground image[–ímidʒ] **전경 영상** 개개의 영상 처리에 의해서 변화할 수 있는 표시 영상의 전경 부분.

foregrounding[fɔ́:rgràundiŋ] *n.* **전경 처리, 포어그라운딩** 배경 처리에 우선하여 실행되는 처리. 다중 프로그래밍에서 인터럽트를 사용해 우선 순위가 낮은 처리를 중단하고 우선 순위가 높은 처리를 먼저 처리하는 것.

foreground initiated background[fɔ́:rgràund iníʃièitəd bǽkgràund] **FIB, 전경 기동 배경** 전경(foreground) 작업으로부터 기동되는 백그라운드 작업.

foreground initiated background job[–dʒá(:)b] **FIB job, 전경 기동 배경 작업**

foreground initiation[–iniʃiéiʃən] **전경 개시** DOS 및 TOS(테이프 운영 체제)에서 전경 프로그램 개시를 위해 조작원 명령을 처리하는 시스템 루틴이 실행되는 것.

foreground initiator[–iníʃièitər] **전경 개시 프로그램**

foreground job[–dʒá(:)b] **전경 작업** 다중 프로그래밍 등에 있어서 우선 순위(priority)가 높은 작업(job)이 실행되는 환경을 포어그라운드(foreground)라 하고 이러한 환경에서 우선 순위가 낮은 작업의 실행을 중단하고 우선 처리되는 작업을 포어그라운드 작업이라 한다. 배경 작업과 대비된다. 시분할 시스템(TSS)의 사용자가 하나의 단말기(terminal)로부터 복수의 작업을 동시에 실행할 경우 단말기 화면 액세스 권리를 갖고 있는 작업을 가리킨다. 또 화면 액세스 권리를 갖지 않은 작업을 배경 작업이라 한다. 일반적으로 컴파일과 링크 등 화면 액세스를 필요로 하지 않는 작업을 「배경」 작업으로 하고, 에디터에 의한 원시 프로그램의 작성과 변경 등 대화형 처리를 「전경」 작업으로 하는 것이 효율적이다. 대화형 작업을 배경 작업으로 하면 그 작업은 화면 액세스 요구가 발생한 시점에서 시스템 자원(system resources)을 점유한 채로 실행 정지 상태가 되어 비효율적이다.

foreground message processing program[–mésidʒ prásesiŋ próugræm] **전경 메시지 처리 프로그램**

foreground mode[–móud] **전경 모드**

foreground partition[–pa:rtíʃən] **포어그라운드 분할**

foreground processing[–prásesiŋ] **전경 처리** 백그라운드 처리에 대응해 사용되는 용어. 보통 온라인이나 실시간 처리인 경우에 사용되고, 예를 들어 터미널로부터의 조회에 답하기 위해 행하지 않으면 안 되는 처리와 같이 다른 우선 순위가 낮은 백그라운드 처리를 중단하고 먼저 행하는 우선도가 높은 처리를 말한다.

foreground program[–próugræm] **전경 프로그램** (1) 다중 프로그램 또는 다중 프로세스 등 여러 개의 프로그램이 동시에 실행될 때 최고의 우선도를 갖는 프로그램. (2) TSS(시분할 시스템)에서 주기억 장치에서 스왑(swap)되어 실행되는 프로그램.

foreground routine[–ru:tí:n] **전경 루틴**

foreign attachment[fɔ́(:)rən ətǽtʃmənt] **타기종 접속** 1969년의 카터폰(Carterphone) 결정 이후에 다른 기종을 직통 전화망에 부착하는 것이 허용되어 수요자가 소유한 모뎀과 회선 사이에는 데이터 접근에 관한 협정(DAA)이 요구되었다. 저속의 비동기식 모뎀은 간편한 송수화기를 이용해 음성이나 유도 전류식으로 연결될 수 있다.

foreign exchange line[–ikstʃéindʒ láin] **외부 교환 회선** 한 전화국의 단말기에 원거리에 있는 다른 전화국으로 수요자의 전화기를 연결시켜 주는 서비스.

foreign exchange service[–sə́:rvis] **외부**

교환 서비스 보통 수요자의 거주 지역에 있지 않는 다른 전화국으로 수요자의 전화기를 연결시켜 주는 서비스.

foreign key [−kíː] **외래 키** 릴레이션 R_2의 한 속성이나 속성 조합이 릴레이션 R_1의 기본 키인 것을 말한다. 이때 R_1과 R_2는 서로 다른 릴레이션일 필요는 없으며, 외래 키와 그에 대응되는 기본 키가 같은 도메인 위에서 정의되어야 한다.

foreign medium [−míːdiəm] **외부 매체**

forest [fɔ́(ː)rəst] *n.* **숲 (산림), 포리스트** 트리(tree)의 집합체로서의 방향성 그래프.

fork [fɔ́ːrk] **포크** (1) 프로그램의 실행 환경. 즉, 프로그램 전체나 데이터를 위한 메모리 영역과 프로그램 실행에 필요한 운영 체제 정보. 일반적으로 TSS의 하나의 업무 아래서 취급되는 프로세스를 가리킨다. (2) 프로세스의 분기로서 PL/I의 병렬 처리 명령 중의 하나. 대개 운영 체제에서는 job/fork 밖에 허용되지 않기 때문에 편집기와 컴파일러를 교대로 적재하면서 프로그램을 개발해 나간다.

fork/join [−dʒɔ́in] **포크/조인** 다중 프로그래밍 시스템에서 여러 프로세스들이 분기되고 합병되는 것이 반복되는 방식. 즉, 한 프로세스가 다른 프로세스를 포크(분기)할 수 있고, 두 프로세스가 조인(합병)되면 하나로 합쳐진다.

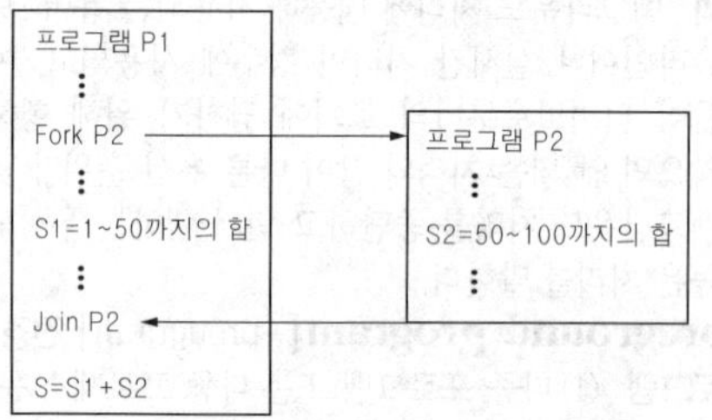

〈PL/I 언어에서의 포크/조인을 이용한 병행 수행의 예〉

for list [fər líst] **반복 나열**

for list element [−éləmənt] **반복 요소 나열**

for loop [−lúːp] **for 루프** 프로그램 문장의 반복과 수행을 위한 프로그래밍 언어 문장의 일종으로 반복 횟수는 구문 상에서 결정되는 변수에 의해 조절되며, 주로 정해진 횟수의 반복 수행을 하기 위한 문장 구조.

form [fɔ́ːrm] *n. v.* **틀, 형식, ~을 형성하다** (1) 용지 : 인쇄 장치에서 사용되는 양질의 종이. 용지의 한 단위마다 이송 방향에 대하여 직각으로 점선이 그어져 있고, 접어 쌓은 상태로 사용하는 것을 연속 용지(continuous form)라 한다. 이외에 페이지 단위로 재단되어 있는 종이는 커트지(cut sheet), 점선을 긋지 않고 감은 상태로 사용하는 용지를 롤지(roll sheet)라 한다. sheet, stationary가 동의어이다. (2) 인쇄 장치에서 용지의 페이지를 막연히 가리키는 용어. 인쇄 기구의 동작 위치를 소정의 행에까지 이동시키는 것을 용지 이송(form feed)이라 한다. 한 행씩 행 이송하는 것보다도 실질적으로 빠르게 용지가 움직인다. 최근에는 인쇄 장치 이외에 표시 장치(display)에도 이 개념이 적용된다. (3) 서식, 양식, 표제와 고정 정보, 괘선, 장방형의 틀 등이 사전에 인쇄(preprint)된 미사용의 용지, 또는 그 레이아웃된 이미지. 엄밀하지는 않으나 format과 같은 뜻으로 쓰인다. (4) 형식 : 대상의 내용이나 의미로서 구애받지 않고, 외부에서 볼 수 있는 것으로서의 형과 구조. 부동 소수점 표현에 있어서의 정규형(normalized form), 프로그램 언어에서의 정규형(normal form) 등의 용법이 있다. (5) 일반적으로는 「형식」, 「형성하다」, 「형(形)을 만들다」 등으로 해석된다.

FORMAC 포맥 formula manipulation compiler의 약어. 1962년 경 IBM에서 개발한 언어로 최초의 본격적인 수식 처리용 언어. 수식에 관한 정리를 주기 위한 선언이나 명령, 수식 조작을 위한 미분 연산 또는 대입이나 전개 등의 명령이 준비되어 있다. FORMAC은 FORTRAN-FORMAC 형태와 PL/I-FORMAC 형태가 있다.

form advance [fɔ́ːrm ədvǽːns] **용지 이송**

FORMAL 형식 처리 중심 언어 form oriented manipulation language의 약어. IBM에서 설치한 OPAS(office procedure automation system)에서 사용하는 언어로, 주로 서식 처리를 위한 언어이다. 이 언어로 작성된 처리 과정은 입력 서식을 받아들여서 적당한 처리를 한 다음 다른 서식을 출력한다.

formal [fɔ́ːrməl] *a.* **형식적** 가설적인. 가(거짓). 형(型)에 치우친, 형식적인 것을 가리킨다. ALGOL 등의 프로그래밍 언어로 파라미터와 인수를 형용할 때에는 「가(假)」 또는 「형식」이라 해석한다.

formal argument [−áːrgjumənt] **가인수, 형식 인수**

formal description technique [−diskrípʃən tekníːk] **정규 표현 기술** 네트워크 상에 상호 통신을 확실히 수행하기 위해 정확하고 엄밀한 프로토콜을 규정하려는 기술. 이 기술에는 프로토콜 및 서비스의 선택을 인위적으로 해석 가능한 방법이 필요한데, 이를 위해서는 적응성, 판독성, 형식성 등이 요구된다.

formal grammer [−grǽmər] **형식 문법** 촘스키(N. Chomsky)에 의해 시작된 것으로 인공적으로 추상화된 문법. 이것에 의해 수리 언어학(mathematical linguistics)이 생겼다.

formality [fɔːrmǽliti(ː)] *n.* **형식성** 어떤 체계가 얼마나 형식적인가 하는 성질.

formal language [fɔ́ːrməl lǽŋgwidʒ] **형식 언어** 모든 어구가 미리 정의되어 있으며 그 어구를 사용하여 어떤 표현을 구성하는 경우에 형식의 틀보다는 그 어구에 의미를 부여하지 않는 언어.

formal language theory [–θíəri(ː)] **형식 언어 논리**

formal logic [–lάdʒik] **형식 논리** 어떤 문(文)이 주어지고, 이것이 바른지 어떤지의 여부를 논할 때에 그 문의 내용에 대해서는 무시하고, 형(形)만으로 진위를 판단하는 논리.

formal parameter [–pərǽmətər] **형식 인자** 절차의 내용을 정의하는 데 사용하는 문자 단위. 예를 들면, ALGOL 언어에 있어서 절차라 불릴 때에 실파라미터(actual parameter)와의 대응이 이루어진다.

[주] 가인수, 가파라미터 : 절차의 입구에 나타나는 식별자이며, 절차의 실행을 야기시키는 절차 호출 중에 대응하는 실인수와 결합되는 것.

formal parameter list [–líst] **형식 파라미터의 배열**

formal parameter part [–pάːrt] **형식 파라미터부**

formal proof [–prúːf] **형식 증명** 증명 과정에서 나타나는 명제들의 의미를 생각하지 않고 기호의 정의와 미리 참이라고 가정한 공리, 그리고 참으로 증명된 명제들만을 사용해서 형식적으로 증명을 진행해 나가는 것. 이것은 한 단계에서 다음 단계로 넘어갈 때 오직 명제를 이루는 기호의 변형에 의해서만 하고 문제의 의미에 의존해서는 안 된다.

formal reasoning [–ríːzəniŋ] **형식 추론** 추론 규칙에 따라 새로 생긴 규칙을 검사하기 위해 데이터를 구문론적으로 취급하는 것.

formal review [–rivjúː] **공식 검토** 인터페이스 관계 및 소프트웨어 구조를 평가하기 위하여 수행하는 검토.

formal semantics [–səmǽntiks] **형식적 의미론** 의미론(semantics)에 관해서 그것을 다루는 이론은 아직 별로 발달되지 않았고 의미 내용을 다루는 이론은 거의 만족할 만한 연구 성과는 얻지 못하지만 어쨌든 의미론을 취급하는 이론을 세우려는 움직임은 있다. 그것은 형식적 수리 언어(數理言語)를 이용하여 형식적 의미론을 세우려는 연구이고, 공리계(公理系)의 해석과 같은 개념을 이용한 것이다. 즉, 정의되지 않은 전문 용어나 논리 용어는 어떤 의미도 공리계에서는 부여되어 있지 않으므로 적당한 해석을 주어 의미있는 모델을 구성해야 한다는 사고 방식이다. 이 해석을 통해 모델을 구성하는 일을 공리계에 의미론을 준다고 생각한 것이다. 확실히 해석을 부여하는 것은 어떤 의미를 주는 것이므로 의미론을 준다고 생각할 수도 있다. 그러나 문장의 의미 내용으로는 기호 배열인 문장을 추상해서 얻는 결과라는 사고 방식은 아니다.

formal specification [–spèsifikéiʃən] **형식 명세서** (1) 설정 기준에 맞게 기술된 명세서. (2) 정확성 검증에서 시스템이나 시스템 요소의 외부적 동작을 형식 언어로 기술한 것.

formal syntax [–síntæks] **형식 구문론** 프로그램 언어의 구문을 형식론을 통해 나타내는 방법으로, 주로 형식 문법을 이용해 접근하며 문맥 자유 문법, BNF 등이 쓰인다.

formal system [–sístəm] **형식 체제** 해독되지 않은 미적분학으로 알파벳과 공리라고 하는 단어의 집합 및 추론의 법칙에 관계되는 유한 집합으로 이루어진 것.

formal testing [–téstiŋ] **형식 검사** 검사 계획에 따라 검사하고, 그 결과를 보고하는 과정.

formal verification [–vèrifikéiʃən] **형식 검증** 작성된 프로그램의 원하는 기능을 갖고 반드시 종료하는지를 조사하기 위해 엄격하고도 수학적인 기법을 사용한 프로그램 검증법. 이 기법에는 입출력 단정, 최약 선결 조건, 그리고 구조적 귀납법 등이 있다.

formant [fɔ́ːrmənt] **포먼트** 모음을 특징짓는 주파수 성분.

format [fɔ́ːrmæt] *n.* **서식, 형식, 포맷, 양식** 데이터를 플로피 디스크와 자기 테이프(magnetic tape)에 저장하거나 CRT 디스플레이(CRT display)에 표시하거나 프린터로 인쇄할 때를 데이터 배열(arrangement) 또는 레이아웃(layout)이라 한다.

[주] 프로그램 언어에서 문자를 사용하여 파일 중의 데이터 대상물의 표현을 지정하는 언어 구성 요소.

format buffer [–bʌ́fər] **형식 버퍼** 일반적인 호출 형식에서 사용되는 매개변수로서 검색되는 레코드나 필드들의 형식을 지정한다. ADABAS는 자동으로 사용자에 의해 명세된 형식으로 필드를 변환한다.

format capacity [–kəpǽsiti(ː)] **포맷 용량**

format character [–kǽrəktər] **형식 문자** 인쇄 장치의 제어에 사용되는 제어 문자. 이 문자는 인쇄되지 않고 제어 기능만 발휘한다.

format character set [–sét] **형식 문자 세트**

format check [–tʃék] **형식 검사** 데이터가 지정한 레이아웃과 같이 되어 있는지의 유무를 체크하는 것.

format classification detailed shorthand[–klæ̀sifikéiʃən ditéild ʃɔ́:rthæ̀nd] **형식 분류 상세 약기** 수치 제어 테이프의 한 블록 안에서 각 워드의 데이터 자릿수를 주소가 있는 숫자로 기술한 것. 이때 주소는 정해진 순서로 배열되며, 디멘션 워드는 소수점 이상의 자릿수나 소수점 이하의 자릿수를 표시하는 두 자릿수이다. 그 밖의 워드는 한 자리의 숫자로 표시한다.

FORMAT command[–kəmɑ́:nd] **포맷 명령** 플로피 디스크나 하드 디스크 등의 매체를 초기화하고, 사용 가능한 상태로 해주는 MS-DOS용 외부 명령. 외부 명령이기 때문에 실행 파일 FORMAT.EXE를 실행시켜 매체를 초기화한다.

format control[–kəntróul] **형식 제어** FORTRAN 언어에서 입출력 배열과 형식 명세의 조합에 의해서 결정되는 형식 명세의 해석 실행.

format control card[–kɑ́:rd] **형식 제어 카드**

format control character[–kǽrəktər] **형식 제어 문자**

format control code[–kóud] **형식 제어 코드**

format control language[–lǽŋgwidʒ] **형식 제어 언어**

format controller[–kəntróulər] **형식 컨트롤러**

format conversion[–kənvə́:rʃən] **형식 변환** 정보의 의미를 바꾸지 않고 정보의 형식 변환 등을 하는 통신 처리의 한 기능이며, 데이터 형식이나 파일 형식 등의 서식이 다른 정보 기기와 정보 처리 센터, 정보 처리 센터 상호간 등을 접속하기 위해 알맹이의 정보를 바꾸지 않고 포맷을 변환하는 것.

format conversion language[–lǽŋgwidʒ] **형식 변환 언어**

format definition[–dèfiníʃən] **포맷 정의**

format definition deck[–dék] **포맷 정의체**

fomrat description[–diskrípʃən] **형식 규정, 형식의 기술**

format effection[–ifékʃən] **FE, 형식 제어**

format effector[–iféktər] **FE, 형식 제어 문자, 서식 제어, 서식 제어 문자** 인쇄, 표시 또는 기록할 데이터의 위치 결정을 제어하는 데 쓰이는 제어 문자.

format effector character[–kǽrəktər] **FE, 형식 제어 문자, 형식 제어 캐릭터**

format error[–érər] **형식 오차, 포맷 에러**

format ID 형식 식별 코드

format identification field[–aidèntifikéiʃən fí:ld] **형식 ID 필드, 형식 식별 필드**

format identifier[–aidèntifáiər] **형식 ID, 형식 식별자** FORTRAN 언어에서 형식이 갖춰진 FORTRAN 기록을 읽고 쓰기 위한 서식 명세를 주기 위하여 사용하는 것.

format independence[–ìndipéndəns] **형식 독립성, 형식으로부터의 독립성**

format item[–áitem] **형식 항목, 서식 항목, 형식의 요소**

format label[–léibəl] **형식 레이블**

format line[–láin] **형식 행**

format list[–líst] **형식 리스트, 형식 목록**

format mapping[–mǽpiŋ] **형식 매핑**

format member[–mémbər] **형식 멤버**

format mode[–móud] **형식 모드**

format procedure[–prəsí:dʒər] **형식 절차, 포맷 프로시저**

format processing language[–prɑ́sesiŋ lǽŋgwidʒ] **형식 처리 언어**

format record[–rékərd] **형식 레코드**

format secondary[–sékəndɛ̀(:)ri(:)] **형식 2차자, 서식의 2차자**

format selector[–səléktər] **형식 선택**

format service program[–sə́:rvis próugræm] **형식 서비스 프로그램**

format specification[–spèsifikéiʃən] **서식 명세서** FORTRAN 언어에서의 서식 식별자를 갖는 입출력문과 조합시켜 사용하고, FORTRAN 기록의 구성과 데이터 내부 표현, 외부 표현과의 사이의 변환 및 편집 방법을 지정하는 것.

format statement[–stéitmənt] **형식문**

formatted[fɔ́:rmætəd] *a.* **형식화된** (1) 프린터나 단말기 등의 주변 장치나 컴퓨터에서 만들어지는 규격화된 입출력 정보. (2) 여러 형태의 자기 기억 매체가 데이터의 구조를 받아들일 수 있도록 준비가 완료된 상태.

formatted capacity[–kəpǽsiti(:)] **형식화 용량** 포맷을 완료한 후에 하드 디스크에서 이용할 수 있는 기억 공간의 양.

formatted data[–déitə] **형식화된 데이터**

formatted diskette[–dísket] **형식화된 디스켓**

formatted display[–displéi] **형식화된 표시** 하나 이상의 출력 항목의 내용이나 속성이 사용자에 의해 정의된 화면 출력.

formatted dump[–dʌ́mp] **형식화된 덤프** ⇨ dump

formatted FORTRAN record 형식화된 FORTRAN 기록

formatted input[–ínpùt] **포맷 입력**

formatted I/O 형식화 입출력 사용자의 입력이 일정한 형식에 따라 변형되어 들어가고, 출력도 지정된 형식에 따라 변환되어 나오는 입출력 방식. 형식에는 숫자의 자릿수, 문자열의 왼쪽 혹은 오른쪽 붙임, 소수점이나 퍼센트 형식, 16진수 출력 등이 있다.

formatted message[–mésidʒ] **형식화된 메시지**

formatted record[–rékərd] **형식화된 레코드**

formatted report[–ripɔ́ːrt] **정형 문서** 견적서나 청구서와 같은 문서로서 기본적인 형식이 정해져 있는 것. 형태를 등록해두고 필요시에 불러내어 필요한 항목을 채우면 문서가 완성된다.

formatted sequential access input-output statement[–sikwénʃəl ǽkses ínpùt áutpùt stéitmənt] **형식화된 순차 액세스 입출력문**

formatter[fɔ́ːrmætər] *n.* **형식자** 입력된 문장의 좌우 여백을 조정하고, 오른쪽 끝을 가지런히 정렬하며, 행간이나 자간, 글씨체와 글씨의 크기 등을 조절하여 출력하는 프로그램.

formatting[fɔ́ːrmætiŋ] *n.* **포매팅** 플로피 디스크나 하드 디스크에 데이터를 기록할 수 있도록 초기화하는 작업.

form control[fɔ́ːrm kəntróul] **형식 제어** 어떤 매개체 내에서 데이터의 배열을 제어하는 것.

form characteristic screen[–kæ̀rəktərístik skríːn] **형식 특성 화면** 형식 정의 과정 중에 나타나는 화면으로 형식 이름을 정한 다음에 나타나며, 몇 개의 형식 특성들로 이루어진다.

form/data entry mode[–déitə éntri(ː) móud] **형식 데이터 입력 모드** VTP(가상 단말기 규약)의 터미널 유형 중의 하나로 페이지 모드 터미널과 유사하나 디스플레이의 고정 지역과 가변 지역을 정의할 수 있다. 특징으로는 가변 부분만의 전송, 유효성 검사의 목적으로 사용되는 속성의 정의 등이다.

form definition[–dèfiníʃən] **형식 정의** 형식 정의 과정은 메뉴에 의해 단계적으로 이루어지는데, 데이터 입력을 쉽게 하기 위해 forms express를 이용해서 데이터 입력 형식을 정의하는 것.

form feed[–fíːd] **용지 먹임** 용지의 지정 부분을 인쇄 위치로 가지고 가기 위하여 사용되는 용지 전송.

form feed character[–kǽrəktər] **FF, 용지 먹임 문자** 인쇄 또는 표시 위치를 다음 용지, 페이지 또는 그것에 상당하는 것으로 미리 정해진 최초의 행까지 이동시키는 형식 제어 문자.

form feed cut[–kʌ́t] **용지 먹임 절단** 톱니 바퀴식 인쇄 장치에서 종이의 위치를 조정하는 기능. 다음 용지의 첫 줄로 자동적으로 넘어가서 이미 인쇄된 용지를 절단할 수 있게 한다.

form feeding[–fíːdiŋ] **FF, 기점 이동**

form feed recognition[fíːd rèkəgníʃən] **용지 종단 검출 기구**

form filling[–fíliŋ] **서식 채우기** 서식 처리의 세 번째 단계로서 서식 실례가 만들어진 후 서식 골조에 채워넣는 일.

form flash[–flǽʃ] **서식 플래시** 서식 오버레이의 표시.

form flow model[–flóu mádəl] **서식 흐름 모델** 캐나다 토론토 대학에서 개발한 사무 정보 시스템에서 정보의 흐름을 기술하는 방법.

form instance[–ínstəns] **서식 실례** 서식 처리의 두 번째 단계로 화면에서 표시된 서식 골조의 빈칸에 알맞은 데이터를 채우기 위해 데이터 베이스에서 필요한 데이터를 뽑아내어 변환 또는 재구성해주는 것.

form processing[–prásesiŋ] **서식 처리** 워드프로세싱과 데이터 프로세싱을 융합한 사용자 인터페이스 중의 하나. 서식 골조의 선택, 서식 실례, 서식 채우기, 전송 및 출력의 순서로 이루어진다.

form overlay[–òuvərléi] **서식 오버레이** 배경 영상으로서 사용되는 보고서 양식, 격자, 지도와 같은 패턴.

forms control tape[fɔ́ːrmz kəntróul téip] **FCT, 서식 제어 테이프**

form stop[fɔ́ːrm stáp] **서식 정지** 인쇄 장치에서 종이가 없으면 자동으로 동작을 멈추는 장치.

form tractor[–trǽktər] **용지 트랙터** 프린터에서 양쪽에 구멍이 뚫린 연속 용지를 공급하는 데 사용하는 부품.

form type[–táip] **명세서 코드**

formula[fɔ́ːrmjulə] *n.* **수식, 공식, 논리식** (1) 공식, 수식 : 계산의 방법과 규칙을 문자나 기호를 써서 표현한 것. 수학뿐만 아니라 화학 분야의 분자식과 구조식도 포함된다. expression도 「식」이라 번역되지만 이 경우는 정수와 변수, 함수 등의 기본적인 문법 단위를 연산자로 결합한 것을 말한다. FORTRAN은 formula translator의 생략형이며, 보통의 수식에 가까운 형태로 연산을 기술할 수 있는 프로그램 언어이다. (2) 논리식 : 논리학에 있어서의 문장의 형식. 정식(整式 ; well formed formula)은 논리나 수학적 이론을 형식화한 체계로 기술되는 대상을 일정한 구문(syntax)에 따라 표현한 것을 가리킨다.

formula manipulation[–mənìpjuléiʃən] **수식 처리** 수치 풀이를 구하는 조작뿐만 아니라 미적분 등의 수식 자체의 연산을 컴퓨터로 하는 것. 수식 처리 시스템에는 MIT의 MACSYMA나 유타 대학의 REDUCE가 유명하다. MACSYMA에서는 적분, 다항식의 인수 분해, 행렬 연산 등을 구하는 기능을 가지고 있다.

formula manipulation compiler [-kəmpáilər] FORMAC, 포맥스

formula manipulation language [-lǽŋgwidʒ] 수식 처리 언어

formulate [fɔ́:rmjulèit] *v.* 공식화하다

formulation [fɔ̀:rmjuléiʃən] *n.* 공식화

formula translator [fɔ́:rmjulə trænsléitər] FORTRAN, 포트란, 포뮬러 트랜슬레이터 ⇨ FORTRAN

form width [fɔ́:rm wídθ] 가로 치수

for-next loop [fər nékst lú:p] 부터/까지 반복문 BASIC 언어에서 미리 지정된 고정 횟수만큼 반복을 수행하도록 하는 부분.

FOR statement [-stéitmənt] 반복문 ALGOL에서 사용하는 용어로서 반복절에 이어서 하나의 문장을 기입한 것. 반복절이란 FOR와 DO 사이에 반복에 관한 조건을 기술한 문법 단위이며, 반복문은 그 안에 포함된 문장을 조건이 만족될 때까지 반복 실행한다.

FORSYS 포시스 FORTRAN based system simulator의 약어. GPSS나 SIMSCRIPT처럼 독립된 언어는 아니지만, 시뮬레이션을 실시하는 데 유용한 서브프로그램이 FORTRAN에 의해 작성된 것을 계통적으로 모은 프로그램 시스템.

FORTH 포스 threaded code라고 불리는 스택 중심 코드를 생성하는 언어로, 역폴리시 기술(記術)을 기초로 한다. 핵에 해당하는 부분을 매우 작게 할 수 있고 또 사용자가 정의한 단어를 사전에 등록할 수 있어 확장성이 풍부하다. 특히 미니컴퓨터, 마이크로컴퓨터 등에 보급되어 있다.

Forth [fɔ́:rθ] 포스 ⇨ Forth language

Forth language [-lǽŋgwidʒ] 포스 언어 마이크로컴퓨터에 사용되며, 광범위한 문제 해결을 위해 사용할 수 있는 고급 프로그래밍 언어. 중요한 특징은 사용자가 정의한 연산이 원래의 고유 연산과 같이 취급된다는 점이다. 이 같은 특징 때문에 언어를 크게 확장할 수 있으며, 사용자의 프로그램 단계나 포스(Forth) 인터프리트 단계에서 언어를 확장할 수 있다.

FORTRAN 포트란 formula translator의 약어. 과학 기술 계산용의 프로그래밍 언어의 하나. 정확히는 FORTRAN 언어라 한다. 본래, 수치 계산을 행하기 위한 프로그램 언어의 하나. 과학 기술 계산을 위해서 1956년에 개발된 프로그래밍 언어이며, 광범위한 계산식을 간단한 연산 명령의 형태로 컴퓨터에 줄 수 있다. 이 명령의 기술(記術) 형식은 보통의 수식에 매우 가까우며, +, −, *(곱셈), /(나눗셈), = 등 연산 기호도 거의 그대로 기술할 수 있다. 연산 이외의 명령은 간단하며 문장에 가까운 형식을 취하고 있다. 고급 언어(high level language)의 하나이다. ⇨ 표 참조

FORTRAN array vectoring 포트란의 배열 벡터링

FORTRAN character 포트란용 문자

FORTRAN compiler 포트란 컴파일러 FORTRAN 언어로 쓰여진 프로그램을 기계어(machine language)로 번역하는 프로그램.

FORTRAN CONTINUE 포트란 CONTINUE 문 DO 반복문의 마지막 문장으로 사용되며 공문(dummy statement)이다.

FORTRAN control character 포트란 제어 문자

FORTRAN IV 포트란 IV 문제 중심의 언어로 원래는 과학 응용에 적합하도록 고안되었으나 상업용으로도 편리하게 쓰인다.

FORTRAN IV cross assembler 포트란 IV 교차 어셈블러 마이크로컴퓨터 어셈블리어를 마이크로프로세서 기계어로 바꿀 수 있게 만든 FORTRAN 프로그램.

FORTRAN IV logical capability 포트란 IV 논리적 기능 FORTRAN IV가 가지고 있는 타입 선언문, 논리 연산자, 논리 표현, 관계 연산자, 논리 지정문, 논리 IF 문 등과 같은 논리적 기능.

FORTRAN IV simulator 포트란 IV 시뮬레이터 여러 종류의 주컴퓨터 프로그램을 모의 수행할 수 있는 프로그램. 시뮬레이터는 기계 번역적인데, 마이크로프로세서 명령어의 수행 시간과 레지스터 내용 등의 비트 단위 복제가 가능하며, 대부분의 사용자가 직접 수행 조건을 조정할 수 있는 기능, 즉 RAM과 레지스터 내용, 인터럽트, 입출력 자료 등의 내용을 제어하는 기능을 구비하고 있다.

FORTRAN H extended optimization enhancement program 확장 포트란 H 최적화 프로그램

FORTRAN interactive debug 포트란 대화형 디버그 프로그램

FORTRAN language 포트란 언어 포트란 언어는 대부분 대수적 · 산술적 표현식을 인용한 형태의 프로그램 언어로 선언문, 제어문, 입출력문 등으로 구성되며 수학적 계산을 위한 프로그램 작성에 사용된다.

FORTRAN LCA 포트란 변환 지원 프로그램

FORTRAN processor 포트란 프로세서

〈FORTRAN 문의 종류〉

<table>
<tr><td rowspan="17">문의 종류</td><td rowspan="10">실행문</td><td>치환문</td><td colspan="3">산술 치환문, 논리 치환문, 문 치환문, 문자 치환문</td></tr>
<tr><td rowspan="7">제어문</td><td rowspan="6">단위 프로그램 내부 제어문</td><td>GO TO 문</td><td>무조건 GO TO 문, 계산형 GO TO 문, 할당형 GO TO 문</td></tr>
<tr><td>IF 문</td><td>산술 IF, 논리 IF 문, BLOCK IF 문, END IF 문</td></tr>
<tr><td colspan="2">DO 문, DO WHILE 문</td></tr>
<tr><td colspan="2">CONTINUE 문</td></tr>
<tr><td colspan="2">PASUE 문</td></tr>
<tr><td colspan="2">STOP 문</td></tr>
<tr><td>부프로그램 연결 제어문</td><td colspan="2">CALL 문, RETURN 문</td></tr>
<tr><td rowspan="2">입 · 출력문</td><td>데이터 전송 입 · 출력문</td><td colspan="2">READ 문, WRITE 문, PRINT 문</td></tr>
<tr><td>보조 입 · 출력문</td><td colspan="2">BACKSPACE 문, ENDFILE 문, REWIND 문, OPEN 문, CLOSE 문, INQUIRE 문</td></tr>
<tr><td rowspan="7">비실행문</td><td colspan="4">FORMAT 문</td></tr>
<tr><td colspan="4">DATA 문</td></tr>
<tr><td>선언문</td><td colspan="3">TYPE 문, IMPLICIT 문, DIMENSION 문, EQUIVALENCE 문, COMMON 문, EXTERNAL 문, PARAMETER 문, INTRINSIC 문, SAVE 문, PRIGRAM 문</td></tr>
<tr><td colspan="4">문 함수 정의문</td></tr>
<tr><td>부프로그램 선언문</td><td colspan="3">FUNCTION 문, SUBROUTINE 문, BLOCK DATA 문</td></tr>
<tr><td colspan="4">ENTRY 문</td></tr>
<tr><td colspan="4">END 문</td></tr>
</table>

〈FORTRAN 역사〉

① 1957년 IBM 704 컴퓨터에서 FORTRAN Ⅰ을 발표하였다.
② 1958년 IBM 7050 컴퓨터에서 FORTRAN Ⅰ에서 COMMON, EQUIVALENCE, FUNCTION, SUBROUTINE, FORMAT 문을 첨가하여 FORTRAN Ⅱ를 발표하였다.
③ FORTRAN Ⅲ는 2진법 전자 계산기에 사용하기 위하여 만들어진 것으로 FORTRAN Ⅱ를 조금 확장한 것이나 그다지 사용되지는 않았다.
④ 1962년 TYPE 문이 보강되었고, LOGICAL, DOUBLEPRECISION, COMPLEX, REAL, INTEGER, EXTERNAL 등이 보강된 FORTRAN Ⅳ가 개발되었으나 컴퓨터 제작회사마다 기계의 능력을 최대한 활용시킬 수 있도록 약간의 차이가 발생하였다.
⑤ ANSI(American National Standard Institute)에서 1966년 FORTRAN 언어의 표준화 작업을 실시하여 ANS-FORTRAN을 발표하였다.
⑥ 1978년 ANS-FORTRAN의 결점을 보완하고 구조적 프로그래밍이 가능한 FORTRAN 77을 발표하여 현재 가장 많이 사용하는 언어가 되었다.

FORTRAN processor program 포트란 프로세서 프로그램

FORTRAN record 포트란 기록, 포트란 레코드

FORTRAN translator 포트란 번역기 ⇨ FORTRAN compiler

FORTRAN 77 포트란 77 ANSI에서 제정한 ANSI X3.9-1978에 의해 정의된 FORTRAN 언어의 최근 표준판으로서 if-then-else 등의 구조화된 제어문과 기본적인 문자 처리 기능 및 기존 FORTRAN 언어를 더욱 확장한 언어.

FORTRAN 77 cross compiler 포트란 77 교차 컴파일러

FORTRAN utility 포트란 유틸리티

forum [fɔ́:rəm] **포럼** (1) 어떤 하나의 특정한 주제와 목적을 가진 사람들이 모여서 대화하고 토론하는 장소. 일반적으로 PC 통신에서 같은 취미를 가지고 있거나 공통의 관심사가 있을 때, 함께 모여 대화하고 토론하는 회의실을 지칭한다. (2) 온라인 시스템(CompuServe, American Online 등)에서 공통의 관심을 가지고 있는 내용에 따라 다양한 정보들이 메시지 형태로 교환되는 섹션.

fortuitous distortion [fɔ:rtjú:itəs distɔ́:rʃən] **불규칙 변형** 통신 부호가 불규칙하게 길어지거나 짧아져서 생기는 일그러짐으로, 전원 전압의 변동이나 전력 유도 또는 회선 안의 차단 등으로 인해 발생한다.

forward [fɔ́:rwərd] *a.* **순방향** 앞으로 향하여 전진하는 모양. 또 순방향(順方向)으로 동작하는 모양. 데이터 통신에서는 송신 장치로부터 수신 장치로 데이터를 전송하는 것.

forward abort sequence [–əbɔ́:rt sí:kwəns] **송신 중단 문자열**

forward backward counter [–bǽkwərd káuntər] **전후진 계수기** 펄스 신호의 개수를 세는 계수기로 입력 신호에 따라 그 값을 증가 혹은 감소시키면서 양쪽 방향으로 계수가 가능한 장치.

forward bias [–báiəs] **순방향 바이어스** pn 접합 반도체의 p형에 양(+)의 전압, n형에 음(–)의 전압을 가해주는 것. 전위 장벽이 낮아서 흐르는 전류의 크기는 외부 전압에 비례하여 지수함수적으로 증가한다.

forward chaining [–tʃéiniŋ] **순방향 추론** 주어진 사실과 규칙으로부터 목표 명제를 증명하거나 유도하는 생성 시스템에서의 추론 방법 중의 하나.

· 환자의 체온이 38.9도
· 환자는 두달 동안 앓고 있다.
· 환자는 인후통을 가지고 있다.

[규칙 1]

IF	환자가 인후통을 가지고 있다.
AND	우리는 세균 감염을 의심한다.
THEN	우리는 환자가 인후염이 있다고 생각한다.

[규칙 2]

IF	환자의 열이 38.9도를 넘는다.
THEN	환자는 열이 있다.

[규칙 3]

IF	환자는 한 달 이상을 앓고 있다.
AND	환자는 열이 있다.
THEN	우리는 세균 감염을 의심한다.

〈순방향 추론〉

forward channel [–tʃǽnəl] **순방향 통신로, 순방향 채널, 정보 통신로** 송신 장치로부터 수신 장치로만 데이터의 전송이 행해지는 회선. 전송 방향이 이용자 정보로 전송되는 방향과 같은 통신로.

forward characteristic [–kæ̀rəktərístik] **순방향 특성** 정류 소자의 특성으로 순방향 바이어스가 되었을 때의 전압-전류 특성.

forward compatible [–kəmpǽtibl] **전방향 호환성**

forward controlling element [–kəntróuliŋ éləmənt] **전방 제어 소자** 주어진 신호에 응답하여 변수를 변화시키는 제어 시스템의 소자.

forward counter [–káuntər] **가산 계수기** 증가 방향, 즉 덧셈만으로 셀 수 있는 계수기.

forward difference [–dífərəns] **전향 차분** 어떤 점 x_0를 중심으로 함수 $f(x)$의 전향 차분은 $f\Delta(x_0) = f(x_0 + h) - f(x_0)$로 정의되는 차분. 단, h는 양수.

forward direction [–dirékʃən] **순방향** 정류소자에 있어서 순바이어스가 걸렸을 때 전류가 흐르는 방향.

Forward Engineering [–èndʒiníəriŋ] **순공학, 포워드 엔지니어링** 소프트웨어 공학(SE ; software engineering)의 한 분야. 소프트웨어 시스템을 개발하기 위하여 분석, 설계, 코딩, 테스트, 유지보수 등의 절차를 밟아가며 개발하는 공학. 반대 용어는 역공학(Reverse Engineering)이다.

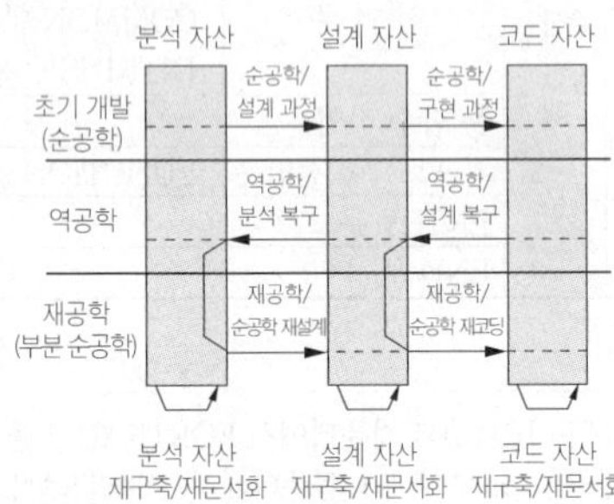

〈순공학〉

forward error analysis [–érər ənǽlisis] **전진 오류 해석** 수치 해석에서 오차 평가 방법의 하나.

forward error correction [–kərékʃən] **전방 오류 수정**

forward job [–dʒá(:)b] **포워드 작업** 두 가지 이상의 작업을 병행해서 흘리는 멀티프로세싱에서 우선도를 높게 한 쪽의 것. 백그라운드 작업에 대응되는 말.

forward pointer [–pɔ́intər] **전방향 포인터** 데이터 구조에서 다음 항목의 위치를 알려주는 포인터.

forward polyphase sort [–pálifèiz sɔ́:rt] **순폴리페이즈 분류**

forward read [–rí:d] **전진 판독, 순판독** 자기 테이프(magnetic tape)와 천공 카드(punch card) 등 연속한 매체(media) 상에 기록된 데이터를 판독할 때 순차적 방향으로 보내는 것.

forward readig [–rí:diŋ] **순방향 판독, 정방향 판독** 천공 테이프 판독 장치나 자기 테이프 장치 등에 있어서 순방향으로 데이터 매체를 보내면서 기록되어 있는 데이터를 판독하는 것.

forward reasoning[-ríːzəniŋ] **전방 추론**

forward recovery[-rikʌ́vəri(ː)] **정방향 회복** 기억 장치 내에 축적된 데이터 세트가 어떤 장애에 걸려 파괴되었을 때 그것을 복원하기 위한 방법의 하나. 그 순서는 우선 파괴된 데이터 세트의 오리지널 데이터 세트를 참고로 하여 파괴된 데이터 세트의 덤프 리스트(dump list)를 취한다. 다음에 오리지널 데이터 세트를 어떻게 변경하여 파괴된 데이터 세트를 만들었는가를 기록하고 있는 로그와 저널을 추출하여 그것으로부터 파괴된 데이터 세트를 완전히 복원한다.

[주] 파일의 낡은 판을 저널에 기록된 데이터에 의하여 변경하고 파일보다 새로운 판을 복원하는 것.

forward recovery time[-táim] **순방향 회복 시간** 반도체 다이오드가 차단 상태에서 도통 상태로 급격히 전환되었을 때 다이오드의 양단 전압이 정상 상태로 될 때까지의 시간.

forward scan[-skǽn] **전방향 주사(前方向走査)** 출력 워드가 제어 워드에 일치하도록 오른쪽에서 왼쪽으로 비교하며, 소수점이나 달러 표시 등의 부호를 삽입하는 편집 기능.

forward scheduling[-skédʒuliŋ] **포워드 스케줄링** 개발 프로젝트 등에 있어서 그 프로젝트의 개시일을 기준으로 하여 각 작업의 소요 시간을 적산(積算)해보고 완료일을 추정해가는 방법. 백 스케줄링(back scheduling)과 대비된다.

forward-search algorithm[-sə́ːrtʃ ǽlgəriðm] **전진 탐색 알고리즘** 딕스트라(Dikstra)에 의해 작성된 알고리즘으로 주어진 송신측 노드에서 모든 노드까지의 최소 비용 경로를 찾는 알고리즘.

forward solenoid[-sóulənɔ̀id] **전진 솔레노이드** 자기 테이프를 앞방향으로 전진시키는 캡스턴에 대해 롤러를 통해서 압력을 유지시켜 주는 장치의 일부.

forward voltage drop[-vóultidʒ drɑ́p] **순방향 전압 강하** 정류 소자의 순방향으로 전류가 흐를 때 소자의 양단에서 발생하는 전압 강하로서 보통 실리콘 정류 소자에서는 0.65~0.9V이다.

FOSDIC 컴퓨터 입력용 필름 광학 감지기 film optical sensing device for input to computers의 약어. 완성된 조사 질문 데이터를 컴퓨터로 읽기 위한 입력 장치.

foundry[fáundri] **파운드리** 칩을 만들어 외부 업체들에게 공급하는 반도체 제조 공장. 외부 업체에 초과한 제조 용량을 판매하거나 전량 공급한다.

fountain[fáuntən] **출처** 브라우저 기능과 VRML 오소링 기능을 통합한 프로그램. 특히 모델링 속도가 빠르며, 실시간으로 텍스처 매핑된 VRML 오브젝트를 보여주는데, 이 기술은 현재 마이크로소프트의 블랙버드에 라이선스되어 있다. ⇨ VRML

four[fɔ́ːr] *a.* **4(의)** 예를 들면, 4비트로 표시되는 어드레스를 four-bit address, 4선식(線式)의 통신 회선을 four-wire channel이라 부른다.

four-address[-ədrés] **4주소** 번지부가 4개 있는 명령의 형식에 대해 사용하는 용어로 한 명령에서 두 개의 피연산자 번지와 연산 결과의 번지, 그리고 다음에 수행할 명령의 번지를 모두 표시하는 방법.

four-address code[-kóud] **4주소 코드** 명령 코드의 일종으로서 번지를 4개 갖고 있는 것. 보통 이와 같은 번지는 두 개의 피연산자의 출처와 결과의 행선 그리고 다음 명령의 출처를 나타낸다.

four-address instruction [-instrʌ́kʃən] **4주소 명령** 번지부가 4개로 구성된 명령. 보통 두 개는 피연산자 번지, 나머지 두 개는 연산 결과를 저장하는 번지와 다음에 실행하는 명령어 저장 번지로 구성된다.

four-address pointer register [-pɔ́intər rédʒistər] **4주소 포인터 레지스터** 저가격의 시스템에서 마이크로프로세서는 4개의 번지 포인터 레지스터로 기억 장치나 주변 장치의 번지를 65KB까지 융통성 있게 지정할 수 있다. 사용자는 내부 소프트웨어 플래그를 제공하는 대신에 상태 레지스터의 플래그 출력을 사용할 수 있다.

four-bytes integer type[-báits íntədʒər táip] **4바이트 정수형**

four-bytes logical type[-lɑ́dʒikəl táip] **4바이트 논리형**

four-channel[-tʃǽnəl] **4선식**

four color problem[-kʌ́lər próubləm] **4색 문제** 인접한 정점에 다른 색이 칠해질 때 평면 그래프에서 네 가지 색을 칠할 수 있는가 하는 문제.

four-connected region[-kənéktəd ríːdʒən] **4방향 연결 영역** 그래픽 화상이 주어진 화소에서 상하 좌우 4방향으로만 연결될 수 있는 영역.

Fourier analysis 푸리에 해석, 조화 해석 하나의 신호를 가장 간단한 조화 곡선(sine 또는 cosine)으로 분해하는 것.

Fourier series 푸리에 급수 어떤 복잡한 파형이라도 하나의 기본 파형과 그 조화를 나타내는 유한개 파형의 합으로 분해할 수 있는 수학적 해석 방법.

Fourier transform 푸리에 변환 구간$(-\infty, \infty)$에서 정의된 함수 $f(x)$에 대해서

$$F(t)=\frac{1}{\sqrt{2\pi}}\int_{\infty}^{-\infty} f(x)e^{-itx}\,dx \quad (-\infty < t < \infty)$$

로 나타내는 F 또는 변환 $f \rightarrow F$를 말한다.

four plus one address [fɔ́ːr plʌ́s wʌ́n ədrés] **4+1 주소** 4개의 피연산자 번지와 한 개의 제어 번지가 있는 명령에 사용되는 번지 방법.

four quadrant operation [–kwɑ́drənt ɑ̀pəréiʃən] **4상한(象限) 동작** 아날로그 컴퓨터의 곱셈에 있어서 두 변수가 x, y 임의의 양(+), 음(−) 부호를 가질 때 그것에 대응한 출력 전압을 얻을 수 있도록 한 장치.

four row keyboard [–róu kíːbɔ̀ːrd] **4열 건반** 주로 텔레타이프라이터에서 키가 4단으로 배열된 키보드.

four-tape sorting [–téip sɔ́ːrtiŋ] **4테이프 정렬** 입력 데이터는 두 개의 테이프에서 공급되고, 두 개의 출력 테이프에 교대로 불완전한 순서로 분류해 넣는 합병 정렬의 일종. 출력 테이프는 다음 단계에서 입력으로 사용되고, 이런 과정을 반복하여 점차 더 긴 순서열을 만들어 나감에 따라 데이터가 모두 한 출력 테이프에 한 개의 순서열로 만들어지도록 한다.

fourth generation [fɔ́ːrθ dʒènəréiʃən] **제4세대**

fourth generation computer [–kəmpjúːtər] **제4세대 컴퓨터** 1970~1980년대의 LSI, 초(超) LSI를 사용한 컴퓨터 시스템. 멀티프로세서 시스템의 도입, 번지 공간의 확장 등이 특징이다.

fourth generation language [–lǽŋgwidʒ] **제4세대 언어** 이것은 기계어, 어셈블리어, 고급 프로그래밍 언어 다음의 것이라 하여 제4세대 언어라 한다. 일반적으로 데이터 베이스를 취급하는 것을 전제로 하여 온라인 사무 처리용의 응용 프로그램을 대화형으로 개발하기 위한 지원 도구를 뜻한다.

fourth normal form [–nɔ́ːrməl fɔ́ːrm] **제4정규형** 만일 릴레이션 R에 다치 종속성 $a \geq R \geq b$가 성립하는 경우에 모든 속성들이 A에 함수적 종속(즉, R의 모든 속성 X에 대해 $A \rightarrow X$)이면, 그 릴레이션 R은 제4정규형이라고 한다.

four-way interleaving [fɔ́ːr wéi ìntərlíːviŋ] **4중 인터리빙**

four-wire [–wáiər] **4선식** 송신과 수신 각각 두 개의 도체를 사용하여 통신로를 구성할 때 사용하는 케이블, 또는 그 회선 형식. 이 통신로를 4선식 회선(four wire circuit)이라 부른다. 이에 대하여 수신과 송신에서 공통의 선로를 사용하는 것을 2선식(two wire)이라 하며, 전화의 교환기에서 이용자의 전화기까지의 선로는 이것에 해당한다. 4선식에서는 송신로와 수신로가 별개로 구성되어 있으므로 통신을 행할 때에 통신단의 두 사람 a, b가 각각 a로부터 b, 또는 b로부터 a로 동시에 통신할 수 있다. 이 통신로는 물리적으로 별도로 구성시킬 필요는 없고 논리적으로 별도로 있으면 좋다. 이 상태를 전이중(全二中 ; full duplex)이라 한다. 또 통신로와 수신로가 서로 절연(isolation)되어 있기 때문에 잡음(noise)의 영향을 받지 않으며, 원거리 전송에도 적합하기 때문에 원거리 시외 중계 회선 등에 사용되고 있다.

four-wire channel [–tʃǽnəl] **4선식 전송로, 4선식 채널** 4개의 도선에 의해 단말 장치에 접속된 통신로. 각 2선을 사용해 양 방향의 통신을 동시에 수행할 수 있으므로 송수신을 전환하기 위한 반전 시간이 필요 없다. 전송 특성은 2선식 통신로보다 우수하다.

four-wire circuit [–sə́ːrkit] **4선식 회선** 통신의 유선 전송 방식에 모두 4개의 회선(반송 회로의 이송 방향에 두 개, 인수 방향에 두 개)을 사용하는 것으로, 두 선식보다 충분히 진폭도를 올릴 수 있고 품질이 좋은 시외 통화를 가능하게 한다.

four-wire equivalent circuit [–ikwívələnt sə́ːrkit] **4선식 등가 회선**

four-wire repeater [–ripíːtər] **4선식 중계기** 4선식 회선에서 사용되는 전화 중계기로서 두 개의 증폭기로 되어 있고, 그 하나는 4선식 회선의 한 방향 전송에 사용되며, 또 하나는 다른 방향의 전송에 사용된다.

four-wire switching [–swítʃiŋ] **4선식 교환**

four-wire system [–sístəm] **4선식 시스템** 단방향성의 두 쌍의 통신로를 이용하여 한 쌍은 송신용, 다른 한 쌍은 수신용으로서 1회선을 구성하는 방법.

four-wire telephone set [–téləfòun sét] **4선식 전화기**

four-wire terminating set [–tə́ːrminèitiŋ sét] **4선식 종단 장치, 4선식 종단 세트**

FoxBASE **폭스베이스** 미국의 폭스 소프트웨어 사에서 개발한 dBASE용 컴파일러 패키지의 상품명. 이것은 dBASE와 거의 똑같은 환경을 제공하며, 실행 속도가 매우 빠르고 기능이 강력하여 널리 이용된다.

fox message [fɑ́ks mésidʒ] **폭스 메시지** 알파벳, 숫자, 특수 문자 등을 모두 포함하는 신호로 텔레타이프라이터 회로를 시험하는 데 사용된다.

FP **장애 처리 프로그램** fault recovery program의 약어.

FPA (1) **고장 확률 해석** failure probability analysis의 약어. (2) **부동 소수점 가속기** floating point accelerator의 약어.

fpi **인치당 프레임 수** frame per inch의 약어.

FPGA **필드 프로그램 가능 게이트 어레이** field

programmable gate array의 약어. FPLA의 일종으로 PROM의 AND 배열만 있고, OR 배열이 없는 것. 시그네틱 사 제품.

FPLA (1) **필드 프로그램 가능 논리 배열** field programmable logic array의 약어. 전기적으로 내용을 기록할 수 있는 PROM을 이용한 PLA. (2) **프로그램 가능 논리 배열 장치** field programmable logic array device의 약어. 사용자가 임의로 기록할 수 있는 PROM 배열을 사용한 PLA로 AND 게이트와 OR 게이트의 집합으로 구성되어 있으며, 단전 가능한 연결선에 고전류를 흐르게 하여 내부의 AND 게이트와 OR 게이트의 연결을 프로그램시킬 수 있다.

FPLMTS future public land mobile telecommunication system의 약어. 2000년대 초에 서비스를 목표로 하는 제3세대 이동 통신 시스템을 일컫는 용어. 사용자가 처한 모든 환경에서 무선 호출에서 음성 및 화상 통신까지 광범위한 서비스를 제공할 수 있는 차세대 이동 통신 시스템을 말한다.

FPLS 필드 프로그램 가능 논리 시퀀스 field programmable logic sequence의 약어. PLA의 기본인 AND 게이트와 OR 게이트의 배열 구조로 되어 있으며, 상태 레지스터(플립플롭)를 내장하고 외부 회로없이 순서 회로를 구성할 수 있는 FPLA.

FPOC first-pass own code의 약어.

FPU (1) **부동 소수점 장치** floating point unit의 약어. 컴퓨터 CPU의 기본적 연산은 정수로 계산한다. 그런데 부동 소수점 계산은 별도의 보조 CPU가 있어야 계산된다. (2) fill pick-up unit의 약어. ENG 카메라와 조합으로 300m 이내의 거리라면 카메라 케이블 없이 자유롭게 중계차와의 링크로 중계 방송할 수 있도록 고안된 소형 마이크로웨이브 장비. SHF대를 직접 발진 변조해서 주파수 7GHz, 출력 100mW로 비디오 한 채널, 오디오 두 채널을 사용할 수 있다. 안테나는 무지향성 또는 자동 지향성 안테나를 사용하고, 수신 안테나도 송신점을 자동 추적할 수 있게 하고 있다.

FQDN 도메인 이름의 절대 표기 fully qualified domain name의 약어. FQDN은 호스트와 도메인 이름으로 구성된다. 예를 들어, www.netian.com을 보면, www는 호스트이고, netian은 하위 레벨 도메인, com은 최상위 레벨 도메인을 가진 FQDN이다.

Fractal[fræktəl] **프랙탈** 스스로 계속 축소 복제하여 무한히 이어지는 성질.

Fractal curve[–kə́ːrv] **프랙탈 곡선** 수학적인 식으로 나타낼 수 있는 곡선. 처음의 모양이 계속 축소하여 반복하면서 평면을 채워나가는 성질이 있다. 식에 따라 여러 가지가 있는데, 어떤 것은 기하학적인 아름다움을 보여준다.

Fractal graphics[–grǽfiks] **프랙탈 그래픽** 프랙탈 성질을 이용하여 그래픽으로 나타낸 것. 대표적인 것으로는 만델브로 곡선이 있다.

Fractal theory[–θíəri(ː)] **프랙탈 이론** 1975년 미국의 만델브로가 제창한 기하학 이론. 해안선이나 구름 등 자연계의 복잡하고 불규칙적인 모양은 아무리 확대해도 미소 부분에는 전체와 같은 불규칙적인 모양이 나타나는 자기 상사성(相似性)을 가지고 있다는 것. 어떤 복잡한 곡선도 미소 부분은 직선에 근사하다는 미분법의 생각을 부정한 것이며, 어디에서도 미분할 수 없는 곡선을 다루는 기하학, 컴퓨터 그래픽스에서는 프랙탈의 수법을 도입하여 실물에 매우 가까운 도형을 그릴 수 있게 되었다.

fraction[frǽkʃən] *n.* **소수, 소수부** (1) 소수 : a, p를 정수라 할 때, $a/10^p$인 형태로 표시되는 실수(real number). (2) ① 부동 소수점 표시(floating-point representation)에 있어서의 가수(mantissa)이며, 소수점부(fractinal part) 또는 고정 소수점부(fixed-point part)라고도 한다. 소수점부의 수 표시로 부동 소수점 기수를 그 지수(exponent)만큼 거듭제곱한 것에 곱하면 실수가 표현된다. ② 고정 소수점 수 표시(fixed-point representation)에 있어서의 소수점의 오른쪽 부분, 또한 소수점은 decimal point 또는 radix point라고 한다.

fractional arithmetic[frǽkʃənəl əríθmətik] **소수 부분 연산** 소수점 위치가 한 단어의 가장 왼쪽에 있다고 생각되는 소수 부분의 연산 방식.

fractional part[–pάːrt] **소수부** 부동 소수점 연산에서 단정도 또는 배정도에 기억되는 데이터 중 소수 부분의 데이터가 기억될 부분으로서 가수라고도 한다. 단정도에서는 24비트, 배정도에서는 56비트를 차지한다.

fractional representation[–rèprizentéiʃən] **소수 표시** 고정 소수점 표시에 대한 수 표시 방법의 하나로 최상위인 자리 위치에 소수점이 있다고 보는 방법.

fractional solution[–səlúːʃən] **소수 해** 선형 계획법에서의 변수의 해.

fraction mantissa[–mæntísə] **소수부** 부동 소수점 형식으로 숫자를 표현하는 경우의 숫자 정도(精度)에 관계하는 부분으로 가수부(假數部)라고도 한다. 예를 들어, 부동 소수점 형식으로 123.6을 나타내면 0.1236×10^3으로 되는데, 이 경우의 0.1236인 부분을 말한다. 컴퓨터의 계산 결과에서는 소수 한계는 반드시 소수점 이하 제1자리에서 0이 아닌 숫자로서 자리 보정(補正)은 지수부(이 예에서는

10^3의 3)에서 행해진다.

fragment[frǽgmənt] *n.* **단편, 프래그먼트** 반단(半端)인 부분, 구성 부품 등의 의미를 갖는다. 예를 들면, 문서와 프로그래밍 언어 등 일정한 문법에 따라서 기술된 텍스트를 단어나 기술자(記述子) 등으로 분해했기 때문에 프로그램의 실행에 의하여 발생한 반단인 메모리 단위. 또 어떤 함수식이 복수의 함수식으로 이루어질 때 구성하고 있는 개개의 함수를 가리킨다. (1) 보통 프로그램은 실행될 때 주기억 장치에 할당된다. 동시에 복수 개의 프로그램을 할당하면 주기억의 용량과 프로그램 크기의 관계로 기억 영역 상에 「사용되지 않는 부분」이 간격으로서 생기는 경우가 있다. 이 부분을 메모리 프래그먼트(memory fragment)라 부른다. 또 메모리는 페이지로 분할하여 관리하고 있는 경우에는 페이지를 프래그먼트라 부르는 경우도 있다. 같은 의미로 LISP 등의 언어를 실행시킬 때 차례로 발생하는 메모리의 단편은 쓰레기(garbage)라 불리고 있다. 이 쓰레기를 수집하여 일정 크기의 메모리 프래그먼트로 고쳐서 정리하는 처리를 쓰레기 컬렉션(garbage collection)이라 부른다. (2) 원시 프로그램(source program)의 일부로 프래그먼트라 부르는 경우도 있다. 서브루틴(subroutine)과 함수(function) 등을 총칭하여 원시 프로그램 프래그먼트(source program fragment)라 한다. 이보다도 큰 단위에서는 유틸리티와 툴을 구성하는 프로그램군(群) 중의 하나하나를 「프래그먼트」라 부른다. 예를 들면, 유닉스 운영 체제 상에는 200개 이상에나 미치는 툴이 존재한다. 그 툴들은 부분적으로 공통의 프로그램으로 구성되어 있는 경우가 많이 있다. 이들 프로그램은 툴 부품(tool fragment)이라 한다.

fragmentation[frӕ̀gmentéiʃən] *n.* **단편화, 분할** 프로세스(병행으로 주행하는 태스크)에 대한 기억 영역의 할당과 프로세스에 의한 기억 영역의 해방을 반복함으로써 작은 기억 영역의 분할부가 다수 생성되는 것. 사용할 수 있는 기억 공간이 프로세스가 요구하는 크기보다 작기 때문에 어떤 요구도 만족할 수 없고, 사용하지 않은 상태로 남아 있는 상태를 말한다. ⇨ 그림 참조

fragmentation schema[-skí:mə] **단편화 스키마** 전역 릴레이션과 분할된 단편들 사이의 사상을 기술하는 스키마.

fragmentation transparency[-trӕnspɛ́(:)rənsi(:)] **단편화 무관성** 전역 릴레이션들이 어떻게 분할되었는가를 사용자가 알 필요가 없게 하는 것.

fragmentation tree[-trí:] **단편화 트리** 전역 릴레이션들이 분할된 상태를 나타내는 트리 구조.

분할 번호	크기	할당된 프로그램의 크기	낭비 부분의 크기
1	8K	7K	1K
2	32K	30K	2K
3	120K	50K	70K
4	550K	150K	400K
계	710K	237K	473K

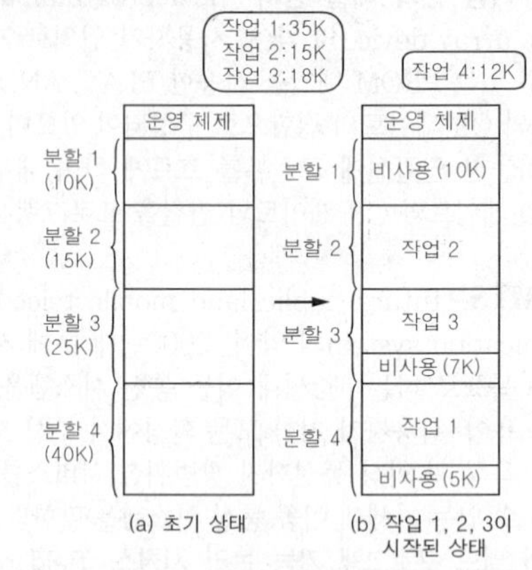

〈단편화의 예〉

fragment free[frǽgmənt frí:] **프래그먼트 프리** LAN의 스위칭 허브가 프레임을 전송하는 방식의 하나. 프레임의 선두에서부터 충돌 등에 의한 오류가 없음을 보증할 수 있는 길이(이더넷에서는 64옥텟)만 대기한 후 송출된다.

fragmenting[frǽgməntiŋ] **세분화** 한 개의 파일 내용을 일련의 용어 또는 기술자로 상세히 나누는 것.

fragment query[frǽgmənt kwí(:)ri(:)] **단편 질의** 단편들로써 표현된 질의.

FRAM **강유전성 LAM, 강유전성 기억 장치** ferroelectric RAM의 약어. 강유전체를 이용하여 재기록이 가능하고 전원을 끊어도 내용이 사라지지 않는 기억 장치. 비휘발성 메모리의 일종이다. 강유전체는 한 번 전압을 가하면 전압을 없애도 전하가 남아 있는 성질이 있다. 이러한 성질을 메모리 소자에 이용하여 데이터를 재기록할 때는 다시 전압을 가한다. 전압의 양과 음이 데이터의 1과 0에 대응된다.

frame[fréim] *n.* **프레임** (1) 열(列) : 테이프의 열(tape row). 테이프의 길이 방향에 수직한 직선상에 있으며, 한 쌍의 비트가 동시에 기록되든가 또는 검출되는 부분. 기록 밀도가 25.4mm당 1,600비트 이하인 자기 테이프에서는 1열이 1문자에 대응한다. (2) 하이레벨 전송 제어 순서(HDLC)에 따라서 커맨드(command)나 응답(response), 기타 정보를 전송하는 데 사용한다. 8비트의 정수배로 이루어지는 연속한 비트열. 각 프레임의 전후에는 특정 비트

패턴, 즉 플래그(flag)가 붙여진다. 8비트의 비트열로 구성되는 전송 단위를 옥텟(octet)이라 한다. (3) 표시틀 : 표시 화면상에 있어서 표시 영상을 기록할 수 있는 영역. (4) 문서 편집(text processing)에 있어서 문서 중에 취해지는 장방형의 영역. (5) 프레임 : 전문가 시스템(expert system)에 있어서의 지식 표현(knowledge representation)을 구성하는 하나의 단위. (6) 넷스케이프로만 볼 수 있는 HTML 규약 중의 하나로서 화면을 여러 개의 윈도(window)로 나누어 메뉴 등을 쉽게 구분할 수 있도록 지원하는 기능.

[주] 모든 2진 문자가 동시에 기록되든지 또는 검출되는 기준 테두리에 수직한 직선상에 있는 테이프의 부분.

frame assertion[–əsə́:rʃən] **프레임 단언(斷言)** 어떤 문제 상태에서 규칙에 따른 행동을 수행할 때 어떤 사물의 상태 변화 여부를 나타내는 표현으로서 매우 큰 시스템에서 상황을 나타내는 서술 논리식에 많이 이용한다.

frame axiom[–ǽksiəm] **프레임 공리(公理)** 주어진 상태에서 참이었던 사실들은 특정한 작업이 진행된 후의 새로운 상태에서도 참이라는 사실을 나타내는 공리.

frame-based method[–béist méθəd] **프레임 기초 방식** 상속성과 프로시저의 부가를 위해 프레임의 계층성을 이용한 프로그래밍 방법.

frame buffer[–bʌ́fər] **프레임 버퍼** 픽셀 단위로 영상의 내용을 저장하는 기억 장치.

frame buffer memory[–méməri(:)] **프레임 버퍼 메모리** 래스터 스캐너 디스플레이에서 화상의 버퍼로 이용되는 메모리.

frame check sequence[–tʃék sí:kwəns] **FCS, 프레임 검사 문자열** 데이터 통신에서 정보를 프레임별로 나누어 전송할 때 각 프레임의 끝에 오류 검출을 위해 추가하는 패리티나 순환 중복 검사(CRC) 등의 정보. 특히 동기식의 HDLC 프로토콜에서 사용되는 것을 가리킨다.

frame converter[–kənvə́:rtər] **프레임 변환기** 프로토콜의 한 계층에서 다른 프로토콜 계층으로 정보를 전달하거나 다중화할 때 프레임의 크기나 정보를 변화시키는 장치.

frame count error[–káunt érər] **프레임 카운트 에러**

frame frequency[–frí:kwənsi(:)] **프레임 주파수**

frame grabber[–grǽbər] **프레임 그래버** 보통 텔레비전 카메라는 1/30초에 한 번씩 한 화면을 주사하는데, 이 주사 속도에 맞춰서 입력된 영상을 특수한 영상 저장용 기억 장치에 보관하는 시스템.

frame ground[–gráund] **FG, 프레임 접지**

frame level[–lévəl] **프레임 레벨**

frame lock bit[–lák bít] **프레임 로크 비트** 그래픽 시스템에서 DPU 프로그램 끝에는 프로그램의 처음부터 분기하는 명령이 있는데, 소규모 DPU 프로그램의 빈번한 재생으로 인(phosphor)이 탈 수 있으므로 30Hz 클록에 맞도록 분기 명령을 지연시키는 비트.

frame number[–nʌ́mbər] **프레임 번호** 시스템/370의 가상 기억 시스템에서 페이지를 지정하는 데 필요한 기억 주소의 일부.

frame per inch[–pər íntʃ] **fpi, 인치당 프레임 수**

frame problem[–prábləm] **프레임 문제** STRIPS 형태의 F-규칙을 이용할 때, 상태 묘사 속에서 변화시킬 wff(체계화 공식)를 상술하는 문제.

frame rate[–réit] **프레임 속도** 단위 초당 화면을 바꾸는 횟수. 횟수가 많을수록 화면의 흔들림을 적게 느낀다.

frame reject[–ridʒékt] **프레임 거부** 체크섬(checksum)은 이상이 없으나 의미가 통하지 않는 프레임이 들어왔음을 알리는 데 사용되는 명령.

frame relay[–ri:léi] **프레임 릴레이** 패킷 스위칭 기술로서 적당한 길이의 패킷을 사용하며 영구 회선을 구성하여 데이터를 전송한다. 이것은 ANSI/ITU-T 표준인 패킷 인터페이스 프로토콜인데, ISDN보다 약간 나은 점들이 있다. 한 가지는 56kbps에서부터 1.5Mbps(T1과 동급) RK지의 프레임 릴레이 라인을 선택할 수 있다는 것이다. 또 이 프로토콜은 종량제가 아닌 정액제의 요금 체계를 갖고 있다. 그러나 프레임 릴레이는 데이터 전송을 위해서만 만들어졌기 때문에 화상 회의나 음성을 위한 응용 프로그램에는 적당하지 않다. 프레임 릴레이는 전용선(leased line)과 혼동되기도 한다. 두 가지 모두 회사의 지사 간의 근거리망(LAN)을 확장하는 데 주로 사용된다. 그러나 전용선은 사이트 간에 항상 연결이 되어 있는 선인 데 비해 프레임 릴레이는 전화 회사의 공유 네트워크를 사용하여 필요한 경우에만 연결되는 차이가 있다.

frame structure[–strʌ́ktʃər] **프레임 구성**

frame synchronization[–sìŋkrənaizéiʃən] **프레임 동기화, 프레임 동기** (1) 프레임 동기 : 시분할 다중 통신 방식에서 펄스가 어떤 회선 채널로부터 나와서 각 채널을 한 바퀴 돌고 난 후, 그 회선으로부터 펄스를 낼 때까지의 간격. 그 선두에 송수신 간의 동기를 취하기 위한 펄스를 부여해서 동기를 조정하는 것을 프레임 동기라 한다. (2) 프레임 동기화 : 시분할 다중화 통신 방식은 송수신 양국 간에서의 통신로를 동기시키기 위해 각 게이트 회로의 개폐를 제어하는 채널 펄스의 동기는 물론, 양 단말국에서 동시에 접속시키는 통신로를 일치시켜야 한다. 이를 위해 송출하는 펄스열에는 각 프레임의 처음에 동기 펄스를 삽입하고, 수신측에서 이것을 이용하여 동기를 조정한다. 이 조작을 프레임 동기화라 한다.

←전송 방향

idle/flag	flag	데이터	flag	idle/flag

⇤시작 플래그→⇤ 프레임 내용 →⇤ 끝 플래그 →⇥

〈프레임 동기 방식〉

frame synchronizing pulse [-síŋkrənàiziŋ pʌ́ls] **프레임 동기 펄스**

frame synchronous communictions [-síŋkrənəs kəmjù:nikéiʃənz] **프레임 동기 통신** 동기 통신 방식의 하나. 하나로 모은 데이터를 프레임이라고 하고, 프레임의 맨 앞에 개시 신호를 달아 송신하는 방식. 수신측에서는 개시 번호를 받아 프레임의 앞부분을 인식한다.

frame table [-téibəl] **프레임 테이블**

frame table entry [-éntri(:)] **프레임 테이블 기입 항목**

frame theory [-θíəri(:)] **프레임 이론** 인공 지능 분야에서 지식 표현의 기본적인 연구 방식의 하나. 인간의 지적 활동을 블록이나 박스로 본 심리학의 연구 방법에 대해 인간의 지식을 프레임이라고 부르는 데이터 구조를 사용하여 표현한다. 또한 언어 이해, 패턴 인식, 문제 해결 등의 지적 활동을 일반적으로 외부로부터 입력과 내부 프레임과의 상호 작용으로 보는 연구 방식이다.

Framework [fréimwə̀:rk] *n.* **프레임워크** Ashton-Tate 사에 의해 생산된 소프트웨어 패키지, 워드 프로세싱, 데이터 베이스 관리, 스프레드시트, 통신, 사무용 그래픽 등을 제공한다. 또 프레임워크는 프레임을 제공하는데, 이것은 사용자가 동시에 하나 이상의 프로그램 모듈을 사용할 수 있도록 한다. 즉, 사용자는 하나의 프레임으로 워드 프로세싱, 또 하나의 프레임으로 데이터 베이스를 보는 동안 스프레드시트로 작업을 하기 위해 세 번째의 프레임을 열 수 있다.

framework system [-sístəm] **프레임워크 시스템** 전문가 시스템 개발 시간을 줄이기 위하여 설계된 인공 지능 시스템 개발 도구의 한 종류.

framing [fréimiŋ] *n.* **프레임 지시** 비트가 연속된 스트림 안에서 문자를 표시하는 비트군을 선출하는 것.

framing bit [-bít] **프레임 지시 비트** 비트가 연속된 스트림 안에서 문자와 문자를 구분하기 위해 사용되는 정보가 없는 비트군.

framing error [-érər] **프레임 지시 오류** 비동기 통신에서 수신된 비트열에서 스타트 비트나 스톱 비트가 잘못되어 비트열을 문자들로 재생할 수 없게 되는 오류.

FRAN 프랜 framed structure analysis program의 약어. 구조 해석 프로그램의 하나로 1965년 MIT와 IBM에서 공동 개발한 것이다.

Franklin Ace [frǽŋklin éis] **프랭클린 에이스** 1980년 대 초 프랭클린 컴퓨터 사에서 개발한 애플 Ⅱ 호환 기종의 상품명.

free [frí:] *a.* **자유의, 해제된, 사용하고 있지 않은** 대개 「자유」라는 의미로도 쓰이지만, 무엇을 위해서도 사용되지 않고 있는 해제된 상태라는 의미로 쓰이는 경우가 많다. 또 어떤 데이터 세트에 의해서 점유된 메모리 공간을 해제하는 동작을 프리라고 표시하는 경우가 있다. 마찬가지로 컴퓨터와 주변 장치 사이에 설계된 전화 회선을 해제하는 것과 같은 동작도 프리라고 한다.

free access [-ǽkses] **프리 액세스**

free access floor [-flɔ́:r] **프리 액세스 플로어** 컴퓨터 장비를 설치하기 위해 바닥을 2중 구조로 하고 배선이나 공기 조화용의 배관 또는 덕트 등을 설치하는 것. 바닥은 분해할 수 있게 함으로써 탈착 가능하며 청소, 보수 및 변경이 용이하다.

freeagent [frí:èidʒənt] **프리에이전트** 흔히 에이전트라고 불리는 뉴스 읽기 프로그램이다. 간편한 바이너리 변환 기능, 빠른 속도, 간단 명료한 화면 구성, 고급 이용자들을 위한 단어 검사 기능으로 인기를 끌고 있다.

free area [frí: ɛ́(:)riə] **자유 영역** 빈 영역. 디스크나 메모리의 사용되지 않은 영역을 가리킨다.

free automaton [-ɔ̀:təmə́tən] **자유 자동 장치**

free block [-blák] **자유 블록** 현재 사용되고 있지 않은 메모리 영역(블록).

FreeBSD 리눅스와 함께 유명한 PC-유닉스의 하나로, BSD를 기반으로 개발된 AT 호환기용 BSD 유닉스. 최신 버전이 FTP 사이트나 잡지, 서적 등의 부록 CD-ROM으로 나와 있으므로 쉽게 구할 수 있다. ⇨ BSD UNIX, UNIX

free carrier [-kǽriər] **자유 캐리어**

free carrier absorption [-əbzɔ́:rpʃən] **자유 캐리어 흡수**

free chain [-tʃéin] **프리 체인** 디스크 장치에서 사용이 가능한 블록을 파악하는 방법으로, 사용이 가능한 모든 블록을 연결시켜 놓은 것. 이 체인의 첫 번째 블록 번지를 기억하고 있다가 이 중 한 블록을 사용할 경우에는 첫 번째 블록의 번지를 체인에 있는 다음 블록의 번지로 바꾸어주면 되고, 한 블록이 회수될 때는 회수된 블록의 번지가 체인의 첫 번째 블록 번지가 되며, 그 이전의 첫 번째 블록은 방금 회수된 블록에 연결된다.

free cursor[–kə́ːrsər] **프리 커서** 텍스트 편집기나 워드 프로세서 등에서 커서를 이동할 때 문장이 없는 부분에도 커서를 이동시킬 수 있는 기능.

free curve[–kəːrv] **자유 곡선** 굽은 상태를 자유롭게 조정할 수 있는 곡선. 일반적으로 컴퓨터에서의 곡선 표현에는 베지어 곡선을 이용한다. 자유형 곡선(free-form curve)이라고도 한다.

freedom of information[fríːdəm əv ìnfərméiʃən] **정보의 자유**

FREEDOM system **자유 형식 설계 지향 제조 시스템** free design oriented manufacturing system의 약어.

free field[fríː fíːld] **자유 필드** 각 기억 장치의 매체(media) 내에서는 일반적으로 각 데이터를 동일한 종류마다 필드라는 단위로 관리하고, 각 필드를 조합하여 하나의 레코드를 작성하지만, 필드마다의 위치로 필드의 성질이 정해지는 것과 같은 고정 필드(fixed-field)가 아니고, 각 필드가 매체 상의 어디에 저장(store)되어 있어도 필드가 각각 독자적 의미를 갖는 것을 자유 필드라고 한다.

free float[–flóut] **자유 여유 시간**

free flyer teleoperator[–fláiər tèliápərèitər] **프리 플라이어 텔레오퍼레이터**

free form[–fɔ́ːrm] **자유 형식** 일정한 서식이나 규격에 구애받지 않고 작성하는 프로그램. 대표적인 것으로는 BASIC, PL/I 등이 있다.

free format[–fɔ́ːrmæt] **자유 서식**

free format field[–fíːld] **자유 서식 필드**

free form design oriented manufacturing system[–fɔ́ːrm dizáin ɔ́(ː)riəntəd mæ̀njufǽktʃəriŋ sístəm] **FREEDOM system, 자유 형식 설계 지향 제조 시스템**

free form language[–lǽŋgwidʒ] **자유 형식 언어** 구문이 위치한 서식의 제약을 받지 않는 언어. C와 PASCAL이 대표적인 예이고, FORTRAN은 여기에 속하지 않는다

free game[–géim] **무규칙 게임, 자유 게임** OR의 게임 이론에서 사용되는 용어로 게임 참가자의 의사 결정 결과나 상태 변화의 판정을 그때마다 판정자의 주관적 판단에 의해 행하는 게임.

FreeHand[fríːhænd] **프리핸드** 애플 매킨토시 컴퓨터용의 그래픽 프로그램 중의 하나.

freehand drawing[–drɔ́ːiŋ] **자유롭게 그리기** 컴퓨터 그래픽 소프트웨어에서 마우스로 입력된 손의 움직임을 그대로 따라가는 기능.

freehand input device[–ínpùt diváis] **수서(手書) 입력 장치** 전자 수첩 등에 있는 기능으로, 키보드 등으로 입력하지 않고 전용 펜 등을 이용하여 입력할 수 있는 장치.

free list[fríː líst] **프리 리스트** 시스템에서 어디에 빈 메모리 공간이 있는가를 관리하기 위하여 작성한 리스트.

free mail[–méil] **프리 메일** Hot mail(MSN)이나 Yahoo! 메일 등 메일 주소를 무료로 얻을 수 있는 서비스. 일반적인 전자 우편과는 달리 웹 브라우저를 사용하여 메일을 열람, 송신하는 웹 메일이라는 방법을 이용하는 경우가 많다.

free marketing[–máːrkətiŋ] **프리 마케팅** 서비스와 제품을 무료로 제공하는 새로운 마케팅 전략. 유료 정보를 무료로 열람하는 대신 화면 상하 부분의 광고에 노출되거나, 인터넷 무료 접속 서비스를 사용하는 대신 개인의 신상 정보를 공개하는 등의 소극적 프리 마케팅 활동은 최근 들어 특정 통신 서비스를 몇 년간 사용하겠다고 약속하면 PC를 무료로 제공하는 형태로도 변형 운영되고 있다. 이와 같은 시스템이 가능해진 이면에는 전사적 자원 관리(ERP ; enterprise resource management)를 통해 예상 결과를 미리 파악, 얼마나 효과적인지 판단할 수 있는 근거가 마련되었기 때문이다. 국내에서는 이동 통신 업체가 특정한 시간대에 무료 통화를 제공하는 것을 계기로 프리 마케팅에 관한 인지도가 높아졌다.

Freenet[fríːnèt] **프리넷** 전자 우편, 정보 서비스, 대화식 통신, 그리고 회의가 가능한 공공 BBS. Freenet은 개인과 자원 봉사자들의 기금으로 구성되며 그들에 의하여 운영되고 있다. 이러한 관점에서 마치 공공의 텔레비전과 비슷하다. 이곳은 cleveland의 chio에 거점을 두고 있으며 공공의 도서관으로써 무료로 제공되는 컴퓨터 전자 통신과 네트워크 서비스를 제공하는 단체인 NPTN(national public telecomputing network)의 일부분이기도 하다.

free page[fríː péidʒ] **프리 페이지**

free response[–rispáns] **자유 응답**

free routing[–ruːtíŋ] **임의 경로 지정, 무지정 경로** 통신 처리 방식의 하나로 미리 정해져 있는 경로 지정의 규칙에 관계 없이 사용할 수 있는 임의의 통신로를 통해서 상대방에게 메시지를 보내는 것.

free running multivibrator[–rʌ́niŋ mʌ̀ltivaibréitər] **프리 러닝 멀티바이브레이터** 두 개의 회로 상태가 모두 불안정하며 스스로 발진하는 펄스 회로.

free software[–sɔ́(ː)ftwɛ̀ər] **프리 소프트웨어**

소스 코드(source code)의 변경이나 재배포가 가능한 소프트웨어. 비슷한 용어로 프리웨어(freeware)가 있지만 이것은 재배포는 허용되지만 변경은 허용되지 않는다.

Free Software Foundation [–faundéiʃən] **프리 소프트웨어 재단** 스톨만(Stallman, R.)이 설립한 유닉스 운영 체제용의 공개 소프트웨어를 만드는 단체의 이름. 여기서 개발된 프로그램으로는 X 윈도, emacs 에디터, GNU 체스, GNU C 컴파일러 등이 있다.

free space [–spéis] **자유 공간** 메모리 공간이 사용되지 않고 있는 부분.

free space block [–blák] **FSB, 자유 공간 블록**

free space list [–líst] **자유 공간 리스트**

free storage [–stɔ́:ridʒ] **프리 스토리지** 컴퓨터 내에서 실행되고 있는 프로그램이 자유롭게 액세스(access)할 수 있는 기억 영역(memory area). 이 기억 영역은 주기억 장치 속에 있어도 좋고, 자기 디스크(magnetic disk)나 자기 드럼(magnetic drum)이라는 보조 기억 장치 속에 있어도 좋다. 프로그램 상에서는 이 미사용 기억 영역에 데이터를 축적하거나 계산의 중간 결과를 축적하는 등 자유롭게 사용할 수 있다.

free storage list [–líst] **자유 축적 리스트**

free storage pool [–pú:l] **자유 축적 풀**

Freestyle 프리스타일 마이크로소프트 사의 빌 게이츠 회장이 CES 기조 연설에서 가정용 무선 단말기인 「미라(Mira ; 코드명)」와 함께 소개한 PC용 양방향 TV 소프트웨어 플랫폼의 코드명. 프리스타일은 TV 프로그램을 하드 디스크에 저장할 수 있도록 해주는 것은 물론, 광고를 건너뛰고 프로그램을 시청하거나 생방송을 정지시킬 수 있는 기능을 제공한다. 특히 3m 정도 떨어진 소파에서도 화면을 시청할 수 있도록 인터페이스를 개선시켰으며 리모컨으로 채널을 바꿀 수 있도록 했다.

free time [frí: táim] **자유 시간** 시스템에 동작이 요구되지 않는 시간. 신뢰성 공학에서 사용된다.

free variable [–vέ(:)riəbl] **자유 변수** 함수나 술어 중에서 참조되는 변수로 그 함수나 술어 자체가 정의되어 있지 않은 변수. 비지역 변수(nonlocal variable)라고도 한다.

freeware [frí:wεər] **프리웨어** 돈을 내지 않고도 다운로드하고 다른 사람에게 전달해줄 수 있는 소프트웨어. 그러나 여전히 저작권은 유효하므로 역컴파일하거나 자기 것처럼 판매해서는(퍼블릭 도메인 프로그램에서 되는 것처럼) 안 된다. ⇨ shareware

freewheeling [frí:hwí:liŋ] *a.* **프리휠링**

freeze [frí:z] *n.* **동결** 기억 장치의 내용을 그대로 출력해내는 것.

freeze mode [–móud] **동결 모드** ⇨ hold mode

freeze point in specification [–pɔ̀int in spèsifikéiʃən] **표현 동결점** 복잡한 시스템을 프로그래밍할 때 조작 프로그램의 기능적인 표현이 불가능하게 되는 단계.

frequency [frí:kwənsi(:)] *n.* **주파수, 도수, 빈도** (1) 도수, 빈도 : 측정값 속에 같은 값이 반복 출현하는 경우 각 값의 출현 횟수를 헤아린 것. 또 값 그 자체가 아니라 측정값이 존재하는 범위를 몇 개의 구간으로 나누었을 경우 각 구간에 속하는 측정값의 출현 횟수를 재는 것. (2) 주파수 : 펄스와 같은 주기적으로 변화하는 양의 단위 시간 내에 발생하는 사이클 수. 보통 헤르츠(Hz ; Hertz)로 표시한다. 시간적인 주파수와 구별하기 위해서 공간적인 경우는 공간 주파수라 한다. 단위는 lines/mm 또는 cycles/mm, 주파수와 주기는 역수의 관계에 있다.

frequency analysis compaction [–ənǽlisis kəmpǽkʃən] **주파수 분석 압축** 데이터 압축의 한 형태로서 곡선 또는 기하학적인 도형을 비교하거나 표현하기 위해 크기가 서로 다른 주파수를 특별히 코드로 나타낸다.

frequency band [–bǽnd] **주파수 대역** 음성 신호, 화상 신호, 데이터 신호, 또는 잡음파 등에서 보통 그 에너지의 대부분이 집중되어 있는 주파수 범위를 말한다.

frequency band number [–nʌ́mbər] **주파수 대역 번호**

frequency bandwidth [–bǽndwìdθ] **주파수 대역폭** 통신에 이용되는 전송로의 주파수 영역 또는 신호 파형에 포함되는 주파수 성분의 분포 대역.

frequency changer [–tʃéindʒər] **주파수 변환 장치**

frequency converter [–kənvə́:rtər] **주파수 변환기** 어느 주파수의 신호를 다른 주파수로 변환하기 위한 장치. 변조 방식을 바꾸지 않고 반송 주파수만을 변하게 하는 회로로서 1,200비트/초의 모뎀 복조(復調) 과정에 사용되는데, 이 경우 수신파를 고주파로 이동시킨다. 이것은 데이터 신호의 기본 주파수와 반송 주파수와의 차가 작으므로 차를 크게 하여 양자를 분리하기 쉽도록 한다. 또 중심 주파수에 주파수 편이량(偏移量)이 적게 되어 S자 특성이 쉬워진다.

frequency counter [–káuntər] **주파수 계수기** 미리 선택된 시간 간격 동안 전기적 신호로 발생되는 주파수의 수를 셀 수 있는 장치.

frequency curve [–kə́:rv] **분포 곡선**

frequency demultiplier [-dimʌ́ltiplàiər] **분주기**

frequency departure [-dipáːrtʃər] **주파수 분리**

frequency discrimination [-diskrìminéiʃən] **주파수 판별** 주파수 스펙트럼에서 원하는 주파수를 뽑아내는 것.

frequency distortion [-distɔ́ːrʃən] **주파수 변형**

frequency distribution [-dìstribjúːʃən] **도수 분포** 출현 도수를 표의 형태로 나열한 것을 말하며 도수표, 막대 그래프, 히스토그램 등으로 표시한다.

frequency distribution chart [-tʃáːrt] **도수 분포 도표** 데이터의 도수 분포를 한 눈에 알아보기 위한 그림으로 막대 그래프, 히스토그램, 꺾은선 그래프 등이 있다.

frequency distribution table [-téibəl] **도수 분포표** 데이터의 분포를 파악하거나 분석하기 위해 작성된 표로서 데이터의 단위값별 빈도수와 데이터값의 일정한 구간별 빈도수를 나타낸 것.

frequency diversity reception [-divə́ːrsiti(ː) risépʃən] **주파수 다이버시티 수신**

frequency divider [-dəváidər] **주파수 감소기**

frequency division multiplexing [-divíʒən mʌ́ltiplèksiŋ] **주파수 분할 다중화** ⇨ FDM

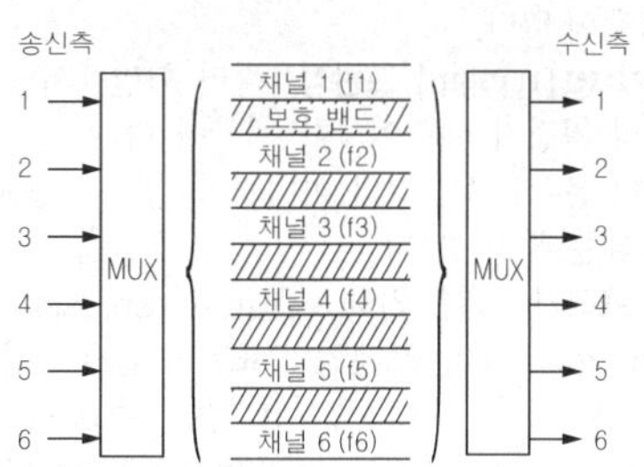

〈주파수 분할 다중화의 기본 구조〉

frequency division multiplexer [-mʌ́ltiplèksər] **주파수 분할 다중 전송 방식**

frequency division system [-sístəm] **주파수 분할 방식** 주파수 대역폭이 좁은 신호에 있어서는 여럿의 다른 신호를 다른 주파수에 의해 변조하고, 원 신호 스펙트럼을 넓은 주파수 범위로 이동시켜 하나의 전송로에서 동시에 보내진다. 이것을 주파수 분할 방식이라 한다. 이 방식을 이용한 다중 통신을 주파수 분할 다중 통신(FDW)이라 하며, 시분할 다중 통신(TDM)과 함께 다중 통신의 대표적인 것이다.

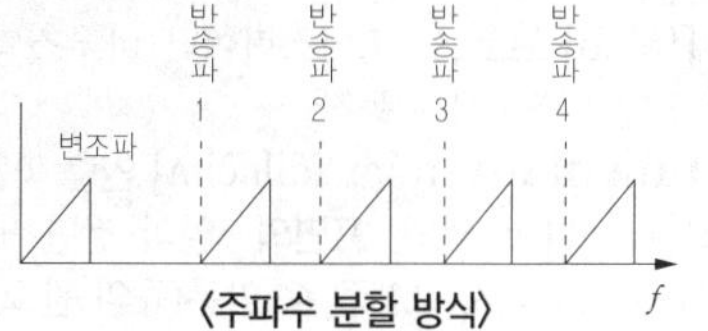

〈주파수 분할 방식〉

frequency exchange signalling [-ikstʃéindʒ sígnəliŋ] **주파수 교환 신호법**

frequency hopping [-hápiŋ] **주파수 호핑** 다중 액세스를 위해 사용되는 변조 방법의 하나로 위성 통신 시스템에서 주로 사용된다.

frequency interlace [-ìntərléis] **주파수 인터레이스**

frequency modulation [-màdʒuléiʃən] **FM, 주파수 변조** 종래부터 전기 통신 분야에서 사용된 용어이지만 컴퓨터에 있어서도 데이터 통신과 연결이 한층 깊어진 컴퓨터 관련 용어의 하나라고 할 수 있다. 진폭 변조(AM), 위상 변조(PM) 등과 대비된다. 반송파의 주파수를 신호로 응답하여 변화시키는 변조 방식.

frequency modulation broadcast band [-brɔ́ːdkæ̀ːst bǽnd] **주파수 변조 방송대**

frequency modulation mode locking [-móud lákiŋ] **주파수 변조 모드 동기** 레이저 모드 동기에 의해 주파수 변조를 받은 출력광을 얻는 것. FM 레이저라고도 한다. FM 모드 동기에서는 진폭은 거의 일정해지기 때문에 출력광의 강도를 안정시키는 데 이용된다. 또 위상 변조(FM 변조)에 의한 강제 모드 동기를 FM 모드 동기라 하는 경우도 있다. 다만 변조 주파수를 적당히 택하면 위상 변조에 의해 AM 모드 동기 발진을 일으킬 수도 있다.

frequency modulation oscillator [-ɔ́silèitər] **주파수 변조 음원** ⇨ FM oscillator

frequency modulation oscillator board [-bɔ́ːrd] **주파수 변조 오실레이터 기판** ⇨ FM oscillator board

frequency modulation radar [-réidaːr] **주파수 변조 레이더**

frequency modulation screening [-skríːniŋ] **주파수 변조 스크리닝** ⇨ FM screening

frequency modulation tone generator [-tón dʒénərèitər] **주파수 변조 음원기** ⇨ FM tone generator

frequency monitor [-mánitər] **주파수 감시 장치**

frequency multiplier [-mʌ́ltiplàiər] **주파수 배율기**

frequency offset [-ɔ́(ː)fsèt] **주파수 오프셋**

frequency polygon [-páligàn] **도수 분포 다각형** 꺾은선 그래프 형태로 도수의 변동을 나타낸 도수 분포 도표의 하나.

frequency range[-réindʒ] **주파수 범위**

frequency relay[-rí:lei] **주파수 계전기**

frequency response[-rispάns] **주파수 응답** 정현파(sine) 입력을 가했을 때의 정상시에서의 출력의 입력에 대한 진폭비 및 위상 벗어남이 입력 주파수에 따라 변화하는 상태.

frequency selective ringing[-səléktiv ríŋiŋ] **주파수 선택 신호**

frequency sharing[-ʃέəriŋ] **주파수 공용**

frequency shift[-ʃíft] **주파수 변환** 주파수 변조에서 "1" 신호 "0"에 대응해서 주파수가 변하는 것.

frequency shift coded data[-kóudəd déitə] **주파수 편위 코드화 데이터**

frequency shift keying[-kí:iŋ] **FSK, 주파수 편위 방식** 고정된 수의 불연속적 값을 취하는 변조 신호(디지털 신호)에 의해 반송파의 주파수를 변조하는 방식. 예컨대 논리 0이 하나의 주파수에 주어지고, 논리 1이 다른 주파수에 주어졌을 때, 이들 두 개의 음성이 전화 또는 무선 링크를 통해 송수신되면 논리 신호로 변환되어 되돌려 보내진다.

frequency slope modulation[-slóup mɑdʒuléiʃən] **주파수 슬로프 변조**

frequency spectrum[-spéktrəm] **주파수 스펙트럼**

frequency spectrum designation[-dèzignéiʃən] **주파수 스펙트럼 표시** 무선으로 사용하는 주파수의 확대에 따라 약호에 의한 주파수 범위가 정해져 있는 것. 예 VHF : 30~300MHz, UHF : 300~3,000MHz

frequency standard[-stǽndərd] **주파수 표준**

frequency swing[-swíŋ] **주파수 진동** 변조파에서 위아래로 나타나는 변조에 의한 반송자 주파수.

frequency table[-téibəl] **도수 분포표**

frequency tolerance[-tάlərəns] **주파수 허용 편차**

frequency to voltage converter[-tu vóultidʒ kənvə́:rtər] **주파수 전압 변환기** 입력 주파수에 비례한 아날로그의 출력 전압이 발생하는 장치나 회로. 실제 입력 신호는 사인파, 방형파, 삼각파 등 대개 어떤 파형으로도 입력할 수 있게 되어 있는 IC형의 제품이 있으며, 모터의 속도 제어, 주파수의 모니터, 전압 제어 발진기의 안정화 등에 사용된다.

frequency transfer function[-trænsfə́:r fʌ́ŋkʃən] **주파수 전달 함수**

frequency translation[-trænsléiʃən] **주파수 변환** 주파수 스펙트럼 안에 특정한 위치를 차지한 주파수 대역 신호를 그 신호들 간의 산술적 주파수 차이를 유지한 채 다른 주파수 대역으로 변환하는 것.

friction[fríkʃən] *n.* **마찰**

friction feed[-fí:d] **마찰 이송** 어떤 종류의 인쇄 장치로 사용되는 용지 이송(paper feed) 방법. 구동축인 플래튼(platen)과 부하축인 가이드 롤러(guide roller) 사이로 용지를 통과시키고 플래튼과 가이드 롤러를 원통면으로 접촉시켜 접촉면에 작용하는 마찰력에 의해서 용지를 송출한다. 이 방법에 따라서 사슬 구멍(sprocket hole)이 없는 롤지(roll paper)와 커트지(cut sheet)로도 인쇄할 수 있다. 「사슬 구멍」을 이용하여 용지를 입력시키는 pin-feed, tractor-feed와 대비된다.

friction feed paper handling[-péipər hǽndliŋ] **용지 마찰 이송 기구**

friction feed platen[-plǽtən] **마찰 이송 플래튼**

friendliness[fréndli(:)nəs] *n.* **친함** 컴퓨터나 프로그램이 매우 쉽게 사용될 수 있는 것. 사용자와 친한 프로그램은 배우는 데 짧은 시간이 걸리고, 사용하기 쉬운 프로그램을 뜻한다.

friendly interface[fréndli(:) íntərfèis] **친한 인터페이스** 누구라도 쉽게 사용할 수 있도록 설계된 컴퓨터 프로그램이나 하드웨어의 작동 방식. 대표적인 것으로는 마우스와 윈도를 응용한 메뉴 처리 방식이 있다.

fringing[fríngiŋ] **프린징** 컬러 화면에서 문자나 물체의 가장자리에 이상한 색상이 나타나는 현상. 이 현상은 적, 녹, 청의 이미지가 정확히 겹쳐지지 않기 때문에 일어난다.

FRL 프레임 표현 언어 frame representation language의 약어. 프레임의 표현을 쉽게 하기 위해 MIT에서 개발한 지식 공학용 언어. 주요 특성으로는 다중 상속(multiple inheritance), 디폴트(default), 제한 조건, 추상, 간접 표현 수단과 IF-ADDED, IF-REMOVED method와 같은 프로시저를 갖고 있다.

FRMR response 프레임 거부 응답 frame reject response의 약어. 고수준 데이터 링크 제어(HDLC)에서 사용되는 명령의 하나로 복합국이 사용되며 상대의 복합국에 FCS(프레임 검사 문자열) 오류가 없으나 규정된 규칙 이외의 다른 거절 상태의 하나를 갖는 프레임의 수신을 통지하고 회복 동작을 일으키도록 요구한다.

frob[fróub] **프로브** 조이스틱이나 마우스와 같은 선택 장치를 조작하는 동작.

from filename[frə́m fάilnèim] **인출 파일명**

front[frʌ́nt] *a.* **앞의, 표면의** 일의 전면 또는 맨 앞 부분. 제일 먼저 삭제될 수 있는 큐의 원소.

front compression [–kəmpréʃən] **전위 압축** 차분 축약의 한 방법으로 메모리 상의 데이터를 어드레스가 작은 쪽부터 순서대로 같은 것이 나열되었는지 여부를 조사하고, 같은 데이터가 나열해 있으면 그 부분에 대하여 압축을 행하는 방법.

front end [–énd] **전위** 어떤 시스템이나 프로그램의 맨 앞에 위치하여 외부로부터 입력을 받아들이는 부분. 컴파일러의 여러 단계 중에 원시 언어와 주로 관계가 있다.

front end computer [–kəmpjú:tər] **전위 컴퓨터** 다른 컴퓨터가 본격적으로 처리하기 이전의 데이터 등을 사전에 처리하기 쉬운 형태로 미리 처리하는 컴퓨터.

front end minicomputer [–minikəmpjú:tər] **전위 미니컴퓨터** 전위 처리를 행하는 소규모의 컴퓨터.

front end processing [–prásesiŋ] **전위 처리** 호스트 컴퓨터와 마이크로컴퓨터 등의 소규모 컴퓨터를 통신 회선을 통해 접속하고, 이들 컴퓨터 시스템으로 현장의 데이터를 처리하는 것.

front end processor [–prásesər] **FEP, 전위 처리기** 후위(後位) 처리기(BEP ; back end processor)와 대비된다. 호스트 컴퓨터에 접속되고, 회선의 제어 등 특정한 기능을 행하는 처리 장치이며, 다수의 비동기 회선을 처리할 목적으로 사용되는 경우가 많다. 예를 들면, 대형 컴퓨터의 회선 컨트롤러로서 작동하는 소형 컴퓨터이다. 소형 컴퓨터는 회선 주사(走査) 장치 및 컨트롤러로 작용할 뿐만 아니라 대형 컴퓨터에 의해서 발생되는 오류의 검출, (전(全)이중 라인에서의) 캐릭터에 이용자 타당성 체크 등 보통은 대형 컴퓨터에 의하여 생기는 것과 같은 "감시" 태스크 처리도 한다. 컴퓨터 시스템 중에 중앙 처리 장치(CPU)의 바로 바깥쪽(프런트 엔드)에 설치하여 통신 제어 등을 행하기 위한 전용(소형) 컴퓨터를 총칭한다. 또한 CPU의 안쪽, 즉 보조 기억 장치 등이 있는 쪽이 백(back)이 된다.

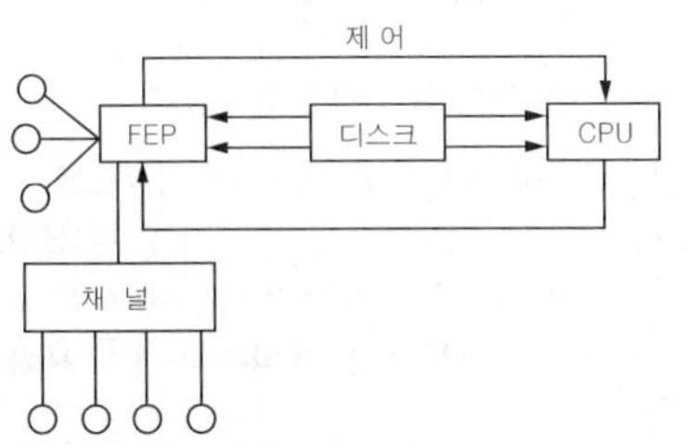

〈FEP의 사용 예〉

front end tool [–tú:l] **전위 도구** 클라이언트 서버형 시스템에서 실제로 사용자가 조작하는 인터페이스 프로그램. 사용자가 인터페이스에 대해 실행한 조작(리퀘스트)은 그대로 서버 상에서 처리되며, 그 응답에 대해 인터페이스 프로그램에서 결과를 표시한다. 사용자에게 가장 가까운 프로그램이라는 데에서 전위라 불린다.

front loading [–lóuding] **프런트 로딩**

FrontPage 프런트 페이지 마이크로소프트 사가 개발한 웹 사이트 작성, 관리 기능을 제공하는 소프트웨어. 마이크로소프트 오피스와 같이 웹 문서의 작성에서부터 홈페이지의 관리까지 가능하다.

front panel [–pǽnəl] **프런트 패널** 정보를 표시함으로써 수정하기 쉽게 설계된 라이트나 스위치가 붙은 패널로서 특별한 인터페이스나 모니터 프로그램이 필요하다. 일반적으로 마이크로컴퓨터는 프런트 패널을 갖고 있지 않으므로 모든 디버깅은 터미널에서 실시한다.

front print [–prínt] **프런트 프린트**

front processor [–prásesər] **프론트 프로세서** ⇨ FEP

front side bus [–sáid bʌs] **프런트 사이드 버스** ⇨ FSB

FRPLA 피드백 축소 프로그램 가능 논리 배열 feedback reduced programmable logic array의 약어. 다단계 논리식을 PLA로 구현하는 방법으로 각 단계의 출력이 다음 단계로 피드백된다.

FRR 기능별 회복 루틴 functional recovery routine의 약어.

F-rule F–규칙 전진 방향 생성 시스템에서 규칙이 임의의 상태에 적용되어 새로운 상태를 생성해내는 규칙.

fry [frái] **프라이** 과전류나 과열로 인해 회로가 파괴되는 것.

FS (1) **펨토초** femto second의 약어 10^{-15}초. (2) **파일 분리** file separator의 약어. 파일이라는 정보 단위의 끝에 사용하는 정보 분리 문자. ASCII 표시로 사용한다.

FSA 유한 상태 자동 기계 finite-state automation의 약어.

FSB (1) **자유 공간 블록** free space block의 약어. (2) **프런트 사이드 버스** front side bus의 약어. 주기억 장치의 버스 클록(외부 클록)의 총칭. 반면, 펜티엄이나 펜티엄 Pro에서는 FSB와는 별개로 2차 캐시가 CPU와 직접 연결되어 있다. 2차 캐시의 구동 클록을 BSB(백 사이드 버스)라고 한다.

FSC 결함 증상 코드 fault symptom code의 약어.

FSK 주파수 변위 방식 frequency shift keying의 약어.

FSL 형식 의미 언어 formal semantics language

의 약어.

FSS file system switch의 약어. UNIX System V(R3.0)에서 도입한 파일 시스템의 스위치 기구.

FT 트랜지스터의 이미터 접지 전류 증폭률의 이득 대역폭 곱으로 정의되고 이미터 접지인 경우의 고주파 한계를 부여하는 양으로 트랜지스터를 평가하는 중요한 기준이 된다.

FTA 고장 트리 해석 fault tree analysis의 약어. 시스템의 중대한 고장을 미리 상정하고 그 요인을 부품 레벨까지 고쳐가는 수법. 두 가지 이상의 요인으로 된 복합 고장에 관해서도 해석 가능한 것이 특징이다.

FTAM file transfer, access and management의 약어. 네트워크 방식의 국제 표준인 OSI에서 정하고 있는 파일 전송 방식. ⇨ FTP

FTN liquid crystal FTN 액정 film twisted nematic liquid crystal의 약어. STN 액정에 필름을 추가함으로써 노랗게 또는 파랗게 되는 것을 막을 수 있는 액정 디스플레이의 표시 기술.

FTP 파일 전송 프로토콜 file transfer protocol의 약어. 컴퓨터 간에 파일을 복사하는 데 사용되는 인터넷 프로토콜. 주로 아카이브 사이트와 클라이언트 간에 쓰인다. 복잡한 유닉스를 몰라도 되는 프리웨어와 셰어웨어들이 있어 다운로드하여 구할 수 있고, 웹 브라우저로도 FTP 사이트에 접속할 수 있다. 만약 개인용 컴퓨터가 인터넷에 접속되어 있지 않을 경우 투-스텝 프로세스(two-step process) 라는 과정을 거쳐야 한다. 즉, 먼저 로컬 호스트(local host) 에 FTP로 파일을 받아넣은 다음 ZModem. XModem, kermit 등을 통해 PC로 파일을 전송해야 한다.

FTPmail 파일 전송 프로토콜 메일 FTP 응용 소프트웨어가 아닌 경우에 전자 우편을 이용하여 FTP를 수행하는 것.

FTP site FTP 사이트 여러 개의 소프트웨어를 모아 정리한 라이브러리를 네트워크 상에 공개하여 많은 사용자가 접근할 수 있도록 하는 서버(군). 일반적으로 인터넷에서 annoymous FTP를 이용하여 접근할 수 있는 사이트를 의미하는 경우가 많다.

FTSC 미 연방 통신 표준 위원회 Federal Telecommunication Standards Committee의 약어. FTSC 및 미 연방 정부의 표준안을 국내 및 국제 표준안과 비교, 확인하는 일을 하며, CCITT, ISO, ANSI 등과 밀접한 관계가 있다.

FTTH fiber to the home의 약어. 공급자에서 사용자 가정에 이르기까지의 배선에 금속선을 전혀 포함하지 않고, 완전히 광섬유화하여 고속, 대용량 광대역 통신을 가정에서 이용할 수 있게 하는 시스템 구조. 최근에는 근처 전신주까지만 광섬유로 전송하고, 가정에 들어오는 선만은 종래의 금속선 그대로 하는 저비용 FTTC(fiber to the curb)도 나오고 있다.

FUB 미정 사용 블록 future use block의 약어.

Fujitsu 후지츠 일본의 대형 컴퓨터 업체. 개인용 컴퓨터를 비롯하여 수퍼 컴퓨터에 이르기까지 다양한 컴퓨터를 생산하며, 미국의 IBM에 필적할 만한 업체이다.

Fujitsu multimedia vision 후지츠 멀티미디어 비전 ⇨ FMV

full [fúl] *a.* **가득한, 완전한** 반이중(half duplex)에 대한 전이중(full duplex), 반가산기(half adder)에 대한 전가산기(full adder)와 같이 쓰이고 있다.

full adder [–ǽdər] **전(全)가산기** 가산 기능. 즉, 가수(added), 피가수(augend), 올림수(carry)를 표시하는 세 가지 입력(input)을 「합」과 「올림수」 두 가지 출력으로서 출력하는 전가산기는 반가산기(half-adder)에서는 고려되지 않았던 하위의 가산 결과로부터 올림수를 처리할 수 있도록 한 회로이며, 일반적으로는 가산기 두 가지와 올림수용의 회로로 구성되어 있다.

〈전가산기 회로의 진리표〉

입 력			출 력	
A	*B*	*Z*	*C*	*S*
0	0	0	0	0
0	0	1	0	1
0	1	0	0	1
0	1	1	1	0
1	0	0	0	1
1	0	1	1	0
1	1	0	1	0
1	1	1	1	1

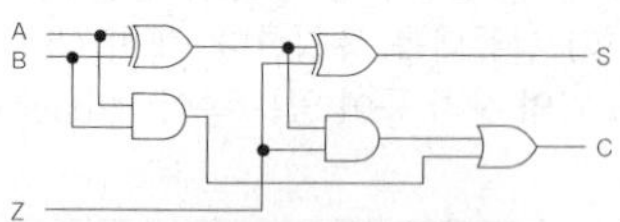

〈전가산기의 논리 회로〉

full ASCII keyboard 전 아스키 키보드 키보드로부터 소문자의 전송과 인쇄가 가능한 ASCII 키보드 대문자만 사용하는 시스템도 있다.

full availability [–əvèiləbíliti(:)] **전 이용성, 전체 가용성**

full binary tree [–báinəri(:) trí:] **전 2진 트리** 최후의 레벨에만 리프 노드가 있고, 나머지 모든 레벨의 노드들은 모두 차수가 2인 2진 트리의 한 형태.

full character printer [–kǽrəktər príntər]

풀 캐릭터 프린터 타자기와 같은 방법으로 인쇄하는 것으로, 정해진 글자와 부호만 인쇄할 수 있으므로 효용도가 낮고, 글자 모양도 정해져 있어 융통성이 없는 단점이 있다. 그러나 값이 저렴하고 사용이 쉬운 장점이 있다. 충격식 프린터의 일종이다.

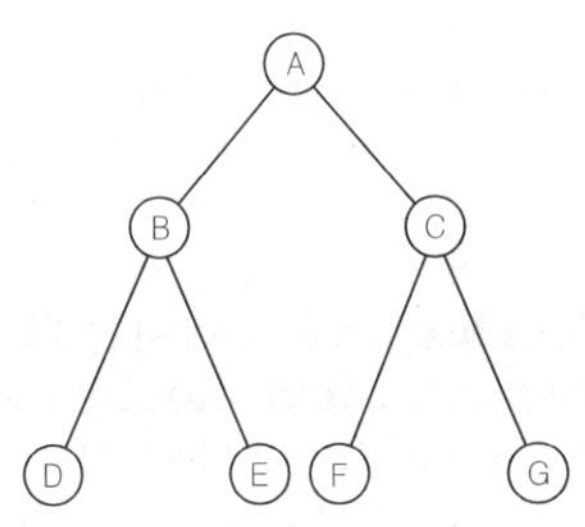

〈전 2진 트리의 예〉

full color[–kʌ́lər] **풀 컬러 선택** 인간의 눈으로 볼 수 있는 자연색. 컴퓨터 그래픽에서는 1픽셀당 RGB의 각 색을 256단계로서 1,677만 7,216종의 색을 표현할 수 있는 것으로, 24비트 컬러라고도 한다.

full data read[–déitə ríːd] **전 데이터 판독**

full decoded selection[–diːkóudəd səlékʃən] **풀 디코드 선택** 전 n비트 번지(전형적인 것은 $n = 16$)에 의해 입출력 장치 또는 메모리의 기억 장소를 선택하는 방법으로 일반적으로 리코더를 이용한다.

full dependency[–dipéndənsi(ː)] **완전 종속성** ⇨ full functional dependency

full digital mode[–dídʒitəl móud] **전 디지털 모드** 송신 기기에서 수신 기기 사이의 모든 구간에서 모두 디지털 방식으로 전송되는 전송 시스템.

full duplex[–djúːpleks] **FD, FDX, 전이중** 전이중 방식. (1) 전이중 채널 : 중앙 처리 장치와 단말 기기 사이에 정보를 전송하기 위해 사용되는 채널 중 정보의 송신과 수신을 동시에 행하는 것이 가능한 것을 전이중 채널이라고 한다. (2) 전이중 : 통신단 A, B가 있을 때 A로부터 B와 B로부터 A의 어느 쪽 방향으로도 통신이 가능하고 동시에 양방향으로도 통신할 수 있는 방식. (3) 전이중 통신 : 동시에 양방향으로 데이터를 송수신할 수 있는 통신 방식. 회로는 일반적으로 4선식이 이용되며 송수 통신로를 분리해서 설정한다. 또 양방향으로 데이터를 송수신할 수 있어도 동시에는 한 방향으로 한정된 방식을 반이중 통신(half duplex)이라고 한다.

full-duplex channel[–tʃǽnəl] **전이중 전송로**

full-duplex communication[–kəmjùːnikéiʃən] **전이중 통신** 전화 회선처럼 송신자와 수신자가 동시에 양방향 통신을 할 수 있는 것. 서로 다른 회선이나 주파수를 이용하여 데이터 신호가 충돌되는 것을 방지한다. 이더넷의 오리지널 규격인 CSMA/CD에서는 송신과 수신이 동시에 불가능하다. 스위칭 허브를 사용하면 CSMA/CD의 절차를 따르지 않아도 되므로 NIC/허브 간, 허브/허브 간의 동시 송수신이 가능해진다.

full-duplex communication system[–sístəm] **전이중 통신 방식** 통신단 x, y가 있을 때 x에서 y, y에서 x의 어느 방향으로도 통신이 가능하며 동시에 양방향으로도 통신할 수 있는 방식.

full-duplex DCE attachment **전이중 DCE 접속 기구**

full-duplex line[–láin] **전이중 회선**

full-duplex mode[–móud] **전이중 방식** 데이터를 양방향으로 동시에 송수신할 수 있는 방식. 반환 시간이 필요 없으므로 두 컴퓨터 사이에 매우 빠른 속도로 통신이 가능하다.

full-duplex service[–sə́ːrvis] **전이중 서비스**

full-frame[–fréim] **전 프레임** 모니터의 표시 부분 전체 영역을 사용하기 위해 화면의 상을 확대하는 것.

full functional dependency[–fʌ́ŋkʃənəl dipéndənsi(ː)] **완전 함수적 종속성** 어느 속성 집합에 대해 함수적 종속성을 갖는 한 속성 집합이 전자의 어떤 부분 집합에 대해서도 함수적 종속성을 갖지 않는 성질.

full function path[–fʌ́ŋkʃən pɑ́ːθ] **전기능 경로**

full function service[–sə́ːrvis] **수탁 처리 서비스**

full height[–háit] **풀 하이트** 기준이 되는 높이. 일반적으로 하드 디스크나 CD-ROM 드라이브의 외형 높이로 약 8cm가 된다.

full index[–índeks] **완전 색인** 파일 내 각각의 레코드 어커런스가 인덱스 엔트리를 갖는 파일 구조.

full inverted data base[–invə́ːrtəd déitə béis] **완전 역데이터 베이스** 모든 필드에 대해 역이 만들어진 데이터 베이스. 데이터를 추가 또는 삭제할 때의 오버헤드 때문에 거의 사용되지 않는다.

full keyboard[–kíːbɔ̀ːrd] **완전 키보드** 텐 키보드나 텐 키가 없는 키보드 등과는 달리 데이터 입력용으로 충분한 키가 갖추어져 있는 것. 보통의 PC에 부착되는 키보드를 말한다.

full key type[–kíː táip] **전 키 형태** 한자 등을 입력할 때 모든 형태의 글자를 각각의 키보드 상에 갖추어 이를 이용하여 입력하는 형태.

full motion video[–móuʃ(ə)n vídiòu] **완전 작동 비디오** 매초 30화면을 표시하는 비디오 영상으로서 원활한 동화상을 얻을 수 있다. 보통의 비디오와 같다.

full page display[–péidʒ displéi] **전화면 표시** 일시에 하면 화면상에 가로 80칼럼, 세로 55라인을 디스플레이하는 것.

full path[–pǽːθ] **전체 경로** 파일명을 지정할 때 드라이브명에서부터 시작하여 모든 디렉토리명을 지정해서 입력하는 것.

full perforated tape[–pə́ːrfərèitəd téip] **완전 천공 테이프** 종이 테이프 천공에서 채드(chad)되어 구멍이 완전히 뚫려 있는 테이프.

full procedural file[–prəsíːdʒurəl fáil] **전절차적 파일**

full-qualified name[–kwálifàid néim] **완전 수식된 이름**

full-read pulse[–ríːd pʌ́ls] **전 판독 펄스**

full screen[–skríːn] **전(체)화면** 화면 전체가 영상 표시를 위해 사용되는 상태.

full-screen display[–displéi] **전(체)화면 표시** 화면 전체가 중앙 처리 장치에서 처리된 자료를 문장이나 도형 등으로 화면에 나타내는 장치.

full-screen editing[–éditiŋ] **전(체)화면 편집**

full-screen editor[–éditər] **전(체)화면 편집기** 컴퓨터 화면의 내용을 변경할 때 쓰는 프로그램.

full-screen processing[–prásesiŋ] **전(체)화면 처리**

full size[–sáiz] **전각(全角)** 바깥 테두리의 높이와 폭, 크기의 비가 거의 1 : 1인 해당 제품의 표준적인 문자의 크기.

full speed[–spíːd] **최고 속도**

full-substitution rule[–sʌbstitjúːʃən rúːl] **전 대입 규칙(全代入規則)** 재귀적 프로그램의 계산 규칙의 하나. 출현하는 모든 재귀 함수를 동시에 그 정의식으로 치환한다.

full subtracter[–səbtrǽktər] **전(全)감산기** 피감수 I, 감수 J 및 다른 숫자 위치에서 이송되어 오는 빌림수 K 등 세 가지의 입력과 빌리지 않은 차이 W 및 새로운 빌림수 X의 두 가지 출력을 갖고 입력과 출력이 다음 표에 의해 관계되는 조합 회로.

입력	0	0	1	1	0	0	1	1
	0	1	0	1	0	1	0	1
	0	0	0	0	1	1	1	1
출력	0	1	1	0	1	0	0	1
	0	1	0	0	1	1	0	1

입력 I : 피감수
입력 J : 감수
입력 K : 빌림수
출력 W : 빌림 없는 차이
출력 X : 빌림수

full text data base[–tékst déitə béis] **전 텍스트 데이터 베이스** 텍스트의 제목 이름이나 저자명은 물론, 본문 전체를 기록하고 참조할 수 있는 데이터 베이스. 주로 2차 정보에 의해서 데이터 베이스가 구축되지만 본문 전체가 기록되어 있으므로 검색에는 별문제가 없다.

full text retrieval[–ritríːvəl] **전 텍스트 검색**

full text searching[–sə́ːrtʃiŋ] **전 텍스트 검색** 컴퓨터의 보조 기억 장치에 저장된 전체 텍스트를 검색함으로써 어떤 정보를 얻는 것.

full-track index[–trǽk índeks] **전 트랙 인덱스**

full transparent text mode[–trænspɛ́(ː)-rənt tékst móud] **전 투과 텍스트 모드**

full-word[–wə́ːrd] **전어(全語), 풀 워드** 저장의 기본 단위로서 취급되는 단어 중의 하나.

full-word boundary[–báundəri(ː)] **풀 워드 경계**

fully associative mapping[fúli əsóuʃièitiv mǽpiŋ] **완전 연관 사상** 캐시 기억 장치(cache memory)를 가진 컴퓨터에서 주기억 장치의 정보를 캐시 기억 장치로 옮기는 방법 중의 하나로 주기억 장치의 페이지가 캐시의 어떤 페이지에나 들어갈 수 있는 방법.

fully connected topology[–kənéktəd təpálədʒi(ː)] **완전 연결 토폴로지** 네트워크 상의 어떤 노드로 다른 모든 노드와 직접적으로 연결된 경우.

fully perforated tape[–pə́ːrfərèitəd téip] **완전 천공 테이프**

fully populated board[–pápjulèitid bɔ́ːrd] **완전 실장 기판** 칩의 소켓이 가득차 있는 상태의 프린트 기판. 메모리 기판은 보통 몇 개의 메모리 IC용의 빈 것을 가지고 있다. 초대용량 미만의 메모리 보드를 만들 때 빈 IC 소켓을 몇 개 준비해두고 추가할 수 있도록 해준다.

fully qualified domain name[–kwálifàid douméin néim] **도메인 이름의 절대 표기** ⇨ FQDN

fully qualified name[–néim] **완전 수식된 이름**

fully replicated data[–réplikèitəd déitə] **완전 중복 데이터** 각 노드마다 데이터 베이스 전체를 중복하여 유지 관리하는 데이터 할당 기법으로, 데이터 검색시의 기억 장소 비용, 데이터 갱신시 발생되는 데이터 일관성 유지 문제 및 데이터 전송 비용이 과다한 것이 단점이다.

function[fʌ́ŋkʃən] *n.* **기능, 함수** 「기능」 또는 수학에 있어서의 「함수」를 의미하지만 특히 컴퓨터에 있어서는 명령(instruction)의 종류를 단순히 function이라고 하는 경우가 있다. 컴퓨터에 관련하는 경우를 그대로 「펑션」이라고 번역하는 경우가 많다. 컴퓨터로 계산하는 경우 fun(x, y) 등이라 쓰고, fun을 함수명, x, y를 인수(引數 ; argument)라 한다. 특정 계산 처리를 여러 가지 인수에 대하여 행할 수 있기 때문에 서브루틴으로 이용되는 경우가 많다. 「기능」이라는 의미로 쓰이는 경우는, 예를 들면 기능 키(function key)란 말과 같이 쓰인다. 이것은 키보드의 상부 위치에 f1, f2 등으로 표시된 조금 큰 키이며, 이 키 하나에 미리 기억시켜 둔 기능과 명령 등을 실행시킬 수 있도록 되어 있다. **[주]** 1. 함수 : 종속 변수의 값이 하나 이상의 독립 변수의 값에서 어떤 지정된 방법으로 결정되는 수학상의 대상이며, 독립 변수 각각의 값. 영역 내의 값이 각각 허용되는 조합에 대하여 종속 변수의 값이 두 개 이상 대응하는 일이 없는 것. 2. 함수 : 실행시 하나의 값을 생성하는 절차이며 그 절차 호출이 하나의 식 중에 오퍼랜드로서 쓰여지는 것. **예** 함수 sin은 sin(X)에 의하여 호출되었을 때 sin X의 값을 취한다.

functional [fʌ́ŋkʃənəl] *a.* **기능의, 함수의** 적당한 함수 공간 {u} 상의 실수(또는 복소수)값을 가지는 함수. 즉, 함수의 함수이다. 예를 들면, 곡선 $y=y(x)$의 길이, 곡면$=f(x, y)$의 면적을 나타내는 적분

$$L(y)=\int_{x0}\sqrt{1+y'(x)^2dx}$$

$$S(z)=\iint_B\sqrt{1+zx^2+zy^2dxdy}$$

등은 범함수이다.

functional-address instruction [–ədrés instrʌ́kʃən] **기능적 어드레스 명령어** 명령어 중에 특별한 연산 명령 부분이 없고, 어드레스 부분이 연산을 나타내는 명령어.

functional analog computer [–ǽnəlɔ̀(:)g kəmpjú:tər] **함수 아날로그 컴퓨터**

functional block [–blάk] **기능 블록** 시스템을 구성할 때 잘 정의된 단위 기능을 수행하는 각 부분.

functional board tester [–bɔ́:rd téstər] **기능 기판 시험기** 기판 끝에 있는 연결 장치에 시험할 값을 넣어서 논리 기판의 올바른 작동을 검사하는 장치.

functional character [–kǽrəktər] **기능 문자**

functional command [–kəmάːnd] **기능 명령어**

functional dependency [–dipéndənsi(:)] **함수 종속성** 관계 모델에서 데이터 의미를 표현하는 방법의 하나. 관계 R의 임의 속성 집합 X, Y에서 X 속성값이 정해지면 대응하는 Y 속성값이 한 가지로 정해질 때, 「Y는 X에 함수 종속이다」라고 한다. 그리고 X → Y로 쓴다. $y=f(x)$로부터 연상된 명명이다.

functional design [–dizáin] **기능적 설계** 데이터 처리 시스템에 있어서의 각 부분의 작용 관계를 명확히 설명하는 것.

functional device [–diváis] **기능 장치** molecular electronics에 붙여진 디스크. molecular electronics에서는 「대응하는 전자 회로와 입출력 특성만으로, 즉 전체로서 기능적으로 같은 것을 만든다」라는 개념이고, 여기서 나온 디바이스라는 의미로 이 용어가 생겼지만, 넓은 의미로 잡는 사람과 좁은 의미(금속 간 화합물 반도체에 의한 기능 디스크)로 잡는 사람이 있어 정의는 확실히 정해져 있지 않다.

functional diagram [–dάiəgræ̀m] **기능 다이어그램** 시스템 기능을 전체적으로 이해하기 쉽게 하기 위해 시스템을 구성하는 각 장치 간의 연결을 나타낸 개념도. 각 장치는 보통 직사각형 그림으로 나타내고 그 장치 명세의 개요 등이 쓰인다. 각 장치 간을 이동하는 데이터나 명령 계통 등이 직선, 점선 등으로 써넣어진다.

functional element [–éləmənt] **기능 소자** 한 개의 기본적인 컴퓨터 기능을 수행하는 데 필요한 논리 소자와 지연 소자의 조합.

functional interleaving [–ìntərlí:viŋ] **기능적 인터리빙** 컴퓨터에서 입출력 CPU 내에서의 조작이 서로 독립되어 수행되면 시간 절약으로 큰 효과를 얻을 수 있는데, 이 두 가지 일은 때에 따라 기억 장치로의 접근을 필요로 한다. 이런 경우, 기억 장치에 대한 접근 요구를 교차 배치함으로써 기억 장치를 공유하면서도 두 가지 일이 독립적으로 수행되게 하는 방식.

functional language [–lǽŋgwidʒ] **기능 언어, 함수적 언어** 함수적 프로그래밍 원칙을 도입하여 모든 기능 수행을 함수의 적용에 의해서만 진행하는 언어. 대표적인 함수 언어로는 LISP 언어가 있는데, 순수한 LISP는 함수 언어이나 현재 실용화되고 있는 LISP 언어는 엄밀하게는 함수 언어가 아니다.

functionally distributed architecture [fʌ́ŋkʃənəli distríbju(:)təd άːrkitèktʃər] **기능 분산형 아키텍처** 복수 처리 프로세서에 컴퓨터의 일반 기능을 분산해놓은 컴퓨터 구축 방식.

functional macro instruction [fʌ́ŋkʃənəl mǽkrou instrʌ́kʃən] **기능 매크로 명령어**

functional modularity [–mάdʒuləriti] **기능적 모듈화** 처리 능력을 높이고 시스템 활용 범위를 넓히기 위해 기본적인 데이터 처리 장치 시스템에 여러 가지 장치를 부가적으로 추가하는 것.

functional operation [–ὰpəréiʃən] **함수 연산**

한 개의 기본적인 컴퓨터 기능을 수행하는 동작.

functional part [–pá:rt] **기능부**

functional partitioning [–pa:rtíʃəniŋ] **기능 분할화**

functional processing module [–práse-siŋ mádʒu:l] **기능 처리 모듈**

functional programming language [–próu-græmiŋ lǽŋgwidʒ] **함수 프로그래밍 언어** 변수(variable)로의 대입이라는 형태이며 계산을 실행하는 FORTRAN을 대표로 하는 실행문형(型) 언어에 대하여 네스팅(nesting)으로 기술한 식을 계산 결과로 치환하는 것으로 실행할 언어를 호출한다. 이것에는 재귀 호출(스스로 자신을 호출하는 것)이 쉽게 기술되는 이점이 있다. LISP, FP가 그 대표적인 것이다.

functional query language [–kwí(:)ri(:) lǽŋgwidʒ] **함수적 질의어** 함수적 데이터 모델에 대한 질의어로서 함수를 집합과 도메인 해석에 의한 질의어.

functional recovery routine [–rikʌ́vəri(:) ru:tí:n] **FRR, 기능 회복 루틴**

functional requirement [–rikwáiərmənt] **기능적 조건 서류** 시스템을 구성하는 데 있어 필요 기능의 제반 조건을 기입한 서류.

functional specification [–spèsifikéiʃən] **기능적 명세서** (1) 프로그램에서 처리할 기능을 구체적으로 세분해 그 기능을 정의하고, 입출력 요건과 프로그래밍에 필요한 논리 개념을 정리한 문서로서 프로그램 구조의 설계 단계에서 작성된다. (2) 시스템이나 시스템 요소가 반드시 수행해야 할 기능을 정의하는 명세서.

functional switch [–swítʃ] **기능 스위치** 입출력 정보의 함수와 같은 논리적 스위치 회로. 구체적으로는 프로그램 안에 둔 분기점 등을 말한다.

functional symbol [–símbəl] **논리 기호** 논리 연산자나 그 기능을 표시하는 기호. ⇨ logic operator

functional test [–tést] **기능 검사**

functional testing [–téstiŋ] **기능 검사** 대부분 장비들의 동작이 제한된 종류의 기능들로 구성되어 있다는 점을 이용하여 기능적인 시험을 하는 것.

functional test system [–tést sístəm] **기능 검사 시스템**

functional unit [–jú:nit] **기능적 단위** 컴퓨터 시스템 등을 구성하고 있는 서브시스템을 포함한 각각이 어떤 목적을 수행할 능력을 갖는 것의 총칭. **[주]** 소프트웨어 또는 그 양자로서 구성되는 것이며 지정된 목적을 수행하도록 하는 개체(entity).

functional units of a computer [–jú:nits əv ə kəmpjú:tər] **컴퓨터의 기능적 단위** 디지털 컴퓨터를 구성하는 산술 논리 연산 장치, 기억 장치, 제어 장치, 입력 장치, 출력 장치를 가리킨다.

function block diagram [fʌ́ŋkʃən blák dái-əgræ̀m] **기능 블록 도표** 시스템의 제반 기능을 몇 개의 블록으로 나눠 표현한 도표. 계수형 컴퓨터의 순서도와 비슷하다.

function byte [–báit] **함수 바이트**

function call [–kɔ́:l] **함수 호출** 함수 서브프로그램을 수행하기 위하여 호출하는 것.

function character key [–kǽrəktər kí(:)] **기능 캐릭터 키**

function code [–kóud] **함수 코드** 단말 기기 등의 역할을 제어하는 기능의 부호이며, 전송 제어, 서식 제어, 장치 제어 등을 행한다.

function control block [–kəntróul blák] **기능 제어 블록**

function control key [–kí:] **기능 제어 키**

function definition [–dèfiníʃən] **함수 정의**

function designator [–dézignèitər] **함수 지정자**

function digit [–dídʒit] **기능 숫자** 산술 연산이나 논리 연산을 기술하는 고유한 컴퓨터 코드 숫자.

function element [–éləmənt] **기능 소자** 논리 함수를 수행하는 장치.

function evaluation [–ivæ̀ljuéiʃən] **함수 산출**

function evaluation routine [–ru:tí:n] **함수 산출 루틴** 삼각 함수, 역 삼각 함수, n 제곱근, 자연 대수, 지수 함수 등의 함수값을 계산하는 서브루틴.

function event [–ivént] **기능 사상**

function expression [–ikspréʃən] **함수식**

function generator [–dʒénərèitər] **함수 발생기, 함수 발생 프로그램** 아날로그 컴퓨터에서 입력에 대하여 그 함수를 발생하는 비선형(nonlinear) 연산 요소. 회로 측정기, 아날로그 컴퓨터, 파형 발생기 등에 사용된다.

function interpreter [–intə́:rprətər] **기능 인터프리터**

function key [–kí:] **기능 키** 컴퓨터의 키보드에는 알파벳이나 한글을 나타내는 키 또는 숫자, 기호 등을 나타내는 키가 있으며, 이 밖에도 여러 가지 기능을 가진 키가 있다. 문자 표시 이외의 키를 기능 키라고 하는데, 구체적으로는 커서를 움직이는 키, 리턴 키, TAB 키 등이 있으며, 퍼스널 컴퓨터의 경우는 특히 상부에 붙어 있는 F1에서 F10까지의 키를 가리키기도 한다.

function keyboard [–kíːbɔ̀ːrd] **기능 키보드**

function library [–láibrəri(ː)] **함수 라이브러리** 각종 함수를 한 데 모아서 수록한 라이브러리 파일. 이것이 충분할 경우 프로그래밍 시간을 절약할 수 있다.

function management header [–mǽnidʒmənt hédər] **기능 관리 표제**

function management layer [–léiər] **기능 관리층**

function manager [–mǽnidʒər] **FM, 관리 기능**

function matrix [–méitriks] **기능 행렬** 각 입력 패턴에 대해 가능한 출력 패턴을 나타낸 표에서 개개의 입력 패턴으로부터 다른 입력 패턴으로 변화가 일어났을 때 그 결과로 얻어지는 출력 패턴을 직접 판독할 수 있는 것.

function multiplier [–mʌ́ltiplàiər] **함수 승산기** 시간이나 거리 같은 계속 변하는 두 개의 아날로그 입력 신호의 곱을 아날로그 표현으로 나타내는 기기.

function part [–pɑ́rt] **기능부** 명령의 일부이며, 통상 행해지는 연산만을 명시적으로 지정하고 있는 부분.
[주] 「통상」에 대한 예외로서는 묵시 어드레스 지정(implied addressing)을 참조한다.

function point [–pɔ́int] **기능 요소** 소프트웨어의 생산성을 측정하는 기준을 프로그램의 기능적인 측면에 두고 측정할 때 평가의 대상이 되는 요소.

function point estimation [–èstiméiʃən] **기능 포인트 평가** 입력, 출력, 데이터 파일, 조회, 외부 접속 관계 등의 기능 요소를 이용해서 간접적으로 평가하는 방법.

function potentiometer [–pətènʃiɑ́mətər] **함수 퍼텐쇼미터** 아날로그 컴퓨터에서 접촉자의 위치와 분압비(分壓比)가 주어진 함수 관계를 만족하는 전위차계.

function procedure [–prəsíːdʒər] **함수 절차** 실행할 때 하나의 값을 만드는 절차이며, 그 절차 호출이 하나의 식에서 오퍼랜드로 쓰여지는 것. **예** 함수 sin은 sin(x)에 의하여 호출되었을 때 sin x의 값을 취한다.

function programming [–próugræmiŋ] **함수 프로그래밍** 함수 응용을 유일한 제어 구조로 사용하는 프로그래밍 형태.

function reference [–réfərəns] **함수 참조**

function selection screen [–səlékʃən skríːn] **기능 선택 화면**

function shipping request [–ʃípiŋ rikwést] **함수 전송 요구**

function step [–stép] **기능 단계** 데이터나 벡터열(stream)을 사용해 시스템 명세로의 모형 과정에 새로이 정의된 기능 과정을 관련시켜 확장시키는 단계.

function subprogram [–sʌ́bpròugræm] **함수 서브프로그램**

function subprogram reference [–réfərəns] **함수 서브프로그램 참조**

function switch [–swítʃ] **기능 스위치** 일정한 개수의 입출력을 갖는 회로로서 코드나 신호 형태 등의 입력 정보로부터 출력 정보를 얻어낸다.

function table [–téibəl] **함수표** 함수값을 쉽게 계산하는 것이 가능하도록 변수와 함수값의 대응을 표로 나타낸 것. 함수값이 표에 없는 변수값에 관해서는 직접 구하지 않지만 적당한 보간법(補間法)을 사용하는 것이 보통이다.

function table tabulation [–tæ̀bjuléiʃən] **함수표 작성** 마이크로 논리 회로의 동적 및 정적 기능의 완벽한 특성을 구하기 위해 충분히 연속적인 시간 간격을 두어 모든 가능한 입력값과 출력값을 관련지어 도표를 작성하는 것. 값은 직접 전기적 측정값으로 나타내거나 미리 정의된 부호로 나타낸다.

function test [–tést] **기능 테스트**

fundamental frequency [fʌ̀ndəméntəl fríːkwənsi(ː)] **기본 주파수** 합성파를 구성하는 기본 주파수. 변형이 없는 순 사인파이다.

fundamental logic circuit [–lɑ́dʒik sə́ːrkit] **기본 논리 회로** 논리합 회로(OR 회로), 논리곱 회로(AND 회로), 부정 회로(NOT), NAND 회로, NOR 회로 등을 말한다. 즉, 그러한 조합으로 모든 논리 함수를 표현하는 회로를 구성할 수 있기 때문이다.

fundamental mode circuit [–móud sə́ːrkit] **기본 방식 회로** 입력의 변화가 발생한 후 회로가 안정 상태에 들어갈 때까지는 다른 변화가 일어나지 않는 비동기식 순차 회로.

fundamental quantity [–kwɑ́ntiti(ː)] **기본량** 일정한 이론 체계 하에 물리량을 정의하는 경우 무정의적으로 되는 양.

fundamental theory of program [–θíːəri(ː) əv próugræm] **프로그램 기초 이론** 계산 가능성 이론, 형식 언어 이론, 오토머톤 이론, 프로그램 의미론, 프로그램 도식 이론, 프로그램 검증 이론 등 프로그램 구성과 실행에 관계되는 문제를 수학적으로 해명하려고 하는 이론.

fundamental unit [–júːnit] **기본 단위** 채용하는 단위계에 대한 기본량의 단위.

fuser [fjúːzər] *n.* **정착 기구** 레이저 프린터 등에서 토너를 용지 위에 정착시키기 위한 기구.

fusible link[fjú:zibl líŋk] **가변 연결** PROM(프로그램 가능 판독 전용 기억 장치)의 비트 형태가 고전류에 의해 접착되거나 단절되는 것. 이런 과정을 PROM을 굽는다고 한다.

future label[fjú:tʃər léibəl] **미결정 레이블** 프로그램의 명령에 사용되는 레이블. 컴파일러 혹은 어셈블리 프로그램이 아직 절대 번지를 할당하지 않은 번지를 가리킨다.

future public land mobile telecommunication system[–pʌ́blik lǽnd móubil tèləkəmjù:nikéiʃən sístəm] ⇨ FPLMTS

future use block[–jú:s blák] **FUB, 미사용 블록**

fuzzy control[fʌ́zi(:) kəntróul] **퍼지 제어** 퍼지 이론에 입각한 유연성 있는 제어 방식.

fuzzy formula[–fɔ́:rmjulə] **퍼지 공식** 일반적으로 진리값이 참과 거짓으로 결정되지 않고 (0, 1)의 범위에서 결정되는 퍼지 논리 공식.

fuzzy intersection[–ìntərsékʃən] **퍼지 곱** 퍼지 집합론에서 퍼지 집합과 일반적인 집합에 각 원소의 소속 관련성을 함께 표시하여 순서쌍 형태로 원소가 구성된 집합에서의 곱 연산.

fuzzy logic[–ládʒik] **퍼지 논리** 컴퓨터의 논리 회로를 결정적인 것이 아니라 근사적인 확률을 포함하는 비결정적인 것으로 하는 기술. 애매모호한 상황을 여러 근사값으로 구분하여 근사적으로 추론하는 방법이다.

fuzzy reference[–réfərəns] **퍼지 참조** 지정한 키워드와 완전히 일치하지는 않더라도 검색 대상 안에서 비슷한 키워드를 찾아내는 기능. 기능성이 있는 키워드를 기초로 목록을 작성하는 기능.

fuzzy set[–sét] **퍼지 집합** 보통 집합은 그것에 속하는 요소의 모임에 따라 정해지지만 퍼지 집합은 요소가 속하는 정량적 비율에 따라 정해진다. 즉, 집합론에서는 집합 A를 정하는 데 특징 함수 C에 의해

$$CA(x)\begin{cases}1, & x\in A\\ 0, & x\in A\end{cases}$$

로 한다. 이에 대해서 퍼지 집합론에서는 퍼지 집합 F를 정할 때에 멤버십(귀속) 함수 m에 의해 $m_F(x)=\alpha$, $\alpha\in[0, 1]$로 한다. 두 개의 퍼지 집합 F와 G 사이의 기본 연산도 멤버십 함수를 이용하여 다음과 같이 정하게 된다.

(1) F의 보집합(補集合) $\overline{F}$

$m_{\overline{F}}-(x)=1-m_F(x)$

(2) 합집합 $F\cup G$

$m_{F\cup G}(x)=\max(m_R(x), m_G(x))$

(3) 곱집합 $F\cap G$

$m_{F\cap G}(x)=\min(m_F(x), m_G(x))$

(4) 공집합 ϕ, $m_\phi(x)=0$

(5) 전체 집합 U, $m_U(x)=1$

퍼지 집합론은 많은 현실 문제의 수학적 정식화에 이용되고 있다.

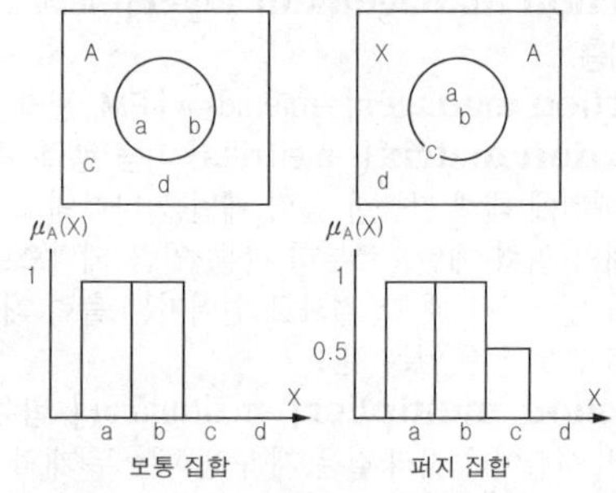

〈보통 집합과 퍼지 집합의 표현〉

fuzzy system[–sístəm] **퍼지 시스템** 일반적으로 컴퓨터의 논리는 1과 0 또는 양과 음이라고 하는 이치(二値) 이론에 의해 결정된다. 그러나 이 상태로는 중간적인 것을 나타내기가 어려우므로 이를 해결하는 것이 퍼지 시스템이다. 퍼지 시스템에 있어서는 상태가 멤버십 함수라고 하는 확률 함수로 주어지기 때문에 중간적 또는 애매한 상태를 나타낼 수가 있다.

fuzzy theory[–θíəri(:)] **퍼지 이론** 애매한 논리 숫자 집합 등을 연구해온 버클리 캘리포니아 대학의 교수로 재임했던 자데(Loft A. Zadeh)에 의해 처음 이론이 제창되었고, 불확실한 상태를 표현할 수 있는 이론을 퍼지 이론(fuzzy theory)이라고 하였다. 이것은 전통적으로 불확실(uncertainty)한 확률과는 약간 다르다. 예를 들어, 확률을 70%라고 한다면 70%라는 값을 한정하는 것이지만 퍼지는 65%도 75%도 수용할 수 있다. 이러한 퍼지 이론은 참(1)과 거짓(0)의 2진법을 쓰는 컴퓨터에 놀라운 변화를 가져올 것으로 기대하는데, 애매한 자료를 데이터 베이스를 이용해 정리하고 로봇이나 인공 지

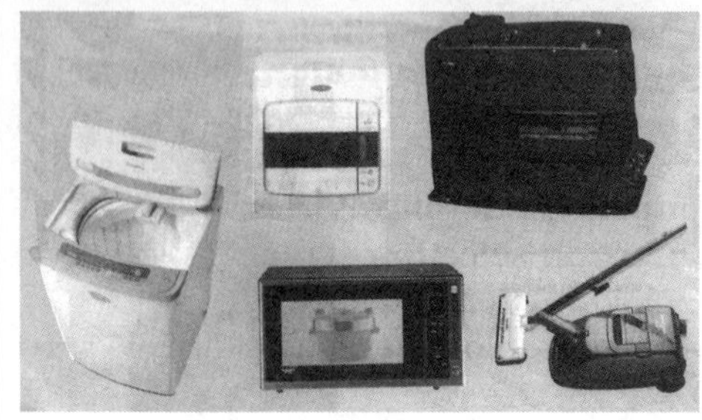

〈퍼지 이론을 적용한 국내의 가전 제품들〉

능에도 이용할 수 있다. 예를 들면, 나이 40세 이하인 사람들을 찾지 않고 젊은 사람들이라고 표현해 자료를 검색할 수 있다. 이러한 퍼지 이론은 공학에서 실용화되고 있다. 세탁기에 퍼지 이론을 도입하여 세탁액의 오염 정도, 세탁물의 질을 판별하는 퍼지 센서(fuzzy sensor)를 통해 세탁 시간을 최적화했다. 또한 자동 카메라에도 이용되어 역광시에도 선명한 촬영을 할 수 있으며, 앞으로는 자동 주행 시스템, 엘리베이터 운행 시스템 등 다양한 분야에서 경제적인 시스템 개발에 이용되고 있다.

FV first virtual holings incorporation의 약어. FV는 일반 네트워크 쇼핑 회사들이 물건을 살 때마다 신용 카드 번호를 매번 제시해야 하는 단점을 보완해서 자신의 ID를 가지고 서명함으로써 물건을 살 수 있도록 했다. 즉, 자신의 ID가 하나의 현금 역할을 하는 신용이 되는 시스템으로 만들었다. 물건을 판 회사가 FV에게 대금 지급을 요구하면 FV는 사용자에게 지불 여부를 메일로 문의한 후 지불한다. FV는 가입자를 확보하기 위해 가입시 경품을 제공하기도 한다. http://www.fv.com/ 참조.

Fvwm 95 리눅스에서 윈도 95와 같은 사용자 인터페이스를 실현하는 응용 프로그램. 윈도 95와 같이 윈도의 제목 표시줄, 화면 아래의 작업 표시줄이 나타난다. 이외에 버튼 하나로 동작할 수 있는 버튼 아이콘이 있다.

FX 고정 영역 fixed area의 약어. 특정한 파일과 프로그램을 수록하기 위해 보호된 디스크 상의 장소.

FX-80 일본의 EPSON 사에서 개발한 9핀 도트 매트릭스 프린터의 상품명.

FYI for your information의 약어. 기술적인 표준 또는 프로토콜의 설명이 아닌 RFC와 비슷한 시리즈. FYI는 TCP/ IP와 인터넷에 관계된 화제에 대한 일반적인 정보들을 제공해준다. RFC에 비해서는 덜 중요한 내용을 다루고 있다.

G

G[dʒíː] 지 (1) ground의 약어. (2) generator의 약어. (3) giga의 약어. 10억. (4) 국제 전신 전화 자문 위원회(CCITT)가 결정한 팩시밀리를 이용해서 국배판(A4)의 표준 원고를 한 장 보내는 데 걸리는 전송 속도. G Ⅰ 규격은 저속기로 약 6분, G Ⅱ는 중속기로 약 3분, G Ⅲ 규격은 고속기로 약 1분 걸린다.

G Ⅰ 그룹 Ⅰ group Ⅰ의 약어. 국제 전신 전화 자문 위원회(CCITT)에서 권고하는 팩시밀리 규격 중의 하나. 저속기로 ISO A4 크기의 원고를 송신하는 데 6분이 소요되고, 주파수 변조 방식으로 별 다른 대역 압축이나 데이터 압축 방법을 쓰지 않는다.

G Ⅱ 그룹 Ⅱ group Ⅱ의 약어. 국제 전신 전화 자문 위원회(CCITT)에서 권고하는 팩시밀리 규격 중의 하나. 중속기로 ISO A4 크기의 원고를 송신하는 데 3분이 소요되며, 위상 변조와 VSB(vestigial side band)로 대역 압축시켜 GI보다 속도가 두 배 빠르다. 화질이 좋고 가격도 저렴하다.

G Ⅲ 그룹 Ⅲ group Ⅲ의 약어. 국제 전신 전화 자문 위원회(CCITT)에서 권고하는 팩시밀리 규격 중의 하나. 화면 신호를 디지털로 처리하며, 아날로그에서와 같은 해상도를 얻기 위해 화소수를 mm당 8도트로 늘려 정보량이 광대하다. 1차나 2차 코딩 방법으로 데이터 압축을 하고, 데이터 모뎀을 이용하여 전화선을 사용한다. 전송 시간은 1분이지만 원고 내용에 따라 다르다. 즉, 데이터 압축비가 주로 모뎀의 전송 속도에 좌우되며, 디지털로 많은 정보를 주고받을 수 있기 때문에 여러 가지 부가 기능을 구비할 수 있고, 전자 교환 시스템(ESS)의 서비스 정도에 따라 더욱 확장될 수 있다.

G Ⅳ 그룹 Ⅳ group Ⅳ의 약어. 국제 전신 전화 자문 위원회(CCITT)에서 권고하는 팩시밀리 규격 중의 하나. 공중 데이터 회선(PSPN)을 이용하여 고속, 고화질의 데이터를 전송한다.

G1 facsimile 그룹-1 팩시밀리 group-1 facsimile의 약어. ⇨ group-1 facsimile

G2 facsimile 그룹-2 팩시밀리 group-2 facsimile의 약어. ⇨ group-2 facsimile

G3 facsimile 그룹-3 팩시밀리 group-3 facsimile의 약어. ⇨ group-3 facsimile

G4 facsimile 그룹-4 팩시밀리 group-4 facsimile의 약어. ⇨ group-4 facsimile

G3 processor G3 프로세서 애플 사가 개발한 파워 PC 740, 750을 일컫는 말. 개발 시기나 투입 기술을 기준으로 해서 1세대의 601, 2세대의 603, 604, 620에 이어 3세대의(3rd generation) 프로세서를 의미한다. ⇨ PowerPC

G4 processor G4 프로세서 애플 사가 개발한 파워 PC 7400을 일컫는 말. AltiVec 기술(애플 사에서는 Velocity Engine이라고 부른다)에 의해 하나의 명령으로 최대 20개의 연산을 처리할 수 있다. ⇨ G3 processor, PowerPC, AltiVec

GaAs 갈륨비소 gallium arsenide의 약어. 고성능 반도체를 제조하는 데 사용되는 화합물. 실리콘보다 성능이 훨씬 뛰어나지만 값이 비싸다.

GaAs IC 갈륨비소 집적 회로 gallium arsenide integrated circuit의 약어. 갈륨비소를 기판으로

〈CCITT에 관한 팩시밀리의 분류〉

분 류	설 명
G1기 저속기	A4판에 큰 문서를 약 6분에 전송하는 아날로그형 팩스 장치. 통신 회선은 아날로그 회선(전화 회선)을 사용
G2기 중속기	A4판의 큰 문서를 약 3분에 전송하는 아날로그형 팩스 장치. 통신 회선은 아날로그 회선을 사용
G3기 고속기	약 700자를 기록한 A4판의 대형 문서를 약 1분에 전송하는 디지털형 팩스 장치. 통신 회선은 아날로그 회선을 사용
G4기 초고속기	약 700자를 기록한 A4판의 대형 문서를 수초로 전송하는 디지털형 팩스 장치. 통신 회선은 디지털 회선을 사용

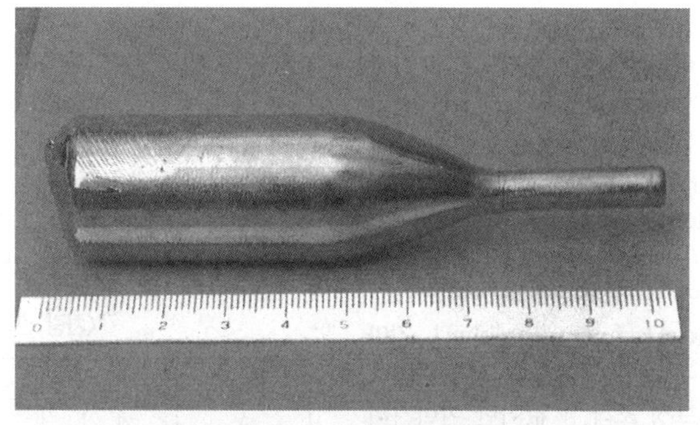

〈갈륨비소(GaAs)의 단결정〉

하는 IC로 저온에서 고속성을 가진다.

gain [géin] *n.* **이득** 손실(lose)과 대비되는 말로 증폭기, 수신기, 안테나 증폭기 등의 회로에서 입력 신호와 출력 신호의 강도의 비율. 주로 데시벨(dB) 단위로 나타낸다.

gallium [gǽliəm] *n.* **갈륨** 원소 기호 Ga. 화합물 반도체에 이용된다.

gallium arsenide [–ɑ́ːrsənàid] **GaAs, 갈륨비소** ⇨ GaAs ⇨ 그림 참조

gallium arsenide integrated circuit [–íntəgrèitəd sə́ːrkit] **갈륨비소 집적 회로** ⇨ GaAs IC

gallium arsenide light emitting diode [–làit imítiŋ dáioud] **갈륨비소 발광 다이오드**

gallium arsenide phosphide [–fɑ́sfaid] **GaAsP, 갈륨비소인**

gallium arsenide semiconductor [–sèmikəndʌ́ktər] **갈륨비소 반도체** 종래의 실리콘 IC에 비해서 처리 능력이 높고, 소비 전력이 적은 장점이 있는 새로운 반도체.

galloping [gǽləpiŋ] **갤러핑법** RAM의 기능 시험은 갤러핑 패턴 또는 갤러핑 라이트 리커버리 패턴을 사용하여 시험하는 것으로 이 두 패턴은 N^2 계 테스트 패턴에 속한다. 매칭법 N^2 계는 테스트 패턴 수가 N^2에 비례하는 것인데, 일반적으로 패턴 수가 많다. 갤러핑 패턴은 초기 설정된 데이터와 역데이터를 기준 셀(cell)에 써넣고, 다른 모든 셀을 읽어내어 기준 셀을 읽어내는 것을 반복하여 상호 영향을 시험하는 패턴으로 읽어내는 것에 관한 모든 셀 간의 영향을 시험할 수 있다.

GALPAT 갤패트 galloping pattern의 약어. 연속된 패턴을 발생시키기 위한 메모리 테스트 기술.

GAM 도형 액세스 방법 graphic access method의 약어.

game [géim] *n.* **놀이, 게임** OR 분야에서 이 언어가 사용될 때는 상호 이해가 상반되는 상태에 놓여진 사람(기업)이 최선의 묘수를 발견해서 자기를 유리하게 이끄는 것을 겨루는 게임으로 이해되고 있다.

game board [–bɔ́ːrd] **게임 기판** 게임 패들이나 조이스틱을 접속할 수 있는 IBM PC/AT용의 입출력 포트.

game chip [–tʃíp] **게임 칩** 축구, 사격, 테니스 등과 같이 게임을 할 수 있는 칩. 4개의 2인 게임과 두 개의 1인 게임이 자동 점수 기록 및 현장감 있는 음향이 하나의 칩에 내장되어 있다.

game control adapter [–kəntróul ədǽptər] **게임 컨트롤 어댑터** 조이스틱이나 게임 퍼즐을 접속할 수 있는 IBM PC 및 호환기종의 입출력 포트. 이 어댑터의 중심은 A/D 변환기이다. 조이스틱이나 게임 퍼즐에 의해서 한두 개의 전위차계의 위치가 변화하면 전압 레벨이 변하고, 그것이 A/D 변환기에서 조이스틱이나 게임 퍼즐의 위치를 표시하는 수로 변환된다.

game machine [–məʃíːn] **게임기** 게임 전용 컴퓨터. 화상 표시나 음의 기능에서는 부분적으로 PC의 표시 능력을 뛰어넘는 성능을 갖고 있다. 그래픽의 회전, 확대/축소, 스플라이트라는 문자 표시에 유리하다.

game port [–pɔ́ːrt] **게임 포트** 개인용 컴퓨터에서 게임용 조이스틱을 연결할 수 있는 포트.

game theory [–θíəri(ː)] **게임 이론** 인공 지능이나 경영학에서의 게임에 관련된 이론. 가장 기본적인 것은 미니맥스 원칙(minimax principle)으로 자신의 손해가 최소화되고 이익이 최대화되는 방향으로 움직인다는 것.

game tree [–tríː] **게임 트리** 컴퓨터 프로그램으로 플레이되는 게임에서 발생 가능한 모든 상황들을 나타내기 위해 구성된 트리. 체커, 체즈 등의 게임이 대상이 된다.

game type control system [–táip kəntróul sístəm] **게임형 제어계** 결정 이론(게임 이론)

의 입장에서 게임형 제어계라는 것이 있다.

gaming[géimiŋ] **게이밍** 기본적인 방법으로 시뮬레이션을 사용하는 것 또는 경영이나 전쟁을 게임으로 보고 당사자가 취하는 전략의 결정 기준을 합리적으로 찾기 위해 구상된 것.

gaming simulation[-sìmjuléiʃən] **게이밍 시뮬레이션** 사업 게임(business game), 전쟁 게임(war game) 등의 모의 실험.

gamma correction[gǽmə kərékʃən] **감마 수정** γ(감마) 값을 수정하여 이미지를 좀더 자연스럽게 재현하기 위한 보정 조작. γ 값이란 이미지의 밝기 변화에 대한 전압 환산값의 변화비로 1이 가장 이상적이지만, 소자의 특성에 따라 디스플레이, 카메라, 스캐너 등에서 각각 값이 다르다. 따라서 원래 데이터를 충실하게 재현할 때는 이러한 오차를 보정하는 감마 수정이 필수적이다.

gamma distribution[-dìstribjúːʃən] **감마 분포** 확률 분포의 한 가지로 다음과 같은 식으로 표현되는 분포이다.

$$f(x)=\frac{1}{\lambda p(n)}x^{n-1}e^{-x/\lambda}\ (x>0)$$

여기서 $p(n)$은 감마 함수이다. 만일 $x=1$이면 감마 분포는 지수 분포가 된다.

gamut[gǽmət] *n.* **색 영역** 컴퓨터 그래픽 화면에서 표시할 수 있는 색깔의 전체 범위를 가리키는 말.

GAN 세계적 통신망 global area network의 약어. 범지구적으로 국가와 국가 사이를 연결하는 네트워크를 의미하며, 그 대표적인 것으로 「인터넷」을 들 수 있다. GAN은 1.5Mbps~100Gbps의 전송 속도를 유지할 수 있고, 수용 범위도 수천 km에 달하는 초거대형 네트워크이다.

gang[gǽŋ] *n.* **집단, 연동** 예를 들면 펀치(천공) 카드에서 집단 천공을 gang punch라 한다.

gang punch[-pʌ́ntʃ] **집단 천공, 일괄 천공** (1) 카드 덱의 각 천공 카드에 동일한 구멍 패턴으로 천공하는 것. (2) 최초에 천공된 카드에 기록된 내용의 일부 또는 전부를 그 다음 카드에 계속해서 천공하는 것.

Gantt chart 간트 차트 목적과 시간의 두 기본적 요소를 이용하여 만드는 그래프로, Henry Gantt에 의해 고안되었다. 공정(工程) 관리 등에 쓰인다. ⇨ 그림 참조

gap[gǽp] **갭, 공간** 간극, 공백, 단층 등의 의미이다. (1) 자기 기록 매체에 데이터를 기록할 경우에 레코드와 레코드 또는 블록과 블록 사이에 데이터가 기록되지 않은 간극이 생긴다. 이것을 레코드 간 갭(IRG ; interrecord gap) 또는 블록 간 갭(IBG ; interblock gap)이라고 한다. (2) 자기 디스크나 자기 테이프를 읽고, 기입할 때 자기 기록 헤드와 기록 매체 사이에 일정하게 보존된 간극을 가리킨다. (3) 일반적인 의미로는, 사건에 있어서 문제의 차이를 지적하는 데 사용된다. 예를 들면, 단말기의 데이터 처리 속도와 통신 회선의 데이터 전송 속도와의 차이 등을 가리키는 데 사용된다.

〈차량 관리〉

활 동	내 용	선행 활동	2진수
A	세 차	-	10
B	건 조	A	10
C	왁스칠	B	15
D	내부 청소	B	30
E	광 택	C	25

⇩

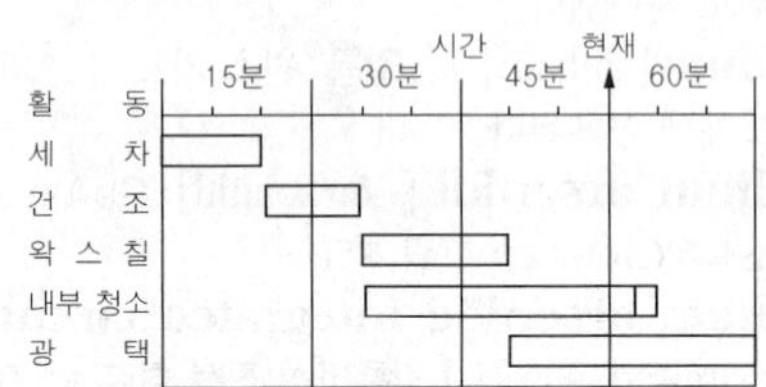

〈차량 관리의 Gantt 차트의 예〉

gap character[-kǽrəktər] **갭 문자** 기술적인 이유에서 문자열과 문자열의 사이에 삽입되는 문자로 하나의 컴퓨터 단어 속에는 포함되나 기술상의 목적에만 사용되고 데이터를 표현하는 데에는 사용되지 않는 문자.

gap digit[-dídʒit] **갭 숫자** 여러 가지 기술적인 이유로 기계어에 포함되어 있는 숫자. 이것은 데이터나 명령어를 나타내는 데 사용되지 않는다.

gap filler[-fílər] **갭 필러** 이동 멀티미디어 방송(DMB) 시 고층빌딩, 터널 등에 의해 전파가 차단되는 지역에서 방송을 수신할 수 있도록 위성 및 송신소로부터 발사된 전파를 수신하여 재송신하는 소출력 재송신소.

gap head[-hé(ː)d] **갭 헤드** (1) 자기 드럼, 자기 디스크 등에서 자기 헤드와 매체 간의 공간. (2) 매체에 자계를 주기 위해 자기 헤드의 자기 회로 중에 삽입된 공간.

gap length[-léŋkθ] **갭 길이** 하나의 극면에서 다른 극면까지 잰 헤드가 움직인 간격의 치수. 세로 기록에 있어서 간격 길이는 테이프가 돌아가는 방향에 따른 간격의 길이로 간주한다.

gap loss[-lɔ́(ː)s] **갭 손실** 출력에서 재생 헤드의 유한한 간격 길이에 의한 손실.

garbage[gáːrbidʒ] *n.* **쓰레기** 불필요한 정보. 폐영역. 기억 장치에 남아 있는 의미 없고 불필요한 정보. 효율 높은 기억 장치를 사용하기 위해서는 이러한 쓰레기를 모아서 다시 이용할 수 있도록 할 필요가 있다. 이 작업을 쓰레기 수집(garbage collection)이라고 한다. LISP 1.5는 이런 방법으로 유명하다.

garbage collection[–kəlékʃən] **쓰레기 수집** 기억 영역 내에 각종 프로그램을 기억시키는 경우 프로그램 사이에 틈이 생기는 일이 있다. 그것의 하나하나는 아주 사소한 것이지만 합치면 아주 큰 기억 영역을 만들어낼 수 있다. 그리하여 프로그램을 이동시켜 이 틈을 연속된 영역으로 만드는 작업을 쓰레기 수집이라고 한다.

garbage in garbage out[–in gáːrbidʒ áut] GIGO 「불필요한 정보를 입력(input)하면, 불필요한 정보밖에 출력(ontput)되지 않는다」라는 의미. 컴퓨터 시스템과 데이터 상호 교환을 논하는 데 사용되는 옛날 용어. 입력 데이터가 좋지 않으면 출력 데이터도 좋지 않다고 하는 것. 잘못된 데이터나 무의미한 데이터를 입력하면 프로그램이 올바르다 해도「잘못」,「무의미」한 결과밖에 출력되지 않는다.

GASP 가스프 이산형(離散型) 시뮬레이션 언어의 하나로 FORTRAN의 서브루틴 패키지로 되어 있다. SIMSCRIPT와 같이 시스템 변화를 사상(事象)으로 하여 그 중에서 구성 요소를 엔티티(entity)로 정의한다.

gas panel[gǽs pǽnəl] **가스 패널** 표시 장치 부분이며, 평면 상태의 가스 봉입 패널 중에 그리드 전극이 있는 것.
[주] 리프레시(refresh)하는 일 없이 장시간 화상을 보존 유지할 수 있다.

gas plasma display[–plǽzmə displéi] **가스 플라스마 디스플레이** 가스 플라스마의 방전 현상에 의한 발광을 이용한 플랫 디스플레이. 도트마다 구획된 투명 전극 사이에 가스를 충전하고 전압을 가하여 플라스마 방전을 일으키게 한다. 구조를 얇게 할 수 있고, 콘트라스트가 강하며 반응 속도가 빠르고, 밝고 시야가 넓다는 등의 특징이 있다. 한편 고전압이 필요하기 때문에 전지로 구동하기는 어려우며, 100볼트 전원을 이용하는 랩톱(laptop) 컴퓨터에 응용되고 있다.

gas sensitive[–sénsitiv] **가스 감응 소자** 가스량을 전기 저항의 변화로써 조절할 수 있는 소자.

GATD 3차원 데이터 그래픽 해석 graphic analysis of three-dimensional data의 약어.

gate[géit] *n.* **게이트** (1) 출력 채널이 하나. 입력 채널이 하나 또는 둘 이상인 전자 디바이스(electronic device)이다. 입력 채널 상태(state)로서 출력 상태가 정해진다. 대표적인 게이트에는 AND 게이트(AND gate)와 OR 게이트(OR gate) 등의 논리 게이트(logic gate)가 있다. (2) 전기장 효과 트랜지스터(field effect transistor)와 실리콘 정류 소자(silicon rectifier) 등에 있는 전극(electrode)의 하나이며, 드레인 전류(drain current)의 흐름의 양을 컨트롤하는 경우이다. (3) 집적 회로(integrated

〈디지털 논리 게이트〉

논리 함수	논리 게이트 기호	진 리 표	불 함수 표현	의 미
버 퍼 NOT (inverter)	A — F 입력 출력 A — F	입 력 / 출 력 A F F 0 0 1 1 1 0	F=A F=A	논리 부정
AND NAND	A B — F 입력 출력 A B — F	입 력 / 출 력 A B F F 0 0 0 1 0 1 0 1 1 0 0 1 1 1 1 0	F=A·B F=A·B	논리곱 부정 논리곱
OR NOR	A B — F 입력 출력 A B — F	입 력 / 출 력 A B F F 0 0 0 1 0 1 1 0 1 0 1 0 1 1 1 0	F=A+B F=A+B	논리합 부정 논리합
Exclusive OR(XOR) Exclusive NOR (XNOR)	A B — F 입력 출력 A B — F	입 력 / 출 력 A B F F 0 0 0 1 0 1 1 0 1 0 1 0 1 1 0 1	F=A⊕B F=A⊕B =A⊙B	배타적 논리합 배타적 부정 논리합

circuit)에 들어 있는 회로의 수 또는 집적 회로가 받아들일 수 있는 신호(signal)의 수를 표시하는 데 사용되는 단위(unit)이다.

gate array[–əréi] **게이트 배열** 반도체 칩 상에서 단순 게이트들로 된 기본 셀(cell)을 배열 형태로 배치하는 것.

gate array chip[–tʃíp] **게이트 배열 칩**

gate array method[–méθəd] **게이트 배열 방법** 기본 논리 소자인 게이트를 한 단위로 하여 병렬로 배치하고, 배선에 의해 논리 회로를 만드는 집적 회로 설계법의 하나. 표준 논리 집적 회로에 비해 집적도가 높고 개발 기간이 짧아 개발비가 싸다.

gate circuit[–sə́ːrkit] **게이트 회로** 펄스 회로의 하나로 입력 신호를 다른 입력 신호로 제어하여 출력을 제어하는 회로.

gate complexity[–kəmpléksiti(ː)] **게이트 복합성** IC(집적 회로)의 집적도를 평가하는 기준으로 그 칩 안에 기본적인 논리 게이트 몇 개가 들어가 있는지를 나타낸 것. 집적 회로의 게이트 복잡성은 다음과 같이 분류된다. ① SSI(small scale integration) : 10개 이하의 게이트로 이루어지며 이러한 집적 회로는 한 패키지 내에 여러 개의 게이트 또는 플립플롭이 포함되어 있다. ② MSI(medium scale integration) : 10~100개의 게이트로 구성되며, 레지스터, 카운터, 디코더 등의 초보적 기능을 가진 집적 회로에 쓰인다. ③ LSI(large scale integration) : 수백 개의 게이트로 구성되며, 대용량 기억 장치, 마이크로프로세서 및 휴대용 컴퓨터용 칩에 쓰인다. ④ VLSI(very large scale integration) : 수천 개의 게이트로 이루어지며 대형 기억 장치, 복잡한 마이크로프로세서 및 마이크로컴퓨터 칩에 쓰인다. ⑤ UVLSI(ultra very large scale integration) : 수만 개의 게이트로 이루어지며, 인공 지능과 같은 제5세대 컴퓨터에 이용된다.

gate-clock[–klák] **게이트 클록** 제어 신호와 클록을 AND시켜 만든 특별한 종류의 클록.

gate decision element[–disíʒən éləmənt] **게이트 결정 소자**

gate latch[–lǽtʃ] **게이트 래치** 외부 요인으로 인해 지정된 상태로 바뀔 때까지 이전 상태를 유지하는 회로.

gate equivalent circuit[–ikwívələnt sə́ːrkit] **게이트 등가 회로**

gate matrix[–méitriks] **게이트 행렬**

gate number[–nʌ́mbər] **게이트 수** 집적 회로의 규모를 판단하는 기준을 나타내는 기본 논리 회로의 수. 특히 마이크로프로세서 등의 논리 회로 칩에 사용되며, 1게이트는 약 5~10개의 논리 회로 소자로 구성되어 있다.

gate oxide[–áksaid] **게이트 산화물** MOS(금속 산화물 반도체) 트랜지스터에서 폴리실리콘으로 만든 게이트.

gate pulse[–pʌ́ls] **게이트 펄스** 게이트를 제어하기 위한 펄스.

gate signal[–sígnəl] **개폐 신호** 논리곱 신호. 개폐 소자 입출력 간에 정보를 통과시키기 위한 신호.

gate trigger current[–trígər kə́ːrənt] **게이트 트리거 전류**

gateway[géitwèi] *n.* **게이트웨이** 복수의 컴퓨터와 근거리 통신망(LAN ; local area network) 등을 상호 접속할 때 컴퓨터와 공중 통신망, LAN과 공중 통신망 등을 접속하는 장치를 가리킨다. 실제로는 미니컴퓨터 등이 사용되고 있으며, 게이트웨이 프로세서(gateway processor)라고도 불린다. 일반적으로 컴퓨터와 단말기를 공중 통신망을 경유하여 접속할 경우에는 게이트웨이로서는 대규모 장치를 필요로 하지 않는다. 그러나 네크워크 간 통신을 행할 때에는 통신 속도의 제어, 트래픽 제어, 네트워크 사이에서의 컴퓨터 어드레스의 변환 등 복잡한 처리를 행하기 때문에 게이트웨이 프로세서로서는 적지 않게 미니컴퓨터 정도의 능력을 갖는 장치가 필요하게 된다. 요즘은 원래의 정의 대신에 「라우터(router)」라는 용어가 대신 사용된다. 게이트웨이는 자체 프로세서와 메모리를 가지고 있으며, 프로토콜 변환이나 대역폭 변환을 하기도 한다. 일반적으로 게이트웨이는 근거리 통신망 프로토콜이 하나 이상 설치되어 있는 큰 규모의 네트워크에서 볼 수 있는데, 예를 들어 키네틱 사의 패스트패스(fastpath)라는 애플토크(AppleTalk)와 이더넷(Ethernet) 네트워크를 연결할 수 있다.

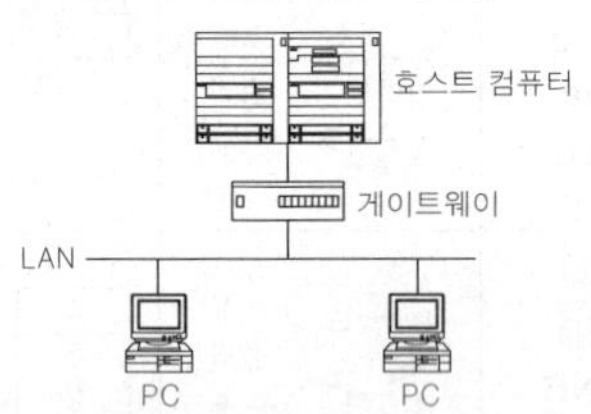

〈게이트웨이를 이용한 네트워크의 구성〉

gateway processor[–prásesər] **게이트웨이 프로세서** 통신 절차가 서로 다른 네트워크 사이를 접속하기 위한 장치로서 이것에 의해 통신 코드의 변환 등의 처리를 한다.

gateway script[–skrípt] **게이트웨이 스크립트** 웹 서버에서 실행되고 검색기(browser)에 입력을 요구하는 프로그램. 서버와 데이터 베이스 같은 시스템 상에서 실행되는 프로그램들 사이의 연결을 담당하며, CGI(common gateway interface)라고 불린다. CGI는 유닉스를 사용하는 웹(WWW) 상에서 서버와 클라이언트가 쌍방향으로 작동할 수 있게 하는 방법이다.

gateway service [-sə́ːrvis] **게이트웨이 서비스** 하나의 네트워크에서 다른 네트워크의 이용을 가능케 하는 서비스.

gather [gǽðər] **개더** ⇨ smoothing

gathering MODEM 집합 변복조 장치 복수 회선의 변복조 장치를 모아놓은 것으로 설치 장소의 면적을 절약하기 위해 집단화한 것이며, 기능은 일반 변복조 장치와 같다.

Gathering Site [gǽdəriŋ sɑit] **개더링 사이트** 포털, 허브의 뒤를 잇는 3세대형 종합 사이트. 포털이 자주 이용하는 서비스를 한 곳에 집중해둔 사이트이고, 허브 사이트가 여러 인터넷 기업이 하나의 ID로 회원제 서비스를 즐길 수 있게 한 것이라면, 개더링 사이트는 이들의 단점을 보완하는 데서 시작한다. 포털이나 허브는 사업 주체의 수나 수익 규모, 업무 진행 방식에 차이가 있을 뿐 화면 구성만으로 본다면 구분하기 힘든 것이 보통이다. 또 워낙 많은 내용을 담고 있기 때문에 사용자를 유혹하기는 쉽지만 적극적인 참여를 유도하기에는 한계가 있다. 이로 인해 수억원 대의 경품행사 등으로 회원을 모집하지만 이 역시 성과는 미지수이다. 개더링 사이트는 이런 구조적 결함을 파악, 다른 형태로 제작되고 있다. 동호회나 작은 모임 등을 활성화해 원천적으로 네티즌의 참여를 높이고, 일단 사이트에 들어온 네티즌의 활동 내용을 분석, 좀더 철저한 고객 관리를 하려는 것이 목적이다. 아직 구체적인 사례를 찾아보기는 힘들지만 두루넷의 dvvb, 한메일넷의 카페 서비스에서 발전 가능성을 엿볼 수 있다.

gather-write [gǽðər rάit] **집합 인쇄** 기억 장치 내부의 연속된 장소에 한 블록분의 출력 장소를 차지하지 않고 복수의 부분으로 나누어진 레코드를 모으면서 출력하는 방법.

gauss [gάus] *n.* **가우스** 자속 밀도의 단위로서 10^{-4} 웨버/m^2 또는 1 맥스웰/cm^2이다.

Gauss elimination method 가우스 소거법 연립 1차 방정식의 해법의 하나로 보통 의미의 소거법을 조직적으로 정리한 것이다.

$$a_{11}x_1 + a_{12}x_2 \cdots + a_{1n}x_n = b_1$$
$$a_{12}x_1 + a_{22}x_2 \cdots + a_{2n}x_n = b_2$$
$$\vdots$$
$$a_{n1}x_1 + a_{n2}x_2 \cdots + a_{nn}x_n = b_n$$

라는 식으로 두 번째 식 이하에서부터 x_1, 세 번째 식 이하에서 x_2 … 변수를 차례로 소거해가서

$$x_1 + a_{12}'x_2 \cdots + a_{1n}'x_n = b_1'$$
$$x_2 \cdots + a_{2n}'x_n = b_2'$$
$$\cdots\cdots$$
$$x_n = b_n'$$

처럼 변형해가는 방법이다.

Gaussian distribution 가우스 분포 연속 확률 변수에서 가장 널리 쓰이는 정규 오차 분포로 이것을 정규 곡선이라고도 한다.

Gaussian image 가우스 영상 표면 법선의 기울기에 따라 표면상의 점들을 단위 구(가우스 구)의 표면에 사상시킬 수 있는 것. 이와 같은 가우스 영상의 특징은 물체의 회전과 가우스 구면의 회전이 일치한다.

Gaussian noise 가우스형 잡음

Gauss-Jordan elimination method 가우스-조단의 소거법 연립 방정식의 해를 구할 때 계수 행렬을 포함한 확대 행렬을 만들어서 계수 행렬 부분을 행 연산을 이용하여 대각 행렬로 만드는 소거법.

Gauss-Markov theorem 가우스-마르코프 정리 최소 제곱 근사 직선의 수치 해석적 방법과 통계학적 방법의 관계를 나타내는 정리. 이 정리는 통계학의 회귀 분석에 기반을 둔다.

Gauss-Sidel method 가우스-자이델법 연립 1차 방정식의 수치 해석 방법으로는 소거법과 반복법이 있는데, 가우스-자이델법은 반복법의 한 수법으로 속도가 빨라 주로 이용되고 있다.

gawk [gɔ́ːk] **지오크** 유닉스용의 패턴 처리 언어 「awk」의 상위 호환 GNUawk로 FSF(free software foundation)에 의해 개발되었다. 또한 a자는 1977년에 A.V. Aho, P.J. Weinberger 및 B.K. Kernighan에 의해 개발되었다.

GB 기가바이트 giga byte의 약어. ⇨ giga byte

GCC GNU C 컴파일러 GNU C compiler의 약어. GNU 프로젝트가 배부하는 C/C++/object C 컴파일러로, 각종 프로세서에 대응하고 있다. 주로 유닉스 상에서 가장 일반적인 C 컴파일러로 사용된다.

GCD 최대 공약수 greatest common divisor의 약어.

GCR 그룹 코드 기록 group code recording의 약어. 디지털 정보를 자기 기록할 때의 부호화하는 한 방법. 기억해야 하는 정보를 4비트마다 나누고, 각 4비트를 각 5비트로 이루어지는 부호로 변환해 "0"이 결정되고 3비트 이상 연속되지 않도록 해서 NRZI 방식으로 써넣는다. 여하튼 비트 패턴에 대해서도 자기 기록 때의 자속 반전 밀도의 변화폭이 작으므로 부호 변환에 의한 손실을 고려하더라도 보통 NRZI 방식보다 고밀도 기록이 가능하다.

GDC 그래픽 디스플레이 컨트롤러 graphics display controller의 약어. 디스플레이를 제어하기 위

한 전용 컨트롤러. CPU에 화상 표시 기능을 부담시키면 시간이 걸리기 때문에 GDC가 화상 표시를 하여 시스템의 처리 능률을 올린다.

GDG 세대별 데이터군 generation data group의 약어. ⇨ generation data group

GDI graphics device interface의 약어. 윈도는 몇 가지 부분으로 확연히 나뉘어져 구성된 복잡한 운영 체제이다. GDI는 모든 그래픽 개체(스크롤 바나선과 같은 공통적인 요소를 포함)를 화면에 그리는 것을 담당하는 부분이다. GDI 함수들은 gdi. exe라고 불리는 프로그램에 의해 처리되는데, 이것은 윈도가 시작될 때 자동으로 로딩된다.

GDSS 그룹 의사 결정 지원 시스템 group decision suppout system의 약어.

geek[gíːk] **기크** 컴퓨터, 네트워크, 인터넷에 대해서 충분한 식견을 가진 사람.

geek code[–kóud] **기크 코드** sig 블록에 이용되는 문자. 투고자의 특징 등을 나타낸다. 예를 들면, 서명으로 사용된 다음과 같은 기호 "GLP d–Hs–+gi"는 나는 문학과 철학의 기크이다(GLP). 캐주얼한 복장을 하고 있고, 평균보다는 작지 않고 일할 때는 진지하다(d–). 평범한 장발형을 하고 있으며(H), 평균보다는 짧지 않고(s–+) 안경은 쓰고 있지 않다(gi). 이러한 코드의 의미를 관리하는 것은 Robert A.Hayden이고 모든 카테고리의 키는 haden@vaxi.mankate.msus.edu에 finger하면 알 수 있다.

GEMMAC 제맥 general manufacturing automated control의 약어. 미국 록히드 회사와 GE 회사가 공동 개발한 종합 관리 시스템.

general[dʒénərəl] *a.* **일반의, 범용의** 일반적으로 여러 가지 경우에 적용할 수 있는 것을 나타낸다.

general assembly program[–əsémbli(ː) próugræm] **범용 어셈블리 프로그램** 프로그래머가 컴퓨터 내부의 절대 부호가 아닌 상징 부호로 작성한 프로그램으로 상징 부호 명령어 하나는 하나의 기계어로 번역된다.

general control subroutine[–kəntróul sʌ́bruːtíːn] **범용 제어 서브루틴**

general flow chart[–flóu tʃáːrt] **범용 순서도, 개요 순서도** 컴퓨터에 의한 업무 처리 등에 있어서 그 업무의 처리 순서 전체가 파악하기 쉽도록 입출력 데이터 등의 대략적인 흐름을 기록한 차트. 보통 기계 파일일 때 개요 순서도를 작성한 뒤 개개의 처리 부분을 더욱 자세히 상세 순서도(detail flow chart)로 처리한다. 시스템의 설계, 조정, 개선 등을 수행하는 데 꼭 필요한 순서도이다. ⇨ 그림참조

general format identifier[–fɔ́ːrmæt aidéntifàiər] **범용 형식 분별기** X. 25 데이터 패킷의 포맷 중에서 패킷의 특성을 정하는 부분으로 패킷의 첫 번째 바이트의 앞쪽 4비트에 해당된다. 그 패킷이 이용자 데이터인지 최종 이용자 기계에 의해 이용되는 제어 정보인지를 구별한다.

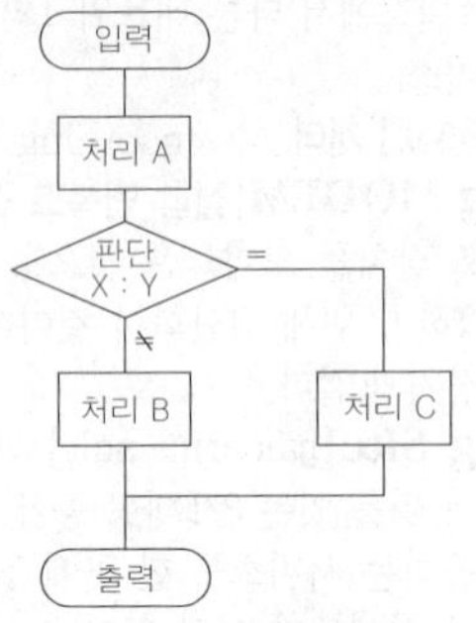

〈범용 순서도의 예〉

general graph directory[–græf diréktəri(ː)] **범용 그래프 디렉토리** 높이가 1인 두 개의 디렉토리에서 시작하여 사용자들이 서브디렉토리들을 생성하도록 한다면 트리 구조 디렉토리의 결과가 되고, 첨가시키면 그 트리 구조는 파괴되고 그래프 구조가 되는 것을 말한다.

general index[–índeks] **종합 지수** 다수의 통계 계열을 종합하여 작성되는 지수.

general information system[–ìnfərméiʃən sístəm] **GIS, 범용 정보 시스템** ⇨ GIS

general inheritance[–inhéritəns] **범용 상속성** 의미 네트워크에서 어느 한 노드가 갖는 성질을 그 상위 개념의 노드로부터 계승하는 것.

general instruction[–instrʌ́kʃən] **범용 명령어**

general interface[–íntərfèis] **범용 인터페이스** 어떤 입출력 기기에도 적합하도록 만든 인터페이스로 직렬 인터페이스, 병렬 인터페이스, 입출력 인터페이스 등이 있다.

generality[dʒènərǽliti(ː)] *n.* **범용성** 어떤 제약 조건이 없이 넓은 분야에 응용할 수 있는 성질. 범용성이 있는 시스템이나 프로그램은 많은 사람들에 의해 다양한 업무를 처리하는 데 사용할 수 있다. 대개 범용성을 높이려면 여러 가지 상황을 고려해야 하므로 효율면에서는 좋지 않게 된다.

generalization[dʒènərəlaizéiʃən] *n.* **일반화** 연관성이 있는 두 개 이상의 개체 집합을 묶어 좀더 상위의 개체 집합을 만드는 것.

generalization hierarchy[–háiəraːrki(ː)] **일반화 계층** 유사한 객체들과 좀더 상위의 객체들이 상하 관계를 유지하는 것.

generalization logic[-lάdʒik] **일반화 논리** 논리를 기반으로 하는 데이터 베이스의 질의어에서 발생 가능한 무한한 문장들 중 실제로 추론 가능한 문장들이 발생하도록 하는 논리적 제한.

generalize[dʒénərəlàiz] *v.* **일반화하다, 범용화하다**

generalized data manipulation[dʒénərəlàizd déitə mənìpjuléiʃən] **일반화 데이터 조작** 정렬, 입출력, 보고서 작성 등과 같이 대부분의 사용자에게 공통적인 데이터 처리 작업을 수행하는 것.

generalized data manipulation program[-próugræm] **일반화 데이터 조작 프로그램** 일반 데이터 처리 과정에서 생기는 정렬, 입출력 동작, 보고서 작성 등의 작업을 수행하는 프로그램.

generalized drawing primitive[-drɔ́:iŋ prímitiv] **일반화 작도 기본 요소** 워크스테이션 고유의 표시 요소를 출력하기 위한 출력 기본 요소.

generalized file processing system[-fάil prάsesiŋ sístəm] **범용 파일 처리 시스템** MIS(경영 정보 시스템) 실현의 중요한 수단으로 요구되는 통합 데이터의 처리를 가능하게 하는 범용 정보 처리 시스템의 일종.

generalized functional dependency [-fʌ́ŋkʃənəl dipéndənsi(:)] **일반화 함수적 종속성** 함수적 종속성을 일반화하여 표현한 것으로 함수적 종속성 XZY가 성립하는 한 릴레이션에 X의 값에 두 투플(전체 투플)이 존재하며 Y의 값은 같다(결론)는 성질.

generalized information retrieval and listing system[-ìnfərméiʃən ritrí:vəl ənd lístiŋ sístəm] **GIRLS, 걸즈** 파라미터 입력에 의한 프로그램 생성 시스템 RPG(보고서 프로그램 작성기)의 하나.

generalized information system[-sístəm] **GIS, 범용 정보 시스템** 파일의 유지, 데이터베이스의 생성, 경영 정보의 생성 등 특정 데이터의 요구와 운영 체제를 결부시키기 위해 사용되는 일종의 범용 시스템.

generalized routine[-ru:tí:n] **범용 루틴** 주어진 응용 분야에서 여러 가지 다양한 작업을 수행할 수 있도록 고안된 루틴.

generalized sort[-sɔ́:rt] **범용 분류** 프로그램을 생성하지는 않지만 실행 기간중에 파라미터를 받아들이는 정렬 프로그램.

generalized sort/merge program[-mə́:rdʒ próugræm] **범용 정렬/합병 프로그램** 다양한 형식의 레코드를 광범위하게 정렬하거나 합병하는 프로그램.

generalized subroutine[-sʌ́bru:tì:n] **범용 서브루틴** 프로그래머나 시스템 분석자가 약간만 조정해도 여러 종류의 다양한 프로그램에 쉽게 활용할 수 있도록 작성된 서브루틴.

generalized trace facillity[-tréis fəsílit-i(:)] **GTF, 범용 트레이스 기능**

general MIDI **범용 미디** ⇨ GM

general MIDI generator **범용 미디 음원** ⇨ GM generator

general MIDI standard **범용 미디 규격** ⇨ GM standard

general package program[dʒénərəl pǽkidʒ próugræm] **범용 패키지 프로그램**

general problem solver[-prάbləm sάlvər] **GPS, 범용 문제 해결기** 1950년대 랜드(Rand)사가 개발한 IBM 704 컴퓨터용 범용 프로그래밍 처리 절차.

general program[-próugræm] **범용 프로그램** 적절한 변수값만 넣어주면 특정 문제를 전문화하거나 해결할 수 있도록 컴퓨터 코드로 표현된 프로그램.

general programing language[-próugræmiŋ lǽŋgwidʒ] **범용 프로그래밍 언어** 적절한 변수의 값만 넣어주면 특정 문제를 전문화하거나 해결할 수 있도록 컴퓨터 코드로 표현된 프로그램을 가지고 특수 기능뿐만 아니라 여러 형태의 문제를 해결할 수 있게 고안된 언어.

general program package[-próugræm pǽkidʒ] **범용 프로그램 패키지** 급여 계획이나 통계 계산 등 결정된 처리를 하는 것과 같은 프로그램을 범용화한 것. 이것은 이용자가 자신에게 맞는 파라미터(parameter)를 지정하기만 하면 필요한 처리를 할 수 있도록 구성된 프로그램이다.

general protection error[-prətékʃən érər] **일반 보호 오류** 윈도 95/98에서 발생되는 오류로, 시스템 정보 등이 들어 있어 접근이 금지된 영역이나 원래 프로그램이 접근할 수 없는 영역에 접근했을 때 일어난다.

general public licence[-pʌ́blik láis(ə)ns] **일반 공용 라이선스** ⇨ GPL

general purpose[-pə́:rpəs] **범용의, 범용성의** 각종 목적에 공통으로 사용되는 형용사로 특수 목적(special purpose)이나 전용의(dedicated) 등과 대비된다. 예를 들면, 일반적으로 사용되고 있는 컴퓨터의 대부분은 범용 컴퓨터(general purpose computer)라 불린다.

general purpose computer[-kəmpjú:tər] **범용 컴퓨터** 일찍이 컴퓨터는 그 용도에 따라

사무용, 과학용, 제어용으로 나누어지고, 그 용도에 따른 하드웨어 구성이 취해져 왔다. 그러나 사무 계산에도 복잡한 수식 계산이 넣어지고, 과학 계산에도 단순한 수치 계산으로부터 데이터 처리라고 일컫는 분야에까지 적용 범위가 확대되었다. 이러한 경향에서 사무용, 과학용, 제어용을 결부시켜 모든 용도에 적응할 수 있는 범용 컴퓨터형이 요구되었다. 범용 컴퓨터는 달리 메인 프레임이라고도 하며, 마이크로컴퓨터, 미니컴퓨터에 비해서 고가이지만 고도의 기능과 성능을 가진 것이다. 또한 온라인 시스템의 컴퓨터에 사용되는 것으로부터 상용(商用) 컴퓨터라고 하는 경우도 있다.

general purpose interface bus[–íntərfèis bʌ́s] **GPIB, 범용 인터페이스 버스** 전기 전자 기술자 협회(IEEE ; Institute of Electrical and Electronic Engineers)에서 규격화된 데이터 전송용의 표준적인 버스 시스템(bus system). HPIB, GPIB, IEEE-488이라고도 불린다. 최대 15대의 퍼스널 컴퓨터와 프린터를 접속하여 데이터를 전송할 수 있다. 이에 대하여 RS-232C는 일대일로밖에 접속할 수 없다.

general purpose language[–lǽŋgwidʒ] **범용 언어** 특수한 기능뿐만 아니라 여러 가지 형태의 문제를 포괄적으로 해결할 수 있게 고안된 언어.

general purpose operating system[–ɑ́pərèitiŋ sístəm] **범용 운영 시스템**

general purpose program[–próugræm] **범용 프로그램** 입력 데이터나 파라미터를 변화시킴으로써 다양한 용도에 사용할 수 있도록 설계한 프로그램.

general purpose register[–rédʒistər] **범용 레지스터** 레지스터는 대개 어드레스를 지정하기 위한 것이지만, 그것뿐만 아니라 데이터를 기억하거나 연산을 하거나 할 수 있는 것을 범용 레지스터라고 한다.

[주] 레지스터의 집합 중 명시적으로 어드레스를 지정할 수 있는 레지스터이며, 예를 들면 누산기(累算器), 색인 레지스터 또는 데이터의 특수 조작용과 같이 각종 목적에 사용할 수 있는 것.

general purpose routine[–ruːtíːn] **범용 루틴** 소프트웨어에서 general purpose routine이라는 말은 흔히 사용하는 일정한 처리를 행하는 프로그램을 하나의 패키지와 같이 정리하여 여러 가지 프로그램 중에서 호출시키는 것을 말한다. 이와 같이 하면 소프트웨어의 개발 효율이 높아진다거나 관리가 쉽다고 하는 이점이 있다. 범용 루틴(generalized routine)이라고도 한다.

general purpose simulation system[–sìmjuléiʃən sístəm] **GPSS, 범용 시뮬레이션 시스템** ⇨ GPSS

general purpose system simulation[–sístəm sìmjuléiʃən] **GPSS, 범용 시스템 시뮬레이션**

general purpose system simulator[–símjulèitər] **GPSS, 범용 시스템 시뮬레이터** 고든(G. Gordon)이 개발한 프로그래밍 언어로 시뮬레이션 분야에 적합하도록 고안된 것이다. 정보 유통, 왕래나 거래 관계 등을 나타내는 블록 도표에 의해 모형을 만들고, 각 블록 특성에 관한 데이터가 입력됨으로써 블록 사이에 우선 순위를 가지는 변동이 발생하며, 기억 장치와 논리 스위치를 가진 장비에 각종 통계적인 요소가 가미되어 전체 시스템의 시뮬레이션이 이루어진다.

general purpose working register[–wə́ːrkiŋ rédʒistər] **범용 워킹 레지스터** 데이터 레지스터 6개와 누산기로 구성된 레지스터. 데이터 레지스터(B, C, D, E, H, L)는 각각 독립해서 8비트 데이터를 취급할 뿐만 아니라 BC, DE, HL과 같이 쌍으로 하여, 즉 레지스터 쌍(pair)으로 하여 메모리 참조시에 사용된다. 이때 B, D, H는 상위 번지를, C, E, L은 하위 번지를 나타낸다. 이 레지스터 쌍은 2배 길이 레지스터로도 사용되며, 배정도 가산도 할 수 있다.

general purpose terminal equipment[–tə́ːrminəl ikwípmənt] **범용 단말 장치**

general purpose Turing machine[–tjúəriŋ məʃíːn] **범용 튜링 기계**

general recursive function[–rikə́ːrsiv fʌ́ŋkʃən] **일반 귀납적 함수** 원시 귀납적 함수를 생성하는 조작으로, μ-작용소(作用素)를 부가해서 생성되는 함수. 즉, 어느 수론적(數論的) 함수가 기본 함수일 때, 또는 유한개의 기본 함수에 대입 법칙, 원시 귀납법, 정칙(正則) 함수에 μ-작용소를 적용하는 조작을 유한 횟수 실시해서 얻어지는 함수를 말한다.

general recursiveness[–rikə́ːrsivnes] **일반 재귀성**

general register[–rédʒistər] **GR, 범용 레지스터** 특정 명령(instruction)만을 위해서가 아니라 명령의 지정에 의하여 여러 가지 기능(function)을 맡도록 구성되어 있는 레지스터. 컴퓨터의 중앙 처리 장치(CPU)에는 사칙연산에 레지스터나 색인 레지스터(index register) 등 전용의 것 이외에 몇몇의 레지스터가 있으며 그것들은 나눗셈의 몫을 놓거나 덧셈의 결과를 놓거나 색인 레지스터로서 사용되거나 다목적으로 범용적으로 사용되고 있다. 이들을 general(purpose) register라 부르는 경우가 있다.

general routine [–ruːtíːn] **일반 루틴** 어떤 값이 변수에 할당될 때 특정 범위에 국한된 일련의 문제를 전문적으로 해결하기 위해 설계된 루틴.

general rule [–rúːl] **일반 규칙**

general session display [–séʃən displéi] **범용 세션 표시 화면**

general source file [–sɔ́ːrs fáil] **범용 원시 파일**

general tracker [–trǽkər] **일반 추적자** 허용되지 않은 어떤 질의에 대해서도 답을 찾는 데 이용될 수 있는 프레디케이트(predicate).

general-use mass storage volume [–júːz mǽs stɔ́ːridʒ vάljum] **범용 대용량 기억 볼륨**

general user [–júːzər] **일반 유저**

general-use volume [–júːz vάljum] **범용 볼륨**

general utility function [–ju(ː)tíliti(ː) fʌ́ŋkʃən] **일반 공용 기능** 테이프 검색이나 테이프 파일 복사, 매체 변환, 메모리 할당, 테이프 덤프와 같은 보조 기능.

general virtual volume [–vɔ́ːrtʃuəl vάljum] **범용 가상 볼륨**

generate [dʒénərèit] *v.* **생성하다** 새로운 것을 만들거나 발생시키는 것. 컴퓨터에서는 특히 골조(骨組)만을 코딩하고 있는 프로그램을 근본으로 하여 몇몇 범용 프로그램(general purpose program)을 호출하고 어떤 범용적 조작의 특별(special)한 경우를 실행(run)하는 프로그램을 생성하는 것을 말한다. 또 이러한 프로그램을 생성 프로그램(generator ; 발생기)이라 한다. 이 조작은 컴파일러(compiler)와 비슷하지만, 특정 타입의 프로그램밖에 만들 수 없는 점에서 차이가 있다.

generate and algorithm [–ənd ǽlgəriðm] **생성과 알고리즘** 다음과 같이 처리되는 문제 해결 알고리즘이다. ① 처음의 경로 집합은 공집합. ② 경로 집합에서 한 개의 경로를 선택. ③ 그 경로를 확장시킴. ④ 문제가 풀렸는지 경로 시험. ⑤ 문제가 해결되지 않았으면 경로의 선택 원소들을 첨가하면서 계속 시험.

generated address [dʒénərèitəd ədrés] **생성 번지, 작성 번지** 프로그램이 그 실행중에 구한 번지(address)를 말한다. 이것은 어떤 연산의 결과를 나중에 사용하기 위하여 주기억 장치(main memory) 상에 잡아둘 때 기억되는 번지 번호 등 채널이 정보 전송을 주기억 장치와의 사이에서 행할 때의 위치를 표시하기 위하여 사용하는 번지이며, 합성 번지(synthetic address)라고도 한다.

generated error [–érər] **생성 오류** 부정확한 공식에 독립 변수를 적용한 결과로 생기는 종합적인 오차. 이러한 오차는 반올림으로 해결한다.

generated operating system [–άpərèitiŋ sístəm] **생성 운영 체제**

generated sort [–sɔ́ːrt] **생성 정렬** 정렬 생성기에 의해 만들어진 생성된 프로그램.

generated system [–sístəm] **생성 시스템**

generating function [dʒénərèitiŋ fʌ́ŋkʃən] **생성 함수** 무한 급수로 표현되었을 때 일련의 주어진 함수 또는 정수를 그 무한 급수의 계수로서 갖는 수학적 함수.

generating polynomial [–pαlinóumiəl] **생성 다항식**

generating program [–próugræm] **생성 프로그램** 특정한 조건이 입력 매개변수로 주어짐으로써 특정 목적의 프로그램을 만들어내는 기능을 가지는 프로그램. 컴파일러와 비슷하나 그 목적이 특정한 종류의 업무로 한정되어 있다는 점이 다르다.

generating routine [–ruːtíːn] **생성 루틴**

generating set [–sét] **생성 집합** 벡터 공간 V와 집합 S에 대해, V에 속하는 임의의 K에 대하여 K가 S에 속하는 어떤 원소들의 1차 결합으로 표시될 수 있을 때, 즉 $K = a_1s_1 + \cdots + a_ns_n$, $S_i \in S$일 때 S를 생성 집합이라고 한다.

generation [dʒènəréiʃən] *n.* **세대, 생성, 제너레이션** (1) 세대 : 세대별 데이터 그룹(generation data group), 세대 번호(generation number), 컴퓨터의 세대(generation of computer) 등이 사용된다. (2) 생성 : 프로그램 생성(program generation)을 사용하여 파라미터 지정과 매크로 기술에 따라 원시 프로그램을 생성하는 것을 말한다.

generation data group [–déitə grúːp] **GDG, 세대별 데이터군, 세대별 데이터 그룹** 정기적인 작성과 갱신을 행하는 데이터 세트(data set)의 각 세대를 카탈로그 관리 기능을 이용하여 동일한 이름으로 관리할 때의 「데이터 세트」 집합을 가리킨다.

generation data set [–sét] **세대별 데이터 세트**

generation file [–fáil] **세대별 파일**

generation file group [–grúːp] **세대별 파일군** 세대순으로 관계된 파일들의 집합으로 개개의 파일은 각각 세대 번호로 구별된다.

generation input stream [–ínpùt stríːm] **생성 입력 스트림**

generation management [–mǽnidʒmənt] **세대 관리** 프로그램이나 데이터를 보존하는 경우의 관리 방식의 하나. 소프트웨어 분야에서 프로그램이나 데이터의 보존은 대단히 중요한 문제이지만, 통상 그것들은 파일로서 외부 기억 장치에 기록되며 보존 관리된다. 파일의 현시점에서의 상태를 기록 보존함으로써 이후 파일이 갱신되어도 파일의 복원은 가능하다. 이와 같이 복수 시점(갱신될 때)에서의 상태를 기록 보존함으로써 갱신 후에도 필요한 상태로 복원하는 것이 가능하다. 복수 시점의 상태를 세대라 칭하며, 보존 관리하는 상태 수에 따라서 2세대 관리, 3세대 관리라고 한다.

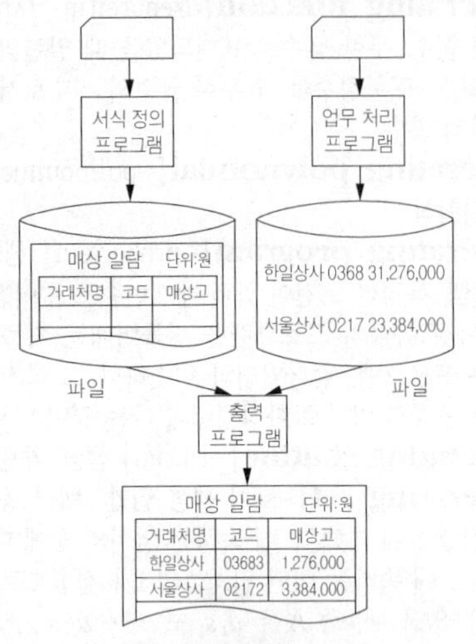

〈세대 관리〉

generation number[-nʌ́mbər] **세대 번호** 각 세대의 데이터 세트를 식별하기 위하여 각 세대에 붙은 번호. 절대 번호와 상대 번호가 있고, 유사한 의미의 용어로서 버전(version)이 있다. 버전은 순차 기능이 추가되는 시스템의 각 세대를 표시하는 데 사용된다.

generation of computers[-əv kəmpjúːtərz] **컴퓨터 세대** 컴퓨터가 발전해온 양상에 따라 세대 구분을 표시하고 있다. 「진공관」을 사용한 것이 제1세대, 「트랜지스터」를 사용한 것이 제2세대, 「집적 회로(IC)」를 사용한 것을 제3세대라 한다. 현재의 컴퓨터는 「대규모 집적 회로(LSI)」를 사용한 제4세대이지만, 지식 처리를 행하는 컴퓨터로서 제5세대 컴퓨터가 연구되고 있다. 또한 제3세대 언어(third generation language)는 프로그래밍 언어 중 COBOL이나 FORTRAN 등의 고급 언어를 가리킨다. 제4세대 언어(fourth generation language)는 데이터 베이스 처리, 화면 처리, 통신 처리 등을 간단히 기술할 수 있도록 한 언어를 가리킨다.

generation of variable[-vɛ́(ː)riəbl] **변수의 세대**

generation phase[-féiz] **생성 단계**

generation version number[-vəːrʃən nʌ́mbər] **세대 갱신 번호**

generator[dʒénərèitər] *n.* **생성기** 자동 프로그래밍에 사용되는 프로그램의 일종이며, 필요한 여러 조건을 파라미터로 주는 것만으로 특정 목적의 루틴을 완성할 수 있다. 예를 들면, RPG(report program generator)는 보고 작성용이며, 소트 발생기는 분류용이다. 컴파일러와 발생기의 차이점은 전자는 일반적이고 특정 목적의 루틴을 만드는 데로직을 꾸민 프로그램을 주지 않으면 안 되는데, 후자는 용도가 한정되어 있어서 소수의 파라미터를 주어 원하는 루틴을 얻는 데 있다. (1) 특정의 입력 변수나 조건 및 개략적인 코딩으로부터 특정 루틴을 만들어내는 프로그램. (2) 프로그램에서 주어진 문제에 따라 선택, 조정, 배열 등의 과정을 거쳐 특별히 고안된 매크로 명령어에 의해 다른 프로그램을 생성해내는 프로그램이다. 주요한 것으로는 RPG(report program generator)나 정렬 발생기

〈컴퓨터의 세대별 발전 과정〉

세대별 / 내용	1 세대	2 세대	3 세대	4 세대	5 세대
연 대	1950년대	1960년대 초	1960년대 후반	1970년대	1980년대
구성 소자 (논리 회로)	진공관	트랜지스터 (Tr.)	집적 회로 (IC)	고밀도 집적 회로(LSI)	초고밀도 집적 회로 (VLSI)
계산 속도	10^{-3}ms (milli-second)	$10^{-6}\mu$s (micro-second)	10^{-9}ns (nano-second)	10^{-12}ps (pico-second)	10^{-15}fs (femto-second)
사용 언어	개별적 어셈블리어	인간 중심 언어 (FORTRAN, COBOL 등)	구조화된 언어 (Pascal, LIPS 등)	문제 중심 언어 (Ada 등)	자연 언어와 흡사
응용 분야	통계 과학 계산	사무 처리	MIS (management information system)	DSS (decision support system)	AI (artificial intelligence)

등을 들 수 있다. (3) 자동 프로그래밍에 사용되는 루틴의 일종으로 필요한 파라미터가 주어져 특정 목적의 루틴을 만들어내는 루틴. 예를 들면, 보고 작성 루틴, 분류 작성 루틴 등이 있다. 번역 루틴과 작성 루틴과의 차이는 전자는 일반적이고 특정 목적 루틴을 얻으려면 그 프로그램을 주지 않으면 안 되는 데 대해서, 후자는 목적이 한정되어 있고 최소 필요한 파라미터만을 주어서 특정 목적의 루틴을 만들어내는 점에 있다.

generator matrix [−méitriks] **생성 행렬**

generator polynomial [−palinóumiəl] **생성 다항식** 순환 중복 검사에 있어서 대상으로 하는 부호(n 비트)를 나타내는 x의 $(n-1)$차 다항식을 나누도록 선정된 다항식 $P(X)$를 생성 다항식이라고 한다. $P(X)$가 어떠한 식인가에 따라 에러 검출 능력이 달라진다. 예를 들면, $P(X)$가 2항 이상으로 될 때는 1비트만의 에러는 모두 검출되고, $P(X)$가 짝수 개의 항으로 될 때는 홀수개의 비트 에러는 반드시 검출된다.

generator routine [−ru:tí:n] **생성기의 루틴** 필요한 서브루틴을 만들기 위해 고안된 명령어의 집합.

generic [dʒənérik] *a.* **포괄적인, 총칭의, 일반적**

generic key [−kí:] **포괄 키** 색인 순차 데이터 세트(indexed sequential data set)의 키에 의한 액세스(access)이며 키를 포괄하여 이용하기 때문에 키 길이의 범위 내에서 지정한 적당한 길이의 이름을 말한다. 이것을 이용함으로써 키를 일괄하여 처리할 수 있다.

generic name [−néim] **포괄명** FORTRAN에서 사용할 수 있는 내장 함수(function)이며, 인수의 형(argument type)에 따르지 않고 사용할 수 있는 것. FORTRAN에서는 사용하는 인수의 형에 의하여 같은 함수라도 그 명칭이 차이가 있으나 이것을 하나의 명칭으로 대표하고, 컴파일할 때 그 인수의 형에 따라서 자동으로 함수를 선택하도록 되어 있다. 이때의 함수의 형에 의하지 않는 대표 함수명의 것을 포괄명이라 한다.

generic operation [−àpəréiʃən] **포괄 연산** 프로그래밍 언어에서 피연산자(오퍼랜드)와 연산 결과의 형(type)이 변할 수 있는 연산.

generic procedure [−prəsí:dʒər] **포괄 프로시저** 프로그램의 텍스트 크기 및 오류를 줄일 수 있는 프로시저로서 명칭은 하나이나 매개변수 형태에 따라 여러 개의 다른 정의를 나타낸다. 컴파일 과정에서 매개변수 형태에 따라 각각 다른 프로시저로 확정된다.

generic PROM 포괄적 PROM 프로그래밍 전압과 전류, 타이밍 관계가 모두 같은 PROM의 계열. 소켓만 변경하면 한 프로그래머가 이들 PROM 계열을 모두 프로그래밍할 수 있다.

generic system [dʒənérik sístəm] **포괄 시스템** 컴퓨터를 이용하여 지질 관측 조사를 해서 채광 및 굴착 비용을 줄이기 위한 응용 시스템. 측지학은 응용 수학의 한 분야로 컴퓨터를 이용해 석유나 광석 등의 자원을 탐사하기도 한다.

generic type [−táip] **포괄형** 기본 형태는 정의되어 있으나 그 속성 중 일부가 분리되어 매개변수에 따라 여러 형태로 정의될 수 있는 형.

genetic algorithm [−ǽlgəriðm] **유전자 알고리즘** 생물의 진화 과정을 기반으로 한 최적화 탐색 방법. 과거의 이론에서는 해결할 수 없었던 문제에 생물 진화의 과정을 모방함으로써 근사값에 가까운 해답을 신속하게 찾아낼 수 있다.

gen-lock [dʒén lák] **젠 로크** 컴퓨터 그래픽 화면을 VTR에 수록하기 위해 VTR 회로와 모니터의 동기 신호를 맞추어주는 기능. 그래픽용 고급 비디오 기능이다.

gentex 젠텍스 유럽 각국간에 실시되고 있는 공중 전보의 자동 교환 회선망 또는 그 서비스.

geodesic [dʒì(:)oudésik] *n.* **측지선(測地線)**

geographical domain [dʒì:əgrǽfikəl doumé-in] **지오그래피컬 도메인** 전자 우편 주소에서 마지막에 붙이게 되는 나라 표시들. kr(한국), au(오스트레일리아) 등을 가리킨다.

geometrical diagram [dʒì:əmétrikəl dáiəgr-æm] **기하 도표** 통계 도표의 일종으로 통계 수량의 크기를 기하 도형의 크기에 의해 나타내는 방법.

geometric attribute [dʒì:əmétrik ǽtribjù:t] **기하학적 속성** 좌표 변환의 영향을 받은 속성.

geometric distribution [−dìstribjú:ʃən] **기하 분포** 다음과 같은 확률 밀도 함수를 나타내는 이산 확률 분포의 하나.

$$p_r\{x=k\} = q^{k-1}\cdot p\,(k=1,\ 2,\ 3,\ \cdots)$$

여기서, $0<p<1$, $q=1-p$.

geometric duality [−dju:ǽliti(:)] **기하학적 쌍대성** 평면 그래프에서 영역은 점으로 하고, 각 영역간의 공유 에지(edge)를 교차하는 점들 간의 에지를 연결함으로써 이중 맵(dual map)을 작성할 수 있는 방법.

geometric mean [−mí:n] **기하 평균** 통계 집단에서의 계산 대표값의 일종으로 변량의 변동률의 평균을 계산하는 데 사용된다. 기하 평균에는 단순 계열과 도수 계열의 두 가지가 있는데, 실제 계산에서는 양변의 로그를 취한 공식을 사용하는 것이 보통이다.

• 단순 계열
$M_g = \sqrt[n]{x_1 \cdot x_2 \cdots\cdots x_n}$
• 도수 계열
$M_g = \sqrt[n]{x_1^{r1} \cdot x_2^{r2} \cdots\cdots x_n^{rn}}$

geometric modeling[-mádəliŋ] **기하학적 모델링** 어떤 문제나 사실을 기하학적으로 표현하는 방식. 예컨대 분자 구조를 3차원적으로 구와 직선으로 나타내는 것이다.

geometric solution[-səlúːʃən] **기하학적 해법** 일정 값의 선이나 제한 사항들에 의해 결정되는 반평면을 도면화함으로써 선형 프로그래밍 문제를 해결하는 그래프 방법. 최대 두 개의 구조적 변수를 갖는 문제에만 사용 가능하다.

geometry[dʒiámətri(ː)] *n.* **기하학** 공간에서 점들의 배열과 곡선 및 면들의 특성과 성질 및 공간, 공간의 관련성을 연구하는 학문.

geometry engine[-éndʒin] **지오메트리 엔진** 3차원 화상 처리를 하는 경우에 화면에 그리기 전의 연산 처리를 하는 부분. 주로 물체의 위치나 시점, 광원의 방향 등의 좌표 계산을 한다. 일반적으로 PC용의 3D 가속기 보드에는 탑재되어 있지 않고 CPU가 연산을 대신 수행하고 있다. 지오메트리 셋업 엔진이라고도 한다. ⇨ setup engine

germanium[dʒərméiniəm] *n.* **게르마늄** 회백색 광택을 띤 금속 원소. 원소 기호 Ge, 원자 번호 32, 원자량 72.59이다. 주로 아연, 구리의 부산물로서 산화물의 형태로 산출되며, 석탄 속에도 약간 포함되어 있다. 단단하고 깨지기 쉬운 결정으로 트랜지스터나 다이오드를 만드는 데 널리 이용되고 있다.

germanium diode[-dáioud] **게르마늄 다이오드** 소형이며 수명이 길고 값이 저렴한 고순도 n형 게르마늄을 사용한 접촉형 다이오드.

gesture[dʒéstʃər] **제스처** PenWindows에서 편집 작업을 위한 팬 조작의 총칭.

get[gét] *v.* **읽음** (1) 입력 파일에서 레코드를 읽어 들이는 것. (2) 기록 매체에서 레코드나 항목을 추출하는 것. (3) 필드에서 코드화되거나 변경된 값을 추출하는 행위. 예 연속된 10진수의 문자로부터 수치를 얻는 것.

GFLOPS 기가플롭스 giga floating point operating per second의 약어. 컴퓨터의 계산 속도를 평가하는 데 사용되는 단위의 하나. 1초에 부동 소수점 연산을 10억 회 수행할 수 있는 능력.

ghosting[góustiŋ] **고스팅** 모니터에서 화면의 명암이 급격히 바뀜에 따라 그림자와 줄무늬가 보이는 것. 이 경우 대개 흰색이나 검은색의 그림자가 화면 위에 그려진 막대의 오른쪽에 보이게 된다.

Ghostscript[góustskript] **고스트스크립트** GNU 프로덕트로서 배포되고 있는 포스트스크립트(PostScript) 호환의 처리 시스템. ⇨ GNU, TEX

GHz 기가헤르츠 giga hertz의 약어.

GI 독일 정보 처리 협회 Gesellschaft for Information의 약어.

giant magneto resistive head[dʒáiənt mǽgniːtou rizístiv hé(ː)d] **GMR 헤드** ⇨ GMR head

gibberish total[dʒíbəriʃ tóutəl] **기버리시 합** 레코드를 다루는 경우 제어 목적을 위해 각 레코드의 특정 필드를 합한 것으로서 이 합계에 특별한 의미는 없다.

Gibson mix 깁슨 믹스 컴퓨터의 처리 능력을 판정하는 척도의 하나. 중앙 처리 장치(CPU)가 과학 기술 계산의 용도로 쓰일 때 그 처리 능력을 표시하기 위한 하나의 지수가 되는 것. 고정 소수점 가감산, 부동 소수점 가감산, 저장 명령, 판단 명령 등으로 사용 실적의 통계적인 배분비(%)가 결정되어 있으며, 처리 장치 고유의 각 명령 속도(단위는 마이크로초)에 서로 곱해 합계한 것이 깁슨 믹스가 된다. 처리 장치가 1명령을 실행하는 데 걸리는 평균 시간을 아는 데 편리하다. 다음에 구성 요소가 되는 표준적 명령과 그 배분비의 한 예를 보자.

	% of Mix
Load & Store	31.2
Add & Subtract	6.1
Multiply	0.6
Divide	0.2
Floating(A±B)	6.9
Floating(A*B)	3.8
Floating(A/B)	1.5
Search or Compare	3.8
Test	16.6
Shift	4.4
Logical	1.6
No Mem. Red [주]	5.3
Indexing	18.0
	100.0

[주] 메모리에 관계없는 명령

GIF graphics interchange format의 약어. 웹 상의 대부분의 컬러 그림과 배경 그림은 GIF 파일이다. 이 간결한 파일 형식은 적은 색을 쓰는 그래픽에 매우 적당한데, 한때는 온라인 상의 컬러 사진에서 가장 널리 쓰이는 파일 형식이었다. 그러나 JPEG 형식이 사진에 사용되면서 GIF는 기반을 잃게 되었다. GIF는 256색으로 제한이 있는 반면, JPEG은 1천6백만 색까지 사용할 수 있다. 그러면서 거의 사진과 같은 화질을 보인다. 1987년 컴퓨서브에서 개발된 GIF는 GIF87로 불리고 2년 뒤 인터레이싱, 투명성, 애니메이션 등의 새로운 기능을 추가한 형식은 GIF89a로 알려져 있다. 사람들은 대개 두 개의 GIF 버전을 구분하지 않으므로 누군가 어떤 그림 형식을 그냥 「GIF」라고 하지 않고 「GIF89」라고 지칭한다면 그건 애니메이션을 가리키는 것으로 보면 된다. ⇨ JPEG

GIF reader GIF 판독기, 그래픽 교환 형식 판독기 GIF 형식의 파일을 판독하고 화면에 그 화상을 표시하는 프로그램. ⇨ GIF

giga[dʒígə] **G, 기가, 10억** 10^9 을 표시하는 접두어. 예를 들면, giga ohm은 10억 옴, 1giga byte는 10억 바이트, giga(G)와 같은 수학 상의 표기를 접두 배수(prefix multiplier)라 한다. 일반적으로 접두 배수 는 10^3 씩 증감한다. 예를 들어 10^1(deca)에 대하여 10^3 은 kilo- 또는 k, 10^6 은 mega 또는 M, 10^9 은 giga 또는 G, 반대로 10^{-3}은 milli 또는 m, 10^{-6}은 micro- 또는 m, 10^{-9} 은 nano- 또는 n이다. 최근 컴퓨터 기억 장치(storage)의 용량(capacity)이나 주파수 등 극히 큰 것을 표시하는 단위로 사용하고 있다. 주파수에서 1기가헤르츠는 10억 헤르츠, 기억 용량으로 10억 바이트는 1기가바이트이다. 기억 장치의 어드레스에 대하여 사용할 때는 2진수(binary)를 기본으로 하기 때문에 1,073,741,824를 표시한다.

Giga bit Ethernet[dʒígə bít íːθərnèt] **기가비트 이더넷** Gbps 수준의 전송 속도를 규정하는 이더넷 규격. 1000Base-X라고도 한다. 여러 개의 PC를 접속하여 네트워크화하는 이더넷 규격의 전송 속도(10Mbps)를 100배로 높이고, 이미 제품화되어 있는 Fast Ethernet(100Mbps)의 전송 속도를 10배로 높인 것으로 1Gbps가 된다.

giga byte[-báit] **GB, 기가바이트** 데이터의 양을 나타내는 단위의 하나. 1킬로바이트의 1,000배를 나타내는 단위로 1,073,741,824바이트를 말한다. 이것은 2^{30}이 되는 셈이다.

giga byte express[-iksprés] **기게스** ⇨ GIGEX

giga cycle[-sáikl] **기가 사이클, 10억 사이클** 10^9 c/s, 즉 1초 동안에 10^9 의 사이클 횟수가 있는 것을 말한다.

GIGA FLOPS 기가플롭스 giga floating operations per second의 약어. 컴퓨터의 계산 속도를 평가하는 데 사용하는 단위. 연산을 10억 회 수행할 수 있다. ⇨ 그림 참조

giga hertz[-həːrts] **기가헤르츠** 주파수의 단위를 나타내는 단위로 1초에 10억 번의 파형이 반복되는 것.

giga instructions per second[-instrʌ́kʃənz pər sékənd] **깁스, 초당 기가 명령** ⇨ GIPS

GIGEX 기게스 giga byte express의 약어. 미국의 브이-캐논 사에서 개발한 아웃소싱 푸시 서비스. giga byte(기가바이트)와 express(익스프레스)의 합성어로 인터넷 상에서 대용량의 정보를 빠르게 전송한다는 의미에 아웃소싱 개념이 덧붙여진 푸시 서비스를 말한다. 다른 업체들의 기술과 달리 별도의 소프트웨어나 하드웨어는 물론, 네트워크의 성능 개선도 불필요하고, 단지 정보를 전송하고자 하는 이용자가 기게스 웹 사이트에 접속하여 에이전트 프로그램을 내려받아 사용하면 된다.

GIGO 기고 garbage in garbage out의 약어. ⇨ garbage in garbage out

GI/G/S queuing GI/G/S 큐잉 도착 간격 시간 분포와 서비스 시간 분포가 일반적인 분포를 따르고 서버의 수가 S인 대기 행렬 모임.

GII global information infrastructure의 약어. 미국의 고어 부대통령이 1994년 3월 21일 부에노스아이레스에서 열린 ITU(국제 전기 통신 연합) 총회에서 NII 구상을 지구 규모로 추진해야 한다는 GII 구상을 제창했다. 고도 정보 통신 인프라의 구축에 따라 환경 문제 등을 고려하면서 지속적인 경제 성장이 가능하며, 모든 정치 영역에 시민의 참가 가능 영역을 크게 확대한다는 것이 주된 내용이다.

Gillbert model 길버트 모델 버스트 착오의 간단한 모형으로 길버트가 고안한 것.

GINO 도형 입출력 graphical input output의 약어.

GIONS 서울 올림픽 경기 정보 시스템 games information online network system의 약어. 서울 올림픽 방송용 경기 관련 정보 제공 시스템 중의 하나인 경기 운영 시스템. 경기 일정과 결과, 메달 집계 현황, 신기록 현황, 올림픽 역대 기록 등 경기 운영 및 보도 방송 자료 등을 필요한 곳에 제공하기 위한 정보 처리망.

GIPS 깁스, 초당 기가 명령 giga instructions per second의 약어. 컴퓨터의 처리 능력을 나타내는 지

표의 하나로, 1초당 실행 가능한 명령의 수를 가리킨다. giga는 10^9(10억). 1GIPS=1,000MIPS. 컴퓨터의 성능은 CPR의 처리 능력만으로는 전부를 표현할 수 없고, 아키텍처에 의해 명령의 종류도 다르기 때문에 최근에는 거의 사용되지 않고 있다.

GIRLS 걸스 generalized information retrieval and listing system의 약어. 파라미터 입력에 의한 프로그램 생성 시스템 RPG의 하나. 파일 생성 갱신 및 파일로부터 정보를 추출하고 보고서를 작성하는 프로그램을 생성하는 것으로 사용자가 준 파라미터를 기본으로 필요한 기능을 조합해서 목적 프로그램을 생성한다.

GIRO 지로 전산화된 송금 제도로 일정 금액을 보내는 사람과 받을 사람이 각자의 은행 예금 계좌를 이용하여 대금을 결제하는 방식.

girth [gə́:rθ] *n.* **거스** 그래프 상에 있는 사이클의 길이 중 가장 짧은 사이클의 길이.

GIS (1) **범용 정보 시스템** general information system의 약어. IBM 시스템의 명칭이며, OS/360 이래 데이터 베이스의 작성 · 보수 · 검색의 기능을 갖춘 소프트웨어 패키지. 대화 형식용, 배치(batch)용이 있다. (2) **지리 정보 시스템** geographic information systems의 약어. 지리 공간에 존재하는 건물, 도로 등의 공간 객체를 저장, 관리하는 시스템. 즉, 지리적 요소인 공간 데이터(spacial data)와 이와 관련된 속성 데이터(attribute data)의 생성, 저장, 검색, 분석 및 출력이 가능한 형태의 시스템으로서 정보 통신, 국방, 환경, 도시 개발, 토목, 수자원, 교통, 통계 등 각 분야에서 시설 관리 및 계획 등에 광범위하게 이용되고 있다.

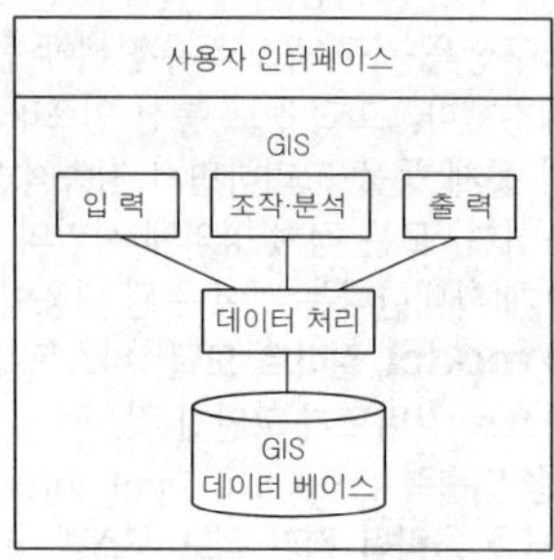

〈지리 정보 시스템(GIS)의 기본 구조〉

Gist [dʒíst] *n.* **기스트** 형식적인 사양 기술 언어로서 대상과 속성들의 관계 모형에 기초를 둔 문장 기술용 언어.

Givens method [gívəns méθəd] **기벤스 방법** 실대칭 행렬을 구하는 방법. 원 행렬을 3항 대각 행렬로 변환하고 이 3항 대각 행렬에서 고유값을 구한다(구하는 방법에 관해서는 하우스홀더법을 참조). 하우스홀더법과 이 방법의 차이는 전자가 1회 변환으로 1행을 0으로 하는 데 대해서 후자는 한 번에 한 개의 요소를 0으로 한다. 따라서 기벤스법은 하우스홀더법보다 효율이 떨어지는 경우가 많다.

GKS 도형 중핵 시스템 graphical kernel system의 약어. 1985년 ISO(국제 표준화 기구)가 그래픽 분야의 표준으로 정한 것.

GKS description table GKS 기술표 필요한 GKS의 기능 및 성능을 나타낸 표.

GKS level GKS 수준 입력 수준과 출력 수준으로 규정되는 GKS의 기능 및 성능을 나타낸 표.

GKS state list GKS 상태표 워크스테이션에 의지하지 않고 응용 프로그램의 설정값과 논리 입력값을 넣는 표. GKS 상태표는 각 워크스테이션의 상태, 기본 요소 속성의 현재값, 정규화 변환의 정보, 세그먼트 상태표, 입력 대기 행렬 등을 포함한다.

glare [glέər] *n.* **표면 반사** 컴퓨터나 단말기의 모니터 표면에서 빛이 반사되는 것. 또는 지나친 휘도 대비 때문에 불쾌감 또는 시각 저하를 유발시키는 시각 지각. 이 빛은 화면의 내용을 알아보기 힘들게 하고 눈에 피로를 주므로 화면에 무광택 처리를 하든가 보안경으로 대처해야 한다.

Glide 글라이드 미국 3Dfx 사가 개발한 3D 그래픽 칩 「VooDoo 시리스」용으로 그 회사가 마련한 게임 프로그래밍 라이브러리집. VooDoo 칩을 탑재한 그래픽 보드를 이용하여 Glide 대응의 게임을 할 경우, 특수한 영향이나 고속 처리가 기대된다. ⇨ OpenGL, DirectX

glitch [glítʃ] *n.* **돌발 사고** 잡음의 펄스 또는 버스트. 논리 회로가 타이밍에서 벗어나는 것 등으로 본래 필요 없는 부분에 발생하는 펄스로서 오동작의 원인이 된다.

glith [glíθ] *n.* **장애 신호** 고장이나 이상을 일으키는 펄스나 잡음 신호.

global [glóubəl] *a.* **전역(적)** (1) 사용 범위가 넓은 것을 표시한다. 예를 들면, 프로그램 내의 변수(variable), 배열(array), 유저 정의 함수는 그 프로그램 속에서 밖에 사용할 수 없기 때문에 국소적이라고 하지만 부프로그램(subprogram)명은 어느 프로그램에서나 같으며, 전역(全域)적이라고 한다. (2) 언어 대상물과 프로그램 사이의 관계를 표시하는 용어이며, 그 언어 대상물의 유효 범위가 그 블록의 외측에까지 넓혀져 있으나, 그 블록을 포함하는 더 큰 블록에 포함되는 경우에 쓰인다. (3) 지정한 문자열의 치환, 소거 등의 처리가 문서 전체에 미치는 것.

global address space [-ədrés spéis] **글로벌**

주소 공간 인터넷 상에 직접 접속되어 있는 컴퓨터에 할당된 IP 주소 영역. 인터넷에서의 컴퓨터 식별에 이용되므로 인터넷 관리 단체에 신청하여 전세계적으로 유일한 번호를 할당받아야 한다. 반면, 네트워크 관리자가 LAN 내부의 각 컴퓨터에 할당하는 IP 주소 영역을 프라이빗 주소 공간이라고 한다. ⇨ private address space

global area[–ɛ́(:)riə] **전역**

global area network[–nétwə̀:rk] **세계적 통신망** ⇨ GAN

global change[–tʃéindʒ] **전역 변경** (1) 전체 영역에 대해 영향을 미치는 변경. (2) 전체 영역에 대해 변경 작업을 하는 것.

global code[–kóud] **전역 코드**

global control section[–kəntróul sékʃən] **전역 제어 섹션**

global convergence[–kənvə́:rdʒəns] **전역 수렴** 고정점 ζ에 대한 반복 함수 $x=g(x)$가 있을 때 임의의 초기값 x_0에 대한 근사해 $\{x_i\}$가 ζ에 수렴하는 것을 전역 수렴한다고 한다.

global data[–déitə] **전역 데이터** (1) 시스템 내에 정의된 모든 요소에서 접근 가능한 데이터. (2) 프로그램 내의 모든 모듈에서 참조 가능한 데이터.

global data base[–béis] **전역 데이터 베이스** 생성 시스템의 한 구성 요소로 생성 규칙이 적용될 수 있는 전체 조건들이 만족되면 이 데이터 베이스를 변화시키게 된다.

global deadlock[–dé(:)dlɑ̀k] **전역 교착 상태** 분산 데이터 베이스에서 두 개 이상의 사이트에서 발생하는 교착 상태.

global discretization error[–diskri:tizéiʃən érər] **전역 이산화 오류**

global exchange[–ikstʃéindʒ] **전역 대상 치환** 동일 문서 내에서 지정한 문자열과 동일한 문자열의 모두를 다른 문자열로 치환하는 기능.

global external symbol table[–ikstə́:rnəl símbəl téibəl] **전역 외부 기호 테이블** 프로그램의 연계 작업을 위해 각 모듈에 정의된 외부 기호들을 하나의 테이블에 모아 기록한 것으로 연결기에 의해 작성되고 사용된다.

global optimization[–ɑ̀ptimaizéiʃən] **전역 최적화** 프로그램 전체 범위에 대해 효율적인 코드를 얻도록 하는 최적화 기법. 지역 최적화에 비해 많은 시간이 소요된다.

global parameter buffer[–pərǽmətər bʌ́fər] **전역 파라미터 버퍼**

global processor[–prɑ́sesər] **전역 프로세서**

global query[–kwí(:)ri(:)] **전역 질의** 전역 릴레이션을 써서 표현된 질의.

global resource[–risɔ́:rs] **전역 자원**

global resource serialization[–sì(:)riəlɑizéiʃən] **GRS, 전역 자원 축차화**

global roaming[–róumiŋ] **글로벌 로밍** 다국간에서 이용할 수 있는 로밍 서비스. ⇨ roaming

Globalstar[glóubəlstɑ:r] **글로벌스타** 미국의 로럴 에어로스페이스 사와 퀄컴 사가 공동으로 추진하고 있는 "글로벌스타" 계획은 지상 1,400km 상공에 48개의 위성을 발사해 2000년부터 전세계를 대상으로 무선 측위 위성 서비스와 이동 음성 및 데이터 통신 서비스를 제공하며, 이리듐과는 달리 위성 간 링크를 구성하지 않는 대신 지역 간 망 구성은 기존의 국제 통화망(PSTN)을 이용한 시스템을 구성할 계획이다. 글로벌스타 사업에는 6개국 11개 사가 참여하고 있는데, 국내에서는 현대와 데이콤이 컨소시엄 형태로 전체 지분의 6.4%인 3,750만 달러를 투자하고 있으며, 경기도 여주에 글로벌스타 서비스용 국내 관문국과 위성 지구국을 건설키로 했다. 서비스 요금은 분당 2달러로 예상된다.

global schema[glóubəl skí:mə] **전역 스키마** 데이터 베이스가 전혀 분산되지 않은 것처럼 간주하고 분산 데이터 베이스에 포함된 모든 데이터를 정의하는 스키마.

global search[–sə́:rtʃ] **전역 검색** 파일 내에서 문자, 단어, 문장 등을 찾아내는 프로그램 부분.

global search and replace[–ənd ripléis] **전역 찾아 바꾸기** 워드 프로세서에서 작성하고 있는 파일 내에서 문자, 단어, 문장 등을 찾아내고 바꾸는 기능.

global search/replace editor[–ripléis éditər] **전역 검색/치환 편집기** 전체 텍스트 파일에서 지정한 단어를 찾거나 찾은 단어를 다른 단어로 교체하는 편집기.

global service[–sə́:rvis] **전역 서비스**

global SET variable symbol[–sét vɛ́(:)riəbl símbəl] **전역 SET 가변 기호**

GM 범용 미디 general MIDI의 약어. MIDI 음원의 표준 규격. GM 규격에 따른 음원은 제조 회사나 샘플링 등에서 사용한 음색의 뉘앙스 차이에 관계 없이 같은 연주를 들을 수 있다. 그러나 GM 규격은 규격이 크고 완전한 재현이 불가능하기 때문에 롤랜드 사는 더욱 상세한 동작 규정을 정한 GM 규격의 상위 규격인 GS 규격을, 같은 형태로 야마하 사는 XG 규격을 제창하고 있다.

global symbol[–símbəl] **전역 기호** 프로그램의 전체 영역에 대하여 정의된 기호로서 프로그램 내의 모든 모듈에서 사용 가능하다.

global timestamp[–táimstæ̀mp] **전역 타임스탬프** 분산 데이터 베이스 시스템에서 시각 기준이 서로 다른 여러 위치에서 발생한 변동들의 시간을 구별하기 위한 것으로 주로 각 위치의 식별과 지역 시각 표지를 결합하여 나타낸다.

global transaction[–trænsǽkʃən] **전역 트랜잭션** 분산 데이터 베이스 시스템에서 여러 위치에 있는 데이터에 접근해야 하는 트랜잭션.

global variable[–vɛ́(:)riəbl] **전역 변수** 메인 프로그램(main program)으로도 서브프로그램으로도 액세스(access)하는 것이 가능한 이름을 갖는 변수.

global variable symbol[–símbəl] **전역 변수 기호**

global wait for graph[–wéit fər grǽf] **전역 대기 그래프** 분산 데이터 베이스 시스템에서 모든 위치의 지역 대기 그래픽을 결합한 것.

glossary[glάsəri(:)] *n.* **용어집** (1) 일반적으로는 특정 분야의 용어나 술어에 대하여 해석과 설명을 덧붙인 소사전. 사전(dictionary)과 같은 뜻으로 쓰이는 경우도 있으나 정보 처리 분야에서 dictionary라고 할 때에는 데이터 사전(data dictionary)을 가리킨다. (2) 문서 편집에 있어서의 하이프네이션 사전(hyphenation dictionary)을 뜻한다. 단말기로 입력한 문장 중 단어의 스펠링(spelling)을 조사하거나 문장을 교정하기 위해서 사용되는 소프트웨어이며, 어근과 접두어, 접미어 또는 단어를 검증하는 알고리즘을 포함하는 경우가 있다.

GM 그룹 마크 group mark의 약어.

GM generator 범용 미디 음원 general MIDI generator의 약어. GM 규격에 맞는 음원과 마찬가지로 이것을 전제로 한 게임이나 음악 소프트웨어가 다수 발매되고 있다.

GMPCS 위성 휴대 통신 global mobile personal communication by satellite의 약어. 위성에 의해 글로벌 개인 이동 통신을 추구하는 것으로 초기에는 비정지 궤도 위성을 이용한 이동 통신 시스템으로 범위를 한정하였으나, 위성 통신 사업의 이해 관계 속에 비정지 궤도뿐만 아니라 정지 궤도를 이용한 이동 통신 시스템까지 확대하고 있다. GMPCS는 위성 통신 시스템이 가지고 있는 고유한 특성을 이용하여 첫째, 통신 기반 구조가 부족한 지역이나 재난으로 인해 통신 시설이 파괴된 지역에서 신속히 음성 서비스를 제공해주고, 둘째 전용 단말기나 휴대폰에 컴퓨터나 팩시밀리를 연결하여 데이터 송수신이 가능하도록 해주며, 셋째 무선 위치 정보 제공 서비스(GPS) 제공으로 선박/항공기의 항해, 물류 관리 등에 이용될 수 있다.

GMR head GMR 헤드 giant magneto resistive head의 약어. MR(자기 저항) 헤드를 개량한 고집적 헤드 방식. MR 헤드는 IBM이 1GB 하드 디스크를 발표하면서 함께 선보인 기술로, 기존의 박막 필름 헤드의 경우 밀도가 높아질수록 부정확한 읽기 능력을 보이는 데 반해, MR 헤드는 합금 재질의 필름을 사용하여 데이터 읽기의 정밀도를 높여 플래터의 단위 면적당 저장 용량을 높일 수 있다. GMR 헤드는 이러한 MR 헤드를 개량한 것으로 데이터 해독력이 더욱 정교해져 MR 헤드 채용시 단위 면적당 더욱 많은 데이터 저장이 가능하다(GMR 헤드는 10Gbit/in²의 저장이 가능하다). 이러한 헤드 기술로 인한 「높은 데이터 저장 밀도」는 일정 크기의 플래터에 보다 많은 데이터를 기록할 수 있어 하드 디스크의 제작 단가를 낮출 수 있다.

GM standard 범용 미디 규격 general MIDI standard의 약어. MIDI 음원의 표준 규격으로 1991년 MIDI 협회와 MMA(MIDI Manufactures Association)가 만들었다.

GND 접지 ground의 약어.

GNU Gnu's Not UNIX의 약어. 프리 소프트웨어 재단(FSF)에 의해서 개발된 유닉스 운영 체제용의 프로그램. 여기서는 gcc(C 컴파일러), gdb(디버거), GNU 체스 등이 있다.

GNU C compiler GNU C 컴파일러 ⇨ GCC

GNU Emacs GNU 이맥스 유닉스에서 일반적으로 사용되는 편집기로, Richard Stallman이 만들었다. 간단히 Emacs라고도 한다. 대표적인 GNU 소프트웨어의 하나로 프리웨어(작자가 판권을 가진 PDS)이다.

GNU general public license ⇨ GPL

GNU project GNU 프로젝트 FSF가 중심이 되어 추진하고 있는 프리 소프트웨어의 작성과 보급을 위한 프로젝트. 작성된 소프트웨어는 GPL에 기준하여 배포된다. C 컴파일러의 GCC나 스크린 편집기의 GNU Emacs 등이 알려져 있다.

GNU software GNU 소프트웨어 GNU로 작성한 소프트웨어로 유닉스 상에서 GNU Emacs, gcc, gdb, gas, ld, g++ 등이 있다. 이들은 질이 높고 무료로 배포되고 있으며 단순한 PDS가 아니라 저작권을 갖는 프리 소프트웨어로 배포되기 때문에 자유롭게 복사해서 사용할 수 있다.

go ahead[góu əhé(:)d] **작동 개시** 컴퓨터 시스템에서 전송 시작을 단말기에 알려주기 위해 컴퓨터에서 단말기, 단말기에서 다른 단말기로 폴링 신호를 보내는 것.

goal[góul] *n.* **목표** 시스템이 연산을 통해서 도달하고자 하는 해결책.

goal clause[–klɔ́:z] **목적절** 목적 상태를 절의 형태로 나타낸 것.

goal directed invocation[–diréktəd invəkéiʃən] **목적에 의한 호출** ⇨ pattern directed invocation

goal node[–nóud] **목적 노드** 규칙 기초 연역 시스템에서 사실들의 집합을 AND/OR 그래프로 나타낼 때 목적 문자들이나 규칙들이 이 그래프의 문자 노드에 적용될 수가 있다. 여기서 목적 문자와 일치하는 문자가 생길 때, 이러한 목적 문자가 AND/OR 그래프에 연결되면 이 노드를 목적 노드라 한다.

goal seek[–sí:k] **골 시크** 스프레드시트 「Microsoft Excel」에 탑재되어 있는 기능으로, 어떤 결과를 얻기 위해서는 어떠한 조건이 필요한지를 계산할 때 사용된다.

goal stack[–stǽk] **목적 스택** 스트립스(STRIPS)가 운영하는 목적 상태를 스택으로서 유지하는 것으로 스트립스는 문제 해결을 위해서 스택의 맨 위의 표현에 중점을 둔다. 즉, 초기에는 목적 스택이 주목적 표현을 가지며, 맨 위의 표현이 현재 문제 상태와 일치할 때는 목적 표현이 제거된다. 그리고 비교 치환은 그 밑의 표현에 적용된다.

goal tree[–trí:] **목적 트리** 근 노드로 표시하며, 하부 노드들은 상위 노드의 목표 달성에 필요한 부분 목표들을 나타내는 트리 데이터 구조.

Gödel numbering **괴델 번호**

Gödel's incompleteness theorems **괴델 불완전 정리**

Golay codes **골레이 코드**

goo[gú] **구** NTT 애드가 제공하는 포털 사이트. 강력한 검색 서비스가 특히 유명하다. ⇨ search engine, portal site

goodness of fit[gúdnəs əv fít] **적합도** 데이터에서 구한 근사 함수 $P(x)$가 가설에 접합한지 아닌지 나타내는 척도.

gopher[góufər] *n.* **고퍼** 고퍼는 미국 미네소타 대학의 분산 캠퍼스 정보 서비스에서 시작된 것으로 원래 인터넷 상에서 쉽게 정보를 찾기 위한 목적으로 개발되었다. 고퍼는 여러 개의 접속 가능한 서버 중에서 단지 하나의 서버에만 접속할 수 있게 하는 간단한 프로토콜을 이용한다. FTP와 아치(archie)와는 달리 인터넷 고퍼는 사용자가 호스트와 디렉토리 및 파일명의 자세한 부분에 대한 지식을 가지고 있지 않아도 사용할 수 있다.

gopher client[–kláiənt] **고퍼 클라이언트** 일반 사용자가 고퍼 서버에서 정보를 얻기 위해 실행하는 고퍼 프로그램. 고퍼 클라이언트는 메뉴와 문서를 검색하여 사용자에게 표시해준다. ⇨ gopher, client

Goppa codes **고퍼 코드**

Gordon Moore **고든 무어** 인텔(Intel) 사의 회장이며 창업자의 한 사람. 로버트 노이스, 앤디 그로브 등과 함께 인텔 사의 최고 경영자의 한 사람인 그는 1956년 쇼클리 반도체 연구소 시절부터 줄곧 노이스와 함께 지냈으며, 인텔 사에서 기획을 맡고 있다.

Gordon simulator[gɔ́:rdn símjulèitər] **고든 시뮬레이터** G. Gordon(IBM 회사)이 개발한 시뮬레이션이며, GPSS로 널리 사용되고 있다.

GO TO[góu tú:] **가기**

GO TO statement [–stéitmənt] **가기문, GO-TO 문** (1) FORTRAN 등의 절차형 언어(procedural language)로 만들어진 프로그램은 보통 기본 실행 순서(normal execution sequence)에 따라서 문이 나타나는 순번으로 실행한다. 기본 실행 순서를 변경하는 것을 제어의 이행(transfer of control)이라 한다. FORTRAN을 예로 들면, GO TO 문은 산술 IF 문, 블록 IF 문, DO 문 등과 함께 제어를 옮기기 위한 문(statement)이다. 구체적으로 GO TO 문에서 점프될 장소에 위치하는 문이 GO TO 문 다음에 실행된다. (2) 일반적으로 GO TO 문을 다수 사용하면, 프로그램은 대단히 이해하기 어렵게 된다. 따라서 GO TO 문은 에러 처리로 실행 중단(abort execution)을 일으키는 경우 등을 제외하고는 사용하지 않는 편이 바람직하다. 프로그램에서 GO TO 문을 가능한 사용하지 않고, 연속(sequence), 조건(condition), 반복(repetition)의 조합으로 구성하는 점이 구조화 프로그래밍(structured programming)의 특징이다.

Gouraud shading [–ʃéidiŋ] **고러드 채색** 3차원 그래픽에서 화면에 나타난 입체 표면에 색을 적당하게 입혀서 물체에 입체감과 질감을 주는 채색 알고리즘의 하나. 이것은 두 평면이 만나는 곳에서 색이 갑자기 변하는 것을 막기 위해 평면 중심에서 교차선까지 연속적으로 색이 점차로 변하게 한다.

GPC **범용 컴퓨터** general purpose computer의 약어. 과학 기술용, 상업용으로 이용되는 컴퓨터.

GPIB **범용 인터페이스 버스** general purpose interface bus의 약어. 중앙 처리 장치(CPU)와 주변 기기를 연결하는 표준적인 접속 장치. 병렬 접속 장치라고 하여 한 번에 15대의 장치를 접속시킬 수 있다. 쌍방향, 반이중(半二重) 통신에서 컨트롤러(controller)가 버스의 관리를 하여 데이터의 송신측인 토커(talker)와 수신측인 리스너(listener)를 지정한다. IEEE. 488 버스라고도 불린다.

GPIB interface adapter [–intərfeis ədǽptər]

범용 인터페이스 어댑터 IEEE(전기 전자 기술자 협회) 병렬 GPIB를 RS232C 시스템과 연결하기 위한 접합기의 일종. 정보의 양방향 전송 방식을 가능하게 하고 구형 기구나 단말기에 신형 GPIB 병렬 방식을 사용하는 제어 처리 시스템에 연결하는 데 사용한다.

GPL GNU general public license의 약어. FSF의 프리 소프트웨어 라이선스 형식. 저작권은 개발자에게 귀속되지만 소프트웨어의 복사, 수정 및 변경, 배포의 자유를 제3자에게 허용한다. ⇨ FSF, GNU software

GPS (1) **일반 문제 풀이** general problem solver의 약어. 범용 문제 해결 시스템. 인공 지능 연구 분석을 비롯하여 각종 문제 해결에서 주로 나타나는 미탐색 문제의 일반적인 기술을 가능하게 하는 리스트 처리용 언어를 기초로 하고 있다. 미국의 랜드(Rand) 사가 IBM 704 컴퓨터를 위해 개발했다. (2) **세계 위치 파악 시스템** global positioning system의 약어. 현재의 위치를 파악하는 시스템으로, 본래는 미 국방성에서 군사적 목적으로 개발되었다. 고도 20,200km 상공에서 궤도를 도는 24개(3개는 예비용)의 GPS 위성에 의해 전세계 어느 곳이든 위치를 파악할 수 있다. 또한 지상에는 컨트롤 스테이션이라는 조정 센터가 있어 GPS 위성의 정보를 수집하고 동기화시키는 일을 하며, 사용자는 GPS 수신기를 통해 현재의 위치를 파악한다. GPS 수신기는 GPS 위성으로부터 받은 신호를 바탕으로 GPS 수신기의 정확한 위치와 이동 속도, 시간을 계산한다. GPS에서 위치를 파악하는 데에는 삼각 측량법을 이용한다. 삼각 측량을 위해 3개의 위성이 필요하며, 여기에 시간 오차를 위한 관측용 위성 한 개를 포함하여 총 4개의 GPS 위성이 필요하다. GPS에는 노트북이나 PDA와 연결하여 위치를 파악하는 장비가 있으며, 지도와 연동하여 목적지를 찾아가는 항법 장치에 사용된다.

GPSS 범용 시스템 시뮬레이션 general purpose system simulation의 약어. 시뮬레이션용 언어의 하나. 큐잉 이론(queuing theory)에 기초하여 큐잉 과정에서의 현상을 모의(simulate)하는 모의 실험용 언어. 대상 시스템 모델을 이 언어로 표현하여 그대로 시뮬레이션하는 것으로 대단히 광범위한 목적에 사용할 수 있고, 그때마다 프로그래밍하지 않고 간단히 실시할 수 있는 것. 창구 업무 서비스라든가 통신 회선을 경유한 데이터 처리라든가 어떤 사상이 그것에 요하는 서비스를 받을 때까지의 시간적인 큐잉(queuing)과 확률의 분석 등에 쓰인다. 1962년에 G. Gordon에 의해 개발되었다.

GR 범용 레지스터 general register의 약어. ⇨ general register

grab [grǽ(ː)b] *v.* **잡기** 그래픽 프로그램에서 화면에 나타난 그림을 잡아서 디스크 파일에 저장하는 일.

grabber [grǽ(ː)bər] **그래버, 수집기** (1) 데이터 수집 장치의 하나. 보통 도형 이미지를 비디오 카메라나 기타 애니메이션 비디오 소스에서 수신하기 위한 특수한 컴퓨터 비디오 메모리. 데이터를 수집해서 메모리에 기억하는 하드웨어는 프레임 그래버와 비디오 디지타이저라 불린다. (2) 표시 중의 화면 이미지의 스냅샷, 즉 비디오 메모리의 일부분을 디스크 상의 파일로 전송하여 만드는 소프트웨어를 말한다.

grabber hand [–hǽnd] **그래버 핸드** 그래픽 소프트웨어에서 사용되는 마우스 커서의 표시 형식. 손을 벌린 형태이며, 이것을 이용하여 드래그하면 화면상의 표시 영역을 이동시킬 수 있다.

graceful degression [gréisfəl digréʃən] **점진적 능력 축소** 컴퓨터 시스템의 여러 부분을 중복되게 설계하여 한 부분이 고장났을 때 전체 시스템의 능력은 저하될지라도 작업을 중단 없이 계속할 수 있게 하는 것.

graceful exit [–égzit] **단계적 출구** 컴퓨터의 전원을 OFF시키지 않고도 프로그램으로부터 벗어날 수 있는 사용자의 능력.

Grace Murray Hopper Award 그레이스 머레이 호퍼 상 컴퓨터 역사에 있어서 초창기 때 COBOL 컴파일러를 개발하는 중요한 일을 했던 호퍼를 기념하기 위해 ACM(미국 컴퓨터 협회)이 제정한 상.

gradient method [gréidiənt méθəd] **경사법** 함수의 최소점을 찾기 위해 어느 점에서 출발하여 경사가 음(−)에서 양(+)으로 변하는 점을 구하는 방법.

graduation [grædʒueuéiʃən] **계조** 어떤 색이 다른 색으로 변화해가는 단계. 자연계에서는 이 단계가 연속적이지만, 컴퓨터에서는 이산적으로 행해진다. 이 이산 단계가 빽빽할수록 자연계의 변화에 가까워진다.

grain [gréin] **그레인** 운영 체제가 사용자 프로그램에 대해 기억 장소를 할당할 수 있는 최소 단위. 따라서 이 그레인의 배수로 기억 장소가 할당된다.

grain direction [–dirékʃən] **결방향** 문자 판독기로 문서(document)를 통과시킬 때, 움직이는 방법과 관련된 종이결의 방향. 이것은 광학적 문자 인식(OCR)에 중요하다.

grammar [grǽmər] *n.* **문법** (1) 언어 구문(syntax)을 형식적(formal)으로 정의한 규칙. (2) 프로그래밍 언어 구문을 정의하는 데 사용되는 형식 문법으로 BNF 문법, 문맥 자유 문법 등이 있다.

grammar circularity [–sə̀:*r*kjulǽriti(:)] **환형 문법** 문법의 구문 유도에서 한 비단말에 의해 유도된 센텐셜 형(sentential form) 중의 한 비단말 기호가 유도시킨 비단말과 같은 것으로 재귀적으로 같은 비단말을 재유도하는 성질.

grammar equivalence [–ikwívələns] **문법 동치** 두 개의 문법이 같다는 것을 뜻한다. 약한 동치와 강한 동치로 나뉘는데, 약한 동치는 단순히 생성되는 언어만 같으면 되고, 강한 동치는 약한 동치이면서 두 개의 문법에 의해 생성되는 언어 열 사이에 일대일 대응이 성립하는 것을 말한다.

grammarless parsing [grǽmə*r*lis pɑ́:*r*ziŋ] **비문법 파싱** 자연 언어에 대한 구문 분석에서 사용되는 파싱 기법으로 기존의 구문 분석을 무시하고 다른 언어학적 이론에 입각하여 문장의 어구를 분할하는 기법.

grandfather cycle [grǽndfɑ̀:ðə*r* sáikl] **지속 주기** 자기 테이프의 레코드가 손실없이 유지될 수 있는 기간. 이 주기는 정보의 손실을 막는 데 매우 중요하다.

grandfather file [–fáil] **조부 파일** 데이터의 안전을 위해 한 파일에 대해 최근의 3개까지의 갱신판을 보관하는 방법을 사용하는데, 이때 그 각각을 오래된 순서로 조부 파일, 부모 파일, 자식 파일이라 부른다. 만일 어떤 파일을 사용하다가 데이터가 파괴되면 그 파일의 부모 파일을 써서 복구하고, 그것도 파괴되었을 경우 조부 파일을 써서 복구한다.

grand total [grǽnd tóutəl] **총계** 컴퓨터로 합계를 계산할 때 집계되는 합계 중 최대의 한계값. 예를 들면, 매상고를 집계하는 프로그래밍에서는 판매점의 1개월의 합계를 소계(小計 ; minor total), 시, 구, 군 단위의 매상 합계를 중계(中計 ; intermediate total), 도 단위의 매상 합계를 대계(大計 ; major total)로 하고, 최후에 모든 판매점의 매상 합계, 즉 총계를 취하면 된다. 이렇게 하여 합계를 취하는 프로그램을 제어 합계 프로그램(control total program)이라 한다. 입력 데이터의 지점 코드가 바뀌어 다른 판매점이 오면 앞의 판매점의 「소계」를 계산하고, 시 · 구 · 군이 바뀌면 「중계」를 계산하고, 도 단위가 바뀌면 「대계」를 계산한다. 이렇게 코드의 값이 변화하는 것을 제어 차단(control break)이라고 한다.

granularity [grænjulǽriti(:)] *n.* **세분성**

grapevine [gréipvàin] *n.* **그레이프바인** 신원 확인, 메시지 전달, 자원의 위치, 사용 통제 등의 서비스를 제공하는 컴퓨터 네트워크. 그레이프바인의 원래 목적은 컴퓨터를 통한 우편 배달이었으나 다른 여러 가지 목적에도 사용할 수 있도록 융통성 있는 구조를 갖고 있다.

graph [grǽf] *n.* **도표, 그래프** 컴퓨터로 수치 계산 등을 한 결과를 그대로 숫자(number)의 나열로서 표현하는 것이 아니고, 시각적으로 이해할 수 있도록 막대 그래프, 원 그래프로 표시한 것. 또 논리 프로그래밍 언어(logic programming language) 등에서는 데이터 구조의 일종이며, 사물과 사물 간의 관계에 방향성이 있는 것을 방향 그래프(directed graph)라고 한다.

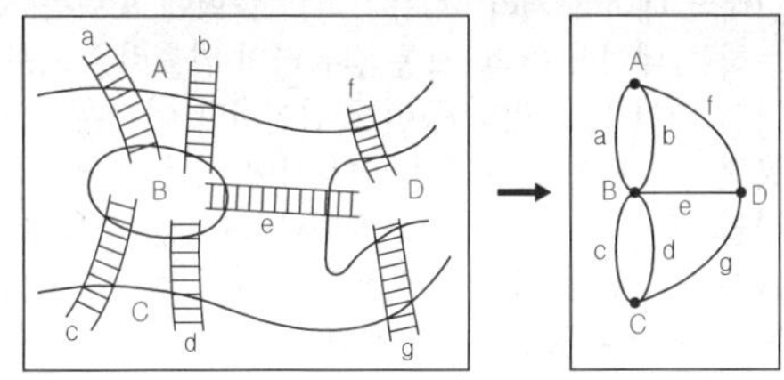

〈그래프 표현 예〉

GRAPHAGE 그래프 출력 패키지 graphic output package의 약어.

graph coloring [–kʌ́ləriŋ] **그래프 채색** 그래프에서 정점 또는 간선(edge)에 서로 다른 색을 칠하는 것.

grapheme [grǽfi:m] **문자소** 한 개의 상징적인 의미(단어에서 그 뜻의 관념을 나타내는 요소)를 나타내는 문자화된 코드나 기계어 코드.

graph follower [grǽf fálouə*r*] **그래프 추적기** 광학적 탐지 장치와 같이 도형 형태의 데이터를 읽어들이는 장치.

graphic [grǽfik] *a.* **그림** 도형의. 그래픽. 필기, 제도 또는 인쇄와 같은 방법으로 만들어져 있는 기호.

graphic access method [–ǽkses méθəd] **GAM, 도형 액세스 방식**

graphical [grǽfikəl] *a.* **도표에 의한, 도표**

graphical input output [–ínpùt áutpùt] **GINO, 도형 입출력**

graphical representation [–rèprizentéiʃən] **도형 표현**

graphic analysis of three-dimensional data [grǽfik ənǽlisis əv θrí: diménʃənəl déitə] **GATD, 3차원 데이터 도형 해석 프로그램**

graphic character [–kǽrəktə*r*] **그래픽 문자** 제어 문자 이외의 문자이며, 보통 도형에 의하여 표현되는 것으로 도형을 표시할 때 이용되는 특수한 기능의 문자.

graphic character code [–kóud] **그래픽 문자 코드** 도형을 표시할 때 사용되는 문자로 보통 영숫자 코드를 확장하여 사용한다. 확장 방법에는 ISO646 등이 있다.

graphic character modification feature [–mɑ̀difikéiʃən fíːtʃər] **그래픽 문자 변경 기능**

graphic character string [–stríŋ] **도형 문자열**

graphic color combination [–kʌ́lər kɑ̀mbinéiʃən] **도형과 색의 조합**

graphic control unit [–kəntróul júːnit] **그래픽 제어 장치**

graphic data processing [–déitə prásesiŋ] **그래픽 데이터 처리** 컴퓨터의 입출력에 도형을 사용하는 데이터 처리. 보통 컴퓨터의 입출력은 카드, 자기 테이프, 프린터 등이 중심이지만 이것은 브라운관이나 도형 플롯 등을 이용하여 컴퓨터 처리 결과를 출력하거나 라이트 펜이나 커서를 사용해서 표시된 화면에 사람이 직접 지시해서 컴퓨터에 도형 변경 등의 명령을 실행시킨다.

graphic design feature [–dizáin fíːtʃər] **그래픽 설계 기구**

graphic digitizer [–dídʒitàizər] **그래픽 디지타이저** ⇨ graphic tablet

graphic display [–displéi] **그림 표시** 도형 표시 장치. 영상 표시 장치. 도형을 브라운관 등에 그리는 일 또는 그 장치. 컴퓨터와 온라인으로 결부함으로써 컴퓨터와 인간과의 2차원적인 대응을 가능하게 하는 것으로 널리 사용되었다. 즉, 타이프라이터와 같이 기호의 열에서 대상을 인식하는 것뿐만 아니라 사람에 대해서 보다 인식하기 쉬운 평면적인 그림으로 컴퓨터와 대화가 가능하다. 자동 설계에서 시각에 호소하는 분야를 중심으로 응용되고 있다.

graphic display device [–diváis] **그림 표시 장치** 컴퓨터의 출력 정보를 CRT 상에 표시하는 장치. 문자, 기호, 도형 등을 텔레비전과 같이 영상으로 출력하고, 필요에 따라 라이트 펜으로 화면상에서 직접 수정하거나 추가로 입력시킬 수 있다.

graphic display mode [–móud] **그림 표시 방식** 화면 출력 장치가 문자를 출력할 수 있는 기능과 그래픽을 다룰 수 있는 능력을 모두 가지고 있을 때 그 장치를 그래픽을 표시하는 상태로 사용하는 것.

graphic display output [–áutpùt] **그래픽 영상 출력** 중앙 처리 장치(CPU)에서 처리한 결과를 영상 표시 장치 상에 그래프, 도표, 일람표 형식의 분석 데이터로 정보를 나타내기 위해 만들어진 프로그램.

graphic display program [–próugræm] **그래픽 표시 프로그램** 영상 표시 장치의 화면상에 도형 또는 영숫자로 정보를 나타내기 위해 만들어진 프로그램.

graphic display resolution [–rezəlúːʃən] **그래픽 표시 해상도** 그래픽 표시 장치의 화면이 얼마나 정밀하게 나타나는지의 정도. 일반적으로 널리 사용되는 그래픽 표시 장치는 래스터(raster) 주사 방식을 사용하는데, 이때 화면상에 표시되는 가로와 세로의 점(픽셀) 수가 해상도를 나타낸다. 마이크로컴퓨터에서는 저해상도라 하면 320×400(가로×세로) 이하를 나타내고, 고해상도라 하면 600×400, 800×600 정도이다. 워크스테이션이나 전문 그래픽 단말기 등의 초고해상도에서는 1024×1024 이상이 일반적이다.

graphic display unit [–júːnit] **그래픽 표시 장치** ⇨ graphic display device

graphic documentation [–dɑ̀kjumentéiʃən] **그래픽 문서화** 그래프나 필름에 정보를 기록하기 위해 개발된 일련의 과정.

graphic editor [–éditər] **그래픽 편집기** 그래픽 이미지를 만들고 편집하기 위해 사용되는 영상 처리 프로그램.

graphic file maintenance [–fáil méintənəns] **그래픽 파일 유지 보수** 마이크로필름, CRT 등에 출력된 정보들을 수정하기 위해 고안된 일련의 과정.

graphic form [–fɔ́ːrm] **그래픽 형태, 도형** 정보를 실제적인 도형 형태나 그림으로 나타낸 것.

graphic image [–ímidʒ] **그림 영상** 화면상에 표시된 그래픽 데이터나 스캐너를 통해 입력된 그래픽 데이터.

graphic input [–ínpùt] **그래픽 입력** 문자 대신에 도형에 의해 부여된 정보를 입력하는 것.

graphic input device [–diváis] **그래픽 입력 장치** 컴퓨터에 그래픽 정보를 입력할 수 있도록 하는 입력 장치. 예를 들어, 라이트 펜, 그래픽 태블릿, 마우스, 조이스틱, 트랙 볼, 이미지 스캐너 등이다.

graphic input language [–lǽŋgwidʒ] **그래픽 입력용 언어** 프로그램 명령어 중의 하나로 컴퓨터의 입출력에 그래픽을 사용하여 데이터를 처리하여 사용되는 것.

graphic interface [–íntərfèis] **그래픽 인터페이스** 사용자가 컴퓨터에게 명령을 내리고 컴퓨터 사용자에게 정보를 출력할 때 주로 문자가 아닌 그래픽에 의해 교류가 이루어지는 것. 즉, 사용자는 명령어를 타이핑하는 것이 아니라 그래픽 화면상에 표시된 메뉴나 아이콘을 키보드나 마우스로 지정함으로써 명령을 내리고, 컴퓨터의 출력도 주로 그림이나 도표로 나온다. 이러한 인터페이스는 컴퓨터에 대해 잘 모르는 사람도 쉽게 이용할 수 있으므로 매우 편리하고 유용하다. 이런 인터페이스의 시초는 Smalltalk 80 시스템에서 처음 등장했고, 이어 매킨토시 컴퓨터가 인기를 얻으면서 급속도로 확산되어 현재 마이크로컴퓨터와 워크스테이션 쪽에서 널리 이용되고 있다.

graphic job processing[-dʒɑ́(ː)b prɑ́sesiŋ] **그래픽 작업 처리**

graphic job processor[-prɑ́sesər] **GJP, 그래픽 작업 처리 프로그램**

graphic level[-lévəl] **그래픽 수준** 복사, 재생, 전송 또는 일종의 펄스에 의해 조작이 가능한 것. 예를 들면, 필기한 문자나 인쇄한 문자 등을 말한다.

graphic mode (class)[-móud(klɑ́ːs)] **그래픽 모드** VTP(가상 단말 프로토콜)에서 단말기를 분류하는 네 가지 모드 중 하나로 임의의 2차원 그래픽의 생성이 가능하다.

graphic output device[-áutpùt diváis] **그래픽 출력 장치** 기계로 처리된 결과를 도형적으로 사용하여 시각적으로 표시하는 장치. 플로터(plotter), 그래픽 터미널 등이 이에 속한다.

graphic online diagram display [-ɔ́(ː)n-lɑ̀in dáiəgræm displéi] **온라인 그래픽 표시 프로그램**

graphic output package[-áutpùt pǽkidʒ] **GRAPHAGE, 그래픽 출력 패키지**

graphic panel[-pǽnəl] **그래픽 제어판** 제어 장치와 그 처리 동작의 관계를 그림과 색채로써 추적하는 제어판. 조작원이 다이얼, 밸브, 눈금 및 표시등 등을 보며 먼 곳에 있는 제어 시스템의 동작 상태를 한 눈에 확인할 수 있다.

graphic primitive[-prímitiv] **그래픽 요소, 표시 요소, 도형 요소** 점, 선분, 원호, 숫자, 문자라고 하는 영상을 구성하는 데 쓰이는 그래픽의 기본 요소. 표시 요소(display element)라고도 한다.

graphic printer[-príntər] **그래픽 프린터** 문자 외에 화상까지 출력할 수 있는 프린터. 충격식보다는 비충격식 프린터의 화질이 좋다.

graphic processing[-prɑ́sesiŋ] **도형 처리** 그래픽 디스플레이나 X-Y 플로터, 라이트 펜 등의 도형 입출력 장치를 사용하여 컴퓨터에 의한 그림 그리기를 비롯하여 도형에 대한 여러 가지 처리를 한다.

graphic processing language[-lǽŋgwidʒ] **도형 처리 언어** 도형 처리용으로 사용되는 언어. 좌표 변환, 확대, 축소 등의 기능, 3차원 화상을 위한 숨은 선 소거 등의 기능, 또 라이트 펜 등의 입력 장치를 다루는 기능을 가진다. CORE 등의 언어가 있다.

graphic processor[-prɑ́sesər] **그래픽 처리 장치** CPR로부터 그래픽 명령어들을 받아 해독하여 화면에 신호를 보내는 것으로 그래픽 기능을 가진 독립된 처리 장치.

graphic program[-próugræm] **그림 프로그램** 문자와 도형의 내용을 지닌 프로그램

graphic routine[-ruːtíːn] **그래픽 루틴** 화면 상에 그래픽을 출력하거나 그래픽에 관계되는 기능을 수행하는 서브루틴.

graphics[grǽfiks] *n.* **그래픽스** 그래픽 표시 장치(graphic display)와 라이트 펜 등의 그래픽 입출력 장치를 사용함으로써 컴퓨터에 의한 그림을 비롯하여 그래픽에 대한 각종 처리를 하는 것. 제도(drawing)와 설계를 음극 선관(CRT ; cathod ray tube) 위에서 확인하면서 작업하는 것으로 컴퓨터 그래픽스(computer graphics)라고도 한다.

〈그래픽스〉

graphics accelerator[-æksélərèitər] **그래픽 가속기** 컴퓨터 그래픽의 처리 속도를 좀더 빠르게 하기 위해 부착하는 특별한 하드웨어.

graphics based[-béist] **그래픽 기반** 도형을 기본으로 한다는 의미. 매킨토시나 윈도 등에서 어떤 조작을 할 때는 디스플레이 상에 있는 그 조작을 표시하는 도형(아이콘)을 클릭한다. MS-DOS에서의 명령과 같이 문자를 타이프하는 문자 기반의 조작 방법과는 다르다. ⇨ character based, GUI

graphics board[-bɔ́ːrd] **그래픽 보드** 그래픽의 화면 표시를 처리하기 위한 확장 보드. 그래픽 칩, VRAM 등으로 구성되어 있다. 비디오 카드, 그래픽 카드, VGA라고도 한다.

graphics characters[-kǽrəktərz] **도형 문자**

graphics chip[-tʃíp] **그래픽 칩** 그래픽 보드에 탑재되어 있는 칩. 비디오 칩이라고도 한다. 이 칩의 성능에 따라 그래픽 보드의 성능이 좌우된다. ⇨ graphics board, RAMDAC

graphics controller[-kəntróulər] **그래픽 컨**

트롤러 그래픽 칩이라고도 하고 그래픽 처리를 전문으로 하는 보조 프로세서. 그래픽 가속기 등에 탑재되어 있고 3D 화면이나 CAD 등에 특히 많이 쓰이는 것도 있다. ⇨ graphics accelarator

graphics data structure[–déitə strΛ́ktʃər] **도형 데이터 구조** 하나의 도형 내의 여러 부분을 표시하기 위한 데이터 구조.

graphics display controller[–displéi kəntróulər] **그래픽 디스플레이 컨트롤러** ⇨ GDC

graphics engine[–éndʒin] **그래픽 엔진** 도형 처리를 고속으로 하는 하드웨어. 칩, 보드 및 여러 종류로 나뉘며 기능도 다양하다.

graphics file[–fáil] **그래픽 파일** 이미지 데이터가 저장된 파일. 그래픽 소프트웨어나 기종에 따라 포맷 형식이 다르지만, 일반적으로 비트맵 데이터는 BMP 또는 PICT 형식, 데이터량이 많은 사진 데이터 등을 압축할 때는 GIF 또는 JPEG 형식을 이용한다.

graphics gray code[–gréi kóud] **그래픽스 그레이 코드**

graphic size[grǽfik sáiz] **문자의 크기** 문자 형태의 크기. 문자의 높이와 폭으로 표현한다.

graphics kernel system[grǽfiks kə́ːrnəl sístəm] **GKS, 그래픽스 커널 시스템, 도형 중핵 시스템**

graphics manipulation[–mənìpjuléiʃən] **그래픽스 조작** 일반적인 그래픽 화면 장치는 소프트웨어나 하드웨어로 그림을 조작하거나 특정 부분을 밝게 하는 기능이 있다. 이 기능 조작에는 부분 확대, 축소 및 임의의 점에 대한 3차원적인 투시도를 그리는 기능과 깜박거림 등의 기능이 포함된다.

graphic solution[grǽfik səlúːʃən] **그래픽 해석** 문제 풀이의 결과를 명백하게 보기 쉬운 형태로 작성한 것. 숫자 연산으로 결과를 얻는 것이 아니라 도형 또는 영상 표시 장치에 의해 결과를 얻는다.

graphics processing[grǽfiks prásesiŋ] **도형 처리** 스프레드시트나 데이터 베이스 소프트웨어에서 데이터를 원 그래프, 막대 그래프로 나타내는 것. 또는 워드 프로세서 소프트웨어의 도형 작성 기능을 가리킨다.

graphics processing unit[–júːnit] **그래픽스 처리 장치**

graphics processor unit[–prásesər júːnit] **그래픽스 처리 장치**

graphics routine[–ruːtíːn] **그래픽스 루틴** 출력 데이터를 아날로그 형태로 바꾸어주는 프로그램.

graphics screen[–skríːn] **그래픽 화면** 문자와 도형을 표시할 수 있는 화면 또는 그래픽이 표시되고 있는 화면.

graphics standards[–stǽndərz] **그래픽 표준** ISO 규격의 GKS(graphic kernal system)와 ANSI 규격의 IGES(initial graphics exchange specification), 이를 기호로 한 STEP(standards for the exchange of product model data)의 3CAD 데이터의 표준. STEP은 데이터 교환의 표준이다.

graphics symbol[–símbəl] **그래픽 기호, 도형 기호** 필기, 제도 또는 인쇄와 같은 방법으로 만들어져 있는 기호.

graphics workstation[–wə̀ːrkstéiʃən] **GWS, 그래픽스 워크스테이션** 워크스테이션(WS)의 일종으로 디스플레이의 해상도나 표시 능력 등의 점에서 고도의 그래픽 기능을 갖춘 워크스테이션. 연산 처리용 마이크로프로세서 외에 전용 그래픽 프로세서와 래스터(raster) 연산 프로세서를 탑재하고 있으며, 1,000×1,000 픽셀(畵素; 화소) 정도의 고해상도 비트 맵 디스플레이를 갖추고 있다.

graphic symbol set[grǽfik símbəl sét] **그래픽 심벌 세트, 도형 기호 세트**

graphic tablet[–tǽblət] **그래픽 판** 그래픽을 입력하기 위한 평면판과 여기에 연결된 펜을 이용하는 일반적인 계수화 장치. 평면판 위를 펜이 움직이면 그 펜의 위치가 $x-y$ 좌표로 표시되어 컴퓨터 시스템으로 보내져서 접속된 화면 장치에 영상이 표시된다.

graphic terminal[–tə́ːrminəl] **그래픽 단말 장치** 라이트 펜을 갖춘 그래픽 입출력용 단말 장치(terminal)의 총칭. 그림을 출력할 수 있는 기능이 있으므로 각종 컴퓨터를 이용한 설계, 시뮬레이션 등에 중요하게 사용된다.

graphic training aids program[–tréiniŋ éiz próugræm] **그래픽 훈련 보조 프로그램**

graphic type machine[–táip məʃíːn] **그래픽 형태 기계** 각종 동작을 기록하고 재생하는 데 사용하는 기계.

graphic user interface[–júːzər íntərfèis] **그래픽 사용자 인터페이스** ⇨ GUI

graph search[–sə́ːrtʃ] **그래프 탐색** 여러 개의 문제 상태를 표시할 수 있고, 각각의 문제 상태에 대해 여러 개의 규칙들에 의한 효과를 동시에 추적 가능한 제어 방법.

graph structure[–strΛ́ktʃər] **그래프 구조**

graph theory[–θíəri(ː)] **그래프 이론** 조합 수학 등과 함께 각종 시스템의 2원 구조를 해명하는 이론. 그래프 이론의 초기 발견은 퍼즐, 전기 회로망 및 유기 화학에 따른 이성체(異性體) 연구에 관련되어 있다. 컴퓨터와 그래프 이론과의 초기 관계는 1차 방정식을 수식 처리로 해석하는 대신에 회로나 길을 발견하는 것으로 귀착하는 경우와 현재 정보망이나 전기망에 놓여 있는 장소에서 다른 장소로 비용을 최소로 해서 흐르는 최대량의 정보·전기를 구하는 문제를 해결하는 경우를 볼 수 있다. 최근에는 컴퓨터의 이론 설계, 시스템 해석, 패턴 인식 등의 많은 분야에 응용되고 있다.

grass roots network[grǽs rú:ts nétwə̀:rk] **풀뿌리 네트워크** 풀뿌리 BBS라고도 하며, 개인이 운영하는 PC 통신 네트워크. 특화된 분야가 많고 그 분야의 동호인으로 구성되어 있다. 무료인 경우가 많다.

gray code[gréi kóud] **그레이 코드, 교번 2진 코드** 수를 표현하기 위한 2진 표기법의 하나이며, 연속한 두 수의 수 표시가 하나의 숫자 위치에서만 다른 것.

[주] 수 0에서 7의 수 표시 000, 001, 011, 010, 111, 101, 100은 하나의 교번 2진 코드를 표시하고 있다.

gray cyclic code[-sáiklik kóud] **순회 그레이 부호** ⇨ gray code

gray level[-lévəl] **회색도** 한 점에 대한 영상의 크기를 나타내는 값.

gray level resolution[-rezəlú:ʃən] **회색 해상도** 표시된 물체의 해상도를 나타내는 정확도.

gray market[-má:rkət] **그레이 마켓** 제조 업체로부터 승인이 나지 않은 시장이나 판매 경로.

gray-1 processor[-wʌ́n prásesər] **그레이-1 처리기** ⇨ vector processor

gray scale[-skéil] **명암 단계, 농도** 컴퓨터 그래픽에서 화면상의 각 점에 색깔 대신 흑백의 명암을 지정하여 화상을 형성하는 것.

greatest common divisor[gréitist kámən dəváisər] **GCD, 최대 공약수** 두 자연수의 약수 중 가장 큰 수.

greedy method[grí:di(:) méθəd] **욕심쟁이 방법** 문제에 대한 해를 산출하기 위하여 사용되는 특정한 부류의 방법들을 총칭하는 것. 주어진 입력 데이터를 한 개씩 순차적으로 검증하면서 각 입력 데이터가 문제의 해에 포함되는지의 여부를 결정하는 방법.

greeking[grí:kiŋ] **그리킹** 워드 프로세서로 문서를 편집할 때, 본문의 글씨가 너무 작아 보이지 않을 경우 그 위치나 배열 관계를 알아보기 위해 사용되는 회색의 줄이나 문자열.

greek test[grí:k tést] **그리크 테스트** ⇨ greeking

Green Book[grí:n búk] **그린 북** 그린 북은 CD-I를 재생하는 하드웨어에 사용하기 위해 소니와 필립스가 만든 콤팩트 디스크 표준이다. 대부분의 다른 CD 재생 하드웨어와 마찬가지로 CD-I 플레이어는 음악 CD(소니는 CD를 팔고, 필립스는 CD-I 플레이어를 팔기 때문에 이것이 양사의 이해가 공통되는 부분)를 재생할 수 있다. 그러나 다른 종류의 CD를 사용하는 하드웨어 중 그린 북 CD를 사용할 수 있는 것은 없다.

green monitor[-mánitər] **그린 모니터** 초기에 주류를 이루었던 녹색 모니터. 눈의 피로를 덜어준다고 하여 검정색 대신 사용되었던 녹색이 오히려 눈에 부담을 많이 준다는 새로운 설이 발표되어 사양길에 접어들었다.

Green PC 그린 PC 1993년에 미국 환경 보호국(EPA)이 발표한 PC 관련 절전 장려책(Energy Star Program)에 따라 각 컴퓨터 제조 회사가 발매한 절전용 PC. 현재 미국의 정부 기관에서는 그린 PC만 구입하고 있다. PC 본체는 재생 플라스틱으로 제작한다.

greeting card[grí:tiŋ ká:rd] **그리팅 카드** 생일 등의 기념일에 보내는 (그래픽이 추가된) 메일.

greeting program[-próugræm] **그리팅 프로그램** 애플 Ⅱ 컴퓨터의 DOS에서 디스크를 부팅할 때 자동으로 실행되는 프로그램. 대개 HELLO라는 이름으로 들어가 있다.

Greibach's normal form 그라이바흐 표준형 임의의 문맥 자유 언어는 $A \to a\alpha$가 되는 형의 생성 규칙만으로 생성할 수 있다. 여기서 A, α는 비단말 기호, a는 단말 기호이다. 이와 같은 정리를 그라이바흐 표준형 정리라고 한다.

Grep get regular expression의 유닉스적인 속기법이다. Grep 프로그램은 프로그래머가 어떤 일단의 문서 파일들을 검색할 수 있게 하는 것이다. 이때 사용되는 검색식을 regular expression이라고 하는데, 이것은 찾으려는 문장을 대단히 자세히 정의할 수 있는 문법을 가진다. 예를 들어, Grep 프로그램은 변수 이름을 찾아서 바꾸는 데 사용되거나, social security number 같은 글귀를 찾는 데 사용될 수 있다. 원래 유닉스용이지만 지금은 사실상 모든 운영 체제에 Grep 프로그램이 있다.

grid[grí(:)d] *n.* **격자** (1) 서로 직교하는 망상(網狀)의 평행선을 말한다. 광학식 문자 인식(OCR ; optical character recognition)에서는 글자형의 지정이나 측정을 위해서 사용한다. 그래픽 에디터(graphic editor)에서는 그래픽을 작성할 때 그래픽의 크기와 상하 좌우의 방향을 인식하기 쉽게 하기 때문에 표시 장치(display unit) 상에 「격자」를 표시하는 기능이 첨부되어 있는 경우가 많다. (2) 부품 배치와 구멍 뚫기 작업 등에 편리한 것처럼 프린트판과 섀시 위에 격자상으로 그려진 선을 가리킨다. (3) 다극 진공관 내의 격자판에서 전자 또는 이온의 흐름을 제어하기 위하여 설계된 유공판(有孔板) 또는 망상 전극을 가리킨다.

grid array[-əréi] **격자 배열** 버킷에 대한 포인터를 유지하는 격자 디렉토리의 일부.

grid bias[-báiəs] **그리드 바이어스**

grid block[-blák] **격자 블록** 격자에 의해 분할된 공간의 한 부분.

grid chart[-tʃáːrt] **격자 차트** 입력, 파일 및 출력 관계를 행렬 형태로 표시한 것.

grid computing[-kəmpjúːtiŋ] **그리드 컴퓨팅** 지리적으로 분산되어 있는 컴퓨터 자원을 초고속 인터넷망을 통해 격자구조로 연결하여 컴퓨터 자원을 상호 공유할 수 있도록 하는 차세대 인터넷 서비스. 사용하지 않은 시간대에 있는 컴퓨터들을 계속 연결하여 수만 대 PC를 하나의 고성능 컴퓨터처럼 사용하자는 것.

gridding[grí(ː)diŋ] *n.* **그리딩** 격자 맞춤. 컴퓨터 그래픽에서 화면에 격자를 그려놓고 모든 물체를 그 격자의 크기에 맞춰서 그리는 것. 이때 격자는 각 물체 크기의 최소 단위를 결정하게 된다.

grid directory[grí(ː)d diréktəri(ː)] **격자 디렉토리** 격자 파일 조직 방법에서 격자 블록에 대한 버킷의 할당 정보를 가지고 있는 구조.

grid file[-fáil] **격자 파일** 보조 키 액세스 방법의 하나로서 안정 파일과 휘발성 파일 양쪽에서 동작이 잘 되는 격자를 사용하는 파일.

grid-spaced contact[-spéist kántækt] **격자 접점**

Grosh's law **그로시의 법칙** 1950년대 초기에 H.R.J. Grosh가 제창한 컴퓨터 규모의 경제성에 관한 법칙. 그 내용은 「컴퓨터의 성능은 그 가격의 제곱에 비례한다」는 것.

gross index[gróus índeks] **전체 인덱스** 다량 집합된 데이터의 소정 항목을 참조하기 위해 어느 장소를 나타낸 한 쌍으로 된 색인이 있는데, 그 엉성한 색인을 말한다. 세밀한 색인을 세목(細目) 인덱스라고 한다.

ground[gráund] *n.* **GND, 접지, 기본, 어스** (1) 전기 회로의 전원선 가운데 모든 다른 전위의 기준이 되는 전위로 전원의 (-)극의 전위를 일컫는다. 보통 접지는 0V로 하고 다른 전위는 이에 대해 상대적인 값으로 나타난다. (2) 회로를 전원의 기준 전위 전극에 연결하는 단자.

ground atom[-ǽtəm] **기본 원자** 변수가 존재하지 않는 원자로서 만일 P가 n차 술어 기호이고, $t_1, \cdots t_n$이 상수항이면 $P(t_1, \cdots, t_n)$은 기본 원자이다.

ground clause[-klɔ́ːz] **기본 절** 절은 리터럴, 즉 원자나 원자의 부정들의 논리합으로 변수가 존재하지 않는 절을 말한다.

ground collector, common collector[-kəléktər, kámən kəléktər] **컬렉터 접지** 트랜지스터에 있어서 베이스에 의해 입력 신호를 가하고, 이미터에 의해 출력 신호를 꺼내어 컬렉터 단자를 공통으로 사용하는 방법으로, 이미터 폴로어가 이에 해당한다.

grounded base[gráundəd béis] **베이스 접지** 트랜지스터의 이미터를 입력 단자, 컬렉터를 출력 단자로 하여 베이스를 공통 단자로서 사용하는 방법.

grounded circuit[-sə́ːrkit] **접지식 전로**

grounded emitter[-imítər] **이미터 접지** 트랜지스터 사용법의 일종으로 베이스에 입력 신호를 가하고 컬렉터로부터 출력 신호를 빼내며 이미터 단자는 공통으로 사용된다. 이 방식에 따른 증폭기는 전력 이득이 크므로 자주 이용된다.

ground instance[gráund ínstəns] **기본 예시** 변수나 함수로 표현되는 항들은 다른 변수, 상수, 함수들로 치환될 수 있는데, 모든 항들이 상수로 치환되어 나타난 예시를 말한다.

ground literal[-lítərəl] **기본 문자** 변수가 존재하지 않는 리터럴.

ground signal[-sígnəl] **기본 신호** 프레임 접지 회로를 제외한 모든 교환 회로에 대한 전기적 기준이 되는 신호.

group[grúːp] *n.* **집단** (1) 모임, 집단, 군(群) : 같은 속성을 가지고 서로 구별할 수 있는 것(인간의 사고의 대상)의 집합. 개개의 대상은 이름을 붙여서 부를 수 있으며 또한 집단 자체에도 이름이 붙여진다. (2) 군(群) : 대표적인 문제를 해결하기 위하여 고안된 집합(set). 그 집합 위에 결합성(associative), 항등원(identity), 역(inverse)의 존재를 만족하는 2항 연산이 정의된다.

group addressing[-ədrésiŋ] **그룹 어드레스 지정**

group address message[-ədrés mésidʒ] **그룹 어드레스 메시지** 데이터 통신에서 미리 결정한 몇 개의 수신 단말로 보내는 메시지로 수신처를 표시하는 어드레스가 한 개뿐인 것.

group authority[-əθɔ́ːriti(ː)] **그룹 권한**

group band MODEM **그룹 광대역 모뎀** 12개의 음성 주파수 대역이 중첩된 넓은 대역폭을 사용하는 모뎀. 고속으로 복수 개의 저속 데이터 스트림을 동시에 보낼 수 있다.

group band multiplexer [–bǽnd mʌ́lti-plèksər] **그룹 광대역 다중화기** 광대역 데이터 회로를 위해서 특별히 설계된 시분할 다중화기. 그 기능은 메이커에 따라 다르나 기본적으로 여러 가지 속도의 동기식 데이터들을 한데 묶어 광대역을 이용하여 전송할 수 있다. 보통 광대역 다중화기에서 사용 가능 속도는 2.4~56kbps이며, 그 중간 속도로는 4,800, 7,200, 9,600, 19,200bps 등이 사용 가능하다.

group check [–tʃék] **그룹 체크** 정보 부호의 검사에서 연속한 정보 부호의 일정 블록마다 블록 부호 내에 각 비트 번호에 대응하는 "1"의 수를 헤아려 그 결과를 블록 마지막에 검사 부호로서 더하는 방식. 현재 데이터 전송에 사용되고 있는 것은 아래 2비트를 검사 부호로 더하는 것이다.

group classification code [–klæ̀sifikéiʃən kóud] **그룹 분류 코드** 10진 코드의 특징인 체계적 분류법의 장점과 블록 분류법이 갖는 유한 자릿수의 조합에 의한 것으로 많이 사용하는 방식. 이 코드는 각 자릿수마다 특정 의미를 나타낼 수 있어서 구분별 집계 등에 적합하다.

× × × ×	조 직	코 드
→ 계	본 사	1000
→ 과	인사부	1100
→ 부	기획과	1110
→ 회사	인사계	1111
	기획계	1112
	자재부	1200
	판매부	1210
	구매과	1220
	수송계	1221

〈회사 조직을 그룹 분류 코드로 변환한 예〉

group code [–kóud] **그룹 코드, 군 부호** 오류 검사를 위한 패리티 비트의 확장으로, n 자리의 정보 비트에 수학적 규칙으로 정해진 m 자리의 검사 비트를 부가하여 $n+m$ 자리의 코드로 만든 것. 각 코드는 전체적으로 볼 때 수학적인 집단을 이루고 있다.

group code recording [–rékərdiŋ] **GCR, 그룹 코드 기록** 자기 테이프에 디지털 정보를 기록하는 방법의 하나.

group control [–kəntróul] **그룹 제어** 공장의 무인화를 위해 여러 개의 NC 기기를 중앙에 있는 한 대의 제어용 컴퓨터로 제어하는 것.

group count check method [–káunt tʃék méθəd] **그룹 계수 체크 방식** 에러 검출 방식의 하나이며, 송신측에서는 한 블록 내의 "1"의 비트 수를 수평 방향의 각 비트열마다(각 부호의 선두(先頭) 비트이면 선두의 비트만, 두 번째의 비트이면 두 번째의 비트에만 착안한다) 세어서 그 결과를 블록의 마지막 체크 부호로서 부가하여 송신한다. 수신측에서도 마찬가지로 세어서 그 결과와 체크 부호를 대조하여 양부(良否)를 판정하는 방식이다. 보통 계수한 결과의 2진수 표시의 하위 2비트를 사용한다.

group delay distortion [–diléi distɔ́:rʃən] **그룹 지연 일그러짐** 전송로 또는 증폭기의 위상 특성이 주파수에 비례하지 않아서 발생하는 일그러짐. 단일 사인파(sine wave)에서는 일그러짐이 발생하지 않으며, 두 개 이상의 주파수 성분을 가지는 파형만이 왜곡된다.

group digital check [–dídʒitəl tʃék] **그룹 계수 검사** ⇨ mark counting check

group dynamics [–dainǽmiks] **집단 역학**

grouped [grú:pt] *a.* **그룹화된** 예를 들어 같은 속성을 갖는 레코드의 집합을 그룹화 레코드(grouped records)라 한다.

grouped graph [–grǽf] **그룹 그래프**

grouped record [–rékərd] **그룹화 레코드** 기억 장소를 절약하거나 접근 시간을 단축하기 위하여 몇 개의 레코드들을 하나의 조로 모은 것.

grouped virtual volume [–və́:rtʃuəl váljum] **그룹화 가상 볼륨**

grouped volume **그룹화 볼륨**

group indicate [grú:p índikèit] **집단 지시** 동일한 코드로 된 레코드를 인쇄할 때 최초 레코드만을 인쇄하고, 다음은 동일 레코드에 관한 기재를 하며, 인쇄는 생략하고 변동 부분이 발생할 때에만 인쇄해서 표시하는 방법.

grouping [grú:piŋ] *n.* **그룹화** 공통된 특징을 가진 데이터를 관련 있는 집단 속에 배열하는 것.

grouping isolation [–àisəléiʃən] **그룹 절연** 전기 회로의 그룹마다의 전기적 분리.

[주] 예를 들어, 하나의 그룹 내에서는 전원을 경유하는 전기적 접속이 있다.

grouping of records [–əv rékərdz] **레코드의 그룹화** 테이프의 감속과 가속에 소모되는 시간을 줄이고 테이프의 기록 영역을 절약하기 위해 두 개 이상의 레코드를 결합하여 하나의 블록으로 테이프에 기억시키는 것.

group item [grú:p áitəm] **그룹 항목, 집단 항목** 연속한 기억 장소(storage location)에 놓여져 있는 데이터 항목의 몇 개를 하나로 정리하여 이름을 붙여서 단일 항목으로서 취급하는 것.

group library[–láibrəri(:)] **그룹 라이브러리**

group mark[–má:rk] **GM, 그룹 표시** 복수의 블록, 단어 또는 다른 항목을 포함할 수 있는 데이터 집합의 처음 또는 끝을 식별하는 특수 문자.

group name[–néim] **그룹명**

group node [–noud] **그룹 노드** 그룹 노드는 노드를 구조적, 계층적으로 배열하는 데 사용된다. 계층적 구조를 통해 전체 3차원 공간을 작은 부분들의 집합으로 나누게 된다. 그룹 노드는 유지 보수의 효율성, 노드 수의 절약, 이해의 편의성 등 여러 가지 이점을 얻을 수 있기 때문에 여러 3차원 시스템에서 선호하는 방식이다. ⇨ node

group printing[–príntiŋ] **그룹 인쇄** 모든 카드의 데이터를 인쇄하지 않고 일련의 카드에 포함되어 있는 데이터를 요약하여 그 요약된 정보만을 인쇄하는 것.

group profile[–próufɑil] **그룹 프로필**

group propagation time[–prɑ̀pəgéiʃən tɑ́im] **그룹 전파 시간** 시간 t, 거리 x에 대해서 $y=E\cos(\omega t-\beta x+\rho)$ (ρ는 초기 위상)에 나타난 파(波)가 전파하는 경우에 $\nu=\omega/\beta$를 위상 속도라고 한다. 일반파에 관해서 $g=d\omega/d\beta$인 양을 정하고 이것을 그룹 전파 속도로 정한다. g는 파가 전체로서 이동하는 속도에 대응하고 있다. 이 그룹 전파 속도에 대응해서 구하는 전파 시간을 그룹 전파 시간이라고 한다. 각 주파수에 대해서 이것이 일치하지 않는 경우 파형 변형이 생겨 신호 에러의 원인이 된다.

group repeat count[–ripí:t kɑ́unt] **그룹 반복수**

group resource record[–risɔ́:rs rékərd] **그룹 자원 레코드**

group separator character[–sépərèitər kǽrəktər] **그룹 분리 문자** 기능 문자의 하나로서 그룹이라고 불리는 정보 단위의 마지막에 사용하는 정보 분리 문자.

group synchronization[–siŋkrənɑizéiʃən] **그룹 동기** 동기 전송 방식으로 데이터 블록 전송에 앞선 SYN 신호를 보내 송신측과 수신측의 동기를 취하는 방식.

group theory[–θíəri(:)] **그룹 이론** 그룹, 집합, 원소들에 대한 이론. 즉, 그룹을 대상으로 하는 수학적 이론을 말한다.

groupware[grú:pwɛ̀ər] **그룹웨어** 그룹 작업을 지원하기 위한 컴퓨터 시스템의 약칭. 협의의 의미로는 그룹 작업의 지원을 가능하게 하는 소프트웨어를 일컫는다. 1986년부터 미국을 중심으로 제기된 CSCW(computer supported corporative work)라는 개념이 그 근간을 이루고 있다. 이 그룹웨어를 실현하기 위해서는 PC나 유닉스 컴퓨터를 연결한 네트워크 정비가 필요하며, 한 사람당 한 대의 PC를 갖춰야 하는 환경 역시 요구된다. 구체적으로 그룹웨어에는 ① 전자 메일과 전자 게시판, 스케줄링 시스템을 사용한 정보의 전달과 공유, ② 떨어진 지점 간에 회의를 하기 위한 TV 회의 시스템, ③ 어떤 사람이 작성한 문서를 다른 사람이 첨삭하는 공동 집필 시스템 등이 있다. 업무의 흐름을 자동화하거나 관리하는, 즉 워크플로 관리를 하는 것을 그룹웨어로 보는 견해가 있는 반면에 전자 커뮤니케이션이나 정보의 공유에 타깃을 맞춘 제품을 그룹웨어라 부르고, 워크플로 관리는 별개의 것으로 인식하는 견해도 있다. 미국에서는 흔히 로터스벨로프먼트 사의 「로터스노츠」가 그룹웨어의 전형으로 일컬어지고 있다.

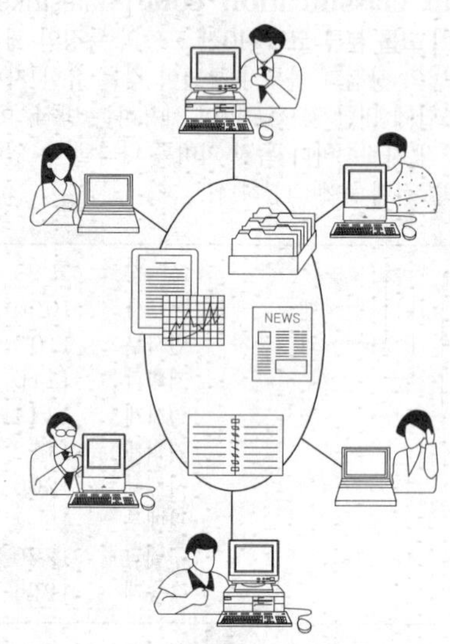

〈그룹웨어의 개념〉

group window[grú:p wíndou] **그룹 윈도** 윈도 95/98/NT의 윈도 일종. 이 중에서 응용 소프트웨어가 아이콘으로 표시된다. 이 한 집단의 소프트웨어는 하나의 그룹을 만들고 있으며, 아이콘의 하나를 택해서 더블 클릭하면 응용 소프트웨어가 실행된다.

group-1 facsimile[–wʌ́n fæksímili(:)] **G1 facsimile, 그룹–1 팩시밀리** 국제 전신 전화 자문 위원회(CCITT)에서 지정한 팩시밀리 규격 중 가장 처음에 나온 것으로 G1 규격이라고도 한다. 이것은 저속기로서 A4 크기의 원고를 보내는 데 약 6분이 소요된다.

group-2 facsimile **G2 facsimile, 그룹–2 팩**

시밀리 국제 전신 전화 위원회(CCITT)의 권고에 의하여 분류한 전화 회선을 이용하는 문서 전송용 팩시밀리 「중속기(中速機)」 그룹의 호칭 방법. A4 크기의 원고를 3분만에 전송할 수 있다.

group-3 facsimile G 3 facsimile, **그룹-3 팩시밀리** CCITT의 권고에 의해서 분류한 전화 회선을 이용하는 문서 전송용 팩시밀리 「고속기」 그룹의 호칭 방법. A4 크기의 원고를 약 1분만에 전송할 수 있다.

group-4 facsimile G 4 facsimile **그룹-4 팩시밀리** CCITT에서 팩시밀리 규격의 하나로 G4 규격이라고도 한다. A4 크기의 원고를 약 15초만에 전송할 수 있다.

growing phase[gróuiŋ féiz] **증대 단계** 2단계 로킹 프로토콜의 첫 번째 단계로 접근할 데이터에 대한 로크를 요청하여 얻어낸다.

grown junction transistor [gróun dʒʌ́ŋkʃən trǽnzistər] **성장 접합 트랜지스터**

GRS 전역 자원 직렬화 global resource serialization의 약어.

GS (1) **통신 처리용 통로 교환기** gateway swich의 약어. INS에서는 통신망의 기능으로서 전송 · 교환 기능에 부가하여 정보의 축적과 변환으로 대표되는 통신 처리 기능을 구비하여 이종 단말(異種端末) 간의 접속과 정보 처리 센터와의 결합 등 통신 처리 서비스를 경제적으로 실현한다. GS는 각 통신 처리 서비스에 공통으로 필요한 정보 관리, 과금 처리, 서비스 담당 제어, 망 제어, 신호 접속 제어 등의 기능을 가지고 있다. GS 자체 하드웨어는 없고 디지털 중계선 교환기에 소프트웨어를 추가하여 통신 처리용 통로 교환 기능을 제공하고 있다. (2) **일반 규격** general standard의 약어. 롤랜드 사가 발표한 MIDI 음원의 규격. GM의 상위 규격으로 음색, 드럼, 이펙트 등의 각 세트에 음원을 추가하고 있기 때문에 GM보다 섬세하게 표현할 수 있다. DTM 분야에서 사실상의 표준으로 되어 있다. (3) **그룹 분리** group separator의 약어.

GT (1) greater than의 약어. 「~보다 크다」는 뜻. (2) **그룹 테크놀로지** group technology의 약어. 유사한 부품들을 그룹화하여 생산 및 설계에 이용하는 것.

GTF 범용 추적 기능 generalized trace facility의 약어.

GTO 게이트 턴-오프 사이리스터 gate turn-off thyristor의 약어.

guarantee[gæ̀rəntíː] *n.* **보증, 보증물** 「보증하다」라는 의미로는 assurance나 ensurance가 흔히 쓰인다. 품질 보증(quality assurance)이란 제품이 요구한 명세에 합치해 있음을 보증하기 위해서 생산자측이 행하는 체계적인 행동을 총칭하는 말이다.

guard[gáːrd] *n.* **보호, 가드** 보통 멀티프로그래밍 등에서 중요한 부분이다. 다른 프로그램 등에 의해 파괴되지 않도록 보호하는 것을 가리킨다. 예를 들면, 운영 체제가 사용하고 있는 메모리 부분에 다른 프로그램이 기록되지 않게 프로텍트를 건다든가 특별한 영역에 비트 플래그를 준비하여 디스크 액세스 때에 용량을 체크하고, 가득차면 그 플래그를 세운다거나 그 플래그를 체크하고 난 뒤 액세스를 행하는 것 등이다. 가드는 소프트웨어뿐만 아니라 하드웨어에서 행해지는 경우도 있다.

guard band[–bǽnd] **보호 밴드** 데이터 전송 장치의 두 개 통신로에서 사용하지 않고 남아 있는 주파수 대역.

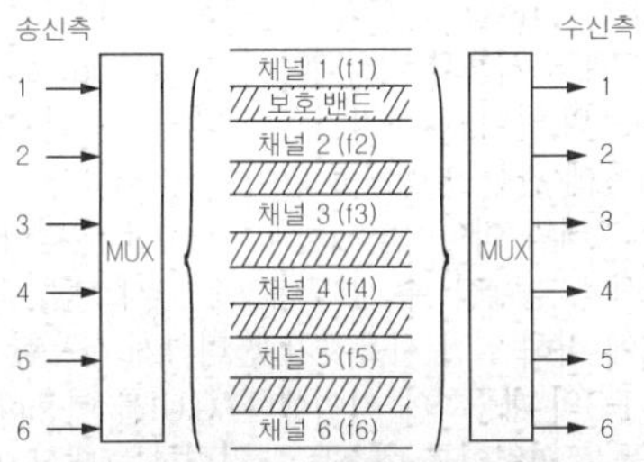

〈주파수 분할 다중화(FDM)에서의 보호 밴드〉

guard bit[–bít] **보호 비트**

guard command[–kɑmənd] **보호 명령** 1975년 Dijkstra에 의해 제안된 다중 선택 구성을 위한 문장의 한 형태.

guard digit[–dídʒit] **보호 숫자** 컴퓨터의 수치 계산에서 반올림 오차를 줄이기 위해서 약간의 수를 첨가하여 계산하는 경우 이 첨가하는 수.

guard-ground system[–gráund sístəm] **가드 접지 방식**

guardian process[gáːrdiən prɑ́ses] **가디언 프로세스** 미국의 CCA 사에서 개발한 분산 데이터베이스 시스템인 SDD-1에서 주기적으로 여러 사이트(site)와 메시지를 교환하여 고장이 발생했는가를 탐지하는 프로세스.

guard mode[gáːrd móud] **가드 모드** 사용자의 프로그램을 컴퓨터가 실행할 때 지정된 컴퓨터의 상태이며, 메모리 프로텍션을 파괴하려는 경우에 인터럽트를 발생시켜 프로그램을 중단하도록 지정된 컴퓨터 상태의 하나.

guard mode multiprogramming[–mʌ̀ltipróugræmiŋ] **보호 모드 다중 프로그래밍**

guard ring[–ríŋ] **보호 링** pn 접합의 경계면에서 높은 역바이어스에 의해 급강하가 일어나는 것을 방지하기 위해 접합 사이에 얇게 도핑한 p형 물질.

guard signal[–sígnəl] **보호 신호** (1) 주어진 범

위 내에서만 값을 읽거나 변환하도록 하는 신호. (2) 모든 값이 완전할 때 만들어지는 여분의 신호로서 A/D 변환기나 D/A 변환기, 디지타이저 등에 사용된다.

guest[gést] *n.* **게스트, 고객** 유닉스 운영 체제에서 미등록된 사용자를 위해 개방되어 있는 로그인 이름.

guest ID 게스트 ID guest identification의 약어. 사용자가 이용 계약을 하지 않은 상태에서 받은 임시 ID. 서비스의 내용을 파악하기 위한 시험적 사용, 조건 확인, 이용 계약(온라인 사인업) 등에 사용된다.

guest identification[–ɑidèntifikéiʃən] **게스트 ID** ⇨ guest ID

GUI 그래픽 사용자 인터페이스 graphical user interface의 약어. 사용자가 컴퓨터를 사용할 때 컴퓨터 사용에 관한 명령어를 알아야 할 필요 없이 마우스로 그래픽 아이콘(graphic icon)만 클릭하면 프로그램을 실행할 수 있도록 만든 시스템. 과거의 DOS에 비해 일반 사용자가 편리하게 사용할 수 있어서 PC의 대중화에 기여했다. GUI를 이용하여 사용자들은 명령어를 텍스트로 입력하는 대신 아이콘과 포인터로써 자신의 컴퓨터와 대화할 수 있게 되었다. 유명한 GUI에는 선 마이크로시스템즈의 오픈 윈도, 마이크로소프트의 윈도, 애플의 맥 운영 시스템 등이 있는데, 이들은 많은 사용자들을 MS-DOS나 유닉스 같은 명령어 입력 인터페이스(command line interface)에서 해방시켜 주었다.

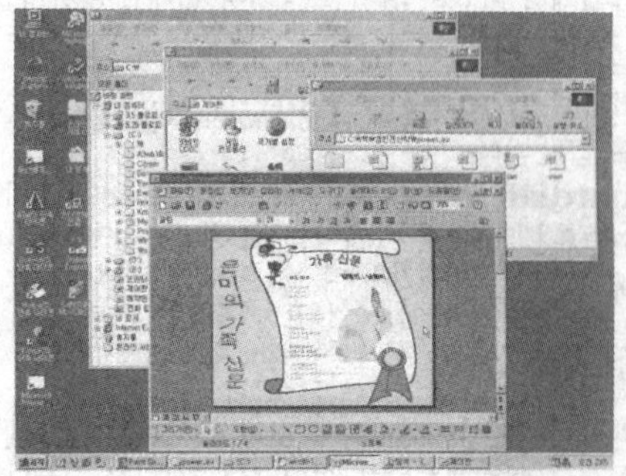

〈GUI의 예〉

guidance[gáidəns] *n.* **안내(서), 가이던스, 색인(서)**

guidance message[–mésidʒ] **가이드 메시지**

GUIDE guidance of users of integrated data processing equipment의 약어. 종합 데이터 처리 기기에 대한 사용자 지침.

guide[gáid] *n.* **가이드**

guide edge[–é(ː)dʒ] **안내 모서리** 종이 테이프, 자기 테이프 등이 잘 이송되도록 유도하기 위한 기구. 자기 테이프 장치에서는 테이프의 진행 방향이 바뀌거나 수평 진동이 생겨서 주행 경로로부터 테이프 이탈을 방지하기 위해 안내 핀이나 안내 롤러를 사용한다.

guide margin[–máːrdʒin] **가이드 마진** 종이 테이프 횡단면을 측정할 때 안내 모서리로부터 가장 가까운 트랙 중앙까지의 거리.

guide pin[–pín] **가이드 핀** ⇨ guide edge

guide roller[–róulər] **가이드 롤러** 자기 테이프 구동 장치의 테이프 주행 부분에 있어서 테이프의 방향을 바꾸고 동시에 그 횡단을 방지하기 위해 설계된다.

guild[gíld] **길드** 사람들의 모임을 의미하는 말로 중세의 「길드」에서 유래되었다. 특정한 주제나 사안에 대해 관심을 가진 사람들의 모임으로, 현재는 게임에 관련된 모임을 지칭하는 말로 굳어졌다. 게임과 관련된 각종 정보를 교환하거나 전략/전술을 공동으로 연구한다. 현재 수많은 게임에 관련된 많은 길드가 존재한다.

gulp[gʌ́lf] *n.* **걸프** 몇 개의 바이트를 말하는데, 이것은 단어나 명령어 등과 비슷하다.

gun[gʌ́n] *n.* **전자총** 음극 선관(CRT)의 뒤쪽에 장치된 전자를 발사하는 전극의 모임.

Gunn diode 건 다이오드 건 효과를 이용해서 마이크로파를 발진시키는 다이오드.

Gunn effect 건 효과 1963년 J.B. Gunn에 의해 발견된 반도체의 발진 현상. GaAs의 단결정 양단에 전극을 붙여 전압을 가하면서 결정 중에 고전기장 도메인(domain)이 나오고 그것은 음극보다 양극을 향해 주행한다. 양극에 다다르면 고전기장 도메인은 소멸하고 또 음극 부근에 발생한다. 따라서 발진기로 이용할 수 있다.

gutter[gʌ́tər] **거터** 워드 프로세서에서 단이 여러 개인 페이지를 편집할 때 단과 단 사이의 공간.

Gutterball[gʌ́tərbɔːl] **거터볼** 특별한 목적 없이 인터넷에 접속하여 검색 도구에 전혀 사용되지 않는 의미 없는 단어를 입력한 후 검색 엔진에 무엇이 나오는지 테스트해 보는 행위.

GW-BASIC GW 베이식 마이크로소프트 사에서 개발한 IBM-PC를 위한 베이식 인터프리터의 상품명.

GWS 그래픽스 워크스테이션 graphics workstation의 약어. ⇨ graphics workstation

gynoid 자이노이드 인간형의 여성 로봇.

gz file gz 파일 GNU가 개발한 아카이브 프로그램 「gzip」에 의해 압축된 파일. 확장자는 「.gz」이다. ⇨ GNU, gzip

gzip 지집 GNU가 개발한 유닉스용의 압축 해제 프로그램. 확장자는 .gz이다.

H

H [éitʃ] **에이치** (1) halt의 약자. (2) hardware의 약자.

h 시간 hour의 약어 ⇨ hour

H.261 CCITT 권고의 TV 회의/전화용 부호화 방식. 1991년에 ISO 규격이 되었다. ISDN으로 동화(動畵)를 전송하고, 속도는 64kbps~1.5Mbps이다. 저속일 때는 프레임 수를 감소시키거나 화면을 축소시키는 방법으로 압축률을 높인다. MPEG과 같이 DCT와 동(動)보상을 기본 알고리즘으로 하고 부담을 경감시키기 위해 동보상의 검색 범위를 줄이거나 하지만 실시간 부호화를 하기 때문에 MPEG 방식에 비해 품질은 나쁘다. 부호화 코딩의 저가격화와 소형화가 문제가 된다. ⇨ MPEG

HA (1) **반(半)가산기** ⇨ half adder (2) **홈 오토메이션** home automation의 약어. 컴퓨터가 소형화되어 저가격화 됨에 따라서 가정 생활에도 응용할 수 있는 시대로 접어들었다. 가정에서의 경비, 냉난방, 요리 기기의 자동화 및 가계부 관리, 건강 관리, 게임 등에 마이크로컴퓨터나 정보 기기를 활용하는 것의 총칭.

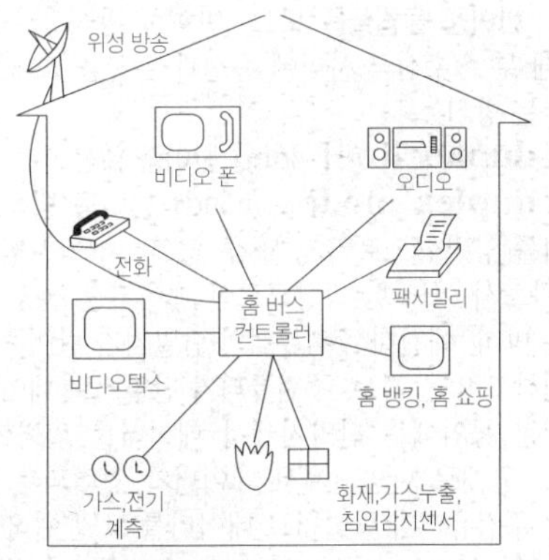

〈HA(홈 오토메이션) 구성도의 예〉

HAA Hitachi application architecture의 약어. 대형 컴퓨터에서 워크스테이션까지의 애플리케이션을 통합한 아키텍처. HAA는 초대형 컴퓨터로부터 워크스테이션에 공통된 애플리케이션 프로그래밍 인터페이스 API, 애플리케이션 간 통신용 인터페이스 CSI, 조작 인터페이스 COI의 세 가지 요소로 구성되어 있다.

habanero [hà:bənɛ́(:)rou] **하바네로** Mosaic의 모체인 일리이노 대학의 NCSA가 개발한 여러 명의 사람이 동시에 문서를 작성할 수 있는 소프트웨어. 이 소프트웨어를 사용하면 각각 떨어져 있는 복수의 작업자가 동시에 사이트에 접속해 자바 애플릿을 교환하면서 공동으로 문서를 작성할 수 있다. 아직 개발중에 있으며 NCSA에서는 소스 코드를 배포해 흥미있는 사람이 개발을 계속할 수 있도록 인터넷에서 배포하고 있다. http://www.ncsa.uiuc.edu/SDG/Software/Habanero/ 참조.

hack [hǽk] *n.* **핵** 컴퓨터에서 사용되는 인기있는 게임 프로그램의 이름. 괴물들이 살고 있는 동굴에 들어가 보물을 모으는 것이 주제로 되어 있다.

hacker [hǽkər] *n.* **해커** 액세스 권리 없이 온라인 시스템 등의 시스템 소프트웨어 내부에 침입하는 사람. 즉, 컴퓨터 하드웨어에 관심이 있거나 알고 싶어 하는 사람을 일컫는 속어. 1960년대 중반 미국 MIT 대학에서 학생들 사이에 「아무런 이득을 바라지 않고 무수한 시행 착오를 통해 시스템에 대한 정보를 탐구하는 사람」을 뜻하는 은어로 사용되었다. 즉, 해커란 원래 컴퓨터에 대한 깊은 지식을 바탕으로 컴퓨터를 잘 다루고 컴퓨터에 관련된 일을 척척 해내는 사람을 지칭하는 좋은 의미로 사용되었다.

hacking [hǽkiŋ] *n.* **해킹** 사용 권한이 없는 시스템을 침입하거나 수정 권한이 없는 프로그램을 수정하는 것.

Hadamard codes 하다마르 코드

Hadamard matrixs 하다마르 행렬 모든 구성

원소가 +1이나 -1중 어느 하나이고 임의의 두 벡터가 모두 직교하는 장방 행렬.

hair line[hέər láin] **헤어 라인** 극히 가는 선이나 간격 또는 두 개의 도형 사이에 존재하는, 인간이 구별할 수 있는 가장 좁은 간격. 수지에 의한 성량적인 정의가 아니고 주관적인 것이다.

HAL (1) hardware abstraction layer의 약어. HAL은 운영 체제를 구성하는 한 부분으로 API처럼 사용된다. 엄밀한 기술적 분류로 보면 HAL은 디바이스 레벨에 있기 때문에 API를 사용함으로써 디바이스에 종속되지 않는 프로그래밍을 할 수 있는데, 일반적인 경우처럼 API를 처리하는 데 따른 오버헤드가 발생하지 않는다. ⇨ API (2) **할** ⇨ Lotus HAL

HAL 9000 할 9000 아더 클라크의 공상 과학 소설 「2001 오딧세이」에 나오는 컴퓨터 명칭. 지능이 있고 인간을 위협하는 폭력적인 컴퓨터로 묘사됨.

half[hɑ́:f] *n.* **반(의)** 물리적으로 「반(半)」을 표시하는 말. 복합어로서 「반~」 또는 「하프~」라는 말을 쓰고 있다. 어떤 말을 택할 것인가에 대해서는 대단한 주의가 필요하다. 예를 들면, half word는 「하프 워드」, 「반어(半語)」 어느 것도 좋으나 데이터 통신에 있어서 half duplex는 「반이중」이라고 번역하는 경우가 많다. 반대로 half speed는 「반(半)속도」보다 「하프 스피드」가 일반적이다. 같은 「반~」이라는 번역어로 영어에 semi~가 있다. 이것은 「반쯤」, 「약간 나은」이라는 의미의 「반~」이다. 「반자동~」을 semi-automation이라 한다.

half adder[-ǽdər] **반(半)가산기** 피가수(B) 및 가수(A) 두 개의 입력을 받아 올림수(C)의 합(S)과 새로운 올림수 두 개의 출력을 출력하는 가산, 즉 두 비트를 더하여 합과 올림수를 만들어내는 회로로 2진 비트를 쓰는 컴퓨터 회로이다. 그림과 같이 A, B를 각각 입력 단자로 하는 논리합은 S, 자리올림은 C로 나온다. 그러나 이 AND, OR, NOT 등을 사용한 간단한 회로에서는 더욱 하위에서의 자리올림을 처리하는 것이 불가능하므로 가산 회로로서는 불완전하여 이와 같은 회로를 반가산기라고 한다.

입력		출력	
A	B	S	C
0	0	0	0
0	1	1	0
1	0	1	0
1	1	0	1

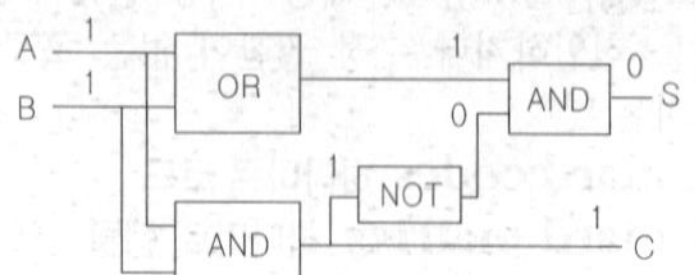

half adjust[-ədʒʌ́st] **반올림** 최하위가 5 이상일 때에만 위의 자리로 1을 가하는 방법.

half-byte[-báit] **하프 바이트**

half carry[-kǽri(:)] **중간 자리올림** 연산 결과 중간 비트에서 발생되는 자리올림 신호.

half card[-kɑ́:rd] **하프 카드** 표준 크기의 절반밖에 안 되는 프린트 기판.

half digit[-dídʒit] **반자리** 디지털 계측기에서 측정값이 계측기의 측정 한계를 넘어서면 1로 나타내 주는 것으로 측정값의 가장 왼쪽에 첨가된 최고 유효 숫자.

half-duplex[-djú:pleks] **HDX, 반(半)양방, 반이중** 한쪽이 송신하고 있을 때 다른 한쪽은 수신밖에 할 수 없는 항상 한쪽 방향만의 통신을 하는 방식. 송신과 수신은 교대로 변환해서 한다. 이에 대하여 항상 쌍방향의 통신(송신 · 수신이 동시에 이루어진다)이 가능한 것을 전이중 통신이라 한다.

half-duplex channel[-tʃǽnəl] **반이중 채널** 양방향 통신이 가능하지만 일순간에는 한쪽 방향 통신밖에 허락하지 않는 통신로.

half-duplex circuit[-sə́:rkit] **반이중 회로** 전송이 양방향으로 가능하나 양방향으로 동시에 데이터를 전송할 수 없고 양방향 중 어느 한 방향으로만 전송되도록 설계된 통신로.

half-duplex communication[-kəmjù:nikéiʃən] **반이중 통신** 반이중 방식을 이용한 데이터 전송.

half-duplex contention mode[-kəntén-ʃən móud] **반이중 경쟁 모드** 반이중 방식으로 통신을 할 경우 회선의 사용권을 경쟁해서 얻는 방식.

half-duplex flip-flop mode[-flíp flɑ́p móud] **반이중 플립플롭 모드** 반이중 방식으로 통신할 때 두 송수신국 사이에 송신과 수신을 교대로 수행하는 방식.

half-duplex line[-láin] **반이중 회선**

half-duplex mode[-móud] **반이중 방식** 데이터를 양방향으로 전송할 수 없고, 어느 시점에서는 반드시 어느 한 방향으로만 데이터를 전송할 수 있는 방식. 예컨대 주컴퓨터와 단말기가 반이중으로 통신하고 있을 경우, 주컴퓨터가 단말기로 데이터를 보내는 동안에는 단말기에서 데이터를 입력할 수 없고, 반대로 단말기에서 데이터가 입력되는 동안에는 주컴퓨터가 단말기로 데이터를 보낼 수 없다.

half-duplex operation[-ɑpəréiʃən] **반이중 작동** 중단 기능이 있거나 없거나 회로 상에서 한 번에 한 방향으로만 통신하는 것. 중단 기능이 있으면 수신 장소에서 송신 장소를 인터럽트할 수 있다.

half-duplex repeater[-ripíːtər] **반이중 중계기**

half-duplex service[-sə́ːrvis] **반이중 서비스** 통신 채널의 한 형태로 신호를 송수신할 수는 있으나 동시에 또는 독자적으로는 송수신할 수 없는 것.

half-duplex transmission[-trænsmíʃən] **반이중 전송** 어느 쪽 방향으로도 전송이 가능하지만 양방향 동시로는 전송이 불가능한 데이터 전송.

half height[-háit] **박형(薄形), 반높이** 플로피 디스크나 하드 디스크 드라이브의 높이가 낮은 것. 초기의 디스크 드라이브는 높이가 약 10cm나 되는 두꺼운 것이었으나 근래에는 기술의 발전으로 4~5cm 정도의 얇은 드라이브가 많이 쓰인다.

half-height drive[-dráiv] **반높이 드라이브** 정높이(약 4인치 높이)의 하드 디스크 드라이브에 대해 높이가 반(약 2인치)인 것.

half-height floppy disk drive[-flápi(ː) dísk dráiv] **반높이 플로피 디스크 드라이브** 전형적인 플로피 디스크 드라이브 크기의 약 절반인 플로피 디스크 드라이브.

half-height intersection problem[-ìntərsékʃən prábləm] **반평면 교차 문제** 반평면들의 공통 교차 부분을 구하는 문제.

half line feed[-láin fíːd] **반개행** 보통 개행의 1/2폭으로 개행을 하는 것.

half pitch[-pítʃ] **반피치** 케이블 연결자의 크기를 표준 크기의 절반으로 줄이기 위해 핀의 피치를 표준의 반으로 설계한 것. 본래 규격의 커넥터 크기를 작게 하여 공간을 절약하기 위한 것으로, 전체 크기나 핀 등의 간격을 줄임으로써 정보 전달량을 유지하면서 크기를 줄일 수 있다.

half screen display[-skríːn displéi] **반화면 표시** 컴퓨터에서 문서 작성시 문서 한 페이지 전체를 그대로 표시할 수 없는 경우 축소 표시를 이용하여 한 페이지 전체를 표시한다. 대부분의 워드 프로세서에 있는 기능이다.

half-shift register[-ʃíft rédʒistər] **반시프트 레지스터**

half size[-sáiz] **반각** 문자 판독 방향의 크기가 전각(全角)의 50%인 문자의 크기.

half size of character[-əv kǽrəktər] **반각**

half speed[-spíːd] **하프 스피드, 반속도** 관련 장치에서 최고 정격 속도의 1/2의 속도이며, 국제 전신에서는 25보(baud)로 정하고 있다.

half subtracter[-səbtrǽktər] **반감산기** 피감수(G) 및 감수(H)의 두 가지 입력과 빌림이 없는 차(差) U 및 빌린수 V의 두 가지 출력이 있고 입력과 출력 관계가 다음 진리표와 같은 조합 회로.

입 력		출 력	
G	H	U	V
0	0	0	0
0	1	1	1
1	0	1	0
1	1	0	0

half time emitter[-táim imítər] **반단계 방사기** 천공 카드에서 어떤 일단의 천공 위치와 다음 천공 위치가 판독되는 동안에 동기적 펄스 신호를 내보내는 장치.

halftone[hǽːftòun] **망판, 하프톤** 신문의 사진과 같이 미세한 점으로 사진을 나타내는 방법. 각 점의 크기나 명암을 달리하여 영상을 표현한다.

halftone plotting[-plátiŋ] **반명암 도형 작성** 흑과 백의 두 가지 명암만 나타낼 수 있는 플로터 등에 섬세한 영상을 그리기 위한 기법.

halftoning[hǽːftòuniŋ] **점밝기** 하프토닝. 반명암 기법. 흑백의 두 색깔만 표현할 수 있는 플로터 등에 있어서 영상의 섬세한 명암을 표시하기 위해 점의 굵기나 농도가 다른 여러 가지 점 패턴을 만들어두고 영상의 각 부분의 밝기에 따라 다른 점 패턴을 사용하여 그림으로 명암을 표현하는 기법. 이는 신문에 실리는 사진을 만드는 원리와 같다.

halftoning printing[-príntiŋ] **반명암 인쇄** 그래픽 화상의 흑백 강도를 나타내기 위해 면적이 원래 화상의 명암에 비례하는 작은 단위 해상인 검은 원을 흰 종이 위에 인쇄하는 기법. 신문 · 잡지 · 책 등의 사진 인쇄에 이용된다.

half word[hǽːf wə́ːrd] **H/W, 하프 워드, 반단어** 반쪽 단어로 이루어진 일련의 비트(bit), 바이트(byte) 등이며, 어드레스 지정(addressing)의 단위가 된다.

half word boundary[-báundəri(ː)] **반단어 경계**

Hall[hɔ́ːl] *n.* **홀** 인명으로 E.H. Hall이다. 예를 들면, 홀 효과(Hall effect)와 같이 복합어로 사용된다. 홀 효과라는 것은 그에 의하여 발견된 현상이며, 외부의 자기장(magnetic field)으로 도체에 전류를 흐르게 하면 전압이 약간 흐를 정도로 발생하는 현상을 말한다. 이것은 반도체 분야에서 쓰이는 용어이다.

Hall constant[-kánstənt] **홀 상수**

Hall device[-diváis] **홀 소자** 홀 효과를 이용하여 자계의 세기를 전압으로 변환하는 반도체 소자.

Hall effect[-ifékt] **홀 효과** 그림과 같이 도체 또는 반도체의 A에서 B쪽으로 전류를 흘리고 이것과 직각 방향으로 자계 H를 가하면 플레밍의 왼손 법칙에 의해 CD 방향으로 힘이 작용한다. 따라서 캐리어는 이 힘을 받아 D쪽으로 기울어져 CD 간에 기전력이 생긴다. 이것을 홀 효과라고 한다. 간이 자장 검출기, 방위 검출기 등에 쓰인다.

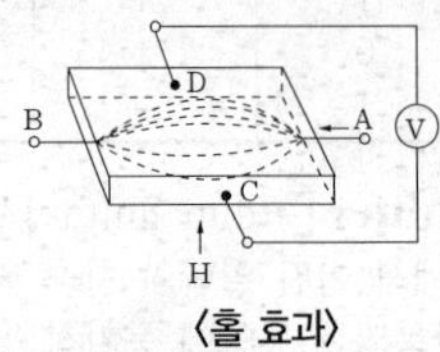

〈홀 효과〉

Hall effect multiplier [-mʌ́ltiplàiər] **홀 효과 곱셈기** 반도체(예를 들면 InSb)의 홀 효과를 이용한 곱셈기. 홀 효과란 반도체에 그림과 같이 상호 직각 방향으로 전류 I, 자계 H를 인가하면 그림과 같은 방향으로 기전력(起電力) V를 일으키며 V는 I와 H의 곱에 비례한다. 즉 $V \propto IH$. 따라서 아날로그 컴퓨터에서 곱셈에 이용할 수 있다.

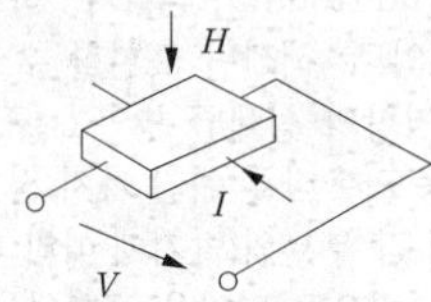

Hall generator [-dʒénərèitər] **홀 생성기** 홀 효과를 이용한 변위-전압 변환기.

Hall IC 홀 IC 무접촉의 변위 검출 등에 사용되는 집적 회로로서 실리콘 칩 속에 홀 소자나 증폭기 등을 조립시켜 집적화한 것.

Hall's theorem [hɔ́:lz θíərəm] **홀의 정리** 양분(2분할) 그래프에서 완전 짝짓기가 되기 위한 필요 충분 조건에 관한 정리.

HALO 할로 미국의 미디어 사이버네틱(Media Cybernetics) 사가 개발한 IBM-PC용 그래픽 패키지. 여기에는 컴퓨터 그래픽에 관련된 약 200종의 서브루틴이 마련되어 있으며, 이 서브루틴들을 각종 언어에서 불러 쓸 수 있다.

halt [hɔ́:lt] *n.* **멈춤** 컴퓨터 동작이 「일시적으로」 멈추는 것을 가리킨다. 이 용어는 단독으로도 복합어로도 사용된다. 주의할 것은 동작의 정지 「종류」이다. 컴퓨터 동작중에 정지 명령(halt instruction)이 내려져 정지한 것인지, 어떤 인터럽트(interrupt) 때문에 정지한 것인지, 또는 영원히 정지한 것인지를 구별한다. 프로그램 동작중에 완전 정지(drop dead halt)할 경우를 제외하고는 동작을 속행할 수 있다. 예를 들어, 정지 명령의 실행으로 정지할 경우에는 콘솔(console)에 있는 소정의 버튼을 누르면 그 다음 명령으로부터 프로그램의 실행이 계속되도록 되어 있는 경우가 많다.

halt condition [-kəndíʃən] **정지 상태** CC의 실행 상태를 표시하고 RUN 상태가 명령 실행중임을 의미하는 데 대해 정지 상태는 명령의 실행 정지중임을 나타낸다. 단, 인터럽트는 가능한데 이 점이 스톱 모드와 다르다.

halting problem [hɔ́:ltiŋ prɑ́bləm] **정지 문제** 어느 함수의 계산 가능 여부를 따지기 위한 것으로 어떤 프로그램이 어느 특정한 초기 상태에서 출발한 후에 궁극적으로 정지할 것인지의 여부를 결정하는 문제.

halting Turing machine [-tjúəring məʃí:n] **정지 튜링 기계** 주어진 모든 입력에 대해 유한 시간 내에 작업을 끝내고 정지하는 튜링 기계.

halt instruction [hɔ́:lt instrʌ́kʃən] **정지 명령** 컴퓨터의 동작을 일시 중지하기 위한 명령. 이 중지를 해제하여 동작을 재개하기 위해서는 보통 런(RUN) 버튼을 누르거나 입출력 장치로부터의 인터럽트만으로 가능하다. 완전히 동작을 정지하는 스톱과 구별되는 경우가 많다.

halt number [-nʌ́mbər] **정지 번호** 프로그램 중의 어느 단계의 정지 명령이나 어떤 조건으로 처리가 정지되는지 알리기 위해 콘솔 패널에 표시하는 번호.

halves [hɑ́:vz] *n.* **반분(의)** half의 복수형.

Hamiltonian circuit 해밀턴 회로 ⇨ Hamiltonian cycle

Hamiltonian circuit problem 해밀턴 회로 문제 주어진 그래프가 해밀턴 사이클을 가지는지를 결정하는 문제로서 이 문제는 NP. complete이다. ⇨ Hamiltonian cycle

Hamiltonian cycle 해밀턴 주기 그래프에서 정점을 한 번씩만 통과해서 모든 정점을 지나는 주기. 단, 시작 정점의 중복은 제외한다.

Hamiltonian graph 해밀턴 그래프 해밀턴 사이클을 가지는 그래프.

Hamiltonian path 해밀턴 경로 정점을 한 번씩만 통과하여 모든 정점을 지나는 경로.

Hamming 해밍 수학자로서 한 비트의 오류의 수정이 가능한 해밍 코드를 만든 사람.

Hamming code 해밍 코드 오류 검출이나 수정 코드 중의 하나로 구별되는 정보 비트의 조합마다 짝수 패리티 검사 비트를 더하여 만든다. ⇨ 표 참조

Hamming distance 해밍 거리 해밍 코드에서 연속하는 두 숫자 코드 사이의 2진수. 즉, 두 개의 n 비트 2진 부호.

$(x_1, x_2, \cdots, x_n)$, $(y_1, y_2, \cdots, y_n)$

에 있어서

$|x_1-y_1|+|x_2-y_2|+\cdots+|x_n-y_n|$
을 해밍 거리라고 한다. 각 x, y는 2진 부호이면서 1, 0 중 하나의 값을 가지므로
$|x_i+y_i|=x_i\oplus y_i=(x_i-y_i)^2$
인 성질을 가진다. 따라서
$|x_1-y_1|+|x_2-y_2|+\cdots+|x_n-y_n|$
$=(x_1-y_1)^2+(x_2-y_2)^2+\cdots+(x_n-y_n)^2$
이 되므로 유클리드 거리의 제곱이 된다.

〈해밍 코드〉

비트의 의미 / 비트 번호 / 10진수	C1	C2	8	C3	4	2	1
	1	2	3	4	5	6	7
0	0	0	0	0	0	0	0
1	1	1	0	1	0	0	1
2	0	1	0	1	0	1	0
3	1	0	0	0	0	1	1
4	1	0	0	1	1	0	0
5	0	1	0	0	1	0	1
6	1	1	0	0	1	1	0
7	0	0	0	1	1	1	1
8	1	1	1	0	0	0	0
9	0	0	1	1	0	0	1

hand assemble[hǽnd əsémbl] **수동 어셈블** 사람 손에 의해 니모닉 코드(mnemonic code)로 쓰여진 어셈블리 프로그램을 기계어 코드로 하나씩 변환하는 것. 어셈블리가 들어 있지 않은 마이크로컴퓨터를 기계어를 써서 프로그래밍할 경우에는 먼저 어셈블리 언어의 명령으로 쓴 다음 나중에 수동 어셈블하는 편이 프로그램을 작성하기 쉽다.

handbook[hǽndbùk] *n.* **편람**

hand calculator[hǽnd kǽlkjulèitər] **손 계산기** 휴대용 계산기. 휴대하기에 간편한 작은 전자계산기. LED나 액정 표시를 이용하며, 사칙연산뿐만 아니라 각종 수학 함수의 계산이 가능하다.

hand feed punch[–fíːd pʌ́ntʃ] **수동 이송 천공기** 카드가 한 번에 한 장씩 수동 조작으로 삽입되고 인출되는 천공기.

hand-held computer[–héld kəmpjúːtər] **휴대용 컴퓨터** 이동식 컴퓨터나 탁상용 컴퓨터와 비교하여 주머니 속에 넣고 다닐 수 있을 만큼 아주 작은 컴퓨터.

hand-held device markup language[–diváis máːrkʌ̀p lǽŋgwidʒ] ⇨ HDML

hand-held scanner[–skǽnər] **휴대용 스캐너** 사진이나 그림을 컴퓨터에 그래픽 이미지로 바꿔 입력하는 스캐너 장치. 한 번에 입력할 수 있는 그림의 폭은 10cm 정도이며, 사용이 간편하고 값이 싸서 많이 이용된다.

hand-held terminal[–tə́ːrminəl] **휴대용 터미널**

handle[hǽndl] *n.* **다룸, 다루기** 핸들. 조작. 처리.

handler[hǽndlər] *n.* **다루개** 조정기. 핸들러. (1) 중앙 처리 장치가 외부 장치(external device)와 단말 장치(terminal)와의 데이터 교환을 제어하는 루틴(routine)을 말한다. (2) 데이터의 입력(input), 출력(output) 또는 기억 장치(storage)나 파일(file)로의 기입/판독이라는 「한정된」 기능을 갖는 루틴을 가리킨다. (3) 하드웨어로의 인터럽트의 원인을 조사하고 적절히 동작하는 수퍼바이저 루틴(supervisor routine)의 하나를 인터럽트 핸들러(interrupt handler)라고 한다.

handling[hǽndliŋ] *n.* **핸들링, 취급, 운용**

handling time[–táim] **수작업 시간** 컴퓨터로 데이터를 처리하기 위해 카드나 용지, 테이프나 디스크 등을 사람 손으로 준비해주는 데 소요되는 시간.

hand-OCR 핸드 OCR OCR의 주사부와 인식만으로 구성되며 헤어 드라이형으로 손으로 문자 행위를 주사하는 형식. 간편하고 염가인 특징이 있다. 판독 대상 글자 종류는 15~30종류, 판독 속도는 200자/초 정도. POS용 등으로 이용되고 있다.

hand off[hǽnd ɔ́(ː)f] **핸드 오프** 휴대폰 등 사용자가 통화를 하면서 하나의 기지국에서 다른 기지국으로 이동할 때 통화가 끊기지 않고 계속되도록 해주는 기능.

hand over[–óuvər] **핸드 오버** 이동 단말기 이용자의 통화가 끊어지지 않고 무선 기지국으로부터 전파가 미치는 범위인 존(zone)을 넘어서 이동할 수 있는 기능. IMT-2000에서는 diversity hand over 방법을 이용하여 핸드 오버시에 통화가 중간에 끊어지는 일이 없도록 하였다.

hand punch[–pʌ́ntʃ] **수동 천공** 천공 카드나 종이 테이프를 천공할 때 사람의 손가락이 키보드의 키를 누르는 힘에 의해 구멍이 뚫리는 방식.

hand scanner[–skǽnər] **핸드 스캐너**

handshake[hǽndʃèik] **응답 확인 방식** (1) 상호 접수하는 신호를 개별 확인해 가면서 제어를 진행해가는 것. 시간에 대한 의존성이 없는 것이나 시스템에 적용하기 쉬운 것, 다양한 입출력 기기의 제어가 쉬운 것에서부터 입출력 인터페이스의 신호 형식에 적절히 널리 쓰이고 있다. (2) 중앙 처리 장치와 입출력 장치 사이의 상태 조건을 결정하여 이에 따라 작동하는 것. 즉, 시스템 내의 기능 간의 상호 통신을 위해 필요한 연속적인 신호.

handshaking[hǽndʃèikiŋ] *n.* **주고받기, 핸드셰이킹** 원격 통신에서 두 개의 변복조 장치가 접속될 때, 개정 신호를 교환하는 것이며, 원격 제어 신

호에 대해 단말기에서 응답 신호를 내는 상태.

hands on[hǽndz ɔ́n] **핸드 온** 컴퓨터를 이용하는 실제적인 행위.

hands on background[–bǽkgràund] **실무 경력** (1) 프로그래머의 능력이나 지식 정도를 측정하는 기준. (2) 실제로 하드웨어를 조작해봄으로써 얻어진 경험.

handwritten character reader[hǽndrìtən kǽrəktər rí:dər] **수기(手記) 문자 판독기** 손으로 쓴 문자를 읽는 장치. 수기 문자를 읽는 장치의 연구가 활발히 행해져 영숫자 등을 읽는 것이 가능하게 되었다. 우편 번호 판독기는 실용화된 최초의 것이다.

handwritten mark reader[–má:rk rí:dər] **수기(手記) 마크 판독기** 예를 들면, 한 자리 숫자를 나타낼 때 10개의 마크 기입 위치에서 한 장소를 선택하여 연필로 칠하는 방법으로 표현한 마크 시트를 읽는 장치. 간편하고 가격도 싸지만, 데이터 기입 오류율이 높으며, 시트 한 장당 기입할 수 있는 정보량이 적은 것이 결점이다. 마크 시트의 오염 등도 잘못 읽는 원인이 되기 쉽다.

handwritten character recognition[–kǽrəktər rekəgníʃən] **수서(手書) 문자 인식** 종이 등에 사람이 손으로 쓴(수서) 문자를 광학식 문자 판독 장치(OCR)로 읽어내어 데이터로 인식하는 것. 미리 준비된 문자의 표준 패턴과 읽은 문자를 비교하여 가장 유사한 것을 채택하는 방식(패턴 매칭법)이 많이 사용된다. 최근에는 컴퓨터에 부속된 태블릿이나 전자 수첩 화면의 펜 입력 문자를 인식하는 경우도 있다.

handwritten character recognition system[–sístəm] **수서(手書) 문자 인식 장치** 사람이 손으로 쓴 문자, 기호 등을 인식하여 한자 코드 등으로 변환하는 장치. 워드 프로세서용의 외부 입력 장치 등으로 이용된다.

handy personal computer[hǽndi pə́:rsənəl kəmpú:tər] **휴대용 PC** 무게가 1kg 정도인 전자 수첩 크기의 PC.

handy printer[–príntər] **휴대용 프린터** 노트북 PC용 프린터. 한 손으로 들 수 있을 정도로 작고 가벼우며, 노트북 컴퓨터와 함께 보급되었다.

handy scanner[–skǽnər] **휴대용 스캐너** 이미지 판독 장치(스캐너)의 하나로, 수동으로 겹쳐 써서 이미지를 판독하는 장치. 주사를 위한 장치가 아니기 때문에 소형이고 가격이 저렴하며, 어떠한 이미지도 쉽게 판독할 수 있다. 그러나 이미지 스캐너를 수동으로 하기 때문에 판독 정밀도는 일반 스캐너보다 떨어지며 큰 이미지는 판독할 수 없다는 단점이 있다.

handy terminal[–tə́:rminəl] **휴대용 단말기** 액정 디스플레이와 숫자 키, 기능 키로 구성된 소형 단말기. 한 손으로 들 수 있을 정도로 무게가 가볍고 크기가 작은 단말기가 많고, 무선 통신도 가능하다.

hang-up[hǽŋ ʌ́p] **단절** 예기치 않는 정지(unexpected halt)를 가리키는 경우가 있다. 예기치 못한 정지라는 것은, 예를 들면 프로그램 에러(program error)나 하드웨어 고장의 결과, 프로그램이 정지하는 것이다. 「행업」은 인터럽트나 정지 명령(halt instruction)이 실행되고 프로그램이 정지하는 것과는 다르다. 「행업」이 일어나는 경우가 흔히 있는데, 이런 경우에는 오류의 원인을 구명하고 프로그램을 정정할 필요가 있다.

hang-up prevention[–privénʃən] **단절 방지** 프로그램의 수행 도중 오류가 발생하더라도 전체 시스템이 마비되지 않도록 예방하는 것. 컴퓨터는 수행중의 의도적인 것 외에는 정지하지 않게 하고 또한 인터럽트로 걸 수 없는 상황에서 끝없이 수행이 계속되는 상태가 되지 않도록 설계되어야 한다.

Hanoi Tower 하노이 탑 하나의 축에 크기가 각기 다른 원반이 쌓여 있고, 제3의 축을 이용하여 작은 원반 위에 큰 원반이 놓여지지 않도록 하면서 한 번에 한 장씩 움직여 다른 축으로 원반을 이용시키는 퍼즐의 이름. 재귀적 프로그램의 예로 이용한다.

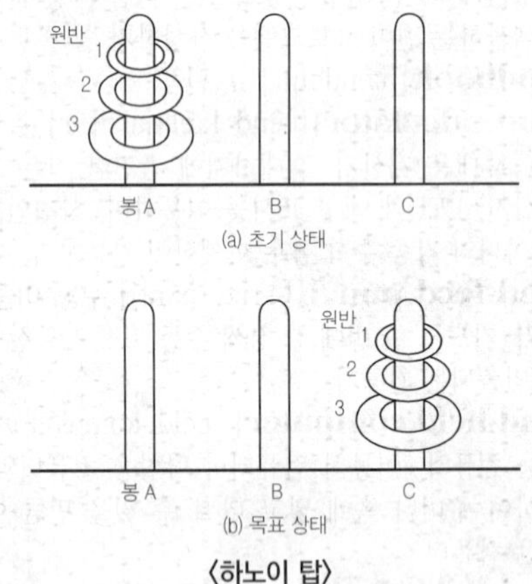

〈하노이 탑〉

hard[há:rd] *a*. **하드의** 본래 하드웨어를 가리키는 경우가 많다. 기계적이 아니고 물리적인 개념을 표시한다. 예컨대 하드 카피(hard copy), 하드 머신 체크(hard machine check), 하드 덤프(hard dump)와 같이 복합어로 사용된다. 이것과 대조적인 용어는 소프트웨어를 가리키는 소프트(soft)이다.

hard card[–ká:rd] **하드 카드** 개인용 컴퓨터에

서 사용되는 하드 디스크의 일종으로 하드 디스크를 컴퓨터의 본체 기판에 연결하여 보급 기판 위에 얹어 사용하는 것. 간편하기는 하나 성능은 제한되어 있다.

hard-clip area[–klíp έ(:)riə] **영구적 절단 영역** 플로터로 선을 그을 때 원래부터 그 밖으로는 선이 그어지지 않는 한계 영역.

hard copy[–kápi(:)] **인쇄 출력** 컴퓨터에서 출력 데이터를 리스트 등의 형태로 인자 출력(印字出力)한 것. 이에 대하여 디스플레이에 표시된 데이터를 소프트 카피라고 한다. 또한 좁은 뜻으로는 프린터에 화면의 이미지를 그대로 출력하는 것을 가리킬 때도 있다.

hard copy device[–diváis] **하드 카피 장치** 도면, 그래프 또는 특수한 도형의 출력을 위해 사용하는 플로터나 1초당 15자 정도로 인쇄하는 타자기 형태로부터 1분당 21,000줄 정도로 인쇄하는 레이저 프린터에 이르기까지 여러 종류의 프린터가 있다.

hard copy interface[–íntərfèis] **하드 카피 인터페이스**

hard copy video interface[–vídiou íntər-fèis] **하드 카피 영상 접속기** 영상원에서 나온 하드 카피 출력을 정전기적 프린터나 플로터에 나타나게 하는 장치.

hard core[–kɔ́:r] **하드 코어** 프로그램 상의 기법으로 가상적으로 실현된 기억 장치를 컴퓨터의 하드웨어가 실제로 갖추게 되는 기억 장치.

hard disk[–dísk] **하드 디스크** 자기(磁氣) 디스크 장치 가운데 플로피 디스크와는 달리 딱딱한 디스크로 된 것을 가리킨다. 플로피 디스크와 비교하여 접근이 빠르고 기억 용량도 크며, 헤드와 디스크가 하나로 된 윈체스터 디스크가 대표적이다. 디스크의 교환이 가능한 타입도 있으나 기본적으로는 고정식이어서 교환할 수 없는 것이 많다.

〈하드 디스크〉

hard disk cartridge[–ká:rtridʒ] **하드 디스크 카트리지** 하드 디스크 시스템에 집어넣거나 꺼낼 수 있게 설계된 디스크를 보관하는 용기.

hard disk controller[–kəntróulər] **하드 디스크 제어 장치** ⇨ HDC

hard disk cylinder[–sílindər] **하드 디스크 실린더** 하드 디스크 팩 내의 모든 디스크 상의 동일한 트랙이 수직으로 쌓여 있는 것으로 실린더 형태를 하고 있어서 이런 이름을 붙였다.

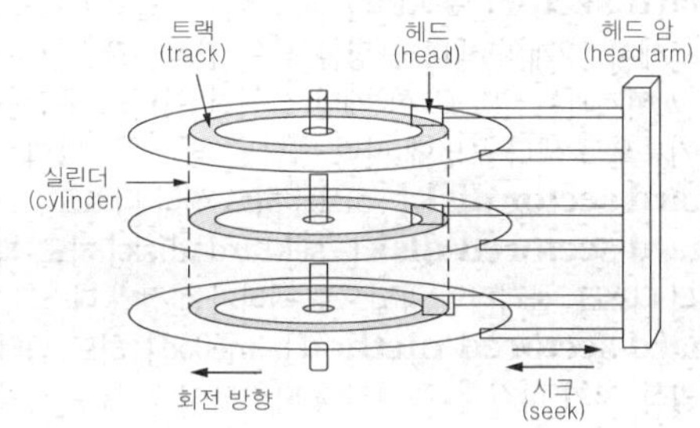

〈하드 디스크 실린더의 구조〉

hard disk pack[–pǽk] **하드 디스크 팩** 디스크 드라이브 상에 장치되는 단위로 장착 및 제거가 자유로운 자기 디스크의 집합.

hard disk recording[–rikɔ́:rdiŋ] **하드 디스크 레코딩** 컴퓨터를 사용하여 하드 디스크에 녹음을 하거나 녹화하는 시스템. 아날로그 음과 아날로그 영상이 샘플링에서 디지털화되어 하드 디스크에 기록된다.

hard disk system[–sístəm] **하드 디스크 시스템** 데이터나 프로그램의 저장을 위한 하드 디스크와의 접속에 필요한 하드웨어 시스템. 플로피 디스크 시스템과 비교할 때 하드 디스크 시스템은 더욱 빠른 접근 시간, 더욱 큰 기억 용량과 정확성을 갖고 있다.

hard drop[–dráp] **하드 드롭** RAM이 잘못 동작하여 그 RAM의 모든 기억 소자가 파괴되는 것.

hard error[–érər] **하드 오류** 하드웨어의 잘못된 기능으로 발생한 오류.

hard error rate[–réit] **장치 오류율** 기계 장치와 전송 기술 및 기록 매체 등에 의해 발생되는 오류의 비율. 전형적인 오류율은 여러 종류의 기억 매체에 데이터를 기록하거나 회수하는 행위로 발생한다.

hard failure[–féiljər] **장치 고장** 컴퓨터 시스템의 장치가 물리적으로 고장난 것. 이 때는 그 장치를 수리하거나 교환하여야 한다.

hard hyphen[–háifən] **고정 하이픈** 워드 프로세싱에서 원래부터 단어에 들어 있는 하이픈. 문서를 작성할 때 문서의 줄 끝에서 단어를 중간에서 끊고 거기에 하이픈을 넣는데, 이것을 소프트 하이픈이라 하며, 후에 줄맞춤을 다시 하면 없어질 수도 있다. 이에 비해 고정 하이픈은 원래부터 하이픈이 들어간 것이므로 생기거나 없어지지 않는다.

hard machine check interruption[–məʃíːn tʃék ìntərʌ́pʃən] **하드 기계 체크 인터럽션**

hard RAM **하드 RAM** RAM을 소프트웨어적으로 아니라 하드웨어적으로 확장한 것. RAM 디스크라고도 한다. ⇨ RAM disk

hard sector[–séktər] **하드 섹터** 플로피 디스크에서 32개의 섹터 구멍을 같은 간격으로 설치하고 이것과는 별도로 한 개만 설치한 인덱스 구멍을 기준으로 섹터 구멍에 따라 섹터를 할당하는 방법.

hard sector disk[–dísk] **하드 섹터 디스크**

hard-sectored disk[–séktərd dísk] **하드 섹터 디스크** 물리적인 방법으로 섹터가 설정된 디스크.

hard-sectored method[–méθəd] **하드 섹터 방식** 자기 디스크, 플렉시블 디스크 내의 복수 개의 인덱스를 이용하여 자기 디스크의 트랙을 물리적 레코드 단위인 섹터로 분할해가는 방식. 소프트 섹터 방식(soft sectored method)과 대비된다.

hard tab[–tǽ(ː)b] **하드 탭** 모니터 화면이나 프린터에서 사용자가 그 자리를 지정할 수 없고 미리 고정되어 있는 탭.

hard vs. soft sectored disk [–vəːrsəs sɔ́(ː)ft séktərd dísk] **하드 대 소프트 섹터 디스크** 디스크 섹터를 구분하는 대표적 방법으로는 하드 섹터 기법과 소프트 섹터 기법이 있다. 하드 섹터 디스크 시스템에서는 각 섹터의 시작 부분을 나타내는 구멍들이 있는데, 각 섹터의 시작 부분의 결정은 간단한 하드웨어로 가능하다. 소프트 섹터 디스크 시스템에서는 0번 섹터의 시작 부분을 표시하는 단 한 개의 구멍만 존재한다. 이 방법에서는 다른 섹터들이 인접 헤드 밑에 있는가를 결정하기 위해 제어기에 시간을 측정하는 회로가 필요하므로 제어기가 복잡하고 비싸다. 하드 섹터 디스크는 실제 구멍에 의해 정의된 섹터 크기에 따라 사용해야 하나 소프트 섹터 디스크는 임의의 섹터 크기로 사용할 수 있다.

hardware[háːrdwὲər] *n*. **H/W, 하드웨어** 컴퓨터를 구성하는 기계적, 전기적, 전자적(電子的) 기능을 대상으로 하는 장치 그 자체. (1) 데이터 처리 시스템(data processing system)을 구성하는 유형의 전기 · 전자 · 기계 등의 기구나 장치. 예를 들면, 주기억 장치(main storage), 연산 제어 장치(arithmetic and control unit), 입출력 장치(input/output unit) 등의 총칭이다. 혹은 이들 개개의 장치나 기기를 가리킨다. 무형의 소프트웨어(software)와 대비된다. 판독 전용 메모리인 ROM은 그 자체는 소프트웨어이지만 내부는 하드웨어로 되어 있다.

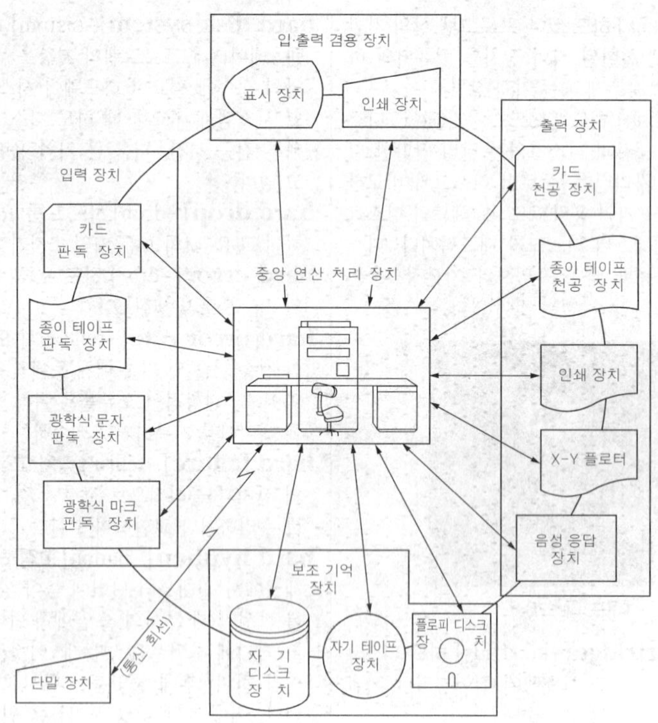

〈대표적인 하드웨어 장치〉

이러한 경우는 특히 펌웨어(firmware)라 부르는 경우가 있다. (2) 하드웨어는 원래 「금속물」이라든가 금속제 제품을 말한다. 이런 의미에서는 자동차, 공작 기계, TV 등도 모두 하드웨어라 할 수 있다.

hardware assembler[–əsémblər] **하드웨어 어셈블러**

hardware-based language[–béist lǽŋgwidʒ] **하드웨어 중심 언어**

hardware break point[–bréik pɔ́int] **하드웨어 브레이크 포인트**

hadware check[–tʃék] **하드웨어 검사** 컴퓨터에 들어 있는 검사 기구가 자동적으로 수행하는 검사. 하드웨어에 의해 이루어지는 하드웨어 검사에는 패리티 검사(parity check) 등이 있다.

hardware circuitry[–sə́:rkitri(:)] **하드웨어 회로**

hardware compatibility[–kəmpæ̀tibíliti(:)] **하드웨어 호환성**

hardware configuration[–kənfìgjuréiʃən] **하드웨어 구성** 컴퓨터에서 시스템을 구성하는 여러 가지 장치들의 관계와 이들 사이의 연결을 나타내는 말.

hardware dependence[–dipéndəns] **하드웨어 의존, 하드웨어 종속** 프로그램, 언어, 컴퓨터 및 그 부품, 주변 기기 등이 특정 컴퓨터 시스템이나 특정 설계 조건에 의존하는 것.

hardware encoded keyboard[–inkóudəd kí:bɔ:rd] **하드웨어 코드화 키보드**

hardware error[–érər] **하드웨어 오류** 하드웨어의 장애로 인해 발생하는 입출력 데이터의 오류. 복구가 어려우며 고장 부분을 수리하거나 시스템을 재구성하여야 한다.

hardware failure[–féiljər] **하드웨어 장애** 단선, 쇼트, 접촉 불량, 디스크 파손 등으로 인한 하드웨어의 고장.

hardware floating point instruction[–flóutiŋ pɔ́int instrʌ́kʃən] **하드웨어 부동 소수점 명령(어)**

hardware handshaking[–hǽndʃèikiŋ] **하드웨어와의 핸드셰이킹** ⇨ handshaking

hadware interrupt[–ìntərʌ́pt] **하드웨어 인터럽트** 하드웨어적인 방법으로 인터럽트를 요청한 장치를 판별하는 인터럽트 시스템.

hardware key[–kí:] **하드웨어 키** 컴퓨터 프로그램의 불법적인 복제를 막기 위한 복사 방지의 한 방법. 특별한 전자 회로, 즉 키를 컴퓨터에 연결하고 이것이 없으면 프로그램이 실행되지 않게 하는 것. 이렇게 하면 프로그램을 복사하더라도 키가 없으면 수행이 안 되므로 효과적인 복사 방지가 된다.

hardware management[–mǽnidʒmənt] **하드웨어 관리** 운영 체제의 기능 중 가장 기본적인 것으로서 시스템의 하드웨어 자원을 관리하여 이들을 편리하게 사용할 수 있도록 하고, 자원의 사용 효율을 높이는 것. 구체적인 작업은 인터럽트의 검출, 제어, 입출력 요구의 스케줄링과 입출력의 실행, 메모리의 제어, 진단, 장애 처리, 시스템 구성의 관리 기능 등이다.

hardware monitor[–mάnitər] **하드웨어 모니터** 운전중인 컴퓨터 시스템의 동작 상황을 파악하기 위해 행하는 모니터링 수법의 하나. 프로브(probe)에 의해 피측정 시스템으로부터 전기 신호를 관측함으로써 평균 명령 실행 시간, 명령 출현 빈도, 장치 사용률, 프로그램 모듈 주행 스텝 수 등을 측정한다. ① 실(實)가동 상태에서의 동적 측정이 가능하다. ② 외란(外亂)을 주지 않는다. ③ 프로그램의 세공(細工)이 불필요하다 등의 특징을 가지며, 각종 하드웨어 자원의 사용률 등 여러 가지 사상(事象)을 관측한다. 시스템 동작에 별로 영향을 주지 않지만 프로그램에 관계하는 데이터의 수집은 곤란하다.

hardware monitoring[–mάnitəriŋ] **하드웨어 모니터링** 운전중인 컴퓨터 시스템의 동작 상황을 감시하고 그것을 정량적으로 평가하기 위해 필요한 데이터를 하드웨어를 이용하여 수집 표시하는 것.

hardware priority interrupt[–praiɔ́(:)riti(:) ìntərʌ́pt] **하드웨어 우선 순위 인터럽트** 프로그램되었거나 인터럽트의 우선 순위가 하드웨어적으로 미리 정해져 있는 것.

hardware requirement[–rikwáiərmənt] **하드웨어 요건** 운영 체제 소프트웨어 등을 사용할 때 컴퓨터에 요구되는 조건.

hardware reliability[–rilàiəbíliti(:)] **하드웨어 신뢰성**

hardware representation[–rèprizentéiʃən] **하드웨어 표현** 기준 언어(reference language)를 특정한 컴퓨터 문자 집합에 따라 일정한 규칙으로 변환하고, 컴파일러에 의해서 판독될 수 있도록 규정한 것.

hardware resources[–risɔ́:rsiz] **하드웨어 자원** 중앙 처리 장치(CPU)의 사용 시간, 주기억 장치, 직접 액세스 기억 장치, 입출력 장치 등 데이터 처리 작업을 자동적이고 효율적으로 하기 위하여 필요한 모든 기구나 기능.

hardware security[–sikjú(:)riti(:)] **하드웨어 기밀 보호**

hardware simulator[–símjulèitər] **하드웨어**

시뮬레이터

hardware specialist[–spéʃəlist] **하드웨어 기술자** 컴퓨터 시스템의 하드웨어를 유지 보수하는 일을 맡은 기술자.

hardware supplier[–səpláiər] **하드웨어 공급자**

hard-wired[há:rd wáiərd] **고정 배선** 전자 회로에서 두 지점 사이가 배선에 의해 영구적으로 연결되어 있는 것.

hard-wired control[–kəntróul] **고정 배선 제어** 컴퓨터의 CPU 내부의 제어 논리 회로를 만들 때 이를 VLSI 회로로 직접 구성하여 만든 것. 이것은 속도가 매우 빠르지만 융통성이 떨어지고 개발 시간이 길다는 단점이 있다.

hard-wired logic[–ládʒik] **고정 배선 논리, 하드 와이어 로직** 컴퓨터의 기본 동작인 마이크로 조작을 「배선(와이어)」에 의하여 규정하는 방식. 마이크로프로그램화 논리(microprogrammed logic)와 대비된다.

harmonic[ha:rmánik] *n.* **고조파(高調波)** 어느 사인파(sine wave)에 대해 그 주파수의 정수배의 주파수를 갖는 파. *n*배의 주파수를 갖는 성분을 제*n*고조파라고 한다.

Harmonica[ha:rmánikə] **하모니카** 25핀 케이블을 2, 3, 4개로 확장해서 연락할 수 있는 장치.

harmonic analysis[ha:rmánik ənǽlisis] **조화 해석** 주기 함수의 푸리에 급수 전개에서 각 항의 계수(푸리에 계수)를 구하는 기법.

harmonic distorsion[–distɔ́:rʃən] **고조파 일그러짐** 회로의 비선형 특성에 의해 사인파 입력에 대하여 출력에 고조파 성분이 나타나 파형의 일그러짐이 생기는 것.

Hartley 하틀리 정보 측도의 단위. 서로 배반하는 10개의 사상으로 구성되는 집합의 10을 밑으로 하는 대수로서 표시된 선택 정보량과 같다. 예를 들어 8문자로 구성되는 문자 집합의 선택 정보량은 0.903 하틀리($\log_{10} 8 = 0.903$)와 같다.

Harvard architecture[há:rvərd á:rkitèktʃər] **하버드 구조** 컴퓨터에서 프로그램이 저장되는 기억 장치와 데이터가 저장되는 기억 장치를 하드웨어적으로 완전히 분리하여 속도 향상을 꾀하는 구조.

Harvard Graphics[–grǽfiks] **하버드 그래픽스** 소프트웨어 퍼블리싱 회사가 개발한 IBM-PC용 그래픽 프로그램의 상품명. 주로 수치 데이터를 읽어들여 막대 그래프나 원 그래프 등을 그리고 이것을 프린터나 슬라이드 필름으로 출력하는 데 적합하다.

Harvard method[–méθəd] **하버드법** 미국 하버드 대학의 Computation Laboratory에서 개발한 논리식을 간략화한 방법으로 컴퓨터를 이용하는 것.

hash[hǽʃ] *n.* **해시** 이 용어의 원래의 의미는 「끌어 모음」 또는 「섞어 정착함」이다. (1) 전기 분야에서는 접점의 브러시에 의한 전기 잡음(electrical noise)을 말하는 경우가 있다. 어느 것이든 그다지 「의미 없는」 것을 표시하고 있다. (2) 예를 들면, 컴퓨터에서는 블록 길이(block length)에 맞추기 위해서 메모리에 기입된 의미 없는 정보를 표시한다.

hash addressing[–ədrésiŋ] **해시 어드레싱** 파일에서 주어진 키에 함수를 적용하여 레코드의 번지를 계산하는 방법.

hash chain[–tʃéin] **해시 연쇄** 해시 테이블에서 서로 다른 키값을 가지는 데이터가 해시 함수에 의해 같은 버킷에 배당되는 충돌 현상을 해결하기 위한 방법의 하나.

hash entry[–éntri(:)] **해시 엔트리** 해시 테이블에서의 한 버킷.

hash index[–índeks] **해시 색인** 해시 테이블 내에서의 한 항목 위치에 대한 초기 추정값.

hash function[–fʌ́ŋkʃən] **해시 함수**

hashing[hǽʃiŋ] *n.* **해싱** 키에서 주소로의 변환(key-to-address transformation). 다른 검색 방법처럼 키값을 비교하면서 찾는 것이 아니라 키값에 어떤 연산을 시행하여 이 키값이 있는 기억 장소의 주소로 바로 접근하는 방법으로 직접 파일 구성에 이용된다. 해싱은 각 레코드의 키값을 비교해서 찾는 번거로움이 없고, 다른 검색 방법보다 많은 기억 장소를 차지하지만 과잉 상태가 발생하지 않으면 원하는 레코드를 단 한 번의 접근(access)으로 찾을 수 있는 장점이 있다. 그러나 모든 레코드의 키값을 수치 형태로 바꾸어야 하며, 적절한 해싱 함수를 구해야 할 뿐만 아니라 계산된 주소의 중복(충돌) 문제를 해결해야 한다.

hashing algorithm[–ǽlgəriðm] **해싱 알고리즘** 비순차적 접근 파일(random access file)에서 기억 데이터의 번지 지정을 해서 함수를 사용하는 것. 이 방법을 쓰면 파일 내에 비순차적으로 데이터를 기억시키는 것이 가능하다. 번지를 찾는 방법으로는 데이터 하나하나에 붙여진 식별 표지의 값을 이용하여 함수식을 만드는 것이 일반적인데, 파일의 크기나 데이터의 종류에 따라 많은 패턴이 고려되고 있다.

hashing function[–fʌ́ŋkʃən] **해싱 함수** 키값을 기억 장소의 주소로 변환하는 데 사용하는 함수로, 레코드를 저장할 버킷(bucket)의 주소를 산출한다. 좋은 해싱 함수가 되려면 계산이 빠르고 쉬워야 하며 계산된 주소의 중복이 적어야 한다. 대표적인 해싱 함수로는 숫자 분석법(digit analysis), 제곱 중간법(mid-square), 나누는 방법(division), 접는 방법(folding), 기수 변환법(radix conversion) 등이 있다. ⇨ hashing algorithm

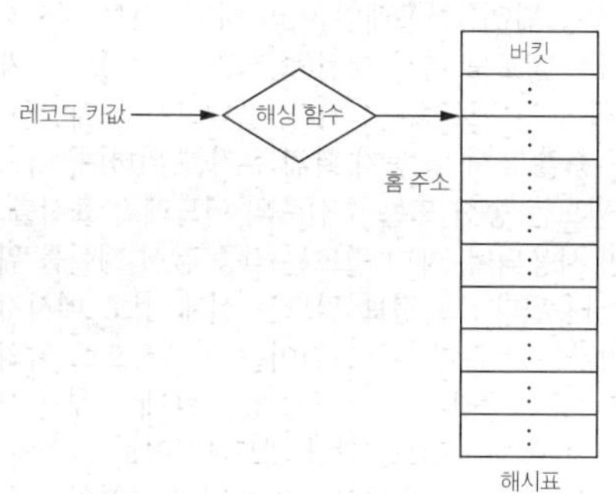

〈해싱 함수〉

hashing mechanism[–mékənizm] **해싱 기구**

hashing method[–méθəd] **해싱법** 데이터 항목을 식별하는 키를 표 안의 위치를 나타내는 정보로 변환하는 함수를 정해놓고, 그것을 이용해서 데이터 항목 표 안에 저장하거나 저장한 데이터 항목의 탐색 등을 효율적으로 하는 방법.

hashing routine[–ru:tí:n] **해싱 루틴** 일반적으로 시스템 프로그래머가 작성하는데, 키값을 실제 저장된 레코드의 번지로 변환하는 기능을 가진 루틴.

hash search[hǽʃ sə́:rtʃ] **해시 탐색**

hash space[–spéis] **해시 공간** 해시표를 구성하는 버킷 번지들의 구성.

hash table[–téibəl] **해시 테이블** 레코드를 한 개 이상 보관하는 버킷들의 집합. 이는 데이터가 저장되는 버킷들의 배열로 만들어지며, 한 버킷은 하나 이상의 레코드를 수용할 수 있다.

	슬롯 0	슬롯 2	…	버킷 n−1
버킷 0				
버킷 1				
버킷 2				
…				
버킷 n−1				

〈n개의 버킷과 m개의 슬롯을 갖는 해시 테이블〉

hash table method[–méθəd] **해시 테이블 방법**

hash total[–tóutəl] **해시 합계, 해시 토털** (1) 예를 들면, 체크를 위해서 사원 번호의 합계를 얻는다고 하는 그 자체가 의미없는 작업임을 표시한다. (2) 검사를 목적으로 하여 이질(異質) 테이프의 집합에 대하여 알고리즘을 적용함으로써 얻어지는 결과. 예컨대 데이터의 항목을 수치로서 취급하여 얻어지는 합계이다.

hash value[–vǽlju:] **해시값**

HASP 하스프 Houston automatic spooling priority system의 약어. IBM 360과 370 컴퓨터 시리즈의 배치. 작업 흐름의 제어, 태스크의 순서 기입, 스풀링 등의 보조적인 작업 관리, 데이터 관리, 태스크 관리 등을 제공하는 것.

Hasse diagram 하세 다이어그램 순서가 있는 집합에서 순서 관계를 나타내는 그래프.

hatching[hǽtʃiŋ] **해칭** 도형의 내부를 망이나 사선으로 채우는 것.

Hayes command 헤이즈 명령어 헤이즈(Hayes) 사가 개발한 헤이즈 스마트모뎀을 제어하는 명령어의 집합. 이것은 명령의 앞에 항상 「AT」가 붙기 때문에 AT 명령어라고도 한다.

Hayes compatible 헤이즈 호환 개인용 컴퓨터를 위한 모뎀이 Hayes 사의 헤이즈 스마트모뎀과 호환성이 있다는 것.

Hayes Microcomputer Products, Inc. 헤이즈 마이크로컴퓨터 프로덕트 사 미국의 컴퓨터 업체로 주로 개인용 컴퓨터를 위한 모뎀을 생산한다.

Hayes Smartmodem 헤이즈 스마트모뎀 미국 Hayes 사에서 개발한 개인용 컴퓨터를 위한 모뎀. 이 모뎀의 명령어 세트는 모뎀 업계의 표준이 되고 있다.

hazard[hǽzərd] *n.* **해저드, 위험, 긴급, 모험** 조합 회로에서 입력 단자 중 두 개 이상의 신호가 동시에 변화하면 동작이 빠른 쪽 소자의 출력이 먼저 나와서 출력이 일시적으로 이상해지는 경우가 있다. 이와 같이 두 개의 신호가 경쟁을 하는 것을 레이스(race)라고 하며, 출력이 일시적으로 이상해지는 것을 해저드라고 한다.

hazard rate[–réit] **고장률** 어느 시점까지 동작해온 신뢰도 $R(t)$에 대해 다음의 단위 시간 중 고장을 일으키는 확률. 고장률 $\lambda(t)$는 다음과 같이 나타낼 수 있다.

$$\lambda(t) = -\frac{1}{R(t)} \cdot \frac{dR(t)}{dt}$$

HBS 홈 버스 시스템 home bus system의 약어. HA(가정 자동화)용의 가정 내 정보 단말기의 표준 규격. 가전 제품의 정보 단말기가 통일되어 있는 경우, 가정 내에서 LAN 구축 및 전화 회선을 통해 가전의 원격 조작이나 보안 시스템의 관리 등을 할 수 있다.

H-channel[eitʃ tʃǽnəl] **H 채널** ISDN의 1차군 정보 채널로 384kbps의 H0, 1,536kbps의 H11, 1920kbps의 H12의 세 가지 다른 속도가 규정되어 있다.

HCI 인간 컴퓨터 인터페이스 human-computer interface의 약어.

HCM 하이웨이 제어 메모리 highway control memory의 약어. 하이웨이 스위치는 크로스바 스위치에 상당하는 게이트 회로와 게이트 개폐(開閉)를 하는 제어부로 구성된다. 이 제어부는 메모리로 구성되기 때문에 하이웨이 제어 메모리(HCM)라고 한다. HCM은 출력측 하이웨이에 대응하여 설치되며, HCM 내에는 각 타임 슬롯 위치마다 개폐하여 게이트의 정보가 축적된다. 이 내용에 따라 게이트를 개폐하는 경우에 복수로 들어가는 하이웨이 한 개를 선택하여 출력측 하이웨이에 출력한다. 게이트의 개폐는 1타임 슬롯마다 이루어진다. 제어 메모리 또는 유지 메모리라고 한다.

HD 고밀도 high density의 약어. 3.5인치나 5.25인치 플로피 디스크에서 표준보다 많은 양의 정보를 저장할 수 있는 기록 밀도. 3.5인치 플로피 디스크의 경우 일반적인 것을 2DD, 고밀도의 것을 2HD라고 한다.

HDA 헤드 디스크 기구 (어셈블리) head/disk assembly의 약어. ⇨ head/disk assembly

HDBMS 계층 데이터 베이스 관리 시스템 hierarchical data base management system의 약어. 하나의 데이터베이스를 로드(load), 액세스(access), 제어시키는 것과 관련된 프로그램들의 집합. 일련의 노드(node)가 가지로 연결된 역트리(reverse tree)처럼 데이터가 조직된다.

HDC 하드 디스크 컨트롤러 hard disk controller의 약어. ⇨ HDD

HDD 하드 디스크 드라이브 hard disk drive의 약어. 원판형 알루미늄 기판(알루미나 처리)이나 유리 기판 위에 자기 기록막을 입혀서 자기 헤드로 데이터를 기록 재생하는 장치. 외부의 먼지에 의해 헤드나 기록 막이 손상되지 않도록 밀봉한 윈체스터형으로 컴퓨터 외부 기억 장치의 주류를 이루고 있다. 2.5인치형은 노트북 PC에 흔히 사용되고 있다. 1.8인치형도 제품화되고 있고, PC로의 탑재를 목표로 하고 있지만 아직까지 거대한 시장을 구축하지는 못하는 실정이다. 고정 자기 디스크라고도 한다.

HDLC 고급 데이터 연결 제어 high-level data link control의 약어. 주로 컴퓨터끼리 고속 통신 회선을 경유하여 접속하기 위한 데이터 전송 제어 절차. 종래의 컴퓨터와 단말 장치(terminal) 사이에 사용하던 기본형 전송 제어 순서를 「전송 효율」, 「신뢰성」, 「컴퓨터의 제어 기능」, 「데이터 링크 제어 기능」 등의 점에서 개량한 것. 종래의 기본형 데이터 전송 제어 절차에 비하여 다음과 같은 우수한 특징을 가지고 있다. ① 고전송 효율, ② 고신뢰성, ③ 코드 트랜스에어런느, ④ 컴퓨터 세어와의 친화성, ⑤ 데이터 링크 제어의 완전 분리 등이다. 이 HDLC에서의 전송 단위를 「프레임」이라 하며, 정보 메시지도 제어용 정보도 특정 패턴(플래그 시퀀스)으로 싸여진 블록 단위로 송수신된다. 플래그는 프레임의 개시·종결 표시 및 동기 확립 유지를 위하여, 어드레스 필드는 송신 또는 수신측의 어드레스 표시를 위하여 사용되며, 제어 필드는 각종 감시 제어를 위하여 사용된다. 또 정보 필드는 실제 정보 메시지가 들어가는 부분이며, 그 길이는 기본적으로 임의적이다. 종결 플래그의 직전에 있는 프레임 체크 시퀀스는 어드레스 필드, 제어 필드 및 정보 필드의 내용이 정확하게 전송되었는가 어떤가를 확인하기 위한 에러 제어용 시퀀스이며, 구체적으로는 사이클릭 부호 방식이 사용되고 있다.

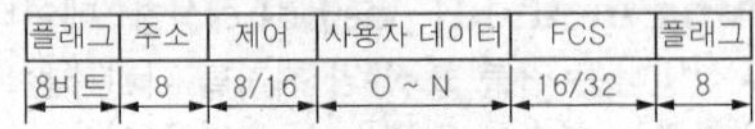

플래그	주소	제어	사용자 데이터	FCS	플래그
8비트	8	8/16	0 ~ N	16/32	8

〈HDLC 프레임 구조〉

HD-MAC 고정밀도 복수 안테나 소자 high definition-multiple antenna components의 약어. EC가 계획중인 위성 방송의 대역 압축 방식. 1989년부터 MAC 방식으로 방송을 개시한 이래 WMAC에 의한 횡장(橫長) 화면을 거쳐서 HD-MAC으로 이어진다.

HDML handheld device markup language의 약어. 1997년에 미국 Unwired Planet 사가 W3C에 제출한 휴대 정보 단말기용 마크업 언어 사양. HTML과 비슷하지만 호환성은 없다. 같은 형태의 휴대 정보 단말기용 언어로 WML이 있다. ⇨ W3C

HDR (1) **표제(標題), 헤더, 표제부** header의 약어. ⇨ header (2) **표제 레이블** header label의 약어. ⇨ header label

HD-TV 고선명 텔레비전 high definition TV의 약어. 현재 사용되는 NTSC나 PAL 방식에 비해 세로 주사선이 두 배 이상(1,000줄)인 고해상도의 텔레비전.

HDX 반이중 half-duplex의 약어. ⇨ half-duplex

head[hé(ː)d] *n.* **머리, 헤드** 「자기 헤드」, 「인쇄 헤드」를 가리키는 경우가 있다. 테이블 레코드에는 테이프의 내용을 판독하는 부분이 있다. 이 부분을 헤드라 부르고 있다. 컴퓨터의 자기 테이프 장치에도 이 「헤드」가 장치되어 있다. 대개는 판독 헤드(read head)와 기록 헤드(write head)로 나눠져 있다. 이것을 정리하여 일치시킨 것을 리드 라이트 헤드(read/write head), 복합 헤드(combined head)라 한다.
[주] 자기 테이프 매체 상에서 테이프의 판독, 기록 및 소거 중의 하나 또는 몇 개의 기능을 부여할 수 있는 전자석.

head arm[–ɑ́ːrm] **헤드 암**

head cleaning disk[–klíːniŋ dísk] **헤드 닦기판** 플로피 디스크의 헤드에 낀 불순물을 제거하기 위해 사용되는 부품. 보통의 플로피 디스크와 같이 생겼으나 안에는 플라스틱 자성체 원판 대신 특수한 약품을 묻혀서 플로피 디스크 장치에 넣고 돌리면 헤드가 닦여진다.

head crash[–krǽʃ] **헤드 충격** 디스크 표면(하드 디스크)에 손상을 입히는 디스크 헤드의 물리적 충격.

head/disk assembly[–dísk əsémbli(ː)] **HDA, 헤드/디스크 기구, 헤드/디스크 어셈블리** 자기 디스크와 자기 헤드를 포함하는 액세스 기구를 일체화하여 고밀도 기록을 가능하게 한 자기 디스크 장치 중의 일부분을 가리킨다.

headend[hé(ː)dènd] **헤드엔드** 광대역 네트워크에서 지국 간의 신호 교환을 제어하는 장비로서 광대역의 단방향성 신호 전달 특성을 이용하여 지국들을 연결한다. 모든 지국들은 헤드엔드(inbound) 쪽의 한 경로로 전송하고 헤드엔드에 수신된 신호들은 헤드엔드(outbound)로부터 두 번째 데이터 경로를 따라 전파된다. 헤드엔드에 포함된 주파수 변환기는 inbound frequence를 outbound frequence로 변환한다.

header[hédər] *n.* **HDR, 머리말** 표제. 표제부. 헤더. 어떤 데이터의 집합 앞에 그 데이터 집합의 내용과 특징을 알 수 있는 데이터를 넣어둘 수 있다. 이런 데이터를 가리키는 경우가 있다. (1) 정보 전달을 목적으로 하여 개시와 종료를 명확히 규정한 데이터를 메시지라고 하며 이 개시부를 헤더(header)라 한다. 이 경우 「헤더」에는 그 메시지의 수신지(destination)가 들어 있다. 이것을 「헤더」라 부르는 경우도 있다. (2) 파일에 관계되는 복합어로서는 헤더 레이블, 헤더 레코드 등이 있다. 이 용어와 대조적인 용어로서 트레일러(trailer)가 있다. (3) 문서 각 페이지의 상부에 문서의 표제, 날짜 등 동일 내용을 동일 형식으로 인쇄하는 것.

header card[–kɑ́ːrd] **헤더 카드** 데이터 카드의 선두에 놓여지며 후속되는 데이터군의 내용, 성격 등을 표시하는 카드.

header control[–kəntróul] **헤더 제어**

header entry [–éntri(ː)] **헤더 기입 사항**

header format[–fɔ́ːrmæt] **표제 형식** 컴퓨터 통신에서 쌍(peer) 계층 간의 메시지는 헤더 부분과 상위 계층에서 전달받는 데이터 부분 및 트레일러 등으로 나누어지는데, 표제 부분의 형식을 표제 형식이라 하며, 대개 근원지 번지, 목적지 번지, 헤더 길이, 서비스 형식, 명령어, 옵션, 검사합(check sum) 등의 자릿수를 지정한다.

header label[–léibəl] **HDR, 헤더 레이블** (1) 하나의 파일의 최초의 데이터 레코드 바로 앞에 기입되며, 파일을 식별할 수 있는 정보가 들어 있는 레이블. 후미 레이블(EDF; end-of-file label)과 대비된다. (2) (HDR) 파일을 식별하고, 장소를 지정하며 파일 제어에 쓰이는 데이터를 포함하는 내부 레이블.

header record[–rékərd] **헤더 레코드, 표제 레코드** 뒤에 이어지는 일군(一群)의 레코드에 공통인 정보나 레코드들을 식별하기 위한 정보를 담은 레코드. 후미(trailer) 레코드와 대조된다.

header table[–téibəl] **헤더 테이블** 지정된 정보에 관한 각종 명세를 갖는 특정 레코드들로서 정보의 맨 앞에 수록되어 있다.

head gap[hé(ː)d gǽp] **헤드 갭** (1) 판독/기록 헤드와 기록 매체(자기 테이프, 드럼, 디스크 등)의 표면과의 거리. (2) 기록 매체에 자계를 주기 위해 자기 헤드의 자기 회로 중에 삽입한 공간.

head hunter[–hʌ́ntər] **헤드 헌터** 기업 등에서 의뢰받아 필요한 전문 능력을 가진 사람을 조사하여 선발, 소개하는 전문가.

heading[hé(ː)diŋ] *n.* **머리말** 이 용어가 자주 쓰이는 데는 데이터 통신 분야이다. 기본형 데이터 전송 제어 절차로 규정되는 블록 헤딩의 개시 문자(SOH)와 텍스트 개시 문자(STX)에서 잘려진 부분을 가리키는 경우가 있다. 전송 데이터의 선두에 전송 제어 문자의 헤딩 개시 문자(SOH ; start of heading character)를 붙이고, 다음에 헤딩을 붙인다. 이 중에는 컴퓨터가 판독할 수 있는 것(machine readable)의 어드레스 등이 포함된다. 또한 기본형 데이터 전송 제어 절차는 주로 컴퓨터와 단말 장치, 혹은 단말 장치 사이의 데이터 통신을 위하여 규정된 제어 절차이며, 상대방의 상황을 확인하면서 전송을 개시하고, 메시지가 도착한 것을 확인한 뒤에 다음 메시지를 송출하는 것과 같이 하나씩 확인하면서 전송하는 절차이다.

heading line[–láin] **표제 행**

heading record[–rékərd] **표제 레코드** 다음에 오는 기록이 출력 보고서의 내용과 관련되도록 기술하고 구별하기 위한 기록.

head load[–lóud] **헤드 로드**

head load time[–táim] **헤드 로드 시간** 자기

디스크 장치에서 헤드를 디스크 상의 필요한 정보가 기록되어 있는 트랙 위까지 이동시키는 데 소요되는 시간.

head mounted display[–máuntid displéi] **헤드 마운티드 디스플레이** ⇨ HMD

head node[–nóud] **헤드 노드** 리스트 데이터 구조에서 각 리스트의 첫머리에 있는 노드. 대개 헤드 노드에는 정보를 기록하지 않으며 알고리즘을 간단히 하기 위해 이용되는 경우가 많다.

head-per-track[–pər trǽk] **트랙당 헤드** 디스크 표면의 각 정보 트랙에 분리 고정된 판독/기록 헤드의 배열.

head positioner[–pəzíʃənər] **헤드 포지셔너** 자기 디스크 장치에 이용되는 자기 헤드를 목표 트랙으로 위치 결정하기 위한 기구. 보이스 코일형의 직송 모터, 회전축 주위에 자유로이 회전이 가능하도록 배치된 암에 고정된 회전형의 보이스 코일 모터, 직류 서보 모터 등이 이용된다. 헤드의 위치 결정은 이것과 위치 결정 회로로 된 서보 시스템에 의해 행해진다.

head positioning[–pəzíʃəniŋ] **헤드 이동** 디스크에서 원하는 트랙을 찾기 위해 헤드를 앞뒤로 움직이는 것.

head positioning time[–táim] **헤드 이동 시간** 자기 디스크, 자기 드럼 등의 기억 장치에서 각 트랙 전용의 헤드가 설치되어 있지 않을 경우, 헤드를 이동시켜 해당 트랙 위로 가져오기까지에 필요한 시간. 이것과 회전 대기 시간과의 합이 호출 시간이 된다.

head stack[–stǽk] **헤드 스택** 동시에 일련의 트랙을 기록할 수 있는 기록용 헤드의 집합.

head-to-tape contact[–tu téip kántækt] **헤드 대 테이프 접촉** 자성 처리면이 리코더의 정상 동작중에 판독/기록 헤드면으로 접근하는 정도.

health check[hélθ tʃék] **헬스 점검** 컴퓨터의 자기 진단 기능으로 장애를 미리 방지하는 것.

health check program[–próugræm] **헬스 점검 프로그램** 컴퓨터가 자체 진단하는 프로그램으로 주로 하드웨어의 장애를 검출한다.

heap[híːp] *n.* **더미, 히프** 리스트(list) 또는 2진 트리(binary tree)의 일종. 리스트에는 도착순으로 저장되지만 다음에 인출되는 항목은 리스트 중의 어떤 항목이라도 좋게 구성된다. 랜덤 인출용 기억 영역이라는 의미도 있다.

heap area[–ɛ́(ː)riə] **히프 영역** 프로그램이 임시 기억 영역으로 사용하기 위해 확보하는 메모리 영역. 프로그램이 실행을 개시할 때까지 그 존재와 크기가 결정되지 않는 데이터 구조를 기억한다. 프로그램은 히프로부터 요소들을 기억해두는 자유 메모리(free memory)를 요구하고, 필요할 때는 그것을 사용하며 후에 해제할 수 있다.

heap sort[–sɔ́ːrt] **히프 정렬** 모든 데이터를 어느 기준에 따라 위치시킨 2분 트리 구조(트리 구조의 일종)로 정리하고 이에 기초하여 데이터를 정리시키는 수법.

heat-sensitive switch[híːt sénsitiv swítʃ] **온도 스위치**

heat transfer multiplier[–trǽnsfər mʌ́ltiplàiər] **전열식 곱셈기** 서보 곱셈기의 포텐셔미터 대신에 온도로 변화하는 저항기를 사용한 것.

heavy[hévi(ː)] **헤비** 용량이 큰 프로그램이나 응용 프로그램의 부하가 커서 처리가 느린 상태. 또한 네트워크에서 서버나 네트워크 전체의 부하가 커서 처리, 응답이 느린 경우를 칭하는 속어로 사용되기도 한다.

heavy duty[–dʒúːti(ː)] **과중한 업무** 컴퓨터나 주변 기기에 많은 업무가 부과되는 것.

heavy user[–júːzər] **과중 사용자** 자신의 지식이나 기술을 활용하여 PC 능력의 한계에 가깝게 이용하는 사람. 파워 사용자와 유사한 의미도 있다.

Hebrew virus[híːbruː váirəs] **헤브루 바이러스** 컴퓨터에 해독을 끼치는 악성 바이러스 프로그램의 일종으로 IBM-PC 호환 기종에 있다. 13일의 금요일이 되면 디스크를 파괴하는 특성을 가지고 있으며, 예루살렘의 헤브루 대학에서 처음 발견되었으므로, 헤브루 바이러스 또는 예루살렘 바이러스라고 한다.

height[háit] *n.* **높이, 고도**

height balanced binary tree[–bǽlənst báinəri(ː) tríː] **높이 균형 2진 트리** 각 노드의 모든 서브트리와의 높이의 차이가 1 이하인 2진 트리.

height balanced tree[–tríː] **높이 균형 트리** 2진 트리 T에서 왼쪽 서브트리 T_L의 높이 h_L과 오른쪽 서브트리 T_L의 높이 h_L이 균형을 이루고 $|h_L - h_M| \leq 1$인 트리.

height of character[–əv kǽrəktər] **문자 높이**

help[hélp] *n.* **도움말**

help desk[–désk] **헬프 데스크** 컴퓨터나 네트워크에 익숙하지 않은 사용자들의 문의에 응답하는 중앙 사이트. 소프트웨어나 하드웨어 제품 문의 등에 대한 답변과 문제를 해결해줄 수 있는 지식과 자료를 갖춘 지원 인력을 구비하고 있다.

helper application[hélpər æ̀plikéiʃən] **헬퍼 응용 프로그램** 넷스케이프 내비게이터나 인터넷 익스플로러 등에서 브라우저 스스로 처리할 수 없는 형식의 파일을 열람하거나 처리하는 데 사용되는 소프트웨어. 브라우저 상에서 등록하여 사용할 수 있게 한다. 기능 확장의 플러그인 소프트웨어와는 달리, 불러오면 다른 윈도에서 실행되는 것으로 브라우저와 완전히 링크된 형태는 아니다.

HEMT 헴트, 고전자 이동도 트랜지스터 high electron mobility transistor의 약어. GaAlAs-GaAs 헤테로 접합을 이용한 GaAs 전계 효과 트랜지스터. 전자의 이동도는 32,500cm²/V · s에 달하며, 보통 *n*GaAs의 5배 이상이 된다. 단 상온에서 2μm 게이트 소자의 차단 주파수는 8.2GHz를 나타내며, 일반적인 소자보다 20% 높다.

HEMT device HEMT 소자 high electron mobility transistor device의 약어. GaAs와 GaAlAs의 중합 구조로 이루어진 소자. 잡음 발생이 적기 때문에 위성 방송의 수신기로 이용되고 있다. 컴퓨터용으로 사용하기에는 여러 가지 문제를 포함하고 있지만 일부는 실용화되었다.

henry[hénri(ː)] *n.* **헨리** 인덕턴스의 단위. 1헨리의 코일에서 전류의 변화율이 1A/s일 때 1V의 전압이 생긴다. 단위 기호는 H.

Herbrand base 헤르브란드 기초 원자 접합이라고도 하며, *S*에 나타나는 모든 *n*차 술어 P_n이 $P_n(t_1, \cdots, t_n)$형식을 가지는 상수 원자의 집합.

Herbrand's theorem 헤르브란드 정리 술어 논리의 분해 과정에 대한 기본 논리.

Hercules Graphics Card[hə́ːrkjulìːz grǽfiks kάːrd] **허큘리스 그래픽 카드** 미국 허큘리스 사에서 개발한 IBM-PC용의 그래픽 카드 이름. 원래는 단색 그래픽 카드라는 이름으로 불렸다. 단색이지만 값이 싸고 해상도가 비교적 높아(가로 720 × 세로 348) 많이 이용되고 있다.

Hercules Inc. [–inkɔ̀ːrpəréiʃən] **허큘리스 사** IBM-PC용의 단색 그래픽 카드를 개발한 미국의 컴퓨터 업체.

Hermite curve 헤르밋 곡선 양 끝점의 위치와 양 끝점에서의 도함수를 이용해 구한 3차원 곡선.

hertz[hə́ːrts] *n.* **Hz, 헤르츠** 주파수(frequency)의 표준 단위. 1초 간에 1사이클의 주파수를 주파수 1Hz라 한다. 전기 통신 분야의 기본적 단위의 하나. 1,000Hz를 1kHz, 1,000kHz를 1MHz, 1,000MHz를 1GHz라 한다. 복합어로서 헤르츠 안테나(Hertz antenna), 헤르츠 발진기(Hertz oscillator) 등이 사용된다.

hesitation[hèziteíʃən] *n.* **유보** 다른 작업을 수행하기 위해 컴퓨터가 어떤 동작을 하는 동안 작업을 잠시 동안 정지 또는 지연시키는 것.

heterogeneous array[hètərədʒíːniəs əréi] **이질적 배열** 배열을 구성하는 각 원소들의 데이터 형이 서로 다른 배열.

heterogeneous data type[–déitə tάip] **이질 데이터형** 복합 데이터형으로서 각 요소들의 형태가 동일하지 않은 데이터형.

heterogeneous multiplexing[–mʌ́ltiplèksiŋ] **이질 다중화** 정보 전달 채널들의 데이터 신호율이 서로 다른 다중 방식.

heterogeneous network[–nétwə̀ːrk] **이종(異種) 네트워크** 여러 제조업체에서 만든 컴퓨터와 장치를 포함하는 근거리 통신망(LAN)으로 다층 네트워크 프로토콜을 사용한다.

heterogeneous structure[–strʌ́ktʃər] **이질 구조** 여러 종류의 레코드형들로 구성된 스키마 표현 구조.

heterogeneous system[–sístəm] **이질 시스템** 적어도 두 개 이상의 서로 다른 데이터 베이스 관리로 구축된 데이터 베이스 시스템.

heterograde group [hétərougrèid grúːp] **헤테로그레이드 집단** 양적 표지에 의해 통계 집단의 구조가 결정된 집단. 예를 들면, 나이별 인구 집단이 있다.

hetero junction[hétərou dʒʌ́ŋkʃən] **헤테로 접합** 다른 종류의 반도체 간의 접합(예를 들면, GaAs와 GaAlAs)을 말한다. p형 또는 n형에 다른 종류의 반도체를 사용한 것을 싱글 헤테로 접합, p형과 n형의 다른 종류의 반도체 간에 다시 활성층을 끼운 것을 더블 헤테로 접합(이중 접합)이라고 한다. ⇨ 보충 설명 참조

Heun method 호인 방법 오일러(Euler)의 방법을 개량하여 미분 방정식의 근사해를 구하는 방법.

heuristic[hjuərístik] *a.* **경험적, 발견적, 휴리스틱** 휴리스틱(heuristic)은 그리스어로 「발견하다(to find)」란 의미가 있다. 문제의 답을 시행 착오적인 방법을 사용하여 구하는 것. 즉, 알고리즘이 확립되지 않았을 때 사용되는 문제 해결의 한 방법으로 도형 인식, 학습 과정, 자기 형성 등의 기능을 이용하여 답을 구하는 방법.

heuristic approach[–əpróutʃ] **경험적 접근** 문제에 접근하는 경우 알고리즘적 방법 대신 실험 연구를 통해 시행 착오적으로 취하는 방법. 최종 결과를 얻기까지 각 단계에서 평가하여 시행 착오에 의해서 문제를 푸는 방법론이며, 발견적 수법이라고도 한다. 해답을 얻기 위한 일정한 법칙이 없을 경우 등에 사용되며 알고리즘적 방법과 대비된다.

heuristic education[–èdʒukéiʃən] **경험적 학습** 학생에게 과학에 관한 법칙을 교육하는 경우(예를 들면, 질량 보존의 법칙) 그것에 관련된 몇 가지 실험을 통해 직접 그 법칙을 가르치지 않고 그런 실

험에서 추상하여 그 법칙에 적용시켜 발견하게 한다. 이러한 교육법을 말한다.

heuristic knowledge[–nálidʒ] **경험 지식** 경험을 통해서 얻은 지식.

heuristic method[–méθəd] **경험적 방법** 일련의 근사적인 결과를 이용하여 뜻에 맞는 최종 결과에 근접해 있는지 어떤지의 평가가 이루어지는 문제 해결의 탐색적 방법. 예를 들면, 일정한 지침에 따른 시행 착오에 의한 방법이 있다.

heuristic power[–páuə*r*] **경험 능력** 여러 개의 경험 검색 방법을 비교하는 방법으로 검색 방법 1의 평균 조합 가격(경로 가격＋검색 가격)이 검색 방법 2의 평균 조합 가격보다 적을 때, 검색 방법 1이 검색 방법 2보다 경험 능력이 많다고 한다.

heuristic problem solving[–prábləm sálviŋ] **경험적 문제 해결** 경험적인 변화나 재생산적인 경험을 통해 체계적으로 모형을 변형시키는 일련의 규칙에 따라 문제를 해결하는 것.

heuristic process[–práses] **경험적 수법** 경험인 지식에 기초하여 행해지는 수법. 경험인 지식이란 문제를 해결하기 위한 수단을 몇 가지 중에서 하나를 선택할 때, 완전히 옳다는 보증은 없지만 많은 경우에 유효하다고 인정되는 지식을 말한다.

heuristic program[–próugræm] **경험적 프로그램** 발견적 방법에 의해 유도된 프로그램. 이 프로그램은 목표는 설정되어 있지만 그것에 도달하는 절차가 미리 정의되지 않으므로 재귀적인 성질을 갖고 있다.

heuristic routine[–ru:tí:n] **경험적 루틴** 알고리즘적 처리로 문제를 직접 풀지 않고 흔히 학습에서 사용하는 시행 착오로 문제에 접근하도록 된 루틴.

heuristic rule[–rú:l] **경험 규칙** 전문가가 문제를 해결할 때 사용하는 경험 지식을 포함하고 있는 규칙.

heuristics[hjuərístiks] *n.* **경험학** 경험에 근거하여 판단할 수 있는 지식. 일반적으로 문제 해결에 도움을 주지만 최상의 해결책이나 확실한 해결 방안은 보장할 수 없는 문제 해결 과정.

heuristic search[hjuərístik sə́:*r*tʃ] **경험적 탐색** 게임 플레이 등의 문제 해결과 같이 계산 순서가 일의적으로 결정되지 않은 경우 여러 가능성 중

헤테로 접합

에너지대(帶) 구조가 다른 두 물질을 접촉시키는 것을 헤테로 접합이라고 한다. 예를 들면, GaAs, Ge 같이 두 개의 다른 반도체 사이의 접합과 반도체와 금속 간의 쇼트키(schottky) 접합 등이 헤테로 접합이다. 이것에 대하여 동종의 반도체 사이에 pn 접합시키는 것을 호모 접합이라고 부른다. 헤테로(hetero) 접합은 전기적, 광학적으로 호모 접합과는 달리 흥미있는 성질을 가지고 있으며 이것을 이용한 여러 가지 소자(素子)가 개발되어 있다.

금지대폭(禁止帶幅)이 다른 두 개의 반도체가 접촉되면 양자의 페르미(Fermi) 준위(準位)가 일치되어 접합 부근에서 에너지 밴드(energy band)의 굴곡이 생긴다. 예를 들어 n형의 GaAs와 p형의 Ge를 헤테로 접합하면, 그림과 같이 가전자대(價電子帶)에 큰 전위 장벽이 형성되어 전도대에는 스파크가 생긴다. 이 접합에 순방향 바이어스(bias), 즉 p형 Ge측이 n형 GaAs측에 대하여 + 전압을 가하면 n형 GaAs 안의 전자는 p형 Ge 안에 주입되는데, p형 Ge 안의 정공은 높은 전위 장벽에 차단되어 거의 n형 GaAs 중에는 주입되지 않는다. 더우기 트랜지스터의 이미터(emitter) 접합에 이와 같은 헤테로 접합으로 형성하면 주입 효율이 대단히 높은 Tr을 만들 수 있다. 또한 헤테로 접합을 형성하는 두 개의 반도체의 금지대폭 중간에 에너지를 가진 광(光)을 금지대폭이 큰 반도체 쪽에서 입사시키면 광은 거의 흡수되지 않고 접합부에 이르고 접합부에서 흡수된 전자, 정공대(正孔帶)를 증가시킨다. 이것을 이용하여 효율이 좋은 수광소자(受光素子)를 만들 수 있다. 그리고 헤테로 접합에서는 형태가 다른 영역에는 캐리어를 폐입(閉入)하는 작용이 있어서 레이저 다이오드(laser diode)에 널리 이용된다. 헤테로 접합이 고유한 성질을 발휘하기 위하여는 두 물질 사이의 결정 구조 및 격자 상수, 열팽창 계수 등이 아주 유사할 필요가 있는데, 그렇지 않을 경우에는 접합부에 여러 가지로 경계면 준위(準位)가 형성되어 이 영향으로 헤테로 접합 고유의 성질이 없어지는 경우가 많다.

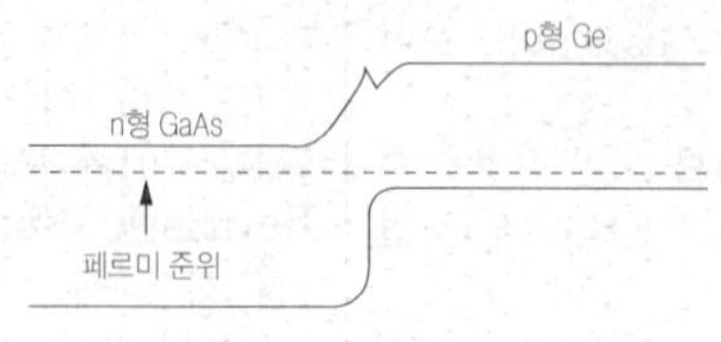

〈n형 GaAs와 p형 Ge에 헤테로 접합의 에너지 밴드도〉

에서 목표에 도달하는 데 가장 유망한 길을 평가 함수 등에 의해 선택하여 탐색해가는 방법.

Hewlett-Packard Company **휴렛팩커드 사** 계측기, 컴퓨터, 프린터 등을 생산하는 미국의 기업체로, 특히 계측기 분야에서는 가장 앞서 있으며, 고성능 워크스테이션과 레이저 프린터에서도 높은 시장 점유율을 갖고 있다.

hex [héks] *n. a.* **16진** hexadecimal의 약어.

hexadecimal [héksədesiməl] *n. a.* **16진** (1) 10진법(decimal notation)은 0~9까지의 숫자를 사용하여 「10」을 기수(radix)로 하는 수 표현이다. 2진법 표기(binary notation)에서 소수점을 기점으로 하여 좌우로 네 자리씩 자르고, 각 조 네 자리의 2진수(binary number)에 16진수(hexadecimal digit)를 대응시키면 16진수가 얻어진다. 16진법(hexadecimal notation)은 0~9와 A~F의 숫자와 문자를 써서 「16」을 기수로 하는 수 표현이다. 복합어로서 16진 숫자(hexadecimal digit), 16진 상수(hexadecimal constant) 등과 같이 사용된다. 문장 중에서 16진수의 「23」이라고 할 때에는 hexadecimal 23이라 쓴다. hexadecimal의 간략형으로서 「hex」를 사용하는 경우가 있다. (2) 16개의 서로 다른 값 또는 상태를 얻을 수 있는 것과 같은 선택 또는 조건으로 특정지워지는 것을 표시하는 용어.

hexadecimal code [-kóud] **16진 코드** 16진법을 이용하여 표현된 코드로, 2진 코드의 4비트를 16진법의 한 자릿수로 나타내므로, 2진 코드로 나타내야 하는 번거로움을 피할 때 16진 코드를 사용한다.

hexadecimal constant [-kάnstənt] **16진 상수, 16진수 상수**

hexadecimal digit [-didʒít] **16진수** 16진수에 있어서 사용할 수 있는 숫자 중의 하나이며, 16진수 외에 10진법의 10에서 15까지를 표시하는 특별한 문자(보통은 영문자 중의 6개), 예를 들면 A, B, C, D, E, F가 쓰여진다.

hexadecimal notation [-noutéiʃən] **16진법, 16진 표기** 16을 기수로 하는 수의 표기. ⇨ 표 참조

hexadecimal number [-nʌ́mbər] **16진수** 10진수는 0에서 9까지 10개의 숫자로 수를 표현하고 있지만 16진수는 9 다음에 A, B, C, D, E, F까지 6개의 문자를 추가하여 수를 표현하는 방법이다. 예를 들어, 10진수의 12는 16진수에서는 C로 되고 마찬가지로 26은 1A로 된다. 이와 같이 수를 세는 방법은 한 자를 표현하는 데 8비트를 사용하고 있는 컴퓨터(바이트 머신)의 내부 부호를 나타내는 데 편리하다. ⇨ 표 참조

hexadecimal number system [-sístəm] **16진수 체계, 16진법** 16진법으로 이루어진 수들의 체계(system)이며, 이때 16가지의 기본적인 수들인 0, 1, 2, 3, 4, 5, 6, 7, 8, 9, A, B, C, D, E, F에 의해서 만들어진다.

10진수	16진수	비트 구성(4비트)
0	0	0000
1	1	0001
2	2	0010
3	3	0011
4	4	0100
5	5	0101
6	6	0110
7	7	0111
8	8	1000
9	9	1001
10	A	1010
11	B	1011
12	C	1100
13	D	1101
14	E	1110
15	F	1111

hexadecimal point [-pɔ́int] **16진 소수점**

hexadecimal self-defining term [-sélf difáiniŋ tə́ːrm] **16진 자기 규정항**

hexadecimal 8-bit word [-éit bít wə́ːrd] **16진 8비트 단어**

HF **고주파** high frequency의 약어.

HFC network hybrid fiber-coax network의 약어. HFC 네트워크는 광섬유와 동축 케이블을 함께 사용하는 선로망이다. 광섬유가 케이블 헤드 엔드로부터 500 내지 2,000 사용자의 근방까지 연결되고, 동축 케이블이 광섬유의 종단과 각 사용자들을 연결하는 것이다. 이 복합적인 네트워크는 전부 광섬유로 구성하는 네트워크보다 비용이 적게 들면서 광섬유의 안정성 및 전송 속도에서의 이점을 최대한 이용하는 것이다. 1996년 말까지 케이블 시스템의 7% 정도가 HFC로 개선되었다.

HG **핸들링 그룹** handling group의 약어. 동기 단국 장치나 디지털 교환기에서 다중 레벨에서의 회선 설정을 실행하는 경우의 기본적인 단위이다. 현재 아날로그 전화망에 있어서 시외 회선에서는 회선 운용 단위를 6회선으로 하여 $6 \times n$이라는 수로서 회선이 설정된다. 이 때문에 핸들링 그룹도 회선 운용 단위와 맞춰 6채널을 1HG로 한다.

HGAIS **핸들링 그룹 경보 표시 신호** handling group alarm indication signal의 약어. 동기 단국 방식에 있어서 하이웨이의 고장 검출은 수신측에서 REC 경보로 행해진다. 경보는 다시 순방향으로 전송되는 것과 동시에 역방향의 대향 장치(對向裝置)

에도 SEND 경보(대 경보 장치 또는 대국(對局) 경보라고 한다)를 전송한다. 이에 따라 고장 개소는 REC와 SEND 경보로는 한쪽 구간과 특정할 수 있다. REC 경보로 하이웨이 고장이 검출된 경우 그 하이웨이를 이용하여 통신한 교환기에 대하여 회선이 절단된 것을 통지할 필요가 있다. 이 목적을 위하여 순방향의 모든 HG에 대하여 송출되는 경보가 HGAIS이다. 동기 단국 장치에 있어서 각종 신호 처리는 HG 단위로 하고 HGAIS도 HG에 대응하여 송출된다. HGAIS는 M20B의 회선 종단 장치로 검출되고 전자 교환기로 전송될 때에는 회선 단위의 경보로 변환된다. 이것이 TNR 1(transmission not ready 1)이다. 또한 HG에 대응하는 회선 절단 경보는 역방향으로도 전송할 필요가 있는데, 이것이 HGBAIS(HG Backward AIS)이다. HGBAIS는 HGAIS의 검출점에서 역방향으로 전송된다. 검출은 M20B 회선 종단 장치에서 행하며 전자 교환기에 대해서는 TNR 2로 변환되어 전송된다. 단, 현재 GHAIS와 TNR 1 및 HGBAIS와 TNR 2의 경보 전송 형식은 동일하다. 전송로가 1차군에 있을 경우에는 HGAIS, HGBAIS 모두 전송되지 않는다.

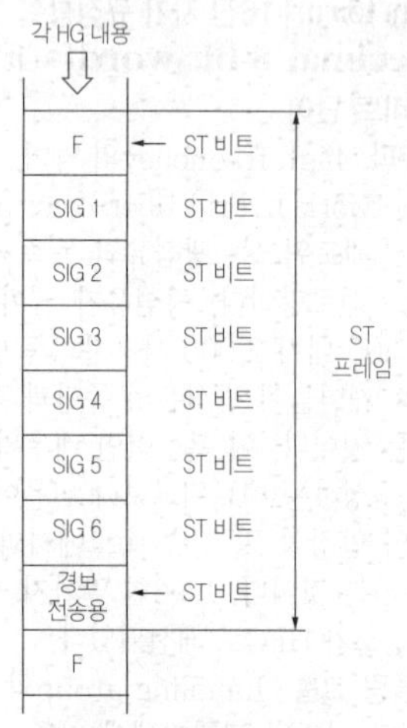

〈경보의 전송 방식〉

H-H model **H-H 모델** 호지킨(Hodgkin)과 헉슬리(Huxley)는 신경 세포의 흥분과 전도(傳導)에 관해서 상세한 연구를 하여 신경 세포막의 성질을 수식으로 표현하는 데 성공했으며, 이것을 H-H 모델이라고 한다.

hibernation[hàibərnéiʃən] **하이버네이션, 재개 기능** 메모리나 레지스터 상의 내용을 하드 디스크 등에 일단 기록하고 나서 전원을 끈 후 다시 전원을 켰을 때 내용을 전부 읽어내어 복원하는 기능.

HIC **하이브리드 IC, 혼성 집적 회로, 하이브리드 집적 회로** hybrid integrated circuit의 약어.

HIDAM **계층적 색인 직접 접근법** hierarchical index direct access method의 약어. IBM의 IMS/VS에서 사용되는 액세스 방식(access method)의 일종. HIDAM에서는 루트 세그먼트(root segment)의 어드레스가 랜덤화 루틴에 의하여 구해지는 데 대하여 HIDAM에서는 「색인」을 사용하고 있다.

hidden[hídn] *a.* **숨은**

hidden command[-kəmǽnd] **숨은 명령** 매뉴얼 등에 공개되어 있지 않은 숨겨진 기능 및 명령의 총칭. 편리한 것도 있지만 위험한 결과를 초래하거나 디버그를 목적으로 하는 것도 있으므로 사용자에게 공개하지 않는 명령이다. 개발자의 장난, 농담 등도 포함된다.

hidden data[-déitə] **숨은 데이터** 어떤 뷰(view)를 통해서 사용자가 볼 수 없는 데이터로서 뷰를 통한 사용자로부터 데이터를 보호할 수 있다.

hidden edge removal[-é(:)dʒ rimú:vəl] **은폐 간선 제거** 3차원 그래픽의 물체를 2차원 화면상에 나타낼 때 가시면에 가려진 선을 제거하여 화면에 나타나지 않도록 하는 기법.

hidden file[-fáil] **숨은 파일** 보조 기억 장치에 저장된 파일 중 일반적인 방법으로는 볼 수 없는 파일. 보통 시스템의 운영 체제나 중요한 데이터가 들어 있는 파일을 숨겨놓아 실수로 지워지거나 정보가 유출되지 않도록 한다.

hidden line[-láin] **은선** CAD/CAM에서 사용되는 용어. CRT 표시 장치에 3차원(three-dimensional)의 물체를 회전시켰을 때의 투시도로 실제로는 「감춰져 보이지 않는 선」을 말한다. 은선 소거(hidden line removal)는 화면상에 숨은 줄을 삭제시키는 작업을 말한다.

[주] 은선은 물체의 형상을 표시하기 위하여 사용되는 것이며, 통상 물체의 시점(視點)으로부터 보이는 상(像)을 표시하는 선과 나타나지 않는 부분을 투영시켜 나타내는 선으로 표시된다.

hidden line elimination[-ilìminéiʃən] **은선 제거** 컴퓨터 그래픽에서 3차원 물체의 뒤쪽에 나타나는 선을 제거하여 물체에 실체감을 주는 것. 대부분의 그래픽 프로그램에서 제공되고 있다.

hidden line elimination problem [-prábləm] **은선 제거 문제** 3차원 공간상에 주어진 물체의 각 간선(edge)에 대해 특정 위치에서 보이지 않는 부분을 모두 제거하는 문제.

hidden line removal[-rimú:vəl] **은선 소거** 컴퓨터 그래픽으로 3차원 물체를 나타낼 때 물체의 뒤쪽에 있어서 보이지 않는 선이 나타나지 않게 하는 일. 이것은 3차원 그래픽에서 매우 중요한 요소로 물체의 실제감을 나타내는 효과를 낸다.

hidden objects[–ábdʒikts] **숨은 물체** 3차원 그래픽에서 물체를 입체로 표현할 때 다른 물체에 가려서 보이지 않는 물체.

hidden surface[–sə́ːrfəs] **은면** 3차원 그래픽에서 물체를 입체로 표현할 때, 다른 면에 가려서 보이지 않는 면.

hidden surface elimination [–ilìminéiʃən] **은면 제거** 2차원 그래픽에서 그늘이 되는 면을 감추는 처리. 폴리곤의 법선 벡터나 Z 버퍼를 이용한 방법 등이 있다.

hidden surface elimination problem [–prábləm] **은면 제거 문제** 3차원 공간상에 주어진 물체들의 각 면에 대해 특정 위치에서 보이지 않는 모든 면을 제거하는 문제.

hidden surface removal[–rimúːvəl] **은면 소거** 3차원 그래픽의 물체를 화면상에 2차원 형태로 표시할 때 가시면에 가려진 면들을 제거하여 화면에 나타나지 않도록 하는 기법.

hidden variable[–vɛ́(ː)riəbl] **숨은 변수** 서브프로그램 내에서 PRIVATE 명령어로 일시적으로 소거되는 PUBLIC 변수.

HIDEMAP 하이드맵 hierarchical design date manipulator의 약어.

hierarchical[hàiərάːrkikəl] *a.* **계층의, 계층적인, 계층 분류의** 예를 들면, 생물을 종(specis), 속(genus), 과(family) 등과 같이 계층적으로 분류하는 것에 대응하는 것이며, 트리 구조(tree structure)라고도 불린다. 다수의 데이터를 효율적으로 분류하고 처리할 수 있으므로 데이터 베이스 등의 인덱스 관리 방법으로 쓰이고 있다. 운영 체제(OS)인 유닉스나 MS-DOS의 계층 디렉토리도 같은 고안에 기초하고 있다.

hierarchical block diagram[–blák dáiəgræ̀m] **계층적 블록 도표** 기능적 구성을 나타내는 블록 도표를 최상위 레벨에서부터 하위 레벨에 이르기까지 하향식 기법을 적용하여 계층적으로 구조화시켜 표현하는 방식.

hierarchical classification[–klæ̀sifikéiʃən] **계층적 분류** 전 항목을 몇 개의 그룹(群)으로 분류하고 각각의 그룹을 더욱 자세히 세분하여 필요한 정밀도가 얻어지기까지 단계적으로 분류를 반복하는 방법. 그룹 상호간을 포함하고, 포함된 관계가 명백히 나타난다. 현재 가장 널리 이용되고 있는 대표적 분류 개념으로 국제 10진 분류법(UDC), 특허청의 특허 분류 등이 모두 이것에 준한다. 하나의 그룹을 다시 몇 가지로 세분할 것인가는 여러 조건에 따라 결정되지만, 앞의 UDC에서는 10 이하이다. 계층의 심도(세분 횟수)가 균일할 필요는 없고, 또 필요에 따라 심도를 조정할 수 있으므로 융통성이 있다. 이용자는 자기가 사용하고 있는 분류 단계가 세분화될 때는 1단계 위의 분류 단계 개념(상위 개념이라고 한다)을 사용하여 자세히 분류하면 된다. 도표는 계층적 분류의 예로 그 형태 때문에 트리(tree) 분류 등이라고도 불린다.

hierarchical compression[–kəmpréʃən] **계층 압축** 파일 내의 레코드들이 임의의 필드값에 따라 정렬되어 있는 경우에 레코드들이 공통으로 같은 값을 가지는 필드를 고정 부분으로 하고, 나머지 부분을 집합으로 묶은 형태의 압축으로 어떤 파일의 연속적인 엔트리가 같은 값을 가지는 경우가 자주 발생하는 인덱스 파일에 적합하다.

hierarchical constraint[–kənstréint] **계층 조건** 순환 규칙의 *z* 정의를 허용하지 않는 조건으로 기본 단위절의 집합을 최하위로 놓고 *i* 번째 레벨의 논리절의 음의 리터럴들은 $j < i$인 *j*번째 레벨의 논리절에 의해 정의된 술어여야 한다는 제약을 말한다.

hierarchical data base[–déitə béis] **계층 데이터 베이스** (1) 파일을 다른 파일에 1 : *n* 대응으로 관련짓는 데이터 베이스 구조로 데이터 레코드의 계층으로 이루어져 있으며, 각 레코드 간의 계층 구조는 고정되어 있다. (2) 계층적 메뉴를 포함하는 데이터 베이스의 접근 방법의 하나로 응용 프로그램이 데이터를 요구하면 데이터 베이스 관리 시스템은 이 계층에 따라 데이터를 검색하게 된다.

hierarchical data base management system[–mǽnidʒmənt sístəm] **계층적 데이터 베이스 관리 시스템** 계층 모델을 사용하는 데이터 베이스 관리 시스템. 여기서는 데이터를 역전 트리 형태로 저장한다.

hierarchical data base system [–sístəm] **계층 데이터 베이스 시스템** 데이터 모델로서 계층 구조를 채용한 데이터 베이스 시스템. IBM 사의 IMS가 대표적인 예이다.

hierarchical data base tree structure [–tríː strʌ́ktʃər] **계층 데이터 베이스 트리 구조** 계층 모델을 구성하는 데이터 베이스의 일종. 계층적 정의 트리 구조가 세그먼트(segment) 간의 계층 관계를 나타내는 데 반해, 이 구조는 레코드 어커런스 간의 관계를 표시한다.

hierarchical data language[–lǽŋgwidʒ] **계층 데이터 언어** 계층 데이터 베이스 내의 레코드들을 삽입, 갱신, 삭제, 검색하는 기능을 가진 언어로 계층적 데이터 베이스 관리 시스템은 계층적 데이터 언어를 통해 데이터에 접근한다.

hierarchical data model[-mάdəl] **계층적 데이터 모델** 데이터 베이스의 논리적 구조가 계층적 성질을 가지는 트리 형태의 데이터 구조로 표현되는 것. 노드는 레코드 타입(엔티티 세트)을 나타내고 링크는 두 레코드 타입 간의 엔티티 관계를 나타낸다.

hierarchical data structure[-strΛktʃər] **계층적 데이터 구조** ⇨ tree structure

hierarchical deadlock detection[-dé(:)-dlὰk ditékʃən] **계층적 교착 상태 탐지** 교착 상태(deadlock)를 탐지하는 프로세스들이 트리 형태로 구성되어 서브트리의 큰 노드에 있는 프로세스가 그 서브트리 내에 있는 모든 사이트에서 발생되는 전역 교착 상태를 탐지하는 기업을 말한다.

hierarchical decomposition[-di:kὰm-pəzíʃən] **계층적 분해** 시스템의 요구 분석이나 설계 단계에서 사용되는 기법. 시스템을 기능이나 처리의 추상도가 높은 상위의 계층에서부터 시작하여 추상도가 낮은 계층의 기능이나 처리로 단계적으로 분해해가는 수법. 기능을 명확히 하거나 모듈 계층 구조를 명확히 할 수 있다.

hierarchical design[-dizάin] **계층화 설계** 소프트웨어 설계 과정의 한 수법. 소프트웨어의 기능이나 처리를 추상도가 높은 상위 계층에서부터 시작하여 추상도가 낮은 하위 계층으로 단계적으로 분해해서 구체화해가는 수법. 혹은 반대로 가장 하위 기능이나 처리를 먼저 밝힌 후에 단계적으로 통합해서 추상도가 높은 계층에서 마무리하는 설계 수법. 전자를 하강(top down) 설계, 후자를 상승(bottom up) 설계라고 한다. 이에 따라 소프트웨어의 기능이나 처리를 계층을 가진 계열로서 명확하게 할 수 있다.

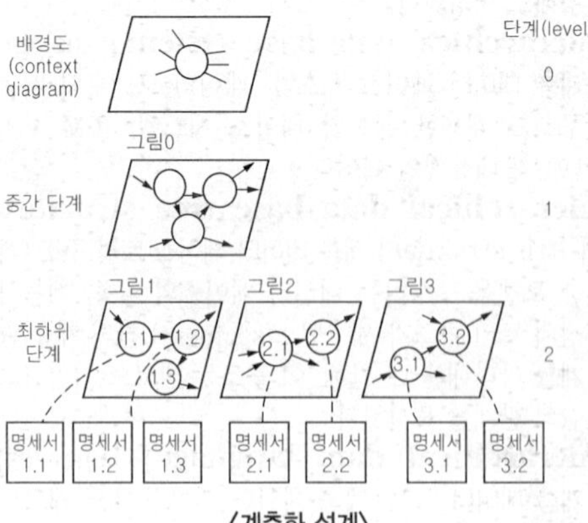

〈계층화 설계〉

hierarchical design date manipulator[-déitə mənípjulèitər] HIDEMAP, **하이드맵**

hierarchical direct access method[-di-rékt ǽkses méθəd] **계층 직접 접근 방식** 해싱 루틴(hashing routine)을 사용하여 루트 세그먼트를 탐색하고, 나머지 종속 세그먼트는 포인터(pointer)를 사용하는 접근 방법.

hierarchical direct organization[-ɔ̀:rg-ənaizéiʃən] **계층 직접 편성**

hierarchical file[-fάil] **계층 파일** 레코드들 간의 관계가 트리 구조로 표현되는 파일.

hierarchical file system[-sístəm] **계층 파일 시스템**

hierarchical index direct access method[-índeks dirékt ǽkses méθəd] HIDAM, **계층 색인 직접 액세스 방식** ⇨ HIDAM

hierarchical indexed sequential access method[-índekst sikwénʃəl ǽkses méθəd] **계층 색인 순차 액세스 방법** 루트 세그먼트는 색인을 사용하고 종속 세그먼트는 순차적 액세스 방법을 사용하는 액세스 방법.

hierarchical indexed sequential organization[-ɔ̀:rgənaizéiʃən] **계층 색인 순차 편성**

hierarchical input-process-output[-ín-pùt prάses άutpùt] HIPO, **계층적 입출력 기법** ⇨ HIPO

hierarchical key system[-kí: sístəm] **계층적 키 시스템** 통신 보안을 위한 키 분배 방식의 하나. 이 시스템에는 메시지를 암호화하는 데 사용되는 자료-암호화 키와 다른 키를 암호화하기 위한 키-암호화 키가 있다.

hierarchical location table[-loukéiʃən téibəl] **계층 위치 테이블** 계층 정의 트리 구조와 데이터 세트 관계를 부모 포인터(P), 형제 포인터(S), 첫 번째 자식 포인터(C), 데이터 테이블에 대한 데이터 포인터(D)의 4개의 포인터로 기술한 테이블.

hierarchical memory structure[-mém-əri(:) strΛktʃər] **계층적 기억 구조**

hierarchical model[-mάdəl] **계층 모형** 데이터 베이스의 데이터 모델의 하나. 계층형 데이터 모델은 현실 세계의 실체에 대응하는 사상(事象)의 속성을 표현한 레코드형과 레코드 사이를 결부시키는 트리 구조를 가진 부모, 자식 관계의 두 개념으로 구성된다.

hierarchical network[-nétwɔ̀:rk] **계층적 망** 컴퓨터 망에서의 처리 기능과 조절 기능이 여러 레벨로 계층적으로 분류되어 있고 각각의 기능은 그 기능을 전담하는 컴퓨터에 의해 수행되는 전산망.

hierarchical network node[-nóud] **계층**

적 망 노드 계층적인 컴퓨터 망에 속하는 노드. 계층의 정점에 있는 처리 노드는 보통 대형의 주컴퓨터인 반면, 하부 노드는 판단 능력이 한정되어 있거나 전혀 없고, 원격 작업 입력 작업소와 같은 중간 노드는 상당한 처리 및 데이터 베이스의 기능을 가질 수 있다.

hierarchical network structure [–strʌ́ktʃər] **계층 네트워크 구조**

hierarchical relationship [–riléiʃənʃìp] **계층 관계**

hierarchical path [–pǽːθ] **계층 경로** IMS 데이터 베이스의 루트 레코드에서 시작하여 하나의 단말 레코드에 이르는 경로. 루트 레코드를 레벨 0이라 하고 가장 낮은 레벨에 있는 레코드를 레벨 *m*이라고 하면 계층 경로 길이는 가장 큰 레코드형의 레벨과 같다.

hierarchical planning [–plǽniŋ] **계층적 계획 수립** 각 단계에서의 작업이 이루어지는 동안 어떤 작업들은 그보다 높은 단계의 작업이 끝날 때까지 지연되기도 하는 각 단계별로 작업 계획을 수립하는 방법.

hierarchical pointer [–pɔ́intər] **계층 포인터** HDAM, HIDAM 등의 계층 구조에서 계층 순차에 따르는 다음 세그먼트(segment)를 가리키는 포인터.

hierarchical process structure [–prɑ́ses strʌ́ktʃər] **프로세스의 계층 구조** 프로세스는 그 자신이 또 다른 프로세스를 번식시키기도 하는데(이때 번식시키는 프로세스를 부모(parent) 프로세스, 번식되는 프로세스를 자식(child) 프로세스라고 한다) 이런 방법으로 프로세스를 생성하여 나가는 것을 프로세스의 계층 구조라고 한다. 이 경우 모든 자식 프로세스는 단지 하나의 부모 프로세스를 취하지만, 부모 프로세스는 여러 개의 자식 프로세스를 취할 수가 있다.

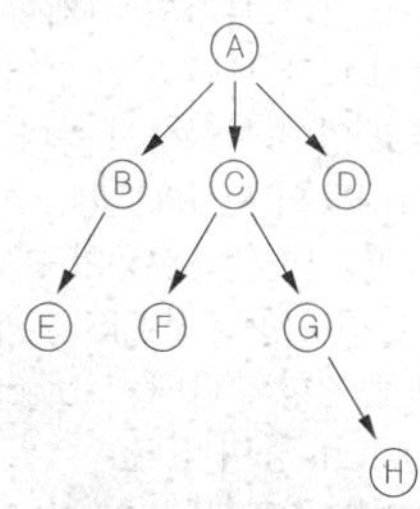

〈프로세스의 계층 구조〉

hierarchical sequence [–síːkwəns] **계층 순차** IMS 데이터 베이스에서 계층 순차 키값에 대해 오름차순으로 정해지는 세그먼트 어커런스들의 순서.

hierarchical sequential access method [–sikwénʃəl ǽkses méθəd] **계층 순차 접근 방법** ⇨ HSAM

hierarchical sequential organization [–ɔ̀ːrgənaizéiʃən] **계층 순차 편성**

hierarchical specification language [–spèsifikéiʃən lǽŋgwidʒ] **HSL, 계층적 명세 언어**

hierarchical storage [–stɔ́ːridʒ] **계층 저장 장치** 저장 서브시스템을 구성하기 위해 함께 연결된 기록 매체. 접근은 빠르나 용량이 작은 것도 있고 용량은 크나 접근이 느린 것도 있다. 데이터 묶음은 대형 저속 수준으로부터 소형 고속 수준으로 필요에 따라 이동한다.

hierarchical structure [–strʌ́ktʃər] **계층 구조, 계층형 구조** 데이터, 파일, 개념, 더 나아가 일반적으로는 시스템의 어느 구조를 나타내는 언어로, 시스템이 중합 없는 몇 개의 층으로 이루어질 때 그 층이 반(半)순서 집합을 가지지 않는 경우의 구조를 말한다. 트리 구조라고도 한다. 그 전형적인 예로 기업이나 군대의 조직 구조나 컴퓨터의 기억 장치(버퍼 메모리, 메인 메모리, 벌크 메모리, 자기 디스크, 자기 테이프에 의해 구성되어 있다) 등이 있다.

hierarchical tree structure [–tríː strʌ́ktʃər] **계층 트리 구조**

hierarchical type [–táip] **계층형** ⇨ layered structure

hierarchy [háiərɑ̀ːrki(ː)] *n.* **계층** 구성 요소들의 특정 규칙에 따라 표준별 종속 등급이 있는 구조. 레벨이 있다. 계층이 있는 레코드의 계산기 표현 방식으로 트리(tree) 구조 등이 있다. 또 어느 시스템이 상하 관계에 있는 서브시스템으로 구성되어 있는 경우 계층이 있는 시스템이라고 한다.

hierarchy of storage [–əv stɔ́ːridʒ] **기억 장치의 계층** 컴퓨터에서 사용되는 각종 기억 장치들을 그 접근 속도 및 용량에 따라 계층적으로 분류한 것. 위로 갈수록 접근 속도가 빠르고 값이 비싸며 용량은 적다. 일반적으로 최상위층은 CPU의 레지스터가 차지하고, 그 다음은 캐시 기억 장치, 주기억 장치, 디스크와 같은 보조 기억 장치의 순으로 나열되어 있다.

hierarchy plus input process output [–plʌ́s ínpùt prɑ́ses áutpùt] **HIPO, 하이포** 프로그램의 설계 및 문서화 기법의 하나로 어떤 시스템의 기능적인 구조와 데이터 흐름을 나타내는 데 유용하다. 이는 다음에 열거된 세 가지의 도표를 이용한다. ① 내용에 대한 참조표 : 프로그램의 각 모듈에 대한 이름을 나타내고, 이들 사이의 상호 관계를 정의하는 도표. ② 개략 다이어그램 : 전체 계층에서의 입력과 처리 과정, 그리고 출력을 설명하는 도표. ③ 상세 다이어그램 : 개략 다이어그램에 더욱 자세한 설명을 붙이고 입출력, 처리에 대해 더욱 상세히 설명한 도표.

hierarchy semantic[-səmǽntik] **계층 의미** 의미 데이터 모델을 구성하는 객체 사이에 상하 관계를 가지는 것. 이러한 관계 간의 계층은 유전성의 속성을 따른다.

hierarchy structure[-strʌ́ktʃər] **계층 구조** 데이터의 성격 상 각 항목에 대해 계층적인 관련성을 나타낼 수 있는 구조. 예를 들면, 계층 트리 구조, 계층적 망 구조 등이 있다.

hierarchy system[-sístəm] **계층 시스템** 하나의 루트를 가진 트리 형태로 구성되는 시스템에서 상위 계층을 일컫는 말.

hierarchy with input-process-output [-wið ínpùt prɑ́ses áutpùt] **HIPO, 계층적 입력 처리 출력 기법** ⇨ HIPO

HiFD 고용량 플로피 디스켓 high capacity floppy disk의 약어. 소니와 후지 필름이 공동 개발한 기술로 3.5인치 일반 플로피 디스크와 호환되며, 저장 용량은 200MB로 플로피 디스크의 140배이다. 저장 방식은 하드 디스크와 동일한 원리로 읽고 쓰는 헤드가 디스크 표면을 미세한 높이로 날면서 데이터를 읽는다. 속도는 초당 3.6MB를 전송하여 플로피 디스크에 비해 60배 빠르다.

high[hái] *a.* **높은, 고위의, 고급의** 복합어로서 여러 가지로 조합시켜 사용된다. (1) 고위(high order)는, 예를 들면 「23」이라는 숫자의 경우 「2」를 가리킨다. 「3」은 저위(low order)이다. 자리가 많은 경우는 「최상위 자리」를 hightest significant position이라 한다. 이것과 대조적인 말은 최하위의 자리(lowest significant position), 비트나 바이트, 열(列)의 「중량」이 큰 「자릿수」의 위치. 상위 비트를 high order bit, 상위 바이트를 high order byte라 한다. (2) 고속(high speed)이라는 복합어로도 많이 사용된다. 예를 들면, 고속 처리(high speed processing), 고속 인쇄 장치(high speed printer)가 있다.

high-activity data processing[-æktíviti(ː) déitə prɑ́sesiŋ] **고활동 데이터 처리** 비교적 적은 수의 레코드만이 수정되거나 참조되는 경우의 데이터 처리를 일컫는 말.

high capacity floppy disk[-kəpǽsiti(ː) flɑ́pi(ː) dísk] **고용량 플로피 디스켓** ⇨ HiFD

high definition[-definíʃən] **고정밀도** 고해상도를 가리키며 1화면당의 화소수가 25만 이상인 경우를 지칭하는 경우가 많다.

high definition-multiple antenna components[-mʌ́ltipl ænténə kəmpóunənts] **고정밀도 복수 안테나 소자** ⇨ HD-MAC

high definition television[-téləviʒən] **고품위 텔레비전** 종래의 텔레비전 방송의 화상 정보보다 주사선(走査線)의 수를 늘려 전송 주파수 대역을 넓게 한 것. 이렇게 함으로써 더 선명하고 섬세한 화상과 양질의 음성을 얻을 수 있다. 현재의 텔레비전 주사선 수는 525개이나 이 텔레비전은 1,125개로 두 배 이상이고, 화소(畵素 ; 화상을 구성하는 점)의 수도 약 35만 개에서 150만 개로 증가하여 화상의 세밀한 부분까지 재현할 수 있게 된다. HDTV, 즉 high resolution television(고해상도 텔레비전)이라고도 한다.

high density[-dénsiti(ː)] **고밀도** ⇨ HD

high electron mobility transistor[-ilé-ktrɑn moubíliti(ː) trænzístər] **HEMT, 고전자 이동도 트랜지스터**

high electron mobility transistor device[-divɑ́is] **HEMT 소자** ⇨ HEMT device

high-end[-énd] **고급** 어떤 제품 시리즈의 가장 상위에 있는 제품.

higher frequency[hɑ́iər fríːkwənsi(ː)] **HF, 고주파**

higher frequency semiconductor[-sè-mikəndʌ́ktər] **고주파 반도체**

higher level[-lévəl] **상위 계층** 계층 구조화된 시스템에서 상위 계층.

high level language[hái lévəl lǽŋgwidʒ] **고급 언어, 고수준 언어** 인간이 이해하기 쉬운 프로그래밍 언어. 기계어나 어셈블리 언어와 같은 기계적인 프로그래밍 언어를 일컫는 저급 언어, 저수준 언어의 상대어이다. 어셈블리 언어는 명령이 기계어와 일대일로 대응하고 있지만, 고급 언어는 일반적으로 하나의 명령이 복수의 기계어로 치환된다. 또한 저급 언어에 비해 보다 자연 언어에 가까운 구문 규칙을 갖추고 있어 이식성이 높다. 고급 언어로는 과학 기술 계산용의 FORTRAN, ALGOL, 사무 처리용의 COBOL, PL/I, PC용의 BASIC, 교육용의 PAS-CAL, 인공 지능용의 LISP, Prolog 시스템 기술용의 C, 객체 지향의 C++, Objective C, Ada, Sma-llTalk, Delphi 등이 있다.

higher priority task[-prɑiɔ́(ː)riti(ː) tɑ́ːsk] **우선 순위가 높은 태스크**

highest response-ratio next scheduling [hɑ́iəst rispɑ́ns réiʃiou nékst skédʒuliŋ] **최고 응답 비율 우선 스케줄링** 운영 체제의 중앙 처리 장치 스케줄링 방법 중의 하나로, 최단 작업 시간 우

선(SJF ; shortest job first) 스케줄링의 단점을 보완하기 위한 것이다.

highest significant position[–signífikənt pəzíʃən] **최상위 유효 자리** 수 또는 단어의 맨 왼쪽 자리로 최대 유효 숫자 자리라고도 한다.

high impedance[hái impíːdəns] **고임피던스** 3상 버퍼에서 출력이 논리적으로 0이나 1이 아닌 제3가 상태로서 게이트를 폐쇄하여 이 게이트에 입력이 영향을 주지 않는 상태.

high-level[–lévəl] **고급의, 고수준의, 고단위, 하이레벨** 소프트웨어 분야에서는「하드웨어로의 의존도가 낮다」는 것을 의미한다.

high-level compiler[–kəmpáilər] **고급 컴파일러** 고급 언어 문장을 기계어로 번역하는 프로그램. 주어진 고급 언어에 대한 컴파일러는 사용하는 컴퓨터에 따라 다르다.

high-level data link control[–déitə líŋk kəntróul] **HDLC, 고급 데이터 링크 제어** ⇨ HDLC

high-level language[–lǽŋgwidʒ] **고급 언어** 특정 컴퓨터의 하드웨어 구조에 좌우되지 않는 프로그래밍 언어. COBOL, FORTRAN이 이러한 종류의 언어이다. 이에 대하여「0」과「1」의 열(列)로 되어 있으며 컴퓨터가 해독 수행하는 기본적(basic)인 언어를 기계어(machine language)라 한다. 또 어셈블리 언어(assembly language)는 기계어를 영문자 등의 기호로 표시하여 해석을 쉽게 한 기호 언어이지만 저수준 언어(low level language)로 분류된다.

high-level language machine[–məʃíːn] **고급 언어 기계** 고급 언어로 쓰여진 프로그램을 직접적으로 실행하는 기능을 구비한 기계. 컴파일에 해당하는 처리가 불필요하거나 간단히 되어 언어 처리 속도가 향상된다. 또 하드웨어나 마이크로프로그램에서 고급 언어가 가진 고도의 기능을 지원함에 따라 프로그램의 실행 속도가 향상된다.

high-level microprogramming language[–màikroupróugræmiŋ lǽŋsgwidʒ] **고급 마이크로프로그래밍 언어** 마이크로프로그램을 기술하기 위한 고급 프로그래밍 언어.

high-level network[–nétwəːrk] **고급 네트워크**

high-level programming language[–próugræmiŋ lǽŋgwidʒ] **고급 프로그래밍 언어** 2진수로 쓰인 기계어는 사람이 읽고 쓰기에 적합치 않아서 기계어의 명령 세트에 대응되는 언어로 프로그램을 기술하고 입력 또는 컴퓨터에 의해 기계어로 번역하는 방법으로 어셈블리 언어가 도안되었다. 그러나 어셈블리 언어 또한 이해하기 어려울 뿐더러 기종에 따라 사용되는 명령도 제각각이어서 가급적이면 기종에 의존하지 않고 사람이 쉽게 알 수 있는 프로그램 언어로 개발된 것이 고급 프로그래밍 언어이다. FORTRAN, COBOL, PASCAL, C, LISP, Prolog 등이 이에 해당한다.

high-level protocol[–próutəkɔ(ː)l] **고수준 프로토콜** 컴퓨터 네트워크에서는 하드웨어 접속 방식, 통신 패킷 서식의 규약 등 저수준 규약에서부터 다른 호스트 상의 운영 체제 간의 통신 규약, 또는 시스템 프로세스 사이 혹은 응용 프로세스 간의 통신 규약까지 계층적으로 통신 규약이 정해져 있다. 이 가운데 상위 규약에 해당하는 프로세스 간 통신 레벨에서의 통신 규약을 고수준 프로토콜이라 한다.

high-level recovery[–rikʌ́vəri(ː)] **고급 회복** 고장의 원인과 직접 관련 없는 정보를 사용하여 하드웨어 또는 소프트웨어의 고장으로부터 회복하는 것.

high-level scheduling[–skédʒuliŋ] **고급 스케줄링** 어느 작업부터 시스템 내의 자원들을 실제로 사용할 수 있도록 할 것인지를 결정하는 스케줄링. 이것은 작업들이 시스템에 들어오는 것을 승인하기 위한 것이므로 때로는 승인 스케줄링 또는 작업 스케줄링이라고도 한다.

high-level source code[–sɔ́ːrs kóud] **고급 원시 코드** 프로그래머가 동작을 조정하기 위해 사용하는 고급 언어로 작성된 명령문.

high-level system microcomputer component [–sístəm màikroukəmpjúːtər kəmpóunənt] **고급 체제 마이크로컴퓨터 구성 요소** 고급 MPS의 주요 구성 요소들은 제2세대의 고성능 중앙 처리 장치(CPU), 프로그램 가능한 입출력 제어기(PIO), 프로그램 가능한 직렬 입출력 제어기(SIO), 범용 계수 시간 회로(CTC), 고속 직접 기억 장치 접근 제어기(DMAC) 등이다.

highlight[háilàit] *n.* **강조, 강조 표시** 예를 들면, 표시 화면(display)상에서 중요한 항목과 수치 등을 보기 쉽게 하기 위해서 색을 진하게 한다거나 역전시키거나 하는 경우가 있다. 이러한 강조 표시(부분)를 가리킨다.

highlighting[háilàitiŋ] *n.* **강조 표시, 고휘도 표시** (1) 시각 속성을 변경함으로써 하나의 표시 요소 또는 세그먼트를 다른 것과 구별할 수 있도록 강조하여 표시하는 것. (2) 강조하고 싶은 문자열 등을 다른 부분과 구별하기 위해서 더욱 밝게 표시하는 기능.

high limit address[hái límit ədrés] **HLA, 상한 어드레스**

high-low[–lóu] **최대 최소, 고저** 이상 상태를 알리거나 동작에 필요한 최대 및 최소값.

high-low bias test[–báiəs tést] **고저 편의 시**

험 고장난 장치를 검출하기 위해 동작점을 정상적인 값에서 변화시키는 예방적 보수 과정.

high-low limit[-límit] **고저 한계값** 예상되는 데이터의 최소값과 최대값.

highly interactive optical visual information system[háili(:) intərǽktiv ɑ́ptikəl víʒuəl ìnfərméiʃən sístəm] **hi-OVIS, 하이오비스 영상 정보 시스템** ⇨ hi-OVIS

high memory area[hái méməri(:) ɛ́(:)riə] **상위 메모리 영역** ⇨ HMA

high order[-ɔ́:rdər] **고차, 상위** 큰 가중치를 갖거나 중요성을 가지는 자릿수. 예컨대 1234라는 숫자에서 1은 1,000자리이므로 100자리, 10자리, 1자리인 2, 3, 4보다는 큰 가중치를 가지게 되고 이를 고차라고 부른다.

high order digit[-dídʒit] **고위 숫자** 자릿수 체계에서 높은 유효 자리에 있는 숫자. 예컨대 4, 5, 6, 7, 8, 9에서 최고위 자릿수는 4이고, 최하위 자릿수는 9이다.

high order language[-lǽŋgwidʒ] **HOL, 고차 언어** 어떤 컴퓨터에서든지 동일한 방법으로 프로그램할 수 있는 특성을 갖춘 언어를 가리키는 말로 ALGOL, FORTRAN, COBOL 등 대부분의 고급 언어가 이에 속한다.

high pass filter[-pǽ:s fíltər] **하이 패스 필터** 차단 주파수 이상의 주파수의 전력을 통과시키는 회로로 필터의 일종.

high-performance computing act[-pərfɔ́:rməns kəmpjú:tiŋ ǽkt] **고성능 컴퓨팅 수행** ⇨ HPCA

high-performance computing and communications[-ənd kəmjù:nikéiʃənz] ⇨ HPCC

high-performance equipment[-ikwípmənt] **고성능 장치** 중계 또는 가입자 회로에서 사용이 가능할 정도로 충분하고 정확한 특성을 가진 장치.

high-performance memory[-méməri(:)] **고성능 기억 장치** 주기억 장치의 유효 접근 시간 및 기억 용량의 관점에서 성능을 개선시킬 수 있는 기억 장치로서 다음과 같은 종류가 있다. ① 기억된 정보의 일부분을 이용하여 원하는 정보에 접근할 수 있는 연관(associative) 기억 장치. ② 여러 개의 기억 모듈을 이용하여 하나의 기억 장치 사이클 동안에 여러 단어를 읽을 수 있는 복수 모듈 기억 장치. ③ 중앙 처리 장치와 주기억 장치의 속도 차이가 현저할 때 명령어의 수행 속도가 주기억 장치의 속도에 제한을 받지 않고 중앙 처리 장치의 속도로 수행되도록 하는 접근 속도가 빠른 소규모 기억 장치인 캐시(cache) 기억 장치. ④ 컴퓨터의 속도가 아니고 번지 공간의 확대를 목적으로 하는 가상 기억 체제.

high-performance parallel interface[-pǽrəlèl íntərfèis] **고성능 병렬 인터페이스** ⇨ HPPI

high-performance tape[-téip] **고성능 테이프** 정보를 고밀도로 기록한 자기 테이프. 1인치당 1,200비트 이상의 기록 밀도를 갖는 테이프.

high-persistence phosphor[-pərsístəns fɑ́sfər] **고저항 인** 브라운관의 안쪽에 형광막을 만들기 위해 사용되는 인. 일반 텔레비전에 사용되는 것보다 더 오랫동안 빛을 낸다. 컴퓨터용 화면 출력 장치에 널리 쓰인다.

high-positive indicator[-pɑ́zitiv índikèitər] **양수 지시기** 산술 연산 결과가 양수일 때 ON을 나타내는 컴퓨터 지시 소자.

high power semiconductor[-páuər sèmikəndʌ́ktər] **고전력 반도체**

high quality display[-kwɑ́liti displéi] **고해상도 디스플레이** 해상도가 표준적인 것보다 높은 디스플레이 장치.

high resolution[-rezəlú:ʃən] **고해상도** 영상 디스플레이나 프린터에와 같이 도식 체계에 의해 나타낼 수 있는 상세성이나 질의 정도를 나타내는 것. 해상도의 질은 단위 영역 내의 기본 구성 입자의 수에 따른다.

high resolution display[-displéi] **고해상도 디스플레이** 고해상도의 이미지를 표시하는 디스플레이 기기. 최근에는 1024×768 도트 이상을 표시할 수 있는 디스플레이를 가리킨다.

high resolution mode[-móud] **고해상도 방식** 표준보다 고해상도인 디스플레이 표시 방식.

high speed carry[-spí:d kǽri(:)] **고속 자리올림** 병렬 가산(parallel addition)에 있어서 자리올림을 고속화하는 방법의 총칭. 덧셈 속도를 고속화하는 것은 자리올림의 전파 시간을 어떻게 빠르게 하는가에 달려 있다. 고속 자리올림이란 엄밀하게는 n자리 가산기가 있을 때, 그 가산에 필요한 시간이 n에 무관계인 경우를 말한다. 여기서 무관계란, 예를 들면 자리올림에 필요한 시간이 광속도라든가 전류가 도선(導線)에 흐르는 속도만큼밖에 걸리지 않았다는 것을 뜻한다. 그러나 앞단 자리에서부터 자리올림 신호가 가능하다면 그 자리의 답이 나오기까지의 시간 T가 다음 단 자리올림 신호를 얻기까지의 τ에 비해서 $T \gg \tau$인 관계가 있을 때, n은 실제 문제로 하여 32자리나 64자리이므로, $T \gg n\tau$의 관계가 성립한다면 자리올림 전파 시간

$n\tau$는 무시할 수 있으므로 고속 자리올림에서도 갖다 대지 않는다. 이상과 같은 조건을 만족하도록 회로를 구성할 수 있는 전자 소자는 별로 없으므로, 실제로는 자리올림 전송 속도가 n에 의존하지만 가능하면 고속을 얻을 수 있도록 여러 가지로 제안되어 있다.

high speed data transmission[-déitə trænsmíʃən] **고속도 데이터 전송** 컴퓨터의 데이터를 받아넘기고, 특히 파일 갱신이나 변경을 행하거나 자기(磁氣) 테이프 전송인 경우에는 종래 50보(baud) 회선을 이용한 데이터 전송에는 알맞지 않다. 그래서 광대역 회선을 이용하여 정보 속도를 올리는 것이 고려되고 있다. 이것이 고속도 데이터 전송이다. 이 경우 대역(帶域)을 유효하게 사용하기 위해 다상 위상 변조(多相位相變調)나 잔류 측파대 변조(殘留側波帶變調) 등이 행해지지만 4상 위상 변조 방식이 주로 행해진다.

high speed line printer[-láin príntər] **고속 라인 프린터** ⇨ high speed printer

high speed memory[-méməri(:)] **고속 기억 장치** 두 종류의 기억 장치가 있고 한쪽 호출 시간이 다른쪽 호출 시간에 비해 짧을 때 짧은 쪽을 고속 기억 장치라고 한다. 즉, 사이클 시간이 평균적으로 짧은 기억 장치이며 상대적인 표현이다. 예를 들면, 자기 테이프 기억 장치에 대해서 자기 디스크 기억 장치는 고속 기억 장치이고, 자기 디스크 기억 장치에 대해서 자심(磁心) 기억 장치는 고속 기억 장치이다.

high speed multiplexer channel[-mʌ́ltiplèksər tʃǽnəl] **고속 다중 채널**

high speed multiply[-mʌ́ltiplài] **고속 곱셈 기구**

high speed printer[-príntər] **고속 프린터, 고속 인쇄기** 인쇄 속도가 계산이나 자료 처리 속도와 비슷할 정도로 빨라서 온라인 동작도 가능한 프린터로, 보통 1분에 1,000줄, 1초에 100자 속도 이상으로 찍는 프린터.

high speed selector channel[-səléktər tʃǽnəl] HSC, **고속 선별기 채널**

high speed serial interface[-sí(:)riəl íntərfèis] **고속 직렬 인터페이스** ⇨ HSSI

high status[-stéitəs] **h 상태**

high storage[-stɔ́:ridʒ] **상위 기억 장소** 컴퓨터의 기억 장소 중 번지가 가장 큰 영역. 컴퓨터 내의 기억 장소는 길게 늘어선 저장 영역으로 이루어져 있는데, 최하위 영역은 번지가 0이며 뒤로 갈수록 번지가 커진다. 대부분의 시스템에서 이 상위 기억 장소에는 운영 체제가 들어 있다.

high threshold logic[-θréʃould ládʒik] HTL, **고급 임계값 논리**

high traffic design[-trǽfik dizáin] **고급 트래픽 설계** 시스템 설계에서 시간적으로 통계적 분포를 많이 입력하기 위해 설계하는 단계. 이 설계는 시스템의 외부 설계중에 작성된 서브시스템의 기능적 다이어그램에서 출발하고 기능을 어느 곳에서 작동시킬 것인가를 결정하기 위한 지리적 블록 다이어그램, 장치의 물리적 배치법 및 가중적 기능 다이어그램으로 유도된다.

high vision[-víʒən] **하이비전** 종래의 TV보다 해상도가 훨씬 높고 큰 화면을 가지고 있는 텔레비전.

high volatility[-valətíliti(:)] **고휘발성** 주어진 기간 내에서 파일의 내용이 자주 바뀌는 것.

highway[háiwèi] *n.* **하이웨이, 간선 통신로** 프로세스 컴퓨터 시스템에 있어서 컴퓨터 시스템과 프로세스 인터페이스 시스템 간의 상호 접속을 위한 한 수단.

[주] 버스도 하이웨이와 동의어로 사용되는 경우가 있다. ⇨ H/W

highway width[-wídθ] **하이웨이 폭** 하이웨이가 동시에 전달할 수 있는 데이터의 용량. 예를 들어, 4바이트 폭이면 동시에 4바이트를 전달할 수 있다.

Hilbert curve **힐버트 곡선** 드래곤 곡선과 같이 화살표 →←↑↓에 의한 상대 이동으로 그리는 곡선. 구체적인 예를 그림에 나타냈다.

〈힐버트 곡선〉

RUL(0)="", DLU(0)="", LDR(0)="",
URD(0)="", RUL(1)=→↑←,
DLU(1)=↓←↑, LDR(1)=←↓→,
URD(1)=↑→↓로 시작하여,
URD(n)=URD(n−1)→RUL(n−1)↓
RUL(n−1)←DLU(n−1)
RUL(n)=LDR(n−1)↓DLU(n−1)←
DLU(n−1)↑RUL(n−1)
LDR(n)=DLU(n−1)←LDR(n−1)↓

LDR(n−1)→URD(n−1)
RUL(n)=RUL(n−1)↑URD(n−1)→
URD(n−1)↓LDR(n−1)
에 의해, 위수(位數) n의 힐버트 곡선을 정의한다.

hill climbing[híl kláimiŋ] **언덕 오르기** 전체 문제 해결을 위해 각 상태 표현에 적용할 규칙을 선택할 때 국부적 지식을 이용하는 제어 방법.

hi-low[hái lóu] **최대 최소** 이상 상태를 알리거나 그에 의해 동작하는 최대 최소의 한계값.

hints[hínts] **힌트** 작은 크기의 아웃트라인 글꼴을 고속으로 출력하는 방식. 특수한 정보를 포스트스크립트(PostScript) 글꼴에 부가하여 출력한다.

hint wizard[hínt wízərd] **힌트 마법사** 주로 윈도의 응용 프로그램에 기본 설치되어 있는 도움말 기능의 일종. 오피스 길잡이라고도 부른다. 응용 프로그램의 조작법에 대한 힌트를 준다.

HIPO 하이포, 계층적 입출력 기법 hierarchy with input-process-output, hierarchical input process output의 약어. 소프트웨어와 프로그램의 기능을 설계하고 개발 · 문서화할 경우의 도형 방식의 기법이며,입력(input)/처리(process)/출력(output)을 단위로 한 도형 계층 구조로 정리된다. 프로그램의 설계 내용을 전체의 기능이 전망(展望)되도록 모듈의 계층 구조로 표현하고 각 모듈의 기능을 입력, 처리, 출력에 도식 표현하는 도큐먼트 기법의 하나이다. HIPO 도큐먼트는 프로그램을 구성하는 각 모듈의 상호 관계를 계층 구조를 써서 표현하는 H 부분과 개개 모듈의 기능을 입력 데이터, 출력 데이터를 관련지으면서 표현하는 IPO 부분으로 구성된다. 그 양식은 도식 목차(일람표), 총괄 다이어그램(개략도), 상세한 다이어그램(상세도)으로 구성되어 있다.

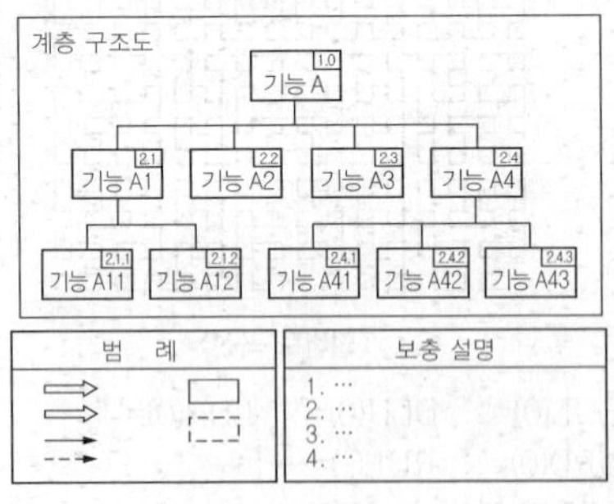

〈HIPO의 예〉

histogram[hístəgræ̀m] n. **히스토그램** 흔히 막대 그래프라 부르는 통계 도표의 일종. 가로축에 변량을 취하고 이것을 작은 등간격으로 구분해 각각의 구간에 대응하는 통계량을 세로의 막대 모양 길이로 표시한 것.

historical file[histɔ́(ː)rikəl fáil] **기록 파일** 마스터 파일의 내용이 어떠한 과정을 거쳐 수정되어 왔는가를 내용에 포함하도록 데이터를 묶은 파일. 예를 들어 이러한 파일을 준비해놓으면 인사 관계 파일이라면 이력이 추가되는가를, 새고 관계 파일이라면 재고량의 기록을 알 수 있다. 추가되는 데이터는 개별 데이터마다 기입을 정하는 여러 가지 방법이 있다.

historical log file[−lɔ́(ː)g fáil] **HLF, 이력 로그 파일**

history[hístəri(ː)] n. **이력, 활동 기록, 히스토리** 「이력」을 의미하고 파일에 관하여 많이 사용된다. 일반적으로 파일은 프로그램 파일과 데이터 파일로 대별된다. 데이터 파일에는 마스터 파일(master file), 트랜잭션 파일(transaction file) 이외에 이력 파일(history file)이 있다.

history file[−fáil] **기록 파일** 마스터 파일의 내용이 시간적으로 어떠한 경로를 거쳐 수정되었는가를 기록해두는 파일.

history list [−list] **히스토리 목록** 학교에서 내주는 숙제와 관련 있는 것으로 생각할지 모르겠지만 히스토리 목록이란 웹 사용 중 가보았던 문서 제목과 URL의 목록을 가지고 있는 웹 브라우저의 메뉴이다. 이것은 back(이전 페이지로) 버튼을 누르지 않고도 이미 들렀던 곳으로 바로 돌아갈 수 있는 편리한 기능이다.

history log[−lɔ́(ː)g] **활동 로그**

history run[−rʌ́n] **이력 실행** 판독이나 기록을 목적으로 한 과정의 모든 처리 내역을 인쇄하는 것.

hit[hít] n. **적중** (1) 하드웨어 분야에서는 데이터 전송에서의 순간적인 회선(line)의 장애(failure). 또 히트율(hit ratio)은 중앙 처리 장치(CPU)와 주기억 장치와의 사이에 고속 버퍼 기억 장치를 설치함으로써 기억 장치의 고속화를 꾀할 수 있으나 이 버퍼 상에 목적 데이터가 존재하는 비율을 가리킨다. (2) 소프트웨어 분야에서는 2항목의 데이터 비교를 바르게 행하는 것을 의미한다. 또한 파일을 갱신하는 처리에서 마스터 파일과 트랜잭션 파일 사이에서 항목끼리의 대응이 가능한 것을 말한다. (3) IR(information retrieval)에 있어서 목적하는 정보가 견출되었을 때에도 사용한다. (4) 인터넷에서 자신이 찾는 것을 검색하다가 적합한 자료를 찾아내는 것.

HITAC 하이택 Hitachi automatic computer의 약어. 일본의 히타치 회사가 제조, 판매하는 컴퓨터의 이름.

Hitachi 히타치 기계나 전자 부문에 주력하는 일본의 대기업. 전자 분야에서는 반도체와 대형 컴퓨터 부문에 큰 비중을 두고 있다.

HiText 하이텍스트 DOS/V에서 폰트 드라이버와 디스플레이 드라이버 대신 전용 디바이스 드라이버를 사용하여 많은 문자를 표시하는 것. DOS/V 상에서 표준 80열 25행을 넘어 텍스트를 표시할 수 있는 화면 방식.

hit-on-line[hít ɑ́n láin] **회선 일시 단절** 번개나 전파 교란 등에 의해 발생하는 일시적인 오류.

hit-on-the-fly printer[–ðə flái príntər] **히트 온 더 플라이 프린터** 임팩트 프린터의 일종. 예를 들면, 드럼 프린터, 벨트 프린터 등을 움직이면서 인쇄를 행하는 것. on-the-fly printer라고도 한다. 또 인쇄중에도 활자가 정지하지 않고 연속적으로 움직이는 충격식 인쇄 장치를 말한다.

hit rate[–réit] **히트율, 적중률** 주어진 수행에 의해 접근될 것으로 기대되는 파일 내의 레코드 수를 나타내는 척도. 적중률은 「입력 자료의 수×100/파일 내의 레코드 수」로 나타낸다. 히트율이란 버퍼 상에 그 해당하는 데이터가 존재하는 비율을 말하며, 히트율이 높을수록 버퍼로서의 기능은 좋고 외견상의 고속화는 크다.

hit ratio[–réiʃiou] **히트율**

hit-run test[–rʌ́n tést] **이상 테스트** 매뉴얼에 있는 제한 사항선까지 최대 한도의 데이터나 약간 벗어난 데이터를 넣었을 경우, 이상한 변칙적인 조작을 했을 경우, 또는 하드웨어에 이상이 일어났을 경우 등에 대해 시스템 동작을 검사하기 위해 정상적인 데이터가 아닌 데이터를 넣어 동작을 시험해 보는 것.

HITS 히트 hobbyist's interchange tape standard의 약어. 카세트 테이프를 사용하는 데이터 기록 형태. 표준 형식은 카세트와 프로그램의 호환성을 갖도록 설계되어 있다.

HKCS 홍콩 컴퓨터 협회 HongKong computer Society의 약어.

HLA 상한 어드레스 high limit address의 약어.

HLF 이력 로그 파일 historical log file의 약어.

HLS color model HLS 색 모델 오스트발트(Ostwalt)의 색상 체계에 바탕을 둔 색상, 명암, 채도에 대한 색 모델.

HMA 상위 메모리 영역 high memory area의 약어. 보호 모드에서 이용 가능한 보호 메모리 중 처음의 64KB에 해당되는 메모리 영역. 남은 메모리는 EMB라고 불린다.

HMD 헤드 마운티드 디스플레이 head mounted display의 약어. 머리나 눈에 장착하여 현장감을 얻을 수 있도록 한 소형 이미지 표시 장치의 일종. 주로 가상 현실 체험시에 사용된다. 입체 영상을 표시할 수 있는 것도 있고, 헬맷 전면에 고급형 디스플레이를 장착한 형태도 많다.

hobby computer[hɑ́bi(:) kəmpjú:tər] **취미 컴퓨터** 취미로 여러 가지 부품이나 장치를 모아서 만든 마이크로컴퓨터 또는 마이크로프로세서.

hobby machine[–məʃí:n] **하비 머신** 특별히 취미 생활을 위해 설계된 컴퓨터. 일반적으로 가정용 게임기나 취미성을 중시한 멀티미디어 PC가 여기에 해당된다.

hog[hɔ́(:)g] **호그** (1) 필요 이상의 자원을 미리 예약하는 것. 밴드폭을 호그라 한다. (2) 필요 이상의 자원을 사용하는 사람.

HOL 고차 언어 high order language의 약어. 프로시저(특정한 작업을 하기 위한 문장들을 하나의 모듈로 만든 것)를 주로 이용하여 프로그램을 작성하는 고급 언어.

hold[hóuld] *n.* **보유, 홀드, 유지** (1) 기억 장치 상의 어떤 기억 위치 내용(데이터)을 어딘가 다른 로케이션에 보존해두는 것. 이렇게 해두면 후에 그 데이터를 다시 원래의 로케이션으로 되돌려 사용할 수 있다. 프로그램 중 여러 가지 장면에 대해서 쓰여지는 수법으로 보존해두지 않으면 그 로케이션은 삭제되어 다른 내용이 들어와 버린다. (2) 중앙 처리 장치(CPU)가 명령의 실행을 일시적으로 「보류해둔다」라는 의미로도 쓰여진다. 또 보류 시간(hold time), 보류 신호(hold signal) 등 복합어도 많이 있다.

hold delivery[–dilívəri(:)] **보류 전송**

hold down[–dáun] **일시 유보** 분산 적응 경로 제어의 실행 과정에서 일시적으로 최적 선택의 원리를 잠시 유보하는 것.

holding[hóuldiŋ] *n.* **홀딩, 유지** 주어진 입력 전압을 다음의 입력이 가해질 때까지 유지하는 것.

holding beam[–bí:m] **홀딩 빔** 음극선 저장관이나 정전기적 기억관의 유전체 면에 저장된 전하들을 재생시키는 전자의 확산 빔.

holding gun[–gʌ́n] **홀딩 총** 홀딩 빔으로 이루어지는 전자류의 근원.

holding time[–táim] **처리 시간, 홀딩 시간** (1) 채널이 전송이나 호출에 점유된 전체 시간. 수행 시간과 대화 시간으로 구성된다. (2) 서비스에 소요되는 시간. 일반적으로 확률 변수이고 서로 독립되어 있는 경우가 많다.

hold instruction[hóuld instrʌ́kʃən] **홀드 명령어** 전송 명령어에 의해 다른 장소에 복제된 후에도 원래의 기억 장소에 정보가 남아 있게 하는 명령어.

hold line active[–láin ǽktiv] **활동 회선 보존 유지**

hold message[–mésidʒ] **보류 메시지**

hold mode[–móud] **보류 방식** 아날로그 컴퓨터에서 적분기의 출력 신호를 이 모드에 넣기 직전 값 그대로 일정하게 유지한 연산 제어 모드.

hold signal[–sígnəl] **보류 신호**

hold state[–stéit] **보류 상태** 데이터 버스와 번지 버스를 고임피던스 상태로 하여 중앙 처리 장치와 분리한 상태. 이 상태에서 주변 장치는 데이터 버스와 번지 버스를 사용할 수 있다.

HOLD status[–stéitəs] **홀드 상태**

hold time[–táim] **홀드 시간, 보류 시간** (1) 플립플롭이 출력값을 얻기 위해 입력이 클록 펄스의 전이 직후에 계속 유지되어야 하는 최소 시간. (2) 데이터의 래치시에 래치 제어 신호가 데이터의 순간적 래치를 알린 후에 데이터가 버스 상에 계속 유지되어야 하는 시간으로서 래치 회로 속의 게이트 전파 지연 시간과 같다.

hole[hóul] *n.* **정공, 천공** (1) 종이 테이프(paper tape)나 카드에 뚫린 구멍. 컴퓨터는 데이터나 카드에 뚫린 「구멍」의 조합에 의해서 데이터를 판독한다. (2) 반도체에 관한 용어로 자유 전자(free electron)가 튀어나온 후를 정공(正孔 ; hold)이라 한다.

hole conduction[–kəndʌ́kʃən] **정공 전도** 반도체에서 정공의 이동에 따른 전기 전도.

hole injector [–indʒéktər] **정공 주입 장치**

hole in scope[–in skóup] **범위 내 구멍** 블록 구조를 가지는 프로그래밍 언어에서 한 블록 내에 선언된 지역 변수와 그를 둘러싼 상위 블록 내에 선언된 변수의 이름이 같을 경우 지역 변수가 우선이 되어 상위 블록의 변수를 사용하지 못하게 되는 것.

hole pattern[–pǽtərn] **구멍 패턴, 천공 패턴** (1) 복수 개의 천공(구멍 있음, 구멍 없음)의 임의의 조합. 예를 들면, 「0–8–2」(0,8,2) 각 단에 구멍이 있다. (2) 데이터를 표현하는 구멍의 배열. 예컨대 하나의 문자를 표현하는 천공의 배열이다.

hole site[–sáit] **천공 자리** 천공 카드나 종이 테이프에서 천공될 영역. 80란 12줄 카드의 경우 960의 천공 자리가 있다. 이곳에 구멍의 유무가 2진수를 나타낸다.

hole sort system[–sɔ́ːrt sístəm] **천공 분류 시스템** 간단한 기구를 사용하여 카드에 있는 구멍 위치에 따라 분류하고 통계를 작성하는 시스템. 각 카드 주위에는 분류 대상별 항목을 표시하는 구멍이 뚫려 있다.

hole trap[–trǽp] **천공 트랩**

holiday programmer[hálədèi próugræmər] **홀리데이 프로그래머** 휴일에 취미로 프로그램을 짜는 사람. 인터넷에 공개되어 있는 소프트웨어의 대부분은 이들의 작품이다. 선데이 프로그래머라고도 한다.

Hollerith[háləriθ] *n.* **홀러리스** H. Hollerith(미국)가 1888년에 최초의 카드 코드(card code)를 고안했다. 1행이 12자리인 체계이다. 이것을 홀러리스 코드(Hollerith code)라 한다. 이 코드 체계가 데이터를 천공 카드로부터 입력하는 데 채용되었다. 한 장의 카드의 가로 방향을 80 칼럼으로 나누어 1문자를 표시한다. 칼럼(난)의 내용, 즉 세로 방향은 9개의 숫자 존(numeric zone)과 이 위에 설계된 x존(x zone)과 y존(y zone)으로 구성된다.

Hollerith card[–káːrd] **홀러리스 카드** 보통 사용하고 있는 80란의 카드를 말한다. 미국인 홀러리스(H. Hollerith)는 1888년 오늘날의 PCS(펀치 카드 시스템)의 기본이 되었던 펀치 카드식의 기계를 고안하여 미국의 국세 조사에 활용하였다. 그가 고안한 천공 카드가 오늘날의 카드인 점에서 홀러리스 카드라고 불리고 있다. 홀러리스 코드란 카드 구멍의 조합에 의해서 문자 등을 나타낸 것이며, 흔히 카드 코드라고 한다.

Hollerith code[–kóud] **홀러리스 코드** 홀러리스 카드에 이용되는 코드. 오늘날 IBM 카드의 코드로서 널리 사용되고 있다.

hollerith constant[–kánstənt] **문자 상수**

hollerith field descriptor[–fíːld diskríptər] **문자란 기술자**

hollerith number[–nʌ́mbər] **홀러리스 넘버** 홀러리스(H. Hollerith)가 펀치 카드 시스템(PCS)을 위해 만든 영숫자를 80란 카드에 나타내기 위한 코드 시스템으로 현재의 80란 카드에는 이 카드가 이용되고 있다.

hollerith type[–táip] **문자형**

holofiche **홀로피시** 4×6인치 내에 약 2만 페이지 정도의 글자를 수록할 수 있는 마이크로피시.

hologram[hálәgræ̀m] *n.* **홀로그램** 상호작용하는 여러 개의 레이저 광선을 얇은 공기층에 쏘아서 만든 3차원 형상. 용도에는 3차원 디스플레이, 광메모리, 광정보 처리 등이 있다.

hologram memory[–méməri(ː)] **홀로그램 기억 방식** 홀로그래피를 이용한 기억 방식이지만 아직 실용화되지는 않았다.

holographic associative memory [hàləgrǽfik əsóuʃièitiv méməri(ː)] **홀로그래피 연상 기억 장치** 홀로그래피(holography)를 이용해서 연상 기억 장치를 제작하려는 시도이지만 아직은 연

구 단계이다.

holographic memory[-mémәri(:)] **홀로그래픽 기억 장치** 응집된 광원에 의해서 3차원 화상 정보를 홀로그램(hologram)으로부터 수록 · 재생하는 기억 장치.

holography[hәlágrәfi(:)] *n.* **입체 영상** 레이저의 응용으로서 사진 과학의 일종. 3차원의 상(像)을 기록, 재생하는 기술.

holy war[hóuli wɔ:r] **홀리 워** 인터넷 상에서 이루어지는 끝이 없고 결과가 도출되지 않는 논의. 예를 들면, 총기 문제, 임신 중절 문제, IBM 대 MAC 등에 관한 논의를 들 수 있다. 이를 위해 특별한 토크 뉴스그룹이 제공되고 있고, 여기서는 반대 의견을 인정해야 하며 논의를 종료시켜서는 안 된다는 규칙이 있다.

home[hóum] *n.* **홈, 가정** (1) 이 용어는 본래 「고향」을 가리키는 말이며, 복합어도 그 의미에 관련되어 있는 것이 많다. (2) 커서를 화면 위의 정위치로 이동시키는 기능.

home address[-ədrés] **홈 어드레스** 자기 디스크 등 트랙(track)의 최초에 쓰여져 있는 정보를 가리킨다. 이 중에는 트랙의 물리적 위치와 상태(트랙의 양부(良否) 등)가 들어 있다.

home automation[-ɔ̀:təméiʃən] **HA, 홈 오토메이션** 가정 내에 마이크로컴퓨터를 중심으로 한 컴퓨터 기술을 도입하여 쾌적한 생활에 도움을 주는 일. 창문의 여닫기나 방의 온도, 조명의 자동 조절 등 외에 전화로 자물쇠 잠그기, 목욕물 끓이기 등 외부로부터의 이용 기술도 가정 자동화의 일부이다. ⇨ HA

home banking[-bǽŋkiŋ] **홈 뱅킹** 은행에 직접 가지 않고 가정에 있는 단말 장치를 조작하여 자신의 구좌 출납 상황이나 외환 시세, 증권 시세, 금리 동향까지 알아보는 등 은행 거래를 자유롭게 할 수 있도록 한 서비스. 가정에 있는 단말기에 구좌 번호, 암호 등을 비롯한 필요한 사항을 입력하여 두면 가정의 디스플레이 장치 또는 프린터에 그 상황이 제시된다.

home brewed computer[-brú:əd kəmpjú:tər] **자작 컴퓨터** 마이크로컴퓨터 칩에 사용자의 용도에 적당한 하드웨어 및 소프트웨어를 만들어 넣는 컴퓨터. ⇨ hobby computer

home bucket[-bʌ́kət] **홈 버킷** 해시(hash) 함수에 의해서 생성되는 버킷 번지.

home bus[-bʌ́s] **홈 버스** 가정에서 이용되는 여러 정보 통신 기기를 접속하는 전송로. 각 방에 정보를 운반하는 정보선을 배선하고 정보 콘센트를 설치해 정보 통신 기기를 접속함으로써 각종 기기의 제어를 간단하게 하려는 것. 1979년 미국의 스탠포드 연구소가 제안한 개념이다.

home bus system[-sístəm] **홈 버스 시스템** ⇨ HBS

home component recognition[-kəmpóunənt rekəgníʃən] **홈 구성 요소 식별 기구**

home computer[-kəmpjú:tər] **가정용 컴퓨터** 조작과 사용법이 간편하여 가정용으로 적합한 저가격의 마이크로컴퓨터를 말하며, 주부들이 손쉽게 사용할 수 있도록 가사에 관련된 프로그램도 마련되어 있다.

home directory[-diréktəri(:)] **홈 디렉토리** 유닉스 상에서 사용자에게 할당된 사용자 개인에 대한 기본 디렉토리 영역. 사용자 로그인시에는 기본적으로 홈 디렉토리가 현재 디렉토리가 되며, 사용자는 그 디렉토리 하부에 자신의 디렉토리를 구축한다.

home electronics[-ilèktrániks] **가정용 전자 기기** 마이크로컴퓨터 등의 전자 공학 기기들을 가정 내 생활 환경에 적용하는 것.

home grown software[-gróun sɔ́(:)ftwɛ̀ər] **자체 제작 소프트웨어** 컴퓨터를 직접 사용하는 사람이 자기의 필요에 따라 개발하여 사용하는 소프트웨어. 판매를 목적으로 만들어지는 상품 소프트웨어와는 반대 개념이다.

home key[-kí:] **머리 키** 컴퓨터나 단말기의 키보드에 있는 키로 화면상의 커서를 화면의 홈 위치로 이동시키는 키.

home loop[-lú:p] **홈 루프** 단말 장치를 구성하는 입출력 장치만으로 데이터를 처리하는 작업. 예를 들어, 데이터용 테이프를 천공하기 위해 텔레타이프라이터를 컴퓨터와 연결하지 않고 이용하는 것.

home-management software[-mǽnidʒmənt sɔ́(:)ftwɛ̀ər] **가정 관리 소프트웨어** 가정에서 발생하는 각종 작업을 컴퓨터가 대신하거나 도와주도록 하는 소프트웨어. 이에 속하는 것으로는 가계부 처리, 주식 관리 등이 있다.

home menu[-ménju:] **홈 메뉴** 가장 근본이 되는 (최초로 표시되는) 메뉴.

home networking[-nétwə̀:rkiŋ] **홈 네트워킹** 한 가정에서 여러 대의 PC를 보유하게 되면서 가정 내 LAN의 수요가 점점 증가하는 추세이다. 최근의 유닉스 게임은 가정 내 LAN을 설치한 사람들이 서버로 구형 PC에 유닉스를 탑재하면서 나타난 것이다.

home office[-ɔ́(:)fis] **재택 근무** 출근 시간 자유화의 극단적인 예로서 정규 근무 시간에 집에서 근무하는 형태. 이러한 시스템은 종합 정보 처리망

(ISDN)의 실현으로 구축할 수 있는데, 각 가정에 설치된 사용자의 단말기를 이용해 중앙의 컴퓨터와 연결하여 회사 업무에 대한 정보 교환 및 데이터 보고, 분석 등의 작업을 할 수 있다.

homeostasis [hòumiəstéisis] **평형** 입력과 출력이 완전하게 평형인 정상적인 시스템 상태.

HomePage [hóumpèidʒ] **홈페이지** 웹 사용자가 각각의 웹 사이트에 들어갈 때 처음으로 나타나는 문서를 의미하며 요즘은 사이트와 페이지가 비슷한 의미로 사용되고 있다. 홈페이지에는 웹 서버를 구축한 기관이나 개인에 대한 간단한 소개가 실려 있는데, 각각의 특징을 나타내기 위해 화려하고 개성 있는 홈페이지를 구축하는 것이 유행이다.

home position [hóum pəzíʃən] **정 위치, 홈 포지션** 이동 또는 구동하는 장치, 기계, 기기가 보통 정지하고 있는 상태, 위치, 장소. 표시 장치에서의 화면(screen)인 경우에는 그 시작 문자 위치, 하나의 행(line)이면 그 선두(최초의 문자 위치)를 가리킨다. 키보드를 블라인드 터치(blind touch)할 때 통상 손가락을 놓아두는 위치를 표시한다.

home radio frequency [-réidiòu frí:kwənsi(:)] ⇨ HomeRF

home record [-rékərd] **홈 레코드** 랜덤 액세스 장치에 만들어지는 파일의 레코드를 포인터를 이용하여 연쇄할 때 연쇄의 최초 레코드.

HomeRF home radio frequency의 약어. 2.4GHz 대의 ISM(industry science medical) 대역을 사용하는 무선 LAN 시스템. IEEE 802.11에 준하여 통신 가능한 거리는 50~100m, 전송 속도는 1.2Mbps이다. 사양은 블루투스(Bluetooth)와 비슷하지만 블루투스는 주로 사무실용, HomeRF는 가정용이다.

home row [-róu] **홈 행** 컴퓨터 사용자가 키보드로 데이터를 입력할 때 키를 누르는 사이사이에 손가락을 올려놓고 쉬는 줄. 즉, 키보드의 가운데 줄을 가리킨다.

home shopping [-ʃápiŋ] **홈 쇼핑** 멀리 떨어져 있는 시장이나 백화점까지 직접 가지 않고 집안에 앉아 컴퓨터를 이용해 물건을 구입하는 것이 홈쇼핑 서비스이다. 생생한 컬러 화면을 보고 물건을 고르기 때문에 시장에서 물건을 직접 보고 사는 것과 같은 효과를 얻을 수 있다. 따라서 시간과 비용면에서 효율적인 쇼핑이 가능하다. 데이콤의 PC 서브에서 제공하는 홈쇼핑의 주요 메뉴는 서적/음반 주문, 꽃/케이크/특산물 주문, 가전 생활용품 주문, 놀이시설/이사 신청 안내, 연극/영화/음식점 안내, 항공권 예매 등이 있다. 예약 주문 서비스는 하루 24시간 내내 예약 주문이 가능하므로 언제 어디서나 주문이 가능하며 현장까지 직접 가지 않고도 예약이 가능하므로 시간과 수고를 줄일 수 있다. 홈쇼핑 서비스를 이용할 경우 대금 지불은 온라인 구좌에 현금을 입금시키는 것과 국민, BC, 비자, LG, 위너스 카드 등 크레디트 카드를 이용한 카드 결재 방법이 있다.

home site [-sáit] **홈 사이트** 분산 데이터 베이스에서 어떤 트랜잭션이 시작되고 그 트랜잭션의 실행을 감독하는 사이트.

home trading [-tréidiŋ] **홈 트레이딩** 집에서 통신 서비스를 이용하여 주식 매매를 지시하는 것. 증권 회사가 실시하는 고객 서비스의 하나로 홈 트레이딩 서비스라고도 한다. PC나 전용 단말기를 사용하여 집에서 증권 회사의 네트워크에 전화 회선으로 접속하여 주가 정보를 알아보거나 매매 주문을 할 수 있다. 증권 회사측에서는 온라인으로 그때그때의 주가나 각종 랭킹, 주가 차트, 포트폴리오 분석 등의 정보를 제공한다.

home trading service [-sə́:rvis] **홈 트레이딩 서비스** ⇨ home trading

homogeneous arrary [hóumədʒì:niəs əréi] **동질성 배열** 배열 원소들의 자료 형태가 동등한 성질인 것.

homogeneous multiplex [-mʌ́ltiplèks] **균일 다중화** 여러 개의 신호를 하나의 전송 채널을 통해 보낼 때 각 신호의 데이터 전송률이 모두 같은 다중화 구조.

homogeneous structure [-strʌ́ktʃər] **동질 구조** 같은 종류의 레코드형들로 구성된 스키마 표현 구조.

homogeneous system [-sístəm] **동질 시스템** 분산 데이터 베이스 시스템 중에서 같은 데이터 베이스 관리 시스템으로만 구성된 것.

homograde group [hóumogrèid grú:p] **동급 집단** 질적 표지에 의해 통계 집단의 구조가 결정된 집단. 예컨대 성별 인구 집단의 경우, 이 집단에 관한 통계를 동급 통계 또는 속성 통계라고 한다.

homojunction [hòumədʒʌ́ŋkʃən] *n.* **동질 접합** 원소나 합금 조성은 같으나 도핑 준위의 전도도가 다른 반도체 사이의 접합.

homomorphic graph [hòuməmɔ́:rfik grǽf] **준동형 그래프** 임의의 그래프 G에서 G의 절선 상에 절점을 추가해서 새롭게 만들어진 그래프. G'와 G^* 등으로 표시한다.

homomorphic knowledge representation [-nálidʒ rèprizentéiʃən] **준동형 지식 표현** 직접 지식 표현에서 표현된 지식과 상황과의 구조적 유사성을 나타내는 것.

homunculus [houmʌ́ŋkjuləs] *n.* **호먼큘러스** 인

공 지능 분야에서 사용되는 인간의 두뇌를 무한히 재귀적인 것으로 보는 모델.

Honeywell Bull 허니웰 불 대형 컴퓨터를 생산하는 미국의 업체.

hook[húk] **후크** 나중에 기능을 추가하거나 변경하고자 할 때 간단하게 할 수 있도록 프로그램에 미리 내장되어 있는 기능.

hoot stop[hú:t stáp] **후트 스톱** 오류 발생을 알리거나 조작의 편의를 위해 들을 수 있는 신호를 만드는 폐회로.

hop[háp] *n.* **홉** 통신망의 절(노드) 사이의 것을 말하는 경우가 있다.

hopper[hápər] *n.* **호퍼** 원래는 연료 등을 기계로 이송하는 「깔대기」의 의미가 있다. 카드 리더(card reader)에 붙어 있는 기구의 하나이며, 이것이 입력되는 데이터의 천공 카드를 보존 · 유지하는 역할을 한다. 카드는 호퍼로부터 한 장씩 인출되며 판독부에서 데이터를 읽은 후 스태커에 모아 넣어지게 된다.

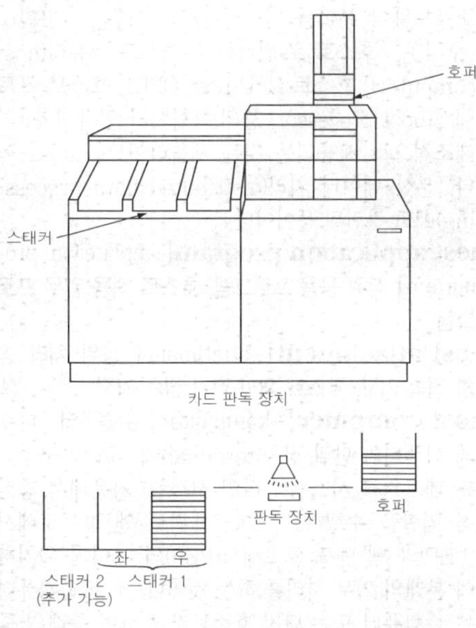

〈호 퍼〉

hopper transaction memory[-trænsǽkʃən mémәri(:)] **HPTM, 호퍼 트랜잭션 메모리**

horizontal[hɔ̀(:)rizántәl] *a.* **수평의** 수직의 (vertical)와 대비. 수평 포인터(horizontal pointer), 수평 검사(horizontal check) 등.

horizontal and vertical check[-ənd və́:rtikəl tʃék] **수평 수직 검사** 매체에 기록된 2진 부호를 매체의 운동 방향에 대해 수평 및 수직 방향의 비트에 관해서 패리티 검사 등을 하는 것.

horizontal center line[-séntər láin] **수평 기준선**

horizontal character pitch[-kǽrəktər pítʃ] **기입 테두리 간격**

horizontal check[-tʃék] **수평 검사** 기록 매체(recording media)에 기록되어 있는 2진 코드를 검사하는 방법. 테이프의 주행 방향이 수평이며, 그 방향의 비트에 대하여 패리티 검사를 행하는 것을 가리킨다.

horizontal distribution[-dìstribjú:ʃən] **수평 분산** 모든 처리 장치들이 거의 같은 처리 능력을 갖고 있으며, 서로간에 어떤 계층이 없이 분산되어 있는 것.

horizontal feed[-fí:d] **수평 이동** 타자기, 라인 프린터 등에서 프린트 위치를 수평 방향으로 움직이는 것.

horizontal flow charting[-flóu tʃá:rtiŋ] **수평적 순서도 작성** 기구 내의 서류의 움직임을 기록하는 기술로 보통의 순서도는 기록 정보를 도표화하는 데 반해, 수평적 순서도는 기록 매체의 움직임을 도표화한다.

horizontal fragmentation[-frӕ̀gmentéiʃən] **수평 단편화** 선택 프레디케이트에 따라 릴레이션을 공통의 지리적인 성질을 갖는 투플별로 나누는 방법. 분할된 각 단편은 원래 릴레이션에 있던 모든 속성을 가진다.

horizontal loading[-lóudiŋ] **수평 로딩** 프린터의 급지 방식으로, 수평으로 종이를 넣으면 그대로 수평으로 종이가 인쇄되어 나오기 때문에 두꺼운 종이라도 잘 인쇄할 수 있다.

horizontal microinstruction[-màikrouinstrʌ́kʃən] **수평형 마이크로 명령** 마이크로 명령의 각 비트가 처리 장치 내의 게이트 등의 제어되는 점(검은점)에 일대일 대응하는 직접 제어 방식을 기본으로 한 것. 하드웨어가 복잡해지면 마이크로 명령의 비트 수가 많아져 실용적이지 않으므로 그룹으로 나누어 부호화하는 방식도 있다. 수평형 마이크로 명령은 제어 게이트와 직접 대응 관계를 갖고 있어 하드웨어에 밀착한 명령이라고 한다.

horizontal microprogramming[-máikroupròugrӕmiŋ] **수평 마이크로프로그래밍** 하나의 마이크로 명령어 내에 많은 마이크로 연산자가 사용되며, 이 각각의 마이크로 연산자가 게이트 수준의 동작 내용을 직접적으로 신속하게 제어한다. 이 방법에서는 대개 큰 규모의 단어가 필요하다.

horizontal parity check[-pǽriti(:) tʃék] **수평 패리티 검사** 블록에 있는 모든 문자에서 어떤 비트들의 집단에 적용하는 패리티 검사.

horizontal pointer[–pɔ́intər] **수평 포인터** 가상 기억 액세스 방식(VSAM)에 있어서 인덱스 레코드가 갖고 있는 같은 레벨의 인덱스 코드에 대한 포인터. 수직 포인터(vertical pointer)와 대비된다.

horizontal processor[–prásesər] **수평형 처리기** 많은 필드를 가진 다양한 마이크로 명령을 이용하는 마이크로프로그램 컴퓨터. 수행 속도가 빠르며 동시에 여러 개의 마이크로 명령을 수행하지만 마이크로프로그래밍이 어렵다.

horizontal scanning[–skǽniŋ] **수평 주사**

horizontal scrolling[–skróuliŋ] **수평 스크롤** 한 번에 스크린상에 나타낼 수 있는 문자보다 더 많은 문자를 보기 위해 자료를 블록화하여 횡적으로 움직이게 하는 기능.

horizontal synchronization signal[–sìŋkrənaizéiʃən sígnəl] **수평 동기 신호** TV 주사선의 위치를 정하는 신호.

horizontal system[–sístəm] **수평 시스템** 명령어들이 페이지를 건너뛰듯이 수평적으로 쓰여진 프로그래밍 시스템.

horizontal table[–téibəl] **수평적 테이블** 색인에서 항목들이 연속적으로 저장된 테이블.

horizontal tab table[–tǽ(ː)b téibəl] **수평 탭 테이블**

horizontal tabulation[–tæ̀bjuléiʃən] **HT, 수평 탭** 정보 교환용 부호 중 인자 위치를 미리 정해져 있는 인자 위치까지 가로로 이동시키기 위한 서식 제어용 부호.

horizontal tabulation character[–kǽrəktər] **HT, 수평 탭 문자** 인쇄 또는 표시 위치를 같은 행 다음의 미리 정해진 위치까지 진행하는 서식 제어 문자.

horizontal-vertical check[–və́ːrtikəl tʃék] **수평 수직 검사** 전송 문자(캐릭터)마다 패리티 검사(수직 패리티)와 데이터 블록에 대한 수평 방향의 패리티 검사(수평 패리티) 양쪽을 이용하여 여러 검출을 하는 방법. 이 방법으로 수직 패리티에서 놓친 2단위 에러가 검출된다. 또 1단위 에러의 경우는 정정도 가능하다.

horizontal-vertical parity check[–pǽriti(ː) tʃék] **수평 수직 패리티 검사** 예를 들어, 1문자 n단위의 2진 부호를 M 문자 전송하는 것을 생각할 때, n방향으로 1비트 부가하여 $n+1$비트로 하고 M방향으로 1비트 부가하여 $M+1$비트로 하며 그 부가한 1비트는 check bit로 한다. 이와 같이 종횡으로 패리티 검사를 행하는 방법을 말한다. 그렇게 하면 에러 검출 확률이 보통 패리티 검사보다 개선된다.

horizontal writing[–ráitiŋ] **가로 쓰기**

Horn clause[hɔ́ːrn klɔ́ːz] **혼 문절** 양(+)의 리터럴이 하나 이하인 절. 1차 논리의 부분 집합으로 → (묵시)의 머리 부분에 하나의 양의 리터럴이 존재하거나 머리 부분이 존재하지 않는 논리절이다.

HOS 호스 higher order software의 약어. MIT에서 개발된 시스템으로 멀티프로그램/멀티프로세서 시스템에서의 고신뢰 소프트웨어 개발 지원용 시스템. 이것은 5가지 공리를 기초로 어느 시스템과 그 인터페이스를 완전히 일관성이 있도록 정의한 것으로 소프트웨어 개발의 이론적 기초에서부터 발전된 것이다.

host[hóust] *n.* **호스트, 상위** 컴퓨터 네트워크와 원거리 통신에서 프로그램이나 데이터 파일을 다른 컴퓨터에서 사용할 수 있도록 하는 등 중앙 집중적인 기능을 수행하는 컴퓨터. 호스트 컴퓨터에 연결한 사용자는 전자 우편과 텔넷, 그리고 FTP와 같은 응용 프로그램을 사용하여 원하는 서비스를 요청할 수 있다. 이 말의 원래의 의미 「주인」과 같이 하드웨어, 소프트웨어 분야를 가리지 않고 「상위」, 「친(親)」, 「주(主)」, 「호스트」로 번역한다. 호스트 컴퓨터(host computer), 호스트 CPU(host CPU), 호스트 프로세서(host processor) 등의 복합어가 있다. host와 대조적으로 사용되는 것은 새틀라이트(satelite)이다. 분산 데이터 처리(distributed data processing)에도 관련된 용어이다.

host application program[–æ̀plikéiʃən próugræm] **상위 응용 프로그램, 호스트 적용 업무 프로그램**

host attachment[–ətǽtʃmənt] **상위 처리 장치 접속 기구, 호스트 처리 장치 접속 기구**

host computer[–kəmpjúːtər] **주컴퓨터** 다수의 컴퓨터와 단말 장치(terminal)에 의하여 구성되는 네트워크 시스템(온라인 시스템) 가운데서 중심적 역할을 수행하는 기계. 프런트 엔드 프로세서(FEP)와 백 엔드 프로세서(BEP)의 사이에 위치하여 본래의 업무 처리를 하는 것이다. 호스트 컴퓨터는 주컴퓨터 또는 단지 호스트라고 하며 종래의 중앙 처리 장치가 이것에 해당한다. 복수의 컴퓨터로 구성되는 시스템에서 처리와 중심이 되는 컴퓨터 온라인 시스템의 경우, 각 단말 장치로부터 데이터를 받아 이를 집중적으로 관리하는 센터의 컴퓨터가 이에 해당한다. 퍼스널 컴퓨터 통신에서 데이터 베이스에 접근할 때는 데이터 베이스를 관리하고 있는 컴퓨터가 호스트 컴퓨터이다. ⇨ 그림 참조

host computer system[–sístəm] **호스트 컴퓨터 시스템** 데이터 통신망에서 네트워크를 제어하는 프로그램과 단말기에서 보내온 데이터를 처리하

는 응용 프로그램을 보유하고 데이터 통신망 자체를 위한 기능은 물론 일괄 처리 작업, 프로그램의 컴파일, 다른 통신망의 제어 등의 작업을 동시에 처리할 수 있도록 설계된 시스템.

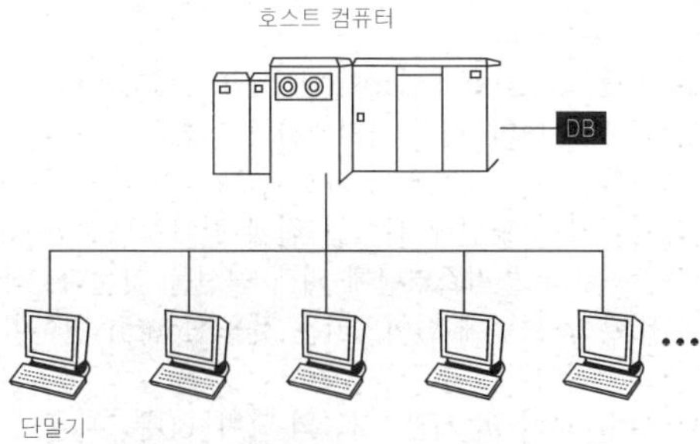

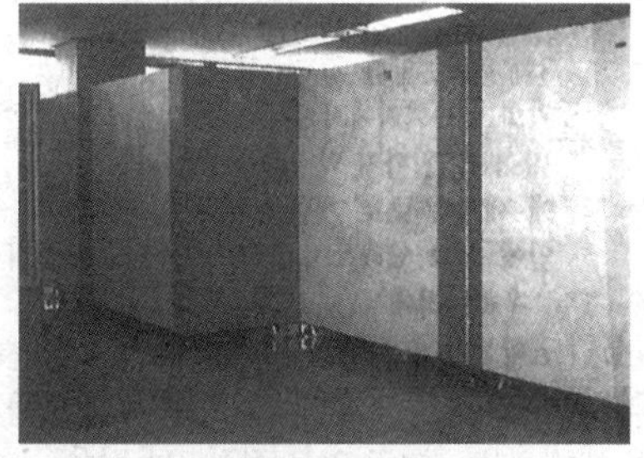

〈호스트 컴퓨터〉

host CPU **상위 CPU, 호스트 CPU**

host-display writer document interchange program[-dispIéi ráitər dákjumənt ìntərtʃéindʒ próugræm] **호스트 디스플레이 라이터 문서 교환 프로그램**

hosting[hóustiŋ] **호스팅** 제공자 등의 사업자가 주로 개인 홈페이지의 서버 기능을 대행하는 것. 기업의 대용량 메모리 공간 일부를 이용하여 사용자의 홈페이지나 웹 서버 기능을 대행하는 서비스. 이로써 사용자는 웹 서버의 운영 관리와 고속 전용선을 상시 사용하므로 회선 사용료의 부담을 줄일 수 있다. 사용자가 가진 도메인에서 홈페이지 개설부터 서버 관리까지 대행해주므로 독자 도메인 서비스라고도 한다. 한편, 서버를 갖고 있지 않은 사용자에게 웹 사이트나 서버 기능을 대여하는 것을 렌털 서버(rental server)라고 한다.

host key[hóust kíː] **호스트 키, 주키** PC를 대형 컴퓨터의 지역 단말기로 사용할 때와 호스트 컴퓨터로 사용할 EO의 각 기능들을 교체해주는 키. 몇몇 패키지가 소프트웨어 명령으로 이런 기능을 제공한다.

host language[-lǽŋgwidʒ] **호스트 언어** (1) 신(新)언어 방식에 있어서 핵이 되는 프로그램 언어. (2) 프로그래밍에 사용되는 언어의 컴파일러 등을 만들 때 그 컴파일러 자체를 기술하는 데 사용하는 언어.

host language data base[-déitə béis] **호스트 언어형 데이터 베이스**

host language system[-sístəm] **호스트 언어 시스템** 데이터 베이스 관리 시스템(DBMS)에 있어서, 데이터 베이스에 데이터 항목을 요구할 때 입출력 프로그램 이외의 처리 프로그램 부분을 기존의 기본 프로그램을 사용하여 표시하는 방식.

host machine[-məʃíːn] **호스트 머신** 처리 능력에 한도나 제한이 있는 마이크로컴퓨터.

host node[-nóud] **상위 노드, 호스트 노드**

host preparation facility[-prèpəréiʃən fəsíliti(ː)] **상위 시스템 준비 기능, 호스트 시스템 준비 기능**

host processing[-prásesiŋ] **호스트 프로세싱** 목표 컴퓨터(target computer)에 없는 기능을 보충하기 위해 좀더 상위의 고성능 기능을 가진 호스트 컴퓨터로 처리하는 것. 예를 들면, 마이크로컴퓨터, 미니컴퓨터의 프로그램을 작성할 때 대형 컴퓨터로 작성하면 효율적이다.

host processor[-prásesər] **상위 처리 장치, 호스트 처리 장치** 네트워크 내에서 접근 방식 서비스를 제공하여 그 네트워크를 관리하는 프로세서.

host program[-próugræm] **호스트 프로그램** 여러 대의 컴퓨터가 통신망을 통해 연결되어 동작할 경우 그 중에서 다른 컴퓨터들의 작동을 제어하고 통신망을 관리하는 주컴퓨터에서 동작하는 프로그램.

host system[-sístəm] **상위 시스템, 호스트 시스템**

host variable[-vέ(ː)riəbl] **호스트 변수** 호스트 프로그램에 선언되어 내포된 QUEL에서 사용되는 변수.

hot chat [hát tʃǽt] **핫 채트** 원어 「hot」이 의미하는 것처럼 낯뜨거운 이야기라 할 수 있는 「저속한 채팅」을 의미한다. 이는 인터넷 상에서 「sex」가 넷스케이프의 검색 도구에서 가장 많은 조회 횟수를 기록한 것처럼 인터넷을 쓰는 이들에게 가장 흥미로운 주제 중의 하나이다.

Hotdog Pro [hátdɔ̀ːg prou] **핫도그 프로** HTML만을 위해서 개발된 웹 전문 디자인 도구. ⇨ HTML

hot electron[-iléktran] **핫 일렉트론** 주위에 있는 전자의 평균 운동 에너지보다 큰 운동 에너지를 갖는 전자.

hot fix [-fíks] **핫 픽스** 손상 등으로 인해 결함 블록이 생겼을 경우에 해당 영역을 사용 금지시키고 다른 블록으로 대체시키는 것. 넷웨어가 갖고 있는 장애 복구(fault tolerant) 기능의 하나.

hot Java [–dʒɑ́:və] **핫 자바** Java 언어를 사용한 프로그램을 볼 수 있도록 하는 브라우저.

hot key[–kí:] **단축 키** 프로그램을 사용하다가 어떤 기능을 호출할 때 명령어나 메뉴를 사용하지 않고 특정한 키를 누르면 즉시 그 기능이 수행되게 하는 것.

hot link[–líŋk] **핫 링크** 라이브링크(livelink)의 동의어. 여러 프로그램 간에 관계를 맺어 특정 데이터가 변화했을 때 관련된 프로그램이 시동하여 상호 관련된 데이터나 파일을 자동 갱신하는 기능. 윈도의 OLE 기능이 이에 해당된다.

hotlist [hátlìst] **핫리스트** 북마크의 목록. 자주 접속하는 사이트를 모아놓아 나중에 선택하기만 하면 접속할 수 있도록 만들어놓은 URL의 저장 장소.

hot plug [hát plʌ́(:)g] **핫 플러그** 핫 스왑의 기능. ⇨ hot swap

hot site[–sáit] **핫 사이트** 비상시에 대비하여 완전한 여벌의 컴퓨터 장비를 갖추어놓은 곳.

hotspot [hátspɑt] (1) **선택점** 멀티미디어 타이틀 등에 많이 쓰이는 것으로서 마우스를 클릭하였을 때 화면에 표시되어 다른 주제로 이동이 가능하게 도와주는 부분. (2) **핫스팟** 노트북 등의 디지털 기기에서 무선랜(wireless LAN) 접속을 위해 전파를 중계해 주는 AP(access point)가 설치되어 있는 지역을 말한다. 즉, 무선랜 접속은 기지국이 설치되어 있는 '핫스팟' 에서만 가능하다.

hot standby system [hát stǽndbài sístəm] **핫 스탠바이 시스템** 내용 교체 프로그램이나 데이터를 언제라도 꺼낼 수 있는 상태로 컴퓨터를 대기시켜 놓고, 현재 사용중인 컴퓨터에 고장이 발생하면 바로 전환시킬 수 있는 시스템. 보통 2대 이상의 컴퓨터를 갖추고 있어 고장 발생시 즉시 다른 컴퓨터로 대체하여 중단 없이 일을 처리한다.

hot start[–stá:rt] **핫 스타트** 웜 스타트(warm start)의 동의어. 컴퓨터에 전원이 있을 때 리셋 키를 누르는 것.

hot swap[–swɔ́(:)p] **핫 스왑** 핫 플러그(hot plug)의 동의어. 동작중에 기기를 교환할 수 있는 기능. 24시간 가동되는 시스템에는 필수적인 기능이다. RAID 5를 사용한 표시 형식이나 PC 카드, USB, IEEE 1394(Firewire, iLink) 등에서 제공되고 있다.

hot swap bay [–bei] **핫 스왑 베이** 핫 스왑이 가능한 하드 디스크용의 삽입구 또는 그러한 유닛.

hot time [–táim] **핫 타임** 인터넷에서 사용자가 폭주해서 서비스 속도가 느려지는 시간대를 의미한다.

hot zone[–zóun] **핫 존** 워드 프로세서에 사용자가 지정한 오른쪽 여백으로부터 7자 정도 왼쪽까지의 영역. 사용자가 입력한 단어가 여기에서 끝이 나면 줄을 바꾸지 않아도 자동으로 커서가 다음 줄로 이동하여 다음의 입력은 다음 줄에 들어가도록 하는 기능을 한다.

Hough transformation[hʌ́f trӕnsfərméiʃən] **허프 변환** 화상 처리에서의 선분 추출을 위한 변환. 직선을 $x\cos\theta+y\sin\theta=\rho$로 나타내면 동일 직선은 $\theta-\rho$ 평면에서는 한 점에 떨어지므로 $\theta-\rho$ 평면에서의 클러스터링에 의해 직선을 찾는다. 직선을 $\theta-\rho$ 평면에 떨어뜨리는 것을 Hough 변환이라고 말한다.

hour[áuər] *n.* **시간** 시간의 단위. 60분. 혹은 시각의 「시」를 표시한다. 일반적으로 컴퓨터 내에서의 하나의 작업 처리에 요하는 시간 등은 몇 시, 몇 분, 몇 초(h mm ss 등으로 기재된다)에서 몇 시, 몇 분, 몇 초까지인가를 내부에서 계산하여 산정한다.

house brand[háus brǽnd] **하우스 상표** 상표명이 붙은 조립 PC. 화이트박스를 사서 조립하는 경우도 있다.

Householder method[háushòuldər méθəd] **하우스홀더 방법** 행렬의 고유값을 구하는 방법으로 고유 방정식을 구하지 않고 직접 고유값을 구한다. 행렬은 실대칭 행렬을 전제로 한다. 방법은 먼저 원래 행렬을 3항 대각 행렬로 변환하고 이 행렬로부터 고유값을 구한다. 3항 대각 행렬의 고유 방정식은 점화식으로 표현할 수 있으므로 이 점화식에 뉴턴의 근사 공식을 적용하면 고유값을 구할 수 있다.

housekeeping[háuskì:piŋ] *n.* **보조 관리, 하우스키핑, 준비** 「관리」나 「준비」를 표시하는 말. (1) 컴퓨터에서는 프로그램의 실행 절차를 취하거나 시스템의 운용을 관리하는 루틴. 구체적으로는 입력 조건을 결정하거나 프로그램 중의 테이블(table)과 특정 영역(area)을 클리어하거나 입출력 장치(I/O devices)의 「준비 조작」 등을 한다. 이 조작을 보조 관리 연산이라고도 한다. (2) 컴퓨터 시스템의 보전을 위한 작업 전반을 가리키는 경우가 있다.

housekeeping operation[–ɑ̀pəréiʃən] **보조 관리 연산, 가정 연산, 준비 동작** 직접 기여하는 일 없이 컴퓨터 프로그램 실행의 편의를 꾀하는 연산. 예를 들면, 기억 장소의 초기 설정, 호출 열의 실행 등이다. ⇨ overhead operation

housekeeping program[–próugræm] **보조 관리 프로그램, 가정 연산 프로그램**

housekeeping routine[–ru:tí:n] **보조 관리 루틴** 한 번만 수행되는 프로그램 내의 초기 명령문들의 집합.

housekeeping run [-rʌ́n] **보조 관리 실행** 정렬, 합병, 편집과 같은 파일 유지에 필요한 기능.

housing [háuziŋ] *n.* **하우징** 컴퓨터의 각종 부품이 고정되는 뼈대. 이는 대개 철제의 캐비닛 형태로 된 경우가 많다.

HP 9000 휴렛팩커드 9000 휴렛팩커드(Hewlett-Packard) 사에서 개발한 공학용 워크스테이션 시리즈. CPU로 HPPA(HP precision architecture)라는 RISC 칩을 사용한 것이 특징이다.

h parameter [éitʃ pərǽmətər] **h 매개변수** 트랜지스터를 4단자 회로망으로 생각했을 때의 4단자망 상수. 트랜지스터의 저주파에로의 특성 측정에 이용된다.

HPCA 고성능 컴퓨팅 수행 high performance computing act의 약어. 미국 클린턴 행정부의 알버트 고어 부통령이 상원 의원으로 재직중이던 1991년 12월에 정한 「학술 용어용 네트워크 구축을 위한 법률」. 컴퓨터 네트워크 시스템을 고속화하고 각종 과제들(암이나 에이즈 연구, 차세대 초음속 여객기의 개발 등)의 해결을 목표로 하고 있다.

HPCC high performance computing and communications의 약어. HPC법 아래에서 개발 계획을 추진중으로 다음의 4가지 프로젝트가 중심이다. ① ASTA(advanced software technology and algorithms) : 고속의 소프트웨어 기술과 고속 알고리즘의 개발. ② BRHR(basic research and human resources) : 컴퓨터 과학자의 기초 연구와 인재 육성의 지원. ③ HPCS(high performance commputing systems) : 고성능 컴퓨터 시스템. 현재의 컴퓨터 시스템의 100배에서 1,000배의 실행 속도를 가진 「대규모 병렬 처리 시스템」을 목적으로 하고, 대상이 되는 문제는 고속 통신에서 난류, 유전자, 대기, 초전도 모델 등에 이르기까지 이른바 신분야이다. ④ NREN(national research and education network) : 전 미국의 연구 교육 기관에 걸친 고속 광섬유 네트워크 구축. 이를 위해서는 ①에서 ③까지를 먼저 성공해야 한다. ⇨ HPC act

HP DeskJet 휴렛팩커드 데스크젯 휴렛팩커드 사가 개발한 잉크 분사식 프린터의 상품명.

HPGL 휴렛팩커드 그래픽스 언어 Hewlett-Packard graphics language의 약어. 휴렛팩커드 사가 개발한 X-Y 플로터를 제어하는 명령어의 집합. 플로터 업계에서는 거의 표준이 되고 있다.

HP-IB 휴렛팩커드 접속 버스 Hewlett-Packard interface bus의 약어. 휴렛팩커드 사에서 개발해 사용하다가 확산되자 표준화 작업이 이루어져 널리 사용된 소규모의 컴퓨터 시스템이나 계측기, 의료 장비 등에 주로 사용되는 버스 시스템. GP-IB, IEEE 488 버스, IEC 버스 등의 이름으로 불리기도 한다.

HPPI 고성능 병렬 인터페이스 high performance parallel interface의 약어. 대량의 데이터를 800MB/초~1.6GB/초의 초고속으로 전송할 수 있는 인터페이스. 광역 정보 통신망에서 매우 중요하다. 수퍼 컴퓨터들 간의 접속, 수퍼 컴퓨터와 고속 입출력 장치들 간의 접속 등에 이용된다.

HPTR 호퍼 트랜잭션 메모리 hopper transaction memory의 약어.

HP-UX 휴렛팩커드 사의 워크스테이션을 위한 유닉스 운영 체제의 한 종류.

HP Vectra PC 휴렛팩커드 벡트라 PC 휴렛팩커드 사에서 개발한 IBM-PC 호환 PC 시리즈의 상품명.

HRN scheduling 최대 응답 스케줄링 ⇨ highest response-ratio next scheduling

HSAM 계층 순차 접근 방법 hierarchical sequential access method의 약어. 트리 구조로 구성된 파일에서 순차 접근 방식에 의해 각 노드의 계층 순서로 레코드를 처리하는 방법. SAM과 같이 세그먼트를 삭제 · 대치 · 추가할 수 없으며, 접근에 제한이 있어 일반적인 응용보다는 특수 용도로 사용된다.

HSC 고속 실렉터 채널 high speed selector channel의 약어.

HSI 인간 시스템 인터페이스 human system interface의 약어.

HSL 계층적 명세 언어 hierarchical specification language의 약어.

HSLN 고속 근거리 통신망 high speed local network의 약어. 주컴퓨터와 대용량 기억 장치의 연결 등의 목적으로 사용되는데, 처리율 향상을 목적으로 고가격의 고속 입출력 장치를 연결하여 설계된 고속의 근거리 통신망. 50Mbps 이상의 전송률을 가지며 접속 거리가 아주 짧다. HSLN은 비싼 메인 프레임(main frame)이나 대용량 기억 장치 사이에서 고속 정보 전송을 하며 동축 케이블 버스 형태를 갖는다. 최대 사용 가능 거리나 지원되는 장비 수는 일반 LAN에 비해 제한적이며 많은 비용이 든다. HSLN은 다른 기종의 메인 프레임을 갖는 데이터 센서 등에 이용되며 공통 I/O 채널을 제공한다. 이것은 파일 전송, 자동 백업(backup), 부하 균형 등에 사용된다. ⇨ LAN

HSLP 고속 라인 프린터 high-speed line printer의 약어. 구식의 슬라이드바 대신에 라이프 휠, 플라잉 드럼 체인이나 벨트 등을 사용하여 연속적이며 고속으로 인쇄하는 라인 인쇄 장치. 대개 한 행에 60~240자, 분당 400~2,000행을 인쇄하며 현재는 컴퓨터 출력 기종으로 일반화되었다.

HSSI 고속 직렬 인터페이스 high-speed serial interface의 약어. WAN 상에서 고속 직렬 통신(최고로 52Mbps)을 하기 위한 네트워크 기준.

HSV hue saturation value의 약어. 색상(H), 채도(S), 명도(V)로 색을 지정하는 방법을 이용한 디자인 용도에 적합한 프로그램.

HT 수평 탭 문자 horizontal tabulation character의 약어. 인자 행에 따라 미리 정해져 있는 일련의 인자 위치 중 바로 다음 인자 위치까지 이동시키기 위한 서식 제어용 문자.

HTL 고급 임계값 논리 high threshold logic의 약어. 잡음이 많은 환경에서 이용되는 잡음 여유가 큰 집적 회로를 만드는 데 필요한 논리 게이트.

.htm/.html HTML(hyper text markup language)를 써서 작성된 텍스트 파일을 의미하는 확장자. WWW의 홈페이지는 이 형식으로 되어 있다. ⇨ HTML

HTML 하이퍼텍스트 마크업 언어 hypertext markup language의 약어. (1) 하이퍼텍스트를 표현하기 위해 사용하는 언어. 월드 와이드 웹에서 볼 수 있는 모든 문서들은 대부분 HTML로 작성된 것이다. (2) HTML은 웹 클라이언트가 서버에 접속해서 서버에서 제공하는 기능을 사용할 수 있도록 하며, 웹 서버에서 하이퍼미디어 문서를 작성하고 표현하기 위해서 사용하는 웹 구축용 언어라고 생각하면 된다. 즉, 웹 서버에 기록되어 있는 자원들을 이용하기 위하여 사용되는 하이퍼텍스트 문서 파일을 코드화하는 데 사용하는 도구이다. HTML 문서는 기본적으로 SGML(standard generalized markup language)이라는 문서 표준 규약의 응용으로 이를 간단하게 문서를 만들어 사용할 수 있도록 한 것이다. 따라서 웹을 구축하려는 사용자라면 반드시 HTML을 사용하는 방법을 알아야 한다. 또한 HTML의 규약을 규정한 HTML-DTD 파일을 구해서 HTML 문서를 쉽게 만들 수 있다. HTML은 사용이 간편하기 때문에 현재 널리 사용되고 있다. 웹 서버를 그냥 명령어 라인 상태로 접속했을 경우, 즉 Telnet이나 FTP로 접속했을 때 파일의 확장자가 「.html」로 되어 있는 파일이 있는데, 이러한 파일이 바로 HTML로 작성된 파일이다. HTML을 이용하여 웹 서버는 각종 문자의 지정이나 크기, 폰트, 그림의 위치, 링크의 위치 등을 표현한다. ⇨ 표 참조

HTML editor [-éditər] **HTML 편집기** 워드 프로세서와 조작 방법이 유사하며 간단하게 HTML 형식의 텍스트 파일을 작성할 수 있는 소프트웨어.

HTML mail HTML 메일 HTML 형식으로 메시지가 쓰여진 전자 우편. HTML 메일에 대응한 메일 소프트웨어라면 문자의 폰트, 링크의 설정 등을 메시지에 삽입할 수 있다. HTML의 기술 자체는 텍스트를 위해 어떠한 메일 소프트웨어라도 메일 자체는 수신할 수 있지만, HTML 메일에 대응하지 않는 메일 소프트웨어는 HTML의 소스 텍스트를 수신하게 된다. ⇨ HTML

〈HTML 문서의 특징〉

① 전화처럼 이야기를 주고받을 수 있다.
② 응용 프로그램 및 문서를 공유할 수 있다.
③ 대화를 나누며 파일을 송수신할 수 있다.
④ 화이트 보드(칠판) 기능이 지원된다.
⑤ 채트 프로그램을 사용하여 메시지를 주고받을 수 있다.

〈HTML 문서의 기본 형식〉

```
<HTML>
    <HEAD>
    . . 머리 부분 . . .
    </HEAD>
    <BODY>
    . . 내용 부분 . . .
    </BODY>
</HTML>
```

HTTP 하이퍼텍스트 전송 프로토콜 hypertext transmission protocol의 약어. 네트워크 프로토콜이라고도 하며, 클라이언트와 서버를 통해 상호간 통신시 하이퍼텍스트 웹 문서 등을 전송하기 위한 통신 규약.

httpd 하이퍼텍스트 전송 프로토콜 데몬 hypertext transfer protocol daemon의 약어. 웹 서버 소프트웨어의 총칭으로 HTTP 액세스에 대응하기 위한 소프트웨어. 「d」는 daemon(데몬 ; 유닉스의 상주 프로그램의 일종)의 d. 중요한 것으로 CERN httpd, NCSA httpd, Netscape Netsite나 NCSA httpd 호환의 Apache 등이 있다.

hub [hʌ́(ː)b] *n.* **허브** 제어 패널 또는 플러그 보드 위의 소켓으로 신호를 전송하기 위해 전기 단자나 플러그 와이어를 연결할 수 있으며, 특히 신호를 여러 다른 선으로 분산시켜 내보낼 수 있는 기기. 몇 개의 장비들을 연결하여 주는 장치이다. ARCnet에서는 허브가 몇 개의 컴퓨터를 함께 연결하는 데 사용되며 메시지 핸들링 서비스(message handling service)에서는 허브가 네트워크를 통하여 메시지를 전달하기 위해 사용된다.

hub polling [-pálɪŋ] **허브 폴링**

Hueckel's method 휴켈의 방법 화상 처리에서 주어진 화상과 표준 패턴과의 일치를 구하는 것으로 이것은 일치를 구사할 때의 표준 패턴 선택을 위한 하나의 방법이다. 이 방법은 특히 잡음이 많은

화상에도 유효하다.

Huffman algorithm 허프만 알고리즘 팩시밀리 전송이나 편집기 압축에 사용되는 부호화 방식의 일종. 압축 단위마다 문자의 출현 빈도를 조사하여 빈도가 높은 순서대로 비트 수가 적은 부호를 부여함으로써 데이터를 압축하는 방식이다.

Huffman code 허프만 코드 팩시밀리 전송과 도형 정보를 압축할 때 쓰는 부호화 방식의 하나. 주어진 정보원의 상태를 그 발생 확률에 따라서 평균 부호 길이가 가장 짧게 되도록 부활·구성해가는 방식을 가리킨다.

Huffman encoding 허프만 부호화법 문자를 부호화할 때, 문자 출현 빈도가 높을수록 짧은 부호로 변환하는 방법. 이 방법에 따라 효율적인 부호화가 가능케 된다.

Huffman tree 허프만 트리 최소 비용이 들도록 데이터를 배치한 트리 형태의 데이터 구조.

human-computer interface [hjúːmən kəmpjúːtər íntərfèis] **HCI, 인간 컴퓨터 인터페이스**

human engineering [-èndʒəníəriŋ] **인간 공학** 컴퓨터 시스템의 기능 단위의 설계 방법, 작업 방법, 작업 환경의 설정 등을 인간의 능력과 한계에 맞도록 결정하는 기술이며, 에고노믹스(ergonomics)와 같은 뜻으로 쓰인다.

human error [-érər] **휴먼 에러, 인간 오류**

human factor engineering [-fǽktər èndʒəníəriŋ] **인간 공학** 인간과 장치가 일체가 되어 작동하는 시스템. 또는 인간의 형태나 조작 능력을 고려한 하드웨어 및 소프트웨어를 설계하여 작업의 신뢰성과 안정성 등의 향상을 목적으로 하는 학문.

human language [-lǽŋgwidʒ] **인간 언어** 통신에서 사람이 말로 한 것이나 손으로 쓴 데이터.

human-machine interface [-məʃíːn íntərfèis] **인간-기계 인터페이스** 인간이 기계와 상호 작용을 하는 부분.

human-system interface [-sístəm íntərfèis] **HSI, 인간-시스템 인터페이스**

humming code [hʌ́miŋ kóud] **허밍 부호** 데이터의 체크용 부호이며, 2비트의 에러를 검출하여 1비트의 에러를 정정할 수 있는 부호. 그 원리는 허밍 부호의 임의의 두 개 부호의 각 비트를 비교했을 때 반드시 3개 이상의 비트가 다르도록 되어 있어서(허밍 거리가 3 이상이라고 한다) 어떤 부호에 1비트의 에러가 있을 경우에는 그 부호와는 1비트의 차이가 있지만 다른 부호와는 2비트 이상의 차이가 있는 것이다. 이 때문에 1비트 에러에 대해서는 원래의 부호를 발견할 수 있다. 실제로는 입력 부호를 허밍 부호화하는 생성 매트릭스 및 체크 매트릭스를 사용하여 어느 비트가 잘못되었는가를 알 수 있게 되어 있다.

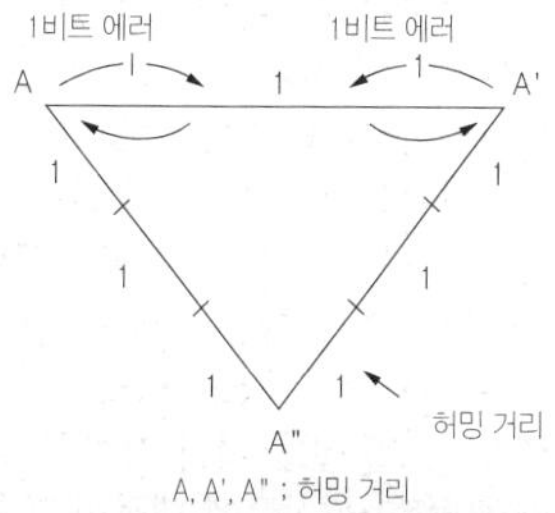

〈허밍 부호에 의한 1비트〉

Hungarian method [hʌŋgɛ́(ː)riən méθəd] **헝거리 방법** 가중값을 가진 2분할 그래프에서 최대 짝짓기를 찾는 알고리즘의 하나.

Hungarian naming [-néimiŋ] **헝가리안 명명** 마이크로소프트 윈도를 최초로 개발한 헝가리 출신의 찰스 시모니(Charles Simony)가 고안한 변수나 함수의 명명 방법에 관한 규약.

hung-up [hʌ́ŋ ʌ́p] **헝업** 프로그램이 몇 가지 요인으로 그 이상 실행을 계속할 수 없게 되는 상태. 작성된 그 상태만의 프로그램과 예기치 못한 데이터가 입력되었을 때 등에 발생하는 경우가 있다.

hunt [hʌ́nt] *n.* **공백 선택, 추적, 탐색**

hunting [hʌ́ntiŋ] *n.* **추적** (1) 자동 제어 시스템에서 요구하는 평형 조건을 찾기 위해 계속되는 시도. (2) 스위칭 시스템에서 호출된 선이나 다음에 가용한 선을 동등한 그룹에 넣기 위해 행해지는 검색 동작. (3) 제어계가 불안정하기 때문에 제어량이 주기적으로 변동되는 바람직하지 않은 상태.

Hush [hʌ́ʃ] **허시** 레코드의 키를 특정한 연산법(허시 함수)에 의해 물리적인 저장 주소로 변환하여 그 장소에 저장하거나 검출하는 방법. 데이터 베이스에 임의로 접근할 경우의 처리에 적합하다. 이때 키값의 분포에 치우침이 있어도 저장 영역에 골고루 주소가 분산되는 연산법이 사용된다.

HW 하이웨이 highway의 약어. 아날로그 신호를 2진 부호화의 펄스열로 하여 다중화한 시분할 다중 전송로의 경우를 하이웨이라고 한다. 디지털 교환기에서 사용하는 각종 하이웨이는 그 사용 목적에 따라 통화 하이웨이, 신호 하이웨이, 시험 하이웨이 등으로 분류된다.

H/W (1) **반단어** half word의 약어. ⇨ half word (2) **하드웨어, 금속물** hardware의 약어. ⇨ hardware

HWIF 하이웨이 인터페이스 회로 highway interface의 약어. 하이웨이 인터페이스 회로(HWIF)는 분배단 통화로 장치와 집선 통화로 장치 및 신호 처리계

(系) 장치를 접속하는 회로로서 주요 기능은 다음과 같다. (1) 집선 통화로 장치의 경우 ① 실렉터에 의하여 2중화 LCNE와 하이웨이와의 상호 연락을 하고, ② MD 신호를 변환하여 프레임 펄스의 추출을 하며, ③ 하이웨이로부터 2M의 클록을 추출하고, ④ 에러스틱 스토어 메모리를 사용하여 모든 하이웨이의 위상 동기를 취하고 신호에 대하여는 동시에 2Mbit/s, 8Mbit/s의 다중 변환을 하며, ⑤ 하이웨이의 감시는 입력단(入力斷)과 프레임 동기 외에 논리화로 행한다. (2) 신호 처리 장치의 경우 ① 하이웨이를 양계(兩系) 통화로에 대하여 V11-NRZ 부호에 따라 송수신한다. ② SG계 하이웨이의 인입측에 대하여 클록단(斷)과 프레임 펄스단(斷)의 검출을 한다. ③ SPCC로부터의 변환 신호에 따라 계선택(系選擇)을 행하고 ④ T1단(段) 시간 스위치에 의하여 인터페이스 변환을 한다.

HWS 하이웨이 스위치 highway switch의 약어. 복수 하이웨이 사이의 타임 슬롯의 교환을 하는 스위치. 하이웨이 스위치는 크로스바 스위치를 고속 동작(각 타임 슬롯마다 교차점을 닫는다)시키는 것과 같기 때문에 공간 스위치라고도 한다. 또 공간 스위치는 논리 게이트로 구성되어 있어서 게이트 스위치라고도 한다. 하이웨이 스위치에서는 복수 하이웨이 사이에 같은 시간적 위치의 타임 슬롯이 교환 가능하며, 시간 스위치와 같이 상이한 시간적 위치의 타임 슬롯의 교환은 불가능하다.

hybrid[háibrid] *n.* **혼성, 하이브리드** 「혼합」이라든가 「혼성」이라는 의미를 갖는 말. 아날로그와 디지털의 조합을 뜻한다. 반도체에서는 칩과 다른 부품을 같은 기판에 갖는 것을 가리키는 경우가 있다. 이것의 반대어는 모놀리식(monolithic)이다. 회로(circuit)에서는 설계 방법이 다른 부품(예를 들면, 트랜지스터와 진공관)을 같은 회로에 사용하는 것을 말한다. 이외에 이종(異種)의 것을 하나의 시스템에 넣은 것을 혼성 시스템이라 한다. 혼성 장치, 혼성 컴퓨터 등의 복합어가 사용된다.

hybrid bridge rectifier[–brí(:)dʒ réktifài-ər] **혼합 브리지 정류 회로**

hybrid circuit[–sə́:rkit] **혼성 회로** 아날로그와 디지털 기능을 조합하는 역할을 하는 회로.

hybrid code[–koúd] **하이브리드 부호** 아날로그량은 정밀도가 나쁘기 때문에 아날로그 부호와 디지털 부호를 조합시켜 정보를 보내는 부호를 말한다. 예를 들면, $-2''\sim+2''$의 디지털 부호와 이 1 단위를 1%의 정밀도로 표시할 수 있는 아날로그 부호로써 신호를 표시한다.

hybrid coil[–kɔ́il] **혼성 코일, 3권선 변성기** 두 개의 도선 중 입력 전류와 출력 전류를 분리하여 서로 간섭하지 않도록 권선되고 결선된 3선식 변성기. 4선식 구성 회로와 2선식 구성 회로를 접속할 경우, 4선식 구성 회로에 반향 및 병음 현상이 일어나므로 이를 방지하기 위해 3선식 변성기가 사용된다.

hybrid computer[–kəmpjú:tər] **혼성 컴퓨터** 아날로그 데이터와 디지털 데이터 양쪽 모두를 처리할 수 있는 컴퓨터로 자동 생산 등에 많이 쓰인다. 아날로그 컴퓨터의 장점은 값이 싸고 고속이며, 단점은 계산 정밀도가 낮은 것이다. 디지털 컴퓨터의 장점은 계산 정밀도가 높아 원하는 정밀도를 얻을 수 있고 기억, 판단 등의 기능을 가지지만, 취급이 복잡하고 고가라는 단점이 있다. 바로 이 양자의 장점을 뽑은 것이 혼성 컴퓨터이다. 따라서 일반적으로 입력과 출력은 아날로그량이고, 도중 정밀도가 필요한 계산 등은 디지털로 수행한다. 또한 A/D 변환(아날로그량을 디지털량으로 변환), D/A 변환(디지털량을 아날로그량으로 변환)하는 장치를 갖고 있다.

hybrid computer system[–sístəm] **하이브리드 컴퓨터 시스템, 혼성 컴퓨터 시스템** 기존의 컴퓨터는 대부분 디지털 시스템인데, 개중에는 아날로그인 것도 있다. 필요에 따라 이들 디지털과 아날로그 장비를 모두 합쳐놓을 수 있는데, 이러한 컴퓨터를 말한다.

hybrid device[–diváis] **혼성 장치**

hybrid-π equivalent circuit[–pai ikwív-ələnt sə́:rkit] **하이브리드 π 등가 회로**

hybrid integrated circuit[–íntəgrèitəd sə́:rkit] **HIC, 하이브리드 IC, 혼성 집적 회로** 반도체 기술과 박막 기술을 병용한 집적 회로.

hybrid interface[–íntərfèis] **혼성 인터페이스, 하이브리드 인터페이스** 디지털 컴퓨터를 아날로그 컴퓨터에 연결하기 위한 채널.

hybrid marketing[–má:rkətiŋ] **하이브리드 마케팅** 기존 산업 부문에 인터넷을 접목, 총비용을 절감하는 동시에 비교우위를 확보하려는 마케팅 방법. 인터넷 기업은 인터넷 선점을 근거로 활발한 활동을 펼치고 있지만 기존 기업들은 아직 인터넷에 낯설다. 이를 극복하기 위해 현실의 거점을 최대한 활용해서 인터넷과의 연계 효과를 거두려는 마케팅 방식이 등장했는데, 이것이 바로 하이브리드 마케팅이다. 최근 국내의 한 대기업은 주유소, 통신 서비스 등의 사용 실적을 종합관리하는 포인트 제도를 운영하고 있는데, 이런 통합 포인트는 하이브리드 마케팅의 대표적인 예라고 할 수 있다. 그러나 잘못 사용될 경우 개인의 소비 행태가 낱낱이 노출된다는 단점도 있어 반대 목소리도 높다.

hybrid matrix[–meítriks] **하이브리드 행렬**

hybrid microcircuit[–màikrousə́:rkit] **하이브리드 마이크로 회로**

hybrid microstructure[–màikroustrʌ́ktʃər] **혼성 초소형 구조** 한 개 이상 독립한 장치나 부품과 4개 이상의 집적 회로 조합으로 구성되는 초소형 구조의 혼성 집적 회로.

hybrid office system[–ɔ́(:)fis sístəm] **혼성 사무 시스템** 완전 사무 자동화를 위해 워드 프로세서와 자료 처리를 포함하는 시스템의 컴퓨터화. 이것은 워드 프로세서와 자료 처리의 확장 서비스 또는 혼성 시스템이라고 할 수 있으며, 문안 편집과 수치적인 파일 중심 자료를 다룬다.

hybrid phone[–fóun] **혼성 전화기** 데이터 전송 기능과 음성 전송 기능 두 가지를 겸한 전화기. 모뎀의 한 형태.

hybrid programming[–próugræmiŋ] **혼성 프로그래밍** 하드웨어 기술자가 디지털 영역의 문제 중 어떤 부분의 해결을 위해 설계한 프로그램. 이 프로그램 루틴들을 함수 발생, 시각 발생, 적분, 기타 하드웨어 등의 동작을 진단하는 것과 아날로그 장치의 연결이나 스케일이 정당한가를 검사하기도 한다.

hybrid system[–sístəm] **혼성 시스템, 하이브리드 시스템** 디지털 컴퓨터와 아날로그 컴퓨터의 장점을 모아 만든 시스템으로서 대개 특수 목적으로 제작된다.

hybrid system checkout[–tʃékàut] **하이브리드 시스템의 검사**

hybrid type word processor[–táip wə́:rd prάsesər] **혼성형 워드 프로세서** 범용 컴퓨터의 기능을 모두 수행하므로 다른 응용 소프트웨어와 함께 사용할 수 있으며, 다른 사무 자동화 기기와 연결하여 여러 사람이 동시에 사용할 수 있는 워드 프로세서.

hyperarc [háipərὰ:rk] **하이퍼아크** AND/OR 그래프에서 아크를 이용해 두 노드를 연결하는 대신에 부모 노드와 자식 노드들의 집합들을 연결하기 위해 두는 아크 커넥터.

HyperCard[háipərkὰ:rd] **하이퍼카드** 애플 사의 매킨토시 컴퓨터에서 작동하는 소프트웨어 패키지. 기본적으로는 카드 방식의 데이터 베이스와 유사하나, 일반 데이터 베이스 프로그램보다 사용이 간편하고, 이것을 이용하여 쉽게 응용 프로그램을 작성할 수도 있다.

Hypercube[háipərkju:b] **하이퍼큐브** 10개 이상의 처리기를 병렬로 동작시키는 컴퓨터의 논리 구조.

hypergraph[háipərgræ̀f] **하이퍼그래프** 질의에 포함된 대수식을 나타내는 연결 그래프. 일반적인 그래프와는 달리 한 선분에 하나 또는 그 이상의 노드가 접속되며, 각 선분은 서로 다른 레벨로 구분된다.

hyperlink [háipə:rliŋk] **하이퍼링크** 하이퍼미디어 또는 하이퍼텍스트 문서가 다른 미디어와 연결되는 것.

Hypermedia[háipərmìdiə] **하이퍼미디어** 하이퍼미디어는 하이퍼텍스트 구조와 멀티미디어(multimedia) 표현을 갖고 있는 정보 이용 환경으로 주로 대학이나 기업 부설 연구소에서 연구하는 학문이다. 하이퍼미디어 시스템에서 멀티미디어를 다루는 이점으로는 ① 직접적으로 노드 간에 링크를 시키는 것이다(키워드를 부가할 필요가 없는 것이다). ② 링크가 되어 있는 경우 직감적으로 데이터를 검색해갈 수 있다(역시 키워드를 입력시키지 않고 계속해서 정보를 검색)는 점이다.

hypermedia/time-based structure language [–taim beist strʌ́ktʃər lǽŋgwidʒ] **하이타임** ⇨ HyTime

Hypernews[háipə:rnjù:z] **하이퍼뉴스** 실험 단계의 웹 뉴스 형식. 유즈넷(USENET)과 유사한 기능을 제공한다.

HyperTalk[háipərtɔ̀:k] **하이퍼토크** 매킨토시 컴퓨터를 위한 하이퍼 카드에서 프로그램을 작성하기 위해 사용되는 언어의 이름.

hypertape unit[háipərtèip jú:nit] **하이퍼테이프 장치** 자동 적재할 수 있는 릴을 갖춘 카트리지를 사용한 고속 테이프 장치.

Hyperterminal[háipərtə̀:rminəl] **하이퍼터미널** 윈도 95에 자체적으로 내장된 통신 프로그램.

hypertext[háipərtèkst] **하이퍼텍스트** 일반적인 문서처럼 연속된 것이 아니라 사이사이에 연결이 있어서 어떤 부분을 보다가 그에 관련된 다른 부분을 그 연결을 따라가면서 참조할 수 있는 문서. ⇨ 그림 참조

hypertext help[–hélp] **하이퍼텍스트 도움말** 어떤 프로그램을 사용하다가 도움말을 호출했을 때 사용자가 지정한 사항에 대한 도움말뿐만 아니라 그에 관련된 사항에 대한 색인을 같이 제공하여 연관된 정보를 편리하게 검색할 수 있도록 한 것.

hypertext preprocessor[–priprάsesər] **하이퍼텍스트 전처리기** ⇨ PHP

hypertext transmission protocol[–trænsmíʃən próutəkɔ̀(:)l] **하이퍼텍스트 전송 프로토콜** ⇨ HTTP

hypertext transfer protocol daemon [–trǽnsfər próutəkɔ̀(:)l dí:mən] **하이퍼텍스트 전송 프로토콜 데몬** ⇨ httpd

hyphenation[hàipənéiʃən] **하이픈 연결** 워드

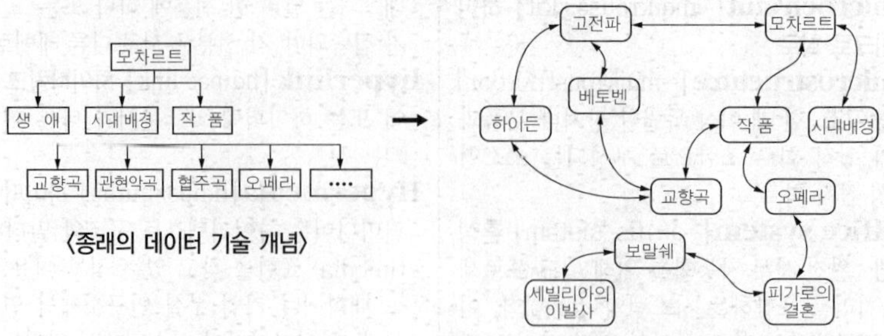

〈종래의 데이터 기술 개념〉 〈하이퍼텍스트 데이터 기술 개념〉

프로세서에서 영문 문서의 체제를 정리하는 기능의 하나로, 단어가 행 끝에서 다음 행으로 이어질 경우에 하이픈(-)을 사용하여 분할하는 것. 하이픈으로 분할하기 좋은 위치는 단어마다 정해져 있으므로 하이픈이 기록된 사전이 사용된다. 반면, 하이픈 연결 처리를 하지 않고 단어 전체를 다음 행으로 옮기는 것을 워드 랩 어라운드라고 한다.

hyphenation dictionary [–díkʃənəri(:)] **하이프네이션 사전**

hypothesis [haipáθəsis] *n.* **가설** 참인가 부정인가가 사전에는 명확하지 않고 측정값에 의해 사실 여부를 조사하는 명제.

hysteresis [histəríːsis] *n.* **히스테리시스** 전자 공학의 중요한 개념의 하나. 본래의 의미는 「지연」이다. 간단히 말하면 전자 부품의 저하(sluggish)의 경향이다. 특히 변압기의 자심(core)의 경우에는 중요하며 히스테리시스 효과(hysteresis effect)로부터 자심의 자화 및 비자화의 속도(빈도)에 영향을 미친다. 히스테리시스 루프는 히스테리시스 손실이라는 복합어도 있다.

hysteresis curve [–kə́ːrv] **히스테리시스 곡선**

hysteresis loop [–lúːp] **히스테리시스 루프, 자기 이력 루프** 자속의 밀도와 자계의 관계를 표시하는 그래프이며, 전류의 세기와 자화력의 관계도 동시에 표시하고 있다.

hysteresis unit [–júːnit] **이력 요소** 아날로그 컴퓨터에서 동일 입력 신호에 대한 출력 신호가 입력 신호의 증감에 맞추어 다른 값을 갖도록 한 특성을 가지는 연산기.

Hytelnet [háitèlnet] **하이텔넷** hypertext browser for telnet의 약어. University of Saskatchewan 도서관 시스템에서 인터넷을 사용하고 있는 피터 스콧이 개발한 프로그램. 인터넷의 주소와 로그인 절차를 기억하여 사용자가 가지고 있는 하드웨어가 지원된다면 자동적으로 먼 곳의 컴퓨터에 Telent을 접속시켜 준다. Hytelnet은 IBM PC, VAX/VMS, 매킨토시, Amiga 시스템용의 버전이 있으며, Saskatchewan 대학의 익명 FTP인 ftp.usask.ca를 통하여 프로그램을 얻을 수 있다. ⇨ Telnet

HyTime [háitaim] **하이타임** hypermedia/time-based structure language의 약어. 「통합 개방형 하이퍼미디어(IOH)」를 목적으로 하이퍼미디어 형식의 데이터 구조를 정하는 표준 규격. 데이터의 종류나 특정 시스템에 상관하지 않는다. ISO/IEC 10744로 표준화가 진행되고 있다.

Hz 헤르츠 Hertz의 약어. 주파수의 단위로 1초에 발생하는 신호의 개수를 나타낸다.

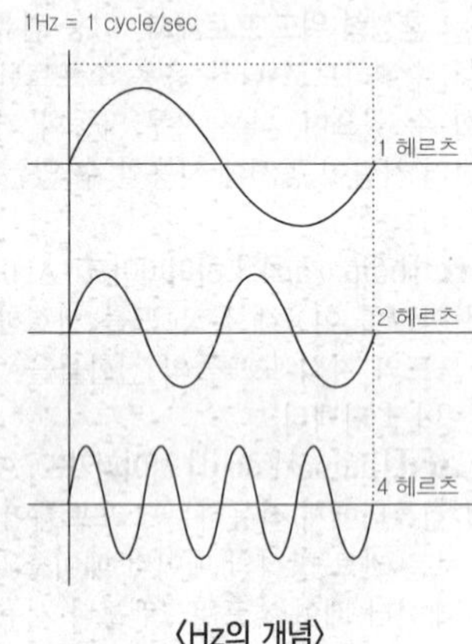

〈Hz의 개념〉

I

I[ái] **아이** (1) immediate, (2) index, (3) interrupt의 약어.

I2O intelligent input/output의 약어. 1997년에 인텔 사가 발표한 서버의 입출력 제어 기술. 이전의 입출력 제어는 CPU가 처리해 왔지만, 입출력 제어 전용의 칩을 사용하여 CPU의 부하를 줄였다.

IA-32 Intel architecture-32의 약어. 인텔 구조라는 의미를 지니고 있으며, 인텔 사에서 만든 32비트 CPU를 의미한다.

IA 5 국제 알파벳 번호 5 international alphabet, number 5의 약어.

IA-64 Intel architecture-64의 약어. 인텔 구조라는 의미를 지니고 있으며, 인텔 사에서 만든 64비트 CPU를 의미한다.

IAB 인터넷 아키텍처 위원회 Internet Architecture Board의 약어. 인터넷을 설계하고 통신 규약의 표준 규격을 정하며 유지보수하기 위한 활동을 협의하고 조정하는 협력위원회로 1983년에 발족하였다. IAB 산하에 인터넷의 운영 및 관리, 기술적인 문제들을 다루는 인터넷 엔지니어링 태스크 포스(IETF)와 네트워킹 기술 연구를 수행하는 인터넷 태스크 포스(IRTF) 등의 조직이 있다.

IAC 인터 응용 프로그램 커뮤니케이션 inter application communications의 약어. 매킨토시의 System 7에 사용된 기술로 응용프로그램들간의 통신을 의미한다. 자기 자신이나 네트워크 상에 있는 매킨토시 간에 데이터의 공유화를 꾀하고, 데이터 교환이나 갱신을 할 수 있다.

IACK (1) **인터럽트 긍정 응답** interrupt acknowledge의 약어. (2) **인터럽트 긍정 응답 신호** interrupt acknowledge signal의 약어.

IAD integrated access devices의 약어. 한 회선으로 음성과 데이터 서비스를 동시에 할 수 있도록 통합하는 장비.

I address[ái ədrés] **I 주소** 분기 동작에 따라 실행되는 다음 명령어의 위치.

IAF 대화식 응용 설비 interactive application facility의 약어.

IAI Industry Alliance for Interoperability의 약어. 건설 산업의 정보 공유화를 추진하기 위한 국제

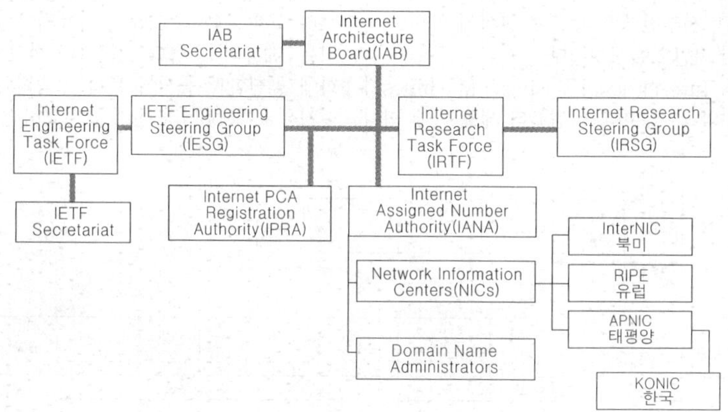

〈IAB의 조직 구성도〉

조직.

IAL (1) **국제 알고리즘 언어** international algorithmic language의 약어. (2) **국제 대수 언어** international algebraic language의 약어.

IAM 색인 접근 방법 indexed access method의 약어. 인덱스를 이용하여 빠른 접근 방식으로 빨리 수행시키는 방법으로서, 순차적 액세스 방법(SAM)이나 직접 액세스 방법(DAM)에 응용된다.

IANA Internet assigned numbers authority의 약어. 인터넷 할당 번호 관리 기관. IANA는 인터넷 소사이어티(ISOC)의 산하기관으로, 인터넷에 접속하기 위한 인터넷 프로토콜(IP)의 전 세계적 주소에 대하여 최종적인 조정과 관리를 하는 기관.

IAR 명령어 주소 레지스터 instruction address register의 약어. 다음에 수행될 명령어 어드레스를 기억하고 있는 레지스터.

IAS 즉시 액세스 기억 immediate access store의 약어.

I-beam pointer[ái bíːm pɔ́intər] **| 빔 포인터** ⇨ mouse pointer

IBG 블록 간 간격 inter block gap의 약어. 자기(磁氣) 테이프에 레코드를 기록할 때, 레코드의 모임인 블록과 블록 사이에 생기는 아무 것도 기록되지 않은 부분. 블록은 복수의 레코드의 모임으로 레코드를 중앙 처리 장치(CPU)에서 자기 테이프로 출력할 때, 일단 버퍼(buffer)라고 하는 메모리에 대피시켰다가 어느 정도의 양이 된 다음에 기록을 한다. 이 버퍼의 크기에 따라 블록의 크기가 결정된다. 이 블록 단위로 자기 테이프에 기록을 하려면 자기 테이프가 회전을 개시해서 어떤 일정한 속도에 달할 때까지는 기록이 되지 않아 그때까지 지나간 테이프에는 아무 것도 기록되지 않게 된다. ⇨ 그림 참조

IBI Intergovernmental Bureau of Informatics의 약어. 이 조직의 목적은 과학적 연구와 그 컴퓨터의 교육, 훈련, 선후진국 간의 정보 교환에 있으며, UN 기관들이 회원으로 구성된다.

IBM IBM 사 International Business Machines Corporation의 약어. 미국의 컴퓨터 제조 판매 회사. 사실상 세계 최대의 컴퓨터 점유율을 차지하고 있다. 대형에서 개인용 컴퓨터에 이르기까지 모든 분야의 제품을 생산 판매한다.

IBM card IBM 카드 천공에 의해 정보가 기록된 컴퓨터가 읽어들일 수 있도록 한 종이 카드의 일종.

IBM PC IBM 사의 개인용 컴퓨터의 상품명으로 1981년에 IBM 5150으로 발표했으며 현재는 IBM PC, PC XT, PC AT, 386 PC 등의 여러 기종을 대표하는 명칭으로 사용되고 있다. IBM PC/AT compatible BM PC/AT 호환 IBM PC/AT와 호환성이 있는 기계의 총칭으로 사실상의 세계 표준 PC가 되었다.

IBM PC's disk OS IBM PC 디스크 운영 체제 IBM personal computer's disk operating system의 약어. 마이크로소프트 사가 IBM 사의 의뢰를 받아 CP/M(시애틀 컴퓨터 프로덕트 사가 개발)과 호환인 DOS 개조에 제공한 것으로 MS-DOS의 원형이다.

IBM personal computer's disk operating system IBM PC 디스크 운영 체제 ⇨ IBM PC disk OS

iBook[áibuk] **아이북** 애플 사가 발매한 소비자용 노트북 PC. CPU에 PowerPC G3를 탑재하고, 「iMac to go(가지고 다닐 수 있는 iMac)」를 컨셉으로, iMac 같은 형태의 진한 오렌지 색상과 블루베리 색상이 나왔고, 후에 그래파이트 색상이 추가되었다.

IBP image processing system의 약어. ⇨ LIPS

IBS 국제간 고속 디지털 전용 회선 서비스 intelsat business service의 약어.

IC 집적 회로 integrated circuit의 약어. 극히 순도가 높은 규소(silicon)의 수 mm^2의 작은 칩(chip) 위에 트랜지스터, 다이오드, 저항기, 콘덴서 등의 소자를 조립해놓은 회로. 제3세대 컴퓨터에는 IC가 논리 소자, 기억 소자로서 사용되고 있다. IC의 특징은 제품의 소형화 · 경량화 · 전력 절감화 · 안정화에 공헌함과 동시에 특히 고속화와 저가격화가 현저하다. 1955년과 현재를 비교하면 연산 속도는

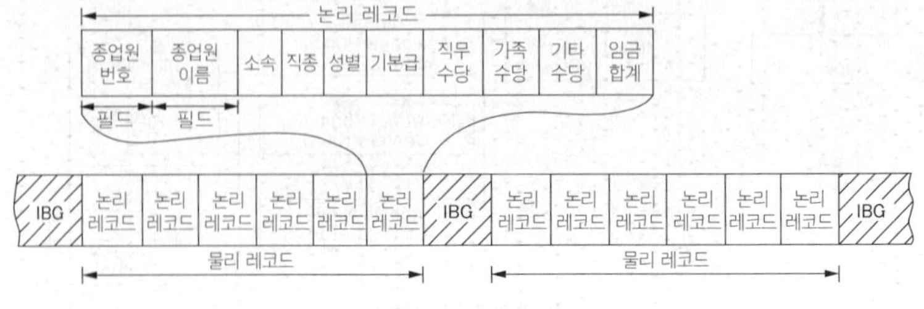

〈IBG의 구조〉

10^4회/초에서 10^8회/초, 계산 비용은 1/1000로 줄어들었다. IC란 바이폴러 트랜지스터 또는 유니폴러 트랜지스터를 저항체 및 정전 용량 등과 전기적으로 분리하여 필요한 상호 접속을 행한 것이며, 바이폴러형과 MOS형(유니폴러형)으로 분류된다. MOS형은 바이폴러형에 비하여 제조 공정이 적고, 미소 전류로 동작하는 것에서부터 저소비 전력화가 가능하다. 한편 바이폴러형은 제조 공정이나 소비 전력의 점에서 MOS형보다 열등하지만 속도면에서 유리하다. 일반적으로 논리 회로를 1칩(약 $1cm^2$)상에 100개 정도까지 탑재한 것을 IC라 한다.

ICA (1) **집적 통신 어댑터** integrated communications adapter의 약어. 연산기에 다중 통신선을 연결할 수 있는 집적 통신 접합기. (2) **집적 통신 접속 기구** integrated communications attachment의 약어.

ICAE 집적 통신 어댑터 확장 기구 integrated communications adapter extended의 약어.

iCalendar[áikǽləndər] **아이캘린더** 응용 프로그램에 의존하지 않고 스케줄 데이터를 다루기 위한 표준적인 파일 형식. iCalendar 형식으로 작성한 데이터는 전자 우편으로 송수신할 수 있기 때문에 인터넷을 통해 회의 일정 등을 교환할 수 있다. 대표적인 예로 마이크로소프트 사가 개발한 아웃룩(Outlook)은 iCalendar 형식을 지원한다.

icand 피승수 multiplicand의 약어.

icand register[–rédʒistər] **피승수 레지스터** multiplicand register의 약어. 곱셈에서 피승수를 보관하는 레지스터.

ICC (1) **집적 통신 제어 기구** integrated communication controller의 약어. (2) **국제 컴퓨터 센터** Integrated Computation Center의 약어. 회원국에게 컴퓨터 서비스를 제공하는데, 유네스코가 후원하는 컴퓨터 센터이며 로마에 있다. (3) **정보 문화 센터** Information Culture Center의 약어. 체신부에 의해 설립된 공익재단. 교육 과정은 크게 계몽 과정, 양성 과정, 전문 과정, 위탁 과정 등으로 나누어져 있다.

ICCA 독립 컴퓨터 컨설턴트 협회 Independent Computer Consultants Association의 약어. 독립 컴퓨터 컨설턴트들의 국가 통신망. 이 통신망을 통하여 각 회원들은 컴퓨터 컨설팅계에서의 파워를 가질 수 있고, 서로의 아이디어를 교환하기도 한다.

IC card IC 카드 integrated circuit card의 약어. 크레디트 카드나 현금 인출 카드와 같은 모양의 카드에 IC를 채워넣은 것. 종래의 자기(磁氣) 카드에 비해 기억할 수 있는 정보량이 압도적으로 많고(100배 이상), 기입과 판독이 비순차적(random)으로 처리될 뿐 아니라, 위조하기가 어렵고 자기의 영향을 받지 않는 등 보안면에서도 뛰어나다. IC 메모리(EPROM, EEPROM)와 마이크로컴퓨터(4비트)를 크레디트 카드 등에 인터럽트한 것으로, 칩 카드, 인텔리전트 카드, 스마트 카드 등이라고도 한다. 국제 표준화 기구(ISO)의 기술 위원회 TC 97/SC 17/WG 4로, IC카드 그 자체의 표준화를 말한다. 또 TC 68/SC 2/WG 7로, IC 카드를 이용한 은행 업무에 관계하는 보안에 대한 표준화 TC 68/SC 5/WG 5로, IC 카드와 단말기와의 사이에 메시지 데이터 표준화의 작업이 진행되고 있다. ⇨ 그림 참조, 표 참조

ICCCM inter-client communication convensions manual의 약어. X Window system에서 서

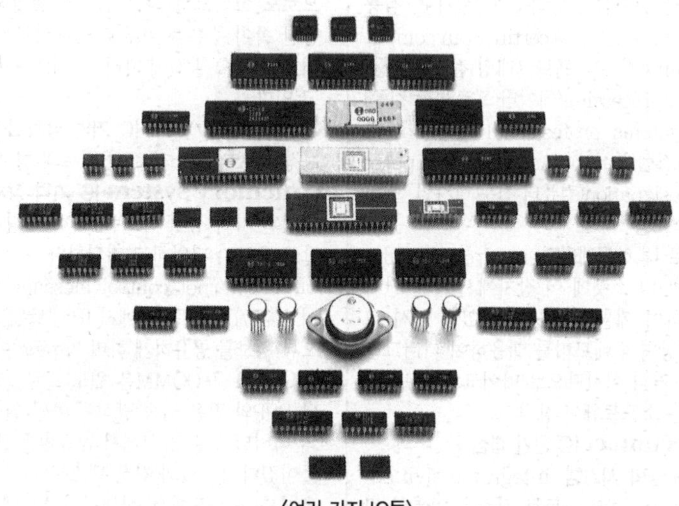

〈여러 가지 IC들〉

버와 교신하는 클라이언트들이 지켜야 할 규약을 설명한 매뉴얼. 모든 것이 scheifler들에 「X Window system」(digital press, 1990년 발행)에 기술되어 있다.

〈IC 카드〉

구 분		자기카드	IC 카드	광카드
기억 매체/기록 방식		자기띠/자화	반도체/전기	플라스틱/레이저
기억 용량(바이트)		72	2~8K	4M
가 격	매 체	저	중	중
	장 치	중	저	고
	시스템	고	저	고
안전성	위/변조	저	고	중
	환 경	저	고	중
확장성	재기록	중	고	저
	용 량	저	중	고
기 능	연산성	불가	가	불가
	이식성	중	고	저
	호환성	중	저	고
	보수성	불가	중	저

(고 : 좋음, 고가 저 : 나쁨, 저가 중 : 적당)

ICCE (1) **국제 컴퓨터 교육 협의회** International Council for Computers in Education의 약어. 전문적인 교과 과정이 아닌 국제적인 컴퓨터 교육에 관심이 있는 사람들의 전문가 조직. (2) International Conference on Consumer Electronics의 약어. 민생용 전자 기기의 국제 회의.

ICCP 컴퓨터 전문인 검증 기구 Institute Certification of Computer Professionals의 약어. 4개의 검증 프로그램 시험을 담당하고 있는 기구. 검증 프로그램들은 다음과 같다. ① certificat in computer programming(컴퓨터 프로그래밍 검증) ② certification data processing(데이터 프로세싱 검증) ③ certified systems professional designation (전문 디자인 시스템 분류) ④ Associate Computer Professional Designation(컴퓨터 전문 디자인 협회)

IC doping IC 도핑

ICE 아이스, 회로 내 에뮬레이터 in-circuit emulator의 약어. CPU의 소켓에 이 장치에서 나온 단자 커넥터를 삽입하여 에뮬레이터할 수 있고 다시 그 메모리로 실행 장치의 메모리를 대용하여 디버그하는 능력을 갖는 거의 실시간으로 마이크로프로세서 실행을 모의하는 소프트웨어 장치.

IC electrical contact IC 전기 접점

ICES 통합 토목 공학 시스템 integrated civil engineering system의 약어. 토목 건축을 비롯한 각종 구조물 해석을 하는 프로그램의 하나로, MIT 토목 연구소에서 개발되어 널리 이용되고 있다. ICES는 많은 문제용 서브시스템 모임으로 그 중 STRUDL(STRUctural Design Language)은 구조물의 자동 설계 시스템으로서 유명하다.

ICE standard ICE 규격 IEC에서 정의한 국제 표준 규격 HPIB 또는 GPIB를 바탕으로 규격화되고, IEC 버스의 기초가 되기도 하며, 현재 계측기나 미니컴퓨터, 마이크로컴퓨터 등에 응용 범위가 점차로 넓혀지고 있다. IEEE/ANSI 규격 488로 규정하는 비트 병렬 바이트 직렬의 계측용 표준 버스 인터페이스이다.

IC etching IC 에칭

ICIP 국제 정보 처리 회의 International Conference on Information Processing의 약어.

ICL (1) **인터럽트 제어 논리** interrupt control logic의 약어. (2) **인터내셔널 컴퓨터 사** International Computers Ltd.의 약어.

ICMA 국제 카드 매체 협회 International Card Media Association의 약어. 출판 업계와 정보 업계가 설립한 협의회. 여기서 제창한 것에는 JEIDA 버전 4.0 규격에 준한 「IC 북」이 있다.

IC manufacturing process yields IC 제조 산출량

IC memory IC 메모리, 집적 회로 기억 장치 컴퓨터의 주기억 장치 소자로 종래에 사용한 코어 대신 주류를 이룬 반도체 IC를 사용한 주기억 장치. 바이폴러 트랜지스터를 이용한 것과 MOS 트랜지스터를 이용한 것이 있다. 전자는 고속이지만 전력 소비가 크고, 후자는 전력 소비는 적지만 전자에 비하면 고속이 아니다. 그러나 최근 후자를 이용한 것으로도 고속으로 하는 연구가 활발해져 후자를 이용한 쪽이 주류를 이루고 있다. IC 기술, 특히 최근의 LSI 기술 발전에 따라 그 기억 용량은 점점 커지고 있다.

IC memory cell IC 기억 장치 소자 IC RAM을 구성하는 기억 소자로 한 비트의 정보를 기억한다.

IC memory system IC 기억 장치 시스템 IC로 구성된 기억 장치 시스템. 극히 소형이며 고속 동작으로 용도가 다양하고 저렴하다.

ICMP Internet control message protocol의 약어. TCP/IP 프로토콜에서 IP 네트워크의 IP 상태 및 오류 정보를 공유하게 하며 핑(ping)에서 사용된다.

I-COMM I-COMM은 윈도 프로그램으로서 SLIP나 PPP와 같은 접속 방식이 아닌 일반 텍스트 기반의 터미널 연결 방식에서 WWW를 쓸 수 있도록 만들어졌다. Lynx와 같은 텍스트 기반의 WWW 브라우저를 호스트에서 실행시킨 뒤 텍스트 정보만을

받아서 화면에 표시하며, 이때 그림이 있는 자리를 비워뒀다가 그 그림을 sz로 ZModem 프로토콜을 통해 보내주는 것이다. 하지만 I-COMM에도 몇 가지 문제가 있다. 먼저 SLIP/ PPP 상에서 넷스케이프를 쓰는 것보다 속도가 느리며, 넷스케이프의 확장 코드를 읽지 못한다. 그러나 SLIP/ PPP 없이 WWW를 쓸 수 있도록 한 아이디어는 높이 평가할 만하다. ⇨ SLIP, PPP

ICN 정보 제어망 information control net의 약어. 사무 정보 시스템에서 정보의 흐름을 기술하는 방법.

icon[áikɑn] **아이콘** 상(像). ikon이라고도 쓴다. 그림으로 프로그램의 작업 내용이나 데이터의 내용을 나타내는 데 마우스나 라이트 펜에 의해 그림을 선택하여 작업 데이터를 지시한다. 키보드보다 신속하다.

icon box[–bɑ́ks] **아이콘 박스** ⇨ tool bar

icon editor[–éditər] **아이콘 편집기** 아이콘을 디자인하기 위한 도구.

iconic interface[ɑikɑ́nik íntərfèis] **아이콘 인터페이스** 화면상의 아이콘을 클릭하여 PC를 조작하는 사용자 인터페이스.

iconographic model[àikənɑ́græpik mɑ́dəl] **도해 모형** 시스템과 시스템 내의 기능적인 관계를 그림으로 나타내는 것.

iconography[àikənɑ́grəfi] **아이콘화** 윈도 3.X 이전에 사용되던 용어로, 참조할 데이터가 포함된 파일이나 사용 빈도가 높은 응용 소프트웨어를 아이콘 상태로 만드는 것. PC를 실행한 후 번거로운 절차 없이 곧바로 필요한 소프트웨어나 데이터를 열 수 있다.

ICOT 신세대 컴퓨터 기술 개발 기구 Institute for new generation COmputer Technology의 약어. 1982년에 일본 통산성의 제안으로 조직된 제5세대 컴퓨터의 연구 개발 기관. 새로운 컴퓨터의 연구 활동을 행하는 것을 목적으로 하고 있다. 일본 국내의 연구 기관과 민간 기업 등에서 연구원이 모였다. 개발 계획은 전기(3년), 중기(4년), 후기(3년)의 10년 계획이다. 이미 추론(推論) 머신 PSI와 관계 데이터 베이스 머신 DELTA 등의 연구 분야에서 실적이 나타나고 있으며, 세계적으로도 높은 평가를 받기 시작하고 있다.

ICP (1) **집적 제어 처리 기구** integrated communication control processor의 약어. (2) Internet contents provider의 약어. ⇨ contents provider

ICPA 통합 한계 경로 분석 integrated critical path analysis의 약어.

IC package IC 패키지 흔히 사용되는 논리 회로로 구조적인 문제나 집적 패키지들의 연결 방식이 주요한 고려 대상이 되어 논리 설계가 쉬어지는 장점이 있다. 가산기나 승산기 같은 표준 회로를 집적 회로로 제품화한 것으로 논리 회로의 설계시 집적 패키지를 이용하면 각각의 회로들은 설계 대상에서 제외된다.

ICPEM 독립 컴퓨터 주변 장치 제조업 independent computer peripheral equipment manufactures의 약어.

ICQ 세계 시장 점유율 1위의 인터넷 메시징 시스템. 전자 우편을 통해 일일이 편지를 주고받을 필요없이 일대일, 또는 한 번에 여러 명에게 인터넷을 통해 메시지를 전송할 수 있다. ICQ는 I Seek You의 약자로 친구의 ID만 알면 전용 프로그램을 통해 실시간으로 메시지를 주고받을 수 있다. 이 프로그램의 등장으로 AIM, Yahoo 메신저 등이 개발되었다.

IC RAM 집적 회로 RAM 컴퓨터의 주기억 장치는 이런 기억 장치를 쓰는 경우가 대부분인데, 집적 기억 소자로 이루어진 온라인으로 판독/기록이 가능한 기억 장치.

ICS 아일랜드 컴퓨터 학회 Irish Computer Society의 약어.

IC socket IC 소켓 IC를 PC 보드에 장착하기 위해 사용되는 소켓. IC의 장착과 소거를 자유롭게 할 수 있다.

ICSU/AB 국제 학술 연합 회의 문헌 초록 위원회 International Council of Scientific Unions/Abstracting Board의 약어. 국제 학술 연합 회의(ISCU)가 본부 직속의 기구로 1953년에 설치한 「과학과 기술의 2차적 처리 서비스에 의해 정보 교환과 전파를 국제적으로 조직화해서 발전시키는 것 및 그것에 관련한 문제를 다루는 것」을 목적으로 하고 있다.

ICT 수신 트렁크 incoming trunk의 약어. 시동, 유지, 절단이나 데이터의 중계 등을 수행하는 장치로 수신 전용의 전송로 감시이다.

IC trimetal processing IC층 금속 처리

ICU 인터페이스 제어 장치 interface control unit의 약어.

I-cycle 명령 사이클 instruction cycle의 약어. 주소 신호가 기억 장치로 보내져 명령 레지스터에 명령이 인출되는 명령 인출 단계, 명령이 해독되어 실행되는 실행 단계, 인터럽트에 의한 정지 단계 등이 있고, 어떤 명령의 실행이 끝나고 다음 명령이 인출되어 실행이 끝날 때까지의 단계.

ID (1) **식별, 동정** identification의 약어. 보통 그 사람의 신분을 이름만으로는 구분할 수 없다. PC 통신에서는 통신 상에서의 신분증 같은 ID를 이용하여 정보 서비스를 받는다. ID는 정보 서비스 회사에 신청해서 허락을 받아야 하며, 어떤 정보 서비스 회사에서는 일방적으로 부여하는 곳도 있다. 그러나 한 곳에서 허락받은 ID로 다른 서비스 회사에 접속할 수는 없다. 즉, 현재 자기가 가입되어 있는 서비스 회사하고만 계약한 상태이므로 다른 통신 서비스에서는 통하지 않으므로, 다른 통신 서비스를 이용하고 싶으면 해당 서비스 회사에 ID를 등록 신청하는 수밖에 없다. (2) **식별(자)** identification data의 약어. ⇨ identification data (3) **산업 역학, 인더스트리얼 다이내믹스** industrial dynamics의 약어. 미국 MIT의 포레스터(Forester)에 의해서 제안된 산업 역학 이론.

I-D Internet-draft의 약어. IETF에서 인터넷과 관련된 분야와 작업에 대해 작성된 문서이며, 인터넷에 관련된 내용에 대해서 초안이 되는 문서이다. 이것은 최고 6개월 동안 언제든지 다른 문서에 의하여 수정 또는 대체되거나 아예 폐기될 수도 있다.

ID 3 실행 시간은 선형적으로 증가하는데, 주어진 객체들의 수, 객체들을 기술하기 위한 속성의 수, 개발된 개념의 복잡성에 의해 측정되며 ID 3에 의해 개발된 개념들은 주어진 속성에 기초한 결정 트리 형태를 가짐으로써 많은 객체를 다루기 위해서 창안되었다.

IDC IDC 사 Interactive Data Coporation의 약어. 컴퓨터 산업의 조사로 유명한 미국의 조사 회사. 다수의 자료가 출판되고 있다. 주로 은행 등에 펌 뱅킹(firm banking ; 은행과 기업을 통신 회선으로 연결하여 온라인으로 여러 가지 서비스를 하는 시스템)을 제공하고 있다. 보스턴에 컴퓨터 센터가 있다.

ID character 식별 문자, ID 문자 identification character의 약어.

ID division 식별부, 표제부 identification division의 약어. COBOL 프로그램을 구성하는 4개의 디비전 중 첫 번째로 기술되는 부분이며 프로그램명, 작성자, 시스템의 설치 장소, 프로그램 작성일자, 컴파일 실행일자, 비밀 여부 사항, 참고 사항을 기술한다.

IDEA improved data encryption algorithm의 약어. 1990년 머시(James L. Massey)와 라이(Xuejia Lai)가 개발한 공개 키 암호화 알고리즘의 일종. 개량형 데이터 암호화 알고리즘이다.

idea processor[aidíə pràsesər] **아이디어 프로세서** 데이터에 계층 구조를 갖게 할 수 있는 소프트웨어. 데이터에 계층 구조를 갖게 함으로써 데이터의 항목별 통합이 가능하여 전체를 예측할 수 있고, 항목별로 세밀한 편집도 가능하다. 예를 들어, 장 · 절 · 항과 같은 계층 구조를 갖게 되면, 장에서 아이디어를 세분화하는 일이나 절과 항에서 반대로 아이디어를 통합해 나가는 일도 가능하다. 워드 프로세서 등과 병용해서 이용되고 있다.

IDEAS 통합 설계 분석 시스템 integrated design analysis system의 약어.

identical[aidéntikəl] *a.* **동일한, 같은, 동일**

identification[aidèntifikéiʃən] *n.* **ID, 식별, 동정** (1) 액세스 제어(access control) 수단의 하나이며, 이용자나 단말 장치가 컴퓨터 시스템에 등록되어 있는 것과 같은 것을 시스템이 식별하는 것. 개인이나 단말 장치의 정당성을 확립함으로써 부당한 액세스를 방어하기 위해서 취해지는 수단이며, 인증(認證 ; authentication)이라고 한다. (2) 시스템의 수학적 모델과 컴퓨터 모델을 만들기 위해서 모델을 정확히 표현할 수 있도록 한 특성량. 예를 들면, 모델을 구성하는 방정식의 제어 파라미터를 측정에 의하여 결정하는 것을 말한다.

identification burst[–bə́:rst] **식별 표지** 하나의 레코드, 블록, 파일에 관한 정보의 단위를 다른 레코드, 블록, 파일 등과 구별하기 위한 일련의 표지.

identification card[–ká:rd] **ID 카드**

identification card reader[–rí:dər] **ID 카드 판독기**

identification character[–kǽrəktər] **ID character, ID 문자, 식별 문자**

identification code[–kóud] **식별 코드** 어떤 사건(event)을 다른 것과 구별하기 위해 사용하는 코드.

identification data[–déitə] **ID, 식별명, 식별자** 데이터 항목을 식별 또는 이름 붙이고, 때로는 그 데이터의 성질을 표시하기 위하여 사용되는 문자 또는 문자의 집합. 구체적으로는 일련의 레코드, 블록, 혹은 데이터 세트를 구별하기 위하여 각각에 붙여진 코드 번호 또는 이름을 말한다. 식별 코드, 파일명을 가리킨다. ID 코드라 하면 비밀 보존 유지의 목적에 사용되는 암시 코드를 가리키는 경우가 있다.

identification data base system[–béis sístəm] **식별 데이터 베이스 시스템**

identification division[–divíʒən] **식별부** COBOL 언어에 있어서 원시 프로그램을 구성하는 4개의 부 중 하나. 각 프로그램의 최초에 쓸 수 있다. 이 식별부는 프로그램의 각 단락 등으로 이루어져 있다.

identification name[–néim] **식별명** 파일명이나 데스크명, 작업명 등과 같이 시스템 내에서 어떤 시점에 하나의 의미가 있어야 하고 시스템 중에서 어떤 것을 다른 것과 구별하여 표시하기 위해 사용되는 이름.

identification number[–nʌ́mbər] **식별 번호, 조합 번호**

identifier[aidéntifàiər] *n.* **식별(자)** 식별명. 명칭. (1) 식별자 : 데이터의 항목을 식별하거나 그것에 이름 붙이거나 경우에 따라서는 그 데이터의 성질을 표시하기 위하여 사용되는 문자와 문자열. (2) 프로그램 언어에서의 변수(variable)와 배열(array), 절차(procedure)를 식별하기(또는 이름을 붙이기) 위해서 쓰이는 문자열(string). 프로그램 언어에 따라서 쓰는 방법의 규칙, 호칭이 다르다. COBOL에서는 일의명(一意名 ; identifier), FORTRAN에서는 기호 이름(symbolic name), 다른 언어에서는 「이름」이라 한다. (3) 식별명 : 어떤 대상을 식별하기 따라서 쓰여지는 문자와 문자열. 이용자 식별명(user identifier)은 컴퓨터의 정당한 사용자임을 확인하기 위해서 쓰인다. 이용자의 식별명이며, user-ID라 생략해서 쓰는 경우도 있다. 볼륨 식별명(volume identifier)은 자기 테이프와 자기 디스크의 내부에 기록되어 있는 볼륨의 관리 번호이다.

identifier word[–wə́ːrd] **식별자 단어** 탐색이나 탐색 판독 기능시에 식별자 단어는 채널 동기자 내의 특수 레지스터에 기억되어 있고, 주변 장치에 의해 읽혀진 각 단어와 비교된 탐색이나 탐색 판독 기능과 관련된 전단어 길이의 컴퓨터 단어.

identify[aidéntifài] *v.* **식별하다** (1) 주시하고 있는 것이 틀림없이 그 자체임을 명확히 하는 것. 또한 식별하기 위해서는 고유의 이름, 즉 식별명(identifier)이 필요하다. (2) FORTRAN의 경우, 식별한다고 하는 말을 「인용한다」고 하는 의미와 「이름이 불려진다」고 하는 의미로 사용된다. (3) 어떤 정보의 단위에 그것을 다른 것과 식별하기 위해 유일한 코드 또는 이름을 붙이는 것을 말한다. (4) **확인** 넷스케이프 옵션 중 Mail an News Prefer-ence 항목에 있으며 사용자의 이름과 전자 우편 주소를 입력하면 된다. 이것은 전자 우편을 사용하기 위해서는 반드시 설정해주어야 하는 항목이다.

identifying code[aidéntifàiŋ kóud] **식별 코드** 테이프나 천공 카드에서 그 내용 또는 출처를 알아볼 수 있도록 표시해놓은 코드.

identify vector[aidéntifài véktər] **단위 벡터**

identity[aidéntiti(ː)] *n.* **일치, 항등, 식별** 동일성을 표시하는 것이며 컴퓨터에서는 「일치」로 번역된다.

identity attribute[–ǽtribjùːt] **식별 속성**

identity element[–éləmənt] **일치 소자, 항등 소자** 2값 신호에 대한 일치 연산을 하는 논리 소자(logical element). 두 개의 입력과 하나의 출력을 가지며 일치 게이트(identity gate)라고도 한다. ⇨ identity gate

identity function[–fʌ́ŋkʃən] **항등 함수** 정의역인 모든 원소 x에 대해 $f(x)=x$인 함수.

identity gate [–géit] **일치 게이트, 항등 게이트** n개의 입력이 모두 같은 상태일 경우 특별한 출력을 내는 게이트. ⇨ identity element

identity matrix[–méitriks] **항등 행렬, 단위 행렬** 모든 정방 행렬 M에 대해 M · I=I · M=M을 만족하는 정방 행렬.

identity operation[–àpəréiʃən] **일치 연산, 항등 연산** (1) 대상이 되는 모든 오퍼랜드(operand)가 같은 불 값을 취할 때, 불 값 1을 결과(result)로서 출력하는 불 연산(Boolean operation). 이것은 부정 배타적 논리합 또는 동등 일치라 불려지는 것이며, EXNOR이라 쓰여지는 경우가 많다. (2) 모든 오퍼랜드가 같은 불 값을 취할 때 한하여 결과가 불 값 1이 되는 불 연산. 참고로, 두 개의 오퍼랜드에 대한 일치 연산은 등가 연산이다.

identity unit[–júːnit] **항등 장치, 일치 회로** 여러 개의 2값 입력 신호에 대하여 일치 연산을 행하는 회로. 2입력의 것은 등가 소자(equivalence element)라고도 한다.

IDF 중간 배선판 intermediate distributing frame의 약어. 단말국에서 가입자 회선과 회로를 교차 접속하는 중개 분산 프레임.

ID field ID 필드

IDL 인터페이스 정의 언어 interface definition language의 약어. 객체 지향 응용 프로그램 개발의 공통 프레임워크를 제정하는 OMG(Object Management Group)가 규격을 결정한 CORBA 객체의 인터페이스 정의 언어. 인터페이스는 신호만 정의하고 실제 장착에 관한 정보는 제공하지 않는다.

idle[áidl] *a.* **사용되고 있지 않는, 활동 정지중인** 중앙 처리 장치(CPU)와 주변 기기(peripheral device)가 작동하고 있지 않음을 표시한다.

idle character[–kǽrəktər] **아이들 문자, 유휴 문자** 데이터 전송(data transmission)에서 전송되는 데이터가 없을 때, 동기의 송수신 장치 등을 위하여 사용되는 제어 문자.

idle code[–kóud] **아이들 부호**

idle communication mode[–kəmjùːnikéiʃən móud] **아이들 통신 모드**

idle interrupt[–ìntərʌ́pt] **유휴 인터럽트** 장치나 프로세스가 유휴 상태가 되었을 때 발생하는 인터럽트(프로세서에 대한 신호).

idle line[–láin] **공선(空線)**

idle loop [–lú:p] **유휴 루프**

idle state [–stéit] **유휴 상태, 아이들 스테이트** 데이터 링크가 동작 상태로 있으나 현재는 어떤 제어나 정보의 전송도 없는 상태.

idle time [–táim] **유휴 시간** 특정한 대기 시간에 대해서 사용되는 용어이며 주로 다음과 같은 경우에 사용된다. (1) 컴퓨터 내부의 계산 처리 시간과 데이터의 입·출력 시간과의 차이에서 어느 쪽인가 한쪽에 대기 시간이 생기는데, 이 경우의 대기 시간을 가리킨다. (2) 자기 테이프의 예비품이나 카드 준비에 의해서 생기는 대기 시간을 가리키며 이 경우를 핸들링 타임(handling time)이라고도 한다. (3) 지시를 받으면 언제나 동작 가능한 상태에 있는 장치가 시스템에서 어떤 서비스도 요구되고 있지 않기 때문에 현재는 동작하고 있지 않는 시간을 가리킨다. (4) 작업과 작업과의 단절 또는 자원 수배 등으로 인해 발생하는 기계의 휴식 시간 또는 공정 계획의 공백 시간. 이 밖의 경우에도 여러 가지로 사용된다.

IDM 500 특수 목적의 빠른 프로세서를 가진 후위 기계로 일반적인 DBMS가 실행되고 내용식 디스크는 선택적인 상업용 데이터 베이스 기계이다.

IDMS 통합 데이터 베이스 운영 시스템 integrated data base management system의 약어. DBTG에서 제안한 네트워크 데이터 모형을 따르고 있는데, Cullinane Corp.(컬리난 사)가 개발 판매하는 데이터 베이스 관리 시스템.

IDN 통합 디지털 통신망 integrated digital network의 약어. IDN은 디지털 교환망에 어떤 종류의 통신 장비를 적용해도 상호간 통신이 가능한 통신망으로써 가장 이상적인 종합 통신망이다. 디지털 전송로와 디지털 교환기로 구성되며, 디지털 신호가 도중에 아날로그 신호로 변환되지 않고 전달되는 통신망을 디지털 통신망이라고 부른다. 기존의 전송로에서는 대부분 아날로그 전송 방식을 사용하지만 PCM-24 방식 등의 디지털 전송 방식이 근거리 방식을 중심으로 도입되었으며, 최근에는 동축케이블에 의한 DC-100M, DC-400M, 준밀리파(準mm 波)에 의한 20L-P의 중거리, 장거리용 디지털 전송 방식도 상용화되어 본격적으로 도입되고 있다. 디지털 전송로와 교환기를 접속하는 데에는 교환기가 공간 분할형인 경우 교환기의 전후에 디지털-아날로그 변환을 위한 디지털 변복조기(CODEC ; 부호기, 복호기)가 필요하다. 여기에 대하여 디지털 시분할 교환기의 경우 전송로와 교환기의 접속점에 변복조기가 설치되어 디지털 전송로에서 변조 신호(디지털 신호)를 그대로 접속할 수 있다. 디지털 전송과 디지털 교환의 통합 효과의 첫 번째는 망(網)의 경제화이다. 즉, 디지털 다중화 신호의 전송로와 교환기를 접속할 수 있으므로 전송 단말 장치의 기능 간소화, 교환기의 경제화가 가능하다. 두 번째로 통신 품질의 향상이다. 즉, 회선의 전송 손실에 변동이 없으며, 회선 잡음이 전송 거리의 증가에 따라 누적되어 증가되지 않는다. 세 번째로 망의 서비스가 향상된다. 디지털 통신망으로서 당초에는 디지털 정보 교환망을 시작으로 디지털 전화망, 화상망 등 서비스의 개별적인 망이 고려되어 있다. 그러나 디지털 전송 방식은 데이터, 팩시밀리, 비디오 등의 디지털 정보, 파형(波形) 전송에 적합하기 때문에 장래에는 이들 개별적인 망 상호간 설비의 공용(共用), 정보 신호의 상호 관련되는 기능의 도입 등을 거쳐 개별적인 망을 통합하여 통합 서비스 디지털망(ISDN)으로 발전될 것으로 생각된다.

IDP 종합 데이터 처리 integrated data processing의 약어. 각종 데이터를 한 장소에 모으고 어느 목적에 따라 각각 필요한 처리(계산)를 하여 필요 없으면 결과를 반송하는 것 혹은 그러한 방식. 즉, 매체는 종이 테이프이고 온라인은 아니지만 지역적으로 분산된 데이터의 수집을 가능하게 하고 정보 처리 시스템의 유기적 결합을 추진한 것이다.

IDPS 종합 데이터 처리 시스템 integrated data processing system의 약어.

IDRA 독립 디렉토리 판독-입력 영역 independent directory read-in area의 약어.

IDS (1) **통합 설계 시스템** integrated designing system의 약어. (2) **통합 데이터 저장** integrated data store의 약어. 데이터 베이스 시스템의 개념을 수립한 소프트웨어. 1960년대 전반에 당시 제너럴 일렉트릭 사의 C.W. Bachman이 개발한 것.

ID sequence field ID 시퀀스란

ID signaling ID 방식

IE 산업 공학 industrial engineering의 약어. 광의로는 인간, 자재, 설비의 종합적 시스템의 설계, 개선, 실시를 취급하는 것이며, 이 시스템에서 생기는 결과를 규정, 예측, 평가하기 위한 수학, 자연 과학의 전문적 지식과 수법을 활용해가는 것이다. 1911년에 발표된 T.W. Taylor의 과학적 관리법이며, 하나의 「기법」으로서 체계화되었다. 또 협의로는 개개의 작업자의 동작 분석(작업 시간 등)을 기초로 하여 생산을 효율화하는 수법을 가리킨다.

IEC (1) **국제 전기 표준 회의** International Electrotechnical Commission의 약어. 전기에 관한 각 국간의 규격을 통일하는 것을 목적으로 하는 국제기관으로, 1908년에 13개국의 발기에 의해 설립되었다. (2) **대규모 집적 회로** integrated equipment component의 약어. LSI가 같은 종류 IC의 집적인 것에 비해서 다른 종류의 IC를 집적한 것이며, 복잡한 기능까지도 집적하도록 되어 있고 어떤 경우에는 한 대분 컴퓨터를 집적할 수 있는 것을 말한다.

IEC bus **IEC 버스** 8개의 데이터 버스, 3개의 데이터 바이트 전송 제어 버스, 5개의 인터페이스 제어 버스로 구성되어 있는데, 각종 계측기를 접촉할 수 있고 각 계측기 간의 신호를 주고받을 수 있도록 한 통일된 규격의 계측용 인터페이스.

IEEE 전기 전자 기술자 협회 Institute of Electrical and Electronics Engineers의 약어. 미국에서의 전자, 통신 분야 및 컴퓨터 시스템과 그 이용에 강한 관심을 표시하고 있는 전문적인 기술 단체.

IEEE 1284 Institue of Electrical and Eletronics Engineers 1284의 약어. IEEE(미국 전기 전자 기술자 협회)에서 발표한 병렬 포트의 규격을 표준화한 것. 센트로닉스 인터페이스를 기초로 ECP나 EPP의 확장 사양이 함께 포함되어 있다.

IEEE 1394 Institue of Electrical and Eletronics Engineers 1394의 약어. PC나 각종 AV 기기에서 대량으로 고속 데이터 통신을 실행하기 위한 인터페이스. 파이어와이어(firewire)라고도 불리는 IEEE 1394는 전기 전자 기술자 협회(IEEE ; Institute of Electrical and Electronics Engineers)가 승인한 고속 직렬 연결이다. 이 표준은 PC와 디지털 캠코더나 VCR 같이 큰 크기의 데이터를 전송하는 소비자 전자 장치 간의 정보 교환용으로 고안되었다. 현재 파이어와이어 장치 수는 극히 한정되어 있으나 PC와 TV 결합 제안자들은 이 표준이 시간이 지남에 따라 더 많이 채택될 것이라고 본다. 윈도 98은 파이어와이어 장치를 지원하고 있다. 플러그 앤드 플레이(plug & play) 기능이 있기 때문에 각종 기기의 접속과 단절을 자유롭게 할 수 있다는 것이 장점이다.

IEEE-488 bus **IEEE-488 버스** ⇨ GP-IB

IEEE-583/CAMAC **IEEE-583/캐맥** 원래는 원자력 산업에 적용하기 위한 하드웨어/소프트웨어의 표준화였으나 현재 다른 산업에서도 채택하고 있다.

IEEE 802.3 CSMA/CD 방식에 의한 액세스 방법과 물리층의 사양을 규정한 LAN의 국제적인 표준 규격. 미국 제록스, 디지털, 인텔이 공동으로 개발한 이더넷의 사양을 기초로 하고 있다. ⇨ 그림 참조

IEEE 802.4 토큰 패싱 버스 방식에 의한 액세스 방법과 물리층의 사양을 규정한 LAN의 국제적인 표준 규격.

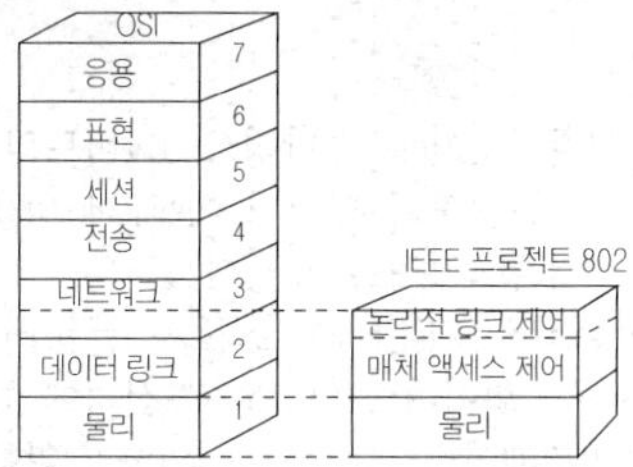

〈OSI와 IEEE 프로젝트 802(IEEE 802.4)〉

IEEE 802.5 토큰 패싱링 방식에 의한 액세스 방법과 물리층 사양을 규정한 LAN의 국제적인 표준 규격.

IEEE Computer **IEEE 컴퓨터** IEEE 컴퓨터 학회 학술지의 책명.

IEEE Computer Society **IEEE 컴퓨터 학회** IEEE 산하 컴퓨터 분야의 학회로서 컴퓨터 학술지를 발간하며, 세계의 컴퓨터 관련 과학자와 기술자들의 모임.

IEEE-CS **전기 전자 학회 컴퓨터 부회** Institutes of Electrical and Electronics Engineer-Computer Society의 약어.

IEEE floating point standard **IEEE 부동**

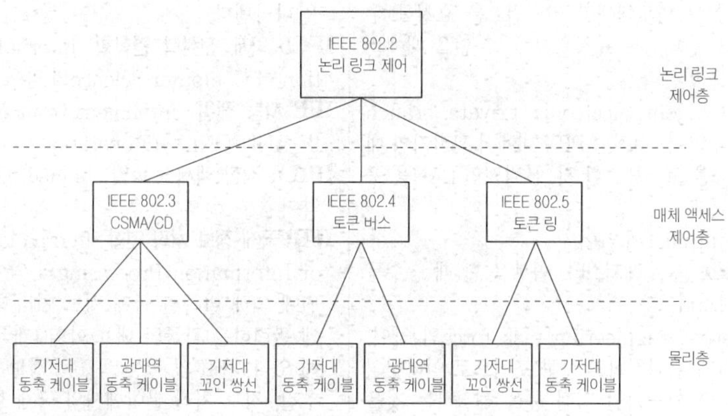

〈IEEE 프로젝트 802계층(IEEE 802.3)〉

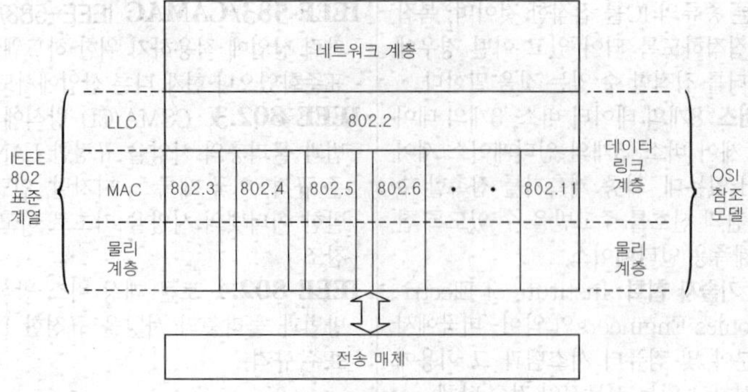

〈회로 내부 모방〉

소수점 표준 32비트의 단정도, 64비트의 배정도, 80비트 확장 정도가 있는데, IEEE에 의해 제정된 부동 소수점 형식의 표준이 된다.

IEEE P1003 IEEE(아이트리플이)는 미국 최대의 전자 관계 학회이며 P1003은 그 산하에 있는 운영 체제의 인터페이스 표준화를 심의하기 위한 위원회이다. POSIX(유닉스의 표준 사양)를 여러 분과회(WG)에서 나누어 검토하고 있다. ⇨ POSIX

IEEE project 802 IEEE 802 위원회 ISO/OSI 모델의 계층 1, 2에 해당하는 지역 네트워크 접근을 위하여 3개의 계층으로 이루어지는 프로토콜을 개발하였는데, IEEE의 계층 구조는 논리 연결 제어(LLC), 매체 접근 제어(MAC) 물리적 계층으로 구성되어 있다. MAC로서 가장 일반적인 것은 CSMA/CD, 토큰 버스, 토크링을 표준화하였다. 이것은 IEEE에서 근거리 통신망(LAN)을 표준화하기 위해서 구성했던 위원회이다.

IEN 인터럽트 기능 interrupt enable의 약어. 인터럽트의 처리나 취급시에 다른 장치로부터 인터럽트 요청을 다룰 수 없는 상태에 있는 경우에 처해지면 이의 해결을 위해 CPU 내에 하나의 플립플롭 IEN을 두어 IEN이 1일 때에만 인터럽트를 요청할 수 있도록 하고, 인터럽트 요청을 받을 수 없을 때에는 IEN을 0으로 만든다.

IEPBX intelligent electronic private branch exchange의 약어. 디지털 PBX 내에서 교환기의 내부 처리 기능을 고지능화한 것. 본격적인 LAN을 구축할 때 쓰인다.

ier 승수 multiplier의 약어.

ier register 승수 레지스터 곱셈을 할 때 승수를 기억한 레지스터.

IETF internet engineering task force의 약어. 인터넷 아키텍처 위원회의 산하 조직으로 인터넷의 운영, 관리 및 기술적인 쟁점 등을 해결하는 것을 목적으로 네트워크 설계자 및 사업자, 관리자, 연구자 등으로 구성된 개방 공동체. 분야별로 40개가 넘는 그룹으로 구성되어 있다.

IF (1) **중간 주파수** intermediate frequency의 약어. (2) [íf] **만일**

IFAC 아이팩, 국제 자동 제어 연합 International Federation for·Automatic Contral의 약어.

IF-AND-ONLY-IF element [íf ənd óunli íf éləmənt] **등가 소자** 등가의 불 연산을 행하는 논리 소자.

IF-AND-ONLY-IF operation [–àpəréiʃən] **IFF, 쌍조건문** 두 개의 오퍼랜드가 같은 불 값을 취할 때 한하여 결과가 불 값이 되는 2항 불 연산.

if B then NOT-A gate [íf bí: ðén nát ə géit] **B이면 NOT–A 게이트** ⇨ NAND gate

if clause [–klɔ́:z] **조건절**

if control structure [–kəntróul strʌ́ktʃər] **if 제어 구조** 조건이 참일 때 수행되는 일련의 명령문과 조건이 거짓일 때 수행되는 일련의 명령문이 서로 다른 제어 구조인데, 이 제어 구조를 나타내는 명령문을 if-then-else 문이라 하며, if 다음에 조건을, then 다음에 참 문장군을, else 다음에 거짓 문장군을 나타낸다.

IFCS 국제 전산학 연합회 International Federation of Computer Science의 약어.

IFE 지능 전위 intelligent front end의 약어. ⇨ IF-AND-ONLY-IF operation

IFILE 직접 액세스 파일 immediate access file의 약어.

IFIP 국제 정보 처리 연합 International Federation of Information Processing의 약어. 유네스코 후원에 의해 발족된 국제 정보 처리 학회. 정보 처리에 관련하는 각국의 대표 학회(1개국 1학회)가 가맹해 있다. IFIP의 활동 목표는 정보 과학 및 기술의 추진, 정보 처리 분야에서의 국제 협력의 추진, 정보 처리의 연구, 개발 및 적용의 촉진 등이다.

IFR 고장률 증가 분포 increasing failure rate distribution의 약어. 시스템, 기기를 구성하는 부품의 고장률이 시간과 더불어 증가하는 경우가 있는데, 그 형의 일종.

IFRB 국제 무선 주파수 등록 위원회 International Frequency Registration Board의 약어. 이 기구의 기본 설치 목적은 주파수 할당과 사용 상황을 기록하고 세계 무선 통신 회선 간의 방해를 줄이기 위해 조정하는 것이며 ITU(국제 전기 통신 연합)의 상설 기관의 하나로 국제적인 행정 위원회이다.

IF statement[íf stéitmənt] **IF 문**

IF statement assembly control[-əsémbli(:) kəntróul] **IF 문 어셈블리 제어** 어셈블리를 할 때 외부에서 들어오는 지시 사항에 따라 목적 프로그램의 어떤 부분을 그냥 통과하여 건너뛰게 하는 문장.

IF-THEN element[-ðén éləmənt] **합의 소자** 합의의 불 연산을 하는 논리 소자. ⇨ IF-THEN gate

IF-THEN ELSE[-éls] **조건문** IF 문이 참일 때 THEN 다음이 수행되며, 거짓일 때 ELSE 다음이 수행된다. 고급 언어에서 자주 사용되는 프로그램으로 어떤 조건을 부여하고 그 조건의 충족도에 따라 제어의 흐름을 달리하여 점프하는 조건문.

IF-THEN gate[-géit] **IF-THEN 게이트** ⇨ IF-THEN element

IF-THEN operation[-àpəréiʃən] **IF-THEN 연산** 첫 번째의 오퍼랜드가 불 값 1, 두 번째의 오퍼랜드가 불 값 0을 취할 때 한하며, 결과가 불 값 0이 되는 2항 불 연산. ⇨ implication

IF-THEN rule[-rú:l] **IF-THEN 규칙** 일련의 사실들 간의 관계를 나타낸 문장.

IGDM 불법 보호 모드 illegal guard mode의 약어.

IGES 그래픽 교환 규격 initial graphics exchange specification의 약어. 데이터 교환 형식의 하나. 서로 다른 CAD/CAM 시스템에서 작성된 데이터를 서로 교환할 수 있도록 하기 위한 표준 규격.

ignore[ignɔ́:r] *v.* **무시하다, 취소하다, 생략하다** (1) 무시를 나타내는 프로그램 상 명령어이지만, DO-Nothing이 수행되지 않는 것에 비해 이 명령어는 어떤 프로그램 상에서는 실제로 수행될 수도 있다. (2) 아무런 동작을 취하지 않음을 나타내는 타자기 문자로 텔레타이프의 경우 모든 구멍에 천공된 문자 코드가 무시 문자인데, 이것에 의하여 이전에 이미 천공된 문자를 지울 수가 있다.

ignore block character[-blák kǽrəktər] **블록 무시 문자** ⇨ block ignore character

ignore character 무시 문자, 취소 캐릭터, 생략 문자 앞에 지정한 동작을 취소하는 문자(character)와 무시되어 어떤 실행도 하지 않는 무동작을 요구하는 것. 즉, 데이터 내에서 문자 그 자체를 무시하는 것을 나타내는 문자. 소거 문자(erase character)라고도 한다.

IGP 내부 게이트웨이 규약 interior gateway protocol의 약어. 외부 환경이나 시스템과는 상관없이 시스템 내부에서 통신망의 경로 지정에 관한 정보를 각종 게이트웨이와 라우터에 분배하는 통신 규약.

IGRP 내부 게이트웨이 라우팅 규약 interior gateway routing protocol의 약어. 미국 시스템즈 사에서 제조, 판매하는 라우터에 사용되는 독점적인 라우팅 규약. IGP(interior gateway protocol)의 하나이다.

IGS 그룹 분리 문자 interchange group separator의 약어.

IH 인터럽트 제어기, 인터럽트 핸들러 interrupt handler의 약어.

IIB 인터럽트 정보 바이트 interrupt information byte의 약어.

IIL 통합 주사 논리 integrated-injection logic의 약어. 1972년에 매년 2월에 미국 필라델피아 펜실베니아 대학에서 열리는 ISSCC(International Solid State Circuits Conference) 국제 회의에서 발표된 새로운 개념의 바이폴러 트랜지스터의 논리 회로로, 바이폴러 트랜지스터의 LSI로의 길을 연 것이다. 이 논리 회로는 고집적 밀도로 얻어지고 전력 지연곱을 작게 할 수 있는 특징이 있다.

I interface[ái íntərfèis] **I 인터페이스** ITU-T1430/431 등에 규정된 ISDN 회선과 사용자의 단말기를 잇는 인터페이스. 기본 인터페이스(BRI)는 2B(B=64kbit/초 정보 채널), 일차군 인터페이스(RPI)는 3B+D, 24B/D와 30B+D의 두 종류가 있다.

IIOP Internet inter-ORB protocol의 약어. CORBA 표준에서 객체 간 상호 연동을 위한 표준 프로토콜로서, 네트워크 프로토콜에 상관없이 객체 간 상호 연동을 위해 필요한 일련의 메시지와 데이터 인코딩 방법을 정리한 것을 GIOP(general inter-ORB protocol)라고 하며, 이 명세를 TCP/IP에서 구현한 것이 IIOP이다. TCP/IP가 실제 인터넷 표준인 것을 감안하면 IIOP는 인터넷에서 객체 간 상호 연동 표준 프로토콜인 셈이다. 따라서 IIOP를 기반으로 한 시스템은 인터넷에서 다양한 규모의 시스템을 구성할 수 있다. ⇨ 그림 참조 ⇨ GIOP

IIPACS 통합 정보 표현과 제어 시스템 integrated information presentation and control system의 약어.

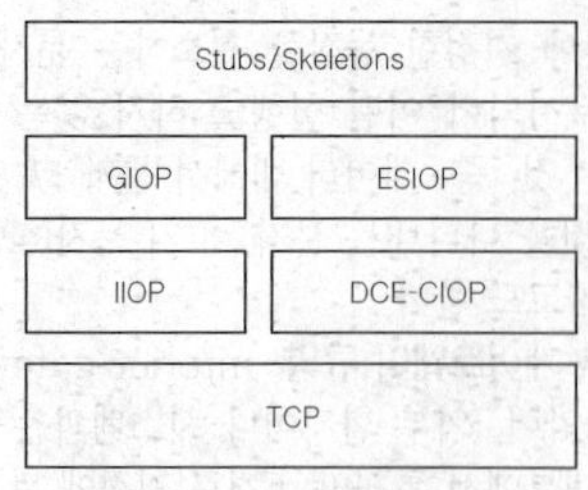

ESIOP : Environment Specific Inter-ORB Protocol
DCE-CIOP : DCE Common Inter-ORB Protocol

〈CORBA에서의 상호 운용성〉

IIS (1) **통합 공업 시스템** integrated industrial system의 약어. (2) **통합 계기 시스템** integrated instrument system의 약어. (3) **인터넷 정보 서버** Internet information server의 약어. 마이크로소프트 사에서 제공하는 인터넷 서비스 데몬 프로그램. 윈도 NT를 기반으로 운영되도록 설계되어 있으며 편리한 관리자 인터페이스를 통해 다양하고 강력한 기능들을 설정할 수 있도록 했다. 각종 서비스 사이드 스크립트를 지원하고 ASP(active server page)를 지원함으로써 동적 페이지를 제공한다. 마이크로소프트 사의 강력한 지원으로 사용자층이 급속히 넓어지고 있다.

IKBS 지능 지식 중심 시스템 intelligent knowledge-based system의 약어.

ikon [áikɑn] *n*. **상(像)** 계수나 매개변수를 약간 변경하였을 때 결과 자체가 크게 달라져 버리게 되는 경우.

i.Link [ái líːŋk] **아이링크** 디지털 비디오 카메라 등에서 제품화되는 직렬 인터페이스 규격. IEEE 1394의 본격적인 보급을 목적으로 소니 사가 제창한 호칭. ⇨ IEEE 1394

ill condition [il kəndíʃən] **불량 조건** 계수나 매개변수의 값을 약간만 변경시켜도 연산 결과가 크게 달라지거나 연산이 아예 불가능해지는 상태.

ill-defined query [-difáind kwí(ː)ri(ː)] **불량 정의 질의** 불량 정의되지 않는 질의를 우량 질의라 하고, 1차 프레디킷 해석에서 변수들의 번역이 질의의 중요한 답을 내줄 정도로 충분히 제한되지 않은 질의이다.

ill-condition [-kəndíʃən] **불량 조건**

I²L IIL, 아이스퀘어엘

I²L inverter 아이스퀘어엘 인버터 반도체 제조 기술 중 I²L 기술의 기본 회로로서 인버터의 역할을 하는 회로.

illegal [ilíːgəl] *a*. **부당의, 위법의, 불법의, 일리걸** 「불법의」, 「부당의」라고 번역되고, 그대로 「일리걸」이라고도 한다. 이것은 주어진 명령(instruction)이 컴퓨터에서는 실행될 수 없는 명령인 것과 파라미터의 지정이 잘못되어 있는 것 등을 나타낼 때 쓰인다. 전자는 일리걸 명령(illegal instruction) 혹은 일리걸 커맨드(illegal command)라고 하며, 후자는 불법 연산(illegal operation) 등이라 불린다.

illegal character [-kǽrəktər] **틀린 문자** 어떤 기준에 따라 유효하지 않는 문자 또는 비트의 조합.

illegal code [-koúd] **불법 코드** 문자 또는 기호들이 나타날 경우 이들은 실수나 기능 불량의 결과로 판정되며, 정의된 영문자나 특정한 언어의 진정한 일원이 아닌 부호 문자나 기호로 금지된 형태이다.

illegal command [-kəmɑ́ːnd] **불법 명령**

illegal control message error [-kəntróul mésidʒ érər] **불법 제어 메시지 오류** 정의되지 않는 제어 전문이 읽혀졌을 경우에 그것이 입력되었으면 다시 타이프하고 그렇지 않으면 컴파일 또는 어셈블 부분만 수행하고 작업 오류로 판정하는 것.

illegal copy [-kɑ́pi(ː)] **불법 복사** 저작권을 포기한 프로그램 이외의 프로그램 코드는 서적이나 영화와 같이 그 저작권이 보호되고 있다. 이러한 저작권에 반하는 불법으로 복사된 프로그램 및 소프트웨어를 불법 복제물 또는 불법 복사물이라고 한다.

illegal guard mode [-gɑ́ːrd móud] **IGDM, 불법 보호 모드**

illegal instruction [-instrʌ́kʃən] **불법 명령, 부당 명령**

illegal operation [-ɑ̀pəréiʃən] **불법 연산** 컴퓨터가 명령어 부분을 수행할 수 없거나 타당하지 않은 결과를 발생시키는 과정으로서, 컴퓨터에 내정된 제약 조건에 의한 한계성을 나타낸다.

ILLIAC IV 일리악 IV 미국 일리노이 대학의 병렬 컴퓨터. 동일 연산을 여럿이 동시에 실행하는 공간 분할형 병렬 컴퓨터로, 64개의 처리 엘리먼트를 가진다. ILLIAC IV는 병렬 컴퓨터의 대표로 유명하고 이것을 이용한 병렬 처리 프로그램에 관한 연구도 많이 이루어지고 있다.

illuminant C [ilúːminənt síː] **광원 C** CIE의 색도표에서 표준 백색을 정의하는 표준 광원.

illuminate [ilúːminèit] *v*. **밝기** 디스플레이 상에서 영상 출력의 밝기가 증가되는 현상.

Illustrator [íləstrèitər] **일러스트레이터** Adobe Illustrator를 말한다. 미국 어도비 시스템즈 사가 개발한 그래픽 디자이너용 소프트웨어. 포스트스크립트를 기반으로 한 그리기 도구와 텍스트 처리 기능을 갖춘 소프트웨어로 DTP나 그래픽 디자인 등에 활용되고 있다.

ILS system 통합 기호 논리학 지원 시스템 integrated logistic support system의 약어.

IM (1) **인스턴트 메시징** instant messaging의 약어. 네트워크 상에서 간단한 메시지나 파일의 송수신이 가능한 소프트웨어의 총칭. 대표적인 IM으로는 ICQ, MSN 메신저, 버디버디, 소프트 메신저, AIM, Yahoo! 메신저 등이 있다. (2) **적분 모터** integration motor의 약어. 축의 회전 각도는 입력 신호를 시간으로 적분한 값에 비례하며 출력측 회전 각도의 입력 신호에 대한 비율이 일정하게 설계된 모터.

IMA 대화형 멀티미디어 협회 Interactive Multimedia Association의 약어. 멀티미디어 운영 체제의 표준화 작업을 위해 미국의 민간 기업이 중심이 되어 결성된 단체. 약 350개 사가 가맹되어 있다. 미국의 마이크로소프트, 애플, IBM, 컴팩, 선 마이크로시스템즈, SGI 등과 일본의 소니, NEC 사 등이 스폰서로 활동하고 있다. 표준화 작업은 아키텍처, 디지털 비디오, 오디오, 타임드 미디어 데이터 교환, 차이나 타운 등 5개 기술 작업 그룹으로 나뉘어 있다.

iMac 아이맥 애플 사의 일체형 매킨토시 컴퓨터. 15인치 모니터와 스피커, 본체가 결합된 형태로 반투명 재질이고 헬멧과 흡사한 모양이다. 그동안 천편일률적인 베이지색에서 벗어나 디자인에 혁신을 가져온 제품이다. 최근에는 노트북 형태로 만들어진 iBook도 나왔다.

IMACS 국제 시뮬레이션 수학 전산 협회 International Association for Mathematics and Computers in Simulation의 약어. 하이브리드 컴퓨터 계산 방법에 관심이 있는 전문가나 사용자들 간에서 과학적 정보의 교환을 도모하기 위해 조직된 직업 단체.

image [ímidʒ] *n*. **영상, 이미지** 다음과 같은 것을 「이미지」라 부른다. (1) 기억 매체와 기억 장치의 어떤 부분을 그 상태 그대로의 형태로 다른 장소와 매체로 카피한 것. (2) 주기억 장치에 저장되어 있는 그때의 시스템의 동작 상태를 가리킨다. 즉, 메모리 레지스터와 파일 등의 값과 내용, 특히 코어 메모리(core memory) 상에 있는 경우 코어 이미지라 부른다. (3) 컴퓨터 그래픽스(CG)에서 취급한다. 주로 점으로 구성되는 그림과 도형. 일반적으로는 하나의 점(하나의 화소(畵素))에 1비트를 할당하고 처리한다. 그래픽 디스플레이에 마우스 등으로 입력하는 것 이외에 사진 등을 복사기와 팩스로부터 입력할 수 있다. 이 데이터들을 이미지 데이트(image date)라 부른다. (4) 그래픽 디스플레이와 이미지 프린터 등으로 출력된 영상.

image acquisition system [–ækwizíʃən sístəm] **영상 수집 시스템**

image analysis system [–ənǽlisis sístəm] **영상 분석 시스템** 화상 데이터가 가지고 있는 정보를 바탕으로 여러 가지 화상 처리를 함으로써 필요한 정보를 꺼내서 해석하는 시스템.

image builder [–bíldər] **이미지 생성기**

image class [–klɑ́:s] **영상 부류** 이 영상 부류는 주로 팩시밀리와 같이 이미지를 처리하는 단말 장치를 네트워크 상에서 이용하기 위한 가상 터미널 부류이다. 가상 터미널의 표준화를 위하여 가상 터미널을 여러 가지로 분류하는데, 그 가운데 ECMA나 ISO 같은 표준 기구에서 분류하고 있는 것 중의 하나이다.

image communication system [–kəmjù:nikéiʃən sístəm] **이미지 통신 시스템** 네트워크를 통해 이미지 정보를 통신하는 시스템. 네트워크를 이용한 TV 회의 시스템, CU-SeeMe 등이 이에 해당된다. 동영상을 디지털 신호로 변환하여 네트워크의 회선으로 송수신한다. 동영상은 단위 시간당 데이터의 양이 너무 많아 ISDN 등의 고속 회선을 이용해도 실시간으로 모든 데이터를 송신할 수는 없다. 따라서 이미지 데이터를 압축하거나 프레임 수를 줄여야 한다. 단말기 간 통신, 센터와 단말기 간 통신이 있다.

image compression [–kəmpréʃən] **영상 압축**

image data [–déitə] **영상 데이터** 여러 가지 기억 매체 상의 데이터 표현 형식. 이것은 자기 테이프 상에 계수화된 데이터를 기억한 것이 아니고 카드 영상대로 기억된 데이터를 의미한다.

image data base [–béis] **화상 데이터 베이스** 화상 정보로 이루어지는 데이터 베이스. 아날로그 데이터라면 화상 필름 등이 해당되지만 여기서는 음성, 화상 모두 디지털 데이터로만 취급한다.

image data set [–sét] **이미지 데이터 세트** 컴퓨터 시스템에서 사용되는 데이터 세트로서 코드화되어 있지 않는 정보를 갖는 데이터 세트.

image digitizer [–dídʒitàizər] **영상 디지타이저** 디섹터관(dissector tube)이라고도 하는 특수 촬상관을 사용한 영상 입력 장치.

image display system [–displéi sístəm] **영상 표시 시스템** 그래픽 시스템에서 레지스터를 주사하기 위해 낮은 속도로 재생 버퍼를 읽으면서 비율 주사를 이용하여 1/30초당 전체 화면을 재표시하도록 하는 시스템.

image dissector [–diséktər] **영상 판독기** 영상 입력 장치의 하나. 광 패턴이 광전면(光全面)에 닿으면 광전자가 나온다. 이것을 자계에 의해 제어하여 패턴 밝기에 맞는 신호를 꺼냄으로써 영상 입력을 하는 장치. TV 카메라와 같이 피사체 촬상(撮

〈영상 화면 시스템〉

像)이 가능함과 동시에 랜덤 주사가 행해지는 점이 특징이다. 또 컴퓨터의 인터페이스도 쉽게 실현 가능하다.

image editor[–éditər] **영상 편집기**

image engineering[–èndʒəníəriŋ] **영상 공학**

image enhancement[–inhǽnsmənt] **영상 개선** 입력 영상을 특별한 응용 목적을 위해 좀더 적합한 영상으로 변환하는 방법으로 fittering, smoothing 등이 있다.

image file[–fáil] **화상 파일** 화상 정보는 보통 아날로그 정보이지만, 이것을 무수한 코드화된 디지털 정보의 집합으로 간주하여 파일화하는 기술의 발달에 의한 것이며, 화상 파일은 화상 정보를 기록한 것이고 종래의 층이나 마이크로필름, 마이크로 PC에서 비디오 디스크, 자기 기록에 의한 파일 등이 개발되어 수만 개 이상의 화상의 축적, 검색, 화상 정보의 고속 전송을 할 수가 있게 되었다.

image hierarchy[–háiərɑ̀:rki(:)] **영상 계층** 각 서브루틴은 출력 프리미티브를 포함하여 영상을 묘사하는 세그먼트로 구성되며, 그래픽 패키지에서 효율적인 화상을 표시하기 위해서 DPU의 서브루틴을 호출하여 사용하는 방법.

image information[–ìnfərméiʃən] **영상 정보** 그림, 지도, 필기 문자, 음성 등 사람이 그대로 이해할 수 있는 정보 외에 컴퓨터에 의한 처리에 적합한 데이터의 근원이 될 수 있는 정보의 총칭. 단순히 「이미지」라고 부른다.

image irradiance[–iréidiəns] **영상 발광** 영상의 한 점에서 밝기를 의미하는 용어로 실제 장면의 밝기에 비례한다.

image library[–láibrəri(:)] **이미지 라이브러리**

image map[–mǽp] **이미지 맵** 이미지를 일정 구역으로 나누어 각 영역에 URL을 할당함으로써, 특정 영역을 선택하면 지정된 웹 사이트로 접속할 수 있게 만드는 것. 메뉴 바 등의 나열식 항해 도구보다 장점이 있으나 잘못 사용될 때 오히려 고객에게 혼란을 가중시킬 수 있다.

image master file[–mɑ́:stər fáil] **이미지 마스터 파일**

image measuring [–méʒəriŋ] **도형 인식**

image mode[–móud] **이미지 모드**

image printer[–príntər] **이미지 프린터, 화상 프린터** 주로 문자를 출력하는 보통의 프린터에 대해 화상 출력을 목적으로 하는 프린터. 최근에는 고성능 컬러 화상 프린터도 많이 보급되고 있다.

image processing[–prɑ́sesiŋ] **IP, 영상 처리** 화소 처리(picture processing)라고도 한다. 컴퓨터에 의한 디지털 영상 처리는 메모리 소자 등의 급속한 진보에 의해 우주 관측, 의료용, 사진 해석, 디자인, 각종 패턴 인식 등 많은 응용 분야에서 실용화되고 있다. TV 카메라, CCD 카메라 등이 영상 입력 장치로, 또 카피를 위한 하드, 소프트의 각종 출력 장치가 사용되며, 디지털화된 영상을 컴퓨터로 처리하기 위한 몇 가지 특별한 수법도 개발되고 있다.

image processing computer[–kəmpjú:tər] **영상 처리 컴퓨터** 영상의 복원 처리로 알려진 영상의 유실 방지 또는 불분명한 부분에 대한 확대, 정보의 추출 과정인 특정 부분의 계량 등 세 가지 범주를 가리킨다.

image processing system[–sístəm] **영상 처리 시스템**

image processor[–prɑ́sesər] **영상 처리기, 화상 처리 프로세서** 영상 처리기는 데이터의 입출력을 그래픽 형태로 한다. 컴퓨터에 의한 화면 처리를 고속화하기 위한 전용 하드웨어. 화면 처리에는 매우 대량의 데이터를 고속으로 처리하지 않으면 안 되는 경우가 많기 때문에 PC 본체의 CPU만으로는 실용적인 처리 속도를 얻을 수 없으므로 화상 처리 프로세서를 사용한다.

image reader[–rí:dər] **화상 입력 장치** 사진, 지도, 도면, 그림 등의 화상 정보를 직접 디지털 데

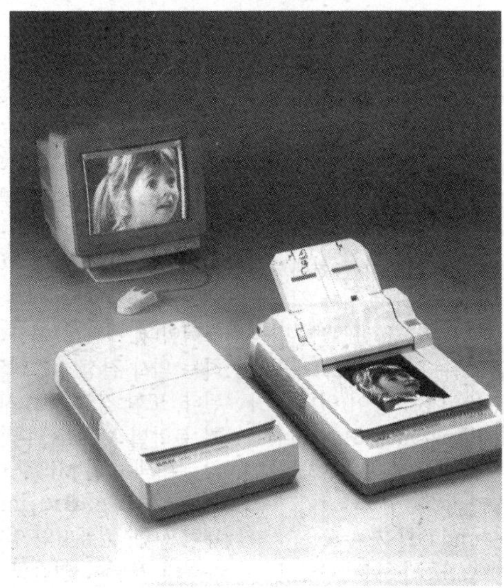

〈영상 스캐너〉

이터로서 입력하는 장치. 이미지 스캐너가 대표적이며 카메라에 의한 입력 장치도 있다. 이미지 스캐너는 PC 화상 정보를 입력하거나 전자 파일에 그림이나 사진을 기억시키는 데 이용하는 것으로 입력 방법에는 세 가지가 있다. ① 광 센서를 고정시키고 원고를 보내는 팩시밀리형, ② 원고를 고정하고 광 센서를 이동시키는 복사형, ③ 마이크로필름에도 사용할 수 있는 카메라형.

ImageReady 이미지레디 Adobe ImageReady를 말한다. 웹용 이미지 작성에 필요한 기능으로 특화한 이미지 처리 소프트웨어. 어도비 시스템 사의 PhotoShop, Illustrator 등과 공통의 인터페이스를 공유하여 호환할 수 있도록 되어 있다.

image recognition[ímidʒ rekəgníʃən] **도형 인식** 도형을 기계적 주사나 광학적 주사에 의해서 읽어내어 컴퓨터에 입력하고 데이터 처리와 고도한 알고리즘을 써서 도형 중에 포함되어 있는 모든 정보를 자동으로 해석하여 사람이 갖는 도형 인식 능력과 같은 수준으로 인식하여 필요 사항을 출력하는 기능.

image regeneration[–ridʒènəréiʃən] **영상 재생기** 기억 장치 내에 저장된 표현 형식으로부터 표시 영상을 생성하기 위해서 필요한 일련의 동작. ⇨ regeneration

image restoration[–rèstəréiʃən] **이미지 복원** 컴퓨터 시스템 상에 기록된 이미지나 동영상을 복원하는 것. 비디오 카메라 등으로 촬영된 영상은 정보량이 거대하기 때문에 색조의 단계, 1초당 프레임 수, 해상도 등을 압축한 데이터로 되어 있다. 따라서 복원 이미지의 품질은 압축 방식이나 처리하는 하드웨어의 성능에 따라 크게 달라진다.

image scanner[–skǽnər] **영상 스캐너** 화상 정보를 입력하는 장치. 단지 도형뿐만 아니라 사진까지도 입력이 가능하다. 화면상에서 문자까지도 입력이 가능하다. 최근에는 컬러 영상 스캐너도 등장하고 있다. ⇨ 그림 참조

image sensor[–sénsɔːr] **영상 감지기** 촬상 또는 영상 처리가 가능한 감지 소자로, CCD나 BBD 등의 전하 전송 장치가 대표적이다.

image setter[–sétər] **이미지 세터** 페이지 기술 언어로 작성된 문서의 데이터를 입력하고, 인화지에 레이저로 감광시켜 고정밀도의 판화를 만드는 기기.

image transformation[–trænsfərméiʃən] **영상 변환** 이것은 이동, 확대, 축소, 회전 등을 포함하는 정규 장치 좌표계에서 화상의 실시간 처리로 보편 좌표계에서 장치 좌표계로 변환되어 재생 버퍼에 저장된 화상을 화면으로 변환하는 것이다.

image translation[–trænsléiʃən] **영상 이동** 재생 버퍼에 저장되어 있는 상대 좌표를 가진 표상 명령어들을 초기 좌표를 이용하여 절대 명령어로 변환시키는 기법.

image understanding[–ʌndərstǽndiŋ] **이미지 이해** 풍경 사진 등을 해석해서 「건물 앞에 건널목이 있다」는 등의 어떤 사항에 대해 인간의 말뜻을 이해하여 응답하는 시스템이 있으며, 컴퓨터가 축적하고 있는 지식을 이용하여 화상이나 음성을 이해하는 것이다.

Image Writer[−ráitər] **이미지 라이터** 애플 사의 도트 매트릭스 프린터의 상품명. Ⅰ, Ⅱ, LQ의 세 가지가 있고, 해상도는 Ⅱ가 144dpi, LQ가 216dpi이다.

imaginary[imǽdʒinɛ(ː)ri(ː)] *a.* **상상의, 허수의** 일반적으로 「가상의」, 「상상의」라는 의미이지만 컴퓨터의 경우는 다음과 같이 쓰이는 경우가 많다. 「허수」, 허수 단위를 i라 할 때 「a + ib」라는 형태로 표시되는 수를 복소수(complex)라 하며, a를 실수부, 예를 들어 FORTRAN에서는 (a, b)란 표현 방법이 취해진다. 허수를 취급할 수 있는 프로그래밍 언어로서 FORTRAN, ALGOL, PL/I 등이 있다.

imaginary constant[−kɑ́nstənt] **허수 상수** PL/I 언어에 있어서 실수부가 0이며, 허수부가 지정된 값을 갖는 복소수 값을 가리킨다.

imaginary demand[−dimɑ́ːnd] **가 수요**

imaginary number[−nʌ́mbər] **허수**

imaginary part[−pɑ́ːrt] **허수부**

IMA/IMNA input message acknowledge/input message negative acknowledge의 약어. 메시지 변환에서 시스템측이 단말에 대해 보내는 것으로 입력된 전문(電文)이 수신되었나(IMA) 거부되었나(IMNA)를 나타낸다.

IMAP Internet message access protocol의 약어. IMAP은 멀리 떨어져 있는 서버의 이메일 메시지 관리 방법을 제공하는 것으로서 POP 프로토콜과 흡사하다. 하지만 IMAP은 POP보다 더 많은 옵션을 제공한다. IMAP는 메시지 머리말만을 다운로드할 뿐 아니라 다중 사용자 메일 박스와 서버에 기반을 둔 저장 폴더를 만들어준다. ⇨ POP

IME 입력기 input method editor의 약어. 마이크로소프트 사가 윈도에서 내부적으로 이용하고 있는 문자 입력 시스템의 명칭.

IMF 접속 메시지 프로세서 interface massage processor의 약어. 컴퓨터 네트워크에서 몇 개의 호스트 컴퓨터를 상호 접속하기 위해 사용되는 중계용 미니컴퓨터와 같은 것으로 메시지 교환 제어와 네트워크 감시가 주된 역할이다.

IMHO in my humble opinion의 약어. (1) 원어로 in my opinion(제 생각으로는)보다 더 겸손한 표현으로써 Usenet의 게시판이나 대화 도중에 자기 자신의 생각을 말하기 위해 이 말을 한 다음 자기의 의견을 말한다. 이는 인터넷 상에서의 예절(netiquette)의 한 형태이며, 이 용어와 비슷하게 사용되는 약어는 IMNSHO(in my not-so-humble opinion)이다. (2) 온라인 포럼에서 자주 사용되는 약어로서 「저희 의견으로는 …」 라는 의미이다. 특히 격렬하게 논쟁중인 화제에 대해서 토론할 때 유용하게 사용될 수 있다.

IMIS 통합 경영 정보 시스템 integrated management information system의 약어. 경영의 전반에 관한 정보를 통합적으로 확보(분류 · 저장)하여 각 분야에서의 의사 결정을 신속히 수행하는 동시에 기업을 종합 시스템으로 통합 관리 운영하는 데 필요한 정보를 산출하여 의사 결정과 의사 조정을 유기적으로 관련시키는 시스템. 이 시스템은 컴퓨터에 의한 자료 처리 기능과 정보를 전달하는 통신 시스템이다. 그리고 이를 이용하여 경영 방침을 결정하는 의사 결정 시스템의 세 가지가 통합되어 구성된다. 또한 경영 정보 시스템의 초보 단계에서는 경영 분야별 MIS가 이루어지고 발전 단계에서는 경영 분야의 종합 MIS가 이루어진다.

imitation game[imitéiʃ(ə)n géim] **모방 게임** 튜링 시험. 컴퓨터와 인간에게 같은 질문을 하여 컴퓨터의 응답이 인간의 응답과 구별하기 힘들수록 그 컴퓨터는 우수하다고 판정하는 게임. 인공 지능 개발에 이용된다.

immediate[imíːdiət] *a.* **직접의, 즉시의** 명령 실행시의 어드레스 지정과 데이터로의 액세스 등이 직접적으로 가능한 것을 형용한다. 「바른」, 「지연 없이」라는 의미가 포함되어 있다. 「간접적(indirect)」, 「상대적(relative)」 등과 대비된다.

immediate access[−ǽkses] **즉시 액세스** 데이터의 판독과 기록이 지연되지 않고 행할 수 있는 것. 즉, 데이터의 판독과 기록을 위해서 컴퓨터가 일시적으로 기타 명령을 받아들이지 않고 비교적 짧은 시간 내에 데이터를 기억 장치나 레지스터에 저장하거나 얻을 수 있는 능력으로 랜덤 액세스(random access)라고도 한다. 또 단순히 데이터의 판독과 기록이 빠름을 의미하는 경우도 있으며, 이 경우에 대표적인 것이 디바이스(device)이다.

immediate access store[−stɔ́ːr] **IAS, 즉시 기억** 다른 종류의 컴퓨터 조작 시간에 비해 상대적으로 무시해도 좋을 정도로 짧은 액세스 타임을 가지는 기억 장치.

immediate action routine[−ǽkʃən ruːtíːn] **즉시 처리 루틴**

immediate add[−ǽ(ː)d] **즉시 가산** 즉시 조작 명령의 하나로 결과를 지정된 누산기에 되돌려서 저장하거나 누산기에 더하는 즉시 피연산자의 내용을 조작하는 것.

immediate address[−ədrés] **직접 번지** (1) 일반적으로 명령 중에 오퍼랜드(operand)가 들어 있는 장소를 표시하기 위해서 어드레스를 지정하지만 이 어드레스 대신에 데이터 그 자체를 지정하는 것을 말한다. 즉, 「어드레스 a번지에 있는 값 b를 호출하고, 그것에 대하여 c를 실행하라」라는 것이다. immediate induction, immediate operand라고도 한다. (2) 어드레스부의 내용이 오퍼랜드의 어드레스가 아니고, 값 자체인 것.

immediate addressing[-ədrésiŋ] **직접 번지 지정** 명령 번지부가 즉시 번지를 포함하는 번지 지정 방식. 또한 직접 데이터로서 사용하는 수치는 2진수일 때 숫자 뒤에 B, 8진수일 때 0, 16진수일 때 H를 붙여서 표시한다.

immediate addressing mode[-móud] **직접 번지 지정 방식** 명령어 속에 피연산자의 주소 지정을 위해 주소 대신에 데이터값을 직접 사용하는 지정 방법.

immediate address instruction[-ədrés instrʌ́kʃən] **즉시 주소 명령어** 명령어의 주소 부분에 피연산자의 주소를 가지고 있는 것이 아니라 피연산자의 값을 기억하고 있는 명령어.

immediate AND[-ənd] **즉시 AND** 즉시 데이터, 즉 명령 그 자체의 부분으로 되어 있는 하나 혹은 여러 바이트의 데이터를 이용하여 AND를 취하는 명령.

immediate command[-kəmά:nd] **즉시 명령**

immediate constraint[-kənstréint] **즉시 제약 조건** 삽입, 삭제, 갱신 등 연산이 수행된 즉시 적용되는 제약 조건.

immediate data[-déitə] **즉시 데이터** 명령의 오퍼랜드 부분이 그대로 데이터로서 취급되는 것.

immediate execution mode BASIC 즉시 수행 베이식 이것은 프로그램을 교정하는 데 도움이 되고, 크기가 작은 프로그램이나 한 줄짜리 프로그램을 삽입하는 즉시 수행할 수 있다.

immediate instruction[-instrʌ́kʃən] **즉시 명령** 지정된 연산에 대한 오퍼랜드의 어드레스가 아니라 오퍼랜드 그 자체를 포함하는 명령.

immediate mode[-móud] **즉시 모드** 명령의 주소부는 보통 피연산자가 저장되어 있는 기억 장치의 주소를 지시하는 것이지만 이 모드에서는 주소의 값 자체가 피연산자가 된다. 즉, 명령의 주소 지정 모드의 일종으로 명령 안에 피연산자를 포함하는 것.

immediate mode commands[-kəmά:ndz] **즉시 모드 명령어** 사용자가 어떤 명령어를 입력하면 그것이 바로 실행되는 것.

immediate operand[-άpərǽnd] **즉시 오퍼랜드** 명령어의 어드레스부에 어드레스가 아닌 실제값이 기억되는 피연산자.

immediate operation[-àpəréiʃən] **즉시 연산**

immediate processing[-prάsesiŋ] **즉시 처리** 데이터가 준비되거나 사용할 수 있게 되자마자 즉시 수행되는 데이터 처리.

immunity[imjú:niti] **내잡음성** 컴퓨터 시스템 등에 사용되는 전자 기기에 외부로부터 잡음이 가해졌을 때 어느 정도까지 오동작 없이 작동하는가의 척도.

IMO in my opinion의 약어. 몇 개의 단어의 머리글자를 따서 만든 약성어는 이메일과 글을 올릴 때, 그리고 채팅할 때 사용된다. IMO는 대안으로 쓰이는 IMHO보다 더 정확하게 사용된다. ⇨ IMHO

IMP 접속 메시지 프로세서 interface message processor의 약어.

IMPACT 임팩트 inventory management program and control techniques의 약어. 판매 회사에 대한 재고를 적극적으로 제어하는 것이 그 목적이나 생산 회사의 재료, 부품, 제작중인 물품의 재고 관리에도 사용된다. 몇 가지 프로그램의 집합이고, 일상 발생하는 데이터의 처리로 가능하나 재고 관리 시스템을 설계하는 데 사용되는 시뮬레이션이기도 한 IBM 사가 개발한 재고 관리의 이론 및 이를 실시하는 프로그램.

impact[ímpækt] *n.* **충격, 임팩트**

impact avalanche and transit time diode[-ǽvəlɑ:ntʃ ənd trǽnsit táim dáioud] **IMPATT diode, 임팩트 다이오드**

impact dot matrix printer[-dάt méitriks príntər] **충격식 도트 매트릭스 프린터**

impact matrix printer[-príntər] **충격식 매트릭스 프린터** 연속적 도트 매트릭스 프린터의 프린트 헤드는 페이지를 통해 움직이는 바늘 모양과 해머들이 수직 칼럼으로 구성되어 있는데, 이 해머들이 선택적으로 종이를 쳐서 글자가 인쇄된다. 일부 프린트는 글자가 고형체인 경우도 있는데, 인쇄 속도는 장치의 종류에 따라서 다르다. 대체로 5,000~10,000인 lpm 정도이다. 즉, 작은 도트의 조합에 의해 문자를 형성하는 도트식 인자 장치의 일종이다. 큰 글자는 인쇄할 때 인쇄가 선명하지 못한 단점이 있다.

impact printer[-príntər] **임팩트 프린터** 기계적 충격에 의해서 인쇄하는 프린터의 총칭. 넌 임팩트 프린터(non-impact printer)에 비해 ① 복사가 가능하며, ② 인쇄 품질이 좋고, ③ 용지 가격이 싸다고 하는 점에서 우수하다. 대표적인 인쇄 방식으로서 모형 활자 방식, 도트 매트릭스 방식이 있다. 활자를 잉크 리본과 용지를 두드려서 인쇄하는 것이 활자 방식이고, 1행마다 하나로 정리하여 인쇄하는 라인 프린터(line printer)와 타이프라이터와 같이 한 자씩 순번으로 인쇄하는 것을 시리얼 프린터

(serial printer)라 한다. 또 활자의 세트는 사용치 않고, 도트의 조합으로 그 때마다 문자를 만들어 인쇄하는 것이 도트 매트릭스 방식이다. 도트 방식의 프린터는 고속이면서 문자의 종류도 다양하므로 급속히 보급되고 있다.

IMPATT diode 임패트 다이오드 impact avalanche and transit time diode의 약어. 이것은 마이크로파 및 밀리파 영역에서 고출력이 얻어지는데, 반도체 pn 접합에 역바이어스 전압을 가했을 때 공핍층에서의 애벌런시 증배에 의해서 생기는 캐리어가 적당한 길이의 공핍 영역을 드리프트할 때 주행 시간에 의한 위상 지연에 따르는 부성 저항을 이용한 고체 발진 소자이다.

impedance[impí:dəns] *n.* **임피던스** 저항, 인덕턴스 및 정전 용량이 어떤 특정 주파수에 미치는 복합 효과. 즉, 교류 회로에 가해진 교류 전압 V와 그 회로에 흐르는 교류 전류 I와의 비를 말하며, 단위로는 옴(Ω)을 사용한다.

imperative[impérətiv] *a.* **명령의, 무조건(의), 임피러티브**

imperative language[–lǽŋgwidʒ] **명령형 언어** 이 언어는 기존의 폰 노이만 방식의 컴퓨터 구조에 적합하며 현재 실용되는 대부분의 언어로, 어느 수식의 값을 변수에 지정함으로써 기억 장치의 내용을 바꾸는 작용을 처리의 기본으로 하는 프로그래밍 언어이다. 단점은 이론적인 정확성의 증명이 쉽지 않고 부작용이 생길 수도 있다는 것이다.

imperative macro[–mǽkrou] **실행형 매크로**

imperative macro instruction[–instrʌ́kʃən] **실행형 매크로 명령** 원시 프로그램 중의 매크로(macro) 명령(같은 명령 프로그램 중에 이름을 붙여 등록시킨 일련의 명령군)에서 그것에 의해 목적 프로그램의 명령이 생성되는 것. 이에 대해서 선언 매크로 명령(declarative macro instruction)은 컴파일러(compiler)에 무엇인가 동작시키거나 어떤 조건에 주의시키거나 하는 명령으로, 실행형 매크로 명령과 같이 목적 프로그램의 동작을 야기시키는 일은 없다.

imperative operation[–àpəréiʃən] **필수 조작** 컴퓨터에 의한 데이터의 조작을 요구하는 하나의 명령어.

imperative programming language[–próugræmiŋ lǽŋgwidʒ] **명령적 프로그래밍 언어** 한 개의 CPU와 한 개의 기억 장치를 갖는 폰 노이만에 의해 제안된 컴퓨터 구조에 의해 크게 영향을 받은 언어로, 지정에 의해 변수의 상태를 바꿈으로써 결과를 얻도록 하는 프로그래밍 방식에 적합한 언어.

imperative sentence[–séntəns] **무조건 완결문**

imperative statement[–stéitmənt] **무조건 명령문** 「명령문」의 의미이지만, 프로그램에서는 원시 프로그램의 명령 중에서 목적 프로그램 중의 실제의 기계어 명령으로 변환되는 실행문을 말한다. COBOL에서는 무조건 명령문이라 한다. ACCEPT, CALL, MOVE와 같이 무조건 동사로 시작하여 무조건으로 결정된 동작을 취하도록 지시하는 명령. ALGOL에서는 무조건문이라 하고, FORTRAN에는 이 용어가 없다.

IMPL 초기 마이크로프로그램 로드 initial microprogram load의 약어.

implement[ímpləmənt] *v.* **실현하다, 실행하다** 종이 위에 입안(立案)된 프로젝트와 설계된 시스템을 「구체화하는」, 「실시하는」 것. 프로그램을 시방서에 기초하여 개발한다는 의미로도 사용된다. 이것에서 파생된 합성어인 시스템 구현(system implementation)은 시스템 개발 단계 후에 실시하는 일련의 작업이며, 개발한 새로운 시스템을 실제의 환경 하에서 테스트하고 전체가 정상적으로 가동하도록 실현시키는 것이다.

implementation[ìmpləməntéiʃən] *n.* **구현, 실시** 일반적으로 시스템의 라이프 사이클은 시스템 계획, 설계, 시공, 테스트, 운용 단계로 나뉘어진다. 「구현」이란 계획하고 설계한 종이 위에 시스템을 현실적으로 운용할 수 있도록 하는 것으로, 장치 제조·설치·조정, 프로그래밍과 디버깅 등을 행하며 위의 시공에 해당하는 것이다.

implementation activity[–æktíviti(:)] **구현 활동** 이해와 변경이 쉬운 소프트웨어를 생산하는 것은 구현의 1차 목표이고 단일 엔트리, 단일 출구 코팅 구조가 사용되어야 하고 표준 만입 구조가 관찰되어야 하고 단순한 코팅형이 채택되어야 한다.

implementation language[–lǽŋgwidʒ] **구현 언어** 프로그램의 작성에서 그 프로그램을 기술한 언어. 예를 들면, 프로그램 A를 언어 B로 작성했을 때 A의 구현 언어가 B이다.

implementation meaning[–mí:niŋ] **구현 의미** 컴퓨터 시스템 및 관련 기기의 실제 설치와 완전한 동작 과정에 대한 분석 평가.

implementation model[–mɑ́dəl] **구현 모형** 구현을 하는 데 필요한 모듈 계층도, 모듈 명세서, 모듈 간 자료 이동 등이 표시된 그래픽 모형.

implementation phase[–féiz] **구현 단계** 소프트웨어의 수명 주기에서 소프트웨어 산출물이 설계 문서에서 만들어지고 오류가 정정되는 기간.

implementation plan[–plǽn] **구현 계획** 새로운 시스템을 만들 경우, 먼저 현행 시스템을 검토하고 새로운 시스템을 설계하여야 한다. 설계 최종

단계에서는 시스템을 실제로 만드는 계획을 세워야 한다. 이것이 구현 계획이다. 이 단계에서는 ① 시스템의 상세 설계, ② 프로그래밍과 프로그램 테스트, ③ 설비 계획(건물, 공기, 조절, 전원 등), ④ 시스템 이행과 테스트, ⑤ 인원 선정과 훈련 등의 스케줄과 비용이 계획된다.

implementation requirement[–rikwáiərmənt] **구현 요구 사항** 소프트웨어 설계를 나타내는 데 그 영향이나 제약이 되는 요구 사항. 예를 들면, 설계 기술서, 소프트웨어 개발 표준, 프로그래밍 언어 요구 사항, 소프트웨어 품질 보증 기준 등이다.

implementing a line editer[ímpləməntiŋ ə láin éditər] **행 편집기 구현** 어떤 문안에 대해 행 단위로 추가, 삭제, 수정을 할 수 있게 되어 있는 편집기의 구현.

implementing a scrolling editor[–skróuliŋ éditər] **스크롤 편집기 구현** 표시 화면에 들어가지 않는 자료를 보이기 위해 본문이 위아래로 움직이도록 한 기능을 가진 편집기의 구현.

implementor[ímpleməntər] *n.* **작성자**

implicant[implíkənt] **임플리컨트** 불 함수를 변수의 곱의 항의 합으로 나타낼 때 어떤 곱의 항이 참이면 그 함수값이 참이 될 때 이를 임플리컨트라고 한다.

implication[ìmplikéiʃen] *n.* **함의(含意), 암시** 첫 번째의 오퍼랜드가 불 값 1, 두 번째의 오퍼랜드가 불 값 0을 취할 때 한하여 결과가 불 값 0이 되는 2항 불 연산. X, Y가 명제일 때, 「X라면 Y」를 「X→Y」로 표현하는 것을 암시라고 한다. 이것은 X→Y=~X∨Y와 같이 정의한다. 즉, 「X가 아니거나 또는 Y」이다. 따라서 X가 거짓 명제일 때는 그 부정 ~X는 참 명제가 되므로 X→Y는 참이 된다. 좀 이상한 감은 있지만 보통 2값 논리학은 이 법칙에 따르고 있다. 물론 통상 수학에서 사용하는 논리도 이것에 따른다. 예를 들어, 아버지가 아들에게 「내일 날씨가 좋으면 유원지에 데려가마」라고 약속했다고 하자. 다음 날, 날씨가 흐려 비가 왔다고 하면 아버지가 아들을 유원지에 데리고 가지 않아도 약속을 어긴 것은 아니다. ⇨ IF-THEN operation

implication circuit[–sə́:rkit] **함의 회로**

implication operation[–ɑ̀pəréiʃən] **함의 연산**

implicit[implísit] *a.* **묵시의, 암시의** 컴퓨터 시스템에 있어서 명백히 정해져 있지 않아도 묵시적으로 인식할 수 있는 것을 표시하고, 이를 자체 묵시 제어(implicit control)라 부르기도 한다. 예를 들어, FORTRAN에서는 특히 지정하지 않는 한 i, j, k, l, m, n으로 시작되는 변수는 정수형이 되는 「묵시형 선언」이다.

implicit address[–ədrés] **암시 주소** 어셈블리 프로그램에서 절대 또는 상대 표현으로 정의되는 주소 참조. 기계어 명령의 목적 코드를 어셈블되기 전에 명시적인 기저+변위의 형으로 변환해야만 한다.

implicit addressing[–ədrésiŋ] **암시 주소 지정**

implicit address instruction[–ədrés instrʌ́kʃən] **암시 주소 명령어** 연산 자료가 누산기에 있거나 스택에 있을 때처럼, 연산 자료가 필요하지 않은 명령어나 연산 자료의 주소가 구체적으로 나타내지 않아도 연산 자료를 찾아낼 수 있을 때 사용하는 명령어로 연산 자료의 주소를 명확히 나타내고 있지 않은 형식.

implicit address instruction format[–fɔ́:rmæt] **암시 주소 명령어 형식** ⇨ implicit address instruction

implicit closing[–klóuziŋ] **묵시적 폐쇄** 프로그램 종료시에 파일을 닫지(close) 않은 상태로 끝나면, 자동적으로 파일을 닫는 것.

implicit computation[–kɑ̀mpjutéiʃən] **묵시적 계산** 먼저 구하고자 하는 변수의 값이 존재한다고 가정하고, 이미 알고 있는 변수의 값과 방정식에 의해 종합적으로 구한 변수의 값을 비교해서 그 차이가 0이 되도록 반복 계산함으로써 구하고자 하는 변수의 값을 계산하는 자체 0의 원리를 이용한 계산법. 이것은 연산용 증폭기를 포함한 대부분의 아날로그 회로를 의미하지만 다음의 경우로 제한된다. ① 피드백 경로에서 높은 증폭률이 갖는 직류 증폭기의 출력에서 그 기능이 발휘되는 회로. ② 연산 소자들이 함축 방정식을 만족하도록 폐쇄 루프로 연결된 회로. ③ 선형 또는 비선형 미분 방정식의 해를 안정 상태에서 대수식이나 초월 함수식에 대한 해로 구해주는 회로.

implicit control[–kəntróul] **묵시 제어**

implicit declaration[–dekləréiʃən] **묵시 선언, 묵시의 선언** (1) PL/I 언어에 있어서 명시 선언 또는 문맥 선언되어 있지 않은 명찰에 대하여 속성을 주는 것. 그 명찰의 속성은 생략시 해석에 의해서 주어진다. 또 FORTRAN 언어에서는 묵시형 선언을 사용한다. (2) 식별자의 존재에 의해서 야기되는 선언이며, 생략시 해석에 의하여 속성이 정해지는 것.

implicit defined array[–difáind əréi] **암묵 선언의 배열**

implicit dimensioning[–dimén∫əniŋ] **암시적 설정**

implicit enumeration[–inju:məréiʃən] **간접**

적 열거

implicit identification [–aidèntifikéiʃən] **암시 식별**

implicit none [–nʌ́n] **암시 없음**

implicit opening [–óupəniŋ] **암시적 개방** 프로그램 실행중에 열려져 있지 않는 파일에 대하여 처리를 실행하면 그것에 앞서 자동적으로 파일을 여는(open) 것.

implicit parallelism [–pǽrəlèlizm] **암시적 병렬성** 병렬 처리에서 프로그램 문장 내에 표면상으로 나타나지 않으면서 존재하는 병령 수행의 가능성.

implicit pointer [–pɔ́intər] **암시 포인터**

implicit prices [–práisiz] **암시 가격** 한계값, 대응 가격, 쌍변수 레이블 등과 같은 것. 다시 말하면, 어떤 조건식의 우변에 있는 한 단위를 감소시킴으로써 가치가 증가하도록 영향을 주는 계수.

implicit regeneration mode [–ridʒènəréiʃən móud] **자동 재표시 모드** 표시 화상의 갱신을 위해 화상을 자동적으로 재표시할 것인지 어떤지를 제어하는 방법.

implicit sequence [–síːkwəns] **암시적 순서** 정보나 자료의 처리, 명령어의 실행을 제어할 목적으로 컴퓨터에 특별히 구성한 논리에 의하여 설계된 순서.

implicit type [–táip] **암시형**

implicit type conversion [–kənvə́ːrʃən] **암시형 변환** 명시적인 형 변환 함수나 형 변환 연산자의 사용 없이 형 검사에서 형이 일치하지 않을 때 오류 처리 없이 적합한 형으로 형 변환이 이루어지는 것.

implicit type declaration [–dèkləréiʃən] **암시형 선언**

implied [impláid] *a.* **암시의, 묵시의** 특히 조건을 지정하지 않아도 정해진 조건에 의한 동작 또는 그 때의 상태로부터 판단할 수 있는 조건에 따른 동작을 행한다고 하는 것. 예를 들면, 암시 주소 지정(implied addressing) 등 컴퓨터에서는 커맨드(command)의 입력시에 파라미터를 생략할 수 있으나, 이와 같은 경우 컴퓨터는 미리 지정되어 있지 않던 값을 지정한 것으로, 간주되어 있지 않던 값을 지정한 것으로 간주하고 그 명령을 실행(run)한다. 이러한 기능을 디폴트 기능(default function)이라 한다. 이것은 맨-머신 인터페이스(man-machine interface)를 설계하는 데 중요하다.

implied address [–ədrés] **암시 어드레스**

implied addressing [–ədrésiŋ] **암시 어드레스 지정, 암시 번지 지정, 임플라이드 어드레싱, 함의 어드레스 지정** 어드레스 지정의 한 방법이며, 명령의 연산부가 암시적으로 오퍼랜드를 어드레스하는 것.

implied DO **묵시의 DO**

implied instruction [–instrʌ́kʃən] **암시 명령어** 피연산자의 지정을 위해 데이터의 주소나 값을 지정하지 않고 단지 연산자만으로 구성되어 있는 명령어. 이것은 설계시에 피연산자로 사용될 주소나 값이 이미 지정되어 있는 것이다.

implied memory addressing [–méməri(ː) ədrésiŋ] **묵시 기억 어드레스 지정** 중앙 처리 장치 내의 데이터 카운터의 내용을 기억 장치 주소에서 읽어들이거나 저장하는 방법.

implied mode [–móud] **암시 모드** 오퍼랜드가 묵시적으로 명령의 정의에 따라 정해져 있는 모드. 사실상 누산기를 사용하는 모든 명령은 암시 모드 명령이며, 스택 구조의 컴퓨터에서 무주소 명령을 오퍼랜드가 스택의 톱(top)이기 때문에 암시 모드 명령이다.

implied pair [–pɛ́ər] **묵시 쌍** 유한 상태 기계의 두 상태가 호환 가능한 경우 부수적으로 호환 가능한 상태 쌍.

imply [implái] *v.* **암시하다, 암시적으로 정의하다** 특별히 조건을 지정하지 않아도 어떤 동작을 행하는 것. 형용사 implied의 형으로 많이 쓰인다.

import [impɔ́ːrt] *v.* **가져오기** 다른 컴퓨터 시스템에서 데이터를 자신의 시스템 내로 읽어들이는 것.

import definition [–definíʃən] **수입 정의** 한 부프로그램 내에서 구역 변수로 선언된 변수로서 명시적 수출 정의가 부여된 변수를 다른 부프로그램에서 참조하기 위해서 명시적으로 선언하는 정의.

imprecision [imprisíʒən] *n.* **부정확성** 자연 언어 이해의 문제점 가운데 하나로서 어떤 문장이 막연하고 부정확한 용어를 가진 경우이다. "How long is a long time ?"의 문장이 있다면 "a long time"의 문장에서의 뜻은 시간 상황에 따라 여러 의미를 가질 수 있는 것과 같다.

imprint [imprínt] *n. v.* **전사 (하다)** 문자와 기호를 매체에 옮기는 것.

imprinter [imprínt ər] *n.* **돌출기, 임프린터** 신용카드 소지자의 이름과 계좌 번호를 매상 전표에 옮겨 적는 장치.

improve [imprúːv] *v.* **개량하다, 향상시키다**

improved data encryption algorithm [imprúːvd déitə inkrípʃən ǽlgəriðm] ⇨ IDEA

improved programming technolo gies [–próugræmiŋ teknálədʒi(ː)z] **IPT, 프로그래밍 개선 기법** 프로그램의 품질 향상 및 프로그램의 생산성 향상을 위해 복합 설계, PDL, HIPO, 스트럭처드 코딩, 톱다운 프로그래밍, 치프 프로그래머제,

워크 스루 등의 일련의 기법을 체계화한 것으로 IBM이 개발한 효과적 프로그램 기법.

improvement[imprúːvmənt] *n.* **개선, 향상**

impulse[ímpʌls] *n.* **임펄스** 고려 대상으로 하는 시간에 비해서 짧은 진폭의 변화이며, 그 변화 이후의 값은 최초의 값과 같다. ⇨ pulse

impulse counter, jump counter[-káuntər, dʒʌ́mp káuntər] **도약형 계수 장치** 현재의 자형(字形)은 이것에 속하며, 최하위 숫자 바퀴는 연속으로 회전하지만 그 상위 바퀴는 최하위 바퀴가 9에서 0으로 옮길 때만 보내는 바퀴와 맞물려 한 자씩 전진한다. 그러므로 상위의 숫자 바퀴는 모두 하위 바퀴가 1회전하는 시간 동안 정지하므로 일련의 숫자는 10진법의 숫자를 나타낸다.

impulse noise[-nɔ́iz] **충격 잡음** 펄스에 의해 생기는 잡음으로, 계속 시간은 비교적 짧은 것이 보통이다.

impulse response[-rispɑ́ns] **임펄스 응답** 종래의 단위 충격파 응답도 여기에 속하는데, 동적 시스템 해석에 중요하며, 단위 임펄스 입력에 대한 회로 또는 전송로의 응답.

impulsive noise[impʌ́lsiv nɔ́iz] **충격 잡음** 전화 회선에 의한 데이터 전송의 오류는 대체로 충격 잡음이 가장 큰 원인이 되며, 발생 간격, 진폭이 다같이 불규칙하게 발생하는 충격적인 잡음으로서 주로 교환기와 케이블 부분에서 발생한다.

impure procedure[impjúər prəsíːdʒər] **비순수 프로시저** 비순수 프로그램을 수행하는 각 프로세서는 그 내용을 변형시키기 때문에 다른 프로세서가 같은 프로그램을 수행하려고 할 경우에 명령어들과 자료들은 다른 형태가 되며 비순수 프로그램은 다시 사용할 수 없게 된다. 명령어들도 기억장치에 저장되어 자료와 같이 취급될 수 있기 때문에 한 명령어의 형태를 바꿈으로써 다른 명령어로 자신을 변형시키는 명령어들의 프로그램.

impurity[impjú(ː)riti(ː)] *n.* **불순물** 반도체 내에서 도너(doner) 또는 억셉터(acceptor)가 가능한 원소.

impurity conduction[-kəndʌ́kʃən] **불순물 전도** 불순물에 의한 전기 전도를 의미하며 n형 반도체에서는 전자에 의해, p형 반도체에서는 정공에 의해 이루어진다.

impurity level[-lévəl] **불순물 준위** 반도체에 불순물이 들어 있기 때문에 생기는 에너지 준위로 주로 금지대 속에서 발생한다.

impurity semiconductor[-sèmikəndʌ́ktər] **불순물 반도체** 진성 반도체에 미량의 불순물을 혼합해서 만든 반도체로, 첨가하는 불순물의 종류에 따라 p형 반도체 또는 n형 반도체가 된다.

IMR Internet monthly report의 약어. 매달 발행되는 인터넷 monthly report의 목적은 인터넷 연구 그룹에서 이룩한 성과와 아주 뛰어난 결과 또는 참가한 조직들에 의해 발견되는 문제들에 대하여 서로 정보를 교환하기 위하여 발행된다.

IMS (1) **정보 관리 시스템** information management system의 약어. 경영 정보 시스템 등에서는 고도의 복잡한 데이터 가공을 수반하며 IMS는 이런 방법적 수단을 제공하는 정보 처리 시스템이다. MIS가 목적이라면 IMS는 그것을 달성하기 위한 수단이며 범용 파일 처리 시스템, 범용 정보 검색 시스템 등이 그 예이다. ⇨ management information system. (2) **재고 관리 시뮬레이터** inventory

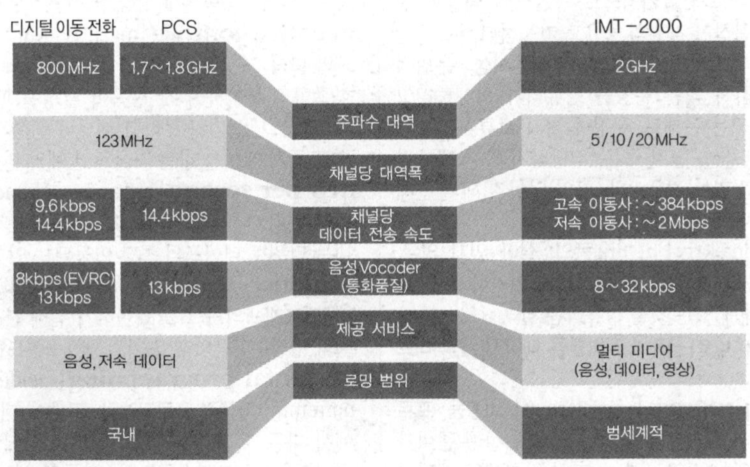

〈디지털 이동 전화, PCS와 IMT-2000의 비교〉

management simulator의 약어.

IMSL international mathematical and statistical libraries의 약어. 행렬 연산용 서브루틴 패키지의 하나. 연립 방정식, 고유값 문제, 최적화 문제 등의 해법에 이용된다.

IMT-2000 international mobile telecommunication by the year 2000의 약어. 전세계적으로 무선 전송 표준을 통일시켜 이동 전화, 무선 전화, 무선 데이터, 위성 이동 통신 등 다양한 종류의 무선 시스템을 통합하여 하나의 이동 단말기를 이용한 범세계적인 통신 서비스를 제공하는 것. 또한 유선망에 지원되는 수준의 멀티미디어 서비스를 제공하는 것을 목표로 하고 있으며, 이를 위해서 지상망과 위성망의 연동이 이루어져야 한다.

IMTC International Multimedia Teleconferencing Consortium의 약어. 국제 전기 통신 연합 전기 통신 표준화 부문(ITU-T) 권고인, 다지점 간의 데이터 회의를 규정하는 국제 표준 규격 T.120 시리즈와 TV 회의/TV 전화를 규정하는 H.320의 추진을 목적으로 하는 업계 단체. 참가 회원에는 유럽을 주축으로 한 통신 사업자가 많다.

IN 정보 네트워크 (1) information network의 약어. 부가 가치 통신망(VAN)의 일종. IBM이 SNA를 기저로, 유저 단말기를 상호 접속하는 네트워크 서비스 및 IBM의 대형 컴퓨터를 사용하여 실행하는 계산 서비스를 제공하고 있다. (2) **지능 통신망** intelligent network의 약어. 네트워크 상의 각종 단말기가 고도로 결합되어 다양한 서비스를 제어하는 기술 또는 그 개념. 두 단말기 간이 정보 교환만으로는 한계가 있기 때문에 서비스를 제공하는 계층을 개별적으로 설정하려는 것으로, 관리와 통솔을 분리하고, 정보가 유기적으로 통합되어 인출과 전송과 같은 복잡한 자원의 공유도 가능하다.

inaccuracy[inǽkjurəsi(ː)] *n.* **부정확성** 문법적으로 정확하지 않은 문장을 컴퓨터가 이해하려고 할 때 발생되는 문제로, 문장에 철자 오류, 전치 단어, 비문법 구성, 틀린 구문, 적당하지 못한 구두점 등을 가지고 있는 경우이다. 자연 언어 이해의 문제점 중의 하나이다.

inactive[inǽktiv] *a.* **비활동의, 살아 있지 않은, 비활동 상태의, 휴지의** 휴지 상태에 있거나 동작 불가능한 상태에 있는 것을 형용하는 말.

inactive page[-péidʒ] **비활동 페이지, 인액티브 페이지**

inactive program[-próugræm] **비활동 프로그램** 주기억 장치에 적재되어 있으나 실행 준비가 되어 있지 않는 프로그램. 주기억 장치에 적재되어 있으나 실행할 수 없는 상태의 프로그램과 보조 기억 장치에 들어 있는 프로그램.

inactive station[-stéiʃən] **비활동 단말, 인액티브 단말** 데이터 전송에 있어서 메시지를 전송하거나 수신할 수 없는 상태에 있는 단말 장치. 액티브 단말(active station)과 대비된다.

inactive terminal[-tə́ːrminəl] **비활동 단말** 송수신할 수 없는 상태에 있는 단말.

inactive virtual volume[-və́ːrtʃuəl válјum] **비활동 가상 볼륨**

inactive volume[-válјum] **비활동 볼륨** 탑재 불능 상태의 대용량 기억 볼륨(MSV).

inactive window[-wíndou] **비활성 윈도** 모니터 화면상에 복수의 윈도가 표시되어 있을 때 뒤쪽에 가려지거나 현재 사용되지 않는 윈도.

inadmissible character checking[inədmísibl kǽrəktər tʃékiŋ] **불허 문자 검사** 이 검사의 패리티 시험이나 불허 문자 시험 등으로 컴퓨터 시스템의 정확성과 고장을 방지하기 위해 계속적으로 다양한 시험을 하고 감시하는데, 자기 테이프의 경우 데이터를 자기 테이프에 기록할 때 정확히 기억되었는가를 확인하기 위하여 또는 조작원의 스위치 조작이 옳은가를 확인하기 위해서 자기 테이프를 다시 읽거나 전자적 시험을 행하는 것.

inadvertent[inədvə́ːrtənt] *a.* **부주의(의)**

in-band singnaling[ín bǽnd sígnəliŋ] **대역 내 신호 전송** 음성 전송에 보통 사용되는 반송파 채널 내의 주파수 음으로 신호 정보를 전송한다.

inbox[inbɑks] **전자 우편, 수신함** 전자 우편 시스템에서 수신된 전자 우편물을 저장, 보관하는 파일. 마이크로소프트 사의 전자 우편 소프트웨어인 아웃룩 익스프레스나 아웃룩에서 전자 우편을 보관할 때 보통 inbox(받은 편지함)란 이름으로 저장한다.

incentive contract[inséntiv kántrækt] **권장 계약 방식** 제품의 가격, 납기, 성능, 신뢰성 등을 각 항목별로 분할하여 각 항목이 달성될 때 계약금을 지불하고 달성되지 못하면 패널티를 부과하는 방식으로 동기 부여를 하는 자극적인 계약 방식.

inch per second[íntʃ pər sékənd] **IPS, 매초당 인치** 테이프의 입출력시에 이동 속도를 나타내는 단위로 테이프의 초당 이동되는 인치 수.

incidence matrix[ínsidəns méitriks] **근접 행렬** 그래프의 구조를 표현하기 위해 간선수만큼의 열과 정점수만큼의 행을 가진 행렬을 이용하는 방법.

incidental programming[insidéntəl próugræmiŋ] **파생적 프로그래밍** 고객에 대한 활동 중에서 다른 고객이나 시스템 엔지니어에 가치가 있는 사상, 개념, 기술들로서, 이들의 행동에서 발생되는 소재는 고객에 귀속되지만 그것에 관련되는 개념이나 기술은 IBM에서 사용한다.

incidental time[–táim] **부수 시간** 동작 시간 중 시스템 실가동 시간도 시스템 시험 시간도 재실행 시간도 아닌 시간. 부수 시간은 주로 시범 설명이나 조작원 훈련 등의 목적에 사용된다.

incipient failure[insípiənt féiljər] **초기 고장** 시스템 장치 내에서 처음 막 발생하려는 고장.

in-circuit emulation[ín sə́:rkit emjuléiʃən] **ICE, 회로 내부 모방** 실제의 마이크로프로세서는 접속기로 대체되고 접속기의 신호는 모방 프로그램에 의해 발생되며, 칩의 실시간 입출력 오류 검출을 하기 위한 하드웨어/소프트웨어 설비에 관한 것이다. 이와 같이 모방된 마이크로프로세서는 도중에 정지시켜 그 안의 레지스터들을 검사하거나 변경시키는 작업이 가능하고, 입출력 장치는 개발 시스템 콘솔이나 시분할 단말기를 제어할 수 있다. 이 프로그램은 RAM에 있거나 ROM, PROM에 있을 수도 있다.

in-circuit emulation bus[–bʌ́s] **회로 내부 모방 버스** 이 회로 내부 모방 버스를 이용하면 사용자가 그 자신의 주변 장치나 메모리를 쉽게 시스템에 연결하여 다른 구성 요소들과 함께 사용할 수 있는데, 소프트웨어 발전의 초기 단계에서 어떤 개발 시스템 프로그램을 위해 RAM을 사용하면 비싸고 시간이 많이 걸리는 PROM 프로그래밍을 하지 않아도 된다.

in-circuit emulator[–émjulèitər] **내부 회로 에뮬레이터** ⇨ ICE

in-circuit testing[–téstiŋ] **회로 내부 시험**

include[inklú:d] *v.* **포함하다** 전체의 일부분 또는 요소로서 「포함한다」는 것을 표시한다. 이것에 대하여 함유하다(comprehend)는 전체를 확실히 알 수 없는 경우도 있으나 어떤 것의 범위 또는 그 한정 중에 포함할 때 쓰여진다. 컴퓨터 내에서는 「구성하다」 혹은 「내포((조직에) 들어감)」라는 의미로 쓰이는 경우도 많다. 이것은 주변 장치(peripheral unit)와 시스템, 프로그램의 조합(구성)을 나타내는 데 사용된다. 이 조합은 컴퓨터를 사용하는 각자가 필요에 따라서 행할 수 있으며, 작업에 의해서 여러 가지를 변화시킬 수 있다. 또 C 언어의 #include와 같이 매크로 정의된 것을 매크로 확장(macro expansion)하는 것을 말하는 경우도 있다.

inclusion[inklú:ʒən] *n.* **내포, 함의(含意), 함유, 포함** 하나의 집합이 다른 집합을 부분 집합으로서 포함하는 것. 논리 연산 분야에서는 조건부 함의(含意) 연산(conditional implication operation)의 의미로 사용된다. 이것은 두 개의 오퍼랜드(operand) a, b에 대하여(a, b는 결과), (1, 1은 1) (1, 0은 0), (0, 1은 1), (0, 0은 1)로 주어지는 불 연산이며, IF-THEN 연산 (IF-THEN operation), 함의 연산(implication operation, material implication operation)이라고도 한다.

inclusion method[–méθəd] **포함 방식** 이론이 확실한 경우에만 적용하는 오류를 가진 이론을 교정하는 방식. 이것은 이론이 합법적으로 단정한 몇 개의 경우를 세분화함으로써 잘못된 이론을 교정하는 휴리스틱이다.

inclusive[inklú:siv] *a.* **포함, 포함적** 어떤 집합이 다른 집합에 포함되는 것.

inclusive NOR gate[–nɔ:r géit] **포함적 부정 논리합 게이트**

inclusive OR[–ər] **포함적 OR, 포함적 논리합** 논리 연산의 일종으로 두 변수의 한쪽 또는 양쪽이 모두 참(true)이면 결과가 참이고, 양쪽 모두가 거짓(false)이면 결과가 거짓으로 되는 연산.

inclusive OR element[–éləmənt] **inclusive OR 소자, 포함적 논리합 소자** 포함적 논리합의 불 연산을 행하는 논리 소자.

inclusive OR gate [–géit] **포함적 논리합 게이트**

inclusive OR operation[–àpəréiʃən] **포함적 OR 연산, 포함적 논리합 연산** 각 오퍼랜드가 불값 0을 취할 때 한하여 결과가 불 값 0이 되는 불 연산.

inclusive OR operator[–àpəréitər] **포함적 논리합 연산자** P나 Q 또는 둘 다 참일 때 R OR Q가 참인 논리 연산자. OR 게이트와 같이 OR이라는 말이 단독으로 사용될 경우 보통 포괄적 OR을 의미한다.

inclusive reference[–réfərəns] **포함적 참조** 포함적 세그먼트 사이의 참조로 주기억 장치 내의 세그먼트로부터 다른 세그먼트 중의 외부 기억 기호를 참조하여 세그먼트의 오버레이를 일으키지 않는 것.

inclusive segment[–ségmənt] **포함적 세그먼트** 주기억 장치 안에 동시에 존재하는 동일 구역 안의 오버레이(overlay) 세그먼트(블록화된 프로그램). 대체로 모든 연관 세그먼트들이 루트(root) 세그먼트로부터 최하부 세그먼트까지 단일 경로 상에 있다.

incoming[ínkʌmiŋ] *a.* **입력의, 들어오는**

incoming call[–kɔ́:l] **입력 호출**

incoming register link[–rédʒistər líŋk] **입력 레지스터 링크** 입력 트렁크와 입력 레지스터(incoming register) 사이에 있는 것으로 입력 트렁크에 의하여 입력 레지스터가 신호를 받기 위한 접속로를 설정하는 것.

incoming trunk[–trʌ́ŋk] **입력 트렁크, 착신**

트렁크 통신 분야의 용어로서 트렁크 링크 프레임(trunk link frame)과 입력 프레임(incoming frame)의 입력측에 놓여져 있는 것으로, 주변 장치(prepheral unit)로부터의 입력 중계선은 이들을 경유하여 후위 접속로에 접속하는 하이웨이(highway)를 말한다.

incompleteness[ìnkəmplíːtnəs] *n.* **불완전성** (1) 어떤 속성의 값이 한 값을 갖기보다도 그 속성 영역의 모든 값들을 가질 수 있다는 것. 즉, 「값은 존재하나 현재 값은 알려져 있지 않는 것」과 같다. (2) 문자의 의미가 표면적으로 나타나지 않는 경우가 자연 언어의 문제점 가운데 하나인데, 「존이 레스토랑에서 스테이크값을 지불했다」에서처럼 그는 스테이크를 먹었다는 것은 나타나지 않았지만 내용으로 이루어 그가 먹었다고 가정할 수 있는 것 등이다.

incompleteness theorem[–θíərəm] **불완전 이론** 자연수론을 포함하는 이론을 형식화해서 얻어지는 모순이 없는 체계에서는 그 긍정도 부정도 증명할 수 없는 논리식이 존재한다는 이론.

incomplete program[inkəmplíːt próugræm] **불완전 프로그램** 어떤 특정 프로그램에 의해 여러 곳에서 사용될 수 있고, 또 서브루틴과 같은 프로그램의 일부분으로 사용될 수도 있는데, 서브프로그램 또는 미완성 프로그램이라고도 하며 그 자체로는 완전하지 않으며 일반적인 데이터의 처리 과정을 상술한 특수한 프로그램이다.

incomplete routine[–ruːtíːn] **불완전 루틴** 매크로문이나 메인 루틴으로부터 매개 변수들을 제공받는 프로그래밍 시스템의 라이브러리 내에 있는 루틴.

in connector[ín kənéktər] **입력 결합자** 순서도에서 절단된 흐름선의 논리적 입구를 표시하는 결합 기호.

inconsistency[inkənsístənsi(ː)] *n.* **불일치** 소프트웨어에 의해 검출되는 데이터 조건으로 서로 관련된 데이터가 모순점을 가진다.

inconsistent analysis[inkənsístənt ənǽlisis] **불일치 분석** 두 개의 트랜잭션이 인터리빙되어 수행될 때 옳지 못한 결과, 즉 데이터 베이스의 불일치성을 발생시킬 수 있는데, 로킹 등을 사용하여 해결할 수 있다.

inconsistent data base[–déitə béis] **불일치 데이터 베이스** 존재한다는 의미는 연역 규칙과 추론 규칙에 의해 유도되는 사실을 포함하고, 서로 상반되는 사실들이 존재하는 데이터 베이스이다.

inconsistent formula[–fɔ́ːrmjulə] **불일치 공식**

incorporate[inkɔ́ːrpəreit] *v.* **내장하다, 구체화하다, 도입되다** 「합병하다」, 「결합하다」 등 몇 가지의 것을 하나로 한다는 의미로 쓰이지만 컴퓨터에서는 「받아들이다」, 「함유되다」라고 번역된다. 같은 「함유되다」라도 「포함하다(include)」의 차이가 있다. 「받아들이다」라는 의미로 사용되는 경우가 많으며, 예를 들면 「이 시스템은 새로운 기능과 설계 생각을 받아들이고 있다」로 사용된다.

incorrect[inkərékt] *a.* **잘못된, 오류, 부정확한** 부정확하고 바르지 않은 것을 나타낸다.

increase[inkríːs] *v.* **증가하다, 증가시키다** 시스템의 개량을 위해서 기억 용량(memory capacity)을 증가시키거나 할 때 사용된다. 또 프로그램 중에 레지스터(register)의 값을 증가시킬 때에도 사용되는 표현이다.

increasing failure rate[inkríːsiŋ féiljər réit] **IFR, 고장률 증가형** 시스템, 기기를 구성하는 부품의 고장률이 시간과 함께 증가하는 경우가 있는데, 이러한 형의 일종이다.

increasing failure rate distribution[–dìstribjúːʃən] **고장률 증가 분포**

increasing failure rate type[–táip] **고장률 증가형**

increment[ínkrəmənt] *n.* **증가, 증분(增分), 인크리먼트** 반복 동작 상태에서 어떤 데이터 항목에 대하여 어떤 일정한 규칙으로 「양(量)」 또는 「값」을 가산하는 것. 또는 가산되는 「양」과 「값」 그 자체를 가리킨다. (1) 레지스터(register)와 카운터(counter)의 내용을 +1, +2 등으로 증가하는 동작을 말한다. 「증분」이라고 번역된다. (2) 프로그램 중의 반복 제어에서 그 전형적인 예를 살릴 수 있다. 예를 들면, PASCAL의 "for 1 ; =5 to 15 do"는 초기값 「5」로부터 시작하여 최종값이 「15」가 될 때까지 「1」씩 값을 변화시켜 어떤 연산을 반복시킨다는 것을 의미한다. 이때 증분값은 「1」이라고 가정된다. (3) 반대로 어떤 일정한 규칙에서 「양」, 「값」을 감산하는 것을 감소분(decrement)이라고 한다.

incremental[ìnkrəméntəl] *a.* **증분의, 인크리멘털** 일정 시간과 단위로 수치 등을 「증가시켜 간다」는 것을 형용한다. 역으로 「감소해가는 것」을 decremental이라고 한다.

incremental address[–ədrés] **증분 어드레스** 컴퓨터의 명령 어드레스가 직접 그 명령의 조작 영역을 표시하는 것. 또는 1차 어드레스를 말한다.

incremental binary representation[–báinəri(ː) reprizentéiʃən] **증분 2진 표시법**

incremental compaction[–kəmpǽkʃən] **증분 압축** 특정 시간 간격에서 발생한 변동 자료만을 전송하거나 처리함으로써 시간과 기억 공간 상에 단축 효과를 얻을 수 있는데, 전송될 데이터의 기억 장치 내에서의 초기값과 후속 변화값만으로 자료를 압축하는 방법이다.

incremental compile[–kəmpáil] **증분 컴파일** 컴파일 방법의 하나로서 컴파일 시간을 사실상 무시할 수 있을 만큼 만들기 때문에 유용한 기술이며, 원시 프로그램의 입력 단계와 컴파일을 통합하여 사용자가 원시 프로그램을 1행씩 입력할 때마다 컴파일이 진행되도록 하는 것.

incremental compiler[–kəmpáilər] **증분 컴파일러, 인크리멘털 컴파일러** 인크리멘털 컴파일러에서는 프로그램을 한 문장씩 읽어넣고, 번역하여 실행한 후 다음 문(文)으로 넘어간다. 즉, TSS에 사용되는 컴파일러로, 텔레타이프 등에서 조금씩 들어오는 소스 프로그램을 읽으면서 조금씩 컴파일하고 에러가 있으면 곧바로 단말기에 통지하도록 되어 있다. 이것은 프로그램 전문(全文)을 읽어 넣고 번역한 후에 실행에 옮기는 통상의 컴파일러(compiler)와는 상이한 방식이며, 현재는 거의 사용되고 있지 않다.

incremental computer[–kəmpjúːtər] **증분 컴퓨터** 증분 표현법이 주로 사용되는 컴퓨터. 변량값은 물론 변량값의 변화도 처리하도록 설계된 전용 컴퓨터 또는 데이터 증분의 표현이 사용되는 컴퓨터.

incremental coordinate[–kouɔ́ːrdinət] **증분 좌표** 상대 좌표이며 직전에 어드레스시킨 점을 기준으로 하는 것.

incremental design[–dizáin] **증분 설계** 이 설계는 오류의 발견이 쉽고, 설계 노력이 지속적으로 분산되는 장점을 갖는 시스템 설계를 할 때 동시에 모든 부분을 설계하지 않고, 일단 가장 기본적인 기능만 설계하여 구현한 후 계속 필요한 기능을 추가해 나가는 방식이다.

incremental display[–displéi] **증분식 디스플레이** 정밀한 증분식 디스플레이는 디지털 컴퓨터 데이터를 그래픽과 도표 형태로 빨리 바꿀 수 있는 새로운 증분식 CRT 디스플레이이다.

incremental dump[–dʌ́mp] **증분식 덤프, 인크리멘털 덤프** 데이터 관리 분야의 용어. 재고 관리의 파일 기억 장치(file storage)와 같이 내용이 순차적으로 변경되는 것에 대하여 데이터를 보존하기 위하여 갱신할 때마다 혹은 일정 기간마다 내용을 기록(write)하는 것. 예를 들면, 카탈로그 파일이 갱신될 때마다 갱신에 관한 정보를 정리해서 시스템 내에 보존하도록 순차적으로 변해가는 정보를 변화할 때마다 기록해가는 것. 이 기록은 시스템 내의 규정 장소에 보존되고 필요한 시점에서 리스트되는 것이 보통이다.

incremental dumping[–dʌ́mpiŋ] **증분식 덤핑** 어떤 갱신 작업이 끝난 후에도 또는 일정한 간격으로 기록 보관 기억 장치에 갱신된 파일을 복사하는 것. 갱신된 파일에는 검사점을 기록해두며 복사된 백업 파일은 고장 후에 다시 저장하는 회복 기법 중의 하나.

incremental integrator[–íntəgrèitər] **증분 적분기** 출력값이 –, 0, +인 데 비해 출력 신호가 각각 마이너스의 최대량, 0, 플러스 최대량이 되도록 한 계수형 적분기를 말한다.

incremental language processor[–lǽŋgwidʒ prásesər] **증분식 언어 프로세서** 대표적인 것으로 인터프리터가 있는데, 입력되는 1행 단위로 번역하는 점증식 컴파일러도 이에 해당된다고 볼 수 있다. 고급 언어로 작성된 원시 프로그램을 처리할 때 그것을 1행씩 판독하여 바로 번역하거나 바로 실행하는 언어 처리기이다.

incremental learning[–lɔ́ːrniŋ] **증분식 학습** 어떤 한 단계에서의 정보가 연속적 단계에서 제공된 새로운 사실을 사용하기 위해서 수정되는 다단계식의 학습 방법.

incremental method[–méθəd] **증분 방식** 변분(變分)을 양자화한 증분에 따라 연산, 그 외의 처리를 행하는 방식. 디지털 미분 해석기는 증분 방식의 대표적인 것이다. 그 밖에 디지털 플로터(plotter)도 증분 방식에 따라 그려지는 것이 많다.

incremental plotter[–plátər] **증분식 플로터** 프로그램 제어의 근원이며, 계산 출력 결과를 문자와 함께 연속 곡선과 점, 그래프 등에 플롯하여 표시하는 장치.

incremental plotter control[–kəntróul] **증분 플로터 제어** 점, 연속 곡선, 곡선들로 연결된 점들, 곡선 식별 부호, 문자, 숫자들을 프로그램 제어 하에 고속으로 그리게 하는 것.

incremental point plotting[–pɔ́int plátiŋ] **증분 포인트 플로팅 방식** 현재 지면에 작도하는 플로터는 대부분 이 방식이 채용되고 있는데, 화면상의 어느 위치에서의 동작이 끝난 다음에 그 점에서 X 및 Y좌표에서 1단위의 간격만큼 떨어진 8개의 위치 중 어느 쪽인가로 이동하는 명령을 주고, 단계적으로 작도가 이루어지는 도형 출력 장치의 작도법의 일종.

incremental position transducer[–pəzíʃən trænd3úːsər] **증분식 위치 변환기** 위치의 증분으로 기계의 이동을 검출하여 전송에 편리한 신호로 변환하는 기기.

incremental programming[–próugræmiŋ] **증분 프로그래밍** 위치를 직전 위치의 증분으로 프로그램하는 방식. NC의 위치 결정 제어를 위해 공구나 피가공물의 위치를 직전 위치의 증분으로 이동하도록 프로그램하는 방식.

incremental record[–rékərd] **증분 레코드** 카세트 형식의 자기 테이프 장치에서 종이 테이프와 같이 점진적으로 작동하는 레코드 방식.

incremental recorder[–rikɔ́:dər] **증분 리코더** 데이터의 입력용으로 주로 사용되는 자기 테이프의 일종으로 이 자기 테이프에 기록할 때에는 연속적으로 처리되지 않고 데이터 하나의 문자에 대해 한 자분의 길이만큼 간헐적으로 수행하는 것. 입력 데이터의 입력 문자 속도가 느리고 일정하지 않을 때 데이트를 경제적으로, 일정 기록 밀도로 기입할 수 있다.

incremental reorganization[–ri:ɔ̀:rgəni-zéiʃən] **증분식 재구성** 데이터 베이스를 오프라인으로 가져갈 필요 없이 사용자가 데이터의 일부를 참조하는 동안에는 필요한 재구성 작업을 점진적으로 수행하는 방법.

incremental representation[–rèprizent-éiʃən] **증분 표현** 변수의 절대값이 아니고, 값의 변화가 표시되는 변수의 표현 방법. 주로 이 처리를 목적으로 하여 설계된 것이 디지털 미분 해석기(digital differential analysis) 등의 증분 컴퓨터(incremental computer)이다.

incremental search[–sɔ́:rtʃ] **증분 탐색** 한 문자를 입력할 때마다 검색하는 탐색 방법. 사용자는 최소한의 문자 입력으로 원하는 문자열을 찾을 수 있다.

incremental spacing[–spéisiŋ] **증분식 공백**

incremental tape unit[–téip jú:nit] **증분 테이프 장치** 판독/기록 처리를 위해 하나의 테이프플로(tapeflow)에 필요한 여러 가지 유형의 자기 테이프 모듈.

incremental ternary representation[–tɔ́:-rnəri(:) rèprizentéiʃən] **증분 3진 표시법** 방정식이나 모델 내에 표시된 등식 또는 관계식의 결과로서 증가나 감소와 같이 변화를 나타내는 변수의 절대값이 아니라 값의 변화가 표시되는 변수의 표현 방법.

incremental transducer[–trænsdʒú:sər] **증분식 변환기** 모든 펄스는 동일하고 단위 회전 및 단위 길이당 신호 수가 항상 동일하며 방향은 특수한 논리 회로에 의해 결정되는 이산적인 온오프 펄스를 가진 회전 또는 선형 피드백 장치.

incremental transformation[–trӕnsfər-méiʃən] **증분적 변환** 변환이 연속적으로 일어나는 경우에 매번 계산을 다시 하지 않고 직전의 변환에 의해 얻어진 값에 비교적 간단한 계산을 적용하여 변환을 행하는 기법.

incremental vector[–véktər] **증분 벡터** 종점이 시점으로부터의 변위로서 지정되는 벡터.

incrementation parameter[ìnkrəməntéi-ʃən pərǽmətər] **증분값 파라미터**

increment concept refinement[ínkrəm-ənt kánsept rifáinmənt] **증분적 개념 개선** 예를 이용한 학습 방식의 변형. 훈련 예를 비롯해 이미 학습된 가정이나 인간이 초기에 제공한 가정들도 포함해서 개념을 계속적으로 개선하는 방법.

incrementer[ínkrəməntər] **증분기** 자동적으로 1 또는 하나의 단위를 증가시키는 장치.

increment inhibit[ínkrəmənt inhíbit] **증분 금지** NO OPERATION 명령에 따라 프로그램 카운터의 증분이 없도록 제어하는 것. 이때 프로그램은 일시적으로 정지한다.

increment plotter[–plátər] **증분 플로터**

increment register[–rédʒistər] **증분 레지스터**

increment size[–sáiz] **증분량** 표시면상의 인접하는 어드레스 가능점 간의 거리.

indefinite answer[indéfinit ǽnsər] **불확정 응답** 어떤 질의에 대한 응답으로 둘 이상의 리터럴로 구성된 최소 응답. 답이 a + b +c 의 형태이며 데이터 베이스 내의 정보로는 이들 중 어떤 것이 답이 되는지를 가려낼 수 없을 때 발생한다.

indefinite data base[–déitə béis] **불확정 데이터 베이스** 둘 이상의 양의 리터럴을 포함하고 있는 논리절(혼절이 아님)을 포함하는 데이터 베이스. 즉, 불확정절로 표현되는 부분 정보를 포함하는 데이터 베이스.

indefinite postponement[–póustpòun-mənt] **무기한 연기** 자원 할당이 우선 순위에 의해 수행되는 경우 하나의 프로세서는 자기보다 우선 순위가 높은 프로세서들이 계속해서 도착할 때는 자원을 무한히 기다리게 되는 것으로 하나의 자원 할당 및 프로세스 스케줄링 결정을 하는 동안 다른 프로세스를 기다리게 하는 시스템에서 한 프로세스의 스케줄링이 무기한으로 연기되는 상황.

in degree[ín dəgrí:] **진입 차수** 방향성 그래프에서 한 정점이 헤드로 구성된 선분의 수를 그 정점의 진입 차수라 한다.

indent[indént] *v.* **인덴트, 문 머리를 한 자 비게 할 것, 문두 결자** 프로그램을 작성할 경우에 왼쪽 끝을 일치시켜 쓴 프로그램은 프로그램 구조를 이해하기 어려우므로 글자 비움 표기법(indentation style)이 사용된다. 글자 비움이라는 것은, 어떤 정리를 갖는 기능을 표시하는 프로그램 부분의 각 선두 단(段)을 1~3자 정도 비우고 쓰는 것을 말한다. 예를 들면 BASIC의 FOR-NEXT 사이에 이 작성법을 적용하면 반복 부분을 한눈에 볼 수 있게 된다. 또 IF 문의 뒤도 THEN과 ELSE 관계를 명확히 하기 위하여 글자 비움을 하면 좋다.

indentation [ìndentéiʃən] *n.* **들여쓰기**

indentation style [–stáil] **문두 결자 표기법, 들여쓰기 표기법**

indention [indénʃən] *n.* **인덴션, 공백, 들여쓰기** 행의 양단을 지정하여 그 행 길이를 짧게 하는 기능.

indeo 인텔 사에 의해 개발된 비디오 코덱(codec). 초기 버전은 마이크로소프트 사의 AVI 코덱 수준이었으나, 최신 버전은 cinepak 정도의 성능을 보여주고 있다. ⇨ codec, cinepak

independence [ìndipéndəns] *n.* **독립, 독립성** (1) 다른 것에 의존하는 일 없이 독립해 있는 것. (2) 데이터로부터의 독립성(data independence)이라는 것은 응용 프로그램(application program)이 데이터 베이스 물리 구조(기억 매체 상의 배치)에 의존하지 않는 것을 말한다. 데이터 베이스에 논리 구조(logical structure)를 설정하면, 그 데이터 베이스의 물리 구조(physical structure), 즉 데이터의 기억 매체 상의 배치를 고려하는 일 없이 응용 프로그램에 이름을 지정하여 필요한 데이터를 참조할 수 있다. 따라서 데이터 베이스에 변경이 생겨도 응용 프로그램을 변경할 필요가 없다. 이와 같은 프로그램은 데이터로부터의 독립성이 높다고 한다. (3) 장치로부터의 독립성(device independence)이란 장치의 물리적인 특성과는 관계없이 응용 프로그램을 쓸 수 있는 것을 말한다. 응용 프로그램인 장치를 지정하는 데 기호 어드레스 지정(symbolic addressing)을 사용하면 그 장치가 항상 사용 가능하다고 간주하며, 프로그램을 쓸 수 있다. 실제로 그 프로그램을 실행했을 때 그 장치가 사용 가능하지 않을 경우는 그 기호 장치명을 다른 장치로 할당하는 것을 간단히 할 수 있다. 이러한 프로그램은 장치로부터의 독립성이 높다고 말할 수 있다.

independence number [–nʌ́mbər] **독립 수** 그래프의 모든 독립 집합들 중에서 크기가 가장 큰 것의 정점의 개수.

independence set [–sét] **독립 집합** 독립 집합에 속하는 어떤 두 정점 사이에도 간선이 없는데, 그래프의 정점들 중에서 서로 인접 관계가 없는 정점들의 집합.

independency [indipéndənsi(ː)] *n.* **독립성**

independent [indipéndənt] *a.* **독립한, 무관계의** 어떤 것으로부터 완전히 자유인 것을 표시하며, 「독립의」라고 번역된다. 컴파일러 언어 등은 기계(machine)에 의존하지 않으므로 machine-independent language라고도 불린다.

indenpendent consultant [–kənsʌ́ltənt] **독립 컨설턴트** 정보 처리 분야에서 담당자와의 완전한 문제 해결을 위해 짧은 기간 동안에 업무나 조직에 관해서 조언을 해주는 사람.

independent control point [–kəntróul pɔ́int] **독립 제어점** 레지스터의 입력 게이트와 출력 게이트를 제어점이라 하고, 이들 중에서 서로 다른 제어 신호를 가해야 되는 제어점을 독립 제어점이라고 하는데, 보통 하나의 레지스터는 입력과 출력 단자에 각각 하나의 독립 제어점이 존재한다.

independent data item [–déitə áitəm] **독립 데이터 항목**

independent directory read-in area [–diréktəri(ː) ríːd ín ɛ́(ː)riə] **IDRA, 독립 디렉토리 판독–기록 영역**

independent equations [–ikwéiʒənz] **독립 방정식** 어떠한 방정식도 다른 방정식의 1차 결합으로 표시될 수 없는 방정식들의 집합. 선형 방정식의 경우 이 독립의 조건은 행렬이 정칙(nonsingular)이거나 행렬의 차수가 방정식의 수와 같을 때이다.

independent events [–ivénts] **독립 사상** 두 사건 A, B가 있을 때 사건 A의 발생 여부가 사건 B의 발생 확률에는 아무 영향을 주지 않을 때, 이 두 사건은 서로 독립이라 하고 이들을 독립 사상이라고 일컫는다.

$$P_r(A \cap B) = P_r(A) \cdot P_r(B)$$

independent network news [–nétwəːrk njúːz] **INN, 독립 TV국**

independent overflow area [–òuvərflóu ɛ́(ː)riə] **독립 오버플로 영역** ISAM에서 실린더 오버플로 영역의 별도의 실린더로 이루어진 기억 공간. 이것은 실린더 오버플로 영역에 레코드를 보관할 수 없을 때 이용한다.

independent process [–práses] **독립 처리**

independent projection [–prədʒékʃən] **독립적 프로젝션** 릴레이션의 정규화 과정에서 여러 가지 분해 방법이 있을 수 있는데, 분해된 프로젝션이 서로 독립적으로 갱신될 수 있다면, 즉 분해된 프로젝션들의 갱신 후 조인 결과가 분해 전의 릴레이션이 가지고 있었던 함수적 종속성을 그대로 가지고 있다면 그 프로젝션을 독립적 프로젝션이라고 한다.

independent random variable [–rǽndəm vɛ́(ː)riəbl] **독립 확률 변수** X와 Y가 이산 확률 변수라 하고, 사상 $X=x$ 및 $Y=y$가 모든 x

및 y에 대해 독립 사상일 경우, 즉 $P(X=x, Y=y)=P(X=x)\cdot P(Y=y)$ 또는 $f(x, y)=f_1(x)\cdot f_2(y)$일 때 X와 Y를 독립 확률 변수라고 한다.

independent recovery[−rikʌ́vəri(ː)] **독립적인 회복** 분산 데이터 베이스에서 한 시스템이 지역 사이트의 고장으로 재시작 프로세스 중에 해당 회복 매니저가 다른 사이트와 통신을 시도하지 않고 진행할 때.

independent sector[−séktər] **독립 섹터** 특정 도표 작성 장치에서 일련의 유사 데이터 중 첫 번째 항목만 인쇄하고 나머지는 인쇄되지 못하게 하는 장치.

independent set problem[−sét prɑ́bləm] **독립 집합 문제** 주어진 그래프 G와 상수 k에 대해서 그래프 G의 크기가 k보다 크거나 같은 독립 집합이 존재하는가를 결정하는 문제. 이 문제는 NP-complete이다.

independent standby system[−stǽndbὰi sístəm] **독립 대기 예비 방식** 은행의 온라인(on-line) 등 신뢰도가 요구되는 시스템에서는 상시 사용하고 있는 시스템 외에 이것이 고장났을 때를 위하여 예비 기계를 준비해두고, 만약 현재 사용하고 있는 기계가 어떤 이유로 사용할 수 없게 되었을 때에는 바로 예비 기계로 바꿀 수 있도록 하고 있다. 이와 같은 시스템을 독립 대기 예비 방식이라고 한다.

independent synchronization[−sìŋkrə-naizéiʃən] **독립 동기** 데이터 전송(data transmission) 등에서는 단말기가 각각 독립으로 클록(clock) 장비를 지닐 때 이것을 독립 동기라 한다.

independent utility program [−ju(ː)tíliti(ː) próugræm] **독립 유틸리티 프로그램** 컴퓨터 운영 체제에 포함되지 않고 그것을 보조하는 유틸리티 프로그램의 집합. 이것은 주로 시스템 프로그래머에 의해서 사용되고 운영 체제의 기본으로 사용되는 직접 접근 기억 장치(DASD)의 기초 설정이나 준비를 하는 데 쓰인다.

independent variable[−vέ(ː)riəbl] **독립 변수**

independent verification and validation[−vèrifikéiʃən ənd vӕlidéiʃən] **독립 검증과 인증** 기술적으로나 관리적인 면에서 제품의 개발 책임 조직과는 분리되어 있는 조직에서 소프트웨어 산출물을 검증하고 인증하는 것.

in-depth audit[ín dépθ ɔ́ːdit] **심층 검사** 단일 트랜잭션이나 정보의 일부분에 대해 수행된 조작들을 확실하게 검사하는 것.

indeterminate state[inditə́ːrminət stéit] **미확정 상태** 미확정 상태는 시뮬레이터에 의해 모델화할 수 있으며, 이 상태를 나타내기 위해 대개 X를 할당한다. 임계 경로나 발전기에 의해 발생하거나 전원을 넣은 후 초기화되기 전에 존재하는 기억 소자의 불확실한 논리 상태.

indeterminate system[−sístəm] **불확정 시스템**

index[índeks] *n*. **색인** 색인 또는 목록이라는 의미이며, 데이터를 기록할 경우 그 데이터의 이름, 데이터 크기 등의 속성과 그 기록 장소 등을 표로 표시하는 것. 즉 참조용의 데이터를 색인표 또는 인덱스라 한다. (1) 원(原) 정보 내용을 적절히 나타내는 정보를 추출하고, 원 정보 위치를 가리키는 참조 정보와 함께 나타낸 것. 추출하는 정보는 책명, 저자명 등의 서적 사항뿐만 아니라 자료의 기사 내용을 나타내는 표제어나 기술어, 나아가 분류 기호에까지 미친다. 서적의 권말에 기사 내용을 포함한 색인이 붙어 있는 것도 많다. 도서관의 책명 카드, 저자명 카드, 근간 서적 리스트 등은 모두 색인이다. 저자명 색인, 책명 색인, 내용(주제) 색인 등 여러 가지 색인이 있다. (2) 표의 요소를 식별하는 번호. (3) 배열 중 요소 위치를 식별하기 위해 배열명 뒤에 덧붙인 것. 예 A1, 100, M(I, J, K). 또 동일한 수의 배열(array) 중에 특정 수를 식별하기 위하여 사용하는 「첨자」의 의미도 있다. 예를 들면, X(5)는 배열 X(3)의 5번째이다. 한편 「지표」의 정의는 「데이터 외의 다른 항목에 관련하여 그 데이터 항목의 위치를 식별하는 정수값의 첨자」이다.

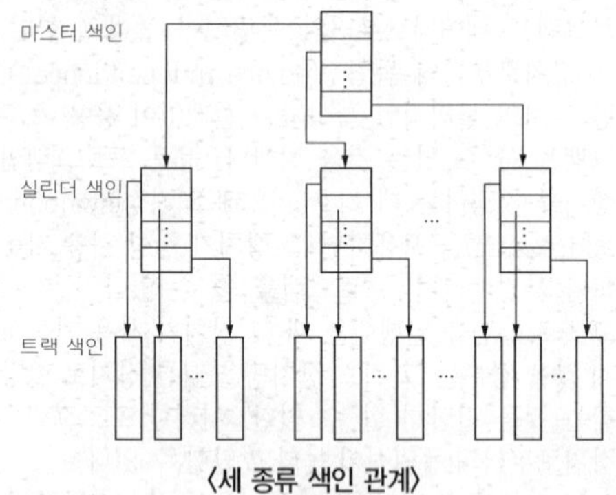

〈세 종류 색인 관계〉

index access method[−ǽkses méθəd] **색인 액세스 방식**

index address[−ədrés] **지표부 주소** 컴퓨터 명령의 실행 전, 실행중에 지표 레지스터의 내용에 따라 변경되는 주소.

index addressing[−ədrésiŋ] **색인 어드레스 지정**

index and store address register[−ənd stɔ́ːr ədrés rédʒistər] **지표/어드레스 기억 레지스터**

index area[–ɛ́(ː)riə] **색인 구역** 트랙 색인, 실린더 색인, 마스터 색인 공간의 총합으로 색인을 저장하는 공간.

index block[–blɑ́k] **색인 블록** 데이터 블록과 구분되는 것으로 색인을 저장하는 블록.

index block chaining[–tʃéiniŋ] **색인 블록 체인** 어느 한 파일을 나타내는 데 하나 이상의 색인 블록이 필요하다면 색인 블록들은 연쇄적으로 서로 연결될 수 있으며, 단순 블록 체인에 비하여 색인 블록 체인의 장점은 탐색이 색인 블록 자체 내에서 일어난다는 것이다. 결과적으로 포인터는 분리되어 색인 블록으로 들어가며 각각의 색인 블록은 고정된 수의 항목들을 갖고 있으며 또 각 항목은 레코드 식별자와 레코드 포인터를 갖고 있다.

index cycle[–sɑ́ikl] **색인 사이클** 주기억 장치 내에 색인 레지스터를 갖춘 컴퓨터가 색인 레지스터에 어드레스 수식을 하는 사이클.

index data base[–déitə béis] **색인 데이터 베이스** HIDAM 데이터 베이스의 두 가지 데이터 베이스 중의 하나로 색인을 제공하는 데이터 베이스. 이 색인 데이터 베이스는 ISAM/DSAM 데이터 세트 쌍(pair)이거나 단지 하나의 VSAM 키 순차 데이터 세트인데, 이러한 것은 단지 하나의 세그먼트 타입인 색인 세그먼트만을 내포하여야 한다.

index data item[–ɑ́itəm] **색인 데이터 항목**

index definition[–dèfiníʃən] **색인 정의** FORTRAN에서 이 같은 정의는 DO, READ, WRITE 문 등에서 사용할 수 있는 것으로 초기값, 최종값, 증가값과 같은 첨자가 사용되는 순환 동작의 반복 횟수를 가리킨다.

index description[–diskrípʃən] **색인 기술(記述)**

indexed[índekst] *a.* **색인 달린, 지표 붙은** 어드레스 지정 방식의 일종을 표시한다.

indexed address[–ədrés] **색인 어드레스** 컴퓨터 명령의 실행 전에, 실행중에 있는 색인 레지스터의 내용에 따라 변경되는 어드레스.

indexed addressing[–ədrésiŋ] **색인 어드레스 지정** 색인 레지스터(index register)의 내용과 명령어 코드(instruction code) 직후에 있는 변위값의 가산(addition)에 의하여 데이터 위치를 구하는 방법.

indexed addressing mode[–móud] **색인 주소 지정 형식** 명령의 번지 부분은 메모리에서 데이터 배열이 시작되는 번지를 가리키고, 배열의 각 피연산자는 시작하는 주소로부터 상대적인 위치에 저장되어 있으며, 시작하는 번지와 피연산자 주소 사이의 차이는 색인 레지스터가 지닌 색인값이다. 색인 레지스터의 내용이 명령의 번지 부분에 더해져 유효 번지가 얻어지는 형식이다.

indexed attribute[–ǽtribjùːt] **색인 속성, 색인 애트리뷰트** 투플 변수 T가 속성 A를 가지고 있는 릴레이션 R의 투플 T를 나타낸다면 $T \cdot A$는 T의 구성 요소인 속성 A의 값을 나타낸다.

indexed field[–fíːld] **색인 필드** 이 색인을 색인 데이터 베이스로서 구현하여 5개의 필드까지 연결될 수 있는데, 색인 필드는 보조 색인이 만들어진 필드로 다음 세그먼트를 연결한다.

indexed file[–fɑ́il] **찾아보기 파일, 색인 파일** 사용자가 정한 크기의 레코드 식별자를 기본으로 하여 색인을 사용해서 임의로 접근할 수 있는 파일.

indexed instruction[–instrʌ́kʃən] **색인 명령어**

indexed list[–líst] **색인 리스트** 색인 배열을 형성하기 위한 입출력에 관한 FORTRAN 명령어.

indexed mark[–mɑ́ːrk] **인덱스 마크** 플로피 디스크의 포맷에서, 각 트랙에 대해 논리적으로 최초인 점에 붙는 자기적인 마크.

indexed non sequential file[–nɑ́n sikwénʃəl fɑ́il] **색인 비순차 파일** 레코드들이 임의의 순서로 보관된 파일과 모든 레코드의 키값과 주소로 구성된 트리 모양의 완전 색인으로 이루어진 파일 구조.

indexed organization[–ɔ̀ːrgənɑizéiʃən] **색인 편성**

indexed search[–sə́ːrtʃ] **색인 검색** 원하는 데이터 항목을 찾아내는 데 걸리는 시간을 단축시키기 위해 색인(데이터와 그 보관 위치 목록)을 사용해서 메모리나 메모리 내의 데이터를 검색하는 방법.

indexed sequential[–sikwénʃəl] **색인 순차** 파일 내의 레코드 색인과 레코드 주소 등을 코어나 디스크의 어떤 부분에 순차적으로 기억하고 이를 차례로 검색하여 필요한 레코드를 간접적으로 인출하는 방법.

indexed sequential access method[–ǽkses méθəd] **ISAM, 색인 순차 액세스법, 색인 순차 접근 방식** (1) 트랙을 기본 단위로 주데이터 구역과 오버플로 구역으로 구성한 기억 공간에 레코드들을 키값의 증가순으로 저장하고, 각 트랙에 보관된 레코드들을 키값의 증가순으로 저장하며, 각 트랙에 보관된 레코드들의 키값 중 가장 큰 값과 트랙 주소로 트랙 색인을 만들고 같은 방법으로 실린더 색인, 마스터 색인을 구성하여 다단계 색인을 유지하는 물리적 공간 단위에 맞추어 색인 순차 파일을 구현한 파일 구조. (2) ISAM은 대규모 데이터 베이스의 고속 온라인 검색을 위해서 고급의 키 액세스를 가능하게 해주고, ISAM의 가변 길이 레코드 키를 사용하면 프로그래머가 색인 공간을 절약할 수 있으며, ISAM은 키에 대한 처리 또는 키에 의한 상대적 처리를 허용한다. ⇨ ISAM

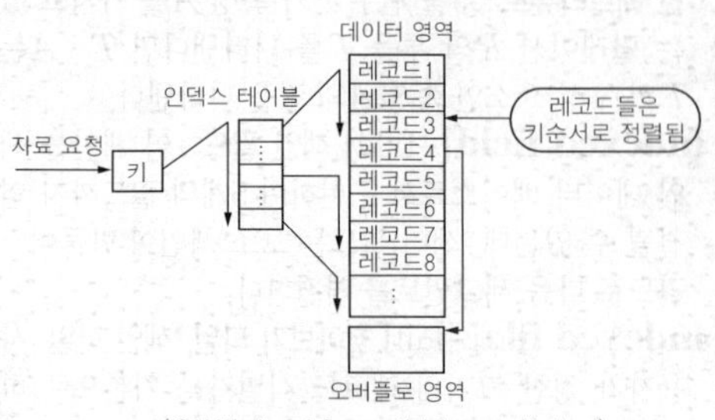

(a) ISAM 파일의 예

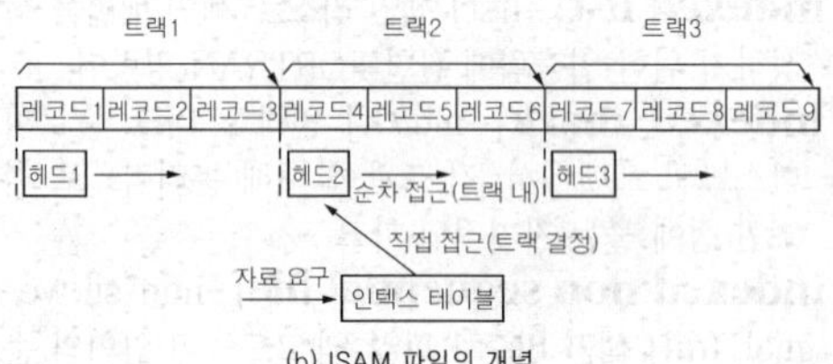

(b) ISAM 파일의 개념

〈ISAM 파일의 개념〉

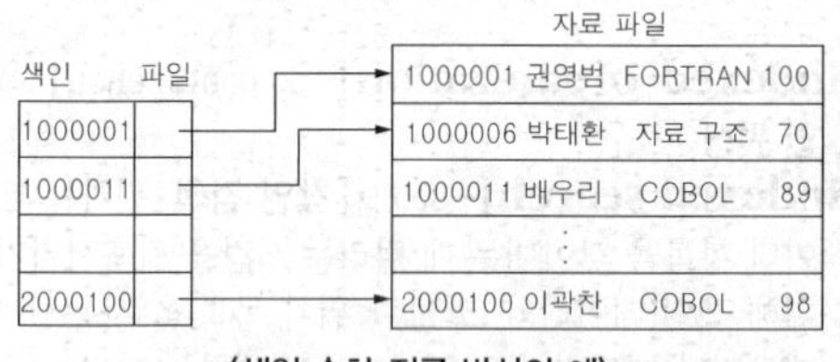

〈색인 순차 접근 방식의 예〉

indexed sequential data set[–déitə sét] **색인 순차 데이터 세트** 데이터 세트(파일) 내에 키(key)가 작은 순서로 레코드가 배열되어 있는 것. 물리 파일(physical file) 상의 어드레스가 키를 포함하는 색인에 의하여 정해져 있으며, 이 키를 검색하므로 랜덤 액세스(random access)가 가능하게 되어 있다.

indexed sequential file[–fáil] **색인 순차 파일, 인덱스트 시퀀셜 파일** 자기(磁氣) 디스크 상에 구성되어 순차적 접근(sequential access)과 비순차적 접근(random access)이 모두 가능하도록 설계된 파일. 자기 디스크에는 한 장 한 장마다 트랙(track)이라고 하는 마치 나이테 모양의 원형 기억 영역이 있는데, 이 트랙에는 번호가 매겨져 있어 여러 장의 디스크가 겹쳐진 자기 디스크 장치에서는 같은 번호를 가진 트랙을 실린더라는 단위로 부르고 있다. 색인 순차적 파일은 이 실린더에 주요 데이터 영역(prime data area), 트랙 색인, 실린더 범람 영역의 세 종류의 영역을 갖고 있다.

indexed sequential file management system [–mǽnidʒmənt sístəm] **ISFMS, 색인 순차 파일 관리 시스템**

indexed sequential file organization [–ɔ̀:rgənaizéiʃən] **색인 순차 파일 편성** 색인표의 순서에 따라서 레코드를 저장함으로써 순차 처리와 직접 접근 처리를 할 수 있게 하는 파일의 조직.

indexed sequential organization [–ɔ̀:rgənaizéiʃən] **색인 순차 편성** 레코드가 키(key)에 의해서 논리적 순서로 구성되는 것. 키에 대한 색인을 사용함으로써 각 레코드에 직접 액세스가 가능하다.

indexed set[–sét] **색인 세트** 모드(mode)절에 「mode is index」로 선언되며, 세트 어커런스의 멤버들을 구분하기 위해 포인터 대신 색인을 사용한다. 오너와 색인 레코드들이 체인될 수도 있으며 인덱스 레코드와 멤버 간에도 포인터 사용이 가능한 IDMS에서 세트 구조를 저장하는 방법들 중의 한 가지 방식이다.

indexed VTOC 색인 VTOC

indexed zero page addressing [–zí(:)rou péidʒ ədrésiŋ] **색인 제로 페이지 주소법** 이 형식의 주소 지정 방식은 「zero page X」, 「zero page Y」라고 불리는 색인 레지스터를 사용하여 가능하며 실제 주소는 두 번째 바이트 색인 레지스터에 더해 줌으로써 얻을 수 있다. 이것은 0페이지 주소 방식의 한 형태이므로 두 번째 바이트는 페이지 0의 기억 장소를 지적하게 된다. 또한 이러한 방식의 주소 지정 방식은 기억 장치의 상위 8개 비트에 캐리가 더해지지 않으며 페이지 범위의 혼란은 일어나지 않는다.

index entry[índeks éntri(:)] **색인 엔트리** 색인의 각 항목은 사전의 각 항목들처럼 색인에 포함되어 있는 개개의 데이터 라인과 항목을 가리킨다.

index entry record type[–rékərd táip] **색인 엔트리 레코드 타입**

index entry technique[–tekní:k] **색인 엔트리 기법**

indexer[índeksər] *n*. **인덱서** 입력된 문서에 대해서 자동적으로 색인을 작성하는 프로그램.

index fan-out ratio[índeks fǽn áut réiʃiòu] **색인 분기율** 색인 분기율 Y는 블록 크기 B를 색인 엔트리가 필요로 하는 공간으로 나눈 몫이 되며, 색인 블록 참조 능력을 나타내는 가장 중요한 매개 변수이다.

index field[–fí:ld] **색인 필드** 보조 색인이 만들어진 필드로서 다음 세그먼트를 연결한다. 이 색인은 색인 데이터 베이스로서 구현하며 5개의 필드까지 연결될 수 있다.

index field value[–vǽlju:] **색인 필드값** 명령어(비트 12~14) 내의 3비트 색인 부분의 내용으로 현재 범용 레지스터 1~7 중 어느 것이 색인 레지스터인가를 표시한다.

index file[–fáil] **색인 파일, 인덱스 파일** 파일 속으로부터 특정 데이터를 「빠르게」 찾아내기 위해서 항목명과 그 파일의 몇 번째의 데이터인가를 표시한다. 구체적으로는 데이터의 번호만을 저장한 색인용의 파일을 말한다.

index hole[–hóul] **색인 구멍** 섹터(sector)의 시작 위치를 표시하기 위해 플로피 디스크에 천공된 구멍.

indexing[índeksiŋ] *n.* **색인 만들기** 색인 부착. 지표 부착. 데이터를 찾아내기 위한 색인을 지정하는 것. 이것은 메모리 내의 표나 직접 액세스 기억장치(direct access store) 내의 파일로부터 데이터를 검색하기 위하여 사용되는 방법이다. 예를 들면, 자기 테이프(magnetic tape) 등과 같이 처음부터 데이터를 체크하면서 목적한 것을 찾지 않고, 끝마치도록 미리 데이터에 그 장소를 알 수 있도록 한 색인(index)을 기억시키는 방법. 정보 색인 분야에서는 검색을 위한 키를 해당 레코드(문헌 등)에 대하여 부여하는 작업을 말한다.

indexing hierarchy[–háiərɑ̀:rki(:)] **색인 계층** 다중 레벨 디렉토리 구조에서의 색인 계층 수.

indexing method[–méθəd] **색인 지정법**

index key[índeks kí:] **색인 키** 예를 들면, 전화번호부의 성명 중 성은 각 엔트리 키 영역으로서 색인이 되는 것과 같이 엔트리의 위치를 검색하는 지표로서 사용되는 키 영역.

index key item[–áitem] **색인 키 항목**

index level[–lévəl] **인덱스 레벨**

index mode[–móud] **색인 방식** 선택된 범용 레지스터의 내용에다 명령어 다음에 오는 인덱스 워드가 더해져서 오퍼랜드의 주소가 만들어지고 그 선택된 범용 레지스터의 내용은 일련의 주소를 계산하기 위한 기본 구조로 사용되므로 데이터 구조의 원소들에 대한 임의의 접근이 가능하며, 테이블 내의 데이터에 접근하기 위해 그 범용 레지스터의 내용은 프로그램으로 수정할 수 있다. 색인 주소 지정 명령은 특별한 형태를 지니고, 일반적으로 컴퓨터마다 모두 다르다.

index modification[–mɑ̀difikéiʃən] **색인 변경**

index name[–néim] **색인명**

index number[–nʌ́mbər] **지수** 넓은 의미로는 단순 지표의 뜻으로 사용되나 통계학적 개념으로는 같은 종류의 통계 계열에 대한 수치상의 대소를 비교하기 위하여 계산하는 통계 비례수이다.

index of seasonal variation[–əv sí:zənəl vɛ̀(:)riéiʃən] **계절 변동 지수** 통계학 용어로 계절에 따라 변동을 나타내는 지수를 말하고, 데이터는 최소한 계절 단위와 같거나 작은 단위인 분기별, 월별, 주별로 데이터가 주어져야 파악이 가능하다.

index organization[–ɔ̀:rgənaizéiʃən] **색인 편성** 색인 조직이 색인 순차 편성과 다른 점은 데이터 부분이 키 순으로 분류될 필요가 없고 색인 부분은 집중되어 있으며 데이터의 오버플로 부분이 특별히 분할되어 설정되지 않는다는 점이다. 또한 동일한 데이터 부분을 이용하여 다른 키 항목에 의한 색인을 복수 개로 할 수도 있는데, 이 경우는 색인을 별개의 파일로서 할 수 있다. 이 색인 편성은 색인 순차 편성과 같이 데이터를 기록하는 부분 외에 데이터 레코드 중의 키 항목만을 모아서 기록하는 색인 부분을 설정하고 그 색인을 이용하여 순차 처리와 임의 처리로 가능하게 하는 편성법이다.

index part[–pɑ́:rt] **색인부, 지표부** 명령어의 일부로 지표부라는 것을 설정한다. 기억 장치의 각 장소에 붙여진 실제 어드레스를 절대 어드레스라고 하며, 이에 대해서 상대 어드레스라는 개념이 있다. 이것은 프로그래밍할 때 절대 어드레스를 사용하지 않고 프로그램 중에 쓰여진 어드레스는 단지 상대적인 관계만으로 어드레스를 지정하는 방법이다. 예를 들면 상대 어드레스에 적당한 수치를 더해놓는다. 100번지, 101번지, …에 50번지가 더해지면 절대 어드레스는 각각 150번지, 151번지, …로 된다. 따라서 변경하여야 할 수치(이 예에서는 +50)는 지표 레지스터라는 것으로 기억되어 있고, 이 지표 레지스터는 보통 복수 개 존재한다. 그래서 명령어의 지표부에서는 그 복수 개 지표 레지스터 중 어느 하나를 지정하는 것이다. 상대 어드레스로 쓰여진 프로그램은 지표 레지스터 내용의 수치만큼 변경되고(이것을 변경자라 한다) 절대 어드레스가 된다. 이에 따라 만들어진 프로그램은 적용 범위가 증가하고 사용할 때 많은 편리함을 준다. 그것을 기존 프로그램(예를 들면, 서브루틴)을 이용해서 보다 클 수밖에 없는 새로운 프로그램을 작성할 경우 새로운 프로그램은 상대 어드레스로 쓰여진다고 한다. 여기서 기존 프로그램과 새로운 프로그램과의 어드레스 차이를 지표 어드레스에 기억시켜 놓으면 기존 프로그램을 이용하는 시점에서 상대 어드레스는 기존 프로그램 어드레스로 변경되므로 기존 프로그램에 따라 컴퓨터는 동작하게 된다.

index point[–pɔ́int] **색인점** 카드 천공기에서 주축 위에 일정하게 배치된 회전 방향 상의 기준 위치들 중의 하나로서 그것에 대응되는 행(行)이나 열(列)을 따라 표시되어 있다.

index pointer segment[–pɔ́intər ségmənt] **색인 포인터 세그먼트**

index pointer segment type[–táip] **색인 포인터 세그먼트 타입** 색인 데이터 베이스를 구성하는 세그먼트형으로 이 색인은 색인된 필드를 포함하는 세그먼트나 선조 세그먼트를 가리킨다.

index record[–rékərd] **인덱스 레코드** 파일의 한 레코드의 키값과 어드레스를 보관하는 색인의 구성 단위.

index record replication[–rèplikéiʃən] **색인 레코드 복사**

index register[–rédʒistər] **색인 레지스터, 인덱스 레지스터** 이 레지스터 속에 기억되어 있는 내용에 의해서 실행하는 명령의 어드레스를 변경하기 위해서 사용되는 참조용 레지스터. 프로그래머 수를 적게 하기 위해서 사용하는 경우가 많고, 어셈블러 언어로 반복 처리를 실행시키기 위해서 빠뜨릴 수 없는 것이다. (1) 중앙 처리 장치(CPU)가 명령(instruction)을 실행해갈 때 오퍼랜드(operand)의 어드레스를 변경하기 위해서 그 내용이 이용되는 것. 또 프로그램 속에서 카운터(counter)로 쓰일 수도 있다. 색인 레지스터는 루프의 실행 횟수의 제어, 배열(array)의 사용 제어, 스위치, 테이블 조사(table lookup), 포인터와 같은 용도로 이용된다. (2) 컴퓨터 명령의 실행중에 오퍼랜드의 어드레스를 변경하기 위하여 그 내용이 이용되는 레지스터. 또 컴퓨터로 이용할 수도 있다. 색인 레지스터는 루프의 실행 제어, 배열의 사용 제어, 스위치, 테이블 조사, 포인터와 같은 용도에 이용된다.

index search[–sə́ːrtʃ] **색인 검색**

index searching technique[–sə́ːrtʃiŋ tekníːk] **색인 검색 기법** 색인의 한 색인 레코드를 찾기 위해 사용하는 검색 기법. 파일 내의 한 레코드를 찾기 위한 기법들과 유사하다.

index segment[–ségmənt] **색인 세그먼트** 색인 데이터 베이스는 HIDAM 데이터 베이스의 특수한 형태이며, HIDAM의 색인 데이터 베이스가 가지는 유일한 세그먼트 타입이다.

index sequential access method[–sikwénʃəl ǽkses méθəd] **ISAM, 색인 순차 액세스법** ⇨ ISAM

index sequential file[–fáil] **색인 순차 파일** 색인 순서의 조직으로 레코드들이 되어 있는 파일.

index sequential file organization[–ɔ̀ːrgənaizéiʃən] **색인 순차 파일 구성** 직접 접근 기억 장치 내의 파일들을 위한 파일 조직의 한 유형으로 레코드 키를 지닌 인덱스를 참조함으로써 실제 파일 상의 레코드 주소를 식별할 수 있도록 되어 있다.

index sequential organization[–ɔ̀ːrgənaizéiʃən] **색인 순차 조직** 색인 순차 편성은 데이터를 기록하는 부분 외에 레코드 가운데 키 항목만을 모아서 기록하는 색인 부분을 설정하고, 이 색인을 모아서 순차 처리(sequential processing)와 임의 처리(random processing)의 양쪽을 가능하게 한 편성법이다. 레코드를 식별하는 정보로서 각 레코드 영역 내에 있는 키를 사용해서 그 키의 값이 오름차순으로 되도록 꺼내고, 키의 인덱스(색인)부를 작성한 파일 편성으로 인덱스를 통해서 랜덤하게 액세스(indexed sequential access)가 가능하다.

index set[–sét] **색인 집합** 레코드들이 색인 순서의 조직으로 되어 있는 파일. 이 색인 집합은 순서 집합으로의 빠른 접근을 가능하게 하는 트리 구조 색인으로서 엄밀히 하면 B트리 구조이다.

index sort[–sɔ́ːrt] **색인 정렬** 정렬의 결과 각 데이터 레코드의 키 영역 및 데이터 파일 내에서의 위치를 나타내는 포인터를 포함한 별도의 색인 파일이 만들어지는데, 색인 접근 방식(LAM)에 의한 불규칙적인 데이터 파일로부터 순차적이고도 직접 처리에 대한 색인을 가능하게 하기 위한 것이다.

index source segment[–sɔ́ːrs ségmənt] **색인 원시 세그먼트** 이 색인 원시 세그먼트는 IMS의 보조 색인 기능 중의 하나인데, 색인 내의 대응되는 세그먼트가 중복될 수 있다. 즉, 색인 전 필드 상의 값들이 유출되는 세그먼트로 IMS의 DBD에 기술하는 XDFLD의 한 항목값을 말한다.

index space[–spéis] **색인 공간** 이것은 하나의 색인 공간에 하나의 색인만 저장되며 여러 페이지로 구성되는 사용자 데이터 베이스의 여러 종류의 공간 중 색인을 저장하는 데 사용되는 저장 공간이다.

index structure[–strʌ́ktʃər] **색인 구조** 색인을 구성하는 파일 구성에서 색인을 어떻게 조직하는가를 말하는데, 가장 널리 알려진 방법이 B트리이다.

index table[–téibəl] **인덱스 테이블, 색인 테이블**

index target segment[–táːrgət ségmənt] **색인 목표 세그먼트** 색인에 의해 지적된 세그먼트로서 보조 순서를 통해 처리될 때 삽입이나 삭제, 명령이 사용 불가능한 세그먼트를 말한다.

index term[–tə́ːrm] **색인 용어** 검색의 편의를 위해 정보에 부여하고 그 정보 내용의 요점을 표현하도록 한 단어 혹은 단어군. 문헌 정보인 경우 그 표제 중에 포함된 단어가 그 역할을 하는 것도 있고 또 목적을 위한 단어를 특히 선택하여 부가하는 것도 있다.

index track[–trǽk] **색인 트랙** 같은 데이터 매체의 다른 트랙 상의 데이터 위치 결정에 필요한 정보를 유지하는 트랙.

index upgrade[–ʌ́pgrèid] **색인 갱신**

index word[–wə́:rd] **지표어, 색인 단어** (1) 명령 어드레스부에 적용되는 명령 수식 기호. (2) 선택된 항 외에는 더 일반적인 관련 개념들을 고려하지 않고 도큐먼트에 사용하는 것처럼 단어의 선택을 기본으로 하는 색인. (3) 주어지는 명령의 유효 주소를 자동으로 수정하는 데 필요한 내용이 기억된 기억 장소의 위치 또는 레지스터.

indicate[índikèit] *v.* **표시하다, 지시하다, 도시하다**

indicating instrument[índikèitiŋ ínstrumənt] **지시 계기** 측정량의 값을 지시하는 계기 또는 검출기나 전송기 등을 포함하는 기구를 말한다.

indication[ìndikéiʃən] *n.* **지시** ISO에서 정의한 용어로 컴퓨터 통신에서 같은 컴퓨터 내에 있는 이웃 계층끼리는 서비스 프리미티브를 교환하는데, 이 서비스 프리미티브 중 상대편 호스트에 있어 피어 계층(peer layer) 엔티티가 보낸 메시지가 있을 때 지역 호스트의 하위 계층 엔티티가 상위 계층 엔티티에게 이것을 알리는 서비스 프리미티브를 지시라 한다.

indicator[índikèitər] *n.* **지시기** 표시기. 표지(標識). (1) 지시기란 컴퓨터 프로그램에서 그 처리 중 어떤 조건이 만족되어 있는지를 결정하기 위하여 조사할 수 있는 데이터 항목. 즉, 어떤 특정 조건이 만족된 것을 암시할 목적으로 기억시키거나 표시하는 것이다. 예를 들어, 스위치 표시기(switch indicator)라 하면 분기(分岐 ; branch)의 판정 조건을 제어하기 위한 스위치점(switch point)에 어떠한 조건을 설정해야 할 것인가를 표시하기 위해서 쓰여지는 것이다. 플래그(flag)와 같다. (2) 표시 램프(indicator lamp)와 같이 보통의 의미로도 이용된다. (3) 컴퓨터 프로그램의 실행중 특정 조건이 만족되어 있는지의 여부를 결정하기 위하여 조사되는 데이터 항목. 스위치 표시기, 과잉 표시기. (4) 통상 일의 처리 결과에 따라서 또는 장치 내에 특정 조건이 생겼을 때 결정된 상태로 있는 것을 가시적인 방법 등으로 표시하는 것. 경우에 따라서는 몇 개의 처리 중 어느 것을 선택할 것인가를 결정하기 위해서 사용되는 경우도 있다.

indicator chart[–tʃɑ́:rt] **표시기 도표** 프로그램 중에서 표시기 사용을 기억하기 위해서 프로그램의 코딩과 논리 설계를 행할 때, 프로그래머에 의해서 사용되는 그림과 표. 프로그램 문서화(program documentation)의 일부를 형성한다.

indicator lamp[–lǽmp] **표시 램프**

indicator light[–láit] **표시등**

indicator panel[–pǽnəl] **표시판**

indicator register[–rédʒistər] **표시 레지스터**

indicator variable[–vɛ́(:)riəbl] **표시 변수** 응용 프로그램에서 호스트 변수와 함께 사용하여 검출 결과가 한 투플이고 검색 대상 필드가 널(null) 값일 때, 호스트 변수값이 변하지 않았음을 더불어 나타내는 변수를 말한다.

indices[índisì:z] *n.* **인덱스, 색인, 지표** index의 복수형.

indigenous fault[indídʒənəs fɔ́:lt] **고유 결함** 결함 파종(fault seeding) 과정의 일부로서 삽입되지 않은 컴퓨터 프로그램에 존재했던 결함.

Indio 인디오 압축된 디지털 화상과 음성을 재생하기 위한 기술로 미국 인텔 사에 의해 개발되었다. 전용 보드 등 하드웨어를 필요로 하지 않고 소프트웨어 처리 기반만으로 재생할 수 있는 것이 큰 특징이다. 마이크로소프트 사는 이 라이선스를 얻어 윈도 3.1 상에서 가동하는「video for windows」를 개발했다.

indirect[ìndirékt] *a.* **간접의** 어드레스(address), 명령(instruction), 입출력 장치(input/output devices) 등의 지정이 간접적인 것. 즉, 명령 어드레스(오퍼랜드)부가 다른 어드레스(주소)를 격납하고 있는 기억 위치(location)를 가리키는 것과 같은 것을 말한다.「즉시의(immediate)」등과 대비된다.

indirect access[–ǽkses] **간접 액세스**

indirect address[–ədrés] **간접 번지** (1) 보통 명령어(instruction)의 어드레스부(address part)에서는 오퍼랜드, 즉 명령에서의 연산 대상 데이터가 저장되어 있는 어드레스가 지정되어 있다. 이와 같은 어드레스를 직접 어드레스(direct address)라 한다. 이에 대하여 대상 데이터의 기억 장소(location)를 직접 지정하지 않고, 이 어드레스를 저장하고 있는 기억 장소의 어드레스를 지정하는 것을 간접 어드레스 지정이라 부르며 이 어드레스를 간접 어드레스(indirect address)라 한다. 간접 어드레스는 다단계로 지시할 수도 있다. 이것을 다단계 어드레스(multi-level address)라고도 한다. 간접 어드레스는 어드레스부의 비트 수를 절약할 필요가 있는 경우나 어드레스 지정으로 복잡한 수법을 사용할 때 유효하다. (2) 오퍼랜드의 어드레스로서 취급되는 데이터 항목의 기억 장소를 지시하는 어드레스이며, 반드시 직접 어드레스가 아니라도 좋다.

indirect addressing[–ədrésiŋ] **간접 주소 지정** 명령어(instruction)의 어드레스부에 간접 어드레스를 넣어두는 어드레스 지정 방식. 즉, 컴퓨터의 명령 어드레스부가 직접 오퍼랜드를 지정하지 않고 특정 레지스터나 주기억 장치의 임의 어드레스를 지정하며 레지스터 내용이나 지정된 어드레스 내용이 명령 오퍼랜드를 지정하는 어드레스 지정 방법을 말한다. 직접 어드레스 지정 방식(direct addressing)과 대비된다.

indirect addressing register [–rédʒistər] **간접 어드레스 지정 레지스터** 기억 장치 어드레스를 나타내기 위한 포인터로서 레지스터를 사용하는 주소 지정 방식.

indirect address mode [–ədrés móud] **간접 어드레스 방식** 이 명령을 수행할 때에는 메모리로부터 명령을 취하고 그것의 주소 부분으로부터 다시 유효 주소를 메모리에서 가져와 동작하는 모드. 명령의 주소 필드가 가리키는 주소에는 유효 주소가 있다.

indirect address mode modification [–mɑ̀difikéiʃən] **간접 주소 수식**

indirect chaining [–tʃéiniŋ] **간접 연쇄화** 한 버킷에 보관할 수 없는 레코드를 별도의 오버플로 공간에 저장하고 같은 해시 주소의 레코드끼리 연결 리스트를 만드는 방법.

indirect communication [–kəmjù:nikéiʃən] **간접 통신** 이 방법에서는 한 처리가 다른 처리들과 통신할 때 여러 다른 우편함들을 통해 연락할 수 있고, 두 개의 처리는 서로 공유된 우편함이 있어야 통신이 가능해진다. 즉, 메시지가 우편함 또는 포트를 통해 전달되는 방식으로, 우편함은 메시지가 처리에 의해 놓여지고 제거되는 객체로 취급된다.

indirect control [–kəntróul **간접 제어** 한 장치가 사람의 개입으로 다른 주변 장치를 제어하는 것. 즉, 다른 장치를 제어하는 데 사람의 개입이 필요한 제어 방식을 말한다.

indirect index [–índeks] **간접 색인** 하나의 보조키 값과 그 값을 갖는 레코드들의 주소 대신 기본키 값들을 짝지워 구성한 색인.

indirect instruction [–instrʌ́kʃən] **간접 명령, 간접 어드레스 명령** 지정된 연산에 대한 오퍼랜드의 간접 어드레스를 포함하고 있는 명령.

indirect measurement [–méʒərmənt] **간접 측정** 측정량과 일정한 관계가 있는 몇 가지 양에 대해 측정을 해서 그것으로부터 측정값을 유도해내는 것.

indirect reference address [–réfərəns ədrés] **간접 참조 주소** 명령어의 주소가 지정하고 있는 것이 직접 주소인 주소 지정 방식.

indirect referencing [–réfərənsiŋ] **간접 참조** 목적 언어 대상물을 지정하는 값을 갖는 데이터 대상물을 경유하여 그 언어 대상물을 참조하는 구조.

[주] 1. 이 구조를 이용하는 것도 간접 참조라고 한다. 2. 이 참조는 일련의 데이터 대상물에 따라서 행해지는 경우도 있다. 그 경우에는 데이터 대상물은 다음의 것을 가리키고 마지막의 것은 목적 언어 대상물을 가리킨다.

indirect relative [–rélətiv] **간접 상대** 상대 주소 계산은 직접 상대적 모드의 경우와 같으며, 어떤 컴퓨터에서는 8비트 변위 필드가 현재 수행중인 명령의 주소와 관련된 주소를 표시하는데, 이 상대 주소에 오퍼랜드의 주소가 기억되어 있다.

indirect self-relative [–sélf rélətiv] **간접 자체 상대** 이 모드에서는 사전 색인된 간접 주소가 결정되면 간접 주소의 내용을 그 간접 주소 자체에 합산하여 유효 주소부 주소를 만들고, 보통 사전 색인된 간접 모드에만 적용이 가능하다.

indirect store-and-forward deallock [–stɔ́:r ənd fɔ́:rwərd dé(:)dlɑ̀k] **간접 저장, 전송 교착** 각 노드는 이웃 노드에게 전송을 시도하고 있으나 어느 노드로 들어오는 패킷을 수신할 버퍼가 없는 상태로, 직접 교착이 좀더 큰 규모에서 발생한 것이라 볼 수 있다.

indirect survey [–sərvéi] **간접 조사** 통계 단위에 대한 통계 조사를 실시할 때 관찰의 주체가 관찰과 집계의 과정을 직접하는 것이 아니라 이미 다른 목적으로 관찰된 것을 현재의 조사 목적에 간접적으로 이용만 하는 것으로 통계 조사의 한 방법.

individual line [ìndivídʒuəl láin] **개별 회선** 단 하나의 주국(main station)으로만 설치된 가입자 회선으로서 이 회선에 추가로 다른 지국들이 확장 연결될 수 있다. 개별 회선은 연장 회선 상의 지국들에 대해서는 구별 호출을 할 수 없다.

individual tracker [–trǽkər] **개별 추적자** 허용되지 않는 특정 질의의 해를 구하는 데 이용되는 프레디케이트.

induce [indjú:s] *v.* **유도하다** 전자 유도에 의해 전압, 전류 또는 전하가 발생되는 것.

inductance [indʌ́ktəns] *n.* **인덕턴스** 인덕턴스에는 자기 인덕턴스와 상호 인덕턴스가 있고, 단위로는 헨리(henry)를 쓴다. 전선이나 코일에는 그 주위나 내부를 통하는 자속의 변화를 방해하는 작용이 있으며, 그 작용의 세기를 나타내는 값을 인덕턴스라고 한다.

induction [indʌ́kʃən] *n.* **귀납, 유도** 여러 가지 특정 사실들로부터 일반적인 사실을 유도해내는 추론 방법.

induction assertion method [–əsɔ́:rʃən méθəd] **귀납적 단언법** 프로그램의 입출력과 중간 조건을 서술하는 단언이 작성되고, 입력 단언의 충족과 출력 단언의 충족에 관련된 일련의 이론들이 참이라고 증명되는 정확성 증명 기법.

induction coil[–kɔ́il] **유도 코일** 직류가 통과하는 1차 코일과 인터럽트 및 권선의 수가 많아 고전압이 유도되는 2차 코일로 구성되어 있으며 단속적 고전압을 얻기 위한 장치.

induction hypothesis[–hɑipɑ́θəsis] **유도 가정**

induction step[–stép] **유도 단계** 귀납적 증명에서 유도 가정인 명제 $P(k)$, $k>1$이 참임을 가정할 때 $P(k+1)$도 참임을 증명하는 단계.

inductive[indʌ́ktiv] *a*. **귀납적** 일반적으로 「P이므로 Q가 된다」라는 실증적인 추론을 하는 것. 그러므로 당연하다는 것.

inductive assertion[–əsə́:rʃən] **귀납적 공리** 한 객체가 d_i를 만족시킬 때 그 객체는 k_i의 한 예라는 개념 표현이며, 개념 인식에 대한 규칙의 집합으로 간주한다. 즉, $\{d_i > k_i\}$ d_i는 k_i의 개념 서술이다.

inductive inference machine[–ínfərəns məʃí:n] **귀납적 추론 기계** 입력 x와 출력 y의 쌍 $\langle x, y\rangle$를 몇 개의 데이터로서 부여하면 이러한 입출력 관계 $f(x)=y$를 만족하는 프로그램이나 함수 f를 추정하는 것으로 예를 들 수 있다. 즉, 구체적인 데이터에서 일반적인 법칙을 추론하는 기계이다. 그러나 이러한 추론 시간에 필요한 계산 시간이나 메모리량 등을 문제로 하지 않는다면 특정한 분야에 대해서 귀납적 추론 기계를 이론적으로 구성할 수 있음이 알려져 있다.

inductive leap[–lí:p] **귀납적 도약** 여러 예를 이용하여 표준화된 개념을 학습할 때 세부적인 조건을 탈락시키고 일반화함으로써 발생하는 과대 평가된 일반화를 일컫는다.

inductive learning[–lə́:rniŋ] **귀납적 학습** 주로 전문가 시스템의 지식 베이스를 자동적으로 생성하는 영역이나 사람에 의해 처음 개발된 지식 베이스를 개선하는 것 또는 여러 실험 과학, 화학, 생물학, 심리학, 의학 등에 활동이 이루어지며, 교사나 주위 환경으로부터 제공된 사실을 이용하여 귀납적 추론 과정을 통해 학습하는 방법.

inductive method[–méθəd] **귀납법** 시스템 설계에서 현상 시스템을 전제로 하여 거기서의 문제점이나 불합리한 것을 개선하여 새로운 시스템을 설계하는 접근 설계법을 귀납법 또는 현상 지향법이라 하는데, 과거에 일어났던 복수의 사실에서 현재의 진리를 도출해내려는 사고 방법이다.

inductive potential divider[–pəténʃəl dəvɑ́idər] **유도성 전위 분리기** 전자 기계식 아날로그 컴퓨터에서 사용되는 트로이드 권선과 하나 이상의 조정식 슬라이더가 구비되어 있는 자동 변압기.

inductive resolution rule[–rèzəlú:ʃən rú:l] **귀납적 비교 흡수 방법** $(p = > F1)$ and $(-p = > F2) | < F1 \vee F2$와 같이 정형적으로 표시할 수 있는 비교 규칙은 연역적 추론의 일반 규칙으로서 자동 정리 증명에 널리 쓰인다. p는 프레디케이트, $F1$, $F2$는 임의의 공식이다.

p and $F1 :: > k - p$ and $F2 :: > k1 < F1 \vee F2 :: > k$

inductive statistics[–stətístiks] **추출 통계학** 가까이의 통계 자료나 정보를 모집단에서 추출한 하나의 임의 표본으로 보고, 이에 의하여 모집단을 규정하는 확률 분포에 관한 각종 수치를 추출하는 것.

industrial[indʌ́striəl] *a*. **산업의, 공업의, 인더스트리얼** 일반적으로 산업용 시스템과 처리(process), 제어 방식에 대하여 사용된다. 이러한 공업용 기기는 사무용 기기에 대하여 엄격한 환경에서 이용되기 때문에 전압 변동과 온도 변동, 외부 잡음, 먼지 등에 대한 높은 신뢰성과 내구성을 갖는다. 또 여러 가지 계기를 제어하기 위하여 각종 I/O(입출력) 확장 장치를 지원하고 있다.

industrial animation[–æniméiʃən] **산업 애니메이션** 상용 컴퓨터 그래픽, 애니메이션, 컴퓨터 그래픽 분야는 급속히 발전하여 산업용으로도 충분히 이용 가치를 가지게 되었다. 이에 따라 종래의 수작업 애니메이션과 구별하여 붙여진 명칭이다.

industrial computer[–kəmpjú:tər] **공업용(산업용) 컴퓨터** 프로세서 제어, 생산 라인 제어, 기타의 생산 분야에서 온라인으로 사용되는 컴퓨터.

industrial data collection device[–déitə kəlékʃən divɑ́is] **산업용 데이터 수집 장치** 5가지의 기본적인 부분으로 전형적인 산업용 마이크로컴퓨터 시스템을 나누어 보면 ① 마이크로프로세서와 그에 관한 기억 장치, ② 마이크로컴퓨터 시스템과 푸시 버튼 또는 모터 시동기와 같은 외부 장치를 연결하는 접촉 모듈, ③ 마이크로컴퓨터를 프로그램하기 위한 장치, ④ 마이크로컴퓨터 시스템 동작을 분석하고 고장을 진단하기 위해 사용하는 프로그램 분석기, ⑤ 사용자가 마이크로프로세서 기억 장치와 접속 모듈이 정상적으로 작동하는지 점검해보는 시스템 시험기 등이 그것이다. 고유 식별 번호가 붙여진 자기 카드를 판독기가 판독할 때 현재 시간을 기록하는 등의 출퇴근 근무 기록기와 같은 것으로 고용인의 노동 시간을 기록하기 위하여 사용되는 입력 장치로서 노동 시간 또는 앞으로의 노동 시간에 대한 급료 계산 등의 기준으로 삼는다.

industrial data processing[–prɑ́sesiŋ] **산**

업용 자료 처리 산업용(공업용) 목적(주로 수치 제어)을 위해 설계된 데이터 처리로 공업용 프로세서의 제어 또는 그에 관련된 데이터를 처리한다.

industrial dynamics [–dɑinǽmiks] ID, **산업 역학** 경영면에서 기업에 있어서의 생산, 재고, 판매 관계를 계량 모델로 표시하고 의사 결정과 계획 실행의 지연이 기업 경영 활동에 미치는 영향을 컴퓨터를 이용한 시뮬레이션으로 예측하는 수법. 이 연구는 1956년경부터 미국 매사추세츠 공과 대학(MIT)을 중심으로 행해져 컴퓨터 프로그램은 미국 IBM 사에서 DYNAMO라는 이름으로 발표되었다. 이 방법의 개요는 기업을 물품, 돈, 사람, 설비, 주문의 5가지 요소로 분류하고, 이것을 전체적으로 포괄하는 것으로 정보(information)를 생각한다. 이 각 요소마다 프로세스를 수식화해서 컴퓨터로 시뮬레이션하는 것이다.

industrial engineering [–èndʒəníəriŋ] IE, **산업 공학, 인더스트리얼 엔지니어링, 생산 기술** 인력 자재 및 설비를 종합하여 시스템의 설계 개선 확립에 관한 활동으로 그 시스템에서 얻어지는 결과를 규정, 예측하고 평가하기 위해 수학, 물리학, 사회 과학의 전문 지식과 경험, 공학적인 분석과 설계의 원리, 방법을 활용해 연구하는 학문.

industrial instrument [–ínstrumənt] **산업 계기** 산업에서 생산 과정에 사용되는 계기.

industrial instrumentation [–ìnstrumentéiʃən] **산업 계측** 산업에서 생산 과정의 계측.

industrial process control [–prɑ́ses kəntróul] **산업용 프로세스 제어, 산업 공정 제어** 산업 공정 응용 분야는 각각의 공정에서 요구하는 제어의 정도에 따라 매우 다양하고 광범위하다. 일반적인 공정 제어 응용 분야로는 귀금속 생산, 시멘트 생산, 환경 제어, 시험 공장, 화학 공장, 석유 정유 등 여러 가지가 있다. 자료 수집 및 시스템은 공정 자료를 받아들이는 데 있어서 여러 유형에 대해 최대한의 융통성을 발휘할 수 있으며, 컴퓨터가 수행할 수 있는 데이터 형식과 출력 신호를 다양하게 제공한다.

industrial process design [–dizɑ́in] **산업 프로세스 설계**

industrial property [–prɑ́pərti(ː)] **산업 소유권** 특허, 실용신안(實用新案), 상표 등록, 의장 등록의 총칭. 발명이나 창조의 성과를 보호하고 그 산업적 응용을 지원한다는 취지 하에 만들어졌다. 아이디어, 독창성, 신뢰성과 같은 무형 재산을 보호하는 것으로, 부당하게 침해당한 경우는 손해 배상을 청구할 수 있다.

industrial psychology [–sɑikɑ́lədʒi(ː)] **산업 심리학** 산업 심리학 연구의 중심 문제는 노동자의 작업 동작, 능력, 피로 현상으로 인간의 개인적인 활동 범위에 한정되었으나 현재는 노동 과학이나 인간 공학으로 발전해가고 있으며, 이것은 개인의 생리학적인 심리학의 응용에서부터 발전해온 것이다.

industrial robot [–róubət] **산업용 로봇** 제조 공장에서의 공정 라인 등에 사용하는 자동 공작 기계. 예를 들면, 자동차의 차체에 용접하는 포트 용접 로봇 등이 있다. 산업용에 쓰여지는 로봇이며, 인조 인간보다 넓은 의미로 쓰여져 인간이 조작하는 머니퓰레이터(manipulator), 고정 또는 가변 시퀀스를 하는 반복형 로봇, 기억에 따라 제어되는 로봇, 수치 제어되는 로봇, 인공 지능 로봇 등 각종의 것이 있고 가공 작업을 위시하여 여러 가지 작업에 이용된다.

industrial robot control system [–kəntróul sístəm] **산업용 로봇 제어 시스템**

industrial signal conditioner [–sígnəl kəndíʃənər] **공업용 신호 조절기**

industrial standard [–stǽndərd] **산업 표준 공업 규격**

industrial standard architecture [–ɑ́ːrkitèktʃər] **업계 표준 구조** ⇨ ISA

industrial system organization [–sístem ɔ̀ːrgənɑizéiʃən] **산업용 시스템 조직** 이러한 산업용 시스템의 조직은 다음과 같이 구성되는데, ① 시스템을 제어하며, 다양한 산술 논리 연산을 수행하는 중앙 처리 장치, ② 시스템 명령이나 프로그램을 저장하는 하나 이상의 PROM, ③ 데이터를 저장하는 하나 이상의 RAM, ④ 현재 제어중인 장치에서 발생한 인터럽트 신호를 처리하는 데 사용되는 가능한 인터럽트 제어 모듈, ⑤ 현재 제어중인 시스템으로부터 입력을 받고 그 시스템으로 제어 신호를 보내는 하나 이상의 입출력 모듈, ⑥ 전원과 전압 조정기, ⑦ 여러 모듈들을 같이 하는 신호의 자취를 제공하는 통신 버스의 평평한 케이블, ⑧ 설치하는 데 필요한 하드웨어 등이 그것들이다.

Industry Alliance for Interoperability [índəstri(ː) əlɑ́iəns fɔ́ːr ìntərɑ́p(ə)rəbiləti] ⇨ IAI

industry standard [–stǽndərd] **업계 표준** 관련업계에서 상당한 비중을 차지하고 있어서 공식적으로 표준화되지는 않았지만, 거의 표준으로 인정되는 제품이나 규격들.

industry standard bus [–bʌ́s] **업계 표준 버스** IBM-PC AT에 사용되고 있는 버스의 구조. ⇨ EISA

ineffective time [inəféktiv tɑ́im] **비유효 시간**

기기가 작동 가능 상태이기는 하나 조작상의 지연이나 쉬는 시간으로 인해 유효한 사용이 이루어지지 않고 있는 시간.

inequality[ìnikwɔ́(ː)liti(ː)] *n.* **부등식** 일반적으로는 같지 않은 것을 표시하고 있다. 부등식은 부등호(〈〉, = / 등)를 이용하여 표현되는 수식이다.

INET[ɑinet] **아이네트** (1) 인터넷(The Internet)의 약어. (2) 인터넷 소사이어티(ISOC)가 매년 개최하는 정례 국제 회의. (3) 1983년 국내 최초의 인터넷망인 KAIST의 SDN 구축에 참여했던 네트워크/인터넷 전문가들이 뜻을 모아 지난 1994년에 창업한 회사이다. 포스서브를 통하여 처음 인터넷 서비스를 제공한 후 전용망인 01438망을 확보하였다. 아이네트는 지방 소재의 기업 및 기관에는 LAN 접속/호스트 접속/VPN 서비스를, 개인 사용자에게는 PPP 서비스를 제공한다. VPN 사설망이란 기업에서 별도의 사설 전용망을 구축하지 않고도 아이네트의 망을 이용하여 사설망을 구축한 것과 똑같이 사용할 수 있는 서비스로서, 국내외에 있는 지사 및 협력사에 각종 정보를 제공할 수 있는 기업 통신 서비스라고 할 수 있다. 아이네트는 미국의 상용 인터넷 사업자인 MCI 및 UU-Net 사, 일본, 영국 등의 기업과 국제 인터넷망 간의 연동 또는 협력을 통해 원활한 인터넷 서비스를 제공하기 위해 노력하고 있다. ⇨ PPP

inference[ínfərəns] *n.* **추론** 이미 존재하는 명제들로부터 결과를 유도해 나가는 과정. 추론 과정에는 순방향 체인, 역방향 체인이 있다.

inference axiom[–ǽksiəm] **추론 공리**

inference chain[–tʃéin] **추론 체인** 규칙 기반 시스템에서 결론에 도달하기 위하여 사용된 규칙 적용 또는 단계의 순서.

inference engine[–éndʒin] **추론 엔진** 규칙들을 잘 선택해서 실행하고 문제 해결책의 시기를 결정함으로써 연산 행위를 제어하는 전문가 시스템의 구성 요소.

inference machine[–məʃíːn] **추론형 컴퓨터** 인공 지능 컴퓨터인 제5세대 컴퓨터의 다른 이름.

inference net[–nét] **추론망** 규칙 기반 시스템의 규칙으로부터 생성 가능한 모든 추론 체인.

inference program[–próugræm] **추론 프로그램** 주어진 사실에서 결론을 얻어내는 프로그램.

inference rule[–rúːl] **추론 규칙** 서술 논리문에서 wff들로 이루어진 집합이 있을 때 임의의 wff가 적용되어 새로운 wff를 유도하는 규칙.

inference system [–sístəm] **추론 시스템**

infinite automation[ínfinit ɔ̀ːtəméiʃən] **무한 오토메이션** 상태 수가 반드시 유한한 것은 아닌 오토머톤.

infinite graph[–grǽf] **무한 그래프** 정점의 집합이나 간선의 집합이 무한인 그래프.

infinite loop[–lúːp] **무한 맴돌이** 프로그램 내에서 계속 반복되는 명령어의 집합. 즉, 이탈되는 명령이 없거나 끝나는 조건이 영원히 만족되지 못하는 루프.

infinite pad method[–pǽd méθəd] **무한 패드법** 광학 문자 인식에서 사용되는 종이의 반사도 측정 방법 또는 처리 절차. 똑같은 종이를 뒤에 여러 장 겹치더라도 반사도 측정값은 변하지 않는다.

infinite relation[–riléiʃən] **무한 릴레이션** 한 릴레이션에 속하지 않는 모든 투플들의 집합처럼 무한히 큰 릴레이션.

infinite set[–sét] **무한 집합** 원소들의 수가 유한 개가 아닌 집합.

infinity[infíniti(ː)] *a.* **무한대** 주어진 컴퓨터가 어떤 레지스터에 기억시킬 수 있는 최대값보다 큰 수.

infix[infíks] *n.* **중위, 인픽스** 피연산자와 연산자들을 하나씩 번갈아 나타나도록 함으로써 1차원식(산술식, 논리식)을 만드는 방법으로 중위 표기법은 두 피연산자만을 취하는 2항 연산에서만 적당한 표현 방식이며, 연산 기호가 두 피연산자 사이에 위치하는 방법이다.

infix notation[–noutéiʃən] **중위 표기법** 연산자의 우선 순위 규칙에 의하여 지배되며, 괄호와 같은 단락 기호를 사용하는 수학 상의 식을 구성하는 방법이며, 연산자는 오퍼랜드 사이에 놓여지며, 각 연산자는 인접하는 오퍼랜드 또는 중간 결과에 대하여 행해지는 연산을 표시하는 것. 예를 들면, ① A와 B를 더하고, 그 합에 C를 곱하는 것은 $(A+B)\times C$라는 식으로 표시된다. ② P와 Q와 R과의 논리곱의 결과와의 논리곱은 $P\&(Q\&R)$이라는 식으로 표시된다.

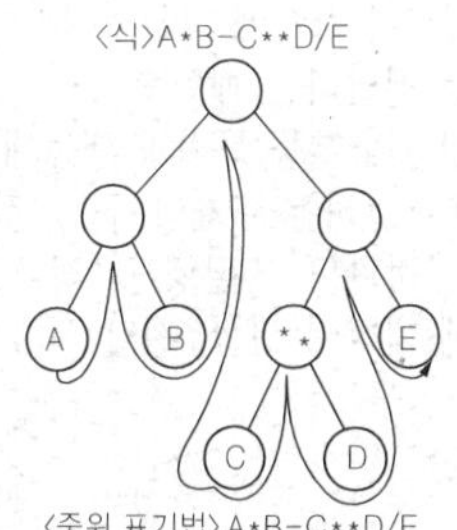

〈트리를 이용한 중위 표기법의 예〉

Infobahn[infɔ́ːrbɑːn] **인포반** 미국이 추진하고 있는 정보 고속 도로(information super highway)의 유럽식 용어로서 독일의 Autobahn 고속

도로에서 유래되었다.

infological data model[infɔːrlάdʒikəl déitə mάdəl] **논리적 정보 데이터 모형** 사용자가 이해하기 쉽고 자연스러운 정보 요구를 데이터 베이스로 표현하는 자연어의 간결한 형태라고 할 수 있으며, 실세계의 환경을 자연스럽게 반영하는 구조로 제약 조건, 연산으로 이루어진 모델이다.

Info-Mac 인포맥 매킨토시 관련 프리 소프트웨어, 셰어웨어를 수록한 서버를 갖고, 자원 봉사에 의해 운영되는 인터넷 상의 뉴스그룹.

infoman[infɔ́ːrmən] **인포맨** information(정보)과 man(사람)의 합성어. 컴퓨터 분야나 정보 사회에서 탁월한 능력을 가진 사람.

Info-Mosaic[ínfou mouzéiik] **인포 모자이크** 일본의 후지츠에서 1994년 말에 개발한 월드 와이드 웹 브라우저이다.

InfoPath[infoupǽθ] **인포패스** 마이크로소프트 오피스 2003에 처음 등장한 XML기반의 양식 처리 개발 툴.

informal[infɔ́ːrməl] *a.* **정식이 아닌, 비공식인**

informal design review[–dizáin rivjúː] **형식적 설계 검토** 시스템을 설계할 때 예상되는 필요한 부분을 추가하거나 삭제, 수정하기 위해 프로그램 모듈을 실제로 부호화하기 전에 경영 시스템 분석가와 프로그래머가 시스템 설계를 평가하는 것.

informal specification[–spèsifikéiʃən] **비형식적 명세** 의미 규칙이 자연 언어와 같이 수학적으로 엄밀하게 정의되어 있지 않은 언어로 기술된 명세.

informatics[ìnfərmǽtiks] *n.* **정보학** 컴퓨터를 이용한 정보 조직 시스템 또는 정보 처리와 관련된 이론과 실제의 응용.

information[ìnfərméiʃən] *n.* **정보** (1) 문자나 도형, 말, 신호 등 광의의 기호(symbol)의 집합. 또는 인간이 일정한 약속에 기초하여 「기호」로 부여한 의미. 정보를 전달하는 패턴으로서 기호를 취할 수 있는 경우 인간의 행동 목적과 행동에 부여한 영향, 언어학 상에서 말하는 관계와 구조, 정보의 전달 방법과 해상도, 정확도, 전달량도 「정보」로 간주할 수 있다. 정보에 대하여 생성, 전달, 축적, 검색, 수신, 복제, 가공, 파괴라는 조작이 더해진다. 데이터와 정보는 서로 다른 의미를 가지나 컴퓨터의 입장에서 보아 데이터를 처리한다고 하는 것은 인간의 입장에서 보면 정보를 처리하는 것을 의미하므로 데이터 처리(data processing)와 정보 처리(information processing)는 같은 뜻으로 사용되는 경우가 많다. (2) (데이터 처리 및 사무 기계에 있어서의) 데이터에 적용되는 약속에 기초하여 그 데이터에 대하여 일반적으로 통용되고 있는 의미.

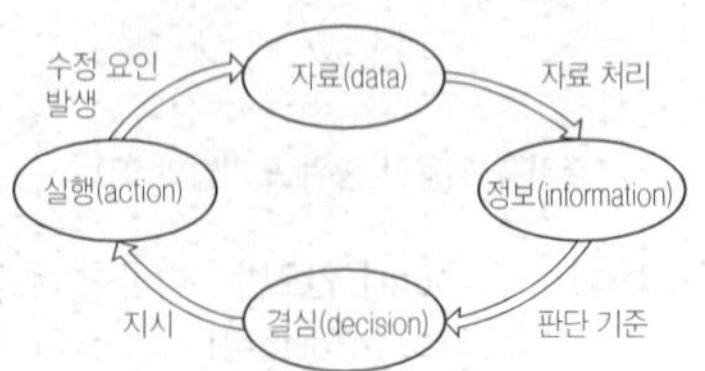

〈정보의 순환 사이클〉

information agent [–éidʒənt] **정보 대행자** 정보를 찾아다니는 능동적인 프로그램. 인터넷의 곳곳에 흩어진 데이터 베이스를 찾아 사용자가 원하는 정보를 알려준다.

information algebra[–ǽldʒəbrə] **정보 대수**

informational message[ìnfərméiʃənəl mésidʒ] **통보 메시지**

information appliances [ìnfərméiʃən əpláiənsiz] **정보 가전** 업무용으로 쓰이는 컴퓨터, 복사기, 팩시밀리 등의 정보 기기가 아닌 DVD, 차량 항법 시스템(car navigation system), 휴대 전화, PDA, TV 게임, 디지털 TV, 냉장고, 전자 레인지 등 디지털화된 가전 제품의 통칭.

Information at your fingertips [–æt juər fíŋgərtips] **손가락 하나로 모든 정보를** 1990년 마이크로소프트 사는 「손가락 하나로 모든 정보를」이라는 개념을 소개하였다. 이는 컴퓨터가 점차로 개인 필수품이 되고 우리 삶의 모든 영역을 개선시킬 수 있다는 것을 강력하게 시사해주는 용어이다.

information banks[–bǽŋks] **정보 은행** 특정 목적을 위해 응용하는 데 적합한 정보를 저장하는 데이터 베이스.

information bearer channel[–bɛ́(ː)rər tʃǽnəl] **정보 운반 채널** 사용자의 데이터 동기 순서, 제어 신호 등 통신을 위해 필요한 모든 정보를 실을 수 있는 데이터 전송용 채널로서, 사용자의 데이터만 보낼 경우보다는 훨씬 동작 주파수가 높다.

information bit[–bít] **정보 비트** 정보를 표현하는 비트. 자료 전송원에 의해 발생된 비트이면서 데이터 전원 시스템이 오류 제어용으로 사용하지 않는 부분.

information capacity[–kəpǽsiti(ː)] **정보 용량**

information center facility[–séntər fəsíliti(ː)] **정보 센터 기능**

information channel[–tʃǽnəl] **정보 채널, 정보 통신로** 송신측에서 수신측으로 데이터를 전송하는 데 사용되는 단방향의 통신 채널. 제어 통신로에 대응하는 것으로 전선뿐만 아니라 분할된 주파수 대역, 시분할된 특정 타임 슬롯 등도 포함해서 총칭한다.

information community[–kəmjú:niti(:)] **정보 커뮤니티** 지금까지의 지역적 커뮤니티를 대신하여 정보 공간을 중심으로 한 새로운 형의 커뮤니티가 출현함으로써 정보 커뮤니티를 중심으로 새로운 정치나 경제의 시스템이 전개되는데, 이와 같이 정보의 네트워크나 각종 정보 통신 기술의 진보에 의해 형성되는 눈에 보이지 않는 정보 공간을 말한다.

information compaction[–kʌmpǽkʃən] **정보 압축**

information compression[–kəmpréʃən] **정보 압축** (1) 문자 정보의 압축에는 반복 문자의 중복 부분을 중복 문자 수로 나타내는데, 공백의 삭제, 공동 부분을 기호 등으로 치환하는 것이다. 출현 빈도가 높은 문자의 순으로 비트 수가 적은 부호를 부여하는(허프만 부호) 등의 방법이 있다. (2) 화상 정보의 압축에는 CCITT가 팩시밀리의 G3 규격의 정보 압축의 표준으로 하고 있는 1차 부호화 방식(모디파이드 허프만 부호화 방식), 화면의 수직 방향과의 관련도를 고려하여 부호화하는 2차원 부호화 방식(모디파이드 리드 부호화 방식) 등이 있다. 이처럼 정보의 전송이나 기억을 효율적으로 할 수 있도록 데이터 중의 중복도를 제거하는 것을 말하며, 특히 화상 정보의 송신 등을 디지털 신호화하여 행하는 경우에 유효하다.

information content[–kántent] **정보량** 확률 사상의 생성을 통해 전달되는 정보의 척도. 수학적으로는 사상 x에 대한 정보량 $i(x)$는 그 사상이 생성할 확률 $P(x)$의 역수의 대수로서 표시된다.

information density[–dénsiti(:)] **정보 밀도**

information economics[–ì:kənámiks] **정보 경제학** 정보의 가치는 그 정보를 사용할 때의 장점(merit)과 사용하지 못한 경우의 단점(demerit)의 차이로 계산한다. 정보의 질을 향상시키면 이에 따라 의사 결정의 질이 향상되어 정보의 가치는 높아진다. 결국 정보의 가치란 의사 결정의 질에 따라서 결정된다.

information efficiency[–ifíʃənsi(:)] **정보 효율** 동일한 부호 집단을 사용했을 때 실제 부정적 엔트로피 대 최대 가능 엔트로피의 비.

information explosion[–iksplóuʒən] **정보 폭발** 모든 형식의 정보가 전개를 통해 다양화해서 기하 급수적으로 증가하는 것. 신문, TV, 전화와 더불어 컴퓨터, 통신 위성으로 잇달아 새로운 정보 수단이 출현함에 따라 정보의 양이 폭발적으로 증가되고 있다. 이러한 정보 폭발이라고 할 만한 현상에 의하여 정보 스트레스나 정보 범죄가 증가됨과 동시에 정보 오용(information abuse)에 의한 대형 사고나 재난이 발생될 우려가 있다.

information extraction algorithm[–ikstrǽkʃən ǽlgəriðm] **정보 추출 알고리즘** 연역 트리를 분석해서 정보를 얻기 위한 알고리즘.

information-feedback system [–fí:dbæ̀k sístəm] **정보 피드백 시스템** 송신국에서 잘못된 것을 수신할 경우 메시지를 피드백시키는 오류 제어 시스템.

information field[–fí:ld] **정보 필드** 이 정보 필드의 길이는 사용하는 프로토콜 방식에 의하여 결정되며, 일반적으로 어떤 비트 조합도 이 정보 필드에서 사용될 수 있는데, 데이터 전송의 프레임 구성에 있어서 실제 전송하고자 하는 정보가 포함되는 영역을 말한다.

information flow[–flóu] **정보 흐름**

information flow analysis[–ənǽlisis] **정보 흐름 분석** 조직이나 시스템에서 발생하는 문서나 자료가 최종 사용자에게 전달되기까지의 흐름과 조직에 관한 정보와 사실을 얻기 위해 조직 및 분석 기술을 개발하는 것.

information flow control[–kəntróul] **정보 흐름 제어** 컴퓨터 내에서 정보 유통에 따른 데이터 보안을 위해 정보의 흐름을 제어하는 것.

information hiding[–háidiŋ] **정보 은폐** 모듈 설계에서 어느 계층의 모듈 설계상의 결정을 다른 계층의 모듈로부터 보이지 않게 하는 것. 이것에 의해 불필요한 정보는 감추고, 계층마다의 인터페이스가 명확화됨으로써 시스템의 유연성, 이해성 증가, 모듈 독립성도 높아진다. 정보 은폐를 넓은 의미로 해석하여 모듈 설계뿐만 아니라 양식 기술 등에서 사용하기도 한다.

information highway[–háiwèi] **정보 고속 도로** 통신의 초고속화를 목표로 세계적으로 추진되고 있는 미래형 통신망. 정보 고속 도로의 핵심은 광케이블을 이용하는 광통신망으로 영상 및 각종 정보를 디지털화하여 전세계 어느 곳이나 실시간으로 전달할 수 있다.

information industry[–índəstri(:)] **정보 산업** 컴퓨터를 이용하여 행하는 정보 처리에 관련하는 산업을 가리키며, 정보 서비스, 소프트웨어 등을 제공하는 산업이 중요한 요소이지만 컴퓨터 및 관련 기기의 제조 회사를 포함하는 경우도 있다.

information interchange[–ìntərtʃéindʒ] **정보 교환** 다른 시스템 사이에도 서로 정보가 이행되도록 한 개의 시스템에서 다른 시스템으로 정보를 전달하는 것. 대부분은 정보 교환 매체(자기 테이프, 자기 플로피 디스크, 자기 디스크 팩 등)를 통해서 또는 데이터 통신에 의해 행해진다. 이것을 원활히 하기 위해서는 매체, 통신 방식, 정보의 표현 양식 등에 관해서 하드웨어, 소프트웨어 양면에서의 호환성 검토가 필요하다.

information literacy[–lít(ə)rəsi] **정보 리터러시** 새로운 정보 시스템과 각종 소프트웨어 도구들을 충분히 이해하고 능숙하게 사용하기 위해 필요한 능력.

information management[–mǽnidʒmənt] **정보 관리** 하나의 기업 또는 시스템 내의 데이터를 정의, 평가하고 안전하게 관리하여 배포하는 것.

information management system[–sístəm] **IMS, 정보 관리 시스템** 경영 정보 시스템(MIS)의 개념을 실현하기 위한 경영의 의지 결정(decision making)에 직결한 체계화된 정보의 관리 시스템. 구체적으로는 각종 정보의 편집, 대규모 데이터 베이스, 검색, 유지, 보수 등을 할 수 있도록 설계된 프로그램 집합이다.

information medium[–míːdiəm] **정보 매체**

information message[–mésidʒ] **통지 메시지**

information modelling[–mádəliŋ] **정보 모델링** 현실 세계의 무한성과 계속성을 이해하고 다른 사람과 통신하기 위해 현실 세계에 대한 인식을 추상적 개념으로 표현하는 과정으로 이 결과로서 정보 구조를 얻게 된다.

information module [–mádʒuːl] **정보 콘센트** ⇨ information socket

information network[–nétwə̀ːrk] **IN, 정보 네트워크** ⇨ IN

information network system[–sístəm] **INS, 정보 네트워크 시스템** 데이터 통신, 팩시밀리 통신의 급속한 보급 중에서 전화를 주체로 한 전기 통신망에서는 요금의 원근 격차나 이용면에서 몇 가지 문제가 생기고 있으며, 그 때문에 현재의 전화망을 디지털화하여 데이터 통신, 팩시밀리 통신 등 따로따로 되어 있는 망을 디지털 네트워크로 결합하여 하나의 회선에 의해 전화, 데이터 통신, 팩시밀리, 비디오 등 다채로운 서비스를 자유로이 전국 어디서나 거의 균일한 요금으로 이용할 수 있는 통신망 형성이 과제로 남아 있다. INS는 다양한 전기 통신 서비스가 요구될 것이라는 예상 하에 일본에서 구상한 통신망으로서 전화와 전신 외에 화상, 정보 통신을 비롯한 복합 서비스를 경제적이고 효율적으로 제공하는 것을 목적으로 한다.

information network system packet[–pǽkət] ⇨ INS-P

information operation code[–àpəréiʃən kóud] **정보 명령 코드**

information process analysis[–práses ənǽlisis] **IPA, 정보 처리 분석** ⇨ IPA

information processing[–prásesiŋ] **정보 처리** 데이터에 대해서 행해지고 있는 연산의 체계적 실시. 주어진 데이터 정보에서 목적에 맞는 정보를 얻는 일. 데이터 처리는 물론이고 번역, 도형, 문자, 음성의 식별 등도 이것에 포함된다. 과학 및 기술상의 데이터 혹은 사무상이나 기업 기획상의 데이터를 합리적이고도 신속하게 또한 동시에 효과적으로 처리할 때, 기업 경영상에서의 합리화와 전산화를 실시할 때, 각 곳에서 입출력되는 정보 취급 방법은 정보 처리 기계로서의 컴퓨터와 유기적으로 연결되어 최근의 여러 가지 정보 처리 시스템을 고려한다. 일반적으로 다음과 같은 것이 문제가 된다. ① 정보원(情報源)은 무엇인가, 어떻게 하면 정보를 기계 언어로 번역할 것인가, ② 어떠한 정보를 표시할 것인가, 숫자인가 문자인가 혹은 도형 패턴인가, ③ 정보원에서의 정보 흐름 속도는 어느 정도인가, ④ 그 정보에 관해서 어떻게 하여야 하는가, 변경하지 않으면 안 되는가, 그렇다면 어떻게 하는가, 분류하여야 하는가 혹은 다른 정보와 어떤 형태로 연결되지 않으면 안 되는가 등. ⑤ 정보를 처리하기 위해 이용할 수 있는 시간은 어느 정도인가, ⑥ 처리한 정보를 빼내는 속도는 어느 정도인가, ⑦ 빼낸 정보의 목적은 무엇인가, 그 목적에 가장 효과적이기 위해서는 어떠한 형태로 있어야 하는가, ⑧ 기계에러는 정보 흐름에 어떤 영향을 미치는가. 또 그것은 수행하는 동작에 어떤 영향을 미치는가, 사고 또는 규칙적인 예방 보전을 하고 있는 동안에 동작이 끊어져도 좋은가 등 이상에서 알 수 있는 것처럼 입력되는 정보를 그 목적에 맞게 적절히 처리해서 소요 출력을 얻는 것이 문제가 된다. 예를 들면, 병합, 분류, 계산, 어셈블, 컴파일 등이다.

〈자료와 정보〉

information processing center[–séntər] **정보 처리 센터** 주어진 정보를 필요한 형태로 처리하여 결과를 생성시키는 장비를 갖춘 컴퓨터 센터.

information processing curriculum[–kəríkjuləm] **정보 처리 과목** 시스템 분석가, 응용 프로그래머, 시스템 프로그래머를 양성하기 위한 대학이나 전문 직업 학교의 학과(교과) 과정.

information processing language[–lǽŋgwidʒ] **IPL, 정보 처리 언어**

information processing language-5[–fáiv] **정보 처리 언어-5** 1958년에 Rand 사가 발

표했다. 리스트의 생성, 분할, 새로운 요소의 추가, 삭제, 치환 등 입출력이나 논리 조작, 연산 조작 등을 취급하도록 구성되어 있으며, 리스트 처리를 위한 프로그래밍 언어와 대조적인 것으로 처리 대상인 리스트뿐만 아니라 처리 프로그램도 원리적으로 기계 내부에서의 표현과 같은 형식의 리스트로 표현된다.

information processing system[–sístəm] **정보 처리 시스템** 정보를 수집하여 어떤 처리 과정에 의해 정보를 변화시켜 저장하고 전달하는 시스템.

information processing unit [–jú:nit] **정보 처리 장치** 데이터 통신 시스템에서 데이터 통신의 각 분야 중에서 특히 계산을 위주로 하는 정보 처리용 장치를 말하며 넓은 뜻으로는 보통의 컴퓨터를 일컫는다.

information processor [–prásesər] **정보 처리기** 수치 계산을 기초로 다각적인 정보 처리가 가능하게 되는 컴퓨터 시스템. 주어진 정보로부터 목적에 맞는 정보를 얻는 장치로, 실질적으로는 컴퓨터가 주체이다. 데이터 처리는 물론, 기계 번역, 도형, 문자, 음성 등을 식별하는 장치도 이에 포함된다. ⇨ information processing

information protection[–prətékʃən] **정보 보호** 컴퓨터 시스템의 공유 자원에 놓여진 정보에 대한 부당한 읽어내기, 변경 등에 대한 보호. 개인 혹은 그룹 사이에서의 정보 보호를 위해 키워드에 의한 보호나 참조 금지, 써넣기 금지 등 이용 자격 제한에 따른 보호가 행해진다.

information provider[–prəváidər] **IP, 정보 제공업, 정보 제공업자** 최근, 산업 · 금융 · 신문 · 출판 · 유통 등 여러 종류에 속하는 기업이 여러 가지 정보를 통신 네트워크를 이용하여 제공, 판매하고 있다. 이러한 정보의 제공 기업을 가리킨다.

information quantity[–kwántiti(:)] **정보량** 샤논(Claud E. Shannon)의 정보 이론에 등장하는 개념으로, 어떤 정보를 받아들임으로써 애매함이 얼마나 해소되는지를 나타내는 양. 단위는 비트(bit).

information rate[–réit] **정보율, 정보 속도** 정상 정보 발생원(源)으로부터 나오는 모든 통보에 대한 한 문자당의 엔트로피의 평균값. 수학적으로 H_m을 정보 발생원에서 나오는 m개의 문자로 이루어지는 전 계열에 대한 엔트로피라 하면, 한 문자당 평균값 H'는 H_m/m의 극한값이 된다. 부가적으로 설명하면 한 문자당 평균 엔트로피는 샤논/문자 등의 단위로 표현된다. 정보 발생원이 정상이 아니면 H_m/m의 극한은 존재하지 않는 경우가 있다.

information rate per character[–pər kǽrəktər] **한 문자당 정보율**

information requirements[–rikwáiərmənts] **정보 요구 사항** 하나의 정보 시스템에 제기될 수 있는 실제 질문이나 예상 질문.

Information Resource Dictionary System [–risɔ́:rs díkʃənəri(:) sístəm] ⇨ IRDS

information resource management[–risɔ́:rs mǽnidʒmənt] **정보 자원 관리** 인력, 자본, 원료 등의 자원으로서 정보를 관리하는 시스템.

information resource manager[–mǽnidʒər] **IRM, 정보 자원 관리자**

information retrieval[–ritrí:vəl] **IR, 정보 검색** (1) 대량의 정보를 격납한 데이터 베이스 중에서 필요에 따라서 특정 정보를 찾아내는 것. 찾아내기 위한 수법 및 수단. (2) 연구 개발, 출판물, 특허 정보 등의 모든 분야에서 필요로 하는 기능이다. 컴퓨터에 의한 각종의 IR 기법이 개발되어 널리 활용되고 있다. (3) 조회에 관한 정보를 넣기 위해 기억된 데이터를 꺼내는(인출하는) 행동, 수순, 방법. (4) 수집 : 정리한 엄청난 정보 가운데에서 자기가 필요로 하는 정보를 여러 가지 검색 방법(and, or, nor, select, combine 등)을 사용하여 검색하는 것. 대량의 정보를 취급할 때는 필요한 것을 즉시 찾아낼 수 있도록 해둘 필요가 있다. 검색이라는 것은 조사하여 꺼낸다는 의미로 이것을 위한 이론, 기술이나 실무를 정보 검색이라 하며, 이것은 본래 과학 기술 분야나 도서관학에서 사용되던 말인데, 컴퓨터가 획기적인 데이터 축적 및 검색 기능을 갖게 됨에 따라 컴퓨터에 의한 정보 검색이라는 의미로 사용되는 경우가 많아져서 컴퓨터 용어화되고 있다. 컴퓨터를 응용한 특허 정보 시스템은 정보 검색의 응용으로 앞으로 다양한 정보 검색의 응용 시스템이 출현할 것으로 보인다.

information retrieval system[–sístəm] **IRS, 정보 검색 시스템** 축적된 정보에서 주어진 키를 가지고 요구에 적합한 정보를 꺼내는 시스템.

information science[–sáiəns] **정보 과학** (1) 정보의 체계화를 전문적으로 해명하는 이론과 기법. 즉, 정보의 생성, 전달, 교환, 축적, 이용, 검색에 관한 일반 원리를 연구하는 학문이다. 정보 이론의 설정, 정보 현상의 해명, 정보 공식의 개발 등 세 가지 주제가 있다. 내용으로는 정보 관리, 도큐먼테이션 등으로 불리는 것에 가깝고, 그것을 학문적으로 체계화한 것으로 생각할 수 있다. (2) 컴퓨터의 하드웨어, 소프트웨어의 연구는 물론이고 각종 이용 기술(이공학상의 이용 기술에 한하지 않고 경영상의 의지 결정 등도 포함된다), 생체의 정보 처리, 인공 지능의 연구 등도 포함된 과학. 컴퓨터 사이언스와 거의 같은 뜻이다.

information search[–sə́ːrtʃ] **정보 검색** 소위 정보 검색 중 파일을 실제로 탐색하는 부분.

information separator[–sépərèitər] **IS, 정보 분리자** 데이터의 계층적 구성에서 유사한 데이터의 구성 단위를 단락짓기 위해서 사용하는 제어 문자. 덧붙여 설명하면 정보 분리자의 이름은 이것이 분리하는 데이터의 구성 단위를 표시한다고는 할 수 없다.

information service in physics, electrotechnology and control[–sə́ːrvis ín fíziks ilèktrouteknáləd3i ənd kəntróul] **INSPEC, 인스펙**

information services[–sə́ːrvisiz] **정보 서비스** 정보 사업자가 컴퓨터 시스템과 데이터 베이스를 설치하고 가입자가 전화 등을 통해 이에 접속하여 정보를 이용한 다음 사용료를 지불하는 방식으로 운영되는 열차, 항공기의 좌석 예약 정보를 비롯하여 주식 시세에 이르기까지 다양하게 서비스를 제공하는 데이터 베이스.

information socket[–sákət] **정보 콘센트** 전기 콘센트와 같이 정보가 흐르는 콘센트라는 의미. 네트워크가 보급되기 시작한 초기에는 RS-232C 등을 이용하여 컴퓨터를 접속하고 있었지만, 인터넷이 보급됨에 따라 LAN을 포함한 각종 네트워크가 깔리고 그 영향은 가정에까지 미치게 되었다. 때문에 가정이나 사무실에 설치하는 네트워크 접속용 콘센트(ISDN용 등 ; 이러한 콘센트에 전화, 데이터 처리용 단말, 팩시밀리 장치 등의 단말을 여러 개 접속하고, 각각을 독립적으로 동시 동작시킬 수 있다)라는 의미가 추가되어, 전화선은 물론 TV, 안테나 단자에 이르기까지 정보를 공급 또는 제공하기 위한 접속구라는 의미로 사용하게 되었다.

information society[–səsáiəti(ː)] **정보 사회** 이 정보 사회의 중심 산업은 정보 산업인데, 이것은 마이크로일렉트로닉스에 바탕을 둔 컴퓨터 및 데이터 통신을 주된 도구로 하여 정보 자원을 가장 효율적으로 수집 · 가공 · 처리하여 산업과 사회 전반에 적용하고 활용함으로써 생산성과 능률을 극대화하는 창조적 4차 산업으로 정의할 수 있다. 산업 사회의 발전 과정에서 농업 사회, 공업 사회를 거쳐 공업 사회 이후의 사회를 가리킨다.

information source[–sɔ́ːrs] **정보 발생원** 통신계에서 통보가 발생하는 부분. 즉, 전송해야 할 정보가 발생하는 근원을 정보원(情報源)이라고 한다. 정보 이론에서 이것은 확률 변수 또는 확률 과정에 의해 모델화된다. 정보원으로부터 정보를 갖고 나오는 신호 또는 기호를 문자(letter)라 하고, 그 집합을 알파벳이라 한다. 문자의 일련의 계열을 메시지 혹은 단어(word)라 한다. 정보원은 인간 또는 각종 정보 검출기와 같이 정보를 발생하는 근원이다. ⇨ message source

information space[–spéis] **정보 공간** 데이터 베이스의 정보 구조 모델에 있어서 모든 속성값 집합 및 술어 집합의 직접 쌓임을 정보 공간이라고 부른다.

information storage and retrieval[–stɔ́ːrid3 ənd ritríːvəl] **IS/R, 정보 축적 · 검색**

information strategy[–strǽtəd3i(ː)] **정보 전략** 기업 경영에서는 여러 가지 전략적인 행동을 취해야만 하는데, 특히 의사 결정에는 전략적 계획, 매니지먼트 컨트롤, 오퍼레이션 컨트롤의 3계층이 있다. 이러한 전략적 계획에 중점을 둔 정보의 운용, 정보의 관리, 정보 처리를 경영 체질의 개선 등에 활용하려는 것이 정보 전략이다. 전략적인 행동의 예를 들어보면 장기적인 시야에 입각한 인사 정책, 판매 정책, 설비 계획 등이 경영 전략을 구성하는 것으로 정보의 처리, 관리 운용을 전략적인 면에나 전략적으로 활용하려는 것이 정보 전략이다.

information structure[–strʌ́ktʃər] **정보 구조** 엔티티형이나 엔티티 집합으로 구성되는 정보 모델링으로 얻어지는 결과이다. 각 엔티티 집합은 몇 개의 속성들로 표현되며, 각 속성은 현실 객체들이 가질 수 있는 값들의 이름이다.

information structure design[–dizáin] **정보 구조 설계**

information super highway[–súːpər háiwèi] **정보 고속 도로** 정보 고속 도로 데이터를 전송하기 위해 사용되는 국제적인 연결망. 전세계적인 많은 연결과 대량의 데이터, 숙련된 수백만의 사용자들 및 아이디어의 교환과 개인적인 발전을 도모하기 위한 무한한 기회가 주어져 있는 인터넷은 현재 정보 고속 도로를 향해가는 중요한 시스템이다. 거대한 양의 데이터를 전송할 수 있는 광섬유의 능력 및 무선 데이터 전송과 위성 방식 시스템의 발전은 이러한 고속 네트워크의 능력과 범위를 증가시켜 줄 것이다. 초고속 정보 통신망은 통신 서비스 규제를 폐지할 목적으로 미국 부통령 알 고어(Al gore)가 클린턴/고어 정부의 계획을 설명하는 연설 도중에 언급한 전문 용어이다. 이에 따라 알 고어는 TV 전선을 데이터 통신 전달 수단으로 이용함으로써 인터넷 범위를 넓혔다. 이 용어는 광범위하게 또는 막연히 인터넷을 의미할 때 사용되며 I-way나 인포반(Infobahn)처럼 축약해서 쓰이기도 한다.

information system[–sístəm] **정보 시스템** (1) 경영 시스템을 구성하는 주요 시스템의 하나이며 정보의 수집, 처리, 저장, 검색, 제시 등을 신속히 하여 확정한 데이터 처리 시스템에 포함하는 모든 조작과 절차를 가리키는 일반적인 용어. (2) 계산(computation), 제어(control), 통신(communication) 등의 3C 기술 구성에 의한 정보 처리 시스템.

〈정보 시스템〉

information system audit [–ɔ́:dit] **정보 시스템 감사** 컴퓨터 시스템의 효율성, 신뢰성, 안전성을 확보하기 위해 컴퓨터 시스템에서 독립한 감사(인)들이 일정한 기준에 근거하여 컴퓨터 시스템을 종합적으로 점검, 평가하고, 운용 관계자에게 조언 및 권고하는 것.

information system design and optimization system [–dizáin ənd àptimaizéiʃən sístəm] **ISDOS, 이스도스** 이스도스(ISDOS)라고 약칭되며, ISDOS 프로젝트로 개발된 요구 기술 시스템 PSL/PSA가 유명한 미국 미시건 대학의 프로젝트명이다.

information system network [–nétwə̀:rk] **ISN, 정보 시스템 네트워크**

information systems management [–sístəmz mǽnidʒmənt] **ISM, 정보 시스템 관리**

information technology [–teknálədʒi(:)] **IT, 정보 기술** 다량의 정보 중에서 기업 경영에 도움이 되는 정확한 정보를 신속히 수집하고 선택하기 위한 정보의 체계화를 전문적으로 연구하는 이론과 기법.

information theory [–θíəri(:)] **정보 이론** 정보의 측도나 성질을 취급하는 이론 분야. 통신 이론이라는 말과 거의 같은 뜻으로 쓰인다. 샤논(C.E. Shannon)에 의해 정리된 정보 이론(통신 이론)에서는 정보 전달에 관한 여러 개념을 다루고 있다. 그의 이론은 통계 역학에서 쓰이고 있는 엔트로피 형식을 이용하여 정보량을 확률적 개념도 포함하여 넓은 입장에서 정의하고, 통신로의 통신 용량에 관해서 중요한 결과를 구하고 있다.

information transfer [–trænsfə́:r] **정보 전송**

information transmission [–trǽnsmíʃən] **정보 전송**

information transmission system [–sístəm] **정보 전송 시스템** 정보를 변경시키지 않고 그대로 주고받는 시스템.

information unit [–jú:nit] **정보의 단위**

information user interface [–jú:zər íntərfèis] **정보 제공 사용자 인터페이스** 정보 제공 응답을 사용자에게 주도록 고안된 접속 방법.

information utility [–ju(:)tíliti(:)] **정보 편의 시설** 컴퓨터와 단말을 통신 회선으로 연결시킨 시분할 시스템이나 여기에 TV를 접속한 비디오 텍스 등이 보급되면서 대형 컴퓨터가 만들어내는 각종 정보를 불특정 다수의 기업이나 개인이 전기나 가스, 수도와 마찬가지로 공공적으로 공동 이용하는 것이 일반화된다. 이와 같은 정보 편의 시설이 실현되려면 저렴한 공공 요금으로 일상 생활이나 사회 활동에 필요한 정보의 대부분이 준비된다는 여러 조건이 갖추어져야 한다.

information vector [–véktər] **정보 벡터** 기호 계열로 표시된 정보를 다차원 공간에서 하나의 벡터로 표시한 것.

information volume [–váljum] **정보량**

information wall socket [–wɔ:l sákət] **정보 콘센트** 가정이나 사무실에 설치하는 ISDN용 콘센트. PC, LAN 카드, 10Base-T 케이블만 있으면 어디서든 네트워크를 이용할 수 있다. 콘센트에 전화, 팩시밀리 등 여러 개의 단말기를 동시에 연결하여 각각 독립적으로 사용할 수 있다.

information word [–wə́:rd] **정보 워드** 분리나 간격 띄우기를 포함하여 컴퓨터에 의해 하나의 단위로 취급되며, 적어도 한 가지의 의미를 갖는 문자들의 순서 집합이다. 명령 워드와 대비된다.

informedness [infɔ́:rmdnes] *n.* **탐색 능력** 두 개의 탐색 알고리즘 A_1, A_2가 있고, 그 평가 함수가 $f_1(n)=g_1(n)+h_1(n)$, $f_2(n)=g_2(n)+h_2(n)$일 때 목적 노드가 아닌 모든 노드에 대해 $h_2(n)>h_1(n)$이면 A_1보다 더 자식이 많다고 한다.

informing system [infɔ́:rmiŋ sístəm] **인포밍 시스템** 경영 시스템과 상호간에 어떤 영향을 주는 경우 환경이 시스템에 주는 영향(인자, 매체)을 입력, 시스템이 환경에 주는 영향을 출력이라 한다면, 이때 출력에 정보를 포함시키는 것을 인포밍 시스템이라 한다. 역으로 입력에 정보를 포함시키는 것은 인폼드(informed) 시스템이라고 한다.

informix [infɔ́:rmiks] **인포믹스** 미국의 Informix Software 사가 개발한 유닉스 운영 체계용의 관계형 데이터 베이스 관리 시스템. MS-DOS에도 이식되어 있다.

Infoseek[infɔ́siːk] **인포시크** 인터넷 상에서 정보 검색 서비스를 제공하는 미국의 회사. 정식으로 이용하려면 계약이 필요한데, WWW 홈페이지 검색 등의 무료 서비스도 제공하고 있다. 넷스케이프에는 Infoseek의 검색 서비스에 접속하기 위한 net search 단추가 달려 있다. http://www.infoseek.com/ 참조.

info-server[infóu sə́rvər] **인포서버** 네트워크에 접속된 컴퓨터의 정보 제공을 위한 시스템.

infotainment[ínfətèinmənt] **인포테인먼트** 정보(information)와 오락(entertainment)을 결합한 합성어. 정보 제공과 오락 양쪽의 성격을 가진 멀티미디어 애플리케이션을 일컫는다.

infrared interface card[infrəré(ː)d íntərfèis kɑ́ːrd] **IR 인터페이스 카드** ⇨ IR interface card

infrared networks[–nétwə̀ːrks] **적외선 네트워크** 구성에서 컴퓨터 연결시에 케이블을 사용하지 않고 적외선을 사용한다.

infrared ray[–réi] **적외선**

infrared transmission[–trænsmíʃən] **적외선 통신** 가시 광선보다 조금 아래 주파수대의 적외선을 사용하여 신호를 송수신하는 무선 통신 수단. 가시 범위에서만 통신이 가능하다는 제한이 있지만 보안성이 뛰어나며, 전파 무선 통신보다 소형이므로 소비 전력도 적다.

infrared wireless communication systems[–wáiərlis kəmjùːnikéiʃən sístəmz] **적외선 광무선 통신** 전파 대신에 빛을 사용해서 공간 전송하는 무선 통신. 적외선을 이용한 광무선이 주를 이룬다. 빛은 직선으로 진행하기 때문에 지향성이 뛰어난데, 렌즈 등을 통해 빔의 폭을 조이면 지향성을 더욱 강화시킬 수 있다. 전자파나 정전기에 의한 노이즈의 영향을 쉽게 받지 않고, 전송 용량을 높이는(광대역성) 데도 적합하다.

infrastructure[ínfrəstrʌ̀kʃər] **기반 구조** 일반적으로 사회 기반, 사회 설비 기반을 뜻한다. 「infra」는 하부, 「structure」는 구조. 간단히 인프라라고도 한다.

in-gate[ín géit] **인게이트** 정보가 다른 장치에서 전송되어 올 때 사용되는 입력 게이트.

INGRES 인그레스 interactive graphics and retrieval system의 약어. 1973년부터 몇 년에 걸쳐 캘리포니아 버클리 대학에서 M. Stonebraker의 지도에 의해 연구되어 개발된 관계 데이터 베이스 시스템. PDP-11 시리즈의 유닉스 조작 시스템으로 C 언어에 의해 작성되었다. 데이터 준언어 QUEL이 있다. 뒤에 RTI 사에서 상용화하였다.

inherent[inhérənt] *a.* **고유의**

inherent addressing[–ədrésiŋ] **고유 어드레스 지정**

inherent error[–érər] **고유 오류** 어떤 데이터를 단계별로 준비하는 과정에서 이전 단계에서 이미 발생한 오류.

inherent reliability[–rilàiəbíliti(ː)] **고유 신뢰도** 컴퓨터 시스템 등의 설계, 제작, 시험 등의 과정을 경유하여 기능 단위로 완성되는 신뢰도. 정량적으로는 설계시에 부여되는 신뢰도의 목표값 내지는 예측값 및 신뢰성 시험의 결과로 얻어지는 신뢰성 특성값을 말한다.

inherent storage[–stɔ́ːridʒ] **고유 기억 장치** 흔히 이 자체를 컴퓨터 또는 자동 기억 장치라고도 하는데, 인간의 개입이 필요 없이 자동적으로 제어되도록 설계된 자동 데이터 처리 체제나 하드웨어의 일부.

inherit[inhérit] *v.* **승계하다**

inheritance[inhérətəns] *n.* **상속** 객체(object)의 새로운 클래스(class)를 정의할 때 상위 또는 부모 클래스의 데이터 구조와 메소드(method)를 그대로 이어받을 수 있는 개념으로 객체 지향의 가장 큰 장점인 소프트웨어 재사용을 지원할 수 있다. 프로그래밍 언어에 따라 단일 상속(single inheritance)과 다중 상속(multiple inheritance)으로 구분된다. 단일 상속은 하나의 부모 클래스만을 하위 클래스가 가질 수 있고, 다중 상속은 여러 부모 클래스를 가질 수 있다.

inheritance hierarchy[–háiərɑ̀ːrki(ː)] **계승 계층, 전승 계층** 의미망이나 프레임 시스템에서 하위 노드가 상위 노드의 성질을 물려받도록 허용하는 구조.

inherited attribute[inhéritəd ǽtribjùːt] **유전 속성** 파싱 트리 상의 어떤 노드의 속성 값이 그 노드의 부모 노드나 형제 노드의 값에 의해 정의되는 것.

inherited error[–érər] **넘김 오차** 순차 처리에서 바로 한 단계 전의 처리에 발생한 오류가 넘어간 것. 이러한 오류를 없애기 위해 체킹 시스템이 시스템 설계상에 중요한 유의 사항이다.

inhibit[inhíbit] *v.* **금지하다, 억제하다** 어떤 일이 일어나는 것을 「억제한다」라는 의미이며, 컴퓨터에서는 특정 신호(signal)의 통과를 금지하는 경우와 특정 조작이 실행(run)되는 것을 금지하는 것을 말한다.

inhibit circuit[–sə́ːrkit] **금지 회로** 논리 회로(logic circuit)의 일종이며, 정논리의 경우 어느 것 하나의 제어 단자에 "1"이 더해지면 출력은 항상 "0"이 되는 회로. 즉, 제어 단자의 전압에 의해서 또

한편의 입력을 제어할 수 있는 회로. 하나 이상의 입력(input) 단자 및 제어 단자 그리고 하나의 출력(output) 단자로 구성된다. 이것은 부정(NOT)과 논리곱(logical product)의 조합으로 생각할 수 있으며, 이것에 "1"신호에 의한 금지 제어를 더하면 모든 논리 회로를 실현할 수 있다.

inhibit control[–kəntróul] **금지 제어** 중앙 처리 장치에서 INHIBIT 신호를 L 레이블(low lable)로 세트하면 중앙 처리 장치 논리를 일시 정지하고 주소 버스 및 데이터 버스와의 접속에 하이 임피던스를 사용하여 이들의 버스로부터 분리하는 것인데, 중앙 처리 장치에는 금지 제어핀이 있다.

inhibiting signal[inhíbitiŋ sígnəl] **제어 신호** 사상의 생성을 막는 신호.

inhibit input[inhíbit ínpùt] **제어 입력** 지정된 상태가 되면 어떤 출력도 발생하지 못하게 하는 게이트 입력.

inhibition[ìnhibíʃən] *n.* **금지** 어떤 일이 일어나는 것을 억제하는 것. 여기서는 특정 신호의 통과 금지나 특정 조작의 실행 금지를 의미한다.

inhibit keyboard numeric lock[inhíbit kíːbɔ̀ːrd njumérik lák] **숫자 건반 잠금 금지 기구**

inhibit line[–láin] **제어선** 기억 자심(코어)을 통과하는 4개의 라인 중의 하나로, 기억 내용을 보존하기 위해 읽기에 이어서 행해지는 써넣기를 제어한다. 즉, 「1」을 써넣을 때는 전류를 흘리지 않고 「0」을 써넣을 때는 전류를 흐르게 한다.

inhibitory synapse[inhíbitɔ̀(ː)ri(ː) sinǽps] **억지성 시냅스** 상대방 신경 세포의 흥분을 억제하는 화학 물자를 방출하는 시냅스.

inhibit pulse[inhíbit pʌ́ls] **제어 펄스** 페라이트 코어(ferrite core)로의 입력 펄스를 눌러서 셀(cell)이 세트되는 것을 막는 펄스.

inhibit trace bit[–tréis bít] **IT bit, 추적 금지 비트**

in-house[ìn háus] **기업 내의, 구내의**

in-house computer network system[–kəmpjúːtər nétwə̀ːrk sístəm] **구내 컴퓨터 네트워크 시스템**

in-house data base[–déitə béis] **인하우스 데이터 베이스** 기업이나 관청 등의 단체가 원칙적으로 그 기업 내에서만 이용하기 위해 작성한 데이터 베이스. 기업 내 데이터 베이스라고도 한다.

in-house network[–nétwə̀ːrk] **구내 네트워크** 구내 등 비교적 한정된 장소(area)에 설치된 컴퓨터와 그 관련 기기를 고속 전송로로 맺는 데이터 통신용 네트워크. 근거리 네트워크(LAN)와 거의 같은 뜻으로 쓰여지고, 장치 근처를 특히 강조할 경우에 구내 네트워크라고 한다. 현실적으로는 근접해서 존재하는 컴퓨터나 단말 장치가 보통 공중 회로망을 이용하지 않고 결합된 형태를 말하고, 시스템으로서의 경계성, 신뢰성, 확장성을 꾀함에 따라 성능이나 부하(負荷) 배분 향상을 실현해가는 것으로, 오피스 오토메이션 등이 각광을 받고 있다. 네트워크에서 중요한 기술은 컴퓨터의 결합 방식이지만 대표적인 것으로 링 네트워크나 이더(Ether) 네트워크가 있다. 명확한 정의는 아니며, 디지털 PBX(digital private branch exchange)와 근거리 네트워크(LAN ; local area network)의 결점을 보완한 경우도 있고, LAN과 같은 경우도 있다. 사무용의 활성화에 유용하다고 선전하고 있으나 실제로는 생산 관리(production management)나 공장 자동화(FA ; factory automation)에서 주로 쓰인다.

in-house printing[–príntiŋ] **기업 내 인쇄** 서류의 작성에서 인쇄, 출판까지 모두 기업 내부에서 처리하는 것. 최근에는 DTP에 의해 기업 내 인쇄가 널리 보급되고 있다. ⇨ DTP

in-house training[–tréiniŋ] **사내 훈련** 사원들을 그들의 조직체 내에서 훈련시키기 위한 프로그램.

INI file INI 파일 응용 프로그램이나 윈도 자체의 초기 설정에 필요한 정보가 들어 있는 텍스트 파일. 윈도를 시동할 때 처음에 읽어들이는 파일로 SYSTEM.INI, WIN.NI, PROGRAM.INI 등과 같은 중요한 파일이다.

IN indicator 삽입 모드 표지 insert mode indicator의 약어.

INIS 국제 원자력 정보 시스템 International Nuclear Information System의 약어. 국제 원자력 기관(IAEA)이 운영하는 국제 협력을 기반으로 한 원자력 관계 정보 시스템으로, 가맹국은 자국에서 생산되는 원자력 분야의 과학 기술 정보를 INIS로 일정한 방식에 따라 보내고, IAEA에서는 수취된 정보를 처리하여 자기 테이프, 문헌 리스트, 주제 색인, 문헌 조사 등 각종 서비스를 제공한다.

initial[iníʃəl] *a.* **초기의, 최초의**

initial assembly[–əsémbli(ː)] **초기 어셈블리**

initial condition[–kəndíʃən] **초기 조건** (1) 미분 방정식에서 해를 구하기 위해 정하는 상수값. (2) 계산 초기의 변수의 값. (3) 어떤 프로그램이나 서브루틴으로 들어가기 전에 만족시켜야 할 조건.

initial condition mode[–móud] **초기 조건 모드** 아날로그 컴퓨터의 설계 모드이고, 적분기는 동작시키지 않고 초기 조건을 설정하는 모드.

initial failure[–féiljər] **초기 고장** 사용 개시 후의 비교적 빠른 시기에 설계 제조상의 결함 또는 사용 환경과의 부적합으로 생기는 고장.

initial failure indication [–ìndikéiʃən] **초기 이상 현상** 초기 이상 현상의 검출은 보통 어느 곳의 프로세스 변수가 정상값과 얼마만큼 달라지고 있는가에 따라 시행되는데, 이를 위한 필요 조건으로는 검출 계측 기기의 신뢰성과 검출 사상과 비상 사태와의 대응의 정확성의 두 가지가 있다. 어느 것이나 측정점의 조합이나 검출 순서 등의 논리 판단을 통해 신뢰 정확도를 향상시킬 수 있다. 즉, 생산 프로세스 내에서 재해가 발생하는 원인은 장치의 고장, 오조작, 유틸리티 입력의 정지, 프로세스 그 자체의 이상 등이 있는데, 이들은 서로 관련하여 먼저 어떤 초기 이상 현상이 나타나고 이것이 커져서 비상 사태에 이르게 되고 결과적으로 대형 사고로 발전되는 것이며, 재해 발생 방지에는 초기 이상 현상을 검지할 수 있는 시스템을 만드는 것이 가장 중요한 과제라 할 수 있다.

INITial file [–fáil] **이니트** ⇨ INIT

initial graphics exchange specifiction [–grǽfiks ikstʃéindʒ spèsifikéiʃən] **그래픽 교환 규격** ⇨ IGES

initial instruction [–instrʌ́kʃən] **초기 명령어** 컴퓨터 내에 기억되어 있으며, 프로그램을 주기억 장치로 로드하는 데 사용하는 프로그램. 이것은 IPL과 거의 같은 의미이다.

initialization [inìʃəlaijéiʃən] *n.* **초기 설정, 초기화** (1) 컴퓨터 시스템을 시동하기 전에 전부를 최초의 상태로 고쳐 설정하는 것. 예를 들면, time sharing system(TSS)을 기동하는 경우에는 서비스를 개시하기 전에 전날의 어카운트(account) 정보나 시스템 로그(system log) 등을 소거하고, 또 날짜나 시간 등록 등의 초기 설정을 행한다. (2) 프로그램인 경우에는 계산이나 처리를 행하기 전에 데이터 영역에 소정의 값을 설정하는 것을 가리킨다. 문자 속성의 데이터 영역에는 공백(blank)을, 수치 속성의 데이터 영역에는 「0」이나 어떤 특정한 값을 설정하는 것. (3) 사용하지 않는 새로운 디스크 팩(disk pack)이나 디스켓에 포맷(format)을 설정하고 사용 가능한 상태로 하는 것을 말한다. (4) 기억 매체를 새로운 파일용 매체로서 사용 가능한 상태로 하는 기능. initialize라고도 한다.

initialization test [–tést] **초기화 시험** 모든 내부 기억 장치 요소들이 알려진 논리 상태를 얻을 수 있도록 입력 패턴을 논리 회로에 적용하는 과정.

initialize [iníʃəlàiz] *v.* **초기화하다** 컴퓨터 루틴의 최초 또는 규정된 특정한 시점에서 컴퓨터 루틴 안의 여러 가지 카운터, 레지스터 스위치나 어드레스를 제로 또는 초기값으로 세트하는 것. 또 플렉시블 디스크(flexible disk)나 하드 디스크(hard disk) 등의 하드웨어를 사용 가능한 초기 상태로 하는 것. 즉, 초기 조건을 설정하는 일. 예를 들면, 버퍼 기억 장치(buffer storage)의 내용을 전부 제로로 하거나 프로그램 중의 카운터를 제로로 하거나 하는 일. 또 프로그램을 특정한 어드레스로부터 시작함에 따라 필요한 초기 조건의 설정을 행하는 일.

initialized [iníʃəlàizəd] *a.* **초기화된** 반복 사이클 수행 이전에 효율적인 시작 절차를 결정하기 위하여 필요한 예비 단계. 보통 한 사이클이 시작된 후 또는 완전한 사이클이 다시 시작되기까지의 단일적이고 비반복적인 동작이다.

initialize routine [iníʃəlàiz ru:tí:n] **초기화 루틴** 계산이나 데이터 처리의 본 프로그램이 움직이기 전에 카운터, 스위치, 레지스터, 컨트롤 블록 등의 컴퓨터 상태를 일정한 상태로 세트하는 루틴. 일반적으로 프로그램을 순차 재사용 가능하게(serially reusable)하기 위해서는 이 루틴을 적용한 것이 있어야 한다.

initializing [iníʃ(ə)làizing] **초기값 설정** 초기값을 설정해두는 것. ⇨ initial-value

initial microprogram load [iníʃəl màikro-próugræm lóud] **IMPL, 초기 마이크로프로그램 적재**

initial order [–ɔ́:rdər] **초기 명령** 프로그램 테이프를 읽고 명령대로 기억 장치에 넣기 위한 일정한 프로그램.

initial program [–próugræm] **초기 프로그램** 컴퓨터의 주기억 장치에 아무 것도 기억되어 있지 않는 상태일 때 첫 번째로 읽혀지는 프로그램. 이 프로그램이 읽혀지는 것에 관해서는 특별한 방법이 취해지는 일이 많다. ⇨ IPL

initial program load [–lóud] **IPL, 초기 프로그램 적재** 데이터의 처리 과정에서 관여할 데이터 레코드(data record)와 함께 프로그램이나 운영 체제를 초기에 컴퓨터 내부로 적재하는 과정. 이런 일을 하는 루틴은 미리 기억 장치에 적재되어 있으며, 원하는 어떤 다른 프로그램의 적재와 실행도 할 수 있다.

initial program loader [–lóudər] **IPL, 초기 프로그램 적재기, 이니셜 프로그램 적재기** (1) 컴퓨터에 전원을 넣은 후, 주기억 장치에 최초로 프로그램이나 운영 체제(OS)를 넣는(로드하는) 과정 혹은 그 동작. 컴퓨터는 전원을 넣은 후에 전원을 끊어도 그 내용을 지우지 않는 읽어내기 전용 메모리(ROM) 내의 루틴(routine)을 이용, 프로그램을 로드함으로써 필요한 명령(instruction)을 실행하고, 이로써 입력된 프로그램에 의하여 여러 가지 파일을 제어한다. 이 루틴은 부스트랩(bootstrap)이라 불리는 것으로, IPL이 컴퓨터가 움직이도록 하기 위해서 최초로 실행하는 판독 전용의 작은 프로그램이다. (2) 컴퓨터에 사용되는 부트스트랩 로더(bootstrap loader)이며, 운영 체제의 나머지 부분을 로드하기 위해서 필요한 운영 체제의 일부분을 로드하기 위한 것이다.

initial program loading[– lóudiŋ] **IPL, 초기 프로그램 로딩**

initial setting[–settinq] *v.* **초기 설정** 프로그램 동작 조건(옵션)의 초기값. 프로그램을 셋업한 후 어떠한 변경도 가하지 않은 상태.

initial-value[–vǽlju:] **초기값** (1) 프로그램에서 사용되는 변수의 출발값. (2) 각종 기기의 기능을 정하는 번호 등에 대한 시동시의 값.

initiate[iníʃièit] *v.* **개시하다, 기동하다, 시동하다** 기계를 시동하다 혹은 컴퓨터 프로그램의 실행을 개시하다 등의 의미로 쓰여진다. start, trigger 등과 유사어라고 할 수 있다. 「종료하다(terminate)」와 대비된다. 프로그램의 실행을 개시할 때는 오퍼레이터가 그 프로그램을 주기억 장치로 로드한 뒤, 필요한 조작을 행하여 실행시킬 경우와 주기억 장치로의 로드로 계속하여 control(제어권)이 그 프로그램의 최초의 어드레스로 옮겨 자동으로 런(run ; 실행)하는 경우가 있다.

initiate-transaction-sequence indicator [–trænsǽkʃən sí:kwəns índikèitər] **IS indicator, IS 지시기, 트랜잭션 순서 개시 지시기**

initiation[iniʃiéiʃən] *n.* **개시** 데이터의 전송이나 메시지의 송수신을 개시하는 것이나 작업(job)의 실행을 개시하는 것을 표현할 때 흔히 쓰인다. 시작(start)과 같은 의미로 쓰여지거나 종료(termination)와 대비되는 경우도 있다.

initiation priority[–praiɔ́(:)riti(:)] **개시 우선 순위** 작업의 실행과 그 작업에 필요한 자원의 할당 순서를 결정하는 값.

initiator[iníʃièitər] *n.* **개시 프로그램, 개시자, 이니시에이터** 운영 체제(OS)의 작업 스케줄러가 갖는 기능 중의 하나를 가리키는 경우가 있다. 이 경우 「개시 프로그램」이라 번역된다. 운영 체제는 크게 제어 프로그램(control program)과 처리 프로그램(processing program) 두 가지로 구성되어 있다. 제어 프로그램은 작업 관리 프로그램(job management), 데이터 관리 프로그램(data management), 태스크 관리 프로그램(task management)의 세 가지로 되어 있다. 「개시 프로그램」은 상기의 작업 스케줄러(job scheduler) 기능 중의 하나이다. 「개시 프로그램」의 역할은 실행해야 할 작업 및 작업 단계(job step)를 선출하고 로드하여 그 처리에 필요한 입출력 장치를 할당하며, 실제 처리를 태스크 관리 프로그램에 맡기는 것이다. 여기서 처리가 끝난 작업은 출력 처리의 관리를 하는 종료 프로그램(terminator)으로 건네진다. 이 두 가지 프로그램을 묶어서 개시/종료 프로그램(initiator/terminator)이라 부른다.

initiator/terminator[–tə́:rminèitər] **개시 프로그램/종료 프로그램, 개시/종료 프로그램**

injection[indʒékʃən] *n.* **주입**

ink[íŋk] *n.* **잉크**

ink bleed[–blí:d] **잉크 블리드, 잉크 번짐** 광학 문자 인식(OCR)에서 모세관 현상에 의해 인쇄된 글자의 원래 테두리 바깥으로 잉크가 번지는 것.

ink cartridge[–ká:rtridʒ] **잉크 카트리지** 헤드와 잉크가 일체화된 것도 있어 잉크 교환과 헤드 유지가 동시에 가능하다. 잉크젯 프린터에서 이용된다.

inking[íŋkiŋ] (1) 컴퓨터 시스템의 도형 입력 장치에 있어서 어떤 일정한 미소 시간 간격으로 좌표값을 주어 선분을 생성시킬 경우 단속적이기는 하지만 결과적으로는 연속선이 그 궤적에 따라 표시되는 것. 마치 종이 위에 펜으로 선을 긋는 것과 유사하므로 이러한 이름이 붙었다. (2) 위치 입력 장치를 이동함으로써 펜으로 종이 위에 선을 그리듯이 입력 장치의 궤적을 추적하면서 표시면상에 선을 긋는 것.

ink jet printer[íŋk dʒét príntər] **잉크젯 프린터** 컴퓨터의 대표적인 출력 장치인 프린터 장치 중 논임팩트형에 속하는 프린터의 하나. 용지 상에 잉크를 분사함으로써 문자를 형성한다. 즉, 전하(轉荷)한 잉크 입자를 발산시켜 이것을 글자형과 글자 위치에 따라 제어된 전압을 가한 편향판(偏向板)에 따라 편향시키면서 지면(紙面)에 쳐서 붙여 인자(印字)하는 방식의 프린터. 잉크는 처음에 잉크 헤드에 주입되어 있고 수정 발진기 작용에 따라 입자 모양으로 발사되어 점차로 지면에 쳐서 붙여져 도트 매트릭스 자형이 표현된다. 이 구조는 잉크 헤드를 전차충, 잉크 입자를 전자 흐름, 지면을 형광면으로 생각하면 브라운관과 비슷한 데가 있다.

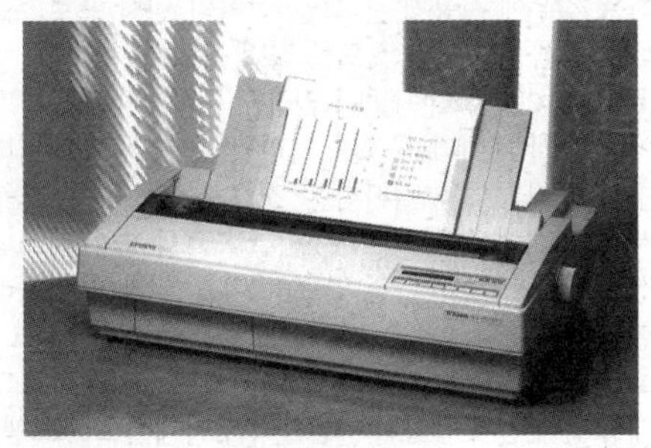

〈잉크젯 프린터〉

ink reflectance[−rifléktəns] **잉크 반사도** 광학 문자 인식에서 특정한 기준 표준값에 대한 특수 잉크의 반사도.

ink ribbon[−ríbən] **잉크 리본** 라인 프린트나 천공 카드의 문자 표시기 등에서 인쇄할 때 사용되는 연속적인 잉크의 리본. 라인 프린터의 경우에는 대체로 폭이 16인치이고, 프린터가 동작할 때 인쇄 장치를 통해서 수직 방향으로 이동하면 문자 표시기의 경우에는 대체로 폭이 0.5인치로 인쇄 장치를 가로질러 옆으로 이동한다.

ink smudge[−smʌ́dʒi(:)] **잉크 오염** 인쇄 문자의 규정 영역 외에 잉크가 묻어 있는 상태. 이것은 광학 문자 인식에서 문자가 올바르게 읽혀지는 것을 방해할 가능성이 있다.

ink speck[−spék] **잉크 번짐** 광학 문자 인식에서 원래 인쇄된 면적보다 넓게 인식되는 잉크의 번짐.

ink squeezout[−skwí:zàut] **잉크 스퀴지아웃** 광학 문자 인식을 위한 문자를 인쇄할 때 문자의 중심부에서 잉크를 밀어내는 것.

ink uniformity[−jù:nifɔ́:rmiti(:)] **잉크 균일도** 인쇄된 문자 가장자리 영역에서의 광도의 변화도.

ink void[−vɔ́id] **잉크 구멍** 광학 문자 인식에서 검게 인쇄되어야 할 부분에 미처 잉크가 묻지 않아 넓은 영역인데도 스캐너가 좁은 면적으로 인식하게 되는, 인쇄되지 않는 공백 부분.

in-line[ín láin] **인라인** 연속적인 흐름을 갖고 있는 처리나 방법 등에 대하여 사용되는 것이며, 그대로 「인라인」이라 번역된다. 예를 들면, 절차(procedure)나 부프로그램(subprogram)이 주프로그램과는 별도로 떨어진 장소에 위치하지 않고, 주프로그램의 명령문 중에 미리 내장되어 있는 상태.

in-line assembler[−əsémblər] **인라인 어셈블러** 실행 속도를 향상시키기 위해 C 프로그램 중에 어셈블러 코드를 기술하는 것.

in-line assembly[−əsémbli(:)] **인라인 어셈블리** 컴파일러에 의해서 컴파일 도중에 직접 어셈블되며, 고속으로 처리해야 할 부분이나 특별 처리를 하는 경우에 사용하는, 고급 언어의 원시 프로그램 내에 어셈블리 언어 코드를 직접 삽입하는 것.

in-line check[−tʃék] **인라인 검사** 시스템 루틴에 의해서 데이터 구조가 처리될 때마다 그 데이터 구조의 타당성을 검사하는 것으로 이러한 코드를 시스템 내에 포함시켜 주면 소프트웨어의 시스템 신뢰도를 향상시킬 수 있으며 이를 인라인 검사라 한다.

in-line code[−kóud] **인라인 코드** 고급 프로그래밍 언어 안에 삽입된 어셈블러나 기계어 프로그램.

in-line coding[−kóudiŋ] **인라인 코딩** 명령을 단순하게 계속시킨 코딩. 분리된 루틴에 접속하는 명령을 포함하지 않는 것을 말한다.

in-line compiler[−kəmpáilər] **인라인 컴파일러**

in-line data processing[−déitə prásesiŋ] **인라인 데이터 처리** 데이터 처리 방식으로 각 트랜잭션이나 사건들이 일어날 때 보고서가 작성되고 관련된 기록으로 변환시키는 것.

in-line expansion[−ikspǽnʃən] **인라인 확장** 프로그램의 도중에 서브루틴 대신 그 기능을 갖는 코드를 작성하는 것. 실행 속도는 빠르지만 프로그램의 길이가 길어져 여분의 메모리가 필요하다.

in-line graphic[−grǽfik] **인라인 그래픽** 데스크톱 출판 프로그램으로 만들어진 웹 페이지나 문서의 텍스트에 그래픽 이미지를 적용하는 방법.

in-line macro[−mǽkrou] **인라인 매크로**

in-line operation[−àpəréiʃən] **인라인 연산**

in-line plant system[−plá:nt sístəm] **구내 시스템**

in-line plug-in[−plʌ́g ín] **인라인 플러그인** 넷스케이프나 마이크로소프트 익스플로러와 같은 프로그램에서 외부 프로그램을 별도로 실행하지 않고 이들 프로그램의 자체 기능인 것처럼 프로그램의 기능을 확장해주는 프로그램.

in-line procedure[−prəsí:dʒər] **인라인 절차** COBOL에서 사용하는 용어로 프로그램 전체의 순서적 시행이나 제어 명령의 일부분을 형성하는 절차 명령어.

in-line process[−práses] **인라인 처리** 미리 편집이나 분류를 하지 않고 랜덤한 순서대로 데이터를 처리하는 것이나 단말에서 데이터를 통신 제어 장치나 온라인 제어 프로그램을 통하지 않고 조회하는 처리. 또한 각각의 입력에 대해 그때마다 처리를 완결하는 처리 방식과 관련된 레코드는 그때마다 갱신된다.

in-line processing[−prásesiŋ] **인라인 처리** 데이터 처리(data processing)에서는 입력(input)할 데이터를 분리하거나 순번에 따라 바꾸어 나열하는 것 등을 하지 않고, 그냥 순서대로 입력해도 그것에 관련된 데이터의 갱신 등 모든 처리가 즉시 행해지는 방법. 데이터 처리 형태의 하나이며, 몇몇 작업(job) 중에서 어떤 우선도에 따라 하나의 작업을 선택하고 그 작업을 일단 개시시키면 트랜잭션 데이터를 투입한 뒤 최종 결과를 얻을 때까지 도중에 편집이나 정렬 조작을 삽입하지 않고 처리를 속행시키는 방법.

in-line subroutine[−sʌ́bru:tìn] **인라인 서브루틴** 프로그래밍에서는 메인 루틴(main routine) 중에 직접 삽입시킨 서브루틴(subroutine). 이것은

콜 명령어(call instruction)에 의해 그때마다 호출되는 서브루틴과는 다르다.

in-line system[–sístəm] **인라인 시스템** 발생 데이터를 컴퓨터에 투입하는 데 해당 파일을 처리하고 갱신하는 것. 자기 디스크나 대형 고속 자기 드럼 등의 랜덤 액세스 개발에 따라 출현되었으며 은행의 예금 창구 업무의 집중 처리 등에 사용된다.

in-line translation[–trænsléiʃən] **인라인 변환** 화면의 커서 위치에서 한자의 입력과 변환이 이루어지는 방식. 반면, 화면상의 커서 위치에 관계없이 한글 입력 시스템에서 설정된 입력 행에서 입력, 변환하는 방식을 시스템 인라인 변환이라고 한다. ⇨ system line translation

INMARSAT **인마샛** International Maritime Satellite Organization의 약어. 인공 위성을 통하여 항해하는 선박 간의 통신을 하도록 하는 국제적으로 조직된 기구.

Inmos **인모스** 병렬 처리를 위한 고성능 마이크로프로세서인 트랜스퓨터를 주로 생산하는 영국 반도체 제조 회사.

INN (1) **독립 텔레비전국** Independent Network News의 약어. (2) Internetnews의 약어. Rich라는 사람이 만든 프로그램으로 C-News와 NNTP를 대신하는 유즈넷 소프트웨어. INN은 뉴스 기사를 전송할 때 표준 NNTP 프로토콜을 사용한다. 많은 뉴스를 다루는 데 강점을 지니는데, 이는 많은 정보를 메모리에서 관리하기 때문이다.

inner[ínər] *a.* **내부 (의), 내측 (의)**

inner DO **내부의 DO 문**

inner macro instruction[–mǽkrou instrʌ́kʃən] **내부 매크로 명령어**

innerspace[ínərspeis] **이너스페이스, 인간 내부 세계** 인간의 내면에 주관적으로 존재하는 현실 또는 인체 내부의 생물적 현실. 이너스페이스와 외계의 물질적인 세계와는 의식에 의해서 연결되어 있다고 생각할 수 있다. 의식이라는 인터페이스를 이용하여 정신 세계를 탐구하는 것은 인간의 뇌 기구 연구와 함께 새로운 가상 현실(VR) 기술을 실현하기 위한 중요한 연구 주제로 부상하고 있다. 이와 같은 발상은 이미 1966년 「Fantastic Voyage(미크로의 결사권)」가 영화로 나와 화제가 된 적이 있다.

inoperable[inɑ́pərəbl] *a.* **동작 불능 (의)**

inoperable time[–táim] **동작 불능 시간** 다운(down) 중에 모든 주위 조건은 만족되어 있으나 기능 단위를 작동시켜도 정확한 결과를 출력하지 않는 시간. 예를 들어, 수리 대기 시간, 수리 시간, 시스템 회복 시간 등.

inorder traversal[inɔ́ːrdər trævə́ːrsəl] **중위 운반법** 주어진 2진 트리를 전체적으로 방문할 때 노드의 왼쪽 부트리, 근 노드, 오른쪽 부트리의 순서로 방문하는데, 각 부트리에 대해서는 같은 방식을 적용하는 운행법.

in-out parameter[ín áut pərǽmətər] **입출력 매개변수** 매개변수 전달 방법 중 참조에 의한 호출(call by reference), 값-결과에 의한 호출(call by value result), 이름에 의한 호출(call by name) 등과 같은 방법이 적용되는 매개변수를 지칭할 때, 실 매개변수와 형식 매개변수 사이에 값이 서로 전달될 수 있는 매개변수이다.

i Now[ái nau] **아이 나우** interoperability Now의 약어. 통신 장비 업체인 루슨트 테크놀로지스, 음성 소프트웨어 업체인 보컬텍, 인터넷 전화 업체인 ITXC 3사가 발표한 IP 텔레포니 플랫폼 간의 통합 지원 계획. 인터넷 텔레포니 표준 프로토콜인 「H.323」과 「H.225」를 기반으로 기존의 일반 전화망(PSTN)의 음성 신호를 IP 기반의 데이터 신호로 전환시켜 주는 게이트웨이가 장비 업체마다 호환되지 않는 데서 오는 불편을 없애기 위해 IP 플랫폼 간의 호환성 강화에 중점을 두고 있다.

in parameter[ín pərǽmətər] **인 매개변수** 매개변수 전달 방법 중 값에 의한 호출(call by value) 방법이 적용되는 매개변수를 지칭할 때, 실매개변수의 값만 이 형식 매개변수에 전달될 수 있는 매개변수.

inplace activation[ínpleis æktivéiʃən] **인플레이스 액티베이션** 어떤 응용 프로그램의 데이터에 포함된(embeded) 다른 응용 프로그램의 데이터를 편집해야 할 때, 포함된 다른 데이터를 작성한 응용 프로그램을 실행하지 않고도 편집할 수 있게 하는 것. 윈도의 OLE.2부터 들어 있다.

in-plant[ín plɑ́ːnt] **구내** 한 중앙 사무소나 대리점 내에서 동작하는 통신 체제를 나타내는 전송 분야의 용어.

in-plant system[–sístəm] **구내 시스템** 하나의 건물 내 혹은 한 지역의 일군의 건물 내로 제한된 데이터 취급의 처리 절차.

input[ínpùt] *n.* **입력** (1) 데이터를 컴퓨터나 주변 장치로 「갖고 들어가다」, 「저장하다」라는 의미 또는 그 과정(process)을 가리킨다. 입력 데이터(input data), 입력 처리(input process)와 같은 뜻으로 쓰이는 경우도 있다. 컴퓨터의 처리는 일반적으로 데이터를 입력하고, 이것을 처리하여 그 결과를 어떤 형태로 출력(input)하는 것의 「반복」으로 이루어진 경우가 많다. 그 때문에 입력은 출력과 대비하여 사용되는 경우도 흔하다. 입/출력을 input/output 또는 요약해서 I/O라 하는 경우도 있다. 대개 입력은 종이 카드, 자기 테이프(magnetic tpae) 등의 입력 매체(input media)에 미리 기록되어 있는 데이터 장치를 경유하여 판독하고, 주기억 장치(main storage)에 저장함으로써 행해진다. 또 원격지(remote)에 설치된 단말 장치(terminal)에서 통신 회선을 경유하여 데이터를 전송하고 입력하거나 컴퓨터의 콘솔(console) 등의 키보드로부터 입력하는 경우도 있다. (2) 입력 처리에 대신하는 장치, 처리 혹은 채널, 또는 입력 처리에 대신하는 데이터 혹은 상태에 관한 용어.

[주] 문맥상 명확한 경우에 "입력 데이터", "입력 신호" 등 대신에 "입력"이라는 용어를 사용하는 경우가 있다.

input area[–ɛ́(ː)riə] **입력 구역, 입력 영역** 컴퓨터 내부 기억 장치 중에서 입력 정보를 받아들이고 처리하기 위해 저장된 장소.

input assertion[–əsə́ːrʃən] **입력 단언** 올바르게 작동하기 위하여 프로그램 입력이 만족할 조건들을 명세화한 논리 수식.

input block[–blɑ́k] **입력 블록** (1) 입력 버퍼. (2) 외부 정보 발생원이나 기억 매체로부터 컴퓨터 내부 기억 장소로 전달되도록 되어 있는 컴퓨터 단어의 블록으로서 하나의 단위로 간주. (3) 입력 정보를 받아서 처리하기 위해 입력이 만족해야 할 조건들을 명세화한 논리 수식.

input blocking factor[–blɑ́kiŋ fǽktər] **입력 블록화 인수** 자기 테이프의 분류에서 입력 파일의 각 물리 레코드에 포함되는 논리 레코드의 수.

input buffer[–bʌ́fər] **입력 버퍼** 다른 장치에서 데이터를 수신할 때 일어나는 시간의 차이나 데이터의 흐름 속도의 차이를 보상하기 위해서 사용하는 일시적인 저장 장치. ⇨ buffer

input buffer register[–rédʒistər] **입력 버퍼 레지스터** 자기 테이프나 자기 디스크와 같이 입력 장치 또는 매체로부터 데이터를 받아 그 데이터를 내부 기억 장소로 전달하는 레지스터.

input by codes[–bɑi kóuz] **문자표 입력** 워드 프로세서나 편집기에서 각각의 한자, 기호에 미리 숫자 또는 영문의 코드를 배정해두고 그 코드를 입력하여 지정하는 것. 특수 기호 등을 입력할 때 사용된다.

input by hand writing[–hǽnd rɑ́itiŋ] **수서(手書) 입력** 전자 수첩 등의 전용 컴퓨터에 전자펜으로 쓴 문자를 입력하는 기능. 또는 워드 프로세서 소프트웨어에서 마우스를 사용하여 입력 상자에 문자를 써넣어 입력하는 기능.

input channel[–tʃǽnəl] **입력 채널** 어떤 상태를 장치 또는 논리 소자에 접속하기 위한 채널을 말한다. ⇨ channel

input circuit[–sə́ːrkit] **입력 회로** 입력 장치에서 데이터를 입력시키는 회로.

input class[–klɑ́ːs] **입력 종류** GKS에서는 위치 입력, 실수값 입력, 점렬 입력, 선택값 입력, 필 입력, 문자열 입력의 6가지가 있으며, 그래픽에서 특정형의 논리 입력값을 주는 논리 입력 장치의 집합이다.

input configuration[–kənfigjuréiʃən] **입력 패턴** 주어진 시간에 H 레이블(high lable) 및 L 레이블(low lable)의 조합으로 이루어진 입력 단자.

input data[–déitə] **입력 자료** 데이터 처리 시스템 또는 그 일부가 받아들이는 또는 받아들여야 할 데이터.

input data test[–tést] **입력 데이터 검사** 입력 데이터가 시스템에서 처리되기 전에 입력 레코드의 오류를 찾아내기 위한 검사. 즉, 잘못된 데이터를 응용 시스템 안에 입력한 후에 오류를 찾아 수정한다는 것은 비효율적이고 비경제적이므로 (1) 숫자나 문자를 확인하기 위한 검사, (2) 데이터의 타당성 보증 검사, (3) 입력 데이터 값의 범위 검사, (4) 데이터의 모순 발견의 일관성 검사, (5) 내용의 바뀜이나 앞뒤 바뀜(전위) 오류 검사(체크 디스켓 검사) 등을 행하는 것이다.

input device[–divɑ́is] **입력 장치** 데이터 처리 시스템 내의 장치이며, 그 시스템에 데이터를 넣기 위해 사용되는 것. 펀치 카드 판독 장치, 종이 테이프 판독 장치, 자기 테이프 장치, 자기 디스크 장치 등.

input device simulation[–sìmjuléiʃən] **입력 장치 시뮬레이션** 동작이 유사하도록 프로그램된 다른 입력 장치를 이용하여 사용하고자 하는 입력 장치를 시험하는 모의 실험의 한 형태.

input editing[–éditiŋ] **입력 편집** 입력의 한 종류로서 입력은 인간이 사용하기 편리한 형태로 구성되어야 하는데, 이것이 컴퓨터 내에서 사용되기 위해서는 재구성되어야 한다. 즉, 처리나 저장을 하는 데 있어서 시스템에서 사용되는 항목보다 더 편리한 형식으로 만들기 위해 적절한 형식이나 안전성, 정확성을 기해 데이터를 검색할 수 있도록 편집하는 것이다.

input equipment[–ikwípmənt] **입력 장비** 데이터와 명령어들을 자동 데이터 처리 장치로 이송하기 위해 사용되는 장비 또는 조작원이 데이터와 명령어를 자동 데이터 처리 장치에 사용될 수 있도록 다른 매개체로 바꾸어주는 데 사용하는 장치.

input error[–érər] **입력 오차** 4/3나 π값과 같이 무한히 전개되는 수를 유한한 수로 바꾸게 됨으로써 입력 자료 자체에 어쩔 수 없이 들어가게 되는 오차.

input field[-fíːld] **입력 필드**

input file[-fáil] **입력 파일**

input form[-fɔ́ːrm] **입력 형태, 인풋 폼** 컴퓨터에 입력하는 데이터의 형태. 종류로는 카드, 종이 테이프, 자기 테이프 등이 있고 OCR 방식의 이용 등에 따라 일반 전표류도 입력 형태이다.

input function[-fʌ́ŋkʃən] **입력 함수** (1) 프로그램 상에서 입력 처리를 상세히 기술하는 번거로움을 제거해주는 프로그래머를 위하여 입력 동작을 실행시켜 주는 함수. (2) 입출력 제어 시스템에서 입력의 요청을 탐지하고 그 요청을 실행시키는 함수.

input handler[-hǽndlər] **입력 처리기** 입출력 채널 프로그램을 만들어주고 오류 상태를 파악하여 입출력 인터럽트를 처리하는 운영 체제의 일부.

input impedance[-impíːdəns] **입력 임피던스**

input inhibit condition[-inhíbit kəndíʃən] **입력 금지 상태**

input instruction[-instrʌ́kʃən] **입력 명령** 입력 장치에서 중앙 처리 장치 또는 주기억 장치로 데이터를 넣는 명령.

input job stream[-dʒɑ́(ː)b stríːm] **입력 작업 스트림** 가능한 한 조작원의 개입을 적게 하는 천공 카드나 카드의 영상과 같은 형태의 입력 배열을 의미하는 운영 체제나 모니터 시스템의 제어 하에서 입력되는 프로그램이나 데이터 작업 제어문과 함께 일괄하여 몇 개의 작업을 일련으로 보내는 것이다. 그 일련의 작업을 말하며 이러한 입력이 실제 작업을 시행하는 데 우선하여야 할 일인데, 이 입력 배열은 작업의 시작을 나타내는 부분 작업이 수행되는 데 필요한 컴퓨터 시스템 소프트웨어에 대한 지시 외에 프로그램으로 구성되어 있다.

input loading[-lóudiŋ] **입력 적재** 입력 장치에 신호를 보낼 때 적재되는 전체의 양.

input media[-míːdiə] **입력 매체** 천공 카드, 자기 테이프, 자기 디스크 마이크로필름과 입력할 자료 등을 운반하기 위한 물질이나 전송기.

input method[-méθəd] **입력 방식** 한글 입력에 관한 수단. 한글 한자 변환 방식과 문자판 입력 방식 등이 있다. ⇨ Korean word input method

input method editor[-éditər] **입력기** ⇨ IME

input-output[-áutpùt] **I/O, 입출력** input/output, input-output의 두 가지 표기가 존재하지만, 용어의 국제 규격에서는 후자가 채용되고 있다. (1) 입력 처리 과정(input process), 출력 처리 과정(output porocess) 또는 그 양쪽에 대신하는 장치. 처리 과정 또는 채널을 형용하는 용어. 입력 처리 과정과 출력 처리 과정이 반드시 동시에 진행되지 않는 상태에서도 사용된다. (2) input-output device, 입출력 장치(input-output unit), 입출력 데이터(input-output data), 입출력 처리 과정(input-output process) 등과 같이 전후의 문맥으로부터 명확한 경우에는 단순히 입출력(input-output)만이 나타난다. 또 입출력 인터럽트(input-output interrupt), 입출력 제어 장치(input-output controller) 등과 같이 입출력 프로세스의 특정한 장면에 관련된 용어에서는 역으로 input-output(I/O)이 생략된다. 또한 input-output device(또는 unit)는 주변 장치(peripheral equipment)와 같은 뜻으로 사용된다. (3) input-output analysis라는 말은 정보 처리 분야에서는 「입출력 분석」이라 번역되지만 오퍼레이션스 리서치 분야에서는 「투입 산출 분석」이라는 말로 충족되고 있다.

input-output analysis of inter industry relationships[-ənǽlisis ɑv intə̀r índəstri(ː) riléiʃ(ə)nʃìps] **산업 관련 입출력 분석** 1930년대에 미국의 경제학자 W.W. Leontief가 제창한 이론으로 자본주의 경제에서의 재생산 과정에 관한 분석. 경제 예측, 경제 정책 효과의 측정, 종합 경제 계획에서의 계획치의 모순성 발견 및 수정, 실업 구제책의 입안 등의 경제 정책에 이용된다.

input-output area[-ɛ́(ː)riə] **입출력 영역** 입력 장치 등에서 읽어들인 데이터를 일시적으로 기억해 두는 내부 기억 장치 내의 장소. 또한 이것을 인풋 버퍼 영역이라고도 한다. 버퍼 처리 장치와 입출력 장치 사이에서 데이터를 받아넘기기 위해 설치된 버퍼 영역. 입출력 장치에는 한 행분의 데이터가 정리되어 인쇄를 시작하는 라인 프린터, 한 장분의 데이터가 정리된 후 천공되는 카드 펀치 등과 같이 각각 기계 성질에 따라 정해진 양의 데이터를 준비하고 나서 기계를 움직일 필요가 있기 때문에 각각 입출력 장치마다 필요한 양의 버퍼 영역을 가진다.

input-output board[-bɔ́ːrd] **입출력 보드** 일반적인 형태의 시스템에서는 각 보드당 64K를 표현할 수 있는 16개의 입출력 선이 허용되는데, 컴퓨터 시스템에서 후면 버스를 이용하여 부가적인 입출력 접속 채널을 부착함으로써 컴퓨터를 확장시킬 수 있도록 한 기판.

input-output bound[-báund] **입출력 바운드** 파일 복사와 같이 이러한 프로그램은 CPU를 별로 사용하지 않고 대부분의 실행 시간을 입출력 장치와의 교신에 소비하므로, 중앙 처리 장치(CPU)의 대기 시간에 기인하는 다량의 입출력 조작을 필요로 하는 프로그램에 자주 쓰인다.

input-output buffer[-bʌ́fər] **I/O 버퍼, 입출력 버퍼** 입출력 처리에 대하여 읽어넣은(입력) 데이

터, 써내는(출력) 데이터를 일시적으로 기억해두는 중간적인 기억 영역(storage area).

input-output bus[–bʌ́s] **입출력 버스** 입출력 버스는 일반적으로 데이터나 명령의 종류, 장치 번호, 상태, 제어 정보 등을 위한 여러 개의 병렬 회선을 가지는데, 기억 장치와 입출력 접속기는 중앙 버스에 직접 연결되어 각각의 정해진 특성에 따라 동작한다. 여러 개의 병렬 회선은 데이터 주소 회선이 서로 시분할될 때 생기는 시간에 관한 문제를 해소할 수 있으며 쉽고, 빠르고, 값싸게 접속할 수 있게 해준다. 또 직접 호출 방법에서는 중앙 처리 장치의 도움 없이 외부 장치와 기억 장치 사이에 직접적으로 자료 전달을 할 수 있게 해준다.

input-output bus structure[–strʌ́ktʃər] **입출력 버스 구조** 입출력 버스 구조에는 여러 가지가 있고, 방사형(radial) 시스템은 가장 단순하면서 입출력 장치의 개수에 제한을 받고, 공용 회선(party-line) 시스템은 분산 시스템에 필요한 회선의 수를 줄일 수 있으며 장치를 직렬로 연결할 수 있다.

input-output cable[–kéibl] **입출력 회선** 컴퓨터의 본체와 여러 입출력 장치를 연결하는 여러 선으로 이루어진 회선.

input-output channel[–tʃǽnəl] **입출력 채널** 데이터 처리 시스템에서 내부 기억 장치와 주변 장치와의 사이의 전송을 취급(처리)하는 기능 단위. ⇨ channel

input-output channel processor[–prɑ́sesər] **입출력 채널 처리기** 이 처리기의 한 단위의 데이터는 각 입출력 명령 수행시마다 누산기를 경유해 지정된 장치로 오고가며, 입출력 명령이나 데이터 전송은 물론 장치들의 상태를 파악하고 입출력을 시작시키는 데에도 사용된다. 이러한 입출력 채널 처리기는 비동기식으로 동작하는 저속도의 문자 단위 입출력 장치와의 통신에 사용된다.

input-output channel selection[–səlékʃən] **입출력 채널 선택** 단말 장치에서 컴퓨터로부터 특별한 채널을 선택하도록 하는 것.

input-output communication device[–kəmjùːnikéiʃən divάis] **입출력 통신 장치** 데이터 통신 시스템에서 데이터의 입력 또는 그 시스템에서 출력시키는 가입자용 장비.

input-output control[–kəntróul] **입출력 제어** 입출력 제어에는 처리기와 입출력 장치 사이의 상호작용을 제어하는 여러 부분이 있게 되는데, 첫째로 순서적인 처리를 하는 테이프, 카드와 인쇄기 같은 장치들과의 작동을 제어하는 것과, 둘째로 임의 처리를 제어하는 것이 있는데, 이때 찾는 시간을 최소화하기 위해 여러 개의 분리 제어를 하게 된다.

input-output controller[–kəntróulər] IOC, **입출력 제어 장치, 입출력 제어 기구** 데이터 처리 시스템에서 하나 이상의 주변 장치를 제어하는 기능 단위.

input-output control program[–kəntróul próugræm] **입출력 제어 프로그램** 입출력 장치의 지정, 입출력 형식의 지정 등을 담당하는 프로그램. 입출력 제어 프로그램은 장치를 배당하거나 기억 장치와 입출력 장치 사이의 데이터 전송의 제어, 입출력 장치의 완충 제어를 실행한다.

input-output control section[–sékʃən] **입출력 제어 부분** 주변의 서브시스템이 하나의 자료 단어를 보내거나 요청했을 때 하나의 자료 단어와 연관된 접근 제어 레지스터가 참조되고 입출력 제어는 하나의 단어를 주기억 장치로 보내거나 받아들여 접근 제어 단어를 갱신한 후 단말 장치의 상태를 검사한다. 모든 접근 제어 단어의 인덱싱과 검사는 정상적인 구문 실행과 인덱싱을 동시에 하면서 시간 소모 없이 효과적으로 수행된다. 즉, 입출력 부분은 작은 처리기와 같은 기능을 가지며, 프로

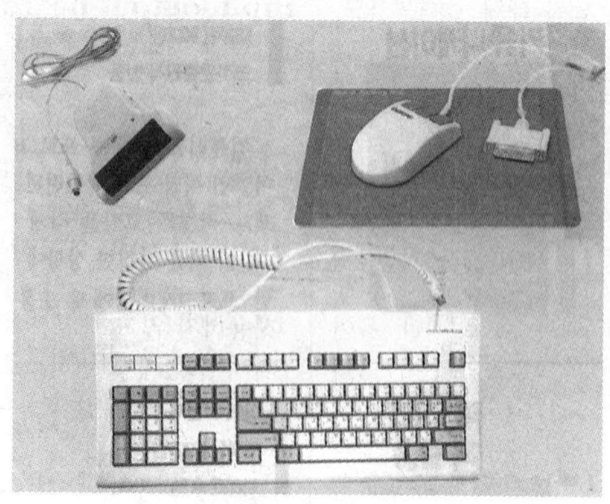

〈PC의 입력 장치들〉

그램된 입출력 명령어들은 접근 제어 단어의 위치를 적재하고 필요한 주변 장치를 동작시킨다. 여기서부터 입출력 제어는 자동으로 입출력 채널을 조사하여 주변 장치의 작동 속도에 따라 자료를 받아들인다.

input-output control system[-sístəm] **IOCS, 입출력 제어 체계** (1) 초창기에 만들어진 컴퓨터 시스템에서 사용자를 위해 입출력 기능을 수행하기 위한 루틴을 미리 작성해놓은 것. 이것은 사용자가 자신이 작성한 프로그램을 위해 복잡한 입출력 루틴을 애써 작성하는 수고를 덜기 위해 마련된 것으로, 사용자는 이 루틴들의 원시 프로그램을 자신의 프로그램에 삽입하여 실행시키면 되었다. 이러한 루틴들은 원시적인 운영 체제로 볼 수도 있는데, 본격적인 운영 체제라는 개념이 생겨나기 전에 사용하던 것이다. 오늘날에는 이런 루틴들은 운영 체제의 일부로 이전되거나 입출력 라이브러리의 형태로 사용자의 프로그램과 연결되므로 사용자가 이 루틴의 존재를 인식할 필요가 없게 되었다. (2) 운영 체제의 일부로, 이용자 프로그램측의 입출력 요구를 해석하고, 입출력 요구를 실행하며, 필요에 따라서 파일의 저장 장소를 확보하는 기능을 갖는 시스템. 오류 제어나 레코드의 블록화, 레이블 검사 등의 기능도 포함한다.

input-output control unit[-jú:nit] **입출력 제어 장치** 처리기와 입출력 장치 사이의 상호작용을 제어하는 장치로 특정한 입출력 장치를 제어할 목적으로 설계되어 있으므로 입출력 장치의 종류가 다르면 입출력 제어 장치도 달라지게 된다. 입출력 장치의 고유한 제어 기능 및 입출력 장치를 작동시키는 기능을 가지고 있으며, 처리기와 입출력 장치의 상호작용을 제어하는 장치이다.

input-output conversion[-kənvə́:rʃən] **입출력 변환** 프로세스 제어 장치나 제어용 컴퓨터에서 들어오는 신호의 형태나 모드, 신호의 크기 등을 신호를 받는 측 디바이스의 시방에 맞추어서 변환할 필요가 있다. 예를 들면, 아날로그 센서로부터의 검출 입력 등은 A/D 변환기로 통일한 신호 레벨의 디지털량으로 변환한 다음 컴퓨터측에 입력한다. 마찬가지로 조절계나 컴퓨터의 출력 신호도 각각의 제어 조작단(操作端)의 구동부 시방에 맞추어서 신호의 형태, 모드, 크기 등을 변환해줄 필요가 있다. 이 조작을 입출력 변환이라고 한다.

input-output cycle[-sáikl] **입출력 주기** 특정 메모리로부터 데이터를 읽거나 특정 메모리 위치에 데이터를 기록하는 것으로부터 입출력 주기가 시작되며, 메모리에 접근하여 데이터를 읽거나 기록하기 위해 타이밍을 필요로 하고 그 데이터를 쓰는 데 걸리는 시간.

input-output cycle time[-táim] **입출력 주기 시간** 기억 장치로 데이터를 기록하거나 기억 장치로부터 데이터를 읽어들이는 데 소요되는 시간. 빠른 실행 속도가 필요하다면 보조 기억 장치의 접근 시간이 느리므로 대용량 주기억 장치를 사용하거나 접근 속도가 빠른 캐시 기억 장치를 중앙 처리 장치(CPU) 옆에 두고 앞으로 CPU가 사용할 것 같은 데이터나 명령어를 미리 저장시켜 놓는 방법과 수행할 데이터나 명령어를 미리 주기억 장치에서 찾는 방법이 있다.

input-output data register[-déitə rédʒistər] **입출력 데이터 레지스터** 어떤 값싼 시스템에서는 이 레지스터에서 입력 주기 동안에는 데이터 버스에서 정보를 받고, 출력 주기 동안에는 레지스터의 내용이 데이터 버스로 옮겨진다.

input-output data transfer[-trænsfə́:r] **입출력 데이터 전송** 마이크로컴퓨터와 입출력 기기간의 데이터 전송으로 이것은 프로그램 입출력, 인터럽트 입출력, DAM 등에 의해 제어된다. 텔레타이프나 종이 테이프 판독기, 종이 테이프 천공기, 프린터, 각종 센서 및 제어 기기 등은 중앙 처리 장치와 독립적으로 동작하며 비동기인 경우가 많고, 또한 동작 속도도 다르고 신호 레벨도 다르다. 이러한 점에서 입출력 기기의 인터페이스나 입출력 명령의 사용 조건이 정해진다.

input-output device[-diváis] **입출력 장치** 데이터 처리 시스템 내의 장치이며, 그 시스템에 데이터를 넣거나 그 시스템으로부터 데이터를 받거나 또는 그 양쪽을 행하기 위해서 사용되는 것. ⇨ input-output unit

input-output device controller[-kəntróulər] **입출력 장치 제어기** 입출력 접속기를 가진 주변 장치를 하나 또는 그 이상 연결시킬 때 그것을 제어하기 위한 전자 논리 회로.

input-output device driver[-dráivər] **입출력 장치 구동기** ⇨ device driver

input-output device handler[-hǽndlər] **입출력 장치 조정기** 모든 입출력 채널과 주변 장치의 동작을 제어하는 장치.

input-output driver[-dráivər] **입출력 작동기, 입출력 구동기** 고속 검색을 위한 것으로는 9트랙 자기 테이프의 읽기, 쓰기, 되감기, 건너뛰기 기능들을 위한 자기 테이프 작동기, 디스크 헤드의 위치를 찾고 메모리 직접 접근 방식을 통하여 자료를 전송하기 위한 이동 헤드 디스크 작동기, CRT 입출력 서브루틴 등을 효과적으로 작성하기 위한 CRT 작동기, 전신 타자기의 입출력 루틴들을 프로그래머가 효율적으로 쓰기 위한 전신 타자 작동기를 비롯하여, 판독기나 천공기를 효율적으로 쓰기 위한 종이 테이프 작동기, 설명문, 80자로 천공된 홀러리스를 아스키(ASCII)로 바꾸어주는 카드 판독 작동기, 라인 프린터 출력 서브루틴을 효과적으로 쓰도록 하는 라인 프린터 작동기, 디지털 카세트의 작동을 편리하게 하는 카세트 입출력 작동기 등이 있다.

input-output equipment[–ikwípmənt] **입출력 장치** 각종 조작 버튼 또는 연산 제어 각부의 상태를 표시하는 신호도 넓은 의미로 입출력 장치라고 하며, 계산에 필요한 데이터 및 프로그램을 컴퓨터에 넣는 장치인 입력 장치와 계산 결과를 컴퓨터에서 얻는 장치인 출력 장치를 총칭한다.

input-output format [–fɔ́:rmæt] **입출력 포맷** 데이터 처리 시스템에서 입출력에 사용되는 카드, 테이프, 인자 용지 등의 기억 매체 형식.

input-output instruction[–instrʌ́kʃən] **입출력 명령** (1) 채널 및 작동의 기동, 정지 지시 또는 상태 조사 명령의 총칭. 가장 중요한 것은 기동 명령이며 세부 지시는 채널 프로그램에 의한다. (2) 마이크로컴퓨터 시스템에서는 외부 장치에서 테이블을 받고 또 외부 장치로 전달해야 하므로 이를 행하기 위한 명령.

input-output interface[–íntərfèis] **입출력 인터페이스** CPU와 입출력 장치 사이에 존재하며 이들 사이의 데이터 전송을 지장 없게 해주는 연결기이다. 데이터 전송이 8비트 병렬로 이루어지는 경우에 사용하는 인터페이스를 병렬 인터페이스, 이에 대해 1비트씩을 직렬로 하여 데이터를 전송할 때 사용하는 인터페이스를 직렬 인터페이스라고 한다.

input-output interrupt[–ìntərʌ́pt] **입출력 인터럽트** 프로그램 안에 새로운 입력 데이터나 출력 버퍼의 전송 완료나 주변 장치의 긴급 상황을 유의시키는 신호를 의미한다.

input-output interrupt identification [–aidèntifikéiʃən] **입출력 인터럽트 식별** 입출력 인터럽트는 입출력이 끝나거나 갑작스러운 사태 변화가 일어나서 주의를 요할 때 발생한다. 인터럽트를 일으킨 장치와 채널의 식별을 위하여 인터럽트가 발생하면 그 장치나 채널의 상태를 전 프로그램 상태어(PSW)에 또는 고정된 장소에 기억시키고, 중앙 처리 장치에서 어떤 입출력 장치가 인터럽트를 발생시켰는가를 구별하는 것이다.

input-output interrupt indicator [–índikèitər] **입출력 인터럽트 표시기** 입출력 인터럽트 명령어는 인터럽트의 원인에 대하여 인터럽트가 일어난 입출력 장치를 각 입출력 채널과 연관된 인터럽트 표시기를 조사하여 결정된다. 인터럽트를 조사하여 필요하다면 적절한 조치를 취하고 다시 지시기를 원상태로 해서 인터럽트가 일어났던 프로그램을 다시 시작한다.

input-output interrupt inhibit[–inhíbit] **입출력 인터럽트 금지** 2배 길이 프로그램 상태 단어에 있는 비트로서 입출력 그룹의 모든 내부 인터럽트의 금지 여부를 나타낸다.

input-output interruption [–ìntərʌ́pʃən] **입출력 인터럽션** 입출력 장치를 동시에 동작시킴으로써 데이터 처리의 효율을 높이고 있는 최근의 컴퓨터 흐름 경향에서는 하나의 입출력 장치로부터의 동작 종료의 신호가 되돌아올 때까지 다른 처리를 할 수 있도록 설계되어 있다. 즉, 이것을 실현시키기 위해 입출력 인터럽트는 기본적으로 필요한 기능의 하나이며, 입출력 장치에서 처리 장치로 동작의 종료 등을 알리기 위해 특별히 정해진 신호이다.

input-output limit[–límit] **입출력 한계** 컴퓨터에 의해 처리할 경우에 중앙 처리 장치의 속도가 빨라져도 데이터 입출력 장치의 속도가 늦어지면 입출력 장치의 속도에 따라 전체 속도가 규제된다. 이러한 입출력 동작에 걸리는 시간이 길어 CPU의 계산 시간을 지연시키는 상태를 말한다.

input-output media[–mí:diə] **입출력 매체** 입출력 데이터를 기록해두는 매체. 데이터 처리 시스템에 있어서 계산 처리의 대상이 되는 입력 데이터나 출력으로서의 출력 데이터의 내용은 천공이라는 형식으로 카드에 자기 스폿이라는 형식으로 자기 테이프나 카세트에 기록하여 입출력한다. 이와 같은 입출력을 위한 천공 카드, 종이 테이프, 자기 테이프 등을 입출력 매체라고 하고, CRT 디스플레이 등의 매체에 의한 것은 소프트 카피(soft copy), 프린트 용지에 의한 것은 하드 카피(hard copy)라 한다.

input-output medium[–mí:diəm] **입출력 매체** 컴퓨터에 데이터나 프로그램 등의 정보를 주기 위해, 또는 컴퓨터에서 출력을 기계로 읽어내는 형으로 기억하기 위해 정보를 기억하는 매체. 보통 천공 카드, 종이 테이프, 자기 테이프, 플로피 디스크 등이 이에 포함된다.

input-output module[–mádʒu:l] **IOM, 입출력 모듈** 키보드, 프린터 등과 같은 입출력 기기와 데이터를 교신하기 위한 주변 인터페이스나 원격지에서 통신 회선을 통하여 데이터를 교신하기 위한 입출력 통신 인터페이스 등으로 구성되어 있는 모듈.

input-output operation[–àpəréiʃən] **입출력 연산** 자료 처리와 무관하게 수행되는 입출력을 실행하는 일과 실행을 위한 프로그램 또는 오퍼레이터(operator)의 동작.

input-output peripheral[−pərífərəl] **입출력 주변 장치** 대표적인 입출력 주변 장치로는 디스켓, 카트리지 디스크, 하드 카피 단말 장치, 영상 표시 단말 장치, 자기 테이프 장치, 디스크 팩 구동기, 라인 프린터, 종이 테이프 천공기, 판독기, 카세트, 도형 표시 장치와 카드 판독기가 있으며, A/D와 D/A 변환기, 디지털 입출력 접속기 및 범용 접속기도 포함되며, 중앙 컴퓨터에 데이터를 입출력하기 위한 장치이다.

input-output port[−pɔ́ːrt] **I/O 포트, 입출력 포트** 컴퓨터와의 타이밍 제어 기능을 포함하나 입출력 장치에 특유한 제어 회로는 포함되지 않으며, 입출력 데이터 전송을 하는 하드웨어의 출입구. ⇨ I/O port

input-output port address[−ədrés] **I/O 포트 주소** ⇨ I/O port address

input-output port control[−kəntróul] **입출력 포트 제어** 마이크로프로세서의 데이터와 주소 단자(port)는 두 개의 시스템 버스(8비트 양방향 데이터 버스와 12비트 주소 버스)를 통하여 입출력 장치와 연결되는데, 이때 빠른 속도의 데이터 전송은 병렬로 이루어지며, 속도가 느린 주변 장치에 대해서는 순차적 입출력으로 실행된다.

input-output priority and interrupt[−praiɔ́(ː)riti(ː) ənd ìntərʌ́pt] **입출력 우선 순위와 인터럽트** 프로그램에 새로운 입력 데이터나 출력 버퍼의 전송 완료, 주변 장치의 긴급 상황 등을 유의시키는 데 사용되는 우선 순위 및 인터럽트.

input-output process[−prɑ́ses] **방사 전송, 입출력 처리 과정** 입출력 장치와 그것보다 중앙에 가까운 장치 사이에 데이터를 전송하는 처리. 컴퓨터의 정보 입출력용 채널이나 입출력 제어 장치, 각종 입출력 장치 등의 하드웨어와 하드웨어의 기능을 제어하는 입출력 제어 프로그램으로 이루어지는 처리. 입출력 장치는 기계적인 처리이기 때문에 컴퓨터의 처리 속도에 따르지 않는다. 이 틀린 속도를 조정하고, 여러 개의 입출력 장치를 원활히 동작시키기 위해 입출력 제어 프로그램이 존재한다. 대형 컴퓨터는 여러 개의 입출력 장치를 시분할적으로 제어하며, 입출력 장치군은 외관상 방사상(放射狀)으로 데이터를 주고받는 것처럼 보인다.

input-output processor[−prɑ́sesər] **입출력 프로세서, 입출력 처리기** 입출력 장치 제어 전용의 프로세서로 일반적으로 마이크로컴퓨터는 소형, 경량, 염가라는 면에서 와이어드 로직으로 대치되는 경향이 있다.

input-output programmed[−próugræmd] **프로그램화된 입출력** 중앙 처리기와 외부 장치 사이의 정보 전달을 위한 프로그램 제어는 주변 장치로부터 받은 자료를 가지고 동작하는 속도를 빠르게 하는 방법이다. 프로그램화된 입출력 채널은 입력을 직접 누산기에 넣게 되므로 채널이나 프로그램에 의해 기억 장치를 참조할 필요가 없게 된다. 또한 출력 테이프는 직접 누산기에서 외부 장치로 보내진다.

input-output queue[−kjúː] **입출력 큐** ⇨ queue

input-output real-time control[−ríːəl táim kəntróul] **입출력 실시간 제어** ⇨ real-time control input-output

input-output referencing[−réfərənsiŋ] **입출력 참조** 프로그램 내의 부호 명칭으로 특정의 입출력 장치를 참조하는 방법으로 실제 장치는 실행시 프로그램에 할당된다.

input-output register[−rédʒistər] **입출력 레지스터**

input-output request[−rikwést] **입출력 요구**

input-output request word[−wɔ́ːrd] **입출력 요구어** 입출력이 끝날 때까지 메시지 참조 블록에 기억되어 있는 입출력 요구를 위한 제어 단어.

input-output routine[−ruːtíːn] **입출력 경로** 일반적인 주변 장치 입출력 기능의 프로그래밍을 쉽게 하기 위한 루틴들의 집합.

input-output scheduler[−skédʒulər] **입출력 스케줄러** 입출력 관리 프로그램의 여러 기능 중 입출력 장치나 채널에 트랜잭션의 대기가 발생했을 때 우선 순위 등에 의해 다음에 해야 할 처리를 선택하는 기능을 분담하는 프로그램.

input-output section[−sékʃən] **입출력절**

input-output statement[−stéitmənt] **입출력문** FORTRAN 용어. 외부 매체 사이의 입출력이나 관련 동작을 하는 문장이며 READ 문, WRITE 문 및 보조 입출력문(REWIND, BACKSPACE, ENDFILE 문)이 있다.

input-output storage[−stɔ́ːridʒ] **입출력 기억 장소** 외부 입출력 장치나 다른 특정한 기억 장치에서 자료를 받아들이거나 전송할 자료와 명령어들을 위하여 컴퓨터 내에 정해진 특수한 저장 장소.

input-output subsystem[−sʌ́bsìstəm] **입출력 서브시스템** ⇨ input-output system

input-output supervisor[−súːpərvàizər] **IOS, 입출력 수퍼바이저**

input-output switching[−swítʃiŋ] **입출력 스위칭** 이 스위치는 어떤 일의 처리가 시작될 때 채널 스위치에 의하여 한 채널에 하나의 장치가 연결될 수 있으며, 그 일의 처리가 끝났을 때 다른 채널에 연결되도록 할 수 있는 것으로 입출력 장치를 여러 채널에 연결시킴으로써 다른 장치들이 여러 개의 사용 가능한 채널 중 하나를 차지하고 있더라도 입출력 장치에 도달하는 여러 길들이 열려 있도록 해주는 장치이다.

input-output symbol[–símbəl] **입출력 기호** 프로시저에 대한 입력 조작이나 프로시저부터의 출력 조작을 나타내는데, 이 기호에는 평행사변형이 쓰이며, 순서도에 사용되는 기호의 하나이다.

input-output system[–sístəm] **입출력 시스템** 중앙 연산 처리 장치가 입출력 조작에 의해 방해받지 않게 되어 있는 것으로, 입출력 조작에 주로 관여하는 입출력 채널, 입출력 제어 장치, 입출력 장치 등이 서로 독립되어 독자적 기능 등을 수행하면서도 상호 유기적으로 결합하여 작용하는 시스템.

input-output traffic control[–trǽfik kəntróul] **입출력 교통 제어** (1) 내부 계산을 행하면서 주변 장치의 동작이 동시에 가능하도록 하는 조정은 중앙 처리 장치의 한 부분인 입출력 교통 제어 부분에 의해서 수행된다. (2) 이러한 입출력 교통 제어에는 여러 주변 장치와 중앙 처리 장치에 의한 주기억 장치의 시분할을 지시하며 중앙 처리 장치에서 계산과 8개까지의 입출력 기능을 동시에 수행할 수 있도록 하는 제어 부분을 말한다.

input-output unit[–jú:nit] **입출력 장치** 입출력을 행하는 장치의 총칭으로서 시스템에 데이터를 넣거나 시스템에서 데이터를 받거나 또는 양쪽을 동시에 하기 위해 사용되는 것. 입력 장치나 출력 장치 및 양쪽 기능을 겸비한 장치로서 데이터 처리 시스템 안의 기구.

input port[–pɔ́:rt] **입력 포트** CPU가 입출력 장치와 데이터를 주고받기 위해 사용되는 채널. ⇨ port

input primitive[–prímitiv] **입력 기본 요소** 입력값으로부터 얻어지는 데이터 요소로서 키보드, 선택값 입력 장치, 피크 입력 장치, 실수값 입력 장치 등이 있다.

input procedure[–prəsí:dʒər] **입력 절차**

input process[–práses] **입력 처리** (1) 주변 장치나 외부 기억 장치에서 내부 기억 장치로 데이터를 전송하는 과정. (2) 데이터 처리 시스템 또는 그 일부에 대한 데이터의 접수를 하는 처리.

input program[–próugræm] **입력 프로그램** 컴퓨터의 입력 처리를 구성하는 유틸리티 프로그램. 주로 문맥 중에서는 사용 형식과 빈도의 차이에 따라 컴퓨터 프로그램과 루틴을 구별하고 있다.

input protection[–prətékʃən] **입력 보호** 임의의 두 입력 단자 사이 또는 임의의 입력 단자와 접지 안에 가해질 우려가 있는 과전압에 대한 보호.

input queue[–kjú:] **입력 대기 행렬** 지정된 우선 순위에 의해서 배열된 미처리 작업(job)의 열이며, 동작 모드가 사건일 경우의 입력으로 사건 보고를 일시적으로 넣어두는 대기 행렬. 특히 우선 순위 처리를 하지 않은 시스템에서는 이것은 프로그램과 데이터 및 제어 카드로 구성된 작업 스트림과 같다.

input reader[–rí:dər] **입력 리더**

input record[–rékərd] **입력 레코드** (1) 프로그램의 실행중에 입력 기기로부터 메모리 속으로 읽어들이는 레코드. (2) 입력 영역 속에 현재 기억되어 있는 처리를 대기하고 있는 레코드.

input reference[–réfərəns] **입력 참조** 오류 신호나 편차로서 측정된 여러 결과를 비교하기 위하여 사용되는 참조로 요구된 값이나 세트 포인트에 대해서도 참조한다.

input register[–rédʒistər] **입력 레지스터** 입력 장치에서 비교적 저속도로 데이터를 받아 이 데이터를 고속으로 중앙 처리 장치에 일련의 단위로서 프로그램이 지시하는 데 따라서 다른 기억 장치를 전달할 때까지 보유하는 특정 레지스터.

input routine[–ru:tí:n] **입력 루틴** 컴퓨터 시스템 내로 데이터와 명령어를 읽어들임을 감독하고 제어하는 루틴. 즉, 컴퓨터의 입력 처리를 구성하는 유틸리티 루틴을 가리킨다. 주로 문맥 중에서는 사용 형식과 빈도의 차이에 따라 컴퓨터 프로그램과 루틴을 구별하고 있다.

input section[–sékʃən] **입력부** (1) 주로 입력 데이터를 받아들이기 위해 확보하고 있는 영역을 가리키는 경우가 많고, (2) 외부의 기기에서 메모리로 데이터 입력을 제어하는 프로그램 섹션.

input stacker[–stǽkər] **입력 적재기** 카드 천공기나 판독 · 천공 장치에서 카드를 모으는 부분. 즉, 입력 혹은 입력 천공 장치에 있는 카드를 쌓아 놓는 곳.

input state[–stéit] **입력 상태** 입력 채널에서 연결된 장치의 상태.

input storage[–stɔ́:ridʒ] **입력 기억 장치** (1) 어떤 정보가 처리되도록 하거나 처리를 돕기 위하여 컴퓨터 내로 들어갈 경우 제어 프로그램에 의해서 신호가 올 때까지 기억되어 있는 곳 또는 장치. (2) 처리를 기다리는 여러 묶음의 내용들을 가지고 있어서 이 묶음들이 옳은 순서로 배열되도록 하거나 다른 제어 목적을 위하여 연속적인 묶음들을 허용하는 것.

input stream[–strí:m] **입력 스트림, 입력 열** 수행되어야 할 몇 가지 작업 전부 또는 그 부분을 표현한 것의 열(列)이며, 운영 체제로 건네지는 것.

input subsystem[–sʌ́bsìstəm] **입력 서브시스템** 프로세스 인터페이스 시스템에 있어서의 프로세스로부터 프로세스 컴퓨터 시스템으로 데이터를 전송하는 부분.

inputting[ínpjùtiŋ] *v.* **입력하다**

input translator[ínpùt trænsléitər] **입력 번역 프로그램** 컴퓨터에 들어오는 명령어를 컴퓨터가 이해할 수 있는 연산자와 피연산자로 바꾸는 컴퓨터 내의 한 프로그램. 이것은 탐색과 검색을 통해 입력 자료가 정당한 구문인가를 검사하여 만약 틀리면 적절한 오류 메시지를 출력시킨다.

input unit[–jú:nit] **입력 장치** 데이터 처리 시스템 내의 기구이며, 그 시스템으로 데이터를 넣기 위한 것. 입력 장치는 타이프라이터, 천공 카드, 자기 테이프, 자기 디스크, A/D 변환기 등으로 컴퓨터에 명령이나 데이터를 입력시킬 때 사용된다. 입력 장치는 개개의 기록 매체에 정보를 받는 장치가 이해할 수 있는 디지털 신호로 변환한다. 예를 들면 카드 판독 장치(card reader), 광학식 마크 판독 장치(OMR ; optical mark reader) 등을 가리킨다. 참고로 컴퓨터의 기본 구성을 도시한다.

input voltage range[–vóultidʒ réindʒ] **입력 전압 범위** 소자의 출력 전압의 정밀도에 영향을 주지 않고 전압을 공급할 수 있는 입력 직류 전압의 범위. ⇨ input device

input work queue[–wə́:rk kjú:] **입력 작업 대기 행렬** 처리를 하기 위하여 준비 또는 제출되었으나 아직 처리가 시작되지 않았거나 처리중에 있지 않은 작업들의 목록이나 행렬. 즉, 운영 체제의 제어 하에서 작업 스케줄러가 산출하는 작업이나 작업 단계에 관한 작업 제어문의 요약 정보를 저장한 대기 행렬. 이러한 작업들은 선착순으로 처리되며 이 대기 행렬은 프로그램, 데이터 제어 카드를 구성된다.

INQURE **인콰이어** 비절차형 표현이 가능하여 계산 절차를 지시하지 않고 단지 문제만을 정의하는 표현인 비절차형을 취하는 차세대 언어의 하나.

inquire[inkwáiər] *v.* **조회(조사)하다, 묻다** enquire라고도 쓴다. 컴퓨터 내에서는 특정 컴퓨터를 조회시키는 것. 즉, 오퍼레이터(operator)의 입력과 이미 기억하고 있는 데이터를 조회하는 것을 말한다. 이런 조회를 하는 시스템으로는 재고 관리나 예약 업무 등이 있다. 또 데이터 전송(data transmission)에 있어서 상대국(局)의 응답을 요구하는 것을 말할 경우도 있다. 상태에 따라서 상대국은 수신 가능(ACK), 수신 불능(NAK), 국 식별 등을 반송한다.

inquiry[inkwáiri(:)] *n.* **물어보기** 조회. 조회 처리. 온라인 처리 시스템 등을 말한다. 예를 들면, 좌석 예약 시스템에서 좌석의 여분이 있는지 없는지를 조회하는 것. 또는 그 형태를 단말기로 행하도록 하는 시스템 형태로서 보통 실시간(real-time)에 처리된다. inquiry는 응용 시스템에서 뿐만 아니라 컴퓨터 상태의 조회와 데이터 베이스 등에 정보를 조회하는 등 모두를 표시한다. enquiry와 같은 뜻.

inquiry and communications system[–ənd kəmjù:nikéiʃənz sístəm] **조회 · 통신 시스템** 일반적으로 이러한 통신망은 표준 전산 타자기, 전동 표준 타자기 등을 갖고 있으며, 분산된 장소나 원거리 데이터 통신망의 요청을 편리하게 처리해주며 중앙 집중화된 레코드와의 자료 처리 수행이 멀리 떨어진 정보원과 연결되어 문의에 대한 즉각적인 응답은 물론 많은 요청 장소로부터의 입력 자료를 처리해주는 시스템이다.

inquiry and subscriber display[–səbs-kráibər displéi] **조회 · 가입자 디스플레이** 조작원에 의한 제어시 디스플레이는 형식화된 영숫자 원문을 받아들여 구성 · 정정하고 전송할 수 있다. 또한 구성된 원문은 통신 운송 회사나 직접 컴퓨터 통신망에 의하여 자동으로 변환되고 조작된다. 디스플레이의 수행은 데이터가 발생한 장소와 형태에는 무관하며, 가입자 자신과 멀리 떨어져 있는 자료 처리기를 최대한 사용할 수 있게 한다. 그러므로 사용 제한된 자료, 비밀 번호, 양식화된 장치의 조작은 정보의 무결성이 유지되도록 해야 하는데, 이와 같이 보관된 정보에 대한 실시간 접근을 필요로 하는 여러 가입자나 가입자 간의 자료 · 통신을 원하는 사람들에게 서비스해주기 위해 설계된 디스플레이로 가격이 저렴한 장치이다.

inquiry and transaction processing [–trænsǽkʃən prásesiŋ] **조회 · 트랜잭션 처리** 수많은 단말기에서 인수한 조회나 변동 레코드를 사용하여 중앙 시스템에 의해 유지되는 하나 이상의 기본 파일을 검색하거나 갱신하는 것으로, 텔레프로세싱 적용 업무의 일종이다.

inquiry answer(remote)[–ǽ:nsər(rimóut)] **조회 응답(원격)** 전신 처리망이 동작될 때 디스크 파일에 기억되어 있는 정보를 원거리의 여러 장소에서 동시에 요청할 때, 적당한 결과를 파일의 지정된 레코드에서 꺼내어 문의한 원래의 장소로 보내는 것. 이 경우에는 여러 가지 단말 장치의 속도와 기능에 대한 균형 있는 설계가 요구된다. 왜냐하면 하나의 채널을 통하여 여러 장치의 동작이 이루어지며, 많은 장치를 제어하는 시분할과 공간 분할 프로그램이 필요하고, 또 디스크 파일의 크기와 속도의 제한이 있어야 하기 때문이다. 그리고 이러한 모든 일들을 일괄 작업 처리와 동시에 수행될 수 있어야 한다.

inquiry application[-æplikéiʃən] **조회 적용 업무, 조회 응용** 온라인과 인터럽트 체제에 바탕을 두고 실시되는 것으로, 규칙적으로 수행되는 프로그램은 조회나 완전히 처리될 때까지 인터럽트되거나 중단된다. 이때 조회는 일괄 처리하도록 대기 행렬에 들어가 기다릴 수 있으며, 카드나 테이프, 통제 콘솔, 원거리로부터의 요청 등에 의해 입력될 수 있다. 예를 들면, 수송에 대한 예약 및 재고 관리 제어 시스템이 있다.

inquiry display terminal[-displéi tə́ːrminəl] **조회 디스플레이 단말 장치, 조회용 영상 단말기** 조회는 키보드에서 타이프된 메시지에 의해 컴퓨터에 알려지고, 그 결과는 디스플레이 상에 표시되는데, 키보드와 CRT 디스플레이 장치로 구성된다.

inquiry display unit[-júːnit] **조회 디스플레이 장치**

inquiry element[-éləmənt] **조회 기기** 통합 사무 자동화 시스템(IOAS)에서 이미 저장되어 있는 정보를 찾거나 활용하기 위한 기기.

inquiry processing[-prásesiŋ] **조회 처리** 파일에서 필요한 데이터를 검색하여 그 내용을 보여주는 작업.

inquiry program[-próugræm] **조회 프로그램**

inquiry remote[-rimóut] **원거리 조회** 산업 측면에서 사무실, 공장, 지점, 창고 같은 원거리에서 여러 개의 단말 장치를 가질 수 있다. 이러한 온라인 실시간 체제는 재고 관리, 작업 진행 과정에 관한 질문에 바로 답을 얻고자 하는 모든 산업 경영의 차원에서 사용된다. 이와 같이 운영되고 있는 온라인에서 컴퓨터 내의 파일에 대한 요청을 하고, 즉시 답을 받아오게 하는 조회 장소.

inquiry response[-rispáns] **조회 응답** 중앙의 데이터 베이스에 대량의 정보를 저장해두고 단말에서 이 중 필요한 사항을 문의하면 즉시 응답해 주는 응용 형태로 문헌, 도서 등의 검색이나 각종 생활 정보, 주식 시세, 일기 예보 등을 문의하는 데 주로 이용된다.

inquiry response communication[-kəmjùːnikéiʃən] **조회 응답 통신**

inquiry response operation[-àpəréiʃən] **조회 응답 조작, 조회 응답 오퍼레이션**

inquiry response system[-sístəm] **조회 응답 시스템** 은행, 도서관, 주식 거래소, 일기 예보 안내 등에 쓰인다. 또 열차 시간, 극장 안내 등의 생활 정보 서비스도 이러한 형태로 제공되는데, 대량의 정보를 중앙의 데이터 베이스에 기억시켜 놓고, 필요한 사항에 대해 단말기로 문의하면 즉시 응답해주는 시스템이다.

inquiry station[-stéiʃən] **조회용 단말기** 이용자가 컴퓨터 시스템에 대하여 조회를 행하기 위한 장치. 이런 종류의 단말기의 설치 장소를 가리키는 경우도 있다. 컴퓨터의 레지스터가 갖고 있는 정보나 부속 파일 장치의 내용을 필요할 때 간신히 빼내어 조사하거나 또 일부를 고쳐 쓰거나 하는 것이 편리한 입출력 장치. 보통 타이프라이터나 CRT 디스플레이 장치가 사용된다. 멀리 떨어진 곳에서 조회를 하고 싶은 경우에 컴퓨터와의 사이는 데이터 전송 회선에서 연결시킴에 따라 가능해진다.

inquiry system[-sístəm] **조회 시스템, 인콰이어리 시스템** 조회용 단말기(inquiry station)를 경유하여 이용자가 입력한 데이터가 중앙의 컴퓨터에 전송되며, 처리 결과가 응답(response) 형태로 되돌아오는 형태를 위한 시스템에 대한 광범위한 호칭 방법.

inquiry terminal display[-tə́ːrminəl displéi] **조회 단말 장치 디스플레이** 조작원이 손으로 치는 것보다 몇 배 빨리 정보가 나타나며, 질문 후에 다시 디스플레이를 사용하기 위해서는 삭제 버튼을 누르면 된다. 이때 정보는 영숫자 키보드를 통해서 컴퓨터에 들어가며, 동시에 화면에 나타난다. 그리고 화면 조회에 대한 응답을 나타낸다.

inquiry theory[-θíəri(ː)] **조회 이론**

inquiry typewriter[-táipràitər] **조회 타이프라이터**

inquiry unit[-júːnit] **조작 장치, 인쇄 건반 장치** 컴퓨터와 대화할 수 있는 장치로 사용자의 임의적인 조회에 대해 신속하게 응답하기 위해서 만든 것.

INS 정보 네트워크 시스템 information network system의 약어. 일본 전신 전화 공사가 제안한 것으로 21세기 정보화 시대에 대비하여 제안된 광섬유 사용에 따른 디지털 회선망. 현재 전화망을 디지털화하고, 데이터 통신, 팩시밀리 통신 등 별도로 되어 있는 통신망을 디지털 네트워크로 통합하고 한 회선으로부터 전화, 데이터 통신, 팩시밀리, 비디오 등 다양한 서비스가 자유롭고 전국적으로 거의 평균 요금으로 이용할 수 있는 통신망 형성이 과제로 되어 왔다. 즉, INS란 「거리의 극복」과 「인간의 행복」을 가져오게 하는 고도 정보 통신 사회를 건설하기 위하여 전기 통신의 세계에서 노력할 수 있는 수단을 말한다. 즉, INS는 다채롭고 고도의 서비스가 요구되는 시대를 맞아 손님에 대하여 「더욱 저렴하고, 더욱 편리하며 더욱 풍부한」 전기 통신 서비스를 제공할 수 있는 시스템을 말한다. INS를 실현하기 위해서는 대량의 정보를 안전하게 전송할 수 있는 디지털 전송 기술, 디지털 신호를 그대로 교환할 수 있는 디지털 교환 기술, 신호의 부호화, 축적, 교환 등을 행하는 신호 처리 기술 등이 필요하다. 이들 기술의 저변이 되는 기술로서 광섬유, LSI 등의 소재 개발이 중요하다. 이와 같이 더욱 저렴하고, 더욱 편리하고 더욱 확실하며, 더욱 풍부한 전기 통신 서비스의 이용이 가능하게 되는 「정보 네트워크 시스템」을 INS라 부른다.

inscribe[inskráib] *v.* **쓰다**

inscribing[inskráibiŋ] **새김** OCR(광학 문자 인식)에서 손으로 쓴 문자나 인쇄 문자 모두를 자동으로 판독하기 위한 원시 문서의 준비.

insert[insə́ːrt] *v.* **끼움, 끼우기** 삽입하다. 문자와 문자 혹은 블록과 블록 사이에 새로운 문자나 블록을 「삽입하는」 것. 워드 프로세서나 에디터 등에서 흔히 사용되는 기능이다. 이 경우를 「인서트 기능」이라 한다. 인서트는 인서트하는 것과 인서트하는 상태 두 가지를 표시하는 단어이다. 인서트하는 상태에 입력한 문자는 커서 앞에 삽입되며, 커서의 오른쪽에 있던 문자는 다시 오른쪽으로 이동한다. 이에 대하여 overwrite에서는 만약 커서의 위치에 문자가 있어도 새롭게 입력한 문자로 바뀌어 써지게 된다.

inserted record[insə́ːrtəd rékərd] **삽입 레코드**

inserted subroutine[–sʌ́bruːtìn] **삽입 서브루틴** (1) 사용되는 곳마다 재배치되어 주프로그램 내에 삽입되어야 하는 서브루틴. (2) 별도로 코드화된 명령어들의 순차 모임으로서 다른 일련의 명령어 뒷줄에 직접 삽입된다. (3) 요구에 따라 특별히 주프로그램에 직접 삽입되는 서브루틴.

inserter[insə́ːrtər] *n.* **인서터** ⇨ insertor

insert key[insə́ːrt kíː] **삽입 키**

insertion[insə́ːrʃən] *n.* **삽입** 지정된 위치에 별도로 준비한 문자열을 삽입하는 기능. 원래 문자열은 소거되지 않는다.

insertion anomaly[–ənɑ́məli(ː)] **삽입 이상** 한 속성이 다른 속성에 독립적이 아니라 종속되어 있어서 원하는 데이터를 삽입하기 위해서 원하지 않는 데이터를 함께 삽입하게 되는 현상을 가리키며, 이를 방지하려면 릴레이션을 종속성이 없는 형태로 분해하여 정규화해야 한다.

insertion character[–kǽrəktər] **삽입 문자**

insertion mode[–móud] **삽입 모드**

insertion point[–pɔ́int] **삽입점** 문서에 새로운 문장이 첨가 삽입되는 곳.

insertion sort[–sɔ́ːrt] **삽입 정렬** 순서 배열되지 않은 리스트의 레코드 하나를 이미 정렬된 리스트로 순서에 맞게 삽입하는 정렬 방법. 삽입 정렬은 맨 처음 한 개의 레코드가 정렬되어 있는 것으로 간주하여 수행된다.

insertion switch[–swítʃ] **삽입 스위치** 스위치를 손으로 조작하는 조작원에 의해 컴퓨터 체제에 정보를 직접 삽입하는 것.

insert mode[–móud] **삽입 모드** 문자를 삽입하는 모드. 워드 프로세서 등에서 어떤 문자열을 삽입하고 싶은 위치에 커서를 이동하여 문자를 입력하면 커서의 왼쪽에 그 문자가 입력된다.

insert with automatic justify[–wið ɔ̀ːtəmǽtik dʒʌ́stifài] **자동 정렬 삽입** 문안이 모두 삽입된 후나 어떤 임의의 입력에 대해 본문이 자동으로 정돈되는 것.

inside plant[–plɑ́ːnt] **내부 설비** 일반 통신에서 중앙 사무실이나 중간 장소 또는 사무실이나 외부 설비와 연결하기 위해 가입자 구내에 있는 설비의 일부분으로, 중앙 사무실 내에 있는 설비는 중앙 사무실 설비라 하고, 지역 구내에 있는 설비는 지역 설비라고 한다.

in slot, out slot[ín slɑ́t, ɑ́ut slɑ́t] **인 슬롯, 아웃 슬롯** 신호 비트를 통신 타임 슬롯과 다른 신호 전용의 슬롯을 설정하여 전송하는 방식을 아웃 슬롯 형식이라고 한다. 이와는 반대로 통화용 타임 슬롯 내에 신호 비트를 포함하여 전송하는 방식을 인 슬롯 형식이라고 한다. PCM-24B 방식에는 통화용 타임 슬롯의 최하위 비트를 사용하여 전송하는 인 슬롯 형식을 채용하고 디지털 교환기의 국내 인터페이스에서는 프레임 내에 신호 비트용 타임 슬롯을 전용으로 설정한 아웃 슬롯 형식을 채용하고 있다.

INS-P information network system packet의 약어. ⇨ INS

INSPEC 인스펙 information service in physics, electro technology and control의 약어. 영국 전기 학회가 시행하고 있는 정보 검색 서비스로 물리학, 전기 · 전자 · 공학, 컴퓨터, 제어 공학 등 범위가 약 2,000종에 이르는 학술 잡지에 대한 연간 약 17만 건의 논문 초록, 서적지 사항, 키워드 등을 자기 테이프에 수록하여 배포하고 있다.

inspect[inspékt] *v.* **검사하다, 조사하다** 기준이 맞는지 어떤지를 확인하거나 이상이 없는 것을 확인하는 것. 컴퓨터에서는 완성된 시스템을 시험하는 것이지만 특히 독립된 부문에 의한 시험을 말하고, 수정이나 개량을 위해서 검사하는 것이 아니라 완성도 검사를 하는 경우에 사용된다.

inspection[inspékʃən] *n.* **검사** (1) 오류를 형태별로 분류하여 그 빈도를 집계하고 정리한 후 이를 경험 데이터로 축적해두었다가 후일에 반영할 수 있도록 하는 것. 즉, 발견된 오류를 문서화하고 이것을 관리용 데이터로 사용하는 것. (2) 다른 라인의 조직이나 사람, 단체가 결함, 개발 표준 위반 등 제반 문제점을 감지하기 위해 소프트웨어 요구 사항, 설계, 코드를 자세히 조사하는 공식 평가 기법.

instability[ìnstəbíliti(:)] *n.* **불안정성** 일반적으로 어느 상태에 극히 작은 교란을 주었을 때 그 교란이 계속 원상태의 작은 상태 그대로 머문다면 그 상태를 안정이라 하고, 반대로 교란이 점점 커져서 처음 상태에서 벗어난다면 그 상태를 불안정이라고 한다.

install[instɔ́:l] *v.* **설치하다, 인스톨** 시스템이나 기계, 구동(drive) 등을 「설치하다」 혹은 「도입하다」라고 번역되는데, 그대로 「인스톨」이라 번역되는 경우가 흔하다. 소프트웨어에서는 어떤 프로그램을 바로 컴퓨터에서 실행할 수 있도록 준비하는 것을 말하며, 프로그램의 부분적인 변경이나 런타임 루틴(run-time routine)을 별도로 준비하여 실행 가능하게 하는 경우 등도 포함된다. 이에 대하여 단지 포맷만을 변경하는 것과 같은 경우는 변환(conversion)이라 표현한다.

installation[ìnstəléiʃən] *n.* **설치** (1) 컴퓨터 시스템의 도입, 즉 소프트웨어나 시스템의 도입을 의미하며, 적용 업무나 시스템을 개발하는 것은 시설이라고 한다. (2) 넓은 뜻으로는 컴퓨터를 의미하지만, 하드웨어나 소프트웨어의 기능 및 적용 등을 포함하여 이 시스템을 관리하고 사용하는 사람을 가리키기도 한다.

installation and checkout phase[–ənd tʃékàut féiz] **설치와 확인 단계** 한 소프트웨어 제품이 그 운용 환경에 통합되고 요구된 대로 성능을 발휘하는 소프트웨어 수명 주기에서의 기간.

installation data[–déitə] **설치 일자** 새로운 장치의 사용을 위해 준비되는 날짜.

installation design[–dizáin] **설치 설계** 기기를 구성하는 요소의 공간적 배치를 고려한 설계.

installation processing control[–prάsesiŋ kəntróul] **설치 처리 제어** 작업의 전체 시간을 줄이고 기계 조립시 소비되는 시간을 최소화하기 위한 제어. 이를 통해 작업과 기타 분야에 대한 계획을 자동화할 수 있다.

installation tape number[–téip nʌ́mbər] **설치 테이프 번호** 특정한 자기 테이프의 릴을 구별하기 위해 플라스틱이나 금속으로 된 릴에 붙여진 숫자.

installation time[–táim] **설치 시간** 컴퓨터 장치를 설치하기 시작해서 하드웨어 엔지니어가 기기를 조정하고 실제로 테스트 프로그램을 실행시킨 다음 가동을 확인한 후 사용자에게 인도하기까지 걸리는 시간.

installation verification procedure[–vèrifikéiʃən prəsí:dʒər] **도입 검증 프로시저**

installer[instɔ́:lər] **인스톨러, 설치 프로그램** 하드 디스크에 응용 소프트웨어를 설치하는 데 사용되는 프로그램. 시판되는 소프트웨어의 대부분은 전용 인스톨러가 함께 포함되어 있다. 설치하고 싶은 드라이브나 폴더, 디렉토리를 지정하면 인스톨러가 자동으로 설치해준다.

install on demand [instɔ́:l ɑn dimǽnd] **인스톨 온 디맨드** 마이크로소프트 오피스의 설정 기능 중 하나. 오피스 도입시 미리 모든 기능을 설치하는 것이 아니라, 소프트웨어를 사용하다가 필요할 때 추가로 설치하는 것. 오피스 메뉴 안에 있는 모든 명령이 반드시 동시에 설치되는 것은 아니다. 필요에 따라 프로그램이나 컴포넌트를 설치하여 하드 디스크의 낭비를 줄일 수 있다.

instamatic system[ìnstərmǽtik sístəm] **인스터매틱 시스템** 1961년에 Telergister 사가 개발하여 United Airline 회사에 납품한 것으로, 기억 용량이 큰 컴퓨터와 여러 개의 단말기로 결합된 항공기의 좌석 예약 시스템. 좌석수 및 입수의 가부, 여객 성명, 전화 번호 등을 기록하는 것이다.

instance[ínstəns] *n.* **사례, 인스턴스** 인스턴스는 추상화 개념 또는 클래스 객체, 컴퓨터 프로세스 등과 같은 템플렛이 실제 구현된 것이다. 인스턴스화는 클래스 내의 객체에 대해 특정한 변형을 정의하고 이름을 붙인 다음, 그것을 물리적인 어떤 장소에 위치시키는 등의 작업을 통해, 인스턴스를 만드는 것을 의미한다.

instance descriptor[–diskríptər] **사례 기술자** 훈련 예들을 학습에 이용할 수 있는 형식화 형태를 묘사하는 것.

instance of a problem[–əv ə prάbləm] **문제의 사례** 문제의 매개변수들에 대응되는 인수들의 리스트.

instance transformation[–trænsfərméiʃən] **사례 변환** 그래픽의 기하학적 모델링에서 높은 단계의 마스터 좌표계에 적용되는 물체의 사례를 생성하기 위하여 마스터 좌표계에서 정의된 물체를 보편 좌표계의 출력 프리미티브로 변환하는 것.

instant[ínstənt] *n.* **순간**

instantaneous data transfer rate [ìnstəntéiniəs déitə trænsfə́:r réit] **순간 데이터 전송률** ⇨ data transfer rate

instantaneous storage[–stɔ́:ridʒ] **즉시 기억 장치, 순간 기억 장치** 보통 여러 장소에서 동작 시간을 비교해볼 때 중앙 처리 장치의 수행 속도와 비슷한 접근 시간을 갖는 기억 장치.

instantiation[ìnstəntíəʃən] *n.* **사례화** 미지의 변수에 어떤 알려진 값이 대응되는 것.

instant message service[ínstənt mésidʒ sə́ːrvis] **인스턴트 메시지 서비스** 수신자 쪽에서 전자 우편 프로그램이나 웹 브라우저를 사용하지 않고 발신자가 보낸 메시지가 수신자의 컴퓨터 화면에 즉시 뜨도록 하는 실시간 온라인 의사 소통 서비스. 대표적으로는 AOL의 AIM, 디지토의 소프트 메신저 등이 있다.

instant messaging[–mésidʒing] **인스턴트 메시징** ⇨ IM

instant print[–prínt] **즉시 인쇄** 워드 프로세싱 프로그램이 제공하는 기능 중 하나로, 타자기와 마찬가지로 자판의 한 키를 누르면 그 문자가 그 즉시 인쇄되는 기능.

Institute for Certification of Computer Professionals[ínstitùːt fɔːr sə̀rtifikéiʃən ɔ́v kəmpjúːtər proufé∫ənɑlz] **컴퓨터 자격 인증 협회** 여기에서 부여하는 자격에는 컴퓨터 프로그래밍 자격, 데이터 처리 자격, 시스템 설계 자격 그리고 컴퓨터 설계 자격 등 네 가지의 컴퓨터 처리 관련 자격을 부여하는 협회로 매년 시험이 실시된다.

Institute for New Generation Computer Technology[–njúː dʒenəréiʃən kəmpjúːtər teknɑ́lədʒi(ː)] **ICOT, 신세대 컴퓨터 기술 개발 기구**

Institute of Electrical and Electronics Engineers[–ɔ́v elǽktrikəl ənd ilèktrɑ́niks èndʒiní(ː)rz] **IEEE, 전기 전자 기술자 협회** ⇨ IEEE

Institute of Electrical and Eletronics Engineers 1284 **IEEE 1284** ⇨ IEEE 1284

Institue of Electrical and Eletronics Engineers 1394 **IEEE 1394** ⇨ IEEE 1394

in-stream procedure[ín stríːm prəsíːdʒər] **스트림 내 프로시저** EXEC 문으로 그 이름을 지정하면 작업의 실행중에 몇 번이라도 호출하여 사용할 수 있는데, 입력 스트림 내에 넣어진 작업 제어문의 집합. 어떤 프로시저를 프로시저 라이브러리에 넣기 전에 테스트해두고 싶을 경우가 있다. 이 프로시저를 스트림 내 프로시저로서 사용하면 테스트할 수 있다. 테스트가 끝난 다음은 카드인 채로 보관해두고 사용하고 싶을 때 입력 스트림에 삽입할 수 있다. 스트림 내 프로시저는 EXEC 문으로 참조하면 반복하여 사용할 수 있는 JCL 문의 집합이다.

instructable production system[instrʌ́ktəbl prədʌ́kʃən sístəm] **IPS, 명령식 생성 시스템** IPS는 일련의 실험적 시스템을 형성하여 학습하는 방식을 택하고 있다. 생성 시스템의 기본적인 것과 규칙으로서 프로그램되는 특징들을 만족시키려는 의도가 있으며, 교육적인 명령으로부터 지식을 획득하는 시스템을 형성하기 위해서는 기능적인 요구 사항과 이를 수행하는 방법이 어느 정도 대응되는가에 달려 있다.

instruction[instrʌ́kʃən] *n.* **명령(어)** 프로그램 언어에 대한 의미를 갖는 표현이며, 한 개의 연산을 지정하고 오퍼랜드가 있으면 이를 식별하는 것. 컴퓨터에 연산이나 기타 일정한 동작을 명령하기 위한 것이며, 오퍼레이션 부분, 어드레스 부분, 모디피케이션(modification) 부분으로 구성되어 있다. 명령은 컴퓨터의 제어부에서 분석되고 해독되어 각 기능을 움직이게 한다. 이것을 명령의 실행이라고 한다. (1) 기계에 연산이나 일정한 동작을 명령하는 기계의 한 단계. 명령어에는 동작을 지정하는 코드와 한 개 이상의 어드레스가 포함되는 것이 보통이다. (2) 컴퓨터에 연산이나 일정한 동작을 지시하는 것. 명령은 오퍼레이션 코드와 한 개 이상의 어드레스 지정부로 구성된다. 어드레스 지정부에는 오퍼랜드나 명령어의 기억 장소를 지정하는 데 직접 오퍼랜드로 사용하고 시프트량을 지정하는 데도 사용하는 일이 있다. (3) 명령어는 산술 명령어(arithmetic instruction), 논리 명령어(logical instruction), 입출력 명령어(I/O instruction), 로드 명령어(load instruction) 등의 부류로 구분된다. 명령어는 고정된 길이일 수도 아닐 수도 있다.

instruction address[–ədrés] **명령어 어드레스** 명령이 저장(기억)되어 있는 주기억 장치(main storage) 상의 위치를 표시하는 어드레스(주소).

instruction address register[–rédʒistər] **명령어 어드레스 레지스터** 내용에서 다음 명령의 어드레스를 얻는 레지스터. 즉, 현재 실행중인 명령 다음에 실행될 명령의 주소를 가지고 있는 레지스터. 명령의 주기억 장치 어드레스를 표시하는 레지스터. 레지스터가 지정하는 어드레스에서 명령이 인출되고, 그 명령 실행중 갱신되어 다음에 인출할 명령의 어드레스를 표시한다. ⇨instruction, control unit

instruction address stop[–stɑ́p] **명령 어드레스 정지**

instructional constant[instrʌ́kʃənəl kɑ́nstənt] **명령적 상수, 명령 상수, 명령어형 상수** 의사 명령어(dummy instruction)의 한 형태로 명령어로 수행될 목적이 아니지만 명령어와 같은 형태로 표현된 상수.

instruction area[instrʌ́kʃən ɛ́(ː)riə] **명령어 영역** 실행해야 할 일련의 명령을 기억하기 위하여 할당된 기억 장치의 일부.

instruction bank[–bǽŋk] **명령어 뱅크**

instruction buffer [–bʌ́fər] **명령어 버퍼**

instruction cache[–kǽʃ] **명령 캐시** 기억 장치에서 명령을 가져오는 것은 다음 명령이 캐시 블록을 벗어나거나 다른 블록으로 분기가 일어났을 때 뿐이다. 이렇게 하면 프로그램 전체가 캐시에 들어갈 수 있는 조그만 루프 등의 수행 속도는 크게 향상된다. 보통 캐시는 명령과 데이터에 대해서 공통적으로 사용되는데, 명령 캐시라고 할 때는 데이터 캐시가 별도로 있고 명령 캐시는 명령만을 기억하는 경우를 가리킨다. 명령 예비 추출에서 한 단계 나아가서 수행되는 명령들을 접근 속도가 매우 빠른 캐시 기억 장치에 저장하여 사용하는 기법이며, 중앙 처리 장치(CPU)가 주기억 장치에서 명령어를 불러내는 데 소요되는 시간을 단축시킴으로써 수행 속도를 향상시키려는 하드웨어적 방법의 하나이다. ⇨ cache

instruction character[–kǽrəktər] **명령어 문자**

instruction-check indicator[–tʃék índikèitər] **명령어 검사 표시기** 컴퓨터의 기능 결함, 프로그램 오류 또는 현재 수행중인 명령의 결함 등을 기계 조작원에게 알려주기 위해 자동으로 켜지는 표시 장치.

instruction code[–kóud] **명령어 코드** (1) 사칙연산, 논리 연산, 전송, 자리 이동 같은 구체적인 조작(operation)을 표시한다. (2) 명령어 집행중의 명령을 표시하기 위해서 사용되는 코드. ⇨ computer instruction code, machine code

instruction compatibility[–kəmpæ̀tibílit-i(:)] **명령어 호환성**

instruction complement[–kámpləmənt] **명령어 보수** 각 프로그래머가 사용하는 명령어를 위하여 주어진 여러 개의 명령어.

instruction constant[–kánstənt] **명령어 상수**

instruction control unit[–kəntróul jú:nit] **명령어 제어 장치, 명령어 제어 기구** 각 컴퓨터로 결정된 순번으로 명령을 인출하여 각 명령을 해석하고 그 해석에 따라 산술 논리 연산 기구와 기타 부분에 적합한 신호를 부여하는 기구.

instruction counter[–káuntər] **명령어 계수기** instruction address register와 같은 뜻으로 사용된다. (1) 여러 비트의 레지스터로서 현재의 수행중인 명령어 주소를 저장하고 있고, 기억 장치 주소 레지스터의 입력 자료로 사용된다. (2) 한 번에 기억 장치에 주소를 하나씩 증가시키는 계수 레지스터로서 연속된 기억 장치에 저장되어 있는 프로그램의 수행 순서를 정하기 위해 사용되는데, 이 계수기는 그 내용이 분기 명령에 의해 임의의 주소를 가질 수 있다.

instruction cycle[–sáikl] **명령어 사이클** 중앙 처리 장치(CPU)가 명령을 주기억 장치에서 인출 또는 호출하고, 해독, 실행해가는 연속 절차를 가리킨다. 인스트럭션 사이클은 패치, 간접, 실행 및 인터럽트 사이클의 부사이클로 구성된다. ⇨ 그림 참조

instruction decode[–di:kóud] **명령어 해독** 명령어의 수행을 위하여 명령어를 기억 장치에서 읽어낸 후 명령어의 종류를 판단하는 동작.

instruction decode and control[–ənd kəntróul] **명령어 해독 및 제어** 명령어의 수행을 위해 기억 장치에서 명령어를 읽어내어 해독한 다음 명령어의 종류에 따라 이의 수행에 필요한 부분의 회로에 제어 신호를 가하는 것.

instruction decode cycle[–sáikl] **명령어 해독 사이클**

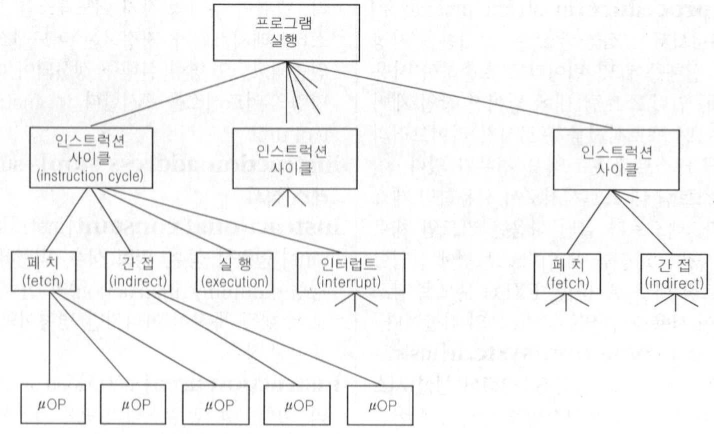

〈프로그램 실행에서 명령어 사이클이 차지하는 위치〉

instruction decoder[-di:kóudər] **명령어 해독기** 명령어 레지스터에 입력되는 신호의 조합(1과 0)에 의해 어떤 명령인가를 해독하는 회로이며, 중앙 처리 장치 내부의 중요 회로이다.

instruction encoding[-inkóudiŋ] **명령어 인코딩** 예를 들어 설명하면, 비트 1은 피연산자가 기억 장치에 있는가 레지스터에 있는가를 나타내는 비트로 이용한다는 식이다. 이러한 인코딩 방식은 명령 코드의 사용할 수 있는 영역을 줄이기는 하지만 그만큼 명령의 해독이 간단해지므로 속도가 빨라진다. 즉, 어떤 컴퓨터의 기계어 명령들을 설계할 때 명령 코드의 각 비트에 의미를 부여하여 만드는 것을 말한다.

instruction execution[-èksəkjú:ʃən] **명령어 실행** 명령어의 연산자 부분에서 지정한 기능을 수행하는 것이며 그 실행 순서는 다음과 같다. ① 명령어를 주기억 장치에서 꺼내와 명령어 레지스터에 넣는다. ② 제어 장치가 명령어를 해석한 후, 가져온 명령어 안에 있는 두 개 주소 내의 데이터를 산술 논리 장치의 레지스터 안에 넣는다. ③ 산술 논리 장치는 주기억 장치에서 가져온 두 개의 수를 연산하여 그 결과를 다른 레지스터에 넣는다. ④ 제어 장치는 그 결과를 다시 레지스터에서 주기억 장치로 옮긴다.

instruction execution cycle[-sáikl] **명령어 수행 사이클** 추출된 명령어를 해독한 후 실제로 그 명령어를 수행하는 시간.

instruction execution rate[-réit] **명령어 수행 속도** 컴퓨터가 기계어 명령들을 얼마만큼 빨리 실행할 수 있느냐 하는 것을 나타내는 수치.

instruction execution time[-táim] **명령어 실행 시간** 일반적으로 명령어 실행 시간은 명령어 자체, 사용된 주소의 형태, 기억 장치에 따라 결정되는 데, 연산 명령어를 기준으로 할 경우 명령어 실행 시간은 기본 시간, 피연산자 판독 시간, 연산 결과 기억 시간의 합이다. 또 기본 시간은 명령어 추출 시간과 해독 시간과 실행 시간의 합이다. 그리고 특별히 언급하지 않는 한 시간 단위는 보통 10^{-6}초(1마이크로초)를 기준으로 하며, 명령어 수행 속도는 MIPS(million instructions per second)로 나타낸다.

instruction fetch[-fétʃ] **명령어 추출** 마이크로컴퓨터에서는 명령을 페치(fetch ; 추출)와 이그제큐션(execution ;실행) 등 두 가지 부분으로 나누고 각각의 명령은 명령 레지스터에 코드된 명령 코드로 시작한다.

instruction fetch cycle[-sáikl] **명령어 추출 사이클** 명령어 제어 장치가 전의 컴퓨터 명령어 실행중 또는 실행 종료 후에 다음에 실행해야 할 컴퓨터 명령어를 기억 장치에서 추출하기 시작하여 끝날 때까지의 동작의 단계.

instruction fetch phase[-féiz] **명령어 추출 단계**

instruction format[-fɔ́:rmæt] **명령어 형식** 명령어 구성 부분을 표시하는 양식. 하나의 명령어 코드에는 적어도 연산의 지정, 오퍼랜드의 어드레스 혹은 오퍼랜드가 포함되어 있다. 이 명령 형식은 각 컴퓨터 고유의 것으로 보통 명령어 매뉴얼(instruction manual) 처음 부분에 설명되어 있는 경우가 많다. 하나의 컴퓨터가 몇 종류의 명령 형식을 가지는 경우도 있다.

instruction length[-léŋkθ] **명령어 길이** 하나의 명령을 표현하거나 기억하는 데 필요한 문자 수나 단어 수. 단어(word)인 경우 대부분은 일정한 길이이다.

instruction mix[-míks] **명령어 혼합, 명령어 혼합 평가** 컴퓨터를 도입할 때 기종 선정에 대한 성능 비교 방법의 한 가지이며, 내부 처리 능력에 가중치를 곱해서 이를 평가하는 방법이다.

instruction modification [-màdifikéiʃən] **명령어 수정** 명령어의 일부를 변경하여 같은 장소에 기억시켜 두고 다음에는 다른 조작을 수행할 수 있도록 하는 것으로, 명령어를 데이터로 간주하고 이것에 적당한 연산을 하여 명령어의 일부분을 변경하고 그 결과를 같은 장소에 기억시킨다.

instruction modifier[-mádifàiər] **명령어 수정자** 명령어를 변경하기 위하여 사용되는 단어 또는 단어의 일부.

instruction operation code[-àpəréiʃən kóud] **명령어 연산 코드** 각 명령어에 대한 하드웨어의 기능을 기억하기 쉽게 하기 위해 연산 기호를 할당하는 코드.

instruction part[-pá:rt] **명령어부**

instruction path[-pá:θ] **명령어 경로** 명령어 수행을 위하여 프로그램 기억 장소로부터 명령어를 추출하는 데 사용되는 전송 버스.

instruction pipeline[-páiplàin] **명령 파이프라인** 실행 사이클과 추출 사이클을 중첩시켜 하나의 명령이 프로세스 내에서 수행되고 있는 동안에 메모리에서 다른 명령을 가져오게 하는 것. 대기 행렬에다 다음에 수행될 명령들을 모아놓고 실행 사이클을 기다린다. 이 명령 파이프라인은 다른 프로세서 사이클을 포함하도록 확장될 수 있는데, 이것은 대기 행렬의 성격을 띤 FIFO 버퍼를 사용해서 구성되며, 실행 사이클에서 메모리를 사용하지 않을 때에는 언제나 프로그램 카운터를 증가시키고

그 주소를 이용해서 메모리를 접근하여 그 내용을 FIFO 버퍼에 저장한다. ⇨ pipeline

instruction pointer[–pɔ́intər] **명령어 포인터** 다음에 수행될 명령어를 가리키는 포인터.

instruction prefetch[–príːfetʃ] **명령어 예비 추출** 이것은 파이프라이닝 기법의 간단한 형태이며, 명령의 해독 및 실행과 예비 추출은 독립적으로 실행된다. 보통 예비 추출되는 명령어는 현재 프로그램 카운터가 가리키고 있는 위치 바로 뒤의 몇 개의 명령어로 프로그램이 분기 없이 그대로 실행되면 이들은 미리 대기 행렬에 들어가 있기 때문에 추출을 위한 기억 장치 접근 시간을 절약할 수 있으며, 컴퓨터의 중앙 처리 장치(CPU)가 앞으로 실행될 명령어를 기억 장치에서 미리 불러내어 CPU 내부의 대기 행렬에 넣어둠으로써 실행 속도를 빠르게 하는 기법. 그러나 분기 명령이 있으면 미리 접근하여 대기 행렬에 들어가 있는 명령어들은 불필요하게 되므로 새로 명령어 추출 과정을 거치게 된다.

instruction processing damage machine check[–prásesiŋ dǽmidʒ məʃíːn tʃék] **명령어 처리 손상 기계 체크**

instruction processing unit[–júːnit] **IPU, 명령어 처리 기구, 명령어 처리 장치**

instruction register[–rédʒistər] **명령어 레지스터** 해독을 위하여 명령어를 보존, 유지하는 레지스터.

instruction repertory[–répərtɔ̀(ː)ri(ː)] **명령어 목록** 계산이나 데이터 처리를 위한 시스템이 실행할 수 있는 명령어들의 집합.

instruction retry[–riːtrái] **명령어 재시행** CPU가 어떤 명령의 실행중 오류를 검출한 경우에 자동으로 그 명령을 조사하고 다시 그 실행을 시도하는 것. 이것은 마이크로프로그램에 의해서 실행되고, 중앙 처리 장치는 명령 재시행에 의해서 오류를 검출하여 회복하는 능력을 갖게 되므로 오류가 발생해도 시스템이 즉시 정지하지 않아 사용 가능도를 증가시킬 수 있다.

instruction sequencing[–síːkwənsiŋ] **명령어 순서화**

instruction set[–sét] **명령 집합** 컴퓨터, 프로그램 언어 또는 프로그래밍 시스템 중의 프로그램 언어에서의 명령어 집합.

instruction set architecture[–áːrkitèktʃər] **명령어 집합 기계** 명령어 집합으로 특정지어지는 추상 기계.

instruction stream[– stríːm] **명령어 스트림** 병렬 컴퓨터를 분류하는 한 가지 방법으로 명령어 스트림과 자료 스트림의 병렬 처리에 의해 나누는 방식이 있으며, 한 프로세서에서 처리하는 일련의 명령어들을 가리킨다.

instruction tape[–téip] **명령어 테이프** 어떤 문제를 풀기 위해 필요한 일련의 명령어를 담고 있는 테이프.

instruction time[–táim] **명령어 시간** 실제 명령어가 실행되는 데 소요되는 시간. 제어 장치가 명령어를 해독하고 지시된 연산을 실행하기 시작할 때까지 소요되는 시간.

instruction timing[–táimiŋ] **명령 타이밍** 마이크로컴퓨터의 CPU 내에서의 명령 조작은 최소 10ns에서 최대 1μs까지의 주기로 수정 클록에 의해 제어된다.

instruction word[–wɔ́ːrd] **명령어** 명령어를 표시하는 단어. 즉, 기계어 연산, 기타 일정 동작을 명령하는 기계의 단어. 명령에는 동작을 지정하는 코드와 하나 이상의 어드레스가 포함되어 있는 것이 보통이다.

instruction word format[–fɔ́ːrmæt] **명령어 형식**

instruction word ROM **명령어 롬** 판독 전용 기억 장치 부분에 기억시킨 명령어. 이 명령어는 2진수로 되어 있으며 동작중에 고칠 수 없고 길이는 마이크로프로세서에 의존한다.

instrument[ínstrumənt] *n.* **계기** 측정 장치, 제어 장치 등의 장비.

instrumental input[ìnstruméntəl ínpùt] **계기 입력** 계측기와 컴퓨터를 직접 연결하여 계측기로부터 측정된 데이터가 사람 등의 매체를 경유하지 않고 직접 컴퓨터로 입력되는 방식. 이때 사용되는 인터페이스 방법은 병렬 인터페이스로는 IEEE-488 방식이, 직렬 인터페이스로는 RS-232C가 사용된다.

instrumentation[ìnstrumentéiʃən] *n.* **계측, 계장**

instrumentation bus[–bʌ́s] **계측기용 버스**

instrumentation error[–érər] **계기 오차** 이러한 계기 오차가 발생하면, 인터럽트가 발생해 계기 오차를 다루는 서브루틴에서 오차 교정 조치를 취하도록 해야 하며, 입력 게이지와 같은 계측 기기로부터 입력을 받아들일 때 측정된 입력 데이터가 한계를 넘는 경우에 대하여 일컫는 말이다.

instrumentation system[–sístəm] **계측 시스템** 공장에서의 프로세스 제어, 공정 관리를 위한 계측 기기와 제어 기기를 유기적으로 결합한 시스템. 특히 최근에는 컴퓨터에 의한 계산 시스템이 사용되고 있다.

instrumentation tool[–túːl] **계측 도구** 프로

그램 코드의 방문 횟수 등 프로그램 수행에 관한 통계 자료를 얻기 위해 특정 프로그램의 전략적인 지점에 카운터나 탐사자(probe) 등을 만들어 삽입시켜 주는 소프트웨어 도구.

in swapping[ín swáipiŋ] **인 스와핑** 프로세스가 보조 기억 장치에서 주기억 장치로 바뀌는 것.

INT 인터럽트 interrupt의 약어.

int 인트 ⇨ integer

INTANZ 뉴질랜드 정보 기술 협회 INformation Technology Association of NewZealand의 약어.

integer[íntədʒər] *n.* **정수(整數)** (1) 일반적으로 「0」과 「양」 및 「음」의 자연수 모두를 가리킨다. 소수 부분과 분수 부위를 갖지 않는 수이다. (2) 컴퓨터 세계에서는 (1) 외에 데이터형과 변수의 형 선언(type declaration)의 선언자(declarator)로도 사용한다. 그 경우는 「int」 등과 생략하여 사용하는 프로그래밍 언어도 있다. 이외에 형(型)의 종류로는 문자형(character type), 부동 소수점형(floating-point type), 배열형 구조체, 공동체, 논리형 등이 있다.

integer arithmetic[–əríθmətik] **정수 연산**

integer BASIC 정수 베이식 일반적인 BASIC에 비해 실수를 계산할 수 없어 능력은 떨어지지만 속도는 빠르다. 또한 실수를 다루는 능력은 없고 정수 연산만을 다룰 수 있는 것. BASIC 언어의 축소판이다. 이것은 초창기에 개인용 컴퓨터에서 사용되었다. ⇨ BASIC

integer boundary[–báundəri(:)] **정수 경계**

integer constant[–kánstənt] **정수형 상수** 프로그램 중에 기술된 정수값으로 소수점 없이 0, 1, …, 8, 9의 숫자를 가리킨다. 표현할 수 있는 정수의 범위는 컴퓨터마다 단어의 길이에 따라 정해진다. 이 범위를 확장하기 위해 두 단어로 하나의 정수를 표시하는 방법도 채용되고 있다. 또한 숫자 앞에 +, −를 붙이기도 하는데, 기호가 없으면 양의 정수로 간주한다.

integer linear programming[–líniər próugræmiŋ] **정수형 선형 계획** 이것은 연립 1차 방정식을 푸는 문제가 되는데, 이 해가 소수가 되는 일이 많다. 그러나 현실 문제로서는 소수의 해는 의미가 없는 경우가 많다. 이에 대하여 해는 반드시 정수이어야 한다는 조건에서의 선형 계획을 정수 선형 계획이라고 한다. 즉, 서로 관련 있는 몇 가지 활동에 대해서 종합적으로 보아 가장 좋은 계획을 세우는 것을 선형 계획이라고 한다.

integer number[–nʌ́mbər] **정수(整數)** ⇨ integer

integer part[–pá:rt] **정수부**

integer programming[– próugræmiŋ] **정수 계획법** 프로그래밍 기법의 하나가 아니라 오퍼레이션즈 리서치(operations research) 분야의 최적 계획법의 하나. 변수의 값이 정수(integer)로 제한된 최적화 문제를 다루는 프로그램을 말한다.

integer representation[–rèprizentéiʃən] **정수 표기** 고정 소수점 표시에서 수를 표기하는 방법의 한 가지이며, 자릿수에서 최하위의 자리 위치에 소수점이 있다고 보는 방법이다. 예를 들면, 2진수 4자리의 수 0101을 정수 표기로는 101로 하는 것이다.

integer type[–táip] **정수형**

integer variable[–vέ(:)riəbl] **정수형 변수** 보통 첫 문자 I, J, K, L, M, N으로 시작되는 6자 이하의 영숫자로 구성되는 정수형 변수.

integral[íntəgrəl] *a.* **적분, 종합적**

integral boundary[–báundəri(:)] **규정 경계** 워드(4바이트)는 4의 정수배의 주소에 있지 않으면 안 된다. 반단어, 단어 및 2배 단어는 규정 경계에 없는 같은 길이의 필드보다도 접근 속도가 빠르다. 이 때문에 어떤 종류의 연산에 사용되는 데이터는 시스템으로서는 세 규정 경계의 어딘가에 경계를 맞추는 것이 바람직하다. 반단어나 2배 단어와 같은 길이가 정해져 있는 필드가 위치하는 주기억 영역 내의 장소로, 규정 경계의 주소는 그 필드 길이의 정수배이다.

integral control action[–kəntróul ǽkʃən] **적분 동작, 적분 제어 동작** 입력의 시간 미분값에 비례하는 크기의 출력을 내는 제어 동작. I 동작이라고도 한다.

integral control in servo system[–ín sə́:rvou sístəm] **서보 시스템의 적분 제어**

integral controller[–kəntróulər] **적분 제어기** 소형 또는 주컴퓨터 안에 내장되어 있는 컴퓨터 통신 장치.

integral equation[–ikwéiʒən] **적분 방정식**

integral part of a number[–pá:rt əv ə nʌ́mbər] **숫자의 정수부**

integral time[–táim] **적분 시간** 동작(비례, 적분 동작의 조합) 또는 PID 동작(비례, 적분, 미분 동작의 조합)에서 스텝 모양의 입력이 가해졌을 경우 비례 동작만에 의한 출력과 적분 동작만에 의한 출력이 같아지기까지 소요되는 시간. 적분 시간의 역수를 리셋률이라고 한다.

integrand[íntəgræ̀nd] *n.* **피적분 함수** 적분 과정에서 계산되어야 하는 수학적 표현이나 함수. 하나의 장치가 두 개의 입력 변수 x와 y를 가지고, y의 x에 관한 적분에 비례하는 하나의 출력 변수 z

를 가질 때 y를 피적분 함수라고 한다.

integrate[íntəgrèit] *v.* **통합하다** 하나로 정리하는 것. 수학에서는 적분하는 것을 나타낸다. 개개가 갖는 기능을 직접 결합하는 것을 목적으로 하며 많은 구성 요소를 설계로부터 테스트, 운용에 이르기까지 각 단계에서 하나의 단위로서 취급되는 상태로 통합하고 하나의 기능 단위를 만드는 것.

integrated[íntəgrèitəd] *a.* **통합된, 집중된, 집적된**

integrated access devices[–ǽkses diváisiz] ⇨ IAD

integrated adapter[–ədǽptər] **통합 어댑터**

integrated channel [–tʃǽnəl] **통합 채널**

integrated circuit[–sə́:rkit] **IC, 집적 회로** 집적 회로는 트랜지스터와 다이오드, 저항 등의 여러 회로 소자를 한 개의 기판 위 또는 기판 내에 일체화시켜 특정한 전자 회로 기능을 실현시킨 것으로 설계에서 제조, 시험, 운용에 이르기까지 하나의 단위로서 취급된다. 제조 기술에서 집적 회로는 반도체 집적 회로와 혼성 집적 회로로 분류된다. 혼성 집적 회로는 수동 소자를 막 기술에 의하여 세라믹 기판 위에 형성하여 반도체 기술로 만든 능동 소자를 그 기판 위에 탑재시켜 만든다. 이 혼성 집적 회로는 아날로그 집적 회로로 사용되는 경우가 많다. 반도체로는 현재 대부분 실리콘이 사용되고 있다. 반도체 집적 회로의 출현은 1947년에 트랜지스터 발명에 따라 이루어졌으며, 1959년에 산화막과 리소그래피(lithography)를 이용한 소자를 한 번에 대량으로 제조할 수 있게 되어 실리콘 플레이너 기술의 개발에 따라 급격한 발전을 이루게 되었다. 반도체 집적 회로는 ① 소형, 경량(輕量)이다. ② 납땜 장소가 없어서 신뢰도가 높다. ③ 소비 전력이 낮다. ④ 대량 생산이 가능하므로 가격이 싸다는 등의 우수한 장점을 가지고 있다. 이들 장점은 집적도를 증대시키면 위력을 발휘하기 때문에 대규모화를 위한 연구가 진행되어 1칩(실리콘 조각)당 100소자 정도 이하의 IC에서 LSI(large scale integration 또는 large scale integrated circuit)에로 20년간 비약적인 발전을 하였다. 현재는 마이크로프로세서로 대표되는 논리 집적 회로와 대용량의 n-MOS 메모리로 대표되는 기억 집적 회로가 대형 컴퓨터와 통신 기기 등의 고성능 장치에서 사무 기기, 시계, 가전 제품, 자동차, 완구 등 산업의 모든 분야에까지 진출하여 기술 혁신을 이루고 있다. 집적 회로는 탑재하는 트랜지스터의 종류에 따라 바이폴러(bipolar) 집적 회로와 MOS 집적 회로, 전자 회로의 종류에 따라 디지털 집적 회로와 아날로그 집적 회로로 분류된다. 집적 규모의 점에서 100소자 이하의 소규모 집적 회로 SSI(small scale integration), 100~1,000소자의 중규모 집적 회로 MSI(medium scale integration), 1,000소자 이상의 대규모 집적 회로 LSI로 정의되고 있다. 최근에는 10만 소자 이상을 탑재한 초 LSI(VLSI)의 연구 실용화가 이루어져 1만 게이트 이상의 논리 회로와 256kbit 이상의 기억 회로를 수 mm의 칩(chip) 속에 수용할 수 있게 되었다. 이와 같은 대규모화는 설계와 제조 기술이 진전된 것에 기인한다. 제조 기술면에서는 결정 성장 기술, 박막 기술 등의 재료 생성 처리 기술, 이온 주입, 확산 기술 등의 불순물 제어 기술, 리소그래피, 에칭 등의 미세 가공 기술 등에 급속한 진보가 이루어졌다. 집적 회로는 양산에 의하여 한 개당 가격이 안정되어 있으므로 다용도로 사용되는 용품을 개발하여 대량 생산하고 있다.

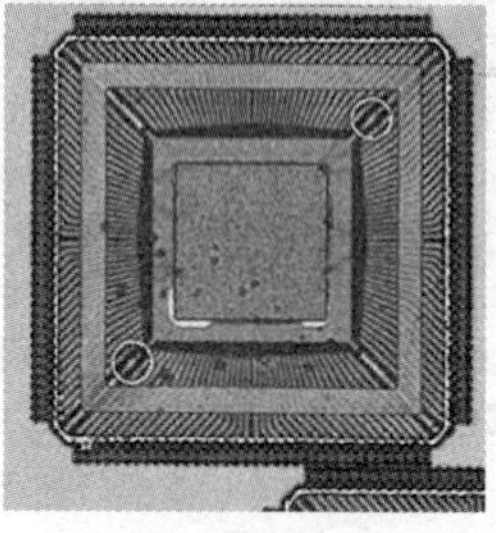

〈직접 회로〉

integrated circuit memory[–méməri(:)] **IC 메모리, 집적 회로 기억 장치** 집적 회로로 구성된 컴퓨터의 기억 장치.

integrated civil engineering system [–sívəl èndʒəníəriŋ sístəm] **통합 토목 공학 시스템** 이 시스템은 많은 문제를 위한 서브시스템의 집합으로 이루어져 있으며, 그 중의 STRUDL(structural design language)은 구조물의 자동 설계 시스템으로 유명하고, MIT의 토목 연구소에서 개발되어 널리 쓰이고 있으며, 토목 · 건축을 비롯한 각종 구조물의 해석을 하는 프로그램의 하나이다.

integrated communication controller [–kəmjù:nikéiʃən kəntróulər] **ICC, 통신 통합 제어 기구**

integrated communication control processor[–kəntróul prásesər] **ICP, 통신 통합 제어 처리 기구**

integrated communication network[–nétwə̀:rk] **통합 통신망**

integrated communications adapter extended[–kəmjù:nikéiʃənz ədǽptər iksténdəd] **ICAE, 통신 통합 어댑터 확장 기구**

integrated communications attachme-

nt[–ətǽtʃmənt] ICA, 통신 통합 접속 기구

integrated computing error[–kəmpjúːtiŋ érər] **종합 연산 오차** 아날로그 컴퓨터에 있어서 각종 연산기 각각에 오차가 있는데, 이 아날로그 컴퓨터 전체로서의 연산 오차를 말한다. 그들 단체의 오차가 아날로그 컴퓨터 전체로서 어떻게 영향을 주는가가 문제이다.

integrated control strategy[–kəntróul strǽtədʒi(ː)] **통합 제어 전략**

integrated control system[–sístəm] **통합 제어 시스템**

integrated critical path analysis[–krítikəl pɑ́ːθ ənǽlisis] ICPA, **통합 한계 경로 해석**

integrated data[–déitə] **통합된 데이터** 통합된 데이터는 서로 관련된 데이터들의 집합을 말하며, 고립된 자료는 유용한 정보를 제공하지 못하는데, 정보는 하나의 사실이 여러 사실과 연관되어 만들어지기 때문이다.

integrated data base[–bèis] **통합 데이터 베이스**

integrated data base management system[–mǽnidʒmənt sístəm] IDMS, **통합 데이터 베이스 관리 시스템**

integrated data dictionary[–díkʃənəri(ː)] **통합 데이터 사전** 기능적으로 데이터 베이스의 접근에 포함되는 자료 사전이다. 자료와 자료를 조작하는 소프트웨어 간의 독립성을 증대시키므로 소프트웨어 유지와 시간을 절감하게 된다. 종합 자료 사전은 요구하는 검사를 자동으로 수행하며, 부적합한 수정 등을 허용하지 않기 때문에 기능적으로 자료 정의를 강화시킨다. 통합되지 않은 사전에 기술된 값의 극한값과 자료 형태는 프로그래머가 응용 프로그램에 종합 검사 부문을 넣어야 한다.

integrated data processing[–prɑ́sesiŋ] IDP, **통합 데이터 처리** 이산된 일련의 연산에 대응되는 말로서 관심 있는 분야에 걸쳐 조직적이고 체계적이며 상호 연관성을 기초로 한 데이터 처리.

integrated data processing system[–sístəm] IDPS, **집중 데이터 처리 시스템**

integrated data store[–stɔ́ːr] **통합 데이터 저장** 1960년대 전반에 당시 GE 사에 있던 C.W. Bach-man이 개발한 것으로, 후에 CODASYL 방식이 이것을 바탕으로 하여 널리 보급되었다. 데이터 베이스 시스템의 개념을 수립한 소프트웨어.

integrated design analysis system[–dizáin ənǽlisis sístəm] IDEAS, **통합 설계 해석 시스템**

integrated development environment [–divéləpmənt invɑ́irənmənt] IDE, **통합 개발 환경** 이것은 주로 퍼스널 컴퓨터용 고급 프로그래밍 언어의 컴파일러에 채용되고 있다. 컴퓨터를 써서 프로그램을 개발하는 과정에서 에디터, 컴파일러, 어셈블러, 링커, 디버거 등의 각 단계가 모두 하나의 프로그램 속에 통합되어 있는 형태. 이것은 프로그램을 에디터로 작성하고 이어서 컴파일러를 불러내어 컴파일하고 링크하여 실행시켜 볼 수 있다. 따라서 에디터를 빠져나와 컴파일을 하고 잘못된 곳이 있으면 다시 에디터를 불러내어 수정하는 등의 반복 작업이 필요 없으므로 생산성을 높이고 개발 기간을 단축시킬 수 있다. 또 이러한 환경에서는 컴파일러 자체가 메뉴 방식으로 구성되어 있어 사용이 간편하고 에디터에서 컴파일러에 대한 도움말까지 이용할 수 있어 매우 편리하다.

integrated diagnostic system[–dɑ̀iəgnɑ́stik sístəm] **통합 진단 시스템**

intergrated digital network[–dídʒitəl nétwə̀ːrk] IDN, **통합 디지털 통신망** 이 통합 디지털망은 통합 정보 통신망(ISDN)의 전 단계로, 이 통신망이 발전하여 통합 정보 통신망으로 발전된 것이다. 기존의 전화 교환망을 디지털화시키고 텔렉스, 데이터 통신망을 상호 접속시켜 음성, 데이터 등 다양한 서비스를 제공할 수 있는 통신망이다.

integrated distributed control[–distríbju(ː)təd kəntróul] **통합 분산 제어**

integrated industrial system[–indʌ́striəl sístəm] IIS, **통합 공업 시스템**

integrated information presentation and control system[–infərméiʃən prèzəntéiʃən ənd kəntróul sístəm] IIPACS, **통합 정보 표현 제어 시스템**

integrated information processing system[–prɑ́sesiŋ sístəm] **통합 정보 처리 시스템**

integrated information system[–sístəm] **통합 정보 시스템**

integrated injection logic[–indʒékʃən lɑ́dʒik] IIL, **집적 주입 논리 회로** 이 논리 회로는 고집적 밀도로 할 수 있고, 전력 지연곱을 작게 할 수 있다는 등의 특징을 갖는 것으로, 미국 필라델피아의 펜실베니아 대학에서 열리는 국제 회의에서 발표된 새로운 개념의 바이폴러 트랜지스터의 논리 회로. 이로써 바이폴러 트랜지스터의 LSI 시대의 막을 열었다.

integrated logistics support system[–loudʒístiks səpɔ́ːrt sístəm] ILS system, **통합 로지스틱스 지원 시스템**

integrated management information system [–mǽnidʒmənt infərméiʃən sístəm] IMIS, 통합 경영 정보 시스템 ⇨ MIS

integrated man-machine system [–mǽn məʃíːn sístəm] 통합 인간 기계 시스템

integrated marine traffic information & control system [–məríːn trǽfik ìnfərméiʃən ənd kəntróul sístəm] 통합 해상 교통 정보 제어 시스템

integrated marketing system [–máːrkətiŋ sístəm] 통합 마케팅 시스템 생산과 소비를 적합하게 하는 것을 목적으로 하고 상품(서비스 포함)을 생산에서 소비에 이르는 흐름을 전체적으로 분석한다. 마케팅을 판매하는 기능만이 아니고 통합된 기업 활동으로 간주함으로써 기업 경영에 있어서 종합적인 관점에서 파악하려는 것.

integrated multidimensional display system [–mʌ́ltidimènʃənəl displéi sístəm] 통합 다차원 표시 시스템

integrated office system [–ɔ́ːfis sístəm] IOS, 통합 오피스 시스템

integrated operating environment [–ápərèitiŋ inváirənmənt] 통합 조작 환경 응용별 소프트웨어에 의하여 가지각색인 인터페이스(interface)를 통일화하기 위한 소프트웨어. 운영 체제(operating system)와 응용 소프트웨어 사이에 들어가 입출력을 제어하는 것.

integrated process control [–práses kəntróul] 통합 프로세스 제어

integrated process model [–mádəl] 통합 프로세스 모델

integrated program allocation [–próugræm æ̀ləkéiʃən] IPA, 통합 프로그램 할당

integrated programming environment [–próugræmiŋ inváirənmənt] 통합 프로그래밍 환경

integrated project support environment [–prádʒekt səpɔ́ːrt inváirənmənt] IPSE, 통합 프로젝트 지원 환경

integrated services digital network [–sə́ːrvisiz dídʒitəl nétwə̀ːrk] ISDN, 통합 정보 통신망

integrated software [–sɔ́(ː)ftwɛ̀ər] 통합 소프트웨어, 통합화 소프트웨어 퍼스널 컴퓨터에서는 표 계산, 작도 등 그다지 데이터량이 많지 않은 것을 처리하며, 손쉽게 이용할 수 있으나 여기서 움직이는 소프트웨어는 인간-기계 인터페이스(man-machine interface)가 좋은 것이 요구된다. 그리고 그러한 소프트웨어에 「통합 소프트웨어」라고 불리는 것이 있다. 그리고 이것을 더욱 진전시켜 하나의 소프트웨어로 여러 가지 가능하도록 한 것을 「통합화 소프트웨어」라 한다. 예를 들면, 문서 중에 넣는 데이터나 그래프 등을 하나의 소프트웨어로 만들 수 있도록 한 것을 들 수 있다. 메모리(memory)의 제한으로 단체(單體)인 소프트웨어에는 당할 수 없으나 데이터나 그래프를 만들기 위해 일부러 별도의 소프트웨어를 작동할 필요는 없다.

integrated software system [–sístəm] 통합 소프트웨어 시스템

integrated storage controls [–stɔ́ːridʒ kəntróulz] ISC, 파일 통합 제어 기구

integrated switching system [–swítʃiŋ sístəm] 복합 교환 시스템 종래의 PBX 등은 아날로그 파형으로서 음성 교환을 하는 것이지만 LSI 기술의 진전에 따라 음성을 디지털 신호로 변환하여 교환하는 기술이 확립되어 왔다. 일반적으로 복합 교환 시스템에서는 음성, 데이터, 화상 정보를 디지털 신호로 교환하는 시스템이며, 컴퓨터와의 결합에 의해 메일 기능 등 각종의 기능이 있다. 앞으로의 OA(office automatic)의 진전에 따라 이와 같은 음성, 데이터, 화상 정보 등 종합적으로 취급하는 복합 교환 시스템의 필요성은 점점 높아지리라 생각된다.

integrated system [–sístəm] 통합 시스템 통합 결정 시스템이라고도 하며 서브시스템의 기능이 서로 밀접하고 전체의 의사 결정으로 될 때까지의 집합체.

integrated terminal [–tə́ːrminəl] 다목적 단말

integrated test [–tést] 통합 검사 소프트웨어나 하드웨어가 모두 정상적이며 시스템 내에 있는 프로그램과 데이터가 정상적인가를 검사하는 것.

integrated transportation system [–trænspɔːrtéiʃən sístəm] 통합 교통 시스템

integrated urban transportation system [–ə́ːrbən træ̀nspɔːrtéiʃən sístəm] 통합 도시 교통 시스템

integrating amplifier, summing integrator [íntəgrèitiŋ ǽmplifàiər, sʌ́miŋ íntəgrèitər] 가산 적분기 아날로그 컴퓨터에서 여러 개의 입력 신호를 각각 상수배한 것의 합의 시간 적분값을 출력 신호로 하는 기능을 가진 연산기.

integrating circuit [–sə́ːrkit] 적분 회로

integrating motor [–móutər] 적분 모터 출력축 회전 속도의 입력 신호에 대한 비율이 일정하도록 설계된 모터. 어느 데이터에 관계하여 그 축이 회전한 각도는 입력 신호를 시간으로 적분한 값에 비례한다.

integration [intəgréiʃən] *n.* 통합, 집적화, 적분

(1) 데이터 베이스 시스템을 개발할 때 기존의 응용 프로그램들을 DBMS에 적합하도록 연결시키거나 데이터 베이스를 운용중에 발생한 새로운 응용을 사용중에 데이터 베이스와 연결시키는 것. (2) 하드웨어나 소프트웨어 요소 또는 두 가지 모두를 전체 시스템에 결합시키는 과정.

integration test[–tést] **통합 시험**

integration testing[–téstiŋ] **통합 시험** 소프트웨어 요소, 하드웨어 요소 또는 이 두 가지 모두를 전체 시스템이 통합될 때까지 결합하고 테스트하는 순서적 진행 과정.

integrator[íntəgrèitər] *n.* **적분기** 출력 함수가 입력 함수를 어떤 변수에 관해 적분한 값에 비례하는 기능을 가진 장치.

integrity[intégriti(ː)] *n.* **무결성, 완전성, 보전성** 정밀성, 정확성, 완전성, 유효성의 의미로 사용되며, 데이터 베이스의 정확성을 보장하는 문제를 의미한다. 예를 들어, 데이터 무결성(data integrity)이라 하면 데이터를 보호하고, 항상 정상인 데이터를 유지하는 것을 말하고, 그 보호를 위하여 여러 가지 연구가 이루어지고 있다. 또 어떤 파일의 갱신을 특정인에게만 인정하는 연구나 만일의 파괴에 대비하여 별도의 매체에 미리 복사(copy)해두는 경우 등을 들 수 있다. 운영 체제는 직접 액세스 기억 장치(DSAD) 상의 파일에 레이블을 붙이는 기능을 갖추고 있다. 이로써 파일의 취급 방법이 잘못되어도 최신 데이터가 파괴되지 않도록 되어 있다.

integrity constraints[–kənstréints] **무결성 제약 조건, 완전성의 제약** 데이터 베이스의 완전성을 높이기 위해서 데이터 베이스 관리 시스템(DBMS ; data base management system)이 체크하는 데이터의 조건. 데이터 베이스에서 인출되는 데이터는 DBMS가 체크하는 일정한 범위 내에서만 바르다. DBMS가 체크의 정도를 강하게 하면 그만큼 데이터의 정확함, 즉 「완전성」은 높아진다. 예를 들면, 도메인 제약 조건, 기본 키 및 외래 키 제약 조건, 함수 종속성과 다치 종속성 및 조인 종속성 등이 있다.

integrity control[–kəntróul] **일관성 제어** 데이터 베이스의 내용을 데이터 값과 항상 일관성을 갖도록 제어하는 것. 개개 데이터의 정확성 확인, 동시 실행 제어, 장애 회복 등의 기능을 포함하는 것이다.

integrity preserving schedule[–prizə́ːrviŋ skédʒul] **무결성 보존 스케줄** 무결성이 유지되도록 트랜잭션을 수행시키는 스케줄. 즉, 병행 트랜잭션을 수행하는 시스템이 트랜잭션을 차례로 수행하는 시스템과 최종 상태의 출력이 같도록 하는 것.

integrity rule[–rúːl] **무결성 규칙** 무결성 규칙은 트리거 조건, 제약 조건, 위반 조치로 구성되며, 그 종류는 도메인 무결성 규칙과 관계 무결성 규칙으로 대별된다. 이것은 데이터 베이스의 무결성을 유지하기 위한 규칙으로 이 규칙을 위배하지 않는 한 데이터 베이스가 무결성이 유지되는 것으로 간주한다.

integrity subsystem[–səbsístəm] **무결성 부속 시스템** 데이터값의 정확성을 보장하기 위해 수행한 갱신이 무효화되지 않게 하는 것과 유효성을 검사하는 부속 시스템.

Intel 인텔 Integrated Electronics의 약어. 마이크로컴퓨터를 가장 먼저 개발한 반도체 회사.

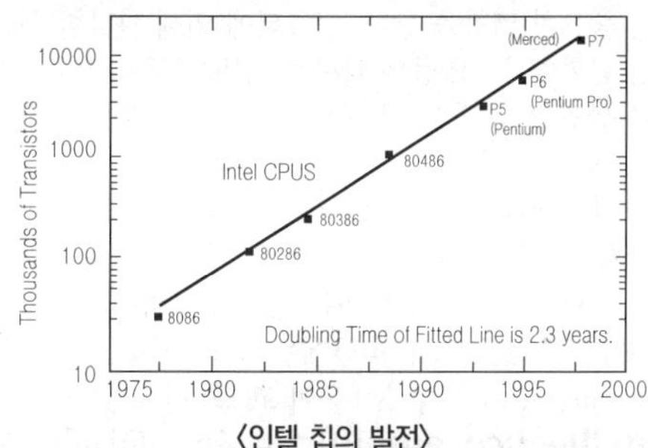

〈인텔 칩의 발전〉

Intel 8086 인텔 8086 인텔 사가 제조, 판매하는 16비트 마이크로프로세서.

Intel 8088 인텔 8088 인텔 사가 제조, 판매하는 16비트 마이크로프로세서. 8086을 약간 변경한 것으로 IBM 사의 IBM-PC에 채용되어 널리 사용된다.

Intel 80286 인텔 80286 인텔 사가 제조, 판매하는 16비트 마이크로프로세서. 8086, 8088과 호환성을 유지하면서 가상 기억 장치 및 다중 작업을 위한 기능을 추가한 것.

Intel 80386 인텔 80386 인텔 사가 제조, 판매하는 32비트 마이크로프로세서. 8086, 80286과 호환성을 갖고 뛰어난 다중 처리 기능과 가상 기억 장치 관리 능력을 가지며, 고성능의 개인용 컴퓨터와 워크스테이션에 사용되고 있다.

Intel 80486 인텔 80486 인텔 사에서 제조, 판매하는 32비트 마이크로프로세서. 80386을 개량하여 명령어 캐시와 부동 소수점 기능을 내장시켰다.

Intel architecture 64 ⇨ IA-64

intellectual property rights[ìntəléktʃuəl prápərti(ː) ráits] **지적 재산권** 소프트웨어에 포함된 알고리즘이나 아이디어 등의 개념과 지식에 대한 권리. 무형 재산권이라고도 불리며 재산권의 일종으로 해석할 수 있다. 지적 활동의 성과가 재산적으로 가치가 있다고 인정된 권리의 총칭으로 산업 소유권과 저작권이 포함된다. ⇨ copyright

intellectual technology[–teknálədʒi(ː)] **지능 공학** 현대의 기업이 치열한 경쟁에서 이기기 위

〈인텔의 80486〉

해 높은 예측 확률이 필요하고 이를 위해 지능 공학은 중요한 역할을 한다. 컴퓨터에 의해 발달한 시스템 공학이나 OR 등의 과학적 기법을 구사하여 사회나 산업 또는 경제라는 큰 기구 중에서 확률성이 높은 계획을 가능하게 하는 공학이다.

intelligence[intélidʒəns] *n.* **지능** 시스템이나 장치, 기기가 반복 수행함으로써 그 능력을 개선하는 능력. 「처리 기능」이라는 정도의 가벼운 의미로도 사용되고 있었으나 최근에는 인공 지능(artificial intelligence)과 같이 내용이 고도화하고 있다.

intelligence amplifier[-ǽmplifàiər] **지능 증폭기**

intelligence data acquisition control system[-déitə ækwizíʃən kəntróul sístəm] **지능 데이터 수집 제어 시스템**

intelligence intensive production[-inténsiv prədʌ́kʃən] **지능 집약형 생산**

intelligence learning[-lə́ːrniŋ] **지능 학습**

intelligence sensor[-sénsɔːr] **지능 센서** 변환 소자나 주변 회로, 마이크로프로세서 등을 1칩 상에 집적한 센서. 스마트 센서(smart sensor)라고도 한다. 변환 기능에 덧붙여 지능 데이터 수집 제어 기능(intelligence data acquisition control system) 등을 갖는다. 시작품으로서 실리콘 다이어프램을 이용하여 입력 센서를 만든 예가 있다. 이에 대하여 사용이 쉽고 소형이며 저가격을 노린 IC 센서가 많이 나타나고 있다.

intelligence terminal[-tə́ːrminəl] **지능 단말기** 마이크로컴퓨터 등을 내장한 단말기로 자체 처리 능력과 입출력 능력을 동시에 보유할 수 있도록 설계되며, 보통 송수신되는 데이터의 체크, 편집, 파일링, 단말기 제어, 통신 제어 및 간단한 연산 등이 가능하다.

intelligent[intélidʒənt] *a.* **지적** 인텔리전트. 내장된 처리 기구에 따라서 부분적 또는 전체적으로 제어되는 장치나 기능 단위에 관한 용어.

intelligent breadboard[-bré(ː)dbɔ̀ːrd] **지능적 브레드판** 콘솔이 마이크로컴퓨터에 직접 접속되어 회로를 하드웨어로 실현되도록 한 뒤 단계적 방법으로 소프트웨어로 변환하도록 되어 있다. 컴퓨터와 브레드판 사이에는 프로그램할 수 있는 입출력을 경유하여 통신하므로 하드웨어와 소프트웨어 간의 손익 상쇄를 할 수 있어서 회로 설계는 광범위하게 검사될 수 있다. 이산 논리, 입출력 접속, 기억 장치 시스템, 마이크로컴퓨터 회로의 개발을 위해서 설계한 장치. 보통 한 개의 완전히 집적된 패키지로 제공한다.

intelligent building[-bíldiŋ] IB, **정보화 빌딩** 고도의 정보 통신 시설을 갖춘 사무용 빌딩을 지칭한다. 에어컨디셔닝 · 조명 · 방재(防災) 등의 자동 제어, 디지털 PBX를 중심으로 하는 랜(LAN) 시스템을 확장할 수 있는 것 등이 특징이다. 미국에서는 smart building이라고도 한다.

intelligent CAI 지능적 컴퓨터 이용 학습 시스템을 구축하는 데 인공 지능 기법을 응용한 시스템.

intelligent campus[-kǽmpəs] **인텔리전트 캠**

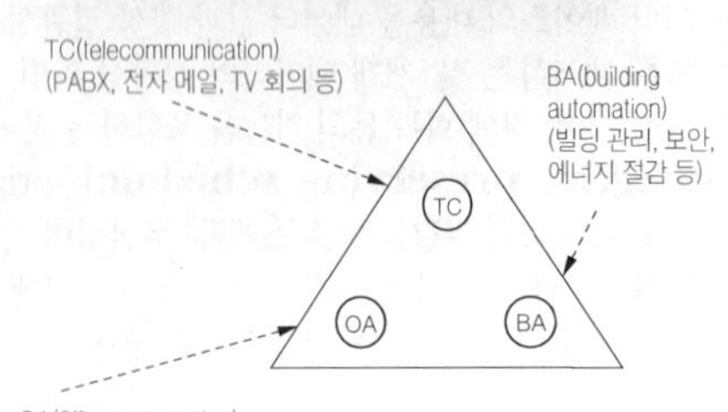

〈정보화 빌딩의 구성 요소〉

퍼스 하이테크 기기와 컴퓨터를 구사한 대학. 교실에는 TV 칠판, 보고서는 전자 우편으로 제출하고 수강하고 싶은 강의는 네트워크를 통해 예약한다. 교수는 강의 전에 컴퓨터 네트워크 상에 수업에 필요한 교재 등을 놓고, 학생은 네트워크망에 접근하여 교재를 예습하고 수업을 받는 형태의 대학.

intelligent controller[−kəntróulər] **지능 제어기** 마이크로프로세서에 의한 인텔리전트 터미널의 제어 장치나 기기.

intelligent copier[−kάpiər] **지능 복사기** 보통 복사기에 팩시밀리 기능과 컴퓨터 입출력 단말기로서의 기능을 합친 미래의 사무 자동화 기기.

intelligent CRT terminal **지능 음극선관 단말기** 완전한 지능적 단말기는 프로그램을 할 수 있는 입출력 장치를 가지고 있으며, 주컴퓨터에 입력 장치 부분을 담당하기보다는 데이터 수집, 조작 기능 등을 가지고 있다. 표 찾기, 문자 조사, 데이터 확장, 입력되는 데이터의 기억 같은 비교적 복잡한 편집 기능을 가지고 있다. 소형 컴퓨터보다는 강력하지 않지만 기능적으로는 거의 같은 CRT 단말기이다.

intelligent floppy disk controller[−flάpi(:) dísk kəntróulər] **지능 플로피 디스크 제어기** 일반적으로 지능 플로피 디스크 제어기는 디스켓에 파일 구성과 자동적인 공간 할당을 수행할 수 있는 파일 경영 체제를 갖추고 있다. 또한 완전한 편집 기능과 입출력 버퍼 제어 기능을 수행할 수도 있으며, 파일 접근 방식으로는 순차적, 임의적, 직접적인 접근이 가능하다. 또한 가벼운 오류에 대한 반복 수행 및 자동 수정도 가능하다. 지능 플로피 디스크 제어기는 그 자체에 마이크로컴퓨터에서 수행할 수 있는 소프트웨어 기능을 갖추고 있다. 이러한 기능은 제어기 회로에 마이크로프로세서를 부착함으로써 가능해진다.

intelligent input/output[−ínpùt άutpùt] ⇨ I2O

intelligent interface[−íntərfèis] **지적 대화** 유연한 대화 기능(자연 언어나 음성, 도형, 화상을 포함)을 실현하고, 인간과 컴퓨터 간의 사용 언어의 차이에 따르는 갭의 해소를 지향하여 사용자의 사고를 지원하고 추진하는 시스템. 제5세대 컴퓨터 시스템의 중심이 되는 기초 소프트웨어 시스템의 한 모듈(대화 기능).

intelligent knowledge-based system[−nάlidʒ béist sístəm] **IKBS, 지능 지식 베이스 시스템**

intelligent language[−lǽŋgwidʒ] **지능 언어** 프로그래머 또는 사용자의 요구에 따라서 프로그램 개발 환경이 바뀌거나 또는 사용자가 프로그램을 작성할 때의 여러 가지 습관으로부터 배우는 고도의 프로그램 언어.

intelligent multiplexer[−mʌ̀ltipléksər] **지능 멀티플렉서, 지능 다중화 기기** 실제로 보낼 데이터가 있는 단말에만 마이크로프로세서를 채용하여 동적인 방식으로 각 서브채널에 시간폭을 할당하는 방식의 시분할 다중화 기기. 이 기기의 장점은 종래의 동기식 시분할 다중화 기기에서 실제 전송할 데이터가 없는 서브채널에 무의미하게 할당되었던 시간폭을 실제 데이터가 있는 단말에 할당함으로써 전송 효율을 높일 수 있다는 점이다.

intelligent network[−nétwə̀:rk] **지능 통신망** ⇨ IN

intelligent programming[−próugræmiŋ] **지적 프로그래밍** 주어진 문제를 자동으로 효율적인 컴퓨터 프로그램으로 변환하는 기능.

intelligent robot[−róubət] **지능 로봇** 센서에 의한 시각이나 촉각을 갖추고 그 정보를 기초로 하여 판단을 하고 동작 결정할 수 있는 로봇. 제1세대의 로봇은 1970년대 이전의 로봇이며, 반복 작업을 하는 로봇이다. 제2세대의 로봇은 1980년대의 로봇이며, 지능 로봇이란 학습 기능이나 추론 기능 등을 가진 로봇을 말하며, 제3세대의 로봇이라 불린다. 인간의 수족 기능뿐만 아니라 인간의 감각(시각, 청각, 촉각, 힘의 감각 등) 기능을 센서로 수행하는 센서 로봇의 세대이다. 이에 이어지는 것이 인간의 지능 기능까지도 수행하는 제3세대 로봇이며 1990년대에 실용화될 것이라고 한다.

intelligent task[−tά:sk] **지능 태스크**

intelligent TDM **지능 시분할 다중화, 고성능 시분할 다중화** intelligent time division multiplexing의 약어.

intelligent telephone[−téləfòun] **지능 전화기** 원터치의 버튼 조작으로 전자식 교환기의 다양한 기능을 간단하게 이용할 수 있는 전화기. 이것은 전화기 내부에 마이크로프로세서나 기억 장치를 내장하고 있어 종래에는 불가능했거나 사용이 불편했던 각종 전화 서비스를 손쉽게 이용할 수 있다.

intelligent terminal[−tə́:rminəl] **지능 단말기** 이 단말은 어느 정도의 데이터 처리가 가능하기 때문에 센터와의 효율적 기능 분담이 꾀해지며, 센터의 부하를 경감할 수 있으며, 입출력 제어, 통신 제어 등에 융통성이 있어서 단말의 확장 · 변경이 용이하게 된다는 등의 특징을 가진다. (1) 단말 장치의 제어를 위해 미니컴퓨터나 마이크로컴퓨터를 사용하고 단지 입출력이나 통신 제어를 하는 것뿐만 아니라 중앙 컴퓨터에 있는 기능을 분담시키도록 한 단말 장치를 말하는데, 예를 들면 입출력 포맷 정정, 구문 체크, 버퍼링이나 폴링(polling), 편집, 입력 전처리 등의 기능을 행하는 지능을 가진 단말 장치이다. (2) 단말 장치에 마이크로프로세서와 그 주변 기기로서 보조 기억 장치나 아날로그 디지털 계측기 등을 짜넣어서 보통 키보드를 중심으로 한 커맨드, 데이터, 프로그램 송수신 외에 단말 장치와 컴퓨터 본체 상호간의 파일 내용 전송, 도형 화상의 표시, 측정 데이터의 직접 입력 등을 행하도록 한 것. 마이크로컴퓨터를 지능 단말로 이용한 경우도 많다. 입력 데이터의 체크, 출력 데이터의 편집 등 데이터 처리 기능을 가진 프로그램 제어 단말을 총칭하여 말한다.

intelligent terminal application[–æplikéiʃən] **지능 단말 장치 응용** 이러한 지능 단말 장치는 기억 장치와 사용자에게 유용한 프로그램을 내장하기 때문에 자체적으로 자료 처리 능력을 보유하고 있으며, LSI 기술의 향상은 지능 단말 장치의 능력을 증가시키고 이에 따라 집중 처리와 온라인 처리를 통한 데이터 베이스의 이용을 편리하게 한다. 이와 같은 단말 장치의 응용으로는 POS(point of sale) 단말기, 은행의 고객 거래 단말기 등이 있다.

intelligent time division multiplexing [–táim divíʒən mʌ́ltiplèksiŋ] **ITDM, 지능 시분할 다중화, 고성능 시분할 다중화** 이 원리는 종래의 시분할 다중 장치(TDM)가 실제로 데이터를 송출하고 있지 않은 채널(단말)에 대해서도 시간(타임 슬롯 ; time slot)을 고정적으로 할당하고 있었는 데 대해 ITDM에서는 회선의 사용 효율을 향상시키기 위해 데이터를 송출하고 있는 채널의 데이터에만 타임 슬롯을 할당하여 다중화하는 방식을 쓰고 있다. 즉, 겉보기로 저속 회전 속도의 합계를 고속 회선 속도보다 크게 할 수 있는 시분할 다중 장치(TDM)로, 회선을 유효하게 이용하기 위한 장치의 하나이다. 그렇기 때문에 트래픽의 통계적 특성에 의존하여 다중 효율이 정해짐으로써 수용 설계상의 배려가 필요하게 되어 대부분의 장치가 회선의 오류 상황, 장치 내 버퍼의 사용 상황, 트래픽 상황 등 보수 운용을 위한 기능을 갖는다. 그래서 statistical TDM (STDM)이라고도 불린다.

intelligent transport system[–trænspɔ́ːrt sístəm] **고도의 도로 교통 시스템** ⇨ ITS

intelligent voice terminal[–vɔ́is tə́ːrminəl] **지능 음성 단말기** 사람 음성에 의해 조작되는 단말기를 의미하며, 대부분의 경우 자체 처리 능력이 있어서 사용자가 단말 장치 내에 프로그램을 할 수 있다.

intelligent workstation[–wə́ːrkstèiʃən] **지능 워크스테이션** 스스로 프로그램을 실행할 수 있고, 다른 컴퓨터와 통신할 수 있으며 협동할 수 있는 시스템. 지능 워크스테이션은 일종의 단말 장치를 상업용 컴퓨터로 수행하는 기본적인 기능을 모두 수행할 수 있고 그 자체를 소규모의 완전한 상업용 컴퓨터로 활용할 수 있다.

intelligibility crosstalk[intèlidʒibíliti(ː) krɔ́(ː)stɔ̀ːk] **양해성 누화** ⇨ crosstalk

IntelliMouse 인텔리마우스 마이크로소프트 사에서 발매한 것으로, 좌우 버튼 사이에 호일이라는 회전판을 삽입한 마우스. 이 호일은 스크롤이나 줌 등의 기능을 제공한다.

INTELSAT 국제 전기 통신 위성 기구 International Telecommunications Satellite Organization의 약어. 상업 통신 위성을 쏘아올리고, 운용 관리를 행하는 국제 기관으로 1964년에 발족. 가맹 110국, 1965년에 세계 최초의 상업 통신 위성 「인털샛 1호」를 쏘아올렸다. 전세계를 도는 위성 통신 네트워크를 구축하고 있다. 국제 공중 회선과 TV 전송 채널을 제공하고 있으며, 1984년 2월부터는 북대서양 지역에서 디지털 통신 서비스(IBS)를 제공하고 있다.

Intel Scientific Computers 인텔 사이언티픽 컴퓨터즈 iPSC와 여기에 벡터 프로세서를 부과한 미니 수퍼컴퓨터 iPSC-VX 등의 제품을 생산하는 반도체 메이커인 인텔 사의 자회사.

intension[inténʃən] *n.* **내포** 릴레이션 스킴은 릴레이션 이름과 속성 이름을 포함해서 릴레이션의 구조에 대해 기술하는 것이고, 무결정 제약 조건은 키 제약 조건, 참조 제약 조건 등과 같이 릴레이션의 투플들이 그 의미상으로 준수해야 될 조건들을 말한다. 즉, 내포는 릴레이션 스킴과 무결성 제약 조건들로 구성된다. 따라서 내포는 시간에 무관한 정적 성질을 갖는 릴레이션의 영구 부분을 의미한다.

intensional data base[inténʃənəl déitə béis] **내포 데이터 베이스** 변수를 가지고 있는 단위절을 적어도 한 개 포함하는 절이나 적어도 하나의 양의 리터럴과 하나 이상의 음의 리터럴로 구성된 절로 이루어진 연역 데이터 베이스의 한 부분.

intensity[inténsiti(ː)] *n.* **강도, 휘도** 문자를 광학적으로 판독하기 위해 종이 위에 인쇄한 문자들의 검은 정도 또는 색의 강도.

intensity control[–kəntróul] **휘도 조정** 제어 그리드의 전압이 음으로 커지면 적은 양의 전자가 화면에 도달하고 화면의 인광 출력에 따라 빛의 세기가 조절되는데, CRT 화면의 빛의 세기는 CRT 내의 제어 그리드 전압의 크기에 따라 결정된다.

intensity depth cueing[−dépθ kjú:iŋ] **강도에 의한 깊이 표시** 멀리 있는 물체보다 가까이에 있는 물체의 빛의 세기를 크게 하는 기법으로, 표상 처리 장치가 화상의 길이(Z좌표값)에 관한 정보에 따라 세기를 조절한다. 벡터 표상 장치에서는 처음과 끝의 Z축 좌표값에 따라 세기를 지정하고, 래스터 표상 장치에서는 선 주사 변환 알고리즘에 따라 수행한다. 즉, 3차원 그래픽에서 물체의 깊이를 화상의 빛의 정도에 따라 조절함으로써 사용자에게 효과적인 화상을 제공하는 기법이다.

intensity modulation[−mɑ̀dʒuléiʃən] **강도 변조** 브라운관의 형광면에 나타나는 스폿의 밝기를 제어 그리드나 캐소드에 신호 전압을 가함으로써 변환시키는 것.

intent exclusive lock[intént iksklú:siv lɑ́k] **배타 의도 로크** 병행 제어의 의도 로크 중의 하나로, IS 로크에 트랜잭션 T가 기본 세트 B에 있는 각각의 레코드들을 갱신할 수도 있고, 또 이들 레코드에 X 로크를 지정할 수 있도록 기능을 추가한 로크.

intent lock[−lɑ́k] **의도 로크** 병행 제어에서 S 로크, X 로크, IS 로크, IX 로크, SIX 로크 중에서 적당한 접근 레벨을 획득하는 로크.

intent shared lock[−ʃέərd lɑ́k] **의도 공유 로크** 어떤 트랜잭션 T가 기본 세트 B에 있는 각각의 레코드들이 처리되는 동안에 안정 상태로 보장받기 위하여 S 로크를 지정하고자 하는 로크. 병행 제어의 의도 로크 중의 하나이다.

interact[ìntərǽkt] *v*. **대화하다** 복수 개가 서로 작용하여 영향을 미치는 것 또는 서로 대화를 하라는 의미도 있다. 컴퓨터와 사용자(user), 컴퓨터와 주변 기기(peripheral). 또 컴퓨터끼리 서로 대화 형식으로 데이터를 주고받거나 통신하는 것을 나타낸다. 예를 들면, 시분할 시스템(TSS)에서는 복수의 사용자가 동시에 시스템에 대해 태스크의 처리를 요구할 수 있다. 각 사용자는 단말기(terminal) 상의 키보드에서 여러 가지 태스크의 처리 요구를 입력하고 시스템은 그들에 대한 처리 결과나 충고, 에러 등을 단말기의 CRT 디스플레이 등을 통하여 표시한다. 또한 사용자(user)는 시스템으로부터의 표시에 주의하면서 프로그램의 디버그(debug)를 행하거나 컴파일(compile)한다고 하는 새로운 태스크의 요구를 나타낸다. 사용자와 컴퓨터는 이렇게 대화 형식을 취하면서 사용자의 목적을 컴퓨터로 달성시킬 수 있다. 이때 시스템은 시분할에서 각 오퍼레이팅의 태스크를 처리하므로 각각의 오퍼레이터는 자신만이 시스템을 사용하고 있는 듯한 감각을 가짐으로써, 시스템을 액세스할 때 한층 시스템과 대화를 하고 있는 듯한 느낌이 든다.

interacting goals[ìntərǽktiŋ góulz] **목적 상호작용** 서로의 목적 요소들이 서로 해결되지 못하게 방해하는 것. 다시 말하면, 역방향 생성 시스템에서 같은 목적 요소에서 여러 가지 부목적 상태로의 해결 방안이 중첩되는 것을 피하기 위해서 목적 요소를 분리하여 각각을 해결하게 하고, 분리된 임의의 목적 요소를 해결하면 다른 목적 요소의 해결을 어렵게 만들어서 이미 해결된 목적 요소가 필요없게 된다는 것이다.

interaction[ìntərǽkʃən] *n*. **대화, 인터랙션** 상호적인 영향, 작용, 컴퓨터 시스템과 그 이용자의 수수(授受)도 포함된다. 온라인 시스템이나 시분할 시스템에서 하나의 거래 또는 조회를 단말에 투입하여 중앙의 컴퓨터에서 처리 결과를 받을 때까지의 과정. 사용자의 컴퓨터에 대한 입력은 단말(terminal)로부터 이루어진다. 이 입력에 대하여 컴퓨터는 처리를 행하며, 필요하면 단말기에 프린트 아웃이나 CRT 디스플레이로의 표시, 자기 디스크로의 기록이란 형식으로 결과(result)를 되돌린다. 이때, 이 결과를 되돌리는 다바이스는 이용자가 임의로 정의할 수 있으나 대개는 CRT 디스플레이의 표시이다. 이와 같이 대화형으로 컴퓨터 시스템에 대하여 입력이 가능한 경우 이용자는 실시간(real time)으로 실행 결과를 알 수 있다. 이것으로부터 일괄 처리 방식(batch process system)에 비하여 효율적으로 프로그램의 제작, 디버그(debug)를 행할 수 있다. 그러나 동시에 컴퓨터 시스템을 이용하는 사람이 증가하면 시분할 처리(time division process)로는 다음의 입력이 가능하게 될 때까지 대화 시간이 길어져서 이용자에게 불쾌감을 준다. 또 컴퓨터 시스템에 큰 태스크가 입력되어 이 처리들을 행하고 있을 때도 대화 시간이 길어진다. 따라서 용도에 따라 가장 대화 시간이 짧게 되도록 시스템을 결정해야 한다.

interaction time[−tάim] **대화 시간**

interactive[ìntərǽktiv] *a*. **대화식** 「서로 작용하는」 어떤 것을 표시하는 것이며, 컴퓨터 용어로서는 흔히 「대화형」, 「대화식」이라고 번역된다. 인간과 컴퓨터가 점진적으로 상호간에 주고받으면서 하나의 일을 해나가는 방식이다. 예를 들면, 좌석 예약 시스템(seat reservation system)에서는 이용자인 손님이 창구에 와서 "요구"나 "조건"을 데이터로서 단말 장치(terminal)에 입력하면 기다리고 있는 사이에 그 데이터가 중앙의 컴퓨터로 통신 회선을 경유하여 보내지며 즉시 처리되어 적절한 해답이 되돌아오도록 되어 있다. 또한 interactive는 회화형(conversational)과 같은 뜻으로 사용되는 경우가 있다.

interactive application facility[–æplikéiʃən fəsíliti(:)] **대화식 응용 설비** 투플의 삽입, 갱신, 검색 등을 위해 사용되며, 독립적으로 사용되는 ORACLE의 시스템 구동형 인터페이스로, 빈칸을 채우는 형식으로 구성되어 있다.

interactive bibliographic search[–bìbliəgrǽfik sə́ːrtʃ] **대화형 문헌 목록 탐색**

interactive cinema[–sínəmə] **인터랙티브 시네마** 영화와 같은 게임이라고 할 수 있다. 인터랙티브 뮤비, 디지털 코믹이라고도 한다. 게임 소프트웨어의 일종으로 연출 효과를 중시하고, 사용자와의 대화에 의해 진행하는 것으로, 줄거리를 더듬어 가면서 도중에 선택지를 선택할 수 있는 것도 있다. ⇨ infortainment

interactive communication technology[–kəmjùːnikéiʃən teknálədʒi(:)] **대화형 통신 기술**

interactive compiler[–kəmpáilər] **대화식 컴파일러** 인크리멘털 컴파일러, 온라인 컴파일러, 대화형 컴파일러와 같은 의미이다.

interactive computer-aided design[–kəmpjúːtər éidid dizáin] **대화형 컴퓨터 이용 설계** ⇨ CAD

interactive computer graphics[–grǽfiks] **대화형 컴퓨터 그래픽스** ⇨ CG

interactive computer simulation[–sìmjuléiʃən] **대화형 컴퓨터 시뮬레이션** ⇨ simulation

interactive computing system[–kəmpjúːtiŋ sístəm] **대화식 계산 시스템, 대화식 처리 시스템** 독립된 복수의 각 이용자가 자기 혼자서 한 대의 컴퓨터를 점유 사용하고 있는 것과 같은 기분으로 시스템과 대화하면서 일을 추진할 수 있으므로 이용자 주도의 컴퓨터 활용에는 불가결한 이용 형태이고 단말 장치를 통하여 인간과 컴퓨터가 대화를 하면서 프로그램의 개발이나 문제의 해결 등을 진행하는 온라인 시스템이다. 대화하는 동안 사용상의 설명이나 조언을 얻을 수 있으므로 컴퓨터에 관한 전문적인 지식이 없더라도 손쉽게 사용할 수 있고, 일하는 동안 사고의 중단이 생기는 일도 없으므로 능률적인 작업을 할 수 있다. 시분할 시스템의 하나이다.

interactive control[–kəntróul] **대화형 제어**

interactive data base[–déitə béis] **대화형 데이터 베이스** LISP나 APL 같은 대화형 언어의 데이터 추상화 기법을 단말기 사용자가 사용하는 질의어로 도입하여 사용하고자 하는 데이터 베이스.

Interactive Data Corp.[–kɔ̀ːrpəréiʃən] **IDC, IDC 사** ⇨ IDC

interactive data entry[–éntri(:)] **회화식 데이터 입력, 대화형 데이터 입력**

interactive debugging[–diːbʌ́(:)giŋ] **대화형 오류 수정** 대화형 오류 수정을 위해서는 영상 장치와 타자용 키보드를 필요로 하는데, 대화형 오류 수정 프로그램은 순간적으로 전 화면에 16진법으로 나타낸 기억 장치의 내용을 모두 나타내준다. 이때, 사용되는 명령어에는 표시, 기억, 수행, 기억 내용 변경, 전시 중단점의 설정 혹은 제거 등이 있다.

interactive graphics[–grǽfiks] **대화형 도형 처리, 대화형 그래픽스** 컴퓨터에 의한 도형 처리에서 대화 형식으로 표시 장치를 사용하는 기법. 사용자가 키보드, 조이스틱, 마우스 등의 대화형 입력 장치를 이용하여 영상 화면의 내용 · 형태 · 크기 · 색 등을 동적으로 제어하는 시스템을 말한다. 수동 그래픽스(passive graphics)와 대비된다.

interactive graphics and retrieval system[–ənd ritríːvəl sístəm] **INGRES, 대화식 그래픽 검색 시스템** PDP-11 시리즈의 유닉스 조작 시스템에서 C 언어에 의해 작성되었다. 데이터 준언어 QUEL을 갖는다. 후에 RTI 사에서 상용화되었으며, 1973년부터 수 년에 걸쳐 캘리포니아 대학의 버클레이교에서 M. Stonebraker 등의 지도 하에 연구 개발된 관계 데이터 베이스 시스템이다.

interactive graphics system[–sístəm] **대화식 그래픽 시스템** 사용자의 입장에서는 언어 대화형 시스템으로서 명령어를 입력하면 그래픽 시스템이 그에 대응하는 출력을 즉시 보여준다. 현재 작동하고 있는 그래픽 프로그램과 직접 데이터를 주고받을 수 있기 때문에 사용자가 현재의 그래픽 시스템 환경과 조건을 변형시킬 수 있는 방법이다.

interactive guidance system[–gáidəns sístəm] **대화형 유도 시스템**

interactive image processing system[–ímidʒ prásesiŋ sístəm] **대화형 영상 처리 시스템**

interactive information and retrieval system[–infərméiʃən ənd ritríːvəl sístəm] **대화형 정보 검색 시스템**

interactive information system **대화형 정보 시스템**

interactive language[–lǽŋgwidʒ] **대화형 언어** PL, LISP 등의 언어로, 프로그램 실행중에 프로그래머가 단말기에서 프로그램의 교체나 수정이 가능하도록 설계된 언어.

interactive literature-searching system[–lítərətʃər sə́ːrtʃiŋ sístəm] **대화형 문헌 탐색 시스템**

interactive man-computer system[–mǽn kəmpjúːtər sístəm] **대화형 인간–컴퓨터 시**

스템

interactive man-machine interface[-məʃíːn íntərfèis] **대화형 인간-기계 인터페이스**

interactive mode[-móud] **대화 방식, 대화 모드, 대화형** 컴퓨터 시스템 조작 형태의 하나이며, 이용자와 시스템과의 사이에 서로 교환되는 투입 및 응답이 양자간의 대화와 같은 수단으로 이루어지도록 한 것. 단말 장치와 컴퓨터를 통신선에 연결하여 데이터를 송수신할 경우 단말과 컴퓨터측이 인간이 말을 하는 것처럼 교대로 송신을 반복하는 회화적인 데이터 송신 방법이다. 당연히 한쪽이 송신의 권리를 포기하기까지 상대측에서는 송신할 수는 없다. 단말기와 중앙 컴퓨터 간의 통신 형태. ⇨ conversational mode

Interactive Multimedia Association[-mʌ̀ltimíːdiə əsouʃiéiʃən] **대화형 멀티미디어 협회** ⇨ IMA

interactive processing[-prάsesiŋ] **대화형 처리, 상호작용 처리** 사용자 작업을 일괄 처리하는 방식에 대하여 사용자와 컴퓨터가 대화하는 형태로 처리하는 방식. 즉, 컴퓨터와 관련된 일정한 작업 사이에 지속적인 상호작용이 발생하여 사람이 자유롭게 자신의 생각과 판단을 실행할 수 있도록 하는 처리를 의미한다.

interactive processor[-prάsesər] **대화형 프로세서**

interactive program[-próugræm] **대화식 프로그램** 프로그램의 실행중 사용자가 단말기에서 기계와 서로 대화하면서 쓸 수 있도록 작성된 프로그램.

interactive query[-kwí(ː)ri(ː)] **대화식 질의** 사용자의 요구에 대응하여 특정 데이터 레코드를 즉시 출력시키는 작동.

interactive session[-séʃən] **대화형 세션** 사용자가 수시로 컴퓨터 처리에 개입하여 제어할 수 있는 형식의 처리 세션.

interactive simulator[-símjulèitər] **대화형 시뮬레이터** 원하는 대상을 모델화하고, 모의 실험 작업을 컴퓨터에 접속되어 있는 디스플레이를 보면서 컴퓨터와 대화 형식으로 진행하는 시스템.

interactive system[-sístəm] **대화식 체계** 질의 시스템에서 각각의 질문에 대한 응답을 도출하는 것과 같은 응용에 필요한 시스템.

interactive television[-téləviʒən] **양방향 텔레비전** 발신 기능을 갖춘 TV 수상기. 지금까지 TV라 하면 송신측인 방송국이 수신측인 시청자에게 일방적으로 정보를 보내는 형식이었으나, 현재는 첨단 통신 기술을 이용하여 시청자의 요구로 TV 프로그램을 보내기도 하고, 온라인 쇼핑 등의 편의를 제공하기도 한다.

interactive terminal[-tə́ːrminəl] **대화형 단말 장치** 대화형 처리를 목적으로 설계된 디스플레이, 키보드, 프린터를 갖춘 단말 장치.

interactive terminal facility[-fəsíliti:] **ITF, 대화식 단말**

interactive terminal processing[-prάsesiŋ] **대화식 단말 장치 처리** 여러 사용자와의 대화식 응용 프로그램. 대화식 파일 편집, 원격 작업 입력, 작업 상태 검색 등의 처리 장치로서 중앙의 시스템과 멀리 또는 가까이에 있는 단말 장치 사이의 대화식 통신을 제공해준다.

interactive time-sharing[-tάim ʃέəriŋ] **대화형 시분할** 사용자의 입력과 컴퓨터의 출력이 대화식으로 진행되어 컴퓨터 사용을 최대로 높이기 위한 방법.

interactive utility[-ju(ː)tíliti(ː)] **대화식 유틸리티** 기억 장치, 레지스터의 적재와 천공, 디스플레이 및 변경 트랩, 단계별 실행, 한 값을 가지고 있는 메모리 탐색, 메모리에 값을 넣기, 16진 가감산, 프로그램 재배치, 메모리 블록의 디스플레이 등의 기능을 수행하는 대화형 루틴들.

interactive video disk system[-vídiòu dísk sístəm] **대화식 비디오 디스크 시스템**

interblock[íntərblὰk] *n.* **블록 사이, 인터블록** 시스템 간의 상호 간섭을 방지하는 기능 단위. 예를 들면 다중 프로그래밍에서 어떤 프로그램에 할당된 기억 영역이 파괴되는 것을 방지하는 것을 가리킨다.

interblock gap[-gǽp] **IBG, 블록 간 갭** 자기 테이프 상의 블록(block)과 블록 사이의 데이터가 기록되지 않는 부분. 복수 레코드로부터 형성되는 블록이나 단일 레코드로 형성되는 블록도 자기 테이프 상에서는 블록 간격(gap)으로 구분된다. 이 갭은 어떤 길이를 가지며, 아무 것도 기록되어 있지 않다. 기록 조작시에는 각 레코드 블록의 끝에 자동으로 갭이 생성된다. 판독 조작시에는 갭의 다음에 읽어들인 문자에서 그 다음의 갭이 될 때까지 연속하여 하나의 블록을 판독한다.

interblock space[-spéis] **블록 공간** 한 블록이 하나의 레코드로 구성되어 있는 파일에서는 레코드 간격이라고도 하는 자기 테이프에서 정보가 기억된 블록 사이에 있는 전혀 기록되지 않은 부분.

intercalate[intə́ːrkəlèit] *v.* **삽입하다** 카드, 목록 등에 레코드를 삽입하는 것.

intercast[ìntəːrkǽst] **인터캐스트, 인터넷 방송** Internet과 Broadcast의 합성어. 인텔에서 개발하였으며, 인터넷과 방송을 동시에 즐길 수 있다. 일반적인 TV 방송 신호에 인터넷 데이터를 실어보내 TV를 시청하면서 인터넷 정보를 받아볼 수 있게 하는 기술. 텔레비전 시청과 인터넷을 동시에 즐기는 방법으로, PC를 통해서 인터캐스트 기술은 TV의 풍부한 프로그램과 인터넷을 통한 정보 검색을 동시에 만족시켜 준다.

intercepting[intərséptiŋ] **대행 수신** 수신 데이터에서 전송 제어 방식 상의 오류(즉, 형식 오류 또는 데이터 내용에 명확한 오류)가 검출된 경우, 일련의 데이터를 모아 수정한 다음 해당 데이터를 뒤에 송출하는 기법.

intercepting trunk[–trʌ́ŋk] **인터셉팅 트렁크** 빈 자릿수나 변환된 수 또는 비정상적인 문자들이 발생할 경우 조작원에 의하여 적절한 조치가 취해질 수 있도록 이러한 것들을 모아두는 장소.

interchange[ìntərtʃéindʒ] *v.* **교환하다** (1) 양자간에 있어서 양자의 정보를 서로 교환하는 것. 예를 들어, 덧셈과 곱셈 두 가지의 오퍼랜드(operand)에 대해서는 교환 법칙이 성립되고 전후에 바꾸어 넣어도 연산 결과에 아무런 지장이 생기지 않는다. 그러나 뺄셈과 나눗셈에 대해서는 두 가지 오퍼랜드를 교환하면 연산 결과가 달라진다. (2) 중계 회선(interchange circuit)과 같이 타자 간에 통신을 행할 때의 인터페이스 부분을 표시한다. 이 중계 회선에는 속도별로 국제적으로 세 종류의 전송 모델 회로가 표시되어 있다.

interchangeability[ìntərtʃèindʒəbíliti(:)] *n.* **호환성**

interchange group separator[ìntərtʃéindʒ grú:p sépərèitər] **IGS, 그룹 분리 문자**

interchange record separator [–rékərd sépərèitər] **IRS, 레코드 분리 문자**

interchange sort[–sɔ́:rt] **교환 정렬** 첫 단계에서는 모든 자료 중에서 가장 적은 자료를 찾아 그것을 배열의 처음 위치에 저장하고, 둘째 단계에서는 두 번째부터 끝까지의 자료 중 가장 적은 자료를 찾아 그것을 배열의 두 번째 위치에 저장하는 방법을 반복 수행해 나가며 정렬을 수행하는 것으로, 원시 자료가 저장된 배열만을 이용하여 정렬하는 것.

intercommunicating system[ìntərkəmjú:nikèitiŋ sístəm] **구내 통신 시스템** 양방향 통신 교환기를 구비하지 않은 사설 시스템으로서 보통 하나의 구성 단위인 건물이나 시설 내에 한정되어 있는 시스템.

intercomputer communication[ìntərkəmpjú:tər kəmjù:nikéiʃən] **컴퓨터 간 통신** 정보의 효율적 이용에 그 목적이 있으며 컴퓨터 상호간의 정보 통신, 데이터 처리를 용이하게 하고 전송 속도를 증가시키기 위해 데이터를 재처리할 수 있도록 한 컴퓨터에서 다른 컴퓨터로 데이터를 전송하는 것.

interconnection[ìntərkənékʃən] *n.* **상호 접속** (1) 각기 다른 업체에서 지원, 공급되는 장비 상호간의 물리적 또는 전자 회로적인 연결. (2) 병렬 처리를 위한 컴퓨터 구조에서 복수 개의 프로세서와 기억 장치 모듈 간에 데이터 및 제어 신호를 전달하기 위한 연결 구조.

interconnection network[–nétwə̀:rk] **상호 접속 네트워크** (1) 여러 네트워크들을 연결하기 위해서는 각 네트워크 사이의 프로토콜을 일치시켜 줄 게이트웨이가 필요하게 되는데, 이와 같이 둘 이상의 통신 네트워크를 연결한 네트워크를 말한다. 게이트웨이는 서로 다른 프로토콜 사이에서 상호 변화시켜 주는 기능을 갖는다. (2) 병렬 컴퓨터에서 프로세서 간 또는 프로세서와 기억 장치 사이를 연결하는 네트워크.

interconnect matrix[ìntərkənékt méitriks] **상호 접속 행렬** 스위치, 핀, 점퍼 등의 기구를 이용해서 상호 연결을 빠르고 편리하게 해주는 네트워크나 전도체의 배열.

inter-CPU communication **CPU 간 연결**

intercycle[intə́rsàikl] **중간 주기** 어떤 기계에서는 제어 변화를 일으키는 많은 중간 주기들을 미리 결정할 수도 있으며, 천공 카드 기계의 주 통로에서의 한 단계. 이 단계에서는 제어 변경을 위해 카드 공급이 중단된다.

interdisciplinary[ìntərdísiplinɛ̀(:)ri(:)] **분야 간, 영역 간** 어느 전문 분야와 다른 전문 분야가 합쳐서 여러 분야의 두뇌를 모아 조직화해야만 다룰 수 있는 경계 영역.

interest world[íntərəst wə́:rld] **관련 분야, 관심 분야** 다른 분야를 연구하기 위한 도구로서 컴퓨터를 이용하는 특별한 분야. 예를 들면, 미술, 음악, 수학, 물리학 또는 언어학 등.

interexchange channel [ìntərikstʃéindʒ tʃǽnəl] **중계 회로, 중계 채널** 서로 다른 교환 구역을 접속하는 통신 회선.

interface[íntərfèis] *n.* **인터페이스** (1) 두 가지 시스템 또는 장치(equipment)가 결합해 있는 경계(boundary)이며, 하드웨어적으로도 소프트웨어적으로도 사용되는 용어이다. 하드웨어적인 것만을 가리킨다든지 소프트웨어적인 것만을 가리킨다든지 또는 그들 모두를 규정하고 있는 것이 있다. 여기서 말하는 하드웨어적인 것이란 물리적 조건, 회로의 조건, 전기적 조건 등을 말하며, 소프트웨어적인 것이란 논리적 혹은 프로그램 간의 조건을 말한다. (2) 복수의 구성 요소. 예를 들면, 중앙 처리 장치(CPU)와 입출력 장치(input-output unit)를 결합하여 공유할 수 있도록 한 장치 또는 복수의 프로그램이 공유하고 있는 레지스터(register) 등이다. 여러 가지의 컴포넌트를 조합하여 하나를 구축할 때 접속하는 상호의 컴포넌트 간에서는 미리 접속 조건을 정하지 않으면 잘 접속할 수 없고, 때로는 오동작을 한다. 이와 같이 인터페이스란 컴포넌트를 잘 접속하기 위한 규격을 말한다. 인터페이스는 장치뿐만 아니라 LSI를 사용한 인터페이스 회로(interface circuit)도 있고, 여러 가지 기기와 접속할 수 있도록 설계되어 있는 범용형과 어떤 특정 기기밖에 접속할 수 없는 전용의 것이 있다. 인터페이스의 기본적 기능은 동작 타이밍(timing of operation), 신호 전압(signal voltage), 데이터 표현 형식 등의 차이를 제어하는 것이다. 동일한 기능을 갖거나 다른 기능을 갖고 있는 두 개의 시스템 또는 구성 요소 사이의 상호 연결을 위한 장치이다. 인터페이스에서는 위와 같은 장치의 논리적, 전기적, 물리적 특성이 정의되어야 한다. 두 개 이상의 프로그램에 의하여 액세스(access)되는 기억 장치 부분이나 레지스터(register)를 인터페이스라고도 한다.

interface adapter[–ədǽptər] **인터페이스 어댑터** 두 개의 서로 다른 장치들 사이에 있으면서 기계적으로 또는 전기적으로 접속 가능하게 함으로써 서로 협동적으로 동작하게 하는 기기.

interface board[–bɔ́:rd] **인터페이스 보드**

interface builder[–bílder] **인터페이스 빌더** GUI 설계를 지원하는 응용으로 Next Step 상에서 동작하는 응용 개발을 보조한다. 다수의 오브젝트가 마련되어 있으므로 그것을 조합해서 GUI를 설계할 수 있다. ⇨ GUI

interface bus[–bʌ́s] **인터페이스 버스** ⇨ bus

interface card[–ká:rd] **인터페이스 카드** 두 시스템 또는 장치 사이의 접속기를 구현한 회로 기판.

〈인터페이스 카드〉

interface circuit[–sə́:rkit] **접속 회로**

interface definition language[–definíʃən lǽŋgwidʒ] **인터페이스 정의 언어** ⇨ IDL

interface design[–dizáin] **접속 설계** 특별한 입출력 장비를 요구하는 온라인 시스템과 같은 분야에서는 고객에 대한 서비스 차원에서 필요한 접속 장치를 설계하게 되는데, 보통 이러한 기기들은 이것을 사용하는 시스템의 조건과 논리에 맞추어 제작한다.

interface engineering[–èndʒəníəriŋ] **접속 공학**

interface fault effects analysis[–fɔ́:lt ifékts ənǽlisis] **접속 결함 효과 해석**

interface I/O module 입출력 접속 장치 직렬 또는 병렬로 컴퓨터와 입출력 장치 사이를 접속해 주는 장치인데, 전형적인 입출력 접속기는 8개의 인터럽트 접속선과 병렬로 전송하는 주변 장치 접속을 위해 4개의 8비트 입출력 단자를 갖는다. 각각의 입출력 단자는 기억 장치와 마찬가지로 3상 TTL을 이용하여 개별적으로 선택될 수 있다.

interface latch chip[–lǽtʃ tʃíp] **접속 래치 칩** 어떤 시스템에서는 별도의 제어선이 입출력 단자를 제어하기도 하는데, 이 경우 임피던스 장치와 접속이 가능하면 임피던스 장치에 가능화 신호가 가해지지 않는 한 이 장치는 시스템에 부하로 작용하지 않는다. 대부분의 경우 제어 신호(양방향일 경우 동적이고, 전용형일 경우 정적)는 사용자에 의해 제공되어야 한다. 이와 같이 접속을 위해 래치를 사용하는 시스템 중에서 양방향 입출력 단자, 입력이나 출력 전용 단자로서 쓰이는 칩이다.

interface logic[–ládʒik] **접속 로직**

interface management[–mǽnidʒmənt] **접속 관리**

interface massage processor[–mésidʒ prásesər] **IMP, 접속 메시지 프로세서** 각 지역(local) 컴퓨터와 호스트 컴퓨터는 IMP로서 네트워크와 연결되는데, 각 IMP는 네트워크에 이웃하는 IMP에서 패킷을 저장하거나 전송하는 기능을 가지고 호스트가 지역 IMP로 메시지를 전달하면, 이 메시지로 IMP를 통해 목적지에 도달된다.

interface MIL STD 188B 접속 장치 군용 표준 188 B 데이터 통신 보안 장치 간이나 자료 처리 장비 간 또는 다른 특수 목적의 군사용 단말 장치 간의 연결을 위해 사용하는 접속기의 표준을 정한 것. 미 국방부가 설정한 접속 표준 방법으로, 미 국방부 관련 부서에서 새로운 장비를 설치할 때 이 방법이 의무적으로 적용된다.

interface module [–mádʒu:l] **접속 모듈**

interface processor[–prásesər] **인터페이스 프로세서** 컴퓨터 네트워크 상에서 다른 프로세서(처리 장치), 단말 장치나 네트워크의 접속으로서의 기능을 완수하고, 네트워크 내의 데이터의 흐름을 제어하는 프로세서(컴퓨터)의 총칭.

interface requirement[–rikwáiərmənt] **접속 요구 사항** 이것은 형식이나 시간 또는 접속 상에서 야기되는 다른 인자들의 제한 조건 등을 점검한다. 즉, 어떤 요구 사항이나 시스템의 요소가 접속해야 하는 하드웨어나 소프트웨어, 데이터 베이스를 명세화한 요구 사항이다.

interface specification[–spèsifikéiʃən] **접속 명세서** 어떤 시스템이나 시스템의 요소에 대한 접속 요구를 설명한 명세서.

interface testing[–téstiŋ] **접속 시험** 시스템이나 프로그램의 요소들이 서로 정보나 제어를 정확하게 교환하는지를 확인하기 위해 시험하는 것.

interface types[–táips] **접속 유형, 접속 장치 유형** 접속 장치들은 다음의 세 가지 유형으로 나눌 수 있다. ① DMA형 : 접속기 자신과 다른 주변 장치 사이의 데이터 전송을 위하여 버스를 지배하는 주접속기가 될 수 있는 기능을 가지고 있다. ② 인터럽트형 : 중앙 처리 장치에서 주변 장치의 요청을 처리하기 위한 서브루틴의 주소를 중앙 처리 장치에 알리고 버스를 지배하기 위한 주접속기가 될 수 있는 기능을 가지고 있다. ③ 종속형 : 여러 접속기들 중에서 주접속기가 되기 위한 제어 논리 회로는 없고, 다만 주장치의 명령에 의하여 데이터를 추출한다.

interface vector[–véktər] **인터페이스 벡터** 시스템에서 마이크로 제어된 시스템과 사용자 장치 간에 입출력의 통로. 마이크로 제어기와 사용자는 판독과 기록을 위해 각 비트에 동시에 접근한다. 비트들은 접속의 사용자 제어와 프로그램에 의한 접근을 단순화시키기 위해 종종 8비트 접속 벡터인 바이트로 모인다. 한 시스템에서 처리기는 접속 벡터를 *n*-단어 가변 필드의 임의 접근 장소로 취급한다. 접속에 있는 각 비트는 프로그램에서 주소 지정을 가능하게 하고 완충되며 양방향으로 왕복할 수 있는 통로를 제공한다.

interfacing[íntərfèisiŋ] *n*. **접속, 결합**

interfere[intərfíər] *v*. **방해하다, 간섭하다**

interference[ìntərfí(ː)rəns] *n*. **방해** 어떤 정보를 전달하기 위해 신호를 보내고 있을 때 목적하는 신호 이외의 각종 전파가 혼입되어 방해하는 것.

interference detection[–ditékʃən] **방해 검출** 전송로에서 발생한 순간 피크 잡음 등 오류의 원인이 되는 방해를 검출하는 것으로 착오 제어에 사용한다.

interference detection system[–sístəm] **방해 검출 방식** 데이터 전송시 통신로에서 생기는 유해한 신호나 통신로가 끊어지는 등 오류의 원인이 되는 것을 발견하여 이 오류를 검출하는 방식.

interference match[–mætʃ] **내부 관련적 비교 선택** 이것은 두 단계로 이루어지는데, 먼저 표현된 case frame들의 대응 인자를 모두 모은 다음 탐색에 의해 모든 대응 인자를 일관성 있게 대응시키는 방법. {small : a}, {circle : c}인 case frame에서 각 대응 인자들 간의 가장 긴 일대일 대응을 발견하는 것.

inter-file clustering[íntər fáil klʌ́stəriŋ] **파일 간 집단화** 다수 파일들의 레코드들 중 논리적으로 연관된 레코드들을 디스크 상에서 물리적으로 인접하게 저장하는 것.

interfix[ìntərfíks] **간섭 배제** 정보 검색에서 매우 중요한 질문에 대해 키워드들의 상관 관계로 인한 잡음 효과 때문에 잘못된 정보를 검색하지 않도록 하기 위해 문서나 문서의 항목들에 나타나는 키워드들의 관계를 서술하는 방법.

Intergraph Corp.[ìntərgræf kɔ̀ːrpəréiʃən] **인터그래프 사** 컴퓨터 지원 설계(CAD)용 소프트웨어 및 전용 워크스테이션 등을 주로 생산하는 컴퓨터 그래픽 시스템을 생산하는 미국의 회사.

intergrated services digital network[íntəgrèitəd sə́ːrvisiz dídʒitəl nétwə̀ːrk] ⇨ ISDN

interindustry relations analysis [ìntər-indʌ́stri riléiʃənz ənǽlisis] **산업 연관 분석법** ⇨ I/O analysis

interior-defined region[intí(ː)riər difáind ríːdʒən] **내부 정의 영역** 그래픽 화상이 어떤 내부의 최소값에 의해 정의되는 영역.

interior gateway protocol[–géitwèi próutəkɔ(ː)l] **내부 게이트웨이 규약** ⇨ IGP

interior gateway routing protocol[–rúːtiŋ próutəkɔ(ː)l] **내부 게이트웨이 라우팅 규약** ⇨ IGRP

interior lable[–léibəl] **내부 레이블** 자기 테이프의 내용을 식별하기 위해 맨 처음에 붙여지는 레이블.

interior node[–nóud] **내측 노드** 트리에서 루트를 제외한 자식 노드를 갖는 노드들. 즉, 단말 노드와 루트를 제외한 노드들.

interior system design[–sístəm dizáin] **내부 시스템 설계** 시스템 설계의 처음 순서는 교통량 및 통로 설계이고, 그 다음에 입력, 통신, 논리 제어, 반사 제어, 취급 장치 출력 등 시스템 각 부분의 설계를 하는데, 시스템 설계에 있어서 시스템 자신에 관한 설계 부분.

inter job matching processing[íntər dʒá(ː)b mǽtʃiŋ prásesiŋ] **작업 간 부합 처리**

interlace[ìntərléis] *v*. **인터레이스** 자기 디스크, 자기 드럼 등의 회전형 기억 장치에서 연속으로 어드레스를 부가하여 컴퓨터에서의 액세스와 맞지 않을 때, 어드레스를 1 또는 2와 같이 사이를 두고 붙이는 것.

interlaced field [intərléist fíːld] **이중 영상 부분** 화면의 명멸을 최소화하기 위하여 가로줄 무늬로 화면을 비추게 하는 화면 디스플레이 기술.

interlaced GIF 비월 주사 GIF 1989년에 제정된 GIF 규격 중 하나로, 주로 웹 상에서 사용되는 이미지 압축 형식의 일종. 모자이크상의 이미지가 서서히 뚜렷해지는 것으로 처음부터 전체 형상을 파악할 수 있다.

interlaced scan [–skǽn] **비월 주사(飛越走査)** 래스터 그래픽 장치에서 CRT 화면의 모든 홀수 번째 주사선이 1/60초 동안에 주사되고 모든 짝수 번째 주사선이 다음 1/60초 동안에 주사됨으로써 전체 화면 프레임이 1/30초 동안에 표시되게 하는 기법.

interlace mode [ìntərléis móud] **인터레이스 모드, 비월 형식** DMA 요구를 단속적으로 행하는 모드이며, 실행과 데이터 전송을 병렬로 하는 방식으로 자기 테이프와 같은 저속 주변 장치에 쓰인다.

interlanguage [ìntərlǽŋgwidʒ] **중간 언어** 특정 장비를 이용하여 기계나 컴퓨터가 사용할 수 있는 언어로 자동 번역하는 데 적합하게 하기 위한 일반 언어의 수정된 형태.

interleave [ìntərlíːv] *v.* **교차 배치하다, 인터리브(하다), 중간 개입하다** 기억 장치를 몇 개의 부분으로 나누어 각각 동시에 참조할 수 있게 한 것. 이와 같이 하면 복수의 명령과 그것에 필요한 오퍼랜드(operand)를 동시에 참조할 수 있어서 처리 능력이 크게 향상된다. 데이터 통신에서는 데이터의 순서를 바꾸어넣고 전송함으로써 버스트 오차(burst error)를 방지하고, 전송 효율을 향상시킬 수 있다. 번역상, 이 조작을 그대로 「인터리브」라 부른다. 구체적으로 메모리의 기억부는 64K 워드를 단위(이것을 기억 뱅크라고 한다)로 독립해서 동작하는 기억 뱅크(bank)로 구성되고, 메모리 제어부는 다른 기억 뱅크에 대하여 메모리 액세스를 동시에 할 수 있다. 이와 같이 하여 메모리 액세스의 효율화를 도모한다. 또한 인터리브 제어는 메모리의 비지(busy) 관리부에서 행하여진다. 데이터 등을 일련의 연속성을 보존하면서 구성 요소를 서로 바꾸어넣고 서로 어긋나게 배치하는 것이다. 컴퓨터 등의 기억 장치에서는 메모리를 몇 개의 뱅크로 나누어두고, 순서대로 각 뱅크에 메모리 어드레스(memory address)를 할당해가는 것을 말한다. 이로부터 연속한 어드레스의 메모리를 판독할 때에는 1회의 리드 사이클로 복수의 메모리를 액세스할 수 있어 메모리의 판독 속도를 높일 수 있다. 이로써 실제적인 컴퓨터의 동작 속도를 향상시킬 수 있다. 여기서 인터리브된 메모리를 인터리브드 메모리(interleaved memory)라 한다.

interleaved memory [ìntərlíːvd mémərì(ː)] **인터리브드 메모리**

interleaving [ìntərlíːviŋ] *n.* **인터리빙 방식** 주기억을 n개의 뱅크(독립된 동작 가능한 주기억 모듈)로 분할하고 제i번지가 i mod n 뱅크에 속하도록 하면, 연속 주소를 접근할 때 전 뱅크가 병행 동작하여 n배의 속도가 얻어진다. 주기억의 실효적인 접근 속도 향상에 널리 쓰이는 기법이다.

interlock [ìntərlák] *v.* **인터로크하다** 동시에 발생한 두 개 이상의 요구(request)에 답할 수 없는 장치(device)가 조금이라도 빨리 요구를 발생한 쪽에 대하여 먼저 처리를 하고 다른 것에는 처리를 행하지 않는 동작을 말한다. 이 동작에 대하여 현재 처리를 행하고 있는 것에 대한 동작이 완료할 때까지는 다음의 입력을 받아들이지 않는다. 예를 들면, 컴퓨터 단말기(terminal)에서 n키 롤 오버식의 키보드에서는 한 개의 키를 누르고 있을 때 그 키의 입력이 행해지지만, 두 개 이상의 키가 눌러졌을 때는 단말기는 조금이라도 빨리 눌려진 키의 입력만을 받아들이고 늦게 입력된 키는 무시한다. 동일한 것으로는 타이프라이터(typewriter)에서도 발생하며 두 개 이상의 키가 눌려지면 조금이라도 빨리 입력된 키의 문자를 인쇄한다. 노이만형 컴퓨터(Neuman type computer)에서는 1회에 하나의 명령(instruction)밖에 실행할 수 없으며 동시에 발생한 두 가지 요구에 대하여 답하는 것은 불가능하다. 그래서 우선 순위를 붙여 이것을 처리한다. 멀티태스크(multi-task) 처리에 있어서 복수의 태스크가 같은 자원(resouce)을 동시에 액세스하면, 인터로크 상태로 되어버리므로 각각의 태스크는 다른 태스크가 그 자원을 사용하여 처리를 해 끝날 때까지 자체 처리를 멈춘다. 이때 어떤 계기로 상호간 자기의 태스크를 미루는 상태에 빠지는 경우가 있다. 이것을 교착 상태(deadlock)라 하며 통신 네트워크 등에서는 문제가 된다. 이 교착 상태를 해소하기 위해서 인터로크 바이패스(interlock bypass)가 설치된다.

interlock bypass [–báipàːs] **인터로크 바이패스**

interlock communication [–kəmjùːnikéiʃən] **인터로크 통신**

interlock mode [–móud] **인터로크 모드** 고속의 데이터 전송에 쓰이며, 프로그램의 실행을 판단하고 메모리 사이클을 연속해서 접근하여 데이터를 전송하는 모드.

interlock system [–sístəm] **인터로크 시스템** 인터로크란 어느 기계나 장치가 현재 처리중인 조작을 완료하기까지 다음 조작을 개시할 수 없게 잠그는 것을 말한다. 즉, 제어하고 있는 프로세스의 상태나 시간 경과에 따라서 제어 동작을 제어하는 시스템. 예를 들면, 반응탑의 내부가 어느 온도에 이르기까지는 다음의 원료 보급을 할 수 없게 한다.

interlude[íntərlù:d] *n*. **중간 프로그램** 매개변수의 값을 계산하거나 기억 장치를 부분적으로 지우는 것 등과 같이 기본 연산이나 데이터 구성을 위해 설계된 중요하지 않은 부프로그램을 말한다. 그 목적을 수행한 다음에는 프로그램 내에 더 남아 있을 필요가 없기 때문에 없어진다.

Intermedia[ìntərmí:diə] **인터미디어** CD-ROM, 멀티미디어 관련 등의 최신 정보를 교환하는 국제 회의. 최신 CD-ROM 제품의 소개, CD-ROM 개발 기술의 발표, 비즈니스 플랜의 프레젠테이션 등이 행해진다.

intermediate[ìntərmí:dièit] *a*. **중간의** 최종적인 결과가 얻어질 때까지 중간적인 상태의 것. 혹은 어떤 것과 어떤 것 사이에 들어가 활동하는 것을 형용하는 용어.

intermediate assertion[–əsə́:rʃən] **중간 표명**

intermediate code[–kóud] **중간 코드** 컴파일러가 원시 언어로 된 프로그램을 목적 코드로 번역하는 과정에서 생성되는 내부적 코드. 컴파일 과정에서 중간 코드를 사용함으로써 번역 단계를 세분화된 모듈로 구성할 수 있으며, 각 단계별로 사용되는 중간 코드들은 일반적으로 다른 형태를 갖는다.

intermediate control[–kəntróul] **중간 제어** 시작이나 끝이 아닌 부류에 속하는 여러 가지 사소한 제어들.

intermediate control change[–tʃéindʒ] **중간 제어 변화** 어떤 소정의 동작을 개시하도록 중간 제어의 값을 변화시키는 것.

intermediate cycle[–sáikl] **중간 사이클** 분기 명령으로 자신을 부르거나 수행해서 주기를 형성하여 기계를 정지시키는 데 이용되기도 한다 즉, 무조건 분기 명령은 그 자신의 주소로 분기할 수 있다.

intermediate equipment[–ikwípmənt] **중간 장치** 데이터 통신을 행할 때 변복조 장치(modem)와 데이터 단말 장치의 중간 위치에 삽입하고 부가적인 역할을 하는 장치.

intermediate file[–fáil] **중간 파일** 작업용 파일이라고도 하며 후속 처리에 정보를 인도하기 위한 파일로서 한 사이클의 처리가 끝나면 필요가 없다.

intermediate frequency[–frí:kwənsi(:)] **IF, 중간 주파수**

intermediate frequency amplifier[–ǽmplifàiər] **중간 주파수 증폭기** ⇨ frequency amplifier

intermediate language[–lǽŋgwidʒ] **중간 언어, 중간 언어 방식** FORTRAN과 COBOL과 같은 고급 언어(high level language)에서 그 고급 언어를 중앙 처리 장치(CPU)에 실제로 실행할 수 있는 기계어(machine language)로 변환하는 도중에 일단 중간적인 언어로 변환하는 경우가 있는데, 이것을 중간 언어라고 한다.

intermediate level scheduling[–lévəl skédʒuliŋ] **중간 단계 스케줄링** 프로세스들을 일시 보류시키고 또 다시 활성화시키는 기법을 써서 시스템에 대한 단기적 부하를 조절한다. 이렇게 함으로써 시스템을 적절하게 운영할 수 있고 또 이상적인 성능을 유지할 수가 있다. 따라서 중간 단계 스케줄러는 시스템의 작업 승인과 이 작업들에 대한 중앙 처리 장치 배당 사이의 완충 구실을 한다. 즉, 어떤 프로세스가 중앙 처리 장치(CPU)를 차지하게 할 것인지를 결정하는 것을 말한다.

intermediate memory storage[–méməri(:) stɔ́:ridʒ] **중간 기억 장소** 작업을 실시하는 경우 필요한 동안만 일시적으로 작업 내용을 저장하고 결과를 출력하기 위한 일시적인 전자적 기억 장소.

intermediate pass (sorting)[–pá:s (sɔ́:rtiŋ)] **중간 단계 (정렬)** 합병의 단계에서 파일을 하나의 순서열로 줄이는 중간 과정.

intermediate pass own coding[–óun kóudiŋ] **중간 단계 자기 코딩** 미리 작성한 컴퓨터 명령어들로서 이들은 키를 비교하는 명령어를 시행하고 선택된 레코드를 출력하기 전 중간 단계에서 정렬 프로그램에 의해 시행된다.

intermediate product[–prádəkt] **중간곱** 부분곱들을 간단히 자리 이동하고 더해서 최종적인 곱을 얻는 것으로, 피승수를 승수의 숫자 중 하나로 곱할 때 그 결과가 일련의 부분곱이 되는 것.

intermediate result[–rizʌ́lt] **중간 결과** 수식 등의 연산에서의 도중 결과.

intermediate status word[–stéitəs wə́:rd] **ISW, 중간 상황 워드, 중간 상태 워드**

intermediate storage[–stɔ́:ridʒ] **중간 기억 장소** 복수의 연산이 행해질 경우에는 각각을 순서에 맞추어 행하지 않으면 안 되며 그 중간 결과를 쌓아둘 필요가 있다. 이럴 때 사용되는 기억 장소를 말한다.

intermediate system[–sístəm] **중간 시스템** ⇨ IS

intermediate total[–tóutəl] **중계(中計), 중간 합계** 전체 합계와 소합계 사이의 합계. 즉, 어떤 다

른 목적에 의하여 만들어진 합계.

intermediate transmission block[–trænsmíʃən blάk] **ITB, 중간 전송 블록, 중간 전송 블록 종결, 중간 전송 블록 종결 문자**

intermediate value theorem for continuous[–vǽljuː θíərəm fər kəntínjuəs] **연속 함수에 대한 중간값 정리** f가 구간 (a, b)에서 정의된 연속 함수이고 k가 $f(a)$와 $f(b)$ 사이에 있는 실수이면 $f(c)=k$를 만족하는 c가 (a, b)에 존재한다. 이 정리를 연속 함수에 대한 중간값 정리라고 한다.

intermetallic compound[ìntərmətǽlik kάmpaund] **금속 간 화합물** 보통 비금속적 경향이 강하고, 성분 원소와는 다른 새로운 성질을 갖는 두 종류 이상의 원소가 간단한 원자비로 결합한 것. 예를 들면, Ⅲ족, Ⅳ족의 화합물로서는 GaAs(갈륨비소), InSb(인듐안티몬) 등이 있다.

intermittent[ìntərmítənt] *a.* **간헐적, 계속적** 컴퓨터 시스템에 간헐적으로 발생하는 고장으로 간헐적 고장(intermittent failure)을 그 예로 들 수 있는데, 이러한 종류의 고장은 자연히 원래의 기능으로 되돌아갔다가 다시 고장 상태를 반복한다.

intermittent assertion[–əsə́ːrʃən] **간헐적 표명** 프로그램의 정당성 증명의 하나로 프로그램 중의 어느 점에서 적어도 1회는 그 표명이 만족되는 것을 주장하는 표명. 이러한 생각에 기초한 표명을 사용하면 한 번의 증명으로 프로그램의 전정당성(全正當性)을 표시할 수 있다는 데 특징이 있다.

intermittent control[–kəntróul] **간헐적 제어** 제어된 변수를 주기적으로 감시하면서 그 결과에 대한 간헐적 수정 신호를 제어기에 제공하는 제어 시스템.

intermittent error[–érər] *n.* **간헐적 오류, 단속적 오류** 프로그래밍 오류가 단속적 오류의 원인이 되는 경우도 있으며, 한 번 발생했다가도 그 후 몇 시간, 며칠 또는 몇 주일이나 발생하지 않는 오류. 대부분의 경우 발생할 가능성이 있는 모든 상황의 조합을 준비하여 프로그램 테스트하기는 불가능하기 때문에 프로그램의 코딩에 오류가 있어도 몇 년간이나 그 오류가 검출되지 않고 어느 특수한 상황 하에서만 오류가 되는 경우가 있다.

intermittent failure[–féiljər] **간헐적 고장** 어떤 시간에 고장 상태를 나타내지만 자연히 원래의 기능으로 회복하여 그것을 반복하는 고장.

intermix tape[ìntərmíks téip] **혼합 테이프** 서로 다른 모델의 테이프 장치들을 하나의 컴퓨터에 연결시키는 것이 가능한 컴퓨터 장비의 특수 형태.

intermodulation noise[íntərmòudjuléiʃən nɔ́iz] **준누화 잡음**

internal[íntəːrnəl] *a.* **내부** 「내부」는 외부(external)와 대비되는 것으로, 컴퓨터 분야에서는 중앙 처리 장치의 속을 내부, 그 바깥쪽을 외부라고 한다. 중앙 처리 장치는 CPU(central processing unit)라고도 하며, 제어 장치, 연산 장치, 주기억 장치(main stroage)를 포함하는 컴퓨터 시스템의 중추부로서, 주기억 장치를 내부 기억 장치(internal storage)라고 부르기도 한다. 중앙 처리 장치 바깥쪽에 있는 보조 기억 장치(auxiliary storage)를 외부 기억 장치(external storage)라 부른다. 이 밖에 각종 입출력 장치(input-ouput unit)도 외부에 속한다. 어떻든 「내부」와 「외부」는 상대적인 것이므로 상기에 한하지 않고, 하드웨어, 소프트웨어의 여러 가지에 대하여 사용된다.

internal and external interrupt[–ənd ikstə́ːrnəl ìntərʌ́pt] **내외부 인터럽트** 인터럽트는 그 원인에 대응하는 고정된 주소에서 다음 명령어를 마련하도록 하는데, 이때 고정된 주소는 원래의 상태로 되돌아갈 수 있는 입구가 되며, 외부 인터럽트는 주로 자료를 수집하기 위해 컴퓨터의 프로그램을 다른 컴퓨터나 주변 장치의 준비 상태와 동기시키고, 내부 인터럽트는 주로 컴퓨터 프로그램과 입출력 전송의 종료를 동기시키며 오류의 발생을 알려준다.

internal arithmetic[–əríθmətik] **내부 연산** 컴퓨터의 연산 장치에 의해 수행되는 연산.

internal audit[–ɔ́ːdit] **내부 감사** 어떤 기관이나 조직이 자체 감사 그룹을 구성하여 내부 제어 시스템을 통제하고 평가할 목적으로 실시하는 감사.

internal buffer[–bʌ́fər] **내부 버퍼** 일반적으로 반도체 자리 이동 레지스터로 구성되며, 자료의 전송이나 인쇄에 앞서 주요 자료나 받아들인 자료를 모으는 데 쓰이는 버퍼.

internal bus[–bʌ́s] **내부 버스** 중앙 처리 장치(CPU) 내의 논리 연산 장치와 각종 레지스터 사이의 자료 전달 통로.

internal character[–kǽrəktər] **내자(內字)**

internal checking[–tʃékiŋ] **내부 검사** 결함의 수, 패리티 검사, 정당성 검사 등과 같은 정확도의 개선을 위해 설계된 장비의 특성.

internal clock[–klάk] **내부 클록, 내부 시각 기구(機構)** 날짜나 시간을 유지하기 위해 컴퓨터 본체에 내장되어 있는 클록.

internal code[–kóud] **내부 코드** 컴퓨터의 내부에서 사용되고 있는 코드 체계. 입출력 매체 상에 기록되어 있는 정보 교환용 부호의 체계와 다른 경우가 있다.

internal command[–kəmǽnd] **내부 명령**

internal constant[-kάnstənt] **내부 상수** 고유의 이름이 붙여져 있으며 값은 사전에 정의되어 있는 산술 상수의 일종.

internal control[-kəntróul] **내부 통제** EDPS 부서에서 기계실 조작원에 의한 사고나 지능적인 범죄 등을 예방하기 위해 미리 엄중한 감사 방법을 설정해두는 것. 예를 들어, 조작원이 직접 입력 데이터를 작성해넣지 않도록 하는 것 등이다.

internal controlled storage[-kəntróuld stɔ́:ridʒ] **내부 제어된 기억 장소** 기억 장소가 제어된 것으로 선언되면 이 기억 장소는 컴파일 시간에 존재하지 않으며, 선언된 프로시저가 동작될 때에도 존재하지 않는다. 그 대신 ALLOCATE 문이 수행될 때 존재한다. 제어된 기억 장소는 FREE 문이 수행될 때 없어진다. 각 ALLOCATE는 특정한 변수의 새로운 사본을 가지고, 각 FREE 문은 지정된 변수의 사본 중 가장 최근의 것을 해제시킨다. 따라서 FREE 문이 나오기 전에 두 번째 ALLOCATE 문이 수행되면 존재하는 그 기억 장소의 사본은 스택으로 들어간다. FREE 문은 스택의 톱(top)에 있는 기억 장소를 해제시키고 원래의 사본을 팝업(pop-up)한다. 내부 제어된 기억 장소는 정의된 프로시저 내에서만 조회될 수 있다.

internal control system[-kəntróul sístəm] **내부 제어 시스템** 컴퓨터 작동의 흐름을 제어하기 위하여 시스템에 설치된 프로그램으로 만들어진 제어 시스템.

internal data bus[-déitə bʌ́s] **내부 데이터 버스** 중앙 처리 장치 내에서 데이터 전송로로 사용되는 버스.

internal data representation[-rèprizentéiʃən] **데이터 내부 표현 방식** 일반적으로 정수는 2의 보수(補數) 또는 2진화 10진수(BCD)로, 실수는 지수부와 가수부로 이루어진 부동 소수점 형식으로, 문자열은 문자 배열 등으로 표현되는데, 데이터들이 컴퓨터 내의 주기억 장치 내부에 기억될 때 어떤 형태로 기록되는가 하는 것.

internal documentation[-dὰkjumentéiʃən] **내부 문서화** 각 프로그램 단위와 컴파일 단위에 대한 표준 프롤로그, 원시 코드의 자기 문서화 양상 그리고 코드 내의 내부 주석으로 구성된다. 부 프로그램과 컴파일 단위의 프롤로그에 대한 전형적인 형식이다.

internal fragmentation[-frӕgmentéiʃən] **내부 단편화, 내부 파편 효과** 파일에 기억 장소를 할당할 경우, 모든 기본적인 입출력이 블록 단위로 이루어지므로 블록 단위로 유지하기 위해서 할당되어 낭비되어 버린 바이트들.

internal information[-ìnfərméiʃən] **내부 정보** 기업 내에서 제공되는 기업 내 정보.

internal interrupt[-ìntərʌ́pt] **내부 인터럽트** 중간 개입(interrupt)의 일종. 기억 장치, 연산 장치 등 중앙 처리계의 내부에서 발생하는 인터럽트. 이 인터럽트는 기억 장치 내에서의 패리티 검사나 산술 자릿수 넘침 등이 원인으로 발생한다.

internal label[-léibəl] **내부 레이블** 데이터 매체 상에 기록된 기계가 판독할 수 있는 레이블이며 그 매체 상에 기록된 데이터에 관한 정보를 주는 것.

internally stored program[intə́:rnəli(:) stɔ́:rd próugræm] **내부 기억 프로그램, 내부 저장 프로그램** 외부 기억 장치나 보조 기억 장치가 아닌 컴퓨터 내부 기억 장치에 기억되어 있는 프로그램.

internal magnetic recording[íntə:rnəl mægnétik rikɔ́:rdiŋ] **내부 자기 기록** 자기 코어에서 사용하는 것과 비슷한 물질에 정보를 저장하는 것.

internal manipulation instruction[-mənìpjuléiʃən instrʌ́kʃən] **내부 조작 명령어** 컴퓨터 시스템 내에서 데이터의 형식이나 장소를 바꾸는 명령어.

internal memory[-méməri(:)] **내부 기억 장치, 내부 메모리** 인간의 개입 없이 컴퓨터가 자동으로 이용하는 기억 장치로, 컴퓨터의 주요한 일부분이고 이에 따라 직접 제어되는 것. 이에 대해 테이프나 카드와 같이 2차 기억이라는 외부 기억 매체가 있다.

internal model[-mάdəl] **내부 모델** 개체 간의 관계나 사용되는 접근 방법 등을 기술하는 논리 모델이 디스크나 테이프와 같은 물리적 저장 장치에 알맞게 변환된 형태의 데이터 모델.

internal modem[-móudem] **내장형 (전산) 모뎀** 이것은 직렬 통신 카드를 통해서 연결되는 외장형 모뎀에 비해서 값이 싸고 간편하지만 눈으로 동작을 확인할 수 없고 특정 컴퓨터에서만 사용할 수 있다는 단점이 있다. 컴퓨터를 사용하여 데이터 통신을 가능하게 하는 장비인 모뎀의 하나로 컴퓨터 본체 내에 인터페이스 카드 형태로 설치된다.

internal node[-móud] **내부 노드** 2진 트리에서 외부 노드가 아닌 원래의 노드들.

internal path length[-pά:θ léŋkθ] **내부 경로 길이** 외부 노드를 첨가한 2진 트리에서 루트 노드부터 내부 노드까지의 모든 경로 길이의 총합.

internal/physical mapping[-fízikəl mǽpiŋ] **내부/물리적 사상** 내부 스키마와 실제 저장 장치 간의 사상으로서 접근 방법을 의미한다. 장치 접속기라고도 한다.

internal procedure[-prəsí:dʒər] **내부 절차,**

내부 프로시저 네스트된 블록 내에 또 네스트된 블록이 포함되는 경우도 있으며 맨 바깥쪽 블록은 프로시저이어야 한다. 어떤 블록 내에 포함되는 프로시저로, 내부 프로시저와 개시 블록은 네스트된 블록으로서 참조할 수 있다.

internal processor interrupt[–prásesər ìntərʌ́pt] **내부 프로세서 중간 개입**

internal record[–rékərd] **내부 레코드** 내부 뷰를 구성하는 레코드를 ANSI/SPARC 용어로 내부 레코드라고 하며, 이를 저장 레코드라고도 한다.

internal schema[–skí:mə] **내부 스키마** ANSI X 3/SPARC의 3층 스키마의 최하위에 위치된 스키마로, 데이터 베이스의 물리적 표현을 기술하는 것.

internal searching[–sə́:rtʃiŋ] **내부 탐색** 주기억 공간에 보관된 파일이나 표에서 필요한 데이터를 찾는 작업.

internal security[–sikjú(:)riti(:)] **내부 보안** 하드웨어나 운영 체제(OS)의 기능들을 이용하여 컴퓨터 시스템의 신뢰성을 높이고 보안 문제를 해결하는 것.

internal sequence number[–sí:kwəns nʌ́mbər] **내부 순차 번호** 하나의 파일에서 각 레코드를 연관시키는 것으로, 레코드에 대하여 할당되고, 결코 변하지 않으며 레코드를 접근하는 데 사용된다.

internal sort[–sɔ́:rt] **내부 분류, 내부 정렬** 주기억 장치 속에서만 수행하는 정렬(분류)법의 일종. 보조 기억 장치를 병용하는 외부 분류(external sort)와 대비된다. 주기억 장치의 내부에서 두 개 이상의 항목을 정렬하는 정렬 프로그램 또는 정렬 단계를 가리키는 경우도 있다. ⇨ 표 참조

internal statement number[–stéitmənt nʌ́mbər] **ISN, 내부 문번호**

internal storage[–stɔ́:ridʒ] **내부 기억 장치** 입출력 채널을 사용하지 않고 계산기의 액세스가 가능한 기억 장치. 중앙 처리 장치가 직접 지정하여 데이터를 기록하거나 판독하는 기억 장치. 연산용 레지스터 등을 의미하나 경우에 따라 자기 디스크 장치나 자기 드럼 장치 등의 보조 기억 장치도 포함한다.

〈내부 정렬 방식의 비교〉

정렬 방식		알고리즘	기억 장소 사용 공간	평균 수행 시간	비 고
비교 정렬	삽입법	insertion	n	$O(n^2)$	각 단계마다 서브화일의 크기가 증가
		shell	$n+h$ h : 매개변수	$O(n^2)$	insertion을 확장한 것
	교환법	bubble	n	$O(n^2)$	플래그를 이용할 때 평균 수행 시간은 $O(n\log n)$이다.
		quick	$n+$stack	$O(n\log n)$	가장 빠르나 최악의 경우 수행 시간은 $O(n^2)$이다.
		selection	n	$O(n^2)$	각 단계마다 최소값을 한 개씩 선정한다.
	선택법	heap	$n+$pointer	$O(n\log n)$	전 2진 트리를 사용하여 연결 리스트로 표현할 때 포인터가 필요하다.
	합병법	2-way merge	$2n$	$O(n\log n)$	단계의 수가 $\log 2n$ 보다 큰 최소 정수이다.
분배 정렬	분산법	radix	$(r+1)\cdot n$ $(n+1)*r$ r : 진법	$O(d(n+r))$ d : 자료의 자릿수	버킷을 큐 구조로 사용하여 기억 장소의 낭비가 심하나 자릿수 정렬 속도도 빠르다.

internal subroutine [–sʌ́bru:tí:n] **내부 서브 루틴**

internal timer [–táimər] **내부 타이머** 컴퓨터에 내장되어 있는 타이머. 이것은 프로그램의 실행 시간을 계측, 일정 시간 간격으로 하나의 프로그램을 실행시키거나 정해진 시간 내에 프로그램의 처리가 끝났는지를 검사하는 데 이용된다.

internal variable [–vέ(:)riəbl] **내부 변수** 이용자가 접근할 수 있는 수치 또는 문자 변수인데, 그 값을 세트하거나 변경하는 데 사용되는 것을 시스템 변수라고도 한다.

internal view [–vjú:] **내부 뷰** 기억 장치에 전체 데이터 베이스가 어떻게 지정되어 있는가를 나타내며, 내부 스키마에 의해 기술된다.

internal virtual circuit [–və́:rtʃuəl sə́:rkit] **내부 가상 회로** 두 단말 노드 사이에 패킷을 위한 경로가 정의되고, 각 경로가 표시되어 해당 가상 회로의 모든 패킷은 같은 경로를 취하여 보내진 순서대로 도착한다.

International Algebraic Language [ìntə:rnǽʃənəl ǽldʒəbréiik lǽŋgwidʒ] **IAL, 국제 대수 언어**

international alphabet, number 5 [–ǽlfəbet nʌ́mbər fáiv] **IA5, 국제 알파벳 번호 5** 국제 전신 전화 자문 위원회(CCITT)에 의해 1968년에 권고된 데이터 및 메시지 전송용 국제 표준 부호.

International Business Machines Corp. [–bíznəs məʃí:nz kɔ̀:rpəréiʃən] **IBM, IBM 사** ⇨ IBM

International Card Media Association [–ká:rd mí:diə əsouʃiéiʃən] **국제 카드 매체 협회** ⇨ ICMA

International Computer Ltd. [–kəmpjú:tər límitid] **ICL, 인터내셔널 컴퓨터 주식회사**

International Conference on Consumer Electronics [–kánfərəns an kənsú:mər ilèktrániks] ⇨ ICCE

International Council for Computers in Education [–káunsəl fər kəmpjú:tərz in èdʒukéiʃən] **국제 컴퓨터 교육 협의회** ⇨ ICCE

International Council of Scientific Unions/Abstracting Board [–əv sàiəntífik jú:njənz æbstrǽktiŋ bɔ́:rd] **ICSU/AB, 국제 학술 연합 회의 문헌 초록 위원회**

International Data Corp. [–déitə kɔ:rpəréiʃən] **IDC, IDC 사** ⇨ IDC

International Electrotechnical Commission [–ilèktroutéknikəl kəmíʃən] **국제 전기 표준 회의**

International Federation for Documentation [–fedəréiʃən fər dàkjumentéiʃən] **IFD, 국제 도큐멘테이션 연맹**

International Federation of Information Processing [–əv ìnfərméiʃən prásesiŋ] **IFIP, 국제 정보 처리 연합** ⇨ IFIP

International Frequency Registration Board [–frí:kwənsi(:) redʒistréiʃən bɔ́:rd] **IFRB, 국제 무선 주파수 등록 위원회**

internationalization [intərnæ̀ʃənəlaizéiʃən] **국제화** ANSI 규격 C 언어에서 도입한 기능으로 C로 작성된 프로그램을 국제적으로 통용할 수 있도록 하기 위한 방안. 여기에는 멀티 바이트 문자(예를 들면, 2바이트의 한글 · 한자)나 지역화의 기능이 들어 있다. 전자에서는 #include 「한국어 헤더」나 prointf("This is 漢字")와 같이 멀티 바이트 문자 상수를 쓸 수 있게 하고 있다. ⇨ localization, wide character

International Mathematical and Statistical Libraries [ìntə:rnǽʃənəl mæ̀θəmǽtikəl ənd stətístikəl láibrəri(:)z] **IMSL, 국제 수학 통계 총서**

International Nuclear Information System [–njú:kliər ìnfərméiʃən sístəm] **NIS, 국제 원자력 정보 시스템**

International Organization for Standardization [–ɔ̀:rgənaizéiʃən fər stæ̀ndərdaizéiʃən] **ISO, 국제 표준화 기구** 그 목적은 상품이나 서비스의 국제 교류를 용이하게 하기 위해서 이들의 표준화를 꾀하고자 하는 것이다. 컴퓨터 관계의 표준화로서는 전송 코드, 프로그램의 언어, 용어 등이 있다. 1947년에 설립되었으며 3년마다 총회를 갖는다. 문자나 서비스의 국제적 교환을 쉽고도 간편하게 하면서, 지적 · 과학적 · 기술적 또는 경제적 활동에 있어서 각국간의 상호 협력을 추진한다. ⇨ ISO

International Organization for Standardization 10646-1 ⇨ ISO 10646-1

International Organization for Standardization 9000 ⇨ ISO 9000

International Phonetic Association [–fənétik əsòuʃiéiʃən] **IPA, 국제 음성 학회**

International Radio Consultative Committee [–réidiou kənsʌ́ltətiv kəmíti(:)] **IRCC, 국제 무선 통신 자문 위원회**

Internatioanl standard [–stǽndərd] **IS, 국제 표준**

International Standardization Organization[–stæ̀ndərdaizéiʃən ɔ̀ːrgənaizéiʃən] ISO, 국제 표준화 기구

International Telecommunication Satellite Organization[–téləkəmjùːnikéiʃən sǽtəlàit ɔ̀ːrgənaizéiʃən] INTELSAT, 국제 전기 통신 위성 기구 ⇨INTELSAT

International Telecommunications Union[–tèləkəmjùːnikéiʃənz júːnjən] ITU, 국제 전기 통신 연합 ⇨ITU

International Telegraph and Telephone Consultative Committee[–téləgræ̀f ənd téləfòun kənsʌ́ltətiv kəmíti(ː)] CCITT, 국제 전신 전화 자문 위원회

International Telephone & Telegraph Corp.[–téləfoun ənd téləgræ̀f kɔ̀ːrpəréiʃən] ITT, 국제 전화 전신 공사 ⇨ITT

international telephone-type public communication circuit[–táip pʌ́blik kəmjùːnikéiʃən sə́ːrkit] 국제 전화형 공중 통신 회선

internaut[íntərnɔ̀ːt] 인터너트 인터넷을 이용하는 사람. cyberspace surfer와 같이 사용된다.

Internet[íntərnèt] 인터넷 현대는 정보의 사회라고 해도 과언이 아닐만큼 정보의 중요성과 필요성이 강조되고 있는 시대이다. 현대인들은 대부분 매스미디어라고 일컫는 신문이나 방송을 통하여 많은 정보를 접하고 있다. 그러나 대부분의 매스미디어들은 현대 문명의 시작인 19세기 말의 산업 혁명부터 점차로 자리를 잡아가고 있다. 1960년대에 들어 컴퓨터라는 기계가 만들어지고 생활 속에 자리를 잡으면서 지금은 없어서는 안 될 기계가 되어가고 있다. 컴퓨터는 다량의 정보를 처리할 수 있는 능력을 가지고 있고 또한 상상도 못할 만큼의 속도로 처리가 가능하다. 이러한 컴퓨터의 발전과 더불어 컴퓨터 상호간을 연결해주는 네트워크 체제도 발전하게 되었다. 또한 정보의 세계화 추세로 인하여 각각의 국가를 연결해주는 네트워크도 필요하게 되었다. 이러한 필요성에 따라 전세계를 묶어주는 네트워크가 탄생되었는데, 이것이 바로 인터넷이다. 인터넷은 원래 미 국방성(DoD ; Department of Defense)에서 연구원들과 관련업체들 간의 정보 공유를 목적으로 1969년 아르파넷(ARPAnet)이라는 이름으로 탄생되었다. 이 네트워크의 프로젝트명은 원래 ARPA(advanced research projects agency)라고 명명되었고, NCP라는 프로토콜을 기반으로 하였다. 이 아르파넷의 사용자들이 늘어나면서 원격 로그인(remote log-in) 기능, 파일 전송(file transfer) 기능, 전자 우편 기능, 동호인 그룹 기능들이 보강되었다. 그리고 점차로 아르파넷의 사용자가 늘면서 접속을 원하는 컴퓨터의 기종들도 매우 다양해졌다. 따라서 아르파넷 운영자들은 NCP 프로토콜이 다른 통신망들과 연결하는 데 부적합하다는 결론을 내리고 TCP/IP라는 새로운 통신 프로토콜을 개발하였다. 이것은 컴퓨터와 컴퓨터 간의 정보 전달을 위한 언어가 통일된 것이다. TCP/IP 프로토콜은 원래 근거리 통신을 목적으로 개발된 프로토콜로 현재 LAN 환경 하에서 많이 사용되고 있으며 유닉스 상의 통신을 기반으로 하고 있다. TCP/IP 프로토콜의 개발은 아르파넷의 대전환점이 되었는데, 이때부터 본격적으로 아르파넷에 접속하는 사용자들이 급격히 늘어나게 되었다. 왜냐 하면 TCP/IP 프로토콜은 이 기종 간의 통신을 극복하였기 때문이다. 이때부터 아르파넷을 분리하였는데, 미 국방성만 사용할 수 있는 밀넷(MILNET)과 일반 사용자들의 정보 교환을 위한 아르파넷으로 나누게 되었다. 이와 동시에 국방성의 DCA(defense communication agency)에서는 아르파넷에 접속되어 있는 모든 호스트들의 TCP/IP 사용을 의무화하였다. 결국 그 당시의 최대 통신망인 아르파넷은 TCP/IP를 사용해야지만 작업이 가능하도록 하였다. 그래서 1983년도에 인터넷이라는 이름으로 본격적인 통신망이 운영되기 시작하였다. 또한 1986년에 NSFNET이라는 수퍼 컴퓨터 간의 통신망이 인터넷에 연결되었다. NSFNET은 미국 내의 대학, 연구소, 학술 기관, 기업체들 간의 기간망이었다. 따라서 인터넷을 이용하던 일반 사용자들도 NSFNET의 모든 기능들을 사용할 수 있게 되었다. 인터넷의 크기가 점점 방대해져 감에 따라 미 국방성은 1990년에 아르파넷의 독립을 선언하였고 이에 따라 자연히 인터넷의 운영은 NSFNET과 같은 연구소나 대학 중심의 네트워크들이 담당하게 되었다. 인터넷의 수요를

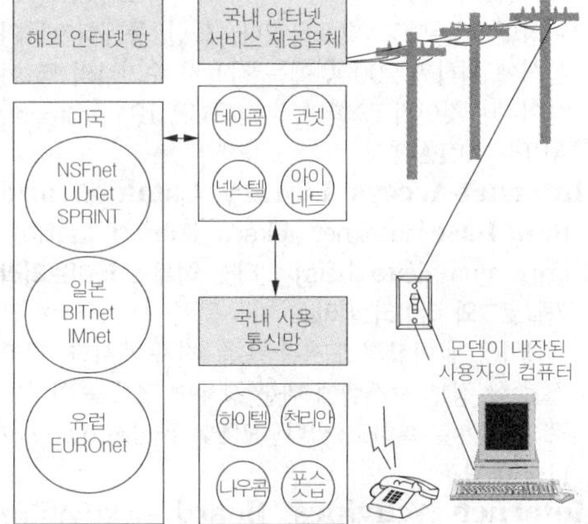

〈인터넷의 정보 전달 경로〉

〈인터넷의 발전 과정〉

연 도	인터넷의 진행 과정	참 조
1969	미 국방성(DoD)에서 군사적 목적으로 ARPAnet 시작	미 국방성 ARPA : 소련이 우주선 스푸트니크의 발사에 성공하자 이에 자극을 받은 미국이 군사 분야에서 과학적 및 기술적으로 앞서기 위해 만든 것
1971	ARPAnet 본격 가동	
1981	Bitnet	
1982	ARPAnet에서 TCP/IP를 채택하여 CSnet 탄생	최초의 진정한 인터넷 시작
1986	NSF에서 56kbps의 NSFnet 구축	미국 과학 재단
1989	WWW의 탄생	(NSF ; National Science Foundation)
1990	ARPAnet이 가졌던 기능을 보다 빠른 속도의 NSFnet에게 넘겨주고 해체됨	WWW ; world wide web ARPAnet이 지녔던 군사적인 부분은 MILnet이 담당
1992	본격적인 WWW의 사용으로 인터넷 호스트와 사용자가 급증	
1995	인터넷 정식 가입자 수가 전세계적으로 4,000만 명을 넘는다.	

보면 1983년에 정식으로 운영이 되면서 이에 접속하는 컴퓨터(서버)들의 수가 늘어났다. 1985년 100개 정도의 접속 서버들이 있었으며 1987년에는 200여 개, 1989년에는 500여 개가 넘는 접속 서버들을 가지게 되었다. 그러나 1990년대에 들어서는 이 수치가 갑자기 증가하였다. 1992년의 집계를 보면 1990년 1월에 2,218개였고, 1992년에는 5,000개가 넘는 접속 서버들이 운영되었다. 또한 1994년 집계를 보면 727,000개의 접속 호스트를 갖게 되었다. 따라서 이러한 호스트에서 보내는 정보만 하더라도 아마 상상하기가 어려울 것이다. 사용자 수를 살펴보면 1993년도 집계를 보면 2,000만 명이 넘고 이들이 사용하는 컴퓨터만 하더라도 200만 대 이상에 이른다고 발표하였다. 또한 통계학자들의 분석에 의하면 2000년에는 사용자 수가 1억 명 이상이 될 것이라고 한다. ⇨ TCP/IP, protocol, ARPA, MILNET

Internet-Access Library Catalogs and data base[íntərnèt ǽkses láibrəri kǽt(ə)lɔ̀ːgz ænd déitə béis] **인터넷 액세스 라이브러리 카탈로그와 데이터 베이스** 미국을 중심으로 하여 전 세계 100개 이상의 도서관 목록, 전자 게시판, 캠퍼스 종합 정보 시스템에 대한 상세한 정보를 지역별로 나누어 수록하고 있다. FTP : hydra.uwo.ca/libsoft 참조.

Internet Activities Board[–æktíviti(:)z bɔ́ːrd] ⇨ IAB

Internet address[–ədrés] **인터넷 주소** 인터넷에 있는 컴퓨터를 지칭하기 위한 숫자로 된 주소. ⇨ 표 참조.

Internet appliance[–əpláiəns] **인터넷 어플라이언스, 인터넷 가전** 웹 어플라이언스, 인포메이션 어플라이언스라고도 한다. 인터넷 접속에 주안을 둔 가정용 정보 단말기. 인텔 사의 Dot.Station, 웹 TV 등의 STB(셋 톱 박스), 네트워크 기능을 강화한 게임기, 네트워크 기능이 추가된 오디오 기기 등도 여기에 포함된다.

Internet backbone[–bǽkbòun] **인터넷 백본** 소수 국가의 인터넷 서비스 공급업체들은 주요 대도시에서 다른 대도시로 세계를 연결해주는 초고속 네트워크, 즉 인터넷 백본을 제공한다. 이러한 업체(넷 99와 알터넷 포함)들은 초당 대략 45MB의 데이터 전송률(T3 라인)을 이용하여 국가 접근 지점(national access point)이라는 상호 연결 지점에 연결한다. 국가 접근 지점은 주요 대도시에 위치하고 있다. 지역 인터넷 서비스 공급업체들은 데이터가 백본을 통해 목적지까지 전송될 수 있도록 라우터를 통하여 이 백본과 연결한다.

Internet banking[–bǽŋkiŋ] **인터넷 뱅킹** 자택이나 회사에서 인터넷을 이용하여 은행 업무(입금이나 잔액 조회 등)를 처리할 수 있는 시스템.

Internet cafe[–kǽfei] **인터넷 카페** 인터넷 카페에서는 대부분 고속 전용 회선을 통해 인터넷에 접속할 수 있으며, 인터넷에 관한 궁금한 점이 있으

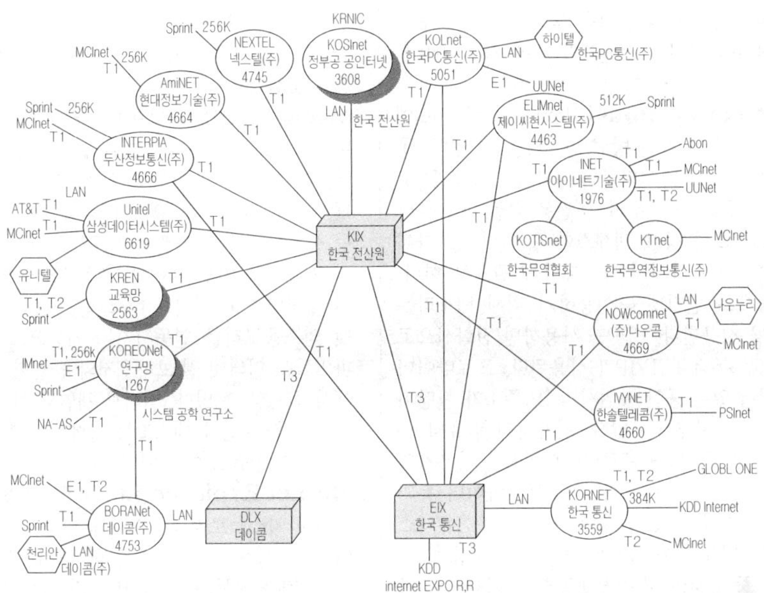

〈국내 인터넷 현황〉

〈인터넷 주소의 구성〉

구 분	IP 주소	도메인 이름 (domain name)	전자 메일 주소
정 의	인터넷망에 연결된 컴퓨터들의 숫자로 된 식별 기호이다.	IP 주소를 단어식으로 표현한 것이다.	개인이 사용하는 인터넷의 주소이다.
기 능	인터넷의 정보 교환을 위해 컴퓨터(서버) 접속시 사용된다.	인터넷의 정보 교환을 위해 컴퓨터 접속시 사용된다. 서버에서 도메인 이름으로 접속된 것을 IP 주소로 변환시켜 준다.	인터넷에 가입한 사용자간에 메일 교환시 사용된다.
사용 예	부산 수산 대학교 : 134.75.180.2	부산 수산 대학교 : sun630cc.nfup.ac.kr	부산 수산 대학교의 M. Park 교수의 경우 : mpark@sun630cc.nfup.ac.kr
구성 내용		sun630cc : 기관 서버명 nfup : 기관명으로서 대다수 각 기관의 영문 이니셜로 표기 ac : 교육 기관 kr : 국가 이름	mpark : 사용자 계정 @ : at을 표시 sun630cc : 서버명 nfup : 기관명 ac : 기관 특성(교육 기관) kr : 국가명(한국)
참 고	인터넷의 타기관 시스템들도 모두 IP 주소가 부여되어 있다.	re : 연구 기관 gov, go : 정부 기관 ac, edu : 교육 기관 com, co : 회사, 상업적인 목적의 기관 kr(한국), jp(일본), au(호주), de(독일), fr(프랑스), ca(캐나다), uk(영국) 등을 나타내며, 미국의 경우는 자체 망이므로 국가 이름을 생략한다.	전자 메일 주소를 사용자 각 개인의 명함에 기재하는 형식은 다음과 같다. 전자 메일 : mpark@sun630cc.nfup.ac.kr

면 언제든지 전문가의 조언을 들을 수 있는 카페. 따뜻한 커피를 마시면서 단시간 내에 많은 정보를 습득하며 네티즌이 될 수 있는 장소이다.

Internet connections [-kənékʃənz] **인터넷 접속 방식** 다음과 같은 방법으로 나눌 수 있다. ① 전용선 접속 : 프로바이더와의 계약을 필요로 한다. 사용자의 컴퓨터 → 라우터 → 전용 회선 → 프로바이더의 순서로 웹 등에 액세스할 수 있다. ② 다이얼업 접속 : 프로바이더와의 계약을 필요로 한다. 전화선 등으로 인터넷을 이용하기 위해 PPP라는 프로토콜을 사용한다. PPP를 사용하면 전화선으로 연결된 PC로부터 TCP/IP가 사용된다. 프로바이더와 연결되어 있는 동안은 임시의 IP 주소가 할당되어 인터넷에 접속할 수 있다. 사용자의 컴퓨터 → 모뎀 → 전화 회선 → 프로바이더, 또는 사용자의 컴퓨터 → TA → ISDN 회선 → 프로바이더 등의 순서로 액세스할 수 있다. ③ UUCP 접속 : 유닉스끼리의 네트워크 접속 기능을 이용한 접속 방법. 인터넷 기능 중 일부(메일이나 넷뉴스 등)밖에 사용할 수 없다. ④ 기타 : PC 통신 서비스를 이용하는 방법도 있다. PC 통신 서비스에서는 인터넷에의 게이트웨이 접속 서비스가 제공되고 있기 때문에 그것을 이용하면 전자 우편 등을 주고받을 수 있다. ⇨ PPP, UUCP

Internet contents provider [-kántents prəváidər] ⇨ ICP

Internet control message protocol [-kəntróul mésidʒ próutəkɔ(ː)l] ⇨ ICMP

Internet EDI 인터넷 EDI EDI 문서를 전송함에 있어 하부 통신 프로토콜로서 TCP/IP, 즉 인터넷을 사용하는 것을 의미한다. 인터넷을 이용하므로 지역이나 업종, 시스템에 관계 없이 사용자들이 정보를 교환할 수 있다. 또한 자체 네트워크를 갖지 못한 사용자들도 손쉽게 EDI 문서를 전송할 수 있으며, 단기간 내에 business relationship을 체결할 수 있게 할 수 있다는 장점이 있다. 그러나 개방성을 지닌 인터넷을 이용함으로써 분실, 변경 등의 보안에 취약하다는 단점을 지니고 있다. 이에 대처하기 위해 문서 전송시 메시지를 암호화하여 전송하거나 전자 서명을 이용한다. ⇨ EDI

Internet Engineering Steering Group [-èndʒəníəriŋs tí(ː)riŋ grúːp] **인터넷 기술 특별 조사 위원회** ⇨ IERF

Internet etiquette [íntəːrnèt étikèt] 인터넷에서의 에티켓.

Internet exchange [-ikstʃéindʒ] ⇨ IX

Internet Explorer [-ikspló:rər] **인터넷 익스플로러** 마이크로소프트 사가 제공하고 있는 인터넷 월드 와이드 웹 서비스 검색 프로그램. 빠른 속도와 작은 크기, 그리고 백그라운드 사운드 연주 기능 등을 제공한다.

Internet Explorer 4.0 인터넷 익스플로러 4.0 마이크로소프트 사가 개발한 웹 브라우저 소프트웨어. 액티브 채널, 아웃룩 익스프레스 그리고 넷미팅, 마이크로소프트 챗 2.1 등의 옵션도 포함하는 등 풍부한 기능을 자랑한다. IE 4.0에서는 윈도 95와 연계성을 가진 액티브 데스크톱과 액티브 채널이 채택되었다. 액티브 데스크톱은 윈도 95와 인터넷 익스플로러를 연동시키는 기능으로 윈도 상의 파일들을 인터넷 웹 브라우저와 동일한 인터페이스에서 접근할 수 있다. 액티브 채널도 사용자가 원하는 정보를 시간에 데스크톱 상에서 받아볼 수 있는 윈도 연계성을 보이고 있다.

Internet Explorer 5.0 인터넷 익스플로러 5.0 인터넷 익스플로러 4.0을 더욱 발전시킨 형태의 마이크로소프트 사가 개발한 웹 브라우저 소프트웨어. 처리를 자동화함으로써 웹의 이용 시간을 단축할 수 있는 IntelliSense, 주소 표시줄에서 검색할 수 있는 자동 검색, 네트워크를 끊은 상태에서 웹페이지를 읽을 수 있는 온라인 브라우즈 등의 새로운 기능이 추가되었다. 또 옵션인 미디어 플레이어와의 호환이 강화됨으로써 스트리밍 방송을 간단히 즐길 수 있게 되었다. 2000년 7월에는 새로운 기능으로서 인쇄 미리보기를 지원하고, DHTML이나 CSS(캐스케이딩 스타일 시트) 기능을 강화한 인터넷 익스플로러 5.5가 배포된 데 이어 현재 최신 버전은 인터넷 익스플로러 6.0이다.

Internet FAX [-fæks] **인터넷 팩스** 인터넷 팩스는 팩스 서버 대신 인터넷 서버를 통해 팩스를 발송하는 것이다. 인터넷 팩스는 팩스 서버가 상대방의 팩스에 전화를 걸어 팩스를 보내는 방식이므로 팩스 서버가 반드시 있어야 하고 서버가 상대편 전화에 전화를 거는 최소 비용을 팩스 발송자가 부담해야 한다. 그러나 국제 전화선을 이용한 기존의 일반 팩스보다 월등히 비용이 저렴하기 때문에 많은 사용자들이 인터넷 팩스에 관심을 보이고 있다. ⇨ intranet, Internet phone

Internet free trade zone [-fríː tréid zóun] **인터넷 자유 무역권** 미국의 클린턴 전 대통령이 1997년 7월에 발표한 인터넷을 사용한 전자 상거래의 진흥책(Framework Global Electronic Commerce)에서 제창한 것으로, 인터넷 상에서 국가 간에 주고받을 수 있는 전자 상거래의 관세를 비과세하자는 구상. 그 배경에는 관세 제도를 인터넷을 통한 거래에 적용하는 것이 실무상 어렵다는 것과 전자 상거래를 통해서 미국 소프트웨어 산업의 수출을 확대하려는 의도가 있다.

Internet information server[-ìnfərméiʃən sə́ːrvər] **인터넷 인포메이션 서버** ⇨ IIS

Internet jockey[-dʒáki] **인터넷 자키** 디스크 자키나 비디오 자키처럼 인터넷에서 음악 프로그램을 진행하는 사람. 음악 프로그램 진행자는 인터넷에서 자신의 웹 사이트를 만들고, 이곳에서 청취자들로부터 음악 신청 및 각종 사연이 담긴 편지를 받는다. 그리고 음악 프로그램을 진행하면서 웹 사이트에 전달된 편지를 읽어주거나 청취자들이 신청한 음악을 틀어주기도 한다.

Internet karaoke[-kàːrəóuki] **인터넷 가라오케** 가라오케를 즐길 수 있는 인터넷 서비스. 인터넷을 통해 그 데이터를 제공받고 PC 상에서 재생하여 가라오케를 즐긴다.

Internet keyword[-kíːwə̀ːrd] **인터넷 키워드** 넷스케이프 커뮤니케이터 4.06에 추가된 스마트 브라우징 기능. URL을 표시하는 위치에 키워드를 입력하면 검색이 행해진다.

Internet mall[-mɔ́ːl] **인터넷 몰** WWW를 응용한 쇼핑 센터.

Internet number[-nʌ́mbər] **인터넷 넘버** 32 비트 숫자로 128.134.1.1과 같이 마침표로 연결된 4개의 숫자로 표현되어 dotted quad라고도 한다. 인터넷 상의 시스템은 인터넷 넘버 또는 IP 어드레스라고 불리는 고유의 어드레스를 하나 이상 갖게 된다. 인터넷 넘버를 구성하는 4개의 숫자(예를 들면, 147.47.80.25)는 8개 비트로 구성되는 숫자로 옥텟(octet)이라고 부른다. 처음 두 개 또는 세 번째까지의 부분은(예를 들면 147.47.80) 그 시스템이 연결되어 있는 네트워크, 즉 서브넷(subnet)을 나타낸다.

Internet phone[-foun] **인터넷 폰** 미국의 Vocaltec 사가 개발한 상업용 소프트웨어로서 인터넷을 이용하여 전화처럼 통화할 수 있다. 윈도 3.1 또는 윈도 95 상에서 동작하고, 컴퓨터가 음성에 대응하고 있어 마이크와 스피커가 접속되어 있을 필요가 있다. 이용자는 회선을 통하여 인터넷 폰 서버라고 불리는 컴퓨터에 접속하여 그곳에 등록되어 있는 상대와만 통화할 수 있다. 인터넷에 접속하는 비용만으로 통화할 수 있기 때문에 국제 전화 대신으로 이용하면 대폭으로 통화 요금을 절약할 수 있다. ⇨ 표 참조, 그림 참조

Internet protocol[-próutəkɔ̀(ː)l] **IP, 인터넷 프로토콜** 독립적인 여러 네트워크들 사이에서 패킷을 교환할 수 있도록 해주는 프로토콜.

Internet protocol connection[-kənékʃən] **IP 접속** ⇨ IP connection

Internet protocol suite[-swíːt] **인터넷 프로토콜 슈트** TCP/ IP를 시초로 하는 인터넷의 표준 프로토콜의 집합. ⇨ protocol

〈인터넷 폰의 특징〉

- 시내 전화 요금만으로 국제 전화를 할 수 있다.
- 간단한 설치와 친근한 그래픽 화면으로 초보자들도 쉽게 쓸 수 있다.
- 넷스케이프, 익스플로러에 접속하여 쓸 수 있다.
- 모뎀 속도에 따라 고음질 모드를 이용할 수 있다.

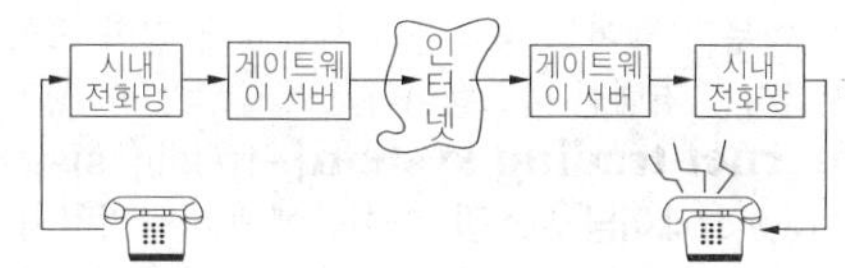

〈게이트웨이 서버를 통한 인터넷 폰〉

〈인터넷 폰을 쓰기 위한 시스템 준비 사항〉

- 486 이상의 PC
- 윈도 3.1 또는 윈도 95
- 8 MB RAM
- 윈속 프로그램(1.1 호환 TCP/ IP 접속, 최소 접속 속도 14.4K SLIP/ PPP)
- 사운드 카드, 마이크, 스피커

Internet protocol ver.4 **인터넷 규약 버전 4** ⇨ IPv4

Internet protocol ver.6 **인터넷 규약 버전 6** ⇨ IPv6

Internet provider[-prəváidər] **인터넷 프로바이더** 간단히 프로바이더라고 할 때가 많다. 인터넷에의 접속 서비스를 위해 백본 네트워크를 구축/관리하고, 다른 프로바이더와의 상호 접속하는 것. 운영 주체는 대학, 대기업, 사용자 그룹 등 다양하다.

Internet radio[-réidiou] **인터넷 라디오** 인터넷을 통해 음성 데이터를 전송하는 서비스.

Internet roaming service[-róumiŋ sə́ːrvis] **인터넷 로밍 서비스** 국내 PC 통신이나 인터넷 가입자가 해외 여행시 세계 어느 곳에서나 시내 전화료만 내고 해당 서비스를 이용하는 것. 즉, 외국에 나가더라도 현지 시내 전화를 통해 인터넷에 곧바로 접속, 자신에게 배달된 전자 우편 메시지를 확인하거나 원하는 정보를 얻을 수 있다.

Internet server[-sə́ːrvər] **인터넷 서버** 인터넷 전용 서버로, 이 서버를 운영하려면 항상 인터넷에 접속되어 있는 전용 회선이 필요하다.

Internet setup wizard[-sétʌ̀p wízərd] **인터넷 설치 마법사** 윈도 95용 확장 소프트웨어 「Microsoft Plus! For Windows 95」에 포함된 프로그램. 인터넷을 대화 형식으로 간단히 설정하여 이용

할 수 있다.

Internet Society[–səsáiəti(:)] **인터넷 학회** ⇨ IS

Internet talk radio[–tɔ́:k réidiou] **인터넷 토크 라디오** ⇨ ITR

Internet telephone[–téləfòun] **인터넷 전화** 네트워크 상에서 음성 전송을 실현하는 VoIP(voice over IP) 기술을 이용한 인터넷 쌍방향 대화 시스템. 음성에 화상을 포함하는 것도 있다. 통화 거리가 아무리 멀어도 공급자의 사용료에 전화 요금만 지불하는 저렴한 시스템이다.

Internet trading system[–tréidiŋ sístəm] **인터넷 트레이딩 시스템** 아이들에게 바람직하지 않은 홈페이지 등에 대해 홈페이지 작성자가 순위를 매겨 부모나 선생님이 확인하지 않으면 볼 수 없게 하는 시스템.

Internet TV 인터넷 TV 평상시에는 일반 TV로 사용하다가 리모컨 조작으로 인터넷에 접속 가능한 환경으로 바뀌는 TV. 인터넷 TV의 종류에는 PC에 연결해 사용하는 외장형과 TV 안에 인터넷 수신 보드와 모뎀, 소프트웨어를 내장한 내장형이 있다.

internetwork connection[ìntərnétwə̀:rk kənékʃən] **선간 접속** 다른 종류의 통신망을 서로 접속함으로써 각각의 망에 속하는 단말 간의 통신을 가능하게 하는 것.

internetworking[intərnétwə̀:rkiŋ] **인터네트워킹** 개개의 LAN을 연결하여 WAN 또는 WAN에서 더 큰 WAN으로 연결시키는 이론이나 기술. 다른 네트워크를 통하여 연결시키기 때문에 매우 복잡하며 라우터(router), 브리지(bridge), 게이트웨이(gateway)로 구성되어 있다.

internetwork packet exchange/sequenced packet exchange[ìntərnétwə̀:rk pǽkət ikstʃéindʒ síkwənst pǽkət ikstʃéindʒ] ⇨ IPX/SPX

Internet World[ìntərnét wə́:rld] **인터넷 월드** 미국에서 매년 2회 개최되고 있는 인터넷 관련 전시회.

Internet worm[–wə́:rm] **인터넷 웜** 바이러스는 다른 프로그램이 실행될 때나 부팅시 같이 실행되어 시스템에 타격을 주는 코드를 말한다. 인터넷 웜은 독립적으로 실행될 수 있고, 네트워크 연결을 통해 한 시스템에서 다른 시스템으로 스스로 이동할 수 있는 프로그램이다. 인터넷 웜은 서로 다른 시스템에서 실행될 수 있도록 각 시스템의 코드를 다 가지고 있다. 또 다른 프로그램을 바꾸지는 않지만 바이러스 종류의 다른 프로그램들을 바꾸는 코드를 가지고 있을 수 있다. 그리고 최소한 10개 중 두 개는 유닉스 환경에서 실행된다. 인터넷 웜은 제작도 어려운 만큼 타격도 크며, 인터넷 웜을 개발하기 위해서는 네트워크 환경이 필수적이므로 제작자는 네트워크 서비스도 잘 알 뿐만 아니라 네트워크가 운영되는 기술 전반을 알아야 한다. ⇨ computer virus

InterNews[íntərn(j)u:z] **인터뉴스** 다트머스 대학에서 개발된 인터뉴스는 아이콘을 이용한 인터페이스로 손쉽게 유즈넷 뉴스를 읽을 수 있도록 설계된 소프트웨어. 폰트를 한글 폰트로 세팅해주기만 하면 한글을 읽을 수 있다는 점이 특징이다.

interNIC Internet network information center의 약어. 등록, 인명부, 데이터 베이스 등의 정보를 제공.

inter-office communication[íntər ɔ́(:)fis kəmjù:nikéiʃən] **자국 간 통신** 교환국 사이에서 데이터의 수집, 전송, 중계, 처리 등을 수행하는 통신.

inter-office trunk[–trʌ́ŋk] **중계선, 사무실 연결 회선** 교환국 간의 접속에 쓰이는 회선.

interoperability[ìntərɔ̀pərəbíliti] **호환성** 두 개 이상의 시스템 간에 정보를 교환하거나 교환된 정보를 상호간에 사용할 수 있는 성질.

interoperability Now[–náu] **아이 나우** ⇨ iNow

InterPark[íntərpɑ:rk] **인터파크** 주문에서 배달에 이르는 통합 유통 시스템이며, 천리안에 개설되어 있다. 인터파크는 온라인 가상 쇼핑 센터로 인터넷 서버 내에 상품의 판매를 원하는 백화점이나 유통업체에게 가상 상점을 임대하고, 국내외 인터넷 이용자들이 이를 검색해 자세한 상품 정보의 입수는 물론 주문, 대금 결제 및 배달까지 받을 수 있는 첨단 서비스이다. 해외의 경우 미국의 마이크로소프트 사와 월 마트가 공동으로 인터넷을 통한 상품 판매를 개시할 예정이며, 일본 통산성 관장으로 올 1월부터 2년간 350여 개의 기업체와 50만 명이 참여하는 전자 거래 실험을 실시하고 있어, 전세계적으로 인터넷 사이버 마켓이 활발하게 추진되고 있다. ⇨ on-line shopping

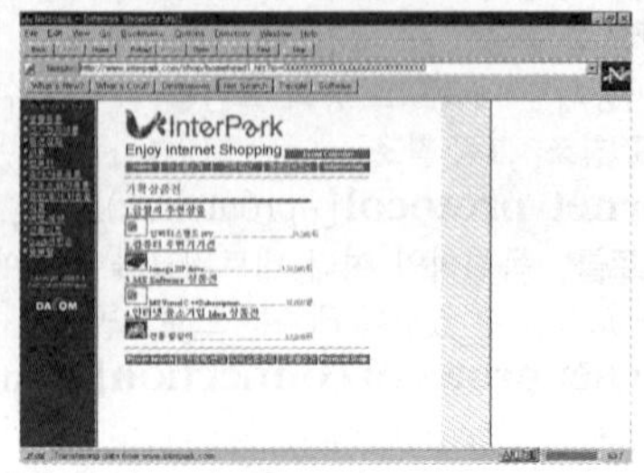

〈InterPark의 초기 화면〉

interpolating polynomial[intə́ːrpəlèitiŋ pɑlinóumiəl] **보간 다항식** 서로 다른 점 x_0, x_1, ⋯, x_n에서 함수값이 $f(x_0)$, $f(x_1)$, ⋯, $f(x_n)$으로 주어졌을 때 $f(x_k)=p(x_k)$, $k=0, 1, \cdots, n$을 만족하는 다항식 $p(x)=a_0x_0+a_1x_1+\cdots+a_nx_n$⋯이 유일하게 결정되는데, 이때 정해진 다항식 $p(x)$를 보간 다항식이라고 한다.

interpolation[intə̀rpəléiʃən] *n.* **보간법** 연속적 변수 가운데 어느 간격을 둔 두 개 이상의 값을 알고, 그것들을 만족시키는 어느 함수의 값을 정하여 그 사이의 변수의 값에 대한 함수의 값을 구하는 조사 계산법.

interpolation of second order[–əv sékənd ɔ́ːrdər] **2차 보간법** ⇨Lagrange interpolation

interpolation searching[–sə́ːrtʃiŋ] **보간 검출** 비교 대상을 선정할 때 처음부터 주어진 키와 일치하는 것이 있음직한 부분의 키를 택하여 검출을 진행하는 방법.

interpolator[intə́ːrpəlèitər] *n.* **인터폴레이터** ⇨ collator

interpret[intə́ːrprət] *v.* **해석하다, 번역하다, 통역하다** (1) 컴퓨터의 언어 처리 프로그램에 있어서 그 언어로 쓰여진 프로그램을 각 문장(statement)마다 차례로 해석하고 실행(execute)하는 것. 이런 종류의 언어를 인터프리터(interpreter) 또는 번역 프로그램(interpreter program)이라 하며 컴파일러(compiler)와 대조를 이룬다. 인터프리터는 각 문장마다 해석하고 실행도 하므로 처리 속도는 늦고 컴파일러를 행한 뒤에 실행하는 것과 비교하면 수십 배의 처리 속도에 차이가 생긴다. 그러나 컴파일러 시간이 없기 때문에 프로그램의 디버그에 극히 유용하고 또 짧은 프로그램이라면 처리 속도도 충분하다. 처리 속도를 문제시 하지 않는 프로그램에는 유용하다. (2) 천공 카드(punched card)에 천공된 정보를 해독하는 것. 혹은 해독한 내용을 다음 카드에 천공하는 것. (3) 컴퓨터 프로그램에서의 원시 언어의 명령문을 다음 명령문의 번역 및 실행 전에 하나씩 번역하여 실행하는 것.

interpretation[intə̀ːrprətéiʃən] *n.* **번역, 해석** 컴퓨터 프로그램에서 원시 언어의 명령문을 다음 명령문을 번역하고 실행하기 전에 하나씩 번역하고 실행하는 것.

interpretation of system of axioms[–əv sístəm əv ǽksiəmz] **공리계(公理系)의 해석** 예를 들면, 유클리드 기하학의 공리계에서 점과 직선은 무정의(無定義) 전문 용어이므로 무정의인 이상 거기에 적당한 해석(의미)을 붙여도 차이가 없다는 생각이 든다. 무엇보다도, 점이나 직선이라는 낱말을 썼기 때문에 기하학에서 나오는 이미지의 점이나 직선이라는 개념을 생각하지 않아도 좋다. 따라서 공리계의 해석이란 그 무정의 전문 용어에 있는 의미를 고려하여 공리계의 모든 공리가 어떤 의미가 있는 개념에 관한 참된 명제가 되도록 하는 것이다.

interpreter[intə́ːrprətər] *n.* **해석기, 인터프리터** 자동 프로그래밍의 일종이며, 고수준 프로그램 언어로 표시한 프로그램의 명령문(혹은 유사 명령)을 하나씩 꺼내어 실행하는 프로그램. 즉, 사람이 쓴 프로그램 그대로는 기계가 이해하지 못하기 때문에 기계가 이해할 수 있는 형식, 즉 0과 1의 모임(기계어)으로 바꾸어주는 역할을 하는 것이 인터프리터이다. 대화형 처리에서 사용하는 BASIC은 이것의 대표적인 예이다. interpretive program과 같은 뜻으로 이용된다. 프로그램을 기계어로 변환하는 방법으로는 프로그램 전체를 번역하는 컴파일러와 프로그램의 단어 하나하나를 번역하는 인터프리터가 있다. 즉, 소스 프로그램(소스 랭귀지)을 번역하여 실행하는 프로그램을 인터프리터라고 한다. 프로그램의 경우 어떤 컴퓨터에 따른 컴퓨터의 기계어 명령을 실행시킨다든지, 인터프리터를 통한 회화 언어를 사용하여 온라인 프로그램의 작성을 가능하게 하는 기능을 가지고 있는 것도 있다.

interpreter code[–kóud] **번역기 코드, 해석기 코드** 진단이나 검사를 목적으로 설계된 것으로서 작동하기 위해서는 컴퓨터 코드로 변역되어야만 하는 임시적이고 임의적으로 지정된 코드.

interpreter program[–próugræm] **번역기 프로그램, 해석기 프로그램** 번역기 프로그램은 일반적으로 의사 명령어의 순서들과 서브루틴으로 시작하되 특정 의사 코드 명령어로 나타내는 피연산자들, 즉 프로그램 매개변수들로 구성된다. 저장된 의사 코드 프로그램을 기계 코드 프로그램으로 번역하여 요구 동작을 수행하게 하는 실행 가능한 폐쇄 서브루틴.

interpreter routine[–ruːtíːn] **번역기 루틴, 해석기 루틴** 계산이 진행되면서 기계어와 닮은 의사 코드로 표현된 내부 프로그램을 기계 코드로 번역하고, 서브루틴을 이용하여 지정된 연산을 실행하는 실행 루틴.

interpreting[intə́ːrprətiŋ] *n.* **해석, 번역 인쇄** 카드에 이미 천공된 숫자나 문자 데이터를 감시하여 그 카드에 인쇄하는 것.

interpretive[intə́ːrprətiv] *a.* **해석(의)**

interpretive code[–kóud] **해석 코드** 해석적 프로그램용의 원시 언어 입력에 대한 명령 레퍼토리.

interpretive execution [–èksəkjúːʃən] **해석적 수행** 다중 프로그래밍을 포함하는 해석적 수행은 연산을 대화식으로 처리할 수 있는데, 사용자의 최초 원시 문장에 포함된 모든 정보를 보유하여 원시 언어의 오류 수정을 가능하게 하는 것.

interpretive instruction [–instrʌ́kʃən] **해석적 명령어** 이전의 프로그램 코드를 새 프로그램 코드로 자동적으로 재생산하거나 번역하며, 새로운 기계에 이전의 프로그램 코드를 해석하는 해석기의 세그먼트들.

interpretive language [–lǽŋgwidʒ] **해석 언어** 컴파일러 등의 언어 처리계에 의해 기계어 프로그램으로 번역되어 실행되는 프로그램에 대하여 원시 프로그램 명령이 하나씩 평가되어 실행되는 경우가 있다. 이와 같은 프로그램을 기술하기 위한 언어. APL이나 BASIC 등이 대표적인 예이다.

interpretive mode [–móud] **해석 방식, 해석 모드, 해석적 방식** 프로그램이 의사 누산기와 의사 인덱스 레지스터를 이용하여 그 실행을 모의 시행할 때의 추적(디버깅) 루틴에서 오류 추적을 위하여 기계와 프로그램을 해석 모드로 만들기 위해 분기 명령들이 여러 곳에 삽입되며, 오류가 발견되면 제어는 주 프로그램으로 되돌아간다.

interpretive program [–próugræm] **해석적 프로그램** 프로그램을 해석하기 위해 사용되는 컴퓨터 프로그램.

interpretive programming [–próugræmiŋ] **해석적 프로그래밍** 컴퓨터가 수행하기 전의 실제 기계어로 바로 변환 가능한 의사 기계어로 프로그램을 작성하는 것.

interpretive program translation [–próugræm trænsléiʃən] **해석적 프로그램 번역**

interpretive routine [–ruːtíːn] **해석적 루틴** 자동 프로그래밍의 일종이며, 계산이 진행됨에 따라 의사 코드로 기입된 명령을 하나씩 기계 코드로 번역하고 그때마다 명령을 수행하는 프로그램 루틴.

interpretive table [–téibəl] **해석 테이블**

interpretive trace program [–tréis próugræm] **해석적 추적 프로그램** 추적 또는 고장 진단 프로그램은 어떤 프로그램에 대해서 필요한 검사를 하는 데 사용하는 것. 그 출력으로는 명령어들과 이 명령들이 중간 결과를 실행된 순서대로 나열한 것을 포함한다. 이런 추적 프로그램이 해석적 형태일 때 해석적 추적 프로그램이라고 한다.

interpretive tracing [–tréisiŋ] **해석적 추적법** 원시 언어나 기계어로 작성된 명령어를 직접 실행시키지 않고 해석하는 루틴. 이 프로그램은 추적 프로그램이 사용하는 누산기나 레지스터, 그 밖의 누산기와 의사 인덱스 레지스터를 사용함으로써 수행이 모의 시험되므로, 분기 명령과 만날 때 제어는 추적하는 프로그램으로부터 추적되는 프로그램으로 옮아가지 않는다.

interprocessor communication [intərprɑ́sesər kəmjùːnikéiʃən] **IPC, 프로세서 간 통신** 프로세스들 사이의 통신 기법으로서 크게 공유 기억 장치 기법과 메시지 시스템 기법이 있다. 공유 기억 장치 기법은 통신하는 프로세스들 사이에 어떤 변수를 공유하고 이 공유 변수를 이용해서 정보를 교환하도록 한다. 메시지 시스템 방법은 통신을 제공하는 책임을 운영 체제가 가지고 프로세스가 메시지를 교환할 수 있게 한다.

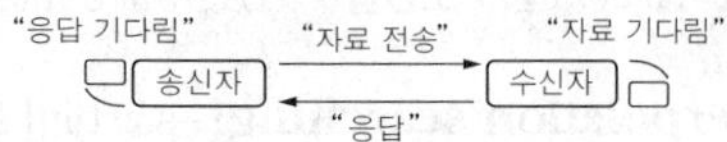

〈IPC의 개념〉

interprogram communication [íntərpróugræm kəmjùːnikéiʃən] **프로그램 간 통신**

interrecord gap [intərrékərd gǽp] **IRG, 레코드 간격** (1) 데이터의 기록 매체 상에 있어서의 연속하는 「두 개」의 레코드 사이의 부분. (2) 자기 테이프로의 기록은 어떤 정리된 문자 수를 기록 단위로 하여 그때마다 테이프 주행의 시동 · 정지가 반복된다. 그 때문에 기록 단위마다 테이프 상에 일정 간격의 공백 부분이 생긴다. 이것을 인터레코드 갭(IRG)이라 하고, 블록 간격(IBG ; interblock gap)이라고도 한다. ⇨ IRG

interrecord gap length [–léŋkθ] **레코드 간격 길이** 장치에 의해 쓰여진 레코드 간의 사용하지 못하는 기록 부분의 길이.

interrecord slack byte [–slǽk báit] **레코드 간 여유 바이트, 레코드 내 여유 바이트**

inter-register transfer [íntər rédʒistər trænsfə́ːr] **레지스터 간 전송** 레지스터 간의 전송은 병렬과 직렬의 두 가지 방법이 있으며, 병렬 전송은 주고받는 레지스터의 모든 비트가 한 클록 펄스 동안 동시에 전송되고, 마이크로 동작 기호로는 $P : A \leftarrow B$로 나타낸다(여기서 P는 제어 함수). 병렬 전송의 제어 논리는 클록 펄스의 폴링 에지(falling edge)에서 동기화되기 때문에 한 펄스의 폴링 에지에서 P가 1로 되고, 그 다음 펄스에서 P가 0으로 되는 순간에 레지스터의 전송이 이루어진다. 한편 직렬 전송은 시프트 레지스터로서 한 번에 한 비트씩 전송하는 것이다. 직렬 전송은 시프트 제어 S가 1이 되었을 때 일어나며 마이크로 동작 기호로는 $S : A_1 \leftarrow A_4,\ B_1 \leftarrow B_4,\ A_i \leftarrow A_{i-1},\ B_1 \leftarrow B_{i-1}$(i = 2,

3, 4…)로 나타낸다. 여기서 콜론(:)은 제어 함수의 끝을, 첨자(A_1, B_1 등)는 레지스터의 비트를, 화살표(←)는 정보의 전송을 의미한다.

interrogating[intérəgèitiŋ] *n.* **문의** ⇨ interrogation

interrogation[intèrəgéiʃən] *n.* **문의, 질의** 데이터 전송에 있어서 주국(主局)이 종국(從局)에 대하여 그 국임을 확인 또는 국의 상태의 전달을 요구하는 처리 과정. 또 연상 기억 장치에 있어서 질의 정보에 의하여 질의를 행하는 것.

interrupt[ìntərʌ́pt] *n.* **가로채기, 인터럽트** 인터럽트란 하나의 프로그램 실행을 하드웨어적인 방법으로 중단하고 후에 재개할 수 있도록 다른 프로그램의 실행으로 옮기는 것이다. 어떤 프로그램의 실행 중에 외부로부터의 몇 가지 사상(event)에 의하여 그 프로그램의 실행이 일시 정지되어(suspended), 그 사상에 대응한 다른 프로그램이 먼저 실행되는 것을 인터럽트라 한다. 「인터럽트되어」 실행된 프로그램이 완료되면 원래 프로그램의 실행이 「중단점」으로부터 재개된다. 이 「인터럽트」는 하나의 명령의 실행마다 일어날 가능성이 있다. 인터럽트를 일으키는 인터럽트 사상(事象 ; interrupt event) 또는 인터럽트를 발생시키는 주된 원인으로는 컴퓨터의 내부 구성 부품의 고장, 정의되어 있지 않는 명령의 발생, 자리 넘침, 기억 보호 위반, 전원 및 지진에 의한 이상, 장치의 오동작, 입출력 장치의 동작완료, SVC(super visor call) 명령 등이 있다. 중앙 처리 장치(CPU)의 연산 속도는 입출력 장치의 속도에 비하여 단계적으로 고속의 속도차를 역으로 이용하고, 어떤 프로그램의 입출력 동작의 완료를 유지하는 일 없이 그 사이에 다른 프로그램을 실행하거나 각각에 우선 순위(priority)를 붙여서 복수 프로그램을 병행 처리하게 함으로써 컴퓨터 시스템 전체를 유효하게 작동하기 위하여 고안된 작업의 하나가 이 「인터럽트」이다.

interrupt acknowledge[–əknálidʒ] **IACK, 인터럽트 인정 신호** 주변 장치로부터의 인터럽트 요구에 의한 중앙 처리 장치의 응답 신호.

interrupt and control logic[–ənd kəntróul ládʒik] **인터럽트 · 제어 논리** 인터럽트는 주변 장치(외부 인터럽트)나 중앙 처리 장치의 제어 부분으로부터 받아들여진 제어 신호이다. 입출력 행위와 실시간 상황에 대한 반응의 동기화는 인터럽트를 통해서 이루어진다. 각 인터럽트는 중앙 기억 장치에 정해진 고유의 주소가 있다. 이러한 인터럽트 위치는 수행 시스템에서 인터럽트 응답 서브루틴으로 분기하도록 프로그램되어 있다.

interrupt capability[–kèipəbíliti(:)] **인터럽트 능력**

interrupt clock[–klák] **인터럽트 클록** 만일 어떤 프로세스가 일정한 시간이 지났는데도 자발적으로 CPU를 내놓지 않을 때는 그 클록이 인터럽트를 발생시켜 운영 체제가 CPU의 제어권을 갖게 한다. 이렇게 하여 운영 체제가 제어권을 갖게 되면 실행 상태에 있던 프로세스는 준비 상태로 바뀌고 준비 리스트 내의 첫 프로세스가 실행 상태로 된다. 즉, 프로세스가 우연이건 고의건 어떤 방법으로든지 중앙 처리 장치(CPU)를 계속해서 독점하는 것을 방지하기 위해서 운영 체제가 지정한 시간 동안만 프로세스가 CPU를 점유하도록 하는 클록이다.

interrupt code[–kóud] **인터럽트 코드** 인터럽트가 발생했을 때, 그 인터럽트의 발생 원인을 해결하기 위해 수행하는 인터럽트 서비스 루틴.

interrupt control and reset logic[–kəntróul ənd riːsét ládʒik] **인터럽트 제어와 리셋 논리** 특정 시스템들에서는 인터럽트 기능은 정전, 멈춤 상태, 회복 인터럽트, 사건(또는 line time clock) 인터럽트 제어와 외부 인터럽트를 포함하는데, 인터럽트와 리셋 논리 기능은 보통 버스 고장과 시스템의 정전을 포함한다.

interrupt control routine[–ruːtíːn] **인터럽트 제어 루틴** 인터럽트가 발생할 때 수행되는 루틴으로 필요한 조치를 결정하기 위한 인터럽트의 분석과 인터럽트가 걸린 프로그램으로 제어를 되돌리는 등의 세부 사항들을 제공한다.

interrupt control word[–wə́ːrd] **인터럽트 제어 단어** 인터럽트가 발생했을 때 인터럽트 주소, 인터럽트 프로그램 수행, 분석 등을 수행하기 위한 단어.

interrupt cycle[–sáikl] **인터럽트 사이클** BSA (branch and save return address) 명령의 하드웨어 실행으로 PC에 저장된 현재의 주소가 특정 영역에 저장되었다가 뒤에 인터럽트된 지점으로 다시 돌아오는 과정으로 실행 사이클의 마지막에서 시작된다.

interrupt dependent processor[–dipéndənt prásesər] **인터럽트 종속 처리기** 인터럽트 종속 처리기 상황의 한 예는 피연산자 호출을 하고 있는 처리기에서 실행되는 프로그램에 의해서 생기는 존재 비트 조건을 들 수 있다. 처리기 종속 인터럽트는 존재 비트가 0인 설명 부분을 가리키게 된다(어떤 컴퓨터에서만 가능).

interrupt device select code[–diváis səlékt kóud] **인터럽트 장치 선택 코드** 마이크로컴퓨터에 하나 이상의 장치가 동시에 인터럽트를 요구했을 때 어느 장치가 인식되고, 또 어떻게 다른 장치로부터 지정되는 것을 방지할 것인가를 선택하기 위해 사용되는 코드.

interrupt disable[–diséibl] **인터럽트 금지, 인터럽트 불가능** 컴퓨터의 중앙 처리 장치(CPU)가 특정한 인터럽트를 방지하는 상태로 되어 있는 것. 이 상태에서 발생하는 인터럽트는 무시되거나 보류된다. 교환 처리는 각 프로그램에 의하여 처리되며 프로그램의 우선도에 따라 클래스가 나누어진다. 보통 클래스 A 또는 B 인터럽트가 발생되면 레벨이 높은 클래스의 프로그램(F 또는 H 레벨)이 실행되며, 메모리 모순 등이 발생할 가능성이 있는 경우 이들의 인터럽트를 마스크하게 되는데, 이것을 인터럽트 금지라고 한다. 일반적으로 인터럽트 금지는 수~수십 스텝(step) 정도의 처리에 대하여 플래그를 세우며, 인터럽트 금지 해제 후에는 클래스 A, B의 인터럽트가 유효하게 된다.

interrupt disabled[–diséibld] **인터럽트 금지의**

interrupt driven[–drívən] **인터럽트 구동 방식의** 컴퓨터의 중앙 처리 장치(CPU)와 외부 장치 간의 입출력 동작이 인터럽트에 의해 주도되는 방식.

interrupt driven transfer[–trænsfə́ːr] **인터럽트 중심 이전** 장치가 자료 전송 준비를 마치면 중앙 처리기 프로그램의 실행에 인터럽트를 걸고, 주변 장치 인터럽트 처리 루틴의 실행을 시작한다. 인터럽트는 장치가 자료의 전송 준비가 되기까지 대기하지 않고 여러 처리기들이 프로그램된 동작을 계속하게 해준다. 주변 장치 인터럽트 처리 루틴의 실행이 완료되면 중앙 처리기 프로그램이 다시 적재되고, 프로그램은 인터럽트가 되었던 곳부터 계속 실행된다.

interrupt enable[–inéibl] **인터럽트 허가, 인터럽트 가능** 발생한 인터럽트의 처리가 가능한 상태.

interrupt enable flip-flop[–flíp flɑ́p] **인터럽트 가능 플립플롭** 인터럽트 처리에서 컴퓨터에 인터럽트 신호가 전달되게 또는 전달되지 못하게 제어하는 플립플롭.

interrupt flag register[–flǽ(ː)g rédʒistər] **인터럽트 플래그 레지스터**

interrupt feedback signal[–fíːdbæ̀k sígnəl] **인터럽트 피드백 신호** 인터럽트 신호와 관련된 인터럽트 레벨이 대기 또는 실행 상태로 진전되는가를 나타내는 지속적인 신호를 가리키며, 이 신호는 인터럽트 레벨이 해제 또는 보호 상태로 리셋될 때 끝난다.

interrupt handler[–hǽndlər] **IH, 가로채기 다루개, 인터럽트 핸들러** 인터럽트 처리 루틴. 인터럽트가 발생할 때 인터럽트된 프로그램의 레지스터와 상태를 보존하고 그 인터럽트를 처리하는 루틴으로 제어를 옮기도록 하는 제어 프로그램. 인터럽트가 발생되면 인터럽트 직전의 중앙 처리 장치의 정보를 기억하고 인터럽트의 종류를 판정한 다음, 인터럽트 원인에 대한 처리를 한다. 그리고 인터럽트 직전의 정보를 복귀시켜 인터럽트를 해제하는 기능도 가지고 있다.

interrupt handling[–hǽndliŋ] **인터럽트 처리** 인터럽트가 발생했을 때 그것을 처리하는 것.

interrupt handling routine[–ruːtíːn] **인터럽트 처리 루틴**

interrupt hooking[–húkiŋ] **인터럽트 후킹** 인터럽트는 가로채어 해당 인터럽트가 걸릴 때 자신의 핸들러가 호출되도록 하는 프로그래밍 기법을 말한다. 인터럽트라는 것 자체가 「가로챈다」라는 의미를 가지고 있는데, 이것은 또 「훔친다」는 개념이다. ⇨ interrupt

interruptible[intərʌ́ptibl] *a*. **인터럽트 가능한, 인터럽트 가능**

interrupt identification[ìntərʌ́pt aidèntifikéiʃən] **인터럽트 식별** 인터럽트가 발생한 장치와 채널 사이의 식별은 구 프로그램 상태 단어에 저장되며, 또 장치와 채널의 상태는 고정된 위치에 저장되는데, 입출력 인터럽트는 보통 입출력 장치의 작동 종료나 예외적인 상황이 나타났을 때 발생한다.

interrupt independent processor[–ìndipéndənt prɑ́sesər] **인터럽트 독립 처리기** 처리기 독립 인터럽트 상황의 한 예로서 입출력 동작이 완성되었을 때 입출력 장치에 의해서 생기는 입출력 종료 상황을 들 수 있다.

interrupting clock[ìntərʌ́ptiŋ klɑ́k] **인터럽트 클록** 주기적인 실행이 필요한 프로세스들은 인터럽트 클록에 의존하게 되는데, 대화식 사용자들에게 적절한 응답 시간의 보장에 도움을 주고, 사용자가 끝없는 루틴에 걸리게 되는 것을 막아주며, 또한 프로세스들이 시간에 의존하는 사건에 응답할 수 있게 도와준다.

interrupt inhibit[ìntərʌ́pt inhíbit] **인터럽트 금지** 인터럽트 요구가 발생하여도 어떤 시간 간격 내에서는 인터럽트를 허용하지 않으며 그 상태를 보존 유지시키는 것. 보통 우선도가 높은 프로그램의 실행중에는 이 상태로 되어 있다. 인터럽트 금지 해제(interrupt release)와 대비되며, 마스크(mask)와 같은 의미로 사용할 때도 있다.

interrupt I/O **인터럽트 I/O** 인터럽트 입출력은 데이터 전송을 마이크로컴퓨터의 인터럽트 기능을 가진 하드웨어에 의해서 제어하는 방식이다. 즉, 입출력 기기의 준비나 동작의 완료를 인터럽트 신호로써 입출력 기기에서 중앙 처리 장치(CPU)로 보내면, CPU가 인터럽트 신호를 확인한 다음 그때까지 실행하고 있던 프로그램을 중단하고 입출력 기기와 데이터의 전송을 행하는 방식을 말한다.

interruption[ìntərʌ́pʃən] *n.* **인터럽션** (1) 「인터럽트」 자체이며, 같은 의미로 사용되고 있다. 이 「인터럽트」에는 입출력 인터럽트, 프로그램 인터럽트 등 인터럽션의 원인이 되는 사상에 따라 여러 가지 종류가 있다. 컴퓨터 시스템에서 필수인 하드웨어 기능의 하나이다. (2) 컴퓨터 프로그램의 실행과 같은 처리의 중단이며 그 처리에 대한 외부로부터의 사상에 기인하여 후에 그 처리가 재개할 수 있도록 하는 방법으로 수행되는 것.

interruption handling routine[–hǽndliŋ ruːtíːn] **인터럽션 처리 루틴**

interruption logging[–lɔ́(ː)giŋ] **인터럽션 로깅** 인터럽트(interrupt)가 발생할 때마다 그 상태를 순차적으로 저장해두고 여러 가지의 분석에 사용할 수 있다.

interruption queue[–kjúː] **인터럽션 대기 행렬** 복수의 인터럽트(interrupt)가 병행해서 발생했을 때 우선도가 높은 인터럽트의 처리가 끝날 때까지 우선도가 낮은 인터럽트를 순차적으로 기억해 두기 위한 대기 행렬(queue).

interruption request[–rikwést] **인터럽션 요구**

interruption routine[–ruːtíːn] **인터럽션 루틴**

interruption source[–sɔ́ːrs] **인터럽션 소스**

interruption status word[–stéitəs wə́ːrd] **인터럽션 상태어, 인터럽션 상태 워드**

interruption subroutine[–sʌ̀bruːtíːn] **인터럽션 서브루틴**

interruption system[–sístəm] **인터럽션 시스템, 인터럽션 방식** 입출력 동작 완료, 기계 에러, 명령 에러 등이 원인으로 되어 자동으로 특정 번지에 점프하는 인터럽트. 이를 위해 특정 번지에 점프하는 하드웨어 기능, 필요한 상태의 도피 기능 등이 필요하게 된다.

interrupt latency[ìntərʌ́pt léitənsi(ː)] **인터럽트 지연** 인터럽트 요구가 발생한 순간부터 인터럽트가 받아들여지는 순간까지의 지연 시간.

interrupt level[–lévəl] **인터럽트 순위** 우선 인터럽트에 있어서 동등한 우선 순위별로 붙여진 순위.

interrupt line[–láin] **인터럽트 회선**

interrupt linkage[–líŋkidʒ] **인터럽트 연결** 각종 인터럽트가 발생했을 때 컴퓨터를 그 프로그램의 인터럽트 처리 부분으로 연결시키는 기법.

interrupt logging[–lɔ́(ː)giŋ] **인터럽트 등재, 인터럽트 기록** 프로그램을 검사하는 동안 또는 시스템이 조정되고 있는 동안에 인터럽트에 의하여 발생되는 가능한 프로그램의 오류를 분류하고 수정하기 위하여 인터럽트 일지를 기입하거나 리스팅하는 것.

interrupt log word[–lɔ́(ː)g wə́ːrd] **인터럽트 등재어** 이는 테이프와 같은 매체에 출력되어 분석되는데, 프로그램의 각 부분을 실행하는 사이에 발생된 인터럽트의 횟수나 형태를 나타내주는 인터럽트 등재 레코드 내의 비트들의 집합.

interrupt mask[–máːsk] **인터럽트 마스크** 인터럽트가 발생하였을 때 요구를 받아들일지 여부를 검토하고 실행을 지정하는 것이며, 이 지정을 세트할 때 어떤 장치에서의 인터럽트도 받지 않는 것을 표시하는 것. 즉, 미리 설정되어 있는 하드웨어의 인터럽트를 금지하기 위한 명령. 확장 메모리의 패리티 오류와 같이 마스크되지 않는 인터럽트(non-maskable interrupt)도 있다.

interrupt mask bit[–bít] **인터럽트 마스크 비트** 이것은 특별한 마스크 비트 명령에 의해 조작되는데, CPU 장치가 프로그램된 명령의 실행으로 해제될 때까지 인터럽트 요구에 응답하는 것을 방지하는 마스크 비트.

interrupt mask byte[–báit] **인터럽트 마스크 바이트** 예를 들어, 인터럽트가 8가지 있으면 마스크 바이트는 8비트가 되는 것으로, 마스크할 인터럽트를 지정하는 비트 패턴을 갖는 바이트.

interrupt mode[–móud] **인터럽트 모드** ⇨ hold mode

interrupt module[–mádʒuːl] **인터럽트 모듈** 어떠한 시스템에서는 특정 장치로서 여러 개의 우선 순위 분야를 지정하게 된다. 이러한 외부 우선 순위 분야의 요청이 야기되면 이를 즉시 컴퓨터에게 알려주는 모니터로서 동작하는 것을 가리키며, 이렇게 함으로써 요청이 동시에 야기되었을 때 프로그래머가 지정한 우선 순위에 의거하여 긴급한 인터럽트 요청부터 처리된다.

interrupt of controller[–əv kəntróulər] **제어기의 인터럽트**

interrupt operation[–àpəréiʃən] **인터럽트 동작**

interrupt packet[–pǽkət] **인터럽트 패킷** 데이터 패킷을 위해 쓰이는 유통 제어 절차를 우회할 수 있는 인터럽트 패킷이 DTE에 의해 발하여질 수 있다. 인터럽트 패킷은 오직 1바이트의 사용자 데이터를 실으며, 전송중에 있는 데이터 패킷보다 높은 우선 순위로 네트워크에 의하여 목적지 DTE로 보내질 수 있다. 이 서비스 사용의 예는 터미널 브레이크 문자의 전송이다.

interrupt pending[−péndiŋ] **인터럽트 대기**

interrupt priority[−praiɔ́(:)riti(:)] **인터럽트 우선 순위** 프로그램 실행중에 발생하는 각종 인터럽트 조건에 우선 순위를 주어서 모든 인터럽트가 경쟁하는 작동을 보증하는 것.

interrupt priority chain[−tʃéin] **인터럽트 우선 순위 체인** 장치들이 인터럽트 요청 신호를 내보낸 후에 중앙 처리 장치가 특수한 명령어를 실행하여 인터럽트를 요청한 장치들로부터 그들 장치 번호를 장치 번호 버스에 나타내도록 할 때 가장 우선 순위가 높은 장치만을 장치 번호 버스를 사용하고, 비록 인터럽트를 요청한 장치라도 그것의 우선 순위가 장치 번호 버스를 사용하고 있는 장치보다 낮을 때는 사용할 수 없게 하는 회로. 즉, 하드웨어에 의한 우선 순위 결정 방법이다.

interrupt priority chip[−tʃíp] **인터럽트 우선 칩** 마이크로컴퓨터의 논리로서 인터럽트 우선권(interrupt priority)을 갖기 위해 인터럽트 요구선을 CPU pin으로서 갖는 것. 이 pin을 CPU tip이라 한다. ⇨DIP

interrupt priority system[−sístəm] **인터럽트 우선 순위 시스템** 다양한 우선 순위 인터럽트 시스템으로, 인터럽트의 각 종류마다 우선 순위가 할당되고, 주어진 등급에 따라 낮은 순위 인터럽트는 높은 순위의 인터럽트가 완전히 처리되기 전까지는 인터럽트 처리가 금지되는 시스템이지만, 높은 순위 인터럽트는 자신의 처리가 완전히 끝나기 전에 낮은 순위 인터럽트에 인터럽트를 걸 수 있다.

interrupt priority table[−téibəl] **인터럽트 우선 순위표** 컴퓨터가 완전 자동 인터럽트 처리 능력을 갖지 못했을 때 이것을 돕기 위하여 인터럽트의 처리 및 검사의 우선 순위를 나열한 표.

interrupt processing[−prásesiŋ] **인터럽트 처리**

interrupt processing routine[−ru:tí:n] **인터럽트 처리 루틴**

interrupt processor[−prásesər] **인터럽트 처리기** 인터럽트가 발생하면 처리기는 하던 일을 중단하고 각종 인터럽트에 대하여 그에 적합한 조치를 취해주는 프로그램을 수행하고 다시 원래 작업으로 복귀한다. 갑자기 인터럽트된 작업을 다시 수행하기 위해서는 인터럽트 당시의 처리기 상태를 저장하였다가 후에 원래 작업으로 복귀시 복원해야 하며, 처리기가 일련의 명령어들을 수행해나갈 때 정전, 기계의 오류, 입출력의 완료, 감독자 호출, 산술적 오버플로나 오류 등과 같은 비동기적 상황이 발생할 경우 해당 장치의 전자 회로에서 처리기에 보내는 응급 처리를 요구하는 신호이다.

interrupt program time-out[−próugræm táim áut] **인터럽트 프로그램 타임아웃** 만약 프로그램이나 시스템 결점이 한정된 시간 이상 인터럽트를 억제하면 올바른 처리를 위해 억제할 수 없는 인터럽트가 발생하게 되며, 어떤 시스템은 인터럽트 체제가 억제되는 시간의 길이를 사용자가 정할 수도 있다.

interrupt release[−rilí:s] **인터럽트 금지 해제** 인터럽트 금지의 상태를 해제하고 인터럽트 금지가 받아들여지도록 하는 것. 인터럽트 금지(interrupt inhibit)와 대비된다.

interrupt request[−rikwést] **IRQ, 인터럽트 요구** CPU가 어떤 명령을 실행하고 있을 경우에 긴급 연락을 위해 CPU의 실행을 중단시키고 외부의 개입을 요구하는 것.

interrupt request chain[−tʃéin] **인터럽트 요청 체인** 우선 순위 등급이 높은 장치가 인터럽트 요청을 할 때 등급이 낮은 장치로부터 인터럽트 요청을 받아들이지 않게 하는 회로. 하드웨어에 의한 우선 순위 설정 방법이다.

interrupt request signal[−sígnəl] **인터럽트 요구 신호** 대부분의 마이크로컴퓨터의 중앙 처리 장치는 이것을 통해서 현재 실행중인 모든 명령을 중단하는 등 외부 논리의 요구를 서비스하는 신호가 있는데 이것을 인터럽트 요구 신호라고 한다.

interrupt response time[−rispáns táim] **인터럽트 응답 시간** 인터럽트 발생 시간부터 인터럽트 처리 서브루틴이 시작될 때까지 걸리는 시간을 말하며, 이때 경과된 총시간과 실제 수행 시간과의 차이를 오버헤드라고 하고 양자는 모두 가능한 짧아야 한다.

interrupt routine[−ru:tí:n] **인터럽트 루틴** 인터럽트가 발생할 경우에 실행되는 루틴. MS-DOS의 int21 콜처럼 미리 DOS나 BIOS로 준비되어 있는 경우와 프로그램 안에서 기술되는 일도 있다.

interrupt scanner[−skǽnər] **인터럽트 주사기** 인터럽트 주사기는 지정된 장치가 인터럽트를 요청하고 있는지를 살펴 비우선 순위 외부 장치 주소들을 순서적으로 조사한다. 인터럽트 요청이 발견되면 주사기는 그 주소에서 탐지를 멈추고 컴퓨터 프로그램에 인터럽트를 건다. 외부 장치는 인터럽트 요청을 위해 계속 탐지된다. 이 기능(ED 인터럽트)은 실시간 계산을 위한 시분할의 기본이 되는 주요한 개념이다.

interrupt service routine[−sə́:rvis ru:tí:n] **인터럽트 서비스 루틴** 인터럽트가 발생했을 때에 주행시키는 루틴. ⇨ 그림 참조

interrupt service task[−tá:sk] **IST, 인터럽

트 서비스 태스크

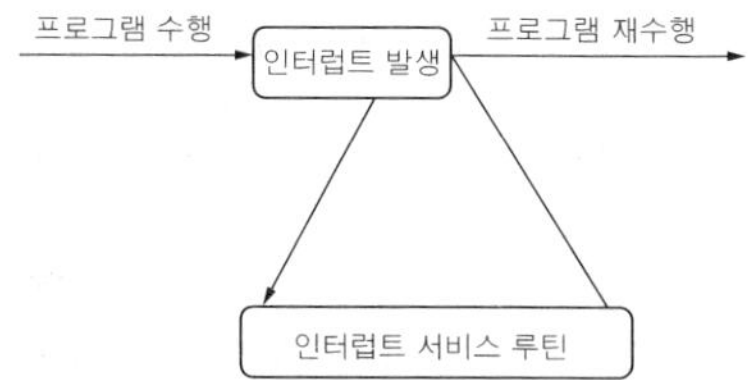

interrupt signal[-sígnəl] **인터럽트 신호** 이 신호는 중앙 컴퓨터의 즉각적인 주의를 요구하기 위해 사용되며, 제어가 인터럽트를 일으킨 사건과 관련된 특정 주소로 보내지게 한다. 외부에서 발생한 인터럽트는 컴퓨터 프로그램과 서브시스템 장치의 상태를 시간적으로 동기시키며, 주변 장치 시스템에서 발생한 오류의 상태를 나타내준다. 내부 인터럽트는 컴퓨터 프로그램과 입출력 전송의 종료를 동기시킨다. 중앙 컴퓨터와 주변 장치의 입출력 동작을 관리하는 더 강력한 제어 신호 중의 하나이다.

interrupt state[-stéit] **인터럽트 상태**

interrupt status[-stéitəs] **인터럽트 상태** 인터럽트의 상태를 표시하는 것으로, 어떤 인터럽트 레벨이 발생되는가 어떤 것이 처리중인가 또는 대기중인가를 표시하는 것.

interrupt status byte[-báit] **ISB, 인터럽트 상태 바이트**

interrupt status register[-rédʒistər] **인터럽트 상태 레지스터**

interrupt status word[-wə́ːrd] **인터럽트 상태 워드**

interrupt structure[-strʌ́ktʃər] **인터럽트 구조**

interrupt system[-sístəm] **인터럽트 시스템** 인터럽트의 원인은 적절하게 확인되고, 인터럽트의 처리를 위한 프로그램 순서의 제어는 자동적으로 행하여지는데, 어떤 처리기에서 인터럽트 원인이 내부적이거나 외부적일 때 자동적이고 즉각적으로 인터럽트에 반응할 수 있는 시스템.

interrupt trigger signal[-trígər sígnəl] **인터럽트 트리거 신호** 중앙 처리기의 정상적인 처리 순서에 인터럽트를 걸기 위해 중앙 처리기에 가해지는 내부적, 외부적 신호.

interrupt vector[-véktər] **인터럽트 벡터** 인터럽트를 거는 장치에 할당된 두 개의 주기억 장치 위치를 일컫는다. 두 개의 주소는 서비스 루틴에 대한 처리 장치 상태어(processor status word)와 서비스 루틴의 시작 주소를 포함하고 있다.

interrupt vectoring[-véktəriŋ] **인터럽트 벡터링** 어느 시스템에서는 인터럽트의 처리는 소프트웨어 폴링이 취급한다. 이러한 폴링 방법은 인터럽트를 식별하는 데 가장 경제적인 방법이지만 속도가 너무 느릴 수도 있다. 많은 응용 분야에서는 다양한 인터럽트 요청의 우선 순위를 코드화하기 위해 하드웨어를 추가시킨다. 인터럽트 요청의 암호화된 값은 제어를 해당되는 응답 루틴으로 옮기는 시스템 주소로 사용될 수 있는데, 이것을 인터럽트 벡터링이라고 한다.

interrupt vector register[-véktər rédʒistər] **인터럽트 벡터 레지스터** 인터럽트가 발생했을 때 그 인터럽트의 내용을 기록해두는 레지스터.

intersect associativity[ìntərsékt əsòuʃiéitíviti(ː)] **교집합 결합 법칙** 릴레이션 A, B, C가 합집합 호환성일 때 (A INTERSECT B) INTERSECT $C = A$ INTERSECT(B INTERSECT C)가 성립하는 것.

intersection[ìntərsékʃən] *n.* **AND 연산, 교집합, 논리곱, 공통 부분, 교점** (1) 집합이나 그래프 이론의 분야에서 사용된다. (2) 각 오퍼랜드가 불 값 1을 취할 때 한해 결과가 불 값 1이 되는 불 연산.

intersection data[-déitə] **교차 데이터** 두 세그먼트에 동시에 존재하는 데이터로서 두 세그먼트 중 어느 한쪽에만 속하면 아무 의미가 없는 데이터.

intersection gate[-géit] **교차 게이트** ⇨ AND gate

interstage punching[ìntərstéidʒ pʌ́ntʃiŋ] **중간 위치 천공** 카드의 각 열에 두 개 열의 정보에 상응한 것을 포함하는 천공 카드 시스템에서 이용하고 있으며, 이러한 카드를 처리하는 장치는 각 열의 정규 위치와 중간 위치를 판독하고 각각의 위치를 별도의 열로 취급한다. 즉, 천공 카드에서 정규 천공 위치의 중간에 천공하는 것. 따라서 80열 카드는 160열의 정보를 포함하는 것이 된다.

interstitial ad. **막간 광고** 이용자가 다음 웹 페이지를 다운로드하는 동안 프로그램 중간에 나오는 TV 상업용 광고와 비슷한 웹 사이트 광고.

intersymbol interference[ìntərsímbɔl ìntərfí(ː)rəns] **부호 간 간섭** 지연 등화 등으로 보정이 이루어지며, 전송로나 증폭기에 의한 대역 제한이나 전송로의 위상 특성의 비직선성에 의해 어느 타임 슬롯의 심벌 파형이 다른 타임 슬롯의 심벌 파형에 영향을 미치는 것.

intersystem communications[ìntərsístəm kəmjùːnikéiʃənz] **시스템 간 교신, 시스템 간 통신** 둘 이상의 컴퓨터 시스템이 주변 장치를 공유하고 공통의 입출력 채널을 사용하며, 중앙 처리 장치의 직접 연결에 의해 상호 통신하는 것.

interval[íntərvəl] *n.* **간격, 시간 간격** 시간적 ·

공간적인 간격, 불연속인 상태를 표시한다.

interval arithmetic[-əríθmətik] **구간 연산** 하한과 상한값의 쌍을 갖는 변수에 대하여 행하는 연산. 각각의 변수가 갖는 상한과 하한값으로부터 계산 결과의 상한과 하한을 구한다.

interval estimation[-èstiméiʃən] **구간 추정** 통계적 추정을 할 때 모집단의 모수가 포함되어 있는 통계량의 구간을 확률과 더불어 추정해내는 것.

interval halving method[-hǽːviŋ méθəd] **2분법**

interval number[-nʌ́mbər] **일정수** 숫자 상의 차이와 실제상의 차이가 일치하여 동간성(同間性)이 가정되는 수. 즉, 분류, 서열 및 동간성을 목적으로 쓰이는 수.

interval service value[-sə́ːrvis vǽljuː] **간격 서비스량**

interval timer[-táimər] **시간 간격 타이머, 인터벌 타이머** 컴퓨터 시스템 시간의 기준이 되는 일종의 내부 시계. 이 타임은 시스템 내에서 실행되는 작업(job)의 실행 시간(execution time)을 기록하거나 시스템의 사용 시간, 일정 시간 이상은 작동하지 않게 하는 등의 자료를 작성하는 데 사용된다. 또한 프로그램이 일정 시간 루프로부터 빠져나오지 않는 것을 발견하거나 프로그램 실행 시간을 기록하기 위한 타이머. 보통 모니터 프로그램에 따라 작동한다. 주요 사용 목적은 태스크 주행 시간을 감시하는 것이며, 일정 시간(수밀리초) 경과하면 내부 인터럽트를 발생하여 멀티 프로그래밍에서 하나의 태스크가 부당하게 오랜 시간 CPU(중앙 처리 장치)를 독점하는 것을 방지하고 있다.

interval timer interruption[-ìntərʌ́pʃən] **시간 간격 타이머 인터럽션** 인터벌 타이머를 기준으로 하여 인터럽트를 발생한 것. 주기적인 인터럽트의 발생에 사용한다.

intervention[ìntərvénʃən] *n.* **개입** 사용자가 시스템 내에 개입하는 것. 반대로 컴퓨터 시스템이 사용자에 대하여 개입을 요구하는 것을 개입 요구(intervention required)라 한다. FORTRAN과 BASIC, PASCAL 등의 프로그래밍 언어에서 READ 문이나 INPUT 문 등 주변 기기로부터의 입력을 필요로 하는 수행문을 실행했을 때 컴퓨터는 사용자에 대하여 수치, 문자열 등의 입력을 요구해온다. 이것에 대하여 사용자는 콘솔(console) 등으로부터 그 입력의 요구에 대하여 적당하다고 생각하는 것을 입력(input)한다. 그러면 컴퓨터는 입력된 값과 문자열을 참고로 다음의 처리를 행하게 된다.

intervention required[-rikwáiərd] **IRQ, 개입 요구**

intervention strategy[-strǽtədʒi(ː)] **개입 전략, 간섭 전략**

intervention switch[-swítʃ] **긴급 스위치**

interview[íntərvjùː] *n.* **인터뷰** (1) 작업을 의뢰하는 사람과 작업을 하는 사람 사이에 주고받는 대화. 의뢰인은 인터뷰를 통해 수뢰인에게 자세한 작업 목적 또는 의도를 설명할 뿐 아니라 수뢰인의 경력, 교육 정도 그리고 과거 경력 등을 파악할 수 있다. (2) 시스템을 분석하거나 설계를 할 때 사실을 수집하는 방법 또는 그 과정.

interviewer bias[íntərvjù(ː)ər báiəs] **조사자 바이어스** 통계적인 조사에 있어서 조사 담당자가 조사 대상을 직접 면접하여 조사할 때 조사 대상의 반응을 잘못 이해하거나 잘못 기록함으로써 생기는 바이어스.

interword gap[ìntərwə́ːrd gǽp] **단어 간 갭** 데이터의 손실이나 중첩 기록으로 생기는 오류를 방지하고 테이프의 회전 및 정지 동작을 가능하게 해주는 데이터나 레코드가 기록된 부분 사이에 있는 시간이나 공간의 간격.

interword space[-spéis] **단어 간 공간**

intraclock gap[íntrəklɑ̀k gǽp] **내부 클록 간격** 인접한 펄스에서 논리값 1을 갖는 부분 사이의 간격.

intractable problem[intrǽktəbl prɑ́bləm] **난제(難題)** 다항 시간 알고리즘이 존재하지 않는 문제.

intra-file clustering[íntrə fáil klʌ́stəriŋ] **파일 내 집단화** 단일 파일 내에서 논리적으로 연관된 레코드들을 디스크 상에서 물리적으로 인접하게 저장하는 것을 말한다.

Intranet[íntrənet] **인트라넷** 기업체, 연구소 등 조직 내부의 각종 업무를 인터넷과 같은 손쉬운 방법으로 처리할 수 있도록 한 새로운 개념의 네트워크 환경. 즉, 회사나 학교 등 한정된 공간에서의 네트워크 환경을 기반으로 웹과 같은 손쉬운 인터페이스로 기간 업무를 수행할 수 있도록 한 것이다. 인트라넷은 다른 말로 「Corporate Wide Web」이라고도 하며, LAN 상의 서버와 클라이언트 간에 정보 서비스, 즉 기업 내 정보 통신망 상에서 운영되는 인터넷을 말한다. 인트라넷은 인터넷에 적용되는 기술인 TCP/IP, HTTP, HTML, CGI 등과 내부 웹 시스템을 활용해 기업 내 정보 시스템을 구축하게 되며, 이렇게 구축된 시스템에 그룹웨어를 도입하면 인터넷과 동일한 브라우저로 그룹웨어를 사용할 수 있다. 인트라넷이 클라이언트/서버에 이어 기업 정보 시스템의 새로운 아키텍처로 부각되는 것은 무엇보다도 멀티미디어를 최대한 활용할 수 있고, 메인 프레임과 클라이언트/서버 환경의 장점을 그대로 유지하면서 두 환경의 문제점을 동시에 해결할 수 있다는 점이 장점으로 부각되기 때문이다. ⇨ TCP/IP, HTTP, HTML, CGI, Interent

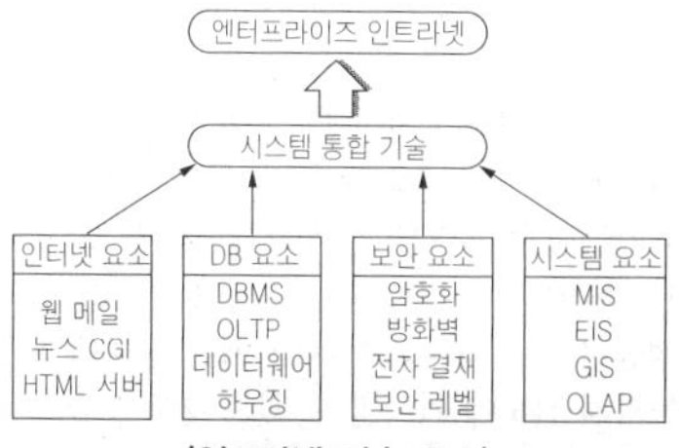

〈인트라넷 기술 요소〉

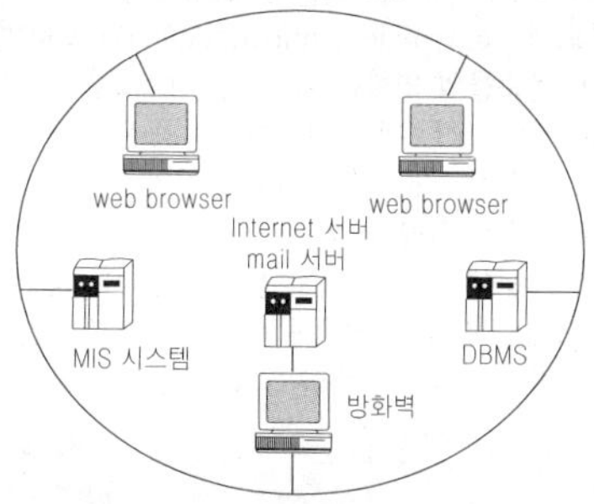

〈WWW를 이용한 인트라넷의 기본 구성〉

intra-office network [íntrə ɔ́(ː)fis nétwə̀ːrk] **구내 통신망** ⇨ local area network

intrinsic [intrínsik] *a*. **진성의, 내부의** 시스템 내의 기본적인 부분으로서 갖추어져 있는 것.

intrinsic function [–fʌ́ŋkʃən] **내장 함수** FORTRAN과 BASIC 등의 언어에서 처음부터 짜 넣어져 있는 함수이다. FORTRNN에서는 「sin(x) : x의 사인을 취한다. cos(x) : x의 코사인을 취한다. tan(x) : x의 탄젠트를 취한다. log(x) : x의 정수 부분을 준다. abs(x) : x의 절대값을 취한다」와 같은 내장 함수가 준비되어 있고, 수치 계산 프로그램이 쉽게 짜여지도록 되어 있다. 수치 함수뿐만 아니라 다른 문자 함수나 논리 함수 등이 당연하지만 내장 함수로서 준비되어 있다. 또 역으로 내장 함수에는 프로그램 작성상 필요한 최소한의 것이 준비되어 있지 않으면 안 된다. 내장 함수에 준비되어 있지 않은 함수는 사용자(user)가 정의(define)하여 이용할 수 있다.

intrinsic function reference [–réfərəns] **내장 함수의 인용**

intrinsic semiconductor [–sèmikəndʌ́ktər] **진성(眞性) 반도체** 정전하인 홀과 부전하인 전자를 같은 수만큼 포함하고 있는 반도체를 말하며 i반도체라고 한다. 이러한 반도체는 실제로는 실현할 수 없으나 최근에는 불순물이나 결정 결함이 매우 적은 반도체를 만들 수 있게 되었다. 이러한 반도체에서는 어떤 조건 하에서 진성 반도체의 성질을 강하게 나타낸다. ⇨ 보충 설명 참조

intrinsic transistor [–trænzístər] **진성 트랜지스터** 캐리어로서 전자와 정공을 동일한 수만큼 포함하고 있는 트랜지스터.

intro-pack [ìntrə pǽk] **인트로팩** 상용 네트워크의 가입 신청서. 접근 방법이나 네트워크의 개요가 작성되어 있어 순서에 따라 온라인으로 가입 신청할 수 있다.

introspective program [ìntrəspéktiv próugræm] **내성 프로그램** 자체 감시 프로그램.

intruder [intrúːdər] **침입자** 네트워크 등을 통해 컴퓨터 시스템에 불법으로 침입하는 자 또는 그들에 의해 만들어진 프로그램.

intuitionism [ìntjuíʃənizm] *n*. **직관주의 논리** 집합론에서 러셀의 역리 등 몇 가지 역리가 생겼는데 이것을 처리하기 위해, 즉 역리가 생기지 않는 수학적 체계를 구축하려고 생겨난 학파. 네덜란드의 수학자 L.E. Brouwer가 창시했다.

Invader Game [invéidər géim] **인베이더 게임** 초창기에 인기를 끌었던 게임의 이름.

invalid [ínvəlid] *a*. **무효한, 부당한** 그 상태가 정의되지 않고 어떤 의미도 갖지 않는 것.

invalid array [–əréi] **부당 배열** 일정한 규칙에 따라서 배열되지 않은 일련의 정보.

invalid bit [–bít] **무효 비트** 중앙 처리 장치(CPU)와 주변 기기(peripheral equipment)를 맺는 입출력 영역(I/O area)에서는 양자간의 정보나 상태(status)를 주고받기 위하여 1워드(word)를 하나의 단위로 한 어드레스 공간이 할당된다. 이 어드레스 공간을 이용하여 중앙 처리 장치와 주변 기기는 정보 교환을 하지만 필요한 정보를 표시하는 비트 수가 이 1워드를 표시하는 비트 수에 만족하지 않을 경우 불필요한 비트가 생긴다. 이것을 「무효 비트」라 하며, 여기서 행해지는 정보 교환에 대해서는 무효 비트가 어떠한 상태라도 무시된다.

invalid code [–kóud] **무효 코드**

invalid exclusive reference [–iksklúːsiv réfərəns] **무효한 배타적 참조, 바르지 못한 배타적 참조**

invalid formula [–fɔ́ːrmjulə] **무효식** 논리식이 거짓이 되는 최소한의 해석이 있는 논리식.

invalid frame [–fréim] **무효 프레임** 데이터 전송망의 하나인 HDLC(high level data link control)에 있어서 그 구성이 규정 외인 것. 무효 프레임에는 개시와 종료의 그래프로 싸여져 있지 않는 것, 개시와 종료 그래프를 포함한 길이가 규정 비트

진성 반도체의 전자 에너지대

반도체의 전도율은 일반적으로 온도가 낮으면 저하되고 절대 영도에서는 제로가 된다. 이것은 구성 원자의 최외각 전자가 전부 가전자(價電子)로 결합되어 있어서 자유롭게 회전하지 않는다는 것을 의미한다. 전자가 존재하는 최고 에너지대(帶)는 완전히 충만되어 있어서 그 위의 에너지대에는 전혀 자유 전자가 존재하지 않기 때문에 어느 대라도 전도에 기여하지 않게 된다(그림 (a) 참조). 온도가 높은 경우에 전자는 열에너지를 받아 아래 대에서 위의 대로 뛰어 옮겨지기 때문에 아래 대에는 전자의 구멍을 메우는 형태로 전도가 일어나며 위의 대에는 자유 전자에 의한 전도가 일어난다. 여기서 아래의 대를 충만대 또는 가전자대(價電子帶)라고 하고 위의 대를 전도대라고 부른다. 양자 사이에는 전자의 존재가 허용되지 않는 에너지대가 있는데, 이것을 금지대(禁止帶)라고 한다(그림 (b) 참조).

충만대에서 전도는 전자의 구멍을 메우는 형태로 일어나는데, 이것은 구멍이 전자 전하(電子電荷)와 같은 양전하를 가지고 전도에 기여하는 것과 등가이다. 여기서 이 구멍을 정공(正孔 ; hole)이라고 한다. 절연체로는 금지대폭이 커서, 보통 온도에서는 전도 전자도 정공도 발생되지 않아서 반도체와 본질적인 차이가 없다. 이에 대하여 금속은 전도대의 일부를 항상 전자가 점유하고 있으므로 전도에 기여하게 된다. 반도체의 전도율은 불순물의 종류와 농도에 의존한다. 반도체 중의 구성 원자를 이것과 가전자수가 다른 원자로 치환하면, 그 주변에 쿨롱 장이 만들어져서 전자 또는 정공을 포획한다. 이 전자 또는 정공은 비교적 낮은 에너지에서 전도대 또는 충만대로 옮겨져 전도에 기여할 수 있는 경우가 많으며, 낮은 온도에서도 높은 전도율을 얻을 수 있다.

이와 같은 반도체를 외인성(外因性) 반도체(또는 불순물 반도체 ; extrinsic semiconductor)라고 하며, 이에 대하여 불순물의 영향을 받지 않은 반도체를 진성 반도체라고 한다. 모든 반도체는 대단히 높은 온도에서는 충만대로부터 전도대로 옮겨지는 전자의 수가 불순물에서 공급되는 수보다 많다. 이 온도는 금지대폭이 클수록 높아지기 때문에 전자 또는 정공을 사용하는 경우에는 사용 온도에서 진성 반도체에는 가지고 있지 않은 금지대폭을 가진 반도체를 선택할 필요가 있다.

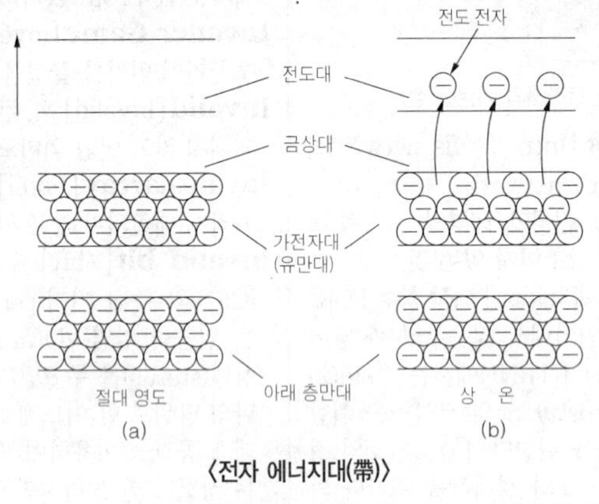

〈전자 에너지대(帶)〉

수보다도 적은 것, 8비트 정수배의 비트 수가 아닌 길이의 프레임이 적당하다. 무효 프레임이 수신되었을 때는 수신측은 이것을 포기한다.

invalid page[-péidʒ] **무효 페이지** 가상 기억 방식의 컴퓨터 시스템에서 실제 기억 상에 없는 가상 페이지. 중앙 기억 장치(CPU)의 동적 어드레스 변환(DAT) 기구에 직접적으로 어드레스할 수 없는 페이지를 말한다.

invariant[invέ(:)riənt] *n.* **불변량** 예를 들어, 상수는 프로그램 전체를 통해서 변하지 않는 값 또는 양처럼 어떤 프로그램의 문장을 수행하는 동안 그 값(양)이 바뀌지 않고 남아 있다.

inventory[ínvəntɔ̀(:)ri(:)] *n.* **재고 자산** 재고품, 작업 및 판매 자산. (1) 영업 과정에 있는 자산(상품, 제품). (2) 생산 과정에 있는 자산(제조중의 물품). (3) 생산을 위한 직접, 간접으로 소비되는 자산(원재료, 소모품).

inventory control[-kəntróul] **재고 관리** 재고 관리는 자재 부족이나 품절에 의한 판매, 생산 등의 정상적인 활동의 저해 방지나 자재의 과잉 재고에 의한 자금 부담, 저장 비용의 낭비, 금리 부담의 방지를 목적으로 하며, 그 수단으로 컴퓨터를 사용하여 정확한 자재의 소요량, 경제적인 조달량의 산출, 합리적인 보충 기일의 관리를 일목요연하게 시행하는 것이다. 즉, 기업의 그 기본적 요소의 하나인 물자의 취득, 준비, 보유, 공급에 대한 원활한 종합 관리라고 볼 수 있다.

inventory control system[-sístəm] **재고**

관리 시스템 기업 활동에서 상품의 구입, 보유, 판매, 발송 등의 여러 원활한 활동을 하기 위해 상품의 흐름을 종합적으로 관리하는 시스템. 재고 상품의 수량 관리, 매상 및 지출입 자금의 관리, 고객별 입금이나 출하의 관리 등이 그 주요 사항이며, 사무처리의 컴퓨터화에 의한 비용 절감을 지향하며, 또 상품이나 돈의 흐름에 관해서 파악한 정보를 경영 전략에 이용하는 것도 목적으로 하고 있다.

inventory management[–mǽnidʒmənt] **재고 관리** 매일 또는 주기적으로 재고 물품을 파악하여 미래의 수요와 공급에 대처해 나가는 관리 기법.

inventory management program and control techniques[–próugræm ənd kəntróul tekní:ks] IMPACT, **재고 관리 프로그램과 제어 기술**

inventory management simulator[–símjulèitər] IMS, **재고 관리 시뮬레이터** 재고 관리에 있어서 재고 상태나 제품의 수급에 얽히는 문제점을 정확히 분석하고, 적정한 발주점을 발견하여 표준 재고량을 결정하기 위한 시뮬레이션 프로그램(simulation program).

inventory stock report[–stɑ́k ripɔ́:rt] **재고량 보고서** 여러 가지 재고 관리가 수행되고 있는 각 품목에 대해 현재 재고량을 나타내는 보고서.

inverse[invə́:rs] *a.* **역의, 역** 대수 체계에서 연산자 $*$에 대하여 항등원 e를 갖는 원소의 집합 S에서 모든 $X \in S$에 대하여 $Y \in S$인 Y가 $X * Y = e$의 식을 만족할 경우 집합 S는 역을 가지고 있다고 한다.

inverse adjacency list[–ədʒéisənsi(:) líst] **역인접 리스트** 방향성 그래프에서 각 정점에 대해 그 정점으로 들어오는 선분에 인접한 정점들로 구성된 리스트. 한 정점의 진입 차수를 쉽게 알 수 있다.

inverse correlation[–kɔ̀(:)rəléiʃən] **역상관** 하나의 변수값이 양(+)의 방향으로 바뀔 때 그와 대응되는 다른 변수는 음(–)의 방향으로 바뀌는 것.

inverse function[–fʌ́ŋkʃən] **역함수** 함수 $f: M \rightarrow N$이 전단사일 때 f의 역관계를 역함수라 하고 f^{-1}로 표시한다.

inverse iteration[–itəréiʃən] **역반복법** 주어진 행렬의 고유값의 절대값을 계산하는 방법인 역방법을 변형시킨 방법. 즉, 어떤 f의 값에 대하여 x의 값을 구하는 것이다.

inverse matrix[–métriks] **역행렬** 임의의 정사각 행렬 A에 대해 $AE = EA = A$가 성립하는 (E는 단위 행렬) A가 주어질 때 $AB = BA = E$가 되는 행렬 B를 A의 역행렬이라 하고 A^{-1}로 표시한다.

inverse multiplexer[–mʌ́ltiplèksər] **역다중화기** 두 개의 음성 대역폭을 사용하여 광대역에서 얻을 수 있는 통신 속도를 이용하는 기기. 다중화기와는 반대로 고속 데이터 스트림을 두 개의 느린 속도의 데이터 스트림으로 변환하여 음성 대역 변복조기를 통해 전송하면 수신측에서는 이들 두 개의 느린 속도의 데이터 스트림을 다시 합하여 고속 데이터 스트림으로 만들어 이용한다.

inverse number[–nʌ́mbər] **역수** 0이 아닌 수 a에 대해 1을 a로 나누어서 얻어지는 수를 a의 역수라 한다.

inverse of a matrix[–əv ə méitriks] **역행렬** $n \times n$ 정방 행렬 A에 대해 $AA^{-1} = A^{-1}A = I$가 되는 행렬 A^{-1}을 A의 역행렬이라고 한다.

inverse polish notation[–pɑ́liʃ noutéiʃən] **역폴리시 기법**

inverse relation[–riléiʃən] **역관계** 이항 관계 $R \subseteq A \times B$의 역관계 R^{-1}은 다음의 성질을 갖는다. $R^{-1} \subseteq B \times A$이고, $(a, b) \subseteq R$ iff $(b, a) \subseteq R^{-1}$.

inverse trigonometrical function[–trìgənəmétikəl fʌ́ŋkʃən] **역삼각 함수** 삼각 함수의 값에 대해서 그 값을 갖는 각의 크기를 구하는 함수. 삼각 함수에 arc를 붙여서 $\arctan x$ 등으로 표시한다. $\sin x = y$와 $\arcsin y = x$는 같다.

inversion[invə́:rʃən] *n.* **극성 반전, 역전** (1) 일정값의 역을 취하는 연산. (2) 불(Boolean) 연산에서의 NOT.

inversion key[–kí:] **역 키** 다중 키 접근에 역방식을 이용하는 방식. 인덱스에 모든 레코드 키 값을 가지고 데이터 레코드를 직접 포인팅하며, 이 방식은 인텔의 System 2000과 Software AG의 ADABAS 등 몇몇 DBMS에서 물리적 데이터 구조의 기초로 이용된다. 이러한 시스템에서 데이터 레코드를 빠르게 검색할 수 있도록 역 키를 이용한다.

inversion layer[–léiər] **역전층** MOS 트랜지스터의 게이트에 일정 전압을 가할 때 원래 부스트레이트의 반대 타입으로 바뀌게 되는 층.

invert[invə́:rt] *v.* **뒤바꿈, 인버트** 반전시키다. 역전시키다. 위치를 반전, 역전시키거나 흑백을 반전시키는 것, 물리적으로 두 가지 상태(condition)가 있는 경우에는 하나의 상태로부터 다른 상태로 이동하는 것. 또 이론이 두 가지 상태를 취할 때에는 논리를 반전시키는 것이다. 예컨대 111001010의 인버트는 000110101로 주어진다. 이것은 2진법에 있어서 1인 인버트가 0으로, 0인 인버트가 1로 주어지기 때문이다. 2진법이 컴퓨터 내부의 처리에 표준적으로 사용되고 있으므로 인버트를 생각하는 방법이 보급되었다. 또 CRT 디스플레이(CRT display)의 표시나 프린터에서의 인쇄에서는 흑백의 반전을 행하는 것을 인버트라 부르고 어느 제어 문자(control character)에 보냄으로써 가능하게 된다. 이 경우 인버트에 의하여 백색 바탕에 흑색 문자, 흑색 바탕에 백색 문자가 된다.

inverted[invə́ːrtəd] *a*. **역의, 전도된** 반전, 역으로 되어 있는 상태. 물질에 두 가지 상태가 되어 있는 경우 하나의 상태로부터 또 하나의 상태로 이동되는 모양.

inverted AND 반전 논리곱, 부정 논리곱 AND 연산을 행하여 그 출력을 반전한 것. NAND라고도 불린다. 예를 들어, 2진수에서 0과 0, 1과 0, 0과 1, 1과 1의 부정 논리곱은 각각 1, 0, 0, 0이다.

inverted data structure[−déitə strʌ́ktʃər] **역데이터 구조**

inverted file[−fáil] **역파일, 도치 파일** 자료마다가 아니라 자료 속성에 따라 논리 레코드를 만들어 구성한 파일. 배열 순서를 반대로 한 파일로서 정보 검색에서 키워드로 레코드를 찾을 수 있도록 상호 참조 파일을 편성하는 방법이다. 역파일은 다중 리스트와 개념적으로 유사한데, 차이점이라면 같은 키 값을 갖는 레코드들 간의 링크 정보가 인덱스 자체에 있다는 점이다(다중 리스트에서는 레코드 내부에 들어 있음). 따라서 역파일에서는 인덱스 구조만이 저장되어 있어도 상관 없으며 또한 값을 조사하지 않게 되는 키에 관해서는 레코드로부터 해당 키의 필드를 제거해도 되기 때문에 기억 장소를 절약할 수 있다. 즉, 파일 구성법의 하나로 키가 되는 레코드와 그 레코드와 관계가 있는 모든 레코드가 기억되어 있는 장소(어드레스)를 대응시켜 하나로 묶은 색인용 표를 가지고 있는 파일이며, 이 색인용 표를 역리스트라고 한다. 주로 정보 검색을 위해서 사용된다.

inverted index[−índeks] **역색인**

inverted index structure[−strʌ́ktʃər] **역색인 구조** 하나 또는 여러 개의 속성값을 결합하여 레코드의 주소를 알 수 있도록 구성된 구조.

inverted list[−líst] **역리스트** 주 키가 아닌 보조 키에 의하여 구성된 리스트.

inverted list data base[−déitə béis] **역리스트 데이터 베이스** 관계 데이터 베이스와 유사하지만 저장된 테이블들과 테이블에 대한 접근 경로 등이 응용 프로그래머에게 직접 노출되어 있다는 점에서 관계 데이터 베이스보다 추상화 정도가 낮다고 볼 수 있다. 큰 특징은 테이블 내의 열들이 어떤 물리적 순서에 의해 정렬되고, 전체 데이터 베이스에 대해서도 일정한 순서가 정의될 수 있으며, 테이블마다 임의 개의 탐색 키가 정의될 수 있다.

inverted list model[−mɑ́dəl] **역리스트 모델** 역리스트 모델의 데이터 구조는 테이블, 레코드, 필드 등에 의해서 데이터 베이스가 구성된다는 점에서 보면 관계 데이터 모델과 비슷하지만, 역리스트 모델의 레코드는 물리적으로 순서가 정해질 수 있다. 전체 데이터 베이스 내에서 순서가 정의될 수 있고, 한 테이블에서 여러 개의 탐색 키가 정의될 수 있다는 점에서는 관계 데이터 모델과는 다르다. 역 리스트 모델의 데이터 연산자는 탐색 연산자와 탐색된 레코드를 조작하는 연산자로 나누어 볼 수 있다. 역리스트 모델에는 일반적인 무결성 규칙이 없다. 계층 시스템, 네트워크 시스템과 함께 대표적인 관계형 시스템의 하나로서 역리스트 방식으로 데이터 베이스를 구성한다.

inverted OR 부정합

inverted print[−prínt] **역인쇄, 특수 편집**

inverted schottky TTL cell 역 쇼트키 TTL 소자

inverted structure[−strʌ́ktʃər] **역구조** 미리 지정하지 않은 정보를 신속하고 임의적으로 검색할 수 있는 파일 구조의 하나. 지정된 필드에 따라서 접근되도록 하는 레코드 키는 독립적인 리스트를 갖는다.

inverter[invə́ːrtər] *n*. **인버터** 부정 회로. 위상 반전 회로. (1) 논리 회로에 있어서 부정(NOT)을 행하는 회로. 이것을 일반적으로 NOT 회로라 한다. 혹은 부정을 하는 논리 소자(logic device)를 말한다. 부정을 하는 논리 회로인 경우 입력과 출력은 각각 하나씩 대(對)를 이룬다. 논리로서 1이 입력되면 0이 출력되고, 0이 입력되면 1이 출력된다. 이와 같이 입력과 반전된 논리가 출력된다. 또 입력과 출력 관계가 반전되어 있는 소자나 회로를 단순히 인버터라 부르는 경우가 있다. (2) 직류에서 교류를 발생시키는 전기 기기. 직류를 발진 회로의 동작에 맞추어 초프(chop)함으로써 교류로 변환한다. 옛날에는 직류를 기계적으로 스위칭해서 교류로 변환했으나 현재는 적은 용량은 트랜지스터(transistor)를 사용하는 경우가 많다. (3) 입력 아날로그 변수와 크기가 같고 부호가 반대인 출력 아날로그 변수를 얻는 연산기.

inverter circuit[−sə́ːrkit] **인버터 회로** NOT 연산을 실행하는 회로.

invertible matrix[invə́ːrtəbl méitriks] **가역 행렬**

inverting amplifier[invə́ːrtiŋ ǽmplifɑ̀iər] **역 증폭기, 부호 반전 증폭기** 아날로그 컴퓨터에서 입력 신호와 크기가 같고 반대 부호의 값을 출력 신호로 하는 연산기.

inverting circuit[–sə́:rkit] **인버팅 회로** 전원 장치의 하나로 직류를 교류로 변환하는 회로. 인버터라고도 한다.

investigation[invèstigéiʃən] *n*. **조사**

invigilator[invidʒiléitər] *n*. **감시기** 이 장치는 미리 지정된 시간 내에 어떤 금지된 조건이 발생했는가를 알아내는 데 사용하며, 만약 어떤 기계 장치나 처리의 응답 시간이 초과되었거나 인터럽트되었으면 정보를 주기 위해 처리 제어 장치에서처럼 제어 장치에 연결되기도 한다.

invisible[invízibl] *a*. **보이지 않는**

invisible refresh[–rifréʃ] **보이지 않는 재생** 동적 RAM을 재생하는 경우 시스템의 다른 부분에 전혀 장애를 주지 않도록 하는 방법.

invitation[ìnvitéiʃən] *n*. **송신 권유, 송신 안내** 송신 준비가 된 단말에 대하여 메시지를 송신하기 위해 컴퓨터가 단말에 대해서 취하는 접속 과정. 기본형으로 폴링(polling)을 하거나 회선을 사용하게 하는 것을 들 수 있다.

invitation to send/invitation to receive[–tu sénd ìnvitéiʃən tu risí:v] **ITS/ITR**

invite[inváit] *v*. **권유하다, 안내하다**

invocation[ìnvəkéiʃən] *n*. **호출, 호소** PL/I 언어에서 과정(절차)의 호출(invocation of procedure) 형태로 사용된다. 기타의 언어에서는 주로 호출(call)을 사용한다.

invocation number[–nʌ́mbər] **호출 번호**

invocation of compile-time procedure [–əv kəmpáil táim prəsí:dʒər] **번역시 절차의 호출**

invocation of procedure[–prəsí:dʒər] **절차의 호출** 절차의 호출에 의해 절차는 정해진 기능을 수행하며, 음(–) 또는 양(+)으로 선언된 절차를 프로그래밍 언어의 규칙에 따라서 호출하는 것.

invocation stack[–stǽk] **호출 스택** ⇨ stack

invoice[ínvɔis] *n*. **송장(送狀)** 판매자가 구매자에게 보내는 구입한 물품에 대한 물품값, 품목 등의 정보를 기재한 서류.

invoke[invóuk] *v*. **호출하다, 야기하다** 프로그램 내에 수속(절차 ; procedure)을 참조하는 동작. 수속(절차)이란 프로그램 중에 있는 동작을 행하는 정리된 블록 혹은 부프로그램이라고도 부르며 함수의 일종으로서 취급된다. 각 절차에는 각각의 목적에 맞춰 절차명(procedure name)이 주어지며 또 절차명을 호출할 때에는 인수(argument)를 건네받을 수 있다. 이로써 각 절차에는 각각 복잡한 처리를 담당하게 할 수 있고, 메인 프로그램에서는 각 절차를 호출하여 처리를 행하도록 할 뿐이다. 이러한 형식에 적합한 언어(language)를 절차 중심 언어(procedure oriented language)라고 한다.

invoked[invóukt] *a*. **호출된**

I/O 입출력 input-output의 약어. 컴퓨터의 외부 사이에 데이터가 출입할 때 물리적으로 입구와 출구가 되는 장치의 총괄적 명칭.

I/O address 입출력 기기 주소

I/O analysis 투입 · 산출 분석 예를 들면, 어떤 시기의 수요 구조를 함수적으로 파악하고, 모델화를 전제로 하여 장래 수요를 예측한다. 이것은 기업이 생산 규모의 확대, 기술 혁신의 발달에 따라 장기 계획을 위한 매크로적 관찰의 요구로 이에 응용, 사용하는 것으로 산업 관련 분석이나 경제 성장 · 순환 분석과 같은 뜻으로 국민 경제에 대한 각 부분 분석에 사용한다.

IOAS 통합 사무 자동화 시스템 integrated office automation system의 약어. 여러 가지 사무 자동화 기기들을 묶어 하나의 총괄 시스템화하여 연결 사용함으로써 개별적으로 사용했을 때보다 더 큰 효과를 얻을 수 있게 하기 위한 것. 주요 구성 요소로는 워드 프로세싱, 데이터 프로세싱, 파일링, 커뮤니케이션 등이 있다.

I/O bank method I/O 뱅크 방식 일본의 I/O 데이터기기가 발표한 메모리 관리 규격. BMS(bank memory specification)라고 한다.

I/O block 입출력 블록

I/O block multiplexer channel 입출력 블록 다중 채널 바이트 다중 채널의 장점과 실렉터(selector) 채널의 장점만을 골라 만든 채널로 동시에 복수 개의 고속 입출력 장치를 공유하여 데이터를 받아들일 수 있는 채널. 이 채널은 버스트(burst) 방식과 블록 다중 방식 중에서 어느 한 가지 형태로 조작되는데, 블록 다중 방식은 버스트 방식보다 훨씬 고속으로 입출력 장치를 조작할 수 있다. 입출력 블록 다중 채널이 블록 다중 방식으로 작동하게 되면 고속의 입출력 장치에 대하여 채널 프로그램의 다중화를 기할 수 있다. 이것은 채널의 사용중에는 사실상 데이터를 전송하고 있지 않는 시간도 있기 때문이다(예를 들어, 자기 디스크 같은 장치에서 해당 레코드를 찾고 있는 시간에 다른 입출력 장치의 데이터를 전송할 수 있다). 블록 다중 채널의 데이터 전송 속도는 시스템에 따라 다르지만 대형 시스템의 경우 매초 최고 100~300만 바이트 정도를 전송할 수 있다.

I/O board 입출력 기판

I/O bound 입출력 범위 내부 처리 속도가 매우 빠른 컴퓨터로 상업 계산을 하게 하면 입출력 처리가 많은 대신 연산 처리는 비교적 단순하므로 입출

력 제약이 되는 경우가 많은데, 컴퓨터로 데이터 처리를 할 때 입출력의 처리 속도가 CPU에서의 연산 처리 속도보다도 느려져서 컴퓨터 전체의 성능이 입출력의 속도에 억제되어 버리는 것.

I/O buffer 입출력 버퍼 주프로그램의 개입 없이 주변 장치와 주기억 장치 사이의 데이터 및 워드 전송을 하기 위한 버퍼로 입출력 전송이 종료되었을 때 컴퓨터가 내부 인터럽트를 생성하도록 프로그램될 수도 있다.

I/O bus 입출력 버스 입출력 기기와 마이크로컴퓨터를 접속하기 위한 외부 버스.

I/O bus line I/O 버스 라인, 입출력 버스 라인 마이크로프로세서와 입출력 장치 사이에 정보를 전달한다. 버스는 자료용, 장치 주소용, 명령어용의 세 종류가 있는데, 자료 회선은 하나의 양방향이나 두 개의 단방향선으로 구성된다. 두 개의 단방향선의 경우, 한 선은 자료를 중앙 처리 장치에 입력시키고 다른 하나는 자료의 출력에 사용된다. 대부분의 경우 버스의 폭(회선의 개수)은 마이크로프로세서의 단어 길이와 같다. 병렬 회선과 제어 논리를 통칭한 것이다.

I/O bus structure 입출력 버스 구조 여러 가지 버스 구조가 있는데, 그 중 방사형(radial) 시스템은 가장 단순하나 입출력 장치의 개수에 제한을 받고, 공용 회선(party-line) 시스템은 분산 시스템의 회선수를 감소시키며 이는 장치들을 직렬로 연결하는 데이지 체인과 같다.

I/O byte multiplexer channel 입출력 바이트 다중 채널 바이트 다중 방식과 버스트 방식의 두 가지 형태의 채널이 있다. 채널의 한 방식이다.

IOC 입출력 제어기, 입출력 제어 장치 input-output controller의 약어. 채널과 주변 장치 사이에 위치하며 주변 장치의 기계 부분 제어와 채널 사이에 설정된 입출력 인터페이스에 의해 표준화된 제어 순서와 개개의 주변 장치에 고유한 제어 순서를 변환하는 장치이며, CPU에 입출력 장치(I/O)를 인터페이스하는 데 필요한 제어기를 말한다.

I/O cabling 입출력 케이블링 일반적으로 이것은 플러그인 연결기를 이용하여 간편하게 사용되며, 어떤 시스템에서는 길이 30m에 16회선의 판판한 띠 모양을 한 입출력 버스 케이블과 함께 연결될 수 있는 카드 프레임이 있다.

I/O channel I/O 채널, 입출력 채널 주기억 장치와 입력 장치 사이의 데이터의 전송을 처리하는 기구. ⇨ 그림 참조

I/O channel unit 입출력 채널 장치

I/O checker 입출력 검사원 천공된 카드의 내용이나 입력 변화된 내용들을 원시 자료와 비교하고 검사 또는 조회하는 일을 담당하는 사람.

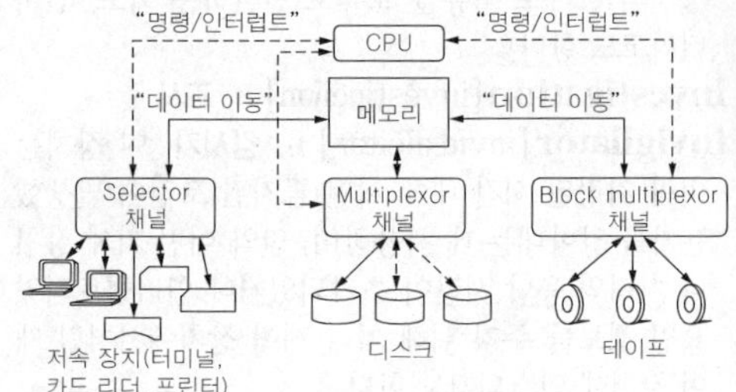

〈입출력 채널의 개념(종류)〉

I/O chip 입출력 칩 마이크로컴퓨터 또는 마이크로프로세서와 주변 I/O 장치 사이의 인터페이스 기능을 하나의 칩에 집적한 것. 즉, 컴퓨터 시스템의 주프로세서와는 독립적으로 입출력만을 제어하기 위한 특수 목적의 컴퓨터 시스템.

I/O command 입출력 커맨드 중앙 처리 장치(CPU)에 준비한 입출력 조작 정보를 입력 채널이 판독하고 입출력 장치로 출력하는 명령(커맨드). 이 명령으로부터 입출력 장치의 동작 혹은 데이터 전송이 제어된다.

I/O communication interface 입출력 통신 인터페이스 입출력 채널과 주변 장치(정확하게는 주변 장치의 제어부)를 접속하는 인터페이스를 입출력 인터페이스라 한다. 입출력 인터페이스의 기능에 따라 데이터의 전송 모드, 접속되는 주변 장치(제어부)의 대수 등이 결정되는데, 접속되는 방식은 하나의 인터페이스에 1대의 제어부가 접속되는 방식과 직렬로 2대 이상이 접속되는 방식이 있다. 이러한 하나의 시스템 내에서는 입출력 인터페이스는 통일되어 있으며, 어떤 주변 장치도 채널에 접속될 수 있도록 하고 있다(단 채널의 기능과 속도의 제한은 있다).

I/O communication mode 입출력 통신 방식 다양한 입출력 요청을 만족시키기 위해 사용되는 세 가지 방식의 입출력 작동 방식이 있다. ① 사건 중심 입출력 : 하나의 입출력이 시작되면 입출력이 끝날 때까지 처리가 계속되고, 그 후 언젠가 완료된 입출력 인터럽트를 걸게 되는 것. ② 동기식 입출력 : 입출력의 완료까지 모든 다른 처리가 중지되는 것. ③ 비동기식 입출력 : 하나의 입출력이 시작되면 사용자가 정의한 지점에 이르기까지 처리가 계속되다가 그 지점에서 입출력이 완료될 때까지 잠시 동안 중지되는 것.

I/O concurrent 입출력 병행 데이터 입출력 작업을 수행하면서 주컴퓨터와의 통신, 인쇄, 파일 처리 등의 입출력 작업도 동시에 할 수 있는 단말 장

치의 속성.

I/O control 입출력 제어

I/O controller IOC, **입출력 제어 장치, 입출력 제어 기구** 데이터 처리 시스템에 있어서 하나 이상의 주변 장치를 제어하는 기능 단위. 채널과 주변 장치 사이에 존재한다.

I/O control program 입출력 제어 프로그램

I/O control sequence single chip system 단일 칩 시스템 입출력 제어 순서 마이크로프로세서로부터의 버스 요구와 이에 대한 응답, 거부된 경우 수락될 때까지의 계속적인 요구, 마이크로프로세서로부터 주소 지정, 자료 입출력 등의 순서로 입출력을 제어할 수 있다.

I/O control signal 입출력 제어 신호 어떤 이벤트 또는 데이터를 식별하는 수단으로서 마이크로컴퓨터가 외부 논리에 출력하는 신호.

I/O control system IOCS, **입출력 제어 시스템** ⇨ IOCS

IOCS 입출력 제어 시스템 I/O control system, input-output control system의 약어. (1) 중앙 처리 장치(CPU)와 입출력 장치(input-output unit)의 인터페이스에 의하여 데이터 전송을 제어하는 프로그램 : 이것은 전용 하드웨어나 소프트웨어에 의해 실현할 수 있는데, 최근에는 이 자체가 운영 체제 속에 포함되어 있기도 하다. (2) 루틴(routine) : 이 경우의 입출력 장치로는 고속의 자기 디스크 장치로부터 저속의 카드 판독 장치나 프린터까지 포함된다. 입출력 수행을 자동으로 제어하며, 오류의 정정 및 검사, 단계 처리, 재시작, 기타 여러 가지 기능을 직접 제어하는 시스템. 즉, 이용자가 시간과 노력을 들이거나 장치의 세밀한 특성을 조사하여 프로그램을 만드는 수고를 덜어줄 목적으로 다음과 같은 기능을 포함한다. ① 입출력 장치 제어, ② 버퍼 제어, ③ 입출력 오류 장치, ④ 파일 자동 편집 판독, ⑤ 블로킹과 디블로킹.

I/O device handler 입출력 장치 처리기 입출력 채널이나 주변 장치를 제어하는 소프트웨어의 일종.

I/O equipment 입출력 장치 컴퓨터에 입력을 하거나 컴퓨터에서 결과를 얻는 것을 주목적으로 한 주컴퓨터에 부속된 장치.

I/O error handling routine 입출력 에러 처리 루틴

I/O format 입출력 형식 input-output format의 약어. 컴퓨터 등의 데이터 입출력에 사용하는 매체 형식. 카드, 테이프 디스크, 용지 등 입출력 매체의 형식, 설계 내용.

I/O handler 입출력 기능 처리 프로그램 정의되어 있는 방법과 형식의 입출력 장치 제어에만 유효하며, 사용자 프로그램에서 입출력 장치의 직접 제어가 필요한 경우 그 부분의 프로그램을 별도로 작성하지 않아도 되도록 시스템 프로그램으로서 준비되어 있는 것.

I/O instruction 입출력 명령어 CPU를 통해 정보가 입력되거나 출력되도록 하는 명령.

I/O interface 입출력 접속기 기억 장치나 CPU의 레지스터와 같은 내부 저장 장치와 외부 입출력 장치 간의 정보 전달(전송)을 위한 장치로서 이들 사이의 동작의 차이점 해소에 그 목적이 있다. 보통 대형 컴퓨터는 이 목적을 위하여 입출력 처리기를 가지며 소형 컴퓨터에서는 인터페이스 모듈이 각 주변 장치에 부착되어 사용되고 있다.

I/O interface control module 입출력 접속기 제어 모듈 기억 장치 접근을 용이하게 하기 위해 프로그램 제어 하에서 기억 장치 모듈과 입출력 접속기를 직접 연결하기도 하는데, 시스템의 응용이나 사용되는 주변 기기들에 의해 결정되는 번호 또는 형태를 가지고 컴퓨터의 모든 입출력을 취급하는 마이크로회로 모듈.

I/O interrupt 입출력 인터럽트 외부 인터럽트(external interrupt)의 하나로 입출력 장치가 하나의 명령을 실행하고, 완료한 경우나 입출력 장치에 장애가 발생하여 조작이 불가능하게 된 경우에 일어난다. 즉, 입출력 장치에서 입출력이 끝나거나 갑작스러운 사태 변화가 발생할 때, 이것을 중앙 처리 장치에 알리는 인터럽트.

I/O interruption 입출력 인터럽션 입출력 조작의 완료나 오류 혹은 입출력 장치에 조작원이 개입함으로써 생기는 인터럽트. ⇨ 그림 참조

I/O interrupt program 입출력 인터럽트 프로그램 입출력 장치는 정보를 전송하거나 받을 준비가 되었으면 인터럽트에 의해서 프로세서로 신호를 보낼 수 있다. 인터럽트 처리가 끝나면 프로세서는 인터럽트 이전 상태로 되돌아가 정상 수행을 계속한다.

I/O limited 입출력 제한 컴퓨터로 데이터 처리를 할 때 입출력 처리 속도가 중앙 처리 장치에서의 연산 처리 속도보다 느리기 때문에 전체로서의 성능이 입출력 속도에 제약되어 있다.

I/O list 입출력 리스트 입출력 수행문에서 사용되는 변수의 리스트이며 데이터가 판독되는 기억 위치 또는 데이터가 꺼내지는 기억 위치를 가리킨다. 현재 어느 기억 위치가 사용되고 있는가를 나타내기 위해 입출력 리스트가 사용되는데, 입출력 리스트에는 변수명, 배열 요소 또는 배열명을 넣을 수도 있다. 입력시에 데이터는 어느 레코드에서 얻어지

고 기억 위치에 배치된다. 기억 위치는 반드시 연속하고 있을 필요는 없다. 출력시에 데이터는 분산하고 있는 기억 위치에서 모아지고 하나의 레코드 속에 넣어진다.

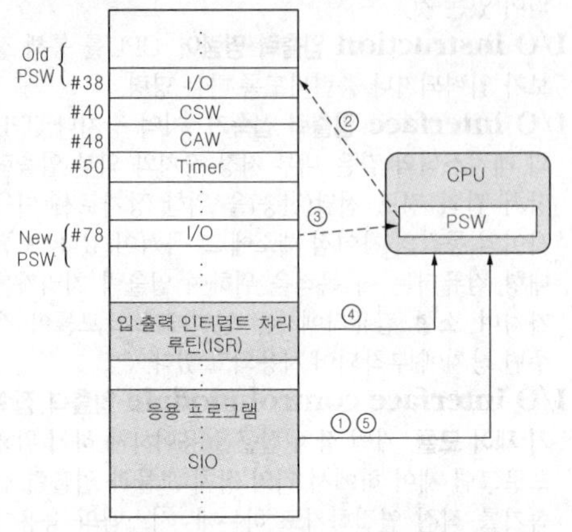

PSW ; Program Status Word, CSW ; Channel Status Word, CAW ; Channel Address Word

① 응용 프로그램 실행중 "SIO 인터럽트" 발생
② 현재의 PSW를 "Old PSW" 영역에 저장
③ "New PSW" 영역에서 수행할 ISR의 주소를 가져옴
④ CPU는 ISR을 수행
⑤ ISR의 수행을 마치면, ②에서 저장했던 PSW를 가져와 응용 프로그램을 계속 수행

〈입출력 인터럽트 실행 예〉

I/O load balancing 입출력 부하 균형

IOM 입출력 모듈 input-output module의 약어.

I/O media 입출력 매체 ⇨ I/O medium

I/O medium 입출력 매체 컴퓨터, EDPS, 데이터 전송 등에서 데이터의 처리 또는 전송을 하기 위한 입력 매체와 그 결과의 출력 매체이며, 전용 입출력 장치에 사용되는 데이터의 기록 매체를 말한다. 카드, 테이프, 디스크 및 용지 등이 있다.

I/O module 입출력 모듈 이 모듈은 주변 장치들의 연결을 간단하게 하며, 실용화될 접속기들의 개발에 구애됨이 없이 원형(prototype) 시스템의 조립을 가능하게 하며, 여러 종류의 처리기 버스들과 외부 장치들 간의 직렬 및 병렬 입출력을 처리하기 위한 모듈을 말한다.

ion implantation[áiən implɑːntéiʃən] **이온 주입** 반도체에 있어서 pn 접합을 만드는 경우 보통의 방법(확산)이 아니고, 불순물 이온을 직접 고전압으로 가속해서 반도체 표면에 부딪쳐 들어가는 방법. 이것은 건조 과정(dry process)의 일종으로 최근의 미세 가공 기술로서도 주목되고 있다.

IOP 입출력 프로세서 I/O processor의 약어.

I/O parity interrupt 입출력 패리티 인터럽트 입출력 패리티가 발생하면 패리티가 발생된 명령어의 실행을 멈추고 콘솔에 있는 입출력 패리티 표시기에 패리티를 나타내는 인터럽트.

I/O port 입출력 포트 데이터의 입출력을 수행하기 위한 회로. (1) 포트는 장치와 데이터 버스 사이에 위치하므로 데이터 버스와 같은 4, 8, 16, 32비트 등의 비트 수로, 각각의 입출력 장치가 접속되어 있는 부분. (2) 중앙 처리 장치를 키보드 화면 장치, 판독기 등의 외부 장치와의 입출력을 설계하기 위해 구성된 연결 장치로, 마이크로프로세서의 경우 입력 단자, 출력 단자 또는 양방향 단자가 있다. 대체로 마이크로컴퓨터에서 중앙 처리 장치와 주변 장치(화면 표시 장치, 그래픽 태블릿, 프린터, 디스크 드라이브 등) 사이의 입출력을 위한 통로로 사용된다. 이것은 주로 입출력을 위한 인터페이스 칩을, CPU는 해당 입출력 포트의 어드레스에 대해 입출력 명령을 수행함으로써 입출력 장치와 데이터를 주게 된다.

I/O port address 입출력 포트 주소 input-output port address의 약어. PC와 주변 장치 간에는 정보를 주고받기 위해 여러 개의 출입구가 있고, 그것을 구별하기 위해 부여된 각각의 번호. 원칙적으로 번호는 16진 4행이다. 키보드, 마우스, 프린터 단자나 RS-232 단자 등에는 명확히 정해진 번호가 할당되어 있지만 LAN 등에서 새로운 기기를 접속하는 경우에는 이것들과 중복되지 않는 번호로 설정해야 한다.

I/O port buffer 입출력 포트 버퍼 외부 논리가 마이크로컴퓨터 시스템에 데이터를 전송하려면 입출력 버퍼에 축적되어 있는 입출력 포트쪽에 데이터를 표시하여야 하는데, 입출력 포트를 구성하기 위해 외부 논리를 접근하는 쪽에 접속되어 있는 일종의 기억 장치를 의미한다.

I/O processor IOP, 입출력 프로세서 데이터의 입출력 연산을 제어하고 감독하는 프로세서로서 CPU가 입출력 연산에 관계하지 않게 함으로써 시간을 절약하기 위한 것이다.

IOR 자국 내(自局內) 레지스터 intraoffice register의 약어.

I/O redirection 입출력 방향 지정 dir>a.lst라고 명령한다면, dir 명령의 결과가 a.lst라는 파일에 저장되는 것처럼 프로그램 내에 번거롭게 OPEN문 등을 쓰지 않고 간단하게 파일 입출력을 할 수 있어 매우 편리한 기능이다. 유닉스 또는 MS-DOS 운영 체제에서 사용자가 지령한 명령 또는 프로그램의 출력 결과를 화면이 아니고 사용자가 지정하는 파일로 돌리거나 프로그램의 입력을 사용자가 지정하는 파일로부터 받게 하는 기능을 말한다.

I/O routine 입출력 루틴 일반적인 주변 장치 입

출력 기능의 프로그래밍을 쉽게 하기 위한 루틴들의 집합.

IOS (1) **입출력 수퍼바이저** input-output supervisor의 약어. (2) **통합 오피스 시스템** integrated office system의 약어.

I/O scheduler 입출력 스케줄러 입출력 관리 프로그램의 여러 기능 중 입출력 장치나 채널에 트랜잭션의 대기가 발생했을 때 우선 순위 등에 의해 차례로 행해지도록 처리를 선택하는 기능을 분담하는 프로그램.

I/O section 입출력 부분 마이크로프로세서 또는 마이크로컴퓨터에 입출력 장치를 접속할 때 이에 필요한 제어와 버퍼의 인터페이스 부분.

I/O selector channel 입출력 선택 채널 이 채널은 언제나 버스트 방식으로만 동작하기 때문에 선택된 입출력 장치의 지정된 블록이 모두 전송될 때까지는 같은 채널상의 다른 입출력 장치의 데이터 블록은 전송할 수 없다. 이 채널의 데이터 전송량은 시스템에 따라서 다르나 대부분의 컴퓨터에서는 초당 최고 130~180만 바이트 내외를 전송한다.

I/O semaphore 입출력 세마포

I/O skip instruction 입출력 스킵 명령어 인터페이스 내의 입출력 신호를 검사하여 문자 전송이 가능한 상태인지를 조사하는 명령어. 만일 그 신호가 0이면 프로그램 중에서 이 명령어 다음의 명령어를 건너서 그 다음에 있는 명령어를 수행하게 된다.

I/O status 입출력 상태 입출력 제어와 반대로 외부 논리로부터 마이크로컴퓨터로 전송되는 상태.

I/O system subroutine 입출력 시스템 서브루틴 이 서브루틴은 다른 프로그램에도 이용 가능하며, 시스템 라이브러리 테이프로부터 호출될 수 있다. FORTRAN 언어에서 사용되는 각종 입출력문을 처리해주는 입출력 형식 제어 루틴.

I/O unit 입출력 장치, 입출력 기구 컴퓨터 시스템 내의 기구(또는 장치)에서 그 시스템이 데이터를 입력하거나 그 양쪽을 행하는 장치의 총칭. ⇨ I/O device

I/O work area 입출력 작업 구역 I/O 작업 구역은 DL/ I가 검색한 세그먼트를 저장하거나 저장된 세그먼트를 가져오기 위한 응용 프로그램 내의 한 구역.

IP (1) **영상 처리** image processing의 약어. 인쇄 데이터나 사진, 필름 등 컴퓨터로 처리할 수 있는 데이터는 경제적인 면에서 실용화하기 곤란하므로 이들을 마이크로필름이나 마이크로카드 등의 영상 기록 매체에 의해 처리하는 것. (2) **정보 제공업, 정보 제공업자** information provider의 약어. 비디오텍스(videotex), 텔레텍스트(teletext) 시스템 등에서의 정보 제공자를 말한다. CAPTAIN(문자 도형 정보 네트워크, 시스템)이나 CATV에서는 방송측이 매력적인 필요한 정보를 제공할 필요가 있다. IP가 충실하지 못하면 이용자들이 이용하지 않는다. (3) **인터넷 프로토콜** Internet protocol의 약어. 인터넷 상에서 독립적으로 운영되고 있는 통신망들을 서로 연결하는 규칙. ⇨ IP address, VAT

IPA (1) **정보 처리 분석** information process analysis의 약어. GE 사가 개발한 정보의 흐름(flow)과 처리(process)를 논리적으로 분석 기술하는 도표화 기법. (2) **국제 음성 학회** Integrational Phonetic Association의 약어. (3) **정보 처리 진흥 사업 협회** Information-Technology Promotion Agency의 약어. 정보 처리 진흥 사업 협회는 민간의 소프트웨어 개발을 목적으로 한 특수 법인이며, 1970년 일본에서 설립되었다. (4) **통합 프로그램 할당** integrated program allocation의 약어.

ipad[áipæ̀d] **아이패드** 미국 애플 사가 만든 태블릿 컴퓨터이다. 아이폰과 같은 운영체제를 기반으로 하여 아이폰에서 구동되는 거의 모든 응용 프로그램을 사용할 수 있을 뿐 아니라 전자책과 애플에서 개발한 업무용 프로그램 등 보강된 기능들이 탑재된 것이 특징이다. 2010년 4월 3일 북미 지역에서 첫 출시되었으며, 와이파이 전용 모델과 3G와 와이파이를 함께 쓸 수 있는 모델, 두 가지가 제공된다. 대한민국에서는 2010년 11월 29일 KT와 애플을 통해 판매를 시작했다.

IP address[–ədrés] **IP 주소** STD 5, RFC 791의 인터넷 프로토콜에 의하여 정의된 32비트 주소. 흔히 이것을 네 자리의 정수와 점을 이용해서 표기하게 된다. 예를 들어, 165.132.10.21로 IP 주소를 표기하게 된다.

IPAI 이스라엘 정보 처리 연합 Information Processing Association of ISrael의 약어.

IP aliasing IP 에일리어싱 하나의 이더넷 인터페이스로 여러 개의 IP 주소를 취급하는 기술. 한 대의 기기로 다른 도메인 상에 있는 여러 개의 웹 서버나 메일 서버를 겸할 수 있게 해준다.

IPC (1) **프로세서 간 통신** interprocessor communication의 약어. (2) **산업 공정 제어** industrial process control의 약어. (3) **프로세스 간 통신** interprocess communication의 약어. 프로세스 사이에 데이터를 주고받는 일. 프로세스 간 통신은 실제로 한 컴퓨터 내의 프로세스 간보다도 네트워크 상의 객체 사이에 데이터를 주고받을 수 있도록 설계된 것이 많다.

IP connection IP 접속 Internet protocol connection의 약어. 인터넷 접속 방법의 하나. 전자 우

편, 뉴스, 파일 전송(FTP), 원격 로그인(Telnet), 웹 등 인터넷의 모든 기능을 이용할 수 있게 해주는 방법. 또 다른 접속 방법인 UUCP 접속에서는 이용 범위가 제한된다.

IPC retrieval system **IPC 검색 시스템** 현재 세계 주요 선진국에서 공통의 특허 분류로서 채용하고 있는 국제 특허 분류(IPC ; international patent classification)를 이용한 특허 정보 검색 시스템.

IPF (1) **대화식 생산성 향상 기능** interactive productivity facility의 약어. (2) **대화형 프로그래밍 기능** interactive programming facility의 약어.

IPL (1) **정보 처리 언어** information processing language의 약어. RAND 사가 1959년에 발표한 IPL-V 등의 범용 리스트 처리 언어를 가리킨다. (2) **초기 프로그램 적재기, 초기 프로그램 로더** initial program loader의 약어. 컴퓨터에 프로그램을 읽어넣기 위해서는 경우에 따라 매우 많은 종류의 적재기가 이용되는데, IPL은 아주 백지 상태인 것으로 제일 처음에 읽어넣도록 프로그램한 적재기이다. 시스템 속에 제어 프로그램, 제어표(制御表) 등을 초기 설정하여 운영 체제(OS)의 직접 처리 가운데서 가동되는 상태로 하는 것이다. 현재의 대형 컴퓨터에서는 IPL 버튼을 누르면 하드웨어의 도움에 따라 부트스트랩(bootstrap)이 실행되어 OS의 초기 설정이 실현된다.

IPL-5 **정보 처리 언어 5** information processing language-5의 약어. 리스트 처리를 위한 프로그래밍 언어의 대표적인 것으로 처리 대상인 리스트뿐만 아니라 처리 프로그램도 원리적으로 기계 내부에서의 표현과 같은 형식의 리스트로 표현된다. 1958년에 RAND 사에 의해 개발되었다.

IPL PROM **초기 프로그램 적재 PROM** initial program load programmable ROM의 약어. 이 IPL PROM은 시스템 콘솔 접속 모듈에 있는 스위치로 적합한 자동 적재 루틴을 선택할 수 있다. 초기 프로그램을 선택적으로 자동 적재하기 위한 PROM을 가진 시스템들이 있는데, 이들은 TTY, PTR, CR, 플로피 디스크, 이동 헤드 디스크 등을 적재하기 위하여 256단어 PROM으로 구성되어 있다.

IPL PROM routine **초기 프로그램 적재 PROM 루틴** 디스크나 PTR 등의 첫 번째 블록에 위치하여 IPL PROM에 의해 RAM에 적재되는 루틴을 표준 적재기라고 하는데, 이 적재기가 전체 프로그램을 적재한다.

IP masquerade **IP 머스쿼레이드** 주소 변환 방식의 하나. NAT와는 달리, IP 주소에 추가하여 TCP/UDP의 포트 번호도 변환한다. 따라서 여러 개의 LAN 상의 PC가 동시에 하나의 IP 주소를 공유하여 인터넷 접속이 가능해진다.

IP multicast **IP 멀티캐스트** 한 대의 송신 서버에서 여러 대의 수신 클라이언트로, 동시에 효율적으로 정보를 전송할 수 있는 기술. 전자 신문이나 콘서트, 이벤트의 인터넷 상의 다지점으로 동보(同報) 통신이 가능해진다.

IP next generation ⇨ IPng

IPng 인터넷 프로토콜(IP)을 최초 설계한 1925년 당시에는 인터넷 프로토콜이 현재 규모로 커진 네트워크에 활용될 줄을 예상하지 못했다. 따라서 지금 수준의 인터넷이 사실상 지금 인터넷 프로토콜, 즉 IP 주소가 감당할 수 있는 한계이며, 급격히 늘어가는 인터넷 확산 추세에 맞추려면 차세대 인터넷 프로토콜이 만들어져야만 한다. 그런 관점에서 현재 미국 하버드 대학, 제록스 사 등에서 실험적 모델을 구성하여 실험중인 것이 IPng 프로토콜이다. 그러나 이것이 완성되더라도 현 인터넷이 완전히 이를 수용하고 얼마나 바뀔지는 아무도 상상하지 못한다. ⇨ protocol

IP number **IP 주소** 204.57.157.10과 같이 네 부분의 숫자로 구성된 인터넷에 있는 기계의 고유 번호. 일반적으로 이 숫자보다는 이름을 많이 사용한다.

IP packet **IP 패킷** 인터넷에서 표준 인터넷 프로토콜(IP)에 의해 전송되는 데이터 묶음. 각 패킷은 시스템 제어 정보와 지정 주소가 담긴 헤더를 가지고 전송된다. 일정한 ATM 「셀(cells)」과는 달리 IP 패킷은 전송되는 데이터에 따라 길이가 다양하다. ⇨ IP

IPSEC **IP 보안 프로토콜** IP security protocol의 약어. 패킷의 암호화나 키 관리 순서 등의 암호화, 인증에 관한 프로토콜의 총칭. IETF가 표준화를 추진하고 있다. ⇨ IETF

IP security **IP 보안** IPv4에서 문제시된 후 IPv6에서 장착된 IP 패킷의 암호화 기술. 프라이버시 보호가 목적이고 IPv4에서는 옵션으로 선택할 수 있다.

IP security protocol **IP 보안 프로토콜** ⇨ IPSEC

IPO table **IPO 도표** input process output table의 약어. 각 처리 과정은 분리된 모듈의 수행에 테스트되며, 이러한 처리가 반복됨으로써 프로그램의 구성은 계층 도표로 나타낼 수 있는데, 이와 같이 입출력 그리고 프로그램에서 필요한 처리 과정을 나타내어 프로그램의 구조화를 구하기 위한 기법.

IPS (1) **정보 처리 학회** Information Processing Society of Korea의 약어. (2) **초당 인치** inch per second의 약어. 자기 테이프의 초당 전송 속도. (3) **초당 인터럽트** interruptions per second의 약어. (4) **명령식 생성 시스템** instructable production system의 약어.

IPSE 통합 프로젝트 지원 환경 integrated project support environment의 약어.

IPSJ 일본 정보 처리 협회 Information Processing Society of Japan의 약어.

IP subnet IP 서브넷 네트워크를 더욱 세분하여 하나의 IP 네트워크 주소를, 효율적으로 이용할 수 있도록 하기 위한 방법.

IPT 프로그래밍 개선 기법 improved programming technologies의 약어. IBM이 개발한 효과적 프로그램 개발 기법. 프로그램 품질 향상 및 프로그램 생산성 향상을 위해 복합 설계, PDL, HIPO, 구조적 코딩, 하강 프로그래밍, 치프 프로그래머 제도 등의 일련의 기법을 체계화한 것이다. 이것은 좀더 공학적이고 전문적인 소프트웨어 생산 기법의 확립과 높은 정확도, 적용 영역의 확대나 업무 증가량을 모두 원활하게 수행하기 위한 시스템의 탄력성 등을 만족시키고, 소프트웨어 생산 기술면이나 소프트웨어 라이프 사이클 전반에 걸쳐 표준화 및 합리화를 통하여 적절한 공정 관리와 품질 관리를 기하는 것을 말한다.

IPU 명령 처리 기구, 명령 처리 장치 instruction processing unit의 약어.

IPv4 인터넷 규약 버전 4 Internet protocol ver.4의 약어. 현행 인터넷 프로토콜. 전세계에서 인터넷 이용자가 폭발적으로 증가함에 따라 여러 가지 문제들이 나오고 있다. 다음 규격은 IPv6이다. ⇨ IPv6

IPv6 인터넷 규약 버전 6 Internet protocol ver.6의 약어. IETF(Internet Engineering Task Force)에서 제정한 차세대 인터넷 프로토콜 규격. IPv6는 현재의 IPv4와 라우터 프로토콜을 업그레이드시킨 버전으로, 주소 구조를 32비트에서 128비트로 확장하여 인터넷 주소 부족 현상을 제거할 수 있도록 하였다. 초기 인터넷은 미국 내 몇몇 기관과 대학만을 연결했기 때문에 매우 많은 어드레스가 남는다고 생각해서 A클래스 주소를 남발했다. 그러나 A클래스 주소를 할당받은 기관이나 연구소 중에는, 1,600만 개의 호스트를 갖고 있는 곳이 없으므로 많은 주소가 남아돌고, 뒤늦게 참여한 유럽이나 아시아 기관들은 B · C클래스만 갖고 살아야 하는 상황이 벌어졌다. 따라서 인터넷 표준 기관인 IETF에서는 다음 세대 IP를 연구했는데 이를 「차세대 IP」 또는 「IPv6」라고 부른다. IPv6에서는 주소에 128비트를 할당하고 있다. ⇨ IETF

IPX internetwork packet exchange의 약어. 넷웨어(NetWare)의 네트워크층 프로토콜은 주소 지정, 경로 선택 및 패킷을 다룬다. 모든 네트워크 프로토콜 가운데 가장 일반적으로 쓰이는 IPX는 사용자가 네트워크에 접속할 때 로드한다.

IPX/SPX internetwork packet exchange/sequenced packet exchange의 약어. PC의 네트워크 운영 체제로서 유명한 NetWare가 채용한 프로토콜. IPX는 IP에 SPX는 TCP에 대응되고, TCP/IP보다는 단순한(즉, 가벼운) 프로토콜이다.

IQF 대화식 조회 기능 interactive query facility의 약어.

IR (1) **입력 레지스터** incoming register의 약어. (2) **정보 검색** information retrieval의 약어. 이것은 수집 정리한 다량의 정보 중에서 필요한 때 필요한 정보만을 재빠르게 꺼내는 것이다. 도서 등의 출판물, 주택 등의 부동산 정보, 연구 자료 등을 될 수 있는 대로 빨리 입수하기 위해 컴퓨터를 사용하여 검색하는 시스템이 점차로 개발되고 있다. 즉, 기억 매체에 기록된 데이터군에서 특정한 정보를 찾기 위한 방법 및 그 순서, 경영 관리, 연구 개발, 출판물, 특허, 설계도, 테스트 데이터 등의 파일, 검출 등에 사용하고 컴퓨터에 의한 각종 IR 기술의 개발이 이루어지고 있다. 저명한 것으로 KWIC/KWOC, DPS, MEDLARS, ITIRC, JOLDOR, DIA 등이 있다. 또한 검색을 위해 처리된 정보에서 필요에 따라 특정한 정보를 탐색하고, 이를 이용되는 형태로 하는 것을 말한다. (3) **명령 레지스터** instruction register의 약어. 중앙 처리기의 제어 부분에 의해 해독되는, 수행 명령어를 가지고 있는 레지스터.

IRACIS 아이라시스 수입의 증가, 비용의 절감 및 서비스의 향상을 의미하는 약성어(acronym).

IRC Internet relay chat의 약어. PC 통신망의 공개 대화방 기능과 같은 인터넷 상의 대화방을 가리킨다. 요즘에는 PC 통신망을 통해 타 매체보다 빨리 뉴스를 전하고 여론을 형성하고 있으며, 인터넷은 세계 각지의 톱뉴스를 실시간에 전하고 여론을 형성하고 있다.

IRCC 국제 무선 통신 자문 위원회 International Radio Consultative Committee의 약어. 무선 통신의 기술 및 운용의 문제에 관해 연구하고 의견을 표명하는 것을 임무로 하고 있는 국제 전기 통신 연합(ITU)의 상설 기관의 하나. 총회는 3년마다 개최되며, 각 연구 위원회의 연구 문제를 결정, 의뢰하고 보고를 심의하여 CCIR(Committee Consultatif International des Radio-communication) 권고로 한다.

IrCOMM 종래의 통신 응용 프로그램을 변경하지 않고 적외선 통신으로 실현하기 위한 프로토콜. 1995년 10월에 IrDA로 규격화되었다. 프로토콜 스택을 장착한 드라이버 소프트웨어도 이렇게 부른다. 윈도 95/98에 내장되어 있다.

IRDS 정보 자원 사전 시스템 information resource dictionary system의 약어. 데이터 사전을 발전시킨 것으로 정보 자원 전체를 관리한다. 이것은 관계 데이터 베이스 언어 SQL 등과 함께 국제적인 규격화의 대상이 되고 있다. ⇨ SQL, data dictionary

IRG 레코드 간격 inter-record gap의 약어. 자기 테이프에 대한 데이터의 판독은 수 문자에서 수천 문자를 기억 단위로 하여 그때마다 테이프 주행의 시동과 정지가 반복된다. 이것으로부터 각 기록 단위(physical record)의 전후에 일정 간격(0.45~0.75 인치)의 공백 부분을 살려서 이것을 IRG라고 하며, 판독에서는 이것이 한 동작을 종료시키는 표준이 된다. 또한 이것을 IBG(inter-block gap)라고도 한다. ⇨ 그림 참조

Iridium plan [irídiəm plǽn] **이리듐 계획** 미국 모터롤라 사에서 77개의 저궤도 위성을 이용하여 지구 상 어느 곳에서도 통화할 수 있는 휴대전화 시스템. 77개 위성이 지구 주위를 도는 모양이 원자핵 주위를 77개의 전자가 도는 것 같은 유사성에서 원자번호 77 이리듐의 이름이 붙여졌다.

IR interface card IR 인터페이스 카드 infrared interface card의 약어. 적외선 통신용의 증설 PC 카드. 노트북 PC 등에서 사용한다.

IRIS 미국 SGI 사가 제공하는 워크스테이션 시리즈 명칭. Indy, Indigo, Crimson, Onyx 등이 올라와 있다. 텍스트 파일밖에 취급할 수 없는 환경, 예를 들면 PC 통신의 게시판이나 전자 우편 등에서 2진 파일을 주고받기 위한 프로그램. 2진 파일을 ish 형식의 텍스트 파일로 변환하거나 되돌려준다.

IRL 정보 검색 언어 information retrieval language의 약어.

IRM 정보 자원 관리자 information resources manager의 약어. 중앙 컴퓨터의 운용과 컴퓨터 사용자를 관리하는 데 필요한 정보를 제공하는 사람.

IRQ (1) **인터럽트 요구** interrupt request의 약어. 인터럽트를 요구하는 신호로, 이 신호가 입력되면 인터럽트를 개시하기 위한 인터럽트 순서가 실행되고, 이때 프로세스는 실행중인 명령이 완료되기까지 대기한다. (2) **개입 요구** intervention required의 약어.

irrational number [irǽʃənəl nʌ́mbər] **무리수** 유리수가 아닌 실수.

irrational error [–érər] **회복 불가능 오류**

irreducible relation [iridjú:sibl riléiʃən] **비분해 릴레이션** 이는 하나의 기본 키와 하나 이상의 다른 속성으로서 둘 다 합성이 가능하도록 구성되어 있는 어떠한 릴레이션이 단일 원자 개념으로 표현되어 있고 프로젝션의 집합으로 무손실 분해할 수 없는 릴레이션을 말한다.

irreflexive [iripléksiv] *a.* **비반사적** 관계 R이 정의된 집합 A의 모든 원소 a에 대하여 $a\,R\,a$의 관계가 성립하지 않을 경우 R을 비반사적 관계라 한다.

irrelevance [iréləvəns] *n.* **무관계, 산포량, 산포도** 하나의 통신로에 의하여 통보 수신 단자로 접속되어 있는 정보원에 있어서 특정 정보가 발생했다고 하는 조건 하에서 통보 수신 단자에 어떤 통보가 생기(生起)하는 조건부 엔트로피.

irrevocabe control strategy [irévəkəbl kəntróul strǽtədʒi(:)] **비역행 제어 전략** 어떤 상태에서 규칙이 선택되어 적용되어 버리면 나중에 다시 이 상태로 되돌아올 수 없는 제어 방식.

IRS 정보 검색 시스템 information retrieval system의 약어. 축적된 정보로부터 주어진 키를 이용하여 요구에 적합한 정보를 인출하는 시스템.

IS (1) **정보 분리, 정보 분리 문자** information separator의 약어. 논리적으로 정보를 분리해서 구별하는 데 사용하는 기능 문자. (2) **국제 표준** international standard의 약어. ISO 등 국제 표준 기구에서 제정한 국제 표준. IS는 DP(draft proposal), DIS(draft international proposal)의 과정을 거쳐

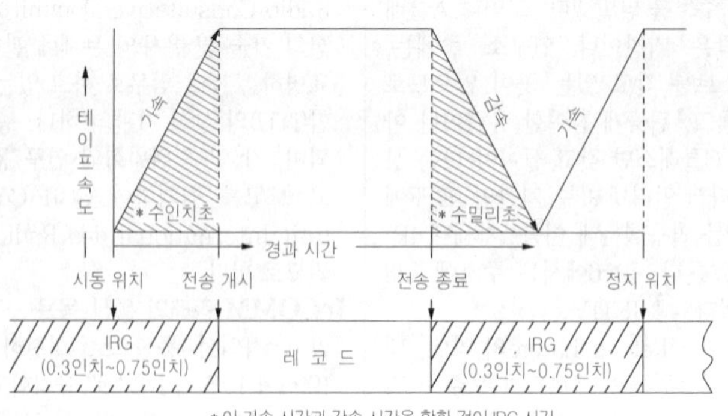

〈IRG의 구조〉

회원국의 투표로 결정된다. (3) **중간 시스템** intermediate system의 약어. OSI 네트워크 사양의 라우터(router). (4) **인터넷 학회** Internet Society의 약어. 인터넷의 건전한 발전을 도모하고 보급을 촉진시키기 위해 1992년 1월에 미국에서 발족한 국제 조직. 새로운 기술의 개발과 표준화에 적극적으로 대처하고, 연구원들은 물론 인터넷 관련 회사들도 참가하고 있다.

ISA (1) **업계 표준 구조** industrial standard architecture의 약어. 원래는 IBM PC/AT의 구조를 가리키는 용어이지만 대부분의 AT 슬롯 사양을 가리키는 용어(ISA 버스)로 사용된다. IBM이 십여 년 전 PC/AT를 출시한 이후 대부분의 PC에서 사용되고 있는 버스 디자인이다. 그것은 한정된 8비트와 16비트 버스 구조이다. 하지만 호환성이 좋아 기술적으로 우수하여 지금도 계속 사용되고 있으며, PCI 버스 표준처럼 속도도 매우 빠르다. ⇨ PCI (2) **미국 계측 학회** Instrument Society of America의 약어. 계측 및 제어(컴퓨터 제어를 포함)에 관해 연구하는 학회.

ISA hierarchy 동일 계층 복잡한 객체를 작은 객체로 계층적인 분류를 할 때 이들 사이의 계층적인 상하 관계.

ISAM 아이삼, 색인 순차 액세스법 index sequential access method, indexed sequential access method의 약어. 색인을 사용하여 시퀀셜(sequential), 랜덤의 어떤 호출도 가능한 색인 순차 편성 파일의 레코드에 대한 액세스 방식(access method). 시퀀셜 조작에서는 색인을 경유하지 않고 직접 레코드가 저장되어 있는 영역의 선두로부터 처리해간다. 한편 랜덤(random) 조작에서는 레코드 키의 값을 근거로 계층적으로 구성된 색인의 상위로부터 주어진 키를 갖는 레코드가 들어 있는 영역을 한정하면서 처리해간다. 또한 색인 순차 편성 파일은 색인 순차 파일(indexed sequential file)이라는 레코드가 키의 순번으로 구성되어 있는 파일이며, 키에 대응하는 색인을 사용하여 각 레코드를 액세스하도록 되어 있다. 이 파일은 시퀀셜이나 랜덤으로도 처리가 가능하고, 대용량 파일의 특정 레코드에 대해 조회하도록 하는 경우에는 통상의 순차 편성 파일(sequential file)보다 매우 빠른 액세스가 가능하다.

ISAM file 색인 순차 액세스법의 파일

ISAPI Internet server application program interface의 약어. ISAPI는 프로세스 소프트웨어(Process Software)와 마이크로소프트 사가 만든 애플리케이션 프로그래밍 인터페이스로 인터넷 서버에 적합하다. ISAPI는 표준 APIs에서보다 처리 과정을 빠르게 하기 위하여 윈도의 다이내믹 링크 라이브러리(dynamic link libraries)를 사용한다. ⇨ API, DLL

ISB 인터럽트 상황 바이트 interrupt status byte의 약어.

ISBN 국제 표준 도서 번호 international standard book number의 약어. 전세계적으로 시시각각 쏟아져 나오는 방대한 양의 서적을 체계적으로 분류하고 도서 유통 관리를 효율적으로 하기 위해 국제적으로 정한 도서 표준 고유 코드 번호. 세계 어디서나 통용될 수 있도록 국제 ISBN 위원회가 작성한 이 국제 표준 도서 번호는 13단위로 구성되어 있어 책 내용이나 사용 언어를 살펴보지 않더라도 코드 고유 번호만으로 이 책이 어느 나라 어느 출판사에서 나온 무슨 책이라는 것을 쉽게 알 수 있다. 구미 각국과 일본 등 선진국에서 이미 시행하고 있으며 우리 나라는 90년도에 국제 ISBN 위원회에 가입, 국제 표준 도서 번호 제도의 국내 적용을 위해 출판사, 서점, 도서관 및 정부 관련 인사들로 구성된 한국 문헌 번호 운영 심의회를 중심으로 본격 적으로 작업중이다. 국제 ISBN 위원회는 소속 회원국들의 ISBN 코드를 각 회원국에게 통보해주기 때문에 우리 나라 출판계도 이번 ISBN 가입으로 국제 출판물 발행 및 동향 정보 등을 쉽게 입수할 수 있게 되어 국내 출판업계의 국제화에 큰 도움이 되었다. 또한 국내에 ISBN 제도가 본격 실시되면 출판계의 전산화도 가속화되어 도서 유통 정보화가 한층 앞당겨질 것으로 기대된다.

ISC 파일 통합 제어 기구 integrated storage controls의 약어.

ISDN 종합 정보 통신망 integrated services digital network의 약어. 디지털 교환기와 디지털 전송로에 의하여 구성된 하나의 통신망으로 전화, 데이터, 팩시밀리, 화상(畵像) 등 다른 복수의 통신 서비스를 제공하는 디지털 통신망을 종합 정보 통신망(ISDN)이라고 한다. 종합 정보 통신망은 전기 통신망에 있어서 음성 및 비음성 서비스를 디지털 방식을 이용하여 통합시킨 종합 통신망이다. ISDN은 IDN(integrated digital network)의 발전된 형태이며 개별 IDN이 통합되어 종합적인 서비스와 서비스의 고도화로 진전되는 것을 일컫는다. ISDN은 전화망, 데이터망, 팩시밀리망 등의 각종 서비스를 개별적으로 나누어진 형태의 망과 비교하면 다음과 같은 장점이 있다. ① 통신망의 설비 공용(共用), 대규모의 통합 효과에 의한 비용 절감으로 새로운 서비스의 경제적 제공이 가능하다. ② 통신망 운영 관리의 일원화에 따른 관리 비용의 저하가 도모된다. ③ 전화, 데이터, 화상 등의 모든 정보 신호를 펄스

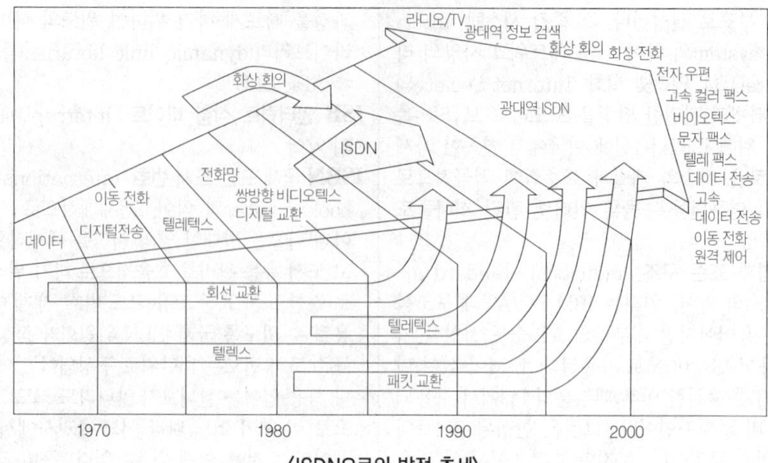

〈ISDN으로의 발전 추세〉

열(列)로, 물리적으로 동일한 구성 요소로써 전송할 수 있으며 서비스의 다양화에 대한 융통성이 있다. ④ 다양한 종류의 단말, 복수 통신 서비스를 동시에 제공할 수 있는 복합 통신 서비스의 실현 등으로 이용하기가 쉬워진다. 디지털망에 있어서 통신 정보는 전화 음성의 경우 64kB/s의 PCM 부호로 되지만, 정보 내용은 음성에 한하지 않고 데이터와 화상 등의 디지털 신호를 운반할 수 있다. 또한 타임 슬롯(time slot)의 할당에 의하여 64kB/s의 정수배(整數倍)의 채널을 호출하여 제공하기가 쉬우며 속도가 다른 신호를 취급함으로써 소위 다원(多元) 통신이 가능하다. 서비스의 통합화를 생각할 때 통신망으로서 특히 중요한 것은 각종 서비스에 대하여 통신 규약의 체계화, 통신에 필요한 기능의 체계적인 정리 통합, 배치 및 통신망을 구성하는 각 서브시스템(subsystem)의 인터페이스의 명확·표준화인 것이다. 또한 통합화의 결점은, 예컨대 엄격한 서비스 기준(기술 기준)에 합당하게 할 필요가 있다는 데 있다. 통신량의 증대, 단말의 다양화, 통신망의 디지털화, LSI의 발전 등을 배경으로 통신망의 통합화에의 경향이 대단히 강하다. 음성, 데이터, 비디오 등의 다양한 정보를 통합된 하나의 디지털 회선을 통해 하는 정보 통신 서비스로서 ISDN은 기존은 아날로그 회선과는 달리 디지털 회선을 사용하므로 전화, 데이터 통신, 팩스 등의 통신 장비를 통합된 하나의 회선에 연결하여 사용할 수 있게 된다. ⇨ 그림 참조

ISDOS IS 도스 information system design and optimization system의 약어. 미국 미시건 대학의 프로젝트명. ISDOS 프로젝트로 개발된 요구 기술 시스템 PSL/PSA가 유명하다.

ISFMS 색인 순차 파일 관리 시스템 indexed sequential file management system의 약어.

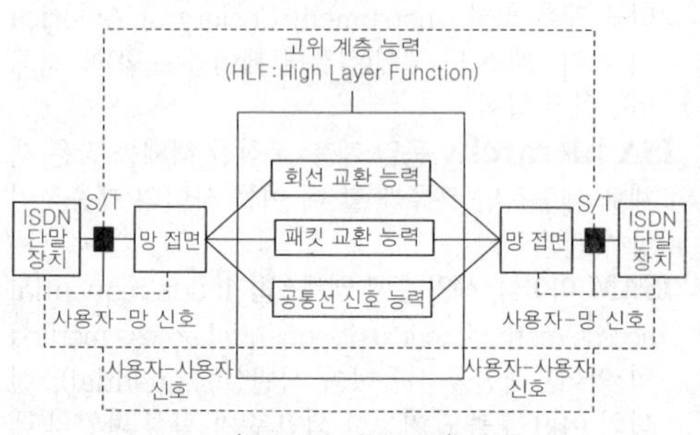

〈ISDN의 기본 구조〉

IS indicator 트랜잭션 순차 개시 표시기, IS 표시기 indicator transaction sequence indicator의 약어.

ISK 명령 공간 키 instruction space key의 약어.

ish 2진 데이터와 텍스트 데이터를 변환하는 프로그램으로 프리웨어이다. 텍스트 파일밖에 취급할 수 없는 환경, 예를 들면 PC 통신의 게시판이나 전자 우편 등에서, 2진 파일을 주고받기 위한 프로그램. 2진 파일을 ish 형식의 텍스트 파일로 변환하거나 되돌려준다.

island [áilənd] *n.* **아일랜드** 반도체 집적 회로의 기판 내에서 전기적으로 기판과 분리된 반도체 부분.

IS lock IS 로크 ⇨ intent shared lock

ISM 정보 시스템 관리 information systems management의 약어.

ISN 정보 시스템 네트워크 information systems network의 약어.

ISO 국제 표준 기구 International Organization for Standardization, International Standardization Organization의 약어. 표준화(standardization)를 위한 국제 위원회이며, 각종 분야의 제품/서비스의 국제적 교류를 용이하게 하고, 상호 협력을 증진시키는 것을 목적으로 하고 있다. 공업 상품이나 서비스의 국제 교류를 원활히 하기 위하여 이들의 표준화를 도모하는 세계적인 기구로서 스위스 제네바에 본부를 두고 있다. 각국 표준 단체로서 구성되며 각 참가국의 유일한 조직이 멤버로 구성된다. 참가 멤버는 기술 위원회의 업무에 공헌하고, 새로운 표준화의 제안에 대하여 찬반 투표를 한다. 옵서버 멤버는 위원회에 출석할 수 있으나 투표할 수는 없다. 1946년에 설립된 단체. 3년마다 총회를 개최하며, 여기서 이사회의 심의를 거쳐 ISO 권고가 규격으로서 공표된다. 기구의 가입은 한 나라당 하나의 기관에 한하여 허용하고 있다. 국제 전신 전화 자문 위원회(CCITT)와 같은 멤버는 연락을 위한 멤버로서 참가하도록 되어 있다.

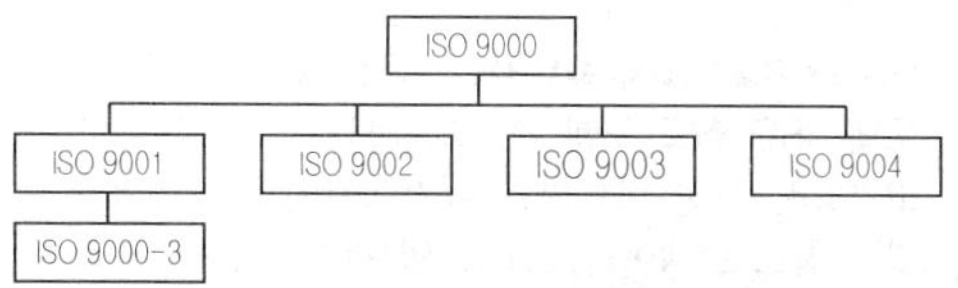

ISO 9000 : 품질 경영 및 품질 보증 표준 - 표준 선택 및 사용을 위한 지침
ISO 9001 : 품질 시스템 - 설계/개발, 생산, 설치 및 서비스에서 품질 보증 모델
ISO 9002 : 품질 시스템 - 생산 및 설치에서 품질 보증 모델
ISO 9003 : 품질 시스템 - 최종 검사와 시험에서 품질 보증 모델
ISO 9004 : 품질 경영 및 품질 시스템 요소-지침
ISO 9000-3 : 품질 시스템 - 소프트웨어 개발, 공급 및 유지 보수에 ISO 9001 적용

〈ISO 시리즈의 종류 및 연관 관계〉

ISO 10646-1 International Organization for Standardization 10646-1의 약어. 유니코드라고 불리는 것으로 전세계의 문자 코드를 통일하려는 유니코드 프로젝트의 성과를 1993년에 ISO로 국제 표준화한 것. ISO에서는 ISO 646의 유럽 통일 규격으로서 ISO 8859를 제정하고, 전세계 통일 규격으로 ISO 10646의 제정 작업을 하고 있지만, 1989년에 미국의 민간 단체 유니코드 컨소시엄이 발표한 체계를 채택하게 되었다. 한자는 모양으로 통합(유니피케이션)되어 20,902문자가 수록되어 있지만, 나라마다 의미가 다른 문자가 동일한 코드로 되어 있다. 1997년에는 27,496문자로 늘어났다.

ISO 9000 International Organization for Standardization 9000의 약어. 국제 표준화 기구인 ISO가 정한 품질 관리와 품질 보증을 위한 국제 규격. 윈도용 CD-ROM 등이 이 규격에 준하고 있다. 윈도에 제한되지 않고 매킨토시나 유닉스 등의 폭넓은 플랫폼에 접근할 수 있도록 고안되었는데, MS-DOS와의 호환성을 중시한 결과 문자나 파일 이름 길이 등에 제한이 있다. 물리 포맷에서 오류 정정을 중시하는 Mode1, 기억 용량을 중시하는 Mode2로 크게 구분된다.

ISO 9660 CD 롬 형식과 CD 롬에서 파일을 표현하는 방법에 대해 ISO(국제 표준화 기구) DPTJ가 정한 표준 규격. DOS와 윈도에서 사용할 수 있고, DOS에서 사용되는 8.3규칙(파일명 8자, 확장자 3자로 정하는 DOS의 파일명 표시법)을 따른다.

ISOC Internet SOCiety의 약어. 인터넷 사용에 있어서 도움을 주기 위해서 만들어진 기구로서 기술적인 것과 사용시에 제기되는 문제점들을 논의하는 포럼에 대한 지원도 하고 있다.

isochronous [ɑisákrənəs] *a.* **등시성(等時性)** 규칙적인 주기를 갖는 것.

isochronous distortion [–distɔ́ːrʃən] **등시성 변형** 두 개의 변조, 복조에 놓인 유의(有意) 순간 사이의 실측 간격과 이론 간격 차이의 최대값의 단위 간격에 대한 비를 등시성 변형이라고 한다. 이것은 양(+), 음(−)부호에 무관계하고 또 두 개의 유의 순간은 반드시 서로 이어지는 것이 아니라도 좋다.

isochronous transmission [–trænsmíʃən] **등시성 전송** 임의의 두 개의 유의 순간 간격이 항상 단위 시간의 정수배가 되도록 한 데이터 전송의 처리 과정.

isolate [ɑ́isəlèit] *v.* **격리하다, 분리하다** 기억 기구의 어느 부분에 고장이 발생한 경우는 다중 처리 시스템에서는 양쪽 프로세서가 그 부분을 사용하지 않게 하는 조치를 취할 필요가 있다. 시스템이 작동하고 있을 때 고장 개소를 시스템에서 제거함으로써 시스템 조작원은 그 고장을 운영 체제(OS)에서 분리할 수 있어 복구를 의뢰할 수 있으며 어떤 문제가 발생했을 때 그 문제 자체 또는 그 발생 개소를 시스템에서 격리하여 그 영향이 다른 부분에 미치지 않게 하는 것을 말한다.

isolated [ɑ́isəlèitəd] *a.* **고립하다, 절연되다**

isolated amplifier [–ǽmplifɑ̀iər] **절연 증폭기** 신호 회로와 접지를 포함하는 다른 회로와의 사이에 전기적 접속이 없는 증폭기.

isolated area [–ɛ́(ː)riə] **보호 기억 영역** 특별한 권한을 가진 이용자나 운영 체제 이외의 프로그램에 의해 접근되지 않도록 하드웨어적으로 보호되어 있는 기억 장치 영역.

isolated I/O **고립형 입출력** 이것은 기억 장치에서의 전송 명령과는 달리 입출력 명령을 사용하므로 프로그램할 때 기억 장치 명령과는 구분이 되며, 포트 지정을 1바이트로 할 수 있다. IN, OUT 명령에 의해 주어진 I/O 포트에 입출력 기기가 접속되어 입출력을 행하는 방식이다.

isolated locations [–loukéiʃənz] **보호 기억 장소, 고립된 장소** 사용자의 프로그램에 의해서 주소가 지정되는 것을 금지하고, 우발적인 사고로부터 기억된 내용을 지키기 위해 특별한 하드웨어 장치로 보호되는 기억 장소.

isolated speech[−spíːtʃ] **분절 음성** 말하는 것을 이해하는 시스템에서 음성을 입력하는 한 방법으로, 구(句)에 반하여 단지 구어로 된 단어들을 말한다.

isolated-word recognition[−wə́ːrd rekəgníʃən] **분절 단어 인식** 분절된 단어들을 인식하기 위해 형태-부합 기법을 사용하는 음성 인식의 한 접근 방식.

isolated-word system[−sístəm] **분절 단어 시스템** 시스템이 보다 쉽게 단어를 분별하도록 하기 위해 입력이 분리되어 발음되는 단어로 구성되어야 하는 음성 인식 시스템.

isolation[àisəléiʃən] *n*. **분리** 트랜잭션이 완료될 때까지는 그 실행 결과를 다른 트랜잭션이 이용할 수 없게 하는 것으로 트랜잭션이 가져야 하는 성질의 하나로서 다른 것과 떨어지게 하거나 분리시킨 상태와 컴퓨터 보안 시스템에서 정보를 구획으로 분리하여 필요한 부분만 접근할 수 있도록 하는 기법이 있다.

isolation level[−lévəl] **고립화 수준** 병행 제어에서 어떤 트랜잭션이 기본 세트에 대해서 허용할 수 있는 간섭의 정도. 레벨이 높을수록 간섭은 더욱 적어진다.

isolation transformer[−trænsfɔ́ːrmər] **절연 트랜스** 접지식 전로에서 비접지식 전로로의 교환이나 잡음 저감을 위해 사용한다. 교류 전력을 받는 측(1차측)과 전력 공급측(2차측)이 절연된 트랜스를 말한다.

isocline[áisəklàin] *n*. **등치선** ⇨ level map

isomorphic graph[αisəmɔ́ːrfik grǽf] **동형 그래프** 그래프 $G=(V, E)$와 $G^*=(V^*, E^*)$에서 함수 $f: V \to V^*$

$$(u, v) \in E \rightleftarrows (f(u), f(v)) \in E^*$$

가 전단사 함수이면 이때의 함수 f에 대해 G와 G^*를 동형 그래프라고 한다. 일반적으로 동형 그래프끼리는 구별하지 않고 같다고 본다.

isomorphism[áisəmɔ̀ːrfizm] *n*. **동형** 집합 M, N이 다음 조건을 만족할 때, M과 N은 동형이라고 부르고 $M \simeq N$으로 나타내는데, 다음과 같은 조건에 일치하여야 한다. 첫째, M, N은 전 순서 집합이다. 둘째, $M \approx N$, 즉 M과 N은 동등(일대일 대응)하다. 셋째, $m, m' \in M$, $m < m'$인 임의의 두 M 요소에 각각 대응하는 N의 두 요소 n, n'가 역시 $n < n'$가 되도록 M과 N을 일대일 대응시키는 것이 가능하다.

ISO/OSI model **국제 표준화 기구 개방형 시스템 모형** ISO가 제정한 데이터 통신 및 컴퓨터 네트워크용 프로토콜의 표준 모형. 지금까지의 통신 프로토콜에 대한 표준화와는 달리 부분적이고 개별적인 프로토콜이 아니라 새로운 통신 서비스의 기능 추가, 광통신 및 위성 통신 등의 새로운 기술 도입에 대응할 수 있는 확장성, 광범위한 통신망과의 적응성을 확보할 목적에서 시스템 사이의 상호 접속에 대하여 대폭적인 개방성을 갖도록 규정하고 있다.

ISO/OSI reference model **국제 표준화 기구 개방형 시스템 상호 참조 모델** 국제적 표준화 기구에서 컴퓨터 네트워크의 통신 규약을 제안한 모델로, 규약을 7개 층으로 나누어 컴퓨터 네트워크를 구축하고자 했다. 그 7개의 층은 물리 계층 데이터 링크 계층, 네트워크 계층, 전송 계층, 세션 계층, 표현 계층, 응용 계층으로 나뉜다.

ISO reference model **국제 표준화 기구 참조 모델, ISO 참조 모델** 이 표준화는 ISO에서 추진하고 있고, 우선 네트워크 아키텍처에 관한 7계층을 갖는 참조 모델이 검토되고 있으며, 동일 레벨의 계층 간 관계를 인터페이스로서 정의한 것으로 이루어지는 체계로 모델이 기술된다. 상이한 컴퓨터나 단말로 이루어지는 시스템을 접속하는 것을 개방형 시스템 간 접속(open systems interconnection)이라 한다.

isorhythmic control[àisəríðmík kəntróul] **등간격 제어** 전송중의 패킷 수를 일정하게 하기 위한 패킷 스위칭 네트워크에서 패킷의 수를 제어하는 것.

ISO standard code for information interchange **정보 교환용 ISO 코드** ISO 646에 의해 정해져 있는 정보 교환용 부호로, 1캐릭터는 7비트로 이루어지고 로마 문자의 알파벳(대문자 및 소문자), 숫자, 약간의 기호 및 기능 문자가 포함된다.

isothetic polygon[àisəθétik páligàn] **직교 다각형** 수평의 변과 수직의 변의 집합으로만 정의된 다각형.

ISP (1) **명령어 집합 처리기** instruction set processor의 약어. 기계 명령어 집합의 형을 갖는 컴퓨터(장치)를 말한다. 컴퓨터 구조의 계층 구조를 말할 때 자주 쓰이는 용어. 대개 하드웨어로 직접 실현되지만, 이들의 기능을 마이크로프로그래밍 제어에 의해서 실행하면 계층으로서의 ISP 레벨이 가변이 되므로 각 레벨의 기능 수준의 설정도 자유도가 증가하고, 설계자와 사용자의 측면에서 볼 때 시스템의 유연성과 적응성을 도모할 수 있다. (2) Internet service provider의 약어. 옛날에는 주요 대학에 속해 있거나 미 국방성 기록을 가지고 있는 경우에만 인터넷에 접속할 수 있었다. 하지만 지금은 인터넷 서비스 공급업체를 이용하면 쉽고 편리하게 인터넷에 접속할 수 있게 되었다. 대부분의 인터넷 서비스 공급업체들은 서번 네트워크(메일, 뉴스, 웹)와 라우터, 그리고 고속 인터넷 「백본」망에 연결된 모뎀을 가지고 있다. 가입자가 인터넷에 접속하기 위해서는 서버나 도메인명 또는 유닉스를 배울 필요 없이 지역 네트워크로 전화만 걸면 된다.

ISPF 대화형 시스템 생산성 향상 기능 interactive system productivity facility의 약어.

ISR 정보 축적과 검색 information storage and retrieval의 약어. (1) 데이터 프로세싱과 이미지 프로세싱을 조합시킨 데이터의 기록 및 검색 방법. 데이터 파일에 인덱스를 붙이고 이미지 데이터로 도큐멘트 파일이 기억된다. 예를 들면, 마이크로필름에 특정한 번호를 붙여서 파일하고, 그 형태로 기억 장치 안에 보유한다. 이를 인출할 때 특정한 번호를 지정해서 파일(필름)을 인출한다. (2) 정보 검색(IR)을 말한다. 정보를 축적하여 검색하거나 요구할 때 요구한 정보만을 전달하는 수동적인 검색과 시스템 측에서 적극적으로 이용자에게 정보를 제공하는 능동적인 방법이 있다. 전자를 소급적 검색(RS ; retrospective search), 후자를 정보의 선택 제공(SDI ; selective dissemination for information)이라 한다.

issue [íʃuː] *v.* **발행하다** 커맨드(명령)나 지시(indication) 등을 내거나 송출하는 것. 예를 들면, 컴퓨터 시스템에 커맨드 형식으로 지시를 내는 경우를 생각한다. 대화형 시스템에서는 커맨드 형식으로 지시를 송출(issue)할 수 있고, 그들 커맨드에는 파일 관리나 메모리 관리, 프린터 등의 주변 장치를 제어하기 위한 명령 등의 경우가 많다. 또한 이용자는 이들 커맨드를 조합시켜 매크로적으로 독자의 커맨드를 만들 수 있다. 이 경우 매크로명을 정의함으로써 보통의 커맨드와 똑같이 실행할 수 있다.

IST (1) **인터럽트 서비스 태스크** interrupt service task의 약어. (2) **정보 과학 기술** information science technology의 약어. 1965년에 미국 연방 과학 기술 정보 위원회(COSTI)가 정의했다. ① 정보의 기억과 전달(데이터의 편집, 목록, 과학 기술 정보), 데이터 센터, 정보 시스템, 관리 시스템, ② 광학, 도해적 정보 처리(디스플레이 장치와 이론, 문자 인식 장치, 패턴 인식 장치), ③ 일상 언어와 언어학(스피치 연구, 언어학, 기계 번역), ④ 컴퓨터(시분할, 온라인, 다이내믹, 구성 기기, 프로그램 등 언어, 생물 의학 데이터 처리) 등으로 구분되어 있다. 즉, 합리적인 근대 경영에는 신속하고 적절한 정보에 따라 의사 결정을 해야만 하고, 이러한 경우에 정보는 기업 내외에서 다양한 종류와 엄청난 양으로 경영에 필요한 정보를 수집하고 선별하여 처리하기 위해 체계적인 정리에 의해 비로소 경영에 유익한 자료가 된다. 이와 같은 정보 체계화의 이론과 기법을 말한다.

ISV 독립 소프트웨어 개발 판매 회사 independent software vendor의 약어. 메이커와는 독립적으로 애플리케이션을 개발하여 판매하는 회사. 일반적으로 ISV의 수가 많은 기종일수록 사용자에게는 구입할 수 있는 소프트웨어의 종류가 많아진다. 따라서 각 메이커는 ISV에게 자사 기종에 대한 기술 정보를 빨리 공개하여 소프트웨어 개발을 촉진하는 노력을 기울이고 있다.

ISW 중간 상황 워드, 중간 상태 워드 intermediate status word의 약어.

IT 정보 기술 information technology의 약어.

italic [itǽlik] **이탤릭** 원래는 유럽 문장에서 쓰이는 글꼴의 일종으로 한쪽으로 기울어진 서체, 즉 사체(斜體). 워드 프로세서는 문자 수식 기능을 이용해 이 글꼴을 사용할 수 있다.

Itanium 아이타니엄 인텔 사의 64비트 아키텍처 「IA-64」를 채용한 프로세서의 명칭. 개발시에는 Merced라 불렀다. ⇨ IA-64

ITAP 필리핀 정보 기술 협회 Information Technology Association of the Philippines의 약어.

ITB (1) **중간 텍스트 블록** intermediate-text-block의 약어. (2) **중간 전송 블록** intermediate transmission block의 약어.

IT bit 추적 금지 비트 inhibit trace bit의 약어.

ITC 인텔리전트 터미널 제어 장치 intelligent terminal controller의 약어. ITC는 보수 운용계(系) 장치의 하나인 감시 시험석(STD)의 제어 장치로 디스플레이(CRT) 및 플렉시블 디스크 구동 장치(FDD)로의 입출력 제어 기능을 가지고 있다. ITC의 주요 기능은 입출력 장치에 제어 기능(FD 제어, FD 검색 제어, PRT 제어, CRT 제어, 메시지의 출력 제어)과 도형 표시 제어 기능이 있다. 또한 ITC는 8비트의 마이크로프로세서를 가진 μP부, 메모리로부터 이루어진 ROM부, RAM부, 인터럽트 제어부 및 DCH와 데이터의 송수신 인터페이스를 가진 LIF부 등의 블록으로 구성되어 있다.

ITDM intelligent TDM, 지능 시분할 다중, 고성능 시분할 다중화 intelligent time division multiplexing의 약어. ⇨ time division multiplexing

item [áitəm] *n.* **항목** 데이터의 집합 요소 항목, 즉 관련이 있는 필드의 모임이다. 예를 들면, 품명이라는 아이템은 품명 코드라는 필드와 품명이라는 필드로 이루어진다. 기종에 따라서는 로지컬 레코드를 아이템이라고 하는 경우가 있다. 예를 들면, 파일은 레코드와 같은 몇 개의 항목으로 이루어지며, 또한 그 레코드는 다른 항목으로 구성되어 있다.
[주] 정보 처리의 목적에서 1단위로 취급되는 일련의 문자나 단어의 집합을 말하는 경우도 있다. 1. 1단위로 취급되고 관련된 문자의 집합. 2. 그룹의 한 가지 요소를 참조하기 위해 사용하는 일반 용어.

item advance[−ədvɑ́:ns] **항목 진전** 저장 장소에서 다른 레코드에 연속적으로 동작하기 위해서 레코드를 조합하는 기법.

item constraint[−kənstréint] **항목 제약 조건** NOMAD의 항목에 대한 제약 조건. 문자열 템플릿이나 마스크 등을 이용하여 항목을 정의할 때 명세할 수 있다.

item design[−dizɑ́in] **항목 설계** 레코드의 형태를 설계하는 것.

item key[−kí:] **아이템 키**

item separation symbol[−sèpəréiʃən símbəl] **항목 분리 기호** 한 항목의 시작을 나타내는 제어 부호.

item size[−sɑ́iz] **항목 크기** 단어, 문자, 블록의 수로 표시되는 항목의 크기 또는 항목 내에서의 문자의 개수.

iterate[ítərèit] *v.* **반복하다, 되풀이하다** 어떤 특정 조건이 만족될 때까지 동작을 반복한다고 하는 의미. (1) 고수준 언어에 있어서 do, for, repeat, while 문 등이 반복을 제어하기 위하여 사용된다. 이러한 반복을 볼 수 있는 프로그램 구조를 루프(loop)라 한다. (2) 어느 단계의 결과(result)를 다음 단계로의 입력으로 사용함으로써 차례 차례로 근사해를 구해가는 과정을 반복하는 것. 이러한 반복 과정(iterrative process)은 오차(error)의 판정 기준이 만족되었을 때 종료한다. 제곱근을 구하는 Newton 방식이 유명하다.

iteration[ìtəréiʃən] *n.* **반복** 반복(repetition)과 같은 뜻으로 쓰여진다. (1) 프로그램의 경우에 어떤 조건이 만족될 때까지 몇몇 명령(instruction) 또는 명령문(statement)을 반복 실행하는 것. 예를 들면, ① 파일의 레코드를 「파일의 종료(EOF)」가 될 때까지 반복해서 판독(read)한다. ② 제품 코드가 바뀔 때까지 그 제품의 「매상고」를 집계한다. ③ 조건 p가 「참」일 때에 한하여 프로세스 「a」를 실행한다. 또한 이와 같이 「반복되는」 일련의 명령이나 명령문을 루프(loop)라 한다. (2) 어떤 조건이 만족될 때까지 일련의 처리를 행하여 결과를 얻는 프로그램을 반복 루틴(iterative routine)이라 한다. 반복적 알고리즘(iterative algorithm)은 재귀적 알고리즘(recursive algorithm)의 상대어이다.

iteration factor[−fǽktər] **반복 인수** PL/I 언어에서 INITIAL 속성으로 지정하는 배열로의 초기 설정값의 반복 횟수 및 서식의 목록이 지정하는 서식 항목의 반복 횟수를 표시하는 식.

iteration method[−méθəd] **반복법** Newton Raphson법, Bairstow Hitchcock법 등 많은 종류가 있으나 어느 것을 사용하든 수렴의 판정과 해의 정도, 초기값의 선택법, 수렴 속도 등의 문제를 미리 음미해 두는 것이 중요하다. 이것은 방정식의 해를 구하는 일반적인 방법으로, 초기값을 하나 고르고 이것을 써서 다음의 근사해를 구한다. 이 조작을 반복함으로써 필요한 정도(精度)를 가진 해를 구할 수 있다.

iteration structure[−strʌ́ktʃər] **반복문 구조** 일반적으로 반복문은 조건을 나타내는 제어부와 반복 수행되는 문장들인 몸체부로 구성되는데, 조건 반복문에는 while 문 구조, until 문 구조, 카운터 사용 반복문 등이 있으며, 구조적 프로그램을 작성할 때 쓰이는 용어이다.

iterative[ítərèitiv] *a.* **반복적** 어떤 조건이 만족될 때까지 일련의 동작을 반복하여 수행하는 처리 과정이나 처리기의 상태.

iterative algorithm[−ǽlgəriðm] **반복적 알고리즘** 반복 수행하는 알고리즘.

iterative control structure[−kəntróul strʌ́ktʃər] **반복 제어 구조** 프로그래밍 언어에 따라 이 제어 구조를 나타내는 여러 가지 다양한 표현들이 있다. 예를 들면, FORTRAN 언어의 DO 문과 PASCAL 언어의 while 문, repeat-until 문, 그리고 for 문 등이 반복 제어 구조를 갖는다. 프로그램에서 문장들이 되풀이하여 수행되도록 하는 제어 구조이다.

iterative method[−méθəd] **반복법** 정해진 방법을 차례로 되풀이하여 값을 구하는 방식. ⇨ iteration method

iterative operation[−ɑ̀pəréiʃən] **반복 연산** 초기 조건 또는 다른 파라미터의 조합 순서에 따르고 자동 파라미터 설정 기구에 의하여 방정식의 각 해를 구하는 연산. 주로, 반복 연산은 경계값 문제나 시스템 파라미터의 최적화 문제의 해를 자동으로 구하는 데 사용한다.

iterative process[−prɑ́ses] **반복 처리** 일련의 동작을 반복 수행하여 점차 근접된 결과를 추구하는 처리 방식. 예를 들면 사칙연산을 이용한 계산법으로 주어진 양수의 양의 제곱근을 구하는 방법.

iterative routine[−ru:tí:n] **반복 루틴** 어떤 조건이 만족될 때까지 일련의 조작을 반복하여 결과를 얻는 프로그램.

ITF method ITF 법 (1) **대화식 단말 기능** interactive terminal facility의 약어. (2) **통합 검사 기능** integrated test facility의 약어. 주로 온라인 시스템의 감사에 사용하며 실시간 시험 자료법이라고도 한다. 이것은 실제 가동중인 컴퓨터에 대하여 실제 데이터와 가공한 테스트 데이터를 보내서 미리 계산한 예상 결과와 대조함으로써 피감사 시스템의 타당성을 평가하는 방법. 이것은 컴퓨터 이용 감사의 한 방법으로 mini company법 또는 dummy company법이라고도 한다.

ITIRC IBM **기술 정보 센터** IBM technical information retrieval center의 약어. 문헌 검색 시스템의 하나. IBM 사가 사내에서 정보 교환을 하는 시스템이며, SDI와 RS의 두 가지 서비스를 한다.

ITR 인터넷 토크 라디오 Internet talk radio의 약어. Carl Malamud가 주제하는 인터넷에 관한 인터뷰 등으로 구성된 라디오 방송과 유사한 프로그램. 이 프로그램이 수록된 음성 파일을 인터넷 상에서 입수할 수 있다.

ITS 지능형 교통 시스템 intelligent trans-port system의 약어. 도로 교통의 원활화를 목적으로 설계된 정보 통지 시스템. 정보 기기를 장착한 자동차에서 정체나 사고에 관한 정보를 물어볼 수 있다.

ITS/ITR 송수신 안내 invitation to send/invitation to receive의 약어. 50~200비트/초의 국제 알파벳 No.2 부호 배열의 전이중/반이중 단말을 대상으로 한 전문 송신 및 수신을 위한 시퀀스.

ITT (1) **국제 전화 전신 회사** International Telephone & Telegraph Corp.의 약어. 통신 기기 제조 및 통신 서비스의 제공 회사. 전세계에 다수의 자회사를 거느린 세계 최대의 콩그로 메리트. (2) information through and timing analysis의 약어. ITA라고도 한다. 플로 차트 분석법의 하나. 각 조직과 부분에 대한 상표의 처리 절차나 타이밍을 도식화한 것.

ITU 국제 전기 통신 연합 International Telecommunications Union의 약어. 전기 통신에 관한 국제 협정과 조약, 규격의 제정에 활약해온 조직. 각국의 전기 통신 사업을 감독하는 정부 기관과 주요한 통신 회사에 의하여 구성되어 있다.

ITU-T International Telecommunications Union Telecommunication의 약어. 국제 위원회 CCITT의 새 명칭으로 예전 명칭만큼 잘 알려져 있지는 않다. ⇨ CCITT, CCITT A-law, CCITT U-law

ITV 산업용 텔레비전 industrial television의 약어. 조회, 확인, 감시, 관리, 조정 등의 목적으로 분리된 장소의 상황을 주로 유선에 의해 영상을 보내는 TV 장치.

IUR 유닛 간 레지스터 inter unit register의 약어.

Iverson language 아이버슨 언어 아이버슨(K.E. Iverson)에 의해 컴퓨터로 처리하고 싶은 여러 가지 문제의 수치적 및 논리적 관계를 엄밀함과 동시에 간결하게 기술하기 위해 개발된 프로그래밍 언어.

Iverson notation 아이버슨 표기 컴퓨터 언어의 형식적 구조를 기술하기 위해 개발된 특별한 부호들의 집합. 아이버슨(K.E. Iverson)에 의해 개발되었으며 APL에 사용된다.

IIVR 대화형 음성 응답 interactive voice response의 약어. 시스템이 먼저 고객에게 정보의 내역을 알린다. 고객이 특정 ID(주민 등록 번호 등)를 밝히면 그 ID에 기록된 정보를 검색하여 고객에게 들려준다.

IVY NET [áivi net] **아이비넷** 한솔 텔레컴이 최근 기업과 기관을 대상으로 제공하고 있는 인터넷 서비스. 아이비넷은 미 PSI 사 네트워크와 T1(1.544 Mbps)의 회선으로 연결되었으며, 전용 회선 서비스 외에 프레임 릴레이 방식의 빠르고 안정적인 서비스를 실시한다. 아이비넷 홈페이지는 알림판, 아이비넷 광장, 아이비넷 친구들, 개인 홈페이지, 웹 채팅으로 구성되어 있다.

IW indicator 워크세션 개시 표지, IW 표지 work-session initiation indicator의 약어.

IX (1) **색인 레지스터** index register의 약어. (2) Internet exchange의 약어. IP를 이용한 정보 교환 서비스의 하나. 공급자간의 상호 접속 환경을 제공한다.

IX lock IX **로크** intent exclusive lock의 약어.

J

J[dʒéi] **제이** (1) jump instruction의 약어. (2) job의 약어. (3) joint의 약어.

jack[dʒǽk] *n*. **접속 단자, 잭** 어떤 회로의 도선을 접속하기 위해서 플러그를 끼울 수 있게 되어 있는 접속 기구나 장치.

jacket[dʒǽkət] *n*. **재킷** 플로피 디스크를 감싸고 있는 플라스틱 껍질. 마이크로필름의 한 종류로 얇고 투명한 봉투에 일정 길이의 필름을 잘라서 보관하는 형태.

jack panel[dʒǽk pǽnəl] **잭 패널, 잭형 배선판** 장치의 동작이나 전기 펄스의 흐름을 제어하기 위해 마련되어 있는 잭에 플러그를 끼어 배선을 하게 되어 있는 배선판.

Jackson method[dʒǽksən méθəd] **잭슨법** 입출력 데이터 구조에 착안한 프로그램 설계법. 주어진 문제 양식에서 입력 및 출력 데이터의 구조를 정의하고 그러한 구성 요소 간의 일대일 대응을 찾아내어 그것을 기본으로 프로그램 구조를 정한다. 데이터 구조, 프로그램 구조와 함께 연접(連接), 반복, 선택의 세 가지 구성 요소에 따라 나타낸다.

Jacobi iterative method[dʒǽkəbi ítərèitiv méθəd] **자코비 반복법** 계수 행렬이 0을 많이 포함하는 연립 방정식의 해를 구할 경우에 가우스(Gauss)의 소거법보다 빨리 수행되며 수렴 속도를 알 수 있는 반복법.

Jacobi method[–méθəd] **자코비 방법** 대칭 행렬의 고유값을 구하기 위한 방법.

jaggies[dʒǽgi(:)z] **계단 모양** 컴퓨터 그래픽에서 대각선, 선, 곡선 부분이 계단 모양으로 턱이 생기는 현상. 이는 점으로 선을 표시하는 래스터 방식에서는 피할 수 없는 것으로, 이를 없애려면 해상도를 높이거나 안티에얼라이싱(antialiasing) 같은 특수 처리를 해야 한다.

JAM Java animation machine의 약어. dimension X 사가 개발한 툴로서 단 한 줄의 자바 소스를 타이핑하지 않고도 그냥 마우스로 객체를 드래그 앤드 드롭해서 애플릿을 만들 수 있는 툴(tool).

jam[dʒǽm] *n*. **잼** 카드 리더나 카드 펀치 등으로 펀치 카드가 통과할 때에 어떤 원인으로 카드가 기계 속에서 걸리거나 막혀 파손되는 것.

jamming[dʒǽmiŋ] *n*. **충돌** 근거리 통신망(LAN)에서 사용되는 CSMA/CD 프로토콜에서 여러 대의 데이터 전송 기기들이 동시에 전송을 시도했을 때 발생하는 충돌 신호.

JANET 공동 학술 네트워크 Joint Academic Network의 약어.

JASE just another system error의 약어. "또 시스템 에러다"의 뜻.

Java[dʒɑ́:və] **자바** 웹 브라우저인 넷스케이프에서 사용할 수 있는 객체 지향 프로그래밍 언어로서 보안성이 뛰어나며 컴파일한 코드는 다른 운영 체제에서 사용할 수 있도록 클래스(class)로 제공된다. 객체 지향 언어인 C++ 언어의 객체 지향적인 장점을 살리면서 분산 환경을 지원하며 더욱 효율적이다.

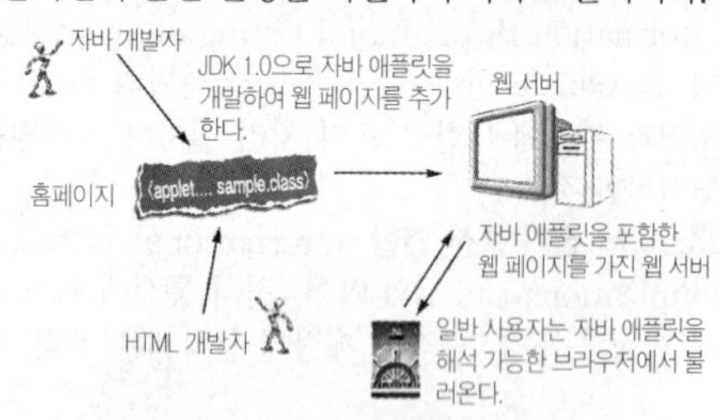

〈Java 애플릿이 웹 상에서 구현되는 원리〉

Java applet[–ǽplet] **자바 애플릿** 자바 언어로 구성된 작은 소프트웨어. 크기가 작아서 네트워크에서의 전송에 적합하고, 인터넷을 통해 배포할 수 있다. 웹에서 사용하는 HTML로 작성한 문서에 애플릿이라는 꼬리표를 써서 자바 애플릿을 지정한다. 자바 애플릿을 동작시키는 데는 자바 가상머신을 내장한 웹 브라우저가 필요하다.

Java application [-æplikéiʃən] **자바 응용 프로그램** 자바에서 소프트웨어를 개발하는 방법에는 응용 프로그램과 애플릿의 두 가지 방법이 있다. 응용 프로그램은 이제까지 소프트웨어를 개발해왔던 것처럼 MS-DOS, 유닉스, 마이크로소프트 윈도와 같은 운영 체제에서 실행하기 위해 만드는 소프트웨어를 말한다. 애플릿은 운영 체제에서 실행되는 것이 아니라 웹 브라우저 안에서 실행되는 소프트웨어이다. 따라서 웹 브라우저에서는 자바 응용 프로그램을 실행할 수 없고, 자바 애플릿으로 프로그램을 만들어야 한다. 하지만 자바 응용 프로그램으로 작성하면 MS-DOS, 유닉스, 마이크로소프트 윈도와 같은 운영 체제의 화면 프롬프트에서 자바 응용 프로그램을 실행할 수 있다.

〈자바 특징〉

① **자바는 간단하다** (simple)
하나의 소프트웨어가 제작될 때는 소프트웨어를 제작하는 비용도 많이 들지만 유지 보수하는 비용도 어마어마하다. 자바 언어는 이러한 점을 고려하여 디자인되었다. 자바 언어는 C++를 기반으로 개발되었음에도 C++에서 혼란을 일으키는 부분을 제거했다. 예를 들면 연산자 오버로딩, 다중 상속 같은 것들이다. 그리고 C++에서 문제가 되는 기억 장소 경영 문제를 자동 쓰레기 회수와 할당(auto garbage collection)으로서 극복했다. 그러므로 프로그래머는 이것에 더 이상 신경을 쓸 필요가 없다.

② **자바는 객체 지향 언어이다** (object-oriented)
요즘의 컴퓨터 언어는 객체 지향 언어로 개발된다. 자바도 객체 지향 언어이다. 객체 지향 언어에 대해 여기서 자세히 언급할 수는 없고 간단한 일례를 들면 상속이라는 것이 있다. 부모 객체로부터 자식 객체는 상속을 한다. 자식 객체가 부모 객체로부터 상속을 받으면 부모 객체의 데이터와 메소드를 사용할 수 있음을 의미한다. 따라서 소프트웨어를 개발할 때 재활용 측면에서 많은 장점을 가진다.

③ **자바는 보안에 강하다** (secure)
자바는 원래부터 네트워크 분산 처리 환경에서 사용하기 위해 디자인된 언어이다. 네트워크 환경은 다른 환경보다 보안의 측면이 강조되는 환경인 만큼 자바는 보안에 중점을 두고 있다. 자바는 바이러스가 침투하지 못하는 구조를 가지고 메모리에서 데이터 접근을 제한할 수 있다. 접근을 허용하지 않으면, 애플리케이션의 데이터 구조 또는 데이터에 대한 접근은 불가능하다.

④ **자바 아키텍처는 중립적이다** (architecture neutral)
네트워크는 다양한 기종의 컴퓨터와 다양한 플랫폼(예를 들면, 윈도 NT, 솔라리스, 매킨토시 OS 등의 운영 체제를 일컫는 말이다)과 다양한 하드웨어로 이루어져 있다. 자바는 자바 코드 소스를 컴파일하여 바이트 코드를 만들어내며 이 바이트 코드는 다양한 플랫폼에 설치된 자바 인터프리터에 의해 해석되기 때문에 어떠한 플랫폼에서도 실행 가능하다. 따라서 새로운 기계라도 자바 인터프리터만 설치되어 있으면 바이트 코드를 해석할 수 있다.

⑤ **자바는 이식성이 높다** (portable)
기존의 언어는 각각의 플랫폼마다 수치 연산 문제 등으로 인하여 약간씩 다른 코드를 사용한다. 그러나 자바는 이식성이 강하여 다른 운영 체제, 다른 CPU에서도 같은 코드를 사용할 수 있다. 이식성이 높을 때의 단점은 각각의 시스템의 특성을 고려하지 않기 때문에 최적의 성능을 얻어낼 수 없는데, 자바는 이러한 것을 극복한 언어이다.

〈자바와 자바스크립트의 차이〉

① 자바스크립트는 사용자 컴퓨터에 의해 인터프리트(interpreted)되는 언어이다(마치 HTML과 같이). 그러나 자바는 일단 서버측에서 컴파일해야 하고, 프로그램의 실행은 사용자측에서 이루어진다.

② 두 언어 모두 객체 지향적 언어이다. 하지만 자바스크립트에는 상속성이나 클래스는 존재하지 않는다.

③ 자바스크립트는 HTML 코드에 끼워져서(embedded) 사용되지만 자바는 HTML과 독립적으로 사용 가능하다. 단, HTML을 이용해야 자바 프로그램에 접근할 수 있다.

④ 흔히 루즈 타입(loose type)이라는 변수형을 선언할 필요가 없다. 반면에 자바는 항상 변수형을 선언해야 한다. 이 경우 스트롱 타입(strong type)이라 한다.

⑤ 자바스크립트는 동적 연결(dynamic binding)이기 때문에 객체에 대한 참조는 실행시에만 한다. 그러나 정적인 연결(static binding)을 취하는 자바는 컴파일시에 객체에 대한 참조가 이루어진다.

⑥ 두 언어 모두 안전하다. 그러나 자바스크립트의 경우는 HTML 코드에 직접 끼워져 있기 때문에 누구든지 볼 수가 있다. 그러나 자바의 경우는 다르다. 자바 소스 코드를 컴파일하면 바이트 코드로 불리는 클래스 파일이 생성된다. 따라서 프로그램 작성자가 디렉토리 안에 소스 코드를 지워도 HTML에서 부르는 것은 자바 클래스 파일이기 때문에 다른 사람이 그 소스를 보지 못한다는 점에서 차이가 있다.

JavaBeans [dʒɑ́:vəbi:nz] **자바빈** 자바 개발자들이 재사용이 가능한 소프트웨어 개체를 만들 수 있게 하는 컴포넌트 기술. 이러한 개체들은 공유가 가능하다. 데이터 베이스 회사가 자사의 소프트웨어를 지원하는 자바빈을 만들어주면 개발자들은 자신들의 프로젝트에 그것을 쉽게 포함하여 사용할 수 있다.

Java chip [dʒɑ́:və tʃíp] **자바 칩** 자바의 바이트 코드를 실행할 수 있는 프로세서. 자바는 소스 코드 컴파일 과정에서 바이트 코드라는 중간 코드를 생성하고, 자바 칩은 바이트 코드를 직접 실행시키는 것으로 실행 프로그램 등을 요구하지 않고 고속 처리를 실행한다. 선 마이크로시스템즈 사는 주변 기기 브랜드용에 pico Java, 일반 사용자용에 micro Java, 3D 컴퓨터 그래픽 개발용에 더욱 고속화된 ultra Java 등을 발표하였다.

JavaCU 비디오 컨퍼런싱의 대명사. CUSM을 독일의 토머스 바그너라는 사람이 자바를 이용해 웹에서 구현한 것. 웹에서 구현된 CUSM은 단순히 웹 브라우저 하나만 있으면 인터넷으로 생중계되는 각종 이벤트를 컴퓨터 앞에 앉아서 시청할 수 있다. ⇨ Java

Java developer's kit [–divéləpərz kit] **자바 개발 도구** ⇨ JDK

Java foundation class [–faundéiʃən klɑ́:s] **가속 계수** ⇨ JFC

JavaScript [dʒɑ́:vəskrípt] **자바스크립트** 선 마이크로시스템즈와 넷스케이프 사가 프로그래밍 언어인 자바를 응용하여 사용하기 쉽게 만든 자바스크립트는 표준 HTML 문서에 사용되어 인터랙티브한 웹 페이지를 만들 수 있게 한다. 현재 자바스크립트는 웹 상의 인터랙티브한 양식을 만드는 데 많이 사용되고 있다. 마이크로소프트와 넷스케이프의 제품을 포함한 대부분의 브라우저가 자바스크립트를 지원한다. ⇨ ActiveX, Java

JavaScript style sheet [–stáil ʃí:t] **자바스크립트 스타일 시트** ⇨ JSS

Java server page [–sə́:rvər péidʒ] **자바 서버 페이지** ⇨ JSP

Java Servlet [–sə́:rvlət] **자바 서블릿** 웹 서버 쪽에 작성된 자바 프로그램. 기존의 CGI 프로그램과 같이 브라우저의 요청으로 웹 서버에 의해 실행된다. 그러나 메모리 내에 적재한 상태로 남아 있기 때문에 기존의 CGI 프로그램과는 달리 매번 읽어들일 필요가 없으며, 스레드 형태로 실행되므로 보다 효율적이다. 그리고 자바 언어로 작성되었기 때문에 플랫폼에 대해 독립적이다.

JavaStation [dʒɑ́:vəstéiʃən] **자바스테이션** 선 마이크로시스템즈 사의 자바 기반의 워크스테이션. 자바 가상 머신을 운영 체제로 사용하고 있어 응용 프로그램을 바로 실행할 수 있다는 것이 특징이다.

Java virtual machine [–və́:rtʃuəl məʃí:n] **JVM, 자바 가상 머신** JVM은 자바의 바이트 코드를 해당 컴퓨터의 명령어로 해석해주는 프로그램이다. VM이 바로 자바의 이식성의 주인공이다. 마이크로소프트나 선 마이크로시스템즈 사와 같은 회사는 자사의 운영 체제 안에 자바 VM을 만들어 넣었는데, 그래서 어떤 자바 프로그램도 그 VM 상에서 동작할 수 있는 것이다.

Jaz 재즈 미국 아이오메가(iomega) 사가 개발한 기억 장치. 미국에서 널리 보급되고 있는 리무버블 하드 디스크의 일종으로 기억 용량이 1GB이다. 일반적으로 MO 등의 기억 매체보다도 동작이 빠르지만 디스크의 단가는 높다. 1998년에는 기억 용량 2GB도 발매되었다.

JCL 작업 제어 언어 job control language의 약어. 명령을 해석하여 사용자 프로그램을 어떻게 처리해야 되는지 중앙 처리 장치에 알려주며, 일괄 처리나 시분할 시스템에서 주로 사용되는 IBM의 용어. 또한 각각의 작업이 수행되는 것을 도와주기 위해 기억 장소로 불러들인 프로그램으로서 입출력 장치를 부호 이름으로 저장하거나 프로그램에서 사용되는 스위치들을 조정하는 역할도 수행한다.

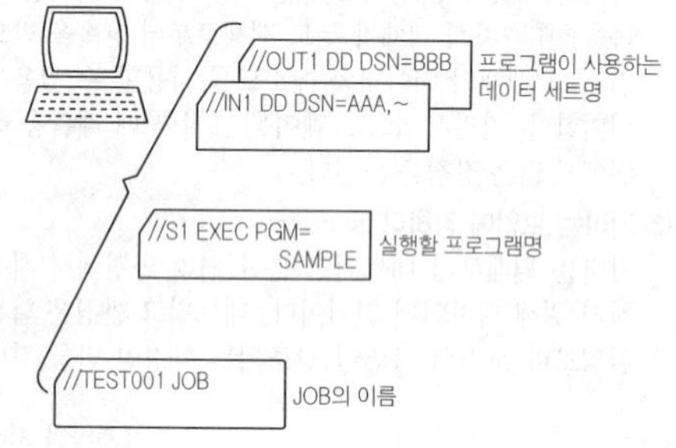
//OUT1 DD DSN=BBB
프로그램이 사용하는
데이터 세트명
//IN1 DD DSN=AAA,~
//S1 EXEC PGM=
SAMPLE
실행할 프로그램명
//TEST001 JOB
JOB의 이름

〈JCL〉

JCS 작업 제어문 job control statement의 약어.

JDBC Java database connectivity의 약어. 이 API (application programming interfaces) 세트는 ODBC와 유사하게 자바 애플릿이 데이터 베이스를 다룰 수 있는 표준적인 방법을 제공한다. ⇨ 그림 참조

J/Direct 자바 컴파일러에 의해 생성된 중간 코드로 작성된 프로그램을 해석/실행하는 환경.

JDK 자바 개발 도구 Java developer's kit의 약어. 미국 자바소프트 사가 제공하는 자바용 소프트웨어 개발 툴. JDK는 각종 운영 체제 및 응용 프로그램과 연결시킬 수 있는 자바 API와 클래스 라이브러리, 자바 가상 머신 등으로 구성된다. ⇨ Java

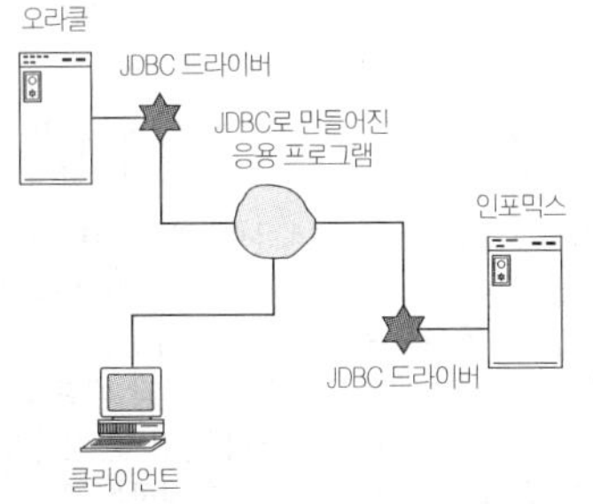

〈JDBC를 이용한 DB 접근〉

JECS 작업 입력 중앙 서비스 job entry central services의 약어.

JEDEC Joint Electron Devices Engineering Council의 약어. 전자 디바이스에 관한 미국의 표준화 단체.

JEIDA 일본 전자 공업 진흥 협회 Japan Electronic Industrial Development Association의 약어. 일본의 컴퓨터 제작 회사나 다른 기계 제작 회사에 의해서 만들어진 단체. JIS 원안의 작성이나 일본 전자 공업 진흥 협회 규격의 기본안 등을 작성한다.

JEMI 제미 미국의 록웰 인터내셔널 사가 개발한, 세계 최초의 상용 자바 칩의 이름. 제조 단가가 펜티엄보다 저렴하고 소비 전력도 적다.

JEP 작업 입력 프로그램 job entry program의 약어. ⇨ job entry program

JEPS 작업 입력 조절 서비스 job entry peripheral services의 약어.

Jerusalem.EOS 예루살렘.EOS Jerusalem.1813. EOS라고도 한다. 한국산 변형 파일 바이러스로서 command.com과 com.exe 등의 파일을 감염시킨다. 원형과 달리 중복 감염되지 않고, 감염된 exe 파일의 크기는 16의 배수가 된 뒤 1,813바이트 늘어난다. command.com 파일이 전염되면 부팅되지 않는다. 이 바이러스에 감염되면 매월 14일, 이용하고 있는 디스크를 포맷하고 시스템을 재부팅시키지만 하드 디스크를 파괴하지는 않는다.

JES 작업 입력 서브시스템 job entry subsystem의 약어. ⇨ job entry subsystem

JES reconfiguration facility JES 재구성 기능

JFC Java foundation class의 약어. 자바로 GUI에 대응한 소프트웨어를 개발하기 위한 API. ⇨ Java, API

JFCB 작업 파일 제어 블록 job file control block의 약어.

JIB 작업 정보 제어 블록 job information control block의 약어.

JICST 직스트, 일본 과학 기술 정보 센터 Japan Information Center of Science and Technology의 약어. 일본 및 외국의 주요 논문과 저자에 관한 정보를 축적하고 발췌하여 출판이나 정보 서비스를 행하는 기관. 현재는 일반 전화기와 개인용 컴퓨터를 사용하여 일본 전국 10개소의 센터에 액세스할 뿐이며 내외의 과학 기술을 중심으로 한 데이터 베이스를 검색할 수 있다.

Jini 지니 지니 선 마이크로시스템즈(Sun Microsystems) 사가 개발하여 제안한, 하드웨어를 네트워크로 접속하기 위한 분산 객체 기술. 플러그 앤드 플레이(plug & play) 기능을 가지고 있으며, 자바 언어를 기반으로 하고 있다. Jini는 하드웨어를 이용할 때 네트워크에 접속한 후 소프트웨어를 설치할 필요없이 자동으로 환경에 맞추어 설정해준다.

JIS 일본 공업 규격 Japanese Industrial Standard의 약어. (1) 일본의 광공업품의 품질 개선, 생산 합리화, 생산성 향상 등을 목적으로 하고, 공업 표준화법에 기초하여 제정된 공업 규격(industrial standard)이다. 일본 공업 표준 조사회 사무국은 공업기술 원가 재정을 담당하고 있다. 정보 처리 관계에도 다수의 JIS가 제정되어 있다. (2) JIS 코드는 국제 표준 코드인 ISO 코드를 받아서 일본에서 1969년 ISO 7비트 코드에 준해 코드 표준화 위원회가 설계했다. 이 정보 교환용 부호가 JIS 코드이다. 이 내용은 ISO 7비트 코드와 거의 같은 내용의 영문자용 7비트 코드 영문자 대신에 일본 문자를 사용한 가타카나용 7비트 코드 영문자와 일본 문자를 같은 코드로 표시한 시프트 인, 시프트 아웃의 정보를 주어 영문자/일본 문자의 어느 쪽을 표시하고 있는지를 구별하는 영숫자, 또 JIS의 한자 코드는 JIS XO 208 (정보 교환용 부호계)로 정해져 있다. 여기서는 한자를 2바이트로 표현하는 데 제1수준 한자(2,964자)와 제2수준 한자(3,384자)가 포함되어 있다.

JISA 일본 정보 서비스 산업 협회 Japan Information Service Industry Association의 약어.

JISC 일본 공업 표준 조정회 Japanese Industrial Standards Committee의 약어.

JIT just in time의 약어. 필요할 때 필요한 부품을 필요한 양만큼 조달하여 재고를 가능한 보유하지 않도록 하는 경영 전략. 가장 대표적인 것이 도요타 자동차 생산 방식으로 생산 합리화를 위한 방법이다.

JIT compiler JIT 컴파일러 just in time compiler의 약어. 자바의 중간 언어에서 각각의 컴퓨터용 코드로 변환해서 실행한다. JVM(자바 가상 머신)을 실현하기 위한 방법의 하나. 웹 브라우저 등에 들어 있는 경우도 있다. ⇨ JVM, Java

jitter[dʒítər] *n*. **지터, 흔들림** (1) 신호의 불안정,

지터의 분류

PCM 전송 방식에서 전송된 펄스의 시간적 위치가 정규 시점에서 전후로 변동하는 것을 지터라고 한다. 지터에 의한 펄스열(列)은 위상 변조를 받기 때문에 복조시에 지터 잡음으로 전송 품질을 저하시킨다. 지터는 대별하면 중계 전송로에서 생기는 전송로 지터와 다중화 동기를 위한 펄스 스터프(stuff) 동기를 적용한 경우에 생기는 스터프 지터로 나누어진다.

전송로 지터는 중계기에서 랜덤(random) 잡음(열잡음, 외래 잡음)에 기인하는 랜덤 지터와 전송 부호 패턴 변동, 타이밍 탱크의 부조화에 의하여 생기는 패턴 지터가 있다. 전자는 중계기와는 상관이 없으며, 타이밍 탱크에서의 억압 효과도 크게 완만한 누적 특성을 나타내기 때문에 큰 방해는 되지 않는다. 한편, 후자의 패턴 지터는 각 중계기가 거의 동일한 지터를 발생하기 때문에 다중계(多中繼) 전송로를 통하여 계통적으로 크게 누적된다. 이 때문에 스테네틱 지터라고 부른다. 중계 수를 N이라고 하면 이 누적 지터 실효값은 $\sqrt{N}$에 비례하여 증대되는데, 등화(等化) 출력 펄스와 식별 타이밍 펄스와의 차로서 정의되는 얼라인먼트(alignment) 지터는 일정한 범위로 제한되기 때문에 전송로에서의 부호 에러의 요인이 되지 않는다. 그러나 FDM-PCM 방식과 TV 신호의 PCM 전송에서는 복조시에 지터 잡음으로써 S/N을 저하시킨다. 이 때문에 지터 억압기의 설치 및 스크램블러(scrambler)의 적용에 의한 지터 누적 특성의 완화 등의 대책이 필요하다. 전송로 지터 측정법으로는 8비트 정도의 반복을 하는 모든 패턴을 전송하며 각각의 타이밍 직류 위상의 측정값에서 각 패턴의 상태 위상차를 구하는 정(靜)패턴 지터의 측정 및 의사(擬似) 랜덤 펄스 전송시의 지터 실효값을 측정하는 랜덤 패턴 지터(random pattern jitter)의 측정이 있다.

펄스 스터프 동기를 적용한 다중 변환 장치로는 송신부에서 비동기 저차군(低次群) 신호의 팔레트 열(列)에 억지로 펄스를 적당히 삽입하여 동기 다중화시키고 수신부에서는 원래의 저차군 신호로 분리하여 억지 펄스를 제거하는데, 이때 재생된 클록에 위상 갭(gap)이 생긴다. 위상 동기 발진기에 의하여 위상 갭의 평활화(平滑化)를 하는데, 초저주파의 스펙터 성분을 가지고 있기 때문에 지터가 잔류한다. 이것을 스터프 지터라고 부른다. 한 프레임당 억지 펄스 삽입 비율로서 정의되는 스터프율은 이 스터프 지터 발생량과 관계되며 지터량이 최소가 되도록 선정하는 것이 중요하다.

신호의 진폭과 위상의 양쪽 모두 또는 어느 한쪽의 짧은 시간의 불안정한 상태. 특히 오실로그래프에 나타나는 신호 파형의 좌우 진동 상태를 말한다. (2) 펄스트레인에서 펄스의 진폭이나 시간축 상의 파라미터의 불규칙한 변동 또는 그 변동값. ⇨ 보충 설명 참조

jittering[dʒítəriŋ] **지터링** 레이 트레이싱에서 광선의 발생 위치를 난수로 이동시키는 방법. ⇨ ray tracing

JJ 조셉슨 접합 소자 Josephson junction device의 약어.

JK flip-flop JK 플립플롭 플립플롭의 일종. RS 플립플롭에서는 세트 펄스와 리셋 펄스가 동시에 오면 불안정 상태를 나타내지만, JK 플립플롭에서는 그런 경우 출력이 반전하도록 되어 있다.

JLE 일본어 환경 Japanese language environment의 약어. 선 워크스테이션용 일본어 환경. 선 마이크로시스템즈가 1989년에 발표하였다. 유닉스 System V의 일본어 MNLS와 비슷한 개념이다. 선 OS 4.xx까지의 일본어 지원은 JLE로 실현하고 있다. 선 OS 5.0 기반의 솔라리스 2.0부터는 국제화 OS와 일본어 입력 환경을 분리한 JFP(Japanese feature package)가 일본어 지원 기능을 추가하고 있다. ⇨ MNLS

JMP 점프 jump의 약어. ⇨ jump

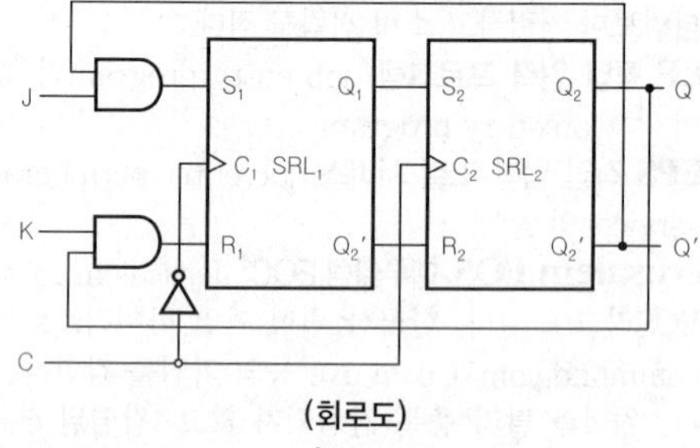

(회로도)

(특성표)

J	K	C	Q
0	0	d	Q_0
d	d	0	Q_0
0	1	↑	0
1	0	↑	1
1	1	↑	Q_0

〈JK 플립플롭의 회로도와 특성표〉

job[dʒά(ː)b] *n.* **일** 컴퓨터가 처리하는 「일」의 단위를 가리킨다. (1) 운영 체제(OS)는 작업(job)이라는 단위로 일을 관리하고 있다. 하나의 작업이 몇몇 처리 단위로 나뉘어지며 각각의 처리 프로그램이 틀린 경우 그것을 작업 스텝이라 한다. (2) 운영 체제는 다수의 프로그램에 이용되기 때문에 서로의

간섭을 배제하고 순탄하게 처리가 이루어지도록 일 단위의 정의가 필요하게 된다. 이용자는 작업의 실행을 컴퓨터에 지시할 때 작업 제어 언어(JCL ; job control language)를 사용한다. 실행시키고자 하는 작업의 상세를 작업 제어문에 기술하고 입력 스트림을 경유하여 요구를 보낸다. 작업 제어문은 운영 체제와 프로그래머 사이의 연락에 사용되는 문이며, 작업은 JOB 문에 의해서 정의된다. 또 운영 체제에 있어서 작업의 실행 과정은 작업의 입력, 작업의 실행 및 작업의 출력 3단계로 분류된다. (3) 이용자에 의하여 정의되며 컴퓨터에 의하여 실행되는 일의 단위.

[주] 용어 "작업"은 흔히 "작업"의 표현을 엄밀하지 않게 표시하는 데도 사용된다. 작업의 표현은 컴퓨터 프로그램 파일, 운영 체제 제어문 등의 집합으로 이루어진다.

job accounting interface[–əkáuntiŋ íntərfèis] **작업 회계 접속** DOS에서 시스템 사용료의 계산, 새로운 적용 업무의 계획, 시스템 조작의 보다 효율적인 감시 등을 목적으로 각 작업 단계마다 회계 정보를 누산하는 작업.

job analysis[–ənǽlisis] **작업 분석, 직무 분석** 사무 작업을 여러 방법으로 관측, 조사, 분석, 정리해서 검토한 다음에 최적의 업무 상태로 개선하기 위해서 행하는 전반적인 작업.

job backup file[–bǽkʌ̀p fáil] **작업 유지 파일** 데이터 처리 시스템에서 주행중의 작업에 관한 모든 데이터를 포함하는 파일. 이것은 보통 일시적인 파일로서 주행중 시스템 오동작일 경우 작업을 재시동하는 데 사용한다.

job card[–ká:rd] **작업 카드** 배치(batch) 처리 시스템으로 사용자가 자신의 요구를 시스템의 수퍼바이저(supervisor)에 전하기 위한 일련의 입력 카드로, 사용자 이름과 서비스 종류(최대 시간이라든가 출력 제한 등)를 쓴 2~3매의 카드로 식별 카드라고도 한다.

job class[–klá:s] **작업 클래스** 실행의 우선도에 따라서 작업의 클래스를 나누는 일. 긴급 · 중요성이 높은 작업에는 실행의 최우선 클래스를, 그 정도가 아닌 작업에는 보통의 클래스를, 중요도가 낮은 작업에는 우선도가 낮은 클래스를 부여해주고, 대량의 작업이 대기 상태가 되었을 때는 우선도가 높은 작업부터 실행해 나간다.

job control block[–kəntróul blák] **작업 제어 블록** 하나의 작업 내의 태스크에서 공통으로 사용되는 정보(작업명, 작업 등급, 입출력 기기의 향상 정보 등)를 기억하고 있는 운영 체제 상의 블록.

job control card[–ká:rd] **작업 제어 카드** 작업 제어 언어를 사용하여 작업을 제어하기 위한 명령문을 기록한 카드.

job control language[–lǽŋgwidʒ] **JCL, 작업 제어 언어** 운영 체제에 대한 여러 가지 명령의 모임. 작업(job)의 내용과 실용 순서, 필요한 데이터 파일과 그 성질, 사용되는 프로그램명 등 작업의 취급 방법을 운영 체제에 지시하기 위하여 쓰이는 언어. 몇 종류의 작업 제어문(job control statement)이 있다. 예를 들면, JOB 문(작업의 시작을 표시하고, 작업명을 지정한다), EXEC 문(job step의 시작을 표시하고 프로그램을 지정한다) 등이 있다. ⇨ JCL

job control macro[–mǽkrou] **작업 제어 매크로**

job control program[–próugræm] **작업 제어 프로그램**

job control statement[–stéitmənt] **JCS, 작업 제어문** 카드에 펀치하거나 프로그램 카드나 데이터 카드와 더불어 시스템에 집어넣는 하나의 문장. 이 상태를 input job stream(입력 작업 흐름)이라고 하는데, 문장의 주된 것은 다음의 세 가지 항목이다. ① 작업(JOB) : 작업의 시작을 나타내는 것. ② 작업 스텝(EXEC) : 최초의 프로그램을 지정하는 것. ③ 데이터 기술(DD) : 데이터 세트의 설명을 부여하는 것.

job entry[–éntri(:)] **작업 입력**

job entry central services[–séntrəl sə́:rvìsiz] **JECS, 작업 입력 중앙 서비스** OS/VS 1에서, 작업 입력 서브시스템의 일부로서 ① 각 작업에 대한 시스템 입출력 데이터, ② 작업을 나타내는 제어 테이블, 즉 작업의 대기 행렬, ③ 실행중에 사용되는 작업 테이블 등에 대해 집중적인 기억 및 검색을 실행한다.

job entry program[–próugæm] **JEP, 작업 입력 프로그램** 호스트측의 작업 입력 서브시스템(JES)의 일부. 스프링 기능을 수행하기 위하여 주변 장치를 직접 구동하는 부분. 시스템 입력을 행하는 입력 리더 시스템, 출력 라이터의 기능을 갖는 프로그램.

job entry subsystem[–sʌ́bsìstəm] **JES, 작업 입력 서브시스템** 운영 체제(OS)에 대한 모든 작업의 투입에서부터 작업의 실행 결과를 인출할 때까지를 관리하는 소프트웨어. 각 작업의 입출력에 관한 스프링, 작업 대기 행렬의 관리, 스케줄러 작업 영역의 관리 등을 행하는 프로그램을 가리킨다.

job file[–fáil] **작업 파일**

job file control block[–kəntróul blák] **JFCB, 작업 파일 제어 블록**

job flow control[–flóu kəntróul] **작업 흐름**

제어 컴퓨터에 의해 처리되는 작업 순서에 관한 제어로 시스템 자원인 하드웨어, 소프트웨어의 두 시스템을 시간적 또는 공간적으로 유효하게 이용하기 위해 행해진다. 운영 체제에 의해서 행해지는 경우와 오퍼레이터에 의해 수행되는 경우가 있다.

job information control block[–ìnfərméiʃən kəntróul blák] JIB, **작업 정보 제어 블록**

job input queue[–ínpùt kjúː] **작업 입력 대기 행렬** 일괄 처리를 위해 스택(stack)된 작업의 집합으로 작업 스케줄의 대상이 되는 대기 행렬. ⇨ queue

job library[–láibrəri(ː)] **작업 라이브러리** 주어진 작업의 수행을 위해 로드 모듈(road module)에서 필요로 하는 자원인데, 사용자가 한정한 데이터로 연결한다.

job management[–mǽnidʒmənt] **작업 관리** 작업 실행의 개시에서부터 종료까지의 일련의 흐름을 제어하는 프로그램의 총칭으로 작업의 실행 관리, 작업 명령 처리, 시스템으로의 입출력 제어, 스풀(spool ; 입출력 동시 처리)의 처리 등을 한다.

job management procedure[–prəsíːdʒər] **작업 관리 절차** 작업 의뢰, 할당, 시작, 관리, 종료 등의 제반 기능을 제공하는 처리 절차. 이 경우 동시 수행 가능한 작업의 수는 이용 가능한 자원의 수에 의해 제한된다.

job management program[–próugræm] **작업 관리 프로그램** 한 업무를 처리하고 다른 업무를 자동으로 수행하기 위한 준비 및 처리에 관한 일을 담당하는 기능을 가진 프로그램으로, 업무의 연속 처리를 위한 스케줄이나 입출력 장치의 할당 등을 담당한다.

job migration[–mɑigréiʃən] **작업 이주** 여러 개의 프로세서가 존재하는 시스템에서 한 처리기에 너무 많은 작업이 할당되었을 경우 그 중 일부를 다른 프로세서로 넘겨 전체의 균형을 맞추는 일.

job migration primitive[–prímitiv] **작업 이주 프리미티브** 하나의 작업을 여러 단계로 나누어서 각 단계를 다른 호스트에서 처리하게 하는 것으로, 활용도가 낮은 호스트에서 일을 나누어 주거나 특정 작업을 처리하는 데 가장 적당한 호스트에게 작업을 할당함으로써 네트워크 내의 부하를 조절할 수 있다. 이 기능은 중앙 제어 방식을 쓰는 네트워크에서 가장 효과적이다.

job monitoring[–mánitəriŋ] **작업 모니터링**

job number[–nʌ́mbər] **작업 번호** 각 작업에 할당된 번호로서 이것으로 작업을 구별한다.

job-oriented language[–ɔ́riəntəd lǽŋgwidʒ] **작업 중심 언어** 처리할 작업의 특성에 적합한 용어를 사용하여 명령을 전달하는 특수한 형태의 프로그래밍 언어.

job-oriented terminal[–tə́ːrminəl] **작업 중심 단말기** 특정 업무를 처리하기 위해 사용되는 단말기. 예를 들면, 여객기의 좌석 예약 시스템의 단말기가 있다.

job output device[–áutpùt diváis] **작업 출력 장치** 작업들의 출력을 기록하는 데 있어서 공용으로 사용할 수 있도록 조작원에 의해 할당된 장치.

job output queue[–kjúː] **작업 출력 대기 행렬** 업무 처리 프로그램으로부터 시스템 출력 장치에 대한 출력 요구의 대기 행렬.

job output stream[–stríːm] **작업 출력 스트림**

job pack area[–pǽk ɛ́(ː)riə] JPA, **작업 팩 영역**

job priority[–prɑiɔ́(ː)riti(ː)] **작업 우선 순위** 작업의 실행과 그 작업에 필요한 자원 할당 순서를 정하는 값. 우선 순위가 높은 작업부터 먼저 실행된다.

job procedure[–prəsíːdʒər] **작업 프로시저**

job processing[–prásesiŋ] **작업 처리** 작업 제어문과 데이터를 읽고 작업 제어에 의해 작업을 수행하며, 그 결과를 출력하는 등의 처리 과정.

job processing control[–kəntróul] **작업 처리 제어** 작업의 작동을 개시하도록 하며, 입력과 출력 장치를 할당하고, 한 작업에서 다른 작업으로 진행하는 데 필요한 기능을 수행하는 제어 프로그램의 한 부분.

job processing system[–sístəm] **작업 처리 시스템** 모니터 프로그램, 실행 프로그램, 시스템 적재기, 시스템 준비 루틴 및 입출력 루틴 등과 컴파일러, 어셈블러, 유틸리티 루틴 및 라이브러리 서브루틴을 포함하며, 작업을 처리하는 데 필요한 시스템이다.

job program mode[–próugræm móud] **작업 프로그램 모드** 이 모드에서는 입출력 및 저장 장소 점프 등의 경우 프로그램 모드에 의해 효율적인 보호 기능을 수행할 수 있다.

job queue[–kjúː] **작업 큐** 프로세서에 의해서 처리되기를 기다리고 있는 작업들의 집단이나 대기 행렬.

job queuing[–kjúːiŋ] **작업 큐잉**

job recovery control file [–rikʌ́vəri(ː) kəntróul fáil] **작업 회복 제어 파일** 나중에 일어날지도 모르는 파일의 복원을 위하여 만들어두는 파일의 사본. ⇨ job backup file

job request selection[–rikwést səlékʃən] **작업 요구 선택** 작업 요구 계획에 포함된 자료에 의해 다음에 시작될 작업을 선택하는 것. 작업의 우선도, 연관성, 작업에 필요한 자원의 상태 등이 작업 선택의 자료가 된다.

job run[–rʌ́n] **작업의 주행** 하나 이상의 작업의 수행.

job schedule[–skédʒul] **작업 계획** 일련의 작업으로 구성된 큐(queue)를 조사하여 다음에 수행될 작업을 선정하는 제어 프로그램.

job scheduler[–skédʒulər] **작업 스케줄러** 운영 체제(OS) 중의 작업 관리 프로그램(job management)의 한 기능. 복수의 작업을 효율적으로 처리하기 위한 실행 관리 프로그램이며, 작업 실행에는 대별하여 프로그램의 실행과 실행 결과의 출력이 있다. 이에 대하여 시스템 상태, 작업의 우선 순위(priority), 리소스(resource)의 할당 상황 등을 판단하여 복수의 작업의 실행 또는 출력 순서 매기기를 하고, 처리율(throughput)의 향상을 꾀하는 것이 작업 스케줄러의 역할이다.

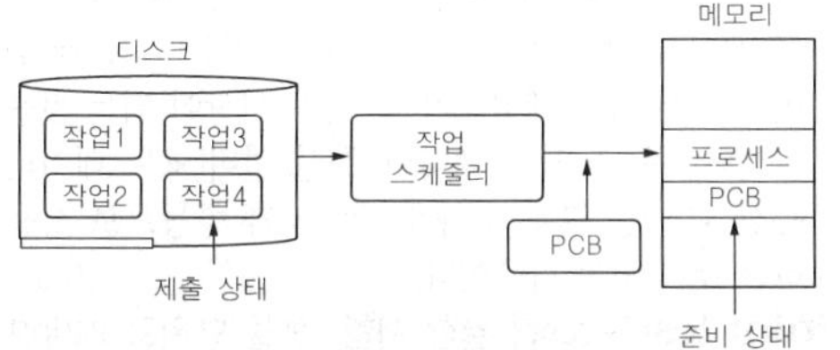

〈작업 스케줄러의 역할〉

job scheduling[–skédʒuliŋ] **작업 스케줄링** 작업의 실행 과정을 관리하는 운영 체제(OS) 기능이며, 작업 개시, 작업 단계마다의 자원 할당으로 작업 종료 등의 처리를 행하는 일.

job-shop[–ʃáp] **작업 단위** 배치 시스템(batch system) 등에서 데이터 처리 계산 등을 행하는 기기, 설비, 인원 등의 시스템. 또 데이터 처리 등의 업무 관리를 행하는 시스템에도 있다. 각 작업의 종류나 크기 등을 고려하여 전체로서의 작업 처리가 효율적으로 행해지도록 각 작업 처리 순서를 바꾸어 배열하는 것이 필요하다. 이 작업 관리는 수시로 행해지며 항상 효율을 높이도록 한다.

job-shop operation[–àpəréiʃən] **작업 단위 운영** 작업 관리의 시스템을 대기하고 있는 운영 체제가 하는 작업 단위의 실행 처리 방식.

job-shop queuing system[–kjúːiŋ sístəm] **작업 단위 대기 행렬 시스템**

job-shop scheduling[–skédʒuliŋ] **작업 단위 스케줄링** 데이터 처리, 계산 등을 행하는 계산기, 인원, 그 밖의 설비를 효율적으로 이용하고, 또한 작업을 효율적으로 처리하기 위하여 계획을 세우는 것. OR 용어의 하나.

job stack[–stǽk] **작업 스택** 작업열(列)이라고도 한다. 계산기 처리의 한 단위인 작업을 개개로 독립적으로 처리하면 그것을 다루기 위해 무한한 시간을 필요로 한다. 따라서 처리해야 할 작업을 하나로 묶어서 연속적으로 순차 처리하는 방법이 이용되는데, 그러한 작업의 모임을 가리킨다.

job step[–stép] **작업 스텝** 운영 체제(OS)에 외부에서 주어지는 일의 단위를 작업(job)이라고 한다. 작업 스텝은 그 작업을 구성하고 있는 작업 단계를 표시하고, 하나하나의 프로그램의 실행에 대응하는 것이다. 프로그램은 「정적」 표현이지만 작업 스텝은 「동적」 표현이며, 하나의 작업 실행으로 하나의 프로그램이 두 개의 작업 스텝이 된다. 또한 작업 스텝은 작업 제어 언어(JCL ; job control language)를 사용하여 EXEC 문으로 표현된다.

job step control block[–kəntróul blák] **작업 스텝 제어 블록** 운영 체제가 작업 스텝 제어를 하기 위해 필요한 정보가 기억되어 있는 블록.

job step task[–tǽsk] **작업 스텝 태스크** EXEC 문의 지정에 따라서 작업 스케줄러 내의 시작/종료 프로그램으로부터 개시되는 태스크. MVT 제어 프로그램에서 작업 스텝 등급은 다른 임의의 수의 태스크를 개시할 수 있다.

job stream[–stríːm] **작업의 흐름** 수행되어야 할 몇 가지 작업의 모든 것 또는 그 부분을 표현한 것의 집합이며, 운영 체제로 넘어가는 것. ⇨ input stream, run stream

job support task[–səpɔ́ːrt tǽsk] **작업 지원 태스크** 작업의 정의를 읽거나 번역 또는 하나의 입출력 매체에서 다른 입출력 매체로 입출력 데이터를 변환하는 태스크.

job time limit[–táim límit] **작업 타임 리밋**

job-to-job transition[–tu dʒá(ː)b trænzíʃən] **작업 대 작업 변환** 특별한 작업의 수행을 위하여 프로그램을 준비하고, 그 프로그램과 관계하는 파일들을 연결시켜 작업을 실행시키기 위해 컴퓨터에 준비시키는 처리 과정.

job transfer[–trænsfə́ːr] **작업 전송** 복수의 시스템에 있어서 작업의 전송과 조작에 관계된 일련의 작업을 성공적으로 수행하기 위한 목적의 순서를 제공하는 것.

job transfer protocol[–próutəkɔ̀(ː)l] **작업 전송 프로토콜** 네트워크 내의 임의의 컴퓨터에 대해 통일적으로 작업의 실행을 의뢰하는 목적의 기능(작업 입력 기능, 작업 실행 관리, 작업 실행 경과의 출력 전송 등)을 규정하는 프로토콜.

job transfer service[–sə́ːrvis] **작업 전송 서비스** 작업의 전송과 조직에 관한 서비스. ① 작업의 정의 및 기동 서비스, ② 도큐먼트 전송 서비스, ③ 작업 조작 서비스, ④ 작업 감시 서비스 등이 있다.

job transfer service provider[–prəváidər] **작업 전송 서비스 제공자** 작업 전송 서비스를 제공하는 개체를 통틀어 일컫는 말.

job transfer service user[–júːzər] **작업 전송 서비스 이용자** 작업 전송 서비스를 이용하는 개체를 통틀어 일컫는 말.

job turnaround time[–tə́ːrnəràund táim] **작업 반전 시간** 어떤 작업이 컴퓨터 내에 들어가 처리되기 시작할 때부터 그 작업을 수행한 사람에게 그 작업의 수행 결과가 출력되어 도달할 때까지 걸리는 시간.

jog dial[dʒɔ́(ː)g dáiəl] **조그 다이얼** 포일의 회전으로 조작이 결정되는 인터페이스. 휴대 전화나 비디오 등에 채용되는 경우가 많으며 최근에는 노트북 PC의 새로운 장치로 주목받고 있다.

joggle[dʒágl] *n*. **가지런히 하기** 카드 덱을 정리하는 것. 일반적으로 카드 호퍼에 카드를 놓기 전에 실행한다.

JOHNIAC 조니악 JOHN Integrator And Calculator의 약어. 최초의 내부 기억 방식 계산기로서 프린스턴 대학에서 내부 기억 방식을 제창한 노이만(John von Neumann)의 이름을 따서 명명된 것.

John Ludwig von Neumann 존 루드비히 폰 노이만 헝가리 부다페스트 출신(1903~1957년)으로 후에 미국으로 이민간 수학자, 물리학자, 경제학자. 현재 사용되고 있는 컴퓨터의 기본이 되는 구조인 노이만형 컴퓨터의 개념을 고안한 인물이다. 맨하튼 계획으로 원자 폭탄 개발에 종사하였는데, 고속 계산의 필요성을 느끼고 전자 계산기 개발에 참가했다. ENIAC의 후속 컴퓨터 EDVAC에는 그가 제안한 프로그램 내장 방식이나 직열 처리 방식이 채택되어 현재의 컴퓨터에도 이어지고 있다. 수소 폭탄 실험, 게임 이론의 제창 등 다양한 분야에 이름을 남겼다.

join[dʒɔ́in] *n*. **합병, 결합, 조인** 두 개의 관련 테이블을 결합하여 새로운 테이블을 만드는 오퍼레이션.

joinable subset[dʒɔ́inəbəl sʌ́bsèt] **결합 가능 부분 집합** 릴레이션 X와 Y가 자연 결합(natural join) J를 갖는다고 가정할 때 J에 포함된 X의 부분 집합을 J에 관한 X의 결합 가능 부분 집합이라 한다.

join gate[dʒɔ́in géit] **결합 게이트** ⇨ OR gate

join graph[–grǽf] **결합 그래프** 하나의 릴레이션을 노드(node)로 나타내고, 두 릴레이션 사이의 결합을 노드 사이의 연결선으로 나타낸 그래프.

join query[–kwí(ː)ri(ː)] **결합 질의** 최적화된 질의 그래프가 결합 연산만으로 구성된 질의.

joint[dʒɔ́int] *n*. **결합점** 구간적 보간 다항식에서 다항식들이 만나는 점.

joint academic network[–ækədémik nétwəːrk] **JANET, 공동 학술 네트워크**

joint assembly[–əsémbli(ː)] **종합 어셈블리** 프로그램을 부분별로 만든 후 종합해서 어셈블하는 것.

Joint Electron Devices Engineering Council[–iléktran diváisiz endʒəníəriŋ káunsəl] ⇨ JEDEC

joint information content[–ìnfərméiʃən kántent] **결합 정보량** 두 개의 사상이 동시에 발생한 것을 앎으로써 전해지는 정보의 측도. 집합 x_1, … x_n과 집합 y_1, … y_m으로부터 특정의 두 사상의 쌍, x_i, y_i가 일어났을 경우 이 양(量) $1(x_i, y_i)$은 수학적으로는 양 사상의 결합 확률 $p(x_i, y_i)$ 역수의 대수와 같다.

joint use[–júːs] **공동 사용** 하나의 데이터 통신 설비 사용 계약(또는 데이터 통신 회선 사용 계약)에 대해서 사용 계약자가 두 사람 이상이 되는 것을 말한다. 즉, 동일한 데이터 통신 설비(또는 데이터 통신 회선)를 복수의 사용 계약자가 공동으로 사용하는 것이 공동 사용이다.

joint test[–tést] **결합 시험** 모듈 단위로 개발한 프로그램을 서로 결합하여 동작을 확인하는 것. 코드가 통일되어 있는지, 주고받는 타이밍이 맞는지 등을 확인한다.

joke program[dʒóuk próugræm] **조크 프로그램** 실용화되지 않고 단순히 즐기기 위한 객담 프로그램.

JOLDOR 졸다 Jipdec on-line document retrieval의 약어. 일본 정보 처리 개발 센터가 개발한 온라인에 의한 문헌 검색 시스템.

Joliet 졸리엣 마이크로소프트 사가 개발한 윈도용 CD-ROM으로 긴 파일명(long file name)을 가진 파일을 기록하기 위해 고안된 논리 포맷. 일반적으로 CD-ROM의 포맷으로 이용되고 있는 ISO 9660 포맷은 파일명이 8문자+확장자 3문자로 제한되어 있지만, Joliet에서는 ISO 9660과의 상위 호환성을 유지하면서 최대 64문자까지 파일명이 가능하다. 이런 종류의 포맷으로는 Romeo가 있고, 이것은 공백을 포함한 최대 128문자까지 파일명을 사용할 수 있다.

jolt[dʒóult] **졸트** 마이크로컴퓨터의 결합에 의해 만들어진 마이크로컴퓨터 보드(6502 사용).

Jordan curve[dʒɔ́ːrdən kə́ːrv] **조르단 곡선** 시작점과 끝점이 일치하며 도중에 교차하지 않는 하나의 연속된 곡선.

Josephson computer 조셉슨 컴퓨터 조셉슨 접합 소자를 교묘하게 사용하여 이 소자에게 논리 회로나 기억 장치를 실현하고, 컴퓨터로서 동작시키는 것을 조셉슨 컴퓨터라고 한다. 조셉슨 접합 소자를 이용하여 초고속도, 대용량의 컴퓨터를 제작하려는 연구가 IBM을 비롯하여 각국에서 활발하게 이루어지고 있다. 이것이 실현되면 현재 대형 컴퓨터의 몇 배 이상의 능력이 $10cm^3$에 수록될 것이라고 한다. 그러나 1983년 가을에 IBM은 돌연 연구를 중지한다고 발표하고 앞으로 기초 연구만 계속한다는 성명을 발표했다. 그 이유는 메모리의 설계 여유도가 적어 실현 불가능하다는 것이다. 조셉슨 접합 소자는 초전도(超傳導) 현상을 이용하고 있기 때문에 절대 영도 부근에서만 동작한다. 조셉슨 컴퓨터는 종래의 반도체 컴퓨터 기술과는 전혀 다른 기술이다.

Josephson effect 조셉슨 효과 두 개의 초전도체를 얇은 절연층을 끼워 겹친다(이것을 조셉슨 결합이라고 한다). 예를 들면, 얇은 납의 도체를 3mm 이하의 산화납(절연물)을 끼워 겹친다. 이 때 납 부분은 항상 초전도 상태이지만 절연물은 얇으므로 터널 효과에 의해 전류가 흐른다. 그 터널 전류에도 초전도 상태가 있다는 것을 B. Josephson이 예측하고 미시적인 계산에 의해 그것을 확립했다. 상온에서의 금속은 전기 저항을 가지고 있지만 납이나 니오브(Nb) 등의 특수한 금속은 영하 273℃(절대 영도) 부근의 극저온 하에서 전기 저항이 없어져서 초전도성을 띠게 된다. 이와 같은 두 개의 초전도체 사이에 극히 얇은 절연층을 끼우고 밀착시킨 물체에 바깥쪽에서 자계 등의 신호 변화를 줌으로써 이 물체가 초전도성이나 절연성을 나타내는 성질을 조셉슨 효과라고 한다.

Josephson element 조셉슨 소자 초전도 현상(어떤 종류의 금속, 즉 니오브 등을 절대 영도 가까이까지 냉각시키면 전기 저항이 0이 되는 현상)을 이용한 초고속 스위칭 소자. 스위칭 스피드는 실리콘 소자와 비교할 때 20~50배나 빠르며, 소비 전력도 실리콘에 비해 1,000분의 1 이하이므로 발열에서 한계가 되던 고도의 집적화가 가능하다.

Josephson junction device JJ, 조셉슨 접합 소자 조셉슨 효과를 이용한 소자. 조셉슨 접합 소자는 스위칭 속도가 대단히 빠른 데다가 소형이어서 소비 전력이 적은 특징이 있으며, 앞으로 기억 소자(storage cell)로서 기대되고 있다. 조셉슨 효과라는 것은 상온에서의 금속은 전기 저항을 갖고 있으나 납이나 니오브 등의 특수한 금속은 영하 273℃(절대 영도) 부근의 극저온 하에서는 전기 저항이 없어져 초전도성(supper conductivity)을 나타내는데, 이와 같이 두 개의 초전도체 사이에 극히 얇은 절연층을 사이에 두고 밀착시킨 물체에 외측으로부터 자기장 등의 신호 변화를 주면 이 물체가 초전도성이나 절연성을 나타내는 성질을 가리킨다.

Josephson junction element 조셉슨 접합 소자 조셉슨 효과를 이용한 전자 소자를 조셉슨 접합 소자라고 한다. 어떤 종류의 금속을 아주 낮은 온도(−270℃ 정도)로 낮추면 전기 저항이 0이 되는 초전도 현상을 이용한 스위칭 소자. 초전도체 사이에 두께 몇 나노미터의 절연체를 끼운 것으로 이 사이에 터널 효과로 전류가 흐르는데, 이 전류는 일정한 값까지는 0이고 그 이후는 보통의 전압이 된다. 이 차이를 스위치로 이용하는 것인데, 그 반응 속도는 종래의 실리콘 반도체의 10배, 전력 소비는 1,000분의 1에서 1만분의 1로, 미래의 컴퓨터 소자로서 기대되고 있다. 이 조셉슨 접합 소자는 스위칭 속도가 매우 빠르고 소형이며, 더욱이 소비 전력이 적기 때문에 앞으로의 기억 소자, 논리 회로 소자로 기대된다.

Josephson memory element 조셉슨 기억 소자 조셉슨 접합 소자를 이용하여 기억 소자로 활용하려고 하는 연구가 행해지고 있는데, 아직 실용화되지 않았다. ⇨ Josephson computer

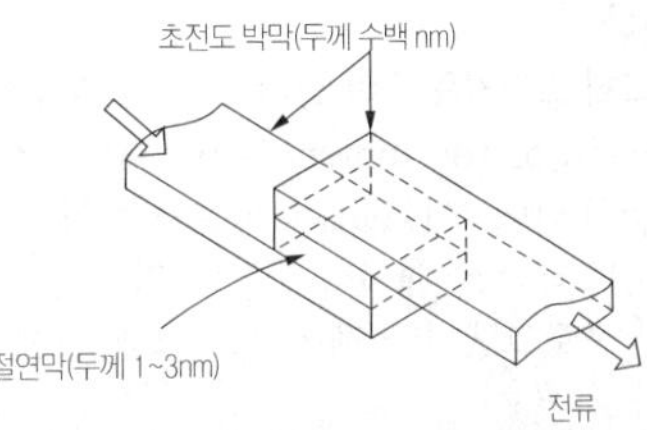

〈조셉슨 접합 소자의 구조〉

JOSS 조스 Johniac open shop system의 약어. RAND 사에서 개발한 과학 기술 계산용 시분할 시스템. 사용자는 대화 모드로 컴퓨터를 사용할 수 있다. 프로그래밍 상의 복잡한 규칙은 거의 없고 사용자가 메시지를 타이프해 넣으면 컴퓨터는 그것을 해석 처리하여 필요에 따라 에러 메시지를 내보내거나 조회하는 등 사용자와의 대화를 통해서 처리해 나간다.

journal[dʒə́:rnəl] *n.* **시보, 저널** 실행 기록. (1) 운영 체제(OS)에서 작성하는 도큐먼트, 메시지나 실행의 기록. 실행 기록이라고 번역된다. 또는 프로그램의 기사, 주석을 표시하는 경우도 있다. OS에서는 어떤 정리된 데이터 파일에 대하여 그 내용에 대하여 더해진 변경이나 수정, 삭제 등을 그것이 행한 순서대로 메시지나 실행 내용을 기록한다. 일반적으로 변경 등이 행해진 내용에 관계없이 그것이 발생한 순번에 따라서만 기록되는 것이다. 다시 말하면, 일보(日報), 일지(日誌)의 의미이며, 온라인 시스템에서는 시스템 장애시의 복구, 온라인 처리에서의 필요 데이터의 인계(引繼) 등을 목적으로 하여 온라인 교신 내역을 기록하여 둘 필요가 있는데, 이 기록을 저널이라고 한다. 이들은 시스템에 장애가 발생하였을 때, 데이터 파일을 복구하는 보수를 위한 것과 시스템의 동작 기록에 사용된다. (2) 데이터 처리 조작의 시간 순서 기록. 즉, 시스템 로그가 OS 하에서 시스템 운전의 상태나 시스템 동작 분석의 기록으로 시스템 설계시 참고가 되는 데 대해서 저널은 주로 온라인 업무 처리에서 필요한 정보를 이용자가 지정하여 취득하고, 파일의 복원(復元) 등에 이용된다. 주저널은 파일 이전의 판이나 갱신된 판을 복원하기 위하여 이용되는 경우가 있다.

journal file[-fáil] **저널 파일** 실시간(real time) 처리를 행하는 시스템이며, 마스터 파일에 대하여 워킹(working)용으로 사용되는 트랜잭션 파일.

journal reader[-ríːdər] **저널 판독기** 연속한 저널의 정보를 매 1행마다 읽는 광학식 문자 판독 장치. 저널은 보통 롤지의 형태가 많다.

journal tape[-téip] **저널 테이프, 동작 기록 테이프** 금융 기관 등에서 매일 거래에 의하여 발생한 데이터를 모두 기록한 테이프. 각종 분석이나 통계에 사용된다.

JOVIAL 국제 알고리즘 언어 출판 Jule' s(Schwartz) Own Version of the International Algorithmic Language의 약어. ALGOL류의 절차형 언어. 바이트 없이 비트 레벨로 데이터 조작이 가능하기 때문에 시스템 프로그램이나 제어 프로그램 등에 응용할 수 있다.

joystick[dʒɔ́istìk] *n*. **조이스틱** (1) 주로 게임에 사용하는 조종 레버형의 입력 장치. 상하 좌우 또는 경사 방향으로 레버를 움직일 수 있고, 그 이동 정보를 컴퓨터로 식별할 수 있다. 이로써 레버가 도달한 방향으로 커서나 게임의 캐릭터를 이동시키는 정보를 얻는 것이다. 키보드에 비하여 취급이 간단하고, 액션 게임이나 단순 입력 작업에는 최적이다. 보통 컴퓨터 본체에 옵션으로 장치하도록 되어 있으나 사무용 기기 등에서는 그 성격상 거의 사용하지 않는다. (2) 적어도 두 방향의 자유도를 갖는 레버 상태 입력 장치이며 보통 입력 장치로 사용된다.

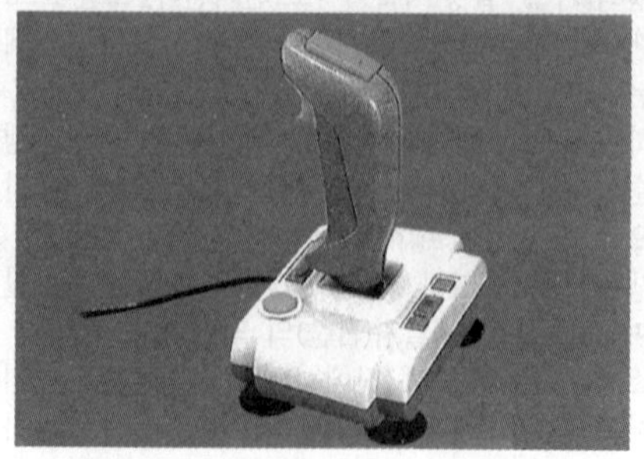

〈조이스틱〉

JP jump on positive의 약어. 양수이면 점프하라는 명령어를 받는다.

JPA 작업 팩 영역 job pack area의 약어.

JPEG 제이펙 Joint Photographic Exports Group의 약어. ISO와 CCITT에 의해 1986년 11월에 설립되어, 흑백 및 천연색 정지 영상의 압축 기법에 대한 국제 표준안을 제정하는 것을 목적으로 한다. 표준 알고리즘의 목표는 거의 모든 디지털 영상 관련 응용 분야에 적용하도록 다목적 압축 알고리즘의 개발에 역점을 두고, 영상 통신 서비스 및 컴퓨터 영상 응용 분야에 동일한 압축 알고리즘을 이용하려는 시도이다.

JPEG compression JPEG 압축 톤이 연속적인 이미지 정보의 압축에 효과적인 방법. 데이터의 정량화와 이미지 정보의 코사인 변환을 통해 중요한 정보를 그대로 유지하면서 압축을 크게 높일 수 있는 효율적인 방법이다.

JPG 웹에서 표준으로 사용되는 그래픽 파일의 확장자로, JPEG 압축 방식을 이용하여 압축한 이미지 파일에 사용하는 파일 확장명이다.

JPU mode JPU 모드 job processing unit mode의 약어. 멀티프로세서 시스템에서 사용자 태스크(task)를 실행하는 CPU 모드.

JS just smile의 약어. "스마일, 스마일", "웃자, 웃자"의 뜻.

JScript 자바스크립트(JavaScript)와 ECMA(유럽 전자 계산기 공업회)가 표준화한 스크립트 언어인 ECMA 스크립트를 기반으로 마이크로소프트 사가 개발한 스크립트 언어로, 자바스크립트와 비슷하지만 완전히 호환되지는 않는다.

JSD 잭슨 시스템 개발법 Jackson system development의 약어. 미카엘 잭슨이 제안한 시스템 개발 방법론으로서 데이터 구조에 입각해 유용한 설계를 유도한다.

JSP 자바 서버 페이지 Java server page의 약어. 1999년 미국의 선 마이크로시스템즈 사에서 공식 발표한 자바, 자바스크립트, 서블릿 등 자바 기술을 이용한 웹 응용 프로그램 실행 환경. 자바 코드를 HTML 문서 안에 직접 삽입하여 웹 서버에서 처리한 결과를 HTML로 생성한 후, 웹 브라우저로 보내는 것이 주요 기능으로 대응되는 마이크로소프트 사의 기술로는 ASP(active server page)가 있다.

JSS 자바스크립트 스타일 시트 JavaScript style sheet의 약어. 자바스크립트 언어로 기술된 스타일 시트. 스타일 시트 내에 자바스크립트를 써넣을 수도 있다. ⇨ JavaScript, style sheet

jukebox [dʒúːkbɑ̀ks] **주크박스** 옛날의 주크박스는 동전을 넣으면 유행하는 노래를 들려주는 기계였는데, 현재의 주크박스(컴퓨터에서 사용되는 것에 한해)는 여러 개의 CD-ROM을 한꺼번에 사용할 수 있게 해주는 것이다. 주크박스에는 서너 장의 디스크를 다룰 수 있는 단순한 내장형 기기부터 수백 장을 넣을 수 있는 커다란 외장형 기계까지 여러 종류가 있다.

Julian calendar[dʒú:ljən kǽləndər] **줄리우스 달력** 컴퓨터 시스템이 내부적으로 사용하는 날짜 표시 방법. 줄리우스 날짜는 한 해의 시작부터 경과한 날짜로 표시한다. 예를 들어, 94-029는 1994년의 29번째 날인 1994년 1월 29일을 뜻한다.

Juliet[dʒú:liət] **줄리엣** ISO 9660 규격은 1984년에 만들어진 최신 운영 체제에서 사용하기에는 한계가 있었다. 이에 따라 ISO 9660을 확장한 새로운 규격을 마이크로소프트 사에서 제정했는데, 이것이 줄리엣이다. 줄리엣은 ISO 9660과 달리 윈도 95/98이나 NT의 긴 이름을 쓸 수 있으며, 예전의 DOS에서도 문제가 없다. 윈도에서 쓰는 CD 레코딩 프로그램들은 줄리엣을 기본으로 하고 있다.

jump[dʒʌ́mp] *n.* **건너뜀, 점프** (1) 컴퓨터에서 사용되는 명령어(instruction)의 하나이며, 컴퓨터의 제어를 어떤 점에서 다른 한 점으로 옮기는 동작을 행하는 것을 일컫는다. 컴퓨터는 연속한 어드레스 또는 행(行)을 순번대로 실행해가지만, 점프 명령을 발견하면 어드레스 또는 행의 일부를 점프하여, 점프 앞의 점으로부터 다시 실행을 개시한다. 점프 명령에는 어떤 조건에 따라 점프 동작을 하는 조건부 점프와 무조건적으로 동작하는 무조건 점프가 존재한다. 조건부 점프는 그 점에서 프로그램이 분기하는 것을 의미하고, 복잡한 프로그램을 작성할 수 있다. 점프 명령과 거의 같은 동작을 하는 브랜치(branch)라는 명령도 있다. 이 두 명령의 본질적인 차이는, 점프 명령은 점프선이 하나인 데 대하여 브랜치 명령은 두 개 이상의 복수 점프선을 선택할 수 있는 점이다. (2) 컴퓨터 프로그램의 실행에서 현재 실행되고 있는 명령의 묵시적 또는 선언되어 있는 실행 순서로부터의 탈출.

jumper[dʒʌ́mpər] *n.* **뜀줄, 점퍼(선)** 회로 기판에서 일시적으로 회로 시험을 하기 위해서나 기존의 배전을 절단하고 우회시키기 위해 사용하는 짧은 전선.

jumper selectable[-səléktəbl] **점퍼 선택** 하드웨어의 기능을 변경하기 위해 사용하는 점퍼 스위치를 지칭한다. 사용자가 직접 점퍼선을 연결하거나 끼워 사용한다.

jumper selection unit[-səlékʃən jú:nit] **점퍼 선택 장치** 사용자가 하드웨어의 기능을 다양하게 변경할 수 있는 장치로서 하드웨어 옵션의 일종. 일반적으로 내부 선택 스위치를 통해 선택된다.

jumper tester[-téstər] **점퍼 검사기** 장치 내의 선택된 기능이 잘 수행되는가를 검사하는 장치.

jump instruction[-instrʌ́kʃən] **점프 명령어** 정상적인 배열 순서에서 이탈하여 새로운 위치로부터 수행이 개시되도록 건너뛰기를 야기하는 명령어.

jump operation[-àpəréiʃən] **점프 동작** 제어를 변경하거나 루프 등을 반복하기 위해 순차적인 프로그램의 흐름을 변경시키는 것.

jump to subroutine instruction [-tu sʌ́b-ru:tí:n instrʌ́kʃən] **서브루틴 점프 명령, 서브루틴으로의 점프 명령** 복귀 어드레스를 특정한 기억 장소에 저장한 후 서브루틴의 시작 주소로 분기하는 것.

jump transfer[-trænsfə́:r] **점프 트랜스퍼** 다음에 실행할 명령을 일반적인 순서로 정해진 번지로부터 얻는 것이 아니라 조건부 또는 무조건적으로 지정한 번지로부터 얻을 것을 요구하는 명령.

jump vector[-véktər] **점프 벡터** 조건부 점프에서 메모리나 프로그램의 어디로 제어를 옮길 것인가를 표시하는 값. 컴퓨터가 현재 실행을 행하고 있는 장소로부터의 상대값으로 표시되는 경우와 절대값으로 표현되는 경우가 있다.

junction[dʒʌ́ŋkʃən] *n.* **접합** 두 개의 서로 다른 물질을 접합시키는 것. 두 개의 반도체 물질을 접합시켜 정류 특성을 갖는 다이오드라 불리는 디바이스를 만들 수 있다. 또 n형 반도체와 p형 반도체를 npn 또는 pnp와 같이 샌드위치 상태로 결합함으로써 트랜지스터라 불리는 전류 증폭 작용을 갖는 디바이스를 만들 수 있다. 이와 같이 n형과 p형의 반도체를 접합하여 만드는 트랜지스터를 접합형 트랜지스터라 한다.

junction box[-báks] **접합 박스** 케이블을 상호 접속하기 위하여 그 사이에 넣는 상자. 상자의 양 끝에는 케이블의 끝에 붙어 있는 커넥터와 대를 이루는 커넥터가 붙어 있으며, 케이블끼리의 커넥터가 다른 종류인 경우에는 이 변환을 행할 수 있다.

junction capacitance[-kəpǽsitəns] **접합 용량** pn 접합에 의해 생성된 용량.

junction diode[-dáioud] **접합 다이오드** 일반적으로 pn형 접합 다이오드라고 하며, 실리콘 다이오드를 사용하는 것에는 합금형과 확산형이 있다. 온도 범위가 넓고 역내압(逆耐壓), 고역 저항을 갖는 것으로서 이용 가치가 있다.

junction field effect transistor[-fí:ld ifékt trænzístər] **접합형 전계 효과 트랜지스터** 두 전극 사이에 끼운 반도체 결정에 소스-드레인 사이를 흐르는 전류의 방향과 수직으로 pn 접합을 하고, 이 접합에 전압을 인가함으로써 채널 내를 통하는 다수 캐리어를 제어하여 소스-드레인 간의 전류를 제어하는 전계 효과 트랜지스터. 채널에 흐르는 다수 캐리어가 전자인가 정공인가에 따라서 n 채널형, p 채널형으로 구별한다.

junction transistor [–trænzístər] **접합 트랜지스터** 한 개의 베이스 전극과 두 개 또는 그 이상의 접합 전극을 갖고 있는 트랜지스터로서 npn형과 pnp형이 있다.

junction-type FET 접합형 FET

JUNET Japanese university/UNIX NETwork의 약어. 일본의 대표적인 학술 네트워크로 많은 대학이나 연구소의 유닉스 머신을 전화선으로 연결하고 있다. 사용 프로토콜은 UUCP이며 전자 우편이나 전자 뉴스의 교환에 많이 쓰이고 있다. 그러나 최근에는 전용선으로 TCP/IP를 사용하여 원격 로그인도 가능한 머신이 늘고 있으며 이 부분은 WIDE 네트워크라는 이름으로 운용되고 있다. ⇨ Internet, TCP/IP

junk[dʒʌ́ŋk] *n*. **폐물, 정크** 통신 채널을 통하여 수신이 변형되거나 비합리적인 신호 또는 데이터를 일컫는 속어. 해시(hash) 또는 쓰레기(garbage)라고도 한다.

junk mail[–méil] **정크 메일** 요청하지 않았는데 제멋대로 들어오는 전자 우편. ⇨ spam mail

jus 일본 유닉스 사용자회 Japan UNIX society의 약어. 일본 최대의 유닉스 사용자 단체. 약 2,000명의 회원이 있다. 1년에 두 번 도쿄와 오사카에서 기술 중심의 연구회를 개최하는 외에 12월에는 도쿄에서 UNIX fair라는 전시회 및 세미나를 열고 있다. 미국 UniForum과도 깊은 관계가 있다. ⇨ KUUG

justification[dʒʌ̀stifikéiʃən] *n*. **정당화, 위치 맞춤, 위치 조정** 미리 지정된 기준이나 형식에 맞추기 위해서 데이터의 순서를 바꾸거나 자리를 좌우로 이동하거나 조정하는 것.

justified[dʒʌ́stifàid] *a*. **위치 조정된, 조정 완료의**

justified margin[–mɑ́ːrdʒin] **가장자리 맞춤** 각 행의 왼쪽 혹은 오른쪽 끝의 문자가 같은 열에 오도록 데이터 또는 인쇄 형태를 조정한 것.

justify[dʒʌ́stifài] *v*. **자리 맞춤** 위치를 조정하다. 정렬하다. (1) 미리 정해진 형식(format)에 맞추기 위하여 또는 좌우 여백이 바르게 잡혀지도록 하기 위하여 페이지 위에 인쇄하는 문자의 위치를 조정하는 것. (2) 레지스터(register) 등에 포함되어 있는 데이터를 오른쪽 또는 왼쪽 방향으로 이동시켜서 그 데이터의 최상위 또는 최하위 문자가 레지스터의 일정 위치에 오도록 시프트 등을 움직여 조정하는 것. (3) 좌우의 여백이 정상으로 취해지도록 페이지 위의 문자의 인쇄 위치를 제어하는 것. (4) 레지스터에 읽어들인 또는 로드된 데이터의 일단의 문자가 그 레지스터의 지정된 위치에 오도록 필요하면 레지스터의 내용을 자리 이송하는 것

just in time[dʒʌ́st ín táim] ⇨ JIT

just in time compiler[–kəmpáilər] **JIT 컴파일러** ⇨ JIT compiler

JUST-PC 퍼스컴 표준 통신 방식(일본) Japanese Unified Standard for Telecomunications Personal Computer의 약어. 퍼스널 컴퓨터 사이의 통신을 위한 표준 방식. 이것은 전화망을 이용하여 다른 기종의 컴퓨터 사이에서 고속, 고품질의 통신이 가능하고, 국제 표준화 기구(ISO ; International Organization for Standardization)가 정한 참고 모델(OSI ; open systems interconnection)에 따른 텔렉스용 및 비디오 텍스의 통신 규약이다. 국제 전신 전화 고문 위원회(CCITT)의 t 70권고에 의한 계층 구조로 되어 있다.

juxtaposition[dʒʌ̀kstəpəzíʃən] *n*. **병렬 배치** 정보 처리 시스템 구성의 한 방법으로서 동일한 장치를 2대 이상 갖춰 설치하는 것. 온라인 실시간 처리와 같이 신뢰성을 필요로 하는 시스템에서는 장치의 장애가 치명적일 수 있으므로 반드시 병렬 배치로 해야 하는데, 여기에는 듀얼 시스템 구성과 듀플렉스 시스템 구성이 있다.

JVM 자바 가상 머신 Java virtual machine의 약어. JVM은 자바 바이트 코드와 컴퓨터의 운영 시스템 간의 번역기 역할을 한다. JVM을 이용하여 사용자는 매킨토시, 윈도 95, 유닉스 등 어떤 많은 다른 컴퓨터 플랫폼에서도 자바를 실행시킬 수 있다. 그러나 JVM은 자바 명령을 한 번에 읽고 실행시키기 때문에 역시 컴파일러보다 느리다.

J von Neumann 폰 노이만 프로그램 내장 방식의 컴퓨터에 대한 개념을 발표하여 컴퓨터의 발전에 획기적인 공헌을 하였으며, 프로그램 내장 방식의 컴퓨터(EDVAC ; electronic discrete variable automatic computer)를 1951년 완성하였다.

JZ jump on zero의 약어. 제로(0)이면 점프하라는 명령이다.

K

K[kéi] **케이** (1) kilo의 약어. 10진수 1,000(10^3)을 나타낸다. (2) 컴퓨터에서 기억 용량의 단위로 사용되며, 1KB(킬로바이트)는 1,024바이트를 의미한다.

K6 미국 AMD 사가 개발한 x86 호환 프로세서의 명칭. 펜티엄 및 펜티엄 II 프로세서에 맞서 저가이면서 처리 성능면에서도 손색이 없기 때문에 인텔 사는 펜티엄 II의 염가판인 Celeron을 내놓게 되었다.

KAIST 한국 과학 기술원 Korea Advanced Institute of Science and Technology의 약어.

kakaotalk 카카오톡 (주)카카오가 2010년 3월 18일 서비스를 시작한 글로벌 모바일 인스턴트 메신저이다. 카카오톡은 무료로 제공되며, 아이폰 사용자는 애플 앱 스토어에서, 안드로이드 스마트 폰 사용자는 안드로이드 마켓에서 내려받아 사용할 수 있다.

Kaleida 칼레이다 IBM 사와 애플 사의 합병 회사로 1995년 11월에 폐쇄되어 애플 사로 흡수되었다. 멀티미디어 개발을 목적으로 멀티미디어용 페이지 기술 언어 ScriptX를 개발했으며, 후에 애플 사에 흡수되었다.

KALI 칼리 KALI는 LAN용 게임들을 인터넷 상에서 할 수 있게 해주는 툴이며, 세계적으로 8만 명이 넘는 사용자와 33개 국에 200여 개의 서버를 가지고 있는 전세계적으로 가장 큰 게임 시스템이다.

Kansas city standard[kǽnzəs síti(:) stǽndərd] **캔자스시 규격** 오디오 카세트 테이프의 데이터 기록 및 재생을 위한 규격을 말하며, 1은 2,400Hz의 8사이클로 나타내고, 0은 1,200Hz의 4사이클을 나타낸다. 즉, 두 개의 주파수에 대한 인코딩 기술이다.

Kansas city standard interface[-íntərfèis] **캔자스시 표준 접속** 컴퓨터 애호가들의 컴퓨터 시장 개발을 위해 음향 카세트 녹음기를 이용해 디지털 데이터를 읽거나 기억시키는 방법에 관한 심포지엄이 미국 캔자스시에서 열렸는데, 여기서 채택된 표준을 말한다.

KANT KAIST Automatic Natural Translation의 약어. 한국 과학 기술원에서 개발한 한·일 자동 번역 시스템.

KAPSE 중핵 Ada 프로그래밍 지원 환경 kernel Ada programming support environment의 약어.

Karnaugh map 카르노 도표 이중 부분 사각형으로 그려진 변수의 논리 함수의 사각형 도표로서 중첩된 사각형의 각 교차는 논리 변수의 일의적인 조합을 표시하고, 또한 모든 논리 조합에 대하여 교차를 만들 수 있는 것.

〈카르노 도표〉

z \ xy	00	01	11	10
0		1	1	
1	1	1	1	1

Kaypro 케이프로 미국의 Non-Linear Systems 사가 생산한 휴대용 컴퓨터의 상품명.

KB 킬로바이트 kilobyte의 약어. 데이터의 용량을 나타내는 단위로 1,024바이트. 원래 k(킬로)는 10^3이지만, 2진수의 경우 대문자 K로 나타내어 2^{10}=1,024가 된다. 따라서 정확성을 위해 킬로바이트라고 하지 않고 케이바이트라 부르는 경우도 있다.

KBM 지식 기반 머신 knowledge based machine의 약어. 자신의 지식을 조사하여, 모순이나 결함을 스스로 추론하여 발견할 수 있는 머신. 지식 기반이라는 데이터 베이스를 구축하고 운용한다.

kbps 킬로비트/초 kilobits per second의 약어. 모뎀 속도는 초당 전송할 수 있는 비트의 수로 측정된다. 초당 계산된 kilobits(킬로비트)가 현재 모뎀의 표준 속도 척도이다. ⇨ bit, bps

KBS 시뮬레이션 모델을 포함한 목적을 토대로 표현한 지식 공학용 언어로 프레임 기반의 표현 방식을 제공한다.

K-colorable graph[kéi kʌ́lərəbl grǽf] K

색 가능 그래프 인접한 모든 노드가 서로 다른 색을 가지되, 모두 R개 이하의 색으로 칠할 수 있는 그래프.

kcs 초당 킬로 문자 kilo characters per second의 약어. 문자 데이터의 전송 속도 단위로, 초당 1,000자의 전송 속도를 말한다.

KDD knowledge discovery in data base의 약어. 기계 학습 등을 통해 데이터 베이스에서 유용한 지식을 자동으로 발견해 내려는 시도. 데이터에서 규칙과 패턴을 발견하려는 시도는 통계학 분야에서 오래 전부터 사용되어 왔지만, 이것이 최근 주목을 받고 있는 것은 데이터 베이스에 축적된 대량의 데이터를 대상으로 실시간으로 지식 획득이 가능해졌기 때문이다. 데이터 마이닝을 비롯한 KDD 방법은 대량의 POS 데이터와 고객 데이터에 적용되며, 여기서 얻어진 지식은 기업 전략을 결정할 때 큰 힘이 된다.

KE 지식 공학, 지식 공학 기술자 knowledge engineering, knowledge engineers의 약어. (1) 컴퓨터에 전문 지식을 부여하여 그 부분의 문제를 해결하는 수법 또는 그 기술자. (2) 컴퓨터에 익숙해 있지 않은 각 분야의 전문가로부터 지식을 꺼내고, 전문가 시스템(export system)을 완성하는 전혀 새로운 기술자. 인공 지능(AI)의 실용화를 눈앞에 둔 조직에서 빠지지 않는 존재가 되고 있다. 지식 공학자(knowledge engineer)의 직무는 넓은 의미로 애플리케이션 개발에 동반되는 시스템 엔지니어(SE)의 범주에 들지만 직무 내용은 어렵고 「KE 양성」이 급선무이다.

KEE 키 프레임 표현을 기반으로 하는 지식 공학 언어. 특징은 단계적 시스템 구성을 위한 다중 지식 베이스와 그 규칙 해석기를 위한 순방향 연결과 역방향 연결을 한다. 제공 환경은 그래픽 지향의 디버깅 패키지와 추론 연결을 지시하는 그래픽 설명 기능이 있다. 인터리스프로 구현, 제록스 1100과 심벌릭스 3600 시스템에서 동작한다.

keep [kíːp] *v.* **보존 유지하다, 지키다**

keep-out area [–áut ɛ́(ː)riə] **금지 구역** 인쇄 회로 기판의 영역 중에서 전자 부품이나 회로의 배선이 위치하면 안 되는 영역.

Kelvin [kélvin] **켈빈** 켈빈 열역학 단위의 온도 표시 방식으로서 절대 영도부터 표시한다. 절대 영도는 섭씨 −273˚C 정도에 해당한다.

Kendall notation 켄달 표기법, 켄달 기호 대기 행렬 모양을 간단하게 나타내기 위해서 D.G. Kendall이 제창한 기호. 큐잉(queuing) 시스템의 특성을 나타내기 위해 사용되는 Kendall 표기법을 말한다. 이 표기법은 다음과 같은 속기 형태이다. $A/B/C/\ K/M/Z$, 여기서 A : 도착 시간 분포, B : 서비스 시간 분포, C : 서비스하는 사람의 수, K : 시스템 큐(queue)의 크기, M : 소스(source)에 있는 사람들의 수, Z : 큐잉 원리이다.

kerberos 커베로스 암호화에 기반을 둔 인증 시스템. 티켓이라 불리는 암호들을 만들어내는 구축 방법으로 DES 암호화 기법을 이용한다. 만들어진 티켓은 네트워크에서 자신의 신원을 보장하는 역할을 하며, 각 kerberos 사이트는 최소 하나의 물리적 보안 시스템(인증 서버)을 가진다. 그리고 이 시스템에서 kerberos 데몬을 구동시켜 인증을 확인하는 것이다.

Kermit 커밋 컴퓨터에서 사용할 수 있는 파일 전송용 프로토콜의 이름. 이것은 콜롬비아 대학의 학생들에 의해 개발되었으며, 그 이름은 텔레비전 쇼에서 나오는 녹색 개구리의 이름을 딴 것이다. 이 프로토콜은 개인용 컴퓨터뿐만 아니라 대형 컴퓨터와 미니컴퓨터에 광범위하게 퍼져 있기 때문에 데이터 전송용으로 폭넓게 사용된다. 저작권이 없으며 XModem과는 달리 1바이트당 7비트를 전송하는 대형 컴퓨터 시스템에서 구현되므로 주로 학술 기관에서 사용한다.

kernel [kə́ːrnəl] *n.* **핵심, 알맹이, 커널** 운영 체제의 기능 중에서 운영 체제를 구성하는 프로세스와 운영 체제의 제어 아래서 주행하는 프로그램에 대해 자원 할당(resource allocation)을 수행하는 부분. 중핵(nucleus)이 거의 같은 뜻으로 쓰이지만, 본래는 제어 프로그램 중에 주기억에 상주하는 부분을 가리킨다.

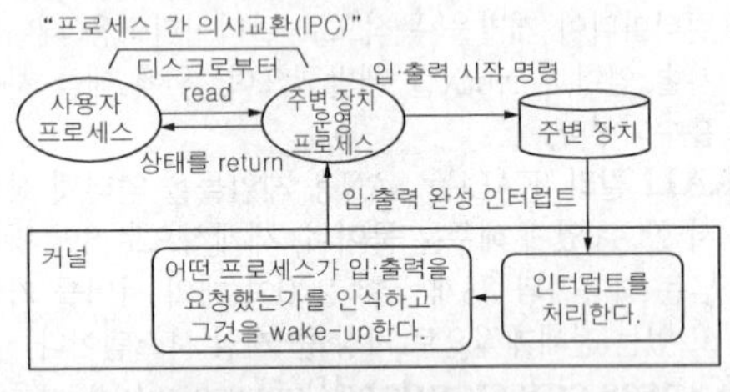

〈커널 방식의 운영 체제 구성의 예〉

kernel Ada programming support environment [–éidə próugræmiŋ səpɔ́ːrt inváirənmənt] **KAPSE, 중핵 Ada 프로그래밍 지원 환경**

kernel entity [–éntiti(ː)] **커널 엔티티** E.F. Codd가 제안한 확장 관계 모델인 RM/T의 세 엔티티 중 하나로서 독자적으로 존재하는 엔티티.

kernel language [–lǽŋgwidʒ] **커널 언어**

kernel mode [–móud] **커널 상태** 어떤 프로그

램이 수행되다가 운영 체제의 시스템 호출을 하여 현재 커널의 코드를 수행하고 있는 상태.

kernel program[-próugræm] **커널 프로그램** 한 컴퓨터 센터에서 실행되는 대표적 프로그램으로, 제조 업체가 제시한 각 명령의 소요 시간에 대한 추정값을 사용해 주어진 기계에서 커널 프로그램이 실행되면 소요 시간이 계산된다. 이어 서로 다른 기계에 커널 프로그램을 실행시켰을 때 각 소요 시간 예상값 간의 차이를 근거로 하여 각 기계를 비교하게 된다. 따라서 커널이 실제 컴퓨터에서 수행되는 것이 아니라 종이 위에서 실행된다고 볼 수 있다.

kernel program method[-méθəd] **커널 프로그램 방법** 컴퓨터 제조업체가 제공하는 각 명령들의 수행 시간에 대한 예측값이 설치된 컴퓨터에서도 같은 결과를 가져오는지를 비교 검토하는 방법을 말한다. 커널 기법은 시간 측정이나 명령 혼합법보다 좋은 결과를 얻을 수는 있으나 상이한 컴퓨터 시스템 간의 성능 평가를 위해서는 각 명령들마다 서로 비교, 검토해야 하므로 준비 작업에 시간과 수작업이 필요하다.

kernel proxy[-práksi] **커널 프록시** 방화벽(firewall)에서 사용되는 기술 방식. 기존의 방화벽에서 사용되던 패킷 필터링(packet filtering) 방식과 응용 프로그램 게이트웨이(application gateway) 방식의 장점을 모두 택한 방식이다. 운영 체제 내에 프록시를 설치함으로써 패킷 필터링에서 갖는 빠른 응답 시간을 보장해주고, 응용 프로그램 방식의 정교한 제어를 가능하게 하는 방화벽 기술이다.

kerning[kə́ːrniŋ] *n*. **커닝, 간격 좁힘** 지정하는 문자와 문자 사이의 간격을 줄이는 일. 보통의 문장에서는 그다지 커닝이 필요하지 않지만 광고 등에서는 필수적이다.

KES UNIVAC이나 DEC, VAX 시스템에서 동작하는 규칙과 프레임 표현을 위해 개발된 지식 공학용 언어. 주요 특징은 역방향 연결 제어 구조, 믿음 조작 장치, 베이스 정리에 기반을 둔 통계적 유형 분류 시스템 등이 있으며, 제공 환경은 시스템의 추론 과정을 설명하고, 새 지식을 받아들일 수 있는 인터페이스가 있다.

key[kíː] *n*. **키** 무엇인가를 찾을 때의 「도움」, 「열쇠」라는 본래의 의미로부터 컴퓨터 분야에서는 다음과 같은 의미로 사용되는 경우가 많다. (1) 파일 중의 레코드 등 데이터의 집합에 포함되는 한 개 이상의 문자이며, 그 집합에 관한 정보를 포함하고 그 식별이 가능한 것. 특정한 레코드를 찾는다든가, 식별할 때의 「도움」이 되는 문자열. 예를 들면, 급여 마스터 파일 중의 사원 레코드를 사원의 성명순으로 바꾸어 나열한다고 하면 레코드 중의 「성명」 항목이 「키」가 된다. (2) 키보드 상에 배열되어 있는 하나하나의 문자나 기능을 표시하는 기호가 붙은 레버. 기능 키(function key), 기호 키(symbol key), 리턴 키(return key) 등.

key access[-ǽkses] **키 액세스** 키를 지정하고 그 키를 갖는 데이터에 직접 접근하는 것.

key address transformation[-ədrés trænsfərméiʃən] **키 어드레스 변동**

key area[-ɛ́(ː)riə] **키 영역**

key assign[-əsáin] **키 할당** 특수 키나 Ctrl 키를 영숫자 키와 조합하여 누르면 그것에 할당된 기능을 하는데, 이러한 할당을 키 할당이라고 한다. 이것을 사용자가 원하는 대로 조절할 수 있는 소프트웨어도 있다.

keyboard[kíːbɔ̀ːrd] *n*. **자판, 키보드** 콘솔, 타이프라이터 등의 입출력 장치의 입력 부분이며, 키를 두드리거나 펜 터치 등으로 데이터를 입력한다. 「건반」이 정식 한글 번역어지만 키보드로도 널리 사용되고 있다. 키를 일정한 규칙에 따라 배열한 보드이며, 키를 누르면 그것에 대응한 전기 신호를 낸다. 표시 장치나 종이 카드용 천공기, 종이 테이프용 천공기에 접속된다. 키보드 상의 키의 배열에 대해서는 타이프라이터형의 키보드가 많이 사용되고 있으며, 키의 배열에 대해서는 KIS가 제정되어 있다. 또 적용 업무에 따라 조작성의 향상을 꾀하기 위해 24음 배열 키보드, 키 매트식 키보드(키 스위치군과 수십 페이지의 키 매트로 된다), 태블릿식 키보드(태블릿과 입력 펜으로 된다. 펜 터치식이라고도 한다) 등 여러 가지의 방식이 실용화되고 있다. 최근 워드 프로세스용, 한자 입력용 등 규격의 키보드도 많이 생기고 있다. 키보드 상의 키에는 영문자와 특수 문자, 한글로 구성되는 문자 키 이외에 제어 키(control key) 및 기능 키(function key), 커서 키(cursor key), 텐키(ten-key)가 포함된다.

〈키보드(101키)〉

keyboard and display control[-ənd displéi kəntróul] **키보드 디스플레이 제어** 64개 이상

의 키 스트로빙(strobing), 2-키 롤오버(roll over) 방지, 다중 키 버퍼링, 자동으로 세그먼트나 문자를 스트로빙할 수 있는 문자 표시 버퍼 등으로 구성된 다양한 시스템.

keyboard arrangement[–əréindʒmənt] **키보드 배열** 입출력 장치, 단말 장치 등의 키보드에서 각 키를 늘어놓은 방법. 다른 기기 조작에 지장을 주지 않도록 하는 의미에서 호환성이 중시된다. 영숫자인 것은 사무용 영문 타이프라이터의 전통이 그대로 도입되어 있지만 일부에서는 이것과 다른 드보락(Dvorak)식도 있다.

keyboard BIOS **키보드 바이오스** 키보드에서의 기본 처리를 받아들이는 프로그램. ⇨ BIOS

keyboard buffer[–bʌ́fər] **키보드 버퍼** 시스템 기억 장치 중 직전에 키보드로부터 입력된 문자를 기억해두는 작은 기억 영역. 이 버퍼는 선행 입력 버퍼라고 하며, 처리가 끝나지 않은 문자를 일시적으로 기억해둔다.

keyboard class[–klɑ́:s] **키보드 유형** 키보드는 문자 및 숫자 키보드와 숫자 전용 키보드의 두 가지 기본적인 형태로 나뉜다. 문자 및 숫자 키보드는 단어 및 본문 처리, 데이터 처리, 데이터 전송 처리 등에 사용되며, 숫자 전용 키보드는 터치톤 전화기, 회계기 및 휴대용 계산기 등에 사용된다. 터치톤 전화기는 계산기나 데이터 입력 장치 및 음성 출력 장치로서 중요하게 사용된다.

keyboard components layout[–kəmpóunənts léiàut] **키보드 요소 배열** 대부분의 키보드는 단일 접촉 스위치를 사용하여 잡음이나 스위치 반발을 줄이고 접촉을 코드화하여 ASCII로 바꾸어준다. 키보드의 배열은 타이프라이터 형식과 탁상 계산기 형식이 있는데, 초보자들에게는 탁상 계산기 형식이 오타도 적고 빠른 속도를 낼 수 있어 적합하다.

keyboard computer[–kəmpjú:tər] **키보드 컴퓨터** 전동 타자기 등의 키보드를 입력 기구로서 사용하는 컴퓨터.

keyboard contact bounce[–kɑ́ntækt báuns] **키보드 접촉 반동** 두 접촉면을 갑자기 누를 경우 정확히 접촉하기 전에 순간적인 반동이 일어나며, 초기 접촉에서 정확히 접촉하기까지의 시간 간격을 반동(bounce)이라 하여 스위치의 효율을 위해 사용된다.

keyboard control key[–kəntróul kí:] **키보드 제어 키** 커서의 움직임을 조정하거나 단말기의 이용 형태와 통신 방법을 전환시키는 기능을 가진 키.

keyboard correction[–kərékʃən] **키보드 정정 기구**

keyboard cover[–kʌ́vər] **키보드 덮개** 키보드에 먼지가 앉는 것을 막기 위해 키보드 위에 씌우는 플라스틱 덮개.

keyboard display[–displéi] **키보드 표시 장치**

keyboard editing display station[–éditiŋ displéi stéiʃən] **키보드 편집 디스플레이**

keyboard encoder[–inkóudər] **키보드 인코더**

keyboard entry[–éntri(:)] **키보드 입력** 키보드를 통해 데이터를 입력하는 것.

keyboard feature[–fí:tʃər] **키보드 구성** 키보드는 조작자와 접촉하는 단말기의 한 부분이므로, 가능한 한 편리하고 효율적으로 설계되어야 하는데, 중요한 설계 요소로는 키보드의 배열, N-키 롤오버, 편집 키, 기능 키, 숫자판 및 제어 키 등을 들 수 있다.

keyboard function keys[–fʌ́ŋkʃən kí:z] **키보드 기능 키** 한두 개의 키를 누름으로써 일련의 문자들 또는 양식들을 쉽게 호출하거나 컴퓨터 내에서 다량의 데이터를 의미하는 특별한 코드를 보내거나 또는 단말기에 속한 부속 장치들을 쉽게 사용할 수 있도록 설계된 키로 제작자가 만들어 제공한다.

keyboarding[kí:bɔ̀:rdiŋ] **키보드 작업** 워드 프로세서나 컴퓨터 단말기의 키보드를 사용하여 컴퓨터에 직접 데이터를 입력하거나 입력 매체로 데이터나 프로그램을 입력하는 작업.

keyboard inquiry[kí:bɔ̀:rd ínkwàiəri] **키보드 조회** 키보드를 조작하여 프로그램의 진행 상황이나 저장 장소의 내용 등 필요한 정보를 얻기 위한 조회.

keyboard label[–léibəl] **키보드 표지** 일반적으로 사용자가 정의한 에스케이프(escape) 또는 일련의 각각의 키에 의한 문자들의 열을 표시하기 위해 특별한 키에 부여된 표지.

keyboard layout[–léiàut] **키보드 배열**

keyboard lockout[–lɑ́kàut] **키보드 폐쇄, 키보드 잠금** 테이프 전송기 또는 단말기에서 데이터 전송을 하는 경우 키보드에서 전송을 막는 기능.

keyboard monitor[–mɑ́nitər] **키보드 모니터**

keyboard numeric lock[–njumérik lɑ́k] **숫자용 키보드 기구**

keyboard overlay[–òuverléi] **키보드 오버레이**

keyboard perforator[–pə́:rfərèitər] **키보드 천공기**

keyboard printer[–príntər] **키보드 인쇄 장치** 제어 테이블 등에 사용되는 저속도 인쇄 장치로서 타이프라이터에 입력 기능이 겸비된 것으로 볼 수 있다. 보통의 타이프라이터와 마찬가지로 키보드를 두드림으로써 인자하는 장치이다. 일반적으로 통신 회선에 의해서 컴퓨터와 접속되어 키보드에 의한 데이터의 투입이나 프린터에 의한 데이터의 수신을 할 수 있는 단말 장치이다.

keyboard processor[–prάsesər] **키보드 처리기** 키보드에 사용되는 처리기로서 현재 입력된 키의 위치를 알아내어 기억 장치 내의 해당 문자 코드를 찾아내게 하며, 해당 코드를 데이터 버스로 보낸다.

keyboard punch[–pʌ́ntʃ] **키보드 천공기, 천공기** 건반 조작에 의하여 데이터 매체에 천공하는 천공 장치. ⇨ key punch

keyboard repeat[–ripíːt] **키 반복** ⇨ atore-peat

keyboard request[–rikwést] **키보드 송신 요구**

keyboard ROM **키보드 ROM** 키보드 내에 있는 작은 ROM. 이것은 표준 문자 코드 테이블을 기억하고 있으며, 키보드 처리기가 해당 코드를 찾아서 데이터 버스로 전송한다.

keyboard send/receive[–sénd risíːv] **KSR, 키보드 송수신기** 단말 장치의 일종이며, 종이 테이프의 송수신 기구를 갖지 않고, 키보드와 인쇄 장치로 송수신을 행하는 것.

keyboard status register[–stéitəs rédʒi-stər] **키보드 상태 레지스터** 키보드 상태에 관한 정보를 가지는 레지스터.

keyboard template[–témplət] **키보드 템플릿** 키보드의 전체 내지 부분적(기능 키의 개소 등)으로 덮어 씌우는 플라스틱이나 두꺼운 종이. 키에 관한 설명 등이 그 위에 인쇄되어 있다. 응용 프로그램마다 명령 할당 등을 한눈에 알아볼 수 있도록 되어 있다.

keyboard terminal[–tə́ːrminəl] **키보드 단말기** 컴퓨터 시스템에 데이터를 입력하기 위한 타이프라이터 형태의 입력 장치.

keyboard-to-disk unit[–tu dísk júːnit] **키보드 투 디스크 장치** 플로피 디스크에 직접 데이터를 저장시키는 데 사용되는 키보드 장치. 주컴퓨터의 개입 없이 여러 명이 대량의 데이터를 입력할 때 사용한다. 필요에 따라 컴퓨터는 디스크에 저장된 데이터를 참조하면 된다.

keyboard-to-tape system[–téip sístəm] **키보드 투 테이프 시스템** 키보드에 입력되는 데이터가 직접 디스크 기억 장치에 저장될 수 있는 데이터 입력 시스템.

keyboard transmitter[–trænsmítər] **키보드 송신기**

key bounce[kíː báuns] **키 바운스** 키를 한 번만 눌렀는데도 여러 번 누른 것처럼 되는 현상. 이것은 스프링이 열화되었거나 접점이 불량할 때 나타난다.

key buffer[–bʌ́fər] **키 버퍼** 키보드로부터의 신호를 일단 모아두는 메모리. 사람이 직접 다루는 키보드 조작은 컴퓨터 내부의 처리에 비해 매우 느리므로, 중앙 처리 장치(CPU)가 키로부터의 입력을 일일이 읽다보면 컴퓨터 전체의 동작이 느려지고 만다. 그래서 키보드로부터의 입력을 메모리에 축적해 두었다가 어느 정도 모인 다음에 CPU로 보내게 되는데, 이 메모리가 키 버퍼이다.

key cap[–kǽp] **키 캡** (1) 키보드의 각 키의 윗면이나 거기에 기록된 글자. (2) 화면에 키보드의 배열을 그림으로 그려주는 것. 이것은 키보드 연습 프로그램이나 키보드 없이 마우스만 있는 컴퓨터에서 키보드를 사용하려 할 때 유용하다.

key change[–tʃéindʒ] **키 변환** 키에 의해 제정된 순서로 분류되어 있는 기록 파일이 그 직전의 것과 다른 키를 가질 때 키 변환이 발생했다고 말한다.

key class[–klάːs] **키 클래스**

key click[–klík] **키 클릭** 송신 장치의 접점을 개폐할 때마다 전송 회선중에 일시적으로 발생하는 과도 펄스 또는 서지(surge). 이 과도 펄스나 서지를 약화시키기 위해 보통 필터가 사용되는데, 이것을 키 클릭 필터라고 한다.

key click filter[–fíltər] **키 클릭 필터** 송신 장치의 전송 회로의 접점을 개폐하면 그때마다 서지(surge)가 발생하므로 이것을 약화시키기 위한 필터이다.

key code[–kóud] **키 코드** 분류 항목이다. 레코드를 구성하는 몇 개의 항목 중 그 레코드를 다른 레코드와 구별하기 위해서 사용되는 항목이다. 분류, 대조, 집계, 참조 등 레코드 처리의 기준이 되는 것이다.

key compare technique[–kəmpέər tek-níːk] **키 비교법** 키 항목을 여러 가지 비교법으로 분류하는 것을 말한다. 기본적으로는 ① 선택(se-lection), ② 교환(exchanging), ③ 삽입(inser-tion), ④ 조합(merging)의 네 가지 방법이 있다.

key compression[–kəmpréʃən] **키 축약** 검색을 빠르게 하기 위해 또는 데이터 공간을 줄이기 위해 키 색인을 변형시킴으로써 비트 수를 줄이는 방법.

key customize[–kʌ́stəmàiz] **키 맞춤** 소프트웨어에서 자주 사용되는 기능을 특정 키에 할당하여 개인용 키로 설정하는 것. Ctrl 키나 영숫자 키를 조합하여 기능을 할당해둔다.

key data entry device[–déitə éntri(ː) divά-is] **키 데이터 입력 장치** 키보드, 키 투 디스크 장치, 키 투 테이프 장치처럼 컴퓨터 장치가 받아들일 수 있도록 데이터를 준비하는 경우에 키보드를 사용하는 입력 장치.

key disk[−dísk] **키 디스크** 소프트웨어 복사 방지의 한 방법으로 프로그램을 수행시키려면 꼭 특수한 플로피 디스크를 사용하도록 하는 것. 이것은 키 디스크에 강력한 복사 방지를 하면 나머지 디스크는 복사해도 아무 소용이 없게 된다.

key-driven[−drívən] **키 조작 장치** 조작원이 각각의 문자 키를 누름으로써 기계가 인식 가능한 형태로 정보를 번역하는 장치.

keyed sequential access method [kíːd sikwénʃəl ǽkses méθəd] **KSAM, 키 순차 처리 방식** (1) 주기억 장치와 입출력 장치 사이에 데이터 전송을 위한 데이터 관리의 방법으로, 순차 편성의 데이터를 키로 사용해 물리적 레코드의 단위로 접근하는 것. (2) 순차적으로 된 파일은 키 항목의 내용에 의해서 사용자가 직접 레코드를 읽을 수 있도록 하는 파일 구조나 라이브러리 루틴의 그룹.

keyed sequential file[−fáil] **키 순차 파일** 기록의 색인이 되는 키가 일련의 순서로 기록되어 있는 파일.

key entry system[kíː éntri sístəm] **키보드, 천공 카드 판독기, 광학 문자 판독기** 마그네틱 테이프 등의 입력 장치 시스템을 총칭한 것.

KEY.EXE MS-DOS의 외부 명령의 하나. 커서 이동 키나 기능 키 등에 특정 기능을 할당하기도 하고 지우기도 한다. 할당된 키를 누르면 그 기능을 간단히 실행시킬 수 있다. 또한 할당한 내용을 KEY.TBL이라는 파일(키 테이블)에 저장할 수 있고 시동시에 시스템에 등록된다.

key feedback area[−fíːdbæ̀k έ(ː)riə] **키 피드백 구역** 사용자가 논리적인 데이터 베이스에 접근할 때 IMS는 요구된 세그먼트를 채취(patch)할 뿐 아니라 완전 접속 키도 생성하게 되는데, 이때 완전 접속 키가 하는 구역을 말한다.

key field[−fíːld] **키 항목** 데이터를 분류하거나 나누어 수록하거나 검색할 때의 기준이 되는 키 항목.

key file[−fáil] **키 파일**

key-in[−ín] **키인** 키보드를 갖춘 입력 장치에 의해서 컴퓨터에 데이터나 프로그램을 직접 입력해 나가는 작업.

keying[kíːiŋ] *n.* **키잉** 전기 통신에서 직류를 차단하거나 어느 특성에 의해서 나타나는 불연속값 사이에서 반송파를 변조시켜 코드 문자의 신호를 만드는 것. 또한 불안정한 송신 장치에서는 송신 키를 다룰 때마다 주파수에 다소의 어긋남이 생겨서 그것에 의한 잡음을 일으킬 때가 있다. 이것을 키잉 과도음이라고 한다.

keying frequency[−fríːkwənsi(ː)] **키잉 주파수** 예를 들면, 파라메트론(parametron)의 여진파(勵振波) $2f$의 단속(斷續) 주파수(3박 여진의 1 해당분의 단속 주파수)를 말한다.

keying rate of error[−réit əv érər] **입력 오류율** 전송될 전체 문자 수와 잘못 전송된 문자 수와의 비율.

keying signal[−sígnəl] **키잉 시그널** 키보드 등으로 단속하는 신호.

keying wave[−wéiv] **키잉파** 전신의 송신시 코드의 정보 부분을 전송할 때 나오는 방출파로 마킹파(making wave)라고도 한다.

key integrity[kíː intégrəti] **키 무결성**

key mat[−mǽt] *n.* **키 매트**

key macro[−mǽkrou] **키 매크로** 응용 소프트웨어에는 메뉴에 따라 키를 누르고, 그것에 의해 각종 조작을 하는 것이 있다. 이러한 경우, 정형 작업에서는 항상 같은 키를 누르게 되므로 이런 일련의 키 조작의 순서를 등록해두면 편리하다. 이것을 키 매크로라고 하고, 매크로명을 붙여 등록해둔다. 워드 프로세서나 스프레드시트 소프트웨어에는 이런 매크로가 있기 때문에 복잡한 처리라도 원터치로 조작할 수 있어, 효율적인 작업이 가능하다.

key matching[−mǽtʃiŋ] **키 조회** 처리의 특정 단계에서 어떤 레코드를 선택하고, 그 외의 레코드를 거부하기 위하여 두 개 이상의 레코드 키를 비교하는 기법.

key of reference[−əv réfərəns] **참조 키**

key pad[−pǽd] *n.* **키패드** 탁상용 계산기와 같이 소형이며, 키의 수가 적은 키보드.

key pitch[−pítʃ] **키 피치** 키보드에서 하나의 키 중심에서 가로로 다음 키의 중심까지의 간격. 데스크톱용의 일반적인 키보드는 18.8mm가 표준이다. ⇨ keyboard

key processing system[−prásesiŋ sístəm] **키 프로세싱 시스템** 프로세서를 사용하여 많은 키 스테이션을 제어하는 것. 키 스테이션은 단말 타이프라이터가 있는 장소를 나타낸다.

key pulse[−pʌ́ls] **키 펄스**

key punch[−pʌ́ntʃ] **천공기, 키펀치** 키보드 상의 키를 누름으로써 종이 카드, 종이 테이프 등의 데이터 매체에 구멍 패턴(hole pattern)을 여는 장치. 천공기의 데이터 매체는 다른 장치로부터 읽어들여지며 문자 부호로 변환된다. 건반 천공기(keyboard punch)와 같은 뜻. 키보드 달린 표시 장치가 보급된 현재에는 그다지 사용되지 않고 있다.

key punch and verifier operator[−ənd vérifàiər ápərèitər] **천공 및 검공원** 천공기를 조작하여 데이터를 카드 등에 천공하고 천공된 데이

터를 검사하는 조작원.

key puncher[–pʌ́ntʃər] **천공수** 전산실에서 근무하는 요원으로 원시 데이터를 카드 천공기나 데이터 엔트리를 이용하여 기록 매체에 천공 또는 키를 조작하는 사람.

key punching[–pʌ́ntʃiŋ] **키펀칭**

key punch machine[–pʌ́ntʃ məʃíːn] **키펀치 머신, 키펀치 기계**

key punch operator[–ɑ́pərèitər] **천공 조작원, 키펀치 오퍼레이터** 천공기를 조작하여 천공 카드나 종이 테이프 등에 천공하는 사람.

key punch unit[–júːnit] **키펀치 유닛**

key record[–rékərd] **키 레코드**

key search[–sə́ːrtʃ] **키 서치**

key sector[–séktər] **키 섹터** 디스크가 손상되면 디스크의 파일을 사용할 수 없다는 단점을 보완하기 위해 디렉토리를 디스크 전체에 물리적으로 분산시켜 저장하는 장소.

key sensitivity[–sènsitíviti(ː)] **키 관련성** IMS의 SENSEG(관련된 세그먼트의 명세부) 문에 「K」로 지정되는 경우로서 실제로 사용자가 요구한 세그먼트는 아니지만 PCB(program communication block)를 설계할 때 물리적 데이터 베이스의 계층 구조상 어쩔 수 없이 포함해야 되는 세그먼트.

key sequence[–síːkwəns] **키 순차**

key sequenced data set[–síːkwənst déitə sét] **KSDS, 키 순차 데이터 세트** 순차 처리 및 키를 사용한 랜덤(random) 처리가 가능한 VSAM 파일(데이터 세트). 종래의 색인 순차 파일에 해당한다. KSDS는 색인을 위한 구역과 데이터 레코드를 위한 구역으로 이루어진다.

key sequenced file[–fáil] **키 순차 파일** VSAM에서 이용하는 한 가지 방법으로 레코드가 키에 따라 순차적으로 저장된 파일. 각 레코드의 키 필드값은 서로 다르고 레코드들에 접근하기 위해서 VSAM은 레코드 키와 레코드 주소의 쌍으로 이루어진 기본 색인을 사용한다.

key sequenced structure[–strʌ́ktʃər] **키 순차 구조**

key sort[–sɔ́ːrt] **키 분류** 랜덤 액세스 파일을 이용한 분류법의 하나로 레코드 키와 어드레스로 합성된 태그(tag)를 분류하는 방법이다. 소트(sort), 머지(merge), 리트리벌(retrieval)의 세 가지 상태에 따라 분류된다.

key space[–spéis] **키 공간** 키가 가질 수 있는 값의 집합.

key station[–stéiʃən] **키 스테이션** 다음 사용자 시스템에서 데이터 입력으로 사용되는 단말 장치가 설치된 곳.

key stroke[–stróuk] **키 누름** 키보드의 키를 한 번 누르는 일. 시프트 키와 같은 특수 키와 같이 누른 것도 한 번으로 친다.

key stroke verification[–vèrifikéiʃən] **키 입력 검증** 키보드로부터 동일 데이터를 재입력함으로써 데이터 입력의 정확함을 검증하는 것.

key switch[–swítʃ] **키 스위치** 키보드에서 입력되는 키의 실제적인 스위치 부분. 이것은 키를 누르면 양 금속 단자 사이에 플라스틱이 지나가면서 접점을 청소하고 난 후 접점이 접촉하는 구조로 되어 있다.

key tape[–téip] **키 테이프** 자기 테이프에 데이터를 직접 기록할 수 있는 장치. 이것은 테이프 장치, 키보드, 제어 및 논리 회로 등으로 구성되며, 가산 기계나 종이 테이프 판독기와 같은 다른 입력 장치들로 이루어진다.

key to address transformation [–tu ədrés trӕ̀nsfərméiʃən] **키 주소 변환** ⇨ hashing

key to address transformation algorithm[–ǽlgəriðm] **키 주소 변환 알고리즘** ⇨ hashing algorithm

key to card[–kɑ́ːrd] **키 투 카드** 데이터 엔트리 장치의 하나로 키보드에서 입력된 데이터를 카드에 수록·파일하는 장치.

key to cassette[–kəsét] **키 투 카세트** 키 투 테이프 장치의 일종으로 테이프로서 카세트 테이프를 사용한 것.

key to disk[–dísk] **키 투 디스크** 데이터 엔트리 장치의 하나로 키보드에서 입력한 데이터를 자기 디스크에 수록하는 장치.

key to disk device[–diváis] **키 투 디스크 장치** 키보드로부터 입력한 데이터를 직접 자기 디스크로 보내는 데이터 입력 장치.

key to disk shared processing system [–ʃέərd prɑ́sesiŋ sístəm] **키 투 디스크 공유 처리 시스템** 일괄 처리 시스템에서 효과적으로 데이터를 입력시키기 위해 여러 장소에 있는 다수의 키보드 콘솔이 미니컴퓨터를 통해 공동의 대단위 디스크 기억 장치에 연결되도록 한 것. 이 시스템의 장단점은 다음과 같다. 장점 : ① 오퍼레이터의 생산성을 크게 증가시킬 수 있다. ② 공통적으로 사용하는 데이터 필드들을 디스크에 저장하여 필요에 따라 오퍼레이터에 의해 자동으로 검색할 수 있다. 단점 : ① 가격이 비싸다. ② 입력 데이터의 양이 많아야 한다. ③ 일괄 처리 방식에만 사용할 수 있다.

key to disk software[–sɔ́(ː)ftwὲər] **키 투 디스크 소프트웨어** 이 소프트웨어는 연산 결과의 검

토뿐만 아니라 원시 데이터의 정확성, 데이터의 재구성, 정보의 수정 및 응용 프로그램의 수행 등을 가능하게 한다.

key to floppy[-flάpi(:)] **키 투 플로피** 키 투 디스크에서 매체로 플로피 디스크를 이용한 것.

key to floppy disk[-dísk] **키 투 플로피 디스크** 데이터 엔트리 장치의 하나로 키보드로부터 입력한 데이터를 플로피 디스크에 수록하는 장치.

key to media[-mí:diə] **키 투 미디어** 주로 전표 등 손으로 쓴 데이터를 타이프하여 컴퓨터에 직접 입력할 수 있는 매체에 기억시키는 것. 사용 매체에는 천공 카드, 디스크, 테이프 등이 있다.

key top[-tάp] **키 톱** 키보드에서 실제로 손가락이 접촉하는 부분.

key to tape[-tu téip] **키 투 테이프** 키보드 입력 장치의 하나로, 키 펀치에 따라 발생한 문자 부호를 종이 테이프 등의 입력 매체에 기억시키는 것이 아니라 직접(때로는 완충용 기억 장치를 통해서) 자기 테이프에 기억시키는 것. 자기 테이프로서 카세트 테이프를 사용하는 것도 있고 또 테이프의 구동에 보진식(步進式)을 사용하는 것도 있다. 몇 대의 키 투 테이프 장치에서 얻어진 테이프 내용을 적당한 시간마다 통상의 보조 기억 장치용 자기 테이프에 옮겨 편성해서 바꾸는 것이 보통이다. 종이 테이프 등 중간 매체가 불필요할 뿐만 아니라 타건 장치로서는 조용하기 때문에 보통 사무실에 놓고 작업할 수 있다. 미니컴퓨터 등을 사용하여 자동으로 여러 대를 관리할 수 있는 이점이 있다.

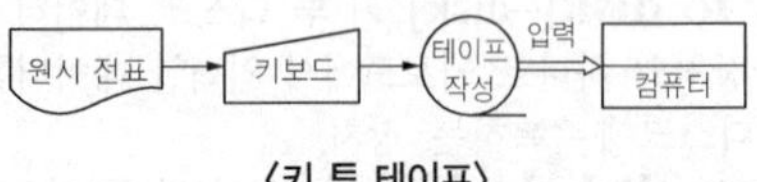

〈키 투 테이프〉

key transformation[-trӕnsfərméiʃən] **키 변환** 키는 일반적으로 아이템의 물리적 특성을 곧 알 수 있도록 종류별로 표현되어 있고 자릿수가 많다. 따라서 이러한 키를 직접 어드레스로 이용하면 여분의 용량을 필요로 하고 파일 처리의 효율도 나쁘다. 그래서 짧은 자릿수의 어드레스로 변환하는 방법이 필요해져 키에 연산 처리를 행하고 각 키에 대하여 정해진 어드레스를 할당하는 방법이다.

key verify[-vérifài] **키 검증** 천공 카드 기계에서 원하는 정보가 천공 카드에 정확히 천공되었는지를 확인하는 키보드의 키.

keyword[kí:wə̀:rd] *n.* **핵심어, 키워드, 예약어** (1) 정보 검색에 있어서 데이터 베이스 중에 저장되어 있는 문헌의 내용을 가장 정확히 표현하는 것으로 사용되는 단어. 일상 잡지 중에서도 요약문과 함께 기재되는 경우도 있다. (2) 프로그램 언어에서의 자구 단위(lexical unit)의 하나. 이름(indentifier)과 똑같이 구성되며 IF 문을 특징짓는 영문자 IF 등과 같이 프로그램의 구성 단위를 표시하는 데 사용된다. 또 프로그램 언어 중에서 그것이 나타나는 문맥에서 특정한 규칙을 가지며, 프로그램의 상태에 따라 의미를 바꿀 수 없는 단어를 예약어라고 한다.

keyword analysis[-ənǽlisis] **키워드 분석** 자연 언어 이해 기법의 하나로 패턴 매칭 기법을 이용하여 문장의 내용을 분석하는 방법.

keyword in context[-in kάntekst] **KWIC, 퀵, 색인, 키워드 색인, 문맥 포함 키워드** ⇨ KWIC

keyword macro definition[-mǽkrou dèfiníʃən] **키워드 매크로 정의**

keyword macro instruction[-instrʌ́kʃən] **키워드 매크로 명령**

keyword operand[-άpərӕnd] **키워드 오퍼랜드**

keyword out of context[-άut əv kάntekst] **KWOC, 문맥 외 키워드** ⇨ KWOC

keyword pararmeter[-pərǽmətər] **키워드 파라미터** 키워드와 그것에 이어지는 하나 이상의 값으로서 지정되는 매개변수. 지정 순서는 정해져 있지 않고, 위치 관계에 제약되지 않으므로 생략해도 생략했음을 나타낼 필요는 없다.

keyword search[-sə́:rtʃ] **키워드 검색** 브라우저 상의 검색 엔진 등에 갖춰져, 키워드를 입력하여 원하는 정보를 얻어내는 기능.

keyword system[-sístəm] **키워드 시스템** 요약문에서 제목이나 이름 또는 중요 문장이나 구(句)를 뽑아내어 그 중의 중요한 말(키워드)을 일정한 위치에 알파벳순으로 배열하여 색인표를 작성함으로써 정보 검색을 편리하게 하는 시스템.

Khornerstone 코너스톤 유닉스에서 흔히 사용되는 부동 소수점 연산용의 벤치마크 테스트.

KIBO knowledge in bullshit out의 약어. "이익이 되는 것은 흡수하고 하찮은 것은 버린다"의 뜻.

Kiboze 키보즈 어떤 키워드가 기재되어 있는 기사를 모두 탐색해내기 위해 뉴스를 그룹화하는 것.

kick[kik] **킥** IRC에 참여하려는 사람이 많은 경우에 채널 관리자가 참여하는 사람들을 선정하고, 선정되지 못한 사람들은 연결하지 못하도록 하는 것.

KIDA 한국 국방 연구원 Korea Institute of Defense Academy의 약어.

kill[kíl] **없앰, 킬** (1) 실행중인 또는 등록된 프로세스가 정상 종료 전에 중단시켜 소거하는 행위 또는 그런 기능의 명령. (2) 정보를 소거하는 명령. 일부 운영 체제에서는 delete 또는 erase 명령과 같은 기능을 갖는다. (3) 인터넷 상에서 투고 기사를 구독중에 삭제하는 것. (4) 인터넷 상의 투고 기사를 자동으로 삭제하는 것. Kill 파일 명령을 이용해서 삭제가 이루어진다. (5) 처리를 중단하는 것. 유닉스에서는 현재 실행중인 프로세스 등을 강제로 종료시키는 데 이용된다. (6) 객체 지향 언어의 하나인 비주얼 베이식에서의 파일 삭제 명령.

Killer APP 킬러 앱 핵심 기술이 사용된 경쟁력 있는 프로그램이나 컨텐츠, 상품을 뜻하는 말. 산업 사회가 다품종 대량 생산의 시대였다면 정보 사회는 소품종 소량 생산의 시대. 킬러 앱은 이런 시대적 흐름을 반영한 것으로 사용자들이 선호하는 경쟁력 있는 상품을 내세워 시장을 점유해야 한다는 경영의 새로운 흐름이다.

killer applicaion [kílər æplikéiʃən] 우리말로 죽여주는 프로그램이라 할 수 있으며, 매우 「기술적으로 성공한 프로그램」을 말한다. 특히 컴퓨터 사용자의 일상적인 업무나 생활을 개선시키거나 편리하게 해주는 프로그램을 말한다.

kilo [kí:lou] *n.* **K, 킬로** 일반적으로는 「1,000」. 10진법(decimal)의 1,000을 표시하는 경우와 2진법(binary)으로 표시하는 2^{10}, 즉 10진법 환산의 1,024의 의미로 쓰이는 경우가 있다. 보통 자기 테이프 장치의 데이터 전송 속도 중에서는 전자(예를 들면, 200KB/초 = 200,000만 바이트/초), 주기억 장치의 기억 용량 등(예를 들면, 4KB 2,096바이트)은 후자의 의미로 쓰이는 경우가 있다.

kilobaud [kíləbɔ̀:d] **킬로보** 데이터 전송 속도의 단위로 초당 1,000비트의 전송 능력을 나타낸다.

kilobit [kíləbìt] **킬로비트** 보통 1,000비트를 의미하나 정확히는 2^{10} = 1,024비트이다.

kilobyte [kíləbàit] **KB, 킬로바이트** 1,024바이트.

kilocycle [kíləsàikl] **킬로사이클** 전자파에서 주파수의 과거 표현법. 현재는 킬로헤르츠(kHz)를 사용한다.

kilohertz [kíləhə̀:rts] **킬로헤르츠** 전자파의 주파수의 표시법. 1,000회의 주파수를 나타내며 kHz로 표기한다.

kilomega [kíləmègɑ] **킬로메가** 백만의 1,000배, 즉 10억을 나타내는 접두사.

kilowatt hour [kíləwɑt ɑ́uər] **킬로와트시** 시간당 1킬로와트의 전력을 표시하는 단위로서 kWh로 쓴다.

KINDS 카인즈 한국 언론 연구원에서 구축한 언론 분야 종합 정보 데이터 베이스.

kinematics [kìnəmǽtiks] **운동학** 컴퓨터 시스템을 이용한 설계에 의해 기구물의 운동이나 구조 등을 그려내고 애니메이션하는 컴퓨터 이용 엔지니어링 작업.

kiosk 키오스크 (1) 브라우저에 있는 단추바, 메뉴, 창 때문에 웹 페이지가 좁아 보인다면 kiosk 모드를 이용하면 된다. 이 모드를 선택하면 많은 공간을 차지하는 브라우저에 모든 요소들 툴바, 메뉴, 보더를 사라지게 한다. kiosk 방식은 프레젠테이션 모드(presentation mode ; 소개 모드)라고도 불린다. (2) 전시장이나 쇼핑 센터 등에 설치하여 방문객이 각종 안내를 받을 수 있도록 한 정보 단말기. PC나 워크스테이션을 기본으로 누구나 사용할 수 있도록 키보드는 구비되어 있지 않다. 터치 패널(touch panel)을 이용해 메뉴를 손가락으로 선택해서 정보를 얻을 수 있는 것이 특징이다.

KIPS 킵스 (1) kilo-instructions per second의 약어. 1초당 1,000회의 명령을 실행하는 것을 뜻하며, 기계 속도를 비교하는 방법으로 MOS LSI 프로세서는 약 500KIPS로 실행하고, PDP-11/70과 같은 대용량 컴퓨터는 3,000KIPS로 실행한다. (2) knowledge information processing system(지식 정보 시스템)의 약어.

KISS keep it short and smile의 약어. 「짧고, 간결하게」의 뜻.

kit [kít] *n.* **키트** 사용자가 조립할 수 있도록 제작되어 있는 시스템을 구성하는 각종 부품.

kitchen programmer [kítʃən próugrɑmər] **키친 프로그래머** 집에서 근무하는 여성 프로그래머를 일컫는 말.

KL-one KL-1 프레임 표현을 기반으로 하는 지식 공학 언어. 특징으로는 자동적 전수, 포함과 그 밖의 다른 관계들을 이용한 의미 체계망 그리고 자동 분류기 등이 있다. 환경은 그래픽 지향적 대화식 지식 기반 편집기와 디스플레이 도구 등이 있다.

kludge [klú:dʒ] **클러지** 컴퓨터 또는 블랙 박스에 관해 유머스럽게 표현한 말. 갑작스럽게 만들어진 장치 사이의 인터페이스를 의미하기도 한다.

KM 지식 경영 knowledge management의 약어. 사원이 업무를 통해서 습득한 전문 지식이나 노하우를 수집한 후 이것을 공유화해서 기업의 경영 자산으로 활용하고자 하는 경영 이론. 현재 가장 주목받고 있는 IT 분야이다.

knapsack problem [nǽpsæ̀k prɑ́bləm] **배낭 문제** 용량이 정해진 배낭과 이득이 다른 여러 개의 물건들이 주어졌을 때 용량을 초과하지 않으면서 전체 이득이 최대가 되도록 배낭에 집어넣을 물건들을 결정하는 문제.

k-nearest-neighbor rule [kéi níərist néibər rú:l] **k개 최근접 규칙** 입력 패턴의 레이블을 *k*개의 가까운 이웃들의 레이블 중에서 가장 많이 나타나는 레이블로 정함으로써 입력 패턴을 분류하

는 방법.

knockout[nákaut] **녹아웃** DTP 이전에는 오려내기라 불렸던 방법으로, DTP에서 다색 인쇄시에 K(검정)판과 겹치는 부분에 있는 다른 색을 빼내는 것. 이 처리를 하지 않으면 검정 부분이 배경의 유무에 따라 색이 섞여 얼룩이 생기게 된다. 검정 판을 수정할 때는 다른 색판도 재출력해야 한다.

knot[nát] *n.* **매듭점** 인간의 지적 활동에 의하여 얻은 지식을 언제까지라도 액세스할 수 있는 형태로 계통적으로 축적한 것. 인공 지능(AI)의 분야에서는 문제 해결 과정에서의 추론, 지식 표현, 지식의 획득 방법과 함께 큰 과제의 하나가 되고 있다.

knowbot[nóubɔt] **노봇** 네트워크를 통해 특정 정보의 위치를 검색하는 프로그램.

knowhow[nóuhàu] *n.* **비법** (1) 특허되지 아니한 기술로서 기술 경쟁의 유력한 수단이 될 수 있는 정보와 경험을 비밀로 해둔다. 단, 그와 같은 기술 정보. (2) 기술 정보를 전수한 대가로서 받는 기술 지도료.

knowhow data base[–déitə beis] **노하우 데이터 베이스** 정보 시스템 활용에 의해 얻을 수 있었던 노하우를 중요한 경영 자원화하여 관리 · 활용할 수 있도록 만든 데이터 베이스.

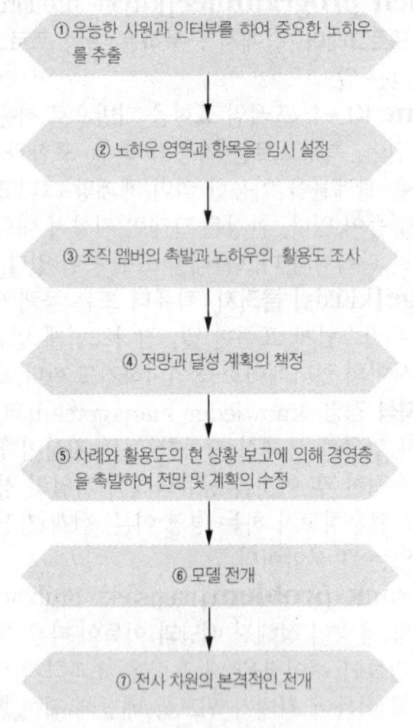

〈노하우 데이터 베이스 구축 프로세스〉

knowledge[nálidʒ] *n.* **지식** 컴퓨터 프로그램이 지능적으로 동작하기 위해 필요로 하는 정보, 사실, 믿음 그리고 경험적 규칙들의 집합.

knowledge acquisition[–æ̀kwizíʃən] **지식 획득** 전문가 시스템에서 도메인 지식(domain knowledge)을 얻는 것을 말한다.

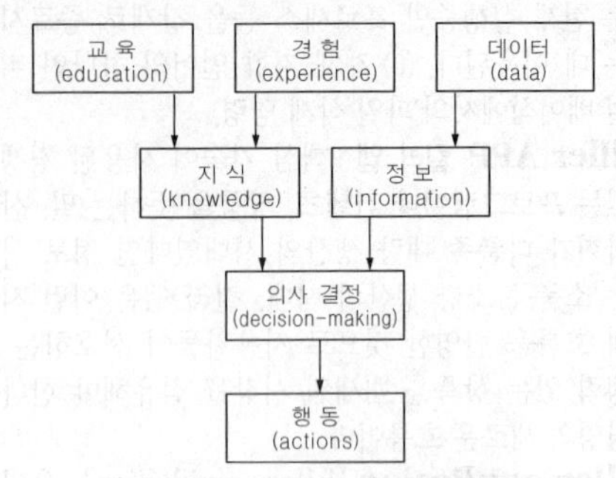

〈데이터 · 정보 · 지식의 이용 상관 관계〉

knowledge base[–béis] **지식 베이스** 인간의 지적 활동에 의해 얻는 지식에 대한 정보의 조직화된 모임을 말하며, 지식 표현, 지식의 획득 방법과 함께 큰 과제의 하나가 되고 있다.

knowledge based machine[–béist məʃíːn] **지식 기반 머신** ⇨ KBM

knowledge based system[–sístəm] **지식 베이스 시스템** 전문 지식을 적용하여 특정 문제를 해결하는 프로그램으로, 도메인 지식이 존재하고, 프로그램의 다른 지식과 구별되어 있는 것을 특징으로 하는 프로그램.

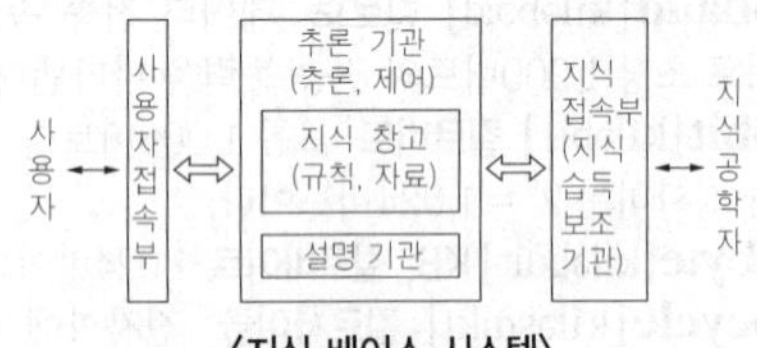

〈지식 베이스 시스템〉

knowledge base management[–béis mǽnidʒmənt] **지식 베이스 관리** 지식의 저장, 호출 및 추론의 관점에서 지식을 관리하는 것.

knowledge base management system [–sístəm] **지식 베이스 관리 시스템** 전문가 시스템의 한 구성 요소로 저장된 지식을 자동으로 구성, 제어, 전달, 갱신함으로써 지식 베이스를 관리하는 시스템. 그 밖에 추론 시스템과 인터페이스 서브시스템이 있다.

knowledge capacity[–kəpǽsiti(ː)] **지식 용량** 지식의 축적 능력과 처리율로 측정되는 지식 처리 정도를 뜻하는 것.

knowledge compilation[–kàmpiléiʃən] **지식 번역** 서술적 표현에서 절차적 표현으로 변환되어 가는 과정.

knowledge discovery in data base [–diskʌ́vəri(ː) ín déitə béis] ⇨ KDD

knowledge engineering [–èndʒəníəriŋ] **지식 공학** 컴퓨터에 전문 지식을 입력해두고, 의료 진단, 유기물의 스펙트럼 분석, 각종 CAD/CAM 등의 작업을 시키는 분야의 총칭. 지식을 컴퓨터 내에 어떻게 표현하는가, 또는 지식을 어떻게 사용하여 컴퓨터로 추리하는가, 지식을 어떻게 획득하는가가 이 분야의 문제점이다. ⇨ KE

knowledge industry [–índʌstri] **지식 산업** 선진 경제에서 창의력, 정보 등의 지식을 생산물로 보고 비용을 따져 경제의 생산 자원을 제공하는 제1차 산업으로 보는 것. ⇨ knowledge

knowledge management [–mǽnidʒmənt] **지식 경영** ⇨ KM

knowledge management system [–sístəm] **지식 경영 시스템** 조직이나 회사의 지식을 체계화하여 시스템에서 관리함으로써 지식 공유를 통한 지식의 재활용을 목적으로 하는 시스템. 조직이나 회사의 전략 정보, 마케팅 정보, 프로젝트 정보 등 회사 전반에 걸쳐 지식들을 집대성하여 공유함으로써 회사의 경쟁력을 높일 수 있다.

knowledge navigator [–nǽvigèitər] **지식 내비게이터** 자연 언어를 해석함과 동시에 음성 합성 시스템을 갖추어 인간이 하려는 일을 지식 기반으로 판단하여 대응하는 시스템. 1988년 애플 사가 발표한 개념으로 지식 내비게이터 자체는 상품화되지 못했지만, 이 개념에 입각한 제품의 전 단계로 뉴턴(Newton)이 발매되었다.

knowledge representation [–rèprizentéiʃən] **지식 표현** 사실과 관계성 등을 코드화하고 지식 베이스에 저장하는 방법으로서 의미 네트워크, 생성 규칙, 틀, 논리적 표현 등이 모두 지식을 표현하는 방법이라고 할 수 있다.

knowledge representation completeness [–kəmplíːtnis] **지식 표현 완전성** 추론중에 마주친 어떤 상황과 원하는 결론을 생성하기 위해 적용할 지식이 없으면 안 된다는 원리.

knowledge source [–sɔ́ːrs] **지식 근원** 어떤 문제를 해결하기 위해 사용하는 규칙, 절차 또는 데이터의 집합.

knowledge work [–wə́ːrk] **지식 작업** 데이터의 수집, 처리 그리고 전달 등을 포함하는 행위를 기본으로 한 작업에 사용되는 말.

Koch curve **코흐 곡선** 선분의 3등분을 이용해서 그리는 곡선. 그 구체적인 예를 그림으로 나타냈다. 우선 길이 1인 선분 AB를 그리고, 그것을 3등분해서 AP, PR, RB로 나눈다. PR을 한 변으로 하는 정삼각형 PQR을 PR 위에 그리고, 변 PR을 제거하면 꺾인 선이 만들어진다. 이 조작을 모든 선분에 적용했을 때 얻어지는 곡선이다.

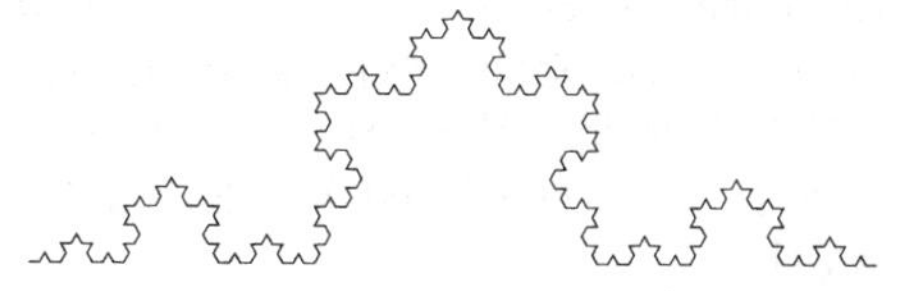

〈코흐 곡선〉

KoRea Internet Association [kəríə íntərnét əsouʃiéiʃən] **한국 인터넷 협회** ⇨ KRIA

Korean [kəríən] **한글** 컴퓨터는 원래 영어권에서 개발되었기 때문에 영어, 숫자 데이터를 중심으로 생각하고 이들은 1바이트로 표시된다. 반면, 우리나라에서는 한글과 한자 중심으로 한 문자당 2바이트로 표시된다.

Korean environment [–inváirənmənt] **한글 환경** 컴퓨터 시스템에서 한글이 사용 가능한 환경. 예를 들면, 운영 체제 등이 한글로 표시되고, 파일 이름에 한글을 사용할 수 있는 환경을 말한다.

KoRea Network Information Center [kəríə nétwə̀ːrk ìnfərméiʃən séntər] **한국 인터넷 정보 센터** ⇨ KRNIC

KORNET [ko(u)net] **코넷** 한국 통신이 우리 나라 최초로 일반 사용자를 위해 1994년 6월부터 제공하는 인터넷 서비스로, 가장 일반화되어 있고 가장 많은 사용자를 확보하고 있는 인터넷 서비스망이다. 프록시로 ftp.kornet.nm.kr port 8080을 제공한다. soback이라는 인터넷 셸을 가지고 있으며, 가장 큰 고퍼 서비스를 운영한다. 코넷의 고퍼 서비스는 셸 상에서 gopher를 입력하면 연결되고, 셸 상에서 유닉스 명령어인 man 이외의 온라인 도움말 기능을 이용할 수 있다. 접속 형태와 속도에 따라 차등 요금을 적용하며, 각 지역 전화국과 연동하여 CO-LAN이라는 공중 기업 통신망을 운영하고 있다. ⇨ gopher

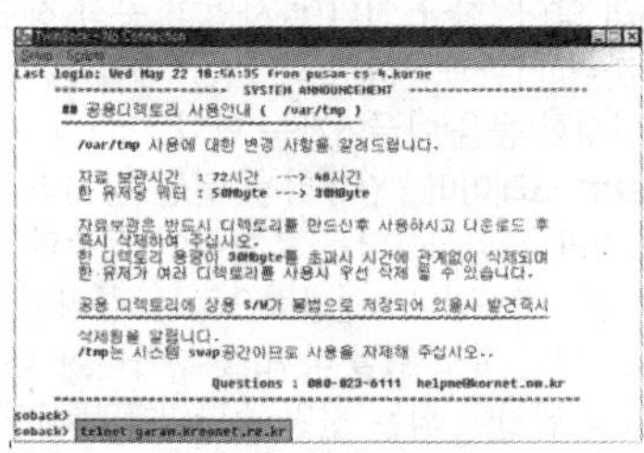

〈KORNET의 접속 화면〉

Kor-seek [kɔ́(ː)r síːk] 충남 대학교에서 개발한

한글 검색 서버로 한글 홈페이지를 등록하면 그것에 대한 검색을 제공한다. ⇨ http:// kor-seek.chungnam.ac.kr/cgi-bin/ seek 참조.

Korn Shell 콘 셸 유닉스 운영 체제를 위한 명령어 해석기 프로그램으로 콘이 개발되었다. 이것은 원래 유닉스에 있는 셸과 호환성이 있으면서 기능이 보강되고 사용하기가 편리하기 때문에 널리 사용된다.

KOTIS [kóutis] **종합 무역 정보** 국내 최대의 무역 데이터를 가지고 있는 무역 협회에서 지원하는 인터넷 서버. 각 기업체들이 원활한 사내 커뮤니케이션을 위해 전국망인 KOTIS 내의 CUG(closed user group ; 폐쇄 이용자 집단)를 운영하고 있기도 하다. 일반 이용자들은 회원이 아니므로 각 메뉴에 접근할 수 없다. CUG 외에 무역 실무 가이드에서 수출입 동향 분석, 해외 시장 조사까지 무역 업무 전반에 관한 상세한 자료들을 볼 수 있는데, KOTIS는 국내 최대, 최신 무역 전문 정보로서 타 통신 서비스의 추종을 불허한다. ⇨ BBS

KPC 한국 생산성 본부 Korea Productivity Center의 약어.

KPR 코닥 포토 레지스트 Kodak photo resist의 약어. 코닥 사의 제품인 포토 레지스트.

Krakatoa CADIS 사의 Krakatoa는 WWW 상에서 정보를 제공하고 쉽고 빠르게 검색할 수 있는 획기적인 web publishing tool로 자바 엔진을 채택한 최초의 상용 제품이라고 할 수 있다. 기존 관계형 데이터 베이스의 대량 데이터/컨텐트를 인터넷 상에서 publishing할 수 있도록, 자바를 기반으로 한 "parametric serach engine" 자동 데이터 저작 도구(data authoring tool). 기존의 레거시 데이터(legacy data)를 객체 지향으로 된 계층적 데이터 구조로 자동 변환시켜 줌으로써 지식 베이스를 생성하여 키워드를 알지 못해도 어떠한 형태의 복잡한 검색도 가능하게 한 통합 검색 솔루션이다. ⇨ Java, search engine

KRIA 한국 인터넷 협회 KoRea Internet Association의 약어. 한국 인터넷 사업의 공식 창구로 인터넷 관련 기관과 기업들의 기술 개발 촉진, 정보 교류 활성화 등을 이끌어가는 협회.

Krämer 크레이머 컴퓨터용 전원 장치의 하나이며, 모터와 제너레이터를 조합하여 정주파 정전압을 공급할 수 있다. 일반적으로는 플라이 휠(fly wheel ; 회전 속도 조절 바퀴)을 부가하여 컴퓨터의 오동작의 원인이 되는 전원 순단(電源瞬斷)에 대해서도 보호책이 취해지고 있다.

KRL 지식 표현 언어 knowledge representation language의 약어. Minsky의 프레임 이론을 실현하기 위한 언어. 제록스에서 개발되 KPL은 언어 이해 시스템 작성에 사용되었다.

KRNIC 한국 인터넷 정보 센터 KoRea Network Information Center의 약어. KRNIC에서는 국내 인터넷의 기능 유지와 이용의 활성화를 위하여 인터넷 이용 기관을 위한 IP 주소 및 도메인 등록 서비스를 수행하고, 주요 정보 서비스를 제공하고 있다. 국제적으로는 한국을 대표하는 인터넷 공식 기구로 상위 인터넷 정보 센터(APNIC)와 정보 교환, 업무 협력, 기술 교류 등의 활동을 수행하고 있다.

KS 한국 산업 규격 Korean Industrial Standard의 약어. 공업 제품의 품질 향상을 위한 국내의 공통된 규격.

KSAM 케이삼 keyed sequential access method의 약어.

KSDS 키 순차 데이터 세트 key sequenced data set의 약어. ⇨ key sequenced data set

KSG 사단법인 한국 셰어 가이드 IBM Korea Share Guide의 약어. 중대형 시스템(IBM 4331, 9370 이상) 사용자 모임. 1985년 9월 27일 발기 대회를 가진 후 같은 해 11월 18일 창립 총회를 가졌다.

KSR 키보드 송수신기 keyboard send/receive의 약어. ⇨ keyboard send/receive

KTNET Korea trade network의 약어. 한국 무역 정보 통신에서 운영하는 인터넷으로 비즈니스용 인터넷 서비스라고 할 수 있다. KTNET은 인터넷의 모든 기능을 비즈니스 측면에서 구현하여 국내 거래는 물론 국제 거래의 정보 제공 매체의 역할을 담당한다는 목적을 가지고 있다. LAN 및 호스트 방식으로 인터넷 접속을 희망하는 기업 및 기관을 대상으로 인터넷 서버 구축 서비스도 제공한다. 전자 카탈로그 서비스, 전자 우편 서비스, 각종 예약 서비스, 거래 알선 정보 서비스 등 기업 간 거래에 정보 제공과 상품 광고 서비스를 주로 제공한다. 특이한 점은 인터넷 팩스 서비스를 제공한다.

Kutta-Merson's method 쿠타-머슨법 상미분 방정식 $dy/dx=f(x, y)$의 수치 적분 공식 중 1점법에 속하는 것으로, 오차 평가를 계산 도중에 할 수 있다. 공식은 다음과 같다.

$$y_{n+1}=y+h\left\{f(x, y)+4f\left(x+\frac{h}{2}, k_3\right)+6f(x_n+h, k_4)\right\}/6$$

$$k_1=y+hf(x_n, y_n)/3$$

$$k_2=y+h\left\{f(x_n, y_n)+f\left(x_n+\frac{h}{3}, k_1\right)\right\}/6$$

$$k_3=y+h\left\{f(x_n, y_n)+3f\left(x_n+\frac{h}{3}, k_1\right)\right\}/8$$

$$k_4 = y + h\left\{f(x_n,\ y_n) - 3f\left(x_n + \frac{h}{3},\ k_3\right) + 4f\left(x_n + \frac{h}{2},\ k_3\right)\right\}/2$$

$T \cong (k_4 - k_5)/5$에서 중단 오차를 평가할 수 있다. 단, $k_5 = y_{n+1}$로 했다.

KUUA 한국 유니시스 사용자회 Korea Unisys Users Association의 약어. 1968년 11월에 설립되었다.

KUUG 한국의 유닉스 사용자 모임 Korea UNIX User Group의 약어.

kVA 킬로볼트 암페어 kilovolt ampere의 약어. 전력량을 나타내는 단위로서 볼트와 암페어를 곱한 값을 1,000분의 1로 한 전력의 측정 단위. 컴퓨터나 전원 장치, 공조기 등의 용량은 kVA로 표시된다.

k-way merge tree[kéi wéi mə́ːrdʒ tríː] **k 원소 합병 트리** k 원소 합병의 진행 과정을 나타낸 트리.

kWh 킬로와트 시 ⇨ kilowatt hour

KWIC 문맥 내의 키워드 keyword in context의 약어. 키워드를 포함한 채 문맥을 모아서 만든 색인이며, 정보 검색 시스템에서 사용되는 수법의 하나. 문서의 표제(타이틀) 중의 어떤 표제어를 사용하여 이용자가 보기 쉽도록 분류하고 표로 만든 것. 리스트의 동일 행 위에서 거의 중앙에 표제어가 그 좌우로 표제의 나머지 부분이 나타난다.

KWOC 문맥 밖의 키워드 keyword out of context의 약어. 퀵 색인(KWIC)과 같은 뜻이지만, 인쇄 양식이 필요한 표제어를 리스트의 왼쪽 끝 부분에 그 단어를 포함하는 문헌의 표제 이름을 동일 행 위의 나머지 부분에 각각 배치하는 점이 다르다.

L

L[él] **엘** label, large, left, load, low 등의 약어.

L0 indicator **L0 표지, 레벨 제로 표지**

L1 cache level one cache의 약어. 상위 캐시 메모리의 다른 표현으로서 CPU 안에 있는 캐시를 일컫는다. ⇨ cache, primary cache, secondary cache, L2 cache

L2 cache level two cache의 약어. 보조 캐시 메모리의 다른 표현으로서 CPU 밖에 있는 캐시를 일컫는다. ⇨ cache, primary cache, secondary cache, L1 cache

L2F layer 2 forwarding의 약어. 미국 시스코 시스템즈 사가 개발한 터널용 프로토콜. PPTP나 IPSEC와 달리, 데이터 링크층 수준에서 캡슐화가 가능하고, IP 네트워크 이외에서도 이용할 수 있다. ⇨ PPTP, IPSEC

L2TP layer 2 tunneling protocol의 약어. PPTP와 L2F를 통합한 프로토콜. ⇨ PPTP, L2F

LA **래버러토리 오토메이션, 실험실 자동차** laboratory automation의 약어. 실험실, 연구실의 자동화를 컴퓨터를 이용하여 실현하는 것. 측정기와 컴퓨터를 결합하여 측정 데이터의 자동 수집을 실현하고, 나아가서는 기록, 가공, 표시, 정리 등의 작업을 컴퓨터에 의해 간소화한다.

label[léibəl] *n.* **이름표, 레이블** 「어떤 것의 성질이나 소유자를 식별하기 위해서 붙여진 종이 조각이나 슬립, 상품의 가격표 등」의 의미로부터 컴퓨터 관계에서는 다음과 같이 사용되고 있다. (1) 파일이나 데이터 세트(data set)의 관리와 처리를 원활히 하기 위하여 그 파일 등의 「처음」 또는 「끝」에 붙은 특별한 인식 레코드(예를 들면, 자기 디스크 팩이나 자기 테이프 릴) 한 개마다 볼륨 레이블(volume label)을 붙이고 그것에 어떤 파일을 포함하고 있는가를 기술하고 또한 각 파일에 파일 레이블(file label)을 붙이며, 파일에 관한 정보를 기술한다. (2) 프로그램 중에서 명령어나 실행문(statement), 데이터 영역(data area)에 기호를 붙여 그 주소를 용이하게 복구(retrieve)할 수 있도록 하는 표시 문자의 「열(列)」을 가리킨다. 명령어나 실행문에 붙은 문자열은 인용이나 점프 행을 지시한다. (3) 데이터의 항목을 식별하기 위해서 사용되는 문자의 집합. (4) 자기 테이프나 자기 디스크 등의 매체마다 첨부된 표찰.

label check[–tʃék] **표 점검** 자기 테이프 등의 데이터 매체 상에 기록된 인터벌(내부) 레이블을 판독하고, 정확한 볼륨 또는 그 처리에 필요한 파일을 포함하는 볼륨이 입출력 장치에 장착되었는지의 여부를 프로그램으로 체크하는 것.

label constant [–kánstənt] **레이블 상수**

label cylinder [–sílindər] **레이블 실린더**

label data[–déitə] **레이블 데이터**

labeled common block[léibəld kámən blák] **레이블화된 공동 블록**

labeled tape[–téip] **레이블화된 테이프**

labeled volume[–váljum] **레이블이 붙은 볼륨**

label expression[léibəl ikspréʃən] **레이블식**

label field[–fí:ld] **레이블 필드, 레이블란**

label group[–grú:p] **레이블 그룹, 표지 집단** 보통 같은 형태의 표지로서 운영 체제에 있는 집단의 표지.

label handle[–hǽndl] **레이블 처리**

label handling[–hǽndliŋ] **레이블 처리**

label handling routine[–ru:tí:n] **레이블 처리 루틴**

label identifier[–aidéntifàiər] **표지 식별자** 표지에 있는 문자들의 집합으로 표지가 붙은 항목의 형태를 식별한다.

label information cylinder[–ìnfərméiʃən sílindər] **레이블 정보 실린더**

labeling[léibəliŋ] *n.* **이름표 달기** 네트워크 계획법에서 최대 흐름 문제를 푸는 절차적 수법의 하나. 각 노드에 유입량과 유입 방향을 나타내는 레이블을 붙이고 각 패스 용량과 비교해 가면서 레이블의 교체를 반복한다.

label list[–líst] **표 리스트**

label number[–nʌ́mbər] **표 번호**

label prefix[–príːfiks] **표 접두어**

label processing[–prάsesiŋ] **표지 처리**

label record[–rékərd] **표 레코드** 자기 테이프의 파일이나 릴의 내용을 구별하는 데 사용되는 레코드.

label routine[–ruːtíːn] **표 처리 루틴**

label set[–sét] **표지 집단** 같은 표지 식별자를 갖는 표지들의 모임.

label standard level[–stǽndərd lévəl] **레이블 표준 레벨**

label type[–tάip] **표지 형식**

label variable[–vέ(ː)riəbl] **레이블 변수**

laboratory automation[lǽbərətɔ̀(ː)ri(ː) ɔ̀ːtəméiʃən] **LA, 래버러터리 오토메이션, 실험실 자동화** 실험 기기와 컴퓨터를 결합하여 데이터 결과, 처리, 표시 등의 자동화를 도모하는 것. ⇨ LA

lace[léis] *n. v.* **레이스 천공, 레이스를 천공하다**

laced card[léist kάːrd] **레이스 카드** 이것은 거의 우연이거나 고의로 만들어진 것으로서 그 자체의 정보는 아무 것도 가지지 않으며 의미도 지니지 않는다. 즉, 카드의 모든 난과 행이 전부 천공된 카드. 보기에는 레이스와 비슷하기 때문에 레이스 카드라고 한다.

laced punch[–pʌ́ntʃ] **레이스 천공** 이것 역시 카드의 모든 난의 행을 천공하는 것. 레이스와 같이 한 지점에 많은 구멍이 뚫린 것으로 사고로 만들어지는 경우도 있고, 검사용으로 사용되는 경우도 있다.

LAFIAPI look and feel independent API의 약어. USL이 개발하고 있는 여러 look & feel에 공통인 API. 특정 멀티 윈도 환경에 의존하지 않는다. 이 API를 이용하여 만든 애플리케이션은 OPEN LOOK, OSF/Motif, OS/2의 presentation manager, 윈도 3.0 중 어느 제품 위에서도 (변경 없이) 공통으로 운영하려는 것이 목적이다. ⇨ look & feel

lag [lǽ(ː)g] *v.* **지연, 잔상** (1) 타임 래그(time lag)라고도 하는 신호가 입력된 후 출력될 때까지의 시간적 지연(delay)을 말한다. 펄스 응답(pulse response)에서 래그는 중요한 의미를 가지며, 주파수적으로 지연 시간이 틀릴 경우에는 긴 래그가 발생하면 출력 파형은 입력 파형과는 아주 다르게 된다. 또 국제 전화 등 긴 통화로의 경우에는 타임 래그가 발생하고, 통화가 부자연스럽게 되기도 한다. (2) 잔상(afterglow)도 래그라 부르는 경우가 있다. 이것은 카메라의 촬상관(camera tube) 등에서 입사광이 없어져도 지금까지 입사해온 빛의 상이 잠시 동안 남거나 움직이는 상이 꼬리를 빼거나 하는 현상이다. 디스플레이의 잔상도 표시한다.

lag-lead network[–líːd nétwə̀ːrk] **지연 진행 회로망**

lag network[–nétwə̀ːrk] **지연 회로망**

Lagrange's multipliers[lǽgrændʒuz mʌ́ltiplàiərz] **래그랜주의 제곱수** n개 변수(x_1, x_2, x_3, …, x_n)의 함수(x_1, x_2, …, x_n)에 있어서 변수가 서로 독립이 아니라 m개의 $g_i(x_1, \cdots, x_n)=0$(단, $i=1, 2, 3, \cdots, m$)이 붙어져 있을 때, $f(x_1, x_2, x_3, \cdots, x_n)$의 극값을 구할 때 도입되는 m개의 미정의 정수.

lag time [lǽ(ː)g tάim] **지연 시간** 어떤 사상의 예측 발생 시간과 그 사상의 실제 발생 시간의 차.

lag unit[–júːnit] **지연 요소**

LALR grammar **LALR 문법** 정의된 문법에 대하여 구문 분석기가 수행할 파싱 행동을 결정하기 위해 LALR 방식으로 파싱 테이블을 만드는 과정에서 한 상태에서 입력 심벌을 보고 수행할 파싱 행동이 다중으로(shift/reduce 또는 reduce/reduce) 정의되지 않고 유일하게 정의된다면 주어진 문법을 LALR 문법이라고 한다.

lambda calculus[lǽmdə kǽlkjuləs] **람다 계산** 논리학자인 Alronzo Church가 1930년에 전개한 수학적 형식론으로 속박 변수(bound variable)들을 위한 값들의 대입을 수학적 개념으로 다룬 방식이다.

lambda expression[–ikspréʃən] **람다식** 원래 수리 논리의 일종인 람다 계산에서 사용되는 식이지만 LISP에 들어 있어 널리 알려지게 되었다. 예를 들면, $\lambda xy \cdot$ plus(x, y)는 x와 y를 변수로 하여 $x+y$라고 나타낸다. 이와 같이 함수를 그 사용하는 변수를 명시해서 기술하는 기법.

lambda notation[–noutéiʃən] **람다 기법** Church가 λ 계산계를 구상하는 데 사용한 기법.

lamp[lǽmp] *n.* **램프** 일괄적으로 빛을 발하는 광원의 포괄적인 총칭. 일반적으로 인간의 눈으로 볼 수 있는 가시 광선을 발하는 장치이지만, 적외선이나 자외선을 발하는 것을 램프라 부르는 경우도 있다. 컴퓨터실에서는 CRT 디스플레이(CRT display)의 발광 등을 고려하여 광원의 밝기 등을 정할 필요가 있다.

lamp jack[–dʒǽk] **램프 잭**

lamp socket[–sάkət] **램프 소켓**

LAN **근거리 통신망** local area network의 약어. 오피스의 1 플로어, 학교 내 하나의 빌딩이란 「한정된 지역」에 설치, 독립한 각종 장치(컴퓨터, 단말 장치, 퍼스널 컴퓨터, 워드 프로세서, 팩시밀리, 전화

〈LAN의 종류〉

종 류	다중화 방 식	교환 기능	대표적인 액세스 방식	대표적인 전송 매체	특 징
스 타	–	집중 회선 교환	–	연대선(撚對線)	중앙의 컨트롤러에서 방사상으로 회선을 설정하는 방식. 제어가 간단하다.
버 스	시분할 다중(비동기계)	분산 패킷 교환	CSMA/CD 토큰 패싱	연대선 동축 케이블 광섬유	제어상 동등한 장치를 단일의 버스에 접속하는 방식. 액세스 경합(競合)이 발생한다.
	주 파 수 분할 다중	집중 회선 교환 및 분산 패킷 교환	CSMA/CD	동축 케이블	제어상 동등한 장치를 주파수 분할된 버스에 접속하는 방식. 다양한 서비스에 적용 가능하다.
링 크	시분할 다중(비동기계)	분산 패킷 교환	토큰 패싱	연대선 동축 케이블 광섬유	제어상 동등한 장치를 원형으로 접속하는 방식. 액세스 경합은 없다.
	주 파 수 분할 방식	분산 회선 교환	TDMA	광섬유	장치를 원형으로 접속하는 방식. 특정한 장치가 망을 관리한다. 액세스 경합은 없다.

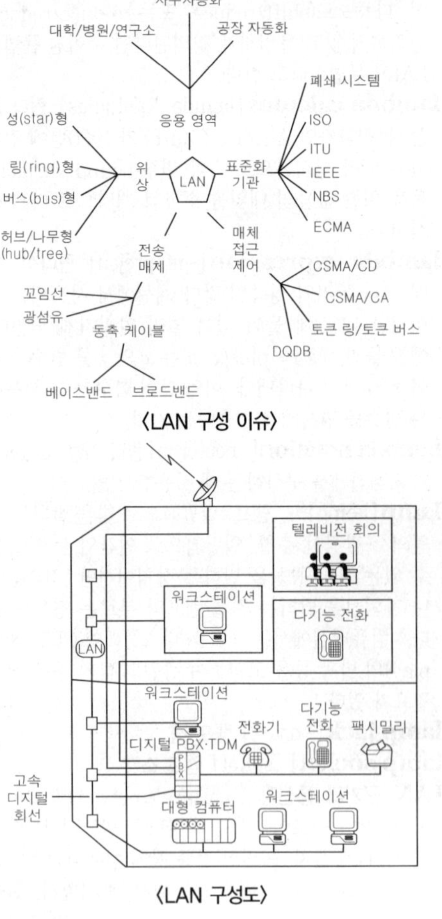

〈LAN 구성 이슈〉

〈LAN 구성도〉

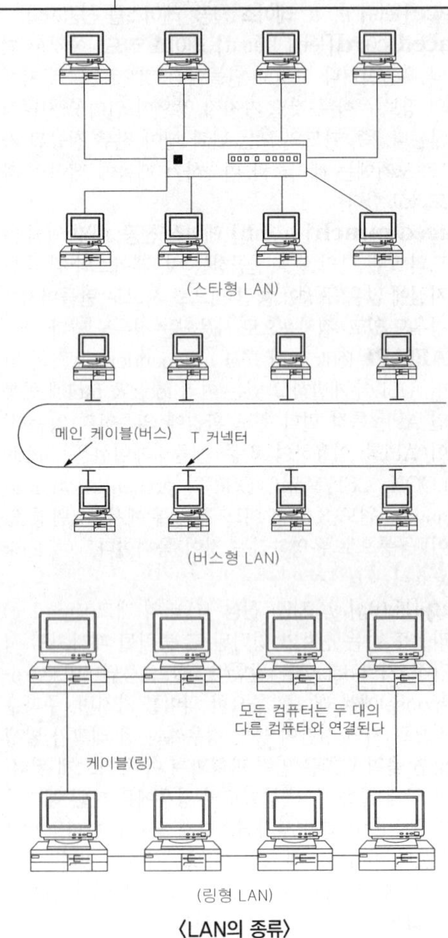

〈LAN의 종류〉

등)를 상호 접속하여 통신할 수 있도록 구성된 네트워크 시스템의 총칭. 또한 공중 전기 통신 사업자(common carrier)의 인가를 받거나 그 통신 회선을 「빌리지 않고」 사용할 수 있는 그 지역(local)만의 네트워크도 LAN이라고 한다. OA화와 더불어 그 중요성이 강조되어 널리 보급되고 있다. 더욱이 이 LAN에 대하여 KTA의 특정 통신 회선, 공중 통신 회선(전화, 전신) 등을 광역 네트워크(WAN)라고 총칭한다.

LAN adapter LAN 어댑터 local area network adapter의 약어. LAN을 구축할 때 이용되는 어댑터의 하나. 네트워크 운영 체제와의 통신 기능이 있다. LAN 드라이버라는 프로그램을 이용하여 서버나 다른 PC와 통신한다. ⇨ LAN, LAN card

LAN board LAN 보드 LAN 어댑터와 같다. ⇨ LAN adapter

LAN card LAN 카드 local area network card의 약어. NIC, LAN 어댑터 등과 동의어. 특히 PC 카드형의 것을 가리키기도 한다.

land[lǽnd] *n*. **랜드** 프린트 기판(PCB)에 표면 실장용 전자 부품을 고정시켜 배선할 경우 부품에 땜납이 묻을 수 있도록 프린트 기판에서 동박(銅箔) 배선이 드러나 있는 부분.

landing[lǽndiŋ] *n*. **랜딩** 패키지 내부의 도선을 핀으로 접속하는 것.

landline facilities[lǽndlàin fəsíliti(:)z] **대륙 통신 설비** (1) 미국의 대륙 부분에 있는 미국 내 전기 통신 업자의 시설. (2) 정보를 전달하기 위하여 사용되는 1조의 표현이나 약속 및 규칙.

LANDSAT[lǽndsæ̀t] *n*. **랜드샛** 지구 자원 탐사 위성. MSS(multi-spectral sensor)라고 불리는 리모트 센서를 탑재하고 있으며 주사(走査)한 지구 화상을 지상으로 전송한다.

LANDSAT image[–ímidʒ] **랜드샛 영상** 미국 정부(the EROS Data Center)에서 일반인들에게 약간의 비용만 받고 제공해주는 위성 사진 자료.

landscape[lǽndskèip] *n*. **가로 방향** 이 용어는 풍경화가 보통 가로로 길게 그려지는 것에 유래하고 있다. 프린터로 인쇄되는 정보가 정상 방향에서 (읽을 때) 보아 용지에 가로로 길게 인쇄되는 상태.

language[lǽŋgwidʒ] *n*. **언어** (1) 컴퓨터 프로그램을 작성하기 위하여 사용되는 프로그래밍 언어(programming language)를 단순히 「언어」라고 부르는 경우가 흔하다. COBOL, FORTRAN 등이 프로그래밍 언어의 예이다. (2) 정보 전달을 위하여 사용하는 문자, 약속 및 규칙의 집합.

language acquiring robot[–əkwáiəriŋ róubət] **언어 습득 로봇**

language analysis[–ənǽlisis] **언어 분석**

language and terminal feature[–ənd tə́ːrminəl fíːtʃər] **언어 · 단말기 기능**

language ambiguity[–æ̀mbigjúːiti(:)] **언어의 모호성** 어떤 문법에 의해 생성되는 문장이 두 개 이상의 유도 트리를 갖는다면 그 문법은 모호하다고 한다. 그러한 문법에 의해 생성되는 언어를 말한다.

language character set[–kǽrəktər sét] **언어 문자 세트**

language complexity[–kəmpléksiti(:)] **언어의 복잡성**

language construct[–kənstrʌ́kt] **언어 구축** 프로그램 언어를 기술할 때 필요한 구문상의 구성 요소. 식별자, 명령문, 모듈.

language construction[–kənstrʌ́kʃən] **언어 구축**

language conversion program[–kənvə́ːrʃən próugræm] **언어 변환 프로그램** 어떤 프로그래밍 언어로 작성된 프로그램을 다른 언어로 변환하기 위한 프로그램. BASIC 프로그램을 FORTRAN 프로그램으로 변환하는 툴이 여기에 속한다.

language converter[–kənvə́ːrtər] **언어 변환기** 어떤 형태의 데이터(마이크로필름, 도표 등)를 다른 형태(천공 카드, 종이 테이프 등)로 변환시키는 데이터 처리 장치.

language definition[–dèfiníʃən] **언어 정의**

language description language[–diskrípʃən lǽŋgwidʒ] **언어 설명 언어** 메타 언어(metalanguage)의 일종으로 한 언어의 문법이나 의미를 설명하는 다른 언어.

language dictionary[–díkʃənəri(:)] **언어 사전**

language form[–fɔ́ːrm] **언어 형식**

language generation[–dʒènəréiʃən] **언어생성**

language independence[–indipéndəns] **언어 독립** 그래픽에서 특정 언어에 의존하지 않는 것.

language information processing [–ìnfərméiʃən prásesiŋ] **언어 정보 처리** 신경 생리학적으로 파악하는 언어의 정보 처리 기구에 관한 연구. 이미 19세기 후반에 언어에 상관되는 브로커 중추와 베르니케 중추의 존재가 확인되었다. 브로커 중추는 인간의 언어 기능 가운데 주로 발음이나 조음과 같은 운동 기능을 제어하고 있다. 베르니케 중추는 주로 언어의 의미적 이해를 제어하는 기능을 맡고 있다. 사람 두뇌의 큰 특징은 언어 기능에 관계된 신경계가 좌반구에 산재하고 있는 것으로 이 때문에 좌반구는 언어뇌라고도 한다. 그러나 언어에 관한 신경 생리 기능의 상세함은 지금까지도 뚜렷이 알려져 있지 않다. 예를 들어, 단어에 대한 방대한 기억이 언어 정보 처리에 있어 어떻게 쓰이고 있는가에 대해서는 거의 알려진 것이 없다.

language interface[–íntərfèis] **언어 인터페이스** 특정 응용 기능을 이용하기 위한 언어 절차나 데이터 구조의 규정.

language interface module[–mádʒu:l] **언어 인터페이스 모듈** 프리컴파일러가 대체하여 응용 프로그램에 내포된 질의어의 호출문이 실행될 때 실행 제어를 넘겨받는 모듈. 이것은 다시 실행 시간 감독기가 실행되도록 해서 응용 프로그램과 DBMS의 중계 역할을 한다.

language interpreter[–intə́:rprətər] **언어 해석기** 한 언어의 명령문을 같은 내용의 다른 언어의 명령문으로 바꾸어주는 처리기. 어셈블러 또는 루틴을 뜻하는 일반적인 용어.

language level[–lévəl] **언어 수준**

language name[–néim] **언어명**

language object[–ábdʒikt] **언어 대상(물)** 프로그램 언어 내에서 구조상 또는 용법상으로 유별되는 대상이며, 일반적으로 데이터 대상물과 처리 대상물로 나누어진다.

language processing program[–prásesiŋ próugræm] **언어 처리 프로그램** 프로그래밍 언어의 처리 시스템은 크게 인터프리터와 컴파일러로 분류되는데, 일반적으로 컴파일러를 가리킨다. 언어 처리 시스템의 내부는 자구 해석, 구문 해석, 의미 해석, 최적화, 실행, 코드의 생성으로 구성되어 있다.

language processor[–prásesər] **언어 처리 프로그램, 언어 프로세서** 어떤 지정된 프로그램 언어를 처리하기 위하여 필요한 번역 해석 등의 기능을 수행하는 컴퓨터 프로그램. 즉, 특정 언어로 쓰여진 수행문을 읽어서 그것과 같으면서도 기계로 해독하기 쉬운 수행문을 만들어내기 위한 프로그램. 어셈블러, 컴파일러, 네트워크 등의 총칭이다.

language recognition[–rèkəgníʃən] **언어 인식**

language rule[–rú:l] **언어 규칙** 프로그래머가 부적합하거나 허용되지 않는 문장을 사용하여 컴퓨터를 작동시키는 것을 방지하고, 또한 흔히 사용되는 일련의 코드를 줄여서 표기하는 방법들을 나타내는 언어 규칙.

language semantics theory[–səmǽntiks θíəri(:)] **언어 의미론** 문장의 구조인 문법과는 다른 문장의 뜻을 의미한다.

language statement[–stéitmənt] **언어 스테이트먼트**

language subset[–sʌ́bsèt] **언어 서브셋**

language theory[–θíəri(:)] **언어 이론** 자연 언어와 구별되는 형식 언어의 여러 가지 특성을 이론적으로 조사하는 학문. 따라서 형식 언어 이론이라고도 한다. 이 이론은 다른 갖가지의 연구와 관련하여 발전해왔다. ① 오토머턴 이론과의 관련에서 각종의 오토머턴의 입력 또는 출력이 되는 기호열의 구조 · 규칙을 조사하는 연구로서 ② 컴퓨터 프로그램 언어의 문법을 애매모호하지 않게 정하고, 그 처리계를 설계하기 위한 기초를 부여하는 연구로서 ③ 자연 언어를 구문에 중점을 두고 기계적으로 번역하기 위한 연구로서 ④ 언어학 자체의 연구로서 행해져왔다. 형식 언어란, 언어가 지닌 여러 특성 가운데서 의미적인 것을 사상(捨象)하고 구문 규칙에 초점을 맞추어 추상화한 것을 말한다.

language translating program[–trænsléitiŋ próugræm] **언어 번역 프로그램** 컴파일러, 어셈블러, 인공 언어 등의 컴퓨터 언어를 포함한 서로 다른 언어 간의 번역 프로그램도 여기에 해당된다.

language translation[–trænsléiʃən] **언어 번역** 한 언어를 또 다른 언어로 번역하는 것.

language translator[–trænsléitər] **언어 번역기, 언어 번역 프로그램** 어떤 언어로 쓰여진 프로그램을 입력으로 받아들이고 등가의 목적 프로그램을 만들어내는 프로그램. 예를 들면, 어셈블러나 컴파일러 또 어떤 언어로 쓰여진 프로그램을 받아들여 다른 언어로 표시된 원시 프로그램으로 변환하는 프로그램.

language type[–táip] **언어 형식**

language understanding and generation[–ʌ̀ndərstǽndiŋ ənd dʒènəréiʃən] **언어의 이해와 산출** 인간이 언어를 이해하고 산출하는 과정을 분석해 이론화하고, 이것을 컴퓨터 모델로 실현함으로써 이론의 타당성을 검토하는 연구. 인지에 흥미를 가지는 언어학자나 언어 심리학자에 의해 이에 대한 연구가 진행되고 있다. 언어의 이해란 어휘 해석 · 구문 해석 · 의미 해석 · 문맥 해석 등의 과정이 서로 관련되는 정보 처리 과정이다. 어휘 해석에서는 언어 심리학적 연구가 있다. 예를 들어, 좌 · 우 · 상 · 하라는 말을 읽을 때의 각각의 어휘에 대한 이해의 용이성에 차이가 있으며, 정보 처리의 상위가 인간에게 있다는 것이 밝혀져 있다. 구문 해석에서는 단순한 문법 구조의 문장과 복잡한 문법 구조의 문장을 읽을 때의 뒤로 돌아가는 방법과 문법의 관계 등에서 인간은 문장을 읽으면서 문법 구조를 모르면 글의 앞머리나 바로 앞으로 되돌아가는 것이 아니라 단지 기억에 있는 두드러진 특징이 있는 데까지 되돌아간다는 것이 알려져 있다. 의미 분석에서는 실험을 통해 인간은 글을 음독할 때, 몇 단어 앞까지는 눈이 먼저 읽고 글의 의미를 예측하고 있다는 것이 알려져 있다. 문맥 해석이란 문맥에서 글의 의미 등을 추정하는 것을 말한다. 언어 산출의 연구도 언어 이해와 마찬가지의 방향에서 이루어지고 있다.

LAN Manager **LAN 매니저** local area network manager의 약어. DOS 시대에 사용되었던 마이크로소프트 사의 네트워크 대응 소프트웨어.

LAN Pack **LAN 팩** local area network pack의 약어. LAN 대응의 응용 프로그램 패키지. 서버에 설치하면 각 단말기에서 이용할 수 있다.

LAN switch **LAN 스위치** 스위칭 HUB와 같다. ⇨ switching HUB

LA oscillator **LA 음원** linear arithmetic oscillator의 약어. 롤랜드 사가 발매하는 제품으로 MIDI 음원의 하나. FM 음원과 같은 주파수 변조 방식과는 달리 샘플링된 PCM 방식의 음원을 기본으로 디지털 신호의 가산이나 승산에 따라 선형 처리를 한다. 일반적으로 악기의 어택 음의 음색 표현에 뛰어나다.

LAP **연결 접근 프로토콜** link access protocol의 약어.

LAP-B **랩비** link access procedure balanced의 약어. 이것은 비트 중심의 동기식 프로토콜이며, 국제 전신 전화 자문 위원회(CCITT)가 제정한 X.25 패킷 교환망에서 쓰이는 데이터 연결층 프로토콜.

Laplace's theorem[ləplá:siz θíərəm] **라플라스의 정리** ⇨ central limit theorem

laplacian operator[ləplá:ʃən ápərèitər] **라플라시언 연산** 수학적인 lapalcian ($\partial^2 f/\partial x + \partial f/\partial y^2$). 미분 연산식에 근거하여 만든 모서리 발견 연산자(edge detection operator)를 말한다.

Laplink[lǽpli:ŋk] **랩링크** 두 PC 사이를 RS232C 케이블로 연결하여 파일을 전송할 수 있게 해주는 프로그램의 일종.

LAPN **구내 개인용 통신망, 근거리 개인용 네트워크** local area private network의 약어.

laptop[lǽptàp] **랩톱** ⇨ laptop computer

laptop computer[-kəmpjú:tər] **랩톱 컴퓨터** 크기나 무게가 무릎 위에 얹고 조작할 수 있는 규모의 컴퓨터. 그러나 아직은 무릎 위에서 계속 사용하기에는 무거운 제품이 많다. 기능은 탁상용 정도의 성능을 가지며, 탁상용과의 소프트웨어, 데이터의 호환성이 보장되는 것도 늘어나고 있다. 기능상으로는 일반 마이크로컴퓨터와 큰 차이가 없으며 간편하게 들고 다니면서 어디서나 사용할 수 있으므로 매우 편리하다. 보통 크기는 서류 가방 정도이고 무게는 3~8kg 정도이다. 일반적으로 LCD 표시 장치를 화면으로 사용하며 3.5인치 플로피 디스크, 하드 디스크, 전지 등을 내장하고 있다.

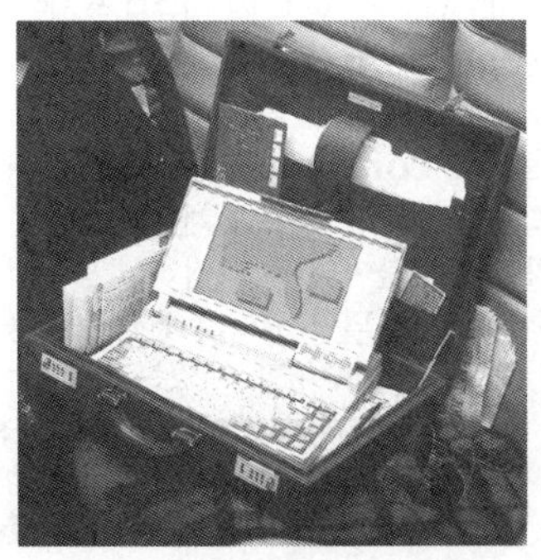

〈랩톱 컴퓨터〉

large[lá:rdʒ] *n.* **큰, 대형의** large-scale, large-volume, large-number와 같이 뒤에 어떤 말이 붙여지지만, 생략되어 있을 때에는 전후 문맥에 따라서 「대형」, 「대용량」, 「대량」, 「대규모」 등으로 나누어 번역한다. (1) large-scale computer는 「대형 컴퓨터」라 번역된다. (2) large-scale integration은 「대규모 집적화」라 번역되며, LSI로 약어형이다. (3) 대용량 기억 장치와 같은 뜻이다.

large capacity storage[-kəpǽsiti(:) stɔ́:ridʒ] **LCS, 대용량 기억 장치** 외부 기억 장치로는 자기 드럼 장치, 대용량 디스크 장치 등이 있다. 내부 기억 장치로는 메모리가 메가바이트인 것.

large complex man-machine system [-kámpleks mǽn məʃí:n sístəm] **대형 복합 인간-기계 시스템**

large core memory[-kɔ́:r méməri(:)] **LCM, 대용량 자심 기억 장치** 고속의 파일을 필요로 할 때 사용되는 자심 기억 장치.

large diskette[-dísket] **대형 디스켓** IBM 사가 개발하였으며 한 동안 표준으로 사용되었던 8인치 크기의 플로피 디스크. 이에 대해서 5.25인치 디스켓을 미니플로피 디스크, 소형 디스켓(small diskette) 등으로 부르고, 3.5인치 디스켓을 마이크로플로피 디스켓(microfloppy diskette)이라고 한다.

large display module[-displéi mádʒu:l] **대형 표시 장치**

large linear control problem [-líniər kəntróul prábləm] **대형 선형 제어 문제**

large machine[-məʃí:n] **대형 기계**

large model[-mádəl] **대규모 모델**

large optimal control problem[-áptiməl kəntróul prábləm] **대형 최적 제어 문제**

large scale adaptive system[-skéil ədǽptiv sístəm] **대규모 적응 시스템**

large scale communication network[–kəmjù:nikéiʃən nétwə̀:rk] 대규모 통신망

large scale compositive system[–kə̀mpázitiv sístəm] 대규모 복합 시스템

large scale computer[–kəmpjú:tər] 대형 컴퓨터, 대규모 컴퓨터, 대규모 계산기 고수준 언어나 운영 체제와 더불어 극히 복잡하고 막강한 기능의 논리 회로로 구성되어 고도의 연산 능력을 요하는 복잡한 프로그램을 수행할 수 있는 컴퓨터.

large scale computer system[–sístəm] 대규모 컴퓨터 시스템

large scale computing time-sharing system[–kəmpjú:tiŋ táim ʃέəriŋ sístəm] 대규모 계산 시분할 시스템

large scale control method[–kəntróul méθəd] 대규모 제어법

large scale control system[–sístəm] 대규모 제어 시스템

large scale data base[–déitə béis] 대규모 데이터 베이스

large scale information processing system[–ìnfərméiʃən prásesiŋ sístəm] 대규모 정보 처리 시스템

large scale integrated circuit[–íntəgrèitəd sə́:rkit] LSI, 대규모 집적 회로, 대규모 집적, 대규모 집적화

large scale integration[–ìntəgréiʃən] LSI, 대규모 집적 회로 IC(집적 회로)의 집적도를 더욱 높인 반도체 집적 회로. 고밀도 집적 회로라고도 한다. 제조 방법은 IC의 경우와 거의 다르지 않으며, IC 중에 집적되어 있는 소자의 수는 1,000~10만 개 정도나 된다. 현재 사용되고 있는 IC의 대부분은 LSI이다. LSI의 최소선폭은 1,000분의 1mm 정도이며 4~5mm각의 실리콘 칩 위에 수천~수만 개의 트랜지스터가 짜여 있다. 그 때문에 트랜지스터 수백 개의 IC에 비해 훨씬 고도의 능력을 가진다. 전자 계산기를 비롯한 각종 전자 기구에 사용되며, 기구의 소형 경량화를 실현했다. 최근에는 컴퓨터를 비롯한 디지털 기기의 대부분이 LSI 또는 초 LSI로 구성되어 있다.

large scale network[–nétwə̀:rk] 대규모 네트워크

large scale optimization problem [–àptimaizéiʃən prábləm] 대규모 최적화 문제

large scale problem 대규모 문제

large scale programming[–próugræmiŋ] 대규모 프로그래밍

large scale simulation[–sìmjuléiʃən] 대규모 시뮬레이션

large scale statistical data base[–stətístikəl déitə béis] 대규모 통계 데이터 베이스

large scale system control[–sístəm kəntróul] 대규모 시스템 제어

large-sized computer[–sáizd kəmpjú:tər] 대형 컴퓨터

large system[–sístəm] 대규모 시스템

Larry Ellison 래리 엘리슨 오라클 사를 창업한 사람으로, 네트워크 컴퓨터(NC)의 제창자이기도 하다.

LASER 레이저 light amplification by stimulated emission of radiation의 약어. 입력 전력을 대단히 좁은 강력한 응집광 또는 적외선으로 변환하는 장치. 두 가지의 에너지 전위차로 거의 공명하는 입사 전자파에 의하여 유도 방출을 일으킨다. 방출되는 빛은 위상이 응집하는(coherent) 특성을 갖고 있다. 가스와 반도체 등 재료의 종류를 어두에 붙여 부르는 경우가 있다. 이 레이저광(laser beam)을 이용한 전자 사진 프린터의 일종으로 레이저 프린터(laser printer)가 있다. 인쇄 속도가 고속(1분당 1만 행 이상의 것도 있다)이며 소음도 조용하므로 최근 급속히 보급되고 있다. 또 광 디스크(optical disk)는 지름 30cm 정도의 플라스틱 등의 디스크 위에 레이저 광(빔)을 쪼여, 디스크 상의 광학적 성질을 변화시켜 대량의 서류를 영상 정보로서 기억할 수 있도록 한 매체이다.

laser beam[léizər bí:m] 레이저광

laser beam printer[–príntər] LBP, 레이저 프린터 레이저 광선을 이용한 전자 복사 방식의 프린터. 1행 단위로 프린트하는 라인 프린터(line printer), 한 문자씩 헤드가 좌우로 이동하면서 한 행을 찍는 시리얼 프린터(serial printer)와는 달리 한 페이지 단위로 프린트하므로 페이지 프린터라고도 한다. 레이저 프린터는 프린트 속도가 매초 약 4만 5천자로 매우 빠르며 해상도가 높은 것이 특징이다. 레이저 프린터의 원리는 복사기와 거의 같다. 감광시키면 정전기에 의한 전자상을 만드는 드럼 위에 레이저 광선을 패턴에 따라 주사시킨다. 드럼 위에는 프린트할 패턴에 대응한 정전기상이 생기므로, 그 정전기의 힘을 이용하여 토너라는 가루 상태의 잉크를 부착시켜 그것을 종이에 전사하여 열로써 고정하여 기록한다. ⇨ 그림 참조

laser card[–ká:rd] 레이저 카드 광기록 방식에 의해 카드 매체에 데이터나 문서를 기록하는 것. 카드 한 장의 기억 용량은 최대 2MB(200만 문자)이다. 간단한 장치로 읽기가 가능하지만 정보를 고칠 수는 없다. 그러나 가격이 싸고 기억 용량이 크므로 책이나 플로피 디스크 대신에 사용할 수도 있다.

〈레이저 프린터〉

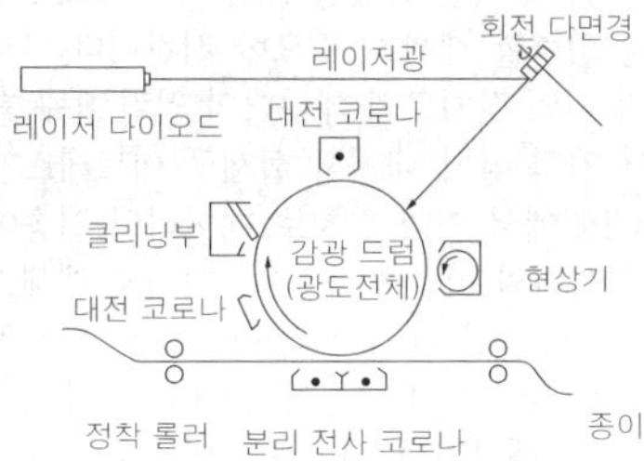

〈레이저 프린터의 인쇄 원리〉

laser COM 레이저 컴퓨터 출력 마이크로필름 laser computer output microfilm의 약어. 마이크로필름에 레이저로 직접 어떤 내용을 기록할 수 있도록 레이저와 마이크로필름을 결합한 장치.

Laser Desk[–desk] **레이저 데스크** 미국 레드햇 소프트웨어 사가 제품화하고 있는 리눅스로, 유닉스의 X-window 시스템의 기능을 확장한 시스템.

laser diode[–dáioud] **LD, 레이저 다이오드** 다이오드를 이용하여 빛을 내는 레이저. 다이오드의 pn 접합에 직류 순반향 전류를 흘려서 레이저 발광을 시킨다. 레이저를 이용한 통신의 변조용 등에 이용된다.

laser disk[–dísk] **레이저 디스크** 레이저광을 이용하여 문서 · 음성 · 화상 정보 등을 기록하고 재생하는 원반 모양의 기록 매체의 총칭. 광디스크라고도 한다. 이미 CD(콤팩트 디스크)나 비디오 디스크 등으로 실용화되고 있다. 이 밖에도 이러한 재생 전용형이 아닌 추기형(追記型)과 서환용(書換型)이 개발되고 있다. 추기형 광디스크는 아무 것도 기록되어 있지 않은 백지 상태의 디스크에 이용자가 자유롭게 데이터나 문서, 영상 등을 기록할 수 있지만, 그것을 지우거나 다시 써넣을 수 없다. 읽어내는 속도가 하드 디스크보다 느리므로 주로 문서 관리나 도면 관리 등 파일링 시스템으로 이용된다. 리딩의 고속화와 저가격화가 과제이다. 서환형 광디스크는 소거와 재기록이 비디오 테이프처럼 자유롭게 되는 타이프이지만 현재는 개발 단계에 있다. 그러나 기억 용량이 다른 디스크보다 크고 재기록도 자유롭기 때문에 다음 세대의 대용량 외부 기록 매체로 주목받고 있다.

laser fusion reactor[–fjú:ʒən riǽktər] **레이저 핵 융합로** 핵 융합 반응을 일으키기 위해 핵 연료에 고온 중심에서부터 연료 전체에 걸쳐 핵 융합 반응이 확대되도록 하여 거기서 발생하는 열로 발전하려는 형식의 핵 융합로.

LaserJet[léizərdʒèt] **레이저젯** 휴렛팩커드 사가 제조해서 판매하고 있는 레이저 프린터의 상품명. 레이저 프린터로서의 기능이 거의 완벽하여 레이저 프린터 업계에서는 표준으로 인정되고 있다.

laser printer[léizər príntər] **레이저 프린터**

laser storage[–stɔ́:ridʒ] **레이저 기억 장치** 레이저 기술을 사용하여 데이터를 금속 표면에 부호화하는 보조 기억 장치.

laser unit[–jú:nit] **레이저 장치** 레이저 프린터에 있어서 레이저를 발생하는 장치와 발생된 레이저 빔을 디지털 신호로 제어하는 장치.

LaserWriter[léizərràitər] **레이저라이터**

Laspeyres expression 라스파이어식 기준 시점의 가중값을 비교 시점의 가중값으로 삼는 방식으로 물가 지수를 계산하기 위한 계산식의 일종.

lasso[lǽsou] *n.* **올가미** 원래는 말을 잡는 데 쓰이는 올가미라는 뜻이지만 컴퓨터 그래픽 소프트웨어에서는 화면의 일부분을 떠내는 기능을 뜻한다.

last character position of line[lá:st kǽrəktər pəzíʃən əv láin] **조(組)의 종단**

last come first service[–kʌ́m fə́:rst sə́:r-vis] **LCFS, 근착 우선 서비스**

LASTDRIVE[lá:stdràiv] **마지막 드라이브**

last-in first-out[lá:st in fə́:rst áut] **LIFO, 후입 선출** 어느 그룹 내의 모든 세대가 같은 속성이고 같은 편성인 경우는 그 세대 전체가 하나의 데이터 세트로서 꺼내진다. 꺼내는 순서는 후입 선출법에 따른다. 대기 행렬 내에 가장 나중에 넣어진 항목부터 차례로 꺼내는 대기 행렬 기법이다. ⇨ stack

last-in first-out memory[–méməri(:)] **후입 선출 기억 장치** 현재 하드웨어적으로는 실현이 어렵지만 소프트웨어적으로 실현되고 있으며, 제로 주소(zero address) 방식의 연산이 가능하다. 나중에 기록된 것부터 먼저 읽혀지는 것을 원칙으로 하는 기억 장치이다.

last-in first-out replacement[–ripléis-mənt] **후입 선출 교체 방식** 한 프로그램에서 사용하는 각각의 페이지들 중 현시점에서 볼 때 가장 늦게 적재된 페이지를 가장 먼저 대치시키는 방법.

last-in first-out search[–sə́:rtʃ] **후입 선출 탐색** ⇨ LIFO search

last-in first-out stack[–stǽk] **후입 선출 스택** 어떤 시스템에서 스택은 프로그래머가 할당한 일시적인 기억용 또는 서브루틴/인터럽트 서비스 연결을 위한 기억 장치의 한 부분이다. 스택을 다루기 위한 명령어는 몇몇 저렴한 시스템에서만 유용하다. 이것은 프로그램이 동적으로 스택을 만들고 스택의 데이터를 수정하고 제거할 수 있게 한다. 어떤 시스템은 후입 선출의 개념을 사용한다. 즉, 여러 종류의 항목이 연속적인 방법으로 첨가되며 역순으로 회수하거나 제거된다. 따라서 이러한 형태의 스택은 이를 위해 마련한 가장 높은 자리에서 시작하여 일렬로 위쪽으로 확장하여 가장 낮은 주소에 새로운 항목이 첨가된다.

last-in last-out[–lǽst áut] **후입 후출** 맨 마지막에 입력된 데이터가 맨 마지막에 출력되는 데이터 구조.

last pass own coding[–pǽːs óun kóudiŋ] **최종 단계 자기 코딩** 최종 병합 명령들이 시행되고 출력 레코드를 산출하기 전 마지막 단계에서 정렬 프로그램에 의해 시행되는 프로그래머가 어셈블리나 절대 코드 형태로 작성한 컴퓨터 명령어들.

last transition percent point [–trænzíʃən pərsént pɔ́int] **하강 퍼센트 점** 펄스 파형의 하강 구간의 퍼센트 점.

latch[lǽtʃ] *n.* **래치** 쌍안정 소자와 레지스터에 데이터나 신호를 보존 유지시키는 것. 또 이들 소자나 회로 그 자체를 가리키는 경우도 있다. 보통 D 플립플롭으로 구성된 레지스터로 입력되고 다음 클록 펄스의 상승 시각에서 샘플링되어 입력되며, 다음 클록 펄스까지 그 이후의 입력에 상관없이 출력이 보존된다. 계전기 회로에서는 수동 또는 전자적 조작으로 리셋되지 않는 한 그 상태를 유지시켜 주는 장치 또는 회로.

latching[lǽtʃiŋ] **래칭** 읽어내는 장치에서와 같이 이전의 동작 회로가 그 회로의 상태를 바꾸게 될 때까지 지정된 상태를 유지하게 하는 설비.

latching time[–táim] **래칭 시간** 플립플롭의 상태를 변환시키기 위해 입력이 유지해야 하는 최소한의 안정 시간.

latching digital input[–dídʒitəl ínpùt] **지속형 디지털 입력** 다음의 변화 시점까지 현재의 입력 상태를 유지하는 입력.

latching digital output[–áutpùt] **지속형 디지털 출력** 다음의 출력 시점까지 현재의 입력 상태를 유지하는 입력.

latch up[lǽtʃ ʌ́p] **래치 업** CMOS 소자의 npn 트랜지스터가 부적절하게 마이너스쪽으로 기울게 되어 매우 큰 전류가 흘러 소자가 파괴되는 현상.

latency[léitənsi(ː)] *n.* **회전 지연, 대기 시간, 호출 시간** (1) 일반적으로 대기 시간(waiting time)을 나타내며 latency time 또는 latency period라고도 한다. 예를 들면, 기억 장치 내의 어떤 특정한 물리 어드레스(physical address)로부터 정보 데이터를 인출하기 위해 필요한 시간이 있다. 이 경우 중앙 처리 장치(CPU)가 기억 장치 상의 어떤 물리 어드레스에서 데이터의 인출 요구를 한 순간부터 기억 장치 내에서 어드레스가 확정한 실제로 데이터를 전송하기 전까지의 시간이다. 똑같은 모양으로 기억 장치 내의 어떤 특정한 물리 어드레스로 정보 데이터를 입력할 때까지 필요한 시간이다. 이때에는 CPU가 기억 장치로의 데이터의 입력 요구를 한 순간부터 기억 장치 내에서 실제로 어드레스가 확정되고 CPU에서 기억 장치로 데이터의 전송이 행해지기 전까지의 시간을 말한다. 여기서 액세스 시간(access time)과 대기 시간(latency time)의 차이로 실제로 데이터의 전송이 행해지고, 데이터 전송이 종료될 때까지의 시간을 포함하는지의 여부이다. 액세스 시간의 경우에는 이 전송 시간을 포함하며, 대기 시간이라고 할 경우에는 전송 시간을 포함하지 않는다. 액세스 시간은 연속하여 기억 장치를 판독하고 기록할 때 그 기억 영역의 최소 단위에 대하여 어느 정도의 속도로 동작을 행할 수 있는가라는 것을 표시하고 있다. 자기 디스크나 자기 드럼 등의 매체(media)가 회전하는 시스템에서는 미디어 상에서의 희망하는 데이터의 위치가 일치되고, 데이터 전송이 개시될 때까지의 시간이 된다. 이때 헤드를 디스크나 드럼 상에서 움직이고, 자기 헤드의 위치를 결정하는 시간은 포함하지 않는다. (2) 명령 제어 장치가 데이터의 요구를 나타낸 순간부터 실제 데이터 전송이 개시되는 순간까지의 시간 간격.

[주] 공학 분야에서는 대기 시간과 위치 결정 시간은 분리 사용하고 있다.

latency optimization[–àptimaizéiʃən] **회전 지연 최적화** 회전 지연 시간(latency time)을 최소화시키는 방법.

latency period[–pí(ː)riəd] **잠재 기간**

latency time[–táim] **대기 시간** (1) 입출력 요구에 관한 명령문 수행 후부터 데이터의 저장 장소를 찾아 데이터를 옮기기 시작할 때까지의 시간 차이를 말한다. (2) 디스크 파일 또는 드럼 파일 접근시 그 회전에 따라 지연되는 시간을 말한다. 자기 드럼이나 자기 디스크에서 필요한 레코드가 헤드 밑까지 회전해오는 데 필요한 시간을 말한다. 고정 헤드인 경우의 액세스 시간은 거의 회전 대기 시간과 같고, 이동 헤드인 경우의 액세스 시간은 헤드 위치 결정 시간과 회전 대기 시간의 합이 된다.

lateral parity [lǽtərəl pǽriti(ː)] **수직 패리티**

LaTex 라텍스, 레이텍 tex의 매크로 만들어진 초보자용 문서 편집 시스템으로 출력이 일단 tex로 변환된다. 일본어판도 있다. 「논문」, 「편지」, 「보고서」 등으로 지정해두면 표준 형식의 문서를 작성할 수 있으므로 편리하다.

Latte 라테 미국 볼랜드 사의 자바 통합 개발 환경. 자바 프로그램의 개발부터 컴파일, 실행, 오류 수정에 이르는 전 과정을 처리할 수 있는 통합 소프트웨어.

lattice [lǽtis] *n*. **속(束), 격자(格子)** (1) 반순서 집합(L, $\leq$)에서 집합 L의 임의 원소 x, y에 대해서 x, y의 최소 상한과 최대 하한이 각각 하나씩 존재한다면, (L, $\leq$)를 속(束)이라고 한다. 이때 x, y의 최소 상한을 $x \oplus y$, 최대 하한을 $x * y$로 나타내고 +연산을 합 연산, ∗연산을 곱 연산이라고 한다. (2) 원소의 모든 쌍이 최대 하계와 최소 상계를 갖는 준순서 집합.

Lattice-C 래티스 C MS-DOS 상에서 동작하는 C 컴파일러.

lattice network [–nétwə̀ːrk] **격자 네트워크**

launcher [lɔ́ːntʃər] **런처 형식** 윈도나 매킨토시 등에서 응용 소프트웨어를 등록하여 아이콘 등으로 일람하는 소프트웨어. 매킨토시에서는 기본으로 탑재되어 있다. 아이콘이나 이름을 클릭하여 목적 소프트웨어를 시작한다. 응용 소프트웨어 내에서도 각각 런처 형식을 갖는다.

law of De Morgan 드 모르강의 법칙 논리 대수의 기본 정리의 하나로 다음 두 가지 논리식으로 표현된다.

$(x+y)' = x' \cdot y'$

$(x \cdot y)' = x' + y'$

law of large numbers [–lɑ́ːrdʒ nʌ́mbərz] **대수의 법칙** 집단 전체의 자료를 조사 대상으로 하여 분석할 때 그 집단이 무한 모집단이거나 그 규모가 너무 커서 기술적으로 전수(全數) 조사가 불가능하거나 또는 시간과 경제적인 조건 때문에 표본 조사로 모집단을 추정하는 경우에 집단의 본질적 성질을 정확히 파악하기 위해 대수의 사례를 관찰하여 그 자료를 조사 대상의 근거로 삼는 것을 가리킨다.

law of the excluded middle [–ðə iksklúːdəd mídl] **배중률(排中律)** 명제는 모두 참인가 거짓인가의 어느 하나로 정해지고 있다. 즉, $X \vee \sim X = 1$이라는 2값 명제의 근본 사상.

layer [léiər] *n*. **계층** 층상으로 중첩된 상태 혹은 개별 기초의 하나하나를 나타낸다. 예를 들면, 개방형 시스템 상호 접속(OSI ; open system inter connection)의 모델로서 7 layer system이 제창되고 있다. 이것은 7개의 레이어(계층)로 구성되어 있고, 가장 아래의 레벨로부터 물리적 계층(physical layer), 연결 계층(link layer), 네트워크 계층(network layer), 이동 계층(transport layer), 세션 계층(session layer), 표현 계층(presentation layer), 응용 계층(application layer)이라고도 불린다. 물리적 계층은 전기적, 기계적인 조건과 절차를 관리한다. 연결 계층에서는 물리적 계층으로 이은 통신 회선 상에 데이터 연결을 설정한다. 네트워크 계층에서는 통신망을 이용하여 루틴을 행하고, 상대방 시스템과의 커넥션을 꾀하는 것이다. 이동 계층에서는 가시적(transparent)인 데이터를 전송하기 위한 통신망의 품질을 관리한다. 세션 계층에서는 상대와 통신을 하는 사이에 동기를 취하는 역할을 수행한다. 표현 계층에서는 파일의 전송, 데이터 구조의 관리 등을 한다. 응용 계층에서는 사용자가 업무 목적에 따라 응용 프로그램을 실행한다. 이와 같이 하나의 시스템의 개량이나 다른 시스템과의 인터페이스(interface)가 가능하게 된다. 또 컴퓨터에서는 그 시스템을 사용자가 사용할 수 있는 계층과 하드웨어와 긴밀한 관계가 있는 시스템의 계층으로 나누어 관리하고 있다. 이로써 사용자가 시스템에 대하여 무리한 요구를 했을 때에도 시스템이 파괴되는 일 없이 안정한 관리를 할 수 있다.

layer 2 forwarding ⇨ L2F

layer 2 tunneling protocol ⇨ L2TP

layer 3 switching 레이어 3 스위칭 네트워크층(OSI의 제3층)에서 일어나는 스위칭에 라우팅 기능을 부여하여 네트워크 퍼포먼스를 향상시키는 기술. 네트워크 정보의 송신처 결정을, 이전의 소프트웨어를 대신하여 하드웨어로 내장하는 것으로 고속화를 실현하고 있다. 일부의 스위칭 HUB에 내장되어 있다. ⇨ OSI, multilayer switch

layer built dry cell [–bílt drái sél] **적층 건전지** 건전지의 일종으로 감극제, 전해액 및 음극을 차례로 적층하여 한 개의 전지로 만든 것.

layered design [léiərd dizáin] **계층적 설계** 어떤 시스템의 설계시 그 시스템의 구성을 계층적으로 하여 높은 계층의 새로운 특징을 낮은 계층의 특징을 이용하여 만드는 방법.

layered file system [–fáil sístəm] **계층적 파일 시스템**

layered model [–mádəl] **계층 모델** 계층 구조에 기반을 두고 정의된 통신 프로토콜의 모델. 대표적인 것으로 ISO에 의하여 제안된 7계층 참조 모델이 있다.

layered structure [–strʌ́ktʃər] **계층 구조** 고려 대상을 계층형으로 분류했을 때의 구조. 나무를 거꾸로 세워놓은 것 같은 형태로 보이기 때문에 트리 구조라고도 한다. hierarchy structure라고도 부른다.

layering [léiəriŋ] **계층화** 그래픽 데이터의 부분 집합들을 하나의 그림과 연관시키는 논리적 개념. 예를 들어, 건물의 평면도를 그릴 때 각 층마다의 평면도를 한 화면에서 동시에 그려서 나타내는 것은 어려우므로, 각 층을 독립적으로 그리고 마지막에 모든 층을 동시에 통합하여 나타내면 전체적인 건물의 형상을 알 수 있게 된다.

layout [léiàut] *n.* **레이아웃** 표시 또는 인쇄면에서의 문장이나 도표의 배치. (1) 컴퓨터실의 설계, 각 장치의 배치. (2) 파일 설계를 하는 것이나 컴퓨터 출력의 인쇄 양식을 결정하는 것.

layout character [-kǽrəktər] **서식 제어 문자** 인쇄, 표시 또는 기록되는 데이터의 위치를 제어하기 위해서 사용되는 제어 문자.

layout display [-displéi] **레이아웃 표시** 워드 프로세서나 영상 소프트웨어에서 페이지 단위로 화면에 표시하는 것. 문서와 이미지의 구성 및 배치가 축소되어 나타난다.

layout function [-fʌ́ŋkʃən] **레이아웃 기능** 워드 프로세서, DTP 소프트웨어 등의 문서나 이미지의 배치 위치나 화면 구성, 디자인 등을 표시하는 기능.

layout procedure [-prəsíːdʒər] **배치 절차**

layout sheet [-ʃíːt] **배치 용지** 텍스트와 그래픽의 혼합 화면은 행과 열로 위치를 나타내고 그래픽 화면에서는 좌표로 그릴 수 있으며, 프로그램을 계획할 목적으로 화면과 대응시킬 수 있게 만들어놓은 모눈이 그려진 용지.

lazy evaluation [léizi(ː) ivæ̀ljuéiʃən] **지연 연산** 함수적 프로그램에서 사용자가 정의한 함수 또는 원시 함수 등을 함수의 매개변수로 사용하여 연산할 때, 어떤 조건에 의하여 실제로 계산될 필요가 없는 함수에 대해서는 그 함수값이 필요한 시점까지 계산을 하지 않고 지연시켜 불필요하게 계산하는 것을 피하는 것을 말한다.

LBA (1) **선형 구속형 오토머턴** linear-bounded automaton의 약어. (2) logical block addressing의 약어. LBA가 나오기 전까지 IDE 제어기 장착 PC는 528MB나 그 이하의 용량을 가진 하드 디스크로만의 연결이 한정되었다. 이유는 IDE 지정 모델이 대용량 드라이브에 쓰일 만큼 큰 주소를 사용할 수 없었기 때문이다(이것은 IDE의 문제라기보다는 IBM의 초창기 기종 IBM AT의 디스크 접근 방식에 원인이 있었다). 향상된 IDE(EIDE) 표준 드라이브 장치인 LBA는 드라이브 제어기가 주소 변환을 원할하게 해줌으로써 병목 현상을 피해 8.4GB까지 드라이브의 용량을 올릴 수 있도록 한다. ⇨ IDE

L-band [él bǽnd] **L-밴드** 390MHz에서 1,550 MHz까지의 주파수.

LBP 레이저 프린터 ⇨ laser beam printer

LC 액정(液晶) liquid crystal의 약어.

LCA 로 코스트 오토메이션, 저가격 자동화 low cost automation의 약어.

L-carrier [él kǽriər] **L-반송자** 벨 시스템에서 동축 케이블 전송 시스템으로 불리는 것.

LCB 회선 제어 블록 line control block의 약어.

LCD 액정 표시(기) liquid-crystal display의 약어. 액정을 이용한 화면 표시 장치. 액정은 어떤 온도의 범위에서 액체와 결정의 중간 성질을 갖는 유기 화합물로서 전압이나 온도 등에 의해서 색이나 투명도가 달라진다. 또 액정판은 액체 수정 물질을 담은 얇은 두 개의 유리판으로 만들어져 있다. 이 유리판 사이에는 투명한 전극판이 디스플레이하고자 하는 모양대로 놓여 있어서 전압을 전극판 상하에 걸면 그 사이에 있는 액체 수정 물질의 분자 운동 방향이 달라져 이를 통과하는 빛의 양에 변화를 주게 된다. 손목 시계, 전자 계산기, 휴대용 컴퓨터의 화면, 각종 기계의 제어판 등에 널리 사용된다.

LCD printer 액정 프린터 레이저 프린터의 원리와 같으나 다른 것은 단지 정보를 기록하는 광원에 레이저 빔을 쓰지 않고 LCD를 통과하는 빛을 사용하는 페이지 프린터의 일종이다. 액정이 빛을 통과시키는 부분이 감광되어 인쇄된다. 액정 셔터의 속도가 느리고 온도에 대하여 민감한 단점이 있다.

LCM 최소 공배수 least common multiple의 약어.

LCN 로컬 컴퓨터 네트워크, 지역 컴퓨터 통신망 local computer network의 약어. 비교적 좁은 지역에 분산된 컴퓨터 기기를 서로 접속하는 체계로서 보통의 일반 회선망을 이용하지 않고 동축 케이블 또는 광섬유 등을 통하여 여러 개의 컴퓨터를 유기적으로 결합하는 네트워크.

LCQ 논리적 채널 대기 행렬 logical channel queue의 약어.

LCS 대용량 기억 장치 large capacity storage의 약어.

LC search 최소 경비 탐색 어떤 문제를 풀기 위한 상태 공간 그래프(state space graph)에서 시작점으로부터 탐색되지 않은 자식 노드가 있는 노드들 가운데 최소의 경비를 갖는 노드를 선택해가는 방법을 반복하여 최종적으로 해답을 찾는 방법.

LCS printer 액정 셔터 프린터 liquid crystal shutter printer의 약어. 액정은 사진기의 셔터처럼 빛을 차단하는데, 이 성질을 이용한 프린터.

LCT 로그 제어 테이블 logical control table의 약어.

LCU (1) **회선 제어 장치** line control unit의 약어.

통신 선로가 컴퓨터와 직접 연결되지 않을 때, 입출력을 제어하기 위한 특수 목적의 소형 컴퓨터로서 회선 제어 컴퓨터라고도 한다. (2) **논리적 제어 장치** logical control unit의 약어. ⇨ logical control unit

LD (1) **반도체 레이저** laser diode의 약어. (2) **논리 수취인(受取人)** logical destination의 약어.

LDA load accumulator direct의 약어. 누산기에 직접 로드하는 명령.

LDB 논리적 데이터 베이스 logical data base의 약어.

LDL (1) **로컬 디렉토리 리스트** local directory list의 약어. (2) **메타 언어** meta language의 약어. 언어를 분석하는 언어.

LDM 회선 조정 모뎀 line driver modem의 약어.

LDT (1) **논리 설계 번역기** logic design translator의 약어. (2) **논리적 장치 테이블** logical device table의 약어.

LE 작거나 같음 ⇨ less or equal

lead[lí:d] **선행하는, 도선(導線), 리드선** (1)「선행하는」을 표시한다. 예를 들면, 선행 시간(lead time)이란 물품을 발주하여 납품시켜 사용할 수 있게 될 때까지의 기간을 말한다. (2) 도선, 리드선, 인출선, 전자 회로의 기판이나 전자 부품의 단자로부터 인출하는 선이며, 각 회로 기판을 결합시키거나 스위치 볼륨 등을 붙이거나 할 때 사용한다. 또 리드선에 대하여 동일 기판 상에서의 회로를 잇기 위한 선을 점퍼선(jumper)이라고 한다. 리드선이라고 할 경우에는, 전자 회로 기판 위에서 직접 납땜에 의해 인도되어 있는 경우이며, 커넥터 등에 의하여 결합하고 기판 상으로부터 유도되고 있는 것은 리드 선이라고 부르지 않고 케이블이라고 한다.

lead bonding [–bándiŋ] **리드 본딩, 선행 결합**

leader[lí:dər] *n*. **선도용 테이프** 테이프 시작 부분 마커(marker) 앞에 있고, 자기 테이프를 반복하기 위하여 사용되는 자기 테이프 부분. (1) 자기 테이프의 시작단에서 로드 포인트 마커의 위치까지 데이터를 기록하지 않은 공백 부분이라는 뜻. (2) 테이프를 장치에 결합하려고 할 때 감아들이는 릴(reel)의 장치가 비교적 번거롭기 때문에 감아들이는 릴쪽에 미리 선도용 테이프를 넣고 그것에 자기 테이프의 선단을 접속하게 되어 있는 것이 있는데, 이러한 선도용 테이프를 뜻한다.

leader record[–rékərd] **리더 레코드** 뒤따르는 레코드 그룹에 대한 간략한 정보를 가지고 있는 특정 레코드를 말한다.

lead finish[lí:d fíniʃ] **리드 완성**

lead forming[–fɔ́:rmiŋ] **리드 정형(整形)**

lead frame material[–fréim mətí(:)riəl] **리드 프레임 재료**

leading[lí:diŋ] *a*. **리딩** 문자가 인쇄되는 행의 하단 경계와 다음 행의 상단 경계 사이의 수직 거리.

leading character[–kǽrəktər] **선두 문자**

leading control[–kəntróul] **선행 제어** 레코드들의 제어 그룹 앞에 위치하여 이러한 그룹에 대한 제목 또는 간략한 정의를 포함하고 있는 제어 필드.

leading edge[–é(:)dʒ] **선행 구간** 카드의 판독 또는 천공 스테이션으로 돌려보낼 경우 기계에 먼저 삽입하는 쪽이 카드의 끝이라는 의미. 예를 들면, 12천공 위치의 옆을 12에지라고 하며 9천공 위치의 옆을 9에지라고 한다.

leading edge mesial point[–mí:ziəl pɔ́int] **선행 구간 반치점** 파형의 선행 구간 내에 있는 반치점.

leading edge peak to peak mesial point [–pí:k tu: pí:k mí:ziəl pɔ́int] **선행 구간 피크 피크 반치점** 파형의 선행 구간 내의 피크 피크 반치점.

leading edge percent point[–pərsént pɔ́int] **선행 구간 퍼센트 점** 선행 구간에서의 퍼센트 점.

leading end[–énd] **선두 종료** 동선, 테이프, 리본, 회선 혹은 처음 처리하는 문서 등의 특별한 끝.

leading zero[–zí(:)rou] **선행 제로** 유효 숫자 앞에 나열한 숫자 0. 프린트(인쇄)할 때 제로 억제의 대상이 된다.

lead integrity[lí:d intégriti(:)] **리드 완전성**

leadless[lí:dlis] *a*. **도선이 없는**

lead material[lí:d mətí(:)riəl] **리드 재료**

lead material and finish[–ənd fíniʃ] **리드 재료와 완성**

lead time[–táim] **조달 기간, 선행 시간, 조달 시간, 리드 타임** 물품이 발주되고 납품되어 사용할 수 있도록 될 때까지의 기간. 일반적으로는 어떤 상품이 「발주」되면서부터 상품이 실제로 전량 「납품 완료」되기까지 소요되는 전체적인 시간을 의미한다. 이 기간에는 목표로 하는 조달 기간과 그에 따른 차질 기간을 고려해서 조달 시간에 어느 정도의 여유를 보고 날짜를 정해 다소의 시간 지연이 생겨도 조정할 수 있도록 조달 기간을 잡는다.

leaf[lí:f] *n*. **잎** 잎 노드(leaf node)의 의미로 사용된다.

leaf node[–nóud] **잎 노드** 그래프 혹은 트리에서 후계 노드를 가지지 않는 노드. 끝난 노드(tip node)라고도 한다.

leaf procedure[–prəsí:dʒər] **잎 프로시저** 프로그램에서 최하위에 있으면서 어느 프로시저도 호출하지 않는 프로시저.

leaf record type [-rékərd táip] **잎 레코드 유형** 한 데이터 베이스에서 계층 경로는 루트 레코드 유형으로부터 시작해서 하나의 잎 레코드 유형에 이른다. 즉, 잎 레코드 유형이 마지막에 도달하는 레코드 유형을 말한다.

leakage [lí:kidʒ] *n.* **누설**

leakage current [-kə́:rənt] **누설 전류**

leapfrog test [lí:pfrɔ̀(:)g tést] **개구리 점프 검사, 도약 검사** 컴퓨터의 오동작을 발견하기 위한 프로그램으로서 일련의 연산 및 논리적 연산을 시행하여 자신을 다른 기억 장소의 부분으로 옮겨 그 과정의 정확성을 검토한 후 다시 일련의 동작을 한다. 이렇게 모든 기억 장소를 거치며 시험을 계속 반복하는 검사 루틴. 즉, 주기억 장치 검사법의 하나. 테스트용 프로그램을 차례로 다음의 기억 영역으로 옮기면서 기억 장치 내의 모든 번지에 대하여 검사한다.

learning [lə́:rniŋ] *n.* **학습** 정보 처리를 하는 시스템이 자기 조직화의 동작에 입각해서 자기가 갖는 처리 기능을 높이거나 개선해 나가는 것. ⇨ learning machine

learning automation of the tabular type [-ɔ̀:təméiʃən əv ðə tǽbjulər táip] **표시형 기억법** 학습 제어에서 제어 경험(교육 표본)을 표로 기억하는 방법으로 G.K. Krug에 의해 명명되었다.

learning by discovery [-bai diskʌ́vəri(:)] **발견에 의한 학습** 귀납적 학습의 가장 일반적인 형태로 발견 시스템, 이론 형성 작업, 계층적 분류를 형성하기 위한 분류 기준의 설정, 교사의 도움 없는 작업 수행 등을 포함한다. 학습 기법 중 추론 과정을 가장 많이 필요로 하며, 특별한 개념의 예를 제공받지 않고 긍정적인 예와 부정적인 예를 판단할 수 있는 내부적 구조에도 접근하지 않는다. 귀납적 학습의 가장 일반적인 형태는 발견 시스템이다.

learning by doing [-dú:iŋ] **실행에 의한 학습** 이것은 들어서 학습하는 것과 독립적인 탐구에 의하여 학습하는 방법을 조합한 것으로, 새로운 지식이 현재 상황에 맞는지를 증명해볼 수 있고 지식이 적합한 새로운 환경을 탐구해나갈 수 있다. 즉, 시스템이 특정한 영역의 문제를 풀고 있는 동안 교사는 이 시스템을 지켜보면서 조언을 해준다.

learning computer [-kəmpjú:tər] **학습 컴퓨터** 기억 내용 또는 처리 경험에 따라서 컴퓨터 자신이 프로그램의 논리적 흐름이나 변수를 고쳐 나갈 수 있는 컴퓨터를 말한다. 예를 들면, 서양 장기를 두는 컴퓨터, 공정 관리에서 온도나 혹은 다른 계기들의 값에 따라 그들의 변수를 고치는 아날로그 컴퓨터도 있다. 그 예로서는 기후에 적응하는 자동 비행 시스템 등이 있다.

learning control [-kəntróul] **학습 제어** 학습 기능을 갖는 제어계로 자동 제어를 하는 것인데, 제어의 방법 그 자체가 미리 설계되어 있는 것이 아니라 제어 대상이나 프로세스의 상황을 관찰하면서 학습에 의해 제어의 방법을 탐색하고 그것을 실행해가는 방식이다. 학습의 알고리즘은 꾸며져 있으나 제어 로직은 미리 꾸며져 있지 않다. 다만 일반적으로 그다지 엄밀한 의미로 학습 제어라는 말을 구분해서 사용하는 일은 드물며, 프로세스로부터 정보에 따라서 자기 수정형의 수학적 모델 등에 의해 제어계의 구조를 자동으로 개선해 나가는 경우에도 학습 제어라고 한다.

learning curve [-kə́:rv] **학습 곡선** 경험을 바탕으로 이루어지는 제작 공정의 개량에 의해서 제조 원가는 누적 생산량이 배증할 때마다 일정 비율로 저하되는 것을 나타내는 곡선.

learning from example [-frəm igzǽ:mpl] **예를 통한 학습**

learning function [-fʌ́ŋkʃən] **학습 기능** 장치가 사용자에 따라 적절한 자구(字句), 기능 등을 과거의 사용 빈도나 순서 등에 기초하여 자동으로 선택하는 기능. 동음이의어 선택 등이 있다.

learning machine [-məʃí:n] **학습기** 고등 동물에서 두뇌의 학습 기능을 모델로 한 정보 처리 기계. 사람의 학습 기능을 모델화한 기계로 내부 회로망을 변경할 수 있도록 기계에 학습 효과를 부여한 것. perceptron, adaline 등의 제안이 있다.

learning matrix [-méitriks] **학습 매트릭스** 학습 기계의 일종. adaline을 병렬로 접속한 것을 madaline이라고 부르며 이런 것의 구조를 사용하여 바꾸어쓰면 매트릭스형이 되므로 총칭해서 학습 매트릭스라고 한다.

learning model [-mádəl] **학습 모델** 하드웨어로서 perceptron, adaline 등이 제안되고 있으며 뇌의 학습 기능을 모델화한 것.

learning of the first kind [-əv ðə fə́:rst káind] **제1종 학습** 학습 과정중에, 예를 들면 인간이 패턴을 어떻게 식별하는가를 생각해본다. 이제 A, B 각각 몇 종류인가의 형태 문자가 있다고 하자. 처음에 A, B로 된 문자를 알지 못하는 사람은 그 구별이 가능하지 않지만 그것을 배우면 그곳에 어떤 임의의 A나 B로 나타내어도 그 구별이 가능하다. 이것을 제1종 학습이라고 한다. 다시 A, B 각각의 특징을 학습하면, 그곳에 없는 임의의 A, B 문자를 나타내도 그것을 구별할 수 있게 된다. 이것을 제2종 학습이라고 한다.

learning of the second kind [-sékənd

kɑ́ind] 제2종 학습 ⇨ learning of the first kind

learning program[-próugræm] **학습 프로그램** 이 프로그램은 자체를 수정하여 더 나은 성능을 얻을 수 있도록 독특하게 설계된 프로그램이다. 즉, 프로그램의 일부를 실행해보지 않고 모르는 정보에 따라 자기 자신을 수정하도록 설계된 특수한 프로그램이라 할 수 있다. 예를 들면, 효율을 증대시키기 위하여 또는 프로그램이 가지고 있는 여러 기준에 따라 프로그램 명령어를 교정하거나 교체할 수 있도록 프로그램 자체 내에 넣어진 여러 가지 분석 기술에 관한 명령을 제공하기 위해서 설계된 프로그램이다.

lease[líːs] *n*. **빌림** 장기 임대차 계약.

leased[líːst] *a*. **전용(專用)의** 임대 계약을 맺어 기기 등을 전용으로 빌리는 것. 그대로 「리스」라고도 한다. 컴퓨터 기기 등에서는 시스템 가격이 높기 때문에 리스 계약을 하고 매월 사용료라는 형태로 지불하는 경우가 많다.

leased circuit[-sə́ːrkit] **임대 회선, 전용 회선** 특정한 두 사람 사이를 맺어 그 두 사람만 통신하기 위해서 사용되는 회선. 컴퓨터 시스템끼리가 항상 고속이며, 대용량의 데이터를 교환하는 경우에는 이 임대 회선이 사용된다. 전용 회선(private line)이라고도 한다. 임대 회선의 요금 산정은 종량제(從量制)라는 다른 형태의 일정 요금제를 채택한다.

leased circuit connection[-kənékʃən] **전용 회선 접속** ⇨ leased circuit

leased circuit data transmission service[-déitə trænsmíʃən sə́ːrvis] **전용 회선 자료 전송 서비스** 공중 데이터 네트워크에서 개인이나 소규모 단체가 그들 전용으로만 사용할 수 있는 회선을 제공받는 서비스. 이때 단지 두 곳의 단말 장치만 연결될 경우 이것을 지국 대 지국(point-to-point) 방식, 두 곳 이상의 단말 장치가 연결될 경우 다수 지국(multipoint) 방식이라고 한다.

leased facility[-fəsíliti(ː)] **임대 설비, 전용 시설** 이용자가 특히 임대 계약을 맺고 차용한 기기, 설비의 총칭. 리스된 기기가 특히 대형인 혹은 대규모인 경우에도 이 용어를 사용한다. 예를 들면, 대형 컴퓨터 시스템 등을 들 수 있다.

leased line[-lɑ́in] **임대 회선, 전용선** 특별한 사용자에게 전용으로 항상 제공되는 통신 회선. 다음의 경우에는 전용 회선을 사용하는 편이 유리하다. ① 파일의 조회나 갱신이 빈번히 행하여지는 적용 업무와 같이 트랜잭션이 대량으로 발생하는 경우. ② 장시간 회선을 접속해야 하는 경우 등. 더욱이 전용 회선을 사용하면 데이터 안전 보호면에서도 유리하다. 비교환 회선(non-switched line)이라고도 하며, 다이얼 접속하는 회선을 교환 회선이라고 한다. 전용 회선은 영속적으로 접속되어 있어 언제라도 사용할 수 있는 상태에 있다. 한 장소에서 다른 장소까지 연결되는 전화 라인을 임대하는 것(24시간 사용 가능)으로 빠른 전송을 위해서는 전용선이 필요하다.

leased line connect[-kənékt] **전용선 접속** 인터넷 서비스 제공자의 기간 네트워크의 상대 개념. 통신 사업자로부터 독점적으로 빌린 전용 회선에 의한 네트워크 접속 방식. dedicated line connect라고도 한다.

leading companies[líːdiŋ kʌ́mpəni(ː)z] **임대 회사** 임대료를 받아서 운영되고 있으며, 제조 회사에서 컴퓨터나 주변 장치를 구입하여 수요자에게 컴퓨터 시스템을 임대하는 전문 회사.

least[líːst] *a*. **최소의, 최하위의** 많은 사상 중에서 「최소의」 것, 「최하위의」 것, 「가장 중요도가 낮은」 것을 형용한다.

least command increment[-kəmɑ́ːnd ínkrəmənt] **최소 이동 단위** 수치 제어 장치가 수치 제어 기계의 조작부에 주는 명령의 최소 이동량.

least common multiple[-kɑ́mən mʌ́ltipl] **LCM, 최소 공배수**

least cost estimating and scheduling system[-kɔ́(ː)st éstimèitiŋ ənd skédʒuliŋ sístəm] **LESS, 최소 경비 예상·계획 시스템**

least fixed-point[-fíkst pɔ́int] **최소 고정 소수점**

least frequently used[-fríːkwəntli(ː) júːzd] **LFU, 최소 사용 빈도수** 각 페이지의 사용이 얼마나 집중적인가에 관심을 가지고 가장 적게 사용되거나 집중되지 않은 페이지로 대체하는 방법.

least frequently used memory[-méməri(ː)] **LFU memory, 최소 사용 빈도수 기억 장치** 페이지 단위나 세그먼트 단위로 정보가 주기억 장치로 옮겨질 때 그 장소에 있었던 정보와 대치될 페이지나 세그먼트를 결정하는 여러 알고리즘은 일정 기간 동안 가장 적게 접근되었던 부분을 대치한다.

least frequently used page replacement[-péidʒ ripléismənt] **최소 사용 빈도수 페이지 교체** 각 페이지들이 얼마나 많이 사용되었는지에 따라 호출된 횟수가 가장 적은 페이지가 교체되는 방법. 때로는 교체의 결과가 좋지 않은 경우도 있다. 예를 들어, 호출 빈도가 가장 적은 페이지가 가장 최근에 주기억 장치로 옮겨진 페이지라고 한다면 이 페이지는 다른 페이지들이 두 번 이상 사용되었음에 반해 한 번만 사용되었을 것이다. 따라서 이 경우 LFU 기법은 이 페이지를 교체시키게 되며 이 페이지는 즉시 주기억 장치로 재호출된다.

least input increment[-ínpùt ínkrəmənt] **최소 설정 단위** 수치 제어 테이프 또는 수동 데이터 입력 장치에 의해서 설정 가능한 최소 변위.

least mean square[-mí:n skwɛ́ər] **LMS, 최소 제곱 평균**

least mean square error estimate[-érər éstimət] **최소 제곱 평균 오차 확정**

least privilege policy[-prívilidʒ pálisi(:)] **최소 특권 정책** 시스템에서 정보가 유출되거나 데이터 베이스의 무결성이 훼손되는 것을 방지하기 위하여 가능한 한 자원이 필요한 사용자만이 쓸 수 있도록 제한하는 정책.

least recently used[-rí:səntli(:) jú:zd] **LRU, 최소 최근 사용** 일정 시간 간격 중에서 사용 횟수가 적은 것의 사용 정도를 표시한다. 컴퓨터 시스템에서 그 메모리는 어느 일정한 용량을 하나의 단위로 하고, 책의 페이지와 같이 페이지 수를 할당시켜 관리한다. 따라서 시스템은 항상 그 시점에서 사용되지 않은 메모리의 페이지를 파악하고 있으며, 이 사용되지 않은 페이지 수량이 어떤 최저 한계보다 적으면, 시스템은 최저 사용 빈도의 페이지에서부터 차례로 페이지 스틸(page steal)을 행하여 빈 메모리를 확보한다.

least recently used memory[-méməri(:)] **최소 최근 사용 기억 장치** 접근(access)된 시간이 가장 오래된 페이지나 세그먼트를 대체하는 알고리즘. ⇨ LRU memory

least recently used page replacment[-péidʒ ripléismənt] **최소 최근 사용 페이지 교체** 각 페이지 중에서 가장 오랫동안 사용되지 않는 페이지를 선택하여 교체하는 것이며, 최근의 상황이 가까운 미래에 대한 좋은 척도라는 직관적인 사실에 의존하는 것. 이때는 항상 주의하여야 한다. LRU 기법은 각 페이지들이 호출될 때마다 그때의 시간을 테이블에 기억시키므로 막대한 오버헤드를 초래하게 되어 별로 사용되지는 않으며, 그 대신 더 작은 오버헤드를 갖는 LRU에 근사한 기법이 주로 사용된다.

least significant[-signífikənt] **최하위 위치** 결정 표현법에서 가장 중첩이 적은 숫자의 위치.

least significant bit[-bít] **LSB, 최하(위) 비트** 2진수 데이터에서 가장 낮은 자리(맨 오른쪽)의 비트 또는 그 내용으로 최상위 비트와 대비된다.

least significant byte[-báit] **LSB, 최하위 바이트**

least significant character[-kǽrəktər] **LSC, 최하위 문자** 숫자나 단어에서 가장 오른쪽에 위치하는 문자.

least significant digit[-dídʒit] **LSD, 최하위 숫자** 자리 표기법(positional notation)에서 기수의 제곱이 가장 작은 자리의 계수. 숫자의 가장 오른쪽 행의 숫자를 표시한다. 예를 들어, 10진법으로 892.03의 LSD는 「3」, 2진법으로 10111인 경우는 오른쪽 끝행의 「1」이다.

least significantly used rule[-signífikəntli jú:zd rú:l] **최저 사용 빈도법**

least square[-skwɛ́ər] **최소 제곱**

least square method[-méθəd] **최소 제곱법** ⇨ least squares method

least squares approximation[-skwɛ́ərz əpràksiméiʃən] **최소 제곱 근사**

least squares method[-méθəd] **최소 제곱법** 어떤 양을 같은 정밀도로서 n번 실측하여 m_1, m_2, …, m_n의 값을 얻었을 때 여기서 가장 정확한 값(m은 측정값의 산술 평균)을 구하기 위해 이 값과 각 실측값과의 차를 제곱해서 합한 $U = (m - m_1)^2 + (m - m_2)^2 + \cdots + (m - m_n)^2$이 최소가 되는 m을 구하는 것.

least upper bound[-ʌ́pər báund] **LUB** 수학에서 최소 상계(上界)나 최소 상한을 말한다.

lecture on demand[léktʃər án dimá:nd] **주문형 강의** ⇨ LOD

LED 발광 다이오드 light emitting diode의 약어. ⇨ light emitting diode

LED display 발광 다이오드 디스플레이

ledger[lédʒər] *n*. **원장** 총감정 원장이나 보조 원장 등을 총칭하는 것. 부기 상의 거래는 모두 분개(分介)를 통해서 부기 계산 단위로서의 감정 구좌에 기록되는데, 그것을 모두 집약한 것을 말한다.

LED printer 발광 다이오드 프린터 이 프린터는 발광 다이오드(LED) 어레이를 광원으로 하는 전자 사진식 프린터로 레이저 프린터와 비슷한 원리이다. LED를 일정하게 배열해놓고 원하는 위치의 LED를 발광시켜 인쇄한다.

left[léft] *n*. **왼쪽(의), 좌측의**

left adjust[-ədʒʌ́st] **왼쪽 정렬**

left alignment[-əláinmənt] **왼줄 맞춤**

left context[-kántekst] **좌 문맥** 정의된 문법이 context free 문법일 때 생성 규칙에 있는 임의의 비단말 심벌 A에 대해 시작 심벌(S)로부터 오른쪽 유도 과정 도중에 A의 왼쪽에 나타나는 단말 기호와 비단말 기호의 집합이다.

left curly bracket[-kɔ́:rli(:) brǽkət] **왼쪽 중괄호**

left half word[-há:f wɔ́:rd] **좌 반어**

left-handed coordinate system[–hǽndəd kouɔ́ːrdinət sístəm] **좌향 좌표계** 3차원 그래픽에서 사용하기 편리한 좌표계로 z좌표값이 클수록 화면으로부터 안쪽으로 멀어진다. 양의 방향의 회전은 시계 방향이다.

left hand order[–hǽnd ɔ́ːrdər] **왼쪽 명령**

left hand truncation[–trʌŋkéiʃən] **후방 일치** 자연 언어의 단어를 검색 용어로서 검색하는 경우의 일치 판단 기법의 하나. 검색 용어에 자연어 단어의 어미부를 사용하여 후방 일치 지정을 하면 단어의 머리 부분이 어떻든지 일치라고 판단된다. 예를 들어, conductor를 검색어로 하여 후방 일치 판단을 하면, nonconductor, semiconductor, superconductor 등이 모두 일치하다고 본다. 후방 일치보다 프로그램이 복잡하게 되므로 이 기능을 갖추지 않은 온라인 검색 시스템도 있다. ⇨ right-hand truncation, right-and-left-hand truncation

left justification[–dʒʌ̀stifikéiʃən] **왼쪽 자리맞춤** 지면에 문서를 인자할 때 각 행 왼쪽 끝이 맞추어지도록 인자 위치를 제어하는 것. 보통 문서는 왼쪽 자리맞춤이 보통이다.

left justify[–dʒʌ́stifài] **왼쪽 자리맞춤** 인쇄 등을 할 때 왼쪽에 여백 부분을 취하도록 인쇄를 제어하고, 왼쪽에 인쇄 개시 위치를 정렬하는 것이다. 또 CPU 내에서는 레지스터 내에 입력된 데이터의 왼쪽 부분이 레지스터 내의 지정된 위치에 오도록 하는 것과 데이터 영역의 왼쪽으로부터 기억하는 것을 표시한다. 일반적으로 2진법 표시에서는 왼쪽의 행으로 옮김으로써 값이 크게 된다.

left linear grammar[–líniər grǽmər] **좌선형 문법** 생성 규칙의 오른쪽 부분의 첫 심벌에 비단말 기호가 나타날 수 있기 때문에 붙여진 이름이다. 여기서 A와 B는 비단말 기호이고, t는 단말 문자열이다. 즉, 선형 문법의 한 형태로 생성 규칙이 $A \rightarrow bt$ 또는 $A \rightarrow t$의 형태를 갖는 문법이다.

left margin[–mɑ́ːrdʒin] **왼쪽 마진** 프린터의 인쇄 가능 범위의 왼쪽을 말한다. 이 왼쪽 마진을 수동으로 이동할 수 있는 경우도 있다.

leftmost[léftmòust] **가장 왼쪽 끝의**

leftmost derivation[–dèrivéiʃən] **좌선 유도** 유도 과정의 단계에서 나타난 문장 형태의 가장 왼쪽에 있는 비단말 기호를 이 비단말 기호로 시작하는 생성 규칙의 오른쪽 부분으로 대치하는 것.

left parenthesis[léft pərénθəsis] **왼쪽 괄호, 왼쪽 소괄호**

left part[–pɑ́ːrt] **좌변**

left part list[–líst] **좌변의 목록 (나열)**

left recursion[–rikə́ːrʃən] **왼쪽 재귀** 유도 과정에서 임의의 비단말 A에 대하여 $A^+ > A\alpha$의 유도 과정이 나타나는 경우로, 이러한 비단말을 가진 문법을 왼쪽 재귀적(left recursive)이라 한다. 이러한 문법은 top-down 구문 분석시에 같은 생성 규칙이 반복적으로 적용되어 무한 루프에 빠지게 되므로 문법 변환을 통하여 왼쪽 재귀를 제거해야 한다. 왼쪽 재귀에는 $A \rightarrow A\alpha$ 와 같이 생성 규칙에 재귀가 직접 나타나는 직접 왼쪽 재귀와 생성 규칙의 오른쪽 처음에 있는 비단말을 그 생성 규칙의 오른쪽 부분으로 대치하여 순환이 발생하는 ($A^+ \geq A\alpha$) 간접 재귀가 있다.

left shift[–ʃíft] **왼쪽 이동** 비트, 문자, 자릿수 등을 왼쪽으로 이동시키는 것으로 그 효과는 기수의 값을 멱으로 곱하는 것과 같다.

left shift insturction[–instrʌ́kʃən] **왼쪽 이동 명령어**

left shift operator[–ɑ́pərèitər] **왼쪽 시프트 연산자** 어셈블리 프로그램에서 레지스터나 메모리 내의 비트값을 왼쪽으로 하나씩 이동시키는 연산자.

left shift register[–rédʒistər] **왼쪽 시프트 레지스터** 1발 펄스가 올 때마다 왼쪽의 플립플롭에 정보가 전송되는 시프트 레지스터. ⇨ shift register

left square bracket[–skwέər brǽkət] **왼쪽 대괄호**

left subtree[–sʌ́btrìː] **좌 종속 트리** 순서를 갖는 2진 트리에서 한 노드를 기준으로 순서 상 왼쪽에 존재하는 종속 트리.

leg[lé(ː)g] *n.* **단락** 어떤 루틴에서 하나의 분기점에서 다음 분기점까지의 경로.

legacy application[légəsi æ̀pləkéiʃən] **레거시 응용 프로그램** 일정 기간 동안 많이 사용된 응용 프로그램. 흔히 메인 프레임이나 미니컴퓨터의 응용 프로그램을 가리키지만, 윈도 95, 98, NT 사용자들이 늘어나면서부터는 DOS와 윈도 3.1 응용 프로그램들을 일컫는 용어로 자리잡았다.

legacy device[–diváis] **레거시 디바이스** 직역으로「유산으로 남는 디바이스」라는 의미로, 사용되지 않은 채 남은 인터페이스나 규격. ⇨ legacy free

legacy free[–fríː] **레거시 프리** 병렬 포트나 직렬 포트, ISA 버스 등과 같은 과거의 기술을 사용하지 않음으로써 설계를 간소화하는 것. 레거시 프리에 의해 제조 비용의 절감 및 PC의 공간 절약을 꾀할 수 있다. 대표적인 예로는 플로피 디스크나 직렬 포트 등을 배제한 iMac이 있다. 이외에도 컴팩 사나 휴렛팩커드 사 등의 유력한 PC 제조 업체가 레거시 프리의 PC를 판매하고 있다.

legal[líːgəl] *n.* **정당한, 적법한** 어떤 규칙에 비추어 바른 것, 혹은 합법적인 것. 예를 들면, 컴파일러 언어는 기계어로 번역을 하지만, 원시 프로그램으로 문법(syntax) 상 에러가 없고, 사용하고 있는 숫자나 변수의 길이 등이 제한되어 있는 값을 넘지 않으면 컴파일러는 에러 없이 완료한다. 이때 이 원시 프로그램을 legal이라 한다.

legality[ligǽliti(ː)] *n.* **정당함**

legal protection of computer software[líːgəl prətékʃən əv kəmpjúːtər sɔ́(ː)ftwὲər] **소프트웨어의 법적 보호**

legal retrieval[–ritríːvəl] **적법 검색** 이것은 법률가나 펜실베니아 주법(州法)에 관련된 사람들을 위하여 적용되고 있으며, 다른 분야로의 확장이 KWIC 인덱스 프로그램을 이용해 곧 이루어질 것으로 보인다. 피츠버그 대학에서 법률 정보를 검색하기 위해 개발한 언어로 인용문, 참조문, 특정 문헌에 쓰이는 정교한 인덱스 시스템으로 되어 있다.

legal size[–sáiz] **리걸 규격** 종이의 규격으로 A4 용지와 폭은 비슷하고 길이는 더 길다.

legend[lédʒənd] *n.* **범례** 보통 그래프나 도표의 옆이나 밑에 붙는데, 그래프, 도표 등에서 사용하는 점, 기호, 파이 그래프의 조각, 라인의 형태나 색깔이 갖는 뜻을 설명하는 것.

legitimate check[lidʒítimət tʃék] **적합 검사**

Lehmer method **레메르법** ⇨ multiplicative congruential method

Leibniz' dream **라이프니츠의 몽상** 라이프니츠는 수학 상의 임의의 문제를 푸는 일반적 방법의 연구를 했었는데, 이것을 라이프니츠의 몽상이라고 한다. 물론 그 연구는 실패로 돌아갔다. 현재는 알고리즘 이론에서 그러한 방법은 존재하지 않는다는 것이 증명되고 있으며, 그뿐 아니라 푸는 방법이 존재하지 않는 문제도 존재한다는 것이 증명되고 있다.

lemma incorporation[lémə inkɔ̀ːrpəréiʃən] **이론 합성** 정확한 이론을 확립해나갈 때 새로운 서술 논리가 필요하게 되면서 많은 개념들이 나타나게 된다. 또한 많은 지식은 잘못된 이론을 수정하는 과정에서 특징을 갖게 된다. 이러한 새로운 개념들이 확립되어 있는 지식에 적용될 수 있도록 하는 방법.

Lempel-Ziv Huffman **렘펠 지프 허프만** ⇨ LHA

length[léŋkθ] *n.* **길이** 문자열 또는 비트열의 「길이」 또는 「크기」를 표시하는 데 사용되는 경우가 많다. 예를 들면, 블록의 크기를 표시하는 블록 길이(block length), 레코드의 크기를 표시하는 레코드 길이(record length), 단어 길이를 표시하는 단어 길이(word length) 등 실제로는 문자, 바이트, 비트 수로 표시하는 경우가 많다. 또 고정 길이 레코드(fixed length record)는 파일을 구성하고 있는 레코드 길이가 일정, 즉 같은 바이트 수나 문자 수의 레코드이며, 가변 길이 레코드(variable length record)와 대비된다.

length attribute[–ǽtribjùː(ː)t] **길이 속성**

length factor[–fǽktər] **길이 계수**

length modifier[–mádifàiər] **길이 수정자**

length specification[–spèsifikéiʃən] **길이 지정**

leptokurtic[léptoukə̀ːrtik] **급첨** 한 분포의 뾰족한 정도에서 그 높이가 최고인 점. ⇨ kurtosis

lernout & hauspie[lə́ːrnaut ænd hɔ́ːspìː] **런아웃 & 허스피** 런아웃 & 허스피 사의 음성 제품은 음성 인식, 말하는 텍스트, 음성과 음악의 디지털 포맷을 암호화하는 데 사용된다. 이 회사의 오디오 암호는 넓은 압축률을 위해 범위와 음질에 따라 각기 다른 세 가지 기술을 사용하는데, 이들은 각각 밴드 이하의 코딩(sub-band coding), 들뜬 선 모양의 전조 코딩(codebook excited linear predictable coding), 그리고 음악적 코딩(harmonic coding)이다. ⇨ codec

LESS **레스, 최소 경비 예상 계획 시스템** least cost estimating and scheduling system의 약어. 프로젝트를 완성시키기 위해서 필요한 작업을 일정한 순서로 나열하여 네트워크를 작성해서 각각의 프로젝트를 완성하는 데 필요한 시간을 견적하여 모든 일을 완료시키는 데 필요한 시간, 네트워크되는 작업 경로, 각 작업의 여유 시간 등을 컴퓨터로 처리하기 위한 프로그램. PERT, CPM 등 네트워크 수법의 일종이다.

less or equal[lés ər íːkwəl] **작거나 같음** COBOL의 IF나 FORTRAN의 IF 조건문에서 수의 대소 관계 비교 조건에 이용되는 관계 연산자.

less than[–ðən] **보다 작은** 기호는 <으로 나타내며, 끝은 작은 숫자쪽을 향하게 한다. 즉, 1<2는 1이 2보다 작다는 것을 뜻한다. 두 숫자 사이가 같지 않다는 것을 나타내는 용어이다.

letter[létər] *n.* **글자** (1) 영문자, 숫자 등의 「문자」 또는 전자 메일, 프린터나 타이프라이터 등의 인쇄 장치, 또는 CRT 디스플레이 등에서 표시할 수 있는 문자 일반을 표시하는 경우가 많다. 타이프라이터나 CRT 단말기의 키보드에서 이들에 대응하는 키를 레터 키(letter key)라 부른다. 또 *a*로부터 *z*까지의 알파벳만을 특히 「레터」라 표현하여 구분하는 경우도 있다. (2) 도형 문자이며, 단독으로 또는 다른 도형 문자와 조합하여 사용되는 경우에 본래 언어의 하나 이상의 음의 요소를 기입하는 말로 표시하는 것이다. 단독으로 사용되는 구별적 발음 부호 및 구두점은 포함하지 않는다.
[주] 서구 문자는 유럽의 개념이다.

letter code [–kóud] **문자 코드** 이 코드는 5개의 채널에서 지능 펄스가 들어올 때 만들어진 테이프의 오류를 지우는 데 사용하며, 수신측 기계에서 아무 것도 인쇄하지 않도록 하는 것이며, 보도(Baudot) 코드에서 컴퓨터가 소문자를 사용하도록 하는 기능이다.

letter distribution [–dìstribjú:ʃən] **문자 분포**

letter-equivalent languge [–ikwívələnt lǽŋgwidʒ] **문자 등가 언어**

letter face [–féis] **레터 페이스, 문자틀**

letter head [–hé(:)d] **편지지** 위나 아래에 회사 이름 등이 미리 찍힌 용지로, 프린터에 사용되는 것.

letter key [–kí(:)] **문자 키**

letterpress font [létərprès fánt] **비정선폭(非定線幅) 자형**

letter quality [létər kwáliti(:)] **글자 (품)질** 여러 가지 프린터의 인쇄 활자 중에서 가장 질이 좋은 인쇄 상태나 그 인쇄를 하기 위한 기술. 질이 좋은 타자기나 활자체와 대등한 인쇄 품질을 나타낸다. ⇨ draft quality, near letter quality

letter quality print [–prínt] **문자(글자, 편지)(품)질 프린트**

letter quality printer [–príntər] **글자 (품)질 인쇄기** 워드 프로세서 등의 편집 기기(에디터)로 문장을 작성했을 때, 문서를 인쇄하기 위한 고품질의 프린터이다. 타이프라이터 정도의 인쇄가 가능한 것이며 레이저 프린터 등에 해당한다. 다른 프린터로 일반용의 서체(폰트) 이외에 특별히 고품질 폰트를 준비하고 있는 경우가 있다. 그 고품질 폰트를 「letter quality font」라 한다.

letter shift [–ʃíft] **LTRS, 문자 이동** 문자 이동 기구에 의해 텔레프린터가 대문자를 소문자로 바꾸어주는 기능.

letter size [–sáiz] **레터 크기** 종이 규격의 하나로 A4 크기보다 세로로 약간 길고 가로는 약간 좁다.

letter string [–stríŋ] **문자열**

letter type code [–táip kóud] **문자형 코드, 영자형 코드, 약자형 부호** 예전부터 EDP에 관계없이 사용되고 있는 약자를 그대로 코드로 한 것. 텔레프린터(teleprinter) 등에 사용하는 국제 5단위 부호에서는 영문자 시프트를 행함으로써 표시되는 *A*로부터 *Z*까지의 알파벳을 말한다. 즉, 상거래 단위나 도량형에 쓰이는 약호이다. 단위(unit)를 표시하는 약자는 범용성이 높으므로 그대로 부호로 사용된다. 예를 들어, 야드(YD), 피트(FT), 온스(OZ), 파운드(LB), 킬로그램(kg) 등이 약자형 부호이다.

level [lévəl] *n*. **수준, 단계** (1) 여러 가지 사상을 계층별로 나누었을 경우 그 각 계층을 표시한다. 예를 들어, 시스템 데이터 등의 구조체를 계층적으로 관리할 때, 각 층을 표시한다. 상위 항목은 하위 항목을 포함하고 있으며, 또한 다른 기능이나 값 등을 갖고 있다. 컴퓨터 시스템에서는 프로세서(processor)가 시스템 전체를 관리하기 위한 운영 체제(OS)라 불리는 프로그램이 늘 동작하고 있으며, 그 운영 체제 상에서 사용자(user)의 프로그램도 동작하게 된다. 이때 컴퓨터 프로세서는 크게 나누어 시스템 레벨(system level)과 유저 레벨(user level)의 두 가지 계층으로 처리할 수 있다. (2) 정도의 크기나 강도. 이때 그 크기나 강도를 어떤 일정한 기준과 비교하여 「레벨이 크다」라든가 「레벨이 약하다」라고 한다. 마찬가지로 버전(version)을 표시하는 경우도 있다. 프로그램을 개량하고 그 기능이 앞의 것에 비하여 일단과 다를 때라든가 알고리즘을 바꿈으로써 고도의 처리가 가능하도록 되었을 때, 레벨업(level up) 혹은 버전 업(version up)이라 한다. (3) 실시간 처리(real time process)를 할 수 있는 시스템에서는 시간의 경과에 맞추어 실시간으로 행하지 않으면 안 되는 처리와 시간에 관계없이 언제 처리를 해도 좋은 경우가 있다. 이 실시간으로 처리를 행하는 프로그램을 클록 레벨(clock level)이라 부르며 실시간 처리가 필요 없는 것을 베이스 레벨(base level)이라 한다. 그리고 각 시간에 있어서 클록 레벨의 프로그램을 실행하든가 베이스 레벨의 프로그램을 실행하든가 제어를 행하는 것을 레벨 제어(level control)라 한다.

level checking [–tʃékiŋ] **레벨 검사**

level II COBOL 레벨 2 코볼

level compensator [–kámpənsèitər] **레벨 보상기, 레벨 변동 보상 장치** 전신 회선의 수신 장치 중에서 사용되는 자동 이득 제어 장치.

level control [–kəntróul] **레벨 제어**

level conversion [–kənvə́:rʃən] **레벨 변환**

level converter [–kənvə́:rtər] **레벨 변환기, 레벨 변환 장치** 저레벨(5V, 25mW) 패밀리의 IC 출력과 고레벨(28V, 280mW) 패밀리의 IC 입력를 연결하기 위해 사용되는 기기. 마이크로프로세서는 MOS로 만들어져 있으므로 MOS-TTL, TTL-MOS의 레벨 변환에 사용된다.

level diagram [–dáiəgræ̀m] **레벨 다이어그램** 전화 회선의 각 지점에 대한 신호 레벨을 표하는 다이어그램.

level displacement table [–displéismənt téibəl] **레벨 변위 테이블**

level enable flip-flop [–inéibl flíp fláp] **레벨 가능 플립플롭**

level enable signal [–sígnəl] **레벨 가능 신호**

level fluctuation [–flʌ̀ktʃuéiʃən] **레벨 변동** 전송로의 전송 손실이 일정하지 않고 변화하는 것.

level indicator [–índikèitər] **레벨 표지, 레벨 지시어** COBOL 시스템에서 레벨을 나타내기 위해 데이터부(data division) 서두에 쓰는 기호나 레벨 번호. FD는 하나의 레벨 표지이다.

leveling [lévəliŋ] *n.* **레벨링** 자원 제약 PRET에 사용되는 용어. 공정 실시 계획에 따른 자재, 노동력 등의 종별 투입량을 시간에 따라 그래프화한 것을 말하며, 레벨링표에 극단적인 피크가 나타나는 것은 작업 계획과 관리면에서는 바람직하지 않다.

level line [lévəl láin] **레벨 곡선** 곡면을 표시할 때 같은 레벨(높이)의 점들을 연결하여 곡면의 굴곡을 나타내는 곡선. 등고선(contour line)이라고도 한다.

level meter [–míːtər] **수준 계기, 레벨 미터** 통신 회로나 전송 기기의 신호 레벨을 데시벨로 직독하는 계기. 가변 저항 감쇠기, 증폭기, 정류형 전압계 등으로 구성된다.

level noise [–nɔ́iz] **레벨 잡음** 데이터 전송에서 측정된 잡음과 특정된 기준 수준 사이의 비율로 표현되는 교란의 척도를 말한다.

level number [–nʌ́mbər] **레벨 번호** (1) COBOL 언어에서 프로그래머 레코드 중의 데이터 항목의 계층 위치를 지정하거나 데이터 기술항의 특성을 지정하기 위한 번호. 레벨을 나타내는 수로 COBOL에서 01~49번까지의 번호로 논리 레코드의 계층 구조를 나타내고, 66, 77, 88은 데이터 기술 항목의 특별한 것을 서술한다. (2) 계층적 편성에서 항목의 위치를 표시하는 참조 번호. PL/I에서 부호 없는 10진 정수의 상수로 구조체 중 명칭의 계층을 지정하는 것.

level of addressing [–əv ədrésiŋ] **주소 지정 단계** 기계어 명령에 의해서 데이터가 있는 장소를 주소 지정하는 방법의 레벨을 뜻하며, 다음과 같이 단계를 붙인다. ① 명령의 주소 부분이 데이터 그 자체일 때를 영차 주소 지정. ② 데이터의 기억 장소를 가리키는 주소인 경우를 1차 주소 지정. ③ 다른 번지가 있는 기억 장소를 나타내는 경우를 고차(2차, 3차 등의) 주소 지정이라고 한다.

level of control [–kəntróul] **관리 수준**

level of documentation [–dɑ̀kjumentéiʃən] **문서화 레벨** 요구 문서화의 범위, 내용, 형식, 품질 등에 대한 기술. 레벨의 선정은 프로젝트 비용, 사용 용도, 노력 정도 및 기타 요인에 근거한다.

level of node [–nóud] **노드의 레벨** ⇨ tree

level of significance [–signífikəns] **유의 수준** 가설 검정(test of hypothesis)에서 그 판단의 확률적 정밀도를 나타내는 수. 이 수준은 제1종 오류를 범하는 확률로 간주할 수도 있다. ⇨ critical value

level-one-variable [–wʌ́n vɛ́(ː)riəbl] **레벨 1 변수**

level order [–ɔ́ːrdər] **레벨 순서** 트리의 각 노드의 레벨에 따른 순서.

level shift [–ʃíft] **레벨 시프트** 파형에 직류를 중첩하여 전체의 레벨을 변화시키는 것.

level shift diode [–dáioud] **레벨 시프트 다이오드** 예를 들면, 트랜지스터를 사용한 논리 회로에서 이미터-베이스 간의 전위가 어느 방향(예를 들면, 양(+)방향)으로 이동하는 것을 보상하기 위해 직렬로 삽입되는 다이오드.

levels of abstraction [lévəlz əv æbstrǽkʃən] **추상화 레벨** 계층화에서 추상화 비율에 따라 정하는 계층화 레벨. 추상의 정도가 등급별로 구분되었을 때 각 등급의 레벨.

level status block [lévəl stéitəs blɑ́k] **LSB, 레벨 상태 블록** 특정 시스템에서 레지스터들의 우선 순위에 대한 레벨을 나타내는 데 사용될 때가 있다. 이 레지스터를 레벨 상태 블록이라고 한다 이 레벨 상태 블록은 작업 단위에 대한 수행 시간 정보만을 포함하며, 시행 상태에 있는 프로그램을 위해 사용된다.

level status register [–rédʒistər] **레벨 상태 레지스터** 어떤 시스템에서는 레벨 레지스터가 각각의 우선 순위에 의해 나타나는데, 이것을 레벨 상태 블록(LSB)이라고도 한다. LSB는 단지 작업 단위에 대한 수행 시간의 요소를 포함하며, 수행중인 프로그램을 위해서 사용된다.

level trigger [–trígər] **레벨 트리거** 플립플롭이 레벨 트리거되고 클록 펄스의 폭이 길다고 가정하면, 변화된 클록에 의하여 플립플롭이 또 변하여 불안정한 상태가 된다. 즉, 비동기 플립플롭에서 입력 신호의 레벨(0 또는 1)에 따라서 출력이 변하는 것으로 논리 회로가 불안정 상태가 될 수도 있다.

level variation [–vɛ̀(ː)riéiʃən] **레벨 변동** 데이터 전송에서의 레벨 변동의 대책은 FSK에 있어서는 진폭 제한기를, PSK에 있어서는 자동 이득 조정기를 사용하여 그 영향을 적게 하는 것이다. 즉, 신호 레벨이 전송로를 구성하는 전송 설비 내의 증폭기의 증폭률 변화, 온도 변동에 의한 선로 손실의 변화 등에 의해 시간적으로 변동하는 것을 말한다.

level zero indicator [–zí(ː)rou índikèitər] **LO indicator, LO 표지, 레벨 제로 표지**

leverage effcet[líːvəridʒ ifékt] **지렛대 효과** 지렛대란 가장 작은 변화가 많은 수의 사람과 운용 비용에 영향을 미칠 수 있는 영역을 말하며, 가장 큰 편익 확대 효과를 가리킨다.

LEX[léks] **렉스** 컴파일러를 자동으로 구현하기 위해 제작된 자동화 도구의 하나이며, 1975년 벨 연구소의 M.R. Lesk에 의하여 발표된 어휘 분석기 생성기이다.

lexeme[léksim] **렉심, 의미 항목** 의미를 나타내는 단어. 접두사, 접미사 혹은 어근.

lexical[léksikəl] *a*. **렉시컬, 어휘의** 모듈 *A*의 문장들이 원시 프로그램 리스트 상에서 모듈 *B*의 문장 내에 위치할 경우에 모듈 *A*는 모듈 *B*에 사전식으로(lexically) 포함된다. 즉, 프로그램 문장들이 쓰여진 순서와 관련된 용어를 가리킨다.

lexical analysis[–ənǽlisis] **어휘 분석** 자연 언어 이해 기법 중의 하나. 컴파일 또는 어셈블을 할 때 원시 프로그램의 문자를 입력하여 주사하고, 다음의 처리 루틴에 넘기기 위하여 문자열을 분해하여 해석하는 루틴을 말한다. 즉, 텍스트의 단어에 의미를 부가하기 위한 단어가 구(phrase)의 분석 방법 또는 어휘 분석기가 원시 프로그램을 읽으면서 차례로 문자를 검토하여 문법적으로 의미 있는 일련의 문자로 분할해내는 것을 의미한다.

lexical analyzer[–ǽnəlàizər] **어휘 분석기** 어휘 분석을 하는 프로그램으로 스캐너라고도 한다. 어휘 분석기는 파서로 호출하여 원시 프로그램에서 하나의 토큰을 찾아 토큰 번호를 파서에 넘겨준다. 즉, 입력으로 원시 프로그램을 받아 일련의 토큰을 출력하는 프로그램이다. 일반적으로 어휘 분석기는 컴파일러를 구현하는 사람이 정의된 문법의 단말 기호를 보고 이들을 인식할 수 있는 전체적인 유한 오토머턴을 상태 전이도로 표시하여 프로그래밍 언어로 구현해야 하지만, 컴파일러를 자동으로 구현하기 위해 만들어진 LEX 등을 이용하여 어휘 분석기를 구현할 수도 있다.

lexical disambiguation[–dìsæmbigjuéiʃən] **어휘 모호성** 시스템의 기계 번역에서 원시 언어를 목적 언어로 바꿀 때 원시 언어의 한 단어가 두 가지 의미를 가질 경우 정확한 단어의 뜻을 선택하는 과정.

lexical element[–éləmənt] **어휘 원소** 명칭, 리터럴, 경계 기호, 그리고 주석 등과 같은 요소를 지칭한다.

lexical error[–érər] **어휘 오류** 컴파일러에서 발생하는 오류는 크게 어휘 단계, 구문 단계, 신택스 단계 오류로 나눌 수 있는데, 그 중에서 어휘 단계 오류를 말한다. 이것은 문자 스트링인 원시 프로그램을 읽어 토큰으로 분할하는 과정에서 정의된 토큰의 형태와 일치하지 않을 때 발생되는 오류를 의미한다.

lexical scanner[–skǽnər] **어휘 스캐너**

lexical scope[–skóup] **어휘 범위** 정적 범위라고도 하며, 프로그램 작성시 프로그램 내에서 선언된 변수의 위치에 의하여 그 변수가 사용될 수 있는 범위가 결정되는 것을 말한다. 변수가 선언된 부프로그램 내에서는 그 변수를 사용할 수 있지만 선언된 부프로그램 밖에서는 사용할 수 없다. 이와 같은 방식으로 변수의 사용 범위를 결정하는 규칙을 어휘 범위 규칙이라고 하는데, 일반적인 프로그래밍 언어(PASCAL, C 등)는 이 규칙을 따른다.

lexical unit[–júːnit] **어휘 단위** 규칙에 근거하여 의미상의 기초적인 단위를 표현하는 언어 구성 요소. ⇨ token

lexicographic order[lèksikəgrǽfik ɔ́ːrdər] **사전식 순서, 사전 편집용 배열** 사전과 같은 방식의 정렬 순서.

lexicographic sort[–sɔ́ːrt] **사전식 분류**

lexicon[léksikən] *n*. **어휘 사전** 모든 용어에 대한 정의 혹은 설명을 가진 사전으로서 반드시 알파벳 순서로 할 필요가 없다. 주로 자연 언어 이해의 어휘 분석에서 사용된다.

LF (1) **줄바꿈** line feed의 약어. 정보 교환용 부호 중 인쇄 위치를 다음의 행으로 이동(개행)시키기 위한 서식 제어용 부호. (2) **개행 문자** line feed character의 약어. (3) **낮은 주파** low frequency의 약어.

LFU 최소 사용 빈도수 least frequently used의 약어.

LFU page replacement 최소 사용 빈도수 페이지 교체 least frequently used page replacement의 약어.

LGN 논리 그룹 번호 logical group number의 약어.

LHA 렘펠 지프 허프만 Lempel-Ziv Huffman의 약어. 여러 개의 파일을 압축하여 하나의 파일로 만드는 압축 도구.

LIBE 라이브러리 편집, 라이브러리 편집 프로그램 library editor의 약어.

librarian[laibrέ(ː)riən] *n*. **라이브러리언** 라이브러리의 등록 · 삭제 · 갱신 등을 하는 프로그램. 또 라이브러리나 파일, 저널 등 주로 기록 매체를 관리하는 사람이라는 뜻으로도 쓰인다. 컴퓨터 시스템에서는 프로그램이나 파일, 매일 갱신되는 데이터를 잘 정리해놓지 않으면 자칫 혼란의 근원이 되기 쉬우므로 전문 요원을 두는 경우가 많다.

librarian program[–próugræm] **라이브러리언 관리 프로그램** 라이브러리는 한 보조 기억 장치에 기억되거나 여러 장치에 분산될 수도 있지만, 양자 모두 필요에 따라 라이브러리에 정보를 추가, 삭제, 수정을 가해서 라이브러리 내용을 항상 최신의 것으로 유지한다. 즉, 제어 기능 중 운영 체제의 한 부분으로 사용되는 라이브러리 프로그램의 보수 관리를 제공하는 프로그램이다. 사용자가 작성한 응용 프로그램도 서브루틴, 제어 프로그램, 컴파일러, 정렬/합병, 유틸리티 프로그램과 함께 라이브러리 내에 수록할 수 있다.

library[láibrəri(:)] *n*. **자료관, 라이브러리** (1) 대상이 데이터인 경우에는 적용 업무(application)에 관련한 파일의 「집합」을 가리키는 경우가 있다. 즉, 기억 매체 상의 파일 모임, 또는 곧바로 이용 가능하도록 자기 테이프에 정리 기억된 정보의 모임이다. 라이브러리의 정리 보관 비율은 컴퓨터 시스템의 운영 효율을 좌우하는 중대한 요소가 된다. 예를 들면, 재고 관리에 있어서 재고품의 관리 파일의 집합이 데이터의 라이브러리를 형성할 수 있다. (2) 프로그램의 경우에는 메이커에서 공급하거나 이용자가 작성한 프로그램, 루틴, 서브루틴 등의 집합을 가리킨다. 자기 테이프나 자기 디스크 등의 보조 기억 장치에 보존되어 있다.

library automation[–ɔ̀:təméiʃən] **라이브러리 오토메이션, 도서관 자동화** 도서관 운용이나 도서의 관리 업무를 컴퓨터와 기타의 자동화 개념을 활용하는 기기들로 응용하는 일.

library case[–kéis] **라이브러리 케이스** 플로피 디스크 등을 안전하게 보호하기 위한 플라스틱 보관함.

library control sector[–kəntróul séktər] **라이브러리 제어 섹터**

library control statement[–stéitmənt] **라이브러리 제어문**

library directory[–diréktəri(:)] **라이브러리 등록부**

library editor[–éditər] **LIBE, 라이브러리 편집기**

library facility[–fəsíliti(:)] **라이브러리 설비** 사용자 자신들이 자주 사용하는 프로그램이나 루틴들을 추가할 수도 있으며, 공통의 작업 처리를 위해 컴퓨터 생산 업체가 제공하는 기본적인 범용 소프트웨어. 라이브러리에 있는 프로그램들은 매크로 명령을 써서 쉽게 목적 프로그램으로 번역할 수 있다.

library file editor[–fáil éditər] **라이브러리 파일 편집기** 어셈블러나 컴파일러의 출력을 2진 라이브러리 파일에 추가시킬 수 있는 프로그램으로 이것은 프로그램의 중복을 없애주어 중앙의 수정 가능한 라이브러리 프로그램으로 만들게 한다.

library function[–fʌ́ŋkʃən] **라이브러리 함수** 프로그램 라이브러리 속에 들어 있는 일련의 함수 서브루틴 또는 함수 매크로 명령.

library index[–índeks] **도서 목록(색인)**

library list[–líst] **라이브러리 리스트**

library macro definition[–mǽkrou dèfiníʃən] **라이브러리 매크로 정의** 시스템 라이브러리나 유저 라이브러리에 기억되어 있는 매크로 정의. 원시 매크로 정의를 호출할 수 있는 것은 그 매크로 정의가 들어 있는 원시 모듈에서만 가능하다. 이에 대하여 라이브러리 매크로 정의는 임의의 원시 모듈에서 호출할 수 있다. 어셈블러와 함께 제공되는 매크로 정의가 라이브러리 매크로 정의의 예이다. ⇨ macro definition, system library, source macro definition

library management[–mǽnidʒmənt] **라이브러리 관리** (1) 프로그램이나 데이터를 라이브러리로서 수용한 자기 테이프나 자기 디스크 팩 등의 물품을 보관하고 대출하는 업무. (2) 라이브러리는 복수 개의 파일 본체와 그 파일의 소재 장소를 나타내는 목록부로 구성되는데, 이때 라이브러리 내의 파일을 보수하기 위해 파일의 양식에 대응하는 특정 프로그램으로 목록부 및 파일 본체를 갱신하는 데 사용되는 프로그램을 말한다.

library manager[–mǽnidʒər] **라이브러리 관리자** 운영 체제에 저장된 프로그램을 유지하는 프로그램.

library member[–mémbər] **라이브러리 멤버**

library name[–néim] **등록집명, 라이브러리명**

library of data[–əv déitə] **데이터의 라이브러리** 관련된 데이터의 집합. 예를 들면, 재고 관리에 있어서 재고품의 관리, 파일의 집합이 데이터의 라이브러리를 형성할 수 있다.

library program[–próugræm] **라이브러리 프로그램** 프로그램의 라이브러리에 있는 컴퓨터 프로그램. 제작 회사가 제공하는 프로그램으로 과학 응용 분야에서 자주 사용되는 제곱근, 지수 함수, 대수 함수 등이나 행렬 계산, 통계 분석을 위한 라이브러리 루틴들이 있으며, 사무적인 데이터 처리 응용 분야에는 정렬이나 합병 등의 라이브러리 루틴이 있다.

library programming[–próugræmiŋ] **라이브러리 프로그래밍** 라이브러리를 만들려는 목적으로 프로그래밍하는 것. 하나의 특정 작업을 위해 쓰여진 프로그램 대신 라이브러리에 입력시키거나 라이브러리로부터 검색하기 위하여 독자적으로 일단의 프로그램을 작성하는 것. 이것은 라이브러리 프로그램 이름들의 색인만으로 호출할 수 있다.

library reference programming[–réfərəns próugræmiŋ] **라이브러리 참조 프로그래밍**

특정 작업을 위해 쓰여진 프로그램이 아니라 집단을 형성하거나 라이브러리의 입력 및 사용을 위한 별개의 프로그램. 간단히 라이브러리 프로그램 목록 참조라고도 한다.

library routine[-ruːtíːn] **라이브러리 루틴** (1) 프로그램 라이브러리에 등록되어 있는 검사가 끝난 루틴. 상대 코드나 기호 코드 형태로 기억되어 있고 이를 사용하여 하나의 프로그램 혹은 그 일부분을 해결할 수 있다(라이브러리는 서브루틴에서 사용되는 연산 형태에 따라서 10진 소수, 배정도 실수, 복소수 등 여러 부분으로 나누어질 수 있다). (2) 특수한 프로그램 혹은 서브루틴의 라이브러리를 만들고 유지하는 데 필요한 루틴. 루틴을 라이브러리에 추가, 삭제, 변경, 대체할 수 있게 하며, 이러한 루틴으로 라이브러리를 사용자의 요구에 따라 변경시킬 수 있다. (3) 큰 루틴 속에 포함시킬 수 있는 검사 루틴으로 프로그래머에게는 하나의 보조 수단을 제공하며 라이브러리 내에서 유지되고 관리된다.

library search[-sə́ːrtʃ] **라이브러리 탐색**

library subroutine[-sʌ́bruːtìːn] **라이브러리 서브루틴** 언제라도 사용할 수 있도록 파일에 저장된 표준화된 또는 증명된 서브루틴의 집합체.

library system package method[-sístəm pǽkidʒ méθəd] **라이브러리 시스템 패키지법** 컴퓨터 활용 감사를 행하는 한 방법으로서 프로그램 수정의 유무를 검증하고 감사 대상 시스템의 정당성이 유지되고 있다는 것을 확인하려는 것. 그 기능으로는 프로그램 수정의 일시, 가감 정정 명세의 프린트, 수정 건수의 합계, 프로그램 또는 프로그램 모듈마다의 점유 기억 용량의 계수, 예기치 않은 수정에의 프로텍션 기능 등을 가지고 있다. 또 프로그램에 따라서는 일정한 수정 건수 내라면 수정 전의 상태로 프로그램을 복원할 수 있는 것을 말한다. 일정 기간 내에 수정 전의 프로그램을 말소하지 않고 보존해 두는 기능을 가지고 있는 것도 있다.

library tape[-téip] **라이브러리 테이프** 라이브러리 테이프는 테이프 레벨 및 공백 레코드를 포함하고 있으며, 데이터 테이프를 위한 제어 마크(control mark)를 가지고 있지만 프로그램 자체는 특정 형식에 따라 자기 테이프에 저장된다. 이 테이프는 표준 양식(라이브러리언에 의해 표준적인 형식으로 수행되는 프로그램)과 디버깅 양식(검사받아야 할 프로그램과 검사 데이터도 포함)의 두 가지 형태가 있는데, 제어 마크는 이 두 가지 양식의 혼합에 사용된다.

library text[-tékst] **라이브러리 텍스트**

library track[-trǽk] **라이브러리 트랙** 제목, 키워드, 문서 번호 등과 같은 자료들을 수록하는 테이프, 디스크, 드럼 혹은 다른 대용량의 기억 장치 트랙.

library unit[-júːnit] **라이브러리 유닛**

library update[-ʌpdéit] **라이브러리 갱신**

LIC 회선 인터페이스 결합 기구 line interface coupler의 약어.

license[láisəns] *n.* **인가(認可), 라이선스, 면허** (1) 예를 들면, 컴퓨터의 적용 업무 프로그램에서는 프로그램을 제작한 프로그램 메이커와 프로그램을 구입한 사용자(user)와의 사이에 라이선스 계약을 맺는다. 이로써 사용자가 부당하게 타인에게 프로그램을 카피시키지 않도록 하는 대신에 사용자는 프로그램이 버전 업(version up)되었을 때 지원받을 수 있다. 그러나 백업 등을 위하여 사용하는 프로그램의 카피는 허용된다. 또 교육용을 목적으로 한 종류이지만 대량의 프로그램을 사용할 수 있는 라이선스를 사이트 라이선스(site license)라 하며, 최근에 각광받고 있다. (2) 공업적으로는 어떤 메이커가 특허를 취득한 장치 등에 대하여 다른 메이커가 생산할 수 있는 권리를 말한다. 즉, 다른 기업은 라이선스를 받아 생산을 행할 수 있는 것이다. 이것을 라이선스 생산이라 부르며, 라이선스를 받은 대가로서 로열티(royality)라고 하는 라이선스 사용료를 지불할 필요가 있다. 흔히 licensed의 형으로도 사용된다.

license contract[-kάntrækt] **면허 계약** 사용자가 소프트웨어를 구입하여 사용할 때 필요한 계약서.

license server[-sə́ːrvər] **라이선스 서버** LAN 등의 발달에 따라 새롭게 등장한 소프트웨어 사용 형태의 일종. 네트워크 상의 서버에 소프트웨어를 설치하면 계약시에 설정된 숫자 범위 내의 단말기가 프로그램을 실행할 수 있다.

life cycle[láif sáikl] **수명** 하나의 기술적인 패턴이 만들어진 후부터 다른 또 하나의 새로운 기술적인 패턴이 만들어질 때까지의 기간.

life cycle energy[-énərdʒi(ː)] **라이프 사이클 에너지** 생활 필수품의 제조에서 폐기에 이르기까지 직접 · 간접으로 소비되는 에너지량. 직접적인 에너지 소비뿐만 아니라 식료품 · 의류 · 주택 · 전기 기구 등의 제조에 사용되는 간접 에너지 소비를 포함해서 생각할 수 있다.

life cycle model[-mάdəl] **라이프 사이클 모델, 생명 주기 모형**

lifegame[láifgèim] **라이프게임** 경로를 가진 셀로 구성된 필드에 초기값을 부여하고 시간이 경과되는 동안 변화하는 모양을 관찰한다. 학술 목적의 시뮬레이션으로 1970년 영국 케임브리지 대학의 수학자 존 호턴 콘웨이(John Horton Conway)에 의해 발명되었고 마틴 가드너(Martin Gardner)가 소개하였다. 생물의 행동 규칙의 집단 증식과 번영, 쇠퇴부터 멸망에 이르기까지의 과정을 모델화하는 것으로서 셀룰러 오토머톤의 일종으로 간주된다. 또한 카오스 이론이나 인공 생명 연구를 시사하는 것으로 채택되고 있다.

lifer[láifər] *n.* **리퍼** 1977년 SRI(Stanford Research Institute)의 Gary Hendrix에 의하여 고안된 자연 언어 이해 인터페이스 툴. lifer는 데이터베이스와 전문가 시스템을 포함하는 많은 시스템에서 NLI(national language interface)를 개발하는 데 사용된다.

life test[láif tést] **수명 시험** 부품 혹은 기기의 수명을 검토하기 위한 시험.

life time[–táim] **수명, 생존 기간** 실행 시간의 일부이며, 어떤 하나의 대상물이 존재하는 기간. 변수의 생존 시간은 변수를 위한 기억 장소를 할당한 후부터 그 변수 이름에 할당된 기억 장소가 더 이상 사용되지 않을 때까지를 말한다.

LIFO 후입 선출 last-in first-out의 약어. (1) 가장 최근에 발생한 것, 혹은 도착한 것을 최초로 꺼내도록 관리하는 방식. (2) 격납(格納)은 낡은 데이터에서 새로운 데이터로 순서대로 읽어내고, 처리는 새로운 데이터로부터 우선하여 처리하는 방식. 대기 행렬 또는 파일의 가장 새로운 등기 사항이 가장 먼저 지워지도록 하는 대기 행렬 처리법 등을 말한다. ⇨ stack

LIFO buffer 후입 선출 버퍼

LIFO list 후입 선출 리스트

LIFO search 후입 선출 탐색 어떤 주어진 문제를 풀기 위한 상태 공간 그래프(state space graph)에서 시작점으로부터 탐색되지 않은 자식 노드가 있는 노드들 중 가장 나중에 생성된 노드를 선택해가는 방법을 반복하여 최종적으로 해답을 찾는 방법.

LIFO stack 후입 선출 스택

light[láit] *n.* **라이트, 빛** 눈으로 감지하는 전자파, 빛.

light-A A 라이트 A 레지스터의 상태 및 패리티 검사 오류를 나타내는 제어판의 지시등.

light amplification by stimulated emission of radiation[–æmpləfikéiʃən bai stímjulèitid imíʃən əv rèidiéiʃən] **LASER, 레이저, 여기(勵起) 유도 방사에 의한 광 증폭** ⇨ LASER

light-B B 라이트 B 레지스터의 상태 및 패리티 검사 오류를 나타내는 제어판의 지시등.

light button[–bʌ́tən] **광 버튼** 브라운관 디스플레이 장치에서 제어용 기능의 종류를 나타내기 위해 형광면 상의 정규 화면 주변에 광점(光點) 또는 두 문자의 조합 등으로 나타낸 표시. 라이트 펜에 따라 이것을 지시하면 원하는 기능이 행해진다. 라이트 버튼이라고도 한다.

light emitting diode[–imítiŋ dáioud] **LED, 발광 다이오드** 화합물 반도체로 만든 다이오드에는 전류를 흘리면 캐리어(전자와 정공)의 과잉 에너지에 의해 효율적으로 발광하는 것이 있는데, 이것을 이용한 발광 소자. 발광 다이오드는 전기 에너지를 광에너지로 직접 변환하므로 효율적이고 전력 소비가 적으며, 신뢰성이 높고 고속 응답을 하는 등의 특징이 있다. 따라서 가전 제품이나 자동차 계기류의 표시 소자로, 광통신용 광원의 일부로 사용되고 있다. 반도체 재료 중에는 과잉 에너지를 빛으로 방출하기 쉬운 것과 열로 소비하기 쉬운 특성을 가지는 것이 있다. 예를 들어, 집적 회로나 트랜지스터에서 잘 쓰이는 실리콘은 발광 다이오드용 재료로서는 부적합하며, 화합물 반도체인 칼륨-비소, 칼륨-알루미늄-비소, 칼륨-인 등이 사용되고 있다.

light emitting diode printer[–príntər] **LED 프린터**

light guide[–gáid] **광 통로** 광섬유 케이블을 사용한 광전송을 설계한 채널.

light gun[–gʌ́n] **광선 총** ⇨ light pen

lightness[láitnəs] *n.* **명도** 색의 3속성의 하나로 물체 표면의 밝기.

light pen[láit pén] **광전 펜, 라이트 펜** (1) 펜 모양의 형상을 한 데이터 입력 장치. 컴퓨터의 디스플레이 화면을 펜으로 투영하도록 하는 작업으로 입력할 수 있다. 예를 들어, 디스플레이 상에 작업 항목의 마크가 나타나 있는 경우 라이트 펜을 그 마크의 위치로 갖고 가서 스위치를 누르면 컴퓨터는 그 마크의 위치에 라이트 펜이 있다는 것을 인식할 수 있다. 이 라이트 펜에 의하여 응답성이 좋은 시스템을 만들 수 있다. 이 때문에 컴퓨터의 단말 입력 장치로서도 라이트 펜이 사용되고 있다. 또 펜 터치식

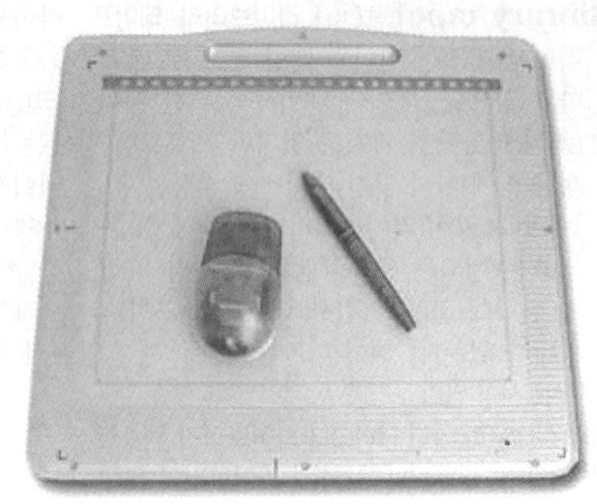

〈그래픽 태블릿과 라이트 펜〉

키보드(light pen detective keyboard)라는 것도 있다. 라이트 펜으로 디스플레이 화면상의 좌표를 구별할 수 있는 원리는 디스플레이에서의 전자 빔의 주사(走査)를 라이트 펜으로 받아, 이 빔 위치와 라이트 펜으로부터의 입력에 의해 디스플레이 상에서의 좌표를 판단하는 것이다. (2) 바코드(bar code)를 판독하기 위한 데이터 입력 장치를 말하며 펜 내부에서 발광시킨 빛을 바코드 부분에 쪼여 그 반사광을 다시금 라이트 펜으로 수광(受光)하고, 그 변화를 데이터로서 입력한다. 데이터의 입력은 수동으로 바코드 위를 주사함으로써 이루어진다.

light pen attention[–əténʃən] **라이트 펜 주의** CRT 화면에 나타나는 빛을 감지했을 때 라이트 펜에 의해 생성된 인터럽트.

light pen attribute[–ǽtribjùːt] **라이트 펜 속성**

light pen detection[–ditékʃən] **라이트 펜 방식, 라이트 펜 검출** 표시면상의 표시 요소가 발생하는 빛을 라이트 펜으로 검지하는 것. ⇨ light pen hit

light pen detection keyboard[–kíːbɔ̀ːrd] **라이트 펜 터치식 키보드** 디스플레이의 화면상에 문자를 키보드 상태로 배치하고, 이 문자 키를 라이트 펜으로 덧씌워 문자를 선택하고, 데이터를 입력하는 방식. 이 가운데 희망하는 개소를 라이트 펜으로 지시함으로써 그 항목이 선택되어 실행된다.

light pen hit[–hít] **라이트 펜 히트** 표시면상의 표시 요소가 발생하는 빛을 라이트 펜으로 감지하는 것.

light pen operation[–ɑ̀pəréiʃən] **라이트 펜 조작**

light pen system[–sístəm] **라이트 펜 시스템**

light pen tracking[–trǽkiŋ] **라이트 펜 트래킹, 라이트 펜 추적**

light sensitive[–sénsitiv] **광감응**

light sensor[–sénsɔːr] **광검출자** 황화카드뮴(CdS), 포토 다이오드(photo diode), 광전관(photo tube) 등의 소자이다. 광전 효과를 이용하여 빛을 검출하는 것으로, 수광면에 빛이 닿으면 소자의 특성이 변화한다. 이것을 전기적인 신호로 변환하여 빛의 양을 검출한다.

light stability[–stəbíliti(ː)] **광안정성, 내광성(耐光性), 빛의 안정도** 광학 문자 판독기에서 화면이 색깔 변화에 대한 저항 정도.

light stylus (pen)[–stáiləs (pén)] **광 펜** 펜과 같은 기구로서 화면상의 정보를 가리키면 전자 광선이 CRT의 내부를 통하면서 CRT에서 방출되는 빛을 탐지하는 것이다. 광 펜의 반응은 화면에 나타난 영상이 컴퓨터 동작에 관련된 컴퓨터로 전달된다. 이러한 방식으로 조작원은 화면상의 내용을 소거하거나 첨가할 수 있으며 그 프로그램에 대하여 엄격한 제어를 유지할 수 있고 다른 동작을 선택할 수 있다.

likelihood[láiklihù(ː)d] *n.* **라이클리후드, 가능성** 「가능성」이란 의미로서 사건 A에 대한 사건 B의 라이클리후드, 즉 사건 A가 발생했을 때 사건 B가 일어날 가능성은 확률 $P(B/A)$로 주어진다.

LILO 후입 후출 ⇨ last-in last-out

LIM EMS Lotus-Intel-Microsoft expanded memory specification의 약어. MS-DOS에서 640kB 이상의 메모리를 이용하기 위한 확장 방식.

LIMIT lot-size inventory management interpolation technique의 약어. 기계 공장에서 통상의 공식에 의한 경제 로트 사이즈나 EOQ를 구해서 그 것을 그대로 적용하면 재고 금액이 증가하거나 창고가 비게 되어 비실용적일 수가 있으므로, 재고 금액이나 준비 비용이 어떻게 변화되어 가는가를 조사하고 준비 시간의 배분을 더욱 절감하여 적정한 로트 사이즈를 구하게 하는 수법이다.

limit[límit] *n.* **한계, 제한, 범위, 한도** 컴퓨터에서 취급하는 데이터의 값은 메모리 상의 제약, 계산 시간의 제약 등으로부터 상한과 하한의 한계값이 정해져 있는 것이다. 이와 같이 한계를 정하는 조작을 행하는 것을 분리(delimit)라고 한다.

limitation[lìmitéiʃən] *n.* **제한, 제한 사항**

limit check[límit tʃék] **한계 검사** 컴퓨터에 의한 데이터 처리에서 연산 처리 전에 행해지는 데이터 내용 체크의 한 방법으로 미리 데이터 상한값과 하한값이 주어져 있어 입력된 데이터가 그 범위에 들어 있는가를 조사하는 체크 방식. 컴퓨터에서 입력된 데이터의 오차를 검출(detect)하는 데 유효하다. 이로부터 어느 정도의 데이터 입력 오류(input error)는 방지할 수 있다. 예를 들어, 월일을 입력할 경우에는 월은 12보다 크게 되는 경우는 없고, 일은 31보다 크게 되는 경우는 없다. 따라서 만약 13월 32일이라는 입력이 있을 때에는 한계 검사에 의하여 제외된다.

limit count[–káunt] **한계 수**

limited[límitəd] *a.* **한정적, 제약된** 최대 시간을 요하는 특정 기계의 동작을 나타내기 위해서 다른 단어나 용어에 덧붙여서 사용되는 단어로서 테이프 한계, 컴퓨터 한계, 입력 한계 등이다.

limited integrator[–íntəgrèitər] **제한 적분기** 출력 신호가 설정된 제한값을 초과하지 않는 범위에서 입력 신호를 적분하는 형태의 적분기.

limited process (sorting)[–prɑ́ses (sɔ́ːrtiŋ)] **제한 처리(정렬)** (1) 내부 명령어의 수행 시간이

정렬하는 데 경과된 시간을 결정하는 정렬 프로그램. (2) 중앙 처리 장치의 속도는 처리 시간을 제어하는 것이며, 입출력 속도 또는 입출력 능력을 제어하지는 않는다.

limiter [límitər] *n.* **진폭 제한기** 아날로그 변수가 규정 영역을 초과하는 것을 제한하는 연산기. (1) 각도 변조를 받은 신호파 복조시에 전송로에서 받은 진폭 변화는 중요한 방해 요인이 된다. 그래서 이 진폭 변화를 제거하여 일정 진폭파로 하는 것이다. (2) 포화 요소 : 아날로그 컴퓨터에서 일정한 값을 넘는 신호를 그 값으로 제어해서 출력 신호로 하는 연산기. 연산 증폭기는 포함하거나 않거나 상관없다. limiter에는 hard limiting과 soft limiting이 있는데 여기서 말하는 포화 요소는 hard limiting에 대응한다.

limit path [límit pǽːθ] **한계 경로** 프로젝트 시간과 자원 관리를 행하는 네트워크 계획 시스템(network planning system)에서 완료 시각이 그 중의 최후 이벤트의 예정 시간(last event time)을 초월해 있는 경로. 네트워크 계획 시스템에서는 한계 경로를 발견하고 그것에 대한 대책을 세우는 것이 무엇보다 중요하다. PERT에서 사용되는 용어로, 이 한계 경로를 빨리 발견해서 대책을 세우는 것이 PERT의 목적이므로 PERT의 별명으로 사용되는 경우도 있다.

limit priority [–praiɔ́(ː)riti(ː)] **LP, 한계 우선 순위** 컴퓨터 시스템에서 다중 액세스(multiple access)가 행해질 때, 각각의 태스크에 부여할 수 있는 최고의 우선 순위. 각각의 태스크는 그 중요도에 따라 처리의 우선 순위가 정해진다. 복수의 태스크가 컴퓨터에 존재할 때에는 그 우선 순위에 따라 처리의 순번이 결정된다. 이때 각 태스크에 부여되는 우선 순위의 한계를 표시한다.

limit record [–rékərd] **한계 레코드**

limit value [–vǽljuː] **한계값**

Lincoln wand locator [líŋkən wɔ́(ː)nd loukéitər] **링컨 원드 위치자** 표상 영역의 네 귀퉁이에 4개의 마이크로폰을 가지고, 이동 시간에 따라 위치 좌표가 결정되는 Lincoln 실험실에서 개발된 음향을 이용한 위치자이다.

line [láin] *n.* **선, 줄, 회선** 대상에 따라 다른 의미를 갖는 용어. 주로 다음과 같이 쓰이고 있다. (1) 행 : 보고서(report)의 페이지를 세로 나눔으로 한 단위를 가리키고, 횡1열로 문자가 나열된 것을 말한다. 마찬가지로 표시 장치의 화면상의 횡1열을 「행」이라 부르는 경우가 있다. line feed는 「개행」. 프로그램에서의 기술 단위이며, 정해진 개수의 문자로 이루어지는 것을 가리킨다. 예를 들면, FORTRAN에서는 개시행, 계속행, 주석행, 종료행 등을 가리킨다. (2) 회선 : 데이터 통신 분야에서는 데이터의 전송로를 가리킨다. 전화 회선(telephone line), 회선 번호(line number), 집선 장치(line concentrator) 등 복합어가 많이 있다. 인터넷 속도에 가장 큰 영향을 끼치는 것은 무엇보다도 회선이다. 즉, 인터넷 서비스를 제공하고 있는 업체가 연결된 네트워크 호스트가 어느 곳이며 얼마만한 용량을 수용할 수 있는지를 나타내주는 것이 회선이다. T1급은 1,544Mbps의 전송량을 포용하는 정도의 회선이다. 만일 T1급 회선에 연결된 호스트라면 28,8kbps 모뎀으로 접속한 사용자 약 53명이 접속할 때 가장 적절한 속도를 낼 수 있다. 간단히 하이퍼미디어는 하이퍼텍스트와 연결되어 있다고 생각하면 된다. 이러한 개념은 언뜻 이해가 안 될 수도 있으나 일단 웹 브라우저 툴을 사용해보기만 한다면 쉽게 이해될 것이다. (3) 선(線) : 도형 표시 장치(graphic display) 상에 「선을 긋는다」라는 의미로 사용하는 경우가 있다. 원을 그린다(circle)와 대비된다. (4) 데이터의 외측에 있으며 데이터 회선 종단 장치를 다른 하나 이상의 데이터 회선 종단 장치와 접속하거나 데이터 교환 장치를 다른 데이터 교환 장치와 접속하는 것.

linear arithmetic oscillator [líniər əríθmətik ɑ́səlèitər] **LA 음원** ⇨ LA oscillator

line adapter [–ədǽptər] **회선 어댑터, 회선 어댑터 장치** 데이터 통신에서 통신 회선을 통해서 단말 장치를 컴퓨터에 접속할 때 데이터 전송 제어 장치에 장비하거나 또는 접속하는 변복조 장치를 말한다.

line addressing [–ədrésiŋ] **표시행 지시 기구**

line adjacency graph [–ədʒéisənsi(ː) grǽf] **LAG, 선 인접 그래프** 정점(node)에 대응하는 그래프. 해당되는 간격이 인접한 선(interval) 위에 있다. 그것들의 주사(scan) 방향에 따른 투사가 겹치고 그것들의 픽셀(pixel)이 같은 색을 가질 때, 그것들 사이에 가지(branch)를 연결한다.

line advance [–ədvɑ́ːns] **회선 어드밴스, 행 이송**

line alignment [–əláinmənt] **행 정렬**

line analysis [–ənǽlisis] **회선 분석**

linear [líniər] *n.* **선형** 「선형성」, 「연속성」의 뜻. 기기에 있어서는 입력(input)에 비례하여 출력(output)이 변화하는 경우 이것을 「리니어하다」라고 한다.

linear addressing [–ədrésiŋ] **선형 어드레스 지정** 주변 I/O 장치 등에 어드레스 각 1비트씩을 할당함으로써 주변 I/O 장치에서의 어드레스 디코드(address decode)를 간략화하는 방법이다. 이렇게 하여 I/O 장치를 선택하는 방법을 선형 선택(linear selection)이라고 한다.

linear algebra[–ǽldʒəbrə] **선형 대수**

linear algebraic equations[–æ̀ldʒəbréik ikwéiʒənz] **선형 대수 방정식**

linear amplifier[–ǽmplifàiər] **선형 증폭기**

linear arrangement[–əréindʒmənt] **선형 배열** 주어진 그래픽의 정점 개수를 n이라고 할 때, 정점 집합에 {1, 2, ⋯ , n}을 대응시키는 함수.

linear array[–əréi] **선형 배열**

linear bounded automaton[–báundəd ɔː-támətən] **LBA, 선형 경계 오토머턴** 입력 기호열이 맨 처음에 주어지면 그 입력 기호열이 써넣어져 있는 테이프의 공간 이외에는 동작중에 사용되지 않는다는 제약 사항이 붙어 있는 튜링 기계의 일종. 언어의 수리(受理) 능력에 관해서는 비결정성 선형 경계 오토머턴은 1형 언어급을 수리하지만 결정성 선형 경계 오토머턴이 수리하는 언어급이 1형 언어급을 참으로 포함하는가의 여부는 미해결 문제이다.

linear channel[–tʃǽnəl] **선형 채널**

linear circuit[–sə́ːrkit] **선형 회로** 입력되는 전압과 전류가 변화하여도 회로 속의 저항이나 인덕턴스 용량이 변화하지 않는 회로.

linear code[–kóud] **선형 코드**

linear computing element[–kəmpjúːtiŋ éləmənt] **선형 연산기** 아날로그 컴퓨터에서 선형 회로 소자 또는 그것과 연산 증폭기와의 조합으로 구성이 가능한 연산기. 입력 전압의 가감, 미적분 등의 선형 연산을 행하는 회로. 보통 이용되는 것은 고이득 증폭기를 이용한 귀환 연산 회로이다.

linear equalization[–ìːkwəlaizéiʃən] **선형 등화(線形等化), 직선 등화**

linear equation[–ikwéiʒən] **선형 방정식, 1차 방정식** 왼쪽 식과 오른쪽 식이 둘 다 변수의 선형 함수를 갖는 방정식.

linear grammar[–grǽmər] **선형 문법** 언어학자 촘스키(N. Chomsky)에 의해 소개된 문법 종류 중 타입 3문법으로, 정규 문법이라고도 한다. 선형 문법은 생성 규칙이 $A \rightarrow tB$ 혹은 $A \rightarrow t$의 형태를 갖는 우선형 문법과 생성 규칙이 $A \rightarrow Bt$ 혹은 $A \rightarrow t$의 형태를 갖는 좌선형 문법이 있다. 여기서 A, B는 비단말 기호이고 t는 단말 문자열이다. 선형 문법은 생성 규칙이 적용될 때마다 생성 규칙의 오른쪽 부분의 단말 문자만큼 일정하게 증가하기 때문에 붙여진 이름이다.

linear IC 선형 집적 회로 입력량에 대응하여 출력량이 선형인 특성을 지니며, 값이 시간적으로 연속되는 전기 신호의 증폭, 발진, 변환, 연산, 필터링 등의 기능이 있는 집적 회로로 아날로그 집적 회로를 말한다.

linear independence[–ìndipéndəns] **선형 독립**

linear inout form strategy[–ináut fɔ́ːrm strǽtədʒi(ː)] **선형 입력형 방식** 비교 흡수 부정 과정의 제어 방식의 일종. 첫 단계에서는 기초 집합에 포함된 모든 절들을 비교 흡수하고, 두 번째 단계부터는 적어도 하나의 부모절이 기초 집합에 포함된 것을 이용하여 비교 흡수하는 방법이다. 이 방식은 완전성을 갖지 않는다.

linear integrated circuit[–íntəgrèitəd sə́ː-rkit] **선형 집적 회로**

linear interpolation[–ìntərpəléiʃən] **직선 보간(補間)** 보간법의 일종으로 라그랑그 보간법에서 점이 두 개 있을 때와 같다. 양단점의 수치 정보를 주어서 그것으로 정해지는 직선을 따라 공구의 운동을 제어한다. 이 방식의 제어 장치에서는 곡선이나 곡면은 절선으로 근사되며, 공구 경로를 따라 계속되는 절점(node)의 좌표값 또는 그 증가분을 NC테이프 상에 부여한다.

linear iteration method[–ìtəréiʃən méθ-əd] **1차 반복법** 연립 방정식 해법의 하나이다. 연립 방정식 $F(X)=0$을 $X=G(X)$의 형으로 고쳐서 해를 구하는 방법.

linearity[líniəriti] n. **선형도** 실제의 곧은 직선이 화면에서 어느 정도 곧게 표시되는지를 나타내는 척도. 절대 선형도는 표시된 선과 같은 양 끝점을 연결하는 실제 직선과의 최대 수직 거리로 나타내고, 상대 선형도는 절대 선형도와 실제 선의 길이의 비를 퍼센트로 나타낸다.

linearization[liniərizéiʃən] n. **선형화** 프로세서를 나타내는 방정식이 변수와 상수의 곱의 항의 합으로 나타날 때 이것을 선형 방정식 또는 1차 방정식(linear equation)이라고 한다. 예를 들면, 계(系)의 입력 x_1에 대한 출력이 y_1, x_2에 대한 출력이 y_2였을 때 입력 $a_1x_1+a_2x_2$에 대한 출력이 $a_1y_1+a_2y_2$로 될 때 그 계는 선형이라 하고, 이 관계가 성립하지 않을 때는 비선형이라고 한다. 그러나 대부분의 실제의 프로세스나 제어계에서는 선형이 아니고 비선형의 특징을 가지고 있으므로 그대로는 선형 제어 이론을 적용할 수 없다. 비선형(non-linear)의 제어 이론은 특수 분야이므로 보통의 선형 제어 이론으로 논하기 위해서는 비선형의 관례를 일반적으로 선형 무차원화하여 다룬다. 예를 들어, 각 프로세스 변수의 값을 그 평형 동작점에 있어서의 값과 그 근처의 미소 변화의 합이라 생각하고, 이것을 평형 동작점의 값으로 나누어서 근사적으로 선형 무차원화한다. 이와 같은 방법을 동작점 주위의 섭동

(攝動)에 의한 선형화라고 한다.

linear language [líniər lǽŋgwidʒ] **선형 언어** 선형 문법에 의해 생성된 언어.

linear linked list [–líŋkt líst] **선형 연결 리스트** 선형 리스트 중에서 링크 또는 포인터를 사용하여 논리적인 관계성을 표현하는 리스트.

linear list 선형 리스트 가장 간단한 자료 구조 중의 하나로서, 각 자료가 연속되는 기억 장소에 순서적으로 저장되어 있는 리스트를 의미하며 연접 리스트(dense list) 또는 순서 리스트(ordered list)라고도 한다.

색인 번호	원소명
1	일월
2	이월
3	삼월
⋮	⋮
10	시월
11	십일월
12	십이월

〈선형 리스트의 예〉

linear list structure [–strʌ́ktʃər] **선형 리스트 구조, 리니어 리스트 구조** 데이터 구조의 일종으로 데이터의 입출력이 데이터 열의 양단에서만 행할 수 있는 것. 이것은 1차원의 배열(array)이며, 스택(stack)이나 선입 선출 방식(FIFO ; first in first out)과 같은 구조를 갖는 것이다.

linear logic [–ládʒik] **선형 논리**

linearly address memory [líniərli ədrés méməri(ː)] **선형 어드레스 기억 장치**

linearly dependent [–dipéndənt] **선형 종속**

linear magnetostriction [líniər mægnìːto-ustríkʃən] **선형 자기 변형**

linear multistep method [–mʌ́ltistèp méθəd] **선형 다단계 방식**

linear network [–nétwə̀ːrk] **선형 회로망**

linear optimization [–àptimaizéiʃən] **선형 최적화, 선형 최적법** 특정 선형 제약 조건들로 한정된 변수들에 대한 선형 함수의 최대 또는 최소값을 구하는 처리 절차.

linear order [–ɔ́ːrdər] **선형 순서** ⇨ total order

linear ordering of resource type [–ɔ́ːrdəriŋ əv risɔ́ːrs táip] **자원형의 선형 순서** 시스템의 교착 상태 방지를 위한 근본적인 방법으로 환형 대기(環形待機)를 없애기 위하여 모든 자원 종류에 일련의 순서를 부여하는 것. 그리하여 각 프로세스는 그 순서가 증가하는 순으로만 자원을 요청할 수 있도록 한다.

linear prediction [–pridíkʃən] **선형 예측 분석** 정상 확률 과정의 표본값에 선형 조작을 실시해서 예측값과 예측 오차를 얻고, 그것으로부터 스펙트럼 분해를 구하는 방법. 음성 주파수 분석 등에 응용된다.

linear predictive coding [–pridíktiv kóudiŋ] **선형 예측법, 선형 예측 부호화**

linear probe [–próub] **선형 검색법** 해싱(hashing) 방법에서 충돌 발생시 새로운 레코드를 삽입시킬 공간을 찾기 위하여 레코드 주소 순으로 주파일을 순차적으로 탐색하는 충돌 해결 방법. 간단하기는 하나 검색에 시간이 많이 걸리고 데이터의 삭제에 많은 부담이 따른다. ⇨ overflow handling

linear program [–próugræm] **선형 프로그램**

linear programming [–próugræmiŋ] **LP, 선형 계획법** 사회적인 현상 등을 직선적인 경향으로 치환하여 수학적으로 문제 해결을 꾀하는 방법. 상호 관련된 몇 가지 활동에 관해서 종합적으로 보아 가장 좋은 계획을 세우기 위한 하나의 계산 기술이다. 조건부 극한값 문제로 목적 함수가 1차 함수이거나 동시에 제약이 1차 부등식 또는 등식으로 된 것을 말한다. 보통 각 변수는 음(−)이 아닌 경우를 다룬다. 인원 배치 문제나 혹은 할당 문제 등 각종 분야에 적용되고 있다. 또 선형 계획의 대표적 해법으로는 G.B. Dantzig에 의해 고안된 "심플렉스법" 등이 있다.

linear programming system [–sístəm] **선형 계획 시스템**

linear recurrence [–rikə́ːrəns] **선형 회귀**

linear region [–ríːdʒən] **선형 영역** 트랜지스터의 특성 곡선에 의하여 구분되는 영역으로, 회로가 전압에 의하여 비례적으로 제어된다.

linear regression [–rigréʃən] **선형 회귀** $(X_1, X_2, \cdots, X_n)$을 n차원의 확률 변수로 하여 조건부 기대값

$$X_1 = m_1(X_2, \cdots, X_n)$$
$$= E(x_1 | X_2 = x_2, \cdots, X_n = x_n)$$

이 존재할 때, 이것을 X_1의 $(X_2, \cdots, X_n)$으로의 회귀 함수 또는 회귀 곡선이라고 한다. 특히

$$m_1(x_2, \cdots, x_n) = \alpha + \beta_2 x_2 + \cdots \beta_n x_n$$

일 때 X_1의 $(X_2, \cdots, X_n)$으로의 회귀는 선형이라고 한다. 실제로는 위 식이 정확하게 된 경우는 적어도

$$E[(X_1 - \alpha - \beta_2 X_2 - \cdots - \beta_n x_n)^2]$$

을 최소로 하는 최소 제곱법 등에 따라 근사적인 선형 회귀 함수를 구해서 사용하기도 한다.

linear regression analysis [–ənǽlisis] **선형 회귀 분석** 목적 용량 y를 p개의 설명 변수 x_1,

x_2, …, x_p 의 1차식에 의해

$$y = \beta_0 + \beta_1 x_1 + \beta_2 x_2 \cdots + \beta_p x_p$$

와 같이 추정하는 회귀 분석을 말하며, 중회귀 분석에서는 보통 이 방법이 채용되고 있다. 다만 이 p개의 설명 변수 중에는 목적 변량의 변동을 설명하지 못하는 것도 있으므로 실제에는 변수 선택을 하여 목적 변량의 변동을 잘 설명할 수 있는 것을 유효한 만큼 골라서 회귀식을 조립한다.

linear regression model[–mádəl] **선형 회귀 모델**

linear regulator[–régjulèitər] **선형 레귤레이터, 선형 안정화기** 50%의 소비에서 전압이 일정하게 유지되도록 설계된 전원.

linear search[–sə́:rtʃ] **선형 탐색** 리스트나 파일 등의 데이터 구조에서 특정 원소를 검색할 때, 처음부터 하나씩 차례로 비교하면서 찾아가는 방식. 즉, 항목들이 분류나 다른 방법들에 의하여 순서적으로 배열되어 있지 않은 경우 테이블에서 주어진 핵심어를 찾는 방법으로, 테이블 내의 모든 엔트리를 주어진 핵심어와 비교하는 것.

linear searching[–sə́:rtʃiŋ] **선형 검색** ⇨ sequential searching

linear selection[–səlékʃən] **선형 선택, 선형 선택 방식** 코스트가 낮기는 하지만 주소가 중복되거나 불연속적인 경우가 있으면, 메모리 칩이나 입출력 장치를 하나의 어드레스 라인으로 선택하는 방법이다.

linear spectrum pair[–spéktrəm pέər] **선형 스펙트럼 페어** PARCOR와 마찬가지로 매개변수 음성 합성의 일종. 음성 스펙트럼 정보를 PARCOR에서는 시간 영역의 k매개변수로 나타내는 데 대하여 LSP에서는 주파수 영역의 ω매개변수로 나타낸다. PARCOR에 비하여 LSP쪽이 PARCRO의 60%의 데이터량으로 같은 음질이 얻어지므로 LSP쪽이 우수하다. ⇨ LSP

linear speed-up[–spí:d ʌ̀p] **선형 속도 증가** 계산 시간(computation time)을 상수배만큼 감소시키는 것.

linear system[–sístəm] **선형 시스템** 선형 미분 방정식에서 그 동작이 나타나는 물리계. 계수 행렬이 A, 미지수 행렬이 x, 상수 행렬이 b일 때 $Ax=b$의 꼴로 표시되는 시스템.

linear sturcture[–strʌ́ktʃər] **선형 구조** 데이터 구조의 일종. 항목을 절점으로 표시했을 때, 각 절점이 한 개의 가지밖에 갖지 않는 그래프.

linear transform coding[–trænsfɔ́:rm kóudiŋ] **선형 변환 코딩**

linear two phase commit protocol [–tu: féiz kəmít próutəkɔ̀(:)l] **선형 2단계 확인 프로토콜** 분산 데이터 베이스에서 중앙 집중 2단계 확인 프로토콜보다 메시지의 총수와 총 메시지 지연의 가격 상승을 줄이기 위한 프로토콜.

linear unit[–jú:nit] **선형 장치** 입력과 출력의 관계가 선형인 장치의 일반적인 호칭. 예를 들면, 아날로그 컴퓨터의 가산기, 미분기, 적분기, 계수기 등이다.

line-at-a-time printer[láin ət ə táim príntər] **라인 프린터, 행 인쇄 장치** 1행분의 문자를 단위로 하여 인쇄하는 장치. ⇨ line printer

line attachment base[–ətǽtʃmənt béis] **회선 접속 베이스 기구**

line-B **B 회선** ⇨ index register

line balancing[–bǽlənsiŋ] **라인 밸런싱** 제조 공정을 합리적으로 결정하는 문제로 라인을 구성하는 각 공정 간의 균형을 어떻게 최적으로 하는가 하는 것이다. 즉, 제조 공정 중에서 각각의 공정 역할 분담을 고르게 나누어 줌으로써 최대의 생산 효율을 높이는 것을 뜻한다. 자동차나 텔레비전 등과 같이 조립에서 공정 수가 많고, 벨트 컨베이어에 올려 대량 생산하는 것에서는 특히 이 문제가 중요하다. 최적의 공정을 결정하는 것은 시뮬레이션 문제로서 다루므로 이것을 풀기 위한 시뮬레이션 프로그램도 고려되고 있다.

line base[–béis] **회선 베이스, 회선 베이스 기구**

line base adapter[–ədǽptər] **회선 기본 어댑터**

line boundary character check[–báundəri(:) kǽrəktər tʃék] **금칙 처리(禁則處理)**

line buffer[–bʌ́fər] **라인 버퍼** 컴퓨터와 그것에 연결되는 전송 회선의 정합을 위해 필요한 버퍼 장치. 컴퓨터와 전송 회선을 연결할 경우에 필요한 기능으로서 통신 속도의 정합, 직·병렬 변환, 통신 회선과의 동기, 회선의 상태 감시 등이 있으며 이것을 만족하기 위해 버퍼 장치가 필요하다. 이 버퍼 장치를 포함하고 위의 기능을 가진 장치를 통신 제어 장치라고 한다.

line chart[–tʃá:rt] **선 도표** 도표 프로그램에서 좌표축의 점들로 데이터를 나타내고, 이 점들을 연결하여 시간에 따른 데이터의 변화를 직선적으로 관찰하기 위한 도표.

line circuit[–sə́:rkit] **회선 회로** 전화 회선이나 데이터 통신 회선과 같은 실제 물리적인 전선.

line code[–kóud] **라인 코드, 전송 부호 형식** 어떤 문제를 풀기 위한 한 코드로서 한 줄에 작성된 단일 명령어.

line command[–kəmá:nd] **행 커맨드, 행 편집 명령, 행 명령**

line concentrating method[–kánsəntrèitiŋ méθəd] **회선 집중 방식** 하나의 컴퓨터에 한 지역의 다수의 단말기가 부착될 경우에 각 단말기에서 컴퓨터 본체까지 회선을 연결하는 것이 비효율적일 때 여러 개의 단말기 회선을 모으는 집선 장치를 통해서 적은 수의 회선으로 바꾸어 통신하는 방법.

line concentration network equipment[–kànsəntréiʃən nétwə̀ːrk ikwípmənt] **집선 통화로 장치** 집선 통화로 장치는 분배단(分配段) 통화로를 효율적으로 사용하기 위하여 가입자선을 호출률에 따라 적당한 집선비(2 : 1~32 : 1)로 시간 스위치의 집선 스위치 1단(段)에서 집선하여 다중화하는 다음과 같은 기능이 있다. ① 가입자선 주사(走査) 회로(LSCN). ② 트렁크(trunk) 주사 회로(TSCN) : 가입자선 루프 감시 신호를 집선 하이웨이의 채널에 대응하여 축적하는 장치. ③ 16kHz 주사 회로(16KSCN) : 탁상형 공중 전화시의 화폐 수납(收納) 신호를 축적하는 장치, ④ 다이얼 펄스 수신기(DPR) : 다이얼 펄스의 계수(計數), 행간(行間), 도중 포기의 식별을 하는 장치 등이다

line concentrator[–kánsəntrèitər] **집선 장치, 복귀 개행 문자, 라인 콘센트레이터** 가입자 회로를 유효하게 이용하기 위해 교환국으로부터 분리해서 가입자 가까이 설치하는 집선 스위치만으로 된 자국(子局). 집중 장치에서는 각 가입자의 호출을 집속하기 때문에 모국과의 회선은 적어지기 때문에 경제적이다. 이 집선 장치는 변복조 스위치와 필요 최소한의 제어 장치만으로 구성되어 주요 제어 기능은 모두 모국에 의해 원격 제어된다.

line conditioning[–kəndíʃəniŋ] **회선 조정**

line configuration[–kənfìgjuréiʃən] **회선망 구성** 일반 통신망, 온라인 시스템, 컴퓨터 네트워크 등에서 노드 간의 연결 방법으로 몇 종류의 구성 방법을 생각할 수 있는데, 이런 것을 총칭하여 회선망 구성이라 한다.

line connection system[–kənékʃən sístəm] **회선 접속 방식** 컴퓨터와 단말 장치의 접속 방식의 하나로 통신 회로를 통한 방식. 컴퓨터의 입출력 채널에 단말 장치를 직결시키는 채널 접속 방식에 비해 정보 교환 속도는 늦지만 널리 쓰이며 가격이 싸다.

line control[–kəntróul] **회선 제어** 여러 통신 회선으로 연결된 단말 장치를 가진 컴퓨터 시스템에서는 통신 회선의 관리를 일정한 규칙을 세워 행하여야 하는데, 이것을 회선 제어라고 한다. 회선 제어는 소프트웨어, 특별 하드웨어 또는 회선 제어용 컴퓨터에 의해 행해진다. 또 회선 제어 방식으로는 콘텐션(contention) 방식과 폴링(polling) 방식이 있다.

line control block[–blák] **LCB, 회선 제어 블록** 원격 통신 액세스법(TCAM)에서 회선에 대한 조작 제어 정보를 갖는 주기억 장치의 부분.

line control character[–kǽrəktər] **회선 제어 문자**

line control procedures[–prəsíːdʒərz] **회선 제어 절차** 이것은 송신자와 수신자 쌍방간에 규칙을 정하여 통신의 효율을 높이기 위한 것으로, 보통 소프트웨어로 구현되지만 하드웨어나 통신 기술에 따라 다르다. BSC(binary synchronous control)와 SDLC(synchronous data link control)가 동기 통신에서 표준으로 사용되며, ASCII 절차가 비동기 통신에서 표준으로 사용되고 있다.

line control program[–próugræm] **회선 제어 프로그램**

line control unit[–júːnit] **LCU, 회선 제어 장치** 통신 선로가 컴퓨터에 의해 직접 연결되지 않을 때 입출력을 제어하기 위한 특수 목적의 소형 컴퓨터로서 회선 제어 컴퓨터라고도 한다.

line coordination[–kouɔ̀ːrdinéiʃən] **회선 조정** 통신 회선의 양 끝에 있는 기기들을 준비 상태 또는 작동 상태의 어느 것으로 할 것인가를 결정하는 것.

line correction[–kərékʃən] **전송 오차 자동 정정 기구**

line correction release[–rilíːs] **자동 정정 무정지 기구**

line count[–káunt] **라인 카운트**

line counter[–káuntər] **행 카운터, 라인 카운터**

line counter file[–fáil] **라인 카운터 파일**

line counter specification form[–spèsifikéiʃən fɔ́ːrm] **라인 카운터 명세서 용지**

line counter set[–sét] **행 카운터 세트**

line decoder[–diːkóudər] **라인 디코더** 조합 논리 회로로서 n 개의 입력선으로부터 코드화된 2진 정보를 최대 2^n의 고유의 출력선으로 변화시키는 회로. 이 경우 n비트 정보 중에서 사용되지 않거나 don' t care 조건의 입력 조합이 있으면 이 디코더의 출력수(m)는 2^n 보다 작게 된다. ⇨ decoder

line defect[–difékt] **선 결함**

line deletion[–dilíːʃən] **행 소거**

line deletion character[–kǽrəktər] **행 소멸 문자, 행 소거 문자**

line description[–diskrípʃən] **회선 기술**

line detection[–ditékʃən] **회선 검출** 화상에서 선을 검출하는 것.

line discipline[–dísiplin] **회선 규범** 통신 시스

템의 작동 변수들을 조정할 때 취해야 할 절차로서 회선의 경합, 폴링, 우선 순위 등을 고려해야 한다.

line display range[–displéi reindʒ] **행의 표시 범위**

line distortion[–distɔ́ːrʃən] **회선 왜곡** 아날로그 신호가 모뎀 사이를 통과하는 도중에 진폭 왜곡 등이 일어나는 것. 전달 도중 신호들은 주파수에 따라서 지연되거나 약화되는 양이 다르다. 이러한 상황을 보완하기 위하여 회선 조절 및 모뎀 균등화 기술이 이용된다.

line drawing[–drɔ́ːiŋ] **윤곽 작도, 선화** 원래의 그림의 특징들은 그대로 유지하면서 물체의 형태를 표면에 연속된 선의 윤곽으로써 나타내는 기법. 보는 사람은 선의 연결을 통해 형태나 그 질감을 파악할 수 있다. 다음 처리의 계산량을 줄이기 위한 방법이다. ⇨ continuous tone image

line drawing character[–kǽrəktər] **윤곽 작도 문자**

line driver[–dráivər] **라인 드라이버**

line driver modem[–mádəm] **LDM, 회선 조정 모뎀**

line editing[–éditiŋ] **행(단위) 편집** 워드 프로세서를 사용할 때 문서를 행 단위로 추가, 삭제, 수정할 수 있게 하는 프로그램.

line editor[–éditər] **행 (단위) 편집기** 행 단위의 편집을 하는 편집기.

line editor program[–próugræm] **행 편집 프로그램** 어떤 문안을 행 단위로 추가, 삭제, 수정할 수 있게 하는 프로그램.

line equalization[–ìːkwəlaizéiʃən] **라인 등화(等化)**

line feature base[–fíːtʃər béis] **회선 기구 베이스**

line feed[–fíːd] **LF, 개행(改行)** 인쇄 또는 표시 위치를 다음 행의 동일 위치로 이동시키는 동작. 타이프라이터 프린터에 있어서 인쇄시 한 줄을 띄우거나 프린트 위치를 다음 행으로 옮기는 서식 제어 문자. 복귀 동작을 수반하여 복귀 개행(복개)의 한 동작으로 하는 것도 많다.

line feed character[–kǽrəktər] **LF, 개행 문자** 인쇄 또는 표시 위치를 다음 행의 동일 위치로 이동시키는 서식 제어 문자.

line feed code[–kóud] **라인 피드 코드, 개행 코드** 개행을 표시하는 코드로 ISO나 ANSI에서는 16 진수의 OA이다. ⇨ line feed

line feed piter[–píːtər] **라인 피드 피터**

line filter[–fíltər] **라인 필터** 보통 기기의 전원 소켓에 장치되며, 전원선을 통해서 컴퓨터나 통신 장치 내부로 들어오는 전자기 간섭파를 제거하기 위한 부품.

line finder[–fáindər] **라인 파인더**

line fitting[–fítiŋ] **선 일치** 하나 또는 그 이상의 직선(혹은 다항식 곡선)으로 그림을 근사시키는 것.

line generator[–dʒénərèitər] **선 발생기** 컴퓨터 그래픽스 장치에 있어서 무작위로 길이와 방향이 정해지는 직선들을 발생시키는 소프트웨어 또는 하드웨어 시스템.

line graphics[–grǽfiks] **라인 그래픽스** 표시 화상이 표시 명령과 좌표 데이터에서 생성되는 도형 처리. ⇨ coordinate graphics

line graphics pattern[–pǽtərn] **라인 그래픽스 패턴**

line group[–grúːp] **회선 그룹**

line height[–háit] **라인 높이** 1인치당 라인 수로 표현되는 값.

line hit[–hít] **회선 일시 중단, 회선 순간 중단** 회선중에 가짜 신호를 실어 전기적인 방해를 발생시키는 것.

line image[–ímidʒ] **행 이미지**

line impedance[–impíːdəns] **라인 임피던스, 회선 임피던스** 전송 회선의 임피던스, 회선의 저항, 인덕턴스, 신호 주파수 등의 함수.

line implementation[–ìmpləmentéiʃən] **회선 상황 테이블**

line increase feature[–inkríːs fíːtʃər] **회선 추가 기구**

line input[–ínpùt] **행 입력** 프로그램의 입력을 1행 단위로 주는 것. 1행 전체를 판독하여 그 중에서 필요한 부분을 추출하여 쓴다.

line interface[–íntərfèis] **회선 접속기** 통신 회선과 컴퓨터나 장치 그룹과의 인터페이스를 가리킨다. 통신 제어 장치(CCP)의 일부로 개개의 회선에 대응하는 라인 어댑터와 CCP의 논리부/기억부 사이의 데이터 접수를 제어하는 회선 제어부로 이루어진다.

line interface base[–béis] **회선 인터페이스 베이스**

line interface circuit[–sə́ːrkit] **회선 인터페이스 장치** 감시 시험석을 구성하는 블록의 하나로 자기 버블(bubble) 기억 장치 프레임과 인텔리전트 터미널 제어 장치(ITC) 간의 제어 정보 및 데이터를 주고받는 장치이다. 이것은 송신 회로, 수신 회로, 송출 DMA(direct memory access) 회로, 수신 DMA 회로, 송신 스테이터스 레지스터(status register) 및 수신 스테이터스 레지스터 등의 블록으로 구성되어 있다.

line interface coupler[–kʌ́plər] LIC, **회선 인터페이스 결합 기구**

line item[–áitem] **행 항목** 데이터 처리를 할 때 어떤 응용 목적상 같은 레벨에 있는 일련의 데이터들로서 논리적으로 같은 줄에 인쇄될 수 있는 것. 예를 들면, 재고 번호, 품명, 수량, 가격 등을 가리킨다.

line level[–lévəl] **회선 레벨** 전송 회선 중 특정 위치의 신호 레벨로서 데시벨 단위로 표현한다.

line load[–lóud] **회선 부하** 통신 회선의 사용 상태를 조사하는 것으로 어떤 일정한 시간 내에서 회선의 사용도를 그 회선의 최대 능력에 대한 백분비(%)로 나타낸 것을 말한다. 통상 피크시의 회선 부하는 60% 정도가 바람직하다.

line loop[–lú:p] **회선 루프** 한 단말 장치와 다른 단말 장치와의 사이에 통신 회선을 통해서 데이터 통신을 하는 것. 이 처리 방법에는 단말 장치만으로 직접 데이터 통신을 하는 경우와 컴퓨터를 개입하여 단말 장치로 하는 경우가 있다.

line loop operation[–àpəréiʃən] **회선 루프 조작**

line loop resistance[–rizístəns] **회선 루프 저항** 가입 회선에서의 금속 저항.

line misregistration[–misrèdʒistréiʃən] **선 오기(誤記)** 광학 문자 인식의 경우 실제 혹은 가상의 평행 기준선의 간격에 맞출 경우에 한 선상의 문자 혹은 숫자가 부적합한 형태로 보이는 것.

line marking[–má:rkiŋ] **판독 불능 지시 기구, 판독 불능 행 지시 기구**

line mode[–móud] **라인 모드, 행 모드** 데이터 통신에서의 데이터를 전달하는 방식. 즉, 아날로그 방식과 디지털 방식으로 나뉜다. 데이터 통신과 관련된 회선에 대한 분류는 회선 방식, 회선 종류(line type), 회선 속도(line speed)로 나뉜다.

line multiplexing[–mʌ́ltiplèksiŋ] **회선 분할 방식** 대용량의 회선을 분할해서 사용하는 방식. 분할된 개개의 회선은 트래픽(traffic) 상의 제약은 없고 각각 직통 방식의 전용 회선으로서 이용이 가능하다. 분할 다중화의 방법으로는 시간 다중(TDM), 공간 다중(FDM)이 있다.

line network[–nétwə̀:rk] **회선망**

line noise[–nɔ́iz] **회선 잡음, 라인 노이즈** 전송 회선에서 발생하는 잡음. 일반적으로 전기적 신호는 외부의 전자기파 영향을 크게 받기 때문에 원거리 전송이나 공장 내부에서는 영향을 크게 받는다. 광섬유를 이용한 광통신은 전송 정보량도 많지만 회선 잡음에 대단히 강하다.

line number[–nʌ́mbər] **행 번호** 인쇄 출력 또는 표시의 각 행에 부수되는 번호 또는 시분할 시스템에서 행에 붙여지는 번호.

line numbered file[–nʌ́mbərd fáil] **행 번호 파일**

line number editing[–nʌ́mbər éditiŋ] **행 번호 편집** 시분할 체제에서 EDIT 지령 하에 조작되는 모드의 한 가지. 수정해야 할 항은 행 번호로 지정된다.

line of code[–əv kóud] **명령 행** 프로그래밍 언어에 있어서 단 1행만의 코딩을 차지하는 문.

line overflow[–òuvərflóu] **행 넘침**

line parameter table[–pəræ̀mətər téibəl] **회선 파라미터 테이블**

line per inch[–pər íntʃ] lpi, **행/인치** (1) 보통 프린터에서는 1인치당 인쇄하는 행의 수를 말한다. 보통 1인치당 6행을 인쇄하며, 따라서 11인치 길이의 인쇄 종이에는 모두 66행이 인쇄된다. (2) 도형이나 사진의 데이터를 입력하는 스캐너나 팩시밀리 등의 장비에 있어서 세로 방향, 즉 수직선들의 입력 해상도를 말한다. 수평선들의 해상도는 ppi(pixel per inch)이다.

line per minute[–mínət] lpm, **행/분** 프린터의 인쇄 속도를 나타내는 단위이며 1분 동안 인쇄할 수 있는 행 수(lpm)를 나타낸다. 인쇄 속도를 결정하는 요인으로는 인쇄 트레인에 꾸며넣어져 있는 동일 문자의 수, 행 간격, 페이지 서식 등이 있다. 대개의 밴드 라인 프린터는 수백 내지 수천 lpm이다.

line per second[–sékənd] lps, **행/초** 1초 동안에 몇 행을 인쇄하는가를 나타내는 인쇄 장치의 속도 단위.

line pitch[–pítʃ] **행 피치** 프린터나 표시 장치에서 문자를 인쇄 또는 표시할 때 행(line)을 정렬할 경우의 행 이송량. ⇨ line spacing

line plot[–plát] **선 작도** 플로터나 디스플레이 장치가 두 점을 잇는 직선을 그리는 작업.

line pointer[–pɔ́intər] **행 지표**

line primitive[–prímitiv] **선 기본 요소** 그래픽에서 선분 또는 그 집합으로 표현할 수 있는 기본 요소.

line printer[–príntər] LP, **라인 프린터** 컴퓨터 출력 장치의 하나로 인자(印字)는 차례로 행해지는 것이 아니라 1행마다 그 중에서 가장 빨리 인자 기회를 얻은 글자부터 행해지지만, 크게 보면 한 번에 1행분의 문자를 인쇄하는 장치라고 생각해도 된다. 컴퓨터 내부에서의 계산과 처리 결과를 영문, 숫자, 한글 등으로 바꾸고 미리 설정해놓은 용지에 1행 60~240자씩 매분 400~2,400행 정도의 속도로 인쇄하는 장치이다. 타격식(打擊式)인 것은 그 인자기에 따라 flying drum 프린터, flying 디스크 프린터 및 벨트 프린터로 크게 세 가지로 분류되고 인자 속도는 글자 종류 수에 따라 다르지만 매초 5~20행이다. 또 비타격식인 것은 전자 사진 인자를 사용하므로 더욱 빠르다. 인쇄 기구는 펄스의 처리 결과에 의해 인쇄하는 드럼식 프린터, 체인식 프린터, 기타 방식, 도트식도 많이 사용되고 있다. 페이지 인쇄 장치(page printer)는 「1행」씩, 순차 인쇄 장치(serial printer)는 「1자」씩 인쇄해가는 형태의 프린터이다.

〈라인 프린터〉

line printer controller[–kəntróulər] **라인 프린터 제어기** 특정 라인 프린터를 효과적으로 사용하기 위하여 인쇄될 데이터 버퍼를 제공하고 자동 조작 또는 시간을 조절하는 제어 장치.

line printer unit[–jú:nit] **라인 프린터 장치**

line printing[–príntiŋ] **라인 프린팅** 행 인자, 행 단위 인쇄라고도 하며 한 번에 한 줄 분량을 하나의 단위로 인쇄하는 것.

line priority table[–praiɔ́(:)riti(:) téibəl] **회선 우선 순위 테이블**

line protocol[–próutəkɔ̀(:)l] **회선 프로토콜** 한 단위의 메시지가 하나의 단말 장치에서 다른 단말 장치로 질서 있게 전달될 수 있도록 하는 데 필요한 회로 요청법. 송수화자 간의 응답법, 재전달 요청법 등을 설명해놓은 것이며, 동기 회선 상의 통신을 제어하기 위하여 마련된 규칙이다.

line provisioning[–prəvíʒəniŋ] **회선 공급, 라인 프로비저닝** 전화 회사에서 고객들의 장비로 ISDN을 설치하는 방법. 장비와 중앙의 교환 방식이 다양하기 때문에 고객들은 주문할 때 ISDN 회선 제공 방식을 구체화해야 한다. 운이 좋다면 사용하는 하드웨어 제조업체가 쉽게 ISDN을 많은 용도로 쓰겠지만 아직 표준화되지 않았기 때문에 설치 과정이 번거로울 수밖에 없다. ⇨ ISDN

line ready[–rédi(:)] **회선 작동 가능**

line receiver[–risí:vər] **라인 리시버**

line reference[–réfərəns] **행 참조**

line relay[–rí:lei] **선로 계전기(繼電器), 라인 릴레이** 회전 상의 전기 신호에 의해서 작동하는 계전기.

line scanning[–skǽniŋ] **회선 주사(走査)**

line segment[–ségmənt] **라인 세그먼트** d차원 공간에 주어진 서로 다른 두 지점 블록 조합(convex combination)이다.

line semantics[–səmǽntiks] **선의 의미** 그림에 있는 선에 「의미」를 부여하는 것. 예를 들면, ＋ : convex lines, － : concave lines, → : occluding lines.

line selectivity test[–səlèktíviti(:) tést] **표시행 선택 테스트**

line set type[–sét táip] **회선 세트 기구**

line-shared polling[–ʃέərd póuliŋ] **라인 공유 폴링**

line-sharing system[–ʃέəriŋ sístəm] **LSS, 라인 셰어링 시스템**

line side[–sáid] **라인측**

line skew[–skjú:] **선의 휨** 광학 문자 판독기(OCR)로 일련의 문자를 읽을 때 문자들이 가상적인 기본선으로터 일률적으로 기울거나 어긋나게 되는 것.

line spacing[–spéisiŋ] **행 띄(우)기** 행을 정렬할 경우의 행 이송량. 일반적으로 프린터의 원래 행간을 따르지만 문서의 체제를 고려하여 행간을 더 띄우거나 수학 공식 등을 인쇄하기 위하여 행간을 좁히기도 한다. 이것은 워드 프로세서 등으로 문서를 작성하여 인쇄할 때 문서의 행 사이의 간격 또는 그 간격을 조절하는 것을 말한다. ⇨ line pitch

line speed[–spí:d] **회선 속도, 전송 속도, 라인 속도** 회선을 통해 자료가 전송되는 최대 속도. 전송 속도는 주파수 대역에 따라 다음의 세 가지가 있다. ① 저속 채널 : 초당 40~300비트를 전송한다. ② 중속 회선 채널 : 300~960bps의 전송 속도를 갖는다. ③ 고속 통신 채널 : 9,600bps 이상의 전송 속도를 갖는다.

line status[–stéitəs] **회선 상태** 수신, 송신, 제어 등과 같은 통신 회선의 상태.

line stretcher[–strétʃər] **라인 스트레처**

line style[–stáil] **선 형태** 컴퓨터 그래픽에서 선을 그릴 때 지정되는 실선, 점선, 중심선 등의 선의 속성을 가리키는 것.

line surge[–sɔ́:rdʒ] **회선 과전압** 전류나 전압의 급증으로 장비에 손상을 줄 수 있는 갑작스런 고전압 상태.

line switching[–swítʃiŋ] **회선 교환** 데이터 교

환의 한 방식으로 정보 처리와 데이터 전송을 독립적으로 생각한 교환 방식. 즉, 전송하려고 하는 정보 내용과는 전혀 무관한 다이얼 또는 이것에 준하는 것에 따라 희망하는 상대 사이에 전송로를 구성한 후에 데이터 전송이 행해진다. 다시 말하면 송신 단말에서 수신 단말로 통신 회선을 거쳐 전송하는 경우 전송 개시점에서 논리적인 접속이 완성될 수 있는 통신 교환 시스템을 일컫는다. ⇨ circuit switching, message switching

line termination [-tə:rminéiʃən] **라인 터미네이션**

line thickness [-θíknəs] **선 굵기** 컴퓨터 그래픽에서 선을 그릴 때 그리는 선의 폭을 지정하는 것.

line through-put [-θrú: pùt] **회선의 스루풋**

line trace [-tréis] **회선 추적**

line traffic [-trǽfik] **회선 통신량**

line transfer [-trænsfə́:r] **회선 변환**

line transfer switch [-swítʃ] **회선 변환 스위치**

line transmitter [-trænsmítər] **LT, 선로 송신기**

line turnaround [-tə́:rnəràund] **회선 반전, 회선 전환** 반이중 방식(HDX)의 데이터 통신에서 전송을 끝낸 국이 수신 상태가 되거나 수신을 끝낸 국이 전송 상태가 되어 전송의 방향이 바뀌는 것. 즉, 원래의 송신국은 응답을 기대하는 마지막 문자를 전송한 후에 RTS 선을 OFF시킴으로써 결과적으로 링크를 절단시키게 되고, 원래의 수신국은 메시지의 마지막 문자(EXT 등)를 수신하면 자신이 송신국이 됨을 인식하여 자신의 RTS를 ON시키고 역방향으로 전송을 시작한다.

line type [-táip] **회선 종류** 그래픽에서 선의 종류를 지정하는 비기하학적 속성.

line unit [-jú:nit] **LUT, 회선 접속 장치** 데이터 통신 시스템에서 중앙 처리 장치와 복수의 단말 장치 사이에 데이터 통신을 하는 경우 각 단말 회선과의 접속을 담당하는 회선 대응 장치.

line utilization [-jù(:)tilaizéiʃən] **회선 이용률** 데이터 전송에 필요한 회선의 서비스 시간에 대하여 실제로 사용되고 있는 시간의 비율을 말하며, 회선 이용률은 회선 설계 평가의 한 기준이 된다.

line voltage [-vóultidʒ] **전원 전압** 벽의 소켓에서 들어오는 기기를 동작시키기 위한 일반 교류 전원의 전압.

line voltage sensing [-sénsiŋ] **통상 전류 전압 감지**

line width [-wídθ] **선 굵기** 컴퓨터 그래픽에서 사용하는 선의 물리적 두께.

line writing direction [-ráitiŋ dirékʃən] **행방향**

LINK 링크 MS-DOS의 표준 링커의 명칭.

link [líŋk] *n.* **연결, 연결로, 링크** (1) 데이터 통신 네트워크 중의 노드(node)를 잇는 것. 또는 그를 위한 수단이 되는 것. 구체적으로는 통상 매체(예를 들어, 전화 회선이나 무선), 프로토콜, 필요한 장치나 프로그램 등을 말하는 경우도 있다. 별도의 시점에서 쓰여진 컴파일된 두 개 이상의 프로그램을 묶어 하나의 프로그램으로 하는 것. 연결 편집기가 그 작업을 한다. (2) 어떤 프로그램이 서브루틴을 호출하여 그 서브루틴으로 제어를 이동하고 그 서브루틴으로부터 본래의 프로그램으로 되돌아가는 동작을 행하는 명령(instruction)이나 그 명령의 어드레스를 말하는 경우가 있다. 또 복수의 루틴을 하나로 정리해두고, 실행 가능한 프로그램으로 하는 프로그램을 연결 편집기라 하며, 이 프로그램을 행하는 처리를 연결 편집(linkage edit)이라 한다. 컴퓨터 프로그래밍에 있어서 컴퓨터 프로그램의 일부로 어떤 경우에는 하나의 명령 또는 하나의 어드레스이며, 파라미터를 건네받는 것을 말한다. 실행시에 매크로 명령에 따라 주기억에 프로그램을 읽어넣고 그것에 제어를 건네주는 것이다. (3) 원격 단말을 연결, 정보의 주고받음을 위한 물리적인 방법으로 전화선, 마이크로 회선, 텔레타이프 등이 있다. (4) 키워드 간의 의미적인 관계를 표시하는 기호.

linkable program [líŋkəbl próugræm] **링크 가능 프로그램** 목적 모듈에서 내부 및 외부 기호들을 정의하는 여분의 정보를 포함하는 프로그램. 적재기는 이 정보를 이용하여 내부 기호들에 대한 외부 참조들을 관련짓는다.

link access procedure, balanced [líŋk ǽkses prəsí:dʒər, bǽlənst] **비트 중심의 동기식 프로토콜** ⇨ LAP-B

link access protocol [-próutəkɔ̀(:)l] **LAP, 상호 연결 호출 프로토콜**

link address [-ədrés] **연결 어드레스** 기억 장치 내에 순서가 틀리게 배열되어 있는 여러 레코드를 소정의 순서로 연결할 경우 이 연결을 위한 다음 레코드의 어드레스를 앞의 레코드가 유지하고 있는데, 레코드 연결을 위한 이 어드레스를 말한다. 이러한 레코드 구조를 리스트 구조라고 한다.

linkage [líŋkidʒ] *n.* **연결, 연계, 링키지, 결합** 복수의 모듈을 접합시켜 연결하는 것. 일반적으로 링커(linker)가 행하는 프로그램 연결 작업을 말한다. 프로그램의 작성에 있어서 하나의 프로그램을 몇 개로 분할하여 작성하고 나중에 연결하는 방법이 있다. 교환국 파일의 작성 과정에서는 CHILL 언어나 어셈블러 언어로 기술된 프로그램을 모듈 단위로 작성하여 컴파일러나 어셈블러를 통하 OM(object module)을 출력하는데, 이들 복수(複數)의 OM을 연결하여 CC(condition code)가 실행 가능한 일련의 프로그램을 작성한다. 이때 처리하는 프로그램을 링키지 데이터라고 하고 작성된 모듈을 로드 모듈이라고 하며, 메모리의 절대 번지로의 할당이 이루어진다. 이와 같이 복수의 프로그램을 연결(link)하여 하나로 정리하는 기능을 가진 것을 연결 편집기(linkage editor), 링커라고 한다. 또 컴파일러 언어(compiler language)나 어셈블리 언어(assembly language)에 있어서도 프로그램을 번역하여 실행 가능한 형태로 하는 링커가 필요하게 된다. 그것은 프로그램의 각 부분을 재배치하거나 말소, 부가 등을 하여 효율적으로 실행할 수 있도록 하는 형태로 코딩을 고치기 위해서이다. 또한 어셈블러에서는 매크로 정의된 명령은 그 명령 부분에 실제로 실행되는 명령의 조합을 정의로부터 전송해와서 삽입할 필요가 있다. 흔히 사용되는 루틴은 하나로 정리하여 런 타임 루틴(run time routine)으로서 미리 준비된다. 링커는 이런 타임 루틴과 번역한 프로그램을 연결하는 동작도 행한다. 그 외에도 오퍼레이터(operator)로부터의 지시에 따라 복수 프로그램을 연결하기도 하는 조작이나 프로그램의 일부에 오버레이(overlay)를 발생할 경우에 그 관리를 행한다. 이와 같이 연결을 통함으로써 즉시 실행 가능한 프로그램으로 변환할 수 있다. ⇨ link

linkage analysis [–ənǽlisis] **연결 분석**

linkage convention [–kənvénʃən] **링키지 규약**

linkage edit [–édit] **연결 편집**

linkage editor [–éditər] **연결 편집기, 링키지 에디터, 연계 에디터** 복수의 목적 프로그램을 결합시켜서 하나의 로드 모듈(load module)을 만들어 내는 프로그램. COBOL이나 FORTRAN 등의 범용 프로그래밍 언어에서는 프로그램의 개발이 모듈 단위로 이루어지는 것이 보통인데, 이 모듈 단위를 컴파일해도 아직 실행 가능한 프로그램은 아니다. 목적 모듈 간의 상호 참조를 해결하고, 가능하면 구성 요소를 재배치함으로써 하나 이상의 별도로 번역된 목적 모듈 또는 로드 모듈로부터 하나의 로드 모듈을 작성하기 위하여 사용되는 컴퓨터 프로그램. 이 모듈들을 서로 연결하여 유틸리티 프로그램을 짜맞춤으로써 비로소 하나의 프로그램이 되는데, 이 작업을 하는 것이 곧 연결 편집기이다.

linkage editor list [–líst] **링키지 에디터 리스트** 교환국 시스템 파일 작성에 있어서 링키지 에디터에 의하여 목적 모듈(OM ; object module)로부터 메모리 상의 절대 번지에 할당된 로드 모듈(LM ; load module)로 변환될 때 링키지 에디터 리스트가 출력된다. 여기에는 프로그램이나 데이터가 메모리 내에 배치되어 있는 번지를 세그먼트 단위나 섹션 단위로 어드레스 표시를 하고, 프로그램 구성 워드 수, 사용되는 베이스 레지스터 및 메모리 프로텍션을 나타낸 메모리 맵 리스트, 또는 외부명이 정의된 레이블이 MM 상의 절대 번지 및 FM 상의 번지가 몇 번지에 있는가를 알파벳 순으로 정리하여 일람표를 만든 로지컬 맵 리스트(logical map list)가 있다.

linkage editor program [–próugræm] **연결 편집기 프로그램** 이것은 실제적으로 목적 모듈 사이의 상호 참조를 해결하면서 가능하면 구성 요소를 재배치함으로써 하나 이상의 따로따로 번역된 목적 모듈이나 로드 모듈로부터 하나의 로드 모듈을 작성하기 위해서 사용되는 계산기 프로그램을 말한다. 즉, 언어 처리 프로그램에서 처리되어 출력된 목적 모듈은 보통 그대로 실행되지 않고 다른 모듈과 결합하여 편집되어 실행 가능한 로드 모듈(load module)로 된다. 각각의 원시 프로그램을 번역해서 만들어진 재배치 가능한 목적 프로그램 중에서 ① 몇 가지 지정한 목적 프로그램을 만들어 ② 목적 프로그램 간의 기호에 의한 상호 참조를 해결하고, ③ 지정된 일부의 목적 프로그램에 오버레이 기능을 주는 프로그램. 즉, 이 로드 모듈을 작성하는 것을 링키지 편집(linkage edit) 또는 연결 편집이라 하며, 이 편집 프로그램을 링키지 프로그램이라 한다. 또한 목적 모듈을 바로 주기억 장치에 읽어넣어 실행 가능한 형태로 고쳐서 읽어들이기 위한 모듈로 하는 프로그램을 말한다.

linkage library [–láibrəri(ː)] **링키지 라이브러리**

linkage loader [–lóudər] **링키지 로더**

linkage name [–néim] **연결명**

linkage path [–pɑ́ːθ] **연결 경로** 이 연결 경로는 단일 엔트리 데이터 세트와 가변 엔트리 데이터 세트 사이에서 지정되며, DBTG의 세트와 유사하다. 8바이트로 구성되며, 마스터 파일에 있어서 전반부는 처음 가변 레코드를 지시하고, 후반부는 마지막 가변 레코드를 지시한다.

linkage phase [–féiz] **결합 단계**

linkage program [–próugræm] **링키지 프로그램**

linkage protection [–prətékʃən] **연결 보호**

linkage register [–rédʒistər] **링키지 레지스터**

linkage section [–sékʃən] **연결 섹션**

linkage stacking [–stǽkiŋ] **연결 스태킹**

link bit [líŋk bít] **연결 비트** 누산기 등의 레지스터로부터 오버플로 여부를 보여줄 수 있는 1비트짜리 진단 레지스터. 이것은 프로그램 제어 하에서 테스트할 수 있다.

link-by-link signalling[-bɑi líŋk sígnəliŋ] **연결 바이 링크 신호 방식**

link connection[-kənékʃən] **연결 결합**

link control[-kəntróul] **연결 제어** 단말기와 프로세서 간의 데이터 전송 및 오류 발생 등을 제어하여 메시지 전달에 확실성을 부여하기 위한 절차.

link control layer[-léiər] **링크 제어 계층** OSI (open systems interconnection) 7층 구조에서 밑에서 두 번째에 해당되는 층의 이름. 물리적 링크를 경유한 데이터 블록들의 송신과 관계되는 계층으로 ① 전송되는 데이터 블록이 어디에서 시작하고 끝나는가, ② 전송 오류는 어떻게 검출할 수 있는가, ③ 전송 오류로부터 어떻게 회복할 수 있는가, ④ 여러 개의 기계들이 하나의 통신 회선을 공유할 때 전송되는 데이터들이 겹치거나 혼동을 일으키지 않도록 어떻게 제어할 것인가, ⑤ 메시지가 여러 기계 중의 하나로 어떻게 찾아갈 것인가 등을 취급한다. ⇨ ISO reference model

link control procedure[-prəsíːdʒər] LCP, **연결 제어 절차** 통신 회선을 통하여 자료가 질서 있고 정확한 방법으로 전송되게 하는 처리 절차.

link diagnostic unit[-dɑ̀iəgnɑ́stik júːnit] **연결 진단 장치**

linked[líŋkt] *v*. **연결된**

linked allocation[-æ̀ləkéiʃən] **연결 할당** 파일이 저장되는 공간이 연결 리스트로 되어 있으며, 디렉토리에는 그 파일의 처음 섹터와 마지막 섹터에 대한 포인터만이 있다.

link edit[líŋk édit] **연결 편집하다**

link editing[-éditiŋ] **연결 편집**

link editor[-éditər] **연결 편집기**

linked list[líŋkt líst] **연결된 리스트, 연결된 목록** 이것은 각 노드를 유용한 저장 공간에 그 위치에 상관없이 저장시키고, 각 노드의 관련성을 노드에 보관하여 1차원 배열 관계를 유지하도록 함으로써 중간 노드의 삽입, 제거를 손쉽게 할 수 있는 리스트로 각 노드는 링크(또는 포인터) 부분을 가지며, 그 노드와 관련 있는 다음 노드의 주소를 그 값으로 가진다. 다시 말하면 선형 리스트의 노드 배열이 어드레스와 일치하지 않고 기억 공간에 독립적으로 이루어진 리스트를 말한다.

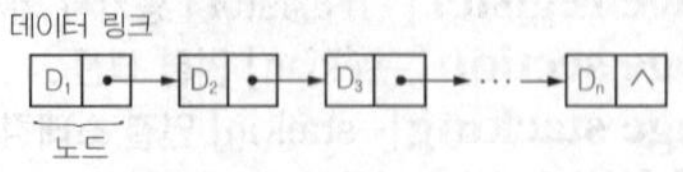

〈n 개의 노드를 가지고 연결된 리스트의 표현〉

linked organization[-ɔ̀ːrgənɑizéiʃən] **링크 구성** 물리적 순서와 논리적 순서가 서로 다르기 때문에 순차 구성과는 본질적으로 다르다. 순차 구성의 경우 파일 내 i번째 레코드의 위치를 l_i 라 하고, c를 레코드의 길이 또는 레코드 사이의 간격을 결정짓는 어떤 상수라고 할 때, $i+1$번째 레코드의 위치는 l_i+c가 되지만, 링크 구성에서는 $i+1$번째 레코드의 위치는 i번째 레코드에 있는 링크값에서 얻어진다. 기본 키에 대해 오름차순으로 정렬된 링크 구성의 경우 일단 삽입이나 제거를 행할 위치만 알면 작업을 수행하기가 매우 쉽다. 그러나 주어진 어떤 키 값을 가지고 레코드를 찾으려면 처음부터 차례로 찾아나가야 하므로 시간 낭비가 많기 때문에 이 경우에는 별도의 어떤 인덱스 구조를 사용하는 것이 좋으며, 여러 개의 인덱스를 사용하는 것이 좋다. 여러 개의 인덱스를 사용하면 보조 키뿐만 아니라 기본 키에 대한 검색도 쉽게 할 수 있다.

linked sequential file[-sikwénʃəl fáil] **연결 순차 파일** 자기 테이프, 라인 프린터, 카드 판독기와 같은 순차적 장치에 사용되는 것과 동일한 액세스 인터페이스를 갖는 파일. 이런 파일을 사용하면 순차적 장치와 디스크 장치 간의 일관성을 얻을 수 있다.

linked subroutine[-sʌ́bruːtìːn] **연결 서브루틴** 한 곳에 저장해두고 다양한 연결과 호출 순서 및 명령어를 이용함으로써 여러 곳에서 한 루틴에 연결할 수 있는 서브루틴. 즉, 서브루틴이 메인 루틴과 분리되어 저장되어 있을 때 프로그램 제어로부터의 점프 명령어는 이 서브루틴의 시작을 호출하고, 마지막의 다른 이동 명령어에 의해 이를 되돌려준다.

link encryption[líŋk inkrípʃən] **링크 내 암호화** 통신 회선을 경유하여 암호 조작을 통신 계통의 링크에 적용하여 데이터 링크를 통과하는 모든 데이터를 암호화하는 것.

linker[líŋkər] *n*. **연결기, 링커** 목적 모듈 간의 상호 참조를 해결하고 가능하면 구성 요소를 재배치함으로써 하나 이상의 별도로 번역된 목적 모듈 또는 로드 모듈로부터 하나의 로드 모듈을 작성하기 위하여 사용되는 컴퓨터 프로그램.

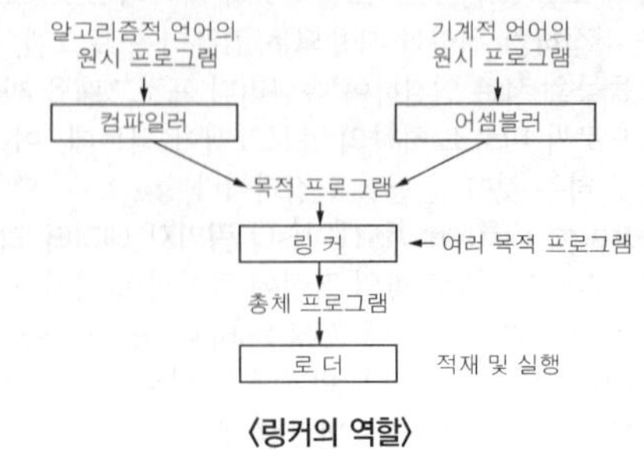

〈링커의 역할〉

link field[líŋk fí:ld] **연결 필드**

link frame formation[–fréim fɔ:rméiʃən] **링크 구성**

link group[–grú:p] **연결 그룹** 같은 멀티플렉스 장치를 사용하는 링크들의 모임.

link indicator[–índikèitər] **링크 인디케이터, 링크 표지**

link information[–ìnfərméiʃən] **연결 정보, 링크 정보**

linking[líŋkiŋ] *n.* **링킹** 몇 개의 프로그램을 모아서 하나의 큰 프로그램으로 편집하는 것.

linking editor[–édətər] **링킹 편집기** ⇨ linkage editor

linking loader[–lóudər] **연결 적재기** 컴파일 혹은 어셈블리 루틴이나 서브루틴들을 연결시키는 적재기. 즉, 새로운 메모리 장소에 맞추기 위해서 메모리의 점프나 호출을 조정하여 메모리의 한쪽에서 다른 쪽으로 프로그램 모듈을 두는 프로그램. ⇨ linkage editor

link inversion[líŋk invə́:rʃən] **역링크** ⇨ link inversion traversal

link inversion traversal[–trævə́:rsəl] **역링크 순환** 하향 통로를 통해서 순환해 나가면서 순환해온 길을 역으로 찾아 올라갈 수 있도록 연결 부분을 수정해 나가는 기법. 여기서 상향으로 방향을 바꾼 연결을 역링크라고 한다. 즉, 트리를 순환할 때 연결 부분에서 하향 노드(자식 노드)를 가리키는 포인터를 상향 노드(부모 노드)를 가리키는 포인터로 대치하는 방법이다.

link layer[–léiər] **연결 계층, 링크 레이어** ⇨ layer

link level[–lévəl] **링크 레벨**

link library[–láibrəri(:)] **연결 라이브러리, 링크 라이브러리** 어떤 프로그램이나 액세스할 수 있는 공용의 라이브러리. 특정 라이브러리를 지정하지 않는 같은 목적을 갖는 로드 모듈은 이 라이브러리에서 꺼낸다.

link linguistics[–liŋgwístiks] **언어학** 언어에 대하여 연구하는 학문. ⇨ syntax, semantics, parsing

link linkage[–líŋkidʒ] **링크 연결** (1) 두 개의 프로그램 루틴 또는 목적 모듈의 결합. (2) 서브루틴에서 되돌아오기 위한 명령을 함께 사용해서 다음에 실행해야 할 명령을 정하는 명령. (3) 몇 가지 데이터 항목과 관련을 짓는 것.

link load[–loud] **링크 로드**

link loader[–lóudər] **링크 로더**

link matching[–mǽtʃiŋ] **링크 정합(整合)**

link mechanism[–mékənizm] **링크 메커니즘**

link pack area[–pǽk ɛ́(:)riə] **LPA, 연결 팩 영역** (1) 루틴이 필요할 때 로드 시간을 절약할 수 있으며, MVT(multi programming with a variable of tasks)에서 시스템과 라이브러리부터 재비치 가능 루틴을 넣는 주기억 영역. (2) OS/VS2에서 IPL 시에 적재되는 재배치 가능 루틴을 넣는 가상 기억 영역으로 시스템 내의 모든 태스크가 동시에 사용된다.

link pack area directory[–diréktəri(:)] **연결 팩 영역 등록부**

link pack area extension[–iksténʃən] **연결 팩 영역 익스텐션** 이것은 TSO에서 연결 팩 영역의 확장으로 TSO가 움직이고 있을 경우에만 사용되는 시스템 루틴이 들어가는 장소로서 TSO를 시동할 때 조작원이 적재한다.

link pack area library[–láibrəri(:)] **연결 팩 영역 라이브러리**

link pack area queue[–kjú:] **연결 팩 영역 대기 행렬** 운영 체제/가상 시스템 2(OS/VS2)에서 현재 사용되고 있는 연결 팩 영역 모듈과 연결 팩 갱신 영역 및 고정 연결 팩 영역의 각 모듈에 대한 내용 디렉토리의 기입 항목으로 이루어지는 대기 행렬.

link pack updata area[–ʌ́pdèitə ɛ́(:)riə] **연계 팩 갱신 영역**

link pass[–pɑ́:s] **연결 패스** 다중 리스트 구조는 인덱스와 데이터 레코드 파일을 연결하여 보조 키의 각 값마다 데이터 레코드와 연결이 되는데, 이를 연결 패스라고 한다.

link path[–pɑ́:θ] **링크 경로, 연결 경로** TOTAL에서 동일한 마스터 레코드에 속하는 가변 레코드들을 연결하는 내용을 기록한 것.

link protocol[–próutəkɔ̀(:)l] **링크 규약** 데이터 전송에서 데이터 링크를 경유한 데이터의 전송을 행하기 위하여 전송 코드, 전문 형식, 제어 순서 및 회복에 관하여 정한 일련의 규칙.

link record type[–rékərd táip] **연결 레코드형** ⇨ connector record type

link register[–rédʒistər] **연결 레지스터** 중앙 처리 장치(CPU) 내에서 회전 또는 자리올림 연산을 하는 동안 누산기의 연결에 사용되는 1비트 레지스터. ⇨ carry register

link relative method[–rélətiv méθəd] **연쇄 지수법** 비례적 성질에서 추세 변동을 제거함으로써 비계절적인 요소와 추세적 요소를 제거하여 지수를 산출하는 방법으로 계절 지수를 표현하는 방법 중 가장 많이 이용되는 방법이다. 이 방법은 미국의 피어슨(W.M. Pearsons)이 고안해내어 피어슨법이라고도 하는데, 그 계산 방법은 다음과 같다. ① 월별 연쇄 비율을 구한다. 여기서 연쇄 비율이라 함은 전달에 대한 백분비를 말한다. ② 월별 연쇄 비율의 대표값을 구한다. 대표값을 구하는 방법은 주로 중위수가 사용되지만, 극단적으로 크거나 작은 수치를 뺀 후 산술 평균법을 사용하기도 한다. ③ 가정 연쇄 지수를 구한다. ④ 수정 연쇄 지수를 구한다. ⑤ 1년에 대한 평균 지수를 구함으로써 이것을 계절 지수로 삼는다.

link site [–sáit] **링크 사이트** 어떤 유용한 정보가 있는 사이트로 링크하는 기능만 가지고 있을 뿐, 미러 사이트와는 달리 링크시켜 놓은 사이트의 허가를 받을 필요가 없다. 링크 사이트가 많을수록 유용한 정보가 많이 있다는 의미가 될 수도 있고, 좋은 정보를 제공하는 사이트를 잘 분류해서 링크시키는 것만으로도 유용한 사이트가 될 수 있다. ⇨ mirror site

link situation signal unit [–sìtʃuéiʃən sígnəl júːnit] **LSSU, 링크 상태 신호 유닛** 링크 상태 신호 유닛(LSSU)은 신호 링크의 정상 동작을 보장하기 위한 정보로 신호 링크 상태를 통지하기 위한 신호 유닛으로서 초기 설정 상태 표시용, 신호 링크의 검증용, 상대국의 이상(異常) 통지용으로 사용된다.

link termination [–tə̀ːrminéiʃən] **링크 절단** 데이터 통신에서 메시지의 전달이 끝나고 나서 사용한 회선을 절단하는 것. 링크의 절단은 EOT(end of transmisson) 문자에 의하여 시작되며, 국(station)이 EOT를 접수하면 다른 국과 통신하기 위하여 다시 링크를 확립하여야 한다. 메시지의 전달이 끝나면 링크의 절단이 뒤따르는데, 이것은 결과적으로 이미 확립되어 있던 데이터 링크를 지우는 역할을 한다.

link testing [–téstiŋ] **링크 테스팅**

LINOTRON 라이노트론 컴퓨터를 이용한 고속의 인자 품질이 좋은 식자 장치.

linotype [láinətàip] **라이노타입** 활판 인쇄용 활자를 주조하는 기계로 키보드 타이핑에 의해 해당 활자가 1행마다 정리되어 주조된다. 영어 인쇄에 주로 쓰인다.

LINPACK 린팩 이것은 컴퓨터의 연산 속도를 측정하는 벤치마크 프로그램으로 응용되기도 한다. 주로 선형 방정식과 선형 최소 제곱법 문제를 푸는 FORTRAN 서브루틴들로 구성된 수치 해석 패키지의 하나이다.

Lin's method [líns méθəd] **린의 방법** 조립 제법이라고도 하며, $f(x)=0$의 해를 구하기 위해 다항식 $f(x)$를 시행식 x^2+px+q로 나누어 떨어질 때까지 조립 제법을 반복하여 p와 q를 정하고, 이 시행식을 근의 공식에 대입하여 해를 구하는 방법.

lint [línt] **린트** 유닉스 운영 체제에서 사용되는 프로그램으로 C 언어의 원시 프로그램을 읽어들여 오류가 있는지를 검사하는 프로그램.

Linus Benedict Torvalds 리누스 B. 토발즈 핀란드의 프로그래머. 헬싱키 대학 재학중에 리눅스의 커널을 개발했다. 자신이 개발한 운영 체제를 인터넷 상에서 공개하고 자원 봉사를 겸하면서 새로운 운영 체제 개발을 모색하고 있다. 현재도 커널 갱신 작업에 관여하고 있다. ⇨ Linux

LINUX 리눅스 토발즈(Linus B. Torvalds)라는 핀란드의 한 대학생에 의해 1991년 11월에 발표된 최초 버전이 0.10인 운영 체제(operating system)로, 네덜란드의 앤드류 타넨봄(Andrew S. Tanenbaum)에 의해 교육용으로 만들어진 미닉스(MINIX)의 소스 코드를 바탕으로 개발된 유닉스의 복사판이다. 386 PC에서 돌아가는 공개된 운영 체제인 리눅스는 모든 소스가 공개되었으며, 다중 작업, 다중 사용자 환경을 완벽하게 지원하며, 유닉스에서 사용하는 각종 편리한 프로그램을 지원한다. 리눅스는 전체적인 크기는 작고, 소스가 공개되어 있어 마음만 먹으면 자신이 나름대로 수정하여 자신의 환경에 맞게 사용할 수 있다.

LIOCS logical IOCS, 논리 IOCS, 논리 입출력 제어

LIPS (1) LBP image processing system의 약어. 레이저 프린터로 영상 등의 이미지 처리 및 프린터 내장 폰트를 제어하기 위해 캐논이 개발한 일종의 페이지 기술 언어. 포스트스크립트와 같은 종류의 언어이다. 지속적인 개발에 힘입어 LIPSII, LIPSIII 등으로 버전이 향상되고 있다. (2) **립스** logical inferences per second의 약어. 제5세대 컴퓨터의 수행 속도 단위.

liquid crystal [líkwid krístəl] **LC, 액정(液晶)** 전압을 가하면 분자 배향이 변화하는 물질을 말하며 이것을 디스플레이에 이용한다. 구조는 두 장의 전극판 사이에 액정을 주입하여 봉한다. 액정을 이용한 디스플레이에는 반사광을 이용하는 것과 투과광을 이용하는 것 두 종류가 있다. 즉, 전압을 가한 부분만 분자 배향이 달라지므로 보이게 되는 것이다. 소비 전력이 다른 디스플레이에 비해서 매우 작고 비교적 저전압으로 구동 가능하지만 응답 속도가 늦은 결점이 있다. 이것은 수동 소자이다.

liquid crystal display [–displéi] **LCD, 액정 디스플레이, 액정식 표시 장치, 액정 표시기** 액정을 이용한 화면 표시 장치. 액정은 어떤 온도의 범위에서 액체와 결정의 중간 성질을 갖는 유기 화합물로 전압이나 온도 등에 의해서 색이나 투명도가 달라진다. 전자식 데스크톱 컴퓨터의 연산 회로가 LIS

화되어 모양도 작아지고 소비 전력도 매우 작아졌다. 종래의 숫자 표시관으로는 용적, 전력이 모두 크기 때문에 소비 전력이 매우 작은 액정을 새로운 표시 소자로 하여 디스플레이(표시 장치)에 이용하였다.

〈액정 디스플레이〉

liquid crystal panel[-pǽnəl] **액정 표시판** 액정 표시 장치의 표시부.

liquid crystal polymer[-pɑ́limər] **고분자 액정** 용액 또는 용융 상태에서 액정성을 나타내는 고분자. 이것으로 만드는 섬유나 그 밖의 소재는 높은 내열성과 강도를 가진다. 용액으로 생기는 액정은 리오트로픽(lyotropic) 액정이라 하고, 용융 상태에서 생기는 액정은 서모트로픽(theromotropic) 액정이라 한다. 합성 고분자 중 주쇄가 강직하고 직쇄상으로 되어 있는 것에 리오트로픽 액정이 되는 것이 있는데, 이것에서 섬유를 만드는 방법을 액정 방사라고 한다. 탄성률이 높고 고강도의 섬유가 만들어지므로 우주선, 항공기 구조재에서 스포츠 용품에 이르기까지 널리 쓰인다. 미국 뒤퐁 사의 케블러(Kevlar)는 황산 용액에서 액정 방사한 고강력 섬유로 유명하다. 한편, 공중합 폴리에스테르로서 서모트로픽 액정이 되는 것이 개발되어 고강도의 플라스틱 성형품으로 상품화하려고 한다. 액정 구조가 성형품 속에 보존되어 있으므로 섬유 강화 플라스틱과 같은 구조를 갖는 것으로부터 자기 보강성 플라스틱이라 불린다. 자동차, 전기 전자, 항공 우주 분야에서의 수퍼 엔지니어링 플라스틱으로 이용되고 있다.

liquid crystal printer[-príntər] **액정 프린터** 레이저 광선으로 인쇄용 롤러에 토너를 인화하여 그것을 인쇄 용지에 전사하는 페이지 프린터의 일종. 이때 레이저 광선의 이동 및 점멸 방법에는 음향 광학 소자(투명한 결정체에 초음파를 입력하여 그 주파수에 따라 빛을 편광시키는 소자)를 이용하는 유형과 폴리곤 미러(polygon mirror ; 고속으로 회전하는 거울)로 이동하여 액정 셔터로 점멸하는 유형이 있다. 이 액정 셔터를 이용하는 프린터를 액정 프린터라고 부른다.

liquid crystal projector[-prədʒéktər] **액정 프로젝터** 액정 화면을 확대 투영하는 장치. 전방 투사형이라는 투영 방법을 이용하면 프레젠테이션 등에서 PC와 접속하여 대형 화면으로 보는 것이 가능하다. 지금까지 프레젠테이션의 주류는 OHP였으나 앞으로는 액정 프로젝터로 대체될 전망이다. 후방 투사형은 연구 개발 단계에 있다.

liquid crystal television[-téləvìʒən] **액정 텔레비전** 전자 시계의 문자 표시용으로 사용되고 있는 액정을 텔레비전의 화상 표시에 이용한 것. 액정은 저전압, 전력 저소비가 특징으로 문자 표시 소자로 널리 이용되고 있으나 초기의 액정은 응답 속도가 느리고 콘트라스트 비(比)가 낮아 화소의 고집적화가 어려워 텔레비전의 화상 표시에는 부적합했다. 그러나 점차 개량되어 텔레비전 화상 표시도 가능해져서 손목 시계형 텔레비전과 같은 소형 텔레비전 제작에 이용되었다. 액정 텔레비전은 소형화뿐 아니라 얇은 형태로 만들 수 있어 현재 대형 화면을 얇게 하려는 연구가 진행되고 있다.

liquid crystal shutter printer[-ʃʌ́tər príntər] **액정 셔터 프린터** 레이저 프린터로 대표되는 전자 사진식 페이지 프린터의 일종. 감광 드럼에 인쇄물의 잠상을 만들 때, 광원 앞에 둔 액정식 셔터로 빛을 제어하고 처리한다.

liquid reality[-ri(:)ǽliti] Dimension X 회사가 개발한 자바와 VRML 겸용의 브라우저.

Lisa 리사 래플 사가 1983년에 발매한 매킨토시 XL의 별칭. GUI를 처음으로 실현했다. 당시로서는 혁신적이었지만 소비자들에게 그다지 반응이 좋지 않아 기본 개념만 매킨토시에 계승되었다.

LISP 리스프, 리스트 처리 프로그램 list processor의 약어. 리스프 형식으로 된 데이터를 처리하도록 설계된 프로그래밍 언어. LISP는 미국 MIT 공과대학의 J. 맥커시 등이 1960년에 개발하였다. 컴퓨터에 의한 정리의 증명이나 기호 처리, 의미론 정보 검색, 인공 지능의 분야에서 널리 이용되고 있다 기호 취급, 리스트 처리, 귀납적인 문제 취급에 중점을 둔다.

LISP chip 리스프 칩 LISP 언어가 확실하게 실행될 수 있도록 특별히 설계된 마이크로프로세서 칩.

LISP machine 리스프 기계 LISP는 인터프리터 언어이고 그 용도에는 많은 계산이 필요하므로 빠른 실행을 위해 하드웨어를 특별히 설계해야 한다. LISP 언어는 인공 지능 개발에 널리 사용되는데,

이 언어를 효과적으로 수행하기 위한 목적으로 개발된 컴퓨터를 총칭한다. 대표적 기종으로는 심볼릭스 사의 Symbolics 3000 시리즈가 있다.

LISP Machine Inc. **리스프 머신 사** LISP 컴퓨터인 람다(Lambda) 기종을 개발한 미국의 컴퓨터 회사.

LIST **리스트 명령** BASIC 언어에서 현재 기억되어 있는 프로그램을 보여주도록 하는 명령.

list[líst] *n*. **목록, 리스트** 같은 속성을 가진 항목의 모임. 또는 순서가 매겨진 항목의 모임을 말한다. 특히 개개의 항목이 다음 항목을 나타내는 이름을 가지고 있는 경우가 많은데, 이 경우를 연결 리스트라고 하는 경우도 있다. 「계열」이라든가 「정렬」 또는 기억 영역 내의 정보를 인쇄하는 것이나 인쇄한 출력 그 자체를 나타낸다. ① 순번으로 되어 있는 한 쌍의 항목. 항목이 다음 항목을 표시하는 포인터(pointer)를 갖고 있는 연결 리스트(linked list)를 가리키는 경우가 많다. ② 프로그램 실행문을 인쇄하는 시스템 커맨드. 예를 들어, BASIC 언어에 있는 LIST 커맨드는 프로그램의 리스트를 인쇄하는 명령이다. ③ 입력 데이터의 모든 항목을 인쇄하는 것이나 프로그램을 용지에 출력한 것(program listing)을 가리키는 경우도 있다.

list box[–báks] **리스트 박스** 윈도 상의 응용 프로그램에 갖춰진 파일 등을 일람하는 윈도.

list-compacting[–kəmpǽktiŋ] **리스트 압축**

list-directed input-output statement[–diréktəd ínpùt óutpùt stéitmənt] **리스트 지시 입출력문**

list-directed transmission[–trænsmíʃən] **리스트 지시 전송, 목록에 따른 전송**

list directory[–diréktəri(:)] **리스트 디렉토리** 디렉토리의 내용들을 보여줄 수 있어야 하고, 그 리스트 내의 각 파일에 대한 디렉토리 엔트리의 값을 보여줄 수 있어야 한다.

listener[lísənər] *n*. **리스너** 데이터를 받는 쪽을 말한다. 예를 들면, IEC 버스에서 토커(talker)로부터 데이터를 수신하는 쪽이다.

list file[líst fáil] **리스트 파일** *A*, *B*, *C*라는 세 개의 레코드가 각각 순번으로 논리적인 관계를 가지고 있을 경우 *A* 레코드는 *B* 레코드의 기억 장소를 가지고, *B* 레코드는 *C* 레코드의 기억 장소를 가짐으로써 *A*, *B*, *C*는 전혀 관계가 없는 각각의 장소에 기억할 수 있다. 이와 같이 각 레코드가 다음 레코드의 어드레스(포인터)를 가지고 구성되어 있는 파일을 리스트 파일이라 한다.

list form[–fɔ́:rm] **리스트 형식**

list format[–fɔ́:rmæt] **리스트 형태**

list head[–hé(:)d] **리스트 헤드** 리스트의 노드 구조와 같은 데이터 구조를 갖지만 데이터는 보관하지 않고 연결값만을 갖는 특수 노드로서 리스트 처리에서 삽입과 삭제할 때 나타나는 불편한 점을 해소하기 위해 사용한다.

listing[lístiŋ] *n*. **목록 작성** 원시 명령문 및 프로그램의 내용을 프린트한 것으로 언어 번역 프로그램에 의해 준비된다.

listing device[–diváis] **작표 장치(作表裝置)**

list insertion sort[líst insɔ́:rʃən sɔ́:rt] **리스트 삽입법 분류**

list linearization language[–lìniərizéiʃən lǽŋgwidʒ] **리스트 처리 언어**

list manipulation[–mənipjuléiʃən] **리스트 선형화**

list moving[–mú:viŋ] **리스트 이동**

list node[–nóud] **리스트 노드** 태그 필드(tag field)의 값이 1인 노드.

list organization[–ɔ̀:rgənaizéiʃən] **리스트 편성** 리스트 편성에서 데이터 레코드를 추가 혹은 삭제할 때 포인터의 내용을 바꾸는 조작으로 실행되는데, 리스트 파일 편성은 자료의 기록 배치가 임의 편성과 같이 여러 곳에 분산되어 있으므로 자료 구조로서의 관계를 가질 수 있도록 해야 한다. 순차 편성의 경우에는 이 관계를 레코드의 기록 순서에 의해 유지할 수 있지만 트리 구조나 그래프 구조의 경우에는 리스트 편성을 해야 한다. 데이터 레코드는 물리적으로 떨어져 있으나 레코드에 붙어 있는 포인터가 순차 데이터 레코드의 주소를 지시함으로써 관계를 유지한다.

list procedure[–prəsí:dʒər] **항목 지정 수속**

list processing[–prásesiŋ] **리스트 처리** 계열의 모양을 한 데이터를 처리하는 방법. 리스트 구조의 데이터를 취급하는 것. 리스트 처리를 행하는 대표적인 프로그래밍 언어로는 LISP, SLIP, SNOBOL, IPLV, COMIT, L[6] 등이 있다. 또 PL/I에는 리스트 처리를 행하는 데 편리한 명령이 갖추어져 있다.

[주] 항목의 순서를 물리적인 장소는 바꾸지 않고 변경할 수 있도록 보통 연쇄 리스트가 사용된다. 정의된 데이터 그룹을 물리적인 위치를 바꾸지 않고 이론적인 나열 순서로 상호 연쇄하면서 액세스하거나 어떤 데이터를 찾아내는 처리 방법을 뜻한다. 이 리스트 처리를 행하는 언어에는 LISP가 있으나 PL/I에도 그 기능이 있다.

list processing language[–lǽŋgwidʒ] **리스트 처리 언어** 복잡한 구조의 데이터 처리를 가능하게 하고, 리스트의 취급에 중점을 두고 개발된 프로그램 언어인 LISP를 들 수 있으며, 이 밖에도 플래너(PLANNER), 커니버(CONNIVER), IPL, 스노볼(SNOBOL) 등이 있다. 리스트 처리란 포인터에 의해 연결된 리스트 구조라 일컬어지는 형태로 컴퓨터 내부에 데이터를 표현하고, 이를 컴퓨터로 처리하는 일이다.

list processing program[-próugræm] **리스트 처리 프로그램** EULER라 불리는 특수한 프로그램. ALGOL 60을 확장한 것으로 리스트 처리를 할 수 있다.

list processing structure[-strʌ́ktʃər] **리스트 처리 구조**

list processor[-prásesər] **LISP, 리스프, 리스트 처리 프로그램** 기계 번역이나 정리의 증명 등을 다루는 문제적 언어를 리스트 언어라고 하며, 이 리스트 언어를 기계어로 가진 처리 장치를 말한다. ⇨ LISP

list query[-kwí(:)ri(:)] **리스트 질의** 주어진 리스트 내의 값들을 만족하는 대상을 데이터 베이스에서 검색하는 질의.

list representation[-rèprizentéiʃən] **리스트 표현**

list scheduling[-skédʒuliŋ] **리스트 스케줄링**

listserv(listservers)[lístsə̀:rv] **리스트서브** 리스트서브는 특정한 주제에 대한 전자 우편의 메시지 스위치로 동작하는 프로그램이다. 리스트서브에 있는 목록을 구독하면 그 목록으로 보내지는 모든 메시지를 받게 된다. 이 메시지에 응답하면 다른 구독자들이 여러분의 메시지를 보게 된다. 리스트서브에서 유지하지 못하는 수백 개의 우편 목록이 있는데, 이는 rtfm.mit.edu로 익명 FTP하여 pub/usenet/news.answers/mail 디렉토리에서 mailing-lists 파일을 얻어보면 알 수 있다.

list sorting[-sɔ́:rtiŋ] **리스트 정렬**

list structure[-strʌ́ktʃər] **리스트 구조** 복잡한 데이터의 구조를 표현하기 위해서 고안된 방법. 복수 개의 체인을 사용하고 있다. 이것을 취급하기 위해 IPL-V, LISP, COMIT, SLIP, SNOBOL 등의 실험 언어가 존재한다. 리스트란 리스트 요소 또는 리스트 자체를 0개 이상(0도 포함) 유한개 늘어놓은 것이다. 리스트 요소를 a, b, c, … 등으로 나타내면, $A=a$, $B=(b, c)$, $C=(a, b, c)$ 등도 리스트이고 다시 이런 리스트를 늘어놓은 (A, a, B) $(C, (b, c)\ b, c)$ 등도 리스트이다. 리스트 구조란 정보를 이러한 리스트로 표현하는 방법의 하나이다. 컴퓨터 내부에서 리스트는 리스트 요소를 포인터로 연결하는 형태로 표현하는 것이 보통이다. 리스트 요소가 하나도 없는 리스트(도)도 리스트의 하나이다.

list traversal[-trævə́:rsəl] **리스트 운행법**

literasy 리터러시 식별 능력이나 기록 판독 능력. 컴퓨터 등의 조작 능력을 가리키는 경우도 있다.

literal[lítərəl] *n*. **상수** 프로그램의 실행문에 쓰인 숫자나 문자가 그대로의 형으로 취급되는 것. 어셈블러나 컴파일러에서는 적당한 기억 위치에 모아 기억되어 다른 상수와 같게 색인됨에 따라 실행시에 이용된다. (1) 숫자 상수, 문자 상수, 표의 상수의 총칭. 리터럴 상수(literal constant)를 줄여서 리터럴이라 한다. 문자열의 형태를 취하면서 직접 이것이 문자나 숫자를 표시하는 것이며, 변수와는 달리 이 문자열에 대한 값의 대입은 행할 수 없다. 예를 들어, 어셈블러 언어에서는 「리터럴」을 사용하여 메모리 상에의 특정 어드레스를 표현하거나 어떤 디바이스의 초기 설정(initialization)을 행할 때 필요한 수치 등으로 문자열을 적합하게 하기도 한다. 이것에 의하여 수치에 의미를 갖게 하고 프로그램 작성을 용이하게 하며, 또 프로그램의 이해를 쉽게 한다. 사용되는 리터럴은 리터럴 풀(literal pool)이라 불리는 특별한 장소에 모여 관리된다. 리터럴 풀은 리터럴과 수치를 일대일로 대응시킨 파일로 되어 있다. (2) 원시 프로그램에서의 항목값의 명시적인 표현이며 그 값은 원시 프로그램의 번역 중에는 바뀌어서는 안 되는 것으로, 예를 들면 명령 "IF X=0 print FAIL" 중의 단어 "FAIL". (3) 직접 값을 표시하는 자구(字句) 단위. 예 100은 백을 표시하고, "APRIL"은 문자열 APRIL을 표시한다. 또 3.0005E2는 숫자 300.05를 표시한다.

literal constant[-kánstənt] **리터럴 상수** 리터럴 상수는 인용부로 감싸서 나타낼 수도 있고, wH를 앞에 붙여서 나타낼 수도 있다. 리터럴 상수 앞에 wH를 붙일 때는 그 리터럴 내의 인용부도 리터럴의 일부로 간주된다. 이와 같이 영자, 숫자, 특수문자로 이루어지는 상수로서의 문자 스트링이다.

literal node[-nóud] **리터럴 노드** 규칙 기초 연역 시스템에서 사실과 규칙들을 AND/OR 그래프로 나타낼 때 그래프에서 하나의 리터럴로만 나타나는 노드.

literal operand[-ápərǽnd] **리터럴 오퍼랜드** 원시 언어 명령에 있는 오퍼랜드로서 상수가 기억되어 있는 어드레스가 아니라 상수값 그 자체를 지정한다.

literal pool[-pú:l] **리터럴 풀** 리터럴만을 모아서 정의해놓은 기억 장소. 어셈블 후에 리터럴 풀은 목적 프로그램의 한 부분으로 출력된다.

literal table[-téibəl] **리터럴 테이블** 리터럴에 관한 정보를 기록한 테이블이나 기억 장소.

literal term[-tə́:rm] **리터럴 항**

literature search[lítərətʃər sə́:rtʃ] **문헌 탐색** 주제를 설정하여 깊은 연구를 하기 전에 그 주제 고유의 특징을 파악하기 위하여 발표된 정보 가운데 특정한 항목을 탐색하는 것.

lithium ion battery[líθiəm áiən bǽtəri] **리튬 이온 배터리** 노트북 PC에 널리 사용되는 배터리. 니켈 카드뮴이나 니켈 수소 배터리에 비해 에너지 밀도가 높기 때문에 용적이 적다.

little endian format[lítl índien fɔ́:rmæt] **최소 끝 형식** 이 방식에서는 최상위 자리의 바이트부터 앞의 주소에 차례대로 기억되며, 바이트 단위로 주소가 할당되는 컴퓨터에서 두 바이트 이상의 데이터를 기억 장소에 저장하는 형식의 하나이다.

Little's formula[lítlz fɔ́:rmjulə] **리틀의 공식** $n=\lambda w$로 표시되며, 여기서 n은 평균 큐의 길이, w는 평균 대기 시간, λ는 큐에서 새로운 작업의 도착률이다. 즉, 시스템이 안정 상태라면 큐를 빠져 나가는 작업의 수는 도착하는 작업의 수와 같다는 공식. 리틀에 의해 발견되었다.

Little's laws[-lɔ́:z] **리틀의 법칙** ⇨ Little's formula

Little's result[-rizʌ́lt] **리틀의 공식** 큐에 대기중인 고객의 수는 큐에서 대기하는 평균 시간에 도착률을 곱한 값과 같고, 시스템에 있는 고객의 수는 고객이 시스템에서 보내는 평균 시간에 도착률을 곱한 값과 같다는 것으로 큐잉 시스템의 성능에 대해 간단하면서도 유용한 공식 중의 하나이다.

Live[láiv] **라이브** 원래는 음악 콘서트나 생연주, 텔레비전의 생방송이라는 의미로 사용되었는데, 인터넷 상에서는 텔레비전이나 라디오처럼 실시간으로 제공되는 서비스를 일컫는 용어로 사용되고 있다. 라이브로 서비스를 즐길려면 호스트 컴퓨터에 있는 영상, 음성 등의 데이터를 수신과 동시에 화면에 표시할 수 있는 stream works나 VOLive 등의 실시간 비디오 재생 소프트웨어가 필요하다. ⇨ VOLive

Live3D **라이브 3D** 3차원 그래픽을 지원하는 VRML을 이용하기 위한 프로그램의 하나.

LiveAudio[láivɔ́:diòu] **라이브오디오** 넷스케이프 내비게이터에 탑재되어 있는 소프트웨어로, 각종 사운드 형식(AIFF, AU, MIDI, WAV 등)을 지원한다. 홈페이지 등에서 지정된 사운드 파일을 재생하고 들을 수 있다.

LiveConnect[láivkənékt] **라이브커넥트** 넷스케이프에서 자바스크립트와 자바, 플러그인을 서로 연결할 수 있도록 만들어진 메커니즘.

live data[láiv déitə] **실제 데이터** 컴퓨터 프로그램에 의하여 처리된 데이터.

live keyboard[-kí:bɔ̀:rd] **라이브 키보드** 단말 장치에서 사용자가 프로그램이 실행되고 있는 동안에도 프로그램의 변수를 검사하거나 바꾸거나 키보드를 통한 계산을 수행하기 위해 시스템과 대화를 할 수 있도록 만든 키보드.

live lock[-lák] **지속 로크** 트랜잭션이 재시작되고 취소되는 과정이 계속적으로 반복되는 상황.

live online application[-ɔ́(:)nlàin æ̀plikéiʃən] **라이브 온라인 애플리케이션** 인터넷을 통하여 실시간으로 통화상이나 음성 중계를 가능하게 해주는 프로그램. 대표적인 프로그램으로는 실시간으로 라디오 방송을 들을 수 있도록 해주는 리얼 오디오나 TV 방송을 가능하게 해주는 VDOLive와 같은 프로그램이 있다.

Livermore Loops[lívərmɔ̀:r lú:ps] **리버모어 루프** 스칼라, 벡터 부동 소수점 연산 속도 측정에 사용된다. 수퍼 컴퓨터의 벤치 마크(bench mark) 시험에 사용되는 프로그램의 일종. 로렌스 리버모어 국립 연구소(Lawrence Livermore National Laboratory)에서 사용중인 프로그램에서 따온 계산 루틴.

liveware[láivwὲər] **라이브웨어** 하드웨어, 소프트웨어, 펌웨어 등에 대비하여 컴퓨터 종사자를 일컫는 용어.

LLA **하한 어드레스** low limit address의 약어.

LLC local link control의 약어. OSI 모델의 데이터 링크층의 두 개의 부속 계층의 하나로서 IEEE 802 표준에 의해 정의된다. 이 부속 계층은 네트워크의 매개체를 통해 데이터를 전송한 경우에 두 컴퓨터 사이의 연결을 유지하는 기능을 수행한다.

LL grammar **LL 문법** 톱다운(top-down) 구문 분석에서 정의된 문법이 어떤 조건을 만족하면 주어진 문장을 결정적으로 구문 분석할 수 있는데, 이것을 LL 조건이라고 하며, 이 조건을 만족하는 문법을 LL 문법이라고 한다.

LLL **저레벨 논리** low level logic의 약어.

LL parsing **LL 파싱** top-down(하강) 패스 기법의 하나.

LM **국부 메모리, 로컬 메모리** local memory의 약어. ⇨ local memory

LM78 시스템의 상태와 어떤 부분에 이상이 있다는 것을 알려주는 진단 장치. LM78은 하나의 모듈 칩과 그 진단 프로그램으로 이루어져 있는데, 진단 프로그램을 LDCM(LANDESK client manager)이라는 이름으로 부른다. 이 프로그램은 원래 고급 서버 장비에 사용되던 것으로, 이제 데스크톱용 PC로 이식된 것이다. 따라서 전문가가 아니더라도 PC의 고장 원인을 판별할 수 있게 되며, 시스템의 상태를 파악하여 시스템에 무리를 주지 않고 사용할 수 있도록 한다. 따라서 시스템의 수명을 연장할 수 있다. LM78은 시스템의 메인 보드뿐만 아니라 오디오 장치, LAN 장비, 그래픽 카드도 체크해 준다. 그러나 이들 각각의 하드웨어가 아직은 LM78을 완전히 지원하지 않으므로 이런 기능을 완전히 사용할 수는 없다. 하지만 현재의 LM78로서도 시스템의 전원, 드라이브, 메모리, 오디오, 키보드, 마우스, 비디오 장치, 네트워크의 이상을 소프트웨어적으로는 물론 하드웨어적으로도 점검할 수 있으므로, 특히 중요한 데이터를 다루거나 시스템의 안전성을 요구하는 사용자들에게는 상당히 유용한 것이 될 수 있다. 메인 보드에 따라 도터 보드의 형식으로 제공되거나, 메인 보드에 장착되어 있는 형태, 두 가지가 있으며 주로 고급형 메인 보드에만 장착되고 있다.

LMHOST file **LMHOST 파일** 윈도 네트워크 컴퓨터의 컴퓨터 이름에 IP 주소를 부여하는 정보를 기록하고 있는 문자 파일.

LMS 최소 제곱 평균 least mean square의 약어.

load[lóud] *n. v.* **올리다** 컴퓨터의 내부 기억 장치에 카드, 자기 테이프, 자기 디스크 등의 외부 프로그램 루틴을 옮겨 기억시키는 것. 이 작업을 실행하려면 그 목적을 위해 만들어진 프로그램(적재기)을 움직여야 한다. 특정한 조작 버튼(적재기 키)을 누르면 자동으로 행해지도록 설계되어 있는 것이 많다. 정보를 기억 장치(storage)로 입력하는 것, 명사로서 컴퓨터 처리의 작업량을 표시하는 「부하(負荷)」의 의미를 갖는다. 내부 기억에서 레지스터로, 또는 레지스터에서 다른 레지스터로 데이터를 전송하는 것이나 컴퓨터 프로그램 등을 입출력용 데이터 매체 또는 보조 기억으로부터 내부 기억으로 판독하는 것이다. (1) 프로그램이나 데이터를 주기억 장치(main storage)의 기억 영역에 넣어 저장하는 것. 프로그램 로딩(program loading)이란 프로그램을 로드하는 것이다. 로더(loader)라는 특별한 프로그램을 사용하여 자기 디스크 등의 보조 기억 장치에 기억되어 있는 정보를 로드하는 경우와 콘솔(console)에 있는 로드 키를 눌러 로드하는 경우가 있다. (2) 자기 디스크 팩, 자기 테이프 등을 자기 디스크 장치나 자기 테이프 장치에 설치하는 것.

load-and-go[–ənd góu] **적재 실행** 프로그램을 외부 기억 장치나 입력 장치로부터 판독해서 주기억 장치의 어느 지정된 구역으로 옮긴 후 바로 그 프로그램을 실행하는 조작 기법의 하나. 어셈블러나 컴파일러의 처리도 이 조작에 포함된다. 특히 컴파일 또는 어셈블의 적재 실행을 컴파일 앤드 고(compile and go) 또는 어셈블 앤드 고라고 한다. 즉, 프로그램의 적재에서 실행 단계까지 멈추지 않고 연속해서 실행하는 방법이다.

load-and-go-feature[–fíːtʃər] **적재 실행 기능**

load and store[–stɔ́ːr] **로드와 기억**

load and store insturction[–instrʌ́kʃən] **로드와 기억 명령**

load balancing[–bǽlənsiŋ] **적재 균형** 작업을 네트워크를 통하여 작업량에 따라 여러 사이트로 분산시켜 일의 부담을 균등화시키는 것.

load card[–kάːrd] **적재 카드** 프로그램 명령어들과 상수값들을 포함한 천공 카드.

load control[–kəntróul] **로드 제어**

load distribution[–dìstribjúːʃən] **부하 분산**

loaded cable[loúdəd kéibl] **적재 케이블** 선로의 감쇠량을 줄이기 위해서 일정 간격으로 적재 코일이 들어간 케이블. 즉, 인덕턴스 코일과 같이 유도량을 적재하고 삽입하는 전송로라는 뜻이다.

loader[lóudər] *n.* **로더** 컴퓨터에 프로그램을 읽어넣기 위한 프로그램 루틴. 읽어넣는 프로그램의 종류에 따라 적재기도 그것에 적합한 것이 준비된다. (1) 하적하는 사람, 저장하는 기계. (2) 정보를 외부 기억 장치에서 내부 기억 장치로 전송하는 프로그램.

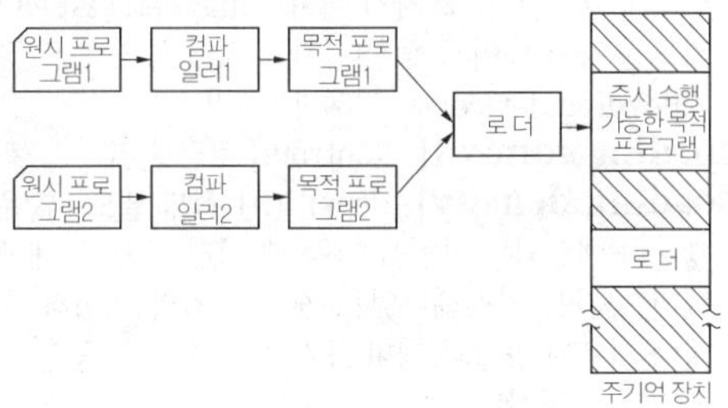

〈로더의 역할〉

loader program[–próugræm] **로더 프로그램** 외부 기억 장치 등 주변 장치로부터 정보들을 주기억 장치에 적재하는 프로그램. 이것은 정보가 주기억 장치의 어느 부분에 있는가를 추적하기도 하다.

loaders and linkage editors(microprocessor)[lóudərz ənd líŋkidʒ éditərz] **마이크로프로세서용 로더 연결 편집기** 보통 기계어 코드, 목적 코드 또는 프로그래머의 지시 등의 입력을 받아서 원하는 영상 파일을 만드는 것. 이들의 특성은 가용 번역기의 종류나 컴퓨터 구조에 따라 다르다. 즉, 재배치 가능한 목적 코드를 만들 수 있는 어셈블러에는 재배치 로더가 필요하고, 어셈블리어가 목적 모듈 간의 참조를 허용할 경우에는 연결 편집기가 필요하며, 서브루틴을 별도로 어셈블하거나 컴파일을 할 수 있는 경우에는 서브루틴 연결을 반드시 해야 된다. 로더는 일종의 번역기로 간주할 수 있다.

loader type[lóudər táip] **로더 형태** 로더는 주로 ROM에 들어 있고, 완전한 로딩 처리를 하기 위한 마이크로컴퓨터 로더의 종류로 매우 다양하다. 어셈블된 프로그램도 ROM에 로드될 때가 있으며, 부트스트랩 형태의 로더는 RAM에 저장될 수도 있다. 재배치 로더는 프로그램의 주소들을 자동으로 조정한 후 명령어들을 적재한다.

load facility[lóud fəsíliti(ː)] **적재 설비** 프로그램 적재를 할 수 있도록 고안된 하드웨어 설비.

load factor[–fǽktər] **적재 계수** 파일에 수록되어 있는 실제 레코드 수와 파일에 적재 가능한 총 레코드 수와의 비율.

load image[–ímidʒ] **로드 이미지**

loading[lóudiŋ] *n.* **올리기, 로딩** 자원 제약 PERT에 사용되는 용어. 현실 공정 실시 계획에는 투입 자재, 노동력 제약 조건이 개입된다. 실시 계획에 따른 자재, 노동력 등의 종별 투입량을 시간에 따라 그래프화한 것을 로딩표라고 일컫는다. (1) 컴퓨터의 외부 기억 매체(종이 테이프, 카드, 자기 디스크) 등에서 프로그램이나 데이터를 주기억 장치로 전송하는 것. 여기서 전송되는 프로그램은 로드 모듈(load module)이라 불리는 실행 가능한 기계어 프로그램이다. (2) 자기 테이프(magnetic tape)나 카드를 자기 테이프 장치나 카드 리더 등의 로드 장치(loading device)에 「적재하는」 것.

loading control[–kəntróul] **로딩 관리**

loading density[–dénsiti(ː)] **적재 밀도** 많은 갱신이 예상되는 파일을 만들 때 미리 각 블록 내에 예비 공간을 지정해두었을 경우 초기의 데이터 수록에 사용된 공간과 예비 공간을 포함한 총 공간 간의 비율을 말한다.

loading device[–diváis] **로딩 장치**

loading error[–érər] **적재 오류** 프로그램을 적재할 때 로더값의 변경으로 인하여 발생되는 오류.

loading factor[–fǽktər] **격납 계수**

loading instruction[–instrʌ́kʃən] **적재 명령** 데이터를 레지스터(register)로 전송하는 명령.

loading location misuse error[–loukéiʃən misjúːs érər] **적재 위치 오용 오류** 적재 장소가 기억 장소의 범위를 넘었을 때, 적재 장소는 지정되었으나 적재가 이루어지지 않음으로써 발생하는 오류.

loading origin[–ɔ́(ː)ridʒin] **로딩 개시점**

loading pattern[–pǽtərn] **로딩 패턴** 카트리지 액세스 스테이션(CAS)에서 투입되는 카트리지를 격납하는 셀의 순서.

loading phase[–féiz] **로딩 단계**

loading procedure[–prəsíːdʒər] **적재 절차** 시스템 루틴, 목적 프로그램, 라이브러리 루틴은 모두 비슷한 방법으로 적재된다. 이들은 수행 제어 루틴이 설정한 기본 주소에 따라 재배치되며 주프로그램이 먼저 적재된 후 호출된 라이브러리 루틴 등은 그 다음에 적재되고 필요한 모든 루틴이 주기억 장치에 옮겨지면 로더는 작업 프로세서로 넘겨진다.

loading program[–próugræm] **로딩 프로그램** 로드 모듈을 주기억 영역에 기입하고 실행하는 프로그램이며, 로더(loader)라고도 한다.

loading routine[–ruːtíːn] **로딩 루틴, 적재 루틴** 프로그램을 주기억 장치에 읽어들이는 루틴의 총칭. 부트스트랩(bootstrap)과 같은 뜻으로 쓰이는 경우도 있다.

loading unit[–júːnit] **단위 부하**

load key[lóud kíː] **적재 키** 초기의 컴퓨터에서 데이터나 프로그램을 기억 장치에 기록하기 위해 사용되는 제어 키 또는 이와 유사한 수동 장치.

load map[–mǽp] **적재 맵** 로더에 의해 만들어지는 것으로, 각 외부 부호와 각각 부여된 값을 나타내주는 리스트. 또 프린트 기판 뒷면의 서비스 맵으로 부품의 삽입 위치를 가리킨다.

load member[–mémbər] **적재 멤버**

load mode[–móud] **적재 방식** 적재할 때 데이터 전달이 MOVE 모드와는 달리 데이터 분리 기호와 함께 전달되는 방식.

load modification block[–màdifikéiʃən blák] **적재 수정 블록** 기억 장치에 프로그램을 적재할 때 사용하는 것으로서 어드레스 변환을 위하여 필요한 정보를 포함하고 있는 블록.

load module[–mádʒuːl] **로드 모듈** 언어 프로세서의 출력인 목적 프로그램에 링키지 에디터에 따라 표준 절차 등을 결합하고 주기억에 로드하면 곧바로 실행 가능한 형식이 되는 프로그램. 교환용 프로그램 파일의 작성 과정에서 컴파일러나 어셈블러를 통하여 기계어로 변환해서 출력된 목적 모듈(OM)은 기능 블록 단위로 작성되기 때문에 모듈 내의 섹션마다 링키지가 취해지는데, 교환용 파일로 하여 각 모듈 간을 결합하여 메모리 상에 배치하기 위하여 절대 번지를 할당할 필요가 있다. 로드 모듈이란 절대 번지의 할당이 이루어지는 것으로 링키지 데이터에 의하여 작성된다. 실행을 위하여 주기억 장치 내로 로드할 수 있는 컴퓨터 프로그램 단위. (1) 이미 주기억 장치에 적재하여 실행 가능한 모양으로 되어 있어서 연결 라이브러리에 등록되어 있는 프로그램. (2) 보통 연결 편집 프로그램의 출력이다. 즉, 연결 편집 프로그램에 의해서 재배치가 가능한 목적 프로그램을 연결 편집해서 만들어낸 절대 번지를 가진 실행 가능한 프로그램.

load module library[-láibrəri(:)] **로드 모듈 라이브러리**

load on call[-ən kɔ́:l] **호출식 적재** 프로그램이 커서 주기억 장치 영역에 모두 들어갈 수 없을 때 프로그램을 분할하여 일부는 디스크에 저장해놓고 필요할 때 호출하여 적재하는 것.

load point[-pɔ́int] **적재점** 자기 테이프 상의 기록 개시가 가능한 위치. 즉, 자기 테이프의 끝부분은 기억 측정을 위해 사용되지 않는다. 어디에서부터 사용이 가능한가 하는 것을 나타내기 위해 보통은 반사 마커를 붙여 그것을 표시하는데, 그 위치를 말한다.

load point marker[-mɑ́:rkər] **적재점 표지** 자기 테이프가 시작 부분에 읽기나 써넣기가 시작된다는 것을 나타내는 표시를 하고, 일반적으로 알루미늄판의 반사 마커를 테이프의 뒤쪽 제1트랙 쪽의 반폭으로 붙여서 만든다.

load register pair immediate[-rédʒistər pέər imí:diət] **로드 레지스터 페어 이미디어트** 레지스터 페어에 즉시 로드하는 명령.

load regulation[-règjuléiʃən] **부하 레귤레이션** 정해진 부하 전류의 변동에 대한 출력 전압 변동의 퍼센트.

load scheduler[-skédʒulər] **로드 스케줄러** 새로운 작업을 받아들이고 해당 처리를 시작하게 하는 시스템에 들어올 새로운 작업을 선택하는 처리. 로드 스케줄러가 새로운 입력의 존재를 알아내는 두 가지 기본 기법으로 인터럽트와 폴링(polling)이 있다. 새로운 입력이 인터럽트를 발생시킬 수 있는 경우에 이를 인터럽트 위주의 시스템이라고 부른다. 그러나 대부분의 시스템은 새로운 입력을 스캔 또는 폴(poll)하는데, 이는 비용이 싸고 과도한 입력을 좀더 잘 통제할 수 있다. 만일 시스템이 감당할 수 있는 양보다 입력이 더 많은 경우에는 동시에 취급이 가능한 최대수가 입력되도록 해야 한다. 로드 스케줄러는 일괄 시스템에서는 작업 스케줄러, 시분할 시스템에서는 명령어 인터프리터 또는 셸(shell)이라고 하며, 전화 교환 시스템에서는 전화 회선 스캐너라고도 한다.

load segment[-ségmənt] **LS, 로드 세그먼트** 프로그램의 로딩 단위를 나타낸다. 프로그램 모듈은 LS를 단위로 하여 제어의 이행 순으로 배치된 논리적 트리 구조로 표현된다. 그림은 트리 구조의 예이지만, 트리 구조를 구성함으로써 제어 이행이 배타적인 프로그램 및 종속적인 프로그램은 별도의 LS로 구성되고 기억 영역을 유효하게 이용할 수 있다. ⇨ 그림 참조

load share[-ʃέər] **부하 공유** 요구되는 처리량이 많아 한 대의 컴퓨터로는 처리 불가능한 경우 복수의 컴퓨터를 접속하여 처리하는 내용이나 발신지별로 데이터를 교환기로 할당하여 각각의 컴퓨터로 처리시켜 하나의 시스템으로 구성하는 것을 말한다. 부하의 피크가 짧고 경제성을 고려하고 있는 시스템에서는 평상시에 듀플렉스(duplex)로서 동작하고 있으나 월말 등 바쁜 날에는 부하 공유로서 사용하여 탄력적으로 대응하기도 한다.

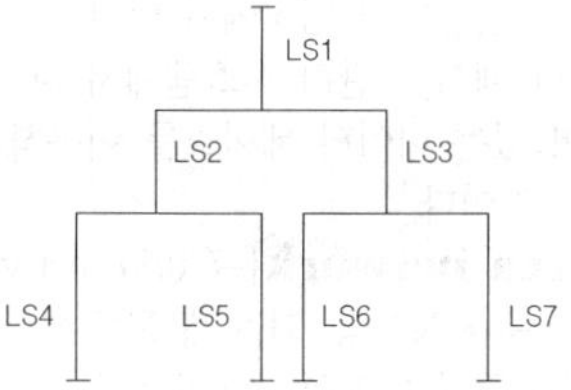

〈LS 로드 트리 구조〉

load share system[-sístəm] **부하 공유 시스템** 요구되는 처리량이 많고 그 처리가 단일의 컴퓨터로는 불가능한 경우 여러 개의 컴퓨터를 접속하여 처리 내용 혹은 발신지별로 데이터를 분배하여 부하를 분산하고, 하나의 시스템으로서 구성하는 것을 부하 공유 시스템 또는 부하 공유라고 한다. 보통은 듀플렉스 시스템에서 사용하고, 아주 바쁜 날에만 부하 공유 시스템으로 사용하는 예도 볼 수 있다. 즉, 복수의 처리기를 조합시켜 두고 기능 및 부하를 개개의 처리기에 분산시키는 것을 목적으로 한 컴퓨터 시스템이다.

load sharing[-ʃέəriŋ] **부하 분할, 부하 공유, 부하 분할법** 여러 개의 컴퓨터에 의하여 처리 요구 등의 부하를 분담하는 방식. 동일한 처리를 행하는 각 컴퓨터의 처리 요구마다 분할 할당하는 방식과 하나의 처리 요구를 분할하여 각 컴퓨터에 분담시키는 방식이 있다. 이러한 기능을 갖춘 시스템을 부하 분할 시스템(load sharing system)이라고 한다.

load system program[-sístəm próugræm] **부하 시스템 프로그램**

load test[-tést] **부하 테스트** 멀티 터미널 시뮬레이터(MTS) 등으로서 시험 대상 시스템에 처리 능력 이상의 트래픽을 의사적(擬似的)으로 발생시켜 시스템의 종합적인 테스트를 하는 것을 목적으로 하는 테스트.

load time[-tάim] **로드 시간** 컴퓨터의 외부로부터 컴퓨터의 내부 기억 장치로 여러 가지 정보를 넣거나 추가하는 데 걸리는 시간.

load utility[-ju(:)tíliti(:)] **적재 유틸리티** 하나 이상의 일반 파일로부터 데이터 베이스를 생성시키는 프로그램.

local[lóukəl] *a*. **지역의, 구내의, 국소적인** 언어 대

상물과 블록 사이와의 관계를 표시하는 용어이며, 그 언어 대상물의 유효 범위가 그 블록 내에 포함되어 있는 경우에 사용된다.

local application[–æ̀plikéiʃən] **지역 응용** 원격 사이트를 액세스하지 않고 지역 사이트만 액세스하는 응용이다.

local application program[–próugræm] **지역 응용 프로그램** 이것은 그 데이터 베이스를 가지고 있는 컴퓨터의 입장에서 바라본 관점으로 분산 데이터 베이스 관리 시스템에서 다른 컴퓨터에 기억되어 있는 데이터 베이스를 이용하기 위한 응용 프로그램이다.

local area network[–ɛ́(:)riə nétwə̀ːrk] **LAN, 근거리망, 구내 통신망, 기업 내 정보 통신망, 특정 구역 내 정보 통신망, 지역 네트워크** 동일 빌딩이나 공장 등 비교적 좁은 구내에 분산 설치되어 있는 컴퓨터, 단말 기기, 주변 장치 등을 고속 전송로로 접속하여 기업 내 정보와 사무 처리를 효과적으로 하는 것. 기업 내 종합 통신망, 기업 내 정보 통신망이라고 번역된다. 퍼스널 컴퓨터 수준의 소규모의 것, 전자 교환기에 의한 것, 분산 처리 컴퓨터에 의한 것, 대형 컴퓨터에 의한 것 등 여러 방식이 있다. 컴퓨터 통신 기술의 발달로 주목을 받고 있는 시스템으로 지금까지는 공장 자동화 분야에서의 이용이 주가 되었으나 앞으로는 사무 자동화 분야에서의 이용이 늘어날 것으로 보인다. ⇨ LAN

local area network adapter[–ədǽptər] **LAN 어댑터** ⇨ LAN adapter

local area network board[–bɔ́ːrd] **LAN 보드** ⇨ LAN board

local area network card[–káːrd] **LAN 카드** ⇨ LAN card

local area network manager[–mǽnidʒər] **LAN 매니저** ⇨ LAN Manager

local area network pack[–pǽk] **LAN 팩** ⇨ LAN Pack

local area private network[–práivət nétwə̀ːrk] **LAPN, 근거리 개인 통신망**

local attachment[–ətǽtʃmənt] **지역 접속**

local batch[–bǽtʃ] **로컬 배치** 배치 처리는 리모트 배치(remote batch)와 로컬 배치(local batch)의 두 가지로 나눌 수 있는데, 일반적으로 배치 처리라는 것은 이 로컬 배치를 가리킨다. 예를 들면, 1개월분의 수입과 지출의 전표 등은 어떤 시기에 일괄적으로 컴퓨터로 처리하여 수지 결산서를 작성하는 경우가 많으므로, 이 방식을 배치 처리 혹은 일괄 처리라 하며, 그 처리에 필요한 정보 및 처리 결과의 송달(送達)을 우송하든가 또는 인편에 의한 방식을 로컬 배치 방식이라고 한다.

local batch processing[–prásesiŋ] **지역 일괄 처리** 지방의 중소형 컴퓨터 시스템을 구비한 센터에서 일괄 처리하는 작업 처리 형태.

local burst mode[–bə́ːrst móud] **부분 집중 방식** 문자 단위의 다중화를 원칙으로 하는 다중화 방식의 작동 도중에 부분적으로 여러 개의 문자로 된 데이터를 연속해서 전송하는 것으로 입출력 장치와 입출력 채널 사이의 데이터 전송 제어의 일종.

local bus[–bʌ́s] **로컬 버스** CPU에 직접 연결된 확장 기판 전용 버스. DOS/V 호환의 VL 버스, PC-9800 시리즈의 NESA 버스 등 주로 그래픽 용도로 사용되었다. 현재는 장착이 쉬운 PCI 버스가 주를 이룬다.

local bypass[–báipæ̀s] **로컬 바이패스** 전화 접속 형태의 하나. 다소 거리가 떨어져 있고, 전화 회사를 경유하지 않고 회선이 연결되어 있는 것.

local central office[–séntrəl ɔ́(:)fis] **분국** 데이터 통신에서 가입자 회선을 수용하기 위해서 만들어진 중앙 분국. 다른 중앙 분국과의 사이에서 회선의 상호 접속을 하는 것.

local channel[–tʃǽnəl] **근거리 채널, 시내 회선** 전용 회선의 데이터 통신 서비스에서 교환국 구역 내의 단말기를 중계 회선과 접속하기 위한 교환 구역 내의 직통 통신로의 일부분.

local clock signal[–klák sígnəl] **로컬 클록 신호** 직렬 데이터를 어떤 정해진 보(baud) 속도로 전송할 때 수신 장치의 논리가 직렬 데이터 중의 변화와 동기하여 그 스스로가 만들어내는 클록 신호.

local code[–kóud] **국소 코드**

local computer network[–kəmpjúːtər nétwə̀ːrk] **LCN, 국소 컴퓨터 네트워크** (1) 비교적 좁은 지역에 분산된 컴퓨터 기기를 서로 접속하는 체계. 컴퓨터와 단말기가 주변 기기, 소프트웨어, 데이터 등의 자원을 공유할 수 있는 시스템. (2) 보통의 일반 회선망을 이용하지 않고 동축 케이블 또는 광섬유 등을 통하여 여러 개의 컴퓨터를 유기적으로 결합하는 네트워크로서 각국들간의 중복 업무를 피할 수 있다.

local configuration[–kənfigjuréiʃən] **구내 접속**

local data base[–déitə béis] **지역 데이터 베이스** 분산 데이터 시스템을 구성하고 있는 어느 한 노드에 저장된 데이터 베이스.

local data base management system[–mǽnidʒmənt sístəm] **지역 데이터 베이스 관리 시스템** 분산 데이터 베이스 시스템에서 자기 노드 내의 데이터만을 관리하는 데이터 베이스 시스템. 다른 노드와의 인터페이스 기능은 네트워크 데이터 베이스 관리 시스템이 담당한다.

local directory list[–diréktəri(ː) líst] LDL, **국소 디렉토리 리스트**

local discretization error[–dískritizéiʃən érər] **국부 이산 오차** 상미분 방정식의 초기값 문제 $z'(t)=f(t, z(t))$, $z(x)=y$에서 정확한 해(exact solution) $z(t)$의 차분 계수와 수치 해석적으로 얻은 근사값 $y(t)$의 차분 계수와의 차이를 국부 이산 오차라고 한다.

locale[lóukəl] **로컬** C 언어 중에서 지역화를 지정하는 기능. 구체적으로는 setlocale 함수나 localconv 함수로 통화(通貨)의 표현, 10진수 표현(소수점이 점인가 콤마인가 등), 일시(日時) 표현의 차이 등 각국 특유의 표현을 지정한다. ⇨ localization

local echo[–ékou] **로컬 에코** (1) 단말 윈도에 표시된 모뎀 등의 통신 기기를 거쳐서 송부된 데이터(보통 사용자의 입력)의 사본. (2) 반이중 통신을 지정한 통신 프로그램의 단말 모드. 통신 프로그램은 호스트로부터 에코 대신에 사용자의 입력을 화면에 표시한다.

local file[–fáil] **로컬 파일** LAN 등의 네트워크에 접속된 지능형 단말기를 조작할 경우 그 단말기에 연결된 기억 장치 내에 있는 파일. "내 컴퓨터" 아래에 있는 파일은 전부 이것에 해당된다.

local environment table[–inváirənmənt téibəl] **지역 환경표** 이 지역 환경표는 부프로그램의 지역 환경의 표현을 쉽게 해준다. 또한 이 표는 각각 식별자와 자료 객체로 구성된다.

local error[–érər] **국소적 오차**

local format storage[–fɔ́ːrmæt stɔ́ːridʒ] **지역 형식 기억 장소** 자주 사용되는 형식을 통신 회선을 통해 매번 반복해서 보내는 대신 단말기나 제어기에 기억시켜 놓는 방법.

local format control[–kəntróul] IFC, **로컬 형식 제어** 지국에서 고정된 형식과 데이터의 디스켓 기억 장치에 의해 오프라인으로 데이터 입력 작업을 할 수 있도록 한 시스템.

local function[–fʌ́ŋkʃən] **국소 기능**

local host[–hóust] **로컬 호스트** 네트워크 상에서 사용자가 현재 로그인하고 있는 컴퓨터.

local identifier[–àidéntifàiər] **지역 식별자** 식별자가 정의된 서브프로그램 내에만 한정적으로 알려져 있는 식별자.

local information structure[–ìnfərméiʃən strʌ́ktʃər] **지역 정보 구조** 이 정보 구조는 각 구성 요소에 대한 정보 구조를 통합하여 전체 정보 구조를 형성하는데, 전체 정보 구조를 형성하는 각 구성 요소에 대한 정보 구조이다.

local inquiry processing[–inkwáiri(ː) prásesiŋ] **지역 조회 처리** 지능 단말기(intelligent terminal) 내에는 상당히 많은 데이터를 축적시킬 수 있다. 이 단말기에 축적된 데이터에 대하여 조회와 검색을 행하는 것을 「로컬 인콰이어리 처리」라 한다. 이 처리 방법은 대화(dialog) 형식은 아니기 때문에 호스트 컴퓨터의 일은 부담이 가벼워진다.

local intelligence[–intélidʒəns] **국소적 지능** 단말기에 얼마간의 계산 처리나 데이터 저장 능력을 부여함으로써 어떠한 작업을 수행할 때는 컴퓨터 본체와의 연결이 필요하지 않은 상황이나 그러한 방법을 말한다. 보통 단순 단말기(dumb terminal)는 이러한 지능을 갖지 않는다. ⇨ smart terminal

locality[loukǽliti(ː)] *n.* **집약성, 국부** (1) 페이지가 기억 장소를 어느 한 순간에 특정 부분을 집중적으로 참고하는 것. (2) 파일에서 일련의 레코드들을 액세스할 때 만일 어떤 레코드가 그 전위 레코드 바로 옆에 위치한다면 최소의 지연 시간으로 그 레코드를 액세스할 수 있는데, 이처럼 레코드들이 서로 이웃하여 있는 정도를 집약성이라고 한다. 레코드들이 가까이 있느냐 멀리 떨어져 있느냐에 따라 「강한 집약성」과 「약한 집약성」으로 구분하기도 한다. (3) 직접적으로 함께 사용되는 페이지들의 집합으로서 한 프로그램은 여러 개의 다른 국부로 되어 있다.

locality model[–mádəl] **국부 모델** 이것은 한 프로그램이 수행됨에 따라 프로그램이 한 국부에서 다른 국부로 옮겨가는 것을 말한다. 따라서 국부 모델은 기본적인 기억 장소에 대한 참조 구조를 보여준다.

locality of reference[–əv réfərəns] **참조 국부성, 참조 집약성** 분산 데이터 베이스를 설계함에 있어서 하나의 트랜잭션을 처리하기 위하여 참조해야 할 일련의 데이터가 가급적 한 곳에 모여 있어야 한다는 것.

localization[lòukəlaizéiʃən] *n.* **국소화** 일반적으로 관계된 것을 한정된 장소에 묶는 것이지만, 예를 들어 어떤 처리를 행하는 스테이트먼트는 블록으로 묶거나 변수 등의 참조 범위를 블록 내, 서브루틴 내와 같이 국소적으로 하는 것. 이런 국소화는 프로그램 모듈화나 구조화에 기여한다.

localize[lóukəlàiz] **로컬라이즈** 컴퓨터 관련 제품에는 미국이나 일본 것이 많고, 이들 나라의 제품들을 다른 나라에서 사용하려면 그 나라에 적합한 기능으로 수정하거나 추가해야 한다. 이것이 로컬라이즈이다.

local link control[lóukəl líŋk kəntróul] ⇨

LLC

local lock[-lák] **국소 로크** 메모리 공간상에서 국소적인 어드레스에 할당된 데이터나 프로그램 등을 보호하기 위해서 그 영역(region)에 대하여 액세스(access)를 금지시키는 것을 말한다. 이로써 액세스를 금지시킨 영역에 대한 입력이나 출력은 금지되며 이 금지는 시스템을 관리하는 부분에 대하여 제어된다.

local loop[-lú:p] **가입자 회선** 가입자의 단말 장치와 중앙국 교환기의 회선 최종 선단 장치를 접속하는 통신로.

local mapping schema[-mǽpiŋ skí:mə] **지역 사상 스키마** 전역 릴레이션으로부터 분할된 각 단편들의 물리적 영상을 지역 데이터 베이스 관리 시스템이 관리하는 객체로 사상시키는 것.

local memory[-méməri(:)] **LM, 지역 기억 장치, 로컬 메모리** 컴퓨터 시스템 내의 각 주변 장치가 갖고 있는 메모리이며, 중앙 처리 장치(CPU)가 관리하는 메인 메모리(main memory)와는 별도로 존재하고, 각 장치 내에서 버퍼와 같은 역할을 한다. 고속의 입출력을 할 수 있는 것이 조건이며, 고속 RAM(random access memory)이 사용된다.

local mode[-móud] **로컬 모드** 단말 장치가 자신의 어떤 내부 기능을 수행하기 때문에 외부로부터의 호출이나 자료를 받아들일 수 없는 상태.

localnet[lóukəlnèt] **로컬네트** 시텍 사에 의해서 상용화된 근거리 컴퓨터 네트워크의 일종.

local network[lóukəl nétwə̀:rk] **근거리 통신망** 제한된 지역 내의 통신을 다루는 통신망으로 대개 단일 건물이나 인접한 건물들에 설치된다. ⇨ local area network

local optimization[-àptimaizéiʃən] **지역 최적화** 어떤 특정 부분의 프로그램 단위에 착안하여 중복성을 제거하기 위하여 사용하는 최적화. 루프 구조를 전개하기도 하며 실행 효율을 높이고, 또한 공통 부분식이나 그 이후 참조되지 않는 코드를 제거해서 기억 영역의 양을 적게 하는 경우도 있다.

local print[-prínt] **로컬 프린트** 네트워크 상에 공유를 목적으로 설치된 프린터와 달리 개별 컴퓨터에 연결되어 독자적으로 사용되는 프린터.

local processing[-prásesiŋ] **지역 처리** 한 지역에서 생성된 데이터는 기본적으로 그 지역의 데이터 처리 시스템으로 처리한다는 것을 의미한다.

local processor[-prásesər] **지역 프로세서**

local reference[-réfərəns] **지역 참조** 지역 환경은 프로그램에서 변수의 사용이 그 변수가 선언된 부프로그램 내에서만 이루어지는 것을 나타내는데, 프로그램이 수행되는 동안에 변수들이 사용되는 범위를 참조 환경이라고 한다. 따라서 프로그램 내에서 선언된 변수들은 부프로그램이 수행될 때마다 사용되고, 선언된 부프로그램 밖에서는 사용하지 못한다.

local replacement algorithm[-ripléismənt ǽlgəriðm] **지역 교환 알고리즘** 이 지역 교환 알고리즘 프로세스가 프레임을 사용하려고 할 때 페이지 교환을 국부 교환에 의할 때에는 각 프로세스는 그 프로세스에 할당된 프레임들 중에서만 선택할 수 있도록 한 방법이다.

local resource[-risɔ́:rs] **로컬 자원**

local service area[-sə́:rvis ɛ́(:)riə] **가입 구역** 데이터 통신 서비스에서 그 구역 내의 어떠한 가입 단말기 사이에서의 데이터 송신도 일률적인 회선 사용 요금을 지불하면 되며, 시외 요금을 지불할 필요가 없는 일정한 교환 구역을 말한다.

local SET variable symbol[-sét vɛ́(:)riəbl símbəl] **국소 SET 가변 기호**

local storage unit[-stɔ́:ridʒ jú:nit] **지역 기억 기구**

local store[-stɔ́:r] **지역 기억 장치** 이것은 주기억 장치와의 결합에 의해 등가적으로 고속 대용량 주기억 장치를 실현하는 것으로서 중앙 처리 장치 중에 있는 고속 버퍼 기억 장치를 말한다.

local system queue area[-sístəm kjú: ɛ́(:)riə] **LSQA, 로컬 시스템 대기 영역** (1) OS/VS2에서 작업에 관계된 시스템 제어 블록을 가지고 각각 그 가상 기억 영역에 붙어 있는 하나 이상의 세그먼트. (2) TSO에서 전경 영역(foreground area)의 일부로 단말 작업과 함께 스왑 아웃(swap out)되는 제어 블록으로 사용되는 기억 영역.

LocalTalk[lóukəltɔ́:k] **로컬토크** 매킨토시에 표준으로 장비되어 있는 네트워크 기능. 전용 박스나 케이블로 간단하게 네트워크를 구축할 수 있고 프린터 등의 디바이스를 이것에 접속하면 네트워크 상의 매킨토시에서 공유할 수도 있다. OSI의 물리층과 데이터 링크층을 지원하고 이더넷 등과 같은 계층에 속한다. 애플토크(AppleTalk) 네트워크에 표준으로 부착된 포트를 사용하는 접속 방식으로 통신 속도는 230kbps이다. 예전부터 애플토크라고 불려왔지만 이더넷을 사용하는 이더토크(EtherTalk)가 등장한 후에는 종래의 규격을 로컬토크, 로컬토크와 이더토크를 합친 것을 애플토크라고 부른다.

local transaction[lóukəl trænsǽkʃən] **지역 트랜잭션** 분산 데이터 베이스 체제에서 한 위치에 있는 데이터만을 접근하는 트랜잭션을 가리킨다.

local truncation error[-trʌ̀ŋkéiʃən érər] **국부 절단 오차** 미분 방정식의 수치 해법과 같은 근

사식에서 수치해를 구하는 경우 참 해를 근사식에 대입해도 근사식은 성립하지 않는다. 이 참 해를 근사식에 대입했을 때 얻어지는 오차를 국부 절단 오차라 한다.

local validation and arithmetic[–vӕlidéiʃən ənd əríθmətik] **지역 확인 · 계산** 이러한 기능을 갖기 위해서는 단말 장치가 어느 만큼의 CPU 기능과 보조 장치를 가져야 하고 다음과 같은 기능을 갖는다. ① 호스트 컴퓨터의 부담을 줄이기 위해 단말기에서 입력된 자료를 바로 호스트 컴퓨터로 보내지 않고 직접 확인을 하거나 간단한 계산을 하는 기능. ② 호스트 컴퓨터에 도착하기 전에 입력된 데이터의 오류 유무를 확인하는 데이터 기능 확인.

local variable[–vɛ́(ː)riəbl] **지역 변수, 로컬 변수** 프로그램 언어에 있어서 변수가 어떤 블록(block) 내에서만 선언되지 않을 때에는 다른 블록에 그 것을 사용하는 것은 불가능하며, 프로그램 내 전체에 걸쳐 사용할 수 없다. 이것은 그 변수가 지역적인 것이며, 프로그램 전체에 대하여 정의되어 있지 않기 때문이다. 이러한 변수를 「지역 변수」라 한다.

local variable symbol[–símbəl] **지역 변수 기호** 어셈블러 프로그래밍에서 매크로 정의의 내부 혹은 원시 모듈의 오픈 코드 부분의 내부에서 값을 주고받기 위해 사용되는 기호이다.

local wait for graph[–wéit fər grǽf] **지역 대기 그래프** 한 사이트에서 프로세스들이 자원들을 보유하거나 요청하는 상태를 보여주는 그래프로 이 그래프의 각 노드는 해당 프로세스를 나타낸다. 이 그래프에 사이클이 존재하면 교착 상태가 발생한 것이다.

locate[loukéit] *v.* **위치를 설정하다, 조사하여 확실히 알아내다, 조사해내다, 설치하다** 찾고 있는 것이 존재하는 장소를 표시하거나 사물의 위치를 결정하기도 하는 것.

locate command[–kəmǽnd] **위치 지정 커맨드** 두 종류가 존재한다. 하나는 파일이나 프로그램 중에서 지정한 문자열을 찾아 그 문자열을 발견하면 그 문자열이 존재하는 행을 포인터로 기억하고, 그 행으로부터 데이터의 삽입이나 삭제 등을 편집(edit)할 수 있도록 하는 커맨드이다. 또 하나는 CRT 디스플레이 상에서의 표시 위치를 지정하기 위한 커맨드이며 이것을 사용하면 CRT 화면상의 임의의 열(列)에서 문자 표시를 시작할 수 있다. 또한 그 CRT 디스플레이 단말기가 그래픽 단말기(graphic terminal)일 때는 선을 그리는 시점을 이것에 의하여 화면상의 임의의 장소로 갖고 오기도 한다.

locate mode[–móud] **위치 설정 모드, 위치 지정 모드** 태스크(task)에 우선 순위를 붙여 우선 순위순으로 제어 프로그램이 태스크인 응용(application) 프로그램을 메모리 내에 기록하고 해당 처리를 행하는 것. 이 모드에서는 응용 프로그램 그 자체가 사용하는 작업용 버퍼(working buffer)를 준비할 필요는 없고, 모두 이런 것은 운영 체제(OS)의 제어 프로그램(control program)이 관리하고 있으며 이 제어 프로그램이 사용하고 있는 버퍼를 응용 프로그램의 버퍼로서 대용할 수 있다. 응용 프로그램을 실행할 때 그때마다 작업 영역을 준비하지 않고 시스템이 갖추고 있는 버퍼를 작업 영역에 사용하여 데이터의 전송을 행하는 모드(방식)이다. 대기 순차 액세스법(QSAM)으로 사용할 수 있다.

locater[loukéitər] *n.* **로케이터** 보조 기억 장치나 외부 기억 장치 내에 보관되어 있는 프로그램이나 데이터를 그 부분의 필요에 따라 빼낼 수 있는 프로그램.

location[loukéiʃən] *n.* **위치, 기억 위치, 기억 장소, 로케이션** (1) 컴퓨터의 기억 장치(storage)나 자기 디스크 장치, 자기 드럼 장치 등의 보조 기억 장치의 기억 장소를 바이트(byte)나 워드(word) 등의 단위로 구성하고, 각각의 장소에 일련의 번호를 붙여 그곳에 데이터나 프로그램을 저장한다. 구분된 장소가 기억 단위이며, 각각에 고유 번지(address)가 붙여져 있다. 기억 장소(storage location)를 간단히 「로케이션」이라 부르는 경우가 많다. (2) 보통은 어드레스에서 명시적으로 또는 일의적으로 지정할 수 있는 기억 장치 속의 영역.

location counter[–káuntər] **LC, 자리 계수기** 컴파일러(compiler) 등에서의 원시 프로그램(source program) 중 각 명령에 기억 장소를 할당(assign)하기 위해 사용되는 「프로그램 상」의 계수기.

location key item[–kíː áitem] **위치 키 항목**

location license[–láisəns] **위치 단위 사용권**

location mode[–móud] **위치 모드** 데이터 정의시 레코드에 대하여 정의되며, 그 레코드 타입의 새로운 사건(occurrence)이 데이터 베이스 내의 어느 위치에 저장되어야 할 것인가를 정하는 방법을 나타내준다. 가능한 위치 모드에는 해싱(hashing)을 나타내는 CALC, 지정된 세트의 소유자 근처에 저장되는 VIA 등이 있다.

location mode item[–áitem] **위치 모드 항목**

location name[–néim] **위치명**

location number[–nʌ́mbər] **위치 번호**

location operator[–ápərèitər] **위치 오퍼레이터**

location password[–pǽswəːrd] **위치 암호**

location profile[–próufail] **위치 프로필**

location run[–rʌ́n] **위치 수행** 다른 루틴에 의

하거나 수동으로 개시된 프로그램 테이프의 올바른 수행점을 찾는 루틴.

location set [-sét] **위치 세트**

location space [-spéis] **위치 공간** ⇨ address space

location transparency [-trænspέ(:)rənsi(:)] **위치 투명성** 지리적으로 흩어져 있는 데이터를 사용자가 손쉽게 사용할 수 있도록 하기 위하여 데이터의 실제 위치를 사용자가 알 필요 없고, 단기 데이터의 논리적 명칭만 가지고 데이터에 접근할 수 있음을 의미한다.

location structure [-strʌ́ktʃər] **격납 구조**

locator [loukéitər] *n.* **위치자, 위치 입력기, 로케이터** (1) 어떤 장소를 기준으로 하여 목적한 것이 존재하는 위치를 방향(direction)이나 거리 등으로 표시하는 로케이터. 또한 여러 개인 것의 경계를 표시하는 것과 어떤 데이터 세트(data set)나 변수(variable) 등을 기억 장치(memory) 상의 어디에 기억하고 있는가 표시한다. 로케이터에는 포인터(pointer)와 오프셋(offset)의 두 종류가 있으며 오프셋이라는 것은 그 기억 영역이 어드레스를 기준으로 하여 그 기준 번지로부터 몇 번째인가라는 상대 번지(relative address)이며, 기준 번지보다 뒤에 있을 경우에는 그 거리를 2진수로 표시하고, 기준 번지보다 앞에 있을 때에는 2의 보수 표현을 사용하여 음(−)의 2진수로 표시한다. 포인터라는 것은 데이터 세트나 변수의 기억 영역을 절대 번지(absolute address)로 기억하는 것이므로 이 경우는 메모리의 최대 어드레스의 자릿수로 결정하는 바이트 수를 필요로 한다. (2) 위치 좌표를 부여하는 입력 장치.

locator argument [-ɑ́:rgjumənt] **로케이터 인자**

locator data [-déitə] **로케이터 데이터**

locator device [-diváis] **위치 입력 장치** 위치 입력을 실행하는 논리 입력 장치.

locator qualification [-kwɑ̀lifikéiʃən] **로케이터 수식**

locator variable [-vέ(:)riəbl] **로케이터 변수** 기저부 변수를 선언할 때 그 기저부 변수와 대응한다고 간주할 수 있는 로케이터 변수의 이름을 지정할 수 있는데, 어떤 변수인가 할당된 주기억 영역 내의 위치를 나타내는 변수를 말한다. 로케이터 변수는 포인터 변수나 오프셋 변수이다.

LOCIS Library Of Congress Information Service(미 의회 정보 서비스)의 약어. Telnet의 locis.loc.gov 또는 웹 사이트 http://www.loc.gov/에서 이용할 수 있다.

lock [lɑk] *n.* **잠금, 로크** (1) 기기 장치의 동작이나 상태를 고정(fix)하거나 금지하는 것. 컴퓨터에서 자원(resource)을 유효하게 이용하기 위하여 다중 액세스(multiple access)를 행할 때, 버스나 메모리 등의 공용하고 있는 부분을 어떤 것이 액세스하고 있을 경우에는 다른 것은 이용할 수 없도록 되어 있다. 즉, 다른 디바이스는 점유중에 인터럽트(중간 개입)할 수 없는 것이다. 또 양자 간의 통신에서 동기 동작(synchronous working)에 의하여 데이터를 전송할 경우에는 먼저 한쪽에서 클록(clock)이라 불리는 동기 신호(synchronous signal)를 보내고, 수신측은 이 클록을 잘 수신할 수 있도록 내부 발진기(oscilator)의 주파수를 보내오는 클록에 일치시킨다. 이 일치가 얻어졌을 때, 내부 발진이 로크되었다고 한다. (2) 자물쇠, 또는 자물쇠 같은 역할을 하는 것.

lock class [-klɑ́:s] **로크 클래스** 병행 제어를 위한 것으로 저장된 레코드의 주소 리스트.

lock code [-kóud] **로크 코드** 로크 키를 해제하기 위한 이용자가 입력하는 숫자나 문자열. 이 코드가 패스워드로 입력되지 않는 한 파일의 내용을 변경할 수 없다.

lock compatibility matrix [-kəmpætibíliti(:) méitriks] **로크 호환성 행렬** ⇨ compatibility matrix

lock deduction [-didʌ́kʃən] **로크 연역** 절의 집합 S에서 S에 있는 모든 리터럴이 정수로 색인되었다고 할 때, S로부터의 연역에서 만일 연역의 모든 절이 S에 있는 절이거나 로크 도출인 연역을 로크 연역이라고 한다.

locked [lɑ́kt] *a.* **잠긴**

locked name [-néim] **로크된 이름**

locked page [-péidʒ] **로크된 페이지**

locked record [-rékərd] **로크된 레코드**

locked up keyboard [-ʌp kí:bɔ̀:rd] **잠긴 키보드** 컴퓨터가 키보드의 키 입력에 대하여 아무런 응답도 보내지 않는 상태. 이것은 암호를 입력할 때 암호가 화면에 표시되어서는 안 될 때 사용되는 것으로 컴퓨터 보안 장치로 사용된다.

lock function [lɑ́k fʌ́ŋkʃən] **로크 기능** 소프트웨어나 하드웨어를 사용할 수 없게 하거나 변경/삭제 등을 불가능하게 하는 기능. 이것은 소프트웨어적으로도 하드웨어적으로도 가능하다.

lock granularity [-grænjulǽriti(:)] **로크 단위** ⇨ locking granularity

locking [lɑ́kiŋ] *n.* **잠그기** 코드 확장 문자에 대하여 다음 소정의 코드 확장 문자가 나타날 때까지 이 문자에 이어지는 모든 코드화 표현 또는 주어진 태스크의 모든 코드화 표현의 해석을 변경하는 성질을 갖는 것.

locking a disk[–ə dísk] **디스크 잠금** 현재 저장되어 있는 데이터가 새로운 데이터에 의해 지워지는 것을 방지하는 데 사용되며, 기록 방지를 위해 디스크를 잠그는 것. ⇨ write protection notch

locking conflict[–kánflikt] **로킹 충돌** 어떤 데이터 베이스 레코드 R이 있다고 한다면 어떤 트랜잭션 T와 다른 트랜잭션 T'가 있다고 할 때, 트랜잭션 T가 데이터 베이스 레코드 R에 로크를 걸어놓은 상태에서 다른 트랜잭션 T'가 R에 로크를 요청하였을 때 T가 걸어놓은 로크 때문에 로크를 수행할 수 없을 때를 말한다.

locking granularity[–grӕ̀njulǽriti(:)] **로킹 단위** 데이터 베이스 파일, 레코드, 필드가 로킹 단위가 될 수 있는데, 병행 제어에서 한꺼번에 로크되어야 할 단위.

locking shift character[–ʃíft kǽrəktər] **시프트 고정 문자** 이 문자가 나타나면 그 다음에 나타나는 시프트 문자까지의 모든 문자는 원래의 문자 집합과는 다른 문자들을 나타내게 된다. 일종의 제어 문자이다.

lock key[lák kíː] **로크 키** 컴퓨터에서 파일 내용의 중요도 때문에 타인에게 알리고 싶지 않을 경우에 파일의 입출력을 금지하는 기능.

lock/key protection mechanism[–prətékʃən mékənizm] **로크/키 보호 장치** 보호 기법의 하나로 각 객체는 로크라는 유일하고 독특한 비트 패턴의 리스트를 가지고 있으며, 각 영역은 키라고 하는 유일하고 독특한 비트 패턴의 리스트를 가지고 있다. 어떤 영역에서 수행중인 프로세스는 그 영역이 객체의 로크들 중의 하나와 일치하는 키를 가지고 있는 경우에만 그 객체에 접근할 수 있다.

lock list[–líst] **로크 리스트**

lock manager[–mǽnidʒər] **로크 관리자** 병행 수행 제어를 위해 프로세스들의 로크 요청을 관리하는 소프트웨어.

lock mode[–móud] **로크 모드**

lock option[–ápʃən] **로크 옵션**

lockout[lákàut] *n.* **폐쇄** (1) 기기나 프로그램이 동작하는 것을 금지하는 것. 이렇게 함으로써 금지 상태가 된 기기나 프로그램은 재차 이것을 해제시킬 때까지는 외부로부터의 액세스를 받아들이지 않는다. 또 하드웨어나 프로그램 등의 자원을 복수로 공용하고 있을 때에는 다른 것이 그곳을 이용할 수 없는 상태로 하는 것이다. (2) 컴퓨터 시스템의 전체 또는 일부분의 액세스 또는 사용을 제한하기 위한 구상.

lockout module[–mádʒuːl] **폐쇄 모듈** 동시에 둘 이상의 키보드 신호 출력을 막는 전자 회로로서 동시에 두 개 이상의 키보드를 눌렀을 때 첫번째 것이 입력되거나 전부가 입력되지 않거나 또는 오류 표시를 해준다.

lock precedence[lák présədəns] **로크 선행** 병행 제어에서 로크 강도에 따라 나타낸 로크 유형 우선 순위 그래프에서 높은 위치의 로크는 낮은 위치의 로크보다 우선(또는 선행)한다.

lock promotion[–prəmóuʃən] **로크 상승** 병행 제어에서 어떤 트랜잭션 T가 어떤 유형의 로크를 유지한 후 같은 객체에 대하여 같거나 다른 유형의 로크를 요청했을 때, 나중에 요청된 로크가 수락되어 유지되고 이때 나중의 로크가 먼저 로크보다 강한 유형일 때 일어난다.

lock protocol[–próutəkɔ̀(:)l] **로크 프로토콜** 트랜잭션 수행상에 관련된 데이터를 로크하거나 또는 로크를 취소하는 데 시스템이 지켜야 할 일련의 규정.

lock strength[–stréŋθ] **로크 강도** 여러 가지 로크들 간에 어떤 로크가 걸리게 될 경우 다른 로크들이 요청되어도 기다리는 상태가 되면 그러한 로크를 더 강하다고 한다.

lock type[–táip] **로크 유형** 독점 로크는 한 트랜잭션이 어떤 레코드를 갱신할 때 다른 트랜잭션이 동시에 수행할 수 없게 한다. 이때 다른 트랜잭션은 앞의 트랜잭션이 독점 로크를 해제할 때까지 기다려야 한다. 데이터 베이스 레코드의 병행 제어에 대한 로킹 기법에서 사용되는 로크 유형은 독점 로크와 공유 로크가 있다. 공유 로크는 한 트랜잭션이 어떤 레코드를 검색할 때 다른 트랜잭션이 동시에 갱신하려면 기다리게 하고, 검색한다면 수행하도록 한다.

lock/unlock facility[–ʌnlák fəsíliti(:)] **로크/언로크 기능**

lock-up[–ʌ̀p] *n.* **잠금** 더 이상의 작업이 일어나지 않도록 조치하는 것.

lock-up table[–téibəl] **고정 테이블** 점프나 변경 위치를 제어하는 방법으로 특히 함수값을 결정할 때와 같은 과학적 계산에서 다수의 선택 방법이 있을 때 사용한다.

LOD 주문형 강의 lecture on demand의 약어. 초고속 정보 통신망을 이용한 멀티미디어 교육 매체로 이루어지는 주문형 강의 방식. 가상 대학(cyber university)의 교육 방식으로 지금까지의 거대한 캠퍼스나 강의실을 중요시하던 교육 방식과는 달리 초고속 정보 통신망을 기반으로 하여 실시간 원격 교육 장비를 갖춘 교육 환경에서 전자 매체 등의 교육 매체를 통해 교육이 이루어진다.

log[lɔ́(:)g] *n.* **기록** (1) 컴퓨터 시스템의 운전 기록

을 가리킨다. 콘솔(console)에서의 조작의 기록, 컴퓨터 시스템의 사용 시간 정지 상태, 입출력 장치의 사용 시간을 컴퓨터 시스템의 사용에 관한 「가능한 것」을 시간적 추이에 따라서 기록한 것. (2) 시분할 시스템(TSS)의 경우 이용자가 TSS를 사용하는 취지를 알리는 것을 로그인(log in) 또는 로그온(log on) 또는 로그오프(log off)라고 한다. 이러한 TSS의 사용 기록도 「로그」라 부른다. (3) 사용 대수 함수(logarithm)의 약칭. (4) 데이터 처리의 시간 순서 기록.

[주] 저널은 파일 이전의 판이나 갱신된 판을 보전하기 위해 사용되는 경우가 있다.

logarithm [lɔ́(ː)gəriðm] *n.* **대수(對數), 상용 대수 함수** $a = b_c$라는 관계가 있을 때 $c = \log_b a$로 표기한다. 대수는 큰 수의 계산을 간편하게 해주고, 곱셈으로 표시된 식을 덧셈으로 바꿔 계산할 수 있으므로 수학의 여러 분야에서 널리 쓰인다. 네이피어(Napier)에 의해 고안된 계산법의 하나.

logarithmic amplifier [lɔ̀(ː)gəríðmik ǽmplifàiər] **대수 증폭기** 입력과 출력은 대수 관계를 이루며 출력 파형의 일그러짐이 적기 때문에 진폭 차가 큰 입력 신호에 대해서 포화하지 않고 증폭하는 장치이다.

logarithmic chart [–tʃáːrt] **대수 도표** 대수 눈금에 의해 표시된 통계 도표. 전 대수 도표와 반 대수 도표로 구분된다. 전 대수 도표는 X축과 Y축이 모두 대수 눈금으로 표시된 도표이고, 반 대수 도표는 X축은 보통 눈금으로 되어 있으나 Y축은 대수 눈금으로 되어 있는 도표이다.

logarithmic search [–sə́ːrtʃ] **대수 탐색** ⇨ binary search

logarithmic search algorithm [–ǽlgəriðm] **대수 탐색 알고리즘**

log buffer [lɔ́(ː)g bʌ́fər] **로그 버퍼** 각 트랜잭션의 처리중에 발생한 로그 데이터를 트랜잭션 종료까지 축적하기 위한 버퍼.

log compression [–kəmpréʃən] **로그 압축, 로그 축약** 회복에서 로그의 사용시에 기억 장소의 요구를 줄이고 회복을 위해 보관된 로그 중에서 최근에 사용된 로그를 효율적으로 사용하기 위해서 보관 과정 동안에 응용하는 기법. 즉, 첫째 COMMIT을 실패한 로그는 필요 없고, 둘째 COMMIT된 트랜잭션의 이전 데이터값은 더 이상 필요가 없으며, 셋째 하나의 객체가 여러 번에 걸쳐 변경되면 그 중 마지막 값만 보유하도록 압축하는 기법.

log control table [–kəntróul téibəl] **로그 제어 테이블**

log data [–déitə] **로그 데이터** 가동중인 컴퓨터 시스템 내에서 발생하는 장애에 대처하기 위해 데이터 장애 발생 직전의 상태로 복원(recovery)하기 위한 필요한 정보가 들어 있다.

log data set [–sét] **로그 데이터 세트**

log failure [–féiljər] **로그 고장** 트랜잭션의 처리 중 변경된 내용이 로그에 포함되어 있는데, 이것이 파괴되면 시작을 처음부터 다시 해야 한다. 회복에서 로그가 파괴되는 상태.

log file [–fáil] **로그 파일** 장애로부터의 복원(recovery)에 필요한 정보(로그 데이터)를 수집하여 기록하는 파일. 즉, 온라인 시스템에서 메시지를 주고받는 상황을 기록하거나 일괄 처리 등에서 처리의 회계 정보(처리 시간의 비용 산정 데이터)를 기록하고자 할 때 사용되는 파일이다.

logger [lɔ́gər] *n.* **자동 기록기, 로거** 보통 시간의 경과에 따라서 사상(事象)이나 물리적인 상태를 기록하는 기능 단위. 즉, 시간의 경과에 따라 발생하는 물리적인 사건을 자동으로 기록하는 장치를 말한다.

logger computer [–kəmpjúːtər] **로거 컴퓨터** 물리적 과정의 시간적 변화를 자동으로 기억하고 그것에 정보 처리를 시행해서 원하는 데이터를 산출하는 컴퓨터.

logging [lɔ́(ː)giŋ] *n.* **로깅** 시스템을 작동할 때 시스템의 작동 상태의 기록과 보존, 이용자의 습성 조사 및 시스템 동작의 분석 등을 하기 위해 작동중의 각종 정보를 기록해둘 필요가 있다. 이 기록을 만드는 것을 로깅이라 한다. 즉 로그 시스템의 사용에 관계된 일련의 「사건」을 시간의 경과에 따라 기록하는 것이다. 실행한 프로그램의 이름, 콘솔로부터의 키인, 이상 사태 발생, 정지 상태, 컴퓨터의 사용 시간, 입출력 장치의 사용 개시와 사용 종료 시간 등을 기록하는 것으로 이렇게 해서 기록된 것을 로그(log)라고 한다. 보통 보조 기억 장치 등에 격납되어 있다. 트랜잭션 처리(transaction processing)에 있어서 컴퓨터 시스템에 출입하는 메시지를 시간적인 변동에 따라 기록하는 것으로 기록한 것을 저널(journal)이라 부르는 경우도 있다. 트랜잭션은 반드시 모두 기록될 필요는 없으며 시스템이 메시지를 받아 처리하기 전에, 또는 주요한 처리를 받기 전에 자기 테이프, 자기 디스크, 자기 드럼 등으로 기록되는 경우가 많다.

logging device [–diváis] **로그용 장치**

logging in [–in] **로깅 인**

logging off [–ɔ(ː)f] **로깅 오프** 시분할 시스템의 이용이 끝났을 때 투입되는 커맨드. 시스템은 이 커맨드를 접수한 후 로그온에서 로그오프까지 사용된 컴퓨터 시스템의 자원 통계, 즉 CPU 사용 시간, 경과 시간, I/O 디스크의 횟수, 스와핑 횟수, 사용 디스크 영역의 크기, 종이의 출력 매수 등을 기록한다. 로그오프 대신 로그온을 입력하면 다른 이용자 또는 동일 이용자의 다른 작업을 개시할 수 있다.

logging on [–ən] **로깅온** 로그인과 같은 말로, 단말 장치를 거쳐서 시분할 시스템의 이용 개시를 하는 커맨드이다. 먼저 단말 장치의 전원 스위치를 온(ON)으로 한 이용자는 키보드의 오른쪽에 있는 인터럽트나 송신 키를 누름으로써 자동으로 로그온 커맨드를 입력할 수 있으나, 다른 이용자가 사용 중일 때에는 그대로 로그온 커맨드를 타이핑하면 된다. 이 커맨드에 이어서 이용자 각자의 식별 번호와 암호를 입력함으로써 컴퓨터 시스템을 이용할 수 있게 된다.

logic [lɑ́dʒik] *n.* **논리** 일반적으로는 올바른 판단이나 인식을 얻는 것을 목적으로 한 사고(thought)나 추론(reasoning)에 관한 법칙(principle)이다. 정보 처리 관계에서는 논리합(logical sum), 논리곱(logical product), 부정(negation) 등의 불 연산(boolean operation)을 실행하는 회로 소자(circuit element)의 기본 원리(fundamental principle)와 그 연관(connection)이다. 논리 연산, 논리 명령(logic insturction), 논리 기호(logic symbol)와 같이 형용사적으로 사용하는 경우가 많다.

logical [lɑ́dʒikəl] *a.* **논리(적)** 실재하는 장치나 파일 등을 표시하는 데 쓰이는 "물리적인"(physcal)에 대비된다. 프로그램, 프로그래머, 사용자(user)의 관점에서 데이터, 하드웨어, 시스템 등을 기술하는 데 사용되는 용어.

logical access level [–ǽkses lévəl] **논리 액세스 레벨**

logical add [–ǽ(ː)d] **논리 가산, 논리합** 각 오퍼랜드가 불 값 0을 취할 때 한하여 결과가 불 값 0이 되는 불 연산. 일반적으로 둘 또는 그 이상의 입력 정보가 있으며 다수의 입력 정보 모두가 0일 때만 출력도 0이 되고, 어느 하나라도 1이면 출력도 1로 나타나는 논리적인 연산이다.

logical address [–ədrés] **논리 어드레스, 논리 주소** 프로그래머가 프로그램 작성(programming) 시에 사용할 수 있는 논리적인 가공의 어드레스. 주기억 장치(main storage) 상의 물리적인 어드레스인 실어드레스(actual address)의 반대어.

logical address space [–spéis] **논리 어드레스 공간** 사용자 프로그램에서 정보를 참조하기 위해 사용 가능한 가상적인 어드레스의 집합. 일반적으로 더 작은 메모리 공간에 페이징 등의 가상 기억 기구에 의해 사상(寫像)되어 프로그램이 실행된다.

logical algebra [–ǽldʒəbrə] **논리 대수** 논리 대수는 논리 변수와 그들 사이에 적용되는 논리 연산으로 이루어진다. 논리 연산은 기본적으로 AND, OR, NOT의 세 가지로 이루어지고, 그 중 AND 연산은 $x \cdot y$ 또는 $x \cap y$로 나타내며 x, y가 모두 1이면 그 결과가 1로 되고, 아니면 0이 된다. 또한 OR 연산은 $x+y$로 표시되며 x, y가 모두 0이면 그 결과가 0이고, 그 이외에는 1이 된다. 그리고 NOT 연산은 x'로 표시되며 x'의 값이 0이면 그 결과가 1이고 1이면 0이 된다. 2진 불 대수와 같은 말이다.

logical algebraic equation in many unknowns [–ӕldʒəbréiik ikwéiʒən in méni(ː) ʌnnóunz] **다원 논리 대수 방정식** 미지(未知) 명제를 $n(n \geq 2)$개 가지는 논리 대수 방정식.

logical algebraic equation with 2 unknowns [–wið tuː ʌnnóunz] **2원 논리 대수 방정식** 두 개의 미지 명제를 가지는 논리 대수 방정식. 1원인 논리 대수 방정식의 해법을 확장함으로써 그 해법을 구하는 것이 가능하다. 2원 논리 대수 방정식의 일반형은

$$C_{11}xy \vee C_{10}x{\sim}y \vee C_{10}{\sim}xy \vee C_{00}{\sim}x{\sim}y$$

여기서, x, y : 미지의 2값 명제, 각 C : 기지의 2값 명제.

logical analysis [–ənǽlisis] **논리적 분산** 주어진 입력 데이터에서 원하는 결과나 지적 정보를 얻는 데 필요한 과정들을 나타내거나 결정하는 일.

logical AND **논리곱** ⇨ AND gate

logical assignment statement [–əsáinmənt stéitmənt] **논리 대입문**

logical axiom [–ǽksiəm] **논리적 공리** 어떤 정리를 증명하기 위하여 필요한 항상 참의 진리값을 갖는 사실이나 공식을 말하며 간단하게 공리라고도 한다.

logical block [–blɑ́k] **논리 블록**

logical channel [–tʃǽnəl] **논리 채널, 논리적 통신로** 데이터 전송에 있어서 데이터 전송 장치와 데이터 수신 장치와의 사이에 확립되는 논리상의 통신로.

logical channel control block [–kəntróul blɑ́k] **논리 채널 제어 블록** 주로 입출력 요구 대기 행렬과 이 논리 채널에 접속되어 있는 실채널 및 입출력 버스에 관한 정보가 세트되어 있다. 논리 채널을 운영 체제에서 관리함으로써 일대일 대응으로 제어 정보를 갖는 블록.

logical channel queue [–kjúː] **LCQ, 논리 채널 대기 행렬**

logical check [–tʃék] **논리적 체크** 날짜의 월이 12를 초과하거나 일이 31을 초과하면 타당성 체크에 의하여 오류로 추출된다.

logical child[-tʃáild] **논리적 자식** 다른 물리적 데이터 베이스에 존재하는 자식 세그먼트.

logical child pointer[-pɔ́intər] **논리적 자식 포인터** HDAM이나 HIDAM 데이터 베이스의 논리적 부모 세그먼트에 사용되는 포인터. 논리적 자식 세그먼트 유형의 첫 번째 사건을 가리킨다.

logical circuit[-sə́ːrkit] **논리 회로** 논리합, 논리곱, 부정, NAND, NOR 등의 논리 연산을 수행하는 회로.

logical clock[-klák] **논리적 클록** 논리적 클록은 단조적으로 증가하는 값을 갖기 때문에 모든 사건에 유일한 값을 지정하며, 만일 사건 A가 사건 B보다 먼저 발생하면 A의 논리적 클록은 B의 논리적 클록보다 작다. 이 방법은 같은 프로세스 내의 어떤 두 사건에 대하여 전반적 순서화 요구를 만족시켜 준다. 실제 시간과는 달리 각 프로세스 내에 모든 사건에 대하여 유일한 수를 할당하는 클록으로 한 프로세스 내에서 수행되는 연속적인 사건 사이에서 증가되는 계수기로써 구현된다.

logical cohesion[-kouhíːʒən] **논리적 응집** 거의 유사하지만 조금씩 다른 여러 기능들을 수행하는 모듈의 표현에 쓰인다.

logical combination[-kàmbinéiʃən] **논리 결합**

logical comparison[-kəmpǽrisən] **논리 비교** (1) 두 개의 오퍼랜드 혹은 키의 값이 일치하고 있는지의 여부, 혹은 생리적인 대소 관계를 알기 위하여 두 개의 항목을 비교하는 것. (2) 두 개의 열이 일치하고 있는지의 여부를 알기 위하여 그것들을 조사하는 것.

logical configuration[-kənfigjuréiʃən] **논리적 구조**

logical connective[-kənéktiv] **논리 접속사** 어떤 주어진 문장을 연결하여 새로운 문장을 만들기도 하고, 주어진 문장의 진위와 논리 연산자의 의미에 의해서 새로운 문장의 진위를 계산할 수 있는 성질을 갖는다. AND, OR, OR ELSE, IF THEN, NEITHER, NOR, EXCEPT 등과 같은 불 연산자나 단어로 주어진 조건문으로부터 새로운 문을 만드는 특별한 단어이다.

logical connector[-kənéktər] **논리 접속사** AND, OR, ELSE, IF THEN, NEITHER, NOR, EXCEPT와 같은 논리 연산자나 단어를 말한다.

logical consequence[-kánsəkwèns] **논리적 결과** 우량 형식 집합(공리의 집합) F를 만족시키는 모든 해석에 대하여 어떤 우량 공식 W가 만족되면, W를 위 F의 논리적 결과라고 한다. 이러한 논리적 결과의 표현 기호는 ⊥이고 W가 F의 논리적 결과라는 것은 $F \perp W$로 나타낸다.

logical constant[-kánstənt] **논리 상수** FORTRAN에서는 TRUE와 FALSE의 두 논리 상수가 있는데, 참이나 거짓의 어느 값을 취할 수 있는 상수. TRUE 또는 FALSE를 어느 논리 변수에 할당하면 그 논리 변수의 값은 각각 참 또는 거짓이 된다.

logical control table[-kəntróul téibəl] **LCT, 로그 제어 테이블**

logical control unit[-júːnit] **LCU, 논리 제어 장치** 다중 가상 기억 시스템(MVS)에서의 입출력(I/O), 리퀘스트의 대기 행렬(queue)을 기억해두는 논리 제어 장치. IBM의 MVS.XA로 사용되고 있으며, 채널 서브시스템 속에 있는 장치로 종래의 MVS는 이 「대기 행렬」이 논리 채널로 만들어져 있다.

logical data[-déitə] **논리 데이터** 응용 프로그래머나 사용자가 관념적으로 생각하는 데이터의 형태.

logical data base[-béis] **논리 데이터 베이스** 사용자들이 바라보는 관점에서의 데이터 베이스. 데이터 베이스 구축에서 논리적으로 데이터 모형을 설계한 것.

logical data base design[-dizáin] **논리적 데이터 베이스 설계** 물리적인 측면은 고려하지 않고 데이터 베이스에 표현하고자 하는 엔티티와 그 엔티티에 대하여 기록해야 할 정보를 인식하는 단계의 설계. 개념적 데이터 베이스 설계라고도 한다.

logical data base record[-rékərd] **논리 데이터 베이스 레코드** 해당 물리적 데이터 베이스의 부분 집합으로 그 물리적 데이터 베이스에 속하는 세그먼트 유형들과 해당 물리적 데이터 베이스에 대한 사상이 프로그램 통신 블록을 통하여 정의된다. IMS의 사용자는 데이터 베이스를 외부 스키마에 대응하는 외부적 뷰(external view) 위에서 접근하는데, 이 외부적 뷰가 논리적 데이터 베이스의 집합으로 구성된다.

logical data design[-dizáin] **논리적 데이터 설계** 무결성, 일관성 요구 조건에서부터 데이터 베이스의 성장과 복잡성에 이르기까지 사용자의 요구 조건을 완전히 만족시킬 수 있는 DBMS가 처리할 수 있는 스키마를 만드는 과정.

logical data independence[-ìndipéndəns] **논리적 데이터 독립** 데이터 베이스 관리자가 어떤 원칙 하에 구성한 논리적 데이터 구조는 일반적으로 변경될 수 있으나 응용 프로그래머가 보는 논리적 데이터 구조는 그 영향을 받지 않는 것. 이는 DBMS의 데이터 관리 소프트웨어에서 처리된다.

logical data organization[-ɔ̀ːrgənaizéiʃən] **논리적 데이터 구조** 개념 스키마나 외부 스키마에서 사용되는 레코드형의 정의, 속성 관계, 인스턴스들의 제약 조건들을 기술한다.

logical data structure[–strʌ́ktʃər] **논리 데이터 구조**

logical data transfer[–trænsfə́ːr] **논리 데이터 전송**

logical data type[–táip] **논리 데이터형, 논리적 데이터형** 참과 거짓의 두 개의 값으로만 구성된 데이터형으로 각 데이터는 두 개의 값 중에서 하나를 데이터값으로 취할 수 있다. 예를 들어, PASCAL 언어의 선언부에서 논리 데이터형은 다음과 같이 선언되고, 이 Boolean형을 취하는 변수는 variable : =true : 와 같이 true나 false를 값으로 갖는다. Boolean=(true, false) : .

logical decision[–disíʒən] **논리적 결정** (1) 방식 설계와 제작 설계의 중간 단계로, 주로 기호화된 논리 소자의 조합에 의해 컴퓨터를 설계하는 것. 넓은 의미로는 방식 설계를 포함하는 경우도 있다. 이것은 기본적으로 동등성이나 상대적인 크기를 묻는 어떤 원칙적인 질문에 긍정 또는 부정으로 대답할 수 있는 것을 말한다. (2) 프로그램에서 중간 자료의 값에 따라 프로그램의 진행 방향을 결정하는 일.

logical delete[–dilíːt] **논리적 삭제** ⇨ random file updating

logical design[–dizáin] **논리적 설계** 기호 논리학과 같은 형식적인 기술 방법을 사용하는 기능 설계. 방식 설계와 제작 설계의 중간 형태로 기호화된 논리 소자의 조합에 의해 컴퓨터로 설계하는 것.

logical destination[–dèstinéiʃən] **LD, 논리 수신지**

logical device[–diváis] **논리적 디바이스** 물리적인 환경으로부터 독립한 입출력 장치. 프로그램의 작성 시점에서는 물리적인 입출력 장치의 대응이 확립되지 않고, 프로그램의 실행 단계에 있어서 운영 체제(OS)에 의하여 물리적인 입출력 장치가 할당된다.

logical device address[–ədrés] **논리적 장치 어드레스**

logical device driver[–dráivər] **논리적 장치 드라이버** 코드 생성기, 입력 처리기, 표상 처리기(DPU) 프로그램과 그 세그먼트 정보 등이 포함되며, 그래픽 패키지에서 각 장치에 독립적인 코드와 데이터를 처리하는 모듈.

logical device table[–téibəl] **LDT, 논리적 장치 테이블**

logical diagram[–dáiəgræ̀m] **논리 다이어그램** 논리적 설계의 도형 표현. 프로그램 내용의 논리성 측면에서나 프로그래밍 상 기본적인 것이므로 그것은 불가결한 동시에 컴퓨터 관리상의 런 매뉴얼 등에 반드시 필요하다.

logical disablement[–diséiblmənt] **논리적 사용 금지**

logical disjunct[–disdʒʌ́ŋkt] **논리 이접**

logical drive[–dráiv] **논리 드라이브** 하드웨어적으로는 한 대의 기록 장치를 관리 정보상 여러 개의 드라이브로 취급할 때의 각 드라이브. 분할에 의해 발생되며 논리적으로 관리된 정보상에만 존재하기 때문에 이렇게 불린다.

logical edit descriptor[–édit diskríptər] **논리 편집 기술자**

logical editing character[–éditiŋ kǽrəktər] **논리 편집 문자**

logical element[–éləmənt] **논리 소자** 계산기의 중앙 처리 장치 속에 펄스 전압의 높은 레벨을 1(또는 0), 낮은 레벨을 0(또는 1)으로 한 디지털 부호에 대응시켜 논리 연산을 하는 기능을 갖춘 반도체 소자. 논리 기능을 발휘하는 논리곱(AND), 논리합(OR), 부정(NOT)의 세 가지 소자는 기본 논리 소자라고 한다. 이들 조합으로 각종 연산 회로가 구성된다.

logical encoding[–inkóudiŋ] **논리적 부호화**

logical entry[–éntri(ː)] **논리적 엔트리** 논리적 엔트리는 루트 데이터 세트와 이것에 종속된 모든 데이터 세트로 구성된 것으로서 데이터 베이스 트리에 해당된다.

logical equation[–ikwéiʒən] **논리 방정식** 논리 방정식에는 논리 대수 방정식과 논리 함수 방정식이 있으며 그 해법은 모드 1원 논리 대수 방정식의 해법에 귀착된다.

logical equivalence[–ikwívələns] **논리적 동치** 두 논리식 F와 G가 있을 때 만일 F와 G의 진리값이 F와 G의 모든 해석 하에서 동일하다면, F와 G는 논리적 동치라 하고, 이를 $F=G$로 나타낸다.

logical error[–érər] **논리적 오류** 이것은 입력 오류나 문법 오류에 비해서 검색하고 수정하기가 매우 어려우며, 프로그램 디버깅 시간의 대부분은 이를 찾아내는 데 소비된다. 즉, 프로그램이 문법적으로는 아무 문제가 없으나 프로그램의 제어 논리가 잘못되어 뜻하지 않은 결과가 출력되거나 실행 중에 프로그램이 다운되는 오류이다. ⇨ logic error

logical exclusive OR **배타적 논리합** 두 피연산자(p, q)의 비트 형태에 따라 대응되는 비트 간에

피연산자	p	1	1	0	0
	q	0	1	1	0
결과	r	1	0	1	0

다음과 같은 규칙으로 결과(r)를 얻는 논리 연산을 말한다.

logical expression[–ikspréʃən] **논리식** 논리값을 취하는 문법 단위. 불 식(Boolean expression), 조건식(conditional expression)과 같은 뜻으로 쓰인다. 즉, 논리값을 구하기 위한 식이며, 논리합, 논리곱, 부정 등의 논리 연산 기호와 논리 상수, 논리 변수, 관계식 등의 논리 요소에 의해서 구성한다.

logical factor[–fǽktər] **논리 인자**

logical field descriptor[–fí:ld diskríptər] **논리란 기술자**

logical file[–fáil] **논리 파일** 복수 개의 논리 레코드의 결합으로서 파일이라는 개념으로 처리되는 단위. 파일 구조가 복잡해지면 물리적인 파일의 축적 위치와는 무관하게 파일을 구성하는 것이 가능하며 그와 같이 논리적인 관점에서 데이터 간의 관련 있는 레코드를 하나로 통합한 파일을 말한다. 랜덤 액세스가 가능한 기억 매체에 만드는 것이 보통이다. 기억 매체 상의 물리적 파일과는 독립된 파일이다.

logical file member[–mémbər] **논리적 파일 멤버**

logical file system[–sístəm] **논리적 파일 시스템** 디렉토리 구조를 사용하여 논리적 파일을 제어하는 시스템으로, 계층적 파일 시스템의 한 구성 요소이다.

logical flow chart[–flóu tʃá:rt] **논리적 순서도** 간단한 기호로써 논리적 순서도를 작성하며 입력, 출력, 연산, 논리 연산 등을 나타내는 기호가 있다. 즉, 작업의 순서를 상세하게 나타내고 특정 기계의 논리, 내장된 연산 기능 및 특성을 기술한 순서도를 말한다. 코딩은 보통 이 순서도가 완성된 다음에 하게 된다.

logical format[–fɔ́:rmæt] **논리 포맷** 기억 매체를 포맷할 때 각 운영 체제에 맞춘 데이터 관리용 정보를 기록하는 작업. 운영 체제마다 관리 용량이나 관리 방법이 다르다. 때문에 물리 포맷 후에 그 운영 체제에 적합한 논리 포맷을 거쳐야만 비로소 기억 매체의 인식, 관리가 가능해진다.

logical formula[–fɔ́:rmjulə] **논리식** 부정 논리합, 논리곱, 배타적 논리합 등의 논리 연산을 논리 변수로 유한 회 실시해서 나온 식.

logical fragment[–frǽgmənt] **논리적 단편** 이것은 서브릴레이션이라고도 하는데, 데이터 분산의 단위가 된다. 릴레이션의 분할을 위하여 수평적 분할 방법과 수직적 분할 방법을 이용한다. SDD-1 분산 데이터 베이스 시스템에서 릴레이션이 분할된 것을 의미한다.

logical function[–fʌ́ŋkʃən] **논리 기능, 논리 함수** 0이나 1의 값을 가지고 2진 변수와 OR나 AND 또는 NOT과 같은 연산자, 그리고 동등 기호로 이루어진 식으로 변수에 주어진 값에 대하여 함수는 0 또는 1이 된다.

logical functional equation[–fʌ́ŋkʃənəl ikwéiʒən] **논리 함수 방정식** 일반적으로 스위칭 소자의 입력과 출력 사이에는 시간 지연이 존재하여 출력 신호는 입력 신호보다 반드시 늦어진다. 이 지연을 고려한 이론을 세우지 않으면 순서 회로를 해석하거나 구성하는 것이 불가능하다. 논리 대수 방정식의 범위에서는 이 시간 지연은 고려되어 있지 않기 때문에 이것을 논리 함수 방정식으로 확장하고 시간 지연을 고려한 이론이 제안되었다. 보통의 수학으로 말하면 미분 방정식에 해당한다. 따라서 초기 조건에 의해 답이 정해진다.

logical group[–grú:p] **논리 그룹**

logical group instruction[–instrʌ́kʃən] **논리적 명령어군** 보통 AND, OR, exclusive OR, 비교, 레지스터와 기억 장치에서 이루어지는 자료의 자리 이동, 보수 명령들을 포함하는 논리 명령어들의 집합.

logical group number[–nʌ́mbər] **LGN, 논리 그룹 번호**

logical identity[–aidéntiti(:)] **논리적 동일성**

logical IF[–íf] **논리 IF 문**

logical IF statement[–stéitmənt] **논리 IF 문** FORTRAN Ⅳ 문장에서 제어문의 한 종류로서 문장에 포함된 논리식의 값이 참이면 논리 IF 문에 포함된 문장은 실행하지 않고 바로 다음 문장으로 넘어간다.

logical implication[–ìmplikéiʃən] **논리적 함축** F를 릴레이션 스킴 R에 대한 함수 종속성들의 집합이라 하고, $X \to Y$를 함수 종속성이라고 할 때 F에서 종속성을 만족하는 릴레이션 R의 모든 릴레이션이 $X \to Y$를 만족하면, 표기 $F = X \to Y$는 F가 논리적으로 $X \to Y$를 함축한다고 말한다.

logical inferences per second[–ínfərənsiz pər sékənd] **초당 논리 추론 횟수** 제5세대 컴퓨터의 수행 속도 단위.

logical information[–ìnfərméiʃən] **논리적 정보** 어떤 사건의 내용이 참인지 거짓인지를 나타내는 정보. 논리 정보는 이 두 가지 상태만을 표현하면 되므로 기억 공간의 한 비트로 충분하다. 단어의 값이 0이면 거짓, 0이 아니면 참으로 해석하기도 하는데, 논리 정보를 처리하는 기본 회로에는 AND, OR, NOT 등이 사용된다. 그러나 비트를 한 단위로 처리할 수 없는 경우는 한 단어로 저장한다.

logical input[–ínpùt] **논리 입력** 이것은 입출력 장치 간에 물리적인 데이터 레코드의 이송을 수반하지 않는 경우가 있으며, 데이터 레코드를 프로그램에 의해서 사용할 수 있게 하기 위한 의사적(疑似的)인 입출력 조작이다. 예를 들어, 블로킹되어 있는 레코드인 경우에 모든 레코드에 대하여 논리 입력/출력이 이루어지지만, 물리적인 데이터의 이송은 블록 단위로 행하여진다.

logical input device[–diváis] **논리 입력 장치** 하나 또는 복수 개의 물리적인 입력값을 하나의 장치로서 가상화한 입력 장치.

logical input value[–vǽljuː] **논리 입력값** 논리 입력 장치로부터 주어지는 입력값.

logical instruction[–instrʌ́kʃən] **논리 명령어, 논리 연산 명령** 논리 연산을 행하는 명령. 논리곱(AND)을 다루는 것, 논리합(OR)을 다루는 것, 배타적 논리합(exclusive OR)을 다루는 것 등이 그 예로서 비트 단위의 연산을 하는 명령이다. 즉, 논리 연산을 지정하고 있는 명령어로서 AND, OR, XOR와 같은 단순 명령어와 clear, enable carry, disable carry와 같은 복합 명령어가 있다.

logical IOCS 논리 입출력 제어 시스템 logical input-output control system의 약어. 논리적 입출력 제어 시스템으로서 데이터 파일의 작성, 검색, 유지를 위한 매크로 명령 루틴. 이것은 물리 IOCS보다 더욱 사용자가 사용하기 쉬운 기능을 가진 입출력 관리 루틴이다. 물리 레코드의 디블록, 블록화, 버퍼링 등의 처리를 자동으로 행하는 외에 멀티 릴(multi reel) 처리 등을 행한다. 논리 IOCS 자체는 물리 IOCS를 사용하여 작성되는 경우가 많다.

logical leading end[–líːdiŋ end] **논리적 선두 종료** 예를 들어, 자기 테이프가 해독하는 방향과 역순서로 기록되어 있다면 해독 처리를 위해서 테이프의 맨 처음 끝을 의미하며 정규적 선두 종료와 대응되는 말이다.

logical light[–láit] **논리 신호등** 연산 수행 도중에 오류가 발생했음을 나타내는 제어 콘솔 신호 등이 있다.

logical level[–lévəl] **논리 레벨**

logical level converter[–kənvə́ːrtər] **논리 레벨 변환기**

logical level translator[–trænsléitər] **논리 레벨 번역기**

logical line[–láin] **논리행**

logical line group[–grúːp] **논리 회선 그룹**

logical link[–líŋk] **논리 링크** 데이터 통신을 할 때 전송하는 정보에 상대 식별의 정보(주소 번호 또는 채널 번호 등)를 부가함으로써 설정한 논리적인 접속 패스를 말한다. 패킷 교환망에서는 망과의 사이는 한 줄의 회선이라도 복수의 상대와 동시에 복수의 논리 링크를 설정할 수 있다.

logical map[–mǽp] **논리 지도**

logical mask[–máːrsk] **논리 마스크** 특정 비트를 0으로 만들거나 신호(일반적으로 1로 표시)를 금지시키기 위하여 사용되는 패턴. 특정 비트들을 0으로 만들기 위하여 논리 연산 AND에 논리 마스크로 사용한다.

logical mathematics[–mæ̀θəmǽtiks] **논리 수학**

logical memory[–méməri(ː)] **논리 기억 장치** 사용자 관점에서 본 논리적인 프로그램이 차지하는 연속된 기억 장치이며, 페이지라고 불리는 작은 블록으로 쪼개지고, 페이지 테이블이 사용자 페이지를 기억 장치 프레임으로 변환하도록 정의된다. ⇨ 그림 참조

logical message[–mésidʒ] **논리 메시지**

logical micro operation[–máikrou ɑ̀pəréiʃən] **논리 마이크로 오퍼레이션** 레지스터들 내에 저장된 일련의 비트 스트링 사이에 이루어지는 2진 연산이다.

logical model[–mɑ́dəl] **논리 모델** 개념적 모델을 사용하려는 DBMS에 적합한 형태의 데이터 모델로 변형한 것을 말하며, 논리 모델의 한 부분이 사용자의 관점(view)이 된다.

logical module[–mɑ́dʒuːl] **논리 모듈** 이름으로 찾아볼 수 있는 기능 또는 기능들의 집합.

logical multiplication[–mʌ̀ltiplikéiʃən] **논리 곱셈**

logical multiply[–mʌ́ltiplài] **논리 곱셈, 논리곱** P, Q가 각각 명제일 때, PAND Q는 P와 Q가 동시에 참일 경우에만 참값을 가지는 성질의 논리 연산자를 말하며, 일반적으로 둘 또는 그 이상의 입력 정보가 있을 때 그의 모든 입력 정보가 1일 때에만 출력 정보가 1이 될 수 있는 논리 연산을 뜻한다. 논리 곱셈을 나타내는 기호는 점이나 ∩, X 등으로 나타내거나 아무런 기호도 사용하지 않을 수도 있다. ⇨ AND, logical product

logical NOT 논리 부정

logical number[–nʌ́mbər] **논리적 번호** 자동 적재 또는 시스템 생성시 주변 장치에 할당된 번호로서 이 번호는 물리적 장치 번호와 달리 편리한 대로 변경할 수 있다.

logical operand[–ɑ́pərænd] **논리 오퍼랜드**

logical operation[–ɑ̀pəréiʃən] **논리 연산** (1) 기호 논리학의 규칙에 따른 연산으로 산술 연산(arithmetic operation)과 대비된다. (2) 기호 논리

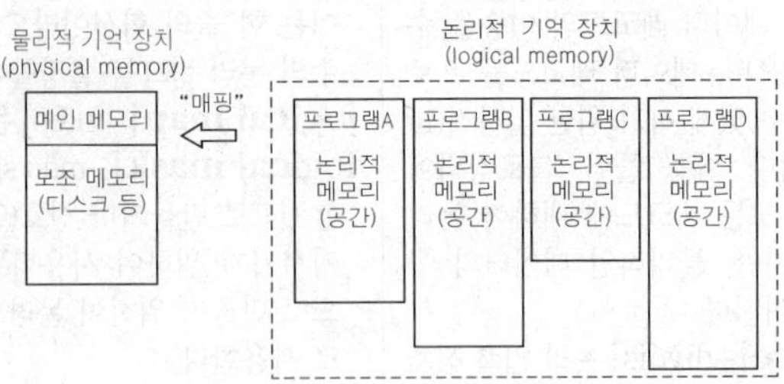

〈논리적 기억 장치와 물리적 기억 장치〉

학의 규칙에 따른 연산. 다시 말하면 사칙연산 이외의 연산으로서, 1바이트마다의 논리합, 논리곱, 부정, 비교, 추출, 점프 같은 것이 있다. ⇨ logic operation

logical operation instruction[–instrʌ́kʃən] **논리 연산 명령** AND, OR, NOT, 시프트, 회전 등의 논리 연산을 하는 CPU의 명령. CPU의 명령은 산술, 논리 연산, 분기, 전송 및 기타로 분류된다.

logical operator[–ápərèitər] **논리 연산자, 논리 작용소** 논리식을 구성하는 요소이며 부정이나 논리곱, 논리합 등을 들 수 있다. 즉, 하나 또는 그 이상의 오퍼랜드에 적용되는 논리 기능을 갖는 단어나 기호. 부정이라 부르는 단항 연산에서는 오퍼랜드의 앞에 오지만 2항 연산에서는 오퍼랜드 중간에 온다. ⇨ logical connector

logical OR[–ɔ́:r] **논리합** 비트 단위로 행해지는 불 논리 연산으로 더하기(+) 기호로 나타낸다. 각 해당 비트 중 적어도 한 개가 논리적 1이면 그 연산 결과도 논리적 1이다.

logical order[–ɔ́:rdər] **논리 순서** 색인 파일에 근거한 레코드들의 순서.

logical OR instructions[–ɔ́:r instrʌ́kʃənz] **논리적 OR 명령어** 특정 레지스터들 사이에서 비트 단위로 논리합 연산을 하도록 하는 것. 각 해당 비트에서 적어도 한 개가 논리적 1이면 그 논리합 연산의 결과도 논리적 1이 된다.

logical output[–áutpùt] **논리 출력**

logical page[–péidʒ] **논리적 페이지** 이것은 레코드 유형들의 사건들을 포함할 뿐 아니라 한 구역 내에 있는 논리적 페이지들은 일대일 대응으로 파일에 있는 물리적 블록들로 사상된다.

logical page identifier[–aidéntifàiər] **LPID, 논리적 페이지 식별자**

logical page number[–nʌ́mbər] **LPN, 논리적 페이지 번호**

logical parent[–pɛ́(:)rənt] **LP, 논리적 부모** 논리 데이터 베이스를 구성하기 위하여 포인터 세그먼트로부터 지시되고 있는 세그먼트. IMS/VS 데이터 베이스에서 사용된다.

logical parent pointer[–pɔ́intər] **논리적 부모 포인터** 세그먼트의 논리적 어미를 가리키면서 논리적 관계성을 설정하는 것으로 HDAM이나 HIDAM 데이터 베이스의 논리적 자식 세그먼트에 사용된다.

logical path[–pá:θ] **논리 패스**

logical product[–prádəkt] **논리곱** X와 Y의 논리곱을 $X \cdot Y$, $X \wedge Y$, $X \& Y$ 등의 기호로 표시한다. $X \cdot Y = \mathrm{Min}(X,\ Y)$로 정의한다. 진리표는 아래와 같다.

X	Y	$X \cdot Y$
0	0	0
0	1	0
1	0	0
1	1	1

logical program synthesis[–próugræm sínθəsis] **논리 프로그램 합성** 술어 논리로 기술된 형식적 명세로부터 그것에 대한 정당한 프로그램을 자동적으로 합성하는 것. 1단계 술어 논리의 연산 능력이나 도출 원리 등에 의한 정리 증명 기구가 합성에 이용된다.

logical reasoning[–rí:zəniŋ] **논리적 추론** 인간의 추론 방법 가운데 하나. 논리적 추론은 가장 연구가 진척되어 있는 것 가운데 하나이며, 주로 형식 논리학적인 모델화에 의한 연구와 형식 논리 모델로부터의 일탈에 관한 연구가 있다. 예를 들어, "명제 p가 참이며, 또 'p이면 q이다'가 참이면 q는 참이다"라는 추론 규칙(modus ponens)은 명제 논리학에서 가장 잘 알려진 추론 규칙이며, 이 추론 규칙 자체를 의심하는 사람은 거의 없을 뿐만 아니라 법률을 비롯해 많은 제도에 규칙의 적용 자체가 짜넣어져 있다. 그러나 한편으로 이 추론 규칙을 바르게 쓸 수 있는 사람이 "p가 참이 아니면 q도 참이 아니다"라는 논리적으로 잘못된 추론(前件否定)을 하거나 "q가 참이면 p도 참이다"라는 논리적으로 잘못된 추론(後件肯定)을 하기도 한다. 이러한 추론의 잘못은 철학에 있어 예로부터 알려져 왔었는데, 이 같은 추론의 잘못은 인간의 논리적 능력 이외의 다른 원인에 의한 것이다. 이와 같은 원인으로는 인간의 논리적으로 폐쇄된 추론뿐만 아니라 더 개연적인 추론을 한다는 것과 한꺼번에 처리할 수 있는 정보량에 한계가 있다는 것 등을 생각할 수 있다.

logical record[–rékərd] **논리적 레코드** 논리적으로 고안된 레코드. 기록 매체 상에서의 기록 단위의 블록을 일컬으며, 물리적 레코드(physical record)와 대비된다. (1) 논리적인 처리 단위로서 몇 개 항목의 모임이다. 소프트웨어 관계 자료에서 단순히 레코드라고 하는 경우는 이 논리 레코드를 가리킨다. (2) 처리 단위가 되는 특정한 관련을 가진 정보 모임. 주기억 장치와 입출력 장치 사이에 데이터 이동은 주기억 장치 내에 입출력 전용 구역(버퍼)을 설치, 이 구역을 한 번에 읽고 쓰게 한다.

logical record interface[–íntərfèis] **논리적 레코드 인터페이스** 레코드 길이가 가변인 스팬드 레코드를 위치 결정 모드에서 입출력 요구를 할 때 논리 레코드 단위로 레코드를 주고받는 것.

logical record length[–léŋθ] **논리적 레코드 길이** 논리적 레코드의 길이를 나타내거나 논리적 레코드 인터페이스에서 논리적 레코드 단위의 레코드를 주고받을 때의 레코드 길이를 말한다.

logical relation[–riléiʃən] **논리적 관계** 두 개의 식을 관계 연산자로 연결하는 논리항으로 그 결과는 0 또는 1이 된다. 어셈블러 프로그래밍에서 두 개의 식이 EQ, GE, GT, LE, LT, NE 등의 관계 연산자로 구분되는 논리항이다.

logical relationship[–riléiʃənʃìp] **논리적 관계** 두 개 또는 그 이상의 물리적 데이터 베이스들이 세그먼트들이나 물리적 계층 구조에서 서로 다른 분기에 위치한 세그먼트들 간의 관계를 연결할 수 있도록 하는 기능.

logical representation[–rèprizentéiʃən] **논리 표현** 논리 수식의 집합으로 이루어진 지식의 표현 또는 어떤 상태를 나타내는 방법.

logical representation scheme[–skí:m] **논리 표현 계획** 지식을 논리적으로 표현, 구성하고 처리하는 것을 말하며, 주요 방법으로 일계 술어 논리를 사용하여 세상의 지식을 지식 베이스화하고 처리하는 방식이 있다.

logical resource[–risɔ́:rs] **논리 자원**

logical retrieval[–ritrí:vəl] **논리 검색** 색인어(키워드), 색인어의 어간 및 부분 집합명과 논리 연산자(AND, OR, NOT 또는 ∗, +, #)를 조합하여 검색 조건을 표현하고 이 조건에 일치한 데이터를 출력하는 것이다. 예를 들어, 「1996년(A)에 발행된 데이터 베이스(B) 또는 정보 검색(C)에 관한 문헌은?」이라는 질문은 A∗(B+C)로 표시되며, 그림에서 사선으로 나타낸 부분이 해당 문헌이 된다.

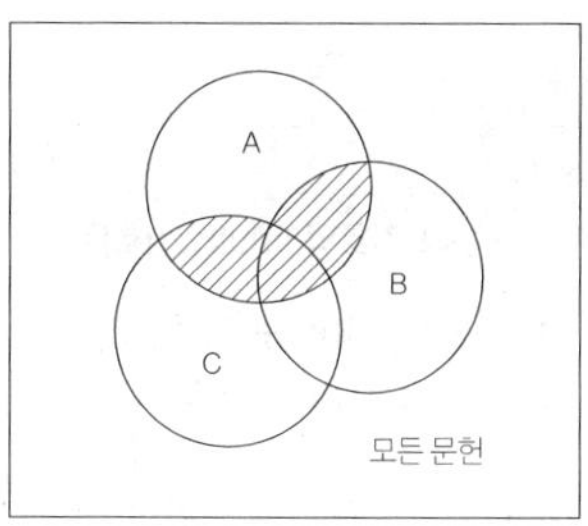

logical ring (structure)[–ríŋ (strʌ́ktʃər)] **논리적 링 (구조)** 프로세스들이 논리적으로 링 구조를 이룬 것이다. 그러나 물리적인 통신 네트워크는 링 구조일 필요가 없다.

logical screen[–skrí:n] **논리 표시 화면**

logical shift[–ʃíft] **논리적 자리 이동** (1) 컴퓨터 내에서의 워드(단어) 중의 모든 문자에 관해서 동시에 시행하는 자리 이동. 즉, 워드 중의 디짓이 좌 또는 우로 순환적으로 이동되어 워드의 한쪽 끝에서 밀려난 디짓이 다른 끝으로 삽입되는 형태의 자리 이동 조작. 산술 자리 이동(arithmetic shift)과 대비된다. (2) 기계어의 모든 문자에 동시에 시행하는 자리 이동.

logical signal line[–sígnəl láin] **논리 신호선**

logical storage address[–stɔ́:ridʒ ədrés] **논리 기억 장소 어드레스**

logical sturcture[–strʌ́ktʃər] **논리 구조** 데이터 베이스에 논리 구조를 설정하면 그 데이터 베이스의 물리적인 편성과 데이터의 존재 장소를 고려하는 일 없이 적용 업무 프로그램으로 이름을 지정하여 그 데이터를 참조할 수 있다. 즉, 프로그래머측에서 본 데이터 베이스의 편성 구조이다. 논리 구조의 이점은 데이터 베이스에 변경이 생겨도 적용 업무 프로그램을 변경할 필요가 없다는 것이다.

logical sum[–sʌ́m] **논리합** X와 Y의 논리합을 $X \vee Y$, $X \cup Y$, $X+Y$ 등의 기호로 표시하고 「X 또는 Y」라고 읽는다. 그래서 $X \vee Y = \text{Max}(X, Y)$로 정의한다. 「또는」이라는 개념은 X, Y 중 적어도 한쪽이 참이면 $X \vee Y$는 참이므로 $X \vee Y$를 X, Y중 큰 쪽, 즉 $\text{Max}(X, Y)$로 정의하는 것이 자연스럽다. $X+Y$ 기호는 보통 대수학의 기호와 혼동

되므로 별로 좋지 않다.

logical switch[–swítʃ] **논리 스위치** 입력 카드를 여러 출력 중의 하나에 지정해주는 데 사용되는 전자 장치.

logical symbol[–símbəl] **논리 기호** (1) 해당 변수에 대해 수행되는 특정 연산을 표시해주는 연산자 기호. (2) 논리 요소를 도해적으로 나타내기 위해 사용되는 기호.

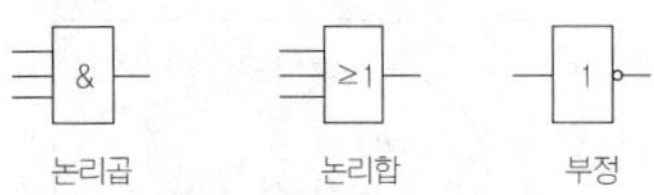

〈논리 기호의 예(JIS 기호)〉

logical tab key[–kíː] **논리 탭 키**

logical term[–tə́ːrm] **논리항**

logical terminal[–tə́ːrminəl] **논리 단말**

logical timer[–táimər] **논리 타이머**

logical tracing[–tréisiŋ] **논리적 추적** 점프 명령문 또는 분기 명령문에서만 행하여지는 추적.

logical tranient area[–trǽniənt ɛ́(ː)riə] **논리 비상주 영역**

logical twin[–twín] **논리적 트윈** 같은 논리적 부모 사건을 가지는 동일한 유형의 자식 세그먼트 사건들(occurrence).

logical twin pointer[–pɔ́intər] **논리적 트윈 포인터** 키 순서로 동일한 물리적 어미에 완전하게 연결되면서 다른 물리적 데이터 베이스의 물리적 자식인 모든 세그먼트에 연결되는 또 다른 논리적인 포인터.

logical type[–táip] **논리형**

logical unit[–júːnit] **LU, 논리 장치, 논리 단위** 데이터에 관한 것으로 한 덩어리로 트랜잭션이나 정보의 단위를 나타내는 문자, 숫자 또는 필드의 모임.

logical unit assignment[–əsáinmənt] **논리 장치 할당**

logical unit block[–blák] **LUB, 논리 장치 블록**

logical unit description[–diskrípʃən] **LUD, 논리 장치 기술**

logical unit number[–nʌ́mbər] **논리 장치 번호** 입출력 장치로 5번은 입력 단말기, 6번은 출력 화면 장치를 나타내는데, FORTRAN에서 물리적인 주변 장치에 부여된 번호. 이것은 주변 장치의 실제적인 이름을 알지 못하더라도 프로그램에서 입출력하는 데 불편함을 없애고 프로그램이 여러 장치에서 수정됨이 없이 실행될 수 있게, 즉 장치에 독립적으로 사용될 수 있게 해준다.

logical unit service[–sə́ːrvis] **논리 장치 서비스**

logical value[–vǽljuː] **논리값** 특별한 논리 연산의 결과에 의해 참 또는 거짓인 값.

logical variable[–vɛ́(ː)riəbl] **논리 변수** FORTRAN Ⅳ에서 참 또는 거짓인 값만을 갖는 변수. 즉, 논리값(1, 0) 또는 진위(true, false) 등을 나타내는 변수이다.

logical view[–vjúː] **논리적 관점** 물리적 환경과 독립된 필수 내용 측면에서 본 관점.

logical volume[–váljum] **논리 볼륨** 동일한 데이터를 갖는 물리적으로 독립한 두 볼륨으로 구성된 것으로 논리적으로 존재한다.

logical workstation[–wə̀ːrkstéiʃən] **논리 워크스테이션**

logic analysis[ládʒik ənǽlisis] **논리 분석** 컴퓨터에 의한 작업 처리 절차, 프로그램 또는 프로그램의 수행 등을 구상할 때 논리 분석을 하게 되는데, 원하는 컴퓨터 출력을 만들어 내거나 주어진 입력 데이터나 모델로부터 원하는 정보나 설계를 하기 위한 단계들을 그림으로써 분석하는 것을 말한다.

logic analyzer[–ǽnəlàizər] **논리 분석기** 마이크로프로세서의 어드레스 버스나 데이터 버스 상의 신호나 동작을 표시하는 것. 복잡한 테스트 기능을 실행할 수 있도록 0과 1의 표시가 가능한 오실로스코프(oscilloscope)를 장착한 테스트 및 진단 시스템. 마이크로프로세서 분석기라고도 불린다.

logic analyzer clock rate[–klák réit] **논리 분석기 속도**

logic analyzer multiline analysis[–mʌ́ltilàin ənǽlisis] **논리 분석기의 다중 라인 분석**

logic based method[–béist méθəd] **논리 기반 방법** 프로그램을 구성하기 위해 서술 논리를 사용하는 프로그래밍 기법.

logic board[–bɔ́ːrd] **논리 기판** 논리 회로를 기판 상에 구성한 것. 같은 식으로 논리 회로를 카드 상에 구성한 것을 논리 카드, IC 칩에 구성한 것을 논리 칩이라 한다.

logic bomb[–bám] **논리 폭탄** 컴퓨터 범죄의 하나. 보통 프로그램에 승인이 안 된 프로그램을 내장하고, 특정 조건의 발생이나 특정 데이터의 입력을 기폭제로 하여 컴퓨터에 부정 행위를 일으키는 것이다. 승인이 안 된 코드에는 보통 트로이 목마를 응용한다.

logic card[–káːrd] **논리 카드** 문제를 풀기 위한 주요 논리 단계를 보여주는 프로그램 또는 그 부분적인 순서도. 즉, 각 카드는 하나의 기본 기계 기능과 관련되어 있는 하나의 기판 위에 배치된 전기 요소와 연결 회선의 집합으로, 만약 기본 기능에 이상이 발생했을 경우에는 해당 카드만을 회수하거나 교체할 수 있다.

logic cell[-sél] **논리 셀**

logic chart[-tʃáːrt] **논리도**

logic circuit[-sə́ːrkit] **논리 회로** 논리 소자(logic element)를 사용한 전기적인 회로이며, 입력 논리값의 조합에 따라 출력 논리값이 결정되며 컴퓨터의 중앙 처리 장치를 구성한다. OR 게이트(OR gate), NOR 게이트, AND 게이트 등의 논리 연산을 행하는 전자 회로(electric circuit)이다. 논리 회로의 출력 신호(output signal)는 입력 신호(input signal)의 "1"이나 "0"의 상태(state)로 결정된다.

logic circuit families[-fǽmili(ː)z] **논리 회로 군** 디지털 논리군의 특성은 각 군의 기본적인 게이트의 회로를 분석해서 비교하는데, 다음은 비교 변수들이다. ① 게이트에서 소비되는 전력 소비. ② 팬아웃(fan-out) : 정상 동작을 벗어나지 않고 표준 게이트의 출력이 작동될 수 있는 표준 부하의 수로써 정의하며, 표준 부하는 다른 유사한 표준 게이트의 입력에 소요되는 부하로 정의한다. ③ 잡음 여유 : 회로 출력에 원하지 않는 변화가 일어나는 최소 잡음 전압. ④ 전파 지연 : 신호가 입력되어 출력할 때까지의 평균 변동 지연.

logic clip[-klíp] **논리 클립** IC를 클립으로 끼워서 그 논리 상태를 한 눈으로 파악할 수 있게 하는 것.

logic comparator[-kámpərèitər] **논리 비교기**

logic comparison[-kəmpǽrisən] **논리적 비교** 논리적 비교의 결과는 참, 거짓 중 하나인데, 두 피연산자의 값이 같은지 또는 대소 관계를 결정하기 위한 논리 연산을 말한다.

logic complement[-kámpləmənt] **논리 부정** 논리 게이트에서 조그만 원으로 표시되며 AND, OR, exclusive OR의 논리 부정은 각각 NAND, NOR, exclusive NOR(equivalence)이다. 출력 논리의 부정을 생성하는 논리 연산을 말하며, NOT 연산에 대하여 수행된다.

logic connective[-kənéktiv] **논리 접속사** 논리 접속사로는 AND, OR, IF, IF-AND-ONLY-IF 등이 있으며, 이것은 문장을 연결짓는 단어로 논리 접속사로 연결된 전체 문장은 사용된 논리 접속사의 의미에 따라 전체 문장의 참, 거짓이 결정된다.

logic-controlled sequential computer[-kəntróuld sikwénʃəl kəmpjúːtər] **논리 제어 순차적 컴퓨터** 특별히 만들어놓은 논리에 의하여 설계된 순서대로 명령을 실행하는 능력을 가진 순차적 컴퓨터. 거의 동시 수행이 없는 단일 목적의 컴퓨터.

logic decision[-disíʒən] **논리 결정** 긍정 또는 부정의 형태를 가지며 기본적으로 동등성, 부등성 또는 상대적 크기에 의해 결정된다. 시스템 내부 구조의 직접적인 결과로 계산 시스템이나 환경 내에서 만들어지는 특수한 결정을 뜻한다.

logic decoder[-diːkóudər] **논리 해독기** 자료를 하나의 수 체제에서 다른 수 체제로 변환시키는 논리 장치로 디지털 시스템에서 유일한 주소나 비트 모양을 인식하는 기능을 설계하는 데 이용된다.

logic design[-dizáin] **논리 설계** 기호 논리학과 같은 형식적인 기술 방법을 사용하는 기능 설계. 방식 설계와 제작 설계의 중간 단계에서 기호화된 논리 소자의 조합에 의해 컴퓨터 설계를 하는 것으로 넓은 뜻에서는 방식 설계를 포함하는 경우도 있다.

logic design translator[-trænsléitər] **LDT, 논리 설계 번역기**

logic device[-diváis] **논리 기구, 논리 장치** 논리 연산을 실행하는 기계. 컴퓨터가 하는 논리적인 연산, 즉 논리합, 논리곱, 비교, 분기 등을 하는 회로의 총칭이며 가감승제는 이것에 포함되지 않는다.

logic diagram[-dáiəgræ̀m] **논리도** 논리 설계나 하드웨어 구성을 표현하는 도형이나 도표. 즉, 논리 설계 내용의 논리적인 관계를 그림으로 나타낸 것으로 논리 설계를 위한 기본적인 수법이다. 표기 방법은 일반적으로 이해할 수 있는 것이면 되지만, 표준화된 것이 바람직하다.

logic diagram engineering[-èndʒəníəriŋ] **논리도 공학**

logic element[-éləmənt] **논리 소자** 기본이 되는 논리 연산을 수행하는 기기. 논리 소자의 기능을 논리곱, 논리합, 부정 등의 논리 연산 기호로 나타낸다.

logic error[-érər] **논리 오류** 프로그램이 문법적으로는 오류가 없으나 프로그램의 제어 논리가 잘못되어 엉뚱한 결과가 출력되거나 수행중에 프로그램이 죽는 오류를 말한다. ⇨ logical error

logic expression[-ikspréʃən] **논리식** 논리식에는 산술식도 포함되는데, 이 산술식은 관계 연산자로 구분되어 있다. 논리식은 논리 IF 문에 많이 사용되고, 논리 지정문이나 함수의 인수로도 사용된다. 논리 상수, 논리 변수, 논리 배열 변수, 논리 함수 참조 등의 연산항들이 논리 연산자와 관계 연산자 및 괄호로 연결되어 이루어지는 식. 논리식은 참, 거짓 둘 중 어느 하나의 값만을 갖는다.

logic familty[-fǽmili(ː)] **논리 계열** 표준 입출력을 갖는 기본 회로 설계를 공유하는 디지털 집적 회로의 그룹. TTL, ECL, MOS, CMOS, I^2L 계열이 있는데, TTL이 가장 많이 사용되며 ECL은 고속 연산을 요구하는 시스템에 주로 사용되고, MOS와 I^2L은 높은 강도를 요하는 회로 CMOS는 저소비 시스템에 각각 사용된다.

logic flow chart[–flóu tʃɑ́ːrt] **논리 순서도** (1) 시스템 또는 하드웨어 장치 전체의 설계에서 논리 소자와 그것들의 관계를 나타내주는 순서도를 말한다. (2) 프로그램이나 루틴에서 문제를 해결하기 위해 표준적인 기호에 의한 여러 가지 논리 스텝을 이용하여 코딩 전에 만들어지는 순서도이다.

logic function[–fʌ́ŋkʃən] **논리 함수** 논리 변수를 논리 연산자에 의해 표현하여 어떤 회로나 사물의 관계를 나타내주는 함수.

logic gate[–géit] **논리 게이트** 논리 연산을 수행할 수 있는 회로나 요소.

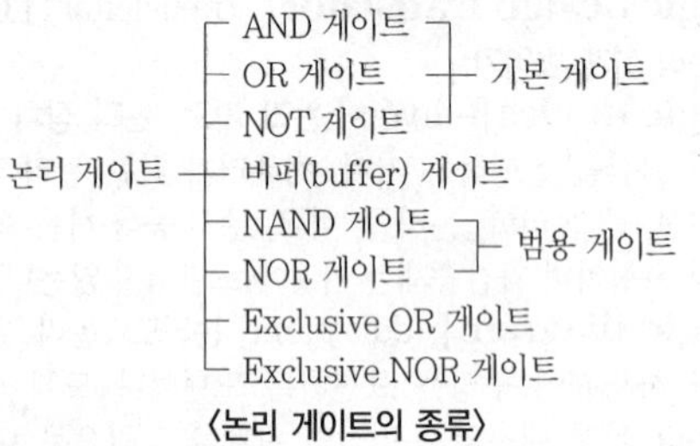

〈논리 게이트의 종류〉

logic in memory[–in méməri(ː)] **로직 인 메모리**

logic instruction[–instrʌ́kʃən] **논리 명령어** 연산부가 논리 연산을 지정하고 있는 명령어로 AND, OR, NOT 등의 논리 연산을 다룬다.

logic level[–lévəl] **논리 레벨**

logic level converter[–kənvə́ːrtər] **논리 레벨 변환기**

logic light[–láit] **논리 신호등** 연산 실행 도중 오차가 나타났음을 인지시켜 주는 제어 콘솔 신호 등.

logic minimization[–mìnimaizéiʃən] **논리 최소화** 논리식에서 리터럴(literal)의 수를 최소화시키는 작업. 논리식이 표준형, 즉 곱의 합형(sum of products), 합의 곱형(product of sums)을 가지고 하나의 출력 논리 변수를 가질 때 지도 방식과 테이블 방식으로 논리 최소화를 시키고 다수의 출력 논리를 갖는 논리식에는 스위칭 이론을 적용한다.

logic module[–mɑ́dʒuːl] **논리 모듈**

logic multiply[–mʌ́ltiplài] **논리 곱셈** 두 개의 2진수에 대한 논리 계산인데, 두 개의 수가 1일 때 그 연산 결과가 1이 되며, 어느 하나라도 0이면 그 연산 결과가 0인 불 연산을 말한다.

logic operation[–ɑ̀pəréiʃən] **논리 연산** (1) 기호 논리학의 규칙에 따른 연산. (2) 연산 결과 각 문자가 각 오퍼랜드에 대응하는 문자만으로 결정되는 연산.

logic operator[–ɑ́pərèitər] **논리 연산자** 2진 논리의 논리 연산을 나타내는 수학적 기호로 AND, OR, NOT 등이 이에 해당한다.

logic probe[–próub] **논리 탐사기** 논리 수준을 논리 분석기나 논리 스코프에 필요한 장비나 눈금 없이 바로 읽어낼 수 있도록 고안된 논리 시험 기구.

logic product[–prɑ́dəkt] **논리곱** 몇 가지 논리 변수에 대한 AND 연산. 모든 논리 변수가 1일 때만 1이 되고, 어느 한 변수라도 0이면 그 결과는 0이다. ⇨ logical product

logic product gate[–géit] **논리곱 게이트** ⇨ AND gate

logic programming[–próugræmiŋ] **논리 프로그래밍** 주어진 사실을 논리적으로 표현하는 방식과 이로부터 새로운 사실을 추론하는 논리의 수행 순서를 강조한다. PROLOG와 LISP는 이러한 목적을 위해 개발된 언어로 어떤 표현된 사실로부터 그것이 함축하고 있는 새로운 사실을 논리적으로 추론하여 나타낼 수 있는 프로그래밍 작성 방법이다.

logic pulsar[–pʌ́lsɑr] **논리 펄스 발생기**

logic sence[–séns] **로직 센스**

logic shift[–ʃíft] **논리 자리 이동, 논리 시프트** 기계어의 모든 문자에 동등하게 시행하는 시프트, 이 논리 시프트는 산술적 시프트와 대비된다. ⇨ logical shift

logic simulation[–sìmjuléiʃən] **논리 시뮬레이션** 특정 시점에서의 논리 소자나 집적 회로 노드들에서의 2진 수치(1 또는 0). 논리 신호라고도 한다.

logic sum[–sʌ́m] **논리합**

logic sum gate[–géit] **논리합 게이트**

logic symbol[–símbəl] **연산 기호, 논리 기호** 연산 기호, 기능 또는 기능적 관계를 표시하는 기호. 이 기호를 사용하여 회로의 설계를 하고 이에 의거하여 하드웨어를 조립한다. 미국의 규격인 밀(mil) 규격에 의한 논리 기호가 흔히 쓰인다.

logic system analyzer[–sístəm ǽnəlàizər] **논리 시스템 분석기** 마이크로프로세서를 이용한 여러 가지 제품의 설계, 제작, 보수를 위한 확인과 해결을 위한 중요한 기구. 마이크로프로세서를 이용하여 구성된 시스템의 동작을 관장할 수 있는 시험기기이다.

logic test analyzer[–tést ǽnəlàizər] **논리 시험 분석기** 오실로스코프가 실시간 신호 분석을 하는 것과 마찬가지로 복잡한 디지털 장치를 분석하는 데 쓰이는 여러 채널의 순차적 데이터를 동시에 획득하며 트리거 이전의 데이터들을 순서대로 표시할 수 있는 기능을 가진 계측기.

logic theorist[–θíərist] **논리 이론가** 논리 증명을 하는 초기 정보 처리 프로그램.

logic theory[–θíəri(ː)] **논리 이론** 이 논리 이론은 연산을 다루는 과학으로서 컴퓨터 연산의 기본이다. 간단한 논리의 연산은 전자 회로의 ON/OFF 나 TRUE/FALSE를 나타내는 과정을 테스트하는 전자 회로를 이용한다.

logic threshold point[-θréʃould pɔ́int] **논리 임계점** 역변환기의 입력과 출력을 연결하였을 때 생기는 전압.

logic trainer[-tréinər] **논리 트레이너** 논리 회로를 실제로 조립하여 논리 회로의 설계 연습을 하기 위한 실습 장치.

logic type[-táip] **논리 형태** 디지털 논리 소자의 종류 중 가장 흔한 것은 트랜지스터-트랜지스터 논리(TTL), 이미터-결합 논리(ECL), MOS, CMOS 논리 등이다. 이들은 각각 그들 나름대로의 특성과 응용 분야에 맞게 마이크로프로세서에 이용되는데, 이 가운데 TTL이 가장 널리 쓰인다.

logic unit[-jú:nit] **논리 연산 장치, 논리 연산 기구** 컴퓨터의 일부분으로, 논리 연산 및 그것에 관련된 연산을 수행하는 것.

logic variable[-vέ(:)riəbl] **논리 변수** ⇨ switching variable

logi-Mouse[lɔ́gi máus] **로지마우스** 마우스의 상품명으로 일본의 로지텍 사 제품이다.

log-in[lɔ́:g in] **로그인** 사용자가 시스템에 등록하는 절차로서 사용자 확인, 등록 관리, 사용자와 시스템 간의 네트워크 정보의 교환 등을 포함하는 처리 절차.

log-in & log-out[-lɔ́:g áut] **로그인 & 로그아웃** 사용자가 자신의 아이디(ID)로 접속하여 시스템에 들어가는 것을 로그인(log-in) 또는 로그온(log-on)이라 하며, 시스템에서 빠져 나오는 것을 로그아웃(log-out)이라고 한다.

log-in name[-néim] **로그인 이름** 컴퓨터를 사용하려면 먼저 로그인을 할 때 자기에게 할당된 이름을 입력하고 정당한 암호를 대야 한다. 즉, 컴퓨터 시스템에서 사용자들을 구별하기 위하여 사용하는 이름을 말한다. 보통 영문자와 숫자로 이루어지며 사용자 본명의 약자나 별명을 로그인 이름으로 사용한다. ⇨ user name

log-in script[-skrípt] **로그인 스크립트** 서버에 로그인할 때에 MS-DOS의 AUTOEXEC.BAT 파일과 같은 사전 환경 설정을 등록하고 있어 자동 실행시키는 것. 올바른 사용자명과 패스워드명이 입력되면 로그인 프로그램이 로그인 스크립트를 실행한다. NetWare에서 로그인 스크립트, LAN Manager에서 로그온 스크립트, VINES에서는 사용자 프로파일이 여기에 속한다.

log-in session[-séʃən] **로그인 세션** 컴퓨터 통신망에서 사용자가 네트워크에 로그인한 후 교신을 끝내고 로그오프할 때까지의 경과 시간.

log-in shell[-ʃél] **로그인 셸** 유닉스 운영 체제에서 사용자가 시스템에 로그인하면 자동으로 수행되는 셸 프로그램.

logistic[loudʒístik] *a.* **로지스틱**

Logitech Corp. **로지텍 사** 컴퓨터를 비롯해서 주변 기기, 소프트웨어 등을 생산하는 일본의 컴퓨터 업체로서 이 회사 제품 중 로지텍 마우스와 핸드 스캐너인 스캔맨이 알려져 있다.

log list[lɔ́(:)g líst] **로그 리스트**

log manager[-mǽnidʒər] **로그 관리자** 회복에서 트랜잭션의 처리를 할 때 로그가 직접 접근 장치에 저장되어 있고, 이 장치가 로그로 가득 차면 그 로그를 보관, 기억 장치에 복사하고 새로운 로그를 직접 접근 장치에 연결하는 기능을 갖는 DBMS의 한 구성 요소이다.

LOGO **로고** 고수준의 대화형 프로그래밍 언어. 그리스어의 「로고스」와 같은 이름이며 약어가 아니다. MIT 공과 대학의 패퍼트(Seymour Papert) 교수가 개발하였다. 1967년에 최초의 시스템이 개발되었다. turtle(거북이)이라 불리는 삼각형 커서를 움직여서 그림을 그릴 수 있을 뿐만 아니라 리스트 처리 기능도 있으며, 인공 지능(AI)용 언어로도 주목받고 있다. 미국에서는 CAI용 언어로 이용되고 있다. 특히 아이들의 교육용 언어로서 설계된 것이며, CRT 화면상의 마크를 움직임으로써 그림이 그려지는 터틀 그래픽 기능을 갖는 것으로도 알려져 있다. 퍼스널 컴퓨터로 수행하는 로고의 처리계는 많다. Apple-LOGO(AppleⅡ), FM-LOG(FM-7/8) 등 8비트의 퍼스널 컴퓨터용이 중심이다.

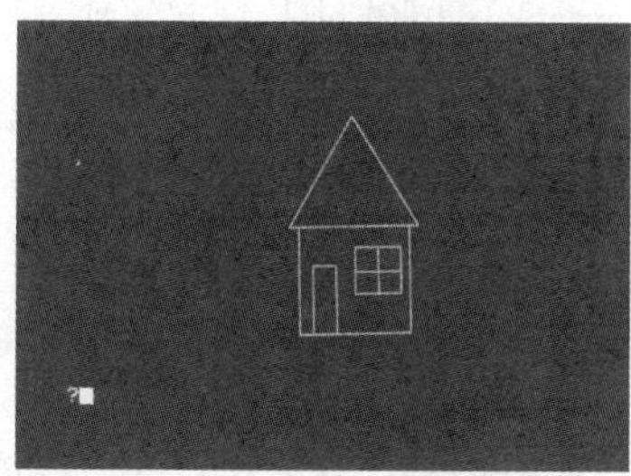

〈로 고〉

log-off[lɔ́(:)g ɔ(:)f] **로그오프** 컴퓨터 시스템의 사용을 끝내고 접속을 끊는 일. 단말 세션이 끝날 때에 입력한 데이터를 보관하도록 시스템에 지시하지 않으면 단말 작동 종료시에 시스템은 그 데이터를 소거한다. 즉, 세션 중에도 데이터를 라이브러리에 보관하지 않고 단말 작동 종료시에도 명시적으로 보관의 지정을 하지 않았을 경우는 다음에 로그온 했을 때 그 데이터를 사용할 수 없다.

log-on[-ən] **로그온** 사용자가 단말기를 통해 컴퓨터 시스템을 사용하기 위해 자신을 알리는 일. 온라인 시스템의 이용자는 먼저 사용자(user) 식별 코드(사용자 ID)와 패스워드를 입력하여 시스템에 신원 확인을 하지 않으면 안 된다(사용자 ID와 패스워드는 시스템에의 액세스 권한이 허가되었을 때 최초에 개개의 이용자에 할당되어 있다). 그 확인 절차를 단말 작동 개시라고 한다. 단말 작동 개시가 끝나면 이용자의 작업에 필요한 커맨드를 사용할 수 있게 된다.

log-on password[-pá:swə̀:rd] **로그온 패스워드**

log-out[-áut] **로그아웃** 사용자가 시스템으로부터 벗어나는 과정으로서 수행한 작업 내용에 대한 통계를 제시해주며 log-off라고도 한다.

log sequence number[-sí:kwəns nʌ́mbər] **로그 순차 번호** 회복에서 검사점 프로시저의 세 번째 단계에서 일어나는 부하를 피하기 위하여 각 로그가 만들어질 때마다 오름차순으로 각 로그 레코드에 할당된 유일한 번호.

log sheet[-ʃí:t] **로그 용지** 데이터 로그로 자동 타이프라이터에 의해 데이터를 기록하기 위한 용지.

LOL laughing out loud의 약어. 재치 넘치는 말에 대한 칭찬 어린 응수로서 뉴스그룹 혹은 온라인 채팅에서 사용된다.

Lombard **롬바드** 1999년 5월에 발매된 파워북 G3의 개발 코드 이름.

long complex type[lɔ́(:)ŋ kámpleks táip] **장정도 복소수형** 고급 언어(high level language) 등에서 보통 계산의 배의 자릿수로 계산하기 위한 변수(variable) 형태의 하나. FORTRAN에서는 배정도(double precision)라고 한다.

long cut form guide[-kʌ́t fɔ́:rm gáid] **단표용 가이드 기구**

long-distance trunk[-dístəns trʌ́ŋk] **장거리 중계선**

long field[-fí:ld] **긴 필드** 한 필드에 선언되는 데이터형이 가변 길이 문자이고, 또 그 길이가 254보다 큰 값을 갖는 필드를 말한다. 이것은 비형식의 데이터 취급을 위한 것이며 색인 설정 불가 등의 처리상 제한이 많다.

long file name[-fáil néim] **긴 파일 네임** MS-DOS나 윈도 3.1에서는 파일명이 「8문자+확장자 3문자」로 제한되어 있었지만 윈도 95 이후부터는 최대 254문자까지 파일명을 붙일 수 있게 되었다.

long floating point[-flóutiŋ pɔ́int] **긴 부동소수점**

long haul[-hɔ:l] **롱 홀** 장거리 전송이 가능한 모뎀이나 통신 기기류.

long integer[-íntədʒər] **배장 정수, 긴 정수** 컴퓨터에서 긴 정수는 보통 32비트로 표현되는 것이 보통이고, 보통 정수보다 배가 긴 정수.

long integer type[-táip] **긴 정수형**

longitudinal[làndʒitjú:dinəl] *a.* **수직 방향의, 수직의 긴쪽 방향의, 종의 수직, 종방향, 행방향**

longitudinal check[-tʃék] **세로 검사** 한 블록 내의 모든 문자 신호에서 같은 자리의 비트에 대해 미리 내정된 규칙대로 되어 있는지를 검사하는 오류 제어 시스템.

longitudinal circuit[-sə́:rkit] **세로 회로** 접지를 통하거나 다른 도체를 통해서 되돌아오는 하나 또는 여러 개의 병렬 전화선으로 형성된 회로.

longitudinal parity[-pǽriti(:)] **세로 패리티** 데이터의 진행 방향에 대하여 평행한 방향의 비트. 또는 일련의 데이터군의 동일한 무게의 비트에 대하여 검사를 하기 위한 수단이다. 즉, 패리티 검사의 한 방법으로 2진 부호의 검사 수단이다.

longitudinal parity check[-tʃék] **세로 패리티 검사** 2진 숫자의 집합이 행렬의 형태로 되어 있을 때 2진 숫자의 행에 대하여 수행하는 패리티 검사. 즉, 자기 테이프 또는 천공 테이프의 트랙 비트를 조사하는 패리티 검사로 각 블록의 끝에는 각 트랙에 이미 설정되어 있는 패리티 비트가 세로 검사 문자의 형태로 동시에 기록되며, 이 문자는 해당 블록이 읽혀질 때 재설정되고 검사된다.

longitudinal redundancy[-ridʌ́ndənsi(:)] **세로 중복** 레코드의 트랙별 또는 행별 비트의 합이 짝수(혹은 홀수)가 아닌 상태. 이 용어는 보통 자기 테이프의 레코드에 대해 언급할 때 쓰이며 시스템은 항상 짝수 또는 홀수의 세로 패리티를 갖게 된다.

longitudinal redundancy character[-kǽrəktər] **세로 중복 문자** 세로 검사를 하기 위해 사용되는 중복 문자.

longitudinal redundancy check[-tʃék] **세로 중복 검사** 전송 오류를 파악하기 위해 패리티를 검사하는 시스템. 미리 정해진 규칙에 따라 몇 개의 문자를 포함한 블록에 대하여 실시하는 검사 방법의 하나로 종이 테이프나 자기 테이프의 한 채널에 위치한 비트들에 대해 패리티 검사를 하는 것과 같다.

longitudinal redundancy check character[-kǽrəktər] **세로 중복 검사 문자** 이 세로 중복 검사 문자는 보통 각 블록의 끝에 위치하며 어떤 종류의 자기 기록 시스템에서는 최초의 기록 상태를 복원하기 위하여 사용된다. 수직 방향의 한 열을 이루는 비트들이 한 문자를 표시하는 자기 테이프 상에서 수평 방향으로 각 트랙의 패리티 조사를 실행하기 위하여 사용되는 문자이다.

longitudinal testing[–téstiŋ] **종적 시험** 이전 성능과 이후 성능을 비교하는 반복적 시험 방식.

longitudinal transmission check[–trænsmíʃən tʃék] **세로 전송 검사** 자료 전송시 일정 시간 간격으로 실시하는 패리티 검사.

long line[lɔ́(:)ŋ láin] **장거리 회선**

long message[–mésidʒ] **긴 메시지**

long-packet service[–pǽkət sə́:rvis] **롱 패킷 서비스**

long persistence CRT **잔광성 CRT** 음극선관(CRT ; cathode ray tube)의 가물거림을 없애기 위하여 잔광이 긴 형광체를 사용한 것.

long-playing record[–pléiŋ rékərd] **LP 레코드** 장시간 연주 레코드로 LP라고도 한다. 일반적으로는 1분에 33 1/3회전하는 레코드를 가리킨다. 1931년에 미국의 RCA가 개발한 사운드 트랙이 가늘고 촘촘한 마이크로그루브(microgroove) 방식의 LP가 그 시초이나 재질이 SP와 같이 천연 수지의 일종인 셸락으로 되어 있어 잡음이 많아 제조를 중단하였다. 그 후 1948년에 미국 콜롬비아 회사에서 마이크로그루브 방식을 개량하여 비닐계의 재질로 된 LP를 발매함으로써 레코드계는 마침내 LP 시대에 돌입하였다. 지름 30cm 레코드 한쪽 면이 40분을 넘는 것도 있다.

long precision[–prisíʒən] **긴 정밀도**

long-range design plan[–réindʒ dizáin plǽn] **장기 설계 플랜(계획)**

long real type[–rí:əl táip] **장정도 실수형** 고급 언어(high level language) 등에서 보통 계산의 배의 자릿수로 계산하기 위한 변수(variable) 형태의 하나. FORTRAN에서는 배정도(double precision)라 불리고 있다.

long term fix[–tə́:rm fíks] **장기 고정**

long term memory[–méməri(:)] **장기 메모리** 현재 사용은 하지 않지만 영구 보관용 정보를 저장하는 인간 메모리의 한 부분.

long term scheduler[–skédʒulər] **장기 스케줄러** 일괄 처리 시스템에서는 즉시 처리될 수 있는 양보다 많은 작업이 들어와 디스크에 저장되는데, 장기 스케줄러는 실행될 작업을 꺼내 주기억 장치에 저장한다. 또한 장기 스케줄러는 어떤 작업이 시스템에 들어와서 처리될 것인가를 결정한다. 주기억 장치 내의 준비 상태에 있는 작업들 중에서 실행할 작업을 선택하는 단기 스케줄러와는 달리 장기 스케줄러는 실행 간격이 길고 비교적 드물게 수행된다.

long term scheduling[–skédʒuliŋ] **장기 스케줄링** 단기 스케줄링과는 실행 빈도가 많지 않다는 점에서 차이가 있으며, 시스템에 들어와서 처리될 작업을 선택하는 정책이다.

long vertical mark[–və́:rtikəl má:rk] **긴 수직 기호**

long word[–wə́:rd] **긴 단어** 특정 컴퓨터에서 다룰 수 있는 단어로서 일정한 수의 문자로 구성되며 전 단어(full-word), 두 개의 전 단어. 2배 길이의 단어 등으로 구성된다.

look[lúk] *v.* **참조하다, 탐색하다, 예견하다** 주로 데이터 베이스(data base) 등에서는 look-up의 형식으로 사용된다.

look ahead[–əhé(:)d] **예견, 룩 어헤드** 기계가 후속 명령문의 실행이 완료될 때까지 인터럽트 요구를 차단시킬 수 있는 CPU 성질. 이것은 가산 회로와 논리 연산 장치의 특색으로서 이들 장치들이 발생한 자리 올림수 전체가 덧셈에 사용되도록 사전 조치를 취한다.

look ahead carry[–kǽri(:)] **예견 올림수** 병렬 가산기에서 각 자리의 가산기는 한 자리 아래의 가산기로부터 올림수를 받아야 수행할 수 있기 때문에 올림수에 의한 지연 시간이 발생한다. 이 지연 시간을 줄이기 위해서 각 자리의 올림수를 미리 계산하여 사용함으로써 모든 자리를 동시에 계산할 수 있다.

look ahead carry generator[–dʒénərèitər] **예견 올림수 발생기** 예견 올림수를 생성하는 것으로서 대표적인 예견 올림수 발생기는 IC type 74182이다.

look ahead field[–fí:ld] **예견 필드**

look ahead set[–sét] **예견 집합** LALR 방식으로 파싱 테이블을 구성할 때 구문 분석기의 행동을 결정하기 위해 사용되는 심벌로 현재의 파싱 상태에서 다음에 나올 수 있는 기호들의 집합이다.

look alike[–əláik] **유사** (1) 어떤 프로그램을 모방해서 유사한 사용법으로 만든 프로그램. 따라서 원래의 프로그램을 사용하던 사용자는 새로 사용법을 익히지 않아도 쉽게 프로그램을 다룰 수 있다. (2) 다른 것을 모방해서 만든 제품, 유사품. 어떤 회사에서 잘 팔리는 제품이 시장에 나오면 다른 경쟁 회사가 출하하는 이와 비슷한 제품.

look & feel[–ænd fi:l] **눈으로 보는 느낌** 윈도 시스템(GUI)의 디스플레이 방식 및 조작성에 대한 인상을 가리킨다. 이들의 중요 항목으로는 조작이 용이할 것, 디스플레이나 조작이 어떤 장면에서도 일관성이 있을 것, 디스플레이가 어수선하지 않고 간결할 것, 중요한 것을 바로 알 수 있도록 시각적으로 파악하기 쉬울 것, 사용자의 기호에 맞게 커스터마이즈가 가능한 유연성이 있을 것 등을 들 수 있다.

look-at-table[-ət téibəl] **대조 테이블** 테이블의 요소들을 비교하여 찾는 것이 아니라 주소를 직접 계산해서 찾는 방법.

look in[-in] **룩인** 입출력 기기로부터 중간 개입(interrupt)이 있을 때 그것을 받아들이는 수동적인 동작이 아니라 적극적으로 입출력 기기로부터의 중간 개입의 유무를 일정 시간 간격으로 조사하는 것. 그리하여 일정 주기마다 마스크를 빠져나가 인터럽트 요구의 유무를 검출함으로써 인터럽트 처리를 실행한다. 이와 같이 마스크된 인터럽트 요구를 주기적으로 감시하는 것을 룩인 감시 방식이라고 한다. 이 방법에 의해서 인터럽트 요구 빈도가 높은 경우 인터럽트 처리의 오버헤드(overhead) 시간이 단축되고 CC의 사용 능률이 향상된다. 인터럽트 요구의 표시는 FFG#4(ISGB)의 24비트째로부터 31비트째(ISF 56~63)로 서브채널에 대응하여 표시된다. 이 인터럽트 요구의 검출을 하는 것이 클래스 B 인터럽트 감시(BISSU)이며, 12ms 주기로 ISF# 56~63을 룩인하여 점화(點火) IS가 쇠진하면 입출력 장치 인터럽트 제어(IOIRCY)로 제어하여 인터럽트 처리를 한다.

look-up[-ʌ̀p] **조사, 룩업, 탐색** 함수값들의 표로부터 그 매개변수에 해당하는 함수값을 찾는 과정. 이 방법을 쓰면 등록부의 테이블 색인 시간이 짧아진다. 즉, 테이블 중에서 필요한 항목을 찾아내는 것으로 새로운 멤버는 등록부의 1번 앞 또는 되도록 앞쪽에 추가된다. 새로운 데이터가 가장 빈번하게 사용될 가능성이 있기 때문이다.

look-up instruction[-instrʌ́kʃən] **대조 명령** 조직적으로 배열되고 저장된 자료를 참조할 수 있도록 설계된 명령문.

look-up operation[-ɑ̀pəréiʃən] **탐색 조작**

look-up table[-téibəl] **대조 테이블, 참조용 테이블** RGB(Red, Green, Blue) 모델에 의한 색 정보, 즉 적 · 녹 · 청 3원색 농도의 컴비네이션 데이터를 일람표로 만든 기억 장치. 여기에 좀더 적은 이미지 메모리로 미묘한 중간색 등 미세한 색의 개조를 표현할 수 있다. 일반적인 퍼스널 컴퓨터의 카탈로그에는 640×200도트, 8색이라는 표시가 있다. 이것은 적 · 녹 · 청의 3단위를 각 화소로 빛낼 수 있는가 없는가, 즉 ON인가 OFF인가에 의해 8색으로 표시할 수 있다는 것을 나타낼 수 있다. 4,096색 가운데서 256색이 표시 가능하다는 것 등은 룩업 테이블을 이용하고 있는 것이다.

look-up variable[-vέ(:)riəbl] **조회 변수** 일반적으로 RBASE의 보고서는 한 테이블에 대한 정보만을 갖고 있으며, 보고서 작성시 다른 테이블의 정보를 첨가시키기 위하여 사용되는 변수.

looming[lúmiŋ] **루밍** 인터넷에서 어디에서나 접근 가능하게 만든 시스템. 현 상태에서는 다이얼업 IP 접속으로 설정한 경우 계정 능력이 그 서버에만 있기 때문에 지정된 접근 지점에 접속해야 인터넷을 사용할 수 있게 되어 있다. 루밍 서비스는 계약하고 있는 제공자의 해외 거점의 접근 지점이나 해외 제휴처의 접근 지점을 이용하여 자국과 동일한 서비스를 제공하고 있다. 또한 PHS나 휴대 전화에서는 계약 연산자 이외의 서비스 제공 지역에서 이용 가능하게 만든 것을 가리킨다.

loop[lú:p] *n.* **루프** (1) 프로그램 중에 어떤 조건이 만족되고 있는 동안 또는 종료 조건이 성립할 때까지 「반복」 실행되는 명령의 집합, 즉 루틴(routine)을 가리키는 경우가 있다. 「루프」에 따라서 필요한 횟수와 데이터를 바꾸어 같은 처리를 실행할 수 있도록 해두면 프로그램이 간결하게 될 뿐만 아니라 코딩(coding)에 요하는 시간도 단축할 수 있고, 또 그 프로그램의 실행시 주기억 영역을 절약할 수 있다. 즉, 명령의 일부를 변경하거나 점프하는 다른 기능과 연결하여 주어진 작업을 수행하기 위해 필요한 명령의 수를 줄이는 효과가 있으므로 프로그램 작성의 기본적인 기법으로서 가끔 이용된다. (2) 데이터 전송 분야에서 환상의 전송로를 형성하는 것(ring)을 가리킨다.

[주] 작성 방법에 따라서는 루프가 1회 실행될 때까지의 여부를 결정하기 위한 테스트가 이루어지지 않는다.

loop adapter[-ədǽptər] **루프 어댑터**

loop analysis[-ənǽlisis] **루프 분석**

loop arrangement[-əréindʒmənt] **루프 구성** 하나의 입출력 채널에 대하여 복수 대의 주변 장치를 접속하는 형태의 하나이며, 공통 버스가 환상으로 되어 있는 것.

loop assertion[-əsə́:rʃən] **루프 단정** 프로그램의 반복 부분의 성질을 기술하는 단정. 반복을 몇 회 실행했는가와는 무관하게 반복이 있는 부분에 대해서는 항상 성립하고 있는 불변 관계로서 표현된다.

loop back[-bǽk] **역순환**

loop back test[-tést] **국내 반환 테스트** 신호가 시험 센터에서 데이터 세트나 역순환 스위치를 거쳐 다시 시험 센터로 역순환되는 것을 측정하는 시험의 한 종류.

loop body[-bɑ́di(:)] **루프 본체** 루프는 루프 단계와 루프 본체 두 부분으로 나누어지는데, 루프 단계는 루프의 반복에 대한 조절 기능을 하는 부분이고, 루프 본체는 반복 수행하는 부분을 말한다.

loop box[–báks] **루프 상자** 루프 내의 명령문을 수정하기 위한 레지스터.

loop cable[–kéibl] **루프 케이블**

loop checking[–tʃékiŋ] **루프 점검, 반송 조회** 루프 점검은 데이터 전송의 정확을 기하기 위하여 받은 데이터를 다시 송신한 곳으로 되돌려보내 미리 기억된 원래 데이터와 비교하는 점검 방법을 말한다.

loop checking system[–sístəm] **반송 조회 방식** 보내진 데이터를 전부 송신측으로 반송하고, 원래의 데이터와 조합하여 에러를 발견하는 방식. 반향 검사 방식(echo checking system)과 같은 뜻으로 사용된다.

loop code[–kóud] **루프 코드** 루프 명령문을 사용하여 반복 수행을 표시하는 것. 루프 코딩은 직선 코딩(straight line coding)보다 수행 시간이 오래 걸리나 반복 횟수가 가변일 때 사용 가능하고 기억 장소를 절약할 수 있다. 따라서 특수한 경우를 제외하면 루프 코드를 사용하는 것이 좋다.

loop computing function[–kəmpjú:tiŋ fʌ́ŋkʃən] **연산 명령**

loop connected system[–kənéktəd sístəm] **루프 접속 시스템**

loop connection[–kənékʃən] **루프 접속** 고속 전송로에 의해 단말이나 컴퓨터를 루프 모양으로 결합한 접속법. 단말과 센터 컴퓨터의 접속 및 임의의 단말 상호 접속에 적용할 수 있다. 최근에는 근거리 네트워크(LAN)에 주로 이용된다.

loop connector[–kənéktər] **루프 연결자(커넥터)**

loop construct[–kánstrʌkt] **루프 구성체** 실행 순서에서 반복을 지정하는 언어 구성 요소. 예를 들면, FORTRAN의 DO 루프, ALGOL의 for 루프, COBOL의 PERFORM 루프, PL/ I의 DO WHILE 루프가 있다.

loop construction[–kənstrʌ́kʃən] **루프 구성** 여러 개의 노드가 고리 모양의 구조를 이루고 있는 것. ⇨ ring network

loop control[–kəntróul] **루프 제어**

loop control statement[–stéitmənt] **루프 제어문** 예를 들면, FORTRAN의 DO, COBOL의 PERFORM 루프 제어문은 루프 블록이라고도 불리는 것으로 루프를 형성하여 그 루프의 실행과 종료의 조건을 지정하는 실행문. BASIC에는 두 종류의 루프 블록, 즉 DO/LOOP 블록과 FOR/NEXT 블록이 있다. 양쪽의 루프 블록은 모두 다른 루프 블록 내에 완전히 네스트할 수가 있다. 루프를 네스트하면 바깥쪽 루프가 1회 실행되는 동안에 안쪽 루프는 그 루프에서 나오는 조건이 충족될 때까지 반복하여 실행된다.

loop control sturcture[–strʌ́ktʃər] **루프 제어 구조** 프로그램이 실행될 때 제어 조건이 참이면 프로그램의 일부를 반복적으로 실행하고, 그렇지 않으면, 즉 제어 조건이 거짓이면 루프 밖으로 프로그램의 수행이 옮겨지는 것을 의미한다.

loop control unit[–jú:nit] **루프 제어 장치**

loop control variable[–vέ(:)riəbl] **루프 제어 변수**

loop count[–káunt] **루프 횟수**

loop counter[–káuntər] **루프 계수기** 단순 명령문의 루프를 포함하여, 고속 루프 분기를 구현하기 위한 특별한 레지스터.

loop distribution[–dìstribjú:ʃən] **순환 분배** 이 순환 분배는 순환 구조나 반복 구조가 실행 종료 조건이 발생할 때까지 순환체(loop body)라고 부르는 일련의 문장들을 반복해서 실행하는 구조이며, 어떤 경우에는 순환체 내의 문장들이 병행 수행될 수 있도록 구성되기도 한다. 이때 컴퓨터 시스템에 병행성을 제시하기 위하여 프로그램에 내재된 병행 수행 부분을 자동으로 검출할 수 있는 컴파일러를 이용하여 순환 부분을 바꾸는 기법이 순환 분배이다.

loop error[–érər] **루프 오차**

loop exit[–égzit] **루프 탈출** 루프가 수행되는 동안에 특정 조건이 만족되면 즉시 그 루프를 끝내도록 하는 기능.

loop feature[–fí:tʃər] **루프 기구**

loop feedback signal[–fí:dbæ̀k sígnəl] **루프 피드백 신호** 루프 보정 신호를 발생하기 위해 입력으로 되돌려지는 루프 출력 신호의 일부.

loop-free algorithm[–frí: ǽlgəriðm] **루프 해제 알고리즘**

loop gain[–géin] **루프 이득**

loophole[lú:phòul] *n.* **허점** 시스템의 접근을 제어하는 기능이 오동작을 일으킬 수 있게 되는 상황을 초래하는 소프트웨어 또는 하드웨어의 실수나 미비.

looping[lú:piŋ] **루핑 작업** 프로그램 속에서 동일한 명령이나 처리를 반복하여 실행하는 것. 예를 들면, 세율표(稅率表)의 계산이 그것이다. 프로그램을 테스트할 때 논리적 결함으로 발생하는 것도 있지만 정상적인 처리에서도 반복되는 것을 루프라고 한다. 즉, 일련의 과정이 반복되는 컴퓨터 동작을 말한다.

looping execution[–èksəkjú:ʃən] **루핑 수행** 루핑을 수행할 때마다 매개변수의 값이 변하면서 같은 명령문들을 반복해서 수행하는 것이며, 이러한 변화는 변수에 새로운 값을 주거나 인덱스 레지스터값을 변화시켜 자료의 주소를 수정함으로써 발생한다.

loop initialization [lúːp inìʃəlizéiʃən] **루프 초기화** 루프의 바로 앞에서 주소나 자료에 적절한 초기값을 지정해주는 명령문들.

loop input signal [–ínpùt sígnəl] **루프 입력 신호** 제어 시스템에서 피드백 제어 루프에 가해지는 외부 신호.

loop invariant [–invέ(ː)riənt] **루프 불변자** 루프 불변자는 루프 내에서 사용되는 변수들 가운데 그 값이 루프가 수행되어도 변하지 않는 변수를 말한다. 코드의 최적화를 위해 이러한 변수는 최적화가 수행될 때 루프 밖으로 이동한다.

loop jack switch board [–dʒǽk swítʃ bɔ́ːrd] **회선 변환반** 가입자선을 물리적으로 연결할 수 있도록 많은 열의 잭(jack)을 비치하고 있는 배선반으로 최대 90통화로 갖는 것이 있다.

loop model [–mádəl] **루프 모델**

loop modification [–màdifikéiʃən] **루프 수식**

loop operation [–àpəréiʃən] **루프 연산** 이 연산은 루프 명령을 사용하여 반복해서 계산을 하는 것이며, 컴퓨터에 의한 수치 계산의 대부분은 반복 연산이라고 할 수 있다.

loop optimization [–àptimaizéiʃən] **루프 최적화** 반복적으로 수행되는 루프 내 명령문의 수를 줄여서 코드를 최적화하는 방법. 예를 들면, 루프 내에서 값이 변하지 않는 변수를 루프 밖으로 이동하거나 승산을 가산으로 대치하거나 다중 루프를 하나의 루프로 묶어서 나타내는 방법을 들 수 있다.

loop predicate [–prédikət] **루프 술어**

loop program [–próugræm] **루프 프로그램**

loop splice plate [–splάis pléit] **LSP, 루프 회선 접속판**

loop statement [–stéitmənt] **루프문** 반복문(iteration statement)과 같은 뜻으로 사용된다.

loop station connector [–stéiʃən kənéktər] **LSC, 루프 단말 커넥터**

loop stop [–stάp] **루프 스톱** 프로그램을 멈추게 하기 위하여 넣는 루프. 대개 오퍼레이터에 의한 조작이 요구되는 경우에 이용한다.

loop storage [–stɔ́ːridʒ] **루프 기억 장치** 이 기억 장치의 테이프는 전후 양방향으로 판독할 수 있으므로 호출 속도와 효율을 향상시키고 판독/기록 루프를 위한 이러한 준비의 대부분은 테이프 빈(bin)을 구성한다. 즉, 기억 매체로서 판독/기록 헤드를 갖춘 자기 테이프의 연속적인 폐쇄 루프를 사용하는 특별한 기억 장치를 가리킨다.

loop structure [–strʌ́ktʃər] **루프 구조** 어떤 조건이 만족될 때까지 명령어들을 반복 실행시키는 구조적 순서도(structured flow chart)를 이루는 세 가지 기본 구조의 하나이다.

loop surge suppressor [–sɔ́ːrdʒ səprésər] **LSS, 루프 과전류 억제 장치**

loop switching system [–swítʃiŋ sístəm] **루프 교환 시스템**

loop system [–sístəm] **루프 시스템**

loop technology [–teknάlədʒi(ː)] **루프 기술** 컴퓨터 네트워크 내에서 통신 장치 상호간에 회선을 연결하는 하나의 방법. ⇨ current loop

loop termination [–təːrminéiʃən] **루프 종료** 루프를 종료시키기 위한 방법은 여러 가지가 있는데, 그 중에서 예를 들면 카드에서 자료를 읽어들일 때는 카드가 끝날 때까지 읽어들임으로써 루프를 끝낼 수 있다. 그러나 보편적으로 카드에서 자료를 읽을 때는 마지막 카드에 특별한 부호가 있어서 이를 시험하여 끝내기도 하고 첫 번째 카드에 읽어 들일 자료가 있어서 계수기에 기억시킨 후 그 값이 0이 될 때 루프를 끝낸다.

loop test [–tést] **루프 시험** 루프를 계속 수행할 것인지 아니면 끝낼 것인지를 결정하기 위하여 수행하는 검사.

loop testing [–téstiŋ] **루프 시험** 루프 기능이 언제 끝날지를 결정하는 루프 내의 명령문.

loop transfer function [–trænsfə́ːr fʌ́ŋkʃən] **루프 이동 함수** 정상적으로 종료된 피드백 루프 시스템에서 출력과 입력 사이의 관계를 나타내는 수학적 함수.

loop transmission [–trænsmíʃən] **루프 전송** 루프의 전송로를 경유하여 데이터를 전송하는 것. 분기 조작의 한 방식으로 두 지점 사이의 데이터 링이 재생 릴레이의 역할을 하는 국에 의하여 연결된 폐쇄 회로 네트워크에서 이루어진다. 루프 상에 전송되는 데이터는 목적 단말기에 데이터가 닿을 때까지 각 단말기에서 재생되어 재전송되며 어느 단말기에서도 그 루프 중에 데이터를 넣을 수 있다.

loop transmission control [–kəntróul] **루프 전송 제어**

loop transmission system [–sístəm] **루프 전송 시스템**

loop unrolling [–ʌnróuliŋ] **루프 전개**

loop update [–ʌ̀pdéitə] **루프 갱신** 루프 제어 알고리즘이 새로운 제어 출력을 계산하는 데 사용할 수 있도록 특정 루프가 사용할 매개변수를 제공하는 과정.

loop wring concentrator[–ríŋ kánsəntrèitər] LWC, **루프 회선 분기 장치**

loosely coupled[lúːsli(ː) kʌ́pld] **느슨한 결합**

loosely coupled MIMD 느슨한 결합 MIMD 여러 개의 프로세서를 가진 다중 프로세서 시스템에서 프로세서들은 각각 메모리를 가지고 있고 통신은 입/출력(I/O) 인터페이스를 가지고 수행한다.

loosely coupled multiprocessing[–mʌ́ltiprɑ̀sesiŋ] **느슨한 결합 다중 처리** (1) 각각 독립된 컴퓨터 시스템에 대해 두 개 또는 그 이상을 통신선을 통하여 연결하는 것으로 각 시스템은 각각의 운영 체제, 기억 장치를 갖는다. 이 시스템은 각각 운용될 수도 있고 필요한 경우에 서로 통신할 수도 있다. 각각 별개의 시스템의 통신선을 통하여 서로 다른 파일을 참조할 수도 있고, 작업의 균형을 위해 부하가 적은 처리기로 임무를 부여할 수도 있다. (2) 또한 다수의 물리적 프로세서들이 기억 장치와 클록을 공유하지 않고, 그 대신에 각각의 프로세서는 그 자신만이 소유하는 국소 기억 장치를 가지고 연산을 분산 처리하는 분산 체제의 한 구성 방법을 말한다. 이 프로세서들은 통신선, 즉 고속의 버스 또는 전화선 등을 통하여 서로 통신할 수 있다.

loosely coupled multiprocessor[–mʌ́ltiprɑ̀sesər] **느슨한 결합 다중 프로세서** 주기억 장치를 공유하지 않고 채널을 사용하여 복수의 프로세서(처리 장치)를 결합하고, 그들 사이에서 제어 정보를 거래하는 다중 프로세서. 빽빽한 결합 다중 프로세서(tightly coupled multiprocessor)와 대비된다. 이것은 독립적으로 가동하고 있는 여러 개의 컴퓨터 상호간에 주기억 장치를 공용하는 일 없이 보조 기억 장치나 본체 장치 간 결합 장치 등에 따라서 결합한 구성을 말한다. 일반적으로는 한 대의 CPU(중앙 처리 장치)가 다운되어도 다른 계(系)의 CPU에서 처리를 계속하는 등 고신뢰성을 필요로 하는 시스템에 적용되고 있다.

loosely coupled system[–sístəm] **느슨한 결합 시스템** ⇨ loosely coupled multiprocessing

Lorenz curve 로렌츠 곡선 X축에 소득자 수의 누적 백분율을, Y축에 소득 금액의 누적 백분율을 취하여 얻어진 OPQ의 곡선. 여기서 완전 평등선 OQ와 로렌츠 곡선 OPQ와의 사이에 있는 빗금 부분이 불평등도를 나타낸다. 소득 분포의 불균등을 나타내기 위하여 미국인 통계학자 로렌츠(M.O. Lorenz)가 고안해낸 누적 도수 분포 곡선의 특수한 예. ⇨그림 참조

lose[lúːz] *v.* **잃다**

loss[lɔ́(ː)s] *n.* **손실** 유효하게 사용되는 일 없이 쓸모 없게 되는 것을 가리킨다. 특히 전기에 있어서는 배선 저항에 의한 손실이나 임피던스(impedance) 부정합에 의한 신호 반사에 의해 소비되는 전력을 말한다. 데이터 전송(data transmission)에서는 한 쪽으로부터 다른 쪽으로 요구(request) 신호가 보내졌을 때, 도중의 회선 장애 등의 원인에 의하여 상대편에 도달하지 않았을 때 이 요구는 손실이 된다.

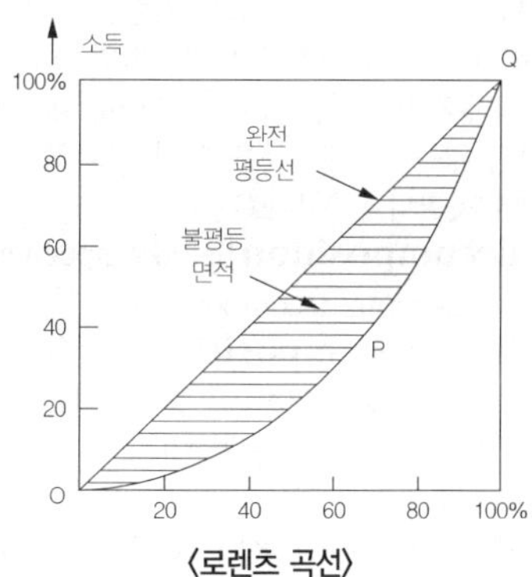

〈로렌츠 곡선〉

loss factor[–fǽktər] **손실 계수** (1) 전력 계통의 배전 손실에 있어서 어느 기간중의 평균 손실 전력의 최대 부하시 손실 전력에 대한 비를 손실 계수라고 한다. (2) 자성(磁性) 재료의 손실은 히스테리시스손, 전류손, 잔류손의 3항목으로 분류된다. 페라이트 자심의 경우 페라이트 손실각을 δ, 히스테리시스손, 소용돌이 전류손, 잔류손의 각각의 손실각을 δ_n, δ_e, δ_r로 하면 손실 계수는 tan δ로 주어져 $\tan\delta = \tan\delta_n + \tan\delta_e + \tan\delta_r$의 관계가 있다.

loss function[–fʌ́ŋkʃən] **손실 함수**

lossless decomposition[lɔ́(ː)sles dìːkɑmpəzíʃən] **무손실 분해** 릴레이션 R의 분해된 프로젝션들을 자연 결합시킴으로써 아무런 정보의 손실 없이 원래의 릴레이션을 복구시킬 수 있는 것.

lossless join decomposition [–dʒɔ́in dìːkɑmpəzíʃən] **무손실 결합 분해** ⇨ nonloss decomposition

loss of field relay[lɔ́(ː)s əv fíːld ríːlei] **계자 손실 계전기**

loss probability[–prɑ̀bəbíliti(ː)] **손실률** 열의 길이에 제한이 있는 대시식(待時式)의 경우에는 그 제한에 의해 퇴거되는 확률. 즉, 즉시식의 계에 있어서 도착한 고객이 즉각 서비스를 받을 수 없는 상태(서비스중의 상태)에 처하는 확률을 의미한다.

loss system[–sístəm] **손실 시스템** 도착한 대상에게 즉각 서비스할 수 없을 때, 서비스를 거절하는 방식.

lossy[lɔ(ː)si] **로시** 그래픽 파일들은 크고, 대부분의 파일 포맷(BMP, TIFF, PICT, PCX 등)은 효과

적으로 코드화되지 않았기 때문에 필요 이상으로 용량이 크다. 그러면 어떻게 그래픽 프로그래머들은 디스크 공간을 절약할 수 있을까? 그들은 압축기술을 개발한다. 그래픽 압축 기술은 로스레스(lossless)와 로시(lossy) 둘로 나뉜다. 로스레스 기술은 반복되는 정보 비트를 이미지에 영향을 안 주면서 날려버린다. JPEG 같은 로시 기술은 파일들을 작게 분해하지만 그 과정에서 이미지의 질을 떨어뜨린다. 그렇지만 전문 이미지세터(imagesetter)에 복사하지 않는 한 대부분은 이미지의 질적 차이를 식별하지 못한다. ⇨ JPEG

lossy decomposition[–dìːkampəzíʃən] **손실 분해** ⇨ lossy join decomposition

lossy-join decomposition[–dʒɔ́in dìːkampəzíʃən] **손실 결합 분해** 한 릴레이션을 분해하기 전의 정보와 여러 개로 분해하여 다시 결합했을 때의 정보가 같지 않을 경우.

lost-call rate[lɔ́(ː)st kɔ́ːl réit] **호손율(呼損率), 호칭 손실 확률**

lost cluster[–klʌ́stər] **손상 클러스터** 일반적으로 물리적으로 손상된 디스크 클러스터.

lost motion[–móuʃən] **로스트 모션** (1) 어느 위치에서 양(+) 방향으로의 위치 결정과 음(–) 방향으로의 위치 결정에 의한 양 정지 위치의 차. (2) 공작기의 위치 결정 정밀도(어떤 좌측표에 대한 테이블이나 공구의 이동 거리에 관한)에 있어서 어느 위치에서 양(+) 방향에서의 위치 결정 정지점과 음(–) 방향에서의 위치 결정 정지점의 불일치에 의한 정지점 간격.

lost update[–ʌ̀pdéitə] **갱신 분실** 두 개 이상의 트랜잭션이 같은 데이터를 공유하여 갱신될 때 생기는 문제로서 트랜잭션 A가 t_1에서 레코드 R을 채취하고 t_2에서 트랜잭션 B가 레코드 R을 채취한 다음 트랜잭션 A가 t_3에서 레코드 R을 갱신하고 곧이어 트랜잭션 B가 t_4에서 A에 갱신된 레코드 R을 다시 갱신하게 되면 트랜잭션 A에 의한 갱신이 무효화되는 경우이다.

lot[lát] *n*. **로트** 일정량 통합된 것에 대한 호칭. 어느 생산 공장에서 50개 단위로 제품을 제조한다고 하면 이 50개가 생산 로트이다. 또 이 50개라는 수량 단위를 로트 사이즈라고 한다. 품질 관리 등을 할 경우 이 로트 단위로 헤아리는 경우가 많다.

Lotkin matrix[lɔ́tkin méitriks] **로트킨 행렬** 일반적으로 정방 행렬 A의 역행렬 계산 등은 그 행렬식 $|A|$가 상대적으로 작아지면 수치 계산이 잘못되는데, 로트킨 행렬이란 조건수

$K=|A|\cdot|A^{-1}|\sim4\times10^{-3}\times2^{5n}$

이 되는 행렬로 수치 계산 루틴이 체크에 사용되는 것이다.

lot number[lát nʌ́mbər] **로트 번호** 로트에 붙인 번호. 즉, 같은 재료이기 때문에 같은 제품의 특성을 갖는다고 인정되는 제품에 부여되는 부호로서, 한 로트에서 몇 개씩 발췌하여 검사를 하고, 그 중 불량이 발견시에는 그 로트의 제품을 모두 검사하는 방식으로 붙여진 번호.

lot production system[–prədʌ́kʃən sístəm] **로트 생산 시스템**

lot sampling inspection plan[–sǽmpliŋ inspékʃən plǽn] **샘플 로트 검사 방식** 안정된 품질을 유지하고 있는 제품에 대하여 행해지는 품질 검사 방법이며, 연속해서 만들어진 제품으로부터 적당한 비율로 1로트씩 로트를 추출하여 이 로트에 대해 검사하는 것.

lot size[–sáiz] **로트 사이즈**

lot size inventory management interpolation technique[–ínvəntɔ̀ːri mǽnidʒmənt intə̀ːrpouléiʃən tekníːk] **LIMIT, 리밋** ⇨ LIMIT

lot tolerance failure rate[–tálərəns féiljər réit] **로트 허용 고장률** 가급적 불합격으로 한 로트 고장률의 하한(下限). 보통 발췌 검사의 LTPD에 대응하고 있다.

lot tolerance percent defective[–pərsént diféktiv] **LTPD, 로트 허용 고장률**

Lotus[lóutus] **로터스** ⇨ Lotus 1-2-3

Lotus 1-2-3 로터스 1-2-3 스프레드시트를 기본으로 하면서 워드 프로세싱과 데이터 베이스 및 그래프 기능을 첨가한 것으로 기능이 강력하고 적용 범위가 넓어 널리 사용되고 있다. 처음 발표되어 미국 내에서만 5년간 베스트셀러의 위치를 차지할 정도로 큰 인기를 끌었던 프로그램이다. 로터스 디벨로프먼트(Lotus Development) 사에서 발표한 IBM-PC용 통합 소프트웨어이다. ⇨ spread sheet

Lotus Development[–divéləpmənt] **로터스 디벨로프먼트** 로터스 1-2-3, 심포니 등의 제품을 판매하는 회사.

Lotus HAL 로터스 할 사용자가 필요한 명령을 일상적인 영어 문장과 비슷한 형식으로 입력할 수 있도록 한 로터스 1-2-3의 보조 제품의 하나.

Lotus-Intel-Microsoft expanded memory specification ⇨ LIM EMS

Lotus Manuscript[–ménjuskrìpt] **로터스 매뉴스크립트** 로터스 사가 개발하여 판매하고 있는 워드 프로세서.

low[lóu] *a*. **낮은**

low activity[–æktíviti(ː)] **저활동 작업** 파일의

전체 레코드 중 비교적 작은 부분만이 바뀌고 나머지는 변하지 않는 성질을 가지는 작업.

low-activity data processing [–déitə prάsesiŋ] **저활용 데이터 처리** 아주 큰 마스터 파일에 대해서 제한된 수의 입력 거래만 처리하는 것을 말한다.

low address protection [–ədrés prətékʃən] **저어드레스 보호**

low battery indicator [–bǽtəri(ː) índikèitər] **배터리 저하 표시기**

low-boy type [–bɔ̀i táip] **로보이 형**

low byte [–báit] **하위 바이트** ⇨ high byte

low density mode [–dénsiti(ː) móud] **저밀도 기록 방식** 두 종류의 밀도로 기록할 수 있는 자기 테이프 장치에서 기록 밀도가 낮은 쪽에서 입출력 동작을 하는 것.

low-end [–énd] **로엔드** 같은 목적으로 사용되는 제품군에서 가장 성능이 떨어지는 기종에 붙는 접두어로서 보통 컴퓨터와 관련된 제품들의 성능을 표시할 때 주로 쓰이는 말. 기본적(entry level)이라는 말과 비슷하고 반대말은 최고급(high-end)으로 표현한다.

low-end microprocessor [–màikrouprάsesər] **로엔드 마이크로프로세서**

low-end MPU **로엔드 MPU** 값이 싼 응용 제품용으로 설계된 1칩 마이크로컴퓨터.

lower [lóuər] *a*. **하위의, 하위**

lower bound [–báund] **하한계** 허용될 수 있는 하한값을 의미한다.

lower-case [–kéis] **소문자**

lower-case character [–kǽrəktər] **하단 문자, 소문자**

lower-case letter [–létər] **소문자**

lower feed [–fíːd] **하부 이송**

lower-level management [–lévəl mǽnidʒmənt] **저급 관리** 시스템에서 지정한 작업이 예정대로 끝날 수 있도록 초기 작업을 결정하는 관리자.

lower-level segment [–ségmənt] **저레벨 세그먼트**

lower limit rule [–límit rúːl] **하한 규칙**

lower priority task [–praiɔ́(ː)riti(ː) tάːsk] **우선 순위가 낮은 태스크**

lower triangular matrix [–traiǽŋgjulər méitriks] **하삼각 행렬** 정방 행렬 A가 $i < j$의 모든 원소 a_{ij}에 대해서 $a_{ij} = 0$을 만족할 때 A를 하삼각 행렬이라고 한다.

lowest significant position [lóuəst signífikənt pəzíʃən] **최하위 자릿수**

low frequency [lóu fríːkwənsi(ː)] **LF, 저주파**

low frequency semiconductor [–sèmikəndʌ́ktər] **저주파 반도체**

low indicator [–índikèitərl] **저치 표시자(低値標示子)**

low-level code [–lévəl kóud] **저급 코드**

low-level control problem [–kəntróul prάbləm] **저급 제어 문제**

low-level file store [–fáil stɔ́ːr] **저급 파일 기억 장치** 운영 체제(operating system)에서 온라인(on-line)에 사용하지 않은 파일을 보존하기 위하여 사용되는 기억 장치. 자기 테이프(magnetic tape)가 그 대표적인 예이다.

low-level formatting [–fɔ́ːrmætiŋ] **저급 포매팅** 컴퓨터의 하드 디스크를 포매팅할 때 실제로 하드 디스크의 내용을 완전히 지우고 트랙과 섹터를 새로 구성하는 것. 이는 하드 디스크를 처음 설치할 때 수행하는 작업이며 파일 시스템을 만들기 위해서 수행하는 포매팅과는 다르다. 일반 포매팅으로 포맷한 것은 그 내용을 다시 살릴 수 있지만 저급 포매팅을 하면 내용이 완전히 지워진다.

low-level language [–lǽŋgwidʒ] **저급 언어** (1) 고급 언어(high-level language)에 역으로 대응하여 사용되는 것으로서, 통상 기계어(machine language)와 일대일로 대응하는 언어. 사용자보다는 컴퓨터 측면에서 개발한 언어라 할 수 있으며, 보통 사용하는 자연 언어보다 수준이 낮다. 예를 들어, 어셈블리 언어는 기계어에 대해 일대일로 대응하도록 기호화한 언어이다. (2) 어떤 계산기 또는 어떤 종류의 계산기 구조를 반영하고 있는 프로그램 언어. ⇨ computer oriented language

low-level logic [–lάdʒik] **LLL, 저레벨 논리**

low-level message [–mésidʒ] **저레벨 메시지**

low-level scheduling [–skédʒuliŋ] **저급 스케줄링** 매초 여러 번 작동하는 디스패처(dispatcher)에 의하여 이루어진다. 따라서 이 디스패처는 항상 주기억 장치 내에 적재되어 있어야 하며, 이용 가능한 중앙 처리 장치를 어느 프로세스에 배당할 것인가를 결정하는 것이다.

low-level vision [–víʒən] **하위 시각** 이것은 신호를 기호로 변환하는 첫 번째 단계인데, 이때의 처리는 국부적이고 목적이나 내용에 독립적이다. 출력은 세기 변화와 경치의 고유한 성질(깊이, 방위 속도) 등을 포함한다.

low-level workstation [–wɔ́ːrkstèiʃən] **저급 워크스테이션** 고성능 개인용 컴퓨터와 같은 의미로도 사용되고 있으며, 고급의 개인용 컴퓨터 수준의 가격과 성능을 가진 워크스테이션.

low limit[–límit] **하한**

low limit address[–ədrés] **LLA, 하한 주소**

low noise transistor[–nɔ́iz trænzístər] **저잡음 트랜지스터**

low order[–ɔ́ːrdər] **저위, 하위** 숫자를 나열하여 표시한 수 중에서 비중이 작은 수(자릿수가 작은 수). 예를 들어, 365라는 수에 3은 300을 표시하고, 6은 60을 표시하는 것이기 때문에 5가 가장 저위라고 한다. 즉, 이 경우의 5는 6보다도, 6은 3보다도 저위로 되어 있다.

low order byte[–báit] **최저위 바이트**

low order column[–káləm] **하위란**

low order digit[–dídʒit] **하위 숫자** 하나의 수에서 중요도가 낮은 위치를 갖는 숫자.

low order memory[–méməri(ː)] **하위 기억 영역**

low order position[–pəzíʃən] **최저위 자리** 하나의 숫자나 단어에서 가장 오른쪽에 위치하는 자리.

low order storage[–stɔ́ːridʒ] **저주소 기억 영역**

low order system[–sístəm] **하위 시스템**

low pass filter[–pǽs fíltər] **로패스 필터** 어떤 주파수 이하의 주파수 성분만을 통과시키고, 이 외의 주파수 성분은 걸러내는 필터.

low performance equipments[–pərfɔ́ːrməns ikwípmənts] **저성능 장비** 시스템의 주요 부분이나 연결 회로에 사용하기에는 정밀도가 떨어지는 장비. 이러한 장비는 회선 회로의 요구에 적합하며 이용자용의 회선 회로로 사용될 수 있다.

low power Schottky TTL **LSTTL, 저전력 쇼트키 TTL**

low power semiconductor[–páuər sèmikəndʌ́ktər] **저전력 반도체**

low quality control[–kwáliti(ː) kəntróul] **저품질 관리**

low range[–réindʒ] **저범위** 2진 신호의 플러스(+) 방향으로 최소의 레벨 범위를 가리킨다.

low register[–rédʒistər] **하위 레지스터** 16비트의 중앙 처리 장치(CPU)의 레지스터를 8비트씩 나누어 두 개의 8비트 레지스터로서 사용할 경우의 하위의 것. 상위의 것을 상위 레지스터(high register)라고 한다.

low-res graphics[–rés grǽfiks] **저해상도 그래픽** ⇨ low resolution graphics

low resolution[–rèzəlúːʃən] **저해상도** 컴퓨터 그래픽을 할 때 표시 화면상에 영상을 나타내기 위해 사용되는 점(dot)의 수가 비교적 적은 것을 나타내는 것이며, 점의 수가 적고 개개의 점의 크기가 크기 때문에 화면상의 영상에 매끄럽지 못하게 직각이 생기고 울퉁불퉁하게 보인다. 보통 개인용 컴퓨터에서는 320×200 이하의 해상도를 저해상도라고 한다. ⇨ high resolution

low resolution graphics[–grǽfiks] **저해상도 그래픽** 표시 화면상에 나타나는 점(dot)의 수가 320×200 이하인 저급 그래픽.

low sensitivity control system[–sènsitíviti(ː) kəntróul sístəm] **저감도 제어 시스템**

low speed[–spíːd] **저속도** 데이터 통신 시스템에서 초당 2,400비트 이하의 속도(2,500bps) 이하로 동작하는 속도.

low speed channel[–tʃǽnəl] **저속 채널** 데이터 통신에서 300bps 이하의 전송 속도를 가진 전송 회선.

low speed modem[–móudèm] **저속 모뎀** 중앙 처리 장치와 입출력 장치의 접속으로 인터페이스하기 쉽게 각종 LSI 회로로 이루어진 데이터 통신용 모뎀의 일종.

low speed printer[–príntər] **저속 프린터** 대부분의 저속 프린터는 타자기의 작동 원리와 비슷한 방법으로 한 번에 한 글자씩 인쇄하며(직렬 프린터 방식), 충격식과 비충격식이 있다. 보통 마이크로컴퓨터나 미니컴퓨터에 부착되어 출력 데이터의 양이 비교적 적은 보고서 등의 분야에 사용되는 프린터이다. 인쇄 속도는 15글자/초~300줄/분(줄당 136글자) 정도인데, 줄당 인쇄 글자 수와 글자의 크기가 인쇄 속도에 영향을 준다.

low tape[–téip] **테이프 종료 예고 상태** 테이프 종료 예고 상태로 종이 테이프의 나머지가 거의 없는 상태. 즉, 테이프의 끝 부분을 말한다.

LP (1) **한계 우선 순위** limit priority의 약어. ⇨ limit priority. (2) **선형 계획법** linear programming의 약어. ⇨ linear programming (3) **라인 프린터** line printer의 약어. ⇨ line printer (4) **논리적 부모** logical parent의 약어. ⇨ logical parent

LPA **링크 팩 기억 영역, 링크 팩 영역, 연결 팩 영역** link pack area의 약어.

LPC linear predictive coding의 약어. 사람의 발성 모델에 의한 파라미터 음성 합성 방식의 일종. 성대 특성을 8~12차의 전극형(全極形) 디지털 필터로 근사시켜 필터 계수(*a* 파라미터)와 피치 주파수(성대의 진동 주파수), 유성이나 무성의 음성 신호 진폭을 파라미터로 한다. 음원으로는 유성음인 경우는 피치 주기에 동기한 펄스를 이용하고, 무성음에는 백색 잡음을 이용한다.

lpi **인치당 라인 수** line per inch의 약어.

lpm 분당 인쇄 라인 수 line per minute의 약어.

LPN 논리 페이지 번호 logical page number의 약어.

lps 초당 라인 수 lines per second의 약어. 1초 동안에 몇 행을 인쇄하는가를 나타내는 인쇄 장치의 속도 단위. ⇨ lines per second

LP system LP 시스템 일정한 계획 하에서 새로운 개념을 형성하고 있으며, 연구된 예를 조사하여 방정식을 풀기 위한 새로운 방법을 학습하는 프로그래밍.

LQ 글자 (품)질 letter quality의 약어.

LRC (1) **세로 중복 검사, 수직 중복 검사** longitudinal redundancy check의 약어. 전송된 문자에 대해 배타적 논리합을 누적적으로 적용하여 그 결과에 근거를 둔 오류 검색 기업, 한 블록을 전송하는 동안에 송수신국 각각에서 LRC 문자가 형성된다. 예를 들면, 블록에 포함되는 모든 문자의 각 비트 위치에 대하여 패리티 검사가 실시되어 그것에 따라 하나의 LRC 문자를 만들어낸다. LRC 문자의 제1비트는 블록 중의 모든 문자의 제1비트로 된 비트 그룹에 대하여 홀짝 패리티를 만들어내는 비트이다. 즉, 미리 정해진 규칙에 따라 몇 개의 문자를 포함한 블록에 대하여 실시하는 검사 방법의 하나. (2) **세로 중복 검사 문자** longitudinal redundancy check character의 약어.

LR grammar LR 문법 LR 방식으로 구성된 파싱 테이블에 구문 분석 행동이 다중으로 정의되지 않은 것. shift/reduce나 reduce/reduce 충돌이 발생하지 않으면 주어진 문법을 LR 문법이라고 한다. LR 방식으로 파싱 테이블을 구성하는 방법에는 SLR, CLR, LALR 방식이 있다.

LR parsing LR 파싱 상향식 파싱(buttom-up parsing) 기법의 하나. 컴파일러에서 주어진 문장의 문법적 구조를 분석하는 것. LR은 입력 스트링을 좌에서 우로 읽어가며 출력으로 우 파스(right parse)를 생성하기 때문에 이런 이름이 붙여졌다. bottom up 방식으로 구문을 분석한다. LR 파싱은 파싱 테이블의 구성 방법에 따라 SLR, CLR, LALR 방식으로 나눈다.

LRU 최저 사용 빈도 least recently used의 약어. 페이지가 호출되면 페이지 테이블에 복사되어 있는 사용 횟수 시간을 나타내므로 모든 페이지의 사용 횟수 레지스터 값을 탐색하여 가장 적은 값을 가진 페이지와 교체하는 방법을 말한다. 다시 말하면, 계수기는 모든 메모리 호출이 일어날 때 그 시간을 기억했다가 테이블 안의 사용 횟수 레지스터(time of used register)에 저장하게 되는 것이다.

LRU page replacement 최저 사용 빈도 페이지 교체 least recently used page replacement의 약어.

LRU rule LRU법

LS-120 대용량 플로피 디스크 규격의 하나로, 호칭은 「Super Disk」라고 한다.

LSB (1) **최소 유효 비트** least significant bit의 약어. 2진수의 데이터에서 가장 낮은 자리(가장 오른쪽)의 비트나 그 내용을 말함. (2) **최소 유효 바이트** least significant byte의 약어. (3) **레벨 상황 블록** level status block의 약어.

LSC (1) **최소 유효 문자** least significant character의 약어. 숫자나 단어에서 가장 오른쪽에 위치하는 문자. (2) **루프 단말 접속기** loop station connector의 약어.

LSD 최소 유효 숫자, 최하위 숫자, 최하위 한 자리 숫자, 최하위의 숫자 least significant digit의 약어. 자리잡기 기수법에 있어서 기수의 가장 작은 거듭제곱의 계수가 되는 숫자.

LSI 고밀도 집적 회로, 대규모 집적, 대규모 집적화 large scale integration, large scale integrated circuit의 약어. 다수의 집적 회로(IC)를 한 장의 기판 위에 상호 배선하여 대규모 집적화한 것. 또 1,000개 이상의 소자를 한 장의 기판 위에 넣은 것을 LSI라고 부르고, 1,000,000개 이상의 소자류를 갖는 IC를 초 LSI(VLSI)라고 한다.

LSI-11 bus LSI-11 버스 시스템의 처리기와 그것을 주변 장치들 사이에 연결하기 위하여 개발한 특이한 형태의 버스.

〈LSI 칩의 내부 구조〉

LSI chip 고밀도 칩 다량의 단위 소자(cell)를 집적 회로 기술로 집성하여 다시 각 단위 소자 간을 다층 배선 기술로 접속하여 매우 고도의 논리 기능 회로를 배치한 실리콘 기판. ⇨ 그림 참조

LSI chip technology LSI 칩 기술

LSI for image processing 화상 처리용 LSI ⇨ image processing processor

⟨80387⟩

LSI microprocessor LSI 마이크로프로세서 마이크로컴퓨터라고 하며, 고밀도의 집적 마이크로프로세서가 한 개 또는 두 개의 칩으로 구성된 반전시스템, 최소형 컴퓨터라고도 한다. 중앙 처리 장치, 기억 장치(RAM, ROM), 임의 액세스 기억 장치, 입출력 장치, 판독 전용 기억 장치로 구성되어 있어 키보드에 의하여 수작업으로 입출력을 처리할 수도 있다.

LSI technology LSI 기술

LSM 저속 모뎀 low speed modem의 약어. 데이터 통신용 저속 모뎀을 말하며, 미국 모토롤러 사의 I/O 인터페이스 칩. ⇨ I/O chips

LSP (1) **선형 스펙트럼 쌍** linear spectrum pair의 약어. PARCOR와 같은 파라미터 음성 합성의 일종. 음성 스펙트럼 정보를 PARCOR에서는 시간 영역 k 파라미터로 나타내는 데 대해서 LS에서는 주파수 영역의 ω 파라미터로 나타낸다. PARCOR에 비해 LSP 쪽이 우수하다. (2) **루프 회선 접속판** loop splice plate의 약어.

LSQA 지역 시스템 대기 행렬 영역 local system quenue area의 약어.

LSR 레벨 상황 레지스터 level status register의 약어.

LSS 루프 과전류 억제 장치 loop surge suppressor의 약어.

LSTTL 저전력 쇼트키 TTL low power Schottky TTL의 약어.

LT 선로 송신기 line transmitter의 약어.

LTE 롱 텀 에볼루션 long term evolution의 약어. '3G 방식 중 하나인 WCDMA(광대역부호분할다중접속)를 장시간에 걸쳐 진화시켜온 기술' 이라는 뜻이다. 전 세계 대부분의 통신사들이 차세대로 선택하고 있는 차세대 이동통신 기술이며, 현재 우리나라도 LTE 상용 서비스를 하고 있다.

LTFR 로트 허용 고장률 lot tolerance failure rate의 약어.

LTPD 로트 허용 고장률 lot tolerance percent defective의 약어.

LTRS 문자 변환 letter shift의 약어. 타이프라이터의 키보드를 영문자 인쇄 상태로 시프트시키는 기계적인 동작 또는 이러한 동작을 일으키는 문자.

LU 논리 유닛, 논리 장치, 논리 단위 logical unit의 약어. 최종 사용자가 SNA 네트워크에 액세스하여 다른 최종 사용자와 통신하기 위해 사용하는 논리적인 서비스 또는 보드.

LUB (1) **논리 장치 블록** logical unit block의 약어. (2) **최소 상한계** least upper bound의 약어. 허용될 수 있는 최소 상한값. 수학에서 최소 상계(上界) 또는 상한(supremum).

LUD 논리 장치 기술(記述) logical unit description의 약어.

LU decomposition LU 분해 이 방법에는 Doolittle 방법, Crout 방법, Choleski 방법 등이 있으며, 주어진 행렬 A를 단위 하삼각 행렬 L과 상삼각 행렬 U의 곱 $A = LU$로 나타내는 것을 LU분해라고 한다.

Lukasiewicz notation 루카시에비치 표기법 수학상의 식을 구성하는 방식에서 각 연산자는 오퍼랜드의 앞에 위치하여 그것에 연이은 오퍼랜드 또는 중간 결과로서 연산자를 나타내는 것. 예 1. A와 B를 더해 그 합에 C를 곱한 것은 X+ABC라는 식으로 나타낸다. 2. P와 Q, R과의 논리곱의 결과로서 논리곱은 &P&QR라는 식으로 나타난다.

luminesce [lù:minés] **명시도** 광원의 세기와는 관계없이 눈으로 느껴지는 조명면의 밝기.

luminesce decay [–dikéi] **밝기 감쇠** 디스플레이 장치에서 화면의 밝기가 시간이 경과됨에 따라 서서히 어두워지는 현상.

luminescence materials [lù:minésəns mətí(:)riəlz] **발광 재료** 빛을 방출하는 성질을 가진 재료. 고체, 액체, 기체, 반도체 등의 발광 재료가 있으나 광섬유에 관련된 반도체가 주체를 이루고 있다. 발광 재료를 사용해 전기를 빛으로 변환하는 소자를 발광 소자라고 하며, 발광 다이오드, 반도체 레이저 등이 있다.

luminosity [lù:minásiti(:)] *n*. **광도(光度)** ⇨ luminesce

LUNAR 루나 1972년에 개발된 자연 언어 이해 프로그램. 지질학자가 달의 암석에 대한 데이터를 평가하는 데 도움을 주기 위해 고안되었다.

lurker [lə́:rkər] **잠복자** 보통 게시판에 글을 읽으면서 글을 쓰지 않거나 대화에서는 항상 "침묵"을 지키는 "잠복자"라 할 수 있으며, 이들은 보통 통신 초보자들이거나 어떤 상황에 익숙해지기 위해서 분위기를 파악하는 자들이 대부분이다.

lurking [lə́:rkiŋ] **러킹** 컴퓨터 시스템에 침입하여 다른 사람의 정보를 기웃거리면서 엿보는 행위.

luser [lú:zər] **루저** loser와 user의 합성어. 무엇을 할지 모르고 갈팡질팡하는 사람을 지칭하는 용어. 즉, 어찌할 바를 모르는 초보자들을 말한다.

LUT 회선 접속 장치 line unit의 약어.

lux[lʌ́ks] **럭스** 조도(照度) 단위.

L-value[él vǽlju:] **L값** 연산 결과가 저장되는 기억 장소를 말하고, 치환문의 왼쪽에 나타난다.

LWC 루프 회선 분기 장치 loop wiring concentrator의 약어.

LXI local register(X) pair immediate의 약어. 레지스터 페어에 즉시 로드하는 명령.

Lycos[láikəs] **라이코스** 인터넷상에서 필요한 정보를 찾아주는 인기있는 서버. 많은 사이트들이 이곳에 등록되어 있고 WAIS 형태의 검색 결과를 보여준다. http://www.lycos.com 참조.

Lynx[liŋks] **링스** 그래픽 환경으로 WWW를 사용하기 힘든 사용자들을 위해 WWW에 접속할 수 있도록 개발된 텍스트 전용 프로그램. 링스는 도스 버전과 유닉스 버전이 있다.

LZH LHA로 압축한 파일 형식. 확장자는 .LZH이다.

LZW compression Lempel Ziv Welch compression의 약어. 이 데이터 압축 기술은 아브라함 렘펠(Abraham Lempel)과 제이콥 지프(Jacob Ziv)가 만든 기술 두 가지를 적용시킨 것이다.

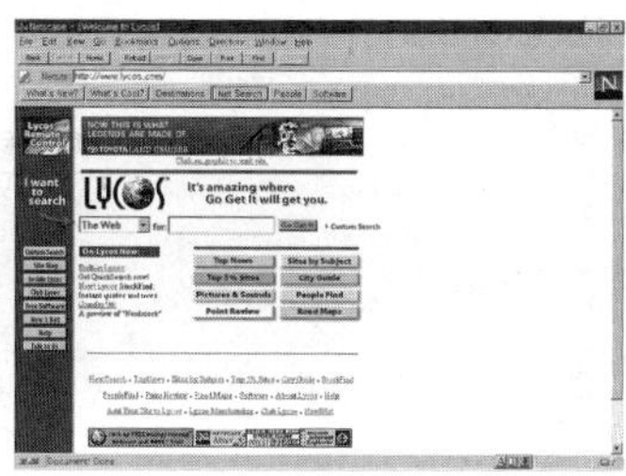

〈라이코스 서버의 홈페이지〉

M

M[ém] **엠** (1) 메가 mega의 약어. (2) machine cycle의 약어.

MA 조작기 트리거 핸드 manipulator trigger hand의 약어.

M & A 기업 합병 Mergers & Acquisition의 약어. 기업의 합병, 매수를 의미한다.

MAC 맥 multi access computer, machine aided cognition의 약어. 시분할 처리 기술 개발 초기에 있어서 MIT에서 계획된 TSS 시스템 개발 프로젝트의 이름. MIT에서 정부 지원 하에 수행된 대형 계산의 연구와 기술 구현에 관한 프로젝트의 명칭이며, 인간과 컴퓨터가 실시간으로 어떤 문제를 해결하기 위해 서로 대화하며 긴밀한 협동 작업을 할 수 있는 컴퓨터이다.

Mac 맥, 맥투 미국 애플 사가 개발한 매킨토시 컴퓨터의 애칭.

MAC address MAC 주소 media access control address의 약어. 네트워크 구조에서 MAC 계층에서 네트워크 장치가 갖는 주소로서 보통 네트워크 카드의 ROM에 저장되어 있다.

MacBinary 맥바이너리 PC 통신 등에서 매킨토시 파일을 주고받을 때 사용되는 표준 형식. 맨 앞에 128바이트만큼의 영역을 두고, 파일 타입(파일의 데이터 형식을 나타내는 것으로 MS-DOS의 확장자와 같은 것)이나 크리에이터 정보(응용 프로그램마다 똑같이 정해져 있고, 서류도 오너인 응용 프로그램의 크리에이터를 가지고 있다) 등이 따라온다. 이 크리에이터 정보가 있기 때문에 매킨토시는 서류를 이용해서도 시동할 수 있다. MS-DOS나 윈도의 파일에는 크리에이터 정보가 없기 때문에 파일 익스체인지(file exchange) 등의 교환용 소프트웨어로 확장자를 연관시켜 둘 필요가 있다. ⇨ file exchange

Mac BSD 맥 BSD 대표적 PC 유닉스인 BSD를 매킨토시 시리즈에 이식한 것. 같은 매킨토시에서 가동되는 MkLinux가 파워 PC에만 대응되는 반면, 68계열 CPU에도 대응되는 것이 특징이다.

Mac compatible machine 맥 호환기 매킨토시의 호환기로 MacOS에서 작동하는 하드웨어. 근래에 들어 매킨토시의 내부 정보가 공개되면서 운영 체제 라이선스의 공여가 현실화되었다. 한때는 파이오니어, 모토롤라, UMAX 등 여러 회사가 참여했지만, 1997년 여름 이후 애플 사가 호환기 용인을 포기했다.

MacDraw 맥드로 마우스를 가지고 그림을 그릴 수도 있고 그것을 수정하고, 색칠하고, 문자를 써 넣을 수도 있는 애플 사의 매킨토시 컴퓨터용 그래픽 프로그램.

Mace Utilities 메이스 유틸리티 폴 메이스 소프트웨어(Paul Mace Software) 사가 개발한 IBM-PC의 MS-DOS용 디스크 관리 유틸리티.

Mach 마하 미국 카네기 멜론 대학에 의해 개발된 다중 처리기용 운영 체제 커널의 명칭. 이것은 메시지와 포트를 기반으로 한 프로세스 간 통신(IPC)과 가상 기억 장치를 지원하는 커널로 기존 유닉스 운영 체제의 단점을 보완하기 위하여 만들어진 것이다. 그러나 마하 자체는 유닉스가 아니며 마하의 시스템 콜 위에서 유닉스의 각종 기능을 구현함으로써 유닉스를 모방할 수 있게 되어 있다. 마하는 다중 처리기뿐만 아니라 단일 프로세서에도 적용이 가능하며, 여러 종류의 다중 처리기 장치와 단일 처리기 워크스테이션에 이식되어 있다.

machinable[məʃíːnəbl] *a*. **기계화한** ⇨ machine readable data

machine[məʃíːn] *n*. **기계** 컴퓨터의 하드웨어 자체를 가리킨다. 즉, 기계적인 장치, 전기 전자적인 장치나 튜링 머신과 같은 추상적 · 수학적인 장치를 말한다.

machine address[–ədrés] **기계 주소** 기억 장치의 한 단어마다 붙인 통과 번호로서 「0」에서 시작하여 그 기억 용량의 수만큼 계속된다. 또한 가변 길이 형식일 때는 자리마다 붙여진다. 또 ISO, JIS에서는 절대 어드레스의 의미로는 사용하지 않는 편이 좋다고 되어 있다.

machine address instruction[–instrʌ́kʃən] **기계어 명령** ⇨ machine language

machine aided cognition[–éidid kɑgníʃən] **MAC, 맥**

machine available time[–əvéiləbl tɑ́im] **기계 가용 시간** 컴퓨터의 스위치를 켜둔 시간에서 보수 시간을 뺀 시간.

machine center[–séntər] **기계 센터** 자동 공작기 시스템의 중심 부분으로 가공 물체나 가공 내용에 맞추어서 자동으로 공구를 교환하는 장치.

machine check[–tʃék] **기계 검사** 하나의 자동적인 검사로서의 패리티 비트 검사. 기계적인 컴퓨터의 기능에 대해서 프로그램으로 검사하는 것. 즉, 각 부분이 정상적인 작동으로 명령이 옳게 수행되는가를 알아보는 기능 검사이다.

machine check analysis and recovery[–ənǽlisis ənd rikʌ́vəri(ː)] **MCAR, 기계 검사 분석·회복**

machine check handler[–hǽndlər] **MCH, 기계 검사 핸들러**

machine check indicator[–índikèitər] **기계 검사 표시기** 컴퓨터가 동작되었을 때 컴퓨터 내에서 발생한 어떤 조건에 대해서 작동하는 보호적 장비. 이것에 의하여 컴퓨터는 정지 또는 수정 루틴을 사용하거나 그 결과를 무시하도록 프로그램되어 있다.

machine check interrupt[–ìntərʌ́pt] **기계 검사 인터럽트** 장치의 오동작 또는 오류에 기인하는 인터럽트. 기계 오동작의 원인이 되는 요소로는 프로세서, 프로세서 기억 기구, 제어 기억 기구 또는 채널 그룹 등이 있다. 이러한 요인들이 제대로 작동하지 않았을 때는 하드웨어가 그 오동작을 정정하려고 한다. 회복되지 않았을 때는 기계 검사 인터럽트가 발생하여 회복에 실패했다는 것을 인터럽트 코드에 나타낸다.

machine check interruption[–ìntərʌ́pʃən] **기계 검사 방지**

machine check recording and recovery[–rikɔ́ːrdiŋ ənd rikʌ́vəri(ː)] **MCRR, 기계 검사 기록·회복** IBM 시스템/360의 DOS에서 기계 검사 또는 채널 오류 중 어느 쪽이 발생한 후 관계 데이터를 시스템 기록 파일에 써넣는 기구. 시스템/370에서는 이와 같은 기능이 컴퓨터 검사 분석과 기록(MCAR)에 의해 실행된다.

machine code[–kóud] **기계어 부호, 기계 코드** 명령 집합 중의 명령을 나타내기 위해서 사용되는 코드. 처리 장치에 고유 코드에 의해 하드웨어로 직접 동작시키는 것은 그 처리 장치를 위한 기계 코드에 쓰여진 명령군이다. 기계 코드로 프로그램을 쓰는 것을 기계 언어로 프로그래밍한다고 한다. 0과 1로 이루어져 있다.

machine code instruction[–instrʌ́kʃən] **기계 코드 명령어**

machine coding[–kóudiŋ] **기계 코딩(부호화)** 레지스터에 의해 곧바로 해석될 수 있는 기계 지시 부호를 사용한 코딩.

machine cognition[–kɑgníʃən] **기계 인식** 광학적 기계에 의한 판독과 형태 인식에 있어서의 인공적인 인지. 어떤 기계는 표시된 문자를 광학적으로 감지하고, 주어진 문자의 목록에서 형태가 가장 비슷한 문자를 골라낼 수 있다. 문자의 여러 가지 형태는 통계적 크기를 기준으로 하며, 새로운 형태가 나타나면 문자의 목록에 추가한다. 이것은 인공 학습의 한 형태이며 인식과 해석은 경험에 의거한다.

machine configuration[–kənfìgjuréiʃən] **기계 구성**

machine control character[–kəntróul kǽrəktər] **기계 제어 문자**

machine control electronics[–ilèktrɑ́niks] **기계 제어 일렉트로닉스**

machine cycle[–sɑ́ikl] **기계 주기** (1) 1회의 명령을 인출해낼 때 또는 1명령당 실행 기간이나 메모리로부터 명령어 레지스터에 명령을 꺼내는 시간. 즉, 컴퓨터가 일정한 수의 동작을 수행할 수 있는 시간 간격. (2) 순서적으로 반복되는 동작이 가장 짧은 완전한 과정. 작업을 수행하기 위한 최소한의 시간.

machine cycle encoder[–inkóudər] **기계 주기 암호기** 중앙 처리 장치 내에서 수행될 기계 명령어의 연산부를 입력받은 후 해당하는 마이크로 명령어를 제어부에 보내주는 장치.

machine debugging[–diːbʌ́(ː)giŋ] **기계 디버깅** 작성된 프로그램을 컴퓨터에 로드하고 테스트 데이터를 컴퓨터에 입력하여 소정의 결과가 출력되는가를 검사하는 방법으로 프로그래머가 미처 생각하지 못했던 점을 보완할 수 있다.

machine dependency[–dipéndənsi(ː)] **기계 종속성** 처리 절차나 프로그램이 주어진 문제를 해결하는 데 사용하는 기계의 특성에 종속되는 것.

machine dependent[–dipéndənt] **기계 종속** 기계어, 어셈블리어와 같은 것들을 기계 종속 언어라고 하며, 어떤 컴퓨터 언어나 소프트웨어의 구성

M

및 동작이 특정 기계에 따라 다른 것을 말한다.

machine down[-dáun] **MD, 기계 정지**

machine down time[-táim] **기계 정지 시간**

machine epsilon[-épsilən] **머신 입실론** 머신 입실론은 컴퓨터가 이해할 수 있는 가장 작은 숫자 단위를 말한다. 컴퓨터는 실수를 이진수의 형태로 저장하기 때문에 1/3과 같은 숫자를 저장하는 것은 불가능하다. 하지만 대부분의 경우에 무한히 긴 0.33333333…과 같이 표현할 수 있다. 그러나 마지막 값은 일반적으로 3이 아니라 2나 4가 된다. 이와 같이 컴퓨터가 다룰 수 있는 가장 작은 수, 즉 임계값을 머신 입실론이라 한다.

machine equation, computer equation[-ikwéiʒən, kəmpjútər ikwéiʒən] **연산 방정식** 아날로그 컴퓨터에서 컴퓨터 상에서 실현할 수 있도록 환산된 방정식.

machine equivalence[-ikwívələns] **기계 등가**

machine error[-érər] **기계 오류** 부품의 고장으로 인한, 즉 기계 자체의 결함으로 인하여 발생한 데이터 때문에 생기는 오류.

machine failure[-féiljər] **기계 고장**

machine independency[-ìndipéndənsi(:)] **기계 독립성, 기계로부터의 독립성**

machine independent[-ìndipéndənt] **기계 독립, 기계로부터의 독립** 사용하는 입출력 장치가 어떤 것이라도 좋을 때의 프로그램 또는 프로그램을 짜는 방법처럼 처리 절차나 프로그램이 주어진 문제의 논리적 성격에 따라 구성되었을 뿐, 그것을 처리해주는 기계의 기종이나 특성에 얽매이지 않는 경우를 말한다.

machine independent code generation[-kóud dʒènəréiʃən] **기계 독립적 코드 생성** 컴파일러를 구현할 때 직접 목적 기계의 코드를 생성하는 것이 아니라 중간 코드를 생성하고 이로부터 컴파일러 구현자에 의해 제공된 목적 기계의 명세표를 이용하여 목적 기계의 코드를 생성하는 방식. 이러한 방식이 컴파일러를 한 기계에서 다른 기계로 옮기는 이식성과 재목적성을 향상시키며, 컴파일러를 모듈별로 구성하여 자동으로 제작할 수 있게 한다.

machine independent language[-lǽŋgwidʒ] **기계 독립 언어** 특정한 컴퓨터만을 위해서 쓰여진 프로그래밍 언어가 아니라 일반적인 범용 기계에 모두 사용 가능한 언어로 대개 문제 중심 언어나 흔히 사용되는 FORTRAN, COBOL, ALGOL 등이 여기에 속한다.

machine independent solution[-səlú:ʃən] **기계 독립 해법** 문제를 풀거나 처리하는 데 사용되는 컴퓨터와의 관계보다는 그 문제의 논리적 특성만을 가지고 작성된 처리 절차나 프로그램.

machine instruction[-ìnstrʌ́kʃən] **기계어 명령, 기계 명령** 컴퓨터의 중앙 처리 장치에 의해 인식되는 명령으로 그 컴퓨터를 위해서 설계된 것.

machine instruction code[-kóud] **기계어 명령 코드** ⇨ machine code

machine intelligence[-intélidʒəns] **기계 지능** ⇨ artificial intelligence

machine interrupt[-ìntərʌ́pt] **기계 인터럽트** 컴퓨터의 하드웨어가 검출해내는 사건에 의해 프로그램 실행 도중에 중단이 일어나는 것으로 기계 인터럽트는 처리기의 오동작 때문에 일어난다. 이러한 인터럽트에서는 제어 프로그램이 시스템 라이브러리의 기계 진단 루틴을 호출할 수도 있다. 현재의 프로그램은 비정상적으로 종료되거나 진단 루틴의 수행 완료 후 다시 시작될 수 있다.

machine interrupt check[-tʃék] **기계 인터럽트 점검** 이 인터럽트는 기계 점검 회로가 기계 오류를 발견했을 때 일어난다. 이 경우 시스템은 자동으로 고장 진단의 기능을 수행하게 한다.

machine language[-lǽŋgwidʒ] **기계어** 처리 장치가 직접 해독 가능한 코드로 구성된 프로그램 언어. 자동 프로그래밍 언어로 쓰여진 것도 컴파일러를 통해서 컴파일시킨 것은 기계어 형태로 되어 있다. 처리 장치를 직접 움직이는 것이 가능하지만 어느 시스템을 위해 쓰여진 기계어의 프로그램은 다른 시스템에는 전혀 받아들여지지 않는 것이 보통이므로 다른 시스템에서 사용하기 위해서는 코딩으로 고쳐야 한다. 즉, 컴퓨터의 하드웨어가 유일하게 이해할 수 있는 단어이고, 2진수(binary number)로 표기된 것을 말한다. 기계어는 중앙 처리 장치(CPU)나 그 주변 장치에 의존하므로 특정 기종을 위해 만들어진 기계어의 프로그램은 다른 기종에서는 움직이지 않는 경우도 많다. 컴퓨터에 의해 이해되는 명령어를 사용하는 언어를 기계 중심 언어라고 한다. 즉, 사람에게 이해하기 어려운 언어이기 때문에 사용할 수 있을 때까지는 시간이 걸린다. 어셈블리 언어가 그 대표적인 예이다.

machine language code[-kóud] **기계어 코드** 명령어들을 총칭하거나 어떤 주어진 컴퓨터에서 사용되는 2진수들의 조합으로 된 코드 체계.

machine language coding[-kóudiŋ] **기계어 코딩** 컴퓨터가 직접 수행할 수 있는 명령어 형태로 코딩하는 것.

machine language compile[-kəmpáil] **기계어 컴파일**

machine language programming[-próugræmiŋ] 기계어 프로그래밍

machine learning[–lə́ːrniŋ] 기계 학습 (1) 새로운 정보를 학습하고, 습득한 정보를 효율적으로 사용할 수 있는 능력과 결부시키는 지식 습득. (2) 작업을 반복적으로 수행함으로써 결과를 얻어내는 기술의 개선 과정.

machine log[–lɔ́(ː)g] 기계 기록 컴퓨터의 가동 상황에 관한 모든 기록. 예를 들어, 사용한 기계는 어느 것인가, 언제 가동을 개시하고 언제 정지하였는가, 입출력에 사용한 장치는 어느 것들인가, 또 그때 어떤 조작이 이루어졌는가 등의 기록. 이들의 기록은 기계의 관리나 시스템의 개선 등의 자료로서 도움이 된다.

machine logic[–lɑ́dʒik] 기계 논리 (1) 문제 해결과 기능 수행을 하기 위해 설계된 방법들. 즉, 한 시스템이 어떤 연산을 어떻게 수행할 것인가, 그리고 내부에서 사용하는 자료의 형태에 맞는가 등을 설계하는 것. (2) 자동 자료 처리 시스템 스스로가 수행된 테스트의 결과에 근거를 두어 의사 결정을 하는 기능.

machine logic design[–dìzɑ́in] 기계 논리 설계

machine malfunction[–mælfʌ́ŋkʃən] 기계적인 오류 동작, 기계 오류 동작

machine method of accounting[–méθəd əv əkɑ́untiŋ] 회계의 기계적 방법 회계기, 기장식 회계기, 천공식 회계기 등을 이용하는 방법.

machine operation[–ɑ̀pəréiʃən] 기계 조작

machine operation code table[–kóud téibəl] 기계 연산 코드 테이블, 기계 연산 코드표 중앙 처리 장치 내에서 각각의 기계 연산 코드(2진 부호 또는 기계 코드)에 의하여 어떤 동작이 수행되는지를 나타내는 표.

machine operation table 기계 연산 테이블 기계의 동작 순서를 기술한 표를 의미한다.

machine operator[–ɑ́pərèitər] 기계 조작원 (1) 플래너(planner), 프로그래머에 대응하는 호칭명으로 직종에 따라 컴퓨터나 NC 등의 오퍼레이터를 총칭할 때에 특히 컴퓨터 오퍼레이터, 키 펀치 등을 거기서 제외할 때가 있다. (2) 정확하게는 주요 직무에 따라 콘솔 오퍼레이터와 입출력 기기를 조작하는 보조 오퍼레이터로 나누는데, 일반적으로는 특별히 구별할 필요는 없다. 오퍼레이터의 일은 프로그램 조작 설명서(런북, 오퍼레이션 매뉴얼)의 지시에 따라서 기기의 작동 상태의 감시, 작업(job)의 개시와 종료의 지시, 자기 테이프, 자기 디스크, 카드나 연속 용지의 수수, 착탈, 보충 등을 하여 컴퓨터 사용 시간 기타의 기록을 작성 보고한다.

machine oriented[–ɔ́(ː)riəntəd] 기계 지향적 특정한 컴퓨터에서만 사용할 수 있는 소프트웨어 또는 하드웨어의 성질. ⇨ machine dependent

machine oriented high-level language [–hɑ́i lévəl lǽŋgwidʒ] MOHLL, 기계 중심 고수준 언어

machine oriented language[–lǽŋgwidʒ] 기계용 언어 컴퓨터의 연산들을 정의하고 지시하며 그것의 결과에 의해서 다른 연산들을 수행하든가 그 결과를 기억하는 등의 명령문들로 특정한 종류의 컴퓨터에 국한된 언어. 즉, 특정한 컴퓨터의 구조에 의존하는 프로그래밍 언어. 따라서 그 구문법과 명령어가 컴퓨터의 종류에 따라 다르다. 어셈블러는 기계용 언어이다. 기계용 프로그래밍 언어에서는 인간의 언어보다도 기계의 언어에 가까운 형태, 즉 기호로 컴퓨터가 실행하는 연산을 지정한다. 그 기호를 언어 번역 프로그램이 어셈블하여 실제의 기계 내의 기억 위치를 나타내는 기계 언어로 변환한다.

machine oriented programming system[–próugræmiŋ sístəm] 기계 중심 프로그래밍 체제 해당 컴퓨터 내부 언어(기계어)를 기준으로 설정된 언어를 사용하는 체제. 예를 들면, 어셈블리 체제나 매크로 체제 등이 있다.

machine power[–pɑ́uər] 기계 성능, 머신 파워 벤치마크 테스크 등으로 측정한 CPU나 시스템을 구성하는 하드웨어와 소프트웨어 등의 종합 성능. 컴퓨터의 성능을 측정하는 매개변수이다.

machine processible form[–prɑsésibl fɔ́ːrm] 기계 처리 가능 형식 자동 데이터 처리 기계에 의하여 수집되거나 처리되도록 준비된 데이터 형식.

machine program[–próugræm] 기계 프로그램

machine readable[–ríːdəbl] 기계 판독 가능 ⇨ machine readable data

machine readable catalog[–kǽtəlɔ̀(ː)g] MARC, 기계 판독 가능 카탈로그 도서의 카탈로그, 즉 서지적(書誌的) 정보의 일람을 컴퓨터로 판독할 수 있는 형태(현재는 주로 자기 테이프)로 기록한 파일. 미국의 의회 도서관에서 작성한 LC MARC를 비롯하여 각국에 각각의 MARC가 있다.

machine readable character[–kǽrəktər] 기계 판독 문자 사람이나 광학 문자 인식에서 다 같이 사용될 수 있는 인쇄와 타자 혹은 필기체 문자.

machine readable data[–déitə] 기계 판독 데이터 테이프, 디스크, 드럼에 있는 정보와 같은 특수 기계로 감지되거나 인식 가능한 데이터.

machine readable information[–ìnfərméiʃən] **기계 판독 정보** 기계에 의하여 감지되거나 읽혀질 수 있는 형태로 매체에 기록되어 있는 정보. 즉, 디스크 또는 자기 테이프 등에 저장된 정보.

machine readable medium[-míːdiəm] **기계 판독 가능 매체** 판독 장치가 바로 판독할 수 있는 모양으로 어떤 데이터를 전달하는 매체.

machine recognizable[-rékəgnàizəbl] **기계 인식 가능**

machine reel[-ríːl] **기계 릴** 자기 테이프 기억 장치에서 테이프가 양(+) 방향으로 주행할 때 테이프를 감은 측의 릴. 장치에 고착된 것도 있고 장치의 한 부품과 같이 동작하므로 이런 명칭이 붙었다. 이것에 대해서 테이프를 보내는 측의 릴을 파일 릴이라고 한다.

machine room[-rúːm] **기계실** 컴퓨터가 설치되는 장소.

machine run[-rʌ́n] **기계 수행** (1) 컴퓨터가 작동하고 있는 상태. (2) 상호 연결을 가지면서 어떤 조작 단위의 목적을 가지고 있는 하나 이상의 기계 루틴을 수행하는 것.

machinery[məʃíːnəri(ː)] *n*. **기계**

machine script[məʃíːn skrípt] **기계 글자체**

machine sensible[-sénsibl] **기계 감지 가능**

machine sensible information[-ìnfər-méiʃən] **기계 감지 가능 정보** 어떤 매체에서 컴퓨터 장치가 판독할 수 있는 정보.

machine simulation[-sìmjuléiʃən] **기계 시뮬레이션**

machine spoiled time[-spɔ́ild táim] **기계 낭비 시간** 수행 도중 컴퓨터의 이상으로 인하여 낭비되는 시간. 즉, 정지 시간의 일부이다.

machine spoiled work-time[-wə́ːrk táim] **기계 낭비 작업 시간** 생산 작업을 수행하는 동안 컴퓨터가 제기능을 발휘하지 못하여 낭비된 시간.

machine time, computer time[-táim, kəmpjúːtər táim] **컴퓨터 시간** (1) 컴퓨터(디지털형)의 경우 : 컴퓨터를 사용한 시간으로 주로 컴퓨터 사용 요금을 산출하기 위해 사용된다. 오픈(open) 사용인 경우는 사용자가 컴퓨터실에 들어갔다 나오기까지로 계산되지만, 컴퓨터 운전을 센터 요원이 하는 클로즈(close) 사용인 경우는 의뢰된 작업을 위해 컴퓨터가 움직인 시간이 컴퓨터에 계수되도록 되어 있다. 이 경우에도 처리 장치를 차지한 시간만큼을 계수하는 CPU 타임이나 작업의 시작에서 마지막까지를 계수하는 JOB 타임 등으로 컴퓨터 종류나 계산 센터 운영 방법에 따라 계수 방법이 다르다. (2) 아날로그 컴퓨터의 경우 : 아날로그 컴퓨터에서 컴퓨터 상에 환산된 시간.

machine tool[-túːl] **공작 기계**

machine translation[-trænsléiʃən] **MT, 기계 번역** 컴퓨터를 이용하여 여러 가지 언어들을 번역하는 것으로 모든 어느 특정 분야에 한정된 문자의 번역이면 실용적으로 사용할 수 있게 되어 있다. 다국간의 번역을 하는 것은 우선 중간 언어로 번역을 하고 나서 여러 언어로 번역하게 되어 있다. 그러나 문장의 의미를 생각해서 행하지는 못하므로 한계가 있다. 예를 들어, 단어에는 두 종류 이상의 서로 다른 의미를 가지는 것이 있는데, 어느 쪽의 의미를 써야 할 것인가는 문법만으로 결정하기가 어렵고 문장 내용과 전후 관계에서 결정된다. 이런 경우 기계 번역은 곤란하다.

machine unit[-júːnit] **연산 단위** 아날로그 컴퓨터에서 연산할 때 사용하는 단위로 기준 전압을 1로 한다.

machine variable[-vέ(ː)riəbl] **연산 변수** 아날로그 컴퓨터에서 컴퓨터로 실현된 종속 변수.

machine word[-wə́ːrd] **기계 단어** 컴퓨터 내의 한 군데 기억 장소에 기억되고, 하나의 단위로서 취급될 수 있는 언어. 예를 들면, 기계가 16개의 비트를 단위로 숫자나 명령을 처리할 수 있다면 16비트가 기계 단어이다.

Mach interface generator **MIG, 미그**

Macintosh[mǽkintὰʃ] *n*. **매킨토시** 미국 애플사에 의해 개발된 마이크로컴퓨터 시리즈의 상품명. 1982년 개발되어 매우 큰 호응을 불러일으켰다.

〈매킨토시〉

Macintosh operating system[-ápərèitiŋ sístəm] ⇨ MacOS

Macintosh programmer's workshop[-próugræmərz wə́ːrkʃὰp] **MPW, 매킨토시 프로그래머 워크숍**

Maclaurin series **맥클로린 급수** 테일러(Taylor)의 급수에서 $a=0$을 대입하여 산출한 급수.

MACLisp **맥리스프**

MacOS Macintosh operating system의 약어. 애플 사의 매킨토시용 운영 체제의 총칭. 1997년 7

월에 발매된 MacOS 8(개발 코드명 : Tempo)은 여러 소프트웨어를 동시에 처리하는 멀티태스크 기능에, 인터넷이나 기업 네트워크에서 사용이 용이해져 조작성에도 큰 변경을 가져왔다. 1998년 10월에는 매킨토시 내에 있는 파일은 물론, 인터넷 상의 웹 페이지까지 검색할 수 있는 프로그램인 「셜록(Sherlock)」을 탑재한 MacOS 8.5(개발 코드명 : Allegro), 1999년 10월에는 기능이 대폭 강화되고 전자 상거래에도 대응되는 「셜록 2(Sherlock2)」, 한 대의 매킨토시를 여러 사용자가 공유할 수 있는 「다중 사용자」 기능을 탑재한 MacOS 9(개발 코드명 : Sonata)가 발매되었다. 그리고 「Fortissimo」라는 개발 코드명을 가진 MacOS 9의 업그레이드 버전도 발매 예정이다. 이 Fortissimo에서 종래의 MacOS 개발은 종료되고 이후에는 MacOS X로 이행되었다.

MacOS runtime for Java ⇨ MRJ

MacOS X 매킨토시의 차세대 운영 체제. 사용자 인터페이스는 AQUA라고 부른다. 반투명의 트랜스루셋 디자인을 채택하였으며, 다윈(Darwin)이라는 코어 컴포넌트의 소스 코드는 공개되어 있다. API는 MacOS의 응용 프로그램을 재컴파일하는 것만으로 MacOS X의 네이티브한 환경을 실현하는 카본(Carbon), MacOS X Server에서는 Yellow Bos라 불렸던 MacOS 9까지와는 호환성이 없는 MacOS X 네이티브인 코코아(Cocoa), 마찬가지로 Blue Box라는 MacOS 9까지와의 환경과 호환성이 있는 클래식(Classic)이 있다.

MacOS X Sever 인터넷의 웹 구축이나 데이터 송신, 네트워크 관리, 워크 그룹 등을 용이하게 할 수 있는 애플 사의 서버 전용 운영 체제. 구 NeXT 사의 운영 체제인 NEXTSTEP(OPENSTEP)을 기본으로 일찍이 Rhapsody로 개발되었지만, Mac X Server로서 1999년 3월에 미국에서 발매되었다. 유닉스 호환 마이크로 커널, Mach를 탑재하고 있는데, GUI는 매킨토시와 같은 체제로 되어 있다.

MacPaint 맥페인트 애플 사의 매킨토시 마이크로 컴퓨터용 그래픽 프로그램. 붓, 페인트 깡통, 스프레이, 사각형, 동그라미 등의 각종 도구를 마우스를 사용하여 원하는 그림을 쉽게 그릴 수 있으며 문자의 삽입도 가능하다.

MacPPP 맥 PPP 매킨토시용의 대표적인 다이얼업 IP 서비스용 소프트웨어. System 7.x에서 이용되며, MacOS 이하에서는 Open Transport/PPP가 표준으로 되어 있다. ⇨ PPP, TCP/IP

macro[mǽkrou] *n.* **매크로** 일련의 명령어(instruction) 집단을 하나의 명령으로서 치환한 것. 매크로 명령어(macro instruction)의 단축형. 보통 서브루틴은 사전에 컴파일되어 있으며, 주기억 영역으로 가져와서 실행될 때 변경이 가해지는 일은 없다. 이에 대하여 매크로는 사전에는 컴파일되지 않는다. 어셈블리 언어의 명령이나 상수와 같은 형식으로 특별한 DASD 라이브러리에 넣어져 있다. 같은 프로그래밍 언어의 복수의 명령으로 치환된다. **[주]** Macro 명령은 치환되어야 하는 명령어 중의 파라미터에 수치를 지정할 수도 있다.

macro assembler[–əsémblər] **매크로 어셈블러** 매크로 명령으로 쓰이는 어셈블리 언어(assembler)를 컴파일한 프로그램. 즉, 매크로 명령으로 쓰여진 어셈블리 언어를 기계어로 고쳐서 기능을 작동하거나 특정 루틴을 호출하는 변환 프로그램.

macro assembler facilities[–fəsíliti(ː)z] **매크로 어셈블러 설비** 어셈블러는 다양하고 쉬운 기호 언어로 쓰인 원시 프로그램을 기계어 목적 프로그램으로 바꾸어주는 역할을 한다. 어셈블리어는 상업용과 과학 계산용에 모두 사용할 수 있는 다양한 기계 중심 언어이다. 어셈블러는 프로그래머에게 도움이 되는 여러 설비 기능을 제공하는데, 이러한 설비 중의 하나가 매크로 어셈블 기능이다. 이밖에도 상수나 자료 기억 장소를 정의하고, 기호로서 파일과 기억 장소를 지정하며, 또 자료 자체를 사용할 수 있는 설비 등이 포함된다.

macro assembly language[–əsémbli(ː) lǽŋgwidʒ] **매크로 어셈블리어** 매크로 기능이 첨가된 어셈블리어.

macro assembly program[–próugræm] **매크로 어셈블리 프로그램** 단어와 명령어 또는 어구를 입력하여 이에 상응하는 기계어를 생산하는 언어 처리기. 이것은 컴파일러의 기능을 가지므로 어셈블리 프로그램보다 훨씬 강력하다. 매크로 어셈블리는 대형 프로그램의 일부를 따로 떼어 시험할 수 있도록 세그먼트화를 허용한다. 또 오류 수정이 쉽도록 여러 가지 프로그램 분석 기능을 제공한다.

macro body[–bɑ́di(ː)] **매크로 보디** 매크로로 정의되는 명령어로 그 매크로가 호출되었을 때 확장되는 명령어들.

macro call[–kɔ́ːl] **매크로 호출** 프로그램 도중에 매크로로 정의된 명령을 사용하는 것을 말하는데, 이것은 어셈블러가 그 위치에 그 매크로의 몸체를 확장하라는 의미이다. 서브루틴 호출과는 달리 호출 명령이 생기지도 않고 제어가 이동하지도 않는다.

macrocessor[mǽkrousesər] **매크로 처리기** 원시 프로그램에 존재하는 매크로 명령을 실행함으로써 매크로를 확장하는 기능을 수행하는 프로그램. 일반적으로 매크로 어셈블러의 앞부분에 위치하여 전처리기의 역할을 한다. 또한 C 전처리기도 일종의 매크로 처리기이다.

macro code[mǽkrou kóud] **매크로 코드** 컴퓨터 명령문들을 단일 코드어로 어셈블하는 코딩 시스템.

macro coding[–kóudiŋ] **매크로 코딩** 프로그래밍에서 복잡한 코드 집단을 간략한 코드로 치환하고 간략한 코드를 이용하여 프로그램을 코드화하는 것.

macro command[–kəmǽːnd] **매크로 명령** 한 파일 안에 놓여 있어 특별한 명령으로 불러 인출 가능한 명령 언어의 모임. 이것을 이용함으로써 입출력 장치의 제어 등이 간단해지는 이점이 있다. 사용상 시스템 조립 매크로와 프로그램 조립 매크로가 있는데, 전자는 운영 체제에 상비되어 실행 형식의 프로그램의 한 명령으로부터 호출하여 처리를 하게 한 것. 한 개의 명령으로 복수분의 명령 처리를 하는 명령(지령).

macro complexity[–kəmpléksiti(ː)] **매크로 (명령)의 복잡성**

macro declaration[–dèklәréiʃən] **매크로 선언** 매크로 생성 프로그램이 명령을 치환할 때 사용하는 코드를 제공하는 선언. 이것에 의해서 시스템 고유의 데이터 형식이나 파라미터 팩(pack)을 작성할 때의 번거로움이나 실수가 대폭 줄어들며, 일정한 형식에 따른 데이터나 영역의 생성 및 획득을 위해서 사용한다.

macro definition[–dèfiníʃən] **매크로 정의** 어셈블리어의 프로그램 내에서 몇 번 반복하여 나타나는 루틴에 대하여 한 가지의 심벌명(매크로 이름)을 주고, 다시 같은 루틴이 나왔을 때는 이 명령만으로 그 루틴을 불러내도록 한 명령의 1군을 결정한 것. 기호어로 쓰여지는 명령의 일부가 미정의 일련의 명령으로 그것에 매크로 명령어에서 주어지는 정보. 즉, 매크로 파라미터가 삽입된 다음부터 목적 프로그램에 조립되는 것을 뜻한다.

macro definition header statement[–hédər stéitmənt] **매크로 정의 개시문**

macro definition trailer statement[–tréilər stéitmənt] **매크로 정의 종료문**

macro description[–diskrípʃən] **매크로 설정** ⇨ macro function

macro directory[–diréktəri(ː)] **매크로 디렉토리**

macro element[–éləmənt] **매크로 요소** 매크로를 작성하는 구성 요소. 예를 들어, 일시라는 요소는 연, 월, 일, 시간 등의 요소로 분해할 수 있다.

macro exerciser[–éksərsàizər] **매크로 수행기** 이 매크로 수행기는 어떤 프로그램의 오류를 찾아내기 위해 다양한 조건 하에서 감시 프로그램이나 다른 매크로 명령들을 반복 조작하는 것을 말한다.

macro expansion[–ikspǽnʃən] **매크로 확장** 매크로 호출을 한 장소에 매크로 정의로 생성된 루틴을 삽입하여 처리하는 것. 이것은 어셈블러가 행하는 것으로 삽입 후에 컴파일되는 것이다. 매크로 생성(macro generation)이라고도 한다. 또 매크로 명령의 일종으로서 컴파일시에 전개되는 것을 인라인 매크로(in line macro)라고 부른다.

macro expansion instruction[–instrʌ́kʃən] **매크로 확장 명령어** 자주 나타나는 명령문들은 프로그래머가 반복해서 쓰지 않아도 수행되도록 해주는 것으로 어셈블러에 의해 하나 이상의 기계어 명령들로 확장되는 기호 원시 언어로 된 문장.

macro flow chart[–flóu tʃáːrt] **매크로 순서도** 프로그램의 여러 부분과 서브프로그램을 블록으로 표시하여 특정한 작업의 논리를 설계하는 데 이용되는 표와 그림.

macro function[–fʌ́ŋkʃən] **매크로 기능** 미리 순서를 정의해두고 필요할 때 불러내어 사용하는 기능. 자주 사용하는 순서를 등록해두면 그래프나 통계 등의 복잡한 보고서를 작성할 때 매우 편리하다. 매크로의 정의 방법에는 실제로 조작한 순서를 기록해두는 방법과 간이 언어(매크로 언어)를 이용하여 간단한 프로그램을 작성하는 방법 등이 있다.

macro generating program[–dʒènəréitiŋ próugræm] **매크로 생성 프로그램** 부여된 매크로 명령을 준비한 후 어떤 정의를 이용하여 번역할 때 여러 명령문을 생성하고 삽입하는 역할을 하는 프로그램. ⇨ macro generator

macro generation[–dʒènəréiʃən] **매크로 생성** 어셈블러가 매크로 명령으로 호출된 매크로 정의를 처리함으로써 일련의 어셈블리 언어 명령문을 만들어내는 것. ⇨ macro expansion instruction

macro generation program[–próugræm] **매크로 생성 프로그램** ⇨ macro generator

macro generator[–dʒénərèitər] **매크로 생성 프로그램** 원시 언어에 있는 매크로 명령을 원시 언어의 명령이 정해진 열로 치환하는 컴퓨터 프로그램.

macro instructon[–instrʌ́kʃən] **매크로 명령** 어셈블리로 제공하고 있는 기능의 하나로 빈번히 사용되는 명령군(群)을 하나의 명령어로 정의한 다음, 프로그램에 그 명령어를 기술하면 어셈블시에 복수의 명령어로 전개시켜 주는 것. 프로그래밍시의 번잡함을 해소하고 설계의 효율을 올릴 수 있다. **[주]** 매크로 명령은 치환되어야 하는 명령 중의 파라미터에 수치를 지정할 수도 있다.

macro instruction argument[–áːrgjumənt] **매크로 명령 매개변수** 매크로 명령문을 쓸

때 매크로 이름과 함께 쓰며, 매크로 확장이 수행될 때 매크로에서 대치되어야 할 데이터를 넘겨주는 변수.

macro instruction complexity[-kəmpléksiti(ː)] **매크로 명령의 복잡성** 매크로 명령이 갖는 조작상의 복잡성이라는 뜻. 매크로 명령은 마이크로프로그램 단위로 수행되므로, 간단한 마이크로컴퓨터의 경우에는 제어 장치가 작아서 매우 단순한 매크로 명령밖에 수행할 수 없다.

macro instruction design[-dizáin] **매크로 명령 설계** 매크로 명령 세트 형식이 마이크로컴퓨터의 패밀리 멤버와 상호 보완적인 것과 같이 오퍼레이션 코드 형식을 가장 단순한 마이크로프로그램의 흐름이 되도록 하는 설계 방법.

macro instruction operand[-ápərænd] **매크로 명령 오퍼랜드**

macro instruction system[-sístəm] **매크로 명령어 시스템** 여러 종류의 매크로 명령어는 시스템에서 번역 과정을 제어하며, 유용한 기계 언어 프로그램 또는 명령어들을 반드시 개발하지는 않는다.

macro language[-lǽŋgwidʒ] **매크로 언어** 매크로 명령(macro instruction)과 동의어로서 사용되고 있으며, 몇 개의 매크로 명령으로 구성된 언어(체계)라는 뜻이 더 정확하다.

macro library[-láibrəri(ː)] **매크로 라이브러리** (1) 매크로의 정의 등이 모여 있는 라이브러리를 말하는 것으로 통상 번역 프로그램과 함께 테이프나 디스크에 들어가 있다. (2) 매크로 명령, 매크로 매개변수, 매크로의 정의 등이 정리되어 있는 상태 또는 정리되어 들어가 있는 것.

macro linkage instruction[-líŋkidʒ instrʌ́kʃən] **매크로 연결 명령어** 프로그램과 서브루틴 사이에서 논리적 연결을 제공하여 다른 프로그램에서 필요한 자료를 기억하는 매크로 명령어.

macro logic[-ládʒik] **매크로 논리** CPU를 빌딩 블록(building block) 방식으로 하여 마이크로프로그램과 함께 결합한 것.

Macromedia[mǽkroumídiə] **매크로미디어** 오더링 소프트웨어 「Director」, 웹 그래픽 소프트웨어 「FIREWORKS」, 웹 컨텐츠 작성 소프트웨어 「FLASH」 등을 발매하는 미국의 소프트웨어 제조회사.

Macromedia Studio[-st(j)úːdiòu] **매크로미디어 스튜디오** directorh로 잘 알려진 매크로미디어 사가 웹 저작 분야에 솔루션으로 제시한 패키지. Macromedia Studio는 윈도와 매킨토시에서 작동되며, Macromedia FreeHand, Macromedia Director, Authorware, Extreme 3D, Sound Edit 16과 같은 프로그램으로 구성되어 있다. 이 제품군은 Macromedia가 제안하고 넷스케이프가 플러그인으로 제공하기로 한 쇽웨이브(shockwave)의 저작에 사용된다.

macro parameter[mǽkrou pərǽmətər] **매크로 매개변수, 속웨이브** 매크로문의 오퍼랜드부에 있는 기호나 문자로서 어셈블러로 쓰여져 있으며 매크로 명령에서 주어지는 정보. 매크로 명령의 오퍼랜드부의 매개변수.

macro processing instruction[-prásesiŋ instrʌ́kʃən] **매크로 처리 명령**

macro processor[-prásesər] **매크로 프로세서** 매크로 명령을 사용한 프로그램을 일련의 기계어 명령군으로 변환 전개하는 프로세서. 보통 어셈블러에 포함되어 있다.

〈조셉슨 4비트 마이크로프로세서〉

macro programming[-próugræmiŋ] **매크로 프로그래밍** 매크로 명령문들을 사용하여 프로그램을 작성하는 과정.

macro prototype[-próutətàip] **매크로 원형** 매크로 명령, 즉 명령문을 기술할 때의 원형 또는 모형.

macro prototype statement[-stéitmənt] **매크로 원형 명령문, 매크로 원형 스테이트먼트** 어셈블리 언어 명령문의 일종으로 매크로 정의에 이름을 부여하거나 매크로 정의로 호출하는 매크로 명령에 대해 모델(원형)을 주기 위해 이용되는 것을 의미한다. 매크로 정의를 작성할 때는 MACRO 문에서 시작되고, MEND 문에서 끝나는 어느 일정 순서의 어셈블러 언어 명령문을 쓰며, 그 명령문에 부여하는 이름은 지정한 매크로 원형문을 쓴다. 이 이름을 매크로 명령의 명령 코드에 지정하면 이 매크로 정의가 호출된다.

macro recorder[-rikɔ́ːrdər] **매크로 레코더** 키보드 매크로를 기록하여 보존하는 프로그램.

macro skeleton[-skélətən] **매크로 골격**

macro statement[-stéitmənt] **매크로 명령문**

macro system[-sístəm] **매크로 시스템** 컴퓨터 시스템에서 미리 정의되어 프로그래머들에게 제공되는 매크로. 프로그래머가 정의하여 사용하는 사용자 매크로에 대응되는 말이다.

macro virus [-váiərəs] **매크로 바이러스** 파일을 매개로 하고 특정 응용 프로그램으로 매크로가 사용되면 감염이 확산되는 형태의 바이러스. 시스템에 직접 감염시키지는 않지만 앞으로의 동향에 주의가 필요하다. ⇨ computer virus

macrovision [mækrouvíʒən] **매크로비전** 비디오를 통한 DVD 복제를 막기 위해 플레이어 자체에 삽입되어 있는 전자 회로 또는 이와 비슷한 역할을 하는 것. APS(analogue protection system)라고도 한다. 초기 DVD 플레이어 중에는 이 기능이 내장되지 않은 제품도 있었으나 현재 생산되는 플레이어에서는 대부분 찾아볼 수 있다. 매크로비전은 DVD 디스크에 삽입되어 있는 트리거 비트(trigger bits)에 의해 촉발되므로 이것이 코딩되지 않은 타이틀에서는 플레이어에 상관없이 비디오 복제가 가능하다.

MACSYMA **맥시마** 미국 MIT에서 개발된 범용, 다기능 수식 처리 시스템. 적분, 다항식의 인수 분해 등 대기억 용량을 필요로 하는 것을 포함한다. 처리계는 LISP로 작성되어 있다.

MAC system **맥 시스템** multiple access computer system의 약어. 1963년에 MIT에서 개발한 시분할 방식의 운영 체제.

MacTCP **맥 TCP** 매킨토시용의 대표적인 TCP/IP 소프트웨어. 1995년 1월에 출하된 한자 Talk 7.5와 이후에 등장한 Talk 7.51에 표준적으로 첨부되었다. 현재는 애플 컴퓨터 사의 FTP 서버에서 무상 공급되고 있다. MacTCP를 이용하기 위한 API가 마련되기 전에는 넷스케이프 내비게이터와 NCSA 모자이크 등 매킨토시용의 대부분이 TCP/IP 관련 소프트웨어 MacTCP를 전제로 개발되었다. 그러나 한자 Talk 7.52 이후의 새로운 MacOS에서는 MacTCP를 대체하여 Open Transport가 채택되었다.

MacWeb [mækwe(:)b] **맥웹** EINet에서 개발한 매킨토시용의 웹 브라우저.

MAC WORLD EXPO **맥 월드 엑스포** 미국 IDG 사가 주최하는 매킨토시에 관련된 하드웨어, 소프트웨어 등의 전시회. 전세계적으로 정기적으로 개최된다. 미국에서는 1월과 8월에 개최되고 있다.

MacWrite **맥라이트** 그래픽으로 처리되어 각종 문자체를 사용할 수 있는 것이 특징이며, 그래픽 프로그램인 맥 페인트(Mac Paint)로 그린 그림도 읽어들여 처리할 수 있다. 애플 사에서 개발한 매킨토시 컴퓨터를 위한 워드 프로세싱 프로그램.

MacZilla **맥질라** Knowledge Engineering 사에서 개발한 넷스케이프 플러그인 프로그램. 매킨토시에서만 사용이 가능하다. 퀵타임, MIDI 배경 음악과 WAV, AU, AIFF 사운드, MPEG, AVI 등을 사용할 수 있게 해준다.

mag [mǽg] **매그** magnetic(자성)의 약어.

magazine(cartridge) [mæ̀gəzíːn(kɑ́ːrtridʒ)] *n.* **매거진** 두루마리 형태의 필름을 플라스틱 용기나 굴레에 감아서 만든 마이크로 필름의 한 형태. 두루마리 형태의 필름. 정보의 신속한 검색에 이용되며, 판독기에 자동 저장된다. 필름이 손상되지 않도록 보호되어 있으며, 자동 검색으로 지급 계정 및 지문 감식 등 신속하면서 사용 빈도가 높은 업무에 적합하고, 순차 검색이 가능하다.

mag card [mǽg kɑ́ːrd] **자기 카드** ⇨ magnetic card

magellan [mədʒélən] **마젤란** 미국 Mc Kinley 그룹에서 만들었으며 운영진들이 WWW를 비롯한 정보를 평가하여 순위를 매긴다. 순위가 매겨진 목록은 1996년 1월 현재 약 4만 개이며 약 150만 개의 문서를 검색할 수 있다. http//www.mckinley.com/ 참조.

Magic Cap [mǽdʒik kæp] **매직 캡** 미국 제너럴 매직(General Magic) 사가 개발하여 추진하고 있는 휴대 정보 단말기용 운영 체제. 사양은 1994년 1월에 공개되었다. 현재의 데스크톱 등을 그대로 화면상에 배치하고 그것들을 직접 조작함으로써 컴퓨터를 가지고 다니기 좋게 하였다. 텔레스크립트(Telescript)와의 조합으로 휴대 정보 단말이 가능해질 것으로 기대된다.

Magic Link [-líŋk] **매직 링크** 미국 소니 사가 개발한, 매직 캡(Magic Cap)이 탑재된 휴대형 단말기.

magic list [-líst] **매직 리스트** 리스트의 일종. 리스트의 셀에는 다음 셀의 주소를 저장하는 부분이 있는데, 매직 리스트에서는 그 부분에 주소가 아닌 어떤 값이 저장되어 있다. 이 값을 직전의 셀 주소와 연산하면 다음 셀의 주소를 구할 수 있다.

magic number [-nʌ́mbər] **마법 숫자** 유닉스 운영 체제에서 수행 가능한 프로그램의 맨 앞에 붙이는 특별한 숫자.

magic packet [-pǽkit] **매직 패킷** 휴렛팩커드사와 AMD(Advanced Macro Devices) 사가 개발한, 네트워크를 경유하여 컴퓨터를 시동하는 구조. 슬립 상태의 컴퓨터에 매직 패킷 프레임이라는 패킷 신호를 보내 시동시킨다.

magic square [-skwέər] **방진(方陣)** 가로와 세로의 크기가 같은 정사각형의 칸에 1부터 시작하는 숫자를 차례로 배열하되 모든 행, 열 그리고 두 대각선상의 숫자의 합이 모두 같게 한 것. 예를 들어 4차의 방진은 다음과 같다.

1	15	8	10
6	12	3	13
11	5	14	4
16	2	9	7

Magna card[má:gnə ká:rd] **마그나 카드** 카드 한 장은 길이가 76.2mm, 폭이 25.4mm, 두께가 0.127mm로서 마일러(Mylar : 폴리에스테르 박막)를 기초 재료로 사용한다. 한 장의 기억 용량은 문 숫자는 756자, 2진화 10진 숫자로는 1,134자리를 차지하는 자기 카드로 미국 마그나복스(Magnavox) 사에서 제조하였다. 카드 3,000장을 단위로 서랍 속에 넣어 전용 장치로서 판독/기록, 분류 처리를 한다.

magnetic[mægnétik] *a.* **자기의, 자성의** 자성 재료의 표면을 갖추며, 그 표면 부분을 자화(磁化)함으로써 데이터를 기록하는 매체 또는 장치를 형용하는 용어. 예를 들면, 자기 코어(magnetic core), 자기 카드(magnetic card), 자기 디스크(magnetic disk), 자기 테이프(magnetic tape) 등이 있다.

magnetic amplifier[–ǽmplifàiər] **자기 증폭기** 가포화(可飽和) 리액터를 단독으로 또는 다른 회로 요소와 조합해서 이용함으로써 증폭 작용 또는 제어 작용을 하는 장치. 이것을 이용해서 아날로그 컴퓨터를 구성한 것도 있다.

magnetic badge[–bǽ(:)dʒ] **자기 배지**

magnetic belt[–bélt] **자기 벨트** 자기 테이프와 자기 드럼 양쪽의 장점을 활용해 만든 폭이 넓은 자기 테이프. 길이가 600피트에 달하는 것도 있다. 회전 드럼에는 판독/기록에 사용하는 헤드가 있고 그 둘레를 벨트가 지나도록 되어 있다.

magnetic bubble[–bʌ́bl] **자기 버블** 자기 버블 기억 장치에서 자기장이 가해질 때 생기는 원통형의 기포같이 보이는 것. 이 버블의 존재 유무로 한 비트의 온/오프 상태를 나타낼 수 있다.

magnetic bubble chip simulator[–tʃíp símjulèitər] **자기 버블 칩 시뮬레이터**

magnetic bubble memory[–mémәri(:)] **자기 버블 기억 장치** 1969년 미국의 벨 연구소의 Bobeck에 의해 제안된 것으로 그 후 각국에서 연구되고 있다. 수 kHz에서부터 1MHz 정도에서 동작한다. 따라서 자기 드럼, 자기 디스크의 대체품으로서 이용하는 연구가 활발하다. 특수한 자성막에 존재하는 포상 자구(泡狀磁區)를 기억 소자로 이용하고 자성막면 내에 회전 자계를 인가해서 전송 회로에 따른 원통 자구를 이동시키는 구조를 갖는다. 원통 자구의 지름 오소페라이트(orthoferrite)의 경우는 수십 μm로 크므로 지름이 수 μm인 원통 자구가 얻어지는 가닛(garnet)계의 재료가 이용되고 있다. 또 최근에는 비트 밀도를 올리기 위해 지름 1mm 이하의 것도 연구되고 있다.

magnetic bubble storage[–stɔ́:ridʒ] **자기 버블 기억 장치** ⇨ magnetic bubble memory

magnetic card[–ká:rd] **자기 카드** 3×7인치 크기의 플라스틱 카드에 자성 피막을 입히고 이것에 정보를 자화(磁化)시켜 기록한 것으로서 자기 테이프의 고밀도 기록의 특징을 살리되 호출 시간이 긴 결점을 제거한 것. 마그나 카드(magna card) 등 초기의 카드에서는 천공 카드의 경우와 마찬가지로 자기 카드에 카드 고유의 번지가 없었으나 C램(CRAM), 레이스(RACE) 등 최근의 자기 카드에는 카드에 번지가 있고 그 호출이 자동적인 등속 호출로 이루어지도록 되어 있다.

magnetic card memory[–mémәri(:)] **자기 카드 기억 장치** 자기 카드를 기억 매체로 한 보조 기억 장치. 카드에 번지가 있고, 자동 선택 기구가 갖추어져 있어 필요한 카드를 컴퓨터 명령으로 호출해서 정보를 판독/기록하는 구조로 된 것으로, NCR 사의 CRAM, RCA 사의 586형, IBM 사의 2321형, Honeywell 사의 253형 등이 있다.

magnetic card storage[–stɔ́:ridʒ] **자기 카드 기억 장치** 카드의 표면에 자기를 기록함으로써 자료를 기억하는 자기 기억 장치. ⇨ magnetic card memory

magnetic card store[–stɔ́:r] **자기 카드 기억 장치** ⇨ magnetic card memory

magnetic card unit[–jú:nit] **자기 카드 장치** 자기 카드를 일정한 매수로 정리해넣은 케이스(캐비닛)를 세트하여 데이터의 판독/기록을 하는 컴퓨터의 입력 장치. 대개 한 대의 장치로 3~4억 자분을 기억할 수 있으며, 평균 액세스 시간은 300~400ms이다.

magnetic cassette tape[–kəsét téip] **자기 카세트 테이프** 카세트에 꾸며넣은 자기 테이프. 일정한 자기 기록 방식으로 데이터를 기록하는 디지털 카세트와 데이터를 음의 주파수로 변환하여 기록하는 오디오 카세트가 있다.

magnetic cell[–sél] **자기 셀** 서로 다른 자기의 두 가지 패턴에 의해 2진수에 해당하는 두 값을 갖는 2진 기억 장치.

magnetic character[–kǽrәktər] **자기 문자** 특수한 문자 판독 장치(MICR)를 이용하여 자동으로 판독할 수 있는 수표와 보험 증서, 기타 각종 영수증 등에 쓰이는 1조의 자기 기록화되어 있는 문자. ⇨ magnetic ink character recognition

magnetic character reader[–rí:dər] MCR,

자기 문자 판독 장치 자기 문자를 인식하여 판독하는 입력 장치이며, 자기 잉크 문자의 인쇄는 기계로 행하여진다. 자기 문자 판독 장치가 이 문자를 인식하고 정보를 읽어 기계가 판독할 수 있는 코드로 변환하여 데이터 처리 시스템에 입력하기 때문에 컴퓨터에서 판독하기 전에 자기 잉크 문자를 다른 입력 형식으로 변환할 수는 없다.

magnetic character sorter[-sɔ́ːrtər] **자기 문자 정렬기** 자기 잉크형 활자로 찍힌 서류를 정렬하는 장치.

magnetic circuit[-sə́ːrkit] **자기 회로**

magnetic core[-kɔ́ːr] **자기 코어, 자심(磁芯)** 주기억 장치에서 주로 사용되는 기억 소자로 지름이 0.3~0.5mm인 작은 고리 모양의 자성 물질이다. 기억 소자, 논리 소자로 사용된다. 주로 페라이트로 만들어진 고리 모양이며, 자심은 소형일수록 동작 속도가 빠르다. 재료는 그 밖에 철이나 산화철 등도 사용되며, 형상도 선, 테이프, 박막 등이 있다.

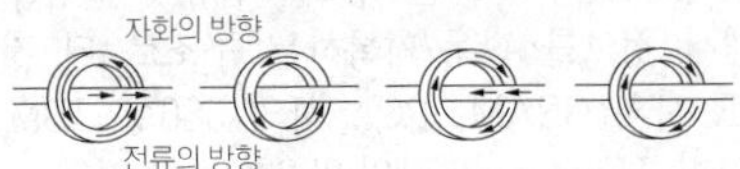

〈자기 코어의 기억 원리〉

magnetic core device[-diváis] **자기 코어 장치**

magnetic core matrix[-méitriks] **자기 코어 행렬** 전류 일치 방식 등에 의한 주소 호출에 편리한 구조이다. 자기 코어 기억 장치에 있어서 기억 소자인 페라이트 코어에 의해서 형성된 매트릭스. ⇨ magnetic core memory

magnetic core memory[-méməri(ː)] **자심 기억 장치** 페라이트의 자심을 기억 소자로 형성한 기억 장치. 자심 한 개가 1비트에 대응하고 그 B-H 특성의 음양 극성의 잔류 자속(磁束)을 "1", "0"으로 대응시킨다. 기억 내용의 써넣기나 읽어내기의 제어에는 펄스 전류를 이용한다. 여러 개의 자심을 묶어 사용하기 때문에 보통은 평면상에 배열하고 제어용 도선에 따라 편조(編組)하여 메모리 플레인(plane)을 형성시킨다. 그 편조 방법은 쓰기나 읽기 때의 어드레스 선택 방법과 관련해서 정하며, 비트 배열 방식, 단어 배열 방식 등이 있다. 호출 시간, 사이클 시간은 몇 마이크로초 정도이고 10^7비트 정도 용량의 것까지 만들어지므로 제2세대 컴퓨터의 주기억 장치로서 가장 중요한 자리를 차지하고 있다. 1950년대에서 1970년까지 사용되었으나 근래에는 거의 찾아볼 수 없다.

magnetic core memory cell[-sél] **자심 기억 소자**

magnetic core plane[-pléin] **자기 코어판** 자기 코어 기억 장치는 이 판을 여러 개 겹쳐 쌓아서 만든 것으로 자기 코어를 여러 개 배열하고 그 가운데로 전선을 관통시켜서 구성한 기억 장치.

magnetic core storage[-stɔ́ːridʒ] **자기 코어 기억 장치, 자심 기억 장치** 자심의 선택적인 극성에 의해서 데이터가 기억되는 자기 기억 장치. 철심의 잔류 자속 방향에 따라 정보를 저장하는 기억 장치. 통상 자심 매트릭스가 사용되며, 선택된 종횡의 선이 만난 점에 있는 자심의 정보가 읽혀지거나 써넣어지거나 한다.

[주] 기억 장치로서 LSI가 출현할 때까지 널리 사용되었다.

magnetic core storage device[-diváis] **자기 코어 기억 장치** 자심의 선택적인 극성에 의해 데이터가 기억되는 자기 기억 장치.

magnetic core store[-stɔ́ːr] **자심 기억 장치** ⇨ magnetic core storage

magnetic delay line[-diléi láin] **자기 지연선**

magnetic disk[-dísk] **자기 디스크** 자기 기록에 의해 데이터를 기억할 수 있는 자성 표면층을 갖는 평평한 회전판. ⇨ disk

magnetic disk cartridge[-káːrtridʒ] **자기 디스크 카트리지** 교환형 자기 디스크 중 디스크가 한 장으로 카트리지에 수납된 것.

magnetic disk control unit[-kəntróul júːnit] **자기 디스크 제어 장치** 자기 디스크를 다루는 장치로 컴퓨터와 자기 디스크 사이에서 정보의 전송과 저장을 제어하며, 원하는 정보의 기억 장소를 계산하거나 테이블을 통해 알아낸 후 해당 디스크의 헤드를 그 장소로 이동시켜 읽거나 쓰는 작업을 수행한다.

magnetic disk device[-diváis] **자기 디스크 장치** 자기적으로 데이터를 기록 판독하는 기억 매체.

magnetic disk file[-fáil] **자기 디스크 파일** 자성 재료로 피막된 평탄한 원판 상에 기록한 기억 장치 상의 레코드 집합.

magnetic disk memory[-méməri(ː)] **자기 디스크 기억 장치** 표면에 자성 재료를 도포한 원판을 일정 속도로 회전시켜 그 표면에 그것과 근접시키는 것이 가능한 자기 헤드에 의해 자기적으로 정보를 기록하는 기억 장치. 원판은 보통 그 회전축에 수직으로 여러 장이 평행하게 갖추어져 자기 드럼 기억 장치에 비해 동일 점유 공간에 대하여 기록에 이용되는 표면이 크다. 따라서 대용량이 가능한 이점이 있다. 자기 헤드는 보통 각 트랙에 전용이 아니고 각 기록면마다 설치된 액세스 암에 몇 트랙분을 갖추고 이것을 반지름 방향으로 이동시켜 필요한 트랙 바로 위로 가져온다. 따라서 호출 시간은 자기 드럼보다 일반적으로 길다. 또 부동식(浮動式)의 자기 헤드가 이용되는 것도 많다. 최근에 대용량 보조 기억 장치로 중요시되고 있다.

〈자기 디스크 내부〉

magnetic disk pack[-pǽk] **자기 디스크 팩** 원판(디스크) 상에 자성체를 도포한 기록 매체이며, 일반적으로는 여러 장의 원판을 조합하여 수십 메가~수 기가바이트의 기억 용량을 가지고 있다. 자기 디스크 팩 장치에 장착하는 자기 디스크 팩의 액세스는 실린더 번호, 트랙 번호 등을 지정함으로써 가능하다.

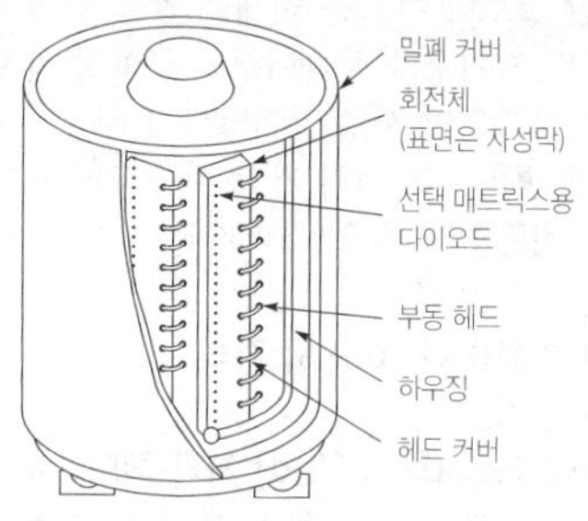

〈디스크 팩 구조〉

magnetic disk storage[-stɔ́:ridʒ] **자기 디스크 기억 장치** 사용시에 회전하는 한 장 또는 여러 장의 디스크의 평평한 표면에 자기를 기록함으로써 데이터를 기억하는 자기 기억 장치. 컴퓨터나 키 투 디스크 머신 등으로부터의 지령에 의해서 자기 디스크상에 데이터를 기록하고, 또 자기 디스크 상에 기록되어 있는 데이터를 읽어내는 장치. 자기 디스크를 회전시키기 위한 구동 기구, 자기 헤드 및 그것에 부수하는 제어 기구를 포함한다.

magnetic disk storage device[-diváis] **자기 디스크 기억 장치** 자기 기록함으로써 데이터를 기억하는 자기 기억 장치.

magnetic disk store[-stɔ́:r] **자기 디스크 기억 장치** ⇨magnetic disk storage

magnetic disk unit[-jú:nit] **자기 디스크 장치** 자기 디스크로 정보를 판독하고 기록할 수 있는 장치. 원형 디스크에 산화철 등으로 코팅을 하여 자기 헤드로 자료의 판독, 기록하는 외부 기억 장치. 이 장치는 순차적 접근(sequential access) 외에도 비순차적 접근(random access)이 가능하기 때문에 색인 순차식 파일을 작성할 때 기억 매체로 사용된다. 기억 용량은 수백 MB에서 1GB 이상의 것까지 있다. 디스크 구동 기구, 자기 헤드 및 거기에 부수되는 제어 기구를 포함한다.

〈자기 디스크 장치〉

magnetic document sorter reader[-dɑ́kjumənt sɔ́:rtər rí:dər] **자기 문서 분류 판독기** 자기 잉크 문자 인식(MICR)은 은행과 기계 제작자에 의해 개발되었다. 문서에 데이터를 적기 위해 쓰인 잉크의 특성으로 소량의 전하를 갖게 하고, 이런 전하량을 읽음으로써 처리에 필요한 데이터를 컴퓨터의 기억 장치로 보내는 기기.

magnetic domain[-douméin] **자화 영역** 자기 버블 기억 장치에 있어서 자화(磁化)된 원형의 영역.

magnetic drum[-drʌ́m] **자기 드럼** 원통의 표면에 자성체를 도포한 기억 매체의 일종. 초기 컴퓨터 주기억 장치에 자주 사용되고, 최근까지 보조 기억 장치의 매체로 자주 사용되어 왔다. 이 자기 드럼으로 정보를 기록하거나 판독하는 장치를 드럼 장치(magnetic drum unit)라고 한다. 자기 드럼 장치는 자기 드럼을 회전시키고, 그 기록면에 따라 데이터 트랙(data track)의 판독과 기록 기능을 행하는 장치이다. 이 장치는 자기 디스크 장치처럼 액세스 암(access arm)을 이동시키는 탐색 시간이 없기 때문에 데이터의 읽고 쓰는 기능이 빠른(수 ms~십 수 ms) 특징을 살려서 랜덤 액세스의 보조 기억 장치로서 많이 사용되어 왔다. 최근 자기 디스크 장치의 고속화와 저가격화에 맞추어 자기 디스크로서 대신되어 왔다.

[주] 자기 기록에 의해 데이터를 기억할 수 있는 자

성 표면층을 갖는 원통형의 회전체.

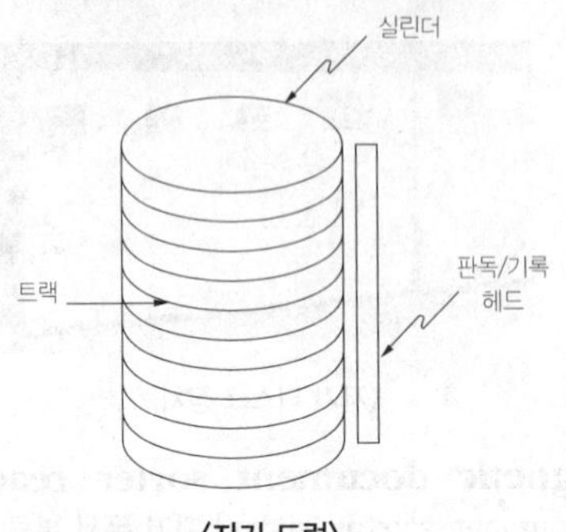

〈자기 드럼〉

magnetic drum controller[–kəntróulər] **자기 드럼 제어 장치**

magnetic drum memory[–méməri(ː)] **자기 드럼 기억 장치** 표면에 자성 재료를 도포한 원통을 일정 속도로 회전시켜 그 원통면에 그것과 근접해서 설치한 자기 헤드에 의해서 자기적으로 정보 기록을 행하는 기억 장치. 비트당 가격이 비교적 싸고 호출 시간이 짧기 때문에 보조 기억 장치로 이용된다. 대부분 각 트랙에 전용 자기 헤드를 가지며, 때로는 호출 시간을 단축하기 위해 하나의 트랙마다 두 개 이상의 헤드를 갖는 경우도 있다. 자기 헤드는 부동형(浮動形)을 이용하는 경우가 많다.

magnetic drum storage[–stɔ́ːridʒ] **자기 드럼 기억 장치** 사용시에 회전하는 원통의 곡면상에 자기를 기록함으로써 데이터를 기억하는 자기 기억 장치. 이 장치는 기록되어 있는 정보를 판독해도 정보가 파괴되지 않는 점에서 자기 코어 기억 장치보다 유리하다.

magnetic drum store[–stɔ́ːr] **자기 드럼 기억 장치**

magnetic drum unit[–júːnit] **자기 드럼 장치** 드럼 구동 기구, 자기 헤드 및 거기에 부수되는 제어 기구를 포함하는 기억 장치. 표면이 자성 재료로 피막된 회전 원통과 자기 헤드를 조합하여 정보를 기억시키는 장치. 이 장치의 특징은 접근(access) 속도가 빠르고 비순차적 접근(random access)이 가능한 점 등이 있는 반면에 매체의 교환이 안 되고 기억 용량이 작아서 지금은 자기 디스크 장치로 많이 대체되고 있다.

magnetic encoding[–inkóudiŋ] **자기 부호화**

magnetic ferrite core memory[–férɑit kɔ́ːr méməri(ː)] **페라이트 자심 기억**

magnetic ferrites[–férɑits] **자기 페라이트**

magnetic field[–fíːld] **자계**

magnetic file strip[–fáil stríp] **자기 파일 스트립** 데이터의 기억을 위해 자성화할 수 있는 표면을 가진 물질의 선을 가지고 있는 파일 기억 장치.

magnetic film memory[–fílm méməri(ː)] **자기 필름 기억 장치** ⇨ magnetic thinfilm storage

magnetic film storage[–stɔ́ːridʒ] **자기 필름 저장 장치** 원통에 감긴 35mm 자기 필름에 정보를 저장하는 장치.

magnetic filp-flop[–flíp flɑ́p] **자기 플립플롭**

magnetic fluid[–flúːid] **자성 유체** 지름이 10만분의 1mm라는 미세한 산화철(마그네타이트) 분말을 유기 용제(에스테르, 에테르)에 넣어 섞음으로써 자석에 붙는 성질을 갖게 된 액체. 일반 화학에서는 비중 3 이상의 액체를 만들 수 없으나 자성 유체를 쓰면 철보다 무거운 액체를 만들 수 있다. 즉, 외부로부터 자기장을 만들어주면 산화철 입자 하나 하나가 자석화되어 서로 끌어당기기 때문에 자기장의 세기를 변화시켜 여러 가지 비중의 액체를 만들 수 있다. 최근 스테레오 스피커나 진공 기기의 축 등에 사용되고 있다.

magnetic flux[–flʌ́ks] **자속** 자기장의 세기를 나타내는 용어.

magnetic head[–hé(ː)d] **자기 헤드** 자기 테이프, 자기 디스크 등의 자성 매체 위에 기록된 정보를 판독/기록하거나 소거하기 위해서 사용된다. 판독 헤드(read head), 기록 헤드(write head), 판독/기록 헤드(read/write head)를 가리킨다. 현재 많이 이용되고 있는 것은 링 헤드 형식으로 두 개의 철편을 합하여 그 사이에 비자성체를 끼워 공백을 만들고 철편에 코일을 감은 후, 코일 정보에 대응하는 전류를 흐르게 함으로써 드럼, 디스크, 테이프 등 자성면의 공백을 자화(磁化)시켜 정보를 기록한다. 또 읽을 때에는 공백 부근 자성면에서 자화의 시간적 변화에 비례하는 출력 전압이 코일의 양단에 발생한다.

[주] 자기 데이터 매체 위에서 데이터의 판독, 기록

및 소거 중 하나 또는 몇 개의 기능을 다할 수 있는 전자석이다.

magnetic hysteresis[–histəríːsis] **자기 히스테리시스**

magnetic hysteresis loop[–lúːp] **자기 히스테리시스 루프**

magnetic ink[–íŋk] **자성 잉크** 미립자 모양의 자성 재료가 포함된 잉크로서 수표 등의 숫자나 제어 문자의 인쇄용으로 사용되며, 자형(字形)과 함께 자기 잉크 문자의 판독을 가능하게 한다.

magnetic ink character[–kǽrəktər] **자기 잉크 문자** 규격화된 자형을 가지며, 인간이 보통의 문자처럼 읽을 수도 있고 이것을 자화(磁化)하여 자기 잉크 문자 판독기(MICR)로 기계적으로 읽어 컴퓨터에 입력할 수도 있다. 지면(紙面)이 더러워도 자화에는 상관없으므로 판독에 방해가 되지 않는다는 이점이 있어 수표 등에 이용된다. 자성 재료를 함유한 특수한 잉크를 써서 인자된 문자. 자형 규격으로는 E13B와 CMC7이 있다.

magnetic ink character inscriber[–inskráibər] **자기 잉크 문자 기록기** 키를 수동으로 조작함에 따라 용지 상에 자기 잉크 문자를 기록하는 장치.

magnetic ink character reader[–ríːdər] **MICR, 자기 잉크 문자 판독 장치** 자기 잉크를 이용하여 인자한 문자를 자기 헤드로 판독하는 장치. 은행에서 수표 처리에 오래 전부터 널리 이용되어 왔다. 입력 장치(input unit)의 하나로 자기 잉크로 기록한 문자를 판독 직전에 자화(磁化)시키고 자기 헤드로 판독한다. E13B용 판독기는 문자를 가로로 몇 개 구분하여 대응해 준비한 자기 헤드의 출력 파형 조합이며, CMC7용 판독기는 자기 헤드의 출력 파형 주파수 조합이 각각 특징이다. 이 장치에 이용되는 문자는 미국식, 서구식의 두 가지가 있으며 현재 두 가지 모두 국제 표준으로 되어 있다. 더러움이나 얼룩 등에 강하고, 또 바꿔 쓸 걱정은 없지만 특수 잉크 때문에 라인 프린터는 할 수 없으며, 광학식 문자 판독 장치(OCR)에는 사용되지 않는다. 판독 속도는 750~1,500초/분.

[주] 자화되기 쉬운 성질의 특수 잉크로 쓰여진 문자를 판독하고, 전기 신호로 변환하는 장치.

magnetic ink character recognition[–rèkəgníʃən] **MICR, 자기 잉크 문자 인식** 자성체의 미립자를 포함하는 잉크에 의해 인쇄된 문자를 기계에 의해 자동으로 식별하는 것.

magnetic ink encoded document[–inkóudəd dɑ́kjumənt] **자기 잉크로 쓰여진 서류**

magnetic ink scanner[–skǽnər] **자기 잉크 주사기** 자기 잉크로 인쇄된 특수 자형(글자체)의 수를 읽는 기계.

magnetic input device[–ínpùt diváis] **자기 입력 장치** 자기적 성질에 의하여 정보가 기억된 장치로부터 정보를 추출하는 장치.

magnetic key[–kíː] **자기 키** 자기적으로 기록된 신호에 의해서 자물쇠를 열고 닫는 장치. 플라스틱제의 카드에 마련된 자기 스트라이프에 30비트의 정보를 자기 기록하는 것 같은 예가 있으며, 자물쇠 옆에 있는 카드 판독기로 판독시키면 여기에서 발생한 전기 신호에 의해서 자물쇠를 열 수 있다. 신분 증명 카드와 겸용하여 특정한 방에 특정한 사람만이 들어갈 수 있게 관리할 수 있다.

magnetic ledger[–lédʒər] **마그네틱 레저** 원장(元帳)의 일부에 자기(磁氣) 매체를 도포하고 그 내용을 기록해서 직접 컴퓨터 등의 입력으로 사용 가능하도록 되어 있는 것.

magnetic ledger card[–kɑ́ːrd] **자기 원장** 회계용 원장 카드 뒷면에 자기 스트라이프를 형성한 것. 스트라이프의 폭, 개수 등은 기기에 따라 다르지만 6.3~12.7mm 폭인 것이 많다. 원장 자체는 A4판 이상의 고급지이고 표면에는 통상의 기재를 하며, 자기 스트라이프에는 미리 불변의 데이터를 써놓고 업무 결과에 따라 변동 데이터로 바꾸어 쓴다. 급여 계산, 재고 관리, 원가 계산 등에 이용된다.

magnetic mark reader[–mɑ́ːrk ríːdər] **자기식 표시 판독기** 자기 연필로 표시하고 이것을 자화(磁化)하여 읽을 수 있게 되어 있는 판독기. 즉, 일정한 난에 자기 연필을 이용하여 마크를 칠함으로써 정보를 표현한 카드를 읽는 입력 장치. 마크를 자화해서 자기적으로 읽으므로 카드의 오염 등에 방해받지 않는 장점이 있다. 원시 입력에 이용된다. 광학 마크 판독기(OMR)에 비해 지면이 깨끗하게 유지된다.

magnetic mass storage system[–mǽs stɔ́ːridʒ sístəm] **자기 테이프형 초대용량 기억 장치** ⇨ mass storage system

magnetic material[–mətí(ː)riəl] **자성체** 사각형 히스테리시스 특성의 강자성 박막을 자성면으로 하고, 그 자성면을 부분적으로 자화함으로써 정보를 기록할 수 있는 물질. 예를 들어, 강자성체는 미세한 철 산화물을 얇게 입힌 것과 니켈-코발트 합금을 기판 표면에 도금한 것이 있다.

magnetic media[–míːdiə] **자기 매체**

magnetic memory[–méməri(ː)] **자기 기억 장치** 강자성체가 지니고 있는 자속의 방향에 따라서 정보를 기억하는 장치. 비휘발성 메모리로 사용되는 자기 코어, 자기 버블 및 보조 기억 매체(자기 디스크, 자기 테이프 등)로 널리 이용되고 있는 자성막 기억 장치가 있다.

magnetic optical character reader[-ɑ́ptikəl kǽrəktər ríːdər] **자기 광학 문자 판독기** ⇨ optical character reader

magnetic record[-rikɔ́ːrd] **자기 기록** 자성체의 표면에 자기 헤드를 고정시키고 자기 코일에 전류를 흘려 자성체를 포화할 때까지 자화(磁化)하면 그 자계의 방향에 따라 자화된 상태가 그대로 보존되는 성질을 이용하여 정보를 기록하는 것. ⇨ magnetic recording

magnetic recording[-rikɔ́ːrdiŋ] **자기 기록** 자화(磁化) 가능한 물질의 일부분을 선택적으로 자화함으로써 데이터를 기억하는 기법.

magnetic recording medium[-míːdiəm] **자기 기록 장치**

magnetic resonance[-rézənəns] **자기 공명(共鳴)** 물질의 구조를 알기 위해 그것을 마이크로파 영역의 고주파 자계 중에 두고 원자핵 또는 전자가 갖는 자기 모멘트에 의한 공명 주파수를 측정하는 방법. 전자의 경우를 핵자기 공명(NMR), 후자의 경우를 전자 스핀 공명(ESR)이라 한다.

magnetic shift register[-ʃíft rédʒistər] **자기 이동 레지스터** 자기 코어를 2진 기억 요소로 사용하고 그 내부에서 2진 정보가 좌우로 이동되는 레지스터. ⇨ shift register

magnetic slot reader[-slɑ́t ríːdər] **자기 슬롯 판독기**

magnetic storage[-stɔ́ːridʒ] **자기 기억 장치** 물질의 자기 특성을 이용한 기억 장치. 자기 코어, 자기 디스크, 자기 테이프, 자기 드럼 기억 장치 등이 있으며, 여러 가지 자성체를 사용하여 데이터의 기록, 보관, 인출을 가능하게 한 것의 총칭.

magnetic storage tape[-téip] **자기 저장 테이프** 점의 형태로 자성된 띠 상태의 정보를 저장하는 자성체로, 표면 처리한 테이프를 사용하는 기억 장치.

magnetic store[-stɔ́ːr] **자기 기억 장치**

magnetic strip[-stríp] **자기 스트립** 자성 재료를 도포한 플라스틱 카드를 이용한 대용량 기억 장치. 이것은 기억 용량이 크고 비트당 가격이 저렴하지만 호출 시간이 길다는 단점이 있다.

magnetic strip card[-kɑ́ːrd] **자기 스트립 카드** 신용 카드나 전화 카드와 같이 얇은 플라스틱 카드에 자성체 물질을 띠 모양으로 칠하고, 여기에 필요한 정보를 기록하여 읽고 쓸 수 있게 한 것.

magnetic stripe recording[-stráip rikɔ́ːrdiŋ] **자기 줄 기록** 문서나 카드 상에 줄 형태로 배치된 자성체에 기록하는 것.

magnetic strip reader[-stríp ríːdər] **자기 스트립 판독기** 일상 생활에서 도어 키, 지하철 검표기 등에 널리 사용되고 있는 자기 카드나 기타 검사용 물체의 스트립을 판독하는 장치.

magnetic tag[-tǽ(ː)g] **자기 가격표** 상품에 붙이는 가격표에 자기 기록을 응용하여 가격 등의 정보를 기계로 판독할 수 있게 한 것. 상질지를 베이스로 하여 그 위에 자성막을 칠하고, 다시 그 위에 백색의 얇은 막을 씌웠다. 지면에는 상품명, 판매가를 표시하고 자성막에는 디지털 신호로 상품명, 판매가, 이익, 사입 기일, 사입선 등의 코드를 써넣는다. 후자는 상품 판매시에 회계기에 연결된 자기 판독 펜으로 읽고 실시간 처리한다.

magnetic tape[-téip] **MT, 자기 테이프** 마일러(Mylar) 등의 표면에 자성 재료를 도포하고 이것을 띠 모양으로 가공한 것으로서 기록 밀도는 1inch (2.54cm)당 800~6,250자, 길이는 1,200feet 또는 2,400feet로 폭 1/2inch의 것이 있다. 또 자기 테이프는 간단하게 조작할 수 있고 가격이 싸기 때문에 대량 데이터 취급에 적합하며 기록 매체로 널리 이용되어 왔다.

〈자기 테이프〉

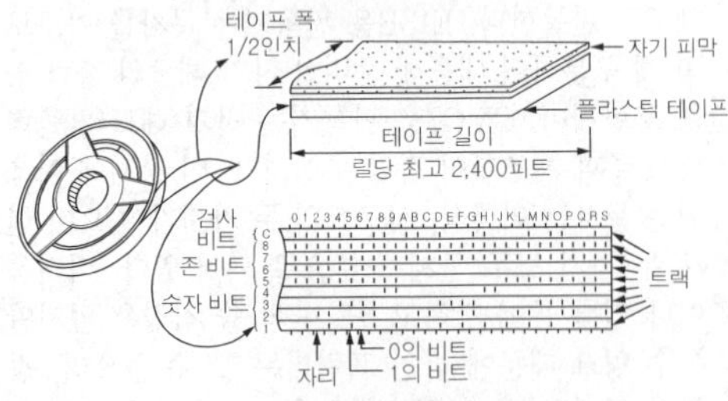

〈자기 테이프의 구조〉

magnetic tape cartridge[-kɑ́ːrtridʒ] **자기 테이프 카트리지** 자기 테이프와 그것을 수용하는 용기가 일체가 된 기능 단위로서 자기 테이프의 분리 없이 처리할 수 있도록 한 것. ⇨ magnetic tape cassette, cassette, cartridge

magnetic tape cassette[-kəsét] **자기 테이프 카세트** 자기 테이프를 카세트에 수용한 것으로서 레코더에 넣어 외부 기억 장치로서 자료의 읽기와 기록이 가능한 기록 매체. 값이 싸기는 하나 데이터를 기억시키는 데 시간이 걸린다.

magnetic tape cassette drive[-dráiv] **자기 테이프 카세트 장치** 자기 카세트 테이프를 움직여 기록하고 판독하기 위한 장치. 테이프 구동은 캡스턴(capstan)에 의한 것이 대부분이지만 때로 림(rim) 구동에 따르는 것이 있다. 테이프 주행 속도는 38cm/s 정도로 한정되며 일반적으로 고속이 아니다. 보통의 자기 테이프 구동 장치와 같은 자기 테이프 완충 장치는 설치되어 있지 않다. 입력 장치, 전송 장치 등으로 사용되며 특히 휴대용도 있다. ⇨ magnetic tape cartridge

magnetic tape cassette unit[-jú:nit] **자기 테이프 카세트 장치** 카세트 주행 기구, 자기 헤드 및 거기에 부수되는 제어 기구를 포함하는 장치. 컴퓨터나 키 투 세트 테이프 상에 데이터를 기록하거나 그것에 기록되어 있는 데이터를 판독해내는 장치. ⇨ cassette unit

magnetic tape code[-kóud] **자기 테이프 코드** 특정한 문자를 나타내기 위하여 어떤 자화 형태를 이용할 것인가를 정해놓은 것. 즉, 자기 테이프에 정보를 저장할 때 사용하는 코딩 규칙을 말한다.

magnetic tape controller[-kəntróulər] **자기 테이프 제어 장치**

magnetic tape control unit[-kəntróul jú:nit] **자기 테이프 제어 장치** 테이프의 감기, 되감기, 판독/기록 헤드의 동작을 제어하는 자기 테이프와 컴퓨터 간에 데이터의 전송을 담당하는 장치.

magnetic tape deck[-dék] **자기 테이프 구동 기구** 자기 테이프에서 데이터를 판독하거나 자기 테이프에 기록할 수도 있는 판독/기록 헤드와 테이프 주행 장치의 일체.

magnetic tape density[-dénsiti(:)] **자기 테이프 밀도** 자기 테이프의 2.54cm(1인치)에 기록할 수 있는 문자의 수. 자기 테이프의 일반적인 기록 밀도는 1인치당 1,600자인 것이 많다.

magnetic tape device[-diváis] **자기 테이프 장치** 자기 테이프를 구동하여 그 동작을 제어하는 기구. ⇨ tape drive, (magnetic) tape transport (mechanism), (magnetic) tape deck

magnetic tape drive[-dráiv] **자기 테이프 주행 기구, 자기 테이프 장치** 자기 테이프를 주행시키고 그 움직임을 제어하는 기구.

magnetic tape file[-fáil] **자기 테이프 파일** 넓은 의미로는 중간 처리에 사용되는 스크래치(scratch) 테이프나 작업 테이프를 일컫기도 하는데, 일반적으로 순차적으로 나열된 정보를 내포한 자기 테이프를 의미한다.

magnetic tape file check[-tʃék] **자기 테이프 파일 점검** 컴퓨터 계산 시간의 낭비나 사람의 개입 없이 불완전한 테이프에 대한 하드웨어 점검.

magnetic tape group[-grú:p] **복식 자기 테이프 장치** 하나의 캐비닛에 조립된 복수 개의 자기 테이프 장치로서 각 구동 기구(deck)는 독립적으로 움직이지만 때로는 중앙 처리 장치와의 통신을 위해 인터페이스 채널을 공유하여 사용할 수도 있다.

magnetic tape handler[-hǽndlər] **자기 테이프 장치** ⇨ magnetic tape unit

magnetic tape head[-hé(:)d] **자기 테이프 헤드** 테이프로부터 데이터를 판독하거나 테이프에 데이터를 기록하는 기구로서 자기 테이프 장치의 일종이다.

magnetic tape label[-léibəl] **자기 테이프 레이블** 자기 테이프의 내용을 나타내주는 문자(영문자와 숫자 포함)의 집합. 자기 테이프의 처음과 끝에 붙여지는 특수한 레코드. 자기 테이프 상의 파일 전후에는 레이블이라고 불리는 특별한 레코드를 넣도록 되어 있다. 그 테이프에 수록되어 있는 데이터에 대한 정보가 기록된다. 상이한 컴퓨터 시스템 상호간에 데이터를 교환하기 위하여 테이프 레이블이 흔히 사용된다. 데이터를 서로 교환하려면 모든 시스템이 같은 방법으로 테이프 파일을 인식할 필요가 있다. 자기 테이프의 레이블 부여 규칙은 표준화되어 있다.

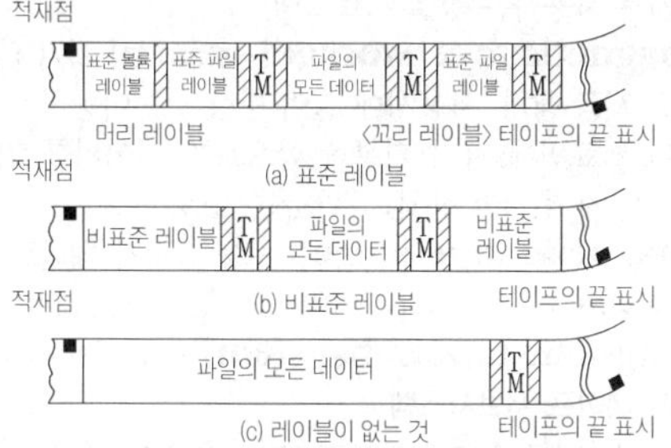

〈자기 테이프 레이블의 종류〉

magnetic tape leader[-lí:dər] **자기 테이프 시작부** 테이프 시작 마크 앞에 있으며 자기 테이프를 끌어내기 위해서 사용되는 자기 테이프의 부분. ⇨ leader

magnetic tape librarian[-laibrέ(:)riən] **자기 테이프 라이브러리언** 시스템 수퍼바이저가 한 프로그램씩 차례로 시행할 수 있도록 자동으로 조작하는 데 필요한 정보를 제공하고, 프로그래머에게는 프로그램이 시행될 실제적 순서를 제어할 수 있도록 하는 것.

magnetic tape library[-láibrəri(:)] **자기 테이프 라이브러리** 자기 테이프 파일이 저장되어 있

는 장소 또는 테이프 릴의 할당이나 취급을 관리하기 위해 보존되는 문서적 기록이나 기계의 상태 기록 등 필요한 것을 포함하고 있는 테이프 그 자체.

magnetic tape parity[–pǽriti(ː)] **자기 테이프 패리티** 자기 테이프 상에 데이터를 전송할 때 발생하는 오류를 검사하는 기술. 예를 들어, 테이프 상에 문자가 기록될 때 패리티 비트를 문자에 붙여서 이것에 의해 검사한다.

magnetic tape plotting system[–plɑ́tiŋ sístəm] **자기 테이프 플로팅 시스템** 숙련을 요하지 않고 용도가 매우 다양하며 신뢰성이 높고, 완전 자동으로 자기 테이프에 기록된 데이터에 의해서 디지털 증분 플로터를 제어하고 연속 곡선, 점으로 도형을 작성 · 조정하며 다양한 서브시스템으로 부호, 문자, 숫자, 스케일 표시를 작성하는 시스템

magnetic tape reader[–ríːdər] **자기 테이프 판독기** 자화된 점의 연속된 형태로 자기 테이프에 기록된 정보를 검증할 수 있는 장치.

magnetic tape reel[–ríːl] **자기 테이프 릴** (1) 자기 테이프의 물리적인 특징을 유지하기 위해서 사용되는 릴. 이 테이프는 보통 1.27cm(1/2인치)폭으로, 751.52m(2,400피트)의 길이를 갖는다. (2) 자기 테이프를 감는 둥근 기구.

magnetic tape sorting[–sɔ́ːrtiŋ] **자기 테이프 정렬** 정렬하는 동안 자기 테이프를 보조 기억 장치로 사용하는 정렬 프로그램.

magnetic tape storage[–stɔ́ːridʒ] **자기 테이프 저장 장치** 사용시에 길이 방향으로 이동하는 테이프 표면에 자기 기록을 함으로써 데이터를 기억하는 자기 기억 장치. ⇨ tape storage

magnetic tape store[–stɔ́ːr] **자기 테이프 기억 장치** ⇨ magnetic tape storage, tape storage

magnetic tape subsystem[–sʌ́bsìstəm] **자기 테이프 서브시스템**

magnetic tape system[–sístəm] **자기 테이프 시스템** 자기 테이프 시스템은 순차적으로만 자료를 기억시키거나 정보를 얻어낼 수 있으므로 빈번히 접근할 필요가 없는 대량의 자료나 정보를 저장하는 데 적합하다. 용량이 큰 기억 장치로서 테이프 주행 장치와 제어 회로로 구성된다.

magnetic tape terminal[–tə́ːrminəl] **자기 테이프 단말 장치** 자기 테이프 단말 장치는 문자 펄스를 직렬 비트 형태에서 병렬 비트 형태로 바꾸어 주고, 반면에 기수 패리티 검사를 하고, 코드를 버퍼 기억 장소에 수록시키기 위하여 적절한 자기 테이프 코드로 변환한다. 메시지 마지막에는 세로 패리티 계수가 점검되는데, 이 기능을 수행하는 자기 테이프 단말 장치의 내부를 결합기라고 한다. 자기 테이프 단말 장치의 결합기는 데이터 회선 단말 장치와 비슷한 기능을 한다.

magnetic tape trailer[–tréilər] **자기 테이프 종단부** 테이프 종단 마크 후면에 있는 자기 테이프 부분. ⇨ trailer

magnetic tape transport[–trænspɔ́ːrt] **자기 테이프 구동 기구** 자기 테이프를 주행시켜 그 움직임을 제어하는 장치.

magnetic tape unit[–júːnit] **MTU, 자기 테이프 장치** 자기 테이프에 기록된 데이터의 판독 및 자기 테이프로의 입력을 행하는 장치. 자기 테이프를 풀어내는 릴(reel)과 테이프를 감아넣는 릴 두 가지가 있으며 테이프를 주행시키면서 판독(read)/기록(write)한다. 테이프 릴을 간단하게 바꿀 수 있으므로 기억 용량을 얼마든지 크게 할 수 있다. 기록 단위당 가격이 싸고, 릴에 감긴 상태에서 테이프가 처리되므로 장소를 차지하지 않고 보관과 운반에도 편리하다. 보조 기억 장치, 때로는 입출력 장치로서 중요한 자리를 차지하고 있다. 정보를 기록하고 판독하기 위한 자기 헤드와 그를 위한 전자 회로, 자기 테이프 구동을 위한 캡스턴, 구동 방식에 따라서는 이것에 수반하는 핀치 롤러 및 브레이크 릴의 구동부, 테이프의 완충부 등으로 구성된다. 테이프 구동 방법에 따라 핀치 롤러식, 공기 캡스턴식, 싱글 캡스턴식 등이 있다.

[주] 테이프 주행 기구, 자기 헤드 및 거기에 부수되는 제어 기구를 포함하는 장치.

magnetic tape volume[–vɑ́ljum] **자기 테이프 볼륨**

magnetic thin film[–θín fílm] **자기 박막** 금속판 또는 유리판 표면에 얇은 막 모양을 한 자성 재료를 증착 또는 도금한 것으로서 논리 소자나 기억 소자로 이용된다. 박막의 제곱인치당 수천 비트의 정보를 기억시킬 수 있다.

magnetic thin film memory[–méməri(ː)] **자성 박막 기억 장치** 축의 방향에 따라 성질이 다른 것을 이용한 강자성 금속 박막을 사용한 정적 기억 장치. 일반적으로 고속으로 비파괴 판독이 가능하다. 코어 기억 장치보다 고속이며(2~3ns) 대량 생산이 가능하여 한때는 주기억 장치로서 주목받았으나 집적 회로 기술의 발달로 인해 근래에는 LSI로 대체되고 있다.

magnetic thin film storage[–stɔ́ːridʒ] **자기 박막 기억 장치**

magnetic thin film store[–stɔ́ːr] **자기 박막 기억 장치**

magnetic ticket[–tíkət] **자기 승차권** 지하철 등의 자동 개찰용 승차권으로 승차권 한쪽 면이 자

기 피막으로 되어 있다.

magnetic track[–trǽk] **자기 트랙** 자기 기억 장치의 표면층의 트랙. ⇨ track

magnetic wire[–wáiər] **자기 와이어** 1957년 매사추세츠 공과 대학에서 개발한 기억 소자의 일종으로 크라이오트론이 대표적이다.

magnetic wire storage[–stɔ́:ridʒ] **자성선 기억 장치** ⇨ plated wire storage

magnetic wire store[–stɔ́:r] **자성선 기억 장치** 전자적 판독/기록 헤드에 의해 데이터가 가느다란 금침에 기록되는 기억 장치.

magnetographic printer[mgnì:tougrǽfik príntər] **자기 도형 프린터, 자기 도형 인쇄 장치**

magneto-optical disk[mægní:tou ɑ́ptikəl dísk] **광자기 디스크** 레이저와 자기로 데이터의 기록과 소거가 가능한 대용량의 기억 장치. 레이저에 의한 열과 자기장을 써서 디스크면의 자화 방향을 바꿔줌으로써 데이터를 기록한다. 5인치의 디스크에 약 600MB의 기억 용량을 가진다.

magneto-optical disk storage[–stɔ́:ridʒ] **광자기 디스크 기억 장치**

magneto-optical recording[–rikɔ́:rdiŋ] **광자기 기록**

magnet optical ⇨ MO

magnet-optical media[–mí:diə] **광자기 매체** 자기 박막의 광자기 효과와 열자기 효과를 이용한 보조 기억 장치. 소거와 재기록을 할 수 있고 PC에서도 사용된다. 예로 MO 디스크나 HS 디스크, PD 등이 있다. 기억 매체의 크기는 3.5인치 또는 5.25인치로, CD나 LD(레이저 디스크) 등도 액세스할 수 있는 것이 개발되어 있다. 쓰기/읽기 속도는 하드 디스크와 플로피 디스크의 중간으로 PC 본체에 내장할 수 있는 것도 있다. ⇨ hard disk, MO, optical disk

magneto resistive head[mægní:tou rizístiv héd] **MR 헤드** ⇨ MR head

magneto stiction[–stíkʃən] **자기 뒤틀림** 어떤 물체가 자장에 놓이면 자장 방향으로 길이가 늘어나고, 자장이 소멸되면 원래 길이로 되돌아오는 현상.

magneto strictive acoustic delay line [–stríktiv əkú:stik diléi láin] **자기 왜곡 음파 지연선** 전기 신호와 음파의 상호 변환을 행하기 위하여 자기 왜곡 효과를 갖는 물질이 사용되는 음파 지연선.

magneto strictive delay line[–diléi láin] **자기 왜곡 지연선** 자기 왜곡 현상(자기 뒤틀림 현상)을 이용한 지연선. 선재(線材)로는 보통 순 니켈이 사용된다. 전파 속도는 약 5km/s.

magneto strictive effect[–ifékt] **자기 왜곡 효과** 어떤 종류의 물질이 자화(磁化)되었을 때 볼 수 있는 효과로서 물리적 뒤틀림이 명백히 나타나고 기계적인 응용력은 더해진 자장의 제곱에 비례하는 것. 이러한 성질은 전기 신호를 음파로 변환할 경우에 응용된다.

magnetron[mǽgnətrɑ̀n] *n.* **마그네트론** 원통형 양극과 그것과 동심인 음극으로 구성된 2극관으로 마이크로파를 발생시키는 데 사용된다.

magnetronic inventory control system[mǽgnətrɑ̀nik ínvəntɔ̀(:)ri(:) kəntróul sístəm] **전자 재고 관리 시스템** 공장 중앙에 대용량의 자기 드럼 기억 장치를 가진 전자 두뇌를 장치하고 말단의 창고에 조회용 키 세트를 다수 설치하여 이 두 장치를 유선으로 연결한 것으로서 키 세트로 필요한 데이터를 조회하면 그 원료의 재고량 또는 소요량이 있는지 없는지를 램프로 표시해주는 시스템.

magnitude[mǽgnitjù:d] *n.* **절대값, 크기, 진폭** +10과 −10은 같은 절대값을 나타낸다. 즉, 부호와는 관계하지 않은 양의 크기를 말한다.

magnitude comparator[–kɑ́mpərèitər] **절대값 비교기** 논리 연산에서 정보의 절대값 크기를 비교하는 장치로서 비교 결과에 따라 대소 관계를 나타내는 신호를 발생한다.

magnitude comparison[–kəmpǽrisən] **진폭 비교** 두 개의 입력 파형에 대하여 또는 하나의 입력 파형과 어떤 정해진 기준에 대하여 그 진폭의 대소 또는 진폭차가 어느 정도인가를 나타내는 것.

magnitude transition[–trænzíʃən] **진폭 변동** 규정된 어떤 진폭에서 규정된 다른 진폭으로 변화하는 것. 특별한 규정이 없을 때는 미계수 0에서 다음의 미계수 0인 지점까지의 진폭 변화를 말한다.

mag strip[mǽg stríp] **자기 띠** ⇨ magnetic strip

mag tag[–tǽ(:)g] **자기 가격표** ⇨ magnetic tag

mag tape[–téip] **자기 테이프** 자기 테이프를 나타내는 속어적인 표현. ⇨ magnetic tape

mail[méil] *n.* **편지** 많은 사람들이 사용하는 컴퓨터에서 그 사용자 사이의 메시지나 호스트 컴퓨터에서 모든 사용자에게 보내는 통보를 일컫는다. 많은 사람이 사용하기 때문에 어느 특정한 사람에게 보내는 우편은 다른 사람이 액세스(access)할 수 없도록 되어 있다. 이와 같은 컴퓨터 시스템에서 사용되는 우편을 전자 우편(E-mail)이라고 한다. ⇨ E-mail

mail address[–ədrés] **우편 주소** 인터넷 상의 전자 우편 수신처. PPP@xxx.co.kr과 같이 사용자명@도메인명으로 구성된다.

mail bomb[-bɑ́m] **메일 폭탄** 이용자들이 원치 않는 많은 양의 전자 우편을 발송하여 메일 박스를 가득 채우거나 메일 서버를 폭주시킬 정도로 많은 양의 메일을 한꺼번에 발송하는 것.

mail box[-bɑ́ks] **메일 상자** 상이한 프로그램 또는 프로세스끼리 상호 통신을 꾀하기 위한 운영 체제가 가지는 접속 기구의 하나. 프로세스 P1이 프로세스 P2와의 통신 요구를 가질 경우 요구는 그 시점에서 운영 체제 중의 수퍼바이저에 의해 준비된 메일 상자의 슬롯에 통신문을 둠으로써 이루어진다. 프로세스 P2 임의의 시점에서 그것을 꺼내면 된다. 다수의 프로세스 간의 통신을 위한 메일 상자를 만드는 것도 가능하다.

mailbox[méilbɑ̀ks] *n.* **메일함** 전자 우편들을 저장해놓는 저장소.

mail bridge[-brídʒ] **메일 브리지** 서로 다른 통신망으로 연결된 컴퓨터 간에 전자 우편을 교환하려면 다른 컴퓨터 통신망의 경계를 통과해야 한다. 전자 우편이 서로 다른 두 개 이상의 통신망 사이를 거쳐야 할 때, 이들 사이에 전자 우편을 중재하는 게이트웨이를 말한다.

mail connector[-kənéktər] **수 커넥터** 케이블의 커넥터 중 핀이 달린 쪽의 연결자. 즉, 플러그를 말한다.

mailer[méilər] **메일러** 인터넷 등의 전자 우편 전용 소프트웨어의 약칭. 메일 리더, 메일 핸들러, 사용자 에이전트(UA ; user agent)라고도 한다.

mail folder[méil fóuldər] **메일 폴더**

mail friend[-frénd] **메일 친구** 전자 우편으로 펜팔하는 네트워크 상의 친구. 인터넷의 보급과 더불어 다양한 관계의 네트워크가 형성되고 있지만, 친구라고 해서 실제로 대면한 적이 있는 사람만을 가리키는 것은 아니다.

mail gateway[-géitwèi] **우편 게이트웨이** 비슷하거나 비슷하지 않은 전자 우편 시스템 사이를 연결하여 그들 사이에서 메시지를 번역하고 전달하는 컴퓨터.

mailing list[méiliŋ list] **우편 리스트** 여러 모임으로 메시지를 보내기 위해 사용되는 전자 우편 주소 목록. 비슷한 취미를 가지고 있는 사람 등 공통 관심사를 가지고 있는 사람들끼리 서로 주고받는 전자 우편이 많기 마련이다. 이럴 때 같은 공통 관심사를 가지고 있는 사람들을 그룹으로 묶어 이 그룹명을 별명(alias)으로 설정하여 전자 우편을 보낼 수는 있지만, 이런 경우는 각각의 그룹 가입자들이 모두 같은 그룹명에 대한 자신의 별명을 설정해 주어야 한다는 번거러움이 있다. 이러한 번거러움을 해소하기 위해 리스트서브(listserv)라는 그룹 전자 우편 관리 시스템을 두어, 그룹이 속해 있는 리스트서브에 전자 우편을 보내면 해당 그룹에 속해 있는 모든 구성원들이 그 전자 우편을 받게 할 수 있다.「mailing list」에서「list」는 관심 그룹명을 의미하고「mailing」은 그 관심 그룹 구성원에게 자동으로 전자 우편을 보내준다는 의미이다.

mailing list program[-próugræm] **편지 처리 프로그램** 편지를 보내기 위해 수신자의 성명, 주소, 관련 데이터를 기억하고 출력을 만들어내는 프로그램.

mailing list service[-sə́:rvis] **우편 리스트 서비스** 인터넷의 전자 우편 기능을 이용하여 다수의 사용자에게 같은 내용의 편지를 보내는 서비스. 두 종류의 서비스가 있는데, 그 중 하나가 뉴스레터 구독과 같은 서비스이다. 사용자가 구독하려는 뉴스레터를 발행하는 우편 리스트 서버(mailing list server)에 참가 신청 전자 우편을 송신하면 메일 서버는 사용자의 전자 우편 주소를 리스트(우편 리스트)에 추가한다. 뉴스레터 발행자는 이 우편 리스트에 등록된 사용자에게 정기적으로 또는 간헐적으로 전자 우편을 송신한다. 또 다른 서비스는 BBS(bulletin board system)를 이용하는 서비스이다. 사용자가 우편 리스트 서버에 등록하기까지는 뉴스레터 구독 방법과 동일하지만 등록 사용자 스스로가 정보를 발신할 수 있다는 점이 다르다. 등록된 사용자는 우편 리스트 서버로 전자 우편을 송신하면 우편 리스트 서버가 자동적으로 다른 등록 사용자에게 수신 전자 우편을 전송하는 방식으로 구현된다. 이 때 가입자 수가 많아지면 우편 리스트 서버의 부하가 커지고, 그 사용자는 하루에 몇백 통의 전자 우편을 받아야 하므로 넷뉴스를 이용하는 것이 좋다.

mailing program[-próugræm] **우편 프로그램** (1) 고객이나 회원 명부 등의 데이터 파일을 처리하여 그들에게 발송할 편지를 인쇄하는 프로그램. (2) 전자 우편과 같이 컴퓨터를 써서 사용자들 상호간에 서신 형식으로 메시지를 주고받을 수 있게 해 주는 프로그램.

mailing server[-sə́:rvər] **우편 서버** 전자 우편을 통해 받은 요청(request)을 처리하여 파일과 정보를 보내는 소프트웨어.

mail log[méil lɔ́(:)g] **우편 기록**

mail log usage counter[-jú:sidʒ kɑ́untər] **우편 기록 사용 계수기**

mail merge[-mə́:rdʒ] **편지 부침** 하나의 레코드 파일과 다른 레코드 파일 간에 정보를 서로 교환하기 위하여 그 이름과 주소들을 결합하는 과정. 또는 이런 작업을 가능하게 하는 소프트웨어 용어.

mail message[-mésidʒ] **서신 메시지**

mail order model[–ɔ́:rdər mɑ́dəl] **우편 판매 모델** 통신 판매소의 카탈로그 배포에 대한 모델. 일상의 명부에서 일정 수의 고객에게만 카탈로그를 발송하려고 할 때 카탈로그를 받는 고객을 함수로 하여 상품 주문 수를 정확하게 예측하는 것. 이 모델은 시장 분석, 판매 예측에 응용된다.

mail queue[–kjú:] **메일 대기 행렬**

mail queue counter[–káuntər] **메일 대기 행렬 카운터**

mail reader[–rí:dər] **메일 리더** 전자 우편을 읽거나 작성하는 소프트웨어.

mail software[–sɔ́:ftwὲər] **메일 소프트웨어** 메일의 수신/송신, 관리 등에 사용되는 소프트웨어로, 웹 브라우저 등에 포함되어 있는 것부터 메일만을 취급하는 것까지 시판품이나 프리웨어로 다수 존재한다. 메일러, 메일 리더, 메일 핸들러라고도 한다.

mail survey[–sərvéi] **우편 조사** 통계 조사의 하나로 조사 비용이 적게 드는 것이 장점이다. 우편으로 조사표를 송부하여 그 회답을 받는 방법. 회답이 없는 경우를 피할 수 없기 때문에 간단한 설문 조사 등에서 이용된다.

mail system[–sístəm] **메일 시스템, 우편 체제** 네트워크의 각 사용자는 각 컴퓨터 내에 유일한 이름의 우편함을 가지고 있어 같은 컴퓨터 또는 다른 컴퓨터에 있는 사용자에게 우편함을 이용하여 우편물을 보낸다. 여기에서 우편물이란 주로 텍스트를 말하며, 우편물의 주소는 우편함의 이름과 해당 컴퓨터의 이름을 사용한다. 즉, 분산 체제에서 여러 개의 컴퓨터가 통신 네트워크를 통해 서로 연결되었을 때 각 컴퓨터가 서로 다른 컴퓨터와 정보를 교환할 수 있도록 구성한 통신 체제를 말하며, 이러한 기능을 전자 우편이라고도 한다.

mail transfer agent [–trænsfɔ́:r éidʒənt] **메일 전달 에이전트** ⇨ MTA

main[méin] *a*. **주요한**

main board[–bɔ́:rd] **본 기판, 주기판, 메인 보드**

main board chipset [–tʃipsét] **메인 보드 칩셋** 메인 보드의 가장 중요한 부품인 칩셋은 버스와 입출력을 관장하는 핵심 부품이다. 현재의 메인 보드들은 거의 모두 PCI 버스를 사용하고 있다. 인텔에서 주창한 PCI 버스는 32비트의 데이터 전송을 실현하는 고속 버스 기술이다. 그런 이유로 현재 메인 보드들에는 인텔의 칩셋이 주를 이루고 있다.

main command menu[–kəmɑ́:nd ménju:] **주명령 메뉴**

main control[–kəntóul] **주 제어**

main control program[–próugræm] **주 제어 프로그램** 컴퓨터의 대형화로 인해 제어 프로그램이 수행하는 기능이 복잡해짐에 따라 기능적으로 독립한 모듈로 나누어서 제어 프로그램이 구성된다. 주 제어 프로그램이란 그러한 모듈을 연결하는 중핵적 제어를 행하는 것이다. 입출력에 관해서는 인터럽트 관계의 체크, 다중 프로그래밍에서는 프로그램 간의 제어의 이행 등을 감시한다.

main control unit[–jú:nit] **주 제어 장치, 주 제어 기구** 하나의 컴퓨터에 두 개 이상의 명령 제어 장치가 있는 경우 어떤 주어진 시간에서 다른 모든 명령 제어 장치를 종속시키는 명령 제어 장치.
[주] 명령 제어 장치는 하드웨어나 하드웨어와 소프트웨어에 의해 주 제어 장치로 지정될 수 있다. 어떤 시점에서 주 제어 장치였던 것이 다른 시점에서 종속 제어 장치로 되는 경우도 있다.

main distributing frame[–dístribjù(:)tiŋ fréim] **MDF, 주배선반**

main entry point[–éntri(:) pɔ́int] **주입구점**

main frame[–fréim] **본체** 대형 컴퓨터. 원래 중앙 처리 장치(CPU)를 나타내는 단어이지만, 현재는 CPU를 포함하는 컴퓨터의 캐비닛 전체 또는 대형 컴퓨터를 나타내는 단어로 사용된다.

main frame computer[–kəmpjú:tər] **대형 컴퓨터** 기억 용량이 크고 처리 속도가 빠르며, 다수의 사용자가 동시에 이용할 수 있는 대규모 컴퓨터.

main frame maker[–méikər] **본체 제조업체** 컴퓨터의 본체(CPU)를 제작하는 메이커.

main internal memory[–intə́:rnəl méməri(:)] **주내부 기억 장치** 단어마다 어드레스가 부여되고 컴퓨터 본체가 직접 그것을 지정하여 정보를 기록하거나 판독할 수 있는 내부 기억 장치를 말한다. 고속인 것이 생명이고 제2세대 컴퓨터에서는 자심(磁心) 기억 장치나 자성 박막 기억 장치가 이것에 해당하지만 제4세대의 컴퓨터에서는 LSI 기억 장치가 이에 해당된다.

main-line[–láin] **메인 라인** 프로그램의 근간이 되는 부분.

main-line program[–próugræm] **메인 라인 프로그램** 복수 개의 기능 모듈로 구성된 프로그램에서 다른 모듈들의 수행을 제어하는 모듈.

main memory [–méməri] **주기억 장치** 컴퓨터 본체의 구성 요소의 하나이며, 프로그램과 데이터를 저장하기 위한 기억 장치. 일반적으로 바이트 단위로 주소가 부여되어 있다. 이것을 CPU가 직접 접근해서 명령이나 데이터를 레지스터에 넣고 명령을 실행하거나 데이터를 조작한다.

main memory storage[–stɔ́:ridʒ] **주기억 장치** 프로그램이나 데이터를 수용하는 영역. 8비트의 퍼스널 컴퓨터이면 8비트마다, 16비트의 퍼스널 컴퓨터이면 16비트마다 구분되어 번지가 매겨져 있다. CPU(중앙 처리 장치)는 직접 여기에 접근하여 명령어를 판독하고 실행한다.

main memory stack[–stǽk] **주기억 스택**

main memory unit[–jú:nit] **주기억 장치** 수행되고 있는 프로그램과 수행에 필요한 데이터를 기억하고 있는 장치로서 제어 장치 및 연산 장치와 직접 데이터를 교환할 수 있다.

main menu[–ménju:] **주메뉴** 응용 프로그램 등에서 맨 처음에 표시되는 기능 선택 화면. 윈도에서의 메뉴 바에 표시되어 있는 메뉴와 같은 것.

main operation[–àpəréiʃən] **주연산** 어떤 장비가 수행하는 주된 응용이나 처리 절차.

main page pool[–péidʒ pú:l] **메인 페이지 풀**

main pass[–pǽs] **메인 패스, 주패스** 프로그램을 실행할 때의 주경로로 처리 도중의 조건에 따라 선택 분기되는 경로와는 구별된다.

main path[–pǽθ] **주경로** 컴퓨터에서 프로그램의 논리와 데이터의 성격에 의해 제시되는 루틴의 주요 경로나 행로.

main procedure[–prəsí:dʒər] **주절차**

main processor[–prásesər] **주프로세서, 주연산 처리 장치** 종속 프로세서 또는 전위 프로세서나 후위 프로세서와 대비되는 개념으로 컴퓨터 내부의 주된 작업이 이루어지며, 다른 종속 프로세서를 제어하는 일을 하는 프로세서를 말한다.

main program[–próugræm] **주프로그램** 하나의 프로그램 골격을 갖춘 부분으로 프로그램 중에서 가장 최초로 운영 체제에 제어가 미치는 부분을 포함하는 루틴. 보통 프로그램은 몇 가지의 순서나 함수 모임으로 구성된다. 이 중 프로그램의 실행 개시점을 가진 것을 주프로그램이라고 한다. 이 프로그램에서 여러 가지 서브루틴이 호출되는 것도 있다. main routine이라고 불리기도 한다.

[주] 주루틴이라는 용어를 주프로그램의 의미로 사용하는 경우가 있다.

main routine[–ru:tí:n] **주루틴** 프로그램 루틴 중에 주된 루틴. 작은 프로그램에서는 하나의 루틴만으로 완성된 것도 있지만, 보통 프로그램 형태는 주루틴에서 호출된 수많은 서브루틴에 의해 구성되는 것이 많다.

main scheduler[–skédʒulər] **주스케줄러** 다중 프로그래밍을 사용한 온라인 리얼 타임 시스템에서는 일반적으로 트랜잭션(transaction)은 몇 개의 대기 행렬을 구성하고 있다. 하나의 트랜잭션 처리가 종료되는 것마다 이들 대기 행렬에서 다음으로 처리하여야 할 트랜잭션을 결정하는 루틴이 있는데, 이것을 주스케줄러라고 한다. 모든 프로그램은 처리가 완료되거나 파일 요구를 내어서 중단되거나 하면 이 주스케줄러로 제어를 옮긴다.

main station[–stéiʃən] **주스테이션** (1) 사용자가 자기의 시설에 이용하기 위해 회선을 빌려서 쓸 경우, 그 설비와 기입 회선의 인터페이스에 해당하는 주요 부분. (2) 독자적인 호출 번호를 가지며 중앙국과 직결된 전화기.

main storage[–stɔ́:ridʒ] **주기억 장치** 컴퓨터의 중앙 처리 장치(CPU)가 그것을 직접 지정하여 정보를 입력하거나 판독할 수 있는 내부 기억 장치(internal storage)를 말한다. 실행되는 프로그램이나 데이터가 여기에 저장된다. 고속인 것이 생명이고, 제2세대의 컴퓨터에서는 자심 기억 장치나 자성 박막 기억 장치가 여기에 해당되지만 제4세대의 컴퓨터에서는 LSI 기억 장치가 해당된다. primary storage라고도 한다.

[주] 명령 또는 그 외의 데이터를 계속 실행 또는 처리하기 위해서 프로그램에 의해 어드레스로 지정되는 기억 장치이고, 그 기억 장치에서 레지스터(register)로 직접 로드되는 것. ⇨ internal storage

main storage area[–έ(:)riə] **주기억 장치 영역**

main storage control[–kəntróul] **MSC, 주기억 장치 제어**

main storage controller[–kəntróulər] **주기억 제어 장치**

main storage data base[–déitə béis] **MS–DB, 주기억 데이터 베이스** 계층 모형 데이터 베이스 시스템인 IMS 데이터 베이스 시스템이 갖는 저장 구조의 한 형태로 처리되는 동안 루트만으로 이루어진 데이터 베이스 전체가 주(가상)기억 장치에 머물게 된다.

main storage dump[–dʌ́mp] **주기억 덤프**

main storage file segment[–fáil ségmənt] **대용량 기억 파일 세그먼트**

main storage hierarchy support[–háiərà:rki(:) səpɔ́:rt] **주기억 계층 원조**

main storage occupancy routine[–ákjupənsi(:) ru:tí:n] **주기억 점유 관리 루틴**

main storage operand[–ápərænd] **주기억 오퍼랜드**

main storage partition[–pa:rtíʃən] **주기억 구획**

main storage protection key[–prətékʃən kí:] **주기억 보호 키** 특정 주소에 대한 주기억 장치의 접근을 허가하는 키. 주기억 장치에 여러 개의 프로그램이 존재할 때 멀티태스크 운영 체제는 어떤 프로그램이 다른 프로그램의 메모리 내용에 부정한 방법으로 접근할 수 없도록 보호한다. 운영 체제는 각 프로그램에 주기억 보호 키를 할당하고, 프로그램은 이 키에 의해 접근을 허가하는 주기억 장치의 주소에 접근할 수 있다. 운영 체제는 이 기능을 통해 프로그램이 최종 사용자의 데이터를 파괴하지 못하도록 한다.

main storage region [–rí:dʒən] **주기억 영역**

main storage requirement [–rikwáiərmənt] **주기억 요구 사항**

main store [–stɔ́:r] **주기억 장치**

main system [–sístəm] **주시스템, 메인 시스템** 어떤 시스템이 몇 가지 서브시스템으로 구성되어 있을 때 핵심이 되는 시스템. 예를 들면, 제조업에서의 주시스템은 생산 시스템이다.

main system failure [–féiljər] **주시스템 고장**

maintainability [meinteinəbíliti(:)] *n.* **보수성, 보전성** 컴퓨터 시스템의 어디가 고장이 나면 사후 보수에 의해 그 고장 장소를 발견하여 그곳을 수리하지 않는 한 정상적인 운전으로 돌아오지 않는다. 이 시간을 고장 복구 시간 또는 보수 시간이라고 말하며 인간적 요소가 들어 있기 때문에 불확정한 것이지만 어느 정도 통계적인 현상으로서 취급될 수 있다. 어떤 고장이 발생했을 때 그것이 어느 시간 이내에 회복되는 확률을 그 시간에 관계하는 보수도라고 한다.

[주] 보수성, 보전성 : 결정되어 요구에 따라 수행된다. 기능 단위의 보수 용이도.

maintainability demonstration [–dèmənstréiʃən] **보전성 데몬스트레이션**

maintainability design [–dizáin] **보전성 설계**

maintainability design parameter [–pərǽmətər] **보전성 설계 파라미터**

maintainability design tradeoff [–tréidɔ̀(:)f] **보전성 설계 트레이드오프**

maintainability engineering [–èndʒəníəriŋ] **보전성 공학**

maintainability function allocation [–fʌ́ŋkʃən æ̀ləkéiʃən] **보전성 기능 할당**

maintainability parameter [–pərǽmətər] **보전성 파라미터**

maintainability prediction [–pridíkʃən] **보전성 예측**

maintainability prediction method [–méθəd] **보전성 예측법**

maintainability program [–próugræm] **보전성 프로그램**

main task [méin tá:sk] **주태스크** 다중 프로그래밍의 경우 구획 내의 주프로그램.

maintenance [méintənəns] *n.* **유지 보수** 요구된 기능을 다하도록 바르고 양호한 상태를 유지하는 것으로 컴퓨터 시스템 각각의 장치가 올바른 상태로 있도록 유지 보수하며 프로그램이 만족된 상태에서 실행될 수 있도록 하는 것. 특히 대형 컴퓨터에서는 그 유지 보수가 중요하기 때문에 유지 보수를 전문으로 하는 회사나 그 컴퓨터의 메이커와 유지 보수 계약(maintenance contract)을 맺는 경우가 많다. 단 컴퓨터를 임대한 경우 임대 계약 중에 유지 보수 계약이 포함되어 있는 것이 보통이다.

[주] 이 용어는 시험, 측정, 교환, 조정, 수리 등과 같은 활동을 실행함으로써 기능 단위를 지정된 상태로 유지하는 것을 포함하고 있다.

maintenance action analysis [–ǽkʃən ənǽlisis] **보전 액션 분석**

maintenance analysis procedure [–ənǽlisis prəsí:dʒər] **MAP, 유지 보수 분석 순서**

maintenance and management service [–ənd mǽnidʒmənt sə́:rvis] **보수·관리 서비스** 네트워크 상에서 오류가 발생할 경우 이를 기록하고 분석하는 서비스. 또한 각 자원이 원활하게 사용되고 있는가를 나타내는 수행 데이터를 수집한다.

maintenance and operation of programs [–àpəréiʃən əv próugræmz] **프로그램 유지·보수와 운용** 목적 프로그램의 마스터 파일 갱신, 수행될 프로그램의 선택, 그리고 검색과 생산 작업의 제어 등을 말한다.

maintenance and operator subsystem [–ápərèitər sʌ́bsìstəm] **MOSS, 보수 오퍼레이터 서브시스템**

maintenance assistance by remote teleprocessing system [–əsístəns bai rimóut téləpràsesiŋ sístəm] **MART, 원격 보수 지원 시스템**

maintenance channel [–tʃǽnəl] **보수 채널**

maintenance contract [–kántrækt] **보수 계약**

maintenance control mode [–kəntróul móud] **보수 제어 모드**

maintenance control panel [–pǽnəl] **보수 제어판** 특정 루틴의 실행 변화를 수리공이 알 수 있도록 그 실행 순서를 나타내는 표시등과 스위치가 장착되어 있는 판.

maintenance control signal [–sígnəl] **보수 제어 신호**

maintenance data collection system [–déitə kəlékʃən sístəm] **MDCS, 보전 데이터 수집 시스템**

maintenance device [–diváis] **보수 진단 장치**

maintenance downtime[–dáuntàim] **보수에 의한 운전 휴지 시간**
maintenance effectiveness[–iféktivnis] **보전 유효성**
maintenance effectiveness analysis[–ənǽlisis] **보전 유효성 분석**
maintenance effectiveness function[–fʌ́ŋkʃən] **보전 유효성 함수**
maintenance engineer[–èndʒəníər] **보수 기술자**
maintenance free[–frí:] **메인터넌스 프리, 보수 불필요** 보수를 필요로 하지 않는 방식의 제품 또는 시스템.
maintenance-hazard analysis[–hǽzərd ənǽlisis] **보수 해저드 분석**
maintenance information[–ìnfərméiʃən] **보전 정보**
maintenance learning curve[–lə́:rniŋ kə́:rv] **보전 학습 곡선**
maintenance management system[–mǽnidʒmənt sístəm] **보전 관리 시스템**
maintenance name[–néim] **보수 이름**
maintenance operation[–àpəréiʃən] **보수 연산** 갱신, 삽입, 삭제 등과 같이 데이터 베이스의 상태를 변경시키는 연산.
maintenance panel[–pǽnəl] **보수판, 유지 보수 패널** 컴퓨터 시스템 등의 장치와 보수 기술자 사이의 교환에 사용되므로 콘솔이나 제어반(盤)에서도 컴퓨터 내부의 상태가 상세하게 표시되어 각종 수동 조작이 가능하다.
[주] 장치의 일부분이고 그 장치와 보수 기술자 사이의 교환에 사용되는 것.
maintenance parameter[–pərǽmətər] **보전 파라미터**
maintenance power[–páuər] **보전력**
maintenance program[–próugræm] **유지 보수 프로그램** 시스템의 정상적인 운영을 확보하기 위해 각종 점검을 하는 테스트 프로그램. 이것은 시스템에 이상이 생겼을 때 장애의 식별이나 시스템을 재구성하는 장애 처리 프로그램과 장애 장치의 이상 장소를 발견하기 위한 진단 프로그램 등을 총칭한다.
maintenance programmer[–próugræmər] **보수 프로그래머** 컴퓨터에 설치되어 있는 프로그램을 관리하거나 보전하는 사람. 필요에 따라 프로그램을 변경하거나 교체하기도 한다.
maintenance ratio[–réiʃiòu] **보전율** 장치의 1시간 동작을 유지하는 데 필요한 정지 시간의 보전 인원 · 시간량.
maintenance resource[–risɔ́:rs] **보전 자원**
maintenance routine[–ru:tí:n] **보수 루틴** 소프트웨어나 하드웨어의 고장을 미리 방지하기 위해 사용되는 검사 프로그램 루틴.
maintenance scheduling[–skédʒuliŋ] **보전 스케줄링**
maintenance security[–sikjú(:)riti(:)] **유지 보수 보안**
maintenance service[–sə́:rvis] **유지 보수 서비스**
maintenance standby time[–stǽndbài táim] **유지 보수 대기 시간** 보수 기술진이 대기하는 시간이기는 하지만, 예정 시간표에 의한 보수나 기계 설비, 수리, 보충 수리 등에 관해 지정되어 있지 않은 시간으로 바쁘지 않은 시간.
maintenance strategy[–strǽtədʒi(:)] **보전 전략**
maintenance system[–sístəm] **유지 보수 시스템**
maintenance task[–tá:sk] **유지 보수 태스크**
maintenance time[–táim] **보수 시간** 컴퓨터 시스템 등의 하드웨어의 유지 보수에 걸리는 시간으로, 예방 유지 보수 시간과 수리 유지 보수 시간이 포함된다. 유지 보수 시간은 현장에 있어서 준비, 고장 탐색, 부품 입수, 수리, 교환, 조정, 교정, 점검, 주유(注油), 청소, 검사, 시험 등에 필요한 시간이다.
maintenance training system[–tréiniŋ sístəm] **유지 보수 훈련 시스템**
major[méidʒər] *a.* **주요한** 비교적 규모가 「크다」라는 의미. 또는 천공 카드(punched card)에 기록된 키(key)나 제어 데이터(control data)의 상대적인 중요성을 나타내는 경우도 있다.
major/activity token[–æktíviti(:) tóukən] **메이저/동기 토큰** 프레젠테이션층에서 상대편 프레젠테이션층과 통신할 때 활동자(activity)는 여러 개의 대화로 나뉘어질 수 있는데, 각 대화를 구분짓는 동기점을 상호간에 알리기 위한 수단.
major alarm[–əlá:rm] **메이저 알람**
major class field[–klá:s fí:ld] **메이저 클래스 필드**
major control change[–kəntróul tʃéindʒ] **고위 제어 변경**
major control field[–fí:ld] **메이저 제어 필드**
major cycle[–sáikl] **대주기** 순환 기억 장치에서 어느 장소의 열이 다시 되돌아올 때까지의 필요한 시간. 또는 dynamic store의 기억 매체가 1회전하기 위해서 필요한 시간.

major defect[−difékt] **중결점** 결점의 중요성을 감안하여 치명적은 아니지만, 제품이 목적하는 기능을 수행하기 어렵다고 예상되는 결점. 예를 들어, 컴퓨터 화면의 영상이 떨리는 것 등은 제품의 기능에 영향을 미친다.

majority[mədʒɔ́(:)riti(:)] *n*. **과반수** 여러 개의 사상 중 반보다 많은 사상이 참일 때의 결과는 참이 되며, 반 이하가 참일 때의 결과는 거짓이라는 논리적 성질. 논리 연산 기호의 하나.

majority carrier[−kǽriər] **다수결 캐리어** 평형 상태에서 총수의 반 이상을 차지하는 캐리어. n형 반도체의 경우에는 전자가, p형 반도체의 경우에는 정공(正孔)이 각각 다수 캐리어가 된다.

majority circuit[−sə́:rkit] **다수결 회로** 회로를 삼중화하여 3개 신호의 다수결에 의해서 잘못된 동작을 방지하는 회로.

majority decision element[−disíʒən éləmənt] **다수결 결정 소자** ⇨ majority decision gate

majority decision gate[−géit] **다수결 결정 게이트** 다수결 결정 논리 연산을 할 수 있는 게이트. 반수 이상의 입력이 참이면 결과는 참. 반수 이상의 입력이 거짓이면 결과는 거짓이 된다.

majority element[−éləmənt] **다수결 소자** 다수결 연산을 행하는 논리 소자. 홀수 개의 입력이 있고, 그 입력 중 1의 수가 0의 수보다 많을 때는 출력이 생성되는 논리 소자. ⇨ majority gate

majority function[−fʌ́ŋkʃən] **다수결 함수** 입력 수가 반드시 홀수이고, 반수 이상의 입력이 1일 때 출력이 1이 되는 논리 함수.

majority gate[−géit] **다수결 게이트** ⇨ majority element

majority logic[−ládʒik] **다수결 논리** 명제 변항(變項)을 홀수 개($2n+1$) 포함한 명제 함수에서 ($2n+1$)개의 반 이상, 즉 ($n+1$)개 이상의 명제 변항 진리값이 1일 때만 명제 함수의 값이 1을 가지고 n개 이하의 1인 경우는 명제 함수의 값이 0을 갖도록 하는 함수를 다수결 논리 함수라고 한다. $n=1$일 때, 즉 $2n+1=3$일 때는 3개의 명제 변항을 x, y, z로 하면 다수결 논리 함수는 이 경우

$x \cdot y \vee y \cdot z \vee z \cdot x$

가 된다. $z=0$으로 하면 $x \cdot y$로 되고 $z=1$로 하면 $x \cdot y \vee y \vee x = x \vee y$로 되므로 논리곱, 논리합은 특별한 경우가 된다. 따라서 부정(否定) 명제를 여기 부가하면, 임의의 논리 함수를 표현하는 것이 가능해진다. 이러한 논리계를 다수결 논리라고 한다. 파라메트론(parametron)에 채용되었다.

majority locking approach[−lákiŋ əpróutʃ] **다수결 로킹 방식** 여러 사이트에 중복되어 있는 데이터를 어떤 트랜잭션이 액세스하려고 할 때, 과반수 이상의 사이트가 찬성하면 그 액세스를 허가해주는 병행 수행 제어 방법.

majority operation[−àpəréiʃən] **다수결 연산** 각 오퍼랜드가 값 0 또는 1 중 어느 한쪽을 취하고, 값 1을 갖는 오퍼랜드의 개수가 값 0을 갖는 오퍼랜드의 개수보다 많을 때만 값이 1이 되는 기본 연산값.

major key[méidʒər kí:] **대분류 키, 주키** 한 레코드에서 가장 중요한 키. 하나의 릴레이션에서 각 투플(tuple)은 그 투플 내의 유일한 속성값을 식별한다. 이 유일한 속성을 키라고 하는데, 하나의 투플에서 키로 사용될 속성이 여러 개 있을 때 그 중 하나를 선택하여 주키라고 한다. ⇨ primary key

major lobe[−lóub] **주로브**

major machine[−məʃí:n] **주요 장치** 시스템 내의 주요한 장치.

major node[−nóud] **주노드**

major sort key[−sɔ́:rt kí:] **주정렬 키** 데이터 정렬의 경우에 각 데이터의 앞뒤 순서를 결정하는 기준이 되는 키 필드 중에서 1차적인 것. 예를 들어, 명부의 데이터를 이름순으로 정렬하고, 그 중 이름이 같은 사람들 중에서는 나이순으로 정렬한다면 주정렬 키는 이름이 되고, 부정렬 키는 나이가 된다.

major state[−stéit] **주상태** 컴퓨터의 제어 상태. 즉, 한 체제에서 주요 제어 상태는 명령어의 채취, 지연, 실행과 같은 동작을 포함한다.

major state generator[−dʒénərèitər] **주상태 생성기**

major state logic generator[−ládʒik dʒénərèitər] **주상태 논리 생성기**

major structure[−strʌ́ktʃər] **주구조체**

major synchronization point[−siŋkrənaizéiʃən pɔ́int] **주동기점** 프레젠테이션층에서 쓰이는 용어로 대화가 끝나고 새로운 대화가 시작되는 동기점을 지칭한다.

major system kit[−sístəm kít] **주시스템 키트** 주시스템 키트는 프로그램의 개발, 오류 수정 및 수행을 할 수 있는 완전히 독립된 시스템이며, 다른 마이크로컴퓨터 시스템과는 달리 처리기와 기억 장치뿐만 아니라 CRT(음극선관) 디스플레이, ASCII 키보드 및 두 개의 카세트 테이프 장치 등과 같은 저렴한 가격의 주변 장치들을 갖추고 있다. 이 밖에도 여러 가지 다른 특성을 갖는데, 그 중에서 가장 중요한 특성은 범용 시스템 버스를 사용함으로써 기억 장치 및 주변 장치들의 여러 종류의 처리기를 사용하는 마이크로컴퓨터 시스템의 기본 장치로 사용되고 있다는 점이다.

major task[–tá:sk] **주태스크**

major time slice[–táim sláis] **메이저 타임 슬라이스**

major total[–tóutəl] **총합계** 어떤 그룹의 최대 합계. 즉, 항목별 소합계를 전부 합한 것.

make[méik] **메이크** 하나의 프로그램을 여러 부분으로 나누어서 개발할 때 각 부분들 사이의 의존 관계를 나타내고 프로그램의 일부가 수정되었을 때 의존 관계에 따라 필요한 부분만 다시 컴파일, 링크하는 작업을 자동으로 수행해주는 프로그램. 이것은 복잡하고 방대한 프로그램을 개발할 때 생산성을 높여주는 편리한 도구이다.

make-break operation[–brík àpəréiʃən] **단절 연산** 펄스들이 전달됨에 따라 전류의 흐름이 한정된 시간 동안 중단되는 전신 회로의 동작 방식.

make busy[–bízi(:)] **폐쇄** 각종 장치 등의 고장이나 시험을 할 때 그 회선이나 장치 등을 사용 불가로 만드는 처리.

make contact[–kántækt] **메이크 접점** 전자계전기(繼電器)에서 여자(勵磁) 코일에 전류가 흐르고 있을 때만 닫히고 그렇지 않을 때는 열려 있는 접점.

make directory[–diréktəri(:)] **디렉토리 만들기** 한 파일이 자리하는 디렉토리를 정하는 것.

make file[–fail] **생성 파일** make 명령어에서 쓰이는 생성 파일. 이 파일에는 "어떤 원시 파일이 그 목적 파일보다 새로운 것이면 다시 컴파일하고 다시 링크하라(역으로 원시가 목적보다 오래된 것이면 컴파일 후에 원시 코드가 변경되지 않으므로 다시 컴파일하거나 링크할 필요가 없다)"는 규칙을 기록해둔다. 이에 따라 어떤 파일을 변경했을 때 어떻게 컴파일이나 링크하면 좋은가를 개발자가 일일이 기억할 필요가 없으므로 소프트웨어 개발 노력이 그만큼 줄어든다.

makeup time[méikʌ̀p táim] **재실행 시간** 컴퓨터의 가동 시간중 그때까지의 가동 시간중에 잘못된 동작이나 예상하지 않은 오류가 발생하여 그것을 다시 실행하는 데 할당되는 시간.

male tab[méil tǽ(:)b] **메일 탭**

malfunction[mælfʌ́ŋkʃən] *n.* **기능 불량** 오(誤)동작. 부전(mal)과 기능(function)의 합성어로서 「오동작」, 「고장」 등으로 번역된다. 하드웨어의 고장, 소프트웨어의 버그(bug), 조작상의 잘못 등에 의해 컴퓨터의 모든 장치가 기능대로 작동하지 않는 것을 가리킨다. 대개 「오동작」이 발생하면 분할(interrupt)이 일어나고, 그 원인을 찾아내기 위해서 필요한 정보가 결정된 기억 영역에 기억된다. 또 하드웨어의 고장을 추적하거나 프로그램의 잘못을 진단하는 데 도움이 되므로 고장 루틴(malfunction routine), 고장 프로그램 등이 준비되어 있다. 이것은 적당한 조건일 때 생기는 오류, 오동작 등을 말한다.

malfunction alert[–əlɔ́:rt] **MFA, 고장 경보**

malfunction location chart[–loukéiʃən tʃá:rt] **오동작 위치 차트**

malfunction program[–próugræm] **오동작 프로그램**

malfunction routine[–ru:tí:n] **고장 루틴** 컴퓨터의 고장 부분을 지적해내거나 지적해내는 데 도움을 주는 루틴으로 오류 수정이나 고장 해결에 도움이 되도록 특별히 설계된 모든 루틴.

malicious logic[məlíʃəs lɑ̀dʒik] **악성 논리** 컴퓨터 보안에서 사용되는 용어. 자원의 불법 사용이나 파괴를 목적으로 시스템에 몰래 장치해놓은 하드웨어나 소프트웨어.

mall master[mɔ́:l mǽstər] **몰 마스터** ⇨ MM

Maltron keyboard[mǽltron kí:bɔ̀:rd] **말트론 키보드** 종래의 키보드(QWERTY)보다 쉽게 익힐 수 있고, 더욱 빨리 입력할 수 있도록 키가 배열된 키보드.

MAN 거대 도시 통신망 metropolitan area network의 약어. IEEE(미국 전기 전자 기술 협회)의 802.6 위원회에서 표준화를 진행하고 있는 도시 지역에 있어서 대규모, 고속 통신 네트워크의 구상이 MAN(metropolitan area network ; 도시 지역망)이다. MAN은 근거리 통신망(LAN ; local area network)의 기술을 응용하여 워크스테이션(workstation)이나 PC가 만들어내는 데이터, 화상, 디지털 음성 등을 종합해서 전송하는 고속 네트워크로 구분된다. MAN의 네트워크 구성은 일반적인 전화망의 그것과는 다르고 컴퓨터 기술에서 발전한 내부 버스(신호 전송로)나 LAN의 네트워크 구성과 비슷하다. LAN이나 WAN이 수 km부터 수십 km 영역의 고속 데이터 전송망인 데 대해 MAN은 도시나 그 근교를 연결하는 네트워크로서 중요한 통신망이 될 것이다. 그러나 장거리 전송은 종래부터의 전화, 위성의 기술이 적합하다고 할 수 있다. MAN과 같은 고속 광역망은 앞으로 전개되는 ISDN이나 BI-SDN(broad-band ISDN ; 광역대 ISDN)과 상호 접속해서 각각의 능력에 적합한 영역을 커버하게 될 것이다. ⇨ LAN

man[mǽn] **맨** 유닉스 운영 체제에 있어서 각종 명령어와 라이브러리 함수에 대한 도움말을 표시해주는 프로그램.

manage[mǽnidʒ] *v.* **관리하다** 작업(job)이나 태스크(task) 등을 시작해서 중앙 처리 장치(CPU)나

그 주변 기기가 능률적으로 가동하도록 「관리한다」는 것. 컴퓨터에서는 시스템 전체가 가장 효율적으로 작동하도록 OS(operating system)로 그 동작을 관리하고 있다. 이것은 하드웨어와 소프트웨어의 중개를 하여 기억 장치(memory)나 입출력(input/output)의 관리를 하는 것이다.

managed object[mǽnidʒd ɑ́bdʒikt] **관리 대상 객체** 관리의 대상이 되는 네트워크 상의 장치. 네트워크를 관리하는 프로토콜이 관리한다.

management[mǽnidʒmənt] *n.* **관리** 컴퓨터에서는 중앙 처리 장치(CPU)나 OS(operating system)가 그 주변 기기(peripheral unit)를 제어하는 것을 말하나 컴퓨터를 경영 시스템에 이용하는 것을 말하는 경우도 많다. 예를 들면, 데이터의 완전성을 상실하지 않고, 또 시스템의 다른 제어와 간섭없이 입출력 장치 등을 관리하는 운영 체제 기능의 한 가지를 데이터 관리라고 한다. 순차 편성, 구분 편성 등의 데이터 보존 형식이다. 어느 문자 세트의 코드화 방식을 다른 것으로 변환하는 등의 관리도 한다.

management accounting[–əkáuntiŋ] **관리 회계** 기업 회계는 재무 회계와 관리 회계로 이루어진다. 관리 회계는 경영자의 경영 관리 활동을 지지하는 목적을 위해 넓은 뜻으로는 경영자의 기본적 사항(경영의 급부 목적, 입지 조건, 물적 설비, 인적 조직, 자본 구성 등)을 혁신하려는 창조 활동을 말하고, 좁은 뜻으로는 시간 경과에 수반하여 전개되는 경영의 선택, 조정, 통제의 기능을 갖는다.

management action system[–ǽkʃən sístəm] **관리 액션 시스템**

management by objectives[–bai əbdʒéktivz] **MBO, 목표 관리**

management control[–kəntróul] **경영 관리** (1) 조직의 목적 달성에 있어서 효과적이고 능률적인 자원의 획득과 사용을 경영자가 확보하는 과정. (2) 계획과 통제의 양쪽을 조합시킨 개념.

management control system[–sístəm] **경영 관리 방식** 경영 관리를 위해서 의사 결정에 의한 실행 효과를 피드백으로 조정, 수정하여 다시 새롭게 의사 결정을 하는 과정 또는 방식.

management criteria[–kraití(ː)riə] **관리 기준**

management cybernetics[–sàibərnétiks] **관리 사이버네틱스**

management cycle[–sáikl] **경영 주기** 업무 관리를 위한 사이클. EDP화할 때 중요하며 보통 이 사이클을 작게 하기 위해 기계화가 행해지는 경우가 많다.

management data[–déitə] **경영 데이터**

management decision support system[–disíʒən səpɔ́ːrt sístəm] **MDS, 경영 의지 결정 서포트 시스템**

management game[–géim] **경영 게임** 폰 노이만(J. von Neumann) 등에 의해 경쟁의 모든 경제 행위에도 적용할 수 있는 이론으로까지 발전한 게임 이론을 배경으로 하여 기업 경영에 관한 의사 결정의 능력 향상을 목적으로 한 게임.

management gap[–gǽp] **경영 격차** 각 기업 간에서 성장률, 손익 · 수익성 등 경영상의 여러 지표의 우위성 또는 그 차이. 일부에서 그것은 기술 격차에 의한 결과라는 학설도 있으나 오히려 그 요인은 컴퓨터의 이용 격차로부터 발생하는 것으로 알려져 있다.

management graphics[–grǽfiks] **업무 그래픽** 기업 등에서 기업 경영과 관련된 판매고나 수익률 등의 데이터를 분석하여 나타내는 그래픽의 한 응용 분야. ⇨ business graphics

management information and decision system[–ìnfərméiʃən ənd disíʒən sístəm] **MIDS, 경영 정보 결정 시스템**

management information base[–béis] **경영 정보 베이스** ⇨ MIB

management information system[–sístəm] **MIS, 경영 정보 체계** (1) 최신 정보로 구성된 데이터를 경영진과 관리진에게 즉시 제공하는 특정 자료 처리 체계, (2) 데이터가 기업 운영을 위하여 저장되고 처리되는 의사 소통의 과정으로서 기업의 최고 경영자들을 위한 문제로 제한된다. (3) 연산 목적을 위해서 데이터를 기록하며 처리하는 의사 전

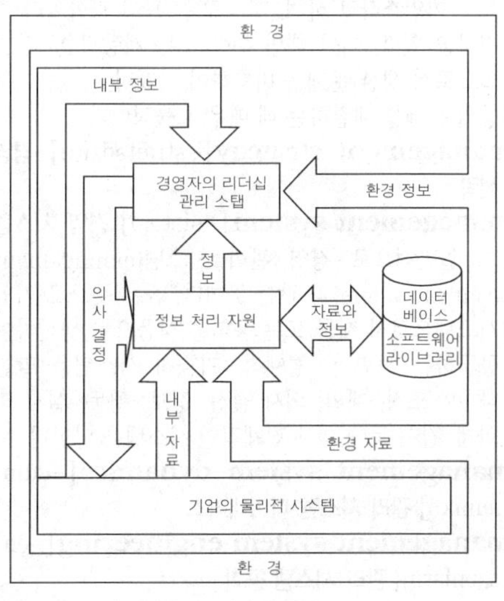

〈경영 정보 체계(MIS)〉

달 과정이며, 더욱 합리적인 의사 결정을 위하여 문제점을 분리하여 주된 목적을 달성하기 위한 진보와 진보의 부족을 반영하기 위하여 이러한 정보는 최고 경영자에게 주어지게 된다.

management model[–mádəl] **경영 모델**

management network[–nétwə̀:rk] **경영 네트워크**

management operation system[–àpəréiʃən sístəm] **표준 관리 방식**

management-oriented mangement information system[–ɔ́riəntəd mǽnidʒmənt ìnfərméiʃən sístəm] **경영 중심 경영 정보 시스템**

management profile system[–próufail sístəm] **관리 프로필 시스템**

management psychology[–saikáləd3i(:)] **경영 심리학** 산업 심리학의 종합적인 범주에 속하는 것으로서 인간 개인의 활동 범위에 관해서는 노동 과학 또는 인간 공학의 측면에서 독자적으로 발전되었고, 인간 전체로서는 개성의 연구나 사회 행동의 심리학적 연구가 발전되어 분리된 학문을 가리킨다.

management report[–ripɔ́:rt] **관리 보고서** 경영자에게 기업 경영의 의사 결정을 지원하기 위한 보고서.

management repoting[–ripɔ́:rtiŋ] **관리 보고**

management science[–sáiəns] **경영 과학, 관리 과학** 경영학(business administration)의 한 분야로, 문제 해결의 방법으로 취급되고 있는 통계적 결정론(statistical decision theory)이나 리니어 프로그래밍(LP), 운용 과학(OR) 등을 매니지먼트 사이언스라고 하며, 경영 또는 관리 과학이라 총칭하고 있다. 이를 테면 수량 또는 계량적 분석 기법으로서 생산 문제를 비롯하여 마케팅, 수송, 재무 등의 문제를 해결하는 데 매우 효율적이다.

management strategy[–strǽtədʒi(:)] **경영 전략**

management system[–sístəm] **경영 시스템** (1) 일반적으로 경영 관리 시스템(management control system)과 같은 뜻이다. 좁은 뜻으로 기업 시스템으로서 재물 또는 용역을 상품으로 생산하여 공급하는 사회적 · 경제적 · 기술적 시스템을 말한다. (2) 조직, 계획, 의사 결정, 정보, 행동, 실시 및 회계, 감사 등에 의해 전체적인 시스템을 말한다.

management system dynamics[–dainǽmiks] **관리 시스템 다이내믹스**

management system engineering[–èndʒəníəriŋ] **관리 시스템 공학**

manager[mǽnidʒər] *n.* **관리자, 관리 프로그램** 컴퓨터 센터, 프로그래머 집단, 소프트웨어 개발 집단, 서비스 조직체 등의 조직에서 조직 운용에 대해 책임을 맡고 있는 사람.

manager administrative program[–ædmínəstrèitiv próugræm] **관리 프로그램** 컴퓨터 프로그램의 시동 및 동작 환경이나 사용되는 파일의 처리 등을 관리하는 프로그램. 윈도 3.1에서는 프로그램 매니저가 프로그램의 동작을 관리하고, 파일 매니저가 디렉토리 관리나 파일 복사/삭제 등의 파일에 관련된 일을 관리하고 있다. 윈도 95에서는 익스플로러가 이런 기능을 한다.

managerial accounting[mæ̀nədʒí(:)riəl əkáuntiŋ] **관리 회계** ⇨ management accounting

managerial report[–ripɔ́:rt] **관리 보고** 어떤 정보가 투입되어 가공이 끝날 때까지의 전과정.

managerial report system[–sístəm] **관리 보고 시스템** 어떤 정보가 입력된 다음 가공이 끝날 때까지의 전과정으로 보고의 체계는 경영 관리의 목적 및 기능을 기초로 구성한다. 내용과 형식의 양면을 가지며 대상은 기업 경영 보고의 체계이다. 경영의 목표 달성은 회사 전체의 문제점을 객관적으로 분석 · 평가하여 결과를 최고 경영자에게 보고하는 과정으로서 정보 흐름의 명확화, 내부 정보와 외부 정보의 분석, 최고 경영자의 이익 목표의 설정, 각 조직 단위의 업무 목표의 설정 등의 필요한 정보 투입이 요구된다.

managerial system[–sístəm] **관리 시스템** 정보의 투입, 처리, 계획, 결정, 전달 등의 단계를 갖는 시스템을 말하는 것으로 생산, 운송, 수리, 보관 등의 각 관리 시스템 외에 원가 관리, 품질 관리, 자재 관리 등을 말한다.

Manchester[mǽntʃəstər] **맨체스터** ⇨ PM

Manchester code[–kóud] **맨체스터 코드** 한 비트 주기 내에서 0을 기록할 때는 파형의 아래쪽에서 위쪽으로 전이가 일어나고, 1을 기록할 때는 위에서 아래로 전이가 일어나는 방식으로, 데이터 통신에서 1비트를 전송할 경우나 자기 디스크에서 1비트를 기록할 경우 0과 1을 나타내는 신호를 구별하는 방법의 하나이다.

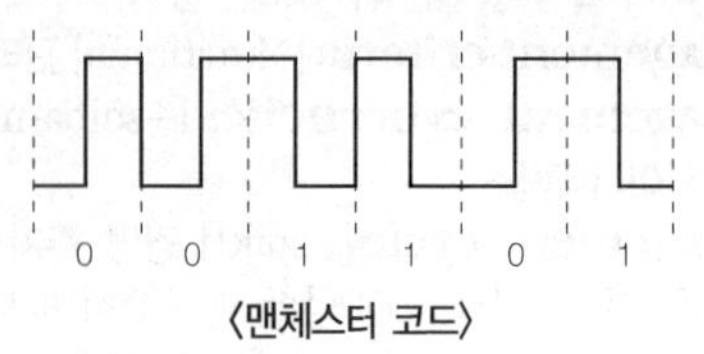

〈맨체스터 코드〉

man-computer dialog[mǽn kəmpjú:tər dáiəlɔ̀(:)g] **인간-컴퓨터의 대화**

MANDALA 만달라 ICOT가 만든 지식 정보 처리어의 하나. ⇨ ICOT

Mandelbrot curve[mændlbrout kə́:rv] **맨들브로트 곡선** 맨들브로트 집합에 속하는 복소수를 평면 위의 점으로 보고 이것을 그래프로 나타낸 것.

Mandelbrot set[–set] **맨들브로트 집합** 프랑스의 유명한 수학자 맨들브로트에 의하여 정의된 집합.

manifolding[mǽnifòuldiŋ] **다중 복사** 여러 장의 복사를 하기 위하여 한꺼번에 여러 장의 복사 용지를 겹쳐서 프린트하는 것.

manipulate[mǽnipjulèit] *v.* **조작하다, 처리하다** 기억 장치 상의 하나인 워드(word)나 바이트(byte) 중 비트를 여러 가지로 「조작하다」 등에 자주 사용된다. 이러한 작업을 나타내는 것으로 비트 조작(bit manipulation)이라는 합성어도 있다. "자세히", "교묘히" 무언가를 「가공하다」, 「처리하다」라는 의미가 포함되어 있다. 이것에서 파생된 합성어인 조작 가능한 변수(manipulated variable)는 오퍼랜드(operand)가 파라미터로 사용되고 있는 루틴 중에서 그 루틴의 움직임을 제어하기 위해서 프로그램으로 변경되는 오퍼랜드를 가리킨다.

manipulated[mənípjulèitəd] *a.* **편집 완료의, 조작의**

manipulated variable[–vɛ́(:)riəbl] **조작 변수** 규정된 범위의 값으로 변화시키기 위해 컴퓨터에 의해 값과 조건 등이 규정되는 그 과정에 있는 변수.

manipulation[mənìpjuléiʃən] *n.* **조작** 원활한 문제 해결을 위하여 데이터나 그 형식을 변화시키거나 나열시키는 작업.

manipulation facility[–fəsíliti(:)] **조작 기능** 데이터의 검색, 갱신, 삽입, 삭제 등 데이터 베이스 연산을 위한 데이터 베이스의 접근 능력. 즉, 여러 사용자가 공용할 수 있도록 저장된 데이터를 사용자의 요구에 따라 체계적으로 처리할 수 있는 기능.

manipulation internal instruction[–intə́:rnəl instrʌ́kʃən] **조작 내부 명령어** 컴퓨터 시스템 내의 자료 위치나 형태를 변경하는 컴퓨터 명령어.

manipulative capability[mənípjulèitiv kèipəbíliti(:)] **조작 자격**

manipulative indexing[–índeksiŋ] **조작 색인법** (1) 좀더 정밀한 정보 검색을 위하여 필요한 상호 관계를 표시하기 위해 설명자들을 서로 관련시키거나 조합하는 색인 방식. (2) 하나 이상의 설명자 조합으로 라이브러리가 탐색될 수 있도록 동일 동급 설명자들로써 개개의 문서들을 색인하는 시스템. (3) 각 단어들의 결합에 의해 항들의 상호 관계가 표시되는 색인법 기술.

manipulative task[–tǽ:sk] **조작 태스크**

manipulative task system[–sístəm] **조작 태스크 시스템**

manipulator[mənípjulèitər] *n.* **조작기** 컴퓨터 등을 이용하여 제어되는 인공적인 손. 예를 들면, 위험물 공장에서 손 대신에 사용하는 로봇의 손이 있다.

manipulator control[–kəntróul] **머니퓰레이터 제어**

manipulator control system[–sístəm] **머니퓰레이터 제어 시스템**

manipulator language[–lǽŋgwidʒ] **ML, 머니퓰레이터 언어** 산업용 로봇 팔인 머니퓰레이터를 제어하기 위하여 IBM 사에서 개발한 프로그래밍 언어.

manipulator system[–sístəm] **머니퓰레이터 시스템**

manipulator trigger hand[–trígər hǽnd] **조작기 트리거 핸드**

man-machine[mǽn məʃí:n] **인간-기계** 컴퓨터와 인간이 접하는 부분에 대해서 말하는 경우에 흔히 사용되는 용어로, 특히 인간이 컴퓨터를 간단하게 취급할 수 있도록 여러 방면(특히 소프트웨어 면에서의)에 대한 연구를 machine interface라고 한다.

man-machine allocation[–ǽləkéiʃən] **인간-기계 간 배분**

man-machine character[–kǽrəktər] **인간-기계 간 문자**

man-machine communication[–kəmjù:nikéiʃən] **MMC, 인간-기계 간 통신** 인간과 컴퓨터가 대화 형식으로 작업을 실행하는 것.

man-machine complex[–kámpleks] **인간-기계 복합체**

man-machine control[–kəntróul] **인간-기계 제어**

man-machine cooperation[–kouàpəréiʃən] **인간-기계 협력**

man-machine digital system[–dídʒitəl sístəm] **MMDS, 인간-기계 디지털 시스템**

man-machine digital system test[–tést] **인간-기계 디지털 시스템 시험**

man-machine environment engineering[–inváirənmənt èndʒəníəriŋ] **MMEE, 인간-기계 환경 공학**

man-machine functional allocation criteria development program[–fʌ́ŋkʃənəl æləkéiʃən kraitíriə divéləpmənt próugræm]

인간-기계 기능 배분 기준 개발 프로그램

man-machine functional assignment[-əsáinmənt] 인간-기계 간 기능 할당

man-machine graphics research[-grǽfiks risə́ːrtʃ] 인간-기계 그래픽스 연구

man-machine intelligent system[-intélidʒənt sístəm] 인간-기계 지능 시스템

man-machine interaction[-ìntərǽkʃən] 인간-기계 상호 관계

man-machine interaction strategy[-strǽtədʒi(ː)] 인간-기계 상호 관계 전략

man-machine interaction system[-sístəm] 인간-기계 상호 관계 시스템

man-machine interactive decision system[-ìntərǽktiv disíʒən sístəm] 인간-기계 대화형 결정 시스템

man-machine interactive system[-sístəm] 인간-기계 대화형 시스템

man-machine interface[-íntərfèis] MMI, 인간-기계 인터페이스 마우스를 사용하여 초보자도 간단히 지정할 수 있게 하거나 키보드에 익숙해져 있는 사람을 위해서 제어 키(control key)를 사용한 입력(input)이나 기능 키(function key)에 의한 입력도 할 수 있도록 하며, 각각의 편안한 방법으로 조작할 수 있도록 한 인간 공학의 한 분야. 여기서는 사람이 컴퓨터에서 얻은 데이터를 기본으로 판단해서 결정하고 또다시 컴퓨터에 그것을 피드백하는 것이 보통으로 반드시 사람과 기계와의 주고받는 것이 행해지지 않으면 안 된다. 사람과 기계와의 접촉점을 인간-기계 인터페이스라고 한다. 리얼 타임용 인간-기계 인터페이스로서의 종래의 타이프라이터 방식 이외에 라이트 펜이 붙은 CRT 장치 등이 있다.

man-machine interface design[-dizáin] 인간-기계 인터페이스 설계

man-machine process control system[-práses kəntróul sístəm] 인간-기계 처리 제어 시스템

man-machine research[-risə́ːrtʃ] 인간-기계 연구

man-machine sensor-control loop[-sénsər kəntróul lúːp] 인간-기계 센서 제어 루프

man-machine simulation[-sìmjuléiʃən] 인간-기계 시뮬레이션 인간이 참여하는 시스템 모델에 대한 시뮬레이션. 이러한 모델 내에서는 사람이 협동 요소로 존재할 가능성도 있다. 다시 말하면, 모델은 컴퓨터를 중심으로 한다고 해서 완전히 컴퓨터만으로 되는 것이 아니라 인간의 능동적인 참여가 요구된다.

man-machine simulation model[-mádəl] 인간-기계 시뮬레이션 모델

man-machine synergism[-sínərdʒizm] 인간-기계 상호작용

man-machine system[-sístəm] 인간-기계 시스템 (1) 특정 목적을 실행하기 위해 개발된 시스템 관리나 작업을 전적으로 컴퓨터에 의존하는 것이 아니라 인간과 컴퓨터가 주종 관계로서 각각 유기적으로 분담하여 기능을 발휘하도록 설계된 시스템. (2) 리얼 타임 온라인 시스템에서는 필연적으로 사람과 기계가 일체가 되어 정보를 처리하는 형태를 갖게 된다. 이 경우 컴퓨터의 대용량 기억 능력, 정해진 작업에 대한 고속 처리, 사람이 가진 고도의 판단 능력과 창조성을 어떻게 협조할 것인가가 문제점이다. 사람의 조작을 가능한 한 줄일 것, 사람과 기계 쌍방으로부터 액세스 가능한 정보의 입출력 방법을 고려할 것, 사람의 잘못을 기계로 검출해서 정정할 수 있도록 하는 것이 필요하다.

man-machine system engineering[-èndʒəníəriŋ] MMSE, 인간-기계 시스템 공학

man-machine system simulation[-sìmjuléiʃən] 인간-기계 시스템 시뮬레이션

man-machine trade-off[-tréid ɔ́(ː)f] 인간-기계 트레이드 오프

man-machine transfer function[-trænsfə́ːr fʌ́ŋkʃən] 인간-기계 전달 함수

man month[-mʌ́nθ] MM, 인/월 작업량을 나타내는 단위의 하나로 한 사람이 한 달 동안에 할 수 있는 작업의 양. 시스템이나 프로그램을 개발할 때 그 기획·입안의 단계에서 지정해야 하는 중요한 요소(factor)의 하나이다.

man power[-páuər] 노동력, 인원, 입력, 인적 자원 컴퓨터 분야에서는 프로그램의 설계나 코딩에 필요한 인원.

man power loading chart[-lóudiŋ tʃáːrt] 인력 배치표 시간에 따른 인력의 배치를 나타내는 그림 또는 표.

man power management and information system[-mǽnidʒmənt ənd ìnfərméiʃən sístəm] MMIS, 인력 관리 정보 시스템 경영 관리자에 대하여 필요한 각종 데이터나 인원 정보를 때맞춰 적절하게 제공하는 시스템.

mantissa[mæntísə] *n.* 거짓수, 가수 소수부. 어느 수의 대수를 취했을 때의 대수가 소수점 이하의 부분이다. 특히 컴퓨터에서는 부동 소수점 표시(floating point representation)로 나타냈을 때의 가수부이다. 수치의 표현 형식이 부동 소수점 방식인 경

우, 그 수치부를 말한다. 즉, $N=M \cdot E^P$일 때 M을 가수라고 한다. 10진법이라면 위 식은 예를 들어, 다음과 같다.

$$N=\pm(.2345\cdots\cdots)\times10^{+15}$$
$$\| \quad M$$

[주] 부동 소수점 표시에 있어서 표현되는 실수를 결정하기 위해서 암시적으로 결정되어 있는 부동 소수점 기저를 그 지수에 곱한 수의 표시. ⇨ fixed point part

mantissa in a floating-point representation[–in ə flóutiŋ pɔ́int rèprizentéiʃən] **부동 소수점 표시의 가수**

mantissa of a floating-point number [–nʌ́mbər] **부동 소수점 수의 가수** 임의의 실수 $x \in R$을 $x=a\times10^b$로 나타낼 때 ($|a|<1$, b : 정수) a를 가수라고 한다.

man to machine system[mǽn tu məʃíːn sístəm] **인간–기계 시스템**

manual[mǽnjəl] *n. a.* **설명서, 수동** 컴퓨터의 하드웨어나 소프트웨어를 사용하기 위한 절차나 명령(instruction). 주의 사항 등 컴퓨터를 사용하는 데 필요한 사항이 쓰여 있는 책으로 하드웨어나 소프트웨어에 대해서 그대로 「매뉴얼」이라고 번역된다. 한편 「수동의」란 의미로 사용할 때는 컴퓨터에 대한 조작이 오퍼레이터의 수조작인 것을 나타내며, 수동 제어(manual control)나 수동 조작(manual operation)이라고도 한다.

manual adaptive control model[–ədǽptiv kəntróul mɑ́dəl] **수동 적응 제어 모델**

manual adaptive system[–sístəm] **수동 적응 시스템**

manual answering[–ɑ́ːnsəriŋ] **수동 응답** 호출된 사용자가 호출을 수신할 수 있는 것을 수조작에 의해 알게 되었을 때 호출이 확립되는 응답.

manual augmented control model[–ɔ́ːgməntəd kəntróul mɑ́dəl] **수동 증보 제어 모델**

manual backing system[–bǽkiŋ sístəm] **수동 배킹 시스템**

manual back-up[–bǽkʌ̀p] **수동 백업** 컴퓨터 제어 시스템에 고장이 나서 직접 디지털 제어(DDC) 기능에 이상이 생겼을 때, 조작단에의 출력을 수동 조작으로 변화하여 제어하는 방식의 시스템.

manual back-up system[–sístəm] **수동 백업 시스템**

manual base[–béis] **수동 베이스** 기계에 의한 자동 조작에 대하여 사람의 손에 의한 처리나 조작을 수동 혹은 수동 조작이라 하고, 수작업, 수동 조작에 의해서 실시되는 작업이나 시스템을 수동 베이스라고 한다.

manual binary input[–bɑ́inəri(ː) ínpùt] **2진수 입력 장치**

manual calling[–kɔ́ːliŋ] **수동 호출(데이터망에서만)** 호출한 쪽의 데이터 지국(data station)에서 선택 신호를 일정하지 않은 문자 속도로 회선에 입력하는 것을 허락하는 호출.

[주] 문자는 데이터 단말 장치 또는 회선 종단 장치에서 생성될 수 있다.

manual card[–kɑ́ːrd] **매뉴얼 카드** 천공기를 사용하지 않고 구멍 뚫기를 할 수 있도록 카드에 미리 가공되어 있는 것. 바늘 구멍 정도의 구멍이 있는 정렬 천공 카드, 압형이 있는 포트-A 천공 카드, 에지(edge) 카드 등이 있다.

manual control[–kəntróul] **수동 제어** 인위적 조작 스위치들에 대한 컴퓨터 제어. 즉, 프로그램이나 시스템에서 어떤 종류의 작업이 컴퓨터의 콘솔로부터 오퍼레이터에 의해 제어되는 것을 의미한다.

manual control-display theory[–displéi θíəri(ː)] **수동 제어 디스플레이 이론**

manual control system lag[–sístəm lǽ(ː)g] **수동 제어 시스템 지체**

manual data input[–déitə ínpùt] **수동 데이터 입력** 수치 제어 테이프 상의 1블록 정보를 수동으로 수치 제어 장치에 넣는 동작.

manual decimal input[–désiməl ínpùt] **10진수 입력 장치**

manual decision making[–disíʒən méikiŋ] **수동 의사 결정** 수작업으로 입력 데이터를 넣어주는 데이터 입력 방법.

manual dial[–dɑ́iəl] **수동 다이얼**

manual entry[–éntri(ː)] **수동 입력 장치** 원격지에 있는 타자기 장치, 키보드, 단말기 등으로부터 수작업에 의하여 데이터를 입력시키는 것.

manual exchange[–ikstʃéindʒ] **수동 교환** 오퍼레이터가 일일이 명령을 내림으로써 프로그램이나 데이터의 교환이 수행되는 것.

manual feed[–fíːd] **수동 급지** 사람이 직접 프린터에 낱장 용지를 한 장씩 공급해주는 것. ⇨ sheet feeder

manual input[–ínpùt] **수동 입력** (1) 손조작으로 키 등을 두드리거나 눌러서 컴퓨터에 지령이나 데이터를 입력하는 것. type in이라고도 한다. (2) 위의 방법으로 입력한 데이터.

manual input generator[–dʒénərèitər] **수동 조작 입력 생성기**

manual input register[–rédʒistər] **수동 입력 레지스터** 수동으로 데이터를 입력할 수 있는 레지스터.

manual input unit[–jú:nit] **수동 입력 장치** 천공 카드나 종이 테이프 등의 중간적인 매체를 사용하지 않고 오퍼레이터가 시스템에 직접 데이터를 입력할 수 있는 장치. 예를 들면, 콘솔 타이프라이터가 있다.

manualless[mǽnjəlis] **매뉴얼리스** 시판 소프트웨어 등에서 매뉴얼이 인쇄물 형태로 부속되지 않은 것. 매뉴얼 대신에 온라인 도움말이라는 소프트웨어 상에서 실행되는 도움말 기능으로 순서 등에 대한 설명을 볼 수 있다. 윈도 95나 Visual C++ 등은 매뉴얼리스이다.

manual locking[mǽnjəl lάkiŋ] **수동 로킹, 수동 잠금** RBASE 시스템이 제공하는 자동 로킹만으로 부족한 경우 사용자가 명령을 사용하여 수동으로 로크를 설정하거나 제거하는 것.

manual materials handling[–mətí(:)riəlz hǽndliŋ] **수동 재료 핸들링**

manual member[–mémbər] **매뉴얼 멤버**

manual mode[–móud] **수동 방식** 모든 자동 작동을 금하고 컴퓨터가 제어 콘솔로부터 직접 조작원 명령어를 받을 수 있도록 한 상태.

manual operation[–àpəréiʃən] **수동 조작, 수조작** 컴퓨터 콘솔, 터미널의 스위치나 키(key)에 의해서 프로그램의 변경, 수정이나 기계 조작을 오퍼레이터가 수동으로 하는 것. 이런 조작을 많이 하는 것은 기계 사용 능률을 나쁘게 하므로 운영 체제 등은 수동 조작을 가능한 한 줄이도록 설계되어 있다.

manual optimization[–àptimaizéiʃən] **수동 최적화**

manual pages[–péidʒiz] **매뉴얼 페이지** 유닉스 운영 체제에서 man 명령에 의해 출력되는 도움말 파일. ⇨ man

manual process control[–prάses kəntróul] **수동 프로세스 제어**

manual program[–próugræm] **수동 프로그램** 프로그램 가능한 계산기(calculator)는 대부분 그 자체가 컴퓨터의 기능을 가지고 있어 수동적인 방법으로 키보드를 눌러서 프로그래밍을 한다. 이를 수동 프로그램이라고 한다.

manual programming[–próugræmiŋ] **수동 프로그래밍** 데이터 형식에 따라 부분 프로그램을 컴퓨터를 사용하지 않고 사람의 손으로 작성하는 것.

manual read[–rí:d] **수동 판독** 사람의 손으로 조작된 스위치의 상태나 레지스터의 내용을 컴퓨터가 감지하는 것.

manual request[–rikwést] **수동 요구**

manual-storage switch[–stɔ́:ridʒ swítʃ] **수동 기억 스위치**

manual switch[–swítʃ] **수동 스위치**

manual switching unit[–swítʃiŋ jú:nit] **수동 스위치 변환 장치**

manual system control[–sístəm kəntróul] **수동 시스템 제어**

manual vehicle control[–ví:ikl kəntróul] **수동 매개(전달)물 제어**

manufacture[mæ̀njufǽtʃər] *n.* **제조**

manufacture program[–próugræm] **제작자 프로그램** 유틸리티 루틴, 어셈블러, 응용 패키지 프로그램, 서브루틴 등과 같이 컴퓨터 제작자가 고객이 바로 쓸 수 있게 개발해서 제공하는 프로그램.

manufacturer[mæ̀njufǽktʃərər] *n.* **제조업자, 메이커**

manufacturer's software[mæ̀njufǽtʃərz sɔ́(:)ftwὲər] **제조업자 소프트웨어** 컴퓨터를 유효하게 사용할 수 있도록 컴퓨터 생산자가 제공하고, 작성하는 일련의 프로그래밍 지원 소프트웨어. ⇨ system programs

manufacturing assembly parts lists[mæ̀njufǽktʃəriŋ əsémbli(:) pά:rts lísts] **제품 조립 부품표** ⇨ MAPL

manufacturing automation protocol[–ɔ̀:təméiʃən próutəkɔ̀(:)l] **MAP, 공정 자동화 규약** FA(factory automation)를 구성하는 다양한 업체의 자동화 기기 간의 의사 소통을 위하여 GM(General Motors)이 추진하고 있는 공장 자동화용 LAN 통신 프로토콜. 각기 특정한 프로세스에서만 효율적인 기기들을 하나의 공동 통신 방법인 표준 통신 규약을 통하여 통신함으로써 시스템 전체의 효율을 극대화하려는 것.

man year[mǽn jíər] **MY, 인/연** 어떤 프로젝트를 추진하는 데 필요한 노력을 측정하는 단위. 한 사람이 1년 동안 해낼 수 있는 일의 양을 나타낸다. ⇨ man month

many-for-one languages[méni(:) fər wʌ́n lǽŋgwidʒiz] **일대다 언어** 어셈블리어와 같은 저급 언어는 기계어로, 일대일의 번역이 이루어지지만 COBOL, FORTRAN 등의 고급 언어는 하나의 기능을 가진 문장이 여러 명령이나 서브루틴으로 구성된 일련의 기계어 명령문으로 번역된다. 이러한 고급 언어를 일대다 언어라고 한다.

many-parts of speech[–pά:rts əv spí:tʃ] **다품사어** 단어에는 동사로 사용되는 경우나 명사로 사용되는 경우가 있으며, 이와 같이 한 단어로 몇 가지 품사로 사용되는 단어를 말한다.

many-sorted logic[–sɔ́:rtəd lɑ́dʒik] **다분류 논리** 변수가 그들의 영역에 따라 여러 가지 부류로 나누어지는 논리로 변수뿐만 아니라 함수나 술어도 그들의 인자가 어떤 부류냐에 따라 분류된다. 일반적인 논리에서는 해석에서 영역이 하나(일반적으로 herbrand universe)인 데 반하여 다분류 논리에서는 다수가 있을 수 있다.

many-to-many relationship[–tu méni(:) riléiʃənʃìp] **다대다 관계** 객체 집합 A, B가 있을 때 A의 한 객체가 B의 임의 개수의 객체와 연관되고, 또 B의 한 객체가 A의 임의 개수 객체에 연관될 때의 객체 집합 A, B의 관계.

many-to-one[–wʌ́n] **다대일** 두 집합 사이에 관계를 나타내는 비율이나 측정값으로 한 집합의 둘 또는 그 이상의 원소가 다른 집합의 한 원소와 대응됨을 말한다.

many-valued logic[–vǽlju:d lɑ́dʒik] **다값 논리학** 명제가 참인가 거짓인가의 두 상태를 가지는 통상의 논리학을 확장해서 참인가 거짓인가 외에 그 중간에 여러 개의 상태를 갖는 논리학. 참을 1, 거짓을 0에 대응시킨 경우 1, $(n\times1)/n$, $(n\times2)/n$, ……, $1/n$, 0과 같이 $(n+1)$개의 진리값을 갖는다. $n=2$라면 $n+1=3$으로 되어 3값 논리학이 된다. 또 0과 1 사이에 임의의 실수치를 진리값으로 갖는 연속값 논리학에 있어서는 명제의 진리값은 명제가 성립하는 확률값에 대응시키는 경우도 있다. ⇨ three valued logic

MAOIX multiple application observer for install execution의 약어. 응용 프로그램을 하드 디스크에 설치하는 순서를 공통화하기 위한 규격.

MAP (1) **유지 보수 분석 절차** maintenance analysis procedure의 약어. (2) **공장 자동화용 프로토콜** manufacturing automation protocal의 약어.

map[mǽp] *n*. **도표, 맵** 「지도」라는 뜻이지만, 일반적으로 집합 요소 사이의 대응을 붙인 것 혹은 대응표인 것을 말한다. 구체적으로는 컴파일러(compiler)나 연결 편집기(linkage editor) 등에 의해서 만들어진 출력(output)의 하나로 프로그램 요소(program element)나 변수(variable), 배열(array)의 기억 영역을 나타내는 리스트이다. 이와 같은 파일을 맵 파일(map file)이라고 한다. 즉, 맵은 프로그램에 있는 명령어(instruction)의 메모리상의 위치를 나타낸 것이라고 말할 수 있다. 이와 같은 맵은 프로그램의 실행시나 메모리의 덤프(dump)를 볼 때 자신의 프로그램 변수나 배열을 검색하는 데 도움이 된다. 또 이와 같이 디버그(debug)를 하는 데에는 스스로 변수 영역(variable area)을 찾지 않아도 소스 파일과 컴파일된 실행 파일, 거기에 맵 파일을 사용하며, 자동으로 그 변수나 배열의 값을 찾아주는 편리한 오류 수정기(debugger)도 있다. 요약하면 (1) 데이터 처리에서 한 조의 데이터 세트로부터 다른 데이터 세트로의 변환을 위한 관계를 밝히는 것. 또는 그 대응을 나타내기 위한 표. (2) 기억 장치 사용 방법을 명확히 한 리스트. (3) 다른 집합 중의 양 또는 값 사이에 정해진 대응을 갖는 값의 집합을 확정하는 것. 예를 들면, 수학적 함수를 평가하는 것. 즉, 직접 관계하는 독립 변수의 값에 대하여 종속 변수의 값을 확정하는 것이다.

map color problem[–kʌ́lər prɑ́bləm] **지도 색칠 문제** 주어진 종류의 색만을 이용하여 지도 상의 인접한 구역을 서로 다른 색으로 칠하는 문제.

map group[–grú:p] **사상 그룹**

MAPI (1) **매피** messaging application programming interface의 약어. 마이크로소프트 사 및 다른 회사들은 윈도 애플리케이션을 다양한 메시지 시스템에 연결할 수 있도록 하는 마이크로소프트 메일에서 노벨(Novell)의 MHS에 이르는 매피(MAPI)를 개발했다. 그렇지만 매피는 매일 계속 개발된다. 메일 인식 애플리케이션이라고 불리는 매피는 네트워크 상에서 메일과 데이터 모두를 교환할 수 있다. ⇨ API (2) mail API의 약어. 전자 우편 프로그램 사이에서 메시지 교환이나 데이터 연결에 사용되는 규격.

MAPL 제품 조립 부품표 manufacturing assembly parts lists의 약어. GE 사에서 생산 관리를 위하여 사용하는 부품표. MAPL에서의 부품은 내주 부품과 외주 부품으로 나누어지고, 그 명세서가 자기 테이프나 자기 디스크 속에 기억되어 생산 계획이나 진행 관리를 위한 데이터로 사용된다.

Maple 메이플 C 언어를 기초로 한 수식 처리 소프트웨어의 하나. 캐나다의 오터 대학과 스위스의 ETH가 공동으로 개발하였다.

map list[mæp líst] **사상 리스트**

map method[–méθəd] **맵법** 논리적인 관계를 나타내는 도표로 논리식을 간단화하기 위해 고안된 것. 벤 도표, 베이치 도표, 카르노 도표 등이 있다.

mapped[mǽpt] *a*. **사상된**

mapped buffer[–bʌ́fər] **사상 버퍼**

mapped file[–fɑil] **맵트 파일** 가상 공간 상에 디스크 상의 물리 파일을 매핑한 오브젝트. 매핑은 페이지 단위로 실행된다. 읽기/쓰기 등의 입출력 프로세서는 가상 공간 상의 맵트 파일에 대하여 실행된다. 파일의 매핑은 mmap이라는 시스템 콜을 사용한다.

mapping[mǽpiŋ] *n*. **도표화, 사상** 「지도를 만들다」라는 뜻이지만 일반적으로 메모리 맵(memory map)을 제작하는 것을 말한다. 또 사상에는 수학적인 「사상하다」라는 의미도 있으며, 이것으로부터 코드 변환(code conversion)이나 어드레스 변환(address conversion) 등도 생각할 수 있다. 컴퓨터에서는 기억 장치의 사용 방법의 배분을 결정하는 것. 어셈블리 언어로 프로그래밍할 때는 사용자 프로그램으로 행하는 것이 많지만, 운영 체제 관리하에서 컴파일러 언어로 프로그래밍할 때는 시스템 프로그램이 작업을 대행하고 결과를 리스트해서 알려준다. 그 외에도 운영 체제가 스스로 관리하고 있다. 메모리 내에서 프로그램이나 스택(stack), 인터럽트 테이블 등을 할당하는 것이다. 유연성 디스크(flexible disk)에 파일을 판독할 때에 디스크 할당 테이블(disk allocation table)을 대응시키면서 그 위치를 결정하는 것을 나타낸다. 특히 실제로 컴퓨터를 사용하여 지도 데이터를 작성하는 일 또는 지도 데이터를 컴퓨터에 입력하는 과정을 말하거나 롤 플레잉 게임(role playing game) 등의 배경이 되는 미로나 지도를 플레이어(player)가 작성하는 것도 사상이라고 한다. ⇨ map

프로그램 주소 공간(집합) / 물리적 메모리 주소 공간(집합)

(a) 매핑(사상) 개념 (b) t1 시점에서의 매핑

(c) t2 시점에서의 매핑 (d) t3 시점에서의 매핑

〈매핑의 예〉

mapping array[–əréi] **사상 배열**

mapping cardinality[–kɑ́ːrdinəliti] **사상수** 이것에는 일대일 연관 또는 일대다, 다대일, 다대다 등이 있으며 이러한 관계에 의해서 한 객체에 연관될 수 있는 다른 객체의 수를 말한다.

mapping constraint[–kənstréint] **사상 제약 조건** 두 개 이상의 객체 집합 사이의 관계에 의해서 만들어지는 제약 조건으로 사상수, 존재 종속성 등이 있다.

mapping device[–diváis] **사상 장치**

mapping division[–divíʒən] **사상부**

mapping function[–fʌ́ŋkʃən] **사상 함수** 데이터와 기억 장소의 대응 관계를 나타내는 함수.

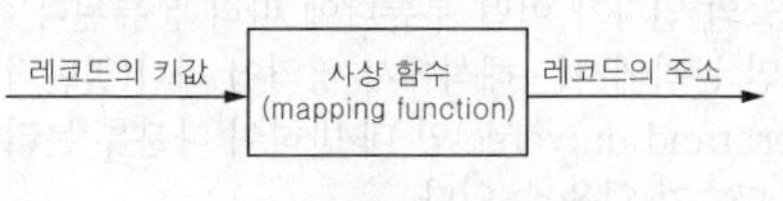

〈사상 함수〉

mapping hardware[–hɑ́ːrdwὲər] **사상 하드웨어**

mapping mode[–móud] **사상 모드** 가상 어드레스로부터 메모리 맵을 통해 실제적인 주기억 장치의 어드레스를 얻기 위한 컴퓨터의 동작 형태.

mapping PROM 사상 PROM

mapping rule[–rúːl] **사상 규칙** 문맥 집단에 반복적으로 적용할 수 있게 만든 규칙으로 특별 서술 기능(예를 들면 THERE-IS, FOR-EACH, ONE-OF)은 규칙 전제부의 조건이 문맥의 집단에 반복적으로 적용해볼 수 있도록 쓰여졌다.

mapping template[–témplət] **매핑 템플릿**

MAPSE 최소 Ada 프로그래밍 지원 환경 minimal Ada programming support environment의 약어.

MAR 메모리 어드레스 레지스터 memory address register의 약어. 기억 장치의 어드레스를 저장하는 중앙 처리 장치 내의 레지스터.

MARC 기계 판독 카탈로그 machine readable catalog의 약어. 도서 카탈로그, 즉 서지적 정보 일람을 컴퓨터로 읽어내는 형(현재는 주로 자기 테이프)으로 기록한 파일이다. 미국 의회 도서관에서 작성한 LC MARC를 비롯하여 각국에 각각의 MARC가 있다.

MARGIE 마지에 memory analysis response generation in English의 약어. 예일(Yale) 대학 Roger Schank 교수 지도 하에 개발된 자연 언어 이해 프로그램을 말한다.

margin[mɑ́ːrdʒin] *n*. **한계** (1) 프린터(printer)에 문자를 출력할 때 종이의 상하 좌우에서 인쇄되는 곳까지의 거리. 프린트 아웃(print out)의 서식 설정에 이용된다. (2) 시스템의 여유도 : 예를 들면, 단말기(terminal)를 받아들이는 정격이 20대인 컴퓨터 시스템이 최대 30대의 단말기까지 받아들일 때 단말기 수의 차이 10대가 마진(margin)이 된다. 이것을 정격 20대, 마진 30대라고 표현하는 경우도 있다. 이 경우의 마진은 최대 규격 또는 한계를 나타낸다.

[주] 전신에서 올바른 자호(字號) 재생을 위해 허용

되는 변형도의 한도를 마진이라고 한다. CCITT에서는 이론 마진 40% 이상, 공칭 마진 35% 이상, 실효 마진 8% 이상으로 정해져 있다.

marginal[má:rdʒinəl] *a.* **한계의** 「가장자리의」와 「끝의」라는 의미에서 일반적으로 「한계의」 또는 「빠듯함」으로 해석된다.

marginal adjustment[-ədʒʌ́stmənt] **한계 조정**

marginal check[-tʃék] **한계 검사** 예방적인 보수 수단의 한 가지이고 초기 상해(傷害)를 갖는 소자(element)를 검출하여 지적하기 위해 행하는 검사(check). 규격(standard)으로 정해진 정상값을 중심으로 여러 가지 조건을 상한, 하한으로 변화시킬 때에 규격에 나타난 그 안정성(stability)이나 변동폭과 서로 비교 확인하고 규격의 빠듯한 상태에서 동작하고 있는 소자를 발견해내는 등이 여기에 속한다. 한계 시험(marginal test)이라고도 한다. ⇨ marginal test

marginal checking[-tʃékiŋ] **한계 검사** 컴퓨터의 예방 정비에 이용되고 있는 검사 방법의 하나. 펄스폭이나 그 반복 동기, 공급 정압, 온도 등의 동작 조건을 정상값으로부터 계통적으로 변화시켜 오동작을 일으키고 이미 열화하기 시작한 소자를 찾아낸다. 이것은 주요한 레지스터나 플립플롭의 동작을 표시하는 콘솔, 정상이 아닌 동작을 하는 장소를 자동으로 발견하기 위한 진단 프로그램이 필요하다.

marginal cost[-kɔ́(:)st] **한계 비용** 취급되는 양이나 처리되는 단위의 수가 변화함에 따라 조작에 필요한 비용이 바뀌는 양.

marginal error[-érər] **한계 오류** 대부분의 경우에는 테이프의 다른 부분에 데이터를 옮김으로써 소멸되는 테이프에서 부정기적으로 생기는 오류.

marginal performance[-pərfɔ́:rməns] **한계 성능**

marginal probability function[-pràbəbíliti(:) fʌ́ŋkʃən] **주변 확률 함수**

marginal productivity[-pròudəktíviti(:)] **한계 생산성**

marginal relay[-rí:lei] **한계값 계전기**

marginal test[-tést] **한계 시험** 초기에 장애를 갖는 구성 요소를 검출하여 지적하기 위해 공급되는 전압이나 주파수 등의 동작 조건을 공칭값 부근까지 변화시키는 기법. 즉, (1) 컴퓨터의 예방적인 정비 수단의 하나로 어느 동작 조건(예를 들면, 공급 전압)을 정상인 값에서부터 변화시켜 보고 정상인 값에서는 극한 상태로 움직이고 있는 소자를 찾아내는 일. (2) 신뢰성 공학의 술어에서는 부품이나 장치가 사용 가능한 한계를 확실히 하기 위해 하는 실험. ⇨ marginal check

marginal voltage check[-vóultidʒ tʃék] **한계 전압 검사**

margin and tabs line[-ənd tǽ(:)bs láin] **마진/탭 설정 행**

margin biotechnology[-bàiouteknáləd͡ʒi(:)] **마진 바이오테크놀러지** 해양의 미이용 생물 자원을 첨단 기술로 가공하고 개량하여 새로운 산업으로 육성하려는 것. 해양 바이오테크놀러지라고도 한다.

margin control[-kəntróul] **마진 제어**

margin for line[-fər láin] **행의 한계**

margin for page[-péidʒ] **페이지 한계**

margin from edge[-frəm é(:)dʒ] **변(모서리)에서의 여유**

margin-notched card[-nátʃt ká:rd] **한계 노치 카드** 오래 전부터 사무용으로 사용된 간단한 검색 카드. 가장자리에 구멍이 뚫려 있고 필요한 데이터 항목은 컷을 넣어서 정리해둔다.

margin perforation[-pə̀:rfəréiʃən] **세로 미싱**

margin-punched card[-pʌ́ntʃt ká:rd] **한계 천공 카드** 데이터를 나타내기 위한 천공이 카드 가장자리에만 실행되는 카드. 중앙에는 정보를 쓰거나 인쇄할 수 있다.

margin setting[-sétiŋ] **여백 설정** 용지의 어느 위치에 문서를 인쇄할 것인지 결정하기 위해 상하 좌우의 여백을 정하는 것. 또는 단락을 나누었을 경우 단락 간 여백을 정하는 것. 위와 왼쪽의 여백, 행간, 문자 간격을 설정하면 아래와 오른쪽의 여백이 자동적으로 정해지는 것과 상하 좌우의 여백을 우선하여 한 페이지의 행수나 한 행의 문자 수를 결정하면 행간과 문자 간격이 자동으로 정해지는 것 등이 있다.

margin text[-tékst] **표제어 본문**

mark[má:rk] *n.* **표시** (1) 마크 판독기에서는 그것을 위한 카드의 해당 위치에 정보를 펜이나 연필 등으로 써넣는 것. 워드(word), 항목(item), 레코드(record), 블록(block), 파일(file) 등의 「개시」 또는 「종료」를 식별하기 위해 사용되는 기호. (2) 종이 테이프에서는 구멍을 뚫는 비트. 데이터 통신의 경우 텔레타이프(teletype) 등으로 종이 테이프 등에 「구멍」이 「뚫려 있는」 비트를 마크(mark)라고 부르고, 「구멍」이 「뚫려 있지 않은」 비트를 스페이스(space)라 한다. 일반적으로 신호가 「존재하는 것」이나 전류가 「흐르고 있는 상태」를 「마크」라고 하는 경우도 있다.

MARK-1 마크-원 1944년에 하버드 대학 교수인

에이큰(H.H. Aiken)과 IBM 사가 공동으로 설계 제작한 세계 최초의 자동 계산기. 이 MARK-1은 전기 기계적 장치인 릴레이를 3,000개, 4마력의 모터를 사용하는 72개의 기어식 계산 기구로 구성되었다. 23자리의 10진수 곱셈을 4~5초에, 가감산은 초당 3회 하였고, 사칙연산에 사용할 데이터는 천공 카드로 읽어들이고, 출력은 천공 카드나 타자기로 하였으며, 연산의 제어는 종이 테이프를 사용하였다.

〈에니악이 만든 MARK-I〉

mark card[–ká:rd] **표시 카드** 컴퓨터 입력 매체로 사용하는 카드는 데이터 기재를 반드시 펀치로 하는데, 특수 판독 장치에 의해서 카드 소정란에 연필 등으로 표시하면 그대로 데이터 판독이 가능한 카드를 말한다. 즉, 카드 상의 특정 위치에 숫자 또는 기호가 인쇄되어 있고, 연필 또는 잉크 등으로 마크를 만든 카드. 이 카드를 주사하여 카드의 위치에 나타나는 정보를 자동으로 읽을 수 있다. 이것을 사용함으로써 천공기에 의한 키 펀치 조작은 불필요해진다.

mark card reader[–rí:dər] **MCR, 표시 카드 판독기**

mark counting check[–káuntiŋ tʃék] **군계수 검사** 데이터의 블록에 체크 문자를 부가하는 오류 검출의 한 방식.

mark detection[–diték∫ən] **표시 탐지, 표시 감지** 종이나 카드에서 어떤 지식이나 정보를 나타내는 표시를 감지해내는 문자 인식 시스템의 한 형태. 표시 판독은 학교에서의 시험, 인구 조사 등의 경우에 많이 사용되며 연필로 된 표지나 탄소 입자의 존재 유무를 찾아 인식하는 광학 문자 인식 또는 표시 탐지 시스템에 의해 이루어진다.

marker[má:rkər] *n*. **표시기, 마커** 컴퓨터에서는 인식할 수 있는 형상과 중심을 갖는 표시를 위한 기호를 말하며, 표시면 위에서 어떤 특정의 위치를 나타내는 데 사용된다. 지정된 형상의 특수 기호.

marker oscillator[–ásilèitər] **마커 발진기** 이것은 보통의 고주파 신호 발생기와 다를 바 없는데, 소인 발진기(sweep oscillator)를 이용하여 수신기 등의 주파수 특성을 브라운관 상에서 직접 관찰하는 경우 가로축 상의 어느 위치가 주파수 몇 Hz에 상당하는가를 표시하는 마크를 내기 위한 발진기를 말한다.

marker size scale factor[–sáiz skéil fǽktər] **마커 배율** 마커의 기준 크기에 대한 배율로 표시되며, 그래픽에서 마커의 크기를 지정하는 비기하학적 속성.

marker type[–táip] **마커 종류** 그래픽에서 마커의 종류를 지정하는 비기하학적 속성.

market analysis[má:rkət ənǽlisis] **시장 분석**

mark frequency[má:rk frí:kwənsi(:)] **표시 주파수** 스페이스 주파수(space frequency)에 대응되는 것으로, 주파수 변조에서는 직류 데이터 신호로 반송파의 주파수를 변화시켜 주파수 가운데 직류 데이터 신호 표시(논리 1, Z 극성에 대응)의 반송파 주파수를 표시 주파수라고 한다. 일반적으로 표시 주파수는 스페이스 주파수보다 낮은 주파수를 할당받는다.

mark hold[–hóuld] **마크 유지** 자료 전송에서 전송되는 메시지가 존재하지 않고 어떤 마크가 연속해서 전송되는 것.

mark hole[–hóul] **마크 보류** 데이터 전송에서 전송되는 메시지가 존재하지 않고 같은 마크가 연속해서 전송되는 상태.

marking[má:rkiŋ] *n*. **마킹, 표시** ⇨ mark

marking bias[–báiəs] **표시 편중** 표시 공백 변환이 진행됨에 따라 표시 임펄스가 더욱 길어지는 왜곡.

marking pulse(teletypewriter)[–pʌ́ls (tèlətáipràitər)] **표시 펄스** 표시 펄스 또는 마크는 회로를 닫거나 전류를 흐르게 하는 데 사용되는 신호 펄스.

mark matching[–mǽtʃiŋ] **표시 정합** 표시된 문자 형태에 인식되어야 할 표시들을 대응시키거나 정합시켜 문자를 인식하는 광학 문자 인식의 한 방법.

mark off process[–ɔ(:)f prásеs] **표시 오프 과정** 일련의 시행에서 제*n* 회의 시행 중 특정 결과를 가져오는 확률이 제 *n*×1회의 시행 결과에 의해서 완전히 결정되는 과정.

Markov chain **마르코프 연쇄** 어떤 사상(현상)이 일어나는 확률(probability)은 그것에 선행하는 사상에만 의존하는 확률적 모형일 것. 「마르코프」라는 명칭은 러시아 수학자 Andrei Andreevich Markov의 이름에서 비롯한 것이다. 예를 들어, *a*와 *b*라는 두 가지 상태가 있고, 상태 *a*일 때 다음에 다시 상태 *a*를 취하게 될 확률은 1/3, 상태 *b*를 취할 확률은 2/3이고, 상태 *b* 후에 상태 *a*를 취할 확률이 3/4, 상태 *b*를 취할 확률이 1/4 등과 같이 되어 있고, 처음 상태가 보통의 문장에 있는 문자의 출현은

Markov 과정에 따라 생각할 수 있다. 즉, 어느 문자의 출현 확률은 그 이전의 문자에 큰 영향을 끼친다. 예를 들면, 영어의 t 다음에 h는 빈번하게 출현한다. Shannon의 통계적인 연구에 의하면 영어의 문장은 알파벳을 스페이스도 포함하여 27문자로 할 때 근사적으로 75%가 잉여분이라고 한다. 그 때문에 Markov 연쇄를 고려하면 영어의 문장은 부호화에 따라 대폭적으로 짧게 할 수 있다. 모스 부호(Morse code)나 허프만 부호(Huffman code)가 좋은 예이다.

Markov chain control 마르코프 연쇄 제어

Markov chain control problem 마르코프 연쇄 제어 문제

Markov process 마르코프 과정 미래의 상태가 과거의 상태에 관계없이 다만 현재의 상태에만 좌우되는 확률 과정. 어느 사상(事象)의 상태가 그 직전에 일어난 사상의 상태로만 좌우되도록 한 확률 과정을 단순 마르코프 과정이라고 한다. 시간의 파라미터 t가 정수값만을 갖는 것으로 사상 $x(t)$의 $t=m$일 때 조건부 확률 법칙을

$P(x_m \leq y \mid \cdots, x_{n-1}, x_n)$

$=P(x_m \leq y \mid x_{n-h+1}, \cdots x_n) n \leq m$

으로 쓸 수 있지만, 이 경우 확률 과정을 자릿수 h의 마르코프 과정이라고 한다.

Markov source 마르코프 소스

mark read[má:rk rí:d] **마크 판독**

mark reader[–rí:dər] **마크 판독 장치** 특정의 카드 또는 용지에 한 표시를 광학적 또는 전자기적으로 판독하고, 전기 신호로 교환하는 장치. 종이 카드나 용지에 연필 등으로 한「표시」를 광학적으로 정보로서 판독하는 장치.

mark reading[–rí:diŋ] **마크 판독** 주사 장치는 문서에서 반사되는 빛을 감지하여 읽는 것으로 광전자 장치를 이용하여 지정된 용지 위의 정해진 곳(박스나 윈도)에 부호화되거나 마크된 정보를 찾아내는 마크 탐지 방법.

mark scan[–skǽn] **마크 주사(走査)** 마크는 팬이나 연필로 할 수 있으며, 대개의 경우 마크 주사는 광학적 주사나 빛의 반사를 이용한다. 즉, 특정 위치에 있는 특정 마크에 대한 내용을 읽는 것. 참고로, 마크 감지(mark sense)는 전도성 잉크를 사용하는 전자 그래픽 연필을 사용한다는 점에서 마크 주사와 차이가 있다.

mark scanning[–skǽniŋ] **마크 판독** 특정의 카드 또는 용지에 한 표시를 광학적으로 자동 검출하는 것.

mark scanning document[–dákjumənt] **마크 주사 문서, 표시 주사 문서** 마크 주사 장치에 의하여 판독될 것을 예상하여 마크 기입란이 인쇄되어 있는 문서.

mark sense[–séns] **표시 감지** 카드에 표시된 마크를 읽는 것. 마크를 만드는 것은 연필 등으로 간단히 할 수 있으며 읽기도 문자 읽기보다 간단하다.

mark sense card[–ká:rd] **표시 감지 카드**

mark sense card reader[–rí:dər] **표시 감지 카드 판독기** 연한 연필로 표시된 색인 카드를 판독해서 사용자에게 프로그램이나 데이터를 컴퓨터에 입력할 수 있도록 해주는 장치. 또한 프로그램은 컴퓨터가 없이도 오프라인으로도 작성할 수 있다.

mark sensed card[–sénst ká:rd] **표시 감지 카드** 정해진 형식의 해당 위치에 연필 등으로 표시를 만듦으로써 정보를 기록하고 마크 판독기에 의해 이것을 읽어 입력 정보로 하기 위한 카드. 입력 천공 작업이 절약될 수 있는 이점이 있다.

mark sensing[–sénsiŋ] **표시 감지, 마크 센싱** 보통 수조작으로 기록되는 데이터 매체 상의 표시를 광학적으로 자동 검출하는 것. 즉, 절연성의 매체 표면에 기입된 전도성(電導性) 마크를 전기적으로 판독하는 것.

mark sensing card[–ká:rd] **표시 감지 카드**

mark sensing column[–ká:ləm] **표시 감지 열(列)**

mark sheet[–ʃí:t] **표시 용지** 정답란을 모두 칠해서 가리고 컴퓨터 집계를 하는 테스트 방식. 일정 크기 용지의 정해진 위치에 미리 문자, 숫자, 코드 등이 인쇄되어 있어서 이 결정된 위치에 고유의 정보가 대응하고 있는 시트. 인쇄되어 있는 정보 위치에 연필 등으로 표시를 기입하고 이것을 마크 판독기로 읽어서 컴퓨터에 입력할 수 있다. 원래는 여기에 쓰이는 집계 용지를 가리키는 말이다. 기호 선택식 답의 집계에는 적합하나 논문이나 증명 등에는 맞지 않는다.

mark sheet reader[–rí:dər] **MSR, 표시 용지 판독기**

mark-space multiplier[–spéis mʌ́ltiplài-ər] **표시–공간 곱셈기** 전류나 전압으로 표시된 한 변수가 반복 직사각형파의 표시 공간 비율을 조절하며, 그 진폭은 전류나 전압으로 표시되는 다른 변수에 비례해서 만들어지는 특수한 아날로그 곱셈기를 말한다.

mark state[–stéit] **표시 상태**

mark-to-space ratio[–tu: spéis réiʃiòu] **표시 공간 비율** 단형파에서 양(+)과 음(–) 기간의 계속 시간의 비. 여기서 표시는 양의 기간, 공간은 음의 기간을 의미한다.

mark-to-space transition[–trænzíʃən] **표**

시 공간 전이 표시형 임펄스에서 공간용 임펄스로의 전이나 변환.

mark-track error[-trǽk érər] **표시 트랙 오류** 블록 전송시 데이터 패리티 오류가 발생했거나, 하나 혹은 그 이상의 비트가 타이밍 트랙 또는 표시 트랙부터 사라져 버린 경우를 말한다.

markup[máːrkʌ̀p] **마크업** 문서 정보를 전달하기 위해 문서 데이터에 추가된 텍스트.

markup character[-kǽrəktər] **마크업 문자** 문맥에 의존해서 마크업 또는 데이터로 해석할 수 있는 SGML 문자.

markup language[-lǽŋgwidʒ] **마크업 언어** 원래 마크업(markup)이란 신문사나 잡지사의 교정 기자들이 쓰는 특수 목적의 표기법으로, 문서의 논리적 구조와 배치 양식에 대한 정보를 표현하는 언어를 말한다. 마크업 언어는 문서에 포함된 문장이나 그림, 표, 소리 등과 같은 문서 내용에 대한 정보가 아니라 그 문장과 그림, 표는 어떻게 배치되고 글자는 어떤 크기와 모양을 가지며, 들여쓰기와 줄 간격, 여백 등에 대한 정보를 의미한다.

MARS 마스 일본 국유 철도에서의 열차 좌석 예약 시스템으로 온라인 리얼 타임 시스템으로는 가장 빨리 개발되어 실용화된 것이다.

MART 원격 유지 보수 지원 시스템 maintenance assistance by remote teleprocessing system의 약어.

MAS 모듈러 응용 시스템 modular application system의 약어.

maser[méizər] *n.* **메이저** microwave amplification by the stimulated emission of radiation의 약어. 우주 통신이나 전파 망원경 등에 사용되고 있으며, 레이저와 같은 원리로 그보다도 파장이 긴 가시광 영역의 전자파를 발생한다. 분자 증폭기 또는 분자 발진기라고도 한다.

mask[máːsk] *n.* **마스크, 본** (1) 어떤 문자 패턴의 몇 부분의 유지 또는 소거를 제어하기 위해서 사용되는 문자 패턴. 어느 비트 패턴(bit pattern)의 특정 비트 위치의 정보를 변경하거나 삭제하기 위해서 사용되는 문자 또는 「비트 패턴」으로, 원래의 의미는 「가면으로 가리다」에서 유래한다. 마스크는 불 연산(boolean operation)의 오퍼랜드(operand)의 한 방법이고, 마스크를 행하는 것을 마스킹(masking), 마스크로서 사용되는 비트를 마스크 비트(mask bit) 또한 마스킹에 사용되는 레지스터(register)를 마스크 레지스터(mask register)라고 한다. (2) 운영 체제(OS)에 있어 인터럽션(interruption)의 발생을 「억지하는」 것을 가리킨다. 이것은 인터럽트 마스크(interrupt mask)라고 부르며, 인터럽트 마스크에 따라 인터럽트가 발생해도 그것이 해제될 때까지 인터럽트는 무시된다. (3) LSI 제조에 있어 웨이퍼의 제조 과정에서 실리콘의 표면에 에칭되는 상을 형성하는 것을 마스크라고 한다. 미세 구조의 마스크는 포토 에칭 기술에 의해 만든다.

maskable interrupt[máːskəbl ìntərʌ́pt] **마스크 가능 인터럽트**

mask-alignment[máːsk əláinmənt] **마스크 맞춤** 포토 에칭 공정에서 웨이퍼의 패턴을 사진 마스크와 겹치거나 증착 스퍼터링(sputtering) 과정에서 마스크끼리 차례로 중복되는 것.

mask bit[-bít] **마스크 비트** 레지스터에 처리의 대상으로 하고 싶은 비트를 세트해두고, 처리 대상의 데이터가 들어 있는 레지스터와 논리곱을 취해서 대상 외의 비트를 마스크할 수 있는 것처럼 1워드(word) 중의 특정한 비트만을 처리의 대상으로 하고 싶을 때 처리의 대상으로부터 제거되는 비트를 말한다.

mask contact[-kάntækt] **마스크 접촉** ⇨ Boolean algebra

mask design[-dizáin] **마스크 설계** 반도체 집적 회로를 제조하는 데 사용하는 마스크를 설계하는 것.

masked state[máːskt stéit] **마스크 상태**

masking[máːskiŋ] *n.* **마스킹** 기호의 열 또는 비트 패턴을 대상으로 해서 별도의 기호 열이나 비트 패턴과의 논리 연산에 의해서 그 일부를 추출, 삭제하는 것.

mask layout[máːsk léiàut] **마스크 설계** 집적 회로 마스크에 관해 소자의 크기, 위치 등을 설계하는 것.

mask making[-méikiŋ] **마스크 작성**

mask processing[-prάsesiŋ] **마스크 처리** LSI의 제조 과정에서 웨이퍼 상에 회로를 붙이는 작업 공정. CAD 등으로 설계된 회로를 기초로 하여 패턴 생성기로 원판 상에서 회로의 확산층, 접점, 배선 패턴 등을 형성한다. 이렇게 만들어진 것이 마스크이며 이것을 웨이퍼 상에 전사한다.

mask program[-próugræm] **마스크 프로그램** 마스크 ROM에 프로그램을 내장시키는 프로그램.

mask-programmable device[-próugræməbl diváis] **마스크 프로그래머블 기기**

mask-programmed control ROM 마스크 프로그램 제어 ROM

mask read-only memory[-ríːd óunli(ː) méməriː] **mask ROM, 마스크 ROM** 롬의 일종으로 제조 단계에서 판독 전용의 내용을 고정화한 것. 한 번 수록된 데이터는 다시 수정할 수 없다.

mask register[–rédʒistər] **마스크 레지스터** 반복적인 마스크 검색 동작에서 마스크 레지스터와 반복 계수기는 실제 검색 명령보다 먼저 값을 주어야 하는 마스킹을 위하여 특별히 사용하는 레지스터로 논리 연산에 의하여 오퍼랜드의 어느 부분이 대상으로 되는가를 결정하는 필터의 역할을 한다.

mask ROM **마스크 롬** 공장에서 미리 데이터를 써넣은 롬 칩. 사용자가 개발한 프로그램을 반도체 회사에 가지고 가서 제조 단계에서 미리 써넣게 한 것이다.

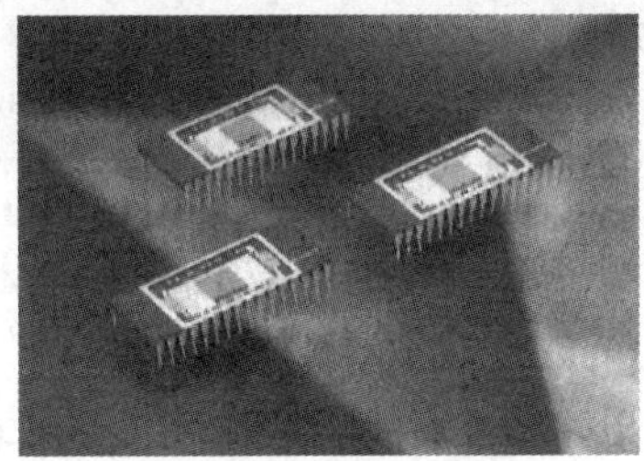

〈국내에서 최초로 생산된 4메가 마스크 롬〉

mask vs. bipolar ROM **마스크 대 쌍극형 롬** ROM 기억 장치들의 가장 중요한 차이점은 기억 소자 설계시 개방식 또는 폐쇄식 연결을 구성하는가에 있다. 마스크 ROM은 반도체 생산의 마지막 단계에서 선택적으로 전도성 점퍼를 포함하거나 배제하여 연결하고, 쌍극형 ROM은 소자가 제조된 후에도 사용자가 연결을 끊고 연결 패턴을 다시 구성할 수 있도록 가용성 금속으로 연결한다.

mask words[–wə́ːrz] **마스크 단어** 마스크 단어는 식별자 단어와 AND 논리 연산에서 비교 검색을 하기 위하여 호출되는 입력 단어를 모두 수정한다.

mass[mǽs] *a.n.* **대량 (의), 대용량 (의), 매스**

MASS 860 인텔 사의 I860 마이크로프로세서를 CPU로 하는 시스템의 하드웨어 벤더와 인텔 사가 참가하고 있는 업계 단체로 약 20개 사가 회원이 되고 있다. 일본 업체로는 Oki 전기 공업이 참가하고 있다. 서로 하나의 I860용 UNIX System V release 4.0의 ABI를 지원하기 위하여 하드웨어 표준, 소프트웨어 표준을 공동으로 개발하고 있다. I860 ABI에 준거한 하드웨어와 소프트웨어의 개발을 촉진시키는 것이 목적이다. 시스템 벤더는 MASS 860에 가입함으로써 많은 애플리케이션 프로그램 벤더와 관계를 가질 수 있게 된다. 소프트웨어 벤더는 한 번 개발한 애플리케이션 프로그램을 이식시키는 작업을 하지 않고 다른 벤더의 시스템용으로 출하할 수 있는 이점이 있다. 그러나 소프트웨어 벤더는 MASS 860에 가입할 수가 없다.

Massachusetts general hospital's utility multi-programming systems[mǽsətʃúːsits dʒénərəl háspitlz juːtíləti mʌ́lti próugræmiŋ sístəmz] **MUMPS, 멈프스**

mass bus[mǽs bʌ́s] **대량 버스** 1초당 많은 양의 데이터를 전송할 수 있는 버스. 일반적으로 단일 버스는 1초당 1.5MB 이상의 데이터를 전송하고 대량 버스는 1초당 2MB 이상의 데이터를 전송할 수 있다. ⇨ bus

mass data[–déitə] **대량 데이터** 내부 메모리에 있는 한꺼번에 기억되지 않을 정도의 대량 데이터 집합으로 대개는 자기 디스크나 자기 테이프 파일(magnetic tape file)에 기억된다.

mass-data multiprocessing[–mʌ́ltiprɑ̀sesiŋ] **대량 데이터 다중 처리** 복수의 프로세서가 공통의 메모리를 직접 액세스(access)하며, 각 프로세서가 특정 처리를 행하는 것. 즉, 과학, 상업용 자료 처리, 기술 등을 처리하며, 전국적인 통신망에 부착된 시스템의 경우에는 복합된 데이터 처리 기능을 수행할 수 있다.

mass insertion[–insə́ːrʃən] **대량 삽입**

massive parallelism[mǽsiv pǽrəlèlizm] **대량 병행성** 여러 개의 중앙 처리 장치(CPU)가 동시에 작동함으로써 여러 개의 작업을 병행 처리하는 것.

mass memory[mǽs méməri] **대량 메모리**

mass-production system[–prədʌ́kʃən sístəm] **대량 생산 방식**

mass rapid transit system[–rǽpid trǽnsit sístəm] **MRT system, 대량 고속 수송 시스템**

mass replacement[–ripléismənt] **대량 치환**

mass sequential insertion[–sikwénʃəl insə́ːrʃən] **대량 순차 삽입**

mass storage[–stɔ́ːridʒ] **대용량 기억 장치** 자기 드럼 장치, 자기 디스크 장치 등의 랜덤 액세스 가능한 대용량 기억 장치를 총칭할 때 사용되는 매우 큰 기억 용량을 갖는 기억 장치. 대용량의 보조 기억 장치로서 중앙 처리 장치(CPU)에 온라인으로 직결되어 있다. 자기 디스크 파일(magnetic disk)이 한 예이며 현재는 수백 비트를 넘는 것도 있다. bulk storage 또는 mass memory라고도 한다.

mass storage control[–kəntróul] **MSC, 대용량 기억 제어**

mass storage control system[–sístəm] **MSCS, 대용량 기억 관리 시스템**

mass storage control table[–téibəl] **대기억 관리 테이블**

mass storage control table create[–kriéit] MSC 작성 프로그램

mass storage control table create program[-próugræm] MSCTC, 대기억 관리 테이블 생성 프로그램

mass storage device[-diváis] 대량 저장 장치 이 장치는 중앙 처리 장치에 의하여 직접 주소 지정이 가능한 기억 장치들이다. 방대한 양의 데이터를 모으고 체계화하여 다시 꺼낼 수 있는 수단으로 사용되는 것을 말한다. 즉, 컴퓨터 내부의 주기억 장치에 비해 매우 큰 기억 용량을 갖는 비휘발성 기억 장치의 한 형태이다. 주로 디스크를 가리키지만 테이프(자기, 종이)나 드럼 등도 여기에 포함되며, 근래에는 버블 메모리나 비디오 테이프도 사용되고 있다.

mass storage dump/verify program[-dʌ́mp vérifài próugræm] 대용량 기억 덤프/검증 프로그램 사용자가 주기억 장치의 특정한 부분의 내용을 디스크나 자기 테이프, 카세트와 같은 대용량 기억 장치에 덤프할 수 있도록 한 프로그램. 자동으로 적재할 수 있는 양식에서는 덤프된 프로그램의 정확성이 자동으로 검증된다.

mass storage executive capability[-igzékjutiv kèipəbíliti(:)] 대용량 기억 장소 관리 능력 ⇨ mass storage

mass storage facility[-fəsíliti(:)] MSF, 대용량 저장 기능

mass storage file[-fáil] 대용량 기억 파일

mass storage record[-rékərd] 대용량 기억 레코드

mass storage system[-sístəm] MSS, 대용량 기억 시스템 IBM 사가 1974년에 발표한 IBM 3850 MSS로 예를 보인 수십 GB급의 기억 장치. 기억 용량이 10^{11}~10^{12} 비트 이상, 평균 액세스 시간이 「초」 단위의 보조 기억 장치(auxiliary storage)를 말한다. 예를 들면, 기록 매체로서 자기 테이프(자기 테이프 카트리지)를 이용하고 이 집합체에 의해 "대용량 기억"을 실현한 것이 사용되고 있다. 대용량 기억 시스템은 자기 테이프 조작의 전자동화 및 대용량 · 저가격 온라인 파일의 실현 등을 위해 개발된 것이며, 자기 테이프(또는 자기 테이프 카트리지)형 MSS가 대표적이다. 이 장치는 수천 개의 자기 테이프(또는 자기 테이프 카트리지)와 그 수납과 선택 기구, 기록 기구 등으로 이루어진다. 여러 개의 데이터 카트리지를 벌집 모양의 보관 세트에 넣고 필요에 따라 지정된 카트리지를 자동으로 선택 추출하여 데이터 기록 기구에 자동 장진하여 기록과 판독이 행해진다. 카트리지 안에는 68.6 mm, 두께 0.041mm, 길이 20.2m의 자기 테이프가 넣어져 있으며 그 한 개의 기억 용량은 50MB이다. 장치 한 대에는 706~4,720개의 카트리지를 갖추고, 그 총 기억 용량은 35.3~236GB이다. 자기 테이프 MSS에서는 기록 매체로서 오픈 릴형 또는 케이스에 수납된 카트리지형이 이용된다. 또 종래의 자기 테이프를 사용하는 MSS도 있다.

mass storage system communicator[-kəmjù:nikéitər] MSSC, 대용량 기억 시스템 통신 프로그램

mass storage unit[-jú:nit] 대용량 기억 장치

mass storage volume[-váljum] MSV, 대용량 기억 볼륨

mass storage volume control[-kəntróul] MSVC, 대용량 기억 볼륨 제어

mass storage volume control journal [-dʒə́:rnəl] 대용량 기억 볼륨 제어 저널

mass storage volume group[-grú:p] 대용량 기억 볼륨 그룹

mass storage volume inventory[-ínvəntɔ̀(:)ri(:)] 대용량 기억 볼륨 목록

mass store[-stɔ́:r] 대용량 기억 장치 ⇨ mass storage

master[mǽstər] *a.* 주, 마스터, 주된 (1) 다른 장치들의 작동을 통제하는 위치에 있는 장치. (2) 데이터 처리에서 가장 중심이 되는 반영구적인 데이터.

master address file[-ədrés fáil] 마스터 어드레스 파일

master address space[-spéis] 마스터 어드레스 공간

master card[-ká:rd] 마스터 카드 (1) 마스터 레코드가 기록되어 있는 카드. 어떤 업무의 기본이 되는 고정적인 자료나 반복하여 사용할 수 있는 자료를 기록한 카드. (2) 일단의 카드에 대해 고정되거나 지시적인 정보를 가진 카드로서 대개 그 카드 집단에서의 첫 카드이다.

master catalog[-kǽtəlɔ̀(:)g] 마스터 카탈로그 데이터 세트에 데이터 공간을 할당하기 위하여 필요한 정보. 허가된 이용자만이 접근하도록 관리하기 위한 정보. 각 데이터 세트의 사용 상황 등이 수록되어 있다. 모든 VSAM 데이터 세트와 각 데이터 세트가 수용되어 있는 볼륨에 대한 정보를 수록한 키 순차 데이터 세트. VSAM 카탈로그에는 마스터 카탈로그와 사용자(user) 카탈로그의 두 종류가 있다. 하나의 마스터 카탈로그는 VSAM에 필수적인 것이고 사용자 카탈로그는 생략이 가능하다. 사용자 카탈로그는 마스터 카탈로그에서 포인터로 이어져 마스터 카탈로그와 같은 구조, 같은 기능을 갖는다. 사용자 카탈로그의 주요 목적은 데이터 보전성

을 높이는 것과 볼륨의 가반성(可搬性)을 쉽게 하는 데 있다.

master chip[–tʃíp] **마스터 칩**

master clear[–klíər] **마스터 클리어** 연산 레지스터를 지우고 새로운 연산 모드의 준비를 하는 컴퓨터 콘솔에 있는 스위치의 하나.

master clock[–klák] **마스터 클록, 주클록** 기계(machine)로 동작의 동기를 취하기 위해서 사용하는 펄스(pulse) 신호. 컴퓨터에서는 논리 회로(logic circuit)의 기본 주기로 사용된다. 중앙 처리 장치(CPU)는 이 신호에 맞춰 동작하고, 시스템 전체의 동작 타이밍을 취하고 있다. 다른 시각 기구를 제어하는 것을 주요 기능으로 하는 시각 기구.

master clock frequency[–fríːkwənsi(ː)] **마스터 클록 주파수**

master console[–kənsóul] **마스터 콘솔** 복수의 조작 콘솔을 사용하는 경우에 조작원이 시스템과 연락하는 주요 조작 콘솔. ⇨ console

[주] 조작 콘솔 이외의 모든 조작 콘솔을 부조작 콘솔이라고 한다.

master constraint[–kənstréint] **마스터 제약 조건** 관계 무결성 규정과 유사하다. NOMAD의 마스터는 릴레이션과 같은 의미로서 마스터에 적용되는 제약 조건을 말한다.

master control[–kəntróul] **주 제어, 마스터 제어** (1) 서브루틴 계층 구조의 최고 우위에 있는 응용 위주의 루틴. (2) 시스템의 동작을 제어하는 컴퓨터 프로그램으로 조작원의 개입을 줄이기 위하여 작성되었다. 마스터 제어는 처리될 프로그램을 계획하고 시작시키며, 입출력 처리를 통제하고 조작원과 수행중인 작업에 대한 정보를 교환하며, 프로그램 오류나 시스템의 잘못된 기능을 수정하는 역할을 한다.

master control interrupt[–ìntərʌ́pt] **주 제어 인터럽트** 더 많은 데이터나 프로그램 세그먼트 또는 주 제어 프로그램에서 컴퓨터 시스템을 제어할 수 있도록 하는 입출력 장치나 조작원의 오류. 처리기의 요구에 의하여 발생되는 신호.

master control program[–próugræm] **주 제어 프로그램** 주 제어 프로그램은 다음과 같은 기능이 있다. ① 프로그램의 컴파일과 디버깅을 지시하며, 메모리의 할당, 입출력 동작의 할당, 동시 처리를 위한 여러 프로그램의 계획과 배치를 하는 등 작업 준비의 모든 단계를 제어하며, ② 모든 데이터의 흐름을 지시하고 자동으로 오류 검출과 정정 기능을 제공하며, ③ 인쇄된 명령으로 조작원에게 지시를 하며, ④ 시스템 환경에 적응하기 위하여 시스템 조작을 조정하기도 한다. 주제어 시스템에 대한 자동적인 계획과 제어 기능을 갖춘 컴퓨터의 프로그램 독립적 모듈성은 시스템의 진정한 다중 처리 능력을 제공한다.

master control routine[–ruːtíːn] **마스터 제어 루틴, 주 제어 루틴** 일련의 서브루틴으로 이루어져 있는 프로그램. 다른 서브루틴으로의 링크를 제어하고, 프로그램의 요구에 따라 여러 가지 세그먼트(segment)를 메모리 내에 적재한다. 또 하드웨어 시스템의 작동을 관리하는 프로그램이다.

master coordinate system[–kouɔ́ːrdinət sístəm] **마스터 좌표계** 그래픽의 계층적 모델링에서 어떤 물체를 고유의 좌표계에서 정의할 수 있는 좌표계. 이 변환은 사례 변환을 통하여 상위 단계의 보편 좌표계로 변환한다.

master data[–déitə] **마스터 데이터** 마스터 파일을 형성하는 데이터로 처리 조작을 하기 위해서 사용되는 기본 데이터로 마스터 파일의 내용을 뜻하기도 한다.

master data record[–rékərd] **마스터 데이터 레코드** ⇨ master record

master data set[–sét] **마스터 데이터 집합** 소유자 레코드 유형과 유사하며, 변하지 않는 같은 종류의 마스터 레코드들로 구성된다. 이 레코드들은 어떤 다른 데이터 집합 레코드들과도 무관하게 존재할 수 있고, 하나 이상의 가변 데이터 집합과 연관될 수도 있다. TOTAL에서 사용하는 두 가지 데이터 집합의 형태 중 하나이다.

master disk[–dísk] **마스터 디스크**

master file[–fáil] **마스터 파일** 어떤 작업에 기본이 되는 파일. 마스터 파일이란 데이터 처리를 위해 필요한 항목을 모두 갖고 있는 파일로 어느 기간을 통하여 거의 변화하지 않는 데이터를 기록해두는 파일이다. 급여 계산을 예로 하면, 사원 코드, 기본급, 부양 가족, 부양 공제, 직무 수당 등 사원마다의 「장부」에 상당하는 항목을 모두 기록하고 있다. 여기에 대해 잔업 실적 등 월 단위로 발생하는 데이터를 넣은 트랜잭션 파일(transaction file)이 있으며, 이들 두 개의 파일을 대조시키면서 급여 계산을 처리한다. 이 처리에서 마스터 파일의 갱신(updation)이 행해진다. 특히 사무 처리에 있어서는 대개의 업무에 이 마스터 파일이 있으며, 거기에 대하여 트랜잭션 파일이 존재한다.

[주] 주어진 작업에서 기준으로 사용되며 그 내용은 달라져도 비교적 영속성이 있는 파일.

master file control record[–kəntróul rékərd] **마스터 파일 제어 레코드**

master file directory[–diréktəri(ː)] **MFD, 마스터 파일 디렉토리** 파일 시스템의 두 단계 디렉

토리 구조에서 각 사용자 파일 디렉토리를 의미하는 상위 단계의 디렉토리를 가리킨다.

master file directory block[−blák] **마스터 파일 등록 블록**

master file inventory[−ínvəntɔ̀(:)ri(:)] **마스터 파일 목록**

master file job processing[−dʒáb prásesiŋ] **마스터 파일 작업 처리** 입출력 작동기, 시스템 프로그램, 유틸리티 루틴, 라이브러리 서브루틴 등으로 나누어지는 작업 처리에 필요한 프로그램에 포함된 마스터 파일.

master file maintenance[−méintənəns] **마스터 파일 보수** 마스터 파일을 갱신 또는 수정하는 것.

master file tape[−téip] **마스터 파일 테이프** 이 용어는 입력 항목의 천공 종이 테이프는 물론 편의상 자기 테이프 또는 종이 테이프와 성질면에서 동등한 카세트의 집합에도 적용된다. 파일은 심지어 일반적인 방법으로 데이터의 집합을 참조할 필요가 있을 경우 처리기 기억 장치에 축적한 정보에도 적용한다.

master file update program[−ʌpdéit próugræm] **마스터 파일 갱신 프로그램** 기존 마스터 파일에 속해 있던 정보를 삭제하거나 수정하여 새로운 마스터 파일을 만들어 내거나 변경된 프로그램에 새로운 마스터 파일을 추가 작성하는 것으로 이 결과로 새로운 마스터 파일이 생성된다.

master group switching equipment[−grú:p swítʃiŋ ikwípmənt] **주그룹 교환 장치**

master index[−índeks] **마스터 인덱스** 색인된 순차 파일(indexed sequential file)에 있어 가장 레벨이 높은 색인.

master index level[−lévəl] **마스터 인덱스 레벨**

mastering[má:stəriŋ] **마스터링** CD-ROM이나 광디스크 등의 원반(마스터)을 제작하는 공정. 여기서 만든 원반을 기초로 CD를 양산한다.

master-instruction tape[má:stər instrʌ́kʃən téip] **MIT, 마스터 명령어 테이프** 특정 시스템에서 실행될 모든 프로그램을 기록한 테이프.

master inventory file[−ínvəntɔ̀(:)ri(:) fáil] **마스터 재고 파일** 데이터 처리 센터에서 요구하는 모든 프로그램과 주요 서브루틴을 포함한 자기 테이프.

master job[−dʒáb] **마스터 작업**

master key[−kí:] **마스터 키** 데이터 정의시 탐색 키가 마스터 키로 정의된다. 각 테이블에 마스터 키는 단 하나만 존재하며 변경할 수 없게 선언될 수 있다.

master library tape[−láibrəri(:) téip] **주라이브러리 테이프** 데이터 처리 센터에서 요구하는 모든 프로그램과 주요 서브루틴을 포함한 자기 테이프.

master mode[−móud] **마스터 모드** 모든 주어진 기본 연산이 가능한 컴퓨터 동작의 기본 모드. 즉, 멀티프로그래밍에 있어서 수퍼바이저(모니터)가 동작하는 모드. 실행할 수 있는 명령이나 참조할 수 있는 주기억 영역에 제한이 없는 특권적인 모드를 말한다.

master operation[−àpəréiʃən] **마스터 오퍼레이션** 미리 설정된 표준적 제조 공정에서는 각 공정은 표준 준비 시간이나 표준 작업 시간이 정해져 있다. 이들의 내용을 부품별, 공정별로 일람표로 정리한 것을 마스터 오퍼레이션이라고 한다. 제품은 이 제조 기준 공정에 따라서 완성된다. 생산 절차 계획을 세울 때 사용한다.

master page[−péidʒ] **마스터 페이지** DTP 소프트웨어 등에서 템플릿에 해당하는 페이지. 공통 부분을 마스터 페이지에 배치해두면 시간이 절약되고 실수도 줄일 수 있다.

master password[−pá:swə̀:rd] **마스터 패스워드**

master payroll data file[−péiròul déitə fáil] **마스터 급여 대장 자료 파일** 각각의 종업원에 대한 급여 자료가 들어 있는 정보 파일.

master processor[−prásesər] **주프로세서** 생산이나 컴퓨터 시스템에서 주종 관계로 구성된 프로세서 가운데 주가 되는 프로세서.

master program[−próugræm] **주프로그램** ⇨ master control program

master program file[−fáil] **주프로그램 파일, 마스터 프로그램 파일** 한 시스템에서 수행되는 모든 프로그램이 수록된 파일.

master program file updata[−ʌpdéitə] **주프로그램 파일 갱신** 기존의 주프로그램 파일에 있는 프로그램을 삭제하거나 수정하거나 첨가하여 새로운 주프로그램 파일을 만드는 것.

master program tape[−téip] **주프로그램 테이프**

master record[−rékərd] **주레코드, 마스터 레코드** 자기 테이프 시스템으로 사용되는 최신의 레코드. 대부분 자기 테이프에 수록되어 있다.

master requirement file[−rikwáiərmənt fáil] **마스터 요구 파일** 각 부품에 대하여 언제, 얼마만큼의 양이 필요한가를 표시한 기록이 포함되어 있는 파일. 이 요구 기록은 부품 번호순으로 되어 있다. 주문이 있으면 이 파일과 마스터 재고 파일이 처리기에서 판독되어 연산된다.

master routine[−ru:tí:n] **주루틴** 루틴의 골격

이 되는 부분이며, 루틴은 주루틴과 닫힌 서브루틴으로 구성되는 것이 보통이다.

master scheduler[-skédʒulər] **마스터 스케줄러** 운영 체제(OS) 중 작업 관리 프로그램 및 처리에 필요한 모듈 프로그램을 총괄하는 기능으로서 조작원(오퍼레이터)이 입력한 커맨드(명령)를 해독하여 필요한 동작을 실행하거나 시스템측으로부터의 메시지를 오퍼레이터에게 지시하는 기능도 포함하고 있다.

master scheduler task[-tá:sk] **마스터 스케줄러 태스크**

master segment[-ségmənt] **마스터 세그먼트**

master/segment instance[-ínstəns] **마스터/세그먼트 사례** NOMAD에서 투플을 말한다. ⇨ tuple

master-slave[-sléiv] **마스터/슬레이브**

master-slave accumulator[-əkjú:mjulèitər] **주/종 누산기, 마스터/슬레이브 어큐뮬레이터**

master-slave arrangement[-əréindʒmənt] **주/종 배열, 마스터/슬레이브 배열** 두 개의 바이어스 테이블 회로 배열에서 어느 하나의 회로(슬레이브)는 다른 회로(마스터)에 대하여 출력 패턴을 다시 생성하도록 된 배열.

master-slave array[-əréi] **마스터/슬레이브 배열** ⇨ master-slave system

master-slave computer system[-kəmpjú:tər sístəm] **주/종 컴퓨터 시스템, 마스터/슬레이브 컴퓨터 시스템** 컴퓨터 기기 구성의 한 형태로 고도의 계산이 필요할 때 적합한 시스템. 주컴퓨터는 입출력, 파일 관리, 스케줄링 등만 행하고 대형의 종속 컴퓨터는 계산만을 전문으로 한다.

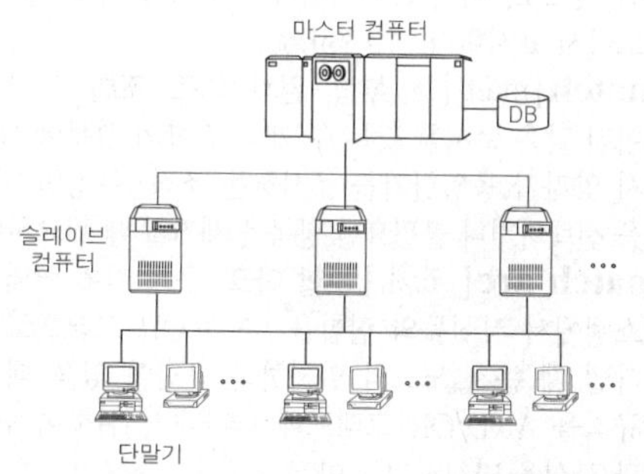

〈마스터/슬레이브 컴퓨터 시스템〉

master-slave design structure[-dizáin strʌ́ktʃər] **주/종 설계 구조, 마스터/슬레이브 구조** 특수한 시스템이나 상업용 또는 과학용 컴퓨터의 구성 형식으로, 하나의 주컴퓨터가 충분한 크기와 능력이 있어 모든 입출력과 스케줄을 완전히 관장하며, 다른 종속 컴퓨터에 작업을 지시할 수 있도록 설계한 구조. 때로는 후자가 더 큰 능력을 가지고 있지만, 주컴퓨터가 지시하고 명령한 대로 연산을 수행한다.

master-slave flip-flop[-flíp flɑ̀p] **주/종 플립플롭, 마스터/슬레이브 플립플롭** 하나의 플립플롭은 주플립플롭이고, 또 하나의 플립플롭은 종플립플롭으로 쓰이는 클록 펄스가 상승 또는 하강함에 따라 입력에 대응하여 출력이 변화하도록 두 개의 플립플롭으로 구성된 것. 이것은 주플립플롭에 입력되는 외부 데이터 변화가 종플립플롭에까지 영향을 미치는 것을 막고, 주플립플롭의 출력이 안정되면 분리시켜 종플립플롭에 전달할 수 있도록 한 것이다.

master-slave JK flip-flop **주/종 JK 플립플롭** JK 플립플롭을 사용하여 구현된 주/종 플립플롭. ⇨ JK flip-flop

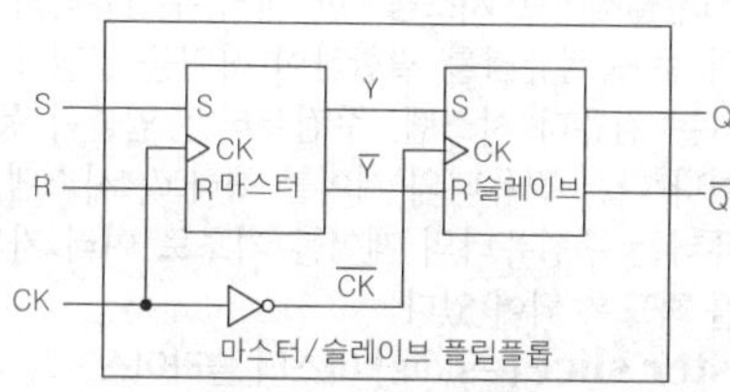

〈마스터/슬레이브 JK 플립플롭〉

master-slave mode[-móud] **주/종 형식** 이 형식은 하나의 프로그램이 기억 장치를 공유하고 있는 다른 프로그램을 손상하거나 접근할 수 없게 보장하는 형식이다.

master-slave mode multiprocessor[-mʌ́ltiprɑ̀sesər] **주/종 다중 처리기, 마스터/슬레이브형 멀티프로세서**

master-slave mode of operation[-əv ɑ̀pəréiʃən] **주/종 운용 방식** 다중 처리기 시스템에서 하나의 주된 처리기가 나머지 다른 처리기에게 작업을 할당하고 그 처리 단계를 스케줄링하는 운용 방식.

master-slave multiprocessing[-mʌ́ltiprɑ̀sesiŋ] **주/종 다중 처리** 주프로세서는 범용 프로세서로서 연산뿐만 아니라 입출력도 담당하고, 종프로세서는 연산만을 담당한다. 즉, 주프로세서는 운영 체계를 시행할 수 있지만 종프로세서는 사용자 레벨의 프로그램만 실행할 수 있다. 이 구조에서는 하나의 프로세서만이 주프로세서로 지정되고 나머지 프로세서들은 종프로세서로 지정된다. 종부분에서 실행되던 프로세서가 운영 체제의 개입을 필요로 할 때는 인터럽트를 발생시켜 주프로세서가 그 인터럽트를 처리시켜 주프로세서가 그 인터럽트를 처리하게 한다. 따라서 종프로세서의 수와 이것이 발생시키는 인터럽트의 빈도에 따라 주프로세서에는 상당한 크기의 큐가 발생할 수 있다.

master-slave multiprocessor organization[-mʌ́ltipràsesər ɔ̀ːrgənaizéiʃən] **주/종 다중 처리기 조직** 하나의 주처리기와 여러 개의 종처리기들로 구성된 컴퓨터 조직으로 주처리기는 연산뿐만 아니라 입출력 등 시스템의 전반적인 제어를 담당하고, 종처리기는 주처리기의 지시에 따른 연산이나 미리 정해진 특정한 작업만을 수행하게 된다.

master-slave multiprogramming[-mʌ́ltipròugræmiŋ] **주/종 다중 프로그래밍, 마스터/슬레이브 멀티프로그래밍** 한 프로그램이 같은 주기억장치를 공유하고 있는 다른 프로그램에 해를 입히거나 액세스할 수 없도록 설계된 시스템.

master-slave system[-sístəm] **주/종 시스템, 마스터/슬레이브 시스템** 한 대의 주컴퓨터와 여러 대의 종속 컴퓨터를 결합하여 작업을 분담해서 처리하는 컴퓨터 시스템. 주컴퓨터는 입출력 동작의 제어나 다른 컴퓨터의 제어를 행하고, 시스템 내의 컴퓨터는 주컴퓨터의 제어를 기초로 여러 가지 처리를 하도록 되어 있다.

master slice[-sláis] **마스터 슬라이스**

master slice layout[-léiàut] **마스터 슬라이스 설계** LSI 자동 설계의 한 방식으로 기본 소자 또는 기본 논리 회로를 배열한 웨이퍼를 미리 만들어놓고 배선 패턴만을 바꾸어 다품종의 LSI를 만드는 패턴만을 바꾸어 다품종의 LSI를 만드는 방식. LSI의 자동 설계 중에서 자동화율이 가장 높으며, 다품종 소량 생산에 적합하다.

master station[-stéiʃən] **마스터 지국, 발신국, 주국, 주단말기** 데이터 통신 상대 용어로서 종국(slave station)의 상대어. 기본형 데이터 전송 제어 방법(BSC)에 따른 데이터 전송에 있어 한 가지 이상의 종국으로의 데이터 전송을 제어하도록 기능을 가진 스테이션. 전송 스테이션이라고도 불린다. 기본형 링크 제어에 있어 한 가지 이상의 종국으로의 데이터를 전송하도록 구해지며 거기에 맞는 데이터 스테이션이다.

[주] 어느 임의의 순간에 있어 데이터 링크 상에서는 주국(主局)은 단 한 가지밖에 얻을 수 없다.

master structure[-strʌ́ktʃər] **마스터 구조** 계층적 또는 정규화된 레이션. 만약 마스터가 계층적이라면 항목으로 구성된 세그먼트들로 구성되고, 정규화된 마스터는 직접 항목들로 구성된다.

master synchronizer[-síŋkrənàizər] **마스터 동기 장치**

master system tape[-sístəm téip] **마스터 시스템 테이프** 프로그램 작동에 대한 중앙 제어를 가능하게 하는 감시 프로그램. 조작원의 개입 없이 하나의 자기 테이프에 대하여 적재, 실행 동작을 할 수 있게 한다. 조작원은 마스터 시스템 테이프에 있는 어떤 프로그램의 적재나 수행을 간단한 온라인 단말 장치 명령을 통하여 지시할 수 있다.

master tape[-téip] **마스터 테이프** 지워서는 안 되는 원래대로 돌아가는 데이터를 포함하는 자기 테이프. 보통 주프로그램이나 마스터 데이터 파일을 담고 있는 자기 테이프를 뜻한다.

master terminal[-tə́ːrminəl] **마스터 단말기** 어떤 단말기도 네트워크 내에서는 단말기가 될 수 있다. 그러나 어느 한 순간에는 단 하나의 단말기만 마스터가 된다. 마스터가 되면 그 단말기는 네트워크 내의 모든 단말기와 통신할 수 있다.

master terminal command[-kəmǽːnd] **마스터 단말기 명령어**

master timer[-táimər] **마스터 타이머** ⇨ master clock

master transaction processing[-trænsǽkʃən prásesiŋ] **기본 거래 처리** 거래 파일을 이용하여 마스터 파일까지 갱신하는 처리.

master unit[-júːnit] **마스터 장치**

master variable[-vɛ́(ː)riəbl] **마스터 변수**

MAT 모듈 배치법 modular allocation technique의 약어.

mataindex[mætəíndeks] **메타인덱스** 색인의 색인으로, 검색자가 필요로 하는 항목을 모아놓은 색인집. 예를 들면, 인터넷의 Yahoo!가 이 대표적인 것으로, 여러 홈페이지나 색인집을 각 분야별로 모아서 표시한다. ⇨ Yahoo!

match[mǽtʃ] *n.* **부합, 일치, 대조, 조회** 각각 주어진 같은 순서를 갖는 두 개의 집합의 항목에 대해서 양자가 동일한가를 조사하는 조작. 특정한 항목을 선택하거나 불필요한 항목을 제거할 때 필요하다.

match arc[-áːrk] **부합 아크** 규칙 기초 연역 시스템에서 사실들의 집합을 AND/OR 그래프로 나타낼 때 문자 노드와 일치하는 규칙이 있을 때 그 규칙을 AND/OR 그래프에 나타내기 위하여 규칙과 사실을 연결시키는 아크.

match-cycle[-sáikl] **부합-순환** 리티-부합(rete matching) 알고리즘에서 작업 메모리에 변화가 있을 때마다 발생하는 처리 단계로 규칙의 왼쪽 부분과 작업 메모리의 내용이 비교된다.

match field code[-fíːld kóud] **부합 필드 코드**

match field value[-vǽljuː] **부합 필드값**

match gate[–géit] **부합 게이트** ⇨ exclusive NOR gate

matching[mǽtʃiŋ] **대조, 정합** 데이터를 대조 확인하는 방법의 하나. 두 벌의 데이터에서 임의의 부분을 비교하여 일치하는지의 여부를 체크하는 일. 두 개의 물건이 일치하고 있는가를 확인하기 위해서 검사(check)하는 것으로 「대조」라고 해석한다. 그대로 「매칭」이라고 해석하는 경우도 많다. 그 조작 중 두 개의 파일이 동일한 것인가를 조사하는 경우는 두 개의 파일을 메모리 상에 읽어넣고 하나하나 대조시키고 일치하는가 확인하는 동작을 하지만 데이터 베이스 등으로 검색하는 경우는 데이터를 모두 비교하는 데이터의 표제나 키를 대조시키는 것이 많다. 또 전기 회로나 렌즈 등에서는 두 가지 장치 사이의 임피던스를 일치시키는 것을 나타내며, 이 경우 「부합」이라고 한다. 만약 임피던스의 부합이 없으면 두 개의 장치의 접합부에서 입사한 에너지의 일부가 반사되어 왜곡(distortion)이나 손실(loss)을 일으키게 되므로 데이터 전송(data transmission)이나 오디오 기기의 배선 등에서는 매칭되는 것이 중요하다. 또 매칭되기 때문에 변환기(transformer)가 사용된다.

matching check[–tʃék] **부합 체크, 부합 검사** 병동된 데이터를 장부 데이터와 대조하여 일치하는지를 검사하는 것.

matching decision[–disíʒən] **부합 문제**

matching error[–érər] **부합 오류** 장비 등을 결합할 때 그 부정확성에 의해 발생하는 오류.

matching field[–fíːld] **대조 필드**

matching impedance[–impíːdəns] **부합 임피던스**

matching method[–méθəd] **매칭법**

matching record indicator[–rékərd índikèitər] **대조 레코드 표시기, MR 표시기**

matching structured object[–strʌ́ktʃərd ɑ́bdʒikt] **구조적 사물의 부합** 구조화된 사물은 단지 논리 서술식의 다른 표현이므로 부합 선택의 의미는 비슷하다. 사실을 나타내는 사실 사물과 원하는 목적 사물이 있을 때, 목적 사물을 포함한 식이 사실 사물을 포함한 식의 부분 결합과 통합되는 경우 목적 사물은 사실 사물과 부합된다고 하며, 이 때는 목적 사물이 사실로부터 증명이 가능해야 한다.

match key[mǽtʃ kíː] **매치 키**

match level[–lévəl] **매치 레벨**

match level value[–vǽljuː] **대조 레벨값**

match manipulator control technique[–mənípjulèitər kəntróul tekníːk] **부합 머니퓰레이터 제어 기법**

match-merge[–mə́ːrdʒ] **부합-합병** 분류된 두 파일을 앞으로부터의 키값을 비교해 미리 선택된 키에 따라 순서대로 재나열하는 것.

match power gain[–páuər géin] **부합 전력 이득**

material[mətí(ː)riəl] *n*. **재료, 자료**

material management system[–mǽnidʒmənt sístəm] **자재 관리 시스템** 원자재의 구매 계획을 비롯하여 원자재 · 완제품의 재고 관리를 지원하기 위한 시스템.

material requirement planning[–rikwɑ́iərmənt plǽniŋ] **MRP, 자재 수요 계획** 기본 생산 계획을 입력하면 거기에 필요한 자재의 총소요량, 순소요량이 계산되고, 필요한 소요량을 적시에 확보하기 위한 로트 편성된 수주 또는 제조 수배 일람표(최적시, 최적량을 표시)를 작성하는 로직 내지 이 로직을 포함하고, 소요량 전개를 자동으로 하는 소프트웨어를 말한다. 즉, 무엇을, 언제, 얼마만큼 구입 또는 제조해야 할 것인가를 계산하는 기법이나 이것을 하는 소프트웨어를 말한다.

MathCAD 매스캐드 수학 공식을 입력하고 계산, 방정식의 풀이, 적분 등의 일반적인 문제를 쉽게 풀 수 있으며, 그래프를 그리거나 보고서를 작성하는 기능도 첨가되어 있는 것으로, 매스 소프트(Math Soft) 사에 의해 개발된 개인용 컴퓨터를 위한 수학 프로그램.

math chip[mǽθ tʃíp] **수치 연산용 칩** 보조 처리기를 가리키며, 정밀한 부동 소수점 수의 고속 연산이나 수학 함수의 고속 계산을 위하여 설계 제조된 단일 칩.

math coprocessor[–kəprɑ́sesər] **수치 연산 보조 처리기** 이것은 일반적인 중앙 처리 장치(CPU)보다 연산 속도가 빠르고 유효 숫자가 더 많으며, 삼각 함수나 지수 등의 수학 함수를 하드웨어적으로 계산하는 것도 있으며, 실수 연산을 고속 처리하는 것을 목적으로 사용되는 보조 처리기이다. 보통 부동 소수점 연산을 보조 처리기를 이용하여 하드웨어적으로 처리하면 소프트웨어적으로 처리하는 것보다 수 배에서 수십 배의 속도 향상을 기대할 수 있다. 더 빠른 계산이 요구되는 경우는 수치 연산 가속기(accelerator)를 이용한다.

Mathematica[mæ̀θəmǽtikə] **매스매티카** 수리 해석용 소프트웨어. 1988년 볼프람(Stephen Wolfram)이 개발하였다. 수치 계산, 수식 처리, 그래픽 등 여러 기능이 있다.

mathematical[mæ̀θəmǽtikəl] *a*. **수학의, 수학적인, 수리적인** 계산 공식은 실수 체계상의 수학 이론에 따라 유도되지만, 컴퓨터에서는 유한 자릿수의 이산적인 수치만 취급하기 때문에 반올림 오차(rounding error)나 소수점 버림 등을 충분히 고려하며, 또 유한 횟수의 연산으로 끝나도록 알고리즘을 생각하지 않으면 안 된다. 또 역으로 이와 같은 컴퓨터의 특성을 이용하여 계산하는 것도 가능하며, 예를 들면 같은 계산을 몇 번이라도 반복함으로써 답에 수렴하는 방법은 컴퓨터에서 사용하는 방법이다.

mathematical analysis[-ənǽlisis] **수학적 분석** 수와 수 사이의 관계 또한 그 관계 위에서 수행되는 연산을 나타낸다.

mathematical built-in function[-bílt ín fʌ́ŋkʃən] **수학적 내장 함수**

mathematical check[-tʃék] **수학적 검사** 다른 수학적 등식이나 특성을 이용한 검사로 어느 정도의 모순을 인정할 경우도 있다. 즉, $A \times B = B \times A$임을 보임으로써 곱셈을 검사할 수 있다.

mathematical function[-fʌ́nkʃən] **수학 함수** (1) 여러 프로그래밍 언어에서 기본적으로 제공되는 수학적인 함수. 사인이나 코사인 등의 삼각 함수, 지수 및 로그 함수와 제곱근 함수 등이 있다. (2) 수학에서 다루어지는 추상적인 함수.

mathematical induction[-indʌ́kʃən] **수학적 귀납법** N 이상의 자연수를 포함하는 항에 관한 명제를 증명하는 방법으로서, 우선 그 명제가 N에 대해서 성립하는 것을 나타내고, 다음에 만약 N 이상의 임의의 n에 대하여 그 명제가 성립하려면 $(n+1)$에 대하여서도 그 명제가 성립한다 라고 나타냄으로써 증명한다.

mathematical linguistics[-liŋgwístiks] **수리 언어학** 계량 언어학(computational linguistics)과 거의 같은 의미. 계량 언어학, 수리 언어학, 계수(計數) 언어학 등 여러 가지 명칭이 있으며, 각각 포함하는 범위와 그 사이의 경계가 명확하지 않다. 수리 언어학은 언어 이론의 수리적으로 엄밀한 전개를 목표로 하고, 계량 언어학은 좀더 컴퓨터에 적합한 언어학을 목표로 한다.

mathematical logic[-lɑ́dʒik] **수학적 논리, 수리 논리학** 자연 언어가 갖는 애매한 정도 및 논리적 불충분함을 피하기 위해서 선정된 인공 언어를 사용하고, 적당한 논리 및 연산을 행하는 학문 분야로 기호 논리, 명제 논리, 술어 논리, 귀납적 관계 등을 포함하는 논리학의 수학적 취급을 뜻한다. ⇨ symbolic logic

mathematical model[-mɑ́dəl] **수학적 모형** 시스템을 수학적으로 해석하여 수식의 형태로 표현한 것을 숫자 모형이라 하고, 그 답은 시스템의 특성을 나타낸다. 이것에 의해 시스템의 성능 평가나 시스템 구성의 최적화가 행해진다. 따라서 복잡한 시스템에서는 시스템 전체를 나타내는 수학 모형을 만드는 일은 불가능하기 때문에 목적에 따라 적당히 간략화하되 그러나 시스템의 본질은 잃지 않는 숫자 모형을 만드는 것이 필요하다.

mathematical operator[-ɑ́pərèitər] **수학적 연산자** 컴퓨터 시스템에서 입력 변수와 출력 변수 사이의 관계나 제한 사항을 기술하는 수학적 과정을 간략하게 나타낸 기호.

mathematical power[-páuər] **수학적 거듭제곱** 이것은 어떤 수나 양이 자기 자신으로 거듭곱해지는 횟수.

mathematical probability[-prɑ̀bəbíliti(ː)] **수학적 확률**

mathematical programming[-próugræmiŋ] **수리 계획법** 조건부 최적(함수)값 문제의 이론, 해법, 적용에 관해 연구하는 것. 또 이에 따라 계획을 세우는 일. 대표적인 예로서 선형 계획법(linear programming), 비선형 계획법, 정수(整數) 계획법, 조합 계획법, 동적 계획법 등이 있다. 1940년대 후반부터 컴퓨터를 이용한 해법이 활발하게 이루어져 왔다.

mathematical programming system[-sístəm] **MPS, 수리 계획 시스템**

mathematical simulation[-sìmjuléiʃən] **수학적 시뮬레이션** 모든 서브시스템을 계산 요소들로 나타내어 표시한 수식 모형을 이용하는 것.

mathematical software[-sɔ́(ː)ftwὲər] **수학 소프트웨어** 수학 문제를 풀기 위한 알고리즘들을 서브루틴으로 만든 패키지.

mathematical statistics[-stətístiks] **수리 통계학** 어떤 정해진 개념으로 통일되어 모아진 집단을 구성하는 숫자를 통계라고 하는데, 통계학은 통계(집단을 구성하는 숫자)를 분석하여 집단의 성질이나 특징을 살피는 것이 기본이다. 수리 통계학은 집단의 특성을 살피는 데 수학적 방법을 제공해 주는 것으로서 평균, 분수, 상관 계수 등을 써서 데이터를 요약하는 방법과 데이터에 대하여 확률 모델을 상정하고 가설을 검정한다든지, 모수(母數)를 추정한다든지 하는 방법이 있는데, 전자를 기술(記述) 통계학적 방법, 후자를 추측 통계학적 방법 혹은 추계학적 방법이라고 한다.

mathematical subroutine[-sʌ́bruːtìːn] **수학적 서브루틴** 삼각 함수, 제곱근, 지수, 대수 등을 포함한 서브루틴.

mathematical symbol[-símbəl] **수학 기호** 수학에 사용되는 각종 기호.

mathematics[mæ̀θəmǽtiks] *n*. **수학** 명확하고 일관적인 방법으로 여러 종류의 기호에 대한 정의와 그 기호들 간에 수행해야 될 연산에 관하여 기술하는 학문. 또는 과학적 현상의 양상이나 법칙 및 일관성을 나타내기 위하여 기호화되고 확장된 논리 형태. 수학은 이와 같은 현상들을 직접적으로 제공하지는 않지만 이러한 것들이 일어났을 때 이것을 표현하고 이해하여 그 결과를 얻어내거나 무엇이 일어날 것인가를 예측하게 해주고 증명이나 가설의 모순을 지적하거나 조언해준다.

mathematization [mæ̀θəmætizéiʃən] **산술화** ⇨ decision problem

MATLAB 매트랩 matrix laboratory의 약어. 뉴멕시코 대학에 의해 개발된 행렬용 수학 패키지.

MAT-LAN 매트란 matrix language의 약어. IBM 시스템 360을 위한 행렬 연산용 언어.

matrices [méitrisìːz] *n*. **매트릭스, 행렬**

matrix [méitriks] *n*. **행렬** 컴퓨터의 하드웨어로서 사용하는 부품에서 같은 부품을 여러 개 가로 세로로 배열하고 그것을 그물 모양으로 도선(導線)에 의하여 연결하여 구성한 장치. 다이오드 매트릭스, 자심(磁心) 매트릭스 등이 있으며, 전자는 인코더 또는 디코더로서, 후자는 기억 장치로서 사용된다. 수학적으로는 자연수를 m, n으로 할 때 mn개의 복소수를 세로 m개, 가로 n개를 나열한 표를 (m, n)형의 행렬이라고 말하지만 컴퓨터에서는 간단히 직사각형으로 나열한 배열 상태를 말하는 경우가 많다. 그 경우 두 가지의 첨자(subscript)에서 변수의 지정이 이루어지기 때문에 2차원 배열(two dimension array)이라고도 한다. 예를 들면, 도트(dot) 매트릭스를 이용하여 문자를 점의 집합으로 인쇄하는 프린터를 매트릭스 프린터(matrix printer)라고 한다. 인쇄 품질은 그다지 좋지 않지만 고속으로 인쇄된다는 이점이 있다. 또 전기 회로에서는 여러 가지 회로 소자의 조합을 직사각형 형태로 나열하고 그것을 그물 모양(망상)으로 연결한 것으로 어느 수치 시스템을 다른 수치 시스템으로 교환하는 인코더(encoder)나 디코더(decoder) 같은 것이나 기억 장치를 말한다. 예를 들면, 다이오드 행렬 회로(diode matrix circuit)는 두 가지의 신호선의 그룹을 교차시키고, 그 교점에 다이오드를 놓은 회로에서 다이오드의 유무에 따라 인코더나 디코더를 사용하는 회로이며 자심 기억 장치(core memory)는 자기 페라이트를 사용한 기억 장치이다. [주] 행과 열로 나열된 요소의 직사각형 배열이며 행렬 대수의 규칙으로 취급되는 것.

matrix algebra [-ǽldʒəbrə] **행렬 대수** 현상을 수량화 모델로서 다루는 경우 대개의 현상이 어떤 한 가정 하에서는 근사적으로 선형 모델이 된다. 선형 계산의 주역은 행렬 계산이다. 즉, 행렬(매트릭스)의 가감산, 승산, 또는 역행렬 등의 연산 법칙을 체계화한 수학의 한 분야이다. ⇨ matrix

matrix algebra tableau [-tǽblou] **행렬 대수표** 표준 심플렉스 방법의 풀이 중 대화 단계에서 나타나는 보조적인 행과 열이 있는 행렬.

matrix analysis [-ənǽlisis] **행렬 분석** 행렬의 여러 법칙을 응용하여 방정식 등으로 기술된 계열의 상태를 분석하는 것. 이것은 변수가 많을 때 보다 효과적인 방법이다.

matrix display [-displéi] **매트릭스 디스플레이, 행렬 표시** 결정된 문자, 숫자밖에 표시할 수 없는 세그먼트형에 대해, CRT(브라운관)와 같이 임의의 화상이 표현될 수 있도록 X와 Y의 행렬 배열로 화면을 구성하는 표시 방법. 화소수가 많을수록 높은 해상도를 얻을 수 있다.

matrix inversion [-invə́ːrʃən] **매트릭스 인버전**

matrix language [-lǽŋgwidʒ] **MAT-LAN, 행렬 언어** 시스템 360을 위한 행렬 연산용 언어.

matrix matching [-mǽtʃiŋ] **행렬 부합** 광학식 문자 판독 장치에서 문자 인식의 수법. 판독 패턴과 등록된 패턴을 비교하여 문자를 식별하는 방법.

matrix matching method [-méθəd] **행렬 부합 방식** 문자 전체를 한 번 보아 그 특징을 추출하여 문자를 식별 판정하는 방법으로 원리는 각 문자의 특징을 가진 표준 기호를 처리하도록 문자의 수만큼 기호를 만들어 입력된 문자 상의 기호를 비추어 중복되는가를 알아보는 방법이다. 이 방법은 잉크가 잘못 칠해지거나 빈 곳이 있을 경우 문자가 바르게 인식되지 않는다. 이러한 결점을 보호하기 위해서 최근 시판되는 스캐너에서는 가중합 회로에 의한 마스크를 사용하고 있다.

matrix notation [-noutéiʃən] **행렬 표현** 영국의 수학자 아서 케일리(Arthur Cayley)에 의해 도입되었다. 그는 선형 방정식의 시스템을 나타내기 위해 $AX = B$와 같은 생략 기법을 썼다.

matrix printer [-príntər] **행렬 프린터** 각각의 문자가 점의 집합으로 표현되는 인쇄 장치. 고속 인쇄 장치 중의 한 종류로서 한 문자를 점의 행렬로서 구성한 것. ⇨ dot printer

matrix print head [-prínt hé(ː)d] **행렬 인쇄 헤드**

matrix printing [-príntiŋ] **행렬 인쇄** 인쇄 헤드에 장방형 배열로 행렬처럼 구성되어 있는 핀 중 적당한 핀들을 선택함으로써 영문자나 숫자를 인쇄하는 것.

matrix statement [-stéitmənt] **행렬문**

matrix storage [-stɔ́ːridʒ] **매트릭스 기억 장치** 둘 이상의 좌표값으로 기억 장소를 액세스하도록 소자를 배열한 2차원이나 3차원 코어 기억 장치.

matrix switch[-swítʃ] **매트릭스 스위치**

matrix table[-téibəl] **행렬표** 수학적 규칙과 설계에 따라 사각형의 배열로 표시된 수의 집합.

matrix vector notation[-véktər noutéiʃən] **행렬 벡터 표시** 임의의 n 벡터 $x=\{x_1, \cdots, x_n\}$을 행렬로 표시하면 $x=(x_1, \cdots, x_n)^t$과 같은 $n\times1$ 행렬이 되는데, 이때 x를 열 벡터라고 한다.

Mattessich model **매티시치 모델** 일정한 가상 기업을 상정하여 투입 정보로부터 판매, 제조, 재료, 노무, 간접비, 영업 등의 예산과 추정, 손익 계산서, 밸런스 시트를 유도해내는 것으로, 매티시치가 고안한 모델이다.

Matte surface **마테의 면** 거울과 같이 반사하는 성질이 없는, 반사 정도의 상한값이 있는 면으로서 반사값은 1 이하이다.

mature system[mətʃúər sístəm] **완벽한 시스템** 모든 기능과 작동이 설계대로 완벽한 상태에 도달된 시스템.

MAU multistation access unit의 약어. 토큰 링의 허브로서 논리적인 고리를 형성, 수행한다.

MAVC **멀티미디어 오디오 시각 연결** miltimedia audio visual connection의 약어. IBM 사의 멀티미디어 기능. 메인프레임과의 관계를 위주로 한 기능으로 기업 내 용도가 많다.

max-cut problem[mǽksiməm kʌ́t prábləm] **최대 절단 문제** 간선(edge)에 정수의 가중값이 주어진 그래프 $G=(V, E)$와 양의 정수 k에 대하여 정점의 집합 V를 두 부분 V_1, V_2로 나누어 한 쪽 끝점은 V_1에 속하고, 또 다른 끝점은 V_2에 속한 간선들의 가중값의 합이 적어도 k가 되는 분할이 가능한가를 결정하는 문제. 이 문제는 NP-complete이다.

max-flow min-cut theorem[-flóu míniməm kʌ́t θíərəm] **최대 흐름 최소 절단 정리** 모든 네트워크에서 최대 흐름과 최소 절단은 동일하다.

maximal clique[mǽksiməl klí:k] **최대 클리크** 클리크의 특성을 파괴하지 않고 새로운 노드를 첨가할 수 없는 클리크.

maximization problem[mæ̀ksimizéiʃən prábləm] **최대화 문제**

maximize[mǽksimàiz] *v.* **최대한으로 하다**

maximum[mǽksiməm] *a.* **최대의** 보통 약어로 max라고 쓰고 있는 경우가 많다. 최대수(maximum number), 최대 길이(maximum length) 등 형용되는 최대의 개수나 레코드 블록의 최대 길이를 나타낼 때 많이 사용된다.

maximum allowable common(normal) mode overvoltage[-əláuəbl kámən (nɔ́:rməl) móud òuvərvóultidʒ] **최대 허용 동상(同相)(정규(正規)) 과전압** 기능의 일시적 손실이 일어날 가능성이 있지만 회로 손상을 일으키는 일이 없고, 입력 서브시스템에 가할 수 있다. 동상 전압의 최대값.

[주] 1. 문맥에서 확실한 경우에는 "최대 허용 과전압"이라고 생략해도 좋다. 2. 다음 관계가 있다. 최대 동상 전압은 최대 작동 동상 전압보다 낮고, 최대 작동 동상 전압은 "최대 허용 동상 과전압"보다 낮다.

maximum block length[-blák léŋθ] **최대 블록 길이**

maximum clique[-klí:k] **최대 클리크** ⇨ maximal clique

maximum clock frequency[-klák frí:kwənsi(:)] **최대 클록 주파수** 하나의 컴퓨터에서 복수의 클록 주파수를 사용할 수 있을 때 이 가운데 가장 큰 주파수를 말한다. 중앙 처리 장치(CPU)는 클록 신호의 타이밍에 따라 제어를 행하기 위해서 클록 주파수가 클수록 그 처리 속도가 빨라진다.

maximum common mode voltage[-kámən móud vóultidʒ] **최대 동상 전압** 서브 시스템이 명세에 따라 작동하는 동상 전압의 최대값.

[주] 다음의 관계가 있다. 최대 동상 전압은 최대 작동 동상 전압보다 낮고, 최대 작동 동상 전압은 최대 허용 동상 과전압보다 낮다.

maximum data rate[-déitə réit] **최대 데이터 전송률**

maximum demand control[-dimá:nd kəntróul] **최대 수요 제어**

maximum effectiveness[-iféktivnis] **최대 유효성**

maximum entropy principle[-éntrəpi(:) prínsipl] **최대 엔트로피 원리**

maximum expected utility[-ikspéktid ju(:)tíliti(:)] **최대 기대 효과**

maximum flexibility[-flèksibíliti(:)] **최대 융통성**

maximum flow[-flóu] **최대 흐름** 데이터 전송 매체 간의 데이터 흐름시 최대한의 양.

maximum flow network problem[-nétwə̀:rk prábləm] **최대 흐름 네트워크 문제**

maximum flow problem[-prábləm] **최대 흐름 문제** 데이터 전송을 하는 두 노드 간에 데이터 전송 경로를 그래프로 나타내고, 연결된 각 단위 노드 간의 데이터 흐름 방향과 흐름량이 주어졌을 때, 데이터 전송을 원하는 두 노드 사이의 최대 데이터 흐름량을 구하는 문제.

maximum gradient method[-gréidiənt méθəd] **최대 경사법**

maximum hysteresis[-histərí:sis] **최대 히스테리시스**

maximum k-commodity flow[-kéi kəmɑ́diti(:) flóu] **최대 k-종 흐름** 네트워크 상에서 정보의 흐름에 여러 종류의 정보가 전송될 때 최대한으로 전송되는 흐름량.

maximum length null sequence[-léŋθ nʌ́l sí:kwəns] **M 계열** 2진 난수열의 하나로 자동제어나 계측에 이용되고 있다. 즉 n차 지연 다항식의 해는 겨우 길이 2^n-1의 주기를 갖는데, 이 최대 주기를 가진 해를 M 계열이라고 한다. 이것은 n개의 지연 요소를 고리 모양으로 한 자동 회로에 의해 발생할 수 있다.

maximum-length sequence[-sí:kwəns] **최대 길이 열**

maximum likelihood criteria[-lɑ́iklihù(:)d krɑití(:)riə] **최극심 기준**

maximum likelihood decision principle[-disíʒən prínsipl] **최극심 결정 원리**

maximum likelihood estimation[-èstiméiʃən] **최극심 추정**

maximum likelihood identification[-ɑidèntifikéiʃən] **최극심 동정(同定)**

maximum likelihood method[-méθəd] **최극심도법**

maximum load[-lóud] **최대 부하**

maximum machine voltage[-məʃí:n vóultidʒ] **최대 연산 전압** 아날로그 컴퓨터에서 연산기 출력 전압의 공칭 최대값.

maximum matching[-mǽtʃiŋ] **최대 부합** 원소의 개수가 최대인 부합.

maximum matching problem[-prɑ́bləm] **최대 부합 문제**

maximum normal mode voltage[-nɔ́:rməl móud vóultidʒ] **최대 정규 전압** 서브시스템이 명세서에 따라 작동하는 정규 전압의 최대값.
[주] 다음의 관계가 있다. 최대 정규 전압은 최대 작동 정규 전압보다 낮고, 최대 작동 정규 전압은 최대 허용 정규 과전압보다 낮다.

maximum number of characters per line[-nʌ́mbər əv kǽrəktərz pər lɑ́in] **최대 인쇄 수** 인쇄 장치가 인쇄 가능한 한 행당 전각 문자의 수.

maximum operating normal mode voltage[-ɑ́pərèitiŋ nɔ́:rməl móud vóultidʒ] **최대 작동 정규 전압** 입력 서브시스템에 가할 수 있는 정규 전압이고, 성능은 떨어지지만 서브시스템은 계속 작동하는 범위 내에서의 최대값.
[주] 1. 문맥에서 확실한 경우에는 "최대 작동 전압"이라고 생략해도 좋다. 2. 다음 관계가 있다. 최대 정규 전압은 최대 작동 정규 전압보다 낮고, 최대 작동 정규 전압은 최대 허용 정규 과전압보다 낮다.

maximum output[-ɑ́utpùt] **최대 출력**

maximum parallelism degree[-pǽrəlèlizm digrí(:)] **최대 병렬 수행도** 단위 시간 내에 한 컴퓨터 시스템이 처리할 수 있는 최대 비트 수.

maximum performance level prediction equation[-pərfɔ́:rməns lévəl pridíkʃən ikwéiʒən] **최대 성능 레벨 예측 방정식**

maximum period sequence[-pí(:)riəd sí:kwəns] **최대 계열** 판매되는 잡음 발생기는 M 계열을 잡음원으로 사용하고 있는 것이 많으며, 암호 생성에 사용하기도 한다. 시프트 레지스터에서 생성되는 최대 주기열과 일치하기 때문에 이러한 명칭이 붙게 된 것으로, 디지털 형식으로 발생되는 2진 의사 불규칙 신호이다.

maximum principle[-prínsipl] **최대값 원리** 최적 제어 문제의 필요 조건을 부여하는 것. Pontryagin에 의하여 주어진 것으로 Pontryagin의 최대 원리라고도 불린다. 시점 t에서의 놓인 계의 상태 변수 벡터를 $x(t)$, 조(助) 변수 벡터를 $u(t)$로 했을 때, 계의 특성이

$$\frac{dx}{dt}=\phi(x(t), u(t))$$

로 주어져 출발점 $x(0)$와 종점 $x(T)$가 각각 지정되어 있을 때

$$\int_{t0}^{t1}\phi(x(t), u(t))dt$$

를 최소(최대)로 하는 $x(t)$를 구하라는 문제에 대해 계에 H (Hamiltonian), 즉

$$\frac{d\lambda_i(t)}{dt}=-\sum_{k=0}^{n}\lambda_k\frac{\partial\phi_k}{\partial x_i}$$
$$=H\{\lambda, x, u\}$$
$$=\sum_{k=0}^{n}\lambda_k\ \phi_k$$

함수를 도입해서, 계의 특성을 통일적으로 정준(正準) 방정식

$$\frac{dx}{dt}=\frac{aH}{a\lambda},\ \frac{a\lambda}{dt}=\frac{aH}{ax}$$

의 형으로 나타낸다. 위의 최소(최대) 문제에 대하여 Pontryagin은 다음 원리를 제공하였다. 그것에서 나오는 $x(t)$가 최적이라면

$\lambda_0(t)$=const ≤ 0

$$\underset{x(t)\subset x}{\text{Min}}\, H\{\lambda(t),\ x(t),\ u(t)\}=0 \quad (t_0 \leq t \leq t_1)$$

에 이른다. 이것이 Pontryagin의 최대 원리이다.

maximum record length [–rékərd léŋθ] **최대 레코드 길이**

maximum record number [–nʌ́mbər] **총 레코드 수**

maximum reliability [–rilàiəbíliti(:)] **최대 신뢰성**

maximum system benefit [–sístəm bénəfit] **최대 시스템 편리**

maximum system capability [–kèipəbíliti(:)] **최대 시스템 자격**

maximum system reliability [–rilàiəbíliti(:)] **최대 시스템 신뢰도**

maximum system throughput [–θrú:pùt] **최대 시스템 처리율**

maximum transfer rate [–trænsfə́:r réit] **최대 전송률** 매 초당 채널에 수용될 수 있는 2진수의 최대수. 듀플렉스 채널의 경우(입력/출력) 전송률은 보통 한쪽 방향만 고려한다.

maximum utility solution [–ju(:)tíliti(:) səlú:ʃən] **최대 효용 해답**

maxterm [mǽkstə̀:rm] **최대항** 표준합(standard sum)이라고도 하며, 논리 함수를 구성하는 변수들이 논리항(OR)으로 연결되어 있는 형태.

maxwell [mǽkswəl] **맥스웰** CGS 단위계에 의한 자기장의 단위를 말하며, 1 맥스웰은 10^{-8}웨버(Wb)를 가리킨다.

Maya 마야 미국 에일리어스 웨이브 프런트(Alias wave front) 사가 제공하는 고기능 인터랙티브, 3D 렌더링 소프트웨어. 애니메이션 툴과 직감적인 워크프로를 실현하였다. 스크립트가 가능한 통합 명령 언어 MEL(Maya embedded language)에 의해 모든 내부 기능에 접근할 수 있으며 고수준의 비주얼 이펙트로 뛰어난 시각 효과를 얻을 수 있는 소프트웨어이다.

maybe selection [méibi(:) səlékʃən] **불확실 선택 연산** 널(null)값을 포함한 속성의 투플을 선택하는 연산.

maybe tuple [–tú:pl] **불확실 투플** 불확정 또는 널(null)값을 가진 투플.

MB 메가바이트 mega bytes의 약어. 10^6 바이트를 의미한다.

MBASIC 엠베이식 마이크로소프트 사가 개발한 CP/M 운영 체제용 BASIC 인터프리터.

M-biz 모바일 비즈니스 mobile business의 약어. 무선 인터넷 이동 전화 등을 이용한 경제 활동 전반. 즉, 전자 상거래는 물론 무선망을 활용한 모든 사업 전체를 뜻한다. 이동 통신 서비스 전송 속도가 유선 속도를 따라잡으면서 대두되기 시작한 M-biz는 IMT 2000 서비스가 실시되는 2002년부터 본격적으로 개막되었다.

MBO 목표 관리 management by objectives의 약어.

MBone [embоun] **엠본** multicast backbone의 약어. 오디오나 비디오 등 멀티미디어 정보를 전송할 수 있는 인터넷의 가상 네트워크를 의미한다. 1992년에 처음으로 시작되었으며 1995년 1월 현재 25개국에 1,500여 개의 네트워크가 연결되어 있다. MBone을 이용하면 지역적으로 멀리 떨어져 있는 사람들이 공간적 제약을 받지 않고 동시에 참가하여 회의를 할 수 있으며 또한 MBone 상에서 중계되는 록 그룹의 공연 실황이나 학술 회의 등을 실제와 동일한 시각에서 관람할 수 있다. 국내의 MBone 활성화를 위해 국내 MBone 가입망 확산, MBone을 통한 주요 회의나 이벤트의 음성, 화상 정보의 멀티태스킹, 그리고 MBone 관련 프로토콜의 개발 및 분석 등을 주활동으로 하는 사용자 그룹. 여기에 등록하려면 mbone korearequest@cosmos.kaist.ac.kr을 이용하면 된다.

MBone VCR MBone VCR에서 VCR은 video conference recorder의 약어로서 웹 페이지에서 마치 비디오 플레이어를 제어하듯이 MBone 데이터를 이용하도록 하는 프로그램이다. 이를 이용하면 비디오 화면을 보면서 동화상 파일을 저장/재생할 수 있으며, 특히 실시간으로 전송되는 MBone 동화상을 곧바로 사용자의 컴퓨터 안에 저장할 수 있기 때문에 학습이나 연구 분야에 유용하다. ⇨ MBone

MBR (1) **메모리 버퍼 레지스터** memory buffer register의 약어. (2) **모델 베이스 추론** ⇨ model-based reasoning

Mbps 초당 메가비트 mega bits per second의 약어. 1초당 10^6 비트의 전송 속도를 말한다.

MB/sec 메가바이트/초 magabyte/sec의 약어. 1초당 데이터의 전송 속도를 나타내는 단위.

m-business m-비즈니스 e-비즈니스에 인터넷과 무선(wireless)을 결합한 형태. 크게 포털(portal), m-커머스(mobile commerce), 모바일 오피스(mobile office) 등의 3개의 비즈니스 응용 프로그램으로 나눌 수 있다. 포털은 PDA, 이동 전화 단말기, 노트북 PC, 차량용 단말기 등 개인 휴대 단말기를 통해 게임 · 벨소리 · 캐릭터 · 다운로드 · 뉴스 등을 제공하는 것을 말하며, m-커머스는 모바일 결제와 모바일 거래의 형태로 구성된다. 즉, 보안 · 인

증 기능이 결합된 전자 지갑(mobile wallet) 소프트웨어와 다기능 IC 카드를 갖춘 휴대 단말기가 모바일 전자 상거래의 중심이 된다. 모바일 오피스는 기업, 정부, 공공 기관에 필요한 각종 응용 프로그램을 통해 움직이는 사무실을 구현하는 것을 일컫는다.

MCA (1) **마이크로 채널 구조** micro channel architecture의 약어. IBM 사가 1987년 4월에 사양을 결정한 비동기식의 PC 및 워크스테이션용의 16비트/32비트 확장 버스. IBM은 PS/2(PS/55)와 RS/6000에 채택하고 있다. 32비트 버스의 신호선을 이용하여 64비트폭의 데이터 전송이 가능하게 되어 있지만 64비트폭의 제품은 아직 나와 있지 않다. 32비트폭 전송시의 최대 전송 속도는 논리적으로 스트리밍 전송으로 최대 40MB/s. MCA를 탑재한 시스템 또는 보드를 판매하는 벤더는 IBM 사에 특허료를 지불해야 한다. (2) **다중 채널 액세스 방식** multi channel access system의 약어. ⇨ multi channel access system

MCAR 기계 검사 분석 회복 machine check analysis and recovery의 약어.

MCA radio system MCA 무선

MCC 마이크로일렉트로닉스 앤드 컴퓨터 테크놀러지사 Microelectronics and Computer technology Corporation의 약어. 미국의 대형 기업체의 콘소시엄. 컴퓨터 신기술을 연구하는 것을 목적으로 한다.

MCH (1) **기계 검사 핸들러** machine check handler의 약어. (2) **매체 제어 인터페이스** media control interface의 약어. MME에 규정된 각종 매체들과 PC 간의 인터페이스.

MCI 기계 검사 인터럽트 machine check interrupt의 약어.

McKinsey report[mækínsi ripɔ́:rt] **매킨지 보고서** 미국의 경영 컨설턴트 회사인 매킨지 사가 1963년에 발표한 조사 보고서로, 미국에서 컴퓨터가 기업 경쟁에 어떤 이익을 가져다 주는가를 연구조사한 것. 이 논문은 주로 ① 컴퓨터에 대한 투자와 거기에서 얻는 절감액. ② 직접 또는 간접적 효과. ③ 컴퓨터의 대상 업무 등에 관하여 조사하였는데, 그 결과 다음과 같은 점이 실증되었다고 한다. a. 컴퓨터는 기업 경영에 큰 이익을 가져다 준다. b. 미국에서의 성장 산업은 컴퓨터로부터 많은 이익을 얻고 있지만 아직도 컴퓨터의 활용 여지가 많다. c. 컴퓨터 이용의 채산성은 최고 경영자의 인식 여하에 따라 크게 좌우된다.

MCM muti-chip module의 약어. 각각 다른 기능을 갖는 여러 개의 반도체 베이칩을 하나의 배선기판 위에 표면 장착한 것을 말한다. MCM은 배선기판 상에 CM OSLSI 등의 반도체 베이칩을 배열하여 칩과 칩, 칩과 기판 사이에 포팅으로 수지를 메워 패키징하는데, 장착하는 배선 기판 재료의 종류에 따라 크게 MCM-L, MCM-C, MCM-D의 세 가지로 나뉜다.

MCP (1) **메시지 제어 프로그램** message control program의 약어. 1960년대의 Burroughs의 운영체제. (2) Microsoft certified professional의 약어. 마이크로소프트 사 제품의 설치, 구성 및 기술지원을 제공할 수 있는 능력을 인증하는 자격증.

MCR (1) **자기 문자 판독 장치** magnetic character reader의 약어. (2) **표시 카드 판독 장치** mark card reader의 약어.

MCS 복수 콘솔 지원 multiple console support의 약어.

MCSD Microsoft certified solution development의 약어. 마이크로소프트 사의 오피스와 백오피스(Back Office)를 포함, 마이크로소프트 사의 각종 개발 툴과 기술을 사용하여 사용자 요구에 맞는 솔루션을 디자인하고, 개발할 수 있음을 인정하는 자격증.

MCT Microsoft certified trainers의 약어. 마이크로소프트 사의 인증 교육 센터(ATEC)에서 공인 교육 과정을 강의할 수 있는 자격증.

MCU 메모리 제어 장치 memory control unit의 약어. 32비트 컴퓨터에서 주기억 장치를 관리하기 위한 기구. 주소 변환 기능이나 기억 영역 보호 등의 기능을 가진다.

MD (1) **머신 다운** machine down의 약어. (2) **미니 디스크** mini disk의 약어. 1992년 일본의 소니 사가 처음으로 개발한 디지털 음향 매체로서, 음질은 CD와 같고 크기는 카세트 테이프보다 작은 차세대 디지털 음향 매체. MD는 미니 CD와 비슷한 지름 64mm의 원형 미디어가 2.5인치 크기의 네모난 플라스틱 카트리지에 들어 있어 조그맣고 투명한 3.5인치 플로피 디스크를 연상시킨다. MD는 녹음이 자유롭고 100만 번까지 다시 녹음할 수 있으며 용량은 140MB 정도이다.

MDA 흑백 표시 장치 어댑터 monochrome display adapter의 약어.

MDCS 보전 데이터 수집 시스템 maintenance data collection system의 약어.

MD data **MD 데이터, 미니 디스크 데이터** mini disk data의 약어. 소니 사가 1993년 7월에 발표한 디지털 녹음, 재생용의 2.5인치 광디스크(미니 디스크)용의 데이터 기록 포맷. MD 데이터는 응용 소프트웨어의 배포용을 포함한 재생 전용 MD 데이터, 재생 전용 부분과 고쳐쓰기 가능 부분의 양쪽을 겸한 하이브리드 MD 데이터가 있다. 재생 전용 MD

데이터는 CD-ROM과 같은 광디스크를 사용하고 있지만, 기록용 MD 데이터는 광자기 디스크를 사용하고 있다. 용량은 140MB이다.

MDF 주배선반 main distributing frame의 약어.

MDK 멀티미디어 개발 도구 multimedia development kit의 약어. 마이크로소프트에서 제공하는 프로그래머를 위한 패키지로서 윈도용 멀티미디어 타이틀을 제작하려는 사람들을 위한 제품.

MDR 기억 장치 데이터 레지스터, 기억 데이터 치수기(置數器) memory data register의 약어.

MDS (1) **경영 의지 결정 지원 시스템** management decision support system의 약어. (2) **마이크로컴퓨터 개발 시스템** microcomputer developing system의 약어. (3) **마이크로컴퓨터 개발용 소프트웨어** microcomputer development software의 약어. 마이크로컴퓨터에 어떤 일을 처리하기 위해서 미리 그 처리 내용을 명확하게 한 프로그램을 작성하여 ROM 또는 PROM에 기억시켜야만 하는데, 이를 위해서 각 메이커가 부여하는 각종 개발용 지원 시스템이나 소프트웨어를 MDS라고 한다. (4) **최소 식별 기호** minimum discernible signal의 약어.

m/d/s 대기 행렬 모델 종류를 표시하는 켄달(Kendall) 기호의 하나. 손님의 도착 시간이 푸아송 분포, 서비스 시간이 레귤러(단위) 분포, 창구 수가 s인 모델을 나타낸다.

MDT 평균 고장 시간, 평균 다운 타임 mean down time의 약어. 수리 가능한 시스템이나 장치가 고장 상태로 쉬고 있는 시간의 평균값을 말하며, 실수리 시간, 스페어 부품의 대기 시간, 쉬는 시간이 포함된다. 신뢰성 척도의 하나이다. ⇨ mean down time

ME (1) **의료용 전자 공학** medical electronics의 약어. 의료(medical) 분야에 있는 전자 공학의 수법. 도입, 전자 계측기나 컴퓨터의 이용 총칭. (2) **마이크로 전자 기술** micro electronics의 약어. 마이크로 일렉트론이란 전자 회로의 소형화, 경량화에 관련된 기술, 집적 회로(IC)의 미세 가공 기술이나 고집적도 기술의 총칭.

me2day 미투데이 마이크로블로그 서비스의 일종으로 글은 한 번 올릴 때 최대 150자까지 쓸 수 있고, 글마다 태그를 달 수 있다. 기존 블로그와 달리 일상생활에서 벌어지는 다양한 짧은 글들이 주로 올라오고, 이러한 글들에 대해 미투(me2)를 눌러 동감을 나타내거나 댓글을 추가한다. 활발한 쌍방향 소통이 가능해 회원 간 관계를 쉽게 맺을 수 있는, SNS 성격이 풍부한 서비스이다.

Mealy-style machine[míːli(ː) stáil məʃíːn] **밀리 방식 기계** 현재 상태와 입력의 조합에 의하여 출력이 결정되는 방식의 유한 상태 기계.

Mealy type[-táip] **밀리형** 순서 회로에서 현재의 출력이 현재의 입력과 현재의 내부 상태에 의해 규정된 것.

mean[míːn] *n.* **평균** 「평균의」라고 해석되고, 대개 산술 평균을 의미한다. 전체의 편차를 평균한 값.

mean access time[-ǽkses táim] **평균 접근 시간** 자기 디스크 장치나 플로피 디스크, 자기 드럼과 같은 랜덤 액세스 장치에서 어떤 데이터의 판독/기록이 끝난 후부터 다음 데이터의 판독/기록이 끝날 때까지 소요되는 평균 시간.

mean available time[-əvéiləbl táim] **평균 유용 시간** 시스템의 신뢰도를 나타내는 하나의 척도로 어느 지정한 시간 중 시스템이 사용 가능한 시간의 비율.

mean average[-ǽvəridʒ] **산술 평균** ⇨ arithmetic mean

mean conditional information content[-kəndíʃənəl ìnfərméiʃən kántent] **조건부 평균 정보량** 완전 사상계 중에서 하나의 사상이 생긴다는 조건 하에 조건부 확률이 지정된 다른 완전 사상계 중에서 하나의 사상이 발생한다는 것을 알게 됨으로써 전해주는 정보 속도의 평균값.

mean deviation[-diːviéiʃən] **평균 편차** 모집단의 평균과 개개의 표본과의 차의 절대값의 평균으로서 산포도의 한 개념이다. 평균에서의 차의 절대값 평균.

mean down time[-dáun táim] **MDT, 평균 고장 시간, 평균 다운 타임** 컴퓨터의 보수를 위해서 기계를 정지시킨 시간이나 보급 대기 등으로 실제로 움직이지 않았던 시간의 평균. 즉, 컴퓨터가 사용 불능이었던 시간의 평균을 말한다. 상대어는 평균 동작 시간(MUT ; mean up time)이라고 한다.

mean entropy[-éntrəpi(ː)] **평균 엔트로피** 정상 정보원에서 나오는 모든 통보에 대한 한 문자당 엔트로피의 평균값. 수학적으로는 H_m을 정보원에서 나오는 m 개의 문자로 이루어지는 전 계열에 대한 엔트로피로 하면 한 문자당 평균값 H는 H_m/m의 극한값이다.

[주] 1. 문자당 평균값 엔트로피는 샤논/문자 등의 단위로 표현된다. 2. 정보원이 정상이 아니면 H_m/m의 극한은 존재하지 않는 경우가 있다.

mean entropy per character[-pər kǽrəktər] **한 문자당 평균 엔트로피**

mean error-free time[-érər fríː táim] **평균 정상 가동 시간** 컴퓨터가 정상적으로 가동하고 있는 평균 시간. 기계의 형태에 따라 다르지만 대형 컴퓨터에서는 대개 하루에 4~12시간이다.

mean failure rate[–féiljər réit] **평균 고장률** 일정 시간 중의 총 동작 시간과 총 고장 시간의 비.

mean information content[–ìnfərméiʃən kántent] **평균 정보량** 한정된 완전 사상계 중에서 어느 하나의 사상이 발생했는가를 알게 됨으로써 전해지는 정보의 측정 평균값. 수학적으로는 확률 $P(x_1)$, …, $P(x_n)$의 사상 집합 x_1, …, x_n에 대한 엔트로피 $H(x)$는 각각의 사상 정보량 $I(x_i)$의 기대값(평균값)과 동등하다.

[주] 완전 사상계란 그것을 구성하는 사상이 상호 배반이며, 모든 사상의 플러스 (+) 집합이 전 사상에 일치하는 사상계를 말한다.

mean information content per character[–pər kǽrəktər] **한 문자당 평균 정보량**

meaning[míːniŋ] *n.* **의미** 「의의」를 표시하므로 컴퓨터에서도 무엇이 「사용할 수 있다」, 「유효하다」 등을 표시하는 데 자주 사용된다. 예를 들면, 한자 코드는 한자 코드를 사용할 수 있는 컴퓨터 시스템에서만 의미를 갖든지(유효), 파라미터에 대해서는 어느 특정값만 지정할 수 없다. 즉, 의미를 갖지 않는 경우에 사용된다. 중요성(significance), 타당(valid) 등과 유사한 용어라고 말할 수 있다.

meaningful[míːniŋfəl] *a.* **의미가 있는, 의미 심장한**

meaningless[míːniŋləs] *a.* **무의미한**

mean life[míːn láif] **평균 수명** 기기 또는 시스템을 구성하는 다수의 동일 요소 또는 다수의 동일 시스템이 유효하게 움직이는 평균적인 기간. 기기가 유효하게 동작하는 기간은 최초로 고장이 나기까지의 기간 MTTFF(mean time to first failures)를 가리키는 경우에 따라 그 값이 다르다.

mean pulse time[–pʌ́ls táim] **평균 펄스 시간**

mean rate accuracy[–réit ǽkjurəsi(ː)] **정상 동작 정밀도** 입력에 있어서 잡음에 의해 생기는 오차를 제외하고 장치가 정상적인 작동 조건 하에서 사용되고 있을 때 허용되는 정밀도 범위.

mean repair time[–ripέər táim] **평균 수리 시간** 장치의 신뢰성을 평가하는 척도로 삼기 위한 일정 기간 내의 수리 시간 평균. ⇨ mean time to repair

mean response time[–rispáns táim] **평균 반응 시간** 컴퓨터 시스템에게 어떤 요구를 의뢰한 시각으로부터 반응이 시작되는 시각(완료되는 시각이 아닌)까지의 평균 소요 시간.

means-analysis[míːnz ənǽlisis] **방법–목적 분석 방법** 연산자(또는 규칙)가 어떤 상태에 작용될 때 그에 대한 목적이 있다는 것을 확신시키는 기법으로 현재 상태와 목적 상태에 대한 가능한 속성들이 있을 때 두 상태 사이의 차이값은 몇 가지 속성에 의하여 불일치한다. 이 값을 줄이기 위하여 필요한 연산자를 찾아야 하며, 그 연산자가 현재 상태에 적용될 수 없는 경우에는 부속 문제를 해결하는 연산자가 적용될 수 있도록 해야 한다. 부속 문제를 해결하기 위해서는 연산자-차이표가 이용된다.

mean seek time[míːn síːk táim] **평균 시크 타임** 하드 디스크 등의 디스크 장치는 자기 헤드를 디스크면에 지시된 데이터가 저장되어 있는 곳으로 이동시켜 읽기/쓰기를 하는데, 그 장소로 헤드가 이동하는 데 걸리는 시간의 평균. ⇨ mean access time, hard disk

means-ends analysis[míːnz énz ənǽlisis] **평균끝 분석** 추론의 한 방법. 초기값으로부터 앞뒤 계산을 한 다음에 그 차이를 줄여가는 방향으로 계속 계산을 해나가는 방법.

means of displaying[–əv displéiŋ] **표시 방식** 데이터를 눈으로 보는 형에서 표시 장치에 나타내는 수단.

mean time between error[míːn táim bitwíːn érər] **MTE, 평균 오차 시간** 무작위로(random) 연속 신호를 전송할 때, 어떤 부호 집합에 있어 단일 오차의 발생 기간 간격의 평균값.

mean time between failures[–féiljərz] **MTBF, 평균 고장 간격** 컴퓨터 시스템의 신뢰성(reliability)을 표시하는 척도의 하나. 평균 수리 시간(MTTR)과 관계가 있다. 컴퓨터의 중앙 처리 장치(CPU)를 비롯해 여러 종류의 구성 장치를 동작시킨 경우 한 가지 고장(failure)이 일어난 후 다음 고장까지의 평균 시간(mean time), 즉 「평균 고장 간격」이다. 이 MTBF가 길면 길수록 그 시스템은 정상적으로 이동한다. 즉, 「신뢰성」이 높아진다. 「평균 고장 간격」을 길게 하기 때문에 오류 검출이나 자동 수정을 고려하거나 장치나 시스템을 이중화하여 행할 수 있다. 또 시스템이나 장치의 가동률은 그 MTTR 두 개에 의해서 결정된다.

가동률 = MTBF/(MTBF + MTTR)

[주] 기능 단위 수명 내의 규정된 기간에서 규정된 조건을 근거로 하여 인접한 고장과 고장과의 사이 시간의 평균값.

mean time between incidents[–ínsidənts] **MTBI, 발생 사상 간 평균 시간**

mean time between maintenance[–méintənəns] **MTBM, 평균 보수 시간**

mean time between stops[–stáps] **MTBS, 평균 시스템 고장 간격**

mean time to failure[–tu féiljər] **MTTF, 평균 고장 시간** 고장이 나기까지의 평균 시간. 이것이 클수록 그 기기의 신뢰도가 높아진다. ⇨ mean time between failures

mean time to first failure [–fə́ːrst féiljər] MTTFF, 최근의 고장까지의 평균 시간

mean time to maintenance action [–méintənəns ǽkʃən] **평균 보전 동작 시간** 장치에 관해서 보전 행위를 수행하는 데 필요한 시간의 평균값.

mean time to repair [–ripέər] MTTR, **평균 수리 시간, 평균 복원 시간** 어느 장치 혹은 시스템이 고장난 경우에 수리에 필요한 평균 시간을 말한다. 컴퓨터 시스템의 신뢰성(reliability)을 나타내는 척도의 한 가지. 평균 고장 간격(MTBF)과 관련된다. 컴퓨터 시스템 장치, 부품 등이 고장을 일으켰을 때 이것이 수리(repair)되고, 다시 정상적으로 작동할 때까지의 평균 시간(mean time). 이 MTTR이 짧을수록 보전성(maintenability)이 좋고, 고장(failure)에 의한 영향이 적기 때문에 이 시스템의 향상과 관련된다. 그러나 고장이 적으면 또는 일어나지 않으면 수리할 필요는 없다. 그래서 다른 하나 MTBT라는 척도가 관계한다. 이 두 가지 단위를 이용하면 시스템의 가동률이 다음과 같이 결정된다.

가동률 = MTBF/(MTBF + MTTR)

[주] 기능 단위의 수명 내에 규정된 기간에 있어서 사후 보수를 위해서 필요한 시간의 평균값.

mean transinformation [–trǽnsinfərméiʃən] **평균 전달 정보량** 완전 사상계 중 하나의 사상이 생기한다는 조건에서 다른 완전 사상계 중에서 하나의 사상이 생기하는 것을 알게 됨으로써 전해지는 전달 정보량의 평균값. 수학적으로는 사상 집합 $x_1, \cdots, x_n$에서의 사상 생기가 다른 사상의 집합 $y_1, \cdots, y_n$에서의 사상의 생기에 의존하며, 두 개의 사상 x_i, x_i의 결합 확률이 $P(x_i, y_i)$로 주어졌을 때, 평균 전달 정보량 T는 모든 사상의 집합에 대해서의 전달 정보량 $T(x_i | y_i)$의 기대값과 동등하다. 주평균 전달 정보량은 하나의 사상 집합의 한쪽 엔트로피와의 사상 집합과 제일 먼저 관계하는 조건부 엔트로피와의 차이와 동등하다.

mean transinformation content [–kántent] **평균 전달 정보량**

mean transinformation content per character [–per kǽrəktər] **한 문자당 평균 전달 정보량** 정상 정보원에서 나오는 모든 정보에 대한 한 문자당 평균 전달 정보량. 수학적으로는 T_m을 m개의 문자로 이루어지는 입력과 출력 계열 간의 평균 전달 정보량으로 하면, 한 문자당 평균값 T는 T_m/m의 극한값으로 한다.

[주] 한 문자당의 평균 전달 정보량은 샤논/문자 등의 단위로 표현된다.

mean up time [–ʌp táim] MUT, **평균 작동 시간**

mean value [–vǽljuː] **평균값**

mean waiting time [–wéitiŋ táim] **평균 대기 시간** 작업이 프로세서(processor)에 의해 실행되기 전까지 준비 상태 큐(queue)에서 대기하는 평균 시간.

measure [méʒər] *n.* **측정, 측도** 그래픽에서 하나 또는 복수 개의 물리적인 입력 장치에서 주어진 입력값을 논리 입력값으로 변환하는 처리 또는 변환된 값을 의미한다.

measured value [méʒərd vǽljuː] **측정값**

measurement [méʒərmənt] *n.* **측정**

measurement and control system [–ənd kəntróul sístəm] **계측 및 제어 시스템** 의학, 생의학적 연구 분야, 품질 확보 실험실, 생산 개발과 실험 프로그램, 프로세스 시뮬레이션, 프로세스 제어를 위한 시험, 공장 등에서 열 전달 장치나 응력 측정기, RTD와 같은 감지기로부터 높고 낮은 아날로그 신호의 수집, 기억, 계산, 감축, 표현, 출력 등을 필요로 하는 과학과 산업 응용을 위하여 고안된 시스템.

measure of dispersion [méʒər əv dispə́ːrʃən] **산포도** 통계 집단의 값들이 중심으로부터 얼마나 흩어져 있는가를 나타내는 정도를 말하는데, 여기에는 분산, 표준 편차, 변동 계수 등이 있다. ⇨ variation

measure of effectiveness [–iféktivənis] **유효성 척도** 시스템의 수행 결과를 판정하는 기준으로 유효성 척도의 선정에는 다음과 같은 점을 고려하여야 한다. ① 시스템의 유효성을 측정할 수 있을 것. ② 정량적일 것. ③ 통계학적 의미에서 효율성이 있을 것. 즉, 비교적 분산이 작고 충분한 정확성을 가져야 한다. 경영 시스템에서의 경비, 군사 시스템에서 적을 파괴하는 확률 등을 예로 들 수 있다.

measure of information [–infərméiʃən] **정보의 측도** 사상의 집합에서 발생하는 한 개 또는 일련의 사상 확률로 정하는 적절한 함수. 즉, 사상(事象) E가 확률 P로 생긴다고 하자. 실제로 사상 E가 생겼다고 알려질 때

$$I(E)\log\frac{1}{P}$$

의 정보량을 수취한다고 한다. 특히 대수(對數)가 2일 때 정보량의 단위를 비트라고 부른다.

[주] 정보 이론에 있어 「사상」은 확률론에서 사용되는 것과 마찬가지이다. 예를 들어, 사상이란 집합의 한 요소가 발생하는 것이나 통보가 지정된 위치에 특정의 문자 또는 말이 발생하는 것을 말한다.

measures of skewness [méʒərz əv skjúː-

nəs] **비대칭도** 비대칭도의 측정 방법에는 피어슨(Pearson)법, 볼리(Bowley)법, 적률에 의한 방법의 세 가지 방법이 있으며, 도수 분포가 비대칭인 경우 어떤 방향으로 어느 정도 기울어져 있는가를 표시하는 수치를 말한다.

measure value[médʒər vǽlju:] **측정값**

mechanical[məkǽnikəl] **기계(상)의, 기계학의**

mechanical calculator[–kǽlkjulèitər] **기계식 계산기** 전자식이 아닌 기계의 힘을 이용하여 계산할 수 있는 장치.

mechanical data processing[–déitə prásesiŋ] **기계 데이터 처리** 데이터 처리의 한 방법으로, 비교적 소형이고 단순한(보통 프로그램은 할 수 없는) 기계식의 계산기를 사용해서 하는 것.

mechanical differential analyzer[–difərénʃəl ǽnəlàizər] **기계적 미분 분석기** 아날로그 컴퓨터의 한 형태로 서로 연결된 기계적 장치를 이용하여 미분 방정식을 푸는 분석기.

mechanical replacement[–ripléismənt] **기계적 대치** 고객의 장비가 기계적으로 좋지 않은 상태를 보상해주는 방법으로서 컴퓨터 계약자가 고객들의 기계를 다른 것으로 바꾸어주는 것.

mechanical translation[–trænsléiʃən] **기계적 번역** 컴퓨터 등에 의한 언어의 번역을 나타내는 일반적인 용어로, 패턴 인식이 다르기 때문에 고도의 번역이 된다. 컴퓨터에 원언어와 목적 언어의 단어나 문법 등의 사서 자료나 번역 루틴을 입력해 두었다가 이용자가 문장을 입력하면 원언어 사서에서의 단어와 문법의 검색, 구문 분석, 목적 언어 사서에 의한 목적 언어로의 변환, 문장의 합성 등의 절차를 거쳐 번역된 문장을 출력한다. 이것은 일부 실용화되고 있으나 속도와 정확성에 문제가 있어 아직도 연구중이다.

mechanization[mèkənaizéiʃən] *n.* **기계화, 컴퓨터에 의한 자동화**

mechatronics[mèkətrániks] **메커트로닉스** mechanics(기계 공학)와 electronics(전자 공학)의 합성어. 기계의 제어 부분에 마이크로컴퓨터 등의 전자 장치를 조합하여 제어하는 기술 분야. 예를 들면, 산업용 로봇 등이다.

MED (1) **메시지 편집 기술** message edit description의 약어. (2) **분자 전자 소자** molecular electronic devices의 약어.

MedaGX 미국 Cyrix 사가 개발한 x86 호환 CPU. 칩 내부에 그래픽 기능, PCI 버스 컨트롤러 등을 내장하고 있기 때문에 칩 셋이 필요 없고, 보다 저렴하게 PC를 제조할 수 있어 1000달러 PC 등에 채용되어 있다.

media[mí:diə] *n.* **매체** 천공 카드, 종이 테이프, 플로피, 미니 플로피, 하드 디스크, 비디오 테이프 등이 있는데, 이 중 자기 매체는 전기 모터, X선 장치, CRT, TV 등에 의해서 발생되는 자기 간섭에 약하므로 특히 주의해서 사용해야 한다. 각종 자료가 수록되는 매체에 따라 입력 매체와 출력 매체로 구분된다.

media access control[–ǽkses kəntróul] **매체 접근 제어** 자료 전송시 실제로 자료를 전기적 신호로 보내는 전송 매체의 제어 방식. 이의 예로는 근거리 통신망에서 사용되는 토큰 링, 토큰 버스, CSMA/CD 버스 등이 있다.

media access control address[–ədrés] **MAC 주소** ⇨ MAC address

media analysis[–ənǽlisis] **매체 분석** 하드 디스크의 문제점을 탐색하기 위하여 검사하는 작업.

media control interface[–kəntróul íntərfèis] **매체 제어 인터페이스** ⇨ MCI

media conversion[–kənvə́:rʃən] **매체 변환** 데이터를 전송하는 매체에 알맞도록 그 자체의 의미는 바꾸지 않으면서 전송시키는 변환 방식으로, 코드, 음성, 패턴(도형) 등의 정보의 표현법을 변환하는 것. 이 기능에 의해 텔레텍스와 팩시밀리 등 서로 다른 종류의 택내(宅內) 기기 간의 통신이 가능해지고, 종래의 동종 기기 간에 비해 택내 기기의 접속 범위가 넓어진다. 코드, 음성, 패턴 등의 멀티미디어를 조합시킨 멀티미디어 통신의 발전이 이루어지게 될 것이며, 그 실현을 위한 중요한 기능이다.

media conversion buffer[–bʌ́fər] **매체 변환 버퍼** 자기 테이프에서 프린터로, 카드에서 자기 테이프로 등과 같이 데이터의 매체를 변경할 때 사용되는 기억 장치.

media converter[–kənvə́:rtər] **매체 변환기** 데이터를 다른 기억 매체로 변환하는 장치. 데이터의 내용은 전혀 변경하지 않고 저장 매체를 변경하기 위한 장치의 총칭.

media eraser[–iréisər] **매체 소거기** 모든 자기 매체, 즉 테이프, 디스켓, 카세트 또는 데이터 카트리지에 수록된 데이터를 완전히 지울 수 있는 전자 기기.

media failure[–féiljər] **매체 고장** 디스크 헤드의 붕괴나 디스크 제어기의 고장과 같이 데이터 베이스의 일부를 물리적으로 손상시키는 고장. 이러한 고장에서 회복하기 위해서는 백업 사본으로부터 데이터 베이스를 적재시킨 후에 로그를 사용하여 이미 완결되었던 모든 트랜잭션을 다시 수행한다.

Media Laboratory[–lǽbərətɔ̀:ri] **미디어 연구소** 1985년에 미국 매사추세츠 공과 대학(MIT)에

설립된 연구 기관으로, 컴퓨터의 새로운 이용법을 연구한다. 인간 공학에 입각한 사용자 인터페이스의 연구로 특히 유명하며, 홀로그래프나 쌍방향 TV 등의 성과도 얻었다.

medial axis[míːdiəl ǽksis] **중앙축** ⇨ skeleton

medial-axis transform[–trænsfɔ́ːrm] **중앙축 변환** 주어진 영상에서 물체의 가장자리부터 동일한 자리에 있는 점들의 집합을 구하는 것.

median[míːdiən] *a*. **중간값, 중위수** 위치 대표값의 하나로, 통계 집단의 관측값을 크기순으로 배열했을 때 전체의 중앙에 위치하는 수치. 예를 들면, 주어진 n개의 자료에 대해 n이 홀수인 경우 크기가 $(n+1)/2$번째 값, n이 짝수인 경우 크기가 $n/2$번째 또는 $(n/2)+1$ 번째 값을 중간값이라고 한다.

media player[míːdiə pléiər] **미디어 플레이어** 음성과 동화상을 재생하는 윈도용 유틸리티 소프트웨어.

media processor[–prásesər] **미디어 프로세서** 동영상(DVI 대응)이나 게임 등의 3차원 이미지라는 멀티미디어 기능을 처리하기 위한 칩.

media specialist[–spéʃəlist] **매체 전문가** 자기 테이프 등과 같은 각종 기억 장치들을 관리하는 사람.

medical electronics[médikəl ilèktrániks] **ME, 의료용 전자 공학**

medical literature analysis and retrieval system[–lítərətʃər ənǽlisis ənd ritríːvəl sístəm] **MEDLARS, 메들러즈**

medium[míːdiəm] *n*. **매체** (1)「매체」란 정보를 기록하거나 전달하는 매개물로서, 예를 들면 자기 디스크(magnetic disk)나 플렉시블 디스크(flexible disk), 자기 테이프(magnetic tape), 종이 테이프(paper tape) 등을 말한다. 복수형의 media를 그대로「미디어」라고 부르며, 이 의미로 사용하는 경우가 많다. 또 정보를 어떤 매체에서 다른 매체로 이동하는 것을 매체 변환이라고 말하며, 이 작업을 다른 작업과 평행하게 행할 때는 온라인 매체 변환이라고 말한다. (2)「중간」의 의미로 사용할 때는 중규모 집적 회로(MSI ; medium scale intergrated circuit)가 쓰인다.

medium conversion[–kənvəːrʃən] **매체 변환** 유틸리티 프로그램을 쓰든가 사용자의 변환 프로그램으로 한다. 카드에 기록되어 있는 데이터를 디스크로 옮기는 등 데이터가 기록되어 있는 매체에서 다른 매체로 기록하는 것을 말한다.

medium frequency wave[–fríːkwənsi(ː) wéiv] **MF, 중파(中波)**

medium model[–móudel] **미디엄 모델** 하드웨어는 동일한 구조로 되어 있지만, 부품에 우열을 두어 가격과 성능을 차별화하는 경우가 많다. 이 시리즈화된 하드웨어 중에서 중간 정도의 하드웨어를 말한다. 일반적으로 가격과 성능면에서 가장 균형이 잡힌 모델이다.

medium scale computer[–skéil kəmpjúːtər] **중규모 컴퓨터, 중형 컴퓨터**

medium scale integrated circuit[–íntəgrèitəd sə́ːrkit] **MSI, 중규모 집적 회로** 소규모 집적 회로보다는 복잡하고 대규모 집적 회로보다는 덜 복잡한 그 중간 규모의 회로. 대략 100~1,000개의 트랜지스터로 구성된다.

medium scale integration[–ìntəgréiʃən] **중규모 집적화** ⇨ MSI

medium speed[–spíːd] **중속도, 중속** 데이터 전송의 속도에서 일반적으로 600bps보다 빠르고 음성 대역의 최고 속도보다 늦은 범위의 속도.

medium speed facsimile[–fæksímili(ː)] **중속 팩시밀리**

medium speed line[–láin] **중속 회선** ⇨ line speed

medium-term scheduler[–tə́ːrm skédʒulər] **중간 단계 스케줄러** 주로 가상 기억 장치나 시분할 시스템에서 과다한 프로세스들이 중앙 처리 장치를 서로 차지하려는 경우 그 프로세스 중의 일부를 주기억 장치로부터 보조 기억 장치로 들어냄으로써 다중 프로그램의 정도를 조절하고, 나중에 다시 이들 프로세스를 계속 수행할 수 있도록 해주는 스케줄러를 말하며, 이러한 기능을 교체(swapping)라고도 한다.

medium-term scheduling[–skédʒuliŋ] **중간 단계 스케줄링** 장단기 스케줄링의 중간 단계로 일단 CPU에 할당된 작업도 교체되어 나간다.

MEDLARS **메들러즈** medical literature analysis and retrieval system의 약어. 문헌 검색 시스템의 일종. 1963년 미 국립 의학 도서관(NLM)이 개발한 전세계의 의학 잡지 문헌을 축적 검색하는 시스템을 의미한다.

Medline **메들라인** MEDLARS on-line의 약어. 문헌 검색 시스템으로서 미국의 의학 도서관(NLM)이 1971년 10월 29일부터 개시한 미국 전국 규모의 온라인 회화형 검색 시스템인 MEDLARS의 데이터베이스가 쓰이고 있다. 중앙의 컴퓨터에는 NLM에 설치된 IBM 370/155가 쓰이고 미국 전역 120개 이상의 기관에 설치된 200개 이상의 단말 장치에서 이용할 수 있으며, 더욱이 캐나다, 남미 그리고 파리와도 이어져 있다. 그 밖에 영국과 스웨덴에도 각각 독자적으로 온라인 서비스가 실시되고 있다.

meeting phone[míːtiŋ fóun] **전화 회의** 기존의 전화기를 이용하여 3인 이상 동시 통화가 가능한 장거리 전화에 적용되며 회의의 방식으로 한자리에 모인 것 같은 방식이다.

mega[mégə] M, **메가** 「100만」, 「10^6」의 의미. 기억 장치의 용량(capacity)이나 데이터 전송 속도를 표시할 때 자주 사용된다. 예를 들면, 1MB, 10Mbit/초, 또 컴퓨터 내부에서는 2진법이 기본으로 되어 있는 관계로 구획의 양호함에서 1K(킬로 ; 10^3)는 1,024(2^{10}) 를 나타낸다. 따라서 1M은 정확하게는 1,024×1,024가 된다.

megabit[mégəbìt] *n*. **메가비트** 정보량 또는 기억량의 단위로 100만 비트를 의미한다.

〈16메가비트 CPU〉

megabyte[mégəbàit] *n*. MB, **메가바이트** 메가는 보통 10^6이지만 컴퓨터에서는 1,024(=1KB) × 1,024바이트, 즉 1,048,576바이트이고 Mbyte라고도 쓴다. 이와 같은 경우에는 컴퓨터가 2진수밖에 취급하지 않으므로 2의 거듭제곱을 단위로 취급한 쪽이 확실하다고 할 수 있기 때문이다. 즉, 1,024는 16진에서는 400h로 끝맺음하는 것이 좋기 때문이다. 마찬가지 이유에서 컴퓨터에서는

64KB = 64 × 1,024byte
　　= 10,000byte
128KB = 128 × 1,024byte
　　= 20,000byte
256KB = 256 × 1,024byte
　　= 40,000byte
512KB = 512 × 1,024byte
　　= 80,000byte

라는 수가 자주 사용된다.

megacycle[mégəsàikəl] *n*. **메가사이클** 1초당 백만 번의 주기. 메가헤르츠(MHz)라는 용어로 더 많이 쓰인다.

megaflops[mégəflɑ̀ps] MGLOPS, **메가플롭** 1초당 100만 번의 부동 소수점 연산.

megahertz[mégəhə̀ːrts] *n*. **메가헤르츠** 주파수의 단위로서 100만 헤르츠.

mega pixel[mégɑ píksel] **메가 픽셀** 디지털 카메라에 사용되는 성능 지표. 100만 화소(메가 픽셀 =100만 화소) 이상의 디지털 카메라를 가리킨다. 디지털 카메라는 화소 수가 많을수록 해상도가 좋아진다. 100만 화소 정도면 136(35mm), 일안 리플렉스 카메라(한 개의 렌즈가 초점 조절용과 촬영을 겸하는 리플렉스 카메라) 화질에 가깝고, 메가 픽셀 정도의 디지털 카메라는 일안 리플렉스 카메라와 동일한 성능을 갖는다. 그러나 화소 수가 많아지면 그에 비례하여 데이터량도 커진다.

Meissner's effect[máisnəːrz ifékt] **마이스너 효과** 초전도 상태에 있는 물질에 자기장을 계속 가해도 그 내부 자속은 완전히 제로가 된다. 이 초전도의 완전 반자성(反磁性) 효과를 말한다.

MELCOM 멜컴 Mitsubishi Electronic Computer의 약어. 미츠비시 전기(주)가 제조, 판매한 컴퓨터의 명칭.

Melisa 멜리사 1998년 11월에 발견된, 마이크로소프트 워드의 매크로 바이러스의 일종. 마이크로소프트 사의 메일 소프트웨어 아웃룩의 주소록에 등록되어 있는 모든 사람에게 동일한 메일을 자동적으로 송신하여 메일 서버의 처리를 다운시키려는 것이 목적이다. 몇 개의 아류가 확인되고 있다.

meltdown[méltdɑ̀un] **멜트다운** 네트워크 상의 대역폭(전송량)이 포화 상태에 이르러 시스템이 다운되어 버리는 현상.

member[mémbər] *n*. **원소** 「구성 요소」라고 해석되지만, 그대로 「멤버」라고 해석되는 경우도 많다. 어느 한 가지의 중간 파일을 작은 파일로 구획하여 사용하는 파일을 분할된 파일(partitioned file)이라고 하며, 이 작은 파일을 큰 파일의 멤버라고 한다. 즉, 멤버란 일종의 보조 파일(subfile)로서 파일 중에 조직되는 파일 편성(file organization) 방식에서의 구성 요소, 또한 데이터 베이스 파일 구조의 한 형태인 네트워크 구조에서 하위 계층에 속하는 엔티티, 트리 구조에서의 자식(child)과 같은 개념이다.

member condition[–kəndíʃən] **멤버 조건**

member name[–néim] **멤버 이름**

member record[–rékərd] **멤버 레코드** 여러 가지 작업(job)에 사용되는 레코드를 포인터로 연결함으로써 다수 개 연결한 하나의 데이터를 만들었을 때 기점이 되는 레코드에 대하여 여기에 부수되는 레코드. 레코드는 한 번에 파일로 입출력되는 데이터 단위.

member record type[–tɑ́ip] **멤버 레코드 유형** 한 집단 내에서 집합의 소유자 레코드 유형에 의존하는 관계를 갖는 레코드 유형.

membership condition[mémbərʃìp kəndíʃən] **소속 조건** 도메인 관계 해석에서 지원하는 한 형태로, R(term, term, …)의 형태를 갖는다. R은 릴레이션 이름이고 각 항목은 $A : V$ 형태를 취한다. 여기서 A는 R의 한 속성이고 V는 도메인 변수이거나 상수이다. 이 조건은 오직 명시된 속성에 대하여 명시된 값을 갖는 투플이 릴레이션 R에 있을 때만 참이 된다.

membership problem [–prábləm] **소속 문제** 주어진 집합 S와 임의의 요소 a에 대하여 a가 S에 속하는가를 결정하는 문제.

membrane keyboard [mémbrein kíːbɔ̀ːrd] **멤브레인 키보드** 약 0.005인치 정도로 가볍게 눌리는 압력에 의해 신호가 전송되는 뒷면이 전도성 있는 조금 휘어지는 한 장의 플라스틱 물질로 만들어진 키보드.

memorize [méməràiz] *v.* **기억하다** 데이터나 정보를 내부 기억 장치에 전송하는 것.

memory [méməri(ː)] *n.* **기억 장치** 데이터를 기억하기 위한 장치. 일반적으로 컴퓨터의 내부 기억 장치를 가리키며, 자기(磁氣) 테이프, 플로피 디스크, 하드 디스크 등과는 구별해서 쓰는 경우가 많다. 기본적으로 데이터 등의 정보를 필요할 때까지 비축해 두었다가 꺼내려고 할 때는 언제라도 고속으로 꺼낼 수 있어야 한다. 현재의 기억 장치는 반도체 기억 장치가 주류를 이루고 있는데, 여기에는 RAM과 ROM이 있다.

memory access time [–ǽkses táim] **메모리 접근 시간, 기억 장치 접근 시간** 기억 장치 접근에 대한 요구가 있은 후 데이터 전송이 시작될 때까지 걸리는 시간. 일반적으로 판독하는 데이터의 전송 시간은 포함되지 않는다.

memory address [–ədrés] **기억 주소, 기억 장치 주소** 기억 장치에 접근할 경우에 위치를 지정하기 위해 사용되는 주소.

memory address counter [–káuntər] **메모리 주소 카운터**

memory addressing [–ɑdrésiŋ] **메모리 주소 지정**

memory addressing mode [–móud] **메모리 주소 지정 모드** 오퍼랜드(operand)의 메모리 위치를 지정하는 방법. 일반적인 주소 지정 모드로는 직접, 즉각, 상대, 인덱스형, 간접 모드가 있으며 이 모드들은 프로그램의 효율을 결정하는 중요한 요소가 된다.

memory address register [–ədrés rédʒistər] **MAR, 기억 장치 어드레스 레지스터** 주기억 장치로 들어오는 주소선과 데이터선은 여러 곳에서 들어올 수 있는데, 주기억 장치에 접근하는 정보가 저장되어 있는 기억 장소의 주소가 저장되어 있는 레지스터로서 일반적으로 명령어에서 사용되는 피연산자의 주소가 저장된다. 기억 장치의 주소선은 MAR에 연결되어 있으며, 기억 장치와 외부 사이의 데이터선들은 MBR을 통해 이루어진다. ⇨ MBR

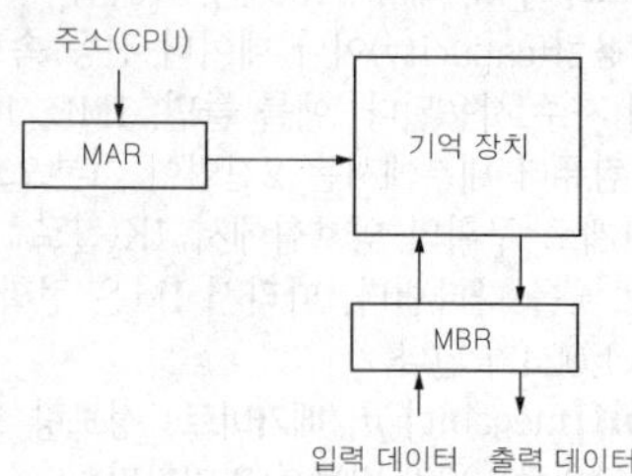

〈기억 장치 어드레스 레지스터(MAR)〉

memory allocation [–æləkéiʃən] **기억 장소 할당** 프로그램 실행에 필요한 기억 영역을 나누는 것. 즉, 입출력 데이터, 상수, 특정 루틴 등과 같은 정보를 저장하기 위하여 특정 기억 장소를 할당하는 것.

memory area [–έ(ː)riə] **기억 영역**

memory array [–əréi] **메모리 배열** 기억 소자들이 칩 위에 네모꼴로 배열되어 행과 열을 구성하고 있는 메모리.

memory bandwidth [–bǽnwidθ] **메모리 대역폭** 일반적으로 대역폭은 데이터 운반 능력을 의미하는 것으로서 매 초마다, 혹은 매 Hz 단위마다 주기적으로 표시된다. 램(RAM)의 경우 대역폭은 속도와 데이터 선로 크기를 측정하는 역할을 한다. ⇨ bandwidth, RAM

momory bank [–bǽŋk] **메모리 뱅크, 기억 장치 뱅크** 기억 장치를 여러 부분으로 분할하고 이들을 독립적으로 접근할 수 있게 구성했을 때의 한 부분(1뱅크). 이것은 중앙 처리 장치가 한 뱅크에 접근할 때 입출력 장치가 다른 뱅크에 접근할 수 있어 효율을 높일 수 있다.

memory bank select [–səlékt] **메모리 뱅크 선택** 각 뱅크는 최대 64KB의 메모리로 구성되어 있으며, 8개의 뱅크로써 마이크로프로세서의 기억 공간을 50만 바이트까지 확장할 수도 있다. 마이크로프로세서의 한 출력 단자 주소는 메모리의 액티브 뱅크를 선택하도록 예약되어 있다. 즉, 마이크로프로세서로 직접 주소화하여 보다 많은 분야에 메모리를 응용하기 위하여 RAM 메모리 카드가 메모리 뱅크를 선택하여 결합하는 것. 이때 카드에 있는 8개의 DIP 스위치가 8개의 뱅크 중에서 하나 이상을 선택하기 위하여 사용된다.

memory bank switching[–swítʃiŋ] **기억 장치 뱅크 전환** 기억 장치를 여러 개의 뱅크로 나누고 한 뱅크를 사용하는 동안 다른 뱅크의 내용을 이용할 때는 기억 장치 제어 회로에 신호를 보내서 뱅크를 바꾸도록 한다. 이때 마이크로프로세서는 같은 주소를 참조하더라도 어느 뱅크가 선택되었는지에 따라 다른 기억 장치가 접근된다. 이것은 직접 접근할 수 있는 주소의 공간이 그다지 크지 않은 마이크로프로세서에서 그 이상의 기억 장치를 쓰기 위한 방법이다.

memory board[–bɔ́:rd] **기억 장치 기판** 컴퓨터 시스템에 주기억 장치의 용량을 늘리기 위하여 끼우는 확장 기판.

memory buffer register[–bʌ́fər rédʒistər] **메모리 버퍼 레지스터** 메모리에 액세스할 때 데이터를 메모리와 주변 장치 사이에서 송수신하는 것을 용이하게 하며 지정된 주소에 데이터를 써넣거나 읽어내는 데이터를 저장하는 레지스터로 버퍼와 같은 역할을 한다. ⇨ MBR

memory bus[–bʌ́s] **메모리 버스** CPU는 메모리 장치를 통해 기억 장치 및 입출력 장치와 정보를 교환한다. 이것은 컴퓨터에 따라 입출력 버스, 데이터 버스 등으로 불린다.

memory capacity[–kəpǽsiti(ː)] **기억 (장치) 용량** 기억 장치에 저장할 수 있는 정보의 양. 보통 글자 수, 단어 수 또는 비트 수로 나타낸다.

memory cartridge[–ká:rtridʒ] **메모리 카트리지** 데이터나 프로그램을 기억하는 데 사용되는 RAM 칩을 포함하고 있는 플래그인 모듈. 디스크 드라이브를 대신하여 소형, 경량의 것으로서 주로 휴대형 컴퓨터에 사용된다.

memory cell[–sél] **메모리 셀** 메모리의 가장 작은 부분으로, 한 비트를 기억할 수 있는 기억 장치의 최소 단위.

memory cell matrix[–méitriks] **메모리 셀 매트릭스** 기억 소자를 종횡으로 배열하고 여기에 워드선(가로)과 비트선(세로)을 접속하여 꾸민 것.

memory character format[–kǽrəktər fɔ́:rmæt] **기억 장치 문자 형식** 각 문자를 해당되는 주소의 기억 장소에 저장하는 형식.

memory chip[–tʃíp] **메모리 칩** 주기억 장치를 구성하는 칩. 이러한 칩은 그 내용을 변경할 수 있는 RAM, 내용이 고정된 ROM, 그리고 프로그램이 가능한 PROM의 세 가지로 구분된다.

memory clear[–klíər] **기억 장치 소거** 현재 기억 장치 내의 데이터들을 무시하고 기억 장치의 내용을 비우는 것.

memory code[–kóud] **기억 장치 코드** 항목의 내용과 관련성이 있는 문자를 사용하는 코드. 예를 들어, 동서 남북을 나타낼 때 E, W, S, N을 사용하거나 목재의 가로×세로×길이를 5–10–15 등의 치수로 표시하는 것. 이 코드는 기억하기 쉽지만 코드가 길어지는 단점이 있으므로 특수한 경우에 사용되며, 일반적으로 그룹 코드와 순차 코드를 혼합하여 사용하는 경우가 많다. 이 경우 대분류는 그룹 코드를 사용하고, 소분류는 순차 코드를 사용하는 것이 편리하다.

memory compaction[–kəmpǽkʃən] **메모리 압축** 여러 가지 크기의 사용되지 않는 노드들을 가능하면 연속된 큰 메모리 블록이 되도록 하나로 합쳐주는 과정.

memory control circuit[–kəntróul sə́:rkit] **기억 장치 제어 회로** 기억 장치를 접근하는 순위, 입출력, 해당 칩 등의 선택을 맡는 제어 회로.

memory controller[–kəntróulər] **메모리 제어기**

memory control unit[–kəntróul jú:nit] **메모리 제어 장치** ⇨ MCU

memory core[–kɔ́:r] **메모리 코어** 메모리 코어에서의 기억은 자성체(페라이트)의 히스테리시스 현상을 이용하여 기억되는데, 코어 기억 장치에 사용되는 페라이트로 된 작은 고리 모양으로 되어 있고, 이 고리 속에 기록선, 판독선, 금지선 등이 통하고 있다.

memory cycle[–sáikl] **기억 사이클, 메모리 주기** 기억 장치에서 주소 지정, 입력, 출력 혹은 입출력에 요구되는 작동.

memory cycle stealing[–stí:liŋ] **기억 장치 사이클 도용** 대부분의 경우 컴퓨터의 주기억 장치와 주변 장치 간의 대량 이동은 되도록이면 빨리 옮겨야 한다. 프로세서의 명령에 의하여 한 워드씩 옮기는 프로그램에 의한 입출력 방식을 피함으로써 시스템의 효율을 높일 수 있다. 직접 메모리 액세스를 사용하여 효율을 높이는 경우에는 입출력 장치 접속기가 프로그램으로부터 기억 장치 주기를 도용하여 한 워드의 자료를 특수 주소 레지스터가 지정하는 기억 장치의 주소로(부터) 직접 옮긴다. 각 워드가 옮겨진 다음에 주소 레지스터가 자동으로 증가되어 연속적인 워드가 연속적인 기억 장소로 옮겨진다.

memory cycle time[–táim] **기억 장치의 사이클 시간** 기억 장치의 데이터를 읽기 위해 판독 신호를 낸 뒤 다음의 판독 신호를 내게 될 때까지의 시간. ⇨ cycle time

memory data register[–déitə rédʒistər] **MDR, 기억 장치 데이터 레지스터** 기억 장치 주소

레지스터(MAR)에 의하여 지정된 기억 장소로부터 읽어들인(또는 기억 장소에 저장시킬) 마지막 자료 워드를 가지고 있는 레지스터로 4, 8, 12 또는 16비트로 구성된다.

memory density[–dénsiti(ː)] **기억 장치 밀도** 자기 테이프와 같은 매체의 길이당 또는 자기 코어, 자기 디스크와 같은 매체에서 일정 면적당 기억되는 비트의 수.

memory device[–diváis] **기억 장치**

memory diagnostic routine[–dàiəgnástik ruːtíːn] **기억 진단 루틴**

memory domain[–douméin] **기억 영역** 프로그램 간의 불간섭을 보증하기 위해 어느 프로그램을 기억하도록 허락된 기억 장치의 기억 장소.

memory dump[–dʌ́mp] **기억 장치 덤프** 주기억 장치나 외부 기억 장치의 내용을 프린터나 디스플레이에 출력하는 일. 프로그램의 디버그나 데이터 체크를 위한 유용한 수단이다. 보통 16진수의 코드를 편집하지 않고 출력하는 것을 가리키나 문자로 변환해서 출력하는 경우도 있다. 디버그(debug) 시에 이 덤프를 보면서 이상한 곳을 찾아내는 데 쓰인다.

memory effect[–ifékt] **메모리 효과** 충전식 전지에서, 완전 방전되지 않은 채 충전한 결과, 본래의 구동 시간보다 구동 가능한 시간이 감소되는 현상.

memory element[–éləmənt] **기억 소자**

memory error[–érər] **기억 오류**

memory error indicator[–índikèitər] **기억 오류 표시기**

memory expansion module[–ikspǽnʃən mádʒuːl] **메모리 확장 모듈**

memory expansion motherboard[–mʌ́ðərbɔ̀ːrd] **메모리 확장 모기판**

memory failover[–feilóuvər] **메모리 페일오버** 한쪽의 메모리에 장애가 발생했을 때, 자동적으로 다른 한쪽의 메모리가 계속해서 처리할 수 있는 기능.

memory file[–fáil] **기억 장치 파일** 기억 장치 변수들을 영구적으로 저장하기 위하여 사용되는 디스크 파일.

memory fill[–fíl] **기억 장치 보충** 금지되어 있는 메모리 위치나 레지스터로부터 명령을 판독하고자 하는 것을 막기 위한 기법으로 대개 이들 메모리 위치나 레지스터는 특정 문자에 세트되어 있다. 따라서 특정 문자가 판독된 경우에는 주소를 잘못 지정하였음을 알 수 있다.

memory fragmentation[–frægmentéiʃən] **기억 장치 단편화** 기억 장소 할당에서 사용 가능한 영역이 너무 작아서 쓸모가 없거나 한 작업에 할당된 영역 내에서 사용하고 남은 부분으로 다른 작업이 사용할 수 없는 기억 장소 부분. ⇨ fragmentation

memory freezer[–fríːzər] **기억 장치 동결** 프로그램을 실행시키면서 동시에 그 프로그램과 관계없는 외부 데이터를 참조해야 할 경우에 주기억 장치의 내용을 그대로 유지시키고 외부 데이터를 참조하는 상태.

memory function complete[–fʌ́ŋkʃən kəmplíːt] **기억 장치 동작 완료** 중앙 처리 장치(CPU)가 기억 장치에 판독/기록 접근을 했을 경우 기억 장치가 그것을 모두 처리한 다음 CPU에 보내는 신호. CPU는 이 신호에 따라서 데이터 버스에 있는 내용을 읽어들이거나 다음 명령으로 진행한다.

memory guard[–gáːrd] **기억 장치 방어** 주기억 장치나 내부 기억 장치 가운데 특정 부분에 대한 접근을 전자적 또는 프로그램에 의한 방법으로 금지시키는 것.

memory hierarchy[–háiərɑ̀ːrki(ː)] **기억 장치 계층, 기억 다중 구성, 기억 계층** 기억 장치의 계층 구성. 즉, 그 동작 속도가 늦은 것에서부터 차례로 자기 테이프 장치, 자기 디스크 장치, 자기 드럼 장치, 자기 버블 장치, CI 장치 등으로 되는데, 이러한 기억 장치의 계층 구성으로 된 시스템을 말한다.

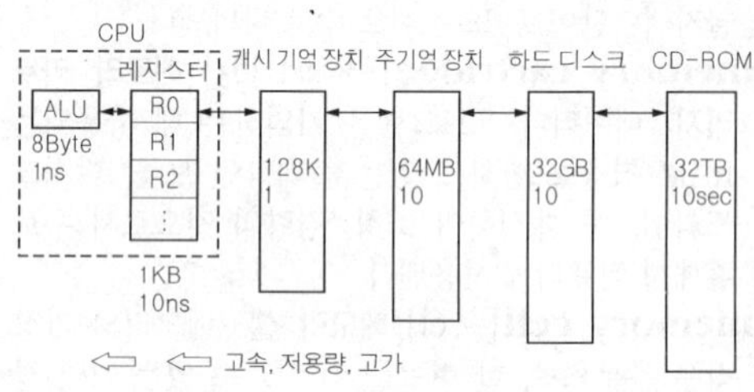

〈기억 장치의 계층 구성〉

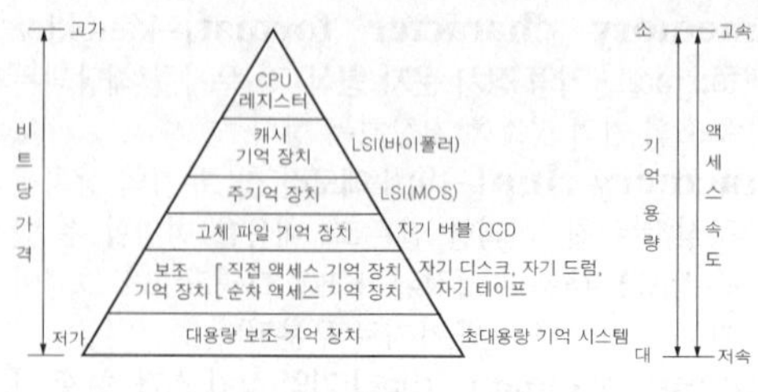

〈기억 장치 계층〉

memory hierarchy system[–sístəm] **계층 기억 체제** 기억 장치를 계층을 두어 구성한 체제.

memory image[–ímidʒ] **메모리 이미지** 지정된 메모리 영역의 비트 모양 자체.

memory image module[–mádʒuːl] **기억 장치 영상 모듈** 프로그램의 번역과 연결 편집이 끝난 상태에서 적재기(loader)에 의해 주기억 장치에 적재만 되면 실행 가능한 모듈.

memory interleaving[–ìntərlíːviŋ] **메모리 인터리빙** 인터리빙은 캐시(cache)와 같이 대부분의 컴퓨터 프로그램이 순차적으로 주소를 참조한다는 사실을 이용한 것으로, 순차적인 주소들이 순차적 메모리 보드에 할당됨으로써 CPU가 한 워드를 가져와서 조작하는 동안에 그 보드의 메모리 사이클이 끝날 때까지 기다릴 필요 없이 다음 워드를 가져올 수 있게 한다. 어떤 시스템은 동시에 2, 4 또는 8개의 메모리 모듈을 인터리빙할 수 있는 것도 있다.

memory key[–kíː] **메모리 키**

memory latency time[–léitənsi(ː) táim] **기억 대기 시간**

memory leak[–líːk] **메모리 리크** 재활용할 수 없는 메모리 블록이 생기는 것.

memory limit[–límit] **메모리 한계** 주로 용량 제한이 심한 주기억 장치에 대해서 일컬어지고, 비교적 용량 제한이 느슨한 보조 기억 장치에 대해서 일컫는 경우는 드물다. 주기억 장치는 실행해야 할 프로그램, 파일 어드레스 테이블 등의 테이블류, 메시지 레퍼런스 블록 등에 사용되나 용량 제한이 매우 엄격하므로 여기에 상주하는 프로그램류는 용량적으로 제한되는 것이 보통이다. 이 때문에 프로그램의 다이내믹 리로케이션 등의 기술이 필요하게 되는데, 컴퓨터 전체의 처리 능력이 기억 용량에 의해 규제되는 상태를 메모리 한계라고 한다.

memory load and record operation[–lóud ənd rékərd àpəréiʃən] **기억 장치 적재 및 기록 작업** 사용자가 현재 수행중인 작업을 중단하고 후에 다시 계속할 수 있도록 현재 메모리의 모든 내용을 테이프에 옮겨놓는 작업.

memory location[–loukéiʃən] **기억 장치 장소** 내부 기억 장치 속에서 한 단어가 점유하는 장소, 보통 이 장소는 고유의 어드레스로 표시된다.

memory management[–mǽnidʒmənt] **기억 장치 관리** OS의 주기능의 하나로 프로세스에 대한 물리 기억 공간의 할당 제어를 행한다. 특히 다중 처리를 할 경우 각 프로세스가 가진 논리 기억 공간에 대한 물리 기억 공간의 대응을 관리한다.

memory management device[–diváis] **기억 장치 관리 장치**

memory management hardware[–háːrdwὲər] **기억 장치 관리 하드웨어** 주기억 장치 관리에 있어서 더 신속하고 정확한 수행을 요하는 부분에 사용되는 특수한 하드웨어 장치.

memory management program[–próugræm] **기억 장치 관리 프로그램** 다중 프로그램의 경우 주기억 장치에는 여러 프로그램과 데이터가 들어갈 장소가 필요한데, 이때 장소를 할당해주는 프로그램. 주기억 장치를 운영하는 방법은 프로그램이 연속된 장소를 차지하는 인접 적재(contiguous loading)와 한 프로그램이 페이지 단위로 나뉘어서 산재해 있는 산발적 적재(scatter loading)의 두 가지로 구분할 수 있다.

memory management unit[–júːnit] **MMU, 기억 관리 단위** 주로 가상 기억 장치 시스템에서 중앙 처리 장치와 실제 주기억 장치 사이에 위치하여 중앙 처리 장치가 접근하는 가상 주소를 실제 주소로 변환하는 구실을 하는 기억 장치를 효율적으로 관리하기 위한 전용 반도체 칩. ⇨ MMU

memory map[–mǽp] **메모리 맵, 기억 배치도** 주기억 장치의 주소를 기호적으로 표현한 것. 예를 들어, 8086 CPU에서는 1MB까지의 메모리를 관리할 수 있으므로 사용자에게는 640KB의 메모리 영역이 해방되어 있으며, 나머지 부분은 BIOS나 VRAM 등의 시스템이 사용하도록 되어 있다. 그리고 이런 상태에서 MS-DOS를 움직이면 다시 일정한 영역이 DOS의 기본 소프트웨어의 상주에 의해 점유되는데, 이것을 도식화하여 표현한 것이 기억 배치도이다.

memory map list[–líst] **메모리 맵 리스트, 기억 배치 할당도** 프로그램 번역시에 선택적으로 얻어지는 기억 배치도와 프로그램에 사용되는 모든 변수명, 배열명, 상수 등을 그들의 상대 주소와 함께 적은 할당도. 이 할당도는 호출된 모든 서브루틴들과 호출되었을 때의 최종 위치를 포함한다.

memory mapped I/O **메모리 맵 입출력** 특별한 입출력 명령을 사용하지 않고도 주변 장치를 제어할 수 있으며, 마이크로프로세서와 입출력 기기를 접속하는 하나의 방법으로 입출력 포트 중의 레지스터에 대해 메모리와 똑같이 주소를 할당하여 메모리에의 데이터 판독/기록에 사용하는 것과 같은 명령으로 입출력을 실행하는 방식.

memory mapped video[–vídiòu] **메모리 맵 비디오** 화상력이 높은 그래픽이 가능한 CRT 영상 표시 시스템으로 화면상의 개별 픽셀(pixel) 위치는 고유한 기억 위치 또는 할당된 위치를 갖는데, 이 위치는 ON/OFF, 반짝임 또는 컬러 등과 같은 특정 픽셀을 위한 개정된 영상 표시 속성을 나타내는 데이터를 기억시켜 두기 위한 것이다.

memory mapping[–mǽpiŋ] **메모리 매핑, 메**

모리 사상 시스템의 기억 장치가 다양한 기기와 프로그램들 간에 동적인 재배치가 어떻게 할당되어 있는가를 나타내는 시스템의 작동 형태로서 선택적으로 사용이 가능하다.

memory module[–mɑ́dʒuːl] **메모리 모듈** (1) 한 모듈이 4K, 8K, 13K, 16K이거나 2° 이상의 기억 장소를 제공해주는 자기 또는 반도체 모듈로서 판독/기록 메모리는 많은 논리가 요구되므로 일반적으로는 한 개 이상의 칩으로 구성되어 있는데, 이 판독/기록 메모리의 조(組)를 메모리 모듈이라고 한다. 매우 단순한 것은 8개의 RAM 칩이 8비트의 판독/기록 메모리 워드를 구성하고, 각 칩이 그 워드의 1비트를 차지하고 있다. (2) 프로그램이나 데이터를 기억하기 의하여 RAM이나 ROM, PROM 등으로 구성된 것.

memory overlay[–òuvərléil] **메모리 오버레이**

memory page[–péidʒ] **메모리 페이지** 보통 256 워드가 한 단위로 되어 나누어진 기억 장소의 한 부분. 8비트 컴퓨터는 기억 장치 주소를 8비트, 즉 바이트 단위로 취급하는데, 한 바이트는 256개의 기억 장소를 지정할 수 있다. 따라서 8비트 마이크로 컴퓨터는 65,536(2^{16})개의 기억 장소의 주소를 지정하는 데 2바이트가 필요하다. 여기서 앞쪽의 8비트가 페이지 번호에 해당된다.

memory parity[–pǽriti(ː)] **기억 장치 패리티** 기억 장치에 자료가 옮겨질 때마다 패리티를 발생시키고 검토하여 오류가 발생되면 인터럽트가 발생하도록 하는 것.

memory parity and protect option[–ənd prətékt ɑ́pʃən] **MPP, 기억 장치 패리티와 보호 선택** 18비트 기억 장치를 가진 어떤 시스템에서는 메모리 시스템이 바이트 패리티를 생성하고 검사한다. 이 장치의 선택은 패리티 오류가 발생된 CPU나 DMA, 패리티 오류의 원인이 되는 기억 장소의 주소와 내용, 패리티 오류를 일으킨 상위 또는 하위 바이트와 같은 정보를 파악함으로써 패리티 오류를 조절하고, 사용자 프로그램의 정당한 동작을 위하여 인터럽트를 발생시킨다. 이러한 시스템에서는 고의적 패리티 오류가 보수 목적을 위해 특별한 명령어에 의하여 발생될 수 있다.

memory parity check[–tʃék] **메모리 패리티 검사**

memory plane[–pléin] **메모리 플레인** 자심 기억 장치에 있어서 자심 매트릭스에 의해서 만들어지고 있는 평면. ⇨ core matrix

memory pointer register[–pɔ́intər rédʒistər] **기억 장치 포인터 레지스터** CPU에서 기억 장치 내의 자료가 저장된 장소를 지시해주는 특별한 레지스터.

memory power[–páuər] **기억력** 시스템을 구성하는 기억 장치는 여러 계층이 있어 주기억 장치 내의 정보를 여러 가지 속도로 사용할 수 있다. 적은 규모의 국부적 기억 장치는 2,000억분의 1초(200나노초)로 작동하고, 제어용 기억 장치는 2,500억분의 1초로 작동한다. 524,000문자의 정보를 기억하는 강력한 주기억 장치는 $2.5 \times 10^{-6} \sim 10^{-6}$까지의 범위에서 동작한다.

memory print[–prínt] **메모리 프린트** ⇨ memory dump

memory print out[–áut] **기억 장치 출력** 기억 장치 내의 일부 또는 전부의 내용을 출력하는 것.

memory protect[–prətékt] **기억 장치 보호** 메모리에 기억되어 있는 정보를 고쳐 쓸 수 없게 하는 것으로 여러 개의 프로그램을 메모리에 축적하고 CPU나 주변 기기를 공용하여 실행시킬 때(다중 프로그래밍할 경우), 실행중인 프로그램에 의해 다른 프로그램이나 그것을 보존하고 있는 데이터가 파괴되지 않도록 하드웨어에 의해 보호하는 것. ⇨ storage protection

memory protection[–prətékʃən] **기억 보호** 기억 장치에 쌓여 있는 내용이 프로그램 에러나 조작 에러 등으로 침투되지 않도록 보호하는 것. 혹은 특정 영역의 기억 내용이 예기치 않은 프로그램에서 읽혀지는 것을 방지하는 것. 전자는 써넣기 보호, 후자는 읽기 보호라고 한다.

memory protection key[–kíː] **기억 장치 보호 키** 실기억 장치에서 세그먼트 기법을 사용한 경우 각 세그먼트의 사용자가 다른 사용자로부터 침해받지 않기 위하여 CPU 내에 두는 키. 어떤 사용자의 프로그램은 해당 키와 일치하는 블록만을 액세스할 수 있다. 이 키는 운영 체제에 의하여 관리된다.

memory protect no-operation[–prətékt nóu ɑ̀pəréiʃən] **기억 장치 보호 무연산** 기억 장치의 내용을 읽거나 고치려고 할 때, 보호 비트를 사용하여 이것을 금지시켜 기억 장치 내의 정보를 보안하기 위하여 개발된 처리 방법. 이 경우 보호되는 기억 장소에 접근하는 명령어들은 하나의 무동작으로 처리되거나 특별한 인터럽트가 일어난다.

memory protect privileged instrution[–prívilidʒd instrʌ́kʃən] **기억 장치 보호용 특권 명령어** 이 명령을 사용해서 수행중인 프로그램이 운영 체제나 다른 작업을 파괴하지 못하도록 하드웨어 상으로 환경을 보호한다.

memory reference instruction[–réfərəns instrʌ́kʃən] **기억 장치 참조 명령** 데이터를 생

성시키는 과정에서 어느 프로그램이나 적재, 기억, 가산 또는 논리 조작을 수행시키기 위해 항상 기억 장치에 있는 데이터를 참조하도록 하는 명령. 이 명령에는 적재 명령과 기억 명령이 있는데, 적재 명령은 데이터를 기억 장소에서 누산기로 이동시키는 명령이고, 기억 명령은 데이터를 누산기에서 기억 장소로 이동시키는 명령이다.

memory refresh[–rifréʃ] **기억 장치 리프레시** 기억 장치를 여러 번 액세스하면 그 기억 장소에 기억되어 있는 자료 신호가 손실될 수 있기 때문에 매 액세스마다 그 자료 신호를 증폭해서 재입력하는 것.

memory refresh register[–rédʒistər] **기억 장치 리프레시 레지스터** Z80 CPU가 가지고 있는 독특한 구조 중의 하나가 *R* 레지스터이며, 리프레시 계수기라고도 한다. *R* 레지스터는 기억 장치로서 동적 RAM을 사용한 경우에 CPU가 리프레시 동작을 편리하게 할 수 있도록 해준다. 8비트 레지스터의 7비트 (b_6~b_0)는 각 명령 페치(instruction fetch) 후 자동적으로 증가되며, 리프레시 중에는 *I* 레지스터의 내용이 상위 주소를 나타내고, *R* 레지스터의 내용은 하위 주소를 나타내게 된다.

memory region[–rí:dʒən] **기억 장치 영역** 다중 프로그래밍에 있어서 수행될 여러 프로그램들을 기억 장치에 할당하는 문제를 해결하기 위하여 기억 장치를 여러 개의 영역으로 나누는 기억 장치 구성. 각 영역은 각각 하나의 수행될 프로그램을 가질 수 있다.

memory register[–rédʒistər] **기억 장치 레지스터** 컴퓨터 기억 장치 내에 있는 레지스터로서 다른 장치 내에 있는 레지스터와는 구별된다.

memory scan option[–skǽn ápʃən] **기억 장치 주사**

memory secondary address directory [–sékəndὲ(:)ri(:) ədrés diréktəri(:)] **보조 기억 장치 주소표** 원하는 데이터가 주기억 장치에 없는 경우 이것을 보조 기억 장치에서 가져와야 하는데, 이를 위하여 주기억 장치 내에 두는 해당 보조 기억 장치 내의 데이터 혹은 블록의 위치표.

memory sense amplifier[–séns ǽmplifàiər] **메모리 센스 증폭기**

memory space[–spéis] **기억 공간** 프로세스 혹은 프로세서가 필요로 하는 정보를 읽고 쓸 수 있는 영역. 대부분의 경우 기억 공간은 기억 단위마다 주소가 붙어 있고, 기억 공간 내의 정보 저장 장소의 지정에는 주소가 이용된다. 또 프로세스 혹은 프로세서가 가진 기억 공간과 실제로 기억 매체가 놓여진 기억 공간은 반드시 일치하는 것은 아니며 전자를 논리 기억 공간, 후자를 물리 기억 공간이라고 부른다. 전자와 후자 사이의 대응은 OS 및 하드웨어에 의해 행해진다.

memory stack[–stǽk] **메모리 스택** 중앙 처리 장치와 붙어 있는 RAM의 일부분으로 구성된 스택으로, 이것은 메모리의 한 부분을 스택으로 할당하고 스택과 관련된 3개의 프로세서 레지스터 중의 하나를 스택 포인터(SP)로 사용된다.

memory stick[–stik] **메모리 스틱** 1997년에 일본의 소니 사를 비롯한 몇몇 회사가 공동 개발한 메모리 카드 규격. 기록 용량은 2MB~32MB(1999년 11월 당시)로, 크기는 세로 21.5mm×가로 50mm ×두께 2.8mm이고, 무게 4g으로 소형이며 가볍다.

memory structural unit[–strʌ́ktʃurəl jú:nit] **기억 구조 단위**

memory switch[–swítʃ] **메모리 스위치** 컴퓨터의 기능을 설정하는 소프트웨어로 물리적인 하드웨어 스위치에 대해 소프트웨어로 메모리 상에 설정하는 것. 컴퓨터의 다기능화로 스위치 수가 증가하여 설정이 복잡해지거나 설정 오류를 일으키는 사례가 많아졌기 때문에 초보자도 쉽게 설정할 수 있도록 화면상에서 기능을 표시하거나 설정하는 경우가 많아졌다.

memory system[–sístəm] **기억 장치**

memory-to-memory instruction[–tu méməri(:) instrʌ́kʃən] **메모리 간 명령어**

memory traffic[–trǽfik] **메모리 트래픽** 중앙 처리 장치가 기억 장치에 저장되어 있는 데이터를 읽거나 저장하려는 작업. 이때 메모리 트래픽에서 입출력 업무가 계산 업무보다 많을 경우는 메모리 트래픽이 많아지고 시스템의 효율이 떨어지게 된다.

memory transfer[–trænsfə́:r] **기억 장치 전달** 이미 기억 장치 속에 기억되어 있는 정보를 다른 기억 장소로 옮기는 것. 이 전송에는 판독 동작과 기록 동작이 있는데, 이때 메모리는 주소에 의해서 특정 워드가 지정된다.

memory type[–táip] **메모리 타입**

memory unit[–jú:nit] **기억 장치** 이 장치는 주기억 장치와 보조 기억 장치로 구분되는데, 일반적으로 중앙 연산 처리 장치 내에 있는 기억 장치를 주기억 장치(또는 내부 기억 장치)라 하고, 중앙 연산 처리 장치 외부에 존재하는 기억 장치를 보조 기억 장치(또는 외부 기억 장치)라고 한다. 주기억 장치의 용량은 컴퓨터 기종에 따라 최대 기억 용량이 한정되어 있으므로 최대 기억 용량보다 더 많은 데이터를 기억시키고자 할 때에는 보조 기억 장치를 이용한다. 입력 장치를 통하여 읽어들인 데이터나 명령을 비롯하여 컴퓨터 내부에서 계산 처리된 결과를 기억하는 장치를 말한다.

memory variable [–vɛ́(ː)riəbl] **기억 장치 변수** 데이터 베이스의 한 부분이 아닌 데이터 항목으로서 일시적인 사용 목적으로 컴퓨터 기억 장소에 저장된다.

memory wait [–wéit] **메모리 대기**

memory working [–wə́ːrkiŋ] **작업용 기억 장치** 작업 처리를 위한 정보를 저장하고 있는 내부 기억 장치.

memory workspace [–wə́ːrkspèis] **기억 장치 작업 공간** 프로그램 자체를 저장하는 데 필요한 기억 장소 외에 그 프로그램이 필요로 하는 기억 영역. 일반적으로 작업 영역은 입출력 완충 영역과 프로그램 수행중에 요구되는 기타 영역으로 사용된다.

memory write lock [–ráit lák] **기억 장치 기록 로크** 일부 컴퓨터 옵션으로 되어 있는 코어 기억 주소의 각 512단어 페이지마다 마련되어 있는 P비트 쓰기 보호 필드.

memory write signal [–sígnəl] **기억 장치 기록 신호** 메모리에 기록할 때 클록 신호가 하이 레벨이면 WRITE 신호도 하이 레벨로 되는 신호.

memo space [mémou spéis] **메모 스페이스**

Menger's theorem **맹거의 정리** 한 그래프에서 연결도(connectivity)가 k일 필요 충분 조건은 그 그래프에서 임의의 두 정점 사이를 지나는 서로소인 경로가 k개 이상 존재한다는 것을 의미한다.

menu [ménjuː] *n.* **차림표, 메뉴** 단말 장치로부터 대화 모드의 처리를 할 경우 다음에 실행되는 처리의 종류를 모두 표시하여 그 중에서 선택하게 하는 방법. 요리의 메뉴에서 주문을 선택하는 방법과 비슷해서 이런 명칭이 붙었다. 특히 Chinese menu 라고도 한다. 본래는 "차림표"이지만 컴퓨터 시스템에서는 디스플레이 장치 상에 표시된 「선택 가능한」 지시 리스트이다. 보통은 각각의 옵션에 간단한 코드가 대응되어 있으며, 「양호」한 옵션의 코드를 입력하여 선택한다. 이 방법을 연속하여 일련의 복잡한 처리를 수행할 수 있지만 이 방식을 기본으로 한 시스템을 메뉴 방식 시스템(menu driven system)이라고 하며, 이용자와의 인터페이스(interface)가 되는 대화형 프로그램(interactive program)을 메뉴 방식 프로그램(menu driven program)이라고 한다. 메뉴 방식 시스템의 하드웨어 구성은 디스플레이 장치와 키보드가 일반적이지만 접촉 감지 화면(touch-sensitive screen)의 디스플레이 장치와 라이트 펜이나 액정 디스플레이 등이 사용되는 경우도 많다.
[주] 선택 가능한 기능 또는 지정 가능한 항목의 일람 표시.

menu bar [–báːr] **메뉴 바, 도구 모음** 화면상에서 이용자가 선택할 수 있는 항목이 배열되어 있는 부분. 예를 들면, 화면의 맨 위의 행이나 맨 아래 행 등이다.

menu command [–kəmǽnd] **메뉴 명령어** 키보드 명령어와는 달리 포인터를 가진 메뉴로부터 선택하는 명령어.

menu display [–displéi] **메뉴 표시** 컴퓨터 시스템을 사용하기 위한 사용자와 컴퓨터와의 대화 방식에서 선택할 수 있는 여러 개의 메뉴를 사용자에게 제공하고 사용자가 하나를 택하게 하여 명령을 받는 선택형 응답 방식.

menu driven [–drívən] **메뉴 드리븐, 메뉴 방식의** 메뉴를 사용하여 명령어와 사용 가능한 옵션을 선택할 수 있도록 표시하는 프로그램을 일컫는 형용사. 메뉴 방식 프로그램은 보통 명령어 라인 인터페이스 프로그램(화면에 표시된 프롬트에 명령어를 입력하는 방식의 프로그램)보다 다루기 쉽다.

menu driven interface [–íntərfèis] **메뉴 방식 인터페이스** 사용자가 어떤 연산을 행함에 있어서 질의어와 같은 명시적 명령어를 사용하는 대신 메뉴에서 제공되는 항목을 선택하거나 어떤 양식에 몇 개의 항목들을 기입함으로써 컴퓨터를 더욱 쉽게 사용할 수 있게 하는 인터페이스.

menu driven program [–próugræm] **메뉴 방식 프로그램**

menu driven screen [–skríːn] **메뉴 방식의 화면**

menu driven software [–sɔ́(ː)ftwὲər] **메뉴 방식 소프트웨어** 이러한 종류의 프로그램은 컴퓨터에 익숙하지 않은 사람들도 쉽게 사용할 수 있도록 설계되어 메뉴를 사용할 수 있게 만들어진 프로그램이다. 프로그램에서 메뉴는 수행해야 할 일을 선택하기 위해 사용된다.

menu driven system [–sístəm] **메뉴 방식 시스템** 사용자들에게 알기 쉽고 친절한 기호나 용어로 선택 가능한 항목들을 보여줌으로써 편리하게 기계를 사용할 수 있도록 만든 시스템.

menu facility [–fəsíliti(ː)] **메뉴 기능**

menu item [–áitem] **메뉴 항목** 메뉴에서 선택할 수 있는 하나의 항목.

menu manager [–mǽnidʒər] **메뉴 관리 프로그램**

menu method [–méθəd] **메뉴 방식** 이용자가 메뉴에서 하나를 지시하면 이에 따라 컴퓨터는 그에 해당하는 동작을 하게 되는데, 팝업 메뉴, 풀다운 메뉴가 이 메뉴 방식의 종류에 속한다.

menu mode [–móud] **메뉴 모드**

menu panel [–pǽnəl] **메뉴 화면**

menu security[–sikjú(ː)riti(ː)] **메뉴 보안**
menu selection[–səlékʃən] **메뉴 선택** 사용자가 프로그램 중에서 다른 기능이나 동작을 선택할 수 있도록 단말 장치나 디스플레이 장치 등에 그들의 보조 기능을 표시해두는 것.
Merced **머세드** 인텔 사와 휴렛팩커드 사가 공동 개발한 IA-64 아키텍처 CPU 「Itanium」의 개발 코드명. ⇨ IA-64, Itanium
mercury wetted relay[mə́ːrkjuri(ː) wétəd riːléi] **수은 접점 릴레이** 수은을 사용하여 접점을 여닫는 릴레이.
merge[mə́ːrdʒ] *n*. **합치기, 합병** (1) 어느 하나 또는 두 개 이상의 항목에 관하여 같은 순서로 나열된 두 개 이상의 데이터 집합을 조합시켜 하나의 데이터 집합으로 하는 것. 또는 그 기능을 행하는 프로그램. (2) 파일 중의 레코드를 어느 키(key)의 순번대로 나열하는 것을 보통 이 두 가지의 기능을 합해서 정렬/합병(sort/merge)이라 한다. 이 「정렬」과 「합병」은 특히 사무 관계의 컴퓨터 처리에 있어 모든 곳에서 필요로 하는 작업이므로 어느 정도 프로그램을 작성하는 것은 중요하다. 그래서 정렬/합병 프로그램(sort/merge program)이라고 한다.
[주] 각각 주어진 동일한 순서를 갖는 두 개 이상의 집합 항목을 그 순서에 따라 결합하여 하나의 집합으로 하는 것. ⇨ sort
merge application[–æplikéiʃən] **합병 응용**
merge data[–déitə] **조합 데이터**
merge degree[–digríː] **합병 도수** 합병에 사용되는 입력 파일의 개수.
merged group[–grúːp] **조합 그룹**
merged transistor logic[–trænzístər ládʒik] **MTL, 조합 트랜지스터 논리**
merge exchange[–ikstʃéindʒ] **합병 교환성**
merge exchange sort[–sɔ́ːrt] **합병 교환 분류**
merge file[–fáil] **합병 파일**
merge insertion sort[–insə́ːrʃən sɔ́ːrt] **합병 삽입 정렬** 두 원소씩 먼저 비교하여 키(key)값이 큰 원소들로 리스트를 만들고 이 리스트를 다시 같은 방법으로 정렬한 후, 키값이 작은 리스트의 원소를 큰 리스트에 2진 삽입하는 정렬 방법.
merge only application[–óunli(ː) æplikéiʃən] **머지 처리**
merge order[–ɔ́ːrdər] **조합 차수**
merge pass[–pǽːs] **머지 패스, 병합 패스**
merge phase[–féiz] **합병 단계** 외부 정렬에서 정렬된 런(run)들이 한 개의 정렬된 런으로 집합되는 단계.
merge print program[–prínt próugræm] **합병 인쇄 프로그램** ⇨ mail merge
merge purge[–pə́ːrdʒ] **머지 퍼지, 통합 및 정리** 두 개 이상의 리스트들을 합치고 원치 않는 항목들을 제거하는 것. 특정 기준에 따라 기존의 리스트에 새로운 이름과 주소 리스트를 추가함과 동시에 중복되는 이름들은 제거하는 것을 말한다.
Mergers & Acquisition[mə́ːrdʒərz ənd ækwəzíʃən] **기업 합병** ⇨ M & A
merge-scan method[mə́ːrdʒ skǽn méθəd] **합병-주사 방법** ⇨ sort/merge method
merge sort[–sɔ́ːrt] **머지 소트** 자기 테이프에 의한 분류의 가장 일반적인 방법으로, 자기 테이프 장치는 최소 4개 필요하다. 주기억 장치 내에서 행하는 내부 소트에 의해 만들어지는 스트링을 자기 테이프 상에 차례로 전개해서 최종적으로 한 개의 자기 테이프에 분류 결과를 얻는 것으로, 4개의 자기 테이프를 사용하는 2 way merge sort, 6개 사용하는 3 way merge sort 등이 있다.
merge table[–téibəl] **합병표** 유한 상태 기계의 각 상태쌍이 호환되는지 안 되는지를 나타내는 표로, 호환쌍도 갖고 있다.
merge tree[–tríː] **합병 트리** 주기억 장치가 아닌 보조 기억 장치로 이용하는 외부 정렬 중 합병 정렬에서 이미 내부 정렬 방법으로 정렬된 런(run)들을 하나의 런이 될 때까지 합병해가는 것을 보여주는 트리.
merge way[–wéi] **머지 웨이**
merging[mə́ːrdʒiŋ] *n*. **합병, 조합, 병합** 어느 문서의 지정한 부분에 사전에 준비한 문자열 등을 삽입하고 지정한 부분만이 다른 문서를 작성하는 기능. 동일한 본문에서 주소, 성명이 다른 복수의 문서를 작성하는 경우 등에 사용한다. 일반적으로 같은 규칙에 의해 순서가 정해진 두 개 이상의 파일을 지정된 순서에 의해 결합하여 한 개의 파일로 만드는 작업.
merging application[–æplikéiʃən] **머지 처리**
merging-sort[–sɔ́ːrt] **합병-정렬**
MES **메시지 편집 서비스** message editing service의 약어.
MESA **메사** 동시 처리의 특징을 해결하기 위해 고안되었으며, 1979년에 미첼(Michell)이 발표한 프로그래밍 언어.
mesa transistor[méisə trænzístər] **메사형 트랜지스터** 메사란 스페인어로 대지(臺地)라는 의미이며, 그러한 구조의 트랜지스터를 말한다. 즉, 정상이 고원(高原)과 같은 모양을 한 진공 증착층을 갖는 트랜지스터를 말한다. 주파수 특성을 좋게 하기 위해 개발되었지만 최근에는 플레이너(planar)

트랜지스터로 대체되었다.

MESFET 금속 반도체 전계 효과 트랜지스터 metal semicondutor FET의 약어. JFET 트랜지스터의 pn 접합 대신 역바이어스된 쇼트키 장벽(Shottky barrier)의 금속 반도체 접합을 이용한 트랜지스터이다.

mesh [méʃ] *n*. **망사** 망에서 폐쇄된 결론을 이루는 가지의 집합.

mesh network [–nétwə̀:rk] **그물 네트워크** 각 컴퓨터 또는 통신 처리기가 네트워크에서 하나 이상의 다른 처리기와 연결되는 네트워크 위상의 구현 방법 가운데 하나로서 어떤 정형이 없이 무작위로 연결된 네트워크. 제어나 데이터의 경로 제어는 중앙 집중식이나 분산 형태가 가능한 패킷 네트워크에서 사용되며 통신 비용이 저렴하다.

MESI 메시 modified, exclusive, shared, invalid의 약어. 각 캐시 모듈의 이름에서 나온 네 가지 상태를 가지고 있으며, 멀티프로세서 시스템의 캐시 기억 장치를 관리하는 기법의 하나이다.

mesial magnitude [mí:ziəl mǽgnitjù:d] **반 값** 어떤 특정한 두 개의 진폭값으로 특별한 지정이 없는 한 이들 두 개의 진폭은 펄스 상단 진폭과 펄스 베이스 진폭으로 한다.

mesokurtic [mésouku:rtik] **중첨(中尖)** 평평하거나 뾰족한 정도를 나타내는 것으로 첨점(kurtosis)의 일종이다.

message [mésidʒ] *n*. **알림(말), 메시지** (1) 두 지점 또는 그 이상의 지점 사이에 행해지는 통신 정보로 시작과 끝이 명확히 규정된 데이터. 데이터 전송 관계에서는 주로 이 의미로 쓰인다. 정보 전달을 목적으로 하며, 개시와 종료가 명확하게 규정된 데이터를 가리킨다. (2) 데이터 통신망의 한 가지 장치에서 다른 장치로 보내지는 한 개의 정리된 문자와 기호의 조합. (3) 컴퓨터의 콘솔 타이프라이터라든가 CRT 디스플레이에 인자 또는 표시되는 오퍼레이터의 지시문. 작업이 바르게 종료된 경우, 프로그램이 문법대로가 아니라 번역을 중지한 경우, 하드웨어 일부에 문제가 있어 인터럽트가 생긴 경우 등 이러한 것을 의미하는 메시지가 오퍼레이터에게 알려진다. **[주]** 정보의 전달을 목적으로 하는 순서가 매겨진 문자열.

MESSAGE 90s 후지츠가 1991년 5월에 발표한 새로운 시스템 구축 개념. 사용자에게 재빨리 솔루션을 제공하기 위하여 메인프레임이나 유닉스 PC를 연계시킬 수 있는 환경을 갖추어 다른 회사가 개발한 소프트웨어 패키지도 포함하여 시스템을 구축한다. 1992년 9월에는 이를 토대로 구체적인 정보 시스템 구축 패턴 13종류를 발표하였다.

message acknowledge [–əknálidʒ] **메시지 인식** 데이터 통신시에 한쪽에서 보낸 신호에 대하여 받은 쪽에서 응답하는 것.

message area [–ɛ́(:)riə] **메시지 영역** (1) 메시지 큐 노드(MQN)에 접속된 메시지를 AIM(advanced information manager)이 응용 프로그램에 넘기는 영역이나 지정 수신처에 출력하는 메시지를 응용 프로그램이 저장하는 영역. (2) 디스플레이 장치에서 운영 체제나 애플리케이션 프로그램으로부터의 오류 메시지 또는 통지 메시지 등을 나타내기 위한 영역.

message-based multicomputer system [–béist mʌ́ltikəmpùtər sístəm] **메시지 다중 컴퓨터 시스템** 여러 개의 처리기들을 통신 네트워크로 연결한 다중 처리 시스템.

message block [–blák] **메시지 블록** 메시지 블록화 작업은 여러 전송문을 모아서 하나의 전송문이나 실제 레코드로 만드는 것으로, 통신 회선에서 전송 방향을 바꾸기 때문에 통신에 필요한 지연 시간을 줄일 수가 있는데, 이러한 전송 부하를 줄이기 위해 여러 장치들과 응용 프로그램 간에 교환되는 전문들은 시스템의 여러 군데에서 모아지고 또 반대로 분해될 수가 있다.

message buffer [–bʌ́fər] **메시지 버퍼** 데이터 통신에서 수신되는 메시지를 처리하기 전에 임시로 저장하는 기억 장소.

message circuit [–sə́:rkit] **공중용 시외 회선** 일반 시외 통화 등에 사용하는 장거리 전화 통화 회선.

message concentration [–kànsəntréiʃən] **메시지 집중**

message concentrator [–kánsəntrèitər] **메시지 집중기** 이 메시지 집중기는 메시지를 전송할 때 메시지를 주컴퓨터에 맞게 재편성하고 편집하여 주컴퓨터의 부하를 줄이고, 오류가 발생된 메시지를 차단하거나 과잉 전송을 방지하여 시간 절약을 해준다. 그래서 이것도 실시간 주변 장치에 부착되어 있고, 데이터 제어 장치를 통하여 여러 가지 속도와 형태의 메시지를 받아들인다. 또한 마이크로 컴퓨터나 미니컴퓨터는 주컴퓨터에 맞게 메시지를 재편성하고 오류 검사 및 필요한 경우에 전송선의 허용량만큼 메시지를 유동 헤드 디스크에 저장한다. 그 후 메시지를 직접 또는 패킷 교환 방식에 의하여 고속으로 주시스템에 보낸다.

message control [–kəntróul] **메시지 제어** 이것은 단말기로의 입출력 데이터의 송수신 제어, 버퍼 제어, 응용 프로그램에서의 데이터 송수신 제어를 말한다.

message control flag [–flǽ(:)g] **메시지 제어**

플래그 전송되는 정보가 데이터인지, 제어용 메시지인지 또는 메시지의 처음, 중간, 마지막 중 어느 블록인지를 나타내는 표기 신호.

message control information area[–ìnfərméiʃən ɛ́(ː)riə] **메시지 제어 정보 영역**

message control program[–próugræ̀m] **MCP, 메시지 제어 프로그램** Burroughs 컴퓨터에서 구현되어 ALGOL과 비슷한 언어로 쓰여졌으며, 어셈블리 언어로 작성되지 않은 최초의 운영 체제.

message cost[–kɔ́(ː)st] **메시지 비용** 메시지를 보내는 사이트에서 받는 사이트까지 전달되는 소요 비용.

message delay[–diléi] **메시지 지연** 이 메시지 지연 시간은 네트워크의 이용도가 낮을 때 네트워크의 구성 요소들의 성능에 의해 결정되지만 네트워크의 이용도가 높을 때에는 다른 메시지들 때문에 기다려야 되는 시간에 크게 좌우되므로, 프로세서가 어떤 메시지를 보낸 후 그 메시지가 목적 프로세서에 도달될 때까지의 시간이다.

message display console[–displéi kɑ́nsoul] **메시지 디스플레이 콘솔**

message distribution[–dìstribjúːʃən] **메시지 분산**

message edit description[–édit diskrípʃən] **MED, 메시지 편집 기술**

message editing service[–éditiŋ sə́ːrvis] **MES, 메시지 편집 서비스**

message exchange[–ikstʃéindʒ] **메시지 교환** 송신측에서 수신측으로 보내진 메시지를 한 번 교환기 내부에 축적하여 필요한 각종 정보(수신국 · 긴급도, 상대국의 통신중인가의 여부)를 조사한 다음에 교환 접속을 완결하여 통신을 완료하는 교환 방식.

message exchange system[–sístəm] **메시지 교환 시스템** 데이터 교환 방식의 하나로 발신측에서부터 수신 신호와 데이터 신호를 교환국으로 보내면 교환국에서는 이것을 일시적으로 기억하고 회선이 열리면 다음에 데이터 신호를 전송하는 축적 교환식.

message file[–fáil] **메시지 파일** 데이터 전송의 경우 많은 지점에서 통신 메시지를 넣어서 이용하는 파일. 이것은 데이터의 전송 속도가 컴퓨터 처리 속도보다 늦기 때문에 파일 중에 대기시켜 사용한다.

message format[–fɔ́ːrmæt] **메시지 형식** 전문의 헤더(header), 어드레스, 본문, 종료 등에 대해 특별히 지정된 형식.

message handler[–hǽndlər] **MH, 메시지 핸들러** 고유의 메시지 처리 요구를 갖는 각 회선 그룹에 대하여 하나씩의 메시지 핸들러가 필요하게 되는데, TCAM에서 사용자가 정의한 일련의 매크로 명령으로 메시지 헤더에 제어 정보의 검사나 처리를 실행하여 목적지에 대한 메시지 세그먼트를 준비하고 필요한 기능을 갖추는 것이다.

message handling service[–hǽndliŋ sə́ːrvis] **MHS, 메시지 처리 서비스** 종래의 텔렉스 등과 같이 단순히 메시지를 전달하는 것뿐만 아니라, 메시지 생성에서 전송, 축적, 이용에 이르기까지의 일련의 과정에 필요한 각종 통신 처리 서비스를 제공하는 것. 특징으로는 첫째, 메시지 처리 서비스에서 취급하는 메시지의 기본 구성과 메시지 전송을 보관 전달(store and forward) 방법을 기본으로 하기 때문에 동일 메시지를 여러 곳으로 배분하는 문제, 보류, 우선 순위 지정 등 다채로운 서비스가 가능하고, 둘째 개인 대 개인의 메시지 통신을 주요 형태로 한다는 점을 들 수 있다.

message handling system[–sístəm] **메시지 처리 시스템** ⇨ massage handling service

message handling system protocol[–próutəkɔ̀(ː)l] **메시지 처리 시스템용 프로토콜** CCITT의 X 400을 대표적인 예로 꼽을 수 있으며, 메시지 전송 시스템 운용을 위한 프로토콜.

message header[–hédər] **메시지 헤더** 메시지의 본문 앞에 위치하여 전송 제어 정보를 지닌 부분.

message independence[–indipéndəns] **메시지 독립성** 회복에서 트랜잭션에 포함된 메시지를 데이터 통신 관리자가 처리함으로써 본질적으로 그 프로그램 외부의 사상 프로세스에 의하여 조작됨을 말한다.

message level[–lévəl] **메시지 레벨** 운영 체제로부터 이용자에 대한 메시지(각종 리스트, 오류 지시문 등)의 상세한 레벨. 보통 특정 레벨이 먼저 설정되어 있고, 그 레벨을 지정함으로써 오류 지시 메시지를 선택할 수 있다.

message mix[–míks] **메시지 믹스** 일반적으로 컴퓨터로 처리하는 메시지는 몇 종류 혹은 수십 종류의 단순한 메시지로 나누어 생각할 수 있다. 이 경우 각 종류의 메시지의 비율을 관측해서 컴퓨터에 대한 정확한 부하(負荷)를 산정하는 것이 가능하다. 모든 메시지 종별의 발생 비율로 메시지 길이를 가중 평균한 것을 메시지 믹스라고 한다.

message mode[–móud] **메시지 교환 형태** 메시지 교환에 대하여 데이터 네트워크를 이용하는 방법.

message parity[–pǽriti(ː)] **메시지 패리티**

message passing[–pɑ́ːsiŋ] **메시지 전달** 다중 프로그래밍 하에서 동시에 수행되는 여러 프로세스 간에 데이터를 주고받기 위하여 사용하는 방법으로, 전달되는 메시지는 통신을 하는 여러 프로세스의 기억 장소에 복사하여 전달하는 방법과 두 프로세스가 서로 연결되었을 때만 메시지 전송을 하는 방식이 있다. 전자의 경우는 대부분의 시스템에서 큐를 이용하여 구현하고 있고, 후자의 방식은 Ada 언어에서 사용되고 있다.

message polling[–pάliŋ] **메시지 폴링** 다중 지점 혹은 다중 채널 네트워크에서 지정된 주전송국에서 다른 전송국을 호출하거나 신호를 보내는 방법.

message processing[–prάsesiŋ] **메시지 처리** 통신 회선에 의한 수신 메시지에 대하여 처리를 하는 것. 일반적으로 중앙 시스템에서 수신 메시지의 합리성 검사, 축적, 가공, 목적지로의 재이송, 송신원에 대한 응답 등과 같은 처리가 이루어진다.

message processing program[–próugræm] **MPP, 메시지 처리 프로그램, 메시지 프로세스 프로그램** 메시지를 처리하거나 단말기로부터 수신한 메시지에 관해서 응답하는 프로그램.

message queue[–kjúː] **메시지 대기 행렬** 프로세스가 송신을 기다리고 있는 온라인 시스템의 대기 행렬.

message queue node[–noúd] **MQN, 메시지 대기 행렬 노드**

message queuing[–kjúːiŋ] **메시지 큐잉, 메시지 대기 행렬, 메시지 대기 행렬화** 전문이 저장되고 처리되며 전송되는 순서를 제어하는 것. 통보가 랜덤하게 일어나고, 시스템을 순간적으로 과부하 상태로 할 수 있는 경우에는 필수적인 기법이다.

message reference block[–réfərəns blάk] **메시지 참조 블록** 여러 개의 메시지를 병렬적으로 처리할 때 필요한 시스템의 별도 기억 장소. 이것은 특정 메시지가 처리되기 위하여 컴퓨터 내에 기억되어 있는 한 그 메시지와 관련을 갖는다.

message region[–ríːdʒən] **메시지 영역**

message response time[–rispάns táim] **메시지 응답 시간** 단말기 지향 시스템에서는 다음과 같은 두 종류의 응답 시간이 있다. ① 전체 응답 시간 : 사용자가 전문을 만들었을 때부터 완전한 응답을 받을 때까지의 경과 시간. 이러한 기준은 단말기 출력 시간과 사용자 위치에서 단말기 위치까지 전문을 전달하는 데 걸리는 시간을 포함한다. ② 단말기 응답 시간 : 전송 키보드를 눌렀을 때부터 응답 전문이 단말기에 나타날 때까지의 시간.

message retransmission [–ritrænsmíʃən] **메시지 재송**

message retrieval[–ritríːvəl] **메시지 검색** 정보 시스템에 들어간 전달문을 나중에 검색해내는 능력.

message routing[–rúːtiŋ] **메시지 루팅, 메시지 경로 지정** 데이터 전송에서 중앙 처리 장치로 받은 메시지를 목적지로의 회선에 접속하는 것.

message scheduling[–skédʒuliŋ] **메시지 스케줄링**

message segment[–ségmənt] **메시지 세그먼트**

message send service procedure[–sénd sə́ːrvis prəsíːdʒər] **메시지 송출 서비스 절차**

message sequence number[–síːkwəns nʌ́mbər] **메시지 순서 번호**

message sink[–síŋk] **메시지 싱크, 통보처** 데이터 통신 네트워크 중 메시지를 받아들인다고 생각되는 부분. 통신계에 있어 통보를 받아들이는 부분.

message slot[–slάt] **메시지 슬롯** 링형 네트워크에서 계속적으로 여러 개의 메시지를 교환하기에 적합한 방법으로, 각 슬롯은 메시지를 담을 수 있을 정도의 크기로서 비어 있거나 채워져 있는데, 어떤 노드가 전송을 원할 때는 비어 있는 슬롯을 기다렸다가 그 슬롯에 메시지를 담아 보낸다. 이때 보내고 받는 노드의 주소 등 제어를 위한 정보도 슬롯에 담는다.

message source[–sɔ́ːrs] **통보원, 메시지 소스** 데이터 통신 네크워크 중 메시지가 발생하는 곳으로 생각되는 부분. ⇨ information source
[주] 통신계에서 통보가 발생하는 부분.

message stack file[–stæk fáil] **MSF, 메시지 추적 파일**

message structure[–strʌ́ktʃər] **메시지 구조** 메시지를 어떤 목적지에 이송하기 위하여 정해진 부호의 배열. 일반적으로 메시지는 헤드, 본문, 메시지 종료 표시로 구성된다. 헤드는 후속 본문의 취급을 수신측에 지정하기 위한 일련의 부호열이며, 본문은 목적지에 전달해야 할 정보 그 자체이다.

message switch[–swítʃ] **메시지 스위치** 메시지의 경로를 정하는 분기점에서의 용어.

message switching[–swítʃiŋ] **메시지 교환** 컴퓨터를 개입시키고 있는 단말 장치에서 다른 단말 장치로 메시지를 보내는 과정. 이러한 작동을 하는 시스템을 메시지 교환 시스템(message switching system)이라고 한다. 메시지는 목적지를 쓴 헤더(header)부와 본문에 해당하는 텍스트(text)부에서 기인된다. 컴퓨터는 텍스트부에 대해 어떤 처리도 하지 않고, 헤더부만을 보고 보내는 곳을 확정한다. 교환 방식 중 회선 교환(circuit switching) 방식은 발신측과 수신측의 단말 장치의 회선을 확실하게 접속시키고 나서 메시지를 교환하는 방식으로 회선 이용률이 나쁘다. 한편 축적 교환(store and for-

ward) 방식은 메시지를 일단 컴퓨터의 대용량 파일에 축적하고, 수신측의 회선이 이용 가능하게 되면 내보내는 방식으로, 회선 이용률이 높다. 패킷 교환(packet switching) 방식도 축적 방식의 한 예이다.
[주] 데이터망 중에서 완결한 메시지를 수신, 기억 및 송신함에 따라 메시지의 경로를 지정하는 처리 과정.

message switching center[–séntər] **메시지 교환 센터** 메시지 그 자체가 갖는 정보에 따라서 메시지를 내보내는 센터.

message switching concentration[–kɑ̀nsəntréiʃən] **MSC, 집중 메시지 교환**

message switching system[–sístəm] **메시지 교환 시스템** 몇 개의 원격 단말기로부터 정보를 받아 이를 다른 목적 단말기로 전송할 때까지 교환 데이터의 기록, 보고서의 작성, 미리 기록되어 있는 데이터의 참조 또는 갱신 등의 메시지를 기억시켜 두는 등 원격 단말기에 서비스하기 위해 컴퓨터가 사용되고 있는 통신 시스템.

message switching work load[–wə́ːrk lóud] **메시지 교환 작업 부하** 데이터 통신에서 컴퓨터에 가해지는 작업의 부하.

message text[–tékst] **메시지 텍스트**

message transfer agent entity[–trænsfə́ːr éidʒənt éntiti(ː)] **메시지 전송 대행체** 메시지 전송시 사용자를 대신하여 메시지를 전송하고자 하는 시스템까지 메시지 전송을 전담하고, 이에 필요한 여러 가지의 사용자 인터페이스를 제공하는 모듈.

message transfer layer[–léiər] **메시지 전송 계층** ISO/OSI 7 계층에서 계층 4 이상을 응용 계층이라 하며, 그 중 계층 4, 5, 6을 모두 합쳐 메시지 전송 계층이라고 한다. 그 역할은 사용자를 대신하여 상대방 사용자에게 메시지를 전송하고 이를 위한 여러 가지의 사용자 인터페이스를 제공하며, 다른 기종 간에 메시지 전송을 할 수 있도록 데이터의 변환 기능도 제공한다.

message transfer method[–méθəd] **메시지 전송 방법** 자료를 전송하는 방식.

message transfer protocol[–próutəkɔ̀(ː)l] **메시지 전송 프로토콜** ISO/OSI 7 계층 중에서 계층 4, 5, 6 프로토콜을 통틀어 지칭하는 것.

message work area[–wə́ːrk ɛ́(ː)riə] **메시지 작업 영역**

meta[métə] **메타, 초과하다, 넘다**

meta-assembler[–əsémblər] **초어셈블러**

metaball[métəbɔ̀ːl] **메타볼** 3D 데이터 구축 기술의 하나. 중심에서부터의 거리에 따라 일정한 법칙으로 농도가 감소하는 메타볼이라는 구조를 사용하여 매끄러운 곡면을 표현한다. 서로 근접한 메타볼은 동일 위치에서 서로 농도를 더함으로써 메타볼 간의 공간을 매끄럽게 보완한다. 목적 물체는 이렇게 배치된 다수의 메타볼 데이터에 의해 구성된다.

meta base[métə béis] **메타 베이스** 데이터 베이스의 스키마, 접근 권한 등의 정보를 저장한 장소. 뷰(view)의 이름과 필드들, 릴레이션의 이름과 필드들, 각 속성의 도메인과 특성, 뷰에 대한 사용자 접근 권한 등이 각기 한 릴레이션에 저장된다. 메타 베이스 자체도 나름의 스키마를 지니며, 보통 데이터 베이스에 대한 연산도 수행할 수 있다. 하지만 그 스키마는 시스템에게만 알려지므로 쉽게 그 내용을 바꿀 수 없다. 시스템 카탈로그, 시스템 데이터 베이스와 유사한 개념이다.

meta character[–kǽrəktər] **메타 문자** 편집 처리에서는 "와일드 카드 문자"라고도 하며, 정규 표현에서 한 문자 혹은 그 이상의 임의의 문자열을 나타내는 기호이다. 셸이나 문자열 검색 커맨드에서 파일명이나 검색 문자를 나타내고, 메타 문자는 보통 셸의 파일 검색, 편집 처리 문자열 검색 커맨드 등에서 쓰인다.

meta cognition[–kɑgníʃən] **메타 인식** 사고 과정 자체에 대해 고찰하는 능력.

meta compiler[–kəmpáilər] **메타 컴파일러** 일반적으로 구문 지향 컴파일러이며, 주로 쓰기 위한 컴파일러를 위해 사용되는 언어용 컴파일러를 말한다. 보통의 컴파일러에 비해 일반적으로 유용성이 떨어진다.

meta-control[–kəntróul] **메타 제어** 제어를 효율적으로 하기 위하여 제어를 군(群)으로 묶어서 이것을 다시 제어할 수 있도록 한다.

meta data[–déitə] **메타 데이터** 다른 데이터를 설명해주는 데이터. 스키마도 메타 데이터의 한 예이고, 데이터 사전의 내용도 메타 데이터라고 할 수 있다.

meta data base[–béis] **메타 데이터 베이스** 메타 데이터로 이루어진 데이터 베이스.

meta file[–fáil] **메타 파일** 특정 장치에 독립적으로 사용될 수 있는 하위 단계의 파일.

MetaFont[métəfɑ̀nt] **메타폰트** 문자의 골격을 나타내는 데이터와 서체 지정 정보에 의해서 다종 다양한 서체를 생성하는 서체 디자인 시스템. 이 방식에서는 글자의 모양을 직접 기억하는 것이 아니고, 그 모양을 만들어내는 붓이나 펜의 움직임으로 기억한다. 도널드 누스(Donald E. Knuth)가 개발한 서체 작성 방법이다.

meta knowledge[métə nɑ́lidʒ] **메타 지식** 지

식에 관해 지식 시스템이 알고 있는 사항, 지식을 이용하는 방법, 지식의 한계 등을 시스템에 제공해 주는 지식. 전문가 시스템에서 영역 지식의 사용과 제어에 관한 지식.

meta language [−lǽŋgwidʒ] **초언어, 메타 언어** 프로그래밍 언어를 기술하기 위해 사용하는 별도의 프로그래밍 언어로 언어를 규정하기 위해서 사용하는 언어이다. 즉, 언어를 기술하기 위한 언어. 예를 들면, 영어 문법은 보통 영어로 기술되어 있는데, 프로그램 언어에서 이러한 애매모호한 것을 없애기 위해 프로그램 언어 기술을 위한 언어를 별도로 설계하고 이것을 메타 언어라고 한다. 메타 언어는 다른 언어를 기술한다. 베커스(Backus) 기법(BNF)은 대표적인 예이다.

metal cable [métəl kéibl] **금속 케이블** 광섬유 케이블에 대한 상대적인 용어로, 이전부터 전선 등에 사용되던 구리제 통신 케이블. 전화 서비스나 저속 데이터 통신 서비스에 이용된다.

metal card memory [−kɑ́:rd méməri(:)] **메탈 카드 메모리** 전자(電磁) 유도 결합을 이용한 고정 기억 장치. 프린트 배선으로 단어 선택선과 판독선이 1회의 루프로 결합되는 패턴을 만들고 이러한 2선 사이에 구리 또는 알루미늄판을 끼워넣는다. 단어 선택선과 판독선이 중복되어 만나는 결합 루프 위치에 해당하는 판에 구멍을 뚫으면 유도(誘導)가 생기고 구멍이 없는 곳에는 유도가 되지 않아 판독선에 유도가 생기지 않는다.

meta level inference [métə lévəl ínfərəns] **메타 레벨 추론** 추론을 효율적으로 하기 위하여 객체를 군으로 묶고, 제어할 필요가 있을 때에는 객체 상위군을 제어함으로써 각 객체를 제어할 필요가 없게 된다.

metalic cable [mətǽlik kéibəl] **금속 케이블**

metalic disk [−dísk] **금속 디스크**

metalic oxide semiconductor [−ɑ́ksid sèmikəndʌ́ktər] **MOS, 금속 산화물 반도체**

meta linguistic [métə liŋgwístik] **초언어의, 초언어**

meta linguistic connective [−kənéktiv] **초언어 연결사**

meta linguistic formula [−fɔ́:rmjulə] **초언어식**

meta linguistic formulae [−fɔ́:rmjulæ] **초언어식**

meta linguistic variable [−vɛ́(:)riəbl] **초언어 변수**

metal insulator semiconductor integrated circuit [métəl ínsjulèitər sèmikəndʌ́ktər íntəgrèitəd sɔ́:rkit] **금속 절연막 반도체 집적 회로** 절연막에 의하여 전기적으로 전류 통로로부터 절연된 게이트 전극에 전압을 주어서 전류 통로를 제어하는 구조의 집적 회로.

metal insulator semiconductor transistor [−trænzístər] **MIST, 금속 절연막 반도체 트랜지스터** 절연막에 의하여 전기적으로 전류 통로로부터 절연된 게이트 전극에 전압을 주어서 전류 통로를 제어하는 전계 효과 트랜지스터.

metal migration [−maigréiʃən] **금속 이동** 전선에서 전류 밀도가 어떤 한계를 넘을 때 금속 전자가 전류 방향으로 이동하는 현상.

meta logic [−lɑ́dʒik] **초논리** 어느 논리의 형식적 체계에서 어느 명제가 증명 가능한가를 조사하는 것처럼 적용 대상이 논리가 있도록 한 논리.

metal oxide semiconductor [−ɑ́ksid sèmikəndʌ́ktər] **MOS, 모스, 금속 산화막 반도체** ⇨ MOS

metal oxide semiconductor field effect transistor [−fí:ld ifékt trænzístər] **MOSFET, 모스 전계 효과 트랜지스터, 금속 산화막 반도체 전계 효과 트랜지스터** ⇨ MOSFET

metal oxide semiconductor IC **MOS IC, 금속 산화막 반도체 집적 회로**

metal oxide semiconductor IC memory **금속 산화막 반도체 집적 회로 기억 장치** 금속 산화막 반도체를 이용하여 구성한 회로 가운데 특히 기억 장치를 말한다.

metal oxide semiconductor transistor **MOST, 모스 트랜지스터** 전계 효과 트랜지스터의 일종으로 게이트(제어 전극)와 전류 통로가 산화물로 전기적으로 절연된 트랜지스터. ⇨ MOSFET

metal oxide sillicon field effect transistor [−sílikən fí:ld ifékt trænzístər] **MOSFET, 모스 전계 효과 트랜지스터, 금속 산화막 반도체 전계 효과 트랜지스터**

meta media [métə mí:diə] **메타 미디어** 앨런 커티스 케이(Alan Curtis Kay)가 제창한 컴퓨터. 컴퓨터는 매체라는 굴레에서 벗어난 최초의 존재라는 생각에 근거한다. 컴퓨터는 여러 개의 매체를 통합하여 인간이 쉽게 사용 가능한 형태로 만든다는 개념.

metamer [métəmər] *n.* **이성체** 사람이 구별할 수 없는 유사한 색상.

metameter [métəmitər] **메타미터** 예를 들면, 대수(對數) 변환 등으로 분석을 쉽게 하기 위하여 반응 변수와 입력 변수와의 관계식을 간단히 할 때 변환하는 값.

metamorphose[mètəmɔ́ːrfouz] **메타모포제** 본래는 독일어로 「마력에 의한 변신」을 의미하며, 점토 등을 사용하여 형태 그 자체를 변화시키면서 애니메이션을 만드는 방법.

meta object[métə ɑ́bdʒikt] **객체 명세** 데이터 그 자체를 뜻하는 것이 아니고 데이터를 정의해주는 것으로, 데이터 기술이라고 부른다.

metaprogram[mètəpróugræm] **메타프로그램** 프로그램을 데이터로 취급하는 프로그램. 대표적인 것에 어셈블러와 컴파일러가 있다.

metaprogramming[mètəpróugræmiŋ] **메타 프로그래밍** 프로그램을 데이터로 다루는 프로그래밍.

meta relation[métə riléiʃən] **메타 관계** 스키마에 관한 제반 정보를 저장하고 있는 릴레이션을 말하며, 여기에 저장되는 스키마에 관한 정보는 릴레이션, 속성, 도메인 및 릴레이션 간의 제반 시멘틱들이다.

meta rule[–rúːl] **메타 규칙** 이런 규칙은 충돌 해결 전략을 제시하거나 규칙을 필터링하는 데 사용될 수 있다. 즉, 메타 수준의 지식을 포함하고 있는 규칙.

meta search engine[–sə́ːrtʃ éndʒin] **메타 검색 엔진** 여러 가지 검색 엔진을 따로 방문할 필요 없이 여러 검색 엔진을 함께 이용할 수 있는 편리한 방식의 검색 엔진이다. 메타 검색 엔진에 속하는 것으로 스위스 제네바 대학의 Centre Universitaire d'Informatique에서 개발한 W3 Search Engine (http://cui\www.unige.ch/home.html)을 들 수 있고, 영국의 통신 소프트웨어 회사인 Nexor의 마티니 코스터가 개발한 CUSI(http://pubweb.nexor.co.uk/public/cusi.html)가 있다. ⇨ search engine

metastable state[mètəstéibl stéit] **불안정 상태** 트리거 회로에 있어 펄스의 표시 없이 안정된 상태로 되돌아오기까지 일정 기간 회로가 중지되어 있는 상태.

meta statement[métə stéitmənt] **초문(超文)** 언어 정의 기술에서 정의되는 언어의 구성 요소를 정의하고 있는 문.

meta symbol[–símbəl] **메타 기호** 언어 정의를 위한 언어(초언어)에서 정의 대상 언어의 구성 요소 간의 관계를 기술하는 기호.

meta variable[–vɛ́(ː)riəbl] **초변수(超變數)** 언어 정의를 위한 언어(초언어)에서 정의 대상 언어의 구성 요소를 표현하기 위한 기호.

meter[míːtər] *n.* **미터** 기호는 m. SI 미터법에 의한 기본적인 길이의 단위.

method[méθəd] (1) *n.* **방법** 예를 들어, 파일 중 데이터를 검색하는 방법에는 여러 가지가 있는데, 이들을 액세스 방법(access method)이라고 총칭한다. 대상이 되는 사항에 따라서는 기법(technique)을 이용하는 경우도 많다. 또 어떤 문제를 해결하기 위해 일련의 수법을 특히 알고리즘이라고 부르고 있다. 수치 계산에서 유명한 알고리즘으로서 교육값 문제에서는 누승법(power method), 야코비법(Jacobi method), 수치 적분에서는 심프슨법(Simpson method), 몬테 카를로법(Monte Carlo method) 등이 있다. (2) **메소드** 메시지에 따라 실행시킬 프로시저로서 객체 지향 언어에서 사용되는 것. 객체 지향 언어에서는 메시지를 보내 메소드를 수행시킴으로써 통신(communication)을 수행한다.

method analyst[–ǽnəlist] **방법 분석가** 시스템을 설계하고 이의 구현을 감독하며, 또한 계획 수립과 제어, 새로운 시스템으로의 변환을 담당하는 사람.

method of constrained optimization[–əv kənstréind ɑ̀ptimaizéiʃən] **제약이 따르는 최적화법**

method of least square(s)[–líːst skwɛ́ər(z)] **최소 제곱법** 관측값과 설계값과의 차의 합이 최소가 되도록 매개변수를 정하는 방법. 추정, 조사, 곡선 맞춤 등에 사용된다. 즉, 과거의 데이터를 정리해서 장래 여러 가지 행동을 취할 때를 예측하는 데 사용하는 방법으로, 데이터를 그래프에 나타낼 때 가장 적합한 방정식을 생각하여 그 방정식 계수를 추정하기 위한 계산 방법이다. 데이터와 방정식으로부터 주어진 수치의 오차 제곱의 합이 최소가 되도록 계산되어 있으므로 이렇게 부른다.

method of link relatives[–líŋk rélətivz] **연환 비율법, 연환 지수법**

method of moment[–móumənt] **모멘트법** 확률 분포 함수나 시계열(時系列) 함수를 일련의 관측값으로부터 추정할 경우에 이용되는 방법. 미지(未知)의 파라미터를 포함하는 함수를 상정하고 그 모멘트가 관측값에서 얻어진 모멘트와 같게 놓는 것에 비해 파라미터가 많은 경우에는 그 파라미터만큼 고차의 모멘트까지 구해 필요한 개수의 방정식을 유도해서 파라미터값을 결정한다.

method of monthly average[–mʌ́nθli(ː) ǽvəridʒ] **월별 평균법** 각 월별 수치를 합산하여 월별 평균값을 계산하고, 월별 평균값을 1년을 통해 1개월간 평균값을 내어 이 평균값을 기준으로 월별 평균값의 지수를 계절 지수로 삼는 방법. 계절 지수를 표현하는 방법의 하나로, 계절 지수가 산출되고 나면 이것을 연평균값을 100으로 하여 그 편차를 계산해서 이에 따라 계절 변동의 크기를 알 수 있다. 이 방법은 경제가 안정된 시기에는 이용성이 높으나 경제가 불안정한 시기에는 적합하지 않다.

method of moving averages [–mú:viŋ ǽvəridʒiz] **이동 평균법** 시계열(時系列)의 추세값을 결정하는 하나의 방법. 시계열 x_1, x_2, $\cdots$, x_n이 있다고 한다면 여기서 먼저 최초의 s항(s는 홀수로 한다)만을 끄집어내서 $t_1=\left(\sum_{t=1}^{s} x_i\right)/s$를 계산한다. 다음에 1항 옮겨서 다음과 같이 한다.

$$t_2=\left(\sum_{t=1}^{s_1} x_i\right)/s$$

이와 같은 식으로 t_2, t_4, $\cdots$ 인 새로운 계열을 만들면 이것은 현 시계열의 변동을 어느 정도 평활한 하나의 추세(trend)를 표시하고 있다고 한다. 이와 같이 시계열에서 끄집어낸 부분열(部分列)의 평균을 이동하면서 구하는 방법을 말한다.

method of optimum allocation [–ɑ́ptiməm ǽləkéiʃən] **최적 배분법**

method of successive substitution [–səksésiv sʌ̀bstitjú:ʃən] **순차 대입법**

method of unconstrained optimization [–ʌ̀nkənstréind ɑ̀ptimaizéiʃən] **제약이 없는 최적화법**

methodology [mèθədɑ́lədʒi(:)] *n*. **기법, 방법론** 순서적인 방법에 의해서 정보를 분석하는 데 사용되는 기술의 절차 또는 기술의 집합.

method time measurement [méθəd tɑ́im méʒərmənt] **MTM, 순서 시간 측정**

method weighted residual [–wéitəd rizídʒuəl] **MWR, 무게부 잔차법(殘差法)**

metric system [métrik sístəm] **미터법** 미터(meter), 킬로그램(kilogram), 초(second), 암페어(ampere), 켈빈(Kelvin), 칸델라(candela), 그리고 몰(mol)의 7가지 기본 단위로 국제 단위계(SI)로서 정해진 기본 단위이다.

metropolitan area network [mètrəpɑ́litən ɛ́(:)riə nétwə̀:rk] **대도시망** 우리 나라의 대덕 연구 단지의 전산망과 같은 근거리망(LAN ; local area network)과 원거리망(WAN ; wide area network)의 중간 형태의 크기를 갖는 네트워크.

MF 중파 medium frequency wave의 약어.

MFA 오동작 경보 malfunction alert의 약어.

MFC Microsoft foundation class의 약어. 마이크로소프트 사의 윈도 응용 프로그램 개발용 클래스 라이브러리. Visual C++에 포함되어 있고, Win32 프로그래밍에 사용된다. 윈도 기능이 복잡해짐에 따라 API를 직접 이용하는 것보다는 이러한 클래스 라이브러리를 사용하는 것이 훨씬 편리하다. MFC는 윈도 최신 기능을 도입함으로써 윈도 프로그래밍을 위한 클래스 라이브러리의 사실상의 표준이 되었다.

MFCM 다기능 카드 처리 장치 multifunction card machine의 약어.

MFLOPS 메가플롭스 million floating-point oprations per second, mega floating-point operations per second의 약어. 과학 기술용 컴퓨터의 성능을 나타내는 척도로 쓰이며, 1초간에 실행되는 부동 소수점 연산의 수를 100만을 단위로 하여 나타낸 수를 말한다. ⇨ floating point math, MIPS

MFM MFM 방식, 수정 주파수 변조 방식 modified frequency modulation의 약어. 자성면(磁性面) 기억(디스크나 테이프 등)에서의 정보 표현(변조) 방식의 하나. 비트 「1」에 대해서 「0」이 두 개 이상 계속될 때 그 비트 경계에서 전류 극성을 반전시킨다. 고밀도 기록에 적당하다. ⇨ modified frequency modulation

MFT 태스크 고정수 다중 프로그래밍 multiprogramming with a fixed number of tasks의 약어. IBM 시스템 360에서의 운영 체제 OS/360으로, 고정수의 태스크를 동시 처리할 수 있는 다중 프로그래밍 기능을 가진 레벨의 것을 MET라고 한다.

MFU 최다 사용 빈도 most frequently used의 약어. 가장 빈번히 사용한 페이지를 대치시키는 방법으로, 가상 기억 장치에서 사용되는 페이지 대치 알고리즘의 하나이다. 즉, 각 페이지마다 참조 횟수를 기억하는 계수기를 두어서 계수기의 값이 적을수록 최근에 기억 장치로 들어온 페이지가 되고 계수기의 값이 가장 큰 페이지를 대치시키게 된다.

MG 전동 발전기 motor generator의 약어.

M/G/1 대기 행렬 모델 종류를 표시하는 켄달 기호의 하나. 손님 도착 시간이 푸아송 분포, 서비스 시간의 일반(특정하지 않음) 분포, 창구가 하나인 모델을 나타낸다. 켄달(Kendall) 표기법에 따른 대기 행렬 시스템의 일종.

MGA 다중 색상 그래픽 어레이 multi color graphics array의 약어. IBM PS/2 모델 25와 30에 포함된 비디오 어댑터. CGA를 어뮬레이트할 수 있고 두 가지 그래픽 모드를 제공한다. 하나의 모드는 (수평 화소 640)×(수직 화소 480)으로 262,144색의 팔레트에서 256색을 선택한다. 다른 하나는 (수평 화소 320)×(수직 화소 200)으로 262,144색의 팔레트에서 256색을 선택한다.

mgu most general unifier의 약어. 임의의 치환 s가 어떤 집합 ei의 모든 원소에 적용될 때 임의의 ei에 대한 치환 s가 모두 같을 때의 s를 단일화 기호(unifier)라고 하며 ei에 대해 가장 일반성을 갖는

(가장 간단한) 단일화 기호를 mgu라고 한다.

MH 메시지 핸들러 message handler의 약어.

MH coding 모디파이 허프만 부호화 방식, MH 부호화 방식 modified Huffman coding의 약어. ⇨ modified Huffman coding

MHEG 엠헤그, 멀티미디어 하이퍼미디어 정보 코딩 전문가 그룹 multimedia and hypermedia information coding experts group의 약어. 멀티미디어 데이터의 제어, 포맷, 동기, 다중화 방식 등을 표준화하는 ISO 위원회 또는 그 위원회가 정한 동영상에 관한 규격. MPEG 시스템의 상위 개념으로 멀티미디어 데이터의 표준화는 물론, 정지 화면과 문자를 링크하는 하이퍼미디어의 표준화까지 그 대상으로 하고 있다.

MHS 메시지 핸들링 시스템 message handling system의 약어. 국제 전신 전화 자문 위원회(CCITT)가 서로 다른 전자 사서함 및 통신망, 즉 텔렉스, 팩시밀리까지의 접속 표준을 제정한 CCITT X.400 계열 권고안에 따라 개발된 메시지 통신 시스템. 메시지의 단순한 정보뿐만 아니라 생성, 축적, 이용이 가능하다.

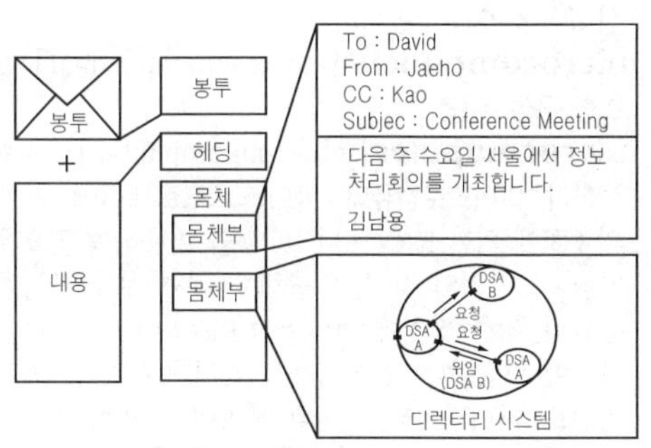

〈MHS 메시지 구성〉

MHz 메가헤르츠 mega hertz의 약어. 100만 헤르츠를 의미한다.

MIB 경영 정보 베이스 management information base의 약어. 기본문의 가능한 SNMP 관리 스테이션의 매개변수 집합이나 네트워크 장치의 SNMP 에이전트 집합. 표준적으로 최초의 MIB가 정의되어 있어 확장된 MIB를 제공한다. 이론적으로는 모든 SNMP 매니저가 바르게 정의된 MIB를 가진 SNMP 에이전트와 대화를 할 수 있다.

mickey 미키 마우스의 움직임에 대한 감도. 마우스를 1인치 움직였을 때의 데이터 상의 이동량. 미키의 값이 클수록 마우스가 세밀한 조작에 대응한다는 것을 의미한다.

MICR (1) **자기 잉크 문자 읽음 장치** magnetic ink character reader의 약어. 문자를 컴퓨터에 입력하는 방식으로 자화되기 쉬운 성질의 특수 잉크로 쓰여진 문자를 읽어서 전기 신호로 변환하는 장치. 자기 잉크로 문자를 인쇄한 장표를 판독 직전에 자화시켜 자기 헤드로 판독하는 것이다. 이 장치에 사용되고 있는 문자는 E-13B형(유럽식)과 CMC7형(미국식)의 두 가지 방식이 있는데, 두 가지 모두 국제 표준으로 되어 있다. ⇨ magnetic ink character reader (2) **자기 잉크 문자 인식** magnetic ink character recognition의 약어. ⇨ magnetic ink character recognition

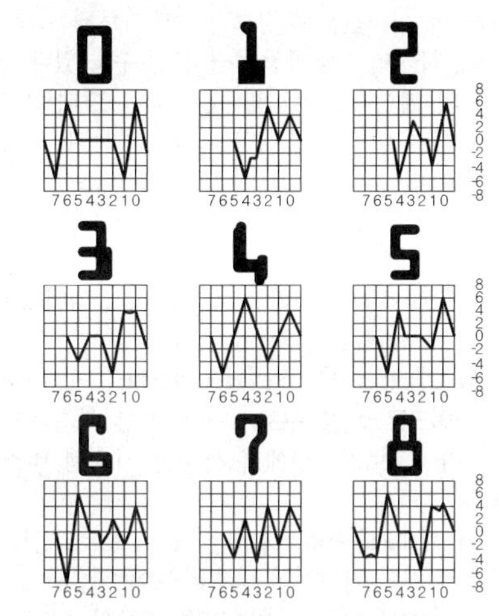

〈MICR 숫자와 그 판독 파형〉

MICR code 자기 잉크 문자 인식 코드 magnetic ink character recognition code의 약어. 미국 은행 협회에서 채택한 활자 E-13B로 표준화된 특별 기호로서 10개의 수치 기호들과 4개의 특수 기호의 집합으로 이루어져 있다.

MICR inscriber 자기 잉크 문자 인자 기구

micro[máikrou] *a.* **마이크로의, 초소형의** 10^{-6}을 의미한다. 매우 작은 것을 나타내며, M, μ(그리스 문자, 뮤)로 나타낸다.

micro-alloy [-ǽlɔi] **초소형 합금**

micro-alloy diffusion transistor[-difjúːʒən trænzístə*r*] **초소형 합금 확산 트랜지스터**

micro-alloy transistor[-trænzístə*r*] **초소형 합금 트랜지스터**

micro analysis[-ənǽlisis] **미시적 분석, 마이크로 분석**

micro assembly[-əsémbli] **마이크로 조립 회로** 이것은 조립하거나 장비에 설치하기 이전에 각각에 대해서 검사할 수 있도록 되어 있다. 종래의 고밀도 조립이 여기에 해당되며, 개별 부품끼리 또는 개별 부품과 집적 회로를 조합하여 구성 부품을 교환 불능의 형으로 고밀도 조립한 회로를 말한다.

micro assembly language[-lǽŋgwidʒ] **마이크로 어셈블리 언어** ⇨ microprogram description language

microblog[máikroublɑ:g] **마이크로블로그** 블로그(blog)의 한 종류로, 한두 문장 정도의 짧은 메시지를 이용하여 여러 사람과 소통할 수 있어 미니블로그(miniblog)라고도 불리며, '소셜 네트워크 서비스(social network service, SNS)'의 일종이다. 짧은 텍스트를 통하여 이용자들이 서로 소식을 주고받기 때문에 실시간으로 정보가 업데이트되는 특성을 지니며, 사진이나 동영상 등을 올릴 수도 있다. 마치 블로그와 메신저를 결합한 것과 같은 형태로, 이용자들은 채팅을 하는 것 같은 느낌을 받는다.

microbus[máikroubʌ̀s] **마이크로버스** 주소 버스와 제어 버스로 구성되어 있는 CPU와 주변 LSI의 접속을 간단하게 한 데이터 버스.

micro channel[máikrou tʃǽnəl] **마이크로 채널** ⇨ micro channel architecture

micro channel architecture[-ɑ́:rkitèktʃər] **마이크로 채널 구조** 미국 IBM 사가 발표한 PS/2 마이크로컴퓨터에서 사용한 시스템 버스 구조의 이름.

micro chart[-tʃɑ́:rt] **세부 도표** 프로그램 또는 시스템 설계의 최종적인 세부를 보여주는 도표.

microchip[máikroutʃip] **마이크로칩** 아주 작은 실리콘 칩 표면에 수천 개의 전자 요소와 회로 패턴으로 구성되어 있는 반도체 부품.

micro circuit[máikrou sə́:rkit] **마이크로 회로** 특수한 전자 회로로서 기판의 표면이나 내측에 분리되지 않는 모양으로 접속되어 있는 여러 개의 소자의 한 단위이며, 이것은 진공관이나 트랜지스터보다 저렴한 가격, 높은 신뢰도와 신속한 동작을 한다.

micro circuit card[-kɑ́:rd] **마이크로 회로 카드** 크레디트용 또는 캐시 디스펜서용으로 사용되는 플라스틱제 카드(약 85mm × 54mm)의 일부에 내구성 집적 회로의 칩을 부가한 것. 사용자가 휴대하며 단말의 판독기에 의해 처리 장치에 접속한다. 집적 회로에 기억되는 정보를 암호 번호와 함께 이용함으로써 카드의 악용, 변조, 위조를 방지하는 능력이 높다고 한다. smart card라고도 불린다.

micro code[-kóud] **마이크로 코드** (1) 미리 결정된 순서에 따라 자동으로 수행하는 단계의 조합으로 곱셈, 나눗셈, 그리고 제곱근과 같은 매크로 동작을 구성하는 프로그램의 세부 단계들의 목록. (2) 시스템이 대형이고 소유자와 사용자가 사용할 수 없도록 설계된 경우에는 제작자 외의 프로그래머는 이에 접근할 수 없도록 되어 있지만, 대부분의 마이크로컴퓨터는 취급자와 설계자에 의하여 마이크로 코드가 사용될 수 있도록 되어 있다. 즉, 컴퓨터 시스템의 명령어 해석과 실행 논리의 수행중에 일어나는 일련의 마이크로 명령어.

micro code assist[-əsíst] **마이크로 코드의 보조** 자주 실행되는 인터럽트 처리 루틴들을 마이크로 코드화해서 컴퓨터의 효율을 향상시키는 방법.

micro coding[-kóudiŋ] **마이크로 코딩** 하드웨어 내부의 논리 설계에는 결선에 의한 방법과 마이크로 코딩에 의한 방법이 있는데, 마이크로 코딩에 의한 방법은 결선 방법에 비하여 논리의 변경, 추가가 쉽다는 특징이 있다. 즉, 컴퓨터의 명령을 마이크로 코드의 계열로써 실현시키는 것.

micro coding device[-diváis] **마이크로 코딩 장치**

Microcom networking protocol[máikroukəm nétwə̀:rkiŋ próutəkɔ̀:l] **마이크로콤 네트워킹 프로토콜** 이것은 1단계에서 6단계로 이루어져 있으며, 특히 통신시 작동 오류 수정과 자료 압축 기능을 펌웨어로 구현하게 함으로써 고속 고품질의 통신이 가능하도록 한, 마이크로콤 사가 설계한 통신 프로토콜의 일종이다.

microcomponent[màikroukəmpóunənt] **초소형 구성 부품**

microcomputer[màikroukəmpjú:tər] **소형 전산기, 마이크로컴퓨터** 마이크로프로세서에 몇 개의 LSI에 의한 RAM이나 ROM을 이용하여 필요에 따라 보조 기억 장치, 입출력 제어 회로를 부가한 컴퓨터. 각종 장치에 짜넣어져 이용되며 특히 단말 장치에 편집이나 계산 기능을 가지게 한 것을 인텔리전트 터미널이라고 한다. 「마이컴」이라고도 하며, 1칩(chip)의 LSI인 마이크로프로세서를 중심으로 구성된 소형 컴퓨터이다.

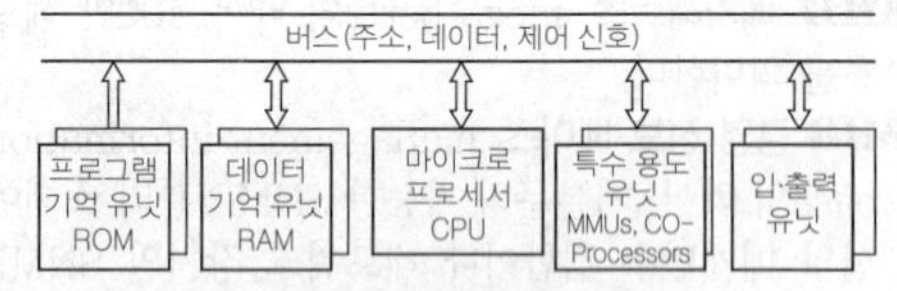

〈마이크로컴퓨터의 구성〉

microcomputer addressing mode[-ədrésiŋ móud] **마이크로컴퓨터 어드레스 지정 모드**

microcomputer-aided prosthesis control system[-éidəd prɑsθí:sis kəntróul sístəm] **마이크로컴퓨터 이용 생체 대행 기기 시스템**

microcomputer aligned word[-əláind wə́:rd] **마이크로컴퓨터 정렬 단어** 어떤 컴퓨터 시스템에서는 명령어들이 항상 16비트 단어의 단위로 지정된다. 단어나 명령어의 맨 왼쪽 바이트의 주소가 짝수가 되도록 정렬함으로써 접근 속도를 증가시킬 수 있을 뿐 아니라 많은 명령어들의 범위를 배가시키는 효과를 가져온다.

microcomputer application note[-æplikéiʃən nóut] **마이크로컴퓨터 응용 기술**

microcomputer architecture[-á:rkitèktʃər] **마이크로컴퓨터 구조** 한 번 실행(판독/기록, 이동)에 처리할 수 있는 데이터 슬라이스의 크기와 데이터가 저장될 수 있는 메모리 셀(cell)의 개수를 나타내는 비트 수(8비트, 16비트, 32비트 등)로 나누어진다. 마이크로컴퓨터 구조는 정의된 비트 수가 많을수록 전체 명령을 수행하는 속도가 빠르다. 일반적으로 마이크로컴퓨터 구조에는 사용 가능한 레지스터의 개수, 사용 방법, 하드웨어 인터럽트 구조, 기억 장치로의 자료 통로, 중앙 처리 장치로의 자료 통로 등이 포함되어 있다. 대부분의 구조는 중앙 처리 장치 위주, 기억 장치 위주, 비트 슬라이스 등으로 구분된다.

microcomputer assembler[-əsémblər] **마이크로컴퓨터 어셈블러** 어셈블리어로 작성된 프로그램은 어셈블러 프로그램에 의하여 실행 가능한 기계어로 번역되는데, 이때 한 개의 부호 명령문을 2진 기계어로 번역하며 기계어 프로그램을 만들어 내는 데 필요한 여러 부수적인 기능을 수행하는 것을 어셈블러 처리 과정이라 한다.

microcomputer backplain[-bǽkplèin] **마이크로컴퓨터 후면**

microcomputer-based cassette recorder[-béist kəsét rikɔ́:rdər] **마이크로컴퓨터 이용 카세트 리코더** 일반 사용자에 의하여 지정된 기기로부터 거의 모든 종류의 단말이나 카세트에 의하여 읽힐 수 있도록 프로그램된 디지털 카세트 리코더. 데이터를 샘플링하는 기기에 연결하기 위한 주문 회선으로서 표준이 정해져 있다.

microcomputer-based process controller[-práses kəntróulər] **마이크로컴퓨터 이용 공정 제어기** 마이크로컴퓨터의 기능을 이용하여 공정 제어를 하는 장치. 일반적으로 다양한 주변 기기를 통제할 수 있으며, 자체 내의 기억 장치를 이용하여 융통성 있게 제어 기능을 프로그래밍할 수 있다.

microcomputer-based system[-sístəm] **마이크로컴퓨터 이용 시스템**

microcomputer-based word processor[-wɔ́:rd prásesər] **마이크로컴퓨터 이용 워드 프로세서** OA(사무 자동화) 시스템의 많은 형태 중의 하나. 보통의 장치는 어깨글자와 첨자를 쓰고, 페이지 재작성 및 서류 조합 능력과 표준 교정 기능을 가지고 있으며, 이러한 장치들은 보통 디스켓 장치와 데이지 휠(daisy wheel) 프린터를 가지고 있다.

microcomputer bus[-bʌ́s] **마이크로컴퓨터 버스** 세 가지 유형의 버스들이 사용된다. 첫 번째는 마이크로컴퓨터 시스템 내의 칩들 사이에 신호 전달용 회선들이다. 두 번째는 보통 기능 버스로 부르는데, 주변 기기들 사이에 신호 전달을 가능하게 하는 범용 인터페이스 버스이다. 세 번째는 시스템 카드들을 연결하는 버스로서 기억 장치의 어드레스 회선, 공유된 데이터 회선, 제어 신호 회선 등에 관련이 있다. 이 버스는 표준화가 이루어지지 않아 많은 문제점을 안고 있으며, 다중 버스와 S-100 버스 사이에는 중요한 차이점을 가지고 있으며, LSI-11 버스에서 S-100 버스에 맞는 주변 장치를 접속시킬 수가 없다.

microcomputer bus line[-láin] **마이크로컴퓨터 버스 라인**

microcomputer bus system[-sístəm] **마이크로컴퓨터 버스 시스템**

microcomputer card[-ká:rd] **마이크로컴퓨터 카드**

microcomputer central processing unit[-séntrəl prásesiŋ jú:nit] **마이크로컴퓨터 중앙 처리 장치** 어느 컴퓨터에서나 중앙 처리 장치(CPU)는 가장 중요한 부분이다. CPU의 기본 구성은 레지스터라고 하는 기억 소자와 논리 및 산술 연산 기능을 갖는 연산 장치(ALU), 제어 장치 및 입출력 부분으로 되어 있다. 고밀도 집적 회로(LSI)로 구성되는 마이크로프로세서에서는 CPU가 대개 한 개의 칩으로 되어 있으며, 이 칩에는 기억 장치를 부착하는 데 제한이 따르므로 기억 장치 모듈은 CPU 칩과 분리하여 별도의 칩으로 구성한다. 이와 같이 대부분의 마이크로컴퓨터는 CPU 칩과 기억 장치의 입출력 모듈로 구성된다. ⇨ microcomputer CPU

microcomputer chip[-tʃíp] **마이크로컴퓨터 칩** 중앙 처리 장치(CPU)는 물론, 같은 실리콘 조각에 RAM이나 ROM 및 입출력 회로를 포함하고 있는 점이 마이크로프로세서와는 상이한 칩으로 만들어진 컴퓨터를 말하며, 보통 원칩 마이크로컴퓨터 등으로도 불리고 있다. ⇨ microcomputer, microprocessor

microcomputer classification[-klæ̀sifikéiʃən] **마이크로컴퓨터 분류**

microcomputer communications[-kəmjù:nikéiʃənz] **마이크로컴퓨터 통신** 보편화된 통신 제어 장치를 펌웨어(firmware)로 쉽게 실현시킬 수 있도록 만든 통신 시스템. 일반적으로 자료 집중화, 채널 배정, 메시지 경로의 설정, 폴링 제어, 속도와 코드의 변경, 프로토콜의 변경, 음성 반응 등의 기능을 수행한다.

microcomputer components [–kəmpóunənts] **마이크로컴퓨터 부품** 중앙 처리 장치는 하나 또는 여러 개의 LSI 소자로 되어 있으며 프로그램과 자료를 위한 ROM과 RAM, 클록 회로, 입출력 접속기, 선별 레지스터, 제어 회로를 필요로 하는데, 이 마이크로컴퓨터는 몇 개의 고밀도 집적 회로 칩으로 된 디지털 컴퓨터이다.

microcomputer controlled terminal [–kəntróuld tə́ːrminəl] **마이크로컴퓨터 제어 단말기**

microcomputer control panel [–kəntróul pǽnəl] **마이크로컴퓨터 제어판**

microcomputer CPU **마이크로컴퓨터 CPU**

microcomputer data base system [–déitə béis sístəm] **마이크로컴퓨터 데이터 베이스 시스템** 데이터 베이스 관리 체제에서 사용자 컴퓨터와 지능 단말기는 서로 디스크 파일을 이용하여 고급 언어로 통신하며, 지능적 디스크 시스템은 필요한 데이터를 얻기 위하여 인덱싱, 검색, 디블로킹 작업을 구체적인 명령어에 따라 수행한다. 따라서 최소의 제어 정보가 단말기와 디스크 시스템 사이를 왕래하는 동안 통신 회선은 요청된 데이터를 거의 독자적으로 운반한다. 대부분의 시스템이 EIA 표준 중간 매체 RS-232C를 통하여 통신하므로 이런 종류의 주컴퓨터나 단말기에 쉽게 연결될 수 있다. 또한 통신에 고급 언어를 사용함으로써 컴퓨터(단말기)는 모든 디스크 시스템과도 통신이 가능하다.

microcomputer developing system [–divéləpiŋ sístəm] **MDS, 마이크로컴퓨터 개발 시스템**

microcomputer development hardware [–divéləpmənt hɑ́ːrdwɛ̀ər] **마이크로컴퓨터 개발 하드웨어** 마이크로컴퓨터 개발 하드웨어는 제품 설계 주기를 단순하게 하기 위하여 설계된 것으로, 내재하는 온라인 하드웨어와 소프트웨어는 오류 수정에 필요한 프로그램을 작성하기 위한 보조 기능은 물론 인터페이스나 관련된 하드웨어의 검사를 위한 기능도 제공한다. 주변 기기 인터페이스에는 전신 타자기, 고속 종이 테이프 장치, 자기 테이프 카세트를 갖춘 직렬 라인 프린터가 있다. 또한 이 시스템의 기판 단위 모듈은 마이크로컴퓨터, 기억 장치, 입출력 모듈로부터 범용 배열에 이르기까지 매우 다양하다.

microcomputer development kit [–kít] **마이크로컴퓨터 개발 키트**

microcomputer development peripherals [–pərífərəlz] **마이크로컴퓨터 개발 주변 장치, 마이크로컴퓨터 개발 주변 기기** 마이크로컴퓨터의 호스트(host)와 연결하여 개발 · 생산 등의 목적으로 시스템을 검사할 수 있는 주변 장치나 데이터 입출력 장치.

microcomputer development software [–sɔ́(ː)ftwɛ̀ər] **마이크로컴퓨터 개발용 소프트웨어**

microcomputer development system [–sístəm] **MDS, 마이크로컴퓨터 개발 시스템** 하드웨어, 소프트웨어를 개발할 때 특히 오류를 보정하기 위한 기능 외에도 개발 기간의 단축, 개발 노력의 절감, 개발 비용의 절감에 유효한 개발 시스템으로서 시스템 개발 주기를 빠르게 하고, 각 기능들을 소프트웨어 에뮬레이션을 통해서 쉽게 설계하고 디버깅하도록 만들어진 장치이다. 원형은 인텔 회사의 마이크로컴퓨터 개발 시스템으로, 어셈블러 ICE (incircuit emulation), PROM 프로그램 등을 갖추고, 또한 고수준 언어로서 PL/M을 사용할 수 있게 되어 있다. ⇨ MDS

microcomputer development system testing [–téstiŋ] **마이크로컴퓨터 개발 시스템 검사** 많은 프로그램들에 대한 가상적인 완료 시험을 마이크로컴퓨터 개발 시스템에서 할 수 있다. 교정 프로그램들이 이 단계에서 이용되며, 시험받는 프로그램은 반도체 RAM에 보관되어 이 교정 프로그램으로 수정이 용이하다. 프로그래머는 교정 프로그램의 도움으로 시험받을 프로그램에 관계된 자료나 레지스터 조건을 설정하게 되고, 기억 장소의 내용을 수정하게 되며, 기억 장소의 내용을 수정하거나 검토할 수 있게 된다. 만약 마이크로컴퓨터 개발 시스템의 고속 테이프에 입력기나 천공기를 장비하게 되면 원시 테이프 준비 작업과 조립 및 수정 과정이 훨씬 쉬워진다.

microcomputer device controller [–diváis kəntróulər] **마이크로컴퓨터 장치 제어기** 마이크로컴퓨터에서 쓰이는 장치 제어기로, 주로 시스템 버스를 통하여 중앙 처리 장치와 연결된다. 통상 중앙 처리 장치와 가장 가까이 있는 제어기가 가장 높은 순위를 가지며, 각 기기들은 인터럽트에 의하여 서비스를 요구한다.

microcomputer execution cycle [–èksəkjúːʃən sáikl] **마이크로컴퓨터 실행 사이클**

microcomputer family member [–fǽmili(ː) mémbər] **마이크로컴퓨터 패밀리 멤버** 시스템에 있는 마이크로컴퓨터를 고성능이고 염가로 제작할 수 있도록 매크로 명령 형식 등에 관해 설계 · 연구하는 그룹. 여기서의 패밀리는 시리즈(series)와 같은 뜻으로 사용된다.

microcomputer FORTRAN **마이크로컴퓨터**

용 FORTRAN

microcomputer FORTRAN-80 **마이크로컴퓨터 FORTRAN-80** ANSI(표준) FORTRAN에서 두 배의 정밀도와 복소수 데이터 형태를 제외하고 나머지를 완전히 구현한 컴파일러. 논리(1바이트) 데이터, 정수(2바이트), 실수(4바이트 부동점)의 세 가지 데이터 형태가 있다. FORTRAN-80의 논리 변수는 논리값(1 또는 0)은 물론이고 -128~127까지 정수값도 가질 수 있다. 따라서 기억 장치를 적게 차지하면서 -128~127 범위 내에 있는 정수들에 대한 빠른 논리 연산이 가능하다. ROM(판독 전용 기억 장치)에 설치할 수 있는 이 컴파일러는 단일 패스로 이루어져 있으며, 문장을 읽으면서 목적어를 만들고 코드 목록을 출력시킨다(12KB의 기억 장치 용량이 필요하다).

microcomputer interrupt[-intərʌ́pt] **마이크로컴퓨터 인터럽트** 인터럽트는 중앙 처리 장치의 주의를 필요로 하는 주변 장치에 의하여 발생되는 비동기적 사건이다. 몇몇 16비트 마이크로컴퓨터에는 세 가지 인터럽트, 즉 NMI(nonmaskable interrupt), NVI(nonvectored interrupt), VI(vectored interrupt)가 있고, 또 5개의 트랩(trap), 즉 시스템 호출, 비합법적 명령어, 특권적 입출력 명령, 다른 특권적 명령과 세그먼테이션 등이 있다.

microcomputer interrupt servicing[-sə́ːrvisiŋ] **마이크로컴퓨터의 인터럽트 서비스**

microcomputer I/O architecture **마이크로컴퓨터 입출력 구조** 보통 마이크로컴퓨터의 입출력 구조는 전송 기술, 명령어 형식, 버스, 버스 구조, 인터럽트 방법, 기억 장치 접근 기술 등으로 나눈다. 대부분의 마이크로프로세서들은 마이크로프로세서가 제어를 담당하는 프로그램에 의한 전송, 인터럽트 프로그램에 의한 전송, 그리고 시스템 하드웨어 자체가 제어하는 하드웨어 전송 등 세 가지 형태로 입출력 전송을 한다.

microcomputer kit[-kít] **마이크로컴퓨터 키트** ⇨ computer kit

microcomputer master/slave operation [-mɑ́ːstər sléiv ɑ̀pəréiʃən] **마이크로컴퓨터 주/종 조작**

microcomputer memory[-méməri(ː)] **마이크로컴퓨터의 기억 장치**

microcomputer monitor[-mɑ́nitər] **마이크로컴퓨터의 모니터**

microcomputer multiprocessor[-mʌ́ltiprɑ̀usesər] **마이크로컴퓨터 다중 처리기** 다중 처리기는 구조상 여러 개의 독립된 마이크로컴퓨터가 서로 연결되어 계산 능력이 높아지게 되어 있다. 이러한 구조는 단일 CPU 처리기/제어기 구성보다 전체 능력이 향상되는 장점을 갖지만, 각 CPU가 개별적으로 보조 장치를 필요로 하기 때문에 더 비싸고 많은 양의 소프트웨어가 필요하며, 각 컴퓨터 간의 상호 작용 때문에 제어가 복잡해지는 단점이 있다.

microcomputer network intelligence [-nétwəːrk intélidʒəns] **마이크로컴퓨터 네트워크 지능**

microcomputer operating console[-ɑ̀pəréitiŋ kɑ́nsoul] **마이크로컴퓨터의 조작 콘솔** 조작 콘솔은 보통 프로세서의 앞면에 설치되어 있으며, 프로세서의 작동에 필요한 모든 제어기와 표시기를 갖추고 있다.

microcomputer performance criteria [-pərfɔ́ːrməns kraití(ː)riə] **마이크로컴퓨터 성능 판정**

microcomputer POS system **마이크로컴퓨터 판매 시점 시스템** 이 마이크로컴퓨터는 자동 계산대 역할을 위한 장치나 상표를 인쇄하는 장치 제어용으로 사용할 수 있으며, 단독으로 금전 등록기 등에도 사용할 수 있다. 즉, 판매 시점(point of sale)의 데이터 파일들을 관리하며, 직접 거래를 기록하고 신용 카드의 유효성 여부를 대조하는 것 외에도 다른 여러 가지 상거래 기능을 갖춘 특수한 컴퓨터 단말 장치.

microcomputer printer controller[-príntər kəntróulər] **마이크로컴퓨터 프린터 제어기** 자동 제어 및 시간 조정을 가능하게 하는 장치로서, 상용 프린터의 경우 문자 인쇄 버퍼.

microcomputer program library[-próugræm láibrəri(ː)] **마이크로컴퓨터의 프로그램 라이브러리**

microcomputer programmed I/O bus **마이크로컴퓨터 프로그램된 입출력 버스** 프로그램에 의한 제어 방식의 입출력 버스는 조작이 단순하기 때문에 사용자가 설계하는 대부분의 접속 관계가 이 버스에서 행하여진다. 몇몇 컴퓨터 시스템에서는 이것을 주버스로 간주하기도 한다.

microcomputer program status information[-próugræm stéitəs ìnfərméiʃən] **마이크로컴퓨터 프로그램 상태 정보** 수행중인 프로그램의 상태는 플래그(flag)와 제어 비트 및 프로그램 카운터를 내포하고 있는 상태 단어에 나타난다. 인터럽트나 트랩이 발생하면 중앙 처리 장치의 프로그램 상태 정보는 따로 보관되며 새로운 상태가 적재된다. 비 세그먼트형 마이크로컴퓨터의 프로그램 상태는 플래그와 제어 비트용 단어(FCW) 및 프로그램 카운터 값(PC)의 두 단어로 만들어져 있다.

microcomputer read-in[–rí:d in] **마이크로컴퓨터 판독 입력**

microcomputer real-time clock[–rí:əl táim klák] **마이크로컴퓨터의 리얼 타임 클록**

microcomputer software[–sɔ́(:)ftwὲər] **마이크로컴퓨터 소프트웨어** 표준적인 마이크로소프트웨어는 어셈블러로 적재기, 오류 진단 프로그램 등을 포함한다. 어셈블러는 기호화된 어셈블러 언어를 기계어로 다중 분기점, 명령 추적 또는 다른 기능을 가지고 프로그램 검색에 도움을 준다. 원시 프로그램 편집기는 어셈블리 언어 원시 테이프를 만들거나 현재 있는 원시 테이프를 수정하는 데 사용한다.

microcomputer stack facility[–stǽk fəsíliti(:)] **마이크로컴퓨터 스택 기능** 많은 마이크로컴퓨터에 사용되는 스택 기능은 표준 미니컴퓨터의 기능에 비하여 제한되어 있다. 마이크로컴퓨터에서 사용되는 스택은 별도의 스택 포인터 레지스터나 데이터를 저장하여 다루는 방법을 필요로 한다. 일단 스택이 가득 차면 새로운 데이터를 스택에 입력(푸시)할 때마다 경고 또는 하드웨어적인 보호 없이 스택의 첫 번째 입력 데이터는 없어지게 된다. 이러한 구성에서는 스택의 깊이에 스택 메모리가 절대적으로 제한된다. 이러한 제약은 서브루틴의 중첩이나 문맥 교환의 단계를 제한하게 된다.

microcomputer system[–sístəm] **마이크로컴퓨터 시스템** 중앙 처리 장치, 입출력 기기 및 접속 장치, 기억 장치, 전원 공급 장치, 키보드, CRT 디스플레이, 그리고 대용량 기억 장치를 포함하는 완전한 소형 컴퓨터 시스템. 일반적으로 미니컴퓨터보다는 크기, 가격, 기억 용량 등 모든 면에서 소형이다. 이 시스템의 기억 장치 용량은 8비트, 16비트, 32비트의 단어 크기에 따라 각각 다르다. ⇨ personal computer, desk top computer

microcomputer system basic components[–béisik kəmpóunənts] **마이크로컴퓨터 시스템 기본 구성 요소** 다양한 여러 가지 마이크로컴퓨터 시스템에서 기본적인 중앙 처리 장치에 추가할 수 있는 것으로 단일 칩 모뎀, 클록 발생기, 제어기, 어댑터 및 확장용 장치 등이 있다.

microcomputer systems design aids[–sístəmz dizáin éidz] **마이크로컴퓨터 시스템 설계 보조**

microcomputer system monitor[–sístəm mánitər] **마이크로컴퓨터 시스템 모니터** 대부분의 시스템 모니터는 마이크로컴퓨터의 모든 동작을 완전히 제어한다. 즉, 이 모니터는 프로그램 적재와 수행에 필요한 모든 기능을 제공하며, 부수적인 명령어들이 광범위한 오류 수정 기능을 이행한다. 오류 수정 기능에는 기억 장치나 CPU 레지스터 내용을 수정하거나 검사하는 기능, 프로그램 단락을 정하는 기능, 주어진 주소에서 프로그램의 수행을 시작하는 기능이 포함된다. 따라서 사용자들은 모니터 명령문을 사용하여 시스템 모니터 입출력 서브루틴을 호출함으로써 시스템 주변 장치들을 필요할 때마다 수시로 재할당할 수 있다.

microcomputer systems support[–sístəmz səpɔ́:rt] **마이크로컴퓨터 시스템 서포트**

microcomputer telephone link[–téləfòun líŋk] **마이크로컴퓨터 전화 결합**

microcomputer timing[–táimiŋ] **마이크로컴퓨터 타이밍** 설계자가 각 명령 스텝을 수행해주는 계획을 작성하는 데는 비동기 논리와 동기 논리의 두 가지 방식이 있다. 비동기 논리에서는 모든 명령의 각 스텝이 다음의 적당한 스텝을 발생시키는 자체 논리 순서를 가지고 있다. 단 호출 명령 순서는 모든 명령에 공통된다. 비동기 논리는 다음과 같은 두 가지 중요한 제약점이 있다. 즉, ① CPU 논리를 더욱 복잡하게 한다. ② CPU를 외부 논리 모듈에 접했을 때 양쪽이 서로 모순되는 타이밍 요청을 하는 경우 상당한 문제점이 생긴다는 것이다. 동기 회로는 값싸고 설계하기 쉽다. 이것은 클록 신호 각 펄스의 한 끝에 동작을 발생시키게 되어 있으며, 각 클록 펄스는 고정된 시간 간격을 가지고 있다.

microcomputer traffic control[–trǽfik kəntróul] **마이크로컴퓨터 교통량 제어** 각 교차점의 마이크로컴퓨터는 대형의 중앙 교통량 제어 시스템에서 각 교차점에서의 교통량의 흐름을 알 수 있도록 한다. 교차점의 마이크로컴퓨터는 ① 자체 정보에 따라, ② 일군의 여러 교차점과 관련하여, ③ 중앙의 주제어에 따라 작동하여 신호등을 변화시킨다.

microcomputer types[–táips] **마이크로컴퓨터 유형** 값싼 컴퓨터, 개인용 컴퓨터, 초소형 컴퓨터, 전용 컴퓨터, 몇 개의 칩으로 구성된 컴퓨터, 8비트 프로세서, 단일 칩 프로세서, 고밀도 집적 회로(MOS-LSI) 프로세서 등으로 구별된다.

microcomputer-upgrade terminal[–ʌ́pgrèid tə́:rminəl] **마이크로컴퓨터-업그레이드 단말 장치** 마이크로컴퓨터들은 저속 CRT와 키보드 장치 등과 같은 간단한 단말 장치들을 프로그램이 될 수 있도록 하거나 지능 단말 장치가 되도록 고급화해준다.

microcomputer virtual memory[–və́:rtʃuəl méməri(:)] **마이크로컴퓨터 가상 기억 장치**

microcomputer word[–wə́:rd] **마이크로컴퓨터어**

microcomputer word processing[-prásesiŋ] **마이크로컴퓨터 워드 프로세싱** 카세트 플로피 디스크에 저장된 원문을 편집할 수 있도록 여러 대의 타자기를 제어하는 마이크로컴퓨터 응용.

microcontrol[màikroukəntróul] **마이크로 제어**

microcontroller[màikroukəntróulər] **마이크로컨트롤러, 마이크로 제어기** (1) LSI 마이크로프로세서로서 장치 제어, 통신 제어, 프로세서 제어 응용에 사용하는 특별히 고안된 전형적인 마이크로 제어기 칩은 범용 마이크로프로세서보다 상대적으로 단어 길이가 짧고 비트 명령 조작 명령어가 많으나 산술과 스트링 연산이 적다. (2) 하나의 프로세스 또는 동작을 지시하거나 바꾸기 위한 제어 기능이 마이크로프로그램되어 있는 기계나 마이크로프로세서 또는 마이크로컴퓨터. (3) 고성능으로 프로세서를 제어하는 장치 또는 시스템.

microcontroller applications[-æplikéiʃənz] **마이크로 제어기 응용** 일반적으로 다음과 같은 세 가지 제어 응용이 있다. ① 장치 제어 : 컴퓨터 주변 장치 혹은 단일 기계 공구에서 각각의 장치가 수행하는 일을 순서적으로 제어한다. ② 데이터 제어 : 데이터를 여러 출발지로부터 여러 목적지로 옮기도록 하거나 여러 저속 경로를 하나의 고속 경로로 집중화한다. ③ 공정 제어 : 측정된 처리 과정의 각 변수들에 의한 이산적인 입력이 폐회로 상태에서 사용되도록 한다.

microcontroller functional components[-fʌ́ŋkʃənəl kəmpóunənts] **마이크로 제어기 기능 요소** 마이크로 제어기는 완전한 마이크로컴퓨터 시스템이며, 이 시스템은 CPU, 해석기, 판독 전용의 프로그램 기억 장치, 1에서 8비트까지의 변수 항목을 접근할 수 있는 판독/기록 자료 기억 장치(작업용 기억 장치), 비트 단위로 주소 지정이 가능한 입출력 시스템(인터페이스 벡터) 등으로 구성된다.

microcontroller I/O system **마이크로 제어기 입출력 시스템** 이 시스템은 내부 레지스터의 집합처럼 취급되기 때문에 외부 장치에서 자료를 주기억 장치로 옮기지 않고도 검사, 자리 이동, 합산 등의 처리가 가능하다. 즉, 입출력 인터페이스 상에 존재하는 자료를 내부 자료와 마찬가지로 취급한다. 이 개념은 소프트웨어까지 확장되어 입출력 시스템의 변수들도 주기억 장치의 자료처럼 명명되고 취급된다.

microcontroller registers[-rédʒistərz] **마이크로 제어기 레지스터** 입력 레지스터, 작업용 레지스터, 출력 레지스터 등 세 가지 유형이 있으며, 이 중 입력 레지스터는 외부로부터 데이터를 받아들여 이 데이터를 연산 장치에 연결된 데이터 버스에 싣는 데 사용된다. 입력시에는 이 레지스터만이 전용으로 사용되므로 이 레지스터의 실제 작동 논리는 아주 간단하다. 제어기의 입력 레지스터는 컴퓨터 데이터 버스나 자기 테이프 혹은 푸신 버튼을 통하여 입력 데이터를 받는 데 사용된다.

microcycle[màikrousáikl] **마이크로 주기** 명령어의 수행 속도를 규정하기 위하여 사용하는 기본 사이클 시간. 이것은 클록 주파수의 역수 또는 클록 주파수의 2 내지 3배수에 대한 역수이며, 각 명령어는 수행에 필요한 몇 개의 마이크로 주기로 정의된다. 예를 들면 3-마이크로 주기 명령어에는 실제로 3, 6 혹은 9개의 클록 사이클이 필요하며, 곱셈이나 나눗셈과 같이 수행 시간이 긴 명령어는 수십~수백 번의 마이크로 주기를 요구한다.

microcycle time[-táim] **마이크로 주기 시간** 명령어의 수행 속도를 측정하기 위하여 사용하는 주기 시간을 사이클 타임 또는 주기 시간이라고 하며, 이때 하나의 명령어는 여러 개의 마이크로 코드로 나누어 수행될 수 있는데, 이러한 마이크로 코드의 수행 속도를 규정하기 위하여 사용하는 주기 시간을 마이크로 주기 시간이라고 한다. 마이크로 코드 중에는 기능이 간단하여 몇 개의 마이크로 주기가 필요한 것도 있으나, 곱셈이나 나눗셈과 같은 수행 시간이 긴 명령어는 수십에서 수백 번의 마이크로 주기를 필요로 한다.

Microdata[máikroudèitə] *n*. **마이크로데이터 (사)**

micro diagnostics[máikrou dàiəgnástiks] **마이크로 진단** 하드웨어 진단 기술의 하나. 쓰기 가능한 제어 기억을 가진 마이크로프로그램 제어 컴퓨터에 대해서 적용 가능하다. 진단 프로그램은 마이크로프로그램으로 기술되어 기계어 명령에 따라 세밀한 기능 동작이 체크된다.

microelectronic circuit system[màikrouilèktránik sə́:rkit sístəm] **초소형 전자 회로 방식** 초소형 기술을 이용하여 일반적으로 얻는 것보다도 더욱 소형화 정도가 진전된 전자 회로의 실현과 관련된 기술을 활용하여 구성한 전자 회로 방식.

microelectronic device[-diváis] **마이크로 전자 장치** 트랜지스터, 저항, 콘덴서 및 이와 유사한 부품들로 구성되며, 하나의 기저층 위에 일련의 공정을 거쳐 이들 부품들을 서로 연결하여 조립한 장치. 주된 구성 물질은 규소이다.

microelectronics[màikrouilèktrániks] **ME, 마이크로일렉트로닉스, 초소형 전자 공학** 집적 회로 등의 초소형 전자 회로를 포함한 전자 부품의 초소형화에 관계되는 일련의 전자 공학 분야. 반도체 제조를 중심으로 마이크로일렉트로닉스 기술이 발달하고, 소자의 고도 집적화와 양산(量産)을 실현해

저가격화와 소형화를 이룩했다. 산업용 로봇 등을 마이크로일렉트로닉스 기기 혹은 ME 기기라고 줄여 부르기도 한다.

microelectronics revolution [-rèvəlú:ʃən] **ME 혁명** IC 등 반도체 기술의 진보에 의해서 맞게 된 정보 혁명의 제2단계. 컴퓨터 발명과 그 이용 · 보급 단계를 제1차 정보 혁명이라고 하면 이것은 제2차 정보 혁명이다. 반도체 기술의 경이적인 진보, 컴퓨터의 소형화, 정보 처리, 전달 기술의 다양화 등에 의해 가능하게 되었다. OA와 FA의 진전, 메커트로닉스 산업 등 산업의 정보화, 뉴미디어 등의 새로운 정보 수단의 등장이 특징이다.

microelectronics system [-sístəm] **마이크로 전자 방식, 초소형 전자 방식**

microelement [máikrouèləmənt] **마이크로 소자**

microfabrication technology [màikroufæbrikéiʃən teknálədʒi(:)] **미세 가공 기술** 종래의 IC 기술에서는 패턴의 선폭은 수 μm 정도였지만 그것을 1 μm 이하로 해서 좀더 고밀도의 집적 회로를 제작하려고 하는 기술. 그 때문에 종래의 광학적 방식에 의한 패턴 형식 기술 외에 이온 주입 기술, 드라이 에칭 기술 등이라 일컫는 건식 공정이 중요시된다.

microfiche [máikəfì:ʃ] **마이크로피시** 마이크로필름의 한 종류로서 105mm×148mm의 낱장 필름에 300매 정도를 수록할 수 있다. 여기에 눈으로 읽을 수 있는 타이틀과 1/48의 축소비를 갖는 최대 269개의 데이터란과 한 개의 인덱스란이 있다. 판 모양의 필름을 사용한 마이크로 사진. 롤 필름에서는 희망하는 칸을 뽑아내는 데 시간이 걸리지만 판 모양으로 잘려 있으면 그것이 간단히 될 수 있으며 판 변환에 따른 정보 변경도 용이하다.

microfiche viewer [-vjú:ər] **마이크로피시 표시기**

microfilm [máikrəfìlm] *n.* **마이크로필름** 고도로 축소한 사상(寫像)을 기록하는 고해상도 필름. 롤 모양과 피시(시트) 모양 두 가지로 대별할 수 있다. 롤 모양의 마이크로필름은 폭 35mm 또는 16mm, 길이 30.5mm의 것이 주로 사용된다. 보조 목적으로 문서, 도면, 재료 등 각종 기록물의 내용을 아주 작게 축소하여 고도로 축소 촬영된 초미립자, 고해상력을 가진 필름, 이것은 불연성 재질로 되어 있다.

microfilm computer output [-kəmpjú:tər áutpùt] **마이크로필름 컴퓨터 출력** 라인 프린터 혹은 테이프 출력 대신 컴퓨터로부터 직접 출력을 받는 마이크로필름 프린터. ⇨ COM

microfilm reader [-rí:dər] **마이크로필름 판독기** 마이크로필름을 확대해서 육안으로 읽도록 한 기계. 마이크로필름은 보통 16mm, 35mm, 70mm, 혹은 105mm 폭의, 천공이 없이 길게 감은 필름을 사용하여 서류, 도면 등을 사진 복사한 것이고, 완성된 필름은 화상이 극도로 작아서 이것을 직접 읽는 것이 불가능하기 때문에 확대해서 육안으로 직접 읽거나 하드 카피를 만들어 읽는다. 마이크로필름 판독기는 하드 카피의 기능을 내장하고 있다. 상(像)을 확대하는 방식에는 투과식과 반사식이 있다.

microfilm system [-sístəm] **마이크로필름 시스템** 문서 · 도형 정보를 마이크로필름에 전사하여 격납하고, 이들 필름에서 필요한 정보를 자동 검색하는 등의 기능을 갖는 시스템의 총칭. 마이크로 사진용 기기를 사용하여 필름을 작성하는데, 촬영과 복제의 용도에 따라 필름이 다르다. 필름은 격납 방법에 따라 시트형의 필름에 격자형으로 사진을 배열하는 경우(마이크로피시로 COM 또는 도큐먼트 카메라로 작성한다)와 롤 필름의 경우(16mm 롤 필름)가 있으며, 각각 다른 검색 단말을 갖는다.

micro flexible disk [máikrou fléksibl dísk] **마이크로 유연성 디스크** 3.5인치의 유연성 디스크를 말한다. 플라스틱의 경질 케이스에 넣어 두며 취급이 간단한 것이 특징이다. 5.25인치는 miniflexible disk라고 한다.

micro-floppy [-flápi(:)] **마이크로플로피** 3.5, 5.25 또는 8인치 규격의 플로피 디스크를 가리킨다.

micro-floppy disk [-dísk] **마이크로플로피 디스크**

micro-floppy diskette drive [-dískət dráiv] **마이크로플로피 디스켓 드라이브** 3.5, 5.25인치, 8인치 규격의 디스켓을 주행하는 워드 프로세서 시스템, 마이크로컴퓨터, 스마트 단말 장치, 휴대용 컴퓨터, 프로그램 적재/저장 장치 등에 사용되는 장치.

microform [máikroufɔ̀:rm] **마이크로폼** 마이크로피시와 마이크로필름 등과 같은 영상을 축소시켜 보관할 수 있는 기록 매체가 갖는 기능.

microform media [-mí:diə] **마이크로폼 매체** 영상 데이터 저장 장치의 한 유형으로 마이크로피시, 16mm 두루마리 필름(open spool 또는 자동 보급식의 필름통에 사용 가능), 틈새 카드(35mm 영상 또는 천공 카드의 다중 영상을 포함), 105mm 필름, 마이크로 회로(아주 작은 오차를 가진 고해상도 사진)와 그 밖에 표준적인 사진 재생 방법 등이 있다.

micrographics [máikougræ̀fiks] **마이크로그래픽스** 문자나 그림, 도형 등으로 구성된 정보를 보관하거나 검색하기 위해 작은 면적에 대량의 정보를 수록하는 기술. 마이크로필름 기록 장치, 마이크로피시 등을 이용하는 마이크로폼 또는 마이크로 영상 기술이 사용된다. 마이크로그래픽스 시스템에는 리트리벌(retrieval) 및 캡처(capture) 장치가 있는데, 마이크로그래픽 리트리벌 장치는 마이크로필름 판독기, 리더 프린터, 자동 기억 장치, 리트리벌 시스템 등으로 이루어져 있다.

micrographics/computer information display system[-kəmpjú:tər ìnfərméiʃən displéi sístəm] **마이크로그래픽스/컴퓨터 정보 표시 시스템** 그래픽 버퍼가 달린 다중 CRT 컴퓨터 단말 장치의 조합. 중앙 자동 마이크로필름 선택기, 영상 생성기 모듈, 검색, 색인 및 갱신을 위한 프로그램이 구비된 컴퓨터 등의 조합으로 이루어진다.

micro hierarchy[-háiərɑ̀:rki(:)] **마이크로 계층**

microinstruction[màikrouinstrʌ́kʃən] *n.* **마이크로 명령어** 중앙 처리 장치(CPU)의 가장 기본적인 명령어를 말한다. 덧셈이나 뺄셈 등을 컴퓨터가 실행하기 위해 분해하여 얻어지는 기본 연산. 이것이 마이크로프로그램으로서 고정 기억에 기억되는 경우가 있다. 이와 같은 명령은 CPU 동작에 반드시 필요한 것이므로, 매회 주기억 장치(main memory unit)에 로드(load)하는 것은 하지 않고 이들을 각각 조합한 마이크로프로그램과 동시에 ROM에 들어가고 있다. 즉, 마이크로프로그램에 따라 매크로 정의(macro definition)로 된 것이 통상의 기계어(machine language)이며, 일종의 에뮬레이터(emulator)와 같은 것이다.

microinstruction sequence[-sí:kwəns] **마이크로 명령어 순서** 하나의 매크로 명령어 또는 제어 명령을 수행하기 위하여 마이크로프로그램 제어 장치가 마이크로프로그램으로부터 선택하는 일련의 마이크로 명령어들로 몇 개의 매크로 명령어가 일련의 마이크로 명령을 공통으로 이용할 수도 있다. 마이크로프로그램 제어 장치는 다음에 수행할 주소를 결정하기 위하여 비트 패턴을 써서 명령을 해독하고, 해독 결과에 따라 원하는 마이크로 명령어로 분기한다.

microinstruction storage[-stɔ́:ridʒ] **마이크로 명령어 기억 장치** 마이크로프로세서를 기초로 한 대부분의 시스템은 ROM 또는 PROM에 있는 마이크로프로그램의 개발을 위해서는 프로그램을 적재, 검사, 수정하는 기능을 갖는 가상적인 ROM을 갖는 것이 중요하며, 틀린 곳을 수정해 나가는 과정에서 시행 착오의 방법을 쓰려면 마이크로 코드를 쉽게 바꿀 수 있어야 한다.

microjustification[màikroudʒʌstifikéiʃən] **미세 조정** 워드 프로세싱에서 단어와 단어 사이, 한 단어 내의 각 문자 사이에 얼마간의 간격을 더 주어 보기 좋은 문서를 작성하는 기능. 보통 단어 사이에 공백을 줄 때 일정한 크기의 공백 문자를 이용하면 부자연스럽게 되므로 고정된 크기의 문자 단위가 아니라 도트 단위로 간격을 주어야 보기 좋게 된다.

Microkernel[máikroukə:rnəl] **마이크로커널** OS의 핵심부, 특히 하드웨어에 의존하는 기본 부분을 떼어낸 것. OS를 마이크로커널부와 그 밖의 하드웨어에 의존하지 않는 부분으로 나누면 오버헤드는 약간 커지지만 특정 하드웨어에 맞추어 마이크로커널을 개발하기만 하면 OS를 이식할 수 있게 된다. 마이크로커널의 실현 예로는 카네기 멜론 대학에서 개발한 Mach OS가 있다. 윈도 NT에서도 이 개념이 채택되고 있다. ⇨ Mach, OSF/1, Windows NT

microkit microcomputer system[máikroukìt màikroukəmpjú:tər sístəm] **마이크로키트 마이크로컴퓨터 시스템** 기본적인 마이크로키트 시스템은 본체, 키보드, CRT 화면, 그리고 두 개의 카세트 테이프 장치로 구성되며, 컴퓨터 그 자체는 4개의 마이크로컴퓨터 모듈(CPU, RAM, CRT와 키보드 입출력, 테이프와 RTC 및 EIA 입출력)과 전원 공급기, 입출력 연결자로 구성된다. 어떤 마이크로키트 시스템은 모든 시스템 모듈들이 서로 통신할 수 있는 공동 시스템 버스 주위에 장치되어 있으며, 특정한 CPU 모듈이 이 버스와 연결되어 전체 시스템의 동작을 제어한다. 전형적인 마이크로키트는 8KB의 RAM을 가지며, 56KB까지 확장도 가능하다.

micrologic[máikroulɑ̀dʒik] **마이크로 논리** 마이크로프로그램 형식의 명령을 해석하기 위하여 영구적으로 기억된 프로그램을 사용하는 것.

micro magnetic memory[máikrou mægnétik méməri(:)] **마이크로 자기 기억 장치**

micro mainframe[-méinfrèim] **마이크로 메인프레임, 마이크로 본체** 마이크로컴퓨터의 CPU를 포함하는 장치의 캐비닛이나 부분.

micromation[màikrouméiʃən] **마이크로메이션** 마이크로필름을 사용함으로써 고밀도의 대량 정보를 효율적으로 보존하는 것이 가능하다. 이것에 컴퓨터를 사용한 고도의 정보 검색 시스템을 조합시키면 파일 보존 공간의 절약, 정보 검색의 자동화, 고속화가 가능하게 된다. 이와 같이 정보를 압축하고 그 검색을 자동화해서 고능률화한 것을 마이크로메이션이라고 한다. 컴퓨터 기억 장치나 중앙 처리 장치의 LSI, VLSI 또는 ULSI 칩.

microminiaturization[màikroumìniətʃərizéiʃən] **초소형화** 소형화보다 더 소형화 기술로서 아주 작은 면적에 회로를 구성하는 것.

micro model[máikrou mɑ́dəl] **마이크로 모델**

micro module[-mɑ́dʒu:l] **고밀도 조립 방식,**

마이크로 모듈

micromouse[máikroumàus] **마이크로마우스** 주어진 미로에서 최단 시간, 가장 짧은 이동 거리를 목표물에 접근하거나 탈출하는 것을 목적으로 만들어진 마이크로컴퓨터가 장착된 로봇. 세계적인 규모의 마이크로마우스 대회도 있다.

micron[máikrɑn] *n.* **미크론** 길이의 단위로 기호는 *μ*. 1m의 100만분의 1 또는 1mm의 1,000분의1.

micro NOVA **마이크로 NOVA**

micro operating system[máikrou ápərèitiŋ sístəm] **마이크로 운영 체제** 마이크로컴퓨터에서 이용되는 소형 운영 체제.

micro operation[-àpəréiʃən] **마이크로 조작** 컴퓨터의 모든 명령을 분해하면 몇 종류의 기본적인 조작으로 구성되어 있으며 그 각각의 기본 작동을 말한다. 예를 들면, shift, count, clear, load 작동 등이 있다.

micro order[-ɔ́:rdər] **마이크로 명령** 마이크로 작동을 병렬로 할 수 있게 조합시킨 것.

micro OS **마이크로 운영 체제** ⇨ micro operating system

micropayment[máikroupèimənt] **마이크로페이먼트** 소액 전자 결제, 또는 그 서비스. 선불 카드를 인터넷에 응용함으로써 온라인 상에서 소액 상품을 대량으로 판매할 때 등에 사용되는 결제 방법.

microprocessing unit[màikrouprásesiŋ jú:nit] **MPU, 소형 처리 장치** 마이크로컴퓨터 하드웨어의 중심부. 하나의 마이크로 처리 장치는 마이크로프로세서, 주기억 장치(판독/기록과 ROM으로 구성되어 있다), 클록 회로, 버퍼와 구동 회로, 수동 회로 소자 등으로 구성되며, 전원 공급기, 상자, 제어 콘솔 등은 포함하지 않고 보통 인쇄된 회로 기판으로 이루어져 있다.

microprocessor[màikrouprásesər] **소형 처리기, 마이크로프로세서** 마이크로 명령을 실제로 실행하는 한 개 또는 몇 개의 대규모 집적 회로(LSI)로 완성된 전자 회로. 연산 기능이나 기억 기능, 제어 기능 등을 갖고 있다. 시계, 계산기 등에 사용되고 있는 것은 특정의 처리를 하는 전용 마이크로프로세서이고, 컴퓨터의 CPU 등에 사용되고 있는 것은 프로그램에서 여러 가지 처리에 대응하는 것으로 가능한 범용 마이크로프로세서라고 일컬어진다. 이것은 LSI 기술 발전으로 앞으로는 기능이 더 좋은 CPU 기능을 가진 것이 나올 것으로 예상된다.

Bipolar형
- TTL(transistor-transistor logic)
- ECL(emitter-coupled logic)
- IIL(integrated-injection logic)

Unipolar형
- PMOS(P-channel metal oxide semiconductor)
- NMOS(N-channel MOS)
- CMOS(complementary MOS)

〈제조 기술에 따른 마이크로프로세서의 구분〉

〈32비트 마이크로프로세서〉

microprocessor address[-ədrés] **마이크로프로세서 주소, 마이크로프로세서 어드레스** 일반적인 주소 지정이 가능한 기억 용량은 65,536 기억 장소로서 64K 혹은 65K 단어(또는 바이트)라고 불리며(K는 1,024를 의미), 64K의 주소를 지정하는 데는 16비트가 필요하다. 16비트 기계에서 이것은 자연스런 크기이지만 8비트 프로세서에서는 16비트 주소를 갖기 위하여 2바이트가 필요하다. 마이크로프로세서의 주소(번지) 지정이 가능한 기억 용량은 프로세서의 처리 가능한 주소 회선 수와 함수 관계를 이루고 있다. 대부분의 마이크로프로세서는 기억 장치 주소를 이용하여 입출력 장치를 호출하기 때문에 마이크로컴퓨터의 주소 지정 능력은 기억 장소의 수와 입출력 장치 수의 합을 의미하기도 한다.

microprocessor analyzer[-ǽnəlàizər] **마이크로프로세서 분석기** 마이크로 처리 장치(MPU)의 하드웨어와 소프트웨어의 오류 수정과 점검을 위한 디지털 고장 진단 기구.

microprocessor architecture[-á:rkitektʃər] **마이크로프로세서 구조** 범용 레지스터는 주소 지정, 인덱싱, 상태를 나타내는 데 쓰이며, 여러 개의 누산기로도 사용된다. 이것은 범용 레지스터, 스택, 인터럽트, 인터페이스 구조, 기억 장치의 선택 등으로 구성되어 있다. 이들을 활용하면 프로그래밍을 간단히 할 수 있으며, 데이터의 메모리 버퍼량을 소거함으로써 주기억 장치를 보호할 수도 있다. 여러 개의 누산기는 기록 가능한 메모리를 갖지 않은 ROM 프로그램을 위해서 특히 중요하다.

microprocessor arithmetic register[-əríθmetik rédʒistər] **마이크로프로세서 연산 레지스터** 연산(또는 ALU) 레지스터들은 산술 기능이나 논리적 기능이 수행될 수 있는 레지스터들로서 연산을 위한 피연산자들을 여기서 꺼내오거나 넣어둘 수도 있다. 그러나 ALU에 피연산자를 제공해주면서 피연산자를 받을 수 없는 레지스터는 연산 레지스터라고 하지 않는다.

microprocessor cache memory[-kǽʃ mémәri(:)] **마이크로프로세서 캐시 기억 장치** 데이터를 찾을 때 CPU는 캐시와 주기억 장치를 차례로 점검하여 캐시 내에 데이터가 있으면 이 데이터를 CPU로 옮긴다. 전형적인 캐시 기억 장치는 각기 4단어로 이루어진 4개의 블록으로 구성된 양극성 장치로 구성되며, 각 기억 장치 기판은 한 개의 캐시를 갖는다.

microprocessor chip[-tʃíp] **마이크로프로세서 칩** 중앙 처리기의 모든 기본 요소와 제어 논리, 명령어 해석기, 산술 처리 회로 등을 포함하는 집적 회로. 마이크로프로세서 칩은 기억 장치, 입출력 집적 회로 칩 등과 함께 마이크로컴퓨터를 구성하는 데 사용된다.

microprocessor chip set[-sét] **마이크로프로세서 칩 세트** 이것은 ROM, PROM, 판독/기록 RAM과 입출력 논리 등을 사용하여 마이크로프로그래밍을 할 수 있는 미니컴퓨터의 하드웨어를 구성할 수 있다. ALU 레지스터 칩은 2비트와 4비트를 가진 것이 있으며, 제어 칩(MPU)이 처리기 설계를 보조하기 위해 제공된다. 이러한 마이크로프로세서 칩들은 고속 주변 장치의 제어, 고속 데이터 수집시의 선행 처리기 제어, 군용 또는 산업용 제어 시스템, 그리고 계측 기기를 사용하는 여러 분야에 광범위하게 사용된다.

microprocessor classification[-klæ̀sifikéiʃәn] **마이크로프로세서 분류** 대부분의 마이크로프로세서들은 중간 수준 또는 높은 수준의 프로그램을 저장하기 위하여 ROM을 사용하기 때문에 마이크로프로그램이 가능하도록 되어 있다. 계산기, 제어기, 데이터 처리기, 범용 컴퓨터의 네 가지로 분류되는데, 제어기와 계산기는 대개 단일 칩 CPU로 만들 수 있고, 데이터 처리기와 범용 컴퓨터는 좀더 융통성 있게 활용될 수 있도록 여러 개의 칩으로 시스템을 구성한다.

microprocessor compiler[-kәmpáilәr] **마이크로프로세서 컴파일러** 원시 프로그램을 기계어로 번역하는 프로그램. 중형 또는 대형 컴퓨터에서 수행될 수 있으며, 시분할 처리로도 이용 가능하다.

microprocessor controlled terminal[-kәntróuld tә́:rminәl] **마이크로프로세서 제어 단말기** 고급 단말기의 동작은 펌웨어(firmware)로 제어하며, 단말기의 마이크로프로세서는 기억 장소의 할당, 자료 전송, 건반 검색 및 화면 제어를 해준다.

microprocessor cross-assembler[-krɔ́(:)s әsémblәr] **마이크로프로세서 크로스 어셈블러** 프로그래머에 의하여 어셈블리어로 작성된 프로그램을 선택된 마이크로프로세서의 기계어로 번역하는 프로그램. 이 프로그램이 선택된 마이크로프로세서를 사용하는 컴퓨터 내에 존재하면 이를 어셈블러라 하고, 다른 종류의 마이크로프로세서를 사용하는 컴퓨터 내에 존재하면 이를 크로스 어셈블러라고 한다.

microprocessor data movement[-déitә mú:vmәnt] **마이크로프로세서 데이터 이동** 마이크로프로세서를 갖춘 시스템에서는 데이터 이동이 시스템 운영의 중요한 부분이 된다. 새로운 응용이 도입되면 사용자는 입출력 전달의 절대적인 분석이 필요하다. 명령어의 수는 명령어의 성격이나 사용 가능 형태보다 중요하지 않다.

microprocessor development system[-divélәpmәnt sístәm] **마이크로프로세서 개발 시스템** 마이크로컴퓨터를 이용한 ICE에 의하여 마이크로프로세서만을 에뮬레이터로 이용하여 ROM의 프로그램이나 주변 회로의 제작, 검사를 하는 시스템.

microprocessor intelligence[-intélidʒәns] **마이크로프로세서 지능** MPU를 중심으로 한 체제의 제어 프로그램. 즉, MPU가 수행해야 하는 일들을 안내하는 일련의 명령어. 만족스런 제어 프로그램을 만들기 위하여 사용자가 필요한 명령어들을 미리 정한 후, 이 프로그램을 MPU가 접근할 수 있도록 기억 장치에 넣으면 이것이 시스템의 지능 역할을 하게 된다. 이 프로그램이 RAM에 들어가면 이를 펌웨어(firmware)라고 한다.

microprocessor memory interface[-mémәri(:) íntәrfèis] **마이크로프로세서 메모리 인터페이스** CPU에 있는 RAM보다 더 많은 기억 장치가 필요할 때 마이크로프로세서는 여러 개의 기억 장치 접속 회로를 가질 수 있다. 이들은 필요한 주소선과 신호를 더 내어서 65KB 이상의 RAM이나 PROM 또는 ROM 기억 장치와 접속할 수 있으며, 또 다른 접속 장치들이 표준의 정적 반도체 기억 장치와 연결될 수 있다.

microprocessor program design[-próugræm dizáin] **마이크로프로세서 프로그램 설계** 마이크로프로세서 관점에서의 프로그램 설계는 시스템 동작의 각 단계를 정의해야 하고 주변 장치와 마이크로프로세서 간, 주변 장치와 외부 회로 간의 필요한 핸드셰이킹(handshaking)을 확립해야 한다. 즉, 소프트웨어 개발에서 가장 중요한 부분인 프로그램 설계는 하드웨어와 소프트웨어 또는 펌웨어(firmware ; 프로그램이 ROM에 들어 있을 때)와의 간격을 연결해주는데, 여기에는 전체 시스템의 동작, 하드웨어의 설계, 그리고 작성될 프로그램의 종류 등이 포함된다.

microprocessor register complement [–rédʒistər kámpləmənt] **마이크로프로세서 레지스터 컴플리먼트** 마이크로프로세서에서는 아키텍처의 특성 설계상 레지스터의 수가 많을수록 주메모리 참조를 적게 하므로 프로그래머에 대하여 CPU 레지스터 세트가 중요한 마이크로프로세서의 자원(resource) 활용상의 수단이 된다. ⇨ resource

microprocessor remote communications [–rimóut kəmjù:nikéiʃənz] **마이크로프로세서 원격 통신** 원격 통신 시스템은 정보를 시스템 외부로 보낼 수 있고 그것들은 또한 더 큰 다른 시스템들과 연결될 수 있다. 통신 기능은 시스템 안의 전담 처리기를 통하여 수행되거나 집중기나 처리 루틴들의 결합으로 할 수 있다. 원격 입출력에서 고려할 사항은 다음과 같다. ① 병렬 또는 직렬 접속기, ② 하나 또는 그 이상의 출력 단자, ③ 동기식 혹은 비동기식, ④ 보(baud)율, ⑤ 통신 연결, ⑥ 정보 블록의 크기, ⑦ 심플렉스, 반듀플렉스 또는 듀플렉스, ⑧ 전용 혹은 공용 버스. 원격 입출력 접속기는 활동률 계산의 관점에서 다른 입출력 접속기처럼 취급 가능하다.

microprocessor simulate/emulate [–símjulèit émjulèit] **마이크로프로세서 모의 실험/모방** 모의 실험기는 같은 데이터를 받아서 프로그램들을 실행하고 모방한 시스템과 같은 결과를 얻을 수 있게 한다. 즉, 모의 실험기는 어셈블리어나 고급 언어로 쓴 소프트웨어 프로그램을 사용하여 한 시스템이 다른 시스템을 모방하는 데 사용되는 장치이다. 일반적으로 모의 실험기는 모의 실험 대상 기계보다 더 느리며 물리적 유사성은 없으나 모방한 기계의 작업을 제어하거나 더 나은 통찰력을 얻는 데 사용한다. 한편 모방기는 모의 실험을 위하여 소프트웨어를 사용하는 모의 실험기와는 구별되는데, 마이크로프로그램과 특별한 하드웨어를 사용하여 시스템의 주기 시간보다 더 빠르거나 같은 속도로 원하는 시스템을 모방한다. 소형 마이크로프로세서들은 더 작은 구성과 더 빠른 주기 시간으로 대형 미니컴퓨터를 모방하는 데 사용된다. 모의 실험기를 모방한 기계와 물리적으로 유사하게 만들어질 수 있다.

microprocessor software [–sɔ́(:)ftwὲər] **마이크로프로세서 소프트웨어** 고정된 명령어를 가지고 있는 마이크로프로세서는 여러 개의 명령이나 연산의 집합이 고정된 길이의 단어로 정의되며, 데이터와는 독립적으로 중앙 처리 장치(CPU)를 작동시킨다. 마이크로프로세서를 작동하여 작업에 관계되는 일련의 과정을 수행하게 하는 소프트웨어로서 이러한 소프트웨어는 사용자가 변경하거나 읽어볼 수 있다.

microprocessor software control [–kəntróul] **마이크로프로세서 소프트웨어 제어** 소프트웨어, 즉 프로그램의 결과로서 컴퓨터 제어를 하는 것. 컴퓨터 기억 장치 부분은 프로그램 및 데이터를 저장하고 마이크로프로세서 부분은 저장된 프로그램을 수행한다. 외부에서 지정되어 오는 데이터 전송률이 프로그램의 처리 주기보다 빠른 대부분의 경우에 이것을 처리하는 장비가 만들어지며 영구 배선의 논리 형태를 띠게 된다. 이 경우 마이크로프로세서는 하드웨어와 서로 교신한다.

microprocessor storage [–stɔ́:ridʒ] **마이크로프로세서 기억 장치** 마이크로프로세서 중에서 가장 중요한 기억 장치는 ROM, RAM, PROM인데, 이들을 주기억 장치라고 한다. 그 밖에도 종이나 자기 테이프, 카세트, 플로피 디스크 등도 중요한 기억 장치이다.

microprocessor system timing [–sístəm táimiŋ] **마이크로프로세서 시스템 시간** 전형적으로 처리기 명령어 주기는 주소를 기억 장치로 보내는 두 단계, 명령어 혹은 자료를 추출하는 한 단계, 명령어 수행의 두 단계 등 다섯 단계로 구성된다. 만일 처리기가 느린 속도의 기억 장치와 함께 사용된다면 준비 회선은 처리기를 기억 장치와 동기시키게 된다.

microprocessor unit [–jú:nit] **마이크로컴퓨터의 중앙 처리 장치** (1) 일반적으로는 마이크로프로세서와 같은 뜻으로 쓰이지만, 특히 마이크로프로세서가 마이크로컴퓨터의 CPU로서 사용될 때 쓰이는 말. (2) 모토롤라 사가 자사에서 만든 마이크로프로세서인 MC6800, MC6809, MC68000 등의 호칭. ⇨ MPU

microprogram [màikroupróugræm] *n.* **마이크로프로그램** 주기억을 참조하지 않는 프로그램. 즉, 상용 루틴 등을 고정 기억 장치에 기억해놓는 프로그램. 보통은 기본적 연산으로만 할 수 있는 컴퓨터의 마이크로 명령을 사용하여 작성된 프로그램을 말한다. 전자 회로에 의해서 작성된 하드웨어 상의 프로그램인 경우가 많다. 덧셈을 예로 들면 컴퓨터가 덧셈을 실행하는 데 필요한 부명령군은 일정하므로 이것을 고정 기억 장치에 기억시켜 놓고 필요에 따라 읽어서 제어 장치를 동작시킨다.

microprogram assembler software system[–əsémblər sɔ́(:)ftwὲər sístəm] **마이크로프로그램 어셈블러 소프트웨어 시스템** 여러 다양한 시스템의 표준 소요 시간을 줄이기 위하여 기억 장소, 제어 신호를 마이크로프로그램으로 설계하는 경우에 마이크로프로그램 어셈블러는 PROM 프로그래머를 위하여 마이크로프로그램을 수정하고 문서화시켜 준다. 그러한 시스템은 공통 언어뿐만 아니라 자동 회계 시스템과 청구서 작성 시스템을 포함하여 큰 용역 회사들의 시분할 서비스에서 유용하게 사용된다.

microprogram assembly language[–əsémbli(:) lǽŋgwidʒ] **마이크로프로그램 어셈블리어** 기본 명령어들을 상징어로 표기한 기계어이며 컴퓨터의 특성에 따라 다르다. 마이크로프로그램을 사용한 컴퓨터에서 각 어셈블리 명령어는 마이크로프로그램에 의하여 실현된다.

microprogram control[–kəntróul] **마이크로프로그램 제어** 사용자는 타이밍 순서를 만들고 선택하기 위하여 계수기에 초기값을 넣고 각 단계마다 계수기를 증가시키는데, ROM은 각 계수기의 값을 해석하여 적절한 출력선을 활성화시킨다. 수행 제어 논리 회로는 기본적으로 ROM과 계수기로 구성된다. 이때 ROM의 내용이 연산의 순서를 제어하는데, 이것을 마이크로프로그램 제어라고 한다.

microprogram control logic[–ládʒik] **마이크로프로그램 제어 논리** 영구 배선으로 연결된 컴퓨터는 마이크로프로그램 방식을 이용한 컴퓨터보다 더 많은 제어 논리를 사용한다. 이것은 기계 명령어를 실현하기 위해 필요한 하드웨어를 말한다.

microprogram control storage[–stɔ́:ridʒ] **마이크로프로그램 제어 기억 장치** ⇨ microprogram control store

microprogram control store[–stɔ́:r] **마이크로프로그램 제어 기억 장치** 제어 처리기가 사용하는 기억 장치로, 마이크로프로그램이 저장되어 있다. 이러한 기억 장치로는 ROM, PROM 또는 WCS(writable control store) 등이 사용된다.

microprogram counter[–káuntər] **마이크로프로그램 카운터** 논리를 주소 지정하는 제어 장치에서 마이크로 명령 코드는 통상 시퀀셜 액세스되므로 마이크로프로그램의 접근이 끝나면 다음에 이어지는 매크로 명령을 참조하도록 인크리먼트(increment)하는 장치. ⇨ sequential access

microprogram description language[–diskrípʃən lǽŋgwidʒ] **마이크로프로그램 기술 언어** 마이크로 명령에서 레지스터, 플립플롭 등의 제어나 순서 제어 등의 지정을 행하는 비트 필드를 기호에 의해 기술할 수 있는 언어. 컴파일러 언어 수준인 것도 있다.

microprogram fetch phase[–fétʃ féiz] **마이크로프로그램 인출 단계** 어떤 종류의 마이크로프로그램에서는 외부의 시스템 메모리로부터의 기계 명령에 접근하기 위해 주소 형식이나 그것을 CPU 레지스터에 축적하는 인출(fetch) 단계를 갖는다.

microprogram field[–fí:ld] **마이크로프로그램 필드** 한 개의 마이크로 명령어를 형성하는 여러 개의 필드는 서로 독립적 사용이 가능하다. 즉, 한 개의 마이크로 동작을 표시하는 마이크로 명령어의 부분.

microprogram instruction[–instrʌ́kʃən] **마이크로프로그램 명령어** 마이크로프로그래밍 방법을 쓰는 기계에서 기계가 직접 수행할 수 있는 명령어를 말한다. 보통 하나의 마이크로프로그램 명령은 병렬적으로 수행 가능한 몇 개의 마이크로 동작들로 구성되어 있다.

microprogram instruction set[–sét] **마이크로프로그램 명령어 집합** 명령 실행을 위한 CPU의 제어 신호 논리가 ROM으로 만들어지는 컴퓨터. ROM의 내용을 바꿈으로써 명령 집합을 바꿀 수 있다.

microprogrammable computer[màikrouprόugræməbl kəmpjú:tər] **마이크로프로그램 가능 컴퓨터** 컴퓨터의 기계 명령을 실행할 때 중앙 처리 장치를 제어하는 신호열이 제어 기억이나 판독 전용 기억 장치(ROM)에서 생성되는 컴퓨터. 이 기억 장치의 내용을 변경함으로써 컴퓨터의 명령 집합도 변경할 수 있다. 명령 집합을 즉시 바꿀 수 없는 고정 명령형 컴퓨터의 상대어. ⇨ microprogramming

microprogrammable instruction[–instrʌ́kʃən] **마이크로프로그램 가능 명령어** 마이크로프로그램이 가능한 명령어의 수행은 마이크로프로그램에 의해 그 제어가 가능한 것을 의미한다. 최근의 컴퓨터들은 명령어 집합에 속하는 모든 명령어들을 마이크로프로그램에 의하여 제어하는 방식을 택하고 있으며, 더 나아가 사용자가 임의의 명령어를 마이크로프로그램화하여 사용하도록 한 컴퓨터도 있다.

microprogrammable ROM computer **마이크로프로그램 가능 ROM 컴퓨터** 명령어를 수행하기 위한 내부 CPU의 제어 신호 순서가 ROM에서 발생되는 컴퓨터. ROM의 내용을 바꿈으로써 명령어 집합을 바꿀 수도 있으며, 이는 명령어 집합이 바뀔 수 없는 고정 명령어 컴퓨터의 상대어이다.

microprogram machine instructions [màikrouprόugræm məʃí:n instrʌ́kʃənz] **마이크**

로프로그램 기계 명령어** 제어 처리기를 통하여 컴퓨터의 동작을 실질적으로 제어하는 2진 코드화된 비트 패턴. 상징어로 쓰여진 프로그램을 컴파일러나 어셈블러 또는 인터프리터에 의하여 기계 명령어로 번역한다.

microprogram map (system user)[–mǽp (sístəm júːsər)] **마이크로프로그램 맵 (시스템 이용자)** 주기억 장치 내의 특정한 프로그램이나 자료 저장 장소에 접근하기 위해 사용되는 컴퓨터 하드웨어 내에 저장된 주소들의 그룹.

microprogrammed control[màikroupróugræmd kəntróul] **마이크로프로그램화 제어** ⇨ microprogramming

microprogrammed control unit[–júːnit] **마이크로프로그램된 제어 장치** 기계 명령어를 실현하기 위해 필요한 하드웨어를 영구 배선에 의하지 않고 판독 전용 기억 장치 등에 마이크로프로그램하여 제어 기능을 구현하기 위한 장치.

microprogrammed diagnostic[–dàiəgnástik] **마이크로프로그램 고장 진단** 몇몇 초소형 시스템과 대형 시스템의 대부분의 모델은 ROM 제어부에 그들의 고장 진단 방법을 저장한다. 즉, ROM을 사용하여 시스템의 제어 영역에서 고장 진단과 서비스에 대한 보조를 쉽게 실현할 수 있도록 하는 것을 말한다. 다시 말해 제어 기억 장치의 출력단에 패리티를 둠으로써 제어망의 많은 부분을 점검할 수 있다. 특히 마이크로프로세서에서는 기계어로 프로그래머가 사용할 수 없는 내부 제어 상태를 설치하거나 시험할 수 있다.

microprogrammed logic[–ládʒik] **마이크로프로그램화 논리**

microprogrammed microprocessor[–màikroupràsesər] **마이크로프로그램된 마이크로프로세서** 소형 또는 대형 컴퓨터에서의 마이크로프로그래밍은 단일 고속 기억 장치를 사용하며, 이의 출력은 직접 혹은 해석 논리 회로를 통해 자료의 경로를 제어한다. 단일 고속 기억 장치는 처리기의 명령어 집합에 필요한 기능을 제공하기 위하여 보통의 기계어 코딩 혹은 어셈블리어 코딩과 비슷하게 프로그램된다. 마이크로프로그램된 처리기에서는 기본적인 레지스터 전송 단계의 동작까지 프로그램할 수 있다. 이러한 기본적인 동작들이 일반적인 기계 명령어를 구성하는 요소이다.

microprogrammed processor[–prásesər] **마이크로프로그램된 처리기** 마이크로프로그램된 처리기는 컴퓨터 내의 컴퓨터라고 할 수 있다. 마이크로프로세서는 이전 컴퓨터의 명령어 세트를 모방하며, 정지(halt) 상태에서 전면 패널을 제어하고 자동으로 부트스트랩을 동작시키며, 향상된 명령어 세트를 구현할 수 있다. 기본 명령어 세트 수준에서의 호환성은 마이크로프로그램 수준에서 보다 더 중요하다. 마이크로프로그램은 대개 응용 프로그램에 비해서 작고 어떤 형태의 마이크로 코드에서 다른 마이크로 코드로 바꾸는 것이 비교적 쉽다는 것이 경험적으로 알려져 있다.

microprogram microassembler[màikroupróugræm màikrouəsémblər] **마이크로프로그램 마이크로어셈블러** 어셈블리어와 비슷한 상징어로 된 마이크로프로그램을 제어 기억 장치에 적재할 비트 패턴으로 번역하는 프로그램.

microprogram micro code[–máikrou kóud] **마이크로프로그램 마이크로 코드** 원시 언어 혹은 목적 코드 형태로 마이크로프로그램을 작성할 때 사용되는 마이크로 명령어에 대한 다른 명칭.

microprogramming[màikroupróugræmiŋ] *n*. **마이크로프로그래밍** M.V. Wilkes가 고안한 것으로서 고정 기억 장치나 특별한 회로로 마이크로 명령을 조합시켜 마이크로프로그램을 만드는 것. 프로그램의 변환이나 통신 제어와 같은 특정 용도에 대한 프로그램을 하드웨어로 고정화하는 경우, 또는 사용자가 자유롭게 명령을 만드는 것이 가능한 컴퓨터 등에서 사용된다. 모든 작동 명령을 마이크로프로그램으로 실행하면 제어 시스템이 매우 간단해지며 컴퓨터 기능에 융통성이 있다.

microprogramming ROM **마이크로프로그래밍 ROM** 마이크로프로세서를 제어하는 마이크로프로그램을 판독 전용 기억 장치에 넣어 하나의 소자로 만든다. 이때 설계의 변환이나 수정이 필요할 경우에 판독 전용 기억 장치의 내용을 고치기만 하면 되므로 전환성이 좋다.

microprogramming techniques[–tekníːks] **마이크로프로그래밍 기술** 효율적인 마이크로프로그램을 작성하거나 마이크로 코드를 개발하기 위한 방법으로는 인덱싱, 서브루틴, 매개변수 등의 방법이 있다. 대부분의 산술 계산은 일련의 반복적인 동작을 요구한다. 예를 들면, 곱셈은 계속적인 더하기와 자리 이동으로 구성되는데, 이는 연산이 끝날 때까지 몇 번이고 수행해야 한다. 명령어를 반복적으로 수행할 때 이 횟수를 기억하기 위하여 인덱스 레지스터가 사용되며, 이와 같은 방법이 마이크로프로그래밍에서도 이용된다.

microprogram sequence logic[màikroupróugræm síːkwəns ládʒik] **마이크로프로그램 순서 논리** 마이크로컴퓨터의 CPU 내의 제어 칩이 ROM을 제어하는 논리.

microprogram sequencer[–síːkwənsər]

마이크로프로그램 순서기

microprogram status bit[–stéitəs bít] **마이크로프로그램 상태 비트** 상태 비트는 기기의 상태를 기억시키기 위하여 정보 처리 시스템에서 많이 이용된다. 상태 비트와 같은 기억 소자를 사용하여 시스템을 정의하는 기록 변수를 이용하는 방법으로는 기록 변수화 방법이 있다. 종종 회로의 일정한 조건이 만족되면 특정한 비트를 1로 하고 나중에 이 비트를 조사하는 방식을 채택하여 프로그램 길이를 단축시킬 수 있다. 마이크로프로그램은 이 상태 비트를 이용하여 간략하게 줄일 수 있다. 마이크로프로그램의 분기는 상태 비트가 정해진 후에 여러 개의 명령 주기가 지나야 수행된다. 이렇게 함으로써 불필요한 마이크로 명령어의 중복과 조기 분기가 일어나지 않게 한다.

microprogram store[–stɔ́ːr] **마이크로프로그램 기억 장치**

microprogram subroutine[–sʌ̀brutíːn] **마이크로프로그램 서브루틴** 각종 프로그램에서는 서브루틴을 사용함으로써 가끔 많은 마이크로 명령어들을 절약할 수 있다. 이런 경우, 제어 기억 장치의 주소를 보관했다가 재생할 수 있는 임시 기억 장소가 준비되어야 한다. 이때 이 임시 저장 레지스터는 마이크로프로그램 카운터를 보관하고 재생하는 데 사용된다.

MicroPro International[máikropròu intəːrnǽʃənɑl] **마이크로프로 인터내셔널 사** 미국 캘리포니아 주에 있는 소프트웨어 개발 회사. 이 회사에서 개발한 소프트웨어로는 유명한 워드 프로세싱 프로그램 워드스터(WordStar)가 있다.

Micro PROLOG 마이크로 프롤로그 마이크로컴퓨터용 프롤로그 인터프리터. ⇨ PROLOG

micropublishing system[màikroupʌ́bliʃiŋ sístəm] **마이크로 출판 시스템** 오류가 없이 타자된 원본을 받아서 사용자에게 배포할 수량만큼 마이크로피시를 만드는 완전한 출판 시스템을 구성하는 하드웨어와 소프트웨어.

microroutine[màikrouruti:n] **마이크로루틴**

microsecond[màikrousékənd] **마이크로초** 시간의 단위로서 100만분의 1초(10^{-6} 초). μm라고 쓴다.

micro social system[màikrou sóuʃɑl sístəm] **마이크로 사회 시스템**

Microsoft BASIC 마이크로소프트 베이식 마이크로소프트 사에서 개발된 CP/M 운영 체제를 사용하는 마이크로컴퓨터에 사용되던 BASIC 인터프리터.

Microsoft C 마이크로소프트 C 마이크로소프트 사의 PC용 컴퓨터를 위한 C 컴파일러 패키지.

Microsoft certified professional[–sɔ́ːrtəfàid prəféʃənəl] ⇨ MCP

Microsoft certified solution development[–səlúːʃən divéləpmənt] ⇨ MCSD

Microsoft certified trainers[–tréinərz] ⇨ MCT

Microsoft Chart[–tʃáːrt] **마이크로소프트 차트** 마이크로소프트 사에서 개발된 그래픽 프로그램. 각종 데이터를 정리하여 막대, 선, 원, 그래프 등의 작도 기능을 가지고 있다.

Microsoft Corp.[–kɔ̀ːrpəréiʃən] **마이크로소프트 사** 윌리엄 게이츠(William Gates)와 폴 알렌(Paul Allen)이 1975년에 설립한 개인용 컴퓨터를 위한 소프트웨어를 개발 판매하는 미국의 대형 소프트웨어 업체. 이 회사의 제품으로 유명한 것은 IBM-PC의 운영 체제인 MS-DOS와 OS/2, PC용 유닉스인 제닉스, 매크로어셈블리, BASIC, C, COBOL, FORTRAN, PASCAL 등 각종 언어와 컴파일러, 워드 프로세서인 마이크로소프트 워드, 스프레드시트인 멀티플랜과 엑셀, 그래픽 환경인 마이크로소프트 윈도 등이 있다.

Microsoft development network[–divéləpmənt nétwəːrk] ⇨ MSDN

Microsoft disk operating system[–dísk ɑ́pərèitiŋ sístəm] **MS-DOS, 마이크로소프트 디스크 운영 체제 시스템** ⇨ MS-DOS

Microsoft Excel[–iksél] **마이크로소프트 엑셀** 마이크로소프트 사에서 개발한 스프레드시트 프로그램의 명칭. 원래는 매킨토시 컴퓨터를 위해 개발되었지만 그 이후에 IBM-PC에도 이식되었다. 그래픽 기능이 매우 뛰어난 것이 특징이다.

Microsoft FORTRAN 마이크로소프트 FORTRAN 마이크로소프트 사가 개발한 IBM-PC용 FORTRAN 컴파일러 패키지.

Microsoft foundation class[–faundéiʃən kláːs] ⇨ MFC

Microsoft Macro Assembler[–mǽkrou əsémblər] **마이크로소프트 매크로 어셈블러** 마이크로소프트 사에서 개발된 PC용 컴퓨터를 위한 어셈블러 패키지. 프로그램 개발용으로 많이 사용된다.

Microsoft Mouse[–máus] **마이크로소프트 마우스** 마이크로소프트 사에서 개발하여 판매하는 볼 방식의 마우스. 마우스 시스템즈 사의 마우스와 함께 PC용 컴퓨터를 위한 마우스의 쌍벽을 이루고 있다.

Microsoft Multiplan[–mʌ́ltiplæ̀n] **마이크로소프트 멀티플랜** 마이크로소프트 사에서 개발한 스프레드시트 프로그램명. 8비트의 CP/M과 애플 Ⅱ용으로 만들어졌으며, 그 후 IBM-PC에도 이식되었다. 다른 프로그램보다 사용이 간편하여 많이 이용된다.

Microsoft Plus! 98 마이크로소프트 플러스! 98 마이크로소프트 사의 윈도 98 확장 소프트웨어로, 바이러스 체크나 게임, 조작 환경을 조절하는 유지 마법사 등이 수록되어 있다.

Microsoft Windows[-wíndouz] **마이크로소프트 윈도** 마이크로소프트 사에서 개발한 그래픽 방식 다중 작업 지원 프로그램. 이것은 여러 개의 사용자 프로그램을 각기 다른 그래픽 윈도에 표시하여 사용할 수 있게 하며, 프로그램 간에서의 데이터 이동도 가능하다. 또 그래픽 윈도와 메뉴 방식이므로 사용이 간편하다.

Microsoft Windows MME 마이크로소프트 윈도 MME Microsoft Windows multimedia extensions의 약어. 마이크로소프트 사가 개발한, 윈도 3.0 이하의 버전으로 멀티미디어를 다룰 수 있게 하기 위한 확장 기능. 윈도 상에서 이미지와 음성을 다룰 수 있다. MME는 마이크로소프트 사에서 컴퓨터 제조 회사에 소프트웨어라면 컴퓨터의 기종이나 주변 기기 제조 회사에 관계 없이 멀티미디어를 재생할 수 있다. 윈도 3.1에는 MME 기능의 일부가 표준으로 내장되어 있다. 마이크로소프트 사, AT & T 사, 탠디 사 등에서 MME에 필요한 하드 규격의 표준으로 MPC(멀티미디어 컴퓨터)가 제창되고 있다.

Microsoft Windows multimedia extensions[-mʌ́ltimìdiə iksténʃənz] **마이크로소프트 윈도 MME** ⇨ Microsoft Windows MME

Microsoft WORD[-wə́ːrd] **마이크로소프트 워드** 마이크로소프트 사에서 개발된 워드 프로세서. 그래픽 처리가 강력한 것이 특징이며, 사용자가 매우 애호하는 프로그램이다.

microspacing[màikrəspéisiŋ] **미세 간격 조정** 프린터에서 인쇄 위치를 아주 작은 거리만큼 옮길 수 있는 기능. 이것은 글자 간격이나 단어 사이에 미세한 간격을 원할 때나 한 글자를 두 번 겹쳐 인자할 때 약간 어긋나게 인자함으로써 그림자가 진 듯한 효과를 줄 때 사용된다.

micro step[máikrou stép] **마이크로 스텝**

microstructure[màikrəstrʌ́ktʃər] **초소형 구조**

micro system electronics[máikrou sístəm ilèktrániks] **마이크로 시스템 전자 공학**

micro system simulation[-sìmjuléiʃən] **마이크로 시스템 시뮬레이션**

micro system theory[-θíəri(ː)] **마이크로 시스템 이론**

micro theory[-θíəri(ː)] **마이크로 이론**

micro to mainframe links[-tu méinfrèim líŋks] **마이크로 투 메인프레임 링크스**

Micro VAX 디지털 이퀴프먼트 사(DEC)에 의해 개발된 이 컴퓨터는 원래의 VAX 컴퓨터와 호환성이 있으면서도 값이 싼 VAX-11 미니컴퓨터를 축소한 마이크로컴퓨터이다.

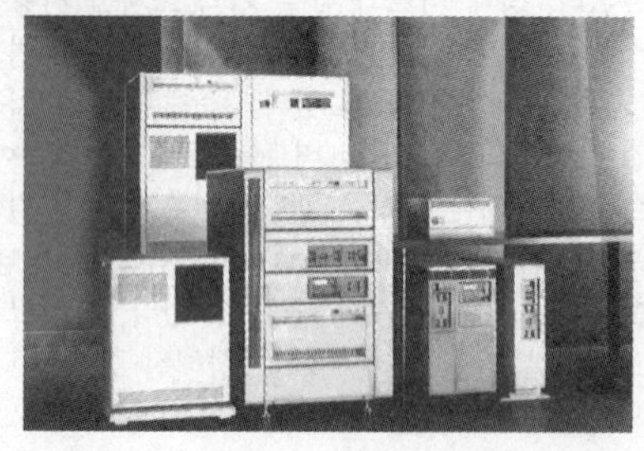

〈Micro VAX〉

microwave[máikrəwèiv] *n.* **초단파** 마이크로파. 보통 300MHz~30GHz 또는 1GHz~30GHz의 극초단파 주파수를 일컫는다.

Microwave 무선 LAN 마이크로웨이브 무선 LAN 무선 LAN 전송 방식의 일종으로 셀룰러 시스템에서 많이 사용하고 있는 주파수 대역을 이용한 LAN. 비교적 넓은 영역으로 신호 확산이 가능하기 때문에 적외선 방식보다 이동성이 우수하고, 지역마다 같은 대역을 사용함으로써 대역의 재사용이라는 효과를 얻을 수 있다. ⇨ spread spectrum 무선 LAN

microwave hop[-háp] **마이크로파 중계** 마이크로파의 중계를 위해 여러 대의 파라볼라 안테나를 사용하는 경우 두 파라볼라 안테나 사이에 형성되는 마이크로파의 채널.

microwave transmission lines[-trænsmíʃən láinz] **마이크로파 전송 회선** 두 지점 간에서 마이크로파를 통하여 데이터를 전송하는 데 사용되는 물리적 또는 논리적인 구조.

micro winchester disk[máikrou wíntʃèstər dísk] **마이크로 윈체스터 디스크** 5.25인치의 윈체스터 디스크. 보통 하드 디스크라고 한다. 플로피 디스크와 달리 기록 매체의 변환은 이루어지지 않지만 고속 대용량이라는 이점이 있다. 디스크 표면에 판독용 헤드가 직접 접촉하지 않기 때문에 디스크의 마찰이 없고, 드라이브 안의 공기를 깨끗하게 해두고 완전한 필터도 붙어 있기 때문에 상당히 신뢰성이 높다. 윈체스터 디스크의 이름은 Winchester-Disk Technology 사에서 따온 것이다.

micro winchester drive[-dráiv] **마이크로 윈체스터 드라이브**

micro world[-wə́ːrld] **마이크로 월드, 마이크로 세계** 흥미있는 사건들이 발생하고 중요한 생각들이 제공되는 잘 정의되었지만 제한된 지식 환경. 마이크로 월드는 그 안에 또 다른 마이크로 월드를 가질 수 있다.

MICR scan MICR 주사(走査), 자기 잉크 문자 인식 주사 magnetic ink character reader scan의 약어. 자기 잉크로 인쇄된 문자, 부호, 표시를 판독해내는 것. 미국 은행가 협회에서 개발한 방법으로 은행에서의 수표 검사에 사용된다.

MIDAS 마이더스, 수정된 통합 디지털 아날로그 시뮬레이터 modified integration digital analog simulator의 약어.

middle[mídl] *a.* **중간의, 중간** 인터넷 사용자가 배너 광고를 클릭한 후 해당 웹 사이트로 이동하기 전에 나타나는 웹 페이지. 대부분 광고주의 웹 사이트에 대한 간단한 정보가 링크되어 있다.

middle level management[-lévəl mǽnidʒmənt] **중급 관리** 최고 경영 그룹에서 결정한 경영 전략을 바탕으로 하여 기술적인 결정을 이행하는 실행 관리.

middle square method[-skwέər méθəd] **중앙 제곱법** 새로운 난수 발생 방법 중의 하나로 난수의 씨(seed)를 제곱하여 나온 수의 중간의 몇 자리를 취하여 새로운 난수를 만드는 방법.

middleware[mídlwὲər] *n.* **미들웨어** 하드웨어와 소프트웨어의 중간 제품. 마이크로 코드 등을 말한다. 운영 체제와 응용 프로그램 중간에 위치하는 소프트웨어. 주로 통신이나 트랜잭션 관리를 실행하며, 대표적인 미들웨어로는 CORBA와 DCOM이 있다. 이 소프트웨어는 클라이언트 프로그램과 데이터 베이스 사이에서 통신을 운용하는 데 쓰인다. 예를 들어, 데이터 베이스에 연결된 웹 서버가 미들웨어일 수 있다. 웹 서버는 클라이언트 프로그램(웹 브라우저)과 데이터 베이스 사이에 있는 것이다. 미들웨어 때문에 데이터 베이스를 클라이언트 프로그램에 영향을 주지 않고 바꾸는 것이 가능하고 역시 클라이언트 프로그램을 데이터 베이스에 영향을 주지 않고 바꾸는 것 또한 가능하다.

〈미들웨어가 차지하는 위치〉

MIDI 미디 musical instrument digital interface의 약어. 연결 인터페이스, 미디(MIDI)로 컴퓨터와 악기, 신디사이저를 서로 연결하여 디지털 사운드를 만들고 합성할 수 있다. 미디란 용어는 표준 혹은 그 표준을 지원하는 하드웨어 혹은 그 하드웨어가 사용하는 정보를 저장하는 파일을 의미하는 것으로 쓰인다. 미디 파일들은 디지털 음악과 같이 음표, 박자, 기악 편성의 내용을 담고 있어서 게임 사운드트랙과 스튜디오 녹음 등에 광범위하게 쓰인다. 미디란 음의 높이, 길이, 음량의 세 종류의 데이터를 128씩으로 분해해서 수치화한 업계 표준의 인터페이스와 음원 박스를 조합시켜 여러 가지 음색을 내게 한 것이다.

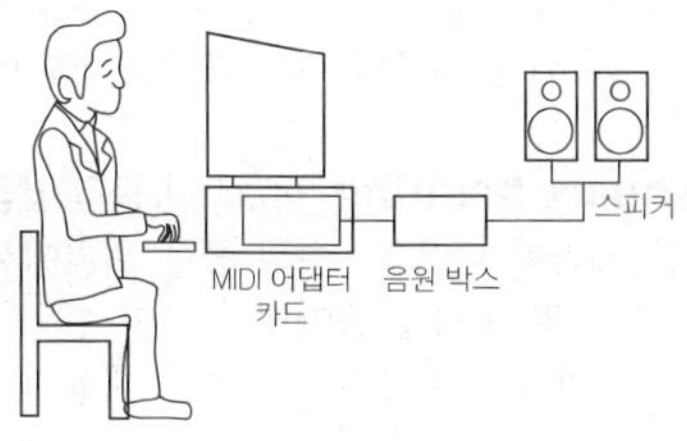

〈MIDI 접속〉

MIDI device 미디 장치 미디 신호를 생성·조작·해석하는 각종 기기들. 전자 키보드, 신디사이저, 미디 인터페이스 카드 등이 있다.

MIDI file 미디 파일 신디사이저가 악보를 연주할 수 있도록 관련 정보를 담고 있는 파일.

MIDI interface card 미디 인터페이스 카드 컴퓨터와 외부 미디 장치(예 : 신디사이저) 간의 연결을 담당하는 확장 카드.

MIDI mapper 미디 매퍼 특정한 신디사이저에서 이용할 수 있도록 미디 파일 내의 채널과 패치 번호를 재설정해주는 윈도 유틸리티.

MIDI sequencer 미디 시퀀서 미디 파일의 녹음·편집·재생을 담당하는 프로그램.

midpoint subdivision clipping[mídpɔ̀int sʌ̀bdivíʒən klípiŋ] **중간점 분할 전단** Cohen-Suther-land 전단 알고리즘은 교점을 구하기 위한 곱셈과 나눗셈이 필요하기 때문에 수행이 느려지므로 이 문제를 해결하고 선의 중간점이 윈도의 교점에 있는지를 조사하여 수행 속도를 개선한 알고리즘. 보편 좌표계의 모든 프리미티브를 장치 좌표계로 사상시키고, 뷰 포트(view port)의 경계에 대하여 전단한다. 아웃 코드를 사용하여 선이 받아들여지지도, 버려지지도 않으면 그 중간점을 구해 반으로 나누고, 이 나누어진 반이 받아들여지고 다른 반이 버려질 때까지 2진 탐색의 형태로 계속 분할을 반복한다. 저장되었던 나머지 반에 대하여 위의 과정을 반복한다.

mid-range[míd réindʒ] **중급, 중위역** 어떤 시리즈의 여러 제품들 가운데서 가격이나 성능이 중간 정도인 것.

MIDS 경영 정보 결정 시스템 management information and decision system의 약어.

mid-square function[míd skwέər fʌ́ŋkʃən] **중간 제곱 함수** 식별자를 제곱한 후에 그 결과의 중간에 있는 적당한 수의 비트를 취하여 버킷 주소로 삼는 것. 이때 식별자는 한 개의 컴퓨터 워드에 맞는 것으로 가정한다. 제곱수의 중간 비트는 대개 식별자의 모든 문자와 관련이 있기 때문에 서로 다른 식별자는 몇 개의 문자가 같을지라도 서로 다른 해시(hash) 주소를 갖게 된다. 버킷 주소를 얻기 위하여 사용되는 비트의 수는 테이블 크기에 달려 있다.

mid-square hashing[–hǽʃiŋ] **중간 제곱 해싱** 키 값을 제곱한 다음 그 수의 중앙 위치에서 미리 정해진 자리의 숫자를 뽑아내어 상대 주소를 만드는 해싱 기법. *n*자리의 상대 주소가 필요하면 제곱한 키의 중앙 *n*자리만 남기고 양끝 숫자를 잘라버린다.

mid-square method[–méθəd] **중앙 제곱법** 주어진 데이터에 변환을 실시하여 되도록이면 랜덤한 값을 만드는 해싱(hashing) 함수 구성법의 하나로, 데이터를 제곱한 결과로 중앙부에서 필요한 자릿수만큼 꺼내는 방법. ⇨ hashing function

MIG 미그 Mach interface generator의 약어. 분산 운영 체제 Mach 상의 환경에서 분산 프로그램 및 객체 지향 프로그래밍을 지원하기 위해 카네기 멜론 대학(CMU)에서 개발한 인터페이스 기술 언어와 그 컴파일러.

migration[maigréiʃən] *n*. **이주, 이행, 이송, 마이그레이션** 컴퓨터 시스템을 새롭게 갱신하는 일 없이 마이그레이션(이행)을 하는 경우가 있다. 또 빈번하게 사용하는 데이터의 항목을 액세스 시간이 빠른 기억 장치의 영역에 수용하기 위해서 액세스 빈도가 낮은 데이터를 어느 기억 장치에서 액세스 시간이 긴 다른 기억 장치에로 프로그램이나 데이터 등의 이동을 실행하고 제어하는 것을 말한다.

MIH 부재 인터럽션 조정기 missing interruption handler의 약어.

MIL 미 국방 표준 규격 military specification and standard의 약어. 미 국방성이 제정하는 군용 규격으로, 하드웨어의 환경 조건에 대한 규격 등이 있다.

milestone[máilstòun] *n*. **이정표** 흘러드는 모든 단위 작업이 끝나기 전까지는 종료된 것으로 생각하지 않는 단위 작업 또는 사건.

military network[mílitὲ(:)ri(:) nétwə̀ːrk] **군사 네트워크** 미국 국방성에서 ARPANET을 토대로 만든 군사용 네트워크.

military standard[–stǽndərd] **군사 규격** 반도체나 IC에 관한 미국 국방성의 표준 규격.

mill[míl] *n*. **밀** 찰스 배비지(C. Babbage)가 구상했던 해석 기관(analytical engine)의 핵심인 처리 장치의 또 다른 명칭. ⇨ analytical engine

millennium bug[miléniəm bʌ́g] ⇨ Y2K

Miller integrator[mílər íntəgrèitər] **밀러 적분기** 입력과의 적분 파형 또는 톱니파형의 펄스를 발생하는 회로로서 출력에서 입력으로 콘덴서를 통하여 음(−)의 피드백을 걸어준 증폭기.

milli[míli] **밀리** 1/1,000을 의미하는 접두어.

millimeter[mílimìːtər] *n*. **밀리미터 (파장의)** 30~300GHz의 주파수.

millimicrosecond[mílimàikrəsékənd] **밀리마이크로초** 시간의 단위로 10^{-9}초. ⇨ ns

million floating-point operations per second[míljən flóutiŋ pɔ́int àpəréiʃənz pər sékənd] MFLOPS, **엠플롭스**

million instructions per second[–istrʌ́kʃənz pər sékənd] MIPS, **초당 메가 명령 수, 100만 명령/초** ⇨ MIPS

millisecond[mílisèkənd] *n*. **밀리초, 밀리세컨드** 시간의 단위로 1000분의 1초. 물리나 공학 분야에서는 통상 msec, 또는 ms라고 쓰인다. 컴퓨터 내부의 논리 회로(logic circuit) 등은 상당히 고속으로 작동하지만, 보조 기억 장치(auxiliary storage) 등의 평균 액세스 시간은 하드 디스크 장치에서는 수십 밀리초, 플로피 디스크 장치에서는 수십, 수백 밀리초 정도로 되고 있다. 또 동적 램(DRAM)의 리프레시(refresh) 주기는 수 밀리초 정도(2밀리초가 표준)로 되어 있다.

millivolt[mílivòult] **밀리볼트** 1,000분의 1볼트.

MILNET 밀넷 미 국방성에서 ARPANET을 토대로 만든 군사용 네트워크. ⇨ military network

MIL-STD-833 반도체의 신뢰성에 대한 기본적인 미 군용 규격으로 A(aerospace ; 우주), B(avionics ; 항공), C(ground ; 지상)의 세 가지 등급이 있다.

MIMD 복수 명령열/복수 데이터열 방식 multi instruction stream and multi data stream의 약어. 복수 명령, 복수 데이터 열의 데이터 처리 방식을 말한다. 컴퓨터 처리 형태를 명령과 데이터에 착안해서 분류한 경우의 한 형태. 여러 프로그램이 병

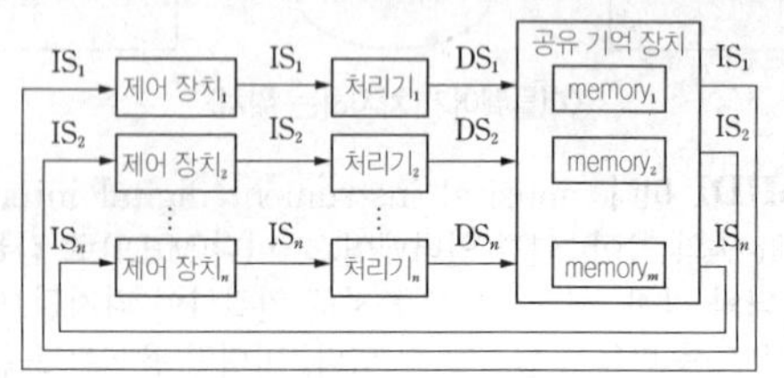

(IS ; Instruction Stream, DS ; Data Stream)

〈MIMD 컴퓨터 구조〉

행해서 실행되는 컴퓨터. 멀티프로세서 시스템이 이 형태에 해당한다.

MIMD processor 복수 명령 복수 데이터 프로세서 multiple instrution (stream), multiple data(stream) processor의 약어.

MIME multipurpose internet mail extensions의 약어. 인터넷에서 멀티미디어 전송을 위한 메일 규약을 뜻하는 것으로 인터넷 문서 RFC 1521, 1522에 정의되어 있으며, 전송되는 내용에 대한 자세한 구분을 헤더로 주고받아 일반 텍스트는 물론 음성이나 화상 정보까지 주고받을 수 있도록 준비된 하나의 규약이다.

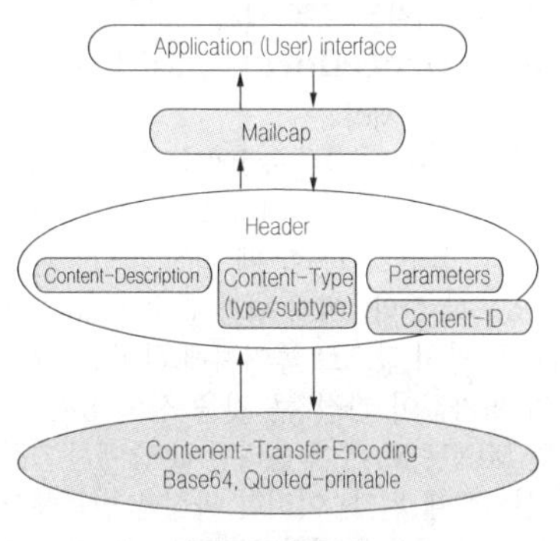

〈MIME의 구조〉

MIMIC 미믹 1965년 IBM 7090계 기종용으로 개발된 연속형 시뮬레이션용 언어.

MIMR 자기 잉크 마크 인식 magnetic ink mark recognition의 약어.

mini[míni] *a.* **소형의, 미니, 미니의**

miniassembler program[míniəsèmblər próugram] **미니어셈블러 프로그램** 여러 형태의 마이크로프로세서 시스템에서 기계어 프로그래밍을 쉽게 할 수 있게 고안된 프로그램. 단말 장치에서 어셈블리어를 사용하여 직접 프로그램을 만들면, 이 미니어셈블러 프로그램은 적절한 목적 코드로 바꾸어 이를 기억 장치 내에 옮기면서 동시에 단말 장치에 이를 인쇄한다. 상대적인 분기는 분기 명령어 다음에 입력되는 절대 주소로부터 계산된다.

miniaturization[mìniətʃərəzéiʃən] **소형화** 어떤 물체를 그 능력과는 관계없이 물리적인 크기만을 작게 하는 것.

minicard[mínikὰːrd] **미니카드** 정보 저장 및 검색을 위한 사진 체제를 일컫는 미국 이스트만 코닥사의 상표.

minicomputer[mìnikəmpjúːtər] *n.* **중형 전산기, 미니컴퓨터, 미니컴** 프로그램 기억 방식의 소형 디지털 컴퓨터로 단어 길이 16비트 이하이며 저가격이다. 용도가 넓어 통신, 제어, 과학 컴퓨터에 사용된다. 메모리 용량도 4k 단어에서 65k 단어 정도이며 최근에는 좀더 대용량도 나와 고도의 기능을 갖춘 단어 길이 32비트의 것 등도 있다. 1965년에 DEC 사가 당시의 컴퓨터에 비해서 파격적인 가격으로 판매한 PDP 11의 컴퓨터에 붙여진 이름이지만, 현재에는 일반 중형 컴퓨터를 말하며 「미니컴퓨터」라고 불리는 경우가 많다. 대형 컴퓨터에 접속되어 부가적으로 사용되는 경우도 있지만 대개는 통신용이나 감시용, 프로세스 제어용 등에 사용되고 있다.

minicomputer I/O 미니컴퓨터 입출력 미니컴퓨터에는 두 가지의 입출력 방식이 있다. ① 프로그램에 의한 입출력 방식 : 미니컴퓨터와 주변 장치 사이의 자료 이동을 수행하게 하기 위한 명령을 프로그램으로 수행한다. 이러한 저속의 자료 이동은 미니컴퓨터의 누산기를 통해 일어난다. ② 직접 메모리 접근 방식 : 주변 장치 인터페이스가 미니컴퓨터의 기억 장치와 주변 장치의 자료 레지스터 사이에 직접 정보의 이동이 일어나도록 제어한다. 이러한 전송 방식에서는 자료의 교환이 단일 단위가 아닌 블록 단위로 행하여진다.

mini DIN connector 미니 DIN 커넥터 키보드나 마우스 등의 커넥터 형상 규격의 하나.

mini disk[míni dísk] **미니 디스크**

mini disk data[–déitə] **미니 디스크 데이터** ⇨ MD data

mini diskette[–dísket] **미니 디스켓** 표준의 플로피 디스크와 비슷하지만 규모가 작은 기억 매체로서 하드 섹터와 소프트 섹터 방식이 있으며, 산화물질, 제조 방법, 기술은 같다. 보호용 케이스의 크기가 사방 5.25인치이다.

mini disk storage[–dísk stɔ́ːridʒ] **미니 디스크 기억 장치** 컴퓨터에 사용되는 크기가 작고, 용량이 적은 디스크 기억 장치. 가장 간단한 형태로는 한 개의 디스크와 고정된 자기 헤드를 가진 것이 있다.

mini drum[–drʌ́m] **미니 드럼**

mini flexible disk[–fléksibl dísk] **미니 플렉시블 디스크** 5.25인치용의 플렉시블 디스크를 가리키며, 편면 단밀도, 양면 배밀도, 양면 배밀도 배 트랙, 양면 고밀도 등의 자기 기록 방식으로 되어 있다. 8인치의 것에서는 노치(notch)를 넣으면 기록 보호(write protect)가 되지만 5.25인치의 것에는 역으로 노치에 실(seal)을 붙여 홈을 막음으로써 기록 보호가 된다.

mini-floppy[–flɑ́pi(ː)] **미니 플로피** 5.25인치

플로피 디스크.

mini-floppy disk[-dísk] **미니 플로피 디스크** 플로피 디스크의 지름이 5.25인치인 것. 표준형(8인치)에 비해 데이터 전송 속도, 트랙 수, 접근 시간은 1/2, 기억 용량은 1/4 정도이나 크기가 작고 저렴하므로 이용 범위가 넓다. 마이크로컴퓨터 등에 주로 사용되고 기억 용량은 양면 배밀도로 약 300KB이다. 더욱 작은 것으로 마이크로플로피와 컴팩트 플로피라고 불리는 플로피 디스크가 있다.

mini-floppy disk device[-diváis] **미니 플로피 디스크 장치**

minimal answer[-á:nsər] **최소 응답** 어떤 질의에 대한 답을 집합으로 나타냈을 때, 그 집합의 어떤 진부분 집합도 질의에 대한 답이 되지 않는 답.

minimal machine[-məʃí:n] **최소 기계**

minimal recalculation[-ri:kælkjuléiʃən] **최소 재계산** 엑셀 등과 같은 스프레드시트 프로그램에서 어떤 셀의 내용이 바뀌었을 때 모든 셀을 다시 계산하지 않고 그 셀에 관련되는 셀만을 골라서 다시 계산하는 방식.

minimal redundancy[-ridʌ́ndənsi(:)] **최소 중복** 데이터의 중복은 일반적으로 여러 부작용을 초래하므로 중복성을 완전히 배제하는 것이 바람직하지만 효율성 때문에 중복을 불가피하게 허용하는 경우.

minimal representation[-rèprizentéiʃən] **최소 표시** 곱셈의 가변 길이 자리 이동 방식에 있어서 가감산 횟수가 최소로 되는 형. 예를 들면, 피승수 X(2진법)에 1111을 곱할 경우는 $1111=2^4-1$이므로 2^4-1을 곱한다. 즉, X보다 자리를 4씩 이동시킨 X를 빼면 된다. 이것은

$$2^{n-1}+2^{n-2}+\cdots+2^{n-r}=2^n+2^{n-r}$$

인 등비 급수(等比級數)의 성질 및

$$2^m+2^{m-1}=2^{m-1}$$

인 성질을 이용해서 가감산 횟수를 줄이는 방법이다. 이러한 방법을 이용해서 가감산 횟수를 최소로 하는 형으로 했을 때, 그 형을 최소 표시라고 한다.

minimal tree[-trí:] **최소 트리** 트리 작용을 최소화시키기 위한 구조로 말단 노드가 배열된 트리.

miniMAP **미니맵** MAP의 간이 사양으로, 공장의 네트워크화 등에서 유용하다. 저가이며 처리 속도도 빠르다. 1993년 샌프란시스코에서 열린 MAP 사용자의 국제 회의에서 이 규격으로 일본의 FAIS가 채용되었다. ⇨ FAIS

minimax[mínimæ̀ks] *a*. **미니맥스** 작업에 있어서 오류를 최소화하는 기법.

minimax approximation[-əprɑ̀ksiméiʃən] **미니맥스 근사** 연속 함수 $f(x)$를 폐구간(閉區間) a, b 위에서 연속 함수 $g(x)$에 근사할 때, 두 함수의 거리를 $|f(x)-g(x)|$, 이 차의 절대값 상한

$$M(f,g)=\max_{a\leq x\geq b}|f(x)-g(x)|$$

를 취할 때 미니맥스 근사라고 한다. 이 미니맥스 근사는 정도(精度)는 높지만, 이른바 최량 근사식을 구하는 것은 쉽지 않다.

minimax method[-méθəd] **정량 발주법**

minimax principle[-prínsiple] **미니맥스 원리, 최소 최대 원리** 게임 이론(game theory) 원리의 한 가지로 어떤 계획의 성공에 의한 효과를 중심으로 생각하고 자신의 이익을 최대한으로 하는 전략 또는 실패를 중심으로 생각하여 손실을 최소로 하는 전략을 취하는 행동 원리.

minimax procedure[-prəsí:dʒər] **미니맥스 처리, 최소 최대 처리**

MINIMAX search[-sə́:rtʃ] **최대 최소 탐색** MAX와 MIN이 게임을 한다고 할 때, 트리에서 다음 단계의 상태로 이동할 때 가장 바람직한 이동이 될 수 있도록 한다. 이때 평가 함수는 MAX에게 가장 유리한 양의 값으로 놓여지게 하여 MAX는 끝단 노드의 평가값이 가장 큰 것을 선택하고, 그 선행 노드인 MIN은 MAX에 올려진 값 중에서 가장 작은 값을 선택하게 된다. 이러한 과정을 반복해서 수행함으로써 정해지는 시작 노드의 평가값은 노드의 위치에 직접적으로 평가 함수를 적용한 것보다 후계 노드의 위치에 대한 신뢰에 있어 더 가치를 갖게 된다.

minimax solution[-səlú:ʃən] **최소 최대 해** 참값 x의 근사값 x^*를 구하기 위하여 $\max|x-x^*|$를 최소화하는 여러 가지 기법을 말하며, 이때 얻어진 해 x^*를 최소 최대 해라고 한다.

minimax strategy[-strǽtədʒi(:)] **최대 최소 전략** 최대 최소 원리에 입각하여 어떤 계획의 성공에 의한 효과를 생각하는 것보다 오히려 실패했을 때 어떻게 될지를 생각하여 그 손실이 최소가 되도록 계획을 세우는 전략. 이것으로 플레이어가 얻는 결과가 일치할 때 게임은 결정적(deterministic)이라고 하며, 결과로서 얻어지는 이득을 게임의 값이라고 한다. 운용 과학(OR)의 용어.

minimax system[-sístəm] **미니맥스 시스템, 최대 최소 시스템** 경영 과학 수법을 이용하여 경영 시스템의 최적화를 꾀하는 것.

minimization[mìnimɑizéiʃən] *n*. **최소화**

mini mod[míni mɑ́(:)d] **미니 모드**

minimum[mínimәm] *n*. **최소의, 최소한의** 수학이나 물리, 화학, 공학 등에서는 통상 약자로 min이라고 한다.

minimum access code[–ǽkses kóud] **최소 액세스 코드** 기억 장치에서의 어떤 결정된 단위 데이터를 출력하는 데 걸리는 시간을 최소화하는 부호화 시스템(encode system). 최소 회전 지연 부호(minimum latency code), 최적 부호(optimum code)라고도 한다.

minimum access coding[–kóuding] **최소 접근 코딩, 최소 호출 코딩** 기억 장치로의 액세스 시간을 가장 짧게 해주는 프로그램. 최소 지연 코딩(minimum delay coding), 최적 코딩(optimum coding)이라고도 한다.

minimum access programming[–próugræmiŋ] **최소 접근 프로그래밍** 기억 장치에서 정보를 호출할 때 대기 시간이 최소가 되도록 프로그램을 작성하는 방법.

minimum access routine[–rutíːn] **최소 접근 루틴** 데이터와 명령어들을 기억 장치에 적절히 배치함으로써 예측되는 임의의 접근 시간보다 실제 접근 시간이 작아지도록 만든 루틴. 이러한 루틴은 순차적 기억 장치 체제와 함께 사용된다.

minimum area[–ɛ́riə] **최소 영역**

minimum block length[–blɑ́k léŋkθ] **최소 블록 길이**

minimum channel-select set-up time[–tʃǽnəl səlékt sét ʌ̀p tɑ́im] **최소 채널 선택 설정 시간**

minimum configuration[–kənfìgjuréiʃən] **최소 구성**

minimum cost flow[–kɔ́(ː)st flóu] **최소 비용 흐름** 자료 전송을 하고자 하는 두 노드 사이의 여러 경로가 존재할 때 이들 중 최소의 비용이 드는 비용.

minimum cost flow problem[–prɑ́bləm] **최소 비용 흐름 문제** 네트워크 상에서 두 노드 사이의 데이터 전송시 최소 비용 흐름값을 구하는 문제.

minimum cost spanning tree[–spǽniŋ tríː] **최소 비용 스패닝 트리** 간선에 가중값이 주어진 그래프에서 간선의 가중값의 합이 최소인 스패닝 트리를 뜻한다.

minimum cover[–kʌ́vər] **최소 커버** 일반적으로 커버라고 할 때는 정점 커버를 말하는 것이며, 정점 커버 중에서 원소의 개수가 최소인 것.

minimum cut[–kʌ́t] **최소 절단** (1) 임의의 네트워크를 서로 공유되는 노드 없이 양분할 때 이 양분하는 선을 지나가는 경로의 비용의 합이 최소가 되는 양분하는 선을 의미한다. (2) 그래프를 분리시키기 위해 제거해야 할 정점(또는 간선)의 가중값의 합이 최소인 절단.

minimum delay code[–diléi kóud] **최소 지연 코드**

minimum delay coding[–kóuding] **최소 지연 코딩**

minimum delay programming[–próugræmiŋ] **최소 지연 프로그래밍** 액세스 시간을 최소로 하기 위한 명령 및 데이터의 기억 장소를 선택한 프로그래밍의 하나로 프로그래밍 수법의 한 종류.

minimum discernible signal[–disə́ːrnibl sígnəl] **MDS, 최소 식별 신호**

minimum distance code[–dístəns kóud] **최소 거리 부호, 최단 거리 코드** 알파벳 문자를 표시하는 부호로 부호화된 두 개의 워드(word) 사이의 신호 간 거리가 규정의 최소값보다 작아지지 않는 2진 코드(binary code). 특정 노이즈(noise) 상태라도 부호의 해독이 가능한 성질이 있다.

minimum driving-point function[–drɑ́iviŋ pɔ́int fʌ́ŋkʃən] **최소 구동점 함수**

minimum-error decoding[–érər diːkóudiŋ] **최소 오류 디코딩**

minimum latency code[–léitənsi(ː) kóud] **최소 회전 지연 코드**

minimum latency programming[–próugræmiŋ] **최소 지연 프로그래밍, 최소 회전 지연 프로그래밍** ⇨ minimum access programming

minimum latency routine[–rutíːn] **최소 회전 지연 루틴**

minimum machine requirement[–məʃíːn rikwɑ́iərmənt] **최소 기계 요구 사항**

minimum maximum basis[–mǽksiməm béisis] **최소 최대법** 재고 관리 방식의 하나. 재고가 일정한 비율로 소비되어 최대 재고점에서 발주점까지 감소하면 표준 발주량만큼 발주하여 다시 최대 재고점으로 되돌린다. 발주하고부터 입고하기까지 재고는 감소하지만 발주점에서의 재고가 수요를 웃돈다. 최소 재고량에는 안전 재고를 설정해두고, 이 안전 재고를 벗어나면 긴급히 입고를 독촉한다. ABC 관리의 C 품목을 관리하는 데 적합하다.

minimum reactance function[–riǽktəns fʌ́ŋkʃən] **최소 리액턴스 함수, 최소 저항 함수**

minimum size problem[–sɑ́iz prɑ́bləm] **최소 사이즈 문제** 만능 튜링(Turing) 기계를 그 내부 상태의 개수와 알파벳(사용하는 기호) 개수와의 곱이 가급적 작아지도록 설계하는 문제. 위의 곱은 만능 튜링 기계의 크기를 표현하는 기준도 된다.

minimum spanning tree[–spǽniŋ tríː] **최소 스패닝 트리** 한 그래프의 스패닝 트리들 중에서 가중값의 합이 가장 작은 것.

minimum subgraph[-sʌ́bgræ̀f] **최소 부분 그래프** 임의의 조건을 만족하는 그래프 중 가장 적은 수의 간선을 가진 그래프. 그래프의 모든 정점을 포함하고 연결 그래프라는 조건을 만족시키는 최소 부분 그래프가 신장 트리이다.

minisuper computer[mínisù:pər kəmpjú:tər] **미니 수퍼 컴퓨터** 규모는 미니컴퓨터 정도이고, 수행 속도는 수퍼 컴퓨터와 같은 고성능 컴퓨터. 보통 복수 대의 처리기를 사용하여 병렬 처리를 하며 행렬 연산을 위한 전용 벡터 처리기를 갖추고 있다. 컨벡스(Convex), 에일리언트(Alliant), 플로팅 포인트(Floating Point) 사 등이 유명하다. ⇨ minicomputer, supercomputer

MINITAB[mínitæ̀(:)b] **미니탭** 통계 계산 프로그램 패키지의 하나. 교육용을 목적으로 펜실베니아 대학에서 개발되었다.

minitel[mínitel] **미니텔** 텔레텔(프랑스 텔레콤에 의한 온라인 정보 서비스)에 액세스하는 데 사용되는 간이 단말이지만, 미니텔에 의해 받아들이는 서비스 자체를 가리키는 경우가 많다. ⇨ teletel

MINI-UNIX[míni jú:niks] **미니유닉스** DEC 사에서 개발된 PDP-11 컴퓨터의 하위 기종에 사용하기 위하여 유닉스를 축소한 형의 운영 체제. 최대 4명의 사용자와 13개의 프로세스를 지원할 수 있다.

MINI-UNIX system[-sístəm] **미니유닉스 시스템** 표준 유닉스 시스템의 축소판으로 DEC PDP-11/10, 20, 30, 40과 같은 소규모 컴퓨터에 표준 유닉스 시스템의 제반 기능들을 제공하기 위하여 만들어진 시스템. 동시에 4명의 이용자가 13개의 병행 프로세서까지 처리가 가능하다.

MINIX **미닉스** 앤드류 타넨바움(A. Tanenbaum)이 만든 유닉스의 축소판 운영 체제. IBM-PC용으로 개발한 것으로 크기가 작아 실험용으로 이용된다.

minor[máinər] *a.* **작은, 작은 쪽의, 저위의** 큰(major) 것과 비교되는 경우가 많다. 예를 들면, 합계 계산에서의 대계(大計)를 major total, 소계(小計)를 minor total이라고 한다. 또 이외에 주요 사이클을 구성하는 사이클군 중의 하나의 사이클을 소주기(minor cycle), 분류(sorting)에 있어 주분류 키를 major key, 2차적인 키를 minor key라고 부른다.

minor change[-tʃéindʒ] **소폭 변화** 소프트웨어 또는 하드웨어의 새로운 버전을 만들 때 그 변화의 정도가 별로 크지 않음을 나타내는 것. ⇨ major change

minor control[-kəntróul] **소 제어** 기본이 되는 사항을 보고하는 것 가운데 가장 중요성이 낮거나 가장 낮은 범주에 속하는 보고서.

minor control change[-tʃéindʒ] **소 제어 변경** 여러 수준의 중요도를 갖는 제어 변경이 사용될 때, 자료의 중요성에 따른 우선 순위를 설정하기 위하여 각 계층에서 구별할 수 있는 이름을 부여하게 되는데, 이때 사용되는 명칭 중의 하나. 예를 들면, 소 제어 변경, 중 제어 변경, 대 제어 변경 등.

minor control data[-déitə] **소 제어 데이터** 기억 매체 상의 레코드를 일정한 순서로 배열하거나 꺼낼 때 주목하는 정보. 예를 들면, 하나의 레코드가 트리 구조일 때 뿌리 부분의 정보를 주(major) 제어 데이터라 하고, 가지 부분이나 잎부분에 오는 정보를 소 제어 데이터라고 한다.

minor control field[-fí:ld] **소 제어 필드** 분류 조작법에서 대 제어 필드보다 제어 단계가 낮은 범주에 속하는 제어 필드.

minor cycle[-sáikl] **소 주기** 기억 위치에 순차적으로 액세스할 수 있는 기억 장치에서 연속된 단어 중 대응되는 부분이 나타날 때마다의 시간 간격. 직렬 방식의 컴퓨터에서 단어 사이의 간격을 포함하여 한 단어를 전송하는 데 필요한 시간. ⇨ major cycle

minor cycle counter[-káuntər] **소 주기 계수기**

minor defect[-difékt] **가벼운 결함** 제품의 실제 사용상에는 거의 지장을 주지 않는 결함. 제품의 결함에는 중요도에 따라 치명적 결함, 중대한 결함, 그리고 가벼운 결함의 세 등급이 있다.

minor determinant[-ditə́:rminənt] **소 행렬식** $n \times n$ 정방 행렬 A의 임의의 원소 a_{ij} 에 대한 i 행과 j 열을 제거해서 얻어지는 $n-1$차 행렬의 행렬식을 원소 a_{ij} 의 소 행렬식이라 하고 D_{ij} 로 표시한다. 즉,

$$A = \begin{vmatrix} a_{11} & a_{12} & a_{13} \\ a_{21} & a_{22} & a_{23} \\ a_{31} & a_{32} & a_{33} \end{vmatrix}$$

에서 a_{11}의 소 행렬식 D_{11}은 다음과 같다.

$$D_{11} = \begin{vmatrix} a_{22} & a_{23} \\ a_{32} & a_{33} \end{vmatrix} = a_{22}a_{33} - a_{23}a_{32}$$

minority carrier[mainɔ́(:)riti(:) kǽriər] **소수 운반자** 평형 상태에서 총수의 반 이하를 차지하는 운반자.

minor key[máinər kí:] **소분류 키**

minor loop[-lú:p] **마이너 루프** 프로그램 가운데 「주요」, 반복하는 부분 가운데 「작은」 반복 부분. 합계를 계산하는 경우 등에 자주 사용한다. 많은 귀환로(다중 귀환로)를 가지는 회로망에 놓인 각각의 소 귀환로를 말한다. 아날로그 컴퓨터의 해법에서

는 각각의 소 귀환로가 안정되는 것이 바람직하다.

minor node [–nóud] **소 노드**

minor of a matrix [–ʌv ə méitriks] **소 행렬식** n차 행렬식 $|A|$에서 i 행과 j 열의 원소들을 제외한 나머지 원소들로 만들어진 행렬로서 m_{ij}로 표시한다.

minor sort key [–sɔ́ːrt kíː] **부정렬 키** 정렬되는 레코드를 구별하는 두 번째 데이터 필드로서 주 정렬 키에서 같은 것이 검출되어 정렬을 어떻게 해야 할지 결정할 수 없을 때 사용된다.

minor structure [–strʌ́ktʃər] **종구조체** PL/I 용어. 다른 구조체에 포함되는 구조체. 주구조체에 포함되는 구조체는 모두 종구조체이다.

minor synchronization point [–sìŋkrənaizéiʃən pɔ́int] **소 동기점** 표현 계층에서 쓰이는 용어로, 대화(dialog) 개시와 다음 대화 개시 중간에 동기를 검사하는 점.

minor total [–tóutəl] **소계** 어떤 그룹의 소단위의 합계. 예를 들면, 지역별, 단골별, 제품별로 합계를 내는 경우 등을 말한다.

minor version-up [–və́ːrʒən ʌ́p] **작은 버전업** 소프트웨어나 하드웨어를 불문하고 실시하는 작은 개량. 성능 자체의 갱신뿐만 아니라 버그 해소나 조작성 향상 등을 목적으로 한다. 버전 정보를 소수점 이하의 변경으로 표시하는 경우가 많다(버전 1.0x 등과 같이).

MINPACK 민팩 IMSL 사에서 판매하는 수학 패키지로서 주로 비선형 방정식과 비선형 최소 제곱법 문제를 푸는 서브루틴들로 구성되어 있다.

mintern [míntə̀ːrn] **논리곱 항** 2진 변수는 이 변수의 정상적인 형태(x)와 보수 형태(x')로 표현될 수 있는데, 각 변수마다 이 두 형태 가운데 임의의 형을 사용하여 AND 조합한 형태를 민턴 또는 논리곱 항이라고 한다. 두 개의 변수 x, y를 예를 들면 xy, xy', $x'y$, $x'y'$의 조합이 가능하다.

minuend [mínjuènd] n. **피감수(被減數)** 뺄셈에 있어서 다른 수 또는 양이 빠져나가는 수 또는 양.

minus punch [máinəs pʌ́ntʃ] **마이너스 천공** 펀치 카드의 상단으로부터 두 번째의 단(행)에 하는 펀치. 흔히 11의 천공이라고도 한다. ⇨ eleven punch

minus sign [–sáin] **마이너스 부호**

minus zone [–zóun] **음수 존** 컴퓨터 코드에서 대수적 음 부호를 나타내는 비트 위치.

MIP 혼합 정수 계획법 mixed integer programming의 약어.

MIP mapping MIP 매핑 이 정교한 텍스처 기술은 3D 애니메이션 게임과 CAD 작업에서 쓰인다. 정다각형이 먼 곳으로 사라지는 화면이 나올 때 MIP 매핑은 들쑥날쑥한 화면을 고르게 하기 위해 같은 텍스처의 낮고 높은 해상도를 혼합한다. ⇨ antialiasing

MIPS 밉스 million instructions per second의 약어. 매초 100만어 명령을 처리하는 능력으로 컴퓨터 성능의 기준이 된다. 중앙 처리 장치(CPU)가 1초간에 실행되는 평균값을 100만 단위로 나타낸다. MIPS 표현을 이용하면 다중 프로세서 시스템 등의 성능을 구성 프로세서마다 MIPS의 합으로 직접 얻을 수 있는 이점이 있다. 최근에는 별로 사용되지 않고 있는데, 이것은 CPU 성능이 명령어 실행수만으로 결정되는 것은 아니기 때문이다.

MIPS chip 밉스 칩 microprocessor without interlocked pipe stage chip의 약어. 1982년경에 스탠포드 대학에서 개발된 축소 명령 집합형 컴퓨터(RISC) 기술을 채택한 마이크로프로세서. MIPS는 「파이프 단계 간의 중간 잠금이 없는 마이크로프로세서」의 약어이다. 초창기의 RISC 칩으로 연구되었으며, 이후 밉스 컴퓨터 시스템즈 사에 의하여 상품화되어 여러 종류의 공학용 워크스테이션에 사용되었다.

MIPS Computer System 밉스 컴퓨터 시스템 스탠포드 대학에 의해 개발된 리스크(RISC) 칩을 이용한 고성능 워크스테이션을 전문으로 생산하는 미국의 컴퓨터 생산 회사. 1984년 설립되어 1985년에 제품을 출하하였다.

mirror image switch [mírər ímidʒ swítʃ] **미러 이미지 스위치** 수치 제어 테이프 상의 하나 또는 그 이상의 디멘션 워드(dimension word)의 부호를 반전하는 스위치.

mirroring [mírəriŋ] n. **미러링, 거울 반사, 경영(鏡映)** 표시면 상의 하나의 직선을 축으로 하여 표시 요소를 180도 회전시킨 것과 같이 사상(寫像)하는 것.

mirror transaction [mírər trænsǽkʃən] **미러 트랜잭션** ⇨ agent

MIS 경영 정보 시스템 management information system의 약어. 컴퓨터 시스템을 중심으로 하여 기업의 경영 관리 정보를 언제, 어디에도, 신속하고 정확하게 사용할 수 있는 상태의 시스템. 즉, 다시 말하면 경영의 현황과 계획을 통일적으로 하여 경영상 적절한 처치를 행하는 것같이 그런 정보에 관해서 데이터 처리와 커뮤니케이션의 네트워크를 종합적으로 구성한 시스템을 가리킨다. 수동 작업으로 작성되는 기록 서류나 보고서는 회사 규모가 확대되고 인건비가 오름에 따라 회계기, 펀치 카드 장치로 대체되었다. 더욱이 업무 활동이 복잡하게 되면서 대량의 정보를 처리해야 할 필요성 때문에 컴퓨터가 도입되어 각종 정보를 유기적으로 결합하여 종합적 경영 관리를 가능하게 하고 있으며, 그 후 발전적으로 office automation(OA)이라는 개념으로 내장되어 그 경계는 명확하지는 않다. 이와 같은 처리에 이용되는 컴퓨터는 방대한 데이터를 고속 처리하고 온라인으로 검색(retrieval) 등을 할 수 있기 때문에 일반 초대형의 온라인 실시간 시스템(on-line real time system)이 된다. 그 때문에 고속 처리 컴퓨터, 대용량 고속 기억 장치, 대규모 데이터 전송(data transmission) 설비 등이 필요하게 된다.

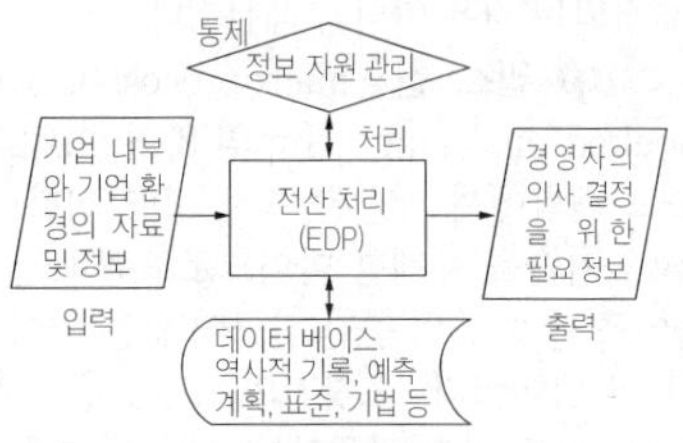

〈MIS의 개념〉

miscellaneous function[misəléinəs fʌ́ŋkʃən] **보조 기능** 수치 제어 공작 기계가 갖고 있는 보조적인 ON/OFF 기능. 예를 들면, 주축 회전의 시동 정지, 옵셔널 스톱, 냉동기나 클램프의 ON/OFF 등.

miscellaneous intercept[–ìntərsépt] **잡통지 개입 중단** 미국 벨 시스템의 임대 전화 메시지 교환 시스템에서 부당한 수신 주소 지정 코드를 갖는 하나의 주소 메시지 또는 올바른 여러 주소 코드를 갖지 않는 여러 주소 메시지를 통지 개입 중단하는 것.

miscellaneous time[–táim] **잡시간** 동작 기간 중 시스템 가동 시간이면서도 시스템 시험 시간도 아니고 재실행 시간도 아닌 시간. ⇨ incidental time

[주] 잡시간은 주로 실습 조작원 훈련 등의 목적으로 사용된다.

MISD 복수 명령 단일 데이터 방식 multi instruction (stream) and a single data (stream)의 약어. 복수 명령 스트림/단일 데이터 스트림을 말한다.

MISD processor 복수 명령 단일 데이터 방식 프로세서

misfeed[misfí:d] **오송(誤送)** 카드, 테이프, 다른 데이터 혹은 기억 매체가 기기의 파손이나 프로그래밍의 실수 등에 의해 올바로 처리되지 못하는 것.

MISFET 채널에 흐르는 전류를 채널과 절연체로 분리된 게이트 전극에 전압을 인가하여 제어하는 트랜지스터.

miss hit[mís hít] **적중 실패** 캐시 기억 장치에 필요로 하는 데이터나 명령어가 없을 때 캐시 기억 장치는 CPU가 앞으로 수행할 명령어나 데이터를 주기억 장치로부터 미리 가져오는데, 이때 필요로 하는 명령어나 데이터가 캐시 기억 장치에 있을 확률을 적중률이라고 하며, 그것이 없을 때를 적중 실패라고 한다. 적중 실패는 프로그램에서 분기 명령이 나타나서 프로그램의 진행 방향을 예측할 수 없을 때 주로 발생한다.

missing bit pattern[mísiŋ bít pǽtərn] **부재 비트 패턴**

missing character [–kǽriktər] **문자 탈락** 데이터 통신에서 회선의 장애나 전송 오류 때문에 메시지 중의 일부 문자가 누락되는 것.

missing error[–érər] **부재 오류** 프로그램으로 인해 호출은 되었으나 저장 프로그램 중에는 존재하지 않는 부프로그램.

missing interruption handler[–ìntərʌ́pʃən hǽndlər] **MIH, 부재 인터럽션 조정기**

missing page fault[–péidʒ fɔ́:lt] **페이지 부재 결함** 원하는 페이지가 주기억 장치 내에 없다는 것이 판명되는 결함.

missing pulse[–pʌ́ls] **부재 펄스**

missing rule[–rú:l] **부재 규칙** 지식 베이스 시스템의 불완전성 때문에 실재하는 상황에 대한 추론이 필요한데도 불구하고 관련된 규칙이 없이 원하는 결과를 얻지 못하는데, 이런 규칙을 부재 규칙이라고 한다.

missing segment fault[–ségmənt fɔ́:lt] **세그먼트 부재 결함** 세그먼트 가상 기억 시스템에서 프로그램의 검색 결과 세그먼트가 주기억 장치 내에 없다는 것이 판명되었을 때 발생하는 결함으로써 이 경우에 인터럽트가 발생한다.

missionary and cannibals problem[míʃənɛ̀(:)ri(:) ənd kǽnibəlz prɑ́bləm] **선교사와 식인종 문제** 고전적인 퀴즈 문제로서 컴퓨터 분야에서는 인공 지능의 한 문제로 자주 연구되었다. 3명의 선교사와 3명의 식인종이 나룻배를 타고 강을 건너려고 하는데, 나룻배에는 2명 밖에는 탈 수 없다. 만일 강의 어느 쪽에서라도 식인종의 수가 선교사의 수보다 많으면 식인종들은 선교사들을 잡아먹게 된다. 이 때 선교사들이 잡혀먹히지 않고 6명이 무사히 강을 건너려면 어떻게 해야 하는가 하는 문제이다.

mission critical[míʃən krítikəl] **미션 크리티컬** 절대 시스템이 다운되어서는 안 되는 하드웨어적 환경에 있는 근간 시스템. 은행의 온라인 시스템이나 철도, 항공기 운행, 제어 시스템 등 단 한 번이라도 시스템이 다운되면 사회적으로 엄청난 영향을 미치는 컴퓨터에 사용된다.

miss operation[mís àpəréiʃən] **오조작** ⇨ operation miss

mistake[místeik] *n.* **실수** 의도하지 않은 결과를 일으키는 인간의 행위. 즉, 잘못된 계산, 잘못된 계산의 사용, 잘못된 명령어의 사용 등을 총칭하는 말이다.

Miway[maiwéi] **마이웨이** PC 통신 서비스인 마이넷(Minet)의 전용 에뮬레이터 프로그램. 멀티세션 기능을 통해 자료실에서 자료를 다운로드하면서 채팅을 하거나 게시판을 검색하는 등 기존의 통신 환경에서 불가능했던 다양한 기능을 사용할 수 있다. 또한 멀티미디어적인 요소를 지원한다. 이에 따라 음성이나 이미지, 동화상 그리고 문자 데이터까지 모든 매체를 통신 상에서 자유롭게 구현할 수 있는 장점이 있다.

mix[míks] *v.* **믹스, 섞다** 보통 「혼합」, 「성분비」 등으로 번역되지만, 컴퓨터 처리 능력을 나타내는 척도의 의미에서는 그대로 「믹스」라고 번역된다. 예를 들면, 미국 항공 우주국(NASA)이 개발한 과학 계산용 컴퓨터 시스템의 성능 평가 척도를 깁슨 믹스(Gibson mix)라고 한다. 사무 계산용의 믹스를 상업용 믹스(commercial mix)라고 한다. 온라인 실시간(on-line real time)용의 컴퓨터 시스템의 성능 평가 척도를 실시간 믹스(real time mix)라고 한다. 또 명령군(命令群)의 실행 시간에서 성능을 평가하는 다른 믹스에 대하여 작업의 실행 시간에서 성능을 평가하는 방법을 작업 믹스(job mix)라고 말한다. 중앙 처리 장치(CPU)의 성능뿐만 아니라 입출력(I/O)이나 시스템 프로그램의 성능을 포함한 시스템 전체의 성능 평가를 할 수 있는 이점이 있다.

mixed base notation[míkst béis noutéiʃən] **혼합 기저 표기법** 가수와 기저로 이루어진 일련의 항의 합으로 나타내는 기수법으로, 각 항의 밑은 주어진 적용에 대해서는 일정하지만 모든 항의 기수 사이는 정수비는 아니다. 예를 들면, 기저 b_3, b_2, b_1 및 기저수 6, 기저수 5 및 기저수 4로 표현되는 수는 다음 식으로 주어진다. $6b_3+5b_2+4b_1$. ⇨ mixed base numeration system

mixed base number[-nʌ́mbər] **혼합 기수 수** 두 개 이상의 문자가 의미하는 수의 합으로 구성된 수로서, 각 기호에 의해 표현되는데, 여러 가지 다른 기수로 되어 있다.

mixed base numeration system[-njùːməréiʃən sístəm] **혼합 기저 기수법** 가수와 기수로 되어 있는 일련의 항의 합으로써 수를 표현하는 기수법. 각 항의 밑은 주어진 적용에 관해서는 일정하지만 모든 항의 기수 관계는 반드시 정수비는 아니다. ⇨ mixed base notation

mixed base system **혼합 기수 시스템**

mixed check[-tʃék] **혼합 검사**

mixed congruential method[-kɑ́ŋgruənʃəl méθəd] **혼합식 합동법** 난수 발생법의 일종으로, 승산식 합동법에 상수 μ를 더하여 수정한 것. 대수식은 $x_{i+1}=\lambda x_i+\mu(\mathrm{mod}\,p)$이며, $\lambda x_i+\mu$의 결과를 p로 나누어 나머지를 다음의 x_{i+1}로 한다.

mixed environment[-inváirənmənt] **혼합 환경**

mixed fragmentation[-frӕgməntéiʃən] **혼합 단편화** 어떤 릴레이션에 수평 단편화와 수직 단편화를 동시에 적용하여 가로와 세로로 나누는 방법.

mixed integer programming[-íntədʒər próugrӕmiŋ] **MIP, 혼합 정수 계획법**

mixed language programming[-lǽŋgwidʒ próugrӕmiŋ] **복합 언어 프로그래밍** 어떠한 프로그램을 만들 때 각 부분을 여러 가지 언어를 써서 작성한 다음 그것을 하나로 종합하여 하나로 만드는 것으로 주된 프로그램을 고급 언어로 작성하고 일부 서브루틴을 어셈블리 언어로 작성하는 경우를 생각할 수 있는데, 이러한 방법의 장점은 각 부분의 특성에 맞는 언어를 선택함으로써 전체적인 효율을 높일 수 있다는 것이다. 즉, 주된 프로그램을 고급 언어로 작성함으로써 개발에 필요한 노력과 시간을 절감하고 이식성을 높이는 동시에 몇몇 핵심적인 부분에 어셈블리 언어를 써서 빠른 속도와 하드웨어의 특성을 최대한 살린 프로그래밍을 할 수 있다.

mixed logic[-lɑ́dʒik] **혼합 논리**

mixed mode[-móud] **혼합 모드** (1) 데이터 통신에서, 텍스트와 래스터 이미지 데이터를 혼합해서 동시에 전송하는 방식. (2) FORTRAN 등의 프로그래밍 언어에서 하나의 식에 정수와 실수를 섞어서 사용하는 형식.

mixed mode class[-klɑ́ːs] **혼합 모드 클래스** 가상 단말의 클래스에는 기본 클래스, 폼 클래스, 이미지 클래스, 그래픽 클래스 등이 있는데, 혼합 모드 클래스는 위의 네 가지 클래스가 동시에 존재하는 것을 허용하는 클래스이다.

mixed number[-nʌ́mbər] **혼합 기수** 두 개 이상의 문자가 의미하는 수의 합으로 나타내는 수. 각 문자가 나타내는 양은 서로 다른 기수로 되어 있다.

mixed radix[-réidiks] **혼합 기수** 두 개 이상의 기수(radix)를 함께 사용하는 기수법. 시간이 그 대표적인 예이다.

mixed radix notation[-noutéiʃən] **혼합 기**

수 표기법 숫자 위치가 모두 같은 기수를 갖는다고는 말할 수 없는 기수 표기법. 예 연속하는 3개의 숫자가 "시간" "10분" "분"을 나타내는 기수법. 이 경우 3개의 숫자 위치의 무게는 1분을 단위로 하면 각각 60, 10, 1이 된다. 따라서 두 번째와 세 번째의 숫자 위치의 기수는 각각 6과 10이다. ⇨ mixed radix numeration system

mixed radix number[-nʌ́mbər] **혼합 기수 수** ⇨ mixed base number

mixed radix numeration system[-njùːməréiʃən sístəm] **혼합 기수 수 기수법** ⇨ mixed radix notation

mixed radix system 혼합 기수 시스템

mixed set[-sét] **혼합 세트**

mixed set type[-táip] **혼합 세트 유형**

mixer[míksər] **혼합기** (1) 하나의 케이블에 여러 주파대수의 신호를 보낼 경우에 합류/분배용으로 이용하는 장치. 일상 생활에서는 가정용 TV의 V/U 합류기를 들 수 있다. (2) 여러 음을 혼합하여 하나의 곡선으로 합성하는 장치. 미리 각종 악기의 음을 개별적으로 녹음해두고 마지막에 하나의 선율로 만들 수도 있다.

mixing[míksiŋ] **믹싱** ⇨ mixer

mixing gate[-géit] **혼합 게이트** ⇨ gate

mixing RAM and ROM RAM과 ROM의 혼합

mixing register[-rédʒistər] **혼합 레지스터** 영상 혼합에서 재생 버퍼의 화소값과 입력 영상 신호를 혼합하기 위하여 이 레지스터의 값과 재생 버퍼의 화소값을 비교하여 출력 신호를 내보낸다. 처음에는 일반적으로 재생 버퍼의 기본적인 값이 지정된다. ⇨ video mixing

MkLinux 다중 커널 리눅스 multi kernel Linux의 약어. Mach 커널을 채용하고 있는 리눅스 호환 운영 체제. 애플 사가 개발에 협력하고 있는 관계로, 매킨토시 판이 특히 유명하다.

MKS ToolKit MKS 툴킷 IBM-PC용 MS-DOS에서 유닉스 운영 체제와 유사한 명령어들을 쓸 수 있게 해주는 유틸리티 프로그램으로 미국의 모어티스컨 소프트웨어(Mortice-Korn Software) 사가 개발하였다.

ML (1) **메일링 리스트** mailing list의 약어. 전자 우편을 사용하여 특정 화제의 정보를 교환할 수 있는 시스템. 구성원의 메일 주소에 관한 데이터 베이스를 갖고 있다. 메일링 리스트로 전자 우편을 보내면 리스트에 등록되어 있는 모든 주소로 배포되고, 그에 대한 답장도 모든 주소로부터 받는다. 여러 명의 구성원이 공통 화제에 대해 토론할 수 있다. (2) **머니퓰레이터 언어** manipulator language의 약어. 산업용 로봇 팔인 머니퓰레이터를 제어하기 위해 IBM 사에서 개발한 프로그래밍 언어.

MLPA 수정 연결 팩 영역 modified link pack area의 약어.

MLTA 다중 회선 어댑터 multiple line terminal adapter의 약어.

MM (1) **몰 마스터** mall master의 약어. 전자 상거래 시장의 한 분야인 인터넷 쇼핑 몰의 개념을 이해하고, 실제로 쇼핑 몰을 구축, 운영하면서 온라인 상에서 물품이나 서비스를 사고파는 전문 직업인. 인터넷 기반의 보안 시스템을 기반으로 다양한 인터넷 기술을 이용한다. (2) **인/월** man month의 약어.

M/M/1 고객의 도착 시간이 푸아송 분포, 서비스 시간이 지수 분포를 따르고 서버의 개수가 하나인 가장 간단한 모델로서 켄달(Kendall) 표기법에 의한 대기 행렬 시스템(queuing system)의 일종이다.

M/M/1 queuing system M/M/1 큐잉 시스템 서비스를 받고자 하는 작업이 즉시 서비스를 받지 못하고 대기하는 경우에 이러한 작업들을 기다리기 위하여 만든 열을 큐라 하며, 이와 같이 대기하는 열에 관한 이론을 큐잉 이론이라고 한다. 여기서 작업에 서비스를 제공하는 개체를 서버라고 한다. 이와 같이 작업, 대기열, 서버 등으로 이루어진 시스템을 큐잉 시스템이라고 한다. 특정한 큐잉 시스템의 속성을 기술하는 방법으로 가장 널리 사용되는 것은 $A/B/C$ 형태로 표기하는 Kendall 표기법이다. A는 작업들이 도착되는 시간 간격의 분포를 나타내며, B는 서비스 시간의 분포를, C는 서버의 개수를 나타낸다. 결국 M/M/1이란 작업들의 도착 시간이나 서비스 시간 분포가 지수 분포임을 나타내고 서버가 한 개인 것을 말한다.

MMC (1) **인간-기계 통신** man-machine communication의 약어. 인간과 컴퓨터가 대화 형식으로 작업을 실행하는 것. (2) **멀티미디어 카드** multimedia card의 약어. 소형 플래시 메모리 카드의 하나. 가로 24mm, 세로 32mm, 두께 1.4mm, 무게는 2g으로 가볍다. MP3 플레이어, 디지털 카메라 등에서 사용되고 있고, 휴대 전화 등에서의 이용도 연구중이다. ⇨ flash memory

M/M/C queueing system M/M/C 큐잉 시스템 M/M/1 큐잉 시스템과 같은 의미이나 서버의 개수가 한 개가 아닌 C개임을 나타낸다.

MMDS 인간-기계 디지털 시스템 man-machine digital system의 약어.

MMEE 인간-기계 환경 공학 man-machine environment engineering의 약어.

MMI 인간-기계 인터페이스 man-machine interface의 약어. ⇨ man-machine interface

MMIS 인력 관리 정보 시스템 manpower management and information system의 약어. ⇨ manpower management and information system

MMPM 멀티미디어 프레젠테이션 매니저 multimedia presentation manager의 약어. 멀티미디어 확장 소프트웨어로 OS/2에서는 MMPM/2로 사용된다. IBM 사의 멀티미디어 제품 그룹 「Ultimedia」에서는 이것과 OS/2로 멀티미디어를 실현하는 PC의 최저 레벨 사양이 정해져 있다.

MMS 멀티미디어 메시징 서비스 multimedia messaging service의 약어. 텍스트는 물론 그림, 사진, 동영상, 음악 등 다양한 멀티미디어 데이터까지 상대방의 휴대폰에 전송할 수 있는 서비스.

M/M/S 대기 행렬 모델의 종류를 표시하는 Kendall 기호의 하나. 손님 도착 시간이 푸아송 분포, 서비스 시간이 지수 분포, 창구 수가 S인 모델을 나타낸다.

MMSE 인간-기계 시스템 공학 man-machine system engineering의 약어.

MMU 기억 관리 장치, 메모리 관리 장치 memory management unit의 약어. CPU에 들어 있는 경우와 CPU와는 별도의 칩으로 되어 있는 경우가 있다. 논리 주소와 물리 주소를 변환하는 기능과 데이터의 상호 교환 기능, 메모리 보호 기능을 갖는다.

MMX multimedia extensions의 약어. 1996년 후반 멀티미디어 응용 프로그램 시장의 증가에 편승하여 인텔은 한층 향상된 펜티엄 마이크로프로세서 버전을 내놓았다. 이 MMX 프로세서는 부가적 기능, 특히 음향, 비디오, 그래픽 따위를 다루기 위해 기존의 기능을 확장하여 설계되었다.

mnemonic[niːmɑ́nik] *n.* **연상 기호** 일반적으로 「기억하는 데 편리한」 또는 「용이한」이라는 의미로 사용된다. 이 말은 인간이 기억하기 쉽도록 부호나 기호로 만드는 것을 뜻한다. 니모닉은 영어를 생략한 형으로 사용되고 있는데, 예를 들면, JMP←JUMP의 약어, MOV←MOVE의 약어 등과 같이 쓰여진다.

mnemonic address[-ədrés] **연상 주소**

mnemonic code[-kóud] **연상 기호 코드** 명칭의 일부를 약호로 해서 코드로 집어넣어 기억하기 쉽도록 한 코드. 어셈블리 언어에서 사용하는 명령 코드도 이 예이다. 즉, 기계어와 일대일로 대응하는 인간이 기억하기 쉽도록 영자 등을 사용한 명령어이고, 이 약호로 붙여진 이름을 니모닉 코드라고 부른다. 연상 명령 코드(mnemonic operation code)라고 하는 것도 있다. 어셈블리 언어로 사용된다. 그리고 이 니모닉 코드로 쓰여진 명령은 어셈블러에서 실행 모듈로 변환한다.

mnemonic data type[-déitə táip] **연상 데이터형** 정보를 표현하기 위하여 자주 사용되는 기호로 일반적으로 의미를 쉽게 연상할 수 있도록 선택하는 데이터형을 말한다. ⇨ STO

mnemonic field[-fíːld] **연상 필드** 어셈블리 프로그램의 실행문의 레이블란, 코드란, 오퍼랜드란 및 주석란의 네 부분으로 구성되어 있는데, 여기서 코드란을 니모닉란이라고도 한다. 이 난은 실행되는 명령을 기술하는 난이다. 참고로 레이블란은 명령의 주소를 나타내고, 오퍼랜드란에는 코드란의 명령이 참조하는 주소나 데이터 등이 들어가며, 주석란은 프로그래머가 프로그램을 알기 쉽게 하기 위하여 주석을 써넣는 난이다.

mnemonic instruction[-instrʌ́kʃən] **연상 명령어** ⇨ mnemonic operation code

mnemonic instruction code[-kóud] **연상 명령 코드** 명령 코드의 일종으로 수행되는 연산의 성질, 사용하는 데이터의 종류별이나 또 그 연산을 실행하는 명령의 형식 등이 간략하게 암기하기 쉬운 부호로 이루어지는 코드.

mnemonic language[-lǽŋgwidʒ] **연상 언어** 니모닉 코드를 바탕으로 하여 만든 프로그래밍 언어.

mnemonic machine instruction[-məʃíːn instrʌ́kʃən] **연상 기계 명령**

mnemonic name[-néim] **간략 기억명**

mnemonic operation code[-ɑ̀pəréiʃən kóud] **간략 명령 코드, 니모닉 오퍼레이션 코드, 연상 명령 코드** 간략 명령 코드는 실행되는 연산의 종류를 나타내므로 기계어 명령문마다에 명령 코드를 지정하지 않으면 안 된다. 즉, 실행하는 명령어, 사용하는 데이터의 타입 또는 명령의 형식을 간략 기호로 나타낸 명령 코드를 말한다. 예를 들면, *A*는 가산을 나타내고 *C*는 비교 연산을 나타낸다. ⇨ operation code, symbolic language

mnemonic symbol[-símbəl] **기억 기호, 간략 기호** 인간이 기억하기 쉽도록 선택된 기호. 예를 들면, multiply에 대한 약어는 mpy이다.

mnemonic system of code[-sístəm əv kóud] **코드의 연상 시스템** 연상식 코드라고도 하며 코드화 대상 항목의 속성을 직접 또는 간접적으로 나타내는 의미 있는 문자, 숫자 또는 기호를 그대로 사용하는 코드. 예를 들면, TV-W12는 흑백 텔레비전 12인치, TV-C16은 컬러 텔레비전 16인치 등이다.

MNLS multi-national language supplyment의 약어. 다국어 지원(국제화) 기능. AT & T에서는 1986년 이래, 유닉스의 일본어 기능으로 JAE(Japanese application environment)를 지원해 왔는데,

1988년에는 이를 MNLS로 확장하였다. MNLS는 복수 바이트로 한 문자를 나타내는 언어를 지원하기 위한 국제화 기능이며 일본어 외에도 중국어나 한국어를 지원한다. MNLS에 기초를 둔 일본어 환경에서는 2바이트의 일본어 코드(EUC), 일본어 메시지, C 언어의 일본어 프로세서용 라이브러리 함수 등 일본어 지역화 기능이 지원된다. USL이 제공하고 있는 최신의 UNIX SVR 4.X에서도 MNLS가 답습되고 있다.

MNOS 엠노스 metal nitride oxide semiconductor의 약어. 비휘발성 메모리로 사용되는 금속 산화물.

MNP 마이크로콤 네트워킹 프로토콜 microcom networking protocol의 약어. 이것은 1단계에서 6단계로 이루어져 있는 마이크로콤 사가 개발한 통신 프로토콜의 일종으로서 특히 통신시에 자동 오류 수정과 데이터 압축 기능을 펌웨어로 구현하여 고속 고품질의 통신이 가능하다.

MNP modem MNP 모뎀 MNP 프로토콜을 갖는 모뎀으로 특히 데이터를 압축해서 보내기 때문에 2,400bps의 모뎀이 실제로는 4,800bps의 전송률을 갖는다. 이것은 통신하는 대상 상호간이 모두가 MNP 모뎀이라야 최고 속도를 낼 수가 있다.

MO magnet optical의 약어. 열자기 박막의 광자기 효과와 열자기 효과를 이용한 광디스크로, 광자기 디스크라고도 부른다. 데이터의 삭제 및 재기록이 가능하다. 지름 5.35인치와 3.5인치가 있다. 주류는 3.5인치로, 128MB, 230MB, 540MB, 640MB, 1GB 등의 용량이 나와 있고, 2GB의 용량도 개발중이다. 디스크로 기록할 때 삭제→ 회전 유지→ 기록이라는 순서로 돌기 때문에 기록 속도가 늦어진다는 것이 단점이지만, 삭제와 기록을 동시에 실행할 수 있는 오버라이트 기술이나 캐시의 탑재 등으로 개선을 꾀하고 있다.

MOB 이동 목적 블록 movable object block의 약어.

mobile [móubil] **모바일** 모바일은「이동성이 있는」이란 의미의 형용사이다. 그러나 최근에 와서는 가정이나 회사 이외의 장소에서 휴대용 정보 단말기를 가지고 다니면서 인터넷이나 전화 회선을 통해 정보를 주고받는 것을 말하며, 휴대용 정보 단말기 자체를 모바일이라고도 한다. ⇨ 그림 참조

mobile agent [-éidʒənt] **모바일 에이전트** 이동 컴퓨팅에서 사용하는 에이전트로, 통상적인 에이전트와는 달리 서버 상에서 처리하여 결과를 클라이언트에게 보내는 소프트웨어. 보통의 원격 소프트웨어처럼 결과가 나올 때까지 접속해 있을 필요 없이 처리가 종료된 단계에서 서버나 클라이언트가 콜백한다.

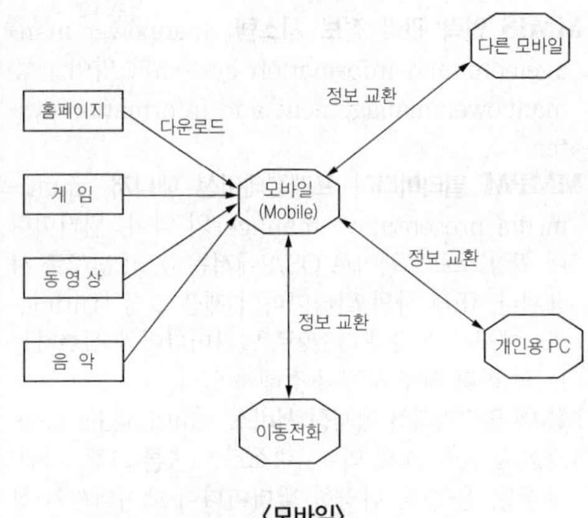

〈모바일〉

Mobile Business [-bíznəs] **모바일 비즈니스** ⇨ M-biz

mobile communication [-kəmjù:nikéiʃən] **이동 통신** 자동차, 열차, 항공기, 선박 등의 이동체와 일반 전화 또는 사무실 등과의 통신, 또는 이동체 상호간의 통신. 이동체 통신이라고도 한다. 이동 중인 사람과 연락을 취하고 싶다는 욕구는 사회의 발전과 더불어 증가하고 있는데, 앞으로도 신장될 통신 분야의 하나이다. 전파법 상의 분류에서는 이동 업무라 하며, 이는 다시 해상 이동 업무, 육상 이동 업무, 항공 이동 업무로 구별된다. 최근에는 이동 업무를 하는 무선국이 급속히 증가하고 있으며 그 용도도 다양화되었다.

mobile computer [-kəmpjú:tər] **모바일 컴퓨터** 이동체 컴퓨터라는 의미로 외출시에 사용할 수 있도록 통신 기능 등을 갖춘 휴대형 컴퓨터.

mobile computing [-kəmpjú:tiŋ] **모바일 컴퓨팅** 휴대형 PC 등을 이용하여 외출시에나 옥외에서 손쉽게 컴퓨터를 다루는 것. 이동체 컴퓨팅이라고도 한다. 특히 휴대 전화나 PCS를 이용하여 전자우편이나 데이터를 전송하는 것을 이렇게 부르는 경우가 많다.

mobile module [-mádʒu:l] **모바일 모듈** 노트북 컴퓨터용의 CPU 모듈. CPU와 칩셋의 일부를 탑재한 도터 보드와 같은 것으로, 인텔 제의 모바일 모듈은 크기가 101mm×63mm 정도이다. 제조 업체로서는 CPU 주위의 설계 변경을 고려하지 않고 CPU를 업그레이드할 수 있는 이점이 있다. ⇨ daughter board

mobile office [-ɔ́(:)fis] **모바일 오피스** 노트북 PC와 휴대 전화 등을 갖추고 언제 어디서나 본사와 통신망으로 접속하여 필요한 정보를 찾아보고 업무 지시를 받으며, 그 자리에서 신속하게 결과를 보고하는 근무 형태. 컴퓨터와 정보 통신 기술을 바탕으

로 「직원이 있는 곳이 곧 사무실」이라는 개념을 바탕으로 한 용어이다.

mobile robot[-róubət] **이동 로봇** 인간이 조정하는 것이 아니라 눈에 해당하는 센서와 컴퓨터와 같은 판단 기능을 갖추고 있어서 스스로 자립하여 돌아다닐 수 있는 일종의 무인 수송차. ① 바닥에 유도 케이블을 부설하여 케이블의 전류를 검지하는 방식. ② 바닥에 빛을 잘 반사하는 테이프를 부착하여 그 반사광을 검지하는 방식. ③ 바닥에 그려진 마크의 패턴을 미니컴퓨터로 해석하여 진행할 방향을 판단하는 방식 등이 있다.

mobile ticket[-tíkət] **모바일 티켓** 이동 전화 사용이 크게 확산되면서 기존 종이 티켓을 대체할 개념으로 「모바일 티켓」이 주목받고 있다. 글자 그대로 이동 전화에 티켓 기능이 추가되는 것을 뜻한다. 이동 전화 단말기가 각종 서비스 이용, 재화 획득의 결제 및 인증 수단으로까지 활용되는 것이다. 초기 이동 전화 단말기에 메모리칩을 부착, 소유자 정보를 저장하고 표시했던 것에서 발전해 최근에는 이동 전화 사업자나 콘텐츠 제공업체(CP)가 바코드 형태로 이동 전화 소유자에게 티켓을 전송하고 이용자는 필요에 따라 이를 찾아내 전용 리더에 읽히기만 하면 되는 수준에 이르렀다.

mobility[moubíliti(ː)] *n.* **이동도** 단위 전계 하에서 전자가 갖는 평균 속도를 전자의 이동도라고 한다. 정공(正孔)에 대해서도 같다.

moblog **모블로그** 모바일(mobile)과 블로그(blog)의 합성어. 휴대전화의 무선 인터넷 기능을 이용해 블로그를 관리하는 서비스.

Moca[móukə] **모카** 자바와 넷스케이프 스크립트가 융합된 형태로 발전하게 될 자바 후속 프로젝트 이름.

mock-up[mɑk ʌp] *n.* **실물 크기의 모형**

modal[móudəl] *a.* **모드의**

modal class[-klǽs] **모드 클래스** 도수 분포표의 클래스 중 모드가 들어 있는 클래스.

modal logic[-lɑ́dʒik] **양상 논리** 「필연성」이나 「가능성」 등의 양상(modality)을 표현하는 논리 기호를 도입하여 술어 논리를 확장한 논리. 프로그램의 이론이나 자연 언어의 의미론으로의 도입이 여러 가지로 고려되고 있다.

mod/demod[mɑ́(ː)d dimɑ́(ː)d] **변조/복조 장치** modulating과 demodulating unit의 합성어.

mode[móud] *n.* **방식** 오퍼레이션에 관계하는 방법을 나타내며 「양식」 또는 그대로 「모드」라고 번역된다. 회로나 장치의 기능이 교체되는 것이고, 하드웨어 면적에서는 상위 기종이 하위 기종과 호환성 있는 모드를 갖고 있는 경우가 많다. 컴퓨터에서는 하드웨어적으로도 소프트웨어적으로도 각각 여러 면으로 사용되는 용어이다. 전송 모드는 입출력 장치에 대한 판독이나 기록을 실제로 행하는 상태이다. 모방 모드는 다른 컴퓨터의 명령이 실행되는 모드이고, 상위 기종이 하위 기종의 명령을 하드웨어나 소프트웨어에서 자신이 실행할 수 있는 명령으로 변환하고 나서 실행하는 것이 일반적이다. 감시 모드는 시스템 구성 변경 명령이나 데이터 채널 명령 등의 우선 명령을 포함하고 모든 명령이 실행될 수 있는 상태로, 문제 모드에서 어떤 프로그램이 관리 프로그램을 혼란시키는 일이 없도록 우선 명령이 실행되지 않게 한다. 수행 모드는 실행 가능한 명령의 범위를 지정할 수 있는 상태이고, 시스템 구성 변경 명령이나 데이터 채널 명령 등의 우선 명령을 일반 프로그램으로 실행되지 않도록 하기 위해서 사용된다. 정상 모드는 컴퓨터가 본래의 작동 목적을 위해서 명령을 실행하는 상태이며, 편집 모드는 프로그램이나 문서 등의 입력과 편집을 할 수 있는 상태이며, 그래픽 모드는 그래픽 명령이나 그래픽 캐릭터를 사용할 수 있는 상태이다. 보통은 텍스트 양면을 표시하는 문서 모드가 된다. 이와 같이 여러 가지 모드가 있지만 단말 장치의 현시점에서의 모드를 나타내는 메시지를 모드 메시지라고 한다.

mode bit[-bít] **방식 비트**

mode chart[-tʃɑ́ːrt] **모드 도표**

mode check[-tʃék] **모드 체크, 모드 검사** 컴퓨터에는 영자, 숫자, 특수 문자가 사용되는데, 어떤 항목은 그 성격에 따라서 사용되는 문자의 종류가 결정되므로 데이터의 입력시에 문자의 종류를 체크하여 이상 유무를 검색할 수 있다. 예를 들면, 대부번호나 수납 금액 항목에 영자나 특수 문자가 입력된 경우에 에러 데이터로 색출하는 것이 있다.

mode choice equation[-tʃɔ́is ikwéiʒən] **모드 선택 방정식**

mode compatibility[-kəmpæ̀tibíliti(ː)] **모드 호환성, 기록 밀도 호환 기구**

mode control[-kəntróul] **모드 제어** 기억의 보호 장치를 가진 방식에서 그 보호 기능을 보호하기 위해 CPU의 프로그램 실행에 두 가지 모드를 설치하는 경우가 있다. 즉, master control mode와 object mode이며 그런 모드의 제어를 말한다.

mode conversion[-kənvə́ːrʃən] **모드 변환**

mode indicator[-índikèitər] **모드 표시기**

model[mɑ́dəl] *n.* **모형** 장치의 종류나 형식을 나타내는 경우에는 「형」으로 해석된다. 또 시스템이나 장치, 처리 과정 등을 수학적(mathematical)인 형식으로 기술하는 것을 말하는 경우도 있으며, 이 경우는 「모델」로 해석된다. 모델은 실제로 문제가 되는 시스템에 적당한 입력(input)을 주었을 때의 출력(output)을 해석적인 방법에 따라 표현 또는 근사시키는 데 사용되는 수학적 수법이다. 즉, 여러 가지 상황에 대한 모의(simulation)가 가능하도록 방정식 등 수학적인 수속(절차)을 만드는 것을 말한다. 예를 들면, 생산, 재고, 판매 등의 관계를 모델화한 산업 공학(industrial engineering)의 수법으로서 산업 역학(industrial dynamics)이 있다. 이것은 조직의 구조나 경영 방침, 의사 결정, 행동의 다이내믹 등이 기업 활동에 미치는 영향을 모의하는 데 따라서 실제의 의사 결정에 이것을 활용하도록 하는 수법을 말한다. 또 지구상의 대기 흐름을 모델화하여 기상 상황을 예측하고 표현하는 일기도 등도 그 한 가지이다.

model-based reasoning[–beist rí:zəniŋ] **MBR, 모델 베이스 추론** 전문가 시스템(expert system)에서 사용하는 추론 방식의 하나. 전문가 시스템이 대상으로 하는 시스템의 구조와 시스템을 구성하는 각 부품 간의 인과 관계나 물리 법칙 등을 이용하여 추론한다. 기계에 고장이 났을 때 설계도를 보면서 고장의 인과 관계를 차례로 추적해 원인을 찾아내는 순서를 시스템화한 것이다.

model building[–bíldiŋ] **수학적 모형 구성** OR 등에서 수학적 모형은 몇 가지 변수를 포함한 관계식으로 구성되며, 모형에는 결정해야 할 변수나 결정할 수 없는 변수가 포함되며 이들 중에서 관리 가능한 변수를 지정하는 것이 변수를 선택하는 것이다.

model change[–tʃéindʒ] **모델 체인지** 하드웨어 등과 같은 제품의 품질을 대폭적으로 개선하여 형태 번호를 변경하는 것.

model-driven method[–dráivn méθəd] **모델 주도형 방식** 일반화 방식의 한 종류로, 요구 조건을 만족하는 몇 개의 적절한 가정을 찾는 과정에서 가능한 일반화 개념들의 집합을 찾아내는 방식.

model fitting[–fítiŋ] **모델 일치** 데이터 점들의 집합을 기술하기 위하여 모델의 인수(parameter)들을 선택하는 것.

modeling[málәliŋ] *n.* **모형화** 시스템의 성능 분석이나 동작 과정 등을 연구 대상으로 알아보기 위해 간단한 물리적 모형이나 도해를 만들거나 또는 그 시스템의 특징을 수학적으로 나타내는 것.

modeling transformation[–trænsfərméiʃən] **모델링 변환** 뷰잉(viewing) 변환에 앞서서 보편 좌표계 내의 물체에 적용되는 변환.

model modifying mode[mádəl mádifàiŋ móud] **모델 수정법** 프로세서 계산 제어의 한 방식. 프로세스의 계산을 제어할 경우 그 프로세스 모델을 이용하는 것이 많다. 그 모델은 수식으로 컴퓨터 내에 표현되지만, 초기 모델은 정밀도가 낮고 모든 변수 간의 관계가 완전히 정식화되지 않은 상태에서 계산 제어를 시작한다. 이 모델을 완성함에 따라 실제 프로세스에 가까운 간단한 진동, 수정 등을 컴퓨터의 기능 일부를 이용함으로써 컴퓨터 내에 매우 충실히 실제 프로세스를 표현하는 모델을 만들어 프로세스 계산 제어를 한다.

model number[–nʌ́mbər] **모델 수**

model program generator[–próugræm dʒénərèitər] **MPG, 모델 프로그램 제너레이터**

model queuing[–kjú:iŋ] **큐잉 모델** 큐에 대한 문제를 풀기 위해 확률 분포를 사용하여 만든 수리적 모형.

model statement[–stéitmənt] **모델 스테이트먼트, 모델문** 매크로 정의의 본체 또는 오픈 코드 내의 수행문으로서 그 수행문이 사전 어셈블러시에 어셈블러 언어 수행문이 된다. 어셈블러 언어 수행문을 모델 수행문으로서 쓸 수가 있다. 어셈블러는 매크로를 전개할 때 그 모델문을 그대로 복사한다. 모델문의 치환점에 가변 기호를 사용할 수도 있다. 그 매크로가 호출될 때마다 어셈블러가 그 치환점에 값을 넣는다.

MODEM[móudèm] *n.* **변조 복조 장치** modulator/demodulator의 합성어. 통신계에서 변조, 복조하는 장치. 전화 회선을 통해서 퍼스널 컴퓨터 통신이나 단말기가 서로 데이터 전송을 할 때, 퍼스널 컴퓨터로부터 오는 직류인 디지털 신호를 전화 회선에서 이용할 수 있는 교류인 아날로그 신호로 교환하고, 그 반대로 아날로그 신호를 디지털 신호로 변환하는 장치. 퍼스널 컴퓨터 통신에 없어서는 안 되는 장치이다. 모뎀에는 아날로그 모뎀과 디지털 모뎀이 있다. 전자는 입력의 아날로그 파형을 반송파(carrier)로 변복조하여 하나의 전송로로 다중(multiple) 통신하기 위한 장치이므로 전화국의 지국간 중계에 사용되고 있다. 후자는 디지털 신호를 아날로그 신호로 변환하여 송출하고 역으로 아날로그 신호를 디지털 신호로 복조하여 수신하는 장치이며, 일반적으로 모뎀이라고 말하면 이 디지털 모뎀을 가리킨다. 데이터의 전송 방식으로는 사전에 정해진 한쪽 방향으로만 가능한 단방향 전송, 어느 쪽 방향으로도 전송이 가능하지만 동시에 할 수 없는 반이중 전송, 한 번에 양방향으로 전송이 가능한 전이중 전송의 세 종류가 있다. 전화 회선은 원래 음성 대역의 아날로그 전송을 목적으로 하기 때문에 전송 대역은 300부터 3,400Hz로 한정되어 있다. 그 때문에 음성 대역 외의 고주파 성분을 갖는 디지털 신호를 그대로 전송할 수 없다. 이 때문에 변복조 장치가 필요하게 된다. 변복조의 방법은 국제적 표준이 작성되어 있으며, 대부분 모뎀은 이것에 따라 호환성, 상호 접속성이 유지되고 있다. 이 국제적인 표준은 국제 전신 전화 자문 위원 회(CCITT)의 권고인 V 시리즈로서 알 수 있다. 이외에도 미국 국내에서 사용되고 있는 bell 규격 등이 유명하다. 이 V 시리즈에 따라 정해진 변조 방식은 저속 모뎀용은 주파수 편이(偏移) 변조 방식(FSK ; frequency shift keying), 중고속 모뎀용은 위상 편이 변조 방식(PSK ; phase shift keying)으로 되어 있다. FSK는 고저 채널로 양방향의 신호를 주파수 다중 분할하여 데이터 전송을 행하는 것이고, 전송로 잡음에 강하고 오류 효율성이 양호하지만 변조 신호의 점유 대역폭이 넓기 때문에 2,400bit/sec 이상을 전송하는 것이 곤란하다는 결점이 있다. PSK는 반송파의 위상 변이(phase shifter)를 데이터 값에 따라 변화시키는 것이다.

[주] 1. 변복조 장치 기능의 하나에는 아날로그 전송 설비를 거쳐서 디지털 데이터를 전송할 수 있도록 하는 경우가 있다. 2. 변복조라는 단어는 변조 장치와 복조 장치의 단축형이다.

MODEM 7[-sévən] **모뎀 7** 개인용 컴퓨터에서 사용되는 파일 전송용 프로토콜의 하나.

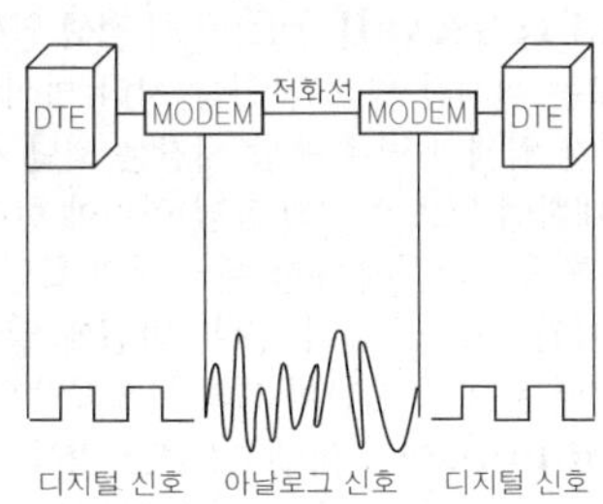

〈MODEM의 동작 원리〉

MODEM audio loopback control[-ɔ́:diou lú:pbæ̀k kəntróul] **모뎀 음향 신호 되돌림 제어**

MODEM board[-bɔ́:rd] **모뎀 기판** 데스크톱 PC 등에 내장하여 사용하는 기판.

MODEM bypass[-báipɑ̀:s] **모뎀 우회** 지역 기기가 직접 모뎀의 통신 출입구에 연결되도록 하는 특별 회선. 예를 들면, 사용자(user)가 모뎀에 연결할 필요없이 다른 터미널을 이용하고자 할 때 사용하면, 터미널은 우회선에 접속되고 모뎀과의 접속은 끊어진다.

MODEM card[-kɑ́:rd] **모뎀 카드** 마이크로컴퓨터 본체 내부에 꽂아서 사용할 수 있도록 만들어졌으며 저렴하고 쉽게 설치할 수 있다는 장점이 있는 것으로, 모뎀을 프린트 기판에 조립한 것이다.

MODEM check control[-tʃék kəntróul] **모뎀 검사 제어**

MODEM communication[-kəmjù:nikéiʃən] **모뎀 통신** 컴퓨터 간 또는 컴퓨터의 주변 기기 간의 통신에 모뎀을 사용하는 처리.

MODEM connect-line control[-kənèk láin kəntróul] **모뎀 결선 제어**

MODEM data-clamp control[-déitə klǽmp kəntróul] **모뎀 데이터 클램프 제어**

MODEM data set[-sét] **모뎀 데이터 집합** 변복조기(變復調器)는 통신 채널에 의하여 요구되는 변조된 전송자 파형을 컴퓨터 또는 단말기에서 디지털 데이터로 바꾸는 장치이다. 채널의 각 끝에 하나의 변복조 장치가 있다. 변복조 장치들은 데이터 집합으로도 알려져 있으며, 특수한 주파수대 혹은 데이터 전송률, 그리고 특수 목적 서비스를 위하여 설계된다.

MODEM diagnostics[-dɑ̀iəgnɑ́stiks] **모뎀 진단** 모뎀 진단을 위한 보편적인 방법은 전송 장치의 일부가 모뎀을 통하여 되돌아온 신호를 받게 되는 회송(loopback)에 의한 방법인데, 내부에 진단 능력을 가진 모뎀이 가장 가치 있는 모뎀이다.

MODEM digital loopback control[-dídʒitəl lú:pbæ̀k kəntróul] **모뎀 디지털 회송 제어**

MODEM-encryption devices[-inkrípʃən divɑ́isiz] **모뎀-암호 장치** 어떤 시스템에서는 모뎀 접속부 내에 암호 장치를 설치함으로써 송신소와 수신소에서만 알 수 있는 방법으로 데이터를 암호화해서 보내고 해독한다. 암호기로 들어간 삭제 비트열은 해독기의 출구에서 다시 형성되므로 모든 동기화, 경계 표시와 제어 문자 등은 수신소에서 보통 방법으로 인지할 수 있다. 만약 암호문이 바뀌는 송신 오류가 일어나면 재형성된 내용도 오류를 포함하게 되므로 이 경우에는 암호 장치가 없을 때와 같은 방법으로 오류를 발견해낸다.

MODEM equalization[-ì:kwalɑizéiʃən] **모뎀 균등화** 회선의 집단 왜곡(envelop-delay distortion)과 증폭을 위한 모뎀 보충으로서, 균등화는 대여선에 부착된 저속의 모뎀에서는 필요하지 않다. 왜냐하면 최소의 회선 조절이 충분하기 때문이다. 그러나 빠른 속도의 모뎀(4.8~9.6kbit/sec)이 부착된 경우는 조절과 균등화가 필요하고 빠른 속도의 전화선 네트워크 상의 송신에서 사용되는 모뎀도 균등화가 꼭 필요하다. 왜냐하면 조절되지 않은 전화선이 사용될 것인지 확실하지 않기 때문이다.

mode message[móud mésidʒ] **모드 메시지**

MODEM function[móudèm fʌ́ŋkʃən] **모뎀 기능** 기능적으로 모뎀은 변조기와 복조기의 논리적인 두 부분으로 나누어진다. 변조기는 컴퓨터나 원격 단말기와 같은 장치로부터 디지털 입력을 받아들여 사각형의 직류 펄스 전압을 송신선으로 보내는 아날로그 가청 신호로 바꾸어준다. 또한 송신선의 다른 끝에서는 또 다른 모뎀의 복조기가 아날로그 신호를 다시 디지털 출력으로 바꾸어준다.

MODEM interface [–íntərfèis] **모뎀 인터페이스**

MODEM operation [–àpəréiʃən] **모뎀 작동** 거의 모든 자료 통신의 응용 분야는 채널로서 전화선을 이용하므로 낮은 송신 속도(최고 9,600bps)로 작동하는 모뎀은 한정된 대역폭의 모든 장점을 이용해야 한다. 저속의 경우 주파수 이송 변조(1과 0을 나타내기 위하여 두 개의 다른 톤을 이용한다)를 사용하지만, 속도가 빠른 모뎀에서는 4, 8 또는 16 위상의 이송 키를 사용한다.

MODEM receive-only control [–risí:v óunli(:) kəntróul] **모뎀 수신 전용 제어**

MODEM sharing unit [–ʃέəriŋ jú:nit] **MSU, 모뎀 공유 장치** 여러 개의 단말기가 한 모뎀을 공유할 수 있게 하는 장치로서 이 모뎀 공유 장치는 멀리 떨어진 장소에 여러 개의 단말기가 필요한 네트워크에서 특히 효과적인데, 그 까닭은 모뎀과 전송선을 줄일 수 있기 때문이다. 작동 방법은 충분한 반 이중식이다.

MODEM signal detection [–sígnəl diték-ʃən] **모뎀 신호 감지** 모뎀은 디지털 신호를 아날로그 형태로 변환하는 것 외에 반송자 신호를 데이터로 역변환해야 한다. 보통 신호 펄스를 이미 정해진 신호와 비교하거나 그 차이를 찾아내고 디지털 신호를 연속적으로 만들어낸다. 8위상 DPSK를 쓰는 고속 모뎀의 경우는 신호를 받아서 모뎀 기억 장치에 저장된 정보와 비교하고 그 차이에 해당하는 3비트 2진수를 만들어낸다.

MODEM simulation tester [–sìmjuléiʃən téstər] **모뎀 시뮬레이션 테스터**

MODEM standard [–stǽndərd] **모뎀 표준** 이 표준 모뎀은 아날로그 접속부 상에서의 전화선뿐만 아니라 디지털 접속부 상에서의 데이터 전송 장치와도 일치되어야 한다. 기계적인 접속과 언어 규약에 대하여는 여러 가지 표준이 있는데, 데이터 전송 장치와 네트워크의 공급자뿐만 아니라 컴퓨터와 단말기 제작자까지도 이 표준에 따른다. EIA의 표준 규정에 의하여 대부분의 모뎀은 신호 수준과 핀 연결을 규정하는 RC-232C 형식에 따라 데이터를 받으며, 유럽에서는 데이터 입력 표준으로 CCITT V. 24에 따른다.

MODEM synchronization [–sìŋkrənaizéi-ʃən] **모뎀 동기화** 분출형과 연속 흐름형은 모뎀이 데이터 전송을 다루는 두 가지 방법이다. 분출형은 비동기식이고 연속 흐름형은 동기식이다. 비동기식 전송은 키보드 같은 곳에서의 데이터 전송에 적당하고 최대 속도 내에서 임의의 속도로 작동할 수 있으나 비효율적이며, 동기식으로 설계된 모뎀은 어떤 속도 범위 내에서 고정 속도로만 작동이 가능하다.

MODEM tester [–téstər] **모뎀 테스터**

MODEM types [–táips] **모뎀 유형** TWX와 텔렉스는 전화선에 연결된 비가청(非可聽) 모뎀을 반드시 가지며, 단말기에서 분리된 패키지 모뎀은 그 자체로서 독립적이며, 독립된 모뎀은 다른 형태뿐만 아니라 연계국 패키지에도 사용된다. 모뎀 카드는 단말기를 형성하는 단말기 카드 파일 내에 꽂도록 되어 있고 수신 필터가 없는 칩으로 된 모뎀도 만들어진다.

mode of priority [móud əv praiɔ́(:)riti(:)] **우선 순위 방식** 컴퓨터에 의하여 수행되는 작업 진행 순위의 구성 방식은 시스템이나 기계의 수행 능력의 정도에 따라 다르며, 정상적인 비인터럽트 방식으로부터 여러 계층의 인터럽트가 있는 시스템에 이르기까지 다양하다. 또한 입출력 방식과 같이 기능에 따라 서로 다른 방식이 있을 수 있다.

mode of processing [–prásesiŋ] **처리 방식**

mode of retrieval [–ritrí:vəl] **검색 양식** 검색 양식으로는 실시간 방식과 일괄 처리 방식이 있으며, 실시간 검색의 경우 응답 시간은 최단 시간(즉, 질의에 대하여 몇초 이내의 응답)이어야 한다. 예를 들면, 은행에서 고객에 대한 예금 잔고 확인 업무나 항공기 예약 시스템 등이 있다. 반면에 일괄 검색 양식의 경우는 응답 시간이 그리 문제되지 않는다.

mode of update [–ʌ́pdèit] **갱신 양식** 갱신 양식은 실시간 처리와 일괄 처리로 대별할 수 있다. 실시간 갱신은 항공 예약 시스템이 가장 대표적인 예인데, 항공기 좌석이 예약되면 파일은 즉시 새로운 좌석의 상태를 반영하도록 갱신된다. 한편 일괄 갱신에서는 마스터 파일과 트랜잭션 파일만 고려하면 된다. 마스터 파일은 가장 최근에 갱신이 행해진 상태의 파일을 말하는 것이고, 트랜잭션 파일은 마스터 파일에는 아직 기록되지 않은 갱신 요청들까지 포함한 모든 갱신 요청들을 포함하고 있는 파일이다.

moderator [mádərèitər] *n.* **감속재** 중성자의 속도를 떨어뜨리기 위해 가벼운 원소의 원자핵과 충돌시키는 물질. 중성자는 원자 반응에 중요한 구실을 하는데, 속도가 빠른 중성자는 원자핵에 포착하기 어려운 원자핵 반응을 일으키는 데 비효율적이다. 그래서 감속재가 필요한데, 여기에 쓰이는 물질로는 흑연 · 중수 · 경수 등이 적합하다.

mode register[móud rédʒistər] **모드 레지스터**

modern control theory[mádərn kəntróul θíəri(ː)] **현대 제어 이론**

mode set command[móud sét kəmǽːnd] **모드 설정 명령**

modifiability[màdifɑiəbíliti(ː)] **수정의 용이성** 테스트의 용이성, 이해의 용이성과 함께 보수성을 정하는 요인이 되는 것으로 소프트웨어의 품질 특성의 하나.

modification[màdifikéiʃən] *n*. **수정, 변경, 수식** 인덱스 단어 혹은 수정자라 부르는 한 개 이상의 단어나 단어의 부분을 변경하는 것. 수치 혹은 논리 연산에 의해 미리 정해진 명령어에 첨가된다.

modification level[–lévəl] **수정 레벨**

modification program[–próugræm] **수정 프로그램** 프로그램이 자신을 수정할 때 일어난 일이 다음 프로그램의 수행에 영향을 미치도록 하기 위하여 스위치를 세트하는 기능을 가진 프로그램.

modified[mádifɑ̀id] *a*. **수정된, 변경된**

modified address[–ədrés] **수정화 주소**

modified bit[–bít] **수정 비트** 가상 기억 장치의 운영에 있어서 페이지 교체 기법에 쓰이는 비트로, 어떤 페이지가 기억 장치에 들어와 그 내용이 변하지 않았을 때는 0으로 보존되고, 내용이 변하면 1로 되어 이 페이지를 다시 보조 기억 장치에 저장할 때 이 비트가 0인 페이지는 다시 쓸 필요가 없게 된다.

modified cyclic code[–sáiklik kóud] **변경 주기 코드**

modified data tag[–déitə tǽg] **변경 데이터 태그**

modified data transfer[–trænsfə́ːr] **변경 데이터 전송**

modified Euler's method **수정 오일러법** 상미분 방정식의 수치 해법의 한 방법. 오일러법을 개량해서 정도(精度)를 올린 것.

modified frequency modulation[–fríːkwənsi(ː) màdʒuléiʃən] **MFM, 수정 주파수 변조** 유연성 디스크 장치(flexible disk drive)에서 데이터를 기록할 때 걸리는 변조 방식의 한 가지. 배밀도 기록 방식에 사용된다. 이것은 단밀도 기록 방식에 사용되는 FM 방식(frequency modulation)을 수정한 것이다. FM 방식은 한 가지의 데이터가 그대로 하나의 기록에 대응하고 있다. 즉, 데이터와 클록 비트(clock bit)가 일대일로 대응하고 있지만, MFM 방식에서는 "1" 데이터가 연속할 때만 클록 비트를 비트 기억 소자(bit cell)의 맨 앞에 둔다. 이 때문에 MFM 방식은 FM 방식에 비해서 기억 용량이 배가 된다.

modified frequency modulation recording[–rikɔ́ːrdiŋ] **변형 주파수 변조 기록** 0을 나타내는 두 셀 간의 경계와 1을 나타내는 셀의 중앙에 자화(磁化) 상태의 변화가 있는 비 기준 복귀 기록.

modified Huffman coding **MH coding, MH 부호화 방식, 수정 허프만 부호화 방식** 팩시밀리에 사용되는 부호화 방식의 하나.

modified integration digital analog simulator[–ìntəgréiʃən dídʒitəl ǽnəlɔ̀(ː)g símjulèitər] **수정된 통합 디지털 아날로그 시뮬레이터** 디지털 미분 해석기(digital differential analyzer)를 위한 시뮬레이션 언어.

modified least-squares method[–líːst skwɛ́ərz méθəd] **수정 최소 제곱법**

modified link pack area[–líŋk pǽk ɛ́(ː)riə] **MLPA, 수정 연결 팩 영역**

modified READ coding **모디파이드 리드 부호화 방식** 팩시밀리에 사용되는 부호화 방식의 하나.

modified subfile record[–sʌ́bfɑ̀il rékərd] **변경 서브파일 레코드**

modifier[mádifɑ̀iər] *n*. **변경자** 명령을 변경하기 위해서 사용되는 단어 또는 단어의 일부. 즉, 어드레스를 변경하기 위해 이용되는 데이터. ⇨ address modification, instruction modifier

modifier bit[–bít] **수식 비트**

modifier function bit[–fʌ́ŋkʃən bít] **수정자 기능 비트**

modifier register[–rédʒistər] **수정자 레지스터** 인덱스 레지스터(사용하지 않는 편이 좋다) ⇨ index register

modifier storage[–stɔ́ːridʒ] **수정자 기억 장소** 주로 데이터, 어드레스 또는 프로그램을 변경하는 데 필요한 정보를 기억하고 있는 기억 장소를 말한다.

modify[mádifɑ̀i] *v*. **변경하다** 프로그램을 바꾸거나, 오퍼랜드를 변경하거나, 시스템 제어 데이터(system control data)를 수정하거나, 비트를 변경하거나, 명령을 변경하거나 하는 경우이다. 수정과 변경은 모두 일시적(temporary)인 것과 영구적(permanent)인 것이 있다.

modify-configuration[–kənfigjuréiʃən] **수정 구성** 컴퓨터 시스템 구성 요소들의 특정 배열.

modify feature[–fíːtʃər] **수정 기능**

modify halt[–hɔ́ːlt] **변경 휴지**

modify index mode[–índeks móud] **색인 수정 모드**

modify instruction[–instrʌ́kʃən] **수정 명령어** 최종 프로그램에 사용되기 전에 가장 많이 변경될 것 같은 명령어.

mod-n counter **모듈러 n 카운터**

modula[mádʒulɑ] **모듈러** 고수준 프로그래밍 언어의 하나. PASCAL에서 발전한 것. 동시 처리 특징을 갖고 있고, 실시간 또는 분산 운영 시스템을 프로그램하는 데 적합하게 설계되었다.

modulality[màdʒulǽriti(ː)] **모듈러리티** 컴퓨터 시스템에 있어서 하드웨어 및 소프트웨어의 각 구성 요소의 일부를 변경하거나 증설할 때 그 변경이 전체에 영향을 미치지 않도록 어떤 부분만을 바꿀 수 있도록 설계된 것.

modular[mádʒulər] *a*. **모듈의, 모듈러, 모듈 방식** 하나로 일괄하여 하나의 부품처럼 취급하는 것으로 「모듈 방식」 또는 그대로 「모듈러」라고 해석된다. 예를 들면, 작은 기판 상에 임의의 기능 단위를 모듈화한 패키지를 모듈이라고 한다. 에폭시 수지 등으로 만들어진 캡슐에 넣어져 있다.

modular-Ⅱ[–tuː] **모듈러-2** 1980년대 초 니클라우스 워스(Niklaus Wirth)가 만든 PASCAL 언어를 보완해서 만든 고급 프로그래밍 언어. PASCAL과 매우 비슷하지만 모듈 기능에 의하여 모듈별 컴파일이 가능하고 저수준의 처리 기능이 보강된 것이 특징이다.

modular allocation technique[–æ̀ləkéiʃən tekníːk] **MAT, 모듈러 배치법**

modular application system[–æ̀plikéiʃən sístəm] **MAS, 모듈러 응용 시스템**

modular assembly system[–əsémbli(ː) sístəm] **모듈러 조립 방식**

modular cable[–kéibl] **모듈러 케이블** 모뎀이나 전화, 전화 회선을 연결하는 케이블.

modular coding[–kóudiŋ] **모듈법 코딩** 이것은 방대한 프로그램을 작성할 때 논리적으로 나눌 수 있는 프로그램의 한 부분을 따로따로 분리해서 독립적으로 작성하는 방법이다. ⇨ top-down programming

modular computer system[–kəmpjúːtər sístəm] **모듈러 컴퓨터 시스템**

modular connector[–kənéktər] **모듈러 커넥터**

modular constraint[–kənstréint] **모듈러 제한 조건** 컴퓨터 그래픽에서 그래픽 영상의 크기가 화면의 물리적 크기보다 커서 화면에 나타나지 않는 논리적 좌표 부분까지 억지로 영상을 위치시키는 행위 또는 이러한 상황에 놓이게 되는 일종의 억압 상태를 말한다.

modular constraction machine[–kənstrǽkʃən məʃíːn] **모듈러 구성 기계**

modular converter[–kənvə́ːrtər] **모듈러 컨버터, 모듈러 변환기**

modular counter[–káuntər] **모듈러 카운터, 모듈러 계수기**

modular decomposition[–dìːkəmpouzíʃən] **모듈러 분해**

modular design[–dizáin] **모듈러 설계** 프로그램을 기능적으로 다른 것과 독립시키기 위해 부분(모듈)으로 구분하고, 그것을 계층적으로 구성하는 프로그램 설계법.

modular design method[–méθəd] **모듈러 설계법**

modular function[–fʌ́ŋkʃən] **모듈러 함수**

modularity[màdʒulǽriti(ː)] *n*. **모듈성** 컴퓨터 시스템에서 하드웨어 및 소프트웨어의 각 구성 요소의 일부를 변경하고 증설할 때 그 변경이 전체에 영향을 미치지 않도록 어떤 부분만을 바꿀 수 있도록 설계되어 있는 것.

modularization[màdʒulərizéiʃən] *n*. **모듈화**

modular jack[mádʒulər dʒǽk] **모듈러 잭, 모듈러 접속 단자** 전화기와 로제트(전화선의 단말기에 붙여 있는 작은 상자)를 접속하는 데 사용되는 작은 커넥터. 전기의 콘센트와 같이 간단하게 회선에 착탈시킬 수 있도록 되어 있다. 변복조 장치(MODEM)와 전화 회선을 접속하는 데도 이 모듈러 잭이 이용된다.

modular maintenance design concept[–méintənəns dizáin kánsept] **모듈러 보전 설계 개념**

modular multiprocessor system[–mʌ̀ltiprásesər sístəm] **모듈러 다중 처리기 시스템** 어떤 분산 처리 시스템은 개별적인 마이크로프로세서와 펌웨어를 포함하는 모듈로서 구성되며, 전형적인 시스템은 장기간 사용을 위해 설계되는데, 설계시에 모듈화되고 처리기와 독립적이며 RAM을 사용한다.

modular process control system[–práses kəntróul sístəm] **모듈러 프로세스 제어 시스템**

modular program[–próugræm] **모듈러 프로그램** 프로그램의 구조 설계에 따라서 분할된 프로그램 루틴(모듈)에 의해 구성된 프로그램. 각각의 프로그램 모듈은 그 복잡성을 감소시키기 위해 그 단위를 되도록 작게 해서 다루고, 하나의 모듈 내에서 다룰 수 있는 기능을 정리하여 다른 모듈에 대한 독립성을 높이는 것이 중요하다.

modular programming[–próugræming] **모듈러 프로그래밍** 프로그램을 모듈화하여 독립성을 갖게 함으로써 다른 모듈에 영향을 받지 않고 모듈의 일부 개량이나 재번역을 가능하게 하는 프로그래밍 기법. 각 모듈인 기능(function)이나 서브루틴(subroutine)은 국소적 변수를 써서 독립성을 높이고 있으며, 통합된 기능별로 모듈화한다.

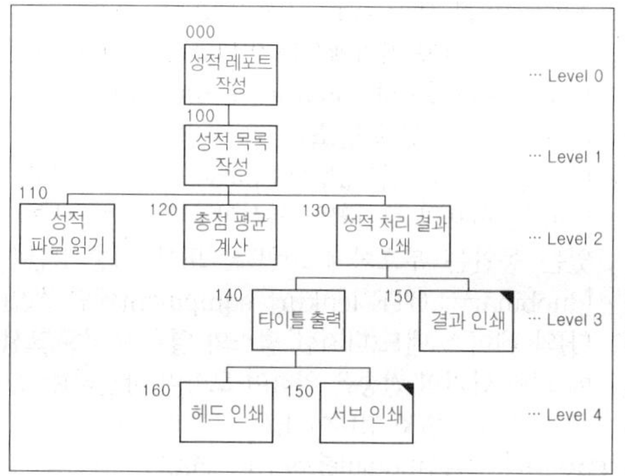

〈모듈러 프로그래밍의 예〉

modular representation[–rèprizentéiʃən] **모듈러 표현**

modular standardization[–stǽndərdaizéiʃən] **모듈러 표준화**

modular structure[–strʌ́ktʃər] **모듈러 구조**

modular system[–sístəm] **모듈러 시스템** ⇨ building block system

modular system control[–kəntróul] **모듈러 시스템 제어**

modular system design[–dizáin] **모듈러 시스템 설계**

modular system design concept[–kánsept] **모듈러 시스템 설계 개념**

modular system program[–próugræm] **MSP, 모듈러 시스템 프로그램**

modular tree[–tríː] **모듈러 트리**

modulate[mádʒulèit] *v.* **변조하다**

modulated[mádʒulèitəd] *a.* **변조된**

modulation[mὰdʒuléiʃən] *n.* **변조** 통신에 있어서 신호는 통신로에 적합한 형으로 변환하지 않으면 안 되는데, 이를 위한 조작을 변조라고 한다. 일반적으로는 고주파수의 파의 진폭, 위상, 주파수를 신호에 대응시켜 변화시키는 방법을 이용한다. 데이터 전송에서 반송파(carrier) 중에 목적 신호를 포함시켜 보내는 방법이 이용되며 이 때문에 신호가 변환된다. 반송파로서 사인파를 이용하는 변조를 아날로그 변조(analog modulation)라고 한다. 예를 들면, 진폭 변조(AM ; amplitude modulation)는 반송파의 진폭을 변조하는 것으로 라디오의 AM 방송이 여기에 속한다. 주파수 변조(FM ; frequency modulation)는 반송파의 주파수를 변조하는 것으로 라디오의 FM 방송이 여기에 속한다. 위상 변조(PM ; phase modulation)는 반송파의 위상을 변조하는 것이다. 그리고 반송파로서 펄스열을 이용한 것을 펄스 변조(pulse modulation), 정현파의 반송파를 변조하는 데 디지털 신호를 이용하는 것을 디지털 변조(digital modulation)라고 한다. 또 이러한 변조를 행하는 장치를 변조 장치(modulator)라고 한다. 또 이 반대의 기능을 갖는 장치를 복조 장치(demodulator)라고 한다. ⇨ 보충 설명 참조

modulation capacity[–kəpǽsiti(ː)] **변조 용량**

modulation carrier amplifier[–kǽriər ǽmplifàiər] **변조 반송파 증폭기**

modulation code[–kóud] **변조 부호** 반송파의 주파수 혹은 진폭을 변화시키는 데 이용되는 부호화된 신호.

modulation demodulation system[–dimὰdʒuléiʃən sístəm] **변복조 시스템** 변조 방식과 그것에 대응하는 복조 방식과의 조합. 진폭 변복조 방식, 위상 변복조 방식, 주파수 변복조 방식이 있다.

modulation eliminator[–ilíminèitər] **변조 소거 장치**

modulation envelope[–énvəlòup] **변조 포락선**

modulation factor[–fǽktər] **변조도** 변조의 정도를 나타내는 값. 진폭 변조를 다음 식과 같이 나타낸 경우

$$f(t) = A_0\{1+kv(t)\}\cos(w_c t+\phi)$$

의 최대값을 변조도라고 한다.

modulation frequency ratio[–fríːkwənsi(ː) réiʃiòu] **변조 주파수 비**

modulation index[–índeks] **변조 지수** 주파수 변조 및 위상 변조에 있어서 변조의 정도를 나타내는 계수. 즉, 주파수 변조에서 주파수 편이폭(偏移幅)과 변조파에 포함되는 최대 주파수의 비를 말한다.

modulation limiting[–límitiŋ] **변조 제한**

modulation linearity[–líniəriti] **변조 직선성** 변조 입력 신호 레벨의 변화에 대한 변조 감도의 변화 정도를 말하며, 보통은 변조 미분 특성으로 나타낸다. 변조 직선성의 열화는 준누화 잡음의 원인이 된다.

modulation loss[–lɔ́(ː)s] **변조 손실** 변조기의 동작 감쇠량으로, 입력 전류와 출력 전류의 비의 대수(對數)로 나타낸다.

modulation meter[–míːtər] **변조 계량기**

modulation noise[–nɔ́iz] **변조 잡음**

modulation parameter[–pərǽmətər] **변조 매개변수**

modulation product[-prάdəkt] **변조 곱**

modulation rate[-réit] **변조 속도** 초를 단위로 하여 측정한 변조의 최소 유의(有意) 간격 길이의 역수. 정보가 단위 시간에 전달되는 양을 나타내는 방법의 하나로서, 1초 사이에 변조할 수 있는 최대 변조 횟수이다.
[주] 시간의 단위가 초이면 변조 속도는 보(baud)로 표시된다.

modulation sensitivity[-sènsitíviti(:)] **변조 감도** 반송파를 신호파로 변조할 때 변조 회로가 신호파 전압에 의해서 반송파에 어느 정도의 변화를 주는가를 나타낸 것.

modulation stability[-stəbíliti(:)] **변조 안정도**

modulation system[-sístəm] **변조 방식** 변조 방식은 진폭 변조 방식, 위상 변조 방식, 주파수 변조 방식으로 크게 나눈다. ⇨ 보충 설명 참조

modulation technique[-tekní:k] **변조 기술**

modulation transfer function area[-trænsfə́:r fʌ́ŋkʃən ɛ́(:)riə] MTFA, **변조 전달 함수 영역**

modulation types[-táips] **변조 유형** FSK(frequency-shift keying) 기법은 2단계 주파수 변조 기법으로, 저속 처리에서는 어디에든 쓰인다. 진폭 변조(AM)는 QAM(quadrature amplitude modulation ; 4각 진폭 변조) 같은 특별한 형태에 쓰인다. 펄스 부호 변조(PCM ; pulse code modulation)는 신호의 주기적인 특성이 무시되며, 신호가 있는 동안은 부호화에 쓰인다. 또한 이중 2진수(duobinary ; GTE lenkurt equipment에만 쓰인다)와 베이스 밴드(디지털 펄스의 열은 아날로그선에 의한 단거리 전송을 위하여 모양이 바뀐다)는 드물게 쓰이는 변조 형태이다.

modulator[mάdjulèitər] *n*. **변조기** 신호를 전송에 적합한 변조 신호로 교환하는 기능 단위. 변조에 이용되는 기기의 명칭.

modulator/demodulator[-dimάdjulèitər] MODEM, **변복조기** 전송하는 데이터를 통신 제어

변조 방식

전기 통신에서는 정보를 전기 신호로 변환시켜 전송한다. 이것은 방해(妨害)에 대한 영향을 적게 하고 전송을 쉽게 하며 동일 전송로에 많은 신호를 실리게 하거나 통신 속도의 향상이 가능하기 때문이다. 이러한 목적으로 신호 주파수를 바뀌게 하거나 신호의 형을 바뀌게 하는 조작을 변조라고 한다. 대별하면 아날로그 변조 방식과 펄스 변조 방식이 있는데 다음 표와 같이 분류된다.

〈변조 방식의 분류〉

명 칭			적용 방식 예
아날로그 변조	진폭 변조 방식	반송파 전송 양측대파 (DSBTC ; double-side band with transmitted carrier)	SM-A2
		반송파 억압 양측대파 (DSBSC ; doubles-side band suppressed carrier)	
		단측대파(SSB ; single-side band)	C-12M, 유선 FDM 방식
		잔류측대파 (VSB ; vestigial-side band)	C-60M (텔레비전 신호)
	각도(角度) 변 조 방 식	위상 변조(PM)	데이터 전송용 모뎀, 20L-P
		주파수 변조(FM)	데이터 전송용 모뎀, S F-EI 무선 FDM 방식
펄스 변조	아날로그 펄스 변조	펄스 진폭 변조(PAM) 펄스 폭 변조 펄스 위치 변조 펄스 주파수 변조	
	디지털 펄스 변조	펄스수(數) 변조(PEM) 펄스 부호 변조(PCM)	PCM-24(B), DC-400M 등 중장거리 방식 SM-D2
		정차(定差) 변조	SM-D1

장치로 직렬화한 다음 그 직렬화한 2진 신호를 가청 주파수로 변환(변조)해서 통신 회선으로 전송해야 하는 통신 회선에서 전송되는 신호를 변조하고 복조하는 장치. 또한 수신한 측은 이것을 원상으로 되돌릴(복조) 필요가 있기 때문에 변복조 장치, 즉 모뎀이 이 기능을 실행한다. 데이터 링크의 각 종단에 모뎀이 필요하게 된다. ⇨ MODEM

modulator/demodulator unit [-jú:nit] **변복조 장치** 변조 장치, 복조 장치를 총합한 호칭.

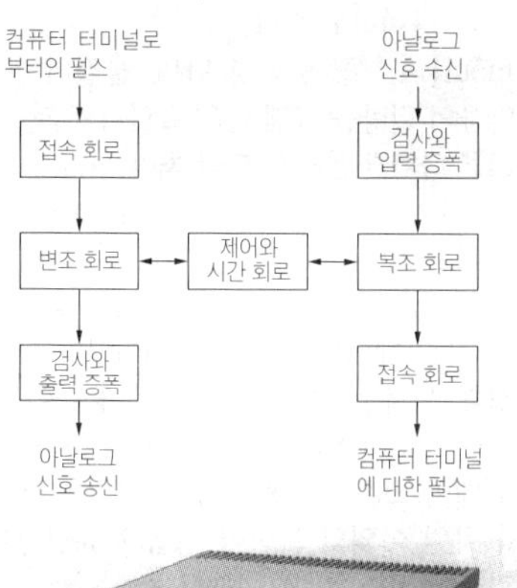

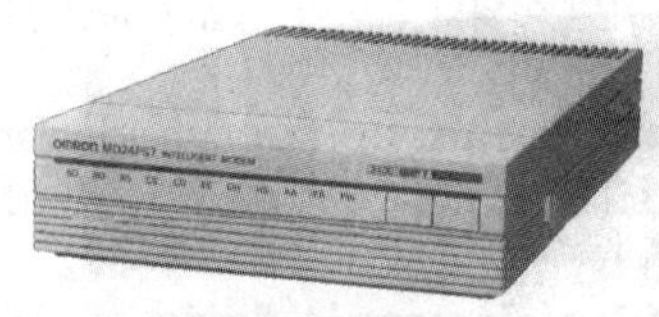

〈변복조 장치〉

module [mádʒu:l] *n.* **모듈** (1) 이미 알고 있는 특성을 갖는 기능 단위로서 부품 집합이고, 그대로 「모듈」이라고 해석된다. 하드웨어에서는 메모리 보드나 각종 인터페이스 보드, 보조 입출력 장치(auxiliary input/output devices), 다중 중앙 처리 장치(multi-CPU)처럼 기능 단위로 되어 있기 때문에 용이하게 교환할 수 있도록 된 구조를 말한다. 소프트웨어에서도 하드웨어와 마찬가지로 하나로 일괄되어 다른 프로그램으로도 재이용(reusable)할 수 있는 형으로 되어 있는 것을 말하며, 복수(複數)의 모듈을 취급하기 쉽도록 하나로 일괄시킨 것을 라이브러리(library)라고 한다. 이와 같이 블록화, 모듈화하여 프로그램을 작성해두면 프로그램의 명세에 변경이 있어도 관계가 있는 모듈의 변경만으로 끝나고, 프로그램 개발의 생산성이 향상된다. (2) 컴파일러(compiler)의 실행에 따라 얻어진 출력으로, 연결기(linker)의 입력이 되는 중간 프로그램을 목적 모듈(object module)이라고 한다. 복수의 제어 세션(session)과 외부 심벌(external symbols)표로 구성되어 있다. 연결기의 실행에 따라 얻어진 실행 모듈을 로드 모듈(load module)이라고 한다.

[주] 수속(절차)이나 데이터의 선언으로부터 이루어진 언어 구성 요소이고, 다른 구성 요소와 상호적으로 작용할 수 있는 것. 예를 들면, Ada의 패키지, FORTRAN의 프로그램 단위, PL/I의 외부 절차. ⇨ program unit

module arithmetic [-əríθmətik] **모듈 연산**

module attribute [-ǽtribjù(:)t] **모듈 속성**

module checking [-tʃékiŋ] **모듈 검사** ⇨ module testing

module complex library [-kámpleks láibrəri(:)] **모듈 복합 라이브러리**

module coupling [-kʌ́pliŋ] **모듈 결합도** 프로그램 모듈 간의 관련성. 모듈 결합도가 약할수록 다른 모듈의 에러가 변경의 영향을 받기 어렵게 된다. 따라서 모듈 결합도는 모듈 설계의 지침이 된다. 가장 약한 결합도로부터 순서대로 나열하면 ① 간접 결합, ② 데이터 결합, ③ 스탬프 결합, ④ 제어 결합, ⑤ 외부 결합, ⑥ 공통 결합, ⑦ 내용 결합으로 된다. 구조화 설계에서 이용되는 개념.

module dissipation [-disipéiʃən] **모듈 손실** 전압 및 전류값으로부터 계산된 모듈의 전력 소모량에 외부 모듈로부터 공급되는 부하 전류에 대한 트랜지스터의 전력 소모 허용값을 더한 양.

module independency [-indipéndənsi(:)] **모듈 독립성** 모듈 독립성은 모듈 결합도가 약하고 모듈의 강도가 강할수록 높아진다. 따라서 모듈 독립성이 높아질수록 좋은 모듈 구성이 된다. 모듈 설계 지침 중의 하나이다. ⇨ module strength, module coupling

module invariant [-invɛ́(:)riənt] **모듈 불변량**

module map [-mǽp] **모듈 맵** 로드 모듈 내의 각 제어 섹션의 기억 장치를 나타내는 표. 이것은 public symbol list로부터 이루어진다.

module name [-néim] **모듈명**

module partition [-pɑ:*r*tíʃən] **모듈의 분할** 시스템을 독립된 프로그램 단위로 분할하고 다시 각각의 프로그램을 좀더 작은 기능 모듈로 세분화하는 것으로, 구조화 설계 기법에서 중요한 작업의 하나이다.

module's feedback loop [mádʒu:lz fí:dbæ̀k lú:p] **모듈 피드백 루프**

module specification [mádʒu:l spèsifikéiʃən] **모듈 명세**

module strength [-stréŋθ] **모듈 강도** 한 프로그램 모듈 내의 구성 요소(명령문이나 데이터)의 관련성으로, 모듈 강도가 강할수록 좋은 모듈 설계가 되어 설계의 지침이 된다. 가장 높은 강도로부터 ① 기능적 강도와 정보적 강도, ② 연락적 강도, ③ 순서적 강도, ④ 시간적 강도, ⑤ 논리적 강도, ⑥ 암호적 강도로 나뉜다. 구조화 설계에서 이용되는 개념.

module structure[-strʌ́ktʃər] **모듈 구조** 프로그램이 모듈 집합으로 완성되어 있을 때, 이 프로그램은 모듈 구조로 되어 있다고 한다. 또 여러 개의 블록으로 구성되어 있고 임의로 교체가 가능한 하드웨어 구조를 말한다.

module testing[-téstiŋ] **모듈 검사** 컴퓨터의 구성 요소에 대한 과대 또는 과소 부하로 나타나는 오류 판독이나 그 잘못된 사용으로 인해 발생되는 규격에 벗어난 장치들의 오류를 찾아내는 것. 이것은 갑자기 발생하는 컴퓨터의 비가동 시간을 최소화시킨다.

modulo[mádʒulɔː] **모듈로** 나눗셈의 나머지를 계산하는 수학적 연산. 예를 들면 37 modulo 6=1.

modulo arithmetic[-əríθmətik] **모듈로 연산**

modulo-n check[-én tʃék] **모듈로-n 체크** 어느 수치를 n으로 나누었을 때의 나머지와 앞에 계산해둔 나머지를 비교하는 검사. 이것은 데이터 이동 이전이나 데이터 이송 후에 정확성의 여부를 조사하는 방법이다. ⇨ residue check

modulo-n counter[-káuntər] **모듈로-n 계수기** 순서대로 계산하여 가면서 표현되는 수가 최대값 $n-1$에 도달한 다음에 0으로 되돌아가게 설계된 계수기.

modulo-n residue[-rézidjùː] **모듈로-n 나머지** 어떤 정수를 다른 정수로 나누었을 때의 나머지.

modulo operation[-àpəréiʃən] **모듈로 연산**

modulo-2(two) sum gate[-tuː sʌ́m géit] **모듈로-2 합 게이트** ⇨ exclusive OR gate

modus ponens[móudəs póunənz] **모더스 포넨스** (1) 전문가 시스템에서 사용되는 가장 일반적인 추론 전략으로 $A \rightarrow B$와 A가 참인 것으로 정의하면 B가 참이라는 결론을 얻는 논리 규칙의 한 응용. (2) 서술 논리문의 wff들로 이루어진 집합에 적용되어 새로운 wff를 생성할 수 있는 추론 규칙의 일종으로, 두 개의 wff를 w1과 w1→w2가 있을 때 이들로부터 새로운 wff, w2를 생성하는 규칙이다.

MOHLL 기계 중심 고수준 언어 machine-oriented high-level language의 약어.

moire fringe scale[mwɑːréi fríndʒ skéil] **모아레 무늬 스케일** 격자 정수가 같은 2장의 격자를 미소각으로 기울이고, 혹은 미소 위치를 벗어나게 하여 겹치면 간섭 무늬가 생긴다. 이것을 모아레 무늬라고 하며, 이 원리를 응용하면 빛의 파장과 같은 정도의 미소한 길이, 변위, 각도, 기울기 등을 정밀하게 측정할 수 있다. 정밀한 제어가 필요한 기기에서 간섭 무늬를 이용한 스케일을 채용하여 정밀한 수치 제어를 한다.

moisture sensitive device[mɔ́istʃər sénsitiv diváis] **습기 감지 장치** 습기를 전기 저항의 변화로서 감지하는 장치.

moisture sensor[-sénsɔ̀ːr] **습도 센서** 습도를 전기적인 특성값으로 변환하여 검출하기 위한 부품.

MOL 기계 중심 언어 machine oriented language의 약어. 컴퓨터의 명령이나 정보를 구성하기 위한 기호, 문자, 부호의 집합과 이들을 조합하는 규칙. 보통 몰이라고 한다.

mol[móul] *n.* **몰** 물리량 단위. 물질의 분자량과 같은 만큼의 질량을 그램 단위로 나타낸 것.

M-OLAP 다차원 온라인 분석 처리 multi-dimensional online analytical processing의 약어. 명세 데이터를 미리 집약하여 다차원 데이터 베이스를 구축한 뒤, 이것을 대상으로 OLAP을 수행하는 방식. 다차원 데이터 베이스에 데이터가 미리 다차원화 상태로 저장되어 있기 때문에 응답이 빠른 반면, 기간 업무 시스템에서 발생한 데이터를 다차원 데이터 베이스로 전환해야 하며, 다차원 데이터 베이스의 차원 이외의 분석이 어렵고 유연성이 떨어지는 결점이 있다.

molecular beam epitaxy[məlékjulər bíːm épitæksi] **분자선 에피택시** 각종 매개변수를 정밀하게 제어한 진공 증착.

molecular electronic devices[-ilèktránik diváisiz] **MED, 분자 전자 소자** 기존의 실리콘 무기 재료를 기본으로 하는 소재에서 벗어나 탄소를 중심으로 하는 유기 분자의 소자. 즉 생물 소자(bio chip)를 만들고, 생체계의 구조나 알고리즘을 조합하여 컴퓨터 시스템을 만드는 생물 컴퓨터에 사용되는 소자.

molecular electronics[-ilèktrániks] **분자 전자 공학** 단순히 전자 현상만으로는 보이지 않는 열, 빛, 그 밖에 이른바 물성 현상을 이용해서 대응하는 전자 회로와 입출력 특성만 등가이고 이미 각 부분이 공간적으로는 물론 전자 회로의 각 부기능에도 대응하지 않는 기능 블록을 실현하기 위한 기술. 또는 공학에서 현재로는 반도체 표면 및 내부 물성에 착안한 것이 많다.

moment[móumənt] *n.* **모멘트, 순간** (1) 불규칙 변수의 m제곱 평균값을 m차 모멘트라고 한다. 이것은 패턴을 인식하기 위해서 모멘트 특징(moment feature)으로 이용되고 있다. 여러 가지 차수의 모멘트를 이용하여 그 패턴의 특징을 나타내는 것으로, 모멘트는 패턴과 부류의 대응에 무관계한 변형에 대하여 불변하는 것이 수학적으로 이해된다. (2) 「순간」이나 사물이 발생하는 특정 시기를 표현하는 단어이지만 이 공학의 분야, 특히 물리학에서는 「능률」이라고 하며 물리량의 분포 상태에 따라 결정되는 양을 말한다.

moment about the mean[–əbáut ðə míːn] **평균에 대한 적률** 통계 계열에서 변량을 x_i, 그 도수를 f_i, 그리고 산술 평균을 $\overline{x}$라고 할 때 산술 평균에 대한 편차 x_i-x의 m제곱에 대한 평균 V_m 을 평균에 대한 m차의 적률이라고 한다.

$$V_m=\frac{1}{N}\sum_{i=1}^{n} f_i(x_i-x)^m$$

moment about the origin[–ɔ́(ː)ridʒin] **원점에 관한 적률** 통계 계열에서 변량을 x_i, 그 도수를 f_i라고 할 때 변량의 k제곱의 평균 U_k를 k차 원점에 관한 적률이라고 한다.

$$U_k=\frac{1}{N}\sum_{i=1}^{n} f_i x_i^k$$

여기서 변량 x_i의 제1차 적률은 그 산술 평균이다.

$$U_1=\frac{1}{N}\sum_{i=1}^{n} f_i x_i=x$$

moment digital input[–ínpùt] **순간 디지털 입력** 짧은 시간에 입력 신호를 발생 이전 상태로 복귀하는 디지털 입력.

moment digital output[–dídʒitəl áutpùt] **순간 디지털 출력** 단시간에 출력 이전의 상태로 복귀하는 디지털 출력.

moment generating function[–dʒénərèitiŋ fʌ́ŋkʃən] **적률 모함수**

moment method[–méθəd] **모멘트법**

moment stability criteria[–stəbíliti(ː) kraitíː(ː)riə] **모멘트 안정도 기준**

monadic[mounǽdik] *a.* **단항의, 단일체의, 단항** 단지 하나의 피연산자만 갖는 불 연산자. 예를 들면, 음수(–)나 계승(!)이 있다. ⇨ unary

monadic Boolean operator **단항 불 연산자** 단지 하나의 피연산자만을 갖는 불 연산자.

monadic operation[–àpəréiʃən] **단항 연산** 단 하나의 오퍼랜드에 대한 연산. 예 부정 연산. ⇨ unary operation

monadic operator[–ápərèitər] **단항 연산 기호** 단지 하나의 오퍼랜드에 대해 연산을 나타내는 연산자. ⇨ unary operator

MONDEX **몬덱스** 마스터카드(MasterCard) 사의 주관 하에 북아메리카를 중심으로 보급되고 있는 상품 결제 시스템. 각자 호출기와 같은 카드를 갖고 은행 등에서 카드에 금액을 옮겨두면 대응되는 단말기를 갖춘 지점에서 쇼핑할 수 있다. 프리페이드 카드와 달리 금액 설정이 자유롭고 결제가 간단하다. 마이크로칩에 저장할 수 있는 데이터량이 일년 내지 일년 반마다 두 배씩 증가한다는 법칙이다.

monitor[mánitər] *n.* **모니터** (1) 일반적으로 시스템 상태를 감시하는 하드웨어나 소프트웨어에 대한 용어이다. 디스플레이 장치를 간단히 모니터라고 하며 원격 시스템을 감시하기 위해서 사용된다. 또 디스플레이 장치와 키보드를 조합시킨 것도 모니터라고 하며 시스템 상태를 대화식으로 조사하고 제어한다. 이 때문에 모니터 디스플레이(monitor display)라고도 한다. (2) 감독자(supervisor) 또는 운영 체제(operating system).

[참고] 1. 데이터 처리 시스템의 움직임을 관찰, 통제, 제어 또는 검증하는 컴퓨터 프로그램. 2. 해석을 위해서 데이터 처리 시스템 내의 선택된 동작을 감시하고 기록하는 기능 단위.

[주] 기준에서 두드러지게 벗어나고 있는 것을 나타내거나 특정 기능 단위의 이용 정도를 측정하는 데 사용된다.

monitor base[–béis] **모니터 받침대** 모니터를 얹어놓는 받침대로 상하 좌우 각도를 바꿀 수 있는 것도 있다.

monitor call[–kɔ́ːl] **모니터 호출** (1) 병행 프로그래밍에서 각 모니터끼리 서로 호출하는 것을 말한다. (2) 운영 체제가 제공하는 여러 가지 기능을 사용자 프로그램에서 쉽게 사용할 수 있도록 만든 특별한 명령어 및 접속 방법을 말하며, 감독자 호출 또는 시스템 호출이라고도 한다.

monitor command[–kəmǽːnd] **모니터 명령** 컴퓨터 오퍼레이터(operator)가 컴퓨터의 관리 및 효율적인 수행을 위해 직접 모니터에게 내리는 명령.

monitored instruction[mánitərd instrʌ́kʃən] **모니터 명령** 입출력 조작의 명령을 모니터(감시)하기 위해서 사용하는 것으로, 입출력 명령에 의해서 생긴 동작의 완료와 동시에 기능을 발휘한다.

monitoring[mánitəriŋ] **감시** 업무 분석의 한 방법. 프로그램 수행중에 일어날 수 있는 오류를 점검하는 모니터 점검으로서 변동차가 커지지 않게 조절하는 것으로 OA 완성시 생산성 증대 효과를 추정하는 기본 자료로도 활동된다.

monitoring and automatic alarm[–ənd ɔ̀ːtəmǽtik əláːrm] **모니터링 및 자동 경보** 조작원에게 규정에 어긋나는 사실들을 경고하는 여러 가지 기술적인 제어 장치가 포함되어 있는 상태. 이러한 경고 조치는 실제 회로의 오류가 일어나기 전에 예방 조치를 할 수 있도록 해준다.

monitoring hardware[–háːrdwɛ̀ər] **모니터링 하드웨어** 디지털 컴퓨터에서 펄스나 전압 등을 측정하는 장치 등을 말한다.

monitoring program[–próugræm] **감시용**

프로그램, 모니터링 프로그램 데이터 처리 시스템의 움직임을 관찰, 통제, 제어 또는 검증하는 프로그램으로 컴퓨터의 작업과 작업 사이에 수작업을 하지 않아도 연속적으로 다수의 프로그램을 처리하는 시스템 프로그램.

monitoring software[-sɔ́(:)ftwὲər] **모니터링 소프트웨어** 특정 목적을 위하여 어떤 장치나 프로그램의 성능을 측정하는 소프트웨어. 모니터링 하드웨어와 함께 컴퓨터 시스템과 프로그램의 성능을 함께 측정할 수 있다.

monitor interrupt[mánitər ìntərʌ́pt] **감시 프로그램 인터럽트**

monitor mode[-móud] **모니터 모드** 컴퓨터에서는 시스템 프로그램과 이용자 프로그램은 이용 가능한 명령 범위가 다르고 그 구별은 하드웨어에 준비된 모드의 전환으로 행해진다. 시스템 프로그램이 움직이는 모드를 모니터 모드라고 하고 각종 인터럽트에 의해 사용자 모드에서 모니터 모드로 전환된다.

monitor operating system[-ápərèitiŋ sístəm] **모니터 운영 체제** 운영 체제를 구성하는 루틴의 주된 제어를 모니터가 담당하며, 사용자가 하드웨어의 특징을 최대 한도로 활용할 수 있도록 컴퓨터를 하나의 도구로 사용하게 하는 운영 체제.

monitor printer[-príntər] **모니터용 인쇄 장치** 데이터 전송 네트워크에 있어서 송수신 정보를 감시하기 위해서 그 정보를 인쇄하는 장치.

monitor program[-próugræm] **모니터 프로그램** 데이터 처리 시스템의 움직임을 관찰, 통제, 제어 또는 검증하는 컴퓨터 프로그램. ⇨ monitoring program, monitor

monitor ROM **모니터 ROM** 마이크로컴퓨터 등에서 사용되는 모니터 프로그램을 판독하고 전용 메모리(ROM ; read-only memory)에 저장한 것.

monitor routine[-ru:tí:n] **모니터 루틴** 모니터 자체를 가리키지만 그 외에 사용자 프로그램의 디버그(debug)를 목적으로 조합한 루틴을 말하는 경우도 있다.

monitor scratch[-skrætʃ] **모니터 스크래치**

monitor sheet[-ʃi:t] **모니터 시트** 천공 타이프라이터를 칠 때 종이 테이프에 천공된 내용을 확인하고, 기록하기 위한 인자 용지.

monitor station[-stéiʃən] **감시 단말**

monitor system[-sístəm] **모니터 시스템** 기억 장치 내에 상주하고 있는 루틴의 집합으로서 사용자 프로그램의 동작을 제어하고 여러 가지 하드웨어, 소프트웨어의 활동을 총괄한다.

monitor television[-téləvìʒən] **모니터 텔레비전** 본래는 방송국 등에서 사용되는 영상 감시용 TV를 말하지만, 특히 화상의 재생 특성을 중시한 고성능의 텔레비전을 가리킨다. 최근의 컬러 TV는 해상도가 높고 색조 재현이 뛰어난 제품이 많다. 이것들은 보통의 텔레비전과는 달리 튜너나 스피커를 내장하지 않고 비디오 입력 단자를 가지고 있다.

monitor unit[-jú:nit] **모니터 유닛, 감시 장치** 정상적인 과정에서 벗어나거나 측정값 혹은 기준값을 벗어날 경우에는 시스템의 상태가 관찰되고 측정되는 것으로, 데이터 처리 시스템, 생산 자동화 시스템, 메시지 전달 시스템 등에서 사용되는 장치의 작동을 감독하고 검사할 수 있는 장치.

monochromatic monitor[mɔ̀noukroumǽtik mɔ́nitər] **모노크로매틱 모니터** 보통 흑백 모니터에 쓰인다.

monochrome[mánəkròum] *n.* **단색**

monochrome display[-displéi] **단색 표시 장치**

monochrome display adapter[-ədǽptər] **MDA, 단색 표시 장치 어댑터** 처음 나올 때 사용되던 텍스트 전용의 비디오 카드의 이름.

monochrome graphics[-grǽfiks] **단색 그래픽스** 단색만으로 표시되는 그래픽.

monochrome image[-ímidʒ] **2치 화상** 흑과 백의 두 가지 색으로 표시되는 화상. 색의 농도는 흑점의 밀도로 표현된다.

monochrome monitor[-mánitər] **단색 모니터** 단색 모니터는 사용자가 식별할 수 있는 정교하고 깨끗한 영상을 제공하며, 문자나 도형의 표시가 단색(대개 흰색, 오렌지색, 녹색 등)인 표시 장치를 가리킨다. 다양한 색상이 필요하지 않고 장시간 사용하는 워드 프로세싱, 업무용 시스템, 그리고 교육용 분야에 주로 사용된다.

monocrystal[mànəkrístəl] **단결정(單結晶)**

monolithic[mànəlíθik] *a.* **모놀리식** 「일체로 되어 있는」 또는 「이음매가 없는」과 같은 의미로, IC 등 집적 회로의 반도체 기판이 한 장일 때, 이것을 모놀리식 IC(monolithic integrated circuit)라고 한다. 이 형태의 회로는 반도체 기판 위에 확산 플레이너 기술로 소자를 형성하고, 그들 소자를 금속 증착 기술로 접속하여 만든 후, 플라스틱이나 세라믹의 패키지에 넣는다. 보통의 아날로그나 디지털 IC에 가장 많이 사용되는 구성이며, 개별의 부품을 기판 상에서 조립하여 IC를 구성하는 하이브리드 IC(hybrid IC)와 비교된다. 하이브리드 IC보다도 취급되는 전력이 작은 것이 결점이지만, 부품 수나 결선이 적어 경제성이 높으며 동시에 고장이 적어 신뢰성이 높다. 그 때문에 널리 사용되는 IC는 대부분 모놀리식이다.

monolithic chip [–tʃíp] **모놀리식 칩**

monolithic circuit [–sə́ːrkit] **모놀리식 회로** 모든 회로가 일괄적인 공정으로 생산되며, 그 결과로 대량 생산이 쉽다는 장점을 갖는, 하나의 칩에 전적으로 포함되어 패킹될 수 있는 접적 회로. ⇨ monolithic integrated circuit

monolithic compandor [–kɑ́mpəndər] **모놀리식 컴팬더**

monolithic IC 모놀리식 집적 회로 실리콘 등의 한 장의 칩 위에 모든 회로를 만드는 IC. 능동 소자, 수동 소자도 확산 플레이너 기술로 실리콘 단결정판 위에 만들 수 있기 때문에 실장 밀도가 매우 높아지며, 또한 대량 생산이 가능하여 신뢰성을 높일 수 있고 칩당 단가도 낮출 수 있다. 현재의 CPU, RAM, ROM 등 디지털 IC는 거의 대부분 이 타입이다. 하이브리드 IC와 대비된다.

monolithic integrated circuirt [–íntəgrèitəd sə́ːrkit] **모놀리식 집적 회로** ⇨ monolithic IC

monolithic storage [–stɔ́ːridʒ] **모놀리식 기억 장치**

monolithic system technology [–sístəm teknɑ́lədʒi(ː)] **모놀리식 시스템 기술** 집적 회로의 명칭으로서, IBM이 1971년 3월에 발표한 시스템 370 모델 135의 주기억 장치로서 채용한 집적 회로.

monomorphism [mɑ̀nəmɔ́ːrfizm] *n.* **단사**

monopolize [mənɑ́pəlàiz] *v.* **독점하다, 전유하다**

monoscope method [mɑ́nəskòup méθəd] **모노스코프 방식** 문자를 모노스코프(문자 발생용 브라운관)에 만들고 이것을 주사해서 영상 신호로 변환시키고 표시용 브라운관에 나타내는 방식.

monospace font [mɑ́nəspèis fɑ́nt] **동일 공간 글꼴, 모노스페이스 폰트** 모든 문자의 가로폭이 동일한 글꼴. 반면 프로포셔널 폰트에서는 문자 W와 I의 폭이 다르다. 전자 우편이나 뉴스그룹의 투고는 모노스페이스 폰트로서 1행당 80문자가 표준이다.

monostable [mɑ́nəstèibl] *a.* **단안정(의)** 하나의 안정 상태를 갖는 장치에 관한 것.

monostable circuit [–sə́ːrkit] **단안정 회로** 트리거 입력을 가함으로써 안정 상태에서 비안정 상태가 되었다가 회로에 의하여 정해진 일정 시간 후에 안정 상태로 되돌아가는 회로로 하나의 안정 상태와 하나의 비안정 상태를 갖는 트리거 회로를 말한다. ⇨ monostable trigger circuit

monostable device [–divɑ́is] **단안정 장치** 오직 하나의 안정 상태를 갖는 장치.

monostable multivibrator [–mʌ́ltivɑ̀ibréitər] **단안정 다중 발진기, 단안정 멀티바이브레이터** 입력 펄스에 의하여 전도, 비전도의 상태가 바뀐 경우 회로에 의해 정해진 일정 시간 후 원래의 상태로 되돌아가는 멀티바이브레이터로 항상 한쪽이 전도, 다른 쪽이 비전도인 회로.

monostable trigger circuit [–trígər sə́ːrkit] **단안정 트리거 회로** 하나의 안정 상태와 하나의 비안정 상태를 갖는 트리거 회로. 트리거 입력이 가해짐에 따라 안정 상태(통상 "0")로부터 비안정 상태(통상 "1")로 전이하여 회로에 의해서 정해지는 일정 시간 후에 안정 상태로 되돌아가도록 되어 있는 것. ⇨ monostable circuit

monotone polygon [mɑ́nətòun pɑ́ligɑ̀n] **단조 다각형** 이 단조 다각형은 다각형의 경계가 동일한 직선에 대해 두 개의 단조 꺾은선으로 나누어질 수 있는 다각형을 가리킨다.

monotone polygonal line [–pəlígənəl lɑ́in] **단조 꺾은선** 꼭지점 $P_0, P_1, \cdots, P_n$을 연결하는 꺾은선과 직선 L이 주어졌을 때, 각 점 $P_i(i=0, \cdots, n)$를 L에 사상시킨 것의 순서가 주어진 꺾은선에서의 꼭지점 순서와 일치하면 그 꺾은선을 L에 대한 단조 꺾은선이라고 한다.

monotone restriction [–ristríkʃən] **단조 제한** 그래프 탐색에서 임의의 노드 n_i가 노드 n_j의 후계 노드일 때, 노드 n_i에서 목적 노드까지의 최적 경로에 대한 기대값($h(n_i)$)이 노드 n_i와 n_j 사이의 아크 비용($c(n_i, n_j)$)과 노드 n_j에서 목적 노드까지의 최적 경로에 대한 기대값을 합한 것보다 크지 않을 때의 휴리스틱 함수인 h는 단조 제한을 만족한다.

monotonic [mənɑ́tənik] **단조** 추론시에 지식 베이스에 명제 또는 사실들의 첨가만 가능하고 제거가 되지 않는 것.

monotonic reasoning [–ríːzəniŋ] **단조 논증** 추론시 속성에 대한 값이 결정되면 논증하는 과정 중에는 변경할 수 없는 논증 시스템.

monotype [mɑ́nətàip] *n.* **모노타입, 자동 주조기** 활판 인쇄용 활자를 주조하는 기계로, 키보드 또는 종이 테이프 판독기에 따라 필요한 활자가 한 자씩 주조된다.

MONROE 몬로 미국 Monroe International Corp.에서 제작한 컴퓨터류의 호칭.

Montague grammar [məntə́guː grǽmər] **몽태규 문법** 1960~1970년대에 걸쳐 R. Montague를 중심으로 한 논리학 및 언어 학자의 그룹에 의해 발전된 내포(內包) 논리학에 기초한 언어 해석을 위한 문법.

Monte Carlo analysis [mɑ́nti(ː) kɑ́ːrlou ənǽlisis] **몬테카를로 분석** 난수를 이용하여 확률 현상을 수치 실험적으로 관찰하는 방법. 이것이 널리 사용되기 시작한 것은 1946년에 노이만(von Neumann)과 울람(Ulam)이 핵반응 계산을 했을 때부터였는데, 오늘날에는 컴퓨터의 보급에 힘입어 공학이나 물리학과 더불어 특히 OR 분야에 널리 적용되고 있다.

Monte Carlo method[-méθəd] **몬테카를로 법** 난수(random number)를 사용함으로써 수치 계산 문제의 근사해를 얻는 방법. 어디까지나 확률 현상에 의하는 것이므로, 카지노로 유명한 몬테카를로라는 지명이 이름으로 붙여졌다. 예를 들면, 적분 계산을 하는 경우 일정한 범위 내에서 발생시킨 난수를 사용하여 좌표(a, b)를 지정하고 그 점이 피적분 함수 $f(x)$의 $f(a)$와 어떠한 대소 관계가 있는가를 구해서 x축과 피적분 함수 사이에 있는 점의 개수와 지정한 점의 총 개수 비를 구함으로써 면적을 구하는 방법을 취한다.

Monte Carlo simulation[-sìmjuléiʃən] **몬테카를로 시뮬레이션** 시뮬레이션의 한 방법으로 OR에 있어서의 대기의 문제 등을 대상으로 모델을 설정하여 난수를 사용해서 문제를 푸는 것.

MOO mud object oriented의 약어. 멀티유저 롤플레잉 인바이어런먼트(multi-user role-playing environment)의 종류로 머드(MUD)와는 다른 인터넷 게임이다. 아직 텍스트로만 되어 있다.

MOORE 무어 Moore Business Forms Inc.의 약어. 미국의 비즈니스 폼(business form) 처리기 메이커.

Moore's curve 무어 곡선 인텔 사 창립자의 한 사람인 무어(Moore) 박사에 의하여 제시되었으며 1960년부터 부품의 집적도가 매년 두 배로 향상되는 것을 나타낸 곡선을 말한다.

Moore's Law 무어의 법칙 고든 무어 박사가 1965년에 'IC칩에 집적할 수 있는 트랜지스터의 수가 매년 2년씩 10년간 늘어날 것이다'라고 예언하였다. 1980년대 후반 인텔의 경영진은 무어의 법칙을 '프로세싱 파워(MIPS:Millions of instruction per second)가 매 18개월마다 2배씩 증가한다'로 약간 수정하였다.

Moore's machine 무어 기계 ⇨ Moore-style machine

Moore-style machine 무어 방식 기계 현재 상태에 의해 출력이 결정되는 방식의 유한 상태 기계.

Moore type 무어형 임의의 무어형 유한 오토머턴은 대응하는 밀리형 유한 오토머턴으로 변환할 수 있고, 또 그 역으로도 가능하다는 것이 증명되었으며, 다만 무어형은 아무 입력 정보도 들어오지 않더라도 출력 정보를 내는데, 이 점만이 밀리형으로 변환했을 때 달라진다. 즉, 순서 회로에서 현재의 출력이 현재의 입력에 의하지 않고 현재의 내부 상태에 의해서만 규정되는 것을 말한다.

More bit[mɔ́ːr bít] **엠 비트** 패킷 전송시 여러 개의 패킷이 하나의 의미있는 메시지가 될 때 첫 패킷부터 마지막 하나 전의 패킷 내에 M비트를 1로 하고 마지막 패킷의 M비트는 0으로 하여 전송하도록 하는 방식에 쓰이는 방법으로 X.25에 쓰인다.

morphing[mɔ́ːrfiŋ] **모핑** 한 이미지가 다른 이미지로 합성 변형되는 과정. 생물학에서 「모프」라는 말은 「어떤 종의 변종」이란 뜻을 지닌다. 이것이 컴퓨터 그래픽에서는 「본래의 형태를 변형시키는 기술」을 뜻한다. 특히 영화 산업에서 많이 사용되는 특수 효과인 모핑은 트위닝(tweening)이라는 보다 간단한 기법과 관련이 깊다. 이런 트위닝하는 과정을 통해 전혀 다른 객체로 변형시키는 것이 모핑이다.

Morse code[mɔ́ːrs kóud] **모스 부호** 스페이스에 따라 분리된 짧은 점 및 긴 점의 조합으로 자호(字號)를 표현하는 2원 상태 전신 부호.

MORT 모트 management oversight and risk tree의 약어. ⇨ management oversight and risk tree

MOS 모스, 금속 산화막 반도체 metal oxide semiconductor의 약어. (1) 반도체의 기판 상에 산화막(oxide)을 형성하는 절연물로 하며 그 막 위에 금속(metal)을 부착한 것을 MOS라 한다. 반도체의 일종. (2) MOS형 집적 회로는 MOS형의 트랜지스터를 실리콘 칩 내에서 구성한 집적 회로(integrated circuit)이다. 제조가 용이하고 집적도가 높으므로 대규모 집적 회로(LSI) 중심으로 널리 사용되고 있다.

Mosaic[məzéiik] *n.* **모자이크** 월드 와이드 웹의 정보 검색 소프트웨어. national center for supercomputing applications 사가 개발하여 비상용으로 발표한 좀더 친숙한 인터넷용 인터페이스로 미국 일리노이 대학에서 개발하였다.

MOS character generator 모스 캐릭터 제너레이터

MOS circuit 모스 회로 MOS 기법에 근거를 둔 회로를 말한다. 열 발생에 별 문제가 없으므로 트랜지스터를 밀접하게 배열할 수 있는데, 그 이유는 전력 손실이 매우 적기 때문이다.

MOS design consideration 모스 설계의 연구

MOSFET 모스 전계 효과 트랜지스터, 금속 산화막 전계 효과 트랜지스터 metal oxide silicon field effect transistor, metal oxide semiconductor field effect transistor의 약어. 산화막에 따라 전기적으로 전류 회로에서 절연된 게이트 전극에 전압을 가해 전류 통로를 제어한다. 전계 효과(field effect)를 이용한 트랜지스터(FET)로 컴퓨터를 포함하는 각종 전자 회로에 사용되고 있다.

MOS IC 모스 집적 회로, 금속 산화막 반도체 집적 회로 metal oxide semiconductor integrated circuit의 약어. 접합 트랜지스터에 비해서 공정 수가 적으며, 전력 손실이 적고 헌 칩 속에 소자의 밀도를 높일 수 있어 기억 장치로 많이 사용되고 있다. MOS를 구성 단위로 하는 집적 회로로, 외부에서 건 전계에 의하여 채널이라고 부르는 캐리어가 존재하는 부분의 폭을 제어하여 다수 캐리어의 전도도를 변화시키는 전압 제어의 가변 저항 소자이다. MOS IC는 전자와 정공 중 어느 한 종류의 전하로 전기 전도가 이루어지므로 다극형 IC라고도 불린다. 또한 이것은 양극형 IC에 비해 집적도는 높일 수 있지만 스위칭 시간은 비교적 저속이다.

MOS IC memory 모스 집적 회로 기억 장치 MOSFET IC를 사용하여 기억 장치를 구성한 것으로, 전력 손실이 적고 부피를 작게 할 수 있는 반면에 접합 트랜지스터 메모리보다 접근(access) 속도가 느리다.

MOS integrated circuit 모스형 집적 회로

MOS inverter 모스 인버터

MOS/LSI 모스/대규모 집적 회로 metal oxide semiconductor / large scale integration의 약어.

MOS memory 모스 기억 장치 모스를 사용한 기억 장치로 고속 버퍼 기억 장치에 적합하다.

MOS power transistor 모스 파워 트랜지스터

MOSS 보수 조작원 서브시스템 maintenance and operator subsystem의 약어.

MOST 모스트 metal-oxide-semiconductor transistor의 약어. 전계 효과 트랜지스터의 일종으로 게이트(제어 전극)와 통로가 산화물로 전기적으로 절연된 트랜지스터.

most[móust] *a.* **가장 큰, 대부분** 최소를 의미하는 least와 대비된다.

most likely pattern method[-láikli(ː) pǽtərn méθəd] **MLP법** 논리 회로의 입력 형태 중에 특히 발생 빈도가 높은 것을 이용하여 출력에서의 오류를 검출해내는 방법.

MOS transistor 모스 트랜지스터 ⇨ MOST

MOS transistor capacitance 모스 트랜지스터 용량

MOS transistor capacitance and power consumption 모스 트랜지스터 용량과 소비 전력

MOS transistor enhancement mode 모스 트랜지스터의 인핸스먼트 모드

most significant[móust signífikənt] **최상위** 위치 표현법에 있어서 가장 중첩이 큰 숫자 위치.

most significant bit[-bít] **MSB, 최상위 비트, 최대 유효 비트** 하나의 데이터를 나타내는 비트열 중 가장 왼쪽에 있는 자리의 비트. 수치 연산에서는 이 MSB를 부호의 판정을 위해서 사용하고 있다. 역으로 최소 유효 비트를 least significant bit(LSB)라고 부른다.

most significant character[-kǽrəktər] **MSC, 최상위 문자** 한 숫자나 단어의 가장 왼쪽에 위치한 문자.

most significant digit[-dídʒit] **MSD, 최대 유효 숫자, 최상위 숫자** 수가 각 자리의 숫자 열로 표현하는 수 표현(number representation)에 있어서 가장 중요도가 큰 숫자. 숫자를 나열하여 표현한 수 가운데 중요도가 큰 수를 고위(高位 ; high order)라고 한다. 예를 들면, 315라는 수에서 3은 300을 나타내고, 1은 10을 나타내는 것으로 각각 5보다도 높은 위치를 나타낸다. 즉, 이 경우는 3은 1보다도 1은 5보다도 고위가 된다.

mother board[mʌ́ðər bɔ́ːrd] **마더 보드** 모기판(母基板). 주요 기능을 갖고 있는 인쇄 배선판.

Motif 모티프 OSF에 의해 제창된 GUI ⇨ GUI, OSF

motion blur[móuʃən blɔ́ːr] **모션 블러** CG에서 고속으로 운동하고 있는 물체를 표현하는 방법의 하나. 고속 운동중인 물체를 필름으로 촬영한 경우, 한 코마 한 코마의 화상은 운동 방향에 대해 블러로 찍힌다. 이 블러를 인공적으로 만들어 물체의 움직임을 표현하는 것.

motion capture[-kǽptʃər] **모션 캡처** 이동하는 물체의 궤적을 기록하여 전자 정보화하는 것 또는 그 장치. 센서의 움직임을 자기나 레이저로 판독하여 기록한다. 실례로 인체에 센서를 달아 게임에 응용하는 것 등을 들 수 있다. 모션 캡처를 실현하기 위한 대규모 시설을 모션 캡처 스튜디오라고 한다.

motion dynamics[-dainǽmiks] **모션 다이내믹스** 역학 계산을 통해 CG를 만드는 표현 기법. 물체의 물리적 파라미터를 설정함으로써, 진동이나 다른 물체와의 충돌시에 발생하는 반발이나 변형 등을 계산하여 그것을 표현한다.

motion joint photograph exchange group[-dʒɔ́int fóutəgræ̀f ikstʃéindʒ grúːp] **모션 JPEG** ⇨ motion JPEG

motion JPEG 모션 JPEG motion joint photograph exchange group의 약어. 컴퓨터 그래픽 용어로서 JPEG은 컬러 정지 화상 부호화의 국제 표준화이다. 여기에 기초하여 압축한 컬러 정지화를 연속 재생하고, 그것에 의해서 동화상을 표시하는 방법을 말한다. MPEG보다 압축 비율이 떨어져 전송 속도나 파일 용량면에 문제가 있다.

motion picture experts group-4 [–pík-tʃər ékspəːrts grúːp fɔ̀ːr] ⇨ MPEG-4

motor generator [móutər dʒénərèitər] **MG, 전동 발전기**

Motorola 모토롤라 사 반도체와 통신 기기를 주로 생산하는 미국의 대형 회사. 이 회사의 제품 중에 유명한 것으로는 마이크로컴퓨터의 CPU로 널리 사용되는 유명한 MC 68000 시리즈가 있다.

Motorola 68000 모토롤라 68000 1979년에 개발된 모토롤라 사에서 생산하는 16비트 마이크로프로세서.

Motorola 68000 family 모토롤라 68000 계열 모토롤라 사에서 개발하여 생산되는 마이크로프로세서 개발품들의 명칭. MC 68000 계열의 마이크로프로세서는 애플 매킨토시, 코모도어 아미가(Commodore Amiga), 선 마이크로시스템즈(Sun Microsystems) 사의 선 시리즈, 휴렛팩커드 사의 HP 9000-300 시리즈, 넥스트(NeXT) 등 유명한 마이크로컴퓨터에 널리 채용되었다.

Motorola 68010 모토롤라 68010 1983년에 개발된 모토롤라 사에서 생산하는 16비트 마이크로프로세서.

Motorola 68020 모토롤라 68020 1984년에 개발한 모토롤라 사에서 생산하는 32비트 마이크로프로세서로서 256바이트 크기의 명령 캐시 기억 장치를 내장하였다.

Motorola 68030 모토롤라 68030 1987년에 개발한 모토롤라 사에서 만든 32비트 마이크로프로세서. MC 68020에 비해 약 2배의 수행 캐시와 데이터 캐시 기억 장치를 내장하였고, 페이지 기억 장치 관리 장치(PM-MU)를 내장하였다.

Motorola 68040 모토롤라 68040 1987년에 개발되어 1989년에 시판된 모토롤라 사에서 생산하는 32비트 마이크로프로세서. 120만 개 이상의 트랜지스터를 집적시켰으며, 하위의 68000시리즈와 호환성이 있고 부동 소수점 처리 장치(FPU)를 추가로 내장하였다.

Motorola 88000 모토롤라 88000 모토롤라 사에서 생산하는 RISC 방식 마이크로프로세서. MC 88200 제품은 데이터 캐시와 명령어 캐시를 가지고 25MHz에서 20MIPS라는 빠른 수행 속도를 유지하는 것으로 발표되었다.

mount [máunt] *n.* **장착, 탑재, 마운트** 「설치하다」라고 해석되지만 그대로 「마운트하다」라고 해석하는 경우도 많다. 예를 들면, 프린터에 용지를 넣거나, 자기 테이프(magnetic tape)를 자기 테이프 장치에 설치하는 것을 말한다. 또 계층 구조를 하고 있는 트리(tree)의 하나에 계층을 갖는 새로운 트리(new tree)를 설치할 수 있는 것을 가리키는 경우도 있다. 컴퓨터의 예비 부품(spare parts) 등을 사전에 간단하게 사용할 수 있는 부서에 비치하고 고장이 발생했을 때 즉시 바꿀 수 있도록 한 상태를 실장 예비(mount spare)라고 한다.

mountable volume [máuntəbəl váljum] **탑재 가능 볼륨** 파일 시스템에서 유동 디스크 팩 또는 자기 테이프 릴과 같이 그 자체를 한 단위로 기존의 파일 시스템에 연결하거나 분리시킬 수 있는 보조 기억 장치 매체.

mount attribute [máunt ǽtribjù(ː)t] **장착 속성**

mounted spare [máuntəd spέər] **실장 예비**

mouse [máus] *n.* **마우스** CRT 화면상의 좌표 위치를 입력하는 장치의 하나. 바닥에 3개의 베어링이 붙어 있으며 책상 위를 굴림으로써 베어링의 회전 방향이나 회전량에 의해 좌표값을 얻어 화면상의 커서를 이동시킨다. 「쥐」와 닮은 모습이므로 「마우스」라고 부른다. 퍼스널 컴퓨터에 채용되어 급속하게 보급되고 있다. 평면 위를 이동시켜 조작하는 위치 입력 장치.

[주] 일반적으로 마우스는 트랙 볼 또는 한 쌍의 가동륜을 포함한다.

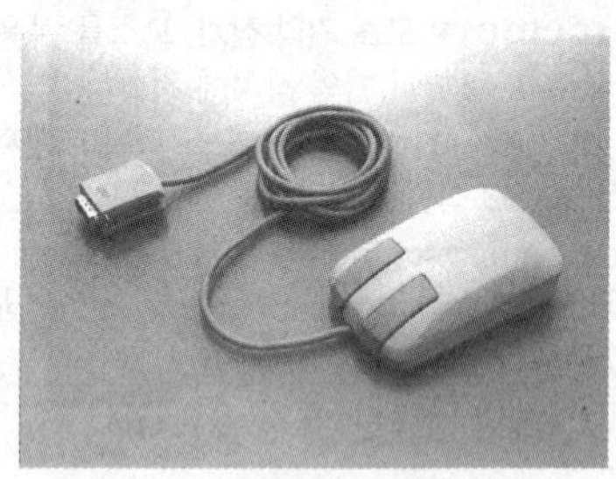

〈마우스〉

mouse BIOS 마우스 BIOS ⇨ BIOS

mouse button [–bʌ́tən] **마우스 버튼** 마우스 위에 있는 하나 또는 여러 개의 버튼. 이것을 눌러서 명령어를 선택하거나 실행시킨다.

mouse cursor [–kə́ːrsər] **마우스 커서** 마우스의 이동에 따라 표시 화면상으로 이동하는 커서.

mouse driver [–dráivər] **마우스 드라이버** 마우스의 움직임에 따라서 처리하는 프로그램.

mouse pad [–pǽ(ː)d] **마우스 패드** 마우스를 올려놓고 움직이는 네모난 판. 볼 마우스는 별로 필요 없으나 광학식 마우스는 마우스 패드가 꼭 필요하다.

mouse pointer [–pɔ̀intər] **마우스 포인터** 마우스의 동작대로 화면을 움직이고, 현재 어디를 가리키고 있는지를 나타내는 아이콘을 말하고, 여러 종류가 있다 보통은 화살 포인터로 나타나지만, 범위를 지정할 때는 십(+)자 포인터, 문자를 입력할 때는 I자형 포인터, 시간이 걸리는 처리의 대기 시간에는 손목 시계(초시계나 비치볼도 있다) 포인터로 나타난다.

Mouse Systems Mouse[–sístəmz máus] **마우스 시스템즈 마우스** 개인용 컴퓨터에 사용되는 마우스의 일종. 마이크로소프트 마우스와 더불어 가장 높은 점유율을 보이고 있다.

mouse tracking[–trǽkiŋ] **마우스 트래킹** ⇨ mouse sensitivity

***M* out of *N* codes**[ém áut ɔv én kóudz] **N 중 M 코드** N비트 중에 M개가 1이고 나머지 $N-M$개가 0인 코드. 따라서 ${}_IC_N$ 상대의 코드가 존재한다. 물론 N비트 중에 M개가 0으로, 나머지 $N-M$개가 1이어도 된다.

movability[mú:vəbìliti(:)] *n.* **이동도** 단위 전기장 하에서 전자가 가진 평균 속도를 전자의 이동도라고 한다. 정공(正孔)에 관해서도 같다.

movable head[mú:vəbl hé(:)d] **이동 헤드**

movable-head disk[–dísk] **이동 헤드형 자기 디스크** 자기 디스크 장치에서 디스크의 표면을 따라서 움직이는 한 방법이며, 원하는 트랙으로 먼저 헤드를 옮겨야만 그 트랙을 액세스할 수가 있다. 트랙 수가 많으므로 설비비가 절감되나 액세스 암의 위치 결정 시간만큼 호출 시간이 길어진다. 현재 자기 디스크 기억 장치에는 이 형식의 것이 많다. ⇨ fixed-head disk

movable object block[–ábdʒikt blák] **MOB, 이동 목적 블록**

movable random access[–rǽndəm ǽkses] **유동 임의 접근** 디스크 팩, 테이프, 카드 등과 같이 실제로 제거된 후 다른 것으로 대체될 수 있는 기억 장치의 특성을 의미한다. 이렇게 함으로써 이론적으로는 무한한 기억 용량을 얻을 수 있다.

move[mú:v] *v.* **옮김, 전송하다** (1) 데이터를 어느 장소에서 다른 장소로 보내는 것. 예를 들어, 어느 기억 위치(location)에 있는 정보를 다른 지정된 기억 위치로 이동시키는 것을 말한다. (2) CPU의 두 개 레지스터 사이에 데이터를 이동하는 명령. 예를 들면, 인텔 사 계통의 마이크로프로세서를 이용하는 경우, "MOV s, d"라는 명령에 따라 s로 지정된 레지스터 내용을 d로 지정된 레지스터에 이동시킬 수 있다. 동일 문서 내에서 지정한 문자열을 새로운 위치로 이동하는 기능으로 원래의 문자열은 지워지고 글자 연결이 행해진다.

move mode[–móud] **이동 모드, 이동 방식** 어떤 종류의 가변 길이 레코드(variable length record)를 사용하는 컴퓨터에서 데이터 영역의 구분을 나타내는 문자(delimiter character)가 데이터와 함께 옮겨지지 않도록 한 데이터 전송 방식.

move mode buffering[–bʌ́fəriŋ] **이동 모드 버퍼링**

move operation code[–àpəréiʃən kóud] **전송 명령 코드**

move-to-front method[–tu frʌ́nt méθed] **전방 이동 처리 방법** 레코드들의 집합에서 원하는 레코드를 검출할 때 표나 파일을 재구성함으로써 효율을 높일 수 있는데, 이러한 기법 중 원하는 레코드를 찾으면 그 레코드를 항상 표나 파일의 맨 앞으로 이동시켜 놓는 방법을 말한다.

move zone operation code[–zóun àpəréiʃən kóud] **존 전송 명령 코드**

movie[mú:vi] **무비** (1) 비디오 등의 움직임 있는 영상. 동영상. (2) 매킨토시의 디지털 영상용 확장 기능인 QuickTime의 파일 형식. 동적으로 변화하는 비디오나 음성 데이터 등을 관리한다.

moving arm[mú:viŋ á:rm] **이동 암** 이동 헤드 디스크 장치에서 헤드를 움직이는 부품.

moving arm disk[–dísk] **이동 암 디스크** 여러 개의 헤드를 부착한 이동 암을 가진 디스크로 각 헤드는 여러 트랙의 기억 공간을 관장한다. 이 디스크는 각 트랙마다 헤드를 가진 고정 헤드 디스크와 상대어이다.

moving average[–ǽvəridʒ] **이동 평균** (1) 일부 데이터에 더 많은 비중을 두고 계산을 행한 평균값. (2) 시계열의 각 항에 대하여 그것을 중심으로 하는 전후 일정 항 수의 평균값을 연결하여 경향선을 구하는 방법. 이 방법은 이해하기가 쉽고 계산이 쉬운 반면에 항 수에 대한 일정한 규칙이 없어 항수에 따라 그 결과가 달라질 수 있으며, 첫 항과 끝 항의 추세값을 계산할 수 없으므로 최근의 추세선을 구하기 어려운 단점이 있다.

moving average method[–méθəd] **이동 평균법** 시계열을 몇 항씩 취하여 그것의 평균값을 구하고 이것을 연결해서 추세선을 작성하는 방법. 이동 평균법 중에서 가장 간단한 것은 절반 평균법으로 이것은 시계열의 각 항을 이등분하여 양쪽에 속하는 각 항을 각각 평균하여 그 평균값을 연결하는 방법이다. 이것은 이해하기 쉽고 계산이 편리하지만, 변동이 불규칙한 경우에는 사용할 수가 없다.

moving average of order12[–əv ɔ́:rdər twélv] **12개월 이동 평균법** 월 평균법, 연쇄 지수법과 더불어 계절 지수를 표현하는 방법의 하나로, 추세선을 구할 때의 이동 평균법을 적용시킨 것이다.

moving head[–hé(:)d] **이동 헤드** ⇨ moving

head disk

moving head disk[-dísk] **이동 헤드 디스크** 디스크 장치에 있어서 헤드가 디스크 표면을 따라 움직이는 방식. 이것은 헤드를 원하는 트랙으로 먼저 이동시켜야 그 트랙에 접근할 수 있다.

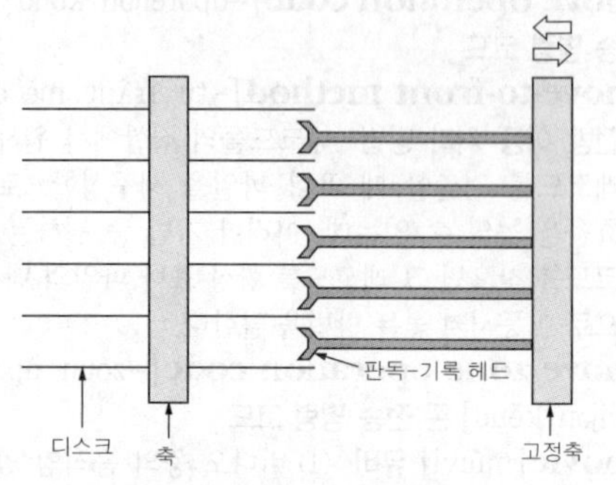

〈이동 헤드 디스크의 구조〉

moving head disk system[-sístəm] **이동 헤드 디스크 시스템** 판독/기록 헤드가 디스크의 표면을 따라 움직일 수 있게 하며, 임의의 회전 트랙 내에 있는 데이터에 접근할 수 있도록 만든 디스크 장치.

moving observer technique[-əbzə́ːrvər tekníːk] **이동 관찰자 기법** 관측자가 모집단 사이를 이동하면서 움직이는 모집단을 계산하는 방법.

moving total[-tóutəl] **이동 합계**

Mozilla[mouziːlɑ] **모질라** 넷스케이프 내비게이터 버전 1.1에 붙여졌던 이름. 넷스케이프 개발자인 제이미 자윈스키(Jamie Zawinski)로부터 만들어진 이름이지만 나중에 디자이너 Dave Titus는 넷스케이프 마스코트인 모질라를 넷스케이프의 유명한 항해 그림으로 바꿨다.

MP (1) **다중 프로세서** multiprocessor의 약어. ⇨ multiprocessor (2) PPP multilink protocol의 약어. PPP에 의한 링크를 여러 개 묶어 회선 속도를 고속화하기 위한 프로토콜. ⇨ PPP

MP3 **MP3 플레이어** MPEG-1 Layer3의 약어. 인터넷 등으로 주고받는 MP3 음악 파일을 저장해서 듣고 다니면서 들을 수 있는 휴대용 기기. 영상 압축 기술의 표준 규격인 MPEG-1에서 규정한 고음질 오디오 압축 기술. CD나 테이프 대신 내장된 메모리에 음악을 녹음했다 재생하기 때문에 워크맨 등에 비해 크기를 대폭 줄일 수 있다. MP3 파일은 MPEC-3 규격에 맞춰 압축한 음성 데이터로, 음질 손실을 최소화하면서 CD에 수록된 음악을 10분의 1 정도의 크기로 줄일 수 있다. 최근 PC 통신이나 인터넷에서 MP3 파일을 전송받아 음악을 감상하는 일이 많아지면서 음악 저작물의 불법 복제 시비가 일어나기도 하였다.

MPEG **동영상 전문가 그룹** moving pictures experts group의 약어. MPEG은 음향, 영상 파일을 인터넷에서 다운로드 또는 스트리밍(즉석 실행)하기 좋게 하기 위해서 얇은 포맷으로 압축시키는 표준이다. MPEG-1은 초당 150KB로 스트리밍하고 이 속도는 CD-ROM 드라이브와 같다. MPEG은 비디오 키 프레임을 불러들여 프레임 사이에 변화하는 공간을 채워넣는다. 비디오 MPEG 파일은 대개 윈도 파일용 퀵타임 또는 비디오보다 작지만 품질은 그렇게 뛰어난 것은 아니다. 가장 많이 쓰고 있는 MPEG으로는 윈도용 MPEG-Play와 VMPEG 그리고 맥용 스파클(sparkle)이 있다. ⇨ 그림 참조 ⇨ AVI, QuickTime

MPEG-1 Layer3 MP3 ⇨ MP3

MPEG-2 moving pictures exports group-2의 약어. 최근 각광받고 있는 고화질 TV(HDTV)와 대응하는 해상도를 규정하고 있다. MPEG-2는 HD-TV에서 가능한 수준의 고화질 데이터를 전송해야 하므로 적어도 5 내지 10Mb/sec 정도의 전송 속도가 필요하다. MPEG-2에서 필요로 하는 이 전송 속도는 상용중인 일반 케이블 TV의 데이터 전송 속도와 인공 위성 방송에서 사용하는 전송 속도에 만족한다. MPEG-2는 해상도와 전송 속도 등을 대폭 개선하여 MPEG-1보다 한 차원 발전된 압축 기술이다.

MPEG-4 moving pictures experts group-4의 약어. 동영상 기술의 국제 표준화를 위한 MPEG(동영상 전문가 그룹)에서 개발한 MPEG-1, MPEG-2의 성공에 이어 전통적인 통신, 방송, 컴퓨터 응용 분야에서 공통적으로 적용될 수 있는 표준 영상 기술.

mpman **엠피맨** MP3 기술을 이용한 휴대용 플레이어. 메모리에 음악 데이터를 집어넣기 때문에 워크맨보다 소형화할 수 있는 것이 특징이다. 한국에서 상품화되었다.

MPG **모델 프로그램 제너레이터** model program generator의 약어.

MPL **다중 프로그래밍 레벨** multiprogramming level의 약어.

MP/M **다중 프로그래밍/모니터** multiprogramming/monitor(for microcomputer)의 약어. 실시간 다중 프로그래밍용의 운영 체제로, 한 대의 컴퓨터로 1~16대의 콘솔 접속이 가능하며, 다수의 사용자가 동시에 시스템 자원을 공유하여 독자적 프로그램을 8프로세스까지 실행할 수 있는 시스템.

MPP (1) **초병렬 프로세서** massively parallel processor의 약어. 본래는 NASA에서 위성 화상 처리

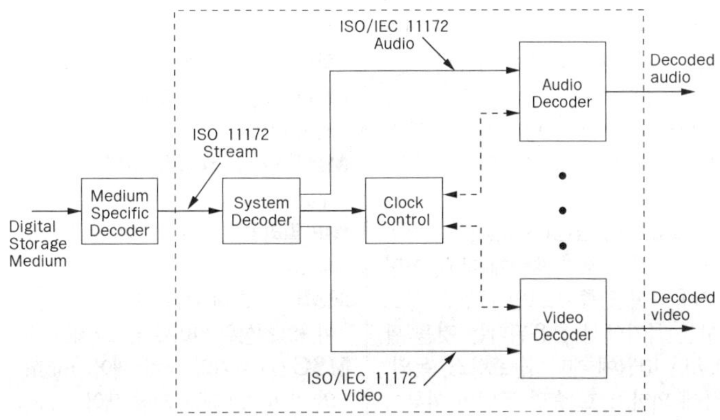

〈MPEG-I 시스템 모델〉

를 목적으로 미국의 Goodyear 사가 1978년부터 1983년까지 개발한 컴퓨터(16,384대의 프로세서로 구성)를 가리켰지만 지금은 그 정도 또는 그 이상의 프로세서로 구성된 수퍼 컴퓨터를 가리키는 용어로도 쓰이고 있다. (2) **메시지 처리 프로그램** message processing program의 약어. 원격지 단말기로부터 수신한 메시지에 관해서 응답 처리, 업무 처리 또는 교환 처리를 하는 프로그램. 이들 프로그램은 일반적으로 입력 메시지 처리, 오류 메시지 처리, 업무 처리, 출력 메시지 처리, 송수신 기록 처리 등의 전부 또는 일부로 구성된다.

MPPP multilink point to point protocol의 약어. ISDN에서 각각의 분리된 데이터를 운반하는 B 채널을 함께 엮어서 더 큰 관을 통해 데이터를 효과적으로 전송하는 데 쓰이는 표준 통신 프로토콜. PPP(point to point) 하에 있는 부동 장치는 다중 연결 PPP를 통해 인터넷에 접속한다. MPPP는 또한 양 채널이 음성 또는 데이터를 전송할 수 있도록 해주고 동적 대역폭 할당을 지원한다. 이것은 전화가 올 때 두 개 채널 중 하나는 자동적으로 끊기고 다시 대역폭을 할당해주는 것을 말하는 것이다. 통화가 끝났을 때 채널은 MPPP로 전송을 계속하기 위해 다시 연결될 수 있다.

MP protocol MP 규격 multilink protocol의 약어. 여러 개의 ISDN 채널을 묶어 고속 통신을 가능하게 하는 규격. 예를 들면 64kbps의 채널을 두 개 사용하면 128kbps의 통신이 가능하다.

MPR II 스웨덴의 MPR II 규격은 모니터에서 방출되는 전파가 건강상의 문제를 일으킬 수 있다는 우려에서 개발되었다. 이 방출물이 인체에 해롭다는 게 밝혀지지는 않았지만 스웨덴 정부는 만약의 경우를 대비해서 엄격한 표준을 확립했다. MPR II 승인 표시는 해당 모니터가 실험 결과 낮은 전자파를 낸다는 것을 보증하는 것이다.

MPS (1) **수리 계획 시스템** mathematical programming system의 약어. (2) **멀티프로그래밍 시스템** multiprogramming system의 약어.

MPU 마이크로프로세서 microprocessor unit, microprocessing unit의 약어. 마이크로컴퓨터의 중앙 제어 시스템이고, 사용 목적에 따라 구조가 달라지고 있다. 예를 들면, 어떤 MPU는 프로세스 제어나 데이터 통신에 맞게 되어 있으며, 또 어떤 MPU는 경보 기능이나 게임, 전자 계산기 그 밖의 사용 방법에 맞도록 설계되어 있다. 뛰어난 시스템을 고르는 지침이 되는 특성은 최대 능력, 융통성, 처리 속도, 사용하기 쉬운 설계이다.

MPU control MPU 제어

MPU hardware MPU 하드웨어 MPU 하드웨어는 마이크로프로세서 칩들로 이루어지는데, 마이크로컴퓨터 시스템을 완성하기 위한 칩의 개수는 시스템의 규모에 따라 각기 다르다. 컴퓨터의 기능을 갖추기 위하여 CPU 칩은 일반적으로 타이밍, 입출력 제어, 버퍼링과 인터럽트 제어(CPU의 외부 구성 요소와 같다) 등이 필요하다.

MPU support chip MPU 지원 칩

MPX 멀티플렉서 multiplexer의 약어. (1) 여러 개의 저속 채널을 다중화하여 하나의 고속 채널에 보내거나 이것은 데이터를 전송하는 속도나 방법에 영향을 주지 않고 네트워크를 효율적으로 사용할 수 있다. (2) 다중 회로가 단일 회선에 공동으로 이용하여 신호를 전하는 데 필요한 중규모의 집적 회로.

MQN 메시지 큐 노드 message queue node의 약어.

MQ register MQ 레지스터 multiplier quotient register의 약어. 컴퓨터의 연산 회로 일부를 구성

하는 것으로 곱셈인 경우에 승수, 나눗셈인 경우에 몫을 축적하기 위해 사용되는 레지스터. 자리 이동 명령을 위해 자릿수를 헤아리기 위해 사용되는 것도 있다. 승수 몫 레지스터.

MR modem ready의 약어. 이 모뎀의 빛은 모뎀이 준비 상태라는 것을 가리킨다. ⇨ AA, CD, HS, OH, RD, SD, TR

MRA mutual recognition arrangement의 약어. 정보 처리 시스템이나 정보 처리 제품에 대해, 어떤 나라에서 CC를 사용하여 인증된 보안 레벨은 상호 인증을 조인한 모든 국가에서 통용된다는 것을 확인하는 협정. 1998년 10월에 캐나다, 프랑스, 독일, 영국, 미국 5개국에 의한 상호 승인 조인이 이루어진 데 이어, 1999년 10월에 오스트레일리아, 뉴질랜드가 새롭게 합류하였다.

MR coding 수정 판독 부호화 방식, MR 부호화 방식 modified READ coding의 약어. ⇨ modified READ coding

Mr. Dachanni 중앙일보 주최 제 2 회 정보 사냥 대회 수상자인 한국과학기술원의 승현석 씨가 개발한 통합 검색 엔진. http : //zec.kaist.ac.kr/dachanni/index.ks. html 참조.

MR head MR 헤드 magneto resistive head의 약어. 대용량의 하드 디스크 제품에 사용되는 자기 디스크 판독 기술. 종래의 자기 헤드가 코일을 이용해 자기 신호 변화를 전류 변화로 검출하는 유도형이었던 반면, MR 헤드는 자기 저항의 원리를 핵심 소자인 슬라이더에 도입해 미디어의 밀도를 높이고 데이터를 읽고 쓰는 속도를 개선했다. MR 헤드를 이용한 최초의 제품은 1987년 IBM 사가 개발한 3480 테이프 백업 장치이다. 하드 디스크 장치에 처음으로 채택된 것은 이보다 4년 늦은 1991년, IBM 사는 테이프 백업 장치에 사용된 기술을 바탕으로 3.5인치의 1GB급 하드 디스크 드라이브를 개발했다. MR 헤드는 DRAM 못지 않은 장치 산업인 데다 IBM 사나 히다치 등 일부 업체만이 핵심 기술을 보유하고 있어 고부가가치 산업으로 인식되고 있다.

MRJ MacOS runtime for Java의 약어. 매킨토시용의 자바 가상 머신(JVM). ⇨ JVM

MRP 자재 요구 계획 material requirement planing의 약어. 광의의 생산 관리 업무의 일환으로 원자재에서 최종 완제품에 이르기까지 자재의 흐름을 관리하는 기법. 그 기능으로는 ① 필요한 자재(what)를 ② 필요한 시기(when)에 ③ 필요한 양(how much)만큼 ④ 필요한 곳(where)에 공급하기 위하여 자재구매 담당자에게는 「자재 수배」를 지시하고, 생산 관리 담당자에게는 「가공 및 조립」을 지시하여 설계 변경 및 생산 계획의 변동시에 대한 정보를 전 생산 체계에 제공함으로써 상황 변화에 즉시 대처하여 최적의 자재 수급을 가능하게 한다.

MRT 다중 요구 단말기 multiple requester terminal의 약어.

MRT system 대량 고속 수송 시스템 mass rapid transit system의 약어.

ms 밀리초 연산 속도의 단위로 10^{-3}초를 말한다. ⇨ msec

MSB (1) **최대 유효 비트** most significant bit의 약어. (2) **최상위 바이트** most significant byte의 약어.

MSC (1) **주기억 장치 제어** main storage control의 약어. (2) **대량 저장 제어** mass storage control의 약어. (3) **최대 유효 문자** most significant character의 약어.

MSCH 다중 부속 채널 ⇨ multiplex subchannel

MS chart 마이크로소프트 차트 ⇨ Microsoft Chart

MSCS 대량 저장 제어 시스템 mass storage control system의 약어.

MSCTC 대량 저장 제어 테이블 생성 프로그램 mass storage control table create program의 약어.

MSD 최대 유효 숫자, 최상위 숫자 most significant digit의 약어. ⇨ most significant digit

MSDB 주기억 장치 데이터 베이스 main storage data base의 약어.

MSDN Microsoft development network의 약어. 윈도 응용 프로그램의 개발자들을 위해 정기적으로 다양한 정보를 발신하는 등록제 서비스. 연4회 CD-ROM으로 배포하며 윈도에 관한 기술 문서 등을 제공하고 있다.

MS-DOS 미국의 마이크로소프트 사에서 만든 16비트 퍼스널 컴퓨터용 디스크 운영 체제(OS). 현재 가장 일반적으로 사용되고 있는 16비트 퍼스널 컴퓨터의 운영 체제로 되어 있다. ⇨ 그림 참조

MS-DOS standard text file MS-DOS 표준 텍스트 파일 문서 파일 형식 중에서 가장 호환성이 높은 파일 형식으로, 일반적으로 파일의 확장자는 「.txt」이다.

MSF (1) **대량 저장 기능** mass storage facility의 약어. (2) **메시지 축적 파일** message stack file의 약어.

MS FORTRAN 마이크로소프트 FORTRAN Microsoft FORTRAN의 약어.

MSI 중규모 집적 회로 medium scale integration, medium scale integrated의 약어. 집적 회로(IC)는 일반적으로 「집적도」에 따라 구분되고 있다. MSI는 「집적도」가 「중규모」이고, 구체적으로는 소자를 한 칩당 100~1,000개 장착한 트랜지스터를

가리킨다. 병렬 가산 회로나 소프트 레지스터 등에 널리 사용되고 있다.

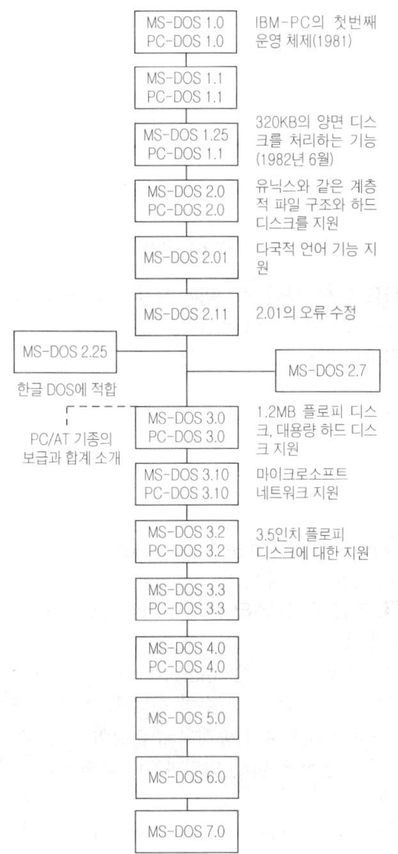

〈MS-DOS의 발달 과정〉

MS Internet Studio MS 인터넷 스튜디오 코드명 blackbird로 베일에 가려 있던 마이크로소프트의 인터넷 저작 도구의 정식 이름이며, 마이크로소프트 사는 MS Internet Studio를 이용해 쉽게 멀티미디어 웹 페이지를 만들 수 있다고 주장하고 있다. 현재까지 발표된 가장 진보된 형태의 저작 도구이다.

MS Mouse 마이크로소프트 마우스 Microsoft Mouse의 약어.

MSN Microsoft network의 약어. 미국의 마이크로소프트 사가 윈도 95 발표와 동시에 개시한 개인용 컴퓨터 통신의 네트워크 서비스로 통칭 MSN이라고 부른다. 윈도 95에는 표준으로 MSN에의 접속 기능이 갖추어져 있다. 전자 메일의 송·수신, 인터넷 상의 뉴스 그룹 기사의 열람, 제품 정보 등의 서비스를 이용할 수 있다. 윈도 95 출시와 더불어 관심의 대상이 되었던 통신 서비스. MSN은 전세계를 하나로 묶을 수 있는 거대한 네트워크로, 현재 각 통신 서비스 업체들의 경계의 대상이며, 세계 통신망을 마이크로소프트의 손아귀에 넣으려 한다는 의혹까지 나돌고 있다. MSN의 기본 정책 가운데 하나는 전세계 사용자 수를 50만 명으로 한정한다는 것이다. 마이크로소프트 사는 50만 명의 회원이 확보되면 서비스의 질 향상을 위해 당분간 회원 가입을 보류한다는 전략을 내세우고 있다.

MS-Networks 마이크로소프트 사가 개발한 네트워크 운영 체제. 이후 LAN Manager로 옮겨갔다.

MSP 모듈러 시스템 프로그램 modular system program의 약어.

MS QuickBASIC 마이크로소프트 퀵베이식 인터프리터 방식의 BASIC에 비해서 아주 강력한 구조적 프로그래밍 기능을 가지며, 컴파일 속도가 상당히 빨라서 높은 점유율을 갖고 있는 마이크로소프트 사에서 생산 판매하는 IBM-PC용 BASIC 컴파일러 패키지.

MS QuickC 마이크로소프트 퀵시 마이크로소프트 사에서 판매하는 IBM-PC용의 C 컴파일러 패키지로 통합 개발 환경(integrated development environment)이므로 사용하기가 편하며 컴파일 속도가 빠르다.

MSR 마크 시트 리더 mark sheet reader의 약어.

MSRJE 복수 세션 원격 작업 입력 multiple session remote job entry의 약어.

MSS 대량 저장 시스템 mass storage system의 약어.

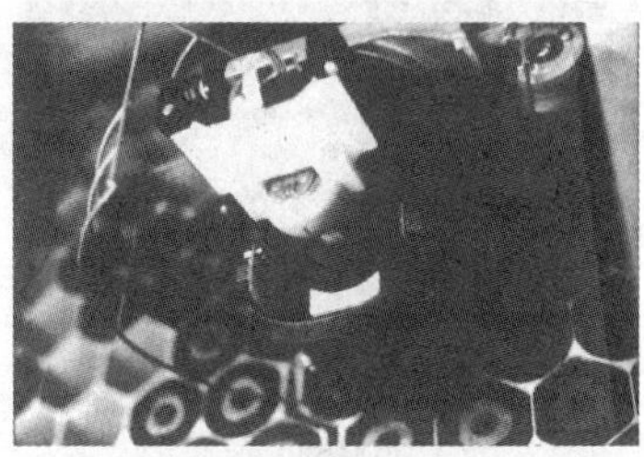

〈대량 저장 시스템〉

MSSC 대량 저장 시스템 통신 프로그램 mass storage system communication의 약어.

MSSG 메시지 message의 약어. 정보의 전달에 사용되는 유한 길이의 문자, 숫자 또는 기호의 조합으로, 통신선을 거쳐 보내지는 시작과 끝이 명확하게 규정된 데이터. 컴퓨터로부터 오퍼레이터 또는 프로그램에 보내지는 에러나 주의 정보.

MSSP 메시지 송출 서비스 프로시저 message send service procedure의 약어.

MST monolithic system technology의 약어. IBM 사가 1971년 3월에 발표한 시스템 370 모델

135의 주기억 장치로 채용한 집적 회로에 붙여진 명칭.

MSV 대량 저장 볼륨 mass storage volume의 약어.

MSVC 대량 저장 볼륨 제어 (프로그램) mass storage volume control의 약어.

MS Windows 마이크로소프트 윈도 Microsoft Windows의 약어.

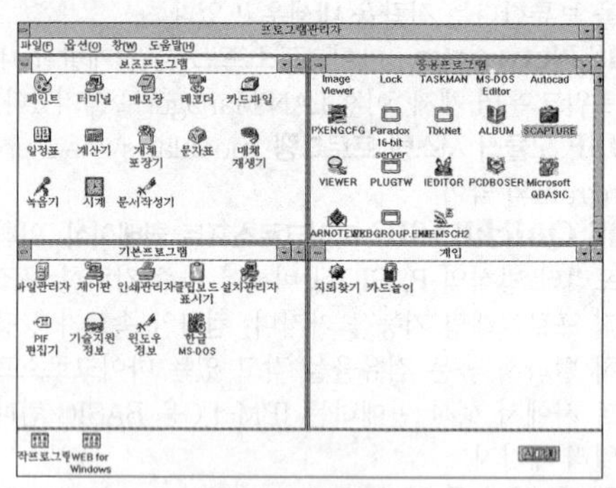

〈윈도 2000〉

MS Word 마이크로소프트 워드 Microsoft Word의 약어.

MSX 미국의 마이크로소프트 사의 제안에 의해 통일된 규격의 퍼스널 컴퓨터. 운영 체제(OS)에는 MSX BASIC을 채용하고 있다. 원칙으로는 MSX용 소프트웨어 등의 제품이라면 어떤 기종이라도 사용할 수 있다.

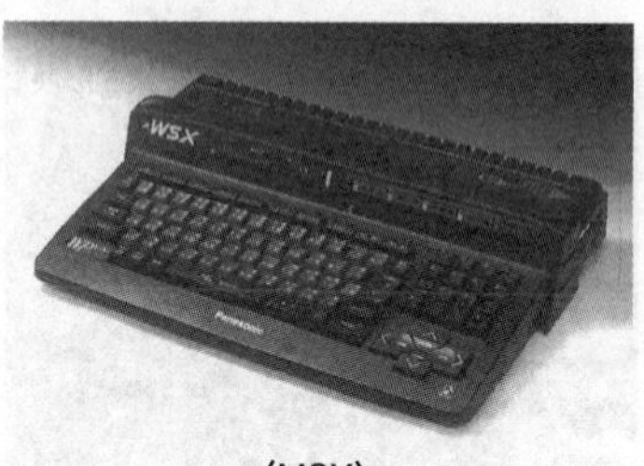

〈MSX〉

MT (1) **기계 번역** machine translation의 약어. ⇨ machine translation (2) **자기 테이프** magnetic tape의 약어. ⇨ magnetic tape

MTA 메일 전달 에이전트 mail transfer agent의 약어. 메일이 최종 목적지에 도달할 수 있도록 한 도메인의 메일 시스템에서 다른 도메인의 메일 시스템에 있는 MTA로 라우팅하는 프로그램. 흔히 메일러(mailer)라고 한다. 대표적인 MTA로는 sendmail이 있다.

MTBF 평균 고장 간격 mean time between failures의 약어. 시스템이나 기계 장치의 신뢰성 척도의 대표적인 것으로 수리 가능한 시스템이나 기계 장치의 고장 기간. 즉, 수리 완료에서 다음 고장까지의 무고장으로 동작하고 있는 시간 평균. ⇨ mean time between failures

시스템 운영 시간의 예

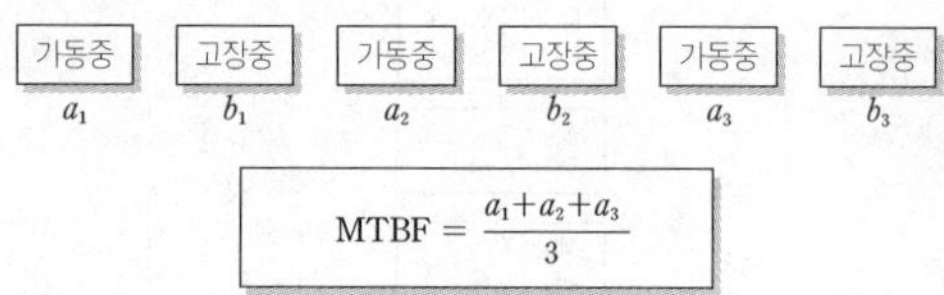

$$MTBF = \frac{a_1+a_2+a_3}{3}$$

〈MTBF 개념〉

MTBI 발생 사상 간 평균 시간 mean time between incidents의 약어.

MTBM 평균 유지 보수 시간 mean time between maintenance의 약어.

MTBS 평균 시스템 고장 간격 mean time between stops의 약어.

MTE 평균 오류 시간 mean time between error의 약어.

MTFA 변조 전달 함수 영역 modulation transfer function area의 약어.

MTL 조합 트랜지스터 논리 merged transistor logic의 약어.

MTM 순서 시간 측정 method time measurement의 약어. IE의 분석 수법 중의 동작 시간 표준법에 속하는 것으로서 종래의 주관성이 강한 표준 작업 시간 결정에 대해 어디까지나 과학적인 조립에 의해 연구된 것.

MTR multi-truck taperecorder의 약어. 녹음할 수 있는 트럭(채널)이 여러 개인 자기 테이프 레코더. 음악용으로는 4채널이나 8채널이 보통 사용된다.

MTS 멀티터미널 시뮬레이터 multiple terminal simulator의 약어.

MTTD 평균 진단 시간 mean time to diagnostic의 약어.

MTTF 평균 고장 시간 mean time to failure의 약어. 기계 장치, 시스템이 고장을 일으키지 않고 동작하는 데 걸리는 시간. 평균이라는 의미는 MTBF와 같지만 MTBF는 수리를 하지 않은 경우에 수명이 다할 때까지의 무고장 동작 시간의 평균이다.

MTTFF 최초 고장까지의 평균 시간 mean time to first failure의 약어. 수리하면서 사용하는 시스템, 기기, 부품 등의 최초 고장까지의 시간 평균값.

MTTR 평균 수리 시간, 평균 복구 시간 mean time to repair의 약어. 보수의 용이성(maintainability)에 관계되는 것으로, 고장 발생 시각으로부터 복구 시각까지의 소요 시간. 기능 단위의 수명 내의 규정된 기간에 있어서 사후 보수를 위해서 요하는 시간의 평균값. 이것을 가능한 한 최소로 하고, 다시 그 발생 빈도 및 발생 간격을 제어하기 위해서 사전 정비 또는 예방 보호(PM) 및 고장 진단(diagnosis)을 철저하게 할 필요가 있다.

시스템 운영 시간의 예

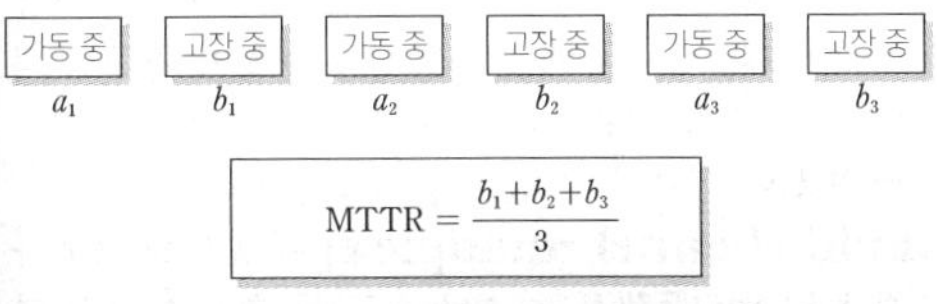

$$MTTR = \frac{b_1+b_2+b_3}{3}$$

〈MTTR 개념〉

MTU 자기 테이프 장치 magnetic tape unit의 약어.

mu(μ) [mjuː] *n.* **뮤, 마이크로** 마이크로(micro)에서 10^{-6}의 의미. 컴퓨터의 연산 속도나 저장 장치의 액세스 시간 등을 나타낼 때 자주 사용된다. 예를 들어, 마이크로초는 100만분의 1초이다. 이 「μ」의 1,000분의 1을 나노(n ; nano)라고 한다. 하드웨어의 초고속화에 따라 이러한 단위가 사용되어 왔다.

mu(μ) -255 law 뮤-255 변환식

MUD multi user dungeon or dimension의 약어. 멀티 유저 시뮬레이션(multi user simulation) 환경의 인터넷 온라인 게임. 어떤 머드 게임은 교육이나 소프트웨어 개발용으로 사용된다.

MUD game 머드 게임 multiple user dungeon game, multiple user dialogue game의 약어. 머드 게임은 인터넷(Internet) 등 컴퓨터 통신망을 통해 여러 사용자가 게임을 제공하는 컴퓨터에 접속한 뒤 같은 게임을 즐기게 된다. 다른 사용자는 경쟁 상대가 아니라 게임 속의 공간을 함께 여행하는 동반자가 된다. 머드 게임은 다른 사람과 직접 얼굴을 대하지 않는 상황에서 많은 대화를 나누어야 하므로 대인공포증 등 정신병 치료에 쓰이기도 한다. 「쥬라기 공원」이 대표적인 머드 게임이다.

MUG 무그 MUMPS user group의 약어. ⇨ MUMPS

Mule multilingual enhancement to GNU Emacs의 약어. GNU Emacs를 여러 언어에 대응시킨 편집기로, 현재는 GNU Emacs에 통합되어 있다. ⇨ Emacs, editor

multi [mʌ́lti] *a.* **복수의, 다중의, 멀티** 복합어를 만들어 「다수의(many)」, 「다량의(much)」, 「다수배의(many times over)」, 「복수의(more than one)」 등의 의미를 나타내는 데 사용된다.

multi-access [–ǽkses] **다중 액세스** 여러 사람이 공동으로 오퍼레이터 콘솔이나 다수의 온라인 단말 장치를 통해 컴퓨터를 사용하는 규모가 큰 시스템에 관한 용어.

multi-access bus [–bʌ́s] **다중 접근 버스** 컴퓨터 네트워크 구조에서 여러 개의 사이트들을 연결하는 한 개의 공유된 연결 버스. 여기서는 선형 버스와 링 버스(ring bus) 등이 있으며, 각 사이트는 이 버스를 통하여 직접 다른 사이트와 통신할 수 있다.

multi-access bus network [–nétwə̀ːrk] **다중 접근 버스 네트워크** 분산 체제에서 다중 접근 버스를 사용하는 통신망. ⇨ multi-access bus

multi-access computer [–kəmpjúːtər] **다중 접근 컴퓨터** 이것은 시분할 처리 기술의 개발 초기에 MIT에서 계획된 TSS 시스템 개발 프로젝트의 이름. ⇨ machine aided cognition

multi-access computing [–kəmpjúːtiŋ] **다중 접근 계산** 하나 이상의 똑같은 입출력 단말 장치가 직접 시스템에 연결되어 사용되는 것. 이러한 단말 장치는 텔레타이프라이터나 이와 비슷한 장치 혹은 최근에 많이 쓰이는 CRT 유형의 장치로 원격 단말 장치이다.

multi-accessing [–ǽksesiŋ] **다중 접근** ⇨ multiplexing

multi-accumulator [–əkjúːmjulèitər] **다중 누산기** 중앙 처리 장치가 능률적인 정보를 얻는 것이 가능하도록 주기억 장치 사이에 작은 용량의 속도가 빠른 기억 장치를 끼운다. 그 대표적인 것이 레지스터 기억 장치이며 이 레지스터의 어느 것이나 누산기로 이용하도록 한 것이 다중 누산기이다.

multi-address [–ədrés] **다중 어드레스** 계산에 필요한 입력이나 출력 데이터의 위치 또는 제어 장치에 대한 명령어의 위치를 나타내는 주소를 둘 이상 가지고 있는 명령어.

multi-address calling [–kɔ́ːliŋ] **동보 통신 서비스**

multi-address instruction [–instrʌ́kʃən] **복수 어드레스 명령** 둘 이상의 어드레스부를 갖는 명령어. multiple-address instruction이라고도 한다. 하나의 명령이 복수의 주소(오퍼랜드)를 가지고 있다.

multi-address message [–mésidʒ] **다중 어드레스 메시지** 데이터 통신에서 둘 이상의 어드레스를 갖는 수신처에 보내는 메시지. (1) 동일 정보를 여러 상대국으로 보낼 경우에 쓰이는 부호. (2) 데이터 전송 시스템에서 같은 통신문을 여러 단말국으로 보내고 싶을 경우에는 같은 전문을 몇 번씩 보내지 않고 한 전문에 대해서 수신인 이름을 필요한 만큼 만들어 송신함으로써 각각 상대국의 큐에 가하도록 하여 목적을 이룰 수 있다. 이와 같이 다수에 대해서 수신인을 가진 통신문을 말한다. 동보(同報) 통신이라고도 한다.

multi-aperture core[–ǽpərtʃər kɔ́:r] **다공 코어** 통상 비파괴 판독을 위해 사용되는 자심으로서 두 개 이상의 자기 경로를 만들어내기 위해 선을 통하는 구멍이 두 개 이상 뚫려 있는 것. ⇨ multiple aperture core

multi-aspect[–ǽspekt] **다면적** 효과적인 동작의 분류나 선택을 위하여 한 단위 이상의 정보들이 서로 결합되어 사용되도록 하는 검색이나 시스템에 관한 용어.

multi-aspect search[–sə́:rtʃ] **다면 검색** 필요한 항목을 식별하고 선택하기 위해 각 항목 내에 내포되어 있는 요소의 여러 가지 논리적 조합을 이용하는 방법.

multi-beam communication[–bí:m kəmjù:nəkéiʃən] **다중 빔 통신** 서비스 대상 지역을 여러 곳으로 분할하고, 각각을 폭이 좁은 안테나 빔으로 커버하는 통신 방식. 빔을 묶기 위해 대상 지역을 하나의 안테나 빔으로 커버하는 단일 빔 방식에 비해서 강한 전파를 송출할 수 있는 것이 특징이다. 이 다중 빔에 의해서 지구국 안테나의 소형화와 전송 회전 수를 증가시킬 수 있고, 지구국을 포함한 한 회선당 원가를 크게 절감할 수 있다.

multi-buffering[–bʌ́fəriŋ] **다중 버퍼링** 파일의 입출력에 대하여 각각 여러 개의 버퍼 구역을 할당함으로써 사용자 프로그램과 채널 프로그램의 속도 차이를 완화시키는 방법.

multi-bus[–bʌ́s] **다중 버스** 동시 다중 처리로 몇 개의 프로세서와 주변 장치가 같은 버스를 나누어서 사용하도록 규정되어 있는 것. 예를 들면, 인텔 회사의 SBC용 버스 등이다.

multi-bus connection[–kənékʃən] **다중 버스 접속, 다중 버스 결합** 다중 프로세서 시스템에 있어서의 자원 결합 방식의 한 가지. 복수 버스의 전체에 각 처리 장치와 주기억 장치 등이 접속되고, 각 처리 장치가 주기억 장치나 입출력계에 액세스하는 것. 이 방식에서는 복수의 처리 장치에서 주기억 장치로 요구하는 경우 주기억측에서는 우선도를 설정하여 요구를 받아들인다. 또 각 처리 장치측에서도 어느 버스를 사용하여 액세스할 것인지를 선택한다.

multi-cast backbone[–kǽst bǽkbòun] **멀티캐스트 백본** 인터넷 상에서 비디오 방송(특정한 여러 호스트에 대해서 동일한 정보를 동시에 전송)을 하는 것. 데이터량이 방대할 경우가 문제이다.

multicasting[mʌ̀ltiká:stiŋ] *n.* **멀티 캐스팅**

multi-channel[mʌ́lti tʃǽnəl] **다중 채널** 대기 이론에서 어떤 행렬이 비어 있는 창구의 어디에도 갈 수 있도록 만들어진 채널.

multi-channel access system[–ǽkses sístəm] **MCA 방식, 다중 채널 액세스 방식** 복수의 통신 채널을 다수의 사용자가 시분할 방식으로 이용하는 통신 방식. 이것에 따라 통신 채널의 이용 효율이 높아진다. 800~900MHz를 사용하고 있는 자동차 전화, 퍼스널 무선도 이 MCA 방식을 채용하고 있다. 제어용 채널도 통신용 채널이 별도로 되어 있는 것을 이용하여 다수의 이동 차량과의 데이터 통신에 이용할 수 있는 점이 특징이다.

multi-channel multiplex[–mʌ́ltiplèks] **다중 채널 멀티플렉스** 한 회선으로 두 회선 이상의 역할을 하게 하는 방법으로, 한 회선의 주파수 대역을 나누어 각각 한 회선으로 사용하게 하든지(주파수 분할 다중화), 회선을 시간 단위로 나누어 그 시간 단위마다 한 회선으로 사용하는 방법(시분할 다중화)이 있다.

multi-character input[–kǽrəktər ínpùt] **다중 문자 입력 기구**

multi-chip[tʃíp] **다중 칩** 하나의 시스템에 두 개 이상의 칩을 넣어서 상호 접속하는 것.

multi-chip circuit[–sə́:rkit] **다중 칩 회로** 여러 개의 칩을 포함한 회로. 줄여서 다중 칩(multichip)이라고도 한다.

multicollinearity[mʌ̀ltikəlíniərəti] **다중 공선성** 회귀 분석에서 설명 변수 중에 서로 상관이 높은 것이 포함되어 있을 때는 분산 · 공분산 행렬의 행렬식이 0에 가까운 값이 되어 회귀 계수의 추정 정밀도가 매우 나빠지는 일이 발생하는데, 이러한 현상을 다중 공선성이라 한다. ⇨ regression coefficient

multi-color graphics array[mʌ́lti kʌ́lər grǽfiks əréi] **다중 색상 그래픽 어레이** ⇨ MGA

multi-column[–kɑ́ləm] **다단** 신문이나 잡지 등을 제작할 때 필수적인 기능의 하나로서, 전자 출판(DTP) 등에서 문서를 가로로 여러 단 편집 조판하고 출력할 수 있는 기능.

multi-computer network[–kəmpjú:tər nétwə̀:rk] **다중 컴퓨터망** ⇨ multi-computer system

multi-computer organization[–ɔ̀:rgənaizéiʃən] **다중 컴퓨터 조직** 분산 컴퓨터 체제에서 각각의 컴퓨터가 독립적인 기억 장치와 독립적인 처리 장치 그리고 독립적인 입출력 장치를 가지고 있으면서 컴퓨터 상호간의 자료 교환을 위하여 통신망으로 서로 연결되어 있는 체제.

multi-computer system[–sístəm] **다중 컴퓨터 시스템** 컴퓨터 시스템의 중앙 처리 장치나 기억 장치 등의 각 유닛을 모듈화하고, 각 모듈을 여러 대 사용해서 구성한 컴퓨터 시스템. 각 모듈 간의 결합로를 이중으로 하여 한쪽이 사용 불가능하게 되어도 다른 쪽에 의해 접근이 가능하도록 하는 등 컴퓨터 시스템으로서의 신뢰성이나 확정성을 확보하는 것과 함께, 한 대의 처리 장치가 연산 처리를 담당하고 다른 한 대가 회선 제어나 파일 변경을 담당하는 등 기능 분담을 하는 것도 가능하게 설계되어 있다.

multi-connection test function [–kənékʃən tést fʌ́ŋkʃən] **다중 연결 시험 기능** 프로토콜 검증 기법의 하나로서 여러 개의 연결을 동시에 열어 프로토콜의 작동을 시험하는 기능을 의미한다.

Multics 멀틱스 multiplexed information and computing service의 약어. 현재에도 많이 이용되고 있으며, PL/I 언어로 작성된 대형 시스템으로, 1960년대 후반에 MIT 대학에서 개발된 시분할 다중 프로그래밍 방식의 운영 체제. 유닉스 운영 체제의 모체로서 원래 멀티프로그래밍용으로 개발된 운영 체제이며, 보호링(protection ring)에 의해 보호 기능이 강화되어 있다.

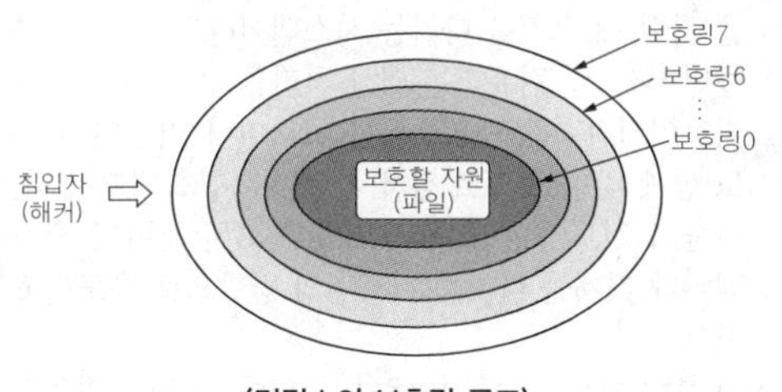

〈멀틱스의 보호링 구조〉

multi-cycle sort [mʌ́lti sáikl sɔ́ːrt] **다중 사이클 분류**

multi-data base [–déitə béis] **다중 데이터 베이스** 독립적으로 생성되고 관리되는 여러 개의 데이터 베이스들로 일부 데이터 베이스는 같은 컴퓨터에 존재하고 나머지 데이터 베이스는 컴퓨터 네트워크를 통해서 접근되는 형태의 데이터 베이스를 말한다. 이 데이터 베이스의 특징은 각 데이터 베이스들이 물리적, 논리적으로 다르다는 것이다.

multi-data base system [–sístəm] **다중 데이터 베이스 시스템** 기존의 이질적 데이터 베이스들을 통합하여 사용자에게 하나의 통일된 뷰(view)를 제공해주는 데이터 베이스 시스템.

multi-defined symbol [–difáind símbəl] **중복 정의 기호**

multi-dependency [–difáindənsi] **다중 종속성** ⇨ multi-valued dependency

multi-destination [–dèstinéiʃən] **다중 수신 주소** 하나의 전문이 특별한 주소 목록을 지니는 다중 수신 주소는 발송 주소의 한 종류이며, 전자 우편이나 원격 회의 등과 같은 특별한 응용의 효율을 높일 수 있다. 다중 수신 주소의 한 가지 변형으로 집단 주소가 있는데, 이것은 주소 목록 대신 주소 목록의 이름이 전문에 사용된다.

multi-destination delivery [–dilívəri] **다중 전송** 동시에 여러 곳에 전송할 수 있는 방법으로 다중 전송 또는 방송이라고도 한다.

multidimensional [mʌ̀ltidiménʃənəl] *a*. **다차원(의)**

multidimensional array [–əréi] **다차원 배열** 배열에서 한 원소의 위치를 나타내는 데 필요한 인덱스의 수를 배열의 차원이라 하고, 그 첨자의 수가 두 개 이상인 배열을 말한다.

multidimensional online analytical processing [–ɔ́(ː)nlàin ǽnəlítik(əl) próusesiŋ] **다차원 온라인 분석 처리** ⇨ M-OLAP

multidimensional scaling [–skéiliŋ] **다차원 척도 구성법** 다차원 척도 구성법은, 예를 들어 현상 상호간의 비계수적인 관계를 다차원의 순서 척도화하고 그들의 관계를 공간적으로 표현하여 현상의 성립 과정의 추론 등을 하는 수법. 이 수법에 속하는 것으로 수량화 Ⅳ류, Hayashi의 MDA, Guttman의 SSA, Shepard 등이 있다.

multidimensional search [–sə́ːrtʃ] **다차원 탐색 트리 구조** 다차원 탐색 트리 구조(*k*-D tree)란 *k*차원 상의 점들을 순서화하여 저장한 2진 트리 구조로서 각 노드들에 하나의 점이 저장되어 있으며, 수준이 L인 노드의 점 p는 그 노드를 근 노드(root node)로 하는 부트리(subtree)에 저장된 점들 중에서 (L mod k)좌표값이 중앙값인 점이며, (L mod k)좌표값이 p보다 작은 점들과 큰 점들은 각각 p의 왼쪽 부트리와 오른쪽 부트리를 이룬다.

multidrop [mʌ́ltidràp] **멀티드롭, 다지점(多枝點)** 네트워크의 구성 상 지국을 직통 회선 중에 분기 장치를 설치하고 3개소 이상의 지점을 연결하는 방식. 예를 들어, 이 방식을 이용하면 사용률이 낮은 여러 개의 단말을 하나의 회선에 여럿 접속해서 회선 사용 효율을 높이는 것이 가능하다. 여러 개의 지국에서 동시에 데이터를 전송하는 경우 충돌을 피하고 통신 회선을 각 지국이 균일하게 사용할 수 있도록 통신을 제어하는 형태(polling)이다.

multidrop circuit [–sə́ːrkit] **다중 단말 회선** 통신용 회선 도중에 분기 장치를 하여 1회선을 여러 단말에 효율적으로 공유하도록 하는 회선.

multidrop line [–láin] **분기 회선** 컴퓨터 시스템에 연결된 한 개의 회선에 여러 개의 터미널을 연결하는 방법.

multi-emitter transistor[mʌ́lti imítər trænzístər] **다중 이미터 트랜지스터** 베이스 영역 내에 여러 개의 이미터를 가진 것으로 TTL에서 사용된다.

multi-endpoint-connection[–éndpɔ̀int kenékʃən] **다중 종점 연결 방식** ($N+1$)계층에서 (N)계층으로 연결될 때 3개 이상의 연결을 갖는 것.

multi-error[–érər] **다중 오류** n비트의 정보를 보내는 경우 연속하는 2비트 이상에 오류가 생길 때 다중 오류라고 한다.

multifeed[mʌ́ltifi:d] **멀티피드** 인터넷 상에서 고속으로 대용량의 컨텐츠를 효율적으로 전송하기 위한 구조의 하나. 인터넷 서비스 프로바이더의 고속 백본과 인터넷 컨텐츠 프로바이더의 서버를 접속하고 고속 네트워크 환경을 제공한다. ⇨ Internet provider, contents provider

multi-field index[mʌ́lti fí:ld índeks] **다중란 색인**

multi-file reel[–fáil rí:l] **다중 파일 릴**

multi-file sorting[–sɔ́:rtiŋ] **다중 파일 정렬** 각 파일마다 서로 다른 매개변수를 기초로 하여 조작원의 개입 없이 수행되는 하나 이상의 파일에 대해 자동으로 순서를 정렬하는 것.

multi-file volume[–válјum] **다중 파일 볼륨, 복수 파일 볼륨** 하나의 볼륨에 수용하기 어려운 대량의 데이터를 두 개 이상의 볼륨으로 나누어 수용하고 있는 파일. 하나의 볼륨 위에 여러 개의 파일을 수용한 자기 테이프나 자기 디스크의 볼륨을 말한다.

Multi-Finder[–fáindər] **다중 파인더** 애플 매킨토시 컴퓨터 운영 체제. 원래의 파인더를 개량하여 다중 작업(multitasking)을 하도록 만든 프로그램.

multifont[mʌ́ltifɑ̀nt] **멀티폰트** 보통 타이프라이터의 몇 종류의 활자 자형이나 자체.

multifont optical arena[–áptikəl əríːnə] **다중 자형 광학 판독 장치** 하드 카피에 쓰여진 여러 종류의 자체나 자형을 구분할 수 있는 기본적인 문자 판독기.

multi-frame[mʌ́lti fréim] **멀티프레임**

multi-frequency code[–frí:kwənsi(:) kóud] **다주파 부호**

multi-function attachment[–fʌ́ŋkʃən ətǽtʃmənt] **다기능 접속 기구**

multi-function board[–bɔ́:rd] **다기능 기판** 하나의 프린트 기판에 여러 기능을 함께 조립한 보조 기판. 예를 들면, 직렬/병렬 인터페이스, 주기억 장치 확장과 타이머 기능이 하나로 되어 있는 것이 있다.

multi-function card machine[–ká:rd məʃí:n] **MFCM, 다기능 카드 기계**

multi-function card unit[–jú:nit] **다기능 카드 장치**

multi-function instruction set[–instrʌ́kʃən sét] **다기능 명령어 집합** 시스템의 종류에 따라서 수치적 · 논리적 연산 및 데이터의 이동, 검사, 결과의 저장 등이 한 명령어로 이루어지는 것. 어떤 시스템에서는 단일 단어로 된 명령어로 기억 장치와 레지스터 간에 정보를 이동시킨다. 곱셈과 나눗셈은 마이크로컴퓨터의 명령 중에서 대표적인 다기능 명령이다.

multi-function module[–mádʒu:l] **다기능 모듈**

multi-function telephone[–téləfòun] **다기능 전화기** 전화 메시지를 기억하였다가 호출 램프와 간단한 음성 우편 시스템을 이용하여 사용자에게 알리는 기능을 갖는 전화기로서, 전자식 교환기의 출현으로 가능하게 되었다.

multi-function system[–sístəm] **다기능 시스템** 하나의 시스템이나 기계가 다른 복수의 기능을 가질 때 그것을 다기능 시스템이라고 한다. 예를 들면, 퍼스널 컴퓨터는 연산 처리를 하는 것이 고유 기능이지만, 워드 프로세서나 터미널 머신의 기능도 함께 갖는 것으로 점차 기능이 복합화되고 있다. 기술의 진보와 수요의 고도화가 모든 분야의 시스템이나 기계를 다기능 시스템의 방향으로 유도하고 있다.

multigraph[mʌ́ltigræ̀f] *n.* **다중 그래프** 임의의 정점 쌍에 대하여 여러 개의 간선이 존재하는 그래프.

multigrid method[mʌ́ltigrì(:)d méθəd] **다중 격자법**

multihoming[mʌ́ltihoumiŋ] **멀티호밍** 하나의 이더넷 포트에 여러 개의 TCP/IP 주소를 갖게 하는 방법. 멀티호스팅, 멀티노딩이라고도 불린다. 한 대의 서버로 두 개 이상의 도메인의 호스트가 가능해진다. ⇨ domain address

multi inheritance[mʌ́lti inhérətəns] **다중 상속** C++ 등 객체 지향 언어에서 다루는 개념으로 여러 개의 기본 클래스에서 기능을 상속하여 파생 클래스를 작성하는 것. 단, 초기의 SmallTalk와 같이 모든 객체 지향 언어가 갖추고 있는 것은 아니다.

multi-instruction multi data stream[–instrʌ́kʃən mʌ́lti déitə strí:m] **MIMD, 복수 명령렬 복수 데이터열 방식** 복수 명령, 복수 데이터 스트림의 데이터 처리 방식.

multi-instruction single data stream[–síŋgl déitə strí:m] **MISD, 복수 명령렬 단일 데이**

터열 방식

multi-job[–dʒá(ː)b] **다중 작업** 하나의 컴퓨터로 두 개 이상의 프로그램을 동시에 처리하는 경우 각 프로그램이 연관성 없이 독립적으로 작업을 하는 것. ⇨ multi programming

multi-jobbing[–dʒábing] **작업 다중화** 복수의 작업(job)을 조합하고, 중앙 처리 장치(CPU)의 유휴 시간(idle time)이 되도록 처리의 효율(efficency)을 높이기 위해 연구된 처리 방법.

multi-job operation[–dʒá(ː)b àpəréiʃən] **다중 작업 연산** 하나의 컴퓨터에서 둘 이상의 작업이나 작업 스텝을 동시에 실행하는 처리 방식. ⇨ multiprocessing, multiprogramming

multi-job scheduling[–skédʒuliŋ] **다중 작업 스케줄링**

multi-joint robot[–dʒɔ́int róubət] **다관절 로봇** 동작이 회전 → 선회 → 선회…로 이루어지는 로봇. 이 로봇에서 3차원 공간의 임의의 위치는 회전각, 선회각에 의해서 결정된다.

multijunction[mʌ̀ltidʒʌ́ŋkʃən] **분기** 한 회선의 통신 회선을 복수의 단말로 공동으로 이용하기 위해 회선의 도중에 여러 개의 분기 장치를 설치하고 복수의 단말을 차례로 접속하는 것. 공동으로 사용해야 하기 때문에 한 곳의 단말이 데이터를 전송하는 동안에는 다른 단말은 모두 대기해야 하는 경우가 발생하지만 전송 거리가 길고, 데이터량이 적은 경우에는 직통 방식에 비해 매우 경제적이다.

multi kernel Linux 다중 커널 리눅스 ⇨ MkLinux

multikey[mʌ́ltikìː] **다중 키** 레코드들에 대하여 직접 접근이 가능한 키가 여러 개 있는 것.

multikey file[–fáil] **다중 키 파일** 레코드들에 대하여 직접 접근이 가능한 키가 여러 개 제공되는 파일.

multikey file processing[–prásesiŋ] **다중 키 파일 처리** ⇨ indexed file

multikey reference[–réfərəns] **다중 키 참조** 데이터 베이스 소프트웨어나 스프레드시트의 검색 방법으로 여러 조건을 조합하여 검색하는 것.

multikey search[–sə́ːrtʃ] **다중 조건 검색** 검색 조건이 논리 연산자 OR이나 AND 등으로 연결되어 있는 검색. 여러 조건을 설정해서 검색할 수 있다.

multi-layer[mʌ́lti léiər] **다중 기판, 다중 층판** 직각이나 형틀로 된 판을 여러 층으로 쌓고 각 층이 구멍으로 서로 연결된 회로판으로 회로 기판의 한 종류이다. 구멍에는 도선을 끼울 수도 있으며, 도선은 회로 내의 여러 곳을 연결할 수 있으므로 인쇄된 회로판의 크기를 줄일 수 있다.

multi-layer device[–diváis] **다중 층판 기기**

multi-layer interconnection[–intərkənékʃən] **다중 층판 배선** 하나의 회로 기능을 갖게 하기 위하여 구성 부품을 서로 접속하는 경우, 배선용 도체와 절연체를 교대로 쌓아서 2층 이상의 도체층을 형성한 배선.

multi-layer printed circuit board[–príntəd sə́ːrkit bɔ́ːrd] **다층 인쇄 배선 기판, 다층 프린터 배선 기판, 다층 프린터 배선판** (1) 회로망이 복잡하게 되면 평면적인 배선만으로는 불가능하게 되며, 3차원적인 배선(예를 들면, 브리지(bridge))으로 해야만 된다. 특히 IC, LSI 등의 패키지를 여러 개 붙인 배선판은 1층에서는 패키지 간의 배선을 하는 것이 곤란하기 때문에 다층으로 하고, 각 층 간의 연결은 스루 홀 도금(through hole plating)에 의해 행한다. 보통 4~6층의 것이 이용되며 이 가운데 어떤 층은 전원용 배선이라든가 배선용 유도 장애를 피하기 위한 접지층 등에 사용하는 경우가 있다. (2) 다층 프린트 기판 : 다층 배선용 프린트판. ⇨ printed circuit

multi-layer switching[–swítʃiŋ] **다중층 스위칭** 네트워크 간의 데이터 처리 능력을 향상시키기 위해, 네트워크의 제3층(네트워크층)이나 제4층(트랜스포트층)의 정보를 기반으로 데이터 경로를 고속으로 계산해내는 기술. 일부 스위칭 HUB에 내장되어 있다. ⇨ layer 3 swithing, OSI, switching HUB

multi-leaving[–líːviŋ] **멀티리빙**

multi-length arithmetic[–léŋkθ əríθmetik] **다배장 연산** ⇨ multiple-length arithmetic

multilevel address[mʌ́ltilèvəl ədrés] **다중 레벨 주소, 다단계 어드레스, 다중 간접 번지** 오퍼랜드를 꺼낼 때 다중으로 어드레스를 지정하는 것으로 간접 어드레스이다. 어드레스에 대해서 세 가지 지표를 포함하는 것을 3중, 두 가지를 포함하는 것을 2중 간접 어드레스라고 한다. ⇨ indirect address

multilevel code[–kóud] **다치 부호** 디지털 신호의 1펄스당의 레벨 수는 보통 "0"과 "1"의 두 레벨이 있는데, 1펄스당의 정보량을 늘리기 위해 1펄스의 레벨 수를 3 이상으로 한 부호를 말한다. 일반적으로 n 레벨의 신호에서는 1펄스를 전송할 수 있는 정보량은 $\log_2 n$ 비트가 되지만, 동시에 잡음에 대한 여유는 2레벨인 경우와 비교하여 $1/(n-1)$로 감소한다.

multilevel control[–kəntróul] **다단계 제어, 다중 레벨 제어** ⇨ hierarchy control

multilevel control system [–sístəm] **다계층 관리 시스템** 조직 규모가 대형화됨에 따라 직능 기능의 상호 관련도 복잡하게 된다. 그래서 합리적으로 정합성(整合性) 있는 관리 운영을 하기 위해 몇 가지 관리 레벨로 나누어서 관리하는 것을 다계층 관리 시스템이라고 한다. 예를 들면, 제조 업체 전반의 종합 관리 시스템, 그 하부의 각 공장 관리 시스템, 그 내부에 있어서의 일상적인 오퍼레이션 컨트롤의 시스템 등 각각 고유의 계층별 관리 시스템으로 기능하면서도 전체로서 조화가 잡힌 시스템으로서 기능하는 것이 다계층 관리 시스템이다. 이것을 계층형 시스템이라고도 한다. ⇨ hierarchy system

multilevel data base system [–déitə béis sístəm] **다단계 데이터 베이스 시스템** ⇨ ANSI/SPARK architecture

multilevel directory structure [–diréktəri(ː) strʌ́ktʃər] **다단계 디렉토리 구조** 디렉토리를 계속해서 두 개 이상 탐색해야만 원하는 파일을 찾을 수 있는 구조로서 두 단계 디렉토리, 트리 구조 디렉토리 등이 있으며, 파일 시스템에서 디렉토리의 높이가 2 이상인 디렉토리 구조를 말한다.

multilevel feedback queue [–fíːdbæ̀k kjúː] **다단계 피드백 큐** 운영 체제의 CPU 스케줄링 기법의 하나로 라운드 로빈(round robin) 방식과 유사하지만, 준비 큐를 여러 단계로 배치하고 각 단계의 제한 시간을 점차 늘려서 배치하는 것을 말한다. 새 프로세스가 큐잉 네트워크(한 개 이상의 대기 큐들이 서로 연결되는 큐)에 들어올 때는 CPU를 차지할 때까지 큐에서 FIFO 형태로 이동하고, 작업이 끝나거나 입출력이나 다른 사건 등으로 인하여 CPU를 양도하는 경우에는 그 작업이 큐잉 네트워크를 떠나게 된다. 만일 프로세스가 CPU를 자발적으로 양도하기 전에 시간 할당량이 끝나면 그 프로세스는 다음 번 낮은 수준의 큐로 배치되고 첫 번째 큐가 비어 있어서 그 프로세스가 큐의 헤드에 도달하면 다음 번 서비스를 받게 된다. 각 단계의 큐에서 제공하는 시간 할당량을 다 쓰고도 계속 연산을 위해 CPU를 더 써야 한다면 그 프로세스는 매번 다음 단계의 큐로 배치되고 마지막 단계의 큐에서는 프로세스가 완성될 때까지 라운드 로빈 방식으로 순환된다.

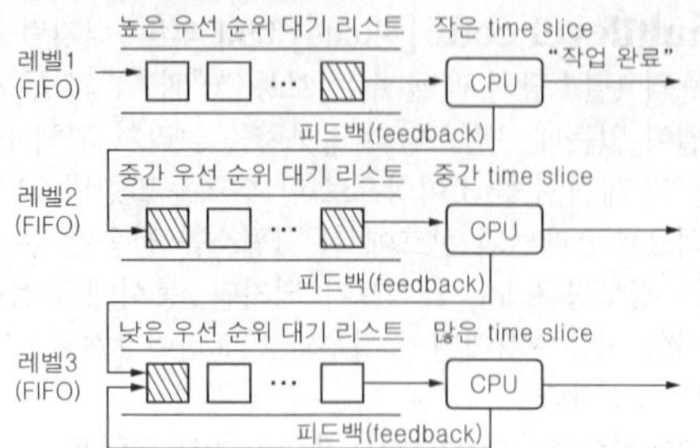

〈다단계 피드백 큐의 개념〉

multilevel index [–índeks] **다단계 색인**

multilevel index structure [–strʌ́ktʃər] **다단계 색인 구조**

multilevel memory [–méməri(ː)] **다중 레벨 기억 장치**

multilevel modulation [–mɑ̀dʒuléiʃən] **다치 변조** 한정된 전송 대역에서 더 많은 정보를 전송하려는 경우에 변조 속도는 그대로 두고 변조에서 취할 수 있는 상태 수를 2 이상으로 다치화(위상 혹은 레벨)하는 것을 말한다. 데이터 전송 회선의 감쇠 일그러짐이나 위상 일그러짐을 정밀하게 등화하는 자동 등화기가 널리 쓰이게 됨에 따라 좀더 다치화가 진전되어 진폭 변조와 위상 변조를 조합시킨 진폭 위상 변조나 직교 진폭 변조가 채용되고 있다.

multilevel priority interrupt [–praiɔ́(ː)riti(ː) intərʌ́pt] **다단계 우선 순위 인터럽트** 다수의 서브루틴에 용이하게 우선 순위를 부여할 수 있도록 할당 장치를 사용한다. 이러한 서브루틴의 인터럽트 요청은 중앙 처리기에 의하여 가장 높은 우선 순위의 순서로 처리된다. 우선 순위 서브루틴이 인터럽트를 요청하면 그보다 하위의 서브루틴이 먼저 인터럽트를 요청했더라도 높은 우선 순위 서브루틴이 우선 순위를 갖는다.

multilevel security [–sikjú(ː)riti(ː)] **다중 레벨 기밀 보호**

multilevel signal [–sígnɑl] **다단계 신호** 보통 펄스 전송에서는 "1" 또는 "0"의 두 가지 레벨이 이용되며, 레벨을 좀더 자세히 나누어 각각 레벨에 신호를 할당하는 것도 가능하다. 이것을 다단계 신호라고 한다. 레벨 수를 n으로 하면 정보 전송 속도는 $\log_2 n$으로 되어 빠른 전송 속도가 얻어진다. 그러나 다른 한편으로는 파형 변형에 따른 에러가 커지므로 고품질의 전송로가 요구된다.

multilevel storage organization [–stɔ́ːridʒ ɔ̀ːrgənɑizéiʃən] **다단계 기억 장치 구성** 사용자의 가상 주소 공간을 실주소 공간보다 넓게 사용한다든지 여러 사용자가 실기억 장치의 자원을 공유하여 효과적인 다중 프로그램을 수행하도록 하기 위한 기억 장치 구성.

multilevel structure [–strʌ́ktʃər] **다단계 구조**

multilevel (display) subroutine [–(displéi) sʌ́bruːtíːn] **다단계 서브루틴** 제어 상태는 화면을 기억 장소의 한 곳에서 다른 곳으로 옮겨가게 하는데, 화면 서브루틴으로 점프할 때는 되돌아올 주소를 자동으로 푸시다운 리스트에 기억시켜 두어야 한다.

multilevel system[-sístəm] **다단계 시스템** 예를 들면, 기업에 계산 제어 시스템을 도입하는 경우, 공장 내의 단일 프로세스의 리얼 타임 제어를 하는 레벨로부터 플랜트 또는 사업소 등의 생산에서 출력까지를 계획하고 관리하는 레벨까지의 시스템을 다단계 시스템이라고 한다.

multi-line[mʌ́lti láin] **멀티 라인** 하나의 데이터 링크에 대하여 여러 물리적 통신로가 존재하는 데 대하여 이용되는 용어.

multi-line communications controller [-kəmjù:nikéiʃənz kəntróulər] **다중 회선 통신 제어 장치**

multi lingual[-líŋgwəl] **다중 언어** 다언어에 대응하는 것. 일반적으로는 여러 개의 언어를 사용할 수 있는 사람을 의미하지만, PC에서는 여러 개의 언어에 대응하는 시스템을 말한다. 매킨토시의 System 7 이후부터 실현되었으며, 표준적으로 사용되는 언어 이외에도 간단히 대응하는 능력을 갖고 있다.

multi-link[-línk] **다중 연결** 데이터 링크가 여러 개 있는 것으로, 다중 연결을 구성하는 데이터 링크는 각각의 링크 프로토콜로 제어된다. 네트워크 데이터 링크가 다중화한 것 이외에 네트워크의 두 개의 노드(node)를 연결하는 경로가 두 개 이상의 데이터 링크로 구성되어 있는 상태를 가리킨다.

multi-linked[-línkt] **다중 연결(의)**

multi-linked list[-líst] **다중 연결 리스트** 각 노드에 두 개 이상의 포인터가 있는 연결 리스트.

multi-link protocol[-línk próutəkɔ̀(:)l] **MP 규격** ⇨ MP protocol

multi-list[-líst] **다중 리스트, 멀티 리스트** 공통의 속성값을 갖는 코드군을 그것에 대한 색인 레코드에 선형 리스트에 따라 연결한 데이터 구조. 하나의 레코드는 몇 개의 속성값에 대해서 각각의 색인 레코드에 올려지므로 멀티 리스트라는 이름이 붙여진 것이다.

multi-list chains[-tʃéinz] **다중 리스트 체인** 하나의 체인을 일정한 크기로 쪼개어 만든 체인.

multi-list file[-fáil] **다중 리스트 파일** 특정 필드에 같은 값을 갖는 레코드들로 구성된 연결 리스트들로서 이루어지는 파일 구조. 전형적으로 보조 키값에 관련된 레코드들을 빠르게 검색하기 위하여 그 리스트들에 대한 인덱스를 둔다.

multi-list organization[-ɔ̀:rgənaizéiʃən] **다중 리스트 구성** ⇨ multi-list file

multi-list structure[-strʌ́ktʃər] **다중 리스트 구조** 파일의 레코드를 구성하기 위한 방법의 하나로, 한 레코드에 여러 개의 2차 키 및 그것에 대응하는 체인 어드레스를 수납하는 필드를 준비하고 있어 각 키마다 간접 체이닝에 따라 리스트를 만드는 것이다. 따라서 이러한 파일 레코드는 여러 조(組)의 다른 리스트에 속하는 것이 된다.

multiloop[mʌ́ltilù:p] **다중 루프** 루프란 피드백 제어에 있어서 출력을 입력측으로 돌릴 때 형성되는 한 순환을 말한다. 또는 같은 프로그램 시퀀스를 반복하는 의미로 쓰인다. 다중 루프란 피드백 루프 또는 프로그램 시퀀스의 루프가 하나의 제어 흐름이나 또는 한 프로그램 흐름 중에 다중으로 존재하는 것을 말한다.

Multimate[mʌ́ltimèit] **멀티메이트** 미국 애시톤테이트(Ashton-Tate) 사에서 개발된 워드 프로세싱 프로그램.

Multimedia[mʌ̀ltimí:diə] **다중 매체, 멀티미디어** 여럿이라는 멀티(multi)의 의미와 정보의 유형을 뜻하는 미디어(media)의 합성어. 여러 정보의 형태를 컴퓨터로 다룰 수 있는 곳이라고 풀이할 수 있으며 다중 매체로 표현된다. 즉, 멀티미디어 컴퓨터란 컴퓨터를 이용해서 모든 시청각 정보를 통합 조정하는 개념이다. 멀티미디어는 얼마나 많은 데이터를 전달할 수 있느냐도 중요하지만 그에 못지않게 전달되는 데이터가 어떤 형태를 가지느냐도 중요하다. 멀티미디어는 이 두 가지 모두를 충족시킬 뿐 아니라 사용자는 여러 종류의 시청각 데이터에 자유로운 접근이 가능하다. 멀티미디어는 네 가지 정보 유형(이미지, 애니메이션, 비디오 이미지, 소리) 중 하나 또는 그 이상을 포함한다. 멀티미디어 하드웨어는 대용량의 데이터를 처리하고 전달할 수 있는 빠른 전송 속도, 한꺼번에 많은 데이터를 처리할 수 있도록 충분히 큰 주기억 용량, 컬러 그래픽 보드, 그리고 VCR이나 TV의 영상을 읽어서 컴퓨터 모니터에 출력할 수 있는 비디오 그래픽 보드의 기능을 가져야 한다. 현재까지 발표된 가장 완벽한 멀티미디어 컴퓨터는 세계적인 표준 기술인 움직이는 화상 압축 기술을 모두 채용한 시스템으로서 움직이는 영상까지 처리할 수 있는 시스템이다. 이에 비해서 CD-ROM 드라이버나 사운드 카드를 내장해서 음성을 처리한다든지 압축 표준인 정지 영상 압축으로 영상을 처리하는 것은 부분적인 멀티미디어 처리라고 할 수 있다. 멀티 미디어 시스템은 다음의 다섯 가지 요건을 만족해야 한다. ① 두 가지 이상의 미디어를 사용해야 한다. ② 이러한 미디어를 동시에 사용해야 한다. ③ 동일한 기계로 이를 표현해야 한다. ④ 시스템과 대화할 수 있어야 한다. ⑤ 시스템을 사용해서 지식이나 정보를 얻을 수 있어야 한다.

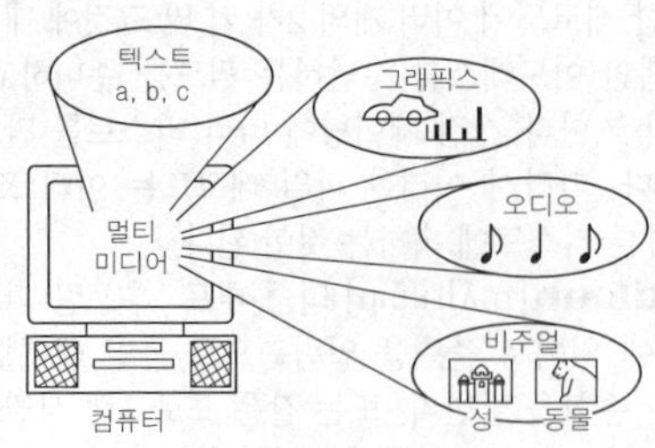

〈멀티미디어의 개념〉

multimedia and hypermedia information coding experts group[–ǽnd hàipərmí:diə ìnfərméiʃən kóuding ékspə:rts grú:p] **멀티미디어-하이퍼미디어 정보 코딩 전문가 그룹** ⇨ MHEG

multimedia audio visual connection[–ɔ́:diou víʒuəl kənékʃən] **멀티미디어 오디오 시각 연결** ⇨ MAVC

multimedia card[–ká:rd] **멀티미디어 카드** ⇨ MMC

multimedia communication[–kəmjù:nikéiʃən] **다중 매체 통신** 문자(character), 영상, 음성 등의 여러 가지 매체를 사용하여 통신하는 것.

multimedia communication service[–sə́:rvis] **다중 매체 통신 서비스** 컴퓨터 데이터뿐만 아니라 음성이나 영상 자료도 함께 전송할 수 있도록 하는 통신 서비스.

multimedia data base[–déitə béis] **멀티미디어 데이터 베이스** 기존의 데이터 베이스를 멀티미디어 데이터에 적용하는 것으로 멀티미디어 데이터의 효율적인 저장과 관리 기능을 수행하고 다양한 검색 연산을 제공한다. 멀티미디어 데이터는 비정형화된 형태이며, 방대한 저장 공간을 차지하고, 객체들의 크기가 각각 다를 뿐 아니라 많은 저장 공간을 차지하여 기존의 정형화된 데이터를 처리하기 위해 만들어진 데이터 베이스로는 효과적으로 멀티미디어 데이터를 처리할 수 없다. 멀티미디어 데이터 베이스의 기능은 미디어 간의 동기화, 미디어 특성에 따라 저장 공간의 동기화 그리고 사용자가 원하는 데이터를 쉽게 찾을 수 있는 방법을 제공해야 한다.

multimedia mail[–méil] **다중 매체 메일**

multimedia PC 멀티미디어 PC 명확한 정의는 없지만 일반적으로 음원과 CD-ROM 드라이브를 탑재하고, 256색 이상의 컬러 표시가 가능한 비디오 회로를 가지고 동화상을 재생할 수 있는 사양과 충분한 성능을 가진 PC를 말한다.

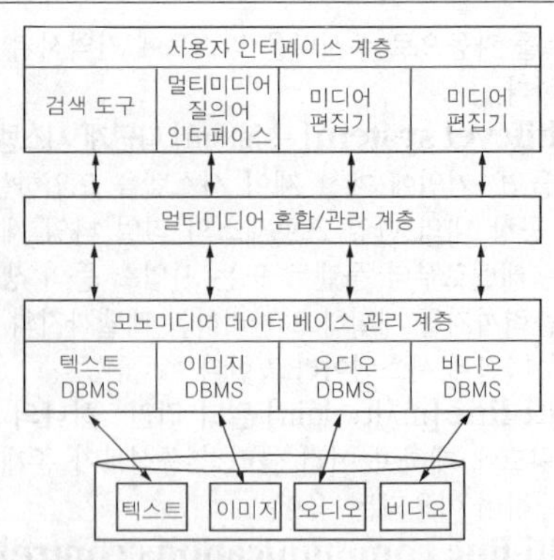

〈멀티미디어 데이터 베이스를 위한 참조 모델〉

multimedia player[–pléiər] **멀티미디어 플레이어** 멀티미디어 소프트웨어 재생용 장치. 일반적으로는 CD-1 플레이어나 CD-ROM 드라이버, DVD 플레이어 등 CD화된 영상, 음성 데이터를 재생하는 장치를 가리킨다.

multimedia presentation manager[–prèzəntéiʃən mǽnidʒər] **멀티미디어 프레젠테이션 매니저** ⇨ MMPM

multimedia workstation[–wə̀:rkstéiʃən] **멀티미디어 워크스테이션** 멀티미디어 기능을 부여한 워크스테이션으로 음성, 동화상, 정지 화상 등도 취급한다.

multi-medium terminal[mʌ́lti mí:diəm tə́:rminəl] **멀티미디엄 단말**

multi-member set type[–mémbər sét táip] **다중 멤버 세트 유형** 두 개 이상의 멤버 레코드 유형을 포함하는 세트 유형.

multi-meter[–mí:tər] **멀티미터** 한 대를 가지고 회로의 저항, 전압, 전류 등 두 가지 이상의 양을 측정할 수 있는 기기.

multi-microprocessor [–màikrouprάsesər] **다중 마이크로프로세서** 복수의 마이크로프로세서가 내부 기억 장치나 입출력 제어 장치(또는 주변 장치) 등의 하드웨어 자원을 공유하는 처리 시스템. 마이크로프로세서와 자원과의 결합 형태는 단일 버스 결합 방식, 다중 버스 결합 방식, 다중 기판 결합 방식, 입출력 채널을 이용하는 결합 방식 등이 있다.

multimodal interface[mʌ̀ltimóudl ínərtféis] **멀티모달 인터페이스** 인간과 컴퓨터의 접점이 인터페이스이지만, 이것은 매체가 아니라 대화 양식(modality)으로서, 복잡한 정보를 여러 가지 대화 양식의 조합으로 표현함으로써 보다 컴퓨터와 자연스럽게 접하는 것을 목적으로 하는 것. 가상 현실도 이것의 하나이다. 컴퓨터를 사용하고 있는 사람들에게 사용자 인터페이스라는 용어는 휴먼 컴퓨터 인터랙션(human computer interaction)이라는 의미로 사용된다. 이것은 인간과 컴퓨터 사이의 주고받는 것을 주요한 흥미의 대상으로 삼는 것으로, 시스템 기능을 향상시키는 것이 중요하다는 생각을 기본으로 한다. ⇨ interface

multi-model DBMS **다중 모델 데이터 베이스 관리 시스템** 하나 이상의 모델을 지원하는 데이터 베이스 관리 시스템(DBMS)을 가리키며, 예를 들어 관계 모델과 계층 모델 모두를 지원하는 DBMS를 들 수 있다.

multi-mode optical fiber [–móud áptikəl fáibər] **다중 모드 광섬유** 광섬유의 지름이 50~200μm 정도로 커서 다양한 모드로 전송할 수 있는 광섬유.

multi-monitor [–mánitər] **멀티모니터** 한 대의 컴퓨터에 여러 개의 모니터(디스플레이)를 접속하고, 넓은 영역을 표시하는 기능. 접속하는 모니터의 개수만큼 그래픽 보드가 필요하다. ⇨ display, graphics board

multinominal distribution [mʌ̀ltinámінəl distribjúːʃən] **다항 분포**

multipart [mʌ́ltipàːrt] **복수 파트**

multi-pass [mʌ́lti pǽːs] **다중 패스** 패스 하나로는 처리가 어려운 작업을 여러 개의 패스로 나누어서 이 각각의 패스가 공통의 데이터를 처리함으로써 전체적인 작업을 처리하는 방식. 예를 들면, 어셈블러나 컴파일러의 번역 작업은 보통 여러 개의 패스로 이루어진다.

multi-pass compiler [–kəmpáilər] **다중 패스 컴파일러**

multi-pass sort [–sɔ́ːrt] **다중 패스 정렬** 중앙 컴퓨터의 내부 기억 장치보다 많은 양의 데이터를 정렬할 수 있도록 설계된 정렬 프로그램. 디스크, 테이프, 드럼 등 임시 저장 장치가 필요하다.

multi-phase [–féiz] **다중 위상**

multi-phase load module [–lóud mádʒuːl] **다중 위상 로드 모듈**

multi-phase modulation [–màdʒuːléiʃən] **다중 위상 변조**

Multiplan [mʌ́ltiplæ̀n] **멀티플랜** ⇨ Microsoft Multiplan

multi platform plan [mʌ́lti plǽtfɔːrm plǽn] **다중 플랫폼 구상** 사용 감도를 포함한 소프트웨어의 동작을 하드웨어나 CPU 등의 환경(플랫폼) 차이를 초월하여 공통화하고자 하는 구상. SAA, 자바 등에 영향을 주었다. 또한 MacOS X나 BeOS 등의 차세대 운영 체제는 이것을 많이 의식해서 만들어졌다.

multiple [mʌ́ltipl] *a.* **다중의, 복수의** 복수 또는 다수의 것으로 구성되어 있는 것을 나타낼 때, 또는 「다양한」, 「복합의」, 「다중의」, 「배수의」라는 의미를 나타낼 때 사용하는 형용사.

multiple access [–ǽkses] **다중 액세스, 다중 접근** 하나 이상의 장소에서 입력이나 출력 등의 접근이 가능한 시스템.

multiple access communication system [–kəmjùːnikéiʃən sístəm] **쌍방향 통신로** 쌍방향으로 통신이 행해지는 통신로. 샤논(Shannon)은 쌍방향 통신로에서의 통신로 용량 영역 내에서 에러율을 임의로 작게 할 수 있는 쌍방향 통신로의 부호가 존재하는 것을 증명하였다.

multiple access computer system [–kəmpjúːtər sístəm] **MAC system, 맥 시스템** 매사추세츠 공과 대학(MIT)에서 1963년에 개발된 시분할 방식의 운영 체제.

multiple access network [–nétwəːrk] **다중 접근 네트워크** 모든 국(station)이 언제나 네트워크를 이용할 수 있도록 되어 있는 유연한 네트워크 시스템. 이 네트워크에서는 두 개의 국이 동시에 상호 전송하고자 할 때만 연결된다.

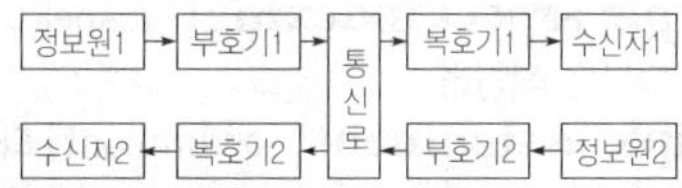

multiple access procedure [–prəsíːdʒər] **다중 접근 제어 절차** 복수의 DTE(data terminal equipment) 간에 공유 채널의 접근 경쟁을 제어하기 위한 절차.

multiple address [–ədrés] **다중 주소** 2-주소, 3-주소 또는 4-주소 컴퓨터 등의 다중 주소라는 용어는 컴퓨터를 특정짓는 데 사용되기도 하며, 연산 장치의 연산자 위치나 제어 장치를 위한 명령어 위치의 주소를 두 개 이상 지정하는 명령어의 양식. ⇨ multi-address

multiple address code [–kóud] **다중 주소 코드** 한 명령어가 연산중에 사용될 하나 이상의 주소를 규정하는 명령어 코드.

multiple addressing mode [–ədrésiŋ móud] **다중 주소 지정 방식** 컴퓨터에서 절대 주소, 상대 주소, 지연 주소, 간접 주소, 직접 주소, 해시 주소, 즉각 주소, 색인된 주소 등과 같은 여러 주소 지정 방식을 이용할 수 있는 방식을 다중 주소 지정 방식이라 한다. 이러한 방식은 명령어 내의 각 비트를 효율적으로 사용할 수 있다.

multiple address instruction [–ədrés instrʌ́kʃən] **다중 주소 명령** 두 개 이상의 어드레스부를 갖는 명령어.

multiple address machine[–məʃíːn] **다중 주소 기계**

multiple address message[–mésidʒ] **다중 주소 메시지** 데이터 통신에서 둘 이상의 수신처에 보내는 메시지로 둘 이상의 주소를 갖는다. ⇨ multiaddress message

multiple address space[–spéis] **다중 주소 공간**

multiple address space partition[–pɑːrtíʃən] **다중 주소 공간 구획**

multiple aperture core[–ǽpərtʃər kɔ́ːr] **다공(多孔) 코어** 보통 비파괴 판독을 위해서 사용되는 자심으로서 두 개 이상의 자기 회로를 만들어내기 위해서 선을 통과하는 구멍이 두 개 이상 뚫려 있는 것. ⇨ multi-aperture core

multiple application[–æplikéiʃən] **다중 응용** 데이터 베이스에서 하나의 데이터 또는 그 집합이 여러 분야에서 서로 공통으로 사용되는 것.

multiple arithmetic[–əríθmetik] **다중 연산** 디지털 컴퓨터에서 다수 연산자에 대해 계산을 수행하여 여러 결과를 산출해내는 방법.

multiple aspect indexing[–ǽspekt índeksiŋ] **다부문 색인법**

multiple assignment[–əsáinmənt] **다중 대입**

multiple bar chart[–báːr tʃáːrt] **다중 막대 도표** 두 개 이상의 특성을 하나의 도표에 막대 그래프로 표시한 도표. 예를 들면, 한 도표에 품목과 개수를 동시에 두 개의 막대의 쌍으로 그린 그래프.

multiple bus architecture[–bʌ́s áːrkitektʃər] **다중 버스 구조**

multiple bus system[–sístəm] **다중 버스 시스템**

multiple chain[–tʃéin] **다중 연쇄**

multiple channel attachment facility[–tʃǽnəl ətǽtʃmənt fəsíliti(ː)] **다중 채널 접속 기능**

multiple character set adapter[–kǽrəktər sét ədǽptər] **다중 문자 집합 어댑터**

multiple character set feature[–fíːtʃər] **다중 문자 집합 기구**

multiple column[–kɑ́ləm] **단조(段組)** 동일 페이지 내에 있는 문자열의 집합을 복수 단으로 구성하는 기능.

multiple column control[–kəntróul] **복수 자리 제어**

multiple column select-sort suppress[–səlékt sɔ́ːrt səprés] **복수 자리 분류 제어**

multiple communication system[–kəmjùːnikéiʃən sístəm] **다중 통신 방식**

multiple computer system[–kəmpjúːtər sístəm] **다중 컴퓨터 시스템**

multiple connector[–kənéktər] **다중 연결자** 순서도 기호의 하나로서 몇 개의 흐름이 합류되는 것을 나타내는 데 사용하는 기호.

multiple connective vertex[–kənéktiv vɔ́ːrteks] **다중 연결 정점** 그래프에서 임의의 한 정점과의 사이에 두 개 이상의 간선이 존재하는 정점.

multiple console support[–kɑ́nsoul səpɔ́ːrt] **MCS, 복수 콘솔 지원** MTV 및 OS/VS2에서의 선택 기능의 하나로, 32개까지의 콘솔에 대한 선택 메시지 출력 루틴의 사용이 허용된다.

multiple control enclosure[–kəntróul inklóuʒər] **다중 제어 기록 장치**

multiple correlations analysis[–kɔ̀(ː)rəléiʃənz ənǽlisis] **다원 상관 분석** 어느 변량 y와 관련이 있는 또는, 요인이라고 간주되는 복수의 변수 x_1, x_2, …가 있을 때 y와 x_1, x_2, …, 전체와의 상관 관계를 다원 상관 계수라 하고, 주어진 데이터에서 다원 상관 계수를 추정하고 검정하는 것을 다원 상관 분석이라고 한다.

multiple correlations coefficient[–kɔ̀(ː)rəléiʃənz kòuəfíʃənt] **다원 상관 계수**

multiple data set group[–déitə sét grúːp] **다중 데이터 세트 그룹**

multiple declaration[–dèkləléiʃən] **다중 선언**

multiple device file[–diváis fáil] **복수 입출력 장치 파일**

multiple domain[–douméin] **복수 도메인**

multiple entry/exit[–éntri(ː) égzit] **복수 입구와 복수 출구** 구조적 프로그래밍으로 제창되어 있는 한 개의 입구와 한 개의 출구에 대비되는 용어.

multiple error[–érər] **다중 오류** 데이터 전송에서 두 개 이상의 잘못된 연속적인 비트.

multiple exclusion selective[–iksklúːʒən siléktiv] **다기(多岐) 선택** 조건에 따라 세 가지 이상의 절차로 분기하는 것. 프로그램에서는 case 문에 해당한다.

multiple field editing[–fíːld éditiŋ] **복수란 편집**

multiple file volume[–fáil vɑ́ljum] **복수 파일 볼륨** 자기 디스크에 의한 파일의 기록은 통상 복수 파일 싱글 볼륨인데, 하나의 볼륨에 복수의 파일을 기록하는 것을 말한다.

multiple index file[–índeks fáil] **복수 인덱스 파일**

multiple inheritance[−inhéritəns] **다중 상속** (1) 계승 계층에서 한 객체가 두 개 이상의 상위 객체로부터 특징, 성질 등을 계승받을 수 있도록 하는 객체 중심 프로그래밍 언어의 기능. (2) 객체 지향 언어에서 연관되지 않은 다른 객체로부터 질, 특징, 성질 등을 상속받는 것을 허용하는 객체 지향 언어의 기능.

multiple input/output channels (time-sharing)[−ínpùt áutpùt tʃǽnəlz (táim ʃέəriŋ)] **다중(시분할) 입출력 채널** ⇨ time-sharing multiple I/O channels

multiple instruction stream, multiple data stream[−instrʌ́kʃən stríːm, mʌ́ltipl déitə stríːm] **MIMD, 복수 명령·복수 데이터 방식** 컴퓨터의 처리 형태를 명령과 데이터에 주목하여 분류한 경우의 한 형태. 여러 개의 처리기가 각기 다른 명령을 수행하고 서로 다른 데이터를 병렬적으로 처리하는 것을 말한다. 이 방식은 일반 병렬 처리 컴퓨터에서 사용하는 것으로 구하기가 매우 어렵다.

multiple instruction (stream), multiple data (stream) processor[−prásesər] **MIMD processor, 복수 명령·복수 데이터 프로세서**

multiple instruction stream, single data stream[−síŋgl déitə stríːm] **MISD, 복수 명령·단일 데이터** 컴퓨터의 병렬성을 결정하기 위해서는 실행되는 명령어의 열과 이 명령어에 의해 조작되는 데이터의 열에 따라 구별하는데, 여러 명령어로 하나의 데이터를 처리하는 병렬성이 없는 상태.

multiple instruction (stream), single data (stream) processor[−prásesər] **MISD processor, 복수 명령·단일 데이터 프로세서**

multiple interrupts[−ìntərʌ́pts] **중복 인터럽트**

multiple item input equipment[−áitəm ínpùt ikwípmənt] **다항목 입력 장치**

multiple item keyboard[−kíːbɔ̀ːrd] **다항목 키 입력 장치**

multiple job (operation/processing)[−dʒá(ː)b (àpəréiʃən prásesiŋ)] **다중 작업** 둘 이상의 데이터 처리 작업의 동시 병행적인 실행. 다중 작업 처리는 일종의 다중 프로그래밍이다. 다중 작업 처리가 행하여지고 있는 각각의 작업의 프로그램은 작업 고유의 시스템 자원을 점유하고, 각각의 작업은 서로 간섭하지 않는 개개의 섹션에 계산기를 나누어서 조작한다.

multiple job classes queue[−kláːsəs kjúː] **다중 작업 분류 큐** 각 작업들이 서로 다른 묶음으로 분류될 수 있을 때, 각 묶음들은 각각 같은 큐 속으로 들어간다. 이때 각 큐는 자기 스스로만의 독자적인 스케줄링 알고리즘을 갖는다.

multiple job processing[−prásesiŋ] **다중 작업 처리**

multiple key[−kíː] **다중 키** ⇨ multikey

multiple key depression[−dipréʃən] **다중 키 조작 기구**

multiple key file[−fáil] **다중 키 파일**

multiple key organization[−ɔ̀ːgənizéiʃən] **다중 키 구성**

multiple key retrieval[−ritríːvəl] **다중 키 검색** 기본 키와 보조 키를 포함한 여러 개의 키 값을 만족하는 레코드들을 파일로서 찾는 작업.

multiple length arithmetic[−lǽŋkθ əríθmetik] **다중 길이 연산** 고정밀도의 결과를 얻기 위해 사용되는 것으로, 각 오퍼랜드를 기억하는 데 2개 이상의 기계어를 사용하여 수행하는 연산.

multiple length numeral[−njúːmərəl] **다중 길이 숫자** 일반적으로 어느 특정 장치에서 다루어지는 수보다 두 배 이상의 길이로 표시되는 수.

multiple length working[−wə́ːrkiŋ] **다중 길이 처리** 하나의 수치를 두 단어 이상 사용하여 기억시키는 것. 수치의 자릿수가 많아서 한 단어만으로는 기억시킬 수 없는 경우에 사용된다.

multiple linear regression[−líniər rigréʃən] **다중 선형 회귀**

multiple line terminal adapter[−láin tə́ːrminəl ədǽptər] **MLTA, 다중 회선 터미널 어댑터**

multiple linked list[−líŋkt líst] **다중 선형 리스트** 하나의 데이터 항목에 두 개 이상의 복수 링크 필드를 가지는 선형 리스트. 보통 순방향 링크, 역방향 링크 및 특수한 순서에 의한 링크 등으로 구성된다. 이 리스트는 데이터 항목이 많은 경우에 유리하고 물리적으로 순서화하고자 할 때는 불리하다. 왜냐하면, 데이터 항목의 성격에 따라 배열하는 방법이 다를 수 있으므로 처리하고자 하는 데이터 항목만을 기준으로 하여 순서화할 수 있기 때문이다.

multiple lock[−lák] **복수 로크**

multiple master-slave relationships[−máːstər sléiv riléiʃənʃips] **복수의 주종 관계** 컴퓨터 네트워크의 계층 구조가 2단계 이상인 관계를 말한다. 즉, 호스트 컴퓨터의 지시를 받는 지역 컴퓨터가 있을 때를 말하는 것이다. 여기서 중간 계층의 지역 컴퓨터는 주·종속을 겸하고 있다.

multiple message transmission[−mésidʒ trænsmíʃən] **열신(列信)** 메시지를 계속해서 송신하는 것.

multiple monitor system[–mánitər sístəm] **다중 모니터 시스템**

multiple occurrence table(System 2000)[–əkə́:rəns teibl] **다중 어커런스 테이블** 이 테이블은 System 2000에서 각 키 데이터 요소의 유일한 값의 다중 어커런스에 대한 포인터를 포함한다. 즉, 키 값이 유일하지 않을 때 유일값 테이블에 저장하지 못하는 어커런스를 계층 위치 테이블에 대한 포인터와 함께 저장한다.

multiple operation[–àpəréiʃən] **다중 연산** 둘 이상의 컴퓨터 프로세스를 동시에 병행해서 수행할 수 있는 특성.

multiple part[–pá:rt] **복수 파트**

multiple part form[–fɔ́:rm] **복수 파트 용지** 복사식의 인쇄 용지. 복수 파트 용지는 통상 45~49 g/m^2 또는 그 이하의 무게의 종이로 구성된다.

multiple partial arithmetic[–pá:rʃəl əríθmetik] **다중 부분 연산** ⇨ multiple arithmetic

multiple partition[–pa:rtíʃən] **다중 분할** 주기억 장치를 관리하는 데 있어서 다중 프로그래밍이 수행될 수 있도록 주기억 장소를 여러 개의 연속된 영역으로 분할하는 것. 이와 같이 분할된 기억 장치의 각 영역에는 한 개의 프로그램이 적재되어 여러 개의 프로그램이 동시에 수행되는 것처럼 보이게 된다. 이 분할 방법에는 다중 연속 고정 분할 방법과 다중 연속 가변 분할 방법이 있다.

multiple pass operation[–pá:s àpəréiʃən] **다중 패스 작동** 우선 형식별로 트랜잭션을 분류하고 다음에 하나의 형식 내에서 번호별로 분류하는 방식. 예를 들면, 모든 상품을 판매, 반납, 부문 간의 전송 등 세 가지로 분류하고 이와 같은 그룹 내에서 트랜잭션을 상품의 재고 번호별로 분류하는 것을 말한다.

multiple pass printing[–príntiŋ] **중복 인쇄, 여러 번 인쇄** 한 번 인쇄한 다음 약간 종이를 올리거나 내려서 전에 인쇄된 문자의 점 사이에 인쇄를 하여 글씨 모양을 더 좋게 만드는 것처럼, 인쇄된 문자체를 보기 좋기 하기 위하여 도트 매트릭스 프린터에서 쓰이는 인쇄 기법.

multiple positioning[–pəzíʃəniŋ] **다중 위치, 복수 위치 결정** 다중 위치란 DBTG 네트워크 시스템에서 현재 지시자를 지정하는 것과 비슷하며, 계층 데이터 베이스 시스템인 IMS에서 허용되는 것으로서 하나의 위치 포인터가 계층 정의 트리에서 하나의 가능한 패스를 위하여 유지된다.

multiple precision[–prisíʒən] **다중 정밀도** 연산을 행하는 경우에 정해진 자릿수의 2배 이상의 자릿수를 사용하여 정밀도를 높이는 데 관련된 단어이다. 예를 들면, 자릿수의 2배인 것을 2배 정밀도, 자릿수의 4배인 것을 4배 정밀도라고 한다. [주] 어느 특정의 수(數)를 나타낼 때 정밀도를 높이기 위해서 기계의 단어를 두 개 이상 사용하는 것에 관한 용어.

multiple processor cache[–prásesər kǽʃ] **MPC, 다중 처리기 캐시** 탐색 논리를 디스크의 자료에 직접적으로 적용하지 않고 논리와 디스크 사이에 중간 수준의 캐시 기억 장치를 도입한 것.

multiple processor scheduling[–skédʒuliŋ] **다중 처리기 스케줄링** 각각 여러 개의 다른 처리기를 사용할 때 각 처리기들은 독자적인 준비 큐와 독자적인 알고리즘을 사용하며, 같은 처리기를 여러 개 사용하는 경우에는 전체 작업을 통괄하는 하나의 준비 큐가 있어 모든 작업을 이 큐를 통해서 각 처리기로 배분하는 것. 즉, 여러 개의 처리기로 구성된 시스템에서 작업들을 처리하기 위한 처리기 스케줄링에 관한 기법.

multiple programming[–próugræmiŋ] **다중 프로그래밍** 각각 둘 이상의 수학 또는 논리 연산이 동시에 수행될 수 있게 하는 컴퓨터 프로그래밍.

multiple punch[–pʌ́ntʃ] **다중 천공** 펀치 카드의 동일 자리 위에 2회 이상 펀치하여 둘 이상의 펀치를 하는 것 또는 펀치한 구멍을 말한다.

multiple punching[–pʌ́ntʃiŋ] **다중 천공, 다중 펀칭** 보통 천공용 문자 집합을 확장하기 위해서 같은 카드 자릿수 위에 2회 이상의 펀칭으로 여러 개의 구멍을 천공하는 것.

multiple query optimization[–kwí(:)ri(:) àptimaizéiʃən] **복수 질의(質疑) 최적화** 두 개 이상의 질의들이 서로 상호작용하는 상황에서 질의를 최적화하는 과정.

multiple record transmission[–rékərd trænsmíʃən] **다중 레코드 전송 기구**

multiple reel[–rí:l] **다중 릴**

multiple regression[–rigréʃən] **다중 회귀** 주어진 문제에 대한 결정 인자들 간의 상대적인 중요성과 수학적인 관계들을 결정하는 데 적합한 분석 프로그램.

multiple regression analysis[–ənǽlisis] **다중 회귀 분석** 설명 변수가 두 개 이상인 회귀 분석. 목적 변량의 변동을 한 개의 설명 변수로 설명해도 설명력이 약한 경우가 많다. 그러나 설명 변수를 복수로 하면 계산량이 방대해져서 손으로 계산하기가 매우 곤란했는데, 최근에는 계산기를 사용하여 다수의 변수를 설명 변수에 꾸며넣은 다중 회귀 분석이 널리 쓰이게 되었다.

multiple regression model[–mádəl] **다중**

회귀형 모델

multiple representaion [-rèprizentéiʃən] **다중 표현** 하나의 객체에 대한 관점은 여러 가지가 있을 수 있으며, 이에 따라 상응하는 이질 유형의 데이터가 기술된다. 예를 들면, 가산기를 설계할 때 알고리즘 게이트, 트랜지스터 등의 여러 설계 관점에 따라 알고리즘 텍스트, 게이트 다이어그램, 트랜지스터 회로도 등의 다중 표현이 생성될 수 있다.

multiple requester terminal [-rikwéstər tə́:rminəl] **MRT, 다중 요구 단말기**

multiple requesting [-rikwéstiŋ] **다중 요구, 다중 리퀘스트 기능**

multiple requesting capability [-kèipəbíliti(:)] **다중 요구 처리 자격**

multiple routing [-rú:tiŋ] **다중 경로 지정**

multiple session remote jop entry [-séʃən rimóut dʒɑ́(:)b éntri(:)] **MSRJE, 다중 세션 원격 작업 입력**

multiple shift key input [-ʃíft kí: ínpùt] **다단 시프트 입력 방식** 하나의 키에 9~15 정도의 다른 문자를 할당해두고 어느 문자를 입력하는가를 선택하는 키를 왼쪽에 배치하여 문자 키와 선택 키를 동시에 눌러서 문자를 입력한다. 워드 프로세서나 워크스테이션의 한자 입력 방식의 하나이다.

multiple SSA array 다중 SSA 배열

multiple string processing [-stríŋ prɑ́sesiŋ] **다중 스트링 처리, 다중 연계 처리**

multiple system coupling [-sístəm kʌ́pliŋ] **다중 시스템 결합** 분산 데이터 베이스의 IMS에서 한 시스템의 단말기 사용자 또는 프로그램이 다른 시스템에 있는 프로그램을 호출할 수 있는 능력.

multiple system coupling feature [-fí:tʃər] **다중 시스템 결합 기능**

multiple task management [-tɑ́:sk mǽnidʒmənt] **다중 태스크 관리**

multiple terminal simulator [-tə́:rminəl símjulèitər] **MTS, 다중 터미널 시뮬레이터**

multiple thread system [-θré(:)d sístəm] **다중 스레드 시스템** 병행 처리 요구가 시스템의 메시지 처리와 수행 속도를 초과하는 메시지의 교통을 조정하기 위해 텔레프로세싱과 함께 사용되는 시스템.

multiple track error [-trǽk érər] **다중 트랙 오류** 디스크 기억 장치 등에서 1회전 중에 판독/기록할 수 있는 부분을 트랙이라고 하는데, 이러한 동일 트랙 내에서 기억 데이터의 오류가 일어나는 것. 이 오류는 하나의 원인으로 여러 개의 트랙에 걸쳐 발생할 때가 많은데, 이 경우에는 정정 코드 등에 의해서도 수정되지 않는다.

multiple transaction [-trænsǽkʃən] **연속 기장(記帳) 기구**

multiple use card [-jú:z kɑ́:rd] **다목적 카드** 하나의 카드에 두 개 이상의 양식을 쓸 수 있도록 설계된 카드.

multiple user system [-jú:zər sístəm] **다중 사용자 시스템** 많은 사용자가 동시에 사용할 수 있도록 만들어진 컴퓨터 시스템. 이것은 보통 단일 사용자 시스템보다 효율적인 것으로 알려져 있으며, 대부분의 중형 이상의 시스템은 다중 사용자 시스템이다.

multiple utility [-ju:tíliti(:)] **다중 유틸리티**

multiple valued logic [-vǽlju:d lɑ́dʒik] **다중치 논리** ⇨ multiple valued logic circuit

multiple valued logic circuit [-sə́:rkit] **다중치 논리 회로** 두 가지 이상의 신호를 다루는 논리 회로.

multiple virtual machine [-və́:rtʃuəl məʃí:n] **다중 가상 기계**

multiple virtual storage [-stɔ́:ridʒ] **MVS, 다중 가상 기억 장치** IBM 대형 컴퓨터용 운영 체제의 컴포넌트의 하나. 복수의 가상 기억 공간을 준비하여 사용자(user) 프로그램마다 하나씩 주는 방식으로 가상 기억의 개념을 확장한 것. 사용자 프로그램마다 다른 표를 사용하여 주소 변환을 하는 것으로 실현된다. VS에서는 이 주소 공간이 하나였다. 적용 분야의 복잡화 · 고도화, 프로그램의 대형화, 데이터량의 증대, 다중 처리, 기밀 보호, 시스템 보전 등 모든 면에서 뛰어난 운영 체제 기능이다.

multiple volumes file [-vɑ́ljumz fáil] **복수 볼륨 파일** 하나의 파일이 복수의 볼륨에 기억되어 있는 것. 대용량 자기 디스크의 기록 내용을 자기 테이프 등에 복사하는 경우에 복수 볼륨 파일이 된다.

multiple wait [-wéit] **다중 대기**

multiple word meaning [-wə́:rd mí:niŋ] **다중어 의미** 자연 언어 이해의 모호성 때문에 발생하는 문제점 가운데 하나로 한 단어가 문장에서 한 가지 이상의 뜻을 갖는 경우.

multiplex [mʌ́ltiplèks] *a.* **다중 다수의, 다중 사용의, 다중화된** 하나인 것을 몇 사람이 사용하는 것이나 몇 개의 작용을 동시에 행하는 것, 고속 디바이스가 저속 디바이스에 대하여 수시 동작을 요구(request)하는 것을 다중화(multiplexing)라고 말하며 이것에 의해 전송로를 유효하게 이용하여 비용을 대폭으로 내릴 수 있다. 다중화 방법에는 아날로그 방식에서 자주 사용되고 주파수를 분할하여 행하는 주파수 분할 다중화(frequency division multiplexing)와 펄스(pulse) 방식에서 자주 사용되는 시간을 분할하여 행하는 시분할 다중화(time division multiplexing)가 있다. 즉, 이것은 ① 여러 개의 저속 기억 장치에 있는 데이터를 하나의 고속 기억 장치로 이동시키는 프로세스로서 속도 차이에도 불구하고 고속 장치가 저속 장치들을 기다릴 필요가 없게 하는 기법. ② 둘 이상의 정보를 한 회선에 실어 동시에 전달하는 방법을 말한다.

multiplex adapter[-ədǽptər] **멀티플렉스 어댑터**

multiplex data terminal[-déitə tə́ːrminəl] **다중 데이터 단말기** 둘 이상의 입출력 장치와 데이터 전송 회선 사이에서 작동하는 변조기.

multiplex drivers and receivers[-dráivərz ənd risíːvərz] **멀티플렉스 드라이버와 리시버**

multiplexed bus[mʌ́ltiplèkst bʌ́s] **다중화 버스** 제어, 어드레스, 데이터의 정보들을 시분할 다중화나 주파수 분할 다중화로 전송하는 버스 구조. 몇 개의 독립된 제어 회선이 다중화 버스를 지원하며, 버스를 통해 특수한 형태의 정보와 안정성으로 외부 회로(마이크로프로세서의 CPU에 대한)에 신호를 보낸다. 이러한 버스 구조는 회로 운영에서 각 주변 회로(기억 장치나 입출력 등)마다 자료 전달 통로를 요구함으로써 발생되는 문제들을 최소화한다. 모든 주변 장치의 집적 회로들은 자유로이 모든 주소와 제어 정보를 받으며, 입출력 기기의 선택은 기억 장치나 입출력 주변 장치 또는 집적 회로에서 이루어진다.

multiplexed functional block diagram [-fʌ́ŋkʃənəl blɑ́k dáiəgræ̀m] **다중 기능 블록 도표** 교통량(traffic) 설계에서 시스템 중 각 기능의 레벨과 각 기능을 중복하는 데 필요한 서브시스템 각 부의 상호 관련성을 생각하여 그린 도표.

multiplexed information and computing system[-ìnfərméiʃən ənd kəmpjúːtiŋ sístəm] **다중 정보 및 계산 시스템** ⇨ Multics

multiplexed operation[-ɑ̀pəréiʃən] **다중화 작동** 시스템 내의 한 부분을 여러 개의 작업이 공유하되 이들 작업들 간의 독립성을 보장하는 기법.

multiplexer[mʌ́ltiplèksər] *n.* **MUX, 다중화기** (1) 다중의 입력 신호(input signal) 중에서 조건에 맞는 특정의 입력 신호를 하나만 선택하여 출력하는 논리 회로. 2^n 개의 입력 데이터로부터 정보를 받아들여 N개의 선택 입력에 의해 선택된 정보가 단일 출력선을 통하여 신호를 전송하는 종합 회로. (2) 하나의 채널을 사용하여 다중 장치(unit) 또는 오퍼레이션(operation)이 취급될 수 있도록 제어하는 장치. 즉, 이것은 다중 회선이나 데이터 버스를 하나의 출력으로 통합하는 장치이다. 반대 작용을 하는 demultiplexer도 멀티플렉서라 한다. 컴퓨터 분야에서는 중앙 처리 장치와 데이터를 교환하기 위한 대단히 많은 통신로를 중앙 처리 장치에서 접속하는 통신 제어 장치를 말한다. 멀티플렉서는 각 채널에 차례로 문자 단위로 서비스를 하기 위해 고속으로 동작하며, 각 문자를 메모리에 넣기 위해 중앙 처리 장치에 인터럽트를 한다. 각 문자의 식별을 위해 제어 문자가 중앙 처리 장치와의 사이에서 교환되며, 이 제어 문자에 의해 입력 정보가 메모리 안에서 정리되고 처리되어 전송된다.

[주] 몇 개의 입력 신호를 각각의 입력 신호에 재생할 수 있는 방법으로 하나의 출력 신호를 내는 장치.

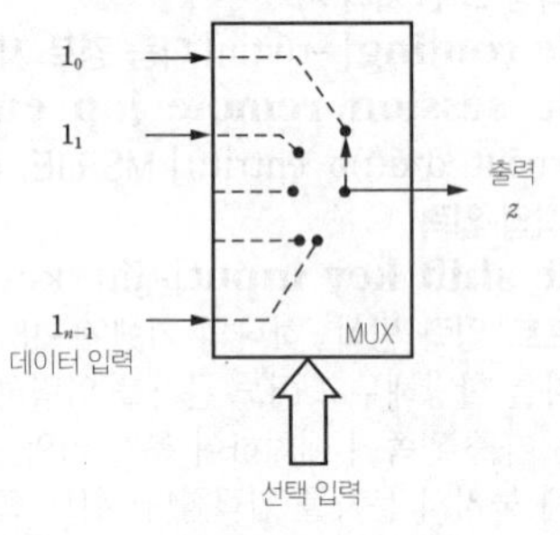

〈다중화기의 기능도〉

multiplexer channel[-tʃǽnəl] **다중 채널, 멀티플렉서 채널** 컴퓨터 본체와 I/O 장치를 연결하는 역할을 하는 것으로, 한 채널을 시분할적으로 많은 서브채널로 나누어 각각의 서브채널이 하나의 I/O 장치를 제어하도록 한 것. 전송 속도가 늦은 I/O 장치는 이 채널에 접속된다. 고속 I/O 장치에 대해서는 실렉터 채널(selector channel ; 전용 채널)을 사용한다.

[주] 데이터 처리 시스템에 있어서 동시에 동작하는 여러 대의 주변 장치와 내부 기억 장치와의 사이의 데이터 전송을 병행해서 취급하는 기능 단위. 데이터 전송은 바이트 단위 또는 블록 단위로 행해진다.

multiplexer channel time-sharing[-táim ʃɛ́əriŋ] **멀티플렉서 채널 타임 셰어링, 멀티플렉서 채널의 시분할**

multiplexer IOP **멀티플렉서 입출력 처리 장치** 컴퓨터의 종류에 따라 32개까지의 단말 장치를 동시에 처리할 수도 있는 주기억 장치와 여러 개의 표준 속도의 주변 장치 사이에서 양쪽 방향으로 자료 전송을 할 수 있는 입출력 처리 장치.

multiplexer mode[-móud] **멀티플렉서 방식** 다중 채널의 데이터 전송 방식의 일종으로 다수 장치의 데이터 전송에서 소수 바이트마다 시분할적으로 변환하여 전송한다. 이것에 비하여 비교적 고속의 기기에 대하여 1블록의 데이터를 우선적으로 연속 전송하는 것도 허용되는데, 이것을 버스트 모드라고 한다.

multiplexer polling [-póuliŋ] **멀티플렉서 폴링**

multiplexer simulation [-sìmjuléiʃən] **멀티플렉서 시뮬레이션** 멀티플렉서의 기능을 모의 실험하는 프로그램.

multiplexer subchannel [-sʌ́btʃæ̀nəl] **멀티플렉서 부속 채널** 멀티플렉서는 시분할 원리를 통해 부착되어 있는 저속도 장치의 작동을 동시에 할 수 있게 한다. 각 장치는 채널이 서비스를 요구할 때마다 그 채널에 식별자를 보낸다. 이 식별자를 이용하여 멀티플렉서는 제어 횟수 등을 추가시키고 정위치에 자료를 저장한다.

multiplexer terminal [-tə́:rminəl] **멀티플렉서 단자**

multiplexing [mʌ́ltiplèksiŋ] *n.* **다중화** 데이터 전송에서 두 개 이상의 데이터 송신 장치가 각각의 통신로를 갖도록 한 개의 전송 매체를 공유시키는 기능. 즉, 시스템의 유효한 이용을 위한 수법으로 전송로에 있어서는 주파수 대역을 충분히 활용하기 위해 주파수 분할 다중화나 시분할 다중화가 행해지며, 컴퓨터 시스템에서는 입출력 처리중에 다른 작업을 중앙 연산 장치로 행하는 다중 프로그램 등이 있다.

multiplex inverter [mʌ́ltiplèks invə́rtər] **멀티플렉서 역변환기**

multiplex loop system [-lú:p sístəm] **다중 루프 시스템**

multiplex mode [-móud] **다중 방식** 데이터 채널 장치(data channel devices)와 다수의 입출력 장치(input/output devices)가 채널을 시분할하여 동작하기 위한 방식의 하나.

multiplex operation [-àpəréiʃən] **다중 조작**

multiplexor [mʌ́ltiplèksər] *n.* **멀티플렉서** ⇨ multiplexer

multiplex subchannel [mʌ́ltiplèks sʌ́btʃæ̀nəl] **MSCH, 멀티플렉스 부속 채널** 채널 다중 장치와 입출력 장치 사이에 있고, 채널 다중 장치로부터의 정보를 근거로 하여 입출력 장치의 동작을 제어하는 장치.

multiplex system [-sístəm] **다중 시스템**

multiplex transmission system [-trænsmíʃən sístəm] **다중 전송 방식** 다중 통신을 하는 방식에는 다중화 방법과 마찬가지로 주파수 분할 방식과 시분할 방식이 있는데, 하나의 전송로로 다수의 신호를 보내는 통신 방식. 다중화에 의해 전송로를 경제적으로 운용할 수 있다.

multiplicand [mʌ̀ltiplikǽnd] *n.* **곱힘수, 피승수** 곱셈의 대상이 되는 한쪽의 수. 컴퓨터의 연산 장치에는 특히 이를 위해 전용 레지스터를 가진 것, 주기억 장치의 특정 장소가 사용되는 것 등 여러 가지가 있다.

multiplicand divisor register [-dəváizər rédʒistər] **MDR, MD 레지스터, 피승수 · 제수 레지스터** 누산기, MQR과 함께 주요한 연산 레지스터의 하나로 동작한다. 곱셈의 경우에는 피승수, 나눗셈의 경우에는 제수가 놓여진다. 세부의 동작 또는 사용 방법은 계산기에 따라 다르다.

multiplication [mʌ̀ltiplikéiʃən] *n.* **곱셈** 승수와 피승수의 곱에 의해 결과를 산출하는 연산. 예를 들면, 실수와 실수의 곱에 의한 연산이다.

multiplication sign [-sáin] **곱셈 기호**

multiplication table [-téibəl] **곱셈표** 곱셈 연산표를 검색할 때 이용하는 수들을 저장하는 특별한 기억 장소.

multiplication theorem of probability [-θέərm əv pràbəbíliti(:)] **확률의 승법 정리** 어떤 두 개의 사상 A와 B에서 사상 A의 출현이 사상 B의 출현 확률에 아무 영향을 주지 않을 때 이 두 사상을 서로 독립적이라고 하는데, 두 사상 A와 B가 서로 독립적일 경우에 A와 B가 함께 나타날 확률 $P(A \cap B)$를 승법 정리라고 하며, 다음과 같이 나타낸다.

$P(A \cap B) = P(A) \times P(B)$

multiplication time [-táim] **곱셈 시간** 곱셈 연산을 수행하는 데 걸리는 시간. 2진법에서의 곱셈 시간은 덧셈 시간과 자릿수 이동 시간의 총합과 같다.

multiplicative congruential method [mʌ̀ltiplíkətiv kάŋgruənʃəl méθəd] **승산식 합동법** 난수 발생법 중 혼합식 합동법을 변형시킨 것으로, 대수식은 $x_{i+1} = x_i (\text{mod } p)$이다. 예를 들어, 초기값을 $\lambda = A = 1,327$, $x_0 = B_0 = 9,463$, $p = 10^5$이라면 승산 합동법에 의하여 난수는 다음과 같다.

0(i) ··· 9,463×1,327 = 12,557,401 → 57,401
1(i) ··· 57,401×1,327 = 76,171,127 → 71,127
2(i) ··· 71,127×1,327 = 94,385,529 → 85,529
⋮ ⋮ ⋮ ⋮

multiplier [mʌ́ltiplàiər] *n.* **곱함수** (1) 승수 : 곱셈(multiplication) 인자의 하나로 피승수(multiplicand)에 곱하는 인수(因數). 승수 인자(multiplier factor)라고도 한다. (2) 승산기 : 곱셈이 가능한 연산 장치(arithmetic and logic unit)의 특수한 부분을 가리키며, 이것은 모든 ALU에 반드시 필요

할 뿐만 아니라, 「가산」이나 「자릿수 이동」을 연속 행함으로써 곱셈과 같은 결과를 얻을 수 있다. (3) 전기 분야에서는 「승산기」 외에 「배율기」를 가리키는 경우도 있다. 또 광증배관(multiplier phototube), 서보 승산기(multiplier servo) 등의 용어가 있다.

multiplier factor[–fǽktər] **승수 인자** 곱셈에서 곱해지는 수에 곱하는 인수. ⇨ multiplier

multiplier phototube[–fóutətjù:b] **광증배관**

multiplier quotient register[–kwóuʃənt rédʒistər] **MQ register, MQ 레지스터, 승수·몫 레지스터** 연산용 레지스터의 일종으로 곱셈일 때는 승수(multiplier)가 올려지고, 나눗셈일 때는 몫(quotient)이 들어간다.

multiplier register[–rédʒistər] **승수 레지스터** 연산의 실행중 승수를 유지하고 있는 레지스터.

multiplier servo[–sə́:rvou] **서보 승산기**

multiplier zero error[–zí(:)rou érər] **승산기 제로 에러**

multiply[mʌ́ltiplài] *v.* **곱하다** 수학에서 곱셈을 하는 동작으로 「곱하다」로 사용된다. 피승수에 승수를 곱함으로써 곱(product)이 얻어진다. 일반적으로 컴퓨터에서는 승수의 값에 따라 피승수를 반복하여 가산(addition)하는 것으로 그 결과를 얻는다. 그러나 보통 반복 단계(step rate)를 줄이기 위해서 곱셈표를 이용하고 적당히 변형하여 계산한다. 곱셈표는 메모리 내에 상주하고 있는 표로, 이 값을 조사(look up)함으로써 간접적으로 곱셈이 행해질 수 있도록 되어 있다. 예를 들어, 곱셈에서는 (16비트의 2진수)×(16비트의 2진수)=(16비트의 2진수)로서 연산(operation)을 하면 많은 경우에 자릿수 넘침(over flow)이 발생하기 때문에 일반적으로 (16비트의 2진수)×(16비트의 2진수)=(32비트의 2진수)로서 연산을 행한다. 역으로 나눗셈은 피제수(dividend)를 제수(divisor)로 나누는 것이지만, 이것은 피제수에서 제수를 반복하여 감산함으로써 그 몫(quotient)과 나머지(remainder)를 얻고 있다.

multiply algorithm[–ǽlgəriðm] **곱셈 알고리즘** 시프트와 덧셈을 이용하여 곱셈 결과를 얻을 수 있는 알고리즘.

multiply connected[–kənéktəd] **복(複) 연결**

multiply defined symbol[–difáind símbəl] **다중 정의 심벌** 한 프로그램에서 두 번 이상 정의된 심벌. 예를 들면, 동일 프로그램 상에서 한 개의 심벌이 변수로 정의되고, 또 프로시저 이름으로도 정의된 경우를 말하는데, 일반적으로 대부분의 프로그램 작성 규칙에서는 이를 허용하지 않기 때문에 프로그램을 기계어로 번역하는 과정에서 오류로 처리된다.

multiply divide[–dəváid] **승제산 패키지, 승제산 기구**

multiply/divide instructions[–instrʌ́kʃənz] **곱셈/나눗셈 명령어** 어떤 컴퓨터에서 소프트웨어 루틴에 의한 계산보다 수 배 이상 빨리 곱셈/나눗셈 연산을 수행하기 위하여 하드웨어 자체에 내장되어 있는 명령어.

multiply field[–fí:ld] **곱셈 필드** 곱셈 연산의 결과를 저장하기 위한 영역. 승수, 피승수를 저장하는 부분보다 길이가 더 길어야 한다.

multiplying operation[mʌ́ltiplàiŋ àpəréiʃən] **곱셈 연산** 컴퓨터 내부에서 반복적인 덧셈으로서 수행되는 곱하기 연산.

multiplying operator[–ápərèitər] **곱셈 연산자, 승제 작용소**

multiplying punch[–pʌ́ntʃ] **계산 천공기** ⇨ calculating punch

multiply punch[mʌ́ltiplài pʌ́ntʃ] **계산 천공기** 카드 판독 장치 및 카드 천공 장치를 갖춘 계산기이며 천공 카드의 데이터를 판독하고, 그 데이터에 대해서 산술 연산 또는 논리 연산을 행하며, 그 결과를 동일 또는 별도의 카드에 천공하는 것. ⇨ calculating punch

multipoint[mʌ́ltipɔ̀int] **멀티포인트, 다중점** 데이터 전송 시스템에서 데이터가 발생하는 장소가 분산되어 있을 때 이용되는 것으로 1회선에 여러 단말을 접속해서 회선 이용률을 높이는 방식.

multipoint circuit[–sə́:rkit] **분기 회선** 여러 지점을 연결하는 회선으로 그 방식은 시분할 방식이어야 한다.

multipoint connection[–kənékʃən] **분기 접속, 멀티포인트 접속** 데이터 전송을 위해서 3개 이상의 데이터 스테이션 사이에서 확립되는 접속. 이 접속은 교환 장치를 포함하고 있을 때가 있다.

multipoint data link[–déitə líŋk] **분기 데이터 링크** 둘 이상의 원격국(遠隔局)과 접속하는 데이터 링크. 이에 대하여 단일의 국과 접속하는 데이터 링크를 2지점 간이라고 한다. 분기 조작에서는 네트워크 내의 하나의 국이 제어국(1차국)이 되고 그 밖의 국이 종속국(2차국)이 된다. 제어국이 분기 데이터 링크 내의 모든 전송을 제어한다.

multipoint line[–láin] **다중점 회선** 회선을 공유하여 사용하기 때문에 회선 사용료를 절감할 수 있으나 통신하는 데이터량이 적어야 효과적이고 회선에 고장이 발생했을 때 고장 지점 이후의 단말 장치는 운영 불능이 되는 단점이 있다. 양단뿐만 아니라 도중에서도 컴퓨터 등이 접속되는 통신 선로이

다. ⇨ multidrop line, multipoint circuit

multipoint line control [–kəntróul] **분기 회선 제어**

multipoint mode [–móud] **다지점 방식** 단말 장치에서 일정 방향으로만 통신이 가능한 단방향 방식은 컴퓨터와 단말기의 통신이 이루어지고 단말기끼리는 통신이 불가능하지만, 양방향 방식은 단말기끼리의 직접 통신도 가능하다. 하나의 회선에 많은 단말 장치를 접속하여 통신하는 방식을 말한다.

multipoint MODEM [–móudèm] **다중점 변복조기** 다중점 시스템에서 발생하는 전송 지연을 최소화하기 위해 고속 폴링을 할 수 있도록 설계된 변복조기.

multipoint network [–nétwə̀ːrk] **분기 네트워크**

multipoint operation [–àpəréiʃən] **분기 조작** 단말기에서 제어국으로 가는 데이터 흐름에 대한 데이터 링크는 단말 장치에 송신해야 할 데이터의 유무를 묻는 폴링(polling)에 의해 이루어지고, 송신해야 할 데이터가 있으면 제어국으로 데이터가 송신된다. 반대로 제어국에서 단말기로의 데이터 흐름에 대한 데이터 링크는 제어국으로부터의 데이터를 수신할 단말기를 선택하여 수신 준비를 묻는 셀렉팅에 의해 이루어지며, 준비가 갖추어져 있으면 그 단말기로 데이터가 송신된다. 이와 같이 중앙의 제어국에 대하여 여러 단말 장치가 하나의 전용 회선에 분기 접속된 경우의 데이터 전송 기능을 말한다. 제어국의 제어 하에 데이터 통신이 실행되며, 분기 회선을 이용하는 경우 일반적으로는 폴링/실렉팅에 의해 데이터 링크가 확립된다.

multipoint sampling [–sǽːmpliŋ] **다점 샘플링** 디지털 변환의 한 방식으로 원래의 데이터 신호의 1단위 시간 길이를 망의 클록에 동기한 복수 펄스로 표본화하는 것. 데이터 단말에서 출력된 비트열에 대하여 여러 배 이상의 펄스열로 변화하여 망 내를 전송함으로써 부호 일그러짐을 작게 할 수 있다. 데이터 단말에서 송출된 비동기의 데이터 신호는 디지털 데이터망을 이용하여 전송하는 경우 등에 쓰인다.

multipoint system [–sístəm] **다중점 시스템, 다중 단말 방식** 회선의 양끝에 접속되는 단말 장치 외에 그 사이에 다른 단말 장치 등이 접속되어 있는 시스템.

multipoint terminal [–tə́ːrminəl] **다중점 단말기** 호스트 컴퓨터와 여러 대의 단말 장치들이 독립 회선을 써서 일대일로 접속하는 지점 간(point-to-point) 방식에서는 지능이 없는 단순한 단말기가 필요하지만, 하나의 회선에 여러 대의 단말기가 접속되어 있는 다지점 시스템에서는 단말기에서 폴링을 처리할 수 있는 능력이 필요하다. 다지점 시스템에 사용되는 단말 장치를 말한다. 즉, 주소 판단 기능과 데이터 블록의 일시적인 저장 능력이 있어야 한다.

multiport [mʌ́ltipɔ̀ːrt] **다중 포트** 하나의 장치에 접근하는 예로 구가 여러 개 있는 경우를 다중 포트라고 하는데, 여러 개의 프로세서가 하나의 메모리를 공유하는 경우 공용 버스를 이용할 수도 있지만 각각 독립된 버스를 사용하여 다중 엔트리인 다중 포트를 통해 공유 메모리에 접근할 수 있다.

multiport connection [–kənékʃən] **다중 포트 결합** 다중 프로세서 시스템에서의 자원 결합 방식의 하나로 각 처리 장치와 주기억 장치를 전용 버스를 통해 접속시키는 것. 또 미니컴퓨터나 마이크로컴퓨터에서는 각 처리 장치와 입출력계를 전용 버스로 접속시키는 것도 있다.

multiport memory [–méməri(ː)] **다중 포트 기억 장치** 여러 대의 처리기가 하나의 기억 장치를 공유하는 밀결합 다중 처리 시스템에서 주로 쓰인다. 만일 같은 주소에 동시에 쓰기 접근이 발생할 경우는 우선 순위에 의해 처리된다. 여러 개의 입출력 포트를 가진 기억 장치로, 동시에 두 개 이상을 판독/기록할 수 있는 능력을 가진 기억 장치를 가리킨다.

multiport MODEM [–móudèm] **다중 포트 변복조기** 제한된 기능의 멀티플렉서와 변복조기가 혼합된 형태로, 대체로 4개 이하의 채널을 다중 이용하고자 하는 응용에서는 별도의 멀티플렉서가 필요하지 않으므로 경제적이다. 다중 포트 변복조기는 근본적으로 고속 동기식 변복조기와 시분할 다중화기(TDM)가 하나의 장비로 만들어진 것이다. 따라서 TDM은 변복조기의 클록을 그대로 이용하여 데이터를 동기하기 때문에 별도의 기기를 이용하는 경우보다 편리하다. 이 기기는 구조가 간단하고 값이 싸므로 두 개의 기기를 운영하는 것보다 운영하기가 쉽지만, 보통의 TDM과는 달리 동기식 데이터만을 다룰 수 있다는 단점이 있다. 대개의 다중 포트 변복조기는 2,400bps 단위로 분할하여 이용할 수 있다.

multiport storage [–stɔ́ːridʒ] **다중 포트 기억 장치** 크로스바 교환기에서 제어 논리 회로와 교환 논리 회로 및 우선 순위 조정 논리 회로를 취하여 그것들을 각 기억 장치의 인터페이스에 설치하는 시스템. ⇨ 그림 참조 ⇨ multiport memory

multi-precision [–prisíʒən] **다중 배정밀도**

multi-precision arithmetic [–əríθmətik] **고정밀도 연산** 배정도 연산과 비슷한 연산 형식이며, 두 개 이상의 단어를 사용하여 각각의 수를 표현하고, 정확도를 높이기 위하여 사용한다.

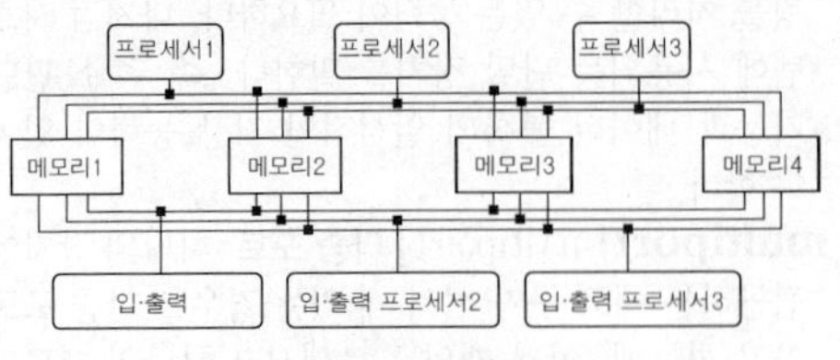

〈다중 포트 메모리 방식〉

multi-precision notation[-noutéiʃən] **고정 밀도 기수법**

multipriority[mʌ́ltipraiɔ́(:)riti(:)] **다중 우선 순위** 처리를 대기하는 작업들로 구성된 큐(queue)로서, 각각의 작업들이 서로 다른 우선 순위를 가지고 줄을 서 있는 것을 뜻한다.

multiprocessing[mʌ́ltipròusesiŋ] *n.* **다중 처리** 다중 처리를 구성하는 다중의 처리 장치에 따라 병렬 처리가 가능한 기능을 갖춘 조작 형태. 또 한 대의 컴퓨터 또는 컴퓨터 네트워크에 따라 다중의 프로그램이 실행되는 데 관련있는 용어. 즉, 둘 이상의 CPU가 주변 장치를 공유하는 시스템이다. 이 시스템은 경제적이고 신뢰성이 높으며, 한쪽 CPU에 장애가 발생해도 다른 쪽을 통해서 처리를 속행할 수 있다.

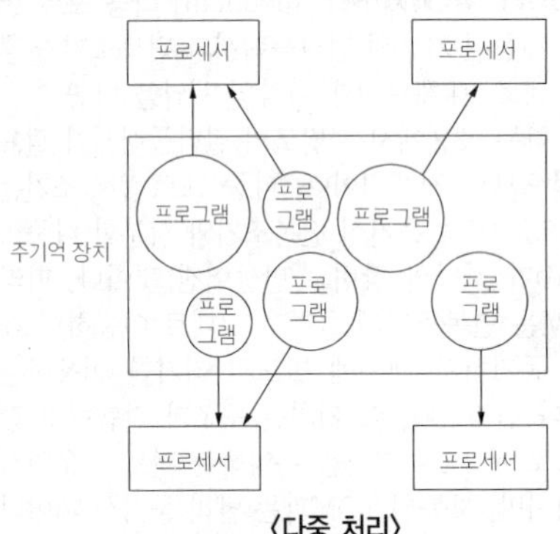

〈다중 처리〉

multiprocessing interleaving[-ìntərlíːviŋ] **다중 처리 인터리빙** ⇨ multiprocessor interleaving

multiprocessing operation[-ɑ̀pəréiʃən] **다중 처리 운영**

multiprocessing system[-sístəm] **다중 처리 시스템** 다중 처리를 목적으로 하는 시스템으로, 여러 대의 컴퓨터가 하나의 관리 프로그램 하에서 주기억 장치를 공유하여 작업하는 것, 또는 입출력 채널에 연결된 각 장치의 사용 할당에서도 효율적으로 행하는 것을 가리킨다. 그 밖에 폴 백(fall back) 처리가 쉬우므로 완전한 시스템 다운을 방지할 수 있는 특징을 갖고 있다.

multiprocess operating system[mʌ́ltiprɑ̀uses ɑ́pəreìtiŋ sístəm] **다중 처리 운영 체제** 다중 처리를 위한 운영 체제. 하나의 관리 프로그램으로 다른 여러 대의 컴퓨터 데이터를 다중 처리하기 위한 운영 체제.

multiprocessor[mʌ́ltipròusesər] **MP, 다중 처리기** (1) 여러 대의 중앙 처리 장치(CPU)가 공통의 주기억 장치(main storage)에 액세스하는 구성의 처리 장치를 가리킨다(이것을 제어하는 operating system(OS)의 하나). 수동 조작의 개입 없이 서로 연결할 수 있는 둘 이상의 연산 처리 장치로 이루어지는 시스템에서 여러 개의 프로그램을 하나의 프로세서 제어로 동시에 처리하는 컴퓨터 시스템. 이 경우 CPU 상호간의 제어 정보의 전달 방법에서 유연 결합 MP(loosely coupled multiprocessor)와 밀착 결합 MP(tightly coupled multiprocessor)의 두 가지로 나누어진다. (2) 하나의 CPU인 경우라도 한 작업이 입출력 동작을 하고 있는 사이에 다른 작업을 CPU에서 처리하여 두 가지 이상의 작업을 병행해서 능률적으로 처리하는 것. 프로그램은 어느 CPU에서는 실행 가능하여 복수의 CPU는 서로 협조하면서 동시에 평행적으로 처리한다. 이것이 한 대의 CPU에 장애가 발생해도 시스템 전체를 정지시키지 않고 종료되므로 신뢰성(reliability)이나 가용성(availability), 처리 능력(through put)을 더욱 향상시킨다.

multiprocessor communication unit[-kəmjùːnikéiʃən júːnit] **다중 처리기 통신 장치**

multiprocessor feature[-fíːtʃər] **다중 처리 기구**

multiprocessor interleaving[-ìntərlíːviŋ] **다중 처리기 혼합 방식** 이 방식은 다중 처리 시스템에서의 기억 장치 접근시 충돌을 줄여 시스템 수행 능력을 증대시킨다. 혼합 방식을 사용할 때 각 모듈은 홀수 지역과 짝수 지역으로 나누어지며, 각 모듈 내의 주소 지정 구조는 변하지 않는다. 즉, 혼합 방식(interleaving)이란 홀수/짝수 방식으로 인접한 기억 모듈에 대한 특수한 주소 지정 처리이다.

multiprocessor running[-rʌ́niŋ] **다중 처리기 실행** 2대 이상의 복수의 CPU를 상호 접속하여 CPU마다 각각의 처리를 병행하여 행하는 운전 형태.

multiprocessor scheduling problem[-skédʒu(:)liŋ prɑ́bləm] **다중 처리기 스케줄링 문제**

multiprocessor system[-sístəm] **다중 처리기 시스템** 2대 이상의 컴퓨터가 한 대의 컴퓨터

와 같이 서로 접속하여 주기억 장치를 공유하면서 각각 다른 기능을 분담하여 병행해서 데이터 처리를 할 수 있는 시스템.

multiprocessor system type[-táip] **다중 처리기 시스템 형태** 다중 처리기 형태의 범주에는 공통 버스 시스템, 크로스바 스위치, 다중 기억 장치/다중 버스, 파이프라인, 배열 처리기 등이 있다. 이 시스템 형태의 장점은 신뢰도를 높일 수 있다는 데 있다. 이것은 시스템이 특성에 따른 모듈 단위로 되어 있으므로 소프트웨어 제어 하에 재조합될 수 있으며, 병렬 수행중에 완전히 이중화될 수 있고 그러면서도 시스템 각각이 자신의 기능을 충분히 수행할 수 있기 때문이다.

multiprogramming[mʌ̀ltipróugræmiŋ] *n*. **다중 프로그래밍** 보통 프로그램에서는 입출력 명령을 실행하는 것과 그것이 완료되기까지 기다려야만 하는 처리 순서로 되어 있는 것이 많다. 이러한 CPU의 휴식이 없도록 하기 위해 동시에 실행할 수 있게 다른 프로그램을 준비하고, 한 프로그램의 CPU 사용에 대기 상태가 출현했을 때 차차로 여러 프로그램에 명령 실행의 제어를 넘겨 외관상으로 볼 때 동시에 복수 처리를 실행시키는 것이다. 중앙 처리 장치(CPU)는 데이터의 입출력 동작과 비교되지 않을 정도의 고속으로 데이터 처리를 하므로 입출력이 완료하는 것을 기다리지 않으면 안 된다. 그래서 CPU의 입출력 대기 시간, 이른바 CPU의 유휴 시간(idle time)을 유효하게 활용하는 것이 다중 프로그래밍의 목적이다. 즉, 여러 개의 프로그램을 로드(load)함으로써 어떤 프로그램의 입출력 동작중의 CPU 유휴 시간을 이용하여 다른 프로그램을 실행할 수 있도록 한 것이다.
[주] 하나의 처리 장치에 의해서 두 개 이상의 컴퓨터 프로그램을 교대로 배치하여 실행하는 기능을 갖춘 조작 형태.

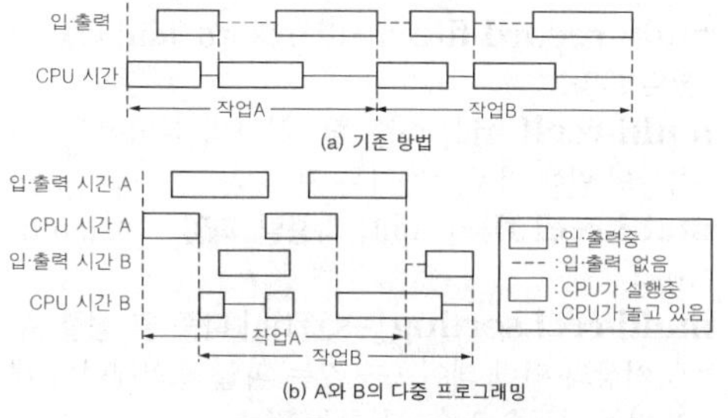

〈다중 프로그래밍의 예〉

multiprogramming capability[-kèipəbíliti(:)] **다중 프로그래밍 능력**

multiprogramming control[-kəntróul] **다중 프로그래밍 제어** 마이크로프로세서용 다중 프로그래밍 제어 프로그램.

multiprogramming degree[-digríː] **다중 프로그래밍 정도** 다중 프로그래밍 시스템에서 기억 장치 내에 옮겨진 프로그램 수.

multiprogramming executive[-igzékjutiv] **다중 프로그래밍 감시 프로그램**

multiprogramming executive control logic[-kəntróul ládʒik] **다중 프로그래밍 관리 제어 논리** 다중 프로그램 체제를 유지하기 위해 관리 체제가 전체 시스템을 완전히 제어해야 하는 것. 이러한 제어를 효과적이고 효율적으로 하기 위하여 시스템은 충분한 제어 회로와 제어 논리를 가져야 한다. 다중 프로그램 체제는 근본적으로 레지스터, 기억 장치 등과 같은 자원들을 여러 프로그램이 같이 사용되게 되므로 한 프로그램 수행시 그 자원에 대한 다른 프로그램의 부당한 접근 등을 방지하는 기능 등이 주어져야 한다.

multiprogramming interrupt[-ìntərʌ́pt] **다중 프로그래밍 인터럽트** 각 인터럽트는 특정한 조건 하에서 발생하며, 컴퓨터에서 그것에 대응하는 특정 기억 장소의 주소를 지시한다. 인터럽트가 발생하면 일부 시스템에서는 보호 모드, 프로그램의 로크인(lock-in), 주기억 장치 주소 지정 등의 동작이 중단된다. 컴퓨터의 기종에 따라서는 인터럽트라는 제어 신호의 집합을 갖는 것도 있다. 특별한 조건이 발생하면 이 제어 신호는 주기억 장치의 특정한 곳에 있는 명령의 수행을 지시한다.

multiprogramming level[-lévəl] **MPL, 다중 프로그래밍 단계**

multiprogramming mapped memory [-mǽpt méməri(:)] **다중 프로그래밍 대응 메모리** 각 블록들은 여러 블록에 대하여 주소를 변환시켜 주는 대응 레지스터와 연결되어 있으므로 사용자가 작업을 수행하기 전에 그가 사용할 블록을 정의하기 위하여 대응 레지스터가 적재되어야 한다. 즉, 다중 프로그래밍 대응 메모리 시스템에서는 사용자에게 기억 장치 가운데 몇 개의 블록을 할당해주어 컴퓨터 사용시 각 사용자는 자기 자신의 블록에만 접근할 수 있다.

multiprogramming memory protect[-méməri(:) prətékt] **다중 프로그래밍 기억 장치 보호** 이 기능은 소프트웨어보다는 하드웨어 쪽의 기능이므로 다중 프로그래밍의 복잡성을 줄여주는 것으로, 시스템의 실행 루틴과 그 밖에 모든 프로그램을 적극적으로 보호하기 위한 것으로서, 이는 프로세서의 수행에 대한 보호뿐만 아니라 입출력 자료 영역의 파괴에 대해서도 보호 작용을 한다.

multiprogramming/monitor [–mánitər] 다중 프로그래밍/모니터 ⇨ MP/M

multiprogramming operating system [–ápərèitiŋ sístəm] 다중 프로그래밍을 위한 운영 체제

multiprogramming priority [–praiɔ́(:)rəti(:)] 우선 순위 다중 프로그래밍 다중 프로그램에서는 프로그램이나 그 일부에 대해 우선 순위를 지정하여 운영 체제에게 그 다음에 수행할 것에 대한 선택을 하게 하는 것이 일반적이다. 그때의 우선 순위를 말한다.

multiprogramming requirements [–rikwáiərmənts] 다중 프로그래밍 요구 조건 다중 프로그램 처리에서의 요구 조건은 다음과 같다. ① 실행자, 감독, 통제자 등의 이름으로 불리는 감시 프로그램. ② 인처럽트 처리 시스템. ③ 한 프로그램이 다른 프로그램을 파괴하는 것을 막기 위한 기억 장치 보호 능력. ④ 동일한 루틴이 기억 장치의 다른 위치에서 옮겨 수행되기 위한 동적인 프로그램 혹은 자료의 주소 변경. ⑤ 직접 접근 기억 장치 또는 최소한 주변에 장치에 대한 편리한 주소 지정의 용이성. 여기서 수행되어야 할 사용자 프로그램은 단시간에 접근할 수 있는 보조 기억 장치(주로 디스크)에 기억되어 있다가 필요할 때 제어 프로그램에 의하여 주기억 장치에 적재되어 수행된다. 각 프로그램이 주기억 장치 내의 정해진 곳에 위치되면 그 프로그램 영역은 하드웨어 또는 소프트웨어에 의해 보호된다. 허용된 주소 이외의 주소에 대한 접근은 수행의 중단과 에러 메시지 발생을 일으킨다.

multiprogramming system [–sístəm] MPS, 다중 프로그래밍 시스템

multiprogramming technique [–tekní:k] 다중 프로그래밍 기술

multiprogramming with a fixed number of tasks [–wiə ə fíkst nʌ́mbər ɔv tǽ(:)sks] MFT, 일정 수 태스크의 다중 프로그래밍 주기억 장치 내에서 일정 수의 태스크 실행을 관리하고 시스템 자원을 주기억 장치에 할당하는 제어 프로그램. IBM의 시스템 360에서의 운영 체제 OS/360에서 일정 수의 태스크를 동시에 처리할 수 있는 다중 프로그래밍의 기능을 가진 수준의 것을 말한다.

multiprogramming with a variable number of processes [–vέəriəbəl mʌ́mbər ɔv prásesiz] MVS, 가변수 처리의 다중 프로그래밍

multiprogramming with a variable number of tasks [–tǽ(:)sks] MVT, 가변수 태스크의 다중 프로그래밍

multiprogram structure [mʌ́ltipròugræm strʌ́ktʃər] 멀티 프로그램 구조

multiprotocol communication chips [mʌ̀ltipróutəkɔ̀(:)l kəmjù:nikéiʃən tʃíps] 다중 프로토콜 통신 칩 한 개 이상의 자료 연결 제어 처리 과정을 제공하는 여러 개의 자료 연결 제어 칩. 이러한 칩은 한 컴퓨터 내에서 문자 제어적이고 비트 중심인 프로토콜을 제공해야 하는 데이터 통신 시스템에서의 문제점을 해결해준다. 다중 회선 제어기의 경우 각 회선마다 프로토콜이 다를 수 있다. 예를 들면, 멀티플렉서나 자료 집약기의 경우, 느린 단말 장치에서는 문자 단위 프로토콜을, 빠른 중추 연결에서는 비트 단위의 프로토콜을 처리해야 한다.

multiprotocol communication controller [–kəntróulər] MPCC, 다중 프로토콜 통신 제어기 이것은 타이밍 블록에 의하여 송수신이 조정되어 동기식 전송에 사용한다. 이것은 0의 삽입과 제거, CRC의 조성과 검사, 그리고 보조 주소의 비교 같은 다양한 프로토콜 기능을 수행한다.

multiprotocol router [–ráutər] 멀티프로토콜 라우터 여러 네트워크층 프로토콜을 인식하여 각각의 라우팅이 가능한 라우터.

multi-queue scheduling [mʌ́lti kjú: skédʒuliŋ] 다중 큐 스케줄링 그 특성이 서로 다른 작업들에 대한 처리기 스케줄링의 한 방법으로 준비 상태의 큐를 여러 종류로 분할해놓고 각 작업들을 그 특성에 따라 고정적으로 미리 정해진 큐에 배치한다. 각 큐는 독자적인 스케줄링 방법으로 배당된 작업들을 처리할 수 있으며, 각 큐들을 조정하는 전체적인 스케줄링도 필요해진다.

multirange amplifier [mʌ́ltirèindʒ ǽmplifàiər] 멀티레인지 증폭기 각종 아날로그 신호 범위를 지정된 출력 범위에 적합시키기 위해 교체 가능, 프로그램 가능 또는 자동 설정 가능한 증폭도를 갖는 증폭기.

multi-record file [mʌ́lti rékərd fáil] 다중 레코드 파일

multi-reel [–rí:l] 다중 릴 하나의 파일이 두 개 이상의 릴에 걸쳐 존재하는 것.

multi-reel file [–fáil] 다중릴 파일 ⇨ multi-ireel

multi-reel sorting [–sɔ́:rtiŋ] 다중 릴 정렬 두 개 이상의 입력 테이프를 갖는 파일 오퍼레이터 개입 없이 자동으로 순서화하는 것.

multirelationship [mʌ̀ltiriléiʃənʃìp] 다중 관계 두 엔티티 세트 사이에 두 개 이상의 관계가 있는 것을 의미한다.

multi-ring file [mʌ́lti ríŋ fáil] 복환상 파일, 다

중 링 파일 여러 유형의 레코드들을 유형별로 포인터를 이용하여 연결시키거나 서로 관련된 상이한 유형의 레코드들을 포인터로 연결시켜 구성하는 파일.

multiscan[mʌ́ltiskæ̀n] **다중 주사, 다중 검색** ⇨ multiscan monitor

multiscan display[–displéi] **다중 주사 디스플레이** PC나 그래픽 보드의 종류에 따라 수평, 수직 동기 주파수와 해상도를 바꿔 사용할 수 있는 디스플레이. 현재는 입력 신호에 따라 주사 주파수가 자동적으로 조절되는 것이 많다. 멀티 디스플레이 또는 다중 주사 모니터라고도 한다.

multiscanning[mʌ́ltiskæ̀niŋ] **다중 검색** 다양한 단계의 비디오 보드에서 나오는 신호를 수용할 수 있도록 자체 조절 능력을 갖춘 컴퓨터 모니터. 모니터의 보증서에 다중 검색 기능을 지원한다고 나와 있으면 해당 모니터가 (640×480픽셀 이상) 비디오 보드 지원 해상도와 재생 속도를 다룰 수 있는지 확인해야 한다. VGA 등급 모니터는 다중 검색 기능이 없다.

multiscan monitor[mʌ́ltiskæn mάnitər] **다중 주사 모니터** 화면의 해상도를 마음대로 바꿀 수 있으며, 여러 종류의 비디오 카드와 연결이 가능하며, 입력 신호의 주파수가 일정하게 고정되어 있지 않고 일정한 범위 내에서 아무 값이나 줄 수 있게 설계된 모니터.

multi-sequencing[mʌ́lti síːkwənsiŋ] **다중 진행** 분리된 중앙 처리 장치에 의하여 한 프로그램의 여러 부분을 동시에 수행하는 것.

multisession[mʌ̀ltiséʃən] **멀티세션, 다중 세션** 이 말이 앞에 붙어 있으면 해당 CD-ROM의 데이터가 한 건 이상 기록되었다는 뜻이다. 멀티세션 CD-ROM을 읽으려면 CD-ROM 드라이브는 멀티세션이 가능해야 하고(종종 XA-ready라고 불리기도 한다), CD 기록기는 오렌지 북 규격에 맞아야 한다. CD는 크게 세션과 트랙으로 구분된다. 한 개의 CD에는 한 개 이상의 세션이 있고, 세션 안에는 한 개 이상의 트랙이 들어 있다. 이러한 세션을 두 개 이상 가지는 것을 멀티세션이라 한다. 코닥의 포토 CD가 멀티세션의 원조이다. 멀티세션 방식으로 만든 CD-R 타이틀은 필요에 따라 남은 용량에 다시 기록할 수 있어 재활용이 가능하다. ⇨ Orange Book

multisession CD-ROM drive[–kəmpǽtibl drάiv] **멀티세션 CD-ROM 드라이브** 여러 차례에 걸쳐 추가 기록된 CD-ROM을 읽을 수 있는 드라이브.

multiset[mʌ́ltisèt] *n*. **멀티셋** 동일 항목이 여러 개 출현하는 것을 허락하는 집합체.

multi-stable circuit[mʌ́lti stéibəl sə́ːrkit] **다중 안정 회로**

multistage graph[mʌ́ltistèidʒ grǽf] **다단계 그래프** 방향 그래프 중에서 그래프의 정점 집합이 k개의 서로 소인 집합 V_1, V_2, V_3, …, V_k로 나누어져서 만약 (u, v)가 간선의 집합에 포함되고 u가 V_i의 원소일 때 v는 V_{i+1}의 원소라는 조건을 만족하는 그래프를 말한다

multistage model[–mάdəl] **다단계 모형** 어떤 상태가 주어졌을 때, 제약 조건에 따라 어떤 결정을 내리면 그 결과로서 다음 단계의 상태가 결정되는 관계가 2단계 이상 연결되어 있는 것과 같은 모양을 말한다.

multistage sampling[–sάːmpliŋ] **다단계 표본 추출, 다단계 샘플링** 3단 샘플링 이상으로 여러 단에 걸쳐서 샘플링하는 것.

multistar network[mʌ́ltistər nétwə̀ːrk] **다중 성형 네트워크** 성형망(星形網)을 갖는 여러 개의 호스트가 연결된 형태의 네트워크.

multistation[mʌ̀ltistéiʃən] **다중 스테이션** 한 회선 상에서 또는 교환 센터를 통해서 서로 통신할 수 있는 통신망.

multistation access unit[–ǽkses júːnit] ⇨ MAU

multi-structure file[mʌ́lti strʌ́ktʃər fáil] **다중 구조 파일**

MultiSync 멀티싱크 일본의 NEC 사가 개발한 다중 스캔 모니터. 처음 개발되었으므로 다중 스캔 모니터를 멀티싱크라고 부르는 경우가 많다. ⇨ multiscan monitor

multisystem[mʌ́ltisìstəm] **다중 시스템**

multisystem mode[–móud] **다중 시스템 모드**

multisystem network[–nétwə̀ːrk] **다중 시스템 네트워크** 이 시스템에서는 단말기 사용자가 어느 호스트 컴퓨터와 통신할 것인가를 선택할 수 있다. 둘 이상의 호스트 컴퓨터가 있는 네트워크를 말한다.

multisystem networking facility[–nétwə̀ːrkiŋ fəsíliti(ː)] **다중 시스템 네트워킹 기능**

multisystem operation[–àpəréiʃən] **다중 시스템 조작**

multitask[mʌ́ltitæ̀(ː)sk] *a*. **다중 태스크(의)** 한 대의 컴퓨터에서 복수의 태스크를 동시에 실행하는 데 관련된 내용을 나타낼 때 형용사적으로 사용된다.

multitask analysis[–ənǽlisis] **다중 태스크 분석**

multitask decision making[–disíʒən méikiŋ] **다중 태스크 의사 결정**

multitask decision making system[–

sístəm] 다중 태스크 의사 결정 시스템
multitask environment[–inváirənmənt] 다중 태스크 환경
multitask executive system[–igzékjutiv sístəm] 다중 태스크 실행 시스템
multitasking[mʌ́ltitæ̀(:)skiŋ] 다중 작업 두 개 이상의 태스크를 병행하여 수행하는 또는 교대로 배치 실행하는 기능을 갖춘 조작 형태. 다중 프로그램 처리와 다른 점은 공동 루틴이나 데이터 공간 또는 디스크 파일이 사용된다는 점이다.
multitasking built-in function[–bílt ín fʌ́ŋkʃən] 다중 태스크 내장 함수
multitasking/multiprogramming[–mʌ́ltipròugræmiŋ] 다중 작업/다중 프로그래밍 프로그램을 동일한 코드, 버퍼, 파일, 장치 등을 공유하는 두 개 이상의 연관된 작업으로 분리하여 동시에 수행하도록 설계된 기법 또는 그러한 시스템.
multitasking operation[–ɑ̀pəréiʃən] 다중 태스크 조작
multitasking OS 다중 태스킹 운영 체제 여러 사용자가 동시에 컴퓨터를 쓸 수 있으며, 다중 작업에 필요한 모든 기능을 제공하는 운영 체제.
multitask multiprogramming[mʌ́ltitæ̀:sk mʌ́ltipròugræmiŋ] 다중 태스크 멀티프로그래밍 ⇨ multitasking/multiprogramming
multitask operation[–ɑ̀pəréiʃən] 다중 태스크 처리 여러 개의 태스크를 동시에 또는 교대로 실행시켜 처리함으로써 태스크 상호간에 중앙 처리 장치(CPU ; central processing unit)의 유휴 시간(idle time)을 유용하게 쓰는 처리 방법. 운영 체제 시스템 관리에서 여러 개의 작업을 실행할 때, 주기억 장치에 대해서 실행중인 작업이 동작하는 단위를 태스크라고 하며, 다중 태스크 처리의 경우는 여러 개의 태스크가 존재함에 따라 태스크 수만큼 프로그램이 병행해서 실행된다. 태스크 수가 고정된 것(MFT)과 가변인 것(MVT)의 두 가지 다중 태스크 처리가 있다.
multitask supervisory control[–sù:pərváizəri(:) kəntróul] 다중 태스트 감시 제어
multitask system[–sístəm] 다중 태스크 시스템
multi-thread[mʌ́lti θré(:)d] 다중계, 멀티스레드 하나의 프로그램에 있어서 병행하는 것보다 동시에 여러 개의 트랜잭션을 처리하는 제어 형태. 한 가지의 프로세서가 입출력 대기로 되어도 그 프로그램은 대기 상태가 되지 않고 다른 프로세서를 실행시킨다.
multi-thread conversation processing[–kɑ̀nvərséiʃən prɑ́sesiŋ] 다중계 대화 처리
multi-threading[–θrédiŋ] 다중계, 멀티스레딩 스레딩은 하나의 프로세스를 더욱 세분화하는 경우의 단위이다. 보통은 하나의 프로세스가 하나의 스레딩으로 되어 있는데, 멀티스레딩에서는 하나의 프로세스가 복수의 스레딩으로 나뉘어 동작한다.
multi-thread processing[–prɑ́sesiŋ] 멀티 스레드 처리 스레드란 한 메시지의 처리를 완료하기 위해 필요한 일련의 작업 혹은 프로그램의 흐름을 말한다. 보통 이런 모든 프로그램 또는 작업을 새로운 메시지 처리를 개시하기 전에 완료할 경우 이것을 싱글 스레드 처리라고 한다. 한 메시지에 관한 스레드가 완료하기 전에 중단해서 다른 메시지의 스레드가 이 사이에 행해지도록 한 시스템이 있다. 이렇게 해서 몇 개의 스레드가 동시에 병행해서 처리되는 것을 멀티 스레드 처리라고 한다.
multi-tone modulation[–tóun mɑ̀dʒuléiʃən] 멀티–톤 변조
multi-tone transmission system[–trænsmíʃən sístəm] 다주파 전송 방식 푸시 버튼 전화 등에 이용되고 있는 것으로 어느 신호를 보내기에 앞서 미리 준비된 주파수 중 두 개 이상의 조합으로 코드화해서 전송하는 방식.
multi-track[–træk] 다중 트랙
multi-track function[–fʌ́ŋkʃən] 다중 트랙 기능
multi-truck taperecorder[–trʌ́k téiprikɔ̀:rdər] ⇨ MTR
multi-Turing machine[–tjú:riŋ məʃí:n] 다중 테이프 튜링 기계
multi-unit[–jú:nit] 복수 유닛
multi-unit processor[–prɑ́sesər] 복수 유닛 프로세서
multi-user[–jú:zər] 다중 사용자 하나의 컴퓨터 시스템을 여러 사람이 사용할 경우에 그 각각의 사용자를 가리킨다. 즉, 여러 단말 이용자 처리를 시분할로 병행해서 수행할 수 있는 운영 체제 기능. 내부적으로는 여러 프로세스(태스크)를 병행 처리하는 다중 태스크(다중 프로그래밍) 기능이 실현되고 있는 것.
multi-user BASIC 다중 사용자 베이식 마이크로컴퓨터를 온라인으로 시분할할 수가 있어 여러 사용자가 동시에 사용하면서 프로그램 개발, 데이터 입출력, 파일 검색 그리고 상호 정보 교환 등을 할 수 있다. 이것은 대화형 프로그래밍 언어로 사용하기 위하여 개발된 속도가 빠른 컴파일러이다.
multi-user/multitasking operating system[–mʌ́ltitæ̀(:)skiŋ ɑ́pərèitiŋ sístəm] 다중 사용자/다중 작업 운영 체제 동시에 여러 사용자가

컴퓨터를 쓸 수 있고, 다중 작업이 가능하도록 필요한 모든 기능을 제공하는 운영 체제.

multi-user system[-sístəm] **다중 사용자 시스템** 시스템 내의 모든 컴퓨터, 터미널 및 주변 기기들을 여러 개로 분할해서 다수의 사용자가 공동으로 사용할 수 있는 시스템.

multi-valued attribute[-vǽljuːd ǽtribjùːt] **다중값 속성** 한 개의 값 이상을 가질 수 있는 속성.

multi-valued dependency[-dipéndənsi(ː)] **다치(多値) 종속성** 관계 모델에서 데이터의 의미를 표현하는 방법의 하나. 관계 R의 상호 요소인 속성 집합 X, Y, Z에서 X의 속성값이 정해지면 대응하는 Y의 속성값의 집합이 Z속성값에도 불구하고 일의적으로 정해질 때, Y는 X에 「다치 종속이다」라고 하고 $X \rightarrow\rightarrow Y$라고 쓴다. $X \rightarrow Y$라면 $X \rightarrow\rightarrow Y$이다. ⇨ functional dependency

multi-valued image[-ímidʒ] **다중값 이미지** 이미지의 구성 요소인 1픽셀의 화소로 표현할 수 있는 색이나 계조가 많은 이미지. 1픽셀로 표현할 수 있는 색이 2색(명암뿐)인 경우는 2진 이미지(binary image)라고 하며, 그 이외의 경우를 다중값 이미지라고 한다.

multi-valued logic[-lɑ́dʒik] **다중값 논리** 현재 쓰이고 있는 컴퓨터는 0과 1로만 된 스위칭 대수에 그 이론적인 바탕을 두고 있는데, 그것을 0과 1 이외의 다른 값들을 써서 더욱 강력한 논리를 만들려는 것이다. 그러나 3개의 값을 사용하는 논리 회로만 되어도 아주 복잡하기 때문에 실현이 어렵고 이론적으로만 연구되고 있다. 일반적인 컴퓨터에서 쓰이는 것과 달리 두 개 이상의 값으로 모든 정보를 나타내는 것이다.

multi-valued parameter[-pərǽmətər] **다중값 파라미터** MYCIN에서 임상 매개변수는 여러 가지 가능성이 있는 값들을 가질 수 있으며, 이러한 값들 사이에 상호 배제가 이루어지지 않아도 되는 매개변수를 가리킨다.

multi-variable analysis[-vέ(ː)riəbl ənǽlisis] **다변량 해석** 하나의 사상(事象)에 대하여 관측된 몇 가지 변량에 관한 데이터가 있을 때 이들의 변량을 개개로 독립시키지 않고 변량 간의 상호 관계를 고려하면서 수학적으로 처리하여 사상의 특질이나 변량 상호간의 관계에 대해서 객관적인 기준이나 척도를 주기 위한 통계적 수법의 총칭. 외적 기준이 있는 데이터에 대한 회귀 분석, 판별 분석, 외적 기준이 없는 데이터에 대한 주성분 분석, 인자 분석, 질적인 데이터에 대한 수량화 이론 등의 수법이 있다.

multi-variable control[-kəntróul] **다변수 제어** 하나의 제어 대상에 대해서 많은(둘 이상의) 조작량과 제어량이 있고, 보통은 그 사이에 간섭이 있는 계의 제어. 제어를 적절하게 하기 위해서는 제어량 간의 간섭을 없게 한다든지, 반대로 적절한 간섭을 갖게 함으로써 안정을 얻기 쉽게 하는 설계를 한다. 예를 들어, 급온수용(給溫水用) 드럼에서 지급되는 온수의 온도를 일정하게 제어하기 위해서는 드럼에 공급하는 냉수의 유량과 온도, 드럼에서 공급하는 냉수의 유량, 드럼을 가열하는 열량 등이 모두 조작량이 될 수 있으며, 드럼 내의 온수 온도와 수위는 모두 제어량이다. 그러나 이들은 서로 간섭이 있으므로 언제나 안정한 제어 상태를 유지하기 위해서는 전체의 계(系)에 대한 적절한 제어를 위한 설계가 필요하다.

multi-variate regression analysis[-vέərit rigréʃən ənǽlisis] **다변량 회귀 분석** 일반적으로 회귀 분석에서는 한 개 이상의 설명 변수를 사용해서 한 개의 목적 변량을 설명하는 회귀식을 구하는데, 목적 변량이 여러 개 있고 이들을 p개의 설명 변수를 써서 회귀 분석을 하는 수법을 다변량 회귀 분석이라고 한다.

multi-vendor[-véndər] **다중 판매자, 멀티벤더** 제조 업체가 서로 다른 기기로 컴퓨터 시스템을 구축하는 것, 또는 많은 제조 업체의 컴퓨터나 주변 기기가 혼재되어 있는 환경. 분산형 컴퓨터 환경을 구현하기 위해서는 제조 업체가 다른 기기 간에도 네트워크를 구축할 수 있어야 한다는 점이 중요하다. 워크스테이션에서는 거의 대부분 멀티벤더 환경이 정비되어 있지만, PC에서는 아직 그렇지 못하다. 하나의 제조 업체로 통일된 컴퓨터 시스템을 싱글벤더라 한다.

multiversion concurrency control[mʌ̀ltivə́ːrʒən kənkə́ːrənsi(ː) kəntróul] **다중 버전 병행 수행 제어** 자료를 변경하는 트랜잭션은 그 자료의 새로운 판을 만들고, 후에 자료를 접근하는 트랜잭션이 오면 그 자료의 여러 판 중에서 순차성이 유지될 수 있는 것을 골라주는 방식으로, 분산 데이터 베이스 체계에서 트랜잭션의 동시 수행을 제어하는 한 방법.

multivibrator[mʌ́ltivaibrèitər] **멀티바이브레이터** 비사인파를 발생시키는 데 사용되는 발진기의 일종으로, 컴퓨터에서 가장 유용한 회로로 활용된다. 레지스터에서 2진수를 셈하거나 기억시키기 위하여 각종 논리 작용을 하고, 곱셈시 자리 이동 레지스터를 동작시키고, 사각형 펄스를 발진시키거나 펄스를 지연시키는 등 여러 기능을 수행한다.

multi-viewports [mʌ́lti vjú:pɔ̀:rts] **다중 뷰포트** 인접하고 있으나 독립적인 두 개 이상의 화면을 동시에 생성할 수 있는 영상 표시 장치. ⇨ split screen CRT

multivolume [mʌ́ltivɑ̀ljum] **복수 볼륨** 문자 그대로 볼륨이 복수인 것을 나타낸다.

multivolume data set [–déitə sét] **복수 볼륨 데이터 세트**

multivolume file [–fáil] **복수 볼륨 파일, 멀티 볼륨 파일** 하나의 파일을 분할하여 기억하는 것. 즉, 하나의 파일에 복수의 볼륨명(volume name)이 붙여져 있는 것. 기억 장치(storage devices)에 데이터를 기억하는 경우 데이터의 건수가 많으면 하나의 기억 장치로는 전체를 수용하지 못하는 경우가 있다. 이럴 때는 데이터를 여러 개의 기억 장치에 나누어 기억하게 된다. 이와 같이 분할하여 기억한 파일을 말한다. 여러 자기 테이프(magnetic tape)에 걸친 경우 등도 마찬가지이다. 자기 테이프나 자기 디스크의 한 볼륨 용량을 초과하기 때문에 여러 볼륨으로 감아 수용되고 있는 매체 상의 파일이다. 이때 각 볼륨에 수용되는 파일 부분을 파일 분할부라고 한다.

multivolume multifile [–mʌ́ltifàil] **멀티볼륨 멀티파일** 여러 볼륨에 여러 파일이 기억되어 있는 파일.

multivolume tape file [–téip fáil] **다중 볼륨 테이프 파일** 다중 릴 테이프 파일이라고도 부르며, 한 개의 자기 테이프에 보관할 수 없는 매우 큰 한 개의 파일을 여러 개의 테이프에 나누어 저장한 것.

multi-way access [mʌ́lti wéi ǽkses] **다방향 액세스**

multi-way direct access [–dirékt ǽkses] **다방향 직접 액세스**

multi-way search tree [–sə́:rtʃ trí:] **다방향 탐색 트리**

multi-way tree [–trí:] **다중 트리** 트리 내의 임의의 노드가 다수 개의 자식 노드를 갖는 트리 구조.

multi-window [–wíndou] **다중 윈도** 하나의 디스플레이 화면상에서 다른 부분과는 독립적으로 제어되는 임의의 구획(윈도)을 동시 병행적으로 여러 개 중복해서 표시하는 기능. 윈도와 마우스를 조합하여 독립적인 복수 응용 프로그램을 동시에 실행시킬 수 있다. 예를 들면, 하나의 윈도에서 계산하고 그 계산 결과를 다른 윈도에 전송하여 수표(數表)로 하고 또 다른 하나의 윈도에서 그래프하여 표시하거나 할 수 있다. ⇨ 그림 참조

multi-workstation [–wə́:rkstéiʃən] **멀티워크스테이션** 현재 한 대의 워크스테이션으로 다기능 처리를 할 수 있는 단말기도 개발되었으며, 여러 워크스테이션이 서로 연결되어 있고 워드 프로세싱, 데이터 프로세싱, 전자 메일이나 화상 처리 등 여러 기능을 수행할 수 있는 워크스테이션 시스템을 말한다.

〈다중 윈도 시스템〉

MUMPS 멈프스 Massachusetts general hospital's utility multi-programming system의 약어. 매사추세츠 종합 병원에서 개발된 의료 정보 전용 데이터 베이스 시스템. 절차형 인터프리터 언어와 글로벌 어레이라고 불리는 트리 구조 파일을 전용 OS와 일체화한 것. TSS 기능을 가진 미니컴퓨터에 실현된다.

MUMPS-11 time-sharing 멈프스-11 시분할 MUMPS 고급 언어는 배열 조작과 계층적 파일 구조를 가능하게 한다. 즉, MUMPS-11은 대화형 다중 사용자 데이터 베이스 관리 운영 체제이다. 이 시스템은 거대한 데이터 파일에서 임의의 배열형 데이터를 검색하는 것과 같은 데이터 베이스 관리 기능들을 최적화하고 있다. 기억 장치 분할 시스템에 의하여 시분할이 이루어진다.

musical language [mjú:zikəl lǽŋgwidʒ] **음악 언어** 컴퓨터에서 음악 부호를 입력하기 좋게 나타내는 방식. ⇨ computer music

music card [mjú:zik kɑ́:rd] **음악 카드**

music CD 음악용 CD PC로 취급하는 경우는 CD-DA(digital audio, CD-audio라고도 한다)라고 한다. 음악뿐 아니라 데이터를 포함할 수도 있고, 최근에는 CD-EXTRA라는 형식으로 PC용 데이터를 첨부한 음악용 CD도 볼 수 있다. ⇨ CD-DA

music instrument digital interface [–ínstrumənt dídʒitəl íntərfèis] **음악용 디지털 인터페이스** MIDI라고 하며, MIDI 단자가 붙어 있는 전자 악기이면 연주 정보를 다른 전자 악기에 전송할

수 있다. 신디사이저(synthesizer) 등의 전자 악기 간에서 데이터를 주고받기 위한 표준 규격을 말한다.

music synthesizer [-sínθəsàizər] **음악 합성기** 컴퓨터에 연결하여 음악을 연주하거나 연주된 음악을 저장하는 등의 기능을 하도록 고안된 장치로서 오디오의 합성 장치이다.

must-complete condition [məst kəmplí:t kəndíʃən] **필수 완료 조건**

must-complete function [-fʌ́ŋkʃən] **필수 완료 기능**

must-complete state [-stéit] **필수 완료 상태**

MUT 평균 동작 시간 mean up time의 약어.

mutual [mjú:tʃuəl] *a*. **상호의**

mutual exclusion [-iksklú:ʒən] **상호 배제** 하나의 자원을 복수의 프로세스(또는 태스크)에서 공용하고 있는 경우 어느 프로세스가 그 자원에 액세스하고 있는 사이 다른 프로세스를 대기 상태로 하여 액세스시키지 않도록 하는 제어 방식.

mutual exclusion condition for deadlock [-kəndíʃən fər dé(:)dlɑ̀k] **교착 상태에 대한 상호 배제 조건** 특정한 하나의 비공유 자원을 이미 한 프로세스가 점유하고 있는 상태에서 또 다른 프로세스가 그 자원을 사용하고자 요구하는 경우가 교착 상태가 발생될 수 있는 필요 조건임을 말하며, 이 경우 뒤늦게 그 자원을 요구한 프로세스는 원하는 자원이 해제(release)될 때까지 기다려야 한다.

mutual exclusion problem [-prɑ́bləm] **상호 배제 문제** 여러 개의 병행 프로세스가 공통인 변수 혹은 자원에 액세스할 때, 조작의 정당성을 보장하기 위해 공유 자원에 액세스를 겨우 하나의 프로세스에 한정시켜야 한다. 이것을 프로세스 간의 상호 배제 문제라고 한다.

mutual information [-ìnfərméiʃən] **상호 정보량** 사상 x의 발생을 아는 데 따라 전해지는 정보량과 다른 사상 y가 발생한다는 조건 하에서 사상 x의 발생을 아는 데 따라서 전해지는 조건 있는 정보량과의 차.

mutually independent events [mjú:tʃuəli(:) indipéndənt ivénts] **사상(事象)의 독립** ⇨ random variable

mutual observing transmission control [mjú:tʃuəl əbzə́:rviŋ trænsmíʃən kəntróul] **상호 감시형 전송 제어** 정보 메시지를 포함하는 블록 또는 순방향 감시 시퀀스와 그 응답 등의 역방향 감시 시퀀스가 교대로 전송되는 전송 제어 절차.

mutual recognition arrangement [-rèkəgníʃən əréindʒmənt] ⇨ MRA

MUX multiplexer의 약자. 여러 통신 채널에 사용되는 장치로서 여러 개의 신호를 받아 단일 회선으로 보내거나 단일 회선의 신호를 다시 본래의 신호로 분리하는 기능을 수행한다.

MVD 다치 종속성 multi-valued dependency의 약어.

MVS (1) **다중 가상 기억 장치** multiple virtual storage의 약어. MVS는 가상 기억 장치(VS ; virtual storage)의 개념을 확장한 것. 즉, 사용자 프로그램마다 하나의 가상 기억 공간을 구성한다. 사용자 프로그램마다 다른 표를 사용하여 어드레스 변환을 함으로써 실현된다. VS에서는 이 어드레스 공간이 하나이다. 적용 분야의 복잡화, 고도화, 프로그램의 대형화, 데이터량의 증대, 다중 처리, 기밀 보호, 시스템 보전 등 모든 면에서 뛰어난 운영 체제의 기능이다. (2) **가변수 처리의 다중 프로그래밍** multiprogramming with a variable number of processes의 약어.

MVS system **MVS 시스템**

MVT 가변수 태스크의 다중 프로그래밍 multiprogramming with a variable number of tasks의 약어. IBM 시스템 360에서의 운영 체제 OS/360으로 가변수 태스크를 동시 처리할 수 있는 다중 프로그래밍 기능을 가진 수준의 것을 말한다.

MWR 비중 잔착법 method of weighted residual의 약어.

MXC 다중화 채널 ⇨ multiplexer channel의 약어.

MY 인/년(人/年) ⇨ man year

MYCIN 마이신 MYCIN은 규형증과 수막염의 진단 및 치료 분야에서 의사를 돕는 전문가 시스템으로 1970년대 스탠포드 대학에서 개발되었다. 마이신은 전문가와 동등한 수준으로 진단 및 처방을 하며, 추론 행위에 대해 사용자에게 설명을 해주는 최초의 전문가 시스템이다. 이것은 상담 프로그램 이외에 시스템의 유용성과 융통성을 증진하기 위한 4개의 프로그램과 지식 기반(knowledge base) 등으로 구성된다. ⇨ 그림 참조

My Documents [mái dɑ́kjumənts] **내 문서** 윈도 95/98에 갖추어져 있는 사용자 작성 데이터를 저장하는 폴더. 이것을 이용하는 응용 프로그램은 주로 마이크로소프트 사 제품이고, 타사의 응용 프로그램은 독자적 폴더를 갖고 있는 경우가 많다.

Mylar 마일러 기계적으로 강하고 내열성도 풍부하며, 뒤퐁(Dupont) 사에서 개발한 자기 테이프의 원재료로 쓰이는 폴리에스테르 필름.

Mylar tape 마일러 테이프 자기 테이프의 베이스로서 폴리에스테르 필름을 사용한 것. 뒤퐁 사의 등

록 상표.

MYRTILLE 마틸레 초기 버전은 100단어 미만의 어휘로서 매우 제한된 구(句)만을 인식할 수 있었으며, 음성 이해 시스템으로 MYRTILLE-I과 II가 있다. MYRTILLE-II는 375개의 단어와 프랑스어에 가까운 구문을 가지고 기상학 분야에서 응용되었다.

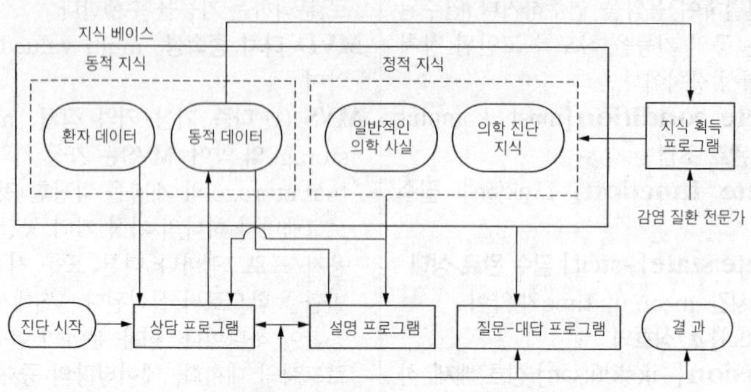

〈마이신의 구조(화살표는 정보 흐름)〉

N[én] **엔** 사인 플래그에서 negative의 약어.

n 나노 nano의 약어. 10^{-9}을 의미한다. 주기억 장치의 접근 시간이나 CPU의 연산 속도를 나타낸다.

NAC 부정 응답 negative acknowledge의 약어. ⇨ NAK

NACSIS 낙시스 National Center for Science Information System의 약어. 학술 정보 센터에서 국, 공, 사립 대학 등의 연구원이나 대학원생, 도서관 직원 등을 대상으로 하는 서비스 시스템. NACSIS-IR(정보 검색)과 NACSIS-MAIL(전자 우편)로 나누어진다. 정보 검색을 위한 데이터 베이스는 초록이 붙은 문헌 정보나 대학 도서관 등에 소장되어 있는 도서의 종합 목록 정보를 통틀어서 23종, 1,400만 건이 넘는다.

N-address instruction[én ədrés instrʌ́kʃən] **N 주소 명령어** *N*개의 주소부를 갖는 명령어.

N-address instruction format[–fɔ́ːrmæt] **N 주소 명령어 형식** 프로그램 내장형 컴퓨터의 경우 *N*은 3보다 작으며, 기타 대부분의 컴퓨터에서는 *N*이 2 이하인데, 누산기를 한 개 가지고 있는 컴퓨터에서는 *N*이 1, 그리고 스택을 사용하는 컴퓨터에서는 *N*이 0인 명령어 형식을 채택한다. 즉 명령어 내에 *N*개의 주소를 나타낼 수 있는 형식을 가리킨다.

N-adic Boolean operation N항 불 연산 *N*개의 오퍼랜드에 관계하는 불 연산.

N-adic operation [–àpəréiʃən] **N항 연산** *N*개의 오퍼랜드에 대한 연산.

NADN nearest active downstream neighbor의 약어.

NAG numerical algorithms group의 약어. 기본적인 수치 해석의 모든 부분을 다루는 서브루틴들로 구성되고 최적화 편미분 방정식 등도 포함한다. FORTRAN, ALGOL 60, ALGOL 68의 세 가지 언어가 있으며, NAG 사에서 제작하여 판매하는 수학 연산 패키지이다.

nag screen[nǽg skríːn] **내그 스크린** 셰어웨어 프로그램에 실리는 광고로 사용자에게 해당 소프트웨어에 유료 등록할 것을 요구하는 화면. 프로그램 초기나 종료시에 뜨는 것이 일반적이지만 프로그램 실행 도중에 일정한 간격을 두고 나타나기도 한다. 이런 기능을 가진 소프트웨어를 내그웨어(nagware)라고 한다.

nagware[nǽgwɛər] **내그웨어, 흠집웨어** 등록하기 전까지는 프로그램을 시작할 때마다(또는 프로그램 수행 도중) 현재 소프트웨어가 정식으로 등록이 안 되었다는 것을 화면에 표시하도록 만든 셰어웨어의 일종. ⇨ shareware

nail head bonding[néil hé(ː)d bɑ́ndiŋ] **네일 헤드 본딩** 금으로 된 아주 가는 선을 전기 불꽃으로 녹여 끊어서 끝을 둥글게 만든 다음 접착 부분에 열이나 초음파 진동을 가해 압착하여 배선하는 것. ⇨ ball bonding

NAK 부정 응답 문자 negative acknowledge의 약어. (1) 데이터 통신에서 쓰는 말로서 송신되어 온 데이터를 제대로 수신하지 못했을 때 수신측이 송신측에 되돌려 보내는 신호. 수신이 올바로 행해지지 않는 경우의 응답으로도 이용된다. 이에 대하여 정상적으로 수신되었을 때 되돌려 보내는 신호를 ACK라고 한다. (2) **부정 응답 문자, 부정 응답** negative acknowledge character의 약어. 송신측에서 보내는 메시지를 잘 수신할 수 없을 때 수신측에서 송신측에 부정적인 응답으로 보내는 전송 제어 문자로서, 회선 접속이 확립되어 있는 국에 대한 부정 응답으로 전송되는 전송 제어 문자. ⇨ negative acknowlege character

name[néim] *n.* **이름** 소프트웨어나 시스템에 있어서 실체(entity)를 식별하기 위한 낱말. 식별자(indentifier)와 같은 뜻으로 쓰일 때도 있다. 보통 문자, 숫자 및 기호의 몇 개를 조합시킨 문자열이지만 그 규칙은 소프트웨어나 시스템마다 다르다. (1) 소프트웨어의 경우 가끔 프로그래밍 언어(programming language)에서는 변수, 절차(procedure), 함수(function) 또는 데이터를 식별하기 위해 붙여지는 것. (2) 시스템의 경우 장치(device), 파일(file), 디렉토리(directory), 데이터 세트(data set) 등의 집합 중에서 하나를 식별하기 위한 식별자. (3) 데이터 통신 네트워크의 노드(node), 지국(station) 또는 프로세스를 식별하기 위해서 사용되는 단어.

name address assignment[–ədrés əsáinmənt] **이름 주소 할당**

name code[–kóud] **네임 코드** 데이터 전송에 있어서 버스 방식의 신호를 주고받을 때 신호를 수신할 장치를 지정하는 번호. 이 지정된 네임 코드를 갖는 장치만이 데이터를 수신할 수 있다.

name constant[–kánstənt] **NCON, 이름 상수**

named[néimd] *a.* **명칭이 붙여진, 네임드** FORTRAN의 변수나 배열 요소가 프로그램 속에서 식별은 되지만 그 값은 반드시 사용되지는 않는 경우에 그 변수나 배열 요소를 named라 하고 대입문의 좌변의 변수나 READ 문의 리스트(list) 속의 변수 등은 이 경우에 해당한다.

named common block[–kámən blák] **이름이 붙은 공통 블록**

name-dependent access control[néim dipéndənt ǽkses kəntróul] **명칭 종속 접근 제어** 객체의 속성 단위로 데이터 접근을 제어하는 방식으로 데이터 베이스 접근 제어 방식의 하나.

name dictionary[–díkʃənəri(:)] **성명 사전**

named pipe[néimd páip] **이름 파이프** 유닉스 운영 체제에서 한 프로세스의 출력을 다른 프로세스의 입력으로 연결해주는 파이프의 하나로서 파이프 구실을 하는 파일이 명시적으로 존재하여 이 파일을 통해서 데이터가 전달되는 것. 프로세서 간 통신(IPC)의 한 수단인 파이프에 이름을 붙여, 이름으로써 각 파이프를 구분할 수 있게 한 것이다. System V에서 확장된 기능으로 종속 관계가 아닌 독립된 프로세스 사이에서도 파이프와 마찬가지로 통신을 실현한다. ⇨ pipe

name entry[néim éntri(:)] **이름 기입 항목** 매크로 명령의 이름 기입 항목은 ① 기계어 명령 또는 어셈블러 명령의 어셈블리시 레이블을 생성할 때, ② 조건부 어셈블리 레이블을 준비하여 호출한 매크로 정의를 전개할 때 사전 어셈블리시에 매크로 명령으로 분기하는 것 등에 사용할 수 있다. 이것은 어셈블러 언어 수행문의 이름란의 항목을 말한다.

name field[–fí:ld] **이름란, 명칭란** 고정 형식의 코딩 용지나 카드 상의 한 필드로서 이름을 기록하는 난을 말한다.

name list input-output statement[–líst ínpùt áutpùt stéitmənt] **네임 리스트 입출력문**

name-of-label exit[–əv léibəl égzit] **레이블 처리 출구명**

name on alphabet list[–ən ǽlfəbèt líst] **리스트 상의 이름**

name plate[–pléit] **명판**

name qualification[–kwàlifikéiʃən] **명칭 자격** 언어 대상물의 요소를 참조하기 위한 구조이고, 그 대상물에 대한 참조와 그 요소에 대하여 선언된 식별자에 의해 행해진 것. 예 COBOL의 B of A, 라이브러리의 멤버, 모듈러 중의 언어 대상물. ⇨ qualification

name register[–rédʒistər] **명칭 레지스터** 그래픽 패키지에서 사용자가 선정 작업 중 선택한 세그먼트의 이름을 저장하는 레지스터.

name server[–sə́:rvər] **네임 서버** 인터넷에서 인터넷 이름과 그에 상응하는 숫자 주소를 담은 데이터 베이스를 관리하는 컴퓨터.

name service[–sə́:rvis] **네임 서비스** 네트워크 내에서 사용자명이나 컴퓨터명에 관한 정보를 제공하는 것. 구체적으로는 네임 서버로 불리는 컴퓨터에 컴퓨터나 사용자에 관한 DB를 준비해두고 다른 컴퓨터나 사용자로부터 조회에 응한다. 예를 들면, 어떤 컴퓨터의 IP 어드레스를 찾아 회신하는 서비스이다.

name space[–spéis] **명칭 공간** 일반적으로 프로그램의 구성은 처리 절차를 지시하는 명령 부분, 처리를 위한 데이터를 나타내는 부분 및 입출력 파일이나 레코드를 기술하는 부분으로 되어 있다. 이들 각 부분의 위치는 프로그래밍 언어에 따라 다르지만 각 부분은 하나의 연속된 공간에 자리잡게 된다. 이런 연속된 공간은 프로그래머가 머리 속에 그릴 수 있는 개념상의 공간이라고 할 수 있다. 각 공간에는 일정한 이름이 붙어 있는데, 이들 이름을 이용하여 제어할 수 있다. 이러한 공간을 일반적으로 명칭 공간이라고 한다.

name table[–téibəl] **명칭 테이블**

naming[néimiŋ] *n.* **명칭 부착, 명명** 기존 참조 모델의 확장을 위해서 그 대상으로 하고 있는 것 가운데 하나로 OSI에서의 명칭과 명칭 관리자에 관한 사항 및 응용에 따른 응용 계층 프로토콜마다 갖는 특별한 조건에 따른 응용층에서의 명명 부여 등이 있다. 또한 메시지 처리 시스템(MHS)에서는 시스템 사용자가 사용자 대리(UA)를 가지고 있는 세계의 어느 누구에게도 메시지를 보낼 수 있는 기초 서비스에 사용하기 위한 명칭 부착 구조를 규정하고

있다. ⇨ addressing

naming convention [-kənvénʃən] **명명 규칙**

NAND 낸드, 부정 논리곱, 부정곱 negative AND의 약어. 논리 연산(logical operation)의 하나이고, 논리곱(AND)의 반대이다. 두 가지의 논리문 a와 b가 있을 때 부정곱 NAND (a, b)는 적어도 하나의 문이 「거짓」일 때 연산 결과는 「참」이 된다. 모든 문이 「참」이면 연산 결과는 「거짓」이 된다. 각 오퍼랜드가 불 값 「1」을 잡을 때 한하여 결과가 불 값 「0」이 되는 2항 불 연산이 된다.

A	B	C = (A·B)′
0	0	1
0	1	1
1	0	1
1	1	0

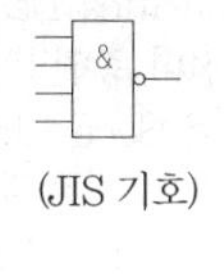

(JIS 기호)

〈NAND 회로〉

NAND circuit 부정 논리곱 회로, NAND 회로, 부정곱 회로 NAND element와 같은 뜻으로 이용된다.

NAND element 부정 논리곱 소자, NAND 소자, 부정곱 소자 부정 논리곱의 불 연산을 행하는 논리 소자. 모든 입력이 논리 상태의 1일 때 출력이 논리 상태 0이 되며, 그 이외에는 출력이 논리 상태 1이 되는 소자. 회로도에서는 부정자 또는 극성 표시자와 & 기호로 표시된다. NAND gate와 같은 의미로 이용된다. ⇨NOT-AND element, NAND gate

NAND gate NAND 게이트 NAND 연산을 수행하는 게이트. 입력 중에서 한 개 이상의 입력이 거짓이면 결과는 참이 되고, 모든 입력이 참일 때만 결과는 거짓이 된다.

NAND operation NAND 연산 각 오퍼랜드가 불 값 1을 잡았을 때 한하여 결과가 불 값 0이 되는 2항 불 연산. ⇨ nonconjunction, NOTBOTH operation

NAND operator 부정곱 연산자, NAND 연산자

nano [néinə] **나노** 10^{-9} 을 의미하는 접두어. 주기억 장치의 액세스 시간이나 중앙 처리 장치(CPU)의 연산 속도를 나타내는 데 자주 사용된다. 예를 들면, 나노초(nanosecond). 컴퓨터의 하드웨어, 특히 「기억 소자」의 초고속화로 인해 일반화되어 온 단위의 하나이다.

nanoacre [nèinəéikə] **나노에이커** 집적 회로(IC)의 면적을 나타내는 단위로, 10억분의 1에이커를 나타낸다. 1에이커는 4,047m^2이다.

nanocomputer [nèinəkəmpjú:tər] **나노컴퓨터** 초당 10억분의 1의 연산을 할 수 있는 컴퓨터.

nanometer [néinəmí:tər] **나노미터** 이것은 시간의 단위로, 10억분의 1초와 같으며 ns로 쓴다. 밀리마이크로초와 같다. 빛의 속도로는 1나노초에 0.3m 거리를 진행하고 전기는 이보다 약간 느리다.

nanoprogram [néinəpròugræm] **나노프로그램**

nanoprogramming [néinəpròugræmiŋ] **나노프로그래밍** 마이크로프로그래밍에 있어서 세밀한 하드웨어의 제어와 프로그래밍의 진행을 양립시키기 위해 마이크로프로그램을 두 가지 레벨, 즉 좀 더 하드웨어 세부에 밀착된 직접 제어의 나노프로그램과 그것을 간접적으로 실행하는 상위 레벨의 마이크로프로그램으로 나누는 방식이 있다. 하드웨어 세부의 효율적인 제어를 얻기 위해 앞의 것에 대해서 행하는 것이 나노프로그래밍이다.

nanoprogram store [néinəpròugræm stɔ́:r] **나노프로그램 기억 장치**

nanosecond [néinəsèkənd] *n.* **ns, 나노초, 나노세컨드** 나노(nano)는 10^{-9}을 나타내는 접두사. 따라서 nanosecond는 10억분의 1초(10^{-9}초). nsec 또는 ns라고 쓴다. 구체적인 속도로서 빛은 진공중에서 1ns(나노초)에 30cm 진행한다. 논리 회로(logic circuit)에서 펄스(pulse)의 상승(rise), 하강(fall) 시간이 나노초 이하의 것을 나노초 회로(nanosecond circuit)라고 한다. 컴퓨터의 제어 장치가 데이터를 요구하고 나서 데이터를 주고받기까지의 시간을 액세스 시간(access time)이라고 하지만 그 단위에도 이 나노초가 사용되고 있다. 컴퓨터의 처리 능력은 이 액세스 시간에 의해 영향을 받는다.

nanosecond circuit [-sɔ́:rkit] **나노초 회로** 컴퓨터 등의 전자 회로에서 펄스의 하강(fall) 시간이 나노초(10억분의 1초) 또는 그 이하인 회로.

nanovolt [néinəvɔ̀:lt] **나노볼트** 전압의 단위. 10억분의 1(10^{-9})볼트. nV로 약기한다.

nanowatt [néinəwɔ̀(:)t] **나노와트** 전력의 단위. 10억 분의 1(10^{-9})와트. nW로 약기한다.

NAPLPS 나플프스 North American presentation level-protocol syntax의 약어. 비디오텍스(videotex)의 국제 표준 방식의 하나. 캐나다에서 개발된 텔리돈(TELIDON)을 기초로 미국 국제 전신 전화 회사(ATT)가 개량하여 북미 표준 방식으로서 통일되었다. 알파 지오메트릭(alpha geometric)이라 불리는 점, 선, 호, 사각형, 다각형 등의 간이 도형으로 화상을 구성하는 방식을 채용하고 있다. 도형의 정의는 도형 표시 명령(PDI)에서의 점의 좌표값이나 변의 크기로 지정한다. 모자이크 도형이나 동적 문자 정의(DRCS)에 의한 특수 패턴의 표시도 가능하다. 도트(화소) 단위로 착색되기 때문에 선명한 화상이 얻어진다.

Napster 냅스터 미국 냅스트 사가 개발한, 음악 파일을 검색하고 교환하는 소프트웨어. 서버에 업로드된 파일을 검색하여 다운로드하는 종래의 소프트웨어와는 달리 냅스트 사의 서버를 통해 사용자의 PC에 직접 파일을 송수신한다. 위법으로 복사된 파일을 비밀리에 교환할 수 있기 때문에 전자 상거래의 근간을 흔드는 것으로 문제시되고 있다.

narrowband [nǽroubǽnd] *n.* **협대역, 협주파수 대역** 데이터 통신에 사용되는 주파수 대역 중에서 음성 신호에 비해 대역폭이 좁은 대역. 소량의 데이터만을 전송할 수 있다. ⇨ wideband

narrowband channel [–tʃǽnəl] **협대역 채널** 매초당 300비트 이하의 데이터 통신 능력을 가진 채널.

narrowband-ISDN 협대역 ISDN ⇨ N-ISDN

narrow carriage [nǽrou kǽridʒ] **좁은 캐리지** 1행에 최대 80자를 인자할 수 있는 프린터 ⇨ wide carriage

N-ary [én əri] **N항, N값, N진법** (1) N개의 다른 값이나 상태를 만드는 것과 같은 선택 또는 조건으로 특징지어진 것을 나타내는 용어. (2) 고정 기수 기수법에서 기수로서 N을 정하는 것 및 그와 같은 방식.

N-ary Boolean operation N항 불 연산 ⇨ N-adic Boolean operation

N-ary code [–kóud] **N항 코드** 구별 가능한 N개의 부호 요소를 사용하는 코드. 예를 들면 unary($N=1$), binary($N=2$), ternary($N=3$) 등.

N-ary operation [–àpəréiʃən] **N항 연산**

N-ary relation [–riléiʃən] **N항 관계** 애트리뷰트의 수가 N인 릴레이션을 일컫는다.

NAS network application support의 약어. DEC 사가 제공하는 네트워크 관련 소프트웨어의 총칭. 멀티벤더의 제품이 혼재하고 있는 네트워크를 효과적으로 이용하는 것을 목적으로 하고 있다. DEC Windows, SNA 게이트웨이, dictionary 서비스 등이 포함되어 있다.

NASA 미국 국립 항공 우주국 National Aeronautics and Space Administration의 약어. 인공 위성 발사가 러시아에 뒤진 미국이 이를 추월하기 위해 항공 자문 위원회를 해산하고 1958년에 발족시켰다. 각 성(省)과 함께 대통령 직속 기관으로 군사용 이외의 우주 개발을 담당하고 있다.

NASA structural analysis computer system NASTRAN, 나스트란

NASDAQ 나스닥 National Association of Securities Dealers Automated Quotation의 약어. 전미 증권업 협회(NASD ; National Association of Securities Dealers)가 운영하는 전자 거래 시장으로, 증권 거래소에 상장되어 있지 않은 주식을 매매할 목적으로 1971년에 개설되었다. 기존의 주식 시장에 비해 실적이 없어도 장래성이 높은 벤처 기업이 쉽게 공개될 수 있는 기준으로 되었다. 마이크로소프트 사나 인텔 사, Yahoo! 등의 하이테크 성장 기업의 대부분이 등록되어 있다.

NASORD 나소드 순차적으로 배열되어 있지 않은 파일에 대하여 사용하는 프로그래밍 용어.

Nassi-Schneiderman chart NS 차트, 나시-슈나이더만 차트 구조화 프로그래밍 언어용으로 개발된 순서도(flow chart)의 일종. 종전의 순서도와는 달리 흐름을 나타내는 것이 없고, 처리는 직사각형을 포개어가는 것으로 나타낸다. 또 제어는 반드시 위에서 아래로 흐르도록 쓰여져 있다. 구조화된 프로그램은 순서도에서 선이 복잡하게 얽히는 일이 없으므로, NS 차트의 경우에는 한결 보기 쉬운 모양으로 나타낼 수 있다. 이 차트는 특히 조건이 복합되어 있는 곳의 처리를 명확히 식별하는 데 적합하며 이것을 이용하면 구조화 코딩을 매우 편리하게 할 수 있다.

Nassi-Schneiderman diagram 나시-슈나이더만 도표 ⇨ Nassi-Schneiderman chart

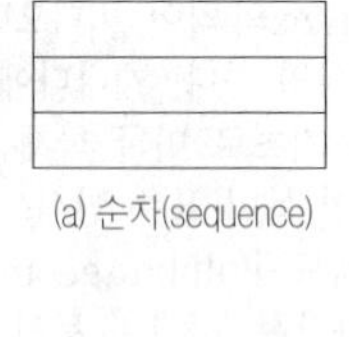
(a) 순차(sequence)

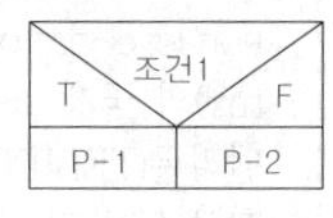

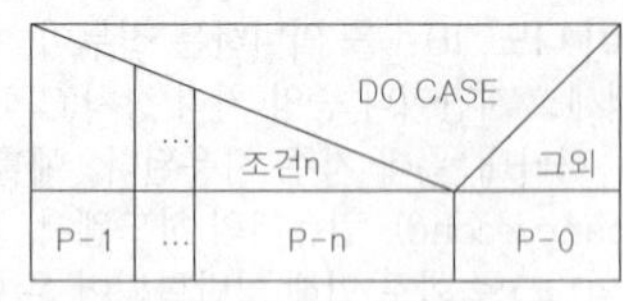

(b) 선택(selection)

DO WHILE

DO UNTIL

(c) 반복(repetition)

〈나시-슈나이더만 도표의 구성 기호〉

NASTRAN 나스트란 NASA structural analysis computer system의 약어. 항공기 등의 구조 설계를 위한 시스템. NASA의 발주에 의해 개발되었다. 유한 요소법, 고유값 해석, 비선형 해석 등에 최신의 해석 기술을 도입하고 있다.

NAT (1) **정보량의 자연 단위** natural unit of information content의 약어. ⇨ natural unit of information content (2) **네트워크 주소 변환** network address translation의 약어. RFC1631에 규정된 주소 변환 방식. 이것에 의해 하나의 IP 주소로 LAN 상의 여러 대의 PC를 공유할 수 있게 되었다. ⇨ IP address (3) **주소 변경기** network address translator의 약어. 비밀 IP 주소를 전역 IP 주소로 변환하는 기능. LAN 내에서는 비밀 주소를, 인터넷 등 외부와 접속하기를 원할 경우에만 전역 IP 주소를 사용하는 형식으로 전역 IP 주소의 수가 적은 경우라도 효과적으로 활용할 수 있다. 리눅스에서는 IP Masquerade가 이와 동일한 기능을 갖는다.

National Association of Securities Dealers Automated Quotation [nǽʃənəl əsòuʃiéiʃən əv sikjú(ː)riti(ː)z díːlərz ɔ́ːtəmèitəd kwoutéiʃən] **나스닥** ⇨ NASDAQ

National Bureau of Standard [–bjúːrou ɔv stǽndərd] **NBS, 미국 국립 표준 사무국**

National Center for Science Information System [–séntər fər sáiəns ìnfərméiʃən sístəm] **낙시스** ⇨ NACSIS

National Computer Conference [–kəmpjú(ː)tər kánfərəns] **NCC, 미국 컴퓨터 회의** ⇨ NCC

National Computer Graphics Association [–grǽfiks əsòuʃiéiʃən] **NCGA, 미국 컴퓨터 그래픽스 협회** 컴퓨터 그래픽스 산업에 종사하는 전문인의 단체.

National Crime Information Center [–kráim ìnfərméiʃən séntər] **NCIC, 국립 범죄 정보 센터** 미국 내의 범죄에 관한 정보를 처리하는 FBI의 전산망.

national currency symbol [–kə́ːrənsi(ː) símbəl] **각국용 문자**

National Educational Computing Conference [–èdʒukéiʃənəl kəmpjú(ː)tiŋ kánfərəns] **NECC, 미국 교육 컴퓨터 협회** 교육 분야에서의 컴퓨터 이용에 관하여 관심 있는 교육자들의 모임.

National Examination for Information Processing Technicians [–igzæ̀əminéiʃən fər ìnfərméiʃen prásesiŋ tékniʃiənz] **정보 처리 기술자 시험** ⇨ NEIPT

National Institute of Standards and Technology [–ínstitjùːt əv stǽndərdz ənd teknálədʒiː] **미국 국립 표준 기술국** ⇨ NIST

national information system [–ìnfərméiʃən sístəm] **NIS, 국가 정보 시스템, 광역 정보 시스템** 정보를 국가적인 견지에서 처리하는 정보 처리망. 정보화 사회, 지식 사회의 성립에 상응한 정보 시스템이다.

national science foundation network [–sáiəns faundéiʃən nétwə̀ːrk] ⇨ NSFnet

National Semiconductor [–sémikəndʌ̀ktər] **내셔널 세미컨덕터 사** 미국의 반도체 회사의 하나.

national standard [–stǽndərd] **국가 규격** 정보, 물질 등의 교류가 이루어지는 영역에서는 표준화되어 일원적으로 행하는 것이 바람직하다. 영역에 따라 여러 가지 표준 규칙이 정해지는데, 그 중 어떤 국가가 법률 혹은 제도 등에 따라서 국가적 표준화 기관으로서 인정된 조직에 의해 공평하게 작성 또는 인정된 것.

nationwide land administration district code [néiʃənwàid lǽnd ədmìnistréiʃən dístrikt kóud] **국토 행정 구획 코드**

native character set [néitiv kǽrəktər sét] **고유 문자 집합**

native code compile [–kóud kəmpáil] **자연어 코드 컴파일** 프로그램을 작성하는 과정에서 사용된 모든 리소스를 하나의 링크를 통해 완벽히 동작하는 파일로 번역해내는 컴파일 기법.

native collating sequence [–kaléitiŋ síːkwəns] **고유 문자 순서**

native compiler [–kəmpáilər] **원시 컴파일러** 그 자신 또는 같은 종류의 컴퓨터에서 실행하는 프로그램을 생성하는 컴파일러. 크로스 컴파일러(cross compiler)와 대비된다.

native key [–kíː] **원시 키** DATACOM/DB에서의 용어. 데이터 정의(definition)시 탐색 키가 원시 키로 정의된다. 각 테이블에 원시 키는 단 하나만 존재하며, 테이블 레코드들이 저장 장치에 물리적으로 군집화되도록 제어해준다.

native language [–lǽŋgwidʒ] **원시 언어** 특수한 계층이나 특수한 종류의 장치를 위하여 고안되어 사용되는 기계 장치와 모듈 사이의 통신 언어(또는 통신 부호).

native mode [–móud] **고유 모드** 모방 상태의 하나로 에뮬레이터가 호스트 컴퓨터의 운영 체제(OS)의 제어 하에서 작업의 하나로 동작하여 대상으로 하는 컴퓨터 시스템을 모방하는 것을 말하며,

이 형태에서 동작하는 에뮬레이터를 통합형이라고 한다.

native signal processing[-sígnəl prásesiŋ] **자연 신호 처리** ⇨ NSP

natural[nǽtʃurəl] *a.* **자연의, 보통의**

natural binary[-báinəri(:)] **자연 2진수** 기수(radix)를 2로 하는 수 체계(number system). 숫자(numeral)로서 "0"과 "1"을 이용하고 2진법(binary notation)에 의한 비중(weight)이 더해지고 있다.

natural binary code[-kóud] **자연 2진 부호** 디지털 전송 등에 사용되는 2진 표시 부호. 2진 부호에는 대칭성을 가진 그레이 부호 등이 있지만 부호기에는 장치가 가장 간단한 자연 2진 부호가 사용되는 것이 많다.

〈자연 2진 부호〉

10진	자연 2진	10진	자연 2진
0	0	5	101
1	1	6	110
2	10	7	111
3	11	8	1000
4	100	9	1001

natural frequency[-frí:kwənsi(:)] **자연 주파수, 고유 주파수**

natural-function generator[-fʌ́ŋkʃən dʒénərèitər] **자연 함수 발생기**

natural join[-dʒɔ́in] **자연 결합** 데이터 베이스 용어의 하나. 두 개의 관계가 주어졌을 때, 이 두 개가 공통적으로 갖는 지정된 속성군의 값이 같은 투플(tuple)을 각각에서 하나씩 꺼내어 이 2개의 투플의 속성값을 병합해서 새로운 투플을 만든다. 이와 같이 하여 얻어진 모든 투플을 모아 새로운 관계를 만드는 조작을 자연 결합이라고 한다.

natural language[-lǽŋgwidʒ] **자연 언어** 한국어나 영어와 같이 인간이 일상 사용하고 있는 언어. 컴퓨터에서 사용하는 언어는 보통 인공 언어(artificial language)라고 하며 사용 방법이나 쓰는 방법 등이 매우 자세히 정해져 있다. 이것은 컴퓨터가 참(true)인가 거짓(false)인가 하는 두 개의 상태밖에 표현하지 않는 논리 회로(logic circuit)로 구성되어 있는 데 기인한다. 이것에 대하여 자연 언어는 애매함이나 그때마다 여러 가지 생략이나 환언함이 있다. 더욱이 사회적인 지식 등도 필요하기 때문에 컴퓨터가 이해하는 것은 매우 곤란하다. 컴퓨터를 사용하여 이와 같은 자연 언어를 처리하는 것을 자연 언어 처리라고 하며, 1950년대부터 이와 같은 연구가 행해지고 있다. 이미 보조적으로 사용될 수 있는 기계 번역 등의 프로그램이 만들어져 있으나, 특정 분야에 한정되어 있는 것이 대부분이다.
[주] 규칙이 명시적으로는 규정되어 있지 않고 현행의 용법에 근거를 두고 있는 언어.

natural language generation[-dʒènəréiʃən] **자연 언어 생성** 컴퓨터의 출력을 사용자가 이해하기 쉽도록 만드는 데 관심을 갖는 자연 언어 처리 연구 분야.

natural language interface[-íntərfèis] **NLI, 자연 언어 인터페이스** "natural language front ends"라고도 하는 NLI는 이해와 생성 능력을 보통 포함하는데, 이런 기능은 입력한 것을 컴퓨터가 이해하고 사람이 이해하기 쉽게 텍스트를 디스플레이할 수 있게 해준다. 이와 같이 인간과 컴퓨터 간에 자연어로 대화를 하게 해주는 자연 언어 이해의 한 응용이다.

natural language processing[-prásesiŋ] **자연 언어 처리** 자연 언어를 대상으로 한 구문적 해석이나 의미적 해석들의 총칭.

natural language processing toolkit[-tú:lkit] **자연 언어 처리 툴킷** 인공 지능 응용 시스템에서 인터페이스 제작의 시작점을 의미하며, 유닉스 운영 체제 환경에서 실행되는 컴퓨터 시스템을 위한 프란츠 리스프 프로그램의 집합체.

natural language query[-kwí(:)ri(:)] **자연 언어 질의** 데이터 베이스에 대한 질의를 표현하는데, 여러 가지 언어(1차 논리, 관계 대수, 관계 해석)를 사용할 수 있으나 이 가운데 사람들이 일상 생활에서 사용하는 자연 언어로써 표현된 질의.

natural language understanding[-ʌ̀ndərstǽndiŋ] **자연 언어 이해** 자연 언어 내지는 자연 언어에 가까운 언어를 컴퓨터에 이해시키는 것. 자연 언어를 처리하는 경우에는 컴퓨터에서의 지식 표현과 이용 방법이 큰 과제로 되어 있다.

natural language understanding technique[-tekní:k] **자연 언어 이해 기법** 자연 언어 이해의 예비 단계로 텍스트를 분석하는 데 사용되는 기법으로 어휘 분석, 핵심어, 구문, 의미, 실제적 기법 등이 있다. 자연 언어를 이해하기 위하여 이들 분석 방법 중 한 개 이상이 사용될 수 있다.

natural link[-líŋk] **자연 링크** 텍사스 인스트루먼트(Texas Instrument) 사에서 만든 NLI 프로그램용으로, 개인용 컴퓨터 소프트웨어를 사용하기 편리하도록 메뉴와 윈도를 이용하여 스크린상에 정보를 디스플레이한다.

natural logarithm[-lɔ́(:)gəriðm] **자연 대수** 대수의 밑으로서 e = 2.7…를 채용하는 대수.

natural merge[-mə́:rdʒ] **자연 합병** 한 개의 출력 장치와 상수 개의 입력 장치를 사용하는 합병

기법.

natural noise[-nɔ́iz] **자연 잡음** 열원에 의한 열복사나 우뢰 등에 의한 전원 라인에서의 잡음(noise) 등 자연 현상에 따라 발생하는 잡음.

natural number[-nʌ́mbər] **자연수** 1, 2, … 과 같이 무한한 양의 정수.

natural oscilation[-àsiléiʃən] **고유 진동**

natural system[-sístəm] **자연 시스템** 우주 천체의 장대한 운행이나 자연계의 영위 등 인간의 의사에 상관없이 움직이는 시스템. 시스템을 대별하면 자연 시스템과 인공 시스템(artificial system)으로 구분된다. 자연 시스템은 천연 시스템이라고도 하며, 인간이 필요성에 따라서 형성한 것이 아니고, 천연과 자연의 메커니즘이나 법칙에 의해서 기능하고 있는 시스템을 말한다.

natural unit of information content[-jú:nit əv ìnfərméiʃən kántent] **NAT, 나트, 정보량의 자연 단위** 자연 대수로 표현되는 정보 측도의 단위. 예 8문자에서 성립하는 문자 집합의 선택 정보량은 $\log_e 8 = 2.079 = 3\log_e 2$NAT와 같다.

NAU 네트워크 주소 지정 가능 장치 network addressable unit의 약어. ⇨ network addressable unit

NAV 노턴 안티바이러스 Norton AntiVirus의 약어. 미국 시만테크(SYMANTEC) 사가 판매.

navigate[nǽvəgèit] **내비게이트** 브라우저를 사용하여 인터넷 사이트를 돌아다니는 것.

navigation[næ̀vigéiʃən] *n.* **탐색, 항해** 한 개 이상의 경로로 연결된 몇 개의 링을 요구하는 레코드를 검색하는 과정.

navigation system[-sístəm] **항해 시스템, 내비게이션 시스템** 주행중인 차에 위치 정보를 전송함으로써 차를 목적지에 정확하게 유도하기 위한 주행 안내 시스템.

navigator[-nǽvigèitər] **내비게이터, 항해자** (1) 온라인 서비스 컴퓨서브(CompuServe)를 이용할 수 있도록, 컴퓨서브에서 제공되는 그래픽 온라인 서비스 클라이언트 소프트웨어 이름. (2) 웹 브라우저를 사용해 인터넷에서 이곳저곳을 돌아다니며 정보를 수집하는 사람.

Navio Communication Inc. 넷스케이프가 대주주로 있는 벤처 기업. 넷스케이프는 Navio를 통해 정보 가전이라는 새로운 개념의 가전 제품에서 사용될 브라우저와 운영 체제를 개발하고 있다.

NaviServer[nǽvisəvər] **내비서버** NaviSoft 사에서 개발 공급하는 상용 WWW 서버. 객체 관리 DBMS와 ODBC를 이용한 많은 관계 DBMS에 대한 연결 기능을 포함하고 있다. 또한 연결된 데이터베이스의 클래스 자료를 편집하거나 검색할 수 있는 폼(form)을 자동으로 생성해준다.

n-bit byte[én bít báit] **n 비트 바이트** *n*개의 2진수로 구성되어 있는 바이트.

NBS 미국 국립 표준 사무국 National Bureau of Standard의 약어. 컴퓨터 산업에 관한 일체의 표준을 정하는 미국 정부 기관.

NC (1) **회로망 제어 장치** network controller의 약어. 수치 데이터를 전기 펄스로 변환하여 기계 가동부의 운동을 제어하는 것. (2) **무접속** no connection의 약어. (3) **수치 제어** numerical control의 약어. 처리와 조작이 수행되고 있는 도중에 수치 데이터의 전체 또는 그 일부를 사용 장치에 의해 실행하고 처리하는 자동 제어 방식. 주로 공작 기계에 대한 자동 제어로서 공작물에 대한 공구의 위치를 그에 대응하는 수치 정보로 지시한다. (4) **네트워크 컴퓨터** network computer의 약어. 이 기술적으로만 들리는 용어는 실제로 대규모 시장을 장악할 소비자 제품을 가리킨다. 1996년 초 데이터 베이스 개발 회사인 오라클의 회장 래리 엘리슨(Larry Ellison)은 인터넷 연결이 가능한 500달러 이하 신 클라이언트(thin client) 컴퓨터의 개발을 요구했다. 이론상 이 NC는 어마어마한 양의 데이터와 애플리케이션의 저장고로서 인터넷을 사용할 수 있다. 초창기에는 기업에 값싼 컴퓨터 공급을 목적으로 의도되었지만 이제 NC는 가정에서도 일반적으로 쓰일 것이라고 Ellison은 예견하고 있다.

NCC 미국 컴퓨터 회의 National Computer Conference의 약어. 미국 정보 처리 학원(AFIPS)의 주최로 매년마다 미국 내에서 열리는 회의. 컴퓨터 관련 기술자와 연구자의 강연이나 최신 기술을 전시한다.

NCCF 네트워크 통신 관리 기능 network communications control facility의 약어.

ncftp ftp 유사 프로그램 ftp보다는 사용이 편리하고 몇 가지 기능도 추가되었다. 특징이라면 ftp 사이트에 접속을 하면서 특정 디렉토리까지 지정을 할 수 있으며, 전에 접속했던 곳을 다시 접속할 경우에 전에 있었던 디렉토리로 자동으로 이동시켜준다. ncftp는 Linux의 슬랙웨어 시리즈에서는 기본으로 제공하고 소스는 웬만한 Linux 사이트에는 다 있다. ⇨ FTP, Linux

NCGA 미국 컴퓨터 그래픽스 협회 National Computer Graphics Association의 약어. 컴퓨터 그래픽계에 관심이 있는 사람들의 전문 기구.

N-channel[én tʃǽnəl] **N 채널**

N-channel metal oxide semiconductor [-métəl áksaid sèmikəndʌ́ktər] **NMOS, N 형**

금속 산화막 반도체 PMOS 이후에 개발된 고밀도 집적 회로(LSI)로 PMOS보다 밀도는 낮으나 고속이다.

N-channel MOS N 채널 MOS N-channel metal oxide semiconductor의 약어. PMOS 이후에 고안된 고밀도 집적 회로로서 PMOS보다 밀도는 낮으나 고속이다.

NCIC 국립 범죄 정보 센터 National Crime Information Center의 약어.

NC language processor 수치 제어 언어 처리기 수치 제어에서 기하학적인 형태를 수학적인 표현으로 바꾸려는 프로그래머를 위해 수치 제어 기호를 이용하여 변환 시스템으로 사용되는 컴퓨터 프로그램.

NC machine 수치 제어 기계 1/10,000인치 정도의 미세한 오차 한계를 얻을 수 있는 무인 기계 장치. 계수 명령을 전달하기 위하여 천공 종이 테이프나 자기점을 가진 플라스틱 테이프가 사용된다.

NCON 이름 상수 ⇨ name constant

N-core per bit storage [én kɔ́:r pər bít stɔ́:ridʒ] 비트당 N 자심 기억 장치 1비트를 기억하기 위해서 N개의 코어를 이용하는 기억 장치. 예 1코어 비트식 기억 장치, 2코어/비트식 기억 장치 등이 있다.

NCP (1) 네트워크 제어 프로그램, 회선망 제어 프로그램 network control program의 약어. 컴퓨터 네트워크의 각 호스트 컴퓨터의 운영 체제에 상주하고 네트워크 제어를 취급하는 프로그램. NCP의 주된 기능은 그 호스트 컴퓨터 내의 프로세스 사이에 논리적인 메시지 통신로를 확립하는 것과 그 통신로망의 메시지 흐름을 제어하는 것이다. 프로세스 및 통신로는 동시에 여러 개 존재한다. 이런 기능을 수행하기 위해 NCP는 다른 호스트 컴퓨터의 NCP와 제어 명령을 교환한다. NCP 상호간의 규약은 보통 호스트 프로토콜이라고 불리는 통신 규약으로 정해진다. ⇨ network control program (2) netware core protocol의 약어. 넷웨어에서 클라이언트와 서버 간에 주고받는 프로토콜의 하나. 클라이언트가 발신하는 서버 액세스 요구를 처리하기 위해서 사용한다.

NCP generation NCP 생성

NCP/VS 가상 기억 회선망 제어 프로그램, 가상 기억 네트워크 제어 프로그램, 가상 네트워크 제어 프로그램 network control program/virtual storage의 약어.

NCR NCR 사가 생산하는 컴퓨터의 명칭.

NCR Corp. NCR 사 중대형 컴퓨터를 주로 생산하는 미국의 컴퓨터 제조 업체.

NCS (1) 네트워크 제어 시스템 network control system의 약어. (2) nework computing system의 약어. HP 사의 분산 처리 환경, 분산 파일 시스템이나 프로그램 행의 분산 등과 같은 기술을 제공하여 네트워크에 접속된 컴퓨터 자원을 효과적으로 활용하는 것을 지향하고 있다. 이 NCS의 PRC 기술이 OSF의 분산 프로세서 환경 DCE의 기초 기술이다.

NCSA National Center for Supercomputing Application의 약어. 미국 과학 재단에 의해 구축된 수퍼 컴퓨터망에서 이용하게 될 각종 프로그램과 통신 규약에 대한 연구를 담당하고 있는 곳으로 1986년에 탄생하였다. NCSA의 주요 역할 중 하나는 기업들이 개별적으로 개발하기 어려운 공익을 위한 프로그램을 개발하는 것이다. 현재 많이 이용하고 있는 Telnet, FTP와 같은 네트워크에서 가장 기본적인 프로그램들을 보급하고 있으며, 공개 웹 서버도 꾸준히 발표하고 있다. 또한 모자이크를 개발하여 스파이글라스(spyglass) 사에게 소스를 라이선스한 이후에도 계속 공개 모자이크를 버전 업하여 발표하고 있다.

NCSA Telnet 매킨토시의 텔넷으로 NCSA에서 만들었다.

NCSC 미국 국립 컴퓨터 보안 센터 National Computer Security Center의 약어. 컴퓨터의 안전 기준을 정하고 그 실시 상황을 감시한다. 안전 기준은 D(최소), C, B, A(최대)의 네 가지 레벨이 있으며, 각 레벨에는 1(최저)부터 4(최고)의 등급이 있다. 보통 유닉스는 C2 레벨 정도였지만 가까운 장래에 B1에서 B2 정도까지 도달하게 된다.

NC system 수치 제어 시스템 numeric control system의 약어. 자동 선반이나 밀링 머신 등의 공작 기계를 자동으로 제어하는 컴퓨터 시스템.

NCU 통신망 제어 장치 network control unit의 약어. ⇨ network control unit

N-cube [én kjú:b] N 입방체 회로 이론에서 연결된 대응점을 갖는 두 개의 N–1 큐브를 가리키는 용어.

NC unit NC 장치 numerical control unit의 약어. 수치 제어 장치를 말한다.

ND 네트워크 기술 network description의 약어.

NDBMS 네트워크 데이터 베이스 관리 시스템 network data base management system의 약어.

n-dimensional [én diménʃənəl] n-차원, n-차원의

n-dimensional cube [–kjú:b] n-차원 입방체

NDIS network device interface specification의 약어. 윈도 운영 시스템용 드라이버로 한 어댑터

카드로 다중 네트워크 프로토콜을 동시에 사용하는 것을 가능하게 한다. NDIS는 마이크로소프트와 3Com에 의해 Ethernet LAN(LAN ; local area network ; 근거리 통신망) 카드용으로 개발되었지만 현재에는 마이크로소프트의 ISDN 가속기 팩 덕분에 LAN뿐만 아니라 많은 ISDN 어댑터들에도 쓰이게 되었다.

NDP 수치 연산 프로세서 numeric data processor의 약어. 부동 소수점 연산의 고속 처리를 위한 전용 프로세서. CPU로 사용하는 프로세서의 보조 처리기(코프로세서) 역할을 한다. 인텔 사의 8087, 80287, 80387, 모토롤라 사의 68881, 68882 등이 있다. 부동 소수점 연산 유닛(FPU ; floating point unit)이라고도 한다. 이것을 사용하면 부동 소수점 연산이나 삼각 함수, 지수 함수, 대수 함수 등의 수치 연산 처리 속도가 향상되어 부동 소수점 연산을 사용하는 소프트웨어가 고속으로 작동하게 된다. 80486DX, 68040 이후 최근의 CPU에서는 수치 연산 프로세서를 CPU에 내장하고 있다.

NDR 비파괴 판독 nondestructive read의 약어. ⇨ nondestructive read

NDRO 비파괴 판독 nondestructive read out의 약어. 기억 소자에서 정보를 판독해도 그 내용이 파괴되지 않고 보존되어 있는 판독 방식. 박막 기억 소자나 자기 디스크 기억 장치 등이 있다.

NDRO buffer register 비파괴 판독 버퍼 레지스터 원래 기억되어 있는 정보를 지우지 않고 읽을 수 있는 버퍼 레지스터. 따라서 정보 유지를 위하여 읽어낸 정보를 다시 써넣을 필요가 없다.

NDRO memory 비파괴 판독 기억 장치 nondestructive read out memory의 약어. 판독 조작을 하더라도 기억되어 있는 정보가 지워지지 않기 때문에 정보를 유지하기 위해서 다시 써넣을 필요가 없는 기억 장치.

NDT 네트워크 기술 템플릿 network description template의 약어.

NE not equal to의 약어. 프로그래밍 언어에서 수치 또는 문자로 구성된 항목 간의 비교를 수행하기 위하여 사용되는 연산자.

NE2000 미국 노벨 사의 16비트 ISA 버스용 이더넷 카드. 노벨 사 네트워크 운영 체제에 표준적으로 사용되고, NE2000 호환이라고 불리는 호환 제품도 다수 판매되고 있다.

near-end crosstalk [níər end krɔ́(:)stɔ̀:k] **근단 누화(近端漏話)** 유도 회선에서 피유도 회선으로의 에너지의 불합리한 전이중 유도 회선의 신호 전송 방향과 반대 방향으로 나타나는 것. ⇨ far end crosstalk

nearest-neighbor search problem [níərist néibər sə́:rtʃ prábləm] **최단 이웃점 탐색 문제** 주어진 점의 집합에서 질의점에 가장 가까운 점을 찾는 문제.

near-example [níər igzǽ:mpl] **근접 예** 하나의 개념 묘사에 필요한 모든 훈련 예들은 그 개념을 의미할 수 있는 사실들인데, 이러한 사실들은 그 개념을 의미하므로 이것은 한 개념에 대해서 모두 비슷한 예(근접 예)라고 할 수 있다.

near-letter quality [–létər kwáliti(:)] **NLQ, 니어 레터 퀄러티** 도트 매트릭스 방식의 프린터에 의해 인자된 문자의 품질이 거의 활자로 인쇄한 글씨와 비슷한 정도로 품질이 좋은 것. ⇨ letter quality, draft

nearly full [níərli(:) fúl] **니어 풀** 처리가 다 된 매체(용지나 지폐)가 스태커에 거의 차서 배출된 상태.

near-miss example [níər mís igzǽ:mpl] **부정적 근접 예** 근접 예들 중에서 하나 이상의 특정 인자가 주어진 개념을 부정적으로 할 때의 예.

near the end [–ðə énd] **니어 엔드** 장치 내에 재고로 있는 소비 용재(용지나 지폐)가 거의 없는 상태.

near time on demand [–taim ən dimǽnd] **니어 타임 온 디맨드** 시간적으로 제한을 받고 한정된 상호 작용만이 가능한 주문형 비디오. 사용자측의 요구로 영상이 송신되는 것이 아니라 서버측으로부터 영상의 개시 시각이 다소 엇비켜서 송신되고, 사용자가 요구하면 그 요구에 가까운 개시 시각의 영상에 접속된다.

near video on demand [–vídiòu ən dimǽnd] **니어 비디오 온 디맨드** 다른 시간대에 같은 프로그램을 서로 다른 채널에서 방송하는 TV 방송 서비스. 예를 들어, 프로그램 편성이 똑같은 채널을 30분 늦게 방송하면, 프로그램의 시작을 못보았더라도 30분 늦게 나오는 채널을 보면 그 프로그램을 처음부터 볼 수 있다. 제공하는 채널 수가 많은 케이블 TV나 위성 방송에서는 이런 형태의 서비스를 제공하기도 한다. ⇨ video on demand

NEC 일본 전기 Nippon Electric Corporation의 약어. 일본의 유수한 전기 · 전자 업체. 개인용 컴퓨터 분야에서는 PC 8000시리즈, PC 9801시리즈로 유명하며, 휴대용 컴퓨터, 컬러 모니터 등도 생산한다.

NECC 미국 교육 컴퓨터 협회 National Education Computing Conference의 약어.

need [ní:d] *n.* **필요성, 요구, 니드** 일반적으로 서비스 제공측에서 보아 시장이 존재하는 것. 즉, 고객이 요구하는 것을 가리키며, 복수형의 니즈(needs)

가 많이 사용된다. 컴퓨터 분야에서도 새로운 시스템 개발을 경영자나 그 시스템의 user(이용 부문)의 요구에 맞춰 행하든지 하나의 프로그램 중에서 자세한 요구 조건을 나타낼 때에도 사용된다.

negate [nigéit] *v.* **부정하다** 부정의 연산을 하거나 데이터 통신에서 입력한 정보가 잘못되었을 때에 그 정보를 삭제하는 것.

negated combined condition [nigéitəd kəmbáind kəndíʃən] **부정 결합 조건** 괄호로 감싼 조건의 직전에 논리 연산자 NOT을 붙인 것.

negated simple condition [–símpl kəndíʃən] **부정 단순 조건** 단순 조건의 직전에 논리 연산자 NOT을 붙인 것.

negation [nigéiʃən] *n.* **부정** 오퍼랜드의 불 값을 결과로 취하는 단항 불 연산. 어떤 논리 변수 A가 1일 때 0, 0일 때 1의 값이 되는 논리 변수를 A의 부정이라 한다. 명제 A가 성립하지 않을 때 명제 A의 부정을 말한다. 기호로 $\sim A$, $\rangle A$, $\overline{A}$ 와 같이 쓴다. ⇨ NOT operation

negation as failure [–əz féiljər] **부정 허위 가정** 폐쇄 세계 가정에 기반을 둔 가정으로 데이터베이스 내에 참을 증명할 수 없으면 모두 거짓으로 간주한다는 가정. not G를 처리할 때 not G를 증명하지 않고 대신에 데이터 베이스와 프로그램으로부터 G를 증명해보고 증명이 되지 않으면 not G는 성공한다고 가정한다.

negative [négətiv] *a. n.* **부정, 부** 컴퓨터에서는 하나의 변수(variable)에 대하여 어떤 비트를 할당하고 있는지가 사전에 결정되어 있는데, 그 중 최대 유효 비트(most significant bit)가 ⊕, ⊖의 부호를 나타내는 데 사용되고 있는 경우가 많지만, 큰 수끼리의 계산 등에서는 최대 유효 비트의 바로 아래의 비트가 거슬러 올라가면 ⊕, ⊖가 역전하여 그 이후의 연산은 무의미하게 되는 경우가 있다. 이 현상을 오버플로(overflow)라고 하며 난수의 발생 등에 사용하는 일이 있다.

negative acknowledge [–əknálidʒ] **NAK, 부정 인식** 정보 교환용 부호 중 수신 데이터가 에러인 것을 송신측에 응답할 경우에 사용하는 전송 제어를 위한 부호. 부정 응답이라고도 번역된다. 전달된 정보가 정확하지 못하다는 것을 인식하고 재송신을 요청하는 것이다.

negative acknowledge character [–kǽrəktər] **NAK, 부정 인식 문자** 데이터 전송에서 전송 제어 문자의 하나. 송신측에서의 메시지 수신이 「잘 된다」 또는 「수신 불능 상태」의 경우에 수신측이 송신측에 「그 취지」, 즉 「부정적」인 응답으로써 송출하는 문자. 또 수신이 「수신 가능 상태」의 경우에는 긍정 인식(ACK)이 반송된다. 이 문자는 정확도 문자로 이용할 수도 있다.

[주] 회선 접속이 확립되어 있는 지국에 대한 부정 인식으로서 전송되는 전송 제어 문자.

negative acknowledgement [–əknálidʒmənt] **부정 응답** 2진 데이터 동기 통신 방식에서 수신측 단말이 보내는 회선 제어 문자. 방금 전송된 블록 가운데 오류가 있어서 그 블록의 재수신이 가능한 상태로 되어 있다는 것을 나타낸다.

negative AND **NAND, 부정 논리곱, 부정곱** ⇨ NAND

negative AND gate **NAND gate, 부정 논리곱 게이트**

negative carry [–kǽri(ː)] **부정 자릿수**

negative characteristic [–kæ̀rəktərístik] **부특성, 음특성**

negative circuit [–sə́ːrkit] **부정 회로** 논리 회로(logic circuit)의 하나로 입력이 "1"일 때 출력이 "0"이 되는 회로. 이것을 이용한 논리곱 AND의 부정을 부정 논리곱(negative AND)이라 하고, 마찬가지로 논리합 OR의 부정을 부정 논리합(negative OR)이라 한다.

negative clause [–klɔ́ːz] **부정절** 절 내의 모든 리터럴이 음(–)의 리터럴인 논리절.

negative conductance [–kəndʌ́ktəns] **부(음) 컨덕턴스**

negative conductor [–kəndʌ́ktər] **부(음) 도체**

negative decimal value [–désiməl vǽljuː] **부(음)의 10진수**

negative edge [–é(ː)dʒ] **네거티브 에지** 전위가 높은 상태에서 낮은 상태로 변하는 순간, 펄스가 1에서 0으로 변화할 때의 에지로, 하강 에지 또는 뒤 가장자리라고도 한다.

negative fact [–fǽkt] **부정 사실** ⇨ negative information

negative feedback [–fíːdbæ̀k] **부정 피드백** 증폭기의 출력을 입력으로써 증폭을 억제하는 방향으로 되돌리는 것.

negative feedback control [–kəntróul] **부정 피드백 제어**

negative flag [–flǽ(ː)g] **음수 플래그** CPU의 상태 플래그들 중에서 현재 발생한 연산 결과가 음수임을 나타내는 것.

negative gate (B implies A) [–géit] **부정 게이트** ⇨ B AND-NOT gate

negative impedance [–impíːdəns] **부(음) 임피던스**

negative impedance converter [–kənvə́ː

rtər] 부(음) 임피던스 변환기, 부(음) 임피던스 교환 장치

negative indication[–ìndikéiʃən] **음수 지시** 필드 상의 최상의 카드열에 겹쳐져 천공함으로써 천공 카드 상에 부수 필드를 지정하는 것.

negative information[–ìnfərméiʃən] **부정 정보** 어떤 사실 또는 관계가 성립하지 않음을 나타내는 정보.

negative instance[–ínstəns] **부정 예** 개념 학습에 필요한 예 중에서 그 개념을 부정하는 훈련 예.

negative logic[–lɑ́dʒik] **음논리** 컴퓨터에서 취급하는 데이터는 "0", "1"의 2진수(binary number)인데, 이것을 전압의 고저로 대응시키고 있다. 보통은 높은 전압을 "1"로, 낮은 전압을 "0"에 대응시켜 이것을 양논리(positive logic)라고 하는데, 이것을 역의 형태로 나타낸 것.

negative number[–nʌ́mbər] **음수**

negative OR NOR, 부정 논리합, 부정합 ⇨ NOR

negative OR gate NOR gate, 부정 논리합 게이트

negative photoconductivity[–fóutoukə̀ndʌktíviti(ː)] **부정 광전도**

negative-positive barrier method[–pɑ́zitiv bǽriər méθəd] **음-양 배리어법**

negative receiving[–risíːviŋ] **음화(陰畵) 수신**

negative resistance[–rizístəns] **부성 저항** 예를 들면, 터널 다이오드와 같은 것으로 옴(Ohm)의 법칙에 따른 저항은 저항의 양단 전압을 올리면 그것에 비례해서 전류도 증가하지만, 그것에 반해서 전압을 올리면 전류가 감소하는 특성을 가지는 것을 부성 저항이라고 한다.

negative resistance amplifier[–ǽmplifɑ̀iər] **부성 저항 증폭기**

negative resistance storage[–stɔ́ːridʒ] **부성 저항 기억 장치**

negative response [–rispɑ́ns] **부정 응답**

negative temperature[–témpərətʃər] **부정 온도**

negative-true logic [–trúː lɑ́dʒik] **부정 참 논리** 높은 전압이 0으로 표현되고 낮은 전압이 1로 표현되는 논리로 이것은 일반적으로 사용되는 논리 표현과는 반대이다.

negator[négətər] NOT element, **부정 연산 소자** 하나의 2치 입력 신호를 넣으면 반대의 2치 출력 신호를 내보내는 논리 소자.

negentropy[négəntroupi(ː)] *n.* **엔트로피 평균 정보량, 네겐트로피**

negotiated orderly release[nigóuʃièitəd ɔ́ːrdərli(ː) rilíːs] **절충 정상 해제** 양쪽 방향의 세션 서비스 이용자가 세션 접속을 해제하고자 하는 경우 토큰 제어되는 정상 해제를 말하며, 여기서 사용하는 토큰을 해제 토큰(release token)이라고 한다. 정상 해제에 요구되는 세션 엔티티는 절충 정상 해제의 경우에 그 요구를 거부할 수 있다.

negotiation [nigòuʃiéiʃən] *n.* **절충** 트랜스포트 접속 상에서 세션 엔티티에 제공되는 서비스의 품질을 결정하는 세션 엔티티 및 트랜스포트 서비스 제공자 사이의 협상 또는 송신측 모뎀과 수신측 모뎀 사이의 물리적 접속 이전에 통신 속도, 서비스 종류 등을 교환하여 상호 통신의 가능성을 확인하는 과정을 말한다. 이때 처음 협상이 불가능하면 상대방에게 초기에 협상된 최하위 속도로 재통신을 요구하며, 협상 방법으로는 크게 톤(tone)에 의한 방법과 부호(code)에 의한 방법으로 나누어진다.

neighborhood[néibərhù(ː)d] *n.* **이웃** 위상 공간 S의 위상 T에 대하여 S의 부분 집합 V가 다음 조건을 만족할 경우에 V를 점 P의 이웃이라고 한다. 예를 들어 $P \in S$에 대하여 $P \in V$이고, $P \in U \subset V$인 $U \in T$가 존재한다.

neighborhood work centers[–wə́ːrk séntərz] **이웃 작업 센터** 지점을 개설하고자 하는 지역에 거주하는 사람을 고용하고 이웃 사무실을 상호 계약에 의하여 전일제, 시간제 또는 기기별로 공동 활용하여 업무를 처리하는 형태. 즉, 각 지역에 지사나 지점을 설립할 필요는 있지만 많은 사람이 상주할 필요는 없고, 특별한 기기(팩시밀리, 프린터, 워드 프로세서 등)가 필요하여 많은 투자가 요구될 때 활용되는 방법이다.

NEIPT 정보 처리 기술자 시험 National Examination for Information Processing Technicians의 약어. 정보 처리 기술자의 기술력을 평가, 인정하는 국가 시험. 일본 정보 처리 기술자 시험 센터에서 시행하고 있다. 한국의 노동부는 한·일 인력 교류를 활성화하기 위해 국가 기술 자격 중에서 IT 관련 자격을 양국이 상호 인정하기로 하고 국가 자격 시험 주관 기관인 한국 산업 인력 공단과 일본 정보 처리 기술자 시험 센터 사이에 상호 인정 협정을 체결하였다. 춘계 시험은 ① 프로젝트 관리자 ② 시스템 운용 관리 기술자 ③ 데이터 베이스 스페셜리스트 ④ 프로덕션 기술자 ⑤ 마이크로컴퓨터 응용 시스템 기술자 ⑥ 시스템 관리자(초급, 상급)로 분류되어 있다. ①부터 ④가 대졸 수준의 일반 상식, ⑤, ⑥은 고졸 수준의 일반 상식이 요구된다. 또한 ①부터 ④는 정보 시스템에 관한 수년간의 실무 경험을 쌓아야 한다. ①, ②는 27세 이상, ③은 25세 이상이라는 연령 제한이 있다.

neither-NOR gate NOR gate, NOR 게이트

neither-NOR operation **NOR 연산** 각 오퍼랜드가 불 값 0을 취할 때 한하여 결과가 불 값 1이 되는 2항 불 연산.

nematic liquid crystal[némètik líkwid kristəl] **네마틱 액정** 분자가 길다란 축 방향으로 배열되어 있지만 층 모양으로는 되지 않고 서로의 위치가 불규칙하게 되어 있는 액정. 손목 시계나 휴대용 계산기와 같은 평판 표시 장치에 널리 사용된다.

neper[néipər] **네퍼** 신호 매개변수들의 상대적인 강도를 측정된 동력 수준의 비율에 대한 자연 로그로 나타낸 측정 단위.

nerd[nə́:rd] **초보자** 컴퓨터 아마추어를 가리키는 말.

Nero-Burning ROM **네로-버닝 롬** 독일의 어헤드(Ahead) 사에서 만든 프로그램으로 데이터, 음악 CD 만들기, CD 복사 등을 할 수 있다. 이 프로그램의 장점은 용량이 더 큰 CD도 복사해주며, 웨이브 파일을 MP3로 바꿔주기도 한다. PC 통신이나 인터넷에서 시험판을 쉽게 구할 수 있다.

nerve fiber[nə́:rv fáibər] **신경 섬유** 신경 세포는 세포로부터 한 개의 긴 축색(軸索 ; axon)이라는 것이 붙어 있으며 이 축색을 신경 섬유라고도 한다.

NESA **네사** new extended standard architecture의 약어. 일본의 32비트인 PC-H98 시리즈에 내장된 32비트 버스 구조. PC-9801 시리즈는 32비트 CPU에 16비트 외부 버스를 사용하고 있어 데이터 전송이 고속화되었다.

NEST **네스트** Novell embedded systems technology의 약어. 미국 노벨 사가 1994년 2월에 발표한 조립용 운영 체제를 위한 아키텍처. NEST를 사용하면 셋 톱 박스와 POS 단말, FA 기기 등에서 디렉토리 서비스 등의 넷웨어 서비스를 사용할 수 있다. NEST는 다른 제조 업체의 운영 체제와 조립한 것인데, 이를 위해 POSE(portable operating system environment)라 부르는 인터페이스를 지정하고 있다. 미국 이테그레이티드 시스템 등이 POSE에 대응하는 운영 체제를 개발하고 있다. 이 회사는 노벨 사의 POS를 위한 조립용 운영 체제 FlexOS를 인수하여 개발, 판매하고 있다.

nest[nést] *n.* **내포, 네스트** 루틴이나 데이터의 작은 블록을 큰 루틴이나 데이터의 일부에 끼워넣어 구성된 구조. 예를 들면, FORTRAN에서는 DO 문의 내포 구조가 있다. 서브루틴(subroutine) 중에서 서브루틴을 호출하는 것이나, FORTRAN에 있는 DO(loop)가 2종, 3종으로 되는 등 더욱 가장 간단한 예로서 함수 중에 함수가 포함되어 있는 SQR(SIN(a))와 같은 계산 예도 있다. 네스트할 때는 내포로 되어 있는 쪽의 명령을 먼저 실행하고 나서 내포의 계산에 다른 장소의 다음 명령으로 되돌리고 다시 계산을 실행하지만 이 되돌린 위치를 기억하기 위해서 스택(stack)에 그 주소(address)가 들어 있다. 그 때문에 사전에 준비되어 있는 스택 영역 이상으로 네스트하면 스택이 프로그램 영역이나 데이터 영역에까지 들어가서 그 내용을 파괴해 버리는 경우도 있다. 이 때문에 네스팅에 관계된 정보는 프로그램에 있어서는 중요하다.

[주] 어떤 종류의 하나 또는 몇 개의 구조를 같은 종류의 한 가지 구조에 짜넣는 것으로, 예를 들면 하나의 루프(내포로 되는 루프)를 다른 루프(네스트로 하는 루프)의 네스트로 하는 것. 하나의 서브루틴(네스트로 되는 서브루틴)을 다른 서브루틴(네스트로 하는 서브루틴)에 내포하는 것이 있다.

nested block[néstəd blák] **내포된 블록** 다른 프로그램 안에 있는 블록.

nested DO **내포된 DO**

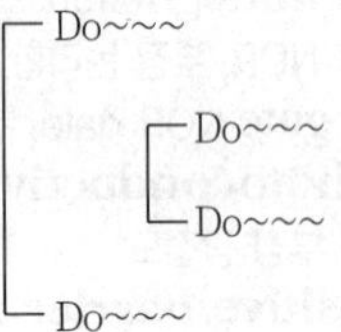

〈내포된 DO 문 형식〉

nested list[-líst] **내포된 리스트** 일반적으로 리스트는 그 원소가 원자값이라는 제약 조건이 있는데, 이 제약 조건이 없는 리스트를 말한다. 즉, 리스트의 원소가 다시 리스트가 되는 리스트.

nested loop[-lú:p] **내포된 루프** 루프 구조 내부에 하나 이상의 또 다른 내부 루프 구조를 갖는 형태로 바깥쪽에 위치한 루프를 외부 루프, 안쪽에 위치한 루프를 내부 루프라고 한다. 중첩 루프에서는 루프 각각의 범위가 겹쳐서는 안 되며, 내부 루프에서 외부로는 분기할 수 있지만 외부 루프에서 내부 루프로 제어를 옮기려고 할 때는 반드시 내부 루프의 시작점으로 옮겨야 한다.

nested loop method[-méθəd] **내포된 루프 방법** 조인할 두 릴레이션을 먼저 바깥쪽 릴레이션과 안쪽 릴레이션으로 구분한 후 바깥쪽 릴레이션의 각 투플들을 순차적으로 스캔하면서 그 투플과 부합되는 투플들을 안쪽 릴레이션에서 찾는 조인 수행 방법.

nested macro[-mǽkrou] **내포된 매크로** 매크로 호출 명령을 사용함으로써 마치 매크로가 또 다른 매크로를 포함하는 형태로서 매크로 본체를 구성하는 명령문. 중첩된 매크로를 사용하는 목적은 매크로의 표현 능력을 증대시키기 위해서이며, 특히 중첩된 매크로의 확장시는 안쪽에 포함된 매크로를 먼저 확장시켜야 하므로 스택을 사용해서 바깥쪽 매크로의 상태를 보관한 후 내부에 위치한 매크로를 확장이 끝나게 되면 스택 내부에 보관된 매크로에 대한 처리를 한다.

nested macro call[–kɔ́:l] **내포된 매크로 호출** 하나의 매크로 정의 내에서 또 다른 매크로를 호출할 수 있는 기능. 이렇게 함으로써 매크로의 작성을 쉽게 해주고 이해도를 높일 수 있다.

nested macro definition[–dèfiníʃən] **내포된 매크로 정의** 하나의 매크로를 정의한 후 매크로를 호출하게 되면 다시 새로운 매크로가 정의되는 기능.

nested scope[–skóup] **내포 스코프, 내포 유효 범위**

nested subroutine[–sʌ́bru:tì:n] **내포된 서브루틴** 하나의 서브루틴 속에 존재하는 또 하나의 서브루틴. 즉, 서로 다른 서브루틴 중에서 호출되는서브루틴을 말한다.

nested transaction [–trænsǽkʃən] **내포된 트랜잭션** DB의 회복에서 트랜잭션 내에 트랜잭션을 포함하는 트랜잭션. 시스템 R에서는 SAVE와 RESTORE의 문장을 통해 savepoint로서 이 기법을 제공한다.

nesting[néstiŋ] *n.* **네스트 구성, 네스팅, 중첩** (1) 서브루틴 중에 다른 서브루틴을 짜넣는 것. 더욱이 일반적으로는 프로그램 루틴 중에 다른 프로그램 루틴 또는 일군의 데이터를 짜넣는 것. (2) 높은 우선도(priority)의 분배가 낮은 우선도의 분배 처리를 중단하는 것.

nesting in subroutine[–in sʌ́bru:tì:n] **서브루틴의 네스팅** 어떤 서브루틴 s_1 중에서 다른 서브루틴 s_2를 부르고 다시 s_2중에서 s_3를 부르는 것과 같은 서브루틴의 다중 호출을 말한다.

nesting level[–lévəl] **내포 수준, 네스팅 레벨** 어셈블리 프로그램의 경우 한 수식에 어떤 항이나 수식이 내포되어 있는 정도. 또는 어셈블러에 의해 처리되는 매크로 정의(macro definition) 내에 포함되어 있는 서브루틴 중에서 다른 매크로 명령어가 내포되고 있는 정도를 말한다.

nesting loop[–lú:p] **중첩 루프** 하나의 루프 내부에 하나 이상의 루프가 내포되어 있는 것.

nesting of programs[–əv próugræmz] **프로그램 네스팅** COBOL 프로그램에서 하나의 프로그램 중에 다른 프로그램을 포함한 구성.

nesting storage[–stɔ́:ridʒ] **내포 기억 장소**

nesting store[–stɔ́:*r*] **내포 기억 장소** ⇨ stack

nest of subroutine[nést əv sʌ́bru:tì:n] **서브루틴 내포** 한 서브루틴에서 다른 서브루틴을 호출하는 것을 계속 반복하여 결국 제어는 서브루틴들의 배열을 통해 처음 전달된 서브루틴으로 되돌아가게 되는 서브루틴들의 중간 단계의 과정.

nest relation[–riléiʃən] **내포 관계**

Net2Phone 넷2폰 인터넷폰이나 넷 미팅은 PC 대 PC로서 발신, 수신 둘 다 인터넷망에 접속되어 있어야 가능하다. Net2Phone은 PC 대 일반 전화기로 사용할 수 있으므로 발신인만 인터넷에 접속되어 있으면 인터넷을 통한 전화 통화가 가능하다.

NetBEUI 넷뷰이 대개 한 개에서 200개까지의 클라이언트로 구성된 작은 LAN에서 사용되는 네트워크 프로토콜을 말한다.

net bill[nét bil] **넷 빌** 전자 수표 방식에 의한 인터넷 상거래 결제 시스템. 넷 빌은 인터넷에서 소액 거래를 지원하도록 설계되었고, 소비자와 판매자는 웹 브라우저에 작동되는 넷 빌의 소프트웨어를 사용하여 거래 정보를 교환한다. 넷 빌 서버에서는 소비자와 판매자 계정을 유지 · 관리하며, 이들 계정은 각자의 거래 은행 계좌와 상호 연결되어 있다.

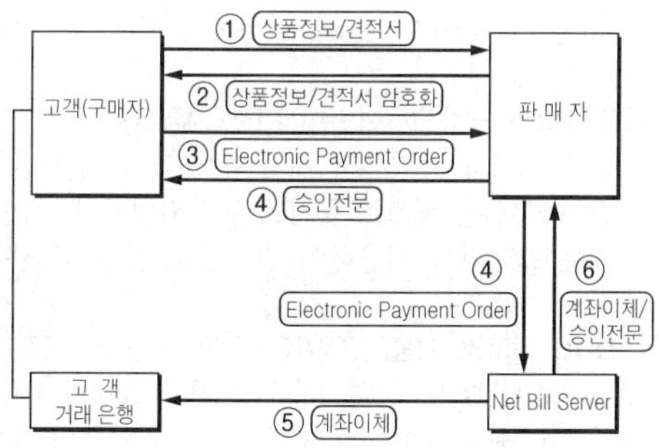

(Electronic Payment Order : 상품 가격, 상품 번호, 접수 시간이 기록됨)

〈넷 빌 거래 절차〉

NetBIOS 네트워크 기본 입출력 시스템 network basic input/output system의 약어. IBM이 1984년 8월에 발표한 규격으로 OS와 LAN 인터페이스 및 그 통신 프로토콜을 규정한다.

NetBSD 네트워크 상에서의 사용을 목적으로 개발된 유닉스로 그 기본은 386BSD에 두고 있다. 프리웨어로 제공된다.

netcast[nétkæ̀st] **넷캐스트** 푸시(push) 기술과 분산 객체 컴퓨팅(DOC ; distributed object computing) 기술을 처음으로 웹 브라우저에 적용한 기술이다. 1996년 가을 컴덱스쇼에서 「컨스텔레이션」이라는 코드명으로 공개되어 화제를 모았다.

NetCaster[nétkæ̀stə*r*] **넷캐스터** 미국 넷스케이프 사가 제창한 데스크톱 환경으로, 넷스케이프 커뮤니케이티 상에서 푸시 기술을 이용하여 웹에 송신된 정보를 수신하는 소프트웨어. 희망하는 정보원(채널)을 지정하여 인터넷에 접속하면 화면의 웹톱이라는 배경에 정보원에서 전송된 최신 정보가 항상 표시된다. 동일한 기술로는 마이크로소프트 사의 액티브 데스크톱(Active Desktop)이 있다.

net control station[nét kəntróul stéiʃən] **망 제어 지국** 망 안의 모든 지국이 네트워크를 사용할 때 그 내용을 조정하는 지국.

net directory[-diréktəri] **네트워크 디렉토리** WWW 브라우저를 사용하여 WWW 서버에 액세스하면 맨 처음 홈페이지에 표시되며, 이 버튼을 누르면 WWW 서버와 각각의 디렉토리를 찾아볼 수 있다. net search와 다른 점은 net search 버튼은 하이퍼텍스트 문서들을 검색해 원하는 문서를 찾아내는 것이고, net directory는 검색을 문서 단위로 하는 것이 아니라 WWW 서버와 디렉토리들을 검색한다는 점이다. ⇨ WWW, net search

netfin[nétfɑin] **넷파인** 여러 개의 데이터 베이스를 이용할 수 있도록 해주는 서비스. Telnet으로 bruno.cs.colorado.edu에 접속하여 이용할 수 있다. ⇨ Telnet

NETHack 넷해크 던전형 RPG「루즈(Rouge)」의 흐름을 설계하는 컴퓨터 게임. 지금까지 캐릭터나 던전, 아이템은 텍스트 문자로 표시되었지만, 최신판에는 그래픽을 이용하여 긴장감을 한층 고조시킨다.

Netian 네띠앙 NETWORK + PEOPLE = NET + IAN = NETIAN. 성별, 나이, 직업에 관계없이 누구나 인터넷을 활용하고 삶을 풍요롭게 만들어가는 사람들을 의미한다. 정보 검색, 쇼핑은 물론 인터넷에서 친구를 만나기도 하며 직접 소모임이나 커뮤니티를 만들어가는 진취적인 21세기 네티즌(netizen)을 일컫는 신조어이다.

netiquette[nétikèt] **네티켓** 에티켓(etiquette)에서 따온 말로 네트워크 예절(network etiquette)이라 하며, 전자 통신 환경(전자 메일이나 컴퓨터 뉴스 그룹)을 조화롭게 이루려 노력해왔던 다년간의 경험을 반영한 일련의 규칙들을 말한다.

netizen[nétizn] **네티즌** network와 citizen의 합성어. 인터넷은 지리적인 국경을 무의미한 것으로 바꾸어 놓았으며, 네트워크 상에 연결된 사람들은 인터넷이라는 전자 통신을 통해서 공통된 가치관이나 연대감을 갖고 있다. 이와 같이 종래의 국경을 무시하고 인터넷으로 연결된 사람들을 네티즌이라 한다. 정보 사회와 인터넷이 낳은 용어이다.

net loss[nét lɔ́(ː)s] **전송 손실** 보통 단위로서 dB가 쓰이는데, 신호를 어느 점에서 다른 점으로 전송하는 경우의 신호 전력의 감쇠량.

netmask[nétmæ̀ːsk] **넷마스크** 인터넷 사이트 운영에 있어, 넷마스크란 IP 주소의 네트워크 부분을 가리거나 걸러서 호스트 컴퓨터의 주소 부분만이 남도록 하기 위해 0과 1이 조합되어 있는 문자열이다. 마스크가 이진수 1로 시작하는 것은 IP 주소의 네트워크 ID 부분을 0으로 변환한다. 그 후에 나타나는 이진수 0은 호스트 ID가 남도록 해준다. 자주 사용되는 넷마스크로서 "255.255.255.0"이 있는데, 이는 최대 255대까지의 호스트 컴퓨터를 수용할 수 있는 C 클래스 서브넷을 위해 사용되며, 넷마스크 "255.255.255.0" 내의 ".0"은 특정한 호스트 컴퓨터 주소를 명백히 보이도록 해준다.

netmeeting[netmíːtiŋ] **넷미팅** 마이크로소프트 사가 개발한 본격적인 인터넷 회의 시스템. 인터넷에 연결된 사람과 실시간(real-time)으로 공동 작업을 할 수 있다.

Net News[nét njúːz] **넷 뉴스** 인터넷 상의 전자 회의. 하나의 뉴스 서버에 사용자가 메시지를 투고하면, 그 뉴스 서버는 다른 뉴스 서버로 메시지를 전달한다. 이것이 반복되어 세계의 뉴스 서버가 동일한 정보를 가질 수 있게 된다. 넷 뉴스를 이용하려면 뉴스 리더라는 소프트웨어가 필요하다.

NetPC 마이크로소프트 사와 인텔 사가 1996년 10월에 발표한 네트워크 컴퓨터 구상. 네트워크의 클라이언트로서 업무 단말기로 이용되고 있다. PC와는 별도로 취급할 방침이다.

netphone[nétfoun] **넷폰** 일렉트릭 매직 사의 넷폰은 매킨토시에서 인터넷을 통해 음성 메시지를 전달할 수 있는 소프트웨어로, 인터넷에서 인터넷폰과 비슷한 소프트웨어이다. 인터넷폰과 달리 기본적으로 양방향 전송이 가능하고 여기에 접속하면 다른 여러 나라의 사람들과 대화할 수 있다.

net requirements[nét rikwáiərmənts] **정미(正味) 필요량** 자재 계획에서는 생산 계획으로부터 필요한 각 부품의 총 필요량(gross requirements)이 구해진다. 이 총 필요량으로부터 재고량을 뺀 것이 실제로 발주하여야 하는 양이다.

Netscape[nétskèip] **넷스케이프** 모자이크와 마찬가지로 월드 와이드 웹에서 정보를 검색하는 브라우저. 가장 인기있는 월드 와이드 웹 브라우저로 미국 넷스케이프 커뮤니케이션 사가 만들었다. 일반용과 골드 버전으로 나눠 판매되고 있으며, 일반용은 인터넷 일반 사용자들을 위한 것으로 전자 메일, 뉴스 그룹, 채팅, 자바 언어, 프레임, 온라인 플러그인 등의 기능이 지원된다. ⇨ 그림 참조

Netscape Communicator[-kəmjùːnikéitər] **넷스케이프 커뮤니케이터** 1996년에 미국 넷스케이

프 사가 발표한 웹 브라우저(기존의 웹 내비게이터), 전자 우편, 넷 뉴스, 그룹웨어를 하나의 패키지에 수록한 인터넷 통합 제품. 버전 5.0부터는 무료로 배포되어 소스 코드도 얻을 수 있다. ⇨ Web browser

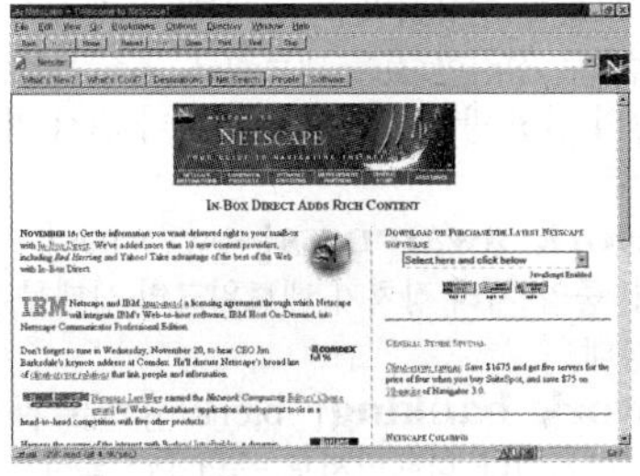

〈Netscape 화면의 예〉

Netscape Navigator[-nǽvigèitər] **넷스케이프 내비게이터** 미국 넷스케이프 사가 개발한 인터넷에서의 클라이언트용 소프트웨어(웹 브라우저). 보통 줄여서 넷스케이프라고도 한다. 넷스케이프 커뮤니케이터의 등장 이래 커뮤니케이터에 삽입된 형태로 출시되었다가, 사용자들의 불만으로 단독으로 배포되기도 한다.

Netscape pro[-prou] **넷스케이프 프로** 넷스케이프의 모든 기능을 가진 상태에서 편집까지 가능하게 만든 소프트웨어.

net search[net sə́ːrtʃ] **넷 서치** WWW 브라우저를 사용하여 WWW 서버에 액세스하면 맨 처음 홈페이지에 표시되며, WWW의 검색 엔진과 연결되어 있다. 검색 엔진이란 인터넷의 아치 서버와 비슷한 개념을 가진 서버로 원하는 정보를 찾기 위해 문자열을 입력하면 전세계의 WWW을 검색하여 찾고자 하는 주제를 가진 문서들을 찾아준다.

net stalker[-stɔ́ːkər] **넷 스토커** 인터넷을 사용하여 개인의 사생활을 침범하는 범죄자. 무단으로 개인 정보를 조사하거나 집요하게 접촉을 시도하는 등 피해자에게 정신적 고통을 주는 경우가 많다.

netter[nétər] **네터** 네트워크를 탐색하는 사람.

netting[nétiŋ] **네팅** 매매가 많은 그룹이나 기업들끼리 자금의 거래를 상쇄하는 것. EDI가 보급되면서 컴퓨터에서 신속, 정확하게 거래 정보 처리가 진행되고 있으며 네팅도 가능하다.

net-walker[nét wɔ́ːrkər] **네트워커** ⇨ net-worker

netware[nétwɛ̀ər] **넷웨어** 미국 노벨(Novell) 사가 생산 판매하는 개인용 컴퓨터를 위한 근거리 통신망(LAN)의 상품명.

NetWare for UNIX[-fər júːniks] 유닉스 상에서 한 애플리케이션으로 움직이는 넷웨어. 1992년 1월 발표한 NetWare V 3.11을 이식한 것까지는 Portable NetWare라고 불렀다. 이를 설치한 유닉스 상에서는 사용자명을 (같은 네트워크에 연결된) PC 상의 NetWare와 동일하게 설정할 수 있으므로 유닉스 사용자와 NetWare 사용자 사이에 파일이나 프린터를 공용할 수 있게 된다. 또 사무실에 난립해 있는 PC에서 TCP/IP나 SNA 등 다른 통신 환경에 액세스하는 유력한 수단으로 이용할 수 있다. 이 소프트웨어를 많은 유닉스 워크스테이션에서 계속 이식하고 있다.

network[nétwəːrk] *n.* **통신망, 네트워크** (1) 데이터 통신망 그 자체이고, 단말 장치(terminal) 간의 통신 경로를 구성하는 자원의 집합이라고 말할 수 있다. 일반적으로는 단말 장치, 노드(node), 회선(line), 간선(trunk), 통신 위성들을 포함한 상호 접속된 매체로 구성된 시스템을 네트워크라고 한다. (2) 전자 회로망 : 여러 종류의 전자 소자를 상호 접속한 것. 거기에 포함된 소자에 따라 수동 회로망(passive network), 능동 회로망(active network) 또는 선형 회로망(linear network) 등으로 분류된다. (3) 프로젝트 관리 수법의 PERT, CPM 등으로도 이용된다. 프로젝트의 「개시」에서 「종료」까지의 각 작업의 상호 관계를 화살표선(activity)과 체크포인트(event)로 도표화한 것을 가리킨다. (4) 수학의 그래프 이론에서 사이클을 포함하지 않는 연결 방향 그래프(connected directed graph) : 전화, 논리 게이트(logic gate) 또는 컴퓨터는 반드시 방향 그래프(directed graph)는 아니지만 연결 그래프를 사용하여 표현할 수 있다.

network access control[-ǽkses kəntróul] **네트워크 접근 제어** 네트워크의 감독과 조정을 위한 여러 가지 제어와 관련된 여러 사항들. 또한 시스템 동작의 감시, 데이터의 정확성 보장, 사용자 확인 기록, 시스템의 접근 및 변경 그리고 사용자의 접근을 위한 방법들을 포함한다.

network access process[-prɑ́ses] **네트워크 접근 프로세스** 분산 데이터 베이스 시스템에서 다른 노드들과의 통신을 담당하는 소프트웨어로서 대부분의 기본적인 전송 기능을 수행함으로써 데이터 베이스 관리 기능과 데이터 통신 기능을 연결시켜 주고 조정해준다.

network access protocol[-próutəkɔ̀(ː)l] **네트워크 접속 규약** 패킷 교환망이나 회선 교환망과 같은 공중 데이터망에서 데이터 단말 장치(DTE)와 회선 종단 장치(DCE) 사이의 조작 순서에 관한 규약을 말하며(DTE / DCE) 인터페이스라고도 한다. 이것은 망에 연결된 시스템 간의 통신이 가능하도록 선로의 설정과 절단, 데이터 전송 절차를 실현시키고 망의 접속에 필요한 순서 제어, 흐름 제어 등의 기능을 수행함으로써 SIO 상위 계층이 어떤 망을 통하여 정보가 전송되는지를 의식하지 않고 원하는 통신 서비스를 할 수 있게 한다. 일반적인 망 접속 표준은 CCITT의 권고로 규정된 패킷 교환망의 X.25와 회로 교환망의 X.21 등이 있다.

network adapter[–ədǽptər] **통신망 접속기** 컴퓨터를 통신망과 접속하는 데 사용되는 장치 또는 확장 카드.

network address[–ədrés] **네트워크 주소** 각 NAU마다 한 개의 네트워크 주소가 할당되며, 이것은 다른 NAU에 대하여 자신을 식별하고 경로 제어망에 의하여 수신측 NAU에 대한 경로를 선택하는 데 이용된다. 네트워크 주소는 서브에어리어(sub-area)의 주소와 서브에어리어 내에 있는 임의적인 요소 주소로 형성된다.

network addressable unit[–ədrésəbl jú:nit] **NAU, 네트워크 주소 지정 가능 단위** IBM의 컴퓨터 통신망인 SNA 층(layer) 6에 해당되는 것으로 노드(node) 내의 프로세서가 망을 사용할 수 있도록 하는 소프트웨어를 말하며, 프레젠테이션 서비스, 세션 및 망 서비스를 행한다. NAU는 망에서 자신의 주소를 가지고 있어 망을 사용하려는 프로세서는 자신을 NAU에 연결하고 이 NAU를 부를 수도 있다. NAU에는 LU(logical unit), PU(physical unit) 및 SSCP(system service control point)의 세 가지 형태가 있다.

network address translation[–trænsléiʃən] **네트워크 주소 변환** ⇨ NAT

network address translator[–trænsléitər] **네트워크 주소 변경기** ⇨ NAT

network address unit[–jú:nit] **NAU, 네트워크 주소 가능 장치** ⇨ NAU

network administrator[–ədmínistrèitər] **네트워크 관리자** LAN이나 WAN 등과 같은 통신망의 운영 전반에 책임을 지는 사람. 단말기의 설치, 사용자의 등록, 비밀 번호 및 보안 관리, 공유 자원의 관리, 장애 복구 등의 업무를 관장하며 웹 마스터라고도 한다.

network analog[–ǽnalɔ̀(:)g] **네트워크 아날로그** 회로를 사용하여 변수 간의 수학적 관계를 표현하여 푸는 것으로, 이러한 장치로는 네트워크 분석기가 있으며 전력 공급망과 같은 시뮬레이트에 사용한다.

network analyzer[–ǽnəlàizər] **회로망 해석기** 아날로그 컴퓨터의 일종으로 편미분 방정식을 푸는 것을 목적으로 한 것으로 복잡한 전기 회로망의 계산에 이용된다. 교류 계산기는 이에 속한다.

network architecture[–á:rkitèktʃər] **네트워크 구성** 분산 처리 시스템이나 시스템 간 접속으로서 구성되는 컴퓨터 네트워크에서는 통신 회선에 따라서 서로 연결되는 장치끼리 통신을 하기 위해서 통신 규약(프로토콜)을 정해둘 필요가 있다. 이 프로토콜을 범용적인 논리 모델(model) 상에서 체계적으로 정리한 것을 네트워크 구조라 한다. 각종 기능의 편성 방법, 데이터 형식이나 순서 기술 등이 포함된다.

network awareness[–əwέərnəs] **네트워크 인지** 중앙 처리 장치가 네트워크의 상태를 알고 있는 상태.

network banking[–bǽŋkiŋ] **네트워크 뱅킹** PC-VAN이나 니프티서브 등의 PC 통신을 이용한 은행들이 실시하고 있는 서비스. 홈뱅킹이라고도 한다. 서비스 내용은 은행에 따라 차이는 있지만 예금/대출 신상품 안내, 구좌 개설/주소 변경 등의 우편 방식에 의한 신청서 송부 의뢰, 금리 동향 등의 정보, 국내 점포망이나 각종 수수료의 자료 청구, 대출 상담 등이 있다.

network buffer[–bʌ́fər] **네트워크 버퍼**

network communications circuit[–kəmjù:nikéiʃənz sə́:rkit] **네트워크 통신 회로**

network communications control facility[–kəntróul fəsíliti(:)] **NCCF, 네트워크 통신 제어 기능**

network components[–kəmpóunənts] **네트워크 구성 요소** 대형 시스템에서 주처리기, 원격 컴퓨터 시스템, 원격 단말 장치와 모든 구성 요소들을 서로 연결해주는 전송로나 채널.

network computer[–kəmpjú:tər] **네트워크 컴퓨터** NC는 네트워크(특히 인터넷) 접속 전용 컴퓨터이다. 일반적인 PC의 기능과 사양을 대폭 축소시켜 가격을 저렴하게 하고 네트워크 접속 기능을 강조한 새로운 개념의 컴퓨터이다. 방대한 양의 데이터와 응용 프로그램들을 저장하고 있는 서버에 연결해서 필요한 정보 처리나 프로그램을 실행하며 모든 정보의 저장이나 검색 작업도 연결된 서버를 통해 이루어진다.

network configurations[–kənfigjuréiʃənz] **네트워크 형태** 다수의 중형 또는 소형의 컴퓨터들로 네트워크를 구성하는 형태에 따라 성형(星形 ; star), 환형(環形 ; ring), 버스 공유형(shared bus)의 세 가지 구성 방법이 있다. 이러한 각 방식을 구현하기 위해서는 특별한 하드웨어와 소프트웨어가 필요하다.

network control[–kəntróul] **네트워크 제어** 공중 교환망의 제어(다이얼 펄스 혹은 호출 레코드의 송출, 호출음의 검출 등).

network control center[–séntər] **네트워크 제어 센터** 네트워크 제어 센터는 고차원의 네트워크 관리 기능을 수행한다. 이들 기능은 통계 수집, 처리, 고장 보고와 교정, 구성 변동 사항의 설치 등을 포함한다. 네트워크 제어 센터는 수요에 대응하기 위한 네트워크 자원의 운영 관리, 고장 요소를 제거하고 일시적으로 서비스를 유지하기 위한 네트워크 자원의 운영 관리, 사건, 상태, 측정 데이터를 수집하여 보고하고 필요한 분석과 조치를 유발, 엔지니어링과 관리의 목적으로 사용하기 위하여 통계 수집, 처리, 보고, 중앙 집중된 유지 보수 시험과 제어 행위, 행정적인 데이터의 저장과 액세스, 네트워크 성능과 자원 사용의 모형 제작 및 분석, 네트워크 변경, 소프트웨어, 하드웨어의 생성 등에서 한 가지 이상을 제공하는 네트워크 자원으로 볼 수 있다.

network control layer[–léiər] **네트워크 제어 계층** 네트워크가 계층으로 구분된 것으로 1975년 이전에는 계층 1과 계층 2만이 규정되었는데, 이들은 같은 물리적 회선에 연결된 기계들 사이의 통신에 적절하였다. 그러나 분산 처리와 컴퓨터 네트워크에서는 더 많은 계층을 요구하기 때문에 실제적으로는 더욱 복잡해져서 계층 3은 때로는 논리적 회로나 논리적 링크라고 불리는 가상 회로와 관계된다. 이러한 가상 회로는 물리적인 실체로는 존재하지 않지만, 계층 3은 하나의 실존하는 회로로 믿게 해줄 논리적 채널을 만들어준다.

network controller[–kəntróulər] **NC, 회로망 제어 장치**

network control mode[–kəntróul móud] **네트워크 제어 모드**

network control program[–próugræm] **NCP, 네트워크 제어 프로그램, 회선망 제어 프로그램, 네트워크 컨트롤 프로그램** NCP는 통신 제어 장치(CCU ; communication control unit)에 로드되고, 데이터링 제어, 경로 선택 외에 통신 회선과 호스트 컴퓨터 사이의 인터페이스 기능을 하는 프로그램이다.

network control program generation [–dʒènəréiʃən] **네트워크 제어 프로그램 생성**

network control program/virtual storage[–vә́:rtʃuəl stɔ́:ridʒ] **NCP/VS, 가상 기억 회선망 제어 프로그램, 가상 기억 네트워크 제어 프로그램**

network control signal[–sígnəl] **네트워크 제어 신호** 교환 회선을 이용하여 데이터 통신 등을 하는 경우에 통신에 앞서 데이터 단말과 교환기와의 사이에서 회선을 접속하기 위한 신호를 주고받을 필요가 있는데, 이 신호를 네트워크(망) 제어 신호라고 한다. ⇨ network control unit

network control system[–sístəm] **NCS, 네트워크 제어 시스템**

network control unit[–jú:nit] **NCU, 네트워크 제어 장치** 교환 회선을 이용하여 통신을 할 경우에는 교환기와의 접속 제어를 할 필요가 있다. 접속 제어란 다음과 같은 것이다. ① 발신(전화기에서 말하면 수화기를 든다) ② 상대 선택 신호 송출(다이얼한다) ③ 접속의 확인(상대가 나온다) ④ 절단(수화기를 놓는다). 이상과 같은 제어를 하는 것이 네트워크 제어 장치이며, 전용선을 사용할 경우에는 불필요하다. 통신 회선을 중개하여 컴퓨터나 데이터 단말 장치의 상호간에서 데이터를 전송할 때 망과 컴퓨터와의 접속 제어 및 망의 접속 제어(교환기의 기동과 복구, 선택 신호의 송출, 호출 신호의 검출 등)를 행하는 장치. 데이터 전송 회선에 공중 통신 회선을 사용할 때에는 변복조 장치(MODEM ; 모뎀)의 바깥쪽에 반드시 망 제어 장치(NCU)를 설치할 필요가 있다. 이것은 전화기의 다이얼과 같은 기능을 갖고 있어 상대방을 호출하는 작용을 한다. 전용선(leased line)을 사용하는 경우에는 불필요하다.

network control unit for telex[–fər téleks] **TEX–NCU, 가입 전신용 네트워크 제어 장치**

network crime[–kráim] **네트워크 범죄** 컴퓨터 네트워크를 사용한 범죄의 총칭. 네트워크에서의 비방과 중상, 메일 폭탄, 악질 해킹, 신용 카드 번호의 도용 등 네트워크 특유의 원인을 가진 범죄의 총칭. 사법적 대응이 늦어져 점점 급증하고 있다.

network data base[–déitə béis] **네트워크 데이터 베이스** 네트워크 데이터 베이스에서는 주요 데이터마다 하나의 파일이 만들어져 있고 이들 각 데이터는 레코드 내의 포인터를 통해 다른 파일의 레코드를 가리키도록 서로 연결되어 있다. 여기서 포인터란 해당 포인터가 가리키고 있는 레코드가 기억되어 있는 디스크 내의 주소이다. 데이터 베이스 관리자가 네트워크 데이터 베이스를 만들려면 우선 데이터 베이스 스키마를 정의해야 하며, 이 스키마는 데이터 베이스에 포함될 자료들 간의 관계를 정의한다.

network data base management system [–mǽnidʒmənt sístəm] **네트워크 데이터 베이스 관리 시스템** 사용자와 분산 시스템 사이의 인터페이스를 제공하고 데이터의 위치를 결정하며, 질의 처리 방법을 결정하고 네트워크 전반에 걸친 백업과 복구 방법을 제공하며, 서로 다른 노드들 사이에 변환 기능을 제공하는 분산 데이터 베이스 관리 시스템의 한 구성 요소이다.

network data directory[–diréktəri(:)] **네트워크 데이터 디렉토리** 어떤 질의에서 필요로 하는 데이터들의 저장 위치에 대한 정보로서 노드의 논리적 이름이 수록되며, 데이터 분산 방법에 따라 그 구성이 달라진다.

network data model[–mádəl] **네트워크 데이터 모델** 데이터 베이스에서의 데이터의 논리 모델의 하나. 각 데이터 항목은 링크(포인터)로 결합되어 있고, 그 데이터 관계를 트리 구조로 표현할 수 없는 것을 가리킨다.

network definition[–dèfiníʃən] **네트워크 정의**

network delay[–diléi] **네트워크 지연** 패킷 교환망에서의 지연.

network device driver[–diváis dráivər] **네트워크 디바이스 드라이버** 네트워크 상에서 각 컴퓨터에 연결되어 있는 장치들을 제어하기 위한 소프트웨어. 반면에 디바이스는 연결된 장치 자체, 즉 하드웨어를 의미한다.

network dictionary[–díkʃənəri(:)] **네트워크 사전** 분산 처리 시스템에서는 사용자가 데이터 베이스나 응용 프로그램을 그것이 존재하는 장소를 의식하지 않고 이용할 필요가 있다. 또 시스템의 운용 사항이나 장애 상황 등을 관리해야 할 필요가 있다. 이러한 기능은 자원 정보를 관리함으로써 가능해진다. 이러한 성능을 실현하는 관리 시스템을 네트워크 사전이라고 하며, 다음과 같은 정보가 저장되어 있다. 즉, 망 정보, 분산 데이터 베이스 정보, 응용 프로그램 정보, 이용자 정보를 말한다.

network directory[–diréktəri(:)] **네트워크 디렉토리** 네트워크 상에서 연결된 노드들에 관한 정보로 각 노드의 정의(노드의 실제 주소, 처리 능력, 기억 용량, 수행 기능 및 방법) 및 노드의 접근 경로 정의(연결 형태, 대역폭 및 통신 프로토콜)가 수록되어 있다.

network drills[–drílz] **네트워크 시험** 모든 네트워크 사용자들로부터 데이터가 전송되고 전체의 장비, 사람, 매개기 그리고 프로그램들이 시험되는 실시간 시스템에서의 최종 단계의 시험.

network drive[–dráiv] **네트워크 드라이브** LAN 등의 네트워크로 접속된 다른 컴퓨터의 하드 디스크 등을 자신의 PC에 연결된 드라이브인 것처럼 취급하는 것. 또는 그때 사용되는 네트워크 상의 드라이브.

network front end[–frʌ́nt énd] **네트워크 전위**

network game[–géim] **네트워크 게임** 인터넷 등을 이용하여 여러 명의 플레이어가 동시에 즐길 수 있는 게임. 「DIABLO」나 「QUAKE」가 유명하다. 인터넷 게임, 온라인 게임이라고도 한다.

network independent file transfer protocol[–ìndipéndənt fáil trænsfə́:r próutəkɔ̀(:)l] **NIFTP, 네트워크 독립 파일 전송 프로토콜**

network information system[–ìnfərméiʃən sístəm] **네트워크 정보 시스템** ⇨ NIS

network interconnection[–ìntərkənékʃən] **네트워크 상호 접속**

network interconnection protocol[–próutəkɔ̀(:)l] **네트워크 상호 접속 프로토콜** 공중 데이터망 프로토콜의 하나로, 서로 다른 망에 접속하는 데이터 단말 장치(DTE) 사이에 모순 없이 통신할 수 있도록 보증하는 동시에 각 망의 독립성을 보전하는 데 필요하다. 이에는 PSPDN용의 X.75, CSP-DN용에서의 개별 신호 방식인 X.70, X.71 및 공통선 신호 방식인 X.61이 있다.

network job entry[–dʒáb éntri(:)] **NJE, 네트워크 작업 입력**

network job processing[–prásesiŋ] **NJP, 네트워크 작업 처리**

network layer[–léiər] **네트워크 계층** 개방 시스템 간 접속(OSI)의 기본형 참조 모델의 데이터링 계층과 트랜스포트 계층과의 사이의 위치에 놓여지는 계층.

network layer protocol[–próutəkɔ̀(:)l] **네트워크 계층 프로토콜** 가장 널리 알려진 망 접속의 표준은 패킷 교환망의 접속을 위한 DTE/DCE 접속 프로토콜을 정의한 X.25인데, 이것은 개방 시스템 간 접속(OSI) 참조 모델의 하위 계층의 표준으로 채택되고 있다. 회선 교환망의 망층 프로토콜은 표준화되어 있지 않으나 일반적으로 X.21의 접속 절차를 사용한다. 패킷 교환망의 접속 프로토콜은 발착 DTE 간의 가상 통로를 설정하는 논리 채널 방법과 패킷마다 상대방 주소를 부여하여 망이 경로 선택 처리를 행하는 데이터그램(datagram) 방식이 있다.

network load analysis[–lóud ənǽlisis] **네트워크 부하 분석** 정보의 양, 처리 빈도, 그리고 특별한 시간 요구 등에 따라서 각국들의 특성을 규정하기 위한 메시지의 흐름을 기록하는 것.

network management [–mǽnidʒmənt] **네트워크 관리** 통신망의 효과적인 운용, 설비 유지 및 품질 유지를 위하여 데이터 통신 시스템의 운영 관리와 시스템 내의 각종 자원의 구성, 상태 등을 감시하고 조작하는 것. 구체적으로는 트래픽 관리, 품질 유지, 보존 관리 외에 망 제어를 포함한다. 데이터 통신 시스템의 확대, 다양화가 이루어지는 한편에서는 절약 운영이 대두되어 망 관리 기능이 중요한 위치를 차지하며 크게는 망 관리의 집중과 분산, 장애의 자동 검출 및 복구 기능이 있다. LAN에서는 망의 동작 · 운영 · 관리, 구성 관리, 문서화 및 트레이닝, 데이터 베이스 관리, 계획 및 보안 등을 포함한다.

network management center[–séntər] **NMC, 망 제어 센터**

network management protocol[–próutəkɔ̀(:)l] **네트워크 관리 프로토콜** 단말 오퍼레이터나 응용 프로그래머 등이 망 내의 자원을 쉽고 효율적으로 이용하게 하는 기능을 규정한 프로토콜. 이의 기능으로는 논리망 관리 및 가상망 관리가 있다. 또한 컴퓨터망을 효율적으로 운전하기 위하여 개방형 시스템, 소재 및 상태를 관리하는 프로토콜을 말하기도 하는데, 여기서는 응용 관리, 시스템 관리 및 층 관리의 세 가지 관리 기능을 규정한다.

network management service[–sə́:rvis] **네트워크 관리 서비스** 시스템 관리 서비스 및 응용 관리 서비스로 이루어진 응용 프로세서 그룹 제어 서비스, 장애 보고 서비스, 요금 서비스, 디렉토리 서비스 및 커미트먼트(commitment) 서비스 등 현재 급속하게 표준화가 필요한 5개의 서비스에 대하여 표준화 작업이 진행되고 있다.

network management station[–stéiʃən] **네트워크 관리국** 네트워크 사용 빈도의 통계, 새로운 소프트웨어 등의 정보나 자원 등을 관리함과 동시에 필요하다면 사용자 지원을 하는 조직(국).

network management system[–sístəm] **NMS, 네트워크 관리 시스템**

network manager[–mǽnidʒər] **네트워크 관리자** 통신망의 효과적인 운영, 설비 유지 및 품질 유지를 위하여 데이터 통신 시스템의 운영 관리와 시스템 내의 각종 지원의 구성, 상태 등을 감시하고 조작하는 사람.

network model[–mádəl] **망 모형, 네트워크 모델** 서로 관련 있는 세그먼트들이 그물처럼 얽혀 있어 전체 구조는 복잡한 편이지만, 이용하는 데이터 언어가 간단하여 계층 모형과 대조를 이루는 것으로 데이터 베이스 구성 형태의 하나로서 계층 모형에서 획일적인 트리 구조 형성을 위한 제약 사항을 탈피한 모형이다.

network name[–néim] **네트워크 이름**

network node[–nóud] **네트워크 노드**

network operating system[–ápərèitiŋ sístəm] **NOS, 네트워크 운영 체제** 네크워크 시스템은 마이크로컴퓨터나 다른 컴퓨터로 구성된 다중 컴퓨터 네트워크를 구현할 수 있는 다중 프로그래밍 실행 제어까지의 확장을 요한다. 연결은 입출력 버스, 상호 연결을 통하여 지역적일 수도 있으며, 혹은 통신 수단을 통해 멀리 떨어질 수도 있다. 이것은 CPU 사이의 통신, 제어 절차 및 가상 장치의 이용을 지원하기 위한 운영 체제를 제공한다. 이 방법을 사용하여 어느 한 곳의 CPU에서 처리되는 이용자 프로그램이 멀리 떨어져 있는 CPU의 주변 장치 및 이용자의 프로그램과 통신을 하게 된다. 신뢰성이 높은 시스템은 예비용 장비를 완전히 활용함으로써 성능 증가가 모듈별 중첩을 갖도록 구성될 수 있다. 네트워크의 하드웨어 구성 요소를 통합하는 근거리 통신망(LAN)의 시스템 소프트웨어로 일반적으로 50개 이하의 워크스테이션을 연결하는 데 적합하다. 보통은 메뉴 구동 방식의 관리 인터페이스, 파일 서버 소프트웨어의 테이프 백업, 보안 규칙, 프린트 공유 기능, 응용 프로그램과 데이터 베이스의 중앙 저장 장치, 모뎀을 통한 원거리 로그인, 그리고 디스크가 없는 워크스테이션 지원 기능이 포함된다.

network operator command[–ápərèitər kəmǽnd] **네트워크 오퍼레이터 커맨드**

network operator console[–kánsoul] **네트워크 오퍼레이터 콘솔**

network operator logon[–lɔ́(:)gɑ̀n] **네트워크 오퍼레이터 로그온**

network operator service[–sə́:rvis] **네트워크 오퍼레이터 서비스** 네트워크 오퍼레이터 및 SSCP형 NAU와 대화하기 위한 인터페이스로서 네트워크 개시, 종료, 오류 정보의 수집에 이용된다.

network operator terminal [–tə́:rminəl] **네트워크 오퍼레이터 단말기**

network partition[–pa:rtíʃən] **네트워크 분할** 분산 데이터 베이스에서 하나의 네트워크를 여러 개의 서브네트워크로 분할하는 것. 그러나 여기서 여러 서브네트워크에서 만들어낸 여러 변경 내용들로 복원되어야 한다는 문제점이 있다.

network path[–pǽθ] **네트워크 경로**

network problem determination application[–prábləm ditə̀:rminéiʃən æ̀plikéiʃən] **NPDA, 네트워크 문제 판별 응용**

network processor[–prásesər] **네트워크 프로세서** HDLC에 기초하여 동기 프로토콜을 처리하는 프로세서. 기능으로는 통계적 멀티플렉서, 적응성 경로 지정, 동적 데이터 압축, 프로토콜 개입 등이 있다.

network profile[–próufail] **네트워크 프로파일**

network protocol[–próutəkɔ̀:l] **네트워크 프로토콜** 서로 통신하는 프로세서들 사이에 교환되는 메시지 형태나 내용들에 관한 관례를 말하기도 하며, 컴퓨터 간의 메시지 흐름을 통제한 기본적인 절차나 규칙을 가리킨다.

network queuing system [-kjúːiŋ sístəm] **네트워크 큐잉 시스템** ⇨ NQS

network quiescence [-kwaiésəns] **네트워크 정지 기능**

network resource [-risɔ́ːrs] **네트워크 자원**

network security [-sikjú(ː)riti(ː)] **네트워크 보안, 네트워크 비밀 보호** 통신 네트워크에 관해서 부당한 액세스, 우발적 또는 고장에 의한 조작에의 개입이나 파괴로부터 네트워크를 보호하기 위한 수단의 총칭.

network self-test [-sélf tést] **자체 시험 네트워크** 네트워크 제어 시스템의 주콘솔의 시험. 내부 시험 루프는 주소 해독, 제어 능력과 시험 수행 등을 확인한다.

network server [-sə́ːrvər] **네트워크 서버** 네트워크에서 이용되는 데 적합하도록 설계된 서버.

network service [-sə́ːrvis] **네트워크 서비스** 매우 넓게 분산되어 있는 컴퓨터 시스템, 프로그램 또는 데이터의 각종 자원을 통신 회로를 거쳐서 이용함을 목적으로 하는 것. 이러한 기능이 점차 확대되어 근래에는 정보 통신 시스템이 갖는 기능과 성능을 좀더 고도화해서 여러 응용에 적합하게 하고 컴퓨터망의 부가 가치를 이용자에게 제공하는 부가 가치 통신망 서비스가 시작되었다.

network service provider [-prəváidər] **네트워크 서비스 공급자** ⇨NSP

network service provider Internet exchange point [-íntərnèt ikstʃéindʒ pɔ́int] ⇨ NSPIXP

network simulation function [-sìmjuléiʃən fʌ́ŋkʃən] **네트워크 모의 기능** 피시험측의 프로토콜 제품을 다른 프로토콜 제품과 모의적으로 접속된 환경 하에서 시험하는 프로토콜 테스터의 시험 기능. 프로토콜 테스터의 다른 시험 기능으로는 연속 시험 기능과 동시 시험 기능 등이 있다.

network sink [-síŋk] **네트워크 싱크** 네트워크에서 채널을 통하여 데이터를 받고 처리하는 단말 장치.

network slowdown [-slóudàun] **네트워크 감속**

network stand-alone systems [-stǽnd əlóun sístəmz] **단독 네트워크 시스템** 일반적으로 국지적이고 원거리에 있는 데이터의 발생원들을 포함할 수 있는 국한된 네트워크들을 말한다. 전형적인 시스템으로는 여러 지점(branch)들을 한 개의 본부 컴퓨터와 연결한 시스템 또는 복잡한 사무실 내의 여러 부서들 간의 통신을 위한 시스템을 들 수 있다.

network structure [-strʌ́ktʃər] **네트워크형 구조, 망 구조** 데이터의 표현에서 하나의 자식(child)이 여러 부모(parent)를 갖는 구조. 데이터형 구조 또는 그래프 구조는 레코드 간에 일대다의 대응 관계가 있으며, 역으로도 일대다의 관계가 있는 구조이다. 그래프 구조에 독자적 제약을 설치한 구조를 데이터 베이스 시스템 분야에서 네트워크형 구조라고 한다. 통신 네트워크에 있어서 항목을 절, 항목 간의 대응 관계를 유향(有向) 가지로 각각 나타낼 경우, 한 절에서 여러 개의 가지를 내고 반대로 여러 개의 유향 가지가 한 절에 들어가는 그래프로 표현되는 데이터 구조. CODASYL 방식의 데이터 모델은 네트워크형 구조이다.

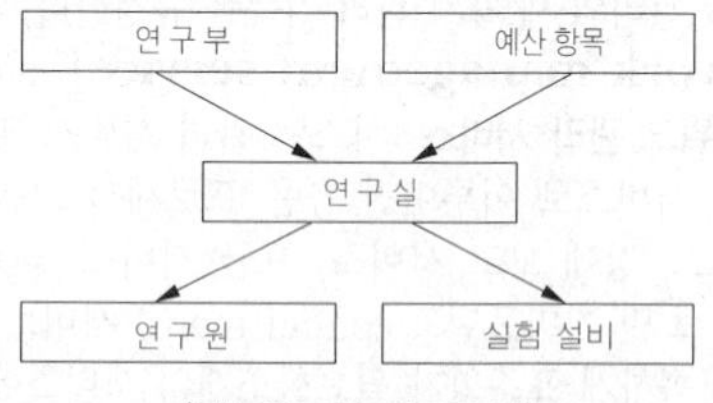

〈네트워크형 구조의 예〉

network synchronization [-sìŋkrənaizéiʃən] **네트워크 동기** 디지털 전송로나 디지털 교환기 등으로 구성되는 디지털망에서 망 내의 각 장치에 공급되는 클록의 주파수를 일치시켜 망 전체를 하나의 동기계로 하는 것.

network system reset [-sístəm riːsét] **네트워크 시스템 리셋** 모든 시험 동작들을 중단하고 마스터 콘솔을 휴지 상태로 재고정시키는 동작. 시스템은 다음 연결/단절 주소와 시험 명령어들을 기다리게 된다.

network terminal number [-tə́ːrminəl nʌ́mbər] **NTN, 네트워크 단말 번호** 공중 데이터망의 국제 고유 번호 계획 X.121에 의하여 데이터 네트워크 식별 번호(DNAC, 4행)와 함께 데이터 단말 장치(DTE) 번호를 구성하는 것으로, 동일 네트워크 내의 통신에는 NTN만을 사용한다.

network terminal option [-ápʃən] **NTO, 네트워크 단말 선택 기능**

network terminator [-tə́ːrminèitər] **네트워크 종단 장치** 가입자의 다양한 단말 장치를 정보 통신망(ISDN)에 접속시키기 위한 인터페이스 장치로서 그 기능에 따라 NT1 및 NT2 또는 NT1과 NT2의 기능을 모두 갖는 NT12가 있다.

network terminator 1 [-wʌ́n] **NT1, 네트워크 종단 장치 1** NT1은 가입자선 종단 장치로 OSI의 물리층에 속하는 기능인 사용자와 약속된 정보 통신망(ISDN)의 물리적 · 전기적 종단 장치에 관련된 기능을 갖는 장치를 말한다. NT1은 ISDN 공급자에 의하여 제어될 수 있으며, 사용자와 네트워크의 경계를 이루는 장치이다. ISDN의 물리층이 갖는 기능은 데이터 및 타이밍 신호의 전이중(full-duplex) 전송, 선의 유지 및 보수망 종단으로부터 단말까지의 전력 공급, 단말 식별, 고장난 터미널 분리, 전송 속도 적용(adapter) 및 D-채널 콘텐션(D-channel contention) 접속을 포함한다.

network terminator 2[–tú] **NT2, 네트워크 종단 장치 2** NT2는 OSI의 네트워크 기능을 가진 지능형 장치로 교환과 접속 기능을 가지고 있다. NT2의 예로는 디지털 구내 교환 장치(PBX), 종단 제어 장치, LAN 등이 있다.

network theory[–θíəri(:)] **회로망 이론** 전자 부품들을 연결함으로써 형성되는 전자 회로의 해석을 위한 연구 학문.

network time[–táim] **네트워크 타임** 세계 여러 곳에 인터넷을 통해 정확한 세계 표준시를 알려주는 타임 서버(time server)로서, 세계 표준 시간을 받아서 매킨토시의 시계를 맞춰주는 프로그램.

network time protocol[–próutəkɔ̀(:)l] **네트워크 시간 프로토콜** ⇨ NTP

network timing[–táimiŋ] **네트워크 타이밍** 데이터 전송로를 따라 흐르는 숫자들의 전달을 제어하는 교환 회로의 데이터 회로 종단 장치에서 데이터 단말 장치로 전송되는 타이밍 신호.

network topology[–təpάlədʒi(:)] **네트워크 위상** 네트워크 위상은 중앙 집중화하거나 분산될 수도 있다. 전자는 모든 노드들이 하나의 노드에 연결된 것이고, 후자는 극단적으로는 각 노드가 모든 다른 노드에 연결되는 분포이지만, 이 용어는 보통 이런 완전 연결에 유사한 위상들에 대해 쓸 수 있다.

network transparency[–trænspέ(:)rənsi(:)] **네트워크 무관성** 네트워크에서 사용자가 알아야 할 데이터의 분산에 관한 자세한 정보를 되도록이면 일반 사용자에게는 무관하게 함으로써 마치 망으로 이루어지지 않은 것처럼 보이게 하는 것.

network-type data base[–tάip déitə bèis] **망형 데이터 베이스** 데이터 간의 관계를 계층형이 아니라 망상으로 조직한 데이터 베이스. 트리 구조, 계층형 데이터 베이스보다 유연성이 있다. 이 방식은 코다실(CODASYL ; conference on data system language)에서 채용되고 있다. 망형 데이터 베이스라고도 한다.

network user identification[–júːzər aidèntifikéiʃən] **NUI, 네트워크 사용자 식별** 비패킷 단말 전화망을 경유하여 패킷 조립 분해 기능 PAD에 접근할 경우에는 호를 행한 단말의 망 주소가 전송되지 않는 일이 많다. 이때 사용자의 식별을 하기 위하여 도입되는 정보는 사용자 식별(NUI)이며 다른 필요한 정보는 패스워드이다.

network virtual terminal[–vəːrtʃuəl təː-rminəl] **NVT, 네트워크 가상 단말**

NEUFOS 뉴포스관 new ultra focus screen의 약어. 디스플레이에서 사용되는 섀도우 마스크관을 개량한 방식. 애퍼처 그릴관 등에서 사용되고 있는 줄무늬 모양의 형광면이 섀도우 마스크관에 깊숙이 넣어져 있다. NEC의 크로마클리어관 등에 이용되고 있다. ⇨ display, shadow mask, aperture grill

Neumann's adder 노이만 가산기 2진법에 의한 가산기의 일종으로 von Neumann의 제안에 의한 것이다. 일반적으로 2^i자리의 두 개 2진 숫자를 x, y로 하고, 2^{i-1}의 자리에서 자리올림을 C_0로 나타낼 때 $x+y+C_1=C_1 2+S$인 식이 성립한다. 여기서, S는 2^i자리의 답, C_1은 2^{i-1}자리로의 자리올림이다. 논리 수학을 이용하면,

$$S=x\oplus y\oplus C_0,\ C_1=xy\oplus yC_0\oplus C_0x$$

로 표현할 수 있다. ⊕는 배타적 논리합을 나타낸다. 앞의 식을 변형하면,

$$S=(\sim x\sim y\vee\sim x\sim C_0\vee\sim C_0\sim y)\cdot(x\vee y\vee C_0)\vee xyC_0$$

$$S=\sim C_1\cdot\sim(\sim x\cdot\sim y\cdot\sim C_0)\vee xyC_0$$

또 $C_1=xy\vee yC_0\vee C_0x$

가 된다. S 및 C_1의 각 식의 우변을 논리 회로로 구성한 것을 노이만 가산기라고 한다.

Neumann type computer 노이만형 컴퓨터 1946년에 노이만(J.von Neumann)이 제창한 컴퓨터의 기본적인 아키텍처를 바탕으로 하여 만들어진 컴퓨터의 총칭으로 현재 이용되고 있는 컴퓨터의 대부분이 이 노이만형이다. 노이만형은 ① 프로그램 내장 방식 : 프로그램을 외부에서 주어지는 것이 아니고 데이터와 함께 기억 장치에 기억한다. ② 순차 제어 방식 : 기억하고 있는 프로그램의 명령문을 하나씩 차례로 꺼내서 실행한다. ③ 2진수 처리 : 컴퓨터에 의한 처리는 계산을 기본으로 한다는 등의 특징을 갖는다.

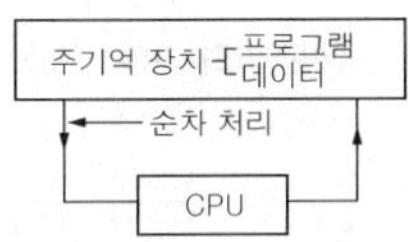

〈노이만형 컴퓨터의 기본 구성〉

neural computer[nú(:)rəl kəmpjúːtər] **신경 컴퓨터** 인간의 뇌, 신경 세포가 반응하는 것과 유사하게 설계된 컴퓨터. 이는 많은 수의 간단한 소자를

네트워크로 연결하고, 각 소자들 간의 연결의 세기로 정보를 표현하고 기억한다. 이러한 구조는 인간 두뇌의 신경 세포인 뉴런의 구조를 그대로 본 딴 것으로, 현재의 일반적인 폰 노이만형 컴퓨터에 비해 여러 가지 장점을 갖고 있다. 가장 대표적인 것은 학습 기능으로, 반복적으로 입력된 정보를 학습하여 기억할 수 있는데, 인간 두뇌와 같이 비결정적인 특성을 가지고 있으므로 약간 틀리거나 비슷한 입력을 인식할 수 있다. 이러한 특징은 특히 인공 지능 분야의 영상 인식이나 자연 언어 처리에 매우 유용하다는 평가를 받고 있다. 그러나 일반적인 계산이나 논리적 추론에는 적합하지 않으므로 음성 인식, 문자 인식, 영상 처리, 자연어 이해 등의 특정한 분야에 주로 이용된다.

neural net[–nét] **신경망** ⇨ neural network

neural network[–nétwə̀ːrk] **신경망** 인간이 뇌를 통해 문제를 처리하는 방법과 비슷한 방법으로 문제를 해결하기 위해 컴퓨터에서 채택하고 있는 구조. 인간은 뇌의 구조 기본 조직인 뉴런(neuron)과 뉴런이 연결되어 일을 처리하는 것처럼, 수학적 모델로서의 뉴런이 상호 연결되어 네트워크를 형성할 때 이를 신경망이라 한다. 이를 생물학적인 신경망과 구별하여 특히 인공 신경망(artificial neural network)이라고도 한다. 신경망은 각 뉴런이 독립적으로 동작하는 처리기의 역할을 하기 때문에 병렬성(parallellism)이 뛰어나고, 많은 연결선에 정보가 분산되어 있기 때문에 몇몇 뉴런에 문제가 발생하더라도 전체 시스템에 큰 영향을 주지 않으므로 결함 허용(fault tolerance) 능력이 있으며, 주어진 환경에 대한 학습 능력이 있다. 이와 같은 특성 때문에 인공 지능 분야의 문제 해결에 이용되고 있으며, 문자 인식, 화상 처리, 자연 언어 처리, 음성 인식 등 여러 분야에서 이용되고 있다.

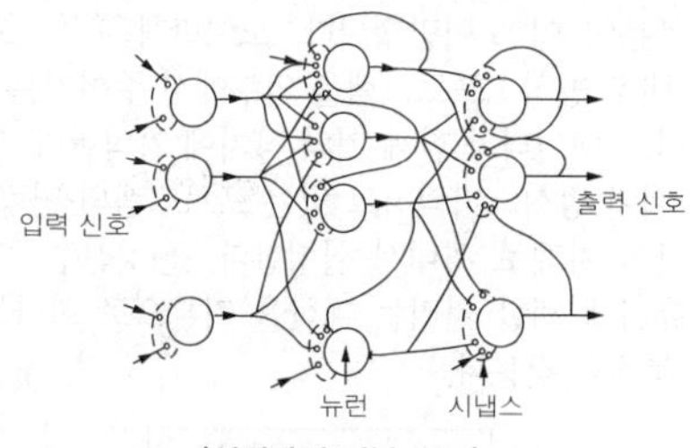

〈신경망의 기본 구조〉

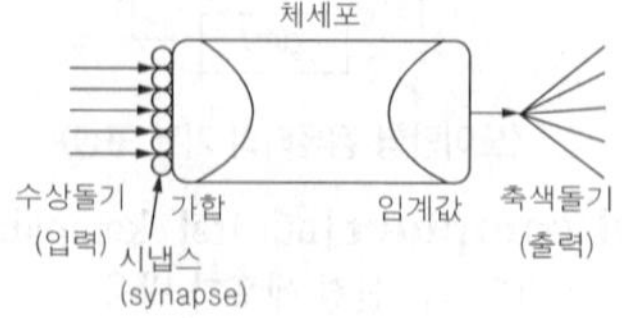

〈생물학적인 뉴런의 수학적 모델〉

neuristor[nú(ː)ristər] *n.* **뉴리스터** Crane이 제안한 신경 회로망의 모델이며, 능동 선로의 두 종류 접속법(T접속, S접속) 조합에 따라 논리 연산을 시키는 것이 가능하다. 즉, T접속에서는 노드의 2방향으로 신호가 전해지고, S접속에서는 한 방향의 선로에 신호가 전해지면 접속 부분의 에너지가 소비되고 불응기(不應期)가 되어 곧이어 신호가 와도 소멸되어 전해지지 않게 된다.

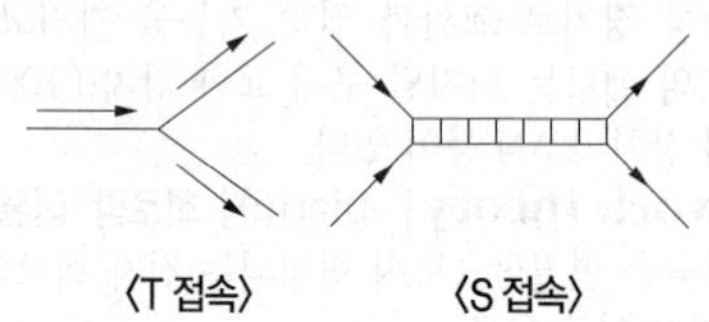
〈T 접속〉 〈S 접속〉

neuro chip[nú(ː)rou tʃíp] **신경 칩** 신경 세포(neuro) 및 신경 회로망(neural net)의 기능 실현을 목적으로 신경 결합 상태를 동적으로 변경할 수 있도록 설계된 집적 회로. 신경 컴퓨터나 신경망에서 사용된다. 구조에 따라 디지털 회로 신경 칩, 아날로그 회로 신경 칩, 혼성 신경 칩 등으로 나뉜다. 디지털 회로 방식은 고정밀, 고속, 확장성, 가변 결합의 용이성 등의 장점을 가지고 있지만, 회로 규모가 커지는 것이 단점이다. 아날로그 회로 방식은 고도의 완벽한 기술이지만, 확장성이 떨어져 제조 과정에서 정밀도나 잡음의 영향을 직접 받는다는 단점이 있다. 이러한 이유로 아날로그 회로 방식에는 광기술을 이용한 방법이 검토되고 있다.

neuro-computer[–kəmpjúːtər] **뉴로 컴퓨터** 신경 세포의 동작을 모델화하여 만든 소자를 다수 결합하여 구성되는 컴퓨터. 컴퓨터 시스템을 사람의 뇌처럼 구성하여 뇌의 기능을 시뮬레이트시키는 것을 가리킨다. 계산 모듈 하나하나를 「셀」이라 하고, 그것들을 「시냅스」라고 하는 통신 회선으로 연결하여 네트워크를 만들어 시스템을 구성한다. 이 컴퓨터는 학습, 기억, 자신의 조직화 등을 할 수 있다. 현재는 그러한 컴퓨터를 지향하여 동물의 신경계와 비슷한 회로망을 써서 그 동작 · 해석이나 응용 분야의 모색 등의 연구가 활발히 진행되고 있는 단계이다.

neuron[njúərɔn] **뉴런** 인간의 뇌를 구성하는 신경 세포로서, 핵이 있는 세포체와 많은 가지들로 이루어진 수상돌기(뉴런의 입력부), 능동 케이블과 같은 역할을 하는 축색(신호 전송로), 시냅스(synapse ; 뉴런의 출력부) 등으로 구성된 하나의 세포이다. 뉴런은 신경망(neural network)을 구성하는 기본 단위이며, 뉴런 정보 처리의 기본적인 조작은 뉴런을 구성하는 신경막에 있다.

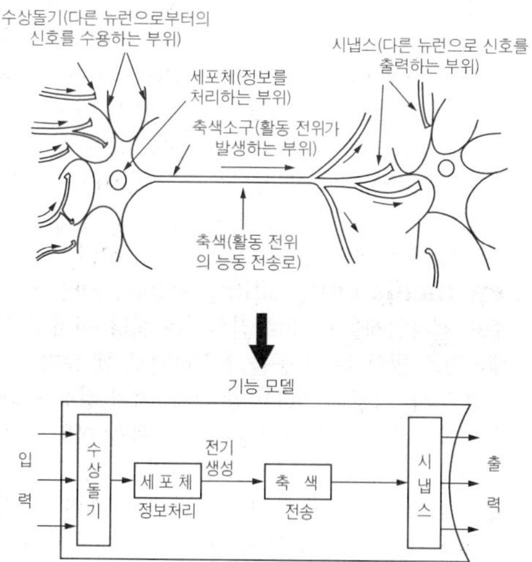

〈뉴런의 구조〉

neuronic equation[nu(:)rάnik ikwéiʒən] **신경 방정식** 카이아니엘로(Caianiello)가 제안한 것으로 신경 세포의 불응기(不應期)나 과거 이력 등을 고려해넣은 방정식이다.

neuron model[njúərɔn mάdəl] **신경 세포 모델** 신경 세포는 서로 신경 섬유로 연결되어 있어 감각계로부터의 펄스를 근육 등에 전하도록 되어 있으며, 이 조직을 논리 회로라든가 적분 회로로 모델화해서 해석한다.

neuron network[–nétwə̀:rk] **신경 회로망** 신경 세포가 시냅스에 의해 복잡하게 접속되어 있는 상태. 뇌는 일종의 신경 회로망으로 보면 된다.

neutral transmission[njú:trəl trænsmíʃən] **단류식 전송** 텔레타이프의 신호를 전송하는 방식으로 회선 중에 전류의 흐름에 따라 표현되며, 공백은 전류의 부재에 의해 나타낸다.

neutral zone[–zóun] **중립 지대** 수행될 상태 이외의 상태가 존재하는 공간 지대나 시간 구간. 예를 들면, 전화 번호 다이얼을 돌리는 시간과 어떤 스위칭 동작이 일어난 직후의 신호음이 울릴 때까지의 아주 짧은 시간의 구간이다.

never-call function[névər kɔ́:l fʌ́ŋkʃən] **호출 금지 기능**

never wait[–wéit] **대기 금지** 처리기를 아무 일도 하지 않는 상태로 놓아두는 것보다 궁극적으로 사용되든 사용되지 않든 어떤 임무를 처리기에게 주는 것이 더 낫다는 것을 의미하는 것으로, 만일 그 임무를 처리기가 필요하게 될 경우 계산을 더 빨리 할 수 있게 될 것이다.

never-wait rule[–rú:l] **네버–웨이트 법칙, 비대기 법칙** 사용 가능성이 있던 작업이 나중에 실제로 필요하게 될 경우에는 이미 실행이 완료되었으므로 전체 계산의 실행 속도가 그만큼 빨라지게 된다는 것으로, 주어진 어떤 프로세서를 쉬게 하는 것보다는 사용 가능성이 있는 작업 부분을 그 프로세서에 배당하는 것이 더욱 바람직하다는 법칙.

new[njú:] *a.* **새로운** 「구(old)」, 「현재(current)」와 비교되며, 구 파일(old file)에 대하여 새 파일(new file)과 같이 사용되고 있다. 또 개행(new line)이라고 말하며 인쇄 위치 또는 표시 위치를 다음 행의 최초의 위치에 이동시키는 것을 가리킨다.

newbie[njú:biə] **신참, 초보자** 보통 인터넷의 초보자를 의미한다. 대부분은 lurker족들이다. 이 말은 미국 대학에서 2학년이 1학년 신입생을 "newbie"라 부르는 데서 유래되었다.

new data network[njú: déitə nétwə̀:rk] **신 데이터망** 컴퓨터 간의 통신에서 고속 · 고품질의 데이터 전송이 가능하도록 하기 위하여 디지털 회선을 이용하여 구축된 교환망. 신 데이터망에는 공용 통신 회선과 마찬가지로 필요할 때 디지털 교환기를 통해 회선을 접속하여 가입자끼리 마음대로 통신할 수 있는 회선 교환 서비스와 정보(문자열)를 패킷 형태로 만들어 전송하는 패킷 교환 서비스가 있다.

new extended standard architecture[–iksténdid stǽndərd ά:rkitèktʃər] **네사** ⇨ NESA

new generation network[–dʒènəréiʃən nétwə̀:rk] **신세대 통신망** 광대역 ISDN(B-ISDN)을 이용한 차세대 통신 인프라. 현재 신세대 통신망 실험 협의회(BBCC)에서 그 이용에 관한 연구와 실험이 진행중이다.

Newhall 뉴홀 토큰 링 방법을 처음으로 제시한 사람.

new input queue[–ínpùt kjú:] **새 입력 큐** 시스템 내에서 처리되기를 기다리고 있는 새로운 메시지들의 그룹 또는 큐.

new line[–lάin] **NL, 새 줄** 복귀 개행.

new line character[–kǽrəktər] **NL, 복귀 개행 문자** 인쇄기의 제어 문자로서 다음에 인쇄할 문자의 위치를 새로운 행으로 이동하도록 하는 문자.

new machine translation paradigm[–məʃí:n trænsléiʃən pǽrədàim] **새 기계 번역 범례** 원시 언어의 본문을 이해한 다음 그 의미를 목적 언어에 사상(map)시키는 기계 번역 방법. 원시 언어(source l.) → 의미 암호화(semantic encoding) → 목적 언어(target l.)

new mass communication media[–mǽs

kəmjù:nikéiʃən mí:diə] **뉴미디어** 정보 · 통신 기술의 발달로 지금까지 독립적으로 기능해 온 여러 가지 미디어가 디지털화하여 복합적 기능을 갖게 된 것. 주로 일렉트로닉스에 의존하며 음성과 문자의 다중 방송, 위성으로부터의 직접 방송, 비디오 디스크, 대화형 방송 매체 등 다채로운 발전이 예상된다. 뉴미디어의 진전을 가져올 요인을 보면, ① 마이크로일렉트로닉스의 발달에 의한 상당한 수준의 경제화와 정보의 디지털화, ② 기업 활동면에서 뉴미디어가 합리화와 효율화에 도움이 된다면 기업은 반드시 이것을 도입할 것으로 예상되는 것, ③ 뉴미디어의 보급으로 기존 미디어에 의한 질서가 붕괴되고 그 결과 통신 관련 기업 활동이 촉진될 것으로 기대되는 것 등이 있다.

new media[–mí:diə] **뉴미디어** 1977년 2월 IFRA(INCA FIEZ research association)의 심포지움에서 처음으로 부각된 용어로서 종래의 인쇄를 라디오, 텔레비전 이상의 수단에 의한 새로운 정보의 처리, 배포, 전달의 가능성 전체를 포함하여 정의되었다. 그러나 전송 형태의 다양화와 함께 처리 기능의 고도화, 새로운 기계 인터페이스의 다양화, 기록 매체의 대용량화, 고밀도화, 고기능화에 힘입어서 뉴미디어로 취급되는 범위는 더 넓어져서 새로운 통신 기능을 부가한 망 서비스 기능, 새로운 단말 기능에 의한 응용 서비스 기능과 새로운 전송 능력들을 갖는 매체와 신호 처리 기술에 관한 모든 것을 포함하고 있다. 구체적인 내용으로는 위성 통신 응용, VAN, ISDN, LAN, 음성 사서함, DATA BANK, VIDEO 텍스, 텔레텍스트, 다중 방송 서비스, 고품위 텔레비전, 비디오 디스크 등이다.

new media city[–síti(:)] **뉴미디어 시티** 국내 주요 전자업체들이 새로 건설되는 분당 지역에 인텔리전트 빌딩 두 개 동을 건설하기로 한 뉴미디어 시범 도시. 이것은 CATV 망 설치, 지역 정보 제공, 홈 쇼핑, 홈 증권 정보 시스템, 홈 관광 예약 시스템, 가정 의료 정보 시스템을 갖추며 인텔리전트 시범 빌딩 건설, 소프트웨어 산업과 인구 개발 · 인력 육성을 위한 소프트웨어 타운 건설 등을 통해 무공해 첨단 연구 도시로 건설될 예정이다. 텔레텍스트 · HDTV · DAT · CDP · CATV · VAN 등의 전시장과 데이터 베이스 시설을 통해 각종 정보를 주민들에게 제공할 수 있다.

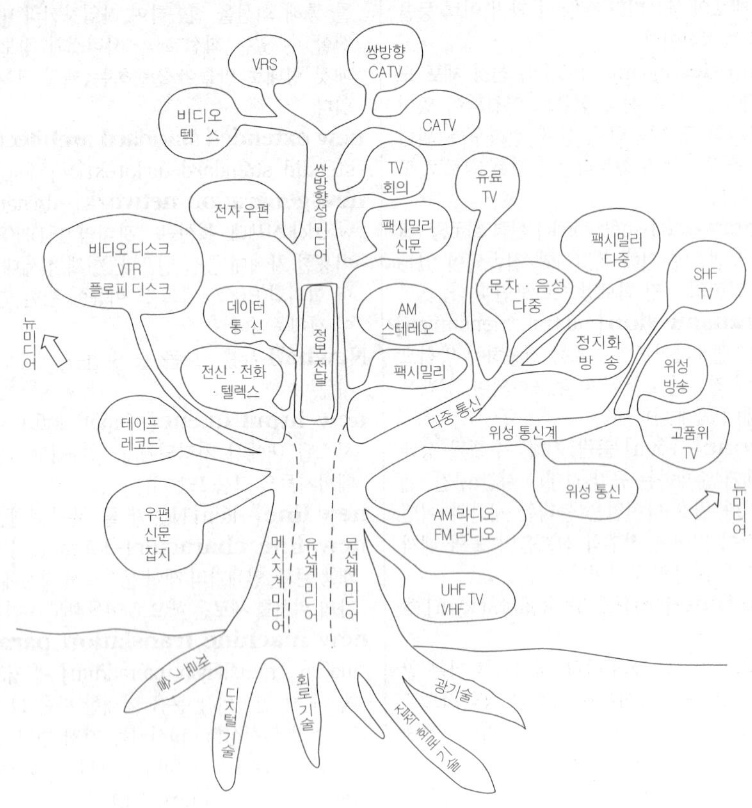

〈뉴미디어의 발전과 분류〉

new Neuman type machine 신 노이만형 머신 노이만형 머신의 이점을 살려서 고도의 VLSI 화에 의해 개량된 아키텍처를 가진 새로운 노이만형 컴퓨터.

new program status word[–próugræm stéitəs wə́:rd] new PSW, **새 프로그램 상태어**

new PSW 새 프로그램 상태어 new program status word의 약어.

NeWs 뉴스 network extensible windowing system의 약어. 미국의 선 마이크로시스템즈 사가 개발한 유닉스 운영 체제를 위한 그래픽 윈도 시스템. 이것은 네트워크 상에서 동작한다.

newsgroup[n(j)ú:zgru:p] **뉴스그룹** 인터넷에서 토론 주제나 관심 영역에 따라 형성된 집단. 뉴스그룹은 토론 주제에 따라 comp(컴퓨터), rec(오락) 등 각각의 이름을 갖게 되므로, 이름만으로도 뉴스그룹의 성격을 알 수 있다. 뉴스그룹에 있는 각각의 게시물을 열람하거나 질문 등을 게시하기 위해서는 유즈넷 서비스를 제공하는 서버에 접속해야 하며, 뉴스그룹을 볼 수 있는 전문 프로그램(newsreader)을 사용하는 것이 편리하다.

Newsnet[n(j)ú:znet] **유즈넷** 미국 유즈넷 사가 제공하는 온라인 데이터 베이스 서비스. 약 500종에 달하는 파일을 수록하고 있으며 전자, 통신 등 기술 분야에 강하다. AP나 UPI 등의 통신사가 제공하는 정치, 경제 정보도 있다.

news on demand[–ən dimǽnd] **뉴스 온 디맨드** ⇨ NOD

newsreader[njú:sri:dər] **뉴스리더** 뉴스그룹들을 돌아다니다 보면 뉴스그룹 전용 프로그램이나 넷스케이프 내비게이터에 달린 것 같은 붙박이 전용 애플리케이션 프로그램이 필요하다고 느낄 것이다. 뉴스리더는 뉴스그룹을 읽고 다운로드하고, 전하고 싶은 메시지를 뉴스그룹에 올릴 수 있도록 해주는 프로그램이다. 어떤 프로그램은 자동으로 바이너리 파일 첨부를 암호화해 주기도 한다(인터넷은 텍스트 전용으로 설계되었기 때문에 바이너리 또는 텍스트가 아닌 파일들은 전송 전에 부호화되어야 한다). 인기있는 뉴스리더 프로그램들로는 PC용 뉴스 익스프레스(News Xpress), 프리 에이전트(Free Agent), 윈 VN(WinVN), 그리고 맥용 뉴스워처(Newswatcher)와 넌티우스(Nuntius)가 있다.

news server[n(j)ú:z sə́rvər] **뉴스 서버** 실제로 기사가 저장되어 있는 시스템. 유즈넷을 이용하기 위해서는 자신이 이용하는 뉴스 서버의 주소를 꼭 알고 있어야 한다.

〈국내의 대표적인 인터넷 뉴스 서버〉

하이텔	news.kol.co.kr
천리안	news.dacom.co.kr
나우누리	news.nowcom.co.kr

NEWs workstation[–wə́:rkstèiʃən] **뉴스 워크스테이션** 일본의 소니 사에 의해 개발된 공학용 워크스테이션.

〈NEWs〉

new sync[–síŋk] **새 동기 신호** 멀티포인트를 갖는 회선 데이터 네트워크에서 한 전송기로부터 다른 전송기로의 빠른 변환을 가능하게 하는 데이터 세트의 기능.

Newton[njú:tən] **뉴턴** 애플 사가 제창한 PDA(personal digital assistant)에 기반을 둔 기술의 총칭. 이 기술을 이용한 휴대형 단말로 뉴턴 메시지 패드(Newton Message Pad)가 있다. 애플 사는 1997년에 뉴턴 개발부를 독립시킬 예정이었지만 결국 1998년 2월에 뉴턴 기술 관련 신규 개발을 중지한다는 발표가 있은 이래, 현재 뉴턴을 대체하는 PDA로서 「MacMate」라 불리는 기기를 개발중이라고 한다. ⇨ PDA

Newton-Cote's formula 뉴턴-코츠 공식 수치 적분 공식. $n+1$개의 등간격 분점(分點)을 보간점(補間點)으로 하는 라그랑지(Lagrange)의 보간 다항식으로 함수를 근사하여 적분한다. $n=1$일 때가 대형(臺形) 법칙, $n=2$일 때 심프슨 법칙이라고 한다.

Newton form of a polynomial[–fɔ́:rm əv ə pɑ̀linóumiəl] **다항식의 뉴턴형** 임의의 수 c_1, c_2, …, c_n에 대하여 n차 다항식 $p(x)=a_0+a_1(x-c_1)(x-c_2)+\cdots+a_n(x-c_1)(x-c_2)\cdots(x-c_n)$ 꼴로 표현될 때를 말한다. 이때 c_1, c_2, …, c_n을 중심이라고 부른다.

Newton interpolation[–ìntərpəléiʃən] **뉴턴 보간법** 미정 계수법의 단점인 긴 계산 과정과 오차를 줄이기 위하여 고안된 다항식에 의한 보간법.

⇨ interpolation

Newton-Raphson method 뉴턴 랩슨법 *n* 차 방정식의 실근이 계산에 의하여 구해지지 않을 때, 해를 포함하는 구간 $a \leq x \leq b$를 한없이 작게 해 가면서 근사값을 구하는 반복 해법.

Newton's method[-méθəd] **뉴턴법** 뉴턴의 방법은 대수 방정식 $f(x)=0$의 해를 반복적으로, 즉 해의 추정값으로부터 반복적으로 참값을 구하는 것이다. 방정식 $f(x)$를 구간 $[a, b]$에 있어서 $f(a)<0$, $f(b)>0$, $f'(x)>0$으로 하면 $(x_n-x_{n+1})f'(x_n)=f(x_n)$으로 주어지는 수열$\{x_{n+1}\}$ $(n=0, 1, 2, \cdots)$는 $f(x)=0$의 해에 수렴한다.

new ultra focus screen[njú: últrə fóukəs skrí:n] **뉴포스관** ⇨ NEUFOS

NEXIS 넥시스 Mead Data Central이 제공하는 신문지, 뉴스레터 등의 출판물 전체를 축적하는 데이터 뱅크. 온라인으로 수록되어 있는 출판물의 내용을 최근에서 과거분까지(1975년경부터) 검색할 수 있다.

NeXT 넥스트 1988년 발표된 단일 기종으로 가장 멀티미디어(multimedia)에 근접한 워크스테이션 컴퓨터. 애플 사의 창업자 가운데 한 사람인 스티브 잡스가 애플 사에서 나와 설립한 컴퓨터 제조업체가 넥스트로서, 미래 멀티미디어 시대를 겨냥하여 만든 멀티미디어용 워크스테이션이다. 넥스트의 CPU는 모토롤라의 MC 68040(25MHz)과 DSP(digital signal processor)라 불리는 MC 56001(25MHz) 디지털 신호 처리이다. DSP는 CD의 사운드를 재생해내는 기능은 물론 넥스트가 멀티미디어로서의 다중 작업(multi-tasking)을 수행할 수 있도록 해줄 뿐 아니라 양질의 사운드 및 VCR과 연결할 수 있는 비디오 기능을 가졌다. 현재 나와 있는 텍스트 기종은 단색의 넥스트 스테이션 외에 DTP, CAD 등을 위해 4096가지 색을 모니터에 동시에 표시할 수 있는 「넥스트스테이션 컬러」와 대용량의 저장 능력 및 풍부한 확장성을 가진 네트워크 서버용 「텍스트큐브」가 대표적이다. 또한 더욱 정밀하고 선명한 컬러 해상 능력이 필요한 경우에는 「넥스트 디멘션」이라는 32비트의 고속 확장 보드가 제공되는데, 이 제품은 64비트 RISC 지원 방식의 그래픽 보조 프로세서와 JPEG 압축 보조 프로세서 등을 한 보드 상에 실현, 애니메이션 보드에서 이상적인 환경을 만들어내고 있다. 보조 기억 장치의 경우 넥스트는 기존 1.44와 720KB 3.5인치 FDD와 호환성을 갖는 2.88MB의 확장 FDD와 HDD, CD-ROM 등을 선택 사양으로 갖추고 있다.

next-available-block register[nékst əvéiləbl blák rédʒistər] **다음 가용 블록 레지스터** 입력되는 정보의 저장을 위하여 제어 컴퓨터에 의해서 사용되는 것으로, 서로 연결되어 있는 기억 장치의 유용한 블록을 가리키는 주소 레지스터.

NeXT Computer Inc. 넥스트 컴퓨터 사 애플 사의 창설자 중 한 명인 스티브 잡스(Steve Jobs)가 애플 사를 퇴사한 후에 설립한 회사. 미국 캐논 사에 하드웨어 부문을 매각했으며, 1996년 말 애플 사에 합병되었다.

next executable sentence[-éksəkjù:təbl séntəns] **다음의 실행 완결문**

next executable statement [-stéitmənt] **다음의 실행 명령문**

next hop resolution protocol[-hɔp rèzəlú:ʃən prótəkɔ(:)l] ⇨ NHRP

next move function[-mú:v fʌ́ŋkʃən] **동작 함수** 튜링 기계에서는 테이프로부터 입력 신호를 읽거나 쓰여져 있는 기호를 없애고 새로운 기호를 써넣거나 테이프를 좌, 우 방향으로 이동시키거나 하면서 유한 오토머턴 등에서의 상태 전이 함수에 대응하는 함수를 동작 함수라고 한다.

next record[-rékərd] **다음 레코드**

NextStep[nékstèp] **넥스트스텝** 넥스트 워크스테이션에 사용되는 응용 프로그램 개발용 도구.

nexus [néksəs] *n.* **넥서스** 연결 또는 상호 연결된 것.

NFA 비결정적 유한 오토머턴 ⇨ nondeterministic finite automata

NFER key NFER 키 nontransfer key의 약어. PC-9801 시리즈용의 키보드 특수 키의 하나.

NFP not found probability의 약어.

NFS 네트워크 파일 시스템 network file system의 약어. 미국 버클리 대학에서 개발한 유닉스 운영 체제를 위한 네트워크 시스템. 네트워크를 통해서 접속된 기계들 상호간에 파일을 공유할 수 있게 해준다. 이것은 미국의 선 마이크로시스템즈 사에 의해 상품화되었다.

NHRP hop resolution protocol의 약어. 수신인 IP 주소와 다음에 송신해야 하는 ATM(비동기 전송 모드) 주소의 대응용을 클라이언트 서버 방식으로 구현하는 기법. IETF가 표준화를 진행하고 있다. 클라이언트와 서버 양쪽 모두 ATM과 상위 응용 프로그램과의 중간에 위치하는 미들웨어 소프트웨어를 장착한다.

NIB 노드 초기 설정 블록 node initialization block의 약어.

nibble[níbl] *n.* **니블** 보통 4비트로 이루어진 단어로 일반적인 8비트 단어와는 구별된다.

nibble mode[-móud] **니블 모드** 기억 장치에

저장된 기억 내용을 고속으로 판독하는 회로 방식. 보통의 방식에서는 1비트를 읽어낼 때마다 열 주소와 행 주소를 지정하지만, 니블 모드에서는 열 주소 신호에서 4비트분의 행 주소 신호를 연속해서 송출함으로써 판독 접근 시간을 단축한다.

NIC 네트워크 정보 센터 network information center의 약어. 네트워크의 정보를 관리하는 기관. 이 중에서 인터넷의 모든 정보들을 총괄하고, 관리하는 곳이 inter NIC(인터넷 상의 IP 주소들을 관리하고 새로운 도메인 네임들을 등록하는 곳)이다.

NiCd 니켈 카드뮴 전지 nickel cadmium battery의 약어. 시동 전압 1.2V이고 보통 건전지와 크기가 같으며 급속히 보급되었다. 메모리 효과에 의해 표기 용량보다 감소하는 특성이 있으므로 충전 주기에 주의해야 한다.

nichemedia 니치미디어 특정 분야에만 한정된 미디어. 멀티미디어가 대상 독자를 무한대로 확장시켜 가는 데 비해 대상 독자를 보다 더 제한함으로써 목적이 확실하고 심도 있는 정보를 제공할 수 있다.

nick[ník] *n.* **니크 (카드의)**

nickel cadmium battery[níkəl kǽdmiəm bǽtəri(ː)] **니켈 카드뮴 전지** ⇨ NiCd

nickel metal hydride battery[–métəl háidraid bǽtəri(ː)] **니켈 수소 전지** ⇨ NiMH

nickname[níknèim] **닉네임, 별명** 인터넷이나 PC 통신 상에서 사용되는 애칭.

NIFTP 네트워크 독립 파일 전송 프로토콜 network independent file transfer protocol의 약어.

NIFTY SERVE 니프티 서브 일본 최대의 가입 회원 수를 자랑하는 후지츠의 PC 통신 서비스. 기본적인 서비스에는 전자 우편, 게시판, 각종 폼이 있다. 미국의 상용 네트워크인 CompuServe와 상호 접속되어 있다. 1994년에는 인터넷과의 접속을 개시했다. 1999년 11월부터 후지츠의 프로바이더 사업 「InfoWeb」과 통합되어, 통합 인터넷 서비스 프로바이더 「@nifty」가 되었다.

NI interrupt 금지 불가 인터럽트 단전, 자동 재시작, TTY 고장, 메모리 패리티 및 보호, 인터럽트 프로그램 시한 만료, 수행 불가능한 OP 코드 등으로 인한 인터럽트 등을 들 수 있으며, 인터럽트가 발생되었을 때 무시할 수 없고 반드시 실행되어야 하는 인터럽트.

NIL 닐 PASCAL 언어에서 포인터 변수가 전혀 아무 것도 가리키고 있지 않음을 가리키기 위해 쓰이는 예약어.

nil[níl] *n.* **없음, 닐** LISP 용어. 빈 리스트와 불 대수에 대한 거짓값의 양자를 나타내기 위해 사용되는 기호. nil 이외의 모든 데이터 오브젝트는 불 값의 참값을 나타낸다. 널(null)과 비슷한 뜻으로도 쓰인다.

niladic[níliədik] **무항(無項) 연산** 피연산자를 저장하지 않는 연산.

nil pointer[níl pɔ́intər] **닐 포인터** 연결 리스트의 끝을 나타내는 데 사용하는 포인터. 마지막 노드(node)의 포인터는 아무것도 가리키지 않기 때문에 널 연결(null link)이며, 테일 포인터라고도 부르고 ^ 또는 nil로 표시한다.

	자료 부분	연결 부분
HEAD → 5000	쥐	5030
5030	소	5100
5100	말	5200
5200	양	5300
5300	닭	5450
5450	개	^

NiMH 니켈 수소 전지 nickel metal hydride battery의 약어. 노트북 PC나 전기 자동차 등에 쓰이는 충전 가능한 전지로, NiCd(니켈 카드뮴 전지)의 개량형이다. 니켈 전지에 비해 체적당 에너지량이 높다. 하지만 니켈 카드뮴 전지에 비해 가격이 비싸다.

nine's complement [náinz kámpləmənt] **9의 보수** 10진 기수법에서 각 자릿수의 숫자를 9에서 빼서 만든 수. 예를 들면, 23의 9에 대한 보수는 76이다. ⇨ complement on nine

ninety column[náinti(ː) káləm] **90란** 90개의 천공란을 갖는 천공 카드.

ninety column card[–káːrd] **90란 카드** 컴퓨터 입력 매체의 하나로서 상하 각각 45란씩 모두 90란의 천공 자리가 있는 카드. ⇨ 그림 참조

NIP 핵심 초기 설정 프로그램 nucleus initialization program의 약어. 상주하는 제어 프로그램을 초기화하는 프로그램.

NIS (1) **광역 정보 시스템, 국가적 정보 시스템** national information system의 약어. 관공서, 기업체 기타 기관을 서로 연결한 광역 정보 시스템으로 경영 정보 시스템이 각 기관 또는 기업체에서 토털 지향적이라면, NIS는 이들을 지역적 · 기능적으로 네트워크화하여 지식망의 형성을 시도하는 시스템이다. (2) **네트워크 정보 시스템** network information system의 약어. 네트워크 환경에서 유닉스의 설정 정보를 집중 관리하기 위한 소프트웨어. 미국 선 마이크로시스템즈 사가 개발했다. NFS(network file system)와 병용하면 효율적인 네트워크 환경을 구

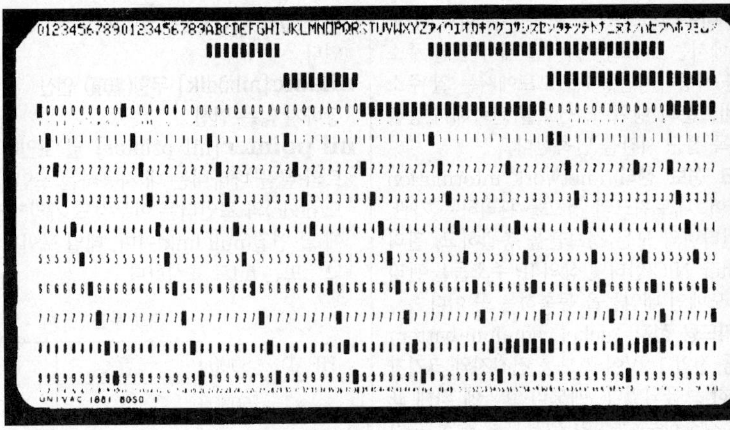

〈90란 카드〉

축할 수 있다. ⇨ NFS (3) network information service의 약어. 패스워드나 호스트명 등 네트워크의 관리나 효과적인 이용에 필요한 정보를 수록한 DB 기능. 본래는 YP(yellow page)라 불렀지만 YP가 Brithish telecom 사의 등록 상표이기 때문에 NIS로 바꾸었다. NIS에는 password, group, hosts, networks, protocols 등의 DB 파일이 있으며 다른 머신에서 액세스할 수 있게 되어 있다.

N-ISDN 협대역 ISDN narrowband-ISDN의 약어. 64kbps의 속도를 기준으로 하는 좁은 주파수 대역의 ISDN.

NIST 미국 국립 표준 기술국 National Institute of Standards and Technology의 약어. 미국 국립 표준국(National Bureau of Standards)의 기구가 발전되어 개칭된 것.

NISUS 나이서스 애플 매킨토시 컴퓨터용으로 개발된 워드 프로세싱 프로그램. 그래픽 기능이 뛰어나다.

Nixie tube[níksi(:) tjú(:)b] **닉시관** 숫자나 문자에 의한 음극의 앞면에 그물눈 형태의 양극을 두고 네온 가스 등과 함께 관 입구를 봉입한 표시관.

NJE 네트워크 작업 입력 network job entry의 약어.

NJP 네트워크 작업 처리 network job processing의 약어.

N-key rollover[én kí: róulòuvər] **N 키 롤오버**

NL (1) **복귀 개행** new line의 약어. 인자 위치를 다음 인자의 최초 장소로 이동시키는 서식 제어 문자. (2) **개행 문자** new line character의 약어. 인자 또는 표시의 위치를 다음 행의 최초의 위치로 이동시키는 서식 제어 문자. 즉, 인자 위치나 표시 위치를 다음의 인자 행이나 표시 행의 최초의 장소로 이동시키기 위한 서식 제어 문자. ⇨ new line character

n-level address n 단계 어드레스 *n*레벨의 주소 지정을 하는 간접 주소.

n-level logic n 단계 논리 게이트의 특별한 배열이나 설계로서 특정한 구성 요소나 틀에 *n*개보다 많은 게이트를 직렬로 연결하지 않는 논리.

NLI 자연 언어 인터페이스 natural language interface의 약어.

NLM netware loadable module의 약어. 노벨의 넷웨어에서 사용되는 드라이버와 애플리케이션. ⇨ NetWare

NLS native language support의 약어. HP 사가 개발한 다국 언어 대응 시스템. 유닉스의 국제화에 대응한다. X/Open의 표준이 근원으로 되어 있다.

NLX board NLX 보드 소형 데스크톱용의 새로운 메인 보드 규격. 이전의 LPX 보드를 개량하고 인텔 사가 규격화했다. 각종 확장 카드를 중계기판(라이저 카드)에 모아서 꽂고, 그 라이저 카드를 메인 보드 옆 커넥터에 수직으로 연결하면 확장 카드가 메인 보드와 수평이 되어 PC의 두께를 조절할 수 있다.

NMI 마스크 불가능 인터럽트 non maskale interrupt의 약어. interrupt 요구가 발생해도 인터럽트 금지를 하지 않도록 마스크 레지스터가 동작하는 것.

NMOS N형 금속 산화막 반도체 N-channel metal oxide semiconductor의 약어. PMOS 이후에 도입된 LSI 기술로서 더 고속인 것이 출현했으나 집적도는 낮다. 이것은 마이크로프로세서 장치에 주로 이용된다.

NMS 네트워크 관리 시스템 network management system의 약어.

NN2R no need two reply의 약어. "회답은 필요 없다"의 뜻.

NNRP network news reader protocol의 약어. 뉴스 프로그램이 뉴스 서버와 연결하여 뉴스를 볼 수 있도록 해주는 프로토콜.

NNTP network news transfer protocol의 약어. 인터넷 상의 뉴스 서버 간에 뉴스를 주고받기 위한 역할을 하는 프로토콜. 유즈넷 뉴스그룹 기사들은 아무렇게나 붙여지고 접근되어서는 안 된다. 그래서 이 기사들은 뉴스리더와 뉴스 서버를 가로막는 프로토콜을 지켜야 한다. NNTP에는 뉴스들이 공급되고 질문을 받고 회수되고 올려지는 방법이 규정되어 있다. ⇨ IP, SMTP, TCP/IP

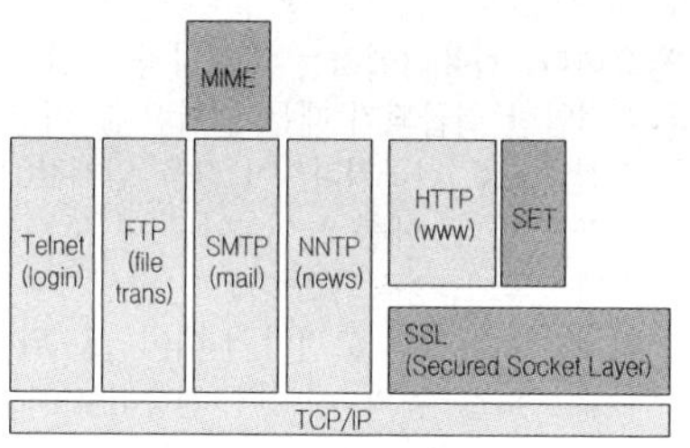

〈인터넷 프로토콜〉

no [nóu] *a.* **없음, 무** 전혀 없는 상태를 나타내는 형용사. 「무~」라고 해석하며, 비~(non~)나 비(none)로 구별하고 있다. no는 not보다 강한 부정이 된다.

NO.7 signalling system [nʌ́mbər sévən sígnəliŋ sístəm] **제7신호 방식** ISDN의 구성에 효과적으로 대처하기 위하여 CCITT에 의하여 권고된 방식으로, 전환 및 회선 교환식 데이터 전송 서비스에 적합하며, 4개의 계층으로 구성되어 있다. 메시지 전달은 계층 1에서 계층 3까지의 메시지 전달부에서 행하여지고, 계층 4인 사용자 데이터부는 다양한 기능을 제공한다. 통화로와 신호로가 같이 사용되는 기존의 통화로 방식과는 달리, 이들 통화로와 신호로를 완전히 분리시켜 다수의 음성 신호가 각각 독립된 하나의 채널을 통하여 신호 정보를 송수신하는 공통 신호 방식이다.

no-address instruction [–ədrés instrʌ́kʃən] **무주소 명령어** 연산기 안에서의 이동 명령처럼 오퍼랜드(operand)의 주소를 지정하지 않는 명령어. 예를 들면, 스택(stack) 컴퓨터의 명령어인 PUSH, POP 등이 있다.

no-bind attribute [–báind ǽtribjùːt] **비(非)바인드 속성**

no-charge machine fault time [–tʃáːrdʒ məʃíːn fɔ́ːlt táim] **무료 기계 고장 시간** 기계의 고장으로 기계를 사용할 수 없을 경우에 그 시간 동안 기계의 임차료를 면제하는 시간.

no connection [–kənékʃən] **NC, 무접속**

NOD 뉴스 온 디맨드 news on demand의 약어. 이용자들의 컴퓨터를 연결시켜 신문 뉴스를 문자, 그림, 사진이 어우러진 새로운 지면 형태로 볼 수 있게 하며, TV 뉴스와 같이 완전 동영상 뉴스도 서비스하고자 하는 새로운 구상.

no-DASD-erase attribute 비 직접 접근 기억 장치 소거 속성

node [nóud] *n.* **노드, 마디/교점** 변과 함께 그래프를 구성하는 요소의 하나. 그래프 이론적으로는 결절(結節), 정점(頂點), 점이라고 한다. 그래프는 점과 선으로 구성되는데, 이 점을 노드 또는 절점이라 한다. 선은 두 개의 노드를 연결한 것이다. 그래프는 현실 문제를 추상화한 것이기 때문에 실제로 노드는 하나의 기능 단위를, 변은 그 사이의 정보 흐름이나 관계를 나타낸다. 통신망을 나타내는 그래프에서의 노드는 단말 장치나 통신 처리 장치 등에 해당한다. 「이음매」 또는 「마디」의 의미로 네트워크 아키텍처의 이론 구조의 하나이다. 컴퓨터 네트워크는 컴퓨터, 데이터 통신망, 단말 장치 등으로 구성되는데 이들 구성 요소를 통신 기능면에서 모델화하고, 그 구조나 기능 분담, 인터페이스 등을 결정하지만 논리 구조로 불리고 있으며, 이와 같은 논리 구조를 이용함으로써 여러 가지 네트워크를 통일적으로 사용할 수 있다. 노드란 이 논리 구조 중 호스트 컴퓨터, 전처리 장치, 단말 제어 장치, 원격 처리 장치, 단말 장치 등 정보나 통신의 처리 기능을 갖는 요소를 모델화한 것을 말한다. 정보 통신 분야에서는 네트워크에 접속할 수 있는 장치를 의미한다. 또한 중계 지점에 두는 장치를 포함한 어드레스가 가능한 지점을 가리킨다. 인터넷에서는 수많은 호스트 컴퓨터가 연결되어 호스트 컴퓨터가 중계 지점을 겸하고 있는 경우가 많으며, 호스트 컴퓨터를 의미하는 경우가 많다.

[주] 데이터망에 있어 한 가지 이상의 기능 단위가 통신로 또는 데이터 회선을 상호 접속하는 점.

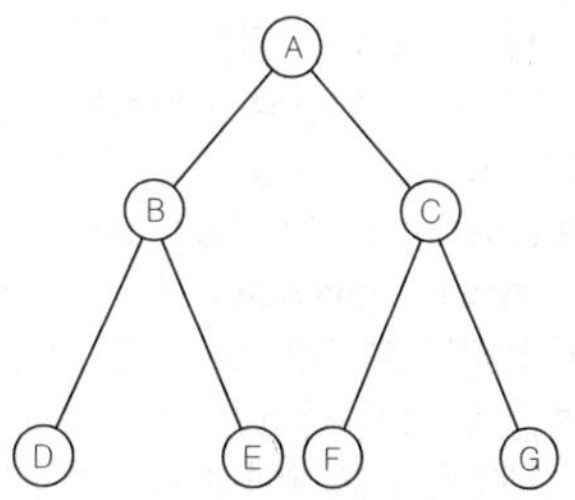

〈n개의 노드로 구성된 트리〉

node computer [–kəmpjúːtər] **노드 컴퓨터** 컴퓨터 네트워크의 통신망에서 그 접합점이 되는 곳에 통신 제어 기능을 가진 컴퓨터를 둠으로써 복수로부터 또는 특수로의 통신을 원활히 처리한다. 이 통신 제어 기능을 가진 컴퓨터를 노드 컴퓨터라고 한다.

node concatenation(B-tree) [–kankæ̀tənéiʃən(bíː tríː)] **노드 접합** B트리의 한 노드에서 레코드가 삭제되어 노드의 레코드 수가 최소 레코드 수 이하가 될 때, 그 노드를 주위의 노드와 접합시켜 B트리의 성질을 계속 유지시키는 행위.

node connectivity [–kànektíviti(ː)] **노드 연결수** 연결되어 있는 네트워크에서 그 네트워크를 연결되지 않게 하기 위하여 제거해야 하는 노드의 수. 이 수가 크다는 것은 몇 개의 노드가 장애를 받아도 네트워크는 전체적으로 연결된 상태를 유지할 수 있으므로 안전하다는 것을 의미한다.

node cover [–kʌ́vər] **노드 덮개** 그래프 $G(V, E)$의 노드 덮개는 정점의 집합 V의 부분 집합 V'로 G의 모든 간선이 V'에 속한 적어도 하나의 정점에 인접한 것. ⇨ vertex cover

node cover problem [–prábləm] **노드 덮개 문제** 주어진 그래프에서 최소의 정점 덮개를 찾는 문제. 이 문제는 NP-complete이다. ⇨ vertex cover problem

node identification [–aidèntifikéiʃən] **노드 식별 코드**

node initialization block [–inìʃəlizéiʃən blák] **NIB, 노드 초기화 블록**

node monitoring [–mánitəriŋ] **노드 감시** 노드의 고장 여부를 검사하고 어느 노드에서 고장이 발생하면 각 노드에 고장을 알리는 것.

node name [–néim] **노드명**

node processor [–prásesər] **노드 프로세서** 데이터 통신 네트워크의 노드(접합점)에 설치되는 통신 제어 기능을 갖는 프로세서. 네트워크 내의 중앙 처리 시스템 상호간, 중앙 처리 시스템과 단말 장치 사이에 설치된다.

node set [–sét] **노드 집합** 전송 링크에 의하여 어떤 형태로 서로 연결되어 네트워크를 구성하는 노드들의 집합.

node station [–stéiʃən] **노드 지국**

node-to-node protocol [–tuː nóud próutəkɔ̀(ː)l] **인접 노드 간의 프로토콜** 인접 노드 간의 프로토콜은 두 개의 상이한 계층으로 구성되어 있다. 하위 계층은 링크 제어 프로토콜이고 상위 계층은 경로 제어 프로토콜이다. 이것은 데이터그램이거나 가상 회로 서비스 설계이거나 간에 인접 노드 간의 프로토콜은 발신지에서 수신지로 향하는 경로 상에서 인접한 이웃 노드 간에 단위 데이터를 전송하는 역할을 수행한다.

noexecutable statement [nouéksəkjùːtəbl stéitmənt] **비실행문**

noise [nɔ́iz] *n.* **잡음** (1) 전자 회로에서의 본래 의도된 이외의 전류, 전압 등. (2) 통신계에서 송신 신호와 수신 신호와의 차이. (3) 정보 검색에서 검색에 의해 얻어지며 목적의 정보를 포함하고 있는 출력. 이와 같은 잡음은 적절한 장치나 차단, 절연 등에 의해 제거되는 것이 가능하지만, 우주선에 의한 영구 잡음이나 원자의 양자적 효과에 의해 생기는 잡음 등은 제거가 어렵다. 특히 LSI 등의 고밀도화가 진행, 배선의 폭이 좁아져 생기는 잡음에 대한 대책도 필요하다. 컴퓨터에서는 고전압과 저전압의 두 종류의 전압만 취급되기 때문에 어떤 값 이상의 전압은 고전압으로 취급된다. 이 값을 임계값(threshold)이라고 한다. 예를 들어, 어떤 이유로 저전압의 장소에 임펄스 성질의 노이즈가 발생하여 이 전압이 임계값보다 크면 고전압의 데이터로 된다. 또 컴퓨터 네트워크 등의 데이터 전송(data transmission)에서는 전송 기기 내의 앰프에 의해 잡음과 케이블 간의 유도(誘導)와 혼선, 또한 교환기(switch system) 스위치의 기계적 진동에 의한 잡음 등 매우 많은 잡음이 생긴다. 이 때문에 데이터 전송에서는 이와 같은 잡음에 의한 데이터의 변화를 방지하기 위해 전송하는 문자마다 초기에 체크하는 방법을 사용한다. 가장 많이 사용되는 것은 HDLC로서 사용되는 순환 여유 검사(CRC)로 체크하는 방법이다.

[주] 신호에 영향을 주어 신호 때도 전송되는 정보를 왜곡하는 외란.

noise characteristics [–kæ̀rəktərístiks] **잡음 특성** 디지털 회로 모듈의 사용에 있어서 가장 중요한 고려 대상은 잡음이다. 큰 모듈의 집합체에서는 수정하기 힘들면 불규칙적인 잡음 특성에 의하여 삽입된 거짓 신호들이 오동작을 일으킬 수 있는데, 이러한 잡음 특성은 중요한 검사나 연산으로부터 데이터로는 수정하기가 매우 힘든 불규칙적이며 잘 발견되지 않는 특성을 갖는다.

noise constant [–kánstənt] **노이즈 상수**

noise digit [–dídʒit] **잡음 숫자** 부동 소수점 수의 정규화 중에 가수를 왼쪽으로 이동시키면서 낮은 자릿수의 위치를 채우기 위하여 사용되는 특정 숫자. 보통 0이 쓰인다. ⇨ noisy digit

noise factor [–fǽktər] **잡음률** 정보 검색 시스템의 효율을 판단하는 파라미터의 하나. 어느 질문에 대해서 검색된 정보 R건 중 질문에 바르고 적합한 정보가 P건 있을 때 $\{(R-P)/R\}$을 잡음률이라 한다. 잡음률 = 1 − 적합률. Perry와 Kent에 의한 정의이다.

noise figure [–fígjər] **잡음 지수** 증폭 회로 입

력측의 SN 비에 대한 출력측의 SN비의 비율.

noise filter[-fíltər] **노이즈 필터** 필요한 신호 성분은 모두 통과시키고, 노이즈 성분만을 감쇠(attenuate)시키는 필터. 주로 전원 회로에 이용된다.

noise generator[-dʒènəréitər] **잡음 발생기**

noise immunity[-imjú:niti(:)] **잡음 여유** 필요한 신호만을 가려낼 수 있는 기기 또는 장치의 능력으로 불필요한 잡음은 제거한다.

noise killer[-kílər] **잡음 방지기** 전신 회선의 송신측 끝에 삽입되는 전기적인 네트워크로 다른 회선으로의 간섭을 경감하기 위한 기기나 장치.

noiseless coding[nɔ́izləs kóudiŋ] **잡음 없는 코딩**

noise margin[nɔ́iz má:rdʒin] **잡음 여유** SN비에 있어서 잡음을 어느 정도까지 누르면 신호를 전할 수 있는가의 정도. 2진 신호는 50%까지 가능하다.

noise mode[-móud] **잡음 모드**

noise pollution[-pəlú:ʃən] **잡음 공해** 예를 들어, 사무실에서 작동하는 프린터나 타자기, 복사기에서 나오는 소음의 발생은 업무에 지장을 주는데, 이와 같이 전기적으로 발생되는 잡음이나 사람의 귀로 느낄 수 있는 소리의 공해를 말한다.

noise record[-rékərd] **잡음 레코드** 자기 테이프에 관하여 판독/기록이 되는 레코드 중에서 정해진 레코드 길이보다 작은 자릿수를 가진 레코드.

noise source[-sɔ́:rs] **잡음원**

noise suppression panel[-səpréʃən pǽnəl] **방음 패널**

noise word[-wə́:rd] **노이즈 워드**

noisy digit[nɔ́izi(:) dídʒit] **노이지 숫자, 잡음 숫자**

noisy mode[-móud] **노이지 모드** 2진수 데이터 표시나 연산을 하는 컴퓨터에서 부동 소수점 수 연산을 할 때, 정규화에 의해 왼쪽으로 자리를 이동하면 최하위 자리에 0이 아닌 숫자가 있는 것.

NOMAD 노매드 NOMAD는 그 자체로 질의어뿐만 아니라 완전한 프로그래밍 언어이다. National CSS Inc.에서 개발한 마이크로컴퓨터용 관계 데이터 베이스 관리 시스템으로 사용 언어 이름도 NOMAD이다.

nombre 놈브르 DTP나 상업 인쇄에서 사용하는 용어로, 페이지 번호나 페이지를 나타내는 숫자. nombre는 프랑스어로 숫자라는 뜻.

nominal number[náminəl nʌ́mbər] **기명수, 명목수, 공칭수** 분류에 쓰이는 수로서 일정한 값을 나타내는 것이 아니고 질을 나타내며, 사칙연산의 대상이 되지 않는 수. 즉, 남녀를 0, 1로 나타내거나 도시와 농어촌을 1과 2로 표시할 때의 수를 말한다.

nominal speed[-spí:d] **명목 속도** 검사 기능과 같은 시간의 지연이 필요하면서 어떤 기능도 갖지 않는 장치의 최대 동작 속도.

nominal value[-vǽlju:] **공칭값** 편의상 지시를 위해 붙여진 값. 명목상의 값. 예를 들면, 1,024를 K, 즉 1,000으로 사용하는 것.

non[nán] *a.* **비(非), 불(不)** 「비」, 「불」, 「부정」 등으로 번역되지만 전후 문맥에 따라 「…이 아니다」로 번역하는 것이 좋다.

non-addressable[-ədrésəbl] **어드레스 지정 불능**

non-addressable memory[-méməri(:)] **어드레스 지정 불능 기억 장치**

non-arithmetic shift[-əríθmətik ʃíft] **비산술적 자리 이동** 부호 비트를 포함하여 레지스터의 각 비트를 왼쪽이나 오른쪽으로 옮기는 것으로, 마지막 비트에는 0이 삽입된다. 원형 자리 이동은 한쪽 끝에서 빠져 나간 비트의 값이 다른쪽 끝으로 이동하는 것이다. ⇨ logical shift

nonbinary logic[nanbáinəri ládʒik] **비 2진 논리**

non-carbon paper[nán ká:rbən péipər] **논 카본지** 소위 카본지를 사용하지 않고 복사하는 것이 가능한 출력 인자 용지. 중첩된 위쪽의 종이 밑에 발색 기제(發色基劑)를, 아래쪽의 종이 윗면에 발색 반응제를 도포해 놓는다. 위에서부터 인자 압력을 가하면 그 부분에 아래쪽 종이 표면에 발색 인자하는 것이 가능하다. 카본지와 같이 사후 처리에 수고와 시간을 요할 염려가 없다. 그러나 최근에는 PCB 오염에 관해 문제가 제기되고 있다.

non-centralize[-séntrəlàiz] **비집중화** 다지점 네트워크를 형성하기는 하지만 네트워크를 구성하는 모든 국이 어느 정도 제어 권한을 갖는 방식으로서 데이터 제어 전송 회선 구성 방법의 하나.

noncomputable function [nànkəmpjú:təbl fʌ́ŋkʃən] **계산 불가능 함수** ⇨ computable function

nonconductor[nànkandʌ́ktər] *n.* **부도체** 전류가 흐르지 않는 재료.

non-conjunction[nán kəndʒʌ́ŋkʃən] **부정 논리곱** 「a 또는 b 어느 쪽도 아니다」라는 의미. 부정곱, NAND 연산이라고 하며 각 오퍼랜드가 불 값 1을 취할 때 결과가 불 값 0이 되는 2항 불 연산.

non-conjunction gate[-géit] **부정 논리곱 게이트** ⇨ NAND gate

non-connected storage[-kənéktəd stɔ́:ridʒ] **비연결 기억 장소**

noncontact fushing method[nànkəntǽkt fúʃiŋ méθəd] 간접열 정착 방식

non-contiguous[nán kəntígjuəs] 불연속

non-contiguous areas[–ɛ́(:)riəz] 불연속 영역

non-contiguous item[–áitəm] 독립 항목

non-contiguous key[–kí:] 불연속 키

non-contiguous keyed file[–kí:d fáil] 불연속 키 파일

non-contiguous storage allocation[–stɔ́:ridʒ æ̀ləkéiʃən] 불연속 기억 장치 할당 하나의 데이터나 프로그램이 여러 개의 블록 또는 세그먼트로 나누어져 주기억 장치 내에 분산 배치되도록 적재하거나 보관하는 것. 가변 분할 다중 프로그래밍에 특히 유용한 할당 방식.

non-control system[–kəntróul sístəm] 당초 텔레타이프라이터를 데이터 통신 단말에 사용한 이래 시분할 시스템과 같이 오퍼레이터가 언제나 입출력 정보를 점검하고 있는 환경에 적용되는 것으로, 단말 장치 자신은 특히 자동으로 수행되는 전송 제어 순서를 갖지 않고, 오류 회복 제어를 포함하여 일체의 송수신 조작을 오퍼레이터에 위임하는 방식이다. 현재에도 간편한 단말에서 널리 쓰이고 있다. 또한 무순서 방식의 단말을 패킷 교환망에 접속하기 위한 인터페이스로서 CCITT에서는 권고 X.28을 정하고 있다.

non-critical race[–krítikəl réis] 비임계 레이스 이 비임계 레이스는 비동기 순차 회로에서 두 개 이상의 상태 변수가 변하면서 그 순서에 관계없이 똑같은 상태에 도달하는 경우.

non-data input/output operations[–déitə ínpùt áutpùt àpəréiʃənz] 비자료 입출력 연산 테이프 되감기와 같이 데이터 처리와 무관하게 수행되는 입출력 과정.

non-data operation control[–àpəréiʃən kəntróul] 비자료 연산 제어 테이프 되감기와 같이 데이터 조작과 무관하거나 데이터 조작과 구별되지만 입출력 연산과 관계 있는 프로세스들.

non-data set clocking[–sét klákiŋ] 비자료 세트 클로킹 기준 시간 발진기로 비트 전송 속도를 제어하기 위해서 자영 기기가 갖추고 있는 것. ⇨ data set clocking

non-dedicated workstation[–dédikèitəd wə́:rkstèiʃən] 비전용 작업 단말

non-destructive addition[–distrʌ́ktiv ədíʃən] 비파괴성 합산 덧셈의 결과가 피가산수의 위치에 기억되지 않으므로 피가산수가 다른 연산에 사용될 수 있도록 되어 있는 가산 방식.

non-destructive read[–rí:d] NDR, 비파괴 판독 원래의 장소에 있는 데이터를 소거하지 않고 기억 장치에서 판독하는 것. NDR, NDRO로 약기한다. 기억 소자에서 데이터를 읽을 때 원래의 장소에 있는 데이터를 소거하지 않고 읽는 방법. destructive read-out과 대비된다.

non-destructive read memory[–méməri(:)] 비파괴 판독 기억 장치 원래 저장되어 있는 정보를 지우지 않고 읽을 수 있는 기억 장치. 따라서 정보 유지를 위해서 읽어낸 정보를 다시 써넣을 필요가 없다. 반도체 기억 장치, 자기 디스크, 자기 테이프 등을 예로 들 수 있다. 자기 코어 기억 장치는 정보를 읽어낼 때 기억되어 있던 정보가 지워지므로 파괴 판독 기억 장치에 속한다.

non-destructive read-out[–àut] NDRO, 비파괴 판독 기억 내용이 판독됨에 따라 없어지지 않도록 한 기억 장치에 관한 것.

non-destructive read-out memory[–méməri(:)] 비파괴 판독 기억 장치 판독 조작에 의해 기억되어 있는 정보가 없어지지 않는 기억 장치. 예를 들면, 자기 테이프, 자기 드럼, 자기 디스크 등이 이에 속한다. 이와 반대로 보통 펄스 판독 자심(磁心) 기억 장치는 판독함과 동시에 기억되어 있는 정보가 없어지므로 다시 써넣어야 할 필요가 있어도 이에 속하지 않는다.

non-destructive read-out memory unit[–jú:nit] 비파괴 판독 기억 장치

non-destructive read-out storage[–stɔ́:ridʒ] 비파괴 판독 기억 장치 판독 조작에 의해 기억되어 있는 데이터를 보존하기 때문에 재기입을 할 필요가 없는 기억 장치.

non-destructive storage 비파괴성 기억 장치 기억된 내용을 읽은 후에도 그 위치에 기억되어 있던 내용이 그대로 남아 있는 기억 장치. 이러한 비파괴성 기억 장치를 예로 들면 자기 드럼, 자기 테이프, 자기 디스크 등이 있다.

non-destructive testing[–téstiŋ] 비파괴 시험 시험하고 있는 장치의 기능이나 수명에 영향을 주지 않도록 한 방식으로 행해지는 시험 방법.

non-determinism[–ditə́:rminizm] *n.* 비결정성 결정성이라는 것은 선택이 없다는 것이며, 다음에 일어나는 것을 미리 완전히 알고 있다는 것을 의미한다. 반면 비결정성이란 다음 동작을 선택할 수 있고, 그 선택에 결과가 의존하는 것을 말한다. 비결정성이라는 말은 맨 처음 오토머턴 이론의 분야에서 사용되었으나 그 후 알고리즘이나 프로그래밍의 분야에서도 쓰이기 시작했다.

non-deterministic[–ditə̀:rminístik] 비결정적 같은 입력을 넣어도 경우에 따라 다른 결과가

나오는 기계나 프로그램의 성질.

non-deterministic algorithm[–ǽlgəriðm] **비결정성 알고리즘** 결과가 한 가지로 정의되지 않고 명시된 집합에 속한 하나의 값이 선택되는 연산을 포함하는 알고리즘.

non-deterministic automaton[–ɔːtáməta̋n] **비결정성 오토머턴** 입력에 대한 작업 수행 결과 상황 전개가 한 가지 방법으로 결정되지 않고 가능한 전개 방법이 여러 가지인 자동 장치로, 그 중 한 가지를 선택하여 작업을 수행하는 경우 비결정적이라고 한다. 이 작업의 수행 결과는 잘못된 입력과 또한 잘못된 처리 과정 중의 어느 쪽일 수도 있다.

non-deterministic construct[–kánstrʌkt] **비결정적 요소** 프로그래밍 언어의 요소들 중 비결정적인 성질을 갖는 것.

non-deterministic finite automaton[–fáinait ɔːtámətən] **비결정성 유한 오토머턴** 현재의 입력 기호 및 현재의 내부 상태가 주어지면, 다음에 전하는 내부 상태의 집합이 결정되고, 그 집합 중에서 무작위로 선별된 임의의 내부 상태를 다음 내부 상태로 하여 입력 테이프를 한 화면 왼쪽으로 나아가게 하는 유한 오토머턴. 오토머턴은 자동 기계를 의미한다.

non-deterministic machine[–məʃíːn] **비결정성 기계** 비결정성 알고리즘을 수행할 수 있는 기계.

non-deterministic polynomial[–pàlinóumiəl] **NP, 비결정성 다항식** 알고리즘에 관하여 그 문제가 추측에 의해서 빨리 풀리는 것.

non-deterministic program[–próugræm] **비결정성 프로그램, 비확정적 프로그램** 예를 들면 임의의 유한 집합 S에서 비결정적으로 하나의 요소를 골라서 대입을 하는 명령 x : =choice(S)나 기본 명령의 추이선이 일의적으로 정해지지 않는 비결정적인 명령을 포함하는 프로그램이다. 즉, 계산의 기본 명령열 중에 비결정적인 선택을 말한다.

non-deterministic push-down automaton[–púʃ dáun ɔːtámətən] **비결정성 푸시다운 오토머턴** 비결정성 유한 오토머턴에 푸시다운 레지스터가 부가된 것.

non-deterministic space complexity[–spéis kəmpléksiti(ː)] **비결정성 공간 복잡도** 비결정성 튜링 기계(또는 알고리즘)에 대한 공간 복잡도.

non-deterministic space hierarchy[–háiərɑ̀ːrki(ː)] **비결정성 공간 계층 구조** 비결정성 공간 복잡도에 대한 언어들의 계층 구조.

non-deterministic time complexity[–táim kəmpléksiti(ː)] **비결정 시간 복잡도** 비결정성 기계(또는 알고리즘)에 대한 시간 복잡도.

non-deterministic time hierarchy[–háiərɑ̀ːrki(ː)] **비결정성 시간 계층 구조** 비결정성 시간 복잡도에 대한 언어들의 계층 구조.

non-deterministic Turing machine[–tjúːriŋ məʃíːn] **비결정성 튜링 기계** 결정성이나 비결정성이나 튜링 기계에서는 언어의 수리(受理) 능력은 같아서 0형 언어의 급을 수리한다. ⇨ Turing machine

non-digital information[–dídʒitəl ìnfərméiʃən] **비계수 정보** 이 비계수 정보는 수량을 나타내는 경우와 정보를 나타내는 다음의 두 가지 경우가 있는데, ① 수량을 표현하는 경우에 그에 대응하는 물리적인 양에 의해서 나타내는 경우가 있다. 이것을 아날로그라 하고, 물리량으로는 길이, 회전 각도, 전압 등을 쓴다. 상대어는 디지털(계수)이다. 컴퓨터에도 디지털형과 아날로그형이 있다. ② 정보를 대별하면 계수 정보와 비계수 정보로 나눌 수 있다. 수치화된 계수 정보 이외의 것이 비계수 정보이며, 음성, 도형, 화상, 영상 등에 의한 정보나 사회적, 문화적, 기타의 여러 현상 등에 관한 정보는 모두 비계수 정보이다. 컴퓨터는 계수 정보를 대상으로 하고 있으나, 최근에는 비계수 정보를 다룰 가능성이 점차 확대되어 가고 있다. 그러나 비계수 정보를 계수화하는 것에 대한 연구는 컴퓨터의 적용면에서나 계수 관리면에서나 필요하다. 계수 정보(digital information)의 대비어이다.

non-directed graph[–diréktəd grǽf] **무방향 그래프** 그래프의 가지가 방향을 가지지 않는 것.

non-directional branch[–dirékʃənəl brǽntʃ] **무방향 가지** 망의 정보 전송 용량을 계산하기 위하여 망을 그래프로 추상화하는데, 이때 통신로가 가지에 해당한다. 가지 중에서 전이중(full-duplex) 채널이나 반이중(half-duplex) 채널과 같이 양방향적으로 신호가 흐르는 채널을 나타내는 것을 무방향 가지라고 한다.

non-directional network[–nétwə̀ːrk] **무방향 네트워크, 무방향 망** 모든 가지가 무방향 가지로 이루어진 망.

non-disjunction[–disdʒʌ́ŋkʃən] **부정 논리합** 「A 또는 B의 어느 것도 아니다」를 의미한다. 「A 또는 B」, 즉 논리합(disjuction)의 부정이다. 각 변수가 모두 0일 때에 한해서 결과가 1이 되는 연산. 논리 변수 A, B에 대해 표에 의한 논리 함수를 「A와 B의 NOR」라고 하며, A∨B 또는 A↓B라고 표기한다.

non-display[–displéi] **비표시**

non-display/non-print data[–nán prínt déitə] **비표시/비인쇄 데이터**

A	B	A ∨ B
0	0	1
0	1	0
1	0	0
1	1	0

non-effect property[–ifékt prápərti(:)] **순수 효과 성질** 함수 언어의 잘 형성된 표현에 대하여 스택을 다루는 일련의 명령문을 실행하면 표현식의 결과가 스택의 가장 윗부분에 남는 성질.

non-equality gate[–ikwɔ́(:)liti(:) géit] **비동일 게이트** ⇨ exclusive OR gate

non-equivalence[–ikwívələns] **비등가, 부등가** 「a 또는 b의 어느 한쪽」을 의미. 배타적 논리(exclusive-OR)라고도 한다. 「b와 a는 일치한다」를 의미하는 등가(equivalence)와 대치되는 의미. 논리 연산에 있어서 배타적 논리합을 나타내는 것으로, 어느 한쪽의 기술만이 참일 때 참, 양쪽 모두 참일 때 거짓이 되도록 한 것. ⇨ exclusive OR

non-equivalence element[–éləmənt] **비등가 소자** ⇨exclusive OR gate

non-equivalence gate[–géit] **비등가 게이트**

non-equivalence operation[–àpəréiʃən] **비등가 연산** 두 가지의 오퍼랜드가 다른 불 값을 취할 때에 한해 결과가 불 값 1이 되는 2항 불 연산. ⇨ exclusive-OR operation

non-erasable medium[–iréisəbl mí:diəm] **삭제 불능 매체** 종이 테이프나 대부분의 ROM 등은 일단 한 번 수록된 정보를 지울 수 없는 매체들이다. 따라서 이들은 중간 과정의 기억 장치로 쓰이는 일이 거의 없다.

non-erasable programmable device[–próugræ̀məbl diváis] **소거 불능 프로그램 가능 장치**

non-erasable storage[–stɔ́:ridʒ] **비소거 기억 장치, 소거 불능 기억 장치** 판독 전용 기억 장치(read-only storage), 고정 기억 장치(fixed storage)와 동의어이다. 통상의 프로그램 명령으로는 변경할 수 없는 데이터를 기억하고 있는 기억 장치로, 그 기억 내용의 판독만이 가능한 것. ⇨ read-only storage, fixed storage

non-executable[–éksəkjù:təbl] **비실행의**

non-executable statement[–stéitmənt] **비실행문** FORTRAN에서 프로그램을 실행하기 위한 준비에 관한 정보를 지정하는 문이며, 비실행문에는 선언문과 변수, DATA 문, 데이터의 변환, 편집의 방법을 제공하는 FORMAT 문, 문함수 정의문 그리고 부프로그램문이 있다.

non-executable storage[–stɔ́:ridʒ] **비실행 기억 장치**

non-exhaustive method[–igzɔ́:stiv méθəd] **비전면 방식** 토큰 액세스 방식 중 토큰 해방 규칙에 의해서 구분되는 한 방식으로, 여러 개의 전송 프레임에 대하여 서비스한 후에 토큰을 해방하는 방식.

non-existence code[–igzístəns kóud] **부재 코드** ⇨ illegal character

non-existent code check[–igzístənt kóud tʃék] **부재 코드 검사** ⇨ forbidden-combination check

non-format[–fɔ́:rmæt] **서식없는**

non-geometric attribute[–dʒì:əmétrik ǽtribjù:t] **비기하 속성** 그래픽에서 좌표 변환에 구애받지 않는 속성.

non-glare[–glέər] **무반사 처리** 반사되어 화면이 제대로 보이지 않는 것을 방지하는 처리. T(브라운관) 표면의 플루오르 코팅 처리 등이 이에 해당한다. 유리 섬유로 만든 필터로 표면 반사를 억제한 무반사 필터 등도 널리 이용된다.

non-graphic character[–grǽfik kǽrəktər] **비출력 문자** 인쇄 제어 문자 또는 공백 문자 등과 같이 프린터 또는 화면 표시 장치로 출력 인쇄가 불가능한 문자.

non-grounded circuit[–gráundid sə́:rkit] **비접지식 회로**

non-grouped volume[–grú:pt váljum] **비그룹화 볼륨**

non-hierachical cluster analysis[–háiərὰ:rkikəl klʌ́stər ənǽlisis] **비계층 클러스터 분석**

non-horn clause[–hɔ́:rn klɔ́:z] **비–혼절** 일반적인 절의 형태가 다음과 같을 때 $Q_1 \vee Q_2 \vee \cdots \vee Q_m \leftarrow P_1,\ P_2,\ \cdots,\ P_n$ (단 $n,\ m \neq 0$이고 P_i와 Q_j 가 원자 공식) $n,\ m > 1$일 때를 비-혼절이라고 한다.

non-identity operation[–aidéntiti(:) àpəréiʃən] **불일치 연산** 모든 오퍼랜드가 동일한 논리값을 갖지 않을 때 한하여 결과가 논리값 t(참)가 되는 논리 연산. 두 개의 오퍼랜드에 대해 비일치 연산을 비등가 연산이라고 한다. identity operation과 대비된다.

[주] 두 개의 오퍼랜드에 대한 불일치 연산은 비등가 연산이다.

non-impact printer [–ímpækt príntər] **비충격 인쇄기** 비충격식 인쇄 장치. 기계적 충격에 의하지 않고 인쇄하는 프린터의 총칭. 충격식 인쇄기(impact printer)에 비해 소음이 없고 기계 부품이 적고 신뢰성이 높다는 점에서 우수하다. 대표적 인쇄 방식으로 감열 방식, 잉크젯 방식, 전자 사진 방식 등이 있다.

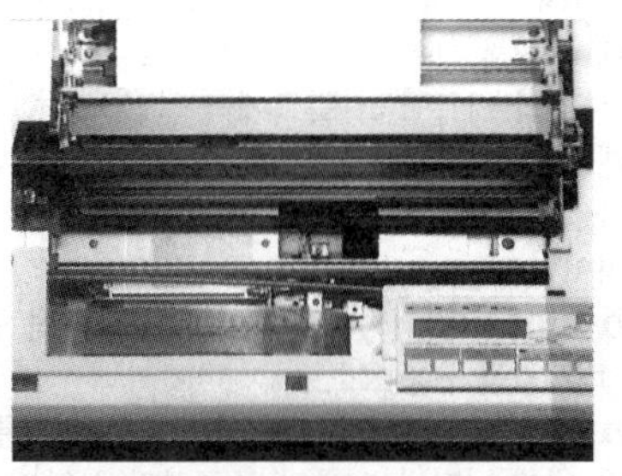

〈비충격식 인쇄 장치〉

non-impact printer with electro-sensitive pear [–wið iléktrou sénsitiv pɛ̀ər] **방전 파괴식 프린터** 이 프린터의 인자 속도는 매초 100~400자이며 논임팩트형이다. 방전에 따라서 악취나 불꽃을 발생하여 불쾌감을 일으키는 것이 결점이라고 할 수 있는데, 이것은 방전에 의하여 기록지 표면의 절연층을 파괴함으로써 자형을 기록하는 프린터로, 기록용 바늘에는 200~300V의 전압이 인가된다. 절연지(방전 파괴 기록지)는 표면의 절연층 밑에 도전성의 기지(基紙)를 갖추고 방전에 의해서 표면의 층이 파괴되면 기지의 흑색이 표면에 나온다.

non-inhibit interrupt [–inhíbit ìntərʌ́pt] **금지 불가 인터럽트** 프로그램에 의해 인터럽트를 금지시킬 수 없는 인터럽트. 예를 들면 단전, 자동 재시작, TTY 고장, 메모리 패리티 및 보호, 인터럽트 프로그램 시한 만료, 수행 불가능한 OP 코드 등으로 인한 인터럽트 등을 들 수 있다.

noninterlaced [nɑ̀nintərléist] **논인터레이스트** 모니터는 위에서 아래로, 왼쪽에서 오른쪽으로 전자총을 빠르게 반복적으로 쏘며 스크린에 이미지를 만들어낸다. 논인터레이스트 화면은 위에서 아래로 스캔할 때마다 한 줄 건너 하나씩 선을 그린다. 가능하다면 논인터레이스트 스크린을 이용하는 게 더 좋다. interlacing(인터레이싱)은 처음에는 짝수 줄로 전자 광선이 나가고 그 다음 지나갈 때에는 홀수 줄을 채워나간다. 이것은 TV에서는 괜찮아도 컴퓨터 모니터에서는 눈을 피로하게 만든다. 새 모니터를 사기 전에 고해상도와 짙은 농도에서 논인터레이스트되는지를 살펴보는 것이 좋다. ⇨ interlaced

non-interrupting-service power source unit [nɑ́n ìntərʌ́ptiŋ sə́ːrvis páuər sɔ́ːrs júːnit] **무정전 전원 장치**

non-isolated amplifier [–áisəlèitəd ǽmplifàiər] **비절연 증폭기** 신호 회로와 접지를 공유하는 다른 회로와의 사이에 전기적 접속이 있는 증폭기.

non-linear [–líniər] **비선형**

non-linear circuit [–sə́ːrkit] **비선형 회로**

non-linear circuit analysis [–ənǽlisis] **비선형 회로 해석** 비선형의 회로 요소(예를 들면 전압이 전류에 비례하지 않는 저항)를 포함한 회로의 수학적 해석. ⇨ nonlinear distortion.

non-linear computing element [–kəmpjúːtiŋ éləmənt] **비선형 연산기** 아날로그 컴퓨터에서 선형 연산기 이외의 연산기. 비선형 방정식을 해석하는 경우에 필요한 회로로 곱셈기, 함수 발생기, 진폭 제한기 등이 이것이다.

non-linear distortion [–distɔ́ːrʃən] **비선형 변형** 전송 회로의 입출력 특성이 선형이 아닐 때 발생하는 변형으로서 진폭 변형, 고주파 변형, 상호 변조 및 플러터를 생기게 하는 것. 전송계 중에 포함되는 저항, 인덕턴스 또는 용량이 전압에 의해 변하기 때문에 생기는 변형으로, 전압 전류 특성은 직선이 안 되는 것이다. 이 때문에 회로 중에 고조파를 발생해서 파형을 변형시키지만, 변형이 큰 것을 나타내는 데 출력 사인파의 실효값과 그 출력 중에 포함되는 고조파의 실효값과의 비(比)를 이용한다.

non-linear distortion noise [–nɔ́iz] **비선형 변형 잡음** 통신 기기 등의 입력 대 출력 레벨 특성은 완전히 비례 관계가 아닌(비선형성을 가지고 있다) 경우에 생기는 신호의 변형이 원인이 되는 잡음. 진공관 및 트랜지스터를 사용한 증폭 회로 코어를 넣은 인덕턴스 부품 등은 어느 것이나 얼마간 비직선성이 있기 때문에 입력 파형에 대하여 출력 파형이 일그러짐으로 나온다. 예를 들어 비직선이 있는 회로에 1,000Hz의 사인파를 입력하면 출력에는 1,000Hz 이외에 2,000Hz, 3,000Hz … 등의 고주파도 생겨 원래의 신호를 일그러지게 한다. 또한 입력된 신호로 복수의 주파수 성분이 포함되는 것과 각 성분의 고주파 이외에 이들의 합 또는 차에 상당하는 주파수 성분파(결합파)도 발생한다. 이들 성분은 원래의 입력 신호에는 포함되지 않은 것으로 보통 잡음으로 여긴다. 특히 다중 반송 전화 신호의 경우, 이들의 비선형 일그러짐이 통화로 사이에 복잡하게 누입(漏入)된 모든 인식되지 않은 잡음으로 들린다. 이 잡음을 준누설(準漏泄) 잡음이라고 하며 전송로 상호간의 전자 결합에 의한 직선 누설과 구별하고 있다.

non-linear element [–éləmənt] **비선형 소자** 전압-전류 특성이 비직선적인 소자들로 다이오드나 트랜지스터 등이 포함된다.

non-linear encoding [–inkóudiŋ] **비선형 부**

호화

non-linear equalization [-ìːkwəlaizéiʃən] **비선형 동등화**

non-linear equation [-ikwéiʒən] **비선형 방정식** 선형 방정식이 아닌 방정식.

non-linearity [-líniəriti(ː)] **비선형성** ⇨ linearization

non-linear modulation [-líniər mɑ̀dʒuléiʃən] **비선형 변조** 아날로그 신호 변조 방식 중 베이스밴드 신호의 주파수를 변화시키는 주파수 변조(FM), 주파수 편이 변조(FSK)나 위상을 변화시키는 위상 변조(PM) 등을 말한다.

non-linear optimization [-ɑ̀ptimaizə́iʃən] **비선형 최적화** 이것은 제약 조건들이 선형인 선형 최적화와 대조를 이루는 것으로서 부등식이나 등식의 집합들로 표현된 것과 같은 미리 결정된 비선형 제약 조건들을 만족하는 변수들의 최대, 최소 또는 추구하는 최적값의 결정을 위한 수학적 기술 또는 과정이다.

non-linear programming [-próugræmiŋ] **비선형 계획법** 목적 함수나 제약 중에 1차가 아닌 함수를 적어도 하나 포함하는 것. 수학적 접근에 의해 문제를 해결하는 수법의 하나로, 최적화 문제, 할당 문제 등에 쓰인다. 비선형 연산이기 때문에 수식에 의해 해석적으로 구하기 어려운 경우가 많기 때문에 컴퓨터 등에 의한 발견적 알고리즘에 의한 해법이 일반적이다. ⇨ non-linear optimization dynamic programming, linear programming

non-linear regression analysis [-rigréʃən ənǽlisis] **비선형 회귀 분석** 어떤 인자나 변량 사이의 상관 관계를 분석하기 위한 한 수법이며, 어떤 변량 x로부터 다른 변량 y를 추정하는 경우에 단순히 양자의 상관의 강약뿐만 아니라 x에 대한 y의 평균적인 경향이나 불균형의 정도가 2차 곡선 등 고차의 곡선으로 특정지워지는 관계에 있는 변량군의 분석을 말한다. ⇨ correlation analysis, regression analysis

non-linear regression model[-mɑ́dəl] **비선형 회귀 모델**

non-linear structure [-strʌ́ktʃər] **비선형 구조** 트리, 그래프와 같은 구조를 말한다. 포인터 등을 사용하여 자료를 연결하면 그 결과가 자료에 일직선상에 표시되거나 하나의 원상에 표시되는데, 이런 구조를 선형 구조라고 한다.

non-loaded cable [-lóudəd kéibl] **무장하 케이블** 인덕턴스 코일 등의 유도량을 부하하고 있지 않은 케이블로서, 일반적으로 부하 케이블에 비해서 전송 손실은 크지만 전송 대역이 제한되지 않고 그룹 전파 시간이 작으며 위상 특성이 좋기 때문에 대량 반송 방식의 전송로에 사용한다. ⇨ loaded cable

non-local [-lóukəl] **비국소적, 비지역적** 어떤 블록에 대해서 이름이 비국소적이라는 것은 사용되고 있는 양의 이름이 그 블록에서 선언되고 있지 않은 상태를 말하며, 그 이름은 이 블록의 안에서나 밖에서나 같은 대상을 나타낸다. ALGOL에서 쓰이는 용어이다.

non-local entity [-éntiti(ː)] **비국소적 구성 요소, 비지역적 구성 요소**

non-local name [-néim] **비국부적 이름** 프로시저 내에 나타난 이름이 프로시저 선언부의 범위 내에 들어 있지 않은 이름. ⇨ non-local variable

non-local reference [-réfərəns] **비국부적 참조** 블록 구조의 언어로 만들어진 프로그램에서 한 블록 내에서 그 블록에서 정의되지 않은 비국부적 변수를 쓰는 것.

non-local variable [-vɛ́(ː)riəbl] **비국부적 변수** 한 블록의 관점에서 블록 밖에서 선언된 변수로 그 블록까지를 영역으로 하는 변수.

non-locking [-lɑ́kiŋ] **비고정** 코드 확장(shift in 등)일 때 보통 후속의 한 문자만으로 확장이 적용되는 것. locking과 대비된다.

[주] 코드 확장 문자에 관계하며 해석 변경은 후속의 몇 개의 문자만큼의 코드화 표현으로만 적용되는 성질을 갖는 것. 문자 수는 보통 1이다.

non-locking escape [-iskéip] **비고정 배출, 비고정 누출** ⇨ non-locking shift character

non-locking shift character [-ʃift kǽrəktər] **비고정 시프트 문자** 뒤따르는 하나의 문자를 본래의 문자 집합이나 다른 문자의 집합으로, 예를 들면 대문자, 이탤릭체 문자에서 사용하도록 하는 제어 문자.

non-loss decomposition [-lɔ́(ː)s dìːkɑmpəzíʃən] **무손실 분해** ⇨ lossless decomposition

non-maskable interrupt [-mɑ́ːrkəbl ìntərʌ́pt] **NMI, 마스크 불가능 인터럽트** 인터럽트 마스크에 영향을 받지 않는 가장 높은 우선 순위에 있는 인터럽트. 예를 들면 정전의 경우에 사용된다.

non-memory-reference instruction [-mémǝri(ː) réfərəns instrʌ́kʃən] **메모리 비참조 명령어**

non-monotonic [-mənɑ́tənik] **비단조** 객체를 지식 베이스에 첨가하거나 제거할 수 있는 추론 시스템의 특성.

non-monotonic logic [-lɑ́dʒik] **비단조 논리** 정보가 추가로 수집되는 데 따라 결과가 변경될 수 있는 논리.

non-monotonic reasoning[-rí:zəniŋ] **비단조 추론** 한 통신 회기 내에 어떤 값이 변화되면 수정될 수 있는 추론. 짧은 시간 동안에 값의 변화가 심한 문제를 다루는 데 사용된다. 같은 결론에 도달하는 데 여러 가지 방법을 제공하고 새로운 정보가 주어지면 사실이나 결론을 철회하는 추론 기법.

non-negative integer[-négətiv íntədʒər] **음이 아닌 정수, 비부(非負) 정수** 0, 1, 2 … 중의 하나의 수.

[주] 자연수는 0부터가 아니고 1부터라고 정의하는 사람도 있다. ⇨ natural number

non-negatiative ordinarily release[-ɔ́:r-dinɛ̀(:)rili(:) rilí:s] **비절충 정상 해제** 쌍방의 세션 서비스 이용자가 세션 접속을 해제하고자 하는 경우에 토큰 제어가 되지 않은 상태로 어느 쪽으로부터도 정상 해제를 요구할 수 있는 정상 해제 방법.

non Neumann type computer **비노이만형 컴퓨터** 현재의 컴퓨터 기본 원리인 노이만형의 약점을 극복하기 위하여 최근 제창되고 있는 새 컴퓨터형. 프로그램의 명령, 데이터를 주기억 장치에서 연산 장치로 순차 처리하는 노이만형과는 달리, 복수의 명령을 동시에 병렬적으로 처리할 수 있다. 비노이만형은 노이만형을 부정한 것으로 여러 가지 타입이 있지만, 가장 유력한 것이 데이터 플로형 컴퓨터이다. 이것은 데이터 플로에 입각한 병렬 처리를 꾀하는 것으로서 다중 처리나 병렬 처리를 실현하기 쉬우며, 분산 제어가 가능하다는 특징이 있다. 비노이만형은 이론적으로는 상당한 부분이 이루어지고 있고 일부의 소자도 실형화되고 있지만, 완성에는 아직도 많은 시일을 필요로 하고 있다.

non Neumann type machine **비노이만 형 머신** 원래, 노이만형 머신이란 프로그램을 데이터와 함께 컴퓨터 내부의 기억 장치 상에 저장하고 연산 장치가 각 프로그램(명령)을 차례로 하나씩 읽어 내어 해석하고 실행하는 머신을 말한다. 즉, 축차 처리를 계산의 기초로 하고 있으며, 이에 대하여 비노이만형 머신은 병렬 처리를 계산의 기초로 하는 머신을 말한다. 종래의 노이만형 머신은 기억 장치와 연산 장치와의 사이에서 정보를 주고받기 위한 채널이 좁아 한 번에 하나의 주소밖에는 접근할 수 없어 이것을 병렬화하는 경우에 문제가 되었다. 이것을 폰 노이만 병목 현상이라고 하며, 예를 들면 방대한 데이터 베이스에 대한 연산, 특히 검색 요구를 실행하는 경우 이 병목 현상 때문에 효율이 떨어졌다. 이것을 해소하는 방식으로서 많은 채널을 준비하여 검색을 병렬로 하는 등 고속화를 꾀하는 수많은 아키텍처가 생겨났다. 그러므로 비노이만형 머신은 종래의 축적형 프로그램 방식과는 다른 새로운 계산 원리에 따른 머신을 가리킨다.

non-numeric[-nju:mérik] **비수치** 숫자를 제외한 문자나 기호.

non-numerical data processing[-nju:-mérikəl déitə prɑ́sesiŋ] **비수치 자료 처리** 기호 처리를 목적으로 개발된 특수 언어를 이용하여 데이터 프로그램을 만들기 위한 것으로, 주로 연구용으로 이용되었다. 일반적으로 컴파일러의 제작과 인간의 문제 해결을 위한 시뮬레이션에서 그 가치가 증명되고 있으며 수학적 증명의 검증, 패턴 인식, 정보 검색, 대수적 조작, 새로운 프로그래밍 언어의 탐구 등에도 광범위하게 사용된다. 또한 검색 추론, 대수적 조작 등을 처리하는 데이터의 값으로 숫자가 아닌 데이터 처리를 말한다.

non-numeric character[-nju:mérik kǽr-əktər] **비수치 문자** 숫자를 제외한 모든 문자로, 컴퓨터 내에서 표현 가능한 문자 집합 중 영문자와 특수 문자를 합친 문자 집합.

non-numeric coding[-kóudiŋ] **비수치적 코딩** 컴퓨터의 입력을 위한 정보를 준비하는 데 사용되는 여러 가지 비수치적 약자들에 쓰이는 말로, 연산 기호 코딩과 매우 비슷하다.

non-numeric data[-déitə] **비수치 정보, 비수치 데이터** 숫자를 제외한 비수치 정보 중 문서 정보는 검색 · 편집 기능에 의한 고도한 문서 정보 처리 시스템의 개발, 음성 · 문자 · 화상 정보 입력을 위한 패턴 인식력의 향상, 화상 정보의 수치화에 의한 경제 분석 등 지금까지 없었던 광범위한 정보 처리의 전개가 기대되며, 사용 코드는 ASCII, EBCDIC이다. 문서, 음성, 화상, 패턴 등의 데이터를 말하는데, 이들의 정보는 보통 대량의 디지털 정보로 변환되어 전송, 보관된다.

non-numeric data item[-áitəm] **문자 항목**

non-numeric literal[-lítərəl] **비수치 리터럴**

non-numeric operand[-ɑ́pərǽnd] **문자 작용 대상**

non-numeric operation[-ɑ̀pəréiʃən] **비수치적 연산** 컴퓨터의 연산기를 이용하여 수행할 수 있는 연산 중에서 사칙연산과 산술적 자리 이동을 제외한 모든 연산을 의미하며 논리적 연산, 회전 자리 이동을 포함한다.

non-numeric processing[-prɑ́sesiŋ] **비수치 처리** 텍스트 처리, 리스트 처리, 데이터 베이스 처리 등 수치 연산에는 없는 데이터 관리를 중심으로 하는 처리. 데이터의 삽입, 삭제, 갱신, 검색, 분류 등의 조작이 포함된다.

non-numeric programming[-próugræmiŋ] **비수치 프로그래밍** 수치보다 문자와 같은 기호를 처리하는 프로그래밍. 즉, 컴퓨터가 원래의 업무인 수치 계산보다는 문자와 같은 기호를 처리할 수 있게 프로그래밍하는 것.

non-operation instruction[–ɑ̀pəréiʃən instrʌ́kʃən] **무동작 명령어**

non-overlap mode[–òuvərlǽp móud] **비병행 방식**

non-overlap processing[–prásesiŋ] **비병행 처리** 판독이나 기록 그리고 내부 처리가 직렬적으로 발생되는 처리.

non-packed-decimal format[–pǽkt désiməl fɔ́ːrmæt] **비팩형 10진 형식**

non-packet mode terminal[–pǽkət móud tɔ́ːrminəl] **NPT, 비패킷 방식 단말기** 패킷 형식으로 메시지를 송수신하는 기능을 갖고 있지 않은 단말 장치. 패킷 방식 단말기(packet mode terminal)에 대비하여 「일반 단말기」 또는 「비패킷 방식 단말기」라고 해석된다.

non-pageable area[–péidʒəble ɛ́(ː)riə] **페이지 불가 방식**

non-pageable dynamic area[–dɑinǽmik ɛ́(ː)riə] **페이지 불가 동적 영역** 가상 주소가 실주소와 같은 가상 기억 영역. 시간에의 의존도가 높은 프로그램을 페이징할 수는 없다. 채널 프로그램을 번역하는 데 필요한 시간을 얻을 수 없기 때문이다. 이러한 프로그램은 페이지 불가 동적 영역에서 실행하지 않으면 안 된다.

non-pageable partition[–pɑːrtíʃən] **페이지 불가 구획**

non-pageable region[–ríːdʒən] **페이지 불가 영역**

non-paged mode[–péidʒid móud] **페이지 불가 모드** ⇨ real mode

non-parametric technique[–pərǽmətrik tekníːk] **비매개변수식 기술**

non-persistence[–pərsístəns] **비퍼시스턴스** CS-MA/CD 방식에서 각 스테이션이 데이터를 전송하려는 경우에는 전송로의 상태를 감시하고 이 상태에 따라 동작을 결정하는데, 전송로가 사용중인 경우에는 확률적으로 결정된 재전송 지연 시간만큼 기다렸다가 전송로의 상태를 감시하여 전송로가 비어 있으면 다시 위의 과정을 되풀이하는 방법을 말한다.

non-piped mode operation[–páipt móud ɑ̀pəréiʃən] **일괄 조작** 데이터 베이스를 검색할 때 검색 조건을 만족하는 관계의 투플(tuple)을 일괄하여 꺼내는 조작. piped-mode operation과 대비된다.

non-polarized return-to-zero[–póulərɑ̀izd ritə́ːrn tu zí(ː)rou] **비극성 제로 복귀** 1은 특히 자화된 상태에 의해 표현되고 0은 자화가 되지 않은 상태에 의해 표현되는 방식.

non-polarized return to zero recording[–rikɔ́ːrdiŋ] **비극성 제로 복귀 기록 방식** 기준 복귀 계수형 자기 기록 방식의 하나로서 자화되어 있지 않은 상태를 기준으로 수록하는 방식. 1은 특정의 자화 상태, 0은 자화되지 않은 상태를 표현한다.

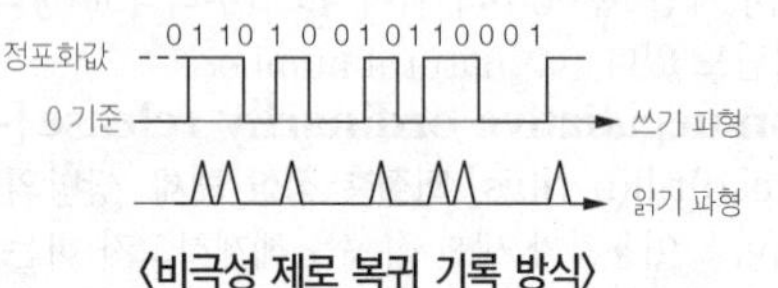

〈비극성 제로 복귀 기록 방식〉

non-positional number[–pəzíʃənəl nʌ́mbər] **비위치 수** 숫자에서 수의 크기는 숫자를 쓰는 위치에 관계없이 숫자의 종류와 사용 빈도로 결정되는 것으로, 일정량을 나타내는 단위 기호. 매우 큰 수를 나타낼 때에는 많은 숫자가 필요하고 경우에 따라서는 새로운 단위량의 숫자는 무한한 크기의 합산표가 필요하므로 불편하다.

non-preemptible resource[–priːémptibl risɔ́ːrs] **비선점성 자원** 한 프로세스에게 할당되면 일단 그 프로세스의 사용이 끝날 때까지는 다른 프로세스가 사용할 수 없는 자원.

non-preemptive[–priːémptiv] **비선점** 일단 자원이 어떤 프로세스에 할당되면 다시 옮겨질 수 없는 것. 예를 들면, 테이프 드라이브는 몇 분 또는 몇 시간 동안 일정한 프로세스에 할당되는 것이 보통인데, 일단 테이프 드라이브가 한 프로세스에게 할당되면 이 프로세스에서 다른 프로세스로 도중에 이동될 수는 없다.

non-preemptive multitasking[–mʌ́ltitæ̀skiŋ] **비선점형 다중 태스킹** 여러 개의 태스크를 시동할 수는 있지만, 하나의 태스크 처리가 끝나기 전에는 다른 태스크를 처리할 수 없는 방식. 즉, 윈도와 같이 여러 개의 창을 불러내어도 한 번씩 하나의 창밖에 작업할 수 없는 방식을 말한다. 의사 다중 태스킹이라고도 한다.

non-preemptive priority[–prɑiɔ́(ː)riti(ː)] **비선점 우선권** 우선권이 높은 호출에 대하여 접속중인 호출의 접속을 중단하지 않고 호출선이 비었을 때만 접속 순서를 우선하는 방법.

non-preemptive process [–prásesˌ] **비선점 프로세스** 인터럽트를 당했던 프로세스가 그 인터럽트의 처리가 완료된 다음에 다시 중앙 처리 장치를 할당받아 수행되는 경우.

non-preemptive scheduling[–skédʒuliŋ] **비선점 스케줄링** 작업이 프로세스로 생성되어 CPU를 할당받으면 프로세스가 종료되거나 입출력 조작을 위해 자발적으로 중지될 때까지 계속 실행되도록 보장하는 스케줄링 정책. 한 프로세스가 일단 CPU를 할당받으면 다른 프로세스가 CPU를 강제로 뺏을 수 없는 방식이다. 비선점 스케줄링은 프로세스 간의 오버헤드(overhead)가 적어 효율적이나, 대화식 시분할 시스템에는 적합하지 않고, 긴 작업이 짧은 작업을 오랫동안 기다리게 되는 경우가 발생되는 단점이 있다.

non-print[–prínt] **비인쇄** 라인 프린트에서 기계 제어로 멈추게 하는 것.

non-print character[–kǽrəktər] **비인쇄 문자** 특별한 기능을 나타내는 제어 문자로 인쇄되지 않는 문자인데, 소프트웨어에 의해 편집하는 동안 화면에 제어 문자가 보이기도 한다. ⇨ control character

non-print code[–kóud] **비인쇄 코드** 전신에 관련된 것으로 인쇄는 되지 않지만 텔레프린터의 각종 기능을 수행하도록 하는 부호.

non-print instruction[–instrʌ́kʃən] **비인쇄 명령어** 하나의 열 혹은 문자의 인쇄를 방지할 목적으로 전송되는 명령어.

non-procedual[–prəsíːdʒuəl] **비절차형** 전송 데이터의 오류를 검증하지 않는 형식의 통신 프로토콜. 텍스트 중심의 데이터 전송에서 자주 이용된다. 특별한 설치나 회로 및 검증이 필요 없기 때문에 전송 속도가 빠르다. 순서가 없는 것은 주로 단말기 간의 간단한 전송에 사용된다. 무순서 방식에 전송 데이터의 오류 검정 제어가 추가된 통신 프로토콜에는 베이식 순서, BSC 순서, HDLC 등이 있다. 이것들은 오류가 검출되면 데이터를 보정하거나 재송신 등을 요구한다.

non-procedural language[–lǽŋgwidʒ] **비절차적 언어, 비순서적 언어** 컴퓨터의 실행 순서에 관계없이 처리 내용을 기술할 수 있는 프로그램 언어. 절차적 언어(procedural oriented language)와 대비된다.

non-procedural query language[–kwí(ː)ri(ː) lǽŋgwidʒ] **비절차적 질의 언어** 사용자가 어떤 정보를 원할 때 미리 준비 과정으로 여러 단계의 작업을 거치기 보다는 직접적으로 원하는 그 일을 처리할 수 있게 된 것으로, 데이터 베이스를 이용할 수 있는 컴퓨터 언어의 하나.

non-procedure language [–prəsíːdʒər lǽŋgwidʒ] **비절차 언어** 프로그램 작성에 있어서 문제 해결을 위한 과정과 절차에 대한 기술은 시스템에서 이루어지고 프로그래머는 무엇을 할 것인가 하는 기능만을 기술하는 언어. 예를 들면, 데이터 베이스 질의어가 있다.

non-procedure protocol[–próutəkɔ̀(ː)l] **비절차 프로토콜** 데이터를 전송할 경우에는 전송한 데이터가 수신측에서 정확하게 수신되고 있는지 어떤지를 확인할 필요가 있다. 이것을 위해서는 일반적으로 전송 제어 순서를 써서 송달 확인, 재송(再送) 등을 하고 있다. 이들의 기능은 보통 단말기의 하드웨어, 소프트웨어에 의해 실현하고 있기 때문에 단말기의 비용이 높아진다(유절차 방식). 이에 비해서 비절차 방식은 단말기에는 절차를 거치지 않고 에러 제어 등을 오퍼레이터에게 위임하는 방식이며, 단말기 비용을 절감할 수 있다. 비절차 방식에서의 에러 검출은 단말에서 송출한 문자를 센터측에서 되돌려서 단말측에서 이것을 수신 · 인자하여 눈으로 보아 체크하는 에코(echo) 방식 등이 채용되고 있으나 신뢰성은 낮다. 이 비절차 방식의 단말은 타임 셰어링 시스템 등에서 널리 사용되고 있으며, 또 최근 보급이 현저한 음향 결합 단말도 비절차 방식을 채용하고 있어서 앞으로도 조보 단말(調步端末) 중에서는 큰 진전을 보일 것으로 예상된다.

non-programmed halt[–próugræmd hɔ́ːlt] **비프로그램 정지** 정지 명령을 사용해서 계획적으로 컴퓨터를 정지시키는 것이 아니라 의도하지 않은 원인으로 기계를 멈추는 것으로 자동 인터럽트, 수동적 정지 조작, 기계 고장, 전력 중단 등에 의한 정지.

non-programmer[–próugræmər] **비프로그래머** 프로그램 개발을 전문적으로 하는 직종은 아니지만 자신의 업무 수행상 필요에 따라 컴퓨터를 이용하고 그 때문에 프로그램을 작성하지 않으면 안 되는 사람.

non-real-time processing[–ríːəl táim prάsesiŋ] **비실시간 처리** 일괄 처리와 같이 어느 기간까지의 데이터를 모아서 처리하는 것. 또는 실시간 처리 체계가 이루어지지 않는 시스템.

non-reflective coatings[–rifléktiv kóutiŋz] **무반사 코팅** 반짝거리는 빛을 없애기 위하여 비디오 화면 등의 외부 표면에 특정 물질을 칠하는 것으로서, 화면의 상을 약간 흐리게 하는 경향이 있지만 주로 사용자의 시력을 보호하기 위하여 이용한다.

non-reflective ink[–íŋk] **무반사 잉크** 광학 문자 판독기가 판독할 수 있는 색깔의 잉크. 광학적 문자 판독은 빛을 반사하는 흰 종이에 비해서 잉크의 검은 부분은 상대적으로 반사가 되지 않는 성질을 이용하므로 무반사 잉크를 사용해야 한다.

non-relational system[−riléiʃənəl sístəm] **비관계 시스템** 관계 시스템 이외의 시스템. 관계 시스템의 경우와는 달리 비관계 시스템의 사용자는 데이터를 테이블 이외의 다른 데이터 구조나 테이블에 다른 구조가 추가된 데이터 구조로 인식한다. 또한 이런 데이터 구조에 적합한 연산자도 제공된다. 비관계 시스템의 예로는 계층 구조 시스템인 IMS에서 사용자는 데이터를 트리 구조들의 집합으로 인식하며 트리의 계층 경로를 상하로 순회하는 연산자 등이 제공된다.

non-relocatable[−ri:loukéitəbl] **재배치 불능**

non-reproducing[−ri:prədjú:siŋ] **비재생** 물질이나 컴퓨터에서 사용하는 각종 기기나 기억 장소가 재생되지 못하는 속성.

non-resident[−rézidənt] **비상주** 항상 메모리에 적재되는 것이 아니라 요구될 때만 메모리에 적재하고, 완료 후에는 다른 프로그램에게 차지했던 장소를 내주는 속성을 가리킨다.

non-resident portion[−pɔ́:rʃən] **비상주 부분**

non-resident program[−próugræm] **비상주 프로그램**

non-resident routine[−ru:tí:n] **비상주 루틴** 운영 체제를 구성하는 프로그램 중에서 필요가 있을 때에만 보조 기억 장치로부터 주기억 장치로 이동되는 루틴.

non-resident simulator computer system[−símjulèitər kəmpjú:tər sístəm] **비상주 시뮬레이터 컴퓨터 시스템** 마이크로컴퓨터 프로그램의 개발시 MPU 하드웨어를 시뮬레이션하기 위하여 대형 컴퓨터를 이용하는 시스템. 이러한 시스템은 전통적인 시분할 시스템보다 비용이 적게 들며, 주변 장치들에 대한 접근을 빠르게 한다.

non-restoring division [−ristɔ́:riŋ divíʒən] **비복원 나눗셈** 뺄셈에 의하여 나눗셈을 수행할 때 생기는 피제수의 중간 나머지가 음수일 때, 제수를 오른쪽으로 한 비트 이동한 값을 중간 나머지에 더함으로써 제수를 그대로 중간 나머지에 더하는 환원 나눗셈을 계산하는 방법.

non-restoring devision algorithm[−ǽlgəriðm] **비복원 나눗셈 알고리즘** 비복원 나눗셈에 의하여 주어진 입력으로부터 원하는 나눗셈의 결과를 얻어내기 위해 정의된 과정이나 규칙들의 집합.

non-restoring method[−méθəd] **비복원법** 나눗셈을 컴퓨터로 수행하기 위한 방법의 일종. 피제수에 의해 제수의 뺄셈을 반복해갈 때, 나머지가 음이 되었으면 제수를 한 자리 왼쪽으로 이동하고 이번에는 덧셈을 반복해서 양의 수치가 생길 때까지 계속한다. 그래서 다시 제수를 한 자리 왼쪽으로 이동시켜 나머지가 음이 될 때까지 뺄셈을 반복한다. 이러한 조작을 반복하는 것이다. 연속하는 뺄셈의 횟수에 따라 1보다 작은 수치가 그 자리몫의 숫자로 되는 것은 복원법과 같지만, 연속시키는 덧셈 횟수의 기수(基數) b의 보수(10진법이라면 $b = 10$, 2진법이라면 $b = 2$)가 그 자리몫의 숫자가 된다.

non-return-to-reference recording[−ritə́:rn tu réfərəns rikɔ́:rdiŋ] **비기준 회귀 기록** 0과 1을 나타내는 자화(磁化)의 패턴이 기억 셀의 전체를 차지하고, 기억 셀의 어느 부분에도 기준 상태로 자화되지 않는 2진 문자의 자기 기록.

non-return-to-zero[−zí(:)rou] **NRZ, 비제로 회귀 기록** 2진 문자의 자기 기록 방식의 한 가지로 NRZ recording이라고 부르는 경우도 있다. 데이터 매체 상의 트랙에 일련의 데이터 비트를 순차 기록하는 경우 어떤 지정된 상태로 자화(磁化)하는 데 따라 비트 0을 나타내고, 다른 지정된 상태로 자화함에 따라 비트 1을 나타내는 방식. 보통 0과 1은 상호 반대의 극성으로 자화된 상태에서 기록되고 있다.

non-return-to-zero change-on-ones recording[−tʃéindʒ ən wʌ́nz rikɔ́:rdiŋ] **NRZ−1, 비제로 복귀** 기록 1을 자기 상태의 변화에서 나타태며 0을 변화 없이 나타내는 비기준 회귀 기록.
[주] 1 또는 mark 신호만이 명시적으로 기록되므로, 이 방식을 "mark 기록"이라고 한다.

non-return-to-zero change recording [−rikɔ́:rdiŋ] **NRZC, 비제로 회귀 변화 기록** 어떤 지정된 상태로 자화(磁化)하는 데 따라 0을 나타내고, 다른 지정된 상태로 자화하는 데 따라 1을 나타내는 비기준 회귀 기록.
[주] 1. 두 가지 상태는 한쪽이 자기 포화 상태이고, 다른 쪽은 자화되지 않은 상태라도 좋지만, 상호 반대의 극성으로 자기 포화하고 있는 상태가 더 일반적이다. 2. 기록되고 있는 2진 문자가 0에서 1 또는 1에서 0으로 변화할 때만 자화의 상태가 변화하는 것으로 이 방식을 "변화 기록"이라고 한다.

non-return-to-zero invert[−invə́:rt] **비제로 복귀 반전** ⇨NRZI

non-return-to-zero(mark) recording [−(má:rk) rikɔ́:rdiŋ] **비제로 복귀(마크) 기록 방식** ⇨NRZM

non-return-to-zero recording [−rikɔ́:rdiŋ] **비제로 회귀 기록 방식** 2진 문자 자기 기록 방식의 하나로, NRZ recording이라고도 한다. 데이터 매체 상의 트랙에 일련의 데이터 비트를 축차 기록하는 경우 어느 지정된 상태에 자화함으로써 비트 0을 나타내고, 다른 지정된 상태에 자화함으로써 비트 1을 나타내는 방식. 통상 0과 1은 서로 반대의 극성으로 자화된 상태로 기록되어 있다.

non-reusable[-riːjúːsəbl] **재사용 불가**

non-reusable module[-mádʒuːl] **재사용 불가 모듈** 일부 지역 자료값들이 일정하지 않기 때문에 동일한 외부 입력 자료에 대하여 수행시마다 반드시 동일한 결과를 발생시키지 못하는 모듈. 즉, 모듈 자체에서 변경시키는 값들을 초기화하지 않는 모듈.

non-reusable routine[-ruːtíːn] **재사용 불가 루틴** 이 루틴을 한 번 사용하면 루틴의 내용이 변하기 때문에 다시 사용할 때는 기억 장치에 다시 장소를 배당해야 하는 것을 말한다.

non-ringing trunk[-ríŋiŋ trʌ́ŋk] **NRT, 비호출 신호 중계선** 가정이나 공장의 수도, 전기, 가스 등을 가입 전화 회선을 이용하여 원격 검침하기 위하여 가입자에게 호출 신호를 보내지 않고 검침 센터와 가입자의 미터를 접속하는 중계선.

non-saturation type circuit[-sæ̀tʃuréiʃən táip sə́ːrkit] **비포화형 회로** 트랜지스터를 이용한 논리 회로의 정형(整形) 증폭기에 트랜지스터의 비포화 영역으로 사용하는 회로. 동작 속도(스위칭 속도)에 관해서는 불포화형 회로가 우수하지만 전압 레벨의 안정성, 회로 구성의 용이성, 소비 전력이 적은 것 등에 관해서는 포화형 회로가 우수하다.

non-scheduled maintenance time[-skédʒuld méintənəns táim] **비정규 보수 시간** 기계의 정규 가동 시간 동안에 기계의 고장 검출 시간부터 고장 수리 후에 정상 동작이 가능한 상태로 환원될 때까지 경과한 시간.

non-select hold[-səlékt hóuld] **비선택 홀드**

non-self modifying code[-sélf mádifàiŋ kóud] **수정 불가 코드** 실행 도중에 그 내용이 변하지 않는 명령 코드로서, 두 개 이상의 프로세스가 동시에 동일한 코드를 수행할 수 있다.

non-sensitive data[-sénsitiv déitə] **감지 불능 데이터**

non-sequential computer[-sikwénʃəl kəmpjúːtər] **비연속 컴퓨터**

non-sharable[-ʃɛ́ərəbl] **공유 불가**

non-sharable attribute[-ǽtribjùːt] **공유 불가 속성**

non-shared subchannel[-ʃɛ́ərd sʌ́btʃænəl] **비공유 서브채널**

non-simultaneous[-sàiməltéiniəs] **비동시적** 데이터 통신에서 단말과 단말이 동시에 데이터를 주고받지 못하고 한 단말이 데이터를 전송하면 다른 단말은 수신만 해야 하는 현상을 일컫는 것.

non-simultaneous transmission[-trænsmíʃən] **비동시 전송** 데이터 전송 방식의 일종. 일반적으로 장치 또는 시설이 어떤 한 시점에 있어서 한쪽 방향으로만 데이터를 전송하는 것.

non-singular matrix [-síŋgjulər méitriks] **비특이 행렬**

non-spanned record[-spǽnd rékərd] **비신장 레코드**

non-specific volume request[-spisífik váljum rikwést] **불특정 볼륨 요구**

non-staging drive[-stéidʒiŋ dráiv] **비스테이징 드라이브**

non-standard character processing[-stǽndərd kǽrəktər prásesiŋ] **비표준 문자 처리**

non-standard job [-dʒáb] **비표준 작업**

non-standard lable[-léibəl] **비표준 레이블** 지정된 방식을 따르지 않은 레이블. 미국 표준 규칙에 따르지 않는 레이블 또는 컴퓨터 시스템의 독자적인 표준 규칙에 따르지 않는 레이블. 데이터 세트 레이블에는 표준 레이블과 비표준 레이블이 있다. 표준 레이블은 시스템이 직접 처리할 수 있으나 비표준 레이블은 비표준 레이블 처리 루틴으로 처리해야 한다.

non-standard labeled magnetic tape[-léibld mægnétik téip] **비표준 레이블 자기 테이프**

non-stop computer[-stáp kəmpjú(ː)tər] **비정지 컴퓨터** 컴퓨터 시스템의 일부에 고장이 발생했을 때 모든 처리가 정지되지 않도록 설계된 컴퓨터. 고장 허용 컴퓨터, 또는 고신뢰성 컴퓨터라고도 한다.

non-stop operation protection[-àpəréiʃən prətékʃən] **비정지 연산 보호** 무한히 간접 주소를 참조하거나 명령이 끝없이 반복되어 프로그램이 끝나지 않을 때 방지해주는 것.

non-stop system[-sístəm] **비정지 시스템** 종일 운전하는 시스템. 시스템이 다운되는 일 없이 움직이는 시스템.

non-stored characters[-stɔ́ːrd kǽrəktərz] **비수용 문자**

non-switched line[-swítʃt láin] **비교환 회선** 컴퓨터와 원격 단말기의 연결이 다이얼을 돌려 이루어질 필요가 없는 것.

non-switched network[-nétwə̀ːrk] **비교환망**

non-synchronous [-síŋkrənəs] **비동기**

non-synchronous transmission[-trænsmíʃən] **비동기 전송** 같은 블록 내에서는 임의의 두 가지 유의 순간에서 간격이 단위 시간의 정수배가 되지만 다른 블록 내에서는 반드시 같은 정수배가 된다고는 할 수 없는 방식으로 행해지는 데이터 전송. 동기 전송(synchronous transmission)의 반대어가 아니고, 엄밀하게는 비등시성 전송(anisochronous transmission)이라고 한다. 이 반대어가 등시성 전송(isochronous transmission)이다.

non-temporary data set[–témpərὲ(:)ri(:) déitə set] 비일시적 데이터 세트

non-terminal[–tə́:rminəl] *a.* 비단말(의)

non-terminal node[–nóud] 비단말 결절점

non-terminal symbol[–símbəl] 비단말 기호 문법에 의해서 생성되는 언어를 정의할 수 있도록 돕는 문자열의 집합을 정의하는 구문 기호. 수리 언어학에서 문장, 명사구, 동사, 동사구, 부사, 부사구 등과 같이 문장 생성의 중간 과정에만 나타나는 것을 말한다.

non-transfer key[–trænsfə́:r kí:] NFER 키 ⇨ NFER key

non-transparent mode[–trænspέ(:)rənt móud] 비투과 모드

non-uniform rational B-spline curve/surface NURBS 곡선/곡면 ⇨ NURBS curve/surface

non-unique key[–ju:ní:k kí:] 비유닉 키

non-volatile[–válətil] 비휘발성 전력이 끊어져도 그 내용이 보존되는 기억 장치의 속성.

non-volatile memory[–méməri(:)] 비휘발성 기억 장치 기억 장치 중 전원을 끊고 에너지 공급을 정지해도 그 기억 내용에 변화가 없는 것. 자심(磁心), 자성 박막, 자기 테이프, 자기 드럼, 자기 디스크, 자기 카드 등의 각 기억 장치는 이에 속한다.

non-volatile memory unit[–jú:nit] 비휘발성 기억 장치

non-volatile MOS momory 비휘발성 MOS 기억 장치 MOS 트랜지스터로 구성되며 공급 전원이 끊어져도 기억 내용이 남아 있는 IC 메모리.

non-volatile RAM 비휘발성 RAM 전원을 끊어도 기억시킨 데이터가 상실되지 않으며 전원을 넣으면 다시 판독할 수 있는 RAM.

non-volatile storage[–stɔ́:ridʒ] 비휘발성 기억 장치, 지구 기억 장치, 영속성 기억 장치 기억 장치 중에서 컴퓨터 본체의 전원을 끊어도 데이터의 내용을 보존하고 있는 것. ROM이 이에 해당한다. 보통의 RAM은 항상 전원을 공급하지 않으면 데이터가 소멸해 버린다. 정적 램(static RAM) 등 전력 소비가 적은 램칩을 사용하여 배터리로 항시 전원을 공급해줌으로써 실질적으로 비휘발성으로 만드는 것도 있는데, 캘린더 시계나 메모리 스위치 등에 쓰인다.

non-volatile storage medium[–mí:diəm] 지구 기억 장치

non-volatile store[–stɔ́:r] 영속성 기억 장치

non von Neumann architecture 비노이만 아키텍처

non von Neumann machine 비노이만형 컴퓨터 명령 주소 레지스터나 명령의 축차적인 실행과 같은 개념을 갖지 않는 컴퓨터의 총칭. 함수형 프로그래밍에 바탕을 둔 데이터 흐름 컴퓨터, 관계형 프로그래밍에 의한 데이터 베이스 기계 등이 고안되고 있으나 아직은 실용화되지 못하고 있다.

non von Neumann type computer 비노이만형 컴퓨터 노이만형 컴퓨터란 하나하나의 명령을 차례로 실행해가는 컴퓨터라는 이미지로 쓰이고 있다. 그러나 계산 순서를 기술한 프로그램 중에는 굳이 차례로 계산을 하지 않더라도 앞의 계산 결과에 관계없이 동시에 실행할 수 있는 부분이 있다. 비노이만형 컴퓨터란 앞의 결과에 상관없이 계산할 수 있는 부분을 한꺼번에 계산해 버리는 컴퓨터를 말한다. 이것은 패턴 인식 등 인간이 장기로 하는 것을 컴퓨터에 대행시키기 위해 필요한 기술이며, 제5세대 컴퓨터 프로젝트 등에서 연구되고 있다.

non-weighted BCD code 비가중 BCD 코드 각 자리에 특정한 값이 부여되지 않는 BCD 코드.

non-weighted code [–wéitəd kóud] 비가중 코드 각 자리에 특정한 값이 부여되지 않은 코드. 접근-3코드(access-3code), 5중 2코드(2-out-of-5code), 시프트 카운터 코드, 그레이 코드 등.

no-OP 무연산 명령, 무동작 명령 no-operation instruction의 약어. 명령의 일종으로 그 실행이 계산기 다음에 실행해야 할 명령으로 진행하는 것 이외에는 아무 영향도 가져오지 않는 것.

no-operand instruction [nóu ápərӕnd instrʌ́kʃən] 무피연산자 명령어

no-operation[–àpəréiʃən] NOP, 무연산 (1) 컴퓨터의 명령 중에서 중앙 처리 장치(CPU)가 아무런 연산(operation)도 행하지 않고 다음 프로그램을 차례로 진행시키는 것만을 지시하는 명령어. 이것에 따라 프로그램 카운터 내용은 「1」 증가한다. (2) 프로그래밍 언어에 있어서, 예를 들면 FORTRAN의 CONTINUE처럼 아무런 기능도 하지 않고 단순히 다음 명령으로 진행하는 컴퓨터에 지시하는 명령어로서 어셈블리 언어에서도 아무것도 하지 않고 다음 명령의 실행을 지연시키는 것만 명령한다.

no-operation instruction[–instrʌ́kʃən] NO-OP, 무연산 명령, 무동작 명령 명령의 일종으로 그 실행이 계산기 다음에 실행해야 하는 명령이므로 진행하는 것 이외에 아무것도 갖지 못하는 것.

no-operation memory protect[–méməri(ː) prətékt] 무연산 기억 장치 보호

NOP 무작동/무연산 no-operation의 약어. 어셈블리 언어 명령의 하나로서 아무것도 하지 않고 다음 명령의 실행을 지연시키는 명령이다. FORTRAN의 CONTINUE처럼 아무런 기능도 수행하지 않고 단순히 다음의 명령으로 진행하도록 컴퓨터에 지시하는 명령. ⇨ no-operation

NOR 부정합 negative OR의 약어. 동사로서 「부정 논리합을 취한다」와 같이 사용한다. 논리합(OR)과 대비된다. ① 불 연산자에서 논리 연산자에 따라 연결되고 있는 양방향 변수가 거짓일 때만 진리표에 참값을 준다. ② 두 가지의 논리문일 때 a NOR b라고 하는 논리 연산은 a, b 어느 쪽도 거짓이면 참이고, 적어도 한쪽이 참이면 거짓이다.

NOR circuit NOR 회로, NOT-OR 회로, 부정 논리합 회로, 논리합 부정 회로 NOR 연산을 행하는 회로로서 입력들이 없을 때만 출력할 수 있는 회로. OR 회로와 NOT 회로를 조합하여 만들 수 있다.

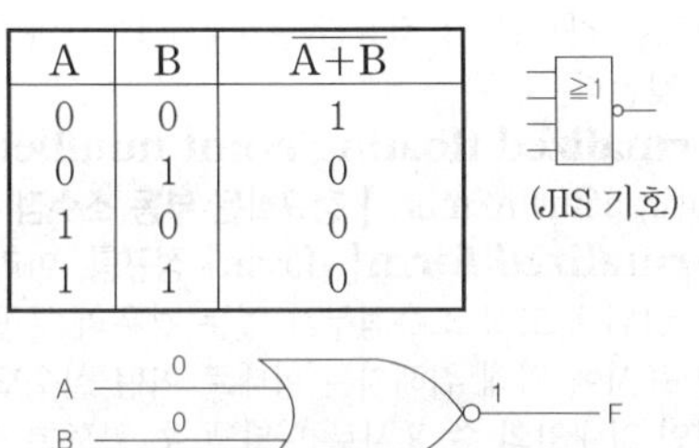

A	B	$\overline{A+B}$
0	0	1
0	1	0
1	0	0
1	1	0

〈NOR 회로〉

no-record found [–rékərd fáund] **해당 레코드 없음**

NOR element NOR 소자, 부정 논리합 소자 부정 논리합의 불 연산을 행하는 논리 소자.

no-resettable machine check [–riːsétəble məʃíːn tʃék] **리셋되지 않는 기구 체크**

no response [–rispáns] **무응답**

no return point [–ritə́ːrn pɔ́int] **비복귀점** 프로그램에서 데이터가 없어서 복귀가 불가능하게 된 최초의 상황.

NOR gate NOR 문 NOR 연산을 행하는 게이트.

norm [nɔ́ːrm] *n*. **기준** 벡터나 행렬 평가 기준으로서 이용되는 것으로 n차 벡터 x의 성분을 x_i로 하면 벡터 x의 기준 $\|x\|$란 다음 성질을 가진 음이 아닌 실수를 말한다. ① $x \neq 0$일 때 $\|x\| > 0$, $\|[0]\|$, ② $\|cx\| = |c| \cdot \|x\|$, c는 정상, ③ $\|x+y\| \leq \|x\| + \|y\|$, $\|x-y\| \geq \|x\| - \|y\|$.

normal [nɔ́ːrməl] *a*. **정규**

normal binary [–báinəri(ː)] **정규 2진법** ⇨ binary

normal control field [–kəntróul fíːld] **표준 제어 필드**

normal direction flow [–dirékʃən flóu] **정규 방향 흐름** 순서도(flow chart)에 있어서 정상적인 흐름은 위에서 아래, 왼쪽에서 오른쪽으로 흐르는 방향이다.

normal distribution [–dìstribjúːʃən] **정규 분포** 연속 확률 분포의 대표적인 형태로서 가우스 분포라고도 하며, 밀도 함수가 다음 식으로 표현되는 확률 분포를 정규 분포라고 한다.

$$f(x) = \frac{1}{2\sqrt{\pi\sigma}} e^{-\frac{(x-\mu)^2}{2s^2}}$$

여기서 σ^2 : 분산, μ^2 : 평균.

normal end [–énd] **정상 종료**

normal entry [–éntri(ː)] **정상 입구** 색인 순차 데이터 세트(파일)에 있어서의 트랙 인덱스의 한 구성 요소. 또는 선행하는 처리가 정상적으로 종료한 경우에 제어를 받는 입구.

normal execution sequence [–èksəkjúːʃən síːkwəns] **정상 실행 순서** 프로그램의 실행문을 위에서 아래로 순번대로 실행하는 것. FORTRAN이나 BASIC 등의 기술형 언어는 이처럼 실행하지만 술어 논리를 기본으로 하는 PROLOG 같은 논리형 언어에서는 위에서 순번으로 부합(match)하는 것을 찾는 명령(instruction)을 실행한다. 즉, 부합하는 것이 어디까지나 명령을 점프하는 것이다.

normal-flow [–flóu] **정규 흐름**

normal-flow direction [–dirékʃən] **정규 흐름 방향**

normal form [–fɔ́ːrm] **정규형** 데이터 베이스 가운데 데이터 항목의 관계는 몇 개의 의미 조건을 사용해서 정규화할 수 있다. 복합 속성을 배제한 제1정규형, 부분 함수 종속을 배제한 제2정규형, 추이 함수 종속을 배제한 제3정규형(이상 세 가지는 Codd). 약간 강한 조건을 부과한 Boyce-Codd 정규형이나 다치(多値) 종속을 배제한 제4정규형(fagin)이 있으며, 그 밖에도 몇 개의 정규형이 제기되고 있다. 이것들은 데이터 베이스와 논리 설계시 기준이 된다.

normal form formula [–fɔ́ːrmjulə] **정규형 공식** conjunctive normal form, disjunctive normal form 등과 같이 추론을 좀더 쉽게 그리고 간략화시키기 위하여 표준화시켜 놓은 형태의 공식.

normal form of logical formula [–əv ládʒikəl fɔ́ːrmjulə] **논리식의 표준형** 논리식은 서로 대등한 여러 가지 형태의 표현이 가능하다. 예를 들면,

$AB \vee ABC \vee D \vee AB = AB \vee D$
따라서 어떤 일의적인 표현법은 없는가 라는 요망이 생긴다. 만일 일의적인 표현법이 있으면 임의의 두 개의 논리식이 대등한지 아닌지는 각각을 그 일의적인 표현법으로 변환하여 비교해보면 알 수 있다. 이 요망에 대응하는 것이 논리식의 표준형이다.

normal function [–fʌ́ŋkʃən] **정규 함수**

normal install [–instɔ́:l] **보통 도입**

normalization [nɔ̀:rməlaizéiʃən] *n.* **정규화** 불필요한 영향을 제거하고 특정한 목적을 위해서 그것들을 비교할 수 있도록 하는 것으로, 수치적 양에 가해지는 연산 또는 관계 모형에서 예외를 제거하기 위하여 하나의 속성에 하나의 데이터가 들어가도록 작성하여 중복을 배제하는 원칙을 공식화한 것을 말한다.

normalization of relation [–əv riléiʃən] **관계 정규화** 데이터 베이스의 연산 단순성, 갱신의 용이성이라는 입장에서 관계 정의에 어떤 종류의 제약을 두는 것.

normalization of signal [–sígnəl] **신호 정규화**

normalization transformation [–trænsfərméiʃən] **정규화 변환** 컴퓨터 그래픽에서 세계 좌표 안의 윈도로부터 정규화 장치 좌표 중의 뷰포트(viewport)로의 윈도 뷰포트 변환. 예를 들면 계산 과정에서는 −100부터 +100까지 x축 범위에서 그래프를 그렸으나 실제의 화면 좌표는 0에서 640까지일 때, −100이 0에, +100이 640에 대응되도록 좌표 변환을 하는 작업.

normalize [nɔ́:rməlàiz] *v.* **정규화하다** 미리 정해진 범위 내에 수치를 표시하기 위해서 그 수치의 표시를 조정하는 것을 「정규화한다」라고 한다. 부동 소수점 표시에 있어서 특히 지정하지 않는 경우 가수 부분의 좌단(左端)이 소수점 이하의 첫 번째 밑 자릿수로 동시에 그것에 맞춰서 지수 부분도 변화시키는 정규화를 행한다. 예를 들면 123.45e+2는 12345e+5가 된다(단, e+2는 10의 제곱을, e+5는 10의 5제곱을 나타낸다). 물리나 화학 등에서 보통 1.2345e+4라고 쓰는 방법을 취하고 있기 때문에 고정 지수부를 1에서 9.99…의 범위 내에 수용되도록 정규화하는 경우가 많다. 또 어느 시스템을 평가할 때 정해진 값에 대한 편차를 나타내기 위해서, 그 정해진 값으로 나눈 상대값을 사용하는 경우가 있다. 이 경우 그 값에서 정규화를 행한다고 한다.
[주] 부동 소수점 표시에 있어서 표현되고 있는 실수는 변화시키지 않고, 고정 소수부가 어떤 정해진 범위 내에서 수용되도록 고정 소수부로 조정하고, 그것에 대응하는 지수부도 조정하는 것. **예** 고정 소수부를 1에서 9.99… 범위 내에 수용하기 위해서는 부동 소수점 표시 123.45×10^2은 1.2345×10^4으로 정규화된다.

normalized [nɔ́:rməlàizəd] **정규화된** 가수의 첫 번째 자릿수가 0이 아닐 때 그 가수는 정규화된 것이다.

normalized arithmetic [–əríθmətik] **정규화 연산**

normalized device coordinate [–diváis kouɔ́:rdinət] **정규화 장치 좌표** 중간 좌표계에서 지정되고, 어떤 범위(보통은 0에서 1까지)에 정규화되는 장치 좌표.
[주] 정규화 장치 좌표로 표시된 표시 영상은 어느 장치 공간에서도 동일한 상대 위치에 표시된다.

normalized device coordinate system [–sístəm] **정규화 장치 좌표계** 특정 장치에 무관하도록 정의한 논리적 좌표계. 이 좌표계에서 뷰포트의 명세는 화상을 표시하는 데 있어 특정 장치에 무관해야 하므로 각 좌표값은 0에서 1까지의 실수값을 갖는다.

normalized floating-point number [–flóutiŋ pɔ́int nʌ́mbər] **정규화된 부동 소수점 수**

normalized form [–fɔ́:rm] **정규형** 미리 정해진 범위에 고정 소수점부가 있는 경우의 부동 소수점 표시에 의해 취해지는 형태로 어떤 실수도 일시적인 일대일의 수 표시로 나타낼 수 있도록 선택되는 것을 말한다.

normalized form a floating-point representation [–ə flóutiŋ pɔ́int rèprizentéiʃən] **정규화된 부동 소수점 표현 방식**

normalized number [–nʌ́mbər] **정규화된 수**

normalized number representation [–rèprizentéiʃən] **정규화된 수 표현 방식** 부동 소수점 표현 방식으로 나타낸 수의 경우, 같은 값을 갖는 수의 표현은 여러 가지가 있을 수 있으므로 문제가 복잡해질 수 있다. 따라서 최대 유효 비트의 위치를 일정한 위치로 고정하는데, 소수 부분의 비트들로 최대한의 정밀도를 유지하기 위해 최대 유효 비트의 위치를 조정하여 표현한 방식을 말한다.

normalized office code [–ɔ́(:)fis kóud] **정규화 국번호** 전자 교환기에서는 시내 국번에 대하여 일련 번호를 부여하여 프로그램을 일원화하는데, 이 일련 번호를 정규화 국번호라고 한다. 전자 교환기에서는 0~15 또는 0~31까지를 이용하여 자국내 국번을 표현한다.

normalized relation [–riléiʃən] **정규화 릴레이션** 제1정규화의 제약 조건을 만족하는 릴레이션.

normalizer [–nɔ́:rməlàizər] *n.* **정규화군(群)** 이

것은 광학 문자 판독기(OCR)의 전자적 구성 요소로서 좀더 세밀하고 복잡한 분석에 적합하도록 처리된 입력 문자를 받기 위해 주사 장치로부터의 신호를 변경시킨다. 즉, 기본적인 문자의 모양은 바꾸지 않고 질을 향상시키는 데 사용한다. 자기 잉크 문자 정규화기도 비슷한 기능을 수행하며, 공간을 메우고 지울 때 생긴 외부적 첨가물들을 제거한다.

normalizing transformation [nɔ́ːrməlàizìŋ trǽnsfərméiʃən] **정규화 변환** 임의의 평행 또는 원근 투영의 뷰 볼륨(view volume)을 각각 평행 또는 원근 투영의 표준 뷰 볼륨으로 바꾸어주는 변환. 즉, 보편 좌표를 뷰잉 좌표로 바꾸는 것이다.

normally colsed contacts [nɔ́ːrməli(ː) klóuzd kɑ́ntækts] **정규적 폐쇄 접점** 계산기(relay)가 작동될 때 열리는 계전기 상의 한 쌍의 접점.

normally open contacts [–óupən kɑ́ntækts] **정규적 개방 접점** 계전기가 작동될 때 닫히는 계전기의 두 접점.

normal mode [–móud] **정규 모드** 컴퓨터가 본래의 동작 목적을 위해서 명령을 실행하는 상태. 즉, 카드에 천공할 때 세로의 1란으로 문자를 나타내는 가장 일반적인 천공 방식.

normal mode rejection [–ridʒékʃən] **잡음 제거** 바람직하지 못한 정규 전압의 영향을 억제하는 증폭기의 능력.

normal mode voltage [–vóultidʒ] **정규 전압** 본래의 신호 전압에 가해지는 것으로 증폭기의 두 입력 사이에 유도되는 잡음 전압.

normal operation mode [–àpəréiʃən móud] **정상 모드**

normal orientation [–ɔ̀(ː)rientéiʃən] **정규 오리엔테이션, 정규 방향선** OCR에서 판독기가 원시 기록의 너비를 따라 주사할 수 있게 정위치시키기 위한 방향을 나타내는 변을 말하며, 원시 기록의 선 요소들이 이 변과 평행이 되어야 한다.

normal priority [–praiɔ́(ː)riti(ː)] **정상 우선 순위**

normal random number(table) [–rǽndəm nʌ́mbər(téibl)] **정규 난수 (표)**

normal range [–réindʒ] **노멀 레인지**

normal record [–rékərd] **노멀 레코드**

normal record type [–tάip] **노멀 레코드형**

normal response [–rispɑ́ns] **정규 응답**

normal response mode [–móud] **NRM, 정규 응답 모드** HDLC(high-level data link control) 절차 중 불평형 데이터 링크가 설정된 다음의 동작 모드로서 2차 지국(station)이 1차 지국에 대하여 응답을 송신할 수 있는 기능을 갖는 동작 모드를 말하며, UNC 절차 클래스를 구성한다.

normal return [–ritə́ːrn] **정상 복귀**

normal return address [–ədrés] **정상 복귀 어드레스**

normal speed [–spíːd] **정규 속도** 어떤 장치의 최고 속도를 나타내는 것으로, 검사나 터브셋(tub-set) 등의 원인에 의한 지연을 고려하지 않는 것.

normal storage [–stɔ́ːridʒ] **정규 기억**

normal subgroup [–sʌ́bgrùːp] **정규 부분군(部分群)**

normal sum [–sʌ́m] **정규합**

normal termination [–tə̀ːrminéiʃən] **정상 종료**

normative testing [nɔ́ːrmətiv téstiŋ] **표준 검사** 정량적이고 정상적인 시스템 성능을 시험하기 위하여 만든 성능 판단의 기준들.

NOR operation NOR 연산, 부정합 각 오퍼랜드가 불 값 0을 취할 때에 한해서 결과가 불 값 1이 되는 2항 불 연산.

NOR operator NOR 연산자 ⇨ NOR gate

North American presentation-level-protocol syntax [nɔ́ərθ əmérikən prìːzentéiʃən lévəl próutəkɔ̀l síntæks] **NAPLPS, 나플프스** ⇨ NAPLPS

Norton AntiVirus 노턴 안티바이러스 ⇨ NAV

Norton Utilities 노턴 유틸리티 IBM PC의 MS-DOS 운영 체제를 위한 디스크 관리용 프로그램으로, 피터 노턴 컴퓨팅(Peter Norton Computing) 사가 판매하는 유틸리티 프로그램.

NOS 네트워크 운영 체제 network operating system의 약어. 컴퓨터가 네트워크로 연결되어 있을 때 각각의 컴퓨터들이 편리하고 효율적인 방법으로 서로를 이용할 수 있도록 해주는 통신 규약과 소프트웨어의 집합. NOS에서는 호스트의 운영 체제가 네트워크와 관계가 없으며, 네트워크의 사용은 각 호스트에서 실행되고 있는 이용자 프로그램에 의하여 제어된다. 이 방법은 실행하기가 비교적 쉽고, 기존 소프트웨어를 활용할 수 있다는 장점이 있으나 네트워크를 쓰는 사용자간의 차이점으로 그 방식에 있어서 동질성에 문제가 있을 수 있다.

NOT 부정 논리식(logical expression)에 사용되는 「부정」을 표현하는 논리 연산자(logical operator). 예를 들면, a가 「참」이라면 NOT a는 「거짓」이고, a가 「거짓」이라면 NOT a는 「참」이다. BASIC에서 NOT(a EQ b)라고 지정하면 a와 b가 동일하지 않을 때 「참」이라는 의미이다.

NOT-AND 부정 논리곱

NOT-AND element 부정 논리곱 소자 부정 논리곱의 불 연산을 행하는 논리 소자. ⇨ NAND gate

NOT-AND gate **부정 논리곱 게이트**

NOT-AND operation **NAND 연산, 부정 논리곱, 부정곱** 사용하지 않는 것이 좋다.

notation [noutéiʃən] *n.* **표기법** (1) 표시법은 숫자(digit), 문자(character) 또는 기호(symbol)의 집합을 사용하여 데이터를 표시하는 것, 혹은 사용자의 룰(rule)도 있다. 특별한 기호 등을 사용하여 일정한 의미를 가지도록 연구한 방식은 모두 표기법이라고 하며 수치의 표현 방법을 가리킨다. 여기서는 사용되고 있는 숫자만이 아니라 그 배열 위치도 문제가 된다. (2) 기수법은 숫자값이 그 숫자가 원래 가지고 있는 값이 아니고, 그 숫자의 위치에 의해 결정되도록 하는 수 표기 시스템(number representation system)이다. 기수법을 이용하는 것에는 2진법(binary notation), 8진법(octal notation), 10진법(decimal notation), 위치 기수법(positional notation), 기수 표기법(base notation) 등이 있다.

NOT-both gate **부정 논리곱 게이트**

NOT-both operation **부정 논리곱 연산** 각 오퍼랜드가 불 값 1을 취했을 때 한하며, 결과가 불 값 0이 되는 2항 불 연산.

not-busy interrupt [nát bízi(:) intərʌ́pt] **사용 가능 인터럽트** 외부 장치가 그 주소를 인식하고 바쁘지 않을 때 컴퓨터에 사용 가능 회선을 통해 응답을 보낸다. 이러한 신호가 접수되지 않으면 처리기는 그 주소의 장치가 작동중인 것으로 간주한다. 바쁘지 않다는 응답이 접수되면 처리기는 시작 신호만을 보낸다. 장치가 연결되어 있지 않으면 컴퓨터에 작동중인 것으로 나타난다.

notch filter [nátʃ fíltər] **노치 필터**

NOT circuit **NOT 회로, 부정 회로** 인버터(inverter)라고도 하며 입력 신호가 1이면 출력은 0, 입력이 0이면 출력은 1이 되는 것과 항상 입력이 반전되는 것이 출력 신호로 되는 회로.

note [nóut] *n.* **주석** 원시 언어의 명령문에 추가 또는 삽입되는 기술, 참조 또는 설명으로 목적 언어 중에서는 어떤 효과도 갖지 않는 것.

notebook computer [nóutbùk kəmpjú:tər] **노트북 컴퓨터** 보통 크기는 대학 노트 정도이고 무게가 1kg 이하이며, 표시 장치로는 LCD 디스플레이를 사용하고 주로 현장 기술자 등이 많이 사용한다. 휴대용 컴퓨터로 랩톱 컴퓨터보다 더 작은 컴퓨터이다. ⇨ 그림 참조

not-editable attribute [nát éditəble ǽtribjù:t] **편집 불가 속성**

NOT element **NOT 소자, 부정 소자** 부정의 불 연산을 계산하는 논리 소자.

〈노트북 컴퓨터〉

note list [nóut líst] *n.* **노트 리스트**

notepad [nóutpæ̀(:)d] **노트패드** 대표적인 것으로는 볼랜드(Boaland) 사에서 만든 사이드킥(SideKick)의 노트패드가 있는데, 개인용 컴퓨터를 위한 탁상 보조 프로그램의 하나이다. 작업 도중에 간단한 메모 등을 기록해놓기 위한 간이 에디터이다. 또는 그 에디터를 이용하여 만든 텍스트를 말하기도 한다. 보통 이러한 기능은 언제든지 특정한 키만 누르면 사용할 수 있기 때문에 편리하다.

not-equivalenced gate [nát ikwívələnst géit] **부정 등가 회로**

not executable attribute [-éksəkju:təble ǽtribjù:t] **실행 불가 속성**

NOT gate **부정 게이트** 하나의 입력만을 갖는 게이트. 출력 신호는 항상 입력 신호의 반대이다. 즉, 입력이 1이면 출력은 0이고, 입력이 0이면 출력은 1이 된다.

NOTICE **노티스** 미국 최대의 소프트웨어 회사인 CSC(Computer Science Corporation) 사에서 제공하는 전자 사서함 서비스.

notice [nóutis] *n.* **주의, 통지** 문자, 신호, 소리 등을 사용하여 정보를 전달하는 것.

notice message [-mésidʒ] **공보 메시지** 방송 메시지(broadcasting message)의 하나로, 중앙 처리 시스템(central processing system)에서 단말기(terminal) 이용자에게 송신되는 것.

NOT IF-THEN **부정 IF-THEN** 논리 변수 P, Q에 대하여 P가 참이고 Q가 거짓일 때만 결과가 참이 되고, 그 밖에는 결과가 모두 거짓이 되는 것.

NOT-IF-THEN element **부정 IF-THEN 소자, 배타 소자** 배타의 불 연산을 계산하는 논리 소자. 논리 변수 P, Q에 대하여 P가 참이고 Q가 거짓일 때만 결과가 참이 된다.

NOT-IF-THEN gate **부정 IF-THEN 게이트**

NOT-IF-THEN operation **부정 IF-THEN 연산, 배타 연산** 첫 번째 오퍼랜드가 불 값 1, 두 번째 오퍼랜드가 불값 0으로 했을 때 한하며 결과가 불 값 1이 되는 2항 불 연산.

NOT inverse 논리 부정

NOT logic 부정 논리 입력 변수가 참값을 취하면 출력은 부정값을 취한다는 논리이며, NOT 논리라고도 한다. 예를 들어 그림과 같이 스위치 S가 ON이면 램프 L은 점등되지 않고(OFF로 된다), S를 OFF로 하면 L이 점등(ON)하는 경우가 그것이다. 이와 같은 회로를 부정 회로라 한다.

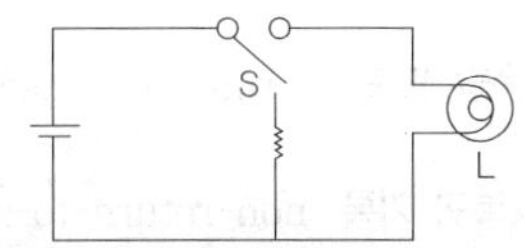

〈부정 회로〉

NOT-operation NOT 연산 오퍼랜드의 불 값과 반대의 불 값을 결과로서 취하는 단항 불 연산. 여기서 피연산자가 갖는 두 연산자가 0, 1이라면 대응되는 NOT 연산의 결과는 각 1, 0이라는 것. 하나의 피연자에게 대한 불 연산.

NOT operator 부정 연산자 ⇨NOT gate

NOT-OR 부정 논리합 불 연산자에서 논리 연산자에 의하여 맺어지고 있는 양쪽의 변수가 거짓일 때만 진리표에 참값이 되는 것.

NOT-OR element 부정 논리합 소자 부정 논리합의 불 연산을 계산하는 논리 소자.

NOT-OR operation 부정 논리합 연산

not-ready state[nát rédi(ː) stéit] **동작 불가능 상태**

not return to zero[–ritə́ːrn tu zí(ː)rou] **NRZ, 비제로 복귀**

not return to zero inverted[–invə́ːrtəd] **NRZI, 비제로 복귀역**

not reusable[–rìːjúːsəble] **재사용 불능** 실행하고 있는 동안에 자기 자신을 수정 · 변경하여 실행하는 프로그램으로서 그대로는 재사용할 수 없고 재사용할 때는 다시 적재해야 하는 것으로 프로그램 루틴의 속성 중 하나로, 어떤 루틴을 다른 태스크에서는 사용할 수 없는 것.

not used recently[–júːst ríːsəntli(ː)] **최근 미사용**

not used recently page replacement[–péidʒ ripléismənt] **최근 미사용 페이지 교체** 최근에 쓰이지 않은 페이지들은 가까운 장래에도 쓰이지 않을 가능성이 있으므로 이러한 페이지들을 자주 호출되는 페이지들과 교체하는 것으로서, 적은 오버헤드로 LRU에 근사하며 실제로 자주 쓰이는 기법의 하나이다.

nought's complement[nɔ́ːts kʌ́mpləmənt] **0의 보수** 기저 보수. 예 2진법에서의 2의 보수.

n-out-of-r code 정 마크 부호 1부호의 마크 수 및 스페이스 수가 항상 일정하도록 만들어진 부호. 에러 정정이 가능하다.

NOVA 노바 1970년대에 데이터 제너럴(DG) 사에서 개발되어 사용되었던 미니 컴퓨터.

Novell embedded systems technology 네스트 ⇨ NEST

Novell Inc. 노벨 사 네트워크 운영 체제로 대표적인 넷웨어의 개발 업체. 최근에는 서버에 웹 검색을 추가한 「NetWare Web Server」와 인트라넷 구축 기능을 강화한 「InternetWare」 등을 판매하고 있다.

Novell Netware 노벨 넷웨어 ⇨ Netware

no wait[nou wéit] **노 웨이트** CPU가 대기 시간 없이 동작할 수 있는 것. 주기억 장치의 처리 속도가 CPU의 처리 속도보다 느린 경우에는 CPU가 대기 시간을 갖지만 양자의 속도가 같은 경우에는 CPU가 대기 시간 없이 동작할 수 있다.

NOWRO WIN 나우로 윈 나우누리 전용 통신 프로그램으로 사용자들에게 쉽고 편리한 멀티미디어 통신 환경과 통신 상의 다중 작업, 그리고 보다 쉽게 인터넷에 접속할 수 있도록 환경을 만들어주는 프로그램이다. 온라인 상으로 다운로드할 수 있는데, GO NOW RO를 입력한 다음 「11. 나우로 받기」를 선택한 후 「1. 나우로 윈 2.0 정식 버전」을 선택하면 된다. 사용자가 이용하는 환경을 고려해 윈도 3.1이나 또는 윈도 95의 환경에서 이용할 수 있는 인터넷 접속 프로그램인 넷스케이프와 익스플로러를 함께 제공한다는 점이 돋보인다.

NP 비다항식 not polynomial의 약어. 계산 이론 분야에서 효율적인 알고리즘이 존재하지 않는 문제들.

n-pass compiler[én páːs kəmpáilər] **n 패스 컴파일러**

NP-class NP 분류 비결정성(nondeterministic) 알고리즘 또는 비결정성 튜링 기계로 다차 함수 시간 내에 해결될 수 있는 결정 문제들의 집합.

NP code 비인쇄 코드 ⇨ nonprint code

NP-complete NP 완전 대표적인 NP 완전 문제로는 명제 논리(propositional logic)에서 충족 가능성의 결정 문제이며 Cook에 의해서 제안되었다. 이것은 계산량의 이론에 있어서 문제의 복잡성을 표현하는 개념의 하나이다. 결정 문제 P는 그것이 클래스 NP에 속해 있고 동시에 NP 곤란일 때 NP 완전 문제라고 부른다. NP 곤란의 뜻에서 NP 완전 문제는 클래스 NP 중에서 가장 어려운 문제라고 생각할 수 있다.

NP-complete problem NP 완전 문제 NP-hard이며 NP 부류에 속하는 문제로서 만약 이 문제를 해결하는 다차 함수 시간 결정성 알고리즘이 존재한다면 NP에 속한 각 문제를 해결하는 다차 함수 시간 결정성 알고리즘이 존재한다. 즉, NP-hard이며 NP 부류에 속하는 문제이다.

NPDA 네트워크 문제 판별 프로그램 network problem determination application의 약어.

NP-hard NP 하드 이것은 가능성 문제(satisfiability problem)에서 변환 가능한 문제들의 집합을 말한다. 이들 중 비결정적 알고리즘이 존재하는 문제는 NP 완전 집합에 속한다. 그러나 NP 하드인 문제들 중에는 어떤 형태로든 알고리즘이 존재할 수 없는 문제도 있다.

NP-hard problem NP 하드 문제 만약 이 문제를 해결하는 다차 함수 시간 결정성 알고리즘이 존재한다면 만족성 문제로부터의 다차 함수 시간 변환(또는 환산)이 가능한 문제.

n-place relation [én pléis riléiʃən] **n항 릴레이션** ⇨ n-ary relation

n-plus-one address instruction [–plʌ́s wʌ́n ədrés instrʌ́kʃən] **n+1 주소 명령** $n+1$개의 어드레스부를 갖는 명령이고 "+1"어드레스는 특별히 지정하지 않는 한 다음 실행 명령어의 어드레스를 가리킨다. 여러 개의 어드레스(주소)는 연산에 필요한 데이터와 연산 결과의 수를 나타내며, 한 개의 주소는 다음에 수행할 명령어의 주소를 나타낸다.

n-plus-one address instruction format [–fɔ́:rmæt] **n+1 주소 명령어 형식** 이 명령어 형식은 $(n+1)$개의 주소를 나타낼 수 있는 것으로, n개의 주소는 연산에 필요한 자료와 연산 결과의 수를 나타내며, 한 개의 주소는 다음에 수행할 명령어의 주소를 나타낸다. 프로그램 내장형 컴퓨터에서는 이러한 형식을 사용하지 않으나, 명령어 수행 제어에 사용되는 마이크로프로그램의 마이크로 명령어에 이러한 형식이 채용되기도 한다.

NPN silicon transistor NPN형 실리콘 트랜지스터 두 개의 두꺼운 N(음극)형 물질 사이에 얇은 P(양극)형 물질을 겹쳐 만든 트랜지스터. 베이스 물질은 불순물이 약간 첨가되어 있고 양쪽의 크리스털보다 훨씬 얇다. 이미터-베이스의 접합부는 순방향으로 바이어스되고 베이스-컬렉터 접합부는 역방향으로 바이어스되어 사용된다.

NPN transistor NPN 트랜지스터 NPN 영역을 각각 이미터, 베이스, 컬렉터로 하는 바이폴러 트랜지스터. 이미터와 컬렉터가 n형 반도체이고 베이스가 p형 반도체로 구성되어 있는 트랜지스터. 반대로 이미터와 컬렉터가 p형이고 베이스가 n형인 반도체를 PNP 트랜지스터라고 한다. 전자의 이동도가 정공보다 크므로 PNP 트랜지스터보다 널리 쓰이고 있다.

NPT 비패킷 방식 단말기 non-packet mode terminal의 약어. ⇨ non-packet mode terminal

NQS 네트워크 큐잉 시스템 network queuing system의 약어. 여기서 큐는 일괄 작업(batch job)의 실행 대기 상태를 의미한다. NQS는 유닉스 환경에서 여러 개의 큐를 관리하고, 네트워크를 사용해서 여러 개의 머신으로 분산 처리하는 소프트웨어를 말한다.

NRM 정규 응답 모드 normal response mode의 약어.

NRZ 비제로 복귀 기록 non-return-to-zero recording의 약어. 계수형의 자기 기록에 있어서 써넣기 신호의 값이 변화할 때까지 같은 전류를 흘려둔다. 즉, 자화 상태의 변경을 기준으로 하여 기록해 나가는 방법을 말한다. 0과 1을 나타내는 자화의 패턴이 기억 셀 전체를 점하고, 기억 셀의 어느 부분도 기준 상태로 자화되는 일이 없는 2진 문자의 자기 기록. 자속의 0의 간격을 두지 않는 것으로 정보가 없을 때 정해진 방향으로 되돌아오지 않는다. 이 방식은 최고의 주파수가 비트 주파수 1/2이 되며, 제로 복귀 기록 방식에 비해서 기록 용량을 2배로 할 수 있고, 잘못 자화되는 것을 방지할 수 있으며, 판독 오차가 적다는 등의 이점이 있다. 단, 헤드에 전류가 계속 흐르는 불리한 점이 있다.

NRZC recording 비제로 복귀 변화 기록 non-return-to-zero change recording의 약어. 어느 지정된 상태로 자화함으로써 0을 나타내고, 다른 지정된 상태로 자화함으로써 1을 나타내는 비기준 복귀 기록. 둘의 상태는 한쪽이 자기 포화이며 다른 쪽이 자화되어 있지 않은 상태라도 좋으나, 서로 반대의 극성에 자기 포화되어 있는 상태가 보다 더 일반적이며 기록되어 있는 2진 문자가 0으로부터 1이나 또는 1부터 0으로 자화 상태가 변화하기 때문에 이 방식을 「변화 기록」이라고 한다.

NRZI 비제로 복귀 반전 non-return-to-zero mark inverted의 약어. 디지털 자기 기록 방식의 일종으로, 신호 1이 나타날 때마다 기록되는 전류의 방향을 반전하는 방식. 즉, 자속 반전이 있을 때는 1, 없을 때는 0으로 한다.

NRZM 비제로 복귀 마크 기록 non-return-to-zero mark recording의 약어. NRZ-1 또는 NRZM이라고도 한다. 양 및 음의 양극성인 포화 자화를 이용하는데, 그 극성과 신호의 "1" 및 "0"이 일의적으로 대응하는 것이 아니라 "1"에 대해서 극성의 반전이 대응한다. 따라서 읽어낼 때에는 1에 대해서만 출력 펄스 전압이 얻어진다. 기록 밀도가 RZ 등 다른 방식에 비해서 2배 가능한 이점이 있다. 현재 자기 테이프 기억 장치에서 32열/mm(800rpi) 이하의 것으로 널리 이용되고 있다. 디지털 자기 기록 방식의 하나로, 선행의 자화 상태를 반전함으로써 1을 나타내고, 선행의 자화 상태를 유지함으로써 0을 나타내는 식의 기록 방법. ⇨ non-return-to-zero mark recording

NRZ-1 비제로 복귀 1 기록 non-return-to-zero-change-on-one's recording의 약어. 1을 자기 상태의 변화로 표시하며 0을 변화 없이 표현하는 비기준 복귀 기록으로서, 1 또는 마크 신호만이 명시적으로 기록되므로 이 방식을 「마크 기록」이라 한다.

ns 나노초, 나노세컨드 nanosecond의 약어. ⇨ nanosecond

NSAPI netscape server application programming interface의 약어. 넷스케이프의 API는 보다 강력하고 효과적인 CGI의 대체물로 고안되었다. ⇨ CGI

N-screen [en skrí:n] **N 스크린** 하나의 멀티미디어 콘텐츠를 N개의 기기에서 '연속적으로' 즐길 수 있는 기술을 말한다(N은 네트워크도 의미한다). 예를 들어, 가정에서 TV로 보던 방송이나 영화를 외출하면서 스마트 폰이나 태블릿 PC로 '이어 볼 수' 있는 것이 N 스크린이다. 어떤 기기든 마지막까지 보던 장면 다음부터 N개의 IT 기기에서 시청할 수 있는 것이다.

NSFnet 과학 연구 교육용 컴퓨터 네트워크 national science foundation network의 약어. 전 미국의 교육 연구 분야를 포함한 미국 과학 재단 산하 네트워크로 수퍼 컴퓨터 사이트를 연결하기 위해 구축한 광역의 고속 네트워크.

NSP (1) **네트워크 서비스 제공업체** network service provider의 약어. 상용 인터넷 서비스 사업자. (2) **자연 신호 처리** native signal processing의 약어. 고성능 프로세서인 펜티엄을 사용하면 DSP(digital signal processor)로 처리하는 멀티미디어 기능을 CPU상에서 작동하는 소프트웨어로 대신할 수 있다는 개념. 인텔 사가 제창하였고 저가격 PC와 노트북 PC에 이 방식을 보급시키고자 한다. 이 구상에는 NSP를 구현하기 위한 윈도 3.1상에 실시간 운영 체제가 제공하는 API를 부가하는 것을 포함하고 있기 때문에 마이크로소프트 사가 이에 반발하여 인텔 사는 일단 NSP 구상을 철회했다. 단, 소프트웨어에서 멀티미디어의 기능을 실현한다는 사상은 현재도 계속되고 있다.

NSPIXP network service provider Internet exchange point의 약어. 거대한 프로바이더의 대다수가 인터넷과 접속할 때 경유하는 컴퓨터. 양쪽을 연결하는 회선의 용량은 현재 1.5Mbps가 많다.

N-step scan scheduling [én stép skǽn skéʒuliŋ] **N-단계 스캔 스케줄링** 디스크 스케줄링으로 기본적인 스캔 전략을 수정한 기법. N-단계 스캔은 처리율도 좋고 평균 응답 시간도 짧지만 더욱 중요한 점은 응답 시간의 편차가 적은 점이다.

NT-1 network terminator-1의 약어. ISDN 데이터를 PC가 인식 가능하도록 전환하는(또는 그 반대) 인터페이스 상자. ISDN 신호에 있어서 케이블 TV 디스크램블러 같이 작용을 하고 NT-1D는 ISDN 어댑터에 내장되기도 한다.

NTFS NT file system의 약어. 윈도 NT의 출시에 맞추어 마이크로소프트는 더욱 빠르고 안정적인 디스크와 파일 접속 기능을 제공하기 위해 오래된 MS-DOS FAT를 32비트 방식으로 대체했다. 그렇지만 불행히도 NTFS는 FAT와 호환되지 않고, 윈도 NT만이 NTFS 포맷 드라이브를 읽고 쓸 수 있다.

Nth-level address [énθ lévəl ɑdrés] **N-단계 주소** 원하는 피연산자를 지정하기 위한 N-단계 간접 주소.

NTO 네트워크 단말 선택 기능 network terminal option의 약어.

NTP 네트워크 시간 프로토콜 network time protocol이 약어. 인터넷상의 시계의 동기를 취하기 위한 프로토콜.

NTSC 전국 텔레비전 체계 위원회 National Television System Committee의 약어. 흑백 텔레비전 수상기로도 컬러 방송을 수신할 수 있다는 장점을 가진 컬러 텔레비전 방식의 하나로, 우리 나라를 비롯하여 미국, 일본 등에서 채택하고 있는 컬러 텔레비전 송수신 방식의 하나이다.

NTT 일본 전신 전화 회사 Nippon Telegraph and Telephone Corporation의 약어. 통신 사업의 국가에 의한 독점을 배제, 민간 기업의 자유 경쟁을 도입함으로써 고도 정보 사회의 신속한 실현을 목표로 하는 전신 전화 개혁 3법이 1985년 4월 1일에 시행되었다. 이에 따라 전전공사(電電公社)가 경영 형태를 공사에서 주식회사로 탈바꿈하여 NTT가 되었다.

N-tuple [én tú:pl] **N개조, N조** 한 릴레이션의 애트리뷰트 개수를 차수(degree)라 하는데, N의 차수를 가진 한 행(行)을 말한다.

N-tuple length register [–léŋθ rédʒistər] **N배 길이 레지스터** 단일 레지스터로써 작동하는 N개의 레지스터로서 다음과 같은 목적으로 사용된다. ① 곱셈에서 곱한 값을 기억한다. ② 나눗셈에서 부분 몫과 나머지를 기억한다. ③ 문자 조작에 있어서 문자열을 자리 옮김하여 왼쪽 또는 오른쪽 부분에 액세스한다.

N-tuple register [–rédʒistər] **N배 길이 레지스터**

N-type channel MOS N형 채널 MOS MOS에서 채널을 형성하는 캐리어가 전자인 경우.

N-type semiconductor[–sèmikəndʌ́ktər] **N형 반도체** 진성(眞性) 반도체에 불순물을 첨가하여 전자가 다수 운반체(carrier)가 되게 한 반도체. 전자의 전하가 음(negative)이기 때문에 N형이라고 한다. 또한 반도체의 전기 전도 원인은 전자와 정공(正孔)에 의하는데, 전자 기여가 정공보다 큰 반도체를 말한다. 또 그것에 대해서 정공 기여가 큰 경우를 P형 반도체라고 한다. 반도체 구성 원자의 원자가(原子價) 전자(최외각 전자)의 수보다 많은 원자가 전자를 가진 불순물을 첨가하면 화학 결합에 기여하지 않는 여분의 전자가 자유로워져 운반체로서의 전자의 수가 양공(陽孔)의 수보다 많아진다. 이러한 불순물을 도너(doner)라고 한다.

NuBus 누버스 모토롤라 사의 MC 68000 시리즈 마이크로프로세서를 위한 버스 시스템의 하나이며, 애플 매킨토시 컴퓨터와 넥스트 워크스테이션에 채용되고 있다.

nucleus[njúːkliəs] *n.* **중핵** 운영 체제(operating system) 내의 제어 프로그램(control program)의 일부이고, 입출력 조작(input/output operation)이나 실행해야 하는 작업(job)의 선택 등과 같이 운영 체제의 중심적인 활동을 한다. 즉, 운영 체제의 시동시에 이미 확보되어 차지하고 있는 주기억 장치 영역으로, 운영 체제의 제어 프로그램 안에 사용빈도가 높은 상주 프로그램이 수용된다. 컴퓨터가 가동중에는 항상 주기억 장치(main storage) 안에 존재한다. 컴퓨터를 제어하는 시스템 제어 프로그램 중에서 컴퓨터가 가동중에는 언제나 주기억 장치 중에 존재하고 있는 감시 프로그램.

nucleus initialization program[–iniʃəlizéiʃən próugræm] **NIP, 중핵 초기화 프로그램** 상주하는 제어 프로그램을 초기화하는 프로그램. 오퍼레이터는 이것에 의해 시스템 생성시에 지정된 몇 가지 임의의 선택 조건에 대해서 최후의 변경 요구를 할 수 있다.

nucleus of the operating system[–əv ðə ɑ́pərèitiŋ sístəm] **운영 체제의 핵** 프로세스에 대한 대부분의 작업은 핵, 코어 또는 커널이라고 하는 운영 체제의 한 부분에서 제어되는데, 핵은 운영 체제 전체 코드 중의 아주 작은 부분을 차지하지만 사실은 이것이 가장 집중적으로 사용되는 코드이다. 이러한 이유 때문에 운영 체제의 대부분은 보조 기억 장치에 저장되어 있다가 필요할 때만 주기억 장치로 적재되는 데 반해 핵은 항상 주기억 장치에 상주하게 된다. 운영 체제의 핵은 일반적으로 인터럽트의 처리, 프로세스의 생성과 파괴, 프로세스 상태의 변환, 디스패칭(dispatching), 프로세스의 중단과 재시작, 프로세스의 동기화, 프로세스 간의 통신, 프로세스 제어 블록의 조작, 입출력 보조, 기억 장치의 할당과 접수, 파일 시스템의 보조, 프로시저 호출/복귀의 지원, 시스템 어카운팅 기능의 지원 등을 수행할 수 있는 코드를 가지고 있다.

nucleus resident control program[–rézidənt kəntróul próugræm] **중핵 상주 제어 프로그램**

NUL 공백, 공백 문자 null의 약어. ⇨ null

NULL 널 (1) C 언어에서 포인터가 아무 것도 가리키고 있지 않다는 것을 나타내기 위해 사용하는 값. (2) C 언어에서 문자열의 끝을 나타내는 문자. 모든 문자열의 끝에는 널 문자를 넣어 끝을 나타내며, 공백 문자열은 널 문자 하나만을 가지고 있다. C 언어에서 「0」으로 나타내며 아스키 코드 0번의 널 문자를 쓴다.

null[nʌ́l] *a.* **빈, 공백** NUL 수학에서는 「제로(의)」라고 해석되지만, 컴퓨터에서는 nullstring의 약어이고, 정보가 없는 것을 나타내는 특별한 제어 문자(control character)를 가리키는 경우가 많다. 보통 「널」이라고 한다.

[주] 공백 문자, NUL(생략형) : 매체의 공백 또는 시간의 공백을 메우기 위해서 사용되는 제어 문자이고, 문자열의 의미를 바꾸지 않고, 문자열 중에 삽입하거나 삭제할 수 있지만, 장치 제어 또는 정보 형식에 영향을 주는 경우도 있다.

null argument list[–ɑ́ːrgjumənt líst] **공백 인수 리스트, 빈 아규먼트 열**

null bit-string[–bít stríŋ] **공백 비트열**

null character[–kǽrəktər] **널 문자** 시간의 공백이나 매체의 공백을 메우기 위하여 가상(dummy)으로 사용되는 문자. 이것은 명령을 완전한 것으로 하기 위해서 무의미한(무동작을 요구한다) 명령을 넣음으로써 시간 조정이나 구별 기기와의 타이밍을 도모한다. 이 기능 문자는 삽입하거나 제거해도 정보 내용에는 영향이 없지만, 정보 배치 또는 장치 제어에 영향을 주는 것도 있다.

null character string[–stríŋ] **공백 문자 스트링, 공백 문자 연계**

null code[–kóud] **널 코드** ⇨ null

null command[–kəmɑ́ːnd] **널 명령** 아무 것도 하지 않는 명령.

null cycle[–sáikl] **널 주기, 공백 사이클** 프로그램 실행중에 데이터 없이 프로그램만을 돌리는 데 필요한 시간.

null data area[–déitə ɛ́(ː)riə] **공 데이터 영역**

null field[–fíːld] **빈 필드, 널 필드**

null file[-fáil] **빈 파일, 널 파일**

null gate[-géit] **빈 게이트** 전원이 공급되는 동안 계속 0의 신호만을 출력하는 게이트.

null hypothesis[-haipáθəsis] **널 가설, 귀무 가설(歸無假說)** 가설의 검정에서 임의 표본의 통계가 표본 이론에서 기대했던 것과 심한 차이를 보이지 않는 한 진실한 것으로 채택하려는 가설. 일반적으로 가설을 반증적인 방법으로 증명하기 위하여 널 가설이 기각될 것을 예상하여 세우며, 증명하고자 하는 가설은 대립 가설로 세운다.

nullify[nʌ́lifài] *v.* **무효로 하다, 취소하다** 사전 동작으로는 곤란한 명령이나 커맨드 등을 nullify로 지정해두면 오퍼레이터의 실수로 자칫 그 명령이나 커맨드를 실행해도 그 동작은 무시되어 일어나지 않으므로 실패를 막을 수 있다.

null impedance[nʌ́l impíːdəns] **제로 임피던스**

null instruction[-instrʌ́kʃən] **널 명령어, 무효 명령어** 프로그램을 재작성하지 않고 데이터나 정보를 삽입하거나 프로그램 자체가 하나 또는 그 이상의 명령어들을 만들어내기 위해 고의로 공백으로 모아둔 부재의 또는 생략된 명령어.

nullity[nʌ́liti(ː)] *n.* **무효**

null line[nʌ́l láin] **공백 행**

null link[-líŋk] **공백 연결**

null list[-líst] **공백 리스트**

null locater value[-loukéitər vǽljuː] **공백 자리값**

null matrix[-méitriks] **공백 행렬**

null method[-méθəd] **영위법** 측정량과는 독립적으로 크기를 조정할 수 있는 같은 종류의 기지량을 별도로 마련하고 기지량을 측정량에 평형시켜 그때의 기지량의 크기로부터 측정량을 알아내는 방법. 서로 평형시키는 양은 측정량, 기지량에서 각각 유도된 양인 경우도 있다.

null MODEM[-móudèm] **널 모뎀** 모뎀 없이 정보를 교환할 수 있도록 두 대의 컴퓨터를 서로 연결해주는 전송 케이블.

null-MODEM cable[-kéibl] **널 모뎀 케이블** 시리얼 포트를 통해 두 개의 컴퓨터가 접속을 하여 통신할 수 있게 해주는 특별한 종류의 컴퓨터 케이블. 이 케이블을 「널 모뎀(null MODEM)」이라 부르는 이유는 근거리에 있는 컴퓨터끼리 연결시키기 위해 사용 모뎀과 전화선을 제거하기 때문이다. 널 또는 마이크로소프트 파워포인트 97의 이중 스크린 모드 같은 특별한 애플리케이션에 유용하다.

null pointer value[-pɔ́intər vǽljuː] **공백 포인터 값**

null record[-rékərd] **공백 레코드**

null response[-rispáns] **공백 응답**

null set[-sét] **공집합** 요소를 갖지 않는 집합. ⇨ empty set

null statement[-stéitmənt] **빈 문장, 공백 스테이트먼트** 프로그램 안에서 아무런 효과도 갖지 않는 스테이트먼트(문).

null string[-stríŋ] **빈 문자열** 길이가 0인 문자열로서 문자열을 구성하는 문자가 없는 문자열.

null suppression[-səpréʃən] **공백 문자 억제, 빈 문자 억제**

null value[-vǽljuː] **널값, 공백값** 릴레이션의 한 속성이 가질 수 있는 특별한 원자값으로 「미정임」, 「알 수 없음」 또는 「해당 없음」과 같은 뜻을 갖는다.

null voltage[-vóultidʒ] **제로 전압**

null word[-wə́ːrd] **무효어**

number[nʌ́mbər] *n.* **숫자** 양을 나타내기 위한 수학적인 실체(entity). 번호라는 의미도 있다. 수학적으로는 실수(real number)와 허수(imaginary number)로 분류되고 또한 실수는 유리수(rational number)와 무리수(irrational number)로 나눌 수 있다. 컴퓨터 내부에서는 모든 데이터를 일정한 길이 "0"과 "1"의 2진수(binary number)로 나타낸다. 수치도 부동 소수점(floating point number)이라 불리는 자릿수가 일정한 유한 자리의 수치로서 표시된다.

number attribute[-ǽtribjùːt] **수 속성**

number base[-béis] **기수** 10진법에서의 10을 가리킨다. 일반적으로는 임의의 자연수를 n이라고 할 때 n진법의 n을 말하며 radix라고도 한다.

number control[-kəntróul] **숫자 제어** 어떤 처리 또는 문제의 결과가 정확함을 입증하기 위해 그 결과가 가져야 하는 양을 나타내는 수 값.

number cruncher[-krʌ́ntʃər] **수 처리기** 강력한 계산 능력을 가지며 큰 수치를 처리할 수 있는 컴퓨터. 주로 과학 기술용 컴퓨터를 나타낸다. 이와 같은 컴퓨터는 명령 코드 처리 장치(order code processor) 중에서 복수의 명령어(instruction) 실행을 중복해서 행할 수 있기 때문에 상당한 고속 처리를 할 수 있도록 되어 있는 경우가 많다. 이와 같은 처리를 파이프라인 처리(pipelining)라고 한다. 또 복수의 중앙 처리 장치를 병렬로 연결해서 처리하는 병렬 처리(parallel processing)도 있다. 수퍼 컴퓨터도 마찬가지 의미로 사용된다.

number crunching[-krʌ́ntʃiŋ] **수 처리** 컴퓨터 시스템에서 데이터를 옮기는 것과는 상반되는 것으로, 많은 연산 기능(반복적 혹은 복잡한)을 처리하는 것을 말한다.

number data format[–déitə fɔ́ːrmæt] **수치 데이터 형식** 수의 형에 따라서 정수, 실수, 복소수 등이 있으며 수치 데이터의 형식은 고정 소수점과 부동 소수점이 있다.

number generator[–dʒénərèitər] **수 발생기** 컴퓨터 오퍼레이터가 입력을 위한 어떤 단어를 세트할 수 있게 하는 일련의 수동 제어.

numbering check[nʌ́mbəriŋ tʃék] **번호 검사** 이 번호 검사는 HDLC에 있어서 프레임이 순서대로 송수신되고 있는가를 점검하는 것으로, 1차국 및 2차국은 송신중의 프레임 번호를 나타내는 송신 시퀀스 번호 N(S)와 상대국이 다음에 보낼 프레임 번호를 나타내는 수신 번호 N(R)을 독립적으로 관리하고 있다. N(S)는 I프레임만이 가지며, 순서대로의 I프레임을 송신할 때마다 1가산된다(0~모듈러스–1). N(R)은 I프레임 및 S프레임이 가지며, 수신측에서 다음에 수신될 것으로 기대되고 있는 I프레임의 시퀀스 번호이다. N(R)은 N(R)–1까지 모든 I프레임을 틀림없이 수신했다는 것을 상대국에 연락하고, 순서가 올바른가를 검사한다. 또한 N(S), N(R)은 I프레임 이외의 송수신에서 그 값이 갱신되는 일은 없다.

numbering plan[–plǽn] **번호 계획** 각 전화국에 통일적인 번호 개입을 하기 위한 방식으로, 각 전화국에 대하여 독립적인 번호가 주어진다. 이 번호의 형식은 전국적인 다이얼 네트워크에 연결되는 다른 지국(station)에서도 동일하다. 예를 들면, 국제 자동 전화(IDD)에서는 다음과 같이 나타낸다. 001(또는 002)+국가 번호+지역 번호+상대방 전화 번호가 된다. 예를 들어 일본, 도쿄 3123–4567의 경우에는 001+81+3+3123+4567이 된다.

number-intensive application[nʌ́mbər inténsiv æ̀plikéiʃən] **계산 위주의 응용** 주로 숫자 계산에 컴퓨터를 사용하는 것.

number of classes[–əv klɑ́ːsiz] **계급의 수** 도수 분포도 작성에서 계급이라는 것은 변량을 적당한 간격으로 구분한 것인데, 계급의 수를 어떻게 하면 가장 적절하게 결정할 수 있을 것인가 하는 문제는 매우 중요하다. 일반적으로 계급의 수를 결정하는 방법에는 다음을 사용한다. ① 주관적 방법으로 적절한 급수를 15~20개 범위 내에서 결정하는 율(G.U. Yule)에 의한 방법. ② 객관적 방법으로 도수에 의해 결정하는 스터지스(H.A. Sturges)에 의한 방법. 스터지스의 방법에서는 $K=1+3.3\log N$ (단, K : 계급의 수, N : 도수)의 공식을 사용한다.

number of copies[–kɑ́pi(ː)z] **복사 매수** 인쇄 장치가 1회에 동시에 인쇄 가능한 용지 매수.

number of digits[–dídʒits] **자릿수**

number of dimensions[–diménʃənz] **차원 수**

number of dots for character on soft copy[–dɑ́ts fər kǽrəktər ən sɔ́(ː)ft kɑ́pi(ː)] **표시 문자 도트 구성**

number of dots for character on the hardcopy[–ðə hɑ́ːrdkɑ̀pi(ː)] **인자 문자 도트 구성**

number of forms[–fɔ́ːrmz] **형식 수**

number of multipart forms[–mʌ̀ltipɑ́ːrt fɔ́ːrmz] **파트 수**

number of occurrence[–əkɔ́ːrəns] **반복 횟수**

number of sets[–séts] **인쇄 부수, 세트 수** 인쇄 장치에서 사전에 지정하여 반복 인쇄하는 부수.

number range[–réindʒ] **수 범위** 변수가 가질 수 있는 값의 범위나 크기를 말하는 것으로서 보통은 최소 한계값이나 최대 한계값 안에서 표현하게 되지만, 이러한 한계가 알려지지 않았을 때는 N을 써서 나타낸다.

number representation [–rèprizentéiʃən] **수 표현, 숫자 표현법** numeration과 동의어로 사용된다. 기수법에 있어서 수의 표현. 약속된 법칙에 의해 숫자들을 표현하도록 고안된 시스템을 말한다.

number representation system[–sístəm] **기수법** 수를 표현하기 위해서 기호의 집합 및 그 사용법의 규칙. numeration system, numeral system과 동의어로 사용된다.

number sign[–sáin] **번호 기호**

number system[–sístəm] **기수법** 수의 표시법으로 2를 기수로 한 2진법, 10을 기수로 한 10진법 등이 주로 사용된다. 수치, 또는 수량을 표현하기 위한 시스템. 이것은 기수법(numeration system)과는 다르며, 적당한 위치에 소수점을 고려하여 해당 계수에 대한 기수의 연속적인 거듭제곱에 의하여 수를 표현하는 방법을 말한다. 잘 알려진 기수법으로는 정수(integer), 유리수(rational number), 무리수(irrational number) 등이 있다.

number theory[–θíəri(ː)] **수 이론**

numeral[njúːmərəl] *a*. **수 표시, 수** 수의 이산적 표현. 수치 표기법에 의한 각 자리의 기호를 말한다. 10진법에서는 0, 1, 2, 3, 4, 5, 6, 7, 8, 9가 숫자이고 2진법이라면 0, 1이 숫자이다. 예 다음의 4개의 수 표시는 같은 수, 즉 한 다스를 표시한 것이다. twelve(영어 단어), 12(10진 기수법), XII(로마 수 표시), 1100(순수 2진 기수법).

numeralization[njù:mərəlizéiʃən] **숫자화** 영문자로 된 데이터를 표현하기 위해 숫자들을 사용하는 것.

numeral system[njúːmərəl sístəm] **기수법** 수를 표현하기 위한 표기법.

numeration [njù:məréiʃən] *n.* **수 표현** 기수법에서의 수 표현.

numeration system [–sístəm] **기수법** 수를 표현하기 위한 체계. 예를 들면 10진법, 2진법, 로마 숫자 체계 등.

numerator [njú:mərèitər] *n.* **피제수** A/B라는 표현에서 A가 분자를 나타내고 B가 분모를 나타낸다.

numeric [njumérik] *a.* **숫자 (적)** 수에 의해 표현되는 데이터에 관계된 용어. 숫자 및 숫자에 의한 표현에 관계된 표시이고, numerical과 동의어이다. 「수의」라고 번역된다. 여기에 알파벳을 더한 것이 영숫자(alpha numeric)이다.

numerical [nju:mérikəl] *a.* **수치(적)** 숫자 및 숫자에 의한 표현에 관계하는 표시로 numeric과 동의어이다. (1) 수에 의해서 표현되는 데이터에 관한 용어. (2) 수치적인 작업으로서 문제를 해결하려는 행위. 즉, 추상적인 수학이 아니라 구체적인 계산에 의하여 해답을 얻는 것이다.

numerical accounting machine [–əkáuntiŋ məʃí:n] **숫자 회계기**

numerical-alphabetical code [–ælfəbéti:kəl kóud] **문자 숫자식 코드** 영문자에 숫자를 대응시켜 코드를 부여하는 방법.

numerical analysis [–ənǽlisis] **수치 해석** 문제를 수치적으로 풀 때 그 해를 얻는 경우 오차의 범위를 명확하게 하기 위한 수학적 방법. 다시 말해 계산의 방법 및 수치 계산에 수반하는 오차 평가 없이 제어를 위해 이론이나 기법을 이용하여 문제를 푸는 것, 혹은 그러한 학문 분야를 일컫는다. 연립 방정식이나 비선형 방정식의 풀이법, 고유값 문제, 함수의 근사, 수치 적분, 다항식 보간(補間), 오차의 평가, 기타를 다룬다. 이때 계산 공식은 실수 체계상의 수학 이론에 따라 유도되지만, 컴퓨터에서는 유한 자릿수의 이산적인 수치만을 취급하므로 반올림 오차(rounding error)나 자리 버림 등을 충분히 고려하여 유한회의 연산으로 끝내도록 알고리즘을 고려해야 한다.

numerical-analytical system simulation [–ænəlítikəl sístəm sìmjuléiʃən] **수치 해석 시스템 시뮬레이션**

numerical aperture [–ǽpərtʃər] **개구(開口) 수**

numerical calculation [–kælkjuléiʃən] **수치 계산**

numerical calculus [–kǽlkjuləs] **수치 계산** 주어진 방정식을 해석적으로 풀 수 있는 경우는 드물기 때문에 근사적으로 방정식을 만족시키는 계산 방법이 쓰이고 있다. 근사 계산의 이론에 따라 수치(수값)를 대입시켜서 얻고자 하는 근사값을 계산하는 것이 방정식의 수치 계산이다. 일반적으로 애플리케이션 패키지로서 선형 계산, 대수 방정식의 해, 수치 적분, 미분 방정식의 해, 각 함수 계산 등이 준비되어 있다. 오차의 문제는 중요하다.

numerical character [–kǽrəktər] **숫자** 정수를 나타내는 도형 문자로서 0에서 9까지를 사용해서 나타낸다.

numerical character subset [–sʌ́bsèt] **숫자 부분 집합** 숫자를 포함하여 경우에 따라서는 제어 문자, 특수 문자, 간격 문자를 포함하지만 구자, 한자, 가명은 포함하지 않는다.

numerical code [–kóud] **숫자 코드** 숫자만으로 구성된 문자 집합으로 이루어진 코드의 제한된 형태.

numerical constant [–kánstənt] **수치 상수**

numerical control [–kəntróul] **NC, 수치 제어** 명령 신호로서 수치화된 신호를 사용하는 제어 방식을 일반적으로 수치 제어라고 한다. 동작이 진행하는 데 따라 수치 데이터를 판독하고 그 수치 데이터를 이용하는 데 따라 장치가 「공정」을 자동으로 제어하는 것을 말한다. 수치 정보가 종이 테이프나 카드에 보존되어 있고 이것에 따라 프로그램 제어가 행해진다. 특징으로는 가공 정도(精度)가 높은 것, 고능률 절삭 작업이 가능한 것을 들 수 있다. 이러한 NC를 위해 자동 프로그래밍이 현재까지 상당수 개발되고 있다. 크게 나누면 범용 언어와 전용 언어로 나누어진다. 전용 언어란 특정의 NC 장치 또는 공작 기계 또는 공작법을 대상으로 개발한 것이다(MSHAFT, FAPT 등). 이것에 대해 범용 언어란 대상을 한정시키지 않고 개발되는 것으로 APT, EXAPT, 2CL, ADAPT 등이 있다.
[참고] 수치 데이터를 취급하는 장치에 의해 행해지는 공작의 자동 제어. 보통 동작이 진행하는 데 따라서 수치 데이터가 판독된다.
[주] 수치 제어라고 하는 용어는 공작 기계의 분야에서 넓게 이용되고 있다.

numerical control language [–lǽŋgwidʒ] **수치 제어용 언어**

numerical controlled machine tool [–kəntróuld məʃí:n tú:l] **수치 제어 기계 도구**

numerical control machine [–kəntróul məʃí:n] **수치 제어 기계** 수치적 명령어에 의해 제어되는 공작 기계.

numerical control processor [–prásesər] **수치 제어 프로세서**

numerical control robot [–róubət] **수치 제어 로봇** 종이 테이프에 기억시킨 수치에 의하여 선

반의 동작 순서나 위치를 지시하고 자동으로 가공을 하는 자동 공작 기계로, 최근에는 기억 장치로서 자기 버블이 사용되고 있기도 하며, 수치 제어 장치라고도 한다.

numerical control system[–sístəm] **수치 제어 시스템**

numerical control tape[–téip] **NC 테이프, 수치 제어 테이프** 수치 제어 공작 기계를 제어하기 위해서 수치 제어 장치에 입력함으로써 가해지는 정보를 포함한 천공 테이프.

numerical control unit [–jú:nit] **NC 장치** ⇨ NC unit

numerical data[–déitə] **수치 데이터, 뉴메리컬 데이터**

numerical data management[–mǽnidʒ-mənt] **수치 데이터 관리**

numerical data processor[–próusesər] **수치 데이터 프로세서** 숫자로만 이루어진 데이터를 수행하기 위해 만들어진 처리기.

numerical differentiation[–difərènʃiéiʃən] **수치 미분** 주어진 함수의 미분은 직접 대수학의 공식으로 쉽게 구할 수 있으나 함수가 알려져 있지 않고 함수값이 표로써 주어졌을 경우에 이를 수치 계산에 의하여 미분하는 방법을 말한다. 주어진 표가 독립 변수 x에 대하여 등간격으로 되어 있을 경우에는 뉴턴의 전진 보간 공식을 이용하고, 등간격이 아닐 경우에는 라그랑즈의 보간 공식을 이용한다.

numerical distance[–dístəns] **수치 거리**

numerical factor[–fǽktər] **수치 인자**

numerical information[–ìnfərméiʃən] **수치 정보**

numerical instability[–ìnstəbíliti(:)] **수치적 불안정성** 어떤 문제에 대한 수치해에 있어서 그 오차가 지수적으로 증가하거나 어떤 구간에서 진동하고 또는 유효 숫자의 개수가 0이 되어 완전히 부정확한 결과를 낳게 되는 경우가 생긴다. 이런 현상은 초기값의 선택, 계산의 정확성, 방법의 적용 등과 같은 원인에 의하여 오차가 확산되기 때문에 수치적 불안정성이라고 한다.

numerical integration[–intəgréiʃən] **수치 적분** 수치(수값) 계산에서 정적분의 값을 구하는 방법으로서 가장 간단한 방법은 구분 구적법이다. 이 밖에 근사도를 높이는 사다리꼴 공식, 심프슨(Simpson) 공식 등이 쓰인다.

numerical keypad[–kí:pæd] **숫자판** 표준 영숫자 자판의 오른쪽에 있는 보조 키들의 집합.

numerical linear algebra[–líniər ǽldʒəbrə] **수치 선형 대수**

numerically controlled lathe[nju:mérikəli kəntróuld léið] **수치 제어 선반**

numerically controlled machine tools [–məʃí:n tú:lz] **수치 제어 공작 기계** 컴퓨터로 제어되는 제조 공정의 기계류. 일부 수치 제어 기계는 복잡한 공작 기계 운동을 조절하기 위한 컴퓨터 프로그램을 종이 테이프에 넣고 사용한다. 컴퓨터는 제도기, 이송대를 비롯한 많은 복잡한 물리 공정을 제어할 수 있다. ⇨ APT

numerically controlled milling machine [–miliŋ məʃí:n] **수치 제어 밀링 머신**

numerical model[nju::mérikəl mɑ́dəl] **수치 모델**

numerical optimization[–ɑ̀ptimaizéiʃən] **수치 최적화**

numerical part[–pɑ́:rt] **수치부**

numeric-alphabetic[nju:mérik æ̀lfəbétik] **영숫자**

numerical positioning control[nju:mérikəl pəzíʃəniŋ kəntróul] **위치 결정 수치 제어** 수치 제어의 한 방법으로 한 점마다 위치 결정을 제어하는 것. 볼(ball) 판의 구멍을 여는 작업 등에 적합하다. 제어부의 구성은 제어 장치, 구동 기구, 검출 기구로 되어 있다. 검출 방법으로는 전기 광학식과 전자 유도식이 사용된다.

numerical processor chip[–prɑ́sesər tʃíp] **수치 처리기 칩** 수학적인 연산과 과학적인 연산만을 위해 특별히 제작된 처리기.

numerical quadrature [–kwɑ́drətʃər] **수치적 구적법** ⇨ numerical integration

numerical reliability[–rilàiəbíliti(:)] **수치 신뢰도** 어떤 항목이 요구된 환경과 시간 하에서 요구된 기능을 수행할 수 있는 가능성을 수치로 표현한 것.

numerical shift [–ʃíft] **수치 자리 이동**

numerical simulation[–sìmjuléiʃən] **수치 시뮬레이션**

numerical solution[–səlú:ʃən] **수치 해법** 대수 방정식이나 미분 방정식을 수치 계산으로 계산하는 방법.

numerical stability[–stəbíliti(:)] **수치 안정도**

numerical tape[–téip] **수치 테이프** 수치를 나타내는 천공을 갖는 종이나 수지로 만든 테이프. 수치 제어에 의한 공작 기계 등의 명령어를 입력해서 사용한다.

numerical weather forecast[–wéðər fɔ́:rkɑ̀:st] **수치 일기 예보** 대기의 관측 정보로부터 컴퓨터를 이용해서 날씨 변화의 물리 법칙에 따라 수치 풀이를 하고 일기를 예측하는 것.

numerical word[-wə́ːrd] **수치 단어** 10진 시스템과 같이 수 체계를 표시하기 위하여 숫자만으로 구성된 단어.

numeric array[njuːmérik əréi] **수치 배열**

numeric bit data[-bít déitə] **수치 비트 데이터**

numeric character[-kǽrəktər] **숫자형 문자** 수의 표현에 있어 숫자로 사용되는 문자. 10진법(decimal notation)에서는 0에서 9까지의 문자를 나타낸다. 예를 들면 문자 0에서 9까지 중 하나.

numeric character data[-déitə] **숫자 데이터**

numeric character set[-sét] **숫자 집합** 알파벳이나 가명, 한자를 포함하지 않는 문자 집합. 숫자(numeral)나 제어 문자(control character), 특수 문자(special character) 등으로 이루어진다.
[주] 숫자를 포함하고 경우에 따라서는 제어 문자, 특수 문자, 간격 문자를 포함하지만 영자, 한자, 가명은 포함하지 않는 문자 집합.

numeric character subset[-sʌ́bsèt] **숫자형 문자 부분 집합** 숫자를 포함하고 경우에 따라서는 제어 문자, 특수 문자, 간격 문자를 포함하지만 영자, 한자, 가명은 포함하지 않는 문자 부분 집합.

numeric check[-tʃék] **숫자 검사, 수치 검사** 컴퓨터 실행에 앞서 잘못된 정보를 찾아내기 위한 검사의 하나로서 숫자 항목으로 정해져 있는 곳에 숫자 이외의 문자가 입력되었는지를 체크하는 방법.

numeric code[-kóud] **수치 부호, 숫자 코드** 숫자 집합을 이용하여 표현하는 데이터나 명령어(instruction). 데이터가 숫자 집합을 사용하여 표현되는 코드.

numeric coded character set[-kóudəd kǽrəktər sét] **숫자 코드화 문자 집합** 문자 집합이 숫자 집합인 코드화 문자 집합.

numeric coding[-kóudiŋ] **숫자 코딩** 데이터와 명령어들을 표현할 때 숫자들만을 사용하는 코딩.

numeric comparison[-kəmpǽrisən] **수치 비교**

numeric constant[-kánstənt] **수치 상수**

numeric control[-kəntróul] **수치 제어, 숫자 제어** 기계의 제어나 처리를 수치 명령어(numeric instruction)를 이용하여 수행하는 것. 공작 기계 등으로 사용되고 있으며 이 수치 명령에 따라 여러 가지 가공이 가능하게 된다. numerical control이라고 한다.

numeric control system[-sístəm] **NC system, NC 시스템, 수치 제어 시스템**

numeric data[-déitə] **숫자 데이터** 수 표시에 의해서 표현된 데이터.

numeric data code[-kóud] **숫자 데이터 코드** 숫자나 특수 문자를 표시하기 위하여 사용하는 디지털 코드. ⇨ numeric code

numeric data co-processor[-kopróusesər] **수치 연산 코프로세서** 주로 수치 연산을 고속으로 실행하는 프로세서. CPU로 사용되는 프로세서와 연결하여 그 보조 기능을 한다. 이 프로세서를 사용한 CPU는 수치 연산을 이 프로세서에 맡기므로 처리 속도를 향상시킬 수 있다.

numeric data processor[-prásesər] **수치 연산 프로세서** ⇨ NDP

numeric data type[-táip] **수치 데이터형** 일반적으로 프로그램에서 사용되는 모든 변수는 사용 목적과 수용할 수 있는 특성에 따라 데이터형을 지정받게 되는데, 변수들이 숫자값만을 갖도록 정의하는 데이터 형식. 수치 데이터형으로 정의된 모든 변수는 수치 연산 목적으로만 사용될 수 있다.

numeric edit descriptor[-édit diskríptər] **숫자 편집 기술자(記術子)**

numeric edited[-éditəd] **숫자 편집**

numeric edited character[-kǽrəktər] **숫자 편집 문자**

numeric edited item[-áitem] **숫자 편집 항목**

numeric expression [-ikspréʃən] **숫자 표현**

numeric field[-fíːld] **숫자 필드**

numeric field descriptor[-diskríptər] **숫자 필드 기술자(記術子)**

numeric item[-áitem] **숫자 항목**

numeric key[-kíː] **숫자 키** 숫자를 표시하는 키. 텐 키에 있는 것을 가리킨다.

numeric keyboard[-kíːbɔ̀ːrd] **숫자 키보드**

numeric keypad[-kí(ː)pæ̀d] **숫자판** 숫자와 소수점으로만 구성된 특수한 키패드 모드.

numeric key punch[-kíː pʌ́ntʃ] **숫자 천공** 숫자 데이터만을 처리하는 천공.

numeric literal [-lítərəl] **숫자 리터럴**

numeric operand[-ápərǽnd] **숫자 오퍼랜드**

numeric operator[-ápərèitər] **숫자 연산자**

numeric pad[-pǽ(ː)d] **숫자 패드**

numeric parameter[-pərǽmətər] **수치 매개변수**

numeric part[-pá:rt] **수치부**

numeric pictured data[-píktʃərd déitə] **수치 픽처 데이터**

numeric pictured form[-fɔ́ːrm] **수치 픽처 방식**

numeric pictured variable[-vɛ́(ː)riəbl] **수치 픽처 변수**

numeric picture specification [–píktʃər spèsifikéiʃən] 수치 픽처 지정

numeric punch [–pʌ́ntʃ] 수치 펀치

numeric punching [–pʌ́ntʃiŋ] 수치 천공 천공 카드의 필드 각 자리에 천공이 하나밖에 없는 데이터. 알파벳 등의 문자는 자리에 두 가지 천공이 있다.

numeric representation [–rèprizentéiʃən] 수치 표현 수 표시에 의한 데이터의 이산적 표현.

numeric shift [–ʃíft] 숫자 자리 이동

numeric value [–vǽljuː] 수치

numeric word [–wə́ːrd] 수치 단어 숫자 및 경우에 따라서는 간격 문자와 특수 문자로 이루어지는 낱말. 예를 들면 국제 10진 분류법에서는 숫자 단어 61(03)=20은 영어의 의학 백과 사전의 식별자로 사용된다.

numeric zone [–zóun] 숫자 존

num lock key [nʌ́m lɑ́k kíː] 숫자 잠금 키 숫자 키패드를 사용하기 위한 키.

NUR 최근 미사용 ⇨ not used recently page replacement

NURBS curve/surface NURBS 곡선/곡면 non-uniform rational B-spline curve/surface의 약어. B-스플라인 곡선/곡면의 개선형의 하나로, 계산은 복잡하지만 정확성이나 유연성이 높다.

NUR page replacement 최근 미사용 페이지 대체 ⇨ not used recently page replacement

nV 나노볼트 nanovolt의 약어.

Nvidia 다음 세대 3D ASIC이라고 마케팅 형태가 규정된 첫 번째 것으로 Nvidia는 기준 음영, 텍스처 매핑, Z-버퍼링, 2차 텍스처 매핑이라는 특수한 알고리즘을 포함한 가속화를 한 단계 넘어섰다. 그리고 이것은 다른 3D ASIC이 필요로 하는 것보다 적은 삼각형을 사용하여 화면 구사를 더욱 쉽고 빠르게 만든다. ⇨ ASIC

NVM 비휘발성 메모리 non-volatile memory의 약어. 전원이 끊어져도 내용이 없어지지 않는 기억 장치.

NVT 네트워크 가상 단말기 network virual terminal의 약어.

nW 나노와트 nanowatt의 약어.

NW-7 바코드의 일종으로 검정선과 간격의 합이 7개이고 narrow(협), wide(광)가 있으므로 이런 이름이 붙여졌다. 폭이 넓은 검정선과의 간격은 "1"로, 좁은 검정선과의 간격은 "0"으로 대응시키고 있다.

N-well [én wél] N-웰 CMOS 구조에서 서브스트레이트가 P형일 때 PMOS를 만들기 위해 마련한 N형 서브스트레이트.

NWP 수치 일기 예보 numerical weather prediction의 약어. 물리 법칙의 답을 컴퓨터를 사용하여 구해서 예측 정보를 얻는 예보 기술.

nybble [ní(ː)bl] 니블 ⇨ nibble

Nyquist bandwidth [nɑikjúist bǽndwìtθ] 나이퀴스트 대역 ⇨ Nyquist rate

Nyquist diagram [–dɑ́iəgræ̀m] 나이퀴스트 선도 자동 제어계나 피드백 증폭기의 안정도 판별에서 사용되는 선도.

Nyquist frequency [–fríːkwənsi(ː)] 나이퀴스트 주파수 아날로그 신호를 디지털 신호로 표준화하는 경우 표본화된 부호 신호를 정확하게 아날로그 신호로 재생하기 위한 표본화 주파수. 부호 전송의 관점에서는 부호 간의 간섭 없이 전송할 수 있는 부호 속도를 의미하며, 이것은 부호가 갖는 최대 주파수의 두 배이다.

Nyquist interval [–íntərvəl] 나이퀴스트 간격 진폭 특성이 주파수 대역 0~f 에 있어서 일정하고, 이들 대역 외에서는 0, 위상 특성이 주파수에 비례한 직선으로 주어지는 이상(理想) 저역 필터의 임펄스 응답은 $\pm\frac{n}{2f}$(n은 양의 정수)의 시점에서 0을 표시하기 위해 $\frac{1}{2f}$의 시간 간격으로 부호를 보내면 부호들 간의 간섭이 없는 부호 전송이 가능하다. 이 $\frac{1}{2f}$의 시간 간격을 나이퀴스트 간격이라 한다. ⇨ Nyquist rate

Nyquist rate [–réit] 나이퀴스트 속도 나이퀴스트 간격의 역수로서 부호 간 간섭이 없는 부호 전달 속도를 나타낸다. 전송로 특성의 차단 주파수가 f[Hz]의 이상 여파 특성이면 $2f$ 보(Baud)의 속도의 2진 데이터를 부호 간 간섭의 영향 없이 전송할 수 있다. 이 $2f$ 보를 나이퀴스트 속도라 하며, $1/2f$ 초를 나이퀴스트 간격(Nyquist interval), f[Hz]를 나이퀴스트 대역(Nyquist bandwidth)이라고 한다.

Nyquist theory [–θíːəri] 나이퀴스트 이론 차단 주파수가 f[Hz] 의 이상(理想) 저역 여파기형의 통신로에서는 $2f$ 비트/초의 속도로 부호 간 간섭없이 자료 전송이 가능하다는 이론.

Nyquist waveform [–wéivfɔ̀ːrm] 나이퀴스트 파형 나이퀴스트의 제1기준(임펄스 응답 파형에 있어서의 시간축과의 등간격 교차)을 만족하는 파형. 나이퀴스트 파형은 부호 간 간섭량을 최소로 할 수 있다.

O

O[óu] **오** (1) 오버플로(overflow)의 약어. (2) 출력(output)의 약어로, 주로 I(input)와 대비되어 입출력을 구별하는 데 사용된다.

OA 사무 자동화 office automation의 약어. 사무실 내의 사무 과정을 분석하여 퍼스널 컴퓨터, 워드 프로세서, 기타의 사무 기기를 도입 활용함으로써 정보의 흐름과 작업의 구성을 원활히 하고 기업 내의 사무 부분을 합리화·자동화(automate)하여 생산성 향상을 도모하는 것.

〈사무 자동화〉

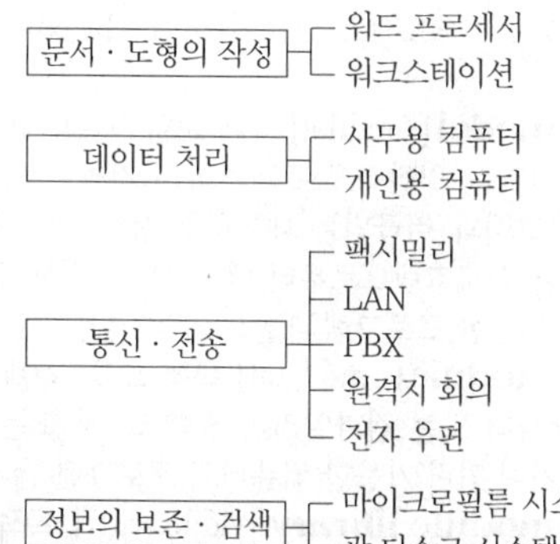

OA병 사무 자동화(OA화)로 인해 생기는 테크노 스트레스에 의한 질환. ⇨ OA, techo stress

OAC 오퍼레이터 지원 컴퓨터 operator aid computer의 약어.

OADG PC 개방 구조 추진 위원회 PC Open Architecture Developer' s Group의 약어. 일본 IBM을 중심으로 DOS/V 머신을 제조하는 업체로 구성되어 있다. DOS/V의 공통 규격을 만들고 호환성 검증을 목적으로 한다.

OB 조작 블록 operation block의 약어.

OBE office procedures by example의 약어. 워드 프로세싱, 데이터 프로세싱, 그래픽, 전자 우편, 문서 형식에 의한 보고 등의 기능을 갖도록 설계되었다. 2차원적 비절차형 언어로서 QBE(query by example)에 의한 DBMS(data base management system)의 확장으로, OA에 응용하기 위한 비절차용 언어. IBM의 Thomas J. Watson 연구소에서 개발하였다.

object[ábdʒikt] *n*. **목적, 객체** 객체란 필요한 데이터 구조와 그 위에서 수행되는 함수들을 가진 하나의 소프트웨어 모듈(software module)이다. 객체마다 데이터 구조를 가지고 있다는 것은 객체마다 어떤 상태를 가지고 있다는 것이며, 또 한 객체마다 필요로 하는 함수를 가지고 있다는 것은 객체마다 어떤 기능을 수행할 수 있는 능력을 가지고 있다는 의미이다.

object architecture[–áːrkitèktʃər] **목적 구조**

object-attribute-value triplet[–ǽtribjùːt vǽljuː tríplət] **객체 속성값** 사실 표현 기법 중의 하나로 사실을 객체, 속성 및 값으로 기술해주는 방법을 말한다.

object authority[–əθɔ́ːriti(ː)] **오브젝트권**

object-based logical model[–béist ládʒikəl mádəl] **객체 본위 논리 모델** 이 부류로 잘 알려진 것들로는 엔티티 관계 데이터 모델, 의미 데이터 모델 등이 있다. 이것은 데이터 모형의 한 부류로서 데이터를 개념적이고 관점적인 위치에서 묘사하는 데이터 모형이다.

object-centered representation[–séntərd rèprizentéiʃən] **객체 중심 표현** wff를 단위로 형성할 때 그 영역의 실체나 객체에 의하여 주어진 사실들을 색인하는 것.

object code[–kóud] **목적 부호** 원시 프로그램에 대한 컴파일러나 어셈블리로부터 출력된 코드로 자신이 실행 가능한 코드로 되어 있거나 실행 가능한 기계 코드를 만들어내는 데 적합한 형태로 되어 있는 코드.

object code compatibility[–kəmpæ̀tibíliti(:)] **목적 코드 호환성**

object computer[–kəmpjú:tər] **목적 컴퓨터** 목적 프로그램(object program)을 실행시키는 컴퓨터. 원시 프로그램을 번역(translate)시키는 컴퓨터에 대비된다.

object configuration[–kənfìgjuréiʃən] **목적 구성**

object deck[–dék] **오브젝트 덱**

object definition table[–dèfiníʃən téibəl] **ODT, 오브젝트 정의 테이블**

object description[–diskrípʃən] **오브젝트 기술**

objected-oriented method[ábdʒiktəd ɔ́(:)-riəntəd méθəd] **객체 지향 방법** 메시지를 가지고 다른 것(객체)과 통신하는 객체라고 불리는 항목을 가지고 프로그래밍하는 방법.

object existence rights[ábdʒikt igzístəns ráits] **오브젝트 존재권**

object file[–fáil] **목적 파일** 목적 코드들만을 보관하고 있는 파일.

object function[–fʌ́ŋkʃən] **목적 함수** 연립 1차 부등식

$$a_{11}x_1+a_{12}x_2+\cdots+a_{1n}\leqq b_1$$
$$a_{21}x_1+a_{22}x_2+\cdots+a_{2n}\leqq b_2$$
$$\vdots \quad \vdots \quad \vdots \quad \vdots$$
$$a_{m1}x_1+a_{m2}x_2+\cdots+a_{mn}\leqq b_m$$

및 각 x_i가

$$x_i\geqq 0\,(i=1,\,2,\,\cdots,\,n)$$

을 만족하도록

$$z=c_1x_1+c_2x_2+\cdots+c_nx_n$$

의 값을 최대로 하는 문제를 기준형의 최대화 선형 계획 문제라고 하는데, z를 동시 함수라 한다. 여기서 각 a_i, b_i, c_i는 주어진 상수이다.

objective[əbdʒéktiv] *n*. **목적**

Objective-C **오브젝티브 C** 스몰토크(Smalltalk)의 영향을 받아 C 언어에서 파생된 객체 지향 언어. Productivity Products International 사의 브래드 콕스가 개발했다. 객체 지향에 있어 프로그램을 하기 쉽고 단일 상속(계층 관계의 하위 클래스가 상위 클래스의 기능을 계승하는 것)을 지원하고 있기 때문에 C++보다도 문법이 단순하다. 넥스트 사의 운영 체제 「NEXTSTEP」은 오브젝티브 C로 기술되어 있다.

object language[ábdʒikt lǽŋgwidʒ] **목적 언어** 타깃 언어(target language)라고도 하며, 컴퓨터가 자동 번역(automatic compilation)하여 출력하는 프로그램 언어이다. 컴파일러(compiler) 또는 어셈블러(assembler)가 기계어(machine language)의 프로그램을 출력하는 경우는 그 기계어가 목적 언어라는 뜻이 된다.

object language program[–próugræm] **목적 언어 프로그램**

object language programming[–próugræmiŋ] **목적 언어 프로그래밍**

object library[–láibrəri(:)] **목적 라이브러리**

object machine[–məʃí:n] **목적 기계** 원시 프로그램을 목적 코드로 번역하는 데 사용되는 컴퓨터와는 별도로 번역된 목적 코드를 받아들여 수행하는 컴퓨터.

object management facility[–mǽnidʒmənt fəsíliti(:)] ⇨ OMF

object management rights[–ráits] **목적 관리권**

object map[–mǽp] **목적 맵**

object middleware[–mídlwɛ̀ər] **오브젝트 미들웨어** 오브젝트와 오브젝트 간의 상호 운용 처리 방식의 모델로 오브젝트 고유의 특징인 재사용, 상속, 다형성을 제공한다. 분산된 컴퓨팅 환경에서 객체 지향 기반의 애플리케이션 또는 컴포넌트들 간의 상호 연동을 지원하는 기반 구조를 제공함으로써, 분산 환경에서의 네트워크 연동과 같은 시스템에 의존적인 작업들을 간편하게 해준다. 대표적인 솔루션으로는 오브젝트 브로커(object broker) 등이 있다.

object model[–mádəl] **객체 모델** 관련 데이터와 프로그램을 일괄적으로 파악하는 기법 상의 모델. 프로그램과 취급되는 데이터를 통합하여 파악하면 다른 프로그램으로부터 데이터를 보호할 수도 있으며, 유망한 프로그램 개발도 가능하다.

object module[–mádʒu:l] **목적 모듈, 객체 모듈** 어셈블러 또는 컴파일러의 출력으로서 또는 연결 편집기에 입력 가능한 컴퓨터의 프로그램 단위.

object module library[–láibrəri(:)] **목적 모듈 라이브러리**

object naming[–néimiŋ] **객체 이름 지정** 분산 데이터 베이스에서 사용하는 것으로, 이름에는 SQL, SELECT 문장에 의한 객체의 이름과 전체 시스템에서 유일하게 식별되는 이름이 있다.

object of condition[–əv kəndíʃən] **조건의 우변**

object of entry[–éntri(:)] **기술항의 우변**

object-oriented[–ɔ́(:)riəntəd] **객체 지향** 컴퓨터로 컴파일할 때 만들어지는 객체 파일이 아니고 컴퓨터 과학의 방법론의 하나. 여기서 말하는 객체란 일반적으로 말하는 물건을 가리킨다. 물건은 단순한 데이터가 아니고 그 데이터의 조작 방법에 대한 정보도 포함하고 있어 그것을 대상으로서 다루는 수법이 객체 지향이다.

object-oriented analysis[–ənǽlisis] **객체 지향 분석** ⇨ OOA

object-oriented analysis/object-oriented design[–dizáin] ⇨ OOA/OOD

object-oriented data base[–déitə béis] **객체 지향형 데이터 베이스** 객체 지향(object-oriented) 개념을 도입하여 만들어진 데이터 베이스를 의미하며, 계층에 따라 데이터 구조를 표현하고 데이터와 그 조작 절차를 함께 다룬다. 객체 지향 데이터 베이스는 객체들을 생성하여 계층(class)에서 체계적으로 정리하고, 다시 계층들을 하위 계층이 상위 계층으로부터 속성과 방법들을 물려받을 수 있는 계승 가능한 구조(inheritance hierarchy)로 구성된다.

object-oriented design[–dizáin] **객체 지향 설계** ⇨ OOD

object-oriented graphics[–grǽfiks] **객체 지향 그래픽** 그래픽을 구성하는 기본적인 요소로서 직선, 곡선, 원, 정사각형 등을 사용하는 것. 비트를 구성 요소로 하는 비트맵 그래픽은, 상대적으로 색 다시 칠하기나 형의 회전, 이동, 확대/축소 등의 조작이 비교적 용이하게 이루어진다. 구조화 그래픽이라고도 한다.

object-oriented language[–lǽŋgwidʒ] **객체 지향 언어** 객체 중심 프로그래밍을 위해 사용되는 언어로 연산문들의 집합으로 이루어진다. 객체는 자료와 프로그램의 추상화로써 구현되는데, 연산하고자 하는 여러 가지 객체들 속에서 그 연산들의 정의가 나타나며 동시에 객체에 대한 정의는 그들 연산의 여러 가지 측면에서 나타난다.

object oriented paradigm[–pǽrədàim] **객체 지향 패러다임** 데이터의 기능이나 의미를 조합해서 취급하려는 방안. 절차형에서는 프로그램을 중심으로 하지만 객체 지향에서는 사물의 이미지나 기능 등을 중심으로 하여 취급하므로 소프트웨어를 작성하기 쉽고 유지 보수가 용이하다.

object-oriented programming[–próugræmiŋ] **객체 중심 프로그래밍** 프로시저보다는 명령과 데이터로 구성된 개개의 객체를 중심으로 하는 프로그래밍. 객체는 프로그램 단위로서 정보와 그 정보를 조작하는 프로시저에 대한 기술을 포함한 단위로 간주된다.

object-oriented system[–sístəm] **객체 중심 시스템** 운영 체제의 보안이나 파일의 보호를 위한 접근 제어의 한 방법으로 시스템 내의 보호 대상 자원. 예를 들면 프로그램, 파일 또는 각종 장치들을 객체로 두고 이 각 객체마다 특정한 접근 방법을 부여함으로써 보안이나 보호를 유지하는 시스템.

object owner[–óunər] **오브젝트 소유자**

object packager[–pǽkidʒər] **객체 포장기** 이미지 파일 같은 하나의 객체를 대표하는 아이콘을 다른 파일로 이식시키는 윈도 유틸리티.

object phase[–féiz] **목적 단계** 목적 프로그램이 실행되는 경우를 의미하며 실행 단계.

object program[–próugræm] **목적 프로그램** 어셈블러나 컴파일러 등 언어 프로세서(language processor)의 출력으로 원시 언어(source language)에서 목적 언어(object language)로 번역된 프로그램. 타깃 프로그램(target program)이라고도 한다. 또 목적 코드(object code)라는 것도 있는데, 이 경우는 원시 코드(source code)와 대비된다.

object record[–rékərd] **대상 레코드**

object request broker[–rikwést bróukər] ⇨ ORB

object rights[–ráits] **오브젝트권**

object routine[–ru:tí:n] **목적 루틴** 자동 코딩 시스템의 출력 프로그램. 목적 프로그램은 수행이 가능하도록 작성된 기계어 프로그램으로 중간 언어에 포함될 수 있다.

object schema[–skí:mə] **목적 스키마, 객체 스키마** 객체를 나타내는 노드와 객체 사이의 일반화, 집합화 및 연계화를 나타내는 간선으로 구성되는 방향 그래프.

object subschema[–sʌ́bski:mə] **목적 서브스키마**

object tape[–téip] **오브젝트 테이프**

object tape format[–fɔ́:rmæt] **오브젝트 테이프 형식**

object time[–táim] **실행시, 목적시** 기계어로 된 프로그램을 실행할 때. 전단계의 컴파일 시간(compile time)과 대비된다.

object time array[–əréi] **실행시의 배열**

object time table[–téibəl] **실행시의 테이블**

object type[–táip] **오브젝트 타입**

object user[–jú:zər] **오브젝트 유저(사용자)**

object variable[–vέ(:)riəbl] **대상 변수**

oblique[əblíːk] **사체(斜體)** 문자 꾸미기 기능 중 하나로 문자를 약간 기울어지게 표시하는 기능. 이탤릭체와 같은 의미로 쓰인다.

oblique projection[-prədʒékʃən] **빗 투영** 투영면의 수직 방향과 투영 방향이 같지 않은 투영 기법을 말하며, 캐비닛 투영과 캐벌리어 투영의 두 가지 방법이 있다. 평행 투영의 한 방법이다.

OBR 외부 기록 기능 outboard recorder의 약어.

Obrechkoff method 오브레치코프 방법 이 방법은 상미분 방정식 $dy/dx=f(x, y)$의 수치 적분 공식 가운데 예측 수정자법(PC법)에 속하는 것으로, 2단계의 수정자가 쉽게 구해질 때 사용된다.

$$(P): y_{n+1}=y_{n-2}+3(y_n-y_{n-1})+h^2(y''_n-y''_{n-1})$$
$$(T\cong 60h^5 y^{(5)}/720)$$
$$(C): y_{n+1}=y_n+(h/2)(y'_{n+1}+y'_n)-(h^2/12)(y''_{n+1}\times y''_n)$$
$$(T\cong h^5 y^{(5)}/720)$$

공식을 적용할 때는 초기값 Y_0 외에 2점 Y_1, Y_2가 필요하지만, 이것을 구하려는 예측자로서

$$(P): y_1=y_0+hy_0'+h^2y_0''/2$$

를 이용하고, 수정자로서 위의 (C)를 이용하면 된다.

observation[àbzərvéiʃən] *n*. **관측** 어떤 상황을 조사하기 위해 행하는 동작.
[주] 자연 현상에서는 측정을 의미하는 경우도 있다.

observed failure rate[əbzə́ːrvd féiljər réit] **관측 고장률** 총 고장 수 r의 총 동작 시간 T(unit hour)에 대한 비. 즉, r/T. 관측된 고장률은 규정의 총 동작 시간 T와 가해진 스트레스에 의존한다. 또한 고장 판정(정의)에도 의존하므로 이들의 T, 스트레스, 고장 정의를 명기하여야 한다.

OCC (1) **운영 제어 명령** operation control command의 약어. (2) **조작원 제어 명령** operator control command의 약어.

occam[óukəm] **오캄** 영국의 인모스(Inmos) 사가 개발한 프로그래밍 언어. 인모스 사의 병렬 처리용 마이크로프로세서인 트랜스퓨터(Transputer) 칩을 위해 만들어진 것으로, 병렬 처리 및 예외 상황을 나타내기 쉽게 되어 있다. 이것은 호어(C.A. Hoare)의 CSP(communicating sequential processes)에서 영향을 많이 받았다.

OCCF 조작원 통신 제어 기능 operator communication control facility의 약어.

occlusion[əklúːʒən] *n*. **폐색** 하나의 물체가 다른 물체에 의하여 부분적으로 가려져 안 보이는 것.

occupancy[ákjupənsi(ː)] *n*. **점유**

occupy[ákjupài] *v*. **점유하다, 차지하다** 다른 것으로 사용하지 않도록 하는 것. 중앙 처리 장치(CPU)를 점유하든가 컴퓨터를 점유하거나 메모리를 점유한다는 등으로 사용된다.

occur[əkə́ːr] *v*. **일어나다, 나타나다, 생기다, 발생하다** 예를 들어 중앙 처리 장치(CPU)가 어떤 명령(instruction)을 실행하고 있을 때 외부에서 곧 실행하고 싶은 처리가 지정되면, CPU는 실행하고 있는 처리를 잠시 중단하고 앞의 그 명령을 실행한다. 이와 같은 것을「일시 정지(interrupt)가 발생했다」라고 말한다. COBOL에서 OCCURS 구는 표 요소의 반복수를 지정하는 데 사용된다.

occurrence[əkə́ːrəns] *n*. **어커런스, 출현, 발생, 발생 세그먼트** CODASYL 방식의 데이터 베이스에서는 실체를 레코드로 표현하며 레코드형 중에 구체적인 값을 준 것을 실현값이라고 한다. 실현값은 각각의 실체를 표현한다.

occurrence index[-índeks] **어커런스 인덱스** 역리스트 구조를 응용한 문서 검색 시스템 중 한 단어가 나타나는 문서 번호, 단락 코드, 문장 번호, 문장 내 위치 등을 한 단위로 구성한 인덱스.

occurrence number[-nʌ́mbər] **출현 번호**

occurs[əkə́ːrs] **어커스** COBOL에서 똑같은 성격과 크기, 형식을 가진 일련의 데이터 항목을 기억시키기 위하여 기억 장소를 배열했을 때 이 기억 장소의 정의를 위하여 사용하는 용어.

OC curve 동작 특성 곡선 operating characteristic curve의 약어. 발췌 검사에서 그 방식의 특징을 나타내는 것인데, 보통 가로축을 고장률, 세로축을 로트 합격의 확률로 한다.

OCE 개방형 환경 open collaborative environment의 약어. 매킨토시의 새로운 통신 인터페이스. 표준 API와 통신 인터페이스로서 1993년부터 MacOS에 내장되고 있다. 이것을 사용하여 전자 우편이나 팩시밀리를 전송할 수 있고, 디렉토리의 변환이나 통신 상대방의 인증 또는 암호화를 자동적으로 처리할 수 있다.

OCL (1) **조작 제어 언어** operation control language의 약어. (2) **오퍼레이터 제어 언어** operator control language의 약어.

OCLC online computer library catalog의 약어. 도서관 사서들이 확인과 색인화하는 것을 목적으로 저서 목록을 찾는 데 가장 많이 사용하는 데이터 베이스. OCLC는 도서관끼리의 대출에 매우 중요한 정보 중의 하나인 누가 필요한 물건을 가지고 있나를 사서에게 알려주며, 현재 자신의 데이터 베이스에 보다 폭넓은 이용을 제공하고 있다. 비영리 회원 기관으로 도서관, 교육 기관, 그리고 사용자에게 전산화된 서비스를 제공한다. OCLC는 세계 도처의 10,000개의 도서관을 연결하고 있다.

OCR (1) **광학식 문자 판독기** optical character reader의 약어. 컴퓨터 입력 장치의 하나. 기계에 의해 인자(印字)된 문자 또는 손으로 쓴 문자를 광학적으로 판독하여 그 패턴을 전기 신호로 변환하여 컴퓨터에 입력한다. (2) **광학적 문자 판독** optical character recognition의 약어. 광학 문자 판독기로 불리며, 전표 등에 인쇄된(또는 손으로 쓴) 문자에 빛을 비춰 반사되는 광선의 양적 차이인 강약을 검출하여 문자를 인식하고 판독하는 장치를 말하며 자기 잉크로 인쇄된 문자를 자기 헤드로 판독하는 자기 잉크 문자 판독 장치와는 구별된다. OCR은 전표 등 표지(매체) 위에 기입되는 인쇄된 문자를 자동 인식하여 계산기에 입력하는 기능을 가지며, 방식에는 손으로 기입한 우편 번호나 주문 전표를 직접 인식, 판독하는 직접 입력 방식과 세금 납부 고지서 또는 전기, 가스 요금 납부 고지서 등 계산기에 의해 출력된 전표 등의 내용을 다시 계산기에 입력하는 턴어라운드 입력 방식이 있다.

ABCDEFGHIJKLM
NOPQRSTUVWXYZ
0123456789
. , : ; = + / $ * " & |
' - { } % ?
ÜÑÄØÖÆÅ£¥

〈OCR 문자〉

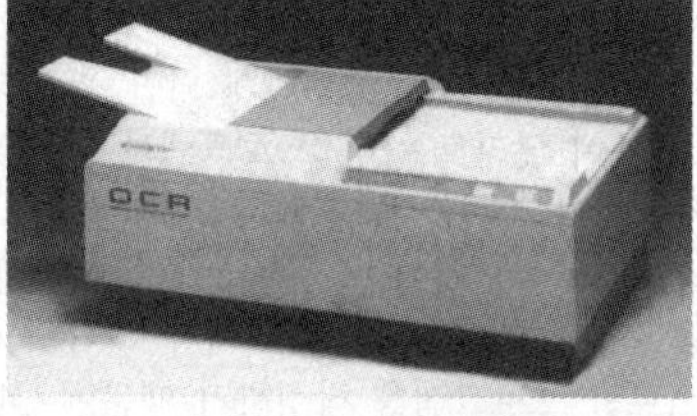

〈광학식 문자 판독기〉

OCR-A ISO가 광학식 문자 판독기용의 문자 표준으로서 정한 자형의 일종. 0~9의 숫자와 4종의 기호를 포함하고 사람이 읽는 문자로서 꽤 부자연스런 경우가 있으며 자형의 특징이 과장되어 있다.

OCR-A code **OCR-A 코드** 미국 소비상 협의회(National Retail Merchants Association)에 의해 백화점과 잡화점에서 판매되는 상품의 가격 등을 표시하기 위한 표준으로 채택되었으며, 사람과 기계가 모두 읽을 수 있는 특수 형태의 활자를 말한다.

OCR-B ISO가 광학식 문자 판독기용의 문자 표준으로서 정한 자형의 일종. 문자 숫자식으로 소문자도 포함된다. OCR-A에 비해서 자형이 자연스럽지 못하다.

OCR card **광학 문자 판독 카드** 광학식 문자 판독 장치를 이용하여 인자된 문자를 광학적 수단에 의해 직접 판독하는 카드.

OCR font **OCR용 문자 자형** optical character reader font의 약어. OCR로 읽어 얻도록 정한 표준 자형(字形).

OCR hand scanner **OCR 핸드 스캐너**

OCR source data entry **OCR 원시 데이터 입력** 광학 문자 판독기에 의한 원시 데이터 입력이며, 사람이 판독할 수 있는 문서를 광학적으로 주사하여 직접 컴퓨터로 읽어들인다. 혼합 매체 시스템에서는 광학 문자 판독 장치가 키보드-기억 장치와 함께 붙어 있어서 잘못 읽혀지거나 광학 문자 판독 장치에 의하여 판독 불능으로 거부된 글자는 키로 입력시킬 수 있다.

OCR wand **OCR 봉, OCR 막대** 이 막대를 사용하면 1초당 약 100자를 읽을 수 있으며, CRT 등을 사용하여 이 기구로 읽혀진 데이터를 디스플레이하고 필요할 때에는 교정할 수가 있다. 주문서, 고지서, 영수증, 전표 등의 크기가 균일하지 않은 문서를 자동으로 판독할 수 있는 막대 모양의 기구이다.

OCS **오퍼레이션 컨트롤 시스템** operation control system의 약어. 생산 회사에서 컴퓨터를 사용하여 공장에서의 오퍼레이션을 총괄적으로 제어하기 위한 공장 관리 시스템.

octal [ɔ́ktəl] *a.* **8진, 8값** 8진법. 2진(binary)의, 10진(decimal)의 등과 대비되는 기수법 용어. 8진법이란 8을 기수로 하여 수를 나타내는 표현법으로, 숫자의 각 위치(9자리)가 8의 거듭제곱 크기를 나타낸다. 예를 들면 10진수의 256은 8진법에서 400_8로 표시된다. 즉 400은 $4\times8^2+0\times8^1+0\times8^0=256_{10}$이다. 2진법을 3개씩 자른 것으로 생각해도 좋다.
[주] 고정 기수 기수법에서 기수로서 8을 취하는 것과 그 방식.

octal constant [–kɑ́nstənt] **8진 상수**

octal digit [–dídʒit] **8진수, 8진 숫자** 8진법에서 사용되는 숫자로 0, 1, 2, 3, 4, 5, 6, 7 중의 하나.

octal field description [–fíːld diskrípʃən] **8진란 기술자**

octal notation [–noutéiʃən] **8진법, 8진법 표기** $8=2^3$을 기수로 하는 수치 표기법. 2진법 표기로 소수점을 기점으로 좌우에 세 자리씩 나누고 각 조 세 자리의 2진수에 대응하는 10진 숫자를 적용하면 8진법 표기가 얻어진다.

octal number [–nʌ́mbər] **8진수** 수를 나타내

는 데 0에서 7까지 8개의 숫자를 사용한다. 한 자는 캐릭터 머신의 비트 상태를 나타내는 데 편리하다. 예를 들면 110101을 2진수로 취급하는 것은 불편하므로 3비트씩 나누어 110과 101, 즉 8진수(octal)의 65로 나타내고 $(65)_8$이라 쓴다.

octal number system[-sístəm] **8진법** 8을 기수로 한 숫자의 체계로 숫자는 0~7이 사용되고 2진수(binary number)를 단축하는 경우에 자주 사용된다. 이 8진법 기수가 2의 제곱승이라는 것으로 컴퓨터의 경우 10진수보다 편리하다.

octal numeral[-njú:mərəl] **8진 숫자**

octal point[-pɔ́int] **8진 소수점** 10진법에서의 소수점에 해당하는 것으로 8진법으로 나타낸 수에서 정수 부분과 소수 부분을 나누는 점.

octal-to-binary encoder[-tu báinəri(:) inkóudər] **8진-2진 인코더** 인코더는 디코더의 역연산을 수행하는 디지털 함수로 2^k개의 입력선과 k개의 출력선으로 구성된다. 따라서 8진-2진 인코더는 입력선을 2진수로 부호화하기 위하여 3개의 출력선으로 구성된다.

octet[ɑktét] *n*. **8중수** 8비트의 바이트 또는 연속한 8개의 비트. 하나의 문자로 간주되는 8개의 2진 문자로 이루어진 바이트.

octet interleave[-ìntərlí:v] **옥텟 다중** 디지털 회선망에서는 국 사이의 고속 데이터 회선을 효율적으로 사용하고 또 시분할 데이터 교환기에 접속하기 위하여 가입자 데이터에 대해 국에서 다중화 작업을 한다. 이때 가입자 선의 각 채널의 신호를 8kbit/sec로 표본화한 다음, 다시 각 펄스를 8비트의 PCM 부호로 변환하여 이 옥텟 단위에 PCM 채널의 다중화를 수행한다. 따라서 가입자 단말기로부터 국까지 전송된 데이터는 일단 64kbps의 속도로 옥텟 다중화되어 0차군을 이루고, 다음에 1.544 Mbps 속도의 1차군으로 옥텟 다중화의 단계를 거친다.

octet interleaved multiplexing [-ìntərlí:vd mʌ́ltiplèksiŋ] **옥텟 다중** 디지털 다중화 방식의 하나로, 각 채널로부터 데이터를 옥텟(1옥텟=8비트) 단위로 다중화한다. 디지털 데이터 전송 방식에서는 다수 가입자 단말로부터 데이터를 인벨로프 형식으로 하여 각 회선의 베어러 레이트(bearer rate : 3.2k~64kbit/s)를 64kbit/s의 유니버설 신호로 변환하고, 이것을 옥텟 다중화한다.

octtree method **옥트리법** 물체가 있는 어떤 공간을 2^3이라고 약칭한다. 8등분을 기본으로 하고, 이것을 반복하는 방법. 빛의 추적법을 개량하여 고안해낸 것으로 복셀법보다 메모리를 절약할 수 있다. 물체를 포함하는 최종적인 공간 부분을 바운딩 볼륨이라 하고, 여기서는 광선 추적법을 사용하여 그림을 그린다. 데이터는 계층 구조로 되어 있고, 이것을 2차원적으로 생각해서 어떤 바운딩 볼륨으로부터 나온 광선이 어디로 들어가는지를 조사한다.

OCX OLE(object linking and embedding)에 의해 작성된 사용자 정의 컨트롤 기능으로 프로그램 확장자를 OCX에 대응한 애플리케이션에서 호출할 수 있다. OLE의 명칭이 ActiveX로 변경되면서 ActiveX 컨트롤이 정식 명칭이 되었다. 사용자 정의 컨트롤은 제3자 벤더와 사용자가 독자적으로 만든 윈도용 프로그램 부품의 총칭이다. 스크롤 바와 같은 단순한 것에서부터 스프레드시트와 철자 검사 프로그램, 웹 서버의 브라우저 등의 복잡한 기능을 갖춘 것까지 그 범위가 다양하다.

ODA **사무 문서 구조** office document architecture의 약어.

ODA/ODIF office document architecture/office document interchange format의 약어. ISO가 표준화하고 있는 이기종 사이에서 멀티미디어 문서를 교환하기 위한 표준 사양. MOTIS(전자 우편)나 FTAM(파일 전송)과 조합하여 이미지를 포함한 문서 교환이 가능하게 된다.

ODBC **개방 데이터 베이스 접촉** open data base connectivity의 약어. 다른 데이터 베이스 시스템에 접근하기 위한 표준으로서, 각종 개발 툴이 서로 다른 데이터 베이스 시스템들에 접속하기 위한 API (application programming interface)를 의미하며, 서로 다른 기종 간의 데이터 베이스를 액세스할 수 있는 개방된 연결성을 보장하는 구조. 소프트웨어 개발자가 ODBC를 사용하여 제작된 데이터 베이스 응용 프로그램을 사용하게 되면, 데이터 베이스의 제품이 달라도 응용 프로그램과 데이터 베이스 간에 데이터 취급이 가능하다. 또한 소프트웨어 개발자는 데이터 베이스의 종류에 따라 다른 프로그램을 작성하던 방식에서 벗어나 하나의 ODBC 방식으로만 프로그램을 작성하기 때문에 ODBC를 지원하는 어떤 데이터 베이스와도 접속이 가능하여 개발 기간을 단축시켜 생산성을 향상시킬 수 있다.

odd[ɑ́(:)d] *a*. **기수의** 2로 나누어서 1이 남는 수. 즉, 홀수. 짝수는 even.

odd check[-tʃék] **기수 검사**

odd element[-éləmənt] **홀수 패리티 소자**

odd even check [-í:vən tʃék] **홀짝 검사** 데이터 전송(data transmission)시의 오류(error)를 발견하기 위해서 워드(word) 또는 캐릭터(character)마다 패리티 비트를 추가하고, 수신 데이터를 체크하는 것. 패리티 검사(parity check)와 동의어이다. 이것은 사전에 한 단위의 데이터 "1"의 비트의 개수가 짝수인지 홀수인지를 결정해두고 송신시에 그 규칙에 맞도록 패리티 비트를 붙이고 수신시에 그것을 확인하여 데이터의 정확도를 검사하는 검사로, 특히 "1"의 개수가 홀수인 패리티 검사를 홀수 패리티 검사(add parity check), 짝수인 것을 짝수 패리티 검사(even parity check)라 한다. 이 방법에서는 대다수의 "1"비트 등 홀수 개의 오류를 즉시 발견할 수 있다는 이점이 있지만 만일 한 번에 두 개 이상의 짝수 개 비트의 오류가 일어난 경우에는 그것을 발견할 수 없는 결점이 있다.

odd function[-fʌ́ŋkʃən] **홀수 함수** (1) 입력 신호에서 0의 개수가 홀수인 경우에 출력 신호가 1이 되는 함수. (2) $f(-x)=-f(x)$인 함수.

odd parity[-pǽriti(:)] **홀수 패리티** 패리티 검사에서 그룹에 있는 0 또는 1로 세트된 비트의 총수가 홀수인 것. 정보를 나타내는 1비트 외에 여분으로 한 비트를 부가해서 이 가운데서 0 또는 1로 세트된 비트의 수가 항상 홀수 개가 되게 하여 에러 검출을 가능하게 하는 것.

odd parity check[-tʃék] **홀수 패리티 검사** 2진수 배열에서 1인 비트의 개수가 홀수인지를 알아보는 검사.

odd positive acknowlege[-pɑ́zitiv əknɑ́lidʒ] **홀수 배정 응답 문자**

odd servo signal[-sə́:rvou sígnəl] **홀수 서보 신호**

odd servo track[-trǽk] **홀수 서보 트랙**

ODI open data-link interface의 약어. 미국 노벨 사의 네트워크층 프로토콜과 데이터 링크층 사이의 인터페이스. NIC에 내장되어 있다. ⇨ NIC

ODP (1) **개방 데이터 경로** open data path의 약어. (2) **오버드라이브 프로세서** ⇨ OverDrive Processor

ODT 오브젝트 정의 테이블 object definition table의 약어.

OEA 조작원 오류 분석 operator error analysis의 약어.

OEM 주문자 상표 부착 original equipment manufacturer의 약어. 상대편 상품 브랜드에 의한 생산이나 다른 제조 업체에 의해 판매되는 기기를 제조하는 기업. 브랜드는 판매 업체의 물건에 붙여져 그 기업의 상품으로 하기 위해서 컴퓨터나 주변 장치를 대량으로 구입해서 이것을 시스템이나 구성품으로서 사용하여 고객에게 판매하는 것이 최근에는 보편화되었다.

OEM cash drawer attachment **OEM 캐시 드로어 접속 기구**

OEM supplier **OEM 제조업자**

oersted(video tape)[ə́:rsted(vídiòu téip)] **에르스텟(비디오 테이프)** 비디오 테이프의 성능을 나타내는 자력 단위로 에르스텟이 높을수록 테이프로부터의 신호 수준도 높다. 철을 함유하는 테이프는 300에르스텟의 범위에서 크롬 테이프는 약 500에르스텟 범위에서 작동한다.

OFDM 직교 주파수 분할 다중 orthogonal frequency division multiplex의 약어. 대역폭당 전송 속도의 향상과 멀티패스 간섭을 방지하는 두 가지 양립을 겨냥한 디지털 변조 방식. 1995년 9월부터 영국과 스웨덴에서 실용 방송이 시작되었다. 지상파(VHF/UHF 대)를 이용한 차세대 TV 방송을 위한 유럽의 DAB(digital audio broadcasting)가 표준 방식이며 일본도 채택하였다. OFDM은 수백 개의 반송파(서브캐리어)를 사용하는 다반송파 변조 방식이 특징이지만, QAM과 VSB는 단일 반송파이다. 각 반송파의 디지털 변조는 역 FFT(고속 푸리에 변환)에 의해 주파수 영역에서 시간 영역으로 변환하는 것으로 실행된다. 즉, 역 FFT의 점수는 반송파의 수와 동일하다. 이를 위해 FFT의 처리 성능이 반송파의 수를 결정한다.

off[ɔ́(:)f] *ad. n.* **끄기** 스위치나 이와 같은 장치를 개방 또는 논리적으로 0으로 하는 조건을 말하여 「on」과 대비된다.

offhook[ɔ́(:)fhù:k] *n.* **오프훅** 일반적으로 전화기가 작동 상태에 있는 것인데, 의미를 확장하여 데이터 통신에 변복조 장치가 자동으로 교환 시스템에 응답할 수 있는 상태에 있는 것.

office[ɔ́(:)fis] *n.* **오피스**

office analysis[-ənǽlisis] **사무 분석** 사무 분석에 의해서 문제점이 발견되고 개선안이 입안된다. 이를 위한 사무 분석 기법으로는 조직에 관한 분석(조직도, 업무 분장, 직무 기술서의 작성), 장표의 흐름에 관한 분석(사무 공정 분석, 흐름도의 작성), 기타 동작 작업의 분석, 직무 분담의 분석, 사무량 측정, 사무실 배치의 분석 등이 있다. 즉, 사무의 제도, 조직, 작업 등을 개선하여 합리화하는 것을 목적으로 하여 그 현상이나 실체를 조달하고 분석하는 것. 최근에는 단지 사무의 개선, 합리화뿐만 아니라 경영에서의 업무 처리나 사무 시스템, 나아가서 정보 시스템의 향상, 확립을 지향하여 사무 분석과 더불어 시스템 분석이 보급되어 일반화되어 가고 있다.

office automation[-ɔ̀:təméiʃən] **OA, 사무 자동화** 소형 컴퓨터, 워드 프로세서, 팩시밀리 같은 기기로 사무실에서의 작업을 자동화하는 것. 최근에는 이런 기기 외에 복사기, 전화기 등 많은 사무용 기기까지를 포함하고, 규모가 큰 곳에서는 이것을 네트워크화해서 종합적인 자동화 시스템으로 하는 방향으로 나아가고 있다.

office channel unit[–tʃǽnəl júːnit] OCU, **사무실 회선 종단 장치** 디지털 데이터 회선망에서 가입자의 비동기 데이터를 표본화하고 데이터 속도를 변환하여 전송하는데, 국측에서 데이터 단말에 접속된 댁내(宅內) 회선 장치와 대응하여 가입자 선을 종단하고 회선망의 다중화 장치에 접속하는 장치를 말한다.

office computer[–kəmpjúːtər] **사무실용 컴퓨터** 워드 프로세서와 같은 사무용 컴퓨터 시스템을 의미한다. 보통 사무실에 놓고 담당자가 아니라도 손쉽게 사용할 수 있는 것을 말한다. 사무실용 책상 정도로 컴팩트하게 되어 있고 특별한 전원과 공조(空調) 장치를 필요로 하지 않는 것이 일반적이다.

office copier[–kápiər] **사무용 복사기** 중앙식 복사기와 분산식 또는 컨비니언스 복사기로 크게 나눌 수 있다. 중앙식 복사기는 항상 조작원을 필요로 하여 조직체의 일반 직원들의 복사기 사용이 통제되는데, 주로 고속 복사기들(1분에 60매 이상)이 이 경우에 해당된다. 분산식 또는 컨비니언스 복사기란 조작원을 전혀 필요로 하지 않는 복사기를 지칭하며, 1분에 40매 미만을 복사하는 탁상 복사기들이 주로 이 경우에 속한다.

office document architecture[–dákjumənt áːrkitèktʃər] ODA, **사무 문서 체계**

office improvement[–imprúːvmənt] **사무 개선** 일반적으로 기업이나 조직체를 둘러싸는 외부 환경이나 내부 조건의 변화에 대응하여 사무의 입지를 항상 체크하고 필요에 따라서 현상에 적합하게 하거나 좀더 효율적인 사무 제도, 사무 작업, 사무 절차로 변혁하는 것 등을 나타낸다.

office information system[–ìnfərméiʃən sístəm] OIS, **사무 정보 시스템** 기업 운영 측면에서 필요한 각종 정보들의 처리를 위한 시스템으로, 사무실에서의 문서 작성과 처리에 필요한 정보 시스템을 말한다.

office management[–mǽnidʒmənt] **사무 관리** 사무실의 사무적 활동을 대상으로 한 기능적 작업 관리와 같은 과학적 관리. 더 넓게는 경영 관리 전체를 가리키기도 한다.

office space[–spéis] **사무실 공간** 사무 활동을 하기 위한 행동 공간으로서 사무실의 공간적인 배치나 직무 수행 방식과의 관련성을 포함한 사무실의 구조를 말한다. 즉, 언어, 조직 모두 OA를 구성하는 요소의 하나이다.

office work measurement[–wə́ːrk méʒər-mənt] **사무량 측정법** 사무 분석 중에서 조직 분석의 계열에 있는 것으로서 사무의 낭비나 무리를 제외하고 합리화를 도모할 때 사용되는 방법이다. 또한 이것은 각 기업이 매일 사용하고 있는 장표류(帳票類)의 취급 처리 건수나 매수, 그것에 기재되어 있는 자릿수, 자수의 총량과 처리 시간 등을 대상으로 한다.

office workstation[–wə́ːrkstèiʃən] OWS, **사무실 워크스테이션** 사무실의 컴퓨터화 및 자동화를 통하여 그 사무 효율을 진전시키기 위해 퍼스널 컴퓨터와 워드 프로세서 기능을 합친 시스템. 최근에는 복합화된 다기능 OWS 및 LAN으로 상호 결합을 통하여 OWS는 시스템의 어떤 컴퓨터와도 접속될 수 있고 여러 가지 서비스를 자유롭게 사용할 수 있다. 또한 문장, 에디터, 표, 그래프, 장부, 도형, 영상이나 음성과 같은 기본적인 정보 형태의 복합 정보를 OWS로부터 자유롭게 생성, 편집, 가공, 축적, 검색 및 이동이 가능하다.

Office XP **오피스 XP** 2001년 6월에 출시된 오피스의 새 버전. 오피스 XP는 스마트 태그, 작업 창, 음성 합성 기능 등 여러 가지 새로운 기능이 추가되어 사무실에서 개인만의 사무 처리뿐만 아니라 여러 사람이 편리하게 공조할 수 있도록 만들어졌다.

offline[ɔ́(ː)flàin] *a.* **오프라인** 비직결. (1) 온라인(online)과 대비된다. 컴퓨터의 입출력이 될 수 있는 정보가 발생원에서 컴퓨터로 직결되지 않고 직접적 제어 하에 있지 않은 중간적인 매체에 기록되어 일단 잘라져서 처리되는 것. (2) 시스템의 제어 하에 있지 않는 컴퓨터의 오프라인 제어 하에서의 기능 단위의 조작에 관한 용어.

offline algorithm[–ǽlgəriðm] **오프라인 알고리즘** 입력 데이터가 한 번에 다 주어지는 문제에 대한 알고리즘.

offline batch processing[–bǽtʃ prásesiŋ] **오프라인 일괄 처리** (1) 중앙 처리 장치를 움직이지 않고 입출력 장치만을 도입시켜 사용하는 것. (2) 컴퓨터의 연산 처리 전이나 후에 컴퓨터 본체 자체의 효율 처리상 오프라인의 별개의 장치, 구성에 의해서 입력 매체의 작성이나 인서 등을 하는 것.

offline control[–kəntróul] **오프라인 제어**

offline equipment[–ikwípmənt] **오프라인 장비** 컴퓨터의 CPU와 직접적으로 통신할 수 있는 주변 장치.

offline feature[–fíːtʃər] **오프라인 기구**

offline field total[–fíːld tóutəl] **오프라인 필드 합계**

offline indicator[–índikèitər] **오프라인 지시기**

offline information[–ìnfərméiʃən] **오프라인 정보**

offline meeting[–míːtiŋ] **오프라인 미팅** PC 통신이나 인터넷의 게시판, 채팅을 통해 서로 알게 된 사람들이 실제로 만나는 장소.

offline memory[–mémәri(ː)] **오프라인 기억 장치** CPU의 제어를 직접 받지 않는 기억 장치.

offline method[–méθәd] **오프라인 방식** 오프라인에 따른 정보 전송 처리 방식.

offline mode[–móud] **오프라인 방식** 기기들이 중앙 처리 장치와 연결되어 있지 않은 상태의 컴퓨터 동작 방식.

offline newsreader[–njúːsriːdәr] **오프라인 뉴스리더** 구독하고 있는 뉴스그룹의 읽지 않은 기사를 다운로드하고 일단 네트워크 접속을 끊은 후, 뉴스그룹을 판독 기록하며, 필요시에 다시 접속하여 투고를 하는 프로그램. 뉴스를 조작하고 있는 시간 동안은 접속 요금이 부과되므로 전화 요금 절약을 위해 필요하다.

offline operation[–àpәréiʃәn] **오프라인 작동** 컴퓨터 본체와 입출력 장치를 시간적으로 독립시켜 동작하기 위해서 하나의 출력을 일단 적당한 기억 매체로 옮기고 나중에 이 기억 매체의 내용을 다른 쪽 장치의 입력으로 동작시키는 것.

offline output[–áutpùt] **오프라인 출력** 컴퓨터 시스템에 직접 연결되지 않은 장치에 의하여 생성되는 간접 출력도 이 부류에 속한다. 즉, 컴퓨터 시스템으로부터 오프라인 장치에 의해서 얻어지는 출력.

offline printing[–príntiŋ] **오프라인 인쇄** 컴퓨터 출력 방식의 한 가지로서, 주컴퓨터에서 생성된 데이터를 고속의 다른 보조 기억 장치에 기록해 두었다가 직접 프린트로 출력하는 방법. 주컴퓨터의 중앙 처리 장치의 효율을 높이고 대량의 프린트 작업으로 전체 컴퓨터가 입출력 바운드(I/O bound) 되지 않게 하기 위한 방법으로 활용되며, 대량의 보고서 작성이나 많은 부수를 반복해서 만드는 경우에 주로 이용된다.

offline process[–prásès] **오프라인 처리** 데이터를 일정 시간 또는 일정량이 될 때까지 모아놓고 한 번에 처리하는 방식.

offline processing[–prásesiŋ] **오프라인 처리** CPU 제어 하의 입력 장치에서 직접 데이터가 입력되는 것이 아니라, 일단 사람의 손에 옮겨졌다가 그 후에 기억 장치에 데이터가 입력되는 처리. 또 단지 일괄 처리를 가리킬 때도 있다. 또 정보가 오프라인으로 처리되는 것으로, 일반적으로 각 곳에 분산되어 있는 정보의 발생점으로부터 사람 손 또는 회선으로 컴퓨터실에 정보가 모아져 카드 등으로 컴퓨터에 입력되어 처리된다.

offline remote batch[–rimóut bǽtʃ] **오프라인 원격 일괄 처리** 온라인 시스템에서는 데이터가 어떤 형태의 통신 장비를 통하여 바로 주컴퓨터로 입력되는데, 대부분의 대규모 처리기에 연결된 영구 배선 통신 장비에는 몇 가지 제약이 있어서 그것들을 전위 처리기라고 하는 통신 사전 처리기로 대치하는 경향이 있다. 원시 데이터는 천공된 카드나 자기 테이프 형태 등으로 만들어지고 이렇게 형성된 입력 데이터를 컴퓨터가 복사하여 전송하는 데이터 처리 형태를 말한다.

offline scan[–skǽn] **오프라인 주사**

offline state[–stéit] **오프라인 상태** 어떤 설비, 장치 또는 처리가 오프라인으로 되어 있는 상태.

offline storage[–stɔ́ːridʒ] **오프라인 기억 장치** 라이브러리에 보관되어 있는 자기 테이프 등.

offline system[–sístәm] **오프라인 시스템** 단말 장치와 컴퓨터가 통신 회선으로 직결되어 있지 않은 방식. 즉, 단말로부터의 데이터를 일단 종이 테이프 등에 수신하고 따로 이들의 데이터를 일괄하여 컴퓨터에서 처리하고 그 결과를 이 테이프 등에 출력하여 별도로 일괄하여 단말측에 송신하는 시스템.

offline unit[–júːnit] **오프라인 장치** CPU의 직접적인 제어를 받지 않는 입출력 장치나 보조 장치.

offline working[–wɔ́ːrkiŋ] **오프라인 동작, 오프라인 동작 상태**

off load[ɔ́(ː)f lóud] **분담** 작업을 다른 곳이나 다른 컴퓨터에 전가하는 것.

off loading theorem[–lóudiŋ θíәrәm] **분담 정리** 분담되어야 할 작업의 양이 분담하는 데 소요되는 작업의 양보다 커야 분담이 비용에 비해 효과적이라는 정리.

off premise[–prémis] **오프 장비** 장비를 보완하기 위한 예비 장비로 보통 다른 장소에 있는 중복된 컴퓨터들의 집합. 주장비의 고장이 완수되어야 할 작업의 시급성에 결정적인 영향을 미치는 환경에서의 작업 수행을 위하여 유용하다.

off punch[–pʌ́ntʃ] **오프 천공, 이상 천공** 정보를 천공 카드에 옮길 때 천공 위치가 잘못된 것.

offset[ɔ́(ː)fsèt] *n.* **오프셋** 변위. (1) 영역 내에 갈라진 분리된 기저 변수(based variable)의 세대(generation)를 식별하는 것. 포인터(pointer)와는 다르며 오프셋과 세대의 대응은 일대n(≧1)이다. (2) 지정된 선두에서의 상대 주소(relative address), (3) 프로세스 제어계(process control system)의 과도응답(transient response)에 있어서 충분한 시간이 경과하여 정상 상태(steady state)가 되었을 때의 목표값과 실측값의 차이, (4) 선형 증폭기(liner amplifier) 등에서 출력 전압(output voltage)을 제로로 하기 위해 필요한 입력 전압 또는 입력 전류(input current).

offset current[–kə́:rənt] **오프셋 전류** 입력 신호 부재인 0 출력을 확인하기 위해 증폭 장치 입력에 주입되는 보정 직류.

offset data[–déitə] **오프셋 데이터**

offset expression[–ikspréʃən] **오프셋식**

offset gang punch[–gǽŋ pʌ́ntʃ] **오프셋 집단 천공**

offset parameter[–pərǽmətər] **오프셋 파라미터**

offset qualification[–kwɑ̀lifikéiʃən] **오프셋 수식**

offset qualifier[–kwɑ́lifɑ̀iər] **오프셋 수식자**

offset reproducing[–rì:prədjú:siŋ] **오프셋 복사 천공**

offset stack[–stǽk] **오프셋 스택**

offset stacker[–stǽkər] **오프셋 적재기** 카드들을 실제적으로 식별될 수 있게 선택적으로 쌓을 수 있는 카드 적재기.

offset variable[–vɛ́(:)riəbl] **오프셋 변수** 오프셋 변수는 구역 변수로 배타적으로 사용되는 포인터의 특수형으로서 기저 변수는 상대적인 위치에서 식별되므로 주기억 영역의 다른 부분에 구역 변수가 할당되면 그 오프셋 값은 무효가 된다. 즉, 이것은 PL/I의 OFFSET 속성을 갖는 로케이터 변수이며, 어느 구역의 처음부터의 상대적인 위치를 나타낸다.

offset voltage[–vóultidʒ] **오프셋 전압**

offspring process[ɔ́(:)fspriŋ prɑ́ses] **자식 프로세스** 프로그램의 실행 과정에서 어떤 프로세스가 만들어낸 또 다른 프로세스. 이때 원래의 프로세스를 부모 프로세스라고 한다. MS-DOS에서는 싱글 태스크, 싱글 프로세스가 원칙이므로 한 번에 하나의 태스크(프로세스)밖에 실행할 수 없지만, 실제로는 작동한 프로그램 안에서 또 하나의 프로그램을 작동할 수 있는 기능이 있다. 이것을 자식 프로세스라고 하며, 작동중인 프로그램에서 이미 상당한 메모리가 사용되고 있기 때문에 일반적으로 극히 적은 프로그램밖에 작동하지 않는다.

off-the-shelf[ɔ́(:)f ðə ʃélf] **선반 재고** (1) 새로이 구입하거나 당장 만들 필요가 없는 제품. (2) 별다른 수정 없이 사용할 수 있어서 고객 자신이 개발해야 하는 시간과 비용을 줄여주는 컴퓨터 소프트웨어나 장비에 관한 것.

off time[–tɑ́im] **비작동 시간** 작업이 수행되지 않을 때의 시간을 말하며, 기계가 쓰이지 않거나 쓰일 의도가 없을 때의 시간.

OFT 광섬유관 optical fiber tube의 약어.

ogive[óudʒɑiv] *n.* **누적 도수 분포 곡선** 누적 도수 분포의 결과를 그래프로 나타낸 것. 작도하는 방법은 도수 분포 곡선의 경우와 마찬가지이나 y축에는 도수 대신에 누적 도수가 위치하게 되며 x축에서 변량은 급중앙값이 아니라 급하한선을 연결한다. 그 한 예로는 로렌츠(Lorenz) 곡선이 있다.

OGT 출력 트렁크 outing trunk의 약어. 통신 회선의 감시, 보수, 신호의 중단 등의 기능을 가지며 출력 회선의 출구에 설치되어 있는 장치.

OH off hook의 약어. 전화선이 통신할 준비 상태라는 것을 알려주는 모뎀 지시등. ⇨ AA, CD, HS, MR, RD, SD, TR

ohmic contact[óumik kɑ́ntækt] **옴 접촉** 특별히 정공이나 전자를 주입하거나 수집하는 특성이 없이 정공과 전자 양 캐리어를 완전히 출입시키는 접촉.

OHP panel **OHP 패널** overhead projector panel의 약어. 패널은 OHP로 비추기 위한 스크린을 가리킨다. 여기서는 PC의 양면을 그대로 스크린에 비춰내기 위한 장치를 말하고, 교육이나 프레젠테이션용 등에 이용된다.

OIC Oh, I See의 약어. "이제 이해했습니다"의 뜻.

Okidata 오키데이터 사 프린터 등 주변 기기를 생산하는 일본 오키 전기 회사의 자회사.

OKITAC 오키택 컴퓨터명으로서, 오키 전기 공업(주)이 생산 판매한다.

OLAP online analytical processing의 약어. 정보 위주의 분석 처리를 의미하며, 다양한 비즈니스 관점에서 쉽고 빠르게 다차원적인 데이터에 접근하여 의사 결정에 활용할 수 있는 정보를 얻을 수 있게 해주는 기술. OLTP에서 처리된 트랜잭션 데이터를 분석해 제품의 판매 추이, 구매 성향 파악, 재무 회계 분석 등을 프로세싱하는 것을 의미한다. OLTP가 데이터 갱신 위주라면, OLAP는 데이터 조회 위주라고 할 수 있다. ⇨ OLTP

old[óuld] *a.* **낡은, 구식인, 오래된** 현재(current)의 것에 대하여 「낡은」, 「구식인」 것을 형용한다. 예를 들면 신규로 만든 파일이나 갱신된 파일에 대하여 기존의 파일을 말할 경우가 있는데, 이것을 올드 마스터 파일(old master file), 올드 마스터 테이프(old master tape)라고 한다.

oldbie 고참 인터넷을 오래 사용한 사용자로서, 초보자(newbie)와 차별화하기 위해 만든 신조어.

old machine translation paradigm[–məʃí:n trænsléiʃən pǽrədɑ̀im] **구형 기계 번역 범례** 원시 언어의 문장이 두 언어의 문법적 구조 모델을

통해 곧바로 대응되는 목적 언어의 문장으로 변환되는 최초의 기계 번역 프로그램을 위한 원시 언어.

old master disc [–má:stər dísk] **올드 마스터 디스크**

old master file [–fáil] **올드 마스터 파일**

old master tape [–téip] **올드 마스터 테이프**

old program status word [–próugræm stéitəs wə̀:rd] **old PSW, 구 PSW, 구 프로그램 상태어** 인터럽트가 발생했을 때 특정의 영역에 퇴피시킨 인터럽트 발생시의 상태 정보나 인터럽트 코드를 나타내기 위한 일련의 데이터.

old PSW 구 프로그램 상태어 old program status word의 약어. ⇨ old program status word

OLE object linking and embedding의 약어. 마이크로소프트 사는 DDE를 보다 강력한 애플리케이션 통합 수단인 OLE로 대체했다. DDE는 다양한 애플리케이션, 혹은 시스템 안에서 복사된 데이터 사이에 「라이브 링크(live link)」를 쓰지만 DDE 사용 애플리케이션은 제대로 작동하기 위해서 데이터 포맷에 관한 모든 정보를 담고 있어야 한다. OLE의 경우 OLE용 애플리케이션에서 작업하기 위해 각각의 객체가 포맷과 애플리케이션 만드는 것에 대한 충분한 정보를 담고 있어서 다양한 애플리케이션 안에서 복사된다. 예를 들어, 워드프로세서에서 OLE 이미지를 클릭하면 그림을 그릴 수 있게 하는 애플리케이션이 작동된다. OLE 2.0은 OLE보다 더 우수한 편집 기능을 가진다. OLE 객체가 활성화되었을 때 완전히 새로운 애플리케이션을 작동시키는 것보다 도구 상자나 메뉴를 이용하는 것이 간단하다. ⇨ DDE

OLFO control 개방 루프 피드백 최적 제어 open loop feedback optimal control의 약어.

OLFP method 개방 루프 피드백 최적법 open loop feedback optimal method의 약어.

OLIT OPEN LOOK intrinsic toolkit의 약어. OPEN LOOK용의 애플리케이션을 개발하기 위한 툴로 구체적으로는 OPEN LOOK의 look & feel을 실현하기 위한 widget의 집합. X Window 시스템의 Xt(X toolkit intrinsics)를 기초로 만들어졌기 때문에 X Window system 상에서 사용할 수가 있다. ⇨ X Window system

OLTEP 온라인 테스트 실시 프로그램 online test executive program의 약어.

OLTP on-line transaction processing의 약어. 호스트 컴퓨터와 온라인으로 접속된 여러 단말 간의 처리 형태의 하나. 여러 단말에서 보내온 메시지에 따라 호스트 컴퓨터가 데이터 베이스를 액세스하고, 바로 처리 결과를 돌려보내는 형태를 말한다. 데이터 베이스의 데이터를 수시로 갱신하는 프로세싱을 의미한다. 주문 입력 시스템, 재고 관리 시스템 등 현업의 거의 모든 업무는 이 같은 성격을 띠고 있다. 현재 시점의 데이터만을 DB가 관리한다는 개념이며, 이미 발생된 트랜잭션에 대해서는 데이터값이 과거의 데이터로 다른 디스크나 테이프 등에 보관될 수 있다. ⇨ transaction, OLAP

OLTS 온라인 테스트 시스템 online test system의 약어.

OMF object management facility의 약어. NewWave의 객체 관리 기술로, 응용 프로그램이 생성한 데이터를 결합하고 관리한다. 이 데이터에는 멀티미디어 데이터도 포함된다. ⇨ OMG, NewWave

OMG object management group의 약어. 소프트웨어 판매업자, 개발자, 이용자들의 컨소시엄인 OMG는 소프트웨어 애플리케이션에서 객체 중심 기술 사용 진흥을 목적으로 1989년에 만들어졌다. 이 단체는 CORBA 소프트웨어 호환 표준을 운영한다. ⇨ 그림 참조 ⇨ CORBAm

omission factor [oumíʃən fǽktər] **제외율** 정보 검색 시스템의 효율을 판단하는 파라미터의 하나. 어느 질문에 대해서 검색되어야 하는 정보가 T건 있을 때, 실제로 올바로 검색된 것이 그 중의 P건이었을 때(즉, $T-P$건은 검색되어야 하는 것에서 탈락되어 버렸다) $(T-P)/T$를 제외율이라고 한다. 제외율＝1－재현율이다. Perry와 Kent에 의한 정의이다.

OMNINET 옴니넷 근거리 지역 네트워크(LAN)의 일종. 미국의 코바스 시스템즈 사가 개발한 퍼스널 컴퓨터를 대상으로 하는 근거리 지역 네트워크. 데이터 전송 속도 1메가비트/초, 액세스 방식으로서 CSMA 방식을 채용하고 있다.

OMR 광학 표시 판독기 optical mark reader의 약어. 광학 마크 용지에 기록된 데이터를 광학적으로 읽어내는 장치. 용지의 규격은 다양하나 3″×3″, 9″×12″가 많이 쓰인다.

OMR card 광학 표시 판독 카드 광학적인 방법으로 특정한 자료를 읽는 카드.

on [án] **온** 전기 신호가 도체 상태로 되어 있는 것.

ONA 개방 네트워크 아키텍처 open network architecture의 약어. 통신망을 보유한 공중 통신 사업자가 그 통신망을 이용하여 부가 통신 사업을 벌이고, 고도 통신 사업가들의 공정한 경쟁을 위해 통신망의 임차 조건에 공정성을 부여하는 제도로 공정거래법과 같은 개념이다. 따라서 공중 통신 사업자 자신이 부가 통신 사업을 할 경우에도 ONA를 적용받게 되며 특정 고도 통신 사업자에게만 유리하게 통신망을 제공할 수 없다. ONA의 도입은 시장 확대

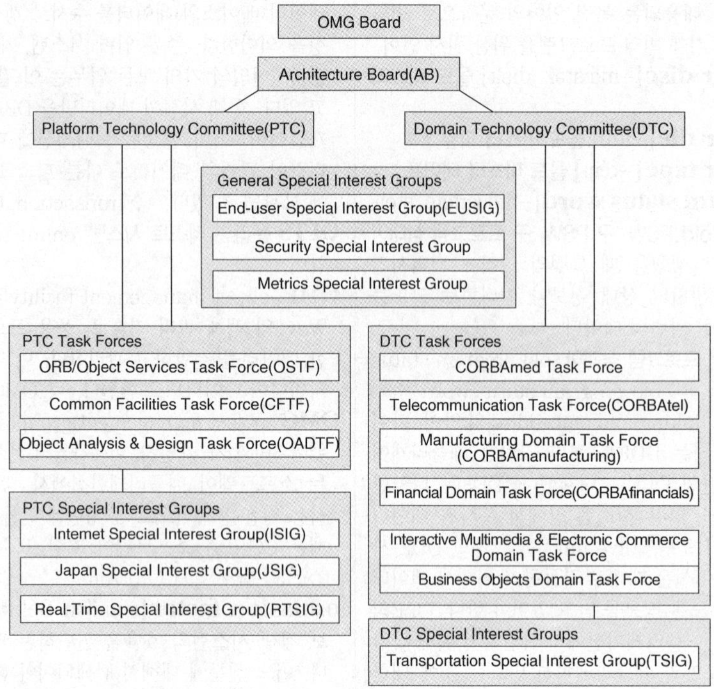

〈OMG의 구조도〉

와 함께 새로운 서비스 개발을 활성화한다는 데 그 목적이 있다.

on board[án bɔ́:rd] **온보드** 내장 주기판 등에 칩이나 메모리가 배치되어 있는 것.

on-board computer[–kəmpjú:tər] **내장 컴퓨터** 자동차 등 다른 설비나 기계에 내장되어 있는 컴퓨터.

on-board regulation[–règjuléiʃən] **판상 조정** 전체 시스템을 위한 큰 전원 대신에 각 회로판마다 작은 정전압기를 두는 방법. 시스템을 점차적으로 확장할 수 있고 전기적 잡음이 많은 회로를 격리시킬 수 있으며, 전원에서 잡음이 들려오지 않는다는 장점이 있는 대신에 다수의 정전압기가 필요하고 기판에 열이 발생할 염려가 있다.

on-call maintenance[–kɔ́:l méintənəns] **온콜 보수**

on-chip[–tʃíp] **온 칩** 마이크로프로세서 등에서 필요한 기능이 그 IC 칩에 함께 내장되는 것. 예를 들면 기억 장치 관리 유닛(MMU)이나 부동 소수점 처리기 유닛(FPU) 등이 마이크로프로세서 안에 내장될 수 있다.

on-chip cache[–kǽʃ] **칩 내장 캐시** 캐시 기억 장치를 마이크로프로세서 칩 안에 내장시킨 것. 이렇게 하면 외부 캐시 회로가 필요 없고 속도가 빨라지는 장점이 있다. 그러나 칩 안에 두기 때문에 크기가 보통 1kB 이하로 한정된다.

on-chip control logic[–kəntróul lɑ́dʒik] **칩 제어 논리** 마이크로프로세서 칩에 내장되어 있는 논리 회로로, 명령어를 해독하고 기억 장치 및 시스템 제어기가 주관하는 입출력 작동의 협조를 받아 명령의 실행을 주관한다.

ON-code[–kóud] **온 코드**

on-condition[–kəndíʃən] **온 조건** on 조건이란 ON 문을 사용하여 프로그램 내에 지정할 수 있는 예외 조건이다. 인터럽트 가능한 조건의 경우 그 조건이 되면 인터럽트가 발생한다. 인터럽트가 발생하면 그 조건이 되었을 때 취해야 할 지정된 조치가 실행된다. 프로그램 인터럽트를 일으킬 수 있는 조건이다.

on-demand[–dimǽ:nd] **요구불**

on-demand fetch[–fétʃ] **요구불 반입** 가상 기억 장치에서 필요한 페이지를 그 페이지가 사용될 때 디스크에서 가져오는 방식. 이에 비해서 사용될 것으로 생각되는 페이지를 예측하여 미리 가져오는 방식을 예상 반입(anticipatory fetch)이라고 한다.

on-demand system[–sístəm] **즉시 회답 시스**

템 요구 응답 시스템이라고 하며, 사용자의 요구가 있으면 그 즉시 정보 또는 서비스를 제공하는 시스템을 말한다.

ONE 개방형 네트워크 환경 open network environment의 약어. 전문적인 개발 기술을 요하는 웹 기술의 집합체. 선 마이크로시스템즈 사의 자바와 넷스케이프 사의 자바스크립트 언어인 라이브 와이어가 여기에 포함된다.

one[wʌ́n] *a. n.* **하나의, 1, 원, 단일의** 「하나의」, 「1」이라는 의미 또는 단일성을 나타내는 데 사용된다.

one-address[–ədrés] **1주소, 단일 주소**

one-address code[–kóud] **1주소 코드** 어셈블러 또는 기계어의 명령에서 어드레스부를 한 개 포함하는 것. 보통 이 어드레스는 데이터의 출처 또는 결과의 흐름을 지정한다. 또 분기 명령의 경우에는 다음의 명령이 흐름을 지정한다. 기종에 따라서 2~4 어드레스 방식이 있다. 명령 코드의 일종으로 주소를 한 개 포함하는 것으로, 통상 주소는 연산수의 주소 또는 결과의 행선을 지정한다. 점프 명령의 경우에는 다음 명령의 주소를 지정한다.

명령 코드 번호	연산 레지스터 번호	인덱스 레지스터 지정	간접 어드레스 지정	어드레스

〈1주소의 코드 명령〉

one-address code instruction[–instrʌ́kʃən] **단일 주소 명령**

one-address code system[–sístəm] **단일 주소 방식**

one-address computer[–kəmpjúːtər] **단일 주소 컴퓨터** 단일 주소를 피연산자로 하는 형태의 명령만을 갖는 컴퓨터.

one-address instruction[–instrʌ́kʃən] **단일 주소 명령어** 어드레스부(address part)를 한 개 포함하는 명령 형식. 이 어드레스는 오퍼랜드의 어드레스나 연산 결과의 행 앞에, 점프 명령(jump instruction)인 경우는 다음 명령의 어드레스를 나타낸다. 점프 명령어 이외의 경우는 이 명령어 뒤에는 그 다음의 어드레스 명령어가 인출되고 실행된다.

one-address one-instruction system[–sístəm] **1주소 1명령 방식**

one after another method[–ǽːftər ənʌ́ðər méθəd] **축차적 방법** 현행 시스템의 조사와 분석을 통하여 시스템 내외의 문제점들을 찾아내어 그 문제점을 해결하여 좀더 개선된 시스템으로 변환하는 방법.

one-ahead addressing[–əhé(ː)d ədrésiŋ] **단선행 번지 지정** 암시 어드레스 지정의 한 가지 방법이고 명령의 연산부가 최후에 실행된 명령의 오퍼랜드 장소와 연속된 곳에 있는 오퍼랜드를 암시적으로 어드레스하는 것.

one bit microprocessor[–bít màikrouprάsesər] **1비트 마이크로프로세서** 이것은 프로그램 가능한 논리 제어의 중심부를 LSI화한 것으로 프로그램 카운터 및 512×8비트 PROM 8개의 입출력 보드로 구성되어 있다. 1비트의 CMOS 마이크로컴퓨터(MC14500B)로, 모토롤라 사에 의해 발표되었다.

one board computer[–bɔ́ːrd kəmpjúːtər] **단일 기판 컴퓨터** 하나의 기판으로 제작되는 마이크로컴퓨터 또는 미니컴퓨터의 뜻. 단일 칩 CPU에 메모리를 부가한 것으로 이것에 다시 콘솔 패널을 붙여 상자에 넣어 전원을 조립한 것이 마이크로컴퓨터이다.

one board microcomputer[–màikroukəmpjúːtər] **단일 보드 마이크로컴퓨터** 완성품과 조립키트가 있으며, 공통 버스를 이용하여 개발용으로 사용되는 경우도 있는데, 하나의 기판 상에 CPU, 메모리, 주변 장치 제어용 LSI 등을 장치하고 전원만 넣으면 마이크로컴퓨터로서의 기능을 수행하도록 만들어진 것.

one-byte logical type[–báit lάdʒikəl táip] **1바이트 논리형**

one-chip[–tʃíp] **단일 칩** 싱글 칩이라고 불리고 있으며, 수 mm^2 정도의 실리콘 박편 한 장의 표면 또는 내부에 트랜지스터, 다이오드, 저항, 콘덴서 등을 집어넣은 것.

one-chip central processing unit [–séntrəl prάsesiŋ júːnit] **단일 칩 CPU**

one-chip computer[–kəmpjúːtər] **단일 칩 컴퓨터** 컴퓨터의 모든 요소들(RAM, ROM, CPU와 입출력 접속)이 하나의 칩으로 실행되는 컴퓨터.

one-chip CPU 원 칩 CPU, 단일 칩 중앙 처리 장치 대부분의 마이크로프로세서가 이 논리 구조를 갖는 것으로서 싱글 칩 CPU와 같다. 최근 기술이 발전된 LSI 기술을 이용하여 미니컴퓨터보다 간단한 컴퓨터의 CPU를 한 개의 반도체 칩에 제작한 것. LSI 기술 발전에 따라 앞으로는 그 기능이 더욱 향상될 것이다. 현재 발전 도상에 있다.

one-chip microcomputer[–màikroukəmpjúːtər] **단일 칩 마이크로컴퓨터** 하나의 Si 칩 위에 LSI나 VLSI 기술을 이용하여 구성한 마이크로컴퓨터. ⇨ one-chip computer

one-chip microprocessor[–màikrouprάsesər] **단일 칩 마이크로프로세서** 실리콘 칩 한 장 위에 마이크로프로세서의 모든 기능을 조립한 것.

이러한 한 장의 칩에 중앙 처리 장치(CPU)로서 필요한 「제어」, 「연산」 처리용 회로 등 모든 「논리」가 포함되어 있다.

one condition[–kəndíʃən] **단일 상태** 1의 값을 가지고 있는 자기 기억 소자의 상태.

one-core-per-bit storage[–kɔ́ːr pər bít stɔ́ːridʒ] **비트당 1자심 기억 장치** 각 기억 셀이 2진 문자당 한 개의 자심을 사용하는 기억 장치.

one-core-per-bit store[–stɔ́ːr] **비트당 1자심 기억 장치** ⇨ one-core-per-bit storage

one-dimensional[–diménʃənəl] **1차원, 1방향**

one-dimensional array[–əréi] **1차원 배열**

one-dimensional coding[–kóudiŋ] **1차원 부호화 방식**

one-dimensional parity check[–pǽriti(ː) tʃék] **1차원 패리티 검사 코드** 암호기는 각 코드 단어에서 1로 세트된 비트의 개수가 짝수 또는 홀수가 되도록 조정한다. 가장 간단한 형태의 패리티 검사 코드는 하나의 패리티 비트를 이용하여 코드 단어의 모든 정보 비트들을 검사하는 것으로, 이것을 1차원 패리티 검사 코드라고 한다. 따라서 짝수 패리티인 경우에는 각 정보 비트를 exclusive-OR 연산을 한 것이고, 홀수 패리티인 경우는 inverted exclusive-OR 연산을 한 것이다. 그리하여 전송 과정에서 홀수개의 비트 오류가 발생하면 해독기는 즉시 오류 발생을 검출하고 적절한 조치를 취한다.

one for one[–fər wʌ́n] **일대일** 어셈블리 루틴에서 한 개의 원시 언어 명령어가 한 개의 기계 명령어로 변환되는 데 사용되는 말이다.

one for one translation[–trænsléiʃən] **일대일 번역** 각 프로그래밍 언어의 명령어가 한 개의 기계 명령어에 대응되는 번역.

one-fourth squared type multiplier[–fɔ́ːrθ skwɛ́ərd táip mʌ́ltiplàiər] **1/4제곱 방식 곱셈기** 아날로그 컴퓨터 곱셈기 방식으로 두 수 x, y의 곱을

$$x \cdot y = \frac{1}{4}\left\{(x+y)^2 - (x-y)^2\right\}$$

에 의해 구하는 장치.

one gate[–géit] **단일 게이트**

one-level address[–lévəl ədrés] **1단계 주소** 오퍼랜드가 기억되어 있는 로케이션을 지정하는 어드레스 컴퓨터의 가장 일반적인 명령의 어드레스는 이 형식이다. 이에 대해서 0단계 주소(어드레스 파트가 오퍼랜드의 값을 나타냄), 다단계 주소(어드레스 파트가 지정하는 어드레스 내용이 실효 어드레스를 지정함)가 있다. 즉, 명령이나 데이터의 장소(location)를 나타내는 어드레스의 지정 방식에는 그 위치를 직접 나타내는 것과 간접적으로만 나타내는 경우가 있지만 기계 부호(machine code)의 번호를 붙인 쪽으로 직접 나타내는 어드레스이다. 절대어드레스(absolute address), 실어드레스(actual address), 직접 어드레스(direct address), 기계어 어드레스(machine address), 실어드레스(real address), 특유 어드레스(specific address)라고도 말한다.

[주] 오퍼랜드로서 취급되는 데이터 항목의 기억 장소를 지시하는 어드레스.

one-level code[–kóud] **단일 단계 코드** 호출된 피연산자를 찾을 수 있거나 기억되어 있는 정확한 위치를 나타내주는 절대 주소와 절대 연산 코드를 사용하는 코드.

one-level memory[–méməri(ː)] **단일 단계 기억 장치** 기억된 데이터를 같은 과정을 거쳐서 접근할 수 있는 기억 장치.

one-level storage[–stɔ́ːridʒ] **단일 단계 기억 장치** 기억 장치가 가지고 있는 물리적 특성에 관계없이 사용자로부터는 주기억 장치만이 존재하도록 취급하는 사고 방식. 롤인, 롤아웃 등의 기법에 따라 외부 기억 장치가 유효하게 움직이고 있는 경우 등은 사용자측에서 보면 주기억 장치 용량을 대폭 늘려 프로그램을 병행해서 움직이도록 하는 것이 가능하다.

one-level store[–stɔ́ːr] **단일 단계 기억** 주기억 장치와 파일을 단일의 매우 큰 어드레스 공간으로 구성하는 기억 영역 관리 수법의 하나. 컴퓨터 아키텍처에 있어서의 개념의 하나로, 계층적인 기억 구조가 있는 경우에 컴퓨터 시스템의 이용자가 각 계층의 기억 장치로의 접근 방법이나 기억 용량을 의식하지 않고 한 종류의 고속 대용량 기억 장치로 이용이 가능하게 되어 있는 상태를 말한다. 이것을 달성하기 위하여 운영 체제 중에서는 데이터 관리 기능이나 여러 가지 파일 편성 방법, 스왑 인/스왑 아웃에 의한 기억 영역 관리 기능이 준비되어 있다. 또 가상 기억 시스템도 이 개념을 실현하는 하나의 수단이다.

one-level subroutine[–sʌ́bruːtìːn] **단일 단계 서브루틴** 닫힌 서브루틴으로서 한 프로그램이나 서브루틴이 실행되는 동안에 그 프로그램이나 서브루틴을 사용할 수 없는 것.

one-out-of-ten code[–áut əv tén kóud] **10부터 1 코드**

one output[–áutpùt] **단일 출력** 읽거나 재조정하는 과정에 의하여 1상태에 있는 자기 코어 또는 메모리 소자로부터 얻을 수 있는 반응 전압.

one output signal[–sígnəl] **단일 출력 신호**

판독 펄스가 주어졌을 때 1상태에 있는 자기 기억 소자의 출력.

one-over one-address system[-óuvər wʌ́n ədrés sístəm] **1오버 1주소 체계** 이 주소 중의 하나는 데이터를 참조하는 데 쓰이며, 두 개의 주소를 사용하는 기계어 체제.

one pass[-pǽːs] **단일 패스** 원시 프로그램을 어셈블러나 컴파일러가 번역할 때 원시 프로그램을 한 번만 읽어들여 중간 파일을 거치지 않고 바로 목적 프로그램을 생성하는 것.

one-pass assembler[-əsémblər] **단일 패스 어셈블러** 원시 프로그램의 처리 과정에서 한 번만 읽어들이는 어셈블러.

one-pass compilation[-kɑ̀mpɑiléiʃən] **단일 패스 컴파일레이션** 컴파일러는 두 개의 패스로 구성될 수 있다. 패스 1은 프로그램 문장을 구조적 형태로 구분하고 해석하는 파싱(parsing) 과정이고, 패스 2는 프로그램의 각 문장을 매크로 호출로 변환하는 역할을 하며, 때로는 호출 대신 어셈블리 코드를 직접 생성하기도 한다. 이러한 2패스 과정을 하나의 패스로 합친 것을 말한다.

one-pass compiler[-kəmpɑ́ilər] **단일 패스 컴파일러** 컴파일러 설계 방법의 하나로 다중 패스 컴파일러에 비하여 구현하기가 쉽고 패스 간의 정보 전달이 필요 없기 때문에 오류 처리나 중간 언어에 대한 고려를 하지 않아도 된다. 그러나 다중 컴파일러에 비해서 최적화 과정이 취약하므로 생성되는 목적 코드의 질을 저하시켜 더 많은 기억 장소가 필요하게 되고 목적 코드에 대한 실행 속도가 떨어진다.

one-pass macro processor[-mǽkrou prɑ́sesər] **단일 패스 매크로 프로세서** 일반적인 2패스 프로세서의 패스 1(매크로 정의 인식)과 패스 2(매크로 호출 인식과 확장)의 기능을 하나의 패스에서 통합하여 처리하는 매크로 프로세서.

one-pass program[-próugræm] **단일 패스 프로그램**

one-persistent[-pərsístənt] **1퍼시스턴트** 전송로가 사용중인 경우에는 대기하다가 전송로가 비게 되면 곧장 신호를 보내는 방법. 만일 데이터의 충돌이 일어나게 되면 얼마 동안 기다렸다가 위의 과정을 되풀이하게 된다. 즉, CSMA/CD의 사용중 상태 검출시의 동작에 관한 한 가지 방법이다.

one-phase clocking[-féiz klɑ́kiŋ] **단일 위상 클록 방법** 하나의 클록을 써서 회로를 동기화시키는 방법.

one-plus-one address[-pʌ́ls wʌ́n ədrés] **1+1 주소** 명령어(instruction)가 두 개의 조작부(operation part)를 갖고 있는 어드레스 형식(address format). 어드레스의 하나는 오퍼랜드의 어드레스이고, 다른 하나는 특히 지정되지 않는 한 다음에 실행되는 명령어의 어드레스를 나타낸다. 그리고 이 1+1 어드레스의 명령어 형식(instruction format)을 1+1 어드레스 형식(one-plus-one address format) 또는 one-over-one address format이라고 한다.

one-plus-one address code[-kóud] **1+1 주소 코드**

one-plus-one address instruction [-instrʌ́kʃən] **1+1 주소 명령** 두 개의 어드레스부를 갖는 명령으로서 1+1 어드레스는 특별히 지정되지 않는 한 다음에 실행하는 명령의 어드레스를 가리킨다. 두 개의 어드레스를 가지며 그 중 하나는 오퍼랜드의 어드레스이고, 다른 한 개는 다음에 실행할 명령의 어드레스이다. 현대의 컴퓨터에서는 그다지 볼 수 없는 형식으로 하나는 오퍼랜드의 주소로, 다른 하나는 다음에 실행할 명령의 주소로 이 두 개의 주소를 갖는 명령 형식이다.

one-plus-one address system[-sístəm] **1+1 주소 시스템** 2 어드레스 방식 중 1 어드레스 방식과 동일 형식의 명령에 이어 다음에 실행되는 명령의 어드레스를 부가한 명령 방식. 호출 시간이 긴 기억 장치를 사용하는 컴퓨터에서 가급적 기억 장치에서의 호출 시간을 짧게 하고 계산 속도를 빠르게 하기 위하여 이 방식을 사용한다.

one's complement[wʌ́nz kɑ́mpləmənt] **1의 보수** 컴퓨터 내부에서 음의 수가 양의 수와 마찬가지로 계산될 수 있도록 표현하기 위해 고안된 것. 1의 보수란 각 자리를 1에서 빼어 나타낸 것이다. 예를 들면 네 자리의 수 0101이 있을 때, 이 수의 1의 보수는 1010이 된다. 이것은 단지 각 자리의 숫자를 역전(0이면 1로, 1이면 0으로)시킨 것과 같다. 음의 수를 나타내기 위해서는 양의 수에 더하여 0이 되어야 하므로 1의 보수로는 불충분하나, 이것에 1을 더한 수 1011은 0101을 더하면 10000이 되므로 음의 수로 취급할 수 있다. 이 1의 보수에 1을 더한 수를 2의 보수라 하는데, 이 수가 컴퓨터에서는 음의 수의 표현으로 채택되고 있다.

one-shot[wʌ́n ʃɑ́t] **단발의**

one-shot multivibrator[-mʌ́ltivɑ̀ibreitər] **단사 멀티바이브레이터** 입력 펄스를 가하면 입력 펄스의 상승 또는 하강이 정해지는 일정 폭의 펄스를 출력하는 회로. 출력의 펄스 폭은 회로 중의 콘덴서와 저항값에 의해 정해진다.

one-shot operation[-ɑ̀pəréiʃən] **단사 연산** 일반적으로 오류 검색을 위하여 사용되며 자동 컴퓨터를 수동적으로 작동시키는 방법. 하나의 명령어나 명령의 일부가 수동적 제어 연산에 대한 응답으로 수행된다.

one state[–stéit] **원 스테이트**

one-step method[–stép méθəd] **단일 단계법** 수치 적분에서 오일러의 방법이나 차의 테일러 방법과 같이 (X_n, Y_n)의 값을 이용하여 Y_{n+1} 을 구할 경우를 통틀어 말한다.

one-step operation[–àpəréiʃən] **단일 단계 연산** 이 단일 단계 연산에서 사용자는 레지스터나 기억 장치의 내용을 확인 또는 변경시킬 수 있다. 거의 모든 디버거 프로그램이 이러한 기능을 갖추어 오류를 능률적으로 찾게 해준다. 즉, 프로그램의 오류를 탐색하기 위하여 프로그램을 수행할 때 명령 하나가 수행을 끝낼 때마다 수행을 잠시 정지시키고 사용자의 입력을 대기하는 작동 방식이다.

one-tailed tests[–téild tésts] **단측 검정** 가설 검정에서 평균의 한쪽 끝값, 즉 표본 분포의 한쪽에 관심을 가지고 시행하는 검정 방법.

one-tail test[–téil tést] **단측 검정**

one time password[–taim pǽswə̀:rd] **일회용 패스워드** 한 번만 사용하고 폐기하는 비밀 번호. 즉, 사용자의 정보를 입력받아 비밀 번호를 생성하고 생성된 비밀 번호는 한 번만 유효하고 다음부터는 사용이 불가능하다.

one-to-many relationship[–tu méni riléiʃənʃìp] **일대다 관계**

one-to-one[–wʌ́n] **일대일** 두 집합의 모든 원소들이 하나씩 유일하게 대응되는 관계.

one-to-one assembler[–əsémblər] **일대일 어셈블러** 원시 언어의 각 명령어에 대하여 오직 하나의 기계어 명령어로 번역되는 어셈블러.

one-to-one function[–fʌ́ŋkʃən] **일대일 기능**

one-to-one relationship[–riléiʃənʃìp] **일대일 관계** 하나의 객체가 다른 하나의 객체와 관련되어 있는 것.

one-to-one translation[–trænsléiʃən] **일대일 번역** 컴퓨터 언어로 그 원시 언어문(source language statement)을 하나의 기계어 명령어(machine language instruction)로 번역한 것. 일대일 어셈블(one-to-one assemble)과 동의어이다. 이것에 대하여 고급 언어(high level language)의 경우는 "일대다"로 되어 있다.

one-to-partial select ratio[–pá:rʃəl səlékt réiʃiòu] **일 대 부분 선택 비율** 하나의 부분 선택 출력에 대한 1의 출력의 비율.

one touch input device[–tʌ́tʃ ínpùt diváis] **원 터치 입력 장치** 코드 입력에 비하여 잘못 입력되는 경우가 없으므로 편리하며, 거래처의 이름이나 상품명을 여러 자리로 된 코드로 입력하는 대신, 입력 장치의 패널이나 북의 해당 개소를 한 번만 눌러도 입력할 수 있는 장치.

one touch job activation[–dʒáb æ̀ktivéiʃən] **원 터치 작업 기동** 기동 조작을 간략하게 하기 위해 하나의 프로그램 기능 키만을 누름으로써 작업 기동을 가능하게 하는 기능으로, 인텔리전트 단말에 있어서의 작업 기동 방법의 하나이다.

one-to-zero ratio[–tu zí(:)rou réiʃìou] **1 대 0 출력 신호비** 어떤 특정한 순간에서 0출력 신호에 대한 1출력 신호의 크기 또는 진폭의 비.

one transistor memory cell[–trænzístər méməri(:) sél] **단일 트랜지스터 기억 소자** 트랜지스터로 한 메모리 셀을 설계한 것으로 전송 게이트가 저장된 전하를 격리시키는 역할을 한다. 단, 하나의 트랜지스터로 구성된 기억 소자로, 고밀도 회로의 구성에 적합하다.

one-variable query [–vɛ́(:)riəbl kwí(:)ri(:)] **단변수 질의** 한 개의 투플 변수만을 포함하는 질의.

one-way[–wéi] **단방향** 미리 정해진 한쪽 방향으로만 전송하는 방식. 정보의 전송 방향이 한 방향으로 고정되며 간단한 데이터 수집, 데이터 분배에 이용되고 있다.

one-way cipher[–sáifər] **단방향 암호** 주어진 데이터에서 암호화는 가능하나 반대로 암호로부터 원래 데이터를 알아내기는 거의 불가능한 암호화 방식으로 패스워드 테이블을 보호하는 데 자주 이용된다.

one-way communication[–kəmjù:nikéiʃən] **단방향 통신** 사전에 지정된 한 방향으로 데이터가 전송되는 데이터 통신.

one-way correction[–kərékʃən] **단방향 보정** 공업용 제어에 있어서 한쪽 방향으로만 기록의 보정에 효과가 있는 기록기 제어의 방식.

one-way encryption[–inkrípʃən] **단방향 암호화**

one-way filter[–fíltər] **단방향 필터**

one-way linked list[–líŋkt líst] **단방향 연결 리스트** 연결 리스트의 하나로 리스트의 각 노드에 다른 노드를 가리키는 포인터가 하나씩만 있는 것.

one-way trunk[–trʌ́ŋk] **단방향 중계선, 편방향 트렁크** 데이터 통신 시스템에 있어서 어떤 한 방향으로만 전송할 수 있는 전송선.

one-way variance analysis[–vɛ́(:)riəns ənǽlisis] **1차원 분산 분석** 통계 조사의 자료를 한 가지 분류 기준에 따라 여러 조로 나누어 배치하여 그 분산비로써 조별 평균의 차이를 검정하는 방법.

⇨ variance

one-writing[–ráitiŋ] **원 라이팅** 각종 전표 등의 데이터 기입 항목이나 그 모양 등을 사전에 통일하여 작성하는 것. 일단 이와 같이 만들어 놓으면 기입 작업의 중복이나 전기(轉記)에 의한 실수 등을 방지할 수 있고, 사무 처리의 합리화를 꾀할 수 있다.

one-writing system[–sístəm] **원 라이팅 시스템** 영업 활동에서 주문을 받고 마지막으로 제품을 발송할 때까지의 각종 사무 흐름 중에서 실제 사용되고 있는 전표, 문서 기입 사항을 상세히 조사해 보면, 어디에도 기입되는 고정적인 기사나 항목과 그 목적에 따라 기입되는 변동 기사나 항목이 있다. 각각 조금씩 목적이나 내용을 달리하지만 어느 범위의 작업, 또는 전 계열에 해당하는 형식의 디자인을 연구함에 따라 최종 단계에서 동일 항목에 관해서는 일시에 다량 복사가 가능한 것이 많다. 이러한 전표류의 합리화를 포함한 시스템을 말한다.

onhook[ánhù:k] **온훅** 데이터 통신에서 변복조 장치가 자동으로 교환 시스템에 응답할 수 없는 상태.

Onjo only joking의 약어. "농담입니다"의 뜻.

online[ɔ́(:)nlàin] *a*. **온라인** 컴퓨터의 직접 제어 하에 있는 것을 나타내는 것. 오프라인(offline)과 대비된다. (1) 컴퓨터 시스템의 일부분으로서 동작을 관리하고, 직접 컴퓨터 제어 하에 있는 상태를 말한다. 보통 사람의 손이 개입되는 것은 아니다. (2) 컴퓨터로 즉시 정보를 보내고, 곧 결과가 나타나는 장치 또는 프로세스를 말한다. (3) 단말 장치(terminal)가 통신 회선을 통하여 컴퓨터로 접속되고 있는 것을 의미하기도 한다.

[주] 컴퓨터의 직접 제어 하에서 기능 단위 조직에 관계하는 용어.

online algorithm[–ǽlgəriðm] **온라인 알고리즘** 입력이 차례로 들어올 때마다 입력에 대하여 한 번씩 수행하게 되는 알고리즘으로서 입력 데이터를 미리 다 알 수 없는 알고리즘.

online application[–æ̀plikéiʃən] **온라인 응용** 사용자가 온라인 단말기를 이용하여 데이터 베이스를 연결하도록 편의를 제공해주는 응용 프로그램.

online banking system[–bǽŋkiŋ sístəm] **온라인 은행 시스템** 예금 업무, 환전 업무 등 은행 업무에 있어서 본 지점 간을 데이터 전송 회로로 연결하고 중앙(최근에는 독립한 사무 센터, 빌딩 등 많음)에 대형 컴퓨터를 놓고 지점 창구에는 단말 장치를 준비하여 창구 사무 기계화와 함께 예금 통장의 갱신이나 환전 송금 등을 실시간 처리하는 시스템.

online batch[–bǽtʃ] **온라인 배치** 배치 입출력 부분만을 일부 온라인화한 것. 구체적으로는 배치 입출력을 이용자에게 행하는 방식 등 온라인 배치 방식을 채용함으로써 입출력 조작을 생략할 수 있다.

online batch processing[–prásesiŋ] **온라인 일괄 처리** 자료가 발생된 지점에서 곧바로 중앙 컴퓨터의 회선으로 보내는 처리.

online batch processing system [–sístəm] **온라인 일괄 처리 시스템** 데이터의 발생 지점과 컴퓨터를 통신 회선으로 연결하여 발생 데이터를 컴퓨터로 전송하며 외부 기억 장치의 자기 테이프나 자기 디스크 등에 데이터를 축적해 두었다가 일정 기간, 일정량까지 정리하고 나서 처리하는 방식.

online books[–búks] **온라인 서적** 저작권의 유효 기간이 끝난 서적이나 저작권자의 허가를 받은 서적을 네트워크의 온라인 상에서 제공하는 것.

online central file[–séntrəl fáil] **온라인 중앙 파일** (1) 온라인 기억 장치의 데이터 파일로 실시간 또는 직접 호출의 응용에 연속해서 사용할 수 있는 원시 데이터로 사용된다. (2) 온라인 중앙 파일은 중앙의 정보 파일 인덱스와 모든 주요 응용 파일을 포함한 단일 전자적 저장소 또는 데이터 저장소라고 할 수 있다. 인덱스 파일과 응용 파일은 모든 레코드의 총합으로 유지되는 디스크 파일 메모리 어드레스에 의해 서로 참조된다. 컴퓨터 제어 하에 문의는 온라인 중앙 파일의 어떤 레코드에 대하여도 직접적으로 이루어질 수 있다.

online communication[–kəmjù:nikéiʃən] **온라인 통신** 데이터 통신을 하는 시스템의 형태에는 데이터 수집형(data collection), 조회형(inquiry), 메시지 교환형(massage switching), 데이터 분배형(data distribution) 등이 있으며, 원격지에 있는 단말 장치를 통신 회선으로 중앙의 컴퓨터에 연결하여 데이터를 집중 처리하여 필요에 따라 입력 데이터를 전송한 단말 장치에 결과를 전송하거나 다른 적당한 단말 장치에 출력 데이터를 전송하는 방식.

online computing[–kəmpjú:tiŋ] **온라인 계산 처리**

online COM recorder **온라인 콤 레코더**

online control[–kəntróul] **온라인 제어**

online data bank[–déitə bǽŋk] **온라인 데이터 뱅크** 단말에서부터 온라인 호출이 가능한 데이터 뱅크. 온라인 정보 검색 시스템과 거의 같다.

online data base[–béis] **온라인 데이터 베이스** 전화 회선으로 접근할 수 있는 상용 데이터 베이스. 키워드 등을 단서로 필요한 정보를 찾아내어 이용자의 컴퓨터 또는 전용 단말의 화면에 표시하고 인쇄한다. 이용자는 이용 시간, 월, 연 단위로 사용 요금을 지불한다.

online data base system[–sístəm] **온라인 데이터 베이스 시스템** 데이터 베이스에 의한 데이터의 통합과 관리, 온라인에 의한 데이터 수집 및 신속한 응답의 수단을 실현하는 운영 체제.

online data collection system[-kəlékʃən sístəm] **온라인 데이터 수집 시스템**

online data entry[-éntri(ː)] **온라인 데이터 입력**

online data gathering system[-gǽðəriŋ sístəm] **온라인 데이터 수집 시스템**

online data reduction[-ridʌ́kʃən] **온라인 데이터 축소** 정보가 컴퓨터 체제에서 받아들여지는 즉시 혹은 발생되는 즉시 정보를 처리 축소하는 것.

online debugging[-diːbʌ́(ː)giŋ] **온라인 디버깅** 온라인으로 동작중인 컴퓨터를 사용하여 프로그램을 디버깅하는 것.

online delayed time processing[-diléid táim prásesiŋ] **온라인 지연 시간 처리** 온라인 시스템의 일종으로 단말에서 처리 요구가 오면 호스트 컴퓨터에서는 즉시 처리하지 않고, 후에 일괄 처리를 하여 결과를 출력하는 방식.

online diagnostic program[-dàiəgnástik próugræm] **온라인 진단 프로그램** 다중 프로그래밍 실행중 다른 프로그램을 입출력하는 사이에 또 다른 하나의 프로그램을 병행하여 실행할 수 있다. 이러한 방법으로 입출력 장치, 보조 기억 장치, 주기억 장치의 조작 상태를 진단하는 진단 프로그램을 실행하여 오류, 고장 등의 발견과 또한 오류 수정까지 행하는 프로그램을 말한다.

online diagnostics[-dàiəgnástiks] **온라인 진단** 컴퓨터 제어부, 입출력 장치 등의 각 부를 시스템을 동작 상태로 하면서 테스트하는 것.

online equipment[-ikwípmənt] **온라인 장비** CPU의 제어 하에 조작되는 주변 장치로서, 현재 일어나고 있는 상황이 즉시 CPU로 전달된다.

online file[-fáil] **온라인 파일** 온라인 시스템의 일부로, 단말에서 온라인 호출이 가능한 파일.

online game[-géim] **온라인 게임** 인터넷 또는 PC 통신 상에서 행해지는 게임. PC 통신 상에서는 쥬라기 공원, 꿈의 나라, 드래곤 랜드 등의 서비스가 제공되고 있으며, 인터넷에서는 넥슨의 바람의 나라, 디아블로, MUD, 울티마 온라인 등이 있다.

online handscript reader[-hǽndskript ríːdər] **온라인 수서(手書) 문자 판독 장치**

online help[-hélp] **온라인 도움말** 프로그램 내에 수록되어 수시로 불러내어 볼 수 있는 도움말.

online input[-ínpùt] **온라인 입력** 입력 장치가 중앙 처리 장치의 제어 하에 데이터를 곧바로 중앙 처리 장치에 전송할 수 있는 것.

online interaction[-ìntərǽkʃən] **온라인 대화** 온라인 시스템에서 처리 장치의 연산 실행 도중에 사람이 개입해서 프로그램을 변경하고 정정하여 다시 실행시키는 일. 이 기능이 있으면 온라인 디버그, 대화 형식으로의 사용 등이 가능하다.

online interactive system[-ìntərǽktiv sístəm] **온라인 대화형 시스템** 이용자가 단말 장치 등을 사용하여 컴퓨터에 명령이나 데이터를 직접 입력하고 그것에 대한 컴퓨터 응답을 보고 계속해서 명령이나 데이터를 입력하는 형태로, 이용자가 컴퓨터와 대화하면서 처리해가는 시스템.

online log[-lɔ́ːg] **온라인 로그** 실제로 회복 관리자는 로그 데이터를 빠르게 판독하는 작업이 필요하지만 운용시 로그에 기록해야 할 데이터의 양이 많아서 모든 로그 데이터를 온라인으로 유지할 수 없으므로 DBMS의 한 부분인 로그 관리기에서 디스크에는 현재 동작중인 로그 레코드만 기록하다가 일정한 양을 넘으면 자기 테이프와 같은 대용량 기억 장치에 덤프시키는 방법을 사용한다. 즉, 로그 레코드를 온라인으로 유지하기 위한 로그 방식.

online magazine[-mæ̀gəzíːn] **온라인 매거진** 인터넷 등의 네트워크를 이용하여 공개되는 전자 잡지

online manual[-mǽnjuəl] **온라인 매뉴얼** 이용자 단말에서 참조 가능한 매뉴얼로서 이용자 단말에서 참조하고자 하는 커맨드, 기능 등에 관한 매뉴얼을 표시하는 커맨드를 투입하면 커맨드의 의미, 사용법, 관련어, 관련 파일 등이 이용자 단말에 표시된다.

online media conversion[-míːdiə kənvə́ːrʃən] **온라인 매체 변환**

online memory[-méməri(ː)] **온라인 기억 장치** 컴퓨터의 중앙 처리 장치와 직접 연결되어 중앙 처리 장치의 제어 하에 움직이는 기억 장치.

online mode[-móud] **온라인 방식** 컴퓨터 작동의 한 방법으로 모든 장치가 컴퓨터에 직접 연결되어 있는 것.

online operation[-àpəréiʃən] **온라인 동작** 컴퓨터 본체와 입출력 장치를 직접 연결하여 작동시키는 것.

online package[-pǽkidʒ] **온라인 패키지**

online plotter[-plátər] **온라인 플로터** 디지털 컴퓨터와 온라인 또는 오프라인으로 작동할 수 있는 로컬 또는 원격 디지털 플로터. 중형 컴퓨터를 사용하여 컴퓨터의 출력 신호를 플로터를 작동시키기에 적절한 형태로 변환시킨다. 이 경우 컴퓨터의 기본 회로는 아무런 수정 없이 사용할 수 있다. 이러한 플로터는 중형 또는 대형 컴퓨터의 오프라인 운용에도 사용이 가능하다.

online printing[-príntiŋ] **온라인 프린팅, 온라**

인 출력 컴퓨터의 데이터를 출력하는 방식의 하나이며, 주컴퓨터에 직접 프린터를 연결시켜 인쇄하는 방법. 오프라인 프린팅보다 시간이 적게 걸리나 컴퓨터에 많은 부하를 주므로 대량의 프린트 작업보다는 소량의 신속한 프린트 작업에 주로 이용된다. 그 밖에 프로그램의 목록을 출력하기 위해 사용되기도 한다.

online problem solving[-prάbləm sάlviŋ] **온라인 문제 해결** 원격 단말의 많은 사용자가 동시에 온라인으로 문제 해결을 위해 컴퓨터 시스템을 사용할 수 있는 통신 처리 적용 업무.

online processing[-prάsesiŋ] **온라인 처리** 데이터를 발생한 장소에서 직접 입력하여 컴퓨터로 처리한 다음 필요한 곳으로 전송하는 방식. 단말, 파일, 그 외의 주변 장치를 중앙 제어 장치와 직결해서 제어하고 조작하는 것. 입력 정보 발생과 계산 처리 사이에 사람이 개입되지 않는 것이 특징이다.

online processing system[-sístəm] **온라인 처리 체계** 데이터 처리의 준비 작업 없이 데이터는 생성 장소에서 바로 컴퓨터로 전송되어 그 결과를 원하는 장소로 보내주는 시스템. 중앙에 설치한 컴퓨터에 파일들이 집중되어 있고 그 파일들은 멀리 떨어져 있는 단말기에 의해 연결되는 온라인 시스템이다. 이 시스템은 집중 데이터 처리 방식으로 사용자로서는 빠른 데이터 교신이 가능하나 통신 비용이 많이 들며, 중앙의 컴퓨터 시스템이나 통신 시설이 훼손될 경우 파일에 대한 영향이 매우 크다.

online process optimization[-prάses àptimaizéiʃən] **온라인 프로세스 최적화** 프로세스 제어의 중요한 역할은 최적의 이득을 얻기 위한 작동 조건을 확보하는 것이다. 온라인 아날로그 컴퓨터는 동작이 최적 수준에서 유지될 수 있도록 제어되지 않은 변량을 보상하기 위하여 하나 또는 그 이상의 프로세스 상태를 조정하는 데 사용될 수 있다.

online publishing[-pʌ́bliʃiŋ] **온라인 출판** PC 통신에서 책의 내용까지 입수할 수 있는 출판 형태. EP라고도 한다. 또한 CD-ROM에 책의 내용을 모두 수록하고 PC 등에서 내용을 읽어올 수 있는 CD-ROM 출판도 전자 출판에 포함된다. 네트워크 출판은 각종 네트워크 내에 설정되어 있는 전자 게시판에 메시지를 게재하고 이것을 누구에게나 열람할 수 있게 하거나, 어떤 특정 구성원에게 적합한 메시지 등을 모두 배포하고, 받는측은 필요에 따라 그 정보를 자신의 컴퓨터에 다운로드하여 인쇄할 수도 있다. 이것을 전자 우편과 조합해서 활용하면 누구라도 양방향으로 출판할 수 있다.

online query[-kwí(:)ri(:)] **OLQ, 온라인 질의어** ASF(automatic system facility)에 의하여 생성된 테이블을 접근할 수 있는 상호작용 질의어/보고서 작성 기능을 제공해주는 소프트웨어. 그러나 관계 연산자(특히 조인 연산자)를 모두 지원해주지 못하며 변경 명령도 불가능하다. 질의 결과는 데이터 베이스 내에 테이블로 저장된다.

online reading of handscript[-rí:diŋ əv hǽndskrìpt] **수서(手書) 온라인 판독 방식** 문자를 태블릿(tablet) 상에 써서 온라인으로 이것을 인식하여 입력하는 문자 판독 방식으로서, 인식에는 문자를 쓰는 순서나 문자를 쓰는 입력의 정도 등도 첨가되는 경우가 있다.

online real time[-rí:əl tάim] **온라인 실시간** 컴퓨터와 데이터 발생 지점을 통신 회선으로 직결하여 데이터 발생과 동시에 컴퓨터에 데이터를 전송하여 처리한 후 그 결과를 즉시 전송하여 「즉시 응답」이 가능한 시스템 또는 처리 방식. 예를 들면 좌석 예약 시스템이나 패킹 시스템이다. 온라인 시스템 중에서도 「즉시성」이 높은 처리 방식이다.

online real time operation[-àpəréiʃən] **온라인 실시간 연산**

online real time processing[-prάsesiŋ] **온라인 실시간 처리** 온라인 시스템의 일종으로 단말에서 입력된 데이터를 최우선으로 처리하여 결과를 다시 단말로 되돌려보내는 것. 은행의 CD 등이 대표적인 예이다.

online real time processing system[-sístəm] **온라인 실시간 처리 시스템** 이 시스템은 다섯 가지의 장점을 들 수 있는데, 첫째로 광범위한 지역의 공동의 최신 정보를 가지고 있는 중앙 파일을 직접 사용할 수 있으며, 둘째 불규칙하게 발생되는 많은 요구에 대하여 빠른 시간 내에 응답할 수 있으며, 셋째 최고 경영자에게는 최신 정보를 바탕으로 의사 결정 자료를 제공할 수 있고, 넷째 정보 수집으로부터 인간의 제약을 해방시켜 주며, 다섯째 많은 이용자가 고급의 정보를 염가로 사용할 수 있다는 장점을 가지며, 데이터의 발생 현장에 설치된 단말기와 원격지의 중앙 컴퓨터가 전용 통신 회선을 통하여 직접 연결되어 있는 온라인 시스템과 데이터를 수신하여 그 처리 결과를 신속히 반송해 줌으로써 즉시 응답을 받아볼 수 있는 실시간 시스템의 기능을 함께 가지고 있는 시스템을 말한다. 이 시스템에서의 중앙 컴퓨터는 대용량 기억 장치를 가지고 데이터를 처리할 수 있어야 하며, 응답을 위하여 고도의 신뢰성을 갖춘 프로그램 기술이 구비되어야 한다.

online real time system[-sístəm] **온라인 실시간 시스템** 데이터의 발생 지점과 컴퓨터를 회선으로 직결하여 데이터가 발생하면 동시에 직접 컴퓨터에 데이터를 읽어넣어 처리하여 그 발생 결과를 즉시 응답할 수 있는 시스템.

online service[-sə́ːrvis] **온라인 서비스** 네트워크 상에서 이루어지는 각종 서비스. 온라인 쇼핑, 온라인 데이터 베이스, 온라인 게임 등이 포함된다.

online shopping[-ʃápiŋ] **온라인 쇼핑** 인터넷을 비롯한 PC 통신 서비스를 이용한 쇼핑. 아메리칸 온라인, 컴퓨서브 등의 해외 PC 통신 서비스와 천리안, 하이텔, 나우누리 등의 국내 PC 통신 서비스의 온라인 쇼핑 메뉴들을 이용해 상품들을 검색하고, 원하는 상품을 온라인 상으로 직접 주문하는 쇼핑의 일종. 상품의 이미지를 보고 주문할 수 있는 동화상 서비스도 제공되는 등 미래의 각광받는 쇼핑 형태이다. 주로 직접 사기가 껄끄러운 제품이나 작은 상품들을 구입하는 경향이 있다.

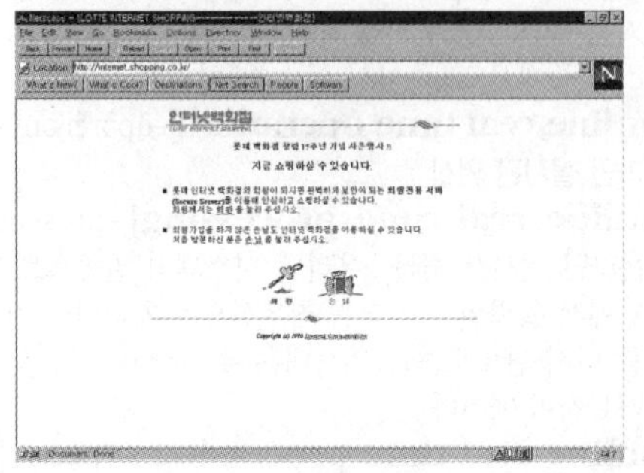

〈온라인 쇼핑 화면〉

online sign-up[-sáin ʌ̀p] **온라인 사인업** PC 통신 서비스나 인터넷 공급자의 가입 수속을 온라인으로 행하는 것. 사용자는 가입하고자 하는 네트워크에 게스트 ID나 임시 ID로 접속하여 이름, 주소, 요금 지불 방법 등을 입력하여 수속을 밟는다. 수속이 완료된 후에는, 제한적인 일부 업체도 있지만, 대부분 즉시 서비스를 이용할 수 있다.

online software[-sɔ́(ː)ftwὲər] **온라인 소프트웨어** 네트워크 상의 데이터 베이스를 통해 불특정 다수가 다운로드할 수 있는 소프트웨어. 프리웨어와 셰어웨어의 두 종류가 있다.

online state[-stéit] **온라인 상태** 어떤 설비, 장치 또는 처리가 온라인으로 이루어져 있는 것.

online storage[-stɔ́ːridʒ] **온라인 기억 장치** 중앙 처리 장치(CPU)의 직접 제어를 받는 기억 장치나 기억 매체.

online system[-sístəm] **온라인 시스템** 호스트 컴퓨터나 단말 장치가 회선으로 연결되어 단말 장치에서 데이터의 입출력을 할 수 있는 시스템. 범용 컴퓨터는 대부분 온라인 시스템이며, 업무에 따라 원격 일괄 처리나 온라인 실시간 처리를 병용하고 있다. 다시 말하면 데이터가 중간 기록 매체를 경유하여 컴퓨터에 넣어지거나 컴퓨터에서 사용 장소로 직접 보내도록 한 방식이다. 중앙 연산 장치에 대해서 주변 입출력 장치 혹은 단말 기기에서 데이터 전송 채널을 통하여 직접 데이터 입력이 가능하고, 또 출력이 직접 그것이 사용되는 장소로 보내지는 시스템이다. 현재 좌석 예약 시스템, 은행 환전 시스템 같은 많은 실례가 있다.

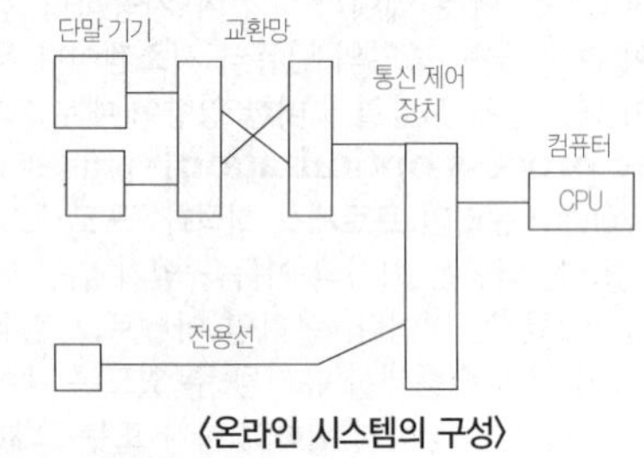

〈온라인 시스템의 구성〉

〈온라인 시스템〉

online tellers machine[–téləɾz məʃíːn] OTM, 온라인 창구 머신

online teller system[–télər sístəm] 온라인 창구 시스템 이러한 온라인 창구 시스템은 모두가 적절한 레코드를 전자 기억 장치에 저장하고, 그것을 이용하여 컴퓨터에 직접 접근할 수가 있다는 것으로 이러한 접근 방법은 전화 또는 전용선으로 연결되어 있다. 계정 기록과 보조 정보를 기억시키기 위한 컴퓨터에 직접 연결된 대용량의 RAM이나 거래에 관한 정보를 입력시키거나 통장, 장부, 전표, 일지에 컴퓨터 제어에 의하여 응답을 기재하기 위한 창구의 콘솔, 또한 콘솔을 컴퓨터에 연결하기 위한 데이터 통신 장비 및 전화선과 제어 및 계산을 위한 컴퓨터 시스템 등의 네 가지 주요 요소로 이루어진다.

online terminal[–tə́ːrminəl] 온라인 단말 장치, 온라인 단말기 통신 회선을 개입하여 중앙의 컴퓨터와 접속하여 데이터의 입출력을 행할 수 있도록 설계되어 있는 단말 장치(terminal)의 총칭.

online test[–tést] 온라인 테스트

online test control program[–tést kəntróul próugræm] 온라인 테스트 제어 프로그램

online test executive program[–igzékjutiv próugræm] OLTEP, 온라인 테스트 수행 프로그램 온라인 테스트 시스템(OLTS)의 활동을 스케줄하고 제어하는 기능이 있고 오퍼레이터와의 통신을 돕는 프로그램.

online test facility[–fəsíliti(ː)] 온라인 테스트 기능

online test program[–próugræm] 온라인 테스트 프로그램 OS의 기본으로 시스템 동작과 병행해서 파일이나 주변 장치의 테스트를 행하는 프로그램. 일반 작업과 같이 제어되고, 지정한 우선 순위로 시스템이 그때 사용하지 않는 장치를 테스트한다.

online test section[–sékʃən] 온라인 테스트 섹션

online test system[–sístəm] OLTS, 온라인 테스트 시스템 사용자가 프로그램 실행중에 그것과 병행하여 입출력 장치의 테스트를 실행할 수 있는 시스템. 이것은 입출력 착오를 진단하거나 처리 결과와 기술 변경을 확인하거나 주기적으로 장치를 검사하기 위하여 사용된다.

online trade[–tréid] 온라인 트레이드 인터넷을 통해 온라인 상에서 행해지는 주식 거래. 홈 트레이드와 거의 같은 의미로 쓰인다.

online transaction[–trænsǽkʃən] 온라인 트랜잭션 단말기에서의 정보가 호스트 컴퓨터로 보내져 처리 결과가 다시 되돌아오는 시스템. 대표적인 것으로 열차표나 콘서트 티켓의 발행, 은행 현금 입출금기 등이 있다.

online transaction processing[–prásesiŋ] ⇨ OLTP

online unit[–júːnit] 온라인 장치 컴퓨터의 직접적인 제어 하에 있는 입출력 장치나 보조 장비.

online working[–wə́ːrkiŋ] 온라인 작동 상태 설치되어 있는 여러 회로는 중앙 처리 장치나 본체의 제어 하에서 동작되고 데이터의 처리를 수행한다. 온라인일 때 연결된 주변 장비나 다른 시스템으로부터 들어온 데이터는 그것이 들어오자마자 사람의 손을 빌리지 않고 곧바로 처리된다.

only-loadable attribute[óunli(ː) lóudəble ǽtribjùːt] 로드만 가능한 속성

OnNow function[ɔ́nnɑu fʌ́ŋkʃən] 온나우 기능 마이크로소프트 사가 발표한 전력 절약 기능. BIOS로 전력을 관리하는 것이 아니라 운영 체제가 전력 관리를 맡고 있기 때문에 PC의 전원을 켬과 동시에 바로 시스템을 이용할 수 있다는 데서 OnNow라는 이름이 붙었다.

on memory[ɔ́n méməri(ː)] 온 메모리 모든 프로그램 코드를 주메모리 상에 넣는 것. 프로그램의 크기보다 큰 주메모리를 갖추면 오버레이나 가상 기억에 의한 디스크 접속이 없어지므로 실행 속도가 빨라진다.

on-off control[–ɔ́(ː)f kəntróul] 온/오프 제어, 점멸 제어 개폐 자동 제어 방식의 하나로, 2진 부호로 제어하는 방식. 온/오프 동작에 의한 제어가 온/오프 제어이다. 전기 난로나 전기 냉장고 등의 서모스탯 등은 온/오프 제어의 일례이며, 제어할 양을 목표값(혹은 목표로 하는 폭 사이의 값)으로 유지하기 위해 조작량 또는 조작량을 지배하는 신호가 두 개의 정해진 값의 어느 쪽을 취하는가를 반복하는 동작을 온/오프 동작이라고 한다.

on-off control action[–ǽkʃən] 개폐 제어 동작 조작량이나 조작량을 지배하는 신호가 입력의 크기에 따라 두 개의 정해진 값의 어느 한쪽 값을 취하는 동작. 온/오프는 동작을 시작하여 잇거나 끊는 것을 의미하지만 반드시 이러한 동작이 아닌 경우도 온/오프 동작이라고 한다.

O notation O 표기법

on-premise standby equipment[ɔ́n prémis stǽndbài ikwípmənt] 현장 대기 장비 장비의 고장시에나 시간에 민감한 기능이 요구되는 경우에 즉시 활용할 수 있도록 구내에 예비적으로 비치된 컴퓨터 시스템 모듈.

on sign[–sáin] 작동 표시 컴퓨터 시스템과의 통신을 개시하는 명령어. 원거리 단말 장치에서 사용

자는 대개 자신의 고유 등록 번호나 적절한 암호를 입력함으로써 시스템을 사용할 수 있게 된다.

on-site service[-sáit sə́ːrvis] **온사이트 서비스** 기기가 고장났을 때 제조업체나 판매점에서 기기가 위치한 장소(가정이나 사무실 등)로 출장나와 수리해주는 서비스.

on the fly[-ðə flái] **온 더 플라이** CD-R의 쓰기 모드의 하나. 쓰기용 이미지를 작성하지 않고 수시로 이미지로 변환하면서 쓴다. ⇨ CD-R

on-the-fly error recovery[-érər rikʌ́vəri(ː)] **접촉식 에러 회복**

on-the-fly printer[-príntər] **온 더 플라이 인쇄 장치** 문자가 새겨진 회전 원통이나 체인에 놓인 종이를 해머가 때리는 인쇄 장치.

on-unit[-júːnit] **온 단위, 온 유닛** 프로그래머가 ON 문에 지정하며, 프로그래머가 ON 유닛을 사용하여 인터럽트가 발생했을 때의 조치를 지정한다. ON 조건이 검출되었을 때 취하는 조치로서, ON 문에 지정된 ON 유닛은 그 ON 조건이 인터럽트 금지로 되어 있을 때는 실행되지 않는다.

OOA 객체 지향 분석 object oriented analysis의 약어. 객체 지향 설계는 실세계의 시스템을 분석하는 것으로 많은 객체를 포함하는 모델을 결과물로 얻으며, 모델에 표시된 각각의 객체는 실세계에 존재하는 객체들과 하나씩 대응된다. 객체 지향 설계를 통해 문제의 도메인에서 모델의 도메인으로 변환시키는 과정을 통해 분석이 이루어진다. 객체 지향 분석 방법론으로는 Booch의 OOD, Rumbaugh의 OMT(object modeling technology) 등이 있으며, 최근에는 Rational Software 사의 UML(unified modeling language)로 방법론이 통일되어 가고 있다.

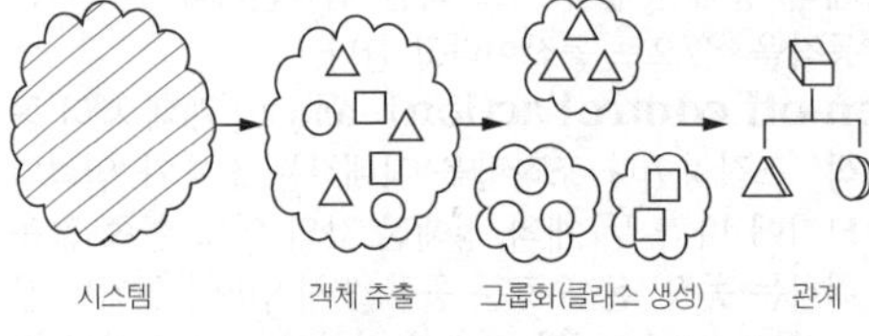

〈객체 지향 분석의 개념〉

OOA/OOD 객체 지향 분석/객체 지향 설계 object oriented analysis/object oriented design의 약어. 객체 지향 데이터 베이스나 시스템을 설계하는 일. 클래스 설계에 역점을 두고 비주얼 부품 등의 관리도 병행하도록 설계한다. ⇨ object oriented

OOD 객체 지향 설계 object oriented design의 약어. 객체 지향 설계는 객체 지향 기술(object oriented technology)을 적용하여 실세계를 분석하는 것으로 사물이나 현상을 객체 지향 프로그래밍이 가능하도록 객체로 표현하는 데 필요한 기술과 기호 그리고 적용 방법론. 객체 지향 설계는 클래스(class), 객체의 구조와 연관 관계를 기술한 객체 모델을 논리적 시각으로 생성한 분석 단계의 객체 모델을 구현의 고려 사항을 포함하여 재정의하는 것이다.

OODB 객체 지향형 데이터 베이스 object-oriented data base의 약어.

OOP 객체 지향형 프로그래밍 object-oriented programming의 약어.

OOPS 객체 지향형 프로그래밍 시스템 object-oriented programming system의 약어.

OP 조작 프로그램 operation program의 약어.

op-amp 증폭기 operational amplifier의 약어.

op code 연산(작동) 부호 보통 기계어에서 연산을 가리키는 부분의 코드. 한 명령어는 연산자 코드부와 피연산자 코드부로 이루어져 있다.

open[óupən] *a.* **열기, 열린, 오픈** 「열려 있는」의 의미이고, 회선이나 파일이 사용되는 상태나 확장성이 있는 것을 나타내기 위해서 사용된다. 또한 기억 장치에 기억되어 있는 파일을 이용하여 데이터 처리를 하기 위해서는 각각의 파일의 완충 기억 장소인 버퍼 영역을 열어 놓아야만 데이터의 입출력이 가능하다. 이와 같이 파일을 열기 위하여 고급 언어에서 사용하는 명칭을 오픈이라고 한다.

open address[-ədrés] **개방 주소법** 해시(hash)법으로 데이터 저장 위치가 중복되었을 때의 처리 방법의 하나. 이 방식에서는 미리 정해진 알고리즘에 따라서 표 중의 공란을 찾아서 저장 위치를 정한다.

open architecture[-áːrkitèktʃər] **개방 아키텍처** 마이크로컴퓨터에서는 주로 확장 슬롯에 필요한 장치를 접속함으로써 원하는 기능을 확장시킬 수 있도록 되어 있는데, 컴퓨터가 그 구조를 변경할 수 있게 만들어져 다른 기능을 추가 또는 기존의 기능을 향상시키기 쉽게 되어 있는 것.

open chaining[-tʃéiniŋ] **열린 연쇄**

open circuit[-sə́ːrkit] **개방 회로**

open circuit failure[-féiljər] **개방 회로 고장**

open circuit voltage[-vóultidʒ] **개방 회로 전압**

open code[-kóud] **개방 코드, 개방 부호** 개방 코드를 개시하는 것은 매크로 정의의 바깥쪽에 있는 임의의 어셈블러 언어의 수행문이다. 다만 어떤 종류의 제어문과 주석문은 예외이다. 모든 원시 매크로 명령의 바깥쪽에 그리고 그 후에 있는 원시 모듈 부분으로서, 코딩시에는 개방 코드 내에 있는 원시문과 매크로 정의 내에 있는 원시문을 구별할 필요가 있다.

open collaborative environment[–kəlǽbərèitiv inváirənmənt] **개방형 환경** ⇨ OCE

open collector[–kəléktər] **개방 컬렉터** TTL에서 트랜지스터의 컬렉터가 다른 데 연결되지 않고 직접 출력 핀에 연결된 것으로서, 다른 게이트 출력과 연결하거나 큰 출력을 내기 위해 사용된다. 즉, 이것은 TTL 출력 회로의 한 형식으로 출력 트랜지스터의 컬렉터가 개방되어 있는 것이다. 이 TTL을 사용하면 사용자가 컬렉터에 공통의 저항을 만들 수 있는데, 와이어드OR이라고도 한다.

open collector device[–diváis] **개방 컬렉터 장치**

open collector output[–áutpùt] **개방 컬렉터 출력**

open data base connectivity[–déitə béis kànektíviti(:)] **개방 데이터 베이스 접촉** ⇨ ODBC

open data-link interface[–líŋk íntərfèis] ⇨ ODI

open data path[–pǽθ] **ODP, 개방 데이터 경로**

OpenDoc 응용 개발자가 플랫폼에 관계없이 개발을 하고, 상업화할 수 있게 해주는 컴포넌트 빌더(component builder). 장점으로는 개발 기간의 단축, 개발 비용 감소와 소프트웨어 신뢰도를 높일 수 있다. 애플 사에서 주장하여 IBM, Novell, Borland에서 채택하고 있다.

open EDI 개방형 EDI 최근 인터넷, CALS 등의 출현으로 EDI에 대한 관심이 고조되고 있으나, 이를 실현하기 위해서는 거래 상대방 간에 기술적·업무적 합의 및 초기 투자 등이 요구되므로, 단기적인 업무에 EDI를 적용하는 데 다소 어려움이 있다. 그래서 UN과 국제 표준 기구는 이를 해소하기 위해 상대방에게 전화를 걸듯이 쉽게 구현 가능하도록 새로운 개념의 개방형 EDI(open EDI)를 개발하고 있다. ⇨ EDI

open-end design[–énd dizáin] **확장 가능 설계**

open-ended[–éndəd] **확장 가능** 「확장 가능(한)」으로 번역되고, 폐쇄된(closed in)이든지, 인위적으로 제약된(artificially constrained)의 반대 의미이다. 이미 가동되고 있는 부분을 변경하지 않고 약간의 변경만으로 더 크게 또는 더 복잡하게 확장될 수 있도록 설계된 프로그램이나 시스템을 가리킨다. 즉, 새롭게 발생하는 추가 요구에 대해서 기본적인 변경을 실시하지 않고서도 대응할 수 있는 것. 새롭게 개발 예상되는 입출력 장치에 대해서도 고려된 컴퓨터의 설계 방법 등으로서 이와 같이 시스템을 설계하는 것을 확장 가능 설계(open-ended design)라고 말하고 이런 시스템을 확장 가능 시스템(open-ended system)이라 한다. 운영 체제(operating system)는 하드웨어 구성이나 새로운 기능의 추가, 이용자의 이용 형태의 변화에 의한 확장성이 있으며 이것이 좋은 예이다.

open-ended system[–sístəm] **확장 가능 시스템** 광학 문자를 인식할 때 입력 데이터나 문자를 기록할 수 있는 다른 컴퓨터나 시스템의 부분에서 가져오는 시스템.

open-ended system design[–dizáin] **확장 가능 시스템 설계**

open field[–fí:ld] **혼용 필드**

open file[–fáil] **열린 파일** 운영 체제에 의하여 열기 동작을 거쳐 응용 프로그램의 동작 준비가 된 파일.

open game[–géim] **개방 게임**

opening[óupəniŋ] *n.* **개시, 오프닝**

opening a file[–ə fáil] **파일의 개설** 파일의 개설에 의하여 파일이 프로그램에서 정의된 목적으로 사용이 가능하다. 이 과정은 메이커의 소프트웨어로써 행하여지고 기본적으로는 파일의 식별 및 헤더 레이블의 검사에 의하여 이루어진다.

opening brace[–bréis] **왼쪽 중괄호**

opening line detection[–láin ditékʃən] **연속 상태 검출 기구, 통신 상태 검출**

open list[óupən líst] **개방 리스트**

open look[–lúk] **오픈 룩** 미국의 AT & T와 선 마이크로시스템즈 사 등이 중심이 되어 설립한 유닉스 인터내셔널(UI)에서 개발하였으며, 유닉스 시스템 V 릴리스 4.0을 위한 그래픽 사용자 인터페이스의 상품명이다.

open loop[–lú:p] **개방 루프** 제어 시스템으로 수정 동작이 자동이 아니고, 표시된 정보 결과에 기초를 두어 오퍼레이터가 수동으로 제어를 하는 시스템. 역으로 피드백 루프(feedback loop)를 가지며, 사람 손이 필요하지 않는 시스템을 폐쇄 루프(closed loop)라고 한다.

open loop adaptive control[–ədǽptiv kəntróul] **개방 루프 적응 제어**

open loop automatic control system[–ɔ̀:təmǽtik kəntróul sístəm] **개방 루프 자동 제어 시스템**

open loop control[–kəntróul] **개방 루프 제어** 컴퓨터가 제어 대상을 직접 제어하는 것이 아니라 출력 정보를 사람이 읽고 적정한 판단을 내려 행하는 제어 방법. 오픈 루프 제어라고도 한다.

open loop control system[–sístəm] **오픈 루프 제어계** feed-forward control system이라고도 하며, 시스템에 대한 수정 동작이 자동으로 행해지

는 것이 아니라 컴퓨터의 출력 결과 등에 따라서 사람 손의 개입에 의해 수정 동작을 하는 제어 시스템.

open loop feedback optimal control [-fíːdbæ̀k ɑ́ptiməl kəntróul] OLFO control, 개방 루프 피드백 최적 제어

open loop feedback optimal method [-méθəd] OLFO method, 개방 루프 피드백 최적법

open loop identification [-aidèntifikéiʃən] 개방 루프 고정

open loop man-machine transfer function [-mǽn məʃíːn trænsfə́ːr fʌ́ŋkʃən] 개방 루프 인간-기계 전송 함수

open loop minimax control [-mínimæ̀ks kəntróul] 오픈 루프 미니맥스 제어

open loop response [-rispɑ́ns] 개방 루프 응답

open loop stable feedback system [-stéibl fíːdbæ̀k sístəm] 개방 루프 안정 피드백 시스템

open loop strategy [-strǽtədʒi(ː)] 개방 루프 전략

open loop symbiotic system [-sìmbaiɑ́tik sístəm] 오픈 루프 심바이오틱 시스템

open loop system [-sístəm] 개방 루프 시스템 프로세서나 절차를 컴퓨터가 직접 제어하는 대신 오퍼레이터에게 화면이나 인쇄를 통해 정보를 제공하여 행동 결정을 돕도록 한 시스템. CAR 시스템의 일종으로 자료가 컴퓨터에 온라인화되어 있고 자료에 대한 색인표가 데이터 베이스화되어 있어 찾고자 하는 자료가 담긴 필름을 필름 보관 상자에 삽입시켜 해당 부분을 CRT 등을 통해서 읽을 수 있는 시스템 또는 서브시스템. 대부분 실시간 시스템들은 개방 루프 시스템이다.

open loop transfer function [-trænsfə́ːr fʌ́ŋkʃən] 개방 루프 전달 함수, 일순 전송 함수

open loop unstable feedback system [-ʌ́nstèibl fíːdbæ̀k sístəm] 개방 루프 불안정 피드백 시스템

open mode [-móud] 개방 명령 모드

open network environment [-nétwə̀ːrk inváirənmənt] 개방형 네트워크 환경 ⇨ ONE

OPEN node [-nóud] 개방 노드 OPEN은 그래프 탐색 알고리즘에서 필요한 리스트로서 확장을 위해 아직 선택되지 않은 노드들을 가지고 있다. 즉, 탐색 트리의 끝단 노드들을 포함하고 있다.

open operation [-àpəréiʃən] 개방 연산 주로 원하는 파일의 위치 탐색, 접근 제어 등의 기능을 수행하는 것으로, 일반적으로 보조 기억 장치에 보관되어 있는 파일을 사용할 수 있도록 준비해주는 파일 연산.

open price [-práis] 오픈 프라이스 제조원이 소매 가격, 정가를 설정하지 않고 각 소매점에 일임하는 방식. 가전 제품에서 널리 보급된 방식인데, 최근에는 PC 기기도 이 방식을 채택하는 추세이다. PC 부문은 기술 혁신이 매우 빠르기 때문에 시기에 따라 그 가치가 변동하므로 정가 설정도 무의미하고, 할인에 의해 브랜드 이미지를 저하시키지 않기 위해 오픈 프라이스제가 널리 도입되고 있는 상황이다.

open profiling standard [-próufailiŋ stǽndərd] ⇨ OPS

open programmer [-próugræmər] 개방 프로그래머 전문적인 프로그램 작성이 아니라 다른 업무를 수행하면서 그 업무의 필요성 때문에 프로그램을 작성하는 사람. 또한 대학의 연구실, 기업의 설계 부문 기술 연구소 등의 과학 기술 계산이나 설계 계산과 같이 취급하는 정보가 다른 부문과의 관련성이 적고, 독립되어 있는 것과 같은 분야에서 이 경향이 강하다.

open query [-kwí(ː)ri(ː)] 개방 질의 일반적으로 어떤 정량자에 의해서도 한정되지 않는 자유 변수가 존재하는 질의. 질의에 대한 응답으로서 YES/NO가 아니라 질의에 제시된 조건을 만족시키는 투플이나 객체의 집합을 요구하는 질의이다.

open routine [-ruːtíːn] 개방 루틴 프로그램 중에서 큰 루틴에 직접 삽입되며 메인 루틴(main routine)의 완전한 일부로서 기능하고, 서브루틴(subroutine)에 연결되는 링크나 호출 순서(calling sequence)를 갖지 않는 루틴. 즉, 주루틴에 직접 내장된 서브루틴으로 내장된 후에는 주루틴의 완전한 일부분으로서 움직이는 것이다. 따라서 그 밖의 루틴에서는 이용할 수가 없다.

open running [-rʌ́niŋ] 개방 실행

open shop [-ʃɑ́p] 개방 숍, 개방 전문점 컴퓨터 시스템의 여러 설비의 운영에 관련하여 사용하는 용어. 프로그래밍이나 컴퓨터 조작을 조작원이 하지 않고 문제의 제기자나 계산 처리 의뢰자가 스스로 조작할 수 있게 한 컴퓨터식의 운영 제도. 폐쇄 숍(closed shop)과 대비된다. 개방 숍 제어에서는 소규모이거나 단순한 문제가 빨리 해결될 수 있고, 의뢰인과 프로그램과의 대화의 단절이 없는 등의 이점이 있지만, 경비 분담이 어려운 점, 사용자의 학습 필요성이 큰 점, 스케줄링이 매우 어려운 점, 설비를 충분히 활용할 수 없는 등의 결점이 있다.

Open Software Foundation [-sɔ́(ː)ftwὲər faundéiʃən] OSF, 오픈 소프트웨어 재단 이것은 AT & T 사가 유닉스 시장을 독점하는 데 반발하여

1987년말 결성된 것으로 IBM, 디지털 이큐프먼트(DEC), 휴렛팩커드 등이 중심이 되어 결성된 표준 유닉스 운영 체제의 개발을 위한 단체.

open string [–stríŋ] **개방 기호열**

open subroutine [–sʌ́bru:tì:n] **개방 서브루틴** 하나의 프로그램 중 다른 장소에서 아주 똑같은 처리를 행하는 것이나, 다른 프로그램에서 같은 작업을 행하는 경우를 위해서 자주 사용되는 루틴을 별도로 만들어놓고 「공유」되도록 한 서브루틴(subroutine)의 하나. 이 「개방 서브루틴」은 프로그램이 번역되었을 때 주루틴 중의 서브루틴을 필요로 하는 장소에 삽입되는 형식의 서브루틴이다. 따라서 작성되는 시간은 1회로 끝마치지만, 기억 장치 상에서는 일련의 순서 중에서 사용하는 횟수만큼 기억 장소를 점유한다. 폐쇄 서브루틴(closed subroutine)과 대비된다.

open source [–sɔ́:rs] **오픈 소스** 소프트웨어의 소스 프로그램을 공개함으로써 그 소프트웨어를 이용하는 다수의 사람들에 의해 소프트웨어의 결함(버그)을 발견/수정하고, 부족한 기능이나 개선점을 보충함으로써 저렴하면서도 신속하게 고품질의 소프트웨어를 개발하려는 사고 방식. 대부분의 경우는 GPL(GNU general pulic license)의 규칙을 따르지만 독자적으로 규칙을 만드는 경우도 있다. 리눅스는 오픈 소스에 따라 개발된 대표적인 소프트웨어이다. ⇨ GPL, Linux, source program

open source business [–bíznəs] **오픈 소스 비즈니스** 소스 코드를 공개한 소프트웨어의 이용이나 개발, 도입을 지원하는 것 또는 그러한 사업자의 총칭. 대표적인 오픈 소스로 리눅스가 있다. 오픈 소스에 관계하는 기업의 소프트웨어 제품의 대부분은 오픈 소스의 이념에 따라 기본적으로 무상으로 제공되고, 그에 대한 지원이나 맞춤과 같은 순수한 서비스 부분은 유상으로 제공된다. 주요 오픈 소프트웨어에는 TEX(문서 편집, 리눅스(운영 체제)), Apache(웹 서버), Netscape Communicator(브라우저), Java2(운영 체제) 등이 있다.

OPENSTEP 오픈스텝 미국 NeXTComputer 사와 선 마이크로시스템즈 사가 공동으로 표준화를 추진하는 객체 지향 API의 사양. NeXT 사가 애플사에 흡수된 이후 현재는 애플 사가 개발을 이끌어 나가고 있다. ⇨ API

open system [–sístəm] **열린 체계** 개방 시스템. 외부 환경의 영향을 받게 되면 그 영향에 대하여 반응하며 외부에 무엇인가 작용을 하게 되는 시스템을 일컫는다. 환경이 시스템에 주는 영향을 인풋이라 하고, 반대로 시스템이 환경에 주는 영향을 아웃풋이라고 한다.

open system interconnection [–ìntərkənékʃən] **OSI, 개방 시스템 간 상호 접속** 국제 표준기구(ISO)에서 제안한 네트워크 구조의 설계 방안으로, 7계층의 처리 단계와 네트워크 관리를 위한 기능을 포함한다. 통신 회선의 제어에서부터 업무에 의존하는 정보 처리의 기능까지 여러 층으로 계층화하여 각각의 층에 이 상위의 층에 제공하는 서비스와 각 층의 기능을 정한 것을 OSI 참조 모델이라고 하는데, 응용층, 표현층, 세션층, 트랜스포트층, 망층, 데이터 링크층 및 물리층 등의 7개 층으로 계층화되어 접속된다. 이러한 계층화의 목적은 시스템 상호 접속을 목적으로 하는 각종 규격의 개발 작업을 조성하기 위한 공동 기반을 조성하고 기존 규격에 대해서는 참조 모델에 쉽게 연결되기 위한 편의를 제공하는 것이다.

Opentext [óup(ə)ntèkst] **오픈텍스트** 약 25억 개의 텍스트 자료에 있는 210억 어휘 및 어구를 검색할 수 있으며, 현재 사용할 수 있는 검색 엔진 중 규모가 가장 큰 자원 중의 하나. 긴 검색식을 써도 되고 간단한 제목이나 링크만 검색할 수도 있다. http//www.dopentext.com/ 참조.

open transport [óupən trænspɔ́:rt] 애플 사가 개발한 네트워크 통신용 아키텍처. 접속된 네트워크에서 사용되는 프로토콜을 자동 판별하고, 그에 따른 설정 등도 수행하기 위해 사용자나 소프트웨어측에서 프로토콜을 의식하지 않고 네트워크를 이용할 수 있다. 또한 모듈화된 구조를 가지기 때문에 새로운 프로토콜 등에도 쉽게 대처할 수 있다.

open type [–tάip] **개방형** 데이터 통신 서비스 부분이 망 모양으로 연결된 대기 행렬망(queuing network) 시스템에서 망 외부로부터 서비스를 받는 사람의 출입이 있는 형태를 말한다.

OpenVMS DEC 사가 1992년에 발표한 VMS의 신판. VMS가 VAX 시리즈 컴퓨터용의 독자 OS이지만 여기에 POSIX나 X/Open 등의 사양을 토대로 시스템 콜이나 커맨드를 추가한 것. XPG3의 brand 인정도 받았다. 이에 따라 오픈 OS인 유닉스용으로 개발된 애플리케이션 프로그램을 VMS에 이식하기 쉽게 되었다. EH VMS의 조작성이 유닉스와 동일하게 된다. 신뢰성이 높은 파일 시스템 등 종래의 VMS 독자의 기능을 그대로 승계하고 있다.

open wire [–wάiər] **나선**

open-wired [–wάiərd] **나선의**

open-wire line [–wάiər lάín] **나선 회로**

open workstation [–wɔ́:rkstèiʃən] **오픈 워크스테이션** 입력은 가능하나 출력이 되지 않는 상태의 워크스테이션.

open world assumption [–wɔ́:rld əsʌ́mpʃən] **개방 세계 가정** 어떤 음의 리터럴이 데이터 베이스에서 증명 가능하면 음의 리터럴의 진리값을 참으로 하는 가정. 이 가정은 데이터 베이스 내에 모든 정보(부정 정보도 포함)가 기술되기를 요구하게 된다.

operability[àpərəbíliti(ː)] *n*. **조작성** (1) 시스템을 최종적인 동작 배치에 붙인 상태로, 의도대로 동작하는 능력. (2) 사용하기 쉬운 능력.

operable[ápərəbl] *a*. **조작 가능한, 사용 가능한** 컴퓨터 시스템 전체나 그 구성 장치가 사용 가능한 것을 형용할 때 자주 사용된다. 예를 들면 동작 가능 시간(operable time)이라고 하며 컴퓨터의 기능 단위를 동작시키면 바른 결과를 내는 시간, 이용자의 입장에서 보아 기능 단위가 사용되는 사용 가능 시간은 이 시간에서 정기 보수 시간을 공제한 것이다.

operable time[–táim] **동작 가능 시간** 컴퓨터를 작동시켜 생산적인 작업을 수행할 수 있는 시간.

operand[ápərǽnd] *n*. **피연산자** (1) 연산(operation)의 대상이 되는 데이터. 예를 들면, $x+y$라는 연산에서는 x와 y가 각각 피연산자이다. (2) 기계어(machine language) 또는 어셈블러 언어(assembler language)를 사용한 명령어(instruction)의 일부이고, 보존(store)하는 데이터 또는 검색(retrieve)하는 데이터의 어드레스를 포함하고 있는 명령어의 연산 대상이 된다. 주기억 장치(main storage)의 어드레스나 레지스터(register)를 지정하는 부분이다.
[주] 연산의 대상이 되는 수치. 어셈블러에서는 표지(label), 연산 기호 코드(mnemonic code)의 우측에 오며, 연산의 대상이 되는 레지스터나 수치를 말한다.

operand address[–ədrés] **피연산자 주소**

operand control[–kəntróul] **피연산자 제어**

operand designation[–dèzignéiʃən] **피연산자 지정**

operand effective address[–iféktiv ədrés] **유효 피연산자 주소** 컴퓨터 수행 과정에서 얻어진 피연산자의 실제 주소.

operand fetch[–fétʃ] **피연산자 인출** 기억 장치에서 자료를 가져오는 행위.

operand field[–fíːld] **피연산자 필드** 각 명령어의 실행에 필요한 정보를 기술하는 명령문의 필드.

operand length[–léŋθ] **피연산자 길이** 피연산자의 비트 수 혹은 문자의 수.

operand list[–líst] **피연산자 리스트**

operand overlap[–òuvərlǽp] **피연산자 오버랩**

operand part[–páːrt] **피연산자부** 연산의 대상이 되는 피연산자를 기억하고 있는 부분.

operand sublist[–sʌ́blìst] **피연산자 서브리스트**

operate[ápərèit] *v*. **조작하다, 동작하다, 작동하다, 연산하다** (1) 기계(machine), 운송 수단(vehicle), 설비(plant) 등을 운전하거나 조작하는 것이다. (2) 시스템이나 장치(device) 등이 작동하는 것이다. (3) 시스템의 기능(function)이나 명령어(instruction) 등이 작동하는 것이다.

operate mode[–móud] **연산 모드** 아날로그 컴퓨터의 동작 모드이고, 연산을 실행하여 답을 구하는 모드.

operating characteristic curve[ápərèitiŋ kæ̀rəktərístik kə́ːrv] **동작 특성 곡선** 발췌 검사에 있어서 그 방식의 특징을 나타내는 것인데, 보통 가로축은 고장률, 세로축은 로트(lot) 합격의 확률을 취한다.

operating code field[–kóud fíːld] **연산 코드 필드** 명령에서 수행할 연산의 종류를 정하는 부분.

operating control(concurrent)[–kəntróul (kənkə́ːrənt)] **운영 제어(병행)**

operating cycle[–sáikl] **연산 주기** 기계어 명령을 수행하는 데 소요되는 주기를 말하며, 예를 들어 곱셈은 덧셈보다 연산 주기가 길다.

operating delays[–diléiz] **운영 지연** 컴퓨터를 효율적으로 운영하지 못해서 발생하는 지연. 고장이나 프로그램 오류로 발생하는 경우는 포함되지 않는다.

operating environment[–inváirənmənt] **조작 환경**

operating guide[–gáid] **운영 가이드** 최적 조건이나 안전 상태를 계산하여 오퍼레이터에 대해 수행 지시를 내리는 것.

operating instruction[–instrʌ́kʃən] **조작 지시, 운영 지시** 프로그램을 실행하기 위해 조작원이 해야 할 업무에 대한 기술.

operating mode[–móud] **동작 모드** 논리 입력 장치의 입력 방법. GKS에서는 동작 모드와 요구 모드, 추출 모드의 세 종류가 있다.

operating point[–pɔ́int] **동작 기점**

operating procedure[–prəsíːdʒər] **운영 절차**

operating program[–próugræm] **운영 프로그램** 순차 처리되거나 동시 처리되는 프로그램군의 적재, 분할, 라이브러리 탐색, 기억 공간 사용과 시분할 등을 지시하는 프로그램.

operating ratio[–réiʃìou] **가동률** 사용 가능률이라고도 하며, 기기·장치 또는 시스템이 어느 정도로 유효하게 사용될 수 있는가를 나타내는 단위.

operating space[–spéis] **표시 공간** 장치 공간의 부분으로서 영상 표시에 사용 가능한 영역.

operating state [–stéit] **작동 상태, 동작 상태**

operating system [–sístəm] **OS, 운영 체계(제)** 컴퓨터를 효율적으로 운용하고 조작하기 위한 프로그램이나 순서를 집대성한 것으로 데이터 처리 작업을 계획하여 성능을 감시하는 제어 프로그램(control program)과 실제로 데이터 처리 작업을 행하는 처리 프로그램(processing program)으로 크게 나누어진다. 제어 프로그램에는 작업 관리(job management), 데이터 관리(data management), 태스크 관리(task management)의 각 기능이 있으며 처리 프로그램에는 언어 프로세서(language processor), 서비스 프로그램(service program) 등이 있다. 보통 모니터라고 불리는 제어 프로그램과 컴파일러나 서비스 프로그램으로 구성되는 처리 프로그램 등 하드웨어에 부속해서 개발되는 프로그램의 총칭이지만, 제어 프로그램을 중심으로 한 관리 프로그램 부분만을 운영 체제라고 하는 경우가 많다. 운영 체제 성능이 컴퓨터 시스템 성능을 크게 좌우하는 것으로, 여러 개의 일을 병행해서 처리하는 기능(멀티프로그래밍) 등에 따라 컴퓨터의 성능을 충분히 발휘하는 것 등이 이 프로그램의 큰 존재 가치이다.

[참고] 프로그램의 실행을 제어하는 소프트웨어와 자원 배당, 스케줄링 입출력 제어, 데이터 관리 등의 서비스를 제공하는 것이다.

[주] 운영 체제는 소프트웨어가 주체이지만 부분적 또는 전체적으로 하드웨어화하는 것은 가능하다.

〈운영 체제의 구성〉

operating system 2 OS/2, OS 2

〈IBM 사의 야심적인 운영 체제 OS/2〉

operating system 360 OS/360, OS 360 일괄 처리, 실시간 처리, 시분할 처리의 세 방식을 통일하여 처리할 수 있는 일반적이고 종합적인 OS로서 1964년에 발표된 IBM 시스템 360을 위해 만들어진 운영 체제이다.

operating system firmware [–fə́ːrmwὲər] **OSF, 운영 체제 펌웨어**

operating system for pen inputting [–fər pén ínpjùtiŋ] **펜 입력 운영 체제** ⇨ OS for pen inputting

operating system functions [–fʌ́ŋkʃənz] **운영 체제 기능** 다목적 컴퓨터 시스템의 입출력 관리, 인터럽트 처리, 메모리 할당, 작업 시간 계획, 메시지 교환 및 통신 기능 등의 모든 작동을 제어하는 시스템 소프트웨어.

operating system label [–léibəl] **운영 체제 레이블**

operating system master [–mǽːstər] **운영 체제 마스터** 운영 체제를 구성하는 제반 요소로서 시스템 생성에 의해 운영 체제에 가공·편집된다.

operating system monitor [–mánitər] **운영 체제 모니터** 운영 체제를 구성하는 루틴들을 제

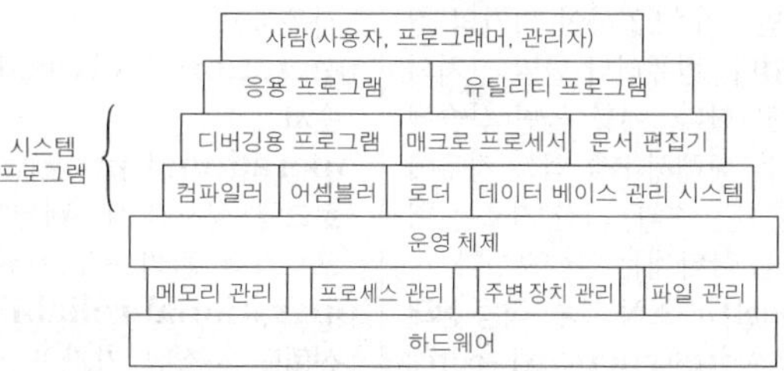

〈컴퓨터 운영 체제의 위치〉

어하기 위한 모니터.

operating system/multiprogramming with a variable number of tasks [–mʌ́ltipròugræmiŋ wið ə vɛ́(ː)riəbl nʌ́mbər ɔv tǽːsks] OS/MVT

operating system option[–ápʃən] **운영 체제 선택**

operating system supervisor[–súːpərvàizər] **운영 체제 감독기** 운영 체제는 감독 제어 프로그램, 시스템 프로그램 및 시스템 서브루틴들로 구성되어 있으며, 어셈블러와 매크로 프로세서, FORTRAN 및 다른 언어의 컴파일러와 검색 보조 프로그램 등이 포함되고, 일반적인 다목적용 라이브러리 프로그램들도 제공된다.

operating system supervisory control [–sùːpərváizəri(ː) kəntróul] **운영 체제 감독 제어** 운영 체제 소프트웨어는 하나의 감독 제어 프로그램, 시스템 프로그램, 시스템 서브루틴들로 이루어져 있고, 기호 어셈블러와 마이크로프로세서, 컴파일러, 오류 검출 보조용 프로그램이 포함된다. 또한 다른 소프트웨어 패키지뿐만 아니라 편의 프로그램의 라이브러리도 제공된다.

operating system/virtual storage[–vǝ́ːrtʃuəl stɔ́ːridʒ] **OS/VS, 가상 기억 운영 체제** ⇨ OS/VS

operating temperature[–témpərətʃər] **작동 온도**

operating time[–táim] **가동 시간, 작동 시간** 작동 가능 시간 중 기능 단위가 동작하고 있는 시간. 개발 시간, 생산 시간, 재시동 시간 등을 모두 포함한다.

operation[àpəréiʃən] *n*. **작동, 연산** 컴퓨터 중에서 행해지는「연산」, 기기류의「조작」,「움직임 자체」등을 가리키는 경우가 많다. (1) 연산 : 가산(addition), 감산(subtraction), 비교(comparison) 등에서 광의로는 논리 연산(logical operation)까지가 포함된다. (2) 작동 : 컴퓨터의 명령(instruction)이나 커맨드(command)에 따라 지시되는 특성 제어나 동작을 가리키는 경우가 있다. (3) 조작 : 컴퓨터 시스템 전반에 대해서 인간이 개입하여 기기의 취급에 사용되는 경우가 있다. 컴퓨터나 단말 장치의 조작원을 오퍼레이터라고 한다. 예를 들면 산술에서 가산 처리, 즉 5와 3을 더해서 8을 얻는 경우에 수 5와 3은 오퍼랜드, 수 8은 결과, 가산 기호는 행해지는 연산이 가산인가를 나타내는 연산자이다.

operational[àpəréiʃənəl] *a*. **조작 가능, 작동 상태**

operational address instruction[–ədrés instrʌ́kʃən] **연산 주소 명령어** 연산부를 가지지 않기 때문에 주소부에 연산의 내용이 묵시된 컴퓨터 명령어.

operational amplifier[–ǽmplifàiər] OP amp, **연산 증폭기** 각종의 연산기를 구성하기 위해서 외부 소자를 부가하여 사용하는 고이득 증폭기. 즉 아날로그 컴퓨터에서 연산 회로 소자 또는 회로를 접속해서 연산기를 구성하는 것이 가능한 증폭기이다.

operational character[–kǽrəktər] **운영 문자** 코드의 요소로 사용될 때 제어 동작을 시작, 수정하거나 정지시킬 수 있는 특별한 문자를 말하며, 개행 문자 등이 있다.

operational data[–déitə] **운영 데이터** 데이터베이스에 저장, 유지 및 관리를 필요로 하는 데이터로 조직체의 기능을 수행하는 데 반드시 필요한 데이터를 의미한다. 단순한 입출력 데이터와 작업 처리상 일시 필요한 임시 데이터는 제외한다.

operational design[–dizáin] **운영 설계** 시스템에서 작업이 실행되는 방식을 논리적, 수학적 또는 운영상의 용어로 기술하는 것으로 시스템 작업을 수행하는 방식을 설계하는 것을 의미한다.

operational environment[–inváirənmənt] **조작 환경**

operational flow chart[–flóu tʃáːrt] **운영 순서도** 업무 기준표로서 기계 조작원이 기계를 이용해 업무를 처리할 때 무엇을 입력하고 어떤 장치로 어떤 순서로 처리하며, 그 결과 무엇을 생성하는가를 체계적으로 혼자서도 실행할 수 있도록 작성한 작업 지도용 도표.

operationalization[ɑpərèiʃənəlizéiʃən] *n*. **지식 변형** 전문가의 지식이 이야기함으로써 전달되는 것이라면, 학습자는 이를 전달받아 실행 가능한 프로그램을 변형할 수 있어야 하며, 이를 수행하는 해석적, 휴리스틱적, 분석적인 방법의 변형 작업을 말한다.

operational label[àpəréiʃənəl léibəl] **운영 표지** 테이프 파일들은 조작원에 의하여 운영 표지로써 식별된다. 조작원의 시스템 운영을 위하여 테이프에 기록된 표지를 말한다.

operational mode[–móud] **운영 모드** 현재 사용하고 있는 컴퓨터 운용 모드.

operational procedure[–prəsíːdʒər] **조작 순서**

operational program[–próugræm] **운영 프로그램** 실시간 시스템에서 개개의 업무를 실행하는 프로그램. 관리 프로그램에 따라서 컨트롤된다.

operational reliability[–rilàiəbíliti(ː)] **동작 신뢰도** 시스템, 기기 또는 부품이 의도하는 목적 및 상황에서 사용될 때 의도하는 기간과 규정의 성능을 발휘하는 확률(동작 신뢰도는 고유 신뢰도(R)와 사용 신뢰도(R_V)의 곱($R \times R_V$)으로 나타낸다).

operational research[-risə́:rtʃ] **오퍼레이셔널 리서치**

operational semantics[-səmǽntiks] **동작적 의미론** 프로그램의 의미를 기술하는 이론의 하나. 기본 동작이 명확히 정의된 추상 기계의 동작 계열로서, 혹은 변수값을 상태로 하는 상태 기계의 상태 전이 계열로서 프로그램의 의미를 기술한다.

operational sign[-sáin] **연산 부호**

operational time[-táim] **연산 시간** 연산을 수행하기 위해 장비가 사용된 시간.

operational unit[-jú:nit] **연산 장치** 컴퓨터 작업을 수행하는 장치 또는 회로와의 집합.

operational word[-wə́:rd] **기능적 단어** COBOL에서 예약어 목록에는 들어 있지 않으나 언어의 이해를 쉽게 해주는 단어.

operation analysis[àpəréiʃən ənǽlisis] **오퍼레이션 분석**

operation block[-blák] **OB, 조작 블록**

operation center[-séntər] **오퍼레이션 센터**

operation code[-kóud] **연산 부호** 컴퓨터에서의 연산(operation) 종류를 나타내기 위한 코드. 즉, 덧셈을 ADD, 제곱근을 SQR 등으로 기억에 편리하도록 기호화한 것을 말한다. 이것은 번역 루틴 등에 따라 실제 계산 이전에 기계어의 조작부 코드로 변환하여야 한다.

operation code field[-fí:ld] **연산 코드부** 명령어에서 연산 코드를 포함하고 있는 부분.

operation code mnemonics[-ni:mániks] **연산 코드 기호**

operation code table[-téibəl] **연산 코드표** 어셈블러가 어셈블러 명령어를 기계어로 변환하기 위하여 사용하는 고정된 표로, 그 기계에서 사용되는 어셈블리 명령 코드와 대응되는 기계어 코드 및 명령어의 길이 등이 들어 있다.

operation code trap[-trǽp] **연산 코드 트랩**

operation control[-kəntróul] **연산 제어** 설비 제어 감독 및 작업 흐름에 대한 연산 제어로 컴퓨터 조작원과 교신되는 명령어들, 감독용 레코드들, 시스템 운용의 기록, 그리고 라이브러리 프로그램들에 대한 제어를 포함한다.

operation control command[-kəmǽ:nd] **OCC, 연산 제어 명령**

operation control language[-lǽŋgwidʒ] **OCL, 조작 제어 언어**

operation control panel[-pǽnəl] **연산 제어대** 컴퓨터 장치의 조작이나 제어를 하기 위한 작업대 조작이나 레이블의 일부분.

operation control statement[-stéitmənt] **조작 제어문**

operation count[-káunt] **연산 횟수** 식 또는 연산 과정에서 연산의 횟수. n차 다항식인 경우 또는 n번 반복 수행 과정에서의 연산의 횟수를 흔히 n으로 나타내고 order $f(n)$ 또는 $O(f(n))$의 형태로 표시한다.

operation cycle[-sáikl] **연산 주기, 실행 주기** 명령어의 실제적인 수행이 일어나는 기간으로, 하나의 명령을 실행하기 위한 몇 개의 스텝, 즉 복수의 머신 사이클을 경유한다. 명령의 종류에 따라 1 사이클로 완료하는 것도 있고, 수 사이클로 완료하는 것도 있다.

operation decoder[-di:kóudər] **연산 해독기** 실행시켜야 하는 기계 명령어의 연산 코드를 해석하고 그 명령의 수행을 위하여 필요한 회로들을 세트시키는 스위칭 회로.

operation error[-érər] **조작 에러**

operation exception[-iksépʃən] **오퍼레이션 예외**

operation expression[-ikspréʃən] **연산식**

operation field[-fí:ld] **연산 필드** OP 코드가 차지하는 명령어 형식의 한 부분.

operation guide[-gáid] **오퍼레이션 가이드** 계산 제어 중 제어 대상의 시상수(시간 지연)가 매우 큰 계(系)이거나, 제어 모델이 완전히 정밀하게 되어 있지 않은 경우에는 계산기의 출력측을 폐(閉) 루프의 모양으로 제어 장치에 직결하지 않고 제어할 여러 설정량이나 제어 절차 등의 조작의 지침을 CRT나 전광 표시판으로 조작원에게 알리고, 조작원이 이것을 보면서 최종 판단을 하여 조작을 실행하는 방식을 오퍼레이션 가이드에 의한 제어라고 한다. 계산기 제어의 실시 예 중에는 오퍼레이션 가이드적인 제어를 포함하고 있는 것이 매우 많다.

operation instruction[-instrʌ́kʃən] **연산 명령어** 레지스터 또는 메모리에서 꺼낸 바이트와 누산기 내용 간의 연산을 실행하는 명령. ADD(가산), SUB(감산), AND(논리곱), XOR(배타적 논리합), OR(논리합), CMP(비교) 등이 있다.

operation management[-mǽnidʒmənt] **운영 관리** 통신 시스템 설계. 건설의 최종 단계에서 시스템 시험이 완료되고 새로운 시스템의 서비스가 시작되면 그 시스템이 기대하는 기능과 성능을 계속해서 발휘하도록 하기 위한 관리를 운영 관리라고 한다. 운용 관리 외에 보수 관리도 필요하다. 데이터 통신의 운용 관리에는 시스템 운용의 목표, 운용 관리 조직, 시스템 운용의 효율화가 고려되어야 한다.

operation manual[–mǽnjuəl] **오퍼레이션 입문서, 오퍼레이션 안내서** 컴퓨터 조작을 비롯하여 각종 업무의 처리를 누구나가 정확하고 신속하며 효율적으로 하기 위해 그 업무의 내용과 순서 등을 상세하게 설명하고 있는 조작 해설서.

operation mistake[–mistéik] **조작 실수** 컴퓨터 조작중에 일으키는 사람의 실수. 예를 들면 입력 데이터의 잘못된 선택, 조작반의 키 실수, 지령 실수 등이다.

operation mode[–móud] **조작 모드**

operation number[–nʌ́mbər] **연산 번호** (1) 어떤 루틴을 포함하는 계속되는 연산에서 한 연산 혹은 그와 동등한 서브루틴의 위치를 가리키는 번호. (2) 부호 코드로 작성된 프로그램에서 각 단계를 나타내는 번호.

operation part[–pɑ́:rt] **연산부** 명령의 일부분으로, 통상 행해지는 연산만을 명시적으로 지정하고 있는 부분.
[주] 「통상」에 대한 예외로는 암시 어드레스 지정(implied addressing)을 참조.

operation per minute[–pər mínət] **OPM, 연산/분**

operation planning[–plǽniŋ] **오퍼레이션 계획**

operation program[–próugræm] **OP, 조작 프로그램**

operation ratio[–réiʃiòu] **작동률, 운영률** 계획된 장비 동작의 총 시간에 대하여 장비가 실제로 동작한 시간의 비율. 이 때의 실제 동작 시간에는 오퍼레이터나 프로그래머의 오류로 인한 시간도 포함된다.

operation register[–rédʒistər] **연산 레지스터** 연산 또는 조작의 종류가 기억된 레지스터로서 실행 단계에서의 상황을 기록 분석하기 위해 사용된다.

operation request element[–rikwést éləmənt] **ORE, 조작 요구 요소**

operations analysis[ɑ̀pəréiʃənz ənǽlisis] **오퍼레이션 분석, 운영 분석** 경영층이 최적의 결정과 예측을 위하여 이러한 정량적인 분석을 이용하는 것으로서 운용에 관한 문제를 해결하는 데 과학적 추이 방법을 이용하는 것.

operations control[–kəntróul] **운용 제어** 컴퓨터 오퍼레이터와 교신을 하는 명령어들. 감독용 레코드들의 시스템 운용의 기록(logs)과 라이브러리 프로그램들에 대한 제어를 포함하는 것으로, 설비 감독 작업 및 흐름의 운용에 관한 제어이다.

operations manager[–mǽnidʒər] **운영 관리자** 장비의 운영과 사용 일정 시간을 작성할 책임이 있는 사람.

operations multitask[–mʌ́ltitɑ̀:sk] **다중 태스크 운영** 두 개 이상의 작업 단계를 병행하여 처리하는 것.

operation speed[ɑ̀pəréiʃən spí:d] **연산 속도**

operations per minute[ɑ̀pəréiʃənz pər mínət] **opm, 분당 연산 횟수, 연산/분** 1분에 수행할 수 있는 평균 연산의 개수로서 최근에는 별로 사용되지 않으며 컴퓨터의 성능 평가를 위한 척도의 하나이다.

operations personnel[–pə̀:rsənél] **운영 요원** 컴퓨터와 관련 장비들을 작동 운영하는 요원.

operations planning and control[–plǽniŋ ənd kəntróul] **운용 계획 관리 프로그램**

operations research[–risə́:rtʃ] **OR, 오퍼레이션 조사, 운영 조사** 제2차 세계 대전에서 미국의 학자가 군에 협력하여 작전상의 결정에 과학적 방법을 도입하였다. 전쟁이 끝난 뒤 군뿐만 아니라 일반 관청이나 회사에도 과학적인 방법(주로 수학) 및 도구(예를 들면 컴퓨터)를 사용하여 운영 관리상의 문제에 관한 최적의 해답을 제공하는 방법이 채택되도록 하였다. 이 방법을 운영 조사(OR)라고 한다. 운영 조사는 정부나 기업에서 각각의 계획, 예를 들면 앞으로 십년간의 발전소 건설 계획을 어떻게 하는가, 어느 제품을 언제 얼마만큼 생산하면 좋은가, 복수의 공장에서 제조한 상품을 각 수요지로 어떤 비율로 수송하는가 등 크고 작은 여러 규모의 문제를 수학적인 수법으로 결정하는 것이다.
[주] 대표적인 모델로서 재고 모델, 경쟁 모델, 대기 모델 등이 있다.

operations stroke[–stróuk] **연산 스트로크** ⇨ NAND gate

operation table[ɑ̀pəréiʃən téibəl] **연산표** 오퍼랜드값 모두에 타당한 조합과 그 조합의 각각에 대한 결과를 나타내는 것으로서, 연산을 정의하는 표.

operation time[–táim] **연산 실시간** 어느 계산기 명령(가산, 승산, 제산)에 대해서 명령 실행 단계에 소비되는 시간에 명령 인출 단계의 시간을 더한 것. 단, 전자만을 가리키는 경우도 있다.

operation true time[–trú: táim] **연산 시간**

operation use time[–jú:s táim] **연산 사용 시간** 장비가 동작한 시간에서 유휴 시간(idle time), 대기 시간, 보수 시간, 재시행 시간을 제외한 시간.

operative[ɑ́pərèitiv] *a.* **동작의, 효력이 있는**

operative condition[–kəndíʃən] **동작 상태**

operator[ɑ́pərèitər] *n.* **연산자, 운영자** 실행해야 하는 행동을 지정하는 것. 일반적으로 연산수(op-

erand)에 실행해야 하는 오퍼레이션(operation)을 지정한다. 수학 기호「연산자」, 또는 그대로「오퍼레이터」라고 번역된다. 단지 기계를 조작하는 사람을 말하는 경우도 있으며, 이때는「조작원」이라 번역되기도 한다. 연산자로서는 예를 들어 +(가산), −(감산), ×(승산), ÷(제산), ∫(적분), ∑(누계합) 등이 대표적이지만, 특히 컴퓨터 경우는 명령어(instruction)의 명령어부(instruction part)를 생략하여 operator라고 하는 경우도 있다. 이것을 정확하게는 오퍼레이터 파트(operator part)라고 한다.
[주] 연산에 있어서 행해지는 동작을 나타내는 기호.

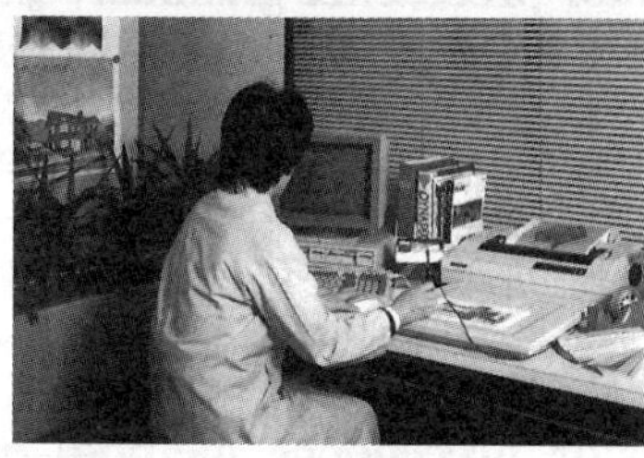

〈컴퓨터 조작원〉

operator aid computer[−éid kəmpjú:tər] **OAC, 오퍼레이터 지원 컴퓨터**

operator associativity[−əsòuʃieitíviti(ː)] **연산자 결합 법칙** 연산식에서 같은 연산자가 연속해서 나올 경우에 연산 순위를 왼쪽부터 취할 것인지 아니면 오른쪽부터 취할 것인지 결정하는 것.

operator command[−kəmá:nd] **조작원 명령** 조작원이 운영 체제에 대해서 오퍼레이터가 콘솔을 사용하여 입력(input)하는 메시지. 예를 들면 새로운 오퍼레이션 요구나 현재 행해지고 있는 오퍼레이션에 대한 변경이나 종결 요구 등을 구하기 위한 것이다. 호스트 컴퓨터의 콘솔이나 단말 장치에서 오퍼레이터가 컴퓨터 시스템에 대하여 필요한 지시를 주기 위한 명령이다.

operator communication control facility[−kəmjù:nikéiʃən kəntróul fəsíliti(ː)] **OCCF, 조작원 통신 제어 기능**

operator-computer communication[−kəmpjú:tər kəmjù:nikéiʃən] **조작원 컴퓨터 통신**

operator-computer interface[−íntərfèis] **조작원 컴퓨터 인터페이스**

operator console[−kánsoul] **조작원 콘솔** 조작원으로서의 오퍼레이터와 데이터 처리 시스템(data processing system)과의 교신에 사용되고, 프로그램이나 주변 장치(peripheral unit)의 동작을 제어하거나 정보(information)를 얻거나 하는데 사용하는 장치. 이것은 스위치 패널이나 표시 램프, 디스플레이 등으로 이루어져 있다.
[주] 컴퓨터의 조작원과 데이터 처리 시스템과의 교신에 사용되는 기구를 갖춘 기능 단위.

operator console facility[−fəsíliti(ː)] **조작원 콘솔 기능**

operator console for decision making[−fər disíʒən méikiŋ] **의사 결정용 조작원 콘솔**

operator console keyboard[−kí:bɔ̀:rd] **조작원 콘솔 키보드** 중앙 제어 콘솔은 컴퓨터 시스템의 감독 기능을 수행한다. 이 콘솔로써 조작원은 프로세서와 주변 장치를 제어하고 관측할 수 있으며, 처리 기능을 감독할 수 있다.

operator control[−kəntróul] **조작원 제어, 오퍼레이터 제어**

operator control address vector table[−ədrés véktər téibəl] **조작원 제어 어드레스 벡터 테이블**

operator control command[−kəmá:nd] **OCC, 조작원 제어 명령**

operator control language[−lǽŋgwidʒ] **OCL, 조작원 제어 언어**

operator control panel[−pǽnəl] **조작원 제어판, 조작판** 데이터 처리 시스템 또는 그 일부를 제어하기 위해 사용되는 스위치를 갖는 기능 단위. 시스템의 기능 동작에 관계하는 정보를 주는 인디케이터를 갖춘 것도 있다.

operator control station[−stéiʃən] **조작원 제어 스테이션** 조작원 명령들을 입력하기 위한 단말 장치나 혹은 콘솔.

operator error[−érər] **조작원 오류** 단말 장치에서 조작원에 의해 발생되는 오류.

operator error analysis[−ənǽlisis] **OEA, 조작원 오류 해석**

operator expression[−ikspréʃən] **작용소 식**

operator facility[−fəsíliti(ː)] **조작원 기능**

operator guidance[−gáidəns] **조작원 가이드, 조작 지시** 컴퓨터가 제어 대상의 최적 조건이나 안전 상태를 계산하여 조작원에게 조작 지시를 하는 것.

operator guidance code[−kóud] **조작 지시 코드**

operator guidance panel[−pǽnəl] **조작 지시판**

operator guide[−gáid] **조작원 가이드** 컴퓨터가 제어 대상의 최적 조건이나 안전 상태를 계산하여 조작원에게 조작 지시를 내리도록 하는 것.

operator guide system[−sístəm] **조작원 가이드 시스템** 컴퓨터를 이용한 제어 시스템의 일종으로, 컴퓨터에 의한 계산 결과를 사람이 체크할 필요가 있는 경우와 프로그램하는 것이 불가능한 요소를 포함한 경우 등에 컴퓨터의 계산 결과를 참고해서 사람이 나머지 조작을 행하는 시스템. 이와 같이 사용되는 컴퓨터를 조작원 가이드 컴퓨터라고 한다.

operator ID 연산자 식별, 조작원 식별 카드 operator identification의 약어.

operator ID card reader 조작원 식별 카드 판독 기구

operator identification[-ɑidèntifikéiʃən] operator ID, 연산자 식별 문맥에 따라서 다른 의미를 갖는 과적 기호 문제를 해결하기 위해 연산 기호가 뜻하는 연산이 어느 것인가를 결정하는 과정.

operator identification card reader[-ká:rd rí:dər] 조작원 식별 카드 판독 기구

operator identification code[-kóud] 조작원 식별 코드

operator identification number[-nʌ́mbər] 조작원 식별 번호

operator impedance characteristics[-impí:dəns kæ̀rəktərístiks] 조작원 임피던스 특성

operator indicator light[-índikèitər láit] 오퍼레이터 표시등

operator information area[-ìnfərméiʃən έ(:)riə] 조작원 정보 구역

operator input station[-ínpùt stéiʃən] 오퍼레이터 입력 스테이션

operator interface[-íntərfèis] 오퍼레이터 인터페이스

operator interface control block [-kəntróul blák] OPICB, 조작원 인터페이스 제어 블록

operator interrupt[-ìntərʌ́pt] 조작원 인터럽트 조작원 또는 사용자가 발생시키는 인터럽트.

operator intervention[-ìntərvénʃən] 조작원 간섭

operator intervention minimum [-mínimәm] 조작원 간섭 최소화

operator intervention section[-sékʃən] 조작원 간섭부 조작원이 제어 목적으로 정상적인 프로그래밍 작동을 간섭할 수 있는 제어 장치의 부분.

operator message[-mésidʒ] 조작원 메시지 운영 체제(OS)나 응용 프로그램으로부터 조작원에게 보내는 메시지.

operator message handler[-hǽndlər] 조작원 메시지 처리기

operator operand tree[-ápərænd trí:] 오퍼레이터 피연산자 트리

operator oriented evaluation method [-ɔ́:rientəd ivæ̀ljuéiʃən méθəd] 오퍼레이터 중심 평가법

operator oriented terminal[-tə́:rminəl] 오퍼레이터 중심 단말 장치

operator panel[-pǽnəl] 조작판

operator part[-pá:rt] 연산자 부분, 연산 기호부

operator precedence[-présədəns] 연산자 순위 식 중에서 연산자의 적용 순서를 결정하는 규칙. 즉, 수식에서 연산 순서에 대한 애매모호성을 해결하기 위해 연산자에게 부여된 우선 순위를 말한다.

operator precedence grammar[-grǽmər] 연산자 순위 문법 산술식 $a+b\times c$는 $(a+b)\times c$가 아니라 $a+(b\times c)$로 해석된다. 이것은 연산자 ×가 +에 우선하기 때문이다. 이러한 연산자 간의 우선 순위를 정의할 수 있는 문법을 말한다. 일반적으로는 언어의 마지막 기호들도 연산자라고 생각해서 적용한다. 프로그래밍 언어의 구문 해석을 거꾸로 해서 행할 때 쓰인다.

operator precedence method[-méθəd] 연산자 우선 방식 컴파일러 등에서 사용되는 방식으로 문자를 연산자로서 인식한 경우, 입력 외의 요소를 오퍼랜드로 하는 것으로 가정하고 연산자 상호간의 우선 관계에 따라 어느 연산자를 먼저 컴파일할 것인가를 결정하는 방식.

operator precedence parsing[-pá:rziŋ] 연산자 순위 파싱 주로 수식을 파스(parse)하는 데 적합하며, 컴파일러에서의 파싱 방법 중 상향식 파싱 방법의 일종.

operator-product interface[-prádəkt íntərfèis] 오퍼레이터 제품 인터페이스

operator relavant behavioral mechanism[-réləvənt bihéivjərəl mékənizm] 오퍼레이터 관련 거동 메커니즘

operator's access code[-ǽkses kóud] 조작원 액세스 코드

operator scheduling problem[ápərèitər skédʒuliŋ prábləm] 오퍼레이터 스케줄링 문제

operator's console[ápreìtərz kánsoul] 조작원 콘솔 컴퓨터 작동에 대한 감시와 수동적인 조정을 위한 장치.

operator's control law[-kəntróul lɔ́:] 오퍼레이터 제어 법칙

operator's control panel[-pǽnəl] 조작원 제어판 조작원 제어판에는 중앙 처리 장치의 조작을 위해 필요한 모든 스위치와 표시기가 부착되어 있다. 제어판은 실행중인 프로그램에 대한 제어보다는 주로 프로그램의 실행에 앞서 초기 준비와 검

색 목적을 위해서 사용되고, 현재 진행중인 루틴에 대한 제어는 온라인 타이프라이터나 감지 스위치들에 의하여 행해진다.

operator's effective delay time[–iféktiv diléi táim] **오퍼레이터 유효 지연 시간**

operator's interrupt[–ìntərʌ́pt] **조작원 인터럽트** 조작원이 발생시키는 인터럽트.

operator's override[–òuvərráid] **조작원 우선** 어떤 시스템에서는 조작원이 시스템에서 강제로 부적합한 데이터를 받게 할 수 있다. 우선 필드를 가지고 있는 레코드들은 일반적으로 표시가 되어 후에 개정이나 정정이 필요할 때는 전송 전에 검색할 수 있다.

operator's panel[–pǽnəl] **조작판**

operator's request control panel[–rikwést kəntróul pǽnəl] **조작원 요구 제어판** 컴퓨터가 특정 기능을 수행하도록 조작원이 요구할 수 있는 표시등과 스위치로 구성된 패널.

operator's resources allocation[–risɔ́ːrsiz æ̀ləkéiʃən] **오퍼레이터의 자원 할당**

operator's response[–rispáns] **오퍼레이터 응답**

operator state[ápərèitər stéit] **O-state, 오퍼레이터 상태**

operator station[–stéiʃən] **조작원 스테이션**

operator's tracking performance[ápərèitərz trǽkiŋ pərfɔ́ːrməns] **오퍼레이터 트래킹 성능**

operator system interface[ápərèitər sístəm íntərfèis] **오퍼레이터 시스템 인터페이스**

operator system performance[–pərfɔ́ːrməns] **오퍼레이터 시스템 성능**

operator task loading[–táːsk lóudiŋ] **오퍼레이터 태스크 부하**

operator time [–táim] **오퍼레이터 시간**

operator-to-machine communication [–tu məʃíːn kəmjùːnikéiʃən] **오퍼레이터와 머신과의 통신, 조작원과 기계와의 통신**

OPICB 조작원 인터페이스 제어 블록 operator interface control block의 약어.

opinion technology[əpínjən teknálədʒi(ː)] **오피니언 테크놀로지**

opm 연산/분 operation per minute의 약어. 1분간에 컴퓨터가 연산할 수 있는 횟수를 나타내는 단위.

OP register OP 레지스터 명령어의 연산 코드가 기억되는 특별한 레지스터.

OPS open profiling standard의 약어. 사용자와 웹사이트 간에서 개인 정보를 공유할 때의 표준 사양. 개인의 프라이버시 보호 기능이 있다. ⇨ object

optic[áptik] *a*. **광학식**

optical[áptikəl] *a*. **빛의, 광학적, 광학식**

optical attenuator[–əténjuèitər] **광감쇠기** 수광 장치로 입력되는 광감도를 조정하는 데 이용되는 것으로, 광감쇠의 방법은 금속막에 의한 반사 흡수를 이용하는 것이 일반적이다. 이것은 수동 광 회로 소자이며, 광감도가 어느 정도 줄어든다.

optical bar-code reader[–báːr kóud ríːdər] **광 바코드 판독기** 굵기가 다른 막대 모양의 검은 선의 조합에 의해 데이터를 구성하는 바코드를 광학적으로 판독하는 장치. 이 장치는 수퍼마켓 등에서 쓰이는 POS 시스템에 많이 이용되고 있다.

optical cable[–kéibl] **광케이블** 유리나 석영 유리의 섬유로 만들어진 관으로 광에너지를 차단하고 광전송을 행하는 전송로로 사용된다.

optical card[–káːrd] **광학 카드** 이 광학 카드의 기록 방식은 레이저광의 열로 수 m의 구멍을 만들어 데이터를 기록하며, 반사광의 강약으로 데이터를 검출하게 되지만 현재 사용중인 카드는 한 번 기록한 데이터를 지울 수 없으나 소거 가능 광학 카드도 곧 실용화될 것으로 보인다. 또한 레이저광을 이용하여 데이터를 판독하는 크레디트 카드 정의의 카드로, 5Mbit의 데이터를 수록할 수 있으며 양면을 전부 사용하면 40Mbit까지 확장이 가능하다.

optical character reader[–kǽrəktər ríːdər] **OCR, 광학 문자 판독기, 광학 문자 판독 장치** 기계에 의해 인쇄된 문자 또는 손으로 쓴 문자를 광학적으로 판독하고 전기 신호로 변환하는 장치. 즉, 화면에 프린트된 문자에 빛을 대어서 그 반사 광선을 받아 관측하고 그 문자가 무엇인가를 판단해서 부호화하는 입력 장치로서 종이 형식과 보내는 방법, 글자형의 판단 방식 등 여러 가지 종류가 있다. 현존하는 많은 장치는 판독되는 자형이 특정한 포맷에 한정되어 있다.

optical character reader font[–fánt] **광학식 문자 판독기용 문자 자형** 광학식 문자 판독기로 읽을 수 있게 정한 표준적인 자형.

optical character recognition[–rèkəgníʃən] **OCR, 광학 문자 인식, 광학적 문자 인식** 인쇄된 문자를 광학적 수단에 의해 자동으로 식별하는 것. 즉, 도형 문자를 식별하기 위해서 광학적인 수단을 사용하는 문자 인식.

optical communication[–kəmjùːnikéiʃən] **광통신** 빛에 의한 정보 전달 방식. 현재로는 반도체 레이저를 광원으로 하고 광섬유에 의한 통신을 가리키는 것이 일반적이다.

optical computer[–kəmpjúːtər] **광컴퓨터**

optical connector[-kənéktər] **광커넥터** 광커넥터는 광섬유가 탈착 가능한 접속 부품으로서 광섬유 코드와 통신 기기 내에 사용된다. 사용 형태에 있어서 기능 및 조작성의 특성은 종래의 전 기계 커넥터와 같은 모양이다. 그 구조와 종류는 기술 진전에 따라 다양하다. 광커넥터의 기본 구성은 광섬유를 내장하는 플러그(plug)부와 이것을 정렬하는 어댑터(adapter)부로 되어 있다. 광커넥터의 손실 특성을 향상시키기 위하여 주로 플러그 부분의 높은 정밀도 가공 기술의 향상을 높이는 데 노력해왔다. 광커넥터는 접속 부품의 기본 부품으로서 각종 광 부품의 입출력 단자로서 플러그 부분에 사용되고 있다. 이 때문에 광커넥터의 규격 통일과 표준화가 국내외에서 추진되고 있다.

optical data card[-déitə ká:rd] **광학식 데이터 카드**

optical data highway[-háiwèi] **광데이터 하이웨이** 컴퓨터 네트워크나 LAN 등에 광섬유를 사용한 고성능이면서 고품질의 전송망을 꾸며넣고 데이터, 음성, 화상 같은 모든 정보의 전송을 가능하게 하는 통합화된 통신망.

optical data highway system[-místəm] **광데이터 하이웨이 시스템**

optical data link[-líŋk] **광데이터 링크, 광학적 데이터 링크**

optical detector[-ditéktər] **광학 검파기, 광검지기**

optical disk[-dísk] **광디스크** 광 비디오 디스크라고도 불리는 기록 매체로서 레이저에 의해 데이터를 판독할 수 있는 디스크. 금속(Te계) 박막판에 레이저 광선으로 아주 작은 구멍을 뚫거나 판의 반사 상태가 변하도록 변질시키거나 해서 기록하고, 재생에는 기록에 필요한 것보다 약한 레이저광을 닿게 하여 반사광 강약에 따라 정보를 읽어낸다. 즉, 기록면에 피트(pit)라고 하는 요철(凹凸)을 만들어 그것을 레이저 디지털 신호로써 판독한다. 열처리에 의한 기록이므로 바꿔 쓸 수가 없다는 결점이 있지만 다량의 정보를 값싸게 그리고 안전하게 보존할 수 있는 이점이 있다. 또 어드레스 지정에 따른 랜덤 액세스가 가능하다. 주로 화상이나 문헌 정보를 축적하는 데 쓰인다. 화상이나 음성을 고품질로 기록할 수 있고 값이 싸며 대용량이기 때문에 여러 가지 제품이 실용화되어 있다. 대표적인 것으로는 CD(compact disk), 레이저 디스크가 있는데, 컴퓨터의 외부 기억 장치인 판독 전용의 CD-ROM도 그 일종이다.

〈광디스크〉

optical disk memory[-méməri(:)] **광디스크 메모리**

optical divider-coupler[-dəváidər kÁplər] **광 분배 결합기** 광 분배 결합기는 각종 광섬유망을 구축하는 데 매우 중요한 장치로, 한 입력 단자에서 들어온 광신호를 여러 개의 출력 단자에 분배하고 복수의 입력 단자로부터의 광을 한 개의 출력 단자로 결합하는 장치이다.

optical document reader[-dákjumənt rí:dər] **광학 문서 판독기**

optical/electrical converter[-iléktrikəl kənvə́:rtər] **OE 변환 장치, 광전 변환기**

optical fiber[-fáibər] **광섬유** 투명한 섬유 상태의 물질에 광에너지를 집어넣고, 광전송을 행하는 전송로. 광신호, 광에너지는 경계면에 있어서 전반사, 또는 굴절률 기울기에 의한 파형을 반복하여 전송한다. 광통신 방식의 전송로에 이용되며 최근

〈광섬유〉

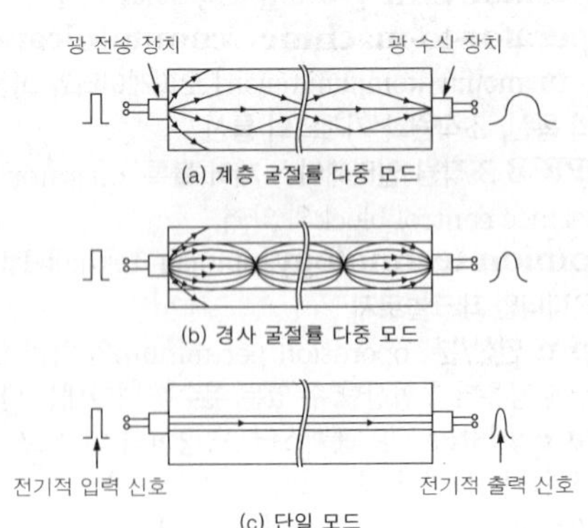

〈광섬유의 세 가지 전송 원리〉

에 급속히 발전했다. 재료로는 석영 유리나 다성분계 유리가 쓰이고 중심부는 코어라고 하는 굴절률이 큰 부분으로, 클래더(cladder)라고 불리는 굴절률이 작은 부분에 따라 여러 구조로 되어 있다. 그것에 의해 빛이 코어 안에 닫히게 된다. 고속도의 근거리 네트워크(LAN) 등의 전송 매체로서 급속하게 이용이 확산되고 있다. 코어의 지름은 수 μm~수십 μm, 클래더 부의 지름은 100~200μm가 보통이다. 따라서 지름이 작아서 가볍고 구부러지기 쉽다. 또 저손실(0.2dB/km), 광대역으로 광원으로는 최근에 발달한 반도체 레이저를 이용한다. 실용상 무유도(無誘導)이다. 빛의 모드로서 단일 모드용인 것과 다(多)모드용인 것 등이 있다. 최근에 컴퓨터 사이 및 단말을 연결하는 데이터 하이웨이로서 널리 이용되고 있다. 통상의 케이블에 비해 손실이 적고, 한 번에 대량의 데이터를 보낼 수 있다. 보통은 광섬유의 강도를 강하게 하기 위해 플라스틱의 프라이슬리 코드나 나일론 코드를 시설하고 그것을 몇 개 이상 모아 광섬유 케이블로 사용한다.

optical fiber bundle[–fáibər bʌ́ndl] **광섬유 다발**

optical fiber cable[–kéibl] **광섬유 케이블** 역사적으로는 위 내시경 등에서 화상을 직접 전송하는 수천 개의 섬유를 묶은 것이 최초로 실용되었다. 이것을 번들 파이버(bundle fiber)라고 하는데, 최근에는 광섬유를 수백 개 이상 묶어 광통신 등에 사용한다.

optical fiber code[–kóud] **광섬유 코드**

optical fiber communication link[–kəmjù:nikéiʃən líŋk] **광섬유 통신 링크**

optical fiber communications[–kəmjù:nikéiʃənz] **광섬유 통신** 광 LAN과 같은 네트워크에 정보를 실어서 광섬유로 보내는 통신. 고속, 대용량이 특징이다. 전송로 부호 형식에는 DMI(differential mark inversion)를 이용한다.

optical fiber loop network[–lú:p nétwə̀:rk] **광섬유 루프 네트워크** 광섬유를 써서 링(ring)형의 네트워크를 전송로로 설정하고, 루프상에 데이터 전송용의 토큰을 전송하면서 데이터 전송을 하는 것으로, 근거리 통신망(LAN) 구성법 가운데 하나이다.

optical fiber tube[–tjú:b] **OFT, 광섬유관** 전자 사진식 프린터의 광원으로 사용되고 있으며, 브라운관의 발광면 빛의 산란을 방지하기 위하여 발광면에 광섬유를 매입한 것이다.

optical file system[–fáil sístəm] **광파일 시스템** 광디스크에 문서를 보관하는 시스템. 제어 장치, 디스크 구동 장치, 디스플레이, 프린터 등으로 구성된다. 작은 원반 한 장에 A4 크기의 표준 원고일 경우 10만 배 이상의 대량의 문서를 저장할 수 있다. 사무실의 공간을 줄일 수 있는 것이 최대의 이점이다.

optical font[–fánt] **광학 자형** 컴퓨터의 입력으로 사용할 수 있는 매체의 하나로서, 컴퓨터의 입력 장치로 읽어들여 전기 신호로 변환할 수 있는 여러 가지 자형(字型)이 있다.

optical font sensing[–sénsiŋ] **광학 자형 감식**

optical forms overlay[–fɔ́:rmz òuvərléi] **광학식 폼 오버레이 방식**

optical image unit[–ímidʒ jú:nit] **광학 영상 장치, 광학식 이미지 장치**

optical input device[–ínpùt diváis] **광학 입력 장치** 카드 판독기, 종이 테이프 판독기, 바코드 판독기, 디지타이저 등을 그 예로 들 수 있으며, 광에너지를 전기 에너지로 교환하는 장치를 말한다.

optical integrated circuit[–íntəgrèitəd sə́:rkit] **광 IC, 광 집적 회로** 광섬유 등은 빛의 전송로이고 수동 소자(passive element)이지만, 빛의 능동 소자(active element)를 짜넣어, 즉 각종 광회로 소자를 도파로(導波路) 구조로서 단일 칩 기판 상에 집적화하여 정보 처리 기능을 갖게 한 것이다. 현재는 실용화 단계까지 이르지 못했으나 발전 도상에 있다.

optical isolation[–àisəléiʃən] **광학적 분리**

optical isolator[–àisəléitər] **광학 절연체** 한 쌍의 입력 단자를 가지고 한 방향으로의 광의 전송에는 손실이 적고, 역방향으로의 광의 전송에는 감쇠를 매우 크게 하는 장치.

optical LAN 광 근거리 통신망 optical local area network의 약어. LAN에 사용하는 전송 케이블은 동축 케이블, 꼬임선, 광섬유 등이다. 이 중에서 광섬유를 이용한 LAN을 광 근거리 통신망이라 한다. 대용량, 고속 통신이 가능하고 전자 잡음의 영향을 받지 않는다는 이점이 있다.

optical laser disk[–léizər dísk] **광레이저 디스크**

optical lithography[–liθágrəfi(:)] **광석면 인쇄**

optically coupled isolator[áptikəli kʌ́pld àisəléitər] **광결합 분리기** 전자·제어·통신 회로 등에서 두 접점을 전기적으로 직결시키지 않고 빛을 통해서 간접적으로 연결하는 것. 이것은 제어 회로에 높은 순간 전압이 가해지는 것을 방지하고, 또 제어 대상에 흐르는 큰 전류를 제어 회로와 분리시킨다. 보통 이와 같은 목적으로는 계전기가 쓰이지만, 반도체를 사용하는 회로에는 계전기보다 응답 속도가 빠르고 기계적인 접점 고장이 없는 광결합 소자가 더 적합하다. 광결합 소자는 주로 발광 다이오드(LED)와 광 트랜지스터의 쌍으로 이루어져 있다.

optical magnetic disk[áptikəl mægnétik dísk] **광자기(光磁氣) 디스크** 컴퓨터용 데이터 기억 장치로, 자기 테이프나 보통 자기 디스크에 비해 수십 배의 고밀도로 정보를 기억할 수 있으며, 데이터 고쳐 쓰기가 불가능한 종래의 광디스크와 달리 몇 번이라도 정보를 소거하여 고쳐 쓰기가 가능하다. 기억의 원리는 수직 자화(磁化)에 따른 고밀도 자기 방식을 채용했으며 데이터의 쓰기, 읽기, 소거에 레이저 광선을 사용하고 있다.

optical mark/hole reader[–má:rk hóul rí:dər] **광학 마크/천공 판독기**

optical mark page reader[–péidʒ rí:dər] **광학 마크 페이지 판독 장치** 8.5×11인치 크기 용지상의 특정 위치에 보통 연필로 쓴 기호들을 읽을 수 있는 광학 장치. 최고 1시간에 2,000장(1.8초에 한 장)씩 판독할 수 있다.

optical mark reader[–rí:dər] **OMR, 광학 마크 판독기** 일정한 형식으로 설계된 용지(카드) 난에 연필 또는 펜 등으로 표시하여 정보를 표현한 것을 광학식으로 읽기 위한 입력 장치. 즉, 종이에 연필로 기입한 마크의 유무를 광학적으로 판독하고, 마크가 기입된 위치 정보를 직접 컴퓨터에 입력하는 장치. 이것을 사용하면 원시 입력에 천공 작업을 생략할 수 있는 이점이 있다. 필기 시험의 해답 용지에 마크 시트(mark sheet)를 사용하고 채점은 컴퓨터로 할 수 있도록 되어 있다.

optical mark reading[–rí:diŋ] **OMR, 광학 마크 판독 기구**

optical mark recognition[–rèkəgníʃən] **OMR, 광학 마크 판독** 용지의 일정한 위치에 표시된 마크를 판독하는 것.

optical mark scoring reader[–skɔ́:riŋ rí:dər] **광학 마크 판독 채점기**

optical memories[–méməri(:)z] **광학 기억 장치** 감광 필름이나 반도체에서 정보를 읽거나 쓰기 위하여 광파(레이저 빔 등)가 사용되는 기억 시스템.

optical memory[–méməri(:)] **광메모리, 광학 기억 장치** 빛을 이용해서 기억 장치를 제작하려고 하는 의도는 이미 오래 전부터 있었지만 고쳐 쓰기가 가능한 매체가 필요한데, 좋은 재료가 얻어지지 않아 컴퓨터용으로는 아직 충분히 실현되지 않았다. 그러나 마이크로필름, 마이크로피시(microfiche), 광비디오 디스크 등은 고밀도의 기억 매체(단, 고쳐 쓰는 것은 불가능)이므로 부분적으로 이용되고 있다.

optical memory card[–ká:rd] **광메모리 카드** 빛을 사용한 기억 소자를 응용한 카드형 메모리. 빛을 이용한 기억 장치로는 광디스크 등이 있는데, 광메모리도 이 광디스크의 원리에 따른 광메모리 소자를 사용하고 있다. 광메모리의 특징은 데이터의 취득이 비접촉형이기 때문에 광메모리 자체의 경년(經年) 변화에도 강하고 대용량화가 가능하게 되어 있다. 또 접근 시간도 자기 디스크 같은 다른 기억 장치에 비해 빠르다.

optical memory disk[–dísk] **광메모리 디스크, 광디스크** 자기 디스크(magnetic disk)나 자기 테이프(magnetic tape) 등과 같이 자기를 이용한 기억 장치가 아니고 디스크의 표면을 레이저를 사용하여 변화시켜 기록하는 것. 그러나 수정할 수 없다는 결점이 있다. 반면 자기를 겸용한 수정이 가능한 광디스크를 소거 가능 광자기 디스크(erasable magnetic optical disk)라고 한다.

optical memory unit[–jú:nit] **광기억 장치**

optical modem[–móudèm] **광모뎀**

optical modulation[–màdʒuléiʃən] **광변조** 통신에서는 일반적으로 반송파에 신호를 실어 전송한다. 광섬유 케이블 전송 방식에서는 반송파는 빛이며, 그 강도를 변화시켜 빛에 신호를 싣는 것을 광변조라고 한다. 변조 방식에는 크게 디지털 변조 방식과 아날로그 변조 방식이 있다. 디지털 방식은 전송계에 요구되는 S/N이 아날로그 방식에 비하여 낮고, 중계 간격을 크게 하는 것과 광원에 요구되는 직선성이 아날로그 방식보다 엄격하지 않다는 점 등에서 유리하다. 그 반면에 광 아날로그 전송은 구성이 디지털 방식에 비하여 간단하고 경제성과 신뢰성이 있다는 점에서 유리한 특성을 가지고 있다. 디지털 전송은 국간 회선, 시외 회선, 해저 전송, 디바이스 등에 적용되며, 아날로그 전송은 가입자선, CATV, ITV 등의 분야에서의 적용이 기대된다.

optical modulator[–mádʒulèitər] **광변조기** 빛의 진폭, 위상, 파장, 편광 상태 등을 화상이나 음성과 같은 정보 신호에 의해 제어하여 빛에 신호를 싣는 조작을 광변조라고 한다. 여러 가지 변조 방법과 이에 이용되는 효과를 정리하여 표에 나타내었다. 반도체 레이저와 같이 주입 전류를 직접 제어하여 변조하는 직접 변조 방식은 구성이 단순하고 수백 Mbits 정도의 고속 변조가 가능하므로 광섬유 통신에 널리 이용되고 있다. 가스 레이저나 고체 레이저에서는 고속의 직접 변조가 곤란하고, 또한 반도체 레이저에서도 수 Gbits 정도 이상의 초고속 변조를 행하려면 외부 변조기가 필요하다. 외부 변조기에는 빛과 상호작용을 하는 각종 현상을 이용한 것이 있으나 광통신에만 사용할 목적이라면 소형으로서 고능률이고 광대역의 특성을 갖는 도파형 전기 광학 변조기가 유망하다.

〈레이저광의 변조〉

변조 방식	변조법	이용하는 효과
외부 변조	전기 광학 변조	전기 광학 효과(포켈스 효과, 커 효과)
	자기 광학 변조	자기 광학 효과(패러데이 효과, 전자계 변위 효과)
	음향 과학 변조	음향 과학 효과(초음파에 의한 굴절 효과), 라만(Raman) 회절 효과, 브랙(Bragg) 회절 효과
	기타 변조	Franz-Keldysh 효과, 자유 캐리어의 흡수 효과, 공명 흡수 효과, 기계적 진동 · 회전
직접 변조	여기 전력 변조	여기 전원의 변조에 수반하는 출력의 변화

optical mouse[-máus] **광마우스** 컴퓨터에 사용되는 마우스의 하나로 운동 방향을 빛을 이용하여 감지하게 되어 있다. 볼을 이용하는 기계식 마우스에 비하여 정밀하고 기계적인 고장의 염려는 없으나 항상 반사판 위에서 사용해야 한다는 불편함이 있으며 충격에 약하다. 이것은 그 속에 빛을 내는 발광기와 그 빛을 감지하는 수광기가 들어 있으며, 보통 특수하게 만들어진 반사판과 함께 사용하도록 되어 있다. 마우스를 이동시키면 발광기에서 나온 빛이 반사판에 반사될 때 운동 방향에 따라 수광기에 들어가는 빛에 변화가 생기며, 이것을 바탕으로 방향을 알아낸다.

optical multiplexer-demultiplexer [-mʌ́ltiplèksər dimʌ́ltiplə̀ksər] **광학 합파-분파기** 입력 단자로부터의 광신호를 파장에 따라 여러 개의 출력 단자에 분배하는 분리 기능과 그 반대의 다중화 기능을 갖는 장치. 한 개의 광섬유에 파장이 다른 여러 개의 광신호를 전송하는 광파장 다중 전송 시스템의 중요 부분이다.

optical numerical aperture[-njumérikəl ǽpərtʃər] **광섬유 지름**

optical page reader[-péidʒ rí:dər] **광학식 페이지 판독기** 광학 문자로 인쇄되어 있는 용지의 한 페이지를 판독할 수 있는 입력 장치.

optical power meter[-páuər mí:tər] **광파워 미터** 빛의 기본량의 하나인 광전력을 측정하는 측정기로서 광에너지를 전기 에너지로 변환하는 센서부(sensor부 ; 광·열 등에 감응하는 감지기를 말하며, 태양 센서, 지구 센서 등이 있다)와 변환된 전기 에너지를 증폭시켜 표시하는 증폭 표시부로 구성된다. 광파워 미터는 센서의 종류에 따라 광-열 변환형 음극관, 광-전류 변환형 반도체, 광-열 변환형의 3종으로 대별된다. 광-전류 변환형 음극관으로는 광전관(光電管)과 광전자 증배관(增倍管)이 있으며 어느 것이나 광전자 방출 현상을 이용한 것이다. 광-전류 변환형 반도체로는 포토 다이오드(photo diode : 반도체의 PN 접합부에 빛을 조사하며 기전력을 생기게 하는 현상 및 역방향 전압을 가해서 빛을 조사하면 전류가 흐르는 현상을 이용한 소자)와 애벌란시 포트 다이오드(APD ; avalanche photo diode)가 있다. 광전자 증배관과 APD는 내부 증배 작용을 가진 고감도 센서인데, 바이어스(bias) 전압, 온도 등의 변화에 의한 증배율이 크게 변동한다. 안정된 특성과 소형 경량성을 필요로 하는 광파워 미터에는 포토 다이오드가 많이 사용된다. 광통신에 이용되는 단파장대(0.8~1.0μm)에서는 규소(Si) 포토 다이오드가 적합하며 그 유효 감도 파장대는 0.4~1.1μm로서 0.85μm에서 감도 피크(peak)를 가지며 0.85μm대에서의 감도는 −70dBm 정도이다.

optical printer[-príntər] **광프린터**

optical reader[-rí:dər] **광학 판독기** 입력 매체로부터 각 문자를 읽어 그것을 전기적 임펄스로 변환시킨 다음 처리를 위해 컴퓨터에 전송하는 시스템.

optical reader card punch[-ká:rd pʌntʃ] **광학 문자 판독 천공기**

optical reader sorter[-sɔ́:rtər] **광학 문자 판독 분류 장치**

optical reader input device[-ínpùt diváis] **광학 문자 판독 입력 장치**

optical reader wand[-wɔ́(:)nd] **OCR wand, 광학 판독봉**

optical recognition device[-rèkəgníʃən diváis] **광학 인식 장치**

optical recording[-rìkɔ́:rdiŋ] **광기록**

optical scanner[-skǽnər] **광학식 스캐너, 광학식 주사(走査) 장치** 빛을 사용하여 문자를 주사하고, 그것으로부터 얻어지는 광학 패턴을 분석하면 그것을 컴퓨터의 처리 가능한 신호로 변환하는 장치이다. 즉, 아날로그 디지털 신호들을 생성하는 특별한 광학 장치로, 주된 목적은 인쇄되었거나 쓰여진 데이터에 대한 디지털 표현을 생성 또는 판독하기 위한 것이다. 이 장치는 광학 문자 판독기나 팩시밀리의 중요한 부분이다.

optical scanning[-skǽniŋ] **광학적 주사** 모양에 의해서 문자를 기계적으로 인식하기 위한 기술.

optical source/detector device[-sɔ́:rs ditéktər diváis] **광학 원시/검지기 장치** 광섬유를 사용하는 경우 송신측에는 전기-광 변환(E-O 변

환), 수신측에는 광-전기 변환(O-E 변환)이 필요한데, 이러한 기능을 갖는 소자를 광학 원시/검지기 장치라고 한다. 전송 속도, 전송 거리에 따라 적당한 광학 원시/검지기 장치를 선택하는데, 보통 저속, 단거리에는 LED-PIN PD(light emitting diode-pin photodiode), 고속 장거리에는 LD-APD(laser diode-avalanche photodiode)의 조합을 선택한다.

optical source/detector module[–mádʒuːl] **광학 원시/검지기 모듈** 광섬유와 발광 소자의 결합을 쉽게 하는 광 커넥터의 일종.

optical storage[–stɔ́ːridʒ] **광학 기억 장치** 광기술을 이용하여 디지털 정보 또는 아날로그 정보를 기억하는 장치. 사진, 자기 광학 효과 같은 각종 기술이 응용되고 또 홀로그램을 사용하는 예도 있다. 현재 연구 단계에 있지만, 광디스크, 홀로그래픽 기억 장치(hollographic memory) 등 일부 분야에서 실용화가 이루어지고 있다.

optical switch[–swítʃ] **광학 스위치** 입출력 단자 사이에서 광신호를 전환시키는 장치. 기계식이나 전기 광학 효과를 이용하는 것 등이 있다.

optical trackball[–trǽkbɔ̀ːl] **광트랙볼** 트랙볼 표면의 모양을 적외선 센서에서 광학적으로 읽어들이는 장치. 로지텍(Logitec) 사가 개발했다.

optical transmitter/receiver module [–trænsmítər risíːvər mádʒuːl] **광학 송수신 모듈** 광학 원시/검지기, 탐지기, 송수신 회로를 내장하고 있는 광커넥터. 이것은 입출력 광신호에 전기신호를 직접 접속할 수 있으므로 증폭 회로, 구동 회로를 필요로 하는 다른 광학 소자 모듈보다 취급이 쉽다.

optical type font[–táip fánt] **OCR용 폰트, 광학형 자형** 광학 문자 인식기가 판독할 수 있는 형태로 도안된 활자.

optical video disc[–vídiòu dísk] **광학 비디오 디스크**

optical wand[–wɔ́(ː)nd] **광학 판독봉**

optical waveguide limit[–wéivgàid límit] **광학적 도파관 한계**

optical wavelength division multiplexing[–wéivlèŋθ divíʒən mʌ́ltiplèksiŋ] **광파장 분할 다중 전송**

optic fiber cable[–fáibər kéibl] **광섬유 케이블**

optic local area network[–lóukəl ɛ́(ː)riə nétwəːrk] **광 근거리 통신망** ⇨ optical LAN

optimal[áptiməl] *a*. **최적의** 이미 주어져 있는 제약 조건 하에서 가장 적합한 것을 찾는 것.

optimal binary search tree[–báinəri(ː) sə́ːrtʃ tríː] **최적 2진 탐색 트리** 각 노드(node)의 탐색 빈도가 주어졌을 때 탐색 비용의 기대값이 최소가 되는 2진 탐색 트리.

optimal control[–kəntróul] **최적 제어** 제어 대상의 상태를 자동으로 필요한 최적 상태로 하고자 하는 제어 상태 또는 제어 결과를 주어진 기초에 따라 평가 결과를 가장 좋게 유지하면서 제어 목적을 달성하는 제어 방식.

optimal cover[–kʌ́vər] **최적 커버** 총합이 같은 여러 함수적 종속성들의 집합들 중 그 집합의 함수적 종속성들을 표현하는 속성들의 수가 가장 적은 집합.

optimal design[–dizáin] **최적 설계** 최적화를 행한 설계를 하는 일. 논리 회로 설계를 예로 들면 최적화란 주목하고 있는 논리 소자 수를 최소로 하거나 필요한 출력을 최단 시간으로 얻는 것이 가능한 논리 구성을 선택하는 각종 양에 관한 상태를 최적으로 한다는 의미이다. 컴퓨터 회로 설계에서 패키지 상호간의 배선을 최단(最短)으로 하기 위한 패키지의 최적 배치를 뽑아내는 것도 최적 설계의 하나라고 생각된다.

optimality[ɔ̀ptimǽliti(ː)] *n*. **최적성** A*알고리즘은 허용성을 가지며, 목적 노드까지의 경로가 존재할 경우 반드시 최적 경로를 구하는데, 이때 주어진 경로는 최적성을 갖는다고 한다.

optimality principle[–prínsipl] **최적성 원리** 경로 테이블을 작성할 때 각 송수신 노드 쌍에 대하여 전체 경로를 기록할 필요가 없다. 대신 어떤 최소 경비 알고리즘에 입각하여 선정된 최적 경로 상에서의 다음 번 노드의 주소나 이름을 기입하는 것으로 충분하다. 발신 노드에서 목적지 노드까지 패킷을 전파하기 위하여 최적 경로 상의 다음 번 노드를 계속 추적해 나가면 결국 목적지까지 도달하게 되는데, 이것을 최적성 원리라고 한다.

optimal merge[áptiməl mə́ːrdʒ] **최적 병합** 초기의 분할들은 독립적인 파일들에 기록되며, 그 하나의 분할들이 각 분할의 길이를 유지하고 있는데, 각각의 파일들은 하나의 분할을 포함하는 파일들의 집합을 얻게 되고, 판독이나 기록시에 개방할 수 있는 파일이 최대 n개라면 각 단계마다 $n-1$개의 가장 짧은 분할이 판독되어 병합되면서 출력 파일이 기록된다. 이로써 입력 파일들이 삭제되면서 출력 파일이 그 집합에 추가되고 이러한 병합 과정이 그 집합에서 단 하나의 파일이 될 때까지 계속 반복된다.

optimal merge pattern[–pǽtərn] **최적 병합 패턴** 이미 주어진 배열들을 병합하는 경우 원소 이동의 총 횟수가 최소가 되는 병합 순서.

optimal merge tree [−tríː] **최적 병합 트리** 주어진 배열들을 병합하는 경우 원소 이동의 총 횟수가 최소의 병합 순서를 트리 형태로 나타낸 것.

optimal page replacement [−péidʒ ripléismənt] **OPR, 최적 페이지 교체** 페이지 교체 방법에 있어서 최적의 실행을 얻기 위해 앞으로 장기간 사용되지 않을 페이지를 대치시키는 것.

optimal path [−pɑ́ːθ] **최적 경로**

optimal regulator [−régjulèitər] **최적 레귤레이터** 피드백 제어계를 설계하는 경우에 어떤 제어(조작) 기구를 설계하면 가장 제어 성능이 좋은 제어를 실현할 수 있느냐 하는 문제에 대해서 제어 성능의 양부(良否)를 하나의 평가 함수로서 나타내고, 이 평가 함수의 최적해를 수식적으로 풀어 그 해에 따라서 제어 조작을 하는 조작 기구를 최적 레귤레이터라고 한다. 실용적으로는 일반적으로 선형의 피드백계가 아니면 해석이 곤란하며, 계(系)의 특성은 미분 방정식으로 나타나고, 평가 함수는 제어 상태의 오차(목표값−실제 제어 결과)의 제곱의 항과 제어 조작량의 제곱 항의 합의 시간 적분으로 대표된다. 이 평가 함수가 최소일 때 제어 상태가 가장 좋아지는 최소의 조작량을 결정하게 되는데, 평가 함수 중의 가중 계수를 어떻게 선택하는가가 중요한 문제이다.

optimal solution [−səlúːʃən] **최적해** 선형 프로그래밍에서 제약 조건을 만족시키는 가능한 해 가운데 목적 함수의 값을 최대 또는 최소로 하는 값.

optimistic concurrency control [ɑ̀ptimístik kənkə́ːrənsi(ː) kəntróul] **낙관적 병행 수행 제어** 트랜잭션의 병행 수행 제어 방법 중의 한 방법. 각 트랜잭션들은 판독 단계와 평가 단계, 기록 단계의 세 단계로 수행된다. 판독 단계에서는 트랜잭션을 주기억 장치 내에서 수행하고, 평가 단계에서는 판독 단계에서 데이터 베이스로부터 읽은 데이터들이 트랜잭션의 수행이 시작된 이후에 완료된 트랜잭션들이 갱신한 데이터들과 충돌이 있는지 살펴서 충돌이 있을 경우에는 이 트랜잭션을 철회한다. 기록 단계에서는 판독 단계에서 주기억 장치 내에 써넣은 데이터들을 실제 데이터 베이스에 기록한다. 이 방법은 기록보다 판독이 많은 응용자 트랜잭션의 길이가 짧은 응용, 충돌이 적은 응용 등에서 좋은 성능을 나타내는 것으로 알려져 있다.

optimization [ɔ̀ptimaizéiʃən] *n.* **최적화** 일반적으로 목적에 따라 가장 좋은 결과가 얻어지도록 여러 방면으로 연구하는 것. 정보 처리 관계에서는 컴파일러(compiler)에서 원시 프로그램(source program)이 목적 프로그램(object program)을 생성하는 과정에 있어서, 목적 프로그램의 실행 시간을 될 수 있는 한 단축하거나 목적 프로그램이 기억되는 기억 영역(memory area)을 최소한으로 하거나 컴파일러 시간을 단축하거나 하는 것이다. 컴파일러의 최적화에서는 공통식(common expression)이나 불필요한 변수 정의(variable definition)를 제거하거나 루프 불변식을 루프의 밖으로 이동시키거나 한다.

optimization-adaption criteria [−ədǽpʃən kraití(ː)riə] **최적화 적응 기준**

optimization algorithm [−ǽlgəriðm] **최적화 알고리즘**

optimization behavior [−bihéivjər] **최적화 거동**

optimization criterion [−kraití(ː)riən] **최적화 기준**

optimization engineering [−èndʒəníəriŋ] **최적화 공학**

optimization for large-scale system [−fər lɑ́ːrdʒ skéil sístəm] **대규모 시스템 최적화**

optimization model [−mɑ́dəl] **최적화 모델**

optimization node [−nóud] **최적화 노드**

optimization phase [−féiz] **최적화 페이즈**

optimization problem structure [−prɑ́bləm strʌ́ktʃər] **최적화 문제 구조**

optimization program [−próugræm] **최적화 프로그램** 주어진 제한(constraints)을 만족하는 범위 내에서 목적 함수의 값을 최적화하는 문제.

optimization programming [−próugræmiŋ] **최적 계획법** 어느 제어식에 따라서 함수를 최소 또는 최대로 하는 문제. 프로그래밍에 관해서 사용될 때에는 코딩 노력과 완성된 프로그램 실행 시간 속도의 균형을 적절히 하는 의미로 사용된다.

max(min) $f(x)$

sub.to $g_i(x) \le r_i (i=1, \cdots, m)$

$x=(x_i, \cdots, x_n)$

과 같은 형태의 문제이다. 최적 계획법에는 예전부터 변분성(變分性)이 있고 최근에는 선형 계획법, 비선형 계획법, 정수 계산법, 동적 계획법 등 많은 수법이 있다.

optimization satisfaction problem [−sæ̀tisfǽkʃən prɑ́bləm] **최적 만족화 문제**

optimization search procedure [−sə́ːrtʃ prəsíːdʒər] **최적화 탐색 절차**

optimization-simulation approach [−sìmjuléiʃən əpróutʃ] **최적화 시뮬레이션 어프로치**

optimization strategy [−strǽtədʒi(ː)] **최적화 전략**

optimization study [−stʌ́di(ː)] **최적화 검토**

optimization technique[–tekní:k] **최적화 기법**

optimization theorem[–θíərəm] **최적화 정리**

optimization theory[–θíəri(:)] **최적화 논리**

optimize[ɑ́ptimàiz] *v*. **최적화하다** 최대의 효율이 얻어지도록 시스템이나 프로그램을 수정하는 것. 이 최적화에 즈음하여 무엇을 효율로 선택하는가는 경우에 따라서 여러 가지이다. 예를 들면 메모리의 용량이 적은 컴퓨터의 경우는 메모리의 사용 영역(area)을 가장 고속으로 처리하도록 고쳐넣는다. 최적화의 기법에는 많은 방법이 있지만, 예를 들어 for~next의 연산 루프(loop) 내에 매회 같은 연산을 넣는 경우에는 컴파일러(compiler)가 이 연산을 자동으로 for~next의 밖으로 변경하여 고속화를 꾀한다. 또 일반적으로 컴파일러에서 라이브러리(library)의 내용을 풍부하게 하는 데 따라서 목적 모듈(object module)을 좀더 최적화할 수 있다.

optimizer[ɑ́ptimàizər] **최적화를 위한 프로그램** 고수준 프로그래밍 언어로 쓰여진 프로그램의 오브젝트 프로그램에 대해서 사용하는 기억 영역의 축소, 실행 시간의 단축 등을 행하는 프로그램.

optimizing compiler[ɑ́ptimàiziŋ kəmpáilər] **최적화 컴파일러** 컴파일러 중에서 목적 코드에 대한 더 빠른 실행 시간과 더 적은 기억 장소를 점유하도록 하기 위해 코드 개선을 위한 프로그램 변환을 적용하는 컴파일러.

optimizing control, optimum control, optimal control[–kəntróul, ɑ́ptiməm kəntróul, ɑ́ptiməl kəntróul] **최적 제어** 제어 대상의 상태를 필요한 최적 상태로 하려는 제어. 최적이라는 것에는 제어 목적에 대해서 제어계가 어느 정도 적합한가의 평가를 하기 위해 이것을 수량화해서 목적 함수 혹은 평가 함수를 고려하여 이 함수의 최적이라는 문제로 귀착되고 있다. 그러한 평가 함수를 어떻게 가지느냐에 따라 문제의 기본적인 성질도 달라진다. 제어의 대국적 목적의 대부분은 경제적 효과를 얻는 데에 있다. 이 경우에는 평가 함수로서 시간과 양이 아니라 가격을 최종 요인으로 한다.

optimum[ɑ́ptiməm] *n*. **최적**

optimum code[–kóud] **최적 코드** 최소의 실행 시간과 효과적인 기억 장소의 사용, 그리고 최소의 코딩 시간과 같은 특별한 면에서 특히 효율적인 컴퓨터 코드를 말한다.

optimum control theory[–kəntróul θíəri(:)] **최적 제어 이론** 일반적인 제어계가 피드백에 의해서 비교값을 제어량에 접근시키는 것을 목적으로 하고 있는 것에 대하여 평가 기준을 주어서 입력, 다시 말해서 목표값을 가공하여 출력(제어량)을 목적에 대하여 가장 근사한 모양으로 얻으려는 것으로, 수학적으로는 평가 기준을 최상으로 하는 값이라 할 수 있다. 최적 제어 이론은 비용의 최소, 효과의 최대, 손실의 최소 등 일반적으로 최소를 목적으로 하는 문제에 이용된다.

optimum programming[–próugræmiŋ] **최적 계획법, 최적 프로그래밍** 최소의 기억 장소 사용, 짧은 동작 시간 등과 같은 주어진 제약 조건 하에서 효율을 극대화할 수 있게 하는 계획법.

optimum solution[–səlú:ʃən] **최적해** 선형 프로그래밍에서 제약 조건을 충족시키는 가능한 해 가운데 목적 함수값을 최대 또는 최소로 만드는 값.

optimum step size[–stép sáiz] **최적 결절점 거리** 수치 미분에서 $x_i-x_{i-1}=h$의 값을 라운드오프 오차의 크기의 전체합과 이산화된 오차의 크기의 합이 최소가 되도록 정하였을 때 이 h를 최적 결절점 거리라고 한다.

optimum usage[–jú:sidʒ] **최적 이용**

option[ɑ́pʃən] *n*. **별도(추가) 선택** (1) 임의 선택 기능, 임의로 선택되는 것. 표준적인 기기 구성(configuration), 소프트웨어 구성 외에 이용자의 적용 업무(application)에 따라 추가시키는 기기나 기능. 예를 들어 주기억 장치(main storage)의 기억 용량 128KB가 기본 구성이라고 하면, 이 후 추가되는 기억 장치가 「옵션」이 된다. 일반적으로 옵션은 서비스로 나오는 것이 아니고 별도로 대금을 지불해야 되는 것이 대부분이다. 선택 기구(optional feature), 선택 기기(optional device)라고 하는 것도 있다. (2) 소프트웨어의 기능 가운데 이용자가 몇 개의 선택 중에서 하나만 선택하여 그 기능을 수행할 수 있게 구성되어 있는 부분. 또는 그 때문에 준비되어 있는 파라미터 그 자체. 이용자가 선택 기능을 지정하지 않았을 때에는 소프트웨어측에서 준비된 표준적인 처리가 행해진다. 이것을 묵시적 선택(implied option)이나 디폴트(default)라고 한다.

optional[ɑ́pʃənəl] *a*. **옵션의, 임의의, 생략 가능한** 「임의로 선택, 지정할 수 있다」라는 의미로 사용되고, 전후의 문맥에 따라 여러 가지로 번역된다. 「필수의(required)」와 대비된다.

optional block skip[–blɑ́k skíp] **선택적 블록 스킵** 특정 블록의 첫머리에 "/"(슬래시) 문자를 첨가해서 이 블록을 선택적으로 점프할 수 있도록 하는 수단. 이 선택은 스위치로 하게 된다.

optional device[–diváis] **선택 기기, 사용자 지정 장치**

optional feature[–fí:tʃər] **선택 기능, 임의 선

택 기구 본래, 시스템으로서 준비되어 있는 표준 기능(standard feature)이나 기본 기능(basic function)에 대하여, 이용자측이 필요에 따라서 추가할 수 있는 기능이나 기구를 말한다. 소프트웨어, 하드웨어의 양분야에서 사용되는 용어. 예를 들면 부동 소수점 연산 기구, 메모리의 증설, A/D 변환기의 부설 등이다.

optional halt [–hɔ́:lt] **선택적 정지**

optional halt instruction [–instrʌ́kʃən] **선택적 정지 명령어** 처리 기준에 따라서 중지 명령 이후에 컴퓨터의 작동을 중지시키는 명령.

optional interrupt [–ìntərʌ́pt] **선택 인터럽트**

optional label [–léibl] **임의 레이블** optional parameter와 같다.

optional parameter [–pərǽmətər] **임의 파라미터** 필수(mandatory)에 상반되는 의미로 「생략해도 좋은」이라는 파라미터를 나타낸다. 그러나 optional parameter가 선택 파라미터(selective parameter)의 반대어로 사용되고 있는 경우는 이용자가 자유로운 형식으로 쓸 수 있는 파라미터를 의미한다. 이것에 대하여 선택 파라미터는 시스템측에서 준비되어 있는 실파라미터(actual parameter) 중에서 하나만을 선택하는 방식의 것을 말한다.

optional pause instruction [–pɔ́:z instrʌ́kʃən] **선택적 휴지 명령** 컴퓨터 프로그램의 실행을 수동 조작으로 일시적으로 중지시키는 것을 가능하게 하는 명령.

optional priority interrupt [–praiɔ́(:)riti(:) ìntərʌ́pt] **선택적 우선 순위 인터럽트** 컴퓨터에서는 여러 수준의 선택적 우선 순위 인터럽트들을 사용할 수 있다. 우선 순위 인터럽트는 더 낮은 우선 순위 인터럽트에 대해 우선권을 가지며, 더 낮은 수준의 우선 순위 프로그램을 인터럽트할 수 있다. 우선 순위 인터럽트의 각 수준은 프로그램에 의해 개별적으로 허용되기도 하고 허용되지 않을 수도 있으며, 여러 수준은 각기 독특한 인터럽트 루틴을 갖는다. 하나의 선택권으로서 여러 컴퓨터는 프로그램된 명령어에 의해 정보를 누산기로 보낼 수도 있고, 누산기에서 전달되는 정보를 받을 수 있는 프로그램이 가능한 입출력 채널을 가질 수도 있다. 인터럽트 루틴은 어느 장치와 통신할 것인가를 지정해주며, 입출력 회선들의 시분할이 프로그램에 의해 직접 제어될 수 있게 한다.

optional program tape [–próugræm téip] **임의 선택 프로그램 테이프**

optional resident routine [–rézidənt ru:tí:n] **부가적 상주 루틴**

optional sign [–sáin] **임의 부호**

optional specifications form [–spèsifikéiʃənz fɔ́:rm] **옵션 명세서 용지**

optional stop [–stáp] **선택 정지** 보조 기능의 하나로서 오퍼레이터가 이 기능을 유효하게 하는 스위치를 넣으면 프로그램 정지와 동일한 기능을 수행한다. 스위치를 넣지 않았을 때는 이 명령은 무시된다. 오퍼레이터가 이 기능을 유효하게 하는 스위치를 넣으면 1블록의 작업 종료 후 기계의 이송이나 주축의 회전 등을 정지시킬 수 있다.

optional stop instruction [–instrʌ́kʃən] **선택 정지 명령** 프로그램의 실행을 수동 조작에 의해 일시적으로 중지시킬 수 있는 명령을 말하지만, 현재의 컴퓨터에서는 이런 종류의 명령은 없다.

optional word [–wɔ́:rd] **선택어** COBOL 프로그램에서 이해력을 향상시키기 위해 쓰이는 선택적 보조 단어이다.

option code [ápʃən kóud] **옵션 코드**

option field [–fí:ld] **옵션 필드**

option indicator [–índikèitər] **옵션 표시기**

option key [–kí:] **옵션 키** 일부 키보드에 있는 키로, 이 키와 다른 키를 동시에 누르면 그 키의 의미가 원래와는 다르게 해석된다.

option module [–mádʒu:l] **옵션 모듈**

options [ápʃənz] **선택 설비** 프로그램 실행중에 프로그래머에게 결과의 형성이나 확장 또는 인쇄 등을 위해 유용한 것들로서, 처리기 프로그램을 포함해서 프로그램의 실행, 천공과 타이밍을 제어한다.

option statement [ápʃən stéitmənt] **선택 문장** IBM 시스템의 작업 제어 언어 중의 일종으로, 운영 체제에서 정보를 전달하는 문장을 말한다.

option switch [–swítʃ] **옵션 스위치** (1) MS-DOS나 유닉스 등에서 명령어의 뒤에 부가적으로 들어가는 스위치 문자. dir/p의 p가 한 예로 이것은 디렉토리를 한 화면마다 정치시키는 스위치 기능을 갖는다. (2) 하드웨어의 증설 등과 같이 컴퓨터의 구성을 변경했을 때 필요한 설정을 하는 데 사용되는 스위치.

option table [–téibəl] **옵션 테이블**

opto [áptə] **빛의, 광학적**

opto-computer [–kəmpjú:tər] **광컴퓨터** 광섬유는 전선보다 훨씬 가늘고 가벼우며, 전기 통신보다는 많은 다중 통신을 할 수 있다는 이점이 있다. 그러므로 전선 대신 광섬유를 써서 레이저광을 사용한 전송 방법을 적용하면 상당히 먼 거리까지 빛의 신호를 전달할 수 있다는 것은 이미 실증되었고, 실용화되고 있다. 이것은 광신호를 써서 데이터의 기억이나 연산을 하는 것에 대해서도 일찍이 활발하게 연구되고 있으며, 광신호로 작동하는 논리 소자의 시작(試作)도 성공하고 있다. 따라서 이 양자를 잘 결합한 광컴퓨터를 만드는 것도 가능하리라 예상되며 현재의 수준에서 활용까지는 좀더 연구가 필요하지만, 광소자를 광섬유로 결합한 회로를 사용하여 기억, 연산, 제어 등을 할 수 있는 미래의 컴퓨터이다.

optoelectronic IC 광전자 집적 회로 optoelectronic integrated circuit의 약어. 광장치와 전자장치를 동일 기판 상에 집적하고, 빛과 전자를 효과적으로 연결한 집적 회로. 광신호를 직류로 변환하는 광다이오드와 증폭용 트랜지스터를 조합한 IC 회로 등이 있다.

optoelectronic integrated circuit[-íntəgrèitəd sə́:rkit] **광전자 집적 회로** ⇨ optoelectronic IC

optoelectronics[àptəilektrániks] *n.* **광전자 공학** 옵토일렉트로닉스(optoelectronics)란 optics(광학)와 electronics(전자공학)의 합성어로서 빛과 전자에 의한 여러 가지 기능을 갖는 기능 소자를 중심으로 한 공학이다. 옵토일렉트로닉스는 일반적으로 광전자공학으로 불리며 때로는 파이버광학이라고도 불리는데, 광파워에 응답하는 디바이스 광방사를 발하거나 변화시키거나 하는 디바이스, 광방사를 그대로 내부 동작에 이용하는 디바이스에 관한 공학 또는 산업이다. 옵토일렉트로닉스는 광부품이나 광기기, 장치, 광응용 시스템 등 빛에 관련된 전자공학 또는 산업을 말하는 것으로 CD(컴팩트 디스크)나 LD(레이저 디스크), 광섬유에 의한 통신망과 관련 기기 등은 현재 가장 활발하게 연구, 개발되고 있으며 그 수요도 증가일로에 있어 크게 주목받는 분야이다. 옵토일렉트로닉스의 광부품이란 반도체 레이저, 광섬유, 광커넥터, 발광 다이오드, 태양 전지 등을 말하며 광기기, 당치란 광측정기, 광디스크 장치(CD 플레이어, VD 플레이어 등), 광입출력 장치(팩시밀리, 프린터, 바코드리더 등), 의료용 레이저 장치, 레이저 응용 생산 장치 등이다. 또 광응용 시스템이란 주로 광통신 시스템을 말하며 진폭, 주파수, 위상이 시간적으로나 공간적으로 일정하게 유지되는 광파의 성격을 이용해 정보를 전송하는 코히어런트(coherent) 광통신 시스템 등이 있다.

optoelectrostatic printer[àptailektrəstǽtik príntər] **광 정전형(光靜電形) 프린터** 광섬유관면에 기록 전극을 붙이고 정전 기록지를 끼워 상대 전극 사이에 직류 전압을 인가하면 관면의 기록지 상에 정전 잠상(潛像)이 형성되는 원리를 이용한 프린터. 기록 공정이 간편하고 기록이 고속이어서 높은 해상도를 가진다.

optoisolator[àptəaisəléitər] *n.* **광아이솔레이터** 시스템을 전기적으로 절연하기 위해 데이터를 광빔(optical beam)으로 변조하는 것.

opto-mechanical mouse[ɑ́ptə məkǽnikəl máus] **광-기계식 마우스** 볼을 사용하는 기계식 마우스로서, 볼의 회전을 감지하기 위하여 광학 마우스와 비슷한 발광기와 수광기를 사용하는 마우스의 일종.

OR (1) **또는** 두 개의 입력항 모두가 거짓일 때만 거짓이고, 그 밖의 경우에는 결과가 모두 참으로 되는 논리 관계. (2) operations research의 약어. 시스템 운영에 관한 문제에 과학적인 방법, 수법, 용구(用具)를 적용해서 해석하고, 그 운영 관리를 결정하는 사람에게 최적의 해답을 제공하는 기술. 제2차 세계 대전 때 영·미의 전략, 작성 행동에 이용된 것을 시작으로 하여 현재는 경영 관리상의 문제 등에 이용되며, 선형(線形) 계획법은 그 대표적인 수법으로 컴퓨터 이용의 큰 분야이다. (3) **발신 레지스터** originating register의 약어.

Oracle[ɔ́:rəkl] *n.* **오라클** 영국의 Oracle 사에서 개발하여 판매하는 관계 데이터 베이스 관리 시스템의 하나.

orange book[ɔ́(:)rindʒ búk] **오렌지 북** 1989년, 네덜란드의 필립스 사와 소니 사가 발표한 기록 가능한 CD-ROM의 물리 포맷. 오렌지 북은 현재 Part1부터 Part3가 있으며, 이미 발표된 규격으로는 CD-MO(오렌지 북 Part1), CD-R의 물리 포맷(Part2), CD-R 2배속 쓰기(Part2 버전 2), CD-RW 2배속 바꿔 쓰기(Part3), CD-RW 4배속 바꿔 쓰기(Part3 버전 2)가 있다.

OR array **OR 어레이** 하나의 입력이 선택되면 출력에 그 부호가 나타나는 논리합 회로군을 ROM에 의해 구성한 것으로서 복수의 입력과 복수의 출력을 갖는 인코드.

ORB object request broker의 약어. 객체 간 메시지 전달을 지원하는 미들웨어(middleware)의 일종. CORBA 표준에서 정의된 요소로 객체 상호간의 요구와 그 요구에 대한 응답에 투명성을 주기 위한 기반 구조를 제공한다. 컴퓨터 내부에서 하드웨어 버스가 서로 다른 요소 간에 자료를 전송해주는 역할을 하는 것처럼 ORB는 객체를 위한 일종의 소프트웨어 버스이다. 클라이언트는 ORB를 사용하여 서버 객체가 동일한 시스템에 있든지 원격지에 있든지 무관하게 그 객체의 메소드를 호출할 수 있다. ORB는 메소드 호출을 받아서 이 요청을 구현한 해당 객체를 찾아내고 그 객체에게 매개변수를 전달하여 객체의 메소드를 호출하며, 메소드 호출의 결과를 다시 클라이언트에게 전송하는 일을 담당한다.

ORBIT [ɔːrbit] **오비트** DALOG, CDO 온라인과 함께 세계 3대 데이터 베이스의 하나. 1994년 3월 미국 인포 프로테크놀러지 사가 프랑스의 퀘스텔 사에 매각, 현재 미국 오비트 퀘스텔 사가 벤더로 운영하고 있다. 약 100개의 데이터 베이스를 검색할 수 있으며, 특히 과학, 공학 등 전문 분야에 강하다.

OrCAD **Or 캐드** Or 캐드 시스템즈 사에서 개발하였으며, 전자 회로 설계와 회로 시뮬레이션, 회로 기판 설계 등이 쉽게 이루어져 강력한 기능에 비해 사용이 간편하여 널리 이용되고 있는 전자 회로 설계 전용 캐드 프로그램.

OR circuit **OR 회로, 논리합 회로** 여러 개의 입력 정보가 있을 경우 이 여러 개의 입력 중 하나라도 1이 있으면 출력은 1로 되고, 입력이 모두 0인 경우에만 출력이 0으로 되는 회로이다. OR 논리(논리합)를 트랜지스터 등을 사용하여 전자적인 회로로 한 것이며, 컴퓨터의 중요한 논리 회로이다.

P	Q	P+Q
0	0	0
0	1	1
1	0	1
1	1	1

≥1

(JIS 기호)

〈OR 회로〉

OR cycle **OR 사이클**

order [ɔ́ːrdər] *n.* **차례, 주문** (1) 지정된 규칙에 따른 순서로 어느 집합 중의 항목을 나열하는 것. 특히 자연수에 따른 순서로 항목을 배열하는 것을 순번(sequence)이라고 한다. 이들의 용어와 분류(sorting)는 거의 같은 뜻으로 사용되고 있지만 본래는 다른 개념이다. 분류란 지정된 기준에 따라 항목을 몇 개의 그룹으로 나눌 수 있는 것을 말한다. (2) 명령 : 중앙 처리 장치(CPU)가 실행하는 명령(instruction)과 같은 뜻으로 사용되는 것도 있지만, 올바른 용법은 아니다. 입출력 채널(I/O channel)이 실행하는 지령을 command, 입출력 장치의 명령을 order로 구별하여 사용하는 경우도 있다. (3) 순서 : 수의 대소 관계나 집합의 포함 관계에 관하여 항상 세 가지 법칙이 성립되도록 맺어진 관계(relation)를 순서 또는 반순서라고 한다. (4) 컴퓨터 시스템 등의 「발주」의 의미로 자주 사용된다.
[주] 순번과 다른 순서는 반드시 선형(線形)일 필요는 없다.

order block [–blák] **순서 블록** 장치로부터 전송되어 나갈 컴퓨터 단어나 레코드의 집합을 뜻하며, 그러한 출력을 취급하기 위해 준비해둔 기억 장치의 한 부분을 말한다.

order by merging [–bai mə́ːrdʒiŋ] **병합에 의한 순서 매기기** 분할과 병합의 반복 순서를 붙인다.

order code [–kóud] **연산 코드**

ordered [ɔ́ːrdərd] *a.* **순서화된, 정렬한**

ordered factor [–fǽktər] **순서 인자** 더욱 효과적인 증명 과정이 될 수 있게 한 방법. 어떤 절에 대한 도출식이 하나 이상 존재할 때 절 내의 리터럴에 순위를 주어 해결하는데, 이와 같이 리터럴의 순위를 고려하는 경우를 순서절이라고 한다.

ordered file [–fáil] **순서화된 파일**

ordered hashing [–hǽʃiŋ] **순서화된 해싱** 해시 테이블 검색 방법에서 해시 테이블의 엔트리를 키값에 의하여 순서화시켜 놓고 검색하는 방법. 즉, 해시 테이블에 키값을 오름차순 또는 내림차순으로 저장하고 검색시 찾는 키값보다 크거나 작은 테이블 엔트리를 만나면 탐색을 중단한다. 동적으로 변하는 해시 테이블인 경우는 순서대로 키값을 삽입시키는 방법이 필요하다.

ordered list [–líst] **차례 목록** 원소들이 배열된 리스트. 각 원소들이 일정한 순서로 배열되는 것.

ordered pair [–pέər] **순서의 쌍**

ordered sets of values [–séts əv vǽljuːz] **순서가 매겨진 데이터 집합, 순서화된 자료 집합**

ordered table [–téibəl] **순서화된 테이블** 데이터 안의 레코드들이 특정 필드값에 따라 오름차순 또는 내림차순으로 정렬되어 있는 테이블.

ordered tree [–tríː] **순서 트리** 한 절점(node)에서 발생한 가지에 순서가 주어져 있는 트리. 근 노드(root node)를 중심으로 노드들이 서로 연결된 상태로 위치상의 의미가 중요한 트리. 반면 노드들이 위치상으로 중요한 의미가 없는 트리를 비순서 트리(oriented tree)라 한다.

order entry [ɔ́ːrdər éntri(ː)] **주문 엔트리** 단말기에서 입력된 데이터를 정보 제공자에게 그대로 전달할 수 있기 때문에 폭넓게 이용될 수 있으며, 홈 쇼핑이나 각종 예약 및 설문 조사 같은 예약 또는 응모, 신청 등을 하는 서비스.

order entry service [–sə́ːrvis] **주문 입력 서비스** 비디오텍스에 의한 온라인 쇼핑의 일종. 호스트 컴퓨터가 제시하는 목록을 단말기의 화면에 표시하고 사용자가 원하는 품목을 선택하여 입력하면 주문한 품목을 집으로 배달해주는 서비스.

order entry system [–sístəm] **주문 엔트리 시스템**

order format [–fɔ́ːrmæt] **명령어 형식**

ordering [ɔ́ːrdəriŋ] *n.* **순서** 정해진 규칙에 의하여 항목을 배열하는 것.

ordering bias [-báiəs] **순서 편중** 집합 중의 항목 순서가 난수 분포에서 떨어져 있는 모습 및 정도. [주] 순서 편중은 어느 집합 중의 항목을 순서화하는 데 필요한 시간을 난수 분포에 의한 유사 집합을 순서화하기 위해서 필요한 시간보다 크게 하거나 작게 한다.

ordering by merge [-bai mə́:rdʒ] **합병 순서화** 합병, 분할, 재합병하는 방법을 반복적으로 사용하여 항목들을 일정한 규칙에 따라 순서대로 배열하는 것.

ordering point system [-pɔ́int sístəm] **발주점 방식** 주문점, 발주 로트 수, 재고 등의 표준값을 정해놓고 재고량이 발주점에 달하면 자동으로 표준 발주 로트 수를 발주하여 재고를 보충하는 방법. 사용량이 일정한 품목에 적당하다.

ordering strategy [-strǽtədʒi(:)] **순서 방식** 비교 흡수 부정 방식의 제어 방식으로, set-of-support, unit preference, linear-input form 등 여러 제어 방식들이 조합되어 이용될 수 있다. 조합된 방식들의 적용되는 순서가 효율에 영향을 크게 미치는데, 이러한 순서를 다루는 제어 방식을 순서 제어 방식이라고 한다.

order of magnitude [ɔ́:rdər əv mǽgnitjù:d] **계산 차수** 알고리즘에 대한 계산 차수는 각 명령문의 수행 빈도수를 합한 것으로 정한다. 만약 알고리즘의 계산 차수가 서로 다른 차수의 여러 항의 합으로 표시되면, 그 중 차수가 가장 높은 항의 차수를 그 알고리즘의 계산 차수로 선택한다.

order of merge [-mə́:rdʒ] **합병 차수** 합병 프로그램에서 입력 파일의 개수.

order register [-rédʒistər] **명령 레지스터** 연산 장치에서 실행하려고 하는 명령을 기입하기 위한 레지스터.

order set [-sét] **순서 세트**

order statistics [-stətístiks] **순서 통계량**

order structure [-strʌ́ktʃər] **명령어 구조**

ordinal [ɔ́:rdinəl] *a*. **서열의**

ordinal number [-nʌ́mbər] **서열수** 분류와 서열을 목적으로 이용되는 수. 같은 간격성이 성립되지 않으며 가감승제의 대상이 될 수 없다. 예를 들면 학급의 학생을 신장순으로 번호화한다든가, 성적 순위에 따라 등급을 매긴다든가, 승진의 개인별 순위와 같은 수를 나타낸다.

ordinal-type [-táip] **순서형** 프로그래밍 언어에서 변수가 갖는 형(形)들 중에서 그 형의 개개의 값들이 이산적이며 그들 사이에 순서 관계가 존재하는 것. 예를 들면 정수형, 논리형, 문자형, 부분 범위형 등은 정수형지만 실수형, 복소수형 등은 순서형이 아니다.

ordinary [ɔ́:rdinɛ̀(:)ri(:)] *a*. **통상의, 보통의**

ordinary binary [-báinəri(:)] **정규 2진수**

ordinary differential equation [-dìfərénʃəl ikwéiʃən] **상미분 방정식** 미분 방정식(differential equation)의 일종으로 독립 변수가 하나만, 즉 상미분만을 포함하는 미분 방정식. 컴퓨터에서 이와 같은 문제를 수치 계산하기 위해서는 Euler법, Adams-Bashfoth법, Runge-Kutta법 등의 방법이 있다.

ordinary prefix notation [-prí:fiks noutéiʃən] **정규 전위 표기법**

ordinary symbol [-símbəl] **통상 기호, 보통 기호** 어셈블리 언어의 명칭란(name field) 또는 오퍼랜드 필드(operand field)로 지정되어 어느 값을 나타내는 기호. 보통 앞(선두)이 영자 8문자까지의 영숫자로 표시된다. 즉, 어셈블리 언어에서 어드레스를 나타내거나 명령 코드를 나타내는 데 사용되는 변수 기호를 말한다.

ordinate [ɔ́:rdinət] 평면 좌표계에서의 수직 또는 y축.

ORE 조작 요구 요소 operation request element의 약어.

OR element OR 소자, 논리합 소자 논리합의 불 연산을 행하는 논리 소자.

OR else 배타적 논리합 P및 Q를 논리 변수로 할 때, $P \times Q$ 또는 $P \oplus Q$에 의해 정해지는 논리 함수 $P \oplus Q$를 P와 Q의 배타적 논리합이라 한다.

ORG origin의 약어. 프로그램의 기억 번지를 지정하는 어셈블리 언어의 의사 코드, 기점을 나타내는 명령.

organic [ɔ:rgǽnik] *a*. **유기적인** 생명체와 유사한 성질을 갖는다는 것.

organic semiconductor [-sèmikəndʌ́ktər] **유기 반도체** 반도체적인 전기 저항을 나타내는 유기 물질.

organization [ɔ̀:rgənaizéiʃən] *n*. **편성, 구성**

organizational information system [ɔ̀:rgənaizéiʃənəl infərméiʃən sístəm] **조직적 정보 시스템**

organize [ɔ́:rgənàiz] *v*. **편성하다** 데이터나 파일을 조직적인 형태로 만들거나 계통을 세우는 것. 예를 들면 데이터 세트(data set)의 편성 작업에는 정보 처리를 레코드 나열순으로 수행하는 순차 편성 데이터 세트(sequential organization data set), 같은 속성의 순차 편성을 복수 집합하여 하나의 데이터 세트로 하는 구분 편성 데이터 세트(partitioned organization data set), 작은 순서로 저장된 레코드를 가지며 키(key)를 사용하여 민첩하게 목적 데이터에 액세스(access)되는 색인 순차 데이터 세트(indexed sequential organization data set), 각 레코드가 직접 액세스 장치(direct access device) 위에 랜덤하게 나열되어 있고, 일부의 변경으로 전체를 수정할 필요가 없고, 어떤 순서로 기록해도 민첩하게(재빠르게) 판독할 수 있는 직접 편성 데이터 세트(direct organization data set) 등이 있다.

organized[ɔ́:rgənàizd] *a.* **편성 완료의, 편성된**

organizing[ɔ́:rgənàiziŋ] *n.* **조직화**

OR gate 논리합 게이트 두 개의 입력 중 어느 하나 또는 양쪽에 펄스가 있을 경우에만 펄스를 통과시키는 게이트.

orient[ɔ́(:)riənt] *n.* **방향 부여, 지향시키는** 컴퓨터의 분야에서는 파생어인 ~지향의(중심의 ; oriented)가 시스템이나 장치의 성질·특징을 형용하는 데 쓰인다. 예를 들어 business-oriented system이라고 하면, 사무 처리를 위한 컴퓨터 시스템을 가리키고, 과학 기술 계산에 중점을 두고 설계된 시스템과 비교된다. 또 procedure-oriented language라고 하면 문제를 풀기 위해 필요한 절차(procedure)를 간단하게 지시할 수 있도록 한 프로그램 언어를 가리킨다.

orientation[ɔ̀(:)rientéiʃən] *n.* **오리엔테이션**

oriented[ɔ́(:)rientəd] *a.* **중심의, 지향의**

origin[ɔ́(:)rìdʒin] *a.* **근원** 기점. 프로그램 원점. (1) 주기억 장치(main storage)의 고유 어드레스이고, 프로그램 또는 블록 최초 기억 장소(memory location)의 절대 어드레스(absolute address)이다. (2) 상대 어드레스(relative address)에서 어느 구역 내에서의 어드레스를 참조하는 경우의 기준점(reference point)이 된다.

origin address field[-ədrés fí:ld] **기점 주소 필드**

original[ərídʒinəl] *a.* **원형의, 오리지널, 최초의** 퍼스널 컴퓨터 등의 분야에서는 여러 가지 응용 소프트웨어(application software)가 판매되지만, 보통 구입한 소프트웨어가 들어 있는 매체(medium)는 그대로 백업(back up)용으로서 보존해두고, 실제 작업에는 그것을 복사한 것을 사용하는 것이 많다. 이때 이 원래의 매체에 들어 있는 파일을 「오리지널」이라 한다. 즉, 재생을 효과적으로 하기 위해서 필요한 자원으로 사용할 수 있는 것이고, 잘못된 파일을 파괴해 버리거나 소거해 버려도 큰 지장이 없게 보존해두는 것을 말한다.

original data[-déitə] **근원 자료** 입력된 그대로의, 즉 아무런 가공이 되지 않은 데이터.

original document[-dákjumənt] **원시 자료** 컴퓨터가 직접 받아들일 수 있는 형태의 데이터의 기초가 되는 자료. 여러 가지 언어의 원시 언어(source language)가 여기에 해당된다. 즉, 기계어(machine language)의 파일을 만들기 위한 기초가 되는 것을 말한다. 원시 문서(source document)라고도 한다.

original equipment manufacturer[-ikwípmənt mæ̀njufǽktʃərər] **OEM, 주문자 상표 부착**

original hypothesis[-haipáθəsis] **기본 가설**

original language[-lǽŋgwidʒ] **원어(原語)**

original master[-má:stər] **오리지널 마스터**

originating/recipient(OR) name[ərídʒinèitiŋ risípiənt néim] **OR 이름** 메시지 통신 처리 시스템에서 임의로 식별 가능한 개인명 및 단말 주소를 말하며, MBS의 주소나 텔리매틱 주소 가운데 하나를 선택할 수 있다. MHS에서 사용되는 개인명은 동성동명 등으로 인하여 시스템이 식별할 수 있는 이름을 시스템에 등록할 필요가 있다.

originating register[-rédʒistər] **OR, 발신 레지스터**

originating register sender[-séndər] **발신 레지스터 센더**

originating task[-tá:sk] **모(母)태스크**

origination[ərìdʒinéiʃən] *n.* **문서 표기화** 기록의 형태, 성질, 근원(origin)을 결정하는 작업.

origin counter[ɔ́(:)ridʒin káuntər] **기점 계수기** 현재 명령어의 단어 길이에 초기값을 더하고 각 명령어의 실행 합계를 더하며 다음 명령어의 시작 번지를 계산하는 회로.

origin directive[-diréktiv] **기점 지시문** 프로그램 순서에서 기점을 어셈블리에 지시하는 지시문으로 목적 코드를 사용하지 않는다.

OR mixer 논리합 혼합기 여러 개의 각기 다른 입력 단자 중 최소한 하나 이상의 입력이 "1"이면 출력도 "1"이 되는 회로.

OR model 논리합 모델 병렬 모델이라고도 한다. 기기, 부품, 시스템 등을 병렬로 하면 신뢰도가 단일체일 때보다 향상된다.

OR NOT gate **OR NOT 게이트**

OR operation 논리합 연산 각 오퍼랜드가 불 값 0을 취할 때만 결과가 불 값 0이 되는 불 연산.

OR operator 논리합 연산자 P와 Q를 명제라 할 때의 P OR Q의 연산 결과가 다음에 나타낸 진리표와 같은 논리 연산자. ⇨ 표 참조

orphan[ɔ́:rfən] *n.* **고아** 문서를 작성할 때 한 페이지에서 그 마지막 한 행만 다음 페이지로 넘어간 것. 이것은 체제상 보기가 좋지 않으므로 페이지 길

이를 조절하여 그 행을 당겨서 같은 페이지에 인쇄할 수 있게 하는 것이 바람직하다. 이와 비슷한 것으로 과부(widow)가 있다.

P	Q	P OR Q
0	0	0
0	1	1
1	0	1
1	1	1

ORSA 미국 운용 과학회 Operations Research Society of America의 약어.

OR term 논리합 항 논리 함수식에서 논리합만으로 표현된 항.

orthogonal[ɔːrθágənəl] *a.* **직교(直交)하는** (1) 두 줄의 선이나 두 면이 서로 만나서 이루는 각이 직각임을 나타내는 것. (2) 어떤 두 사물 또는 두 개념이 상호간에 관계없이 독립적으로 존재하는 것.

orthogonal frequency division multiplex[-fríːkwənsi(ː) divíʒən mʌ́ltiplèks] **직교 주파수 분할 다중** ⇨ OFDM

orthogonal function[-fʌ́ŋkʃən] **직교 함수**

orthogonal list[-líst] **직교 리스트** 최소 2차원 배열을 리스트로 나타내는 방법으로 수평 링크와 수직 링크를 사용한다. 수평 링크는 각 행의 0이 아닌 원소를 연결하고 수직 링크는 각 열의 0이 아닌 원소를 연결하는 링크이다.

orthogonal matrix[-méitriks] **직교 행렬** 정방 행렬 A의 전위 행렬을 A^T 라고 한다. $A^T \cdot A$가 단위 행렬로 될 때 A를 직교 행렬이라고 한다.

orthogonal memory[-méməri(ː)] **직교 기억 장치**

orthogonal polygon[-páligàn] **직교 다각형**

orthogonal polynomial[-pàlinóumiəl] **직교 다항식** 다항식 $P_i(x)(i=0, 1, \cdots)$가 구간 $[a, b]$ 및 중첩 함수 $\phi(x)$에 있어서

$$\int_b^a \phi(x)P_i(x)P_j(x)dx=0 \quad (i \neq j)$$

를 만족할 때, 직교 다항식(계)이라고 한다. 최소 제곱 근사 등의 함수 근사에 응용된다.

orthogonal projection[-prədʒékʃən] **직교 사영(射影)** 한 점 p에서 한 직선 l 또는 한 평면 a에 내린 수선의 발을 p의 l 또는 a 위에의 정사영이라 한다.

orthographic projection[ɔ̀ːrθəgrǽfik prədʒékʃən] **정투영** 평행 투영의 한 방법으로 투영면의 수직 방향과 투영 방향이 같은 투영 기법.

OS 운영 체제 operating system의 약어. 컴퓨터 시스템의 입출력 간의 일의 시간을 단축하여 되도록 컴퓨터를 효과적으로 이용하는 것을 목적으로 하는 제어 시스템. ⇨ operating system

OS/2 운영 체제/2 operating system/2의 약어. IBM 사의 퍼스널 컴퓨터 PS/2에 탑재되어 있는 싱글 유저/멀티태스크 기능을 갖는 운영 체제. 1987년 4월에 동시 발표된 소프트웨어 개발 체계 SAA(system application architecture)에 대응하는 최초의 제품이다.

OS/360 운영 체제/360 operating system/360의 약어. 1964년에 발매된 IBM 시스템 360을 위해 만든 운영 체제. 일괄 처리, 실시간 처리, 시분할 처리의 3방식을 통일해서 처리할 수 있는 일반적이고 종합적인 운영 체제.

OS-9 운영 체제-9 operating system-9의 약어. 미국 마이크로웨어 사가 모토롤라 사 제품 B 비트 마이크로프로세서(MPU) 6809용으로 개발한 운영 체제. 멀티 유저, 멀티태스크 외에 계층 구조로 된 디스크 파일 관리, 멀티 윈도 기능 등을 갖고 있다.

OSAM 오버플로 순차 액세스 방식 overflow sequential access method의 약어. IMS(정보 관리 시스템)의 특별한 접근 방법으로, 오버플로 세그먼트들이 위치하는 데이터 집합 구역을 순차적으로 접근하는 방법.

Osborne-1[àsbɔ́ːrn wʌ́n] **오스본-1** 9인치의 흑백 화면과 두 개의 플로피 디스크가 장착되어 있으며, 운영 체제로는 CP/M을 사용하고, 매우 인기 있는 기종의 하나로서 오스본 컴퓨터 사에 의해 만들어진 휴대용 컴퓨터.

oscillating sort[ásilèitiŋ sɔ́ːrt] **발진기 정렬, 진동 정렬법** 이 진동 정렬법이 일반적인 합병 정렬과 다른 점은 $N-1$개의 연속 테이프가 역방향으로 읽혀져서 다음 N번째의 테이프에 합병된 후 최후에 테이프 마크를 기입하고, 제어는 다시 나머지 레코드의 내부 정렬로 돌아가는 점이다. 즉, 합병 정렬의 일종으로, 입력을 위한 테이프를 제외한 N개의 테이프로써 $N-1$ 정렬을 실시하는 것. 이와 같은 방법으로 $N-1$개의 연속 테이프를 합병하여 입력 파일이 없어질 때까지 반복한다. 이 기법은 테이프 스위치, 역방향 판독 및 다수의 테이프 장치가 요구되기 때문에 제한된 컴퓨터에서만 사용된다.

oscillator[ásilèitər] *n.* **발진기, 오실레이터** 일정한 주파수의 신호를 생성하는 기기.

oscillator and timing generator[-ənd táimiŋ dʒénərèitər] **발진기·타이밍 발생기** 마이크로프로세서의 제어 기능들을 위한 기본적인 타이밍 신호를 발생하기 위한 회로나 장치.

oscillography[əsíləgræpi] *n*. **오실로그래피, 진동 기록기** 전기 신호의 모양을 오실로스코프에 나타내는 것.

oscilloscope[əsíləskòup] *n*. **오실로스코프, 검출관** 브라운관을 이용해서 전류나 전압의 변화를 형광면 상에 그리는 장치. 관측파 전압과 시간축 전압으로 전자 빔을 편향시켜서 파형을 그리는 원리이다.

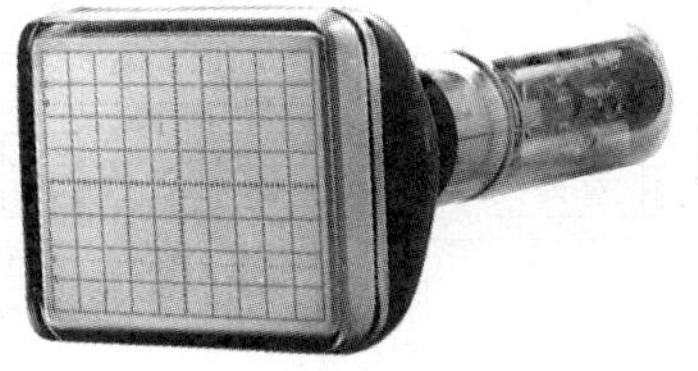

〈오실로스코프용 CRT〉

osculatory interpolation [áskjulətɔ̀(ː)ri(ː) intə̀rpəléiʃən] **접촉 보간** 한 보간점에서 보간 다항식이 $f(x)$와 1계 이상의 높은 계에서도 일치할 때의 보간 다항식.

OSF (1) **운영 체제 펌웨어** operating system firmware의 약어. (2) **오픈 소프트웨어 파운데이션** Open software foundation의 약어. 오픈 소프트웨어 재단. 유닉스의 개발사인 AT & T와 워크스테이션의 최대 메이커인 선 마이크로시스템즈 사의 제휴에 대항하여 1988년에 설립된 유닉스 통합화 · 오픈화를 위한 컨소시엄. UNIX international에 대항하는 부분도 있다. 주요 멤버는 IBM, DEC, HP(pollo를 흡수) 등으로 일본에서는 히다치와 미츠비시가 가입하고 있다. OSF는 OS로 OSF/1, GUI로 OSF/ Motif 분산 프로세서 환경으로 OSF/DCE 분산 관리 환경으로 OSF/DME, 소프트웨어 배포 형태로 ANDF와 같은 기술을 제공하고 있으며 Motif와 DCE는 사실상의 업계 표준이 되고 있다. ⇨ OSF/1

OSF/1 IBM의 AIX 운영 체제를 기반으로 하여 OSF 그룹이 개발한 유닉스 운영 체제.

OSF/DME OSF/distributed management environment의 약어. 분산된 유닉스 시스템 및 네트워크를 통일적으로 관리하기 위한 시스템으로 OSF가 1991년에 그 구조를 발표하였다. 멀티 벤더 환경에 대처할 수 있을 뿐 아니라 사용 용이성을 실현하기 위하여 객체 지향으로 하고 있다. 기초가 되는 프로토콜은 SNMP(simple network management protocol) 및 OSI의 CMIP(common management information protocol)이다. 이를 이용하여 많은 워크스테이션에 소프트웨어를 일제히 설치한다든지 변경할 수 있을 것으로 기대되고 있다.

OSF/Motif OSF/모티브 OSF 그룹에 의해서 개발되어 판매된 유닉스 운영 체제용 그래픽 사용자 인터페이스 시스템.

OS for pen inputting 펜 입력 운영 체제 operating system for pen inputting의 약어. 전자펜 등을 이용하여 손으로 써서 문자를 입력하는 경우에 필요한 운영 체제. 현재, 펜 입력에는 디스플레이에 직접 쓰는 방법과 테블릿을 이용한 방법이 있다. 펜으로 입력하려면, 펜으로 사용되는 기기와 그것을 익숙하게 사용하기 위한 기본 소프트웨어가 필요하고, 또한 응용 프로그램 소프트웨어가 이것에 대응하고 있어야 한다. 펜은 위치 지정과 데이터 입력, 컴퓨터로의 동작을 지시하며, 이를 위한 사용자 인터페이스로는 제스처 등이 있다. ⇨ gesture, pen computer, PDA, hand belt PC

OS functions 운영 체제 기능 운영 체제는 실행 관리부, 작업 스케줄부, 입출력 취급부, 데이터 관리부, 시스템 관리부 등의 5가지 기능으로 이루어진다.

OSI 개방형 시스템 상호 접속 open systems interconnection의 약어. 국제 표준화 기구(ISO)가 1977년에 제안한 통신 규약(프로토콜)의 표준. 다른 기종의 컴퓨터 사이 혹은 근거리 네트워크와 외부 네크워크 간의 접속을 쉽게 하기 위해서 설정했다. 최근의 컴퓨터 네크워크 아키텍처(LAN) 프로토콜의 대부분이 이 OSI 표준에 기초한다. 하위에서 상위까지 7개(물리층, 데이터층, 네트워크층, 트랜스포트층, 세션층, 표현층, 애플리케이션층)의 프로토콜 계층으로 이루어진 모델이다. 이것이 실현되면 다른 메이커의 컴퓨터끼리 같은 네크워크를 개입하여 접속이 가능하게 된다.

OSI environment OSIE, OSI 환경 개방 시스템 밖에서 본 참조 모델이 정하는 범위에 해당하는 동작. 즉, 개방 시스템, 응용 엔티티, 논리적 접속 및 물리 매체를 포함한다. OSIE에는 개방 시스템 간의 정보 전송뿐만 아니라 한 작업을 분담하여 실행하기 위한 상호 동작도 포함한다. OSIE에 반대되는 개방 시스템 내부에서 본 동작의 범위를 로컬 시스템 환경이라고 한다.

OSINET OSI의 실제적인 사용을 실증하기 위해 북미에 있는 회사들간의 유사한 협동체. OSINET은 US GOSIP을 위한 상호 운용 시험 네트워크로 구축되어 있다.

OSI reference model[–réfərəns mádəl] **OSI 참조 모델** open system interconnections reference model의 약어. 근거리 통신망(LAN)의 구성을 위한 국제 표준으로 국제 표준화 기구(ISO ; International Standards Organization)와 국제 전자 기술자 협회(IEEE ; Institute of Electrical and Electronic Engineers)가 만들었다. 컴퓨터 네트워크의 구조와 자료의 흐름을 구현하기 위해 고안된 7개의 층으로 이루어진 구조이다. 멀티벤더 네트워크의 인터페이스를 정의할 수 있도록 하고 있으며 이용자에게 이러한 네트워크를 건설하는 데 있어서 개념적인 가이드를 제공한다. ⇨ 그림 참조

OS/MFT ⇨ MFT

OS/MVT operating system/multiprograming with a variable number of tasks의 약어. IBM의 운영 체제(OS)의 일종으로 가변수의 태스크를 병행 처리하는 기능을 갖춘 것.

OSPF open shortest path first의 약어. IP 라우팅 프로토콜의 한 종류. RIP(routing information protocol)보다 규모가 큰 네트워크에서도 사용할 수 있다. 규모가 크고 복잡한 TCP/IP 네트워크에서 RIP의 단점을 개선한 라우팅 프로토콜. RIP에 비해 자세한 제어가 가능하고, 관리 정보의 트래픽도 줄일 수 있다.

OSR OS service release의 약어. ⇨ Windows 95

OS service release ⇨ OSR

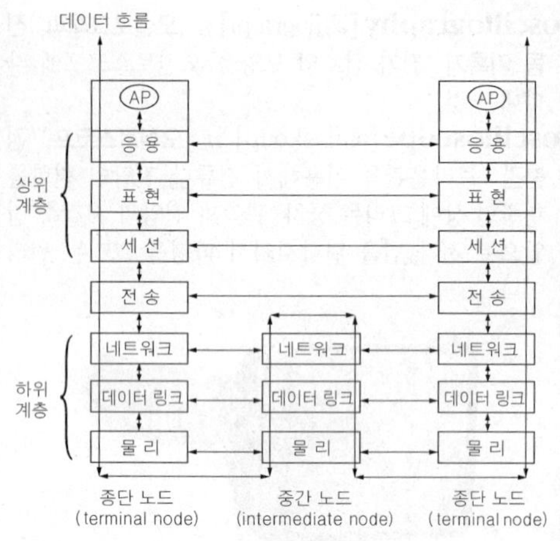

〈OSI 참조 모델〉

O-state 오퍼레이터 상태 operator state의 약어.

OS/VS 가상 기억 운영 체제 operating system/virtual storage의 약어. 가상 기억(VS)을 실현하고, 이것을 활용하여 제어하는 운영 체제(OS). 또한

〈OSI 참조 모델〉

계 층	기 능
physical layer 물리 계층(1계층)	물리적 통신 매체를 통하여 전달되는 구조화되지 않은 비트 스트림(bit stream)의 전송을 책임지며, 통신 매체를 접근하는 데 필요한 기계적이고 전기적인 기능과 절차 등을 규정한다.
data link layer 데이터 링크 계층(2계층)	데이터 전송을 위한 기능적이고 절차적인 수단을 제공하고 물리 계층에서 발생할 수 있는 오류 검출 및 수정을 담당한다.
network layer 네트워크 계층(3계층)	통신 시스템 간의 경로를 선택하는 경로 선택(routing) 기능, 통신 트래픽(traffic)의 흐름을 제어하는 흐름 제어(flow control) 기능, 데이터 통신중에 패킷의 분실로 재전송 요청을 할 수 있는 오류 제어(error control) 기능 등을 수행한다.
transport layer 전송 계층(4계층)	상위 계층과 하위 계층을 연결하는 교량 역할을 수행하는 것으로, 정보 통신 단말 간의 투명한 데이터 전송을 담당하고 신뢰성이 있으며 저가의 통신 서비스를 제공한다.
session layer 세션 계층(5계층)	다양한 응용 시스템 구축시 상위 계층에서 필요로 하는 공통의 전송 제어 기능을 제공하는 것으로, 상위 계층의 개체 간 대화(dialogue)를 맞추고 데이터 교환을 관리하는 논리적 연결(logical connection)을 확립하고 관리한다. 이와 같은 기능을 제공하기 위하여 세션 계층은 상위 계층에서 세션 연결(session connection)을 설정하기 위한 서비스를 제공한다.
presentation layer 표현 계층(6계층)	응용 계층 간에 교환되는 데이터 표현의 독립성을 부여하는 것이 주요 목적이다. 이와 같은 목적을 실현하기 위하여 표현 계층에서 지원하는 대표적인 기능은 송신측 컴퓨터 내부에서 사용하는 형식으로 구성된 데이터를 전송하기에 적합한 형태로 인코딩(encoding)한 후 수신측 컴퓨터에서 인식할 수 있는 형태로 디코딩(decoding)하는 것이며, 이외에도 암호화(data encryption), 데이터 압축(data compression), 네트워크의 안정성 보장 등의 기능을 제공한다.
application layer 응용 계층(7계층)	사용자가 직접 접하게 되는 계층이며 사용자는 하위 계층에 대한 자세한 지식 없이도 서비스를 사용할 수 있어야 한다. 응용 계층은 응용 서비스를 제공하는 계층으로 다른 계층과는 달리 수많은 서비스가 존재한다.

IBM의 OS/VS 1은 고정수 태스크의 다중 프로그래밍 기능(OS/MFT)이 발전한 가상 기억용 운영 체제이고, DS/VS 2는 가변수 태스크의 다중 프로그래밍 기능(OS/MVT)이 발전한 가상 기억용 운영 체제이다.

OS/VS 1 가상 기억 운영 체제 1

OS/VS 2 가상 기억 운영 체제 2

OT 출력 트렁크 output trunk의 약어.

OTAKU 오타쿠 일본에서 나온 용어로, PC, 애니메이션, 게임 등의 취미에 몰두하여 사회성을 잃어버린 사람들을 가리킨다. 원래의 의미는 몰인격적, 독립적 사고를 지닌 사람.

OTM 계산기용 온라인 기기 online tellers machine의 약어. 은행 시스템 1회선 처리용 단말기로서 은행의 카운터에 있는 직원이 고객을 상대하여 조작할 수 있는 단말기.

OTOH on the other hands의 약어. "한편 다른 견해를 취하면", "다른 의견으로는"의 뜻. "OTOH, It was wrong."(다른 견해로는, 그것은 틀렸다고 말할 수 있다).

OTP open trading protocol의 약어. 쇼핑 구매에서 배송까지 전자 상거래 처리 과정 전체를 하나로 구현하기 위한 통합 전자 상거래 프로토콜. OTP는 몬덱스(Mondex)가 중심이 되어 AT & T, HP, IBM, Oracle, Sun 등이 참여하여 표준화 작업을 하고 있으며, OTP 내에 모든 지불 수단이 포함된다.

OUK 일본의 컴퓨터 메이커인 오키 유니팩(주)이 생산하고 있는 컴퓨터의 명칭.

out[áut] *ad*. **출력** 여러 개의 마이크로프로세서에서 입출력 포트에 데이터를 출력하는 기능을 갖는 명령어.

outboard recorder[áutbɔ̀ːrd rékərdər] **OBR, 외부 기록 기능**

outbound[áutbàund] *a*. **아웃바운드** 아웃바운드 데이터 스트림은 커맨드와 그 후의 데이터(생략 가능)로 구성되는데, 데이터로는 서브커맨드 또는 유저 데이터(또는 그 양쪽)를 넣을 수 있다. 아웃바운드는 호스트에서 단말로의 전송을 가리키고 데이터 스트림은 아웃바운드나 인바운드의 어느 하나이다. 서브커맨드에서는 데이터의 표시 방법을 지정한다.

outbox[áutbàks] **보낼 편지함** 윈도용 전자 우편 소프트웨어인 마이크로소프트 사의 「Outlook Express」, 「Outlook」 등에서 송신용 메시지를 일시적으로 저장해두는 폴더.

outcode[áutkòud] **아웃코드** 2차원에서는 윈도의 상하 좌우에 따라 4비트를 사용하고 3차원에서는 뷰 볼륨의 상하 좌우, 앞뒤에 따라 6비트를 사용하여 출력 프리미티브의 위치 관계를 나타내는 것으로, 그래픽의 클리핑 알고리즘인 CohenSutherland 알고리즘에서 사용되는 코드를 말한다.

out connector[áut kənéktər] **출력 결합 기호** 순서도에서 흐름선을 다른 장소로 연결하기 위해 끊거나 중단하는 경우 그 위치를 나타내는 순서도 부호.

outdegree[áutdigrìː] **출력 차수** 방향 그래프의 한 정점에 대해 그 정점에서 다른 정점으로 향하는 간선의 수.

outdent[áutdènt] **내어쓰기** 워드 프로세싱을 할 때 같은 문단에 있는 다른 행들보다 왼쪽으로 더 나온 행. 또는 그렇게 내어서 작성하는 것. 들여쓰기(indent)와 반대 개념이다.

out device[áut diváis] **출력 장치** 컴퓨터의 처리 결과들을 사용 가능한 형태 또는 최종적인 형식으로 나타내는 컴퓨터 하드웨어 장치.

outer[áutər] *a*. **외부 (의), 외측 (의)**

outer code[–kóud] **외부 코드**

outer control limits[–kəntróul límits] **외부 제어 한계** 위쪽, 아래쪽에 각각 두 줄씩 그린 관리 한계 중 외측의 것. 외측 관리 한계의 사용법은 보통의 관리 한계와 같다.

outer DO 외부의 DO 문

outer equijoin[–ikwídʒɔin] **외부 이퀴조인** 외부 세타 조인(theta join) 중 세타(θ) 연산자가 등호(=)인 연산자를 뜻한다.

outer join[–dʒɔ́in] **외부 조인** 이 외부 조인의 종류는 조인 연산자의 두 릴레이션에서 맞지 않는 널(null)값을 가진 투플을 택하는 방식에 따라 여러 가지가 있으며, 정상적인 조인의 결과에 널값을 가진 투플들도 포함시키는 연산이다.

outer guard band[–gáːrd bǽnd] **아우터 가드 밴드**

outer macro instruction[–mǽkrou instrʌ́kʃən] **외부 매크로 명령**

outer natural join[–nǽtʃurəl dʒɔ́in] **외부 자연 조인** 외부 세타 조인(theta join)과 비슷한 연산이며, 정상적인 자연 조인 결과와 이에 쓰이지 않은 각 릴레이션의 투플들을 널(null)값과 접합하여 생성한 투플들을 결과로 산출하는 연산자.

outernet[áutərnét] **아우터넷** 인터넷 외부에 존재하는 통신망. 사설 BBS나 온라인 서비스 등이 이에 해당된다.

outer theta-join[áutər θíːtə dʒɔ́in] **외부 세타 조인** 세타 연산자(=, >=, <=, <)를 사용하며, 정상 세타 조인의 결과에 조인 연산의 양쪽 릴레이션의 투플들 중에서 세타(θ) 연산자에 맞지는 않지

만 널(null)값을 가진 투플들을 포함시키는 연산.

out-gate[áut géit] **출력 게이트** 논리 회로에서 출력 신호를 내보내는 게이트. 즉, 정보를 다른 장치 등에 전송할 때 이용되는 출력 게이트. ⇨ gate

outgoing[áutgòuiŋ] *a*. **출력의, 출하의**

outgoing call[–kɔ́:l] **출력 호출**

outgoing group[–grú:p] **출력 취급부** 제어 루틴에서 원격 단말기들이나 전송 선로로 보내는 메시지를 취급하는 루틴(message handling routine)의 일부.

outgoing message[–mésidʒ] **출력 메시지**

outgoing trunk[–trʌ́ŋk] **출력 트렁크**

OUTLIM 출력 제한 기능, 아우트림 output limiting facility의 약어.

outline[áutlàin] *n*. **테두리** 윤곽은 문자 변형의 한 방법으로서 문자체를 변형시킬 때 문자 테두리만 나오고 속을 비게 한 것.

outline design[–dizáin] **개략 설계** 시스템의 개발과 설계를 할 때 구체적인 상세 설계를 하기 전에 계획을 대충 잡아보는 것. 개략 설계는 단지 설계 대상 시스템의 아우트라인을 설정할 뿐만 아니라 시스템의 방침, 목적, 범위, 시스템의 내용이나 이점의 개략 등 시스템 설계의 기본이 되는 여러 항목을 대상으로 하여 그에 이어지는 상세 설계의 전제가 된다.

outline editor[–éditər] **아우트라인 편집기** ⇨ outline processor

outline flow chart[–flóu tʃάrt] **개략 순서도** 프로그램 명세서에 부착되며, 프로그램이나 시스템의 주된 기능이나 구성만을 개략적으로 나타내는 순서도.

outline font[–fάnt] **아우트라인 문자** 일반적으로는 윤곽선 내를 검게 칠하여 문자로 사용하고, 도트 문자보다도 적은 기억 용량으로도 다룰 수 있으며, 확대, 축소, 사체 등의 변형이나 장식 문자 등의 가공이 쉽다는 것이 특징이다. 즉, 문자의 윤곽을 직선 또는 곡선에 의해서 표현한 데이터를 사용한 문자를 말한다.

outline processor[–prάsesər] **문서 개략 작성기** 컴퓨터에 의한 문서 작성의 경우 문장을 대략적으로 미리 구성할 수 있게 돕는 프로그램.

outliner[áutlàinər] **아웃라이너**

Outlook Express 아웃룩 익스프레스 Microsoft Outlook Express의 약어. 마이크로소프트 사의 웹 브라우저인 인터넷 익스플로러 4.0부터 제공하는 전자 우편 클라이언트. 인터넷을 통해 전송받은 편지뿐만 아니라 웹도 바로 볼 수 있으며, 뉴스그룹까지 한 화면에서 볼 수 있어 편리하다.

out of band signaling[áut əv bǽnd sígnəliŋ] **대역 외 신호** 채널의 자체 처리 대역 범위 밖의 주파수를 이용한 신호. 발송 채널과 같은 매체에 의해 주어지는 채널 대역폭의 일부를 사용하며, 음성이나 정보 경로는 필터에 의해 저지되는 것을 의미하기도 한다. 이 신호는 유효 대역폭의 감소를 가져온다.

out of control[–kəntróul] **관리 이탈** 관리도에서 점이 관리 한계의 밖으로 나온 상태.

out-of-line[–láin] **행 외** 컴퓨터 프로그램의 어떤 문장이 그 프로그램의 문장상의 흐름과는 다르게 별도로 수행되는 것. 예를 들면 서브루틴 호출과 같은 것은 실제로는 그 행에 있는 코드가 실행되는 것이 아니고 원시 코드에서 다른 곳에 있는 코드가 수행된다.

out-of-line coding[–kóudiŋ] **행 외 코딩** 어떤 루틴의 주경로와는 별도로 기억되는 코딩의 한 부분.

out-of-line operation[–ὰpəréiʃən] **행 외 연산** 내장 함수를 참조하면 라인의 연산으로 해결되는 경우와 목적 모듈에 삽입되어 인라인 연산되는 경우가 있다. 데이터 타입 변환용의 모든 함수는 인라인으로 처리되고 모든 대수(對數)와 지수 함수는 라이브러리에서 호출된다. 즉, 라이브러리에 수납되어 있는 루틴이나 서브루틴을 호출하여 행하는 연산을 말한다.

out of range[–réindʒ] **범위 넘음** 선형 계획 문제에서 지정된 범위 내에 있지 않은 값 또는 용량 초과를 나타내는 데 쓰인다.

out of service[–sə́:rvis] **서비스 불가능** 장치가 사용될 수 없음.

out of service time[–táim] **서비스 불가능 시간** 컴퓨터가 프로그램 실행을 위해 사용될 수 없는 시간으로서 이것은 기계의 고장에 의한 경우나 정기 보수의 경우 등에 발생된다.

out plant system[–plά:nt sístəm] **아웃 플랜트 시스템** 중앙에 위치한 하나 이상의 단말기들과 하나 이상의 원격 단말기들로 구성되는 데이터 전송 시스템.

output[áutpùt] *n*. **출력** (1) 본래, 발전기 등 전기 기구가 외부로 공급하는 전력 또는 동력을 의미하지만, 현재는 컴퓨터 시스템 분야에도 많이 사용된다. (2) 컴퓨터에 있어서는 출력 처리에 관계되는 장치, 데이터 또는 상태를 말한다. 예를 들면 컴퓨터에 의해 처리된 결과, 즉 출력 데이터(output data)는 출력 장치(output device)에 따라 사람이 이용할 수 있는 모양을 취한다. 프린터에 타출되거나 디스플레이 장치(display device)에 표시되거나 한다. 또는 자기 테이프 장치(magnetic tape unit) 등의 보조 기억 장치에 데이터를 판독하는 것도 output이라 한다. 컴퓨터 내부의 출력 데이터는 운영 체제(OS)의 작업 스케줄러의 한 기능인 출력 기록기(output writer)에 의해 일단 출력 작업 대기 행렬(output work queue)에 저장되고, 거기에서 수정된 출력 장치 상에 기록되어 나온다.

[주] 데이터 처리 시스템 또는 그 일부에서 인출된 다. 또는 인출되어야 하는 데이터.

[참조] 출력 처리에 관계하는 장치, 처리 또는 채널 처리에 관계하는 데이터 혹은 상태에 관계하는 용어. 예를 들면, 문맥상 명확한 경우 「출력 데이터」 「출력 신호」 등 대신에 「출력」이라는 단어를 사용하는 경우가 있다.

output area[–έ(:)riə] **출력 영역** 내부 기억 장치에서 출력 장치 등에 송출해야 할 데이터를 일시적으로 저장하여 두는 내부 기억 장치 내의 장소를 말하며 출력 버퍼 영역(output buffer area)이라고도 한다.

output assertion[–əsə́ːrʃən] **출력 표명** 프로그램 종료시의 상태를 나타낸 것. 입력 표명과 함께 프로그램의 그때까지의 진행 상태의 인덱스와 비슷하다.

output block[–blák] **출력 블록** 전송하기 위해 내부 기억 장치에 별도로 마련된 영역으로서 주로 밖으로 전송될 데이터를 받아 이를 처리한다.

output blocking factor[–blákiŋ fǽktər] **출력 블록화 인수**

output buffer[–bʌ́fər] **출력 버퍼** 주변 장치에서 전송되는 데이터를 일시적으로 기억해두기 위해 준비된 기억 영역이며, 출력되는 데이터를 한 곳에 집적해두는 장소이다. 출력할 때는 여기서부터 output되며 메모리 위에 있다.

output buffer register[–rédʒistər] **출력 버퍼 레지스터** 내부 기억 장소에서 데이터를 받아 자기 테이프 등 출력 매체에 전달하는 버퍼 또는 전송 장치.

output bus driver[–bʌ́s dráivər] **출력 버스 구동기** 컴퓨터에서 출력되는 신호들을 일반적으로 회선의 큰 부하에 견딜 수 있도록 증폭시켜 출력한다.

output capability[–kèipəbíliti(ː)] **출력 능력** 어떤 회로의 출력에 의해 작동될 수 있는 장치 적재 수.

output channel[–tʃǽnəl] **출력 채널** 어떤 장치로 데이터를 출력하기 위해 정보를 전달하는 채널.

output circuit[–sə́ːrkit] **출력 회로** 어느 장치에서 출력하기 위한 회로.

output class[–kláːs] **출력 클래스** 출력 데이터에 할당되는 클래스. 출력 클래스는 특정의 출력 장치와 대응하고 있지만, 그 대응 관계는 이용자가 정의한다. 하나의 출력 프로그램에 의해 1~8개의 출력 클래스를 처리할 수가 있다.

output compliance characteristics[–kəmpláiəns kæ̀rəktərístiks] **출력 협력 특성**

output condition[–kəndíʃən] **출력 조건**

output data[–déitə] **출력 자료** 논리 요소나 논리 요소의 출력 채널과 같은 장치에서 얻어지는 데이터.

output data set[–sét] **출력 자료 세트**

output delay[–diléi] **출력 지연** 정격 DC 부하의 1/2과 정해진 배선 용량의 1/2을 가지고 50% 신호 레벨에서 측정되는 회로의 전형적인 지연.

output design[–dizáin] **출력 설계**

output device[–diváis] **출력 장치** 출력 기구. 데이터 처리 시스템 내의 기구로 그 시스템에서 데이터를 받아들이는 데 이용되는 장치의 총칭. 즉, 컴퓨터에 의해서 처리되고 출력되는 데이터를 받아들이기 위한 장치로 온라인으로는 라인 프린터, 고속도 테이프 천공기, 브라운관 디스플레이 장치 등이, 오프 라인으로는 저속 타이프라이터, 플로터 등이 이에 속한다. 자기 테이프 장치로 출력 장치로서 이용되는 것이다.

output display area[–displéi έ(:)riə] **출력 표시 영역**

output enable signal[–inéibl sígnəl] **출력 가능 신호** 출력이 가능하다는 것을 나타내는 신호로 출력 버퍼 등을 제어하는 데 사용한다.

output equipment[–ikwípmənt] **출력 장비** 컴퓨터로부터의 정보나 데이터를 외부로 내보내기 위해 사용되는 장비.

output field[–fíːld] **출력 필드**

output file[–fáil] **출력 파일**

output form[–fɔ́ːrm] **출력 양식** 컴퓨터에서 출력되는 데이터의 형태이며, 그 종류로는 라인 프린터로의 출력, 자기 테이프, 자기 디스크와 자기 드럼에서의 기록 등을 들 수 있다.

output format[–fɔ́ːrmæt] **출력 형식** 데이터를 출력할 때의 형식. 예를 들면 장표(帳票)를 프린터로 인쇄하는 경우 숫자를 우측 배치로 하거나 세 자리마다 콤마를 넣거나 해서 출력 포맷을 결정한다.

output handler[–hǽndlər] **출력 처리기** 컴퓨터 시스템의 입출력 처리기 중에서 출력만을 제어하는 처리기.

output hopper[–hápər] **출력 수집기** 판독 장치의 처리된 카드를 받는 부분.

output impedance[–impíːdəns] **출력 임피던스**

output indicator[–índikèitər] **출력 표시기**

output job queue[–dʒáb kjúː] **출력 작업 큐,**

출력 작업 대기 행렬
output job stream[–strí:m] **출력 작업 스트림**
output limited[–límitəd] **출력 한계적** 출력 장치의 성능이나 늦은 처리 시간이 다른 장치의 동작을 대기하도록 하는 상황.
output limiting facility[–límitiŋ fəsíliti(:)] OUTLIM, **출력 제어 기능**
output list[–líst] **출력 리스트**
output media[–mí:diə] **출력 매체** 컴퓨터의 출력 데이터를 기록하는 데 이용되는 매체. 예 라인 프린터 용지, 자기 테이프, 브라운관 등.
output mode[–móud] **출력 모드**
output module[–mádʒu:l] **출력 모듈**
output noise voltage[–nɔ́iz vóultidʒ] **출력 잡음 전압** 일정한 부하 전류에서 입력 리플이 없는 경우의 출력에서 나타나는 잡음 전압의 측정 실효값.
output port[–pɔ́:rt] **출력 포트**
output primitive[–prímitiv] **출력 프리미티브, 출력 매체 요소** 표시 화상을 구성하는 데 사용되는 기본적인 도형 요소. 예 점, 선분, 또는 문자
output procedure[–prəsí:dʒər] **출력 절차**
output process[–práses] **출력 처리** 시스템이나 장치에 의해 데이터를 전달하는 과정이나 행동.
output processing[–prásesiŋ] **출력 처리**
output processor test[–prásesər tést] **출력 처리기 검사** 복잡한 시스템에서 오류를 쉽게 추적할 수 있게 해주는 출력의 자동 처리.
output program[–próugræm] **출력 프로그램** 컴퓨터의 출력 처리를 구성하는 유틸리티 프로그램. [주] 문맥 중에는 사용 형식과 빈도가 다른 것에 의해 컴퓨터 프로그램과 루틴을 구별하고 있다.
output queue[–kjú:] **출력 큐, 출력 대기 행렬** 시스템에 의해서 생성되어 전송 차례를 대기하고 있는 메시지.
output record[–rékərd] **출력 레코드** 현재 출력 구역에 담겨 있는 레코드.
output record type[–táip] **출력 레코드 종류**
output register buffer[–rédʒistər bʌ́fər] **출력 레지스터 버퍼** 내부 기억 장치로부터 데이터를 받아 자기 테이프 등 출력 매체로 전송하기 위한 버퍼 장치 또는 전송 장치.
output routine[–ru:tí:n] **출력 루틴** 출력 장치를 작동시키고 출력 형식과 속도, 감시 사항을 지정해 줌으로써 출력 데이터를 조직 또는 감독 제어하는 명령어들의 집합.
output routine generator[–dʒénərèitər] **출력 루틴 발생기** 출력 루틴을 할당된 양식에 의해 만들어내는 발생기.
output routine program[–próugræm] **출력 루틴 프로그램**
output section[–sékʃən] **출력부** 한 개 이상의 출력 루틴을 담기 위해 특별히 설계된 부분(section).
output sequence[–sí:kwəns] **출력 계열** 유한 오토머턴에 따른 출력의 계열. ⇨ finite automation
output signal[–sígnəl] **출력 신호**
output specifications form[–spèsifikéiʃənz fɔ́:rm] **출력 명세서 용지**
output state[–stéit] **출력 상태** 특정 출력 채널의 상태. 즉, 양수, 음수, 1 또는 0.
output station[–stéiʃən] **출력 단말 장치** 단말기가 연결된 컴퓨터 시스템에서 출력만을 담당하는 단말기.
output storage[–stɔ́:ridʒ] **출력 기억 장치**
output stream[–strí:m] **출력열, 출력 스트림** 운영 체제(OS)나 처리 프로그램으로 생성되어 오퍼레이터가 지정하는 장치에 전달하는 진단 메시지 및 출력 데이터.
output stream control[–kəntróul] **출력열 제어 기능**
output subsystem[–sʌ́bsìstəm] **출력 서브시스템** 프로세스 인터페이스 시스템에 있어서 프로세스 컴퓨터 시스템에서 프로세스로 데이터를 전송하는 부분.
output table[–téibəl] **출력표**
output tape sorting[–téip sɔ́:rtiŋ] **출력 테이프 정렬** 특정한 정렬/합병 과정의 결과로 생성된 순서대로 정렬된 파일을 수록하고 있는 테이프.
output test processor[–tést prásesər] **출력 검사 처리기** 복잡한 시스템에서 오류를 좀더 쉽게 추적할 수 있도록 출력을 자동으로 처리하는 것.
output trunk[–trʌ́ŋk] **출력 트렁크** 출력 회선의 출구에 배치되어 있는 장치로서 통신 회선의 감시, 보수, 신호의 중단 등과 같은 기능을 가진다.
output unit[–jú:nit] **출력 장치** 중앙 처리 장치(CPU)에서 처리된 결과를 CPU의 외부로 내보내는 장치를 총칭한다. 예를 들면 인쇄 장치(printer), 표시 장치(display unit) 등을 가리킨다.
[주] 데이터 처리 시스템 내의 기구이고, 그 시스템으로부터 데이터를 받아들이기 위해 사용되는 것.
output well[–wél] **출력 공간** 출력 레코드 또는 출력 블록들의 큐(queue)를 만들기 위해 쓰이는 디스크의 예비 기억 공간에 있는 영역. 일반적으로는 프로세서와 저속 출력 장치들 간의 버퍼(buffer)로 사용된다.
output work queue[–wɔ́:rk kjú:] **출력 작업**

대기 행렬 컴퓨터 시스템의 출력 데이터 세트에 관한 제어 데이터의 대기 행렬로, 시스템 출력이 이루어지는 대상 장치나 그 성질이 표시되어 출력 기록기로 취급된다.

output writer[–ráitər] **출력 기록기, 출력 라이터** 출력 작업 대기 행렬에서 프린터나 카드 천공기 및 단말 장치와 같은 특정 출력 장치로 데이터를 이동시켜 주는 서비스 프로그램.

out-scoring[àut skɔ́:riŋ] **아웃스코링** 외부 자원의 활용. 정보화 투자를 재인식하며 어떤 회사의 정보 처리를 다른 회사에 완전히 인계하는 것이 여기에 속한다.

outside loop[àutsáid lú:p] **외부 루프** 중첩된 루프에서 내부 루프를 완전히 포함하는 바깥쪽 루프.

outsourcing [áutsɔ:rsiŋ] **아웃소싱** 주문이나 계약에 의해 자사(自社)의 정보 시스템 기능을 외부 전문 업체에게 위탁하는 것. 아웃소싱의 이점은 기업들이 아웃소싱을 통하여 경영 자원과 컴퓨팅 자원의 효율과 여력을 기업의 핵심 기능에 집중하여 기업의 경쟁력을 높일 수 있다.

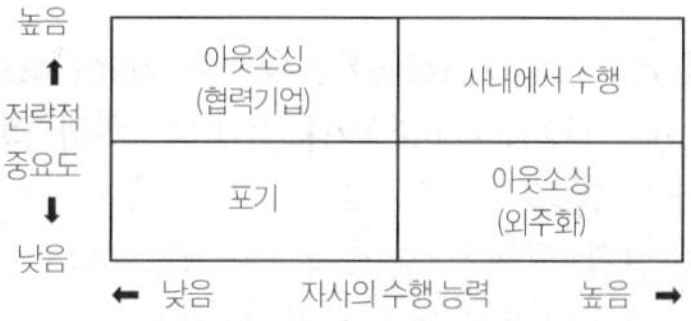

전략적 중요도 (높음 ↑ / ↓ 낮음)	자사의 수행 능력: 낮음 ←	→ 높음
높음	아웃소싱 (협력기업)	사내에서 수행
낮음	포기	아웃소싱 (외주화)

〈아웃소싱 결정에 관한 견해〉

out-station[áut stéiʃən] **구외** 연결된 처리기에서 실제로 떨어져 있는 단말 장치.

out swapping[–swɔ́(:)piŋ] **아웃 스와핑** 한 프로세스가 주기억 장치에서 보조 기억 장치로 교체되는 것.

overall timing[óuvərɔ̀:l táimiŋ] **오버올 타이밍**

overburning[óuvərbə́:rniŋ] **오버버닝** 보통의 CD-R, CD-RW는 74분 또는 650MB의 정보를 기록할 수 있다. 하지만 편법을 쓰면 2, 3분 정도는 추가로 넣을 수도 있는데, 이것을 오버버닝이라 한다. 이 방법을 이용하려면 CD 리코더와 리코딩 프로그램에 모두 실력이 있어야 한다. 하지만 오버버닝은 안정성을 책임질 수 없기 때문에 권하지는 않는다.

overclock[óuvərklák] **오버클록** CPU나 주기판 등을 설계할 때 규정되어 있는 본래의 클록 주파수보다 주파수를 높이는 것. 연산 속도는 빨라지지만 발열량, 소비 전력이 증가하여 부품 파손으로 이어지기 쉽다. 클록 업이라고도 한다.

overcurrent[òuvərkə́:rənt] *n.* **과전류**

over determined linear system[óuvər ditə́:rmind líniər sístəm] **과잉 결정 선형계**

overdrive processor[óuvərdráiv próusesər] **ODP, 오버드라이브 프로세서** 인텔 사가 개발한 CPU의 속도를 2배로 높이는 장치. CPU의 클록은 변경하지 않고 배 클록 기술을 이용하여 CPU 내부에서 사용하는 클록을 두 배로 끌어올린 것. 기능적으로는 가속기 칩의 일종이다. 인텔 사에서는 ODP라고 부른다.

overflow[òuvərflóu] *n.* **넘침, 오버플로** 보통 산술 연산에서 계산 결과의 값이 너무 크고, 예정된 기억 장소(location)에 들어가기 어려운 상태를 말한다. 사칙연산 결과가 레지스터 또는 컴퓨터가 다루는 수의 범위를 넘어서는 일. 또는 지정된 길이의 필드보다 더 긴 필드의 내용을 옮기려 할 때 발생한다. 대부분의 컴퓨터에는 오버플로가 생긴 것을 나타내기 위한 표시등이 있으며 사용자에게 주의를 준다. 오버플로가 생길 때의 연산 결과는 보증할 수 없고 컴퓨터가 자동으로 정지하든가 미리 준비시킨 다른 처리로 옮긴다. 중형 이상의 컴퓨터에서는 오버플로가 생김에 따라 인터럽트가 발생하고 프로그램 상 처리로 연결되어 그 결과 콘솔 타이프라이터에 오버플로를 의미하는 메시지가 나오는 경우도 있다. 아래 자릿수 넘침(underflow)의 반대어로 사용되고 엄밀하게는 산술 넘침(arithmetic overflow)이다. 이 「오버플로」는 「허용량을 초과한다」라는 의미이고, 숙어로서 다양하게 사용된다.

[주] 산술 연산의 결과를 나타내는 수치 언어 중 수 표현을 위해서 주어지는 단어 길이를 초과하는 부분.

overflow and cluster[–ənd klʌ́stər] **오버플로 클러스터**

overflow area[–ɛ́(:)riə] **초과 영역** 색인 순차식 파일에서 실린더에 레코드를 추가할 때 주요 데이터 영역에 들어가지 못하고 넘친 것을 수용하는 장소. 넘침 영역은 색인 영역에 의해 관리되어 있으므로, 레코드를 꺼낼 때에도 차례가 달라지지 않는다.

overflow assembler[–əsémblər] **오버플로 어셈블러** 어셈블러에서 고정 소수점 수를 0으로 나누거나 산술적 합이 누산기 레지스터의 용량을 초과할 때 발생하는 오버플로.

overflow bucket[–bʌ́kət] **오버플로 버킷, 초과 수용 영역** 오퍼플로 레코드들을 받아들이기 위해 사용되는 버킷.

overflow chain[–tʃéin] **오버플로 체인** 색인 순차 데이터 세트(파일)이고, 특정의 기본 트랙에서 넘친 레코드를 오버플로 영역(overflow area)에 기록할 때 레코드와 기본 트랙을 논리적으로 연결되도록 제어 프로그램(control program)이 준비하는 넘침 레코드 사이의 체인(chain)을 오버플로 체인이라 하고, 이 위치 정보를 갖는 것이 오버플로 엔트리(overflow entry)이다.

overflow check[–tʃék] **오버플로 검사, 초과 검사** 사칙연산의 결과가 소정의 자릿수를 넘지 않았는지 어떤지를 검사하는 것이다. 이것은 레지스터, 카운터, 누산기가 가득 차 넘쳤을 때 미리 설정되어 있는 루틴으로 분기(分岐)하는 등의 조치를 취하기 위해서 하는 체크이다. 또 파일 내의 소정의 영역에 수용할 수 없는 레코드가 발생한 경우 이 상태를 오버플로 상태라고 하며, 이 레코드를 오버플로 레코드라고 한다.

[주] 데이터의 표현이 지정된 데이터 길이를 초과하고 있는지를 확실하게 하는 한도 검사.

overflow check indicator[–índikèitər] **초과 검사 표시기** 어떤 산술 연산 과정에서 시스템이 다루기에 너무 큰 수를 생성하는 것과 같이 어떤 산술 명령의 실행에 있어서 연산이 정확하지 않거나 계획되지 않은 연산에 의해 작동되는 장치.

overflow condition[–kəndíʃən] **오버플로 조건**

overflow connection[–kənékʃən] **오버플로 접속**

overflow data area[–déitə ɛ́(:)riə] **오버플로 데이터 구역** ⇨ overflow area

overflow entry[–éntri(:)] **오버플로 엔트리**

overflow error[–érər] **오버플로 오류** 산술 연산의 결과로 발생된 부동 소수점 수가 표시가 불가능할 정도로 넘침 상태에 있는 것.

overflow field[–fí:ld] **오버플로 필드, 초과 필드**

overflow flag[–flǽ(:)g] **오버플로 플래그** 중앙 처리 장치의 상태 레지스터 중 가장 최근에 행한 연산에서 오버플로가 발생했는지를 나타내는 플래그 비트. 보통 O 또는 V로 표시한다.

overflow FORTRAN 오버플로 FORTRAN 이것은 FORTRAN에서 부동 소수점 수가 컴퓨터의 용량을 초과할 때 발생하는 오버플로를 말하며, 어셈블러에서는 고정 소수점 수를 0으로 나누는 경우나 산술적 합이 누산기 레지스터의 용량보다 클 때 발생한다.

overflow incomplete[–ìnkəmplí:t] **레코드 넘침 불완전**

overflow indicator[–índikèitər] **초과 표시기** (1) 오버플로 : 이를 테면 윗자리 오버플로가 발생했을 때 그 상태를 나타내는 쌍안정 트리거(bistable trigger). 이것은 하드웨어적으로 또는 소프트웨어적으로 세트된다. (2) 프로그램 설계상 산술적 계산의 착오로 오버플로 상태가 존재하면 "ON"으로 표시되는 내부적 컴퓨터 지시기의 한 요소를 말한다.

overflow line[–láin] **초과 행**

overflow link[–líŋk] **오버플로 링크** 누산기의 확장으로 제공되는 1비트 레지스터로 이 레지스터의 내용은 프로그램에 의해 검사되거나 수정될 수 있다. 누산기에서 발생된 오버플로는 링크로 들어가서 배정도(倍精度) 또는 복수 배정도의 산술 연산 루틴들을 단순화시키고 처리 속도를 높이기 위해 프로그램에 의해서 검사될 수 있다.

overflow list[–líst] **오버플로 리스트** 오버플로된 레코드를 링크된 리스트(linked list) 방법을 써서 순서를 유지하는 방법.

overflow position[–pəzíʃən] **오버플로 위치** 오버플로 숫자가 형성되기 위한 레지스터 중의 여분의 위치.

overflow record[–rékərd] **오버플로 레코드** 미리 지정된 직접 액세스 파일(direct access file)의 영역에 수용되지 않고「넘친」레코드를 말하며, 이것을 수용하는 데 사용되는 것이 오버플로 수용 영역(overflow bucket)이다.

overflow resolution[–rèzəlú:ʃən] **오버플로 해소** 해싱을 사용해서 충돌이 발생한 경우 이것을 해결하는 방법으로서 개방 주소법, 체인 방법 등이 있다.

overflow sequential access method [–sikwénʃəl ǽkses méθəd] **OSAM, 초과 영역 순차 액세스 방식** 오버플로 세그먼트들이 위치하는 데이터 집합 구역을 순차적으로 접근하는 방식을 말하며, IMS의 특별한 접근 방법이다.

overflow space[–speís] **오버플로 공간** 오버플로가 발생할 때를 대비하여 예비로 준비되어 있는 공간.

overflow status[–stéitəs] **오버플로 상태** 보통 최상위 비트를 부호 비트로 나타내는데, 부호 비트로부터의 자리올림 C_s와 상위 데이터 비트로부터의 자리올림 C_p가 $C_p=0$, $C_s=1$일 때 $C_p=1$이거나 $C_s=0$이 되는 경우에 오버플로 상태가 세트된다. 오버플로를 나타내는 상태를 말한다.

overflow storage area[–stɔ́:ridʒ ɛ́(:)riə] **IMS 오버플로 기억 장소** 오버플로 기억 장소는 IMS의 HISAM이나 HDAM 구조에서 사용되는 기억 장소로, 기본 기억 장소가 아닌 데이터 베이스 레코드의 부가적인 세그먼트들이 저장되는 장소이다.

overflow test[–tést] **넘침 테스트**

overflow(underflow) test condition [–(ʌ̀ndərflóu) tést kəndíʃən] **오버플로(언더플로) 시험 조건** 연산 레지스터에 표현할 수 없을 정도의 아주 큰 값이나 아주 작은 값에 해당하는 연산 결과가 발생했는지를 알아보기 위한 시험 과정으로, 일단 오버플로나 언더플로가 발생하면 그것이 확인될 때까지 지시계의 상태를 세트시켰다가 확인이 끝난 후에는 오버플로나 언더플로 조건이 정상으로 복귀한다.

overflow traffic[–trǽfik] **넘침 트래픽**

overflow type[–táip] **오버플로 형태** 컴퓨터에서는 덧셈과 나눗셈의 두 가지 형태로 오버플로가 발생할 수 있다. 오버플로는 양수에서 음수를 빼는 것과 같은 특정한 대수적 뺄셈에서도 발생할 수 있으나 이것은 실제로는 덧셈 연산과 같다.

overglass[òuvərglɑ́ːs] **오버글라스** 반도체 회로의 실리콘 표면을 보호하기 위해 입힌 얇은 유리막.

overhead[òuvərhé(ː)d] *n*. **부담** 컴퓨터가 사용자(user) 프로그램을 실행할 때 직접 사용자 프로그램 처리를 하지 않는 부분. 구체적으로는 운영 체제가 시스템을 관리하는 데 필요로 하는 CPU 타임이나 메모리 용량을 오버헤드라고도 하는데, OS가 처리하는 시스템 자원을 유효하게 이용하여 스루풋을 향상시키기 위해서는 필요 불가결한 것이기 때문에 OS의 설계에는 어떻게 오버헤드를 최소한으로 하고 또한 스루풋을 향상시키는가가 중요하게 된다. OS를 만드는 경우, 일괄 처리(batch processing)나 다중 처리(multiprocessing) 등의 처리 형식이나 하드웨어의 능력 등에 따른 오버헤드를 고려할 필요가 있다.

overhead bit[–bít] **부가 비트** 데이터 전송 등에서 오류 제어를 위해 정보를 표현하는 비트에 부가하는 비트. 이를테면 정보 이외의 것을 나타내는 데 사용되는 비트를 말한다.

overhead operation[–ɑ̀pəréiʃən] **부가 연산** 직접 기여하는 것이 없이 컴퓨터 프로그램의 실행 편의를 위한 연산. 예를 들면 기억 영역의 초기 설정, 호출 열의 실행이 있다.

overhead projector[–prədʒéktər] **OHP, 투영기** 세미나, 브리핑 등에 사용되는 보조 기구. 도면이나 문자가 인화된 투명한 필름을 올려놓고 불을 켜면 흰 스크린에 그것을 확대 투사하여 보여준다.

overhead projector panel[–pǽnəl] **OHP 패널** ⇨ OHP panel

overhead time[–táim] **부가 시간** 제어 프로그램이 작동하고 있는 시간. 즉, 이용자 프로그램의 실행에 걸리는 시간 이외의 시간을 말한다. 운영 체제의 성능에 크게 영향을 미친다.

overlap[òuvərlǽp] *n*. **겹침** 병행. 중합. 일반적으로 동종이든지 이종에 관계없이 사물이 겹쳐지거나 동시 진행되거나 하는 것을 의미한다. 즉, 컴퓨터 처리에서 중앙 연산 처리 장치가 어떤 명령을 실행하고 있는 동안에 다른 장치, 예를 들면 입력 장치 등의 처리 조작을 병행해서 하는 것.

overlap angle[–ǽŋgl] **병행각**

overlap mode[–móud] **병행 방식**

overlapping[òuvərlǽpiŋ] *n*. **겹치기** 병행. 중복. 기억 장치에서 읽어들이는 동안 연산이 동시에 진행될 수 있는 것처럼, 두 개의 이웃한 연속적인 명령어들의 다양한 단계가 동시에 시행되는 병행 연산의 한 형태 또는 프로세스나 프로시저.

overlapping multiprocessor[–mʌ́ltipròusesər] **중첩 다중 처리기** 프로세서는 현재와 그 다음의 연산 요소가 다른 기억 장치 모듈에 속하는가 아닌가에 대한 판단 능력을 가지고 있는데, 다른 모듈에 속할 경우 두 단어를 병행해서 추출하여 작동 능력을 배로 늘릴 수 있다. 입출력 제어기는 명령어 이동 이외에는 주기억 장치의 명령문에 접근할 필요가 없으므로 중복 기능이 필요 없다. 중복 기능을 이용하면 명령문과 데이터를 별도의 기억 장치에 기억시킬 수 있으며, 기준 레지스터를 이용하여 프로그램의 명령문과 데이터를 독립적으로 위치 변경을 할 수 있으므로 기억 장치에 단편화 현상이 일어나는 것을 방지할 수 있어 기억 장치를 효율적으로 이용하게 된다.

overlapping operand[–ɑ́pərænd] **중복 오퍼랜드**

overlapping processing[–prɑ́sesiŋ] **병행 처리, 중첩 처리** 다중 프로그래밍(multiprogramming)으로 실행하는 비교적 간단한 처리이고, CPU와 I/O 장치를 병행으로 오퍼레이션하는 데 따라서 CPU의 유휴 시간(idle time)을 될 수 있는 한 적게 하여 시스템을 효율적으로 이용하는 방법. 예를 들면 I/O 장치에서 보내오는 데이터를 어느 하나의 영역(area)에서 판독하면서 모두 입력되어 있는 데이터를 다른 영역으로 동시에 처리하여 CPU의 유휴 시간을 감소시키는 것이다.

overlapping sublist[–sʌ́blìːst] **중복 부분 리스트**

overlap transfer operation[òuvərlǽp trænsfə́ːr ɑ̀pəréiʃən] **오버랩 전송 방식**

overlay[òuvərléi] *n*. **오버레이** (1) 프로그램 실행 중에 그 시점에서 불필요해진 프로그램의 세그먼트(segment)가 로드(load)되어 온 기억 영역(storage area)에 그 프로그램의 다른 구분을 로드하는 것. 또는 로드된 프로그램의 세그먼트 그 자체. 하나의 작업을 위한 프로그램 루틴이 주기억 영역에 들어 있지 않을 때 이것을 해결하기 위한 방법. 어느 루틴이 필요하지 않을 때 외부 기억 장치로 옮겨서 필요한 루틴과 치환하고 내부 기억 장치의 같은 블록을 몇 번이고 사용해서 한 문제를 푸는 것. 프로그램이 크게 한 번에 주기억 장치(main storage) 상에 입력이 어려운 경우 몇 개의 세그먼트로 분할하여 두고, 프로그램의 진행에 따라 필요로 하는 세그먼트를 외부 기억 장치(external storage)에서 로드한다. 이 사이에 주기억 장치에 상주하여 다른 세그먼트를 제어하는 것을 루트 세그먼트(root segment)라고 한다. 제어 부분은 어디까지나 프로그래머측의 책임으로 작성하고, 가상 기억(virtual memory)에 있는 페이징(paging)과는 확실하게 다르다. (2) 표시 화면상 또는 용지 상에서 어느 영상(image)과 다른 영상을 마주 겹치는 것.

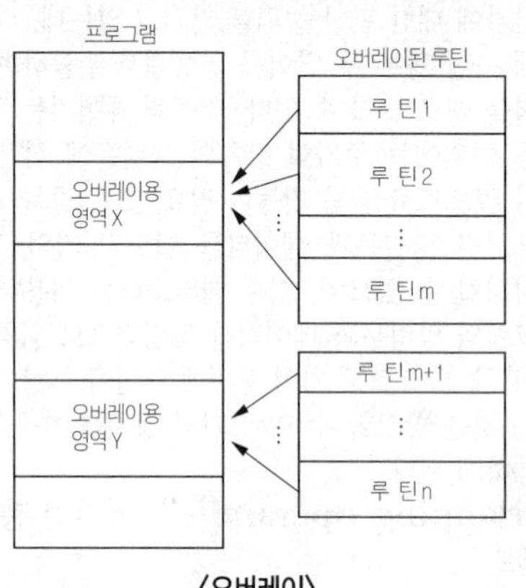

〈오버레이〉

overlayable fixed segment[òuvərléiəble fískst ségmənt] **오버레이 가능 고정 세그먼트**

overlay area[òuvərléi ɛ́(:)riə] **오버레이 영역**

overlay attribute mapping[–ǽtribjùːt mǽpiŋ] **오버레이 속성 매핑**

overlay buffer[–bʌ́fər] **오버레이 버퍼** ⇨ overlay region

overlay definition[–dèfiníʃən] **중합형 정의**

overlay linkage editor[–líŋkidʒ éditər] **오버레이 연결 편집 프로그램**

overlay load module[–lóud mádʒuːl] **오버레이 적재 모듈** 오버레이 세그먼트로 분할하여 오버레이 감시 프로그램이 필요한 세그먼트를 적재(load)할 수 있도록 연결 프로그램으로 정보가 주어진 적재 모듈.

overlay manager[–mǽnidʒər] **오버레이 매니저**

overlay module[–mádʒuːl] **오버레이 모듈** 오버레이 세그먼트로 나누어진 적재 모듈(load module)을 말한다. 오버레이 모듈이 어떻게 구조화되는가는 그 모듈 내의 제어 섹션 상호간의 관계에 의한다. 동시에 기억 영역 내에 넣어둘 필요가 없는 제어 섹션은 서로 오버레이할 수 있다. 이런 종류의 제어 섹션은 서로 독립적이며 직접적으로나 간접적으로 서로 참조하는 일이 없다.

overlay patch[–pǽtʃ] **오버레이 패치**

overlay path[–pɑ́ːθ] **오버레이 경로** 어느 특정한 세그먼트를 실행할 때는 그 세그먼트와 루트 세그먼트 사이에 있는 모든 세그먼트가 기억 영역 내에 있어야 한다. 이 일련의 세그먼트를 오버레이 경로라고 한다. 즉, 어느 오버레이 세그먼트와 루트 세그먼트 사이에 개재하는 모든 세그먼트를 의미한다. 어느 세그먼트가 이 경로 내의 하위에 있는 다른 세그먼트를 참조할 때는 아래쪽에의 참조라 하고, 상위에 있는 세그먼트를 참조할 때는 위쪽에의 참조라 한다.

overlay program[–próugræm] **오버레이 프로그램** 오버레이 프로그램을 작성할 때는 연계 편집 프로그램 제어 스테이트먼트를 사용하여 세그먼트간의 관계를 지정할 필요가 있다. 즉, 오버레이 프로그램은 여러 개의 제어 섹션이 실행중에 같은 기억 위치를 사용할 수 있게 작성한 프로그램이다. 루트 세그먼트라고 불리는 하나의 세그먼트만은 그 프로그램의 실행중 언제나 주기억 영역 내에 있어야 한다. 연결 편집 프로그램은 로드 모듈을 세그먼트로 분할하고 그 세그먼트를 교대로 적재하여 실행할 수 있게 한다.

overlay region[–ríːdʒən] **오버레이 영역** 세그먼트들이 적재(load)될 수 있는 주기억 장치의 영역. 몇 개의 오버레이 경로에서 같은 제어 섹션을 필요로 하는 경우 그 제어 섹션을 다른 영역에도 넣을 수 있다. 복수 오버레이 영역 구조를 사용하면 세그먼트를 효율적으로 적재할 수 있다. 어느 영역에서 처리하고 있는 동안에 실행하는 다음의 경로를 다른 영역으로 적재할 수 있다. 여러 영역의 경우는 어느 세그먼트에서 그 경로 내에 없는 세그먼트를 접근할 수 있다. 오버레이 구조의 세그먼트가 적재되는 인접한 가상 기억 영역으로 오버레이 프로그램은 여러 영역을 사용하도록 설계할 수 있다.

overlay segment[–ségmənt] **오버레이 세그먼트** 제어 섹션은 오버레이 세그먼트로 묶여진다. 세그먼트는 가장 작은 기능 단위(하나 또는 복수의 제어 섹션)이며, 실행중에 하나의 논리적인 엔티티로서 적재된다. 실행중에 필요한 제어 섹션은 루트 세그먼트라고 불리는 특별한 세그먼트로 묶여진다. 이 세그먼트는 오버레이 프로그램의 실행중에서는 주기억 영역 내에 넣어진다. 즉, 독립하여 실행되는 오버레이 프로그램 내의 프로그램 단위로서 실행될 때만 외부 기억 영역에 적재된다.

overlay sheet[–ʃíːt] **오버레이 시트** ⇨ template

overlay structure[–strʌ́ktʃər] **오버레이 구조** 오버레이 프로그램의 각 세그먼트 간의 관계와 어느 세그먼트가 어느 시점에서 같은 기억 영역을 사용하는가를 나타낸 구조. 연결 편집 프로그램의 제어문을 준비하기 전에 프로그램의 오버레이 구조를 설계할 필요가 있다. 오버레이 구조를 트리 구조로 하여 도시하면 어느 세그먼트가 언제 주기억 영역 내에 있는가를 알기 쉽다.

overlay supervisor[-sú:pərvàizər] **오버레이 감시 프로그램** 오버레이 때문에 분할된 세그먼트를 적당한 모양으로 순서를 매기거나 오버레이 세그먼트의 추출을 개시하거나 제어하는 루틴.

overlay supervisor routine[-ru:tí:n] **오버레이 감시 루틴** 오버레이 구조로 나누어진 루틴들의 적재 위치와 수행 순서를 제어하는 프로그램 루틴.

overlay tree[-trí:] **오버레이 트리** 여러 프로그램 사이의 오버레이 관계를 그래프로 나타낸 것.

overlay tree structure[-strʌ́ktʃər] **오버레이 트리 구조**

overline[òuvərláin] *n*. **오버라인** 문자열 위에 선을 긋는 기능.

overload[òuvərlóud] *n*. **과부하** (1) 동일 기호와 이름에 여러 의미를 갖게 하는 것. 예를 들면 기호 "+"는 실수 및 정수들 사이의 가산이라는 두 개의 의미를 갖게 하는 것. 이 경우 의미의 선택은 연산자 양측의 데이터형에 의해 이루어지며 「3.0+7.0」에서는 정수 가산이, 「3.0+7.0」에서는 실수 가산이 각각 선택되어 연산된다. FORTRAN 77에서 함수 MIN과 MAX는 변수의 개수에 따라 처리가 달라지므로 이것도 초과 적재의 일종으로 간주할 수 있다. (2) 시스템으로 들어가는 입력의 비율이 너무 집중되어 컴퓨터가 메시지들의 흐름을 실시간으로 처리할 수 없는 것.

overloaded symbol[òuvərlóudəd símbəl] **과적 기호** 문맥에 따라 갖는 의미가 달라지는 기호.

overloading[òuvərlóudiŋ] *n*. **다중 정의** 다중 정의는 정수, 식별자, 연산자에 대한 성질로 동일한 유효 범위 내에서도 여러 가지 뜻을 가질 수 있다.

overload level[òuvərlóud lévəl] **초과 적재 수준, 과적 수준** 신호 왜곡, 과열, 파손 등의 결과로 동작이 만족스럽게 되지 않는 것으로 시스템이나 시스템 구성 요소 등의 작동 한계를 말한다.

overload simulator[-símjulèitər] **과적 시뮬레이터** 초과 적재 상태에 있는 시스템을 시험하기 위해 프로그램이 실제 초과 적재 상태에 있을 때처럼 행동하게 하는 시스템.

overprint[òuvərprínt] *n*. **중복 인쇄, 초과 인쇄** 프린터로 문자를 인쇄할 때 같은 위치에 두 번 이상 반복 인쇄함으로써 문자를 진하게 하거나 문자의 품질을 향상시키는 것.

overprinting[òuvərpríntiŋ] *n*. **중복 인쇄, 초과 인쇄** 기계 판독을 위하여 문서가 준비된 다음에 기계 판독의 편의상 준비해놓은 아무 것도 적히지 않은 표시 지역에 지정된 표시가 기록된 것으로, 광학 문자 판독의 용어이다.

overpunch[òuvərpʌ́ntʃ] *n*. **초과 천공** 이미 천공되어 있는 카드의 자릿수 또는 테이프의 열에 구멍을 추가하는 것.

overrap[òuvərrǽp] **오버랩** 중첩하고 있다는 의미. 윈도나 매킨토시 등의 윈도 시스템에서 윈도가 중첩된 상태를 말하는 경우가 많다.

override[òuvərráid] *v*. **치환하다, 무효로 하다** 무효로 하다(nullify) 또는 무시하다와 같은 뜻으로도 사용된다. (1) 앞에 set되어 온 상태를 새로운 커맨드(command)에 따라 바꾸든지 어떤 일련의 옵션 지정을 무시하여 OPTION 문으로 지정한 내용을 우선시키는 것. 운영 체제(OS)나 프로그래밍 언어에 관련하여 사용되는 것이 많다. (2) 복합어로는 사용자 우선 ID(override user ID), 오버라이드 제어(override control), 지정 변경 권한 리스트(override authorization list) 등이 있다.

override authorization list[-ɔ̀:θəraizéiʃən líst] **지정 변경 권한 리스트**

override control[-kəntróul] **오버라이드 제어**

override interrupt[-ìntərʌ́pt] **우선 인터럽트** 최고 우선 순위를 가지고 있어서 다른 인터럽트에 의하여 인터럽트를 당하거나 폐지될 수 없는 전원 개폐 인터럽트와 같은 그룹의 인터럽트.

override user ID 사용자 우선 ID

overriding process control[-prάses kəntróul] **오버라이딩 프로세스 제어**

overrun[òuvərrʌ́n] *v*. **오버런하다, 오버런** (1) 통신 제어 장치나 CPU와의 데이터 전송 능력을 넘어서 회선으로부터 데이터를 받는 상태. (2) 인쇄 전신기 등에서 일괄 수신할 때 한 행에 지정된 수 이상의 문자를 수신함으로써 행을 복귀하여 바꿀 수 없는 상태로 행의 오른쪽 끝에 문자가 계속 연결되는 상태.

overrun error[-érər] **오버런 오류** 새로운 문자가 레지스터에 적재되기 전에 레지스터에 있던 이전의 문자가 마이크로프로세서에 의하여 읽혀지지 않았을 때 일어날 수 있으며 ① 직렬 입출력 인터페이스에서 수신 데이터 버퍼가 데이터 버스 버퍼에 데이터를 전송했으나 데이터 버스 버퍼가 데이터를 받을 준비가 되어 있지 않아 그 데이터가 상실되는 것. ② 앞서 레지스터에 기록된 문자가 그 레지스터에 새로운 문자가 다시 적재될 때까지도 마이크로프로세서에 의하여 읽혀지지 않은 경우에 발생하는 오류.

overshoot [òuvərʃúːt] *v.* **오버슈트** 회로 특성에 의하여, 예를 들면 구형파와 같은 파형의 앞 가장자리 또는 뒤 가장자리 부분이 과도하게 그 정상값을 지나치는 것. 또는 스텝 응답에 있어서 출력 신호가 과도하게 최종 정상값을 초과했을 때 그 초과량의 최대값을 말한다.

overstrike [òuvərstráik] *v.* **겹쳐 찍기** 프린터 인쇄에서 어떤 문자를 같은 위치에 두 번 이상 겹쳐 찍음으로써 굵은 글자 등의 효과를 내는 것.

overview diagram [óuvərvjùː dáiəgræm] **개괄 도표** 구성이 입력 기술 부분, 처리 과정 기술 부분, 출력 데이터 기술 부분의 세 부분으로, 모듈의 개괄적인 기능을 기술하는 다이어그램.

overvoltage [òuvərvóultidʒ] *n.* **과전압**

overwrite [òuvərráit] *n.* **겹쳐 쓰기** 일반적으로 정보를 기억 장소에 사용함으로써 전에 기록되었던 정보가 소멸되는 것으로서 ① 어느 기억 장소(storage location)에 기억되어 온 데이터를 파괴해서 새로운 데이터를 저장하는 것. ② 중복 기재 : 표시 화면상 또는 인쇄 용지(print sheet) 상에서 전에 표시 또는 인쇄되어 있는 이미지 위에 별도의 이미지를 쓰고 합성된 별도의 이미지를 작성하는 것. 인쇄의 경우 overprint라고 부르는 경우가 있다.

own assembler [óun əsémblər] **오운 어셈블러** 프로그램 개발에 사용하는 컴퓨터 전용 목적 코드를 생성하는 어셈블러. 단순히 어셈블러라고 할 때는 이것을 가리킨다. 또한 자체 어셈블러(self assembler)라고도 한다. 반면, 다른 컴퓨터용의 목적 코드를 생성하는 것은 크로스 어셈블러이다.

own code [-kóud] **자체 코드** 어느 루틴을 확장하거나 변경하여 특정 작업을 개발할 수 있도록 표준 루틴의 일부로 만든 코드.

own coding [-kóudiŋ] **자체 코딩** (1) 메이커측에서 준비한 표준적인 프로그램이 있는 부분에 이용자 자신이 고유 처리 등의 코딩(coding)을 추가하여 삽입하는 프로그램. 예를 들면 분류 프로그램(sort program)의 퍼스트 패스나 라스트 패스(last pass)에 조립하는 프로그램 데이터 베이스 관리 시스템(DBMS)에 있어서 데이터 조작 언어(DML ; data manipulation language)를 사용하여 이용자가 작성하는 프로그램이 여기에 해당된다. (2) 운영 체제(OS) 등의 제어 프로그램이나 프로그램 패키지의 기능을 보완하거나 사용자 고유의 처리 등을 추가하기 위해서 사용자가 작성한 루틴.

own coding routine [-ruːtíːn] **자체 코딩 루틴**

own compile [-kəmpáil] **자체 컴파일**

own compiler [-kəmpáilər] **자체 컴파일러** 프로그램 개발에 사용되는 컴퓨터 전용의 목적 코드를 생성하는 컴파일러. 단순히 컴파일러라고 할 때는 이것을 가리킨다. 반면, 다른 컴퓨터용의 목적 코드를 생성하는 것은 크로스 컴파일러이다.

owner [óunər] *n.* **오너, 소유자** 일반적으로 파일을 만드는 사용자. 데이터 베이스의 네트워크 구조에서 상위 계층 노드의 엔티티. 계층 구조나 트리 구조에서의 부모 노드의 개념과 같다. 특정 장치나 파일의 제어권을 갖고 있는 사람이나 시스템 또는 프로그램.

owner linkage [-líŋkidʒ] **오너 연결** 각 멤버마다 오너에 대한 포인터를 갖는 연결법. 오너 연결은 FIND OWNER 처리를 위하여 필요하다.

owner-member relationship [-mémbər riléiʃənʃip] **오너-멤버 관계** 네트워크 데이터 베이스의 논리적 데이터 구조를 표현하는 데이터 구조도에서 아크(arc)로 연결된 레코드형 간의 관계를 뜻하며, 아크의 부분에 위치하는 레코드형을 오너 레코드, 머리 부분에 위치하는 레코드형을 멤버 레코드라고 한다. 오너 레코드와 멤버 레코드 사이에는 일대다의 관계를 갖는다.

owner password [-pǽswə̀ːrd] **오너 암호** 이 암호를 알고 있는 사용자만이 데이터 베이스 구조를 변경할 수 있도록 허용되며, 데이터 베이스 내의 정보를 보호하기 위한 방법 중의 하나이다.

owner record [-rékərd] **오너 레코드**

owner record type [-táip] **오너 레코드 타입** 네트워크 데이터 모델에서 하나의 관계성은 하나의 오너 레코드 타입과 멤버 레코드 타입, 그리고 그 관계성을 나타내는 이름을 가진 링크로 이루어진 세트 타입으로 구성된다.

own variable [óun vέ(ː)riəbl] **자체 변수** ALGOL 60에서 어떤 블록의 내부에서 선언되며, 그 블록을 빠져나오더라도 그 값이 계속 유지되는 정적 변수를 말한다.

OWS **사무용 워크스테이션** office workstation의 약어.

oxidation [àksidéiʃən] *n.* **산화** 반도체 소자의 공정에서는 웨이퍼 상에 S_2층을 성장시키는 과정으로, 웨이퍼를 고온에서 가열시키면서 그 위에 산소를 주입하여 웨이퍼의 실리콘(Si)과 산소(O_2)를 공유 결합시킨다.

oxide cathode [áksàid kǽθoud] **산화 음극** 금속 표면에 바륨, 스트론튬 등의 알칼리 토금속의 산화물층을 만들고, 그리고 적당량의 활성화 처리로 일함수를 극히 적게 한 음극을 말한다.

oxide film [-fílm] **산화막** 금속 또는 반도체의 산화에 의해서 생성되는 막.

P

P[píː] **피** pico의 약어.

P1284 PC의 패럴렐 인터페이스(parallel interface)를 규정하는 규격의 명칭으로 IEEE에 의해 표준화되었다. 기존의 표준 사양이었던 센트로닉스 인터페이스와 비교해 쌍방향 고속 인터페이스이다. 1284에는 4개의 모드가 있는데, 그 중 기존의 센트로닉스 인터페이스에 해당하는 것을 「호환 모드」라고 한다.

P2 ⇨ peer to peer

P55C 인텔 사가 개발, 1997년 초에 발표한 펜티엄 MMX 프로세서의 코드명. 연산 기능과 멀티미디어 관련 명령을 하나의 칩에 내장한 MPU로 1차 캐시 메모리는 종래의 두 배로 32KB, MMX라는 멀티미디어 확장 명령어 집합을 갖고 있다.

P6 인텔 사가 개발한 펜티엄 Pro 프로세서의 개발 코드명.

P7 인텔 사가 개발한 펜티엄 Pro 프로세서를 계승한 개발 코드명. Merced가 개발되면서 그 개발이 중지되었다.

PA 용지 전진기 paper advance의 약어.

Paasche method 파쉐법 물가 지수를 계산하기 위한 식의 한 종류. 비교 시점의 가중값을 기준 시점의 가중값으로 하여 계산하는 방식.

PABX 사설 자동 구내 교환 private automatic branch exchange의 약어. 하나의 사무소에 설치된 전화 교환기로 그 사무소 내의 구내 전화기와 전화국 사이의 국선(局線)을 수용하여 국선과 내선, 내선 상호의 교환을 행하는 것을 구내 교환기(PBX)라고 하는데, PABX는 이 교환 기능을 자동화한 교환기를 말한다.

PACE 우선 순위 접근 제어 가능 priority access control enable의 약어. 패킷에 우선 순위를 부여하여 원격 화상 회의 등 실시간 멀티미디어 응용 프로그램을 적절히 지원하는 기능을 수행한다.

pacing[péisiŋ] *n.* **보조 맞춤** 적용 업무 프로그램이 사용하는 네트워크 경로와 논리 장치에 흐르는 데이터의 속도를 사용자가 제어할 수 있는데, 이 제어를 보조 맞춤이라고 한다. 즉, 수신측의 장치가 송신측 장치의 전송 속도를 제어하여 오버런 상태가 일어나지 않도록 하는 것을 의미한다. 보조 맞춤의 목적은 데이터를 수신하는 노드에서의 처리 능력 이상의 데이터가 송신되지 않게 하는 데 있다.

pack[pǽk] *n.* **압축** 분해(unpack)의 상대어. 후에 원형으로 복원하는(되는) 방법이고, 데이터를 기억 매체 상에 압축하여 기억하는 것. 예를 들면 다른 목적으로는 사용하지 않는 비트 또는 바이트의 기억 장소를 이용하는 것을 가리킨다.
[주] 기억 장소를 절약하기 위해 두 개 이상의 정보 단위를 하나의 물리적 단위로 합병하는 것.

package[pǽkidʒ] *n.* **패키지, 꾸러미** 이 용어는 소프트웨어와 하드웨어의 분야에서는 의미가 다르다. (1) 소프트웨어 분야에서는 컴퓨터 이용자가 일상 업무에서 사용하는 응용 프로그램(application program)의 한 가지이며, 시판되고 있는 완성품 프로그램 또는 프로그램 집합체이다. 예를 들면 시중의 급여 계산 프로그램은 「패키지 프로그램」이라고 말할 수 있다. (2) 하드웨어의 분야에서 구성 부분을 배치, 접속, 보호하기 위한 단자가 있는 용기 또는 각종 부품을 프린트 배선 기판 상에 종합해서 장치한 것으로 이 용어는 반도체(semiconductor)와 관련된다. 반도체의 칩(chip)에는 매우 가는 금의 리드선이 붙여져 있고, 이것이 용기의 단자(pin)에 접속된다. 이 용기를 「패키지」라고 한다. (3) 이 용어는 동사로서는 「패키지화하다」라는 의미로도 사용된다.

package card[-ká:rd] **패키지 카드** 프린트 배선 기판 상에 기본 단위의 논리 회로를 장치하여 플러그 인 등의 방법으로 교환 가능하게 하는 것.

packaged[pǽkidʒəd] *a.* **패키지화, 패키지화된**

package density[pǽkidʒ dénsiti(ː)] **패키지 밀도**

package file[-fáil] **패키지 파일** LATEX2ε에서

정의된 파일로, 기능의 확장에 관해 기술하고 있다. 이전에는 스타일 파일이라고 불렸다. ⇨ class file, style file

package program[–próugræm] **패키지 프로그램** 다양한 응용 분야에서 사용자에게 데이터나 구성상의 특수한 문제들에 대한 도움을 주기 위해서 만들어진 공용 프로그램.

packaged software[pǽkidʒəd sɔ́(:)ftwὲər] **패키지 소프트웨어, 패키지화된 소프트웨어** 컴퓨터 공급자, 소프트웨어 개발 업체 등의 프로그램 공급자가 판매하는 프로그램과 작동 사용법으로 구성된 패키지화된 소프트웨어.

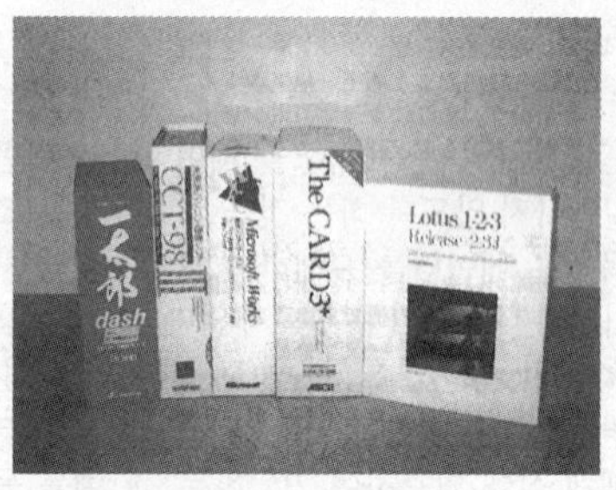

〈패키지 소프트웨어〉

package type travelling wave tube [pǽkidʒ táip trǽvəliŋ wéiv tjú:b] **패키지형 진행파 관**

packaging[pǽkidʒiŋ] *n*. **패키징** (1) 집적 회로를 밖에서부터 보호하기 위해 적합한 매개물로 싸는 것. (2) 환경에 맞게 소프트웨어를 모으거나 또는 멀리 보내는 행위.

packaging density[–dénsiti(:)] **패키징 밀도** 단위 체적 중에 장치되는 부품 또는 소자의 개수.

packaging design[–dizáin] **패키징 설계**

packed[pǽkt] *a*. **팩된, 밀집된**

packed card[– ká:rd] **팩 카드, 밀집 카드**

packed decimal[–désiməl] **밀집 10진수** 한 바이트에 보통 한 숫자를 표현하는 것과는 달리 1바이트로 2자리의 10진수를 나타내는 기수법.

packed decimal format[–fɔ́:rmæt] **팩 10진수 형식, 밀집 10진수 형식** 1바이트에 두 개의 2진화 10진 숫자를 코드로 나타내고 1100, 1101로 각각 +, −부호를 표시한다.

packed decimal number[–nʌ́mbər] **밀집 10진수** 보통 컴퓨터에서 알파벳을 표현하는 데 8비트가 사용된다. 또 0~9의 10진수 1행을 표시하는 데에는 4비트가 필요하게 된다. 10진수 1행을 4비트로 나타내면, 1바이트에서 10진수 2행을 나타내는 형식의 표현을 말한다.

D D	D D	D D	D S

1바이트　　부호 디짓

packed format[–fɔ́:rmæt] **밀집 형식** 지역 비트를 없애고 두 개의 10진수를 한 바이트에 표시하는 2진화 10진수 형식.

packet[pǽkət] *n*. **패킷** 주로 데이터 통신 분야에서 사용되는 용어이다. (1) 데이터 통신 시스템 중에서 컴퓨터는 데이터를 중계하는 역할을 갖는다. 문자나 숫자의 정보인 메시지를 하나의 컴퓨터에서 다른 컴퓨터로 보낸다. 이 메시지에는 소포 우편물과 마찬가지로 화물 부분과 수신처가 붙어 있는데, 데이터 통신, 교환 시스템에서 다루어지는 데이터 단위로, 헤더와 데이터부가 바로 그것에 해당되는 것이며, 헤더는 주로 이 패킷의 수신지에 관한 정보를 포함한다. 패킷의 최대 길이는 각 시스템에서 정해져 있으며 이 크기보다 긴 메시지는 몇 개의 패킷으로 분할하여야 한다. 이렇게 해두면 메시지는 분실될 염려가 없고 확실하게 상대편에 머무른다. (2) 특정의 형식으로 배열되고, 전송의 처리 과정에 의해서 정해지는 하나의 정리(整理)로서 전송되는 데이터 및 제어 비트열이다.

[참고] 데이터나 제어 신호를 포함하는 2진 숫자의 열(列)이고, 열 전체가 하나의 단위로서 전송되거나 교환되는 것.

[주] 데이터, 제어 신호, 경우에 따라서는 틀린 제어 정보를 포함하는 것도 있지만 이들의 정보가 일정한 형식으로 배열되고 있다.

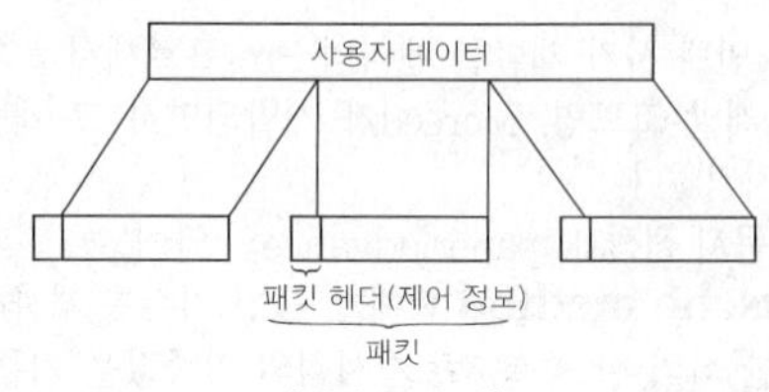

〈패킷 구성 예〉

packet assembler/disassembler [–əsémblər disəsémblər] **PAD, 패드, 패킷 조립/분해** 데이터 통신 분야의 용어. 패킷의 「조립」과 「분해」를 행하는 장치. 패킷 교환망(packet switching network)으로 사용되고 있는 교환기에 내장되어 있다. 데이터 텔레폰 등을 사용하고 패킷 교환망의 서비스를 받는 경우, 우선 교환기 내의 PAD로 데이터를 패킷으로 하고 나서 네크워크로 내보낸다. 역으로도 마찬가지이다.

[주] 패킷 교환망에 액세스하는 기능이 없는 데이터 단말 장치가 패킷 교환망에 액세스되도록 하는 기능 단위.

packet assembly[–əsémbli(:)] **패킷 어셈블리**

비패킷형 터미널이 패킷형 데이터를 교환할 수 있도록 해주는 사용자 설비.

packet assembly/disassembly[–disəsémbli(ː)] **PAD, 패킷 조립/분해** 패킷 교환에 있어서 준비되는 기능 단위의 하나로, 패킷 교환망의 특유한 원리를 고려하지 않고 설계된 일반 단말을 패킷 교환망에 접속할 수 있게 하기 위해 일반 단말에서 사용하는 메시지와 패킷 교환망에서 사용하는 패킷 사이의 변환을 수행하는 장치.

packet change[–tʃéindʒ] **패킷 교환**

packet data unit[–déitə júːnit] **패킷 데이터 단위** ⇨ PDU

packet disassembly[–disəsémbli(ː)] **패킷 디스어셈블리, 패킷 분해** 받아들일 수 있는 속도의 문자 형태로 전달되어야 하고 비패킷형 터미널로 보내진 패킷이 적절한 형태로 전달될 수 있게 해주는 사용자 설비.

packet exchange method[–ikstʃéindʒ méθəd] **패킷 교환 방식**

packet filtering[–fíltəriŋ] **패킷 필터링** 방화벽에서 IP 패킷의 헤더 정보를 토대로 중계를 제어하는 방식.

packet format[–fɔ́ːrmæt] **패킷 포맷**

packet Internet gopher[–ìntərnét góufər] 인터넷에 접속되어 있는 시스템이 동작중인지 알아볼 수 있는 프로그램으로 다른 컴퓨터가 자동으로 응답하는 짧은 메시지를 보낸다. 만일 다른 컴퓨터를 핑(ping)할 수 없다면 어떤 방법으로도 그 컴퓨터와 통신할 수 없다.

packet level[–lévəl] **패킷 레벨**

packet-level interface[–íntərfèis] **패킷 레벨 인터페이스** 이 부분에서는 논리 채널의 설정과 해방, 즉 발호(發呼), 착호(着呼), 복구, 절단의 여러 절차와 패킷 형식, 패킷 송수의 제어 절차가 정해져 있음으로써, 패킷 교환망과 데이터 단말 장치 간의 가상의 논리 채널에 관한 경계 부분.

packet message switching[–mésidʒ swítʃiŋ] **패킷 메시지 교환** 전문 크기가 비교적 작아서 그 길이가 대개 수천 비트 이내로 제한되는 경우에 쓰이는 전문 교환 방식으로, 교환국에 장기간의 저장 장치가 필요 없다. 송신자가 번번히 접촉하는 교환국에서는 긴 전문을 패킷으로 쪼개는 능력을 가지고 있다. 그렇지 않은 경우에는 사용자 단말기가 이러한 기능을 가지고 있어야 한다. 각 패킷은 목적 교환국까지 각각 경로를 찾아가며, 그곳에서 목적지까지의 전송을 위해 패킷이 적당한 순서로 재구성된다. 패킷 체제는 보통 1/10초의 극히 빠른 전송률을 가지고 있으며 정해진 최대 한계값 내에 전송되지 못한 패킷은 버려진다.

packet mode[–móud] **패킷 형태, 패킷 교환 형태, 패킷 모드** 패킷 교환에 의해서 데이터망을 이용하는 방법.

packet mode operation[–àpəréiʃən] **패킷 모드 조작**

packet mode terminal[–tə́ːrminəl] **패킷형 단말기** 정보를 패킷의 형태로 망 사이에서 송수신할 수 있는 단말 장치. 일반적으로는 호스트 컴퓨터, 인텔리전트 단말 등이 해당된다. 패킷 교환 서비스를 이용할 경우는 동기식의 속도급에 한정되어 있어서 X.25에 따른 전송 제어 절차를 따를 필요가 있다. 또 패킷 다중 통신(한 개의 물리 회선 내에 여러 개의 논리 채널을 구성하여 행하는 통신)을 할 수 있다.

packet multicommunication[–mʌ̀ltikəmjùːnikéiʃən] **패킷 다중 통신** 한 개의 통신 회선을 사용하여 여러 단말기와 동시에 통신이 이루어지는 것. 단말기에 컴퓨터를 사용하는 경우에 단말기 자신이 패킷을 만들어 통신 회선으로 내보냄으로써 패킷 다중 통신이 가능해진다.

packet multiplexer[–mʌ́ltiplèksər] **패킷 다중화 장치** 패킷 교환망에서 패킷이 전송될 때 그 전송 경로를 독점하게 되는데, 전송로의 효율을 높이기 위하여 서로 다른 주소를 갖는 패킷들도 그 경로를 사용할 수 있게 하는 장치.

packet network[–nétwəːrk] **패킷망** ⇨ packet transmission

packet network intercommunication [–ìntərkəmjùːnikéiʃən] **패킷망 상호 통신 시스템**

packet network support[–səpɔ́ːrt] **패킷망 지원 프로그램**

packet network time-sharing service [–táim ʃɛ́əriŋ sə́ːrvis] **패킷망 시분할 서비스** 시분할 혹은 데이터 베이스 검색 서비스를 목적으로 하는 조직은 주컴퓨터를 다음의 세 가지 방법 가운데 하나로 패킷망에 연결할 수 있다. 최소의 비용이 드는 것은 회로망으로부터 단말 장치 선로를 얻는 것이다. 이것은 최소의 초기 투자로 전국에 걸친 다이얼-인 단말 장치 서비스를 얻는 최선의 방법이다. 대안으로는 전위 처리기를 두어 회로망과 전위 처리기 사이에 임차한 중속 동기 선로를 써서 인터페이스 프로토콜을 통하여 회로망에 접근하는 것이다. 이러한 환경 하에서 9.6 kbit/sec 동기 선로를 사용하면 약 100개의 저속 단말 장치들을 동시에 서비스할 수 있다. 이러한 경우 단말 장치 사용자들은 패킷 교환망의 어느 지국에라도 다이얼-인해서 주컴퓨터에 연결할 수 있다. 세 번째 인터페이스의 대안은 인터페이스 소프트웨어를 사용하지 않고 주 컴퓨터 위치에 있는 현지의 제어기를 써서 즉각적으로 호환성을 제공하도록 하는 것이다.

packet procedure[-prəsíːdʒər] **패킷 순서**

packet radio[-réidiou] **패킷 라디오** 패킷 전송에서 전송로가 우선 링크되고, 전송된 패킷이 여러 스테이션에 의해 수신될 수 있는 패킷 스위칭으로서 이동성 스테이션에 적합하다. 대표적인 예로는 ALOHA 네트워크가 있다.

packet radio satellite[-sǽtəlàit] **PACSAT, 패킷 교환용 통신 위성**

packet sequencing[-síːkwənsiŋ] **패킷 순서 제어, 패킷 순서화** 패킷이 송신측의 데이터 단말 장치로부터 보내져오는 순서 그대로 수신측의 데이터 단말 장치에 전송되는 것을 보증하는 처리 과정.

packet size reel[-sáiz ríːl] **패킷 크기 릴** 운반과 적재가 쉽도록 만들어진 릴. 이것은 3.5인치의 테이프 릴에는 6비트 워드가 사용된다고 한다면 3Mbit를 저장할 수 있는데, 이는 종이 테이프로 4,000피트의 길이에 해당한다.

packet SW data network support **패킷 교환 데이터망 지원 프로그램**

packet switched computer network[-swítʃit kəmpjúːtər nétwə̀ːrk] **패킷 교환 컴퓨터 네트워크**

packet switched data service[-déitə sə́ːrvis] **패킷 교환 데이터 서비스**

packet switched data transmission service[-trænsmíʃən sə́ːrvis] **패킷 교환 서비스, 패킷 교환 데이터 전송 서비스** 패킷을 사용하여 데이터 전송의 편익을 제공하는 것. 필요에 따라서 데이터를 패킷 형식으로 편성한다든지 패킷을 분해하는 기능도 갖추고 있다.

packet switched network[-nétwə̀ːrk] **패킷 교환망** 가입된 지점 사이에 패킷 교환 방식에 의해 데이터를 주고받는 통신망.

packet switched public data network [-pʌ́blik déitə nétwə̀ːrk] **공중 패킷 교환망**

packet switching[-swítʃiŋ] **패킷 스위칭** 수신처를 지정한 패킷을 사용하여 데이터 전송의 경로를 정해 전송하는 처리 방식. 패킷은 교환기 통신 회선 등의 장애가 발생할 경우에 경로 변경 방식에 따라 대체 경로를 선택할 수 있어 네트워크의 신뢰성이 매우 높다. 컴퓨터가 교환기의 역할을 수행하는 점에서는 메시지 교환의 경우와 비슷하나 메시지 교환의 경우처럼 교환기가 메시지를 축적하지는 않는다. 따라서 바른 응답 시간이 요구되는 응용에도 사용이 가능하다. 목적 패킷의 전송중에만 채널이 점유되지만, 그 전송이 완료된 후, 다른 패킷 전송을 위한 채널 이용이 가능해진다. 또 이 패킷 교환을 사용하는 통신망을 패킷 교환망(packet switched network)이라 한다. 인터넷에서 정보를 전송하는 방법으로 패킷 스위칭에서는 정보를 작은 부분(packet)으로 나누어서 각 패킷을 따로 전송한다. 이 방법을 이용하여 하나의 전화 라인으로 많은 컴퓨터에서 전송되는 패킷들을 한꺼번에 같이 전송할 수 있게 되었다.

packet switching center[-séntər] **패킷 교환 센터**

packet switching computer communication network[-kəmpjúːtər kəmjùːnikéiʃən nétwə̀ːrk] **패킷 교환 컴퓨터 통신망**

packet switching data network [-déitə nétwə̀ːrk] **PSDN, 패킷 교환 데이터망**

packet switching data transmission service[-trænsmíʃən sə́ːrvis] **패킷 교환 데이터 전송 서비스** 데이터를 패킷 형식으로 전송할 수 있으며, 필요에 따라서는 데이터를 패킷으로 조립하고 분리할 수 있는 서비스.

packet switching method[-méθəd] **패킷 교환 방식** 공중 정보망에 대한 요구가 증대됨에 따라 통신이 가능하도록 개발한 공중 데이터 통신 시스템.

packet switching network[-nétwə̀ːrk] **패킷 교환망** 데이터 전송을 위한 교환망의 한 방법으로, 패킷 교환을 이용한 망에는 데이터그램 방식과 가상 회로 방식이 있다. 특징으로는 ① 패킷의 다중화에 의하여 교환국 상호간의 회선 절약이 가능하고, ② 가입자의 데이터 오류 제어는 모든 네트워크에 걸쳐 쉽게 제어할 수 있으며, ③ 데이터 신호 속도가 다른 단말기를 상호 접속할 수 있다.

packet switching public data network [-pʌ́blik déitə nétwə̀ːrk] **패킷 교환 공중 데이터망** 패킷 교환 방법을 이용한 공중 데이터 통신망. 비교적 넓은 지역을 대상으로 하며 flexible data rate, end-to-end error control을 제공하고 서로 다른 단말기와 컴퓨터들 사이에 상호작용 기능을 제공한다.

packet switching service[-sə́ːrvis] **패킷 교환 서비스** CCITT 권고 X.25에 준거한 패킷 형태 단말 상호간의 패킷 교환을 하는 이외에 베이식 단말 및 무수순 단말 등도 가입하여 데이터 교환을 하는 서비스. 이것은 패킷 형태 단말인 경우 한 줄의 회선으로 복수의 상대와 동시에 통신이 가능하며, 통신 품질도 망에서 오류 정정 기능을 가짐으로써 매우 높아지고 있다. 또 통신 요금은 정보량(패킷 수)과 거리에 따라서 부과되며, 원근 격차는 전화망에 비해 매우 작아지고 있다.

packet switching system[-sístəm] **패킷 교환 시스템** 패킷 통신(packet transmission)을 실행할 수 있는 시스템.

packet switch node[-swítʃ nóud] **패킷 교환 노드** ⇨ PSN

packet terminal[-tə́ːrminəl] **PT, 전송 단말기**

packet transmission[-trænsmíʃən] **패킷 전송** 데이터의 통신 단위로서 패킷을 사용하는 통신.

packet write[-ráit] **패킷 라이트** CD-ROM에 기록할 때 세션의 처음과 끝을 표시하는 부분의 공간을 줄여 디스크 용량을 보다 효율적으로 이용하려는 방식. 원리상 작은 데이터를 많이 입력할 때 특히 효과적이다.

packet window[-wíndou] **패킷 윈도**

packing[pǽkiŋ] *n.* **패킹** 여러 개의 작은 필드들을 하나의 큰 필드로 결합하거나 기억 장소를 절약하기 위하여 두 개 이상의 정보 단위를 하나의 물리적 단위로 결합하는 것. 또한 데이터나 공백을 코딩하는 방법을 바꿈으로써 정보를 저장하는 데 필요한 기억 공간을 줄이는 절차이다.

packing density[-dénsiti(ː)] **패킹 밀도, 기록 밀도, 기억 밀도** 단위 길이, 단위 면적 또는 단위 체적당 기억 셀(cell)의 개수. 예를 들면 트랙 상에 기억되는 밀리 미터당 비트 수, 단위당의 기억 정보량, 자기 테이프 등에 있어서 단위 면적의 자성면에 기록되는 정보량이라는 뜻.

packing factor[-fǽktər] **패킹 인수** 외부 기억 장치의 기억 용량 가운데서 실제로 사용되는 기억 장소의 백분율, 또는 파일에 저장된 데이터의 총량에 대한 가용 파일이나 가용 데이터 기억 장소 공간의 비율.

packing sequence[-síːkwəns] **패킹 순서, 패킹 순서열** 누산기의 위쪽 절반에 첫 번째 데이터를 넣고 이것을 아래쪽 절반으로 이동시킨 다음에 두 번째 데이터를 위쪽 절반에 넣고 다시 이동시키는 일을 계속하여 새로운 데이터가 순서열로 팩(pack)되는 과정을 일컫는다.

pack-in-place switch[pǽk in pléis swítʃ] **팩 인 플레이스 스위치**

pack style[-stáil] **팩 형식**

PACSAT 패킷 교환용 통신 위성 packet radio satellite의 약어.

PAD (1) **패드, 패킷 조립/분해** packet assembly/disassembly의 약어. 네트워크로 전송되는 문자들을 수신하여 그들을 패킷으로 조립하거나 패킷을 분해함으로써 각 문자들을 필요한 터미널로 보내기 위한 인터페이스 기기. (2) program analysis diagram의 약어. 프로그램의 처리, 제어의 흐름과 알고리즘을 표현하기 위한 그림. 흐름도와 달리 반복과 조건 분기 등 알고리즘의 표현과 구조화 프로그래밍 기술에 적합하다.

pad[pǽ(ː)d] *n.* **패드** (1) 짐을 상자에 넣어 보낼 때 주위에 완충물을 넣지 않으면 짐이 흔들거린다. 컴퓨터에서는 이 상자에 해당하는 것이 주기억 장치(main storage) 상의 영역(area)이고, 이 영역의 여분 공간에 있는 문자를 채워넣는 것을 패딩(padding)이라고 한다. ⇨ packet assembly (2) 데이터 통신의 경우에, 예를 들면 모뎀 등을 통하여 데이터를 보낼 때 1회 전송의 선두 문자(leading character)와 종료 문자(trailing character)가 바르게 보내지고 있는지 확인하기 위해 1회 전송의 전후에 문자를 부가하는 조작을 의미한다. (3) 집적 회로(integrated circuit)에서 반도체 소자의 루프 상에 외부로부터의 배선을 위해서 설치되는 영역을 가리킨다.

pad character[-kǽrəktər] **패드 문자, 패드 캐릭터** 데이터 전송에 있어서 한 단위 전송의 최초 문자와 마지막 문자가 모뎀(변복조 장치)에 의해 바르게 송신되는 것을 보증하기 위한 전송 단위 전후에 부가하는 문자. 2진 동기 통신 등에서 사용된다.

padding[pǽdiŋ] *n.* **패딩** 레코드나 블록의 맨 나중에 공백이나 의미가 없는 기호를 부가하여 고정 길이로 하는 것. 이 기법은 고정 길이 레코드나 고정 블록이 사용되는 경우에 쓰이며, 길이가 짧은 데이터의 처리도 가능하다.

padding capacitor[-kəpǽsitər] **패딩 축전기**

padding character[-kǽrəktər] **패딩 문자** 패딩에 사용되는 의미 없는 문자로 보통 제로(0)나 블랭크(공백)를 의미한다.

paddle[pǽdl] *n.* **패들** 컴퓨터 게임에 사용하는 커서 조정 장치.

P-address[píː ədrés] **P-어드레스** 프로그램이 분기(branch)해가는 위치 또는 데이터가 전달되는 위치.

Pade approximation 파데 근사 주어진 함수를 유리 함수에 근사하는 하나의 방법.

PADIA 순회 진단 프로그램 patrol diagnostic program의 약어.

PAD message 패드 메시지 사용자가 패드를 사용할 경우 패드가 사용자에게 보내는 메시지. 즉, connection, error message 등을 가리킨다.

PAD-PT interface 패드-PT 인터페이스 패킷 교환망을 사용하여 일반 단말과 패킷 형태 단말(PT)이 통신하는 경우 중간에 패킷 조립/분해(PAD) 기능이 개재한다. 이 PAD와 PT 사이의 인터페이스를 말한다.

PAE possibilities are endless의 약어. "가능성은 무한대"의 뜻. "PAE, You can do it."(당신의 가능성은 무한대입니다. 당신은 할 수 있습니다.)

page [péidʒ] *n*. **쪽, 면** (1) 가상 기억 장치(virtual storage)에서 기억 영역을 임의 크기(2kB, 4kB가 많음)로 분할했을 때 그 영역을 말한다. 각 페이지는 연속적인 논리 어드레스(logical address)의 1블록으로 구성되며, 이것을 하나의 단위로 사용하여 실기억 장치(real storage)와 보조 기억 장치(secondary storage) 사이에서 데이터의 전송이 행해진다. (2) 데이터의 입출력 동작에 관계하는 물리적인 최소의 단위이고, 데이터 관리가 처리하는 블록에 대응한다. (3) 보고서 작성 등에서는 통상의 의미로 사용된다.
[주] 가상 어드레스를 가지며 실기억 장치와 보조 기억 장치 사이에서 하나의 단위로서 전송되는 고정 길이의 블록.

pageable [péidʒəbl] *a*. **페이지 가능**

pageable area [–έ(ː)riə] **페이지 가능 영역**

pageable dynamic area [–dɑinǽmik έ(ː)riə] **페이지 가능 동적 영역**

pageable link pack area [–líŋk pǽk έ(ː)riə] **PLPA, 페이지 가능 연결 영역**

pageable logical transient area [–lɑ́dʒikəl trǽnʃənt έ(ː)riə] **PLTA, 페이지 가능 논리 비상주 영역**

pageable region [–ríːdʒən] **페이지 가능 리전**

page addressing [péidʒ ədrésiŋ] **페이지 어드레스 방식, 페이지 어드레스 지정** 가상 어드레스를 실어드레스에 사상(寫像)하는 어드레스의 지정 방식. 기억 공간을 페이지라는 단위로 할당하여 프로그램을 실행할 때 정보를 페이지 단위를 자동으로 보조 기억 장치에서 주기억 장치로 옮겨 실행하는 방식.

page address system [–ədrés sístəm] **페이지 어드레스 방식** 기억 장치는 주기억 장치(예를 들면, 자심 기억 장치)와 보조 기억 장치(예를 들면, 자기 드럼 기억 장치)로 나누어지고 그 사용법은 프로그램으로 행하는 것이 보통이지만, 프로그램 부담을 덜기 위해서, 예를 들면 자기 드럼 기억 장치의 512어씩을 페이지로 정의하고, 자심 기억 장치도 그에 대응시켜 각 페이지로 나눈다. 따라서 자기 드럼 기억 장치와 자심 기억 장치 사이에는 대응하는 각 페이지마다 블록 전송(block transfer)을 하는데, 이러한 방법을 말한다.

page alignment [–əlɑ́inmənt] **페이지 정렬** 페이지를 바꿈으로써 다음에 실행하여야 할 과정도 지정한다.

page allocation [–æləkéiʃən] **페이지 할당** 병행적으로 실행되는 많은 프로그램들 사이에 제한된 양의 주기억 장치를 비연속적으로 관리하기 위해 프로세서가 생성하는 주소에 의하여 기억 장치의 실제 주소가 계산되어 필요한 페이지가 적재된다.

page-at-a-time printer [–ət ə tɑ́im príntər] **페이지 인자 장치, 페이지 프린터** 페이지 프린터(page printer)와 같은 뜻으로 사용된다.
[주] 1페이지분을 단위로서 인쇄하는 장치로, 예를 들면 COM 인쇄 장치, 전자 사진식 인쇄 장치.

page body [–bɑ́di(ː)] **페이지 본체**

page break [–bréik] **페이지 구별**

page buffer [–bʌ́fər] **페이지 완충 기억 기구**

page control [–kəntróul] **페이지 제어** 보통 쓰이고 있는 연속 용지는 1페이지에 66행을 인자할 수 있는데, 데이터를 인자 처리할 때 1페이지 내에 인자하는 행수를 제어하는 것을 의미한다.

page control block [–blɑ́k] **PCB, 페이지 제어 블록** 가상 기억 시스템에 있어서 실기억 관리 프로그램(RSM)이 페이징(paging)을 위해서 사용되는 제어 블록. 페이징 조작마다 사용된다. 가상(virtual) 페이지의 어드레스와 실(real)어드레스가 들어 있다.

page counter [–kɑ́untər] **페이지 카운터**

page data set [–déitə sét] **페이지 데이터 세트** 페이지 감시 프로그램에 의해서 페이지가 일시적으로 기억되는 외부 페이지를 구성하는 데이터 세트.

page description language [–diskrípʃən lǽŋgwidʒ] **PDL, 페이지 기술 언어** 대표적인 것은 애플사의 레이저 라이터에 처음 사용된 포스트스크립트 언어인데, 표시 또는 인쇄 출력용의 데이터를 장치간에 있어서 교환하는 것을 주목적으로 한 언어.

page down key [–dɑ́un kíː] **뒤쪽(뒷면) 키**

page ejection [–idʒékʃən] **페이지 이송**

page entry [–éntri(ː)] **페이지 입구** 원래 또는 앞 페이지에서의 공간적인 제약 때문에 앞 페이지로부터 다음 페이지로 흐름선이 이어지는 지점을 나타내는 순서도 기호.

page exit [–égzit] **페이지 출구** 그 순서도가 그려져 있는 페이지에서의 공간적인 제약 때문에 흐름선이 현재 페이지에서 다음 페이지로 이어지는 지점을 나타내는 순서도 기호.

page fault [–fɔ́ːlt] **페이지 부재, 페이지 폴트** 가상 기억 시스템에 있는 프로그램 인터럽트의 일종. 현재 실기억에 없는 페이지가 참조되었을 때 일어나는 인터럽트.

page fault ratio [–réiʃiou] **페이지 폴트율** 컴퓨

터에서 프로그램이 실행되는 동안 참조하는 총 기억 장치 장소 중에서 페이지 폴트가 발생하는 횟수의 비율. 프로그램의 실행중에 페이지 폴트가 많이 발생하면 실제 프로그램의 실행 시간보다 페이지 교체 작업에 걸리는 시간이 더 많아 비효율적이므로 페이지 폴트율은 가상 기억 장치 시스템의 효율을 재는 중요한 척도가 된다.

page file[–fáil] **페이지 파일**

page fix appendage[–fíks əpéndidʒ] **페이지 고정 부속물**

page fixing[–fíksiŋ] **페이지 고정화** 어느 페이지를 페이징할 수 없게 하고 실기억 영역에 고정해 두는 것으로서, 페이지 아웃할 수 없는, 즉 페이지 불가라고 지정된 페이지를 고정된 페이지 또는 잠긴 페이지라고 한다. 페이지의 고정화는 필요 최소한으로 해야만 하는데, 그것은 실행중의 페이지화된 프로그램이 공용될 수 있는 실기억 영역, 즉 고정되지 않는 페이지에 할당할 수 있는 실기억 영역이 작아지기 때문이다.

page footing[–fútiŋ] **페이지 각주** 특정 페이지의 항목들을 요약한 것으로 대개 각 페이지의 아래쪽에 나타난다. RPG 언어에서 보고서 인쇄 양식 설정에 이용되는 용어로 각 페이지 아래쪽에 나타나는 특정 페이지의 항목들을 말한다.

page footing report group[–ripɔ́ːrt grúːp] **페이지 각주 보고 집단**

page frame[–fréim] **페이지 프레임** 한 페이지를 수용하는 실기억 장치의 구역. 실기억 장치에 있어서 한 페이지분의 크기를 갖는 기억 장소.

page frame table[–téibəl] **페이지 프레임 표** 페이지 스틸링에서 어느 페이지를 스틸하는가를 정할 때 참조하는 테이블(표).

page header[–hédər] **페이지 헤더** 보통 페이지의 논리적 순서와 일치하지 않기 때문에 각 페이지는 논리적 순서로 볼 때 다음 페이지의 물리적 디스크 주소 등을 가리키는 페이지 헤더를 갖는다. 이것은 디스크 관리자에 의하여 운용되며 파일 관리자에게는 철저히 감추어야 한다.

page heading[–hédiŋ] **쪽머리** 페이지 두문(頭文). RPG 언어에서 보고서 인쇄 양식의 지정시에 쓰이는 용어. 페이지의 앞머리에 위치하여 페이지에 대한 서술이 기록되는 항목.

page heading report group[–ripɔ́ːrt grúːp] **페이지 두문 보고 집단**

page identifier[–aidéntifàiər] **PID, 페이지 식별자**

page-in[–in] **페이지-인** 페이지의 전송 처리에 있어서 보조 기억 장치에서 실기억 장치로 페이지를 이동하는 장치.

page index[–índeks] **페이지 인덱스**

page interleaved mode[–ìntərlíːvd móud] **페이지 인터리브 방식** 고속 컴퓨터 시스템에서 주기억 장치를 페이지 단위로 건너뛰어 배치함으로써 캐시 등에서 전송 속도를 향상시킬 수 있게 한 것.

page machine[–məʃíːn] **페이지 기계** 메모리 주소들을 페이지라고 하는 블록으로 분할한 컴퓨터. 프로그램 카운터는 페이지 경계를 넘어서 증가될 수 없기 때문에 현재 페이지 외부의 위치들을 참조하기 위해서는 특별한 명령들이 필요하며 이때에는 특히 새로운 페이지값이 설정되어야 한다.

PageMaker[pèidʒméikər] **페이지메이커** 사용이 간편하고 기능이 풍부하여 널리 이용되고 있으며, PC에 의한 전자 출판 시대를 여는 데 큰 역할을 한, 미국 앨더스(Aldus) 사의 개인용 컴퓨터를 위한 전자 출판(desktop publishing) 소프트웨어. 처음에는 애플 매킨토시 컴퓨터용으로 개발되었고, 그 후 IBM-PC에도 이식되었다.

page management[péidʒ mǽnidʒmənt] **페이지 관리** 파일 관리자가 디스크의 물리적인 입출력에 관한 자세한 사항에 관여하지 않고 단지 논리적인 관점의 페이지만을 가지고 페이지를 참조할 수 있게 해주는 것으로, 디스크 관리자의 기능을 말한다.

page map[–mǽp] **페이지 맵** 논리적 기억 장소인 각 페이지와 이에 해당하는 실기억 장소의 프레임과 대응한다.

page mapping[–mǽpiŋ] **페이지 사상** 페이징 하드웨어의 논리 어드레스에 대한 어떤 물리적 어드레스로의 대응을 의미한다.

page map table[–mǽp téibəl] **페이지 맵 테이블** 실기억 장치에서의 각 페이지의 기준 주소를 갖는 표.

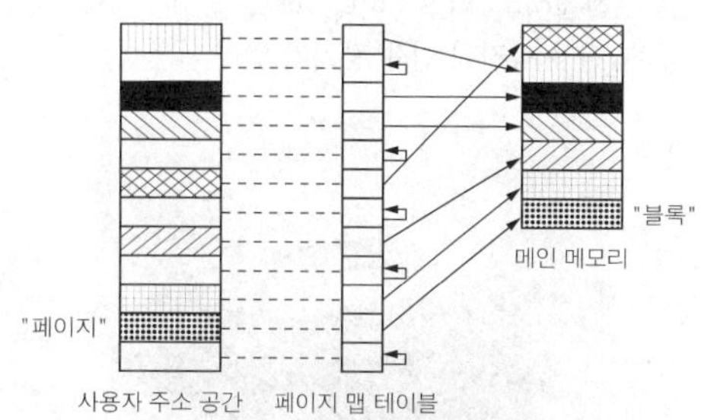

〈페이지 맵 테이블이 자치하는 위치〉

page migration[–maigréiʃən] **페이지 이송** OS/VS 2에서 1차 페이징 장치와 공간이 더 많이 사용되도록 하기 위해서 1차 페이징 장치에서 2차 페이징 장치로 페이지를 이송하는 것.

page mode[−móud] **페이지 모드**

page mode RAM 페이지 모드 RAM 연속적인 기억 장소를 페이지 단위로 액세스할 수 있도록 특별히 설계된 DRAM. 페이지 모드 RAM은 한 번에 한 페이지분의 데이터를 연속적으로 읽거나 써넣을 수 있으므로 비디오 RAM으로 널리 사용되고 있다.

page number[−nʌ́mbər] **페이지 번호** 이 페이지는 물리적으로는 연속되어 있지 않아도 프로그램으로는 연속된 일련 번호를 취급할 수 있는데, 이 일련 번호를 페이지 번호라고 한다. 페이지 주소 방식을 채용하는 컴퓨터에서는 주기억 장치를 일정 크기로 분할하여 사용하는데, 그 분할된 영역을 페이지라고 한다.

page OCR 페이지 광학 문자 판독기 서로 다른 크기를 갖는 전달된 문서를 처리할 수 있으며, 릴 형태의 정보를 읽을 수 있는 광학 문자 판독기.

page offset[−ɔ́(:)fsèt] **페이지 오프셋** 페이지의 기준 주소로부터의 변위. 페이지 테이블에 있는 기준 주소와 결합하여 실제 기억 장치의 주소를 정의하는 것으로서 이것은 CPU에 의해 만들어진다.

page-out[−áut] **페이지 아웃** 실기억 장치에서 보조 기억 장치로 이동하는 처리 과정.

page overflow condition[−òuvərflóu kəndíʃən] **페이지 초과 조건**

page pool[−pú:l] **페이지 풀** 실기억 영역에서 수퍼바이저 상주 영역을 제외한 실페이지로서 수퍼바이저에 의해 관리되는 영역.

page printer[−príntər] **페이지 인쇄 장치, 페이지 프린터** 한 번에 용지 한 페이지 단위로 인쇄해 나가는 프린터. 미리 한 페이지분의 정보를 레이아웃된 상태로 편집하여 종합해서 인쇄한다. 액정 셔터나 반도체 레이저를 써서 인쇄하는 것으로서, 직렬 프린터나 라인 프린터에 비해 인쇄 속도가 빠르고 고화질이며 저소음이다. 예를 들면 COM 인쇄 장치, 전자 사진식 인쇄 장치가 있다.

〈페이지 프린터〉

page protection[−prətékʃən] **페이지 보호**

page printer formatting aid[−príntər fɔ́:rmætiŋ éid] **페이지 포맷 작성 지원 프로그램**

Pager[péidʒər] **페이저, 호출기** (1) 유닉스용 필터 프로그램의 하나. MS-DOS에서 사용되는 필터 프로그램인 「more」처럼 동작한다. 하나의 화면을 가득 채울 만큼의 정보만 출력되고, 사용자의 요청에 따라 다음 페이지의 내용이 화면에 출력된다. (2) 이동체 통신의 일종. 「호출기」가 이에 해당된다.

page reader[−péidʒ rí:dər] **페이지 판독 장치, 페이지 판독기** 한 장의 문서(시트 또는 페이지) 상의 복수 행의 정보를 판독하는 광학 문자 판독 장치.

page reclamation[−rekləméiʃən] **페이지 재이용** 이 말은 페이지 부재 후 또는 페이지의 고정화 적재 요구를 한 후에 일어날 수 있는 것으로, 무효 표지가 기록된 실기억 영역의 페이지 내용을 주소화가 가능하도록 하는 과정.

page release[−rilí:s] **페이지 양도** 이 페이지 양도는 워킹 세트(working set) 기억 장치 관리 기법에서 프로그램들은 그들이 원하는 페이지를 명확하게 알려주며, 어떤 특별한 페이지들이 더 이상 필요하지 않을 때에는 워킹 세트로부터 그 페이지들을 제거해야 한다. 이때 어떤 페이지가 더 이상 필요 없음이 확실하면 사용자가 자발적으로 그 페이지를 즉각 양도해주는 것.

page replacement[−ripléismənt] **페이지 대체** 페이징에서 현재 주기억에 있는 불필요한 프로그램 페이지를 외부 기억으로 내보내고 그것에 실행에 필요한 프로그램 페이지를 로드하는 것으로 스와핑(swapping)이라고도 한다. 어느 페이지를 비우는가에 여러 가지 방법(치환 알고리즘)이 있다.

page replacement algorithm[−ǽlgəriðm] **페이지 치환 알고리즘** 가상 기억 시스템에서 페이지 부재가 일어났을 때 할당을 위해 필요한 페이지 프레임이 실기억 상에 없는 경우에 현재 사용중인 실기억 상의 어느 페이지 프레임에 비워주어야 할 것인가를 정하기 위한 알고리즘.

page replacement operation[−àpəréiʃən] **페이지 치환 조작**

page replacement routine[−ru:tí:n] **페이지 치환 루틴**

page reuse[−ri:jú:s] **페이지 재이용** 쓸데없는 스테이징을 생략하기 위해 이전에 사용한 실페이지를 재이용하는 것.

page set[−sét] **페이지 집합** 디스크에 기억된 전체 페이지의 부분 집합으로서 고정된 크기의 페이지로 구성된다.

page skip[−skíp] **페이지 건너뜀, 페이지 스킵** 현재 인쇄중인 페이지의 남은 부분들을 인쇄하지 않고 건너뛰어 다음 페이지의 처음부터 인쇄를 하는 기능, 또는 이러한 기능을 수행하게 하는 제어 문자이며 워드 프로세서 기능의 하나.

page per minute[–pər mínət] **PPM, 분당 페이지** 인쇄 속도를 나타내는 단위. 1분 동안에 인자되는 페이지 수로 나타낸다.

page stealing[–stí:liŋ] **페이지 스틸링** 현재 사용중인 사용자(user)에게 할당되어 있는 페이지 프레임을 시스템이 다른 작업으로 사용되도록 하는 것.

page storage[–stɔ́:ridʒ] **페이지 스토리지** 가상 기억 장치(virtual storage)와 같은 뜻으로 사용된다.

page swapping[–swɔ́(:)piŋ] **페이지 교환** 가상 기억 시스템에서 주기억 장치와 보조 기억 장치 사이에서 페이지를 넣어 교환시키는 것.

page system[–sístəm] **페이지 시스템** 작업 크기를 페이지 단위로 표현해서 작업 효율을 높이는 시스템.

page table[–téibəl] **페이지 테이블, 페이지 표** 페이징에 있어서 프로그램에 붙여진 페이지 번호(물리 어드레스)와의 대응표. 이것에 따라 논리 어드레스에서 실제 주기억 상의 물리 어드레스가 얻어진다.

page table register[–rédʒistər] **페이지 테이블 레지스터** 페이지 테이블을 구현하는 데 사용하는 레지스터. 페이지 테이블이 상당히 작은 경우에 효율적이다.

page translation exception[–trænsléiʃən iksépʃən] **페이지 변환 예외**

page turning[–tə́:rniŋ] **페이지 전환** (1) 보통 동적인 메모리 재배치 방법에 의하여 커다란 단일 수준의 메모리를 제공하는 기술. (2) 동시에 실행되고 있는 다수의 프로그램이 주기억 장치를 공유할 수 있게 하기 위하여, 또는 배당 시간에 대한 순환적 순서 계획을 하기 위하여 주기억 장치와 보조 기억 장치 사이에 전체 페이지의 정보를 이동시키는 과정.

page up key[–ʌp kí:] **앞쪽(앞면) 키**

page view[–vjú:] **페이지 보기** 전자 출판(DTP)이나 워드 프로세서에서 편집한 문서를 프린터로 출력하기 전에 먼저 화면상에 출력하는 것.

page wait[–wéit] **페이지 대기**

page zero[–zí(:)rou] **페이지 제로** 최소 번호가 붙은 주소를 포함하는 기억 장치의 페이지.

pagination[pèidʒinéiʃən] *n.* **쪽매김** 페이지에 번호를 매겨서 정확한 페이지로 구분하거나 한 페이지 전체에 대응할 수 있는 그래픽이나 문자의 블록을 준비하는 것. 그리고 인쇄된 문서나 블록을 준비하는 것이나 인쇄된 문서나 출력을 구분하여 페이지에 대응하는 하나의 단위로 구분하는 작업을 말한다.

paging[péidʒiŋ] *n.* **페이징** 한정된 기억 용량으로 될 수 있는 대로 다수의 프로그램을 넣고, 동시에 처리할 수 있도록 하기 위해 프로그램을 한 번에 처리할 수 있는 적당한 크기(페이지)로 분할하여 페이지 단위로 처리하는 것. 프로그램을 실행할 때는 페이지 단위로 주기억 장치 상에 로드하고, 그것 이외에는 페이지를 단위로 하여 외부 기억 장치에 언로드한다. 페이지 단위의 스와핑(swapping)이다. 또 외부 페이지 기억 장치와 실기억 장치 사이에서의 페이지 인/페이지 아웃의 조작을 하는 일. 메모리의 단편화(fragmentation)를 피하는 데 유효하다.

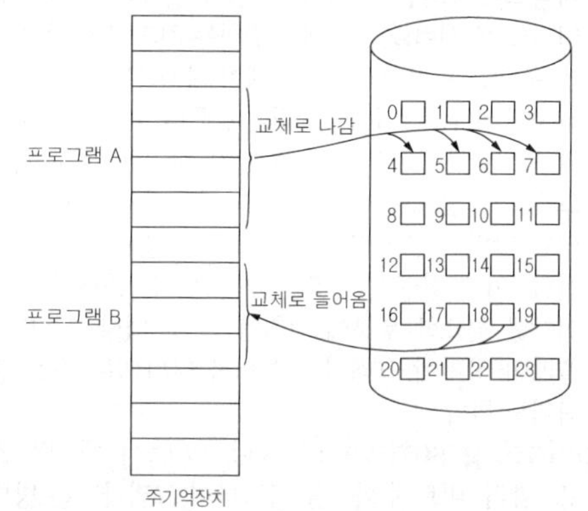

〈페이징의 개념〉

paging algorithm[–ǽlgəriðm] **페이징 알고리즘**

paging rate[–réit] **페이징률, 페이지율** 시스템/370의 가상 기억 시스템에서 단위 시간당 page-in/page-out의 평균 횟수를 말한다.

paging routine[–ru:tí:n] **페이징 루틴** 운영 체제와의 인터페이스 역할을 하는 것으로, 주기억 장치와 파일 시스템 간에서 원시 문안의 페이지 단위 전송을 수행하는 루틴.

paging supervisor[–sú:pərvàizər] **페이징 감시 프로그램, 페이지 감시 프로그램** OS/VS와 VM/370에서 페이지를 위한 실기억 공간(페이지 프레임)의 배당 및 해방을 실행하거나 페이지-인, 페이지-아웃 조작의 개시를 실행하는 감시 프로그램의 일부분.

paging system[–sístəm] **페이징 방식** 프로그램을 일정한 크기의 단위(페이지)로 끊고, 같은 크기로 끊은 주기억 영역에 적재하는 방식. 이때 가상 기억 영역과 주기억 영역과의 대응 관계를 나타내는 표를 만드는 것을 매핑이라고 한다.

paging technique[–tekní:k] **페이징 기법** 실

기억 장치가 페이지 프레임으로 분배되도록 실기억 장치를 분할하는 기법.

paging terminal [-tə́:rminəl] **페이징 단말 장치** 키를 누름으로써 이미 스크린 밖으로 지나간 버퍼에 있는 정보를 사용자가 복구할 수 있는 CRT 터미널.

paint [péint] **그림 그리기, 색칠** (1) 도트의 집합인 이미지를 색칠하는 방법으로 그리는 것. 이런 프로그램을 페인팅 그래픽 소프트웨어라고 한다. (2) 윈도 95/98에 내장된 그래픽 소프트웨어의 명칭. 프로그램 메뉴의 액세서리로 이동할 수 있다.

paintbrush [péintbrʌ̀ʃ] *n.* **페인트 붓** 컴퓨터 그래픽스에서 화면의 도형에 색칠하는 기법. 마치 사람이 붓으로 캔버스나 벽에 색칠하는 것과 같은 효과를 낼 수 있도록 그래픽 프로그램이 제공하는 기법.

painting [péintiŋ] *n.* **색칠** 컴퓨터의 입력 장치인 마우스나 태블릿의 이동에 따라 화면에 선 따위를 그리는 기법으로, 컴퓨터 그래픽스에서 선택된 영역에 단일색이나 정해진 패턴으로 칠하는 것을 말한다. 이때 정해진 영역은 폐곡선으로 둘러싸여 있어야만 필요한 부분에 색칠을 할 수 있다. 또 디스플레이 장치에 그래픽 데이터를 나타내는 것을 말하기도 한다.

painting software [-sɔ́(:)ftwὲər] **페인팅 소프트웨어** 비트맵 화상을 조작하여 그려나가는 방법으로 이른바 「그림 그리기 소프트웨어」이다. 색수는 흑백 2색에서 자연색(1,670만 색)까지 취급하는 것이 있다. 화상의 확대나 회전 조작 등으로 자기가 생기지만 페인트 시스템은 각 소프트웨어의 기능에 따라 더 많은 용도로 분류된다. 그 종류에는 캔버스에 연필이나 목탄으로 그리고, 수채화나 유화 같은 질감을 모의 실험하면서 화상을 작성하는 페인트계나 사진을 스캐너 등으로 읽어들이고 그 화상에 특수한 가공을 하는 소프트웨어 레터치계가 있다. 이들 페인트계의 화상은 프레임 버퍼 내의 픽셀에 그려지기 때문에 화상 데이터는 도트 단위이며, 자기를 피하기 위해서는 화상 한 장의 화소(픽셀) 수를 증가시켜야 한다. 따라서 하드웨어의 메모리 확장이나 그래픽 가속기를 부착하여 화상의 처리 능력을 높여야 한다.

paint program [péint próugræm] **페인트 프로그램** ⇨ paint software

PaintShop Pro **페인트샵 프로** 셰어웨어 프로그램 중 가장 뛰어난 성능을 가진 그래픽 편집용 프로그램. 고가의 유명한 프로그램에 내장된 기능들을 거의 대부분 가지고 있으면서 부담 없이 사용할 수 있기 때문에 포토샵만큼이나 널리 사용되고 있다. 현재 가장 많은 그래픽 포맷을 지원하고 있으며, 특히 GIF 변환에 있어서 탁월한 성능을 보인다.

pair [pέər] *n.* **쌍, 페어, 조, 조합** (1) 통상, 상호 의존성이 있는 시스템 자원(system resource)으로, 두 개 또는 그 이상의 것이 「한 조」로서 기능을 다하는 경우에 쌍(pair)이라고 한다. 예를 들면 한 조의 세그먼트나 한 조(한 짝)를 나타내는데, 이 용어를 사용하는 것 외에 동사형의 쌍 세그먼트(paired segment)나 쌍 명령(paired order)과 같은 사용 방법도 있다. (2) 두 개의 도체가 서로 절연되어 하나 이상의 통신 회로를 형성하도록 조합된 것.

paired [pέərd] *a.* **쌍(의)**

paired cable [-kéibl] **쌍 케이블** 전기 도체(전선)가 서로 꼬인 두 가닥의 형태로 배열된 케이블.

paired echo [-ékou] **쌍 에코** 메인 펄스의 전후 위치에 쌍을 이루어 나타나는 펄스.

paired order [-ɔ́:rdər] **쌍 명령**

paired segment [-ségmənt] **쌍 세그먼트**

pair exchange sorting algorithm [pέər ikstʃéindʒ sɔ́:rtiŋ ǽlgəriðm] **쌍 교환 정렬 알고리즘**

pair register [-rédʒistər] **쌍 레지스터** 마이크로프로세서 등에서 볼 수 있는 바와 같이 독립된 두 개의 레지스터를 쌍으로 하여 하나의 레지스터로서 취급할 수 있게 한 레지스터.

pair spectra [-spéktrə] **쌍 스펙트라**

pair split [-splít] **쌍 분할** 쿼드 내에서 심선의 쌍의 조합이 변하는 것.

pair twinning [-twíniŋ] **페어 트위닝, 쌍 꼬임**

PAK **프로그램 어텐션 키** program attention key의 약어.

PAL (1) **프로그램 가능 배열 논리, 프로그래머블 어레이 로직** programmable array logic의 약어. (2) **팔** phase alternation line의 약어. 주로 유럽 지역에서 채택하고 있는 방식이며, NTSC 방식과는 호환성이 없으나 화질은 매우 좋다. 독일 텔레푼켄 사가 개발한 컬러 텔레비전 방식의 일종.

palette [pǽlət] *n.* **팔레트** 대화형 그래픽 시스템에서 색을 선택할 수 있도록 시스템이 사용자에게 실제로 보여주는 색의 모임.

palladium contact [pəléidiəm kɑ́ntækt] **팔라듐 접점** 미세 전류가 흐르는 곳에 사용되는 범용 접촉. 부식에 강하고 아크(arc)에 의한 소모 특성도 양호하다.

Palm **팜** 미국 로보틱스 사(1997년 3COM 사에서 매수했기 때문에 현재는 3COM 사 산하의 Palm 사가 사업을 계승)가 개발한 휴대 정보 단말기(PDA)의 명칭. 휴대성이 우수하고 저렴한 가격과 PC와의 데이터 교환이 용이하기 때문에 인기가 높으며, 주로 미국에서 사용되고 있다. 2000년 2월에는 최초로 컬러 액정을 탑재한 「Palm III c」도 발매되었다.

Palm OS Palm 운영 체제 미국 3COM 사가 개발한 휴대 정보 단말, Palm 시리즈에서 채용하고 있는 운영 체제. ⇨ PDA, OS

palm rest[–rí:st] **손목 보호대** 키보드나 마우스 패드 앞에 놓아 손의 피로를 줄이기 위한 받침. 스폰지와 같은 것부터 목제 받침까지 여러 가지가 있으며, 현재는 PC의 주변 액세서리의 일종으로 보급되고 있다. 리스트 레스트 또는 핸드 레스트라고도 한다.

Palm-sized PC 팜 사이즈 PC 1988년 1월 마이크로소프트 사를 중심으로 발표된 소형 휴대 단말기의 규격. 윈도 CE 2.0을 탑재하고 펜 입력, 쌍방향 적외선 통신 등의 기능을 갖추고 있다. 개발 단계에는 「Gryphon」이라는 코드명으로 불렸다.

palmtop computer[pɑ̀:mtɑ́p kəmpjú:tər] **손바닥 컴퓨터** 손바닥에 올려놓고 사용할 수 있는 컴퓨터를 손바닥 컴퓨터라 하는데, 크기는 A5 크기 정도이고 무게는 1kg 정도로 아주 작은 크기의 컴퓨터를 말하는데, 기능은 모두 아이콘으로 조작할 수 있다.

〈손바닥 컴퓨터〉

Palo Alto Research Center PARC, **팔로 알토 연구소** 미국 캘리포니아에 있는 제록스(Xerox) 사의 부설 연구소. 이 연구소는 컴퓨터와 통신 분야에 많은 연구 업적을 남기고 있는데, 유명한 것으로는 근거리 통신망인 이더넷(Ethernet)과 객체 지향형 프로그래밍 언어인 스몰토크-80이 있다.

PAM 펄스 진폭 변조 pulse amplitude modulation의 약어. 펄스 변조의 하나로, 펄스 진폭 변화에 신호를 대응시키는 방법.

PAN personal area network의 약어. 일명 팬 또는 개인 통신망이라고 불리는 PAN은 아직 일반 대중에게 익숙치 않은 단어이지만 근거리 통신망(LAN)이나 원거리 통신망(WAN)과 대비되는 개념이다. PAN은 개인마다 각각 고유한 네트워크를 가지게 됨을 의미한다. 즉, 한 사람이 소유하고 있는 기기가 제각기 그 사람의 편리를 목적으로 한 네트워크를 만든다는 것이다. 최근 각광받는 블루투스, homeRF 등 근거리 무선 통신 기술이 기술적인 차이는 있지만 공통적으로 PAN을 구축할 수 있는 대표적인 통신 신기술이다. PAN의 개념이 탄생하게 된 배경은 인간이 본래 움직이는 존재라는 인식에서 비롯되었다. 지금까지는 가만히 있는 기계에 사람의 행동을 맞춰 왔으나, 이제는 자유롭게 움직이며 보고, 듣고, 말하고, 보내고, 쓰고, 기록하게 될 것이다. 각 기기들이 전문화되도록 개발되어 사람의 움직임을 따라 다니며 무선 네트워크를 생성시켜 줄 것이다.

pan[pǽn] **팬** ⇨ panning

pane[péin] *n.* **페인** 원래의 뜻은 직사각형의 창유리가 모인 집단에서 한 구획을 말하는 것으로, 하나의 윈도가 분할될 때 그 각각의 윈도.

panel[pǽnəl] *n.* **패널, 판** (1) CRT 디스플레이(CRT display) 등에서 표시 형식이나 표시 내용, 입력의 조건들이 정해지는 화면. 통상 대화형 모드(interactive mode)의 업무 처리에서 빈번하게 사용되지만 이용자의 목적에 맞는 일련의 「패널」이 미리 준비되어 있으며, 이용자는 간단한 데이터를 입력하는 데 따라 이들 패널을 인출할 수 있다. (2) 컴퓨터 본체나 제어 기구(controller), 통신 제어 장치(communication control unit) 등에 붙여져 있는 「판」으로, 여기에는 감시 장치, 제어 장치나 통신 장치가 갖추어져 있다.

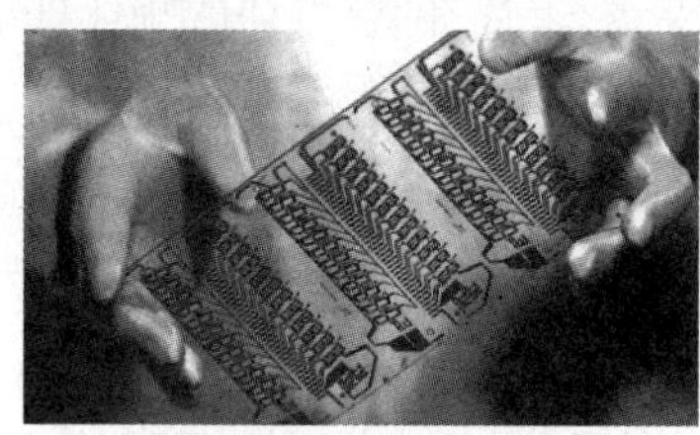

〈액정을 담는 플라스틱 패널〉

panel board[–bɔ́:rd] **분전반** 건물 안에 전력량계를 개입시켜 인입한 분전반을 가리킨다. 여기에 옥내의 배선에 대한 주개폐기, 분기 회로의 보호 퓨즈, 배선 차단기 등이 장착되어 있다.

panel keyboard support[–kí:bɔ̀:rd səpɔ́:rt] **패널 키보드 지원 프로그램**

panel system[–sístəm] **패널 방식** 자동 교환 방식의 일종으로, 교환 펄스를 수신하여 기억하고 교환 동작을 제어하도록 하는 것.

panic dump[pǽnik dʌ́mp] **패닉 덤프** 어떤 원인으로 운영 체제의 일부가 파괴된 경우 기억 영역의 내용 등을 살피기 위한 특별한 덤프.

panic screen[–skrí:n] **패닉 화면** 미국에서 만

들어진 게임 소프트웨어 보조 기능의 하나. 업무 시간에 게임을 하고 있는데, 상사가 왔을 경우 등에 사용한다. 패닉 화면은 일종의 화면 교체 버튼으로 버튼을 누르면 표 계산이나 워드 프로세서, 프로그래밍 등의 화면이 표시되어 상사에게 일하고 있었다는 것을 확인시켜 줄 수 있도록(boss is coming mode) 되어 있다.

panning[pǽniŋ] *n*. **패닝** 그래픽 시스템에서 쓰는 용어로, 상이 측면 방향으로 움직이는 것처럼 보이기 때문에 표시 화상을 연속적으로 평행 이동하는 것.
[주] 패닝은 표시 영역에 한정되는 경우도 있다.

Pantone Matching System 판톤 매칭 시스템 미국 Pantone 사가 개발한 컬러 매칭 시스템으로 인쇄의 색을 지정한다.

PAP (1) **프린터 접속 규약** printer access protocol의 약어. 매킨토시용 네트워크 소프트웨어 애플토크의 프로토콜. 프린터에 액세스할 때 이용된다. 포스트스크립트의 프린터는 이 프로토콜을 지원하고 있어 프린터에 데이터를 보낼 때 프린터의 상황을 조회할 수 있다. (2) password authentication protocol의 약어. PPP 인터넷 연결 사용자 이름과 암호를 확인할 때 PAP와 CHAP이 사용되기 때문에 CHAP만큼 안전하지는 않다. 또한 PAP는 네트워크를 통해 인증 패킷을 보내기 때문에 침입받기 쉽다. 그렇지만 PAP는 인터넷 서비스 공급자처럼 멀리 있는 호스트로 접속할 때 CHAP보다 많이 이용된다. ⇨ ISDN, CHAP

paper[péipər] *n*. **종이** 숫자(number)나 문자(character) 같은 데이터를 기록하는 종이 테이프(paper tape)나 프린터에서 사용하는 인쇄 용지(printing paper) 등의 종이.

paper advance[–ədvǽ:ns] **종이 전진기** 인쇄 장치 위를 종이가 지나가게 하는 프린터의 부분. 보통 톱니바퀴나 마찰에 의해 지나가게 되며 전진은 프로그램의 제어 하에 작동될 수도 있다.

paper advance mechanism[–mékənizm] **종이 전진 기구** 이 기구는 컴퓨터에 의하여 제어되고, 전진시키는 행 수는 프로그램으로 결정할 수도 있는 것으로, 인쇄 위치를 종이가 통과하여 움직이게 하는 프린터의 한 부분이다.

paper bin[–bín] **종이 상자** 복사기나 레이저 프린터의 종이를 담는 상자.

paper card output unit[–kά:rd áutpùt jú:nit] **종이 카드 출력 기기** 컴퓨터 명령에 따라 종이 카드에 정보를 천공하기 위한 기기. 중요한 기구는 천공 기구와 카드를 간헐적으로 보내는 구동 기구, 그리고 천공 결과를 확인하기 위한 천공 체크 기구 등이다.

paper feed[–fí:d] **종이 먹임** 종이가 프린터에 장전되는 방법.

paper jam[–dʒǽm] **용지 걸림**

paper jam detection[–diték∫ən] **용지 걸림 검출 기구**

paperless[péipərles] *n*. **페이퍼리스** 사무 자동화의 진전은 종이 문서에서 마이크로필름이나 자기 매체로 기록 매체의 변환을 촉진시킴으로써 종이 없는 사무실을 지향하는 현상을 상징하는 용어. 인텔리전트 빌딩(intelligent building), OA 빌딩이라고도 한다. 빌딩 자체가 디지털 교환기를 중심으로 네트워크 기능을 갖추고 빌딩 내의 전화, 데이터 단말을 수용하여 입주자에게 최적의 통신 수단을 제공하며 빌딩 관리의 충실화에 의하여 종합적으로 최적의 사무실 환경을 제공하고자 하는 입주자(tenant) 빌딩의 시도가 시초로서 현재는 자기 회사 소유의 빌딩을 가지고 자사의 통합 OA화를 목표로 설계되는 OA 빌딩이 주류를 이루고 있다.

paperless office[–ɔ́(:)fis] **종이 없는 사무실** 완전히 전자화되어 서류가 필요 없게 된 사무실.

paper low[péipər lóu] **용지 부족** 인쇄할 종이가 모자라게 될 때 프린터에서 발생하는 신호 상태.

paper low indicator[–índikèitər] **용지 부족 표시기**

paper machine control[–mə∫í:n kəntróul] **초지기(抄紙機) 제어**

paper size[–sáiz] **용지 크기** 문서를 인쇄하는 용지의 크기. A4판, B4판 등이 있다.

paper skip[–skíp] **용지 스킵** 인쇄 장치에서 1행씩의 행 이송보다 실질적으로 빨리 용지가 움직이는 것.

paper slew[–slú:] **종이 회전**

paper tape[–téip] **종이 테이프, 페이퍼 테이프** 종이로 된 테이프 표면에 구멍을 뚫어서 데이터를 기록하는 기록 매체. 즉, 정보 기억 매체의 일종으로, 종이로 만들어진 테이프의 규정 위치 구멍의 유무에 따라 1비트를 표현한다. 역사적으로는 인쇄, 전신 등에 주로 쓰였지만 컴퓨터 입력 매체로서의 역할도 크다. 보내는 방향에 대해 직각 방향으로 8개의 구멍을 뚫는 패턴에 의해 한 문자를 나타낸다. 현재 종이 테이프 입력 장치가 개발되어 입력 장치로 사용되고 있다. 종이 폭의 크기는 여기에 수록되는 1열의 비트 수 크기에 따라 몇 종류가 있으며 컴퓨터용으로는 폭 25.4mm의 8단위용이 표준이다. 종이 테이프에 구멍을 뚫는 것을 천공이라고 한다. 종이 테이프에서 정보를 읽기 위해서는 광전식(光電式) 또는 기계식 데이터 판독기가 있다. 종이 테이프는 사용의 편리를 위해 색을 칠하거나 방향 지시 마크를 인쇄하거나 하는 것도 있다.

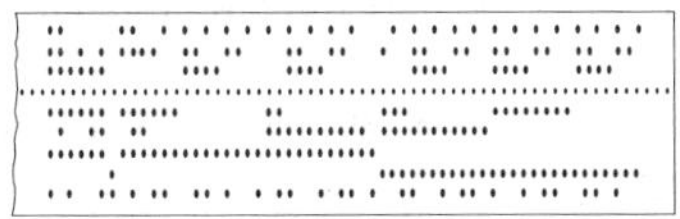

〈종이 테이프〉

paper tape automatic development system[-ɔ̀:təmǽtik divéləpmənt sístəm] **종이 테이프 자동 개발 시스템**

paper tape carriage control loop[-kǽridʒ kəntróul lú:p] **캐리지 제어 루프 종이 테이프**

paper tape channels[-tʃǽnəlz] **종이 테이프 채널** 테이프의 한 구멍은 1비트를 뜻하며, 구멍은 테이프의 가장자리와 평행하게 채널들에서 천공된다. 현재 5, 6, 7, 8개의 채널을 가진 종이 테이프를 전진시키거나 코드 동기화를 위하여 톱니 채널을 가지며, 보통 폭은 1인치이고 코드는 인치당 10개씩 천공한다.

paper tape code[-kóud] **종이 테이프 코드** 종이 테이프의 세로로 천공되는 구멍들의 순열로서 종이 테이프 위에 데이터를 나타내는 데 사용되는 코드를 말한다. 코드는 테이프 트랙의 개수에 따라서 다르다.

paper tape coil[-kɔ́il] **종이 테이프 코일** 천공할 수 있게 감겨져 있는 종이 테이프의 두루말이.

paper tape format[-fɔ́:rmæt] **종이 테이프 양식** 테이프 진행 방향에 순차적인 방식으로 구성된 하나 이상의 레코드들로 이루어져 있는 2진 목적 테이프. 각 레코드는 최대 67개, 최소 한 개의 연속적인 테이프열로 이루어진다. 2진 목적 테이프에서 레코드들의 배열은 표준화되어 있지 않다.

paper tape input output unit[-ínpùt áutpùt jú:nit] **종이 테이프 입출력 기기** 컴퓨터 명령의 기본으로, 종이 테이프로부터 정보 읽기, 또는 종이 테이프로의 정보 천공을 행하기 위한 기기. 테이프 판독기, 테이프 기기 등을 말한다.

paper tape loop[-lú:p] **종이 테이프 루프**

paper tape output device[- áutpùt diváis] **종이 테이프 출력 장치** 컴퓨터로부터의 출력 데이터가 종이 테이프에 천공되는 출력 장치. 어떤 컴퓨터의 종이 테이프 장치는 입력과 출력 기능을 동시에 가지고 있는 것도 있다.

paper tape perforating typewriter[-pə̀:rfəréitiŋ táipràitər] **종이 테이프 천공 타이프라이터** 일반 영문, 한글 타이프라이터에 부대 장치를 붙여서 문서나 전표 작성과 동시에 종이 테이프에 필요한 데이터 채취를 하도록 되어 있는 것.

paper tape punch[-pʌ́ntʃ] **종이 테이프 천공기** 컴퓨터의 출력을 종이 테이프에 기록하는 경우 주기억 장치에서 전송되어 온 데이터가 일단 종이 테이프의 코드로 변환되어 빈 종이 테이프가 천공기를 통과할 때 천공되어 기록되는 장치.

paper tape punching[-pʌ́ntʃiŋ] **종이 테이프 천공** 컴퓨터에의 입력을 위한 기본적인 데이터 준비의 한 방법이며, 종이 테이프에 천공된 구멍의 패턴은 기억해야 할 정보의 부호를 나타낸다.

paper tape punch unit[-pʌ́ntʃ jú:nit] **종이 테이프 천공 장치** 중앙 처리 장치에서의 처리 결과를 종이 테이프에 천공하기 위한 장치.

paper tape reader[-rí:dər] **PTR, 종이 테이프 판독기** 컴퓨터 입력 장치의 하나이며, 종이 테이프 상의 구멍을 판독하여 그것을 데이터로 중앙 처리 장치에 보내주는 장치. 기계식과 광전식이 있는데, 기계식은 센싱 핀의 상하 이동에 의해 천공의 유무를 검지하여 판독한다. 이 방식은 200초가 한계이다. 광전식은 천공을 투과한 빛을 포토트랜지스터 등의 광전 소자에 의해 받아서 천공 유무를 검지한다. 이 방식을 쓰면 1,200자/초가 가능하다.

paper tape reproducer[- rì:prədjú:sər] **종이 테이프 복제기** 천공된 종이 테이프를 자동으로 복사하는 장치.

paper tape speed[-spí:d] **종이 테이프 속도** 종이 테이프 천공 장치가 종이 테이프를 읽거나 천공하는 속도를 초당 문자 수로 나타낸 것.

paper tape system[-sístəm] **종이 테이프 시스템** 대용량 기억 장치가 없는 종이 테이프 장비만을 가진 시스템으로서 2진 종이 테이프 릴에 담긴 운영 체제를 갖는다. 2진 릴은 형식 2진과 절대 2진의 두 형태가 있는데, 형식 2진 프로그램은 시스템 적재기에 의하여 적재되고, 절대 2진 프로그램은 모니터나 프리셋(preset) 동작에 의하여 적재된다.

paper tape type[-táip] **종이 테이프 유형** 입력 전용(RD), 천공 전용(PN) 또는 입력-천공(RP) 등 종이 테이프의 기능을 표시하는 것.

paper tape unit[-jú:nit] **종이 테이프 장치** 자기 테이프 장치와 비슷하나 자기 테이프의 자화 현상 대신 종이 테이프에 구멍을 뚫는다. 이 장치는 입출력 장치로서의 가격은 싸지만 입출력 속도가 느리고 오류를 수정하기가 불편하다는 단점이 있다. 종이 테이프는 폭 17.5~25.4mm의 긴 종이로 1열의 구멍 조합에 의하여 1문자, 1숫자 또는 하나의 기호를 나타낸다. 1문자를 나타내는 구멍 단위는 5, 6, 7, 8개의 경우가 있는데, 국제 표준화 기구에서는 8단위 코드를 사용하도록 권고하고 있다.

paper tape verifier[–vérifàiər] **종이 테이프 검증기** 종이 테이프에 천공된 구멍이 원시 데이터 상의 데이터를 정확하게 나타내고 있는가를 검사하는 기계.

paper throw[–θróu] **인쇄지 배출, 종이 넘김** 프린터에서 종이가 인쇄되지 않은 채 정상적인 행 수보다 더 많이 이동하는 것으로 이를 종이 회전(paper slew)이라 한다. 넘김 속도는 보통 한 줄 전진시키는 것보다 빠르다.

paper throw character[–kǽrəktər] **인쇄 용지 배출 문자** 인쇄기에서 인쇄된 인쇄 용지를 배출하기 위하여 사용하는 제어 문자.

paper white[–hwáit] **페이퍼 화이트** 화면 표시 장치에서 검게 나타나는 것.

paper work[–wə́ːrk] **종이 작업, 서류 작업** 종이에 기입한 정보, 즉 기록을 취급하는 작업.

PAR (1) **긍정 응답 재전송** positive acknowledgment and retransmission의 약어. (2) **정밀 측정 진입 레이더** precision approach radar의 약어.

parabolic interpolation[pæ̀rəbálik intə̀rpəléiʃən] **포물선 보간** 양 끝점과 보간을 위한 정보 수치를 주어서 그것으로 결정되는 포물선에 따라 공구의 동작을 제어하는 것.

paradigm[pǽrədàim] **패러다임** 어떤 한 시대의 사람들의 견해, 사고를 근본적으로 규정하고 있는 테두리로서의 인식의 체계. 프로그램 용어로는, 프로그램의 개발 방식이나 패턴 등 프로그래밍 개발자 집단의 경향이나 습성 등을 말한다. 원래는 과학사 연구가인 토마스 S. 쿤(Thomas S. Kuhn)이 저서 「과학 혁명의 구조」에서 제창한 개념으로, 통상 과학의 전통적인 규범이나 시대의 주류를 차지하는 정설이라는 의미였지만, 사회 과학에도 이 개념이 적용되었다. 역사철학자 카를 포퍼는 공동체 전체의 정설이 완전히 바뀐 것을 「패러다임이 이동한다」고 표현하였다. 패러다임이란 영구 불변하는 것이 아니라 변화한다는 것을 전제로 한 집단 구조나 사고 양식으로 자리잡게 되었다.

Paradox[pǽrədàks] *n.* **패러독스** 사용이 간편하여 널리 이용되는 볼랜드(Borland) 사가 판매하고 있는 개인용 컴퓨터를 위한 데이터 베이스 관리 프로그램.

paragraph[pǽrəgræ̀f] *n.* **단락, 패러그래프** (1) 문장의 한 구분, 절, 단 등의 총칭. 통상, 개행, 페이지 바뀜 등으로 구별된다. (2) 프로그램 언어의 COBOL 용어. 프로그램의 구성 단위로, 절차부(produre division)에서의 단락명(paragraph name) 뒤에 몇 개의 완결문(tence)을 쓴 것. 단락명은 다른 프로그램 언어에서는 레이블(label)이라고 한다. 완결문은 일종의 복합문(compound sentence)이며, 복수의 문을 만들지 않고 종지부와 공백으로 중지하는 것을 말한다. 표제부(indentification division)와 환경부(environment division)에서는 단락 헤더(paragraph header) 뒤에 몇 개의 기술항(entry)을 쓴 것을 말한다.

paragraph assembly[–əsémbli(ː)] **단락 구성** 워드 프로세서에 있어서 단락으로부터 문장들이 형성되어 디스크에 저장되는 작업.

paragraph header[–hédər] **단락 헤더** COBOL의 용어. 어느 예약어 뒤에 종지부와 공백을 붙이는 것으로, 표제부와 환경부의 모든 시작을 나타낸다.

paragraph name[–néim] **단락명, 패러그래프명** COBOL의 절차부에서 그 절차의 구성 내용인 패러그래프를 구별하는 이름.

parallel[pǽrəlèl] *n.* **병렬** 평행. 패럴렐. (1) 단어의 각 자리를 여러 개(자릿수가 같은 개수)의 회로에서 동시에 처리하는 것. (2) 여러 개의 장치가 동시에 정보를 처리하는 것. 각 구성 요소(예를 들면 1문자 중의 각 비트, 1워드 중의 각 비트 등)를 각각 동시에 병렬로 처리하는 것을 나타내는 형용어. 복합어로서 조합이 많이 채용되고 있지만, 「병렬~」이라는 의미도 있다.

[주] 하나의 기구에서 병행하거나 두 개 이상의 기구에서 병행 또는 동시에 두 개 이상의 동작이 발생하는 것에 관계하는 용어.

parallel access[–ǽkses] **병렬 액세스, 병렬 접근** 기억 장치로부터 정보를 읽고 기록하는 방식으로, 어떤 주어진 기억 장치에서 어떤 단어의 모든 요소가 동시에 전송될 수 있는 방식.

parallel adder[–ǽdər] **병렬 가산기** 오퍼랜드의 모드 위치의 숫자에 대해서는 동시에 가산(덧셈)을 행하는 디지털 가산기.

parallel addition[–ədíʃən] **병렬 가산** 컴퓨터의 덧셈 방식에서 레지스터에 들어 있는 수치를 병렬적으로 동시에 연산을 하여 결과를 만드는 방식. 일반적으로 값은 비싸지만 연산 속도는 빠르다.

parallel algorithm[–ǽlgəriðm] **병렬 알고리즘** 두 개 이상의 프로세서를 갖는 컴퓨터 모델에서 수행되는 알고리즘.

parallel arithmetic[–əríθmətik] **병렬 연산** 하나의 수치를 나타내는 각 자릿수에 동시에 연산을 수행하여 부분적인 합과 부분적인 숫자를 형성하거나 자리 이동을 하는 방법.

parallel arithmetic unit[–júːnit] **병렬식 사칙 연산기**

parallel ASCII keyboard **병렬 아스키 키보드** 개인용 컴퓨터에서 표준 아스키 키보드와 비디오 디스플레이 모듈의 사용을 가능하게 하기 위해 제공되는 병렬 키보드.

parallel by bit[–bɑi bít] **비트 병렬** 서로 분리된 장비에서 문자의 모든 2진 비트들(2진 자릿수들)을 동시에 취급하는 것.

parallel-by-bit transmission[–trænsmíʃən] **비트 병렬 전송**

parallel by character[–kǽrəktər] **문자 병렬** 서로 분리된 회선이나 채널 또는 기억 소자에서 기계어의 모든 문자들을 동시에 취급하는 것.

parallel circuit[–sə́ːrkit] **병렬 회로** 한 부품이 연결된 동일한 장소에 다른 부품이 같이 연결된 회로.

parallel computer[–kəmpjúːtər] **병렬 컴퓨터** 병렬 연산 또는 병렬 처리를 수행하기 위해서 사용하는 복수의 연산 기구 또는 논리 기구를 갖춘 컴퓨터.

parallel connection[–kənékʃən] **병렬 접속**

parallel control structure[–kəntróul strʌ́ktʃər] **병행 제어 구조**

parallel construct[–kɑ́nstrʌkt] **병렬 구조** 순차적인 실행을 하는 프로그램 내에 병행성을 정의하기 위한 구조. 프로그래머는 이들 병렬 구조를 사용하여 프로그램 내에 병행성(concurrency)을 구현할 수 있다.

parallel conversion[–kənvə́ːrʃən] **병렬 변환** 일정 시간 동안 구식과 신식의 양쪽 시스템을 동시에 동작시키는 새로운 데이터 처리 시스템으로의 변환 시스템.

parallel data[–déitə] **병렬 데이터** 단위 데이터를 동시에 전송 또는 처리하는 경우에 사용되는 데이터. 즉, 데이터를 구성하는 비트를 병렬로 나열해 놓은 데이터를 말한다. 다시 말해 직렬 데이터에 대비되는 것으로 하나의 데이터가 순간적으로 여러 개의 채널을 통해서 보내오도록 한 것이다.

parallel data adapter[–ədǽptər] **병렬 데이터 어댑터**

parallel data controller[–kəntróulər] **병렬 데이터 제어기** 프로그램이 가능한 접속 기능을 제공하는 장치 또는 여러 대의 컴퓨터 장치에 접속하기 위한 장치. 외부 장치에 융통성이 있다. 어떤 장치에서는 두 개의 독립적인 양방향성 입출력 채널이 있고, 각 채널은 다양한 병렬 데이터 전송 양식으로 작동한다.

parallel data extension[–iksténʃən] **병렬 데이터 확장 기능**

parallel data medium[–míːdiəm] **병렬 데이터 매체** 데이터를 기록하고 입력하기 위하여 쓰이는 것으로, 대개 데이터 반송자는 쉽게 운반할 수 있다. 카드, 자기 테이프, 종이 데이터 또는 디스크와 같은 컴퓨터의 입출력 매체이다.

parallel digital computer[–dídʒitəl kəmpjúːtər] **병렬 디지털 컴퓨터** 직렬 계산과는 반대로 숫자를 동시에 처리하는 디지털 컴퓨터.

parallel flow[–flóu] **병렬 흐름** 각종 연산들을 동시에 수행할 수 있게 설계된 작동 시스템.

parallel full subtracter[–fúl səbtrǽktər] **병렬 전감산기** 디지털 전감산기에 병렬 표현이 포함된 병렬 전감산기에는 여러 개의 3-입력 감산기로 구성된다. 3-입력 감산기는 입력 단어에 다음 자릿수에 대응하는 3-입력 감산기의 빌림수 입력과 연결된 빌림수 출력에 포함된 숫자를 가지고 있다.

parallel in parallel out[–in pǽrəlèl áut] **PIPO, 병렬 입력 병렬 출력**

parallel input/output[–ínpùt áutpùt] **PIO, 병렬 입출력** 외부와 접속하여 병렬로 데이터를 입력하거나 출력하는 부분 또는 방식.

parallel input/output controller [–kəntróulər] **병렬 입출력 제어기** 외부 논리 회로를 쓰지 않고 많은 종류의 주변 장치에 직접 인터페이스를 제공하며 프로그램할 수 있는 회로.

parallel input/output interface[–íntərfèis] **병렬 입출력 인터페이스** 중앙 처리 장치와 주변 기기를 연결시켜 주며, 이들 사이의 데이터 입출력을 8비트 병렬로 실행하는 입출력 제어 장치.

parallel input/output interrupt logic [–ìntərʌ́pt lɑ́dʒik] **병렬 입출력 인터럽트 논리** 고급 시스템에서 병렬 입출력은 아주 빠른 응답 시간으로 중첩된 우선 순위 인터럽트를 처리하기 위하여 인터럽트를 제어하는 논리 회로가 있기 때문에 별도의 부가적인 인터럽트 제어 회로가 필요하지 않으며 서비스 시간이 최소화된다. 병렬 입출력은 빠른 속도의 입출력 포트를 처리하며 입출력 전송이 끝날 때마다 중앙 처리 장치에 인터럽트한다.

parallel input/output peripheral interrupt[–pərífərəl ìntərʌ́pt] **병렬 입출력 주변 장치 인터럽트** PIO(병렬 입출력)의 주요한 특징 중의 하나는 입출력 핀의 어떤 비트 패턴에도 인터럽트를 발생하는 능력이다. 따라서 처리기가 특별한 주변 장치의 상태 조건에 대한 입출력 회선을 계속하여 검사할 필요가 없다. 이 특징은 처리기의 기능을 강화시켜 주변 장치를 쉽게 취급할 수 있도록 해주며 소프트웨어의 오버헤드를 줄여준다.

parallel input port[–pɔ́ːrt] **병렬 입력 포트** 포트는 컴퓨터에서 데이터 신호를 얻기 위한 장치를 말하는 것이며, 여기에서 신호가 병렬로 수행되는 포트를 병렬 입력 포트라고 한다. 이 포트에서는 많은 신호가 동시에 통과할 수 있다.

parallel in serial out[-in sí(:)riəl áut] PISO, **병렬 입력 직렬 출력**

parallel interface[-íntərfèis] **병렬 인터페이스** 주어진 바이트나 워드의 모든 비트들을 동시에 전송할 수 있는 접속으로 각 비트는 각각의 데이터 회선을 사용한다.

parallel I/O interface **병렬 입출력 인터페이스** parallel input/output interface의 약어.

parallelism[pǽrəlèlizm] *n.* **병행성** 컴퓨터 시스템의 여러 부분의 동시 작동을 말하며, 여러 프로그램의 동시 처리 또는 여러 컴퓨터 시스템의 동시 작동을 뜻한다.

parallel operation[pǽrəlèl àpəréiʃən] **병행 처리, 병렬 연산, 병렬 조작** 하나의 기구에 있어서 병행하여 혹은 동시에 또는 두 개 이상의 기구에서 병행 혹은 동시에 복수의 연산을 하는 처리 형태.

parallel port[-pɔ́:rt] **병렬 포트** 병렬 단자를 말한다.

parallel print[-prínt] **병렬 인쇄 기구**

parallel printer[-príntər] **병렬 프린터** 이 병렬 프린터는 젠트로닉스 표준 인터페이스가 많이 사용되고 있는데, 컴퓨터로부터 데이터를 병렬 인터페이스를 통해서 받아들여 인쇄하는 프린터이다.

parallel printing[-príntiŋ] **병렬 인쇄** 한꺼번에 한 줄을 인쇄하는 것.

parallel priority interrupt[-praiɔ́(:)riti(:) ìntərʌ́pt] **병렬 우선 순위 인터럽트** 이 방법은 각 장치의 인터럽트 요청에 따라 각 비트가 개별적으로 세트될 수 있는 레지스터를 사용한다. 우선 순위는 이 레지스터의 비트 위치에 의하여 결정되고 각 인터럽트 요청의 상태를 조절할 수 있는 마스크 레지스터를 가지고 있다. 이 레지스터는 높은 순위의 인터럽트가 서비스받고 있을 때 낮은 순위의 인터럽트가 비활성화되도록 프로그램할 수 있으며, 또한 낮은 순위의 인터럽트가 서비스받을 동안 높은 순위의 장치가 CPU에게 인터럽트를 요청할 수 있게 한다.

parallel processing[-prásesiŋ] **병렬 처리** 컴퓨터 시스템 중에서 복수의 처리를 병렬시키거나 동시에 처리하는 방법. 이것과 대조적인 처리 방법을 직렬 처리(serial processing)라고 한다.

parallel processing system[-sístəm] **병렬 처리 시스템**

parallel processing transparency[-trænspέ(:)rənsi(:)] **병렬 처리 무관성** 분산 데이터 베이스 시스템에서 한 사용자의 트랜잭션은 시스템 내에서 병렬적으로 처리되고 있는 다른 트랜잭션과 무관하게 수행되어야 한다는 것을 의미한다.

parallel processing type[-táip] **병렬 처리 형식**

parallel processor[-prásesər] **병렬 프로세서**

parallel programming[-próugræmiŋ] **병렬 프로그래밍** 병렬 구조와 같은 개념을 이용, 프로그램 내의 프로세스들이 동시에 실행될 수 있도록 해 주는 프로그래밍 기법. 큰 컴퓨터 시스템에서는 입출력 동작중이나 파일 호출 기간중에도 컴퓨터를 유효하게 사용하는 것이 바람직하다. 그래서 여러 개의 프로그램을 준비하고 하나의 프로그램이 입출력 대기로 되어 있는 경우에는 다른 프로그램 처리를 행하는 방법이 취해진다. 이것을 병렬 프로그래밍이라고 한다.

parallel projection[-prədʒékʃən] **병렬 투영** 정투영과 빗투영의 두 가지 방법이 있는데, 3차원 그래픽에서의 물체를 2차원 평면상으로 투영할 때, 한 투영면에 대하여 투영함으로써 정확한 모양을 유지하고 작도를 쉽게 하는 투영 기법.

parallel read[-rí:d] **가로 읽기, 병렬 판독** 데이터 카드의 행 전체를 한 번에 읽는 것.

parallel redundancy[-ridʌ́ndənsi(:)] **병렬 중복** 모든 구성 요소를 병렬로 결합하여 규정의 기능을 다하도록 한 여유. 상용 여유에 포함된다.

parallel rewriting system [-ri:ráitiŋ sístəm] **병렬 수정 시스템**

parallel run[-rʌ́n] **병렬 운전, 병렬 실행**

parallel running[-rʌ́niŋ] **병렬 실행** 어떤 적용 업무를 새로운 방법으로 처리할 때의 시스템 시험의 최종 단계. 같은 순서를 신구 양쪽 시스템에서 처리했을 때 양자 사이에 모순이 있는지 없는지를 조사한다.

parallel running stand-by system[-stǽnd bai sístəm] **병렬 실행 예비 방식**

parallel-search memory[-sə́:rtʃ méməri(:)] **연상 기억 장치, 병렬 검색 기억 장치** 지금까지는 기억 장치의 위치를 주소로 표시했으나 그것을 내용으로 표시하는 원칙에 따르는 것. 레이블로부터의 연상으로 블록의 위치가 결정된다는 것이 특징이다.

parallel search storage[-stɔ́:ridʒ] **병렬 검색 기억 장치** 원하는 정보의 기억된 위치가 그 위치에 기억된 정보의 일부 내용에 의해 식별되는 저장 장치.

parallel-serial conversion[-sí(:)riəl kənvə́:rʃən] **병렬-직렬 변환** 복수의 신호선에서 문자, 바이트, 단어(word) 등의 단위로 시간적으로 동시에 병렬로 들어온 데이터를 변환하여 시간순으로 차례차례 직렬로 한 줄의 신호선에 내는 것.

parallel-serial operation[-àpəréiʃən] **병렬-직렬 연산** 병렬 연산과 직렬 연산의 결합형. 예를 들면 비트는 병렬로 처리하고 문자는 직렬로 처리하는 방식.

parallel shooting method[-ʃúːtiŋ méθəd] **병렬 슈팅법**

parallel simulation method[-sìmjuléiʃən méθəd] **병행 시뮬레이션법** 프로그램 시뮬레이션법이라고도 하며, 컴퓨터 이용 검사의 한 방법으로, 이미 작성한 시뮬레이션 프로그램과 실제 데이터를 사용하여 원래 작업과 같은 작업을 하여 결과가 일치하는가를 확인하는 방법.

parallel statement[-stéitmənt] **병렬문** 병렬해서 동시에 실행되는 문으로 구성된 문의 집합. 모든 문의 실행을 종료했을 때 이 병렬문의 실행이 종료된다. 각 문은 하나의 프로세스에 해당하고 프로세스 간의 상호 실행 속도나 타이밍에 관해서는 어떠한 규정도 없다.

parallel storage[-stɔ́ːridʒ] **병렬 기억 장치** (1) 문자, 단어 또는 숫자가 동시에 처리될 수 있는 장치. (2) 낱말 또는 문자들이 어디에 있든 동시에 인출할 수 있는 기억 장치.

parallel system[-sístəm] **병렬 방식** 시스템의 신뢰성 향상을 위해 동일한 기능을 갖춘 기기를 여러 개 준비한 시스템 구성. 다중화된 기기가 항상 사용되며 서로의 동작 상태를 비교하여 맞추어 가면서 고장을 발견하고, 고장이 발견된 경우에는 그 기기를 시스템에서 분리한다.

parallel terminal[-tə́ːrminəl] **병렬 단말기**

parallel test[-tést] **병행 테스트** 이미 만들어진 데이터를 사용하는 것이 특징이며, 시스템이 능력면에서 어느 한계까지 견딜 수 있는가를 확인하기 위하여 처음부터 많은 양의 업무를 처리해보는 방법.

parallel transfer[-trænsfə́ːr] **병렬 전달** 일련의 플립플롭에 저장된 모든 비트가 각 플립플롭당 하나 또는 한 쌍의 노선을 이용하여 다른쪽으로 동시에 전달되는 것.

parallel transmission[-trænsmíʃən] **병렬 전송** 문자 등의 데이터를 구성하는 한 조의 비트를 정리하여 동시에 보내는 것. 퍼스널 컴퓨터의 프린터에는 이 방법을 취하고 있는 것이 많다. 이 방식의 결점은 전송 케이블을 여유 있게 길게 하지 않는 것이다. 이것과 대비되는 방식이 직렬 전송(serial transmission)이다. ⇨ 그림 참조

[주] 문자 또는 그 밖의 데이터를 표시하는 신호 엘리먼트군(群)의 동시 전송.

parallel tree search method[-tríː sə́ːrtʃ méθəd] **병렬 트리 탐색법**

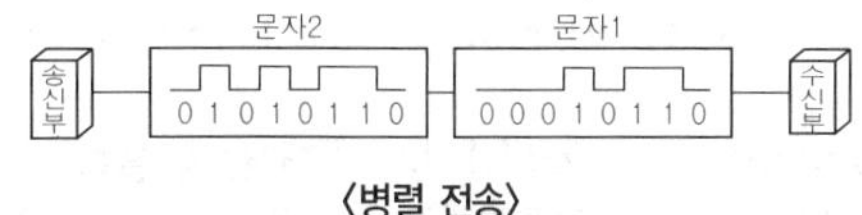

〈병렬 전송〉

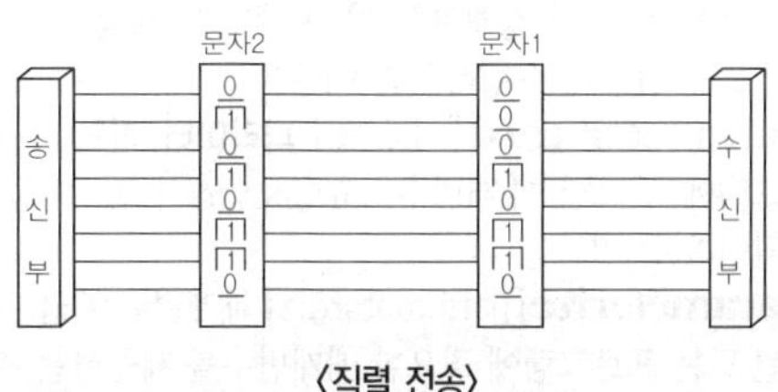

〈직렬 전송〉

parameter[pərǽmətər] *n.* **매개변수, 파라미터** 서브루틴, 매크로 명령 등에 주어지는 변수이다. 파라미터를 변경하여 서브루틴 등의 처리를 반복함으로써 동일한 과정에서 여러 가지의 결과를 얻을 수 있다. (1) 어떤 처리를 할 때 상수(constant)를 할당(assign)하는 변수(variable)의 의미가 있다. 예를 들면 $y=ax^2+bx+c$ 라는 일반식의 a, b, c 에는 여러 가지 값이 할당되기 때문에 이것을 매개변수라고 한다. (2) 프로그램에 있어서 절차의 내용을 정의하고 그것을 사용할 때 필요한 값을 부여하는 데 사용되는 문법 단위이다. 인수(argument)와 동의어로 사용되는 경우가 있다. (3) 프로그램 언어에서 파라미터는 가인수(dummy argument)라고도 일컫는다. 어느 프로그램에서 별도의 프로그램을 호출할(call) 때, 「인도되는 값」을 말한다. 명령의 세부 기능과 처리를 결정하는 정보로 콤마(,)로 구분하여 입력하는데, 보통 5개까지 입력할 수 있다. 그러나 증설시에 사용하는 국(局) 데이터 변경 명령(TCA)이나 SOD 명령 등은 동시에 다량의 파라미터를 필요로 하는데, 파라미터 수를 제한하지 않는다. 이 경우의 입력 형식은 P_t, P_{t+1}, … P_{t+n}/…/ PEND/로 파라미터군(群)을 「/」로 구분하고, 모든 파라미터의 종료시에는 PEND를 입력한다. 개개의 파라미터군 중의 파라미터는 콤마(,)로 구분하여 입력한다. 입력 방법은 플로피 디스크, 종이 테이프, MT로 가능하다. FORTRAN, PL/ I에서는 가인수(dummy argument)를 사용하고, ALGOL, BASIC, C 언어에서는 parameter를 사용한다. 이 용어는 COBOL에는 없다.

[주] 1. 특정 용도를 위해서 어느 일정한 값이 주어지는 변수이고, 또 그 용도를 나타낼 수 있는 것. 2. 절차 입구에 나타내는 식별자이고, 절차 실행을 일으키는 절차 호출 중에 대응하는 실인수와 결합된 것.

parameter association[-əsòuʃiéiʃən] **파라미터 결합** 가인수와 절차 호출에 따라 지정되는 대응하는 실인수와의 결합.

parameter attribute[–ǽtribjù(:)t] **파라미터 속성**

parameter block[–blɑ́k] **매개변수 블록** 운영 체제(OS)를 호출한 결과로 생성되는 사용자가 만든 정보표이며, 이 정보표는 운영 체제가 요청한 서비스를 올바르게 수행하도록 해준다.

parameter card[–kɑ́:rd] **파라미터 카드** 프로그램에 필요한 매개변수(parameter)의 값이 천공되어 있는 카드.

parameterize[pərǽmətərɑ̀iz] **매개변수 지급** 루틴 또는 프로그램에 필요한 매개변수를 제공하는 것.

parameter list[pərǽmətər líst] **파라미터 리스트**

parameter mode (dispay)[–móud (díspléi)] **매개변수 모드 (화면)** 매개변수는 다른 매개변수 단어를 만났을 때에만 값이 바뀌는데, 매개변수 모드는 화면을 제어하는 데 쓰이는 모드로, 다른 모드에 매개변수를 정보로 제공한다. 이 모드에 포함되는 특정 형태로는 플로팅(plotting)이 끝나고 디스플레이가 정지되도록 컴퓨터에게 신호를 보내는 자동 정지 비트와 각 매개변수가 독립적으로 설정되도록 하는 개별 매개변수 금지 비트가 있다.

parameter name[–néim] **매개변수명** 호출문에 나타난 매개변수를 실인자라 하고 호출되는 함수 프로그램 또는 프로시저 및 부프로그램에 나타난 매개변수를 형식 인자(가인자)라고 하는데, 프로그램을 호출할 때 값의 전달을 목적으로 사용되는 변수를 매개변수라고 하며, 이들에 대한 명칭을 말한다.

parameter passing[–pǽ:siŋ] **파라미터 전달** 파라미터(매개변수)의 전달은 값 호출(call by value), 어드레스 호출(call by address), 이름 호출(call by name)과 같은 기본적인 방법에 기초를 둔다.

parameter statement[–stéitmənt] **매개변수문** 컴파일할 때 지정된 변수에 특정한 값을 할당하는 선언문으로, 매개변수 $I=2$는 원시 프로그램에 있는 모든 변수 I를 정수 2로 대치시킨다. 매개변수문은 같은 프로그램을 다른 내용으로 여러 번 컴파일할 때 자주 사용되는 매개변수에 매번 다른 값을 할당할 수도 있다.

parameter substitution[–sʌ̀bstitjú:ʃən] **파라미터 치환**

parameter testing[–téstiŋ] **파라미터 검사** 특정한 입력에 대해 원하는 출력이 나오는지 확인하기 위하여 프로그램의 일부분이나 서브루틴을 개별적으로 시험하는 행위.

parameter user[–jú:zər] **매개변수 사용자** 매개변수를 지정함으로써 데이터 처리를 수행해가는 최종 사용자의 클래스. CODASYL형 데이터 베이스에서는 이용자의 종별로서 이 밖에 데이터 베이스 관리자, 프로그램 이용자, 문의 언어 이용자가 있다.

parameter word[–wə́:rd] **파라미터 낱말** 직접 또는 간접으로 한 가지 이상의 파라미터를 줄 수 있거나 지정된 낱말.

parametric[pərǽmətrik] *a*. **파라메트릭** 여러 개의 독립적 변수를 사용한 공식에 의하여 정의되는 직선이나 곡선 또는 표면 등의 그래픽 데이터를 처리하는 것으로서 컴퓨터 지원 설계(CAD) 시스템에 쓰이는 기법의 하나.

parametric curve[–kə́:rv] **매개변수 곡선** 매개변수에 의하여 정의되는 곡선.

parametric fault[–fɔ́:lt] **매개변수 장애** 매개변수 장애는 기능 단위에 대하여 어느 종류의 매개변수를 설정하고, 그 기능 단위에 관해서 지정한 범위를 넘는 값을 취했을 때 장애가 발생한 것으로 간주되는 것.

parametric mode display[–moúd displéi] **매개변수식 디스플레이** 이 모드는 디스플레이를 제어하는 데 이용되며, 각각의 다른 모드에 대하여 매개변수 정보를 설정한다. 어떤 컴퓨터에서는 매개변수가 다른 매개변수 워드를 만날 때에만 바뀐다.

parametric programming[–próugræmiŋ] **매개변수적 프로그래밍** 보통 이 방법은 목적 함수의 행이나 오른쪽 항에 적용되며, 선형 프로그래밍의 해를 구하기 위하여 설정한 행렬의 한 행이나 열의 요소를 일정한 비율의 값으로 변환해 주었을 때 최적해에 미치는 효과를 살펴가면서 해를 구하는 방법이다.

parametric surface[–sə́:rfəs] **파라메트릭 곡면** 파라미터 함수에 의해 정의되는 곡면. 3차원 CAD에서 자유 곡면을 다룰 때 많이 이용된다. 대표적인 것으로 베지어 곡면과 NURBS 곡면이 있다. ⇨ CAD, Bézier curve/surface, NURBS curve/surface

parametron[pərǽmətron] *n*. **파라메트론** 파라미터 진동에 의한 발진 현상을 이용한 논리 소자. 일본에서 발명된 논리 소자로 페라이트, 저항, 콘덴서의 세 가지로 되어 있다. 동작이 안정되어 있어서 열화가 없으므로 다수의 소자를 사용하는 컴퓨터에는 유리하다. 또 제조가 쉽고 값이 싸다는 특징이 있다. 그러나 현재의 컴퓨터에는 사용되지 않는다.

parasitic capacitance[pæ̀rəsítik kəpǽsitəns] **기생 용량** 반도체 소자에서 부수적으로 생기는 정전 용량.

parasitic effect[–ifékt] **기생 효과** 집적 회로

(IC)의 제작 결과, 당초의 설계 의도와는 관계없이 회로의 일부에 생기는 바람직하지 않은 수동 또는 능동 소자의 기능 및 영향.

parbegin/parend [pɑːrbigín pɑːrénd] **파비긴/파엔드** 딕스트러(Dijkstra)가 제시한 동시성을 나타내기 위한 제어문으로서 프로그램 수행중 parbegin을 만나면 한 줄로 진행해오던 제어가 *n* 개의 줄로 갈라지게 되어 parbegin과 parend 사이에 있는 각 문장마다 하나씩 제어가 생기게 된다. 이 각 문장들은 간단한 명령문일 수도 있고, 아니면 프로시저 호출이거나 begin과 end로 둘러싸인 여러 문들로 구성된 블록 또는 이런 것들의 조합일 수도 있다. 이 *n* 개의 줄로 퍼진 제어는 그 각각이 언젠가는 parend에 도달하게 된다. *n* 개로 퍼진 제어가 모두 끝나게 되면 시스템은 parend 이후에 명령문들을 다시 한 줄로 모아 순차적으로 수행한다.

parbegin/parend structure [–strʌ́ktʃər] **파비긴/파엔드 구조** 한 개의 제어 요소가 여러 개의 제어 요소로 나누어짐을 나타내는 데 쓰이며, 결국 이러한 것들은 한 개의 제어 요소로 다시 합해진다. 그 일반적인 형태는 다음과 같다.

parbegin
statement 1;
statement 2;
statement *n*;
parend

내부의 각 문들은 병렬로 수행된다.

PARC 파크 Palo Alto Research Center의 약어.

PARCOR 파코어, 편자기 상관 방식 partial auto-correlation의 약어. 음성 주파수 분석에서의 선형 예측 분석법의 하나. 예측 오차의 상관 계수(PARCOR 계수)를 추출하는 회로나 그것을 사용하여 스펙트럼 포락(包絡) 특성을 복원하는 음성 합성기가 만들어진다. LPG와 기본적으로는 같지만 LPG의 α 파라미터와 직교 관계가 있는 k 파라미터를 이용한다. 이것이 필터의 안정성이 좋기 때문이다.

PARCOR analysis 파코어 분석법, 편자기 상관 분석법 비교적 저속(600bps 이하)으로 고품질의 음성 복원이 가능하며, 음성 합성에 널리 쓰이고 있는 음성 신호 분석 수법의 일종으로, 음성 합성이나 음성 인식에 이용된다.

PARCOR method 파코어 방식, 편자기 상관 방식 음성 합성 및 분석법의 하나로 선형 예측 계수 대신에 그것을 직교화한 편자기 상관 함수를 사용하는 방식. 합성 시간이 빠르고 합성음의 안정성이 높아 가장 많이 사용되는 방식이다.

parent [pέ(ː)rənt] *n.* **부모** 데이터 베이스(data base)에 관한 용어의 한 가지이다. 대량의 데이터를 제품 데이터, 고객 데이터라고 하는 것처럼 목적에 따라 꺼내어 처리될 수 있도록 파일을 만드는데, 이 파일의 집합을 데이터 베이스라고 한다. 데이터 베이스의 작성 방법에서 일반적인 것은 계층 구조(hierarchical structure)이다. 이것은 예를 들어 말하면 데이터의 가계도(家系圖)와 같은 것이다. 단, 가계도와 다른 것은 데이터 베이스에서는 아버지와 어머니를 합친 부모(parent)라고 하는 이름의 데이터가 있으며 이 데이터에 복수의 자식(child)이라는 이름의 데이터가 존재한다는 것이다.

parentage [pέ(ː)rəntidʒ] *n.* **친자 관계, 부모-자식 관계**

parent-child constraint [pέ(ː)rənt tʃáild kənstréint] **부모-자식 제약 조건**

parent-child relationship [–riléiʃənʃìp] **페어런트-차일드 관계, 부모-자식 관계** 트리형의 논리적 데이터 구조(개념 스키마)를 갖는 계층 데이터 베이스에서 트리의 각 노드는 레코드형을 나타낸다. 노드 간을 연결하는 연결선의 머리 부분에 위치하는 레코드형을 차일드 레코드, 꼬리 부분에 위치하는 레코드를 페어런트 레코드라고 하는데, 이 페어런트 레코드와 차일드 레코드와의 관계를 말한다.

parent-child storage structure [–stɔ́ːridʒ strʌ́ktʃər] **페어런트-차일드 저장 구조, 부모-자식 저장 구조** 파일들이 포인터 체인 형식으로 디스크상에 기억되어 있는 구조.

parent directory [–diréktəri(ː)] **부모 디렉토리** 부모 등록부.

parentheses [pərénθəsìːz] *n.* **괄호** parenthesis의 복수형.

parenthesis [pərénθəsis] *n.* **괄호, 소괄호** 복수형은 parentheses. 숫자나 수식 등을 묶는 「괄호」이다. parenthesis는 한 개의 「괄호」이고 두 개의 「괄호」는 parentheses라고 한다. 간단히 paren(s)라고 쓸 수도 있다. 「괄호」라고 할 때, 이 parens( )인가, brackets [ ](대괄호)인가에 주의하지 않으면 안 된다. C 언어에서는 parens( )는 함수 호출(function call)의 의미가 된다.

parenthesis-free notation [–fríː noutéiʃən] **무괄호 표기법** 수학상의 식을 표현하는 방법이고, 괄호를 사용하지 않고 식의 연산 순서가 임의적으로 정해지는 표기법으로 전위 표기법(prefix notation), 후위 표기법(postfix notation) 등이 있다. 보통 사용하는 중위 표현(infix notation)은 괄호가 꼭 있어야 하지만 전위 또는 후위 표현에서는 괄호가 필요 없다. 예를 들면 A와 B를 더하고, 그 합에 C를 곱하는 것은 ×+ABC라는 식으로 표현 된다.

parenthesize [pərénθəsàiz] *v.* **괄호에 넣다**

parent list[pέ(:)rənt líst] **페어런트 리스트**

parent node[–nóud] **부모 노드** 아래와 같은 트리가 있다고 할 때 노드 P와 Q는 각각 A, B, C 노드와 D 노드의 부모 노드이다. 또 노드 R은 P, Q 노드의 부모 노드이다.

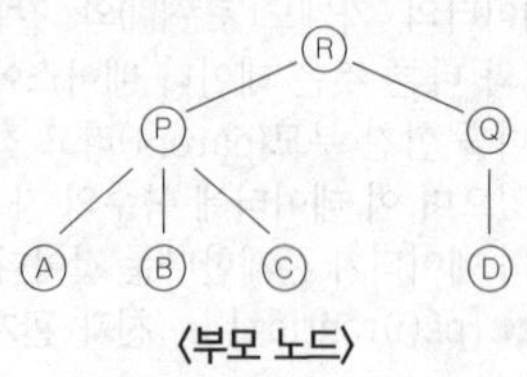

〈부모 노드〉

parent process[–prásəs] **페어런트 프로세스** 유닉스 프로그램에서는 프로세서 실행중 fork 등 시스템 콜에 의한 차일드 프로세스를 발생시킬 수 있는데, 차일드 프로세스를 발생시킨 프로세서가 페어런트 프로세스이다. ⇨ child process

parity[pǽriti(:)] *n.* **홀짝 맞춤, 패리티** 낱말, 바이트 등 한 그룹의 비트열 중에서 「1」의 비트 수가 홀수 개인가, 짝수 개인가를 나타내는 용어. 패리티 검사(parity check)라고 하는 복합어를 사용하는 경우가 많다.

parity bit[–bít] **패리티 비트** 2진 비트열에 부가되는 에러 검출용 비트를 뜻한다. 직렬 데이터 전송에서는 데이터 라인의 종류와 관계없이 항상 에러(error)가 발생하므로 이 에러를 검출하는 방법이 필요하다. 비동기(非同期) 데이터 링크 제어에서는 이 에러의 검출에 패리티 비트를 사용한다. 비동기 통신에서는 데이터의 전송이 단속적으로 이루어지고 한 번에 하나의 문자가 전송되므로 비동기 에러 검출은 실행되어야 한다. 이것에 사용되는 것이 패리티 비트이다. 전송 에러를 검출하기 위해 같은 문자를 두 번 보내는 대신 패리티 비트를 사용하면 하나의 비트로 그 문자를 기술하는 정보를 제공할 수 있다. 이것은 데이터에 포함되는 논리 "1"의 수를 세어서 그 합이 짝수인지 홀수인지에 따라 패리티 비트의 값을 결정하는 방법이다. 짝수 패리티를 선택한 경우에는 문자 데이터에 포함되는 "1"의 수가 짝수이면 패리티 비트를 0으로 설정하고 홀수이면 1로 설정한다. 패리티 비트는 검출용 비트를 포함하여 "1"의 (또는 "0"의) 총수를 항상 짝수 또는 홀수로 유지시키는 작용을 한다.

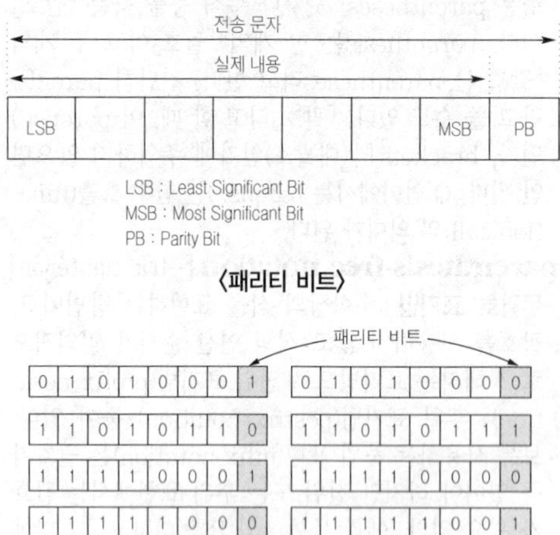

〈패리티 비트〉

〈패리티 비트 검사 방법의 예〉

parity check[–tʃék] **패리티 검사** 중복 검사의 하나로, 2진 코드에 있어서 1의 개수가 홀수 또는 짝수가 되도록 여분의 비트를 부과하여 이 2진 코드의 오류를 검출하는 오류 제어 방식의 하나이며, 정보 외에 여분의 비트를 설치하여 어떤 비트군의 1 또는 0의 수가 항상 홀수 또는 짝수가 되도록 여분 비트에 1 또는 0을 설정하여 수신하고, 수신측에서는 그 비트군에 1 또는 0의 수를 카운트하여 짝수 또는 홀수인지를 체크하여 오류를 검출하는 방식이다. 따라서 2의 배수 개의 비트가 에러인 경우에는 검출할 수 없다. 에러를 검출한 경우에는 보통 송신측에 재송 요구를 한다. 패리티 방식에는 다음과 같은 종류가 있다. ① 수직 패리티 검사 방식 : 2진 부호에서 1 또는 0의 수를 홀수(또는 짝수)로 여분의 비트를 부가하여 이 2진 부호의 에러 유무를 검출하는 방법을 말하며, 수직 패리티 검사 방식은 문자(보통 7비트)+1비트로 하여 체크를 하고 있다. ② 수평 패리티 검사 방식 : 수직 패리티 검사와 달라서 데이터 1블록 단위로 종합하여 수평 방향의 비트열+1비트로 하여 짝수(또는 홀수)가 되도록 부호의 오류 유무를 검출하는 방법을 한다. ③ 수직 · 수평 패리티 검사 방식 : 수직 패리티 검사 방식과 수평 패리티 검사 방식을 중복해서 사용하는 방식을 말한다.

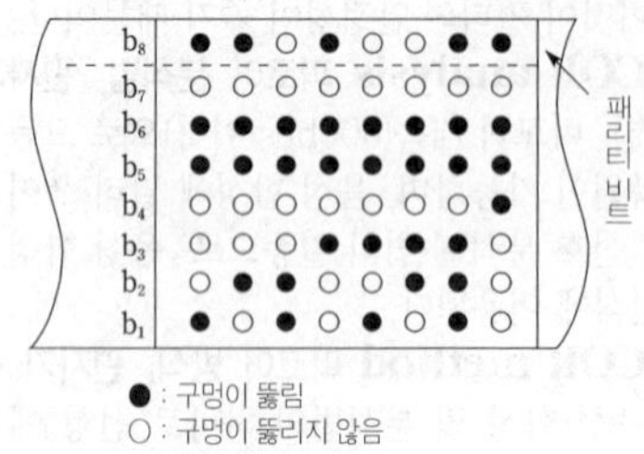

〈패리티 검사〉

parity check code[–kóud] **패리티 검사 코드**

parity check digit[–dídʒit] **패리티 검사 숫자** 패리티 검사에 쓰이는 1의 비트 또는 그것의 보수로, 패리티 비트를 포함한 데이터 내의 1인 비트 수가 짝수이면 짝수 패리티가 되며, 이때 짝수 패리티 비트의 보수를 데이터에 첨부하면 홀수 패리티가 된다.

parity checking[–tʃékiŋ] **패리티 검사**

parity checking circuit[–səːrkit] **패리티 검사 회로** 데이터의 전송을 위하여 주기억 장치에서 읽은 병렬 비트형 정보를 직렬로 변화시킬 때 각 데이터 내의 문자가 짝수 혹은 홀수의 패리티를 유지하게 하여 전송하고 수신측에서는 이 패리티 비트에 의하여 데이터의 오류를 검출할 수 있도록 패리티 비트를 사용하는 회로.

parity check procedure[tʃék prəsíːdʒər] **패리티 검사 절차** 데이터를 기억 장치에 송수신한 다음에 2진 데이터가 정확하게 송수신되었는지를 검사하는 것. 패리티 생성 방법은 패리티 비트 단어 또는 문자에 있는 모든 비트를 합한 것으로, 2진 단어를 구성하는 1의 개수가 짝수 개 또는 홀수 개를 나타내도록 그 비트에 논리 상태를 주면 되는데, 이때 패리티는 발생시킨 것과 같은 방법으로 검사된다.

parity check system[–sístəm] **패리티 검사 방식**

parity code[–kóud] **패리티 코드, 패리티 부호** 정보 비트에 1비트 여유 비트를 부가하여 전체의 비트 중에서 1 또는 0을 홀수나 짝수로 하여 오류를 검출할 수 있도록 만든 부호.

〈홀수 패리티 검사의 보기〉

정·오	정	정	정	오	정	정	정	오	비 고
데이터의	○	○	○	●	○	○	○	●	●비트가
내용	○	○	●	○	○	○	●	○	온(ON)인
	○	○	●	○	●	○	●	●	상태
	○	●	○	○	○	●	○	●	○비트가
패리티	●	●	●	●	●	○	○	○	오프(OFF)
비트 →	○	●	○	○	●	○	●	●	인 상태
온 상태의 비트 수	1	3	3	2	3	1	3	4	

parity-count character(longitudinal)[–káunt kǽrəktər(làndʒətjúːdinəl)] **패리티-계산 문자**

parity error[–érər] **PE, 패리티 에러** 패리티 검사로 검출된 오류를 말한다.

parity flag[–flǽ(ː)g] **패리티 플래그** 마이크로프로세서의 D_1~D_0 중의 1의 개수가 짝수 개일 때 세트(1)되고, 홀수 개일 때 리셋(0)되는 플래그.

parity interrupt[–ìntərʌ́pt] **패리티 인터럽트**

parity-line circuit[–láin sə́ːrkit] **패리티 선 회로** 모든 스테이션들이 단일 회로 상에 있는 다중 스테이션 네트워크. 한 순간에 한 스테이션만이 정보를 전송할 수 있으므로 스테이션들은 회로를 공유하여야 한다.

parity or mark-track error[–ər máːrk trǽk érər] **패리티 마크 트랙 오류** 선행 블록을 전송하는 동안에 데이터 패리티 오류가 발견되거나 타이밍 트랙이나 마크 트랙에서 한 개 이상의 비트가 부가되거나 없어지는 것.

parking[páːrkiŋ] *n.* **파킹** 디스크 헤드를 안전한 영역으로 옮겨주는 작업.

Parkistan virus[páːrkistan váirəs] **파키스탄 바이러스** ⇨ Brain virus

parse[páːrz] *n.* **파스, 오퍼랜드 해석** 시분할 체제에서 커맨드에 들어 있는 오퍼랜드를 해석하고 그 정보로부터 커맨드 처리 프로그램에 대한 파라미터 리포트를 작성하는 것.

parser[páːrsər] *n.* **파서** 주어진 종단 기호의 열(列)이 특정의 문법에서 생성되는지를 판정하고, 초기 기호로부터 그 열에 도달하는 생성 규칙의 열을 발견하는 프로그램을 가리킨다. 구조를 가진 대상 중에서도 자연 언어로 쓰여진 문이나 인공 언어로 쓰여진 프로그램을 문법 규칙에 따라 구문 해석하고, 그것이 문법에 합치하는지 여부를 조사하는 알고리즘을 파서 또는 구문 해석 알고리즘이라고 한다. 해석 결과는 구성 부분 간의 관계를 밝힘과 동시에 문의 의미를 이해하게 된다. 보통 파스 트리(parse tree)를 출력한다. 구문 분석 프로그램(syntax analyzer)과 같은 뜻으로 사용되기도 한다.

parser generator[–dʒénərèitər] **파서 생성기** 구문의 형식적 정의로부터 자동으로 구문 해석을 하는 프로그램을 생성해내는 프로그램. 대표적인 것으로는 배커스 정규형(BNF)을 바탕으로 한 YACC 등이 있다.

parse table[páːrz téibəl] **파스 테이블** 파싱 과정에서 인지된 문장을 변환시킨 중간 형태의 데이터 구조와 다른 정보들로 구성된 테이블.

parse tree[–tríː] **파스 트리, 해석 트리** 언어에서 문법의 시작 기호가 어떻게 스트링을 유도하는가를 그림으로 표현하는 것으로 유도 트리라고도 한다. 주어진 문맥 자유 문법에서 파스 트리는 다음의 성질을 갖는다. ① 루트(root)에는 문법 시작 기호가 놓인다. ② 각 단말 노드(node)에는 토큰이나 공백 스트링이 놓인다. ③ 각 내부 노드에는 비단말 기호가 놓인다. ④ 만약 a가 어떤 내부 노드에 있고, $X_1 \cdots X_n$이 그 노드의 자식들의 왼쪽에서 오른쪽으로 놓여 있다면 $A \rightarrow X_1 \cdots X_n$은 프로덕션이다.

parsing[páːrziŋ] *n.* **구문 해석, 파싱** 입력 문장

과 관련된 구문 구조를 발견하는 과정. 예를 들면, 산술식의 변수나 실수는 표에 등록하여 표의 번호로 바꾸고, 또 식을 트리 구조나 폴리시 표기법(polish notation)으로 변환하는 것이다.

parsing algorithm[-ǽlgəriðm] **파싱 알고리즘** 문장의 분류 루틴에 의하여 문장의 음절로부터 문장의 종류를 판별하여 각 문자의 처리 프로그램의 제어를 넘기는 파싱 동작을 표현하는 알고리즘.

parsing table[-téibəl] **파싱표** 상향식 파싱에서 파싱 알고리즘이 시프팅(shifting)과 리덕션(reduction)에 대한 결정의 기초를 마련하기 위하여 쓰이는 특별한 프로그램에 의해 문법으로부터 구성되는 표.

part[pɑ́:rt] *n.* **부, 부품** 트랜지스터, 콘덴서, 스위치 등의 기능체를 하드웨어로 본 경우의 구성품.

part explosion[-iksplóuʒən] **부품 전개** 하나의 제품을 만들 때, 그 제품에 필요한 부품을 찾아내는 것이나 만들려고 계획하고 있는 제품 등을 컴퓨터에 입력하면 미리 준비해서 입력되어 있는 전 부품들이 필요한 조합 구성으로 전개됨으로써 소요량을 계산하는 것을 말한다.

partial[pɑ́:rʃəl] *a.* **부분적인** 전체(whole), 일반적(general) 등에 대하여 「부분」을 표시하는 형용사. 수학에서는 「편~」이라고 해석하는 경우가 있다. 예를 들면 partial differential equation은 「편미분 방정식」 또는 「부분」이라는 의미도 갖는 동시에 특히 지역적으로 한정된 것을 나타내기 위해서는 「국소(local)」를 사용한다.

partial auto-correlation[-ɔ́:tou kɔ̀(:)rəléiʃən] **PARCOR, 파코어, 편자기 상관 방식**

partial auto-correlation method[-méθəd] **PARCOR method, 파코어 방식**

partial carry[-kǽri(:)] **부분 자릿수 올림** 병행 가산(parallel add)에 사용되는 수법으로 「자릿수 올림」을 즉시 행하지 않고, 일시적으로 기억해두는 것. 즉시 「자릿수 올림」을 행하는 완전 올림수(complete carry)와 대비된다.

partial correctness[-kəréktnes] **부분 정당성** 프로그램의 정당성을 증명하기 위하여 프로그램의 입력 가정과 처리 단계로 인하여 논리적으로 당연히 그 프로그램의 출력 가정이 되는 것.

partial correlation coefficient[-kɔ̀(:)rəléiʃən kouəfíʃənt] **부분 상관 계수**

partial dependency[-dipéndənsi(:)] **부분 종속성** ⇨ partially functional dependency

partial differential equation[-difərénʃəl ikwéiʒən] **편미분 방정식** 미분 방정식에서 미지 함수가 두 개 이상인 변수의 함수이며, 미지 함수의 편도 함수를 포함하는 미분 방정식을 말한다.

partial double precision accumulation[-dʌ́bl prisíʒən əkjù:mjuléiʃən] **부분 중정밀도 누적** 반복 계산에서 오차의 확산을 줄이는 데 사용되는 방법.

partial function[-fʌ́ŋkʃən] **부분 함수** 프로그램의 정당성에 관해서 자주 사용된다. 정의역의 각 요소가 모든 요소에 대하여 반드시 정의되어 있지 않는 함수를 가리키며, 전역 함수(total function)와 대비된다.

partial initialization[-inìʃəlaizéiʃən] **부분적 초기화** 전체 데이터 객체 가운데 일부에만 생성된 데이터 객체에 값을 할당하여 데이터 객체를 구속시키는 것.

partially functional dependency[-fʌ́ŋkʃənəl dipéndənsi(:)] **부분 함수적 종속성** 종속된 속성들이 결정자의 진부분 집합에도 종속되는 성질을 내포한 함수적 종속성.

partially inverted file[-invə́:rtəd fáil] **부분 역파일** 완전 역파일은 아니고 적어도 하나의 역인덱스를 가지고 있는 파일.

partially replicated data[-réplikèitəd déitə] **부분 중복 데이터** 여러 노드에서 공통적으로 자주 검색되는 데이터 베이스의 일부분은 여러 노드에 중복하여 저장하고 어떤 부분은 노드에 따라 높은 참조 집약성을 가지고 있다면 부분적으로 여러 노드에 분할하여 저장하는 방법.

partial match retrieval[-mǽtʃ ritrí:vəl] **부분 부합 검색** 데이터 조작의 검색 연산의 일종으로 부분적으로 명시된 레코드의 검색.

partial order[-ɔ́:dər] **반 순서, 부분 순서** 집합 A에서 정의된 관계 R이 반사성, 이해성, 반대칭성을 만족하면 관계 R을 부분 순서 관계라고 한다.

partial ordered plan[-ɔ́:dərd plǽn] **부분 순서적 계획** DCOMP 시스템에서 해결 그래프를 찾을 때 해결 과정에서 부분적인 순서를 찾아 상호 작용이 없다면 그 규칙들은 병렬로 처리할 수 있도록 하는 계획 방법.

partial order relation[-ɔ́:dər riléiʃən] **부분 순서 관계** 한 집합 내의 두 원소 사이에 성립하는 관계.

partial product[-prɑ́dəkt] **부분 곱** 피승수에 승수의 숫자 중 어느 하나와 곱해서 얻어지는 결과. 즉 곱셈 연산에서는 승수의 자릿수만큼 부분 곱이 있다.

partial program[-próugræm] **부분 프로그램** 자체로는 완전하지 못한 프로그램이지만 데이터를 받아 처리할 수 있는 어떤 프로세스에 대한 양식.

partial RAM **부분 RAM** 사용할 수 없는 부분이 있는 램. 새로운 64K 칩에서 거의 반 정도의 비트는 사용할 수 없다.

partial read pulse[–ríːd pʌ́ls] **부분 판독 펄스** 판독하기 위하여 코어를 선택하는 데 가하는 전류 중의 일부분.

partial recursive function[–rikə́ːrsiv fʌ́ŋkʃən] **편귀납적 함수**

partial relation[–riléiʃən] **불완전 릴레이션** 불완전 투플들로 구성된 릴레이션.

partial rollback[–róulbæ̀k] **부분 복귀** 데이터베이스 체제에서 한 트랜잭션의 복귀가 부분적으로 이루어지는 것.

partial-select input pulse[–səlékt ínpùt pʌ́ls] **부분 선택 입력 펄스** 상호 전류 자기 코어 기억 장치에서 자료를 기록할 때 코어를 선택하거나 스위치할 수 있는 하나 이상의 펄스.

partial-select output pulse[–áutpùt pʌ́ls] **부분 선택 출력 펄스** 판독하기 위하여 코어를 선택할 때 가하는 전류 중의 한 부분.

partial sum[–sʌ́m] **부분 합**

partial sum gate[–géit] **부분 합 게이트** ⇨ exclusive OR

partial tuple[–túːpl] **불완전 투플** 의미상 완전 투플도 포함하며, 0개 이상의 널(null)값을 갖는 투플.

partial word[–wə́ːrd] **부분 단어** 처리를 위해 기계어의 일부를 선택하는 기능을 갖는 프로그래밍 수단.

participant[pɑːrtísipənt] *n.* **참여자** (1) 분산 트랜잭션 관리에서 각 사이트에 분산되어 있는 부속 트랜잭션을 관리하는 프로세스를 말하며, 이와는 반대로 전체 트랜잭션을 통합하여 관리하는 프로세스를 조정자라고 한다. 참여자는 조정자의 준비 메시지를 받아 자신의 부속 트랜잭션이 끝날 수 있는지의 여부를 조정자로부터 완료 또는 철회 메시지를 받아 자신의 부속 트랜잭션을 완료하거나 철회한다. (2) 엔티티-관계 모델에서 어떤 관계에 참가하는 엔티티를 의미하기도 한다.

particle system[pɑ́ːrtikl sístəm] **입자 시스템** 구름이나 액체 등, 형상을 정하기 어려운 물체를 미소한 입자의 집합으로 생각하여 모델화하고 렌더링하는 방법. ⇨ rendering

particular proposition[pərtíkjulər prɑ̀pəzíʃən] **특징 명제**

partition[pɑːrtíʃən] *n.* **분할, 파티션** 파일이나 데이터의 편성에 관계하는 단어이다. 분할 편성(partitioned organization)은 프로그램의 파일화에 사용되는 방법으로 처음에 디렉토리라는 구성 멤버의 색인이 있고 이것에 의해 편성 멤버(프로그램)를 인출할 수 있도록 되어 있다. 파일의 편성 방법에는 순차 편성(sequential organization), 직접 편성(direct organization), 리스트 편성(list organization) 등이 있다. partition과 유사한 단어로는 세그먼트(segment)가 있다. 이것은 프로그램이나 주기억 영역을 구분하여 분할하는 것을 가리킨다.

partition communication region[–kəmjùːnikéiʃən ríːdʒən] **COMREG, 파티션 통신 영역**

partitioned[pɑːrtíʃənd] *a.* **구분의, 분할의**

partitioned access method[–ǽkses méθəd] **분할 액세스법** 구분 편성된 파일은 복수의 순으로 편성된 멤버 파일과 각 멤버 이름과 저장 위치의 대응표인 디렉토리로 구성된다. 이 디렉토리부에의 액세스 방법을 분할 액세스법이라 하며, 멤버명에서 파일 본체의 저장 위치를 알기 위해 사용된다.

partitioned allocation[–æ̀ləkéiʃən] **분할화 할당** 기억 공간을 할당할 때 주기억 장치를 여러 개의 소구역으로 나누는 방식.

partitioned data[–déitə] **분할 데이터** 분산 데이터 베이스에서 데이터 분산 방법의 한 종류로서 참조 집약성이 높은 경우에 데이터 베이스를 분할하여 각각 다른 노드에 위치시키는 것. 전체 데이터 베이스는 하나만 존재하게 되므로 기억 장소 비용은 저렴하지만 같은 데이터가 따로 존재하지 않으므로 신뢰도 문제가 발생한다.

partitioned data base[–béis] **분할 데이터 베이스** 분할 데이터 베이스는 자신이 소속된 노드의 구성 분자가 되어 그 노드 내의 처리기에 의하여 접근되지만 파괴될 경우에 대비하여 단 하나의 복제 데이터 베이스만을 별도의 위치에 보관한다. 즉, 종합 데이터 베이스가 서로 떨어져 있는 몇 개의 데이터 베이스로 분할된 것을 말한다. 이 목적은 사용 빈도가 가장 많은 곳에 데이터를 위치시켜 응답 시간과 데이터 통신 부담을 줄이기 위한 것이지만, 한 노드에서 요구하는 모든 접근이 그 노드에 속해 있는 데이터만으로 충분하지 않은 것도 있다.

partitioned data set[–sét] **PDS, 분할 데이터 세트** 분할 데이터 세트를 사용하면, 그 데이터 세트를 열기만 하면 개개의 멤버를 직접 꺼낼 수 있다는 장점이 있으며, 필요에 따라서 멤버를 추가 또는 삭제할 수도 있다. 어느 멤버가 삭제되면 그 멤버명이 등록부에서 제거되는데, 지금까지 차지하고 있던 스페이스는 그 데이터 세트를 재편성하기까지 다시 사용할 수가 없다. 즉, 분할 편성된 데이터 세트로서 순차 편성된 레코드(멤버라고 한다)의 독립된 집합으로서, 그 이름과 DASD 상의 위치가 등록부에 기록되어 있으며 이름을 지정함으로써 직접 액세스할 수 있다.

partitioned file[-fáil] **분할된 파일** 다수의 순차 서브파일로 구성된 파일로서 이 파일을 구성하는 각각의 순차 서브파일을 멤버라고 한다. 각 멤버의 시작 어드레스는 그 파일의 디렉토리에 저장하고 있으면 구문 파일들을 프로그램 라이브러리나 매크로 라이브러리(macro library)에 저장하는 것이다.

partitioned join graph[-dʒɔ́in grǽf] **분할 조인 그래프** 단편화된 릴레이션들 사이의 조인 관계를 나타내는 그래프에서 상호간에 연결성이 없는 둘 이상의 부속 그래프들로 구성된 조인 그래프.

partitioned mode[-móud] **분할 모드**

partitioned organization[-ɔ̀:rgənaizéiʃən] **분할 편성** 파일은 멤버라고 불리는 구획으로 구성되고 멤버 내의 레코드는 순차 편성되는데, 분할 편성은 이러한 파일 편성법의 한 방법으로서 각 멤버가 고유의 이름을 가지며 그 이름으로 호출되고 처리된다. 분할 편성이 사용되는 것은 주로 프로그램, 서브루틴, 테이블 등과 같은 순차 데이터를 기억하는 경우이다.

partitioned organization file[-fáil] **분할 편성 파일** 파일을 멤버라는 몇 개의 부분으로 나누어 저장하여 어느 부분부터든지 자유롭게 데이터를 읽고 쓸 수 있는 것. 반면에 순차 파일은 앞부분부터만 읽을 수 있다.

partitioned organization data set[-déitə sét] **분할 편성 데이터 세트**

partitioned relation[-riléiʃən] **분할 릴레이션** 소속 투플들을 완전 투플들의 집합과 불완전 투플들의 집합으로 구분하여 구성된 불완전 릴레이션.

partitioned sequential access method[-sikwénʃəl ǽkses méθəd] **분할 순차 액세스법**

partitioned sequential organization[-ɔ̀:rgənaizéiʃən] **구획화 순차 편성, 분할 순차 편성** (1) 순차 편성 파일을 직접 접근 기억 장치 상에 저장할 때 사용하는 파일 구조. 레코드의 삽입 또는 삭제를 효율화하기 위해 파일을 한 크기로 구분하고 분할하여 해당 레코드가 속하는 구분에만 삽입 또는 삭제한다. 이와 같은 파일 편성법을 구획화 순차 편성법이라 하고, 각 구분에 대하여 색인을 부가한 색인 순차 편성법이다. (2) 하나의 파일이 멤버라고 불리는 작은 부분으로 나눠지고, 그 각 부분은 순편성으로 레코드가 배열되며, 각 멤버에 대한 색인이 파일에 만들어지고 있는 논리 파일 구조를 말한다. 당초 프로그램의 파일을 위해 개발된 파일 편성법으로서 멤버 단위로 추가, 삭제 또는 변경이 가능하다.

partitioned table space[-téibəl spéis] **분할 테이블 공간** 한 테이블을 지정한 필드 또는 필드 집합의 값에 의하여 분할한 것을 저장하는 테이블 공간.

partitioning[pɑ:rtíʃəniŋ] *n*. **분할, 분할 작업** 하나의 큰 블록을 더 편리하게 처리하기 위하여 좀더 작은 단위로 세분화하는 것. 예를 들면 행렬(matrix)의 분할.

partition merging[pɑ:rtíʃən mə́:rdʒiŋ] **분할 합병** 초기에 R 개의 분할이 있을 때 이들을 합병하는 방법. 최적 방법은 각 분할을 서로 다른 파일에 넣고 이들을 한 번의 k-원 합병으로 수행하는 것이다. 한 번에 못할 경우에는 여러 단계를 거쳐 합병된다.

partition problem[-prɑ́bləm] **분할 문제** 주어진 양의 정수의 유한 집합 A에 대하여 $\sum a=\sum b,\ a\in A',\ b\in A-A'$를 만족하는 A의 부분집합 A'가 존재하는지를 결정하는 문제. 이 문제는 NP-complete이다.

part number[pɑ́:rt nʌ́mbər] **부품 번호**

part program[-próugræm] **부품 프로그램** 어떤 부품을 가공하기 위해 수치 제어 공작 기계의 작업을 계획하고 이것을 실현하기 위한 프로그램. 이 프로그램은 인간이 알기 쉬운 프로그램 언어로 쓰여진 것과 테이프 형식으로 쓰여진 것이 있다.

parts[pɑ́:rts] *n*. **부품** ⇨ part

parts explosion[-iksplóuʒən] **부품 전개** 하나의 부품이 다른 부품과 어떤 관계에 있는가를 보여주는 한 제품을 이루고 있는 모든 부품들의 표.

parts list[-líst] **부품표** 한 제품을 구성하는 모든 부품들에 대한 명칭이나 규격, 수량 등이 열거된 일람표. 예를 들면 CAD/CAM 시스템들은 설계 과정과 제품의 공정 중에서 이와 같은 부품표를 새롭게 갱신하거나 유지할 수 있는 기능이 있어야 진정한 CAD/CAM 시스템이 된다고 할 수 있다.

parts program[-próugræm] **부품 프로그램** 주어진 부품을 가공하기 위해서 수치 제어 공작 기계의 작업을 계획하고 이것을 실현하기 위한 프로그램. 이 프로그램은 인간이 알기 쉬운 프로그램 언어로 쓰여진 것과 테이프 포맷에 따라 쓰여진 것의 두 가지가 있다.

parts programmer[-próugræmər] **부품 프로그래머** 수치 제어 공작 기계로 기계 부품을 가공하기 위해서 부품의 수치적인 좌표계와 기구학적인 조건을 물리적으로 표현하여 이와 대응되는 컴퓨터 명령어로 변환시키는 프로그래머.

parts programming[-próugræmiŋ] **부품 프로그래밍** 부품 프로그래밍은 어떤 부품을 기계적으로 완성시키기 위하여 물리적인 설명을 일련의 수학적 스텝으로 번역하고, 그 스텝을 컴퓨터의 코드로 하는 프로그래머.

party line[pá:*r*ti(:) láin] **파티 회선, 공동 회선** CPU에서 나오는 하나의 회선에 여러 장치들이 연결되어 있는 상태 또는 그 회선.

party line I/O 파티 회선 입출력 멀티플렉서나 이를 구성하는 논리 게이트에 의하여 단일 데이터 버스로 여러 개의 주변 장치와 컴퓨터 사이에서 데이터 전송을 가능하게 하는 것.

PAS 성능 보증 시스템 performance assurance system의 약어.

PASCAL 파스칼 programme appliqué à la sélection et à la compilation automatique de la littérature의 약어. 고수준 프로그래밍 언어의 하나. 취리히(Zurich) 연방 공과 대학의 N. Wirth 교수가 1968년에 초안을 처음으로 발표한 고수준 프로그래밍 언어. 명칭은 17세기의 수학자 파스칼에서 따왔다. ALGOL-60에 기초를 둔 언어로 강력한 흐름의 제어 구조와 재귀 구조를 가지며, 사용자가 데이터의 형을 스스로 정의하는 등의 특징을 갖는다. 최초의 컴파일러는 1970년에 개발되었다. 구조화 프로그래밍 수법에 익숙해지기 쉽고, 신뢰성이 높은 간결하고 자연스럽게 알기 쉬운 프로그래밍이 가능한 곳에서 교육용 및 연구 · 개발 중심에 보급했다. 현재는 대형 컴퓨터에서부터 퍼스널 컴퓨터에 이르기까지 각각의 기종에서 컴파일러가 개발되어 사용된다.

PASCAL compiler 파스칼 컴파일러 파스칼 언어로 쓰여진 원시 프로그램을 동일한 의미를 지닌 목적 프로그램으로 변환시키는 번역기.

PASCAL p-code 파스칼 p 코드 몇 개의 컴퓨터 제조 회사에서는 파스칼을 중심으로 한 마이크로컴퓨터를 설계하였는데, 그 방법으로서 다음 두 단계로 구성되어 있다. 먼저 파스칼 원시 코드를 중간 코드인 p 코드로 컴파일하고, 다음에 이 p 코드를 주컴퓨터에서 해석적으로 수행하는 것이다. 인터프리터는 이상적인 스택 기계이며 소프트웨어로 구현 가능하다.

PASCAL-Plus 파스칼 플러스 병행 프로그래밍이 가능한 파스칼 언어.

PASCAL structure 파스칼 구조 파스칼은 ALGOL과 같이 블록 구조로 된 프로그래밍 언어로 프로그램은 표제 부분과 본문으로 구성된다. 표제 부분은 프로그램을 명명하며 사용될 변수를 기술한다. 또한 프로그램의 본문은 블록으로 구성되며, 블록은 다시 여섯 부분으로 나누어진다. 앞의 네 부분은 레이블, 상수, 데이터형, 변수를 선언하는 부분이고, 다섯째 부분은 프로시저와 함수를 선언하며 마지막 부분은 문 부분으로 명명한 프로시저 또는 함수에 관한 수행 코드를 포함한다. 레이블은 참조할 수 있는 문을 명시하며, 상수는 이름에 특정한 수 값을 할당하는데, 데이터형은 다양하다. 구조형 데이터형으로 배열, 레코드, 집합이나 파일형이 있다. 프로시저는 중첩될 수 있고 사칙, 논리 및 관계 연산자가 있으며 다양한 제어분이 있다.

PASID 1차 어드레스 공간 식별자 primary address space ID의 약어.

PASOCALC 파소칼크 컴퓨터로 작성되는 집계표의 일종이며, 매출이나 매입 전표, 성적표, 가계부 등을 편집하거나 계산 처리할 수 있는 소프트웨어이다. 또한 워드 프로세서 기능을 가지고 있어 주소록이나 일기, 메모, 계획 등을 이용하여 출력도 가능하다.

pass[pá:s] *n.* **과정** (1) 하나의 프로그램 중에서 한 조의 데이터 전체를 몇 개 주사(scan)하면서 최종 결과를 얻는 처리의 경우, 각 단계에 있는 주사를 패스라고 한다. 예를 들면 컴파일러가 「원시 프로그램」을 판독하고, 「목적 프로그램」으로 변환되는 단계. (2) 루프 구조에 있어서 본체(body)를 구성하는 명령(instruction)의 열(sequence)을 1회 실행하는 것. (3) 분류 프로그램(sort program)으로 파일을 몇 개의 페이즈(phase)를 지나 최종적으로 분류 완료의 파일이 완성되는 것으로, 각각의 페이즈를 퍼스트 패스(first pass), 세컨드 패스(second pass)… 라스트 패스(last pass)라고 한다. (4) 자기 테이프가 자기 헤드 부분을 통과하는 것.

passband[pá:sbæ̀nd] *n.* **통과 대역**

pass by value[pá:s bɑi vǽlju] **값에 의한 전달** 서브루틴에 인수를 전달할 때 직접 그 값을 넘겨주는 것.

pass card[–ká:*r*d] **패스 카드** 기존 신용 카드에 교통 요금 등의 결제 기능을 첨가한 신개념의 카드. 고객들로부터 크게 호응을 얻고 있다.

pass gate[–géit] **패스 게이트** ⇨ transmission gate

passing parameters[pá:siŋ pərǽmətə*r*z] **전달 매개변수** 주 · 부프로그램 간에서 데이터 값을 전달하는 매개변수.

passive[pǽsiv] *a.* **수동의, 수동적, 소극적, 패시브** 컴퓨터 분야에서도 「수동적」으로 기능한 기기나 사항을 복합어의 형으로 형용하는 데에 많이 사용된다. 액티브(active)와 대비된다.

passive component[–kəmpóunənt] **수동 소자**

passive graphics[–grǽfiks] **수동 그래픽스** 수동 그래픽을 적용한 기기로서 플로터나 마이크로 사진 판독 장치 등이 있으며, 도형 처리의 한 형태이다. 조작원이 대화 형식으로 표시 장치를 조작하지 않고 표시 화상을 처리하는 기법.

passive matrix [pǽsiv méitriks] **수동 매트릭스** 전선망의 상단에 액정 다이오드 요소들을 배열하면서 생긴 기본적인 평화면. 이때 다이오드는 여러 교차점에 전류가 지나게 됨에 따라 픽셀처럼 빛을 낼 수 있다. 수동 화면에서 이미지를 유지하려면 단순히 특정한 재생률에 따라 전류를 방사한다. 고품질(물론 가격도 매우 비싼) 능동 매트릭스나 TFT 화면은 한 개 이상의 트랜지스터로 각각의 다이오드를 조절하여 정확하고 밝은 색깔들의 영상을 만든다. ⇨ active matrix, flat-panel, display, LCD, persistence, refresh rate, TFT

passive network [–nétwə̀:rk] **수동 회로망**

passive station [–stéiʃən] **수동국, 수동 단말** 기본형 링크 제어를 사용하는 분기 접속 또는 2지점간 접속에 있어서 폴링 또는 실렉팅을 대기하고 있는 종속국.

passive topology [–təpálədʒi(:)] 수동 네트워크 방식으로서 네트워크 상의 컴퓨터는 신호를 받기만 하며 증폭시키거나 변조할 수 없다. 선형 버스 또는 버스 방식의 네트워크가 그 예이다.

passive wiretapping [–wáiərtæ̀piŋ] **소극적 도청** 데이터가 통신 회선으로 전송되는 동안 데이터를 엿듣거나 기록하는 것.

pass transistor [pá:s trænzístər] **패스 트랜지스터** 선형 영역에서 동작하는 트랜지스터는 게이트 전압으로 제어되는 선형 저항을 갖는다는 점을 이용하여 만들어진 트랜지스터. 이것은 on/off 스위치로 사용된다.

password [pá:swə̀:rd] *n*. **암호** 데이터 통신 시스템에서 데이터의 기밀을 유지하기 위해서 그 파일에 붙여진 수만큼의 문자 또는 기호. 말하자면 암호이다. 어떤 파일을 사용할 때에는 그 암호를 알고 있는 사람이 아니면 이용할 수 없게 되어 있다. 세분하여 설명하면, ① 보호된 코드(code) 또는 신호(signal)로서 이용자를 식별하기 위한 것을 가리킨다. ② 은행에서 현금을 인출할 때, 카드를 단말기에 넣으면 이용자의 번호가 들어간다. 이것을 입력하지 않으면 현금을 찾지 못한다. 이 번호는 이용자만 알 수 있는 것이다. 이 번호를 「암호」 또는 「패스워드」라고 한다. 컴퓨터에서 처리하는 자료 중에는 기밀 사항도 있다. 이 기밀성을 지키기 위해서 작성하여 타인이 허가 없이 그 데이터에 액세스되지 않도록 하고 있다. ③ 단말기(terminal)에서 컴퓨터에 입력되는 일군의 문자(character). 「패스워드」가 합치된 사용자에게만 정보로의 사용권이 부여되므로 정보의 기밀 보호(security)에 도움이 된다.
[주] 시스템 또는 데이터의 집합을 전면적으로 또는 한정하여 참조하는 것을 이용자에게 허용하는 문자열.

password checking [–tʃékiŋ] **암호 검사** 사용자 암호가 정당할 때에만 특정한 작업이 수행되는 것을 보장하기 위해 사용자 암호의 적법성을 검사하는 것.

password protection [–prətékʃən] **암호 부호 기법, 비밀 번호 보호** 컴퓨터 시스템의 정보를 보호하는 기법이며 사용자가 여러 개의 문자를 조합해서 기억 장치에 기억시켜 두고 컴퓨터를 이용할 때 이 암호를 입력시켜 대조 확인하여 시스템 사용권을 허가받도록 하는 것. 대부분의 시스템에서는 암호를 키보드로 입력해도 그것이 CRT 화면에는 나타나지 않게 하고 있다.

password security [–sikjú(:)riti(:)] **패스워드 안전 보호**

password security protection [–prətékʃən] **암호 안전 보호, 패스워드 기밀 보호**

paste [péist] *n*. **붙임, 붙이기** 이것은 원하는 부분을 다른 자리로 옮기거나 같은 내용을 여러 개 복사할 때 사용하는 것으로 텍스트 에디터 또는 워드 프로세싱 프로그램에서 옮기고자 하는 블록을 선택하고 그것을 다른 자리로 옮겨서 가져다 붙이는 것을 가리킨다.

paste buffer [–bʌ́fər] **붙이기 버퍼** 문자 편집 작업을 하는 동안에 선택한 블록을 다른 자리로 옮기거나 복사하기 위하여 잘라내었을 때 그 내용이 임시로 저장되는 버퍼. 이 버퍼의 내용은 붙이기 기능으로 새로운 것에 복사할 수 있다.

Patch 패치 패치는 프로그램의 일부를 빠르게 고치는 일을 말한다(패치라는 용어 대신에 "fix"라는 말을 쓰는 경우도 있다). 소프트웨어 제작자의 베타판이나 시험 기간중 또는 제품이 정식으로 발매된 이후에도 문제(흔히 버그라고 불린다)는 반드시 발견된다. 패치는 사용자에게 제공되는 즉각적인 해결책으로서, 소프트웨어 메이커의 웹 사이트 등으로부터 다운받을 수 있다. 그러나 패치는 그 문제를 위해 반드시 최상의 해결 방안은 아니며, 소프트웨어 개발자들은 종종 더 나은 해결책을 찾아내어 다음에 출시될 정식 버전의 패키지 프로그램에 반영하고는 한다. 패치는 보통 컴파일된 코드, 즉 바이너리 코드 또는 목적 코드를 대체하거나 추가로 삽입하는 목적으로 개발되고 배포된다. 대형 운영 체체에서는 패치의 설치 내용을 기록, 추적하고, 관리하는 특별한 프로그램이 제공되기도 한다.

patch [pǽtʃ] *v*. **깁다, 패치하다** 본래는 「응급적으로 수리하는 것」의 의미이지만, 번역으로는 영어의 「patch」가 사용된다. 국소적인 조리를 맞추는 목적으로 간단한 에러나 기능 변경을 위해 오브젝트 프로그램 코드(기계어) 상에서 하는 수정 및 수정하기 위한 코드열을 말한다. 원칙적으로는 소스 프로그램(소스 랭귀지)을 수정해야 하지만 오브젝트 프로그램으로의 변환(컴파일이나 어셈블)에 장시간을 요한다든지, 그 프로그램이 실시간적으로 사용되고 있는 경우에는 수정이나 변경을 신속하게 하기 위해서 패치 기법이 사용된다. 즉, (1) 소프트웨어의 분야에서는 프로그램이나 루틴을 응급적으로 수정하는 것을 말한다. 패치는 고수준 언어로 쓰여진 프로그램이라도 기계 코드(machine code)로 행해지지 않으면 안 되지만 정정하고 싶은 기계 코드를 바꿔쓰거나 임의의 개소에 분기 명령을 삽입하여 다른 기계 코드군을 테스트하기 위해서 자주 행해진다. (2) 전기 관계, 응급적인 전기 접속을 하는 것. 소프트웨어의 기능을 추가 변경하는 경우 기계어 레벨로 행하는 시스템 프로그램을 수정하는 것을 패치 처리라고 한다. 패치에는 기존 스텝의 변경(replace), 스텝의 추가(insert), 스텝의 삭제(delete) 등 세 종류가 있다. ⇨ 그림 참조

patch bay[–béi] **패치 베이** 아날로그 컴퓨터에서 연산 회로를 구성하는 데 편리하도록 연산기 입출력 단자나 외부와의 접속 단자 등을 한 장소에 모아 배치한 부분.

patch board[–bɔ́:rd] **배선반, 배전반** 패치 코드(짧은 전선) 수백 개의 단자를 포함하는 분리 가능한 보드. 프로그램을 바꾸려면 패치 보드 자체를 바꾸는 데 따라 프로그램을 바꿀 수 있다.

patch card[–ká:rd] **패치 카드**

patch cord[–kɔ́:rd] **패치 코드** 플러그 보드의 소켓을 접속하기 위한 코드이고, 양끝에 연결자(connector)가 붙어 있는 전도체.

patch file[–fáil] **패치 파일** 패치(patch)란 의복의 구멍난 부위를 수선할 때 덧대는 헝겊을 말한다. 패치 파일은 이미 출시된 소프트웨어의 단점을 보완하기 위해 배포되는 프로그램이다.

patching[pǽtʃiŋ] *n.* **패칭** 하드웨어에 응급적인 수리를 하는 것. 또는 임시적으로 프로그램의 목적 코드를 변경함으로써 프로그램의 오류를 정정하기 위하여 잠시 동안 사용하는 일시적인 기법으로, 보통 재차 컴파일한다든지 어셈블한다든지 하는 것을 피하기 위해서 한다.

patching plan[–plǽn] **패칭 계획** DCOMP 시스템의 두 번째 단계에서 부분적 계획이 수립되지 못할 때에는 근사 계획을 수립하게 되는데, 이것을 수정한 후 상호작용이 없는 결과를 얻기 위해 수정된 계획을 두 번째 단계로 가져오는 것을 가리킨다.

patching plug program[–plʌ́(:)g próugræm] **패칭 플러그 프로그램** 각기 다양한 기능이 있는 프로그램을 내장한 비교적 작은 플러그판으로, 주프로그램을 내장한 비교적 큰 플러그판에 끼우도록 설계되어 있는 작은 보조 플러그판.

patch panel[pǽtʃ pǽnəl] **패치 패널** 단말 채널과 단말 회로를 부착하는 패널로 코드 끝의 플러그를 연결하기 위해서 잭에 끼우도록 한 것.

patch plug[–plʌ́(:)g] **패치 플러그** 패치 코드의 역할을 하는 금속이나 플라스틱으로 된 특수한 플러그로, 코드가 없으며 대개 절연 손잡이가 있다.

patch program plugboard[–próugræm plʌ́(:)gbɔ̀:rd] **패치 프로그램 배선반** 주프로그램을 내장한 큰 배선반에 끼울 수 있게 설계된 것으로, 프로그램의 부분적이면서도 특정한 변형들에 대처하기 위한 비교적 작은 배선반.

patch routine[–ru:tí:n] **패치 루틴** (1) 프로그램 도표의 순서로 작성한 특정한 수정 루틴. (2) 목적 프로그램을 수행할 때 지정한 프로그램에 8진 변환을 가능하게 하는 루틴. 주기억 장치에서 변환

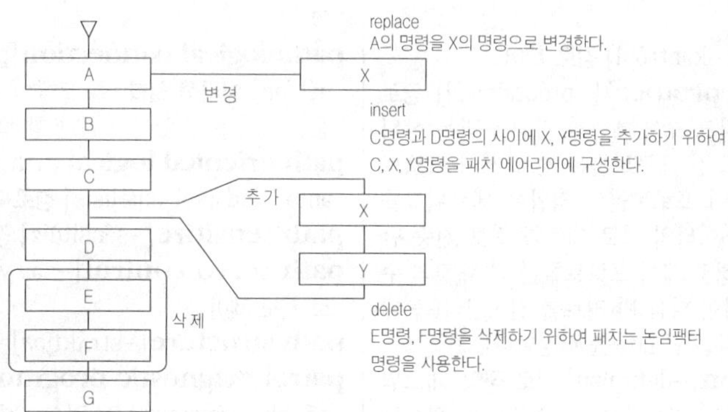

〈패치 처리〉

하며 수행 테이프에 저장된 목적 프로그램에는 영향을 주지 않는다.

patch version[-vəːrʃən] **패치 버전** 프로그램 가운데 오류가 있는 부분의 모듈을 수정하여 그 모듈 부분만 변경한 버전.

patent[pǽtənt] *n.* **특허(권), 패턴트**

path[pάːθ] **길, 경로** 기본적으로는 "데이터가 통과하는 길"이다. (1) 경로 : 플러그 중에서 기점부터 종점으로 향하는 방향으로 상이한 정점(vertex)을 연결하는 길의 순서. 몇 개의 점을 선으로 연결해서 완성한 도형을 그래프라고 하고, 물건이나 정보의 흐름, 관련 등을 해석하기 위해서 사용된다. 점(point)은 정점(頂点), 노드(node), 잎(leaf)이라고도 한다. 선(line)은 호(arc), 분기(branch), 간선(edge)이라고도 한다. 각각의 간선이 방향을 갖고 있는 플러그를 방향 그래프(directed graph)라고 한다. (2) 데이터망 중 두 개의 노드 사이의 루트(route). (3) 데이터의 집합을 기억 장치(storage) 상에서 리스트 구조로 표현했을 때, 두 개의 노드에 놓여진 데이터 항목을 연결하는 길의 순서. 각 노드에는 데이터 항목과 다음에 이어지는 데이터 항목으로의 포인터(pointer)가 놓여지고, 그 포인터에 의해 데이터를 탐색하거나 저장한다.

path analysis[-ənǽlisis] **경로 분석** 임의의 경로에 있지 않은 프로그램의 일부를 발견해내는 분석을 말하거나 프로그램 전체를 통하여 가능한 모든 경로를 인지하고 불완전한 경로를 발견하는 것.

path call[-kɔ́ːl] **경로 호출** SSA의 명령 코드 옵션으로 지정되며, 루트 세그먼트로부터 한 특정 세그먼트 형태까지의 경로상에 있는 세그먼트들에 대하여 연산이 가능한데, 그 연산을 위하여 경로상의 세그먼트를 호출하는 것.

path compression[-kəmpréʃən] **경로 압축**

path condition[-kəndíʃən] **경로 조건** 특별한 프로그램 경로가 실행되기 위해 충족되어야 하는 일련의 조건.

path control[-kəntróul] **경로 제어**

path control protocol[-próutəkɔ(ː)l] **경로 제어 프로토콜** 링크 제어 계층의 지원을 받는 상위 계층의 인접 노드 간 프로토콜은 경로 제어 프로토콜이다. 경로 제어 프로토콜의 역할은 네트워크를 통과하는 단위 데이터의 경로 제어와 정보 전송 단위의 조작이다. 경로 제어 프로토콜은 각 패킷의 수신 주소를 해석하여 다음 번 경로를 결정한다(즉 패킷을 넘겨야 할 다음 번 IMP를 결정한다).

path definition[-definíʃən] **경로 정의** 네트워크 접근 프로세스가 다른 노드와 통신할 때 필요로 하는 노드 정보의 하나로 한 노드에 연결되어 있는 노드들, 연결 형태, 대역폭 그리고 통신 프로토콜 등을 포함하여 네트워크 디렉토리에 수록된다.

path difference[-dífərəns] **경로 차이**

path expression[-ikspréʃən] **경로식** 특별한 프로그램 경로가 실행되기 위해 충족되어야 하는 입력 조건들을 나타내는 논리식.

path finding problem[-fάindiŋ prάbləm] **경로 발견 문제**

path goal expectancy[-góul ikspéktənsi(ː)] **경로 목표 기대**

path goal theory[-θíəri(ː)] **경로 목표 이론**

path information unit[-ìnfərméiʃən júːnit] **PIU, 경로 정보 단위**

path length[-léŋkθ] **경로 길이** CPU 처리 시간을 의미하며 입출력 동작 수와 함께 DB2 성능 평가의 주요 요소이다.

path length of binary tree[-əv bάinəri(ː) tríː] **2진 트리의 패스 길이** 2진 트리의 패스 길이는 편의상 외부 패스 길이와 내부 패스 길이로 나뉜다. 주어진 2진 트리에 대한 패스 길이를 내부 패스 길이, 각 단 노드에 두 개의 가상적인 새로운 노드를 추가하여 이들을 외부 노드라 하며, 이들 외부 노드와 근 노드 사이의 길이의 합계를 외부 패스 길이라고 한다.

path length of tree[-tríː] **트리의 패스 길이** 트리를 사용하는 컴퓨터 알고리즘에서는 알고리즘 수행 시간과 밀접한 관계가 있으므로 매우 중요한 사항이며, 근 노드에서 각 노드에 이르는 거리의 합계를 말한다. 다음과 같이 노드의 개수가 n인 트리의 패스 길이를 나타낸다.

$$\text{패스 길이} = \sum_{i=1}^{n} l_i$$

여기서 l_i는 근 노드에서 i번째 노드까지의 길이를 나타낸다.

path name[-néim] **경로명** 컴퓨터가 취하는 논리적 과정이나 방향 행로를 나타내는 텍스트 문자열.

pathological connection[pæθəlάdʒikəl kənékʃən] **병리적 결합** 한 모듈이 다른 모듈 내의 내용을 찾아볼 수 있는 밀접한 형태의 모듈 간 결합.

path oriented logical analysis[pάːθ ɔ́(ː)riəntəd lάdʒikəl ənǽlisis] **경로 지향 논리 분석**

path sensitize[-sénsitàiz] **경로 부활법**

path servo control[-səːrvou kəntróul] **경로 서보 제어**

path structure[-strʌ́ktʃər] **경로 구**

patrol diagnostic program[pətróul dàiəgnάstik próugræm] **PADIA, 순회 진단 프로그램**

pattern[pǽtərn] *n.* **도형, 패턴** 도형 처리에 관

계하는 용어의 하나로 패턴 인식(pattern recognition)과 같은 복합어로 사용된다. 부품이나 기기의 배선에 필요한 회로 기능을 구체화시킨 평면 도형.

pattern analysis[–ənǽlisis] **패턴 해석**

pattern array[–əréi] **패턴 배열** 그래픽에서 형태의 기본 요소가 나타내는 색 지표의 배열.

pattern based control[–béist kəntróul] **패턴 중심 제어**

pattern COBOL generation system 패턴 COBOL 생성 시스템

pattern control[–kəntróul] **패턴 제어**

pattern-direct inference system[–dirékt ínfərəns sístəm] **패턴 지향 추론 시스템**

pattern-directed invocation[–diréktəd ìnvəkéiʃən] **형태에 의한 호출** 규칙 기초 연역 시스템에서 규칙에 제어를 주는 방식으로, F-규칙과 B-규칙이 각각 사실과 목적 상태에만 적용되어야 한다면 목적 상태에 적용되어야 할 때는 B-규칙이, 사실에 적용되어야 할 때는 F-규칙이 호출되어 새로운 목적 상태와 사실들을 생성시키는데, 이러한 기법을 목적 상태(사실)에 의한 호출(goal-(fact) directed invocation)이라고 한다.

pattern display[–displéi] **패턴 디스플레이, 패턴 표시**

pattern dynamics[–dainǽmiks] **패턴 다이내믹스**

pattern information processing system[–ìnfərméiʃən prásesiŋ sístəm] **PIPS, 패턴 정보 처리 시스템**

patterning[pǽtərniŋ] *n.* **형태화** 반도체 회로 제조 과정에서 설계된 회로의 기하학적 모양을 실리콘의 여러 층에 찍어내는 것.

pattern matching[pǽtərn mǽtʃiŋ] **패턴 부합** 표준 패턴과 대상으로 하는 미지의 패턴과의 유사성이나 정합도를 조사하여 패턴을 식별하는 것. 문자열 주사와 같은 가장 단순한 것에서부터 도형 인식이나 음성 인식의 분야까지 폭넓게 이용되는 방법이다.

pattern matching problem[–prábləm] **패턴 부합 문제** 두 개의 문자열이 주어졌을 때, 한쪽이 다른쪽에 부분적인 문자열로 포함되어 있는지의 여부를 판정하고, 포함되어 있으면 그 위치를 찾아내는 것을 말한다. 이 문제는 문장 처리와 같은 실용적인 경우에 많이 사용된다.

pattern recognition[–rekəgníʃən] **패턴 인식** 손으로 쓰는 문자나 음성, 물체의 형상 등의 판별, 인지를 행하는 것. 문자 인식(character recognition)도 패턴 인식의 한 종류이다. 컴퓨터의 가장 서투른 부분이라고 하지만, 손으로 쓰는 문자의 인식 장치를 컴퓨터에 접속하면, 인간과 기계와의 대화가 좀 더 원활해진다. 패턴 인식은 인간의 정보 입력 방법이다. 즉, 정보를 영상(image)으로서 모두 자신이 알고 있는 패턴과 비교하여 인식(recognize)하는 방법이다. 컴퓨터는 「0」과 「1」이라는 형에서만 정보를 판독할 수 있으므로 패턴 인식은 불편하다(서투르다). 그래서 한 가지 문자를 바둑판의 눈금(mesh)처럼 구분하여 이것을 화소(pixel)로 한다. 이 화소와 「0」 또는 「1」을 대비시키고 한 가지 문자를 판독하는 방법을 채용하고 있다. 모든 광학 문자 판독 장치(OCR)가 긴 것이 사용되고 있다. 이 밖에, 음성 인식 장치(voice recognition equipment)도 개발되고 있다. 또 지문 대조, 망막의 혈관의 모양 등에 의해 개인을 식별하는 장치 등이 개발되어 있다.
[주] 컴퓨터를 이용한 모양, 형태 또는 구성의 자동 판별 방법.

pattern recognition strategy[–strǽtədʒi(:)] **패턴 인식 전략**

pattern recognition system[–sístəm] **PRS, 패턴 인식 시스템** 공장 자동화의 반도체를 조립하는 공정 중에서 회로가 형성된 작은 다이(die)를 패키지에 얹어놓고 조립하는 다이 접착 공정에서 자동 조립 기계를 위해 텔레비전 카메라로 다이의 위치를 자동 검출하는 시스템.

pattern recognizing control system[–rékəgnàiziŋ kəntróul sístəm] **패턴 인식 제어 시스템**

pattern searching[–sə́:rtʃiŋ] **형태 탐색, 형태 검색** 형태 탐색은 긴 스트링에서 필요한 부스트링의 위치를 찾기 위해 형태 매칭 작동이 실행되는데, 이를 위하여 더 큰 스트링에서 부스트링의 문자열과 일치되는 부분을 찾아내는 것.

pattern-sensitive fault[–sénsitiv fɔ́:lt] **패턴 감지 결함, 형태 민감성 고장** 어느 특정 패턴을 갖는 데이터를 처리한 결과로서 나타나는 장애나 지나친 열 소모에 의하여 발생되는 고장. data-sensitive fault와 같은 의미이고, program-sensitive fault와 대비된다.

pattern size[–sáiz] **패턴 크기, 형태의 크기** 직사각형 패턴의 세로와 가로 길이로 나타내는 것으로서 그래픽에서 패턴의 기본 요소가 나타내는 직사각형의 크기를 정하는 기하학적 속성.

pattern space[–spéis] **패턴 공간**

pattern system[–sístəm] **패턴 시스템**

pattern table[–téibəl] **패턴표, 형태표** 워크스테이션 속성으로서 패턴 배열로 구성되는 표.

pattern theory[–θíəri(:)] **패턴 이론**

pause[pɔ́:z] *n.* **쉼** 휴지(休止). 중지. 멈춤. 프로그램이 완전히 중지하여 복구가 되지 않는 stop과는 의미가 다르며, 이 명령이 수행된 다음 바로 continue라는 명령어를 입력하면 중단된 곳에서부터 차례로 실행해간다. 즉, 프로그램의 실행을 잠시 중단시키는 명령어이다.

pause instruction[-instrʌ́kʃən] **휴지 명령** 컴퓨터 프로그램 실행의 일시적인 중지를 지정하는 명령.
[주] 휴지 명령은 통상 출구는 아니다.

PAX 자동식 구내 교환 private automatic exchange의 약어. 다이얼식 자동 교환 설비의 일종. 구내에서는 사설 전화 교환 서비스를 실행할 수 있지만 외선과의 통화는 할 수 없다.

paycheck run[péitʃək rʌ́n] **급료 수표 실행** 급료 지불 수표를 처리하고 그것을 인쇄하는 것.

payment broker system[péimənt bróukər sístəm] **지불 브로커 시스템** 인터넷을 통한 전자 상거래에서 사용되는 전자 지불 시스템의 한 종류. 자신이 지불 방법을 갖고 있지 않고, 기존에 사용되던 지불 시스템들을 안전하게 연결시켜 주는 역할을 한다. 예를 들어, 신용 카드 번호와 비밀 번호들을 은행과 카드 가맹점 간에 안전하게 전달해주는 것을 들 수 있다. First Virtual과 CyberCash, SET 등이 이에 해당된다.

payroll register [péiroul rédʒistər] **급여 대장** 고용자와 급여액을 기록해놓은 급여 시스템.

pay per purchase[péi pər pə́:rtʃəs] **페이 퍼 퍼처스** 방문객이 광고를 클릭한 후에 직접 구매로까지 연결되면 구매액의 일정 이익을 웹 사이트 발행자에게 광고비로 지불하는 형식.

pay per view [-vjú:] **페이 퍼 뷰** 케이블 TV 등에서 시청한 프로그램의 요금만을 가입자가 지불하는 방식. 서비스 제공자가 비디오 소프트웨어 등을 대량으로 준비해두고, 가입자가 원하는 프로그램을 선택하여 시청할 수 있다.

PBOR 삽입 버튼 발신 레지스터 push button originating register의 약어.

PBX 구내 교환 설비, 구내 교환, 사설 국내 교환 설비 private branch exchange의 약어. (1) 관공서, 회사, 공장 등의 특정 사업소 안에 설치한 전화 교환기에 의해 사업소 내의 내선 전화기와 전화국 간의 국선을 접속하고, 국선과 내선 전화기 및 임의의 내선 전화 상호간의 교환을 행하는 장치. 또 구내 교환기에 접속된 내선 전화 자체를 가리키는 경우도 있다. 특히 자동식 교환일 때 PABX(private automatic branch exchange)라고 호칭하여 구별하는 경우도 있다. (2) 최근에는 내선 전화 대신 팩시밀리나 데이터 단말기, 워드 프로세서 등의 OA 관련 기구를 내장할 수 있게 되어 있다.

PC (1) **개인용 컴퓨터** personal computer의 약어. ⇨ personal computer (2) **프린트 회로, 인쇄 회로, 프린트 배선 회로, 인쇄 배선 회로, 프린트 기판, 프린트 배선** printed circuit의 약어. ⇨ printed circuit (3) **프로그램 카운터** program counter의 약어. (4) **프로그래머블 컨트롤러** programmable controller의 약어.

PC100/PC133 인텔 사가 개발한 100MHz 및 133MHz 시스템 버스에 대응한 SDRAM 및 SD-RAM을 탑재한 DIMM 규격.

PC97 마이크로소프트 사가 발표한, 1997년 후반부터 주력해온 PC 하드웨어 사양. 버스로는 고속의 USB, IEEE 1394를 탑재하고, 또한 마이크로소프트와 함께 도시바, 인텔이 제창하고 있는 저소비 전력 기구 ACPI(Advanced Configuration and Power Interface)를 채용한다.

PC98 PC97에 이어 나온 설계 사양으로, 주안점으로는 OnNow 기능에의 대응, PnP에의 보다 완전한 대응, ISA 버스의 폐지 등이 있다.

PC98 series PC98 시리즈 1982년에 NEC가 발표한 PC-9801의 기본 아키텍처를 계승하는 PC.

PCB (1) **페이지 제어 블록** page control block의 약어. (2) **인쇄 회로 기판** printed circuit board의 약어. 이 회로에 IC 기타의 부품을 장치하여 납땜을 하는데, 일반적으로 한쪽 면을 사용하지만, 복잡한 것에는 양쪽 면을 사용하기도 한다. 종이 에폭시(epoxy) 또는 유리 에폭시계의 판 위에 동박(銅箔)을 입혀서 소요 회로를 인쇄하고 그 이상의 부분은 제거한다. (3) **프로세스 제어 블록** process control block의 약어. 운영 체제(operating system)가 프로세스에 대한 유용한 정보를 저장해놓을 수 있는 저장 장소. 프로세스의 현재 상태, 프로세스의 고유

Process state(running, waiting, etc.)
Process nummber
Program Counter
Stack Pointer
General pUrpose Registers
Uesmame of owner
List of open files
Queue pointers for state queues
Scheduling info (priority, etc)
Accounting info, respurce usage
I/O states : I/O in progress
Othher stuff ... ...

〈PCB 구성 요소의 예〉

한 식별자, 프로세스의 우선 순위, 프로세스가 적재된 기억 장치 부분을 가리키는 포인터(pointer), 프로세스에 할당된 자원을 가리키는 포인터, 레지스터 내용을 저장하는 장소 등에 관한 정보를 갖는다. 운영 체제가 CPU를 다른 프로세스에게 넘겨주고자 할 때는 바로 해당 프로세스의 PCB에 있는 저장 장소에 여러 가지 정보를 저장시키고, 차후에 이 프로세스가 다시 실행될 경우에는 이 장소에 보관된 정보를 재사용한다.

PCC 프로그래머블 통신 제어 기구 programmable communication controller의 약어.

PC communication PC 통신 PC 통신이란 PC를 모뎀(변복조 장치) 등의 회선 종단 장치를 통해서 전화 회선이나 전용선과 연결하여 PC 통신 사업자나 전용선과 연결하여 PC 통신 업자의 호스트 컴퓨터 센터를 통해서 전자 우편이나 전자 게시판, 전자 회의 등의 회화형 서비스에서부터 뉴스, 일기 예보, 쇼핑, 홈뱅킹 같은 정보와 업무형 서비스를 제공받은 통신이다. 또한 호스트 컴퓨터를 통하지 않는 전화망을 사용한 end-to-end형의 통신이나 컴퓨터끼리를 직접 연결한 통신도 PC 통신에 포함된다. 이용자는 공중 전화 회선이나 VAN 사업자의 전용 회선을 통해서 미리 계약한 PC 통신 사업자의 호스트 컴퓨터 센터에 액세스하여 사업자가 하는 서비스를 받을 뿐만 아니라 게이트웨이 서비스(gateway service)를 통해서 다른 사업자가 하는 국제 PC 통신도 할 수 있다.

PC camera PC 카메라 비디오 이메일이나 인터넷 회의 등에 사용되는 소형 비디오 카메라. PC에 연결하여 동영상을 저장할 수 있고, 가공해서 인터넷 등으로 송신할 수도 있다. 멀티미디어화 과정중에서 급속도로 정밀도가 향상되고 있는 기기의 하나.

PC card PC 카드 휴대용 컴퓨터에 연결하여 사용하는 신용카드 크기의 카드로 3~4가지 형태로 구별된다. 이 PC 카드를 이용하여 RAM, 모뎀, 네트워크 어댑터, 하드 디스크 등을 컴퓨터 본체를 열지 않고서도 착탈시킬 수 있다. 이런 PC 카드들은 RCMCIA의 표준에 맞는다. 첫 번째 PC 카드는 두께 3.3mm로 RAM 추가용으로만 쓰인다. 두 번째 형태는 5.0mm 두께 카드로 모뎀과 LAN 어댑터용으로 사용된다(RAM용으로도 사용되기도 한다). 세 번째 카드는 10.5mm 두께에 종종 하드 디스크와 라디오 장치에 쓰인다. 모든 PC 카드는 카드 서비스와 소켓 서비스 두 가지 지시 인터페이스를 사용한다. 카드 서비스는 카드에 필요한 시스템 자료를 다루고 PC에 IRQ와 메모리 주소를 지정한다. 소켓 서비스는 PCMCIA 제어 칩과 직접 소통하여 카드 서비스 중재 역할을 한다. 소켓 서비스는 BIOS의 부분으로 쓰이거나 소프트웨어를 통해 처리되기도 한다. ⇨ PCMCIA

PC compatibility PC 호환성 IBM 사의 IBM-PC에서 수행되는 소프트웨어를 다른 제품에서도 작동시킬 수 있는 성질.

PC-DOS PC 도스 MS-DOS와는 근본적으로 차이가 없으나 아주 세부적인 면에서 몇 가지 차이점을 갖고 있으며, 마이크로소프트 사가 개발하고 IBM 사가 직접 공급하는 MS-DOS의 IBM-PC용 버전이다.

PCE 절차 제어문 procedure control expression의 약어.

PC Exchange 매킨토시로 MS-DOS 및 ProDOS로 포맷된 미디어를 직접 마운트하고, 데이터의 읽기/쓰기 기능을 가진다.

PC/FAX PC/FAX는 개인용 컴퓨터와 전화선 중간에 설치된 팩시밀리라고 할 수 있다. 컴퓨터에 저장되어 있는 문서를 프린터로 인쇄하지 않고 바로 전송할 수 있어서 매우 편리하다. 그러나 PC/FAX의 장점은 다른 데 있다. 우선 팩스의 송수신이 컴퓨터에 의해 기록되므로 언제 누구에게 어떤 팩스를 보내고 받았는지에 대한 목록을 자동으로 작성할 수 있다. 이런 기능은 비싼 팩시밀리에도 있는 기능이지만 개인용 컴퓨터만 있으면 30만~40만원 정도 하는 PC/FAX 제품으로도 서비스를 받을 수 있다. 더욱이 컴퓨터의 편리한 기능을 이용하면 팩스 전화 번호들을 그룹별로 기억시켰다가 특정 그룹을 대상으로 작성된 팩스를 한꺼번에 송신할 수도 있다.

PC-File Ⅲ PC-파일 Ⅲ 사용자 스스로가 간단한 데이터 베이스를 만들어 관리하고, 기억된 데이터로서 여러 가지 유형의 출력 보고를 할 수 있게 되어 있다. 버튼웨어(ButtonWare) 사가 개발하였으며, 간편하게 널리 사용할 수 있게 설계된 저가격 데이터 베이스 관리 프로그램.

P-channel metal oxide semiconductor [píː tʃǽnəl métəl ɑ́ksaid sèmikəndʌ́ktər] **PMOS, P형 금속 산화막 반도체** ⇨ P-channel MOS

P-channel MOS PMOS, P형 금속 산화막 반도체 LSI 기술로서 뛰어난 부품 집적도를 갖지만 NMOS보다 스위칭 속도가 약간 느리다. P채널 MOS(PMOS)는 정공(hole)을 캐리어로 하지만 NMOS는 전자를 캐리어로 하기 때문에 PMOS에 비해 스위칭 속도가 2~3배 빠르고 전원의 극성이 플러스이기 때문에 양극성 IC의 접속이 쉽다.

p chart [−tʃɑ́ːrt] **p 관리도** 제조 공정을 불량률 p에 의해서 관리하기 위한 관리도.

PCI (1) **프로그램 제어 인터럽션** program controlled interruption의 약어. (2) **프로그래머블 통신용 인터페이스** programmable communications interface의 약어. (3) 과거 버스의 표준이었던 ISA, EISA, MCA, VESA 버스의 경우 CPU에의 과중한 부담과 64비트 PC 분야에서 확정된 데이터 버스 사양이 없다는 문제점을 해결하기 위해 인텔 사를 중심으로 제기된 데이터 버스 표준 규격. PCI 버스는 64비트 위주로 펜티엄 PC 등에 채택하기 쉽고, CPU와 버스가 독립적으로 작동하도록 되어 있어 처리 속도가 빠르며, 슬롯의 크기가 작고, 호환성이 VESA 버스보다 뛰어나다는 장점이 있다. (4) peripheral component interconnect의 약어. ① 펜티엄 시스템에서 PCI라 불리는 자체 인식 PC 로컬 버스가 운행된다. 인텔이 제작한 PCI는 적용 범위가 매우 넓어 애플의 파워 PC 시리즈에서도 쓰인다. PCIS는 기술 측면에 있어서 VESA 로컬 버스 스펙(VESA local bus spec)을 앞질렀고 계속 상승세를 이어갈 전망이다. 결론적으로 말해, 펜티엄에서 부과 보드 장착시 PCI용 기기를 사용하는 것이 바람직하다. ② 과거 버스의 표준이었던 ISA, EISA, MCA, VESA 버스의 경우 CPU에의 과중한 부담과 64비트 PC 분야에서 확정된 데이터 버스의 사양이 없다는 문제점을 해결하기 위해 인텔 사를 중심으로 제기된 데이터 버스 표준 규격이다. PCI 버스는 64비트 위주여서 펜티엄 PC 등에 채택하기 쉽고, CPU와 버스가 독립적으로 작동하도록 되어 있어서 처리 속도가 빠르며, 슬롯의 크기가 작고, 호환성이 VESA 버스보다 뛰어나다는 장점이 있다.

PC LAN personal computer local area network의 약어. 동일 건물 내나 부지 내에 있는 PC끼리를 통신 케이블로 연결하는 구내 네트워크 시스템. PC LAN의 기본적인 기능은 각 PC들 간에 파일이나 프린터를 공유하는 것이다. 또한 각각의 PC들 간에 전자 우편도 교환할 수 있다. PC LAN에는 각각의 PC들이 상호간에 파일이나 프린터를 공유하는 형태와 서버라는 특정 PC의 파일이나 프린터를 다른 PC가 이용하는 형태가 있다. 서버에는 LAN 매니저나 NetWare 등의 네트워크 운영 제제를 탑재한다.

P-class [–klɑ́ːs] **P–부류** 다차 함수 시간 결정성 알고리즘 또는 다차 함수 시간 결정성 튜링 기계로 해결되는 결정 문제들의 집합.

PCM (1) **플러그 호환성 기계, 플러그 컴패터블 머신** plug compatible machine의 약어. 컴퓨터의 본체 또는 주변 장치이며, 어떤 메이커의 특정 기종과 완전한 호환성을 가지고 가격 성능비 등에서 오리지널 제품보다 우수하다는 것을 인정하고 플러그를 바꾸어 꽂는 것으로 이용이 가능한 다른 메이커의 제품을 말한다. (2) **플러그 호환성 본체** plug compatible mainframe의 약어. (3) **펄스 부호 변조** pulse code modulation의 약어. P신호를 샘플링해서 양자화하고 각각의 양자화 레벨을 펄스의 유무 조합에 의한 부호로 대응해서 전송하는 방식. 전송 방해가 많은 전송로 혹은 장거리 전송로에서도 재생 중계기를 여러 개 설치함으로써 처음 상태로 전송 품질을 유지할 수 있는 이점이 있다. 또 통신로 용량이 큰 방식인 것도 Shannon에 의해 증명되었다. (4) **천공 카드 기계, 카드 천공기** punched card machine의 약어. (5) **펄스 부호 변조 통신 시스템** pulse code modulation commuication system의 약어. 시분할 다중 통신 방식의 하나로 입력 신호의 음양을 펄스(pulse) 유무의 조합으로 표시한 부호로 변환하여 전송하고 수신단에서는 그 부호

〈PCM 다중 변환 장치의 방식 제원〉

항 목	3B형	1형	2형	3형	PCM-24B
다중 신호 속도	2.048Mbit/s	1.54Mbit/s	6.312Mbit/s	8.192Mbit/s	1.544Mbit/s
정 보 채 널 수	30ch	24ch	96ch	120ch	24ch
부 호 화 방 식	μ=law(μ=225)				
시 그 널 링 전 송 방 식	아웃 슬롯 (ST 방식)	비트 스틸	아웃 슬롯 (ST 방식)		비트 스틸
프 레 임 동 기 방 식	Code Rule Violation 검출	다정 감시(16비트 패턴 검출)	다정 감시(9비트 패턴 검출)	Code Rule Violation 검출	교번 패턴 검출
동기 복귀 시간	0.1ms	6.4ms	3.7ms	3.6ms	100ms
에러 검출 코드	무	CRC-6	CRC-5	무	무
A I S 검 출	유(6ch 단위)	유(24ch 단위)	유(96ch 및 6ch 단위)	유(6ch 단위)	
CODEC 시험	아날로그가 되돌아오는 것을 자동 시험				Pilot 감시
실 장 / 프 레 임	480ch	480ch	384ch	480ch	240ch

펄스를 식별하여 원래의 신호로 재생하는 방식이다. 표본화, 양자화, 부호화, 재생 중계, 복호화 등의 과정을 겪는 이 방식은 입력 정보가 부호화되어 재생 중계되므로 전송로에서의 특성 열화가 극히 적다. 부호열로부터 부호의 분리 및 삽입이 쉬워 시분할 교환에 적합하다. 양자화기와 부호기(encoder)를 조합한 것을 A/D(analog to digital converter)라 하는데, 여기에 아날로그 신호의 표본값이 가해져 양자화된 표본값을 나타내는 부호 계열(펄스열)로 변환된다. 수신된 디지털 신호(펄스열)에는 전송로 잡음이 겹쳐 나오는데, 이 잡음에서 신호를 분리하는 것이 수신기의 양자화기이다. 복호기(decoder)는 D/A(digital to analog converter)라고도 하는데, 부호기와는 반대의 동작을 한다.

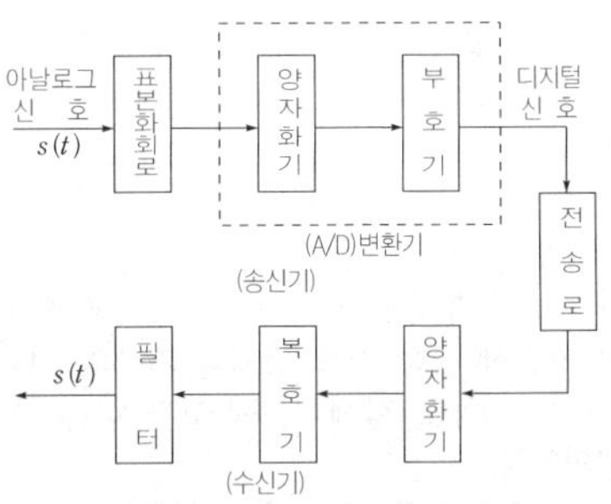

〈PCM 통신 시스템〉

PCMCIA Personal Computer Memory Card International Association(also people can't memorize computer industry acronyms)의 약어. PCMCIA는 휴대용 컴퓨터에 사용되는 확장 카드의 표준을 확립하기 위해 1989년 설립된 무역 협회의 준말이다. 캘리포니아 서니베일에 있는 PCMCIA에서는 휴대용 컴퓨터에 PC 카드의 표준 사양을 규정하여 컴퓨터 업체들이 RAM, 모뎀, 네트워크 어댑터, 하드 디스크, 호출기 같은 무선 통신 기구와 휴대용 컴퓨터 등의 포괄적인 시스템에 부착하는 신용 카드 크기의 착탈식 카드를 생산할 수 있도록 하고 있다. PC 카드는 PCMCIA 카드로도 불리지만 이 협회는 PC 카드로 상표 등록을 했기 때문에 PC 카드로 주로 쓴다. ⇨ PC card

PC memory card **PC 메모리 카드** 노트형 PC에 탑재하는 카드형의 메모리.

PCM-FDM transmission system **PCM-FDM 전송 방식**

PCM MUX **PCM 다중 변환 장치** 아날로그 교환기로부터의 음성 신호를 싱글 채널 코덱(SCC)에서 A/D 변환하여 동기 다중 변환하는 장치. PCM MUX는 내부에 DCAT 기능을 가지고 있으므로 회선단통지 신호를 받아 아날로그 변환기에 대하여 MB 신호로 송출할 수 있다.

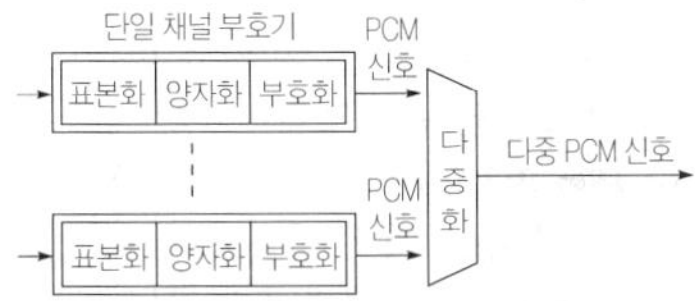

〈단일 채널 부호기에 의한 부호화〉

PC Mouse **PC 마우스** 마우스 시스템즈 사(Mouse Systems Corp.)가 판매하는 IBM-PC용 광학식 마우스의 상품 이름.

PCM tone generator **PCM 음원** PCM(펄스 부호 변조) 방식에 의해 녹음, 디지털화한 음성 데이터를 아날로그로 변환하여 재생하는 음원 장치.

PCN pointcast network의 약어. 모니터를 보호해주는 화면 보호기 프로그램과 뉴스 전달 프로그램을 결합한 프로그램. 지정된 시간이 되면 PCN 홈페이지에서 보내주는 뉴스가 개인 컴퓨터에 전달되고, 이 뉴스들이 마치 전광판처럼 화면 보호기 형태로 나타난다.

PC network **PC 네트워크** IBM PC용의 LAN으로 CSMA/CD 방식으로 접근한다.

P-code [-kóud] **P-부호** 중간 언어의 일종인데, 원시 프로그램 코드를 컴퓨터가 실행 가능한 목적 코드로 만들기 위해서 P-코드 번역기를 사용하여 번역한 코드. PASCAL 언어의 많은 버전들이 이 코드를 사용한다.

p code compile [píː kóud kəmpáil] **간이 코드 컴파일** 완벽한 링크를 갖지 못한 상황에서 참조(reference)를 통해 작성한 프로그램이 실행될 수 있도록 번역해내는 컴파일 방법. 비주얼 베이식의 경우 5.0 이전의 버전에서 모두 적용되었던 컴파일 방법이며, 5.0버전에서도 선택적으로 사용할 수 있도록 지원해주고 있다.

p-condition [-kəndíʃən] **P-조건** AB 스트립스(ABSTRIPS)가 계층을 형성할 때 임의의 F-규칙이 대응하는 전제 조건의 달성을 다음 단계까지 연기시키는 것으로 이러한 서술식에 p라는 접두어를 둔다. 이와 같이 연기되는 전제 조건을 p-조건이라고 한다.

PC Open Architecture Developer's Group **PC 개방 구조 추진 위원회** ⇨ OADG

PCP **기본 제어 프로그램** primary control program의 약어.

PC Paint **PC 페인트** 마우스 시스템즈 사(Mouse Systems Corp.)에서 개발한 마이크로컴퓨터에서 운용되는 그래픽 소프트웨어. 그림을 그리거나 자유롭게 색칠할 수 있다.

PC Paintbrush Plus PC 페인트브러시 플러스 IBM-PC용 그래픽 프로그램으로, ZSoft 사가 개발하였다. 키보드나 마우스를 써서 화면에 그림을 그리고 프린터로 인쇄할 수 있다.

PC-relative addressing PC 상대 주소법 상대 주소에 의한 주소 지정 방식으로, PC 상대 주소는 PC의 현재 내용 중 명령어에 있는 주소부의 값을 더하여 구한다.

PCS (1) **인쇄 선명도 시그널** print contrast signal의 약어. (2) **프로젝트 제어 시스템** project control system의 약어. (3) **천공 카드 시스템** punched card system의 약어. 80란이나 90란의 천공 카드를 이용하여 정보의 기록, 계산, 작표 등의 처리를 하는 데이터 처리 시스템. 현재의 컴퓨터가 발달하기 전에 통계 처리 등의 용도에 주로 사용되었으며, 현재는 컴퓨터에 그 자리를 빼앗겼다. 그러나 PCS를 위한 기기에는 그대로 컴퓨터용의 오프라인 장치로 이용되는 것이 많다. (4) personal communications services의 약어. PCS는 음성과 데이터 전달, 호출 기능을 하나의 기기 안에 포괄하는 전체적인 개념의 이동 통신 서비스이다. GSM과 CDMA 같은 디지털 이동 통신 표준이 PCS 대신 사용될 수 있다. ⇨ CDMA

PC Tools PC 툴즈 디스크 복사, 파일 관리 등을 간편하게 할 수 있게 해주는 IBM-PC의 MS-DOS용 디스크 유틸리티 프로그램의 상품명. Central Point Softwares(센트럴 포인트 소프트웨어) 사에서 개발하였다.

PC Transporter PC 트랜스포터 어플라이드 엔지니어링(Applied Engineering) 사에서 개발한 애플 Ⅱ 컴퓨터에 부착하여 IBM-PC용 소프트웨어를 수행할 수 있게 하는 카드의 이름.

PC-UNIX PC용 유닉스 운영 체제의 총칭 대표적인 것으로 리눅스나 FreeBSD가 있다. ⇨ Linux, FreeBSD

PC-VAN PC 밴 NEC에서 운영하는 곳으로, 특히 이곳은 국내의 인포서브(inforserve)의 모체로도 널리 알려져 있다. 일본 최대의 다양한 서비스를 제공하고 있으며, PC-VAN의 메인 메뉴는 금주의 새로운 서비스, 전자 우편, SIG, 전자 게시판, 전자 회의실, OLT, 뉴스/스포츠 쇼핑, 정보 파일, CUG 등으로 구성된다.

PCWG 개인용 회의 작업 그룹 Personal Conferencing Work Group의 약어. 미국 인텔 사가 계승하는 PCS의 작업 그룹. 소프트웨어나 하드웨어 제조 업체, TV 회의 시스템이나 전기 통신 서비스 회사 등 리더 기업 회사가 1994년 1월에 설립한 업계 단체.

PC-Write PC 라이트 IBM-PC와 그 호환 기종에서 수행되는 인기 있는 워드 프로세싱 프로그램. 퀵소프트(Quicksoft) 사에서 개발하였다.

PCX PCX는 ZSoft가 자사의 초기 DOS 기반의 그래픽 프로그램 PC 페인트브러시용으로 개발한 그래픽 포맷으로 윈도 이전까지 사실상 비트맵 그래픽의 표준이었다. PCX는 그래픽 압축시 런 길이 코드(run-length code)를 쓰기 때문에 디스크 공간 활용에 있어서 윈도 표준 BMP보다 효율적이다.

PC Xenix PC 제닉스 ⇨ Xenix

PD (1) **공개 소프트웨어** public domain의 약어. (2) **물적 유통** physical distribution의 약어. (3) **회선 보호 장치, 보안 장치** protective device의 약어. 데이터 통신 등의 단말 설비와 회선 사이에 놓여 설비의 손상 및 인체에 위해를 주지 않게 하기 위해 위험 전압, 높은 레벨의 신호 송출 등을 방지해주는 장치. (4) phase change dual function의 약어. NEC의 상품명인 파워드라이브로 잘 알려진 저장 장치. CD-ROM 드라이브 기술의 대부격인 마츠시다가 개발한 휴대용 저장 장치로서, 650MB의 재기록이 가능한 광학 저장 장치와 기존의 CD-ROM 드라이브 기능을 함께 사용하고자 하는 목적으로 탄생되었다.

PDA (1) **스택 자동 기계, 후입 선출 자동화** push-down automation의 약어. 문맥 자유(CFG) 문법에 연관된 기계를 의미한다. 입력 및 출력을 위한 테이프뿐만 아니라 스택 구조의 임시적 테이프를 이용해 작업을 수행하게 된다. 프로그래밍 언어의 대부분에 관한 구문 분석기(parser)가 이에 속한다. (2) **개인 정보 단말기** personal digital assistants의 약어. 이 말이 처음 사용된 것은 1992년 1월 애플 사의 회장이던 John Sculley에 의해서이다. 이후 탠디, 카시오 사의 주머(Zoomer)가 등장하면서 PDA는 매스컴을 통해 본격적으로 등장하게 된다. 일반적으로 PDA는 「단순히 크기가 작은 PC가 아니라 컴퓨팅 파워, 하이엔딩 계산기, 작은 사이즈, 장기적으로 사용할 수 있는 충전식 또는 자가 발전식 배터리, 다양하고 활용성이 뛰어난 통신 기능」 등을 담아내는 통합 개념의 단말기를 말한다. PDA에 첨부되어야 할 조건으로는 ① 휴대가 간편해야 한다 : 이는 한 손으로 잡고 사용할 수 있을 정도로 부피가 작고 가벼워야 하며, 포켓에 넣고 다니며, 언제 어디서나 사용할 수 있어야 한다. 그러기 위해서는 외부 전원 없이 장시간 사용이 가능하도록 배터리 수명이 길어야 한다. ② 사용이 편리해야 한다 : PDA는 키보드 대신 스크린에 펜으로 직접 쓰거나 음성 인식을 통해 정보를 입출력할 수 있어야 한다. ③

대중성을 지녀야 한다 : 가격이 3백 달러 이하로 떨어져야 하며, 다양한 소프트웨어 패키지(S/W Package)가 포함되어 있어야 한다. ④ 쌍방향 통신이 가능해야 한다 : 휴대성이 뛰어난 PDA에 있어서 쌍방향 통신은 필수적인 요소일 뿐만 아니라 팩스나 데이터를 받을 수 있는 프로그램이 장착되어야 한다 등이다. 이러한 기능을 가진 개인 정보 단말기는 현재 애플 사의 「뉴턴 메시지 패드」, 탠디와 카시오의 「주머」, AT & T의 「EO」, IBM의 「사이먼」 등이 있다.

PDAID 문제 판별 보조 프로그램 problem determination aid의 약어.

PDB 물리적 데이터 베이스 physical data base의 약어. 데이터 베이스 구축시 논리적 데이터 구조를 디스크 등의 기억 장치에 실제적으로 저장한 부분.

PDC 주변 장치 제어기 peripheral divice controller의 약어.

PDF portable document format의 약어. Adobe 사에서 만든 파일 포맷. Adobe 사의 Acrobat의 데이터 포맷은 PDF 파일로 페이지 간의 이동 및 높은 수준의 텍스트 기능 등이 지원되며 미국이나 유럽의 많은 기술 문서들이 PDF로 저장되고 있다.

PDI 도형 묘화 명령 picture description instruction의 약어.

PDL 도형 기술 언어, 프로그램 디자인 언어 program design language의 약어.

PDM 펄스 지속 변조 pulse duration modulation의 약어. 지속되는 펄스가 변화하는 펄스 변조 시간.

PDMS 물적 유통 관리 시스템 physical distribution management의 약어.

PDN 공중 데이터망 public data network의 약어.

PDP 플라스마 표시판 plasma display panel의 약어. 다수의 네온관을 매트릭스상으로 나열하고 또한 박형(薄形)으로 패널화하여 그것에 문자 등을 표시시키고자 하는 것으로, 압력이 낮은 가스에 전압을 걸어서 발생한 플라스마의 발광을 이용하여 전극을 문자 등의 형태로 나타내는 것이다. 플라스마의 제어 방식에 따라 AC 방전형과 DC 방전형의 두 종류로 대별된다. 종래의 CRT 디스플레이에 비견할 만한 것이 개발되어 있지만 아직은 가격이 높다.

PDP-11 디지털 이퀴프먼트(DEC) 사가 1970년대 초에 개발한 16비트 미니컴퓨터. 특히 최초의 유닉스 운영 체제가 이 컴퓨터 상에서 개발되어 유명해졌다.

PDPC 프로세스 판별 프로그램 차트 process decision program chart의 약어. 어떤 목적을 달성하기 위하여 기본적인 프로세스를 생각해서 각 단계가 순조롭게 실시되는 데 장애가 되는 일을 전부 밝혀내어 그 대책을 생각하는 것, 또는 소프트웨어를 개발할 때 이상 데이터의 입력이나 중간 결과의 이상, 온라인 시스템과 같은 경우의 데이터 발생 횟수의 이상, 조작 이상 등의 경우를 검사하여 그 대책을 미리 세우는 것.

PDS (1) **분할된 데이터 세트** partitioned data set의 약어. (2) **절차 개발 시뮬레이터** procedure development simulator의 약어. (3) **패킷 전송 서비스** packet delivery service의 약어. Z-Net 프로토콜 내부에서 최저차 레벨에 위치한 프로토콜. 버퍼의 데이터 이름을 패킷 포맷하여 그 메시지 트래킹 서비스(message tracking service)를 행한다. (4) **공개 소프트웨어** public domain software의 약어. 협의로는 원작자의 의사에 따라 저작권이 설정되어 있지 않은 소프트웨어로 무료로 누구든지 복사해 써도 좋게 되어 있는 것. 그 중에는 부당 판매를 방지할 목적으로 배포 단체 등에서 저작권을 설정하는 경우도 있다. 「free software」라는 누구라도 무료로 이용할 수 있는 것과, 「shareware」라고 하여 마음대로 복사해 써보고 필요하다면 기부금을 지불하는 소프트웨어도 있다. 이러한 소프트웨어는 저작권을 포기하고 있지 않지만 넓은 의미에서는 PDS의 범주에 넣을 수 있다. ⇨ free software, shareware

PDU (1) **패킷 데이터 단위** packet data unit의 약어. 국제 표준 위원회에서 제정한 패킷에 대한 규정. (2) **프로토콜 데이터 단위** protocol data unit의 약어. 계층 구성의 프로토콜에서 상위 프로토콜 계층으로부터 송신을 위해 주어지는 데이터의 단위. (3) **포트 데이터 단위** port data unit의 약어.

PE (1) **성능 연습** performance exercise의 약어. (2) **위상 변조 방식** phase encoded의 약어. (3) **위상 코드화** phase encoding의 약어. (4) **확률 오차** probability error의 약어. (5) **처리 소자** processing element의 약어.

PeaceNet 피스넷 비영리 단체, 지역 단체, 평화와 정의를 위해 봉사하는 사람들의 BBS.

peak [píːk] *n.* **피크**

peak mesial magnitude [–míːziəl mǽgnitjùːd] **피크 반치 진폭** 피크 진폭과 펄스 베이스 진폭의 평균값.

peak mesial point [–pɔ́int] **피크 반치점** 피크 반치폭을 갖는 파형상의 점. 특히 상세하게 나타낼 필요가 있을 때는 플러스 피크 반치폭과 마이너스 피크 반치폭에 대응하여 플러스 피크 반치점과 마이너스 피크 반치점이라고 한다.

peak time [–táim] **피크 타임, 통화량 폭주 시간** 네트워크에 사용자가 가장 많이 몰리는 시간으로 오후 9시부터 새벽 2시까지의 시간대.

peak to peak mesial[-tu pí:k mí:ziəl] **피크 피크 반치점** 피크 피크 반치폭을 갖는 파형상의 점.

peak value[-vǽlju] **피크값**

PEARL 펄 예일 대학의 R. Schank에 의해 수행된 프로젝트 SAM과 PAM 개발 작업을 기초로 하여 1980년 초에 개발된 자연 언어 이해 프로그램.

Pearsonean coefficient of skewness 피어슨 비대칭 계수 비대칭도를 나타내는 계수로, 산술 평균과 최빈수와의 차를 표준 편차로 나눈 것.

$$\text{비대칭 계수}(S_k)=\frac{x-M_0}{\sigma}$$

x는 산술 평균, M_0는 최빈수, σ는 표준 편차를 나타낸다.

Pearson Egon Sharpe 피어슨 영국의 통계학자. 수리 통계학의 검증 이론 체계화, 품질 관리를 위한 규격의 기준 정비에 공헌하였다.

Pearson's method 피어슨의 방법 ⇨ link relative method

pecker[pékər] *n.* **페커** 기계적인 종이 테이프 판독기의 검출 기구.

pedestal[pédəstəl] *n.* **받침대** 단말기 등을 올려놓을 수 있는 탁자나 기구.

peek[pí:k] *n.* **집어내기** 지정한 어드레스의 내용을 읽어들이는 명령.

peel-out processing[pí:l áut prásesiŋ] **필 아웃 처리**

peepable stack[pí:pəbl stǽk] **피퍼블 스택**

peephole mask[pí:phòul mǽ:sk] **틈구멍 마스크** 문자 인식 장치에 있는 문자들의 집합으로 이들 문자는 계획적으로 배열한 점들로 존재하며, 이론적으로 모든 입력 문자들은 문제에 관계없이 유일하게 나타낼 수 있음을 보인다. 예를 들면 하나의 문자를 유일한 점들의 집합으로 표시할 수 있다.

peephole optimization[-àptimaizéiʃən] **틈구멍 최적화**

peeping hall[pí:piŋ hɔ:l] **피핑 홀** 인터넷에 상시 접속하여 실시간 이미지를 연속적으로 보내는 정점(頂点) 카메라. 가장 카메라 등도 이에 해당된다. 피핑이란 「들여다 본다」라는 뜻.

peer protocol[píər próutəkɔ(:)l] **동위 프로토콜, 통신 실체 간의 프로토콜** 같은 계층의 두 엔티티 간에서 행하여지는 메시지 교환 절차. 하위 계층의 서비스를 이용하여 어느 지점에서 또 한 지점으로의 데이터나 제어 정보의 전송을 한다. 그러나 이들 통신 실체 간의 통신은 어디까지나 관념적인 것이며 이들 쌍방이 직접 통신하는 것은 아니다. 실제의 통신은 각 계층 간에 제공되는 접속 장치(interface)를 사용하여 여러 단계를 거쳐 최종적으로 실제 통신 회선을 거쳐 이루어진다.

peer to peer[-tə píər] **피어 투 피어, 동배 간, 대등** 전용 파일 서버를 필요로 하지 않고 접속된 PC가 서로 데이터 교환을 할 수 있는 소규모 랜. 전용 파일 서버가 필요한 경우, 접속한 PC에는 주종관계(클라이언트와 서버)가 생기지만 이 타입의 랜에서는 PC가 서로 대등(peer to peer)하다.

peer to peer LAN 피어 투 피어 LAN LAN 구성 방법의 하나. 서버 전용기 없이 컴퓨터가 전부 대등한 입장에 놓이는 접속 방식. 네트워크 운영 체제의 가격이 저렴하며 설치나 운용도 간단하지만, 디스크에의 접근이 느리고 데이터의 보호 기능이 불완전하다는 결점도 있다. ⇨ LAN

peer to peer network[-nétwə:rk] **피어 투 피어 네트워크** 전용 서버가 없는 네트워크. 접속 자격을 가진 모든 컴퓨터가 네트워크로 연결된 다른 모든 컴퓨터들과 파일과 주변 기기를 공유한다. 이러한 네트워크는 12개 이하의 컴퓨터로 연결된 작업 집단에서 효율적이다.

PEEVS 성능 유효도 평가안 performance effectiveness evaluation scheme의 약어.

PEF 인원 기기 기능 단위 personal equipment functional unit의 약어.

PEL 화소(畵素) picture element의 약어. 그림을 만들기 위해 사용되는 요소

pen[pén] **펜** 스타일러스 펜이나 라이트 펜을 일반적으로 이렇게 부른다.

pen(light) control[-(láit) kəntróul] **펜(라이트) 제어** 조작원과 처리기 사이에서 라이트 펜으로 통신을 가능하게 하는 것. 펜 모양의 장치로서 화면에 표시된 정보를 지적하면 CRT에서 빛을 검출하여 이것을 컴퓨터에 전송하고 표시된 영상 부분에 관련되는 컴퓨터의 동작이 실행된다. 이 방식으로 조작원은 본문을 없애거나 첨가할 수 있고 프로그램을 직접 제어하며 여러 가지 동작을 선택할 수 있다.

pen computer[-kəmpjú:tər] **펜 컴퓨터** 키보드나 마우스로 입력하는 대신에 전자 펜을 이용하여 손으로 직접 쓰는 컴퓨터.

pending[péndiŋ] *a.* **보류** 다음 조치를 기다리고 있는 상태. 보류 상태가 되어 사용자 또는 시스템이 지정한 일정 시간이 경과한 경우 미착 인터럽트 상태에 있다고 판단되면 조작원이 그 통지를 받는다. 어떤 조작원의 정정 조치가 필요하게 되는가는 그 보류 상태에 따라 다르다.

pending change[-tʃéindʒ] **보류 변경** 프로그램의 오류, 파일에서 삭제된 레코드, 데이터 실수, 동결된 계정 등과 같은 여러 경우가 일어나면 트랜

잭션의 성공적 처리가 어렵게 되는데, 이러한 정상 상태와는 달리 결정 시간을 늦추어 결과의 변화를 유발시키는 것을 말한다.

PenDOS 펜도스 미국 CIC(Communication Intelligence) 사가 개발한 DOS로, 마우스 대신 MS-DOS용 응용 프로그램을 펜에 대응할 수 있게 한 것. 마우스를 펜으로 대체한 포인팅 기능, 손으로 써서 문자를 입력하는 기능, 6종의 제스처 기능이 있다. 제스처는 마이크로소프트 사의 PenWindows와 같은 것으로 1991년 6월에 공표되었다.

penetrance[pénətrəns] **집중도** 여러 종류의 탐색 기법들을 비교하기 위하여 탐색 기법의 휴리스틱 능력을 산정하는 방법으로서, 탐색이 목적을 향해 얼마나 집중되었는가의 정도를 나타낸다. 집중도 p는 다음과 같다.

$$p = L/T$$

여기서 L은 목적 상태에 이르는 경로의 길이, T는 경로를 유도하는 데까지 생성된 노드들의 총 개수이다.

penetration[pènətréiʃən] *n.* **침투, 투과(력)** 정당한 자격 없이 컴퓨터 시스템이나 정보 시스템에 침투하는 것.

penetration method[-méθəd] **투과법**

penetration test[-tést] **침투 시험** 보안상의 어떤 위험을 안고 있는지를 파악하기 위해 시험적으로 해킹하는 것.

penetration testing[-téstiŋ] **침투 시험** 시장 등으로의 진출, 침투의 의미를 갖는 penetration의 복합어의 한 가지. 컴퓨터 시스템의 안전 보호면에서의 약점을 식별할 목적으로 프로그래머와 시스템 분석가를 통해 특별 팀을 편성하고, 시스템에 대하여 부당한 액세스를 시험하는 것.

penOS 펜 운영 체제 키보드나 마우스 대신에 전자 펜을 사용하여 문자를 입력, 조작하기 위해 손으로 쓴 문자에 대응하는 운영 체제. PC 등 차세대 입력용 인터페이스로서 주목받고 있다.

pen plotter[pén plátər] **펜 플로터** 펜의 움직임에 따라 선을 기본으로 하여 도형을 그리는 플로터인데, 종속 변수가 여러 변수의 함수로 제어되는 펜으로 도형을 작성하는 시각적 표시 장치이다.

PenPoint[pènpɔ́int] **펜포인트** 1991년 2월 미국 GO 사가 개발한 펜 입력용 운영 체제. 손으로 쓴 글씨를 인식하며 작업 보조 기호를 나타내는 15종의 제스처를 가지고 있다.

pen tablet[pén tǽblət] **펜 태블릿** 입력에 전자펜을 이용하는 태블릿. 일반적으로 태블릿이라고 하면 이 방식을 가리킨다.

pen tip[-típ] **펜 끝** 도면 작성을 위한 주변 기기인 X-Y 플로터에 사용되는 펜.

Pentium 펜티엄 펜티엄은 0.8 마이크론 BICMOS 기술을 사용하여 310만 개의 트랜지스터를 집적한 칩으로서 80486과 같이 내부에서는 32bit로 작동하나 외부로는 64bit로 데이터를 주고받는다. 50MHz 486DX2/50에 비해 3배 이상 빠른 초당 528바이트의 속도로 메모리에 데이터를 주고받을 수 있다. 486이 싱글 파이프라인(single pipe-line) 구조인 것에 비해 펜티엄은 두 개의 명령 파이프라인과 실행 유닛을 가지고 있고, 이것이 각기 독립적으로 운영된다. 이러한 구조를 수퍼 스칼라 아키텍처(super scalar architecture)라고 하며, 수퍼 스칼라는 과거 고성능 프레임이나 미니컴퓨터에서 사용되던 첨단 기술이다. 펜티엄은 하나의 클록 주파수에서 동시에 여러 개의 명령을 실행시킬 수 있으며, CAD나 3차원 그래픽 같은 고속 연산이 필요한 응용 프로그램에 적합하도록 RISC 수준의 고성능 부동 소수점 연산 유닛(FPU ; floating pointing unit)을 가지고 있어 복잡한 파이프라인 설계와 자주 사용되는 연산 기능을 하드웨어적으로 처리할 수 있는 기능을 통합하고 있다.

Pentium IV 펜티엄 IV 2000년 11월에 발표된 32비트 CPU. 강화된 온라인 게임, 디지털 비디오, 사진술, 음성 인식 및 MP3 인코딩 등을 위해 하이퍼 파이프라인형 기술, 빠른 실행 엔진 그리고 펜티엄 III보다 3배나 더 우수한 대역폭을 제공하는 100MHz 시스템 버스 등과 같은 32비트로 설계되었다. 현재 1.30, 1.40, 1.50, 1.60, 1.70, 1.80GHz의 속도로 제공되고 있다.

Pentium Pro 펜티엄 프로 1995년도에 미국 인텔 사가 발표한 CPU의 명칭으로 펜티엄의 다음 버전에 해당되는 CPU이다. 펜티엄 Pro의 트랜지스터는 550만 개로서 기존의 펜티엄보다 약 240만 개가 더 많으며, 기존의 CPU와는 달리 CPU 내에 주 프로세서 칩과 보조 프로세서 칩의 서로 다른 두 개의 칩이 내장되어 속도의 향상을 가져온다.

Pentium Processor[péntiəm prásesər] **펜티엄 프로세서** 미국 인텔 사가 개발한 CPU. 중심이 되는 연산 처리 단위 이외에 부동 소수점 연산 프로세서(FPU), 메모리 관리 단위(MMU), 명령용과 데이터용으로 분리된 캐시 메모리 등을 탑재한다.

Pentium-rating[-réitiŋ] **펜티엄-레이팅** ⇨ Prating

pen touch[pén tʌ́tʃ] **펜 터치** 우리말 입력 장치의 한 방식으로, 다루는 서체의 종류의 전부를 태블릿 등의 면에 매트릭스 모양으로 배치하고 펜 모양의 지시 막대 끝으로 필요한 문자를 지시하면 그 코드가 송출된다.

peon [píːən] **피온** 특권을 갖지 않은 보통 사용자.

PER 프로그램 사상 기록 program event recording의 약어.

percent [pərsént] *n*. **퍼센트, 백분율**

percent point [–pɔ́int] **퍼센트점** x 퍼센트 기준선의 진폭을 갖는 파형상의 점.

percent reference line [–réfərəns láin] **퍼센트 기준선** 다음과 같이 정해진 x 퍼센트 진폭을 갖는 기준이 되는 선.

$$PBA+\frac{x}{100}(PTA-PBA)$$

여기서 PBA는 펄스 베이스 진폭, PTA는 펄스 톱(top) 진폭이다.

perceptron [pərséptrən] **퍼셉트론** 일종의 학습 기계로서 Rosenblatt가 제안한 것이며, 뇌의 학습 기능을 모델화한 기계이다.

perceptual task [pərséptʃuəl tɑ́ːsk] **지각 태스크**

perfect code [pə́ːrfikt kóud] **완전 코드**

perfect diamagnetism [–dɑiəmǽgnətizm] **완전 반자성(反磁性)** 초전도 상태에서는 표면에만 자기장과 전류가 존재하고 내부로부터 완전한 자속은 따라서 나오는 성질을 가지므로 이것을 완전 반자성 또는 마이스너 효과(Meissner effect)라고 한다.

perfect graph [–grǽf] **완벽 그래프** 주어진 그래프의 모든 유도 부 그래프에 대하여 대 클릭을 형성하는 정점의 개수와 그 그래프의 색수(色數)가 같은 그래프.

perfective maintenance [pərféktiv méintənəns] **완전 보수 유지** 각 장치의 시험, 조정, 수리, 복구 또는 기타의 소프트웨어의 특성을 완전하게 실시되도록 하기 위해 실행되는 작업.

perfect linear regression [pə́ːrfikt líniər rigréʃən] **완전 선형 회귀** 상관 계수가 $|r|=1$(즉 $r=\pm1$)인 경우의 직선 회귀.

perfect matching [–mǽtʃiŋ] **완전 짝짓기** 모든 정점을 포함하는 짝짓기.

perforate [pə́ːrfərèit] *v*. **천공하다** 종이 테이프 등에 작은 구멍을 뚫는 것. 엄밀하게는 테이프의 길이 방향으로 직각으로 한 문자 상당의 구멍을 여러 개 동시에 뚫는 것을 말한다.

perforated [pə́ːrfərèitəd] *a*. **구멍을 뚫은**

perforated paper tape [–péipər téip] **천공 종이 테이프**

perforated tape [–téip] **천공 테이프** 데이터 전송이나 컴퓨터 입력용 매체로서의 천공 테이프. 데이터의 코드 종류에 따라 대표적인 것에 6단위용과 8단위용이 있다.

perforating typist [pə́ːrfərèitiŋ táipist] **테이프 천공원** 일명 카드 펀치의 펀처라고도 한다. 펀치 타이프라이터, 종이 테이프 퍼포레이터의 전문 오퍼레이터 또는 타이피스트.

perforation [pə̀ːrfəréiʃən] *n*. **천공, 점선 구멍(연속 용지의)**

perforation rate [–réit] **천공률** 종이 테이프 또는 천공 카드에서 구멍을 천공하는 비율.

perforator [pə́ːrfərèitər] *n*. **천공 장치, 천공기** 주로 종이 테이프(paper tape)에 구멍 패턴을 천공하는 키보드가 붙은 장치. 종이 테이프 천공기(tape punch)와 같은 뜻으로, 가끔 수동 천공에 사용하기도 한다.

perform [pərfɔ́ːrm] *v*. **수행**

performance [pərfɔ́ːrməns] *n*. **성능** 시스템의 요건(requirement)과 명세서(specification)의 중요 항목 중 하나이며, 어떤 시스템의 총생산성에 영향을 미치는 요소의 하나. 일반적으로 시스템의 성능은 효율(thruput), 응답 시간(response time), 가용성(availability) 등에 의해서 결정된다. 시스템 성능 평가(system performance evaluation)란, 컴퓨터 시스템의 성능을 평가하는 방법을 말하며, 입출력 속도, 주기억 장치의 액세스 시간, 데이터 전송 속도, 연산 속도 등을 종합적으로 평가하는 일을 가리킨다. 가격 대 성능비(cost performance ratio)는 컴퓨터 시스템의 성능을 측정하는 척도의 하나로, 비용 성능이라고도 하며 어떤 작업의 처리 능력에 대한 비용의 비율이다. 이 값이 적을수록 가격 대 성능비가 좋다.

performance adaptive control [–ədǽptiv kəntróul] **성능 적용 제어**

performance adaptive self-organizing control [–sélf ɔ́ːrgənɑ̀iziŋ kəntróul] **성능 적응형 자기 조직화 제어**

performance adaptive self-organizing system [–sístəm] **성능 적응형 자기 조직화 시스템**

performance aid development [–éid divéləpmənt] **성능 보조 개발**

performance analysis [–ənǽlisis] **성능 분석, 효율 분석**

performance analyzer [–ǽnəlɑ̀izər] **성능 분석 루틴**

performance assessment [–əsésmənt] **성능 평가**

performance assurance system [–əʃú(ː)rəns sístəm] **PAS, 성능 보증 시스템**

performance capability [–kèipəbíliti(ː)] **성능 자격**

performance characteristics [–kæ̀rəktərístiks] 성능 특성

performance criteria [–kraití(:)riə] 성능 기준

performance curve [–kə́:rv] 성능 곡선

performance degradation [–dègrədéiʃən] 성능 저하 컴퓨터의 모든 성능이 적정하지 않은 상태로, 둘 이상의 프로그램이 하나의 데이터를 동시에 필요로 하는 경우, 또는 하드웨어 부속의 고장을 일컫기도 한다.

performance effectiveness [–iféktivənes] 성능 유효성

performance effectiveness evaluation scheme [–ivæljuéiʃən skí:m] PEEVS, 성능 유효도 평가안

perfomance element [–éləmənt] 성능 요소 학습 시스템의 한 요소로서, 훈련 예에 응답하여 출력을 산출시키는 작업.

performance evaluation [–ivæ̀ljuéiʃən] 성능 평가 연산 목적들이 얼마나 효과적으로 달성되는지를 결정하기 위한 시스템이나 수정할 필요가 있는 동작을 알아보기 위하여 자동 데이터 처리 시스템을 이용해서 성취도를 분석하는 것. 성능 평가는 responsiveness(응답), thruput(효율), cost(비용)의 세 가지 개념으로 나누어 측정된다. 개발중인 시스템에서는 해석적 수법이나 시뮬레이션에 따라 행한다. 또 동작중인 시스템에서는 하드웨어 모니터나 소프트웨어 모니터에 따라 계측해서 평가한다.

performance evaluation and review technique [–ənd rivjú: tekní:k] PERT, 퍼트법 다수의 사람들이 장기간 프로젝트를 수행할 때 프로젝트 진행 과정을 알기 쉽도록 도식적으로 표현하는 스케줄링 기법. 프로젝트 진행을 위해 프로젝트 과정에서 소요되는 인력, 기간, 그리고 소요되는 각종 자원들의 연관 관계를 하나의 도표로 만들어 작업의 전체적인 진행 상황 등을 일목요연하게 파악할 수 있도록 하는 표현 기법이다.

performance exercise [–éksərsàiz] PE, 성능 연습, 달성도 확인 연습

performance function [–fʌ́ŋkʃən] 성능 함수

performance group [–grú:p] 퍼포먼스 그룹 퍼포먼스 그룹은 도입 시스템마다 정의되는데, 어느 특정한 작업이 중앙 제어 장치, 기억 기구, 입출력 장치에 접근하는 속도가 퍼포먼스 그룹마다 정해진다. 시스템의 작업 부하가 가벼운 경우는 대부분의 퍼포먼스 그룹의 처리 속도에 큰 차는 인정되지 않으나 작업 부하가 중간 정도이거나 과도해지면 어느 퍼포먼스 그룹의 처리 속도는 현저하게 저하할 때가 있다. 이와 같이 작업이나 작업 스텝의 턴어라운드 타임 또는 대화의 응답 시간을 일정하게 유지하도록 설정된 클래스를 말한다.

performance improvement feature [–imprú:vmənt fí:tʃər] 처리 능력 향상 기구

performance limit [–límit] 성능 한계

performance management [–mǽnidʒmənt] 성능 관리

performance measure [–méʒər] 성능 측정 인공 지능에서는 주로 탐색 알고리즘의 휴리스틱 능력을 측정함으로써 성능 평가를 하게 되는데, 주로 경험에 기초를 두고 결정을 내리지만 완전하지는 않다. 그러나 집중도와 분기 계수와 같은 계산에 의한 방법들이 이용되고 있다.

performance measurement method [–méʒərmənt méθəd] 성능 측정법 컴퓨터 이용 감시의 한 방법으로 감사 대상 시스템의 효율성을 평가해서 정상 처리보다 많은 시간을 요하는 작업을 추출하여 프로그램의 부정 수정과 회사 업무 목적 이외의 부정 사용을 찾아내는 방법.

performance monitor [–mɑ́nitər] 성능 감시 장치 장치가 규정의 한계 내에서 동작하고 있는지 어떤지를 결정하기 위해 연속적 또는 정기적으로 선택된 몇 가지의 시험점을 주사하는 장치. 성능 감시는 시스템의 병목 현상을 신속히 찾아낼 수 있고, 성능을 향상시키기 위한 방법을 결정하는 데 많은 도움이 된다.

performance monitoring [–mɑ́nitəriŋ] 성능 감시 이것은 기존 우선 순위 시스템을 수정할 것인지 하지 않을 것인지 판단하는 데 필요한 데이터를 관리하거나 시스템이 성능 목적에 부합된다는 것을 확인하기 위한 데이터를 관리하기 위해 평가자가 기존 시스템 상에 성능 평가 자료를 누적하여 감시하는 것.

performance needs [–ní:dz] 성능 필요성

performance objective [–əbdʒéktiv] 성능 목표

performance-oriented transaction processing system [–ɔ́(:)riəntəd trænsǽkʃən prɑ́sesiŋ sístəm] 성능 중심 트랜잭션 처리 시스템

performance period [–pí(:)riəd] 성능 기간 장치가 작동하는 시간 간격. 이를테면 테스트나 준비 기간 또는 장비의 오동작으로 쓰인 시간을 제외한 예정된 작동 시간이다.

performance projection method [–prədʒékʃən méθəd] 성능 예측 방법 새로운 컴퓨터 시스템이나 부분적인 하드웨어 및 소프트웨어에 대하여 지금까지 측정 평가되지 않은 성능을 알아내기 위한 평가 방법.

performance report [–ripɔ́:rt] 성능 보고

performance requirement[–rikwáiərmənt] **성능 요건** 시스템 또는 시스템 구성 요소가 갖춰야 하는 성능의 특징을 상술하는 필요 조건. 예를 들면 속도, 정확도, 빈도수 등이다.

performance response curve[–rispáns kə́:rv] **동작 응답 곡선**

performance specification[–spèsifikéiʃən] **성능 명세** 시스템 또는 시스템 구성 요소에 대한 성능 요구를 설명하는 명세나 기능상의 명세서.

performance test[–tést] **성능 시험**

performance testing[–téstiŋ] **성능 시험** 하드웨어 또는 소프트웨어가 원하는 정도의 성능을 발휘하는지를 측정하는 것.

perfory[pə́rfɔri] **퍼포리** 컴퓨터 전용 연속 용지 양쪽에 절취선을 뚫어서 뜯을 수 있게 되어 있는 띠.

perfs[pə́rfs] **절취선** 프린터 전용 연속 용지를 낱장으로 잘라내거나 양쪽 가장자리의 구멍 뚫린 부분을 뜯어내기 위하여 종이에 뚫은 선.

period[pí(:)riəd] *n*. **주기, 피리어드, 종지부, 기간** (1) 사상의 반복에 있어서 같은 특성을 갖는 사상이 연속하여 일어나는 시간 간격(time interval). 동일 순서에서 규칙적으로 반복되는 일련의 동작이나 사상이 사이클이다. 예를 들면 교류 또는 고주파 전류의 파형이 「0」에서 「−」, 「+」로 변해서 「0」으로 되돌아오는 사상이 사이클이고 그 사이의 시간 간격이 주기이다. (2) 기간 : 어느 일정한 사상이 지속하는 시간 간격을 막연히 가리킨다. (3) 주기 : 원시 함수에 있어서 $f(x)=f(x, k)$가 성립하는 0이 아닌 최소수 k. 예를 들면 $\sin x$의 주기는 2π이다. (4) 종지부. 피리어드 : 문장의 끝을 나타내는 문자. 어느 종류의 프로그램 언어에서는 프로그램 단위의 완결을 나타내거나 데이터의 종속 관계를 나타내는 기호로 사용된다. (5) 소수점 기호 : 영국과 독일에서는 소수점 기호로서 콤마(,)를 이용하는 경우가 있다.

period definition[–definíʃən] **기간 정의**

periodic check[pi(:)riádik tʃék] **정기 검사**

periodic diagnosis[–dàiəgnóusis] **정기 진단**

periodic dumping(time-sharing)[–dʌ́mpiŋ(táim ʃέəriŋ)] **주기적 덤핑(시분할)**

periodic field[–fí:ld] **주기 필드** ADABAS에서 필드를 정의할 때 필드의 특별한 특성들을 명세하는 선택 요소 가운데 하나. 1차원 배열과 유사하다.

periodic function[–fʌ́ŋkʃən] **주기 함수** 어떤 함수 $f(x)$가 상수 a에 대해서 $f(x)=f(x+a)$의 식을 만족하는 경우에 $f(x)$는 주기 a의 주기 함수라 한다. 예를 들면 $\sin x$는 2π를 주기로 하는 주기 함수이다.

periodic maintenance[–méintənəns] **정기 보수** 설정한 시간 간격으로 실시하는 예방 보수.

periodic pulse train[–pʌ́ls tréin] **주기적 펄스열** 일정한 주기를 갖는 펄스열(列)을 말한다.

periodic report[–ripɔ́:rt] **주기적 보고**

peripheral[pərífərəl] *a*. **주변 장치** CPU의 주변 장치에는 외부 기억 장치, 입출력 장치, 통신 장치 등이 있는데, 이것들을 총칭하여 주변 장치(peripheral unit, peripheral equipment), 또는 단순히 페리페럴(peripheral)이라고 한다. CPU를 인간의 뇌로 본다면, 주변 장치는 눈, 귀, 손, 발에 해당한다.

peripheral bound[–báund] **주변 장치 바운드**

peripheral buffer[–bʌ́fər] **주변 장치 버퍼** 주변 장치 자체의 기억 장치에 있는 입출력 버퍼.

peripheral bus[–bʌ́s] **주변 장치 버스** 대부분의 시스템에서 입출력 인터페이스와 주변 장치들을 버스 슬롯(bus slot)에 끼워서 사용한다. 그 결과 입출력 인터페이스를 간단하고 정확하게 사용할 수 있다.

peripheral compatibility[–kəmpæ̀tibíliti(:)] **주변 기기 호환성**

peripheral control[–kəntróul] **주변 장치 제어** 이것은 중앙 처리 장치와 주변 장치 간에서 데이터의 규칙적인 전송을 제어하는 것으로, 특히 주변 장치의 기계적 속도와 컴퓨터의 전자적 속도를 조정해 줌으로써 주변 장치로의 데이터 전송이 중앙 처리 장치에 거는 인터럽트를 최소화한다.

peripheral controller[–kəntróulər] **주변 제어 장치**

peripheral control transfer[–kəntróul trænsfə́:r] **주변 제어 전송** 주변 장치 제어를 통해서 중앙 처리 장치의 인터럽트를 최소화하여 데이터를 전송하는 것으로, 특히 주변 제어는 주변 장치의 기계적 속도와 중앙 처리기의 전자적 속도를 조정하며 주변 장치의 데이터 전송에 기인한 중앙 처리 장치의 중단을 최저로 한다.

peripheral control unit[–jú:nit] **주변 제어 장치, 주변 제어 기구** 주변 장치와 중앙 처리 장치 사이를 연결하거나 오프라인 조작시에 주변 장치들 사이를 연결하는 매개 제어 장치.

peripheral device[–diváis] **주변 장치** 특정 처리 장치로부터 그 처리 장치와 외부와의 통신을 제공하는 장치. 중앙 연산 처리 장치 이외의 출력 장치, 입력 장치, 콘솔 및 온라인 시스템에서의 데이터 통신 장치(통신 제어 장치나 단말 장치) 등을 총괄적으로 일컫는다. 예를 들면 입출력 장치와 보조 기억 장치가 있다.

peripheral device controller[–kəntróulər] **PDC, 주변 장치 제어기** 주변 장치를 제어하는 장치.

peripheral equipment[–ikwípmənt] **주변 장치** (1) 컴퓨터의 중앙 처리 장치에 대해서 입출력 장치, 보조 기억 장치, 외부 기억 장치 등을 총칭하여 일컫는 말. (2) 주변 기억 장치 : 주기억 장치 이외의 기억 장치. 현재는 주로 자기 디스크 기억 장치, 자기 테이프 기억 장치 등을 가리킨다. 주기억 장치에 비해서 고속성이 떨어지지만 값이 싸고 대용량인 것이 장점이다.

peripheral equipment operator[–ápəréitər] **주변 장치 관리자** 주변 장치 관리자는 자기 테이프나 디스크 팩을 장치에 착탈하거나 출력에 순서를 기입하거나 지시하는 대로 입출력 장치를 조작하는 사람을 가리키는데, 대형 컴퓨터 시스템에서 콘솔을 담당하는 사람을 일반적으로 컴퓨터 관리자라고 한다.

peripheral interface[–íntərfèis] **주변 인터페이스** CPU가 여러 가지 장치를 동작시켜 간단한 조직으로 구성할 수 있게 한 인터페이스 회로 소자. 워드 단위의 입출력에 대한 병렬 처리와 프로그래밍을 쉽게 할 수 있다.

peripheral interface adapter[–ədǽptər] **PIA, 주변 기기 인터페이스 어댑터** 다른 기종의 마이크로컴퓨터의 인터페이스 사이에서의 호환성(compatibility)을 보호 · 유지하기 위한 전자 회로이며, 여러 가지 기종을 소유하는 마이크로컴퓨터 사용자에게는 매우 편리한 것이다.

peripheral interface channel[–tʃǽnəl] **주변 장치 인터페이스 채널** 주변 장치와 중앙 처리 장치(주기억 장치를 포함) 사이에 정보 교환 전용으로 둔 채널.

peripheral interrupt[–ìntərʌ́pt] **주변 장치 인터럽트** 주변 장치에서 작업의 준비나 완결 신호에 의한 인터럽트.

peripheral LSI chip **주변 LSI 칩** 마이크로컴퓨터 주변 장치의 구성을 쉽게 하기 위해 각종 주변 기능을 LSI화한 것.

peripheral memory[–mémәri(:)] **주변 기억 장치** 주로 통칭하여 자기 디스크 기억 장치, 자기 테이프 기억 장치 등을 가리키는 경우가 많으며, 주기억 장치에 비해 고속성이 떨어지지만 값이 싸고 대용량이라는 것이 특징이다. 즉, 주기억 장치 이외의 기억 장치를 뜻한다.

peripheral operation[–àpəréiʃən] **주변 작동** 입출력 장치와 직접 컴퓨터의 제어 하에 있지 않은 장치들의 작동. 일반적으로 자기 테이프와 다른 매체 사이의 정보 전송에 사용한다.

peripheral plotter[–plátər] **주변 플로터** 디지털 증분 플로터는 여러 종류의 종이 크기, 속도 및 도형 작성 증분을 제공한다. 제어 장치가 입출력 채널을 쓰지 않으므로 같은 채널에서 도형 작성과 다른 입출력 채널 작동을 동시에 수행할 수 있다.

peripheral power supplies[–páuər səpláiz] **주변 기기 전원**

peripheral processor[–prásesər] **주변 프로세서** CPU 외에 CPU의 처리를 경감하는 의미에서 부가된 처리기(processor). 현재의 고성능 입출력 제어 장치(input/output control unit), 또는 주변 인터페이스(peripheral interface)는 주변 프로세서로 간주된다.

peripheral program[–próugræm] **주변 기기용 프로그램**

peripheral slot[–slát] **주변 장치 슬롯** 마이크로프로세서 내에 만들어진 슬롯으로, 이곳에 부가 기능을 추가시키기 위한 카드들을 연결하여 쓸 수 있으므로 하드웨어를 변경하지 않아도 된다.

peripheral storage[–stɔ́:ridʒ] **주변 기억 장치**

peripheral subsystem[–sʌ́bsìstəm] **주변 장치 서브시스템** 이 시스템은 입출력 채널에 연결된 동일한 종류의 주변 장치들로 구성된 서브시스템으로서, 컴퓨터에 주변 장치를 접속할 때 같은 종류의 주변 장치를 묶어서 한 조로 접속하는 것. 이 시스템 중의 제어 장치는 여러 대의 주변 장치를 제어하기 때문에 컴퓨터 기능의 일부를 구비하고 있는 것이 보통이다.

peripheral transfer[–trænsfə́:r] **주변 장치간 전송** 주변 장치 상호간에서 데이터를 전송하는 것. 즉, 두 개의 주변 장치 또는 보조 장치 사이에서 데이터를 전송하는 처리를 말한다.

peripheral unit[–jú:nit] **주변 장치**

Perkin-Elmer Data Systems **퍼킨-엘머 데이터 시스템 사**

Perl practical extraction and report language의 약어. 웹 서버 애플리케이션을 작성하는 프로그래밍 언어로 펄(Perl)은 대화형 형태와 다른 CGI 프로그램의 슬루를 만드는 데 이용된다. 이 무료로 허가된 언어, 펄은 윈도 NT, 노벨, 넷웨어, 유닉스 버전이 각각 나온다. 펄 스크립트는 인터넷에서 무료로 받을 수 있다. Larry Wall이 개발하여, 유즈넷을 통해 전세계에 배포된 범용 언어이다. 텍스트를 스캐닝하고, 형식화된 보고서를 프린팅하며, 중첩된 데이터 구조와 객체 지향의 기능을 지원한다. ⇨ CGI

permanent[pə́:rmənənt] *a.* **영구의, 지속적인** 어느 상태가 변화하지 않을 때나 변할 수 없을 때 사용된다.

permanent account[–əkáunt] **영구 계정** 인

터넷을 사용할 수 있는 계정이 영구적으로 존재하는 것. 예를 들어, 전회선이 아니라 전용 회선을 이용하는 경우에는 별도로 계정을 만들 필요없이 전용 회선에 할당된 계정을 사용하는데, 이런 유형의 계정이 이에 해당된다.

permanent address [-ədrés] **영구 주소** 개별적인 명령 실행과는 관계없는 특별한 상황이나 경고 조건을 취급하는 범용 마이크로프로그램의 개시 주소.

permanent allocation [-æləkéiʃən] **영구 할당** 컴퓨터가 데이터나 파일을 사용하는 경우에, 사용자가 그 할당을 해제할 때까지 그 할당이 보장되는 상태. 그와 반대로 컴퓨터가 필요에 따라 그 할당을 해제할 수 있는 상태를 비상주 할당(temporary allocation)이라 한다.

permanent answer [-ɑ́:nsər] **영구 응답** 연산 장치의 출력 중 레지스터 블록으로 되돌아오는 것.

permanent core image library [-kɔ́:r ímidʒ láibrəri(:)] **영구 코어 이미지 라이브러리** 적재 모듈이 영구 저장되는 장소로 필요시에만 모듈러 적재기에 의해 적재되고 실행될 적재 모듈이 보관되는 프로그램 라이브러리.

parmanent data files [-déitə fáilz] **영구 데이터 파일**

permanent error [-érər] **영구 오류** 오류를 일으킨 작동을 다시 수행하여도 수정할 수 없는 오류. 즉, 특정한 장치를 사용하고 있을 때 항상 발생하는 에러. 이런 종류의 에러는 재현성이 높아 비교적 쉽게 검출할 수 있다.

permanent fault [-fɔ́:lt] **영구 결함**

permanent file [-fáil] **영구 파일, 보존 파일** 자기 디스크 장치(magnetic disk unit)나 자기 드럼 장치(magnetic drum unit)에 영구적으로 기록되고, 필요할 때 언제라도 호출할 수 있는 파일. 역으로 프로그램 실행중에 일시적으로 데이터를 보조 기억 장치(auxiliary memory unit)에 저장할 때 만들어지는 파일을 임시 파일(temporary file)이라고 한다.

permanently resident volume [pə́:rmənəntli rézidənt válјum] **영구 상주 볼륨**

permanent memory [pə́:rmənənt mémər-i(:)] **영구 기억 장치** 전원이 차단되어도 기억된 정보가 소멸되지 않는 기억 장치. 써넣기를 고속으로 할 수 없어 판독 전용으로 이용되는 기억 장치이며, 고정이라는 뜻은 컴퓨터 자신의 명령에 의하여 변경할 수 없음을 가리킨다.

permanent storage [-stɔ́:ridʒ] **영구 기억 장치, 지구성 기억 기능(장치)** 보통 상태에서는 내용을 변경하므로 기록(write)이 되지 않고, 판독(read)만 되는 기억 장치이지만 전원(power)이 끊겨도 기억되어 있는 데이터가 지워지지 않는 기억 장치. 퍼머넌트 스토어(permanent store)라고도 한다.

permanent virtual circuit [-vɔ́:rtʃuəl sɔ́:r-kit] **PVC, 영구 가상 회로, 상대 고정 접속** PVC라고 약자로 쓰는 경우가 있다. 두 가지의 데이터 단말 장치 사이가 상대 선택 방식의 경우 데이터가 전송 phase와 항상 같은 상태에서 확립되는 접속으로 통신 상대를 항상 특정한 하나의 상대에 고정시킨 접속 회로. 패킷 교환망을 이용하여 통신을 할 경우에 통신하는 상대가 하나로 상시 고정되어 있어서 다이얼 또는 발호(發呼) 패킷에 의해 상대를 선택할 필요가 없는 접속 형태를 일컫는다.

permeability [pə̀:rmiəbíliti(:)] *n.* **투자율** 자속 밀도가 그에 대응하는 자화력(자계의 세기)에 대한 비율로, 진공에서 자속 밀도 B는 자기장 H에 비례하고, $B=\mu_0 H$인 관계가 있으며, 이때 μ_0를 진공에서의 투자율이라고 한다. 단위는 H/m이다.

permission [pərmíʃən] *n.* **허가** (1) 허가 : 개인 또는 조직이 보유하고 있는 권리의 행사를 다른 개인 또는 조직으로 인정하는 것. 예를 들면 저작권의 허가(copyright permission) 등. (2) 이용자가 컴퓨터 네트워크 또는 컴퓨터 시스템 중의 특정 장치나 프로그램을 이용하거나 파일 중의 데이터를 읽어내어 수정하고 삭제하거나 또는 다른 장소에 기억하는 행위를 보증하는 것. 여기서 말하는 이용자란 개인이라도 좋으며, 사람이 작성한 프로그램이어도 좋다. 액세스 허가(access permission), 허가(authorization)와 같은 뜻. (3) (2) 과정에 있어서 허가되는 행위의 총칭. 액세스권(access right) 그 자체를 가리키는 경우도 있다.

permit [pə:rmít] *n.* **허가** 시스템 소스에 대하여 각 사용자 및 사용자 그룹별로 접근 유형에 따라 그 사용을 허용하거나 금지시키는 것.

permutation [pə̀:rmjutéiʃən] *n.* **순열(順列)** 집합으로부터 선택된 어느 주어진 개수의 상이한 요소의 순서가 매겨져 나열되어 있는 것을 치환하는 것의 총칭. 코어 속의 비트 구성을 변화시키는 것을 가리킬 때도 있다.

permutation group [-grú:p] **순열군**

permutation index [-índeks] **순열 색인** 정보 검색 색인으로, 구성 용어를 한 번 순번의 첫머리에 오도록 전체의 조합에 대해 완성된 것.

permutation matrix [-méitriks] **순열 행렬** 정방 행렬의 모든 원소가 0이나 1이고 각 행이나 열은 오직 하나의 1만 포함하고 있을 경우.

permuted title index [pərmjú:təd táitl índeks] **순열식 제목 색인** 어떤 제목이나 문서의 주요 단어와 기타 필요한 부수적 단어들을 알파벳 순으로 나열한 것. 각 단어는 다른 단어들과 함께 순환적으로 돌아가되 한 번씩만 나타나게 되어 있는 색인.

perpendicular magnetic recording[pəːr-pəndíkjulər mægnétik rikɔ́ːrdiŋ] **수직 자기 기록** 자기 테이프 등에 자기 기록하는 경우에 그 두께 방향(수직 방향)으로 자기장을 주고, 이 방향의 자화(磁化)를 이용하는 방법. 종래 주류로 되어온 고리 모양 헤드에 의한 기록에서는 테이프의 진행 방향(수평 방향)의 자기장과 자화가 주세력이고 수직 방향은 오히려 나쁘게 생각되어 왔지만 1976년에 이와사키(岩俊一)가 재검토해서 고밀도 기록에 유효하다는 것을 지적하면서부터 주목받고 있다.

persistence[pərsístəns] **퍼시스턴스** 전류가 흐른 뒤 발광체 또는 다이오드 픽셀에 빛이 남아 있는 시간의 양 그리고 새로운 화면이 재생될 때까지 이미지가 지속되는 동안을 픽셀 퍼시스턴스라 한다. 짧은 퍼시스턴스의 픽셀은 흔들리는 화면을 보여주고 긴 퍼시스턴스를 가진 경우에는 그림자가 생긴다.

persistent current[pərsístənt kɔ́ːrənt] **지속 전류** 초전도 상태에서는 전기 저항이 완전히 0이 되므로, 예를 들면 고리 모양의 납에 전류가 흐르면 납이 초전도 상태로 있는 한 전류는 영원히 납 고리 안을 흐른다. 이런 전류를 지속 전류라 한다. 이것을 이용한 기억 소자가 IBM 사의 Crowe에 의해 제안되고 있다.

personal[pɔ́ːrsənəl] *a.* **퍼스널, 개인적**

personal affairs system[–əfέərz sístəm] **인사 시스템** 노사 관계의 안정이나 종업원의 적절한 활용을 목적으로 고용 · 훈련 · 후생 · 노무의 최적 조직화를 도모하려는 시스템.

personal area network[–έ(ː)riə nétwəːrk] **판** ⇨ PAN

personal computer[–kəmpjúːtər] **PC, 개인용 전산기, 퍼스널 컴퓨터** 탁상형(desk type)의 범용 컴퓨터(general purpose computer). 값이 싸고 이용이 간단하며, 필요에 따라서 보조 기억 장치(auxiliary memory unit) 등을 떼어낼 수 있는 등의 이점이 있지만, 처리 속도가 늦어 많은 데이터량의 처리에는 부적당하고, 기억 용량(memory capacity)에 한도가 있다. 업무 처리가 많아지면 업무 간의 데이터 정합성이 적어지기 쉬운 결점이 있다. OA기기의 대표적인 기기로 8비트에서부터 16비트, 32비트로 점차 처리 능력이 향상되고 있다. 고해상도 디스플레이와 자기 디스크 드라이브를 갖추었으며, 출력 장치로는 한자나 그래프의 인자 능력을 가진 프린트 장치를 접속할 수 있다. 개인용 컴퓨터는 독립된 처리 시스템이지만, 전화 회선 등의 네트워크를 이용하여 퍼스널 컴퓨터 통신도 가능하다. ⇨ 그림 참조

personal computer local area network ⇨ PC LAN

personal computer network[–nétwəːrk] **퍼스널 컴퓨터 네트워크** 퍼스널 컴퓨터를 온라인으로 유기적으로 결합한 것. 개별적으로 도입된 퍼스널 컴퓨터를 하드웨어, 소프트웨어, 데이터 등의 자원을 공유하기 위해, 예를 들면 근거리 통신망(LAN)으로 결합한다.

personal computer software[–sɔ́(ː)ftwὲər] **퍼스널 컴퓨터 소프트웨어** 퍼스널 컴퓨터를 위하여 빠르게 확장하는 많고 다양한 소프트웨어가 있다. 그 중 대부분의 소프트웨어는 전문적인 컴퓨터가 몇 년 동안 사용해온 소프트웨어에 필적할 만하다. 예를 들면 디스크, 자기 테이프, 운영 체제, 텍스트 에디터, 인터프리터, 고수준 언어를 위한 어셈블러와 컴파일러가 있다.

personal computing[–kəmpjúːtiŋ] **개인 계산** (1) 표준적 중형 시스템보다는 소형일 뿐만 아니라 가격이 싸고, 휴대가 가능하고 쉽게 사용하기가

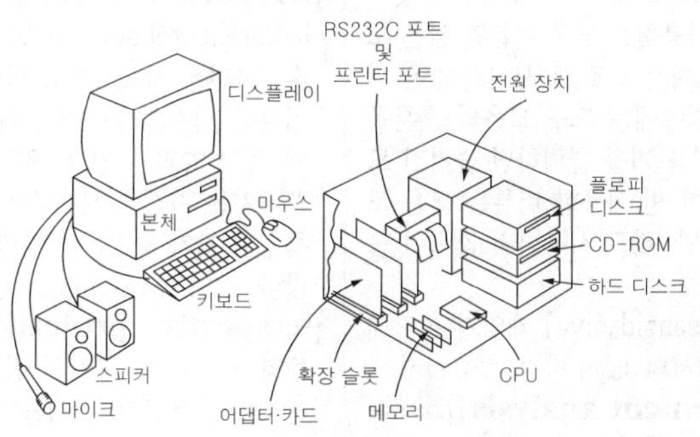

〈일반적인 퍼스널 컴퓨터의 구성도〉

쉬운 퍼스널 컴퓨터를 사용한 계산. (2) 사용자가 데이터를 완전히 제어할 수 있고, 데이터를 조작하기 위한 소프트웨어를 이용할 수 있는 환경에 있어서의 계산.

Personal Conferencing Work Group[-kánfərənsiŋ wə́:rk grú:p] **개인용 회의 작업 그룹** ⇨ PCWG

personal document[-dákjumənt] **개인용 문서**

personal document password[-pǽswə̀:rd] **개인용 문서 암호**

personal editor[-éditər] **개인용 편집기, 퍼스널 에디터**

personal equipment functional unit[-ikwípmənt fʌ́ŋkʃənəl jú:nit] **PEF, 인원 기기 기능 단위**

personal handyphone system[-hǽndi(:)-foun sístəm] **개인용 휴대 전화 시스템** ⇨ PHS

personal identification number[-aidèn-tifikéiʃən nʌ́mbər] **PIN, 개인 식별 번호** 패스워드(암호)로 사용할 수 있는 개인 식별 번호.

personalization key unit [pə̀:rsənəlizéiʃən kí: jú:nit] **기밀 잠금 기구**

personalized form letter [pə́:rsənəlàizəd fɔ́:rm létər] **개인용 편지 형식** 워드 프로세서나 합병 인쇄(mergeprint) 시스템으로 만들어진 컴퓨터가 구성한 편지 인쇄 형식.

personalize menu[pə́:rsənəlàiz ménju:] **메뉴의 개인화** 마이크로소프트 오피스 2000부터 갖추어진 기능으로, 자주 사용하는 메뉴만 짧은 도구 모음 형식으로 표시하는 구조. 표시되지 않은 기능을 사용할 경우에는 메뉴 바를 더블 클릭하거나 메뉴의 최하단에 있는 하향 화살표 키를 클릭하면 숨겨진 메뉴 항목이 표시된다. 한 번 사용한 메뉴는 짧은 메뉴로 표시되지만 바로 사용하지 않으면 숨겨진다.

personalize tool bar[-tú:l bá:r] **도구 모음의 개인화** 마이크로소프트 오피스 2000부터 갖추어진 기능으로, 자주 사용하는 도구 버튼만 짧은 도구 모음 형식으로 표시하는 구조. 표시되지 않은 기능을 사용하고자 할 경우에는 도구 모음의 오른쪽 끝에 있는 오른쪽 화살표 키를 클릭하면 숨겨진 도구 버튼이 표시된다. 한 번 사용한 버튼은 짧은 도구 모음으로 표시되지만, 바로 사용하지 않으면 숨겨진다.

PersonalJava[pə́:rsənəldʒɑ́:və] 게임기나 휴대 정보 단말 등의 기기에서의 Java 환경 ⇨ Java

personal management analysis [pə́:rsə-nəl mǽnidʒmənt ənǽlisis] **PMA, 인사 관리 분석**

personal manager system[-mǽnidʒər sís-təm] **개인용 관리 시스템, 퍼스널 매니저 시스템**

personal microcomputer[-máikroukəm-pjù:tər] **개인용 마이크로컴퓨터**

personal module[-mádʒu:l] **개인 모듈** 대표적인 개인 모듈은 프로그램할 PROM에 유일한 전문 인터페이스, 전원 공급과 프로그래밍 명령어를 갖고 있다. 대개 단일 모듈을 사용해 여러 종류의 PROM에 프로그램할 수 있다.

personal number service[-nʌ́mbər sə́:r-vis] **평생 전화 번호** ⇨ PNS

personal protective equipment[-prəté-ktiv ikwípmənt] **개인 보호 장치**

personal reference retrieval system [-réfərəns ritrí:vəl sístəm] **개인용 참조 문헌 탐색 시스템**

personal subsystem[-sʌ́bsìstəm] **개인용 부시스템** 전체 정보 시스템 내에서 인력으로 수행되는 데이터의 흐름과 처리 과정. 이러한 하위 시스템을 설립하기 위해서는 서식화와 연수가 필요하다.

personal web server[-web sə́:rvər] **개인용 웹 서버** 마이크로소프트 사가 개발한 개인용 웹 서버 소프트웨어. 윈도 95/98, 윈도 NT 워크스테이션에서 작동한다. FTP 서버, 고퍼 서버, 웹 서버와 같은 소규모 인터넷 서버를 구축할 수 있다.

perspective[pərspéktiv] **원근법** 2차원의 화상으로 3차원 세계를 표현하는 기법의 하나로 화상중의 여러 방향으로의 모든 선이 모이는 점. 즉, 무한 원점을 구하고 그 원점을 기준으로 하여 원근 정보를 표시하는 방법.

perspective correction[-kərékʃən] **원근 수정** 3D 그래픽에서 퀵 앤드 더티(quick-and-dirty) 렌더링시 직선이 먼 곳에 있는 것처럼 희미해지거나 굴절되어 보일 수 있다. 원근 수정은 이렇게 잘못된 그림을 완화시키는 데 쓰이는 기술의 일반적 형태이다.

perspective correct texture mapping [-kərékt tékstʃər mǽpiŋ] **텍스처 매핑 처리 기술** 화면을 사실적으로 만들어주는 기술로서 특히 커다란 다각형으로 만들어진 긴 복도를 내려다볼 때 특히 효과가 있다. 원근 수정이 없다면 복도가 사라지는 지점에서는 구부러져 보일 수 있다. 이런 특징이 보기 좋기는 하지만 3D 게임에는 필요하지 않다. ⇨ texture mapping

perspective projection[-prədʒékʃən] **원근 투영** (1) 3차원 공간의 점들이 원근의 중심이라고 불리는 공간상의 한 점을 통과하는 선에 의하여 화상에 사상(寫像)되는 것. (2) 3차원 그래픽에서 사진 기술이나 사람의 시각과 비슷한 효과를 내기 위하여 투영점에서의 거리에 따라 물체의 크기를 변화시키는 원근에 의한 단축 기법. 물체의 정확한 모양이나 깊이, 각도가 요구되는 응용에는 부적합하지만 좀더 자연스러운 화상을 표시해 준다.

PERT 퍼트법, 퍼트 performance evaluation and review technique, program evaluation and review technique의 약어. 복잡한 작업이나 프로젝트의 공정을 관리하기 위해서, 그 공정의 개시부터 종료까지를 네트워크로 표현하는 방법. 이 네트워크는 화살선(arrow)과 결합점(event)으로 이루어지며 시간적 요소를 중심으로서 최적 스케줄을 결정하는 것을 목표로 하고 있다. 모든 경로(path) 가운데 가장 긴(시간이 걸림) 경로를 임계 경로(critical path)라고 하며, 이 임계 경로의 관리에 중점을 둔다.

PERT chart 퍼트 도표 상호 관계를 유지하면서 수행하여야 할 각 작업들이 원과 그 원을 연결하는 직선으로 연결되어 있는 시간에 의존하여 도식화한 그림.

PERT/COST 퍼트 /코스트 「일정」과 「비용」의 양면에서 계획, 관리를 하는 수법. PERT의 시간적 요소와 비용에 관련된 데이터를 더해 화살선도를 만든다. 프로젝트의 일정 진로와 동기된 모양으로 작업 수행 코스를 평가하여 최종 비용의 예상 등이 얻어지므로 예산면에서의 문제점 등이 쉽게 판독된다.

PERT/COST system 퍼트/코스트 시스템 대규모 또는 소규모 연구 개발 프로젝트의 계획 일정에 대한 제어와 감독을 쉽게 하도록 설계한 일반화된 프로그램.

PERT critical path analysis 퍼트 임계 경로 해석

PERT early start date 퍼트 조기 시작일 전체 작업 기간의 추정에서 모든 작업이 되도록이면 빨리 시작된다고 보는 낙관적인 시간 추정에 사용한다.

PERT free float 퍼트 자유 유동 프로젝트에서 전체적 지연에 영향을 미치지 않는 특정한 작업을 중단시키기 위해 사용한다. 서로 연결된 여러 개의 단위 작업들이 있을 때 임계 공정에 있지 않은 단위 작업들을 지연시킬 수 있는 여유 시간.

pertinency factor[pə́ːrtinənsi(ː) fǽktər] **적합률** 시스템의 효율을 판단하는 파라미터의 하나. 검색된 정보 R건 가운데 질문에 정확하게 적합한 정보가 P건 있을 때 P/R을 적합률이라고 한다.

적합률 = 1 − 잡음률

PERT latest start date 퍼트 최종 시작일 작업 계획에서 특정한 일이 완료될 수 있는 날짜를 추정하는 데 쓰인다. 전체의 일이 요구된 날짜까지는 모두 마칠 수 있도록 하면서 각각의 일을 가능한 한 늦게 시작할 수 있는 날짜를 말한다.

PERT network 퍼트 네트워크 퍼트를 이용하기 위해서는 주어진 목적을 달성하는 데 수행될 모든 작업을 열거하여 전체 프로젝트의 포괄적인 분석이 필요하다. 이러한 작업의 순서 관계를 네트워크로 나타낸다. 이 분석이 실현되게 하려면 매우 철저하고 상세한 기술이 필요한데, 필요한 정보를 밝히고 제품의 완성에 가장 큰 시간 제약을 가지는 영역에 중점을 두고, 완성을 위해 과도한 시간을 요하는 스택 영역에도 중점을 둔다.

PERT start date 퍼트 시작일 특정한 작업의 완성일을 추정하는 데 쓰인다. 각 작업은 전체 작업이 요구한 날짜에 끝나도록 가능한 한 늦게 시작하도록 배열한다.

PERT/TIME 퍼트/타임 보통 「퍼트」라고 불리며 프로젝트의 수행 순서를 화살 선도로 하여 시간(타임) 요소를 중심으로 "계획"의 평가, 조정, 진보 관리를 행하는 수법이다.

PERT-type network 퍼트형 네트워크

perturbation[pə̀ːrtərbéiʃən] *n.* **인자 변환** 자동으로 훈련 사례를 만들어줌으로써 교사가 학습 과정에 되도록 덜 간섭하게 하여 학생 스스로가 책임지고 학습할 수 있는 상황을 조성하는 기법.

pessimistic time[pəsimístik táim] **비관 시간** 네트워크 시스템에서 소요 시간의 견적 방법 중 낙관 시간에 대응하여 악조건이 겹쳐올 때의 견적 시간으로, 100분의 1 정도의 확률로 발생하는 가장 긴 소요 시간을 의미한다.

Peterson graph 피터슨 그래프

Petri net 페트리 네트 특수한 선도에서 표현되는 동시 병행 시스템의 모델로서, 1960년대에 서독의 C.A. Petri가 고안한 병렬 가동 시스템의 표현법으로 정보 흐름의 표현을 극도로 간소화한 것이다. 이는 프로토콜들을 모델화하는 데 주로 사용되며, 장소(place), 전이(transition), 토큰(token) 등으로 구성되는데, 장소는 0으로, 전이는 −(또는 1)로, 토큰은 ·으로 나타낸다. 토큰은 장소로부터 전이를 거쳐서 다른 장소로 움직이며, 이때 통과할 전이는 「fire」라고 한다. 전이의 각 입력 장소들에 적어도 하나의 입력 토큰이 있으면 그 전이는 활성화(enable)되고 임의의 활성화된 전이는 각 입력 장소로

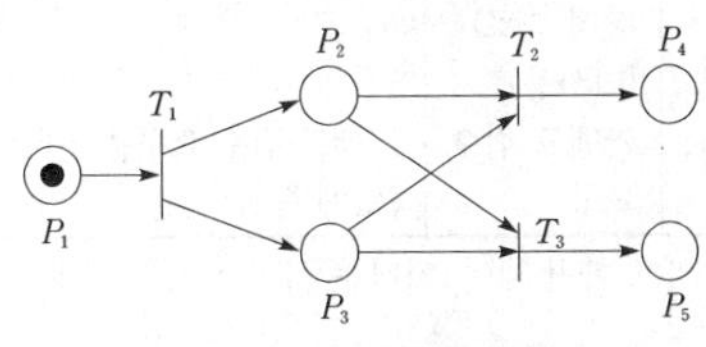

〈페트리 네트에 의한 표현〉

부터 하나의 토큰을 넣음으로써 fire할 수 있다. fire할 전이의 선택은 확정적인 것이 아니며, 바로 이 점이 프로토콜을 모델화하는 데 유용한 이유가 된다.

PF 절차 추종 procedure following의 약어.

pf picofarad의 약어. 용량의 단위로서 10^{-12}패러드(F).

PFC 포트 흐름 제어 port flow control의 약어.

PF-key 프로그램 가능 기능 키 programmable function key의 약어. 사용자(user)가 프로그램에서 어떤 기능의 키를 선정하여 지정한 후에 정규 단말 기능을 이용해서 프로그램을 디스플레이하고 편집할 수 있도록 하는 기법. 시스템에 대한 조작 명령을 CRT 키보드로부터 명령 입력에 의하여 이루어지는 것 이외에 프로그램 가능 기능 키(PF-key)라고 하는 기능 키를 누름으로써 행할 수 있다. PF-key에는 사용 빈도가 높거나 번잡한 조작 명령, 예를 들면 CRT의 화면 제어나 FD 제어 등의 기능이 미리 정의되어 보수 작업의 효율화가 도모되고 있다. 표에 각 PF-key의 기능을 표시하였다.

〈PF-key의 기능〉

PF 번호	기 능 명	의 미 내 용
PF1	모드 리셋	서비스 모드의 해제를 지시
PF2	메시지 통계	서비스 집계 막대 그래프를 CRT에 표시
PF3	메시지 검색	FD 수용 시리얼의 검색 내용을 CRT에 표시
PF4	정보 작성	FD에 저장하는 정보를 CRT 상에 작성 가능
*PF5	신규 작성	화면을 클리어하여 콘솔을 좌측상에 설정
*PF6	FD 저장	CRT 상의 정보를 FD에 저장
PF7	정보 전송	FD의 정보를 CC로 전송 가능
*PF8	데이터 전출	화면 상의 데이터를 CC로 전송 (화면 전송으로 접지)
PF9	(미사용)	
PF10	개혈(改頁)	다음 면의 표시를 지시
PF11	PRT 출력 제어	PRT에의 메시지 출력 모드를 변환
PF12	PRT 입력 제어	PRT 입력/KB 입력 모드를 변환
PF13	FD저널(수집 강제 종료)	저널 수집을 서서히 종료
PF14	(미사용)	
PF15	커맨드 접수 요구	커맨드 접수 요구용 인터럽션을 CC에 송출

* 표는 CRT 화면 제어, 기타는 서비스 기능 제어

PFS : File PFS : 파일 소프트웨어 퍼블리싱(Software Publishing) 사가 애플Ⅱ용으로 개발하여 널리 보급되고 있으며, 개인용 컴퓨터를 위한 파일링 프로그램.

PFS : First Publishing PFS : 퍼스트 퍼블리싱 소프트웨어 퍼블리싱(Software Publishing) 사가 개발한 전자 출판(DTP)용 프로그램.

PFS : Graph PFS : 그래프 PFS 시리즈로서 PFS : File로 작성한 데이터를 판독하여 막대 등 각종 그래프를 그려주는 프로그램.

PFS : Report PFS : 리포트 PFS 시리즈로서 보고서 작성 전용 프로그램.

PFS series PFS 시리즈 소프트웨어 퍼블리싱(Software Publishing) 사에서 개발한 여러 가지 프로그램들. 이들 프로그램은 그 안에서 데이터를 교환하여 사용할 수 있으며 사용이 간편하여 널리 보급되었다.

PFS : Write PFS : 라이트 PFS 시리즈로서 간단한 워드 프로세싱 프로그램.

PGN 성능 그룹 번호 performance group number의 약어.

PGP 프리티 굳 프라이버시 pretty good privacy의 약어. 전자 우편을 암호화하여 개인의 프라이버시를 지켜주는 프로그램으로 「필 R. 짐머만」이 만들어 배포한 공개 키 방식의 암호 시스템. 이 PGP를 이용하면 파일의 암호화와 저장, 특정인만이 읽을 수 있도록 하는 전자 우편, 전자 서명, 문서 변조 방지, 키 관리 기능을 수행할 수 있다. PGP는 미국의 보안 관련 상품 수출 통제로 인하여 PGP를 마음대로 가져다 사용할 수 없다. 국내에서는 국가 보안상 적극적인 활용은 국가 기간 전산망 등에서만 허용되고 있으나, 일단 메시지의 변조 유무, 전자 서명 등에서는 개인도 사용할 수 있을 것으로 본다.

PGS 프로그램 발생 시스템, 프로그램 생성 시스템 program generation system의 약어.

PHA 펄스 높이 분석 pulse height analyzer의 약어. 펄스 파고의 히스토그램을 만들어 분석하는 것.

phage[feidʒ] **파지** 다른 프로그램이나 데이터 베이스를 불법으로 수정한 프로그램.

phantom[fǽntəm] *n.* **팬텀** 한 트랜잭션의 데이터가 비어 있다고 가정하여 필드의 값을 X로 하고 투플 전체를 로크하여 처리를 하고 있는 동안에 다른 이용자가 그 필드의 값 X를 갖는 투플을 추가하는 경우, 병행 수행 제의 대상으로서 추가될지도 모르는 레코드를 팬텀이라고 한다. 팬텀을 피하기 위해서는 술어(述語) 로크(predicate lock)가 필요하다.

phantom circuit[-sə́ːrkit] **팬텀 회선, 중신 회선**

phase[féiz] *n.* **위상, 단계** 컴퓨터에서 업무를 처리할 경우 한 번에 주기억 장치에 페치하여 실행하는 프로그램의 처리 단계. 예를 들면 5페이즈로 되는 프로그램이란 주기억 장치에서의 페치, 실행을 5회 반복하여 처리가 완료하도록 한 프로그램을 말한다. (1) 위상 : 규칙적으로 바르게 반복되는 현상(주기적인 양)의 어떤 임의의 기점(origin)에 대한 상대적인 위치. 주기적인 전기 신호는 보통 1주기를 360도로 표현하므로 그 우수리. 예를 들면 반주기의 위상 벗어남(out of phase)은 위상이 180도 벗어났다 라고 표현한다. (2) 단계 : 어떤 현상의 라이프 사이클에서 다른 것과 구별되는 부분의 경시적인 단계. 예를 들면 소프트웨어의 라이프 사이클(수명 기간)은 개념 정의, 요구 명세의 작성, 설계, 구체화(implementation), 시험(test), 보수와 운용의 단계가 있다 라고 한다.

phase alternation line[–ɔ̀:ltərnéiʃən láin] **PAL, 팔**

phase angle[–ǽŋgl] **위상각**

phase bit[–bít] **위상 비트** 위상 변조 방식의 데이터 기록에서 2진값 1 또는 0과 동일한 값이 연속될 때, 그 사이에 데이터와 직접적으로는 관계없는 자속 반전을 한 번 실시해야 한다. 이에 반하여 직접 데이터를 나타내는 자속 반전을 데이터 비트라고 한다.

phase change[–tʃéindʒ] **위상 변화**

phase change material[–mətí(:)riəl] **위상 변화 재료** 얇은 필름의 분자 구조 변화를 이용하는 광디스크 재료 중의 하나. 이것은 무정형에서 결정형으로 또는 그 반대로의 변화를 이용한다.

phase characteristic[–kæ̀rəktərístik] **위상 특성** 주파수와 위상의 관계나 필터의 입출력 단자 간에서의 위상추 등의 총칭이다.

phase control[–kəntróul] **위상 제어** 위상을 바꿈으로써 전압과 전류 혹은 에너지의 양을 제어하는 것.

phased conversion[féizd kənvə́:rʃən] **위상 변환** 낡은 정보 시스템을 점차 새로운 시스템으로 대치하는 시스템 구현 방식.

phase detector[féiz ditéktər] **위상 검출기**

phase diagram[–dáiəgræm] **단계도, 상태도**

phase discrimination[–diskrìminéiʃən] **위상 검파** 위상 변조에 있어서 수신측에서 기준 위상으로부터의 어긋남을 검출하고 송신 신호를 재생하는 것. 즉, 위상 변조된 반송파의 복조에 사용된다.

phase distortion[–distɔ́:rʃən] **위상 왜곡, 위상 일그러짐** 전달로의 위상 특성이 주파수에 비례하지 않음으로써 발생하는 신호 위상의 일그러짐을 말한다. 아날로그 전달시는 중대한 영향을 미치지 않지만, 디지털 신호 파형 전달시는 데이터의 오류 혹은 화상 잡음의 원인이 된다.

phase encoded[–inkóudəd] **PE, 위상 변조 방식**

phase encoding[–inkóudiŋ] **PE, PE 방식, 위상 변조 방식, 위상 코드화 방식** 자기 기록 기법의 일종. 순방향으로 움직여 자기 테이프 상의 트랙에 데이터 비트를 기록하는 경우 비트 1과 0을 자화 반전 방향으로 대응시키고, 또 인접하는 두 개의 비트가 같을 때에는 그 중간에서 더욱 극성을 반전시키는 방식. 매체 속도 변동의 검출이나 스큐의 보정이 가능하게 한 것으로, 자기 테이프 장치 등에 있어서 63rpm(1600rpi)의 중밀도의 자기 기록 기법으로서 채용되고 있다. phase modulation recording과 같은 의미이다.

phase equalization[–ì:kwəlaizéiʃən] **지연 등화, 위상 등화** 회선에서 일어나는 주파수의 지연값이 일정하지 않을 때 생기는 변형을 수정하는 것.

phase error[–érər] **위상 오류**

phase-frequency distortion, delay distortion[–frí:kwənsi(:) distɔ́:rʃən, diléi distɔ́:rʃən] **위상 변형** 일반적 전송로에서는 위상량 β는 주파수에 비례하지 않는다. 따라서 $d\beta/d\omega$에 나타나는 각주파수 성분의 지연 시간은 주파수에 따라 다른 값을 가지게 된다. 그 결과, 각 주파수 성분의 도착 시간이 달라지고, 파형 변형을 일으킨다. 이것을 위상 변형이라 한다. 음성 전송에서는 별로 문제되지 않지만 데이터 전송과 같은 파형 전송에서는 큰 장애가 되어 위상 등가기(位相等價器)에 의한 보정이 필요하다.

phase hit[–hít] **위상 도약** 위상 도약은 전송로를 구성하는 전송로 전환 장치의 전환 등으로 발생하며, 위상 변조를 쓰고 있는 데이터 전송인 경우는 오류의 발생 원인이 된다. 짧은 시간에 신호의 위상이 급격히 변화하는 것을 말한다.

phase inversion modulation[–invə́:rʃən mɑ̀dʒuléiʃən] **위상 반전 변조** 초기 조건이 π라디안인 두 개의 위상을 서로 다르게 위상 변조하는 방법.

phase inversion system[–sístəm] **위상 반전 방식** 위상 변조 방식 중 신호 위상으로서 0상, π상 두 가지만을 사용한 것. 이것은 반송파 억압 진폭 변조 방식과 같은 것이다.

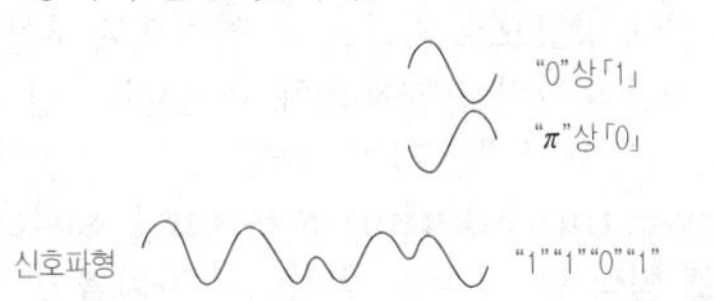

phase inverter[–invə́:rtər] **위상 반전 증폭기** 증폭 작용과 함께 위상을 반전하는 작용을 하는 전기 회로. 따라서 부정 논리 회로로 이용할 수 있다.

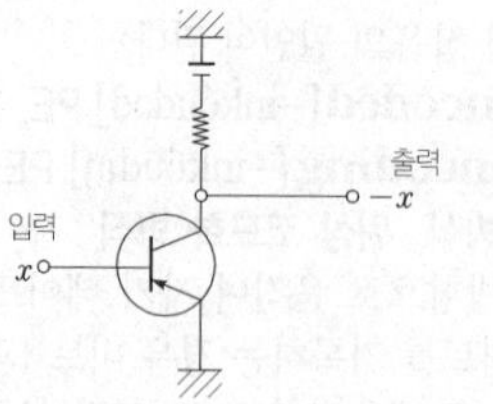

phase jitter[–dʒítər] **위상 지터** 전송된 반송파의 피크에서 피크 위상 사이의 편차가 과도한 것. 반송파 발생시에 침입하는 잡음 등에 의해서 발생하는 데이터 신호의 위상 변동이며, 일반적으로 반송파 시스템의 주파수 분할 멀티플렉서에서 발생한다.

phase-locked loop[–lákt lú:p] **PLL, 페이즈 로크 루프, 위상 동기 루프** 내부 발진기의 주파수, 위상을 입력 신호로 동기시키기 위한 루프 회로. 자기 디스크, 자기 테이프, 플렉시블 디스크의 판독 회로, 데이터 전송의 수신 회로 등에 이용되고 있다.

phase lock oscillator[–lák ásilèitər] **위상 로크 발진기** 플로피 디스크의 드라이브 제어에서 데이터 재현성을 위하여 사용되는 위상 로크 루프 회로.

phase modulation[–mὰdʒuléiʃən] **PM, 위상 변조** (1) 반송파의 위상을 사용하여 신호를 전송하는 변조 방식의 하나. 신호를 $V(t)$, 반송파 주파수를 ω라고 하면 변조 신호는 $S(t)=\sin\{\omega(t)+V(t)\}$가 된다. 데이터 전송에는 두 가지 위상을 사용하는 위상 반전 방식, 4상, 8상 등을 사용하는 다위상 변조 방식 등이 있다. (2) 디지털 자기 기록에서는 $-\phi_s$를 블록 간격에 따른 자화(磁化)로 할 때, "1"에 대해서는 $+\phi_s$에서 $-\phi_s$로, "0"에 대해서는 $-\phi_s$에서 $+\phi_s$로 각각 변화하도록 자화한 기록 방식. "1" 또는 "0"의 같은 것이 연속할 때에는 그 사이에 여분의 자속 반전이 행해져 이것을 위상 자속 반전 또는 페이즈 비트(phase bit)라고 한다.

phase modulation method[–méθəd] **위상 변조법**

phase modulation recording[–rikɔ́:rdiŋ] **PM 기록 방식, 위상 변조 기록, 위상 변조 기록 방식** 자기 기록법의 일종. 위상 변조 방식(phase encoding)과 같은 의미로 사용되고 있다. 기억 셀(cell)을 반대 방향으로 자화한 두 영역으로 분할하고, 이들 자화의 일련 방향에 의해 표현하는 2진 문자가 0 또는 1을 나타내는 자기 기록.

phase modulation system[–sístəm] **위상 변조 방식** (1) 각 비트 위치에서 자화를 반전하고, 1의 비트 위치에서 반전 방향이 양(+), 0의 비트 위치에서 반전 방향이 음(–)이 되는 것과 같이 서로 인접한 비트 위치의 중앙에서도 반전하는 방식으로서 자기 테이프, 자기 디스크, 자기 드럼 등의 디지털 자기 기록에서 2진 부호 1, 0의 기록 변조 방식의 하나이다. (2) 일반 전화 전송 시스템에서 말하는 위상 변조 방식이란 사인 반송파의 순간 위상 편차가 변조 신호 전압에 비례하는 각도 변조 방식의 것이다. (3) 데이터 전송에서 위상 변조 방식이란 2진 부호 "1", "0"의 부호에 대한 사인파의 위상을 0이나 π로 바꾸어 전송하는 방식을 말한다.

phase name[–néim] **위상 이름**

phase-reversal modulation[–rivə́:rsəl mɑdʒuléiʃən] **반상 변조**

phase-selector relay[–səléktər rí:lei] **위상 선택 계전기**

phase sequence[–sí:kwəns] **위상 순서**

phase shift[–ʃíft] **위상 시프트** (1) 입력과 출력의 시간 차이. (2) 제어 기구 시스템이나 회로상의 동기화된 두 신호 간의 시간 차이.

phase shift keying[–kí:iŋ] **PSK, 위상 시프트 키잉, 위상 편이(偏移) 변조 방식** 디지털 데이터를 아날로그 신호로 변환시키기 위한 인코딩. 즉, 변조 방식의 하나로 입력 신호의 양에 대하여 반송파의 위상을 변화시키는 위상 변조 방식에서 입력 신호가 디지털 신호인 경우를 말한다. 위상에 변위가 일어났을 때 2진 숫자로 표시하며, 위상 변조는 두 가지 이상의 위상 변위를 사용할 수 있고 4-위상 시스템은 하나의 신호에 두 개의 비트를 인코드할 수 있으며, 9,600bps까지 음성 회선에의 데이터 전송이 가능하다.

phase space[–spéis] **위상 공간**

phase table[–téibəl] **위상 테이블**

PHIGS 대화식 계층적 그래픽 시스템 programmer's hierarchical interactive graphics system의 약어. 일부 그래픽 프로그램과 워크스테이션에서 채택하고 있는 2차원 그래픽을 위한 표준.

phishing[fíʃiŋ] **피싱** 개인정보(private data)와 낚시(fishing)의 조합어. 개인정보를 불법으로 얻으려는 피셔(phisher)가 불특정 다수에게 메일 발신자의 신원을 알리지 않은 채 사은품 제공 등을 미끼로 수신자의 개인정보를 알아낸 뒤 이를 마케팅에 이용하거나 범죄에 악용하는 것을 말한다.

Phoenix Technologies[fí:niks teknálədʒi(:)z] **피닉스 테크놀로지** IBM-PC용의 ROM BIOS를 제조하는 것으로 알려진 미국의 소프트웨어 회사.

phone[fóun] *n.* **단음(單音)** 음성 조절 기관이 일정 위치를 잡고 있든가 또는 일정 운동을 반복하고 있는 순간에 생기는 음. 단음을 나타내는 데 사용하는 기호를 음성 기호라고 하며 국제 음성 학회(IPA ; International Phonetic Association)에서 정한 기호를 사용하는 것이 보통이다. 단음을 나타내려면 보통 [ ]로 묶는다.

phone connector [-kənéktər] **폰 커넥터** 전화선을 다른 장치에 접속하는 선으로, RJ-11 커넥터를 말한다.

phoneme [fóuni:m] *n.* **음운, 음소** 음성어를 분석하기 위한 단위. 비슷한 단음을 하나로 묶어서 음소(音素)라고 한다. 예를 들면 [o], [ɔ]는 단음으로서는 다르지만 음운으로서는 같아서 /o/로 표시한다. 음운은 보통 이와 같이 / /로 둘러싸서 표시한다.

PhoneNet [fóunnét] 매킨토시의 로컬토크(LocalTalk)의 접속 케이블을 전화 모듈러 케이블로 한 것.

phonetic symbol [fənétik símbəl] **음성 기호**

phonetic system [-sístəm] **음성 시스템** 음성 정보(음소들)의 데이터 베이스를 사용해서 언어와 비슷한 소리를 만들어내는 시스템.

Phong shading [pɔ́:ŋ ʃéidiŋ] **퐁 채색** 3차원 컴퓨터 그래픽에 있어서 화면에 나타난 물체의 영상 각 면에 적절히 색칠을 하여 물체의 질감과 입체감을 나타내는 채색 알고리즘의 하나. 물체를 구성하는 각 점에 대하여 색깔을 계산하는 방법을 쓰기 때문에 계산량이 많아 속도는 느리지만 성능은 우수하다.

phonological [founəládʒikəl] **음성학상** 음성 인식 단계상의 용어로서, 구어로 말할 때 발음상 문제를 해결하는 규칙을 다룬다.

phonon [fóunən] *n.* **포논, 음향 양자** 결정의 격자 진동은 파장이 짧게 되면 이산적으로 배열되어 있는 원자의 성질이 문제가 되어 양자 역학적으로 취급할 필요가 생기는데, 격자 진동의 양자화된 것을 포논이라고 하며 음향 양자(量子)라고도 부른다.

phosphor [fásfər] *n.* **형광체, 형광 물질** 브라운관 유리 안쪽 면에 칠하는 희토류 물질. 전자총에서 방사된 전자가 이 물질에 충돌하면 빛을 내고, 잔광성(殘光性)이 있다. 이렇게 해서 발광된 한 점 한 점이 모여 화면에 밝은 화상을 나타낸다.

phosphor dots [-dáts] *n.* **형광점** 영상을 만들어내기 위해 사용되는 CRT 화면에서의 작은 형광입자.

photo [fóutou] *n.* **사진** 「빛」, 「사진」을 나타내는 접두어로 사진(photograph), 사진의(photographic), 사진술(photography)의 약어로 쓰는 경우도 많다.

photocathode [fóutoukǽθəd] **광전 음극** 빛을 쪼이면 광전자를 방출하는 현상을 이용한 전극.

Photo CD 포토 CD 코닥이 개발한 독점 시스템으로 필름의 영상을 CD-ROM 안에 저장하는 기술을 말한다. 포토 CD는 사진을 담는 오렌지 북(Orange Book) CD-ROM과 파일 확장자명이 .pcd인 그래픽 파일 포맷, 이 두 가지 형태로 사용되며 플로피 디스크나 하드 디스크처럼 자성을 띤 디스크에 데이터를 저장한다. ⇨ Orange Book

photocell [fóutəsèl] *n.* **광전지, 광전관** 빛을 쪼이면 기전력을 발생시키는 반도체 장치로서 셀레늄과 반투명의 금의 박막과의 사이에 생기는 기전력을 이용하는 셀레늄 광전지를 뜻하지만 광의적으로는 PN 접합을 이용한 태양 전지도 포함된다.

photocell light checks [-láit tʃéks] **광전지 광선 검사** 카드 판독기를 통하는 카드에서 읽혀진 데이터를 검사하는 것.

photocell matrix [-méitriks] **광전지 행렬** 문자의 수평 요소와 수직 요소를 동시에 표시하기 위하여 입력을 광전지의 고정된 2차원 배열에 주사하는 것으로, 광학 문자 인식에 사용하는 용어. 분자를 주사하는 데 필요한 시간은 광전지의 응답 시간에 관계된다.

photochromic glass [fòutoukróumik glǽ:s] **포토크로믹 유리** 빛 때문에 투과율이 감소하는 유리. 홀로그램이 기록된다.

photochromic microimage [-màikrəímidʒ] **PCMI, 포토크로믹 마이크로이미지** 여기서는 감광성의 유기 염료를 사용하는데, 이 염료는 적당한 피막에 이산화 분자와 같은 모양으로 부착하고 자외선에 감광하여 백색광으로 소거한다. 입자가 없으므로 매우 고밀도의 기록을 할 수 있고 길이의 축소비 200 대 1, 즉 면적 축소비 4만 대 1까지 가능하다. 8cm×13cm 정도의 양화 한 장에 2,500페이지나 되는 화상을 저장할 수 있다. NCR 사가 개발한 고밀도 정보 기록 매체이다.

photocomposer [fòutoukəmpóuzər] *n.* **사진 식자기** 필요한 자형(字形)을 사진 음화(陰畵)로 갖추어놓고 문자를 차례로 선택해서 인화지의 소정 위치에 감광시킴으로써 인쇄물의 밑판을 만드는 장치. 최근에는 이런 조작을 자동화하여 컴퓨터의 출력 장치로서 양질의 인쇄물을 작성 가능하도록 한 것이 있다.

photo-composing device [fòutou kəmpóuziŋ diváis] **사진 식자 장치** 활자를 뽑아서 활판을 짜는 대신에 원고를 광학 문자 판독 장치(OCR ; optical character reader) 등을 사용하여 컴퓨터에 기입하고 CRT 디스플레이 상에서 편집, 교정 등을 하여 인화지 등을 출력하는 인쇄용 활판 작성 장치. 퍼스널 컴퓨터로도 여러 가지 글자체를 갖는 서브프린터가 시방화되어 탁상 출판(desktop publishing)이 가능하게 되었다.

photocomposition [fòutoukampəzíʃən] *n.* **포토콤퍼지션, 사진 식자** 인쇄물을 제작하는 전자 출

판 기술 응용의 한 방법. 활자의 규격과 용도를 결정하고 사진 인쇄 공정에 의하여 인쇄하는 방식이 포함된다.

photoconductive cell [fòutoukəndʌ́ktiv sél] **광전도 소자** 광전도 효과를 이용하여 빛을 쬐면 전기 전도도가 증가하도록 만들어진 소자.

photoconductivity [fòutoukɑndʌktíviti(:)] **광전도성**

photoconductivity decay method [–dikéi méθəd] **광전도 감쇠법**

photoconductor [fòutoukəndʌ́ktər] **광전도체**

photoconductor drum [–drʌ́m] **감광 드럼**

photo-coupler [fóutou kʌ́plər] **광 결합기, 포토커플러** 광전 변환 소자의 하나. 발광부와 수광부가 마주 보고 결합되어 있고 전기적으로 절연되어 있다. 동작 원리는 아주 간단한데, 발광 다이오드에 신호가 입력되면 발광하고 이 빛을 수광(受光)하는 포토트랜지스터에 입사시키면 전도 상태가 된다. 포토커플러는 한 방향성으로 되어 있다. 구조는 GaAs 적외선 발광 다이오드와 실리콘 포토트랜지스터로 이루어져 발광부와 수광부가 투명한 수지(樹脂)에 넣어져 광학적으로 결합되어 있으며, 바깥쪽에는 빛을 차단시키기 위하여 흑색 수지로 두껍게 피복되어 있다. 예를 들어 전기 회로와 기계 부분을 가진 단말 기기 등에 포토커플러를 사용하여 결합하면 전원 전압이 다르고, 기계부에서 발생하는 잡음 등이 완전히 절연 분리되어 회로 설계가 극히 간단하게 된다. 고속 스위칭(switching)용은 수광부가 Pin형으로 포토다이오드와 집적 회로(IC)의 조합으로 되어 있어서 높은 이득(gain)을 목적으로 하는 데는 다링톤 접속형 포토트랜지스터가 사용되며, 대전력용으로는 광구가 수광부에 사용된다.

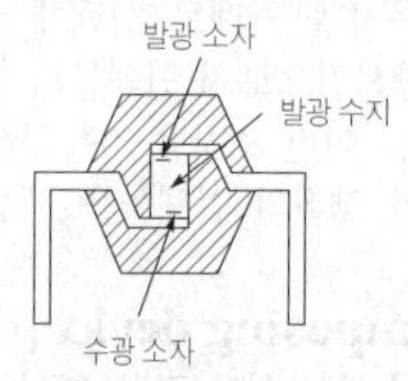

〈포토커플러의 구조〉

photo-decay method [–dikéi méθəd] **광전도 감쇠법**

photo-detector [–ditéktər] **광검출 기구**

photodiode [fòutoudáioud] **광전 다이오드** 빛을 조사(照射)한 반도체의 PN 접합 내에서 생성된 전자-정공(正孔) 쌍을 접합에 역방향 전압을 가하여 전류의 변화로서 꺼내는 다이오드. 빛의 강도에 비례하여 전류가 흐른다.

photoelectric conversion [fòutouiléktrik kənvə́:rʃən] **광전 변환** 화상의 명암이나 농담 등의 정보를 전기적 신호로 바꾸는 것. 팩시밀리(모사 전송·사진 전송)의 송신측에서 원화를 광선으로 주사하고, 각 화점(畵點)의 반사광의 농담을 광전관 또는 포토트랜지스터에 의해 전류(화상 전류)로 변환하는 것.

photoelectric devices [–diváisiz] **광전 소자** 포토다이오드, 포토트랜지스터 등으로 빛을 전기로 변환하는 기능을 갖는 소자.

photoelectric reader [–rí:dər] **광전식 판독기** 종이 테이프(paper tape)나 천공 카드(punched card) 등의 천공 유무를 광학적으로 판독하는 장치.

photoelectric switch [–swítʃ] **광전 스위치** 광전도 효과를 이용한 스위치. 광전 소자에 주어지는 빛의 양에 의하여 전류를 ON/OFF하는 것.

photoelectric tape reader [–téip rí:dər] **광전식 테이프 판독기** 천공 테이프를 광전식으로 읽은 후 구멍의 유무를 전기적 펄스로 변화시켜 컴퓨터에 전달하는 입력 장치.

ptotoelectric transducer [–trænsdjú:sər] **광전 변환 소자** 빛을 전기량으로 변환하는 소자. 광전관과 포토트랜지스터가 있다.

photo-electroluminescence [fóutou ilèktroulu:minésəns] **포토일렉트로루미네선스**

photo-electro-magnetic effect [–iléktrou mægnétik ifékt] **PEM 효과, 광자기 효과, 광전자 효과**

photoelectron emission [fòutouiléktroun imíʃən] **광전자 방출**

photo-etching [fóutou étʃiŋ] **포토 에칭** 사진의 원리를 이용하여 집적 회로의 형태를 얻는 방법.

photographic storage [fòutogræ̀fik stɔ́:ridʒ] **사진 저장** 사진 기술을 이용한 광학식 고정 기억 장치. 읽기와 쓰기가 가능한 광학식 기억 장치도 이 이름으로 불리는 경우가 있다.

photogravure [fòutəgrəvjúər] *n.* **포토그라비어 인쇄** 문자의 작은 셀들을 오목한 표면에 잉크를 묻혀서 인쇄하는 방법으로, 흔히 문자 인식에서 서류를 준비하는 데 쓰인다.

photo-interpretive program [fóutou intə́:rprətiv próugræm] **PIP, 사진 해상 프로그램**

photo-isolator [–áisəlèitər] **포토 아이솔레이터, 광분리기** 광전 변환 소자. 외부 광선과 차단되도록 패키지로 봉합되어 있다.

photomultiplier [fòutoumʌ́ltiplàiər] **PM, 광전 증배관** 전자관의 일종으로 미약한 빛을 전류로 변환하여 그것을 강하게 움직인다.

photomultiplier light pen[–láit pén] **광전 증배관 라이트 펜** 펜에 의한 정보 검출은 프로그램의 선택을 위하여 컴퓨터에 입력될 수 있으며, 라이트 펜에 있는 광섬유 광전관과 광전 증배관으로서 여러 광학 표시 장치에 나타난 정보를 고속으로 검출할 수 있는 기구.

photo-optic memory[fóutou áptik mémәri(:)] **사진 광학 기억 장치** 정보를 저장하기 위하여 광학 매체를 사용하는 기억 장치. 예를 들면 사진을 필름에 기록하는 데 레이저를 사용하는 것이다.

photo-pattern generation[–pǽtәrn dʒènәréiʃәn] **광학 패턴 발생** 집적 회로 마스크 제작 방법의 하나로, 직사각형 면적을 겹치거나 서로 접근시켜 패턴을 빛에 노출시키는 방법으로 만든다.

photo-plotter[–plátәr] **광 플로터** 프린트 기판의 설계나 집적 회로 마스크를 설계하기 위한 매우 정교한 도형 출력 장치의 하나. 필름에 일정 밝기의 빛을 조사(照射)하거나 레이저광으로 그린다.

photo-reader[–rí:dәr] **사진 판독기** 광전식의 판독기. 광원 램프와 광전 검출 소자를 배치하여 그곳을 통과하는 펀치 구멍의 유무에 의해서 빛, 즉 정보를 검지하는 것이며, 핀 등에 의한 기계식 판독기에 대하여 판독 속도가 빠르기 때문에 현재는 대부분 이 방식을 사용한다.

photo realistic[–riәlístik] **사진과 동일한** 컴퓨터 그래픽으로 작성한 그림이 실물을 사진으로 찍은 것과 같은 정도로 정교한 것.

photoresist[fòutourizíst] **포토레지스트** 빛에 노출함으로써 약품에 대한 내성이 변화하는 고분자 재료. 빛에 노출함으로써 약품에 대하여 불용성(不溶性)이 되는 네거형과 반대로 가용성(可溶性)이 되는 포지형이 있다. 사진 제판이나 반도체의 표면에 선택 에칭 처리를 하는 경우 등에 쓰인다.

photoresistor[fòutourizístәr] **포토레지스터** 포토에칭에서 반도체 표면에 도포하는 감광성(感光性) 저항 물질.

photo-retouching[fóutou ritʌ́tʃiŋ] **포토리터칭** 사진 데이터를 PC로 수정, 가공하는 것. 소프트웨어로는 미국 어도비 시스템즈 사의 포토샵(Photoshop)이 유명하다. 최근에는 디지털 카메라에 부속되는 포토리터치가 많이 있다.

photo-scopic memory[–skɔ́:pik mémәri(:)] **광학 기억 장치** 대용량의 기억 장치(memory unit)로 헬륨-네온 레이저 광선을 이용하여 써넣기(write)를 행하는 장치. 트랙 사이의 폭(track pitch)이 매우 좁아지므로 자기적(磁氣的)인 방법에 의해 기록 밀도의 한계를 훨씬 넘을 수 있는 능력을 갖고 있다.

photo-sensing marker[–sénsiŋ má:rkәr] **광전 감지 표지** 자기 테이프의 시작과 끝을 검출하기 위해 그 부근에 설치하는 표지로, 자기 테이프 부분의 자성재(磁性材)를 떼어내거나 베이스만이 투명한 테이프를 통과함으로써 검출된다. 일반적으로 알루미늄박(aluminum foil)을 많이 사용한다.

Photoshop[fóutouʃàp] **포토샵** 어도비(Adobe) 사의 화상 처리 소프트웨어. 읽어들인 그래픽에 대하여 여러 가지 편집 가공을 할 수 있다.

〈포토샵 화면〉

photo tape reader[fóutou téip rí:dәr] **광전식 테이프 판독기** 종이 테이프에 천공된 구멍을 광전식으로 읽어내어 전기적 펄스로 변환하고, 이것을 컴퓨터에 주는 기능을 가진 입력 장치. 테이프를 구동하는 기구와 정보를 판독하기 위한 부분으로 이루어진다. 테이프 구동 기구에서는 테이프는 구동륜과 압착륜 사이에 끼워서 주행하고 브레이크에 의해 정지되지만, 한 자마다 읽어낼 수 있도록 정지 명령을 받고 나서 테이프가 다음 글자의 위치까지 움직이는 사이에 신속하게 정지하여야 한다. 정보를 판독하는 부분에서는 빛을 상부보다 테이프에 대어 구멍을 관통한 빛이 광전 소자에 의해 전기적 펄스로 변환된다. 읽기 속도는 매초 200~1,000열이다.

photo-telegraphy[–tәlégrәfi(:)] **사진 전송** 문자 · 사진 · 그림 등을 전송하여 원래의 것과 가까운 상태로 재현하는 전신 방식.

phototransistor[fòutoutrænzístәr] **사진 트랜지스터** PN 접합 트랜지스터의 베이스 부분에 빛을 주어 광기전력(起電力) 효과와 증폭 작용에 의해 이미터-컬렉터 사이에 곧 전류가 흐르게 하는 소자. 광전 변환 소자의 일종으로 스위치나 포토아이솔레이터 등에 쓰인다.

photo-type autosetter[fóutou táip ɔ̀:tousétәr] **자동 사진 식자 장치**

photo-type setter[–sétәr] **사진 식자기** 전자출판(DTP)에 의한 책, 잡지, 신문 등으로 컴퓨터에 의하여 제어되는 출력 장치. 문자 정보를 좋은 인쇄 품질의 인쇄물로 변환시킨다.

photo-type setting[-sétiŋ] **사진 식자**

PHP 하이퍼텍스트 전처리기 hypertext preprocessor의 약어. 서버(server)에서 해석되는 스크립트(script) 언어. 일반적으로 많이 사용되는 HTML이나 자바스크립트(JavaScript) 같은 언어들은 클라이언트(client)의 웹 브라우저에서 해석되는 스크립트 언어인 반면에 PHP나 NT의 ASP 언어는 서버에서 직접 처리되어 사용자에게는 처리되어 나온 HTML 문서만 보여준다. PHP는 속도, 개발, 편의성, 확장성 등을 기준으로 볼 때 기존의 Perl이나 ASP보다 한 단계 앞선 언어로서 운영 체제에 독립적인 웹 프로그램 개발이 가능한 것이 큰 장점이다.

phrase[fréiz] *n*. **구(句), 프레이즈, 어구** (1) 일반적인 의미로는 두 낱말 이상의 단어로 이루어진 완결된 문장(sentence)이 되지 않는 문장의 한 부분. (2) COBOL의 용어. clause 및 phrase에 대해서는 「구」라고 번역하여 쓰고 있지만 데이터부에서의 clause는 phrase를 포함하는 관계에 있다. 절차부에서는 clause의 개념은 없고, 명령을 구성하는 요소를 phrase라고 한다.

phrase structure grammar[-strʌ́ktʃər grǽmər] **구 구조문, 구 구조 문법** 언어의 구문 구조를 연구하기 위해서 모델로 사용된다. 초기 기호와 기호열의 바꿔 쓰기를 기술하는 유한 개의 생성 규칙으로 구성되는 형식 시스템. 이 문법은 생성 규칙에 대한 제한된 강도에 따라 기술 능력이 약한 쪽에서 정규 문법, 문맥 자유 문법, 문맥 의존 문법, 제한이 없는 바꿔 쓰기 계통의 네 가지가 있다.

phrase structure language[-lǽŋgwidʒ] **구 구조 언어, 0형 언어** 생성 규칙에 꼭맞는 제한이 없는 문법을 0형 문법이라고 하며, 그것에 의해 생성되는 언어를 말한다.

PHS 개인용 휴대 전화 시스템 personal handyphone system의 약어. 아날로그식 무선 전화를 디지털화한 것. 이전에는 PHP라고 부르다가 1994년 4월부터 PHS로 개칭했다. 단말 출력은 현행의 무선 전화와 같은 정도의 10mW 이하였으나, 하나의 자기 단말에서 여러 개의 무선 기지국(본부측)에 액세스할 수 있는 것이 특징이다. 따라서 옥외에 기지국을 설치한 PHS 공중 서비스에 가입하면 휴대 전화처럼 사용할 수도 있다. 또한 오피스텔의 각 방이나 복도에 기지국을 설치해두면 빌딩 내의 어떤 곳으로 이동해도 전화가 가능한 시스템 무선 전화로도 이용할 수 있다. 즉, 하나의 단말을 가정에서는 무선 전화, 사무실에서는 시스템 무선 전화, 옥외에서는 간단한 휴대 전화로 구분하여 사용할 수 있다. 옥내용 시스템은 1994년에 발매되었다.

PHS Internet access forum standard ⇨ PIAFS

physical[fízikəl] *a*. **물리적, 물리의** 「실제의」 또는 「물리적인」이라는 의미를 갖고, 하드웨어 그 자체나 하드웨어적인 것의 형용으로 사용된다. 프로그램 중에서 소프트웨어적인 것의 형용에는 「논리적(logical)」의 반대어로 사용된다. 자료와 논리가 일정 시각에 표시되거나 수행되는 특정 방식과 연관된 용어이다.

physical access level[-ǽkses lévəl] **물리 액세스 레벨**

physical address[-ədrés] **물리적 어드레스, 물리적 주소**

physical address space[-spéis] **물리적 주소 공간** 실장되어 있는 메모리 내의 위치를 지정하기 위해 이용되는 어드레스의 집합.

physical block[-blɑ́k] **물리적 블록** 보조 기억 장치에서 실제로 저장되거나 이동되는 데이터의 단위.

physical child[-tʃáild] **물리적 자식** 동일한 물리적 데이터 베이스 트리 안의 자식 레코드.

physical child/physical twin pointer[-fízikəl twín pɔ́intər] **물리적 자식/물리적 트윈 포인터** 물리적 데이터 베이스 레코드 어커런스들의 세그먼트 계층 순차를 나타내는 방법 중의 하나. 각 부모 세그먼트 어커런스는 그것의 자식 세그먼트 타입의 첫 번째 어커런스에 대한 포인터를 가지며, 각 자식 세그먼트 어커런스들은 같은 부모 세그먼트 아래에서의 그 다음 자식 세그먼트들의 어커런스에 대한 포인터를 갖는다.

physical connection[-kənékʃən] **물리적 접속**

physical creation[-kriéiʃən] **물리적 생성** 데이터 베이스 시스템을 개발할 때 데이터 객체와 이들 사이의 관계를 정의한 다음에 물리적 데이터 베이스의 골격 구조를 완성하는 작업.

physical data[-déitə] **물리적 데이터**

physical data base[-béis] **PDB, 물리적 데이터 베이스** 데이터 베이스 구축시 논리적 데이터 구조를 디스크 등의 기억 장치에 실제적으로 저장한 부분.

physical data base design[-dizáin] **물리적 데이터 베이스 설계** 논리적 데이터 베이스 구조(스키마), 처리 요구 조건, DBMS 특성, 하드웨어 및 운영 체제 특성 등을 입력으로 하여 물리적 데이터 베이스 구조를 작성한다. 이 물리적 데이터 베이스 설계의 중요한 결정 사항으로는 저장 레코드 형식의 설계, 집중 분석 및 설계, 접근, 경로의 설계 등이 있다.

physical data base record[-rékərd] **물리적 데이터 베이스 레코드** IMS에서 하나의 루트 세

그먼트 어커런스와 그에 따른 종속 세그먼트 어커런스.

physical data base view[–vjúː] **물리적 데이터 베이스 뷰** 페이지, 상대적 주소, 버킷 등의 관점에서 메모리 관리자가 데이터 베이스를 보는 뷰.

physical data dependence[–dipéndəns] **물리적 데이터 독립성** 데이터 베이스와 물리적 구조가 변경되면 이 데이터 베이스를 이용하는 응용 프로그램들이 영향받는 것.

physical data independence[–indipéndəns] **물리적 데이터의 독립** 논리적 데이터 베이스가 물리적 데이터 베이스의 영향을 받지 않는 상태. 데이터의 물리적 구조가 응용 프로그램의 변경이나 응용 프로그래머가 보는 논리적 데이터 구조의 변경에도 불구하고 변동됨이 없이 사용되는 것. 이것은 DBMS의 데이터 관리 소프트웨어에서 자동으로 처리된다.

physical data model[–mádəl] **물리적 데이터 모델** 가장 하위에서 데이터를 기술하는 모형으로 데이터의 저장 방법 및 접근 방법을 기술한다.

physical data organization[–ɔ̀ːrgənaizéiʃən] **물리적 데이터 구조** 내부 스키마를 구성하는 물리적 레코드의 특성. 저장 형태 및 접근 방법 등을 기술한다.

physical data structure[–strʌ́ktʃər] **데이터의 물리적 구조**

physical DBD 물리적 DBD 하나의 물리적인 데이터 베이스에 대한 개념적인 스키마에 해당하면서 개념/내부 사상을 정의하고 여러 개의 문장(DBD 문장, data set 문장, SEGM 문장)으로 구성된다.

physical design[–dizáin] **물리적 설계** 시스템의 각 부분별 동작 특성을 고려해서 각 부분 간의 상관 관계로 규정하는 것.

physical device[–diváis] **물리적 장치** 자기 디스크 장치 등에서 물리적인 장치 단위를 말한다. 예를 들면 「1물리적 장치당 두 대의 논리적 장치가 장착되어 있다」와 같이 사용된다.

physical device coordinate system[–kouɔ́ːrdinət sístəm] **물리적 장치 좌표계** 특정 장치의 하드웨어와 명령어에 맞도록 출력 장치에서의 프리미티브를 나타내는 좌표계. 표상 처리 장치(DPU)의 코드 생성기가 정규 장치 좌표계를 물리 장치 좌표계로 변환한다.

physical device driver[–dráivər] **물리적 장치 드라이버** 그래픽 패키지에서 논리적 장치 드라이버가 이용하는 모듈. 장치의 특성과 운영 체제에 종속적이다.

physical device number[–nʌ́mbər] **물리적 장치 번호**

physical distribution[–dìstribjúːʃən] PD, **물리적 분포**

physical distribution management system[–mǽnidʒmənt sístəm] PDMS, **물리적 분포 관리 시스템**

physical format[–fɔ́ːrmæt] **물리적 포맷** 하드 디스크나 플로피 디스크 등의 초기화에서 행해지는 첫 번째 단계로서, 디스크의 트랙을 분할하고 섹터를 만들어 디스크 제어 프로그램을 제어할 수 있도록 하는 것.

physical image[–ímidʒ] **물리적 이미지** 분산 데이터 베이스 설계에서 각각 사이트에 실제 저장되어 있는 단편들. 한 단편이 여러 사이트에 중복되어 저장되어 있다면, 그 단편이 중복된 수만큼의 물리적 이미지가 존재한다.

physical input-output[–ínpùt áutpùt] **물리적 입출력** 블록화되어 있는 데이터 레코드에서는 1회의 물리적 입출력으로 블록화되어 있는 개수의 데이터 레코드가 일시에 판독·기록되고, 각각의 데이터 레코드의 입출력 처리에는 입출력 장치 사이의 데이터 레코드의 이동은 이루어지지 않는다. 중앙 연산 처리 장치와 입출력 장치 사이에서 데이터 레코드의 이동을 수반하는 입출력 조작을 말한다.

physical input-output control system[–kəntróul sístəm] **물리적 입출력 제어 시스템** 채널 프로그램의 실행을 스케줄하고 감시하는 루틴으로서 외부 기억 장치와 주기억 장치 사이에서 레코드의 실제적인 전송을 제어하고, 입출력 장치의 오류 회복을 실행한다.

physical IOCS PIOCS, **물리적 입출력 제어 시스템** 입출력을 물리적 레코드 단위로 다루기 위한 IOCS. 데이터의 입출력은 자동적으로 주기가 취해지지 않기 때문에 사용자가 스스로 WAIT 또는 CHECK 등의 매크로 명령을 사용해서 입출력의 종료를 확인해야 한다. 논리 IOCS는 이 물리 IOCS를 기초로 해서 만들어진다. 즉, 처리 프로그램에서의 요청에 따라 입출력 장치와 주기억 영역 사이의 데이터 전송을 제어하는 시스템이다.

physical layer[–léiər] **물리적 계층** 네트워크 구조를 구성하는 7계층 중 하나로, 물리적인 매체를 중개로 하여 데이터 전송을 행하기 위한 인터페이

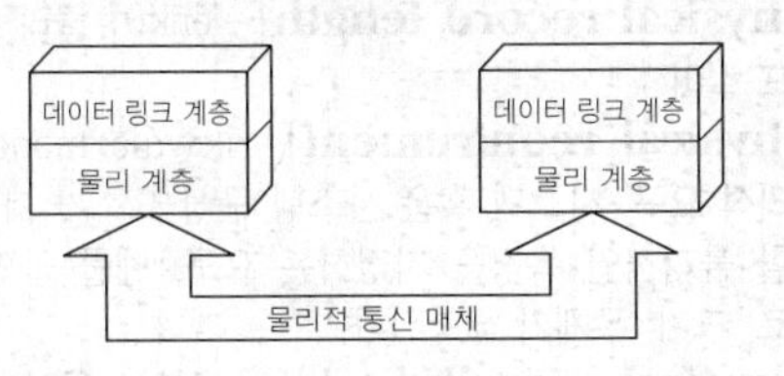

〈물리적 계층의 개념 모델〉

스(interface)의 전기적 · 기계적 특성이나 설치 등이 규정되어 있다.

physical layout[–léiàut] **물리적 배치** 도식, 순서도, 천공 카드의 필드 배정 양식 또는 어떤 일의 개요 등에 관한 전반적인 계획이나 설계.

physical media[–mí:diə] **물리적 매체** 두 지점 간의 통신을 위해 연결된 실제 매체. 예를 들면 전화 회선, 동축 케이블, 마이크로웨이브, 무선 설비, 광섬유 등이 있다.

physical message[–mésidʒ] **물리적 메시지**

physical model[–mádəl] **물리적 모델** 실재하는 대상을 몇 가지 형으로 표현하고, 실물이 아니라 그 모의 표현을 통해서 실험하는 것을 시뮬레이션이라 하며, 실물의 모의 표현을 모델이라고 한다. 모델 중에서 구체적인 물체로 표현되는 것이 물리적 모델이다. 이것에 대해서 수치의 집합, 변수 등으로 구성되는 모델을 수학적 모델이라고 한다.

physical module[–mádʒu:l] **물리적 모듈** 경계 요소로 시작과 끝이 정해지며 이름으로 찾아볼 수 있는 연속된 일련의 프로그램 문장들.

physical organization [–ɔ̀:rgənaizéiʃən] **물리적 편성**

physical pairing[–pέəriŋ] **물리적 쌍** 물리적 쌍은 둘 이상의 물리적인 데이터 베이스가 단순히 상호 포인터에 의해 논리적으로 연결되어 하나의 물리적인 데이터 베이스로 구성된 것이다.

physical parent[–pέ(:)rənt] **물리적 부모** 동일한 물리적 데이터 베이스 트리 안의 부모 레코드.

physical parent pointer [–pɔ́intər] **물리적 부모 포인터** 물리적 자식 세그먼트를 직계 물리적 부모 세그먼트에 연관시키는 포인터. 논리적 관계성에 종속 세그먼트나 물리적 자식 세그먼트가 참가할 때 유용하다.

physical record[–rékərd] **물리 레코드** 입출력이나 기록 방식에 따라 결정되는 레코드의 단위. 단지 레코드라고 하면 논리 레코드(프로그램에서 1회의 처리 단위가 되는 것)를 가리키지만, 물리 레코드라고 하면 하드웨어가 1회의 입출력에서 다룰 수 있는 단위를 말한다. 예를 들면, 카드 두 장에 이르는 하나의 정보는 논리 레코드(logical record)에서는 1레코드이지만 물리 레코드에서는 2레코드이다.

physical record length[–léŋkθ] **물리 레코드 길이**

physical requirement[–rikwáiərmənt] **물리적 요구** 시스템 혹은 시스템 구성 요소가 가져야 할 물리적인 특징을 지정하는 요구. 예를 들면 재료, 크기, 무게가 해당된다.

physical security[–sikjú(:)riti(:)] **물리적 보호** 가벼운 천재 지변이나 외부 침입자로부터 컴퓨터 시스템을 보안하는 것.

physical sequence[–sí:kwəns] **물리적 순서** 한 페이지 집합에 속하는 페이지의 순서 내에서 파일의 레코드들이 저장되어 있는 순서.

physical simulation[–sìmjuléiʃən] **물리적 시뮬레이션** 일반적으로 물리적 시스템의 일부분만을 분석 관찰하기 위한 모델의 실험.

physical space[–spéis] **물리적 공간** 컴퓨터의 기억 영역에서 물리적 공간이란, 실제의 기억 장치의 주소를 갖는 기억 영역을 말한다. 즉, 흔히 쓰이는 프로그램 작성상 주소 부여의 가능성만을 갖는 논리 주소(logical address)와 대비하여 쓰이는 용어이다.

physical storage address[–stɔ́:ridʒ ədrés] **물리적 기억 영역 주소**

physical storage block[–blák] **물리적 기억 영역 블록**

physical storage table[–téibəl] **PST, 물리적 기억 영역표**

physical structure[–strʌ́ktʃər] **물리적 구조** 데이터 베이스의 데이터를 상호 관계를 따르지 않고 물리적인 배치로부터 받아들이는 방식을 취했을 때 기억 공간이 구획된 영역의 어느 데이터 매체에 비치되는가를 정의하는 것.

physical system[–sístəm] **물리적 시스템** (1) 데이터 또는 정보의 발생원이 하나의 시스템을 구성하고 있는 것. (2) 정보에 의하여 활동이 관리되는 시스템.

physical track address[–trǽk ədrés] **절대 트랙 주소**

physical transient area[–trǽnʃənt έ(:)riə] **PTA, 물리 비상주 영역**

physical twin[–twín] **물리적 형제** 동일한 부모 어커런스를 가지는 동일한 타입의 자식 세그먼트 어커런스들.

physical twin-pointer[–pɔ́intər] **물리적 형제 포인터** 같은 부모를 갖는 물리적 형제들을 연결하는 포인터.

physical unit[–jú:nit] **물리 장치** 네트워크 내의 어느 노드에서의 자원을 관리하는 장치. 통신 시스템에서 단말은 물리 장치의 경우와 물리 장치에 이어진 논리 장치인 경우가 있다. 일반적으로 물리 장치란 회선 또는 채널에 접속된 통신 제어 장치 또는 입출력 제어 장치이며 논리 장치란 그 통신 제어 장치 또는 입출력 제어 장치의 제어 범위 내에 있는 주소 가능 단위이다.

physical unit block[–blák] **PUB, 물리적 장**

치 제어 블록

physical unit service[–sə́:rvis] **물리적 장치 서비스**

physical view[–vjú:] **물리적 관점** 겉으로 드러난 것만 중요시하는 것. 데이터에 대해서는 전송 또는 저장하기 위한 매체와 데이터의 표현을 어떻게 정의하는가, 프로세스에 대해서는 어떻게 프로세스가 수행되는가를 중시한다.

physical volume[–váljum] **물리적 볼륨**

pi[pái] *n*. **파이, 원주율** 3.14159 …로 나가는 무리수이며, 그리스 문자 π의 명칭. 이 기호는 원주의 지름에 대한 비율(원주율)을 나타낸다.

PIA 주변 장치 인터페이스 어댑터 peripheral interface adapter의 약어.

PIA bus interface PIA 버스 접속기 각 8비트로 구성된 2단어에서 입출력 비트를 접근할 수 있고 각 입출력 비트는 입력이나 출력으로 사용되도록 개별적으로 프로그램할 수 있으며, 표준적인 시스템 기억 장치의 주소를 지정할 수 있는 위치에 8비트 또는 16비트의 외부 접속과 4개의 제어선을 제공하기 위해 PIA를 사용한다.

PIAFS PHS Internet access forum standard의 약어. PHS 데이터 통신의 표준화 규격. PIAFS를 지원하고 있는 PHS와 호스트인 경우 32kbps의 디지털 전송으로 통신할 수 있다. PIAFS에 대응한 프로바이더(의 액세스 포인트)의 보급에 따라, 노트북 컴퓨터에서 PIAFS를 이용한 고속 통신 등이 점차로 널리 쓰이고 있다. 또한 전화 기능 없이 통신 기능만을 가진 PHS 단말도 발매되고 있다. 변형된 형태로는 무선 감시 시스템이 있다. 이것은 PIAFS 대응의 PHS 접속 카메라로 감시하고, 그 데이터를 JPEG 압축 화상으로 PHS로 송신하고, 감시 센터의 관리 서버로 압축을 풀고, 그것을 표시하는 시스템이다. ⇨ PHS, ISDN

piano like switch[piá:nou láik swítʃ] **피아노형 스위치** 피아노의 건반과 같이 배열된 스위치로 텔레비전의 채널 등에 사용된다.

PIC (1) **우선 순위 인터럽트 제어기** priority intercept controller의 약어. 외부 인터럽트의 일부를 관리할 수 있는 특수한 칩으로 인터럽트가 동시에 둘 이상 발생할 경우에 우선 순위를 결정하기도 하며, 어떤 경우에는 낮은 우선 순위의 주변 장치가 사용되고 있을 때 높은 우선 순위의 주변 장치를 위하여 인터럽트를 발생시키기도 한다. (2) **픽** picture의 약어. COBOL에서 기억 장소를 정의할 때 그 기억 장소의 성격과 크기를 나타내는 예약어.

pica[páikə] *n*. **파이카** 인쇄 측정 단위로서 약 1/6인치.

pica pitch[–pítʃ] **파이카 피치**

pick[pík] *n*. **피크** 그래픽에서 지정된 출력 기본 요소의 피크 입력명 및 그 출력 기본 요소가 속하는 세그먼트명을 주는 입력 종류.

pick device[–diváis] **피크 입력 장치** 특정의 표시 요소 또는 세그먼트를 지정하기 위해 사용하는 입력 장치.

pick identification[–àidentifikéiʃən] **선정 식별** 사용자가 선정 장치를 이용하여 지정한 프리미티브가 어느 세그먼트에 속하는지를 식별할 수 있도록 그래픽 패키지에서 제공하는 기법. 표상 처리 장치가 광 펜 탐지에 의하여 멈추면 CPU 인터럽트 처리기는 명칭 레지스터나 세그먼트 디렉토리의 내용을 그래픽 패키지에 보내어 처리한다.

pick identifier[–aidéntifàiər] **피크 식별자** 그래픽에서 세그먼트 안의 어느 기본 요소가 피크되었는지를 식별하기 위한 기본적인 요소 속성.

picking[píkiŋ] *n*. **피킹** 라이트 펜 등의 입력 기기를 사용하여 화면상에 표시되어 있는 도형의 일부 또는 집합을 지적하는 것. 보통 도형 요소 또는 그 집합에 식별명을 미리 부여해두고 그 식별명을 되돌리는 방식을 쓴다.

picking device[–diváis] **피킹 장치, 지정 장치** 디스플레이 장치에 데이터를 입력하기 위해 쓰이는 라이트 펜이나 마우스와 같은 입력 장치.

pickup[píkʌ̀p] *n*. **픽업** 처리기가 특정한 정보를 얻을 수 있는 기억 장소의 위치.

pico[pí:kou] p, **피코** 1조분의 1(10^{-12})을 나타내는 접두어. 피코초(picosecond)는 1조분의 1초.

picocomputer[pì:koukəmpjú:tər] **피코컴퓨터** 10^{-12} 초에 데이터를 처리하는 컴퓨터.

pico-program[pí:kou próugræm] **피코프로그램** 마이크로 명령을 구성하는 기본적인 명령으로 만들어진 프로그램. 마이크로프로그램보다 한 단계 아래의 마이크로프로그램을 의미한다.

picosecond[pì:kousékənd] ps, **피코초** 피코초(1조분의 1초 : 10^{-12} 초)이고, 초고속에 사용되는 단위의 하나. 관련된 용어로서 나노초(nanosecond)가 있다.

PICS (1) **생산성 개선 및 제어 시스템** productivity improvement and control system의 약어. 창고 업무에서 생산성의 측정 및 향상을 목적으로 한 관리 시스템으로서 특히 정기적으로 발생하는 업무를 선택하여 업무의 양과 시간 수를 측정하는 단위를 규정할 뿐만 아니라, 그 업무의 과거부터 축적된 업무량을 측정하고 분석함으로써 미래의 업무량과 시간의 목표값을 설정하는 것. 이 목표값은 관리자와 종업원의 심리적인 효과 목적의 하나이다. (2) platform for Internet content selection의 약어. 웹 사이트 내용에 대해 선택적으로 접근하도록 해주는 기반 구조로서 필터링 소프트웨어와 등급 서비스 간의 원활한 연동을 도와주는 기술 규격이다. 즉, 불건전한 내용을 막기 위해 방송 내용 안에 삽입된 레이블에 기초해 수신을 차단하는 V칩(violence chip)과 유사한 개념이다. 참고로 V칩은 자일로그사(www.zilog.com)의 폭력물 차단 칩으로서 방송국에서 보내온 방송물 등급 코드를 보고 지정된 등급의 방송물 외의 내용은 패스워드를 입력해야 볼 수 있다. 인터넷에서 웹 사이트 내용의 카테고리와 등급 기준을 제공하는 것은 등급 시스템이다. PICS 규격은 필터링 소프트웨어가 레이블을 처리하기 위한 형식으로 (PICS-1.1 〈service url〉 [options...] labels[options...] ratings 〈category〉 〈value〉...)로 표시할 수 있으며, RFC-822 전송 형식 및 HTML 문서 형식 내의 레이블 추가 방법을 제공해준다. 또한 필터링 소프트웨어가 문서와 함께 레이블을 전송할 수 있도록 확장 HTTP 프로토콜을 제공한다. 레이블 DB, 혹은 레이블 브로우(label breau)의 온라인화를 위한 질의어 형식을 제공하며 레이블 제공은 HTML 문서, HTTP 서버, 레이블 DB를 통하는 세 가지 방법이 있다. PICS는 확장 가능한 구조이므로 검색 엔진이나 지적 소유권 등에 활용할 수 있다. 기존의 검색 엔진은 모든 인터넷 문서를 읽어 인덱스화한 것을 기반으로 검색하지만 PICS는 레이블 정보만을 읽어 검색할 수 있기 때문에 더 효율적이다. 그리고 저작물의 소유권이나 사용권 표시에, 혹은 사용자의 취미에 따라 수집된 정보의 내용과 사용 방법을 알려주기 위해서 사용될 수도 있다. 사이트의 좋고 나쁨에 대한 평판을 붙임으로써 다른 사용자가 내용을 다 보지 않고도 자료에 대해 판단할 수 있게 도와줄 수 있는 것이다. 최근에는 이러한 PICS의 움직임에 반대하는(anti-PICS) 그룹들이 출현하고 있는데, 이 그룹은 인터넷의 자유로운 활동을 저해하는 그 어떤 이유도 허용할 수 없다는 이유를 가지고 PICS측과 맞서고 있다.

〈PICS 관련 용어〉

▶ 등급 서비스(rating service) : 개인이나 조직이 등급 시스템에 의해 레이블을 부여하고, CD-ROM이나 레이블 브로우를 통해 레이블을 배포하는 것을 말한다.

▶ 등급 시스템(rating system) : 정보에 등급을 매기는 일종의 방법이며, 인터넷 내용물의 등급을 매기기 위한 분야, 분야별 허용값, 허용값에 대한 설명 등을 기술한 것으로 RSACi, 세이프서프 등이 있다.

▶ 레이블 브로우(label breau, 혹은 rating server) : 네트워크를 통해 문서의 등급을 제공하는 컴퓨터 시스템으로 문서의 등급을 제공할 때 문서를 포함할 수 있다.

▶ 레이블(label : content label, rating, content rating) : 문서의 내용물에 대한 등급 정보를 갖고 있는 자료 구조로서 이들 정보로는 등급 정보, 검색 정보, 지적 소유권 등이 있으며, 레이블은 문서 내에 있거나 문서와 분리해서 있을 수 있다.

▶ 분야(category, dimension) : 등급 시스템의 한 분야로서, 예를 들면 RSACi 등급 시스템은 섹스, 신체 노출, 어투, 폭력의 4개 분야를 포함하고 있다.

▶ 스케일(scale) : 특정 분야(예 : 섹스)에 대한 허용값의 범위를 말한다.

PICT 매킨토시 운영 프로그램에서 사용되는 그래픽 포맷으로 사용자가 3개의 시프트 명령키 조합을 가지고 화면에 있는 것들을 저장할 때마다 PICT 파일을 만들 수 있다.

pictogram [pìktougrǽm] **실물 도표** 표현하려는 통계 내용에 적합한 그림을 그려 통계의 대소를 비교하는 통계 도표. 그림 도표, 회화 도표라고도 한다.

pictorial [piktɔ́:riəl] *n.* **화보** 예측된 보고서의 계획 또는 양식을 만들기 위한 열, 공백, 여백, 표제, 원부 등의 전체적인 설계와 일련의 명세.

pictorial pattern recognition [–pǽtərn rekəgníʃən] **화상 패턴 인식**

picture [píktʃər] *n.* **그림** (1) 프로그래밍 언어의 COBOL이나 PL/I에 있어서 기본 데이터 항목(elementary data item)의 데이터형(data type). 즉, 데이터의 일반적인 성질인 편집 형식을 나타내는 문자열로서, 예를 들면 X(20)은 20자리의 영숫자에서 이루어지는 문자열이다. 9(4)는 4자리의 숫자열을 나타낸다. 이 밖에 소수점이나 +, −기호, 통화 기호의 위치를 지정하거나 제로 제어, 콤마(,) 삽입 등을 지정할 수 있다. FORTRAN이나 BASIC 언어에서는 서식(format)이라고 한다. (2) 화상, 그림 : 표시 장치의 화면상에 한 번에 표시되는 표시 요소로서 점이나 선분, 원호, 문자, 숫자들의 집합이다. (3) display image와 동의어. 컴퓨터에 의해 화상이나 도형을 취급하는 경우 좌표값을 이용하여 이들 도형을 조작하는 방법이나 기법을 컴퓨터 그래픽스(computer graphics), 사진이나 팩시밀리 등과 같은 화상을 농담(濃淡)을 갖는 화소(picture element)의 2차원 배열로 보고 열화한 화상을 개선하거나 선명치 못한 화상을 복원하는 방법이나 기법을 화상 처리(image processing, picture processing)라고 한다.

[주] COBOL에서 지정된 규칙에 따라 숫자, 영문자, 소숫점의 위치, 길이 등을 각 데이터 요소인 기호적으로 묘사한다.

picture cell density [–sél dénsiti(:)] **화소 밀**

도 전자 사진식 프린터 등에서 화상이나 문자를 구성하는 단위(화소)의 단위 면적당 개수.

picture character [-kǽrəktər] **픽처 문자**

PICTURE character-string [-stríŋ] **PICTURE 구의 문자열**

picture check [-tʃék] **픽처 검사**

picture clause [-klɔ́:z] **픽처 구절** COBOL의 레코드 조직에서 맨 끝 항목에 붙여 항목의 크기나 성격을 나타내며, 보통 이들 항목은 영문자, 숫자, 영숫자, 영문자 편집, 숫자 편집 등의 5개 그룹으로 분리하여 취급한다.

picture communication [-kəmjù:nikéiʃən] **화상 통신** 텔레라이팅이라고도 하며, CCITT에서 검토가 이루어진다. 음성과 화상(손으로 쓴 문자나 도형) 신호를 동시에 전송하는 통신이며, 전화로 말을 하면서 손으로 쓰는 문자나 도형을 상대측의 디스플레이에 표시할 수 있다. 방식으로서는 음성과 화상 신호를 음성 대역 내에서 주파수 분할에 의해 다중화하는 방식과 디지털 신호로 변환하여 시분할 다중화하는 방식이 검토되고 있다. 이와 같은 기능을 가진 장치를 화상 통신 장치 또는 스퀼치폰(squelchphone)이라고 한다.

picture data [-déitə] **픽처 데이터**

picture description instruction [-diskrípʃən instrʌ́kʃən] **PDI, 도형 그리기 명령**

picture description language [-lǽŋgwidʒ] **PDL, 도형 기술 언어**

picture element [-éləmənt] **PEL, 화소** 그림을 그리기 위해서 사용되는 표시 요소인 디지털 화상의 단위이며, 색 또는 휘도를 독립적으로 할당할 수 있는 표시면의 최소 요소이다.

picture format [-fɔ́:rmæt] **픽처 서식** COBOL이나 PL/I에 이용되는 데이터의 포맷 지정 형식의 하나. 문자 데이터나 수치 데이터의 한 자씩, 또는 한 자리씩에 대한 표현 형식을 지정할 수 있다.

picture frequency [-frí:kwənsi(:)] **화상 신호 주파수**

picture grammar [-grǽmər] **화소 문법** 특히 선화(線畵)를 컴퓨터로 처리하기 위해 고안된 형식 문법.

picture graph [-grǽf] **영상 그래프** 막대 대신 기호를 사용하는 막대 그래프.

picture processing [-prɑ́sesiŋ] **화상 처리** 화상 정보를 농도의 배열로서 부여하고, 컴퓨터로 처리하여 해석하는 방법 및 그 기법. image processing과 같은 뜻으로도 사용된다.

picture recording [-rikɔ́:rdiŋ] **녹화**

picture specification character [-spèsifikéiʃən kǽrəktər] **픽처 지정 문자**

PID 페이지 식별자 page identifier의 약어.

piecewise-polynomial function [pí:swàiz pɑlinóumiəl fʌ́ŋkʃən] **구간적 다항 함수** 구간(a, b)에 분할 $a=x_0<x_1< \cdots < x_n$의 부분 구간(x_i, x_{i+1})에서 다항 함수 $p_i(x)$가 모든 i에 대하여 n차 다항식이 될 때 $p_i(x)$를 구간별 n차 다항 함수라고 한다.

piecewise-polynomial interpolation [-intə̀rpəléiʃən] **구간적 보간 다항식** 주어진 점$(x_i, f(x_i))$(단, $i=0, 1, \cdots, n$)을 보간하는 임의의 k차 다항식 $p_i(x)$가 각 소구간(x_i, x_{i+1})에서 각각 k차 다항식이 되도록 할 경우 $p_i(x)$를 구간적 보간 다항식이라 하며, 이때 x_i를 분기점이라고 한다.

piecework programming [pí:swə̀:rk próugræmiŋ] **청부 프로그래밍** 외부의 프로그램 서비스 회사의 조언과 조직을 이용하여 프로그램을 작성하는 것. 이런 형태의 프로그램 개발은 급료의 기준을 근무 시간에 두지 않고 업무 성취도에 두는 경우가 많으며, 보통 소프트웨어 개발 회사가 위와 같은 일을 상담하고 지원한다.

pie chart [pái tʃɑ́:rt] **원 도표** 면적 비율을 부채꼴 면적으로 나타내며, 주로 상업용 도표로 이용되는 데이터의 도형 표시 방법의 하나.

Pierce loop 피어스 루프 링형 네트워크의 한 종류인 슬로티드 링(slotted ring)을 말하며, 1972년에 J.R. Pierce가 고안한 방식이다.

piezoelectric [pièizouiléktrik] **압전기** 전압을 역학적 입력으로 바꾸거나 역학적 입력을 전압으로 바꾸어주는 결정체들의 성질.

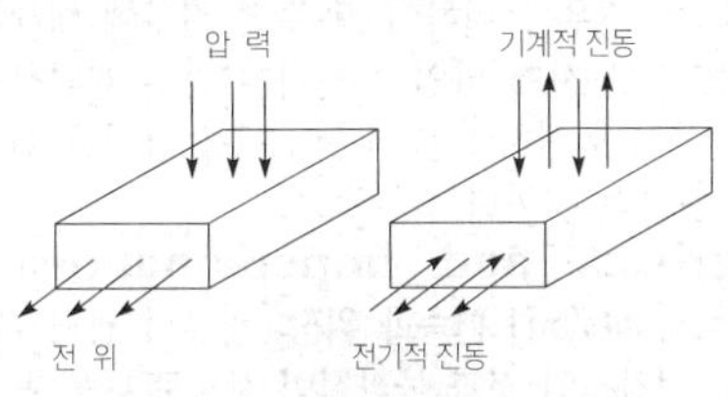

〈압전기의 원리〉

piezoelectric device [-divάis] **압전 소자**

piezoelectric effect [-ifékt] **압전 효과** 반도체 등의 결정체에 압력을 가하여 그 단면에 +, −의 전하가 생기며, 그 반대로 전하를 가하면 일그러짐이 생기는 현상.

piezoelectric element [-éləmənt] **압전 소자** 압전 효과가 큰 로셸염·티탄산바륨 등을 사용하여 직접 압력-전기 변환을 하는 소자.

piezoelectricity [pièizouilèktrísiti(:)] **압전기** 기계적 진동을 가하면 전기적 진동으로 변환되고, 또 그 반대도 성립되는 것인데, 수정편이나 로셸염 등의 결정체에 힘을 가함으로써 발생하는 전기이다.

piezoelectric semiconductor [pièizouilék-trik sèmikəndʌ́ktər] **압전 반도체** 압전 효과를 일으키는 반도체. Ⅱ~Ⅳ족 간 화합물, Ⅲ~Ⅴ족 간 화합물이 해당된다.

piezoelectric transducer [–trænsdʒú:sər] **압전 변환기** 그 동작이 전하와 압전 특성을 갖는 어떤 종류의 물질의 변형과의 상호작용에 의존하고 있는 변환기.

piezo resistance effect [piéizou rizístəns ifékt] **압저항 효과** 반도체 결정에 압력을 가하면 일그러짐이 생겨서 저항이 변화하는 현상.

PIF 프로그램 정보 파일 program information file의 약어. 윈도 상에서 DOS 프로그램 실행에 필요한 정보를 담아두는 파일.

pigeon hole principle [pídʒən hóul prínsipl] **비둘기집 원리** $n+1$ 마리의 비둘기가 n개의 비둘기집에 들어가려면 최소한 한 개의 비둘기집에는 두 마리 이상의 비둘기가 들어가야 한다는 원리.

piggyback [pígi(:)bæ̀k] **피기백** 계측기 간의 접속에 사용되는 케이블로서 양단에 암수형의 연결자가 붙어 있다.

piggyback acknowledgment [–əknɑ́lidʒmənt] **피기백 확인 응답** 전송 채널 대역의 사용 효율을 높이기 위하여 수신한 전문에 대해 확인 응답 전문을 따로 보내지 않고 상대편을 향해 데이터 전문에 확인 응답을 함께 실어보내는 방법을 쓴다. 그러나 상대편에게 보낼 데이터 전문이 오랫동안 발생하지 않을 경우 응답 회선을 무한정 지연시킬 수 없다. 이 경우를 위하여 각 수신 전문에 대해서 타이머를 작동시켜 타임 아웃되는 경우 개별적인 응답 전문을 회신하여 송신측이 다음 동작을 취할 수 있도록 하는 것이다.

piggyback and impersonation [–ənd impə̀:rsənéiʃən] **편승과 위장** 컴퓨터 범죄 수법의 하나. 전자적인 것과 물리적인 것으로 나뉜다. 전자적인 것에는 올바르게 접속한 온라인 단말기와 같은 회선에 승인받지 않고 끼여들어 사용 상태인 채 사용자가 떠난 단말기를 악용하는 것을 말한다. 물리적인 것의 일반적인 상황은 출입 제한 구역에 유자격자와 동행하여 경비원이나 경비 시스템을 통과하여 침입하는 것이다. 위장이란 타인을 가장해서 컴퓨터나 단말기를 조작하는 것이다. 본인을 식별하는 자기 카드 및 키를 훔치거나, 본인을 속이고 암호를 알아내 악용하기도 한다.

piggyback board [–bɔ́:rd] **피기백 보드** 큰 프린트 기판(PCB)에 부가된 작은 프린트 기판. 보통 컴퓨터 본체 기판에 있는 슬롯에 꽂는 보조 기판을 가리킨다.

piggyback entry [–éntri(:)] **피기백식 개입** 자격이 없는 이용자가 회선에 접근할 때의 형태의 하나로 통신 회선에 특수한 단말을 접속하고, 정규 이용자와 컴퓨터 시스템 사이의 교신을 엿듣는다든지 그 이용자의 입력을 마음대로 변경한다든지 하는 것.

piggyback file [–fáil] **피기백 파일** 전체적으로 파일을 재복사하는 일 없이 마지막에 추가하는 레코드를 가질 수 있는 파일.

piggyback service [–sɔ́:rvis] **피기백 서비스** DEMOS 서비스와 같이 특정한 업무에 고정되지 않는 서비스를 제공할 경우 서비스 제공자가 여러 가지의 프로그램이나 데이터를 라이브러리로 미리 마련하면 사용자는 자유로이 이것을 사용할 수 있다. 그러나 서비스 제공자의 힘이 미치지 않는 분야에서 제3자가 프로그램이나 데이터를 제공하는 케이스가 생기면, 이 제3자 제공에 의한 서비스를 피기백 서비스라고 한다.

pile [páil] *n*. **파일** 파일(file) 조직 방법 중에서 가장 초보적인 기법으로 분석이나 분류, 표준화 과정을 전혀 거치지 않고 데이터가 시스템에 도달되는 순서대로 수록하는 방법. 또한 레코드의 길이가 일정하지 않으며, 같은 유형의 데이터들로 되어 있을 필요도 없다.

pile-on 파일온 [–ən] (1) 가지각색의 욕설로 가득 찬 투고 기사. (2) 한 사람을 많은 사람들이 공격하는 플레임 워.

PILOT 파일럿 programmed inquiry, learning, or teaching의 약어. 일반적인 프로그래밍 언어가 아니라 CAL(컴퓨터 이용 학습 보강)용 소프트웨어의 개발을 목적으로 고안된 전문 프로그래밍 언어. 거의 대화체 형식의 언어이다.

pilot [páilət] *n*. **파일럿** (1) 원시 프로그램이나 테스트 프로그램, 프로젝트 또는 장치 등을 일컫는 것. (2) 어떤 시스템의 특성을 나타내거나 제어하기 위해 그 시스템 전체를 통해서 전송되는 신호파.

pilot CAI 파일럿 컴퓨터 이용 명령 pilot computer aided instruction의 약어. 프로그램을 작성할 수 있도록 설계한 프로그래밍 언어.

pilot frequency [–frí:kwənsi(:)] **파일럿 주파수** 파일럿 신호의 주파수.

pilot method [–méθəd] **파일럿 방식** 새로운 정보 시스템 등에서 틀림없음이 증명될 때까지 세밀한 사무의 작은 부분만이 사용되도록 하는 구조로서, 구현하는 것처럼 새로 도입된 컴퓨터 시스템을 시험할 때 넓은 활동 범위보다 하나의 범위에서 해보는 것.

pilot model [–mɑ́dəl] **파일럿 모델** 각종 시스템

을 개발할 때 실험적으로 건설하는 모델. 특히 컴퓨터를 도입하는 시스템에서 실제 모델보다 간략화되고 프로그램 테스트를 위해 이용되는 모델을 말한다. 파일럿 모델에서 이용되는 파일은 실제로 운용되는 파일에 비해 레코드 수는 매우 적지만, 주어진 시간 주기 내에서 주어진 사상(事象)을 나타내는 것이어야 한다.

pilot operation[-àpəréiʃən] **파일럿 작업** 사무처리를 수작업에서 컴퓨터에 의한 처리로 이행시킬 때 컴퓨터에 의한 처리가 바른가 아닌가를 조사하기 위해서 1~2개월 전에 수작업으로 처리한 데이터를 컴퓨터에 처리시켜 결과를 비교해보는 것.

pilot run[-rʌ́n] **시험 실행** 표본 데이터를 써서 새로운 시스템을 실행하는 것.

pilot scheme[-skíːm] **예비 검사** ⇨ pilot system

pilot signal[-sígnəl] **파일럿 신호** 데이터 전송 분야에서 데이터 변복조 방식의 수신측에서 복조용 기준 반송파나 타이밍을 얻기 위하여 송신측에 보내지는 신호.

pilot system[-sístəm] **파일럿 시스템** 장기간에 걸친 업무의 실제 조작으로부터 얻어지며, 실제 상황에 가깝게 모의 실험함으로써 시험하기 위한 실 시스템을 실행하는 파일 레코드의 보충 데이터들의 집합.

pilot tape[-téip] **파일럿 테이프** 파일럿 모델에서 사용하는 모든 데이터가 포함된 테이프. 파일을 적재하는 데 사용한다.

pilot test[-tést] **파일럿 시험** 시스템을 부분적으로 사용하여 각 부분적 시스템이 어느 정도까지 견딜 수 있는가를 확인하고 파일럿 시험이 끝나면 시스템 전체를 사용하게 하는 방법.

PIM 개인 정보 관리 프로그램 personal information manager의 약어. 스케줄, 주소록, 메모 등 개인의 정보를 관리하는 소프트웨어.

PIN 핀 personal identification number의 약어. 컴퓨터 사용자가 어떠한 정보를 얻으려는 목적으로 시스템에 접근할 때 컴퓨터 시스템이 요구하는 비밀 번호.

pin[pín] *n.* **바늘** (1) 집적 회로의 외단부를 전기적으로 외부 회로에 접속하거나 기판 등에 기계적으로 고정하거나 하기 위한 금속핀. (2) 기기끼리를 상호 접속하기 위한 접속 케이블의 양단에서 사용되는 핀(pin). 커넥터 핀이라고도 부르며 암컷형과 수컷형이 있다.

pinboard[pínbɔ̀ːrd] *n.* **핀보드** 장치의 작동을 제어하기 위해서 그래프나 핀을 끼우도록 한 구멍을 갖는 보드.

pin chart[pín tʃáːrt] **핀 도표** 기하 도표의 일종으로, 하나의 원을 써서 구 중심각을 각 구성 요소의 백분율로 배분하여 작성한 도표. 이 도표를 작성하려면 전 도수를 100으로 하여 각 변수의 비율을 구해야 한다. 즉, 원의 중심각 360°에서 1%를 3.6°로 하여 각 변수의 비율에 3.6°를 곱해서 중심각을 구한다.

pinch-off[píntʃ ɔ(ː)f] **핀치오프** 전계 효과 트랜지스터(FET)에서 드레인 전압이 충분히 클 때 드레인 지역에서 공핍 지역이 서로 만나 채널이 죄어지는 현상. 드레인 전압이 증가해도 드레인 전류가 더 이상 증가하지 않고 포화 상태를 유지한다.

pinch-off voltage[-vóultidʒ] **핀치오프 전압** FET(전계 효과 트랜지스터)의 채널이 닫혀졌을 때의 전압.

pinch roller[-róulər] **핀치 롤러** 자기 테이프 장치에서 테이프를 주행시킬 때 이것을 회전하고 있는 캡스턴(capston)에 압착하는 회전 바퀴. 테이프 드라이브 기구의 일종이며, 테이프 주행시에는 테이프를 캡스턴에 붙이고, 정지시킬 때는 떨어짐으로써 테이프 구동을 제어하는 롤러이다. 테이프 주행의 개시와 정지하기 위한 시간이 많으면 테이프 처리 속도가 늦어진다든지, 테이프에 데이터가 기록되지 않는 공백 부분이 많아지므로 핀치 롤러에는 신속한 동작이 필요하게 된다. 단, 공기 캡스턴 방식과 싱글 캡스턴 방식에는 핀치 롤러가 갖추어져 있지 않다.

pin compatibility[pín kəmpæ̀tibíliti(ː)] **핀 호환성** ⇨ pin compatible

pin compatible[-kəmpǽtibl] **핀 호환** 모든 파라미터에 호환성이 있다고는 할 수 없지만, 두 개 이상의 소자에 대해서 그 기능이 비슷하고 핀 배열이 같은 것.

pin connection[-kənékʃən] **핀 접속**

pin count[-káunt] **핀 카운트**

pincushioning[pínkùʃəniŋ] **핀쿠셔닝** 컴퓨터 화면에서 선이 항상 올바르게 나타나는 것은 아니다. 선이 바르지 못하고 구부러지거나 곡선으로 나타나는 에러. 핀쿠셔닝은 화면에 보이는 이미지의 왼쪽과 오른쪽 끝에서 종종 발생하며 화면이 안쪽으로 몰리는 현상을 가져온다. 좋은 모니터는 이런 결함을 완화하는 기능을 가지고 있다.

pin feed[pín fíːd] **핀 이송** 프린터의 핀 장치로서 양쪽에 있는 연속된 종이 구멍을 톱니바퀴에 물려 계속 입력시키는 것. 견입 입력이나 톱니 입력과 동일하다.

pin feed platen[-plǽtən] **핀 이송 플래턴**

pin feed platen with forms control[-wið

fɔ́:rmz kəntróul] **종이 이송 제어 기구부**

PING packet Internet grouper의 약어. 특정한 사이트를 이용할 수 있는지를 검사하기 위한 프로그램. 컴퓨터가 올바르게 인터넷에 연결되어 있는지 알고 싶으면 핑 소프트웨어를 이용하여 자신의 IP 주소를 추적하여 다른 컴퓨터의 주의를 끌려고 한다. 만약 목표 컴퓨터가 바르게 연결되어 있지 않을 경우 핑은 그 상황을 말해줄 것이다. 핑은 TCP/IP 관련 프로그램의 문제점들을 추적해주는 편리한 도구이다. IP 기반의 네트워크에 연결된 호스트끼리의 접속성 확인에 사용되는 것이 많다. 응답이 돌아올 때까지 반환 시간을 조사하는 기능을 가진 것도 있고, 상대방 도달 경로의 혼잡 상황을 알아낼 수도 있다.

ping-pong[-pɔ̀(:)ŋ] **핑퐁** 두 대의 자기 테이프 장치를 이용하여 다중 릴 파일을 처리하는 프로그램 기법. 모든 파일이 처리되어 끝날 때까지 자기 테이프 장치는 서로 교대로 릴을 이어받는다.

ping-pong buffer[-bʌ́fər] **핑퐁 버퍼** 버퍼의 두 부분이 각각 상호간에 가득 차거나 비게 되어, 그 결과 다소라도 입출력 데이터의 연속 스트림의 실현에 기여하는 더블 버퍼. 즉 이중 버퍼.

pinned record[pínd rékərd] **허세 레코드** 다른 레코드에 의하여 포인트되는 레코드가 이동하거나 제거되는 경우 원래의 레코드는 실제 레코드를 지시하지 못하게 된다. 이런 것을 허세 포인터라고 하며 이것에 의하여 지시되는 레코드를 허세 레코드라고 한다.

pin number[pín nʌ́mbər] **핀 번호**

pin photodiode[-fòutoudáioud] **핀 포토다이오드** 광신호를 받는 쪽에서 수신된 광신호를 전기적 신호로 바꾸어주는 탐지기로 쓰이는 포토다이오드에 사용되는 장치로서, P와 N 실리콘 다이오드 사이에 진성(眞性) 실리콘(intrinsic silicon)을 갖는 형태로 되어 있다. 보통 핀 다이오드는 APD에 비해 가격이 싸지만 민감한 반응도면에서는 떨어진다.

pin sensing[-sénsiŋ] **센싱(종이 테이프)** 종이 테이프에 천공되어 있는 정보를 기계적으로 판독하는 장치. 이것은 센싱 핀을 상하로 움직여서 펀치 구멍이 있을 때는 핀이 그 구멍을 풀 스트로크하면 핀에 연동하는 접점이 닫히고 전기 회로를 통해서 정보를 판독할 수 있는 기구. 이 밖에 광전식도 있다.

pin terminal[-tə́:rminəl] **핀 단자**

PIO (1) **병렬 입출력** parallel input/output의 약어. (2) **프로그램 가능 입출력 칩** programmable input/output chip의 약어. 프로그램으로 제어할 수 있는 입출력용 LSI 칩. 프로세서와 주변 입출력 장치 사이의 데이터의 송수신을 제어하는 기능을 갖는다. 입출력 회로의 수나 제어 방식을 프로그램에 의해 지정할 수 있으며, 이것에 의해 용도에 따라 여러 기능을 실현시킬 수 있다. (3) **병렬 입출력 접속기** parallel input/output interface의 약어. PIO 접속기는 키보드, TV 단말기 등의 외부 병렬 장치에서 병렬 데이터를 입출력하게 한다. 여기서의 병렬이란 모든 데이터 비트가 동시에 출력 상태에 있음을 의미한다.

PIOCS 물리적 IOCS physical IOCS의 약어.

PIP 사진 해상 프로그램 photo-interpretive program의 약어.

pipe[páip] *n*. **연결, 파이프** 유닉스 시스템에서 개발된 것으로 두 개의 프로세스를 연결해주는 오픈 파일을 뜻하며, 파이프의 다른 쪽에서 읽어들일 수 있다. 이 경우 동기화, 스케줄링, 버퍼 처리 등은 시스템에 의하여 자동으로 다루어진다.

piped mode operation[páipt móud àpəréiʃən] **개별 조작** 데이터 베이스를 검색할 때 검색 조건을 만족시키는 관계되는 투플(tuple)을 한 개씩 꺼내는 조작. 미개별 조작(non-piped mode operation)과 대비된다.

pipeline[páiplàin] *n*. **파이프라인** 생산 라인 등과 같이 여러 공정별로 생산 라인이 나열되어 있고 동시에 공정별 프로세서가 가능하게 하는 것으로, 시스템의 효율을 높이기 위해 명령문을 수행하면서 몇 가지의 특수한 작업들을 병렬 처리하도록 설계된 하드웨어 기법. 이러한 파이프라인은 각 프로세스들을 저장한 파일 이름들 사이를 수직선으로 분리시키면 셸(cell)이 인식한다. 즉, 수직선 왼쪽 파일의 출력이 오른쪽 파일의 입력으로 연결된다. ⇨ 그림 참조

pipeline burst cache[-bə́:rst kǽʃ] **파이프라인 버스트 캐시** 컴퓨터의 수행 능력을 높이기 위하여 마더 보드에 설치했던 SRAM이 발전된 형태. 빠른 프로세서와 효력을 발휘하지 못하는 싱크 버스트 캐시(sync burst cache)가 파이프라인 버스트 SRAM으로 최근에 마더 보드 시장에서 대체되고 있다. ⇨ SRAM

pipeline burst SRAM 파이프라인 버스트 SRAM 내부를 파이프라인화함으로써 고도의 버스트 SRAM의 성능을 비교적 저가격으로 실현할 수 있게 한 것. 2차 캐시용 메모리로 많이 이용된다.

pipeline computer[-kəmpjú:tər] **파이프라인 컴퓨터** 여러 연산 요소들을 직렬로 접속하고, 일정 시간마다 데이터 입력과 출력이 파이프라인적으로 이루어지는 컴퓨터.

pipeline control[-kəntróul] **파이프라인 제어** 중앙 처리 장치(CPU)에 있어서 명령의 인출 단계와

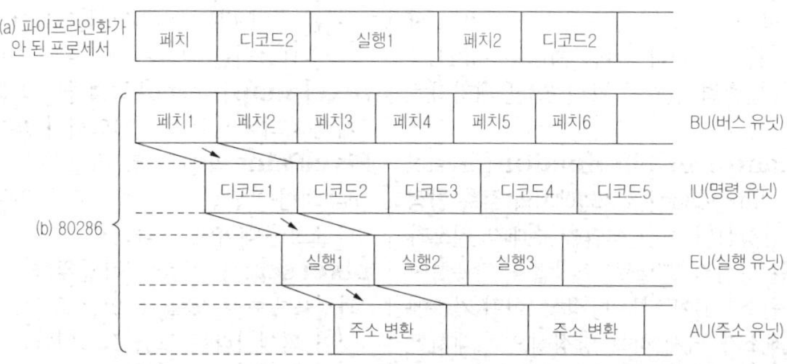

〈파이프라인 동작〉

실행 단계를 병렬적으로 수행시키는 우선 판독 방식을 확장한 것으로, 각 명령의 처리 과정을 복수의 단계로 분할하여 차례로 명령을 실행하는 데 따라 각 단계에서 대기 행렬을 만들고, 하나의 산술 논리 연산 기구가 이들의 단계 처리를 병렬적으로 수행시켜 가는 방식.

pipeline cycle[-sáikl] **파이프라인 사이클** 파이프라인은 시스템의 효율을 높이기 위해 둘 이상의 프로세서가 서로 다른 부분을 병렬 처리하여 앞의 프로세스에 의하여 산출된 결과가 다음 프로세스의 입력으로 사용될 수 있도록 하는데, 이때 초기 입력이 각 프로세스를 거쳐서 최종적으로 결과가 산출되는 과정을 사이클 개념으로 표현한 것이다.

pipeline processiong[-prásesiŋ] **파이프라인 처리** 컴퓨터의 연산 제어부에서 명령을 병행 처리하고 고속화하는 제어 방식의 하나. 이 방식에서는 프로그램 스텝이 세분화되고 복수의 처리 유닛으로 처리되어 처리 유닛을 파이프에 비유하면, 각 스텝 중의 같은 처리가 차례로 물의 흐름과 같이 그 속을 진행하므로 이와 같이 명명되었다. 대형 컴퓨터에 이용되는 방식이지만 연산 제어부의 각 유닛의 처리 시간을 되도록 같게 하지 않으면 파이프 안의 흐름이 나쁘게 되어 효율이 오르지 않는다.

명령의 사이클
1 2 3 4 5 6 - - - - -
A B C C D
A B C D
A B C C D
A B C D
명령의 스텝
A, B ……는 처리 구분

pipeline processor[-prásesər] **파이프라인 처리기** 파이프라인 처리가 가능하도록 구성된 처리기. 내부에는 구성 요소들이 각각의 파이프라인 단계를 처리할 수 있게 되어 있다.

pipelining[páiplàiniŋ] *n.* **파이프라인 방식** 한 명령어의 수행이 끝나기 전에 다른 명령어의 수행을 시작하는 연산 방법. 고성능 컴퓨터에서만 사용하였으나 현재는 대부분의 컴퓨터에서 수행 속도를 빠르게 하기 위해 사용한다.

PIPO 병렬 입력 병렬 출력 parallel in parallel out의 약어.

pippin 피핀 애플 사가 개발한 멀티미디어 디바이스의 규격명. 가정용 비디오에도 접속하여 사용할 수 있다. 주로 게임에 사용되며 매킨토시용 소프트웨어와도 호환성이 있다.

PIPS 패턴 정보 처리 시스템 pattern information processing system의 약어. 퍼스널 컴퓨터에서 사용할 수 있는 프로그래밍이 불필요한 간이 언어. 표의 집계, 정보 검색, 전표 발생 등의 처리가 쉽게 행해지는 범용 정보 처리용 간이 언어이다.

piracy[páirəsi(:)] *n.* **불법 복사** 판매되고 있는 소프트웨어를 무단 복제하는 것.

PISO 병렬 입력 직렬 출력 parallel in serial out의 약어.

PIC (1) **프로그램 가능 간격 타이머** programmable interval timer의 약어. (2) **우선 순위 인터럽트 제어기** priority interrupt controller의 약어. 우선 순위가 있는 인터럽트를 제어하기 위한 기기나 장치.

pitch[pítʃ] *n.* **문자 밀도** 종이로 인쇄된 행에서의 문자 밀도. 일반적으로 인치당 문자 수로 표시된다. 예를 들면 10피치는 1인치에 10개의 문자가 인쇄된 것을 의미한다.

PIU (1) **경로 정보 단위** path information unit의 약어. (2) **프로세스 입력 장치** process input unit의 약어. (3) **PIU 프로그래밍** programmable interface unit programming의 약어. PIU는 세 가지 기본적인 연산 형태 중의 하나로서 프로그램될 수 있다. 보통 한 바이트 폭의 인터페이스는 두 바이트의 폭으로 확장할 수 있는데, 전자의 구현에서 1MB의 데이터 전송률과 후자의 구현에서 2Mbit의 데이터 전송률은 30m 거리에 대해 설계된다. 또한 부가적인 프로그래밍 능력으로는 인터럽트를 발생시키는 신호를 형성, 제어할 수 있다. 어떤 PIU형은 TTL과 양립하는 모든 입출력 신호를 가진 68핀 패키지로 패키지화된다.

pivotal equation in elimination[pívətəl ikwéiʒən in ilìminéiʃən] **소거법에서의 주축 방정식** 1차 연립 방정식의 계수 행렬을 주대각 원소가 모두 0이 아닌 상삼각 행렬로 소거법을 이용하여 바꿀 때 대각 원소가 0이 되는 방정식. 어떤 기준에 의해 오차가 최소가 되게 하는 방정식으로 대치할 때 이 방정식을 주축 방정식이라고 한다.

pivot element[pívət éləmənt] **피벗 원소** 행렬에서 소거시키는 기준이 되는 대각선의 원소.

pivoting[pívətiŋ] **피버팅** 1차 연립 방정식에서의 주축 방정식을 가려내는 기법을 통틀어 피버팅이라 하며, 행렬에서 소거법을 수행할 때, 행 연산 규칙을 적용하여 계수 행렬 원소 가운데 절대값이 가장 큰 원소가 대각선상에 오도록 해서 이 원소를 피벗 원소로 택하는 방법. 피버팅은 전체 피버팅과 부분 피버팅이 있는데, 이 중 전체 피버팅은 전체의 원소 중에서 피벗 원소를 찾는 데 반하여, 부분 피버팅은 제1열부터 차례로 소거해 나가되 한 개의 열 내에서만 가장 큰 원소를 찾아서 이것을 대각선상에 오도록 행을 교환하여 피벗 원소로 취한다.

pivot row[pívət róu] **피벗 행** 피벗 원소가 속해 있는 행.

pivot table[–téibəl] **피벗 테이블** 대화형 테이블의 일종으로, 데이터의 나열 형태에 따라서 집계나 카운트 등의 계산을 하는 기능.

Pixar 픽사 3차원 컴퓨터 그래픽을 전문으로 하는 미국의 소프트웨어 회사.

pixel[písel] *n.* **픽셀, 화소(畵素)** picture element의 약어. 그림을 만들기 위해서 사용되는 표시 요소나 디지털 화상의 한 단위.

[주] CRT에 문자나 그림을 나타낼 때의 최소 구성 단위. 예를 들면 640×640도트의 CRT는 256,000개의 픽셀을 나타낼 수 있다.

pixel/bit level[–bít lévəl] **픽셀/비트 레벨** 디지털 화상에서 1화소를 표현하는 데 필요한 비트 수를 비트/픽셀로 표현하는데, 이것의 역수로 1비트가 몇 화소를 표시하고 있는지를 나타낸 숫자.

pixel density[–dénsiti(ː)] **화소 밀도** 문자나 도형의 표시 장치에 있어서 단위 면적당 화소(pixel)의 수.

pixel image[–ímidʒ] **픽셀 이미지** 메모리 내의 컬러 그래픽의 표현에서, 디스플레이 상의 한 개의 점은 색 정보 등도 포함하는 몇 비트의 이미지로 이루어져 있다. 이것이 픽셀 이미지이며 표시 장치 내의 한 개의 비트 이미지(예를 들어 1이 백이고 0이 흑)에 대응하는 것과는 다르다.

pixel map[–mǽp] **픽셀 맵** 픽셀 이미지가 어떻게 배치되어 있는지가 기억되어 있는 것.

PixelPaint 픽셀페인트 픽셀 리소스(Pixel Resource) 사가 개발한 애플 매킨토시 컴퓨터를 위한 그래픽 소프트웨어의 하나.

pixel scan[–skǽn] **픽셀 주사** 어떤 종류의 주사 과정을 통하여 얻을 수 있는 요소 중 가장 기본적인 것이 픽셀이라는 그림 요소이다. 이러한 시스템에서 컴퓨터는 주사기(scanner)와 디지타이저로 입력 데이터를 얻는다. 주사기는 조명 탁자에서 비춘 사진 또는 필름의 투명도를 감지하고 디지타이저는 영상의 광도를 여러 점에서 표본화함으로써 컴퓨터가 알 수 있는 데이터로 디지털화한다. 분석기에서는 조정 간 또는 다른 형의 커서가 픽셀을 지적할 수 있고 표시 장치로 처리 영상을 관찰한다.

pizza box type[píːtsə báks táip] **피자 상자형** 피자 상자와 같이 얇고 평평한 외관을 한 컴퓨터 본체. 선 마이크로시스템즈 사의 SPARC station이나 실리콘 그래픽스 사의 INDY 등은 이러한 유형이다.

PKI 공개 키 기반 구조 public key infrastructure의 약어. 전자 상거래 시스템과 같은 정보 시스템에 안전성을 부여하며, 통신 시스템의 신뢰성을 높이기 위한 기반 구조. 즉, 네트워크 상에 연결된 각 사용자 및 메시지에 대한 인증 기능을 부여하기 위해 공개 키 방식을 이용한 인증용 기반 구조이다. 공개 키 기반 구조는 인증 기관(CA ; certification authority), 등록 기관(RA ; registration authority), 디렉토리(directory), 사용자 및 시스템으로 구성된다.

① 인증 기관 : 공개 키 기반 구조의 핵심 객체로서 인증서 등록 발급 조회시 인증서의 정당성에 대한 관리를 총괄하는 시스템

② 등록 기관 : 인증 기관과 멀리 떨어져 있는 사용자들을 위해 인증 기관과 인증서 요청 객체 사이에 등록을 위한 기관

③ 디렉토리 : 인증서와 사용자 관련 정보, 상호 인증서 쌍 및 인증서 취소 목록 등을 저장 또는 검색하는 장소

PKUNZIP 피케이언집 PKZIP으로 압축된 파일을 풀기 위한 소프트웨어. PKZIP으로 하나의 파일로 압축되어 있더라도 풀면 원래의 여러 개의 파일로 만들 수 있다. 셰어웨어로 구할 수 있다.

PKZIP 피케이집 파일을 전송할 때 사용되는 압축용 소프트웨어(아카이버). 여러 개의 파일을 하나로 만들 수 있으며, 압축된 파일의 확장자는 「.zip」이다. 셰어웨어로 구할 수 있다.

PLA 프로그램 가능 논리 배열 programmable logic array의 약어. 디코더와 인코더를 조합시키면 각종 논리 회로가 구성될 수 있다. 디코더는 AND 회로, 인코더는 OR 회로가 주체가 되어 구성되어 있으므로 AND 배열과 OR 배열을 PROM과 같이 사용자가 필요한 논리 회로로 1회만 설정이 가능하도록 한 것.

PLACAD 프로그램 가능 논리 배열 컴퓨터 지원 설계 programmable logic array computer aided design의 약어.

place[pléis] *n*. **자리, 장소** 위치 표기법에서 한 자리는 기수의 주어진 거듭 제곱, 주어진 누승(누적곱) 또는 주어진 길이의 숫자 주기에 대응한다. 보통 수를 우측 끝에서 *n*번째 문자로 표기한다.

placement[pléismənt] *n*. **배치**

placement strategy[–strǽtədʒi(:)] **배치 기법** 가상 기억 장치의 관리 기법이며, 주기억 장치에 적재해야 할 페이지나 세그먼트를 주기억 장치의 어느 곳에 적재시킬 것인가를 정하는 것. 또는 기억 장치의 관리 전략으로서 새로 반입되는 프로그램을 주기억 장치의 어느 곳에 위치시킬 것인가를 결정하는 기법이며, 이 전략에는 최초 적합(first-fit), 최적 적합(best-fit) 및 최악 적합(worst-fit) 기억 장치 배치 전략 등이 있다.

place value[pléis vǽlju:] **위치값** 위치값 시스템에 의한 양의 표현.

PLA folding PLA **축소** 표준형의 PLA에 쓰이지 않는 부분을 제거하여 PLA의 크기를 축소하는 것.

plain paper copier[pléin péipər kápiər] **평지 종이 복사기** 가장 널리 보급되어 있는 전자 사진법의 하나. 대전시킨 광전도 물질(셀렌 감광판)을 노출하면 빛이 닿은 부분만은 하전(荷電)을 잃어 잠상(潛像)이 생긴다. 여기에 반대 하전의 조영제(造影劑 ; toner)를 뿌려서 현상한다. 보통 용지에 전사하여 가열하면 상이 정착된다. 특수 가공을 하지 않은 보통 종이에 복사가 되는 것이 특징이며, 복사가 선명하고 속도가 빨라 계속하여 복사가 가능하다.

PlainTalk 애플 사가 발매한 매킨토시용의 음성 합성/음성 인식 소프트웨어. 텍스트 파일을 합성음에 따라 읽어내어 주는 것이 음성 합성 기능이고, 인간의 음성을 받아들여 컴퓨터에 어떠한 동작을 수행하도록 하는 것이 음성 인식 기능이다. 이들의 제어에는 애플스크립트(AppleScript)가 이용되고 있다.

plain text[–tékst] **보통 텍스트, 원문, 평문** 일상적으로 사용하는 문장이나 암호화하기 전, 또는 암호문을 해독한 문장.

PLAN 문제 언어 분석 프로그램 problem language analyzer의 약어.

plan[plǽn] *n*. **계획, 플랜** 임의 상태에서 원하는 목적 상태까지 도달하기 위해서는 일련의 행동을 하게 되는데, 주어진 상태에서 목적 상태까지 도달하기 위한 행동들을 생성하기 위하여 일련의 규칙들의 순서를 형성하는 것을 계획이라고 한다.

planar embedding[plǽnər imbédiŋ] **평면 임베딩** 그래프를 한 평면상에 모서리들이 서로 교차되지 않게 그릴 수 있을 때 이 그림을 원래 그래프의 평면 임베딩이라고 한다.

planar graph[–grǽf] **평면 그래프** 선형 그래프의 하나. 그래프의 절점을 제외하고 두 선을 서로 교차하지 않게 하여 평면상에서 그릴 수 있는 것. 이 그래프는 Kuratowski가 발견한 것으로 그래프가 평면인지 어떤지를 정하기 위한 유효한 증명 방법이 없는 것으로 유명하다.

planar straight-line graph[–stréit láin grǽf] **평면 직선 그래프** 모든 모서리(edge)가 선분이 되도록 평면 그래프를 평면상에 표현한 그래프.

planar subdivision[–sʌ́bdivìʒən] **평면 세분** 평면 직선 그래프로 평면을 여러 개의 작은 영역으로 세분한 것.

planar technique[–tekní:k] **평면 기술** 선택 확산, 이온 주입, 포토에칭 등의 기술을 써서 그 표면이 평탄해지도록 기판 결정의 동일 평면상에 소자를 형성하는 반도체 디바이스 제조 기술.

planar transistor[–trænzístər] **평면 트랜지스터** 실리콘 단결정 기판에 산화규소(SiO_2) 산화막을 붙여놓고 그것에 포토에칭 기술로 구멍을 뚫은 다음 불순물 확산을 통해 이미터나 컬렉터를 만들어 진공 증착(眞空蒸着)으로 전극을 만든다(그림 참조). 평면 트랜지스터는 이러한 구조의 트랜지스터를 말하는데, 집적 회로는 이 기술에 의해 개발되었다고 해도 과언이 아니다.

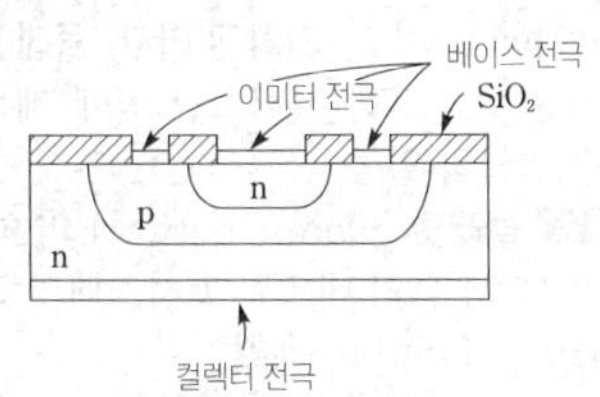

〈평면 트랜지스터〉

plan box[plǽn báks] **계획 상자** 계획에 내포되어 있는 예비 조건들과 종결 조건들 그리고 모든 행동들을 묘사해놓은 상자. 자연 언어 이해에서 문장 간의 계획 순서를 해결하기 위해 쓰인다.

plane[pléin] *n*. **판** RAM 등에서 기억 소자가 $x-y$로 배열되어 있는 면.

plane graph[-græf] **플레인 그래프** 선분을 서로 교차하지 않고 평면에 그린 그래프.

plane-sweep method[-swíːp méθəd] **평면 일소법** 기하학적인 문제를 해결하기 위한 특정 분류의 알고리즘을 총칭하는 것. 예를 들면 수직선을 평면의 왼쪽에서 오른쪽으로 움직여 가면서 수직선의 상태를 나타내는 자료 구조를 유지하고 이 수직선이 특정한 점들을 만나면 자료 구조를 수정하거나 자료 구조에서 원하는 정보를 얻어내며 수직선이 주어진 모든 물체를 통과하면 원하는 해를 구할 수 있도록 하는 방법.

plane text[-tékst] **일반 텍스트** 좁은 의미의 텍스트 형식. 행 바꿈, 수평 탭, 문자 코드 집합의 교체 지시 이외의 제어 코드를 포함하지 않는 파일 형식. 문자 수식 정보를 추가한 리치 텍스트(rich text)나 링크로 다른 데이터를 표시하는 하이퍼텍스트와 구별하여 순수한 텍스트를 나타낼 때 사용하는 용어.

planimeter[plænímətər] *n.* **플래니미터** 주변 장치의 하나로, 스타일러스(stylus)로 한 도형의 둘레를 추적하여 2차원 그림의 면적을 측정한다.

PLANIT 플래니트, 대화형 교육을 위한 프로그래밍 언어 programming language for interactive teaching의 약어. 컴퓨터를 이용하여 사용자에게 무엇인가를 가르치고자 할 때, 대화형 방식을 채용하고 있는 프로그래밍 언어.

planned maintenance[plǽnd méintənəns] **PM, 계획 보전** 예방 보전을 위해서 어떤 일정한 기간을 정해서 정기적으로 기계의 보수와 보전 작업을 실시하는 것.

planned overlay[-òuvərléi] **계획적 오버레이**

planned stop[-stáp] **플랜드 스톱**

planned termination[-təːrminéiʃən] **정상 종료** 트랜잭션이 예정된 지점의 실행 완료나 실행 복귀와 같은 명령문에 의하여 정상적으로 끝나는 것.

planner[plǽnər] *n.* **기획 관리자, 플레이너** 로봇을 제어하는 프로그램을 시스템 안에 제작하는 도구로 기술 언어의 일종.

PLANNET 플래넷 planne network의 약어. 플래넷 PERT, CPM 등의 네트워크 시스템의 하나.

planning[plǽniŋ] *n.* **계획**

planning phase[-féiz] **계획 단계** 정의, 분석, 명세, 평가, 재고 등의 기능을 하는 시스템 정의, 소프트웨어 계획 요구 분석 단계.

planning programming and budgeting system[-próugræmiŋ ənd bʌ́dʒətiŋ sístəm] **PPBS** 예산의 근본적 의의에서부터 장기 계획을 세우고, 프로그램, 즉 임무별 계획을 책정하여 이에 따라 예산의 산정에 이르는 3단계의 의사 결정 방식인데, 미국 국방부가 국방 예산 편성의 합리화를 위하여 개발한 시스템이다.

plansheet[plǽnʃiːt] **플랜시트**

plant[plɑ́ːnt] *n.* **공장, 시설, 플랜트** 프로그래밍에서 루틴 수행 동안에 형성된 명령어를 다음 단계에서 수행할 것으로 보고 이를 저장하는 기능. 컴퓨터가 얻어진 결과를 기본으로 하여 명령어 또는 서브루틴을 준비 선택하는 데 컴퓨터의 능력을 이용함으로써 자체 프로그램을 제어, 수행하는 능력을 컴퓨터에 제공하는 것.

plant ledger[-lédʒər] **고정 자산 대장** 토지, 건물, 기계, 기구와 같이 유형 고정 자산의 내역 명세를 기록하는 보조부. 고정 자산의 각 종별마다 구좌를 설치하여 취득일, 소재, 취득액, 부대 비용, 감가상각비 계상액, 처분액을 기록 명시한다.

plan view[plǽn vjúː] **평면도**

plasma[plǽzmə] *n.* **플라스마** 충분히 이온화되고 도전성이 생겨 자계에 의해서 영향을 받는 가스. 중성 입자와 함께 거의 동수의 음·양의 대전 입자가 있으며, 가스 전체로서는 중성으로 되어 있다. 20,000K 이상의 고온에서는 완전히 전리(電離)되지만, 고체 중에서 플라스마는 전자와 플러스로 대전한 도너(doner)이다. 또는 정공과 마이너스로 대전한 억셉터의 어느 하나의 모양으로 존재한다. 고유 반도체 내에서의 정공 및 전자의 모양으로 존재하는 플라스마도 있다.

plasma display[-displéi] **플라스마 디스플레이, 플라스마 표시 장치** 가스 방전에 의해 발생하는 발광 현상을 이용한 플라스마 패널(표시판)을 사용한 표시 장치. 세 장의 유리판을 사용하여 방전하고 발광시키지만 기구가 간단해서 대량 생산하기 쉽고, 가격도 CRT 디스플레이의 10분의 1 이하라고 한다. 표시판 전체에 걸친 균질의 제작이 곤란해서 큰 화면에는 적용되지 않지만, 얇은 형에서는 장치하기 쉽고 포터블(portable) 단말기에 적용하고 있다.

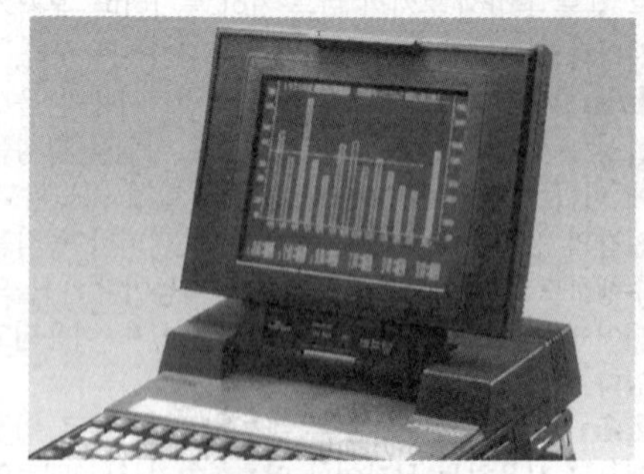

〈플라스마 디스플레이〉

plasma display panel[-pǽnəl] **PDP, 플라

스마 표시반 표시 장치(디스플레이)의 일종. 평평한 가스 넣기의 패널 내부에 전극을 격자 모양으로 배열한 것. 격자의 임의점을 선택하고 전극 전류를 기동시킴으로써 가스를 이온화하여 발광시킨다.

plasma method [-méθəd] **플라스마 방식** 화면이 3개의 유리면으로 구성되는 가장 새로운 방식. 그래픽 단말기의 화면 출력 방법 중의 하나.

plasma panel [-pǽnəl] **플라스마 패널** 표시 장치의 부분이고, 평면 모양의 가스 봉입 패널 안에 격자(grid) 전극이 있는 것.
[주] 리프레시(refresh)하는 것 없이 장시간 화상을 보호 유지할 수 있다.

plasma panel display [-displéi] **플라스마 패널 디스플레이** 작은 네온 전구의 배열로 이루어지는 플라스마 패널을 갖는 대화식 디스플레이 장치. 플라스마 패널은 투명하고 재생 버퍼가 필요 없으며, 중간 정도의 해상도를 갖는 저장 디스플레이 장치로 동적인 컴퓨터 그래픽에서 화상을 합성하기 위해 정적인 백그라운드로 쓰인다.

plate [pléit] *n*. **플레이트, 판**

plated wire storage [pléitəd wáiər stɔ́:ridʒ] **플레이티드 와이어 기억 장치** 선의 표면에 부착시킨 막에 자기 기록함으로써 데이터를 기억하는 자기 기억 장치. plated wire store와 동의어.

plated wire store [-stɔ́:r] **플레이티드 와이어 기억 장치**

platen [plǽtən] *n*. **플래턴, 압반** 저속도의 충격식(임팩트) 인쇄 장치에서 활자나 인쇄의 헤드 압쇄를 받는 원통상의 회전체. 프린터 장치의 용지에 접해 있는 고무 등으로 만들어진 것으로 인쇄하는 활자나 프린트 헤드의 누르는 압력을 완화하는 것이다.

platform [plǽtfɔ̀:rm] **플랫폼** 컴퓨터의 구조나 운영 체제 등의 기본 구조. 응용 소프트웨어를 시동시킬 때 응용 프로그램 측면에서 운영 체제나 컴퓨터 본체를 플랫폼이라 부른다. 기본 환경이라 부르는 경우도 많다.

PLATO 플라토, 자동 교육 업무용 프로그램화 논리 programmed logic for automatic teaching operations의 약어. 미국의 일리노이 대학이 1950년대에 개발한 컴퓨터에서 학습을 지원하기 위한 시스템. PLATO는 대형 컴퓨터를 사용한 교육 시스템으로서 1960년에 그 최초의 시스템(PLATOI)이 완성되었다. 그 후 개량된 퍼스널 컴퓨터와 미니컴퓨터를 조합한 분산형 시스템 등도 개발되어 왔다. 일리노이 대학에서는 이것을 미국의 최대 컴퓨터 네트워크의 하나인 아파네트(ARPANET)에 연결하여 전 미국 어느 지역에서나 초·중·고 또는 직업 교육과 같은 교육을 받을 수 있도록 하고 있다.

platter [plǽtər] *n*. **원판** 자기 디스크용의 금속제 기판.

platykurtic [plǽtikuərtik] **저첨(低尖)** 도수 분포의 뾰족한 정도(첨도 ; kurtosis)가 완만하게 뾰족한 것.

plausible reasoning [plɔ́:zibl rí:zəniŋ] **플로저블 추론** 불완전한 지식을 다루려 할 때나 해(解)가 많을 때 또는 해를 빨리 구하고자 할 때 만들어지는 추측, 확률, 확정 인자, 퍼지 논리(fuzzy logic), 그리고 댐프스터 섀퍼(dampster-shafer) 등과 같은 추론 방법론이 있다.

Play At Will [pléi æt wíl] **플레이 앳 윌** PC 카드에서 사용되는 카드 인식 소프트웨어. 카드의 세트를 확인하고 카드별로 각종 설정에 맞추어 셋업한다.

playback head [pléibæ̀k hé(:)d] **재생 헤드** 테이프, 드럼, 카드, 광학 감지기와 같은 매체 내의 데이터를 읽는 데 이용되는 헤드.

playback robot [-róubət] **플레이백 로봇, 재생 로봇** 인간이 직접 로봇을 잡고 가르치는 직접형과 원격 제어 장치를 사용하는 간접형이 있으며, 산업용 로봇의 일종이다. 인간이 로봇에게 동작의 순서를 가르치면 가르친 동작과 같은 동작을 반복하는 로봇.

PlayStation [plèistéiʃən] **플레이스테이션** 1994년에 발매된 소니 엔터테인먼트 사의 제품으로 32비트 게임 전용기. 게임 전용기이지만 3D 전용 칩을 탑재하고 있어 3D 그래픽 처리에 의해 PC를 능가하는 능력을 발휘할 수도 있다. 「파이널 판타지」 시리즈나 「바이오 해저드」 시리즈 등 다수의 밀리언셀러를 갖고 있다.

PlayStation 2 플레이스테이션 2 일본의 소니 엔터테인먼트 사가 2000년에 발표한 가정용 게임기. 플레이스테이션 2는 현실에 가까운 영상을 게임기에 실현하였으며, 일반 DVD 플레이어로도 사용할 수 있기 때문에 각종 영화 DVD 소프트웨어를 플레이스테이션 2를 이용하여 재생할 수 있는 장점이 있다. 플레이스테이션 2는 주변 기기와 접속을 위한 인터페이스로 IEEE 1394, USB, PC 카드의 포트가 있어 노트북 PC는 물론 프린터나 디지털 카메라 같은 주변 기기와의 연결은 물론 인터넷 접속도 가능하다.

PLC (1) **제품 라이프 사이클 이론** product life cycle theory의 약어. (2) **프로그램 가능 논리 제어 장치** programmable logic controller의 약어. 이제까지 사용되어온 릴레이 제어반의 각종 릴레이, 타이머, 카운터 등의 기능을 마이크로프로세서를 이용해 통합시킨 것이다. 이 PLC에 프로그램을 작성함으로써 시퀀스 제어(sequnce control)는 물론 산술연산, 논리 연산, 함수 연산, 조절 연산 및 데이터 처리를 실행할 수 있다. PLC는 기존의 릴레이에 비해 제어 기능 신뢰성이 뛰어나고 제어 내용을 손쉽게 수정하고 변경할 수 있으며 릴레이에 비해 복잡한 제어 기능을 수행할 수 있는 등 많은 장점을 지니고 있다. PLC를 사용함으로써 얻게 되는 이점으로 프로그램 변경이 쉽고 시스템 확장이 간편해 작업 환경의 변화에 신속히 대응할 수 있다는 점과 유지 보수가 쉽고 신뢰성이 높아 고장을 줄여줌으로써 설비의 가동률이 향상되며 네트워크 기능과 고속의 데이터 처리 기능 및 충분한 용량의 데이터 기억 기능을 갖춰 향후 CIM 구축에 의한 전사 관리가 가능한 점 등을 들 수 있다.

PL/C 교육용 환경에서 사용하도록 고안된 PL/ I 프로그래밍 언어의 축소된 버전.

PLCA 병렬 회로 통신 어댑터 parallel line communication adapter의 약어.

plex[pléks] *n*. **망**

plex entry[–éntri(:)] **망 엔트리**

plex structure[–strʌ́ktʃər] **망 구조**

PL/I programming language/one의 약어. 과학 기술 연산을 위한 FORTRAN이나 사무 처리를 위한 COBOL의 양쪽 장점을 뽑아 새롭게 개발된 만능 프로그래밍 언어. 중형 이상의 컴퓨터에 이용된다. 수치 계산, 논리 연산 및 사무 데이터 처리를 하기 위한 프로그램 언어의 하나. 즉, FORTRAN, COBOL, ALGOL, 컴파일러의 하나로 그것에 비트 기호의 처리를 가능하게 한 프로그래밍 언어. 1966년 영국의 HusLey에 있는 IBM 연구소에서 최초의 PL/ I 이 만들어졌다. 사무 계산, 기술 계산의 양용으로 사용할 수 있는 범용 프로그램 언어.

PLL 위상 동기 루프 phase-locked loop의 약어.

PL/M programming language micro computer의 약어. 미국 인텔 사가 1973년에 개발한 대표적인 마이크로컴퓨터용 컴파일러 언어. PL/ I 과 비슷한 형식으로 프로그래밍을 할 수 있는 범용 프로그램 언어.

PL/M-86 8비트 시스템과 16비트 시스템, 그리고 응용 프로그래밍, 특히 인텔 8086과 인텔 8080 마이크로컴퓨터를 위하여 고안된 고급 언어. 인텔 사가 개발하였다.

PLMATH PL/ I 수치 계산 라이브러리 procedure library-mathematics의 약어.

PL/M plus PL/M 플러스 미국 내셔널 세미컨덕터 사가 개발한 PL/M 버전 프로그램 언어. 마이크로컴퓨터의 프로그램을 단순화한 것이다.

PL/I controlled attribute PL/ I 의 제어 속성 단순 변수, 행렬 또는 구조 선언부에 포함되는 속성들 중의 하나가 기억 장소 계급이다. 이 기억 장소 계급은 STATIC, AUTOMATIC, CONTROLLED, BASED로 나뉜다. CONTROLLED 기억 장소 계급 속성이 선언되면 관련 구조 선언부의 의미를 수정할 수 있게 된다.

plot[plɑ́t] *n*. **제도, 플롯, 작도** 그림이나 표를 작성하는 것. 대략적인 전체 선을 기술하는 것. 또는 어느 계획이나 작전에 있어서 예정표를 나타내는 경우도 있다. 컴퓨터 시스템에서 그림이나 표를 작성할 때에는 프린터나 플로터(plotter)를 사용한다. 원래는 어느 좌표계의 한 점과 다른 한 점을 연결해서 선으로 하는 것을 나타내는 의미이다. 그래서 좌표축 상에 그래픽스 도형이나 각종 표나 그래프 등을 출력하는 장치의 동작을 나타내게 된다. 프린터에서는 헤드를 종이에 두들겨 인쇄하는 도트 프린터(dot printer)가 주류를 이루므로, 인쇄 밀도를 높이는 것이 어렵다. 그래서 특히 건축 설계 등에서는 X–Y축 기동 장치에 펜(pen)을 설치하고 이것으로 종이에 인쇄하는 X–Y 플로터가 사용된다.

plotter[plɑ́tər] *n*. **도형기, 플로터** 작도 장치. 데이터를 2차원 도형 표현의 형태로 나타내는 출력

〈플로터〉

장치. 설계 및 기타 여러 가지 통계의 표시용으로 효과적이다. 도면 작성, 차트 작성 및 유사한 그림을 그리기 위하여 사용하는 자료 생성 기기이다. CAD의 발달로 설계 분야에서는 가장 중요한 출력 장치로 이용된다.

plotter hard-copy output[–hɑ́:rd kɑ́pi(:) ɑ́utpùt] **플로터 하드 카피 출력** 플로터나 프린터 등의 그래픽 단말 장치에 출력된 영상. 플로터는 입력 데이터에 따라 자동으로 동작하는 한 개 이상의 펜으로 영상을 그리는 반면에 프린터는 정전기를 이용한 인쇄 방법으로 영상을 출력한다.

plotter step size[–stép sáiz] **작도 장치 증분량** 작도 장치에서의 증분량.

plotter subroutine[–sʌ́bru:tí:n] **작도용 서브루틴**

plotting board[plɑ́tiŋ bɔ́:rd] **제도 기판, 플로팅 보드** 출력 장치로서 동작하고 컴퓨터의 연산 결과를 도형 표시로 얻을 수 있는 플로터.

plotting head[–hé(:)d] **플로팅 헤드** 작도 장치의 부분으로 표시면 상에 영상으로 나타내는 데 사용되는 헤드.

PLP 제품 책임 예방 product liability prevention의 약어.

PLPA 페이지 가능 링크 팩 영역 pageable link pack area의 약어.

PLTA 페이지 가능 논리 비상주 영역 pageable logical transient area의 약어.

plug[plʌ́(:)g] *n.* **플러그** 접속 기구의 일종. 잘 구부러지는 코드 양단에 금속 핀이 달려 있고 잭에 끼우도록 되어 있다. 이 용어는 단독으로는 글자 그대로의 의미밖에 없지만, plug-in, plug-to-plug는 장치(또는 기구) 단위로 접속하거나 떼어낼 수 있는 의미를 갖는다. plug-to-plug compatible(plugged compatible)은 어느 메이커의 기억 장치나 출력 장치를 타사의 컴퓨터에 접속할 수 있다는 의미가 된다.

plug adapter[–ədǽptər] **플러그 어댑터**

plug & play[–ənd pléi] **플러그 앤드 플레이** "꽂기만 하면 동작한다"는 의미. 즉, 시스템이 알아서 주변 기기들을 인식하여 동작하므로 사용자는 장치에 맞는 드라이버들을 설치할 필요가 없다. 윈도 95는 플러그 앤드 플레이 기능을 지원하는 운영 체제이기 때문에 설치시에 설치되어 있는 주변 기기의 32비트 드라이버를 적재하여 각종 하드웨어 주변 기기들을 별도의 하드웨어 설정과 소프트웨어 설정 없이 그냥 컴퓨터에 설치만 하면 자동으로 인식되어 동작한다. 그러나 MS-DOS나 윈도 3.1에서 사용된 주변 기기들은 플러그 앤드 플레이 기능을 지원하지 않으므로 제어판의 새 하드웨어 추가를 통하여 설치해야 한다. 컴퓨터 스위치를 켰을 때 모니터에 아무 화면이 나오지 않거나 프린터로 출력할 때 이상한 암호가 나오는 것은 하드웨어나 주변 기기가 프로그램 사이의 사전 설정 조건과 일치하지 않아 발생하는 것이다. 플러그 앤드 플레이란 이 같은 번거로움을 해결하기 위해 하드웨어에 다양한 제품의 사용 조건을 내장시키거나 소프트웨어 안에 여러 가지 하드웨어와 자동으로 맞도록 여러 기능을 설정한다. 프린터나 모니터를 손보지 않고 컴퓨터에 꽂기(플러그)만 해도 쓸(플레이) 수 있다. 「플러그 앤드 플레이」 기능은 모니터 · 프린터뿐 아니라 팩스모뎀 카드 · 비디오 카드 · 사운드 카드 · 네트워크 등에도 적용된다.

plugboard[plʌ́(:)gbɔ̀:rd] *n.* **플러그 보드, 배선반** 장치의 동작을 제어하기 위해 플러그나 핀을 끼우도록 구멍이 뚫린 판. 기계의 기능에 융통성을 주기 위해서 기계 배선의 일부분을 많은 전기 접점을 갖춘 판에 연결하여 그 판 위의 접점 간을 짧은 접속 코드를 사용하여 배선한다. 접속 코드는 간단히 접속 교체할 수 있으며 기계 기능의 활용에 융통성이 있어서 편리하다.

plugboard chart[–tʃɑ́:rt] **배선반 도표** 어느 작업을 위해 플러그를 배선반의 어느 위치에 삽입하지 않으면 안 되는가를 나타내는 그림.

plugboard computer[–kəmpjú:tər] **배선반 컴퓨터** 배선반 상에 배선함으로써 프로그램 명령어를 주는 방식의 컴퓨터. 통상 이 배선반은 컴퓨터의 본체에서 떼어낼 수 있고, 다른 배선 완료된 판과 간단하게 교환할 수 있다. 예전에는 소형 컴퓨터에 많이 볼 수 있었지만, 현재는 거의 사용되지 않는다.

plug compatible[plʌ́(:)g kəmpǽtibl] **플러그 호환성** 어떠한 변경을 가하지 않고, 기기의 다른 시스템과의 결합이 가능한 것을 나타내는 용어.

plug compatible machine[–məʃí:n] **PCM, 플러그 호환성 기계** 플러그를 교환하는 것만으로 다른 하드웨어, 소프트웨어를 움직일 수 있는 컴퓨터 시스템의 총칭. 보통 IBM 컴퓨터와 호환성을 지닌 컴퓨터를 일컫는다.

plug compatible mainframe[–méinfrèim] **PCM, 플러그 호환성 본체**

plug compatible manufacturer[–mæ̀njufǽktʃərər] **플러그 호환 생산자** 별도로 하드웨어나 소프트웨어 인터페이스가 없도록 현존하는 컴퓨터 시스템에 연결하여, 사용할 수 있는 컴퓨터 장비를 생산하는 사업자.

plugging chart[plʌ́(:)giŋ tʃɑ́:rt] **배선반 도표** 배선반의 어느 곳에 플러그나 전선을 연결할 것인

가를 나타낸 도표. 이 밖에도 스위치의 위치와 상태 등 배선반의 구체적인 이용에 관한 정보도 나타낸다.

plug-in [plʌ́(ː)g in] **플러그인** 특수한 기능이 덧붙여지도록 대규모 애플리케이션에 통합되어 있는 프로그램 형태. 웹 브라우저인 넷스케이프에 덧붙여 실행되도록 한 프로그램. 동영상이나 음성 등을 재생하는 플러그인 프로그램을 설치하면 넷스케이프에서 관련 파일들을 클릭했을 때 자동으로 실행된다. 대규모 애플리케이션은 플러그인 장치를 수용할 수 있도록 고안되어 있으며 소프트웨어 제조업자들도 사용자들이 플러그인을 잘 사용할 수 있도록 해당 설명서를 발행한다. 플러그인 장치를 가지고 있는 대표적인 애플리케이션으로는 어도비 포토샵(Adobe Photoshop) 등이 있다.

plug-in and play [–ənd pléi] **사용하기 쉬운**

plug-in program [–próugræm] **플러그인 프로그램** 넷스케이프를 사용하는 사용자들에게 넷스케이프 상에서 여러 가지 기능을 사용할 수 있도록 하는 프로그램. 넷스케이프 웹 브라우저 상에서 여러 가지 형태의 파일들을 볼 수 있고 멀티미디어 데이터들을 전송할 수 있다.

plug-in software [–sɔ́(ː)ftwὲər] **플러그인 소프트웨어** 본래 의미는 「꽂아넣는다」라는 뜻이지만, 컴퓨터 분야에서는 다른 소프트웨어 안에서 동작하는 소프트웨어를 가리킨다. 예를 들어, 인터넷에서 웹 정보를 이용하기 위해 넷스케이프라는 웹 브라우저를 사용한다. 그런데 이때 사용되는 넷스케이프에는 다양한 형식의 미디어를 처리하는 프로그램들이 플러그인으로 연결되어 있다. 따라서 자신이 처리할 수 없는 형식의 그림이나 오디오 파일이 전송되면, 이들을 플러그인에 등록된 프로그램에 전달해서 처리하므로 넷스케이프는 자신이 처리할 수 없는 그림과 오디오를 웹 브라우저에서 출력할 수 있다. 이처럼 넷스케이프라는 웹 브라우저에 의해 자료를 처리하기 위해 실행될 목적으로 등록된 프로그램을 플러그인이라고 한다.

plug-in system [–sístəm] **플러그인 방식** 기기 또는 장치의 일부분만을 다른 구성의 것과 교환하는 경우에 그 부분만이 따로 조립되어 있고 그것을 교환함으로써 회로에 손을 대지 않고도 필요한 접속이 이루어질 수 있게 미리 준비된 방식.

plug-in termination [–tə̀ːrminéiʃən] **플러그인 단자**

plug-in unit [–júːnit] **플러그인 장치** 핀, 플러그, 커넥터 등의 단자에 의해서 끼우거나 뺄 수 있으며 종합된 특정 기능이 있는 구성품.

plug-wire [–wáiər] **플러그선**

plus [plʌ́s] *n.* **플러스, 양**

plus input [–ínpùt] **플러스 입력**

plus punch [–pʌ́ntʃ] **플러스 천공** 소위 80란 카드라고 하는 펀치 카드의 최상단의 「행」에 하는 펀치. 속칭 12펀치(twelve punch)라고도 한다.

plus sign [–sáin] **플러스(+) 부호**

plus zone [–zóun] **양수 존** 양수 부호를 나타내는 인접한 비트와 연관된 특수한 코드 형태 문자의 집합.

PLV 프레젠테이션 레벨 비디오 presentation level video의 약어. DVI의 화상 압축 방식의 하나. 알고리즘은 복잡하고 RTV(real-time video)보다도 화질은 뛰어나다. 압축 비율은 1/60이며, 최대 256×240dpi로서 매초 30프레임의 동화상을 CD-ROM에 72분간 기록할 수 있다. 실시간으로 압축하는 것은 불가능하지만 해제는 할 수 있다. 압축에는 전용의 초고속 컴퓨터가 필요하다.

PL/Z 미국 Zilog가 개발한 마이크로프로세서. 마이크로컴퓨터 개발용 고수준 언어.

PM (1) **광전 배증관** photo multiplier의 약어. (2) **예방 보수** preventive maintenance의 약어. 예방 보수의 기본적인 활동은 생산 라인의 고장 정지 또는 해로운 성능 저하를 가져오는 상태를 발견하기 위한 설비의 주기적인 검사(inspection)로서 고장이 발생한 다음에 수리를 하는 것보다도 그 사고 발생 이전에 손질을 하여 부품을 교환하고 정밀도를 조정하여 미비한 점을 발견해서 그것을 방지하는 것이 관리와 경제성에서 바람직하므로 예방 보수를 생각하게 되었다. (3) **위상 변조** pulse modulation의 약어. 입력 신호의 진폭에 대하여 반송파의 위상을 변화시키는 변조 방식. 사인 반송파의 각도가 극성으로 변화하여 언제나 두 종류밖에 없기 때문에 출력이 안정하고 고밀도 기록에 적합하다. 하이퍼포먼스 테이프 등에 사용되고 있으며, 자기 테이프 등에 2진수를 기억하기 위해서 위상의 각도를 극성으로 변조시키는 것을 말한다. 반송파를 $i=I_0 \sin(wt+\theta)$로 하면 위상 변조된 반송파는 $i_m=I_0 \sin\{wt+\theta(t)\}$로 나타난다. 여기에서 $\theta(t)$는 입력 신호 진폭의 시간적 변화량이고 입력이 사인파인 경우는 $i_m=I_0 \sin(wt+\Delta\theta \sin pt)$로 표현된다. $\Delta\theta$는 입력 신호가 최대일 때의 위상 편차로, 변조 지수라고 한다.

PMA 인사 관리 분석 personal management analysis의 약어. 미국 미네소타 대학의 D. 요다 교수가 고안한 것으로, 1955년 미 연방 인사국에서 실용화된 인사 관리 분석의 수법.

P-mail [piː meil] page mail의 약어. 종이로 전송되는 종래의 편지를 의미. 전자 메일(E-mail)과 비교되는 단어이며, snail mail이라고도 한다.

PME effect PME 효과 photo magnetoelectric effect의 약어. 반도체 표면에 빛을 조사(照射)하면 이들과 식각 방향으로 기전력이 발생하는 현상.

PMJI pardon my jumping in의 약어. 온라인 통신에서 "끼어들어 죄송합니다"라는 뜻.

PMOS P-채널 금속 산화막 반도체 P-channel metal oxide semiconductor의 약어. 가장 오래된 LSI 기술이며 부품 집적도가 높으나 N-MOS보다 속도가 매우 느리다.

PMS (1) **프로젝트 관리 시스템** project management system의 약어. (2) **공중 정보 서비스(웨스턴 유니언 사)** public message service의 약어.

PN 폴란드식 표기법 Polish notation의 약어.

pn chart pn 관리도 제조 공정을 불량 개수 pn에 의해서 관리하기 위한 관리도. 불량 개수를 살피는 샘플의 크기가 같은 경우에 사용한다.

PND 다음 숫자 요구 present next digit의 약어.

PN diode PN 다이오드 반도체의 PN 접합을 이용하여 만든 다이오드.

pneumatic capstan[nju:mǽtik kǽpstən] **공기 캡스턴** 자기 테이프의 기억 장치 테이프 구동을 위해 사용되는 캡스턴 방식의 일종. 진공 캡스턴과 거의 같지만, 진공 캡스턴이 진공으로 흡인하는 데 대해서 공기 캡스턴은 반대로 높은 공기압에 의해 압착하는 점이 다르다.

pneumatic column[-kɑ́ləm] **공기 칼럼** 진공 칼럼과 거의 같지만 공기압의 차이를 만드는 데 진공을 이용하지 않고 대기압보다 높은 공기압을 공급하는 것을 말한다.

pneumatic computer[-kəmpjú:tər] **기체 컴퓨터** 데이터를 저장하고 전송하는 데 기체 및 액체의 흐름과 입력에 관한 특성을 이용하는 컴퓨터.

PNG 이동성 네트워크 그래픽 portable network graphics의 약어. 인터넷에서의 이미지 파일, 특히 웹 이미지의 압축 형식. GIF의 압축 형식에는 특허권이 설정되어 있기 때문에 GIF를 대신하는 압축 형식으로 개발되었다.

PN junction PN 접합

PNPN device PNPN 소자 전력 스위칭 분야에서 사용되는 반도체 소자. PNPN의 4개의 층 구조를 이루며 PNPN 다이오드, SCR 등이 있다.

PNP transistor PNP 트랜지스터 두 개의 두꺼운 P형 물질(이미터와 컬렉터) 사이에 얇은 N형 반도체 물질(베이스)을 접합해서 만든 트랜지스터. 정상적인 작동시에는 이미터-베이스 접합부는 순방향으로 바이어스되어 있고, 베이스-컬렉터 접합부는 역방향으로 바이어스되어 있다.

PNS 평생 전화 번호 personal number service의 약어. 평생 전화 번호는 개인 고유의 전화 번호를 평생 부여받아 가정이나 어디를 이동하든지에 관계 없이 일반 전화·이동 전화·무선 호출 등을 통해 자동으로 통화할 수 있는 서비스이다. 전화 번호는 서비스 식별 번호(0502)와 평생 번호(7자리)로 구성되며, 시외 전화 지역에서도 별도의 지역 번호를 누를 필요가 없다.

PN sequence PN 순서

poaching[póutʃiŋ] **포칭** 사용자가 파일명을 부여하지 않은 데이터를 찾기 위하여 파일이나 프로그램에 접근하는 것.

pocket[pɑ́kət] *n.* **포켓** 분류기나 유사한 다른 장치에서 각 키 위치에 할당한 스태커. 데이터를 파일하는 데 파일 어드레싱에 무작위가 이용되는 경우, 먼저 레코드가 보존되어 있는 파일 내의 작은 영역이 지정된다. 이 영역을 포켓이라고 한다. 보통 하나의 포켓에 대해서 소수의 레코드를 가지는 것이 경제적이다. 예를 들면 한 포켓은 15레코드를 포함한 디스크 상의 하나의 트랙에 대응된다.

pocket computer[-kəmpjú:tər] **포켓 컴퓨터** 탁상용 컴퓨터 정도 크기의 컴퓨터. 소형이지만 프로그램이 가능하며, 컴퓨터로서의 최저한의 기능을 가지고 있다. 최근에는 C 언어 등도 사용할 수 있는 기종도 있으며 기억 용량도 예전의 탁상용만큼이나 커졌다.

pocket modem[-móudem] **포켓 모뎀** 휴대용 컴퓨터에 주로 사용되는 소형 모뎀. 흔히 컴퓨터의 직렬 통신 포트에 꽂아서 사용하며 건전지로 동작한다.

pocket size reel[-sáiz rí:l] **포켓 크기 릴** 운반하기에 편리하며 적재하기 간편한 3.5인치 규격의 릴. 3백만 비트까지 수록이 가능하며 용량은 6비트 단어를 사용한 4,000피트 종이 테이프와 맞먹는다.

POED method 포드 방법 performance organization for evaluation and decision method의 약어. 이 방법은 평가자의 주관적 영향력을 줄일 수 있으며, 각 항목에 배정한 가중값을 비밀에 붙여 각 평가자가 평가 결과를 인위적으로 조작하는 것을 방지할 수 있는 방법으로서 하드웨어, 소프트웨어, 메이커의 지원, 비용 등 중요한 항목을 모두 정량화하여 종합적으로 평가하는 방법.

point[pɔ́int] *n.* **점** (1) 점, 지점 : 특정 장소나 위치를 나타내는 경우가 있다. 입구점(entry point)이라 하고, 프로그램 중의 장소를 가리키며, 다른 루틴(routine)에서 제어권이 넘겨지는 명령(instruction)이 기억되는 어드레스이다. point-to-point connection은 데이터 통신에 있는 두 지점 간에서의 접속을 가리킨다. (2) 소수점 : 숫자의 표현에 있어서 정수부와 소수부를 나누는 위치를 나타내기 위한 문자(.)이다. 고정 소수점 표시를 fixed point representation, 부동 소수점 표시를 floating point representation이라 한다.

POINTCAST 포인트캐스트 미국 PointCast 사가 개발한 인터넷 상의 푸시 기술에 의한 무료 방송국. 「The PointCast Network」라는 소프트웨어에 의해 사용자가 원하는 정보를 채널에 설정해두면, 인터넷 경유로 정기적으로 정보가 자동 전송된다. ⇨ Castnet, push technology

pointcast network[pɔ́intkæst nétwə̀ːrk] ⇨ PCN

point chart[pɔ́int tʃáːrt] **산포도** 하나 이상의 데이터 집합에 속하는 수치가 그래프 상의 점으로서 블록화되어 있는 차트의 일종. 일반적으로 하나 이상의 변수와 시험 결과 집단과의 상관 관계를 표시하는 데 이용한다.

point contact diode[–kántækt dáioud] **포인트 접촉형 다이오드** 컴퓨터의 논리 회로에 사용되는 다이오드의 한 종류. 고주파 특성은 좋으나 기계적인 충격에 약하다.

point contact transistor[–trænzístər] **포인트 접촉형 트랜지스터** 포인트 접촉형 트랜지스터는 $\alpha>1$인 특성이 있으나 기계적 충격에 매우 약하여 현재는 쓰이지 않고 있으며, 모든 접합 트랜지스터로 대치되고 있다. N형 결정의 0.5mm 정도 두께를 가진 게르마늄 웨이퍼를 베이스로 하고, 여기에 직경 0.125mm 정도의 이미터 전극과 컬렉터의 바늘을 0.01mm 가량의 바늘끝 간격으로 접촉시킨 트랜지스터이다.

pointer[pɔ́intər] *n*. **포인터, 지시기** 데이터 구조의 항목 A가 다른 항목 B의 어드레스를 보유하고 있을 때 A를 B의 포인터라고 한다. 운영 체제의 제어 프로그램에서 제어 순서의 지표가 되는 것. 각 태스크에는 포인터가 있고 이 포인터를 찾으면 하나의 태스크를 형성하는 제어 블록을 찾을 수 있다. 구체적으로는 처리 대상이 된 레코드가 들어가야 하는 버퍼 메모리 중의 어드레스이다.

pointer address mode[–ədrés móud] **포인터 주소 모드** 주기억 장치를 쓰는 것이 아니기 때문에 레지스터를 사용하는 간접 주소 지정 방법과는 다르다고 할 수 있으며 다른 명령으로 포인터를 세트하지 않으면 안 되기 때문에 여분의 시간이 필요하게 된다. 즉, 주기억을 참조하는 명령을 호출하기 전에 필요한 주소(포인터)를 내부 레지스터에 세트해두는 방식이다.

pointer array[–əréi] **포인터 배열** 오너 레코드와 연관된 포인터들의 집합으로, 각 포인터는 세트에 포함되는 멤버 레코드와 오너 레코드를 연결시킨다.

pointer chain[–tʃéin] **포인터 체인** A, B 두 개의 파일이 있을 때 인덱스를 쓰지 않고 A 파일의 한 레코드와 관련이 있는 B 파일의 모든 레코드들을 포인터로 연결하여 표현하는 것. 여기서 A는 부모(페어런트) 파일, B는 자식(차일드) 파일이다.

pointer data[–déitə] **포인터 데이터** 변수가 있는 세대의 위치를 나타내는 값.

pointer expression[–ikspréʃən] **포인터식**

pointer failure[–féiljər] **점 고장**

pointer operation[–àpəréiʃən] **포인터 연산** 어떤 값을 저장하거나 찾을 수 있도록 기억 장치 내의 위치를 알리는 것이며, 지적된 항목은 숫자, 문자, 변수, 인터럽트 처리 루틴, 표 또는 어떤 형태의 프로그램이나 데이터 구조일 수 있다.

pointer segment[–ségmənt] **포인터 세그먼트** 부모나 자식을 가리키는 포인터 필드.

pointer type[–táip] **포인터형** 데이터형의 하나로 데이터값이 포인터, 즉 다른 데이터의 저장 어드레스인 것.

pointer type operation[–àpəréiʃən] **포인터형 연산** 다른 자료 대상의 위치를 값으로 갖는 데이터 대상들에 대한 연산. 포인터는 단일형의 데이터 대상이나 어느 형의 데이터 대상으로 참조할 수 있다. 가리키는 대상이 없을 경우에는 닐(nil)값을 갖는다. 포인터의 연산으로는 배열, 레코드, 기본적인 형과 같은 고정된 크기의 데이터 대상을 생성시키고 포인터값을 주는 생성 연산과 가리키는 데이터 대상의 다음에 포인터가 있도록 허용하는 포인터값에 대한 선택 연산에 존재한다.

pointer value[–vǽljuː] **포인터값** 기억 영역 중에 존재하는 장소를 나타내는 것. 오프셋이 영역 내의 상대 위치를 나타내는 데 대해 절대 위치를 나타낸다.

pointer variable[–vɛ́(ː)riəbl] **포인터 변수** PL/I의 POINTER 속성을 갖는 로케이터 변수. 주기억 영역의 위치를 나타낸다. 포인터 변수는 프로그램 변수이므로 산술값과 마찬가지로 다룰 수는 없다. 포인터 변수는 배열이나 구조로 할 수 있다.

point estimation[pɔ́int èstiméiʃən] **점 추정** 표본에서 모집단의 추정을 할 때 모수(母數)의 추정값을 하나의 값으로 나타내는 방법인데, 이 경우 추정값은 명확하지만 정확성에는 문제가 있다.

point identification[–aidèntifikéiʃən] **점 식별**

pointing[pɔ́intiŋ] **포인팅** 컴퓨터 등의 표시 화면에서 사용자가 특정 위치를 시스템에게 지시하는 것. 이때 마우스, 라이트 펜, 커서 키 등의 도구(위치 결정 장치)를 이용한다.

pointing device[-diváis] **위치 결정 장치** 표시 화면상에서의 커서의 이동을 제어하는 기구.

point location problem[pɔ́int loukéiʃən prɑ́bləm] **점 위치 문제** 주어진 평면 세분에서 질의점이 속하는 작은 영역을 찾는 문제.

point mode display[-móud displéi] **점 표시법** 이 모드는 디스플레이 장치의 화면상에 임의의 데이터를 점의 궤적으로 나타내는 방법. 한 점은 두 개의 독립된 18비트 단어로 나타낼 수 있는데, 첫 번째 단어는 수직 위치, 두 번째 단어는 수평 위치를 나타내며, 초기점이 설정되면 그 뒤의 점들은 두 단어 중 하나만 변화시켜 만들어낼 수 있다.

point mode display unit[-jú:nit] **점 표시 장치**

point of invocation[-əv ìnvəkéiʃən] **호출점**

point of no return[-nóu ritə́:rn] **복귀점** 프로그램에서 데이터를 더 이상 쓸 수 없게 됨으로써 복귀시킬 수 없는 최초의 명령 또는 그 명령의 위치.

point of production[-prədʌ́kʃən] **생산 지점** ⇨ POP

point of purchase advertising[-pə́:rtʃəs ǽdvərtàiziŋ] **팝** ⇨ POP

point of purchase system[-sístəm] **POP system, 팝 시스템**

point-of-sale[-séil] **POS, 포스, 판매 시점 정보 관리 시스템** 가격표에 인쇄된 코드를 판독기로 본떠서 쓰며, 품명과 금액 등이 입력되는 가게 계산대 앞의 단말기를 말한다. 매상 통계, 영수증의 발행, 카세트식 자기 테이프로의 기록 등의 기능이 있으며, 레지스터가 동시에 컴퓨터의 단말기로 설계되어 있어서 에너지 절약 효과, 금액 오류의 방지만이 아니라 크레디트 카드와 병용하여 캐시리스 소사이어티(cashless society)에서 불가결한 도구로 보여지고 있다.

point-of-sales recorder[-séilz rikɔ́:rdər] **POS record, 포스 등록기** 정가표를 모아 가산 기구가 붙은 판매 등록기에 넣어 매상표를 작성하는 동시에 이것을 천공하는 기기.

point-of-sales system[-sístəm] **POS system, 포스 시스템** 일선 매장에서 매상이 발생한 시점에서 기계가 판독할 수 있는 형식으로 표현된 상품명이나 가격 등에 관한 데이터를 기계에 판독시켜서 데이터 처리를 수행하는 시스템. 상품에 붙은 레이블의 판독 기구와 금전 등록기가 일체인 장치를 사용하여 판독한 트랜잭션을 다른 데이터 매체상에 기록하든가 데이터 링크를 거쳐서 중앙측의 컴퓨터 시스템에 전송하여 처리하는 방식을 취한다. 또 상품의 유통 과정에 있어서 정가표 부착 작업의 에너지를 절약화하기 위해 상품의 외장 자체에 바코드나 OCR 문자를 써서 데이터를 사전에 인쇄하는 경우가 많고, 여러 종류의 바코드 체계가 제안되어 실용화되고 있다.

point-of-sales terminal[-tə́:rminəl] **포스 단말 장치** 바코드 판독 기구, 광학식 문자 판독 기구(OCR), 자기 카드 판독 기구, 자동 계량기 등과의 접속이 가능하며, 매장에서의 사용에 알맞은 시스템으로 구성할 수 있고, 점포 판매 시점에서 상품 정보나 고객 정보를 수집, 기억, 전송하는 장치.

point-of-sale transaction-oriented system [-séil trænsǽkʃən ɔ́(:)riəntəd sístəm] **판매 장소 상거래용 시스템**

point-primitive[-prímitiv] **점 기본 요소** 그래픽에서 점열로 표현 가능한 기본 요소.

point process[-prɑ́ses] **점 과정**

point query[-kwíəri] **점의 질의** 키에 속하는 모든 속성값이 단일값으로 명시된 질의어. 키값이 완전히 명시된 질의어로 레코드의 존재 여부를 결정할 수 있다.

point sample texture filtering[-sɑ́:mpl tékstʃər fíltəriŋ] **포인트 샘플 텍스처 필터링** 텍스처를 3D 모델에 덧붙이는 데 사용되는 기술. 이 방식은 적절한 픽셀 위에 위치할 한 개의 텍셀을 고른 다음 비슷한 특성을 가진 픽셀 위에 동일한 텍셀을 놓는다. 포인트 샘플 텍스처 필터링 기술은 화면을 고르지 않게 만들기 때문에 3D 게임에는 적합하지 않다.

point set curve[-sét kə́:rv] **점 집합 곡선** 여러 점들 사이에 이어진 일련의 짧은 선들로 정의된 곡선.

point slope method[-slóup méθəd] **점 경사법** 상미분 방정식의 수치 해법은 크게 분류해서 ① 해석적 방법, ② 차분법, ③ 근사 해법의 세 가지로 나눌 수 있다. 차분법에 기초하는 해법은 다시 한 개의 출발값만을 필요로 하는 1점법(Euler법, RG법)과 여러 개의 출발값을 필요로 하는 다점법(PC법)으로 분류할 수 있으며, 이 1점법을 점 경사법이라고 한다. 즉, 점 x_n에서의 값 y_{n+1}을 이미 알 때, 점 x_{n+1}의 값 y_{n+1}을 구하는 것이다. 일반적으로 이러한 방법은 초기값 문제에 적당하다고 한다.

point source[-sɔ́:rs] **점 광원** 레이저에 있어서 그 크기가 수신기와의 거리와 비교하여 계산상 무시할 수 있을 정도로 작은 방사원.

point-to-point[-tu pɔ́int] **점대점, 두 지점 간 단말용 기구** 특정의 두 지점(point) 사이에서의 통신 회선을 개입한 접속(일대일)을 의미하는 경우가 많다. 어느 지점에서 몇 개의 지점에 분기(1 대 n)하는 다중점(multipoint)과 대비되는 경우가 있다.

point-to-point circuit[-sə́:rkit] **두 지점 간 회선** 양단에만 데이터 단말 장치(DTE) 등이 접속되어 있는 회선으로 교환 회선 이외의 회선.

point-to-point configuration[-kənfìgjuréiʃən] **점대점** 두 대의 노드를 직접 통신 회로로 연결하는 것.

point-to-point connection[-kənékʃən] **점대점 접속, 두 지점 간 접속** 두 개의 데이터 스테이션(station ; 국) 사이에서만 확립되는 접속으로 이 접속은 교환 장치를 포함하는 경우가 있다.

point-to-point control[-kəntróul] **점대점 제어, 두 지점 간 제어**

point-to-point data link[-déitə líŋk] **두 지점 간 데이터 링크**

point-to-point line[-láin] **점대점 접속 회선, 두 지점 간 회선** 하나의 통신 네트워크 중에서 두 개의 노드만이 관련된 전용 통신 링크.

point-to-point line system[-sístəm] **두 지점 간 접속 회선 시스템** 컴퓨터망 내부에 많은 케이블이나 전용선이 있어 양단에 각각 하나씩의 IMP를 연결해주는 시스템.

point-to-point link[-líŋk] **점대점 링크, 두 지점 간 링크**

point-to-point mode[-móud] **두 지점 간 방식** 데이터 통신망에서 단말과 컴퓨터 시스템을 직접 연결하는 방식. 각 단말과 컴퓨터 시스템 사이에 직접 연결된 전용 회선(또는 전화망에 연결된 공용 회선)을 이용하여 데이터를 송수신하는 방식이다. 이 방식은 한 개의 단말이 하나의 회선만으로 컴퓨터에 연결되기 때문에 비경제적이며, 또한 한 개의 단말은 통신 제어 장치 내에 있는 하나의 포트(port)와 두 개의 모뎀을 필요로 한다. 두 지점 간 방식은 단말과 컴퓨터 사이에 계속적으로 대화를 나누며 빠른 응답을 필요로 하는 경우와 컴퓨터 시스템이 다른 대형 컴퓨터에 연결되어 단말처럼 사용되는 경우에 주로 이용된다.

point-to-point operation[-àpəréiʃən] **두 지점 간 조작**

point-to-point protocol[-próutəkɔ̀(:)l] ⇨ PPP

point-to-point system[-sístəm] **점대점 방식, 두 지점 간 시스템, 직통 방식** 통신 회선에 의해 두 국(station)이 접속되어 그 사이에 다른 국이 분기 접속되는 일이 없는 데이터 통신 시스템으로, 하나의 데이터 처리 센터를 중심으로 하는 이른바 방사형 망 구성 시스템의 예로는 은행의 컴퓨터 센터와 다수의 지점 단말 장치를 각각 점대점으로 방사형으로 접속한 온라인 시스템이 널리 보급되고 있다.

point-to-point transmission[-trænsmíʃən] **점대점 전송, 두 지점 간 전송**

point-to-point tunnelling protocol[-tʌ́nəliŋ próutəkɔ(:)l] **두 지점 간 터널링 프로토콜** ⇨ PPTP

Poisson arrival 푸아송 도착 도착 형식의 한 방법.

Poisson distribution 푸아송 분포 이항 분포 중에서 특정 사상의 출현 확률 p와 그 여사상의 확률 $q(=1-p)$의 값이 서로 극단적인 차이를 가지는 경우를 표현하는 특수한 분포. 예를 들면 어느 제품 고장의 수, 교환기에 발생하는 호출(call) 수 등에 적용된다. 이 경우에 확률 변수는 고장의 수나 호출의 수라고 가정한다. 단, 교환기에 발생하는 호출(call)에 대해서는 실제적으로 얼랑 분포(Erlang distribution : Erlang은 전화 제도에서의 통화량의 단위)라는 분포가 적용되는 경우가 많다. 또 사건이 발생하는 확률이 푸아송 분포인 경우, 어떤 한 사항이 일어나는 시간과 다음 사항이 일어나는 시간과의 시간 간격은 지수 분포(exponential distribution)가 된다. r ($r=0, 1, 2, \cdots$)의 각각의 값이 출현하는 확률이 다음과 같은 분포를 말한다.

$$f(r)=e^{-m}\frac{m^r}{r!}$$

신뢰성에 있어서는 예측 고장 수를 m, 실제로 일어나는 고장 수를 r로 한다. 사건의 출현 확률이 아주 작을 때 여러 시도 중에서 그 사건을 일으키는 횟수는 푸아송 분포에 따른다.

Poisson theory 푸아송 이론 어떤 주어진 양의 데이터 통신 트래픽을 다루기 위한 회선 수를 추정하는 수학적 방법.

poke[pɔ́:rk] *n*. **집어넣기** 기억 장치의 지정된 주소에 데이터를 기록하는 것.

POKE statement[-stéitmənt] **포크문** BASIC에서 컴퓨터가 자체 프로그램의 일부를 프로그래머가 명령한 형태대로 바꾸게 하는 명령. 이 자체 수정의 특징은 컴퓨터의 가장 강력한 기능에 속하지만, 한편으로는 시스템 붕괴를 초래할 수 있으므로 가장 위험한 일의 하나이기도 한다.

POL (1) **문제 지향 언어, 문제 지향의 프로그래밍 언어** problem-oriented language의 약어. (2) **절차 지향 언어** procedure-oriented language의 약어. 비교적 큰 문제의 해결에 쉽게 사용하도록 고안된 고급 언어. PASCAL, BASIC, Modula-2 등이 이에 속한다.

polar[póulər] *a*. **극을 갖는** 2진수의 1은 정방향의 전류에 의해 표현되고, 2진수의 0은 그 반대 방향의 전류에 의해 표현되는 상황에 관계되는 것. 다시 말해 어떤 상태가 흐름의 방향에 따라 결정되는 상태이다.

polar coordinate[–kouɔ́:rdinət] **극좌표**

polar coordinate system[–sístəm] **극좌표계**

polarity[poulǽriti(:)] *n*. **극성** +, −로서 주어지는 전지의 극성.

polarized light device[póulərɑ̀izd lɑ́it diváis] **편광자** 편광(특정한 방향으로 강하게 파동하고 있는 광파)을 얻기 위한 기기.

polarized return-to-zero recording[–ritə́:rn tu zí(:)rou rikɔ́:rdiŋ] **극성 제로 복귀 기록** 0은 어느 방향의 자화에 의해 표현되고 1은 반대 방향의 자화로 표현되는 제로 복귀 기록. ⇨ RZ

polarizing filter[póulərɑ̀iziŋ fíltər] **편광 필터** 편광을 감소시키는 데 이용하는 단말기 바깥쪽에 부착되는 부속품.

polar operation[póulər ɔ:pəréiʃən] **극조작, 극성 작동** 데이터 전송에서 마크, 스페이스 간의 천이를 전류 반전에 의해서 나타내는 회선 조작.

polar transmission[–trænsmíʃən] **복류식 전송** 텔레타이프라이터의 신호를 전송하는 방식으로, 마크 신호는 한 방향으로 직류의 흐름에 따라 나타내고 스페이스 신호는 반대 방향으로 흐르는 직류에 의해 나타낸다. 음성 신호 방식에서의 복류식 전송은 세 종류의 서로 다른 상태를 이용하여 전송을 실행하는데, 그 중에서 두 개의 상태는 각각 마크와 스페이스를 나타내고 나머지 하나는 신호가 없다는 것을 나타낸다.

policy networking[pálisi(:) nétwə̀:rkiŋ] **폴리시 네트워크** 네트워크나 시스템 이용상의 약속을 폴리시라고 하고 이것에 따라 네트워크나 시스템을 운영하는 것.

poliphase[pɔ́lifèiz] *n*. **다상(多相)**

Polish notation[páliʃ noutéiʃən] **폴란드식 표기법** 폴란드의 Lukasiewicz가 1920년대에 제창한 논리식의 표기법(수식에도 적용 가능). 연산자를 오퍼랜드 사이에 놓지 않고 오퍼랜드 앞에 놓는 기법으로 괄호가 불필요하게 된다. 예를 들면 $(x+y)\times z$는 폴란드 기법으로는 xyz이고 $x+y\times z$는 $+x\times yz$이다.

poll[póul] *v*. **폴링하다** 데이터 통신의 분야에서 자주 사용되고 있다. 예를 들면 컴퓨터에서 접속된 한 개의 통신 회선의 앞에 여러 단말 장치가 연결되어 있는 경우에는 단말 장치에서의 데이터를 받아들이는 컴퓨터 측에서 몇 개의 제어가 필요하게 된다. 이때 컴퓨터가 주도권을 갖는 여러 단말 장치에 「송신 데이터의 유무」를 순서대로 「조회하는」 동작을 가리킨다. 명사형으로 폴링(polling)이 많이 사용되고 있다.

Pollaczeck-Khintchine's formular **폴라젝-킨친의 공식** 이것은 시스템 내에서의 평균 고객 수를 나타내는 식이며 $N/G1$ 대기 행렬 시스템에서 서비스를 주고받는 평형 유지 형태의 검증에 사용되는 항인데, 다음의 형식으로 타나낸다.

$$N=9+9^2\,\frac{(1+Cb^2)}{2(1-p)}$$

$M/M1$에서는 다음의 형식이 된다.

$$N=9+\frac{p^2}{(1-p)}$$

poll bit[póul bít] **폴 비트** HDLC 프레임 형식 중 제어 필드 내에 있는 제5번째 비트. 데이터 송수신 도중 폴과 끝 상태를 탐지하는 비트이다.

polled interrupt[póuld ìntərʌ́pt] **폴드 인터럽트** 인터럽트 요구를 발생하는 장치를 찾기 위해 그 하나하나를 시험해가는 인터럽트.

polling[póuliŋ] *n*. **폴링** (1) 데이터 통신에 있어서 특정의 국(단말)을 지정하고, 그 국이 송신을 행하도록 권유하는 과정을 가리킨다. (2) 데이터 링크의 확립 방법의 하나로, 컴퓨터측에서 하나의 통신 회선을 공유하고 있는(분기 회선) 복수의 단말 장치(terminal unit)에 대하여 「주기적으로」, 「순번으로」, 송신 요구가 있는지 없는지를 문의하는 것. 그리고 송신해야 하는 데이터가 있으면 송신의 지령을 행한다. 그때, 송신 데이터가 없으면 부정 응답(NAK)이 반송되어 온다. 이러한 컴퓨터측에 주도권이 있는 방식을 폴링 방식(polling system)이라 하며, 단말측에 주도권이 있는 회선 경쟁 방식(contention mode)과 대비된다.

[주] 분기 접속 또는 두 지점 간 접속에 있어서 데이터 스테이션(data station)에 대하여 한 번으로는 1국만으로 송신을 독촉하는 처리 과정.

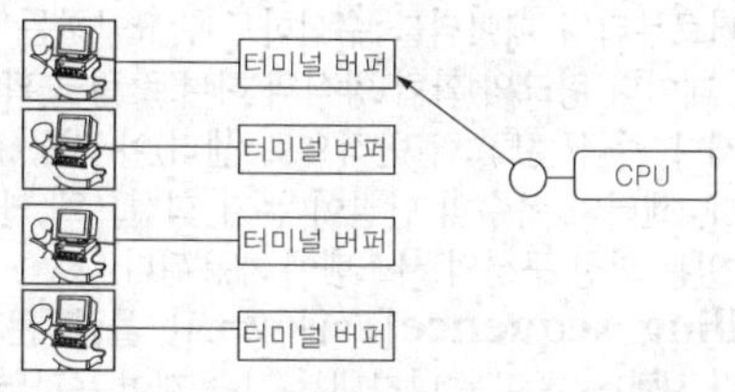

〈폴링의 개념〉

polling/addressing[–ədrésiŋ] **폴링/어드레싱 방식** 컴퓨터의 지시에 따라 단말기가 송수신되도록 하는 것. 특정 단말을 지정하여 그 단말이 수신하도록 선택 또는 주소를 지정하는 방식. 중앙 제어 방식이라고도 한다.

polling bit[–bít] **폴링 비트** 데이터 송수신 도중 폴과 끝 상태를 탐지하는 비트로서 프레임 형식 중 제어 필드 내에 있는 제5번째 비트.

polling character[–kǽrəktər] **폴링 문자, 폴링 문자열** 단말기와 폴링 작동에 특수하게 사용하도록 한 고유한 문자의 집합으로서 폴링을 실행할 때 쓰이는 문자. 이들의 문자열에 대한 응답으로써 그 단말기가 입력할 메시지를 가지고 있는지의 여부를 알 수 있다.

polling list[–líst] **폴링 리스트** 폴링 신호를 제어하여 송출하는 프로그램은 코어 상에 각 채널에 대하여 단말을 호출하는 순서를 지시한 표를 갖는데, 이 표를 말한다.

polling method[–méθəd] **폴링법** 원격(remote) 측의 단말 장치로 송신하는 데이터가 있는지를 중앙 컴퓨터측으로부터 주기적으로 검사하는 방법.

polling/selecting[–səléktiŋ] **폴링/선택** 폴링과 선택에서 송수신을 권유하는 것. 기본형 데이터 전송 제어 순서 가운데 전송 제어 방식의 하나. 하나의 통신 회선상에 3 이상의 단말이 있는 분기 회선에 있어서 단말 상호간의 데이터 링크를 확립하는 방식의 하나이다. 분기 회선에는 임의의 단말 상호간에서 통신할 수 있는 양방향 분기 회선과 특정한 단말과만 통신하고 다른 단말과는 통신할 수 없는 편방향 분기 회선이 있다. 후자의 경우 특정 단말(주국)에 다른 단말(종국)을 송신할 때에는 주국이 순차로 종국에 송신의 유무를 조회한다. 한편 주국으로부터 종국에의 송신은 수신하는 종국을 선택하여 수신 준비를 조회한다. 준비가 되면 종국에 데이터가 송신되는데, 이와 같은 방식을 폴링/실렉팅 방식이라고 한다.

polling/selecting system[–sístəm] **폴링/실렉팅 방식** 폴링이란 센터가 접속되어 있는 각 단말을 차례로 지정하여 데이터의 송신을 요구하는 것이고, 실렉팅이란 센터가 접속되어 있는 각 단말에 센터로부터의 데이터를 수신하도록 요구하는 것이다. 데이터 링크의 확립 방식의 하나로 링크 확립은 언제나 주국(主局 ; 일반적으로 센터)이 기동(起動)한다. 센터와 복수의 단말이 분기 회선으로 연결되어 있는 회선 구성의 시스템에 채용된다.

polling sequence[–síːkwəns] **폴링 문자열, 폴링 시퀀스** 폴링을 나타내는 전송 제어 문자열.

polling system[–sístəm] **폴링 방식** 데이터 링크 확립 방식의 하나이며, 분기 방식을 사용하고 있는 시스템에서 각 단말에서의 송신을 제어하기 위해서 사용되고 있는데, 이것을 폴링/실렉팅 방식 또는 폴링/드레싱 방식이라고도 한다. 폴링이란 센터에서 단말에 대해서 송신의 요구가 있는지 어떤지를 조회하는(일반적으로는 적당한 전송 제어 코드와 단말 번호를 송신한다) 것이다. 단말은 송신 요구가 있는 경우에도 폴링되지 않는 한 송신을 시작하는 경우는 없다. 폴링된 단말은 송신 요구가 없으면 종료 코드를 되돌리고 송신 데이터가 있으면 정해진 전송 형식으로 데이터를 송신한다. 한편 실렉팅이란 센터에서 특정한 단말에 데이터를 송신하기 전에 단말의 상태를 알기 위해서 마찬가지의 시퀀스를 송신하여 그 응답을 요구하는 것이다.

polling technique[–tekníːk] **폴링 기법** 하나의 통신 회선을 공유하는 여러 단말 장치가 서비스를 요청하는지 않는지를 결정하기 위해 주기적으로 검사하는 기법.

polycrystal isolation[pɑlikrístəl àisəléiʃən] **다결정 분리** 단결정과 다결정의 경계의 절연성을 이용하여 다결정에 의해 반도체 집적 회로의 각 소자를 전기적으로 분리하는 것.

polycrystalline silicon[pàlikrístəlin sílikən] **다결정 실리콘** 단결정 실리콘 영역의 집합체이며, 단결정 실리콘보다 전기적 성질은 뒤지지만 집적 회로에서의 전도체나 전극으로서는 우수한 성질을 갖는다.

polygon[páligàn] *n.* **다각형** 평면에서의 다각형은 유한 개의 선분들의 집합으로서 각 선분의 끝점은 정확히 두 선분에 의해서만 공유되는데, 이러한 선분을 변이라 하고 끝점을 꼭지점이라 한다.

polygonal line[pəlígənəl láin] **꺾은선** 유한 개의 점 $P_0, P_1, \cdots, P_n$에 대해 선분 P_i, P_{i-1}($i=0, 1, \cdots, n-1$)의 집합을 P_0와 P_1을 맺는 꺾은선이라 한다.

polygon inclusion problem[páligàn inklúːʒən prábləm] **다각형 포함 문제** 단순 다각형과 한 점이 주어졌을 때, 그 점이 다각형의 내부에 있는지를 결정하는 문제.

polygon mesh[–méʃ] **다각형망** 3차원 그래픽의 물체를 2차원 화면에 나타내기 위하여 물체 표면을 연속적인 다각형의 집합으로 주어진 응용에 따라 각종 방법으로 구성된다.

polyhedron[pàlihíːdrən] *n.* **다면체** 3차원 공간에 있어서 유한 개의 평면 다각형으로 경계가 이루어지는 것. 각 다각형의 변은 인접한 다른 하나의 다각형에 의해서만 공유되어야 한다.

polyline[pálilàin] **폴리라인** 그래픽에서 주어진 점렬(點列)을 연결하는 선분렬을 나타내는 출력의 기본 요소.

polyline attribute[–ǽtribjùːt] **폴리라인 속성** 폴리라인에 주어지는 속성.

polyline bundle[–bʌ́ndl] **폴리라인 묶음** 폴리

라인에 따른 비기하학적 속성인 선 종류, 선폭 배율, 폴리라인 지표로 이루어지는 묶음.

olyline bundle table[–téibəl] **폴리라인 묶음표** 워크스테이션 속성과 폴리라인 묶음으로 구성되는 표.

olyline color index[– kʌ́lər índeks] **폴리라인 색 인덱스** 폴리라인의 색을 지정하는 비기하학적 속성. 색 정의표 가운데 하나의 항목을 가리키는 색 인덱스이다.

olyline index[–índeks] **폴리라인 인덱스** 폴리라인 묶음표 가운데 하나의 항목을 가리키는 지표.

olyline representation[–rèprizentéiʃən] **폴리라인 표현** 폴리라인의 표시 방법. 폴리라인 묶음으로 나타낸다.

olymarker[pɑ́limɑ̀:rkər] **폴리마커** 그래픽에 있어서 주어진 점렬(點列)의 위치에 마커를 표시하는 출력의 기본 요소.

olymarker attribute[–ǽtribjù:t] **폴리마커 속성** 폴리마커에 주어지는 속성.

olymarker bundle[–bʌ́ndl] **폴리마커 묶음** 폴리마커에 따른 비기하학적 속성인 마커 종류, 마커 비율, 색 지표로 이루어지는 묶음.

olymarker bundle table[–téibəl] **폴리마커 묶음표** 워크스테이션 속성과 폴리마커 묶음으로 구성되는 표.

olymarker color index[–kʌ́lər índeks] **폴리마커 색 인덱스** 폴리마커의 색을 지정하는 비기하학적 속성. 색 정의표 중 하나의 항목을 가리키는 색 인덱스이다.

olymarker index[–índeks] **폴리마커 인덱스** 폴리마커 묶음표 중에서 하나의 항목을 가리키는 인덱스.

olymarker representation[–rèprizentéiʃən] **폴리마커 표현** 폴리마커의 표시 방법. 폴리마커 묶음으로 나타낸다.

olymorphic[pɑ̀limɔ́:rfik] *a*. **폴리모픽, 다양한 형체가 있는** 특정 장비의 모든 부품들을 공동 풀(pool)에 두는 방식으로 이루어진 컴퓨터 조직 또는 구성 형태. 각 프로그램이 수행되기 위해 선택되면 특정한 부속품들이 풀에서 선택되어 프로그램을 수행하도록 연결된다. 프로그램이 수행된 다음에는 부속품들은 저장 장소로 되돌아간다. 즉, 장비의 각 구성은 하나의 프로그램에 대응되기 때문에 풀에 충분히 대응할 수 있는 세트들이 마련되면 여러 프로그램들이 동시에 수행될 수 있다.

olymorphic system[–sístəm] **폴리모픽 시스템** 컴퓨터 시스템의 이용률을 높이기 위해 주기억 장치, 채널 제어 장치, 처리 장치 등의 여러 요소를 다중으로 했을 때, 각 요소의 교환 접속 가능성을 가지게 만든 시스템.

polymorphism[pɑ̀limɔ́:rfizm] *n*. **폴리모피즘** (1) 컴퓨터 시스템의 이용률을 높이기 위해 많은 컴퓨터를 조합시키거나 주기억 장치, 채널 제어 장치, 처리 장치 등을 각각 교환해서 접속 가능하게 하여 컴퓨터 시스템의 고장을 극복하려고 한다. 이러한 많은 요소의 교환 접속 가능성을 말한다. (2) 객체 지향 프로그래밍의 중요한 특징 중의 하나로 함수 이름이나 연산자가 여러 목적으로 사용될 수 있는 것을 의미한다. 객체 지향에서의 다형성이란 클래스가 하나의 메시지에 대해 각 클래스가 가지고 있는 고유한 방법으로 응답할 수 있는 능력이며, 응용 프로그램에서 하나의 함수나 연산자가 두 개 이상의 서로 다른 클래스의 인스턴스들을 같은 클래스에 속한 인스턴스처럼 수행할 수 있도록 하는 것을 말한다.

polynomial[pɑ̀linóumiəl] *n*. **다항식** 두 개 이상의 단항식이 덧셈 기호나 뺄셈 기호로 맺어진 식.

polynomial equation[–ikwéiʒən] **다항식**

polynomial interpolation[–intə̀rpəléiʃən] **다항식 보간법** 다항식을 이용하는 보간법. 선형 보간법보다 더욱 정확한 보간법은 직선을 고차 다항식의 함수로 근사시켜 얻을 수 있다. 함수값을 알고 있는 $(n+1)$개의 점이 있을 때 그 $(n+1)$개의 점을 지나는 n차 다항식을 만들어 이 다항식을 보간 다항식이라고 한다.

polynomially bounded algorithm[pɑ̀linóumiəli báundəd ǽlgəriðm] **다항 속박 알고리즘**

polynomial time [pɑ̀linóumiəl táim] **다항 시간** 어떤 알고리즘의 시간 복잡도(time complexity)가 입력 데이터의 개수에 대한 다항식으로 나타나는 알고리즘.

polynomial-time reduction[–ridʌ́kʃən] **다차 함수 시간 환산** 다차 함수의 시간 복잡도를 가진 알고리즘을 사용하여 한 결정 문제 A의 인스턴스 x를 다른 결정 문제 B의 인스턴스 y로 바꾸어 x의 A에 대한 결과와 y의 B에 대한 결과가 같게 하는 변환. 이러한 변환을 A에서 B로의 다차 함수 시간 환산이라고 한다.

polynomial-time transformation[–trænsfərméiʃən] **다차 함수 시간 변환** 다차 함수의 $p(n)$ 시간 복잡도를 가진 알고리즘을 사용하여 하나의 문제 A의 인스턴스를 다른 문제 B의 인스턴스로 바꾸어, 만약 B에 대한 $T(n)$ 시간 복잡도를 갖는 알고리즘이 존재한다면 A를 해결하는 $T(p(n))$ 시간 복잡도를 갖는 알고리즘이 있게 하는 변환. 이러한 변환을 A에서 B로의 다차 함수 시간 변환이라고 한다.

polyphase [pálifèiz] **다상** 짝수나 홀수 개의 테이프로 분류할 수 있는 유일한 분류 기법으로, 일반적인 방법에 비해 시스템을 더 융통성 있게 한다.

polyphase merge [-mə́ːrdʒ] **다단계 합병** *k* 원 합병하여 나온 RUN들을 각 테이프에 골고루 분배하지 않고 적당한 크기의 RUN을 분배하는 방법을 사용함으로써 재분배 과정이 필요 없게 되는데, *k*개의 입력 테이프에 거의 같은 수의 RUN을 분배 저장하는 밸런스트(balanced) *k*원 합병에서는 *k*개의 출력 테이프를 사용해야만 재분배 과정이 생략될 수 있으나 다단계 합병은 2*k*보다 작은 수의 테이프로서 RUN을 재배치하지 않고도 *k*원 합병을 수행하는 방법이다.

polyphase merge sort [-sɔ́ːrt] **다단계 합병 분류** 여러 테이프를 효율적으로 사용하며, 역방향 판독을 할 수 있는 장치를 위한 전진 다상(forward polyphase)과 역방향 판독을 할 수 있는 장치를 위한 후진 다상(back polyphase)의 두 가지 방법이 있다. 자기 테이프 이용의 분류와 합병 처리의 한 방법이다.

polyphase modulation [-mὰdʒuléiʃən] **다중 위상 변조** 디지털 전송에 주로 사용되는 변조로 신호 위상으로서 *n*개를 할당하는 방식. *n*으로는 4, 8, 16 등이 고려된다. 이 방식에 의하면 1신호 타임 슬롯에서 $\log_2 n$ 비트의 전송이 가능하게 되어 정보 전송 속도가 빨라지지만, 통신로의 특성은 더 양질인 것이 요구된다.

polyphase modulation system [-sístəm] **다중 위상 변조 방식**

polyphase sort [-sɔ́ːrt] **다단계 정렬** 피보나치 수열(Fibonacci series)에 따라서 정렬되는 부분 집합(스트링)을 분배하는 방법인데, 불평형 합병 분류(unbalanced merge sort)의 변형이다.

polyprocessor [pὰliprásesər] **다중 처리기** 시스템 내에 프로세서들의 계층성을 두도록 한 시스템으로서 다수의 (작은) 컴퓨터를 사용하여 대형 컴퓨터의 기능을 분산한다는 설계 사상에 의한 마이크로컴퓨터의 일종으로, 비트 슬라이스(slice) 컴퓨터 등이 이에 해당한다.

polyprocessor system [-sístəm] **다중 처리기 시스템** 다수의 처리 장치를 공통 버스, 공유 메모리, 데이터 링크 등의 방법으로 상호 접속하여 전체로서의 고기능과 고성능을 갖게 한 시스템. 미니컴퓨터나 마이크로컴퓨터와 같은 값싼 처리 장치를 다수 접속하여 이루어진다.

polysilicon [pὰlisílikən] **폴리실리콘**

polyvalence [pὰlivéiləns] **폴리밸런스**

polyvalent notation [pὰlivéilənt noutéiʃər **폴리밸런트 표기법** 두 개 이상의 기호를 사용하여 두드러진 특성을 간결한 형태로 기술하기 위한 방법. 각 기호 또는 기호 집합은 다수 특성들 중의 한 특성을 나타낸다.

polyvalent number [-nʌ́mbər] **폴리밸런트 수** 폴리밸런트 표기법을 기술하는 데 쓰이는 여러 개의 숫자로 이루어진 수로, 각 숫자는 기술될 특성 중의 하나를 나타낸다.

pool [púːl] *n*. **저장소, 풀** 어떤 목적을 위해서 데이터를 기록하기 위해 보호되는 기억 장치의 부분 영역(area)과 같은 뜻이다.

pool buffer [-bʌ́fər] **풀 버퍼** (1) 통신 접근 방식에서 같은 크기를 갖는 버퍼들의 집단. 풀 버퍼는 메시지 제어 프로그램을 초기화할 때 설정되고 버퍼들은 서로 연결된 구역들로 구성된다. (2) 프로그램의 모든 버퍼들이 보존되어 있는 기억 장치의 한 구역.

pooler [púːlər] **풀러** 자기 테이프에 릴을 연결하기 위해 쓰이는 장치.

pooling block [púːliŋ blάk] **풀링 블록** 다수의 짧은 레코드를 「풀」하여 두는 기억 장소.

POP (1) **생산 지점** point of production의 약어. CAM 등을 도입하여 작업의 진행, 재고, 품질 관리 등의 정보를 실시간으로 수집, 조정하는 시스템. 생산 현장과 관리자 사이의 정보 유통을 원활하게 하는 것이 목적이다. (2) **팝** point of purchase advertising의 약어. 상점이나 음식점 등의 광고 전단지를 만드는 간이 인쇄 시스템으로, 대량으로 배포되는 것이라기 보다는 각 상점이 독자적으로 만들고 있는 것을 가리키는 경우가 많다. 최근에는 PC에 레이아웃 기능의 워드 프로세서 소프트웨어를 갖추고, 이것에 이미지 스캐너, 컬러 프린터 등의 기기를 이용하여, 레터링 툴 소프트웨어를 이용하여 만드는 것이 증가하는 추세이다. (3) **팝** post office protocol의 약어. POP은 최근 인터넷 이메일 접속 표준에 있어 선두자리를 지키고 있음에도 불구하고 융통성에 있어 한계점을 기본적으로 가지고 있다. 서버와 연결하여 다운로드한 모든 메시지들이 서버로부터 삭제되기 때문이다. 물론 일부 클라이언트를 사용하면 서버에 메시지를 남길 수 있으며, 일정 크기 이상의 메시지는 다운로드하지 않을 수 있다. 메시지가 길어짐에 따라 사용자는 사운드나 비디오 같은 멀티미디어와 함께 무엇을 또 언제 받을지 알려주는 기능을 원하게 되었다.

PoP 팝 point of presence의 약어. 인터넷 접속 공급자는 사용자가 Net에 접속할 수 있도록 지역 다이얼-앞 번호를 제공하기 위하여 공급 범위 전체에

PoP를 유지하거나 연장시킨다. 모뎀, 디지털 전용 회선, 멀티 프로토콜 라우터를 포함하고 있는 것이 보통이다.

pop [pάp] *n.* **팝** 스택의 최상단에 있는 자료를 제거하고 다음 자료에 접근할 수 있게 하는 루틴.

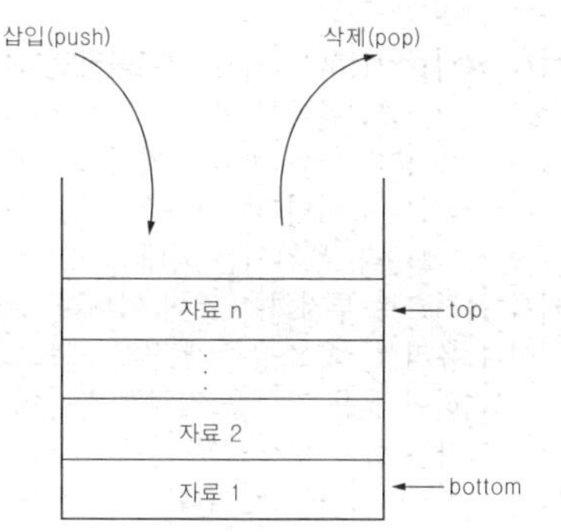

〈스택의 동작 구조〉

POP3 post office protocol 3의 약어. PC 상에서 유도라 또는 넷스케이프 메일과 같은 윈도용 메일 프로그램을 이용해서 메일을 사용 가능하도록 해주는 프로토콜을 말한다.

pop instruction [–instrΛkʃən] **팝 명령어** 팝의 조작을 실행하는 컴퓨터의 명령.

POPmail [pάpmèil] **팝메일** 미네소타 대학에서 개발된 것으로 유도라와 비슷한 전통적인 스타일의 인터페이스를 고수하는 이메일 소프트웨어로, 메일박스 윈도와 메일 내용 윈도가 분리되지 않고 상하로 연결되어 있는 특색이 있다. ⇨ Euora

POP system 팝 시스템 point of purchase system의 약어. 상점의 광고 등을 간단하게 편집하고 인쇄하는 일종의 DTP 시스템. ⇨ POP

populated board [pάpjulèitəd bɔ́:rd] **파퓰레이티드 보드** 전자 부품이 완전히 갖추어져 있어 추가로 부품을 보충하지 않아도 기능을 완벽하게 발휘하는 프린트 기판.

population [pàpjuléiʃən] *n.* **모(母)집단** 통계적인 연구 또는 조사 대상이 되는 관측 가능한 개체로 된 집단 전체. 이 집단에서부터 관측을 위해 추출되는 개체를 표본(sample)이라 하고 모집단의 특징을 전한다. 원래 통계 대상으로서의 인간 집단의 의미였으나 일반적으로는 그것에 그치지 않고 추상화되어 샘플이나 데이터 등 측정값의 총체를 모집단이라고 한다.

population mean [–mí:n] **모(母)평균** 어떤 조사를 하려고 할 때 그 대상이 되는 것 전체를 모집단이라 하고, 그 평균값을 모평균이라고 한다.

population parameter [–pərǽmətər] **모(母)수** 추측 통계학의 개념으로는 전체(모집단)의 일부(표본)을 살펴서 전체를 알려고 하는 것. 그 때문에 모집단에 대해 평균, 분산 등을 아는 것을 목적으로 한다. 그 모집단에서 표본이 랜덤하게 선택될 때 모수는 그 확률 분포의 특성값(기대값, 분산 등)으로 나타난다.

population standard deviation [–stǽndərd dì:viéiʃən] **모(母)표준 편차** 모분산의 제곱근. 즉, 모집단의 표준 편차. 보통 σ로 나타낸다.

pop-up [pάp Λp] **팝업** 스택에서 최후에 써넣은 내용을 꺼내는 것.

pop-up menu [–ménju:] **팝업 메뉴** 표시 화면에서 조작원의 지시에 따라서 일시적으로 표시되는 커맨드의 메뉴.

pop-up window [–wíndou] **팝업 윈도** 키보드의 특정한 키나 마우스의 버튼을 누르면 화면에 나타나는 윈도를 말한다. 작업하는 도중에 언제든지 불러낼 수 있고 또 없앨 수도 있다.

port [pɔ́:rt] *n.* **포트** (1) 입출력 포트 : 중앙 처리 장치(CPU)와 입출력 장치와의 사이에서 입출력 제어를 행하는 데 사용되는 접속부. 마이크로컴퓨터의 세계에서 사용되는 용어이고, CPU측의 입출력 레지스터를 포함하며 데이터 통로(data path)로서의 기능을 갖는다. 입출력 채널(channel)을 입출력 포트라고 하는 경우도 있다. (2) 단말 포트 (3) 시스템 또는 회로(circuitry)로 액세스(access)하는 장소.

portability [pɔ̀:rtəbíliti(:)] *n.* **호환성, 이식성(移植性)** 어느 컴퓨터 환경에서 작성한 소프트웨어를 다른 컴퓨터 환경에서 동작시키기 위한 이식 작업의 용이성, 이식성을 좋게 하기 위해서는 하드웨어 의존 부분을 될 수 있는 대로 적게 하고 프로그래밍 언어, 데이터 형식의 호환성을 배려해 두어야 한다.

portable [pɔ́:rtəbl] *a.* **휴대용** 이식성이 있는.

portable compiler [–kəmpáilər] **휴대용 컴파일러** 프로세스 제어 장치에 적재 가능한 기계어의 프로그램을 생성하는 장치. 데이터 입력용의 키보드, 디스플레이, 프린터가 장비되어 있고 프로그램의 컴파일 리스트를 파악할 수 있도록 되어 있다.

portable computer [–kəmpjú:tər] **휴대용 컴퓨터** 탁상형 또는 휴대 가능한 퍼스널 컴퓨터(personal computer). 손쉽게 들고 운반이 가능하며, 어디에서도 사용할 수 있는 크기의 마이크로컴퓨터나 미니컴퓨터의 총칭. ⇨ 그림 참조

portable data medium [–déitə mí:diəm] **휴대용 데이터 매체** 판독 장치와 독립적으로 쉽게 운반할 수 있는 데이터 매체.

portable document format [–dάkjumənt fɔ́:rmæt] ⇨ PDF

〈486 휴대용 컴퓨터〉

portable language[–lǽŋgwidʒ] **이식성 언어** 이식성이 높은 프로그래밍 언어.

portable network graphics[–nétwə̀ːrk grǽfiks] **이동성 네트워크 그래픽** ⇨ PNG

portable software[–sɔ́(ː)ftwɛ̀ər] **고이식성 소프트웨어** 어느 컴퓨터의 프로그램을 다른 기종에서 작동하기 위해서 이식할 때, 매우 이식이 용이한 프로그래밍 언어로 쓰여진 소프트웨어. 이 포터블 소프트웨어의 예로는 C 언어가 있다.

portable station[–stéiʃən] **휴대국**

portable terminal[–tə́ːrminəl] **휴대용 단말기** 음향 커플러 등을 끼워서 전화선에 접속하여 가볍게 사용하도록 만든 휴대용의 단말 장치. 이 단말에서 중앙의 대형 컴퓨터에 액세스하고 여러 데이터 처리가 가능하다. 일반 전화기에도 연결하여 사용할 수 있는 단말기.

portal service[pɔ́ːrtəl sə́ːrvis] **포털 서비스** 인터넷을 통해 제공되는 다양한 형태의 정보를 분류하여 인터넷 이용자들이 쉽게 접속과 정보 검색을 하도록 지원하는 서비스. 포털 서비스라는 용어는 1998년 초 미국에서 등장하였는데, 그 당시에는 야후와 같은 정보 검색 서비스업체를 총칭해서 포털 업체라고 불렀다. 현재는 인터넷 사용자가 특정 분야의 정보를 찾기 위해 자주 방문하는 곳의 의미로 확대되어 사용하고 있다.

portal site[–sáit] **포털 사이트** 원래 의미는 남의 집을 방문할 때 현관(portal)을 지나게 된다는 것에서 유래된 용어로, 인터넷에서는 원하는 정보를 찾을 수 있도록 길잡이 역할을 하는 유명한 검색 엔진이나 풍부한 정보를 담고 있는 대형 언론 매체, 인터넷 서비스업체 등의 사이트를 의미한다.

port-a-punch[pɔ́ːrt ə pʌ́ntʃ] **포트 펀치** IBM 사의 제품으로 휴대용의 간단한 천공기에 해당하는 도구.

port data unit[–déitə júːnit] **PDU, 포트 데이터 단위**

port expander[–ikspǽndər] **포트 확장기** 단일 포트에 여러 개의 장치를 접속하기 위한 하드웨어 기구. 여러 개의 장치를 접속할 수 있다 해도 그 포트를 사용할 수 있는 것은 항상 하나의 장치뿐이다.

port flow control[–flóu kəntróul] **PFC, 포트 흐름 제어**

portfolio [pɔːrtfóuliòu] *n.* **포트폴리오, 유가 증권 일람표** 유가 증권류에서 품목을 선택하여 유리한 투자 물건을 정하는 것. 확률 계획의 모델에 사용된다. 주식 시장의 용어이지만, 어원은 「접는 가방」(서류 운반)의 뜻이다. 투자가는 최대의 이익을 바라고 투기를 목적으로 투자하는 것이 아니라 투자의 안전성이나 유리성, 즉 소유주와 전체 리스크와의 균형을 고려하여 운용 자금을 적절히 분산하여 투자해야 한다라는 설이 유가 증권 선택 이론(portfolio selection theory)이다. 주가나 예상 이익, 예상 리스크 등을 부여하여 적당한 분산 투자를 산정하는 소프트웨어도 개발되어 실용화되고 있다. portfolio investment는 간접 투자나 증권 투자라고도 하며 해외 투자를 행할 때 경영권의 취득을 목적으로 하는 것이 아니고, 배당이나 주식 매매 이익의 취득만을 목적으로 하는 것을 말한다.

portfolio selection[–səlékʃən] **주식 선택** 최적 투자 계획의 기법. 투자에 있어서 위험성을 줄이고 투자 효과를 증가시키기 위해서 가장 알맞은 투자 대상을 선택하여 분산 투자하는 것.

portion[pɔ́ːrʃən] *n.* **부분**

port presentation service[pɔ́ːrt prèzəntéiʃən sə́ːrvis] **PPS, 포트 제시 서비스**

porting[pɔ́ːrtiŋ] **이식** 한 기계를 위해 쓰여진 프로그램을 다른 기계에 맞게 고쳐서 그 기계에서 돌아가도록 프로그램을 수정하는 일. 한 예로 IBM PC용으로 만들어진 프로그램을 매킨토시용 프로그램으로 만드는 것.

portrait[pɔ́ːrtrət] *n.* **세로 (방향)** 디스플레이 장치는 가로 방향이 길지만 전자 출판(DTP) 등에 사용되는 디스플레이 장치는 세로가 길다. 즉, 디스플레이 화면이나 프린터 용지에서 문자가 인자될 때 수직 방향의 길이가 가로 방향의 길이보다 긴 것을 말하며, 레이저 프린터는 대개 보통 종이에 손으로 쓰는 것과 같이 세로가 긴 방향으로 인자하지만 긴 쪽을 가로로 하여 찍을 수 있는 것도 있다.

port scan[pɔ́ːrt skǽn] **포트 스캔** 크래커가 대상 목표로 정한 기계에서 어느 포트 번호의 서비스가 가동되고 있는가를 조사하는 것. 포트 스캔을 하기 위한 도구를 포트 스캐너라고 하며 방화벽의 로그를 보면, 포트 번호가 순차적으로 증가하고 있는 (또는 감소하고 있는) 특정 호스트로부터 접속이 있을 때 시스템 관리자는 간단히 탐지해낼 수 있다. 그러나 숙련된 기술을 가진 크래커가 수작업으로 포트 스캔을 하는 경우에는 찾아낼 수 없다.

port selector[–səléktər] **포트 선택기** 컴퓨터와 주변 기기를 여러 개 접속할 경우 접속 대상을 교체하는 데 사용되는 스위치 장치. 프린터 선택기나 모뎀 선택기 등이 있다.

port sharing device[–ʃɛ́əriŋ diváis] **PSD, 포트 공유 장치** 중앙 컴퓨터와 변복조 장치 사이에 여러 대의 단말기가 하나의 포트를 공동 이용하게 하는 장비.

port sum[–sʌ́m] **합 출력 포트**

POS (1) **포스, 판매 시점, 판매 시점 정보 관리 시스템** point-of-sale의 약어. 단순히 「POS」라고 쓰는 경우가 많다. 수퍼마켓 같은 작은 상점의 레지스터와 센터의 컴퓨터를 연결시킨 시스템이다. 상품에 붙여진 코드를 레지스터의 스캐너(정가 판독)에서 판독하면 수령서와 함께 상품의 판매가 기록되고, 상품 정보를 정확하게 파악하여 자동 발주가 된다. 더욱 그것들의 정보를 통신 회선에서 호스트 컴퓨터로 보내고, 통신을 처리하는 종합 정보 처리 시스템도 실현된다. 또 크레디트 카드를 이용하기 위해서 캐시 레지스터의 보급에 도움이 된다. 매상이나 재고 등이 발생할 때 데이터를 입력하는 장치를 POS 터미널(POS terminal)이라고 한다. (2) **존속 확률** probability of survival의 약어.

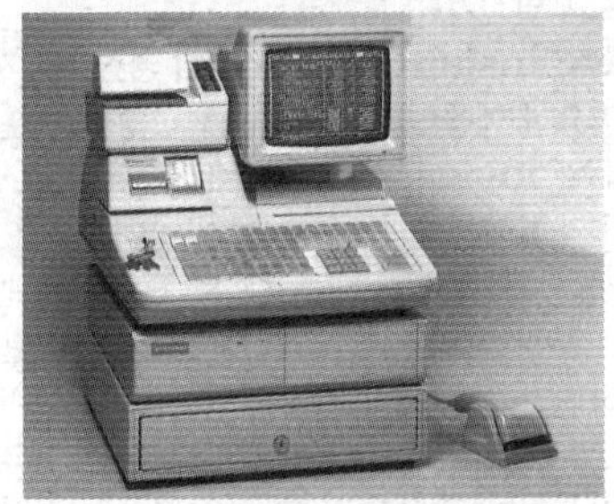

〈판매 시점 정보 관리 시스템〉

POS data capture **판매 시점 데이터 수집** 상용 단말 장치에서 사용하는 방법으로 고객의 등록 번호, 구입량의 정보가 자동적으로 기록되며 광학 문자 판독기(OCR)에 의해서 판독되고 컴퓨터로 보내져서 처리된다.

posistor[pɔːzístər] **포지스터** 전기 저항의 온도 계수가 플러스의 특성을 갖는 정특성 서미스터(thermistor).

position[pəzíʃən] *n*. **위치, 포지션** 어드레스, 로케이션(location) 등의 일반어. 또는 숫자에 있어서 한 자리 숫자일 것. 동사로 사용될 때는 「장소를 결정하다」 또는 「위치를 결정하다」의 의미로 사용된다. 예를 들어 비트 위치(bit position)인 경우는 2진법 표기의 자릿수의 위치를 나타낸다.

[주] 열에 있어서 문자로 채워지고 일련 번호로 식별되는 장소.

positional[pəzíʃənəl] *a*. **위치의, 정위치의**

positional argument[–ɑ́ːrgjumənt] **위치 매개변수** 부프로그램이 실제 매개변수를 통해서 호출될 때 실제 매개변수와 부프로그램 정의에 열거된 형식 매개변수가 그 위치에 따라 짝지어지는 방식의 매개변수.

positional control algorithm[–kəntróul ǽlgəriðm] **위치형 제어 알고리즘** 디지털 제어에서 제어 장치의 출력을 조작량의 값 그 자체로 표현하는 알고리즘.

positional-error constant[–érər kɑ́nstənt] **위치 오차 상수**

positional notation[–noutéiʃən] **자리 표기법, 위치 결정 기수법, 포지셔널 기호** 각 자리의 숫자 나열에 의해 숫자를 표현하는 방법. 숫자를 나열해서 수를 표기하고, 그 각 숫자는 각각 하나의 정수(整數 ; 기수(基數)라고도 한다)의 양(+) 또는 음(−)의 각 거듭제곱의 계수를 나타낸다고 해석하는 것. 기수가 b인 자리 표시법을 b진법이라고 한다. 기수는 2 이상($b \geq 2$)이다. 이때 각 자리를 구성하는 숫자는 0에서 $(b-1)$까지의 정수를 나타내는 기호이다. b진법으로 $a_n a_{n-1} \cdots a_1 a_0 a_{-1} a \cdots a_{-m}$으로 쓸 때 이것은 $\sum_{n,m}^{n} a_i b_i$라는 진법을 나타낸다. 1자리의 수 a_0 오른쪽 밑에 소수점을 찍어 이 숫자가 b_0의 계수인 것을 나타낸다. a_n은 최상위 숫자, a_{-m}은 최하위 숫자이다.

positional number[–nʌ́mbər] **자릿수** 숫자가 나타나는 위치에 따라 그 수 값이 결정되는 수의 표현에 의한 수. 일반적으로 사용하는 10진수는 첫째 자리는 1을, 둘째 자리는 10을, 셋째 자리는 100을 나타내는 자릿수이다.

positional operand[–ɑ́pərǽnd] **위치 피연산자, 위치 오퍼랜드** 어셈블러 프로그래밍에서 매크로 명령에 대한 피연산자의 일종으로 호출되는 매크로 정의의 원형문으로 선언된 정위치 파라미터의 위치에 대응하여 값이 배당되는 것.

positional parameter[–pərǽmətər] **위치 파라미터, 정위치 파라미터** 프로그래밍 언어에서의 파라미터이고, 사전에 지정하는 위치(location), 주소가 결정되어 있는 파라미터. 또는 다른 기호 파라미터에 의해 상대 위치적으로 값이 결정되는 파라미터일 것.

positional representation [– rèprizentéiʃən] **자릿수 표현법** 실수가 문자의 순서가 매겨진 집합에 의해 표현되는 기수법이고, 하나의 문자가 갖는 값이 그 위치와 그것 자체의 값에 의존하는 것.

position control [pəzíʃən kəntróul] **위치 제어**

position error [–érər] **위치 오차**

position feedback system [–fíːdbæ̀k sístəm] **위치 피드백 시스템**

position-independent code [–ìndipéndənt kóud] **위치 독립 코드** 기억 장치의 어느 부분이라도 프로그램을 저장할 수 있는 상대 주소 지정만을 사용한 일종의 기계어 프로그램.

positioning [pəzíʃəniŋ] *n.* **위치 결정, 위치 조정**

positioning accuracy [–ǽkjurəsi(ː)] **위치 결정 정밀도** 실제의 위치와 지정된 위치와의 일치성을 나타내는 것으로, 양적으로는 오차로 표현되며 제어되는 기계축의 오차(그것을 구동하는 제어계의 오차도 포함된다).

positioning control [–kəntróul] **위치 결정 제어** 수치 제어 공작 기계에서 공작물에 대하여 공구가 주어진 목적 위치에 이르는 것만이 요구되는 제어 방식으로, 어떤 위치에서 다음의 위치까지 이동 중의 통로 제어는 필요하지 않다. 드릴링 머신이나 펀치 프레스 등의 제어에서 볼 수 있다.

positioning descriptor [–diskríptər] **위치 설정 설명자**

positioning format item [–fɔ́ːrmæt áitəm] **위치 지정 서식 항목**

positioning time [–táim] **위치 결정 시간** 변환기 및 기억 매체 상의 요구된 데이터의 장소를 데이터의 판독이나 기록에 필요한 상대적 위치로 되돌아오기 위해 소요되는 시간. 예를 들면 자기 디스크 상에서 헤드의 위치를 설정하는 데 필요한 시간이다. 즉, 탐색 시간과 회전 대기 시간을 더해서 그 중복되는 시간을 뺀 시간이다.

position number [–nʌ́mbər] **위치수** 해밍 오류 정정 코드에서 오류가 발생했을 때 그 위치를 알기 위하여 사용하는 수.

position value [–vǽljuː] **위치값** 임의의 문제 상태를 나타내는 데 필요한 기본 단위들이 취하는 값. 이 값들의 집합이 문제 상태를 표현하게 된다.

positive [pázitiv] *a.* **정(正)의, 양(陽)의** 부정에 대해서 「정」을 말한다. 예를 들면 전기적으로 플러스(plus)의 상태를 positive라고 일컫는다. 또 수(number)가 정(正)일 때도 이 positive라는 표현을 사용한다.

positive acknowledge [–əknálidʒ] **ACK, 긍정 응답** 수신측에서 송신측으로 보내는 긍정적인 응답을 나타낸다. 이것은 통신 네트워크로 오류 제어(error control)에 이용된다.

positive acknowledgment and retransmission [–əknálidʒmənt ənd ritræ̀nsmíʃən] **PAR, 긍정 응답 재송(再送)**

positive AND gate **AND gate, 정논리곱 게이트**

positive clause [–klɔ́ːz] **긍정절** 절 내의 모든 리터럴이 양의 리터럴인 논리절.

positive edge [–é(ː)dʒ] **상승 에지** 펄스가 0에서 1로 바뀔 때의 모서리.

positive-edge-triggered flip-flop [–trígərd flíp fláp] **상승 에지 동작 플립플롭** 출력 펄스 전송 동안 상태의 변화를 동기화하기 위하여 클록 펄스의 특정 수준에서 결과 전송을 발생시키는 형태의 플립플롭을 에지 동작 플립플롭이라고 하는데, 이것은 펄스의 입력 수준이 특정 수준을 초과하게 되면 입력은 로크된 다음에 클록 펄스가 0이 되어 다른 펄스가 발생될 때까지 더 이상의 변화에 대하여 반응하지 않게 된다. 이때 에지, 즉 펄스가 0에서 1로 바뀌는 에지 상에서 전달이 발생되는 플립플롭을 상승 에지 동작 플립플롭이라고 한다.

positive feedback [–fíːdbæ̀k] **양의 피드백** 피드백(귀환)에 의해서 되돌아오는 출력이 원래의 입력과 같은 위치가 되는 피드백 상태. 음의 피드백(negative feedback)과 대비된다.

positive feedback oscillator [–ásilèitər] **양의 피드백 발진기**

positive instance [–ínstəns] **긍정 예** 개념 학습에 필요한 예들 중에 그 개념을 긍정하는 훈련 예.

positive logic [–ládʒik] **정(正)논리** 디지털 회로에서 표현되는 0과 1을 0을 저전압(보통은 0볼트에 가까운 전압), 1을 고전압으로 표현하는 논리 형식으로 부정 논리(negative logic)와 대비된다. 다시 말하면, 2진 부호 1, 0에 각각 $+V$, $-V$ 또는 양 펄스, 음 펄스 등을 대응시켜 구성하는 논리 회로 방식이다. 반대로 2진 부호 1, 0에 각각 전압 $-V$, $+V$ 또는 음 펄스, 양 펄스 등을 대응시키는 방식을 음(부)논리라고 한다. 정논리로 구성한 논리합, 논리곱 회로는 부논리에서 사용하면 각각 논리곱, 논리합의 회로가 된다.

positive logic convention [–kənvénʃən] **정논리 규정** 하이(H) 레벨을 1상태, 로(L) 레벨을 0상태로 대응시키는 표현법.

positive OR gate **정논리합 게이트** ⇨ OR gate

positive response [–rispáns] **긍정 응답**

positive true logic [–trúː ládʒik] **양극 참 논리** 낮은 전압 부분의 비트값은 0으로, 높은 전압 부분의 비트값은 1이 되게 하는 논리 시스템.

POSIX 포식스 portable operation system interface for UNIX의 약어. 시스템 콜, 라이브러리, 기타 여러 가지 인터페이스를 정의하고 있는 ANSI와 IEEE에서 제안한 유닉스 시스템의 표준안.

POS recorder 포스 등록기 point-of-sales recorder의 약어.

POS system POS 시스템, **포스 시스템**

post [póust] *n*. **포스트, 통지, 기입** (1) 컴퓨터 중심부의 중앙 처리 장치(CPU)로 돌발적으로 발생하는 사상과 동기를 얻는 것. 또는 그들 사상에 관계하는 프로그램. 절차(procedure)에 대비하는 것. (2) 데이터 베이스 시스템 등에서 기본 정보를 레코드 안에 입력하는 것. 또는 레코드를 갱신하는 것. (3) 전자 우편(E-mail)을 통신 네트워크로 배달하는 것. 또는 전자 메일을 내는 것. (4) 접두사로서는 포스트 모템(post-mortem), 사후 편집(post-edit) 등 많은 복합어가 만들어진다.

postal number [póustəl nʌ́mbər] **우편 번호** 우편물 구분 작업을 능률화하기 위해 원칙으로 우체국마다 붙여진 코드 번호.

postamble [póustæ̀mbl] **포스트앰블** 자기 테이프에 위상 변조 방식으로 정보를 기억시킬 경우, 각 블록의 데이터열 뒤에 기록되는 여분의 41열. 즉, 자기 테이프 등에 정보를 기록할 때 각 프로그램의 마지막 부분에 기록되는 2진 문자열의 것으로 역방향 판독시에 동기를 얻기 위해서 사용하는 것. 프리앰블(preamble)과 대비된다.
[주] 자기 테이프에서 각 블록의 뒤에 기록되고 있는 역방향 판독시 동기를 목적으로 하는 2진 문자의 열.

post byte [póust báit] **포스트 바이트** 포스트 바이트 명령어의 다음 바이트.

postcardware [póustkɑ̀ːrdwɛ̀ər] **포스트카드웨어** 거의 무료에 가까운 셰어웨어. 간혹 "만족한 사용자는 편지를 보내주시오"라고 프로그래머가 요구하는 경우도 있다.

post code [póust kóud] **통지 코드**

post correspondence problem [– kɔ(ː)rəspɑ́ndəns prɑ́bləm] PCP, **포스트 대응 문제** 주어진 두 개의 리스트(x_1, …, x_n), (y_1, …, y_n), x_i, $y_i \in \Sigma^*$에 대하여 $x_{i1} \cdots x_{in} = y_{i1} \cdots y_{in}$인 정수의 수열 $i_1 \cdots i_n$, $1_{i1} <= n$이 존재하는가를 결정하는 문제. Σ는 임의의 알파벳이고 Σ^*는 Σ에 속한 부호로 이루어진 모든 문자열의 집합이다.

post edit [–édit] **사후 편집** 처리 완료 자료 또는 결과를 편집하는 것.

post-editing [–éditiŋ] **포스트 에디팅** 기계 번역 시스템에 있어서 완전히 자동 번역이 되지 않으므로 사용자 등이 몇 개의 수동 작업을 할 필요가 있으므로 기계 번역중에 출력된 번역문(문장)에 수동으로 수정하는 편집 작업을 말한다. 또는 번역 불능의 표시가 나온 원문을 사람이 번역하는 작업을 말한다.

post edit program [–édit próugræm] **사후 편집 프로그램** 이미 편집, 분류되어 테이프에 담겨진 응용 프로그램이나 조작, 운용 가능한 프로그램을 재시험하여 편집하는 것.

posteriori approach [pɑstí(ː)riəri əpróutʃ] **경험적 방법** 어떤 확률 실험을 같은 조건 하에서 n회 반복 시행했을 때 그 중 특정한 사상 A가 일어난 횟수가 h회이면 사상 A의 확률은 $P(A) = h/n$으로 되는 것.

POS terminal POS **단말 장치**, POS **터미널** point-of-sale terminal의 약어. 수퍼 등의 「레지스터」에 설치하고, 상품의 판매 정보를 그때마다 입력하고 통신 회선 경유로 중앙 컴퓨터로 전송하도록 되어 있는 단말 장치. 매장 전용 단말, 점두 판매 시점에 있는 상품 정보나 고객 정보를 수집, 기억, 전송하는 장치이다. 바코드 판독 기구, 광학식 문자 판독 기구, 자기 카드 판독 기구, 자동 계량기 등의 접속이 가능하고, 매장에 맞춘 시스템 구성을 가능하게 한 것이 많다.

postfix [póustfiks] **후위** 피연산자 다음에 연산자를 표기하는 방법.

postfix notation [–noutéiʃən] **후위 표기법** 컴퓨터에서 수식을 표현하는 방법 중의 하나로, 수식을 표현할 때 피연산자(operand) 다음에 연산자(operator)를 표기하는 표현 방식. 다른 방법으로는 prefix와 infix 표현 방법이 있다.
예 A*B–C**D/E
예 (postfix 방식으로 표현) → AB*CD **E/–
예 (prefix 방식으로 표현) → –*AB/ **CDE
예 (infix 방식으로 표현) → A*B–C**D/E

postfix operators [–ɑ́pərèitərz] **후위 연산자** 연산자가 피연산자의 뒤에 나타나는 표시 체계.

post implementation review [póust ìmpləmentéiʃən rivjúː] **실현 후 심사**

post indexed [–índekst] **사후 인덱스** 일반적으로 사전 인덱스 간접 모드에서만 적용할 수 있는 모드. 사전 인덱스 간접 주소는 미리 결정되고 피연산자 주소는 간접 주소에서 추출되며, 그때 지정된 인덱스 레지스터의 내용은 유효 피연산자의 주소를 결정하도록 피연산자 주소에 더해진다.

post-industrial society [–indʌ́striəl səsáiəti(ː)] **정보화 사회** 공업화 사회에 이어 도래한 사회. 탈공업화 사회 또는 정보화 시대. 공업화 사회에서는 물질에 대한 가치가 중시되나 정보화 사회에서는 물질의 가치에 비해 정보의 가치쪽이 더욱 중시되고, 정보가 갖는 의미가 매우 중요하다. 또 정보량이 엄청난 양으로 증가하게 되므로 이러한 정보의 처리 기술과 수법이 중시되는 사회이다.

posting [póustiŋ] **포스팅** 인터넷 상 특히 유즈넷의 각각의 뉴스그룹에 "글을 게시"하는 것을 말한다. 이 용어는 언어가 의미하는 것(우편물을 보내는 것)처럼 글을 제기하는 것이 자유스럽다는 것이 특색이다.

posting machine [–məʃíːn] **포스팅 기계** 전기(posting) 또는 표를 만드는 작업을 하는 기계.

post-intermediate frequency-amplifier [póust ìntərmíːdiət fríːkwənsi(ː) ǽmplifàiər] **후위 중간 주파 증폭기**

post-laying burying system [–léiŋ béri(ː)iŋ sístəm] **부설 후 매설 방식**

postman problem [póustmən prábləm] **우편 배달부 문제** 집배원이 배달을 모두 마치고 돌아올 수 있는 최단 경로를 찾는 문제. 최적화 문제 중의 하나이다.

postmaster [póus(t)mæ̀stər] **포스트마스터** 특정 사이트에서 전자 우편에 관련된 문제를 해결하고 질문에 답하는 사람.

post-mortem [póust mɔ̀ːrtəm] **사후 분석, 포스트모템** 실행중의 컴퓨터가 몇 개의 원인으로 정지 상태에 빠졌을 때 불량 프로그램 부분이나 상태의 분석을 행하는 것.

post-mortem dump [–dʌ́mp] **사후 분석 덤프, 포스트모템 덤프** 컴퓨터가 몇 개의 원인으로 정지하고 말았을 때 이 원인을 해명하기 위한 메모리의 상태나 레지스터의 내용 등을 화면상에 표시하거나 프린터에 출력시키는 것을 말한다. 프로그램의 디버그 또는 어느 프로그램 실행 후에 덤프하는 것.
[주] 보통 디버그, 감사 또는 문서화의 목적으로 주행의 종료에 덤프하는 것.

post-mortem program [–próugræm] **사후 분석 프로그램** 프로그램 오류 발견용 프로그램. 사후 덤프 기법 등이 있다.

post-mortem routine [–ruːtíːn] **사후 분석 루틴** (1) 코딩의 오류 검출을 돕기 위하여 루틴이 중단될 때 레지스터 및 기억 장치의 특정 위치에 관련된 데이터를 자동으로 또는 요청에 의하여 인쇄하는 루틴. (2) 오류가 발생하여 그 위치를 찾아야 할 때 진단과 오류 검출 조작에 사용하는 특정 루틴. (3) 고장 이후 기억 장치의 내용을 덤프하는 루틴과 같이 고장의 원인을 분석하는 데 사용되는 서비스 루틴.

postmultiply [póustmʌ̀ltipli] **사후 곱셈** 행렬 A를 행렬 A의 열의 수와 같은 행의 수를 가진 어떤 행렬 B와 곱하는 것.

post normalization [póust nɔ̀ːrməlaizéiʃən] **사후 정규화** 산출 연산의 결과를 정규화하는 것.

post office protocol [–ɔ́(ː)fis próutəkɔ(ː)l] **포스트 오피스 프로토콜** 서버로부터 메일 수신 기능이 없는 사용자의 PC에 전자 우편을 다운로드하기 위한 프로토콜. 전자 우편 전용의 FTP라고 생각해도 된다.

post office protocol 3 ⇨ POP3

post optimality analysis [–áptiməliti ənǽlisis] **사후 최적성 해석**

postorder traversal [póustɔ̀ːrdər trævə́ːrsəl] **후위 순회**

PostPet [póustpet] **포스트펫** 소니 커뮤니케이션 네트워크 사가 개발한 전자 우편용 소프트웨어. 화면상의 가상적인 방에 자신의 애완동물을 키우고, 그 애완동물을 통해 메일을 교환한다. 애완동물을 키우고 교류하는 등 게임을 하는 것처럼 즐길 수 있기 때문에 젊은 여성을 중심으로 폭넓게 사용되었다.

post process audit [póust práses ɔ́ːdit] **사후 처리 감사** 장시간에 걸쳐서 트랜잭션들과 그 결과들을 재검토하는 감사. 과정 감사보다 복잡한 분석이 요구된다.

post process phase [–féiz] **후처리 단계** 후처리 동작을 실행하는 단계.

post processor [–prásesər] **후처리 프로세서, 포스트 프로세서** 컴퓨터 처리에서 후처리적인 계산이나 편집, 교환을 행하는 프로그램. 중심적인 처리를 행하는 프로그램으로 처리한 결과를 더욱 가공하여 개개의 조건에 맞추기 위한 후처리를 행한다. 예를 들면 공작 기계의 제어 프로그램에서 사용되고 있는 제어 테이프를 만드는 프로그램이다.

post's correspondence problem [póusts kɔ(ː)rəspándəns prábləm] **포스트 대응 문제** 알고리즘의 존재를 묻는 결정 문제. 컴퓨터 과학에 있어서 대표적인 결정 불능 문제의 한 가지.

PostScript [póustskript] **포스트스크립트** 주로 레이저 프린터에서 사용되는 것으로, 이 언어를 채택한 레이저 프린터는 그래픽을 자유롭게 인쇄할 수 있을 뿐만 아니라 문자의 크기와 모양을 다양하게 변형시킬 수 있다. 고급 워드 프로세싱이나 전자 출판에 필수적인 기능으로, 한 페이지 내에서 텍스트와 그래픽의 처리 또는 그들의 배치 등을 위해 특별히 개발된 어도비(Adobe) 사의 페이지 묘사형 프로그래밍 언어.

PostScript font [–fánt] **포스트스크립트 글꼴** 어

도비 시스템즈 사가 개발한 페이지 기술 언어에 준해 만들어진 문자 서체 데이터. 문자를 점이 아닌 아우트라인 곡선의 데이터로 정의하고 있다.

PostScript printer[-príntər] **포스트스크립트 프린터** 포스트스크립트 인터프리터를 내장한 프린터로, 포스트스크립트 언어를 스스로 해석하여 인쇄한다. 내장 하드 디스크 등에 미리 글꼴 데이터를 축적해 둠으로써 여러 가지 글꼴을 단시간에 인쇄할 수 있다.

post system study [póust sístəm stʌ́di(:)] **시스템 후 검토**

post-tested iteration[-téstid itəréiʃən] **후판단 반복** until형 프로그램 문. 반복의 판단을 루프의 실행 후에 수행하는 것.

post-write disturb pulse[-ráit distə́:rb pʌ́ls] **사후 기록 방해 펄스** 상호 전류 자기 코어 기억 장치가 데이터를 기록할 때 모든 코어를 방해받지 않는 상태로 만들기 위해 기록 펄스 다음에 가해지는 펄스이다.

potential [pəténʃəl] *a.* **잠재적**

potential barrier[-bǽriər] **전위 장벽** 입자의 총 에너지보다 전위 에너지가 커서 결과적으로 입자가 들어갈 수 없게 되는 영역.

potential traffic[-trǽfik] **예상 트래픽**

potentiometer[pətènʃiámətər] *n.* **퍼텐쇼미터, 전위차계** 하나 또는 다수의 조종용 슬라이드 접점을 가진 저항기로서 조절 가능한 전압 분배기의 기능을 하는 부품.

potentiometer set mode[-sét móud] **계수 설정 모드** 아날로그 컴퓨터의 설정 모드이고 문제의 계수값을 설정하는 모드.

potentiometer type equation solver[-táip ikwéiʒən sálvər] **전위차계식 해 산출기** 연립 1차 방정식의 해를 산출하기 위한 아날로그 컴퓨터의 일종.

POTS plain old telephone service의 약어. POTS를 가지고 있다면 전화선을 이용하는 보통 모뎀으로 인터넷에 접속할 수 있다. POTS는 기본 음성 전화 서비스로 ISDN과 T1 같은 전용 회선과 같은 접속 방법과 구별할 때 사용되는 용어이다. ⇨ ISDN, T1

pour[pɔ́:r] **포어** 프로세스의 출력이나 파일을 장치나 파일에 파이프로 건네주는 것.

power[páuər] *n.* **전원** (1) 전력 : 단위 시간 내에 장치 또는 기기에서 소비되는 전기 에너지. (2) 전원 : 전원(power supply)과 동의어로도 사용된다. 예를 들면 장치의 전원 「on」, 「off」를 「power-on」, 「power-off」라 말한다. 또 전원의 이상을 power failure라고 한다. (3) 능력 : 컴퓨터 시스템의 처리 능력이라는 의미로 사용된다. 중앙 처리 장치(CPU)의 연산 처리 능력을 나타낸다. (4) 누승(累乘). 거듭제곱 : power of a number의 형태로 사용하는 경우, 예를 들면 2의 3제곱(8)을 the third power of 2라고 쓴다.

Power application[-æplikéiʃən] **파워 응용 프로그램** 파워 매킨토시용 소프트웨어로, 파워 PC를 탑재한 매킨토시에 최적화되어 있는 응용 프로그램 소프트웨어의 총칭. 이전의 680x0 계열의 매킨토시에서는 동작하지 않는다. 파워 매킨토시에서는 이전의 680x0 계열 CPU용의 소프트웨어도 에뮬레이션으로 동작하지만 처리 속도가 늦다. ⇨ Macintosh, PowerPC, emulation

PowerBook[páuərbùk] **파워북** 노트형 매킨토시 시리즈. 기능을 제한하는 대신 휴대성을 추구한 사양은 듀오(Duo)라고 불린다.

power control[páuər kəntróul] **전원 제어**

power control system[-sístəm] **전원 제어 장치** 정보 처리 시스템을 구성하고 있는 각 장치의 전원의 투입 절단 제어나 전원 이상 상태를 감시하는 시스템. 보통 시스템 전원 제어 장치가 중심이 되어서 이 시스템을 구성한다.

power converter[-kənvə́:rtər] **주파수 변환 장치, 전력 변환 장치**

power cord[-kɔ́:rd] **전원 코드**

power delay product[-diléi prádəkt] **전력 지연 시간 곱** 스위칭 소자의 평가 기준이 되는 양으로 스위치에 필요한 전력과 스위치에 필요한 시간과의 곱을 말한다. 이것은 작을수록 좋다.

power distribution unit[-dìstribjú:ʃən jú:nit] **배전기, 전력 배분 장치**

power down[-dáun] **전원 차단** 전원을 차단하는 것.

power dump[-dʌ́mp] **전원 덤프** 모든 전원을 우발적으로 또는 고의적으로 제거하는 것.

power expansion[-ikspǽnʃən] **전원 확장 기구**

power fail[-féil] **전원 장애** 어떤 시스템에서 교류 1차 전압이 규정 수준 이하로 떨어지는 경우. 이 경우에는 동작중인 프로그램을 보호하기 위해 1차 전압을 조사하여 전원 장애가 나타나면 자동으로 중앙 처리 장치에 신호를 보내게 함으로써 전력 장애 벡터를 이용한 인터럽트를 발생시켜 사용자의 전력 장애 루틴을 수행하게 할 수 있다.

power fail/auto restart[-ɔ́:tou ri:stá:rt] **전원 장애/자동 재시동** 어떤 시스템에서 교류 1차 전압을 살펴서 전압이 규정된 수준 이하로 떨어질 때 자동으로 중앙 처리 장치에 신호를 보냄으로써 전력 장애 벡터를 이용한 인터럽트를 발생시켜 사용자의 전력 장애 루틴을 수행하게 하는 것. 정전시에는 250마이크로초(μsec) 동안 작동하는 타이머를 시동시키고 중앙 처리 장치는 자동으로 대기 상태가 된다.

power fail circuit [-sə́ːrkit] **전원 장애 대비 회로** 전원에 장애가 발생했을 때 동작중인 프로그램을 보호하기 위한 논리 회로. 이 회로는 전원 장애가 있을 경우 컴퓨터에 정보를 알려줌으로써 모든 휘발성 데이터를 저장하는 루틴이 시작되게 하며, 전력이 완성 복구된 다음에는 데이터를 복원하여 동작을 재시작하도록 설계되어 있다.

power fail interrupt [-ìntərʌ́pt] **전원 장애 인터럽트** 우선 순위의 인터럽트만이 비우선 순위 인터럽트 루틴에 인터럽트를 걸 수 있다. 정전이 최우선 순위 인터럽트이고, 정전 인터럽트 트랩이 완전 무장된 상태에서는 어떤 다른 프로그램이나 다른 인터럽트 루틴을 인터럽트할 수 있다. ⇨ power failure interrupt

power fail restart [-riːstáːrt] **전원 장애 재시동** 전압 강하나 정전시 컴퓨터 기능상의 손실을 방지하기 위하여 논리 회로가 갖추어질 수 있다. 전원이 회복되면 시스템 프로그램이 즉시 시스템을 재시동시킬 수 있다.

power failure [-féiljər] **전원 장애, 전원 이상**

power failure detect [-ditékt] **전원 장애 검출 기구**

power failure interrupt [-ìntərʌ́pt] **전원 장애 인터럽트** 컴퓨터의 전원에 이상이 있을 때 일어나는 인터럽트.

power failure restart [-riːstáːrt] **전원 장애 재개시** 입력 전압의 강하를 검출하여 전원 이상을 신호화하는 장치로서 컴퓨터 기능상의 손실을 막기 위해 논리 회로가 갖추어질 수 있다. 전원 이상이 수십밀리초 동안 지속되면 모든 레지스터가 지구 기억 또는 배터리 백업 메모리에 보존되며, 전원이 회복되면 시스템 프로그램이 즉시 시스템을 다시 시작할 수 있다.

powerful [páuərful] *a*. **강력한** 소프트웨어는 효과적으로 사용할 수 있고 다양한 기능을 가지고 있을 때 강하다고 한다. 사용자 소프트웨어인 경우에는 사용자가 그것을 사용하기 위하여 얼마나 많은 노력을 해야 하는가에 달려 있고, 시스템 소프트웨어의 경우에는 복잡한 명령을 최소한의 명령어로 실행시킬 수 있음을 말한다. 하드웨어의 경우에 그것이 다른 기기와 비교하여 처리 속도가 빠르고 크며 더 융통성이 있을 때 강하다고 한다.

power interface [páuər íntərfèis] **전력 인터페이스 기구**

power keylock [-kíːlàk] **전원 키 기구, 전원 잠금 장치**

power level [-lévəl] **전력 수준** 1밀리와트 및 1와트 기준의 데시벨에 의해서 표시되며, 전송 시스템 내의 한 곳의 전력과 기준 전력과의 비.

power line monitor [-láin mánitər] **전원선 모니터** 같은 교류 전원에 컴퓨터와 모니터를 연결함으로써 고속의 과도 전류가 발생했을 경우에 경보가 울리고 동시에 펄스의 진폭과 지속 시간을 기록한다. 입력되는 정확한 시간에 정지하여 컴퓨터 데이터의 어디에서 오류가 발생했는가를 발견하는데 도움이 된다.

Power Macintosh [-mǽkintàʃ] **파워 매킨토시** CPU에 RISC 칩의 파워 PC를 장착한 매킨토시. 줄여서 파워 맥이라고도 한다.

power management [-mǽnidʒmənt] **전원 관리** 노트형 PC의 절전 모드 등을 관리하는 기능. 배터리 소비를 줄이는 효과를 가져온다.

power management function [-fʌ́ŋkʃən] **전원 관리 기능** 충전지로 구동하는 노트북 컴퓨터나 워드 프로세서에서, 일정 시간 사용하지 않고 있는 하드 디스크나 액정 화면의 전원을 자동적으로 꺼지게 하는 기능. 충전지의 소모를 줄이고 구동 시간을 늘려준다.

power management system [-sístəm] **전원 관리 시스템** 전형적인 전원 관리 시스템은 온도 변화와 같은 외적 요인에 민감하다. 이것은 에너지 소비를 감시하고 규제하며 전력 사용을 예상하여 필요한 조정을 할 수 있는 기능이 있다. 사용 전력 요금은 총 사용량과 해당 기간 동안 어느 순간의 최대 사용량을 정해놓는 프로그램을 마련할 수 있다.

power method [-méθəd] **누승법(累乘法), 거듭제곱법** 정방 행렬의 누승을 구함으로써 절대값이 최대인 고유값과 고유 벡터를 구하는 방법.

power-on key [-ən kíː] **파워온 키** 매킨토시의 키보드 상에 있는, 컴퓨터 본체의 전원을 켜기 위한 키. 시스템이 다운되었을 때 「명령 키+Ctrl 키」를 동시에 눌러 재시동할 수 있다.

power-on reset [-riːsét] **파워온 리셋** ⇨ reset

PowerOpen [páuəróupən] **파워오픈** 파워 PC가 탑재된 시스템과 운영 체제, 응용 프로그램 간의 인터페이스를 효율적으로 기능시키기 위해 공통화나 통합 아키텍처를 지향하고자 하는 움직임. 이에 대한 일환으로 PowerOpen 컨소시엄이 개최되고 있다.

PowerPC 파워 PC 미국 모토롤라 사와 IBM 사가 공동으로 개발 연구하고 있는 새로운 RISC 칩. 첫 번째 모델인 PowerPC 601은 1993년에 제품화되었다. 이외에 에너지 절약형의 603, 604, 이것의 개량형인 603e, 604e, 고성능형의 G3 칩이 나오고 있다. 주로 애플 사의 매킨토시에 장착되고 있지만, 이외에도 IBM 사의 워크스테이션 RS 계열에 사용되고 있다. 이미 파워 PC를 탑재하고 멀티미디어에 대응하는 가정용 컴퓨터 「피핀@ 마크」도 발매되고 있다. 1998년 10월, 수퍼 컴퓨터급의 처리 능력을 갖춘 파워 PC G4(MPC7400)가 발표되었다.

PowerPoint[páuərpɔ̀int] **파워포인트** 마이크로소프트 사의 DTPr(데스크톱 프레젠테이션)용 응용 프로그램. 오피스 시리즈 중 하나로 충실한 템플릿, 마법사 기능 등을 이용하여 간단히 프레젠테이션할 수 있다. 2002년 현재, 최신 버전은 「PowerPoint 2002」.

power saving function[páuər séiviŋ fʌ́ŋkʃən] **절전 기능** 일정 시간 동안 입력이 없을 경우 전력을 절약하는 기능. 보통 모니터 화면을 어둡게 하거나 아예 꺼지도록 설정하기도 한다. 하드 디스크의 모니터를 끄거나 CPU를 정시시키거나 또는 동작 속도를 떨어뜨려 전력을 절약하는 기능도 함께 사용된다. 노트북 PC와 같이 배터리를 절약해야 하는 기계에 많이 사용된다.

power relay[–ríːlei] **전력 계전기** 전기 회로의 전압과 전류의 곱에 응답하는 계전기.

power sequencing[–síːkwənsiŋ] **전원 순차 개폐 기구, 전원 순차 개폐 제어**

power set[–sét] **멱집합** 어떤 집합 A에 대하여 A의 모든 부분 집합들로 이루어진 집합을 A의 멱집합이라고 한다.

power source[–sɔ́ːrs] **전력원**

power supply[–səplái] **전원 공급 기구** 시스템을 동작시키는 데 필요한 전압과 전류를 공급하는 것. 또는 그 장치를 말한다.

power supply circuit[–sə́ːrkit] **전원 공급 회로** 교류 상업용 전원을 필요한 전압(voltage)으로 바꾸고, 컴퓨터 등에 전력을 공급하는 회로(circuit). 컴퓨터에서는 보통 스위칭 전원(switching power supply)이라고 하는 전원이 사용되고 있다. 이것은 정류 회로(rectifier circuit)에 의해 얻어지는 직류를 고주파 인버터(inverter)에 의해 DC/AC 변환하고, 고주파 트랜지스터 의해 AC/AC의 변압을 행한 후에 AC/DC 변환(정류)하여 직류 전압을 얻는 방법이다.

power supply expansion[–ikspǽnʃən] **전원 추가 기구**

power supply voltage[–vóultidʒ] **전원 전압**

power supply unit[–júːnit] **전원 장치** 컴퓨터를 동작시키기 위해 필요한 전원을 공급하는 장치.

power system control[–sístəm kəntróul] **전력 시스템 제어**

power system planning program[–plǽniŋ próugræm] **PSP, 전력 계통 계획 프로그램**

power transfer relay[–trænsfə́ːr riːléi] **전력 전환 계전기** 정규의 전원에 접속된 계전기로, 그 전원이 고장났을 때 부하를 다른 전원으로 전환하는 계전기.

power transistor[–trænzístər] **파워 트랜지스터, 전력용 트랜지스터** 대전력 동작이 가능하도록 설계된 트랜지스터. 컬렉터 허용 전류가 크고, 컬렉터 역내압이 높아야 한다. 그 때문에 PNIP 또는 NPIN 구조로 된 경우가 많다. 컬렉터 접합부에서 상당한 열이 발생되기 때문에 방열이 잘 되는 구조로 되어 있다.

power unit[–júːnit] **전력 장치**

power up[–ʌp] **전원 투입** 시동 또는 호출 부트 순서를 시작하는 것. 전원을 넣는 것.

power user[–júːzər] **파워 사용자** PC나 소프트웨어 등의 조작에 매우 능숙하여 사용자 매뉴얼 없이 사용법이나 고장에 대한 대처에도 정통해 있다.

power warning feature[–wɔ́ːrniŋ fíːtʃər] **전원 경보 기구**

power window[–wíndou] **전동 조작창**

PPBS planning programming and budgeting system의 약어. 어떤 조직이 어떤 목적을 달성하기 위해 기본적인 방침을 검토하여 구체적으로 필요한 자원이나 비용을 계산함으로써 한정된 자원을 가장 효율적으로 사용할 수 있게 하는 시스템. 처음에는 미국 국방성이 국방 예산 편성의 합리화를 위해 개발한 시스템으로, 예산의 근본적 의의에 맞추어 장기 계획에서부터 임무별 계획을 책정하고 그에 따라 예산의 산정에 이르는 3단계의 의사 결정 방식이다.

PPC 보통 용지 복사기 plain paper copier의 약어. 가장 널리 보급된 전자 사진법의 하나. 대전(帶電)된 광전도 물질(셀렌 감광판)을 노광하면 빛을 받은 부분만은 하전(荷電)을 잃어버려 잠상(潛像)이 가능하다. 여기에 반대 하전의 조영제(造影劑 ; 토너)를 뿌려 현상한다. 보통지에 전사해서 가열하면 상이 복사된다.

P-persistent CSMA P-퍼시스턴트 CSMA CSMA 방식에서 전송할 메시지를 갖는 스테이션이 주어진 채널을 검사하여 사용이 가능하면 확률 p의 채널 액세스 권한을 가진 스테이션 중 자신이 선택될 확률)로서 메시지를 전송하고, 사용중이면 $1-p$로서 일정 시간이 경과된 후 다시 그 채널을 감사하는 방식.

PPI 프로그래머블 주변 인터페이스, 프로그램 가능 주변 기기 접속 programmable peripheral interface의 약어.

ppi pixels per inch의 약어. ppi는 해상도를 측정하는 단위로 dpi(dots per inch)와 바꾸어 쓸 수 있다. ⇨ dpi

PPIA 프로그램 가능 주변 접속 어댑터 programmable peripheral interface adapter의 약어. 범용 입출력 포트로서 내부의 제어 레지스터에 필요한 패턴을 세트함으로써 여러 가지로 작동 형식을 변환시킬 수 있는 어댑터.

PPM (1) **펄스 위상 변조** pulse phase modulation의 약어. (2) **펄스 위치 변조** pulse position modulation의 약어. 펄스 변조 방식의 하나로 신호 파형의 진폭에 따라 반송파 펄스의 위치를 변화시키는 방법. ⇨ pulse position modulation (3) **PPM 신호** pulse phase modulation signal의 약어. 펄스 위치 변조 신호 또는 펄스 위상 변조 신호라고 한다. 펄스의 진폭은 일정하고 위상만을 변조 전압에 따라 변화시키는 변조 방식에 의한 신호. (4) **페이지/분** pages per minute의 약어. 인쇄 속도를 나타내는 단위로서 1분간 인지되는 페이지 수.

PPP point-to-point protocol의 약어. 인터넷을 접속하는 데 있어서 데이터 꾸러미인 패킷 전송을 허용하는 전화 통신 상호 규약. 즉, 보통 전화 회선과 모뎀을 사용하여 컴퓨터가 TCP/IP 접속할 수 있도록 하는 가장 일반적인 인터넷 프로토콜이다. SLIP와 유사하나 에러 검출, 데이터 압축 등 현대적인 통신 프로토콜 요소를 갖추고 있어서 SLIP에 비해 뛰어난 성능을 발휘한다.

PPS (1) **포트 제시 서비스** port presentation service의 약어. (2) **초당 펄스 수** pulse persecond의 약어.

PPTP 지점 간 터널링 프로토콜 point-to-point tunnelling protocol의 약어. 인터넷 프로토콜인 TCP/IP를 그대로 이용하면서도 외부인이 접근할 수 없는 별도의 가상 사설망을 운용할 수 있도록 해주는 신개념의 프로토콜. 즉, 다른 시스템이나 인터넷으로부터 보안을 유지하면서 동시에 데이터 전송에는 방해를 받지 않고 커뮤니케이션할 수 있는 기능을 제공한다.

p-pulse [píː pʌ́ls] **p 펄스** ⇨ pulse modulation

PQA 보호 대기 영역 protected queue area의 약어.

PR 보호 비율 protective ratio의 약어.

pragmatic analysis [prægmǽtik ənǽlisis] **실제 분석** 자연 언어 이해 기법 중의 하나. 문장이 실제로 무슨 의미를 내포하는지 결정하는 분석 방법을 말한다.

pragmatics [prægmǽtiks] *n.* **프래그매틱스** 문자 또는 문자의 집합과 그 해석 및 사용법 사이의 관계. 문자나 문자의 연결이 갖는 구체적이고 실제적인 뜻을 나타낸다.

pratical extraction and report language [prǽktikəl ikstrǽkʃən ənd ripɔ́ːrt lǽŋgwidʒ] ⇨ Perl

P-rating 펜티엄-레이팅 Pentium-rating의 약어. 펜티엄 호환 프로세서이며, 펜티엄과 비교해서 그에 상당하는 동작 속도를 나타내는 수치. 예를 들면 AMD 사의 AMD 5k 86-P75는 펜티엄의 75MHz에 상당한다는 것을 의미한다.

pre [príː] **전의, 앞의** 어느 동작이나 처리의 사전 준비라는 의미이고 「전」, 「사전」 등으로 해석된다. 사전 설정(preset)하는 루프의 제어 변수(control variable)나 파라미터로 설정되어야 하는 값처럼 초기 조건을 확립하는 것을 말한다. 사전에 정의하는(predefine)과 동의어. 정의 완료 함수는 내장 함수(intrinsic function)와 같은 의미이다.

pre-allocate [-ǽləkèit] **사전 할당**

preamble [priːǽmbl] *n.* **프리앰블** 자기 테이프 등에 정보를 기록할 때 각 블록의 선두에 기록되는 2진 문자열이고, 순서 방향, 판독시에 동기를 잡기 위해서 사용된다. 포스트앰블(postamble)과 대비된다. 또 목적 프로그램의 처음 부분에 부가되는 정보이고, 그 프로그램의 실행에 필요한 기억 용량, 입출력 장치의 종류와 수 등을 기록한 것을 가리키는 경우도 있다.

pre-analysis [príː ənǽlisis] **사전 분석** 컴퓨터에 의해 실행되는 업무에 대한 초기 단계의 분석.

pre-assembly [-əsémbli(ː)] **사전 어셈블리, 사전 어셈블** 원시 프로그램의 어셈블에 앞서서 어셈블러가 행하는 준비 처리, 매크로 전개나 조건부 어셈블리 명령을 처리하는 것.

pre-assembly time [-táim] **사전 어셈블리 시간** 어셈블러가 매크로 명령과 조건부 어셈블리 명령을 처리할 때, 어셈블러는 대부분의 명령을 두 시점에서 처리한다. 최초가 사전 어셈블리시, 다음이 어셈블리시이다. 사전 어셈블리시에는 매크로 명령으로 통상의 어셈블러 명령이 생성되고 어셈블리시에 그 처리가 행해진다.

precanned routine [prikǽnd ruːtíːn] **상품화 이전 루틴** 상품화하기 전의 프로그램 루틴.

precautionary error [prikɔ́ːʃənɛ(ː)ri(ː) érər] **예비 경고 오류** 중앙 처리 장치는 경고 메시지를 출력하고 컴파일을 계속한다.

precede [prisíːd] *v.* **선행하다** 다른 것보다 선행한다, 어느 사상의 앞에 존재한다, 우선적으로 동작한다 라는 의미가 있다. 예를 들면 수식을 평가(evaluate)할 때에는 괄호 내의 연산이 다른 부분에 「선행」하여 행해진다.

precede input[-ínpùt] **선행 입력** 키보드에서의 입력을 선행하여 행하는 것. 선행 입력은 컴퓨터 본체와 단말기의 통신 속도가 느린 것을 보완하기 위해 사용된다.

precedence[présədəns] *n.* **우선 순위** 선행. 산술 연산자나 논리 연산자 등의 평가에 관계하는 우선 순위. 또 순위 문법(precedence grammer)일 것. 순위 문법이란 프로그램 언어의 구문 해석법을 엄밀화 또는 자동화하기 위해 고안된 형식 문법의 하나이다.

[주] 식 중에서 연산자의 적용 순서를 정하는 규칙.

precedence function[-fʌ́ŋkʃən] **우선 순위 함수, 선행 함수**

precedence grammar[-grǽmər] **순위 문법** 문법이 애매할 때에는 그 문법의 생성과 단말 기호나 비단말 기호들에 따라 순위를 정해서 정확한 규칙을 얻어 애매성을 제거한 문법으로, 프로그램 언어의 구문 해석법을 엄밀화 혹은 자동화하기 위해 고안된 형식 문법의 일종. 연산자 순위 문법, 단순 순위 문법 등이 있으며, 어느 것이나 문맥 자유형 문법의 부분 그룹이다.

precedence language[-lǽŋgwidʒ] **선행 언어** 우선 순위 문법을 써서 만들어진 언어.

precedence parsing[-pá:rziŋ] **선행 파싱**

precedence rule[-rú:l] **선행 규칙** 하나의 연산식 중에 두 종류 이상의 연산자가 있는 경우, 연산자에 미리 부여한 순서를 정한 규칙으로 어떤 연산자가 어떤 인수에 부속되는가를 위해서 괄호를 사용하나 대부분의 경우 괄호를 생략한다. 각종 업무나 항목이 주어진 우선 순위에 따라 그 순서가 정해지는 규칙.

precharge line[pri:tʃá:rdʒ láin] **프리차지 라인** 동적 RAM의 출력 용량을 미리 충전하는 것으로, 출력선을 판독하기 전에 펄스를 가해둔다.

precharging[pri:tʃá:rdʒiŋ] **프리차징** 노드에 전하를 미리 충전시켰다가 조건에 따라 방전시킴으로써 보다 빠른 시간 내에 논리값을 얻는 방식. 전류와 속도에서 유리하다.

precise[prisáis] *a.* **정밀한, 정확한**

precision [prisíʒən] *n.* **정밀도** 정도(精度). 정밀함. (1) 보통 「수」를 표현하기 위한 자릿수이고, 일반적으로 자릿수가 많으면 많을수록 수의 정밀도는 높아진다. 주로 과학 기술 분야에서 문제가 되지만, 부동 소수점 연산(floating point arithmetic)은 4바이트, 8바이트, 16바이트의 부동 소수점 수(floating point number)의 연산이 가능하며, 계산의 목적에 따라 선택할 수 있다. 정밀도는 수치의 신뢰성을 나타내는 정확도(accuracy)와 혼동하기 쉽다. 수를 표현할 때 자릿수가 많을수록 정밀도는 좋아지지만 수치의 정확도와는 관계가 없다. (2) 통계 : 측정 데이터 재현성을 의미하며 측정값의 집합 표준 편차로 정의된다.

[주] 거의 동등한 값을 구별하는 능력의 척도이다. 예를 들면 4자리의 수 표시는 6자리수의 수 표시보다 정밀도가 낮다. 그러나 적절하게 연산된 4자리의 수 표시는 부적절하게 계산된 6자리의 수 표시보다 정확한 것도 있다.

precision approach radar[-əpróutʃ réidɑ:r] **PAR, 정밀도 접근 레이더**

precision attribute[-ǽtribjù:t] **정밀도 속성** PL/I 언어에서 산술 데이터에 대해서 자릿수와 그것을 정하는 인수의 값.

precision mode[-móud] **정밀도 모드**

precompensation[pri:kàmpənséiʃən] **프리컴펜세이션** 자기 디스크, 플렉시블 디스크 등에서 인터럽트시에 데이터 펄스의 패턴에 의해서 자속이 반전하는 위치가 변동하는 것을 방지하기 위하여 기록시의 펄스 간격을 아주 작게 벗어나게 하는 것. ⇨ post-compensation

precompile[prì:kəmpáil] **프리컴파일** 컴파일을 하기 전에 행하여지는 준비 페이즈. 고급 언어로 기술된 데이터 베이스를 사용하는 응용 프로그램이 데이터 베이스 관리 프로그램과 인터페이스를 취하기 위해서 한다. 응용 프로그램이 지정한 서브스키마 정보에서 응용 프로그램과 데이터 베이스 관리 프로그램 사이와의 연락 영역을 전개한다든지 응용 프로그램 중에 기술된 데이터 베이스 조작 언어를 응용 프로그램 기술 언어에 전개하는 처리가 이루어진다.

precompiled type[prì:kəmpáild táip] **사전 컴파일형**

precompiler[prì:kəmpáilər] **프리컴파일러** 프리컴파일러는 기존의 컴파일러 언어의 표현 방법을 변경할 뿐이기 때문에 새롭게 컴파일러를 작성하기보다는 쉽게 실현되는 것이 특징이다. 시스템 R의 RDS(relational data system)의 구성 요소로서 SQL 언어를 위한 컴파일러. SQL 문을 내장한 PL/I 원시 프로그램은 PL/I 명령어가 컴파일되기 전에 RDS 프리컴파일러에 의해 먼저 SQL 문이 컴파일된다. 즉, 컴파일러에 의해 컴파일된 결과를 다시 컴파일하여 목적 프로그램으로 하는 컴파일러가 존재할 때, 앞 컴파일러를 프리컴파일러라고 한다.

precompiler program[-próugræm] **프리컴**

파일러 프로그램 목적 프로그램을 생성하기 이전에 원시 프로그램 상의 수정 사항이나 오류를 찾아 교정하기 위하여 설계된 프로그램.

precondition [priːkəndíʃən] *n.* **전제 조건**

precondition analysis [-ənǽlisis] **전제 조건 해석** 연산자가 언제 사용되었는지를 분석하는 것을 목적으로 한다. 어떤 상황에 사용되는가를 알게 되면 이것과 비슷한 상황에서 연산자 사용의 효율성을 증가시키게 되며 이것은 설명 과정에 해당한다.

precondition formula [-fɔ́ːrmjulə] **전제 조건 공식** 암시적 규칙의 왼쪽 부분과 비슷한 것으로 F 규칙이 적용되어야 할 상태 묘사 속의 사실들로부터 논리적으로 따르는 서술 논리적 표현이다.

predecessor [prédisèsər] *n.* **선행자** 트리를 어떤 순서로 순회할 때 한 노드를 방문하기 바로 전에 방문한 노드.

predefine [prìːdifáin] *v.* **사전에 정의하다**

predefined [prìːdifáind] *a.* **정의 완료의**

predefined data set [-déitə sét] **사전 정의 데이터 세트**

predefined process symbol [-práses símbəl] **사전 정의된 처리 기호** 서브루틴을 나타내기 위해 사용되는 순서도 기호.

predefined specification [-spèsifikéiʃən] **암묵 지정** 변수의 이름에서 그 데이터 타입과 길이를 암묵으로 지정하는 FORTRAN의 규칙.

predicate [prédikət] *a.* **술어(述語)** 프레디킷. 예를 들어 술어 로크(predicate lock)라 하면, 다수의 이용자가 동시에 액세스하는 데이터 베이스에 있어서 트랜잭션 사이의 경합, 즉 갱신할 때의 실수를 피하기 위해서 사용하는 로크 기구의 하나이다. 로크해야 하는 대상을 술어로 지정한다.

predicate calculus [-kǽlkjuləs] **술어 해석** 명제 해석의 확장으로서 명제 해석의 기본 단위는 객체이며 객체에 대한 설명 문장.

predicate connection graph [-kənékʃən grǽf] **술어 연결 그래프** 공리 집합 내의 논리절을 노드로, 각 노드 사이에서 도출 가능한 리터럴을 링크로 연결한 그래프. 링크에 통합자에 대한 정보가 표시되면 링크의 한쪽은 양(+)의 리터럴이고 다른 쪽은 음(−)의 리터럴이다. 질의가 입력되면 질의도 하나의 노드로 간주되어 공리만으로 구성된 그래프에 여러 개의 링크에 의하여 연결될 수 있으며 이러한 새로운 그래프에서 질의에 대한 답을 구할 수 있는 검증 트리를 만들어낼 수 있다.

predicate lock [-lák] **술어 로크** 다수의 이용자가 동시에 접근하는 데이터 베이스에 있어서 트랜잭션 간의 경합, 즉 갱신할 때의 오류(비정합성)를 피하기 위해 사용하는 로크 기구의 하나이다. 로크해야 할 대상을 술어(predicate)로 지정함으로써 팬텀(phantom)의 출현을 저지할 수 있다. ⇨ predicate locking

predicate locking [-lákiŋ] **술어 로킹** 어떤 특정 술어를 만족시키는 데이터 객체만을 트랜잭션이 접근할 수 있게 하는 로크 프로토콜의 한 종류.

predicate logic [-ládʒik] **술어 논리** 변수의 사용과 변수를 갖는 함수를 허용하도록 명제 논리를 확장한 논리. 예를 들면 주어와 각 단어 사이의 관계를 고려하여 그러한 것을 논하는 것을 술어 논리라고 한다. 따라서 술어 논리는 몇 가지 술어 사이에 성립하는 일반적 논리 법칙의 연구이다. ⇨ proposition, propositional logic

predicate logic programming [-próugræmiŋ] **술어 논리 프로그래밍** 술어 논리식을 프로그램으로 간주하고 술어로 쓰여진 정리를 공리를 써서 증명하는 것을 계산하는 것으로 간주하는 프로그래밍 수법.

predicate logic of 2nd order [-əv sékənd ɔ́ːrdər] **2계층 술어 논리** 속박 변수에 술어 변수가 들어오는 술어 논리.

predicate symbol [-símbəl] **술어 기호** 술어 논리학에서의 전칭(全稱) 기호, 존재 기호를 말한다. $(\forall x)P(x)$는 「모든 x 에 관해서 $P(x)$는 참이다」라는 것을 나타내는데, 이것을 전칭 명제라고 하고 $(\forall)$를 전칭 기호라고 한다. 또 $(\exists x)P(x)$는 「$P(x)$를 참으로 하는 x가 존재한다」를 나타내는데, 이것을 존재 명제라고 하고 $(\exists x)$를 존재 기호라고 한다. 전칭 기호, 존재 기호를 총칭해서 한정 기호라고 한다.

predicative [prédikèitiv] *n.* **모델법** 모델 수정법은 이 방법의 하나이며 프로세스의 계산 제어 방식이다. 제어용 컴퓨터 내에 수식 모델을 저장하고 제어 목적(목표 함수 또는 평가 함수)의 최적해가 얻어지도록 조작 변수의 목표값을 그 모델에 의해서 계산하여 제어하는 방식. ⇨ predicative method by model

predicative PCM **예측 펄스 부호 변조**

prediction [pridíkʃən] *n.* **예언** 장래의 예측으로서 지속적 예측, 탄도적 예측, 순환적 예측, 결합적 예측, 유추적 예측의 방법이 있다.

predictive method by model [pridíktiv méθəd bai mádəl] **술어 모델법** 프로세스 계산 제어 방식. 제어용 컴퓨터 내에 수식 모델을 저장하고 제어 목적(목표 함수 또는 평가 함수)의 최적해가 얻어지도록 조작 변수 목표값을 그 모델을 따라 계산하여 제어하는 방식. 모델 수정법은 이 방법의 하나이다.

predictive reports[–ripɔ́ːrts] **예언 보고** 전술적, 전략적 결정에 도움을 주는 업무 보고서.

predictor[prédiktər] *n.* **예측자** (1) 수치 계산에서 근사값을 구하는 방법은 여러 가지가 있는데, 이것을 일반적으로 예측자라고 한다. (2) 미분 방정식을 차분법에 따라 다단형(多段形) 공식의 예측 수정자법을 이용하여 푸는 경우에 쓰이는 공식.

predictor-corrector method[–kəréktər méθəd] **예측 수정자법** 이 방법은 상미분 방정식 $dy/dx = f(x, y)$의 수치 풀이를 전진형 공식(예측자)과 반복형(수정자) 공식을 조합해서 구하는 것으로, 먼저 하나 앞선 값을 전진형 공식으로 예측하고 이 값을 반복형 공식으로 수정하는 방식이다.

pre-edit[priː édit] **사전 편집** 컴퓨터에서 처리하기 전의 데이터 입력이나 원시 프로그램을 컴파일하기 전에 원시 프로그램을 편집하여 일관성의 결여, 불명 개소, 문법상 오류, 컴파일되지 않는 관용 표현 등을 제거하여 컴파일러가 바르게 컴파일되도록 하는 것. 사후 편집(post-edit)과 대비된다.

pre-edit checking program[–tʃékiŋ próugræm] **사전 편집 점검 프로그램**

pre-edit programs[–próugræmz] **사전 편집 프로그램** 프로그램 실행 이전에 응용 프로그램이나 프로그램을 검사하는 것. 사전 편집 프로그램을 실행하면 운영 체제에서 설정된 규칙에 위배되는 것을 제거할 수 있다.

pre-emphasis[–émfəsis] **프리엠퍼시스** 주파수 변조 방식에 의한 통신에서는 신호 주파수가 높아짐에 따라서 복조 후의 *SN*비가 나빠진다. 따라서, 주파수에 비례하여 변조를 많이 함으로써 *SN*비를 개선하기 위하여 송신측에서 베이스밴드 신호의 주파수의 높은 쪽을 특히 강조하는 방법이 쓰인다. 이 조작을 프리엠퍼시스라고 하며, 수신측에서 반대의 조작을 하는 방법을 디엠퍼시스라고 한다.

preemption[priːémpʃən] **선점 방식** 한 프로세스가 CPU를 할당받아 실행중이라도 다른 프로세스가 현재 프로세스를 중지시키고 CPU를 강제적으로 뺏을 수 있는 스케줄링 방식. 선점 스케줄링은 입출력이 거의 없이 길게 CPU를 사용하는 프로세스와 그렇지 않은 다른 프로세스들과 병행 실행시킬 수 있어 다중 프로그래밍의 기본이 된다. 선점 방식은 빠른 응답을 요구하는 시분할 시스템에서 주로 채택되는 정책이다. 이 방식은 긴급하게 처리해야 할 높은 우선 순위를 가진 프로세스들이 빠르게 처리될 수 있는 장점을 가진 반면에 프로세스 간 문맥 교환이 자주 발생되어 운영 체제의 오버헤드(overhead)를 증가시킬 수 있다.

preemptive[priːémptiv] *a.* **선점, 선매권(先買權)이 있는** 어떤 프로세스나 장치 혹은 파일 등이 프로세서 또는 특정 자원을 점유할 수 있는 권한을 나타내며, 어느 때나 점유할 수 있는 경우를 선점이라 하고 반대인 경우에는 비선점이라고 한다.

preemptive deadlock avoidance method[–dé(ː)dlɑ̀k əvɔ́idəns méθəd] **선점 데드로크 회피 방법** 어떤 트랜잭션 T_i가 T_j에 의하여 쓰이고 있는 데이터에 대해서 로크를 요구할 때 T_i가 T_j보다 늦게 생성된 로크를 풀어줄 때까지 기다리고 그렇지 않으면 T_j를 철회하는 방법.

preemptive multitasking[–mʌ̀ltitǽ(ː)skiŋ] **선점형 멀티태스킹** 운영 체제가 응용 소프트웨어의 상태에 의존하지 않고 타이머 삽입 등을 트리거로 하여 강제적으로 태스크를 교체할 수 있는 것. 운영 체제가 삽입을 발생시켜 태스크를 교체하는 다중 태스크를 말하는 것으로 유닉스나 OS/2, 윈도 NT/2000, 윈도 95/98 등이 이런 형태에 해당된다. 이에 비해 윈도 2.x나 MacOS 7/8/9와 같이 운영 체제에 제어를 가할 때만 응용 프로그램이 태스크를 교체할 수 있는 것을 비선점형 멀티태스킹이라고 한다. 선점형 멀티태스킹은 하나의 처리가 오작동해도 다른 처리에는 영향을 주지 않는다.

preemptive resume[–rizjúːm] **선점 기능, 강제 중단 기능** PC나 워드 프로세서에서 작업을 중단하고 전원을 끊은 후 다시 전원을 투입했을 때 이전에 중단했던 곳부터 작업을 재개할 수 있는 기능.

preemptive scheduling[–skédʒuliŋ] **선점 스케줄링** 한 프로세스가 중앙 처리 장치(CPU)를 점유했을 때 또 다른 프로세스가 그 CPU를 점유할 수 있도록 하는 것. 선점 스케줄링은 높은 우선 순위의 프로세스들이 긴급을 요할 때 유용하며, 대화식 시분할 시스템에서 빠른 응답 시간을 유지하는 데 대단히 중요하다.

preference folder[préfərəns fóuldər] **초기 설정 폴더** ⇨ system folder

preferred number[prifə́ːrd nʌ́mbər] **표준수** 공업 표준화와 설계 등에 있어서 수치를 정하는 경우에 선정의 기준으로 사용하는 수치.

prefetch[priːfétʃ] **프리페치** 진행중인 처리와 병행하여 필요하다고 생각되는 명령 또는 데이터를 사전에 판독하는 것.

prefetch register[–rédʒistər] **프리페치 레지스터**

prefix[príːfiks] *n.* **접두(부), 프리픽스, 접두사** (1) 릴레이션 식별자와 같은 제어 정보를 포함하는 레코드의 헤드 부분. system R의 베이스 테이블은 저장 파일로 표현되고 저장 파일의 각 레코드는 바이트

스트링으로 저장된다. 이 바이트 스트링(레코드)은 접두부와 각 필드 데이터를 포함한다. (2) 저장 데이터 베이스 내에 PDB 세그먼트 어커런스를 저장할 경우에 각 세그먼트는 데이터와 함께 제어 정보를 저장하는데, 각 세그먼트에서 이 제어 정보를 포함하는 부분을 가리킨다. 제어 정보를 삭제 플래그, 세그먼트 타입 코드, 포인터 등이며 사용자는 볼 수 없다.

prefix area[–έ(:)riə] **접두 영역**

prefix B*-tree[–bí: trí:] **접두 B*–트리** B* 인덱스에 키 전체를 저장할 필요가 없다는 사실을 이용한 B*-트리의 한 변형. 기본 특성은 B*와 같다. 저장 공간을 절약하고 검출 시간을 줄이기 위하여 인덱스에는 아웃 키와 구별되도록 주어진 키의 첫 글자부터 전체 글자들 중 일부를 보관한다.

prefix code[–kóud] **접두 코드** 전화 교환 시스템에서 직통 다이얼화를 실현하기 위해 국내 번호 또는 국제 번호 앞에 붙이는 한 자리 이상의 숫자.

prefixing[prí:fiksiŋ] **접두 변환**

prefix multiplier[prí:fiks mʌ́ltiplàiər] **접두 승수, 프리픽스 멀티플라이어**

prefix notation[–noutéiʃən] **전치 표기법** 수학상의 식을 구성하는 방식으로서 각 연산자는 오퍼랜드의 앞에 놓이고, 그것에 이어지는 오퍼랜드 또는 중간 결과에 대하여 행해지는 연산을 나타내는 것. 즉, 연산자를 두 피연산자 앞에 표기하여 수식을 나타내는 방법. 예를 들면 $a=-6$, $++a$에서 –와 ++ 등이다. 또 A와 B를 더해서 그 값에 C를 곱하는 것은 ×+ABC라는 식으로 표시된다. ⇨ postfix notation

prefix operation[–àpəréiʃən] **단항 연산** 단 하나의 오퍼랜드에 대한 연산.

p-register[pí: rédʒistər] **p 레지스터** 현재 명령이 보관되어 있는 기억 장소를 가리키는 프로그램 카운터 레지스터.

pre-install[prí: instɔ́:l] **사전 설치** PC 출하시에 하드 디스크에 운영 체제나 응용 소프트웨어가 설치되어 있는 것. 최근 판매되고 있는 PC의 대부분에는 운영 체제가 설치되어 있고 소프트웨어도 다수 구비되어 있어 구입해서 바로 사용할 수 있다.

preliminary design[prilíminὲ(:)ri(:) dizáin] **예비 설계** (1) 예비 설계 과정의 결과. (2) 설계의 대체안을 해석하고 소프트웨어의 아키텍처를 정의하는 과정. 예비 설계는 컴퓨터 프로그램의 컴포넌트와 데이터의 정의·구조화, 인터페이스의 정의, 시간 및 크기에 관한 견적의 준비를 통상 포함하고 있다.

preliminary proposal review[–prəpóuzəl rivjú:] **예비 제안 검토** 자동 데이터 처리(ADP) 시스템 계획을 세우기 위하여 제안자에게 지침을 제공하기 위한 예비 조사.

preliminary review[–rivjú:] **예비 검토**

preliminary user's manual[–jú:zərz mǽnjuəl] **예비 사용자의 지침서** 사용자를 위해 기초적이고 초보적인 사항을 기록한 책.

premastering[prí:mæstəriŋ] **프리마스터링** CD-ROM 등의 제작에서 생산용 마스크를 만들기 전에 작업의 마무리가 확실한지 확인하기 위해 한 번 시험적으로 구워보는 것. CD-ROM은 한 번밖에 기록할 수 없기 때문에 대량 생산시에 프리마스터링을 통해 불량품이 나오지 않도록 한다.

premise[prémis] *n.* **전제** 차후의 추론에 기본이 되는 처음 명제.

premultiply[primʌ́ltiplài] **사전 곱셈** 행렬 A와 행렬 B를 곱하는 것. 즉, $A\times B$에서 A를 B에 곱하는 것. 이 경우 행렬 A의 열의 수와 행렬 B의 행의 수는 같아야만 한다.

prenex form[prinéks fɔ́:rm] **전치형** 서술형 명제인 wff(well formed formula)를 절들의 집합으로 변환시키는 과정에서 wff가 전체 한정 기호들만 남게 될 때가 있는데, 이것들을 wff의 맨 앞에 놓아 진리값에 영향을 미치지 않고 각 한정사의 영역을 wff 전체에 미치도록 변화한 wff.

prenex normal form[–nɔ́:rməl fɔ́:rm] **전치 정규형** 존재의 정량자나 범용의 정량자와 같은 모든 정량자가 wff 앞에 놓여지는 것. 논리의 임의의 논리식에 대하여 전칭(全稱) 기호 및 존재 기호가 모두 식의 선두에 놓여진 형태의 같은 값의 논리식이 존재한다.

prenormalization[prinɔ̀:rməlaizéiʃən] **사전 정규화** ⇨ prenormalize

prenormalize[prinɔ́:rməlàiz] **사전에 정규화하다** 연산 동작에서 연산이 수행되기 전에 수학적 연산의 피연산자를 정규화하는 것.

preorder[pri:ɔ́:rdər] **전위** 논리적 데이터 관계인 트리 구조를 기억 장치에 표현하는 방법의 하나. 각 노드를 루트에서 시작하여 아래로, 좌측에서 우측으로 순차 배열하는 것.

preorder data base tree traversal[–déitə béis trí: trævɔ́:rsəl] **전위 데이터 베이스 트리 순회** 루트 레코드에서 출발하여 데이터 베이스 트리의 모든 코드를 방문할 때까지 현 레코드를 아직 방문하지 않은 경우에는 이 레코드를 방문하고 그렇지 않으면 아직 방문하지 않은 차일드 레코드 중에서 맨 왼쪽의 차일드 레코드를 방문하며, 방문할 차일드 또는 자손 레코드가 더 이상 없으면 페어런트 레코드로 돌아가는 과정을 반복해서 적용하며 수행하는 것.

preorder traversal[–trævə́:rsəl] **전위 운행** 트리 순회 방법 중 각 노드를 방문하는 순서가 먼저 근 노드를 방문하고 왼쪽 서브트리, 오른쪽 서브트리의 순으로 방문하는 방법. 각각의 서브트리도 순환적으로 같은 방법이 적용된다.

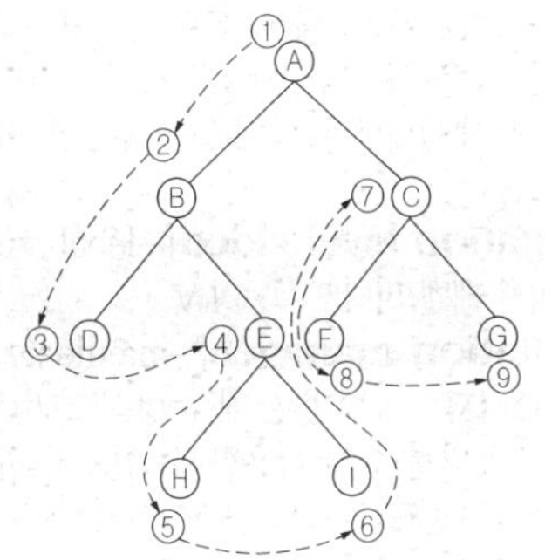

〈전위 운행 : ⒶⒷⒹⒺⒽⒾⒸⒻⒼ〉

prepackaged software module[pri:pǽkidʒid sɔ́(:)ftwὲər mɑ́dʒu:l] **내장된 소프트웨어 모듈**

prepaging[pri:péidʒiŋ] **프리페이징** 회전 지연(latency)을 줄이기 위하여 페이지의 요구 상태를 미리 예측해서 페이지 폴트가 일어나기 전에 적재시키는 방법으로, 예측된 페이지는 미리 들여와야 되지만 적재되어 사용되지 않는 시간이 너무 길어도 곤란하므로 무엇을 언제 들여올 것인가에 대한 결정을 신중히 해야 된다. 페이지가 요구될 것인지 미리 예측하는 것은 프로그래머 또는 컴파일러에 의해서 가능하지만 매우 어려운 일이다.

prepaid card[pri:péid kɑ́:rd] **선불 카드** 상품 구매에 현금 대신 이용하는 카드. 미리 대금을 지불해두고 그 금액만큼 현금처럼 구매할 수 있다. 자기 카드에 잔액이 기록되는데, 이러한 자기 카드를 총칭하여 선불 카드라 한다.

preparatory function[pripǽrətɔ(:)ri(:) fʌ́ŋkʃən] **준비 기능** 제어 동작의 모드를 지정하기 위한 기능으로서 G 기능이라고도 한다. 이 워드의 주소에는 G를 사용하여 그것에 이어지는 코드화된 수로서 지정한다. 즉, 직선 보간, 원호 보간, 나사 절삭, 가감속 등의 예를 들 수 있다.

prepared file[pripέərd fáil] **준비 파일** 한 번 파일로서 확보한 영역을 다른 목적의 파일로서 몇 번이라도 이용하는 파일.

prepatch method[pri:pǽtʃ méθəd] **프리패치 방식** 배선반(配線盤) 상의 배선으로 프로그램을 실행하는 각 장치에서 배선반을 장치에 고정시키지 않고 플러깅식으로 떼어낼 수 있게 한 것. 배선반이 고정되어 있는 데 비해 프로그램 시간중에 장치를 다른 목적에 사용할 수 있고, 또 프로그램을 보전할 수 있는 이점이 있다.

prepatch system[–sístəm] **프리패치 시스템** 아날로그 컴퓨터에서 배선반(프리패치반)에 미리 프로그램을 배선하고 이것을 패널에 삽입해서 계산하는 방식.

preprinted form[priprínted fɔ́:rm] **사전 인쇄 출력 형식** 다수의 사용자가 사용하는 컴퓨터 시스템에서 각 사용자가 출력한 인쇄물을 구별하기 위하여 컴퓨터 결과 출력과 함께 나오는 표지와 식별 정보.

preprinted guide line[–gáid láin] **기입 테두리** 광학식 문자 인식에서 장표 기준변에 평행 및 수직인 변을 갖는 하나의 문자를 쓰는 장소를 나타내는 장방형.

preprinted sheet[–ʃi:t] **사전 인쇄 종이, 프리프린트용 용지** 장표 등에서 정형적인 표지, 괘선 등이 미리 인쇄되어 있는 용지.

preprocessing[pri:prásesiŋ] **전처리** 파일의 초기화, 데이터 정리 등과 같이 일련의 데이터 처리의 흐름에서 주처리의 앞 단계에 실행되는 처리.

preprocessing time[–táim] **전처리 시간** 반복적으로 발생하는 질의에 효율적으로 응답하기 위한 데이터 구조를 구성하는 데 소요되는 시간.

preprocessor[pri:prásesər] **전처리기** 전처리 프로그램. 컴퓨터 처리에서 중심적인 처리를 행하는 프로그램의 조건에 맞추기 위한 사전 처리나 사전 준비적인 계산 또는 편성을 행하는 프로그램. 예를 들면 결정표(decision table)를 이용하여 표현한 처리 순서를 COBOL의 원시 프로그램에 번역하거나 구조적 프로그래밍용의 유사 명령을 사용하여 쓴 원시 프로그램을 현존하는 프로그램용 언어의 명령문으로 변환하는 프로그램 등. 후처리기(post-processor)와 대비된다.

preprocessor procedure[–prəsí:dʒər] **전처리기 절차** 함수 참조에 의해서만 호출되며, 전처리기 절차의 재귀적(再歸的) 호출은 허용되지 않으나 되돌려지는 값을 재주사할 때 같은 절차를 호출하는 것은 허용된다. 즉, 전처리기 단계에서만 호출되는 절차이다. GO TO 문에 의해 절차의 외측에 제어를 옮길 수는 없다. RETURN 문이 호출점에 제어를 되돌린다든지 되보내오는 값을 주고받는다.

preprocessor phase[–féiz] **전처리 단계** 처리를 위한 작업 단계 중에서 특수 목적을 위해 미리 처리하는 단계.

prepunched card[pri:pʌ́ntʃt kɑ́:rd] **사전 천공 카드** 어떤 작업에서 정형화한 고정 항목을 미리 펀치하여 두는 카드. 입력할 때 가변 항목의 펀치만으로 될 수 있게 한 카드. 시간적 여유가 있을 때 사전 펀치를 하여 입력일 때의 펀치 항목을 감소시키고 입력 타이밍을 빠르게 한다. 배상 카드의 상품 코드나 단가 등을 미리 펀치하는 예가 있다.

preread disturb pulse[priːríːd distə́ːrb pʌ́ls] **사전 판독 방해 펄스** 상호 전류 자기 코어 기억 장치에서 데이터를 판독할 때, 판독하려는 코어를 방해받지 않는 상태로 만들기 위해 판독 펄스(read pulse)가 가해지기 전에 먼저 보내는 펄스.

preread head[–hé(ː)d] **사전 판독 헤드** 다른 하나의 판독 헤드에 인접해놓고, 그 다른 하나의 판독 헤드가 데이터를 판독하기 전에 같은 데이터를 판독하기 위해 사용되는 판독 헤드.

prerecorded data medium[priːrikɔ́ːrdəd déitə míːdiəm] **사전 기록 데이터 매체** 기준이 되는 데이터가 모두 기입되어 있고, 필요로 하는 정보를 기록할 수 있도록 되어 있는 데이터 매체. 빈 매체(empty medium)라고도 한다. 이것에 대하여 어떠한 데이터도 전혀 입력되어 있지 않은 매체, 예를 들면 내부 레이블을 처음으로 쓰는 자기 디스크 등을 미사용 매체(virgin medium)라고 한다.

[주] 사전에 정해진 데이터의 항목이 존재하고 있는 데이터 매체이고, 나머지의 데이터 항목은 그 후의 조작에 의해 입력된 것이다.

prerecorded medium[–míːdiəm] **사전 기록 매체**

prerecorded tracks[–trǽks] **사전 기록 트랙** 프로그래밍을 간단히 하고 프로그래머가 시간을 맞추거나 명령어를 계산하지 않아도 되도록 블록과 단어의 주소 지정 방식을 가능하게 하는 루틴을 기록한 예비 테이프나 디스크 또는 드럼.

prerequisite[prirékwizit] *a.* **전제 조건(의)**

preselection[priːsəlékʃən] **선택 사전 판독** 입력 조작을 효율적으로 수행시키기 위해 사용되는 프로그램 기법. 여러 개의 입력 파일이 있는 경우에 공유하는 기억 영역을 준비해두고 이 영역 내에 여유가 생겼을 때 다음에 기입하는 파일을 조사하여, 그 파일에서 사전에 다음 블록을 판독해두는 방법.

presence[prézəns] *n.* **존재, 있음**

present[prézənt] *a.* **현행의, 현재의**

presentation[prezəntéiʃən] *n.* **표현, 제시**

presentation file[–fáil] **표시 파일** 상이한 시스템 컴퓨터 기종 및 소프트웨어 시스템(AIM, TSS 등)으로 통신 인터페이스를 통일한 파일로, 응용 프로그램이 통신할 때 사용하는 가상적인 파일을 일컫는다.

presentation graphics[–grǽfiks] **제시 그래픽스** 이것은 생산 계획 예측이나 판매고 분석, 시장 동향 조사 등을 실시하는 프로그램으로 기업체 등에서 회의나 브리핑 등에 사용되는 업무용 그래픽인데, 이와 같은 그래픽은 보통 막대 그래프, 꺾은선 그래프, 원 그래프, 면적 도표 등이 중심이 되며 차트, 슬라이드, OHP 필름 등을 작성하는 데 쓰인다.

presentation layer[–léiər] **표현 계층** ISO/OSI 7층 모델 중 6번째 계층에 해당되는 것으로서 표준화된 응용 접속과 공통의 통신 서비스를 제공하기 위해 데이터에 일반적으로 유용한 변환을 가하는 계층.

presentation level video[–lébəl vídiòu] **프레젠테이션 레벨 비디오** ⇨ PLV

presentation manager[–mǽnidʒər] **프레젠테이션 매니저** 이 방법은 메뉴 방식으로 운영되기 때문에 컴퓨터를 쉽게 사용할 수 있도록 한 것으로서, 마이크로소프트 사와 IBM 사가 공동 개발한 OS/2 운영 체제에서 사용되는 그래픽 사용자 인터페이스를 말한다.

presentation service[–sə́ːrvis] **표현 서비스** (1) 영숫자 또는 한글 데이터에 첨가하여 문서, 그래프 및 이미지 데이터와 같은 데이터의 혼재 입출력을 할 때 이종 속성 데이터에 대하여 지면(紙面)·화면의 위치 결정 및 제어 정보의 자동 부가 등을 하는 지정을 말한다. (2) 네트워크 아키텍처에서 데이터의 구문, 코드 등 데이터의 표현 형식에 관한 처리를 말한다.

presentation software[–sɔ́(ː)ftwɛ̀ər] **프레젠테이션 소프트웨어** 프레젠테이션을 위한 자료를 작성하거나 프레젠테이션 그 자체에 사용되는 소프트웨어. DTPr이라고도 불린다. 대표적인 것으로 미국 마이크로소프트 사의 「PowerPoint」나 매킨토시용 「Appleworks」 등이 있다. 애니메이션 기능이나 사운드 재생 기능을 겸한 것도 있다.

present next digit[prézənt nékst dídʒit] **PND, 다음 숫자 요구**

preserve[prizə́ːrv] *v.* **보존하다**

preset[priːsét] *n. v.* **사전 고정, 사전 고정하다** 루프의 제어값 또는 매개변수에 설정되어야 하는 값의 초기 조건을 확정하는 것.

preset equalization[–ìːkwəlaizéiʃən] **프리셋 등화** 이것은 실제의 데이터를 전송하기 전에 미리 정해진 트레이닝용의 부호를 수초 동안 전송하고, 이 트레이닝용 부호의 부호 간 간섭이 최소가 되도록 자동 등화기를 조정하고 원칙으로서 이후의 데이터 전송중에는 자동 등화기를 고정하여 사용하는 방식을 말한다. 즉, 데이터 전송에서 쓰이는 자동 등화의 하나이며, 이 방식은 데이터 전송중에 전송로 전환 등으로 전송로의 특성이 변화된 경우는 유효한 등화를 할 수 없다.

preset experiment[–ikspérimənt] **사전 설정 실험** 고장을 점검하는 실험들이 회로의 응답과 관계없이 결정되어 있어서 정해진 실험을 모두 실행한 다음에는 고장 내용을 알 수 있다.

preset input[–ínpùt] **사전 설정 입력** 초기 조건을 주어 프로그램이 실행되기 전에 이미 고정된 값이 주어지는 것.

preset mask[–mɑ́ːsk] **사전 설정 마스크** 특정 2진 조건이 존재하는지 않는지를 찾는 기법 중의 하나. 프로그램 변수와 사전 설정 마스크 사이에 논리연산(AND, OR)을 함으로써 마스킹 과정이 이루어진다.

preset mode[–móud] **사전 설정 방식** 미리 설정된 동작으로 운영되는 시스템에서 메모리 내에 모니터가 들어 있지 않고 각 실행 가능한 프로그램은 콘솔에 명령을 줌으로써 메모리에 적재되는 방식. 각 작업의 처리는 EOJ(end-of-job)에 의해 컴퓨터가 정지하게 되는 경우 이외에는 일괄 처리된다.

preset parameter[–pərǽmətər] **사전 설정 매개변수** 컴퓨터 프로그램을 작성할 때, 예를 들면 순서도로 작성할 때, 코팅할 때, 또는 컴파일할 때 설정되는 매개변수.

preshoot[priːʃúːt] **프리슈트** 주요 변동 직전에 발생하는 일그러짐.

presort[priːsɔ́ːrt] **예비 정렬** (1) 분류 프로그램의 1차적 경로. (2) 컴퓨터에서 분류하여 처리하기 전에 기계 장치를 사용하지 않고 분류하는 것.

press[prés] *v.* **누르다**

pressure sensitive diode[préʃər sénsitiv dάioud] **압력 감지 다이오드** PN 다이오드나 쇼트키 배리어 다이오드를 써서 기계적 신호를 전기적 신호로 바꾸는 압전 변환기.

pressure sensitive keyboard[–kíːbɔ̀ːrd] **감압식 키보드** 두 개의 얇은 플라스틱판에 도전성 잉크를 인쇄하여 회로를 형성하고 이것을 손가락으로 누르면 두 점이 접촉되어 스위치가 연결될 수 있도록 한 키보드의 일종.

pressure sensitive paper[–péipər] **감압 기록지** 카본지와 노카본지가 있으며, 출력시에 동시에 여러 장을 복사할 때 등에 쓰이는 것으로, 필압(筆壓)이나 활자 모형의 타격에 의한 압력으로 자형을 기록할 수 있는 종이.

pressure sensitive pen[–pén] **압력 감지 펜** 압력을 검출하는 변환기와 이 값을 *z*축의 데이터로 전송할 수 있는 기능이 있는 것으로 디지타이저에 사용되는 펜의 일종이다.

pressure sensitive tablet[–tǽblət] **감압형 태블릿** 판 모양의 입력 장치로, 손가락 등으로 눌러 위치를 가리키는 것. ⇨ dizitiser

prestel[préstel] **프레스텔** 영국의 비디오텍스 서비스의 명칭. CAPTAIN(캡틴)에 유사한 가정이나 기업을 대상으로 한 뉴미디어의 일종. 영국 방식의 비디오텍스(videotex) 시스템. 영국 우편 공사(BPO)는 1976년에 viewdata라는 이름으로 비디오텍스의 시행 실험을 개시했다. 1978년부터 prestel로 개칭하여 상용 실험을 했으며, 1979년 3월에 세계 최초로 상용 서비스를 개시했다.

prestore[priːstɔ́ːr] *n.* **사전 저장, 사전 기억** 컴퓨터 프로그램, 루틴 또는 서브루틴에 넣기 전에 그 컴퓨터 프로그램, 루틴 또는 서브루틴에서 필요한 데이터를 기억하는 것.

presumed abort protocol[prizjúːmd əbɔ́ːrt próutəkɔ(ː)l] **취소 가정 프로토콜, 완료 가정 프로토콜** 회복 프로그램이 어떤 트랜잭션의 완료 또는 철회에 대한 정보를 가지고 있지 않을 때에는 그 트랜잭션이 철회된 것으로 보고 처리하는 2단계 완료 프로토콜의 한 변형. 이 방법에 의하면 조정자는 참여자로부터 철회 메시지를 받으면 그 철회 로그를 디스크에 기록하기 전에 그 트랜잭션에 대한 처리를 끝낼 수가 있다. 또 읽기만 하는 트랜잭션은 완료 프로토콜의 두 번째 단계를 수행할 필요가 없다.

presumptive address[prizʌ́mptiv ədrés] **추정 주소** 컴퓨터의 명령어에서 주소처럼 보이지만 베이스, 인덱스 또는 수정될 다음 주소들의 시작점으로 사용되는 수.

presumptive instruction[–instrʌ́kʃən] **추정 명령어** 사전에 정해진 방법에 따라 수정될 때까지는 유효 명령이 아닌 명령어.

pre-tested iteration[priː téstəd itəréiʃən] **전 판단 반복** 판단 후에 반복부에 들어가는 반복문. while 문이나 do 문이 여기에 속한다.

Pretty Good Privacy[príti(ː) gu(ː)d prάivəsi(ː)] **프리티 굳 프라이버시** ⇨ PGP

pre-valued array[príː vǽljuːd əréi] **초기값이 부여된 배열**

prevarication[priværikéiʃən] *n.* **산포량, 산포도** 하나의 통신으로서 「통보 수단에 접속되어 있는 정보원에 있어서 특정 통보가 발생한다」라는 조건하의 통보 수단에서 어느 통보가 발생하는 조건부의 엔트로피.

prevarication figure[–fígjər] **산포도** point chart나 scatter diagram과 동의어로 데이터의 수치가 점으로 표시되어 만들어진 그래프.

prevention[privénʃən] *n.* **방지, 예방**

preventive[privéntiv] *a.* **예방의**

preventive maintenance [–méintənəns] **예방 보수** 운전중에 컴퓨터 시스템이 고장나는 것을 되도록이면 방지하기 위해 전원 투입시나 미리 결정된 주기로 진단용 프로그램 등을 흘려서 장치가 정상으로 움직이는 것을 확인하는 것. 이 경우에 전원 전압 등을 변화시켜 한계 검사를 행하는 것도 있다. 또 입출력 장치 등에서는 주유(注油) 등의 결정된 정비를 행하는 것도 예방 보수이다.

preventive maintenance contracts [–kántrækts] **예방 보수 계약** 사용자의 특별한 요구에 따라 서비스하기 위하여 해당 분야의 기술자가 주기적으로 방문하거나 상주하기로 맺은 계약.

preventive maintenance time [–táim] **예방 보수 시간** 계획에 의해 할당해둔 정기적인 보수에 필요한 시간. 예방 보전 중 발견된 불비(不備)나 사고 직전, 또는 고장 개소에 대한 조정, 수복, 교환 시간은 이것에 포함되지 않는다.

preview [príːvjùː] *n*. **미리 보기** ⇨ previewing

previewing [príːvjùːiŋ] **사전 검토** 입력되는 원시 자료에 나타나는 문자에 대해 사전 정보를 얻기 위한 과정을 정의한 광학 문자 인식 용어. 예를 들면 잉크의 밀도, 상대적 위치 등이 정규화하는 데 도움이 되며 계속적이고 완벽한 해독 작업을 기할 수 있다.

prewired option [priːwáiərd ápʃən] **사전 배선 선택** 장비를 사용하는 사람이 후에 장비를 확장하기 편리하게 사전에 배선해두는 것. 예를 들면 확장된 연산 요소, 메모리 확장 제어, A/D 변환과 같은 처리기와 밀접한 관계가 있는 임의 선택 가능한 장치를 기본 컴퓨터에 미리 배선해 둠으로써 공장에서나 현장에서 이러한 장비를 확장하는 데 드는 시간, 노력, 비용 등을 절감할 수 있다.

prewrite operation [priːráit àpəréiʃən] **선행 기록 연산** 트랜잭션의 갱신 연산을 데이터 베이스에 직접 기록하지 않고 주기억 장치에만 쓰는 과정을 의미한다. 이 선행 기록 연산은 대개 이 연산을 요청한 트랜잭션이 완료될 때 데이터 베이스에 옮겨져 기록된다.

PRF **펄스 반복 주파수** pulse repetition frequency의 약어. 단위 시간당 펄스와 수.

PRF equipment **펄스 반복 주파수 장비**

PRI primary rate interface의 약어. PRI는 ISDN 서비스로 인터넷 서비스 공급 업체(ISP)와 인터넷 업체에서 주로 사용된다. 그 이유는 PRI가 64kbps에 이르는 작업을 처리할 수 있는 23개의 B 채널과 신호를 받아 설치하는 64kbps D 채널과 같은 다량의 광대역폭을 제공하기 때문이다. PRI는 표준 북미 T1 본선 전송 장치로 고안되었으며 처리 능력은 1.472Mbps이다.

price-performance [práis pərfɔ́ːrməns] **성능 가격비**

pricing suboptimization [práisiŋ sʌ́bɑpti-mɑizèiʃən] **가격 부분 최적화** 다중 가격 알고리즘을 사용할 때 부분 최적화는 첫 번째 변수를 목적에 가장 부합되는 기본 프로그램에 넣는다. 그리고 다음 변수는 두 번째로 부합된다. 이 기법은 처음에 들어간 변수가 두 번째로 들어온 변수에 의해서 제거되는 현상을 막아준다.

primal sketch [práiməl skétʃ] **기본 스케치** 세기(intensity) 변화의 양과 경향을 확실하게 해주는 2차원 화상의 표현. 표현은 계층적인데, 하위 수준에서는 단순한 세기 변화와 지역적 구조를 표현하고, 상위 수준에서는 하위 수준의 항목들의 집단화와 정렬에 관해 표현한다.

primary [práiməri(ː)] *a*. **주요한, 1차의** 주요한 것이나 제1위의 것, 수위의 것 등을 형용한다. 즉, 우선 순위가 높은 것이나 최초로 동작하는 것이나 보조적인 것에 대하여 기본인 것을 나타낸다.

primary address space [–ədrés spéis] **1차 주소 공간**

primary address space ID **PASID, 1차 주소 공간 식별자**

primary area [–ɛ́(ː)riə] **1차 영역, 초기 영역** 파일 생성시에 파일의 초기 영역으로서 확보되는 영역. 파일의 갱신 등으로 초기 영역을 초과할 때 부가하는 추가 영역을 오버플로 영역이라고 한다.

primary authorization list [–ɔ̀ːθərɑizéiʃən líst] **기본 권한 리스트**

primary cache [–kǽʃ] **주캐시** 데이터와 값비싼 메모리를 캐시하면 시스템의 실행 속도를 높일 수 있다. 주캐시는 빠르고 CPU 칩에 통합될 수 있으며 그 크기 또한 적다(보통 16K). 주캐시는 명령어들을 저장할 때는 유용하지만 시스템 수행 능력을 늘릴 경우에는 보조 캐시에 의존해야 한다. ⇨ cache

primary channel [–tʃǽnəl] **주사 채널** 모뎀 등의 통신 장치의 데이터 전송 채널.

primary colors [–kʌ́lərz] **기본 원색** 다른 어떤 색이든 모두 만들 수 있으나 그들로부터 자신은 만들어지지 않는 색.

primary console [–kənsóul] **주조작 테이블**

primary control program [–kəntróul próu-græm] **PCP, 기본 제어 프로그램**

primary copy [–kápi(ː)] **기본 사본** 분산 데이터 베이스에서 갱신이 각 사이트로 전파되는 문제를 해결하기 위한 방법의 하나로, 같은 데이터 사본을 가진 사이트 가운데 한 사이트를 지정할 때 그 사이트의 사본을 말한다. 그 사본 데이터에 대한 갱신은 이 기본 사본에만 수행되며, 기본 사본을 가진 사이트는 갱신 사실을 각 사이트에 알려준다.

primary copy locking approach[-lάkiŋ əpróutʃ] **기본 사본 로킹 방식** 각 데이터의 여러 사본 중에 기본 사본을 하나씩 지정하여 이 데이터에 대한 병행 수행 제어를 기본 사본을 가지고 있는 사이트에서 처리하는 방법. 각 사이트에서 어떤 데이터를 접근하려고 할 때, 그 데이터의 기본 사본을 가지고 있는 사이트에만 요구 메시지를 보내어 허가를 얻으면 그 데이터를 접근한다.

primary data[-déitə] **기본 데이터** (1) 중앙 DBMS에서 사용되는 용어. 데이터 베이스 구축시 데이터의 길이나 형태가 자주 변하지 않는 데이터. (2) 마스터 파일의 구성과 관계되는 데이터로, 각 레코드는 유일한 제어 키에 의해 규정된다. 기본 데이터는 제어 키에 의한 직접 접근이 가능한 임의 접근 파일을 구성하며, 또한 고정된 길이의 레코드를 구성한다.

primary data area[-ɛ́(ː)riə] **기본 데이터 구역** 파일의 레코드가 들어 있는 구역. 파일이 처음 만들어지거나 재구성될 때 모든 레코드들은 이 구역에 들어가게 되며, 이 구역 내에 있는 레코드들은 기본 키에 의해 순차적으로 배열된다.

primary data set group[-sét grúːp] **기본 데이터 세트군** 데이터 베이스를 구축할 때 마스터 파일의 구성과 관계되는 데이터.

primary domain[-douméin] **주도메인** 하나의 릴레이션이 단일 애트리뷰트로 된 기본 키를 가질 때 그 애트리뷰트가 정의된 도메인을 말한다.

primary entry[-éntri(ː)] **주입력** 데이터 베이스 처리의 인덱스 엔트리 수법과 같은 검색 수법을 확장 인덱스로 실현하는 경우의 호칭. 이 경우의 레코드의 키를 주키라 하고, 레코드 타입에 하나만 설정할 수 있으며, 그 키값에 의해 레코드의 저장 장소가 결정된다.

primary entry point[-pɔ́int] **1차 입력점** PL/I에 있어서 절차를 대표하는 입구. 절차 블록 선두의 문에 붙여진 최초의 이름이 1차 입력점이 된다.

primary failure[-féiljər] **1차 고장** 어느 기능 단위의 고장으로서 다른 기능 단위의 고장에 의해 발생되지 않는 고장.

primary file[-fάil] **1차 파일** 복수의 파일을 입력하여 처리할 때 그 입력의 순서를 기술한 파일. 입력 순서를 제어한다.

primary function[-fʌ́ŋkʃən] **1차 기능, 주기능** 고수준 데이터 스테이션이 연결 프로토콜 제어에 따라 데이터 링크를 종합적으로 제어할 수 있게 하는 기능. 데이터 전송 명령의 생성이나 수신한 응답의 해석 외에 데이터 흐름의 편성, 오류 제어와 회복 등의 기능을 포함한다. 2차 기능(secondary function)과 대비된다.

primary host[-hóust] **1차 호스트** 대용량 기억 시스템에 복수의 컴퓨터가 연결되었을 때 각 컴퓨터에 대용량 기억 시스템에서의 오류 정보나 메시지 등을 보내는 처리 등을 해내기 위한 컴퓨터. 특정한 컴퓨터에 대하여 밀접한 관계를 갖고 있지 않다.

primary index[-índeks] **기본 색인, 주색인, 1차 색인** 가장 기본이 되는 인덱스.

primary information[-ìnfərméiʃən] **1차 정보** 과학 기술 문헌 등의 정보에 있어서 원저(原著) 논문, 기술 보고서, 특허 자료, 학위 논문 등의 발표 원문. 2차 정보에 대응해서 1차 정보라고 한다.

primary input stream[-ínpùt stríːm] **1차 입력 스트림**

primary IPL source **주 IPL원**

primary key[-kíː] **기본 키, 1차 키** 키란 레코드 또는 투플(tuple)을 확인하기 위해 이용되는 속성값으로 하나의 레코드 또는 투플을 하나의 뜻으로 확인하기 위해 이용되는 키를 기본 키라고 한다. 2차 키(secondary key)와 대비된다.

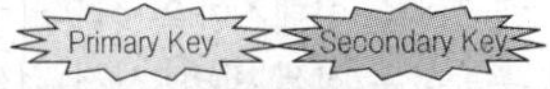

학생-ID	성명	학과	성별	나이
9634001	홍길동	전산	남	22
9634002	홍길동	물리	여	23
9634003	한라산	화학	남	19
9634004	태백산	통계	여	20
9634005	묘향산	전기	남	21
9634006	지리산	전자	여	22

〈기본 키의 예〉

primary logical unit[-lάdʒikəl júːnit] **1차 논리 장치**

primary memory[-méməri(ː)] **주기억 장치** 기억 장치는 CPU(중앙 처리 장치)에 의해 프로그램과 자료들에 즉시 접근할 수 있도록 저장용으로 사용되며, CPU와 호환성이 있는 접근 시간을 가진 입출력 RAM(random access memory)이 주로 활용되고 있으며, 변하지 않는 프로그램과 자료들은 ROM(read only memory)을 활용한다. ROM에 저장된 정보는 전원이 켜지면 즉시 이용 가능하지만 대부분의 RAM 정보는 전원이 켜진 후 적재 과정이 수행된 후 이용할 수 있게 된다. 프로그램과 데이터가 즉시 참조되어 실행되기 위해서는 주기억 장치 내에 있어야 하고, 보조 기억 장치는 실행되어야 할 프로그램과 처리되어야 할 대량의 데이터들을 저렴하게 저장해준다. 주기억 장치는 main memory 또

는 real memory라고도 한다. ⇨ 그림 참조

primary operator control station [–ápəréitər kəntróul stéiʃən] **1차 조작원 제어 단말**

primary paging device [–péidʒiŋ diváis] **1차 페이징 장치** 페이징 조작을 위한 보조 기억 장치로 2차 페이징 장치보다도 우선적으로 쓰이는 것.

primary PCM group **PCM 1차군**

primary processing sequence [–prásesiŋ síːkwəns] **주처리 순차** IMS의 계층 데이터 베이스에서 각 세그먼트 번호 필드값의 내림차순에 의하여 순차적으로 처리하는 것. HIDAM에서는 루트 세그먼트를 탐색하기 위하여 해싱 루틴을 사용하지 않고 대신 엔트리 순차 데이터 세트나 OSAM 데이터 세트에 저장되어 있는 루트 세그먼트에 대한 인덱스를 사용하고, 종속 세그먼트를 위해서는 포인터를 사용한다.

primary program [–próugræm] **1차 프로그램**

primary quantity [–kwántiti(ː)] **초기량** 직접 접근 볼륨 상에 데이터 세트(파일)를 작성할 때 그 데이터 세트(파일)를 위해 최초로 확보되는 스페이스량.

primary record [–rékərd] **1차 레코드**

primary retrieval [–ritríːvəl] **사전 검색** 이용자가 필요로 하는 데이터를 인덱스만을 이용하여 데이터 베이스에서 추출하는 검색 방법. 사전 검색에는 논리 검색 및 정량 검색의 두 종류가 있다. 사전 검색에 의해 검색된 결과는 부분 집합으로 보존되고 이후의 확정 검색에 사용된다. 확정 검색이란 사전 검색에서 추출한 데이터 집합에서 서치(search) 조건식을 써서 데이터 실체의 내용을 보면서 더욱 섬세하게 묘사된 집합을 좁혀서 데이터의 내용을 프린트 출력하는 검색 방법이다. 출력 지정으로는 ① 모든 필드 정보의 출력 지정, ② 특정 필드 정보의 출력 지정, ③ 최대 출력 건수의 지정 등이 있다.

primary site [–sáit] **주사이트** 모든 데이터의 여러 복사 중 특권화되어 있어서 모든 로크는 이 복사로부터 요구되고 또 충돌 문제가 발생하면 해결된다. 이러한 특권화된 복사가 있는 사이트를 말한다.

primary space allocation [–spéis æləkéiʃən] **1차 공간 할당**

primary station [–stéiʃən] **주국, 1차국** 데이터 링크의 제어라고 하는 관점에서 국을 보았을 때, 1차 기능과 2차 기능이 있으나 이 중 1차 기능을 수행하지만 2차 기능을 갖지 않는 국을 1차국이라고 한다. 2차국(secondary station)과 대비된다.

[참고] 데이터 스테이션의 일부이고, 고수준 데이터 링크 제어에서 데이터 링크의 1차 제어 기능을 갖고, 송신하는 명령을 생성하고, 수신한 응답을 해석하는 것.

[주] 1차국에 할당되는 책임으로서 제어 신호 교환의 초기화, 데이터의 흐름 제어 기능 및 오류 회복 기능에 관계하는 동작이 있다.

primary statistics [–stətístiks] **1차 통계** 센서스의 경우와 같이 처음부터 일정한 조사 목적을 가지고 계획적으로 관찰, 집계의 2단계로 실시하여 얻어진 통계. 조사 통계라고도 한다.

primary storage [–stɔ́ːridʒ] **주기억 장치** 주기억 장치(main storage)와 같은 의미이며, 컴퓨터는 직접 이 주기억 장치를 기록하여 프로그램을 실행한다. 실행되는 프로그램이나 데이터 등은 모든 주기억 장치 상에 적재되고 나서 처리된다.

primary-to-secondary flow [–tu sékəndɛ(ː)ri(ː) flóu] **1차국에서 2차국으로의 흐름**

primary track [–træk] **주트랙** 직접 액세스 장치에서 데이터가 저장되어 있는 본래의 트랙.

prime [práim] *n.* **소수** (1) 그 수치 자체와 「1」 이외에 약수를 갖지 않는 것. 예를 들면 「2」, 「3」, 「5」, 「7」, 「11」, 「13」 등은 소수이다. (2) 프라임 부호란 「′」의 기호이다. 시간에서는 분(分)을 나타내고, 길이에서는 피트(feet)를 나타낸다. 또는 미분 연산에서 1층의 미분 기호로서 사용되거나 논리 연산에서는 부정을 나타내는 기호로 사용된다. (3) 형용사로서는 「중요한」, 「가장 중시해야 할」, 「기본의」라는 의미가 있다.

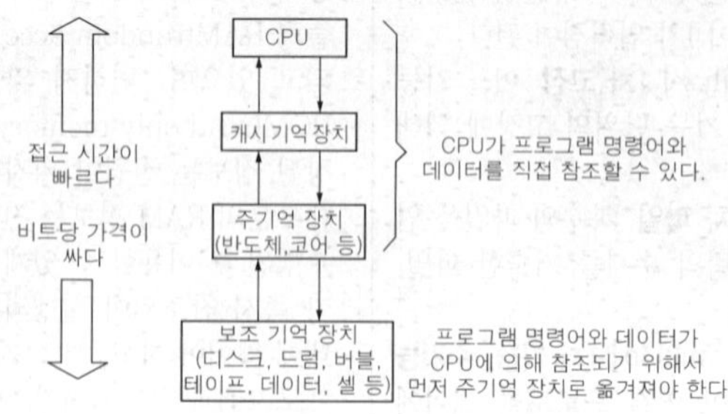

〈기억 장치 계층에서 주기억 장치의 위치〉

prime area[–ɛ́(:)riə] **프라임 영역, 기본 구역, 기본 기억 영역** 데이터 베이스의 통상 레코드 저장 영역이다. 프라임 영역에 레코드가 들어가지 않을 때에는 오버플로 영역(overflow area)을 설정하여 저장한다. 또 색인 순차 데이터 세트 구성 요소의 하나를 가리킨다. 트랙 인덱스 영역, 기본 데이터 영역, 실린더 오버플로 영역으로 이루어지는 하나의 실린더 단위이다.

Prime Computer Inc.[–kəmpjúːtər inkɔ́ːr-perèitid] **프라임 컴퓨터 사** 미국의 컴퓨터 업체.

prime data area[–déitə ɛ́(:)riə] **기본 데이터 영역, 기본 구역, 기본 기억 영역** 한 파일에 할당된 주된 공간.

prime factorization[–fæ̀ktərɑizéiʃən] **소인수 분해** 정수 N을 두 소수 a, b의 곱으로 나타낼 때, 즉 $N=ab$일 때 N이 a, b로 소인수 분해된다고 한다.

prime implicant[–ímplikənt] **주항목, 기본 임플리컨트** 콰인-맥클러스키법(Quine-McCluskey method)에 의해 논리식을 간단하게 했을 때, 더 이상 간단히 되지 않는 항목.

prime implicant chart[–tʃɑ́ːrt] **기본 임플리컨트 도표** 기본 임플리컨트와 주요 논리곱 사이의 포함 관계를 나타내는 도표.

prime index[–índeks] **기본 색인** 대체 색인과 구별하기 위한 용어로 키 순 데이터 세트의 색인. 키 순 데이터 세트의 색인은 기본 색인이라고도 한다.

prime key[–kíː] **기본 키** 대체 키와 구별하기 위한 용어로 키 순 데이터 세트 레코드의 키. 기본 키와는 달리 대체 키는 고유의 값을 가질 필요가 없다.

prime key item[–ɑ́itəm] **기본 키 항목** 레코드의 키를 바탕으로 데이터 베이스의 목적 레코드를 접근하는 엔트리 수법에서 사용하는 인덱스 키 항목 및 랜덤 키 항목의 총칭.

prime number encryption[–nʌ́mbər ín-krìpʃən] **소수 이용 암호화** 공용 키 암호화라고도 하며, 두 개의 키(암호화 키, 해독 키)를 이용하는데, 대단히 큰 수를 소수로 인수 분해하기가 매우 어려운 점을 이용한다.

prime number generation[–dʒènəréiʃən] **소수 생성**

prime record key[–rékərd kíː] **주레코드 키** 색인 파일 중의 레코드를 일의적(一意的)으로 식별하는 내용을 갖는 키.

prime shift[–ʃíːft] **기본 교대** 정상적인 사무직 업무 시간과 근무 교대 시간이 동일하게 발생하는 경우. 야간 근무를 위한 야간 교대(night shift)와 반대된다.

prime time[–tɑ́im] **프라임 타임** 이용자가 많은 시간대를 의미한다. 종량제 요금 체계를 채용하고 있는 PC 통신에서 이 시간대의 이용 요금은 다른 시간대보다 비싸다. 할증 요금 적용 시간대를 프라임 타임, 이외의 시간대를 논프라임 타임이라 한다.

primitive[prímitiv] *a*. **원시적, 기본의** 가장 기본적인 데이터의 단위. 즉, 문자, 숫자, 요소, 기계어 코드는 현재 사용이 가능한 극히 복잡한 코드나 언어와 관련하여 원시적인 것이라 할 수 있다.

primitive attribute[–ǽtribjùːt] **원시 속성, 기본 요소 속성** 그래픽에서 출력 기본 요소에 주어지는 속성. GKS에서는 속 지표, 기하 속성, 비기하 속성, 표시 양상원 플래그(ASF), 그래픽 입력명을 말한다.

primitive data type[–déitə tɑ́ip] **원시 자료형, 기본 데이터형** 자료 대상 등을 생성하고 조작하는 데 필요한 연산들의 집합을 가진 자료 대상의 종류를 자료형이라고 하는데, 이들 중 가장 기본이 되는 자료형을 말한다. 모든 프로그래밍 언어를 만들 때 이러한 원시 자료형 집합을 정의해 주어야 한다.

primitive element[–éləmənt] **원시적 요소, 기본 요소** 그래픽 요소 중 선이나 점들과 같이 기본적인 그래픽스 단위. 이들이 복잡하게 모여서 원하는 형태의 모양을 이룬다.

primitive fact[–fǽkt] **원시 사실** 정보 모델량의 기본 요소로서 현실 세계의 일정한 시점에 존재하는 유형, 무형의 현상이나 객체를 일괄해서 원시 사실이라고 한다.

primitive instruction[–instrʌ́kʃən] **기본 명령** 프로그래밍의 기본 요소.

primitive operation[–ɑ̀pəréiʃən] **원시 연산** 컴퓨터 시스템이나 패키지 내에서 가장 근본이 되는 최소 단위의 연산으로 간주되는 기본 연산. 이러한 원시적 연산들의 몇 단계가 모여 보통 하나의 매크로 연산으로 정의된다.

primitive polynomial[–pɑlinóumiəl] **원시 다항식** 데이터 전송시에 오류의 검출을 위하여 사용되는 2진 계수 다항식.

primitive recursion[–rikɔ́ːrʒən] **원시 귀납법** g를 n변수의 수론적(數論的) 함수($n\geq0$), h를 $n+2$ 변수의 수론적 함수로 할 때, $n+2$ 변수의 수론적 함수 f를 다음과 같이 정의하는 것을 원시 귀납법에 따라 정의한다고 한다. 즉,

$$f(0, y_1, y_2, \cdots, y_n)=g(y_1, y_2, \cdots, y_n)$$
$$f(x+1, y_1, y_2, \cdots, y_n)$$
$$=h(f(x, y_1, y_2, \cdots, y_n), (x, y_1, y_2, \cdots, y_n)$$

primitive recursive function[–rikɔ́ːrsiv fʌ́ŋkʃən] **원시 귀납적 함수, 원시 재귀 함수** 수론적

함수 f가 기본 함수의 하나이거나 유한 개의 기본 함수에 대입함으로써 만들어진 함수 및 원시 귀납법에 의한 조작을 유한 회 적용해서 얻어질 때, f를 원시 귀납적 함수라고 한다.

Prim's method[prímz méθəd] **프림 방법** 최소 가격 스패닝 트리를 구성하는 알고리즘의 한 방법으로, 우선 낮은 가중값의 간선으로 트리를 구성한 다음, 매 단계마다 이미 구성된 트리에 인접한 간선 중 가중값이 가장 낮고 기존의 트리와 순환 경로를 이루지 않는 간선을 더하여 새로운 트리를 구성한다.

principle[prínsipl] *n*. **원리** 예를 들면 해설서라는 것을 principles of operation이라고 하는 경우가 있다.

principle component analysis[–kəmpóunənt ənǽlisis] **주성분 분석** 통계 데이터를 분석하는 하나의 수법으로서 어떤 개체를 설명하는 데 P종의 데이터가 있다고 할 경우, 이 P종을 가장 적은 종류(특성)로 정리하는 수법이다.

principle of duality[–əv djuːǽliti(ː)] **쌍대성 원리** 속 ⟨L, ≤⟩에서의 임의의 명제에서 ⊕는 ∗로 ∗는 ⊕로, ≤는 ≥로 각각 바꾼 명제는 속 ⟨L, ≥⟩에서의 명제가 되고, 각각은 서로의 쌍대가 된다. 이때 두 명제 중 어느 하나가 참이면 다른 하나 역시 참이 되는데, 이를 쌍대성 원리라고 한다.

principle of optimality[–ɑ́ptimɑliti] **최적화 원칙** 페이지 교체에서 최적의 성과를 얻기 위해 교체되어야 할 페이지는 그 이후로 가장 오랫동안 사용되지 않은 페이지이어야 한다는 원칙. 시스템의 최적화를 할 때 어느 단계에서의 결정이 어떠하건 그 결정으로부터 발생되는 상태에 관해서 나머지 단계의 결정이 최적 결정이 아니면 안 된다는 원리로 Bellman의 동적 계획법이 기본이다.

print[prínt] *n*. *v*. **인쇄(하다), 프린트** 컴퓨터 용어로 「인쇄」, 「프린트」 또는 그와 같은 동작을 나타낸다. (1) 컴퓨터의 주기억 장치(main storage) 내의 데이터를 주변 장치의 하나인 인쇄 장치(printer)로 출력(output)하는 것을 가리킨다. 실제로는 주기억 장치로 완성된 처리 결과(보고서 데이터 등)를 곧바로 인쇄하는 것도 있으며, 일단 자기 디스크 등에 정리하여 판독해두고, 다시 주기억 장치에 기록 인쇄하는 것도 있다. (2) 프로그래밍 언어의 BASIC의 PRINT 문은 프린트로 인쇄할 뿐만 아니라 표시 장치(display unit)에 「표시하는」 명령으로서의 역할도 한다.

printable area[príntəbl ɛ́(ː)riə] **인쇄 가능 영역**

print bar[prínt bɑ́ːr] **인쇄 바, 프린트 바** 활자를 보호 유지하고 있는 가늘고 긴 막대로 충돌식 인쇄 장치에 장착되고 있는 것. ⇨ type bar

print barrel[–bǽrəl] **인쇄 드럼, 활자 드럼** 여러 인쇄 위치에 문자를 제공하는 회전 원통.

print chart[–tʃɑ́ːrt] **인쇄 차트** 프린터에서 출력되는 보고서 형식을 기술하는 데 쓰이는 그림.

print contrast ratio[–kɑ́ntræst réiʃiou] **인쇄 선명도**

print contrast signal[–sígnəl] **PCS, 인쇄 선명도 신호** 인쇄 도형의 공학적 특성을 측정하기 위해 정의된 양이며, 인쇄 도형과 용지의 상대적인 진하기의 정도를 나타내는 OCR 용어.

print control character[–kəntróul kǽrəktər] **인쇄 제어 문자**

print control unit[–júːnit] **인쇄 제어 장치** CPU와 인쇄 제어 장치 사이에서 서로 다른 형태의 출력 장치 또는 전송 속도 등을 조정 제어하는 기기.

print counter[–káuntər] **프린트 계수기** 자기 테이프 단말 장치에 있는 계수기로 각 테이프의 블록을 전송하거나 수신할 때마다 증가한다. 전송이 끝나면 전송된 총 블록 수가 자동으로 인쇄되며, 작업 수행 도중에 잘못된 블록을 받으면 그 블록의 번호도 함께 인쇄된다.

print density[–dénsiti(ː)] **인쇄 밀도** 한 페이지에 인쇄 가능한 문자의 수처럼 측정 단위당 인쇄되는 문자 수를 말한다.

print drum[–drʌ́m] **인쇄 드럼, 활자 드럼** 복수의 인쇄 위치에서 문자를 제공하는 회전 원통.

printed[príntəd] *a*. **인쇄된** 인쇄(프린트)된 것을 형용한다. 또 일반적으로 인쇄물을 printed matter라고 한다.

printed character dot-matrix size[–kǽrəktər dɑ́t méitriks sɑ́iz] **인쇄 문자 도트매트릭스 사이즈** 인자되는 전각 문자의 자형 표현에 사용하는 도트 배열의 크기.

printed character size[–sɑ́iz] **인쇄 문자 사이즈** 인쇄하는 전각 문자의 테두리 크기. 문자의 높이×문자의 폭으로 나타낸다.

printed circuit[–sə́ːrkit] **PC, 인쇄 배선 회로, 프린트 회로, 인쇄 회로, 프린트 배선 회로, 프린트 기판, 프린트 배선** 절연 기판 상에 2차원적인 패턴으로서 도체를 남기고, 이 도체 부분에 각 장치(device)를 납땜하여 회로를 구성한 것. 이것은 인쇄(print)에 의해 회로를 만들 수 있으므로 대량 생산에 중점을 두고, 더욱 제품의 단가를 내릴 수 있어 신뢰성(reliability)도 높다. 에폭시유리, 테토론계 등 기판의 한쪽 면 또는 양면에 구리 적층판으로 그 부품을 접속하고 부품 상호 배선을 한다. 컴퓨터 등의 회로도 프린트 기판 상에 만들어지고 있다.

printed circuit assembly[-əsémbli(ː)] **인쇄 배선 회로 어셈블리** 프린트 배선판에 필요한 부품(전자 부품, 기계 부품, 기타 프린트 배선판 등)을 탑재하고 모든 제조 공정, 예를 들면 납땜, 코팅 등을 완료한 것.

printed circuit board[-bɔ́ːrd] **PCB, 인쇄 회로 기판** 절연물인 판에 얇은 구리박을 씌운 기판을 회로도에 따라 불필요한 구리박을 떼어내고 전자 회로를 구성한 것, 절연물로는 베이클라이트 종이에 에폭시를 스며들게 한 것, 유리 섬유 등이 쓰인다. 최근에는 좀더 소형화하기 위해 얇은 기판을 여러 장 맞붙여서 일체화한 적층(積層) 기판이 쓰이고, 또 플라스틱 필름에 구리박의 패턴을 씌운 플렉시블 기판도 쓰이고 있다.

printed circuit card[-káːrd] **인쇄 배선 회로 카드** 전기 회로를 설치할 수 있는 절연형의 박판형으로 된 카드.

printed circuit defect[-difékt] **인쇄 배선 회로 결함**

printed circuit design[-dizáin] **인쇄 배선 회로 설계**

printed circuit switch[-swítʃ] **인쇄 배선 회로 스위치**

printed element[-éləmənt] **인쇄 소자** 타이프 볼(type ball), 심블(thimbles), 또는 데이지 휠(daisy wheels) 등으로서 종이에 어떤 모양을 인쇄할 수 있게 하는 프린터 부품.

printed image[-ímidʒ] **인쇄 도형** 장표 상에 인자된 문자 및 그 주위의 여백부를 포함한 도형.

printed wiring[-wáiriŋ] **프린트 배선, 인쇄 배선** 회로 설계에 따라서 부품 간을 접속하기 위해 도체 패턴을 절연 기판의 표면 또는 표면과 그 내부에 프린트에 의해 형성되는 배선이나 그 기술. 프린트 부품의 형성 기술은 포함하지 않는다.

printed wiring board[-bɔ́ːrd] **PWB, 프린트 배선판, 프린트 기판** 프린트 배선을 형성한 판, 또는 회로 설계에 따라 부품 간을 접속하기 위해 도체 패턴을 절연 기판의 표면에 인쇄에 의해 형성하고 소정의 가공을 한 부품 탑재 전의 판.

print element[prínt éləmənt] **인쇄 부품**

print entry[-éntri(ː)] **인쇄 항목**

printer[príntər] *n.* **인쇄기, 프린터** 컴퓨터의 대표적인 출력 장치의 하나. 부호화된 정보를 그 부호계에 대응한 도형 문자의 형태로 변환하여 영속성이 있는 데이터 기록을 만들 수 있다. 컴퓨터 내의 부호화 정보를 인간이 눈으로 읽을 수 있는 문자의 형태로 용지 상에 기록하는 장치. 인쇄 기구에는 충돌의 유무에 의해 충격식 프린터(impact printer)와 비충격식 프린터(non-impact printer)로 크게 나눌 수 있고, 또 인쇄 단위 및 인쇄 속도에서는 character printer, line printer 및 page printer로 분류한다.

[주] 미리 정해진 문자 집합에 속하는 이산적인 도형 문자의 열의 양식으로서 영속성이 있는 데이터의 기록을 만드는 출력 장치. 또 문자, 도표 등을 종이에 출력하는 장치.

printer access protocol[-ǽkses próutəkɔ̀(ː)l] **프린터 접속 규약** ⇨ PAP

printer BIOS 프린터 BIOS ⇨ BIOS

printer buffer[-bʌ́fər] **프린터 버퍼** PC에서 프린터로 보내는 데이터를 일시적으로 저장하는 메모리 장치. 인쇄할 때 PC의 대기 시간을 단축시키기 위해 사용된다. PC와 프린터 사이에 놓여진 버퍼는 CPU로부터 받은 인쇄 데이터를 일시적으로 저장한 후 버퍼에서 프린터로 데이터를 보낸다. 프린터 버퍼에는 PC의 메모리(EMS나 XMS)를 사용하는 방법(프린터 스풀러)과 프린터 버퍼 장치를 접속하는 방법이 있다.

printer by electrolytic recording[-bai ilèktrəlítik rikɔ́ːrdiŋ] **전해(電解) 기록식 프린터** 기록 전극과 전해 기록지를 접촉시켜 직류를 흘러 보내고, 전극이 기록지에 함침시킨 전해질과 화학 반응하여 또는 전해질이 분해해서 그 생성물이 발색하는 원리에 의한 프린터. 기록 속도는 약 6cm/s. 백색 기록지에 흑갈색의 기록이 얻어진다.

printer by electrostatic transfer process[-ilèktrəstǽtik trænsfə́ːr práses] **정전 전사형(轉寫型) 프린터** 유전체(誘電體)를 도포한 드럼 표면을 일정한 모양으로 대전(帶電)시키고 핀의 집합으로 이루어진 전극에 이것과 반대 극성의 펄스 전압을 인가해서 방전시키며, 그곳만 이미 대전된 전하를 제거시켜 잠상(潛像)을 만들어 그 부분에 토너를 부착시킨다. 이것을 다시 드럼과 같은 속도로 이동하는 기록지와 접촉시켜 전사한다. 보통 종이를 사용할 수 있다는 것과 고속 기록에 적합하다는 특징이 있지만, 해상도는 10줄/mm 정도로 약간 떨어진다.

printer controller[-kəntróulər] **인쇄기 제어기** 중앙 처리 장치와 출력 장치 사이의 접속기로서 서로 다른 형태의 출력 장치를 조정 제어하고, 또 서로 다른 전송 속도를 제어하는 기기. 대표적인 고속 인쇄 장치의 제어기는 많은 수의 출력 장치를 마이크로컴퓨터와 접속하는 데 필요한 회로를 포함하고 있다. 제어기는 출력 장치의 데이터 버퍼로 데이터 전송이 가능하도록 하는 문자 직렬 PIO 접속기를 포함한다. 또한 제어기는 여러 가지 크기에 대한 선택권을 가진 인쇄 장치를 지원하기 위한 회로를 포함한다.

printer command[–kəmǽnd] **프린터 명령** 프린터 제어용 명령. 프린터 제어 코드라고도 한다. 이 명령은 프린터마다 다르기 때문에 각각의 제어용 소프트웨어(프린터 드라이버)가 필요하다. 명령 체계에는 ESC/P 등이 있다.

printer control code[–kəntróul kóud] **프린터 제어 코드** 프린터를 제어하기 위한 명령 집합. 프린터의 주류가 잉크젯이나 레이저이기 때문에 각 프린터 전용(native)으로 개개의 것이 채택되어 있어 응용 프로그램이나 운영 체제가 그 제어 코드에 대응할 수 있어야만 인쇄가 가능하다는 불합리한 점이 있다. 이와 같은 문제점을 해결하기 위해 윈도에서는 프린터용 API(application program interface)를 갖추고 있다.

printer driver[–dráivər] **프린터 드라이버** 컴퓨터에서 프린터를 제어하기 위한 프로그램. 프린터 기종마다 제어 방식이 다르기 때문에 개별 프린터 드라이버가 갖춰져 있다.

printer drum[–drʌ́m] **프린터 드럼**

printer file[–fáil] **프린터 파일, 인쇄 파일** 컴퓨터에서 처리한 결과를 인쇄 양식으로 편집 완료된 정보를 모집한 파일.

printer format[–fɔ́:rmæt] **인쇄 서식**

printer font[–fánt] **인쇄 폰트** 프린터 내에 있는 폰트 또는 프린터에 사용될 폰트. 프린터 내장, 다운로드, 폰트 카트리지 등의 형태가 있다. 인쇄 폰트는 컴퓨터 화면에 텍스트 표시용으로 설계된 폰트이다.

printer head[–hé(:)d] **프린터 헤드** 종이에 문자 등을 인쇄할 수 있는 프린터의 실제적인 부분. 도트 매트릭스 프린터는 핀들이 움직이면서 발생하는 마찰열을 효과적으로 방출시키기 위해 냉각 날개가 설치되어 있고, 잉크젯 프린터는 잉크통이 마련되어 있으며, 열전사 프린터는 크기가 아주 작다.

printer interface[–íntərfèis] **프린터 인터페이스** 컴퓨터와 프린터를 접속하기 위해 쓰이는 인터페이스. 병렬 인터페이스로는 센트로닉스 표준 인터페이스가 가장 많이 사용되고, 직렬 인터페이스는 RS-232C 표준이 주로 사용된다.

printer interrupts[–ìntərʌ́pts] **프린터 인터럽트** 하나의 프로그램 수행을 하드웨어적으로 중단하고 후에 계속할 수 있게 하여 그 중간에 다른 프로그램을 삽입시켜 시행하는 방법. 비교적 속도가 느린 출력 작업을 수행할 때 컴퓨터를 좀더 효과적으로 활용하기 위한 방법이다.

printer limited[–límitəd] **프린터 한계적** 인쇄 장치의 동작 속도가 느리거나 적절하지 못하기 때문에 처리상 시간 제한을 받아 다른 동작이 기다리게 되는 것.

printer phone[–fóun] **프린터 폰** 전용 자영(自營) 교환 회선으로 이용되는 전화기에 음향적으로 결합된 인쇄 전신 방식. 인쇄 전신기에 의해 보내지는 부호는 중심 주파수 1,550Hz로 주파수 변조되어 음향 진동으로 송화기에 들어온다. 수신측에서는 수화기로부터 얻어지는 음향 진동을 판별 회로로 끌어내어 마크 스페이스의 판정을 한다.

printer port[–pɔ́:rt] **프린터 포트** 프린터에 사용되는 데이터 출력용 커넥터. PC/AT 호환기에서는 병렬 포트를 사용하는 경우가 많으나 매킨토시에서는 직렬 포트를 사용하여 모뎀을 연결할 수도 있다.

printer ports display[–pɔ́:rts displéi] **프린터 포트 디스플레이** 이 프린터는 단말 장치 화면에 있는 내용을 인쇄하거나 단말 장치가 컴퓨터로부터 받은 내용을 그대로 다시 인쇄할 수 있으며, 어떤 단말 장치는 컴퓨터 프린터를 부착할 수 있는 연결 출력단이 부착되어 있다.

printer ribbon[–ríbən] **프린터 리본** ⇨ ink ribbon

printer sheet[–ʃí:t] **인쇄 용지**

printer skipping[–skípiŋ] **프린터 스키핑** 프린터가 인쇄를 하지 않고 스킵하면서 띄우는 행의 수.

printer spacing chart[–spéisiŋ tʃɑ́:rt] **출력용 설계 용지** 배치도, 프린터 출력 설계 또는 개행 제어 테이프를 만드는 데 사용되도록 그린 용지.

printer speed[–spí:d] **프린터 속도** 프린터가 데이터를 인쇄하는 속도.

printer spooler[–spú:lər] **프린터 스풀러** PC의 소프트웨어로 일반적으로 처리와 인쇄를 동시에 할 수 있도록 한 것. 일종의 의사 멀티태스크 기능이다.

printer stand[–stǽnd] **프린터 받침대** 프린터를 올려놓는 받침대로 금속이나 나무로 만들어졌다.

printer terminal components[–tə́:rminəl kəmpóunənts] **프린터 단말기 구성 요소** 프린터 단말기는 기본적으로 키보드, 전원 제어 장치, 통신 접속 장치, 기억 장치, 그리고 인쇄할 수 있는 장치들로 구성된다. 일반적으로 키보드를 통해 입력되는 메시지는 접속 회로를 통해 프린터 기계 조직, 다른 단말기 또는 주컴퓨터와 통신한다. 반대로 컴퓨터는 단말 접속을 통하여 단말기로 디지털 신호를 전송한다.

printer terminal interface[–íntərfèis] **프린터 단말기 접속** 대부분의 단말기는 단말기와 컴퓨

터 간의 데이터 교환을 위하여 전류 루프(20~62.5mA) 나 EIA RS-232C 접속을 사용하며, 어떤 것은 전화선을 이용하여 멀리 떨어진 컴퓨터나 단말기와 통신하기 위해 변복조 장치를 사용한다. 미래의 단말기는 여러 종류의 통신 규약을 이용할 수 있도록 IBM의 SDLC 통신 원칙 또는 마이크로프로세서를 사용할 것으로 전망된다.

printer type bar[–tάip bά:r] **프린터 타이프 바** 인쇄 장치에서 작은 상자나 저장소 내에 들어 있는 활자 바(bar)로 특정한 활자를 선택할 때 선택될 문자가 인쇄 위치의 맞은편에 올 때까지 상자를 계속하여 수직으로 옮겨준다. 각 바에는 문자가 새겨져 있으며 바를 교환하거나 고정시킬 수도 있다.

printer wheel[–hwí:l] **프린터 휠** 휠 프린터(wheel printer)에 사용되는 플라스틱이나 금속으로 된 둥근 형태의 인쇄 장치의 부품으로서, 이것이 회전될 때 해머가 특정 스포크(spoke)를 가격하여 용지 위에 문자를 찍어낸다.

print format[prínt fɔ́:rmæt] **인쇄 형식** 인쇄 장치(printer)에 어떠한 형식으로 인쇄하는가를 나타낸 것.

print format item[–άitəm] **인쇄 서식 항목** 다음의 데이터 항목이 인쇄되는 새로운 페이지나 페이지 상의 특정한 행을 지정하는 항목으로 제어 서식 항목의 하나.

print for vertical writing[–fər və́:rtikəl rάitiŋ] **세로 인쇄** 각 행의 문자가 세로 읽기가 되도록 인쇄하는 기능.

print hammer[–hǽmər] **프린트 해머** 프린트에서 인쇄하려는 글자가 종이와 접촉하도록 힘을 가하기 위해서 작동되는 장치.

print head[–hé(:)d] **인쇄 헤드, 프린트 헤드** 프린터에서 출력 데이터의 신호를 매체 상에 눈에 보이는 형태로 변환하기 위한 부품 또는 부품의 집합.

printing[príntiŋ] *n.* **기록, 인쇄** 양의 크기 또는 물리적 상태를 숫자, 문자 또는 기호를 사용하여 자동으로 기록하는 것.

printing area[–έ(:)riə] **인쇄 영역** 인쇄 영역에서의 페이지나 저널 테이프의 경우는 각 변이 장표 기준변에 평행하거나 수직이고, 인쇄된 1행 중의 1조의 인식 대상 문자 모두의 문자 경계를 내부에 포함하는 최소의 장방형 영역. 도큐먼트의 경우는 각 변이 장표 기준변에 평행 또는 수직이고, 1행 중의 1조의 인식 대상 문자를 인쇄하기 위해 미리 정한 장방형의 영역.

printing control[–kəntróul] **프린트 제어** 상세한 레코드 목록 작성을 생략하는 절차로 항목이나 제어 집단 확인에 관한 특수한 목록.

printing data-protection[–déitə prətékʃən] **데이터 보호 프린트** 데이터의 손실이나 파괴를 방지하기 위하여 프린터의 작동이 제어 장치의 인쇄 신호에 바르게 응답하도록 작동을 자동으로 검사한다. 만약 잘못이 생기면 프로그램 명령어가 테스트할 수 있는 지침을 자동으로 검사한다.

printing for horizontal writing[–fər hɔ(:)rizάntəl rάitiŋ] **가로 인쇄** 각 행의 문자가 가로 읽기가 되도록 인쇄하는 기능.

printing method[–méθəd] **인쇄 방식** 문자, 도표 등을 종이에 출력하는 수단.

printing paper[–péipər] **인쇄 용지**

printing position[–pəzíʃən] **인쇄 위치**

printing reperforator[–ripə̀rfɔ:réitər] **인쇄 수신 천공기** 인쇄를 보기 쉽게 하기 위하여 부호 구멍을 완전히 뚫지 않는 이른바 채드리스(chadless)로 행하여지는 것도 있는데, 이것은 천공 테이프 상에 수신 신호에 대응하는 문자나 기호를 인쇄하는 기능을 가진 수신 천공기를 말하며, 수신 천공과 동시에 인쇄 수신도 할 수 있으므로 부호 구멍의 해독이 쉽다.

printing speed[–spí:d] **인쇄 속도** 인쇄 장치가 인쇄 가능한 단위 시간당의 문자 수. 직렬 인쇄 방식에서는 분당 자수로, 행 인쇄 방식에서는 분당 행수로 표시된다.

printing intercept routine[–ìntərsépt ru:tí:n] **인쇄 대행 루틴**

printing interlock time[–ìntərlάk tάim] **프린트 연동 시간** 프린터가 저장 장소에서 데이터를 받아 그것의 출력을 완료하기까지 필요한 시간.

print inhibit[prínt inhíbit] **인쇄 억제, 인쇄 억제 기구** 단말에서 타이프한 데이터가 인쇄 또는 표시되지 않게 하는 하드웨어 기구. 키보드에서 타이프해가는 데이터를 표시하지 않는 기능을 가진 단말이 있는데, 이 인쇄 억제 기구를 사용하여 패스워드의 표시를 억제할 수 있다. 이것은 비밀의 패스워드가 새어나가는 것을 방지하기 위해서이다.

print layout sheet[–léiàut ʃí:t] **인쇄 배치 종이** 인쇄 가능한 좌표로 구획되어 있고, 인쇄 여백, 공란 등을 설정하는 데 쓰이며, 인쇄된 보고서의 전체적인 체제를 설계하는 데 사용되는 용지.

print local function[–lóukəl fʌ́ŋkʃən] **현지 인쇄 기능** 단말기가 설치되어 있는 곳에서 인쇄가 가능한 기능으로, 주통신 접속기와는 독립적인 속도로 보조 접속기에 데이터를 보낼 수 있다. 단말기는 주컴퓨터로부터 일정 수준의 속도로 데이터를 받아 디스플레이 버퍼에서 완전히 다른 속도로 직렬 EIA 접속기에 부착된 주변 기기에 다시 전송한다.

print manager[–mǽnidʒər] **인쇄 관리자** 윈도 등에서 인쇄를 관리하는 프로그램. 인쇄 설정이나 인쇄의 중지, 인쇄 상황 등을 표시한다.

print member[–mémbər] **프린트 부품** 프린터에서 활자의 인쇄를 담당하는 인쇄 막대, 활자 막대, 휠 등의 프린터 부품.

print mode[–móud] **인쇄 모드** 프린터의 동작 모드로, 속도에 따라 고속 모드와 고품질 모드로 나누거나 본래의 네이티브 모드와 다른 프린터와 유사한 에뮬레이션 모드로 나눈다.

print name[–néim] **프린트 이름** IBM에서 개발한 심벌 속성의 하나인 문자열형 오브젝트. 입출력에 있어서 심벌의 외부 표현으로 쓰인다. IBM에서 시스템 R을 확장하여 개발한 분산 데이터 R*의 용어로서 질의에 사용된 객체의 이름이다.

print-on-alarm RAM 경보용 프린트 RAM 계속해서 데이터 채널의 주사를 발생시키는 데이터 시스템 조건으로, 데이터의 출력은 경보 조건이 중앙 처리 장치에 의하여 번역될 때에만 시작되며 RAM은 그러한 조건을 지적하고 신호하도록 프로그램되어 있다.

printout[príntàut] *n.* **인쇄 출력** 기억 장치 또는 외부 저장 매체의 데이터를 하드 카피로 인쇄하도록 하는 명령어.

print position[prínt pəzíʃən] **인쇄 위치 수** 한 줄에 인쇄할 수 있는 최대 문자 수.

print quality[–kwáliti(:)] **인쇄 품질** 프린터로 인자되는 문자의 품질.

print screen key[–skrí:n kí:] **화면 인쇄 키**

print resolution[–rèzəlú:ʃən] **인쇄 해상도** 인쇄물의 문자 품질의 척도가 되는 것으로 사방 1인치에 인쇄되는 점(도트)의 수로 표현되며 단위는 dpi (dot per inch)이다. 이 값이 클수록 인쇄물의 품질이 높다고 할 수 있다.

print separator[–sépərèitər] **인쇄 구분자** PRINT 문에서 인쇄의 형식을 지시하는 동시에 둘 이상의 인자 항목이 있을 때의 구분에도 사용되는 기호. 보통 이 구분 기호로 콤마와 세미콜론이 쓰인다.

print service access facility[–sə́:rvis ǽkses fəsíliti(:)] **인쇄 서비스 액세스 기능**

print sheet[–ʃí:t] **인쇄 용지** 프린터에 사용되는 용지. 주로 라인 프린터에서 사용되는 용지를 가리킨다. 라인 프린터에서는 양쪽에 구멍이 뚫려 있고 접혀 있는 연속 용지를 사용하고, 잉크젯 프린터는 용지 표면을 특수하게 처리한 용지를, 열전사 프린터는 열감응 용지를, 레이저 프린터는 건식 복사기 용지를 사용한다.

PrintShop[príntʃàp] **프린트샵** 브로더번드 소프트웨어(Broderbund Software) 사에서 개발하였으며, 표준 또는 사용자가 만들어 저장해놓은 간단한 그림, 축하 카드, 포스터, 편지지 머리 글귀, 달력, 배너(banner) 등을 다양하게 인쇄할 수 있는 마이크로컴퓨터에서 실행되는 간단한 그래픽스 패키지 프로그램.

print span[prínt spǽn] **프린트 스팬, 인쇄폭**

print speed[–spí:d] **인쇄 속도**

print spooler[–spú:lər] **프린트 스풀러** 인쇄 장치로의 전송 과정에서 인쇄 작업을 가로채고 그 대신에 디스크나 기억 장치로 보내 프린터가 인쇄 가능해질 때까지 인쇄 작업을 유지시키는 컴퓨터 소프트웨어.

print station[–stéiʃən] **인쇄 기구**

print suppress[–səprés] **인자 억지** 시스템의 기밀을 유지하기 위하여 입력 단말측에서 이용자가 입력하는 패스워드와 같은 문자의 인자를 억지(抑止)하는 것.

print through[–θrú:] **프린트 스루, 전사(轉寫)** 데이터 매체에서 그 어느 부분과 다른 부분이 인접하여 놓여졌을 때에 양자 사이에 기록되어 있는 데이터가 의미와 반대로 임의로 이동하는 것.

print timing dial[–táimiŋ dáiəl] **인쇄 시간 다이얼** 인쇄 작업의 질을 조정하기 위하여 프린터에 부착된 조정 손잡이.

print wheel[–hwí:l] **프린트 휠** 인쇄 장치에 문자를 부여하는 회전 원반으로 된 인쇄 기구. 주위에 활자가 붙은 링 모양의 것으로서 하나의 인쇄 위치에 한 개의 활자가 대응되며, 이 링 모양의 것을 옆으로 100~130자리 나열하면 활자 드럼이 된다. ⇨ type wheel

print wheel assembly[–əsémbli(:)] **프린트 휠 부품** 프린트 휠과 함께 고속으로 회전하는 축에 의하여 조정되고 고정되는 부품.

print with insertion[–wið insə́:rʃən] **삽입 인쇄** 워드 프로세서의 인쇄 기능 중 하나. 같은 내용의 문서를 일부만을 바꿔가며 인쇄하는 것. 예를 들어, 청구서의 레이아웃을 만들 때 미리 수신인의 설정을 「삽입 가능」으로 해두고 인쇄시 이름과 주소 데이터를 기록한 삽입 파일을 지정하면 공란에 해당 수신처가 인쇄된다. 삽입 파일은 워드 프로세서에서 따로 작성하거나 주소록 데이터 베이스에서 작성한 CSV(comma separated values) 형식 파일 등을 이용할 수 있다. 워드 프로세서 소프트웨어에 따라 하나의 레이아웃 안에 삽입 가능한 여러 개의 틀을 설정하여 인쇄할 수 있는 것도 있다.

prior approach[práiər əpróutʃ] **선험적 방법** 어떤 확률 실험을 같은 조건 하에서 *n* 회 반복 시행

했을 때 그 중 특정 사상 A가 일어날 횟수가 h회이면 사상 A의 확률은 $P(A)=h/n$으로 되는 것.

prioritize[praiɔ́(:)ritiz] **우선 순위 선정** 컴퓨터는 원래 순차적으로 동작하지만, 처리 속도를 높이기 위해서는 되도록 병행적으로 처리되어야 한다. 이 경우 어떤 일을 먼저 처리할 것인지, 상호간의 상대적 중요성에 따라 비슷한 집단의 개체들을 어떤 순서로 배열하는 것을 말한다.

priority[praiɔ́(:)riti(:)] *n.* **우선권** 우선 순위. 우선도. 시스템 자원을 받아넣는 순번을 결정하므로, 작업(job)이나 태스크(task)에 할당된다. 우선도는 처리 장치나 다른 장치에 대하여 동시에 두 개 이상의 처리 요구가 있을 경우, 그들의 요구를 처리하는 순번을 결정하는 데 사용된다. 통상 우선도는 처리의 중요성에 따라 결정한다. 시스템의 설계자가 설정한 우선 순위에 따라 관리 체계(OS)가 실행 순서를 관리하는 경우와 OS가 상황에 따라 작업의 우선 순위를 판단하는 경우가 있다.

priority access control enable[-ǽkses kəntróul inéibl] **우선 순위 접근 제어 가능** ⇨ PACE

priority aging[-éidʒiŋ] **우선 순위 올림**

priority assignment[-əsáinmənt] **우선권 할당**

priority control[-kəntróul] **우선 순위 제어** 컴퓨터 시스템의 처리 능력을 올리므로 병행적인 동작이 가능한 요소에 우선도를 주어 그 실행 순서를 제어하는 것. 즉, 단말 장치에서의 입력, 주변 장치의 동작 완료, 패리티 에러 발생 등의 일이 발생하면 진행중인 프로그램에 인터럽트가 생긴다.

priority encoder[-inkóudər] **우선 순위 인코더** 전형적인 인코더에 우선 순위를 도입한 것으로, 되도록이면 여러 코드 중에서 우선 순위가 가장 높은 코드를 출력하는 것. 또는 각 장치에 대한 데이터의 입출력에 우선 순위를 판단하여 가장 높은 우선 순위를 갖는 장치가 서비스 받도록 하는 장치이다.

priority error dump[-érər dʌ́mp] **우선 순위 오류 덤프** 장치나 프로그램 오류의 원인을 분석자가 찾을 수 있도록 정보나 주기억 장치의 내용을 테이프 등에 덤프하는 것.

priority execution I/O operation **우선 순위 수행 입출력 동작** 입출력 동작과 관계되는 하드웨어와 소프트웨어는 고유한 우선 순위를 가지고 있다. 하드웨어의 우선 순위는 입출력 버스에 실려 있는 장치 제어 카드에 의해 결정된다. 컴퓨터에 가장 가까운 제어기 카드가 가장 높은 우선 순위를 가지며 맨 처음으로 서비스를 받는다. 소프트웨어나 장치 취급기에서는 시스템 생성시 우선 순위가 결정된다. 핸들러는 업무의 수준에 따라 수행되며 정규적인 업무보다 높은 우선 순위를 갖는다. 중요한 업무일수록 높은 우선 순위를 할당받으며, 따라서 필요하면 제어를 넘겨받는다. 핸들러를 기다리는 업무가 중단되지 않을 때 가장 높은 우선 순위를 가진 업무가 제어를 넘겨받는다. 시스템에 따라서는 업무의 스케줄러가 이러한 우선 순위를 유지하며 모든 순간에서의 완전성을 보장한다.

priority indicator[-índikèitər] **우선 순위 표시자** (1) 통신 채널로 메시지를 전송할 순서를 정의하도록 메시지의 헤더 부분에 기술하는 문자. (2) 대기 순서를 정하기 위해 사용되는 정보.

priority interrupt[-ìntərʌ́pt] **우선 순위 인터럽트** 사건의 종류마다 주어지는 우선 순위에 따라서 처리되는 인터럽트.

priority interrupt controller[-kəntróulər] **PIC, 우선 순위 인터럽트 제어기** 보통 8개까지의 주변 장치를 포함할 수 있는 저렴한 마이크로컴퓨터에 고속의 우선 순위 인터럽트 기능을 첨가한 양극성 LSI 회로로, MPU가 서비스 요구와 우선 등급을 결정하기 위하여 모든 주변 기기를 조사할 필요성을 없애준다. 이 회로는 인터럽트 요청을 할 수 있는 많은 주변 장치를 활용하는 시스템에서 특히 중요하다.

priority interrupt controller chip[-tʃíp] **우선 순위 인터럽트 제어기 칩** 외부 인터럽트를 관리하고 자동 벡터 기능을 제공하는 특수 칩. 즉, 인터럽트 핸들러의 시작 주소에 대응하는 n개의 분기 주소 중의 어느 하나를 지정하여 마이크로프로세서로부터의 인터럽트 인지에 응답한다.

priority interrupt system[-sístəm] **우선 순위 인터럽트 시스템** 시스템이 다수의 인터럽트 원인에 대해 어떠한 경우에 먼저 처리할 것인가를 정해진 우선 순위에 따라서 처리하는 인터럽트.

priority interrupt table[-téibəl] **우선 순위 인터럽트 테이블** 컴퓨터에 자동적인 인터럽트 기능이 없을 때 인터럽트를 처리하고 검사하는 우선 순위를 나열한 표.

priority level[-lébəl] **우선 순위 수준** 경쟁하는 둘 이상의 처리 요구를 우선 순위의 정도별로 나누어서 각각에 지정하는 순위. 즉, 서비스를 받는 순위를 결정하는 사건이나 장치에 할당되는 수를 정하는 순위이다. 예를 들면, 전원 이상 검출은 최상위의 우선 순위로 되어 있다.

priority limit[-límit] **우선 순위 한계** 여러 가지 주업무와 부업무에서 활동적 · 비활동적 최우선 순위. 최하위 우선 순위 또는 일괄 처리 등에 우선 순위의 등급을 정하거나 신속하게 처리하기 위한 우선 순위 목록의 상한.

priority mechanism[-mékənizm] **우선 순위 도구** 컴퓨터가 병행적인 동작을 하기 위하여 어떤 일을 먼저 처리할 것인지 그 우선 순위를 선정하는 일을 한다.

priority mode[-móud] **우선 모드**

priority multiprogramming[-mʌ̀ltipróugræmiŋ] **우선 순위 다중 프로그래밍** 여러 프로그래밍을 병행 처리할 때, 우선 순위를 정하는 것으로 우선 순위 수준의 할당은 시스템 관리자가 선정한다.

priority number[-nʌ́mbər] **우선 번호**

priority of a task[-əv ə tǽːsk] **태스크의 우선 순위**

priority of operation[-àpəréiʃən] **연산의 우선 순위** 연산식 내부의 연산은 연산자의 우선 순위에 따라서 최우선 순위의 것부터 실행된다.

priority of operator[-ápərèitər] **연산자의 우선 순위** 연산식 중에서 연산자의 적용 순서를 정하는 규칙.

priority ordered interrupt[-ɔ́ːrdərd intərʌ́pt] **우선 순위 순서 인터럽트** 여러 우선 순위의 인터럽트가 걸려왔을 경우에 외부 인터럽트선을 선별적으로 동작시켜 관리 프로그램은 단말 장치에 다른 종류의 서비스나 응답을 주어 단말 장치가 요청한 상대적 우선 순위를 바꿀 수 있는 것으로, 시분할 방식 컴퓨터에는 외부의 선에 200개나 넘는 우선 순위 인터럽트를 연결할 수 있다. 이러한 인터럽트 기능은 한 개의 단말 장치가 하나 이상의 인터럽트선에 접속될 수 있도록 한다.

priority performance option[-pərfɔ́ːrməns ápʃən] **우선 성능 옵션**

priority processing[-prásesiŋ] **우선 순위 처리, 우선 처리** 다중 프로그래밍에서 각종 프로그램의 처리 순위를 결정하기 위해 여러 입력 장치에서 들어온 입출력을 어떤 일정한 우선 순위에 따라 자동으로 결정하여 시스템 전체의 가동 효율을 높이는 것. 예를 들면 온라인 처리(창구 좌석 예약 등)와 오프라인 처리(회계 결산)와의 조합의 경우는 온라인 처리의 우선 순위를 높게 하는 것이 일반적이다.

priority queue[-kjúː] **우선 순위 큐, 우선 대기 행렬** 큐의 스케줄링은 높은 우선 순위와 낮은 우선 순위를 가지고 결정되는데, 큐의 스케줄링 방법의 하나로 종별을 두어 서비스를 받는 순서에 대해서 우선 순위를 부여한 것.

priority routine[-ruːtíːn] **우선 순위 루틴** 다른 프로그램을 수행하기 위하여 프로세서에 의해 인터럽트나 우선 순위 루틴이 연결된 프로그램과 관계짓는 것.

priority rule[-rúːl] **우선 순위 규칙** 시분할 하드웨어에서 두 인터럽트가 동시에 발생하거나 하나의 인터럽트가 완전히 처리되기 전에 다른 인터럽트가 발생했을 때 생기는 충돌을 해결하기 위하여 미리 정해둔 우선 순위 및 금지 규정.

priority scheduler[-skédʒulər] **우선 순위 스케줄러** 제어 프로그램 기능의 하나로 우선 순위 스케줄링 커리를 수행하는 프로그램.

priority scheduling[-skédʒuliŋ] **우선도 스케줄러, 우선도 관리 스케줄링, 우선식 스케줄링**

priority scheduling system[-sístəm] **우선식 스케줄링 시스템, 우선 순위 스케줄링 시스템**

priority selection[-səlékʃən] **우선 순위 선택** 다음에 시작될 작업의 선택은 작업 요청 스케줄에 포함된 정보를 사용하여 작업에 할당된 우선 순위가 높은 프로그램이 선택되어 수행되며, 같은 우선 순위 프로그램이 여러 개 있을 때에는 작업에 필요한 시설의 사용 가능성 여부에 따라 그 우선 순위가 결정되는 것.

priority sequence[-síːkwəns] **우선 순위**

priority service[-sə́ːrvis] **우선 순위 서비스**

priority structure[-strʌ́ktʃər] **우선 순위 구조** 작업 처리를 위한 시스템 조직의 우선 순위 구조는 명령어의 수 및 프로그램의 복잡도에 따라 다르며, 그 순위가 없는 시스템에서부터 다단계 인터럽트, 다단계 우선 순위를 갖는 다중의 복잡한 조직 등 그 구조가 다양하다.

priority-structured I/O interrupt system **우선 순위형 입출력 인터럽트 시스템** 마이크로컴퓨터 모듈에서는 전기적으로 가장 밀접한 장치들이 높은 우선 순위를 갖는다. DMA 장치는 프로그램 입출력 장치보다 더 높은 우선 순위를 갖는데, 이와 같은 구조는 버스에 연결된 장치들의 종류만큼 많은 인터럽트의 중첩을 가능하게 한다. 인터럽트 부여를 받는 즉시 장치는 프로세서에게 인터럽트 서비스 루틴의 시작 주소와 새로운 프로세서의 상태 워드를 포함하는 인터럽트 벡터 위치로 가게 한다.

priority value[-vǽljuː] **우선 순위값**

prior linkage[práiər líŋkidʒ] **전위 연결** 오너와 멤버들 사이에 역포인터를 갖는 연결 방법. 오너는 마지막 멤버를 지시하고 마지막 멤버는 바로 앞 멤버를 지시하며 첫 번째 멤버는 오너를 지시한다.

prior pointer[-pɔ́intər] **전위 포인터** 양방향 연결 리스트에 전위 레코드를 가리키는 연결 필드로서 새로운 레코드를 일렬로 삽입할 때 도움을 준다. 또한 어떠한 레코드라도 빠르게 액세스할 수 있게 한다.

privacy[práivəsi(ː)] *n.* **프라이버시, 비밀 엄수,**

기밀 「다른 것에 속하지 않는다」라는 의미의 내용으로도 사용된다. 개인 및 조직이 갖는 데이터 또는 개인 및 조직에 관한 데이터의 집중 보관과 확산을 제어하는 관리.

privacy communication system[–kəmjùːnikéiʃən sístəm] **기밀 통신 방식**

privacy control[–kəntróul] **프라이버시 제어**

privacy data[–déitə] **프라이버시 데이터** 개인적인 정보나 다른 곳에 누설하지 않는 데이터.

privacy function[–fʌ́ŋkʃən] **프라이버시 기능, 비밀 통화 기능** 각종의 통신에서 타인에게 들리지 않거나 도청의 우려가 있을 때 등에 전용 회선을 사용하거나 신호를 암호화하는 변조 방식을 특별한 것으로 함으로써 프라이버시의 기능을 갖게 하는 것. 프라이버시 기능이란 다른 것에 도청되지 않는 목적으로 부가된다.

privacy key[–kíː] **기밀 키**

privacy lock[–lák] **프라이버시 로크** DBTG(data base task group) 네트워크 데이터 모델을 사용한 데이터 베이스 관리 시스템인 IDMS(통합 데이터 베이스 운영 시스템)에서 구역, 레코드 타입, 세트 타입에서의 연산을 위해 명세되는 로크.

privacy protection[– prətékʃən] **프라이버시 보안** 개인의 비밀에 관한 문제로서 컴퓨터 내부에서의 보안 문제. 즉, 권한을 부여받지 못한 사람이 액세스하는 것을 방지하는 것을 의미한다. 데이터베이스나 TSS 시스템 등에서 정해진 이외의 목적으로 데이터에 액세스하지 않도록 패스워드 등의 기구로 보호하는 것.

privacy telephone set[–téləfòun sét] **비밀 통화 장치**

privacy transformation[–trænsfərméiʃən] **프라이버시 변환** 암호화 알고리즘(encryption algorithm)과 같은 뜻으로 사용된다.

private[práivət] *a*. **개인의, 전용의** 「공개(public)」와 대비된다.

private address[–ədrés] **프라이빗 주소** TCP/IP를 이용한 기업 내의 LAN으로 접속되어 있는 컴퓨터를 식별하기 위해 각 컴퓨터에 할당된 기업 내 독자적 주소. 기업이 인터넷에 접속하는 경우에는 인터넷에 직접 접속된 중계 컴퓨터 내에서 인터넷의 정식 주소와 기업 내 독자적 프라이빗 주소를 변환한다. 이 프라이빗 주소에 의해 기업 내 컴퓨터에 할당된 주소가 고정화되어 주소 변경을 최소화할 수 있다.

private address space[–spéis] **전용 주소 공간** LAN에 접속된 개별 네트워크 내부에서 자유롭게 설정할 수 있는 IP 주소의 영역. RFC에 의해 10.0.0.0에서 10.255.255.255, 172.16.0.0에서 172.31.255.255, 192.168.0.0에서 192.168.255.255가 할당되어 있다. ⇨ RFC, global address space

private automatic branch exchange[–ɔ̀ːtəmǽtik brǽntʃ ikstʃéindʒ] **PABX, 전용 자동 구내 교환기, 사설 자동 지선 교환**

private automatic exchange[–ikstʃéindʒ] **PAX, 전용 자동 교환기** 사설 전화 시설 내에서 전화 교환을 제공하는 자동 전화 교환 장치.

private branch exchange[–brǽntʃ ikstʃéindʒ] **전용 교환기, 구내 전화 교환기, 사설 국내 교환 설비** 구내 교환망을 말한다. 가입자 구내에 설치되어 국선과 내선 및 내선 상호간의 교환 접속을 하는 장치이며, 국선에서 내선으로의 접속은 중계대를 경유한다. LSI 기술의 진전에 따라 최근에는 축적 프로그램 제어 방식 및 시분할 디지털 통화로 방식을 채용한 이른바 디지털 PBX라는 것이 출현하고 있으며, 음성 파형을 디지털 처리함으로써 데이터 정보 등과 마찬가지로 취급하는 것이 가능하게 되었다. 또 컴퓨터와의 결합도 쉽게 할 수 있다는 데 주목받고 있다.

private circuit[–sɔ́ːrkit] **전용 회선** 한 사용자 또는 사용자의 한 그룹이 독점적으로 사용하는 것이 가능한 공중 통신망 회선.

private code[–kóud] **프라이빗 코드, 개인용 코드, 전용 코드**

private communication line[–kəmjùːnikéiʃən láin] **사설 통신 회선** 설치자가 통신 회선을 단독으로 설치하여 자기의 통신에만 이용하는 통신 회선.

private communication technology[–teknáləd3i(ː)] **구내 통신 기술** 마이크로소프트 사가 개발한 공개 키 암호화 방식. 미국 넷스케이프 사의 SSL(secure sockets layer) 방식을 기초로 마이크로소프트 사가 독자적으로 기능을 확장한 것.

private data base[–déitə béis] **전용 데이터베이스** 개인용 컴퓨터나 워크스테이션과 같은 소형 컴퓨터에서 각자의 필요에 의해 존재하는 데이터베이스.

private data set[–sét] **전용 데이터 세트**

private file[–fáil] **전용 파일**

private key[–kíː] **비밀 키, 개인 키** 비대칭형 암호 방식(asymmetric cryptosystem)에서 문서의 복호화를 위해 사용되는 키로 일반적으로 키의 소유자를 제외하고는 알고 있는 정보로 유추하기가 상당히 어렵다.

private library[–láibrəri(ː)] **전용 라이브러리** 이용자 스스로가 자기 업무를 위해 작성한 프로그램을 모은 라이브러리. 기본적으로 이용자 개인만 이 사용할 권리를 가진다.

private line[-láin] **사설 회선** 기업이 자사에서 이용하기 위해 자사의 부지 내에 독자적으로 설치하는 회선. 근거리 통신망(LAN)이나 PBX(구내 전화 교환기)에서 부설하는 회선도 사설 회선의 일종이다.

private line service[-sə́:rvis] **전용 회선 서비스** 특정 가입자에 의하여 전용되는 통신 서비스 또는 전용 회선을 설치하기까지의 전 과정을 의미하기도 한다.

private mail[-meil] **사신(私信)** 인터넷 상에서 전송되는 메일 중에서 지정된 수신자만이 볼 수 있는 메일.

privately leased line[práivətli(:) lí:st láin] **전용 회선** 한 명의 고객이 전용으로 임대하여 쓸 수 있게 한 통신 회선.

privately owned communication network[-oúnd kəmjù:nikéiʃən nétwə̀:rk] **사설 통신망**

privately owned line[-láin] **사설 회선**

privately used line[-jú:st láin] **전용 회선**

private message[práivət mésidʒ] **사신(私信) 메시지** 브로드캐스트 메시지 중 사용자 단말 간에서 주고받는 메시지.

private network[-nétwə̀:rk] **전용 네트워크** 전용선을 사용해서 독자적으로 사용하는 네트워크.

private segment[-ségmənt] **개인 세그먼트** 한 번에 오직 한 명의 사용자만이 이용할 수 있는 데이터를 포함하는 세그먼트. 공유하지 않는 테이블을 포함한다.

private telegraph network[-téləgræ̀f nétwə̀:rk] **사설 통신망, 전용 전신망**

private telephone network[-téləfòun nétwə̀:rk] **사설 전화망, 전용 전화망**

private time sharing system[-táim ʃέəriŋ sístəm] **전용 시분할 시스템** 생산 과정에서의 프로세스 제어나 사무용 정보 시스템 등과 같은 특정 분야에서 이용하는 시분할 시스템.

private type[-táip] **밀폐형, 은폐형** 데이터형의 일종으로, 그 구조나 값의 집합이 프로그램 단위 중에서는 명확하게 정의되고는 있지만, 그 형을 프로그램 단위의 외부에서 참조하는 이용자에 대하여는 직접 노출되지 않는 형. 밀폐형은 구별자와 그 형에 관해 정의된 연산에 의해서만 알 수가 있다. 고수준 프로그래밍 언어인 Ada에서 채용되고 있는 개념이다.

private volume[-váljum] **전유 볼륨, 전용 볼륨** OS/360 및 OS/VS에서 특정 볼륨의 요구가 있을 때 데이터 세트용에만 시스템이 배당될 수 있는 볼륨. 하나의 업무 단계에서 사용이 전부 끝났을 때에는 철거된다.

private wire network[-wáiər nétwə̀:rk] **사설 유선망, 전용 유선망**

privilege[prívilidʒ] *n.* **특권** 컴퓨터 시스템에서는 시스템 전체를 감시하고 관리하는 운영 체제(operating system)라는 프로그램이 있다. 사용자가 이 운영 체제로 관리하고 프로그램이 실행되고 있는 상태를 사용자 상태(user state)라 하고, 이 사용자 상태에 대하여 운영 체제의 프로그램 자체가 실행되고 있는 레벨을 감독자 상태(supervisor state)라고 한다. 감독자 상태에서는 여러 가지 특권 명령어를 실행할 수 있어서 입출력 장치의 제어 등을 직접 할 수 있다. 따라서 특권 상태에서는 시스템을 직접 관리할 수가 있다.

privileged[prívilidʒid] *a.* **특권적인**

privileged access[-ǽkses] **특권적 액세스**

privileged instruction[-instrʌ́kʃən] **특권 명령어** 사용자 프로그램에서는 사용할 수 없고 관리 프로그램만이 사용이 가능한 명령. 이 명령을 가진 처리 장치에서는 프로그램이 움직일 때와 사용자 프로그램이 움직일 때는 모드가 전환되어 사용자 프로그램 모드로 이 명령이 사용되면 명령은 실행되지 않고 인터럽트 대상이 되도록 설계된다. 예를 들면 인터럽트 처리 등에서 이동하고 있을 때만 실행 가능하도록 한 명령이다. 또 컴퓨터 시스템의 보호 기구, 즉 주기억 보호 기능 등을 제어하기 위해서 설계되어 있는 특수한 명령어를 가리키는 경우도 있다. 감시 프로그램에 의해서만 사용될 수 있는 명령어이다.

privileged instruction operation[-ɑ̀pəréiʃən] **특권 명령어 동작** 특권 명령이 실행되는 것. 예를 들면 한 문제의 부프로그램이 다른 부프로그램의 입출력 장치를 잘못 사용하는 것을 방지하기 위한 대책으로 모든 입출력 명령문은 수퍼바이저(supervisor) 상태에서만 수행되도록 제한하는 것. 이 경우 부프로그램은 수퍼바이저 호출 명령어로 입출력 동작을 요청하고 감독 부프로그램은 이 요청을 분석하여 적절한 조치를 하게 된다.

privileged mode[-móud] **특권 모드**

privileged user[-jú:zər] **특권 사용자**

PRO precision risc organization의 약어. HP 사가 개발한 precision 아키텍처를 토대로 한 RISC 칩(HP-PA)을 채택한 메이커의 컨소시엄. 1992년 3월에 설립되었다. HP 외에 히다치, 미츠비시, Convex Computer 등이 가입하고 있으며 애플리케이션의 공통화나 HP-PA 보급 등의 활동을 하고 있다.

probabilistically good algorithm[pràbəbílistikəli gú(:)d ǽlgəriðm] **확률적 우수 알고리즘** 어떤 최적화 문제에 대하여 거의 항상 최적해를 생성하는 알고리즘.

probabilistic automation[pràbəbílistik ɔ:təméiʃən] **확률적 자동화** 상태 추이에 확률을 도입한 자동화.

probabilistic model[–mádəl] **확률적 모델** 확률을 활용한 모델이며, 개개의 값은 알 수 없지만 장기간에 걸친 움직임은 예측할 수 있는 데이터의 분석에 쓰인다.

probability[pràbəbíliti(:)] *n.* **확률** (1) 어느 사상이 일어나는 「정확도」를 나타내는 척도의 뜻. 그 사상이 「반드시 일어난다」라고 하면, 그 확률은 "1", 「절대로 일어나지 않는다」고 하면, 그 확률은 "0"이라고 한다. (2) 이러한 사상의 확률 계산은 반복이 극히 많은 일손에서는 유용하지만 컴퓨터를 사용하면 간단히 해낼 수 있다.

probability calculus[–kǽlkjuləs] **확률 미적분학**

probability density function[–dénsiti(:) fʌ́ŋkʃən] **확률 밀도 함수, 확률 분포 밀도 함수** 취할 수 있는 값의 범위는 알 수 있으나 그 중의 어떤 값을 취하는가를 확률적으로만 알 수 있는 변수를 확률 변수라 하고, 확률 변수 X가 x와 $x+dx$ 사이에 있는 확률이 $f(x)\cdot dx$로 표시되었을 때 확률 $f(x)$를 확률 밀도 함수라고 한다. 그 예로서 정규 분포, 2항 분포 등이 있다.

probability distribution[–dìstribjú:ʃən] **확률 분포** 확률 변수 x에 대해서 정해진 확률을 그 확률 분포라고 한다. 일반적으로 쓰이는 확률 분포에는 정규 분포, 2항 분포, 푸아송 분포, 지수 분포가 있으며, $P(x)$를 확률 함수라 하는 계산식도 다음과 같다.

$$P(a\leq x\leq b)\int_{b}^{a}P(x)dx$$

probability distribution function[–fʌ́ŋkʃən] **확률 분포 함수**

probability error[–érər] **PE, 확률 오차**

probability event[–ivént] **확률 사상**

probability function[–fʌ́ŋkʃən] **확률 함수** 확률 P를 가진 어떤 사상이 n회의 관찰 또는 시행중에서 x회 나타날 확률을 논의할 경우에 x는 여러 값을 대표하는 변수가 된다. 이와 같이 확률 변수 x와 이에 대응되는 논리적 도수 $P(x)$와의 대응 관계를 확률 변수 x의 확률 함수 (또는 도수 함수)라고 한다.

probability model[–mádəl] **확률 모델** 우연하게 지배되는 현상을 수식화한 것을 확률 모델이라고 하며 통계학에서는 대상 중에 있는 미지의 상황을 데이터에 대한 확률 분포를 정하는 미지의 모수(母數)로서 포함하는 모델로 정식화하여 미지의 모수에 관한 통계적 추측의 방법을 적용한다.

probability-of-loss estimate[–əv lɔ́(:)s éstimət] **손실 확률 추정**

probability of survival[–sərváivəl] **POS, 잔존 확률**

probability of system survival[–sístəm sərváivəl] **시스템 잔존 확률**

probability theory[–θíəri(:)] **확률 이론, 확률론**

probability variable[–vέ(:)riəbl] **확률 변수**

probe[próub] *n.* **문안침, 탐색침** 프로브. 일반적으로 측정점이나 진단 부위에 접촉시켜 그곳으로부터 파형이나 전압 등을 검사하는 소형의 장치.

probe sequence[–sí:kwəns] **탐색 순서** 효율을 높이기 위하여 각 데이터 구조의 특성에 맞는 순서가 요구된다. 즉, 어느 데이터 구조에서 특정 원소를 찾아가는 순서를 말한다.

problem[prábləm] *n.* **문제** (1) 컴퓨터를 이용하여 답을 얻고자 하는 문제. (2) 시스템의 가동중이나 가동 전후에 관계없이 하드웨어의 트러블이나 프로그램의 버그(bug) 같은 장애가 되는 모든 것.

problem check[–tʃék] **문제 점검** 컴퓨터나 프로그램이 정확히 운영되고 있는가를 결정하는 문제.

problem complexity[–kəmpléksiti(:)] **문제 복잡도** 주어진 문제를 풀 수 있는 알고리즘 복잡도의 하한계.

problem control[–kəntróul] **문제 제어**

problem data[–déitə] **문제 데이터** PL/ I 프로그램에서 사용할 수 있는 데이터형에는 문제 데이터와 프로그램 제어 데이터의 두 종류가 있으며, PL/ I 프로그램으로 처리되는 문제 데이터는 산술 데이터와 스트링 데이터를 말하고 문제 데이터가 사용되는 것은 프로그램으로 처리되는 값을 나타낼 때이다. 문제 데이터가 문자 데이터인지 산술 데이터인지를 알 수 없을 때는 산술 데이터로 간주된다.

problem decision variable[–disíʒən vέ(:)riəbl] **문제 결정 변수**

problem decomposition[–dì:kampəzíʃən] **문제 분해**

problem definition[–dèfiníʃən] **문제 정의** 컴퓨터를 사용하여 해답을 얻기 위해 형식적이나 논리적으로 문제를 기술하는 방법.

problem description[–diskrípʃən] **문제 기술** 문제에 대한 기술 설명이다. 문제 기술을 행하기 위해서는 그 문제의 해법이나 답을 기술하거나, 미지(未知)의 정보와 기지(既知)의 정보를 나누어 기술할 필요가 있다. 문제 기술은 문제를 풀기 위해서 중요하며 문제 정의가 명확하면 효율적으로 문제를 해결할 수 있다. 데이터 변환, 절차들 간의 관계, 자료 제약, 환경 등이 기술에 포함된다.

problem determination[–ditə̀ːrminéiʃən] **문제 판별** 하드웨어, 소프트웨어 또는 시스템에 오류가 발생한 장소를 확인, 그 진단과 수리가 메이커의 책임인지 사용자의 책임인지 판별하는 과정을 말한다.

problem determination aid[–éid] **PDAID, 문제 판별 보조 프로그램, 문제 확정 에이드**

problem diagnosis[–dɑiəgnóusis] **문제 진단** 하드웨어, 소프트웨어 또는 시스템의 트러블 원인을 정확하게 발견해내기 위해 분석(analysis)하는 것.

problem-directed interactive system [–diréktid ìntərǽktiv sístəm] **문제 지향 대화형 시스템**

problem evaluation[–ivæ̀ljuéiʃən] **문제 평가**

problem file[–fáil] **문제 파일** 컴퓨터에서 처리되는 문제를 문서화하기 위해 사용하거나 필요로 하는 모든 자료.

problem generator[–dʒénərèitər] **문제 생성 요소** 문제를 풀어나가는 휴리스틱의 학습을 위해서는 주어진 문제에 대한 비슷한 다른 문제를 많이 필요로 하는데, 이런 문제들을 생성시켜 주는 요소.

problem identification[–ɑidèntifikéiʃən] **문제 식별**

problem input tape[–ínpùt téip] **문제 입력 테이프** 컴퓨터 시스템을 점검하기 위한 대상 데이터를 포함하는 천공된 종이 테이프나 자기 테이프와 같은 입력용 테이프.

problem language analyzer[–lǽŋgwidʒ ǽnəlàizər] **PLAN, 문제 언어 분석 프로그램**

problem log[–lɔ́(ː)g] **문제 기록부**

problem mode[–móud] **문제 모드** 명령의 실행 가능한 범위를 표시하는 실행 모드의 일종으로 FFG0(PSW)의 31, 30비트째가 "01" 또는 "11"의 경우이다. 시스템이 이 문제 모드인 경우에는 시스템 구성을 변경하는 명령, 메이트 CC의 동작 상태를 변경하는 명령, 입출력 명령, 이른바 특권 명령은 사용 불가능하며 일반 명령만이 사용 가능하다.

problem of collision avoidance[–əv kəlíʒən əvɔ́idəns] **충돌 회피 문제**

problem-oriented analysis[–ɔ́(ː)riəntəd ənǽlisis] **문제 해결 지향 해석**

problem-oriented language[–lǽŋgwidʒ] **POL, 문제 해결 지향 언어, 문제 해결 지향 프로그래밍 언어** 어떤 종류의 문제 해결을 위해서 필요로 되는 기능을 중심으로 설계되고, 기계에는 존재하지 않는 프로그래밍 언어. 여기에는 ALGOL, FORTRAN, 시뮬레이션(simulation)용 언어나 수치 제어(NC)용 언어 등이 있다.

[주] 어떤 종류의 문제에 대해서 특히 적합한 프로그램 언어. 예를 들면 ALGOL, FORTRAN과 같은 순서 중심의 언어, GPSS, SIMSCRIPT와 같은 시뮬레이션용의 언어, LISP, IPL-V와 같은 리스트 처리용의 언어, 정보 검색용의 언어가 있다.

problem-oriented model[–mɑ́dəl] **문제 해결 지향 모델**

problem-oriented system[–sístəm] **문제 해결 지향 시스템**

problem program[–próugræm] **문제 프로그램** 처리 프로그램의 하나로서 문제 해결을 위해 사용되는 프로그램. 즉, 평소에 사용자가 작성하는 업무 프로그램을 가리킨다.

problem recognition[–rèkəgníʃən] **문제 인식**

problem recognition process[–prɑ́ses] **문제 인식 과정**

problem reduction[–ridʌ́kʃən] **문제 축소** 어떤 하나의 큰 문제가 있을 때 이를 한꺼번에 풀기보다는 몇 개의 작은 문제로 분리하여 각각을 해결하는 것.

problem report[–ripɔ́ːrt] **문제 보고서**

problem solver[–sɑ́lvər] **문제 해결 프로그램** 여러 가지 방법을 사용해 얻은 결과를 비교 평가하면서 최적의 문제 해결 방법을 발견해낼 목적으로 하는 프로그램으로, 인공 지능의 분야에서 이용된다.

problem solver library[–láibrəri(ː)] **문제 해결 라이브러리**

problem-solving[–sɑ́lviŋ] **문제 해결** 초기 상태에서 시작하여 문제 공간을 탐색해 나감으로써 원하는 목표에 도달할 수 있는 연산 순서를 규정하는 과정.

problem-solving environment[–inváirənmənt] **PSE, 문제 해결 환경**

problem-solving graph[–grǽf] **문제 해결 그래프**

problem-solving information[–infərméiʃən] **문제 해결 정보**

problem-solving laboratory[–lǽbərətɔ̀(ː)ri(ː)] **PSL, 문제 해결 실습**

problem-solving optimization[–ɑ̀ptimɑizéiʃən] **문제 해결 최적화**

problem-solving process model[–prɑ́ses mɑ́dəl] **PSP model, 문제 해결 과정 모델**

problem-solving theory[–θíəri(:)] PST, **문제 해결 이론**

problem source identification[–sɔ́:rs ɑidèntifikéiʃən] PSID, **문제 식별**

problem state[–stéit] **문제 상태, 문제 프로그램 상태** 운영 체제(OS)가 특권 명령을 실행할 수 없는 프로그램 상태. 감시 프로그램 상태(supervisor state)와 대비된다.

problem statement analysis[–stéitmənt ənǽlisis] **문제 기술(記述) 분석**

problem statement dialogue[–dɑ́iəlɔ̀(:)g] **문제 기술(記述) 대화**

problem time[–tɑ́im] **문제 시간** 흔히 실제적 시스템 시간이라고 하며, 모의 실험되는 실제적 시스템에서 사건들 간의 시간 간격이다.

procedural[prəsí:dʒurəl] *a.* **절차적, 순서의**

procedural abstraction[–æbstrǽkʃən] **절차적 추상화** 추상적 자료형이나 클래스와 비슷한 개념으로서 논리적 관계와 구현시의 관계의 연관성을 서로 분리하며, 물리적 요소와 논리적 요소를 서로 구분하는 작업.

procedural and exception tests[–ənd iksépʃən tésts] **절차 · 예외 조치 검증** 처리 이전에 기계의 제어 상태나 운영 상태를 검사하기 위한 방법으로, 수행중에 일어나는 모든 조건을 다룰 수 있는 검증 데이터(천공 데이터)와 검증 데이터를 처리할 제어판 또는 프로그램과 검증 계기로 구성된다. 검증 데이터를 읽어 처리한 다음에 그 결과를 사전에 결정된 결과와 비교하여 그것이 만족스러우면 실제 데이터 처리가 시작된다. 계산소에 따라서는 그 날의 작업을 시작하기 전에 이 작업을 하거나 특정 작업 이전에 실시하기도 한다.

procedural attachment[–ətǽtʃmənt] **절차 부가** 비교 흡수 부정 방식의 수행 과정에서 비교 흡수절을 줄이기 위한 방법의 하나. 문자나 이것의 부정은 기초 집합에 조합시키는 것보다는 이것들을 계산해 버리는 것이 편리하다.

procedural cohesion[–kouhí:ʒən] **절차적 결합** 부속 요소들이 유통도의 두 블록 이상을 차지하는 모듈을 표현하기 위하여 쓰인다. 통신적이나 기능적 결합만큼 좋지는 않다.

procedural compilation[–kɑ̀mpiléiʃən] **절차적 번역** 서술적 지식이 특별한 방식으로 여러 번 사용되면 ACT 이론의 자동 학습 과정을 해석적 단계를 거치지 않고 지식을 직접 적용시켜 나갈 수 있는 새로운 프로시저를 만들어내는 학습 과정.

procedural-declaration controversy[–dèkləréiʃən kɑ́ntrəvə̀:rsi(:)] **절차-선언 논쟁** 두 지식 표현 방법을 두고 서로 상대적으로 유리하다고 계속적으로 이어진 논쟁으로 현재 이에 대한 많은 지식 표현이 있다. 선언의 장점으로 유연성, 완전성, 확실성, 수정 가능성 등이 있고, 절차의 장점으로 직접성, 코딩의 용이성, 이해의 용이성 등이 있다.

procedural design[–dizɑ́in] **절차 설계** 시스템 각 부분별 동작 특성을 고려하여 각 부분 간의 상관 관계를 정확히 규정하기 위해서 단계별로 규정하는 과정.

procedural knowledge[–nɑ́lidʒ] **절차적 지식** (1) 절차적 방식에 의해 표현된 지식으로 이 지식은 두 가지 형태로 표현된다. 첫째, 객체에 대한 사실을 자체의 데이터 베이스에 저장하고, 둘째로 이러한 사실에 대한 추론 체계는 특별한 절차를 통하여 표현한다. (2) 규칙에 의하여 표현되는 문제의 지식이나 선언적 지식을 조종할 수 있도록 하는 일반적인 정보.

procedural knowledge representation[–rèprizentéiʃən] **절차적 지식 표현** 일련의 절차로 일상 생활 지식을 기술하려는 것.

procedural language[–lǽŋgwidʒ] **절차 언어** 순서를 명확한 계산법으로서 쉽게 표현할 수 있는 문제 지향 언어. 컴퓨터에 처리시키고자 할 때 그 순서를 명확하게 기술함으로써 처리를 쉽게 실행하는 언어. 절차란 처리를 나타내는 일련의 어(語), 구(句), 문(文)이다. 이는 프로그램이 너무 커져 전체를 하나로 내다보기가 어렵게 고안된 것이다. 예를 들면 ALGOL, COBOL, FORTRAN, PL/I 등이 있다.

procedural language interface[–íntərfèis] **절차 언어 인터페이스** 절차 언어 인터페이스는 System 2000에서 지원하는 데이터 조작을 위한 네 가지 모드 가운데 하나.

procedural representation[–rèprizentéiʃən] **절차적 표현** 한 요인을 표현하기 위하여 하나 혹은 그 이상의 특성들을 결합시키는 과정을 일일이 명세하는 것.

procedural testing[–téstiŋ] **절차적 검사** 컴퓨터 시스템 운영에서 여러 사람의 응답에 대한 검사. 소프트웨어 검사 및 하드웨어 검사와 구별된다.

procedure[prəsí:dʒər] *n.* **절차** 순서. 처리. 과정. 프로시저. 지정된 파라미터, 조건에 따라 정해진 기능을 말한다. 프로그래밍 언어로 정해진 문 또는 명령의 모임. (1) 순서 : 어느 특정의 목적, 즉 문제 해결을 위해서 취해야 하는 동작의 순서. 컴퓨터 기능의 조작 순서(operational procedure)와 같이 문서화되어 있는 것도 있으며, 회복 순서(recovery procedure)와 같이 프로그램으로서 실현되고 있는 것도 있다. (2) 절차 프로그램 중의 주요한 구성 단위의 하나. 특정의 문제 해결의 순서를 기술한 일련의 문(statement)을 정의해두고, 절차 호출(procedure call)의 방법에 의해 실행시킨다. 「절차」는 프로그램 중 임의의 장소에서 호출할 수 있고, 그 정도가 다른 데이터를 파라미터에 의해 지정할 수 있다. 이 용어는 고수준 언어에 있어서 사용되고 식(expression) 중에서 참조되는 값을 돌려주는 것을 함수(function), 식 이외의 장소에서 이용되는 것을 서브루틴(subroutine)이라고 한다. 또 블록이라 하는 경우도 있다.

procedure analysis [–ənǽlisis] **절차 분석** 처리 절차 등을 분석하여 무엇을 어떻게 성취할 것인가를 결정하는 것.

procedure body [–bádi(:)] **절차 본체** 프로시저가 변수의 선언부와 알고리즘의 기술 부문으로 나누어진 언어에서 후자 부분.

procedure branching statement [–brǽntʃiŋ stéitmənt] **절차 분기문** 원시 프로그램 중에 쓰여진 순서에 따르지 않고 다음의 실행문이 아닌 다른 문에 제어의 명시적인 이행을 일으키는 문.

procedure call [–kɔ́:l] **절차 호출** 절차의 실행을 일으키기 위한 언어 구성 요소.

[주] 절차 호출은 보통 하나의 입력명 및 필요하면 실인수를 갖는다. ⇨ call

procedure command [–kəmǽ:nd] **프로시저 명령**

procedure control expression [–kəntróul ikspréʃən] **PCE, 프로시저 제어 순서**

procedure conversion [–kənvə́:rʃən] **순서 변환** 다른 프런트 콜(통신 규약)의 단말 사이를 접속하기 위해 행하는 순서의 변환.

procedure declaration [–dèkləréiʃən] **절차 선언** 프로그래밍 언어의 규칙에 따라 절차를 선언하는 것. 절차 선언에 의해 절차의 속성과 기능 등이 규정된다.

procedure definition [–dèfiníʃən] **절차 정의**

procedure design [–dizáin] **절차 설계**

procedure development simulator [–divéləpmənt símjulèitər] **PDS, 절차 개발 시뮬레이터**

procedure division [–divídʒən] **절차부, 순서부** COBOL 용어. 원시 프로그램을 구성하는 4개 부분의 하나로서 처리 절차가 기술되어 있는 부분이다. 절차부는 선언 부분과 절차 부분으로 구성되는데, 이들은 절로 나누어지며, 절은 다시 단락으로 나누어지고, 단락은 몇 개의 문으로 구성된다.

procedure identifier [–aidéntifàiər] **절차 식별자**

procedure level [–lévəl] **절차 수준**

procedure library [–láibrəri(:)] **절차 라이브러리** 업무의 정의를 포함하는 직접 액세스 기억 장치 상의 프로그램을 말하며, 라이브러리 판독·해석 프로그램은 입력 스트림 중의 수행 문장에 의하여 특정한 업무의 정의를 판독·해석한다.

procedure library-mathematics [–mæθəmétiks] **PLMATH, PL/I 수치 계산 라이브러리**

procedure manual [–mǽnjuəl] **절차 설명서**

procedure member [–mémbər] **프로시저 멤버**

procedure-name [–néim] **절차명, 처리 순서명** COBOL 프로그램의 절차부에서 참조를 위해 붙여지는 단락이나 절의 명칭.

procedure-oriented [–ɔ́(:)riəntəd] **절차 중심** 작업의 처리 과정을 일일이 명시하는 것. 주로 프로그래밍 언어와 함께 사용한다.

procedure-oriented language [–lǽŋgwidʒ] **절차 지향 언어, 절차 중심 언어** 컴퓨터에서 연산, 대입, 판단, 입출력, 실행 순서 등의 기본적인 처리를 쉽게 기술할 수 있고, 그런 실행 순서(절차)를 지정해서 프로그램을 작성하기 위한 프로그래밍 언어로 COBOL, FORTRAN, PL/I 등 절차를 명확한 계산법으로서 용이하게 표현되는 문제 지향 언어. 원칙으로 쓰여질 순서에 구문 요소가 실행되는 프로그램 언어이다. 일반용 고수준 프로그래밍 언어의 대부분은 절차 중심 언어이다. 비절차 언어(non procedural language)와 대비된다.

procedure-oriented method [–méθəd] **절차 지향 방법** 프로그램의 실행을 제어하거나 구성하기 위하여 중첩된 부프로그램을 사용하는 프로그래밍 방법.

procedure-oriented programming [–próugræmiŋ] **절차 지향 프로그래밍** 절차 지향 언어를 사용해서 프로그램을 작성하는 것. ⇨ procedure-oriented language

procedure parameter [–pərǽmətər] **절차 매개변수** PASCAL 같은 언어에서 절차의 언어로서 절차명을 쓸 수 있는데, 그 인수로서 쓰여지는 절차명. 프로그래밍 언어로 정해진 절차를 호출할 때의 파라미터 가운데 절차의 이름을 지정한 파라미터(매개변수).

procedure reference [–réfərəns] **프로시저 참조, 절차 참조** 입구점이 나타나는 것. 그 입구점을 갖는 프로시저는 실행이 개시된다. 절차 참조가 실행되면 지정된 입구점이 있는 프로시저의 실행이 개시되어 호출되므로 그 지정된 입구점에 제어권이 넘어가게 된다. 절차 참조가 된 점을 호출점이라 하고 호출점이 있는 블록을 호출 블록이라고 한다.

procedure statement[–stéitmənt] **절차문, 블록문** 정의된 일련의 처리를 호출해서 실행하는 명령문.

procedure step[–stép] **프로시저 스텝** 카탈로그화 절차 내에 정의된 작업 단계. 카탈로그화 절차는 하나 이상의 절차 스텝으로 구성된다.

procedure subprogram[–sʌ̀bpróugræm] **절차 부프로그램** 주프로그램과는 별도로 정의하여 일련의 처리에서는 주프로그램에서 호출하여 사용하는 프로그램. 예를 들면 FORTRAN에서의 함수 부프로그램 또는 서브루틴 부프로그램.

procedure subroutine[–sʌ̀bru:tí:n] **절차 서브루틴**

procedure to select signal[–tu səlékt sígnəl] **진행 선택 신호** 호출 신호에 응하여 선택을 위한 정보가 전달될 수 있음을 나타내기 위해 원거리 자동 장치로부터 신호 반송 경로를 통해 되돌아오는 신호.

procedure type[–táip] **절차형** 특정한 인자를 받아들이는 절차형을 정의하고, 절차형의 변수를 선언한 다음 그 변수를 프로시저로 쓸 수 있는 것으로, 몇몇 프로그래밍 언어에 있는 기능으로 프로시저를 데이터형으로 쓸 수 있는 것.

procedure vs. declarative[–və̀:rsəs diklǽrətiv] **절차 대 선언** 컴퓨터 프로그램의 보수(補數)적 견해. 절차는 시스템에 해야 할 것을 지시하고, 선언은 시스템에게 알고 있는 것을 제시한다.

process[prάses] *n*. **처리(하다)** 과정. 프로세스. (1) 의도하는 목적 또는 효과에 따라 발생하는 사상의 과정. (2) 어느 결과를 얻기 위해서 필요한 일련의 계통적인 동작. (3) 태스크(task)와 같은 뜻으로 사용되는 경우가 있으며 여러 프로그램을 병행하여 실행하는 다중 프로그래밍(multiprogramming)을 행하는 기본적인 프로그램 단위라는 의미도 있다. (4) 데이터 처리에서 어느 알고리즘에 따라 일련의 순서에서 데이터에 대하여 여러 가지 조작을 가하는 것. 예를 들면 연산, 어셈블, 컴파일, 저장, 전송, 시프트, 탐색, 분류, 병합, 판독, 입력 등을 행하는 것이다.

[주] 1. 주어진 조건에서 달성되는 목적 또는 결과에 의해 결정되는 사상의 과정. 2. 물리 변수가 감시 또는 제어되는 장치에서 행해지는 일련의 동작. 예를 들면 정유소에 있어서 증류와 응축, 항공기에 있어서 자동 조타와 자동 착륙 등이 있다.

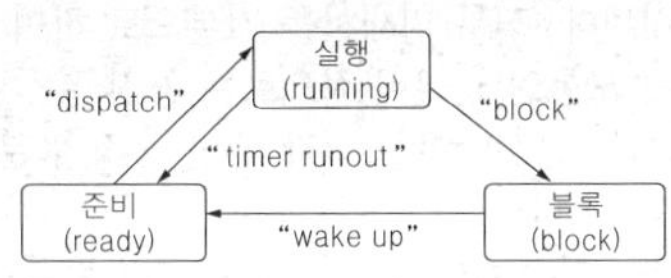

〈프로세스의 상태 전이도〉

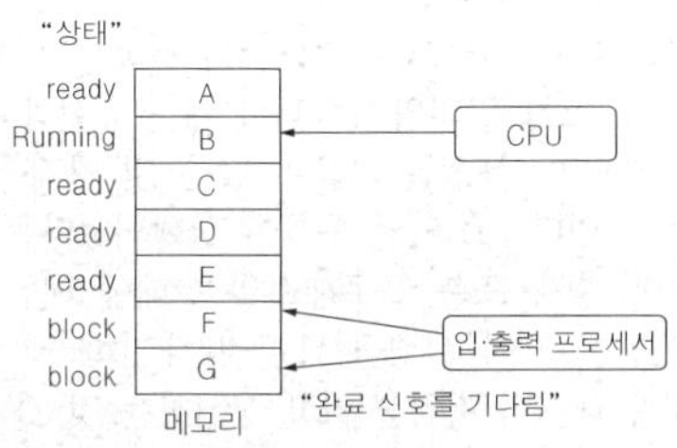

〈프로세스 상태 예〉

processable[próusesəbl] *a*. **처리할 수 있는, 처리 가능**

process access group[prάses ǽkses grú:p] **처리 액세스 그룹**

process analysis[–ənǽlisis] **프로세스 분석, 프로세스 해석**

process automation[–ɔ̀:təméiʃən] **처리 자동화** 공장의 설비나 생산 공정 중 온도, 압력 유량, 농

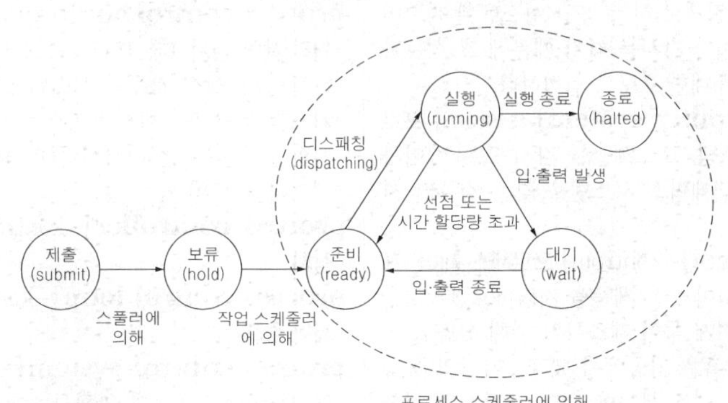

〈프로세스 상태 구분〉

도 등의 물리 · 화학적인 변화 상태를 표시하는 정보를 자동 검출하여 그 정보를 처리하고 그에 따라 최적의 처리 제어를 자동으로 수행하는 것.

process bound[–báund] **프로세스 바운드, 처리 위주** 소량의 입력 또는 출력밖에는 만들어지지 않고, 데이터를 기다리는 일이 전혀 없는 프로그램에 적용되는 것. 즉, 입출력은 별로 하지 않고 계산을 많이 하는 프로그램의 성질.

process chart[–tʃáːrt] **프로세스 차트, 처리도** 작업 공정의 순서를 도식화한 것. 하나의 주어진 목적을 달성하는 데 필요한 단계가 모두 도표 형식으로 표시된다. 직무 명세서를 기본으로 하여 작성되는 것이 보통인데, 일반적으로는 공정 분석에 사용되며, 사무 분석만이 아니라 생산 공정의 분석에도 자주 사용된다.

process cleanup[–klíːnʌ̀p] **처리 종결 처치**

process color[–kʌ́lər] **인쇄 원색** 컬러 인쇄에서 CMYK로 만들어진 색.

process communication[–kəmjùːnikéiʃən] **프로세스 교신** 임의의 데이터에 대한 송신과 수신을 가리킨다. 이 통신은 다음과 같은 몇 가지 형태를 가질 수 있다. ① 어떤 동작이 실행되었다는 신호. ② 어떤 활동 또는 프로세스의 상태에 대한 요구. ③ 어떤 동작이 실행될 때까지 대기하라는 요구. ④ 공유 데이터 지역을 읽고 갱신하는 것. ①~③은 인터럽트 루틴과 인터럽트를 처리하는 프로그램 사이의 통신이고 ④는 다른 것을 나타낸다. 그런데 공유 데이터에 대한 접근은 때때로 상호 배제를 필요로 하기 때문에 어떤 통신은 이러한 상호 배제가 요구된다.

process computer[–kəmpjúːtər] **프로세스 컴퓨터** 설비 기계, 플랜트 프로세스 등을 실시간으로 제어하거나 플랜트 정보를 처리할 목적으로 설계된 컴퓨터. 제어의 대상이 실시간으로 변화하기 때문에 엄격한 실시간 처리가 요구되며, 또 1일 24시간의 연속 운전을 전제로 하는 공업 시스템에 짜넣어 기계 설비의 제어나 감시를 하기 때문에 그 성능과 기능 및 신뢰성에 대한 요구도 엄격하다.

process computer system[–sístəm] **프로세스 컴퓨터 시스템** 프로세스를 감시 또는 제어하는 프로세스 인터페이스 시스템을 갖는 컴퓨터 시스템.

process control[–kəntróul] **프로세스 제어, 프로세스 관리** 품질이 좋은 제품을 저렴하고, 빠르게, 인간의 노력을 적게 들여 제조하기 위해서 공업 제품의 제조 과정 혹은 가공에서 과정 · 가공의 동작을 제어하는 것. 제조 부문에 있어서 각각의 생산 설비나 그들을 포함하는 생산 공정 등의 공업 프로세스로 그 상태를 나타내는 온도, 압력, 유량 등을 제어량으로 하는 자동 제어를 총칭하여 프로세스라고 한다. 이러한 프로세스를 제어하는 컴퓨터를 프로세스 제어용 컴퓨터(process control computer)라고 한다.

[주] 통상 연속적 동작 또는 처리를 조절하기 위하여 컴퓨터 시스템을 사용하는 처리 과정의 제어.

process control analog module[–ǽnəlɔ̀(ː)g mádʒuːl] **처리 제어 아날로그 모듈**

process control block[–blák] **PCB, 처리 제어 블록** 운영 체제(OS)가 프로세스에 대한 중요한 정보를 저장해놓을 수 있는 저장 장소로서 프로세스의 현재 상태, 프로세스 고유 식별자, 프로세스의 우선 순위, 프로세스가 적재된 기억 장치 부분을 가리킨 포인터, 프로세스에 할당된 자원을 가리키는 포인터로 레지스터 내용을 저장하는 장소 등에 관한 정보를 갖는다.

프로세스의 현재 상태	포인터
프로세스 식별자(고유 번호)	
우선 순위	
하드웨어 상태	
스케줄링 정보	
기억 장소 관리 정보	
입출력 상태	
파일 관리 정보	
계정 정보	
그 외 기타 ……	

〈처리 제어 블록의 구성〉

process control computer[–kəmpjúːtər] **처리 제어 컴퓨터** 공정 제어에 적용되도록 만들어진 컴퓨터. 대개 생산 공장 같은 곳에 설치되므로 나쁜 환경에서도 잘 견디고 또한 24시간 내내 운행이 가능하며, 고장이 안 나야 한다.

process control equipment[–ikwípmənt] **처리 제어 장치** (테크니컬) 프로세스의 변수를 측정하고, 프로세스 컴퓨터 시스템에서의 제어 신호에 기초를 두어 프로세스를 제어하고, 또 적당한 신호 변환을 행하는 장치. 예를 들면 센서, 변환기, 액추에이터 등이 있다.

process controller[–kəntróulər] **처리 제어 장치**

process control loop[–kəntróul lúːp] **처리 제어 루프**

process control system[–sístəm] **처리 제어 시스템** 컴퓨터에 의해서 오퍼레이션(조작)이나 프로세스(처리)를 자동으로 관리할 수 있도록 한 시스템의 총칭. 화학 물질의 생산 등에 널리 사용되고 있다. 이러한 처리에 필요한 제어 프로그램은 ROM에 기억되고 있는 경우가 많다.

process control system organization [–ɔ̀ːrgənaizéiʃən] **처리 제어 시스템 조직, 공정 제어 시스템 조직** 산업용 공정 제어 시스템의 구성 조직은 시스템을 제어하고 여러 산술 및 논리 연산을 수행하는 CPU 모듈과 시스템 명령어 프로그램을 저장하는 하나 이상의 프로그램이 가능한 ROM(PROM), 데이터를 저장하는 데 사용되는 하나 이상의 RAM, 또한 제어되는 장치에서 발생하는 인터럽트 신호를 처리하기 위한 인터럽트 제어 모듈, 입력을 받아들이고 제어 신호를 보내는 입출력 모듈, 전원과 그것을 조절하는 조정기, 여러 모듈을 연결하기 위하여 신호 통로를 제공하는 통신 버스 케이블 및 필요한 보조 하드웨어로 구성되어 있다.

process conversion [–kənvə́ːrʃən] **처리 변환**

process descriptor [–diskríptər] **처리 기술법** 처리의 이름. 현재 상태 또는 우선 순위 등을 나타내는 블록 혹은 데이터 구조.

process design [–dizáin] **프로세스 설계**

process dispatcher [–dispǽtʃər] **처리 지명 기능**

process distribution [–dìstribjúːʃən] **처리 분산** 프로세스를 처리하는 과정에서 이들을 연결된 호스트들에 분산시키는 방식.

process-driven design [–drívən dizáin] **처리 중심형 설계** 소프트웨어를 설계할 때 처리 제어 흐름을 하향식(top-down)으로 설계하는 것. 워크스루(walk-through)가 좋고 이해가 쉬우며 수정 보완이 쉽다. 하향식 접근 방법이 자연스럽게 이루어지는 소프트웨어 설계 방법으로는 DFD(data flow design)가 있다.

process equation [–ikwéiʒən] **프로세스 방정식** 프로세스 방정식은 $F\{x(t), d/dt\}=0$이라는 형태의 시간 미분 방정식으로 나타내는 경우가 많은데, 실제의 프로세스는 복잡한 변수 관계로 되어 있는 경우가 많고, 프로세스 변수나 프로세스 방정식의 수도 아주 많아진다. 각 프로세스에서는 프로세스 변수 사이에 그 프로세스 특유의 관계가 존재하고 있으며, 이 관계를 수식으로 표현한 것이 프로세스 방정식이다. 하나의 프로세스의 특성이나 동작을 프로세스 변수와 프로세스 방정식으로 표현한 것을 프로세스의 수학(또는 수식) 모델이라고 한다.

process flow chart [–flóu tʃáːrt] **처리 순서도** 입력 변환, 계산, 분류, 합병, 대조, 갱신, 출력 변환 등의 처리 공정 단위를 서로 관련을 갖게 하여 도표화한 것.

process generation [–dʒènəréiʃən] **프로세스 생성** 하나의 작업 프로세스가 계산 결과를 파일로 기록하기 위하여 입출력 프로세스를 만들 수도 있으므로, 한 작업에 여러 개의 프로세스가 생길 수 있다. 즉, 다중 프로그래밍 방식의 컴퓨터 시스템에서 컴퓨터 시스템에 새로운 작업이 들어오면, 그 작업의 프로그램과 데이터가 차지할 기억 장소를 할당함으로써 프로세스가 생성되는 것을 말한다.

process image [–ímidʒ] **처리 이미지** 프로그램 코드, 데이터와 순간적 처리 상태(레지스터 내용, 프로세서 상태 워드, 기타)의 집합이며, 자유롭거나 정지된 처리는 동결 프로세스 이미지로 나타내고 실행 프로세스는 처리 이미지와 프로세서의 조합으로 나타낸다.

process indicator [–índikèitər] **처리 지시기**

processing [prásesiŋ] *n.* **처리** 프로세싱. 데이터에 대하여 행해지는 연산의 체계적 실시. 예를 들면 병합, 분류, 계산, 어셈블, 컴파일 등이 있다.

processing capabilities [–kèipəbíliti(ː)z] **처리 능력** 일정 시간 내에 시스템이 처리할 수 있는 능력. 구체적인 단위로는 CPU의 MIPS나 FLOPS 등이 여기에 해당한다.

processing capacity [–kəpǽsiti(ː)] **처리 용량** 어떤 한순간에 처리할 수 있는 수의 최대 자릿수.

processing check [–tʃék] **프로세싱 점검**

processing control sequence [–kəntróul síːkwəns] **처리 제어 순서** 제어 프로그램은 작업 수행을 시작시키고, 입출력 장치를 할당하며, 병행 시행이 진행중이든 아니든 간에 한 작업의 수행에서 다른 작업의 수행으로의 전이가 자동으로 이루어지도록 하는 데 필요한 기능을 수행한다. 계산 시스템이 일정 시간 동안 쉬다가 다시 시행할 때 제어 프로그램이 가장 먼저 적재되고, 모든 입출력 장치에 대한 초기 제어를 확립하고 사용자가 지시한 절차에 따라 처리 프로그램 시행을 개시한다.

processing data entry [–déitə éntri(ː)] **가공 데이터 엔트리** 마스터 파일 참조 또는 단말 장치 등의 키보드에서 입력된 데이터를 이용자 프로그램에 의해서 연산 등으로 가공하여 그 단말 장치에 접속되어 있는 자기 디스크 장치나 플로피 디스크 장치 등의 외부 기억 장치에 축적하는 데이터를 입력시키는 방법.

processing element [–éləmənt] **처리 소자** 독자적인 명령어를 분석 또는 수행할 수 있는 능력을 갖는 소자.

processing input-output [–ínpùt áutpùt] **처리 입출력**

processing input unit [–júːnit] **PIU, 처리 입**

력 장치

processing interface system [-íntərfèis sístəm] **처리 인터페이스 시스템** 처리 컴퓨터 시스템에 있어서 처리 제어 장치를 컴퓨터 시스템에 접속하기 위한 기능 단위.

processing interrupt [-ìntərʌ́pt] **처리 인터럽트**

processing limit [-límit] **처리 한계** 컴퓨터의 처리 속도는 입출력 장치와 연산 장치로 제한되는데, 이때 데이터의 입출력 속도보다도 내부 연산 속도가 느린 상태를 말한다.

processing licality [-likéiliti(:)] **처리 집약도** 어떤 응용을 수행하는 과정에서 생성된 사이트에서 처리하는 일과 다른 사이트에서 처리하는 일 사이의 비율. 다른 사이트의 도움 없이 생성된 사이트에서 모두 처리할 수 있을 때 처리 집약도가 가장 높다.

processing mode [-móud] **처리 모드** 컴퓨터로 업무를 처리할 때의 방식으로 목적면에서는 일괄 처리, 원격 일괄 처리, 시분할 처리, 실시간 처리 등이 있고, 구성면에서는 온라인 처리, 오프라인 처리 등이 있다.

processing modularity [-mádʒuləriti(:)] **처리 모듈성** 컴퓨터 시스템에 의한 처리들은 법규나 법률의 개정 등의 외적 요구에 의하여 자주 변경되는데, 이러한 변경 요인이 발생할 때 어느 한 부분만을 변경하여 처리할 수 있도록 설계하는 것.

processing object [-ábdʒikt] **처리 목적, 처리 대상** 프로그램 언어 내에서 정의되고 있는 또는 정의할 수 있는 처리의 단위로서, 구조상 또는 용법상의 관점에서 분류해서 구별한 것. 예 절차, 식, 함수

processing option [-ápʃən] **처리 옵션** PCE에 의해 정의되는 논리적 데이터 베이스에 대하여 사용자가 각 세그먼트에 수행할 수 있는 연산의 형태를 지정하는 것. 처리 옵션에는 G(검색), I(삽입), D(삭제) 등이 있다.

processing priority [-praiɔ́(:)riti(:)] **처리 우선 순위** 실행되는 프로그램이 우선 순위 규칙 혹은 기준에 의해 선출될 때의 시분할 또는 설비 분할의 형태.

processing program [-próugræm] **처리 프로그램** 운영 체제(OS)의 한 부분으로, 컴퓨터에 필요한 여러 가지 기능을 처리할 수 있게 해주는 프로그램. 처리 프로그램은 언어 번역 프로그램, 서비스 프로그램, 적용 업무 프로그램의 세 종류로 나눌 수 있으며, 처리 프로그램은 문제를 해결한다든지 어느 특정한 연산을 실행한다든지 어느 데이터의 집합을 처리한다든지 하는데, 어느 경우나 그 다음 컴퓨터의 제어권을 제어 프로그램에 넘긴다.

processing ratio [-réiʃiou] **처리율** 사람의 잘못으로 소비한 시간과 전체 가용 시간을 포함하여 장비를 원할하게 사용한 시간을 계산한 총 시간과의 비.

processing requirement [-rikwáiərmənt] **처리 요구 조건** 데이터 베이스의 단계적 설계 방법론이 제1단계에 해당하는 사용자 요구 조건의 분석에서 필요로 하는 정보로, 데이터 처리와 각 처리 모듈 간에 관련된 데이터 순서도는 물론 정책적인 제약 조건, 보안 사항, 수집된 기업 정보의 신뢰도 및 데이터 처리상의 기술적인 제약 조건 등에 대한 정보를 수집한다. 사용자 요구 조건의 분석을 통하여 조직체의 운영에 필요한 데이터 베이스 요구 조건을 명세화한다.

processing routine [-ru:tí:n] **처리 루틴** 컴퓨터에 명령어와 상수값을 집어넣는 프로시저.

processing speed [-spí:d] **처리 속도** CPU가 단위 시간당 처리할 수 있는 명령 수. 단위는 MIPS, FLOPS. MIPS는 1분간 실행할 수 있는 부동 소수점 연산의 횟수를 뜻한다. CPU 등의 「처리 능력」과 동의어로 사용되는 경우가 많다.

processing symbol [-símbəl] **처리 기호** 처리 조작을 나타내는 흐름도 기호. 예를 들면 계산과 같은 것. 이 기호에는 장방형이 쓰인다.

processing system [-sístəm] **처리 시스템** (1) 프로그램 개발 환경. 일반적으로 인터프리터나 컴파일러 등과 같은 프로그램 언어 처리 시스템 부분을 가리킨다. (2) 컴퓨터 시스템 전체에서 연산 처리를 수행하는 중추 부분. 이 밖에 입출력 시스템, 표시 시스템 등이 있다.

processing time [-táim] **처리 시간**

processing unit [-jú:nit] **처리 장치** 하나 이상의 처리 기구와 내부 기억 기구에서 이루어지는 기능 단위.

[주] 영어에서 처리 기구(processor)와 처리 장치(processing unit)는 점점 같은 뜻으로 사용되고 있다.

processing interrupt signal [-intərʌ́pt sígnəl] **처리 인터럽트 신호** 프로세스로부터 생기고, 처리 컴퓨터 시스템에 인터럽트를 발생시키는 신호.

process interrupt card [práses intərʌ́pt ká:rd] **처리 인터럽트 카드, 프로세스 인터럽트 카드** 사용자 또는 사용자가 지시한 프로세스가 인터럽트를 발생시켜 우선 순위에 따른 서비스를 요청하는 방법을 제공하는 카드. 전형적인 카드에는 독립적으로 분리될 수 있는 8개의 채널이 있다. 각 채널의 입력은 저위에서 고위로 또한 그 역방향으로 입력 상태의 변경시에 인터럽트가 발생되도록 조정되거

나 무시될 수 있고, 기계 장치가 접속되면 인터럽트 발생 후 약 10msec 동안 다른 인터럽트가 발생되지 않게 채널에 들어오는 입력을 무시한다. 이 카드는 8개의 인터럽트를 유지 보관할 수 있으며, 그 인터럽트는 사용자가 정한 우선 순위에 따라 처리된다. 인터럽트를 요청하는 사용자 처리 소프트웨어 루틴을 통해 구별된다.

process I/O 처리 입출력 제어 대상과 직접적인 정보 교환을 하기 위한 컴퓨터의 입출력을 말하며, 아날로그 입력, 디지털 입력, 디지털 출력, 아날로그 출력 등이 있다.

process I/O unit 처리 입출력 장치 아날로그, 디지털, 펄스 등의 신호를 주고받는 입출력 장치.

process limit[-límit] **처리 한계** 컴퓨터는 입출력 동작, 내부 연산 동작 등의 균형을 유지하며 데이터 처리를 한다. 예를 들면 입출력 장치와 내부 연산 장치의 처리 속도에 차이가 있으면 컴퓨터 전체로서의 처리 속도는 느린 처리 장치의 처리 속도로 억제된다.

process model[-mádəl] **프로세스 모델** 실제의 프로세스는 복잡하고 다변수인 경우가 대부분이며, 모델은 물질 수지(收支)나 에너지 수지, 물질 및 에너지의 흐름, 상태 등을 나타내는 프로세스 방정식의 무리로 나타나고, 이것을 연립 방정식 형태로 정리하여 해석적 및 통계적으로 풀어서 그 프로세스에 대한 제어계의 설계를 시작할 수 있다. 그래서 실제의 프로세스의 특성이나 동작을 인과 관계나 상태 변화의 기술이나 수식으로 표현한 것을 말하는데, 일반적으로 프로세스 변수와 프로세스 방정식으로 나타내는 경우가 많으며(이해와 처리가 쉬워진다), 이 경우는 수학 모델과 거의 같은 뜻이 된다.

process network[-nétwə̀ːrk] **처리망**

process operator console[-ápərèitər kənsóul] **처리 조작원 콘솔**

process optimization[-àptimaizéiʃən] **처리 최적화** 포괄적인 프로세스 관리 프로그램은 프로세스의 모델을 근거로 DAC(data acquisition and control) 시스템을 제어하며, 처리 데이터는 최적 작동 명령어의 산출을 위해 계속적으로 수집되어 분석된다. 이러한 명령어는 온라인 타자기를 통하여 처리 조작원에게 보내진다.

processor[prásesər] *n.* **처리기** 처리 장치. 연산 처리 장치. 처리 프로그램. 데이터에 연산 조작 등 몇 개의 처리를 일으키는 기능을 갖는 「장치」나 「프로그램」의 총칭. 컴퓨터 시스템 전체를 가리키는 경우도 있다. 일반적으로는 다음과 같은 의미로 사용된다. (1) 하드웨어 : 컴퓨터 시스템의 신경 중추이며, 명령(instruction)을 해독하여 실행(execute)하는 장치인 중앙 처리 장치(central processor). 이 CPU를 복수대로 하고 많은 일을 병렬 처리할 수 있도록 구성한 것을 다중 프로세서(multiprocessor)라고 한다. 또 최근에는 통신 프로세서(communications processor)를 비롯하여 「~프로세서」의 형으로 몇 개의 한정된 기능을 다하는 장치에도 사용된다. (2) 소프트웨어 : 언어 프로세서(language processor)와 같은 뜻으로 사용되고 있다. 이것은 인간이 프로그래밍 언어로 사용하여 쓴 프로그램을 각 컴퓨터 고유의 기계어(machine language)로 번역(변환)하는 기능을 다하는 프로그램이며, 어느 지정된 프로그램 언어를 처리하기 위해서 필요한 해석, 번역 등의 기능을 수행하는 컴퓨터 프로그램. 예를 들면 COBOL 프로세서와 FORTRAN 프로세서가 있다.

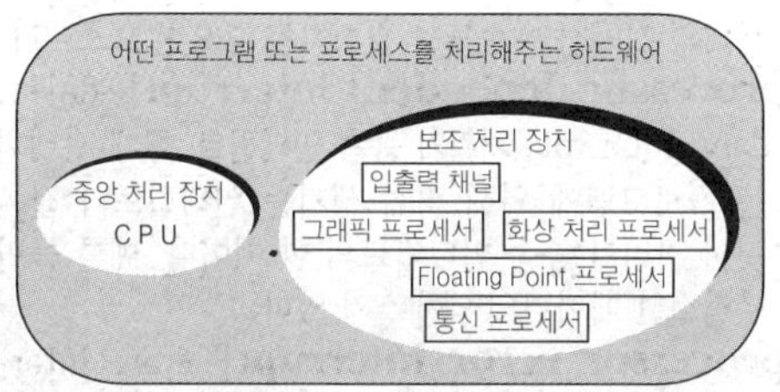

〈CPU와 프로세서의 비교〉

processor address space[-ədrés spéis] **처리 장치 주소 공간**

processor allocation[-æ̀ləkéiʃən] **처리기 할당, 처리 장치 할당**

processor attach[-ətǽtʃ] **연산 처리 장치 접속 기구**

processor basic instructions[-béisik instrʌ́kʃənz] **처리기 기본 명령어** 처리기 모듈이 레지스터 작동, 누산기 작동, 프로그램 계수기 및 스택의 제어 작동, 입출력 작동과 기계 작동 등의 기능을 수행할 수 있도록 하는 명령어.

processor bound[-báund] **프로세서 한계** 프로그램에 대해서 처리 장치가 어떤 한계의 자원에 있는 상태.

processor controlled input/output[-kəntróuld ínpùt áutpùt] **처리기 제어 입출력** 데이터를 주변 기기로부터 일단 CPU에 받아들인 후 주기억 장치에 건네주는 방식. 하드웨어의 구성이 간단하여 일반적으로 사용되고 있으나 CPU의 부담이 커져 자기 디스크와 같은 고속 기기는 DMA(direct memory access)라는 곳에서 직접적으로 주기억 장치와 데이터를 교환하는 방식을 취하고 있다.

processor controller[-kəntróulər] **처리기**

제어기

processor controller applications[–æplikéiʃənz] **처리기 제어기 응용** 처리기 제어기(PC)는 편집, 감독 제어, 직접 제어 또는 데이터 분석에 응용될 수 있다. 제어 및 데이터의 통로는 더욱더 강력한 관리가 필요한 곳에 시스템을 부착할 수 있도록 해준다.

processor cycle time[–sáikl táim] **처리기 사이클 시간** 컴퓨터는 산술 및 제어 장치, 입출력 장치, 기억 장치로 대별할 수 있다. 산술 및 제어 장치는 프로그램 지시를 따르며 중앙 처리 장치(CPU)는 계산, 정보의 이동이나 제어를 담당하고 있고, CPU를 오고가는 모든 정보는 입출력 장치를 거친다. 또한 모든 주변 장치의 동작을 제어한다. 기억 장치는 CPU의 심장부이며 데이터나 명령의 중간 처리 결과를 저장한다. 기억 장치의 주기 시간은 컴퓨터의 전반적인 속도를 결정하는 중요한 요소이다.

processor-dependent interrupt[–dipéndənt ìntərʌ́pt] **처리기 종속 인터럽트** 현재 수행되는 프로그램에 의해 직접 생기는 인터럽트와 같은 것이 처리기 종속 인터럽트의 한 예이다. 예를 들면 부적절한 데이터의 액세스가 있다.

processor error interrupt[–érər ìntərʌ́pt] **처리기 오류 인터럽트** 시스템의 어떤 부분에서 액세스한 단어에 잘못된 검사 비트가 있거나 기억 장치에서 한 장소의 어드레스를 지정할 때 오류가 발생하면 생기는 인터럽트.

processor-independent interrupt[–ìndipéndənt ìntərʌ́pt] **처리기 독립 인터럽트** 이 인터럽트 조건의 한 예는 입출력 명령이 완료되었을 때 입출력 하드웨어에 의하여 야기되는 입출력 완료 조건이다.

processor input-output channel[–ínpùt áutpùt tʃǽnəl] **처리기 입출력 채널** 본질적으로 비동기식으로 동작하는 저속도의 문자 단위 입출력 장치와의 통신에 사용되는 입출력 채널로서 일련의 입출력 장치와 누산기 사이에 데이터를 전송한다. 한 단위의 데이터는 각 전송마다 입출력 명령을 수행함으로써 누산기를 거쳐 지정된 장치로 송수신되며, 입출력 명령은 데이터의 전송은 물론이고, 장치들의 상태를 파악하거나 입출력 동작을 시작하는 데 쓰인다.

processor interface[–íntərfèis] **처리기 인터페이스** 처리기와 표준 통신 서브시스템 사이의 데이터 전송을 위해 처리기의 입력 채널에 연결된 데이터 입력선과 처리기의 출력선에 의해서 발생되며, 처리기 인터페이스는 데이터 흐름을 제어하는 여러 가지 제어선을 갖는다.

processor interface routines[–ru:tí:nz] **처리기 접속 루틴** 시스템 내의 모든 처리기에 대하여 간단하고 표준적인 접속 방법을 제공하는 루틴. 원시 언어 문장의 입력과 재배치 가능한 2진 코드의 출력 결과를 위한 완전한 기능이 제공된다.

processor interrupt[–ìntərʌ́pt] **처리기 인터럽트** 처리기 인터럽트는 컴퓨터가 일련의 명령들을 수행할 때 기계의 오류, 입출력 장치, 감독자 호출, 산술 계산에서의 오버플로 등을 다루기 위하여 프로그램을 인터럽트하는 것으로, 이 인터럽트를 인식하고 다루기 위하여 복잡한 프로그램 대신 전자 회로가 사용된다.

processor interrupt chips[–tʃíps] **처리기 인터럽트 칩** 이 처리기 인터럽트 칩은 인터럽트를 가능 또는 불가능하게 하는 인터럽트 선을 가질 수 있고 인터럽트 인식 논리 회로에서의 입력은 응용 분야에 따라 특별히 정의된 사건이나 정전 상황을 감지하고 응답하는 외부 사건 감지 모듈에 의해서 만들어진다.

processor interrupt facility[–fəsíliti(:)] **처리기 인터럽트 장치** 입출력 장치는 입출력 장치가 데이터를 보내거나 받을 때 처리기 인터럽트가 수행되도록 한다. 인터럽트가 발생될 때 인터럽트 설비가 인터럽트 가능으로 되어 있으면 처리기는 인터럽트 불가능으로 하고, 0번지에 프로그램 계수기의 내용을 저장한 후에 1번지를 수행한다.

processor limited[–límitəd] **처리기 제한** 전처리 시간이 주변 장치의 속도보다 오히려 CPU의 연산 속도에 의해 규정되는 시스템.

processor management[–mǽnidʒmənt] **처리기 관리** 운영 체제의 역할들 중의 하나로 처리 상태 도표에 나타난 활동들을 관리하는 것.

processor mode[–móud] **처리기 모드, 프로세서 모드** 디지털 교환기의 운전 형식과 동작 상태를 표시하는 것을 모드라고 한다. 2대의 CC 운전 형식을 규정하는 시스템 모드 이외에 프로세서 모드가 있다. 이 프로세서 모드란 두 개의 CC에 주종 관계를 가지고 어느 한쪽의 CC에 계(系)의 변경권을 주는 주종 관계를 나타내는 모드를 말한다. 변경권을 가진 CC 모드를 액티브 모드(ACT), 권리를 가지지 않은 CC 모드를 스탠바이 모드(SBY)라고 한다. 이 프로세서 모드가 필요한 이유는 계변경(系變更)을 할 필요가 생길 때 교환 처리에 혼란을 일으키지 않기 위한 것이다.

processor module[–mádʒu:l] **처리기 모듈, 연산 처리 모듈** 하나의 MOS/LSI 마이크로프로세서와 직접 논리 회로, 그리고 병렬 8비트 CPU를 동작시키기 위한 제어 회로를 포함하는 모듈.

processor organization[–ɔ̀ːrɡənaizéiʃən] **처리기 구성** 컴퓨터는 크게 연산과 제어 장치, 입출력 장치, 기억 장치로 나눌 수 있다. 중앙 처리 장치의 연산과 제어 장치 부분은 프로그램 명령의 수행, 계산과 정보의 전달, 그리고 다른 장치에 대한 제어 등을 처리한다. 중앙 처리 장치로 들어가거나 나오는 모든 정보는 입출력 장치에서 다루고 모든 주변 장치의 동작도 제어한다. 기억 장치는 중앙 처리 장치의 중심부로서 데이터나 명령의 임시 기억 장소 역할을 한다. 기억 장치는 매우 중요하며, 메모리 사이클 시간은 처리기의 전체적인 속도에 영향을 미치는 결정적인 요소이다.

processor-per-disk[–pər dísk] **디스크당 처리기** 보통의 디스크 제어 장치를 가진 유동 헤드 디스크를 사용하는 장치로, 탐색과 무관한 데이터를 제거하기 위하여 디스크 제어 장치와 채널 사이의 정류 처리기를 설치한 하드웨어 탐색 장치. 인덱스나 다른 통상적인 위치 설정 메커니즘이 필요하다.

processor-per-surface[–sə́ːrfəs] **표면당 처리기** 유동 헤드 디스크의 향상된 형태. 한 면당 하나의 처리기가 있고 한 회전에 탐색되는 데이터의 양은 한 면당 하나의 트랙(즉, 실린더)이며, 처리기를 다른 실린더로 이동할 때는 하나의 탐구 동작이 요구된다.

processor-per-track[–trǽk] **트랙당 처리기** 고정 헤드 디스크의 개선된 형태. 이 장치는 세포형 논리 장치라고도 하며, 각 세포(기억 장치, 트랙)에 하드웨어 논리(마이크로프로세서)가 있다. 각 트랙은 자신의 전용 프로세서를 가지고 있으며, 모든 프로세서는 병렬적으로 같은 탐색 작업을 수행한다. 따라서 한 번의 회전에 모든 장치가 모두 탐색된다.

processor privilege state[–prívilidʒ stéit] **처리기 특권 상태**

processor scheduler[–skédʒulər] **처리기 스케줄러** 어느 프로세스가 처리기(CPU)를 차지할 것인가를 결정한다.

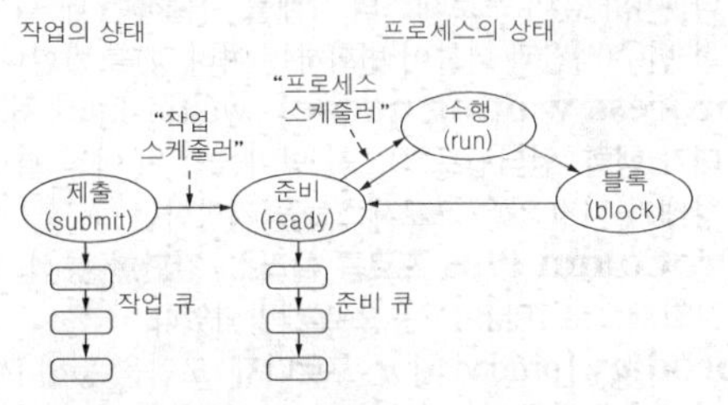

〈처리기 스케줄러의 역할〉

processor scheduling[–skédʒuliŋ] **처리기 스케줄링** 기억 장치 내의 어느 프로세스가 다음에 수행될지를 결정하고, 수행중인 프로세스에 할당된 시간이 다 소요되거나 사용중인 장치의 입출력 요구가 있으면 잠시 멈추게 된다.

processor sharing[–ʃέəriŋ] **처리기 공유**

processor state[–stéit] **처리기 상태**

〈처리기 상태 변화〉

processor state register[–rédʒistər] **PSR, 처리기 상태 레지스터**

processor status word[–stéitəs wə́ːrd] **PSW, 처리기 상태 단어, 연산 처리 장치 상황 워드** 현재 처리기 상태가 들어 있는 레지스터. 처리기 상태란 처리기의 동작 수준, 인터럽트별 반응 여부, 계산 명령어의 수행 결과를 나타내는 조건 코드, 현재 수행 프로그램의 오류 발생 상태 등을 포함한다. 이 양식은 코드 비트들이나 적재 또는 저장 등을 프로그램으로 취급할 수 있도록 어느 정도의 명령을 허용한다.

processor storage[–stɔ́ːridʒ] **주기억 장치, 처리기 기억 장치, 자기 코어 기억 장치**

processor storage control function[–kəntróul fʌ́ŋkʃən] **PSCF, 주기억 제어 기구**

processor verb[–və́ːrb] **처리기 동사** 처리기에서 원시 프로그램이 목적 프로그램으로 번역되는 절차들을 정해주는 동사. 이와 같은 동사들은 목적 프로그램이 수행시에는 아무런 동작도 일어나게 하지 않는다.

process pattern[prɑ́ses pǽtərn] **처리 형식** 데이터 처리에서 ① 변환 ② 정렬 ③ 대조 ④ 합병 ⑤ 갱신 ⑥ 추출 ⑦ 분배 ⑧ 생성 등의 처리 형식을 가리킨다.

process program[–próugræm] **처리 프로그램** 프로세스들을 관리하는 프로그램. 모드에서 수행되는 프로그램의 총칭.

process response[–rispɑ́ns] **프로세스계 응답 특성** 일반적으로 프로세스 방정식을 알 수 없는 신호를 프로세스에 넣어서 그에 대응한 프로세스로부터의 출력 신호를 통해 알아보는 방법이 쓰이는데 이것을 프로세스계의 응답 특성이라고 한다.

process scheduling[–skédʒuliŋ] **프로세스 스케줄링** 처리 스케줄러(또는 디스패처)는 현재 수행중인 처리가 중단될 때 작동되며, 준비 완료 큐에서 다음에 수행될 처리를 선택하는 데 그 목적이 있다. 처리 스케줄러는 커널의 일부로, 모니터가 준비 완료 큐를 볼 수 있으며, 시스템 가운데 가장 빈번히 수행되는 프로그램이므로 운영 체제의 오버헤드를 최소화하기 위하여 효율적이어야 한다. 유닉스와 같은 멀티태스킹 시스템에서 CPU는 많은 프로그램(C 프로세스)을 병행으로 동시에 실행해야 한다. 그러나 CPU는 보통 한 대이므로 CPU는 어떤 프로세스를 일정 시간 실행한 후 그 프로세스를 일시 중지하고 다음 프로세스를 다시 일정 시간 실행하는 식으로 제어를 반복한다. 이때 각 프로세스에 주어진 우선 순위에 따라 어떤 순번으로 어떤 프로세스를 얼마만큼 작동시킬 것인가를 OS에서 제어하는 방법이 프로세스 스케줄링이다.

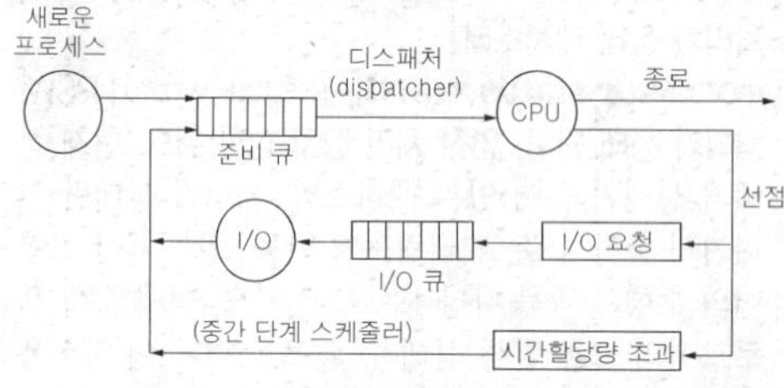

〈프로세스 스케줄링의 예〉

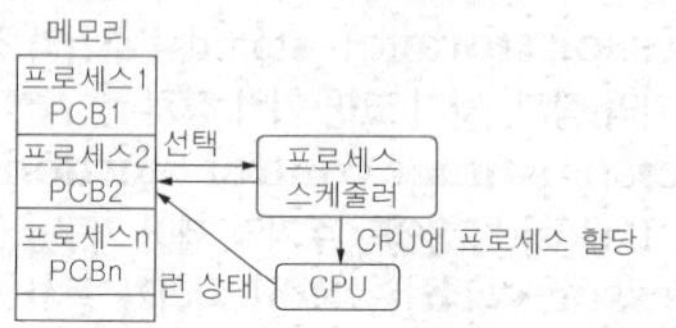

〈프로세스 스케줄링의 개념〉

process simulator[–símjulèitər] **프로세스 시뮬레이터** 자동 제어계의 프로세스 제어에서 목적하는 시스템을 모의(模擬)한 장치.

process state[–stéit] **프로세스 상태** 다중 프로그래밍 시스템에서 프로그램의 수행에 따라 바뀌게 되는 프로세스의 상태로서 실행 프로세스는 현재 중앙 처리 장치(CPU)에서 실행중인 상태이고, 대기 프로세스는 순서적으로 처리해야 하는 입출력 처리 장치의 작업이 끝나기를 기다리는 프로세스이며, 준비 프로세스는 CPU만 할당받으면 실행이 가능한 상태의 프로세스이다.

process state transition[–trænzíʃən] **처리 상태 전이** 하나의 작업이 시스템에 들어가면 준비 상태에서 실행 상태로, 실행 상태에서 준비 상태 및 보류 상태로, 보류 상태에서 준비 상태로 프로세스 전이가 일어나는 것처럼, 그 작업에 대응되는 프로세스가 생성되어 준비 리스트의 끝에 넣어지게 되고, 그 프로세스는 점차 준비 리스트의 앞으로 나가게 되어 언젠가 중앙 처리 장치(CPU) 순서가 들어오면 그것을 차지하게 되는 것.

process status word[–stéitəs wə́:rd] **처리 상태어**

process study[–stʌ́di(:)] **처리 연구** 프로세서 제어기는 처리의 모델을 개발하는 데 필요한 처리 데이터를 신속하게 수집한다. 모델은 경험에 의한 기술과 처리를 동작시킨 과거의 방법에 대한 고찰을 조합하여 개발되며, 좀더 완전하고 정확한 처리의 묘사가 요구될 때 모델은 상관 관계 분석이나 회귀 분석과 같은 수학적인 기술을 써서 만들어진다. 그 다음 처리 제어 프로그램은 처리에서의 사용에 앞서 수학적인 모델에서 시험된다. 여기에서 광범위한 조작원의 지도 정보가 얻어지며 더불어 그 모델은 완전한 감독 제어로의 상당한 진전을 나타내게 된다.

process switch[– swítʃ] **처리 전환** 프로그램 내의 어떤 상태나 시스템 내의 어떤 물리적 조건에 따라 분기하는 분기점.

process synchronization[– sìŋkrənaizéiʃən] **처리 동기화** 처리의 실행에서 시간에 따른 순서를 맞추는 것.

process table[–téibəl] **처리표, 프로세스 테이블** 시스템이 파악하고 있는 모든 처리들에 대한 항목을 갖는 표. 시스템 내에 존재하는 모든 active process를 기술하는 테이블. 각 프로세스마다 하나의 엔트리가 있으며 거기에는 스케줄링이나 가상 메모리 할당 등에 관한 정보가 수록된다.

process termination block[–tə̀:rminéiʃən blák] **센서 입출력 접속 단자반**

process time[–táim] **처리 시간** 원시 프로그램을 목적 프로그램으로 번역하는 데 걸리는 시간.

process variable[–vɛ́(:)riəbl] **프로세스 변수** 이 프로세스 변수는 학문적 정의가 아니고 기술적 속칭으로 변수는 입력 변수와 출력 변수로 나뉘고, 또 전자는 외란 변수(外亂變數)와 조작 변수로, 후자는 중간 변수와 제어 변수 및 비제어 변수로 나뉜다. 이와 같이 프로세스의 상태를 기술하는 데 필요한 변수(시간과 더불어 변화하는 여러 양)를 말한다.

process waiting queue[–wéitiŋ kjú:] **처리 대기 행렬** 인터럽트 신호를 받아들인 뒤 아직 실행 상태가 되지 않은 프로세스들을 저장하는 큐.

ProComm Plus 프로콤 플러스 간단한 통신 프로그램으로 IBM-PC용으로 개발되었다.

prodigy [prádədʒi] *n.* **프로디지** 모뎀을 통해 PC 사용자에게 홈쇼핑이나 뉴스, 주식 시세, 취미 생활 정보 등을 제공하기 위해 미국 대형 소매점인 시어즈로 바크 사와 미국 IBM 사가 공동 개발한 온라인 정보 서비스. 이용 요금이 저렴하고 사용하기 편리한 사용자 인터페이스를 제공하고 있다. 컴퓨서브에 이어 PC 통신 서비스에서는 미국 내 두 번째 규모를 자랑하고 있다. 기본 요금의 가격은 한 가정당 매월 7.95달러부터 19.95달러이며 프로디지는 현재 P2라고 알려져 있는 차세대 에뮬레이터로 PC 통신업계에 화려한 도약을 준비중이다.

ProDOS 프로도스 professional disk operating system의 약어. 대용량 기억 장치와 플로피 디스크 기억 장치를 지원하는 애플Ⅱ 컴퓨터용 운영 체제.

product[prádəkt] *n*. **곱** 프로덕트. 제품. 대상에 따라 다르게 사용된다. 주로 다음과 같이 사용된다. (1) 곱셈하여 얻어진 수치, 즉 승수(multiplier)를 피승수(multiplicand)에 곱한 결과. (2) 두 개의 집합 a, b에 공통하는 부분 집합(논리곱). (3) 데이터 처리의 결과 얻어진 무리의 정보. (4) 관계 대수에서 두 개의 릴레이션을 필요로 하는 2항 연산의 일종으로 이 연산의 결과는 두 릴레이션에 속하는 각각의 투플의 모든 가능한 결합쌍으로 이루어진 릴레이션이 된다.

product adjustability[–ədʒʌ́stəbiliti] **제품 조정성**

product analysis[–ənǽlisis] **제품 분석**

product and system safety engineering[–ənd sístəm séifti(ː) èndʒəníəriŋ] **제품·시스템 안전 공학**

product area[–ɛ́(ː)riə] **곱(乘積) 구역** 곱셈의 결과를 지정하기 위해 주기억 장치 내에 있는 특별한 구역.

product assurance level[–əʃú(ː)rəns lévəl] **제품 보증 수준**

product assurance requirement[–rikwáiərmənt] **제품 보증 요구 사항**

product assurance technology[–teknálədʒi(ː)] **제품 보증 기술**

product certification[–səːrtifikéiʃən] **제품 보증**

product complexity[–kəmpléksiti(ː)] **제품 복잡성**

product configuration[–kənfìgjuréiʃən] **제품 구성**

product development[–divéləpmənt] **제품 개발**

product development system[–sístəm] **제품 개발 시스템**

product durability[–djù(ː)rəbíliti(ː)] **제품 내구성**

product engineering[–èndʒəníəriŋ] **제품 공학**

product evaluation[–ivæljuéiʃən] **제품 평가**

product information control system[–ìnfərméiʃən kəntróul sístəm] **PICS, 생산 정보 관리 시스템**

production[prədʌ́kʃən] (1) *n*. **생산, 생성** 인간의 장기 메모리 내에서 지식을 표현하기 위해 사용되는 IF-THEN 문장 또는 규칙. 이미 테스트되어 디버그된 다른 프로그램과 함께 사용하여 중요한 관리 보고서의 작성이나 마스터 파일의 갱신과 같은 그런 목적으로 하는 처리를 시작할 수 있게 된다. (2) 테스트에 대한 용어로, 본래의 목적을 다하는 것. 프로그램 테스트가 완료되고 모든 디버그를 제거한 다음 적용 업무 프로그램을 본 가동에 옮길 수 있다.

production control[–kəntróul] **생산 관리, 공정 관리** 생산 라인에서부터 데이터를 취득하는 시스템 또는 경영을 위한 생산 정보의 흐름을 빠르고 단순하게 하기 위한 작업으로서, 생산 활동 전반에 걸쳐 관리를 하는 것을 총칭한다. 넓은 의미로는 공정 계획·일정 계획에서부터 공장 내에 자재가 반입되고 모든 작업이 완료되어 제품으로 반출되기까지의 통제 관리. 제품의 필요 수량 등을 기일까지 생산하도록 공장 내의 모든 생산 활동을 경제적으로 함과 동시에 능률적이고 계획적으로 운영하기 위해 작업이 기준대로 행해지고 있는지를 점검하고, 그렇지 않다고 판정된 때에는 그 원인을 교정하도록 하는 조작을 말한다.

production control program package[–próugræm pǽkidʒ] **공정 관리용 프로그램 패키지** 제조업 등에서 전 부문 또는 각 부문의 작업 계획을 시간에 따라서 세울 수 있는 프로그램.

production control system[–sístəm] **생산 관리 체제** 경영을 위한 생산 정보의 흐름 또는 생산 라인에서부터 데이터를 취득하는 시스템의 정보 흐름을 신속하고 간단하게 하기 위한 조직으로, 생산 절차의 계획, 원재료 수배 준비 계획, 일정·주간 계획 등을 세워서 제조 공정이 그 계획에 따라서 진행할 수 있도록 진도 관리(진척 관리라고도 한다)를 하는 시스템으로, 종합적인 생산 관리 시스템 중의 일부이다.

production control system by computer[–bai kəmpjúːtər] **생산 관리의 컴퓨터 제어** 생산 관리의 컴퓨터 제어는 기능이나 하드웨어가 계층 구조의 형태를 띤 네트워크로 구성되고 있을 뿐만 아니라 제조 공장의 종합적인 생산 관리를 위해 일반적으로 대규모의 시스템이다.

production control terminal[–tə́ːrminəl] **생산 관리 단말기** 생산 관리 체제 내에서 생산 관리를 조작하기 위한 단말기.

production language theory[–lǽŋgwidʒ

θíəri(ː)] **생산 언어 이론** 형식 언어 이론(BNF)에서 입력 스트링을 출력 스트링으로 변환하는 것.

production library[–láibrəri(ː)] **생산 라이브러리** 현재 사용이 가능한 소프트웨어들이 포함되어 있는 소프트웨어 라이브러리.

production management[–mǽnidʒmənt] **생산 관리** 기업 전체로서의 생산력을 최고로 하기 위해 생산에 관여하는 각종 요소(기계, 설비, 원료, 노동력 등)의 능률적인 활용을 꾀함과 동시에 각 생산 요소의 종합적 조정을 행하는 것.

production memory [–méməri(ː)] **생산 메모리** 생성 시스템에서 규칙을 모아놓은 메모리.

production node[–nóud] **생산 노드** 규칙의 전체 부분이 만족되는지를 판단하기 위해서 리티-부합(rete-matching) 알고리즘에서 사용되는 특별한 노드.

production planning[–plǽniŋ] **생산 계획**

production process[–práses] **제조 공정** 기계, 재료, 작업 표준, 작업원의 기량 등 제조의 과정 중에서 제품의 품질에 영향을 미치는 조건의 전체의 총칭.

production program[–próugræm] **생산 프로그램**

production routine[–ruːtíːn] **생산 루틴** 프로그램 결과를 설계한 대로 산출하는 루틴. 보조 작업, 작업 처리 또는 번역, 어셈블, 변환 등을 위한 루틴과 대조되는 루틴이다.

production rule[–rúːl] **생성 규칙** 패턴에 따른 응답 절차로서 형식 문법에 있어서 〈명사구〉 → 〈관사〉 〈명사〉, 〈부사〉 → rapidly와 같이 비단말(非端末) 기호나 단말 기호의 각종 관계, 즉 일종의 문법을 생성 규칙이라고 한다.

production run[–rʌ́n] **생산 시행** 프로그램의 목적을 충족시키는 시행. 이것은 작성한 프로그램이 성공적으로 점검된 후 수행된다.

production section[–sékʃən] **생성 부분** 규칙의 정의 부분을 포함한 OPS5 프로그램의 부분.

production system[–sístəm] **생성 시스템** (1) IF-THEN 문장의 생성으로만 구성된 컴퓨터 프로그램. 작업 메모리와 생성 메모리의 두 가지 데이터 베이스를 유지한다. (2) 컴퓨터와 대화하면서 데이터 베이스 중의 사항이 전제 조건을 만족시키는 법칙을 차례로 가동하여 그 결론적 정보를 데이터 베이스에 기록해넣는 조작을 반복함으로써 최종적으로 결론을 얻는 시스템. 예를 들면 의료 진단 시스템으로 유명한 MYCIN 등이 있다.

production system language[–lǽŋgwidʒ] **생성 시스템 언어** 생성 시스템의 구조를 주요 구성 요소로 채택하는 컴퓨터 언어.

production time[–táim] **생산적 시간, 가용 시간** 고장이나 오류가 생기지 않고 생산적 처리 작업에만 사용되는 시간.

productivity[pròudəktíviti(ː)] *n.* **생산성** 생산성은 두 가지 요소의 콤비네이션, 즉 그 시스템의 설비(사용의 용이성)와 시스템의 성능에 의해서 정해지며 소프트웨어, 하드웨어가 하는 작업의 효율을 말한다.

productivity improvement and control system[–imprúːvmənt ənd kəntróul sístəm] **PICS, 생산성 개선 및 제어 시스템**

productivity package[–pǽkidʒ] **간이 언어** 어떤 제한된 용도를 위한 간단한 명령군이나 프로그램 언어. 최근에는 응용 프로그램 사이에 간이 언어 기능이 내장되어 있는데, 이것을 매크로 기능이라 한다. 매크로를 작성하여 등록하면 조작 순서의 배치화, 자동화가 가능하다. 간이 언어는 최종 사용자 언어와 동일하게 취급되기도 한다.

product liability engineering[prádəkt laiəbíliti(ː) èndʒəníəriŋ] **제품 책임 공학**

product liability prevention[–privénʃən] **PLP, 제품 책임 예방**

product life cycle theory[–láif sáikl θíəri(ː)] **PLC, 제품 라이프 사이클 이론**

product modulator[–mádʒulèitər] **곱 변조기**

product of maxterm[–əv mǽkstərm] **맥스텀의 논리곱** 논리 함수 표현시 합의 곱 형태로 나타낼 때, 각 논리합이 원하는 신호의 0을 나타내는 경우 이를 맥스텀이라 하며 이들의 논리곱으로 표현하는 형식이다.

product of sums[–sʌ́mz] **합의 곱** 연결된 변수들의 쌍들이 AND 형태로 차례로 결합된 불(Boolean) 식. 예 $f(A,\ B,\ C)=(A+B)\cdot(A+C)$

product performance research[–pərfɔ́ːrməns risə́ːrtʃ] **제품 성능 연구**

product planning[–plǽniŋ] **제품 계획**

product quality assessment[–kwáliti(ː) əsésmənt] **제품 품질 사정(査定)**

product reliability[–rilàiəbíliti(ː)] **제품 신뢰성**

product safety design[–séifti(ː) dizáin] **제품 안전 설계**

product software[–sɔ́(ː)ftwὲər] **제품 소프트웨어** 판매를 목적으로 하여 개발된 소프트웨어.

product specification[–spèsifikéiʃən] **제품 명세(서)**

product structure[–strʌ́ktʃər] **생산 구조** 조립 작업에서 부품표(B/M)를 컴퓨터에 기억시킬 때

의 기본적인 방법으로 이를 기초로 제품 완성에 필요한 부품의 사용 장소와 필요 수량을 기록한다.

product structure method[-méθəd] **생산 구조법**

product summary[-sʌ́məri(:)] **생산 요약** 서머리법에서는 제품에 필요한 부품을 그 사용 장소에 관계없이 총 필요량만을 기록한다. 조립 작업에서 부품표(B/M)를 컴퓨터에 기억시켰을 때의 기본적인 한 방법이며, 이들을 기초로 제품 완성을 위해서 필요한 자재량을 계산한다.

product support engineering[-səpɔ́:rt èndʒəníəriŋ] **PSE, 제품 지원 공학**

product term[-tə́:rm] **곱 항** 산술식에서 곱셈으로, 또는 논리식에서 AND 연산자로 연결된 항.

product transformation[-trænsfərméiʃən] **제품 변형**

product transportation system[-trænspərtéiʃən sístəm] **제품 수송 시스템**

profile[próufail] *n.* **프로필** (1) 로그인(log-in)시에 실행되는 셸 스크립트(shell script). 이것은 이용자 등록시에 이용자의 홈 디렉토리 바로 아래에 「profile」이라는 파일명으로 등록된다. 「profile」에는 셸 변수의 세트나 자동으로 시동해두고자 하는 커맨드 등이 기술되어 있는 것이 일반적이다. (2) 컴퓨터 시스템을 이용하는 이용자의 특징. 또 그 이용자에게 주어진 각종 정보(패스워드, 권한 등)를 호출할 때 쓰인다.

profile control[-kəntróul] **프로필 제어**

profiler[próufailər] **프로파일러** 대규모의 소프트웨어를 개발하는 과정에서 제품의 검사 단계 이전의 최종 개발 단계에서 수행되는 작업. 즉, 소프트웨어를 여러 가지 방법으로 실행시켜 봄으로써 시스템 성능 및 병목 현상이 발생하는 지점을 발견할 수 있게 만든 개발 도구.

profiling[próufailiŋ] **프로파일링** 실행된 프로그램의 실행 상태나 커널과의 통신 상태 등에 관해서 해석하는 것.

program[próugræm] *n.* **프로그램** 컴퓨터에 처리시키는 작업의 순서를 명령어로 작성하는 것. 실제로는 프로그래머(programmer)가 그 작업을 충분히 이해하여 처리 순서를 틀림없도록 결정하고, 프로그래밍 언어(programming language)를 사용하여 기술한다. 이 프로그래밍 언어로서는 컴퓨터의 명령어와 거의 일대일로 대응한 기호를 사용하여 표현하는 어셈블리(assembly) 언어, 복잡한 식 등을 그대로 기술할 수 있게 한 기술 계산용의 FORTRAN 언어, 처리의 절차를 명령형의 영문으로 작성할 수 있는 사무 처리용의 COBOL 등 여러 가지가 있다. 프로그램은 일단 완성되면 자기 테이프나 자기 디스크에 기록해두고, 필요에 따라 사용된다. 하나의 컴퓨터 시스템을 운용하는 것은 대소 여러 가지의 몇 백, 몇 천의 프로그램이 필요하다.

[주] 1. 처리에는 프로그램의 실행 및 프로그램을 실행하는 준비로서의 어셈블러, 컴파일러, 번역 프로그램 또는 그 밖의 번역 프로그램 등의 사용도 포함된다. 2. 프로그램에는 명령문과 소요의 선언문이 포함된다.

program activation display[-æktivéiʃən displéi] **프로그램 액티베이션 디스플레이** 단위 프로그램 액티베이션에서 비지역 변수(non-local variable)를 조회하는 효율적인 방법이며 시행 시간 어느 시점에서나 액티베이션 레코드 간의 정적인 관계를 정적 링크 대신에 나타내는 1차원 가변 배열.

program-addressable memory port[-ədréseibl méməri(:) pɔ́:rt] **프로그램 주소 지정 가능 메모리 포트**

program-address counter[-ədrés káuntər] **프로그램 주소 카운터**

program-address register[-rédʒistər] **프로그램 주소 레지스터**

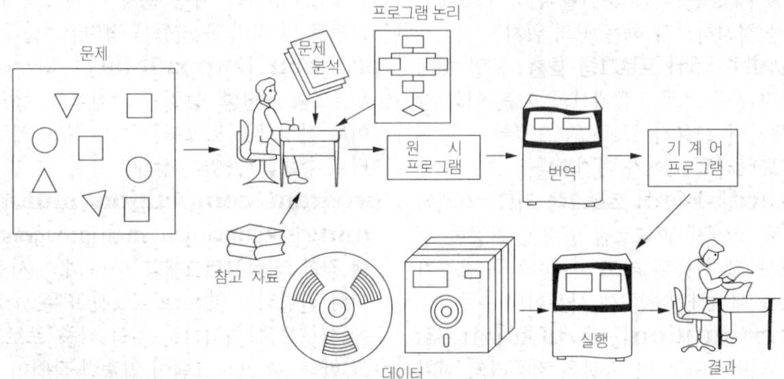

〈프로그램 작성과 실행 절차〉

program allocation and loading[–æləkéiʃən ənd lóudiŋ] **프로그램 할당 및 적재** 이 프로그램은 항상 시스템에 존재하며, 서브루틴의 선택은 직접 시스템 라이브러리에서 할 수 있고, 할당 프로그램은 컴파일된 요소들이 프로그램으로 구성될 때 동적으로 서브루틴을 혼합시킨다. 링크 과정을 통해 재배치 가능한 2진 원소들을 작업의 수행을 위하여 서로 연결시켜 주는 프로그램을 할당 프로그램이라고 한다. 재배치 가능한 원소는 처리기의 공통 요소 출력으로서 응용 프로그램들이 여러 가지 언어로 작성되고 컴파일되어 실행시에 올바르게 연결될 수 있도록 한다.

program analysis[–ənǽlisis] **프로그램의 해석** 한 프로그램이 주어지며, 그 프로그램의 입력과 출력과의 대응, 정지성, 정당성 등의 해석을 하는 이론이나 그 해석 과정을 자동화하는 시스템.

program analysis diagram[–dáiəgræ̀m] ⇨ PAD

program architecture[–ɑ́ːrkitèktʃər] **프로그램 구조** 컴퓨터 프로그램의 구성 요소들 간의 조직과 관계. 프로그램 구조는 가동 환경 하에서 프로그램 사이의 인터페이스도 포함된다.

program attention key[–əténʃən kíː] PAK, **프로그램 어텐션 키**

program attribute[–ǽtribjùːt] **프로그램 속성** 확장 영역에 관해서 프로그램이 동작할 수 있는 영역을 나타내는 프로그램의 속성.

program block[–blɑ́k] **프로그램 블록** 문제 해결을 목적으로 하는 언어에서 관련된 문장들을 묶어놓거나 루틴의 한계를 정하거나 기억 장소 할당을 지정하거나 레이블의 응용성을 서술하거나 또는 다른 목적으로 컴퓨터 프로그램을 나누는 컴퓨터 프로그램의 분할.

program breakpoint[–bréikpɔ̀int] **프로그램 단절점** 프로그램의 체크시나 프로그램을 부분 인쇄하고자 할 때 또는 성능 분석을 위하여 실행중인 프로그램을 정지하고자 하는 곳의 위치.

program call[–kɔ́ːl] **프로그램 호출** 운영 체제에 대한 사용자 응용 프로그램에서의 호출. 이와 같은 호출이 생기면 사용자 프로그램으로부터 전체 운영 체제의 모니터로 제어가 이전된다.

program card[–kɑ́ːrd] **프로그램 카드** 기계어 또는 원시어로 쓰여진 프로그램 명령을 천공한 카드. 특정한 코드로 천공된 카드. 키 펀치나 검공기의 자동 조작을 제어하기 위하여 사용한다.

program certification[–sə̀ːrtifikéiʃən] **프로그램의 인증** 일반적으로 이 과정은 컴퓨터의 설치선에 있어서 실시되고, 소프트웨어 자신을 평가할 뿐만 아니라 부속 문서 등을 포함하여 평가되는 것이며, 규정의 가동 조건 하에서 프로그램이 효율적으로 가동하고, 여러 가지 요구를 만족하고 있는 것을 확인하는 것.

program chaining[–tʃéiniŋ] **프로그램 연쇄** 주기억 용량보다 큰 프로그램을 연속되는 모듈별로 순서적으로 기억 장치에 기억시켜 처리하는 기술.

program check[–tʃék] **프로그램 검사** 자동 검사 기능을 갖지 않는 프로그램이나 시스템에 만들어 삽입하며, 내부적으로 자체 검사 기능을 갖지 않는 컴퓨터에서 수행하는 프로그램에 관계되는 것이며, 컴퓨터에 의해서 계산 처리를 하기 전에 대상 데이터의 정확성을 유지하고 향상시키기 위해서 대상 데이터의 내용을 프로그램에 의해서 점검하는 것.

program checker[–tʃékər] **프로그램 검사자**

program checking[–tʃékiŋ] **프로그램 검사**

program check interruption[–tʃék ìntərʌ́pʃən] **프로그램 검사 인터럽션** 잘못된 오퍼랜드와 같이 정상이 아닌 조건이 프로그램 실행중에 발생되었을 때 일어나는 인터럽션.

program checkout[–tʃékɑ̀ut] **프로그램 성능 검사** 프로그램의 설계와 결과가 예상대로 되었는지를 확인하기 위하여 컴퓨터로 그 프로그램을 사전에 실행해보는 표준화된 절차.

program checkout condition[–kəndíʃən] **프로그램 검사용 조건** 프로그래머가 디버그하는 데 편의를 주기 위한 조건.

program coding[–kóudiŋ] **프로그램 코딩** 규정된 용지에 실제적으로 상세한 프로그램의 명령들을 기술하는 것.

program communication block[–kəmjùːnikéiʃən blɑ́k] PCB, **프로그램 통신 블록** 논리적 데이터 베이스의 정의와 논리적 데이터 베이스와 물리적 데이터 베이스 사이의 사상을 정의하는 부분. 이것에는 물리적 데이터 베이스를 정의하고 있는 DBD의 이름, 계층 순차 키 피드백 구역, 관리 세그먼트 및 처리 옵션 등을 정의한다.

program compatibility[–kəmpæ̀tibíliti(ː)] **프로그램 호환성** 동일한 기계어 및 동일한 원시 언어로 작성한 프로그램들을 두 개의 서로 다른 컴퓨터로 수행할 수 있는 상태.

program competition multiprogramming[–kɑ̀mpətíʃən mʌ̀ltipróugræmiŋ] **프로그램 경합 다중 프로그래밍** 여러 개의 서로 관련된 것이나 관련되지 않은 프로그램 또는 그 일부를 동시에 병행으로 처리하는 것을 다중 프로그램 처리라고 한다. 한 프로그램이 입출력 작업이 끝나기를 기다리는 동안에는 미리 정해진 순서에 따라 다른 프로그램으로 처리기의 제어가 넘어간다. 만일 여러 개의 프로그램이 처리기의 제어를 요구할 때에는 기억 장치의 필요량, 처리기의 활용도, 입출력 작업의 정도를 감안하여 순서를 정함으로써 단위 시간당 시스템의 처리 능력을 상승시킨다.

program compilation[-kàmpiléiʃən] **프로그램 컴파일** 처리 중심 언어(ALGOL, COBOL, FORTRAN, Assembly)로 작성한 원시 프로그램을 목적 프로그램으로 번역하는 것.

program construct[-kənstrʌ́kt] **프로그램 구성 요소** 절차적 알고리즘의 제어 구조를 구체적으로 도표로 표시하는 방법을 정리한 것. ISO 규격과 이것을 기반으로 하여 각 국마다 규격이 마련되어 있다. 절차부와 제어부로 나뉘고, 프로그램은 그 구성 요소들을 조합하여 표현하며, 이를 바탕으로 구조적 프로그래밍이 가능해진다. 그 구성 요소는 순차, 반복, 선택이다.

program control[-kəntróul] **프로그램 제어** 컴퓨터의 조작과 처리를 제어하고 프로그램에 따라 작업이 자동으로 처리되도록 표현된 시스템 프로그램. 자동 제어 방식의 일종으로, 제어의 행정(行程)이 미리 정해진 프로그램에 따르는 종류이다. 예를 들면 철의 열처리를 하는 가열로의 제어, 열차의 평상시 진로 제어를 하는 경우 등이다.

program control center[-séntər] **프로그램 제어 센터** 이 장치는 컴퓨터의 여러 동작을 제어하며, 각 프로그램 제어 센터는 4개 이상의 서로 다른 응용에 사용될 프로그램을 가지고 있다.

program control data[-déitə] **프로그램 제어용 데이터** PL/I 프로그램에 사용되는 데이터에는 프로그램 제어 데이터와 문제 데이터의 두 종류가 있다. 프로그램 제어 데이터는 프로그램의 실행을 제어할 목적으로 사용하는 레이블 데이터, 사상(事象) 데이터, 파일 데이터, 입구 데이터, 로케이터 데이터, 태스크 데이터, 구역 데이터의 7종류로 나뉘어지는데, 이 중 PL/I 프로그램의 실행을 제어하기 위하여 프로그래머가 사용하는 데이터를 뜻한다. 산술 데이터, 스트링 데이터 이외의 데이터.

program control data attribute[-ǽtribjù:t] **프로그램 제어용 데이터 속성** ENTRY, TASK, FILE, LABEL, EVENT, POINTER, OFFSET 및 AREA가 있으며, 프로그램 제어용 데이터라는 것을 지정하는 속성.

program controlled interruption[-kəntróuld intərʌ́pʃən] PCI, **프로그램 제어 인터럽션** 채널 프로그램의 실행중에 지정된 커맨드의 개시 시점에서 일어나는 입출력 인터럽트 또는 그 기능.

program controlled I/O **프로그램 제어 입출력**

program controlled mode[-móud] **프로그램 제어 모드** 1명령을 실행함으로써 1워드 또는 1바이트의 데이터가 전송되는데, 프로그램의 직접 제어 하에 입출력 장치와 중앙 처리 장치 또는 주기억 장치와의 사이에서 1워드 또는 1바이트 단위의 데이터 전송을 하는 모드.

program controller[-kəntróulər] **프로그램 제어기** 컴퓨터 명령어의 실행과 그들 실행 순서를 제어하는 중앙 처리기 내의 장치.

program control variable[-kəntróul vέ(ː)riəbl] **프로그램 제어용 변수** 레이블 변수, 사상(事象) 변수, 포인터 변수, 오프셋 변수 및 영역 변수가 있으며, 프로그램 제어용 데이터를 값으로 취할 수 있는 변수의 총칭. 입구 변수, 태스크 변수, 파일 변수.

program conversion[-kənvə́:rʃən] **프로그램 변환** 프로그램의 의미(즉, 프로그램을 실행했을 때의 효과)를 변화시키지 않고 제어 흐름의 구조를 변화시키는 것. 실행 순서의 상호 교환 및 반복 구조의 분해 등 간단한 것에서부터 재귀 호출의 반복에의 변환, 취급하는 데이터 구조의 변경을 포함하는 것 등 여러 가지 종류가 있다.

program counter[-káuntər] PC, **프로그램 계수기** 기계적인 계수기가 아니고 프로그램 내에서 건수(件數) 등을 계수하는 변수.

program counter operation[-àpəréiʃən] **프로그램 계수기 동작**

program counter/pointer register[-pɔ́intər rédʒistər] **프로그램 계수기/포인터 레지스터** 프로그램을 실행할 때 다음 명령을 차례로 지시하기 위해 프로그램 계수기를 계속해서 수정하도록 하는 조합 레지스터.

program debugging[-di:bʌ́(ː)giŋ] **프로그램 오류 수정** 프로그램 정정 작업의 한 방법으로, 프로그램 자체나 프로그램 명세서, 그리고 문서화된 내용 등을 검사하여 오류를 찾아내고 정정한다.

program decomposition[-di:kàmpəzíʃən] **프로그램 분해**

program delay[-diléi] **프로그램 지연** 프로그램에 의하여 일정한 시간만큼 명령의 실행을 늦추는 방법.

program description language[-diskrípʃən lǽŋgwidʒ] **프로그램 기술 언어**

program design[-dizáin] **프로그램 설계** 소프트웨어를 작성하는 과정은 단계적으로 그림에 나타낸 것처럼 흐름으로 작성된다. 프로그램 설계는 원하는 프로그램을 완성시키기 위한 구체적 작업의 1 스텝이다. 시스템 전체를 주체로 한 기본 설계와 상세 설계에서 대상 업무를 효율적으로 처리하기 위한 프로그램 구성, 내부의 처리 상세, 각 단위 프로그램 간의 인터페이스 상세 등을 결정하는 직업이며, 일반적으로는 프로그램 설계서, 제너럴 플로 차트, 테이블 설계서 등의 작성 과정을 말한다.

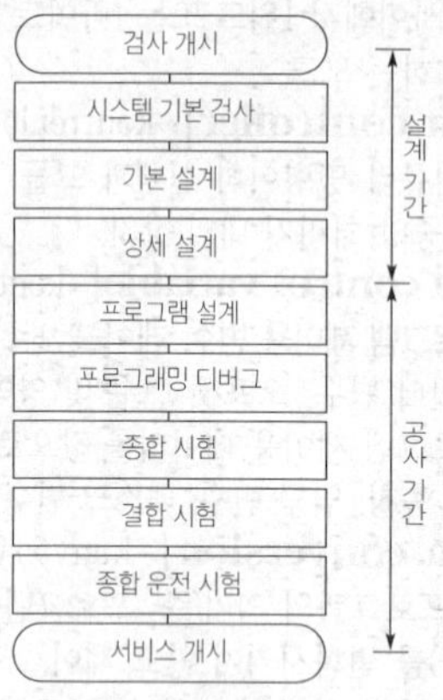

〈프로그램 설계〉

program design language[–lǽŋgwidʒ] PDL, **프로그램 설계 언어** 프로그램 설계 언어는 기능별로 부분화된 모듈을 기술하는 언어로 구조적인 자연어의 형태를 취하여 이해도의 증진 및 내용 전달을 쉽게 하는 것이 주목적이다. 일명 의사 코드(pseudo code)라고도 한다.

program development cycle[–divéləpmənt sáikl] **프로그램 개발 주기** 문제 분석, 알고리즘 개발, 코딩, 프로그램 실행, 프로그램 디버깅, 프로그램 검사, 프로그램 설명 등이 단계별로 수행되어야 하며, 컴퓨터로 어떤 문제를 해결할 때 프로그램 작성 과정에서 거치는 여러 단계.

program development system[–sístəm] **프로그램 개발 시스템** 프로그램을 만들거나 시뮬레이트 또는 오류 수정을 하는 시스템으로, 컴퓨터 제작 회사에서 제공하는 마이크로프로그래밍 개발 패키지를 이용하여 프로그램 개발자가 디스플레이, 키보드, 플로피 디스크 장치, 프린터를 장착시킨 시스템을 말한다.

program development time[–táim] **프로그램 개발 시간** 실행이 가능한 컴퓨터 프로그램을 작성하는 데 필요한 전체 시간. 즉, 컴퓨터로 번역, 시험(test), 오류 검출에 사용되는 총시간을 말한다.

program development tools[–tú:lz] **프로그램 개발 도구** 키보드나 종이 테이프, 카드 등을 비롯하여 원시 코드를 기계어로 번역하는 컴파일러와 크로스 어셈블러, 원시 코드를 설계대로 쉽게 변경해주는 편집 프로그램, 제각기 번역된 목적 모듈을 실행하기 위하여 합병시켜 주는 연결 적재기, 설계자가 많은 응용 프로그램을 항상 최신 상태로 유지 관리할 수 있는 라이브러리 시스템과 응용 프로그램의 시험과 오류 수정에 사용되는 시뮬레이터 등으로 프로그램을 개발하는 데 이용되는 도구를 말한다.

program development worksheet[–wə́:r-kʃì:t] **프로그램 개발 작업표** 복잡한 컴퓨터 프로그램을 조직적으로 개발하는 데 도움을 주기 위한 서류 양식.

program documentation[–dɑ̀kjumentéiʃən] **프로그램 기록, 프로그램 문서화** 프로그램의 기능, 특성, 작성, 배경 등을 주석이나 별도의 주석용 파일로 기술해주는 것.

program drum[–drʌ́m] **프로그램 드럼** 프로그램 카드의 내용을 담은 회전하는 실린더.

program editing[–éditiŋ] **프로그램 편집** 사용자가 편리하고 신속하게 각종 원시 문안을 편집하고 만들어내는 것.

program element[–éləmənt] **프로그램 요소**

program error[–érər] **프로그램 오류** 프로그래머, 천공 수 또는 기계어 컴파일러나 어셈블러에 의해서 프로그램 코드에 생기는 오류.

program error dump[–dʌ́mp] **프로그램 오류 덤프**

program error interrupt[–ìntərʌ́pt] **프로그램 오류 인터럽트** 프로그램에서 오류가 발생하는 경우로서 잘못된 연산 코드나 기억 보호를 깨뜨리려고 하거나 계산의 예외적인 결과 등과 같은 프로그래머의 오류 때문에 일어나게 된다. 프로그램 인터럽트가 발생하면 제어는 진행중인 프로그램 세그먼트의 에러 루틴으로 옮겨지거나 비정상적인 프로그램 끝 표시와 함께 프로그램이 끝나게 된다.

program evaluation and review technique[–ivæ̀ljuéiʃən ənd rivjú: tekní:k] PERT, **퍼트법, 프로그램 평가 검토 기법** 최종적인 목적을 달성하기 위해서 수행하는 개개의 활동, 작업 등을 전체 프로젝트와 연관해서 광범위하게 분석하는 것.

program event interruption[–ivént ìn-tərʌ́pʃən] **프로그램 사건 인터럽션**

program event recording[–rikɔ́:rdiŋ] PER, **프로그램 사건 기록** 프로그램의 디버그를 용이하게 하기 위하여 프로그램 실행중에 특정한 사건이 발생하면 인터럽트를 일으키는 기능. 분기 성공, 주기억 갱신 등이 대상이 되는 기록. 보통 생략형은 퍼(PER)라고 읽는다.

program exception[–iksépʃən] **프로그램 예외** 프로그램 내에 어느 종류의 상태가 검출되었을 때 프로그램 인터럽트가 일어난다. 이 상태로서는 매개변수의 지정이 옳지 않다는 것, 예외적인 결과가 된다는 것 등이 있는데, 총칭하여 프로그램 예외라고 한다. 어느 종류의 예외인 경우(고정 소수점 자리넘침, 10진 자리넘침, 지수 하위 자리넘침, 지수 유효 숫자 예외), 프로그램 상황 워드의 대응하는 비트를 제로로 하면 인터럽트 금지로 할 수가 있다. 즉, 프로그램 내에서의 부적절한 지정 또는 명령의 사용법의 잘못이 실행중에 검출된 상태를 말하며 그 결과 프로그램 인터럽트가 일어난다.

program execution[–èksəkjú:ʃən] **프로그램 실행**

program execution time[–táim] **프로그램 실행 시간**

program execution tracing[–tréisiŋ] **프로그램 실행의 추적** 프로그램을 테스트하는 동안에 「tracing」과 「monitoring」이 도출된다면 부프로그램은 프로그램이 테스트되는 동안 여러 추적의 내용을 인쇄하기 위해 호출되는 것처럼, 프로그램 실행 동안 사건이나 조건은 종종 예외(exception)와 관련되어 발생하고, 정상적인 실행을 하기보다 어떤 특별한 처리를 행하는 부프로그램을 알려주는 것.

program extension[–iksténʃən] **프로그램 확장** 현재의 소프트웨어의 능력 범위를 넓히도록 증진시키는 것.

program exit[–égzit] **프로그램 출구**

program fetch[–fétʃ] **프로그램 인출** 연결 편집기에 의해 주기억 장치의 특정 위치에 프로그램을 로드하고 제어를 입구점(entry point)으로 옮겨주는 루틴.

program fetch time[–táim] **프로그램 인출 시간** 라이브러리에서 가상 기억 상에 프로그램을 적재할 때 프로그램의 검색과 적재에 필요한 시간.

program file[–fáil] **프로그램 파일** 일반적으로 프로그램을 집대성한 것을 말한다. 온라인에서는 프로그램 파일에 각종 프로그램을 준비해두고 단말 장치에서 해당하는 프로그램을 호출해서 사용한다.

program flow chart[–flóu tʃá*r*t] **프로그램 순서도** 시스템 전체의 작업 중에서 컴퓨터로 처리하는 부분만을 꺼내어 프로그램 이론에 맞게 작성한 것으로, 프로그램의 논리 기록, 검토, 설명, 코딩 등의 목적으로 사용된다.

program function key[–fʌ́ŋkʃən kí:] **PF key, 프로그램 기능 키**

program generated parameter[–dʒénərèitid pərǽmətə*r*] **프로그램 생성 매개변수** 컴퓨터 프로그램의 실행중에 설정되는 파라미터. 프로그램이 정해진 순서에 따라 실행되기 위해서는 여러 가지 매개변수를 필요로 한다. 이 매개변수 중 프로그램이 실행되는 과정으로 정해지게 되는 것.

program generation system[–dʒènəréiʃən sístəm] **PGS, 프로그램 발생 시스템, 프로그램 생성 시스템**

program generator[–dʒénərèitə*r*] **프로그램 생성기** 컴퓨터에 의해 프로그램을 자동으로 작성해 내는 대형 프로그램. 프로그램 생성기에는 문자 제어 생성기와 순수 생성기가 있다.

program graph[–grǽf] **프로그램 도표** 제어의 흐름을 나타내기 위한 그래프.

program halt[–hɔ́:lt] **프로그램 정지**

program ID 프로그램 식별 고유 문자나 기호가 프로그램을 식별하기 위하여 주어지는 것.

program identification entry[–ɑidèntifikéiʃən éntri(:)] **프로그램 기술항** 프로그램에 주는 속성을 지정하는 구(句)를 포함하는 것으로, COBOL에서 표제부의 프로그램명 단락의 기술항으로 프로그램명을 지정하는 것.

program-independent modularity[–ìndipéndənt mɑ́dʒuləriti(:)] **프로그램 독립 모듈성** 프로그래밍을 다시 하지 않고 모든 모듈을 최대한으로 활용하기 위하여 적절하게 처리를 변경하거나 조정할 수 있는 시스템.

program information file[–ìnfə*r*méiʃən fáil] **프로그램 정보 파일** ⇨ PIF

program instruction[–instrʌ́kʃən] **프로그램 명령** 컴퓨터가 처리할 수 있는 기본적인 연산을 나타내는 기계 수준의 명령어로서 한 단계씩 동작을 정의하고, 그것을 정해진 부호로 표시하는 데 따라서 컴퓨터가 작동하도록 하는 문자의 집합들. 즉, 특정한 기능을 갖는 기계 명령어이며, 프로그램의 흐름 제어, 데이터의 이동, 논리 산술 연산, 입출력 등의 명령어이다.

program instrumentation[–ìnstrumentéiʃən] **프로그램 계측** (1) 실행 감시, 정당성의 증명, 지원 감시, 그 밖의 일들을 쉽게 하기 위하여 컴퓨터 프로그램에 삽입되는 명령이나 가정과 같은 탐사 기구. (2) 탐사를 준비하고 컴퓨터 프로그램에 넣는 과정.

program interrupt[–ìntərʌ́pt] **프로그램 인터럽트**

program interruption[–ìntərʌ́pʃən] **프로그램 인터럽션** 인터럽션의 하나. 프로그램 자체가 원인이 되는 인터럽트. 예를 들면 제로 나눗셈, 연산의 자릿수 넘침, 액세스권의 침해와 같은 프로그램 오류에 의해 일어나는 인터럽트로서 프로그램 작성시의 오류에 의한 것이 대부분이다. 감독자 호출(SVC ; supervisor call), 즉 사용자 프로그램에서 수퍼바이저(운영 체제일 것)를 호출하는 명령(운영 체제에 작업을 의뢰하므로)에 대해서 이 용어가 사용되는 경우도 있다.

program interruption routine[–ru:tí:n] **프로그램 인터럽션 루틴**

program interrupt management[–ìntərʌ́pt mǽnidʒmənt] **프로그램 인터럽트 관리**

program judging[–dʒʌ́(:)dʒiŋ] **프로그램 성능 평가** 알고리즘의 연산 시간과 그 알고리즘에 필요한 기억 공간을 근거로 하여 프로그램 내 명령문의 빈도수를 관측하는 것으로, 이것을 관찰하기 위해서 여러 사항들을 유의해야 하며 그러한 사항은 실제 기계와 컴파일러를 이용하여 결정하기도 하고, 가상적인 기계를 정의해서 각 명령의 가상 수행 시간을, 현존 하드웨어의 수행 시간을 근거로 결정할 수도 있다. 어떤 명령문의 빈도수 관측의 유의 사항은 그 기계어의 명령어 집합과 명령문을 수행시키는 기계, 각 기계의 명령어의 수행 시간, 컴파일러가 원시 프로그램을 기계어로 바꾸는 번역 사항 등이다.

program language[–lǽŋgwidʒ] **프로그램 언어** 컴퓨터 프로그램을 표시하기 위해 사용되는 기계어가 아닌 언어로서 어셈블리어, 부호 기계어, 매크로 어셈블리어, 절차 중심 언어, 문제 중심 언어, 문자열 처리 언어, 대수 언어, 리스트 처리 언어 등이 있다. ⇨ 그림 참조

program language one[–wʌ́n] **프로그램 언어 1**

program language type[–táip] **프로그램 언어 형태** 프로그램 언어의 종류는 다음과 같이 분류할 수 있다. ① 어셈블리어 또는 부호 기계어 : 컴퓨터 명령어와 일대일의 대응 관계를 가지고 있으며 프로그래밍을 돕기 위하여 기억하기 쉬운 부호로 이루어진 언어. ② 매크로 어셈블리 언어 : 어셈블리 또는 부호 기계어와 같으나 코딩에 편의를 제공하기 위하여 매크로 명령어를 허용하는 언어. ③ 절차 중심 언어 : 알고리즘 언어와 같은 방법으로 표현하는 언어로 대수 언어(수치 계산용), 문자열 조작 언어(텍스트 조작용), 시뮬레이션 언어(GPSS, DYNAMO), 다목적 언어(PL/Ⅰ). ④ 문제 중심 언어 : 특수한 문제들을 표현하기 위한 언어 등이 있다.

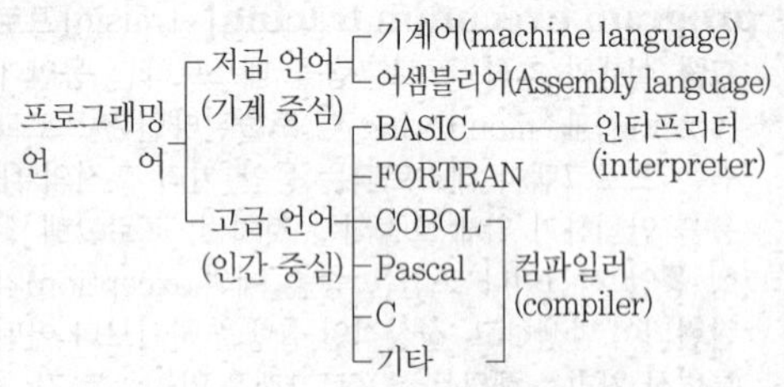

〈프로그램 언어의 종류〉

program less language[–lís lǽŋgwidʒ] **프로그램 리스 언어** 예를 들면 VISICALC, MULTIPLAN, SUPERCALC, PIPS 등으로 프로그램 언어를 모르는 사람이라도 간단하게 프로그램할 수 있는 언어.

program library[–láibrəri(:)] **프로그램 라이브**

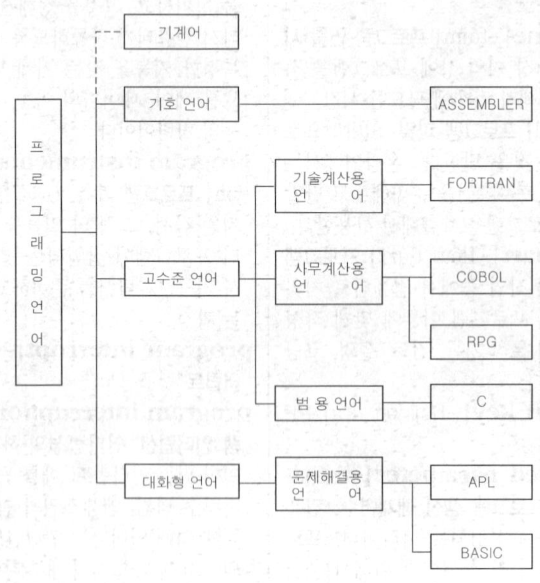

〈프로그램 언어 분류〉

러리 컴퓨터 프로그램의 조직화된 집합. 이것은 프로그램 설계 또는 개발 단계에서도 최적화가 가능하여 편리하다. 프로그램 라이브러리에 수록되는 것은 이른바 루틴 또는 서브루틴이라고 하는 단위이나 단위적 동작을 하는 것이 많다.

program linkage[−líŋkidʒ] **프로그램 연결** ⇨ program linking

program linking[−líŋkiŋ] **프로그램 연결** 프로그램이 너무 커서 주기억 장치에 저장하기 어려우면 FORTRAN의 경우 프로그래머가 연결 문장에 의해서 링크들로 나누고, 실행시에는 모니터 시스템에 있는 루틴들이 연결 조합된 프로그램의 세그먼트를 자동으로 실행한다.

program list[−líst] **프로그램 리스트** 프로그램의 소스 코드를 인쇄한 것 또는 화면에 표시된 것.

program listing[−lístiŋ] **프로그램 일람표** 원시 언어 및 목적 언어와 심벌 표 또는 교차 참조를 나타낸 운영 및 유지 보수 도구.

program load[−lóud] **프로그램 적재**

program load address[−ədrés] PLA, **프로그램 적재 주소** 프로그램이 적재기에 의하여 주기억 장소에 적재될 때의 프로그램 주소.

program loader[−lóudər] **프로그램 적재기** ⇨ loader

program loading[−lóudiŋ] **프로그램 적재** 처리 프로그램이 실행중이더라도 제어 프로그램의 작용으로 처리 프로그램이나 세그먼트를 추가로 주기억 장소로 가져올 수 있다. 적재기는 제어 프로그램에 의하여 할당된 주기억 장소의 주소로 프로그램을 적재하기 위하여 목적 프로그램에서 필요한 모든 주소를 수정한다. 적재기는 각기 번역된 프로그램 세그먼트들을 마치 하나의 프로그램인 것처럼 적재할 수 있고, 시스템 프로그램 라이브러리에서 세그먼트들을 호출해서 다른 프로그램과 연결할 수 있으며, 기호 참조를 사용하여 하나의 프로그램 세그먼트를 다른 것과 연결시킬 수도 있고, 서로 다른 프로그램 세그먼트들이 공동 자료 구역을 참조할 수 있도록 하기도 한다. 이 밖에도 적재기는 프로그램 오버레이를 수행할 수 있고, 목적 프로그램의 연결을 가능하게 한다.

program loading routine[−ruːtíːn] **프로그램 적재 루틴** 프로그램의 명령어와 상수값을 컴퓨터 내부로 입력하기 위한 루틴.

program logic[−ládʒik] **프로그램 논리**

program logic array[−əréi] PLA, **프로그램 논리 배열**

program loop[−lúːp] **프로그램 루프** 매번 실행될 때마다 다른 데이터값을 가지고 여러 회 주어진 조건만큼 반복 실행되는 명령들의 집합으로, COBOL의 PERFORM 또는 IF THEN, BASIC의 FOR NEXT나 FORTRAN의 DO 문과 같이 각각의 프로그래밍 언어마다 명령의 형태가 다르다.

programmable[próugræməbl] *a.* **프로그램할 (수 있는)** 장치의 기능이나 동작을 목적으로 어우러져 프로그래밍되는 것.

programmable amplifier[−ǽmplifàiər] **프로그램 가능 증폭기**

programmable array logic[−əréi ládʒik] PAL, **프로그램 가능 배열 논리**

programmable calculator[−kǽlkjulèitər] **프로그램 가능 컴퓨터**

programmable clock[−klák] **프로그램 가능 클록**

programmable communication controller[−kəmjùːnikéiʃən kəntróulər] PCC, **프로그램 가능 통신 제어 기구** 컴퓨터 본체에 내장하여 프로그램 제어에 의해서 상이한 전송 제어 절차에 대응할 수 있는 제어 기구.

programmable communications interface[−kəmjùːnikéiʃənz íntərfèis] PCI, **프로그램 가능 통신 접속** 여기서 일반적으로 동기/비동기 송/수신기(USART) 칩은 데이터 전송용으로 설계되었는데, 이것은 주변 장치로 사용되며, 실제 어떤 직렬 데이터 전송 기법(IBM의 Bi-sync. 포함)에 의하여 동작할 수 있도록 중앙 처리 장치(CPU)가 프로그램한다. USART는 데이터 문자를 전송하기 위해 CPU로부터 병렬형으로 받아서 직렬 데이터 스트림으로 변환하고, 동시에 CPU에 입력하기 위해 직렬 데이터 스트림을 받아서 병렬 데이터 문자로 변환한다. USART는 전송을 위해 새로운 문자를 받을 준비가 되어 있거나 CPU에 입력할 문자를 받았을 때 CPU로 신호를 보낸다. 그러므로 CPU는 데이터 전송 오류와 제어 신호를 포함하여 USART의 모든 상태를 언제라도 파악할 수 있다. 대부분의 USART는 TTL과 같이 입력과 출력을 가지고 있고, 하나의 5V 전원 공급으로 동작하며 하나의 TTL 클록을 가지고 있다.

[주] USART : universal synchronous/asynchronous receiver transmitter(범용 동기/비동기형 송수신기).

programmable controller[−kəntróulər] PC, **프로그램 가능 제어기** 산업 공정 장치의 동작을 제어하기 위한 장비. 제어되는 기계의 특정 상황에 대한 처리를 프로그램화해서 그 프로그램된 명령어들에 의하여 제어 동작이 행하여진다.

programmable data control unit[−déitə

kəntróul jú:nit] **프로그램 가능 데이터 제어 장치** 프로그램 가능 데이터 제어 장치는 FORTRAN으로 작성된 응용 소프트웨어 제어 통신 시스템이며, 이것은 주처리기의 양식에 따라서 메시지를 미리 만들고, 메시지 대기와 시스템 지원을 위한 디스크 파일을 관리한다. 또 이 장치는 시스템에 따라서 여러 개의 프로토콜과 256개까지의 동기, 비동기, SDL 회선을 취급할 수 있다.

programmable data logger[–lɔ́(:)gər] **프로그램 가능 데이터 기록기** 대개 마이크로컴퓨터의 응용 분야인 프로그램 가능한 데이터 기록기와 모니터의 특징으로는 초당 100지점의 획득률과 4개의 다중 송신 어셈블러, 프로그램 가능 경보기, 배터리 보호 프로그래밍 등과 함께 1,000지점까지의 용량을 가지고 있다.

programmable device[–diváis] **프로그램 가능 장치** 모든 내장되어 있는 프로그램에 의해 제어되는 장치와 내장되어 있는 프로그램이 동작을 결정하는 집적 회로(IC ; integrated circuit)의 두 가지를 가리킨다. 제어 장치에는 각각의 전송 방식에 대응되는 프로그램 가능 통신 제어기(PCC ; programmable communication controller)나 프로그램 가능 통신 접속(programmable communication interface)이 있다. 집적 회로(IC)는 소거 가능한 소거 가능 프로그래머블 소자(erasable programmable device)와 소거 불가능한 소거 불능 프로그래머블 소자(nonerasable programmable device)로 분류된다. 또 사용자에 의해 프로그래밍이 가능한 소자를 필드 프로그래머블(field-programmable), 제조 과정에 있어서만 프로그래밍이 가능한 것을 마스크 프로그래머블(mask-programmable)이라는 형태의 분류도 자주 행해진다. 특히 판독 전용 메모리(ROM ; read-only memory) 가운데 프로그래밍이 가능한 ROM을 프로그래머블 ROM(PROM)이라고 한다.

programmable DMA controller **프로그램 가능 DMA 제어기** 주기억 장치와 주변 장치 간에 데이터를 고속으로 전송할 수 있게 하는 4채널 직접 기억 장치 접근 제어기로서 이것은 주변 장치의 전송 요청이 있을 때 4개까지의 주변 장치를 제어할 수도 있고, 16KB 이상의 긴 블록도 취급하며, 블록형 자료 전송에 필요한 연속된 기억 공간 주소값을 스트링 형태로 제어한다.

programmable front end[–fránt énd] **프로그램 가능 전위** 전위 처리기는 자신의 주변 장치를 가질 수 있으므로 시스템 작업의 일부를 담당할 수 있다. 따라서 시스템 전체의 효율성을 높일 수 있다. 프로그램 가능 전위 처리기는 일반적인 데이터 처리기의 형태를 가질 수 있으며, 통신 회선을 처리하지 않을 때는 데이터 처리 기능을 수행할 수 있다.

programmable function key[–fʌ́ŋkʃən kí:] PF key, **프로그램 가능 기능 키** 사용자(user)가 프로그램에서 어떤 기능의 키를 선정하여 지정한 다음에 정규 단말 기능을 이용해 프로그램을 디스플레이하고 편집할 수 있도록 하는 기법.

programmable input-output chip[–ínpùt áutpùt tʃíp] PIO, **프로그램 가능 입출력 칩** 데이터 버스의 두 개 이상의 8비트 포트를 여러 개 연결하는 보통 8비트 입출력용 접속 칩.

programmable interface[–íntərfèis] **프로그램 가능 접속**

programmable interface unit LSI device **프로그램 가능 접속용 LSI 장치** 프로그램 가능 접속 장치(PIU)는 범용 프로그램이 가능한 LSI 장치로서 마이크로프로세서나 하드웨어 회로로 만들어진 제어기를 시스템에 붙이는 데 사용하기 위해 고안되었다. 이 장치는 처리기와 주변 장치, 처리기와 채널, 채널과 주변 장치, 처리기와 처리기 등과 같은 여러 시스템 구성 요소 사이의 핸드셰이킹(handshaking) 접속을 담당할 하드웨어 논리 회로를 없애는 중요한 기능을 가지며, 이 밖에도 부가 기능으로는 고전류 버스 구동기와 겸용 회선 수신기 설비를 들 수 있는데, 이들은 LSI 내에서 버스 케이블이 직접 연결될 수 있게 한다. PIU의 기능적 특성은 시스템에 의하여 프로그램이 가능하다는 것인데, 이것은 곧 외부 논리 회로의 필요량을 극소화할 수 있다는 것이다.

programmable interrupt controller[–intərʌ́pt kəntróulər] **프로그램 가능 인터럽트 제어기** 프로그램 가능 인터럽트 제어기는 일반적으로 8계층으로 이루어지며, 벡터로 표시되는 우선 순위 체제를 가진 제어기이다. 주변 장치로부터 인터럽트 신호를 받아 우선 순위 문제를 해결하고, 인터럽트 처리 루틴을 표시하는 포인터 주소와 함께 처리기에 인터럽트를 요청하는 기기.

programmable interval timer[–íntərvəl táimər] PIT, **프로그램 가능 간격 타이머** 시계 장치와 몇 개의 레지스터가 내장된 칩으로, 실시간 적용에 대해서 MPU의 시간을 하나하나 카운트하기 위하여 사용되는 별도의 클록과 몇 개의 레지스터를 장비한 칩. 이 칩은 시간 주기가 끝날 때 플래그를 세트하거나 인터럽트를 발생하기도 하고, 단지 경고 시간을 저장하기도 한다.

programmable logic[–ládʒik] **프로그램 가능 논리** 추론의 형식적 원리를 취급하고 매우 단순한 초등 논리로부터 복잡한 시스템을 풀기 위해서 사용된다.

programmable logic array[-əréi] PLA, **프로그램 가능 논리 배열, 프로그램 가능 논리 회로** AND 배열에서 논리곱 출력이 OR 배열로 입력되도록 두 가지의 논리 회로를 직렬적으로 접속하고 각각의 배열 패턴을 사용 목적에 맞추어 결정하는(프로그램하다) 데 따라 임의의 논리 함수를 정의되도록 한 회로. PLA에는 프로그램 가능한 접속점을 LSI 제조 단계에서 마스크에 의해 결정하는 방법과 모든 접속점을 퓨즈 등으로 구성해두고, 이용자 측에서 특수한 기기를 사용하여 논리 함수를 정의하는 방법의 두 가지가 있다.

programmable logic array computer aided design[-kəmpjúːtər éidəd dizáin] PLACAD, **프로그램 가능 논리 배열 컴퓨터 지원 설계**

programmable logic controller[-kəntróulər] **프로그램 가능 논리 제어기** 제어 논리를 프로그램에 의하여 변경시킬 수 있는 제어기.

programmable logic spectrum[-spéktrəm] **프로그램 가능 논리 스펙트럼** 이것은 다음과 같은 두 개의 범주로 나눌 수 있다. 즉, 프로그램 가능한 실체 논리 기기와 논리 시스템으로, 각 범주는 더 작게 나눌 수 있으며 그들 개개 요소의 가변성과 능력에 따라 순서적으로 배열된다. 프로그램 가능한 논리 기기는 전체 계산 시스템에 포함되지 않는 비교적 간단한 실체로 정의된다. 이 범주에 포함되는 것으로는 무작위 논리로 FPLA, PLA, ROM, EAROM, RAM, CAM, 마이크로프로세서 등이 있다.

programmable logic systems[-sístəmz] **프로그램 가능 논리 시스템** 마이크로컴퓨터, 프로그램 가능 계산기, 대형 · 소형 컴퓨터 등으로 그 자체에 컴퓨터 제어 기능, 연산 기능, 기억 기능, 입출력 기능 등의 기본 요소와 이들이 요구하는 동작을 수행할 수 있는 소프트웨어가 포함되어 있는 시스템.

programmable manager[-mǽnidʒər] **프로그램 관리자** 프로그램의 개발 운영, 업무 계획, 스케줄링 및 감독 책임을 맡은 사람.

programmable memory[-mémәri(ː)] **프로그램 가능 메모리** RAM을 말한다. 즉, 대부분의 컴퓨터 프로그램과 데이터가 저장되고, 기억된 정보를 바꿀 수 있는 기억 장치이다.

programmable peripheral circuit[-pəríførəl sə́ːrkit] **프로그램 가능 주변 회로** 직렬 입출력 타이밍, DMA와 인터럽트 제어의 기능을 하는 회로 등과 같이 프로그램이 가능한 LSI 칩으로 구성이 가능하며 설계에 융통성을 부여하고 저렴한 가격으로 구성할 수 있다.

programmable peripheral interface[-íntərfèis] PPI, **프로그램 가능 주변 접속기** 프로그램에 의해서 많은 종류의 기능을 실현할 수 있는 주변 접속기.

programmable read only memory[-ríːd óunli(ː) mémәri(ː)] PROM, **피롬, 프로그램 가능 ROM**

programmable remote display terminal[-rimóut displéi tə́ːrminəl] **프로그램 가능 원격 화면 단말 장치** 프로그램이 가능한 원격 화면 단말 장치로서 지능을 가진 원격 단말 장치 형태로 운용되며 마이크로프로세서가 내장되어 있다. 데이터 입출력, 데이터 처리, 제어와 감시, 대화형 처리, 오프라인 처리 등에도 이용된다. 화면을 여러 양식으로 변환이 가능한 기능을 갖는 단말 장치도 있다.

programmable ROM 프로그램 가능 ROM 사용자가 특별한 장치(ROM programmer)를 이용해서 1회에 한하여 프로그램이나 정보를 수록할 수 있는 ROM.

programmable sound output[-sáund áutpùt] **프로그램 가능 음향 출력** 음성 출력을 갖는 대부분의 개인용 컴퓨터는 마이크로프로세서가 계속 관여해야만 소리를 낼 수 있는 1비트짜리 출력단을 가지고 있는데, 이것은 대화식 게임에서 소리를 낼 동안 영상 처리가 중단되어야 한다. 기억 장치의 특정 주소 내용이 지정한 바에 의하여 연속적으로 소리를 내는 프로그램 가능 분할기를 사용하여 이 문제를 해결한다. 이 방법을 쓰면 소리 발생을 위한 부담이 최소한으로 줄어들게 되므로, BASIC 프로그램이 음성 출력을 내는 실시간 동안 게임을 쉽게 처리할 수 있다. 프로그램 가능 분할기 음성 출력은 한 기억 장치 주소의 내용에 의하여 지정되며 다른 레지스터를 통해서 켜고 끌 수 있다.

programmable timer[-táimər] **프로그램 가능 타이머** 입출력 서비스 지연을 감시하고 제어해 주기 위하여 소프트웨어적 루프 대신 사용하는 시간 측정기.

program maintenance[próugræm méintənəns] **프로그램 보수** 프로그램 개발을 완료하여 운용되고 나서의 정비 작업. 개발중에 발견할 수 없었던 오류의 수정, 환경 변화에 대한 적응 혹은 프로그램의 질적 향상을 위한 변경 등의 작업이 포함된다.

program management[-mǽnidʒmənt] **프로그램 관리** 대규모 시스템이 여러 분야에 출현함에 따라 경영 기구도 종래의 것에서부터 시대의 요청에 적응할 수 있는 조직 구조로 다양하면서도 기능적인 시스템의 확립이 필요하게 되었으므로, 이를 위해 통합적으로 매니지먼트 기능을 집중화하는 것(또는 그 기관).

program manager[–mǽnidʒər] **프로그램 관리자** 마이크로소프트 사의 윈도 3.x에 부속된 표준 프로그램으로 GUI에 기반한 주요 프로그램의 명칭. 아이콘과 그룹화된 윈도를 갖고 응용 프로그램을 관리, 실행한다. 윈도 2.1에서 채용되었던 MS-DOS 윈도의 파일 관리 기능을 강화하여 프로그램 매니저, 파일 매니저, 태스크 매니저라는 3개의 프로그램으로 독립시킨 것 중의 하나이다. 아이콘화된 프로그램이나 데이터 파일군을 하나의 윈도에 등록하고 그 복수의 윈도도 아이콘으로 관리함으로써 프로그램을 그룹화하여 목적 프로그램의 시동을 용이하게 하고 있다. 사용자가 원하는 아이콘을 마우스로 더블 클릭하면 시동된다. 그것이 데이터 파일일 경우라도 관련된 응용 프로그램이 실행된다.

program mask[–máːsk] **프로그램 마스크**

programmatics[prougrəmǽtiks] *n*. **프로그래밍학** 프로그래밍의 수법이나 프로그래밍 언어를 연구하는 학문의 한 분야.

programmed appliqué à la sélection et à la compilation automatique de la littérature PASCAL, 파스칼 ⇨ PASCAL

programmed[próugræmd] *a*. **프로그램된** 컴퓨터의 프로그램에 의해 조립된 몇 개의 기능을 다하는 것을 형용할 때 사용된다. 예를 들면 programmed checking이라고 하면 프로그램에 의한 검사이고, 프로그램의 일부로서 조립되어 있는 검사 순서를 가리킨다.

programmed check[–tʃék] **프로그램에 의한 검사** (1) 프로그래머가 자신의 프로그램의 일부로서 설계하고 작성하는 검사 과정. (2) 적당한 프로그램을 사용하여 컴퓨터 동작의 정확성을 검사하는 것. 이를 위해서는 검사용 문제를 실행시키는 방법과 수학적 검사 방법이 있다.

programmed checking[–tʃékiŋ] **프로그램에 의한 검사** 기계에 의한 것이 아니라 프로그램에 적당한 검사 절차를 삽입하여 컴퓨터의 잘못된 동작을 검출하는 것. 예를 들면 A×B와 B×A를 계산하여 비교해보는 것과 같은 방법이 있다. ⇨ programmed check

programmed data transfer[–déitə trænsfə́ːr] **프로그램에 의한 데이터 전송** 정상적으로 데이터들은 프로그램 제어 하에 컴퓨터의 누산기와 일부 장치 사이에 전송된다. 입력 버스는 각 장치들이 데이터를 컴퓨터의 누산기에 전송하기 전에 지울 수 있게 한다.

programmed function key[–fʌ́ŋkʃən kíː] **프로그램 기능 키**

programmed halt[–hɔ́ːlt] **프로그램에 의한 정지**

programmed input-output[–ínpùt áutpùt] **프로그램 입출력** 입출력 기기의 준비나 동작이 완료되는 것을 프로그램에 의해서 확인한 다음에 데이터를 입출력하는 방식. 즉, 마이크로컴퓨터가 실행하는 입출력 제어 프로그램에 의해 데이터 전송이 제어되는 방식을 말한다.

〈프로그램 입력팀〉

programmed input-output channel[–tʃǽnəl] **프로그램 입출력 채널** 중앙 처리 장치와 외부 장치 간의 정보 전송을 프로그램으로 제어하는 방법은 주변 장치에서 받아들인 데이터를 가장 빨리 처리할 수 있는 기능을 제공한다. 프로그램 제어 방식의 입출력 채널은 입력을 직접 누산기로 보내어 데이터가 즉시 처리되게 하므로 채널이나 프로그램이 기억 장치를 참조할 필요가 없게 한다. 마찬가지로 출력 데이터도 누산기에서 직접 외부 장치로 보내진다.

programmed input-ouptut channel device[–diváis] **프로그램 입출력 채널 장치**

programmed input-output instruction[–instrʌ́kʃən] **프로그램 입출력 명령어**

programmed input-output transfer[–trænsfə́ːr] **프로그램 입출력 전송** 프로그램 제어 방식에 의하여 입출력을 전송하는 것으로 1-피연산자는 1-피연산자 명령어로 수행되고 2-피연산자 명령어는 8, 16비트의 데이터를 입출력하는 데 사용하며, 사용자는 명령어에 입출력 장치의 주소를 표시함으로써 자료 전송이 이루어질 입출력 장치를 선택한다. 대부분의 경우 사용자는 입력 장치가 입력 자료를 가지고 있는가의 여부, 또는 출력 장치가 출력을 받을 준비가 되어 있는가의 여부를 확인하기 위하여 장치 제어 및 상태 레지스터로부터 상태 바이트를 프로그램 상으로 검사한다.

programmed inquiry, learning, or teaching[–inkwáiri(ː), lə́ːrniŋ, ər tíːtʃiŋ] PILOT, 파일럿

programmed instruction[–instrʌ́kʃən] 프

로그램 학습 교습기(teaching machine)나 프로그램 텍스트를 사용하여 "프로그램"을 제시하고 학습자에게 개별 학습을 시키면서 특정의 학습 목표까지 무리 없이 확실하게 도달시키기 위한 학습 방법. 여기서 말하는 "프로그램"이란 학습 목표를 세세히 분석하고 계열화된 일련의 정보(frame이라 칭함)로 일반적으로 설명문, 문제 등이 포함된다.

programmed I/O 프로그램 입출력 programmed input-output의 약어.

programmed I/O transfers 프로그램 입출력 전송 programmed input-output transfers의 약어.

programmed label[-léibəl] **프로그램된 레이블** 디스크와 테이프에 저장되는 파일들을 보다 확실하게 구별하기 위해 파일의 첫 레코드를 식별 코드로 사용하는 것.

programmed learning[-lə́:rniŋ] **프로그램 학습** 컴퓨터에 의한 학습 지도로서 행동 대상의 제시, 그 반응의 방법, 피드백의 방법 등을 설계함으로써 학생들의 반응에 상당한 단계를 선택하여 진행하는 등 여러 가지 반응에 대응한 행동 대상의 제시가 가능한 것.

programmed logic[-lɑ́dʒik] **프로그램 논리** 프로그램에 의하여 논리를 구성하는 방법으로, 마이크로프로세서가 사용된다.

programmed logic array[-əréi] **PLA, 프로그램 논리 배열**

programmed logic for automatic teaching operations[-fər ɔ̀:təmǽtik tí:tʃiŋ ɑ̀pəréiʃənz] **PLATO, 자동 교육 업무용 프로그램화 논리**

programmed operators system[-ɑ́pərèitərz sístəm] **프로그램된 조작원 시스템** 시스템에 대한 제어의 상실이나 사용자 기억 구역을 침입하지 않고 사용자 모드 프로그램이 모니터 모드 서비스 루틴을 곧바로 불러서 사용할 수 있게 하는 기능.

programmed polling[-póliŋ] **프로그램식 폴링** ⇨ polling

programmed switch[-swítʃ] **프로그램에 의한 스위치**

programmer[próugrəmər] *n.* **프로그래머** (1) 컴퓨터의 프로그램을 작성하는 사람. 고수준 언어를 사용하여 이용자 프로그램(user program)을 작성하는 사람을 application programmer, 운영 체제나 언어 프로세서, 파일 관리 시스템의 개발이나 보수를 하는 사람을 시스템 프로그래머(system programmer)라고 한다. 프로그래머용 작업대(programmer' s work bench)는 실제의 적용 업무를 수행하는 컴퓨터 시스템의 프론트엔드(front-end)로서, 프로그램의 개발과 보수를 행하는 목적으로 설치된 전용의 컴퓨터 시스템을 말한다. (2) 내부에 기억된 프로그래머의 제어 하에서 움직이는 장치를 막연히 가리키는 단어. 프로그램 가능 장치(programmable divice)와 같은 뜻. (3) PROM 프로그래머(PROM programmer)는 반도체 ROM의 제작 공정에서 사용되는 장치로, PROM의 프로그래밍의 올바른 상태를 설정하여 이용자가 PROM의 프로그램을 만들 수 있도록 하는 것. 여기서 말하는 프로그래머는 반도체 소자 상의 매트릭스의 각 교점에 만들어진 퓨즈나 반도체 접합을 외부에서 전압을 가하여 파괴할 때 기억 장치의 내용이 변경되지 않도록 한 것을 말한다.

programmer/analyst[-ǽnəlist] **프로그래머/분석가**

programmer board[-bɔ́:rd] **프로그래머 보드** 컴퓨터 시스템의 개발에서 PROM 또는 EPROM 기억 장치에 프로그램을 기억시키기 위해 쓰이는 회로 보드.

programmer control panel[-kəntróul pǽnəl] **프로그래머 제어 패널**

programmer defined data[-difɑ́ind déitə] **프로그래머 정의 자료** 수, 배열, 입출력 파일 등과 프로그래머가 연산을 하기 위해 직접 정의하는 데이터.

programmer defined macro[-mǽkrou] **프로그래머 정의 매크로** (1) 하드웨어가 기계어 부속 명령어로 번역해줄 수 있는 일련의 의사 명령어. (2) 디지털 컴퓨터의 부속 명령어를 이용하여 프로그래머가 만들려는 분석 명령어들로 구성된 프로그램. (3) 컴퓨터 부속 명령어 구조에서 충분히 다양한 종류의 분석 명령어를 만드는 수단. (4) 컴퓨터 부속 명령어를 효율적으로 사용하여 컴퓨터의 능력을 극대화하려는 방법.

programmer/duplicator[-dʒú:plikèitər] **프로그래머/복제기** PROM 특성을 가진 소재를 플러그로 연결해서 시험하기 위한 시험대와 종합 제어 장치로 만들어진 기기로, 텔레타이프라이터나 이와 유사한 단말기에 연결시켜 PROM의 내용을 프로그램하거나 찍어내거나 복제하거나 검증하도록 명령할 수 있다.

programmer error correction[-érər kərékʃən] **프로그래머 오류 정정** 프로그램의 수행 결과에서 오류가 생겼을 때, 실제 데이터를 가지고 프로그램이 어떻게 작동하는가를 단계적으로 추적하여 출력시키거나 분석과 수정을 하기 위해 프로그램 덤프를 하는 프로그래머를 가리킨다.

programmer logical unit[-lɑ́dʒikəl jú:nit]

프로그래머 논리 장치

programmer named condition[-néimd kəndíʃən] **프로그래머 명명(名命) 조건**

programmer's console diagnostic[próugrəmərz kánsoul daiəgnástik] **프로그래머의 콘솔 진단**

programmer's hierachical interactive graphics system[-háiərà:rkikəl intərǽktiv grǽfiks sístəm] ⇨ PHIGS

programmer's template[-témplət] **프로그래머의 형판** 프로그램 작성시에 필요한 순서도, 논리 및 기타 기호 등을 그릴 수 있는 사람.

programmer's work bench[-wə́:rk béntʃ] **프로그래머용 작업대** 프로그래밍을 돕기 위한 환경으로 프로그래밍 툴 박스라고도 한다. 보통 편집기, 컴파일러, 소스 코드 디버거와 이들을 유기적으로 이용하기 위한 다중 윈도 시스템 등이 포함되어 있다.

programmer tool[próugrəmər tú:l] **프로그래머 도구**

programmer unit[-jú:nit] **프로그래머 장치**

programming[próugræmiŋ] *n*. **프로그래밍, 프로그램 짜기** 컴퓨터를 사용하여 문제를 풀거나 작업을 컴퓨터에 처리시키기 위해서 필요한 "순서"를 생각해 연구하여 컴퓨터가 이해할 수 있는 단어로 기록시키는 것. 퍼스널 컴퓨터 등에서는 디스플레이를 보면서 키보드를 두들겨 프로그래밍을 직접 입력하는 경우이지만, 범용 컴퓨터의 경우에는 대상 업무의 분석에서 실제로 프로그램을 기록하는 것이다. programming이란 한마디로, 명령어를 기록해가는 코딩(coding) 부분을 가리키는 경우와 관련된 작업까지를 포함하는 경우가 있다. 통상 프로그램은 프로그래밍 언어를 사용하여 작성한다.
[주] 프로그램 작성시에 관한 전반적인 사항, 즉 프로그램의 설계, 코딩, 테스트, 디버그 등 프로그램의 설계를 시작해서 완전한 오브젝트가 작성될 때까지의 일련의 작업.

programming accessories[-əksésəri(:)z] **프로그래밍 부속품** 단일 기판을 갖는 마이크로컴퓨터에서 프로그램의 수정, 장치의 고장 발견과 수리 및 제작을 쉽게 하기 위하여 설치된 각종 부속품들.

programming aids[-éidz] **프로그래밍 보조** 컴파일러, 디버깅 패키지, 연결 편집기 및 수학의 서브루틴처럼 컴퓨터를 원조하는 컴퓨터 프로그램.

programming algorithm[-ǽlgəriðm] **프로그래밍 알고리즘** 일반적인 문제의 해결을 위해 적용되는 제반 규칙으로, 프로그램의 목적을 충족시킬 수 있도록 데이터의 처리 규정을 정해준다.

programming analyst[-ǽnəlist] **프로그래밍 분석가**

programming by prompting[-bai prámptiŋ] **프롬프팅 프로그래밍** 사용자가 단말기를 작동시키면 화면에 나타나는 질문이나 지시에 대하여 정확하게 단계별로 작업할 수 있도록 서비스를 제공하는 것으로, 프로그래밍이 미숙한 사용자가 쉽게 프로그래밍할 수 있도록 지원해주는 컴퓨터의 기능이다.

programming capability[-kèipəbíliti(:)] **프로그래밍 능력**

programming compatibility[-kəmpæ̀tibíliti(:)] **프로그래밍 호환성** 대부분의 컴퓨터들은 블록 조성의 개념에 의거해서 여러 모듈들로 만들어져 있다. 이러한 컴퓨터들은 필요에 따라 처리 능력을 증가, 확장시킬 수 있다. 이 경우에 프로그램은 일반적으로 상호 호환성을 갖는다. 즉, 능력이 작은 시스템에서 사용하는 프로그램을 별도의 수정 없이도 같은 종류의 더 강력한 처리 능력이 있는 시스템에서 사용할 수 있는 성질을 가리킨다.

programming competition multiprogramming[-kàmpətíʃən mʌ́ltipròugræmiŋ] **프로그램 경합 다중 프로그래밍**

programming control panel[-kəntróul pǽnəl] **프로그래밍 제어판** 프로그래머가 컴퓨터 내의 루틴을 변경하거나 새로운 루틴을 삽입할 때 쓰는 스위치들과 표시등으로 구성된 판.

programming environment[-inváirənmənt] **프로그래밍 환경**

programming error[-érər] **프로그램 작성 상의 오류**

programming flow chart[-flóu tʃá:rt] **프로그래밍 순서도** 한 프로그램 중 일련의 조작이나 연산을 나타내는 순서도. 순서도(플로 차트)의 일종으로, 한 프로그램에서 일련의 연산을, 그 순서를 자세히 알 수 있게 한 도표이다.

programming flow diagram[-dáiəgræm] **프로그래밍 순서도**

programming in logic[-in ládʒik] **PROLOG, 프롤로그**

programming instruction[-instrʌ́kʃən] **프로그래밍 명령어**

programming language[-lǽŋgwidʒ] **프로그램 언어** 프로그래밍 언어. 사람이 컴퓨터에 명령을 주는 수단. 즉, 프로그램을 설계하기 위한 언어. 컴퓨터는 기종에 따라 각각 고유의 기계어 명령(machine instruction)을 갖고 있지만, 기계어는 2진수 이외에서는 표현할 수 없고, 기계어에서 직접 프로그램을 작성하기는 곤란하다. 어셈블러(assembler) 언어는 기계어에 거의 일대일로 대응한 기호화된 명령(instruction)으로 구성되어 있고, 어셈블하여 쓰여진 명령은 어셈블러하여 기계어로는 치환되는 것으로 실행되지만, 컴퓨터의 기종에 의한 호환성이 거의 없거나 프로그램의 규모 확대에 따른 프로그램 작성 시간이 방대해지는 결점이 있다. 고급(high level) 언어는 자연 언어에 가까운 문법을 갖고, 하나의 명령은 몇 개의 기계어로 치환된다. 사용 분야에 따라 각각의 범용 고급 언어가 개발되어 실용화되고 있지만, 대표적인 것으로 과학 기술 계산용 ALGOL, FORTRAN, 사무 계산용의 COBOL, 양자 기능을 갖춘 PL/I, APL, 표 기입 형식의 레포트 작성 전용의 RPG 등이 있다.
[주] 프로그램을 작성 또는 표현하기 위해 설계된 인공 언어.

programming language file[–fáil] **프로그래밍 언어 파일** 하나의 단위로서 다루어지는 연관된 레코드의 조직적인 집합체.

programming language for end-users [–fər énd júːzərz] **엔드 유저용 언어** 엔드 유저는 구축된 시스템을 사용해서 실제로 처리를 실시하는 사용자를 말하는데, 이 사람들을 위한 프로그래밍 언어를 엔드 유저용 언어라고 한다. 단순한 명령어를 가지고 있는 것이 최대 이점이다. 간이 언어나 제4세대 언어를 이렇게 부르기도 한다.

programming language for interactive teaching[–ìntərǽktiv tíːtʃiŋ] **PLANIT, 대화형 교육을 위한 프로그래밍 언어** 컴퓨터를 이용하여 사용자에게 무언가를 가르치고자 할 때 대화형 방식을 채용하고 있는 프로그래밍 언어.

programming language for software development[–sɔ́(ː)ftwὲər divéləpmənt] **소프트웨어 개발 언어** 소프트웨어를 개발하는 데 사용되는 언어. 개발하려는 소프트웨어에 따라 C, FORTRAN 등의 고급 언어를 사용하지만, 어셈블러 언어 등을 사용하는 경우도 있다. 최근에는 인터넷 및 홈페이지용의 개발 언어로 HTML, XML, Java 계열의 언어도 등장하였다. 이전에는 사무용 개발 언어로는 COBOL이 주로 사용되었지만, 현재는 거의 사용되고 있지 않다. 그 가장 큰 이유 중의 하나로 사무 처리용 소프트웨어가 데이터 베이스를 중심으로 변했다는 점을 들 수 있다. 잘 알려져 있는 데이터 베이스 시스템 언어로는 Oracle이나 Microsoft Access가 있다. 이들의 소프트웨어 및 그 주변의 응용 프로그램 개발에는 주로 C 언어가 사용되고 있다.

programming language/I ⇨ PL/I

programming language interface[–íntərfèis] **프로그래밍 언어 인터페이스** NOMAD가 제공하는 세 가지 인터페이스 가운데 하나로서 FORTRAN이나 COBOL, PL/I 프로그램 등의 서브루틴 호출 기법을 이용하여 NOMAD 데이터 베이스를 참조할 수 있게 하는 인터페이스를 가리킨다.

programming language microcomputer[–màikroukəmpjúːtər] **PL/M** 인텔 사에서 개발된 마이크로컴퓨터 전용의 고수준 언어. PL/I과 비슷한 형식으로 프로그래밍을 할 수 있는 범용 프로그램 언어.

programming language one[–wʌ́n] **PL/I, PL/1**

programming librarian[–laibrέ(ː)riən] **프로그래밍 라이브러리언** 코드 생성, 프로그램을 컴퓨터에 실행시키기 위한 명령어 처리, 그리고 모든 출력의 기록과 출력 종이의 정리 등을 같이 담당하는 프로그램에 지원되는 라이브러리의 개발 운용과 유지를 담당하고 있는 사람.

programming linguistics[–liŋgwístiks] **프로그래밍 언어학** 기계적, 전기적 또는 두 시스템 간에서의 정보 교환을 위하여 사용되는 언어를 기술하기 위한 문법과 의미, 프래그매틱스 등의 세 가지 개념의 상호 관계를 연구하는 것.

programming manager[–mǽnidʒər] **프로그래밍 관리자** 프로그램을 개발하고 운영하며 업무 계획과 스케줄링 및 감독 책임을 맡은 사람.

programming methodology[–mèθədɑ́lədʒi(ː)] **프로그램 방법론, 프로그래밍 방법론** 프로그램 구성을 위한 방법론. 소프트웨어 공학의 발전에 따라 여러 가지 방법이 제창되고 있으며, 프로그램의 품질 개선, 작성 효율화에 기여하고 있다.

programming module[–mɑ́dʒuːl] **프로그래밍 모듈** 어셈블리, 컴파일러, 번역기, 적재기(loader) 등에서 한 단위로 취급되는 일련의 프로그래밍 명령어 그룹에 대한 이름.

programming of peripherals[–əv pəríførəlz] **주변 장치의 프로그래밍**

programming paradigm[–pǽrədaim] **프로그래밍 범례** 각종 컴퓨터 모듈을 대상으로 한 특징적인 프로그래밍 기법을 추상화한 개념. 대표적인 것으로는 객체 지향 프로그래밍, 함수 프로그래밍, 논리형 프로그래밍 등이 있다.

programming primitive[–prímitiv] **프로그래밍 기본 명령**

programming request for price quotation[–rikwést fər prɑ́is kwoutéiʃən] **PRPQ, 프로그래밍 RPQ**

programming standard [-stǽndərd] **프로그래밍 기준**

programming style [-stáil] **프로그래밍 스타일** 프로그램을 알아보기 쉽게 쓰기 위한 연구.

programming support environment [-səpɔ́:rt inváirənmənt] PSE, **프로그래밍 지원 환경** 소프트웨어 개발에 있어서의 요구 정의, 설계, 보수 등의 작업을 지원하는 환경.

programming system [-sístəm] **프로그래밍 시스템** 프로그램 언어의 처리계를 비롯한 프로그래밍에 필요한 일련의 소프트웨어.
[주] 하나 이상의 프로그램 언어 및 특정한 자동 데이터 처리의 기기로 이들의 언어를 사용하기 위해 필요한 소프트웨어.

programming team [-tí:m] **프로그래밍 팀** 프로그래밍 프로젝트를 추진하기 위해 조직된 팀.

programming theory [-θíəri(:)] **프로그래밍 이론**

programming tool [-tú:l] **프로그래밍 지원 도구** 프로그램 작성을 쉽게 하기 위한 도구. 예를 들면 각종 에디터, 대화형 디버거, 버전 관리 기구 등이 있다.

program mode(remote control) system [próugræm moud(rimóut kəntróul) sístəm] **프로그램 모드(원격 제어) 시스템** 프로그램이 수행중인 단말기는 「프로그램 모드에 있다」고 하며, 프로그램 모드에서 사용자는 그 프로그램을 수정, 시험, 실행 및 디스플레이한다. 또한 단말기가 프로그램 모드에 있을 동안 사용자는 단일 명령문을 즉시 수행할 수는 있으나 기억 장소에 계속 남아 있게 할 수는 없다.

program modification [-màdifikéiʃən] **프로그램 수정** 프로그램이 자체적으로 수정하거나 스위치를 고정하여 현재 과정이나 나중 프로그램 수행에 영향을 끼치게 하는 능력.

program module [-mádʒu:l] **프로그램 모듈**

program mutation [-mju:téiʃən] **프로그램 전환** 프로그램의 전환 목적은 프로그램의 테스트 집합이 그 변경점을 제대로 검출할 수 있느냐 없느냐를 살피는 데 있으며, 의도적으로 변경된 프로그램이나 프로그램 테스트 데이터의 충분성을 살피기 위해 프로그램을 변경하는 것.

program name [-néim] **프로그램명** 프로그램들 간의 식별과 참조를 할 수 있도록 붙여진 프로그램의 명칭.

program overlays [-óuvərlèiz] **프로그램 오버레이** 복수 프로그램의 경우는 처리되는 프로그램을 세그먼트로 분할함으로써 주기억 장치를 효율적으로 사용할 수 있는데, 프로그램이 방대하여 일시 주기억 장치에 넣을 수 없는 경우, 이를 몇 개의 블록이나 세그먼트로 분할해두고 프로그램의 진행에 따라 필요한 세그먼트를 보조 기억 장치로부터 호출하여 넣는 방법.

program package [-pǽkidʒ] **프로그램 패키지** 논리적으로 관련되어 있는 몇 개의 프로그램 세그먼트를 조합한 어느 특정의 통합된 기능을 가진 프로그램의 모임. 컴퓨터의 프로그램은 이 단위로 교체하는 것이 가능하다. 예를 들어 메시지 변환 프로그램 패키지 등이다.

program parameter [-pərǽmətər] **프로그램 매개변수** 컴퓨터 프로그램에서 그 컴퓨터 프로그램 호출시에 설정되지 않으면 안 되는 매개변수.

program partition [-pɑ:rtíʃən] **프로그램 분할**

program patching plug [-pǽtʃiŋ plʌ́g] **프로그램 패칭 플러그** 주프로그램이 패치된 비교적 큰 배선반에 끼워지도록 설계된 것으로, 프로그램의 부분적인 특징의 변형들에 대처하기 위한 비교적 작은 보조 배선반.

program path [-pǽ:θ] **프로그램 경로**

program preparation aids [-prèpəréiʃən éidz] **프로그램 준비 보조** 원시 언어로 작성된 프로그램을 기계어로 변환하는 프로그램.

program priority [-praiɔ́(:)riti(:)] **프로그램 우선 순위**

program processor [-prásesər] **프로그램 처리기** 기호로 된 명령을 판독하여 적절한 컴퓨터 기계어로 변환해주는 프로그래밍 보조기.

program product [-prádəkt] **프로그램 제품** 하드웨어 제품(hardware product)과 대비된다. 소프트웨어의 대명사라고 말할 수 있는 프로그램은 하드웨어 이상의 개발비를 투입한 결과로 생산되고, 시장에서 유통되는 제품(product)이라고 하는 데 근거를 두어 이처럼 불린다. 또 사용 요금을 필요로 하는 소프트웨어를 가리키는 경우도 있다.

program production time [-prədʌ́kʃən táim] **프로그램 생산 시간** 시스템 실제 동작 시간 중 이용자의 컴퓨터 프로그램이 시작과 끝에서 실행되고 있는 시간.

program proving [-prú:viŋ] **프로그램 검증**

program reference table [-réfərəns téibəl] PRT, **프로그램 참조 테이블** 서브프로그램, 변수 등을 위한 색인으로 사용되는 메모리 부분.

program register [-rédʒistər] **프로그램 레지스터** (1) 실행될 명령 코드를 간직한 임시 기억 장치. (2) 프로그램의 현재 명령을 저장하고 그 프로그램을 실행하는 동안에 컴퓨터의 동작을 제거하는 제어 장치 속의 레지스터.

program relocation[–riːloukéiʃən] **프로그램 재배치** 프로그램을 어셈블할 때 할당된 장소가 아닌 다른 장소에서 프로그램을 배치하는 것. 프로그램 재배치를 하는 수단으로서 재배치 레지스터, 인덱스 레지스터 등의 하드웨어를 쓰는 방법, 프로그램을 쓰는 방법 등이 있으나 가장 바람직한 것은 하드웨어 논리 회로를 쓰는 방법이다.

program request[–rikwést] **프로그램 요구**

program request count[–káunt] **프로그램 요구 카운트**

program requestor[–rikwéstər] **프로그램 요구자**

program routine[–ruːtíːn] **프로그램 루틴** 각종 용도에 몇 번이고 사용할 수 있게 만들어진 일련의 명령어 그룹. 또는 컴퓨터가 수용할 수 있는 형식으로 이루어진 일련의 명령어 집합.

program run[–rʌ́n] **프로그램 실행** 작성된 프로그램을 실제로 컴퓨터에서 수행하는 것.

program scheduler[–skédʒulər] **프로그램 스케줄러** 정해진 간격으로 호출되어 기억 장치의 여러 프로그램을 선택하게 되는 시스템 프로그램이다. 기억 장치에서 실행될 프로그램을 결정하기 위해 정기적으로 호출되고, 할당된 시간을 전부 소비했거나 입출력 장치를 통하여 입출력하려고 할 때에는 일시 정지된다. 프로그램은 사용자가 스케줄러를 통해서 잠깐 중지시키거나 프로그램 자체가 자기 동작을 일시 정지시킬 수 있다. 일시 중단된 프로그램은 주기억 장치에서 제거되지 않고 남아 있다. 또한 프로그램은 스케줄러와 할당기에 의하여 보조 기억 장치로 옮겨질 수 있는데, 이때에는 프로그램 실행이 완전히 중단된다.

program schema[–skíːmə] **프로그램 도식(圖式)** 변수 영역이 지정되어 있지 않고 함수나 술어도 내용적으로 특정되지 않은 기호로 남아 있는 프로그램을 도식으로 나타낸 것.

program segment[–ségmənt] **프로그램 세그먼트** 인위적으로 일정 크기로 나눈 프로그램의 조각들 하나하나를 가리킨다. 컴퓨터의 명령은 임의의 정해진 크기의 그룹으로 묶여진다. 프로그램은 메모리 할당, 외부 기억 장치로부터의 프로그램의 판독을 쉽게 하기 위해 주기억 장치나 보조 기억 장치의 표준적인 영역 내에 들어가도록 분할되는데, 이 분할된 각각을 프로그램 세그먼트라고 한다. 또한 컴퓨터의 하나의 작업 단위로서의 작업은 일반적으로 몇 가지 다른 언어로 쓰여진 프로그램의 집합으로 이루어지며, 이들 프로그램의 하나하나는 작성자나 작성되는 시점이 다른 경우가 많다. 그래서 각 프로그램은 독립으로 어셈블이나 컴파일이 가능하고 프로그램 간의 임의의 조합, 상호 참조를 할 수 있어야 한다. 이와 같이 분할된 단위의 프로그램을 프로그램 세그먼트라고 한다.

program segmentation[–sègməntéiʃən] **프로그램 분할** 주기억 장치 크기에 맞지 않는 프로그램은 원시 프로그램 연결 명령어를 사용하여 적절한 크기로 분할하여 독립적으로 적재되어 실행될 수 있다. 이때 각 링크 데이터의 전달을 위해서 공통 영역으로서 확보할 필요가 있다.

program segmenting[–ségməntiŋ] **프로그램 분할** ⇨ program segmentation

program segment size[–ségmənt sáiz] **프로그램 세그먼트 크기** 세그먼트 크기의 고정이나 가변의 문제는 프로그램의 난이도, 응답 시간, 호출 시간, 사용 빈도 등에 따라 결정되는데, 대부분의 시스템에서 양이 많고 사용 빈도가 적은 세그먼트들은 코어에 보관되지 않고 파일에 보관된다.

program selection[–səlékʃən] **프로그램 선택** 조작원이 한 작업을 다른 작업으로 전환이 필요한 경우에 이를 위해서는 프로그램 선택 스위치만을 바꾸어 선택한다.

program-sensitive error[–sénsitiv érər] **프로그램 민감 오류** 비정상적인 프로그램 스텝이 생길 때 그것을 예상하지 못한 회로의 명령군을 실행한 결과로서 나타나는 오류.

program-sensitive fault[–fɔ́ːlt] **프로그램 민감 고장** 어느 특정한 순서의 명령군을 실행한 결과로써 나타나는 고장.

program-sensitive malfunction[–mælfʌ́ŋkʃən] **프로그램 민감 결함 기능** 프로그램 스텝의 이례적인 조합으로 말미암아 발생하는 기능적인 결함.

program sequence control[–síːkwəns kəntróul] **프로그램 순차 제어** 다중 대화 처리를 하는 응용 프로그램에서 대화의 응답 메시지를 출력한 다음에 다음의 입력 메시지를 통지하는 응용 프로그램의 명령 주소를 워크스테이션마다 보존하는 제어.

program sheet[–ʃíːt] **프로그램 용지**

program size[–sáiz] **프로그램 사이즈, 프로그램의 크기**

program specification[–spèsifikéiʃən] **프로그램 명세서, 프로그램 명세** 컴퓨터의 프로그램에서 그 동작 또는 알고리즘을 기술한 것. 일반적으로 프로그램 이전에 결정되는 일이 많다. 프로그래머는 이 특정 설명서에 입각하여 프로그래밍을 하므로, 데이터의 처리 방식, 입출력의 규정, 데이터의 순서도, 데이터 처리의 순서 등을 결정하여야 한다.

데이터 처리에 필요한 프로그램을 작성하는 가운데 이러한 일련의 명세를 말하며, 명세서는 알기 쉽게 기술되어야 한다.

program specification block[–blάk] PSB, **프로그램 명세 블록** 한 사용자를 위한 PCB의 집합. 외부 스키마에 해당한다.

program stack[–stǽk] **프로그램 스택** 특히 인터럽트 사이의 일시적인 데이터나 명령의 기억을 위해 별도로 만들어진 컴퓨터의 기억 영역.

program standardization[–stæ̀ndərdaizéiʃən] **프로그램 표준화** 프로그램 작성 지침서, 상세 순서도, 코딩, 디버깅 방법 등을 통일하는 것. 이렇게 함으로써 ① 인사 이동시 프로그램 작성과 보수를 인수 인계할 수 있고, ② 업무 처리 내용 변경과 기종 변경에 따른 프로그램 변환 작업을 쉽게 할 수 있으며, ③ 프로그래밍을 쉽게 할 수 있기 때문에 오픈 프로그래머를 양성할 수 있고, 노력과 시간 및 비용이 절감된다. ④ 운영 관리면에서 관리 평가가 쉬워지며 새로운 시스템 개발시 유효한 데이터가 된다.

program start[–stάːrt] **프로그램 스타트, 프로그램 시작** 프로그램의 최초를 나타내는 캐릭터 「%」로, 수치 제어, 테이프의 리와인드의 정지 위치를 나타내는 데 사용된다. ISO, JIS 규격에서는 %를, EIA 규격에서는 EOR(end of record)을 사용한다.

program statement[–stéitmənt] **프로그램문** 프로그램을 구성하는 요소로, 프로그램문이 단말기로부터 들어오면 액티브 프로그램의 한 부분으로 기억 장치에 남아 있게 된다.

program status double-word[–stéitəs dʌ́bl wə́ːrd] **프로그램 상태 2배어** 중앙 처리 장치(CPU)에 대한 모든 프로그램 가능한 제어 조건을 나타내는 2배 단어. 이 프로그램 상태 2배어는 하드웨어 제어 레지스터들의 집합이며, 그 내용이 기억 장치의 2배 단어에 기억되어 있고 그 상태는 기억 장치로부터 2배 단어를 적재함으로써 설정된다.

program status word[–wə́ːrd] PSW, **프로그램 상태어, 프로그램 상태 워드** 중앙 처리 장치(CPU)에서 명령어가 실행되는 순서를 제어하거나 특정한 프로그램에 관련된 컴퓨터 시스템의 상태를 나타내거나 유지해두기 위한 제어 단어로 실행중 CPU의 상황(status)을 포함한다.

program step[–stép] **프로그램 스텝** 명령어 순서에서 한 명령의 동작. 즉, 프로그램의 한 요소로서 보통 하나의 명령이다.

program stop[–stάp] **프로그램 정지** 보조 기능의 하나로, 이것이 프로그램 상의 정지가 지정된 블록에서는 그 작업이 완료된 다음에는 자동으로 정지되며, 이어서 프로그램을 실행하는 데는 시동 버튼을 다시 눌러 시작하여야 한다.

program stop instruction[–instrʌ́kʃən] **프로그램 정지 명령어**

program storage[–stɔ́ːridʒ] **프로그램 기억 영역** 프로그램과 루틴 및 서브루틴을 저장하기 위하여 확보한 내부 기억 부분. 대부분의 경우 프로그램 기억 영역의 내용이 작은 실수로도 변화해 버리는 것을 피하기 위해 보호 장치를 사용하고 있다.

program storage unit chip circuit[–júːnit tʃíp sə́ːrkit] PSU, **프로그램 기억 장치 칩 회로**

program structure[–strʌ́ktʃər] **프로그램 구조**

program structure design[–dizáin] **프로그램 구조 설계** 시스템 설계서에 따른 각 프로그램의 내부 구조의 설계.

program stub[–stʌ́(ː)b] **프로그램 스터브** 구조화 프로그래밍에서 프로그램 작성의 어느 레벨에서 프로그램 일부가 아직 코드화되어 있지 않지만 무엇을 할 것인가를 알고 있을 때 그 부분의 행동을 시뮬레이트하려는 명령으로 치환한 것.

program switch[–swítʃ] **프로그램 스위치** 프로그램 수행 도중에 두 행동 경로가 가능한 포인트이며, 프로그램 중의 어디에 두어도 어느 조건에 의해 또는 시스템의 물리적 요인에 의해서 정해진다.

program switching[–swítʃiŋ] **프로그램 스위칭** 제어 프로그램은 한 번의 트랜잭션으로 여러 프로그램 간의 몇몇 스위치를 작동시키므로, 처리기는 매우 빠른 속도로 프로그램 스위치를 실현할 수 있게 설계되어야 한다.

program synthesis[–sínθəsis] **프로그램 합성** 형식적으로 기술된 명세로부터 그것에 대한 정당한 프로그램을 자동으로 합성하는 것. 특정 용도의 프로그램에 관해서는 실현되고 있지만(예를 들면 컴파일러의 자구(字句), 구문 작성 프로그램 등) 일반적으로는 어렵다.

program system testing[–sístəm téstiŋ] **프로그램 시스템 검사** 완성된 프로그램 전체를 시험하고 검사하는 것.

program tape[–téip] **프로그램 테이프** 어떤 문제를 풀기 위해서 필요한 일련의 명령어들을 담고 있는 테이프.

program test[–tést] **프로그램 시험** 디버깅(debugging)이 끝나고, 프로그램을 본 오퍼레이션에 먼저 검사하는 것. 세부로부터 전체로의 단계를 밟아 테스트한다. 프로그램 작성자 이외의 사람이 실시하는 쪽이 작성자의 생각을 배재할 수 있어 유효하다. 사전에 테스트 프로그램을 준비하거나 사용자(user) 자신이 작성한 대량의 데이터에서 테스트해보는 등의 방법도 오류 검출과 오류 회복 처리의 확인에 효과적이다.

program tester [–téstər] **프로그램 시험기** 원래 작성한 원시 프로그램에서 사용한 기호나 정의를 이용하여 나타낸 간단 명료한 명세에 따라 한 프로그램이나 프로그램의 일부를 동적이며 선택적으로 시험할 수 있게 하는 기기. 프로그램 시험기는 파일 디스플레이 기능, 기억 장소 디스플레이 기능 등을 포함하여 프로그램 작성 상의 오류에 대한 분석 기능을 단순화하는 등 다양한 기능을 제공한다.

program testing [–téstiŋ] **프로그램 테스팅**

program test supervisor [–tést sú:pərvàizər] **프로그램 검사 수퍼바이저**

program test tape [–téip] **프로그램 검사 테이프** 프로그램의 명령어와 미리 준비된 검사 데이터 또는 진단 분석이나 성능 검사에 쓰이는 코드를 포함한 특별한 테이프.

program test time [–táim] **프로그램 시험 시간** 시스템 가동 시간중, 사용자의 컴퓨터 프로그램이 시험되고 있는 시간.

program timer [–táimər] **프로그램 타이머** 프로그램에 의하여 시간 및 시간을 만들어내는 것.

program transformation [–trӕnsfərméiʃən] **프로그램 변환** 프로그램의 의미를 변화시키지 않고 제어 흐름의 구조를 변화시키는 것.

program unit [–jú:nit] **프로그램 단위, 프로그램 유닛** 절차나 데이터 선언으로 이루어지는 언어 구성 요소이고, 다른 구성 요소와 마찬가지로 상호작용할 수 있는 것. 예 Ada의 패키지, FORTRAN의 프로그램 단위, PL/I의 외부 절차

program unit notebook [–nóutbùk] **프로그램 단위 노트북** 프로그래머가 그들의 작업 활동을 구성하고 이들 프로그램 단위들에 대한 문서화 내용을 관리하도록 하기 위하여 개별 프로그래머가 사용된다. 하나의 프로그램 단위 노트북은 하나의 표지와 여러 절로 구성되어 있는데, 표지는 그 프로그램과 관련이 있는 여러 이정표에 대한 내용과 사인-오프지이다. 프로그램 단위 노트북을 관리해야 하는 책임은 현재 그 프로그램 단위에 할당된 프로그래머에게 있다. 노트북은 그 수명이 다할 때까지 프로그램 단위와 함께 보존되어야 한다.

program validation services [–vӕlidéiʃən sə́:rvisiz] **프로그램 유효성 서비스**

program verb [–və́:rb] **프로그램 동사** 처리기가 목적 프로그램에 의해서 실행될 기계 명령어를 만들어내는 동사.

program verification [–vèrifikéiʃən] **프로그램 검증** 프로그램이 주어진 입출력 관계를 만족하는지의 여부 혹은 다시 정지할 것인지를 조사하는 것. 입출력 관계는 프로그램 명세로 주어져 실제 프로그램과 입출력 명세를 비교함으로써 검증이 이루어진다.

progress [prágres] *n*. **진행, 진보, 진도**

progressive [prəgrésiv] **프로그레시브** ⇨ non-interlaced

Progressive JPEG **프로그레시브 JPEG** 위에서 아래까지 한 번에 하나의 선만을 보여주는 보통 JPEG과는 달리 프로그레시브 JPEG은 교차선들 위에서 두 번째 지날 때 선을 채운다. 그래픽 뷰어와 웹 브라우저 사용 여부에 따라 프로그레시브 JPEG은 베네치아 블라인드 효과를 내거나 단조로우며 투박한 이미지를 만들게 된다. 프로그레시브 JPEG을 사용하는 페이지를 이용하면 적어도 이미지의 윤곽은 볼 수가 있다. 또한 프로그레시브 JPEG을 사용하는 페이지는 일반 JPEG을 쓰는 페이지보다 로딩 속도가 빠르다. 대부분의 최신 브라우저들은 새로 선보인 프로그레시브 JPEG을 지원하고 있으며, 만일 브라우저가 프로그레시브 JPEG을 지원하지 않는다면 보통 JPEG 형태로 이미지들을 보여줄 것이다. ⇨ JPEG

progressive overflow [–òuvərflóu] **프로그레시브 범람, 프로그레시브 오버플로** 자기 디스크 장치 등에서 써넣어지는 데이터의 양이 단일 트랙의 용량보다 큰 경우에만 초과한 만큼의 데이터를 인접하는 트랙에 써넣는 것.

progress management [prágres mǽnidʒmənt] **진척 관리** 소프트웨어 개발 작업의 공정에 따라 진척 상황을 관리하는 것. 프로젝트 관리자는 소프트웨어 개발 당사자의 작업 계획에 대한 진척 상황을 들어보고 프로젝트 전체의 진행에 문제가 있다고 판단되면 대책을 강구하여 당사자에게 작업 계획을 정정하도록 지시한다.

progress reporting [–ripɔ́:rtiŋ] **진도 보고** 사용된 자원의 현황, 실제로 수행된 시간 및 주어진 업무나 활동의 수행 완료 여부를 보고하는 것.

prohibit [prouhíbit] *v*. **금지하다**

project [prádʒekt] *n*. **프로젝트, 일감** (1) 컴퓨터 시스템에 관계하는 업무를 계획하고, 실행 제어할 때에 대상이 되는 정상 업무나 정형 업무. 하나 또는 복수의 업무에서 이루어지고 필요한 처리 순서가 규정되는 것. (2) 댐이나 빌딩의 건설, 신제품의 개발, 새로운 정보 처리 시스템의 구축 등과 같은 특정한 목적을 달성하기 위해서 조직적으로 수행되는 일련의 작업을 말한다. 프로젝트의 특징은 여러 가지 종류의 작업이 목적 달성을 위해서 제휴할 수 있을 것, 목적 달성의 기한이 결정되어 있는 것이다.

project analysis and control system [–ənǽlisis ənd kəntróul sístəm] **프로젝트 분석 관리 시스템**

project audit [–ɔ́:dit] **프로젝트 감사** 프로젝트 관리의 적절성의 확보를 위해 프로젝트 감사인이 개발 작업을 진단 · 평가하고, 관계자에게 조언을 함으로써 개선을 하게 하는 것.

project auditor [–ɔ́:ditər] **프로젝트 감사인**

project control [–kəntróul] **프로젝트 제어** 프로젝트의 진행 과정에서 실제로 수행된 것을 계획과 비교하고 프로젝트가 지연되는 것을 피하기 위한 대책을 수립하는 행위.

project control system [–sístəm] **PCS, 프로젝트 제어 시스템**

project evaluation and control system [–ivæ̀ljuéiʃən ənd kəntróul sístəm] **프로젝트 평가 및 관리 시스템**

project file [–fáil] **프로젝트 파일**

projecting [prədʒéktiŋ] *a*. **투영**

projection [prədʒékʃən] *n*. **프로젝션** 릴레이션에서 명시된 속성을 취하고 중복된 투플(tuple)을 제거하는 연산. 프로젝션의 결과로 제한된 릴레이션이 생성된다. 주어진 일단의 관련 있는 표로부터 필요한 속성(attribute)만을 골라 새로운 표를 만드는 조작으로 이때 중복되는 투플은 제거된다. 릴레이션 중에서 지정한 속성을 가진 항목을 빼낸 릴레이션을 만들어내는 조작이다.

projection-join normal form [–dʒɔ́in nɔ́:rməl fɔ́:rm] **프로젝션–조인 정규형**

projection type display unit [–táip displéi jú:nit] **투사(投射)형 디스플레이 장치** CRT 대신 액정(液晶) 패널에 표시한 화상을 배면(背面)에서 빛으로 조사(照射)하여 스크린상에 확대 투사하는 방식도 있는데, CRT에 표시한 화면을 광학 렌즈를 통해서 스크린상에 확대 투사하는 방식의 표시 장치.

projective display [prədʒéktiv displéi] **투사식 표시** (1) 브라운관에 표시한 영상을 광학 렌즈를 통해서 스크린상에 투사하여 표시하는 방법. (2) 투과형의 필름 또는 액정 패널의 영상을 배면으로부터의 빛으로 조사함으로써 스크린상에 투사하는 방식의 표시 방법.

projectivity [prədʒéktibiti] **차감 공식** 종속된 속성들의 일부가 결정자에 종속되는 함수적 또는 다치 종속성을 구하는 규칙으로 함수적 종속성과 다치 종속성에 대한 추론 공리의 하나.

project library [prɑ́dʒekt láibrəri(:)] **프로젝트 라이브러리** 신규 프로젝트를 계획할 때 참고하거나 응용할 수 있도록 과거의 프로젝트에서 행한 각종 계획이나 작업에 대한 기록을 저장해놓은 데이터 베이스.

project management [–mǽnidʒmənt] **프로젝트 관리** 관리 기준에 따라서 계획의 내용, 시스템의 품질, 진척 상황, 가격 등의 통제나 평가를 하고, 어떤 특정 정보 시스템의 개발을 목적으로 하는 프로젝트에 대한 관리 업무 전반.

project management software [–sɔ́(:)ftwὲər] **프로젝트 관리 소프트웨어** 프로젝트의 원활한 운영을 위해 인적/물적 자원의 유효한 이용을 목적으로 한 전용 소프트웨어.

project management system [–sístəm] **PMS, 프로젝트 관리 시스템**

project manager [–mǽnidʒər] **프로젝트 관리자** 프로젝트 추진을 관리하는 책임자.

project notebook [–nóutbùk] **프로젝트 노트북** 서류를 집중적으로 보존하는 장소. 예를 들면 그 서류에는 프로젝트에 관련한 메모, 예정, 기술 보고서 등을 모아둔 것이 있다.

projector [prədʒéktər] *n*. **투사형 디스플레이 장치**

project plan [prɑ́dʒekt plǽn] **프로젝트 계획** 어떤 목적을 달성하기 위한 시스템을 실현 가능하도록 만들기 위한 계획.

project schedule [–skédʒul] **프로젝트 스케줄** 각 작업과 활동에 대한 시작에서부터 끝까지의 시간을 상술하는 프로젝트 관리 주기의 한 국면.

project team [–tí:m] **프로젝트 팀** 특정한 사업 계획을 수행하기 위해서 그 계획에 가장 적합한 능력을 가진 인원을 결집하고, 그들 각자에 맡겨 문제를 집중적으로 처리시키는 일시적인 조직을 말하며, 태스크 포스(task force)라고도 한다. 구성원은 주로 계획에 관계가 있는 부문에서 선정되며, 목표 달성까지(반드시 그 계획이 전부 완성되기까지라는 한계는 없다) 일상 업무에서 벗어나 그 일에 전념한다. 각 기업에서의 구체적인 예를 보면 신제품의 개발이나 신규 사업 분야에의 진출과 같은 중요한 테마, 또는 공해 대책 혹은 업무의 기계화와 같은 문제를 해결하기 위해 프로젝트 팀이 편성된다.

ProLock **프로로크** IBM-PC의 MS-DOS에서 소프트웨어의 불법 복사를 방지하기 위해 쓰이는 복사 방지 프로그램의 일종.

PROLOG **프롤로그** programming in logic의 약어. 프랑스 마르세유 대학의 A.콜메라우어 교수 그룹이 개발한 인공 지능형 프로그래밍 언어이다. 이 언어는 데이터의 논리적인 기술(사실)과 데이터 사이의 관계 기술(규칙)로 이루어지는 데이터 베이스와 이 데이터 베이스에 대한 질문으로 구성되어 있는 인공 지능(AI) 분야 지향의 논리형 프로그래밍 언어이다. 논리(logic)와 프로그램으로 유래된 이름이 붙여지고 있다. 자연 언어 처리, 전문가 시스템(expert system), 소프트웨어 공학 분야에서의 프로그램의 명세 기술의 검증 등 술어 논리에 관련한 분야에 넓게 응용되고 있다. 미국에서는 리스프(LISP)와 경합하고, 한편 일본에서는 제5세대 프로젝트의 중심적 프로그래밍 언어로 채택되어 주목을 받고 있다.

PROLOG cut **프롤로그 단절** 자동적으로 백 트래킹을 하는 PROLOG에서 백 트래킹의 제어나 불필요한 백 트래킹을 방지하기 위한 메커니즘으로, 보통 「!」로 나타내며 일종의 가상 목표로서 목표들 사이에 삽입된다.

PROLOG data base **프롤로그 데이터 베이스** 사실과 규칙들의 집합으로 구성되며, 사실은 항상 무조건 참인 것을 선언하고 head 부분과 empty-body를 갖는 절. 규칙은 주어진 조건에 따라 참인 것을 선언하며 head와 non-empty-body를 갖는 절이다.

PROLOG query **프롤로그 질의** 논리 프로그램으로부터 정보를 검색하기 위한 수단으로 기본적인 사실들을 검색하기 위한 질의와 추론에 기반을 둔 질의. 그리고 관련된 사실에 기반을 둔 질의를 할 수 있다.

prologue [próulɔ(ː)g] *n.* **프롤로그** 블록을 시동할 때 자동적으로 수행되는 처리 및 자동적으로 변수의 기억 영역의 할당 등이 이루어지는 PL/I 의 용어.

PROM **피롬, 프로그램 가능 ROM, 프로그램 가능 판독 전용 메모리** programmable read only memory의 약어. 이용자가 정보를 기입할 수 있는 판독 전용 메모리(ROM)로, 전기 펄스로 프로그램이 되도록 하고 있다. 한 번 프로그램되면 판독 전용이 된다. PROM은 공백 상태에서 구입하고, 그 후 특수한 기계(ROM writer)로 프로그램을 기입한다. 일단 프로그램이 되면, 이 메모리는 ROM과 마찬가지로 작동한다. 즉, 기록 내용은 판독되지만 기입은 되지 않는다. PROM에는 다이오드 또는 트랜지스터를 매트릭스 상으로 배열하고 제조시에는 모두 "1" 또는 "0"을 써넣어 사용자가 PROM writer를 이용하여 필요한 소자의 퓨즈 등을 끊어 다시 쓰기 불가능한 것과 자외선이나 고전압으로 소거하여 다시 쓰기 가능한 것 등이 있다. 이것을 EPROM 또는 erasable PROM(소거 가능 ROM)이라고 한다. PROM은 사용자(user)가 영구적으로 사용하는 응용 프로그램(application program)을 실행하는 데 편리하다.

PROM blank check **PROM 공백 점검** PROM 프로그래머가 프로그램하려고 하는 PROM에 다른 프로그램이 기록되어 있는지를 점검하는 동작.

PROM burner **PROM 버너**

PROM continuity test **PROM 연속성 검사** PROM의 각 핀이 소켓에 잘 맞는지를 점검하는 것. 아울러 PROM의 내부 다이오드 클램프가 잘못된 것도 검사한다.

PROM copying **PROM의 복사**

PROM illegal bit check **PROM 불량 비트 검사** PROM 프로그래머는 프로그램하고자 하는 PROM에 잘못된 비트가 있는지를 검사하고, 또 이미 프로그램된 PROM에 입력 진리표에는 존재하지 않는 비트가 있는지를 검사하는 것.

PROM intelligent programming **PROM 지능 프로그래밍** MOS PROM 프로그래밍 기법으로 워드에 공급되는 프로그램 펄스의 수(n)는 그 워드를 프로그램하는 데 필요한 펄스의 수(x)에 승수 A를 곱한 함수로 표시된다.

$$n=x+A(x+1)-1$$

PROM nichrome links **PROM 니크롬 링크** PROM은 마스크 구조에 있는 기억 소자들 사이의 링크에 대전류를 흘려녹여 프로그램할 수 있는데, 보통 니크롬선으로 한다. 이 방법은 프로그램을 영구적으로 저장하고자 할 때 주로 사용된다.

PROM programmer **PROM 프로그래머** PROM에 프로그램을 작성하는 데 사용되는 장치.

PROM programmer control unit **PROM 프로그래머 제어 유닛**

PROM programmer personality card **PROM 프로그래머 개인용 카드**

PROM programmer system **PROM 프로그래머 시스템**

PROM programming **PROM 프로그래밍**

PROM programming machine **PROM 프로그래밍 머신**

prompt [prámpt] *n.* **프롬프트** 지시 메시지. 입력 재촉. 컴퓨터 시스템이 사용자에 대하여 다음에 어떠한 조작을 행해야 하는지 지시하기 위한 지시 메시지. 또는 명령 대기 상태에서 시스템이 표시하고 있는 기호. 프롬프트는 사용자와의 대화를 재촉하기 위해서 사용된다. 대화(dialog) 형식이라고도 한다.

prompt alarm [-əláːrm] **프롬프트 경보**

prompt and response processing [-ənd rispáns prásesiŋ] **응답 지시 방식 처리** 「컴퓨터 시스템이 사용자에게 어떤 식으로 처리해야 할 것인가에 대한 가이드 메시지(guide message)를 보

여주고 입력을 하게 한 다음, 사용자의 입력에 대한 응답을 해주면서, 또한 다음 지시를 내린다」라는 대화형의 처리 방법에 의해, 컴퓨터 시스템에 익숙하지 않은 오퍼레이터(operator)나 초보자라도 올바른 조작 방법을 간단하게 습득할 수 있다. 단말(터미널) 이용 형태의 하나이며, 표시 장치가 딸린 단말로 한 차례의 가이드 메시지의 출력에 대해, 한 차례의 데이터 입력을 할 수 있는 처리를 말한다. 전임이 아닌 오퍼레이터와의 대화 처리에 알맞다.

prompter[prʌ́mptər] *n*. **프롬프터**

prompting[prʌ́mptiŋ] *n*. **프롬프팅** 시분할 체제에서 처리를 계속하기 위해 필요한 피연산자를 입력하도록 단말기 사용자에게 요구하여 그 사용자를 도와주는 기능.

prompting message[-mésidʒ] **지시 메시지** 커맨드나 서브커맨드의 오퍼랜드를 잘못 입력한다든지 필요한 오퍼랜드가 입력되지 않았을 때 그 오퍼랜드를 요구해오는 메시지.

PROM UV eraser PROM 자외선 소거기 MOS PROM에 프로그램된 데이터를 소거하기 위하여 고밀도 자외선을 방출하는 장치.

PROM verify PROM 검증 두 개의 데이터 필드를 비교하여 데이터가 정확하게 수록되었는지를 검증하는 PROM 프로그래머의 동작. 보통 비교하는 데이터는 종이 테이프, RAM, PROM 또는 다른 기억 장치에 들어 있다.

proof[prú:f] *n*. **증명, 검사, 프루프**

proof copy mode[-kápi(:) móud] **검사 복사 기능** 수정을 나타내는 기호를 검사 복사하는 프린터의 기능.

proofing program[prú:fiŋ próugræm] **증명 프로그램**

proof list[prú:f líst] **검사 목록** 데이터 처리를 컴퓨터로 행할 경우에 입력된 데이터를 육안으로 다시 체크하기 위해, 또는 입력 기록을 보관하기 위해 입력된 내용을 보기 쉬운 형식으로 리스트한 것. 사무 계산의 데이터 처리에서는 특히 중요한 역할을 한다.

proof machine[-məʃí:n] **프루프 머신** 수표, 어음, 전표류 등의 현품을 분류하여 현품과 기계로부터의 출력된 수치를 대조하는 기계.

proof of correctness[-əv kəréktnəs] **정당성 검증** 이 검증은 프로그램이 소정의 명세를 만족시키고 있는 것을 수학적으로 증명할 때 쓰는 논리적인 기법. 또는 이 기법에 의해 얻어진 프로그램의 증명.

proof rules[-rú:lz] **증명 규칙** 프로그램의 정당성 설명을 위해서 사용되는 증명법의 총칭. 어느 프로그램 언어로 쓰여진 프로그램의 정당성을 증명할 수 있도록 구성된 증명을 위한 공리와 추론 규칙의 집합. euclid 등 정당성의 증명을 의식한 프로그램 언어로 시험되고 있다.

proof total[-tóutəl] **검사 합계** 범위 및 집합, 다른 계산 방법에 대한 일치성이나 일관성에 관계되는 체크 토털의 하나.

propagate[prápəgèit] *v*. **전파하다, 넓히다** 캐리 룩 어헤드(carry look-ahead) 회로에 의한 자리올림 예측을 위해 가산기에 의해서 공급되는 두 개 신호 중의 하나.

propagated carry[prápəgèitid kǽri(:)] **전파 캐리** 여러 자리의 2진수 덧셈을 할 때 아랫자리에서 발생한 자리올림수가 윗자리로 넘어간 것.

propagate error[prápəgèit érər] **전파 오류** 계속 계산되는 연산에서 처음에 발생한 오류가 나중의 계산 결과에 영향을 미치는 오류.

propagation[pràpəgéiʃən] *n*. **전파** 발생한 예외가 프로그램의 어느 틀 속에서 처리되지 않고 그 바깥쪽 틀에서 다시 발생하는 현상.

propagation delay[-diléi] **전파 지연** (1) 펄스가 어떤 장치를 지나는 데 소요되는 시간. (2) 한 단계에서 다른 단계로 전파해가는 데 소요되는 시간.

propagation delay time[-táim] **전파 지연 시간**

propagation of error[-əv érər] **오차의 전파** 수치 해법에 따른 수치 계산에서 그 해법이 진행됨에 따라 계산 오차가 커지거나 유효 숫자가 상실되거나 한다. 이와 같은 경우 오차의 전파가 발생한다고 한다. 방정식 $f(x)$에 의하여 오차의 전파가 일어날 경우 $f(x)$는 악조건을 가졌다고 하고, 계산 과정에서 발생한 경우 불안정하다고 한다.

propagation time[-táim] **전파 시간** 논리 회로에서 소자의 스위칭 시간을 위한 논리의 지연 시간.

proper ancestor[prápər ǽnsestər] **적정 선조**

proper subset[-sʌ́bsèt] **진부분 집합** 어느 집합에 대하여 그 집합의 요소 모두는 포함되어 있지 않은 부분 집합.

property[prápərti(:)] *n*. **성질, 특성** 프레임과 스키마의 구성 요소들을 지칭하기도 하며 객체가 지니고 있는 자산.

property detector[-ditéktər] **특성 탐지기** 문자를 판별할 수 있는 특성을 찾아내기 위한 정규적인 신호를 갖는 문자 판독기의 한 구성 부분. 광학 문자 인식(OCR)의 용어.

property inheritance[-inhéritəns] **성질 상속** 엔티티형은 그 유형에 따라 계층적 구조를 구성하는데, 이 구조에서 상위 엔티티형의 성질들이 하위 엔티티의 성질로 적용되는 특성을 가리키며, 이것은 또한 어떤 형 x의 구성 요소로 구성된 형 y가 있을 때 x가 갖는 성질들이 y에서도 적용되는 것. PASCAL에서 정수형의 subrange로 선언된 형의 변수들이 정수에 대한 연산을 행할 수 있는 것이 그 예이다.

property list[-líst] **성질 목록, 특성 리스트** (1) 데이터 세트를 할당할 때 지정하는 데이터 세트의 속성(데이터 제어 블록 정보 등)의 정의체. (2) 속성명과 그 값으로 이루어지는 심벌에 부수한 리스트. 심벌마다 그 심벌에 고유한 정보를 관리하기 위해 사용한다.

property method[-méθəd] **특성법** 어떤 집합을 구성하고 있는 모든 원소들이 갖는 특성을 기술하여 집합을 표현하는 방법.

property relation[-riléiʃən] **특성 릴레이션** E.F. Codd가 제안한 확장 관계 모델인 RM/T에서 엔티티들의 성질을 저장하는 데 사용되는 릴레이션.

property sort[-sɔ́:rt] **특성 정렬** 여러 그룹의 항목에서 선택된 기준을 만족하는 특정 성질을 갖는 항목을 선택하고 이것을 어떤 키에 의해 분류됨으로써 완성되는 정렬.

proportional band[prəpɔ́:rʃənəl bǽnd] **비례대** 제어기가 완전하게 작동하도록 조정된 조건값에 대한 범위. 보통 기기의 전 가동 범위에 대한 백분율로 나타낸다. 또한 비례 동작에서 출력이 유효 변화폭의 0~100% 변화하는 데 필요한 입력의 변화폭(%). 비례대는 무차원화한 비례 이득의 역수(%)에 해당된다.

proportional control[-kəntróul] **비례 제어** 자동 제어계에 있어서 계(系)의 수정 동작량이 계의 오차의 값에 비례하는 것과 같은 제어법. 수정 방법은 결정된 행동을 집중화시켜 선형법에 따라 제어한다.

proportional font[-fánt] **비례 글꼴** 각 문자마다 폭이 다르게 설정된 글꼴. 보기 좋고 자연스럽게 하기 위해 I나 Q와 W 등의 문자폭이 다르게 설정되어 있다.

proportional gain[-géin] **비례 이득** 비례 요소에서의 비례 이득은 그 요소의 입력의 백분율값에 대한 출력의 백분율값의 비율을 가리킨다.

proportional pitch[-pítʃ] **비례 간격** W나 M 같은 문자는 많은 자리를 차지하고, I나 J 같은 문자는 좁은 폭을 차지하게 되므로 일정하게 해서 프린터에서 문자를 인자할 때 각 문자가 차지하는 자리가 문자의 크기에 따라 달라지는 것. 인쇄를 보기 좋게는 하지만, 고정 간격보다 처리하는 데 많은 노력이 필요하므로 보통 잘 쓰지는 않는다.

proportional range[-réindʒ] **비례 범위** 제어 장치가 완전한 선형 범위 내에서 동작할 수 있게 해주는 특정 조건을 갖는 값들의 집합 또는 범위, 대부분 비례 범위는 관계 기술자나 설계자에 의해 관련 기기의 전체 범위에 대한 백분율로 나타낸다.

proportional spacing[-spéisiŋ] **비례 간격** 프린터에서 문자의 크기가 다양한 경우에 출력 결과를 보기 좋게 수정하기 위하여 여백을 미세한 비율로 삽입하는 기능. 이 기능은 좌우열을 완벽하게 맞추며 인쇄할 경우에 효과적이다.

proposal[prəpóuzəl] *n.* **제안서**

proposition[pràpəzíʃən] *n.* **명제** 참인가 거짓인가 구별할 수 있는 주장의 내용을 2값 논리 명제라고 한다. 예 「분수는 유리수이다」는 참 명제이고, 「원은 삼각형이다」는 거짓 명제이다.

propositional calculus[pràpəzíʃənəl kǽlkjuləs] **명제 계산**

propositional logic[-ládʒik] **명제 논리** 논리합, 논리곱, 함의, 등가 및 부정의 5가지 논리 기호를 사용하여 논리식을 구성하는 데 따라서 명제를 형식화하여 논리를 연구하는 분야. 즉, 명제의 내용에는 들어 있지 않고 명제와 명제와의 관계를 논하는 것을 명제 논리라고 한다. 따라서 명제 논리는 몇 가지 명제 변수 사이에 성립하는 일반적 논리 법칙이다.

proprietary[prəpráiətɛ̀(:)ri(:)] *a.* **소유권을 주장할 수 있는, 특허의, 독점의** 어느 특정 소유자의 프로그램 등을 형용하는 데 자주 사용된다. 예를 들면 특허 소프트웨어(proprietary software)라고 하면 누군가의 소유에 속하고, 그것에 관련한 소유권을 주장할 수 있는 소프트웨어로, 사용료를 지불하지 않고 몇 개의 제한 조건도 없이 자유로 사용할 수 있는 소프트웨어와 구별된다. 이 종류의 소프트웨어에는 개별 제품으로서 상업용으로 개발한 것이나 컴퓨터 메이커가 제품의 일환으로서 제공하는 것 등이 포함된다.

proprietary program[-próugræm] **특허 프로그램** 프로그램을 개발할 경우 정당한 소유 권리를 가진 소유자만이 사용할 수 있는 프로그램을 특허 프로그램이라고 한다.

proprietary software[-sɔ́(:)ftwɛ̀ər] **특허 소프트웨어** 누군가의 소유에 속하고 그것에 관계하는 소유권 내지 재산권을 주장할 수 있는 소프트웨어로서 「사용료」를 지불하지 않고 몇 개의 제한 조건도 없이 자유로이 사용할 수 있는 소프트웨어와 구별된다. 이 종류의 소프트웨어에는 개별 제품으로서 상업용으로 개발한 것, 계산 센터 등 자사 처리용이지만 제3자의 사용을 인정하지 않는 것, 그리고 컴퓨터 메이커가 제품의 일환으로서 제공하는 것이 있는데, 후자에는 가격 분리(unbundling)에 기초를 둔 소프트웨어도 포함된다. 또 다소 좁은 의미로는 proprietary program도 자주 사용된다.

prosodic[prəsάdik] *a*. **운율적** 음성 인식 단계상의 용어로 억양과 강세에 관한 정보를 의미한다.

prosthetic[prəsθétik] *a*. **보철의, 보정의** 접근할 수 없는 곳을 접근 가능하게 하고 그 내용을 실행시키는 다양한 기능으로 컴퓨터의 사용을 정의하는 것.

protect[prətékt] *v*. **보호하다** 주기억 장치나 보조 기억 장치 등에 축적된 데이터나 프로그램이 파괴되는 것을 막는 것. 플로피 디스크 등에서는 하드웨어적으로 프로텍트를 행할 수 있다. 예를 들면 컴퓨터 시스템을 관리하는 운영 체제의 프로그램 등이 들어 있는 「판독 전용」의 디스크에는 「기록」을 금지하는 라이트 프로텍트(write protect)가 실시되어 있다. 시판되는 소프트웨어에서는 무단으로 복제(copy)를 할 수 없도록 기록의 포맷(format)을 바꾸는 등 통상의 방법으로는 복제가 되지 않도록 할 수 있다. 이것은 소프트웨어적 프로젝트의 일종 또는 컴퓨터 메모리 내에서 중요한 역할을 할 수 있는 부분의 안전을 위해서 보호되어 있다. 이 부분에서는 사전 방호 키(protection key)라 불리는 키를 입력하지 않으면 액세스가 되지 않는다.

protect device[–diváis] **회선 보호 장치**

protected[prətéktəd] *a*. **보호의, 보호되는** 주기억 장치나 보조 기억 장치 등의 내용을 보호하고 파괴되는 것을 방지하도록 되어 있는 것을 형용한다. 혹은 부정으로 복사(copy)하는 것을 막는, 즉 「프로텍트에 걸렸다」라는 의미이다.

protected access[–ǽkses] **보호 접근** 모든 응용은 데이터를 검색할 수 있지만 오직 하나의 응용만이 데이터를 변경할 수 있다는 것으로, 보호 접근은 데이터 베이스에 대한 세 가지 접근형 가운데 하나이다.

protected area[–ɛ́(:)riə] **보호 영역** 이용자가 직접 손으로 데이터를 입력하는 것이 금지되어 있는 부분. 항상 시스템 관리 하에 있으며, 시스템에 대하여 중요한 데이터이므로 수동 연산(manual operation)을 할 수 없다.

protected data[–déitə] **보호 데이터**

protected dynamic storage[–dainǽmik stɔ́:ridʒ] **보호 동적 기억 영역**

protected field[–fí:ld] **보호 필드** 콘솔의 CRT 디스플레이 상에서 이용자가 키보드로 입력을 행해도 수정되거나 소거되지 않는 화면 부분.

protected-fields terminal[–fí:ldz tə́:rminəl] **단말기 보호 필드** 출력된 데이터들을 조작원이 수정할 수 없는 단말기의 필드.

protected file[–fáil] **보호된 파일** 특정 사용자에게만 액세스가 가능한 파일로서 대부분의 파일은 이 방법으로 보호되기 때문에 한 사용자는 대개 다른 사용자의 파일에 관한 정보를 얻기가 매우 어렵다.

protected free storage[–frí: stɔ́:ridʒ] **보호 자유 기억 영역**

protected location[–loukéiʃən] **보호 위치, 보호 기억 장소** 허가되지 않는 액세스나 우연한 사고에 의해 내용이 변경되지 않도록 보호되어 있는 기억 장소.

[주] 예측 불가능한 변경, 부적당한 변경 또는 허가되어 있지 않는 액세스에 대하여 내용이 보호되고 있는 기억 장소.

protected mode[–móud] **보호 상태** 다중 작업(multitasking)과 가상 기억 장치 기능을 이용할 수 있는 상태를 말하며, 인텔 사의 마이크로프로세서 80286과 80386에서 쓰이는 용어.

protected queue area[–kjú: ɛ́(:)riə] **PQA, 보호 대기 영역**

protected QUIT[–kwít] **보호 QUIT, 보호 종료**

protected region[–rí:dʒən] **보호 영역, 기억 보호 영역**

protected retrieval[–ritrí:vəl] **보호 검색** 검색시에 사용되는데, 구역이 동시에 갱신되는 것을 금지하지만 동시 검색은 허용하는 것으로, 데이터 베이스 작업반(DBTG) 네트워크 데이터 모델을 사용한 데이터 베이스 관리 시스템인 IDMS의 OPEN 문에서 구역을 개발할 때 기술되는 여섯 가지 모드 가운데 하나.

protected SAVE[–séiv] **보호 SAVE, 보호 저장**

protected storage[–stɔ́:ridʒ] **보호 기억 장치**

protected virtual address mode[–və́:rtʃuəl ədrés móud] **보호 가상 주소 모드** ⇨ protect mode

protection[prətékʃən] *n*. **방지** 기억 장치의 내용이 파괴되는 것을 「보호」한다는 의미에서 기억 보호(storage protection), 파일 보호(file protection)와 같이 사용된다.

[주] 컴퓨터 시스템 전체 또는 일부분의 액세스 또는 사용을 제한하기 위한 구조.

protection character[–kǽrəktər] **보호 문자** 오류를 방지하거나 생략된 0을 대치하기 위해 프로그래머나 기계에 의해서 선택되는 문자. 일반적으로 &(ampersand)나 *(asterisk)를 많이 사용한다.

protection check[–tʃék] **보호 검사**

protection coordination[–kouɔ̀:rdinéiʃən] **보호 협조**

protection device[−diváis] **보호 장치**

protection domain[−dóumein] **기억 보호 정의 영역** 어떤 주체가 시스템의 여러 객체들에 대하여 가지고 있는 접근권의 집합을 정의하는 것으로서, 최소 특권의 원리(principle of least privilege)를 이루기 위해서는 보호 영역이 될수록 작아야 한다는 것으로, 접근 제어 행렬은 매우 크고 드문드문한 것이 된다. 보호 영역을 적게 하는 방법으로는 자격을 기초로 한 주소 지정 방식이 일반적으로 사용된다.

protection exception[−iksépʃən] **보호 예외** 주기억으로 보호된 기억 장소를 액세스하도록 하는데 따라 일어나는 예외 상태. 프로그램 일시 정지(인터럽트) 원인의 한 가지이다.

protection key[−kíː] **보호 키** 프로그램 상태어(PSW) 중에 있는 기억 보호를 제어하는 비트. 주기억 장치에 있어 주기억 키(storage key)는 자물쇠에 해당하며 이것을 열었을 때 한해 해당하는 것이 보호 키이다. 즉, 주기억 장치나 필름을 구성하기 위한 보조 기억 장치가 예기치 않게 기입되어 파괴되는 것이나 허락되지 않은 프로그램으로 판독되는 것을 방지하기 위해 설정되는 키로서, 특정한 용량 단위로 고유 키가 정해지는 경우가 많다.

protection location[−loukéiʃən] **보호 영역**

protection matrix[−méitriks] **보호 행렬** 데이터의 보호 명세를 나타내는 행렬로 행(行)은 프로세스와 같은 주체, 즉 처리자를 의미하고 열(列)은 소프트웨어나 하드웨어와 같이 운영 체제(OS)가 액세스할 자원을 의미한다. 각 엔트리는 처리자에 허용되는 액세스의 종류를 나타낸다.

protection mechanism[−mékənizm] **보호 기구** 시스템을 사용자로부터 보호(예를 들면 특권 명령의 실행을 금지), 또는 각 사용자를 다른 사용자로부터 보호(예를 들면 타인의 파일에 액세스 금지)하기 위한 기구. 패스워드, 경계 레지스터, 기억 보호 로크(lock) 등이 있다. 금지되어 있는 조작을 행한 프로세스는 보호 위반 예외를 일으켜 배제된다.

protection network[−nétwəːrk] **보호 회로, 보호망**

protection ring[−ríŋ] **보호링**

protection switch[−swítʃ] **회선 교체 장치**

protection system[−sístəm] **보호 시스템**

protective[prətéktiv] *a.* **보호되는** 보호나 보안을 목적으로 한 장치나 시스템을 형용할 때 사용된다. 또 가까운 의미의 말로서 「예방적(preventive)」이 있다.

protective area[−ɛ́(ː)riə] **보호 영역**

protective device[−diváis] **PD, 회선 보호 장치, 보안 장치** 통신 회선에 대하여 위험한 전압 등의 송출을 방지하기 위한 회선의 단말에 설치하는 장치.

protective ground[−gráund] **보호용 접지** 모뎀과 통신 제어 장치 및 데이터 단말 장치와의 접속기.

protective ground earth[−ə́ːrθ] **보호용 어스**

protective net[−nét] **보호망**

protective, preventive, predictive[−privéntiv, pridíktiv] **3p, 방어적, 예방적, 예언적**

protective ratio[−reiʃíou] **보호비**

protective redundancy[−ridʌ́ndənsi(ː)] **보호적 여유성** 데이터 전송에서 전송되는 부호에 검사용의 비트를 붙임으로써 여유를 주어 데이터를 잡음 등으로부터 보호하는 것. 이것에 의해서 데이터의 오류 검출과 정정이 가능해진다.

protective relay[−ríːlei] **보호 계전기**

protective screen[−skríːn] **보호 스크린**

protective tube[−tjúːb] **보호관**

protective wire[−wáiər] **보호선**

protect memory[prətékt méməri(ː)] **보호 메모리** 80286 이상의 CPU에서 보호 관리되는 메모리. MS-DOS에서는 100000H 이후의 메모리 공간을 말한다. 보호 모드에서는 멀티태스크 운영 체제를 위해 응용 소프트웨어나 운영 체제가 사용하는 메모리는 외부로부터 접근이 불가능하도록 보호된다. 그 메모리는 허용된 프로그램에서만 접근이 가능하다. 특히 MS-DOS의 경우 원래 메모리 공간이 1MB밖에 없기 때문에 이용할 수 없다. 그래서 DOS 환경에서도 이 확장 메모리를 사용하기 위해 DOS extender(VCPI, DPMI)나 XMS 등의 규격이 고안되었다.

protect mode memory[−móud méməri(ː)] **보호 모드 메모리** 인텔 사의 8086 계열 CPU 가운데 80286 이후의 CPU에 들어 있는, 보호 모드로 사용할 수 있는 메모리 영역. 보호 모드를 이용하기 위한 규약이 XMS(extended memory specification)인데, 이것에 의해 보호 메모리의 최초 64KB의 메모리 영역(HMA ; high memory area), 나머지 메모리 영역(EMB ; extended memory block) 및 보호 메모리가 아닌 영역(UMB ; upper memory block)을 이용할 수 있게 된다. 단, UMB는 80286에서는 사용되지 않는다. 윈도 3.x나 MS-DOS 버전 5.0 시스템에는 XMS에 따른 XMS 디바이스 드라이버 HIMEM.SYS가 포함되어 있다. ⇨ XMS, protect mode

protector[prətéktər] *n.* **보안기** 옥외 선로에서 유도 혼합 접촉 등에 의하여 발생하는 고전압, 대기 전류를 방지하기 위하여 피뢰기, 퓨즈 등을 넣은 장치.

protect ring[prətékt ríŋ] **기록 허가 링, 허가 링** 자기 테이프에 기록을 할 때 테이프를 감은 릴의 한 면에 있는 원형 홈에 붙이는 플라스틱의 링. 이것이 붙여져 있으면 기록이 가능하다. 그러나 붙여 있지 않으면 기록되지 않으므로 테이프에 기록되어 있는 정보가 보호된다. 기록 가능 링(write enable ring)과 같은 뜻이다.

protocol[próutəkɔ̀(:)l] *n*. **(통신) 규약** 프로토콜. 다른 장치나 컴퓨터 사이에서 데이터 통신을 행할 때 필요한 결정. 「통신 규약」이라고도 한다. 통신을 위한 물리적, 소프트웨어적 등 여러 가지 조건을 취하여 결정한다. 예를 들면 통신 데이터의 포맷(format)이나 전송 문자 등은 통신을 행하는 두 사람 사이에 사전에 결정해두지 않으면 안 된다.
[주] 통신을 행할 때 기능 단위의 동작을 결정하는 의미상 및 구문상 규칙의 집합을 말한다.

protocol analysis[-ənǽlisis] **프로토콜 분석**

protocol analyzer[-ǽnəlàizər] **프로토콜 해석기** 프로토콜 해석기는 링크 프로토콜에 따라서 데이터 전송을 하는 장치에 접속하고, 접속된 장치에 관해서 링크 프로토콜의 해석, 데이터 전송의 시뮬레이션 및 송수신 데이터의 모니터링 등을 하는 장치이다.

protocol class[-klɑ́:s] **프로토콜 클래스** 트랜스포트 계층에는 망 연결(NC) 간의 품질의 차를 보완하고 트랜스포트 서비스(TS) 이용자가 요구하는 서비스 품질을 실현하기 위하여 다수의 프로토콜 메커니즘을 두고 있는데, 이러한 프로토콜 메커니즘과 각종 매개변수를 조합하는 데 있어서 필연적으로 취사 선택의 문제가 따르게 된다. 이러한 경우를 위해 프로토콜 메커니즘을 시스템에 구현하는 방법과 실제로 사용되지 않는 세부적 사항을 사용하지 않는 방법으로서 프로토콜의 클래스를 규정한다.

protocol conversion[-kənvə́:rʃən] **프로토콜 변환** OSI의 7계층(layer)에서는 각 계층마다 통신 규약(프로토콜)이 정해져 있다. 이 프로토콜이 다른 것끼리 통신을 가능하게 하기 위해서는 「프로토콜 변환」이라는 특별한 작업이 필요하게 된다. 이 프로토콜 변환은 주로 소프트웨어에 의해 이루어진다.

protocol converter[-kənvə́:rtər] **프로토콜 변환기**

protocol data unit[-déitə jú:nit] **프로토콜 데이터 단위** 두 엔티티 통신 프로토콜에 의하여 교환하는 데이터 블록으로, 통신을 하는 오픈 시스템 간의 같은 계층 사이에서 전송되는 정보의 단위를 말한다. 응용층 간에서 전송되는 것을 APDU, 프레젠테이션층 간에서 전송되는 것을 PPDU, 세션층 간에서 전송되는 것을 SPDU, 트랜스포트층 간에서 전송되는 것을 TPDU, 네트워크층 간에서 전송되는 것을 NPDU라 한다.

protocol emulator[-émjulèitər] **프로토콜 모방기** 디지털 시스템이 디지털이 아닌 다른 성질의 시스템과 통신이 가능하도록 다른 성질의 주컴퓨터 통신 프로토콜을 모방하는 소프트웨어 패키지.

protocol function[-fʌ́ŋkʃən] **프로토콜 기능** 대부분의 통신 시스템에서 비트의 시작과 끝을 수신기가 알 수 있도록 비트를 동기시켜야 하며, 어떤 비트가 어떤 문자에 속하는지를 수신기가 인식할 수 있도록 문자를 동기시켜야 한다. 또 분리된 메시지를 수신기가 인식할 수 있게 메시지를 동기화시켜야 하며, 이 목적을 위하여 통신 체제에서는 프로토콜이 필요하다. 전형적인 프로토콜은 텍스트 시작, 텍스트 끝(STX/ETX), 그리고 이와 비슷한 표시 및 긍정/부정 응답 규정(ACK/NAK)을 메시지에 포함시켜 전달한다. 부가적인 오류의 검출과 정정은 세로 중복 검사(LRC)에 의해 이루어진다.

protocol header format diagram[-hédər fɔ́:rmæt dάiəgræ̀m] **프로토콜 헤더 포맷 다이어그램** 프로토콜 헤더의 각 필드의 길이, 비트의 위치, 필드의 이름 등의 구성을 그림으로 나타낸 것.

protocol hierarchy[-háiərɑ̀:rki(:)] **프로토콜 계층**

protocol identifier[-aidéntifàiər] **프로토콜 식별자** 패킷 조립 분해기(PAD)에서 패킷망을 호출하여 설정할 때 발호(發呼) 요구 패킷의 호출 이용자의 데이터에 프로토콜 ID를 두어 사용하는 프로토콜을 구별한다.

protocol implementation[-ìmpləmentéiʃən] **프로토콜 제품** 프로토콜 명세(明細)에 따라 만들어진 제품.

protocol layer[-léiər] **프로토콜 계층** 컴퓨터 네트워크에서 호스트 컴퓨터의 단말 장치 상호간 통신 규약에서의 기능적인 계층으로서 물리적인 회선의 제어, 데이터 링크의 제어, 패킷의 중계 전송이나 파일 전송 등의 통신 규약을 기능적인 블록으로 나누어 계층화함으로써 네트워크 구성이나 적용 업무에 의하여 각 계층의 프로토콜을 선택하기도 하고, 어떤 계층의 프로토콜을 변경할 때 다른 계층의 프로토콜을 방지할 수도 있다. 이 계층화 기술에 의하여 각 계층의 프로토콜이 독립적일 수 있다.

protocol stack[-stǽk] **프로토콜 스택**

protocol tester[-téstər] **프로토콜 시험기** 피시험측의 프로토콜 제품을 시험측에 연결하여 시험측이 제공하는 시험용 교신 시퀀스에 대하여 피시험측의 응답을 관찰하는 것으로서, 이때의 시험측을 프로토콜 시험기라고 한다.

protocol transfer[–trænsfə́ːr] **프로토콜 전송** 프로토콜 전송은 대화의 양측이 서로 일치되는 프로그램을 사용하도록 요구하며, 데이터를 정확히 수신하였는지를 확인하기 위해 오류 검사 방식을 사용하는 데이터 전송. 이런 형태의 전송을 사용하는 본체와 PC 상에는 특별한 소프트웨어가 부여되어야 한다. 일반적으로 시스템은 전송되는 동안에 데이터는 보여주지 않고 그 대신 전송 상태에 관한 정보만을 보여준다. 통신 링크의 양단에 같은 ASCII 제어 문자의 세트를 인식하는 통신 소프트웨어를 사용하여 고정 길이의 데이터 길이의 데이터 블록(data block)을 전송하는 기법이다. 그러나 이 기법에 대한 제어 문자의 표준화가 이루어져 있지 않기 때문에 이 프로토콜 파일 전송을 실행하기 위해서는 두 마이크로컴퓨터가 같은 메이커의 통신 소프트웨어를 사용하여야 한다. 파일 전송 프로토콜은 텍스트 파일이나 2진 파일을 고정 길이의 블록으로 나누고, 특수 문자를 사용하여 두 컴퓨터 간에서 이들 데이터 블록의 흐름을 제어한다. 이 프로토콜은 긍정 응답, 부정 응답, ASCII 문자와 더불어 전송 블록 종결, 텍스트 종결, 또는 문의 문자를 사용하여 데이터의 흐름 제어 기능을 수행한다. ⇨ protocol

protocol translation[–trænsléiʃən] **프로토콜 변환**

protocol verification[–vèrifikéiʃən] **프로토콜 검증** 쌍방의 프로토콜 메커니즘(PM)이 실제적으로 프로토콜의 명세(明細)에 따라 작동할 때 제공되는 서비스가 원래의 서비스 명세에 적합한지의 여부를 조사하는 것.

prototype[próutətàip] *n*. **원형** 프로토타입. (1) C 언어에 있어서 선언될 함수의 이름과 반환값, 인자들을 미리 정의해주는 것. (2) 소프트웨어나 하드웨어 시스템을 본격 생산하기 전에 그 타당성 검증이나 성능 평가를 위해 미리 만들어보는 시험적인 모형. (3) 길이, 질량 또는 전기량의 단위를 확실히 보존하기 위해 준비된 표준이 되는 것.

prototype kit[–kít] **프로토타입 키트** 마이크로컴퓨터 키트(microcomputer kit)의 기본 기능인 하드웨어는 마이크로프로세서, 클록 제너레이터, 메모리, 시스템 컨트롤러, 주변 인터페이스, TTY 인터페이스 등으로 구성되어 있다.

prototype section[–sékʃən] **원형 섹션**

prototype statement[–stéitmənt] **원형 스테이트먼트, 원형문**

prototyping[próutətàipiŋ] **원형화** 사용자의 요구가 정확하게 반영되었는지를 확인하기 위해 요구를 모델링하는 것. 목적으로 하는 시스템의 개발에 앞서 그 일부 또는 전부를 시작(試作)하는 것. 혹은 시작하는 것을 전제로 한 시스템 개발 기법.

proven[prúːvən] *a*. **검증 완료의**

proven routine[–ruːtíːn] **검증 완료 루틴, 사용되는 루틴**

provider[prəváidər] *n*. **제공자, 프로바이더**

proving[prúːviŋ] **검증** 프로그램이나 하드웨어 상에서 오류의 유무를 검사하는 것. ⇨ verification

proving time[–táim] **검증 시간** 진단 루틴을 사용하여 부품들의 상태가 정상인지 어떤지를 판별하기 위하여 시스템을 점검하는 데 소요되는 시간. 이 시간은 잘못을 고치는 데 걸리는 고장 시간 및 미리 계획된 유지 보수 시간에 포함되기도 한다.

proximity problem[prɑksímiti(ː) prɑ́bləm] **근접성 문제** 주어진 물체들 사이의 거리에 관련된 모든 문제의 총칭.

proxy[prɑ́ksi] *n*. **프록시** 데이터를 가져올 때 해당 사이트에서 바로 자신의 PC로 가져오는 것이 아니라 임시 저장소를 거쳐서 가져오는 것. 프록시를 설정하면 수 초의 빠른 속도를 느낄 수 있다. 프록시 서버에는 다수의 사용자들이 들르는 사이트에 대한 데이터가 저장되어 있어 경우에 따라 해당 사이트에 들르지 않고 바로 이 서버에 있는 데이터를 이용하기도 한다. 하지만 프록시 서버에 문제가 생겼거나 과부하가 걸렸을 경우 오히려 더 느려지는 경우도 있다. (사이트 → 프록시 서버 → PC)

proxy server [–sə́ːrvər] **프록시 서버** 시스템에 방화벽을 가지고 있는 경우 외부와의 통신을 위해 만들어놓은 서버. 방화벽 안쪽에 있는 서버들의 외부 연결은 프록시 서버를 통해 이루어지게 된다. 연결 속도를 올리기 위해서 다른 서버로부터 목록을 캐시하는 시스템이다. 웹에서 프록시는 우선 가까운 지역에서 데이터를 찾고, 만일 그곳에 데이터가 없으면 데이터가 영구히 보존되어 있는 멀리 떨어져 있는 서버로부터 가져온다. ⇨ server

PRPQ **프로그래밍 RPQ** programming request for price quotation의 약어.

PRT (1) **프로그램 참조표** program reference table의 약어. (2) **생산 시행 테이프** production run tape의 약어. 여러 컴퓨터에서 검증되고 계획된 생산 과정을 담고 있는 테이프.

pruning[prúːniŋ] **전지 작업** 경험 규칙이 어떤 가지(tree)나 규칙의 일부가 잘리거나 무시되어도 좋은가를 결정해 줌으로써 탐색 공간을 줄여주기 위한 것으로 전문가 시스템에서 결정 트리의 가지를 어디에서 자를지를 결정하는 것.

PS/2 connector **PS/2 커넥터** 미국 IBM 사가

1987년에 발매한 PS/2에 채용된 키보드 커넥터. 커넥터 형상은 6핀의 미니 DIN이 사용되고 있고, 키보드용의 커넥터로서 형상이 같은 것을 총칭해서 말하는 경우가 많다.

PSB 프로그램 기술 블록 program specification block의 약어. 응용 프로그램에 대응하기 위해 여러 개의 PCB(program communication block)로 구성된 블록.

PSCF 주기억 제어 기구 processor storage control function의 약어.

PSDN 패킷 교환 데이터망 packet switching data network의 약어.

PSE (1) **제품 지원 공학** product support engineering의 약어. (2) **프로그램 보조 환경** programming support environment의 약어. 전반적인 소프트웨어 생명 사이클을 통해서 프로그래밍을 지탱해주는 능력을 제공하기 위해 지시 언어에 의해 사용하게 하는 도구들의 종합적인 모임을 말한다. 환경은 대체적으로 설계, 편집, 컴파일, 적재, 테스트, 배치 관리, 프로젝트 관리를 위한 도구를 포함한다. (3) **문제 해결 환경** problem-solving environment의 약어.

psec 피섹, 피코초 picosecond의 약어. 10^{-12}초, ps로 나타내기도 한다.

pseudo[sú:dou] **의사(擬似)의**

pseudo 3D 의사 3D, 의사 3차원 원근법을 이용하여 3차원 데이터를 표시하는 것. 3차원을 2차원으로 변환하기 위한 행렬 곱셈을 사용하지 않기 때문에 시간이 적게 든다는 것이 이점이다.

pseudo access mode[-ǽkses móud] **의사 액세스 모드** 이 모드는 응용 프로그램의 디버그시에 실제 사용의 데이터 베이스의 이용을 가능하게 하기 위한 것으로 응용 프로그램으로부터의 의뢰에 의한 데이터 베이스의 갱신 처리 실 동작을 수행하지 않는 모드.

pseudo application program[-æplikéiʃən próugræm] **의사 응용 프로그램** 감독 프로그램을 시험할 목적으로 작성한 응용 프로그램.

pseudo argument[-á:rgjumənt] **의사 인수**

pseudo-asynchronous system[-eisíŋkrənəs sístəm] **의사 비동기식**

pseudo clock[-klák] **의사 클록** 타이머 감시 루틴에 의해서 사용되는 주기억 장치 중의 한 기억 장소로서 시간 간격이나 하루중의 사용 시간을 계산하는 데 사용된다.

pseudo code[-kóud] **유사 부호** 의사 코드. 프로그램 명령을 나타내는 코드로서, 명령 코드나 어드레스 코드를 나타내기 때문에 컴퓨터가 그대로는 판독할 수 없으므로, 실행 전에 미리 번역해야 한다. 자동 프로그래밍에서 많이 쓰이는 수법으로, 사람이 판독하거나 기억하는 것이 쉽도록 정해진 코드이다. 명령, 기억 장소를 표시하며 번역 과정에서 기계 코드로 치환된다.

pseudo cursor[-kə́:rsər] **의사 커서**

pseudo DDL 의사 데이터 정의어 데이터 베이스 설계 중 내려진 결정을 형식을 갖추어 기록하기 위하여 주요 키와 외래 키를 표현할 수 있도록 SQL, DDL을 바탕으로 변형된 데이터 정의어.

pseudo display file[-displéi fáil] **의사 표상 파일** 그래픽 패키지에서 장치 독립적이고 추상적 DPU에 사용될 중간 형태의 표상 파일.

pseudo file address[-fáil ədrés] **의사 파일 주소** 파일에서 레코드를 가져오기 위해 응용 프로그램에서 사용하는 가상 주소로 감독 프로그램은 가상 주소를 실제 기계 주소로 바꾼다. 실제 기계 주소는 듀플렉스와 후진(fall-back)을 사용하는 다른 파일 장치에서 변경될 수 있다.

pseudo instruction[-instrʌ́kʃən] **유사 명령(어)** 컴파일러나 해석기에서의 상징적으로 표현된 명령어. 어셈블러나 컴파일러 등으로 원시 파일을 기계어로 변환할 때, 어셈블러를 제어하여 직접 기계어로 변환되지 않는 명령을 가리킨다. 명령에는 프로그램의 어드레스 설정, 변수 영역의 확보, 상수의 정의, 데이터 표의 어드레스 설정 등이 있다. 매크로 명령도 의사 명령의 일종이다.

pseudo key[-kí:] **의사 키** 확장 가능 해시 파일 구조에서 해시 함수를 레코드 키에 적용하여 생성되는 고정 길이의 비트열.

pseudo language[-lǽŋgwidʒ] **의사 언어** 어떤 일을 수행할 수 있도록 특별히 인위적으로 만든 언어로서 선택된 표현에 부합되는 특별한 의미를 나타낼 수 있도록 고안된 규칙의 집합. 어떤 종류의 프로그램, 특히 문제 중심으로 된 프로그램은 의사 언어로 쉽게 쓸 수 있고, 대부분의 의사 언어는 그 언어의 문법 및 논리 등에 기억하기 쉬운 영어와 유사한 형태의 명령문이 있다.

pseudo NMOS circuit 의사 NMOS 회로, 의사 엔모스 회로 대칭적 CMOS 회로의 P-채널 네트워크를 P-채널 부하 저항으로 대체한 회로로서 CMOS 회로에 비하여 작은 공간을 차지하지만, 풀다운(pull-down) 속도가 느리다.

pseudo-noise sequence[-nɔ́iz sí:kwəns] **의사 잡음 순서**

pseudo-offline working[-ɔ́(:)flàin wə́:rkiŋ] **의사 오프라인 작동** 작동은 본체에 연결된 장비에서 완료되지만 본체와 병렬로 연결되어 있거나, 그것도 동시에 실행되는 분리된 루틴의 제어 하에 데이터를 처리하는 형태.

pseudo-OP 의사 OP ⇨ pseudo instruction

pseudo operation[–àpəréiʃən] **의사 연산** 하드웨어 자체에는 명령을 해독하는 기능을 갖추고 있지 않으나 소프트웨어적으로 여러 개의 명령을 조합해서 하나의 명령 코드로서 하드웨어에 지시하며 실행시키는 조작.

pseudo operation code[–kóud] **의사 연산 코드** 어셈블리어 프로그래밍시에 직접 컴퓨터에 의해 수행되는 명령어 외에 어셈블러가 기계어 프로그램으로 번역할 때 참조하는 어셈블러가 지시하는 형태의 명령어. 예를 들면 프로그램의 시작과 끝, 기억 장치 할당 등을 지시하는 명령어이다.

pseudo operation code table[–téibəl] **의사 연산 코드 테이블** 어셈블러가 프로그램 내의 의사 연산 코드를 이해하고 그 지시에 따라 번역할 수 있도록 가지고 있는 미리 정의된 의사 연산 코드의 테이블.

pseudo order[–ɔ́:rdər] **의사 명령**

pseudo paging[–péidʒiŋ] **의사 페이징** 프로그래머가 메모리 주소를 참조할 때 「페이지」라고 하는 특정 워드의 블록으로 메모리를 볼 수 있는 방법이나 절차. 사용하는 기계는 프로그램 계수기(PC)가 블록의 마지막 주소에서 다음 블록의 시작 주소로 옮겨갈 수 있으므로 꼭 페이지된 기계(paged machine)가 아니어도 관계없다.

pseudo random[–rǽndəm] **의사 랜덤** 통계적인 무작위가 하나 이상의 규칙을 만족하는 것.

pseudo random number[–nʌ́mbər] **의사 난수** 컴퓨터에 의해 만들어지는 난수. 어떤 유한 개수의 조립된 수의 주기성 없는 계열을 난수라고 하는데, 산술 난수를 컴퓨터에 발생시키면 커다란 주기를 갖는다. 이와 같이 진정한 의미로는 난수가 아니지만 사용상 난수로 간주해도 지장이 없는 난수를 의사 난수라고 한다.

pseudo random number sequence[–sí:kwəns] **의사 난수열** 어떤 정의된 산술 연산에 의해서 정해지는 수치의 열로서, 무작위성에 대해 하나 이상의 표준적인 통계적 검정을 만족시키며 어떤 주어진 목적을 위해 충분히 무작위인 것. 이 수열은 균일 분포 또는 가우스 분포 등 각종 통계적 분포를 근사시킬 수 있다.

pseudo register[–rédʒistər] **의사 레지스터** 둘 이상의 모듈 간에서 동적으로 확보한 영역을 공용한다든지, 동적으로 확보해야 할 영역의 크기를 구하기 위해 쓰는 것. 어셈블러의 외부 더비 섹션 등의 정의에 대해서 작성된다.

pseudo simultaneous event[–sàiməltéiniəs ivént] **의사 동시 사건** 분산 데이터 베이스에서는 실제로 동시에 일어나지 않았더라도 선행 관계를 구분할 수 없는 사이트 간의 사건들.

pseudo SLIP 가상 SLIP SLIP를 흉내낸 가상 프로토콜을 말한다.

pseudo-static memory[–stǽtik méməri(:)] **의사 정적 기억 장치** 회복 연산과 오버헤드 연산이 카드로 다루어지는 기억 장치의 형태.

pseudo static RAM 의사 SRAM ⇨ PSRAM

pseudo-ternary code[–tɔ́:rnəri(:) kóud] **의사 3진 부호** 전송로에서는 "1", "0", "–1"의 레벨을 사용하지만 단일 소자 전송 시간에 1비트 정보밖에 보내지 않는 부호 형식. 이 형식에 따라 직류 차단 효과가 적고 또 대역(帶域)이 좁은 신호를 만들 수 있다. 대표적인 것으로서 복류(複流) RZ 부호, 차동 2진 3치 부호, PST 부호 등이 있다.

pseudo text delimiter[–text dilímitər] **가원문 구분 기호**

pseudo transitivity[–trǽnsitiviti] **의사 천이 공식** 함수적 종속성과 다치 종속성들에 대한 추론 규칙의 하나로, 한 종속성의 종속된 속성이 다른 종속성의 결정자에 포함될 때 새로운 종속성을 구하는 규칙. 즉, 함수적 종속성 $X \rightarrow Y$, $YZ \rightarrow W$는 $XZ \rightarrow W$를 유도하며, 다치 종속성 $X \rightarrow\!\!\rightarrow Y$, $YW \rightarrow\!\!\rightarrow Z$는 $XW \rightarrow\!\!\rightarrow X \rightarrow YW$를 유도한다.

pseudo variable[–vɛ́(:)riəbl] **의사 변수** PL/I이 가진 기능의 하나로, 대입 변수를 지정할 수 있는 입력 함수. 예 대입문 STRING(A)="ABC · DEF"에서 STRING이 의사 변수, A가 대입 변수 데이터

pseudo-virtual circuit[–vɔ́:rtʃuəl sɔ́:rkit] **의사 가상 회로** 서브넷 내에서는 데이터그램 통신 구조가 채용되나 데이터 단말 장비(DTE)와 연결되어 있는 송신 인터페이스 메시지 프로세서(IMP)와 수신 IMP에게 가상 회로 서비스를 제공하는 유형의 네트워크이다. 이러한 유형을 의사 가상 회로라고도 하며, 현재의 TELINET와 ARPANET는 여기에 속한다.

PSID 문제 식별 problem source identification의 약어.

PSK 위상 전이 방식 phase shift keying의 약어. 변조 방식의 하나로, 입력 신호의 양에 대하여 반송파의 위상을 변화시키는 위상 변조 방식에서 입력 신호가 디지털 신호인 경우. 600비트/초, 1,200비트/초, 4,800비트/초 등의 입력 속도가 CCITT 표준으로 정해져 있다.

PSL 문제 해결 실험 problem-solving laboratory의 약어.

PSL/PSA 문제 기술 언어/문제 기술 분석 problem

statement language/problem statement analyzer의 약어. 미시건 대학의 IODOS 프로젝트로 개발된 요구 기술용 언어와 그 해석 시스템.

PSN (1) **패킷 교환망** packet switching network의 약어. 데이터 전송을 위한 교환망의 방법으로 패킷이라고 하는 데이터 블록을 데이터 교환국 상호간에 전송하는 교환망. ① 패킷의 다중화에 의해 교환국 상호간의 회선 절약이 가능하다. ② 가입자의 데이터 에러 제어(error check)는 모든 망(network)에 걸쳐 가능하다. ③ 다른 데이터 신호 속도(data signaling rate)를 가진 단말을 상호 접속할 수 있다. (2) **패킷 교환 노드** packet switch node의 약어. 패킷 교환 통신망에서 송신측으로부터 전달되어 온 패킷을 수신측으로 전달하기까지 통신망 내에서 패킷의 전달을 중재하는 노드(컴퓨터).

PSP 전력 계통 계획 프로그램 power system planning program의 약어.

PSP model 문제 해결 과정 모델 problem solving process model의 약어.

PSR 프로세서 상태 레지스터 processor state register의 약어.

PSRAM 의사 SRAM pseudo static RAM의 약어. SRAM의 재생 기능과 DRAM과 같은 셀 구조를 가진다. 대용량이면서 저렴한 것이 특징인 RAM이다.

PST (1) **물리적 기억 영역 테이블** physical storage table의 약어. (2) **문제 해결 이론** program solving theory의 약어.

PSTN 공중 회선 교환 전화망 public switched telephone network의 약어.

PSU 프로그램 기억 장치 칩 회로 program storage unit chip circuit의 약어.

PSW (1) **프로세서 상태어, 연산 처리 장치 상황 워드** processor status word의 약어. (2) **프로그램 스테이터스 워드, 프로그램 상태어** program status word의 약어. 프로그램 카운터, 플래그 및 주요한 레지스터의 내용과 그 밖의 프로그램 실행 상태를 나타내는 제어 정보를 묶은 것.

PSWR 프로그램 상태어 레지스터 program status word register의 약어. ⇨ PSW register

PSW register 프로세서 상태어 레지스터 명령어 주소 및 하드웨어를 제어하는 몇 가지 정보가 기억된 8바이트 길이의 명령어 주소 레지스터.

psychometrics [sàikəmétriks] **정신 측정법** 계량 사회 과학 수법의 하나. 심리 현상을 측정하는 수법은 다종 다양하지만 아무래도 양적 처리를 할 필요가 있는데, 이 종류의 측정을 1930년 이후에는 정신 측정법이라고 했다. 이 측정 분야는 정신 물리학적 방법, 지능 지수 또는 성향 지수, 사회 측정의 세 가지로 분류된다.

p-system [pí: sístəm] **p-시스템** 캘리포니아 대학 샌디에고 분교(UCSD)에서 개발한 마이크로컴퓨터를 위한 운영 체제의 이름. 이 시스템은 p코드라는 언어를 사용하는데, 모든 고급 언어는 이 p코드로 된 목적 프로그램을 생성하며, 시스템 내에 p코드의 인터프리터가 있어 목적 프로그램을 해당 기계의 기계어 프로그램으로 바꿔서 수행한다. 따라서 이 운영 체제용으로 개발된 프로그램은 하드웨어에 상관없이 돌아갈 수 있다는 장점이 있다.

PT (1) **매개변수표** parameter table의 약어. (2) **패킷 단말기** packet terminal의 약어.

PTA 물리 비상주 영역 physical transient area의 약어. 수퍼바이저 상주 영역 내에 있는 비상주 영역의 하나.

PTF 프로그램 일시 수정 program temporary fix의 약어.

PTP (1) **종이 테이프 천공기** paper tape puncher의 약어. 마이크로컴퓨터의 출력 데이터를 종이 테이프에 천공하는 장치로, 천공 속도는 25~150자/초 정도이다. 컴퓨터의 출력을 종이 테이프에 기록하는 경우 주기억 장치에서 전송되어 온 데이터가 일단 종이 테이프의 코드로 변환되어 빈 종이 테이프가 천공기를 통과할 때 천공되어 기록되는 장치.

PTR (1) **종이 테이프 판독 장치, 종이 테이프 판독기, 종이 프린터** paper tape reader의 약어. (2) **광전식 테이프 판독기** photo electric tape reader의 약어. 천공 테이프를 광전적으로 읽어 구멍의 유무를 전기적인 펄스로 변환하여 컴퓨터에 입력시키는 장치. 테이프를 보내는 부분과 읽어들이는 부분으로 되어 있다.

PTS 프로그램 검사 시스템 program test system의 약어. 자동으로 프로그램을 점검하고, 생산 가동 구성에 도움을 줄 수 있는 필요한 곳에 진단 정보를 만들어내는 시스템.

PTT 우전성 ministére des postes et télécommunications et de la télédiffusion의 약어. 프랑스의 우편, 전기 통신, 방송 등의 주관청.

P/T to M/T 종이 테이프-자기 테이프 paper tape to magnetic tape의 약어. 종이 테이프에 천공되어 있는 데이터를 자기 테이프로 이동하는 것. 보통은 컴퓨터로 입력측에 종이 테이프를, 출력측에 자기 테이프를 세트한다.

P/T to M/T converter 종이 테이프-자기 테이프 변환 장치 paper tape to magnetic tape converter의 약어. 천공이 끝난 테이프의 내용을 자기 테이프로 옮겨바꾸는 전용 장치. 컴퓨터의 사용 효율 향상을 위해서 오프라인 장치가 있다.

P-type[−tάip] **P형** 실리콘(Si), 게르마늄(Ge) 등과 같은 순수 반도체에 Ⅲ족 원소인 붕소(B), 갈륨(Ga), 인듐(In) 등의 불순물을 첨가하는 방식으로, 대부분 정공에 의하여 전기 전도가 이루어진다.

P+type[−plΛ́s tάip] **P 플러스형** 특별히 주변의 P형보다 도핑을 진하게 한 P형 반도체.

P-type channel MOS P형 채널 모스 MOS에서 채널을 형성하는 캐리어가 정공(hole)일 때를 말한다. 일반적으로 P 채널 트랜지스터는 N형 채널 트랜지스터보다 제작이 쉬우며 저렴한 가격의 IC가 만들어진다.

P-type semiconductor[−sèmikəndΛ́ktər] **P형 반도체** 진성 반도체에 불순물을 첨가하여 양공(陽孔)이 다수 운반체(carrier)가 되게 한 반도체. 양공의 전하가 양(positive)이기 때문에 P형이라고 한다. 반도체 구성 원자의 원자가(原子價) 전자(최외각 전자)의 수보다 적은 원자가 전자를 가진 불순물을 첨가하면 화학 결합에 기여하는 전자가 부족하기 때문에 양공이 포획된 상태로 된다. 전자를 얻어 화학 결합을 완성하면 양공을 방출하게 되므로, 운반체로서의 양공의 수가 전자의 수보다 많아진다. 이러한 불순물을 억셉터(accepter)라고 한다.

PU 물리 유닛 physical unit의 약어. SNA 네트워크에서 물리 노드의 자원이나 인접하는 노드와의 링크를 관리 모니터하는 것.

PUB 물리적 장치 제어 블록 physical unit block의 약어.

public[pΛ́blik] *a.* **공공의, 공개의, 공중의** 특정의 개인 또는 단체가 아닌 불특정 다수의 사람들이나 그 시스템을 사용하는 모든 사람이 이용할 수 있는 상태. 사적(private)의 반대어로서 사용된다. 공적인 액세스는 사용자가 읽거나 실행하는 것을 허용하지만 기록하는 것은 금지한다.

public access channel[−ǽkses tʃǽnəl] **퍼블릭 액세스 채널**

publication language[pΛ̀blikéiʃən lǽŋgwidʒ] **발표 언어** ALGOL이 기준 언어이며 명확한 변형으로 발표에 적합한 것. 인쇄나 필기 또는 양쪽에 적합하도록 고안되어 있다. 예를 들어 기준 언어인 $r\uparrow p$, $3_{10}5$는 발표 언어에서 r^p, 3×10^5이다.

public authority[pΛ́blik əθɔ́:riti(:)] **공적 인가** 컴퓨터 시스템의 내부에 저장되어 있는 데이터를 그 시스템을 사용하는 모든 사람이 이용할 수 있도록 허가를 부여하는 것.

public circuit[−sə́:rkit] **공중 회선**

public data[−déitə] **공용 데이터**

public data base[−béis] **공용 데이터 베이스** 대형 컴퓨터에서 데이터 베이스가 여러 설계자에 의하여 제공되며, 이 데이터 베이스를 여러 사용자가 공유해서 사용하는 데이터 베이스.

public data network[−nétwə̀:rk] **PDN, 공용 데이터망** 사용료를 부담하면 누구나 사용할 수 있는 통신망. 정부 또는 공인된 민간 개발에 의해 설립되어 운용되는 통신망으로 특히 공용 데이터 전송의 편익을 제공하는 것을 목적으로 하는 것. 이들 회선을 통해서 컴퓨터에 의한 통신도 이루어진다.

public domain[−douméin] **공용 도메인** 다운로드할 수 있는 모든 종류의 소프트웨어나 정보들 중에서 공용 도메인은 조건이 가장 적은 소프트웨어이다. 셰어웨어를 가지고 있다면 요금을 지불해야 하며, 프리웨어를 가지고 있다면 저작권 문제와 같은 제약이 따른다. 하지만 공용 도메인 다운로드에는 어떤 제한도 없으며, 뒤따르는 저작권 문제 또한 없다.

public domain program[−próugræm] **공용 프로그램** 저작권이 없이 자유로운 사용과 교환이 가능한 프로그램.

public domain software[−sɔ́(:)ftwὲər] **공용 도메인 소프트웨어** 무료로 누구라도 이용할 수 있게 공개되고 있는 소프트웨어. 저작권이 없으므로 자유롭게 교환하거나 복사해서 사용할 수 있는 소프트웨어.

public electronic mail system[−ilèktrάnik meil sístəm] **공용 전자 우편 시스템** 서신을 전기 신호로 바꾸어 전송하는 방식. 발신인이 전자 우편 용지에 통신 내용을 적어내면, 송신국에서 수취인 등의 시스템 제어 정보를 컴퓨터에 입력하고 이를 팩시밀리에 넣는다. 송신문이 팩시밀리에 의해 전기 신호로 바뀌어 수취국에 전송되면, 수취국은 팩시밀리로부터 통신문을 받아 이를 수취인에게 전달하게 된다. 시간의 절약으로 신속한 우편 배달이 이루어진다.

public file[−fáil] **공용 파일**

public key[−kí:] **공개 키** 비대칭형 암호 방식(asymmetric cryptosystem)에서 문서의 암호화를 위해 사용되는 키로 비밀 키(private key)와는 암호화에서 사용되는 함수의 역수 관계를 가지고 있으며, 일반적으로 다른 사람들이 문서를 암호화할 수 있도록 공개된다. ⇨ private key

public key cryptography[−kí: kríptαgrəfi(:)] **공개 키 암호 방식, 공중 암호계** 전송로 상의 데이터를 도청으로부터 보호하기 위해 미국의 스탠포드 대학에서 제안한 암호계.

public key cryptosystem[−kríptαsìstəm] **공개 키 암호화 방식** 데이터의 비밀을 지키기 위한 암호 방식의 일종. 데이터를 암호화할 때 사용하는 암호 키는 공개하고, 암호문을 원래 데이터로 복원하는 복호 키는 공개하지 않게 되어 있다.

public key encryption[−inkrípʃən] **공개 키 암호계** 암호화 알고리즘과 암호화 키(key)는 공개되어 누구든지 원문을 암호문으로 변환할 수 있으나 해독 키는 공개되지 않은 방법. 해독 키는 암호 키로부터 쉽게 도출되지 않기 때문에 권한을 지닌 자만이 해독할 수 있다.

public key infrastructure[−ínfrəstrʌ̀ktʃər] **공개 키 기반 구조** ⇨ PKI

public key system[−sístəm] **공개 키 시스템** 새로운 암호(cryptography)의 시스템으로 데이터를 암호문으로 바꿀 때의 암호 키와 그 암호문을 원래의 데이터로 되돌릴 때의 복호 키가 다르다. 이 때문에 암호 키를 공개해도 복호 키를 비밀로 하여 두면 기밀 유지가 되고, 불특정 다수를 대상으로 암호 통신이 가능한 것이 특징이다.

public line backup[−láin bǽkʌ̀p] **공중 회선 백업** 특정 통신 회선이 다운되었을 때 공중 통신 회선으로 백업하는 것.

public mail[−méil] **공개 우편** 수신자가 정해져 있으나 다른 사용자도 볼 수 있는 우편.

public message service[−mésidʒ sə́ːrvis] **PMS, 공중 전보 서비스(웨스턴 유니언 사)**

public network[−nétwə̀ːrk] **공중망** 불특정 다수의 이용자에 대하여 전기 통신 서비스를 제공하는 네트워크로 이용자는 단말 장치(terminal) 등을 통하여 데이터 통신을 할 수 있다. 현재의 서비스로는 옛날부터 전화형과 전신형 외에 패킷 교환(packet switching)에 의한 패킷 교환망(public packet network)이나 회선 교환(circuit switching)에 의한 공중 교환 회선망(public switched network) 등이 있다.

public queue[−kjúː] **공용 대기 행렬, 공용 큐**

public relation[−riléiʃən] **PR, 홍보**

public segment[−ségmənt] **공용 세그먼트** 동시에 여러 단말 사용자가 호출할 수 있는 공유 데이터를 포함한 세그먼트.

public switched network[−swítʃt nétwə̀ːrk] **공중 교환 회선망**

public switched telephone network[−téləfòun nétwə̀ːrk] **PSTN, 공용 회선 교환 전화망** 전화에 대한 서비스를 제공하는 공용 통신망.

public symbol[−símbəl] **공동 기호** 어셈블리 프로그램을 여러 개의 원시 프로그램 모듈로 나누어서 만들 때, 자기 모듈에서 선언된 변수나 레이블, 상수 등의 기호를 다른 모듈에서 사용할 수 있도록 선언하는 것.

public system[−sístəm] **공중 시스템**

public telecommunication[−téləkəmjùːnikéiʃən] **공중 전기 통신** 전기 통신 설비를 이용하여 타인의 통신을 매개하거나 기타 전기 통신 설비를 타인의 통신용으로 제공하는 것을 공중 전기 통신 역무라고 하며, 공중 전기 통신 역무를 제공하기 위한 전기 통신 설비를 공중 전기 통신 설비라고 한다. 이 설비를 이용하는 전기 통신을 공중 전기 통신이라 하며, 공중 전기 통신 역무를 제공하는 업무를 공중 전기 통신 업무라고 한다.

public transportation system[−træ̀nspɔːrtéiʃən sístəm] **공공 교통 시스템**

public volume[−váljum] **공공 볼륨** 다수의 작업에 의해 공용되는 볼륨.

publish and subscribe[pʌ́bliʃ ənd səbskráib] **발행과 인용** MacOS의 System 7부터 탑재된 기능으로 응용 프로그램 간에 데이터를 상호 교환할 수 있게 해준다. 발행처의 데이터를 변경하면 인용처의 데이터도 자동 갱신된다. 윈도 DDE에 해당된다.

puck[pʌ́k] **퍽** 아래쪽에는 여러 개의 버튼이 달려 있고, 위쪽에 렌즈가 달린 구멍이 있는데, 이 렌즈에는 십자선이 그려져 있다. 퍽을 손으로 잡고 움직여서 십자선의 중심을 원하는 좌표에 맞추고 버튼을 누르면 그 위치가 컴퓨터에 숫자로 입력된다. 이렇게 그래픽 태블릿에서 정확한 좌표를 지적하는데 사용되는 것을 말한다.

pueblo beta client [pwéblou béitə kláiənt] WWW anchor나 WWW inline 등의 기능을 지원하는 VRML 브라우저. 하지만 원래는 인터넷 상에서 머드를 즐길 수 있는 게임 시스템으로 개발된 제품. 텍스트 형태의 머드 게임에서 2D와 3D 그래픽, 오디오, HTML 파일 등도 삽입해 좀더 실감나게 머드 게임(hypermedia MUD)을 즐길 수 있도록 한 것. http://www.chaco.com/pueblo/ 참조.

PUG prime users group of korea의 약어. 한국전자 계산이 공급하는 프라임 컴퓨터 사용자 그룹. 미국의 NPUG(National Prime User Group)를 정점으로 각 지역별, 국가별로 구성되어 있는 PUG의 하나로 1982년 5월 12일에 발족되었다.

pull(from stack) [púl(frɔ́m stǽk)] **풀(스택으로부터)** 스택의 맨 위에 있는 항목이나 데이터를 추출해내는 작업. ⇨ pop

pull-down[−dáun] **내림** 풀다운.

pull-down menu[−ménjuː] **내림 차림표, 풀다운 메뉴** 메뉴를 구성하는 방식의 하나. 한 줄의 메뉴 바가 화면의 위쪽에 항상 나와 있으며, 마우스나 키보드를 사용해 메뉴 바의 항목 중 하나를 선택하면 거기서 밑으로 메뉴 창이 열리면서 그 항목에 따르는 하위 메뉴가 다시 나타나게 되어 있다.

pull style[–stáil] **풀 기술** 푸시 기술이 자동적으로 정보를 찾아내는 기술인 데 비해 종래대로 스스로 정보를 찾는 기술.

pull style contents[–kántents] **풀형 컨텐츠** 인터넷에서의 정보 수발신 방식의 하나로 클라이언트가 서버에 대하여 적극적으로 대응하는 방식으로 얻을 수 있는 데이터.

pull-up resistor[–ʌp rizístər] **상승 저항, 풀업 저항** 오픈 컬렉터 IC 등의 출력이나 IC의 빈 입력 단자에 부가하여 전원에 접속하는 저항. 와이어드 OR의 실현이나 잡음에 의한 동작을 방지하기 위한 목적으로 사용된다.

pulse[pʌ́ls] *n.* **펄스** 단시간의 전기 흐름을 말한다. 펄스의 유무를 2진 부호 1, 0에 각각 대응시키거나 양 펄스, 음 펄스를 2진 부호 1, 0에 대응시키거나 해서 정보 전달의 수단으로 한다. 계속 시간이 극히 짧고, 초기값과 최종값이 같은 값을 갖는 진폭의 「변화 파형」, 일반적으로 어느 일정한 주기로 반복되는 주기성의 펄스와 1회만큼 고립하여 발생하는 충격성 펄스가 있다. 전자(electronics), 정보 처리, 데이터 통신(data communication) 등의 분야에서 널리 이용되고 있다.
[주] 고려의 대상이 되는 시간에 비해 진폭의 변화가 짧고, 그 변화 후의 값은 최초의 값과 같다.

pulse advance[–ədvá:ns] **펄스 진행, 펄스의 앞섬** 주목하고 있는 펄스의 위치가 기준 시점보다 앞에 있는 것.

pulse amplitude[–ǽmplitjù:d] **펄스 진폭** 펄스의 순간적인 최대값.

pulse amplitude modulation[–màdʒuléiʃən] **PAM, 펄스 진폭 변조**

pulse circuit[–sə́:rkit] **펄스 회로** 펄스를 입력으로 하여 그 파형 정형, 파형 변환, 계수 등을 취급하는 회로의 총칭.

pulse clock generator[–klák dʒénərèitər] **펄스 클록 발진기** 진폭이나 시간이 가변이고 단순한 펄스를 발생하는 장치 또는 측정기.

pulse code[–kóud] **펄스 부호** 펄스들의 집합에 각각 특별한 의미를 부여한 코드, 또는 문자를 2진수로 나타낸 것.

pulse code modulation[–màdʒuléiʃən] **PCM, 펄스 부호 변조** 전송 방식의 하나로, 펄스열의 상태를 입력 신호 파형에 따라 변화(변조)시키는 펄스 변조 방식의 하나. 전화에서는 소리의 변화가 그대로 전압이나 전류로 변하여 아날로그(analog) 전송을 하지만, PCM 방식에서는 연속하는 신호를 소요 대역의 2배 이상(전화에서는 약 4kHz의 대역이므로 8,000회/초)의 반복 속도로 샘플링하고 다시 그 레벨을 여러 개의 펄스 부호로 변환(전화의 경우 8개)하여 전송함으로써 잡음 등에 강하며, 다중계하여도 품질이 저하하지 않는 등의 이점을 가진 디지털(digital) 전송용의 방식이다.

pulse counter[–káuntər] **펄스 계수기** 회전수 · 주파수 · 전압 · 시간 등을 전기 신호의 펄스로 바꾸어 이 신호를 카운트하는 것. 실제로 펄스를 계수하려면 온-오프의 신호를 2진수로 하여 계수하고 다시 10진 계수 회로를 구성하여 표시한다. 계수 회로는 플립플롭 회로를 기본으로 AND, OR, NOT의 기본 회로로 이루어져 있다.

pulse decay time[–dikéi táim] **펄스 감쇠 시간** 일반적으로 펄스 진폭이 90%에서 10%로 감소하는 데 걸리는 시간을 말하며, 신호가 어느 최대 설정값에서 최소 설정값까지 변화하는 데 필요한 시간.

pulse delay[–diléi] **펄스 지연** 주목하고 있는 펄스 위치가 기준 시점보다 뒤에 있는 것.

pulse-double recording[–dʌ́bl rikɔ́:rdiŋ] **펄스 2중 기록** 서로 반대로 자화(磁化)되는 영역과 자화되지 않는 영역을 양쪽 면에 가지고 있는 기억 소자에 비트를 자화하여 기억시키는 방법.

pulse duration modulation[–dju(:)réiʃən màdʒuléiʃən] **펄스 지속 변조** 펄스파의 지속 시간의 변화를 변조하는 방식.

pulse duty factor[–dʒú:ti(:) fǽktər] **펄스 점유율** 펄스 휴지(休止) 시간의 평균과 펄스의 발생 시간의 평균 비율.
[주] 이 값은 펄스 발생 시간의 평균과 펄스 반복률의 곱과 등가이다.

pulse emitter[–imítər] **펄스 방출기** 카드의 각 행에서 특정한 열을 정의하는 데 쓰이는 펄스군으로 카드 천공 기계와 관련된다.

pulse fall time[–fɔ́:l táim] **펄스 하강 시간** 펄스 하강 기간 중의 두 규정된 진폭에 따라 결정되는 시점의 간격. 특정한 규정이 없을 때에는 90%인 점과 10%인 점을 말한다.

pulse forming[–fɔ́:rmiŋ] **펄스 형성**

pulse generator[–dʒénərèitər] **펄스 발생기** 컴퓨터 등의 타이밍에 사용되는 펄스를 발생하도록 설계된 장치의 총칭.

pulse height[–háit] **펄스 높이**

pulse interleaving[–ìntərlí:viŋ] **펄스 인터리빙**

pulse jitter[–dʒítər] **펄스 흔들림**

pulse length[–léŋkθ] **펄스 길이** 펄스의 상승과 하강 곡선에서 절반 크기가 되는 곳에서의 표준 펄스 지속 시간. 다른 모양의 펄스에서는 기준 지점을 따로 정해야 한다.

pulse mode[–móud] **펄스 모드**

pulse modulation[–màdʒuléiʃən] **PM, 펄스 변조** 펄스열의 진폭, 시간적 위치, 펄스폭, 수, 조합 등을 변조파에 따라 변화시키는 방식으로 변조 방식의 한 가지. 관련된 방식으로, 펄스 부호 변조(PCM ; pulse code modulation) 방식이 있다. 변조 방법에는 진폭이나 폭(width) 등이 연속하여 변화하는 연속 레벨 변조와 신호의 진폭에 따라 단위 펄스의 수나 위치가 변화하는 불연속 변조가 있다.

pulse motor[–móutər] **펄스 모터** 펄스 모양의 직류 전압을 가하면 일정 각도로 회전하는 모터. 스테핑 모터 혹은 스텝 모터라고도 한다.

pulse-nopulse method[–noupʌ́ls méθəd] **펄스–노펄스법** 제로로 되돌아오는 법의 일종으로 2진 부호 1, 0에 펄스의 유무를 각각 대응시키는 방법.

pulse phase modulation[–féiz màdʒuléiʃən] **PPM, 펄스 위상 변조**

pulse position modulation[–pəzíʃən màdʒuléiʃən] **PPM, 펄스 위치 변조, 펄스 위상 변조** 펄스 시간 변조(PTM)의 일종으로 반송 펄스(pulse)의 시간축 상에서의 위치를 입력 신호(input signal)에 따라 변화(modulate)시키는 변조 방식.

pulse position modulation signal[–sígnəl] **펄스 위치 변조 신호** 펄스의 진폭은 일정하게 두고 위상만을 변조 전압에 따라서 변화시키는 변조 방식에 의한 신호.

pulser[pʌ́lsər] **펄서** 시험중인 장치에 고전류의 짧은 간격의 신호를 보내는 회로.

pulse rate[pʌ́ls réit] **펄스율** 컴퓨터나 전체 시스템을 종합적으로 제어하는 주기적인 펄스의 시간 간격.

pulse regeneration[–ridʒènəréiʃən] **펄스 재생** 데이터 전송시의 펄스열을 원래의 타이밍, 파형, 크기로 되돌리는 것. 또 휘어짐이나 잡음(노이즈) 등이 혼입된 펄스로부터 원래의 펄스 파형을 만들어내는 것.

pulse repetition frequency[–repətíʃən fríːkwənsi(ː)] **펄스 반복 주파수** 피측정 시간 간격에 좌우되지 않는 펄스의 반복 수.

pulse repetition period[–pí(ː)riəd] **펄스 반복 주기** 주기성을 갖는 펄스열에 있어서 펄스의 반복 주기.

pulse repetition rate[–réit] **펄스 반복률**

pulse reshaping amplifier[–riːʃéipiŋ ǽmplifàiər] **펄스 정형 증폭 회로**

pulse rise time[–ráiz táim] **펄스 상승 시간** 펄스 상승 구간 중에서 두 개의 규정된 진폭에 의해서 정해지는 시간 간격. 특정한 규정이 없을 때는 10%인 점과 90%인 점으로 규정한다.

pulse shaping[–ʃéipiŋ] **펄스 정형**

pulse spacing[–spéisiŋ] **펄스 스페이싱**

pulse standardization[–stæ̀ndərdaizéiʃən] **펄스 표준화**

pulse stretcher[–strétʃər] **펄스 신장 회로**

pulse string[–stríŋ] **펄스열** 정상 레벨로부터의 변화가 시간적으로 반복해서 일어나는 파형. 한 종류 이상의 독립된 펄스를 시간적으로 연속시킨 것.

pulse stuffing[–stʌ́fiŋ] **펄스 스터핑**

pulse time division system[–táim divíʒən sístəm] **시분할 펄스 통신 방식**

pulse timing[–táimiŋ] **펄스 타이밍**

pulse train[–tréin] **펄스열** 동일한 특성을 갖는 일련의 펄스.

pulse width[–wídθ] **펄스폭** 펄스가 계속 되고 있는 시간으로, 펄스 진폭의 50% 이상에서 50% 이하까지의 시간.

pulse width modulation[–màdʒuléiʃən] **PWM, 펄스폭 변조** 펄스 변조 방식의 하나로 아날로그 정보 신호의 진폭에 따라 펄스폭을 변화시키기 위한 것. 이것은 파형 일그러짐의 영향을 받기 쉽다.

pulsing signal[pʌ́lsiŋ sígnəl] **펄스 발생 신호** 호출을 원하는 곳으로 발송하기 위해서 이 펄스 신호는 전방으로 전송되면서 선택 정보를 아울러 지니고 있다.

punch[pʌ́ntʃ] *n.* **구멍** 천공. 천공기. (1) 카드나 종이 테이프(paper tape) 등의 기록 매체의 정보에 근거를 두고 「구멍」을 뚫는 것. 또는 그것을 위한 장치. 이러한 장치를 조작하여 카드나 종이 테이프에 데이터를 천공하는 사람을 천공수(puncher)라 한다. (2) 카드와 종이 테이프는 컴퓨터 출현 당시부터 데이터의 기록 매체로서는 중심적인 것이지만, 현재는 특별한 목적 이외에는 그다지 사용되지 않는다. 「구멍」이 「뚫린」 부분을 「1」, 「뚫리지 않은」 부분을 「0」으로 하고, 「1」과 「0」의 조합으로 숫자나 문자를 나타낸다.

[주] 어느 종류의 데이터 매체에 구멍을 뚫는 장치.

punch card[–káːrd] **펀치 카드** 한 장의 두꺼운 종이로서, 문자나 기호가 대응하는 구멍의 배열로 코드화되어 있다. 천공기가 키보드 또는 컴퓨터로부터의 신호에 의해 한 장씩 구멍을 뚫어나간다. 보통 한 장의 카드가 프로그램 1행에 상당하며, 프로그램을 기동시키기 위해서는 수백 장 이상의 펀치 카드 다발을 기계에 세트하여 기록해야 한다. 얼마

전까지만 해도 대형 컴퓨터의 가장 일반적인 매체였다.

punch card interpreter[–intə́ːrprətər] **천공 카드 해석기** 천공 내용을 문자로 카드 상단에 프린트하는 장치.

punch card reader[–ríːdər] **천공 카드 판독기** 구멍의 위치를 전극으로 판독하는 기계식과 빛으로 판독하는 광전식으로 나뉘며, 분당 수백에서 수천 장 정도 판독하는 것으로, 천공 카드에 기록된 데이터를 읽어 컴퓨터에 입력하는 장치.

punch card tabulator[–tǽbjulèitər] **천공 카드 제표기** 천공된 카드 다발의 내용을 프린트해서 표로 만드는 기계.

punch card verifier[–vérifàiər] **천공 카드 검공기** 2조의 카드 묶음이 올바르게 천공되었는가를 검사하는 기계로서 같은 데이터를 두 사람이 천공한 다음, 이 기계를 써서 잘못 천공된 것을 찾아낸다.

punch-down list[–dáun líst] **펀치-다운 리스트** 마지막으로 들어간 항목이 목록의 첫 번째 항목이 되고, 다른 항목들은 목록 상의 상대적 위치를 유지하는 목록.

punched card[pʌ́ntʃt káːrd] **천공 카드, 펀치 카드** 입출력 매체의 일종으로, 종이 카드의 정해진 위치에서의 구멍 유무에 따라 디지털 정보 기록이 행해진다. 원래는 통계 기계용이었지만, 현재는 컴퓨터에 없어서는 안 되는 것으로 되어 있다. IBM 사에서 시작된 80란 카드와 PR 사에서 시작된 90란 카드가 있다. 카드에 구멍을 뚫는 것을 천공이라 하고 천공하는 장치에 키보드 천공기 등이 있다. 또 천공된 카드에서 정보를 읽어내기 위한 카드 판독기가 있다.

punched card machine[–məʃíːn] **PCM, 천공 카드 처리 기계** 천공 카드(punched card)를 처리하는 기계, 장치류의 총칭.

punched card reader[–ríːdər] **천공 카드 판독 장치**

punched card system[–sístəm] **PCS, 천공 카드 체계** 카드를 입출력 매체나 기억 매체로서 데이터의 정렬, 조합, 계산, 도표 작성 등의 일련의 처리를 조직적으로 하는 방식. 이들의 작업 공정에서는 정렬기(sorter), 조합기(collator), 도표 작성기(tabulator) 등 단체(單體)의 기계를 사용하지만, 현재는 거의 사용되지 않는다.

punched card utility[–ju(ː)tíliti(ː)] **PCU, 천공 카드 유틸리티**

punched paper card[–péipər káːrd] **천공 종이 카드**

punched paper tape[–téip] **천공 종이 테이프** 길이가 300~1,000피트 정도되는 종이나 플라스틱 재료. 데이터는 작고 둥근 구멍의 형태로 미리 정해진 위치에 천공된다. 정보는 유선 통신 회로를 통해서 수신되며, 주로 시스템 내에서 사용하는 입출력 수단으로 사용되고 있다.

punched paper tape channel[–tʃǽnəl] **천공 종이 테이프 채널** 테이프의 길이에 따른 병렬 데이터 기록 궤도. 자기 테이프의 경우에는 7채널이나 9채널 테이프가, 그리고 종이 테이프의 경우에는 8채널 테이프가 많이 쓰인다.

punched tape[–téip] **천공 테이프** 구멍 패턴이 천공되어 있는 테이프. 보통 종이로 만든다. 정보 기억 매체의 일종으로 종이 테이프의 소정의 위치에 구멍을 뚫어서 그 구멍 유무에 의해 1비트를 나타낸다. 전신, 텔레타이프, 컴퓨터 등 입출력 매체로서 빼놓을 수 없는 것이다. 보통 한 줄에 5~8개까지 구멍을 뚫는 위치(채널)가 있으며, 자료는 2진 코드로 영문자 및 10진수를 기억시키는 방법으로 표현된다. 영구적인 목적이나 사용 빈도가 높을 때에는 운모나 플라스틱 테이프를 이용한다.

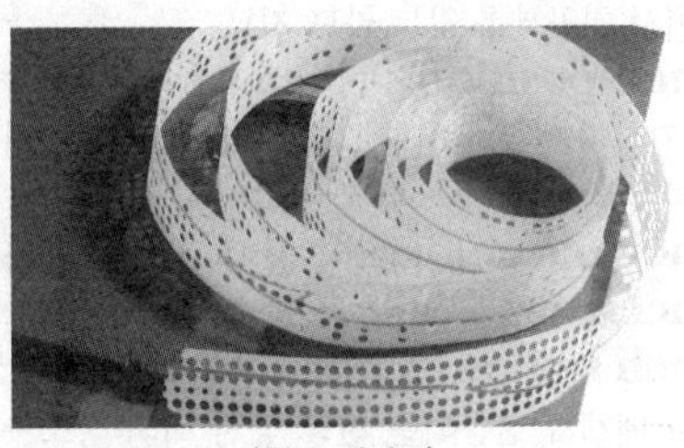

〈천공 테이프〉

punched tape machine[–məʃíːn] **천공 테이프 기계** 부호화된 전기 신호를 자동으로 테이프에 천공하는 장치.

punched tape reader[–ríːdər] **천공 테이프 판독 장치, 종이 테이프 판독 장치** 천공 테이프의 구멍 패턴을 전기 신호로 변환하는 장치. 대표적인 것으로는 구멍의 유무를 핀으로 조사하는 것, 광전적(光電的)으로 조사하는 것 등이 있다.

[주] 천공된 테이프를 판독하거나 검출하여 데이터를 구멍 형태로부터 전기 신호로 변환시키는 기구.

puncher[pʌ́ntʃər] *n.* **펀처** 원시 입력 데이터를 카드나 종이 테이프에 넣기 위해 펀치 작업에 종사하는 조작원.

punching digit position[pʌ́ntʃiŋ dídʒit pəzíʃən] **천공 숫자 위치** 천공 카드에서 10진수를 천공할 수 있는 부분.

punching position[–pəzíʃən] **천공 위치** 구멍이 천공되는 천공 카드 상의 위치로서 천공 위치는 천공 열(column)과 천공 행(row)의 교점에 있다.

punching rate[-réit] **천공 속도** 정보가 천공 카드나 종이 테이프에 천공되는 속도. 카드인 경우에는 보통 단위 시간당 천공되는 카드 매수에 의하여 측정되고, 종이 테이프인 경우에는 단위 시간당 천공되는 문자 수에 의하여 측정된다.

punching station[-stéiʃən] **천공부** 키 펀치 및 카드 펀치기 상의 어느 영역에서 카드를 천공하는 곳.

punching track[-trǽk] **천공 트랙** 카드 천공기의 일부로서, 천공 카드는 이 트랙을 통해서 기계로 보내진다.

punch knife[pʌ́ntʃ náif] **천공 나이프** 천공 카드에 천공하는 카드 천공 기구의 한 부분.

punch operator[-ápərèitər] **천공 조작원** (1) 천공기를 사용하여 카드에 천공하는 사람. (2) 종이 테이프를 천공하는 사람.

punch out[-áut] **천공 아웃** 컴퓨터의 처리 결과를 용지 등에 인쇄하여 출력하는 것이 아니라 카드나 종이 테이프에 천공하여 출력하는 것.

punch path[-pá:θ] **천공 통로** 천공 장치 내에 있어서 천공부를 갖는 카드 경로.

punch position[-pəzíʃən] **천공 위치** 데이터를 기록하기 위해서 천공하는 경우의 데이터 매체 상의 정의된 위치.

punch queue[-kjú:] **천공 대기 행렬, 천공 큐**

punch row[-róu] **천공 행**

punch station[-stéiʃən] **천공부, 천공 장치** 데이터 매체가 천공되는 천공 장치 내의 장소. 즉, 카드 천공기에서 천공 카드가 천공되는 부분을 말한다.

punch tape[-téip] **천공 테이프, 종이 테이프** 구멍 패턴을 천공할 수 있는 테이프.

[주] 1. "천공"을 "착공"이라고 하는 경우도 있다. 2. 특히 재질이 종이인 경우 "종이 테이프"라고 하는 경우도 있다.

punch-tape code[-kóud] **천공 테이프 코드** 천공 테이프에 데이터를 표시하기 위하여 사용하는 코드.

punch tape to magnetic tape converter[-tu mægnétik téip kənvə́:rtər] **천공 테이프-자기 테이프 변환 장치** 종이 테이프보다 자기 테이프쪽이 전송 속도가 빠르기 때문에 컴퓨터의 처리 효율 향상을 위해 많이 이용되는 것으로, 종이 테이프에 천공된 정보를 읽어서 코드를 변환하여 자기 테이프에 써넣을 수 있는 장치.

punch through[-θrú:] **천공 스루** 트랜지스터의 컬렉터와 베이스 간에 주어진 역전압이 커지면 컬렉터 접합의 공간 전하 영역이 넓어져서 결국에는 이미터 접합과 접촉하여 이미터와 컬렉터 간이 단락 상태가 되는 것. 이때의 컬렉터-베이스 간의 전압을 천공 스루 전압이라고 한다. 유니폴러 트랜지스터에도 같은 현상이 있다.

punch typewriter[-táipràitər] **천공 타이프라이터, 펀치 타이프라이터** 입출력 장치의 일종으로 입력부로서 키보드, 종이 테이프 판독기, 출력부로서 종이 테이프 천공기, 프린터를 각각 갖추고 키보드 또는 테이프 판독에 의한 천공 인자(印字)를 행할 수 있다. 대표적인 오프라인용 입력 장치로서 쓰인다. Flexowriter의 상품명이 유명하다.

punch unit[-jú:nit] **천공 장치** 컴퓨터 출력 장치의 일종으로, 출력 매체인 카드나 종이 테이프에 그 계산 및 처리 결과를 천공해내는 장치. 천공된 출력 매체는 다시 입력 데이터로 사용할 수 있다.

punch writer[-ráitər] **천공 라이터, 천공 출력 기록 프로그램**

punctuation[pʌ̀ŋktʃuéiʃən] *n.* **구두점**

punctuation bit[-bít] **구두점 비트** 가변 길이 필드로 정보의 구간. 즉 처음과 끝을 나타내는 비트로 각 기억 장소에 관련된 두 개의 비트를 해결한다.

punctuation character[-kǽrəktər] **구두 문자, 구두 기호 문자** COBOL 프로그램에서 사용되는 피리어드, 세미콜론, 콤마, 등호, 인용부호, 좌우 괄호 및 스페이스. 숫자가 아닌 리터럴에 포함되는 구두 기호 문자는 그 리터럴의 일부로서 다루어진다. 단일 인용부호를 리터럴의 일부로서 사용할 때는 이중 인용부호로 입력해야 한다.

punctuation symbol[-símbəl] **구두점 기호** (1) 프로그램 언어에서 하나의 문법 단위 또는 구문 단위의 경계를 정하는 문자열. (2) 데이터 항목의 경계를 명확히 하고 편성하는 문자. 따옴표("), 쉼표(,), 마침표(.), 물음표(?) 등이 있다.

purchase system[pə́:rtʃəs sístəm] **구입 시스템** 일반적으로 자재 관리 용어로서 구매 수속의 뜻이지만, 컴퓨터 관련 용어로는 임대 방식에 의한 컴퓨터의 구입 방식을 뜻한다.

pure[pjúər] *a. n.* **순수 (의), 순, 퓨어** 「순수」라는 의미로부터 컴퓨터의 분야에서는 복합어로 자주 사용되고 있다. 순수 2진 기수 시스템(pure binary numeration system)이라 하면 숫자 0 및 1을 사용하고 기수가 2인 고정 기수 기수법이다. 이 기수법에서는 수 표시 110.01은 10진 기수법에서 수 표시 6.25를 나타낸다. 즉, $1\times2^2+1\times2^1+1\times2^{-2}$. 또는 순수 프로시저(pure procedure)는 절차의 일종이고 실행중에는 어느 부분도 수식되는 일이 없는 것을 나타낸다. 예를 들면 재진입 프로그램이다.

pure BCD **순수 2진 코드화 10진수**

pure binary data[–báinəri(ː) déitə] **순수 2진 데이터** 2진 수치로 다루어지는 데이터. 이에 대해서 해석 2진 데이터는 BCD나 문자 코드 등 미리 정의된 해석에 따른 비트 형태, 명령 코드, 여러 단어 데이터의 일부로서 해석되는 2진 수치 데이터이다.

pure binary notation[–noutéiʃən] **순수 2진 기수법** 이 의미로는 사용하지 않는 것이 좋다.

pure binary numeration system[–njùːmə-réiʃən sístəm] **순수 2진 기수 시스템** 숫자 0 및 1을 사용하고, 기수가 2인 고정 기수 기수법. 예 이 기수법에서는 수 표시 110.01은 10진 기수법에서 표시 6.25를 나타낸다. 즉, $1\times2^2+1\times2^1+1\times2^{-2}$.

pure code[–kóud] **순수 코드** 순수 코드는 다중 프로그래밍 시스템에서 많은 사용자에 의하여 공유되는 운영 체제의 코드가 가져야 할 특성으로서 어떤 사용자의 프로세스가 그 코드를 수행하는 동안에 다른 사용자의 프로세스가 그 코드를 다시 수행하더라도 데이터 영역이 없으므로 똑같이 수행될 수 있다. 이와 같이 프로그램 수행중에 자신의 데이터 영역을 바꾸지 않는 코드를 말한다.

pure demand paging[–dimǽːnd péidʒiŋ] **순수 요구 페이징** 페이지가 필요할 때마다 페이지 부재(page fault)를 발생시켜 페이지를 주기억 장치에 기억시키는 방법. 즉, 요구될 때까지 결코 페이지를 기억 장치 속에 기록시키지 않는다.

pure Markov process **단순 마르코프 과정** 확률 과정 X_t가 주어져서 시각 $t_1<t_{n-1}<\cdots t_1<t$에 있어서 X_t값 $X_{tn}=x_n$, $X_{tn-1}=x_{n-1}$, $\cdots$, $X_{t1}=x_1$을 알았을 때의 $X_t<x$가 되는 조건부 확률이 t_n보다 이전의 상태에 관계하지 않을 때 X_t는 n중(重) 마르코프 과정으로 나타내는 경우가 많다.

pure paging[–péidʒiŋ] **순수 페이징** 프로세스의 수행 전에 그 프로세스의 페이지들을 전부 주기억 장치에 적재하는 것.

pure paging system[–sístəm] **순수 페이징 시스템** 수정 가능한 데이터는 공유할 수 없으며, 고정된 표 등과 같이 수정이 필요하지 않은 데이터는 공유할 수 있다.

pure procedure[–prəsíːdʒər] **순수 절차** 절차의 일종이다. 수정이 불가능한 프로시저들로 그 실행중에는 어느 부분도 수식되는 일이 없는 것. 보통 재입(再入) 가능 프로그램은 이 부류에 속한다.

pure segmentation[–sègməntéiʃən] **순수 세그먼테이션** 주기억 장치 경영 기법으로 논리 주소 공간은 세그먼트의 집합이며 세그먼트의 길이는 변할 수도 있다.

purge[pə́ːrdʒ] *n.* **소거** 파일을 지우는 것. 패스워드가 보호되어 있는 멤버를 소거할 때는 패스워드를 지정해야 하고 전용 멤버로서 기억되고 있는 경우는 입력한 이용자만이 소거할 수 있다. 라이브러리에서 어느 멤버를 제거할 때 PURGE 커맨드를 사용한다.

purpose[pə́ːrpəs] *n.* **목적**

purpose sample selection[–sǽːmpl səlékʃən] **유의 표본 추출법** ⇨ purposive selection

purposive selection[pə́ːrpəsiv səlékʃən] **유의 표본 추출법** 표본을 주관적으로 선택하고 추출하는 방법으로 표본 조사의 한 방법. 즉, 이 방법은 통계 조사 담당자가 모집단을 대표할 만하다고 생각되는 표본을 주관적으로 추출하는 것이다. 따라서 담당자가 누가 되느냐에 따라 관찰도 달라져서 객관성이 결여되기 쉽다는 단점이 있다.

push[púʃ] (1) *n.* **밀어넣기** 스택에 데이터나 어드레스를 쌓아서 지정하는 것. ⇨ stack (2) **푸시** 인터넷 환경을 이용하여 이용자가 관심을 가지고 있는 정보 목록을 선택하기만 하면 자동적, 주기적으로 최신 정보를 컴퓨터 화면에 직접 밀어 넣어(push) 주는 기술. push 기술은 사용자가 원하는 정보를 서버(server)가 자동적으로 제공하는 방식이다. 사용자가 매번 요청하지 않아도 특정 정보를 전송 받을 수 있도록 자동화된 기술이다.

push-button[bʌ́tən] **누름 단추**

push-button device[–diváis] **누름 단추 장치** 간단한 정보의 입력에 적합하고, 누름 단추를 설정함으로써 정보를 입력하는 장치의 총칭.

push-button dial[–dáiəl] **누름 단추식 다이얼 호출** 상이한 펄스를 발생하는 버튼이 있는 자동 교환에 쓰이는 호출 장치의 호칭. 이때의 신호는 보통 음성 형식이다.

push-button dialing pad[–dáiəliŋ pǽ(ː)d] **누름 단추 다이얼 패드** 일반적으로 전자식 전화기에 사용되며, 각기 다른 펄스 신호를 발생시키는 12개의 키가 붙은 장치.

push-button originating register[–ərí-dʒinèitiŋ rédʒistər] **PBOR, PB 발신 레지스터, 누름 단추식 발신 레지스터**

push-button switching[–swítʃiŋ] **누름 단추식 교환** 재천공기(reperforator)에 있는 교환 시스템으로서 조작원이 나가는 채널을 선택하게 된다.

push-button telephone[–téləfòun] **누름 단추식 전화기**

pushdown[púʃdàun] *n.* **끝 먼저내기, 후입 선출(의)** 나중에 넣은 것일수록 빨리 꺼내는 것을 원칙으로 하는 방법. 이것은 후입 선출법(last-in first-out)을 말한다.

pushdown automaton[–ɔːtámətən] **PDA,**

푸시다운 자동 기계 유한 오토머턴에 푸시다운 레지스터가 부가된 것. 비결정성 푸시다운 오토머턴은 2형 언어급을 수리(受理)하지만, 결정성 푸시다운 오토머턴은 2형 언어급을 수리하지 않는다. 따라서 비결정성 쪽이 푸시다운 오토머턴에 관해서 결정성보다 언어 수리 능력이 우수하다.

pushdown list[–líst] **후입 선출 목록** 최후로 기록한 항목이 최초로 검출되도록 구성되고 유지되는 계열이며, 다음에 판독되어야 하는 항목이 계열 중에 존재하는 가장 새롭게 기억된 항목이 되도록 한 것. 즉, 대기 행렬에 들어오는 항목이 대기 행렬 선두에 더해져 상대적으로는 다른 대기 행렬 중의 항목이 하나씩 순위가 밀려 내려간 형태로 된 대기 행렬. 대기 행렬에 최후로 들어온 항목에 착안하면 대기 행렬에서 최초로 해방된 것도 이 항목이 된다. 이것을 LIFO라고 한다. 이는 FIFO에 대응한 것이다.

pushdown memory[–méməri(ː)] **후입 선출 기억 장치** 어떤 기억 영역에서 가장 나중에 기억된 데이터의 위치를 나타낸 스택 포인터에 의해 실현되며 가장 나중에 기억된 데이터가 가장 먼저 꺼내지도록 되어 있는 기억 방식.

pushdown nesting[–néstiŋ] **후입 선출 네스팅** 데이터들이 기억 장치로 전환될 때 각 워드는 톱 레지스터에 차례로 들어가고 다음 워드가 들어올 자리를 마련하기 위하여 레지스터에서 레지스터로 푸시다운되는 것. 이 작업은 프로그램으로 할 수도 있고 하드웨어로도 할 수 있다.

pushdown queue[–kjúː] **후입 선출 큐** 큐에 마지막으로 들어간 항목이 맨먼저 빠져나오는 대기 행렬 기법(queuing)에서의 후입 선출 방법. ⇨ queue

pushdown register[–rédʒistər] **후입 선출 레지스터** 입력으로 들어온 정보의 순서와는 반대로 마지막으로 들어온 정보부터 차례로 읽어낼 수 있는 레지스터. 입구와 출구가 같은 특수 레지스터.

pushdown stack[–stǽk] **후입 선출 스택** ⇨ stack

pushdown storage[–stɔ́ːridʒ] **푸시다운 기억 장치, 후입 선출 기억 장치** 다음에 판독되어야 하는 항목이 기억 장치 내에 있는 항목 중에서 가장 새롭게 기억시킨 것이 되도록 하는 방법. 즉, 후입 선출 방법에 의해 데이터를 취급하는 기억 장치이다. 선입 선출 기억 장치(pushup storage)와 대비된다.

pushdown store[–stɔ́ːr] **푸시다운 기억, 후입 선출 기억 장치**

pushdown store list[–líst] **후입 선출 기억 리스트** 입구와 출구가 같으며, 마지막에 들어간 항목이 최초로 취급될 수 있는 리스트.

push instruction[–instrʌ́kʃən] **푸시 명령문** 푸시 조작을 하는 컴퓨터 명령어.

pushphone[púʃfòun] **푸시폰** 누름 버튼식 전화기에 대해서 붙여진 애칭으로 벨 연구소의 터치 톤 다이얼에 대응한다.

push-pop stack[púʃ páp stǽk] **푸시–팝 스택**

push-pull amplifier[–pul ǽmplifàiər] **푸시–풀 증폭기** 트랜지스터 등의 증폭 소자 두 개를 선대칭형으로 접속한 증폭기. 직선성이 좋고, 일그러짐 출력이 크기 때문에 대칭 증폭기라고도 한다.

push technology[–teknálədʒi(ː)] **푸시 기술** 기존의 브라우저(넷스케이프, 익스플로러)에 채택된 기술로, 사용자의 검색 작업 없이 새로운 정보를 사용자에게 제공해주는 서비스를 말한다. 푸시 기술에 의해 정보를 제공하는 웹 사이트에 접속하기만 하면 사용자가 미리 선택한 항목이나 주제에 관한 정보들이 자동적으로 제공되므로, 시간과 노력을 들이지 않고 원하는 정보를 제공받을 수 있다. 사용자 입장을 고려한 개인화된 서비스가 가능하다는 것이 장점이다.

push technology contents[–kántents] **푸시 기술 컨텐츠** 인터넷에서의 정보 수발신 방식의 하나로 서버가 클라이언트에 대하여 적극적으로 데이터를 보내도록 송신하는 데이터. 방송형 컨텐츠 등이라고도 불린다.

push to stack[–tu stǽk] **푸시 투 스택** 스택에 새로운 항목을 더하는 작업. 이때 새로운 톱(top)이 형성된다.

push-to-type[–táip] **누름식** 스위치를 누름으로써 한 번에 한 방향으로만 전송되는 전신 타자기의 작동 방식.

push-to-type operation[–àpəréiʃən] **누름식 조작** 한 방향 가역 회로에 사용되는 전신 조작 방식으로서 일반적으로 송신과 수신에 동일 주파수를 사용하는 무선 전송에서 사용된다. 즉, 국(局)에서 송신하기 위하여 조작자가 스위치 조작하는 것을 말한다.

pushup[púʃʌ̀p] **선입 선출 (의)** 최초에 기억된 데이터가 최초에 꺼내지도록 하는 기억 방식.

pushup list[–líst] **선입 선출 목록** 최초로 넣은 항목이 최초로 나오도록 구성되어 유지되는 목록(리스트). 다음에 끄집어내야 하는 항목이 계열 중에 존재하는 항목 중에서 가장 빨리 기억된 항목이 된다.

[주] 새로 추가되는 항목이란 리스트의 마지막 항목이 되고 다른 항목들은 리스트 상의 상대적 위치를 유지하는 목록.

pushup storage[–stɔ́ːridʒ] **푸시업 기억 장치, 선입 선출 기억 장치** 최초로 기억한 데이터가 최초로 검출되는 장치. 즉, 선입 선출 방법에 의해 데이터를 취급하는 기억 장치 또는 레지스터를 가리킨다.

pushup store[–stɔ́ːr] **푸시업 저장, 선입 선출 기억 장치**

put[pút] *n*. **풋** 하나의 데이터 레코드를 출력 파일에 두는 것.

putaway[pútəwèi] **풋어웨이** 처리기가 특별한 정보를 기억시킬 수 있는 메모리의 위치.

PUT macroinstruction PUT 매크로 명령 레코드 단위로 데이터를 써내기 위하여 준비된 매크로 명령.

Putnam curve[pútnɑm kɔ́ːrv] **푸트남 곡선** 프로젝트 노력(E)은 개발 기간(T_n)의 4제곱에 반비례한다. $E=K/T_n**4$

Putnam estimation model[–èstiméiʃən mɑ́dəl] **푸트남 평가 모델** 소프트웨어 개발 전 과정에 조력을 분산시키도록 하는 동적인 모델.

PUTX macroinstruction PUTX 매크로 명령 이 명령은 GET 매크로 명령에 의해 읽어들인 레코드를 갱신하여 동일 데이터 세트(파일)의 동일 레코드에 되쏜다든지 새로운 데이터 세트(파일)에 써내는 경우에 사용한다.

PVC 영구 가상 회선 permanent virtual circuit의 약어. 패킷 스위칭 방식의 네트워크에서 영구 접속을 위해 구성하는 가상의 회선으로서 두 개의 라우터가 온라인 상태를 항상 유지하고 있는 경우를 예로 들 수 있다.

P/V operation P/V 조작 병행 프로세스의 공유 자원 이용에서의 동기를 위한 기본 조작. P 조작과 V 조작은 신호기(semaphore)라고 불리는 변수를 통해 대립한다. P 조작은 신호기값이 양이면 1을 빼고, 양이 아니면 양이 될 때까지 기다려 1을 뺀다. V 조작은 신호기의 값을 1 증가한다. P/V 조작 중에는 다른 프로세스가 세마포의 값을 변경하지 않는 것을 보증한다.

PWB (1) **프린트 배선판, 프린트 기판** printed wiring board의 약어. (2) programmers work bench의 약어. 프로그램 개발에 편리한 툴의 집합. 옛날에는 이 목적으로만 쓰이는 유닉스 시스템도 있었지만 이제는 화면 에디터, 컴파일러, 링커, 라이브러리, Symbolic Debugger, Cross Reference, 실행 빈도 계측을 위한 Profile, 청서(靑書) 프로그램 등의 총칭으로 생각해도 된다. 유닉스는 이들 모두를 갖추고 있으므로 이러한 의미에서 보면 유닉스 자신이 PWB이다.

PWB/UNIX system PWB/유닉스 시스템 이것은 표준 유닉스 시스템의 확장판으로서 프로그램의 개발을 도와주기 위해 특별히 설계되었으며, 한 명에서 수백 명에 이르는 사람들이 관여하는 프로그래밍 과제를 되돌려주는 프로그래밍 툴이다. 즉, 편집, 문안 형식 구성, 철자 교정, 인쇄 체제의 오류 검출, 광 식자기 제어 기능 등을 갖춘 완전한 문자 처리 시스템이 제공된다.

p-well[píː wél] **p–웰** CMOS 구조에서 서브스트레이트(substrate)가 N형일 때 NMOS를 만들기 위해서 마련한 p형 서브스트레이트이다.

PWM analog computer 펄스폭 변조 아날로그 컴퓨터 PWM은 pulse width modulation, 즉 펄스폭 변조의 약어이다. 아날로그 신호를 PWM 신호로 표시하고 계산하는 아날로그 컴퓨터.

PWP platform for Windows programmer의 약어. 윈도의 응용 프로그램을 개발하기 위한 라이브러리로, MS-DOS의 응용 프로그램과 같은 스타일로 개발할 수 있다.

pyramid[pírəmid] *n*. **피라미드** 같은 화상 정보를 해상도의 단계별로 구성한 자료 구조. 예를 들어 사분 트리(quad tree)와 스트립 트리(strip tree).

pyramid data structure[–déitə strʌ́ktʃər] **피라미드 자료 구조** 화상을 효율적으로 분석하기 위한 자료 구조. 원화상의 2×2의 4 화소의 평균 농도값을 구하고, 그것을 1 화소로 치환함으로써 전체의 화면 크기를 종횡으로 반감시킨다. 이러한 조작을 반복함으로써 저변을 원화상으로 하고, 위로 갈수록 화면의 크기가 작아진다. 즉, 해상도가 낮아지는 피라미드 구조를 만들어낸다. 대상으로 하는 부분에 대해서만 하위 해상도의 보다 높은 화상 부분을 분석하면 되므로 효율적이 된다.

Q

Q [kjúː] **큐** (1) **양호도** quality factor의 약어. 공진 회로 또는 코일, 콘덴서 등의 리액턴스분과 저항분의 비로서 손실의 크기를 나타내는 양. (2) 곱셈 또는 나눗셈 프로그램을 처리하기 위해 누산기(accumulator)의 보조 수단으로 사용되는 레지스터.

QA (1) **질의 응답** question and answer의 약어. 일정 기간 동안 축적된 자료 파일 중에서 사용자의 요구에 합당한 문헌을 검색하여 꺼내는 것. 새로운 테마의 문헌에 착수할 때나 어떤 테마에 관한 과거의 동향을 알고자 할 때 이용된다. (2) **품질 보증** quality assurance의 약어. 어떤 항목이나 제품이 설정된 기술적인 요구 항목이나 제품이 설정된 기술적인 요구 사항과 일치하는가를 적절하게 확인하는 데 필요한 체계적이고 계획적인 유형의 활동을 말한다.

Q address [–ədrés] **큐 주소** 데이터를 전송하는 장치의 내부 기억 장치 속에 있는 원시 위치를 의미한다.

QAM 구상(求狀) 진폭 변조 quadrature amplitude modulation의 약어. 미분 위상 변조와 진폭 변조를 이용한 고속도 모뎀(modem) 변조 기술.

QA system 질문 응답 시스템 question and answer system의 약어.

QBASIC 큐베이식 큐베이식은 기존의 베이식 언어의 단점을 보완한 구조적인 언어로서 초보자들이 쉽게 컴퓨터 언어를 배울 수 있도록 만든 언어. 큐베이식의 사용자가 프로그램을 입력하고 바로 시행시킬 수 있으며, 상세한 도움말 기능과 기존의 베이식에서 지원되는 명령어는 물론 새로운 기능의 명령어와 보다 많은 함수를 지원한다. 또한 GW-BASIC이나 BASIC에서 사용하던 프로그램을 변환하여 사용할 수 있으며, 큐베이식 프로그램을 컴파일 방식인 QUICK BASIC에서 수정없이 컴파일하여 실행 프로그램을 만들 수 있다. 큐베이식은 기존의 베이식(GW-BAISC)에서 사용하던 카세트 테이프 장치를 지원하지 않으며, 프로그램 작성시 사용하는 시스템 명령어들과 일부 명령어들은 지원하지 않는다. 기존의 GW-BASIC이나 BASIC과는 달리 프로그램을 작성할 때 문번호를 쓸 필요가 없으며, GW-BASIC에서는 지원하지 않는 VGA 화면 모드와 마우스 등을 지원한다. 그리고 사용자 정의형 레코드를 사용할 수 있으며, 디버깅 및 구문 검사 기능과 진단 오류 기능 메시지 기능, 여러 개의 윈도를 지원하며, 새로운 명령어(SUB, FUNCTION, SE-LECT, CASE, DO WHILE/UNTIL, LOOP, WH-ILE/UNTIL) 등이 지원된다.

QBE 예시 질의 프로그램 query by example의 약어. 관계 모델을 기초로 하고, 표에 인수를 기입함으로써 데이터 조작을 간략하게 지정할 수 있다. 이 데이터 준언어에 의한 시스템 전체도 QBE라고 한다. 사용하기 쉬운 점이 높이 평가되고 있다. IBM 사 와트슨 연구소의 M. Zloof가 개발한 데이터 준언어.

QC 품질 관리 quality control의 약어. 품질 관리의 구체적 수법으로 주요한 것에 관리도법, 발취 검사법, 실험 계획법 등이 있다. 품질 관리란 매입자의 요구에 맞는 품질의 제품을 경제적으로 만들어 내는 모든 수단의 체계를 말하는 것으로 근대적 품질 관리는 특별히 통계적 품질 관리를 가리키기도 하며, 주란(J.M. Juran)이나 데밍(W.E. Deming)의 정의 등이 유명하다.

QCB 대기 행렬 제어 블록 queue control block의 약어. ⇨ queue control block

QCT 대기 행렬 제어 테이블 queue control table의 약어.

QECR 대기 행렬 요소 제어 블록 queue element control block의 약어.

QISAM 대기 색인 순차 액세스법 queued indexed sequential access method의 약어. 바이삼(BISAM), 즉 기본 색인 순차 액세스 방법에서의 순

차 방법을 확장한 개념. 이 방법에서는 처리를 대기하고 있는 입력 데이터 블록 또는 처리가 끝나고 보조 기억 또는 출력 장치로 전송을 기다리고 있는 출력 데이터 블록에 의해 대기 행렬이 작성된다.

QL 질의 언어, 조회 언어 query language의 약어. ⇨ query language

Qlisp 큐리스프 1984년에 J. MaCarthy와 R. Gabriel이 설계한 병렬 LISP 언어. common LISP를 기본으로 하고 있다. Qlisp의 기본적인 병렬성은 lambda binding의 기본적인 병렬 실행과 future 기구에 의해 성립되고 있다. 병렬 실행은 common LISP의 의미를 확장하여 설계된 qlet, qlambda 등을 써서 양(陽)으로 지정한다.

QM 직교 변조 quadrature modulation의 약어.

QMF 질의 관리 기능 query management facility의 약어. IBM 시스템의 용어. QMF는 컴퓨터를 잘 모르는 사용자도 사용할 수 있는 데이터 조작과 보고서 작성의 기능을 갖는 프로그램이다. QMF의 "Q"는 질의(query)로부터 오지만, 데이터의 추가, 삭제, 갱신도 된다. VM과 MVS의 환경에서 움직이고, MVS에서는 DB2의 데이터를, VM에서는 SQL/DS의 데이터를 액세스한다. 데이터 조작의 지정에는 SQL 형식과 QBE 형식을 사용할 수 있다. 질의 결과는 AMF가 만드는 디폴트의 포맷으로 표시되지만, 사용자가 포맷을 변경하여 요구에 맞는 보고서를 작성할 수 있다. 예를 들면 대 · 중 · 소 항목마다의 집계나 종횡의 교차 집계 등이 된다. 조회 결과, 포맷 지정, 질의(query), 커맨드 프로시저를 보존해두어, 후에 사용할 수 있다. 또 이들을 다른 시스템으로 사용하므로 순차 파일에 출력할 수 있다.

QMF/VSE VSE 조회 보고서 작성 프로그램

QNM 대기 행렬 네트워크 모델 queuing network model의 약어. 하나로 연결된 장치, 작업(job), 네트워크들을 구체적으로 표현하는 것.

QP 2차 계획법 quadratic programming의 약어. 선형 계획법(linear programming)과 같은 문제를 푸는 데 사용되며, LP는 1차 방정식으로 설정되는 것에 대하여 이것은 2차 방정식을 사용하는데, 비선형 계획법이라고도 한다. 조건부 극치 문제로서 목적 함수가 2차 함수, 제약이 1차 부등식이나 등식으로 성립되는 것.

QPSK quadrature phase shift keying의 약어. QPSK는 디지털 주파수 모듈레이션 기술로서 데이터를 동축 케이블 네트워크를 통해 보낼 때 사용된다. 실행 방법이 간단하고 소음에 저항력이 강하기 때문에 QPSK는 케이블 사용자가 인터넷에 데이터를 보내는 업스트림에서 우선적으로 사용된다. ⇨ 64QAM

QSAM 대기 순차 접근법 queued sequential access method의 약어. 순차 파일(sequential file)의 레코드 액세스법의 하나로 기본 순차 액세스 방식(BSAM)을 확장한 것. 버퍼링과 블록화, 비블록화를 행하고, 프로그램과 입출력 장치 사이의 데이터 전송의 동기화, 오류 처리, 파일이나 볼륨의 종료 처리 등을 자동으로 행하므로, 입력인 경우에는 미리 버퍼를 위해 읽거나 출력인 경우에는 버퍼에 데이터를 위해 기록하고 나서 써낼 수 있다. 또 물리 레코드를 논리 레코드로 분할하거나 반대로 통합하는 기법이 사용된다. 응용 프로그램은 논리 레코드의 판독만을 의식하면 좋다. 입출력 버퍼에 대기 행렬을 만들어 입출력 동작을 가장 적합하도록 하기 때문에 이 용어에 「queued」가 붙었다.

QTAM 대기 통신 액세스 방식 queued telecommunication access method의 약어. 데이터 통신 중심의 액세스 방식(access method)의 일종으로 통신 회선을 개입하여 데이터의 처리나 단말기 제어가 필요한 온라인 프로그램 중에서 사용된다. 로지컬 IOCS의 기법을 원격지 통신(telecommunication)의 데이터 처리에 대해서도 사용이 가능하도록 한 데이터 관리 기능의 하나이다. QTAM을 사용하여 처리되는 정보는 통신선을 통해 원격지의 단말 상대에 행하는 입출력 메시지로, 데이터 처리가 조회되지 않을 때에는 대기 행렬(queue)을 형성하는 성질이 있다. 이런 메시지의 수신, 송신 타이밍은 아주 불규칙하지만 QTAM을 사용함으로써 문제 프로그램에서는 이런 정보는 보통 순편성 파일 없이 할 때처럼 취급할 수 있다. 중앙 처리 장치(CPU)와 단말 장치(terminal) 사이에서 행해지는 메시지의 전송 제어를 하거나 기억 장치 상의 메시지 대기 행렬(queue) 제어를 한다.

Q task [kjúː tǽːsk] **Q 작업** 중단에 따르는 프로그램이 다단(多段)으로 네스트(nest)되는 경우에는 트랜잭션(transaction)을 넣어 필요한 정보를 인계하는데, 중단점으로 돌아오는 어드레스의 설정, 또는 돌아온 어드레스로의 점프는 Q 작업(module option)에 의하여 처리된다. 트랜잭션의 실행 제어 블록(EXCB)에는 Q 작업에서 사용되는 링크 카운터(LKCNT)와 돌아오는 어드레스 저장 에어리어(RTA)가 10워드(word)분을 확보하기 때문에 최대

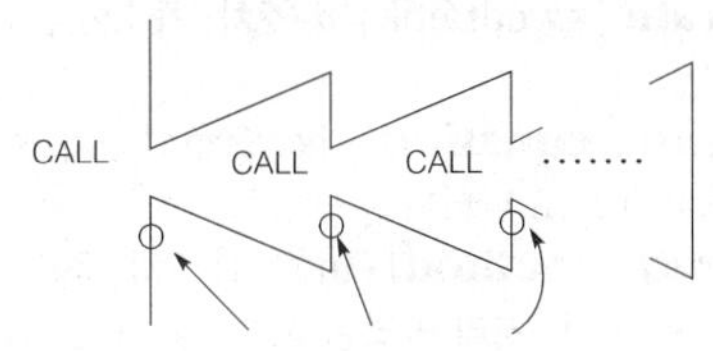

〈Q 작업의 네스트〉

10단의 네스트까지 처리할 수 있다.

Q test[-tést] **Q 검사** 양을 나타내는 데이터에서 둘 이상의 단위가 같은지를 비교 검사하는 것.

QTML quick time media layer의 약어. 애플 사가 개발한 멀티미디어 아키텍처. 퀵타임, 퀵드로 3D 등이 여기에 속한다.

Q-type address constant[kjúː táip ədrés kánstənt] **Q형 주소 상수** 외부 더미 섹션의 선두로부터의 상대값을 유지하는 상수.

quad[kwá(ː)d] **4중** 절연된 네 가닥의 전도체를 꼬아 한 개로 만든 통신 케이블.

quad bus transceiver[-bʌ́s trænsíːvər] **4중 버스 송수신기** 데이터 버스와 같은 양방향성 버스와 함께 사용되도록 설계된 4개의 분리된 송수신기.

quad capacity[-kəpǽsiti(ː)] **쿼드 용량** 디스크 상에 더 많은 정보를 저장하기 위하여 양면, 배밀도로 기록하는 플로피 디스크.

quadded component[kwá(ː)dəd kəmpóunənt] **4중 구성 요소** 하나의 논리 회로에서 개개의 부품을 4중으로 사용하는 것으로, 고장을 발생시키는 일 없이 논리 회로를 정상으로 동작시켜 회로 중에서 단일 부품이 개방 또는 단락을 일으켜도 회로 전체가 고장나지 않도록 한다.

quadded logic[-ládʒik] **4중 논리** 회로 중의 소자가 고장나도 출력 오류는 발생하지 않고 단일 오류를 정정할 수 있게 되어 있는 중복 설계법의 하나로, 논리 회로 중의 개개의 논리 소자를 각각 4중으로 구성하고, 각 소자를 상호 접속하여 다수결 논리를 구성한 것.

quad-density[kwá(ː)d dénsiti(ː)] **4배 밀도**

quad-inline package[-ínlàin pǽkidʒ] **QUIP, 4중 인라인 패키지**

QUADPACK **쿼드팩** 정적분을 계산하는 각종 루틴들을 포함하는 수학 패키지의 하나.

quadr[kwádr] **쿼드르** quadrangle(사각형), quadratic(2차의), quadruplex(4중 송신), quadraphony(4채널 녹음) 등과 같이 4제곱 또는 제곱을 의미하는 접두어.

quadrant[kwádrənt] *n.* **4분 구간** 펄스 파형의 1 사이클을 특정 시간이나 진폭 또는 그 양자에 대해서 네 등분한 것의 1구간.

quadratic[kwadrǽtik] *a.* **2차** 차수(degree)가 2인 것.

quadratic equation[-ikwéiʒən] **2차 방정식** 「2차식＝0」으로 나타나는 방정식.

quadratic method[-méθəd] **2차 처리 방법** 일반적으로 2차 처리 방법은 해싱(hashing) 함수에 의해 결정된 장소에 다른 원소가 존재하여 충돌이 발생한 경우 다음 장소를 탐색하지 않고 일정한 수의 제곱만큼 떨어진 장소를 탐색하여 원소들이 특정 구역에 집중되는 현상을 방지하는 방법.

quadratic probing[-próubiŋ] **2차 탐색** 원래 주소로부터 1, 4, 9, 16, …과 같이 2차로 되는 거리만큼 떨어진 곳을 차례로 탐색하여 맨 처음에 나오는 빈 곳에 집어넣는데, 해싱(hashing)에 있어서 같은 키값을 갖는 2개의 엔트리가 충돌한 경우에 이것을 해소하는 한 방법이다.

quadratic programming[-próugræmiŋ] **QP, 2차 계획법** 조건부 최대화 문제로서 목적 함수가 2차 함수, 제약 조건이 1차 부등식이나 등식으로 된 것. LP와 같은 문제를 푸는 데 사용되는데, LP는 1차 방정식으로 설정된 것을 사용하지만, 이것은 2차 방정식을 사용한다. 비선형 계획법이라고도 한다.

quadratic quotient searching[-kwóuʃənt sə́ːrtʃiŋ] **2차 계수 탐색**

quadratic selection sort[-səlékʃən sɔ́ːrt] **2차 선택 분류법** 데이터 파일을 여러 그룹으로 나누고, 각 그룹에서 최소의 데이터를 골라낸다. 이 골라낸 데이터 중에서 다시 최소의 것을 선택해 나가는 분류법.

quadratic searching[-sə́ːrtʃiŋ] **2차 탐색법** 해싱에서, 같은 키값을 갖은 원소끼리 상충했을 때 이를 해결하기 위해 다음 장소를 탐색하지 않고 특정 주소로부터 제곱수만큼씩 떨어진 곳을 차례로 탐색해나가는 방법.

quadrature amplitude modulation[kwɔ́drətʃər ǽmplitjùːd màdʒuléiʃən] **직교 진폭 변조** 서로 직교 관계에 있는 반송파(예를 들면 cos wt와 sin wt)를 각각 독립으로 진폭 변조하고, 이것을 합성하여 전송하는 방식.

quadrature modulation[-màdʒuléiʃən] **QM, 직교 변조** 90도의 위상차를 갖는 두 반송파 성분을 상이한 변조 함수에 의해서 변조하는 방식.

quadruple[kwadrúːpl] *a.* **4중 문자, 4부분으로 된, 4배의** 컴파일러에 의한 중간 코드 생성 과정에서 얻어지는 중간 코드를 표현하는 형식의 하나로서 연산 코드, 제1인자, 제2인자, 결과의 4쌍으로 기술된다. 다시 말하면, 세 종류의 4개 문자로 결정성 튜링(Turing) 기계를 표현한다. 즉, 4중 문자의 세 종류는 ① $q_i\ a_j\ a_k\ q_l$, ② $q_i\ a_j\ R\ q_l$, ③ $q_i\ a_j\ L\ q_l$이다. 여기서 q_i, q_l은 내부 상태, a_j, a_k는 테이프 상의 기호, R, L은 각각 테이프를 한 칸씩 좌우로 이동시키는 것을 의미한다. ①은 지금 헤드가 보고 있는 틈의 기호가 a_j이며 현재 내부 상태가 q_i일 때 a_j를 없애고 그 틈에 a_k를 써넣어 내부 상태가 q_i보다 q_l로 전이(轉移)하는 것을 의미한다. 따라서 이 경우 테이프는 이동하지 않는다. ②는 현재 내부 상태가 q_i 헤드가 지금 보고 있는 틈의 기호가 a_j일 때, 테이프 상의 우측을 헤드가 가리킨다(즉 테이프는 좌로 한 칸 이동한다). 내부 상태는 q_i보다 q_l로 전이한다. ③은 같은 모양으로 좌측 틈을 헤드가 보는 것을 가리킨다.

quadruple address [-ədrés] **4원소 주소**

quadruple density [-dénsiti(ː)] **4배 밀도** (1) 플로피 디스크의 기록 밀도. 4배 밀도는 단밀도(single density)에 비해 4배, 배밀도(double density)에 비해 2배의 기억 용량을 갖는다. (2) 도트 매트릭스 프린터에 있어서 그래픽을 인쇄할 때 얼마나 정교한가를 나타내는 것. 4배 밀도일 때는 보통 인치당 240도트를 인쇄할 수 있다.

quadruple length register [-léŋkθ rédʒistər] **4배 길이 레지스터** 단일 레지스터의 기능을 가진 4개의 레지스터. 이 레지스터의 사용 목적은 다음과 같다. ① 곱셈에서의 곱한 값을 계산한다. ② 나눗셈에서의 몫과 나머지를 기억한다. ③ 문자 조작에서 문자열만을 시프트(shift)하여 좌측 또는 우측 부분에 액세스한다.

quadruple precision complex constant [-prisíʒən kámpleks kánstənt] **4배 정도(精度) 복소수 상수** FORTRAN에 있어서의 4배 정도 복소수형의 정수.

quadruple precision complex type [-táip] **4배 정도 복소수형** 한 쌍의 4배 정도 복소수형의 정수. FORTRAN에서 복소수값을 근사적으로 표현하는 형의 일종.

quadruple precision constant [-kánstənt] **4배 정도 상수** FORTRAN에서 4배 정도 실수형의 정수.

quadruple precision exponent part [-ikspóunənt páːrt] **4배 정도 지수부** 상수를 4배 정도 실수형으로 하는 경우에 쓰이는데, FORTRAN에서 문자 Q 다음에 정수(整數)를 붙인 것.

quadruple precision type [-táip] **4배 정도 실수형** 4배 정도의 실수형의 정도는 16진일 때 28자리(10진수로 약 33.6자리)이며, 절대값은 제로 또는 16^{-65}(약 10^{-78})~16^{63}(약 10^{75})이다. 다시 말하면, FORTRAN에서 실수값을 근사적으로 표현하는 형의 일종.

quadruple register [-rédʒistər] **4배 길이 기록기** 단일 레지스터로 기능하는 4개의 레지스터.

quadruple word register [-wɔ́ːrd rédʒistər] **4배 단어 기록기**

quadruplex system [kwádruplèks sístəm] **4중 전신 시스템** 하나의 회로를 써서 양방향으로 두 메시지를 동시에 독립적으로 전송할 수 있는 모스(Morse) 전신기 시스템.

quad-tree [kwɑ́(ː)d tríː] **4분 나무꼴** 화상을 반복해서 네모꼴 안의 모든 픽셀의 특성이 같게 될 때까지 4등분하여 만든 트리.

qualification [kwɑ̀lifikéiʃən] *n.* **인정(認定), 수식(修飾)** 언어 대상물의 요소를 참조하기 위한 구조이며, 그 대상물에 대한 참조와 그 요소에 대하여 선언된 식별자에 의해 행해지는 것. (1) 일반적으로 선정 조건을 불 연산자로 연결된 조건들로 구성되며, DBMS가 데이터 베이스에서 데이터를 선택하기 위한 기준. (2) 예를 들면 모듈 A와 모듈 B에서 X라는 변수가 동시에 선언되었을 때 그것을 구별하기 위하여 $A.X$와 $B.X$라고 표현할 수 있는 것으로 어떤 대상물에 대하여 적절한 제한을 가하기 위해 규칙에 따라 꾸미는 말을 덧붙이는 것. 예 COBOL의 B of A, 라이브러리의 멤버, 모듈 중의 언어 대상물

qualification criteria [-kraití(ː)riə] **자격 조건**

qualification expression [-ikspréʃən] **자격식** 질의에 원하는 데이터의 조건을 표현하는 논리 표현.

qualification testing [-téstiŋ] **자격 검사** 소프트웨어가 특정한 요구 조건을 만족한다는 것을 증명하는 형식적인 검사. 대개 고객을 위하여 개발자가 이를 행한다.

qualified [kwɑ́lifàid] *a.* **인정된, 수식된**

qualified clock [-klɑ́k] **자격이 주어진 클록**

qualified data name [-déitə néim] **수식된 데이터명** 데이터명 다음에 연결어 OF 또는 IN과 수식어의 데이터명과의 조(組)를 여러 개 붙여서 하나의 이름으로 한 것으로 COBOL에서 쓰인다.

qualified name [-néim] **수식명(修飾名)** 어느 분류계 중의 위치를 알 수 있는 방식으로 이름을 부여한 데이터명(data name). 또는 여러 개의 단순명을 피리어드로 연결한 문자열(character string). 이것에는 COBOL의 데이터명, 파일 목록의 파일명, 서브태스크 등이 있다.

qualified reference [-réfərəns] **자격 참조** 레코드 형식의 데이터 구조에서 선언된 레코드의 각 속성을 참조하기 위해 사용하는 참조 형식. 예를 들면 COBOL의 경우는 「Y OF X」 또는 「Y IN X」이고, PL/I과 PASCAL 의 경우는 「X, Y」이다.

qualified relation [-riléiʃən] **한정 관계** 릴레이션의 모든 투플들이 만족하는 프레디킷을 첨가한 릴레이션.

qualifier [kwɑ́lifàiər] *n.* **정성자** 영문법의 형용

사와 비슷한 역할을 하는 것을 사용하여 이름을 구별하는 법. 즉, 이름에 정보를 덧붙여 같은 이름들을 다르게 구별한다.

qualifier bit[–bít] **수식자 비트** 전송 순서는 Q 비트의 순서에 관계없이 같아지며 제어용 데이터 패킷과 일반 데이터 패킷의 구분을 위하여 쓰이는 데이터 패킷 내의 비트.

qualify[kwɑ́lifài] *v.* **수식하다, 분류하다, 식별하다**

qualify input[–ínpùt] **유효 입력** 장치나 시스템에서 유효한 입력일 것. 가능 입력(enable input)이라고도 한다.

qualitative reasoning[kwɑ́litèitiv ríːzəniŋ] **정성 추론** 전기(전자) 회로의 거동 등 여러 분야에 적용되는 미분 방정식을 모르는 보통 사람이 물리 현상을 어떻게 파악하고, 예측하고 있는가 하는 인지 과학적인 흥미에서 생겨난 인공 지능의 한 분야.

quality[kwɑ́liti(ː)] *n.* **품질** 주어진 요구 사항을 만족시키는 능력을 가진 생산품이나 서비스의 전체적인 특징과 성격.

quality assurance[–əʃú(ː)rəns] **품질 보증** 소비자가 요구하는 품질이 충분히 만족되고 있는 것을 보증하기 위해 생산자가 하는 체계적인 활동.

quality assurance activities[–æktíviti(ː)z] **품질 보증 활동**

quality control[–kəntróul] **QC, 품질 관리** 데이터 입력의 적시성, 정밀도, 완전함 등을 체계적으로 또 규칙적으로 검토하는 방법. 즉, 구입 요구에 맞는 품질의 제품을 경제적으로 만들어내기 위한 수단 체계. 근대적인 품질 관리는 통계적인 수단을 채용하고 있으며 특히 통계적 품질 관리라는 것이 있다. 한 사람의 연령은 1년이라는 양(구간)으로 정량화한다.

〈시스템이 자동화된 품질 관리실〉

quality metric[–métrik] **품질 메트릭** 그 품질에 영향을 미치는 주어진 특징을 가지고 있는 소프트웨어 양의 측정.

quality of service[–əv sɔ́ːrvis] **QoS, 서비스 품질** 교환 시스템에서 발생된 전체 호출에 대해 정상적으로 통화가 이루어진 호출의 비율로, 가입자에게 어느 정도 양질의 서비스를 제공하는가의 척도가 된다. 서비스 품질은 서비스 가용도 성능, 서비스 지원 성능, 서비스 신뢰도 성능, 서비스 운용도 성능 및 전송 성능을 종합하여 특징지어진다.

quand bit[kwɑ́nd bít] **퀀드 비트** 조(組)로 된 4비트를 말하며, 0000, 0001, 0010, 0011, …, 1111의 16가지의 조합이 있다. 2치 진폭 변조와 8상 위상 변조를 합성한 진폭 위상 변조 방식에서는 16치가 얻어지기 때문에 4비트를 단위로 한 데이터 전송이 행하여진다. 데이터 전송용의 변복조 장치의 기술 등에 쓰이는 용어.

quanta[kwɑ́ntə] *n.* **할당량** quantum의 복수형.

quantification[kwɑ̀ntifikéiʃən] *n.* **정량화** 계측의 정량화는 일반 여러 과학과 같으나 특히 심리학에서 문제가 된다. 비교적 직접적 수량화가 가능한 것으로는 반응 시간이나 기억의 유지량 등이 있고, 또 간접적 수량화가 되지 않을 수 없는 것으로는 테스트나 태도 측정 등이 있다. 이들은 어느 것이나 일정한 조작, 즉 문제 제출이나 질문 제시와 같은 자극에 의한 반응을 구하여 거기서부터 반응의 개념 규정을 해야 한다.

quantification theory[–θíəri(ː)] **정량화 이론** 수량화의 방법으로는 외적 기준이 있는 경우의 Ⅰ류(목적 변수는 양적 데이터, 설명 변수는 질적 데이터), Ⅱ류(목적, 설명 변수 모두 질적 데이터), 외적 기준이 없는 경우의 Ⅲ류, 다차원 척도법 등이 있는데, 다수의 질적인 데이터에 대하여 각 범주마다 최적인 명의 척도(名義尺度)나 순서 척도를 주고, 수량적인 데이터(간격 척도, 비교 척도)와 같은 것을 해석하는 것을 말한다.

quantified query[kwɑ́ntifàid kwí(ː)ri(ː)] **한정된 질의** 한정된 질의는 질의 내에 있는 변수들의 범용 정량자나 존재 정량자에 의해 한정된다. 즉, 정량자는 한정하는 변수값의 영역을 관리하며, 만일 논리식에서 변수 x가 한정되었다면 범용 정량자는 논리식에 있는 모든 변수 x에 대하여 논리식이 참임을 나타낸다. 따라서 논리식에서 x에 어떤 값이든 대입할 수 있는데, 이때의 논리식은 참이 된다. 존재 정량자는 논리식이 참이 되는 변수 x의 값이 적어도 하나 존재한다는 것을 나타낸다.

quantifier[kwɑ́ntifàiər] *n.* **정량자** 수식어. 수식명. 전칭 기호(universal quantifier) ∀와 존재 기호(existential quantifier) ∃가 있다. 모든 x에 대하여 명제 $F(x)$가 성립할 때 $\forall xF(x)$로 나타내고, 명제 $F(x)$가 성립하는 x가 존재할 때 $\exists xF(x)$로 나타낸다. 기호 논리에서 명제 함수를 다룰 때 사용하는 논리 기호를 말한다.

quantifier negation[–nigéiʃən] **정량자 부정**

한정된 논리식을 부정하기 위해서는 먼저 정량자를 변경시키고 다음에 부호와 연산자를 변경시킨다. 즉, 정량자에 의해 한정된 논리식에 대한 부정을 나타낸다.

quantifier scope[-skóup] **정량자 범위** 어떤 공식에서 쓰인 정량자가 영향을 미치는 범위.

quantitative measure[kwántitèitiv méʒər] **정량적 측도**

quantity[kwántiti(ː)] *n.* **수량, 양** ALGOL 언어에서 변수나 배열, 명찰, 절차 등의 문법 단위의 총칭. 「양」에는 이름(identifier)이 부여되고, 그 이름은 유효 범위(scope)를 갖는다. 이 밖에 「수량」의 의미로도 자주 사용된다.

quantity ordering method[-ɔ́ːrdəriŋ méθəd] **정량 발주 방식** 발주점 재고는 조달 기간 중의 추정 수요와 안전 여유의 합으로서 정해지는 것이며, 발주 간격을 제어하여 수요의 불균형에 대응한다는 것이므로, 발주 간격을 특별히 정하지 않고 재고량이 일정한 수준(발주점 재고)까지 감소했을 때 일정한 수량을 발주하는 재고 관리 방식이다.

quantization[kwàntizéiʃən] *n.* **양자화, 정량화, 수량화** 어떤 변수가 취하는 값의 변위를 중복되지 않는 유한 개의 부분 범위 또는 부분 구간으로 나누는 것을 말한다. 작은 범위들은 해당 범위의 할당된 값으로 표현된다. 표본화된 PAM(pulse amplitude modulation) 신호를 진폭 영역에서 이산적(離散的)인 값으로 변환하는 것을 양자화(量子化)라고 한다. 양자화에 의해 아날로그 전송에서 생기는 것과 같이 전송 도중에서 개입하는 잡음의 영향을 억압할 수 있으며, 재생 중계기에 의해 신호를 열화하지 않고 장거리 전송이 가능하다. 그러나 입력 신호의 표본값을 유한 개의 값으로 한정하기 위해 신호에 일그러짐을 주게 되면 그 영향은 복조측에서 어떤 모양으로 조작을 해도 제거되지 않는다. 이와 같은 양자화에 따르는 잡음에는 소위 양자화 잡음(quantizing noise)과 과부하 잡음(overloading noise)의 두 종류가 있다. 후자는 양자화에 한정되지 않고 유한한 진폭 범위를 전송하는 모든 통신 방식에서 직면하는 일그러짐(왜곡)이다. 실용적인 PCM 전송계에서는 기기 구성의 관점에서 표본화로 계속하여 양자화를 하는 것이 일반적이며, 이것에 의하여 아날로그 입력 신호를 시간적으로도, 진폭적으로도 이산적인 디지털 신호(양자화 표본 펄스)로 변환된다. 소정의 입력 진폭의 범위를 균등하게 양자화하는 데에는 스텝 모양의 입출력 특성이 사용되는데, 이와 같은 특성의 1단계의 폭을 양자화 스텝(quantizing step)이라고 한다. 입력 진폭의 모든 범위에 걸쳐 양자화 스텝이 일정하게 있는 경우를 균일 양자화(uniform quantization) 또는 직선 양자화(linear quantization)라고 하며, 입력 진폭의 크기에 의하여 양자화 스텝이 변화하는 경우를 비직선 양자화(nonlinear quantization)라고 한다. 예를 들면 사람의 나이는 보통 1년이라고 하는 것으로 정량화된다.

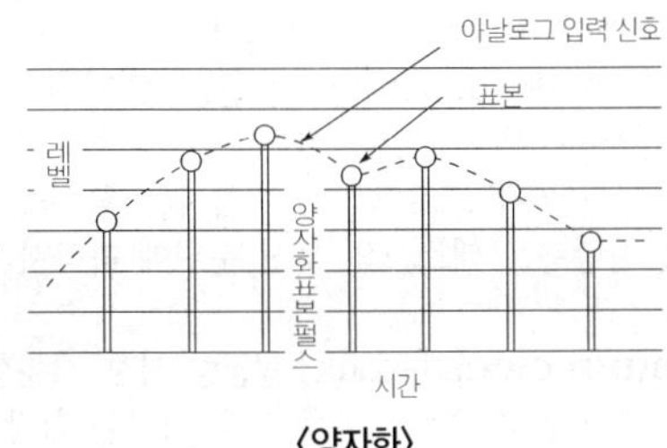

〈양자화〉

quantization distortion[-distɔ́ːrʃən] **양자화 왜곡, 양자화 일그러짐** 연속적인 양을 이산적인 값으로 양자화시키는 과정에서 발생하는 일그러짐 현상. 즉, 양자화의 과정에서 생기는 본격적인 일그러짐을 말한다.

quantization error[-érər] **양자화 오차** 연속적인 양의 크기를 몇 개로 구분하여 각 구분 내를 동일한 값으로 간주하는 것을 양자화라고 하는데, 이것은 양의 최소 단위를 정하고 연속적인 양이라도 그 최소 단위의 정수배로 나타내는 것을 말하며, 양자화를 할 때 생기는 오차가 양자화 오차이다. 아날로그량을 디지털량으로 변환할 때에 보통은 양자화 오차가 생기면, 디지털량은 그 최소 자리(계산기 처리에서는 1비트에 대응)까지밖에 분해 능력이 없으므로 그에 상당하는 아날로그량 d만큼의 양자화 오차를 수반한다.

quantization noise[-nɔ́iz] **양자화 잡음** 양자화 잡음은 입력이 있을 때만 발생하고 최대값은 양자화 스텝의 ±1/2로 일정하기 때문에 원신호에 대한 양자화 잡음의 SN비는 입력의 대소에 따라 변화한다. 이 SN비의 변화를 되도록 일정하게 유지하기 위해 비직선 양자화가 행해진다. 즉, 아날로그 신호를 양자화한 경우에 이에 수반하는 오차분은 그만큼 잡음이 부가된 것으로 생각되므로 이 오차분을 양자화 잡음이라고 한다.

quantize[kwántaiz] *v.* **정량화하다, 양자화하다** 변수를 취하는 범위를 중복 없이 똑같은 간격이 아니라도 되는 유한 개의 구간으로 나누어 그 각 구간을 그 구간 내에 할당되는 값을 사용하여 지정하는 것을 말한다. 예 사람의 연령은 1년이라는 양(구간)으로 정량화한다.

quantizer[kwántaizər] *n.* **정량기** 아날로그 측정값을 디지털로 바꾸는 장치.

quantizing error [kwɑ́ntɑiziŋ érər] **정량화 오차**

quantizing noise [–nɔ́iz] **정량화 잡음**

quantizing rate [–réit] **정량률** 정량률은 샘플되는 신호의 예상 최고 주파수의 두 배 이상이 되어야 적당하다고 보며, 펄스 부호 변조(PCM)에서 아날로그 신호가 샘플되는 정도이다.

quantum [kwɑ́ntəm] *n.* **할당량, 양자** (1) 정량화의 최소 구분. (2) 컴퓨터의 경우, 다중 프로그램이 실행되는 각 프로그램에 주어지는 최소의 시간 단위. 할당량은 태스크의 우선 순위에 따라서 달라진다.

quantum clock [–klɑ́k] **할당량 시계** 시분할 운영 체제에서 각 프로그램에 실행 시간을 할당하는 타이밍 장치.

quantum computer [–kəmpjúːtər] **양자 컴퓨터** 양자 역학의 원리를 응용한 컴퓨터. 극도로 미세한 세계를 지배하는 법칙인 양자론에서 도출된 성질, 즉 빛이나 원자의 불가사의한 성질을 계산에 이용하는 컴퓨터. 이전의 컴퓨터보다 처리 속도를 높일 수 있을 것으로 기대하고 있지만, 현재는 아직 이론적인 연구가 행해지는 단계이다.

quantum computing [kəmpjúːtiŋ] **퀀텀 컴퓨팅, 양자 역학 컴퓨팅** 원자의 집합을 기억 소자로 간주하여 원자의 양자 역학적 효과를 기반으로 방대한 용량과 초병렬 계산이 동시에 가능한 컴퓨터. 한 원자가 얻을 수 있는 상태 중의 하나를 한 수치에 적용시켜 양자 이론의 중복 상태(원자를 얻을 수 있는 두 가지 상태)를 응용하여 초고속, 초소형, 초신뢰성을 얻고자 하는 것으로 광통신 등의 기초 기술이 되고 있다.

quantum expiration [–èkspiréiʃən] **할당량 종료** 프로세스가 할당 단위 시간만큼 중앙 처리 장치(CPU)를 할당받은 다음 다른 프로세스에 CPU를 넘겨주기 위해서 CPU 할당을 끝내는 것.

quantum of time [–əv tɑ́im] **시간 할당량** 시분할 시스템에서 스케줄링 알고리즘을 위하여 일정한 시간을 정해서 각 프로세스들에게 중앙 처리 장치를 제공하는 시간.

quantum size [–sɑ́iz] **할당량 크기** 한 번에 한 프로세스에 할당되는 중앙 처리 장치(CPU)의 시간을 나타낸다.

Quark XPress 쿼크 익스프레스 미국 Quark 사의 DTP(전자 출판) 소프트웨어. 컬러 그래픽이나 종서(縱書)에도 대응하는 등 본격적인 DTP가 가능하다. 한국어판은 엘렉스 컴퓨터 사에서 발매되고 있다.

quarter-speed [kwɔ́ːrtər spíːd] **쿼터 속도** 관련 장치의 정격 속도의 1/4.

quarter square character [–skwέər kǽrəktər] **1/4각 문자** 워드 프로그램 등에서 사용하는 문자 꾸미기의 일종. 가로세로 크기가 각각 전각 문자 크기의 1/2이다.

quarter-squares multiplier [–skwὲərz mʌ́ltiplὰiər] **1/4제곱 곱셈기** 다음의 등식을 사용하는 아날로그 컴퓨터의 곱셈기.

$$XY=\frac{1}{4}\{(X+Y)^2-(X-Y)^2\}$$

위 식에 따라 곱셈 출력 아날로그 변수를 얻는 연산기이다.

quartet [kwɔːrtét] *n.* **쿼텟, 4비트 바이트** 4개의 2진 문자로 성립되는 바이트.

quartile [kwɔ́ːrtɑil] **4분위수** 25, 50, 75는 각각 첫 번째, 두 번째, 세 번째 4분위수이다. 즉, 통계에서 100을 기준으로 한 4분위수라 한다.

quartz [kwɔ́ːrts] **수정 진동자** 압전기 현상을 갖는 특수한 절단법에 의해 절단한 판 모양의 수정편을 말하며, 이 수정 진동자에 교류 전압을 가하면 수정편은 기계적인 진동을 하는 동시에 수정편의 표면에 전하가 나타난다. 따라서 수정 진동자의 고유 진동수와 같은 주파수의 교류 전압을 가하면 회로에 큰 전류가 흐른다.

quartz delay line [–diléi lɑ́in] **수정 지연 회선** 수정의 음과 성질을 이용한 청각 지연 회선.

quasi [kwéizɑi] *a. ad.* **의사(擬似)의, 준(準)** 「유사」, 「가짜」 등을 뜻하는 접두어.

quasi Fermi level 의사 페르미 준위 초과 캐리어가 존재하는 반도체에서 전체적으로 페르미 준위가 형성되기 전에 전자가대 및 전도대에서 국부적으로 형성되는 에너지 준위.

quasi-instruction [–instrʌ́kʃən] **의사 명령어** 프로그램 안에서 명령 형식을 취하고 있지만 명령으로서 실행되지 않는 데이터 항목.

quasi-internal character [–intə́ːrnəl kǽrəktər] **준내부 문자**

quasi language [–lǽŋgwidʒ] **의사 언어**

quasistable state [kwéisɑistəbl stéit] **불안정 상태** 트리거 회로에서 펄스의 인가(detect) 없이 안정 상태로 되돌아가기까지의 일정 기간 회로가 정지하고 있는 상태.

queing [kjúːiŋ] **큐잉** 개별 단위들이 채널을 통해 움직이는 형태와 소요 시간에 관한 연구. 예 고속도로나 터널을 통과할 때 요금 징수소에서 경과되는 시간

QUEL 큐얼 관계형 데이터 베이스 관리 시스템에서 쓰이는 데이터 질의어의 하나.

query [kwí(ː)ri(ː)] *n.* **질문, 조회, 질의어** 질의

(inquiry)와 같은 뜻으로 사용된다. 파일의 내용 등을 알기 위해서 몇 개의 코드(code)나 키(key)를 기초로 질의하는 것을 가리킨다. 데이터 베이스에 존재하는 자료를 사용자가 원하는 조건을 통해 검색하고, 검색된 결과를 자유로이 조회할 수 있는 기능 등을 지원한다. 이러한 질의어들이 구조적으로 체계화된 것을 SQL(structured query language)이라고 한다. ⇨ SQL

query activation [-æ̀ktivéiʃən] **질의 활성화** 데이터 베이스나 연산의 선택성을 결정하는 변수를 생성하고 시스템 구성 장치에 의한 서비스 시간을 결정하기 위해 데이터 풀과 임시 데이터의 크기를 계산하고, 관련된 데이터 풀이 저장되는 디스크 장치를 임의 선택하는 일들이 이 작업에 포함된다. 데이터 베이스 기기의 성능을 측정하기 위한 시뮬레이션이 임의의 질의어에 대한 여러 특성을 지정해 주는 작업이며, 질의 개시가 끝나면 질의 실행을 시작할 수 있다.

query and answering system [-ənd ɑ́:nsəriŋ sístəm] **질문 응답 시스템** 일반적으로 실시간(real time) 방식의 정보 검색/축적 시스템을 가리키며, 「질의」와 그 「응답 처리」가 이루어지는 시스템이다.

query application [-æ̀plikéiʃən] **동적 정보 검색 응용**

query block [-blɑ́k] **질문 블록** 구조화 질의어(SQL)와 같은 질의 언어에 있어서 질의를 표현하는 「SELECT-FROM-WHERE」 블록.

query by example [-bɑi igzɑ́:mpl] **QBE, 예시 질문 프로그램**

query decomposition [-dì:kəmpouzíʃən] **질문 분해** 하나의 변수를 공통으로 갖는 질의의 나머지와 분리시키는 분해 과정과 한 번에 한 투플(tuple)씩 질의 내의 변수들 중의 하나와 대치시켜 나가는 투플 대치 과정을 이용하는 방법. 즉, 질의 처리를 최적화시키기 위하여 다중 투플 변수를 포함하는 질의를 하나의 변수를 갖는 질의들의 순서로 변환시키는 방법.

query dependent delection [-dipéndənt dilékʃən] **질문 종속 삭제** 여러 개의 테이블로부터 조건을 유도하여 투플들을 삭제하는 연산.

query formation [-fɔ:*r*méiʃən] **질문 형식화**

query graph [-grǽf] **질문 그래프** 질의를 처리하기 위한 목적으로 질의 상에 나타난 개체 사이의 관계를 표시하는 그래프.

query interpretation [-intə̀:*r*prətéiʃən] **질문 해석**

query interpreter [-intə́:*r*prətə*r*] **질문 번역기** 관계 연산자 또는 불 연산자를 포함하는 술어를 데이터 베이스 검색을 위한 명령으로 변환하는 번역기.

query language [-lǽŋgwidʒ] **QL, 질문(조회) 문자** 데이터 베이스 중에서 특정의 내용을 엔드 유저(end user)가 인출할 때 사용하는 영어에 유사한 형식의 언어. 이러한 언어는 응답(출력) 내용을 상세하게 기술할 수 있는 것이 쉽게 나와 있으나 산술 연산 기능이나 서식화(formatting) 기능은 한정되어 있다.

query managment facility [-mǽnidʒmənt fəsíliti(:)] **QMF, 질문 관리 기능, 조회 · 보고서 작성 프로그램**

query modification [-mɑ̀difikéiʃən] **질문 변형** 데이터 베이스의 안전성을 보장해주는 것으로, 시스템이 자동으로 사용자 질의가 권한 제약 조건에 맞도록 질의 자체를 변형시켜 주는 것.

query optimization [-ɑ̀ptimizéiʃən] **질문 최적화** 질의를 수행하는 데 가장 비용이 적게 드는 접근 경로를 선택하고 그 방법을 수행하는 과정 또는 동작.

query path [-pɑ́:θ] **조회 경로**

query plan [-plǽn] **질의 계획** INGRES에서 질의를 수행하기 위한 기계어 명령들.

query processing [-prɑ́sesiŋ] **질문 처리** 질의 처리를 위한 여러 가지 방법 중 경비가 가장 적게 드는 방법을 찾아내고 이 방법에 따라 사용자에게 요구하는 결과를 보여주는 일련의 과정. 어떤 시스템에 사용자로부터 질의가 들어왔을 때 기존의 데이터 베이스에서 사용자가 원하는 답을 찾기 위한 방법은 여러 가지가 있을 수 있다.

query processor [-prɑ́sesə*r*] **질문 처리기** 사용자의 조회 요구를 파일이나 데이터 베이스 접근을 위해 직접 사용될 수 있는 명령어로 변환시키는 프로그램.

query report [-répə*r*t] **조회 보고서**

query simplification [-sìmplifikéiʃən] **질문 단순화** 복잡한 뷰(view)에 대한 질의를 베이스 릴레이션에 대한 질의로 변경하고자 할 때, 뷰 처리기는 불필요하게 복잡한 질의를 생성하게 되면, 이러한 질의를 질문 단순화 규칙을 써서 단순화시키는 과정.

query station [-stéiʃən] **질문 스테이션** 기계가 계산이나 처리 또는 통신을 하고 있는 동안에도 자료, 처리의 상태, 경보 등에 대한 질의나 요구를 받아들이는 특수한 장치.

query time [-tɑ́im] **질문 응답 시간** 하나의 질의에 대해 응답하기 위하여 소요되는 시간.

query transformation [–trænsfərméiʃən] **질문 변환** 본질적으로 같은 한 질의의 표현을 다른 형태의 질의로 바꾸는 것이며, 하나의 질의 표현을 다른 형태로 변환하는 이유는 효율적인 계산에 적합한 형태로 다시 작성하여 질의를 되도록이면 능률적으로 이용하려는 데 있다.

query tree [–tríː] **질문 트리** 컴파일러의 파싱 트리에 비유될 수도 있는데, 질의 최적화 과정의 첫 번째 단계로서 질의를 내부 표현으로 전환할 때 형성되는 구문 트리 형태.

Questel 퀘스텔 Relesystem Questel 정보 은행은 Telesystems라는 프랑스 소프트웨어 회사의 자회사로 1979년 15개의 데이터 베이스를 가지고 온라인 데이터 베이스 제공 서비스를 실시한 이래 현재 약 60여 개에 이르는 데이터 베이스를 상용 서비스하고 있는 정보 은행이다. 퀘스텔이 제공하는 데이터 베이스는 과학, 기술, 화학, 경제 등의 모든 분야에 걸쳐 다양한 최신 정보를 수록하고 있으며, 특히 화학 구조식 검색 시스템인 DARC 시스템은 그래픽 터미널을 이용하여 화학 구조식의 입력 및 출력을 그래픽 처리할 수 있는 세계 최첨단의 화학 데이터 베이스를 보유하여 정보 서비스를 하고 있다.

question and answer [kwéstʃən ənd ɑ́ːnsər] **QA, 질문 응답** 새로운 테마의 문헌에 착수할 때나 어떤 테마에 관한 과거의 동향을 알고자 할 때 이용되는 일정 기간 동안 축적된 데이터 파일 중에서 이용자의 요구에 합당한 문헌을 검색하여 꺼내는 것.

question and answer system [–sístəm] **QA 방식, 질문 응답 시스템** AI(인공 지능 시스템), 전문가 시스템 등에서 사용자와 컴퓨터 사이에 질의 응답을 함으로써 컴퓨터를 학습시키는 방식. 주로 사용자 인터페이스의 개선을 위해 이용된다. 이 방식을 되풀이하면 컴퓨터의 조작성을 높일 수 있다. 대화식(interactive) 시스템으로 사용자가 컴퓨터에 대해서, 예를 들면 몇 개의 파일 레코드에서 생성된 데이터나 정보를 요구하는 질문을 주면 컴퓨터는 단순히 데이터를 읽을 뿐만 아니라 질문에 따른 처리를 실시하여 회답을 만들어내고 사용자에 응답하게 된다.

question mark [–mɑ́ːrk] **의문 부호**

queue [kjúː] *n.* **큐, 대기 행렬** 리스트의 한쪽 끝에서만 삽입과 삭제가 일어나는 스택과는 달리 리스트의 한쪽 끝에서는 원소들이 삭제되고 반대쪽 끝에서는 원소들의 삽입만 가능하게 만든 순서화된 리스트. 가장 먼저 리스트에 삽입된 원소가 가장 먼저 삭제되므로 선입 선출(先入先出)인 FIFO(first in first out) 리스트라고 한다. ⇨ 그림 참조

queue buffer [–bʌ́fər] **대기 행렬 버퍼**

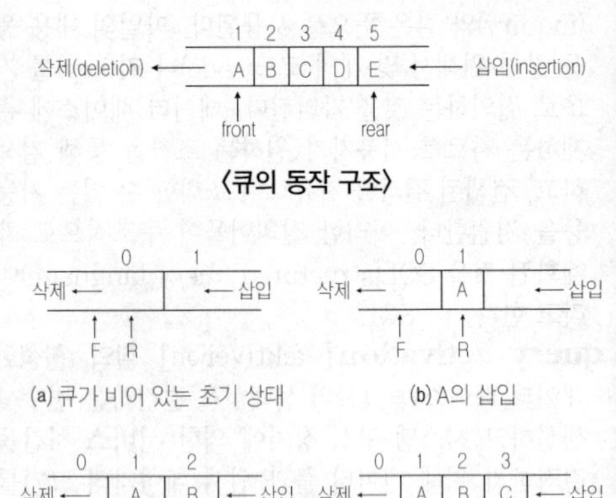

〈큐의 동작 구조〉

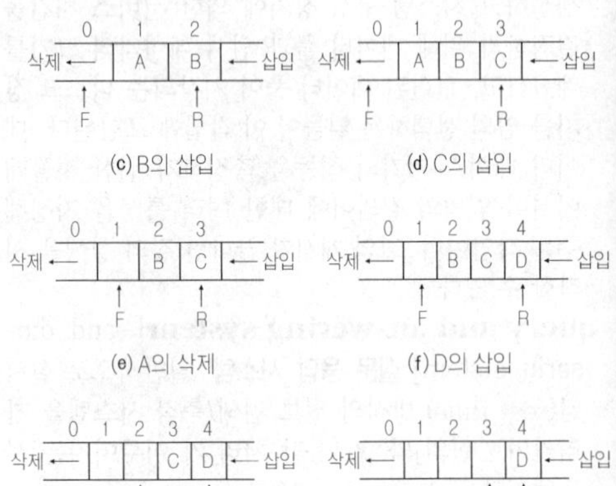

(a) 큐가 비어 있는 초기 상태 (b) A의 삽입
(c) B의 삽입 (d) C의 삽입
(e) A의 삭제 (f) D의 삽입
(g) B의 삭제 (h) C의 삭제

〈삽입과 삭제에 따른 큐의 동작 상태〉

queue capacity [–kəpǽsiti(ː)] **큐 용량** ① 「0」 용량 : 큐의 길이가 0이다. 그러므로 큐는 그 안에 어떤 메시지도 가질 수 없다. ② 제한된 용량 : 큐는 유한 길이 n을 갖는다. 그러므로 많아야 n개의 메시지가 저장될 수 있다. ③ 무제한 용량 : 큐는 무한한 길이를 가지고 있다. 그러므로 아무리 많은 메시지라도 저장할 수 있다.

queue control block [–kəntróul blɑ́k] **QCB, 대기 행렬 제어 블록** 여러 개의 태스크가 경합하고 있는 경우, 그것들을 차례로 사용하는 것을 조정하기 위한 제어 블록.

queue control information [–ìnfərméiʃən] **대기 행렬 제어 정보**

queue control table [–téibəl] **QCT, 대기 행렬 제어 테이블**

queued [kjúːd] **대기(의)** 대기 행렬(queue) 중에서 몇 개의 서비스 또는 실행(execute)을 기다리고 있는 상태.

queued access method [–ǽkses méθəd] **대기 접근 방식, 대기형 접근 방식** 프로그램과 입출력 장치와의 사이에서 데이터의 전송을 동기(同期)

시키고, 결과적으로 입출력 조작에 수반하는 대기 시간이 최소가 되도록 하는 액세스 방식. 즉, 데이터를 블록화한 레코드 단위로 처리하는 방식. 주로 하는 동작은 데이터를 정리하여 레코드로 정리하는 일, 정리된 레코드를 거꾸로 컴퓨터가 이용할 수 있도록 개개의 데이터로 되돌리는 일, 정리된 레코드를 주변 기기에 입출력하는 일 등이다. 그러한 일련의 동작의 주기(周期)는 데이터 관리 방식으로 관리하고 있다. 대기 접근 방식을 이용한 데이터 관리법에는 ① 대기 색인 순차식 접근 방식, ② 대기 순차 접근 방식, ③ 대기 통신 접근 방식 등이 있다.

queue data set[kjúː déitə sét] **대기 행렬 데이터 세트**

queued content addressed memory[kjúːd kántent ədrést méməri(ː)] **대기 행렬 연상 기억 장치**

queued data structure[–déitə strʌ́ktʃər] **대기 자료 구조** 대기 행렬에서의 자료 구조로서 구성 방법에 따라 선입 선출, 단기 작업 우선(SIF), 우선 순위가 결정된다.

queued indexed sequential access method [–índekst sikwénʃəl ǽkses méθəd] **QISAM, 대기 색인 순차 액세스법** 색인 순차 편성 데이터 세트(파일)의 생성 혹은 논리적인 키의 거듭제곱에 따른 순차적인 데이터의 판독과 갱신이 가능하다. 보통 생략형(QISAM)은 큐아이삼이라고 읽는다. 데이터 색인 순차 데이터 세트(파일)를 처리하는 경우의 접근 방법의 하나이다.

queue discipline[kjúː dísəplin] **대기 행렬의 규칙** 대기 행렬(큐) 중에서 서비스의 순서를 정하는 수법. 나중에 기억하고 먼저 검색하는 후입 선출(LIDO), 먼저 기억하고 먼저 검색하는 선입 선출(FIFO)이 이에 속한다.

queued logon request[kjúːd lɔ́ːgɔ̀ːn rikwést] **대기 접속 시작 요구**

queue driven task[kjúː dráivn tǽːsk] **대기 행렬 주도형 태스크**

queued sequential access method [kjúːd sikwénsəl ǽkses méθəd] **QSAM, 대기 순차 액세스법** 대기 순차 액세스법(QSAM)에서 처리되는 데이터 세트의 레코드는 논리 레코드 단위로 기억되고 꺼내어진다. 즉, QSAM이 블록화와 비블록화를 한다. 기본 순차 액세스법의 확장 형식으로, 처리되는 것을 기다리는 입력 데이터 블록과 처리 후 출력 장치에 써내는 것을 대기하는 출력 데이터 블록이 모두 대기 행렬에 넣어진다. 입력시에는 QSAM은 물리적인 순서에 따라서 레코드를 처리하므로 다음에 필요한 레코드를 미리 알 수 있다. 다음에 필요한 레코드는 일반적으로 그 레코드에 대해 요구하기 전에 이미 기억 영역에 있으며, 사용할 수 있는 상태로 된다. 출력시에는 QSAM은 버퍼 내에 논리 레코드를 넣고 버퍼가 다 찼을 때에만 출력 장치에 써낸다.

queued session[–séʃən] **대기 세션** VTAM에서 어떠한 논리 단위(LU ; logic unit)가 사용중이기 때문에 요구된 세션을 즉시 시작할 수 없을 때 대기 행렬에 일시적으로 저장해두는 세션. 나중에 양쪽 논리 장치 간의 회선이 확보되면 이 세션이 자동으로 시작된다.

queued telecommunication access method[–tèləkəmjùːnikéiʃən ǽkses méθəd] **QTAM, 대기 통신 액세스법**

queue element[kjúː éləmənt] **대기 행렬 요소**

queue element control block[–kəntróul blák] **QECB, 대기 행렬 요소 제어 블록**

queue file[–fáil] **큐 파일, 대기 행렬 파일** 운영체제(OS)에서 작업 실행의 스케줄링이나 출력 클래스 속성에 의한 출력의 스케줄링을 위한 정보가 기록되는 파일.

queue I/O 대기 행렬 입출력 대기 행렬에서의 입력과 출력 방법에 따라 선입 선출, 우선 순위, 단기 작업 우선(SJF) 등과 같은 방법이 있다. ① 선입 선출이란 먼저 들어간 것이 먼저 처리되는 것. ② 우선 순위는 우선 순위를 정해서 높은 우선을 가진 작업을 먼저 처리하는 방법. ③ 단기 작업 우선(SJF)이란, 짧은 작업이 먼저 처리되게 한다.

queue length[–lǽŋkθ] **대기 행렬 길이**

queue management[–mǽnidʒmənt] **대기 행렬 관리**

queue management data set[–déitə sét] **대기 행렬 관리 데이터 세트** 메시지 리커버리에 관해서 메시지가 저장되는 수신처의 상태를 관리하는 AIM 하의 데이터 세트.

queue manager[–mǽnidʒər] **대기 행렬 관리 프로그램**

queue size[–sáiz] **대기 행렬 길이**

queue throughput[–θrúːpùt] **대기 행렬 처리량** 대기 행렬에서 일정 시간 내에 처리되는 작업의 양.

queue time[–táim] **대기 행렬 시간**

queuing[kjúːiŋ] *n.* **대기 행렬, 대기 행렬 작성, 대기 행렬 제어, 큐잉** 「대기 행렬」을 만드는 것. 「대기 행렬」 자체를 큐(queue)라고 한다. 대기 행렬이란 처리(process)나 서비스를 받는 순번이 올 때까지 기다리는 사이가 된다. 「행렬」이란, 예를 들면 은행에서의 온라인 서비스로 「현금 지급기」 앞에서 기다리는 「사람의 열」이나 고속도로 요금소에서의

「차의 열」 등이다. 이와 같은 「기다리게 된다」라는 것을 「큐가 되고 있다」 등으로 말한다.

queuing analysis[–ənǽlisis] **대기 행렬 분석** 개별 장치들이 채널을 통하여 움직일 경우에 필수적으로 관련되는 성질과 시간에 관한 연구. 예를 들면 수퍼마켓, 항구, 공항 등에서 대기 행렬의 길이, 순서, 시간, 서비스의 원칙 등을 결정하는 것과 같다.

queuing behavior[–bihéivjər] **대기 행렬 거동, 대기 행렬 행동**

queuing channel[–tʃǽnəl] **큐잉 채널** 이제까지 중앙 처리 장치가 행하고 있던 입출력 제어의 스케줄링을 채널이 대신하는 방식. 이 방식에서의 중앙 처리 장치는 채널에 대해서 I/O 동작 의뢰를 할(큐잉한다) 뿐이며, 채널이 주변 장치의 상태를 보아 I/O 동작을 개시한다. 또 종료시는 직접 중앙 처리 장치에의 인터럽트를 일으키지 않고 특정의 테이블에 종료를 표시하고, 중앙 처리 장치는 태스크 디스패치 등을 계기로 해당 테이블을 참조함으로써 I/O 동작의 종료를 알린다. ⇨ channel

queuing delay[–diléi] **큐잉 지연, 대기 행렬 지연** 큐잉 시스템에서 고객이 도착하여 서비스를 받기까지의 대기 시간.

queuing linear programming[–líniər próugræmiŋ] **대기 행렬 선형 계획법**

queuing list[–líst] **대기 행렬 목록, 대기 상태 리스트** 조작 또는 처리를 받기 위해 대기 상태에 있는 작업의 리스트.

queuing model[–mádəl] **대기 모델, 대기 행렬 모형** 대기 이론에서 문제를 해결하기 위해서 설정하는 수학적 모형. 즉, 어떤 서비스를 요구하는 손님의 집합과 그 서비스를 제공하는 창구의 집합으로 된 대기 행렬계에 대기 손님 수, 창구 수 등의 규정을 설치하고, 손님의 도착 간격과 서비스 시간에서의 확률 분포를 가정한 것. 예를 들면 임의로 손님이 도착하고, 서비스 시간이 일정하지 않은 경우의 최적의 서비스 창구 수나 도착률을 설정하여 손님의 「막힘」이나 「흐름」의 모습을 알 수 있도록 한 것이다.

queuing network[–nétwə̀ːrk] **대기 행렬 (통신)망**

queuing network analysis[–ənǽlisis] **대기 행렬 (통신)망 해석**

queuing network model[–mádəl] **QNM, 대기 행렬 (통신)망 모형** 일련의 장치, 작업(job), 네트워크들을 구체적으로 표현하는 것.

queuing output process[–áutpùt práses] **대기 출력 시스템**

queuing simulation[–sìmjuléiʃən] **대기 행렬 현상 실험**

queuing system[–sístəm] **대기 행렬 체계**

queuing system study[–stʌ́di(ː)] **대기 행렬 체계 학습**

queuing theory[–θíəri(ː)] **대기 이론, 대기 행렬 이론** 예를 들면 대기에는 유원지나 창구, 병원 등 여러 가지 줄서기가 있는데, 사람이 도착해서 대기 상태에 들어가는 상황, 서비스 기구 등을 분석하여 대기 행렬을 수치로 파악하는 이론. 랜덤하게 도착하는 손님이 만드는 열과 서비스를 받을 때까지의 「대기 시간」에 대해서 연구하는 분야. 컴퓨터에서도 실시간 처리 시스템의 설계 등에 있어서 특히 중요하다. 일반적으로 이러한 대기 문제를 해결하기 위해 수학적인 모형이 설정된다. 이것을 대기 모델(queuing model)이라고 한다. 이 모델에서 최적의 서비스로 필요한 창구의 수나 손님의 막힘이나 흐름을 상정할 수가 있다.

queuing-theory problems[–prábləmz] **대기 이론 문제** 대기 행렬에 관련된 비용을 최소화하는 이론으로 상품이나 고객의 흐름이 어떤 서비스 지점에서 정체될 때 여러 가지 손해가 초래되므로 특별한 서비스 지점에서 대기 행렬을 가장 효과적으로 조정하는 것.

queuing time[–táim] **대기 시간** 메시지를 보내거나 받기 위해서 소비한 시간.

quibinary code[kwibáinəri(ː) kóud] **퀴 2진 코드** 각 10진수 자리를 7비트로 표현하여 10진수를 표현하기 위한 2진화 10진 코드.

quick[kwík] *a.* **빠른, 신속의**

quick access memory[–ǽkses méməri(ː)] **고속 접근 기억 장치** 기억 장치에 특수한 장치를 추가하여 접근 시간을 고속화한 것으로서 특히 자기 드럼에 대한 경우가 많고 병렬식 고속 액세스, 중복식 고속 액세스, 고속 일치 방식 등이 있다.

quick access memory unit[–júːnit] **고속 접근 기억 장치**

quick access storage[–stɔ́ːridʒ] **고속 접근 저장 장치** 기록을 위한 액세스(access)나 판독 시간이 거의 무시될 정도의 고속 기억 장치. RAM 디스크 등이 그 일례이지만, 이 RAM 중에서도 정적 RAM(SRAM)은 매우 빠른 고속 메모리 소자(memory device)이다.

quick access storage device[–diváis] **고속 접근 저장 장치**

quick asset[–ǽset] **당좌 자산** 쉽게 현금화할 수 있는 자산. 현금 외에 당좌 예금, 외상 채권, 기한이 가까운 어음 등의 총칭. 유통 자산에 속한다.

QuickBASIC 퀵베이식 ⇨ QBASIC

Quick C[kwík sí:] **퀵 씨**

quick cell[–sél] **고속 낱칸, 고속 셀** 시스템 대기 영역 또는 지역 시스템 대기 영역 내의 예약된 공간으로서 제어 블록을 위한 공간 할당 시간을 절약하기 위해 사용된다.

quick cell facility[–fəsíliti(:)] **고속 셀 기능**

quick closedown[–klóuzdàun] **즉시 폐지**

QuickDraw[kwìkdrɔ́:] **퀵드로** 매킨토시에서 사용되는 그래픽 조작 및 화면 처리용 내장 루틴의 총칭. 이것에 의해 다양한 소프트웨어 상에서 그래픽을 사용할 수 있게 되었다. 특히 컬러용으로 사용되는 것을 「컬러 퀵드로」라고 한다. 「퀵드로 GX」가 MacOS 7.5 이하에 표준으로 부속되어 있다.

QuickDraw3D 퀵드로 3D 애플 사가 제공하는, 실시간 3D 처리를 고속으로 행하기 위한 API. 게임이나 3D 애니메이션 제작 소프트웨어 등에 사용된다. 특히 렌더링 등에 진가를 발휘한다.

QuickDraw GX 퀵드로 GX 퀵드로의 기능을 보완하고 글꼴의 색과 종류, 그래픽 기능 등을 대폭 향상시킨 매킨토시용 그래픽 그리기 루틴.

quick recovery[–rikʌ́vəri(:)] **신속 회복** 파일 또는 데이터 베이스가 파괴되거나 정확성을 잃어버렸을 때 갱신 전 이미지를 사용하여 데이터 베이스 등을 복원하는 방법. 어느 시점 이후의 트랜잭션 전부를 사용하여 갱신을 행하는 전진 회복법에 비해서 신속하게 에러 회복을 행할 수 있다. backout과 마찬가지로 사용된다.

quick response[–rispɑ́ns] **신속 대응 시스템** 제품의 제조에서 소비자에게 전달되기까지의 제조 과정을 단축시키고, 소비자의 욕구 및 수요에 적합한 제품을 공급함으로써 제품 공급 사슬의 효율성을 극대화하는 기법. 신속 대응 시스템은 생산 및 유통 관련 거래 당사자가 상호 협력하여 소비자에게 정확한 상품을, 정확한 장소에, 정확한 시기에, 정확한 양을, 적정한 가격으로 제공하자는 것이 목적이다.

quick shutdown[–ʃʌ́tdàun] **즉시 차단** 순간적으로 회선이 절단되거나 전원이 끊어지는 것. 컴퓨터는 이들의 사상에 약하기 때문에 무정전 장치 등의 방호책을 행할 필요가 있다.

quick sort[–sɔ́:rt] **빠른 정렬** 기수(基數) 교환 방식의 하나로, 키가 긴 경우에도 늦어지지 않도록 특별히 연구한 것. 정렬해야 하는 데이터면의 항목 중에서 랜덤으로 임의의 항목을 고르고(중앙값), 열 중의 최초의 항목에서 점차 안쪽을 향해 중앙값의 항목과 비교하고, 역순으로 되어 있는 항목이 발견될 때까지 이 조작을 반복한다. 다음에 열 중의 마지막부의 항목에서 시작하여 점차 안쪽을 향해 중앙값의 항목과 비교하여 올바른 순으로 되어 있는 항목이 발견될 때까지 이 조작을 반복한다. 이와 같이 해서 발견된 두 가지의 항목 장소를 교환한다. 이 주소와의 교환 작업을 중앙값의 장소에 도달할 때까지 반복한다. 이 결과 중앙값의 항목을 경계로 하여 올바른 순서의 항목과 역순의 항목으로 분할된다. 더욱이 분할된 각 부분에 대하여 위와 마찬가지로 조작과 교환의 조작을 반복하고 마지막으로 비교의 대상이 되는 항목이 한 개가 된 시점에서 분류가 종료된다.

quick start[–stɑ́:rt] **고속 재시동, 퀵 스타트** 시스템을 재시동시킬 때, 재시동 이전의 링크 팩 에어리어(LPA)를 그대로 초기화시키지 않고 재이용함으로써 고속으로 시스템을 시동하는 방식. IPL에는 몇 가지 종류가 있다. 시스템 생성 후의 최초의 IPL 또는 링크 팩 영역을 재적재하고 있을 때와 IPL을 콜드 스타트라고 한다. 전원을 ON으로 한 다음 링크 팩 영역의 페이지 테이블과 세그먼트 테이블을 재사용하는 IPL을 퀵 스타트라고 한다.

QuickTime[kwíktáim] **퀵타임** 애플컴퓨터에 의해 개발된, 소리와 그래픽, 동영상 파일을 저장하는 방법. 웹 또는 CD-ROM에서 확장자가 mov인 파일을 발전하게 된다면 이것이 퀵타임에서 사용되는 파일이라는 것을 기억해야 한다. 원래 매킨토시용으로 개발되기는 했지만 이제 윈도를 비롯한 다른 플랫폼용으로도 공급되고 있다. 퀵타임 플레이어를 가지고 있지 않다면 애플의 웹 사이트에서 매킨토시용이나 PC용을 다운로드할 수 있다.

⇨ AVI, MPEG

quick time media layer[kwík táim mí:diə léiər] ⇨ QTML

QuickTime Conferencing[kwiktáim kɑ́nfərənsiŋ] **QTC, 퀵타임 컨퍼런싱** 인텔 사가 개발한 퀵타임 동영상, 음성을 사용한 매킨토시용 TV 회의 시스템. TV 회의 시스템의 국제 규격(H.320)에 준거하고 유닉스나 윈도와의 접속도 가능하다.

QuickTime VR 퀵타임 VR 디지털 무비에서 잘 알려진 퀵타임 아키텍처의 확장으로 개발되었다. 인터랙티브한 파노라마 영상을 표시하기 위한 기술로 PC에서도 간단히 가상 현실 공간을 실현할 수 있다는 점에서 주목되고 있다. 사용자는 준비된 포인트에서 마우스로 시점을 위, 아래, 오른쪽, 왼쪽으로 움직이면서 클릭하면 쌍방향성(interactivity)을 즐길 수 있다. 또 한 가지 특징은 특수한 기재를 사용하지 않고, 컴퓨터 화상과 보통 카메라로 촬영한 사진을 값싸게 파노라마 화상으로 작성할 수 있다. 이 기술을 이용한 CD-ROM 타이틀도 만들어지고 있다.

QUICKTRAN 퀵트란 보통 FORTRAN과 호환성이 있는 온라인용 언어이다. 1961년부터 IBM의 John Morrissey가 개발하여 1963년 중에 최초 시스템이 완성했다. 초기 온라인 시스템은 특별한 기기 구성을 넣은 것이 많은 데 대해서 이 시스템은 표준 기기 구성을 이용한 점에서 주목된다. 디버그를 위한 강력한 능력과 단말을 제어하는 편리한 명령이 갖추어져 있다. 언어 문법은 함수 호출 부분이라든가 EQUIVALENCE 관계문으로 약간 제한이 있지만, 거의 기본적인 FORTRAN과 같다.

Quick-VAN 퀵밴 대형 PC 통신 네트워크의 PC-VAN에 채택된 2진 파일 전송 프로토콜. 1패킷의 크기가 1,024바이트로 X모뎀에 비해 고속으로 다운로드 및 업로드를 할 수 있다.

quiesce[kwaiés] **작업 거부** 더 이상의 작업을 받지 않음으로써 장치나 시스템을 정리하는 것. 또는 새로운 작업을 거부함으로써 다중 프로그래밍을 끝내는 것을 말한다.

quiescent[kwaiésənt] *a.* **대기 휴지** 가해지는 입력 신호가 없을 때의 회로 또는 조작을 기다리는 시스템의 상태.

quiescent carrier telephony[–kǽriər təléfəni(ː)] **대기 휴지 반송자 전화 통화** 전달되는 변조 신호가 없을 때 반송자가 없어지는 전화 통화 방법의 한 형태.

quiescing[kwaiésiŋ] *n.* **작업 정지** 새로운 작업을 거부하는 수단으로서 다중 프로그램된 시스템을 정지시키는 것.

quiet recording mode[kwáiət rikɔ́ːrdiŋ moud] **침묵 기록 모드** 가상 기계(VM ; virtual machine)에서 재시행 등의 오류 처리 과정이 오류 기록 실린더에 기록되지 않도록 하는 데이터 기록 방식.

quinary[kwáinəri(ː)] *a.* **5치의(값의), 5진, 5진법** 「5값」. 5개의 다른 값 또는 상태를 취할 수 있도록 한 선택 또는 조건에서 특성이 부여되는 것을 나타내는 용어. 「5진」, 「5진법」. 고정 기수법에 있어서 5를 취하는 것이나 그와 같은 방식을 가리킨다.

quinary notation[–noutéiʃən] **5진법** 5를 기수로 하는 수의 표기법.

Quinault 퀴놀트 ICN(information control net)의 작성과 편집 ICN으로 나타낼 수 있는 모델의 분석과 변환 및 그 모델의 시뮬레이션을 할 수 있다. 그래픽 디스플레이가 붙은 고성능, 퍼스널 컴퓨터를 이용하기 때문에 이러한 그림의 입력과 편집이 쉽다. 즉, 제록스(Xerox) 사에서 ICN을 이용하여 개발한 사무실 정보 시스템의 분석 및 기술용 시스템이다.

Quine-McCluskey method 콰인-맥클러스키 방법 논리식을 간단화하는 방법의 하나.

quintet[kwintét] *n.* **퀸텟, 5비트 바이트** 5개의 2진 문자로 이루어지는 바이트.

quintuple[kwíntjùːpl] *a.* **5중 문자** 튜링(Turing) 기계에서 내부 상태를 나타내는 문자를 q_1, q_2, …, 알파벳 기호 S_0, S_1, S_2, …, 테이프를 이동시키는 방향을 나타내는 기호를 $X_1=R$(우), $X_2=L$(좌)로 할 때, 상태 기호, 알파벳 기호, 방향 기호, 상태 기호순으로 늘어놓은 것. 예를 들면 q_i S_i S_h X_k q_1을 5중 문자라고 한다. 이것에 따라 내부 상태 q_i에서 테이프에 S_j로 되어 있을 때 그것을 S_h로 바꾸어 써서, X_k 방향으로 하나씩 이동하여 내부 상태가 q_1으로 된 것을 나타낸다.

QUIP 큐입 quad in line package의 약어. 마이크로프로세서 등의 다(多) 핀 LSI의 실장용으로 개랍된 패키지의 일종으로서, 핀이나 리드 등의 외단부(外端部)는 패키지 양측에 각각 지그재그 모양으로 배치되어 있으며, DIP(2중 인라인 패키지)에 비해 점유 면적이 작다.

quit[kwít] *v.* **끝냄, 퀴트** 나오다. 종료하다. 시분할 시스템에서 특정 키를 누르면 실행중인 프로그램이 정지하여 사용자가 명령어를 타이프할 수 있는 상태로 되는 것. 단말 장치나 입출력 장치에 준비된 키를 누름으로써 그 단말 장치나 입출력 장치가 동작중임에도 불구하고 인터럽트가 발생하여 이용자가 커맨드를 입력할 수 있는 상태가 되도록 하는 것. 단말 퀴트는 단말의 퀴트 버튼을 누름으로써, 센터 퀴트는 센터측의 프로그램 명령을 계기로 퀴트 신호가 상대에게 보내짐으로써 실현된다. 임의의 시점에서 단말로부터 인터럽트로 제어 프로그램을 호출하는 기능도 가리키는 것으로서, TSS에서는 꼭 필요한 기능이다.

quit primitive[–prímitiv] **중지 프리미티브** 프로세스의 실행을 강제로 끝내는 신호로서 프로세스의 이미지는 파일로 만들어져 후에 에러 검출 프로그램으로 넘겨져 여러 원인을 분석하는 데 쓰인다.

quote[kwóut] *n.* **인용 부호, 따옴표** 전체적으로 이야기되거나 쓰여져 있는 단어, 어구 또는 문장을 인용(reference)하고 있는 것을 나타내기 위해 사용하는 부호(mark). quotation mark와 같은 의미이다.

quoted[kwóutəd] *a.* **인용 부호가 붙은, 인용된** 예를 들면 인용 항목(quoted item), 인용 문자열(quoted string)의 형으로 사용되고 있다. 인용한 것을 둘러싸는 것이 인용부(quotation mark)이다. 또 quoted는 그 스스로 「인용 부호로 둘러싸다」의 의미를 갖고 있으므로, 둘러싸다(enclose) 등을 사용하여 같은 뜻을 나타내기 위해서는 인용 부호로 둘러싸인(enclosed) 「~」라는 문장을 사용한다.

quoted item[–áitəm] **인용 항목**

quoted string[–stríŋ] **따옴(문자)열** 인용문이나 인용 데이터가 포함된 키(key)가 크기 순으로 배열되어 있을 때, 그 인용문, 데이터의 모임으로 어셈블러 프로그래밍에서 매크로 명령의 오퍼랜드로 사용되는 문자열이다. 인용부에 둘러싸여 있으며 공백을 포함할 수도 있다.

quote mark[kwoút máːrk] **인용 부호**

quotient[kwóuʃənt] *n.* **몫** 나눗셈에서 피제수를 제수로 나누었을 때 그 나눈 결과, 결과는 몫과 나머지로 표현된다.

quotient automaton[–ɔːtámətən] **몫 자동 장치**

quotient polynomial[–pàlinóumiəl] **몫 다항식** 다항식 $p(x)=(x-a)q(x)$의 꼴로 나타낼 수 있다. 이때 $q(x)$를 $(x-a)$에 의한 몫 다항식이라고 한다. 일반적으로 $p(x)$를 $(x-a)$로 나눈 몫은 $q(x)$, 나머지를 r이라 할 때 $p(x)=(x-a)q(x)+r$, $(r=p(a))$꼴이 되고 $p(x)$를 몫 다항식이라고 한다.

quotient register[–rédʒistər] **몫 기록기**

QWERTY keyboard **쿼티 글자판(자판)** 종전 타자기의 자판 배열 방식으로서 첫 줄에 6문자(Q, W, E, R, T, Y)를 포함하도록 한 키보드. 현재는 1982년 ANSI에 의해 드보락 방식이 표준 키보드로 사용되고 있다.

〈쿼티 글자판〉

R

R[ɑ́ːr] **알** (1) register의 약어. (2) request의 약어. (3) reset의 약어. (4) retrieval의 약어.

R* 알 스타 System R을 확장한 것으로, IBM 연구소가 개발하고 있는 실험용 분산 데이터 베이스 시스템.

RAC 상대 주소 부호화 방식 relative address coding의 약어.

race[réis] *n.* (1) **레이스** RCA 사가 제조한 자기 카드 기억 장치의 명칭(현재 이 명칭은 별로 쓰여지지 않는다). 41cm×11cm의 자기 카드 256매를 카트리지에 담고, 장치 한 대에 카트리지 8개(2대 연접해서 16개까지 가능)를 갖춘다. 자기 테이프가 수평 방향으로 운동하는 구조로 되어 있으며 자기 헤드는 카드의 폭 방향으로 이동한다. 카트리지당 기억 용량은 561×106비트, 평균 호출 시간은 새로운 카드가 385ms, 새로운 카트리지가 385ms. (2) **경합** 비동기 순차 회로에서 두 개 이상의 상태 변수가 변화하는 경우로 적절한 상태 배정에 의해 제거될 수 있다.

race condition[–kəndíʃən] **경합 조건** 다중 프로그래밍 시스템이나 다중 처리기 시스템에서 두 명령어가 동시에 같은 기억 장소를 액세스할 때 그들 사이의 경쟁에 의해 수행 결과를 예측할 수 없게 되는 것. 이와 같은 현상은 바람직하지 않으므로 운영 체제는 이것을 해소할 수 있어야 한다.

raceway[réiswèi] **레이스웨이** 컴퓨터실 바닥 구조 형식의 하나로, 보통의 마루 위에 다시 마루를 만들어 윗마루의 일정한 위치에 장치 간 케이블의 전용 홈을 만드는 것. 비용은 적게 들지만 한 번 설계한 것을 다시 바꾸는 데 불편하다.

RACF 자원 접근 제어 기능 resource access control facility의 약어.

RACF management data set 자원 접근 제어 기능 관리 데이터 세트 컴퓨터 센터에 있어서의 각 이용자의 자원에의 접근 제어 정보를 저장한 데이터 세트.

racing[réisiŋ] *n.* **레이싱** 어떤 커맨드 처리를 하는 중에 유사한 내용을 가진 커맨드 또는 동일한 커맨드를 투입한 경우에 처리가 경합하는 경우를 레이싱이라고 한다. 데이터의 이중 기록 등 시스템 혼란을 초래하게 되어 후(後)의 커맨드 입력을 금지하고 있다. 이 경우 에러 메시지(에러 번호 15)를 출력하여 실행중 커맨드를 중지하는 커맨드를 재투입할 필요가 있다.

rack[rǽk] *n.* **랙** 컴퓨터를 케이스에 넣지 않고 부품을 철물로 만들어진 뼈대에 되는 대로 붙여서 구성한 것.

racking[rǽkiŋ] *a.* **래킹, 흔들림** ⇨ scroll

rack up[rǽk ʌ́p] **연속 화면 생성** 화면에서 데이터를 표현하는 방식으로 화면에 마지막 줄이 나타나면 전체 줄이 한 줄씩 올라가면서 맨 윗줄은 지워지고 마지막에 다시 새로운 줄이 나타나는 것.

rack mounting[–máuntiŋ] **랙 장착** 독립형 랙에 장치를 장착하는 것.

RAD rapid application development의 약어. 한 애플리케이션의 뼈대를 빠르게 조립하는 것을 쉽게 해주는 도구와 기술의 종합적인 이름으로 특히 사용자 인터페이스가 대표적이다. 예를 들어, 대화 상자를 쉽게 만들고 연결할 수 있도록 해주는 도구를 제공하는 비주얼 베이식이나 파워빌더(powerbuilder) 같은 프로그램은 RAD 도구라고 불린다.

radar[réidɑːr] *n.* **레이더** 지형 · 장애물의 관측, 선박 · 항공기의 유도, 안전 확보 등에 중요하게 쓰이는 것이며 기상 관측에도 이용되고 있다. 이것의 원리는 발사된 전파가 목표물에 부딪쳐 되돌아온 반사파를 이용한 것으로서 그 반사띠를 수신하여 브라운관을 사용한 지시 장치에 나타난 영상에서 목표물의 거리 및 방위를 아는 장치.

radial transfer[réidiəl trænsfə́ːr] **방사 전송, 복사형 전송** 주변 장치와 그것보다 중앙에 가까운

장치 사이에서 데이터를 전송하는 처리 또는 절차. ⇨ input-output process

radian[réidiən] *a*. **부채각, 라디안(단위)** 어느 두 개의 반지름이 원주상에서 반지름과 길이가 같은 원호를 끊어낼 때 이 반지름 사이의 평면각을 말한다.

radiation hardening[rèidiéiʃən há:rdəniŋ] **방사선 경화** 방사선 주사에 의해서 집적 회로의 특성을 개선하는 처리.

radical[rǽdikəl] *a*. **라디칼** 제곱근을 나타내는 기호($\sqrt{}$).

radio[réidiòu] **라디오** 무선 또는 전파를 나타내는 것으로, 흔히 라디오 방송 수신기를 가리킨다.

radio bar[-bá:r] **라디오 바** 인터넷 익스플로러 5부터 들어 있는 인터넷 상의 라디오 방송을 듣기 위한 도구 모음. ⇨ toolbar

radio button[-bʌ́tn] **라디오 버튼** 화면상의 택일식 설정 버튼. 하나의 버튼을 선택하면 자동적으로 다른 버튼은 해제된다. 대화 상자 등에서 사용된다.

radiocity method[réidiousiti méθəd] **라디오시티 메소드** 빛의 확산 상호 반사를 정밀하게 모의하는 이미지 기법. 다른 이미지 기법과 달리 물체와 광원이 구별되지 않기 때문에 형광등 등의 조명체 형상을 표현할 수 있다.

radio communication[réidiou kəmjù:nəkéiʃən] **무선 통신** 전파를 이용한 정보 송수신의 총칭. 고정 지점 간 통신을 고정 통신, 이동체를 대상으로 하는 통신을 이동체 통신이라 부른다. 무선 통신에 이용되는 주파수는 수백 kHz~수십 GHz의 범위이며, 통신 종류나 목적에 따라 주파수가 할당된다.

radio packet communication[-pǽkit kəmjù:nəkéiʃən] **무선 패킷 통신** 패킷을 전송 단위로 하는 지상 무선 통신. 이용자가 임으로 무선 채널에 접근할 수 있으므로 다중 통신이 가능하다.

radio wave[-wéiv] **전파** 일반적인 용법에서는 3,000GHz까지의 주파수를 포함하며, 무선 주파수의 전자파를 단지 전파라고 한다. 이 전파는 거리에 반비례하여 감쇠하므로 매우 먼 곳에서도 쉽게 수신할 수 있는 성질이 있어서 무선 통신용으로 널리 사용된다.

radix[réidiks] *n*. **기수(基數)** 숫자 자리 표시법에서 어떤 자리의 가중값(weight)으로, 이 수를 곱하면 바로 윗자리에 대한 가중값이 얻어지는 정수. 10진법(decimal notation)에서, 예를 들면 256은 $2\times10^2+5\times10^1+6\times10^0$으로 표현할 수 있는데, 이 경우 10을 기수라고 한다. 이와 같이 10진법의 기수는 10, 2진법(binary notation)의 기수는 2, 8진법(octal notation)의 기수는 8이다. 이 기수를 가중값이라고 하는 경우도 있다. 또 10진법 이외에서의 가중값을 아래 첨자로 표기하는 경우도 있다. 예를 들면, 16진(hexadecimal)의 5는 5_{16}이라 쓴다.

[주] 기수 표기법에 있어서 숫자 위치에 관한 양의 정수로서 그 숫자 위치의 가중값에 그것을 곱하면 한 자리 위의 가중값을 갖는 숫자 위치의 가중값이 되는 것으로, 예를 들면 ① 10진 기수법에서는 각 숫자 위치의 기수는 10이다. ② 2~5진 부호에서는 각각의 5의 위치의 기수는 2이다.

radix complement[-kámpləmənt] **기수 보수** 어떤 수의 각 숫자(digit)를 그 숫자 위치(digit place)의 기수보다 하나 작은 수로부터 감하여 그 결과 최하위의 유효 숫자(least significant digit)에 1을 더하고, 또한 자리올림수(carry)를 시행하여 얻어지는 보수(complement)를 말한다. 예를 들면, 10진수로 0372인 10의 보수는 9628(9627+1)이며, 또한 세 자릿수를 사용한 10진 기수법에서 830은 170의 10의 보수, 즉 기수의 보수이다.

radix conversion[-kənvə́:rʃən] **기수 변환**

radix exchange sort[-ikstʃéindʒ sɔ́:rt] **기수 교환 정렬** 키워드들이 2진수로 표현되어 있으나 2진수로 표현할 수 있을 때 적용 가능한 배분적 정렬 방법.

radix-minus-one complement[-máinəs wʌ́n kámpləmənt] **기수 -1의 보수, 기수 마이너스 1의 보수** 주어진 수의 각 숫자를 그 숫자 위치의 기수보다 1작은 수부터 뺌으로써 얻어지는 보수.

radix mixed[-míkst] **기수 혼합법** 하나 이상의 기수를 사용하는 수 체계로서, 예를 들면 주판의 2~5진 체계이다.

radix notation[-noutéiʃən] **기수 표기법** 두 개의 인접하는 자리 위치의 크기가 둘 중 낮은 쪽 자리의 정수배로 다른쪽의 자리가 정해지는 표기법으로서 이때의 정수를 「보다 낮은 자리의 기수」라고 한다. 어떤 수의 자리 위치가 취하는 값의 범위는 0에서부터 그 위치의 기수보다 1만큼 작은 수까지이다.

radix numeration system[-njù:məréiʃən sístəm] **기수 수치 시스템** 어느 숫자 위치의 기수와 그것보다 하나 낮은 숫자 위치의 기수와의 비(比)가 양의 정수인 자리 표현법.

[주] 어떤 숫자 위치의 문자의 가능한 값은 0에서 그 숫자 위치의 기수보다 1작은 값까지이다.

radix point[-pɔ́int] **소수점** 기수 표기법에 의하여 표시되는 수의 표현에 있어서 정수부(integer part)와 소수부(decimal part)로 나뉘는 위치. 보통 피리어드를 사용하여 표시한다.

[주] 기수 표기법으로 표시되는 수의 표현에 있어서 정수부의 문자와 소수부의 문자를 나누는 위치.

radix scale[-skéil] **기수 크기** ⇨ base number base notation

radix search tree[-sə́ːrtʃ tríː] **기수 탐색 트리** ⇨ tree

radix sort[-sɔ́ːrt] **기수 정렬** 컴퓨터를 개발하기 전에 나타난 카드 분류기(card sorting machine)의 작동 원리를 이용한 정렬 방식. 숫자를 정렬하기 위해서는 10개, 영문자이면 26개의 기억 영역을 만든다. 예를 들어 1번부터 99번까지 학생의 시험지를 순서 없이 거두어서 번호대로 정리한다면, 십 단위로 정렬하고 다시 1단위 순서로 각각 정렬하게 된다. 기수 정렬을 버킷 정렬(bucket sort)이라고도 한다. 기수 정렬은 가장 상위 자릿수부터 정렬하는 MSD(most significant digit) 우선 정렬 또는 왼쪽 우선 정렬(left first sort)이라 하고, 가장 하위 자릿수부터 정렬하는 경우를 LSD(least significant digit) 우선 정렬 또는 오른쪽 우선 정렬(right first sort)이라고 한다.

① 정렬되지 않은 입력 파일
7, 19, 24, 13, 8, 82, 18, 44, 63, 5, 10

② 가장 하위에 있는 숫자로 버킷에 분배시킴(LSD)

버킷	입력 파일
0	10
1	31
2	82
3	13, 63
4	24, 44
5	5
6	
7	7
8	8, 18
9	19

③ 이들 버킷에서 결합 상태는 큐(FIFO)로서 다음과 같다.
10, 31, 82, 13, 63, 24, 44, 5, 7, 8, 18 ,19

④ 다시 상위에 있는 숫자로 버킷에 분배시킴(MSD)

버킷	입력 파일
0	5, 7, 8
1	10, 13, 18, 19
2	24
3	31
4	44
5	
6	63
7	
8	82
9	

⑤ 각 버킷을 결합하면 다음과 같다.
5, 7, 8, 10, 13, 18, 19, 24, 31, 44, 63, 82

〈기수 정렬〉

radix sorting[-sɔ́ːrtiŋ] **기수 분류** ⇨ radix sor

radix transformation[-trǽnsfərméiʃən] **기수 변환법** 키 변환법의 하나로, 연속한 키의 덩어리를 광범위하게 분산시켜 랜덤화해서 어드레스를 만드는 것을 목적으로 고안한 방법. 예를 들면, 10진수의 키에서는 각 자리를 기수 11의 멱 자릿수로 보지 않고, 이 11진수를 기수 변환에 따라 10진수 혹은 2진수로 고쳐 필요한 자릿수만큼 가진 어드레스로 한다.

radix transformation method[-méθəd **기수 변환법** 해싱(hashing)의 한 방법으로서 키 숫자의 기수를 다른 기수로 변환하여 상대 주소를 얻는다.

RAD tool 속성 응용 개발 도구 rapid application development tool의 약어. 소프트웨어 개발에서 고속 응용 개발이 가능하도록 도와주는 도구. 개발 기간을 사전에 설정하고 만약 개발이 도중에 여의치 못하면 중단되는 「타임박스 어프로치」나 동시 병행적으로 개발 작업을 분할해서 진행할 수 있는 것이 특징이다.

ragged align[rǽgəd əláin] **비정형 정렬** 정렬 방식의 한 방식이며, 컴퓨터 등에서 입력한 문장의 좌우 양끝을 맞추어 정렬하는 경우 각 행의 길이가 조금씩 달라도 이것을 맞추지 않고 그대로 두는 정렬 방식.

ragged arrary[-əréi] **부조화 배열**

RAID 저가 디스크의 중복 배열 redundant arrays of inexpensive disk의 약어. 여러 개의 디스크를 사용하여 구성된 디스크 배열의 총칭. 신뢰성 구현 방법에 따라 레벨이 나뉘며, 비디오 서버로는 일반적으로 RAID 3나 RAID 5가 사용된다.

raised floor[réizd flɔ́ːr] **올림 바닥** 컴퓨터실 바닥 위에 또다시 바닥을 설치한 바닥. 컴퓨터실의 특징으로서 바닥과 바닥의 공간에 전원용 케이블이나 CPU와 각 입출력 장치 간의 케이블 등을 넣어서 표면에 나오지 않게 한 것. 사무실의 바닥 강도는 300~330kg/m^{3}이 보통이지만 기계실은 700~1,000kg/m^{3}을 요하므로 올림 바닥 등에 의해서 하중 분산이 되어 유효하다. 올림 바닥에는 다시 레이스웨이(raceway)나 프리 액세스(free access) 등의 방법이 있다.

Rajchman selection switch 라지크만 선택 스위치 ⇨ core rope storage

RALU register and ALU의 약어. 보통의 ALU와는 달리 마이크로프로세서(microprocessor) 내에 많은 레지스터를 갖추고 있는 ALU로, 비트 슬라이스의 원리로 되어 있다.

RAM (1) **램, 직접 액세스 기억 장치** random access memory의 약어. 기억 장치의 어떤 장소에 있건 어드레스를 지정해 줌으로써 직접 비순차적으로 호출할 수 있는 메모리. 데이터는 호출과 기억을 자유로이 할 수 있다. 롬(ROM)과 대비된다. RAM의 특징은 정보의 수정이 자유롭고 판독 시간이 어드레스와 관계없이 거의 일정하며, 입력·출력 시간이 빠르고 판독에 의해 기억 내용을 손상시키지 않으며 전원을 끄면 기억 내용이 소멸하는 것 등이다. ⇨ ROM (2) **상주 접근법** resident access method의 약어.

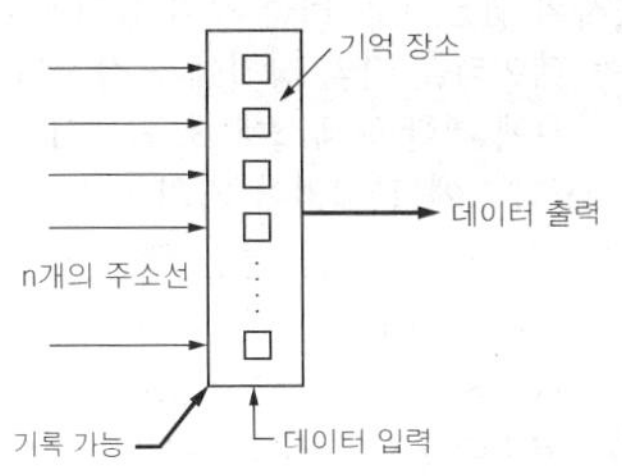

〈기본적인 RAM의 구성〉

RAMAC 래맥 random access method of accounting and control의 약어. 임의적으로 발생하는 데이터를 처리할 수 있는 디스크 기억 장치를 가지는 전자 계산 조직.

RAM access time RAM 접근 시간

RAM array organization RAM에 의한 배열 구조

rambus[–rǽmbʌ̀s] **램버스** 정식 명칭은 램버스 채널(rambus channel)이다. 마이크로프로세서와 동적 램(RAM) 사이에 초당 500~600MB의 초고속으로 데이터를 전송할 수 있는 기술. 미국 램버스사가 1992년에 개발하였으며, 대규모 집적 회로(LSI) 사이에 고속으로 데이터를 전송하기 위한 인터페이스 기술과 이 인터페이스에 근거한 동적 램(rambus DRAM)이 제품화되어 있다.

rambus inline memory module ⇨ RIMM

RAM card RAM 카드 RAM 칩과 주변 회로를 카드 모양의 프린트 기판에 배치한 것으로, 마이크로컴퓨터 등의 기억 용량을 확장시키기 위해 사용되는 것.

RAMDAC random access memory digital to analog converter의 약어. 이 마이크로칩은 VGA 카드와 다른 그래픽 디스플레이 보드 사이에 놓이게 되는데, 한 화면의 디지털 정보를 모니터가 구현할 수 있는 아날로그 신호로 번역해주는 역할을 한다.

RAM data word RAM 자료 단어

RAM design error correction RAM 설계 오류의 수정

RAM disk RAM 디스크 RAM을 하드 디스크나 플로피 디스크 같은 기억 장치로 이용한 것. 전용 드라이버 소프트웨어를 편성하여 확장 메모리의 일부를 RAM 디스크로 이용하는 경우가 많다.

RAM Doubler 미국 Connectix 사가 개발한, 매킨토시에서 가상적으로 RAM 용량을 2~3배로 늘리는 소프트웨어. 자주 사용되지 않는 RAM 상의 데이터나 응용 프로그램이 불필요하게 점유하고 있는 RAM 기억 영역을 확장한다. 윈도용도 있으며 이들은 시스템 리소스를 확장한다.

RAM dump RAM 덤프 일반적으로 RAM이 같은 내부 기억 장치로부터 프린터와 같은 외부 장치로 기억된 내용의 일부 또는 전부를 출력시키는 것.

RAM loader RAM 적재기 입력 장치로부터 프로그램을 읽어넣는 프로그램이며, 보통 읽어넣은 프로그램을 적당한 RAM에 기억한다.

RAM mail box RAM 우편함 공동으로 사용되는 RAM에서의 특정 위치들을 나타내는 집합으로 여기에는 대기 상태에 있는 다른 마이크로프로세서를 지칭하거나 특정한 주변 기기들을 지칭하는 데이터들이 기억되어 있다.

RAM memory RAM 기억 장치

RAM memory expansion RAM 기억 장치 확장 8kB 기억 용량의 RAM을 총 6kB 기억 용량으로 확장시키거나 응용에 필요한 만큼의 적당한 용량으로 확장하는 것.

RAM memory save option RAM 기억 장치 갈무리, 저장 별도, 추가 선택 세이브 옵션

RAM memory system characteristics RAM 메모리 시스템 특징

ramp[rǽmp] *n.* **램프** 단조롭게 변화(증가나 감소)하는 파형으로, 일반적으로 직선 램프를 말한다.

ramped loading[rǽmpt lóudiŋ] **램프 적재 방식** 자기 디스크 장치 등에서 자기 디스크의 회전 속도가 일정 속도에 이르고부터 자기 헤드를 자기 디스크에 접근시켜 일정한 부상량(浮上量)을 주는 방식.

ramp nonlinearity[rǽmp nɑnlìniǽriti(ː)] **램프 비직선 일그러짐** 램프의 파형 범위 내에서 기준 직선 램프로부터의 진폭이나 시간 등의 편차 또는 기준값에 대한 비.

ramp response[–rispɑ́ns] **램프 응답** 입력이 어떤 시각부터 일정 속도로 변화하고 있는 경우의 응답.

RAM print-on-alarm 경보 발생시 RAM 출력 하나의 데이터 시스템 상태를 일컫는 것으로 데이터 채널들을 계속 되풀이해서 관찰하다가 중앙 처리 장치의 RAM에 어떤 경보 상태가 발생했음이 인지될 경우에만 데이터의 출력이 이루어지는 것.

RAMPS 램프스, 다중 프로젝트 계획에서의 자원 할당 resource allocation and multiple project scheduling의 약어. PERT/COST형의 프로그램으로서 복수 개의 진행 프로젝트를 대상으로 하여 자원의 할당을 유효하게 하는 네트워크 기법.

ramp type[rǽmp táip] **램프형** 올림 바닥(raised floor)에 대하여 시설의 바닥에 장치 간의 케이블을 직접 설치하고 그 위에 뚜껑을 단 것. 값은 싸지만 소위 작업상의 발판과 외관은 좋지 않다. 컴퓨터실의 바닥 구조 형식의 하나.

RAM refresh RAM 재생 DRAM은 내부의 기억 소자가 콘덴서로 구성되어 있어 일정 기간마다 전하를 충전시키지 않으면 내용이 소멸된다. 전하를 충전시켜 주는 작동을 재생(refresh)이라 하고, 이 때의 주기를 재생 주기라고 한다.

RAM refresh cycle(dynamic) RAM 재생 주기(동적) 메모리는 MOS RAM의 특성을 이용하여 그 성능을 떨어뜨리지 않고서도 확장될 수 있다. 이러한 메모리를 사용하기 위해서는 각 동작들(또는 클록들) 사이에 약간의 비활동 시간이 필요한데, 이 시간은 동적 매핑 시스템을 갖춘 메모리에서 시스템의 효율을 떨어뜨리지 않고 주소 번역과 그에 따른 지연 시간으로 쓰인다. 모든 실제 주소 공간에 대한 재생은 재생 타이머, 제어 회로 및 메모리 모듈을 이용하여 이루어진다.

RAM refresh operation RAM 재생 동작 모든 동적 금속 산화 반도체 램(MOS RAM)은 기억되어 있는 데이터의 내용을 계속 유지하기 위해 주기적으로 재생시켜 주어야 하고, 재생 동작은 일정 시간 동안에 메모리의 최하위 주소 비트들에 대하여 특정한 횟수의 기록 주기로서 이루어지는데, 기록, 판독의 주기 횟수는 기억 장치 회로에 따라 다르다.

RAM refresh rate RAM 재생 속도

RAM refresh time interval RAM 재생 시간 간격 RAM의 소자에 전하를 주기적으로 충전할 필요가 있으며 이 조작을 재생이라 부르고 있다. 재생에서 다음 재생까지의 시간이 재생 간격이다.

RAM register simulator RAM 기록기 시뮬레이터

RAM/ROM memory RAM/ROM 기억 장치

Ramsey number 램지 수 크기 k인 클리크(clique)나 크기 l인 독립 집합이 존재하는 그래프가 가져야 할 최소의 정점 개수.

RAM storage function RAM 기억 기능

RAM subroutine call RAM 서브루틴 호출

RAM testing RAM 검사

RAM text editor RAM 문안 편집기 프로그램을 신속하게 바꿀 수 있도록 검색, 대치, 삽입, 제거 명령어들이 포함되어 있는 RAM에 들어 있는 문자 지향 텍스트 편집기.

RAN 원거리 통신망 remote area network의 약어.

random[rǽndəm] *a.* **무작위** 랜덤한. 파일을 액세스하는 방법이라든가 랜덤으로 도착하는 데이터나 그러한 데이터의 처리에 사용되는 장치 등을 표현할 때 사용된다. 시퀀셜(sequential) 등과 대비된다.

random access[−ǽkses] **무작위 접근** 즉시 호출. 비순차적 접근. 데이터를 기억 장치에서 인출하거나 또는 데이터를 기억 장치에 저장하거나 할 때 그 기억 장치에 대한 액세스에 요하는 시간이, 기억 장치의 어드레스에 관계없이 거의 같은 처리에 관해서 사용되는 용어. 예를 들면 랜덤 액세스 파일(random access file), 랜덤 액세스 기억 장치(random access storage) 등이 있다.

random access device[−diváis] **랜덤 액세스 디바이스, 랜덤 액세스 장치, 즉시 호출 기억 장치, 무작위 액세스 장치, 직접 액세스 장치**

random access discrete address system[−diskríːt ədrés sístəm] **RADA 방식**

random access file[−fáil] **임의 접근 파일, 랜덤 액세스 파일, 무작위 액세스 파일** 필요한 개소를 「직접」 액세스할 수 있는 편의성 파일. 색인 순차적 파일도 비순차적 접근이 가능하나, 비순차적 접근 파일은 보다 효과적으로 비순차적인 접근을 할 수 있는 대신, 순차적 접근은 할 수 없는데, 레코드의 검색 키와 기억된 번지 사이에 어떤 관련을 지어서 비순차적으로 접근할 수 있게 되어 있다. 자기 디스크 등의 랜덤 액세스가 가능한 기억 장치를 사용함으로써 가능하게 되는 것이며, 온라인 처리 등에는 불가결한 것이다. 자기 테이프에 의한 종래의 시퀀셜 처리에서는 불가능하였던 고속 파일 갱신이 가능하게 된다.

random access input/output[−ínpùt áutpùt] **임의 접근 입출력, 무작위 처리 입출력** 직접 접근 기억 장치(DAM)에 기억되어 있는 레코드들을 임의의 순서로 처리해주는 입출력 제어.

random access I/O routines[−ruːtínz] **무작위 접근 입출력 통로** 드럼이나 디스크의 파일들을 직접, 순차, 임의 처리하는 데 쓰이는 루틴. 입출력 기능을 높이기 위해서는 매크로 명령어를 사용하는 것이 바람직하다.

random access memory[−mémərì(ː)] **RAM, 임의 접근 기억 장치, 랜덤 액세스 기억 장치, 등속 호출 기억 장치, 랜덤 액세스 메모리** 호출 시간이 어드레스에 상관없이 일정하도록 한 기억 장치. 자심

(磁心) 기억 장치 등이 이에 속한다. 자기 드럼 기억 장치나 자기 디스크 기억 장치 등은 엄밀하게는 이에 속하지 않지만 비교적 이에 가까우므로 이에 준하는 것으로서 취급하는 경우가 많다. ⇨ RAM

random access memory disk[–dísk] **RAM 디스크, 임의 접근 메모리 디스크** ⇨ RAM disk

random access memory unit[–jú:nit] **RAM 장치**

random access method[–méθəd] **임의 접근 기법** 주어진 키값으로부터 그 키값의 레코드 주소를 판독하기 위해 해싱 등을 이용하는 접근 방법.

random access method of accounting and control[–əv əkáuntiŋ ənd kəntróul] **RAMAC, 래맥** 임의적으로 발생한 데이터를 처리할 수 있는 디스크 기억 장치를 가지는 전자 계산 조직으로 이 시스템의 특징은 다음과 같다. ① 데이터가 발생할 때마다 처리할 수 있다. ② 데이터를 일괄적으로 간추릴 필요가 없다. ③ 데이터를 마스터 레코드의 순서에 맞춰 분류하지 않아도 된다. ④ 마스터 레코드의 내용을 항상 최신의 상태로 갱신할 수 있다.

random access PPI RAPPI, 래피

random access procedure[–prəsí:dʒər] **임의 접근 절차, 비순차적 처리 절차**

random access processing file[–prάsesiŋ fáil] **임의 접근 처리 파일** 거래 업무들이 어떤 형태나 순서로든 일단 중앙의 업무 처리 센터에 도착하면 곧 바로 처리되는 것. 따라서 온라인용 중앙 파일에 기억되어 있는 응용 레코드들은 신속히 변경될 수 있다.

random access programming[–próugræmiŋ] **임의 접근 프로그래밍** 최소 접근 프로그래밍과는 대조적인 것으로, 프로그램이 찾고자 하는 기억 장소를 찾는 데 걸리는 시간을 고려하지 않고 프로그램을 작성하는 것.

random access software[–sɔ́(:)ftwὲər] **임의 접근 소프트웨어** 로더, 모니터, 프로그램 파일, 수정용 프로그램, 기타 특정한 정렬, 입출력 루틴 및 유틸리티 루틴들을 포함한 광범위한 프로그램의 작성 및 작업 보조용 프로그램의 집단.

random access sort[–sɔ́:rt] **임의 접근 정렬** 임의 접근 기기(디스크나 드럼 등)에 기억되어 있는 데이터들의 항목 키를 분리해내어 정렬한 다음, 디스크나 드럼에 정렬된 키와 해당 파일 항목의 주소들로 구성된 표를 기억시키는 것. 이 항목들은 매크로 명령어를 이용하여 정렬된 키들의 순서대로 디스크나 드럼으로부터 읽어들이게 된다.

random access storage[–stɔ́:ridʒ] **임의 접근 기억 장치, 랜덤 액세스 기억 장치** ⇨ direct access storage

random access store[–stɔ́:r] **임의 접근 기억 장치** 주소(address)가 붙은 어떤 위치(location)에 대해서도 그것 이전에 액세스한 주소에 관계없이 거의 동일한 액세스 시간(access time)으로 호출되는 기억 장치. 랜덤 액세스 기억 장치(random access storage), 직접 액세스 기억 장치(direct access storage)와 같은 뜻이다.

random access stored-program machine[–stɔ́:rd próugræm məʃí:n] **임의 접근 프로그램 기억식 기계**

random access system[–sístəm] **임의 접근 시스템** 자심 기억 소자나 매우 빠른 처리 속도를 갖는 보조 기억 장치를 사용함으로써 각 데이터의 처리 속도와 거의 같게 데이터를 구성하는 시스템.

random access video discs[–vídiòu dísks] **임의 접근 비디오 디스크**

random algorithm[–ǽlgərìðm] **임의 풀이법**

random allocation[–æ̀ləkéiʃən] **임의 할당**

random binary signal[–báinəri(:) sígnəl] **임의 2진 신호**

random call[–kɔ́:l] **임의 호출**

random data[–déitə] **무작위 데이터**

random digits[–dídʒits] **난수(亂數)** ⇨ random numbers

random distribution[–dìstribjú(:)ʃən] **임의 분포** 어떤 한 순간에 발생한 사건의 확률이 다른 어떤 순간에 발생할 사건의 확률과 동일하게 분포된 것.

random dot stereogram[–dάt stériəgræm] **랜덤 도트 스테레오그램** 언뜻 불규칙하게 보이는 도트 화상이지만 좌우의 눈의 초점을 잘 조절하면 입체적인 화상이 떠오르는 것.

ramdom entry record type[–éntri(:) rikɔ́:rd táip] **임의 엔트리 레코드형** 데이터 베이스의 엔트리 수법 중 임의 엔트리 수법을 써서 엔트리할 수 있는 레코드형.

random entry technique[–tekní:k] **임의 엔트리 수법** 응용 프로그램이 지정한 레코드의 키를 바탕으로 데이터 베이스 관리 프로그램이 그 레코드가 저장되어 있는 논리 페이지 번호를 산출하는 루틴을 써서 목적의 레코드를 직접 접근하는 엔트리 수법.

random error[–érər] **임의 오류** 코드를 기입할 때 발생하는 오류로서, 전기(posting) 및 전환 착오가 혼합된 것을 뜻한다. 코드 오류(code error)의 하나.

random experiment[–ikspérimənt] **확률 시**

행 그 결과를 예측할 수 없는 실험으로 통계학 용어.

random failure[–féiljər] **우발 고장** 초기 고장 시간을 지나 마모 고장 시간에 이르기 이전의 시기에 우발적으로 발생하는 고장. 대개 이런 고장은 예측 불가능하며 따라서 제거할 수도 없다.

random file[–fáil] **무작위 파일** 직접 액세스(direct access, random access)가 가능한 파일. 파일 중의 임의의 레코드를 먼저 호출한 레코드에 상관없이 거의 같은 속도로 호출해서 읽고 쓰므로 갱신 등의 파일 처리 능률이 향상된다.

random file updating[–ʌ̀pdéitiŋ] **무작위 파일 갱신** 임의로 접근되는 파일들도 같은 형태의 거래, 즉 추가, 삭제, 변경을 이용하여 갱신되어야 한다. 그러나 마스터 파일에 있는 각 레코드는 임의로 검색될 수 있어 거래들을 순서적으로 모을 필요가 없다. 순차적 갱신과 임의 갱신의 주요 차이점은 순차적 갱신이 사용될 때에는 새로운 파일이 생성되나, 임의 갱신이 사용될 때에는 새로운 파일이 생성되지 않고 그 대신 변경될 레코드가 보조 기억 장치로부터 검색되며, 컴퓨터 주기억 장치에서 갱신되고 난 후 변경되기 전에 위치했던 같은 장소에 다시 쓰여진다는 점이다. 파일에 새로운 레코드가 추가될 때는 추가를 위해 남겨진 장소에 쓰여지고 삭제된 레코드는 파일로부터 물리적으로 제거되지 않고 레코드가 삭제되었다는 표시를 레코드 안에 기록한다.

random hunting[–hʌ́ntiŋ] **무작위 선택**

random-incidence sensitivity[–ínsidəns sènsitíviti(:)] **무작위 입사 감도**

randomize[rǽndəmàiz] *v.* **무작위화하다** 직접 주소 기억 장치에 파일의 각 레코드를 간접적으로 그 기억 위치를 어드레스할 때 키값의 범위가 연속한 보다 좁은 주소 범위에 들어가고, 또 균일하게 되도록 어느 계산 방법(난수화)을 써서 변환하는 방법이다.

randomizing[rǽndəmàiziŋ] *n.* **무작위화** 어느 알고리즘이 불완전하다는 것을 알면 새로운 알고리즘을 만들어서 테스트하지 않으면 안 된다. 어느 알고리즘을 사용하여 레코드의 키와 그 레코드의 DASD 상에서의 주소를 관련짓는 기법. 무작위의 알고리즘은 보통 시행 착오의 결과로 얻어지는 것이다. 불완전하다고 판단되는 것은 값이 다른 많은 키가 같은 기억 주소로 변환되는 경우, 또는 사용되지 않는 주소가 많이 나오는 경우이다. ⇨ hashing

randomizing file addressing[–fáil ədrésiŋ] **무작위 파일 주소법** 무작위 접근 파일에서 레코드의 위치는 그 파일을 확인하는 특별한 키나 부호를 가지고 있는데, 이 키는 난수로 변환되고 난수는 항목이 저장된 주소로 변환되는 것을 말한다.

randomizing scheme[–skíːm] **무작위 기법** 파일 내의 레코드들을 여러 개의 파일 기억 모듈에 고르게 분포하여 각 파일의 정보들을 얻는 데 필요한 시간이 일정하게 되도록 분포하는 방법.

random key item[rǽndəm kíː áitəm] **무작위 키 항목** 레코드의 키를 바탕으로 데이터 베이스의 목적 레코드를 접근하는 임의 엔트리 수법에 있어서 임의 키가 들어 있는 데이터 항목.

random logic[–ládʒik] **임의 논리** 효율적인 논리 회로를 만들기 위해 논리 소자를 최소로 하여 각 소자 간의 접속을 불규칙하게 배열하는 논리 구성. 즉 논리 소자를 임의로 연속적으로 구성하는 논리. ⇨ combinational logic

random logic design[–dizáin] **임의 논리 설계**

random logic testing[–téstiŋ] **임의 논리 검사**

random noise[–nɔ́iz] **무작위 잡음** 임의의 시간에 발생하는 수많은 방해 요소들에 의한 잡음.

random noise correction[–kərékʃən] **무작위 잡음 수정**

random number[–nʌ́mbər] **난수** 우연히 만들어진 수의 집합으로, 이것을 표로 짠 것을 난수표(table of random numbers)라고 한다. 동일 분포에 따른 독립적인 확률 변수 계열의 실현값으로 볼 수 있는 수열.
[주] 어느 기지의 수 집합에서 어느 수도 같은 출현 확률을 갖도록 꺼내는 수.

random number generation[–dʒènəréiʃən] **난수 발생** 수학적 또는 물리적 방법에 의해 난수 또는 의사 난수를 만들어내는 것. 수학적으로는 합동법(congruence method) 등이 있다.

random number sequence[–síːkwəns] **난수열, 난수 순서** 각각의 수가 선행하는 수에 관한 지식만으로는 예측할 수 없는 수열. 즉, 우연히 생성된 예측이 불가능한 숫자의 열을 말한다.

random number table[–téibəl] **난수표** 0에서 9까지의 숫자가 임의로 나타나도록, 즉 어느 부분을 취하여도 0에서 9까지의 숫자가 나타날 확률이 일정하도록 숫자들을 늘어놓은 표. 무작위 추출을 할 때 쓰이는 난수들을 표로 작성한 것이다.

random organization[–ɔ̀ːrgənaizéiʃən] **임의 조직** 데이터 레코드를 키 항목에 의해 임의로 처리할 수 있도록 조직하는 방법.

random page replacement[–péidʒ ripléismənt] **임의 페이지 교체, 무작위 페이지 교체** 오버헤드가 적고 가장 간단한 페이지 교체 기법으로, 교체될 페이지를 무작위로 택하는 방법.

random paralleling[–pǽrəlèliŋ] **무작위 병렬**

random pattern [–pǽtərn] **무작위 도형**

random process [–prάses] **무작위 과정, 임의 처리** 임의 접근 파일에 의해 발생하는 거래 내용을 그때그때마다 처리하는 것. 또는 데이터를 처리할 때 외부 기억 장치 속에서의 기억 위치와는 관계없이 처리하는 것.

random processing [–prάsesiŋ] **무작위 처리, 비순차적 처리** 자기 디스크 등에 기록되어 있는 데이터를 각각의 기억 장치와는 무관하게, 더구나 처리해야 할 입력에 따라 정해지는 임의의 순번대로 처리하는 것.

random pulse train [–pʌ́ls tréin] **랜덤 펄스열** 매개변수가 일정하지 않도록 변화하는 열.

random read, random write [–rí:d, rǽndəm rάit] **무작위 읽기, 무작위 쓰기** 통화 메모리에 읽고 써넣을 때의 제어 방법의 명칭으로 제어 메모리의 내용에 따라 랜덤으로 통화 메모리에 액세스(access)하는 제어 방법을 무작위 읽기, 무작위 쓰기라고 한다. 하이웨이 상의 타임 슬롯을 교체하기 위해서는 무작위 읽기, 무작위 쓰기가 필요하다. 무작위 읽기, 무작위 쓰기에 대하여 통화 메모리에 순번으로 액세스하는 제어 방법을 순차 읽기, 순차 쓰기라고 한다.

random retrieval [–ritrí:vəl] **임의 검색**

random sampling [–sά:mpliŋ] **임의 표본 추출법, 랜덤 샘플링** 표본을 주관적으로 추출하는 유의 추출법과는 달리 임의 표본에 의하는 표본 근사의 한 방법.

random scan [–skǽn] **랜덤 스캔, 임의 주사(走査)** 무작위 주사. 임의 주사. 랜덤 스캔. CRT 표시를 위한 주사 방식의 하나. 화면의 임의의 점에서 임의의 점까지에 이르는 직선상으로만 전자빔을 움직이는 방식. 시작점부터 끝점까지 선을 긋는 것이기 때문에 벡터 스캔이라고도 한다.

random scan display [–displéi] **랜덤 스캔 화면 표시, 임의 주사 디스플레이**

random search algorithm [–sə́:rtʃ ǽlgəriðm] **임의 탐색 알고리즘**

random search method [–méθəd] **임의 탐색법**

random sequence [–sí:kwəns] **임의 순서, 랜덤 순서** 원하는 항목을 참조할 때마다 주소를 계산하기 위한 수학적 연산이 반복 수행되며, 순서 배열된 영숫자나 숫자의 열처럼 키의 값에 따라 오름차순이나 내림차순으로 배열되어 있는 것이 아니고 키에 대한 수학적 연산에 의해서 얻어지는 기억 장소의 주소에 따라 대량 기억 장치에 저장해놓은 순서.

random signal [–sígnəl] **불규칙 기호**

random table [–téibəl] **임의 테이블** 데이터를 테이블에 기억시킬 때 또는 테이블로부터 꺼낼 때 이들의 접근 처리가 단번에 이루어질 수 있는 구조를 가진 테이블. 데이터 성격에 따라, 테이블에서의 위치가 계산식 등으로 구할 수 있는 데이터를 직접 얻을 수 있다.

random test [–tést] **임의 시험** 어떤 특정한 부분에 대해서만 모든 과정이 정상적으로 처리되는가를 확인하는 방법으로, 사용되는 시스템을 전부 시험하는 것은 많은 시간이 걸리고 복잡하므로 그 중에서 몇 개의 프로그램, 단말 장치, 데이터 파일만을 임의로 시험하는 것이다.

random topology [–təpάlədʒi(:)] **임의 위상(位相)** 분산형 컴퓨터 네트워크 내의 컴퓨터를 네트워크 구성이나 계층적 구조에 상관없이 배치하는 방법.

random variable [–vέ(:)riəbl] **임의 변수** 발생 확률이 서로 같은 여러 값들 중에서 어느 한 값을 취하는 이산 또는 연속 변수. 우연성을 수반하는 현상을 관측한다든지, 실험한 결과에 따라서 하나의 실수값 X가 관측될 때 X는 여러 가지 값을 취할 가능성이 있다는 뜻에서는 하나의 변수(이산형 혹은 연속형)이지만, 이것이 어떤 값을 어느 정도의 가능성으로 취하는가는 거기에 정해진 확률에 의해서 나타나게 된다. 이러한 변수를 확률 변수라고 한다.

random variation [–vὲ(:)riéiʃən] **임의 변동, 불규칙 변동** 어떤 통계에서 변량의 변동 방법이 전혀 규칙성을 갖지 않는 상태.

random walk [–wɔ́:k] **임의 행로, 임의 주행** 반복 시행하여 그를 통해 어떤 확률 변수가 갖는 값이 변화하는 것을 추적하여 분석하는 것.

random walk method [–méθəd] **임의 행로법** 운용 과학에서 수학적 혹은 실제의 문제에 대해 확률적인 답을 얻는 데 사용하는 방법.

range [réindʒ] *n.* **범위** (1) 일반적으로는 어떤 정해진 넓이를 갖는 일련의 집합이다. (2) 양(quantity)과 함수(function) 등이 취득하는 값(value)의 집합이다. (3) 양이나 함수 등이 취할 수 있는 최대값(highest value)과 최소값(lowest value)의 차(difference)이다. 오차 범위(error range)는 오차가 취할 수 있는 값의 집합이다.

range check [–tʃék] **범위 검사** 최대값과 최소값이 사용되는 한계 검사(limit check)이다.

[주] 두 개의 한계 검사의 조합에 있어서, 한쪽은 상한값, 다른쪽은 하한값에 대해서 적용하는 것, 또는 어떤 값이 상한값으로부터 하한값까지의 범위 내에 있는 것을 확인하는 검사.

range constraint [–kənstréint] **범위 제약 조건** 도메인 제약 조건의 제한된 형태로서 어떤 특정 필드의 값이 가질 수 있는 범위를 제한하는 조건.

range expression[–ikspréʃən] **범위식** 관계 해석 이론을 기초로 한 관계 데이터 언어인 투플 해석식의 한 구성 요소. 사용할 투플 변수와 이것과 관련된 릴레이션 이름으로 이루어지는 선언문을 뜻한다. 예를 들면, 범위식(RT)에서 R은 릴레이션 이름이고, T는 릴레이션 R에 국한된 투플 변수를 뜻한다.

range finder[–fáindər] **범위 조정기**

range key[–kí:] **범위 키**

range limit[–límit] **한계 범위** 다양한 작업 또는 부차적인 작업 단위들에 대한 우선 순위를 할당하거나 기준을 결정하기 위한 우선 순위 목록의 상한선.

range-of-balance error[–əv bǽləns érər] **균형 범위 오류** 이것은 오류 영역의 최고값과 최저값이 부호가 다르고 절대값이 같은 경우 또는 평균값이 0인 오류의 영역.

range of DEFAULT statement[–difɔ́:lt stéitmənt] **DEFAULT 문 적용 범위** 선언된 DEFAULT 문을 포함하는 블록 및 그 블록의 내부 블록. 적용 명표(名標)와 동일 명표가 DEFAULT 문으로 선언되어 있는 내부 블록을 제거한 곳. PL/I의 용어.

range of DO[–dú:] **DO의 범위**

range of implied DO[–impláid dú:] **DO형 시방의 범위**

range of variable[–vɛ́(:)riəbl] **변수의 영역**

range query[–kwí(:)ri(:)] **범위 질의** 범위를 써서 레코드 선정 조건을 나타내는 질의.

range searching[–sə́:rtʃiŋ] **범위 탐색** 지정된 범위에 속하는 데이터값을 갖는 레코드들의 검출 과정.

range search problem[–sə́:rtʃ prábləm] **범위 탐색 문제** 주어진 점의 집합에서 질의 범위에 속하는 모든 점 혹은 그 개수를 알아내는 문제.

range select[–səlékt] **전압 범위 지정 기구**

range variable[–vɛ́(:)riəbl] **범위 변수** 해당 릴레이션의 투플만을 값으로 갖는, 변수값의 범위가 한 릴레이션으로만 국한되는 변수. ⇨ tuple variable

rank[rǽŋk] *n*. **순번** 순서 또는 비중을 정한 순번 혹은 그 참조 번호와 위치 번호. 또는 이들의 순서를 매기는 작업을 랭크라고 한다. 이들 랭크는 분류된 체계에 따라 여러 가지로 결정되지만, 일례로서 길이와 거리 또는 시간 등이 그 매개변수로서 사용된다. 또 랭크 순서도 오름차순(ascending) 또는 내림차순(descending) 등의 종류가 있다.

[주] 계층적 편성에 있어서 항목의 위치를 나타내는 참조 번호.

rank correlation coefficient[–kɔ̀(:)rəléiʃən kòufíʃənt] **순번 상관 계수** 두 변량 X, Y 상관을 생각하는 경우는 그들 수치의 크기 그 자체를 다루는 대신 각각의 크기에 순서를 매겨서 순위 사이의 관계를 생각할 수도 있다. 이 순위의 2계열에 대해서 구한 상관 계수를 순번 상관 계수라고 한다.

rank order correlation analysis[–ɔ́:rdər kɔ̀(:)rəléiʃən ənǽlisis] **순번 상관 분석** 순위가 주어진 두 변량 간의 상관도를 분석하는 것.

RAP 랩 relational associative processor의 약어. 가장 초기에 나온 트랙당 처리기(PPT) 장치 중의 하나로서, 토론토 대학에서 개발된 것으로, 관계 데이터 베이스를 지원하는 데이터 베이스 기계.

rapid access[rǽpid ǽkses] **고속 접근** 임의접근과 유사하며 다음 데이터를 처리하는 데 영향을 미치는 순차적 처리와는 대조적 개념.

rapid access loop[–lú:p] **고속 접근 루프** 내부 메모리 장치에서 나머지 메모리보다 충분히 빠른 접근 능력을 갖는 작은 메모리 부분.

rapid access memory[–méməri(:)] **고속 접근 기억 장치** 접근 속도가 다른 여러 가지 기억 장치를 갖춘 컴퓨터에서 다른 기억 장치보다 처리 속도가 빠른 기억 장치.

rapid access storage[–stɔ́:ridʒ] **고속 접근 기억 장치** ⇨ high speed memory

rapid application development tool[–æ̀pləkéiʃən divéləpmənt tú:l] **속성 응용 개발 도구** ⇨ RAD tool

rapid memory[–méməri(:)] **고속 기억 장치** 가능한 한 가장 짧은 시간에 정보가 얻어질 수 있는 기억 장치의 부분.

RAPPI 래피 random access PPI의 약어.

rare event[rɛ́ər ivént] **회귀 사상** $q=(1-p)$는 1에 가까운 사상인데, 이항 분포에서 만일 n이 크다면 확률 p가 일어날 사상은 0에 가까운 것.

rare metal[–métəl] **희소 금속** 지구상에서 천연의 존재량이 적은 금속, 존재량은 많지만 농축된 고품위의 광석이 적은 금속, 존재량은 많지만 순수한 금속으로서 추출하기 힘든 금속 등을 통틀어 일컫는 용어. 이들 중 어느 한 가지에 해당되는 금속을 희소 금속이라고 한다. 예를 들어 바륨, 베릴륨, 셀륨, 갈륨, 게르마늄, 니오브, 토륨, 우라늄 등이다. 합금의 첨가 원소로서 유용하며 신금속이라고도 불린다. 첨단 기술 산업은 물론 여러 가지 산업에 쓰이고 있다.

RARES 라레스 rotating associative relational

store의 약어. SQUIRAL과 같은 고수준의 소프트웨어 질의 최적기를 지원하기 위한 장치. 주요한 특징은 즉시 기억 장치를 제공함으로써 투플이 높은 출력률을 지원한다.

RAS (1) **신뢰성/가용성/편리성** reliability, availability and serviceability의 약어. 신뢰성(reliability), 가용성(availability), 편리성(serviceability)이라고 한다. 각각 독립적인 의미를 갖는 세 가지 기능을 하나로 통일한 개념. 컴퓨터 시스템이 장애로 정지하는 것을 최대한 방지하고, 보통 프로세서의 내부 작동이 바르게 동작하고 있는지를 검사하는 프로그램을 준비하여 데이터의 완전성을 유지하고, 만일 장애가 일어나도 고장 개소를 초기 발견하여 자동적으로 고장 상태를 판단할 수 있는 프로그램을 사용하여 단시간에 수리 회복하는 기능을 말한다. RAS에 보전성/기밀 보호(integrity/secu-rity)를 추가하여 래시스(RASIS)라고 하는 경우도 있다. (2) Windows NT Remote Access Server의 약어. 원거리 워크스테이션이 어떤 네트워크에 접속을 가능하게 하는 Windows NT 서비스.

RAS function RAS 기능 RAS를 향상시키기 위해, 컴퓨터 시스템과 장치류의 보수와 진단을 용이하게 하기 위한 기능.

RASIS 래시스, 신뢰성/가용성/편리성/보존성/안정성 reliability, availability, serviceability, integrity, security의 약어. 다음의 특성을 종합한 컴퓨터 시스템의 만족할 만한 기준. reliability(신뢰성), availability(가용성), serviceability(편리성), integrity(보존성), security(안전성)의 머리 글자로 구성된 약어로, 컴퓨터 시스템의 선택 조건 가운데 주요한 고려 사항.

raster[rǽstər] *n.* **점방식** CRT 화면상에 미리 정해진 수평선의 집합 형태. 이 선들은 전자 빔에 의해 주사되어 일정한 간격을 유지하며, 전체 화면을 고르게 덮고 있다.

raster count[–káunt] **점방식 계수**

raster display[–displéi] **점방식 화면** 래스터 주사를 쓰는 표시 장치에 의해서 생성되는 표시 화상.

raster display device[–diváis] **점방식 화면 장치** ⇨ raster display unit

raster display unit[–jú:nit] **점방식 화면 장치, 래스터 표시 장치** 표시 화상이 래스터 도형 처리에 의해서 생성되는 표시 장치.

raster graphic[–grǽfik] **점방식 그림** 화면을 격자 모양으로 나열된 화소의 집합으로 모델화한 그래픽. 색채를 띤 면이나 입체, 나아가 미세한 것까지 표현할 수 있으며, 메모리의 저가격화로 현재 컴퓨터 그래픽의 주류를 이루고 있다. 점방식 그림은 그 표현력으로 설계 · 제조 부분 이외에도 CAI시스템의 교육, CT 스캐너의 의료, 지리 정보 시스템의 지리, 리모트 센싱의 기상 · 환경 등의 부문을 비롯해, 예술의 세계에서도 널리 응용되어 컴퓨터 그래픽의 적용 범위를 비약적으로 넓혔다.

raster graphics[–grǽfiks] **점방식 그림 인쇄** 표시 영상이 행과 열로 정렬된 화소(畵素)의 배열에 의해 구성되는 도형 처리.

raster grid[–grí(:)d] **점방식 격자**

raster image[–ímidʒ] **래스터 이미지** 직사각형 배열에 명암의 화소 패턴을 순차적으로 나열하여 만들어진 화면 영상.

raster image processor[–prásesər] **래스터 이미지 처리기** ⇨ RIP

rasterize[rǽstəràiz] **래스터화** 점이나 선, 문자나 이미지 등으로 이루어진 이미지 데이터를 화면이나 프린터 출력시에 도트(비트맵)로 변환하는 것.

raster method[rǽstər méθəd] **래스터 방식** 음극 선관(CRT) 등에서 화상을 만들 경우, 순차적으로 전자 빔을 주사해서 문자 등을 미세한 점으로 분해하여 표시하는 방법.

raster-mode graphic display[–móud grǽfik displéi] **래스터 방식 그래픽 디스플레이**

raster operation[–àpəréiʃən] **래스터 연산** 화면의 한 화소에 기억 장치의 한 피트가 대응되는 방식의 프레임 버퍼를 가진 래스터 스캔형 디스플레이에서의 연산을 말하고, 임의의 비트 위치(즉, 화소의 위치)에 대해서 논리 연산 등을 고속으로 처리하는 것을 가리킨다.

raster plotter[–plátər] **래스터 플로터, 점방식 작도 장치** 주사선마다 소인(掃引)하는 기법을 사용하여 표시면상에 표시 영상을 생성하는 작도 장치.

raster primitive[–prímitiv] **점방식 기본 요소** 2차원의 화소 배열로 표현 가능한 기본 요소.

raster refresh[–rifréʃ] **점방식 재생** ⇨ raster refresh method

raster refresh method[–méθəd] **점방식 재생 방식** 도형 처리 단말기의 화면 출력을 위해서 사용되는 방법의 일종. 일반 TV에서 사용하는 것과 동일한 방법으로 화면의 모든 영상을 컴퓨터의 기억 장치에 디지털화하여 저장하고, 각 라인별로 주사하는 방식. 이 방식은 가격이 싸고 컬러화가 가능하지만, 1,024개나 1,280개 정도의 점으로 구성해야 하기 때문에 해상도가 낮다.

raster scan[–skǽn] **래스터 주사(走査)** 표시 화상의 요소를 전 표시(全表示) 영역에 걸쳐서 한 줄씩 소인함으로써 생성 또는 기록하는 기법.

[주] 래스터 주사가 프로그램으로 이루어질 때가 있

으나 이것은 방향성 빔 주사라고도 할 수 있다. CRT 디스플레이 상에 주사선으로 상을 만들어내는 방법.

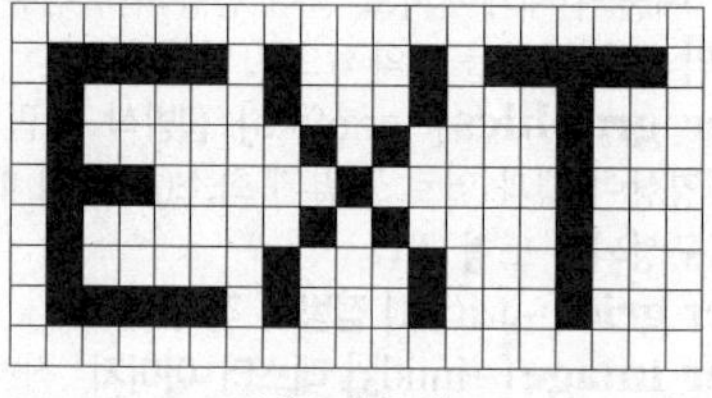

〈래스터 주사〉

raster scan CRT 래스터 주사 음극선관 화면의 정보를 화면에 한 줄씩 주사하고, 매 60초마다 새롭게 한다. 이것과는 달리 저장식 화면 단말기의 화면은 재생시킬 필요가 없다. 저장식 화면 단말기는 전 화면이 지워질 때까지 어떤 상을 유지하고 있거나 광학 펜을 사용하여 일부분을 수정할 수 있다.

raster scan display[–displéi] **래스터 주사 표시 장치** ⇨ display

raster system graphics display[–sístəm grǽfiks displéi] **래스터 시스템 그래픽스 화면** 화면은 X 및 Y좌표에 주소 지정이 가능한 이상적인 점들로 이루어지고, 그 점의 밝기는 또 다른 좌표 Z에 의해 나타난다. 대부분의 래스터 시스템은 그 밝기를 조정할 수 있는 Z변조기를 가지고 있어 그림에 연속적인 명암을 표시하기가 쉽다. 보통의 그래픽 시스템은 X, Y좌표에 256~2,048개(8~11비트)의 구분 가능한 점과 Z값으로 16에서 256종류(4~8비트)의 명암 표시가 가능하다. 이러한 화면 표시기들을 총칭해서 일컫는 말이다.

raster unit[–jú:nit] **래스터 단위** 인접하는 화소 간의 거리와 같은 길이. 이 용어는 이전에는 증분량을 표시하는 데 사용되었으나 현재는 그 의미로는 사용되지 않는다.

raster-vector transformation[–véktər trǽnsfərméiʃən] **래스터/벡터 변환** 스캐너 등의 입력 장치를 통해 입력된 래스터 데이터를 벡터 데이터로 변환하는 것. 도형이나 문자의 확대 축소, 정보 압축 등에 이용된다.

RAS transient area[–trǽnʃənt ɛ́əriə] **RTA, RAS 비상주 영역** 채널 체크 핸들러(CCH) 등의 루틴이 「실행시」에 저장되는 수퍼바이저 내의 비상주 영역의 하나.

rate[réit] *n*. **비율, 율** (1) 단위 시간당 판독(read)이 가능한 문자 수라든지 단위 시간당 페이징(paging)의 횟수 등과 같은 비율을 표시하는 데 사용된다. 예를 들면, 판독 비율(reading rate)과 페이징률(paging rate)과 같음. (2) 데이터와 신호(signal) 등이 보내질 때의 속도와 시스템이 명령(instruction)을 실행할 때의 속도 등을 표시하는 데 사용된다. 예를 들면 데이터 전송 속도(data transfer rate)와 명령 실행 속도(instruction execution rate)와 같음. (3) 통신 회선(communication line)의 사용에 대해 부과된 요금을 표시하는 데 사용된다. 예를 들면 요금 산출 센터(rate center)나 요금 제도(rate system)와 같음.

rate aided control[–éidəd kəntróul] **비율 조성 제어**

rate center[–séntər] **요금 산출 센터**

rate control[–kəntróul] **비율 제어**

rate control action[–ǽkʃən] **미분 제어 동작** 제어기의 출력이 입력 신호나 입력 신호에 의한 최초의 제어 동작과 비례하는 동작. 미분 시간과의 미분 동작이 비례 제어 동작의 효과가 되기까지일 때를 말한다.

rated speed[réitəd spí:d] **정격 속도**

rated throughput[–θrú:pùt] **정격 처리 능력**

rate effect[réit ifékt] **레이트 효과**

rate for information transmission[–fər ìnfərméiʃən trænsmíʃən] **정보 전송 속도** 단위 시간 안에 전송로를 통해 보내지는 정보량.

rate grown transistor[–gróun trænzístər] **레이트 성장형 트랜지스터, 경사 접합 트랜지스터**

rate of change alarm[–əv tʃéindʒ əlɑ́:rm] **변화율 경보** 제어 대상인 변량의 단위 시간당 변화량이 미리 설정된 한계를 넘을 경우에 발생하는 경보.

rate of change protection[–prətékʃən] **변화율 보호**

rate of information throughput[–ìnfərméiʃən θrú:pùt] **RIT, 정보 전달 속도**

rate of keying error[–kí:iŋ érər] **입력 오류율** 송수신되는 메시지의 문자 신호들 중에서 부정확하게 전송된 문자 신호의 비율.

rate of reading[–rí:diŋ] **판독률** 단위 시간에 입력 장치가 읽어들이는 카드, 문자, 블록, 워드 혹은 프레임의 수.

rate selection swich[–səlékʃən swítʃ] **속도 선택 스위치**

rate system[–sístəm] **요금 제도** 공공 전기 통신 업무에 대한 요금의 종류, 액수, 산출법, 기준 등의 체계.

RATFOR 라트포 FORTRAN에 주로 구조 프로그래밍용의 제어 구조, 블록 구조 등을 도입한 프로그래밍 언어. RATFOR의 처리계는 FORTRAN의 프리프로세서(전처리 프로세서)로서 만들어진다.

ratio[réiʃiòu] *n*. **비율, 율, 비** 어떤 기준에 대하여

어느 정도의 양인가를 수치로 표시한 것.

ratio control[–kəntróul] **비율 제어** 목표값을 향해 제어하는 제어계이며, 그 변화율을 예측할 수 없는 경우(추종할 수 없는 경우), 하나의 제어량과 어떤 제어량의 비를 일정하게 하는 제어 방식.

ratio control system[–sístəm] **비율 제어 시스템**

ratio correction factor[–kərékʃən fǽktər] **변성비 보정률**

ratio detector[–ditéktər] **비율 검파기**

ratio differential relay[–dìfərénʃəl rí:lei] **비율 차동(差動) 계전기**

ratioless logic[réiʃiòuləs ládʒik] **무비율 논리** 출력이 부하 트랜지스터와 구동 트랜지스터의 상대적 크기에 영향을 받지 않는 논리. CMOS가 대표적인 예이다.

ratio meter[réiʃiòu mí:tər] **비율계** 두 양의 비율을 전기적으로 측정하는 계측기. 비율계는 보통 스프링과 같은 기계적인 제어 수단을 갖지 않으며, 가동 요소의 위치 함수로서 작용하는 전자력의 평형에 의해 비율을 측정한다.

ratio method[–méθəd] **비율법** 실수(實數) 상호의 관계로부터 각종 비율을 구해서 이것에 의해 기업 내용을 판단하고자 하는 방법. 비율 분석법이라고도 하며, 경영 분석에 있어서 실수법에 대한 것. 이것은 대차 대조표, 손익 계산서 등의 각 항목의 상호간 비율에 의해서 경영 분석을 하는 방법으로, 구성 비율법, 특수 비율법, 추세법, 표준 비율법, 지수법 등이 있다.

rational approximation[rǽʃənəl əpràksiméiʃən] **유리(有理) 함수 근사** 함수 근사의 한 방법으로, 유리 함수(다항식의 비)를 이용한 것. 다항식도 유리 함수의 일종이지만 그 경우는 보통 이것에 포함되지 않는다. 연분수(連分數) 전개, 파데 근사(pade 近似), 유리 함수에 의한 보간식(補間式), 부분 분수 전개 등에 의한 방법이 있다.

rational language[–lǽŋgwidʒ] **합리적 언어, 유리적 언어**

rational number[–nʌ́mbər] **유리수** 어떤 정수를 0이 아닌 정수로 나눌 수 있는 무리수를 제외한 실수.

ratio tape telemeter[réiʃiòu téip təlémətər] **비율형 텔레미터** 둘 또는 그 이상의 전기량의 위상 관계 또는 진폭의 관계를 중계하는 수단으로서 사용하는 텔레미터.

raw[rɔ́:] *a*. **거친, 날(生)** 입력된 그대로의 처리 과정을 거치지 않는 등의 뜻.

raw data[–déitə] **원시 자료** (1) 정리되어 있지 않은 데이터가 수집되어 있는 것. (2) 처리나 집계가 되기 전의 데이터.

raw error rate[–érər réit] **거친 오차 비율**

raw material[–mətí(:)riəl] **날 재료, 원료** 재고 자산의 일종으로, 제조 공정중에 가공되어 물리적 변화나 크기는 달라지나, 그 성질을 바꿀 수 없는 소재.

RAX 시외 자동 교환 ⇨ rural automatic exchange

ray tracing[réi tréisiŋ] **광선 추적** 화면의 한 점 한 점마다에 빛의 경로를 계산하고, 그 점의 광도가 색채를 정하여 화면을 합성하는 방식. 장점은 깨끗하고 자연스러운 화면을 합성할 수 있으며, 단점은 방대한 계산이 필요하다는 것이다.

ray tracing method[–méθəd] **광선 추적법** 컴퓨터 그래픽의 영상화 기법의 하나. 종래의 음영 모델로는 사실적인 표현이 힘들었던 난점을 해결하기 위해서 광원에서 나온 빛이 어떤 경로를 거쳐 물체에 반사·투과·흡수되어 최종적으로 눈(또는 화소)에 도달하는가를 정확하게 추적해, 그 정보를 바탕으로 화상을 구성할 필요가 있다. 광선 추적법은 이 알고리즘(수순)을 실현하는 기법이다. 실제로는 계산의 효율화를 위해 눈(또는 화소)에 닿는 광선만을 거꾸로 추적해 대상물에 의한 광선의 경로도를 만든 후, 다시 경로도를 거슬러 올라가 대상물의 음영으로부터 각 화소의 음영을 결정하는 방법을 쓴다. 광선 추적법은 모델로서 다룰 수 있는 대상물이 다양하기 때문에 최근에 특히 주목을 받고 있다.

RB (1) **요구 블록** request block의 약어. (2) **바이어스 복귀 기록** return to bias recording의 약어.

RBA 상대 바이트 주소 relative byte address의 약어.

R:BASE R:BASE 4000, R:BASE 5000, R:BASE System V 등이 있으며, Microrim Inc.의 마이크로컴퓨터용 관계 데이터 베이스 관리 시스템. 다양한 데이터 타입과 데이터 입력 검사, 보고서 작성, 명령 파일 처리 등 다양한 기능을 제공한다.

RBBS-PC 개인용 컴퓨터를 위한 전자 게시판 시스템(BBS) 프로그램. 미국의 캐피틀 PC 유저 그룹(CPCUG)에 의해 개발되었으며, 원시 언어가 베이식인 관계로 매우 많은 사람에 의해 개량된 것이 특징이다.

RBD 신뢰도 블록 선도 reliability block diagram의 약어.

RB method RB법, 바이어스 복귀 방식 return-to bias method의 약어.

RC (1) **계전기 구동 장치** relay controller의 약어. (2) 자원 스크립트 파일은 윈도 프로그램에서 사용되는 자원들의 정보를 정의한다. 자원 스크립트 파일은 Resource, Rc 등과 같이 「Rc」라는 파일 이름 확장명을 사용하며 비주얼 C++에서 자원 스크립트 파일을 작성하려면 비주얼 C++ 통합 개발 환경에서 제공되는 자원 편집기 AppStudio를 사용하면 된다.

RCA connector RCA 접속기 스테레오 장치나 복합 비디오 모니터 등의 오디오 및 비디오 기기를 컴퓨터의 비디오 어댑터에 접속하는 데 사용되는 접속기.

RCA jack RCA 잭 오디오 신호를 처리하기 위한 단자.

RCB 영역 제어 블록 region control block의 약어.

RC circuit 저항-콘덴서 회로 resistor capacitor circuit의 약어. 발진 주파수를 결정하기 위해 발진기에 접속되는 저항과 콘덴서로 이루어진 회로. 주파수를 안정시키기 위해 수정(quartz)이 사용된다.

RC delay RC 지연 저항과 콘덴서로 구성된 회로에서 콘덴서를 충방전시키는 데 걸리는 시간에 의한 지연.

R chart [áːr tʃáːrt] **R 관리도** 제조 공정의 불균일을 범위 R에 의해서 관리하기 위한 관리도.

RC loader network RC 사다리꼴망 저항과 콘덴서를 사다리꼴로 접속하여 회로망을 구성한 것.

RCR 그물눈 문자 판독 장치 retina character reader의 약어. 인간의 눈과 같이 일반 인쇄물의 문자를 읽는 장치. OCR(광학식 문자 판독 장치)와 같은 판독 장치의 일종이다.

RCS (1) **원격 컴퓨팅 서비스** remote computing services의 약어. (2) **재버전 제어 시스템** reversion control system의 약어. 버전 제어 라이브러리의 일종으로, 모든 파일을 텍스트로 취급하며, 상이한 텍스트 파일들의 버전이 생산되고 저장되며 검색할 수 있다.

RCT 영역 제어 태스크 region control task의 약어. 덤프 태스크의 일괄 처리 태스크뿐만 아니라 개시자(initiator) 태스크를 만드는 모체 태스크를 뜻한다.

RCTL 저항-콘덴서-트랜지스터형 논리 resistor condenser transisor logic의 약어. RTL 변형에서 저항과 병렬로 정전 용량을 접속한 논리 회로. 디지털 회로 방식의 하나이며, 잡음 속도가 큰 것이 이점이지만, 일면 소자의 수가 많기 때문에 비싼 것이 결점이다. 이것은 회로의 동작 속도를 빠르게 하기 위해서 트랜지스터에 직렬 저항에 대하여 병렬로 스피드업 콘덴서를 넣은 것이다. ⇨ 그림 참조

RD receive data의 약어. 모뎀 등은 데이터가 전송되는 동안 불이 깜빡거린다. 이는 모뎀이 원거리 컴퓨터로부터 신호를 받고 있다는 것을 말해주는 것이다.

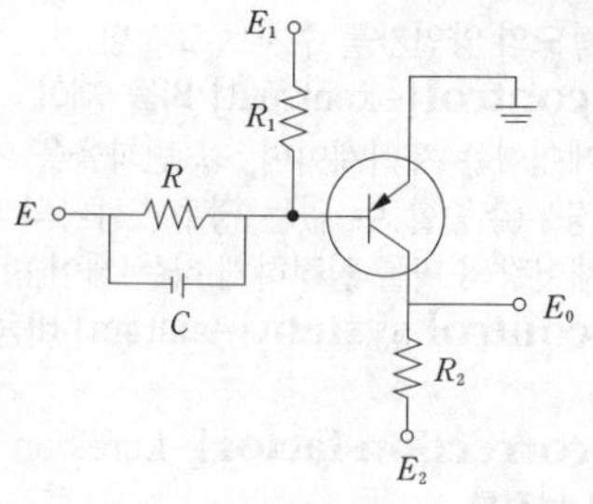

〈RCTL 회로〉

RDA 원격 데이터 베이스 접근 remote data base access의 약어. 오픈 시스템즈 인터커넥션(OSI)의 응용층에서의 원격지의 데이터 베이스를 접근하기 위한 ISO 규격.

RDB 관계형 데이터 베이스, 릴레이셔널 데이터 베이스, 관계 형식 데이터 베이스 relational data base의 약어. 데이터를 계층 구조가 아닌 단순한 표(릴레이션 ; 관계)로 표현하는 형식의 데이터 베이스. 종래 CODASYL형의 데이터 베이스의 경우, 데이터끼리를 관계지은 포인터 등을 더듬어 찾지만, 관계(형) 데이터 베이스에서는 그럴 필요가 없고, 표(table)로 자유롭게 가로세로의 항목(item)을 액세스할 수 있도록 되어 있다. 이용자는 「표」의 분할, 결합을 자유롭게 할 수 있고, 표로의 추가, 변경도 다른 영향을 받지 않게 행할 수 있다. IBM 산노제 연구소의 E.F. Codd가 70년대 초에 제안한 것으로 그 후 대학과 연구소에서 실용화로의 시도가 계속되어 왔다. 대표적인 것으로 IBM의 DB2가 있다. 종래의 데이터 베이스에서는 논리적 데이터 구조(logical data structure)를 의식해서 프로그램을 만들었는 데 비해서 릴레이셔널 데이터 베이스에서는 데이터 항목의 그룹은 집합론이라는 「관계」의 개념에 따라서 정의된다. 데이터 독립성이 높으며, 결합(join), 제약(restriction), 투영(projection) 등 관계 조작에 의해서 비약적으로 표현 능력을 높게 할 수 있다. 또 이들의 관계 조작에 의해서 자유롭게 구조를 바꿀 수 있는 것이 관계형 데이터 베이스의 특징이다.

RDBMS 관계형 데이터 베이스 관리 시스템 relational data base management system의 약어. 관계형 데이터 베이스를 구성하고 액세스를 제공하는 소프트웨어와 하드웨어의 집합.

RDBS 관계형 데이터 베이스 소프트웨어 relational data base software의 약어. 관계형 DB 소프트웨어라고도 하는데, DB 소프트웨어란 입력한 데이터 중에서 필요한 데이터만을 뽑아내거나 희망하는 순서대로 순서를 바꿔넣거나 할 수 있도록 한 소프트웨어로 크게 나눠 카드형과 관계(relational)형이

있다. 그 중에서 카드형은 이름 그대로 입력 화면으로부터 손쉽게 데이터를 입력해가는 타입의 소프트웨어로 개인용의 데이터 정도라면 대부분 이 타입의 것으로 충분하다. 한편 관계형은 본격 프로그래밍형 소프트웨어로 일종의 언어 소프트웨어라고도 할 수 있는데, 카드형보다 훨씬 기능이 좋다.

RDE 수신 데이터 가능 receive data enable의 약어. 데이터의 수신이 가능한 상태.

RDF (1) **레코드 정의 기록관** record definition field의 약어. (2) resource description framework의 약어. XML 등을 이용하여 웹에 관련된 메타데이터에 대한 범용적인 기술 언어. 메타데이터의 속성(프로퍼티)을 정의함으로써 서로 다른 응용 프로그램끼리의 데이터 교환 등이 효율적으로 이루어진다. ⇨ metadata, XML

RDOS R 도스, 실시간 디스크 작동 시스템 real-time disk operation system의 약어. 실시간 처리가 가능하도록 만들어진 디스크 운영 체제를 말한다.

RDRAM Rambus DRAM의 약어. 미국 램버스 사가 개발한 기술. 램버스 사의 「램버스 인터페이스」라는 LSI 간의 초고속 데이터 전송 기술을 이용하여 획기적인 성능을 제공한다. 기존의 DRAM에 비해 100~300% 성능 향상을 제공하고 있다.

RDS 관계 자료 시스템 relational data system의 약어. 시스템 R의 구성 요소의 하나. 프리컴파일러와 실시간 제어 시스템(run time control system)으로 구성되며, SQL의 테이블 이름과 RID를 대응시키는 작용을 한다.

RDW 레코드 기술어 record descriptor word의 약어. 가변 길이 레코드 형식에 있어서 레코드 자신의 길이에 관한 정보를 포함하는 필드. 각 논리 레코드의 선두에 있다.

RDY (1) **작동 가능한** ready의 약어. 처리 속도가 느린 기억 장치에서 처리될 데이터가 준비되었다는 것을 나타내기 위한 제어 신호를 말한다. (2) **수신 버퍼 작동 가능** receive buffer ready의 약어. 수신 버퍼에서의 입출력 제어 신호의 하나로, 이 신호는 인터럽트 논리와 결합되어 상태 리코더에 남는다.

reach [ríːtʃ] *v.* **도달하다, 이르다**

reachability [rìːtʃəbíliti(ː)] *n.* **도달 가능성**

reachability matrix [–méitriks] **도달 가능성 행렬**

reactive mode [riǽktiv móud] **반응 모드** 하나 이상의 원격 단말기들과 컴퓨터 사이의 통신 상태로서, 보통 일괄 처리 작업을 하는 시스템에서 각 단말기는 컴퓨터에서 어떤 작업을 요구하지만 반드시 즉각적인 회답을 요구하지는 않는다.

reactor simulator [riǽktər símjulèitər] **반응 시뮬레이터** 원자로 운전에 필요한 각종 기기의 상수를 결정하기 위한 시뮬레이터.

read [ríːd] *v. n.* **읽다, 읽기** (1) 기억 장치(storage), 또는 데이터 매체(data medium)로부터 데이터를 감지(sense)해 인출하는(경우에 따라서는 해석하는) 것. 기록과는 상대적인 표현이다. 내부 기억(internal storage)에서 외부 기억(external storage)으로 데이터를 전송하는 경우, 「외부 기억에 써넣다」, 「내부 기억으로부터 판독하다」 또는 그 양쪽의 동작을 가리킨다고 생각해도 좋다. (2) 이 단어는 판독 헤드(read head), 판독 시간(read time)과 같이 기억 장치에 관련된 용어를 수식하는 데 사용된다.

[주] 기억 장치, 데이터 매체 또는 다른 원전에서 데이터를 얻는 것.

readability [rìːdəbíliti(ː)] *n.* **읽힘성, 가독성** (1) 프로그램의 읽기 쉬운 정도를 뜻한다. 프로그램의 판독성이 높다는 것은 사람이 그 프로그램을 쉽게 이해할 수 있다는 것을 의미한다. 프로그램의 판독성은 높을수록 좋으며, 이것을 위해 프로그램을 코딩할 때 변수명의 선택, 들여쓰기(indentation), 대소문자의 혼용 등이 권장되고 있다. (2) OCR, MICR 등과 같이 문자를 기계적으로 인식하는 시스템에서 문자들을 얼마나 읽기 쉬운가 하는 정도를 나타낸다.

readable [ríːdəbl] *a.* **판독 가능(한)**

readable character [–kǽrəktər] **판독 가능 문자**

read access [ríːd ǽkses] **읽기 접근** 기억 장치에 판독을 위해 접근하는 것.

read access terminal box [–tə́ːrminəl bɑ́ks] **접속 단자함**

read after punch check [–ɑ́ːftər pʌ́ntʃ tʃék] **천공 후 판독 검사**

read-after-write, read-whilst-write [–rɑ́it, ríːd hwɑ́ilst rɑ́it] **기록 후 판독** 자기(磁氣) 기록에 따라 정보를 기록 및 판독할 경우, 듀얼갭 헤드(dualgap head) 등을 사용하면 매체의 동일 주행 시에 써넣은 정보를 직접 읽어낼 수 있다. 이런 판독 방법을 기록 후 판독이라 하며, 기록 헤드로 보낸 정보와 실제로 기록된 정보와 비교해서 에러 유무 등을 검사하는 데 이용된다.

read after punch check [–pʌ́ntʃ tʃék] **천공 후 판독 검사**

read after write verify [–rɑ́it vérifɑ̀i] **기록한 뒤 읽기 검사** 현재 기록되고 있는 정보가 원시 정보와 같은가를 대조하는 기능.

read amplifier [–ǽmplifɑ̀iər] **판독 신호 증폭**

기 판독 헤드나 다른 여러 개의 감지기에 의해 발생되는 미소 전류를 증폭하는 회로의 집합.

read and restore cycle[–ənd ristɔ́:r sáikl] **판독 복원 주기**

read around number[–əráund nʌ́mbər] **판독 가능 횟수** 어떤 축적 요소에서 규정 이상의 정보를 잃는 일없이 인접하는 요소에 써넣기 동작을 할 수 있는 횟수.

[주] 동작의 형태(초기 설정, 기록, 소거를 포함) 및 동작이 행하여지는 축적 요소를 지정할 필요가 있다. 주위의 정보들은 유실되기 전에 다시 저장되어야 한다.

read around ratio[–réiʃiòu] **판독 비율**

read back check[–bǽk tʃék] **되읽기 검사** 출력 장치에 전송되는 정보를 정보 발생원으로 다시 되돌려 받아서 원래의 정보와 비교하는 것으로, 전송의 정확성을 기하기 위한 특수한 검사.

read backward[–bǽkwərd] **리드 백워드** 입출력 제어 장치에 채널에의 데이터의 전송(轉送)을 하는 커맨드. 데이터 바이트는 주기억 장치에 읽어 넣는 경우와 반대의 순서로 저장된다(입출력 장치의 기계적 동작도 일반적으로는 역방향이 된다).

read brush[–brʌ́ʃ] **리드 브러시**

read check[–tʃék] **판독 검사**

read column eliminate[–káləm ilímineit] **판독 자릿수 제어 기구**

read-compare[–kəmpέər] **판독 인쇄 기구**

read-compare adapter[–ədǽptər] **판독 인쇄 어댑터**

read cycle[–sáikl] **판독 사이클** 기억 장치로부터 어드레스를 지정하여 그 내용을 읽어내는 데 필요한 간격.

read cycle time[–táim] **판독 사이클 타임** 분리된 판독/기록 사이클을 가진 기억 장치에서 연속하는 판독 사이클 개시점 간의 최소 시간 간격.

reader[rí:dər] *n.* **읽개, 판독기** (1) 테이프(tape)와 카드 등의 데이터 매체(data medium)에 기록되어 있는 정보를 판독하거나 판독한 데이터를 정보 시스템으로 전송(transfer)하는 장치이다. 카드 판독 장치(card reader), 광학식 마크 판독 장치(optical mark reader) 등이 있다. (2) 운영 체제(operating system)의 작업 스케줄러(job scheduler)의 하나로, 자기 테이프 기억 장치와 자기 디스크 기억 장치로부터 작업과 작업 단계(job step)의 정의(definition) 및 데이터를 판독하고 입력 작업 대기 행렬(input work queue)에 등록하는 소프트웨어(프로그램)이다.

reader adapter[–ədǽptər] **판독기 어댑터**

reader check[–tʃék] **판독기 검사**

reader/interpreter[–intə́rprətər] **판독기/해석기, 판독/해석 프로그램** 입력 내용을 읽은 후에 처리하기 위하여 임의 접근 기억 장치에 프로그램과 데이터를 기억시키고, 입력 내용 중에서 제어 정보를 찾아내어 적당한 제어 목록표에 기록하는 특별한 서비스 루틴. 일련의 작업 정의를 판독한 다음 판독/해석 프로그램이 그 정의를 분석하고 작업 단계의 개시점과 실행시에 사용되는 제어 블록과 제어 테이블을 작성한다. 입력 스트림 내에 데이터를 검출한 경우는 그 데이터를 직접 접근 장치에 써 낸다.

reader procedure[–prəsí:dʒər] **판독 프로그램용 프로시저**

reader queue[–kjú:] **판독 대기 행렬**

read error[–érər] **판독 오류**

reader sorter[–sɔ́:rtər] **판독 정렬기, 자기 문자 판독 분류기** 문서를 정렬하면서 입력을 감지하고 전송하는 천공 카드 장치.

reader stop[–stáp] **판독 스킵 정지 기구**

readers-writers problem[rí:dərz ráitərz prábləm] **판독기/기록기 문제** 공용 자원에 대해서 이종(異種)의 액세스를 행하는 프로세스. 즉, 판독기(reader)와 기록기(writer) 사이에 일어나는 상호 작용을 모델화한 것. 판독기는 공용 자원에 대해서 판독 조작만 행하기 때문에, 동시에 액세스할 수 있는 프로세스 수에는 한계가 없지만 기록기는 공용 자원에 대해서 배타적으로 액세스하도록 하지 않으면 안 된다.

read feature[rí:d fí:tʃər] **판독 기구**

read half-pulse[–hǽ:f pʌ́ls] **판독 반 펄스**

read head[–hé(:)d] **판독 헤드** 판독만이 가능한 자기 헤드. 즉, 자기 테이프 등의 기록 매체 상의 자성을 검출하여 정보를 재생할 수 있는 자기 헤드.

read hopper[–hóupər] **판독 호퍼**

read-in[–in] **판독 입력** 어떤 원시 매체 내에 포함되어 있는 데이터를 읽어 내부 기억 장치로 보내는 것.

read-in device[–diváis] **카드 판독 기구**

read index mode[–índeks móud] **색인 판독 모드**

readiness[rí:dnəs] *n.* **준비**

readiness review[–rivjú:] **준비 검토** 새로운 컴퓨터 장치를 효과적으로 사용하기 위해 컴퓨터 설치의 타당성과 필요한 적절한 조치를 취하기 위한 준비의 적합성을 알아보는 검토.

reading[rí:diŋ] *n.* **판독, 읽기** 기억 장치, 데이터 매체 또는 다른 원전으로부터의 데이터 취득.

reading access time[–ǽkses táim] **판독 접근 시간** 데이터가 컴퓨터 내에서 사용되거나 읽혀지기 전에 소비되는 시간.

reading head[–hé(:)d] **판독 헤드**

reading rate[–réit] **판독률** 축적 요소에서 순차 판독하여 동작을 하는 속도.

reading station[–stéiʃən] **판독부** 카드 펀치나 키 펀치의 일부분으로, 감지 기구로 데이터를 읽어 내기 위해 카드를 정리하는 장소.

read-in program[rí:d in próugræm] **판독 입력 프로그램** 처리를 위해서는 보조 기억 장치로부터 읽어들여 와야 하는 프로그램으로 이러한 기법은 모든 컴퓨터 명령어들을 주기억 장치에 한꺼번에 명령문을 적재시킬 필요가 없을 때 필요하다. 하드웨어 또는 소프트웨어적인 기법으로 주기억 장치 내에 정상적으로 상주하지 않는 프로그램을 개발하는 절차나 수단이다.

read instruction[–instrʌ́kʃən] **판독 명령**

read/jump protection[–dʒʌ́mp prətékʃən] **판독/점프 보호** 판독/점프 보호는 수행 프로그램이 프로그램의 오류가 발생한 지점에서 프로그램을 중지하고 프로그래머에게 오류 진단 정보를 제공하여 낭비 시간을 최소화하며, 처리의 검사를 원활하게 해준다. 판독/점프 보호의 특별한 이점은 여러 종류의 프로그램들이 함께 수행되도록 해주는 것으로, 다른 프로그램들에 의한 감시(우연적 또는 필연적)로부터 완전히 보호되어 있다.

README 리드미 "read me"로 문자 그대로, 읽으면 도움이 되는 정보가 들어 있는 텍스트 파일. 설치 방법이나 그에 대한 보충 설명, 매뉴얼에 기재되어 있지 않은 정보가 포함되어 있으므로 반드시 읽도록 한다. 일반 문장의 서술 형식으로 디스크에 수록되어 있어 워드 프로세싱 프로그램으로 쉽게 읽을 수 있다.

read modified write[–mádifàid ráit] **판독 수정 기록** 세마포(semaphore)에 의한 베타 제어 등에 이용되는 접근 수법. 내용을 판독하여 조건을 판단한 후 기록한다.

read mechanism[–mékənizm] **판독 기구**

read number[–nʌ́mbər] **판독 횟수**

read only[–óunli(:)] **RO, 읽기 전용** (1) 일반적으로 입출력 장치(input/output unit)의 속성에 대해서 사용되는 언어로, 판독만 가능한 속성을 의미한다. 예를 들면 카드 판독 장치(card reader) 등은 판독만이 가능하고 기록은 할 수 없다. 이에 대해서 라인 프린터(line printer) 등과 같이 기록만이 가능하고 판독이 가능하지 않은 것도 있으며, 또 자기 디스크 등과 같이 판독은 기록도 가능한 장치도 있다. (2) 프로그램과 데이터 등을 저장하는 기억 장치(storage)에는 「판독 전용」인 것과 「판독」과 「기록」 양쪽이 가능한 경우가 있다. 판독 전용 메모리는 그 내용을 변경할 수는 없다. (3) 파일을 액세스하는 프로그램에서는 액세스에 앞서서 어떤 속성으로 파일을 액세스하는가를 지정하고 파일을 개방(open)한다. 파일 액세스 속성으로서 판독 전용(read only), 기록 전용(write only), 판독/기록(read/write), 추가(append) 등이 있다. (4) 운영 체제(operating system)에 의해서는 중요한 파일을 보존 유지(protect)하기 위해, 각 파일마다 속성을 설정할 수 있다. 판독 전용(read only) 속성으로 하면 조작 오류 등으로 그 파일을 변경하기도 하고, 지우기도 하는 것을 방지할 수가 있다.

read only application[–æplikéiʃən] **읽기 전용 응용** 데이터 베이스에 있는 데이터를 변경하지 않고 단순히 그 값들을 읽기만 하는 응용.

read only attribute[–ǽtribjù(:)t] **기록 금지 속성** 써넣기를 금지하는 대용량 기억 볼륨의 속성.

read only member[–mémbər] ⇨ ROM

read only memory[–méməri(:)] **ROM, 읽기 전용 기억 장치** 빈번하게 사용되는 프로그램 등을 고정 정보로서 저장해두고, 읽기 전용(read only)으로 해둔 기억 소자. 좁은 뜻으로는 반도체 메모리 중 임의의 어드레스를 임의의 순번으로 읽고 쓰기 가능한 메모리를 램(RAM ; random access memory)이라 하고, 이에 대한 읽기 전용 메모리를 ROM이라고 한다. 넓은 뜻으로는 반도체 메모리에 한정하지 않고, RAM은 단지 임의의 위치에 임의의 순번으로 읽고 쓸 수 있는 메모리를 의미하고, ROM에 대해서도 단지 읽기 전용 메모리를 의미하는 것도 있다. 컴퓨터의 주기억 장치(main storage)로 반도체 메모리의 이용이 일반화된 후 RAM/ROM이라고 부를 경우에는 반도체 메모리를 가리키게 되었다. 또한 ROM에 기억된 프로그램을 펌웨어(firmware)라고 부른다.

read only memory card[–ká:rd] **ROM 카드** ⇨ ROM card

read only mode[–móud] **읽기 전용 모드** 동적 점유 방식에 의한 베타 제어를 받을 필요가 없는 응용 프로그램에 대하여 주어지는 모드. 이 모드를 지정한 응용 프로그램은 데이터를 검색할 뿐이고, 그 데이터를 갱신할 수는 없다.

read only optical disk[–áptikəl dísk] **읽기 전용 광디스크** (1) 넓은 뜻으로는 장치와 매체의 총칭. (2) 사용자가 데이터를 기록할 수 없는 읽기 전용의 광디스크 매체이며, 예를 들면 비디오 디스크, 콤팩트 디스크로 대표된다.

read only storage[-stɔ́:ridʒ] **ROS, 읽기 전용 기억 장치** 특정 이용자에 의한 경우 또는 특정 조건하에서 작동하는 경우를 제외하고는 내용을 변경할 수 없는 기억 장치. 즉, 써넣기를 고속으로 하기 어렵고 읽기 전용에 이용되는 기억 장치. 읽기 전용이라는 의미는 컴퓨터 자체의 명령에 따라 변경할 수 없는 것으로, 그 기억 내용은 기억 장치 전체를 바꾸지 않으면 변경될 수 없는 것, 기억 매체의 기하학적 위치 변경, 물리적 상태 변경 등에 따라 변경될 수 있는 것 등 여러 가지이다. 상수나 서브루틴의 기억, 마이크로프로그램의 기억 등에 이용 가능하다. 예를 들면, 기록이 록아웃에 의해서 저지되는 기억 장치가 있다. ⇨ ROM

read only store[-stɔ́:r] **읽기 전용 기억 장치**

read out[-áut] **판독 출력, 읽기** 내부 기억의 지정된 장소로부터 외부 기억 또는 표시 장치로 데이터를 복사하는 것을 가리키고, 「읽기」과 「복사」의 양쪽을 합해서 read out, 해석어로서 「판독 출력」을 붙이는 경우가 있다.

read out clock[-klák] **시각 장치**

read out devices[-diváisiz] **판독 출력 장치** 컴퓨터의 출력을 곡선으로 또는 인쇄된 수나 문자의 그룹으로 기록하는 장치.

read path[-pá:θ] **판독 통로** 판독 장치 내에서 판독부를 갖는 경로.

read-process-write[-práses ráit] **판독-처리-기록** 선행 블록의 처리와 이미 처리된 블록의 결과를 기록해내는 처리를 동시에 하는 동안에 한 블록의 데이터를 읽어들이는 처리.

read protection[-prətékʃən] **판독 금지, 읽기 보호**

read pulse[-pʌ́ls] **판독 펄스** 상호 전류가 자기 코어 기억 장치의 여러 펄스를 합한 것이나 특별한 펄스. 이 펄스는 코어를 스위칭할 수 있는 능력이 있어야 하며, 판독 회선에 출력 신호를 공급할 수 있어야 한다. 이 출력 신호는 코어의 동심 방향 자장의 밀도를 변화시킬 수 있다.

read punch unit[-pʌ́ntʃ jú:nit] **판독 천공 장치** 천공 데이터의 판독 및 계산 결과를 천공할 수 있는 입출력 장치. 만일 장치가 천공 카드를 읽으며 천공하고 있는 경우에는 새로이 천공된 카드를 전에 입력한 카드로부터 분리할 수도 있다.

read rate[-réit] **판독 속도** 단위 시간당 입력 판독 장치에 의해 판독되는 데이터 단위의 개수. 예를 들면 문자, 워드, 블록, 필드, 카드 등의 개수를 말한다.

read release[-rilí:s] **판독 해제** 판독 장치를 해제함으로써 더 많은 컴퓨터 처리 시간을 얻을 수 있는 장비의 상태.

read/reset consecutive[-ri:sét kənsékjutiv] **판독/리셋 연속 선택 기구**

read rights[-ráits] **판독권**

read scatter[-skǽtər] **입력 분산** 자기 테이프를 통해 시스템에 들어온 데이터를 여러 기억 장소에 배분 또는 분산시킬 수 있는 컴퓨터의 능력.

read set[-sét] **판독 집합** 트랜잭션 수행시에 판독하는 모든 데이터의 집합.

READ statement **READ 문**

read station[-stéiʃən] **판독부, 판독 기구** 데이터 매체 상의 데이터를 판독할 수 있는 판독 장치 내의 장소.

read table[-téibəl] **판독표** 문자의 문법적 역할에 관한 정보를 갖는 LISP 오브젝트. 입력 테이블이라고도 한다. 판독표는 보통 LISP 시스템에 의해서 표준적으로 제공되는데, 이것을 변경함으로써 이용자 독자의 구문 해석을 할 수도 있다.

read time[-táim] **판독 시간, 읽는 시간** 판독 사이클과 기록 사이클이 확실히 분리되어 있는 기억 장치에 있어서 1회의 명령으로 처리되는 데이터 최초의 비트와 최후의 비트가 사용 가능하게 되는 시간 간격을 가리키고, 대기 시간(waiting time)과 재생(regeneration) 동작은 포함하지 않는다. 어떤 종류의 반도체 기억 장치에서는 데이터를 판독할 때 기억 내용을 파괴해 버리기 때문에 기억 내용을 보존하고 유지하기 위해 판독한 내용을 되쓰고 있다. 이 되쓰기 동작을 「재생」이라 하며, 이 판독 방식은 파괴 판독(destructive read, destructive read out)이라 한다.

read time-working ratio[-wə́:rkiŋ réiʃiòu] **판독 시간율**

read-under-format[-ʌ́ndər fɔ́:rmæt] **프로그램 간 화면 데이터 인도**

read-while-write[-hwáil ráit] **기록중 판독** 주변 기억 장치에 데이터를 기억시키면서 동시에 데이터를 읽어내는 것.

read-while-write check[- tʃék] **기록중 판독 검사**

read wire[-wáiər] **판독 와이어**

read/write[-ráit] **R/W, 판독/기록**

read/write attribute[-ǽtribjù(:)t] **판독/기록 속성**

read/write channel[-tʃǽnəl] **판독/기록 채널** 주변 장치와 중앙 처리 장치 사이에서 기억 장치 간에 데이터를 판독/기록하기 위한 데이터 채널.

read/write check[-tʃék] **판독/기록 검사** 데이터를 읽거나 쓸 때 그 결과를 원본과 비교해 이들이 올바르게 수행되었는지를 검사하는 방법.

read/write check indicator[-índikèitər] **판독/기록 검사 표시기** 판독하거나 기록하는 과정에서 오류 발생 여부를 나타내기 위하여 컴퓨터에 부가한 장치. 이 장치는 오류의 발생 여부에 따라 동작 정지, 재동작 시도 혹은 특정 서브루틴을 수행하게 할 수 있다.

read/write counter[-káuntər] **판독/기록 계수기** 이 계수기는 판독/기록 채널을 통해서 전송되는 데이터의 시작 주소와 현재 주소를 저장한다. 즉, 판독/기록 채널을 통하여 주기억 장치와 주변 장치 사이에 데이터를 전송하는 채널에 있는 두 개의 판독/기록 계수기.

read/write cycle[-sáikl] **판독/기록 사이클** 메모리에 데이터를 재수록하는 것과 같이 판독/기록하는 데 요구되는 일련의 조작.

read/write cycle time[-táim] **판독/기록 사이클 타임**

read/write dynamic memory[-dainǽmik mémәri(:)] **판독/기록 동적 기억 장치**

read/write head[-hé(:)d] **판독/기록 헤드** 판독 및 기록이 가능한 자기 헤드. 디스크의 각 면에는 전용의 판독/기록 헤드가 준비되어 있으며, 그 면상의 실린더 간을 이동한다. 모든 판독/기록 헤드는 동시에 이동하므로 판독/기록 헤드를 고정한 채 같은 실린더의 트랙을 차례로 처리할 수 있다.

read/write line[-láin] **판독/기록 회선** 판독 또는 기록 요구를 하는 회로로, 기록 요구 이외의 시간은 판독 요구 상태로 되어 있다.

read/write memory[-mémәri(:)] **RWM, 판독/기록 메모리** 일반적인 조작에 의해 이용자가 개개의 기억 장소에 액세스(판독)하기도 하고, 그 내용을 변경(기록)하기도 할 수 있는 기억 장치이며, 수시로 판독과 기록이 가능한 기억 장치(RAM ; random access memory)가 그 전형이다. 이에 대하여 통상의 방법에 의해서는 기억 내용을 간단히 변경할 수 없는 판독 전용의 기억 장치가 read only memory(ROM)이다. 그러나 read only storage라 하는 용어는 물리적인 기억 장치와 기억 소자보다도 기억 영역에 관해서 사용되는 경우가 많다. **[주]** 롬(ROM ; read only memory) : 판독 전용 기억 소자.

read/write processor[-prásesər] **판독/기록 처리기** 이미 판독한 블록에 대한 처리와 이미 처리된 블록의 결과를 출력시키는 것과 동시에 한 블록의 결과를 출력시키는 것 및 동시에 한 블록의 데이터를 판독하는 것.

read/write protection[-prәtékʃәn] **판독/기록 보호**

read/write scatter[-skǽtər] **판독/기록 분산** 프로그램 제어 하에 수행되는 동작으로서, 테이프에서 한 블록의 데이터를 읽어 처리할 수 있는 요소로 분해하고, 처리가 끝나면 재결합되어 하나의 블록으로 테이프에 기록된다.

read/write strobe[-stróub] **R/W strobe, 판독/기록 스트로브**

read/write tape control[-téip kәntróul] **자기 테이프 판독/기록 제어 기구**

ready[rédi(:)] *a.* **준비** 작동 가능한. 실행 가능한. 준비가 갖춰진 상태, 데이터 수신이 가능하게 된 상태, 곧 프로그램을 실행할 수 있는 상태. 컴퓨터의 단말이 수신 가능하게 되면 단말 장치의 디스플레이(display)에 「READY」 문자를 되돌려보내서 사용자(user)에게 사용이 가능(usable)함을 알리는 것이다. 이 상태를 준비 상태(ready state)라고 한다. 또 준비 상태는 작업(job)과 태스크(task)가 실행 가능하지만, 그보다 레벨(level)이 높은 것이 실행중이기 때문에 기다리고 있는 상태를 말하는 경우도 있다.

ready condition[-kәndíʃәn] **작동 가능 상태, 실행 가능 상태** 제어 프로그램에 있어서의 태스크 상태의 하나. 태스크가 실행하는 데 필요한 시스템 자원은 이미 확보되어 있고, 제어가 건네지는 것을 기다리고 있는 상태를 가리킨다.

ready for receiving[-fər risí:viŋ] **수신 가능** 데이터 전송 단말 장치가 데이터를 확실히 수신할 수 있는 상태임을 신호 변환 장치로 나타내는 제어 신호 또는 그 상태.

ready for sending[-séndiŋ] **송신 가능** 신호 변환 장치가 송신 요구를 받아 적절한 일정 시간 후에 데이터 전송 단말 장치로 보내는 신호 변환 장치의 준비 완료를 나타내는 제어 신호 또는 그 상태.

ready light[-láit] **준비 완료 표시등** 컴퓨터의 상황 표시판에 작동 준비 완료를 표시하는 등.

ready list[-líst] **준비 목록** 중앙 처리 장치(CPU)의 할당을 차례로 기다리는 프로세스들의 리스트.

ready program[-próugræm] **준비 완료 상태 프로그램**

ready queue[-kjú:] **준비 상태 큐** 준비 상태에서 실행을 대기하는 프로세스들을 모아놓은 큐. 중앙 처리 장치의 할당을 받으면 큐에서 빠져나오게 된다.

ready-record[-rikɔ́:rd] **준비된 레코드** 파일 접근 장치에서 컴퓨터에 보내지는 특정 신호로, 한 레코드의 주소가 이미 탐색 명령에 의해 제공되어 그 레코드가 탐색되어 기억 장치에 입력되게 하는 것.

ready signal[–sígnəl] **작동 가동 신호**

ready state[–stéit] **준비 완료 상태** 태스크가 실행 가능한데도 자기보다 높은 레벨 또는 같은 레벨의 다른 태스크가 주행하고 있으므로 대기하는 상태.

ready status[–stéitəs] **준비 완료 상태** 원격 계산 시스템이 단말 장치로부터의 입력을 기다리는 것을 나타내는 특정 상태 단어.

ready status word[–wə́:rd] **준비 완료 상태 단어** 원격 계산 시스템이 단말 장치로부터의 입력을 대기하는 것을 나타내는 특정 상태 단어.

ready task[–tá:sk] **작동 가능 태스크, 레디 태스크**

ready time[–táim] **준비 시간** 작업을 수행할 준비를 하는 시간.

ready to run[–tú: rʌ́n] **레디 투 런** 프로그램을 실행할 준비가 되어 있다 라는 의미. 전원을 넣으면 바로 프로그램이 시작되는 것을 말한다.

ready to send[–sénd] **RTS, 송신 요구** RS-232C 인터페이스에서 송신 요구를 표시하는 용어.

real[rí:əl] *a.* **실수(實數)의** 실수의 형용 또는 가상(virtual)에 대해서 실제로 존재하는 것을 형용한다. 또 고급 언어(high level language)에서의 변수(variable)는 그 실수(real)를 사용하는지, 정수(integer)를 사용하는지 미리 선언해야 하는 경우가 많다. 이것은, 정수는 표현에 필요한 메모리가 실수의 그것보다 작기 때문이다. 그 외에 실시간 시스템(real time system)이란 온라인 시스템의 처리 형태의 일종이다.

real address[–ədrés] **실어드레스, 실주소** 가상 기억에 있어서 기억 장소의 실제 어드레스. 즉, 물리 번지(physical address)라고도 한다. 가상 기억 기구를 갖춘 컴퓨터에서, 가상 번지에 대하여 번지 변환을 해서 얻어지는, 실제로 정보가 기억되어 있는 주기억 위치의 번지를 말한다.

real address area[–έ(:)riə] **실어드레스 영역**

real address space[–spéis] **실어드레스 공간** 주기억 장치에 주어진 어드레스에 의한 정해진 어드레스 공간. 다시 말하면 실제로 장비되어 있는 주기억 장치의 기억 장치로 물리 어드레스 공간이라고도 한다. 프로세스가 넓어져 연속적인 어드레스 공간을 가진 경우와 그와 같은 프로세스가 여럿 존재하는 경우, 또는 반대로 프로세스 혹은 프로세스가 참조하는 어드레스는 주기억 장치 영역의 어드레스와 반드시 일치하지는 않고 어드레스 변환 기구에 의해 주기억 장치의 어드레스로 변환된다.

real arithmetic data[–əríθmetik déitə] **실산술 데이터**

real arithmetic variable[–vέ(:)riəbl] **실 산술 변수**

realaudio[rí:(ə)lɔ́:dioù] **리얼오디오** 리얼오디오는 국내 네티즌에게 인기있는 사이트인 가요톱 10이나 조선일보 사이트 등에서 쉽게 접할 수 있는데, 웹 페이지의 하이퍼텍스트 부분을 누르면 하이퍼링크 대신에 해당 사운드를 들을 수 있는 서비스이다. 리얼오디오는 웹 음성 서비스의 원조 기술로서 넷스케이프의 플러그인 형태로 설치되며, 28.8kbps급 모뎀을 지닌 사용자라면 리얼오디오를 통하여 FM 모노(22.1kHz)에 해당하는 음질을 들을 수 있다. ⇨ hypertext, hyperlink

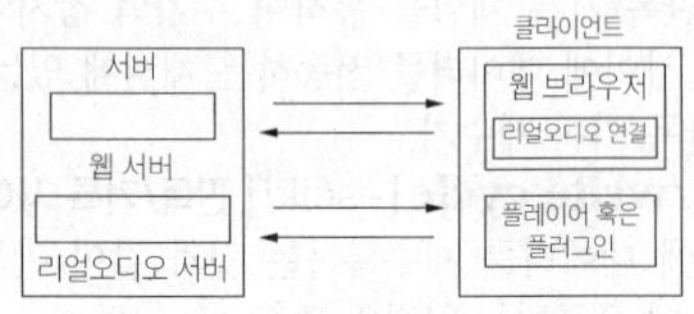

〈리얼오디오 작동 메커니즘〉

real compression[rí:əl kəmpréʃən] **후위 압축** 인덱스 키 등의 키의 계층을 구성하는 중간 키로서 하위 계층을 할당하는 경우에 유효한 압축 방법. 엔트리의 오른쪽에 붙는 공백 문자를 모두 제거하고 바로 인접한 엔트리들과 구분하는 데 필요한 문자까지만 남겨두는 방법.

real constant[–kánstənt] **실상수** 10진 소수점이나 10진 지수의 어느 한쪽(또는 양쪽)을 갖는 실수를 나타내는 10진수의 스트링.

real cylinder[–sílindər] **실제 실린더**

real DASD **실제 DASD, 실제 직접 액세스 기억 장치**

real decision making problem[–disíʒən méikiŋ prábləm] **실제 의사 결정 문제**

real display[–displéi] **실 디스플레이** 단말 장치 등에서 동작하고 있는 이용자 프로그램에 실제로 결합되어 동작중인 디스플레이.

real exponent[–ikspóunənt] **실지수부** FORTRAN 용어로 배정도 지수 부분과 구별하는 것. 실지수부는 실수형 상수로 표현되는 것이고, 배정도 지수부는 배정도 실수형 상수로 표현되는 것이다.

real interval[–íntərvəl] **실구간**

real keyboard[–kí:bɔ̀:rd] **실키보드** 단말 장치 등에서 동작하고 있는 이용자 프로그램에 실제로 결합되어 동작중인 키보드.

realm[rélm] *n.* **영역** CODASYL형 데이터 베이스에서 데이터 베이스의 논리적인 분할 부분이며, 조건으로서 요구되어 있는 데이터 항목의 성원(成員)이 모두 포함되어 있는 것을 가리킨다.

real machine[rí:əl məʃí:n] **실계산기**

Real Magic[–mǽdʒik] **리얼 매직** 미국 시그마

디자인 사가 개발한 IBM-PC용 MPEG-1 디코더 보드의 상품명. ISA 버스용 디코더로 MPEG 재생의 표준이다. 기본 기능만 갖추고 있는 Lite 판, 사운드 기능이 탑재되어 있는 Stand 판 등이 있다.

real memory[-mémәri(:)] **실메모리, 실기억 장치** 프로그램이 실행되기 위하여 적재되는 실제적인 주기억 장치를 말하는 것으로, 가상 기억 장치와 상반되는 용어로 사용된다.

real message queue node[-mésidʒ kjú: nóud] **실메시지 큐 노드** 상대 시스템 내에 가상 메시지 큐 노드를 개설하는 응용 프로그램의 메시지 큐 노드.

real mode[-móud] **실제 모드** 페이징 불가능한 프로그램이 작동하는 모드. 페이지 불가 모드(non-paged mode) 또는 가상=실 모드(virtual equals real(V=R) mode)라고도 불린다. 페이지 불가(실) 모드로 작동하는 프로그램은 연속한 가상 기억 영역에 동적으로 할당되고, 그 할당된 가상 기억 영역의 어드레스와 같은 주소의 연속한 실기억 영역으로 할당된다(즉, 할당된 구역의 주소는 실기억 영역일 때나 가상 기억 영역일 때나 같다). 실(V=R) 모드로 작성된 프로그램은 페이징되지 않으므로 외부 페이지 기억 장치로 옮겨지는 일도 없다.

real number[-nʌ́mbәr] **실수** 고정 기수 기수법에 있어서 유한 또는 무한의 수 표시를 사용해서 표현되는 수. 즉, 양 혹은 음의 값을 갖는 모든 정수, 0, 유리수, 무리수들로 구성되는 수들의 집합이다.

real page[-péidʒ] **실제 페이지** (1) 중앙 처리 장치 및 채널이 명령을 읽거나 쓰거나 할 수 있는 주기억 상의 페이지. (2) 연속하는 8실린더로 구분된 스테이징 장치 상의 영역이며, 스테이징 스페이스를 할당하는 단위.

real parameter[-pәrǽmәtәr] **실제 파라미터**

real part[-pá:rt] **실수부**

real partition[-pa:rtíʃәn] **실제 구획**

RealPlayer[rí:әlpléiәr] **리얼플레이어** 미국 영상과 음성을 수신하고, 재생할 수 있는 소프트웨어. 미국 리얼네트워크 사가 스트리밍 기술을 이용하여 음성을 재생할 수 있는 리얼오디오, 영상을 재생하는 리얼비디오를 단계적으로 개발하면서 완성하였다. 통신 프로토콜로는 HTTP 외에 RTSP(real time streaming protocol)라는 UDP를 기반으로 한 프로토콜을 가지고 있으며, 통신 회선의 상황에 따라 데이터의 전송 속도를 자동으로 변경하는 Sure-Stream이라는 기술을 도입하고 있다.

real PLOT 온라인 플로터 프로그램

real ratio(time)[rí:әl réiʃiòu(táim)] **실제 비율(시간)** 문제 시간 또는 실제 시스템 시간에 대하여 컴퓨터에 의해 시뮬레이트되는 두 사건 사이의 시간 간격(즉, 시뮬레이트되는 실제 시스템에서 대응되는 사건들 사이의 시간 간격). 실시간은 비율이 1일 때를 말한다.

real screen[-skrí:n] **실제 화면** 단말 장치 등의 표시 장치에 표시되어 있는 화면 그 자체.

real storage[-stɔ́:ridʒ] **실저장 장치, 실제 기억 영역** 가상 기억(virtual storage) 시스템에서의 주기억 장치(main storage)를 가리킨다. 물리적으로는 실기억 장치와 주기억 장치는 같은 것이다. 그러나 개념적으로는 가상 기억 시스템의 이용자측에서 보아 실기억 장치는 이용 가능한 어드레스 공간(address space) 부분만을 나타낸다. 가상 기억을 사용하지 않는 시스템에서는 주기억 장치가 이용 가능한 어드레스의 전 영역이 된다.

real storage management[-mǽnidʒmәnt] **RSM, 실기억 관리 프로그램** 가상 기억 시스템에서의 실제 기억 영역(real storage)의 단위로 되어 있는 페이지 틀의 프로그램에의 할당을 관리하는 프로그램. 페이징 수퍼바이저 중에서 실기억 영역의 할당과 해방 또는 페이지의 고정과 그 해제 등을 행하는 기능.

real storage manager[-mǽnidʒәr] **RSM, 실기억 장치 관리자**

real storage page table[-péidʒ téibәl] **RSPT, 실기억 페이지 테이블**

real system[-sístәm] **실제 시스템**

real-time[-táim] **즉시, 실시간** ~(real time~)의 형으로 널리 사용된다. real time이라 쓰는 예도 많다. 컴퓨터 외부의 다른 처리와 관계를 가지면서 또한 외부의 처리에 의해서 정해지는 시간 요건에 따라서 컴퓨터가 행하는 데이터 처리와 관련된 용어. [주] 용어 "실시간"은 대화형으로 작동하는 시스템 및 그 진행중에 인간의 개입에 의하여 영향을 미칠 수 있는 처리를 설명하는 데도 사용된다.

real-time accessability[-æksèsәbíliti(:)] **실시간 접근성** 데이터 베이스 시스템의 특징으로 수시로 검색이나 조작을 요구하는 질의에 대하여 항상 현재 데이터 베이스에 수록된 데이터를 써서 실시간에 처리 응답함을 뜻한다.

real-time adaptive model[-әdǽptiv mádәl] **실시간 적응 제어**

real-time address[-әdrés] **실시간 주소** ⇨ immediate address

real-time addressing[-әdrésiŋ] **실시간 주소 지정** ⇨ immediate addressing

real-time analysis system[-әnǽlisis sístәm] **실시간 해석 시스템**

real-time animation[–æniméiʃən] **실시간 애니메이션** 컴퓨터 그래픽의 한 분야인 동화상(動畵像)을 만들 때 처리 속도가 빠른 컴퓨터를 써서 만들어지는 화상이 실제에 가까운 속도로 연속해서 움직이게 하는 것.

real-time application[–æplikéiʃən] **실시간 응용** 시간의 흐름에 기초를 두고 실시간 처리를 하거나 광범위한 생산 공장과 생산 라인으로부터의 데이터 흐름을 조정하는 것.

real-time batch processing[–bǽtʃ prásesiŋ] **실시간 일괄 처리 방식** 실시간 처리에 대한 요구는 흔히 일시에 몰렸다가 줄어들곤 한다. 많은 응용 분야에서 아침부터 낮까지는 요구가 늘어나고 그 후부터는 줄어드는 경향이 있다. 어떤 경우에는 이 요구가 산발적으로 발생한다. 실시간 체제는 실시간 처리를 요구하는 작업이 없을 때는 긴급하지 않은 일괄 처리 형태(특히 급여 계산과 같은 순서적 처리 작업)의 작업들을 자동적으로 수행하도록 설계한다.

real-time bit mapping[–bít mǽpiŋ] **RTBM, 실시간 비트 사상**

real-time channel[–tʃǽnəl] **실시간 채널** 통신 회선의 끝과 컴퓨터의 기억 장치를 연결하는 여러 장치. 이러한 채널은 멀티플렉서와 같은 기본 기능을 수행하지만 보다 제한된 기억 능력을 가지며, 프로그램 내장 기능은 갖지 않는다.

real-time clock[–klák] **RTC, 실시간 클록, 실제 시간 시계** 프로그램에 의하여 설정된 시각이 되면 인터럽트(interrupt)를 일으키는 기능. 컴퓨터에 공급되는 주기성을 가진 신호이다. 이 신호에 따라 어떤 사상(事象)과 다른 사상 간의 경과 시간을 측정하는 것이 가능하고 또 해당 시각이 되면 일정한 처리를 실행하기 위한 시각을 나타낸다.

real-time clock/calendar[–kǽləndər] **실시간 시계/달력** 컴퓨터에 내장되어 있는 시계로 날짜와 시각을 자동적으로 유지하는 것.

real-time clock diagnostic[–dàiəgnástik] **실시간 클록 진단**

real-time clock interrupt[–ìntərʌ́pt] **실시간 클록 인터럽트** 어떤 시스템에서 인터럽트 체계가 금지되면 실시간 클록 인터럽트는 쓸모없게 되어 인터럽트의 비금지 수준보다 낮은 우선 순위를 갖는다. 그러나 그 외에는 모든 인터럽트 중에서 최고의 우선 순위를 갖는다.

real-time clock interrupt operation[–àpəréiʃən] **실시간 클록 인터럽트 처리**

real-time clock logs[–lɔ́(:)gz] **실시간 클록 일지** 이는 주기적인 실시간 입력 데이터의 수신 횟수를 기록하거나 각 입력 메시지와 그 수신 시간을 함께 기록할 수도 있다. 또한 이 클록은 어떤 처리 작업의 빈도에 대한 통계 및 분석 보고서를 작성하는 데에도 쓰인다. 여러 가지 프로그래밍에서 시간 제어 목적으로 쓰이는 내장 클록.

real-time clock module[–mádʒu:l] **실시간 클록 모듈** 어떤 장치에서는 1mm에서부터 1시간까지의 13개 이상의 프로그램 가능한 시간축을 제공하는 것도 있다. 1MHz의 수정 제어 발진기는 전형적으로 모듈의 주파수 표준을 만들어낸다. 실시간 클록 모듈이 가능해지면 모듈은 매시간 간격마다의 완성시에 컴퓨터에 알려준다.

real-time clock pins[–pínz] **실시간 클록 핀** 어떤 시스템에 있어서 마이크로컴퓨터가 둘 이상의 실시간 클록 입력 핀을 가지고 있는데, 하나는 실시간 클록 기능을 위한 것이고, 다른 하나는 실시간 클록 인터럽트를 발생시키는 외부 주파수를 위한 것이다. 입력 신호는 교류 회선 주파수에서 나오며, 이의 정확한 계수를 위해 주문자 상표 부착 시스템 클록 등이 쓰인다.

real-time clock routine[–ru:tí:n] **실시간 클록 루틴** 일부 범용 소프트웨어 운영 체제에서는 날짜나 경과 시간, 그리고 여러 업무 스케줄링 조작에 1ms 실시간 클록 인터럽트를 사용하며, 어떤 시스템에서 실시간 클록 루틴은 거래처 프로그래머에 의해 그 장비의 특정 요구를 위해 기록된다.

real-time computer[–kəmpjú:tər] **실시간 컴퓨터**

real-time computer complex[– kámpleks] **RTCC, 실시간 컴퓨터 복합체** 데이터가 도달하는 즉시 처리해야 하는 실시간 시스템에서 특히 안전성이 중요시되는 경우에 같은 일을 하는 컴퓨터 시스템을 여러 대 설치하여 컴퓨터 시스템의 고장이나 오동작에 대비하는 것.

real-time concurrency[–kənkə́:rənsi(:)] **실시간 병행 수행** 실시간 처리는 상대적이지만 빠른 처리 속도가 특징이며, 실시간의 본질은 동시 발생에 있다. 실시간 처리는 저속의 정보 수집 과정, 구식 보고 기술, 불완전한 통신 등을 개선하여 현재 상황에 맞는 사실, 의사 결정에 도움을 주는 최신의 사실 등을 제공한다. 실시간 처리는 업무의 제어나 수행에 필요한 데이터를 즉시 처리하여 업무 처리에 유용한 결과를 얻는 처리 형태이다. 실시간 처리는 필요할 때 답을 제공하며, 필요한 즉시 데이터를 공급한다. 입력되는 데이터는 편집해서 갱신되고 유용한 정보로 정리해두며, 설정된 표준에 맞지 않는 것은 자동적으로 탐지하여 곧 조치를 취할 수 있다.

real-time control[–kəntróul] **실시간 제어** 데

이터 처리 시스템에 있어서 사상(事象)이 발생할 때마다 처리하는 제어.

real-time control facility[-fəsíliti(:)] RTCF, **실시간 제어 기능** 계측·제어 기기 등의 입출력 장치에서 발생한 데이터를 일정 시간 내에 처리하기 위한 제어 기능.

real-time control input/output[-ínpùt áutpùt] **실시간 제어 입출력**

real-time controller[-kəntróulər] **실시간 제어 장치**

real-time control system[-kəntróul sístəm] **실시간 제어 시스템** 실시간을 바탕으로 즉각적인 자료 처리가 작업 수행, 제어를 위한 결정 등을 제공해주는 컴퓨터 제어 시스템. 댐, 전력, 발전 기타 화학 플랜트 등에 있어서 각 사상, 상태 반응 등에 대한 조정, 제어, 운행 통제에 대하여 필요로 하는 즉응성과 그것을 뒷받침하는 계산, 판단, 처리를 실시간 방식으로 하는 것.

real-time data reduction[-déitə ridʌ́kʃən] **실시간 데이터 축소** 데이터 전송 시간이 과다하지 않을 때 처리기나 컴퓨터에서 데이터를 받아들이거나 발생하는 즉시 처리해서 간단한 형태로 요약 정리하는 것.

real-time debug program[-dibʌ́(:)g próugræm] **실시간 디버그 프로그램**

real-time decision[-disíʒən] **실시간 결정**

real-time disk operating system[-dísk ápərèitiŋ sístəm] RDOS, **실시간 디스크 운영 체제**

real-time event[-ivént] **실시간 사상**

real-time executive[-igzékjutiv] RTE, **실시간 관리 (시스템)** 실시간 관리 시스템은 실시간 처리를 요구하는 프로그램을 제어 수행할 수 있도록 만들어져 있다. 표준적인 대화식 시스템 이외에도 효율적인 스케줄링, 인터럽트 처리 등과 같은 기능을 가지고 있다.

real-time extension[-iksténʃən] **실시간 확장** 실시간 제어를 하기 위하여 유닉스에 부가된 확장 기능. 유닉스는 본래 TSS용으로 설계된 OS로서 각 단말(사용자 태스크)에 대한 처리는 평등하며, 일정 시간별로 CPU 할당을 번갈아 하도록 되어 있다(round robin 방식). 이렇게 되면 각 태스크는 순번이 아니면 CPU 프로세서를 할 수 없으므로 실시간 처리가 될 수 없다. 따라서 실시간 처리가 필요한 TP나 제어 처리를 위하여 특정 태스크를 메모리에 상주시켜 CPU를 우선적으로 할당하도록 하는 각종 확장 기능이 개발되었다. IEEE P1003 위원회에서도 POSIX. 4로 유닉스의 실시간 확장의 표준화가 검토되고 있다.

real-time graphic display[-grǽfik displéi] **실시간 도형 표시 장치**

real-time guard mode[-gá:rd móud] **실시간 감시 모드**

real-time human decision making[-hjú:mən disíʒən méikiŋ] **실시간 인간 의사 결정**

real-time identification[-aidèntifikéiʃən] **실시간 식별(동정)**

real-time image generation[-ímidʒ dʒènəréiʃən] **실시간 영상 생성**

real-time information system[-ìnfərméiʃən sístəm] **실시간 정보 시스템, 리얼 타임 정보 시스템** 실시간 시스템을 주로 정보 처리 전달에 사용하는 시스템으로서 정보의 입력, 처리, 계산, 출력 등이 어떤 외부 조건에 의해서 정해진 일정 목표 시간에 맞도록 한다. 예를 들면, 은행의 창구 업무 시스템 등이다.

real-time input[-ínpùt] **실시간 입력(데이터), 리얼 타임 입력** 다른 시스템의 요구에 의하여 결정되는 제한 시간 내, 또는 그와 같이 결정된 순간마다, 데이터 처리 시스템으로 받아들여질 수 있는 입력 데이터.

real-time input-output[-áutpùt] **실시간 입출력** 데이터를 감지기에서 인식했을 때 받아들여 처리하고, 그 결과로서 데이터가 발생한 장치나 다른 장치의 동작에 즉시 영향을 미칠 수 있는 입출력 시스템. 예를 들면, 컴퓨터의 유도 제어에 의한 미사일에서 발생한 데이터를 예로 들 수 있다.

real-time interaction[-ìntərǽkʃən] **실시간 상호 관계**

real-time job[-dʒá(:)b] **실시간 작업**

real-time language[-lǽŋgwidʒ] **실시간 언어**

real-time man-machine communication system[-mǽn məʃí:n kəmjù:nikéiʃən sístəm] **실시간 인간-기계 통신 시스템**

real-time mix[-míks] **실시간 믹스**

real-time mode[-móud] **실시간 방식** 트랜잭션에 대한 제어와 수행에 필요한 데이터가 트랜잭션의 처리 결과에 영향을 주도록 제시간에 처리되어야 하는 방식.

real-time model[-mádəl] **실시간 모델**

real-time monitor[-mánitər] **실시간 모니터, 실시간 감시**

real-time monitoring[-mánitəriŋ] **실시간 감시**

real-time multicomputing[-mʌ̀ltikəmpjú:tiŋ] **실시간 다중 연산** 고도의 신뢰도가 요구되는 실시간 명령 제어 상황에서는 다중 컴퓨터 체제 하에 2대 이상의 컴퓨터를 사용한다. 기본적으로 독립된 2대 이상의 컴퓨터 체제에서는 각기 다른 기계의 기억 장치를 접근하여 직접 통신함으로써 계산 능력이 향상되고 컴퓨터의 자원을 효율적으로 사용할 수 있다. 이와 같은 고도의 신뢰도를 요하는 실시간 응용은 유인 우주선 발사나 항공 관제 등에서 주로 사용된다.

real-time on-line operation[–ɔ́(:)n làin àpəréiʃən] **실시간 온라인 조작** 실제적 처리와 같은 시간에 데이터를 처리하는 것. 그러한 상태에서 데이터 처리 결과는 실제적인 조작에 유용하다.

real-time on-line system[–sístəm] **실시간 온라인 시스템** 온라인 시스템에 실시간의 개념을 도입한 것.

real-time operating system[–ápərèitiŋ sístəm] **RTOS, 실시간 운영 체제** (1) 디스크를 이용한 다중 프로그래밍 운영 체제. (2) 사용자가 특유의 실시간 소프트웨어를 구성하는 데 필요한 기본 기능을 제공하는 운영 체제.

real-time operation[–àpəréiʃən] **실시간 작동** 아날로그 컴퓨터에 있어서의 시간 변환 계수가 1로 행해지는 연산. 즉, 어느 물리 현상이 진행중인 동작과 같은 빠르기로 입력이나 출력이 진행하도록 컴퓨터를 동작시키는 일.

real-time operation mode[–móud] **실시간 연산형** 트랜잭션의 제어 혹은 실행에 따라 필요한 데이터를 그 연산 결과에 따라 그 트랜잭션이 영향받을 수 있는 시간 내에 처리할 수 있는 연산 방식.

real-time option board[–ápʃən bɔ́:rd] **실시간 선택 보드** 대부분의 사용자가 원하는 주요 접속기 및 선택적 장치를 포함한 여러 가지 선택 보드. 실시간 클록, 프로그래머의 콘솔 제어, 입출력 접속기, 12비트 병렬 입출력과 비동기 직렬 회선 장치 등이 있다.

real-time output[–áutpùt] **실시간 출력, 실시간 출력 데이터** 다른 시스템의 요구에 의하여 결정되는 제한 시간 내 또는 그와 같이 결정된 순간마다 데이터 처리 시스템에서 인출되는 출력 데이터.

real-time process[–práses] **실시간 프로세스**

real-time processing[–prásesiŋ] **실시간 처리** 컴퓨터에 의한 데이터 처리에 있어서 외부 사상의 발생에 따라서 요구된 시간 내에 데이터를 처리하는 방식. 데이터 발생과 동시에 필요한 처리를 하고, 그 결과를 곧바로 최단 시간에 발생 개소로 반송하는 방법. 예외 없이 통신 회선이 개재(介在)하고 있으며, 즉시 응답 처리라고도 한다. 데이터를 어느 기간, 어느 장소에 「축적하여」 두고, 정리하여 처리하는 일괄 처리(batch processing)와 대비된다.

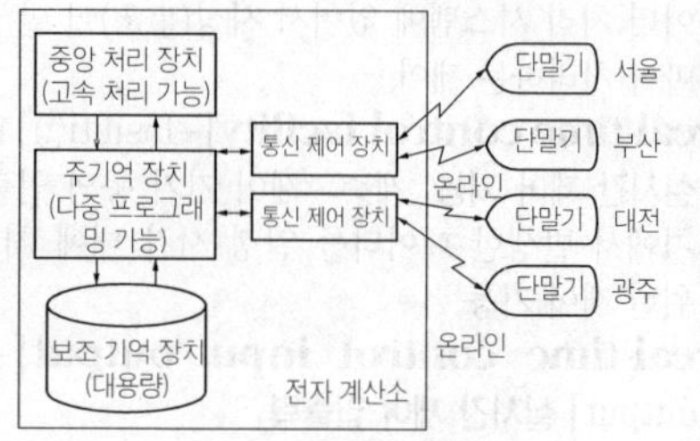

〈실시간 처리 시스템의 구성〉

real-time processing communication[–kəmjù:nikéiʃən] **실시간 처리 통신** 어떤 요구에 대하여 주어진 시간 안에 응답을 해주는 조회나 메시지 처리와 같은 동시 처리 기능과 함께 일괄 처리 기능도 가지고 있는데, 실시간 처리 통신에는 원격지와 컴퓨터 사이에 통신 회선을 통한 트랜잭션 데이터의 처리 기능과 통신 기능이 포함된다. 실제 업무는 거래 데이터가 발생한 곳에서 처리된다.

real-time program control[–próugræm kəntróul] **실시간 프로그램 제어**

real-time programming system[–próugræmiŋ sístəm] **RPS, 실시간 프로그래밍 시스템** ⇨ RPS

real-time recognition[–rèkəgníʃən] **실시간 인식**

real-time recursive prediction[–rikə́:rsiv pridíkʃən] **실시간 귀납적 예측**

real-time remote inquiry[–rimóut ínkwàiri(:)] **실시간 원격 조회** 온라인 조회국에서 사용자가 컴퓨터 파일을 문의했을 때 즉시 응답을 받을 수 있게 하는 것.

real-time response demand[–rispáns dimá:nd] **실시간 응답 요구**

real-time response transaction processing[–trænsǽkʃən prásesiŋ] **실시간 응답 트랜잭션 처리**

real-time satellite computer[–sǽtəlàit kəmpjú:tər] **실시간 위성 컴퓨터** 실시간 시스템에서의 위성 컴퓨터는 대형 컴퓨터 시스템의 입출력 기능에 의한 시간 소모를 줄여주며, 인쇄를 위한 편집과 형식 작성 같은 전위 처리 및 후위 처리도 수행한다.

real-time science[–sáiəns] **실시간 과학**

real-time simulation[–sìmjuléiʃən] **실시간 처리 시스템** 실제 현상과 같은 시간 경과로 처리를 시뮬레이트하는 것. 컴퓨터를 이용한 데이터 처리 중 처리를 위해 필요한 시간, 데이터가 발생하는 시각 등이 규제되는 작업이 있다. 이런 작업을 대상으로 한 시뮬레이션을 할 때는 실제 현상과 같은 시간으로 시뮬레이션을 하여야 한다. 이런 경우의 시뮬레이션을 실시간 시뮬레이션이라 한다.

real-time software system[-sɔ́(ː)ftwὲər sístəm] **실시간 소프트웨어 시스템**

real-time system[-sístəm] **실시간 시스템** 실시간 시스템이란 비교적 한정된 범위의 처리가 진행중인 현상과 같은 속도로 행해지는 시스템이다. 처음에는 미국에서 군용 시스템으로 사용되었으나 그 후 여러 사무 분야에 응용되어 왔다. 프로세스 컨트롤용 시스템이나 좌석 예약 시스템, 온라인 뱅킹 등이 그 예이다. 실시간 시스템에서는 데이터 회선을 통해서 데이터 전송을 수반한 것도 많고, 하드적으로도 소프트적으로도 고도의 기술을 필요로 한다. 우리 나라는 대표적으로 은행의 「온라인 시스템」 등을 들 수 있다. 실시간 처리(real-time processing)를 하도록 설계 구성된 컴퓨터 시스템의 총칭으로 은행의 온라인 시스템, 지하철의 승차권 판매 등은 모두 이 분류에 들어간다.

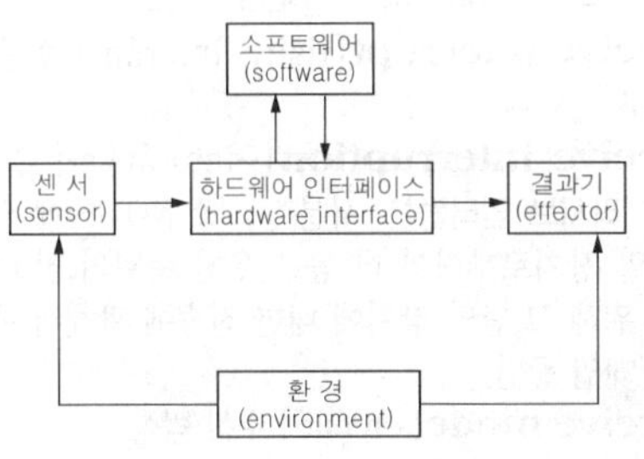

〈실시간 시스템의 기본 요소〉

real-time teaching[-tíːtʃiŋ] **실시간 교육**

real-time transaction processing[-trænsǽkʃən prάsesiŋ] **실시간 트랜잭션 처리**

real-time video[-vídiòu] ⇨ RTV

real-time working[-wə́ːrkiŋ] **실시간 작업**

real-time working ratio[-réiʃiòu] **실시간 작업률**

real type[-tάip] **실수형** 실수를 표현하기 위한 형. 가수와 지수의 두 부분으로 이루어져 있다.

real type data[-déitə] **실수형 데이터**

real unit[-júːnit] **실제 장치**

real unit address[-ədrés] **실제 장치 주소**

real valued function[-vǽljuːd fʌ́ŋkʃən] **실가 함수** 치역이 실수인 모든 함수.

real variable[-vέ(ː)riəbl] **실수형 변수** 실수의 값을 나타내기 위한 변수. FORTRAN에서의 실수형 변수는 특수 문자 이외의 영문자나 숫자로 구성되는데, 첫문자는 반드시 영문자이어야 한다. 정수형을 나타내는 I, J, K, L, M, N은 첫문자로 쓸 수 없다.

real volume[-vάljum] **실볼륨**

real world computing[-wə́ːrld kəmpjúːtiŋ] **실세계 정보 처리** ⇨ RWC

rearrange[riːəréindʒ] *v.* **재정리하다, 재배열하다.**

rear suppression[ríər səpréʃən] **후방 억제** 기억 영역 상의 데이터를 최종부터 전방을 향하여 연속하고 있는 같은 값의 부분을 생략하는 압축 방법. 인덱스 키 등의 키값의 압축에 쓰이며, 특히 영문자 항목, 한글 항목 등으로 공백을 메우는 경우에 유효한 압축 방법으로, 데이터 압축의 한 수법이다.

reason[ríːzən] *n.* **이유, 동기**

reasonableness check[ríːzənəblnəs tʃék] **합리성 검사** 값이 지정된 기준에 따라서 존재 여부를 확인하는 검사. 시스템의 오류를 방지하기 위한 방법이다. 프로그램 명령에 의해 데이터가 미리 세트된 상한과 하한 사이에 있는지 어떤지를 검사하고, 만일 데이터가 합리적이 아닐 때는 어느 행동을 개시한다.

reasonableness test[-tést] **합리성 검사** 합리적인 범위에 있어야 하는 변수의 값에 대한 검사. 이 검사 결과에 따라 잡음 입력 또는 오류 출력을 검출하거나 제거한다.

reason code[ríːzən kóud] **이유 코드**

reasoning[ríːzəniŋ] *n.* **추론, 추론법** 사실이나 사실 관계에 있는 추론 규칙을 적용하여 결론이 되는 사실이나 사실 관계를 이끌어내는 과정. 또는 그 추론 규칙을 창조하는 것.

reasoning chain[-tʃéin] **추론 연결** 전문가 시스템이 문제를 해결하는 과정에서 정보와 단계들을 서로 연결시키는 동작. 전진 연결은 해결책에 도달하기 위해 쓰이는 모델이고, 후진 연결은 해결책에 도달할 때까지 거쳐간 단계들을 설명해주는 데 사용된다.

reasoning common sense[-kάmən séns] **상식 추론** 풍부한 경험에 기반을 둔 하위 수준의 추론.

reasons for interrupt[ríːzənz fər ìntərʌ́pt] **인터럽트 원인** 인터럽트의 원인으로는 ① 컴퓨터 조작원이 의도적으로 조작하여 중단시키는 경우. ② 데이터 전달 과정에서 오류의 발생과 같은 컴퓨터 자체 내에서의 기계적인 문제가 발생하는 경우. ③ 입출력과 같은 주변 장치들의 동작에 중앙 처리 장치의 기능이 요청되는 경우. ④ 보호된 기억 공간에 접근 혹은 불법적인 인스트럭션의 수행 등과 같은 프로그램 상의 문제가 발생하는 경우 등이 있다.

reasons for trap[-trǽp] **트랩의 원인** 트랩은 일반적으로 프로그램 내의 오류, 가령 주소 지정의 오류나 정의되지 않은 작업의 실행을 시도할 때와 같은 잘못에 의해 발생된다.

reassembly[ri:əsémbli(:)] **재조립** 데이터 통신에서 적당한 크기로 분할된 패킷을 전송 계층으로 보내기 전에 재조립하는 IP 처리.

reassembly lockup or deadlock[–lὰkʌ́p ər dé(:)dlὰk] **조립 교착**

reassign[ri:əsáin] **재지정** 디스크 섹터가 손상되었을 때 그곳에 있는 데이터를 옮길 새로운 섹터를 지정해주는 것.

reboot[ri:bú:t] *n.* **재부트** 시스템 동작을 중단시켰다가 다시 운영 체제를 부트하는 것. 대개 사용자의 실수나 프로그램의 잘못으로 시스템의 수행이 비정상적일 때, 이를 중지시키고 운영 체제를 새로 올리는 작업이다.

recalculate[rì:kǽlkjulèit] **재계산** 스프레드시트의 기능 중 하나. 계산식이 설정된 워크시트의 데이터를 변경한 후 재계산 명령을 실행하면 새로운 데이터에 따라 계산 결과가 갱신된다. 환경 설정에 의해 자동으로 재계산(자동 재계산)할 수도 있고, 명령을 실행할 때까지 처리하지 않을 수도 있다.

recall[rikɔ́:l] *n.* **되부르기, 재현도** 문헌 검색에 있어서, 어떤 주제에 관계하는 문헌의 총칭과 그 주제에 관계하여 검색된 문헌 수와의 비율.

recall factor[–fǽktər] **재현율** 정보 검색 시스템의 효율을 판단하는 파라미터의 하나. 어느 질문에 대해서 검색되어야 하는 정보가 T건 있으며, 실제로 올바르게 검색된 것은 그 중 P건일 때 P/T를 재현율이라 한다. 재현율=1−제외율. Perry와 Kent에 의한 정의 호출률이라고도 한다.

recall ratio[–réiʃiòu] **호출률, 재현율** 정보 검색 시스템에서 단일 조회에 대해 그 조회 영역에 들어 있는 전체 문헌 수에 대한 검색된 문헌 수의 비율.

recall signal[–sígnəl] **철회 신호, 조회 신호** 통화 장치를 다 쓰고 난 다음에 사용자가 내는 신호. 단절과 같은 데이터망의 제어에 이용된다.

receipt[risí:t] *n.* **수취, 수신, 수령**

receipt notification mail[–nòutifikéiʃən méil] **등기 메일** 메일 서비스에 있어서 메일의 발신에 대하여 발신한 메일의 배포 상황이나 수취 상황이 통지되는 메일.

receive[risí:v] *v.* **받기, 수신** 데이터나 프로그램 등을 통신 회선을 경유하여 수취하는 것으로「송출하다(send)」와 대비된다. 통신 회선을 경유하여 데이터 등의 송신을 하기 위해서는 변복조 장치(MODEM)와 데이터 단말기(DTE ; data terminal equipment)가 필요하게 된다. MODEM은 통신 회선에서의 교환 신호를 DTE로 취급할 수 있도록 교환 및 역변환하는 장치이며, 실제로는 DTE가 여러 가지 처리(processing)를 행한다. 또 received data란 통신 회선을 경유하여 수취한(수신) 데이터를 표시한다.

received[risí:vd] *a.* **수신된**

receive data[risí:v déitə] **수신 데이터**

receive data buffer[–bʌ́fər] **수신 데이터 버퍼**

receive data enable[–inéibl] **RDE, 수신 데이터 가능**

received data[risí:vd déitə] **수신 데이터** 데이터 신호를 수신하는 모뎀 인터페이스 회로의 하나. 모뎀은 이 회로를 거쳐서 수신 데이터 신호를 데이터 단말 장치에 송출한다.

received data lead[–lí:d] **수신 데이터 리드선**

received data present[–prézənt] **수신 데이터 존재** 신호 변환 장치와 데이터 전송 단말 장치에 틀린 제어 장치가 개재하는 경우, 수신측에 있어서 틀린 제어 장치가 데이터 전송 단말 장치에 대하여 수신 데이터를 출력하기 시작하고, 또 출력중에 있는 것을 나타내는 제어 신호 또는 그 상태.

receive interrupt[risí:v ìntərʌ́pt] **수신 중단 기구**

receive interruption[–ìntərʌ́pʃən] **수신 중단, 리시브 인터럽션** 시분할 시스템(TSS)에 있어서 단말 장치로부터의 더 높은 우선 순위의 전송을 하기 위해 그 단말 장치에 대한 전송에 관해서 행해지는 개입 중단.

receive mode[–móud] **수신 방식**

receive only[–óunli(:)] **수신 전용** 프린터의 기능만을 가진 전산 장치. 데이터 통신에서 회선을 통해 데이터를 수신할 수만 있고 보낼 수는 없는 장치의 성질. 이런 장치는 컴퓨터에서 정보를 수신할 수는 있으나 송신할 수는 없다.

receive only modem[–móudem] **수신 전용 모뎀** 응답 전용 모뎀으로, 수신은 가능하지만 발신은 불가능하다.

receive only page printer[–péidʒ príntər] **ROPP, 수신 전용 페이지 인쇄기**

receive only printer[–príntər] **ROP, 수신 전용 프린터**

receive only service[–sə́:rvis] **착신 전용 서비스**

receive only typing reperforator[–táipiŋ ripə́:rfərèitər] **수신 전용 종이 테이프 인쇄 천공기** 종이 테이프를 천공하면서 테이프의 가장자리에 그의 번역 문자를 인쇄하는 장치. 텔레타이프 수신 장치의 한 종류이다.

receiver[risí:vər] *n.* **받음기, 수신기** 검출기, 전

송기에서 신호를 받아서 지시, 기록, 경보 등을 하는 기구.

receiver signal[-sígnəl] **신호 수신기** 회선을 통해 전송된 신호 전류에 의해 제어되는 장비. 일반적으로 새로운 신호를 보내는 데 사용된다.

receiver signal element timing[-éləmənt tάimiŋ] **수신 신호 요소 타이밍** 신호 변환 장치에서 데이터 전송 단말 장치로, 또는 데이터 전송 단말 장치에서 신호 변환 장치로 수신 타이밍 정보를 주기 위한 타이밍 신호.

receive/send keyboard set[risí:v sénd kí:bɔ̀:rd sét] **송수신 키보드 장치** 키보드만으로 전송이 가능한 송수신기의 결합. ⇨ KSR

receive sequence count[-sí:kwəns kάunt] **수신 순서 카운트**

receive time out[-tάim άut] **수신 타임 아웃**

receiving[risí:viŋ] *n*. **수신**

receiving area[-ɛ́(:)riə] **수신측** 데이터 전기(轉記) 명령 등에 있어서 데이터를 받는 측의 영역.

receiving data item[-déitə άitəm] **수신측 데이터 항목** 데이터 전기(轉記) 명령 등에서 데이터를 받는 측의 데이터 항목.

receiving end[-énd] **수신측**

receiving field[-fí:ld] **수신 필드**

receiving flag[-flǽ(:)g] **수신 플래그** 수신 가능한 상태에 있다는 것을 표시하는 제어 신호.

receiving margin[-mά:rdʒin] **수신 마진** 경우에 따라 범위나 조작 범위의 뜻을 가지며 거리 측정기가 조정될 수 있는 사용 범위. 단말 장치의 수신 회로가 바르게 동작하기 위해서 필요한 왜곡의 한계값. 적절히 조정된 장비의 정상 범위는 대략 75~120°의 크기이다.

receiving perforator[-pə́:rfərèitər] **수신용 천공기**

receiving signal conversion equipment[-sígnəl kənvə́:rʃən ikwípmənt] **수신 신호 변환 장치** 전송되어 온 데이터 신호를 데이터 단말 장치의 입력 신호로 변환하는 장치로서 복조 장치를 포함한다.

receiving station[-stéiʃən] **수신국**

receiving termianl[-tə́:rminəl] **수신 단말**

recent[rí:sənt] *a*. **최근의, 새로운, 최근**

recently[rí:səntli(:)] *ad*. **최근에**

recipient[risípiənt] **수신인** (1) 데이터 통신에서 메시지나 데이터를 수신하는 쪽의 국(局) 또는 사용자. (2) 통신 보안에서 데이터의 수신이 허가된 사람이나 시설 자체.

reciprocal[risíprəkl] *n*. **역수(逆數), 반수(反數)** 0이 아닌 수 *a*에 대해 1을 *a*로 나누어서 얻어지는 수를 *a*의 역수라 한다. 즉, 1이나 단위 수를 어떤 수로 나누었을 때 나타나는 수학적인 표현.

recirculating loop[risə́:rkjulèitiŋ lú:p] **재순환 루프** 드럼 컴퓨터에서 메모리의 다른 부분보다 훨씬 빠르게 접근할 수 있는 기억 장치의 작은 부분.

recognition[rèkəgníʃən] *n*. **인식** 컴퓨터 등의 기계적 장비로 신호, 음성, 화상, 문자 등의 데이터를 받아들이고 이것을 해석하여 유용한 정보로 바꾸는 작업.

recognition time[-tάim] **디지털 검출 지연 시간** 디지털 입력 신호값의 변화가 디지털 입력 장치에 의하여 검출될 때까지의 시간.

recognize[rékəgnàiz] *v*. **인식하다**

recognizer[rékəgnàizər] *n*. **인식기** 어떤 형태의 정보를 받아서 이것을 해석하고 적절한 정보로 바꾸는 프로그램 또는 장치. 기계적인 OCR이나 OMR 또는 문자 인식기, 음성 인식기 등도 이에 해당된다.

recognizing[rékəgnàiziŋ] *n*. **인식**

recombination[ri:kὰmbinéiʃən] *n*. **재결합** 전도대의 전자가 에너지 갭만큼의 에너지를 방출하고 가전자대의 정공(正孔)과 결합하는 현상.

recommendation[rèkəmendéiʃen] *n*. **권고, 추천**

recompilation[rikὰmpailéiʃən] **재컴파일** 원시 프로그램을 재차 컴파일하는 것. 예를 들면 어떤 컴퓨터를 위해 개발된 프로그램을 다른 컴퓨터에도 호환성을 갖게 하기 위해 그 원시 프로그램을 그 컴퓨터에 적재한 다음에 거기서 재차 컴파일하는 경우가 있다. 또한 하나의 프로그램을 여러 개의 원시 파일로 나누어서 개발한 경우 한 원시 파일이 바뀌면 그것을 이용하는 나머지 원시 파일들을 재차 컴파일해야 한다.

recompile[rikəmpάil] **재컴파일** 소스 프로그램을 다시 컴파일하는 것. 컴파일시에 발견된 에러를 수정한 후나 새롭게 다른 운영 체제에 실행 프로그램을 포함시키는 경우 등에 재컴파일된다. ⇨ compile

recomplement[rikάmpləmənt] **재보수, 재보수화** 보수의 보수를 취해 원래의 수가 된 것. 보수 가산을 한 결과 최상위의 자리에서의 앞당김이 없는 경우, 이것은 연산 결과가 음(−)이 되었다고 하는 의미이므로, 이때 재보수화(再補數化)가 필요하게 된다. 25~55의 예에서는 55의 보수는 45로 되고 연산의 결과는 70으로 된다. 최상위 자리에서의 앞당김이 없으므로 70의 보수를 잡으면(재보수화) 30으로 되어 음의 부호를 부가하여 −30의 답이 된다.

recomplementation [rikàmpləmɔntéiʃən] **재보수** 산술 연산의 결과에 대해 요구된 9의 보수나 10의 보수를 취하는 내부 절차.

reconfigurability [rikənfìgjurəbíliti(:)] *n*. **재구성 가능성, 재구성 가능도**

reconfiguration [rikənfìgjuréiʃən] *n*. **재구성** 분산 체제에서 여러 가지 형태의 하드웨어 고장이 발생해도 연산을 계속할 수 있게 시스템을 조정해 주는 것.

reconfigure [rikənfígjuər] *v*. **재구성하다** 일반적으로 시스템을 재구성하는 것. 혹은 컴퓨터 시스템의 요소, 구성 요소의 사용 방법을 변경하는 것. 또 이들에 관련한 주변 기기(peripheral equipment)의 변경을 포함한다. 장치 간 혹은 자원 간에 불균형이 발생했을 때 등에 재편성을 행하는 경우가 많다. 이외에 몇몇 버전업(version up)이나 시스템 개량(system improvement)시에도 행해진다.

reconstitute [ri:kánstitjù:t] *v*. **재편성하다**

reconstitution [ri:kànstitjú:ʃən] *n*. **재편성, 재구성, 복원** 이전에 알려진 상태 또는 이전에 지정된 상태로 데이터를 되돌리는 것.

reconstitution of data [–əv déitə] **데이터의 복원** ⇨ reconstitution

record [rikɔ́:rd] *n*. **레코드** (1) 파일을 액세스할 때 실제로 읽고 쓰는 단위로서 사용되는 데이터 단위. 레코드라는 단어를 이 의미로 사용할 때 물리 레코드(physical record)라고 하여 다음 1의 의미와 구별한다. 하드웨어의 관련 문서에서는 주로 이 의미로 사용된다. 1의 관련된 항목(특정한 한 종류의 데이터를 포함하기 위해 사용되는 기억 구역)의 모임으로 프로그램에서 데이터를 다룰 때의 단위. (2) (1)의 의미와 구별할 때는 논리 레코드(logical record)라고 한다. 논리 레코드는 그대로 물리 레코드가 되는 경우도 있지만 보통은 몇 조인가 묶어서 물리 레코드가 된다. COBOL 등에서는 물리 레코드는 블록이라고 일컫는다. (3) 하나의 단위로 다루어지는 관련된 데이터 또는 단어의 집합. 예를 들면 재고 관리에서는 각각의 송장(送狀)이 하나의 레코드가 된다. (4) 프로그램 언어에서 데이터 대상물로 이루어지는 집합체이며, 이들의 데이터 대상물은 각각 다른 속성을 가질 수 있고, 보통 식별자가 붙어 있다. ⇨ 그림 참조

[주] 어떤 프로그램 언어에서는 레코드를 구조체라 불리는 경우가 있다.

record address file [–ədrés fáil] **레코드 주소 파일**

record addressing [–ədrésiŋ] **레코드 주소법** 보조 기억 장치에 있는 레코드의 주소를 결정하는 방법.

record area [–ɛ́(:)riə] **레코드 영역** COBOL의 용어. 데이터부 파일절의 레코드 기술항에서 정의한 레코드를 처리하기 위해 할당된 기억 영역. 파일절에 있어서 레코드 영역의 현재의 문자 위치의 개수는 명시적, 암시적인 RECORD 구에 의해서 정해진다.

record based logical model [–béist ládʒikəl mádəl] **레코드 본위 논리 모델** 데이터 베이스의 모델 가운데 개념적이고 뷰 레벨에서 데이터를 설명하는 데 사용되는 데이터 모델. 이 모델은 데이터 베이스의 전체적인 논리 구조를 설명하기 위해 사용된다. 이 모델에 속하는 대표적인 모델로는 관계 모델, 네트워크 모델, 계층 모델 등이 있다.

record block [–blák] **레코드 구역** 대개 주기억 장치나 파일 저장 장치에 있는 특정의 고정 길이 기억 장소 영역으로서 저장 장소 할당과 제어에 좀더 유연성을 주기 위해 표준 블록으로 구성된다.

record blocking [–blákiŋ] **레코드 블록화** 한 번의 조작으로 입출력할 수 있는 데이터 블록으로, 몇 개의 논리적 레코드로 구성된다. 이 배열에 의해 테이프는 좀더 효율적으로 판독되고 파일의 판독이나 기록에 필요한 전체 시간이 감소된다.

record buffer [–bʌ́fər] **레코드 버퍼** 형식 버퍼에 의해 지정된 것과 같이 구성되어 검색 명령에 의해 검색된 레코드를 포함한다. ADABAS에서 일괄 처리시 프로시저 「ADABAS」를 호출할 때 사용되는 하나의 매개변수.

파일		학번	소속	성명	본적	전화 번호
파일	레코드 1 :	학번	소속	성명	본적	전화 번호
파일	레코드 2 :	1001	전산	홍길동	서울	537-2351
파일		1002	전산	이순신	대구	652-3323
파일		⋮	⋮	⋮	⋮	⋮
파일	레코드 n :	XXXX	전산	곽재우	대전	471-8203
		필드	필드	필드	필드	필드

〈파일, 레코드, 필드의 관계〉

[주] ADABAS ; adaptable date base system의 약어. 1971년에 사용된 범용 데이터 베이스 관리 시스템.

record checking [–tʃéking] **레코드 검사 기구**

record check time [–tʃék táim] **레코드 검사 시간** 테이프에서의 레코드 전송을 검증하는 데 필요한 시간으로서 그 간격은 테이프 속도나 재기록 헤드 간의 간격에 의해 좌우된다.

record class [–klɑ́:s] **레코드 클래스**

record clustering [–klʌ́stəriŋ] **레코드 집중화** 연속적인 익스텐트들에 레코드들을 집중적으로 저장하는 것.

record constraint [–kənstréint] **레코드 제약 조건** 특정 레코드에 대해 가해지는 제약 조건.

record control schedule [–kəntróul skédʒul] **레코드 제어 스케줄, 레코드 제어 일정표** 이동, 유지 등과 같은 사무적인 레코드들을 처리하는 모든 행동을 목적으로 하는 마스터 레코드나 스케줄의 형태.

record count [–káunt] **레코드 개수** 파일 내 레코드의 전체 개수. 프로그램의 실행이나 특정 컴퓨터의 실행에 대한 제어 정보를 주기 위해 파일이 갱신되었을 때에는 언제나 보수되고 검사된다.

record count check [–tʃék] **레코드 개수 검사** 데이터의 누락, 중복의 검사 방법. 데이터의 개수를 집계하여 검사한다.

record counter [–káuntər] **레코드 카운터**

record definition field [–dèfiníʃən fí:ld] **RDF, 레코드 정의 기록란**

record description [–diskrípʃən] **레코드 기술** COBOL에서 레코드는 그 안에 있는 데이터 항목으로 구성되고 기술되며, 레코드에 있는 각 항목에는 계층 번호, 데이터 명칭 및 데이터의 형태와 길이가 기술된다.

record description entry [–éntri(:)] **레코드 기술항, 레코드 기술 항목**

record descriptor word [–diskríptər wə́:rd] **RDW, 레코드 기술어(記述語)**

recorder [rikɔ́:rdər] *n.* **리코더, 기록 장치**

record file [rikɔ́:rd fáil] **레코드 파일**

record format [–fɔ́:rmæt] **레코드 형식, 레코드 양식** 레코드의 어떤 위치에 무엇이 들어 있는지를 표시하는 양식.

record gap [–gǽp] **레코드 간격, 레코드 갭, 레코드 간 갭** interblock gap과 같은 뜻으로 쓰이는 경우도 있으며, 자기 테이프 상의 각 블록 또는 레코드마다 설치되는 아무것도 써있지 않은 부분. 자기 테이프의 데이터 출입은 1블록 또는 1레코드마다 하는데, 그 구분을 명확하게 함과 동시에 그때마다 테이프가 기동, 정지하므로 그것을 위한 여백 간격을 말한다. 단, ISO에서는 이 용어를 사용하지 않는다.

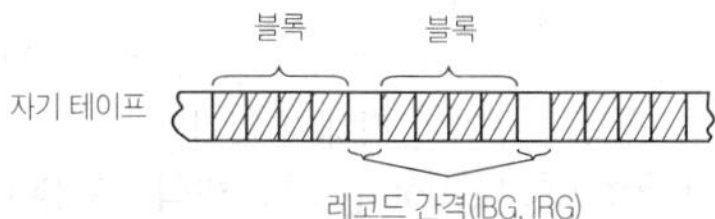

〈레코드 간격〉

record group [–grú:p] **레코드 그룹** 레코드 중의 하나에 들어 있는 단일 키로 연결되거나 식별되는 한 자리에 모인 여러 레코드들. 집단화하는 자기 테이프에서 시간적으로나 공간 절약적으로 유효하다.

record head [–hé(:)d] **레코드 헤드** ⇨ write head

record header [–hé(:)dər] **레코드 헤더** 레코드들의 분류에 대한 정보를 갖는 특별한 레코드.

record heading [–hé(:)diŋ] **레코드 표제** 출력 보고서의 제목이나 설명을 포함한 레코드로, 보고서의 골격 및 내용과 관계가 있다.

record identification [–aidèntifikéiʃən] **레코드 식별, 레코드 식별명**

record identification code [–kóud] **레코드 식별 코드**

record identification entry [–éntri(:)] **레코드 식별, 레코드 식별부**

record identifier [–aidéntifàiər] **레코드 식별명**

record identifying indicator [–aidéntifàiŋ índikèitər] **레코드 표지, 레코드 식별 표시자**

recording [rikɔ́:rdiŋ] *n.* **축적, 기록** store의 뜻을 갖는 것으로 기록하는 것. 데이터를 다시 추출하는 장치에 기록하는 것.

recording density [–dénsiti(:)] **기록 밀도** 기록 매체에서 한 트랙의 단위 길이당 저장되는 비트의 수. 이것은 자기 드럼, 자기 디스크, 자기 카드, 자기 테이프 같은 기억 장치에 있어서 매체에 기록되는 정보 밀도, 단위 면적당 비트 수에 따라 나타내는 것과 1트랙당 길이 방향 단위당 비트 수에 의해 나타내는 것이 있다. 또 자기 테이프의 경우 테이프 단위당 열(列) 수에 의해 나타내는 것이 많다.

recording head [–hé(:)d] **기록 헤드** 드럼, 디스크, 테이프, 자기 카드 등과 같은 기억 매체에 데이터를 기억시키기 위해 사용되는 헤드.

recording instrument [–ínstrumənt] **기계 계기** 어떤 변수, 보통은 시간의 함수로서의 하나 또는 여러 개의 양의 값을 수치 또는 그래픽으로 자동으로 기록하는 계기.

recording I/O **레코드 입출력** ⇨ record input-output

recording medium[-mí:diəm] **기록 매체**

recording method[-méθəd] **기록 양식** 각종 기록 장치에서의 정보의 기록 방식 및 서식. 자기 테이프, 자기 디스크, 종이 테이프 등의 기록 매체마다에 기록 양식의 규격이 정해져 있다.

recording mode[-móud] **기록 방식** COBOL 시스템에서 데이터 처리 시스템과 관련된 데이터가 외부 매체에서 표현되는 방식.

recording trunk[-trʌ́ŋk] **기록 중계선** 시외 교환원끼리의 통화 전용에 사용되는 시내 교환국 또는 구내 교환기에서 시외국으로 연장시킨 트렁크. 시외 통화용에는 사용되지 않는다.

record input-output[rikɔ́:rd ínpùt áutpùt] **레코드 입출력** 레코드인 데이터 집합을 한 번에 한 레코드씩 입출력하기 위해서 전송하는 것. 입력은 데이터의 외부적 표현을 내부적 표현으로 정확히 복사하며 출력은 그 반대이다.

record insert[-insə́:rt] **레코드 투입**

record I/O 레코드 입출력

record key[-kí:] **레코드 키** 여러 레코드들 가운데 특정한 레코드를 식별하기 위해 사용되는 애트리뷰트.

record layout[-léiàut] **레코드 배치, 레코드 설계, 레코드 레이아웃** record format과 같은 뜻으로 쓰여진다. 레코드 속의 데이터 또는 단어의 구성 및 구조이며, 레코드의 구성 요소의 순서 및 크기를 포함한다.

record length[-léŋkθ] **레코드 길이** 레코드를 형성하는 단어 또는 문자의 개수.

record length indicator[-índikèitər] **레코드 길이 표지**

record length or word[-ər wə́:rd] **레코드 길이 또는 단어** 고정 또는 가변 크기의 데이터 세트를 구성하는 문자나 숫자 또는 단어의 수.

record level search[-lévəl sə́:rtʃ] **레코드 레벨 탐색**

record level specification[-spèsifikéiʃən] **레코드 레벨 명세**

record locking[-lákiŋ] **레코드 잠금** 다중 사용자 환경에서 여러 명의 사용자(기록이 허가된 사용자)가 동일한 레코드에 동시에 기록하는 것을 방지하는 처리.

record management system[-mǽnidʒmənt sístəm] **레코드 관리 시스템** 문서 파일의 수납이나 검색을 관리하는 시스템. 종래는 문서를 종이에 기록하고 컴퓨터를 사용한 자동 파일링 방식 등이 중심이었으나, 최근에는 전자 파일이나 광디스크 파일을 사용하여 대량의 문서나 데이터의 편집, 보관 · 검색 외에 원격지에의 전송이 가능해지고 있다.

record mark[-má:rk] **레코드 표지** 컴퓨터에서 데이터 전송 문자 수를 제한하기 위해, 또는 테이프의 블록 내에서 레코드들을 분리하기 위해 사용하는 특수한 문자.

record medium[-mí:diəm] **기록 매체** 데이터를 축적하여 둘 수 있는 것으로, 직접 컴퓨터에 걸 수 있는 문제를 기록 매체 혹은 기억 매체라고 한다. 대표적인 기록 매체는 카드, 종이 테이프, 자기 테이프, 자기 디스크 팩이다.

record mode[-móud] **레코드 방식**

record name[-néim] **레코드명** 파일을 구성하고 있는 논리 레코드에 붙여지는 명칭.

record number[-nʌ́mbər] **레코드 번호** 레코드 ID라고도 하며 저장된 파일 내에서 각각의 레코드들을 고유하게 식별하는 데 사용된다.

record number search[-sə́:rtʃ] **레코드 번호 탐색** 레코드 세트 내의 레코드 위치를 일련 번호에 의해서 탐색하는 방법.

record occurrence[-əkə́:rəns] **레코드 어커런스** 실제의 값으로 구성된 레코드.

record-oriented transmission[-ɔ́(:)riəntəd trænsmíʃən] **레코드 중심 전송**

record overflow[-òuvərflóu] **레코드 오버플로**

record partitioning[-pɑ:rtíʃəniŋ] **레코드 분할** 데이터 베이스를 물리적으로 설계하는 단계에서 저장 레코드의 형식을 결정할 때 데이터 접근 비용과 갱신 비용을 최소화하기 위해 데이터 항목의 참조 빈도에 따라 각 데이터 항목을 다른 물리적 저장 구조 또는 같은 장치의 다른 익스텐트에 할당하는 것.

record placement[-pléismənt] **레코드 배치** 레코드를 구성하는 필드의 배치. 주소록에서 하나의 레코드에 이름, 주소, 우편 번호, 전화 번호와 같은 4개의 필드를 만들 경우 그 순서를 정하는 문제가 있다. record layout과 동의어.

record placement strategy[-strǽtədʒi(:)] **레코드 배치 전략**

record pointer[-pɔ́intər] **레코드 포인터** 데이터 베이스 등에서 현재 처리에 필요한 데이터의 레코드를 가리키는 것.

record prefix[-prí:fiks] **레코드 접두부** 순수한 데이터 필드 외에 레코드의 시작 부분에 추가로 포함된 부분. 레코드가 속한 파일의 번호, 레코드의 길이, 포인터 등의 제어 정보가 저장된다.

record ready[-rédi(:)] **레코드 준비 완료 신호**

탐구(seek) 명령어에 주어진 주소로 레코드를 찾아내어 기억 장치로 전송할 준비가 완료되었다는 것을 파일 처리 장치가 컴퓨터에게 알리는 신호.

record release [–rilíːs] **레코드 해제**

records [rékərdz] **레코즈** 주기억 장치나 주변 장치 간에 이동되는 정보에 대한 하나의 단위를 레코드라고 정의하는데, 레코즈는 어떤 길이라도 될 수 있다.

record sampling prompt [rékərd sáːmpliŋ prámpt] **레코드 추출 프롬프트**

records/blocks [rékərdz bláks] **레코드/블록** 거의 모든 대용량 기억 장치들은 데이터들을 레코드라고 불리는 블록 단위로 기억시킨다. 어떤 한 데이터를 기억 장치와 컴퓨터 사이에 전송할 때는 그 데이터를 포함한 전체 레코드를 전송시켜 주어야 한다. 이때 시스템에 따라서는 레코드의 길이가 고정된 것도 있지만 대부분의 테이프는 레코드의 길이를 짧게는 한 바이트로부터 길게는 원하는 만큼 그 길이를 임의로 조정할 수 있다. 짧은 레코드들을 사용하면 많은 레코드 간격(IRG ; interrecord gaps)에 의해 결과적으로 기억 장치의 낭비를 가져올 수도 있기 때문에 여러 레코드들을 모아서 한 블록으로 표시하면 레코드 간격에 소요되는 기억 장소를 절약할 수 있다.

records center [–séntər] **레코드 센터** 일반적으로 정해진 기간, 규칙 또는 기업 운영상의 요건을 기준으로 하여 활용도가 높지 않은 기록을 낮은 코스트로 보관해두는 장소. 기록을 레코드 센터에 보관해두는 작업은 유보 계획(retention schedule)에 따라서 계획적이고 조직적으로 이루어진다.

record segment [–ségmənt] **레코드 세그먼트** 하나의 논리 레코드가 둘 이상의 물리 레코드에 걸쳐서 기억되어 있는 경우의 각 물리 레코드.

record selection expression [–səlékʃən ikspréʃən] **레코드 선택식**

record selector [–səléktər] **레코드 실렉터**

record separator [–sépərèitər] **RS, 레코드 분리자** 정보 분리자의 일종. 레코드라 불리는 정보 단위의 경계를 표시하기 위해서 사용한다. 논리적 레코드들을 분리 표현하는 데 쓰이는 제어 문자.

record separator character [–kǽrəktər] **RS, 레코드 분리 문자**

record sequence own code [–síːkwəns óun kóud] **레코드 시퀀스 오운 코드**

record size [–sáiz] **레코드 사이즈**

records management [–mǽnidʒmənt] **레코드 관리, 레코드 관리 프로그램** 레코드들을 생성, 조직, 유지, 사용 및 정리할 때 경제성 · 효율성을 높이기 위해 만들어진 특별한 프로그램. 이 경우 필요 없는 레코드들은 생성 · 보관되지 않으며, 단지 필요한 레코드만 보관된다.

record sort [–sɔ́ːrt] **레코드 정렬** 여러 개가 섞여서 늘어서 있는 레코드를 레코드 전체를 움직여서 특정한 레코드군으로 분류하는 것. 키 분류에 대응되는 말이다.

record sorting [–sɔ́ːrtiŋ] **레코드 분류** 파일 레코드들(또는 항목들)을 정렬하는 것. 파일의 기본 요소이다.

record storage mark [–stɔ́ːridʒ máːrk] **레코드 저장 장소 표시** 기억 장치에 읽혀지는 레코드의 길이를 제한하기 위해 카드 판독기의 레코드 기억 부분에 표시하는 특수한 문자.

record subentry [–sʌ́bèntri] **레코드 부항목**

record tag [–tǽg] **레코드 태그** 하나의 레코드에서 가변 레코드는 항상 여러 개의 구성자를 지니는데, 그 중 하나가 태그이다. 이것은 프로그램의 실행 시간 동안, 주어진 위치에 레코드의 가변이 존재하는지를 가리키기 위한 표시로 쓰이기 때문에 태그(in PASCAL) 또는 판별자(discriminent in)라고 한다.

record transmission [–trænsmíʃən] **레코드 전송**

record type [–táip] **레코드 타입, 레코드형** 데이터형의 일종이며, 여러 개의 다른 데이터형을 갖는 구성 요소를 병합하고, 개개의 구성 요소를 이름으로 참조할 수 있도록 한 것. CODASYL형 데이터베이스에서 의미하는 "레코드"란 데이터 항목(데이터의 최소 단위)의 모임이며 이용자가 데이터 베이스를 액세스할 때의 기본 단위이다. 레코드에는 타입과 어커런스의 두 가지의 개념이 있다. 스키마(데이터 베이스의 데이터 정의 정보)에서 "레코드"로 정의되어 이름이 붙여진 것을 레코드 타입이라 한다. 한편 데이터 베이스 중에는 이 레코드 타입에 대응하여 여러 가지의 데이터값을 가진 "레코드"가 여러 개 존재하는데, 이것을 레코드 어커런스라 한다.

record type currency indicator [–kɔ́ːrənsi(ː) índikèitər] **레코드형 현재 위치 표시기**

record type identification entry [–aidèntifikéiʃən éntri(ː)] **레코드형 식별 항목**

record type selection [–səlékʃən] **레코드형 선택** 데이터 베이스의 가상 논리 구조의 작성에서의 응용 프로그램 선택 방법. 레코드형의 선택은 응용 프로그램의 처리 내용에 따라 자유롭게 선택할 수 있고, 레코드 단위의 보전 및 기밀 보호를 도모할 수 있다.

record with fixed length [–wið fíkst léŋkθ] **고정 길이 레코드** 파일을 구성하는 각 레코드의 길이가 고정되어 있고 모두 같은 것. 이와 같은 레코드의 처리는 일반적으로 가변 길이 레코드의 처리보다도 쉽지만 레코드가 길이와 무관한 경우도 많다. 또한 레코드의 문자 수를 시스템에서 제한하고 있는 경우가 많으므로 사용에 어려운 점도 있다.

record with variable length[−vǽəriəbl léŋθ] **가변 길이 레코드** 파일을 구성하는 각 레코드의 길이가 일정하지 않은 것으로 레코드의 앞에 그 길이에 대한 정보를 가지는 것. 처리가 복잡해지지만 레코드에 들어가는 문자 수에 제한이 없고 기억 용량이 불필요하게 사용될 수 있다.

record word[−wə́ːrd] **레코드 단어** 일정한 크기 또는 크기가 변하는 데이터 세트를 구성하는 문자와 숫자 또는 워드의 개수.

recover[rikʌ́vər] *v.* **회복하다, 복구하다** 시스템이나 주변 기기에 발생한 몇 가지 오류를 제외하고, 다시 사용할 수 있는 상태로 되돌리는 것. 혹은 손상을 입은 데이터나 프로그램을 수리하여 원상태로 복원하는 것. 자기 디스크 등에 오류가 발생했을 경우에는 가장 새로운 백업 파일(backup file)을 참조하고, 이것을 근거로 파일을 복원하는 수법이 취해진다. 또는 이것에 파일 갱신 정보를 근거로 현재 상태의 파일을 복원하는 것이 가능해진다. 이를 위해 반드시 데이터 등의 백업이 필요하게 되며, 만일 백업이 취해져 있지 않을 때에는 처리나 작업을 처음부터 고쳐서 해야만 한다.

recoverable[rikʌ́vərəbl] *a.* **회복 가능한, 복원 가능한** (1) 데이터가 어느 정도의 손상을 받았을 때 원래대로 되돌릴 수 있는 것. (2) 데이터 통신 등에서는 데이터의 오류를 복원 가능한 방식이 사용되는 경우가 많다. 예를 들면, CRC 방식 등이 있으며 일반적으로는 패리티 체크의 수법을 사용한다. 또 자기 디스크 등이 붕괴(crash)하여 표면이 손상되고 데이터가 판독 불가능하게 되었을 경우에는 복원은 거의 불가능하기 때문에 백업(backup)이 필요하다.

recoverable ABEND 회복 가능한 ABEND, 회복 가능한 이상 종료 recoverable abnormal end of task의 약어. ⇨ recoverable abnormal end of task

recoverable abnormal end of task[−æbnɔ́ːrməl énd əv tǽsk] **recoverable ABEND, 회복 가능 ABEND, 회복 가능한 이상 종료** 시스템에 이상이 발생했을 경우의 처리 방법의 하나이며, 이용자가 미리 설정해둔 이상 종료(ABE-ND) 출고 루틴으로 제어를 옮기는 방식. 이상 종료의 일종이며, 이용자가 지정한 이상 종료 출구 루틴으로 제어를 건내는 것을 말한다.

recoverable error[−érər] **회복 가능 에러, 회복 가능 오류** 에러(오류)가 발생하여도 재시행(retry)이나 다른 명령 등 회복 가능한 에러. 입출력 동작중인 에러 가운데 재시행 등의 방법에 의해 회복 가능한 종류의 오류. 회복 불능 에러(unrecoverable error)와 대비된다.

recoverable operation[−ὰpəréiʃən] **회복 가능 연산** 회복 가능 연산은 로그에 대한 기록이 되는 것들로 데이터 베이스 갱신이나 메시지의 입출력 전송들이 있다. 트랜잭션 실행중에 고장이 발생했을 때 재수행이나 철회 작업을 할 수 있는 연산이다.

recoverable resource[−risɔ́ːrs] **회복 가능 자원** 회복 관리자에 의해 관리되는 대상으로, 데이터 베이스를 지칭한다.

recoverable synchronization[−sìŋkrən-aizéiʃən] **회복 가능 동기화**

recovery[rikʌ́vəri(ː)] *n.* **회복, 복구** 어떤 장치의 동작중 또는 프로그램의 실행중에 발생한 장애에 대해 적당한 처리를 하여 원래의 상태로 되돌리는 것. (1) 컴퓨터 시스템 가동중에 하드웨어, 소프트웨어의 어딘가에 장애가 발생하고, 그때 처리중인 프로그램이 이상 종료(abnormal termination)하는 경우가 있다. 이러한 경우에 마스터 파일(master file)의 상태를 「이상 종료」의 직전에 「회복」시켜, 재차 그 시점으로부터 처리를 속행할 수 있도록 하는 것을 「리커버리」라고 한다. (2) 데이터 베이스의 경우에 데이터 베이스에서의 회복 방식으로는 데이터 베이스의 주기적인 덤프(dump)를 실행하고 장애 발생시에 가장 가까운 덤프 이미지를 재로드하는 것이다. 이 방식에서는 덤프 시점 이후의 갱신 내용을 복원할 수 없기 때문에 로그 파일(log file)에 의한 회복 방식이 일반적으로 적용된다. 또한 장애 시점에 실행중인 처리 사이에는 데이터 베이스의 내용을 중개하고 복잡한 의존 관계가 존재할 가능성이 있기 때문에 모든 처리에 관한 정합적인 재개 시점을 단순히 결정할 수 없고, 처리중인 상호 관계를 고려한 복원 프로세스가 필요하게 된다.

recovery data set[−déitə sét] **회복 자료 세트**

recovery from deadlock[−frəm dé(ː)dlὰk] **교착상태의 회복** 시스템이 교착상태에 빠지면 교착상태는 하나 또는 그 이상의 필요 조건을 제거함으로써 회복된다.

recovery from error condition[−érər kəndíʃən] **오류 상태로부터의 회복**

recovery from fallback[−fɔ́ːlbæ̀k] **고장 대치 회복**

recovery function[–fʌ́ŋkʃən] **회복 기능** 고장 발생 후, 정상적인 동작을 재차 계속하기 위하여 필요한 기능.

recovery library[–láibrəri(:)] **회복 라이브러리**

recovery log[–lɔ́(:)g] **회복 로그** 회복 데이터를 유지하는 가장 보편적인 방법. 수행 전에 복사한 정보인 사전 이미지와 수행 후에 복사한 사후 이미지를 계속해서 기록 · 유지한다.

recovery management[–mǽnidʒmənt] **회복 관리**

recovery management facility[–fəsíliti(:)] **회복 관리 기능** 하드웨어의 오동작이 발생한 시점에서의 시스템 상황에 관한 데이터를 기록한다든지, 이 데이터를 분석하여 타당한 회복 조작을 하는 기능.

recovery management support[–səpɔ́:rt] **RMS, 회복 관리 지원, 회복 관리 기능** 중앙 처리 장치, 채널, 입출력 장치의 동작중에 오류가 발생한 경우에 그 회복을 시도하는 기능. 또 장애의 예방이나 보수를 위해 발생한 오류의 정보도 수집 및 기록하여 데이터 처리 시스템 전체의 신뢰성을 높인다.

recovery management support recorder[–rikɔ́:rdər] **RMSR, 장애 정보 기록 프로그램** 고장 발생시의 오류 상세 정보 및 시스템의 상황 등을 시스템 기록 파일에 기록하는 프로그램.

recovery manager[–mǽnidʒər] **회복 관리자** 데이터 베이스가 정확성을 유지하려면 트랜잭션은 완전히 실행되거나 전혀 실행되지 않은 상태를 유지해야 한다. 또 트랜잭션은 한 번만 실행되어야 하는 특성을 가지므로 이러한 특성들을 만족시키는 DBMS는 신뢰성을 가진다고 표현할 수 있는데, 이때 신뢰성을 책임지는 DBMS의 구성 요소를 회복 관리자라고 한다.

recovery point[–pɔ́int] **회복점**

recovery procedure[–prəsí:dʒər] **회복 절차, 리커버리 수순** 컴퓨터 시스템의 고장이나 장애가 발견된 후 시스템의 설계 능력이나 데이터 파일을 복원하기 위하여 수행하는 일련의 처리. 또 데이터 통신에 있어서 데이터 전송중에 발생한 모순된 상태 또는 잘못된 상태를 해결하기 위하여 특정의 데이터 스테이션이 시도하는 처리를 가리킨다. 넓은 뜻으로는 어떤 사상을 바른 상태로 되돌리기 위해서 수행하는 일련의 처리를 말한다. ⇨ recovery

recovery process[–práses] **회복 처리** 오류가 발생했을 때 그 영향을 최소한으로 억제하고 신속히 복구하기 위한 하드웨어 및 소프트웨어의 각종 기능으로, 구체적으로는 장애 검출 회로, 록아웃(lock out) 기능, 재시행 기능, 장애 보고 기능, 감시 타이머 기능, 진단 기능 등이 있다.

recovery processing[–prásesiŋ] **회복 처리** 컴퓨터 시스템에 오류가 발생되고부터 본래의 상태로 되돌아가기까지의 일련의 처리.

recovery routine[–ru:tí:n] **회복 루틴** 정보의 판독/기록 오류는 테이프 처리 작업에서 가장 많이 발생한다. 일반적으로 레코드의 판독/기록 과정에서 오류가 발생하면 그것이 교정될 때까지 반복 시도를 한다. 반복 시도를 해도 계속해서 오류가 발생하면 프로그램은 정지되는데, 이때 프로그램을 정지시키기 보다는 오히려 여러 복구 루틴을 이용하여 오류 레코드를 모두 삭제하고 다른 프로그램을 계속 수행하는 것이 바람직하다.

recovery termination manager[–tə̀:rmınéiʃən mǽnidʒər] **RTM, 회복 종료 관리 프로그램**

recovery time[–táim] **회복 시간** 펄스를 보낼 때 또는 받을 때 하나의 펄스의 끝에서부터 다음 펄스의 끝까지의 사이에 필요한 시간.
[주] 이것은 펄스를 보내든지 또는 받는 장치에 적용했을 경우의 정의이다.

recovery timer[–táimər] **회복 타이머**

recovery volume[–váljum] **회복 볼륨**

rectangle[réktæŋgl] *n*. **사각형** 컴퓨터 그래픽 분야에서 네모꼴을 가리키는 말.

rectangular coordinate system[rektǽŋgjulər kouɔ́:rdinət sístəm] **직교 좌표계** 수직으로 만나는 x축과 y축으로부터의 거리인 x좌표와 y좌표로 점을 나타내는 좌표계. ⇨ Cartesian coordinate system

rectangular pulse[–pʌ́ls] **사각형 펄스** 파형이 사각형을 이룬 펄스.

rectangular pulse train[–tréin] **사각형 펄스열** 사각형 펄스로 반복해서 구성되는 펄스열.

rectification[rèktifikéiʃən] *n*. **정류** 교류를 직류로 변환하는 것.

rectifier[réktifàiər] *n*. **정류기** 교류를 직류로 바꾸는 데 사용되는 장치.

rectilinear polygon[rèktilíniər páligən] **직교 다각형** ⇨ isothetic ploygon

recurrence[rikə́:rəns] *n*. **반복**

recurrence equation[–ikwéiʃən] **반복식** 수열의 새로운 항을 이전의 항을 이용하여 정의하는 수식. 예를 들면 $F_n=F_{n-1}+F_{n-2}$, $F_0=F_1=1$은 피보나치 수열을 반복식으로 정의한 것이다.

recurrence formula[–fɔ́:rmjulə] **복귀 공식, 반복 공식, 순환적 공식** 보통 모든 모델의 문제 해결에는 난해한 방정식을 풀 필요가 있으나 컴퓨터

에서는 그것을 해석적 방법이 아니라 이른바 반복 계산을 해서 푼다. 초기값을 x_0로 하여 $x_1=f(x_0)$, $x_2=f(x_1)$, …, $x_n=f(x_{n-1})$의 순서를 가지고 $|x_n-x_{n-1}|<\sum$의 값으로써 풀이한다. 이때에 x_{n-1}에서 x_n을 구해나가는 식을 반복 공식이라고 한다.

recurrence relation[-riléiʃən] **복귀 관계, 순환적 관계** 어떤 함수를 정의하기 위해 쓰이는 식에서 그 함수가 다시 나오는, 즉 재귀적인 식. 예를 들면 $f(x)=f(x/2)+1$과 같은 식으로 점화식이라고도 한다.

recurrent code[rikə́:rənt kóud] **자기 정정 부호** 벨 연구소에서 개발된 1단위 오류의 자기 정정 부호. 코드 워드는 10비트로 되어 있으며 그 중 6비트가 정보 비트이다. 이 방식은 시프트 레지스터를 사용하여 연속적으로 제1, 제4, 제7단위가 패리티 관계를 갖도록 한 이중 패리티 체크 방식으로 되어 있다.

recurrent transmission code[-trænsmíʃən kóud] **반복 전송 코드** 돌발형 오류를 검출하는 데 상징적 기호로 쓰이는 부호.

recurring events[rikə́:riŋ ivénts] **순환 방식** 원격지에 위치한 여러 장소에서 상호간의 정보 송수신이 가능한 대화 형식의 온라인 실시간 처리 방식. 원격 전자 회의의 정보 전송 방식 중의 하나이며 사무 자동화의 기본적인 도구이다.

recursion[rikə́:rʃən] *n*. **되부름, 재귀, 반복, 귀납** 프로그램 제어 구조나 데이터 구조 안에서 다시 자기 자신을 호출함으로써 문제를 해결하는 방식.

recursion induction[-indʌ́kʃən] **재귀 귀납법** 두 부분 함수 f와 g가 $f=g$가 되는 것을 f와 g가 함께 있는 범함수의 해라 하며, 이 범함수의 최소해가 정의 영역의 모든 값에 대하여 정의됨으로써 증명하는 방법. McCarthy에 의해서 도입된 프로그램 성질의 증명법의 하나.

recursion tree[-trí:] **트리 순환** 치환 프로그래밍에서 사용되어 온 순환의 또 다른 형태를 트리 순환이라 한다. 트리 순환은 트리 구조를 순회하는 데 사용된다. 즉, 리스트의 요소 그 자체가 리스트일 수 있다.

recursive[rikə́:rsiv] *a*. **회귀적, 재귀적, 귀납적, 반복적** (1) 어느 프로그램 루틴이 반복 사용되도록 되어 있을 때 그 루틴을 반복적(recursive)라고 한다. 이를 위해서는 루틴이 한 번 사용될 때 반드시 초기 상태로 되돌아가도록 만들어져야 한다. (2) 순환 : 어떤 기능이 그 기능 중에서 기능 자체를 사용하는 것이 가능하도록 관계된 것. 예컨대 n을 양의 정수로 하여

$$n\,!=n\times(n-1)\,!\ (0\,!=1)$$

로 표현할 경우, 계승(繼承)의 정의에 그 기능 자체를 이용하고 있는데 이러한 관계를 순환이라고 한다. 수학 기초론에서는 유한회의 조작에 의해 실행 가능한 사실만을 기초로 하는 입장을 말한다.

recursive algorithm[-ǽlgəriðm] **재귀적 알고리즘** 재귀 호출을 사용하는 알고리즘. interative algorithm의 반대어.

recursive call[-kɔ́:l] **순환 호출, 재귀적 호출** 프로그래밍 언어가 정하는 순서(서브루틴이나 함수 등)의 실행 과정에서 직접 또는 다른 절차 실행을 통해 간접적으로 자기 자신을 호출하는 일. 순환 호출을 실현하려면 데이터나 제어에 관해서 통상의 절차 호출과는 다른 관리가 필요하다. FORTRAN에서는 불가능하다.

recursive definition[-dèfiníʃən] **순환적 정의** (1) 어떤 사항을 정의할 때 일부분을 정의한 다음 이를 이용하여 전체를 정의하는 방법. (2) 자기 자신을 정의한 부분을 자기 자신의 정의에 다시 이용하는 것을 말한다.

recursive descent parser[-disént pá:rsər] **순환적 하강 분석계** 하나의 비종료 기호에 대하여 그 종료 기호를 해석하는 하나의 순환적 절차를 대응시키고, 뒤로 되돌림 없이 해석을 행하는 프로그램. 생성 규칙의 우변에 나타나는 비종료 기호에 따라서 순차 대응하는 절차를 호출하는 형식이며 프로그램이 표현되어 구문 규칙과의 프로그램 대응이 명확하고 프로그램으로서 실현하기 쉽고 또 이해하기 쉽다.

recursive formulation of merge sort[-fɔ̀:rmjuléiʃən əv mə́:rdʒ sɔ́:rt] **합병 정렬의 순환적 형식** 정렬하고자 하는 파일을 왼쪽과 오른쪽 서브파일의 두 부분으로 나눈 다음, 이 서브파일들을 각각 순환 알고리즘을 이용하여 정렬하고 두 개의 서브파일을 다시 합병하여 최종적으로 하나의 정렬된 파일을 얻는 것.

recursive function[-fʌ́ŋkʃən] **귀납적 함수** 자연수 {0, 1, 2, 3, …} 위에서 정의되고 값도 자연수를 갖는 함수를 수론적(數論的) 함수라고 하며 그 중에서 어떠한 변수값에 대해서도 유한회의 조작으로 함수값이 구해지는 함수를 말한다. 즉, 이 함수가 오퍼랜드로 되는 치환 규칙에 따라 얻어지는 자연수의 열(列)로부터 값이 유도되는 함수를 말한다.

recursively defined sequence[rikə́:rsivli(:) difáind sí:kwəns] **재귀적으로 정의된 열(列)** 두 번째 이후의 항의 각각은 그것에 선행하는 몇몇 또는 모든 항을 오퍼랜드에 포함하는 연산에 의하여 정해지는 항의 열.

[주] 순환적으로 정의된 열에 있어서 보통 두 개 이

상의 유한 개의 정의되어 있지 않은 항이 있어도 상관없다.

recursively enumerable language[–injú:mərəbl lǽŋgwidʒ] **귀납적 열거 가능 언어, 귀납적 가산 언어** 구(句) 구조 언어의 일종. 문맥 의존 문법에 대하여 빈종단 기호열을 생성하는 *A*→*e*라는 형태의 규칙의 도입을 허용하면, 귀납적 열거 가능 집합을 정의하는 능력을 갖는 다른 문법이 된다. 정칙(定則) 문법, 문맥 자유 문법, 문맥 의존 문법과 대비하여 무제한 문법이라고 하는 경우가 있으며, 이 문법에 의해서 생성되는 언어가 귀납적 열거 가능 언어이다.

recursively enumerable set[–sét] **재귀적 열거 가능 집합** 알고리즘에 의하여 그 요소를 만들어낼 수 있는 집합. 즉, 순환적 함수에 의하여 그 요소가 열거할 수 있는 것과 같은 집합.

recursive module[rikə́:rsiv mɑ́dʒu:l] **재귀적 모듈** ⇨ recursive subroutine

recursive multidimensional system[–mʌ́ltidimènʃənəl sístəm] **재귀적 다차원 시스템**

recursive prediction error method[–pridíkʃən érər méθəd] **재귀적 예측 오차법**

recursive procedure[–prəsí:dʒər] **재귀적 절차** 자기 자신을 직접적 혹은 간접적으로 호출할 수 있는 절차.

recursive process[–prɑ́ses] **재귀 프로세스** 데이터 처리에서 함수값들을 계산하는 방법의 하나로서, 각 처리 단계는 먼저 처리되어야 할 모든 종속 처리 단계들이 처리된 후에야 처리되므로 하나의 처리 단계는 앞의 모든 처리 단계들이 완료되어야만 처리될 수 있다.

recursive program[–próugræm] **재귀적 프로그램** 실행 단계에서 호출한 서브루틴이 자기 자신을 호출하는 것과 같이 자기 자신이 반복적으로 사용되는 프로그램.

recursive routine[–ru:tí:n] **재귀적 루틴, 재귀 루틴** 하나의 루틴 내에서 다시 자신의 루틴을 호출하거나 자신이 호출한 서브루틴에 의해 자신이 재호출되는 루틴을 이용하여 진행 상태를 간직한다. 이런 형태의 처리 방법은 여러 단계로 구성되며, 트리(tree) 구조와 관계가 있다.

recursive set[–sét] **귀납적 집합** 특성 함수가 순환 함수인 것과 같은 집합.

recursive structure[–strʌ́ktʃər] **재귀 구조** 리스트 언어에서 순환 정의를 만족시키는 구조.

recursive subroutine[–sʌ̀bru:tí:n] **재귀적 서브루틴** 서브루틴 중의 하나이며, 그 자체를 직접 호출하거나 그 자체가 호출한 별도의 서브루틴으로부터 호출됨으로써 그 자체를 서브루틴으로 사용할 수 있는 것.

[주] 순환적 서브루틴 또는 순환적 루틴을 사용하기 위해서는 사용 도중의 상태를, 예를 들면 후입 선출 리스트와 같은 데 기록해두지 않으면 안 된다.

recursive subroutine call[–kɔ́:l] **재귀적 서브루틴 호출**

recycle facility[risɑ́ikl fəsíliti(:)] **리사이클 기능, 재순환 기능** 자동 예금 지급기(ATM) 등에 있어서 입금된 지폐나 경화를 그대로 지불용으로 다시 사용하는 기능.

recycling of programs[risɑ́ikliŋ əv próugræmz] **프로그램 재순환** 다른 프로그램들을 변경시키거나 영향을 미칠 수 있는 한 프로그램이 변경되었을 때, 컴퓨터를 이용하여 프로그램들의 재순환 관계를 조직적으로 정리하는 것.

recycling program[–próugræm] **재순환 프로그램** 변경을 요구하거나 다른 프로그램에 영향을 미치는 요인이 생겨 프로그램 교체가 실시될 때, 컴퓨터를 이용하여 기존 프로그램을 재순환시키기 위한 체계화된 재배열.

redact[ridǽkt] *v*. **개정하다** 입력 데이터를 편집하거나 수정하는 것.

redaction[ridǽkʃən] *n*. **개정판** 어떤 새로운 또는 편집 수정된 입력 데이터.

red book[re(:)d buk] **레드북** 소니와 필립스에 의해 도입된 CD-DA 오디오 CD 포맷의 또 다른 이름으로 레드북 표준은 음향의 미미한 데이터 오류 방지용 디지털 오디오 데이터와 에러 수정 작업을 포함하는 디스크의 트랙 수를 지정한다. 이 포맷을 이용하면 총 74분의 디지털 사운드를 초당 150kB의 속도로 전송할 수 있다. ⇨ CD-DA, CD-I, CD-ROM, green book, orange book, white book, yellow book

redefine[ri:difɑ́in] *v*. **재정의하다** 프로그래밍 언어에서 한 번 정의(define)한 변수나 함수가 또다시 정의되는 것. 혹은 고의로 바꾸어 정의하는 것. 고급 언어에도 종종 있으며 함수나 변수의 형(型)의 정의를 한 번 행하여 재차 정의(재정의)하면 프로그램은 재정의 오류(redefine error)를 발생하는 것과 재정의가 허용되는 것이 있다. 일반적으로 고급 언어의 컴파일러는 가장 최초에 기술된 정의문(define statement)에 의하여, 필요한 메모리를 할당하는 경우가 많기 때문에 재정의는 그 메모리 할당을 부당한 것으로 하는 경우가 있다. COBOL의 REDEFINES 구(句)는 같은 기억 영역에 다른 데이터 항목을 저장할 목적으로 사용되는 적극적인 재정의의 예이다.

redefine error[-érər] **재정의 오류**

redefinition[riːdèfiníʃən] **재정의** 정의되어 있는 변수나 배열 요소가 다시 정의되는 것. FORTRAN의 용어.

red-green-blue monitor[ré(ː)d gríːn blúː mánitər] **3원색 모니터** ⇨ RGB monitor

Red Hat Linux 레드햇 리눅스 미국 노스캐롤라이나 주의 레드햇 소프트웨어(Red Hat Software)사가 제품화하여 시판하고 있는 리눅스 운영 체제. 리눅스의 커널에 해당하는 운영 체제의 기본 부분은 무료로 배포하고 있지만, 여기에 인스톨 유틸리티나 서드파티제의 프로그램을 추가하여 시판하고 있다.

redimension[rìːdiménʃən] *n*. **배열 재정의** 배열의 요소 수를 프로그램의 실행중에 변경하는 것.

redirect[rìːdirékt] *v*. **전송하다**

redirection[rìːdirékʃən] *n*. **방향 지정** 표준 입력의 입력선, 표준 출력의 출력선, 또는 표준 오류 출력선을 변경하는 것. 보통 이들의 입출력선은 단말 장치로 되어 있으나 셸(shell)에 대해서 커맨드 시동을 지시할 때 희망하는 것을 지시할 수 있다. 방향 지정을 나타내는 기호는 보통 네 종류가 있으며 "<", "<>"은 표준 입력선의 변경, ">"과 ">>"은 표준 출력선의 변경을 나타낸다. ">"는 파일의 선두로부터의 출력을 나타내고 ">>"는 파일에의 추가를 나타낸다.

redirector[rìːdiréktər] **리디렉터** 네트워크 요소의 하나로서 네트워크의 파일 및 프린터 등의 사용에서 신호의 입력과 출력을 제어하여 네트워크의 요구에 응답한다. 이는 클라이언트 컴퓨터가 데이터를 받을 수 있게 하며, OSI 모델의 프레젠테이션 계층에서 동작한다.

redistribution[rìːdistribjúːʃən] **재배포** 제작자 이외의 사람이 배포 가능한 소프트웨어. 주로 인터넷이나 잡지 등의 부록 CD-ROM에 수록되어 있다. 제작자의 입장에서는 배포권을 포기하는 대신 소프트웨어의 보급 촉진이라는 이점이 있다.

redo[riːdúː] *v*. **재수행하다** 트랜잭션을 수행하는 동안에 주기억 장치 또는 처리 장치 등의 고장 때문에 계속 수행할 수 없을 때, 이 고장을 회복한 다음 로그에 있는 기록을 이용하여 앞서 수행한 연산들을 다시 수행하여 고장이 나기 직전까지의 상태로 회복시키는 과정.

redraw[riːdrɔ́ː] **리드로** 윈도의 크기를 변경했을 때 그 안에 배치되어 있는 이미지를 새로운 윈도의 크기에 맞추어 다시 그리는 것.

red tape[ré(ː)d téip] **적색 테이프** (1) 어떤 상황을 제어하는 데 필요한 총괄적인 동작들이나 기능들에 관련된 용어. 예를 들면 어떤 컴퓨터 프로그램을 위한 보조 작업 과정에서 그 프로그램에 사용된 상수들이나 변수들을 정해놓는 것. (2) 기억 장소의 내용들을 유지, 복구, 제거시키는 데 관련된 일반적인 용어.

red tape operation[-àpəréiʃən] **적색 테이프 작동** 어떤 문제를 푸는 데 그 해와 직접적인 관계가 없는 컴퓨터 동작.

REDUCE 리듀스 유타 대학에서 개발된 수식 처리 언어. 기본적인 수식 처리 기능을 사용하기 쉽게 정리하여 이식도 하기 쉽다. LISP 1.6으로 작성되어 있다.

reduce[ridʒúːs] *v*. **감하다, 줄이다** 수를 「감하다」, 사이즈를 「작게 하다」, 양적으로 「압축하다」라는 의미가 있다. 예를 들면 프로그램이나 데이터를 보존할 때 플로피 디스크의 매수 등을 적게 하기 위해 몇 가지 방법으로 파일의 크기를 작게 하는 것이 필요하게 된다. 그 대표적인 예로서 파일 압축 기술을 사용하여 파일의 사이즈를 작게 하는 것을 들 수 있으며, 근거리 네트워크(LAN)의 통신 방식의 하나이다. 경합 모드(contention mode)에서는 패킷이 충돌하므로 흐름 제어를 행함으로써 경합을 감할 수 있다.

reduce conflict[-kánflikt] **수축 상충** 문법에 기초한 구문 분석기(parser)에 의해 입력 스트링이 비단말 기호로 대치되는 과정에서 동일 심벌들이 두 가지 이상의 비단말 기호들로 대치 가능할 때 발생되는 문제로서, 이러한 충돌이 발생하면 구문 분석이 불가능해진다. lookahead set을 이용하여 해결하는 방법이 있다.

reduced automaton[ridjúːst ɔːtámətən] **기약 오토머턴** 어느 유한 오토머턴이 있을 때 그것과 동등한 유한 오토머턴이 일반적으로 몇 개 존재한다. 이때 그것과 동등한 유한 오토머턴 중에 상태 수가 최소인 유한 오토머턴을 말한다.

reduced character[-kǽrəktər] **함축 문자**

reduced instruction set computer[-instrʌ́kʃən sét kəmpjúːtər] **RISC, 축소 명령 집합 컴퓨터** 명령 수를 필요한 것만 최소한으로 줄이고, 또 개개의 명령을 기본적으로 단순한 기능으로 한 컴퓨터. 복합 명령 집합 컴퓨터(CISC)에 대비하여 쓰인다.

reduced or deflated polynomial[-ər difléitəd pàlinóumiəl] **수축 다항식** 다항식 $p(x)$의 $x-a$에 의한 몫 다항식을 $q(x)$라고 하면 $q(x)$는 $p(x)$보다 차수가 1 적은 다항식이 된다. 이 $q(x)$를 $p(x)$에 대한 수축 다항식이라 한다. ⇨ quotient polynomial

reduced print [–prínt] **축소 인쇄** 프린터에 의해서 인쇄할 때 데이터(문자, 그림, 사진 등)를 축소하여 인쇄하는 것. 예를 들면 용지 사이즈가 B4인 것을 A4의 크기로 인쇄하는 것.

reduced screen [–skríːn] **축소 화면**

reduced state classification [–stéit klæ̀sifikéiʃən] **기약 상태 유별** 기약 오토머턴의 상태 유별. ⇨ reduced automaton, state classification

reducible polynomial [ridjúːsibl pɑ̀linóumiəl] **약분이 가능한 다항식**

reductio ad absurdum [ridʌ́ktiou æd æbsə́ːrdəm] **배리법** 증명의 한 기법. 「가정 A가 성립하면 결론 B가 성립한다」는 명제의 증명에 있어 결론 B의 성립을 직접 기술하는 대신 가정 A 하에서 B가 성립하지 않는다는 것을 전제로 하여 추론해 나가면 모순이 생긴다는 것을 제시하고 A이면 B이어야 한다는 것을 증명하는 방법.

reduction [ridʌ́kʃən] *n.* **축소, 환원** (1) 축소 : 빈 항목(field)이나 불필요한 데이터를 제거하여 레코드의 길이를 줄임으로써 컴퓨터 기억 장소를 절약하는 것. (2) 환원 : shift reduce parsing에서 문법에 맞는 입력 스트링이 존재할 경우 비단말 기호로 대치되어 분석 목을 형성해 올라가는 과정을 말한다. 상향식 분석(bottom up parsing)에 쓰인다.

reduction machine [–məʃíːn] **리덕션 머신** 여기서의 리덕션이란 식의 고쳐쓰기 단계를 말하고, 리덕션 머신은 모든 계산을 식의 고쳐쓰기로 정의하려는 것이다. 리덕션은 함수형 언어 등과의 친화성이 높고 병렬 처리를 목적으로 하고 있기 때문에 비노이만형 컴퓨터에의 접근으로서 연구되어 왔다. 현재도 연구가 진전중이다.

reduction system [–sístəm] **리덕션 시스템** 주어진 대상(식, 기호열, 그래프 등)을 바꾸어 쓰는 규칙에 따라 변형해 감으로써 계산을 하는 시스템.

reductive grammar [ridʌ́ktiv grǽmər] **환원 문법** 기호열을 해석하고 있는 언어 가운데 기호가 존재하는지 어떤지를 판정하기 위한 구문 법칙의 집합. 환원 문법은 생성 문법에 비해 기호열을 인식 가능한 초변수(超變數)로 환원하도록 설계되어 있다.

redundance [ridʌ́ndəns] *n.* **중복, 여유** 추론시 지식 베이스에 어떤 상황을 같이 만족시키면서 같은 결과를 내는 두 개 이상의 규칙이 존재하는 것.

redundancy [ridʌ́ndənsi(ː)] *n.* **중복** 여유. 여분. 용장(冗張). (1) 신뢰성 공학의 술어로 규정 기능을 수행하기 위한 요소 또는 수단을 여분으로 부가해서 그 일부가 고장나도 전체로서는 고장이 나지 않는 성질. (2) 중복도 : 메시지에 나타난 오류를 검출 또는 정정하기 위해 부가된 여분의 정보 비율. 메시지의 길이를 n, 그 정보를 나타내는 데 필요한 최소의 길이를 k라 하면 중복도 r은

$$r=1(k/n)$$

[주] 정보 이론에서 선택 정보량 H_0와 엔트로피 H의 차 R. 즉, $R=H_0-H$.

redundancy allocation [–æ̀ləkéiʃən] **중복 할당**

redundancy analysis [–ənǽlisis] **중복 분석**

redundancy and availability allocation [–ənd əvèiləbíliti(ː) æ̀ləkéiʃən] **중복 유효성 배분 문제**

redundancy bit [–bít] **중복 비트** 예를 들면 짝·홀수 검사의 경우에는 1비트를 부가하여 부호의 "1"의 수가 홀수(또는 짝수)라는 법칙을 성립시키고 있는데, 한 무리의 부호군을 입출력, 전송, 기억 등의 처리를 할 때 오류의 발생 유무를 검출하기 위하여 어떠한 법칙성을 유지시키는 것을 목적으로 하여 여기에 부가하는 몇 개의 비트.

redundancy check [–tʃék] **중복 검사** 정보의 전송이나 조작시, 발생하는 에러를 자동적으로 검출하기 위해 정보의 구성 비트나 문자를 이용하여 프로그램으로서 검사하는 것. 이 방법으로는 홀수-짝수 패리티 검사, 일정 기록 부호에 의한 검사법 등이 있다.

redundancy check character [–kǽrəktər] **중복 검사 문자**

redundancy input [–ínpùt] **중복 입력** 데이터 입력시의 오류를 방지하기 위하여 같은 데이터를 여러 번 입력한다. 여러 번 입력된 데이터들을 비교하여 입력시의 오류를 검출하는 데 이용한다.

redundancy management [–mǽnidʒmənt] **중복성 관리**

redundancy optimization problem [–ɑ̀ptimizéiʃən prɑ́bləm] **중복 최적화 문제**

redundancy-route service [–rúːt sə́ːrvis] **회선 이중화 서비스** 단말 회선을 두 전화국에서 한 가입자에 다른 경로로 잇는 회선 서비스. 재해시 대책의 하나이다.

redundancy row [–róu] **중복렬, 용장행(冗張行)** 기록된 부호의 오류 검사 또는 그 회복의 목적으로 기록되는 열.

redundancy system [–sístəm] **중복 체계** 필요한 기능을 수행하는 요소나 수단에 여분의 것을 부가하여, 그 일부가 고장나도 전체로서 기능의 수행이 멈추지 않는 방식.

redundant [ridʌ́ndənt] *a.* **중복된**

redundant arrays of inexpensive disk [–əréiz ʌv ìnikspénsiv dísk] **저가 디스크의 중**

복 배열 ⇨ RAID

redundant bit[–bít] **중복 비트** 문자 표현을 위한 코드 체계에는 들어가지 않지만 에러 검출을 손쉽게 하기 위해 여분으로 가해진 비트. 패리티 체크에서는 체크 단위마다 1비트가 가해진다.

redundant bit system[–sístəm] **중복 비트 부가 방식** 정보 비트에 오류 검출용 비트를 부가하여 오류 검출 또는 정정을 하는 수법의 하나로 오류 검출 능력이 높고, 전송 효율로 그다지 저하되지 않는 방식이기 때문에 널리 일반화되었다.

redundant character[–kǽrəktər] **중복 문자, 여유 문자** (1) 정보를 나타내기 위하여 필요한 비트 수 외의 여분의 비트에 주어진 부호. 주로 여분 검사에 쓰인다. (2) 전송 오류나 컴퓨터의 오동작을 검출하기 위해 부가되는 오류 검출 문자.

redundant check[–tʃék] **중복 검사, 여분 검사** 기계어 내의 특정 비트들을 써서 고장, 오류 등을 살피는 것. ⇨ redundancy check

redundant code[–kóud] **중복 부호** 정보를 나타내는 데 필요한 최소 비트 수보다 여분의 비트를 가진 부호. 주로 중복 검사에 쓰여진다. 컴파일러의 목적 코드 생성시 발생되는 현상이다.

redundant data[–déitə] **중복 자료**

redundant expression[–ikspréʃən] **중복식** 중복되어 나타난 식.

redundant failure[–féiljər] **중복 장애** 어느 시스템 중에서 생겨도 그 시스템을 정지시키는 일 없이 요구된 기능을 수행할 수 있는 장애.

redundant file[–fáil] **중복 파일** 데이터의 필드가 중복되거나 데이터 필드의 내용이 레코드마다 동일하게 반복되어 나타나는 파일.

redundant information[–ìnfərméiʃən] **중복 정보** 여러 방법으로 정보의 주요 부분이 나타날 수 있게 표현한 메시지.

redundant path[–pǽθ] **예비 경로** 패킷 전송에서 원래의 경로가 파괴되었을 때 이용하는 예비 경로.

redundant phase encoding[–féiz inkóudiŋ] **중복 위상 코드화** "0"과 "1"을 다른 폭의 펄스로 나타내는 코드 시스템. 각 펄스는 특정 시간 동안 한 번 또는 여러 번 보낼 수 있는데, 이것을 중복 위상 코드화라고 한다.

redundant phase encoding method[–méθəd] **중복 위상 코드화 방식** 위상 코드 방식에서 "0"과 "1"은 각기 폭이 다른 펄스로 나타나는데, 이 방식은 각각의 펄스가 어떤 특정된 시간만큼 반복해서 나오도록 한 것이다. 캔자스 시티 규격은 이 방식이며, FSK(frequency shift keying)로 되어 있다.

redundant phase recording[–rikɔ́:rdiŋ] **중복 위상 기록** 데이터 전송에서 신뢰성을 높이고 양방향성 동작에서의 오동작을 줄이기 위하여 각 테이프 트랙은 어떤 인접하지 않은 트랙과 부수적으로 연관되어 있다. 진폭의 크기를 이용하지 않고 위상을 이용하여 기록함으로써 진폭 변화에 의한 오류들을 감소시킬 수 있다.

redundant recording **중복 기록** 테이프의 어떤 부분에 대한 손상으로 말미암아 정보가 손실되는 것을 예방하기 위해 모든 정보를 테이프에 두 번 기록하는 것. 카세트 테이프에 레코드를 기록하는 방법의 하나이다.

reed[rí:d] *n*. **리드**

reed relay[–rí:lei] **리드 릴레이** 리드 스위치를 솔레노이드에 놓고 그 자력으로 온/오프를 하는 릴레이.

reed switch[–swítʃ] **리드 스위치**

reel[rí:l] **테, 감개, 릴** (1) 자기 테이프나 종이 테이프를 감기 위한 플랜지가 달린 틀이며, 직접 장치에 장착할 수 있는 것. 이 틀은 원통 형상으로 되어 있으며 그 구멍을 허브(hub)라 하고, 장치에 걸 때 캡스턴(capstan)에 끼워진다. (2) 자기 테이프와 그것을 감는 틀을 조합한 데이터 매체의 관리 단위. 다중 릴 파일(muti reel file)은 하나의 파일을 여러 개의 릴로 분할하여 수용한 것. 다중 파일 릴은 하나의 릴에 두 개 이상의 파일을 수용한 것을 가리키지만, 현재는 릴 대신에 볼륨이라는 용어가 사용된다. (3) 플랜지가 달린 원통이며 이 주위에 테이프가 감겨진 것.

reel number[–nʌ́mbər] **릴 번호**

reel sequence number[–sí:kwəns nʌ́mbər] **릴 순서 번호** ⇨ reel number

reel to reel[–tu rí:l] **릴대릴** 프린터에서 잉크 리본이나 테이프를 감는 방법.

reengineering[ri:endʒəní(:)riŋ] **리엔지니어링** 기존의 경영 활동을 무시하고 기업의 부가가치를 산출하는 활동을 완전히 백지 상태에서 새롭게 구성한다는 경영 혁신 기법. 의사 결정의 지연을 초래하는 기능 중심의 수직적 사고에서 고객에게 신속히 반응하는 프로세스 중심의 수평적 사고로의 전환을 요구한다.

reenterable[ri:éntərəbl] *a. n*. **RENT, 재진입성, 재진입 가능(한)** 일반적으로 프로그램이나 루틴은, 예를 들어 「입력 데이터 한 건이 입력된」 조작원에 의하여 「실행 키가 눌러진」이라는 동기마다 1회 실행된다. 그렇지만 여러 대의 단말 장치에서 랜덤하게 들어오는 테이프를 처리하는 실시간 시스템 등에서는 어떤 1회의 실행이 끝나기 전에 별도의 입력 데이터가 와서 같은 루틴이 실행되어 처리 결과가 바뀌게 될(파괴될) 염려가 있다. 때문에 처리 결과를 저장해두는 주기억 장치 상의 영역을 그 데이터의 종류마다 준비하는 것 등이 필수적으로 고려되어야 한다. 이러한 고려가 완전히 갖춰진 상태를 재진입성(reenterable)이라고 한다. 그리고 이러한 프로그램이나 루틴을 재진입 루틴(reentrant routine)이라 한다. 다중 프로그래밍이나 온라인 실시간 처리 등에 필수적인 기능이다.

reenterable load module[–lóud mádʒuːl] **재진입 가능 적재 모듈** 두 개 이상의 작업이나 과제에 의해 동시에 또는 반복적으로 사용될 수 있는 적재 모듈의 한 형태.

reenterable module[–mádʒuːl] **재진입 가능 모듈** 실행되는 동안 자기 자신의 값이나 코드를 변경시키지 않는 모듈. 어떤 호출이 끝나기 전에 계속해서 다른 곳에 호출된다 하더라도 모든 호출이 정확한 결과를 받게 한다. 이 모듈은 여러 사용자가 공동으로 사용할 수 있고, 매 호출에 따른 데이터들은 각각 따로 존재하며, 프로시저 코드는 하나만 존재한다. ⇨ pure procedure

reenterable program[–próugræm] **재진입 가능 프로그램** 컴퓨터 프로그램의 하나로 반복 입력할 수 있고, 또한 컴퓨터 프로그램에 선행하는 실행이 완료되기 전에 새로 입력할 수 있으며, 더욱이 외부 프로그램 파라미터나 어떠한 명령도 그 실행중에 수식되지 않는다는 조건을 만족하고 있는 것.
[주] 재진입 프로그램, 재진입 루틴 또는 재진입 서브루틴은 동시에 두 가지 이상의 컴퓨터 프로그램에 사용할 수 있다. ⇨ reentrant program

reenterable routine[–ruːtíːn] **재진입 가능 루틴** 루틴의 하나로 반복 입력할 수 있고, 그 루틴에 선행하는 실행이 완료되기 전에 새로 입력할 수 있으며, 더구나 외부 프로그램 파라미터나 어떠한 명령도 그 실행중에 수식되지 않는다는 조건을 만족하고 있는 것. ⇨ reentrant routine

reenterable subroutine[–sʌ̀bruːtìːn] **재진입 가능 서브루틴** 서브루틴의 하나로 반복해서 입력할 수 있고, 또한 그 서브루틴에 선행하는 실행이 완료되기 전에 새로 입력할 수 있으며, 더욱이 외부 프로그램 파라미터나 어떠한 명령도 그 실행중에 수식되지 않는다는 조건을 만족하고 있는 것.

reentrant[riːéntrənt] *n. a.* **재진입 가능(한)** 프로그램이나 서브루틴에 반복 입력하는 것이 가능한 것. 즉, 두 가지 이상의 태스크를 동시에 사용할 수 있도록 프로그램이 구성되어 있는 것. 프로그램 속성의 하나이다. 여러 작업으로부터 동시에 호출되어도 모순이 생기지 않는 것이 재진입 가능 루틴의 조건이 된다. 예를 들면 프로그램의 수법으로서 인터럽트(interrupt)가 흔히 사용되지만 동시에 발생하는 인터럽트에 의하여 호출되는 루틴은 재진입 가능 루틴이어야만 한다. 재진입 프로그램은 외부의 어떠한 파라미터에 의해서도 상호 간섭되지 않으며, 또한 실행중에 수식되지 않는다.

reentrant code[–kóud] **재진입 가능 코드** 동시에 여러 프로세스에 공유될 수 있으며, 수행중에 자신의 코드나 데이터 영역이 결코 변하지 않는다.

reentrant code generation[–dʒènəréiʃən] **재진입 가능 코드 생성** 어떤 시스템에서 FORTRAN 또는 BASIC 컴파일러들이 자동으로 어셈블리어와 호환성이 있는 재진입 코드를 만들어내는 것. 이렇게 함으로써 사용자는 좀더 기본적인 어셈블리어의 장점과 고급 언어들의 장점들을 모두 이용할 수 있다.

reentrant procedure[–prəsíːdʒər] **재진입 가능 절차** 실행중에 자신의 코드나 데이터 영역을 변경하지 않는 절차. 이와 같은 절차는 다중 프로그래밍 시스템에서 여러 프로세스에 의해 공유되어 사용될 수 있는 것으로, 한 프로세스가 이것을 호출하여 수행하고 있는 동안에 다른 프로세스가 호출해도 모든 호출이 정확한 결과를 받게 된다. 이 절차의 코드는 하나만 존재하고, 많은 프로그램이 동시에 사용될 수 있으며, 각 호출에 따른 데이터 영역은 각기 따로 존재한다.

reentrant procedure segment[–ségmənt] **재진입 가능 프로시저 세그먼트** 여러 프로세스들에 의해 공유될 수 있는 세그먼트.

reentrant processor[–prásesər] **REP, 재진입 가능 프로세서**

reentrant program[–próugræm] **재진입 프로그램** 실행중에 데이터의 입력이 행해지는 부분을 포함하지 않은 불변인 코드만으로 작성된 프로그램이며, 몇 가지 프로세스(또는 태스크) 사이에서 병행으로 공용할 수 있는 것.
[주] 재진입 프로그램, 재진입 루틴 또는 재진입 서브루틴은 동시에 두 가지 이상의 컴퓨터 프로그램으로 사용할 수 있다.

reentrant routine[–ruːtíːn] **재진입 가능 루틴** 루틴의 하나로 반복해서 입력할 수 있고, 또한 그 루틴에 선행되는 실행이 완료되기 전에 새로 입력할 수 있는 것이며, 더욱이 외부 프로그램 파라미터나 어떠한 명령도 그 실행중에 수식되지 않는다는 조건을 만족하고 있는 것.

reentrant structure[–strʌ́ktʃər] **재진입 가능 구조**

reentrant subroutine[−sʌ̀bru:tí:n] **재진입 가능 서브루틴** 서브루틴의 하나로 반복해서 입력할 수 있고, 그 서브루틴에 선행하는 실행이 완료되기 전에 새로 입력할 수 있는 것이며, 더욱이 외부 프로그램 파라미터나 어떠한 명령도 그 실행중에 수식되지 않는다는 조건을 만족하고 있는 것.

reentry[ri:éntri(:)] *n.* **재진입, 리엔트리**

reentry point[−pɔ́int] **재진입점** 서브루틴을 호출한 컴퓨터 프로그램이 그 서브루틴으로부터 재진입될 때의 명령 어드레스 또는 표.

refactory polysilicon process[rifǽktəri(:) pàlisílikən práses] **내화성 폴리실리콘 처리** 폴리실리콘 위에 얇은 금속층을 깔아서 저항을 감소시키는 처리 방법.

refer[rifə́:r] *v.* **참조하다** 중앙 처리 장치(CPU)가 동작하고 있을 때와 필요할 때 변수(variable)나 어드레스의 맵(map)을 참조한다. 고급 언어를 사용한 경우 점프 어드레스의 지정에 레이블(label)이라고 불리는 문자열을 사용하는 경우가 많다. 이때 고급 언어의 컴파일러는 원시 프로그램(source program)의 점프와 실제 기계어 루틴의 점프선의 어드레스 맵(대응표)을 만든다. 컴파일러는 이 맵을 참조하면서 원시 프로그램을 번역한다. 이와 같이 컴퓨터에서는 내부에서 식별에 사용되는 코드 변환 등의 목적으로 맵을 참조하는 경우가 많다.

reference[réfərəns] *n.* **참조** 인용. 기준. (1) 예를 들면, 어떤 프로그램 중에 일의명(一意名 ; 또는 이름)과 언어로 정해져 있는 별도의 수단에 의하여 생각하고 있는 문법 단위로 액세스하는 것. 참조 방법에는 변수나 정수와 같이 이름을 지정하거나, 배열 요소의 위치를 지표나 첨자로 식별하거나, 수식어에 의해 구성 요소를 일의적으로 식별하거나, 파라미터의 주고 받음에 의하여 실행을 지정하는 등의 방법이 있다. (2) 어떠한 한 가지의 선언된 언어 대상물을 가리키는 언어 구성 요소. 예를 들어 식별자가 이에 해당된다.

reference address[−ədrés] **참조 번지** 임시적 상태 번지를 최종적 절대 번지로 변환시키는 데 사용되는 번지. 또는 상대 번지들의 그룹을 가리키는 데 사용되는 번지이다.

reference axis[−ǽksis] **기준축, 참조축** 축상의 원점과 같은 어떤 설정된 값의 위치에서 플로팅 그리드(plotting grid)를 가로질러 그은 선.

reference bit[−bít] **참조 비트** (1) OS가 사용하는 비트로서, 주기억 장치를 2KB로의 블록으로 나누고, 그 블록에 1비트씩 주어져 있다. (2) 모든 페이지들을 주기적으로 검토하여 세트되어 있는가를 파악하여 대치할 페이지를 선택하는 데 사용되는 비트.

reference by location[−bai loukéiʃən] **위치 참조, 위치 잡기**

reference count[−káunt] **참조 계수** 사용하지 않는 연결 블록을 회수하기 위한 쓰레기 수집(garbage collection)시, 사용중이 아니면서 반환되지 않는 블록이 존재할 수 있으므로 이들의 반환을 위해 그 블록을 사용하는 링크의 수를 표시하는 것. 이것을 기억하기 위해 각 블록마다 추가적인 필드가 필요하다. 참조 계수가 0이면 그 블록을 참조하는 것이 없다는 뜻이므로 해당 블록은 반환된다. 어떤 블록이 반환될 때 그가 참조하는 블록의 참조 계수가 1씩 감소한다.

reference creation[−kriéiʃən] **참조 작성** 기존의 오브젝트를 바탕으로 하여 새로운 오브젝트를 작성하는 것.

reference data base[−déitə béis] **참조 데이터 베이스** 논문이나 각종 문헌의 초록 등이 수록되어 있는 참고용 데이터 베이스.

reference debugging-aid[−dibʌ́(:)giŋ éid] **참조 오류 수정 보조기** 프로그래머가 프로그램의 오류 검출을 쉽게 할 수 있도록 컴퓨터를 이용하는 방법을 제공하는 루틴.

reference edge[−é(:)dʒ] **기준 에지, 기준선, 기준 가장자리** 데이터 매체의 가장자리로서 데이터 매체에 관한 양식 또는 측정의 근거가 되고, 자기 테이프의 기록 위치를 규정하기 위한 위치. 이것은 기준 가장자리에서 각각의 트랙 위치까지의 거리를 정확하게 하여 어느 자기 테이프 장치와도 호환성을 가지도록 하기 위해 설정된다.

reference environment[−inváirənmənt] **참조 환경** 프로그램 혹은 부프로그램이 실행중에 참조하기 위해 가지고 있는 인식자(identifier)의 집합. 일반적으로 참조 환경은 각각의 프로그램이 새로이 생성되었을 때 시작되며, 그들이 실행중에 변하지 않고 각각의 데이터 개체에 포함된 값들은 변할 수 있지만, 그 개체의 이름은 변하지 않는다. 지역적인 것과 총체적인 참조 환경이 있다.

reference file[−fáil] **참조 파일**

reference format[−fɔ́:rmæt] **정서법(正書法)** 원시 프로그램을 기술하기 위한 표준 방법으로 각 프로그램 언어 중에 입출력 매체 상의 행(行)을 구성하는 문자 위치를 기준하여 규정되어 있는 것. 프로그램 중의 변수나 정수, 배열, 절차, 문장 등의 문법 단위 기술의 차례, 출력 위치, 종지 방법 및 명령문이 1행 이상으로 되었을 때 행의 연결 방법 등이 정해져 있다.

reference input signal[−ínpùt sígnəl] **참조 입력 신호** 제어 루프에서 직접 제어되는 변수에

대한 비교의 기준으로 쓰기 위해 특별히 루트 밖에서 주어지는 신호.

reference instruction[–instrʌ́kʃən] **참조 명령어** 체계적으로 배열되거나 저장된 데이터를 참조하는 데 사용하는 명령어.

reference language[–lǽŋgwidʒ] **참조 언어** 각 프로그램 언어에서 기준이 되는 언어. 어떤 언어의 정의용 문자 집합과 서식, 참조 언어는 상호 이해를 쉽게 하는 입장에서 만들어졌으며, 하드웨어에 의한 제한된 서술의 편의성이나 수학상의 표기법 등에 의해 제한받지 않는다. 그 밖에 발표 언어(publication language)나 하드웨어 표현(hardware representation)이 있으나, 이들은 단지 문자 집합 하나하나의 외부 표현이 다를 뿐이다.

reference level[–lévəl] **기준 수준** 진폭 및 진폭에 관한 각종 양을 정의할 때 기준이 되는 수준. 특별한 규정이 없으면 베이스 라인과 일치한다.

reference line[–láin] **참조선** 문자의 수평 방향 위치를 정하기 위한 기저선(基底線)에 수직인 직선.

reference listing[–lístiŋ] **참조 목록** 컴파일러에 의한 출력으로서 저장 위치의 세부 사항에서부터 최종 과정까지 나타난 명령 등을 표시한다.

reference machine[–məʃíːn] **참조 머신** 호환성이 있는 하드웨어나 소프트웨어를 작성할 때 호환성의 판단 기준이 되는 하드웨어. 참조 머신 상에서 목적 동작을 나타내는 것은 호환성이 인정되며, 목적 동작을 나타내지 않는 것은 호환성이 없다고 한다.

reference manual[–mǽnjuəl] **참조 설명서** 장비 또는 프로그램의 작동을 설명한 책자.

reference model of CG 컴퓨터 그래픽 참조 모델 그래픽 처리에 필요한 기능을 정리하고 계층화함으로써 각 레이어 모듈의 개발 능률 및 유용성을 향상시키기 위한 모델. 응용 프로그램, CG 지원 패키지, 워크스테이션, 디바이스 4단계로 분류되어 있다.

reference modification[–màdifikéiʃən] **부분 참조** 데이터 항목에 대하여 최좌단의 문자와 길이를 지정함으로써 데이터 항목을 정의하는 것.

reference modifier[–mádifàiər] **부분 참조자** 데이터 항목을 부분적으로 참조하기 위해 사용하는 최좌단 문자 위치와 길이.

reference monitor[–mánətər] **참조 모니터** 접근 행렬의 모니터 검사 기구를 추상화한 것으로 보안의 핵심 부분. 일반적으로는 흐름 제어도 그 대상으로 한다.

reference noise[–nɔ́iz] **기준 잡음** 회로 잡음계로 측정한 경우 1,000Hz의 주파수에서 10mW의 잡음에 상당하는 회로 잡음의 크기.

reference parameter[–pərǽmətər] **참조 매개변수, 참조 인자** 고급 언어에서 서브루틴에 인자를 넘겨주는 경우 그 값 또는 이름이 아니고 포인터 변수를 이용하여 실인자에 대한 참조값을 넘겨준 인자. ⇨ value parameter

reference point[–pɔ́int] **참조점**

reference program table[–próugræm téibəl] **참조 프로그램 테이블** 명령, 서브루틴, 변수 등의 인덱스로 이용되는 기억 영역.

reference record[–rékərd] **참조 레코드** 컴퓨터 출력으로서 최종 특정 루틴에서의 동작과 그 위치를 나타내며, 그 출력은 최종 루틴의 세그먼테이션과 기억 장소의 할당에 대한 정보를 포함한다.

reference supply[–səplái] **기준 전압** 아날로그 컴퓨터에서 다른 전압들을 측정하는 데 기준이 되는 전압.

reference time[–táim] **참조 시간, 기준 시간** 시간 측정을 위해 측정 시발점으로 선택되는 교환 루틴이 시작하는 순간. 구동 펄스의 순서값, 자기 셀의 전압 응답, 적분 전압 응답 등이 그 피크 진폭에 대하여 어느 비율에 도달하는 최초의 시간을 사용한다.

reference voltage[–vóultidʒ] **기준 전압** 아날로그 컴퓨터에서 연산할 때 기준이 되는 전압으로, 보통은 최대 연산 전압과 일치한다.

reference volume[–váljum] **참조 음량**

referencing an intrinsic funtion[réfərənsiŋ ən intrínsik fʌ́ŋkʃən] **내장 함수 인용**

referential integrity[rèfərénʃəl intəgríti(ː)] **참조 무결성** 한 릴레이션이 다른 릴레이션의 기본 키와 같은 도메인 상에 정의된 속성을 가질 때 이 속성의 값은 널(null)이거나 이 속성을 기본 키로 갖는 릴레이션 안에 존재하는 값이어야 한다는 조건.

referential locality[–loukǽliti(ː)] **참조 집약성** 분산 데이터 베이스 시스템에서 한 노드가 이용하려는 데이터가 가급적이면 그 노드 안에 존재하는 성질. 이것은 노드 사이의 통신 부담을 덜어주는 구실을 한다.

referral service[rifə́ːrəl sə́ːrvis] **리퍼럴 서비스** 클리어링 서비스의 일종으로 이용자 요구에 따라 정보원이 되는 기관 또는 연구자를 소개하는 서비스.

refer to absolute cell[rifə́r túː ǽbsəlùt sél] **절대 셀 참조** ⇨ cell

refile[rifáil] **리파일** 어떤 전용 회선망 상의 단말기에서 그 전용 회선망에 의하여 서비스되지 않는 단말기에 메시지를 전송하는 것.

refinements[rifáinmənts] *n*. **세분** (1) 큰 대상물을 여러 개의 작은 부분으로 쪼개는 것. (2) 대상물을 잘게 쪼개어 여러 부분으로 나눔으로써 그것을 더욱 상세하게 설명하는 방식.

reflect[riflékt] *v*. **반영하다**

reflectance[rifléktəns] *n*. **반사, 반사도** 각 점에 입사된 조명의 총량에 대한 반사된 양의 비율.

reflectance ink[–íŋk] **반사 잉크** 광학 문자 판독기에서 거기에 사용되는 종이의 반사 레벨과 거의 같은 반사 레벨을 갖는 잉크.

reflectance ratio[–réiʃiòu] **반사율** 배경이나 광역에서 반사된 빛의 세기에 대한 그림의 표면에 반사된 광도 비율의 역수.

reflected binary[rifléktəd báinəri(:)] **반사 2진법** 2진수 0과 1을 사용하는 코드의 한 종류. 각 코드 중 한 개의 비트만 바꾸면 바로 다음의 코드가 된다. 그레이 코드(Gray code)의 한 종류이다.

reflected binary code[–kóud] **교번 2진 코드, 반사 2진 코드** 2진 코드의 한 종류로서 연속하는 두 수끼리 서로 1비트씩 다른 것이 특징이다. 예를 들어 수 0부터 7까지를 표시해보면 000, 001, 011, 010, 110, 111, 101, 100이다.

reflected code[–kóud] **반사 코드, 교번 코드** 수의 저장이나 전송을 위한 코드 체제에서 바로 인접한 두 수 사이에 한 비트만 서로 다른 2진 코드.

reflection[riflékʃən] *n*. **반사** 프로그래밍 언어나 시스템에서 있어서 「자기 자신」에 대해서 계산을 하는 것.

reflection mapping[–mǽpiŋ] **반사 매핑** 금속 등의 경면 반사체에 주위의 환경이 비쳐드는 모양을 의사적으로 표현하기 위한 매핑 수법. 반사 매핑은 비쳐 들기의 정확성이란 점에서는 광선 추적법에 뒤지지만 계산량이 적다는 점에서 유리하다. 이 수법은 대상이 되는 물체를 포함한 하나의 큰 가상 입체(구 또는 입방체)를 생각하고, 화소의 색을 구할 때는 시선과 대상물과의 교점에서의 반사 벡터를 연장시켜 가상 입체와의 교점을 구해 그 점의 색을 화소의 색으로 한다. 가상 입체는 대상 물체의 중심에서 본 주위 풍경을 매핑해두는 외에 각종의 그라데이션, 줄무늬 문양, 회화 등에도 쓰인다.

reflection loss[–lɔ́(:)s] **반사 감쇠량** 어떤 전송계에서 임피던스(impedance) 부정합(不整合)이 발생하면 입사파의 일부가 반사되어 감소한다. 두 개의 임피던스 Z_1과 Z_2가 매칭(matching)이 되지 않으면 반사 감쇠량은 다음 식으로 된다.

$$\text{반사 감쇠량} = 20\log\left|\frac{Z_1+Z_2}{4\sqrt{Z_1\cdot Z_2}}\right| = \text{반사 손실}$$

reflective color LCD **반사형 컬러 LCD** 외부 광선을 이용하여 표시하는 액정 디스플레이. 일반적인 컬러 액정 디스플레이는 백라이트를 사용하지만, 반사형 액정 디스플레이는 외부 광선을 사용하므로 소비 전력이 적게 들어 휴대 기기용 액정 디스플레이로 주목받고 있다.

reflective law[rifléktiv lɔ́:] **반사 법칙**

reflective mark[–má:rk] **반사 표시**

reflective marker[–má:rkər] **반사 표시기** 자기 테이프의 시작(BOT)과 끝(EOT)을 표시하기 위해서 테이프의 뒷면에 첨부하는 금속 박(foil). 테이프의 뒷면에 어떤 각도로 광선을 비추면 이곳에 반사된 광선이 포토트랜지스터 등과 같은 광선 소자를 동작시켜 검출 신호를 발생한다.

reflective relation[–riléiʃən] **반사 관계**

reflective scan[–skǽn] **반사 주사** 광원이 반사면을 향한 감광기를 조명하도록 하는 주사 기술.

reflective spot[–spát] **반사점** 테이프에서 시작(BOT)과 끝(EOT)을 나타내는 구분점.

reflex angle[rífleks ǽŋgl] **오목각** 180°보다 큰 각.

reflexive[rifléksiv] *a*. **반사성** 관계 R이 정의된 집합의 모든 원소 a에 대해서 aRa가 성립하는 경우에 대해 R을 반사적 관계라고 한다.

reflexive and transitive closure[–ənd trǽnsitiv klóuʒər] **반사와 전이 폐쇄** 폐쇄 연산의 결과로 얻어진 항목들은 반사와 전이로 구분할 수 있다. 예를 들면 $A\rightarrow B$가 폐쇄에 속하고 B→의 생성이 있으면 $B\rightarrow$도 폐쇄에 속한다. 이때 $B\rightarrow$가 항목을 반사한다고 하고, 이런 형태의 항목을 제외한 나머지를 전이한다고 일컫는다.

reflexivity axiom[rifleksíviti(:) ǽksiəm] **재귀성 공리** X와 Y가 U의 부분 집합일 때 $Y\subseteq X$이면 $X\rightarrow Y$를 뜻하는 공리.

reformat[rifɔ́:rmæt] **재형식화** ⇨ reformatting

reformatting[rifɔ́:rmætiŋ] **재형식화** 데이터를 물리적으로 재조직하는 작업. 문자 표현 방식, 단어 길이의 변경, 오버플로 공간의 레코드들을 주데이터 영역으로 옮기는 것 등을 들 수 있다.

refraction mapping[rifrǽkʃən mǽpiŋ] **리프랙션 매핑** 유리 따위의 투명체를 통해 본 경우에 일어나는 굴절 현상을 근사적으로 표현하기 위한 매핑 수법. 반사 매핑(reflection mapping)과 마찬가지로 대상이 되는 물체를 둘러싸는 하나의 가상 입체를 생각하고, 시선이 교차한 물체 상의 점에서의 굴절 벡터를 연장하여 가상 입체와의 교점의 색을 화소의 색으로 한다.

refractory period[rifrǽktəri(:) pí(:)riəd] **불응기** 신경 섬유는 능동 선로라고 하는데, 거기에 축

적되어 있는 정적 에너지가 동적 에너지로 변환되는 것을 흥분이라고 할 수 있다. 이때 일단 흥분이 일어나면 방전된 정적 에너지가 다시 충전되기까지는 얼마간의 시간을 요한다. 이 시간을 불응기라고 하며, 이 시간 내에 가해진 자극에 대해서는 반응하지 않는다.

refresh[rifréʃ] *v.* **재생** 복원하다. (1) 동적 RAM(dynamic RAM) 정보 축적 동작의 하나. 동적 RAM에서는 정보 축적을 지나면 누설 전류로 정보가 지워지므로 이것을 방지하기 위해서 일정 시간 간격으로 메모리 내용을 다시 저장하는 것을 말한다. 또 CRT 화면(CRT display)에서 표시된 문자나 그래픽 도형이 시간이 지나면 지워지므로 장시간 계속 표시하기 위해서는 일정 시간마다 재저장해야 한다. (2) 표시면상으로 영상이 계속 보이도록 반복하여 표시 영상을 만들어내는 동작.

refreshable[rifréʃəbl] **재생 가능** 일단 목적 언어로 바뀌면 수행되는 도중에 자기 자신이나 다른 루틴들에 의해 변경되지 않는 어떤 루틴의 성질. 실행중의 변경이 금지되어 있다는 것을 나타내는 로드 모듈의 속성으로 재생 가능 속성을 갖는 모듈은 실행중에 새로운 카피와 대치할 수 있다. 이 대치는 회복 관리 루틴에 의해서 이루어지고 대치되어도 처리의 순서나 결과에 변경은 생기지 않는다. 재생 가능한 모듈 내의 제어 섹션은 모두 재생 가능해야 한다.

refresh address[rifréʃ ədrés] **재생 주소**

refresh buffer[–bʌ́fər] **재생 버퍼** 래스터 표상 시스템에서 사용되는 2차원 배열 형태의 메모리. 하나의 위치는 화면에 표시될 색과 밝기에 대한 정보를 저장하고 화면의 하나의 화소와 일대일로 대응된다.

refresh buffer transformation[–trænsfərméiʃən] **재생 버퍼 변환** 재생 버퍼의 위치와 실제 화면의 위치가 고정적이 아닌 분리된 형태의 표상 시스템에서 재생 버퍼에 저장된 장치 좌표계의 화상을 화면으로 변환하는 것.

refresh circuitry[–sə́ːrkitri(ː)] **재생 회로** 디스플레이 장치에 표시된 정보를 재생하는 데 필요한 전자 회로. 또는 동적 RAM에 저장된 데이터를 재생하기 위한 전자 회로를 말하기도 한다.

refresh cycle[–sáikl] **재생 사이클** 동적 RAM 기억 장치에서는 부유 용량의 충전 유무에 따라 정보를 기억하고 있다. 이 방식의 충전은 시간이 경과함에 따라 방전하여 정보가 손실되기 때문에 일정 주기로 고쳐 쓸 필요가 있다. 그 주기를 재생 사이클이라고 한다.

refresh cycle time[–táim] **재생 사이클 시간**

refresh display cycle[–displéi sáikl] **재생 표시 주기** 표시 장치의 브라운관 화면에서 전자 빔을 한 번 주사하는 데 걸리는 시간. 각 재생 주기마다 전자 빔이 지나간 결과로 브라운관 면의 형광막이 빛을 발한다. 재생률은 형광막이 전자 빔을 맞았을 때 빛을 내다가 꺼지는 데서 발생하는 깜박임을 제거할 수 있을 만큼 충분히 빨라야 한다. 일반적으로 화면의 영상은 1/30에서 1/60초의 비율로 재생되어야 한다.

refreshing[rifréʃiŋ] *a.* **재생**

refresh memory[rifréʃ méməri(ː)] **재생 기억 장치** 컴퓨터 그래픽 화면에 표시되는 영상 정보를 기억하는 기억 장소의 영역. 이것은 모니터 화면의 각 점이 ON인지 OFF인지를 나타내는 값 또는 각 점의 색깔이나 밝기에 해당되는 값을 저장하고 있다. 컴퓨터의 비디오 회로는 여기에 저장된 내용을 읽어서 1초에 30~60회의 빠른 속도로 화면을 재현시켜 준다.

refresh RAM **재생 RAM** 수 ms 내에 그 내용을 상실하게 되는 동적 RAM. 회복 회로는 2ms의 주기로 전체 RAM의 내용을 재기록해야 한다.

refresh rate[–réit] **재생률, 재생 속도** 재생 때문에 표시 영상이 만들어지는 초당 횟수(회/초).

refresh scheduler[–skédʒulər] **재생 스케줄러** 동적 RAM의 재생을 행하기 위한 제어 회로. 제어 부분에서 RAM을 접근하기 위한 조절기(controller) 부분의 회로.

refresh type[–táip] **재생형**

refund[rifʌ́nd] *n.* **복권** 확장 응답의 한 기능이며, 시스템에 대하여 워크스테이션 제어권을 응용 프로그램이 되찾는 기능.

refutation[rèfjutéiʃən] *n.* **반증** 모순에 의한 증명에 이용되는 방법으로 증명해야 할 표현을 부정한 다음에 거짓을 유도하여 그 표현이 참인 것을 증명한다. 또는 어떤 논리절의 집합으로부터 하나의 공백인 절을 유도하는 일련의 과정.

refutation tree[–tríː] **반증 트리** 비교 흡수 부정 방식이 진행되는 과정에서 생기는 트리.

regen[rídʒən] **재생자**

regenerate[ridʒénərèit] *v.* **재생하다, 재생성하다, 재작성하다**

regeneration[ridʒènəréiʃən] *n.* **기억 재생, 재생성, 재표시** 기억 장치 내에 저장된 표현 형식으로부터 표시 영상을 생성하기 위하여 필요한 일련의 동작.

regeneration period[–píː(ː)riəd] **기억 재생 주기** CRT의 전자 빔이 스크린의 표면에 전하를 재생시켜 주는 데 걸리는 시간.

regeneration rate [–réit] **재생률**

regeneration repeater [–ripíːtər] **재생 중계기** 이 중계기는 디지털 전송에 사용할 수 있도록 고안된 중계기이다. PCM 전송 방식에서는 정보를 2진 부호 펄스를 사용하여 전송하므로 잡음이나 방해에 의한 왜곡이 가능하고 중계기에 의한 찌그러짐이 각 중계기에서 거의 제거되므로 긴 중계 구간에서 왜곡이 누적되는 것을 방지할 수 있다는 특징이 있다. 재생 중계기의 기능은 등화(equalization), 타이밍(timing) 및 식별 재생(regeneration) 기능이 있다. 재생 중계시 펄스를 재생하는 방식에는 타이밍 정보를 별도로 전송하는 외부 동기(external synchronization) 방식과 신호 펄스열 자체에서 타이밍 정보를 추출하는 자기 동기(self synchronization) 방식이 있는데, 유선 PCM 방식에서는 후자가 사용된다. 중계기에는 입력 레벨의 변동에 따라 식별 임계값(threshold level)을 자동적으로 변화시키는 자동 임계값 제어 기능과 출력 펄스폭을 일정하게 유지하는 펄스폭 제어 기능이 있다. ⇨ regenerative repeater

regenerative [ridʒénərèitiv] *a*. **기억 재생식(의)**

regenerative feedback [–fíːdbæ̀k] **기억 재생 피드백** 컴퓨터 시스템에서 한 루틴의 출력 일부를 입력으로 되돌려보내 더 큰 피드백을 유발시키는 기술.

regenerative memory [–méməri(ː)] **기억 재생 기억 장치** 주기적으로 재생시켜 주지 않으면 그 내용이 소멸되는 기억 장치.

regenerative reading [–ríːdiŋ] **기억 재생 판독** 데이터를 판독하는 위치에 자동적으로 원래의 데이터를 재기록하고 판독하는 특수한 동작.

regenerative repeater [–ripíːtər] **기억 재생 중계기** 전송 선로를 통하여 수신된 펄스는 전송 선로의 손실에 의해 감쇠하는 것과 더불어 파형 일그러짐을 가지고 있다. 다시 열 잡음, 누설 잡음 등 선로 특성에 의존한 잡음의 영향에 의해 파형이 저하된다. 재생 중계기는 이러한 원인에 의해 저하된 펄스가 식별 불가능한 상태로 되기 전에 새로운 펄스로 만들어 곧바로 전송하는 장치이며, 등화 증폭(reshaping), 리타이밍(retiming), 식별 재생(regenerating)의 3R에서 이루어지는 기능을 가지고 있다. 재생 중계기는 부호 에러가 생기지 않을 적당한 정도의 여유를 가질 수 있게 설계하며, 재생 중계기의 잡음 증가가 없기 때문에 아날로그 통신 방식과 비교하여 전송 거리에 관계없는 높은 품질의 특성을 갖게 한다. ⇨ regeneration repeater

regenerative storage [–stɔ́ːridʒ] **기억 재생 장치** 데이터를 나타내는 신호는 끊임없이 재생되고 정보는 필요한 기간만큼 보관할 수 있는 기억 장치. 새로운 데이터가 기록될 때에는 재생 회로가 자동으로 그 동작을 중지함으로써 옛 데이터 위에 겹쳐 쓸 수 있게 한다.

regenerative track [–træ̂k] **기억 재생 트랙** 각각의 기억 재생 트랙과 그 판독/기록 헤드는 기억 재생 장치로서 동작하며, 판독/기록 헤드와 결합되어 드럼에 기록되어 있는 데이터를 유지하기 위한 신호를 드럼이 1회전할 때마다 재생하도록 배열되어 있는 트랙.

region [ríːdʒən] *n*. **영역** (1) 영역 : 프로그램이 적재되는 주기억 장치의 영역. 어떤 종류의 컴퓨터 시스템에서 사용되는 용어로 운영 체제에 의하여 프로세스(process)나 태스크(task)에 동적, 즉 실행시에 할당되는 주기억 영역 부분. 구획(partition)과 동의어. 운영 체제의 종류에 따라서 main storage region, main storage partition, virtual region이라 한다. (2) 트랜지스터의 접합부를 형성하는 불순물, 보통은 실리콘(silicon), 계층(layer)의 경우. 유니폴러 트랜지스터(unipola transistor)에서는 원시 영역(source region)과 드레인 영역(drain region) 사이에 형성되는 채널을 전자(electron)나 정공(hole) 어느 한편으로 전류가 흐른다. (3) 전파나 빛의 주파수 대역을 가리키는 용어.

regional [ríːdʒənəl] *a*. **영역 내, 지역(의)** 데이터 세트 상의 각 레코드가 번호가 매겨진 구역으로 분할되어 저장되는 데이터 세트의 편성.

regional address [–ədrés] **영역 내 주소**

regional code [–kóud] **지역 코드** 지역 코드는 DVD 타이틀의 불법 복제를 막고 국가별 배급권 때문에 영화제작사들이 세계를 6개 지역으로 나눠 고유 코드를 부여한 것. 한국과 동남아시아 국가는 3번, 미국과 캐나다가 1번, 일본과 유럽이 2번, 중국은 6번 등이다. DVD 플레이어 제작사들도 각 나라에서 이 코드를 넣는 제품을 출시하고 있으므로, 국내에 수입되거나 해외에서 구매한 DVD의 경우 반드시 코드를 확인해야 한다. 그러나 코드를 푸는 「코드 프리(code free)」 방법이 있으며, 개인이 코드를 해제하는 것은 불법이 아니다.

regional information system [–ìnfərméiʃən sístəm] **지역 정보 시스템** 지역 사회의 발전을 위해 LAN 등의 통신망을 통해 각종 생활 정보를 신속 정확하게 제공하는 정보 시스템.

regional satellite system [–sǽtəlàit sístəm] **지역 위성 시스템** 특정 지역의 나라들이 공동으로 사용하는 위성 통신 방송 시스템. 유럽 지역을 망라하고 있는 통신 위성 ECS가 대표적인 예이다.

region code [ríːdʒən kóud] **영역 코드** 컴퓨터

의 오류를 야기시킨 처리 장치 내의 해당 개소를 명시하는 코드로, 보통은 기계 체크 인터럽트의 처리 중에 주기억 장치 내의 정해진 번지에 자동으로 저장된다.

region control block[-kəntróul blák] **RCB, 영역 제어 블록**

region control task[-tá:sk] **RCT, 영역 제어 태스크** 덤프 태스크와 일괄 처리 태스크뿐만 아니라 개시자(initiator) 태스크를 만드는 모체 태스크.

region job pack area[-dʒá(:)b pǽk ɛ́(:)r-iə] **영역 작업 팩 지역**

region growing[-gróuiŋ] **영역 성장** 화상의 공통 특성을 갖는 기본 영역으로 나누어 정해진 특성의 차이가 작은 영역끼리 계속 통합하여 특성의 차이가 큰 영역만을 남게 하는 것.

register[rédʒistər] *n.* **레지스터** 극히 소량의 데이터나 처리중인 중간 결과를 일시적으로 기억해 두는 고속의 전용 영역을 레지스터라고 한다. 한 단어 또는 여러 단어, 때로는 수의 자릿수의 정보를 기억하는 장치이며 특정 목적에 사용되고, 수시로 그 내용을 이용할 수 있도록 되어 있다. (1) 컴퓨터의 주기억 장치는 데이터와 명령을 기억하고 있을 뿐이다. 그래서 산술 연산, 논리 연산, 전송 조작을 행할 때 데이터나 명령을 일시적으로 기억해둘 장소가 필요하게 되고, 용도에 따라서 여러 가지 레지스터가 있다. 주요한 레지스터에는 누산기(accumulator), 연산 레지스터(arithmetic register), 명령 레지스터(instruction register), 자리 이동 레지스터(shift register), 지표 레지스터(index register) 등이 있고, 또한 이들 레지스터는 보통 중앙 처리 장치 안에 있다. (2) 데이터 통신 분야에서는 가입자로부터 신호를 수신하여 축적하고, 어떤 부호로 변환하여 전송하는 장치를 레지스터라고 부르는 경우가 있다. (3) 비트, 바이트, 기계어와 같이 지정된 기억 용량을 가지며, 통상 특정한 목적에 이용되는 기억 장치.

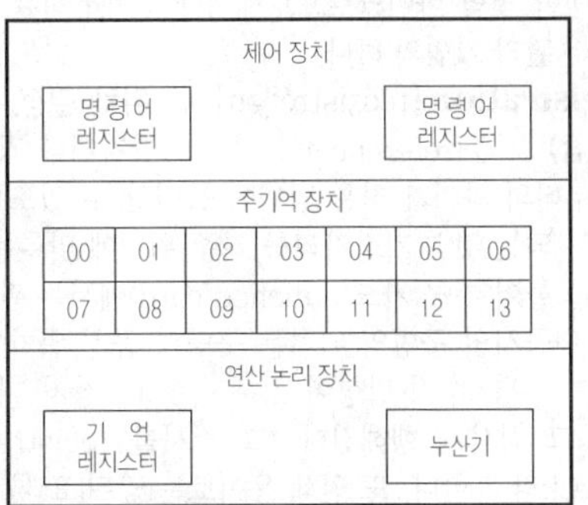

〈CPU에서 레지스터의 위치〉

register-A[rédʒistər éi] **A 레지스터**

register address field[-ədrés fí:ld] **레지스터 어드레스 필드** 명령어에서 레지스터의 어드레스를 지정하는 부분.

register addressing[-ədrésiŋ] **레지스터 번지 지정**

register address mode[-ədrés móud] **레지스터 번지 방식** 컴퓨터 명령어 중에 주소나 연산자, 오퍼랜드를 유지하고 있는 레지스터의 이름을 두고, 명령어의 주소나 연산자, 오퍼랜드를 지정하는 방식. ⇨ pointer address mode

register and ALU RALU, 레지스터 산술 논리 연산 장치 보통의 ALU(arithmetic and logical unit)와는 달리 마이크로프로세서 내에 많은 레지스터를 갖추고 있는 ALU로 이것은 비트 슬라이스의 원리로 되어 있다.

register arrangement[-əréindʒmənt] **레지스터 배열**

register assingment[-əsáinmənt] **레지스터 할당**

register-B[rédʒistər bí:] **B 레지스터** ⇨ index register

register capacity[-kəpǽsiti(:)] **레지스터 용량** 레지스터 내에서 처리 가능한 수의 상하한. 즉, 한 레지스터가 저장할 수 있는 수, 문자, 비트의 수.

register circuit[-sə́:rkit] **축적 회로**

register condenser transistor logic[-kəndénsər trænzístər ládʒik] **RCTL** 컴퓨터에 사용되는 기본적인 회로의 하나이며, 저항, 콘덴서, 트랜지스터로 구성되는 회로. 이 회로는 동작 속도를 올리기 위해서 베이스 회로의 저항과 병렬로 콘덴서를 결합한 것인데, 고주파에는 약하다.

register constant[-kánstənt] **레지스터 상수**

register control[-kəntróul] **레지스터 제어**

register designator[-dézignèitər] **레지스터 지시부**

register directly addressing mode[-diréktli(:) ədrésiŋ móud] **레지스터 직접 주소 지정 방식**

registered user[rédʒistərd jú:zər] **정규 사용자** 소프트웨어를 판매점 등에서 구입하여 사용자 등록을 마친 사용자.

register file[rédʒistər fáil] **레지스터 파일** 데이터 또는 명령을 일시적으로 저장하는 데 사용되는 레지스터의 집단.

register indirectly addressing mode[-ìndiréktli(:) ədrésiŋ móud] **레지스터 간접 번지 지정 방식**

register indirect mode [–ìndirékt móud] **레지스터 간접 모드** 명령이 오퍼랜드의 주소를 가지고 있는 레지스터를 지정하는 모드. 선택된 레지스터는 오퍼랜드 그 자체가 아니라 오퍼랜드의 주소이다. 이 모드를 사용할 때 프로그래머는 이전의 명령에서 레지스터가 오퍼랜드의 주소를 가졌는지 어떤지를 확인해야 한다. 이 모드의 장점은 직접 메모리의 주소를 지정하는 것보다 비트가 적게 든다는 것이다.

register insertion ring [–insə́ːrʃən ríŋ] **레지스터 삽입 링** 슬롯 링을 좀더 세분화한 것이며 리우(Liu)가 개발하였다.

register length [–lǽŋkθ] **레지스터 길이** 하나의 레지스터 기억 용량. 즉, 레지스터가 저장할 수 있는 문자 수, 비트 수 또는 숫자의 수.

register mark [–máːrk] **레지스터 표시**

register memory [–méməri(ː)] **레지스터 기억 장치**

register mode [–móud] **레지스터 모드** 어떤 시스템에서는 레지스터 모드가 범용 레지스터의 어느 것이라도 누산기로 사용할 수 있고, 피연산자가 선택된 레지스터에 들어 있는 것을 뜻하기도 한다. 이 모드에서는 중앙 처리 장치 내의 레지스터에 오퍼랜드가 있으며, 명령의 레지스터 필드에서 어떤 특별한 레지스터를 선택한다. 이때 k비트의 필드는 2^k개의 레지스터 중에 하나를 선택할 수 있다.

register modification [–mɑ̀difikéiʃən] **레지스터 수식**

register number [–nʌ́mbər] **레지스터 번호**

register operand [–ɑ́pərǽnd] **레지스터 오퍼랜드, 레지스터 피연산자** 명령어의 피연산자가 누산기 등의 중앙 처리기 레지스터인 경우. 일반적으로 피연산자가 주기억 장치인 경우보다 명령어 수행 속도가 빨라진다.

register optimization [–ɑ̀ptimizéiʃən] **레지스터 최적화** 고급 언어의 컴파일러에서 자주 쓰이는 변수를 자동으로 레지스터에 배당함으로써 수행 속도를 향상시키려는 최적화 기법.

register output [–áutpùt] **레지스터 출력 기구**

register pair addressing [–pέər ədrésiŋ] **쌍 레지스터 번지 지정** 마이크로컴퓨터에서 한 쌍의 레지스터의 내용으로 주소가 지정되는 것. 8080에서는 대부분의 명령이 H 레지스터와 L 레지스터를 사용하며, H 레지스터에는 참조되는 주소의 상위 8비트, L 레지스터에는 하위 8비트의 내용이 들어간다.

register pair instruction [–instrʌ́kʃən] **쌍 레지스터 명령** 레지스터 쌍에 대한 명령으로 PUSH(스토어), POP(로드), DAD(2배 길이) 등이 있다.

register pointer [–pɔ́intər] **레지스터 포인터** 현재의 레지스터 블록으로 사용되는 16개의 범용 레지스터를 가리키는 프로그램 상태 2배 단어의 일부.

register ratio [–réiʃiòu] **레지스터 비(比)**

register select [–səlékt] **레지스터 선택** 장치 내의 레지스터를 선택하는 것으로서 레지스터 선택 핀은 대개 어드레스 버스에 접속되어 있다.

register sender [–séndər] **RS, 레지스터 송신기**

register sender link [–líŋk] **RSL, 레지스터 송신기 연결**

register set [–sét] **레지스터 세트**

register signal [–sígnəl] **레지스터 신호**

register transfer language [–trænsfə́ːr lǽŋgwidʒ] **RTL, 레지스터 전송 언어** 레지스터 간의 마이크로 동작 전송을 더욱 간단하고 명료하게 표시하기 위해 사용하는 기호들로서 디지털 컴퓨터의 내부를 상세하게 나타내고, 시스템의 설계도를 읽기에 편리하게 해준다.

register transfer logic [–lɑ́dʒik] **레지스터 전달 논리** 레지스터에 저장된 2진 정보에 대하여 여러 가지 산술 또는 논리 연산을 하고 그 결과를 자신 또는 다른 레지스터에 전달할 수 있는 하드웨어 논리 회로.

register transfer module [–mɑ́dʒuːl] **RTM, 레지스터 전달 모듈**

register transistor logic [–trænzístər lɑ́dʒik] **RTL, 저항 트랜지스터 논리 회로** 컴퓨터에 사용되고 있는 기본적인 회로의 하나이며, 저항과 트랜지스터로 구성되는 회로. 이 회로는 베이스 회로에 직렬로 저항을 넣어 동작의 안정도를 증가시킨 것이다. 동작 속도는 그렇게 빠르지 않다.

register window [–wíndou] **레지스터 윈도** 다수의 물리적 레지스터를 갖는 중앙 처리 장치(CPU)에서 그 임의의 일부분을 가상 레지스터로서 접근하기 위한 윈도. 축소 명령형 컴퓨터(RISC) 방식을 채택한 몇몇 마이크로프로세서에서 채용하는 레지스터 관리 기법의 하나.

registration [rèdʒistréiʃən] *n.* **위치 결정, 중합(重合)** 기준(reference)이 되는 가장자리나 직선으로부터의 차이가 허용 범위에 들어갈 수 있도록 대상이 되는 것의 가장자리를 기준 위치에 맞추는 일. 예를 들어 천공 카드(punched card)에서는 판독시와 천공시의 구멍의 위치는 구멍의 공칭 위치에 대하여 수평, 수직 방향이 정해져 있고, 장치 내에서도 그 검사가 행해진다. 그 검사를 registration check라고 한다. 또 인쇄 용어로는 앞뒤(표리) 양면을 맞추어 인쇄한다는 의미를 가진다.

registration marks [–má:rks] **위치 결정 표시** 인쇄시에 각 요소나 층이 상호간에 정확하게 배치되도록 페이지 상에 표시되는 마크. 중복된 요소들 각각에 이 표시가 붙고, 이들 마크를 정확하게 중복시킴으로써 각 요소들을 올바른 위치에 배치시킨다.

registry [rédʒistri(:)] **레지스트리** 윈도 95의 레지스트리는 기본 사양 구성 요소를 저장하여 윈도가 사용자가 원하는 방식으로 보이고 작동할 수 있도록 한다. 레지스트리는 월페이퍼, 색깔 구성, 데스크톱 배열 같은 사용자측 정보를 USER.DAT이라는 이름의 파일로 저장한다. 또한 기기 처리나 파일 확장자 연결 같은 하드웨어, 소프트웨어에 관한 세심한 정보를 SYSTEM.DAT이라는 파일로 저장한다. 많은 면에서 이전 버전 윈도의 win.ini나 system.ini의 기능을 대신하고 있다. 레지스트리의 세부 사항은 regedit라고 불리는 윈도 95에 탑재된 프로그램을 이용하여 편집하는 것이 가능하고 파일로서 REG라는 확장자를 가지고 텍스트 포맷으로 보여질 수 있다.

regression [rigréʃən] *n*. **회귀, 퇴행** 일주하여 원래대로 되돌아온다는 의미. (1) 기하학에서는 곡면 위의 한 점에서 출발하여 그 곡면 위를 통하여 원래의 점으로 되돌아가는 것을 가리키며 천문학에서도 같은 개념으로 이용된다. (2) 통계학에서의 회귀 분석(regression analysis)은 하나의 종속 변수(dependent variable) y와 두 개 이상의 독립 변수(independent variable) x_1, x_2, … 사이의 관계를 최소 제곱법(least square)에 의해서 추정하는 수법을 말한다. 관측값 y_1이 독립 변수의 선형(linear) 조합으로 표현되는 선형 회귀 모델(linear regression model), 곡선을 표시하는 독립 변수의 조합이 되는 비선형 회귀 모델(nonlinear regression model)을 대상으로 한다.

regression analysis [–ənǽlisis] *n*. **회귀 분석** 변수 간의 이론적 의존 관계를 해석하는 방법으로, 예를 들면 $y=f(x)$가 곡선(직선)으로 나타날 때, 이것을 y의 x에 대한 회귀 곡선(직선), $x=g(y)$를 x의 y에 대한 회귀 곡선(직선)이라 한다. 변수 간에 $y=f(x)$ 라는 함수 관계가 있을 때 x, y의 값으로부터 최소 제곱법에 의해 이 함수 관계를 추정하는 것을 회귀 분석이라고 한다. 변수 간에

$$y_1=\beta_1+\beta_2 x_{1t}+\cdots+\beta_k x_k+u_t \quad (t=1, \cdots, n)$$

$$y=\beta x+u$$

의 관계가 있을 때, 난항(亂項) u의 평균값이 0이고, 상호 독립 분산이 σ^2, x의 계수 $k<n$일 때, 회귀 계수 β의 추정값은

$$\beta=(x'x)^{-1}x'y$$

등에서 얻어진다. 회귀 분석은 이공학, 경제에 많은 응용 분야에 사용되며 현상(現象)의 인과 관계 규명에 사용된다.

regression coefficient [–kòuəfíʃənt] **회귀 계수** 최소 제곱법을 사용하여 추정된 회귀 곡선. 회귀 방정식 중 가장 간단한 직선 회로식은 ε을 오차항으로 할 때

$$Y=b_0+b_1X_1+b_2X_2+\cdots+b_nX_n+\varepsilon$$

으로 나타낸다. 여기서 b_i를 회귀 계수라고 한다.

regression coefficient by least square method [–bai lí:st skwέər méθəd] **최소 제곱법에 의한 회귀 계수** 단순 선형 회귀의 모형에서 변량의 실측값과 이론값 사이에 편차의 제곱 합계가 최소가 되도록 회귀 계수를 추정하는 것.

regression curve [–kɔ́:rv] **회귀 곡선** 상관도(scatter diagram) 상의 점 집합을 직선이 아닌 곡선으로 대표시켜 구한 곡선. 즉, x, y를 두 변수로 할 때, x를 고정한 경우 y의 확률 밀도 함수를 $f(y/x)$로 한다. $f(y/x)$에 관한 기대값 $E(Y/Z=x)$는 x만의 함수이며 이것을 y의 x에 대한 회귀 함수라 한다. 같은 방법으로 x의 y에 대한 회귀 함수가 고려된다. 이것은 각각 xy 평면상의 곡선으로 그려지며 이런 두 곡선을 회귀 곡선이라고 한다.

regression equation [–ikwéiʒən] **회귀 방정식** 신장, 체중과 같이 양쪽의 데이터를 살펴서 상호 관계를 나타낸 방정식.

regression line [–láin] **회귀 직선** 회귀 방정식이 그리는 선을 회귀선이라 하고, 이 선이 직선으로 나타나는 경우 이것을 회귀 직선이라고 한다.

regression model [–mádəl] **회귀 모델**

regression testing [–téstiŋ] **회귀 검사, 복귀 검사** 시스템이나 시스템 구성 요소를 수정하고 있는 동안에 침입한 장애를 발견하기 위해 선택적으로 검사하고, 그 수정에 의해서 의도하지 않은 악영향이 생기지 않은 것을 확인한다든지, 고친 것이 지정대로 요구를 만족하고 있는 것을 재확인하는 것.

regular binary [régjulər báinəri(:)] **정규 2진**

regular event [–ivént] **정규 사건**

regular expression [–ikspréʃən] **정규식** S.C. Kleene가 동기식 유한 오토머턴을 하나의 식으로 표현하기 위해 도입한 것이며, 대수적(代數的)인 식으로 표현된다. 실제로는 정규 표현에 의해 기술 가능한 언어는 3형 문법에 따라 기술 가능한 언어가 아니면 안 되는 것이 증명되고 있다. 따라서 3형 문법을 정규 문법, 3형 언어를 정규 언어라고 부르기도 한다. 일반적으로 알파벳 $\Sigma=\{a_1, a_2, \cdots, a_n\}$상의 정규 표현을 다음과 같이 정의한다. ① ϕ(공집합), $\{\varepsilon\}$ (공어(空語)로 되는 집합), $\{a_1\}$, $\{a_2\}$, …, $\{a_n\}$

은 $\sum$의 정규 표면이다($\{a_i\}$는 a_i를 요소로 하는 집합). ② 집합 P, Q가 $\sum$ 상의 정규 표현이라면 집합합 $P \cup Q$, 집합 연접 $P \cdot Q$도 $\sum$ 상의 정규 표현이다. ③ 집합 P가 $\sum$ 상의 정규 표현이라면 P의 스타 연산 P도 $\sum$ 상의 정규 표현이다. ④ 위의 ①에서 출발해서 ②, ③의 연산을 유한 회 실시해서 얻어지는 표현만이 정규 표현이다.

regular grammar [-grǽmər] **정규 언어 3형 문법, 정규 문법** 구(句) 구조 문법의 일종. 정규 언어를 정의하는 문법 모델이며, 생성 규칙의 형식에서 볼 때 좌선형(左線形) 문법 혹은 우선형 문법이라고 한다. 구 구조 문법 가운데 가장 기술 능력이 낮은 문법이다. ⇨ regular language

regular graph [-grǽf] **정규 그래프** 그래프 $G=(V, E)$에서 모든 절점의 차수가 같은 그래프로, 모든 절점의 차수가 k인 그래프 G를 k-정규 그래프라고 한다.

regular job [-dʒά(:)b] **정형 업무** 단말 장치 등에서 하는 데이터 처리 업무 중 이용자 프로그램, 유틸리티 프로그램 등에 의해 데이터 입력이나 출력에 대한 양식·순서 등의 형태가 규정되어 있어야 정상적으로 반복해서 처리되는 업무.

regular language [-lǽŋgwidʒ] **정규 언어** 정규 문법으로 생성되는 언어. 생성 규칙의 집합 P의 임의 생성 규칙 $\alpha \to \beta$에 다음 제한을 두는 문법을 정규 문법이라고 하며, 그것에 의해 생성되는 언어를 말한다. ① α는 한 개의 비단말 기호. ② β는 αB라든가 $\beta = \alpha$라는 형을 취하고 있다. 여기서 α는 단말 기호, β는 비단말 기호.

regular representation [-rèprizentéiʃən] **정규 표현**

regular rule [-rú:l] **정규 규칙** 오토머터(automata)에서 정규식을 만들어내는 데 기초가 되는 규칙.

regular set [-sét] **정규 집합** 정규 표현에 의해서 표현되는 문장의 집합.

regulate [régjulèit] *v*. **조정하다, 통제하다** 통제하는 것, 제어하는 것의 의미. 혹은 어떤 제어 장치의 동작, 예를 들면 전원 전압을 일정 범위로 맞추어 두거나 입력에 가해지는 비트의 수를 일정 이하로 억압하거나 하는 경우 등이 있다. 혹은 하드웨어 회로나 장치를 조정하는 것을 표시한다. 또 레귤레이터(regulator)라고 하는 경우에는 주로 정전압 전원 장치를 말하는 경우가 많다.

regulation [règjuléiʃən] *n*. **조정**

regulator [régjuleitər] **레귤레이터, 조정기** 메인 보드는 다양한 CPU를 장착할 수 있게 설계되어 있다. 여러 가지 클럭의 CPU는 물론 여러 회사의 CPU도 장착할 수 있는데, 이들 CPU가 사용하는 전압이 제각기 다르다. 따라서 메인 보드에서는 여러 가지의 전압을 만들어내야 된다. 이러한 역할을 담당하는 것이 레귤레이터라는 부품이다. 메인 보드에서는 5V 전압으로 작동하고 CPU는 2.8V에서 3.5V까지 자신에게 맞는 전압만을 필요로 한다. 따라서 레귤레이터는 어떠한 전압이 들어오더라도 미리 점퍼나 스위칭에 의해 정해진 전압만을 출력한다. 이는 댐에서 일정량의 수위를 조절하는 것과 같은 이치이기도 하다. 따라서 CPU는 항상 안정적인 전압에서만 작동할 수가 있는 것이다. MMX CPU를 사용하려면 다시 한번 더 레귤레이터가 등장하게 된다. 이유는 MMX CPU들은 하나의 전압으로 작동하지 않고 두 개의 전압, 즉 입출력 전압과 내부 전압이라는 것을 사용한다. 따라서 MMX CPU를 사용하려면 레귤레이터가 두 가지 전압을 지원해야만 한다. 그리고 요즘은 스위치 방식으로 레귤레이터가 바뀌고 있는데, 이는 사용자가 일일이 전압을 지정할 필요 없이 자동적으로 전압을 인식하여 전압을 조정하게 된다.

rehabilitation [rì:həbìlitéiʃən] *n*. **리허빌리테이션** 원래 의학 용어로 병후 회복을 위한 요양을 가리키는데, 자기 테이프에 관해서도 어느 정도 사용하여 더러워졌다고 생각되는 테이프를 청소하고 수리해서 신품과 같은 기능을 갖도록 하는 것을 가리킨다.

rehabilitation center [-séntər] **리허빌리테이션 센터** 자기 테이프의 리허빌리테이션을 행하는 서비스 센터. 사용된 자기 테이프에 대해서 신품 가격의 1/3 정도 요금으로 신품과 같은 기능으로 되돌린다. 자기 테이프 사용 증가에 따라 미국에서는 이러한 종류의 서비스 회사가 있다.

rehashing [ri:hǽʃiŋ] **재해싱** 해싱을 다시 하는 것. 해싱 파일에서 삭제가 발생한 후 다른 레코드에 대한 액세스 손실을 피하기 위해 나머지 레코드들 중 일부를 다시 해싱하는 것을 말한다.

rehostability [ri:hòustəbíliti(:)] **재주인화** 컴파일러의 이식성 향상을 위해 제공되어야 할 기능 중의 하나로 새로운 기계 상에서 쉽게 작동될 수 있는 성질.

reimbursed time [rì:imbə́:rst táim] **상환 시간** 상환 조건 또는 교환 조건으로 다른 사무실이나 기관에 컴퓨터를 임대해주는 기간.

reject [ridʒékt] *v*. **거부하다** 데이터나 요구 등에 대해 시스템이 승낙을 거부한다는 의미가 있다. 승낙(허가 ; accept)과 대비된다. 컴퓨터에서 정해진 데이터 포맷을 지키지 않는 데이터는 모두 reject되며 입력이 거부된다. 이때, 어떤 실수가 발생하므로 오류 코드로부터 그 원인이 포맷 오류임을 알 수 있다. 이 밖에 예를 들면 3.5인치 플렉시블 드라이브에 5인치의 플렉시블 디스크를 사용하는 것은 물리적으로 불가능한데, 이와 같은 물리적인 거부도 reject라고 한다.

rejected [ridʒéktəd] *a.* **제외된, 리젝트된**

rejected region [–ríːdʒən] **거절 범위** 자기 테이프 등으로 드롭 인(drop in)이나 드롭 아웃(drop out)이 발생할 때 그 발생 개소에 어떠한 조치를 하여 명확한 결함 개소로 하는 것.

rejecting [ridʒéktiŋ] **기각** 가설 검정에서 문제 삼고 있는 통계량이 어떤 범위 R에 떨어질 때 가설이 옳지 못하다고 판단하는 것.

rejecting area [–ɛ́(ː)riə] **기각 영역**

rejecting region [–ríːdʒən] **기각 구역** (1) 가설 검정에서 귀무 가설 H_0를 채택할 수 있는 표본 분포의 일정한 구간. (2) 자기 테이프 등에서 드롭 인이나 드롭 아웃이 발생할 때 그 발생 이유를 명확히 조사하여 파악하는 것.

rejection [ridʒékʃən] **역논리합, 논리합 제외 부정** 두 피연산자가 모두 0일 때만 결과가 1인 논리 연산. 예를 들면 6비트 피연산자에 대한 연산을 할 때 p=110110, q=011010이면 그 연산 결과 r=000001로 된다. ⇨ NOR

rejection band [–bǽnd] **저지 대역** 전송량이 참조 주파수에 있어서의 전송량의 지정된 분량 이하인 주파수 구간의 폭.

rejection gate [–géit] **역논리합 게이트** ⇨ NOR gate

rejection ratio [–réiʃiòu] **제거 비율**

reject stacker [ridʒékt stǽkər] **배제 카드 접수구**

relate [riléit] *v.* **관련시키다** 항목이나 데이터 등을 상호 관련짓는 것. relate는 데이터 베이스나 컴파일러에서는 중요한 작업이다. 데이터 베이스에서는 칼럼(column)과 테이블에 있어서의 데이터의 독립성을 높이는 효과를 관련지어 행할 수가 있다. 이와 같은 데이터 베이스를 관계 데이터 베이스(relational data base)라고 한다. 또 어셈블러에서는 레이블(label)이나 변수의 메모리 상의 배치를 맵(map)이라고 하는 표로 관리하는데, 이것도 릴레이트(relate)의 하나이다. 이 맵을 참조함으로써 프로그램의 디버그(debug)를 쉽게 할 수 있는 경우가 있다.

related [riléitəd] *a.* **관련, 관계, 관련된**

related data [–déitə] **관계 데이터** 종합 데이터 베이스 관리 시스템(DBMS)에서 가변 파일의 구성에 대해서 기본 데이터 레코드를 기술하든가 또는 지원하는 역할을 하는 데이터로서 하나 이상의 기본 데이터 레코드의 제어 키에 의하여 접근할 수 있다. 이것은 고정 길이 레코드로 구성되어 있으나 형식만은 가변적이다.

related diagram of function and information [–dáiəgræ̀m əv fʌ́ŋkʃən ənd ìnfərméiʃən] **기능 정보 관련도** 장표(帳票)를 작성하고 기입한다는 「기능」과 장표가 갖는 「정보」를 관련지어 사무의 흐름을 도표화한 것. 구체적으로는 필요한 장표(정보)를 파악하고, 그 정보를 어느 작업(기능)에서 얻는가 하는 기능과 정보 상호간의 관련을 도표화하여 명백하게 하는 것이다.

relating associative relational store [riléitiŋ əsóuʃièitiv riléiʃənəl stɔ́ːr] **RARES, 라레스**

relation [riléiʃən] *n.* **관계** 관계 비교식. 관련. 비교. 릴레이션 (1) 프로그래밍 언어에서는 관계식(relational expression)의 의미로 쓰이는 경우가 많다. 관계식이라는 것은 두 개의 산술식을 관계 연산자(relational operator)에 맞춰 연결시킨 문법 단위로 그 관계식이 성립되는지 안 되는지에 따라 각각 「참」 또는 「거짓」의 값을 가진다. (2) 관계 데이터 베이스(relational data base)에 있어서의 표와 표 사이의 「관계」.

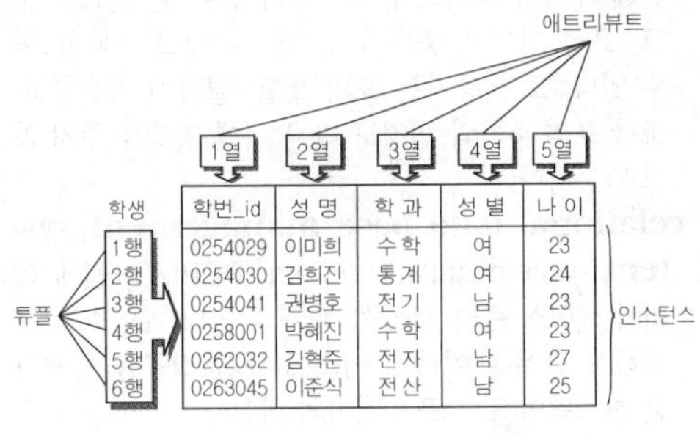

학번_id	성 명	학 과	성 별	나 이
0254029	이미희	수 학	여	23
0254030	김희진	통 계	여	24
0254041	권병호	전 기	남	23
0258001	박혜진	수 학	여	23
0262032	김혁준	전 자	남	27
0263045	이준식	전 산	남	25

〈학생 관계의 예〉

relational [riléiʃənəl] *a.* **관계의, 비교의, 릴레이셔널** 관련지어진 것 혹은 관계가 있는 것을 형용한다.

relational algebra [–ǽldʒəbrə] **관계 대수** 관계 모델에 의한 데이터 베이스에서의 관계 처리 체계의 하나. 하나 이상의 관계(2차원 테이블)에서 하나의 관계를 끌어내는 것으로, 통상 집합 연산 및 투영(projection), 결합(join), 나눗셈(division), 제한(restriction)의 관계 연산을 준비하고 그것을 조합해서 질문을 형성한다.

relational breakpoint [–bréikpɔ̀int] **관계 중단점**

relational calculus [–kǽlkjuləs] **관계 해석, 관계 논리** 관계 모델에 의한 데이터 베이스에서의 관계 처리 체계의 하나. 관계 요소 투플(tuple)을 대상 변수로 하는 1차 술어 논리의 논리식에 따라 질문을 형성한다.

relational check[–tʃék] **관계 검사, 관련성 검사** 어떤 데이터에서 항목이 각각 독립되어 있지 않고 연관성이 있는 것을 체크하여 데이터의 정확 여부를 검색하는 방법. 예를 들면 「금액=수량×단가」의 논리가 성립하는가를 프로그램 상에서 체크하여 이상 데이터를 검색하는 것.

relational completeness[–kəmplí:tnəs] **관계 완전성** 질의어의 표현력을 나타내주는 척도로, 어떤 질의가 관계 해석으로 표현되는 모든 질의들을 표현할 수 있으면 관계 완전성을 갖는다고 한다. 데이터의 논리적 구조가 관계(테이블 형태의 평면 파일)로 표현될 수 있는 데이터 베이스로서 각 관계는 몇 개의 속성으로 구성된다.

relational data base[–déitə béis] **RDB, 관계 데이터 베이스** 관계 모델에 따른 데이터 베이스 또는 데이터 베이스 시스템. E.F. Code에 의해 제창되었다. 데이터를 단순히 표(relational) 형식으로 표현하는 데이터 베이스를 관계 데이터 베이스(RDB)라 한다. CODASYL형 데이터 베이스에서는 각종 데이터 간을 관계짓는 포인트 등을 더듬지만 관계 데이터 베이스에서는 이와 같이 할 필요는 없고, 표를 임의로 종횡의 항(項) 지정으로 액세스할 수 있다. 또 이용자는 표의 분할, 결합이 자유롭고, 또한 표의 추가와 변경도 다른 데에 영향을 주지 않고 가능하다.

relational data base management system[–mǽnidʒmənt sístəm] **RDBMS, 관계 데이터 베이스 관리 시스템** 관계 데이터 베이스를 구성하고 관계 데이터 베이스에 대한 접근을 제공하는 하드웨어 및 소프트웨어의 집합.

relational data base system[–sístəm] **관계 데이터 베이스 시스템** 데이터의 논리적 구조가 릴레이션(테이블)으로 표현되는 데이터 베이스.

relational data model[–mádəl] **관계 데이터 모델** 데이터의 논리적 구조가 릴레이션, 즉 테이블 형태의 평면 파일로 표현되는 데이터 모델. 각 릴레이션은 여러 개의 속성으로 구성되고, 릴레이션(또는 파일)을 이루는 각 레코드의 필드들은 다른 레코드의 주소를 가질 수 없다.

relational data system[–sístem] **RDS, 관계 데이터 시스템**

relational expression[–ikspréʃən] **관계식** 두 개의 산술식을 관계 연산자에 의해 묶어놓은 문법 단위. 관계식의 성립 여부에 따라서 각각 참 또는 거짓의 값을 갖는다. 같은 용어로서 ALGOL에서는 relation, COBOL에서는 relation condition 이라고 각각 부른다.

relational logic[–ládʒik] **관계 논리** 데이터 베이스에 이용되는 용어로, 비절차형의 관계를 조작하는 방법.

relational model[–mádəl] **관계 모델** Codd가 제창한 데이터 모델의 하나. 단순한 표 형식으로 표현하는 것에서 출발하여 각종 관계의 정규형이 제안되었다. 또 관계를 조작하기 위한 논리적인 연산으로서 관계 대수와 관계 술어가 고안되고 있다. 오늘날의 데이터 베이스에 대한 논리적 연구는 거의 이 관계 모델 위에서 하고 있다.

〈관계 모델에서의 용어와 의미〉

관계 데이터 모델의 용어	의 미
릴레이션	테이블
튜 플	행 또는 레코드
속 성	열 또는 필드
기 본 키	레코드를 식별할 수 있는 필드
도 메 인	필드가 가질 수 있는 값들
차 수	필드의 수

relational online analytical processing[–ánlàin æ̀nəlítik(əl) prásesiŋ] **관계형 온라인 분석 처리** ⇨ R-OLAP

relational operator[–ápərèitər] **관계 연산 기호** 두 개의 항목이나 변수(variable), 혹은 논리 관계를 비교하는 연산자. 수칙에 따르지 않으며 문자에 대해서도 적용된다. 고급 언어 혹은 어셈블리 언어의 프로그래밍에서는 분기 명령이나 조건 판단 시에 빈번하게 사용된다. 관계 연산자를 이용한 관계식은 그 관계가 올바르면 「참」, 올바르지 않으면 「거짓」 결과를 출력한다. 또한 FORTRAN 언어에서는 「관계 연산자」, ALGOL 언어에서는 「비교 작용소」, COBOL 언어에서는 「비교 연산자」라고 번역된다.

relational schema[–skí:mə] **관계 스키마** 시간에 관계없는 정적 성질을 갖는 릴레이션의 연구 부분인 릴레이션의 내포를 명세화한 것.

relational structure[–strʌ́ktʃər] **관계 구조** 모든 데이터 항목이 하나의 파일에 포함되어 있고, 논리 포인터에 의하여 상호 연결되어 있는 데이터 베이스 구성의 형태.

relational symbols[–símbəlz] **관계 기호** ⇨ 표 참고

relational system[–sístəm] **관계 시스템** 데이터가 사용자에게 오직 테이블 형태로만 인식되고, 연산자의 수행 결과로 기존 테이블에서 새로운 테이블이 생성되는 시스템.

부호	예	설　명
=	A=B	A는 B와 같다.
<	A<B	A는 B보다 작다.
<=	A<=B	A는 B보다 작거나 같다.
>	A>B	A는 B보다 크다.
>=	A>=B	A는 B보다 크거나 같다.
<>	A<>B	A는 B와 같지 않다.

relation associative processor[riléiʃən əsóuʃiètiv prásesər] **랩** ⇨ RAP

relation character[–kǽrəktər] **관계 문자**

relation condition[–kəndíʃən] **관계 조건** 어떤 산술식, 데이터 항목, 문자 상수 또는 지표명과 또 하나의 산술식, 데이터 항목, 문자 상수 또는 지표명의 값이 소정의 비교 관계를 만족하고 있는지 어떤지에 의해서 진리값이 정해지는 명제.

relation graph[–grǽf] **관계 그래프** 저장된 데이터 베이스의 물리적 구조를 논리적으로 표현하는 데 사용되는 도구. 특별히 노드는 사각형으로 표시하여 엔티티를 나타내고 방향을 가진 링크는 엔티티 관계성을 나타내며, 링크 테이블은 특정 엔티티 관계성의 이름을 나타낸다.

relation identifier[–aidéntifàiər] **RID, 관계 식별자** 한 데이터 베이스 내에 있는 릴레이션들을 고유하게 구분하기 위해 지정된 식별자.

relation integrity rule[–intégriti(:) rú:l] **관계 무결성 규정** 어떤 한 투플이 릴레이션에 삽입될 수 있는지 또는 한 릴레이션과 다른 릴레이션의 투플들 간의 관계가 적합한지를 지정한 규정.

relation logging[–lɔ́(:)giŋ] **관계 로깅** 사용자 요구에 의해 지정된 릴레이션에 발생하는 모든 단위의 변화를 로그에 유지하는 것.

relation mapping[–mǽpiŋ] **관계 사상(寫像)** 입력 릴레이션으로부터 원하는 출력 릴레이션으로의 사상.

relation scheme[–skí:m] **관계 스킴** 실현할 수 있는 관계의 족(族)으로, 속성의 집합에 의해서 정의되며, 거기에 의미 조건이 부여된다.

relationship[riléiʃənʃìp] *n.* **관계, 관계성** 엔티티나 레코드들이 서로 연관되어 있는 성질. 1 : 1, 1 : *m*, *m* : *n* 등의 관계가 있다.

relationship record type[–rékərd táip] **관계성 레코드 유형** 네트워크 데이터 모델은 *n* : *m* 관계를 직접 표현할 수 없으므로 *n* : *m* 관계를 두 개의 1 : *n* 관계로 분해시켜 같은 의미의 관계를 표현할 수 있도록 하는 데 사용되는 레코드 유형.

relationship relation[–riléiʃən] **관련 관계** 데이터 베이스 중의 데이터 요소 간에 존재하는 여러 가지 관계 중 하나 이상의 관계 간의 관련을 나타내는 관계를 관련 관계라 하고, 실체 관계와 구별하여 다루는 경우가 있다.

relationship set[–sét] **관계성 집합** 여러 관계성 중 같은 타입의 관계성들을 모아둔 것.

relation test[riléiʃən tést] **비교 테스트**

relative[rélətiv] *a.* **상대적인** 절대의(absolute)와 비교된다. 프로그램 속에서 사용되는 기억 장치 어드레스(address)의 하나로 상대 어드레스(relative address)가 있다. 이것은 어떤 어드레스(주소)에서부터 세어서 몇 번째라고 하듯이, 기준이 되는 어드레스(주소)로부터의 차(差)로서 표현되는 어드레스로 되어 있다. 절대 어드레스(absolute address)는 주기억 장치(main storage) 내의 1워드(word)라든가, 하나의 문자(character)가 물리적으로 차지하는 실어드레스(actual address)를 가리킨다.

relative address[–ədrés] **상대 주소** 명령의 어드레스부가 상대 어드레스를 포함하는 어드레스 지정 방법. 기준이 되는 어드레스에 대해서 상대적으로 나타낸 어드레스. 기준이 되는 어드레스는 그 프로그램 루틴의 제1단어가 기억되는 어드레스가 된다. 상대 어드레스로 쓰여진 루틴은 기억 장치의 다른 장소로 루틴이 옮겨가는 경우에는 그대로 이용할 수 있다. 특히 여러 프로그램을 로드하는 경우에 필요하다.

relative address coding[–kóudiŋ] **RAC, 상대 주소 부호화 방식** 팩시밀리 전송이나 도형 패턴의 압축에서 사용하는 부호화 방식의 하나. 각 주사선 상에서 화상이 백에서 흑, 혹은 흑에서 백으로 변화하는 정보 변화점의 위치를 부호화하려는 주사선 혹은 직전에 부호화한 주사선 상의 정보 변화점으로부터의 상대 거리에 따라서 부호화하는 방법.

relative addressing[–ədrésiŋ] **상대 주소 지정** 명령의 주소부가 기저(基底) 주소로부터의 차로서 나타내는 것과 같은 주소를 포함하는 주소 지정의 방법. 참조하는 데이터의 주소는 명령 중에서 나타난 주소에 다른 어떤 수를 더한 것이 된다. 이 수는 명령의 주소, 현 페이지의 최초 장소의 주소 혹은 레지스터에 들어 있는 수라도 좋다. 이 주소 지정에 의해서 한 개의 수를 바꿈으로써 프로그램 또는 데이터의 블록을 재배치할 수 있다.

relative addressing mode[–móud] **상대 주소 지정 방식**

relative address lable[–ədrés léibəl] **상대 주소 레이블**

relative address mode[–móud] **상대 주소 지정 방식** 프로그램 카운터가 명령의 주소 부분과 더해져서 유효 주소가 결정되는 방법으로, 명령의 주소 부분은 보통 부호를 포함한 수이며, 음수(2의 보수 표현)나 양수 둘 다 될 수 있다.

relative block address[–blák ədrés] **상대 블록 주소** 직접 접근 볼륨 상의 주소 표현법이며, 고정 길이 레코드 형식으로 이루어져 있는 데이터 세트(파일)의 블록을 데이터 세트(파일) 내의 최초의 블록으로부터의 상대 위치에 의해 표현하는 방법.

relative byte address[–báit ədrés] **RBA, 상대 바이트 주소** VSAM 데이터 세트에 할당되어 있는 기억 공간의 최초의 위치에서 그 데이터 세트 내의 어느 데이터 레코드까지의 변위. VSAM의 데이터 세트는 물리적으로는 여러 개의 익스텐트, 여러 개의 볼륨으로 이루어지는 경우가 있다. 그러나 논리적으로는 바이트가 연속한 스트링이며, 개개의 바이트를 사용자가 주소 설정할 수 있다. 개개의 논리 레코드는 실제의 DASD의 주소가 아니고 그 데이터 세트의 논리적인 개시점으로부터의 상대적인 격, 즉 상대 바이트 주소로 지정된다.

relative code[–kóud] **상대 코드** 기본 어드레스를 기준으로 하여 어드레스를 지정하거나 기호 어드레스(symbolic address)를 이용하여 표시한 프로그램. 절대 코드(absolute code)와 대비된다.

relative coding[–kóudiŋ] **상대 코딩** (1) 임의의 선택적 어드레스를 기준으로 하여 모든 어드레스를 표현한 코딩법. (2) 상대 어드레스 지정법을 사용하여 프로그램 명령어를 작성하는 방법.

relative command[–kəmǽ:nd] **상대 좌표 명령** 상대 좌표를 사용하는 표시 명령.

relative complement[–kámpləmənt] **상대 보수**

relative completeness[–kəmplí:tnəs] **상대적 완전성** 프로그램의 정당성을 표시할 때 사용하는 검증 시스템에서 표명 언어에 대한 공리 시스템이 충분히 풍부한 내용을 갖는 것이면, Gödel의 불완전성 정리에서처럼 검증 시스템이 정합적이고 완전한 것은 기대할 수 없다. 그래서 프로그램 언어에 대한 공리 시스템을 표명 언어와는 독립적으로 취급하기 위하여 「표명 언어에 대하여 완전한 공리 시스템이 존재하게 되면 검증 시스템에 대한 완전한 공리 시스템을 구성할 수 있다」라는 약한 개념을 생각하게 되며 이것을 상대적 완전성이라고 한다.

relative coordinate[–kouɔ́:rdineit] **상대 좌표** 어드레스 가능점의 위치가 다른 어드레스 가능점을 기준으로 하여 표현되는 좌표.

relative data[–déitə] **상대 데이터** 표시 화면상의 좌표 위치를 어느 위치로부터의 변위로서 지정한 값. 면(面) 그래프는 절선 그래프와 비슷하나 선의 하부에 음영이 붙여진다. 이것은 요소의 상대적인 양을 강조하기 위해서이다. 상대 데이터를 사용하는 경우는 어느 특정한 요소가 전체 중에서 차지하는 상대적인 값과 전체의 합계값의 양쪽을 나타낼 수 있다. ⇨ absolute data

relative data set[–sét] **상대 데이터 세트**

relative dispersion[–dispə́:rʃən] **상대적 산포도** 두 도수 분포표에서 구한 산포도에서 그 계량 단위가 다르거나 대표값의 차이가 커서 절대적으로 산포도를 비교할 수 없는 경우, 절대적 산포도를 대표값으로 나누어 비교한 것. 변이(변동) 계수 또는 표준 편차 계수, 사분위 편차 계수, 평균 편차 계수 등이 있다.

relative end position[–énd pəzíʃən] **상대 종료 위치**

relative entropy[–éntrəpi(:)] **상대 엔트로피** 엔트로피 H와 선택 정보량 H_0의 비(比) H_r.

relative error[–érər] **상대 오차** 절대 오차와 오차를 포함하는 양의 참값, 지정값 또는 이론값과의 비.

relative file[–fáil] **상대적 파일, 상대 편성 파일** COBOL 프로그램에서 다루는 파일. 파일 중 레코드의 논리적인 순서를 지정하는 1 이상의 정수(整數)에 의해서 레코드를 식별될 수 있게 편성되어 있는 파일.

relative frequency[–frí:kwənsi(:)] **상대 도수** 도수 분포표에 있어서 각 계급의 도수를 전체 데이터의 수로 나눈 것.

relative frequency distribution[–dìstribjú(:)ʃən] **상대 도수 분포** 각 계급에 대한 도수의 전체 데이터 개수에 대한 비율(상대 도수)을 도수 분포표로 나타낸 것. 이때 상대 도수의 합은 1이 되어야 한다.

relative generation number[–dʒènəréiʃən nʌ́mbər] **상대 세대 번호** 세대 데이터 세트(파일)명을 최신의 세대로부터의 상대적인 위치에 따라서 지정할 때의 구성 요소. 세대 데이터 세트(파일)군(GDG)명 뒤에 괄호로 묶은 10진 정수로 나타낸다.

relative indexing[–índeksiŋ] **상대 색인법**

relative instruction[–instrʌ́kʃən] **상대 좌표 명령** 상대 좌표를 사용하는 표시 명령.

relative key[–kí:] **상대 키** 상대 파일 중의 레코드를 식별하는 값을 갖는 키. COBOL의 용어.

relative level[–lévəl] **상대 레벨** 전송 시스템에서 어떤 기준점에서의 전송량에 대한 전송량의 비. 즉, 전송 시스템이 있는 점에서의 신호 전력을 시스템 기준점의 신호 출력과 비교해서 데시벨로 표시한 것. 기준점으로는 보통 시외 교환대를 이용한다.

relative line number[–láin nʌ́mbər] **상대 회선 번호**

relative magnitude[–mǽgnitjùːd] **상대 크기** 어떤 양과 다른 양에 대한 크기 관계나 비교를 의미하며, 대부분 기본 크기에 대한 비교값의 백분율이나 차이로 표시한다.

relative movement[–múːvmənt] **상대 이동** 컴퓨터 그래픽에서 표시 화면의 기준점인 (0,0)에서가 아니고 최종 위치에서 새 위치로 자리를 옮기는 것. 예를 들면, 「Move 4, 8」은 마지막 위치에서 오른쪽으로 4단위만큼, 위쪽으로 8단위만큼 이동하는 것을 뜻한다.

relative operand[–ápərænd] **상대 오퍼랜드** 프로그래밍에 있어서 커맨드의 오퍼랜드에 이 커맨드가 연산의 대상이 되는 장소까지의 상대 주소(상대값)가 저장되어 있는 오퍼랜드.

relative operator[–ápərèitər] **상대 연산자**

relative order[–ɔ́ːrdər] **상대 명령** 상대 데이터를 수반하는 표시 장치를 이용하는 프로그램에서 쓰이는 명령.

relative organization[–ɔ̀ːrgənaizéiʃən] **상대 편성** 파일 중 레코드의 논리적인 순서를 지정하는 1 이상의 정수(整數)에 의해서 레코드를 식별하는 영속적인 논리 파일 구조.

relative program[–próugræm] **상대 형식 프로그램** 다른 상대 형식 프로그램과 결합되어 실행 형식으로 편집되고 적재되는 것으로, 기호 코드를 사용하여 코딩된다. 이것은 인간이 쓴 프로그램은 기계가 아는 언어가 아니므로 실제로 기계에서 처리될 때는 기계가 아는 언어로 번역해줄 필요가 있으며, 그 번역 단계에서 만들어진 것으로, 인간이 쓴 프로그램(소스 프로그램)이 각종의 언어 처리 프로그램(컴파일러)에 의해서 기계어에 가까운 형식으로 교환된 것을 말한다.

relative record[–rékərd] **상대 레코드**

relative record data set[–déitə sét] **RRDS, 상대 레코드 데이터 세트** 가상 기억 액세스 방식(VSAM)의 데이터 세트(파일)의 일종. 고정 길이 레코드가 상대 레코드 번호를 가지며, 슬롯 번호에 의하여 기록과 검색이 행해진다. 레코드로의 액세스는 순차(sequential), 임의(random), 어느 것이나 가능하다.

relative record file[–fáil] **상대 레코드 파일** 입출력을 이송할 때 블로킹에 관계없이 연속된 디스크 구간을 직접 액세스할 경우 오버헤드가 작아지게 하는 파일.

relative record number[–nʌ́mbər] **상대 레코드 번호** 한 파일에 있는 레코드의 서수로서 i번째 레코드는 상대 번호 i 또는 $i-1$을 갖는다.

relative redundancy[–ridʌ́ndənsi(ː)] **상대 중복성** 중복 R과 선택 정보량 H_0와의 비 r_0.

relative sequential data set[–siːkwénʃəl déitə sét] **RSDS, 상대 순차 데이터 세트**

relative search[–sə́ːrtʃ] **상대 탐색** 어떤 레코드를 탐색할 때 이전에 설정된 임의 주소를 기준으로 한 상대적인 위치로 나타내는 형식.

relative time clock[–táim klák] **RTC, 상대 시간 클록** 컴퓨터의 수행부는 상대 시간 클록을 사용하여 시간을 추적하며, 이 클록의 인터럽트 때마다 인터럽트 처리 루틴이 제어를 수행부에 넘긴다. 이때 수행부는 우선 순위가 더 높은 장치가 수행되기를 원하는지 또는 프로그램이 수행되기를 원하는지를 검사한다.

relative track address[–trǽk ədrés] **상대 트랙 주소** 데이터 세트(파일)의 블록이 존재하는 트랙의 위치를 데이터 세트(파일) 내의 최초의 트랙으로부터의 상대 위치에 의해 표현하는 방법. 직접 접근 볼륨 상의 주소 표현법이다.

relative transmission level[–trænsmíʃən lévəl] **상대적 전송 수준** 어떤 한 곳에서의 실험 음량과 기준으로 선택된 시스템 내의 다른 곳에서의 실험 음량과의 비율로서 데시벨(dB)로 표시된다.

relative vector[–vǽktər] **상대 벡터** ⇨ incremental vector

relaxation[rìːlækséiʃən] *n.* **완화** 시스템이 평형 상태를 향해서 자연히 복귀하는 것.

relaxation method[–méθəd] **완화법, 이완법** 프로그램하기는 다소 불편하지만 가우스-자이델의 반복법에 비해 수렴 속도가 대단히 빠른 수치 계산 방법. 손으로 계산하기도 쉽다.

relaxation oscillator[–ásilèitər] **완화 발진기** 구형파 또는 톱니파를 생성하는 발진기. 기본 주파수가 저항을 통한 콘덴서나 코일의 충전이나 방전의 시간에 의해서 정해진다. 전기 에너지를 서서히 저장하여 이것을 한 순간에 방전하는 것을 반복하는 발진기.

relay[riːléi] *n.* **계전기** 통신 분야에서는 「중계」 또는 「중계기」를 의미하고, 하드웨어 분야에서는 「계전기」를 의미한다. 통신 분야에서의 중계기란 서로 다른 프로토콜을 이용하는 두 개 이상의 네트워크 사이에서, 서로 정보(information)를 전송하는 기계이다. 또 단순히 네트워크 간의 중계를 의미하는 경우도 있다. 예를 들면 전자 메일(mail) 등에서 메시지(message)를 별도의 네트워크로 전송하는 경우에 「릴레이」라는 언어가 쓰인다. 일반적으로 계전기라 하면, 전자 계전기를 가리킨다. 전자 계전기는 전자석과 접극자 및 접점을 가지며, 전자석 코일에 흐르는 전류에 의해 자석을 생기게 하여 접극자를 흡인하고,접점을 개폐하는 계전기이다. 무접점 계전기도 있으며, 또 오늘날과 같이 컴퓨터의 출현 이전에는 계전기를 다수 조합시킨「릴레이식 계산기」도 있었다.

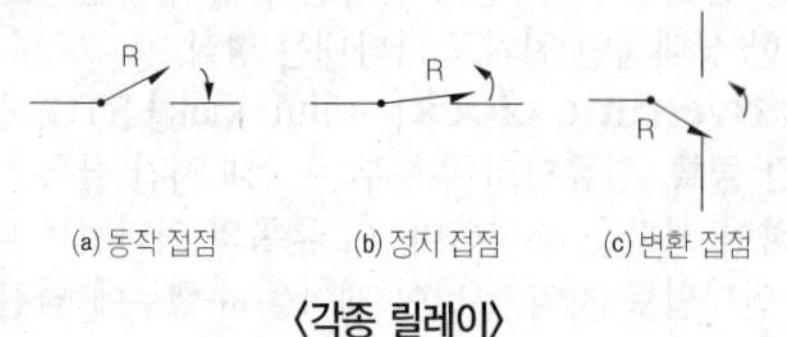

〈각종 릴레이〉

relay amplifier[–ǽmplifàiər] **릴레이 증폭기** 아날로그 시스템에서 두 개의 신호를 비교하는 데 사용되고 스위치를 운용시키기 위한 증폭기가 부착된 장치.

relay automatic system[–ɔ̀:təmétik sístəm] **릴레이식 자동 교환 방식**

relay center[–séntər] **계전소, 중계국** 입력 메시지를 받아서, 그 속에 들어 있는 데이터에 따라 하나 또는 복수 개의 출력 회로로 메시지 신호가 자동으로 나가도록 하는 장소.

relay computer[–kəmpjú:tər] **계전기 컴퓨터** 컴퓨터끼리 혹은 하나의 주컴퓨터와 여러 개의 컴퓨터를 접속하기 위한 소형 컴퓨터. 계전기 컴퓨터는 컴퓨터 간의 접속을 쉽게 하기 때문에 코드 변환과 간단한 데이터 형식 변환 등을 하며, 양측에 있는 주컴퓨터의 부하를 가볍게 하고, 대량의 데이터 전송을 가능하게 하는 등 전체의 시스템 구성을 효율, 경제적으로 완성시키는 데 효과가 있다.

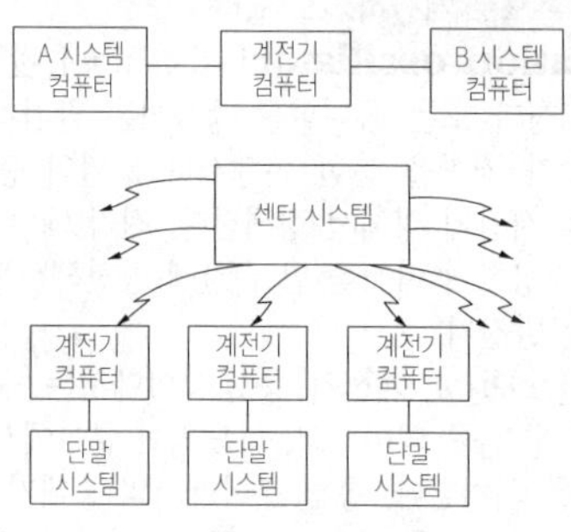

〈계전기 컴퓨터〉

relay contact[–kántækt] **릴레이 접점**

relay controller[–kəntróulər] **RC, 계전기 구동 장치**

relay program[–próugræm] **계전기 프로그램**

relay system[–sístəm] **중계 시스템**

release[rilí:s] **배포** 해방하다. 할당을 해제하다. 장치나 자원(resource)을 다른 작업용으로 해제하는 것 혹은 할당을 해제하는 것, 컴퓨터에서는 미니 작업(job)이나 태스크(task)에 사용하는 주변 기기 등을 할당한다. 그 해당 작업 등이 실행(execution)을 종료했을 때 사용하고 있었던 것을 해제하고 다음 실행에 대비한다. 메모리의 해제에는「free」가 사용되고,「release」는 그 외의 경우에 사용된다. 또 소프트웨어의 버전과 똑같이 사용하기도 한다. 예를 들면 release 1 이라는 것은 version 1과 거의 같은 의미인 경우가 있고, 개정 순서의 숫자가 다음에 계속된다.

release busy[–bízi(:)] **폐쇄 해제** 폐쇄 상태에 있는 통신 회선. 장치류를 운용 상태로 되돌리는 것.

release guard[–gá:rd] **해제 보호**

release-guard signal[–sígnəl] **해제-보호 신호** 회로가 수신이 끝나고 자유로워졌음을 나타내기 위해 회로의 입력측에서 전송 완료 신호에 대한 응답으로 되돌려 보내는 신호.

release key[–kí:] **해제 키**

release program device operation[–próugræm diváis àpəréiʃən] **프로그램 장치 해제 조작**

release read[–rí:d] **판독 해제** 판독 장치를 해제시킴으로써 컴퓨터가 더 많은 처리 시간을 갖도록 하는 장치의 한 특성.

release version[–vɔ́:rʃən] **배포 버전** 현재 구입해서 사용할 수 있는 프로그램의 버전.

relevance ratio[réləvəns réiʃiòu] **상관율** 검색 시스템의 성능을 평가할 때 호출률과 아울러 사용되는 척도. 잡음 정보가 어느 정도 적은가를 나타내는 정보 검색 용어.

relevant[réləvənt] *a*. **관련한, 적절한**

reliability[rilàiəbíliti(:)] *n*. **신뢰도** (1) 시스템이나 장치, 부품 등이 어떤 일정 기간 고장 없이 정확하게 동작을 수행할 확률(신뢰성)을 말한다 일반적으로는 평균 고장 간격(MTBF ; mean time between failure)으로 표시한다. MTBF＝1/평균 고장률, 또 계(系), 기기, 부품 등이 규정 조건 하에서 의도하는 기간중에 규정 기능을 적정하게 수행할 확률(신뢰도)을 표시한다. ARMIS(availability, reliability, maintainability, integrity, security)는 신뢰성에 관계하는 종합 개념이며, 시스템이나 소프트웨어의 신뢰성과 보수성을 높이고, 또 인위적 오조작을 방지하여 완전성과 안정성을 높인다는 것을 표시한다. 이것에 의하여 시스템 전체의 가용성을 향상시킬 수 있다. (2) 시스템의 신뢰성 평가는 시스템이 요구된 기능을 정지한 데 대한 손실(damage)의 크기에 따라서 예측되는 것이 바람직하다. 그러나 객관적 정량적 평가는 일반적으로는 곤란하다. 일반적으로 신뢰성의 척도로 이용되는 것은 앞에 말한 MTBF나 평균 고장률과 평균 수리 시간(MTTR ; mean time to repair) 등을 들 수 있다. (3) 프로그램의 신뢰성을 재는 척도로서 테스트 결과에서 잔존하는 버그(bug) 수를 측정하는 오류 성장 모델이 있다.

[주] 기능 단위가 요구된 기능을 규정된 조건 하에서 기초로 규정된 기간 동안 실행하는 능력.

reliability analysis [–ənǽlisis] **신뢰성 해석**

reliability assessment [–əsésmənt] **신뢰도 산정** 기존의 시스템이나 시스템 요소에 대해 신뢰도의 수준을 결정하는 과정.

reliability assurance [–əʃú(:)rəns] **신뢰도 보증**

reliability, availability and serviceability [–əvèiləbíliti(:) ənd sə̀ːrvisəbíliti(:)] **RAS, 믿음성/가용성/실용성** ⇨ RAS

reliability, availability, serviceability, integrity and security [–intégriti(:) ənd sikjú(:)riti(:)] **RASIS, 신뢰성/가용성/실용성/보전성/안전성** RASIS는 널리 시스템의 신뢰성을 나타내는 말이다. R(reliability)은 신뢰성을 의미하며, 시스템이 고장나는 일 없이 어느 정도 가동할 수 있는가를 나타내는 신뢰도의 척도로서 일반적으로 평균 고장 간격(MTBF ; mean time between failure)을 사용하고 있다. A(availability)는 가용성(可用性)을 의미하며, 장애가 발생하여도 최소한으로 막는 것을 나타낸다. S(serviceability)는 실용성을 의미하며, 시스템에 고장이 발생하였을 때 어느 정도 신속하게 복구할 수 있는가를 나타낸다. I(integrity)는 안전성을 의미하며, 시스템 중의 데이터가 부당하게 개변(改變)되는 일이 없고, 데이터의 올바름이 유지되는 것을 나타내며, 보전성(保全性)을 재는 척도로서 일반적으로 평균 수리 시간(MTTR ; mean time to repair)을 사용하고 있다. S(security)는 기밀 보호를 의미하며, 무자격자로부터 데이터의 접근을 막는 것, 또는 악의를 가진 별명을 막는 것을 나타낸다.

reliability block diagram [–blák dáiəgræ̀m] **RBD, 신뢰도 블록 도표**

reliability control [–kəntróul] **신뢰성 관리** 허용된 비용과 시간을 고려한 후에 사용자의 요구를 만족시키고 유효성 높은 제품을 제조하여 제품 개발에서부터 사용까지의 전 사이클에 해당하는 신뢰성을 높여 유지하는 종합 활동.

reliability data [–déitə] **신뢰도 데이터** 소프트웨어 수명 주기의 특정 순간에서 소프트웨어에 대한 신뢰도를 평가하기 위한 데이터.

reliability engineering [–èndʒəníəriŋ] **신뢰성 공학** 컴퓨터 시스템 등의 기능 단위에 신뢰성을 부여할 목적의 응용 과학 및 기술 분야.

reliability evaluation [–ivæ̀ljuéiʃən] **신뢰도 평가**

reliability function [–fʌ́ŋkʃən] **신뢰도 함수** 신뢰성 공학에 있어서 전 소자 수를 N, t시간 내에 고장나지 않는 소자 수를 $N_s(t)$로 할 때

$$R(t) = \frac{N_s(t)}{N_0}$$

를 신뢰도 함수라고 한다.

reliability growth [–gróuθ] **신뢰성 성장** 소프트웨어의 신뢰성이 장애의 수정에 의해 개선되는 것.

reliability improvement warranty [–imprúːvmənt wɔ́(:)rənti(:)] **RIW, 신뢰성 개선 보증**

reliability knowledge [–nálidʒ] **신뢰도 지식** 문제 영역에 대해 주어진 지식이 실세계를 얼마나 정확하게 나타내는가 하는 정도.

reliability level [–lévəl] **신뢰도 수준** 신뢰도를 시스템, 기기, 부품 등의 복잡성이나 환경의 견고성 등을 기준으로 해서 상호 비교하기 위한 측도(測度). 예를 들면 기기의 복잡성은 그 기기에 사용하고 있는 주요 부품의 수 등으로 나타낸다.

reliability machine code [–məʃíːn kóud] **재배치 기계 코드** 컴퓨터의 수행 이전에 상대 주소를 절대 주소로 변환할 필요가 있는 기계어 코드.

reliability model [–mádəl] **신뢰도 모델** 신뢰도를 예측하고 추정하며 산정하는 데 사용되는 모델.

reliability monitoring [–mánitəriŋ] **신뢰도 모니터링**

reliability of a transducer [–əv ə trænsdjúːsər] **변환기의 신뢰도** 변환기가 규정된 시간 범위의 규정된 오차 한계 내에서 기능을 계속할 수 있는 확률.

reliability optimization [–àptimizéiʃən] **신뢰도 최적화**

reliability option [–ápʃən] **신뢰성 선택**

reliability planning and management [–plǽniŋ ənd mǽnidʒmənt] **RPM, 신뢰성 계획·관리**

reliability program [–próugræm] **신뢰성 프로그램**

reliability test [–tést] **신뢰도 시험** 계(系), 기기, 부품 등의 신뢰도를 평가, 해석하기 위한 시험.

relieve [rilíːv] *v.* **경감하다, 제거하다**

relinquish [rilíŋkwiʃ] *v.* **방기하다, 포기하다**

reload [riːlóud] *v.* **리로드** 컴퓨터의 주기억 장치에 존재하는 프로그램이 어떤 원인으로 실행 불가

능하게 되고, 그것이 또 필요하게 된 경우에 또다시 주기억 장치로 가져오는 것.

reloadable control storage [ri:lóudəbl kəntróul stɔ́:ridʒ] **재적재 가능한 제어 기억 기구**

relocatability [ri:loukèitəbíliti(:)] **재배치 가능성**

relocatable [ri:loukéitəbl] **재배치 가능한** 거의 프로그램이나 루틴이 주기억 장치 상의 어느 영역에서든 로드할 수 있고, 또 로드된 상태로 실행할 수 있는 형태로 되어 있는 것을 표시할 때 사용된다. 프로그램 속성의 하나로서 실제로는 대부분의 프로그램이나 루틴은 재배치 가능한(relocatable) 것으로 되어 있다. 일반적으로 멀티프로그래밍에 의해 어디에 프로그램이 배치될지 모르며, OS의 관리에 의해 프로그램의 절대 주소가 바뀌는 경우도 있기 때문에 범용 프로그래밍 언어는 컴파일러에 의해서 재배치 가능한 프로그램으로 번역되는 것이 보통이다.

relocatable address [-ədrés] **재배치 가능 주소** 어셈블러나 컴파일에 의해서 작성되며, 나중에 어드레스가 수식(조정)되어 주기억 장치의 임의의 장소에 로드되도록 되어 있다. 이러한 어드레스를 재배치 가능 어드레스라고 한다. 한편 로드되고 나서 실행될 때 사용되는 주소를 절대 주소라고 하며, 이것은 상대 주소와 대비된다.

relocatable area [-ɛ́(:)riə] **재배치 가능 영역**

relocatable assembler [-əsémblər] **재배치 가능 어셈블러** 어셈블리어로 된 원시 코드를 목적 코드로 번역하는 것은 일반적인 어셈블러와 같으나, 모든 주소를 기준점에 대한 상대 위치로 표시하거나 외부 참조로 나타내는 어셈블러를 말한다.

relocatable element [-éləmənt] **재배치 가능 엘리먼트** 목적 모듈(object module)과 동의어.

relocatable expression [-ikspréʃən] **재배치 가능식** 재배치되면 값이 달라지는 어셈블러 언어의 식으로 어셈블리시에 계산된다. 프로그램이 재배치 되었을 때 그 재배치 위치와 최초에 할당된 위치와의 격차를 n이라고 하면 그 프로그램 내의 재배치 가능식은 n만큼 변화하며, 단일의 재배치 가능항인 경우도 있다. 어셈블러는 재배치 가능식을 간략화하여 단일의 재배치 가능값을 구한다.

relocatable format [-fɔ́:rmæt] **재배치 가능 형식**

relocatable library [-láibrəri(:)] **재배치 가능 라이브러리, 상대 형식 라이브러리** 아직 결정되지 않은 기준 주소를 갖는 라이브러리 프로그램.

relocatable linking loader [-líŋkiŋ lóudər] **재배치 가능 연결 적재기** 사용자들이 여러 개의 독립된 목적 프로그램들을 하나의 실행 가능한 프로그램으로 결합시키는 적재기.

relocatable loader [-lóudər] **재배치 가능 적재기** 언어 프로세서에서 출력된 재배치 가능한 목적 프로그램을 주기억 장치의 지정된 영역에 저장하기 위한 프로그램.

relocatable machine code [-məʃí:n kóud] **재배치 가능 기계 코드** 실행하기 전에 상대 주소를 절대 주소로 변환하지 않으면 안 되는 기계어 코드.

relocatable macro assembler [-mǽkrou əsémblər] **재배치 가능 매크로 어셈블러**

relocatable name [-néim] **재배치 가능명**

relocatable program [-próugræm] **재배치 가능 프로그램** 재배치시킬 수 있는 형태로 되어 있는 컴퓨터 프로그램. 리로케이트(relocate)란 프로그램을 주기억 장치에 있는 어떤 할당된 주소에서 다른 주소로 재배치하는 것으로 이와 같이 임의의 주소로 할당해도 실행 가능한 성질을 가진 프로그램을 재배치 가능 프로그램이라고 한다. 재배치 가능 프로그램은 자체 프로그램 섹션 내를 지정된 어드레스 상수를 가지지 않고 실행에 옮겨 배치될 때 어드레스가 설정된다. 일부 오버레이 프로그램에서는 전송면이 고정되어 있어서 재배치 가능하지 않는 것이 있다.

relocatable program loader [-lóudər] **재배치 가능 프로그램 적재기** 재배치 가능 서브루틴 및 목적 프로그램과 데이터에 절대 원점을 할당하는 프로그램을 말한다. 이 로더(loader)는 각각의 명령이나 데이터에 절대 위치를 할당하고 이들 데이터나 명령을 참조할 때는 주소를 수정한다.

relocatable routine [-ru:tí:n] **재배치 가능 루틴** 컴퓨터의 루틴 중에 메모리 상의 어디에 배치해도 정상적인 동작을 행하는 루틴. 메모리 상에서 재배치를 행하는 경우 어드레스 등을 재배치 적재기로 변경함으로써 조정하는 경우도 있다. 그러나 루틴 중에 어드레스 지정이 상대적으로 행하여지며 또 어드레스에 관계하는 상수를 갖고 있지 않을 때에는 그 코드를 전혀 변경하지 않고도 재배치할 수 있다. 이 경우에는 배치 자유형(location free) 또는 배치 독립형(location independent)이라고 한다.

relocatable subroutine [-sʌ́bru:tí:n] **재배치 가능 서브루틴** 기억 장치 내에 독립적으로 배치 가능한 서브루틴. 프로그램 적재시 실제 위치 지정은 처리기에 의해 수행된다.

relocatable symbol [-símbəl] **재배치 가능 기호**

relocatable term [-tə́:rm] **재배치 가능항** 프로그램의 재배치에 의해서 값이 달라지는 항. 단일의 재배치 가능항을 직접 곱셈 또는 나눗셈에 사용해서는 안 된다. 재배치 가능항을 조합하여 괄호로 묶으면 조합된 재배치 가능항은 절대값을 가지므로 곱셈과 나눗셈의 대상으로 할 수 있다. 재배치에 의한 영향을 받지 않게 된다.

relocate[riːloukéit] *v.* **재배치하다** 컴퓨터 프로그램 또는 그 일부를 이동하고 또 이동 후에 프로그램이 실행될 수 있도록 임의의 장소의 어드레스 참조를 조정하는 것.

relocating compiler[riːloukéitiŋ kəmpáilər] **재배치형 컴파일러** 실행 가능한 재배치 가능 프로그램을 만들어내는 컴파일러.

relocating loader[–lóudər] *n.* **재배치 적재기** 재배치 가능한 프로그램과 그것을 배치하기 위해 필요한 정보로부터 주기억에 어드레스를 상대 표시하고 나서 절대 표시로 고친 프로그램을 만들어내는 로더(적재기).

relocating object loader[–ábdʒik lóudər] **재배치 목적 적재기** 어셈블러에 의해 만들어진 목적 프로그램들을 기억 장치 내에 적재시키고 서로 연결시키는 데 사용되는 적재 프로그램.

relocation[riːloukéiʃən] *n.* **재배치** 프로그램들이 기억 장치 내의 임의의 장소에 적재될 수 있도록 조정하는 작업. 예를 들면 특정 계산을 하기 위해서 서브루틴이 A 작업에도 B 작업에도 사용되도록 한다. 컴퓨터가 A 작업에서 B 작업으로 옮길 경우에 이 서브루틴은 계속될 필요가 있지만 B 작업을 위해서는 그 밖의 프로그램과의 관련으로 그 서브루틴이 저장되는 주기억 장치 내의 장소를 바꿀 필요가 있게 된다. 이럴 때 서브루틴은 재배치된다.

relocation address[–ədrés] **재배치 어드레스**

relocation bit[–bít] **재배치 비트** 재배치 코드를 관리하기 위해서 재배치가 되어야 할 명령어에 추가되는 특정 비트.

relocation dictionary[–díkʃənəri(ː)] RLD, **재배치 사전** 목적 모듈 또는 적재 모듈의 일부로서 재배치를 실행할 때 조정해야 하는 모든 어드레스를 참조할 수 있도록 기록한 표.

relocation register[–rédʒistər] **재배치 레지스터** 수행중인 프로그램을 다른 곳으로 옮길 수 있도록 하는 레지스터로 주기억 장치 내 프로그램의 기준 주소가 이 레지스터에 기억된다.

REM recognition memory의 약어. 보통의 컴퓨터와 쉽게 연결될 수 있도록 설계된 간단한 연관 기억 장치.

remain[riméin] *n.* **리메인, 유지** 시스템의 상태나 메모리의 할당 상태가 그대로 남아 있는 것, 잔존해 있는 것. 보통 컴퓨터 시스템에서 사용하고 있는 기억 장치(memory unit)는 한 번 실행(execute)이 끝나도 그 기억 내용을 모두 소거하지 않는다. 그것은 다음 실행이 시작되면 그 기억 내용이 위로부터 중복 기입되어 가기 때문에 일부러 소거할 필요가 없으며 만약 소거해도 쓸모없는 작업으로 끝나버리기 때문이다. 이 메모리에 앞의 실행 내용이 남아 있는 상태를 유지(remain)라고 한다. 또 사용 가능 영역 등이 나중에 어느 정도 잔존하고 있는가를 표시할 때도 사용한다.

remainder[riméindər] *n.* **나머지** 나눗셈에서 피제수 중 나눠지지 않은 부분의 수 또는 양. 그 절대값은 제수의 절대값보다 작다.

remain lock control[riméin lák kəntróul] **로크 유지 제어 기구**

remark[rimáːrk] *n.* **설명 주, 주석, 리마크** 원시언어의 명령문에 추가 또는 삽입되는 기술 참조 또는 설명이며, 목적 언어 중에서는 아무런 효과도 갖지 않는다. 개별적인 명령 문장인 추가 설명과 비교된다.

remedial maintenance[rimíːdiəl méintənəns] **구제 보수, 교정 보수** 장비 고장의 경우 계약자에 따라 수행되는 보수.

Remington-Rand Corp. 레밍턴-랜드 사 UNIVAC으로 유명한 미국의 제조 업체로 사무 기기 및 컴퓨터를 생산하고 있다.

remote[rimóut] *a.* **원격, 원격의** 「통신 회선」을 경유하여 중앙측의 컴퓨터 시스템에 연결되어 있는 장소를 원격측 또는 단순히 원격(remote)이라고 한다. 「통신 회선」의 경유와 컴퓨터 시스템과의 사이에서 행해지는 각종 조작과 기능에 흔히 사용된다.

remote access[–ǽkses] **원격 접근** 데이터 링크(data link)를 경유하여 중앙의 컴퓨터 시스템에 액세스(access)하는 것.

remote access data processing[–déitə prásesiŋ] **원격 접근 데이터 처리** 입출력 기능이 데이터 통신 수단에 의해서 컴퓨터 시스템에 접속되어 있는 장치로 실행되는 데이터 처리.

remote access storage and retrieval [–stɔ́ːridʒ ənd ritríːvəl] **원격 접근 기억·검색**

remote access software[–sɔ̀ːftwὲər] **원격 접근 소프트웨어** 원격 접근을 구현하기 위한 소프트웨어. 클라이언트와 서버용의 두 가지로 분류되는 경우도 있다. 화면이나 조작까지 완전하게 동기하는 것에서부터 명령으로 서버측을 클라이언트가 조작하는 것까지 여러 종류가 있다.

remote adapter[–ədǽptər] **원격 어댑터** 단말 제어 장치와 입출력 장치 간에 설치되며, 데이터의 송수신을 하는 원격 전송 제어 장치.

remote batch[–bǽtʃ] **원격 일괄 처리** 원격 지점의 단말 장치에서 데이터를 입출력하는 것으로 컴퓨터실에서의 일괄 처리와 같이 능률적인 데이터 처리를 행하는 것. 컴퓨터실과 단말 장치 사이는 데이터 전송을 위한 통신 회선이 연결되므로 온라인 처리의 한 형태이다. 이 원격 일괄 방식에서는 자료 송수 시간의 단축에 효과적이며, 또 실시간 시스템에 비해 설비가 저렴한 점이 장점이다.

remote batch access[–ǽkses] **원격 일괄 접근** 넓은 의미의 시분할 개념으로 메시지 교환, 데이터 수집, 컴퓨터 간의 통신, 데이터 운행 등의 개념이 포함된다.

remote batch entry[–éntri(ː)] **원격 일괄 입력, 원격 배치 입력** 데이터 링크를 경유하여 컴퓨터에 액세스하는 입력 장치를 통과하여 행해지는 데이터의 일괄 의뢰를 말한다.

remote batch job[–dʒɑ́(ː)b] **원격 일괄 작업** 원격 일괄 처리의 대상이 되는 작업.

remote batch processing[–prɑ́sesiŋ] **원격 일괄 처리** 입출력 장치가 데이터 링크를 경유하여 컴퓨터에 액세스하는 일괄 처리. 단말 장치 또는 단말 장치에 입출력 기기가 병설된 것으로부터 통신 회선으로 연결된 센터 컴퓨터에 프로그램이나 데이터를 보내넣고, 보통 일괄 처리와 같은 요령으로 처리한 후, 결과를 가까운 출력 표시 장치로 얻는 방식을 말한다.

remote batch processing system[–sístəm] **원격 일괄 처리 시스템** 즉응성(卽應性)을 요하지 않는 처리를 원격지에서 하고자 하는 경우에 사용하며, 원격지에서 중앙 컴퓨터에 데이터를 입력하고, 중앙 컴퓨터로 일괄 처리하여 그 결과를 받는 방식.

remote batch processing terminal[–tə́ːrminəl] **원격 일괄 처리 단말기** 카드 입력기 또는 테이프, 프린터 등을 원격지로 연장시켜 이용하는 단말기.

remote batch system[–sístəm] **원격 일괄 체계** 원격지의 단말 장치를 중앙 일괄 처리 시스템에 통신선으로 온라인 연결한 컴퓨터 시스템. 원격지의 단말 장치로부터 보내오는 작업은 그 밖의 작업과 특별히 구별되지 않고 중앙 컴퓨터 시스템에서 처리된다. 단, 프로그램이나 데이터를 보내거나 결과를 입수하기 위해서는 우송 또는 직접 계산 센터로 나아갈 필요가 없어져 입력 데이터나 출력 결과는 통신선을 통해서 원격 단말 장치에서 입출력이 가능하다.

remote batch terminal[–tə́ːrminəl] **원격 일괄 처리 터미널, 원격 일괄 처리용 단말기** 원격지에서 프로그램이나 데이터를 보내서 일괄 처리를 하는 데 사용하는 단말 장치. 복수의 입출력 장치를 접속할 수 있고, 편집 기능이나 계산 기능을 갖는 것도 있다.

remote calculator[–kǽlkjulèitər] **원격 계산기** 사용자가 먼 거리에서도 계산이 필요한 문제 해결을 컴퓨터에 요구할 수 있도록 데이터 연결 장치를 통하여 중앙 처리기에 직접 연결된 키보드 장치.

remote command execution[–kəmɑ́ːnd èksəkjúːʃən] **원격 명령 수행** 네트워크로 연결된 상대방 컴퓨터에 명령을 보내는 것. 그 명령어의 수행 결과는 이쪽 컴퓨터로 전송되어 표시된다.

remote command submission[–səbmíʃən] **원격 명령 제공** 일괄적인 명령 파일을 원격 시스템으로 전달하여 수행하는 프로그램이나 유틸리티 프로그램.

remote communication[–kəmjùːnikéiʃən] **원격 통신** 원격 컴퓨터와의 전화 접속 또는 기타 통신로를 거쳐서 통신하는 것.

remote communication device[–divɑ́is] **원격 통신 장치**

remote communication network[–nétwə̀ːrk] **원격 통신 네트워크** 입력된 프로그램이 멀리 떨어져 있는 다른 호스트 컴퓨터에서 처리되어 그 결과가 다시 네트워크를 통해 돌아오는 시스템으로서 원거리에 있는 계산 설비를 되도록이면 경제적으로 사용하기 위해 이용된다. 이와 같은 네트워크에서는 응용 프로그램이나 데이터 베이스 등이 분산되지 않고 한두 대의 대형 호스트 컴퓨터에 집중되어 있는 경우가 많다.

remote communication system[–sístəm] **원격 통신 시스템**

remote computer[–kəmpjúːtər] **원격 컴퓨터** 중앙 처리 장치, 통신 장치, 단말 장치, 사용자 등의 네 가지 요소로 구성되는 시스템. 이들의 상호 연관 동작으로 작업이 진행된다.

remote computing[–kəmpjúːtiŋ] **원격 컴퓨팅, 원격 계산 처리** 단말 장치에서 통신 회선을 통해 중앙의 처리 장치에 프로그램이나 데이터를 전송하여 마치 단말 장치 자체가 처리하고 있는 것처럼 처리하는 것. 이것에는 원격 일괄 처리와 시분할 처리가 있다.

remote computing service[–sə́ːrvis] **RCS, 원격 컴퓨팅 서비스** 시분할 방식에 의해 원거리에 위치한 컴퓨터에서 데이터를 가공, 처리, 저장, 편집하는 서비스. 이 방식에 의하면 메인 프레임 컴퓨터를 보유하지 않은 다수의 이용자가 마치 컴퓨터를 단독 사용하는 것과 같은 효과를 얻게 된다.

remote computing system[–sístəm] **원격 정보 처리 시스템**

remote computing system error detection[–érər ditékʃən] **원격 계산 시스템 에러 검출** 부적합한 첨자의 값, 정의되지 않은 변수의 언급, 산술적인 실수 등 사용자 프로그램의 수행을 통해서만 에러가 검출되는 것.

remote computing system exchange [–ikstʃéindʒ] **원격 계산 시스템 교환 장치** 중앙 처리 장치와 원격 콘솔 간에서 전송되는 정보와 데이터를 취급하는 장치로서, 교환 장치는 원격 콘솔을 상호 간섭하지 않고 동시에 작동시킬 수 있다. 이런 장치는 단말기에서 보내온 문자를 수신하고 문장으로 만들어 기억 장치에 전송하여 결과나 메시지는 요구에 따라 단말기에 보낸다.

remote computing system execution error[–èksəkjúːʃən érər] **원격 계산 시스템 수행 오류**

remote computing system language [–lǽŋgwidʒ] **원격 계산 시스템 언어** 원격 콘솔로부터 중앙 계산 시스템으로의 통신에 사용되는 언어.

remote computing system log[–lɔ́(ː)g] **원격 계산 시스템 기록** 원격 콘솔의 동작중에 생기는 사상을 기록하는 것. 이 기록은 인쇄되는 것도 있지만 간혹 다른 출력 매체에 기록되어 계속해서 해석을 가능하게 하기도 한다.

remote concentrator[–kɑ́nsəntrèitər] **원격 집중기** 소수의 회선으로 센터와 연결하여 원격측에 다수의 회선으로 접선하는 통신 장치이다. 이로써 센터와 원격 지역 간의 회선 이용률을 높일 수 있다.

remote console[–kɑnsóul] **원격 콘솔** 원격 지점에 있으며 중앙 처리 장치와 연결되어 데이터를 송수신하기 위해 컴퓨터의 제어 하에 있는 단말 장치.

remote control[–kəntróul] **원격 제어** 자동화된 공장 등에서 기계로부터 멀리 떨어진 곳에서 유선 또는 무선의 통신로를 이용하여 기계를 제어하는 것. 원격 제어 또는 원격 조작이라고도 한다. 각종 계기를 보면서 제어할 뿐만 아니라 센서, 공업용 텔레비전 등도 이용된다. 리모트 컨트롤의 대표적인 예로는 제철소의 전로, 압면기의 원격 제어 등이 있다. 또한 화학 공장, 수력 · 화력 · 원자력 발전소 같은 대규모의 산업 시설에서는 기계류를 각각 따로 원격 제어하는 것이 아니라 중앙 제어실을 설치해 그곳에서 모든 것이 균형있게 최적으로 작동하도록 원격 제어되어 있다.

remote control equipment[–ikwípmənt] **원격 제어 장비** 멀리 떨어진 곳에서 주어진 기능을 수행하기 위하여 사용되는 장비.

remote control monitoring system[–mɑ́nitəriŋ sístəm] **원격 제어 감시 시스템**

remote control signal[–sígnəl] **원격 제어 신호**

remote control switching system[–swítʃiŋ sístəm] **원격 제어계 장치**

remote data base access[–déitə béis ǽkses] **RDA, 원격 데이터 베이스 접근** 중앙의 대형 컴퓨터를 통신 회선으로 연결하고 이 단말 장치로부터 자유롭게 대형 컴퓨터를 이용하여 데이터를 처리하는 것.

remote data concentrator[–kɑ́nsəntrèitər] **원격 데이터 집중기**

remote data processing[–prɑ́sesiŋ] **원격 데이터 처리**

remote data station[–stéiʃən] **원격 데이터 스테이션** 원격지에 단말 장치가 설치된 지점으로서 데이터 중계 기기로서의 역할을 한다. 중앙 컴퓨터로 자료를 보내거나 받을 수 있는 원격 단말기. 서로간의 통신은 전신 회선이나 전화선을 통해서 이루어진다. 이것이 원격 시스템의 원격 콘솔과 다른 점은 중앙 컴퓨터와 직접적인 제어 관계가 없고 자동 데이터 수집기처럼 동작한다.

remote data terminal[–tə́ːrminəl] **원격 데이터 단말 장치** ⇨ remote data station

remote debug[–dibʌ́(ː)g] **원격 디버그** 소프트웨어의 개발에서는 프로그램의 실행 등에 의한 버그(bug)의 발견이나 해석 정보 수집, 수정 확인 등의 디버그 작업은 필수이다. 이들의 디버그 작업은 보통 컴퓨터 센터 내에서 이루어지는데, 통신 회선을 사용하여 센터와 원격지에 있는 장치(단말)를 연결하여 원격지에서 센터에 접근하여 단말 조작에 의해 프로그램의 실행 지시나 결과 출력 등의 디버그 작업을 하는 경우가 있다. 이와 같은 오류 수정 작업을 뜻한다.

remote debugging[–dibʌ́(ː)giŋ] **원격 오류 수정** 원격 시스템에서 사용되는 원격 콘솔에서 프로그램을 교정하고 시험하는 것.

remote device[–diváis] **원격 장치** 컴퓨터 센터와는 떨어져있으며 통신 회선으로 연결되어 있는 입출력 장치나 기타 장비. 전형적인 온라인, 실시간 통신 시스템에서의 원격 장치로는 대체로 텔레타이프라이터 또는 음성 응답 기기, CRT 화면 출력 장치 등이다.

remote diagnoisis[–dàiəgnóusis] **원격 진단** 컴퓨터 장해 장소를 통신 회선을 통해서 멀리 떨어진 곳에서 찾는 것.

remote drive[–dráiv] **원격 드라이브** PC 본체의 하드 디스크가 아닌 서버 상에 작성된 구획을 드라이브로 사용 가능하도록 한 것. 보통 유닉스 등의 서버에 내장되어 있거나 SCSI 케이블 등으로 접속되어 있는 하드 디스크 상에 작성한 디렉토리를 사용한다. PC 본체 측면에서는 드라이브가 증가한 것 같은 효과를 얻을 수 있다.

remote entry service[-éntri(:) sə́:rvis] RES, **원격 입력 서비스, 리모트 엔트리 서비스**

remote entry unit[-jú:nit] REU, **원격 입력 장치** 보통 중앙 컴퓨터에서 원격지에 있는 입력 장치.

remote equipment[-ikwípmənt] **원격 장비** 주컴퓨터와 멀리 떨어져 있으면서 주어진 기능을 수행하는 장치나 기기.

remote file access, remote resource access[-fáil ǽkses, rímout risɔ́:rs ǽkses] **원격 파일 접근, 원격 자원 접근** 원격 시스템에 있는 파일을 읽거나 출력하는 것. 어떤 프로그램은 원격 시스템에 대해 수행 명령도 할 수 있다.

remote file system[-sístəm] **원격 파일 시스템** 유닉스 운영 체제를 위한 네트워크 파일 시스템으로, AT & T 사에 의해 개발되었다. 네트워크로 연결된 여러 대의 유닉스 컴퓨터들이 파일을 공유할 수 있게 해준다. 컴퓨터 통신에서 통신 회선으로 접속한 상대방 컴퓨터의 파일 시스템을 마치 이쪽의 파일 시스템인듯이 마음대로 사용할 수 있게 해주는 기능이다. 상대방 컴퓨터에 있는 파일을 읽거나 복사해오는 것이 가능하다.

remote format[-fɔ́:rmæt] **원격 서식** PL/I에서 데이터 서식 항목 혹은 제어 서식 항목을 직접 GET, PUT 문에 지정하지 않고 별도의 문(FORMAT 문)에 지정하는 경우에 쓰이는 서식.

remote format item[-áitəm] **원격 서식 항목, 원격 형식 항목** 서식 항목을 서식의 배열에서 떨어진 곳에 두고 싶은 경우에 사용하는 항목.

remote host[-hóust] **리모트 호스트** 네트워크 상에서 사용자가 현재 로그인하고 있지 않은 컴퓨터. ⇨ local host

remote initial program load[-iníʃəl próugæm lóud] **원격 초기 프로그램 적재** 원격지에서 통신 회선을 거쳐 초기 프로그램을 적재하는 것.

remote inquiry[-inkwáiəri(:)] **원격 조회, 원격 질의** 온라인 실시간 시스템 등에서 그 단말에 설치되는 인콰이어리 스테이션(입출력 장치)에 장치되는 조회 장치, 원격지에서 회선을 통해 중앙에 있는 컴퓨터의 기억 장치나 레지스터의 내용을 직접 조회할 수 있는 것. 좌석 예약, 재고 확인, 잔고 조회 등을 위한 단말 장치.

remote inquiry processing[-prásesiŋ] **원격 조회 처리** 원격지에 있는 이용자 단말과 호스트 컴퓨터와의 사이에서 행해지는 조회 처리.

remote job[-dʒá(:)b] **원격 작업** 통신 회선을 경유하여 원격지에 있는 단말 장치 또는 중앙 처리 시스템에서 데이터의 처리 또는 프로그램의 실행을 시키는 작업.

remote job activation[-æktivéiʃən] **원격 작업 가동** 중앙 처리 시스템에서 통신 회선을 경유하여 원격지에 있는 단말 장치의 초기 프로그램 적재(IPL) 혹은 작업의 시동을 하는 행위.

remote job entry[-éntri(:)] RJE, **원격 작업 입력, 리모트 작업 엔트리** 원격 일괄 시스템에서 작업(job)의 입출력을 하는 단말 장치를 원격 작업 엔트리라 한다. 광의로는 단말 장치만이 아니라 시스템 전체를 가리키는 경우도 있다. 단말 장치의 종류로는 카드 리더, 라인 프린터, 타이프라이터 등의 간이 구성에서부터 컴퓨터를 사용하여 단말측에서 오버플로한 처리를 상위의 대형 시스템에서 처리되도록 한 것 등 여러 가지가 있다. (1) 컴퓨터 시스템에 대한 작업(job) 의뢰 방법의 하나. 통신 회로를 경유하여 컴퓨터로 액세스하는 입력 장치(input unit)를 통하여 작업을 의뢰하는 방식. 즉, 중앙에 위치하는 대형 컴퓨터와 통신 회선을 접속된 원격 단말 장치(remote terminal)로부터 작업을 실행시키는 방식. 보통 시스템에 빈 시간이 생겼을 때 작업 단위로 일괄 처리된다. 실제로는 원격 단말 장치로부터 작업 제어 시스템 스테이트먼트(job control statement)와 데이터를 전송하고, 처리 결과를 호스트 컴퓨터측에 출력시키거나 원격 단말측에 출력하는 경우도 있다. (2) 데이터 링크를 경유하여 컴퓨터를 액세스하는 입력 장치를 통과한 작업 의뢰.

remote job entry processing[-prásesiŋ] **원격 작업 입력 처리** 프린터를 가지고 있는 단말기를 통해서 통신 회선을 경유하여 입력된 작업들을 처리하는 것. 소형 컴퓨터에도 통신 어댑터를 부착시켜 원격 작업 입력을 할 수 있다.

remote job entry protocol[-próutəkɔ̀(:)l] **원격 작업 입력 프로토콜** 한 지점에 있는 사용자가 다른 지점에서 일괄 처리 작업을 처리하고자 하는 경우에 사용하는 메커니즘을 규정하는 표준.

remote job entry system[-sístəm] **원격 작업 입력 시스템** 원격 일괄 처리 방식과 같으며, 중앙의 컴퓨터에서 떨어진 장소에 설치한 단말 장치에서 중앙의 컴퓨터에 데이터를 작업 단위로 직접 입력하여 처리하는 방식.

remote job entry terminals[-tə́:rminəlz] **원격 작업 입력 단말기** 대량의 데이터를 저장하고 그것에 접근하는 응용 프로그램을 쉽게 작성할 수 있다. 또한 이 단말기 시스템은 다중 작업 실시간 운영 체제를 기본으로 한 마이크로컴퓨터를 사용하기 때문에 원격 작업 입력(RJE) 기능을 지원할 뿐 아니라 데이터들이 입력된 곳에서 고급 언어에 의한 온라인 처리 능력도 가질 수 있다.

remote login[–lɔ́:gin] **원격 로그인** 멀리 떨어진 거리에 있는 컴퓨터를 연결하여 멀리 떨어져 있어도 컴퓨터를 동작할 수 있게 한 것.

remote loop[–lú:p] **리모트 루프(순환)**

remote maintenance[–méintənəns] **원격 보수** 보수 센터에서 설치 현장에 있는 정보 처리 시스템의 보수를 하는 실시 형태이거나 설치 현장과 보수 센터를 통신 회선을 거쳐서 연결하고, 보수 센터에서 설치 현장에 있는 보수 담당자를 지원한다.

remote maintenance system[–sístəm] **RMS, 원격 보수 시스템** 원격 보수를 하기 위한 시스템.

remote message input/output[–mésidʒ ínpùt áutpùt] **원격 메시지 입출력**

remote message processing[–prásesiŋ] **원격 메시지 처리** 원거리에서도 컴퓨터의 데이터 처리나 프로그래밍 설비들의 모든 능력을 활용할 수 있도록 한 것. 원격 지점으로부터 수신된 메시지는 시스템에 어떤 특정한 서비스를 요구한다. 이때 요구되는 서비스는 단순히 그 메시지를 다른 원격 지점으로 보내는 것으로 그 지역에서 받아들인 작업이나 트랜잭션처럼 지역적인 작업 처리일 수도 있다. 원격 메시지 처리는 통신 회선을 통해서 시스템의 서비스를 직접 사용자에게로 확장함으로써 작업 횟수 시간이나 응답 시간을 시간 단위에서 초 단위로 줄일 수 있다.

remote meter reading system[–mí:tər rí:diŋ sístəm] **원격 측정 방식** 원격지에 위치한 계측기의 값을 자동적으로 읽어 중앙 컴퓨터에 정보를 전송하는 방식.

remote meter system[–sístəm] **원격 계측 방식** 원격지에 있는 아날로그 또는 디지털 계측 정보를 유선이나 무선의 통신선을 매체로 하여 수집하는 방식으로, 예를 들면 댐의 수위, 풍속, 강우량, 교통량, 대기, 소음, 재해 방지, 전기, 가스, 수도 계량기 등과 같은 계측기가 이에 포함된다. 최근에는 지역 데이터 수집 시스템으로 널리 응용되고 있다.

remote mode[–móud] **원격 방식, 원격 모드** 논리적으로도 유효하게 작동하고 있는 상태. 상위 장치 또는 다른 장치와 물리적으로 접속 관계를 갖는 장치에서의 접속 관계.

remote mount[–máunt] **리모트 마운트** 네트워크 상에서 멀리 떨어져 있는 시스템에서 다른 시스템의 파일 시스템을 마운트하는 일.

remote network processing[–nétwə̀:rk prásesiŋ] **원격 네트워크 처리** 원격 일괄 처리 기능과 집중화기의 기능을 동시에 수행하는 것으로 두 기능이 합해졌기 때문에 호스트 컴퓨터와 연결되는 선로의 이용률이 매우 높다. 원격 네트워크 처리(RNP)에는 카드 판독기, 자기 테이프 장치, 라인 프린터 등이 부착 가능하고 몇 가지 작업을 동시에 수행할 수 있다.

remote network processor[–prásesər] **원격 네트워크 프로세서** 원격 일괄 처리 기능과 집중화기의 기능을 동시에 수행할 수 있는 장치.

remote office[–ɔ́(:)fis] **원격 사무실** 사무실의 모든 자원, 즉 정보와 통신 기능 등을 원거리에 떨어진 장소에서 이용하여 사무 처리하는 방법의 총칭이다.

remote office home office[–hóum ɔ́(:)fis] ⇨ ROHO

remote operation[–àpəréiʃən] **원격 조작**

remote polling technique[–páliŋ tekní:k] **원격 폴링 기법** 중앙 단말 장치는 각 회선의 원격 콘솔을 계속 폴링하여 시스템을 제어한다. 폴링은 각 콘솔에 메시지 또는 응답 준비에 대한 요청이다. 전이중(full duplex) 통신은 원격 단말 장치가 폴에 순간적으로 응답할 수 있게 함으로써 한 회선에서 약 16개의 원격 콘솔에 대해 효율적인 서비스를 할 수 있으며, 반이중(half duplex) 통신은 회송 지연 때문에 효율적으로 폴하고 서비스할 수 있는 콘솔의 수를 크게 줄이므로 더 많은 회선이 필요하다.

remote print[–prínt] **리모트 프린트** 어느 단말 장치에서 처리한 출력 데이터를 그 단말 장치에서 단말 제어 장치 등을 경유하여 단말 제어 장치 또는 다른 단말 장치에 접속되어 있는 프린터에 인쇄 출력하는 것.

remote processing[–prásesiŋ] **원격 처리, 리모트 처리** 통신 회선을 경유하여 원격지측에서 중앙 컴퓨터를 액세스하여 데이터 처리를 하는 것. 시분할 방식, 원격 작업 입력 방식 등이 있다.

remote process input-output[–prásesínpùt áutpùt] **원격 처리 입출력** 컴퓨터 전용의 고속 통신 회선인 데이터 웨이를 거쳐 중앙 처리 장치로부터 떨어진 장소에서 데이터를 수집하는 처리 입출력.

remote processor[–prásesər] **원격 처리 장치** 호스트 컴퓨터와는 독립적으로 원격지에 설치되고, 데이터의 집배신(集配信), 메시지 교환 등을 하는 장치로서 센터의 호스트 컴퓨터 등의 다른 장치와는 모두 회선 경유로 접속된다. 원격 처리 장치는 집배신형, 교환형의 사용 방법이 있다. 집배신형은 원격 처리 장치에 수용되어 있는 다수의 단말(저속 회선)에서 보내오는 데이터를 고속 회선에 접속하여 센터에 보낸다. 교환형은 원격 처리 장치를 네트워크 내에 배치하여 센터 상호간, 센터와 다른 원격 처리 장치 간의 메시지 교환을 한다.

remote program loading[–próugræm lóudiŋ] **원격 프로그램 적재**

remote request[–rikwést] **원격 요구** 네트워크 데이터 베이스 관리 시스템에서 지역 내에서 처리될 수 없는 질의 형태. 질의에 필요한 데이터가 다른 어떤 하나의 노드에 존재하여 질의를 그 노드로 보내서 처리한다.

remote sensing[–sénsiŋ] **원격 센싱, 원격 탐사** 인공 위성이나 항공기 기타 수단에 의하여 촬영하는 것, 혹은 촬영된 사진 그 자체, 사진을 표본화 및 부호화하여 만들어진 디지털 화상이 컴퓨터 처리의 대상이 된다. 직접 액세스하는 것이 곤란한 대상(지구 표면, 대기, 달, 별 등)에 비접촉식 센서를 이용하여 측정, 관측, 계측, 식별, 동정 등의 자연 과학적 인식을 하는 것. 대부분 자원 및 환경의 조사나 평가를 하는 것이 목적이지만 군사, 정치에 관계되는 경우도 있다. 항공기, 기구, 인공 위성 등을 이용하여 센서의 플랫폼으로 하는 경우가 많다.

remote side[–sáid] **원격측**

remote site[–sáit] **원격지측** 통신계를 포함하는 데이터 통신 시스템에서 단말 장치를 설치한 단말측. 간단히 리모트라 하는 경우도 많다. 중앙측(central site)과 대비된다.

remote spooling and communications system[–spú:liŋ ənd kəmjù:nikéiʃənz sístəm] **RSCS, 원격 스풀링 통신 시스템**

remote spooling communication subsystem[–kəmjù:nikéiʃən sʌ́bsìstəm] **RSCS, 원격 스풀링 통신 서브시스템** IBM 대형 컴퓨터에 사용되는 통신 프로토콜 및 관련 프로그램.

remote station[–stéiʃən] **원격 지국** 데이터 처리 시스템에서 시간적 · 공간적으로 원거리로부터 데이터 통신을 하는 독립된 착발신국 형태의 데이터 단말 장치.

remote subset[–sʌ́bsèt] **원격 부속 처리 장치** 중앙 컴퓨터가 위치한 곳과는 다른 장소에 위치한 입출력 장치. 원격 부속 처리기에서 전송된 정보가 중앙 컴퓨터에 의해 모두 처리되면 그 결과는 공중 회선들을 통해 부속 처리기로 되돌아가서 최종적인 결과를 재생하는데, 이 모든 것이 수 초 또는 수 분 내에 이루어진다.

remote supervisory control[–sù:pərváizəri(:) kəntróul] **원격 감시 제어** 장치의 운용 상태의 감시나 전원의 투입 및 절단 등을 떨어진 장소에서 하는 제어.

remote system connect time[–sístəm kənékt táim] **원격 통신 시스템 접속 시간**

remote terminal[–tə́:rminəl] **원격 단말기, 원격 단말 장치** 원격지에 설치한 단말 장치. 복수의 입출력 장치를 접속할 수 있으며, 편집 기능, 계산 기능을 갖는 경우도 있고, 또 중앙의 컴퓨터 시스템을 단말기로 사용하기도 한다.

remote terminal access method[–ǽkses méθəd] **RTAM, 원격 단말 접근법**

remote terminal command[–kəmǽ:nd] **원격 단말 커맨드**

remote terminal control[–kəntróul] **원격 단말 장치 제어** 중앙에 앉아 있는 기술자가 문제가 발생한 원격 지점에 어느 누구도 보내지 않고 고장 진단 검사를 할 수 있는 장치.

remote terminal emulation[–èmjuléiʃən] **원격 단말 장치 모방** 한 컴퓨터 시스템에 부여된 원격 처리 작업을 다른 컴퓨터로 모방해서 컴퓨터의 성능 측정과 평가를 하는 기법으로, 벤치 마킹과 튜닝에 적절한 기법이다.

remote workstation[–wə̀:rkstéiʃən] **원격 작업국(作業局), 원격 워크스테이션** 시뮬레이트 네트워크계 커맨드에 의해서 AIM(advanced information manager)과의 결합, 분리를 지시할 수 있는 다른 AIM 시스템에 접속되어 있는 워크스테이션.

removable[rimú:vəbl] *a*. **분리 가능한**

removable disk[–dísk] **분리 가능 디스크**

removable disk pack[–pǽk] **분리 가능 디스크 팩**

removable hard disk[–há:rd dísk] **분리 가능 하드 디스크** 디스크 부분이 교환 가능한 하드 디스크. 대용량, 고속 하드 디스크의 특성을 활용하면서도 휴대 가능한 이점이 있다. 디스크 자체 자기 헤드, 인터페이스 등으로 구성되며 높은 안전성과 사용 편리성이 추구된 형태이다.

removable media[–mí:diə] **유동 매체** 디스켓이나 하드 디스크 카트리지, 테이프 카세트 등과 같이 기록 장치에서 분리할 수 있는 기록 매체.

removable volume[–váljum] **분리 가능 볼륨**

removal[rimú:vəl] *n*. **분리 가능한**

removal disk[–dísk] **분리 가능 디스크**

removal disk pack[–pǽk] **분리 가능 디스크 팩**

removal plugboard[–plʌ́(:)gbɔ̀:rd] **유동 배선반** ⇨ patchboard

remove directroy[rimú:v diréktəri(:)] **디렉토리 지우기** 데이터의 공간(디렉토리)을 지우는 것.

rename[riːnéim] *v*. **새 이름** 이름을 바꾸다. 재명명. 파일의 이름을 변경하는 것을 말한다.

rendering[réndəriŋ] *n*. **렌더링** 컴퓨터 그래픽, 특히 3차원 그래픽에서 화면에 그린 물체의 각 면을 적절하게 색칠하고 여러 가지 효과를 가하여 화상의 실체감을 강조하는 작업.

Renderman 렌더맨 미국의 컴퓨터 그래픽 전문 업체 Pixar 사가 제안한 3차원 그래픽에서 물체의 모형화와 렌더링을 위한 표준 규격.

rendezvous[rɑ́ːndeivùː] *n*. **랑데뷰** Ada에서 엔트리 호출을 하려는 태스크와 엔트리 호출을 수리하려는 태스크를 동기시키기 위한 상호 작용.

RENT 재입진 가능(속성) reenterable의 약어.

rent[rént] *v*. **임대되다, 임대하다**

rental[réntəl] *n*. **임대, 임대의** 컴퓨터의 도입에서 이것을 매입할 경우와 임차할 경우가 있지만 후자의 임차 방식(일반적으로 월 지불)을 렌털제라 한다. 미국을 비롯하여 우리 나라에서도 이 방식이 매우 많다. 렌털은 현금 구입, 할부 구입 등 최종적으로 소유권이 구입자에게 이전하는 매입과 달리 소유권이 임대업자에게 남는다.

rental homepage service[–hóumpèidʒ sə́ːr-vis] **렌털 홈페이지 서비스** 이용자가 홈페이지의 데이터를 작성하고, 프로바이더에게 등록 신청을 받음으로써, 개인의 홈페이지를 개설할 수 있는 서비스. ⇨ homepage

rental system[–sístəm] **임대 시스템** 컴퓨터나 기타 기계 설비 도입을 할 때, 구입하는 것이 아니고 임대하는 방식. 보통 계약 단위로서 1시프트를 0시간으로 하고, 1개월을 25일간으로 하고 있으며, 사용자는 자기 시스템의 규모, 양에 따라 2 또는 3 시프트를 계약하는 방식.

renumber[riːnʌ́mbər] *v*. **번호를 다시 매기다**

reordering variable[riːɔ́ːrdəriŋ vɛ́(ː)riəbl] **변수 재배열** 변수가 저장되어 있는 순서를 배열하는 것.

reorder point[riːɔ́ːrdər pɔ́int] **발주점(發注點)** 재고 관리에서 재고를 보충하는 방법으로, 어떤 표준값을 주문점, 발주 로트 수, 예비 재고량 등에 대하여 표준값을 미리 정해놓은 것. 현재 재고가 표준값에 이르면 자동으로 발주가 될 수 있는 처리를 발주점 방식이라고 하는데, 이 표준값을 발주점이라고 한다.

reordering point method[riːɔ́ːrdəriŋ pɔ́int méθəd] **발주점 방식**

reorganization[ríːɔ̀ːrgənizéiʃən] *n*. **재구성, 재편성** 메시지 축적 파일(MSF)에서 불필요한 메시지를 소거하여 영역을 재사용 가능한 상태로 하는 MSF의 편성 처리. MSF 중에는 단말 장치에 송출한 메시지 혹은 미송출의 메시지가 혼재, 보존되어 있는 것을 소거한다. 예를 들면 순차 파일 구조를 직접 파일로 변경하는 것과 같은 경우이다.

REP (1) **재입력 가능 프로세서** reentrant processor의 약어. (2) **제안 요구** request for proposals의 약어. (3) **리피터** trunk equipment repeater의 약어. 컴퓨터 시스템을 갖추고자 하는 사람이 컴퓨터 하드웨어/소프트웨어 공급자에게 기기나 소프트웨어를 소개시켜 달라는 뜻으로 보내는 요구서.

repacking algorithm[riːpǽkiŋ ǽlgəriðm] **리패킹 알고리즘**

repagination[riːpæ̀dʒinéiʃən] **페이지 재정렬** 여러 페이지에 걸쳐서 연속적으로 기록된 내용을 일정한 페이지 길이나 모양으로 재정렬하는 워드프로세서 기능의 하나.

repaint[riːpéint] *v*. **다시 그리기** 디스플레이 장치에서 새로 구성되는 그래픽 영상이나 텍스트를 전에 있던 화면을 지우면서 새로 그리는 기법.

repair[ripɛ́ər] *n*. **수리, 수복, 회복** 고장난 장치 등을 수리하는 것. 작동중인 컴퓨터 시스템에는 어떤 고장이 발생할 가능성이 있다. 일반적으로 고장난 장치나 회로는 즉시 수리, 교환하여 고장 전의 상태로 되돌리는 회복(recovery)을 하지 않으면 정상적인 처리를 계속할 수 없다. 보통 이 고장은 진단 프로그램 등에 의해 먼저 「검지」되어 고장 장소가 명확하게 된다. 그 상태에 따라서 취해야 하는 적절한 수단이 준비되어 있다.

repairable[ripɛ́(ː)rəbl] *a*. **수정이 용이한** 결함 부분을 수정하기 위한 변경을 최소화시킴으로써 그 결과가 다른 프로그램 모듈, 부속 문서에는 최소한의 영향밖에 부여하지 않는 소프트웨어에 관해서 사용되는 용어.

repairable system[–sístəm] **수리 시스템** 운용 개시 후, 수리에 의하여 고장 수리가 가능하며, 계속적으로 사용하는 기능 단위의 총칭. 고장이 발생하여도 수리를 하지 않는다든가 또는 수리 불가능인 기능 단위를 비수리 시스템이라고 하고, 특히 1회밖에 사용할 수 없는 것을 원숏(one shot)계라 한다.

repair data bank[ripɛ́ər déitə bǽŋk] **수리 데이터 뱅크**

repair delay time[–diléi táim] **수리 지연 시간** 고장 부분이나 오류를 찾아내어 고치고, 그 결과를 시험함으로써 기계 또는 시스템이 정상적으로 운영되도록 하는 데 걸리는 시간.

repair forecast[–fɔ́ːrkɑ̀ːst] **수리 예측**

repair technique[–tekníːk] **수리 기법**

repair time[–táim] **수리 시간** 고장을 검출해서 수리될 때까지의 시간. 컴퓨터 시스템의 신뢰성과 이동률을 표시하는 척도의 한 가지로 평균 수리 시간(MTTR ; mean time to repair)이 흔히 사용된다.

repeat[ripíːt] *n*. **반복** 조건이 만족되어 있는 사이에 지정한 동작을 반복하여 실행한다라는 의미.

repeatability[ripìːtəbíliti(ː)] *n*. **재현성, 반복성** 변함없는 입력 신호에 의해 반복적인 처리를 수행할 때 그 장치의 변화를 최소화하는 기능으로서 이것을 오류의 발생률로 표현하기도 한다.

repeat check system[ripíːt tʃék sístəm] **반복 검사 시스템** 데이터 통신의 오류 제어 방식의 하나로서, 같은 데이터를 두 번 연속해서 송신하고, 수신측에서 이 두 데이터를 비교하여 오류를 검출한다.

repeat count[–káunt] **반복 횟수, 반복 계수**

repeat counter[–káuntər] **반복 계수기** 블록 전송이나 반복되는 탐색 명령과 같이 반복 작업의 제어에 사용되는 계수기로서 명령을 *k*번 반복 실행하기 전에 반복 계수기를 *k*로 놓아야 한다. 반복 순서는 인터럽트를 처리하기 위해 중지될 수 있는데, 이 경우 인터럽트가 처리된 후 반복 순서로 되돌아가는 회로가 있어야 한다.

repeated selection sort[ripíːtəd səlékʃən sɔ́ːrt] **반복 선택 정렬법** 선택 정렬법의 일종. 항목의 집합을 여러 부분 집합으로 분할하고, 지정한 기준과 합치한 항목을 각 부분 집합에서 한 개씩 골라서 제 2 레벨의 부분 집합을 형성한다. 이 제 2 레벨의 부분 집합에 선택 정렬법을 적용하여 제 1 레벨의 부분 집합 중에서 선택한 항목을 정렬된 집합에 부가하고, 그 항목이 들어 있던 부분 집합 중의 다음에 선택되어야 할 항목과 대치를 한다. 이와 같은 과정을 전 항목이 하나의 집합에 속하기까지 반복한다. 이 방법에서는 다음의 항목을 선택할 때는 직전에 정렬된 집합으로 옮긴 항목이 들어 있던 부분 집합에 대해서만 선택하면 되므로 전 집합을 찾는 경우에 비해서 비교 횟수가 대폭 감소한다.

repeater[ripíːtər] *n*. **중계 장치, 리피터** 신호를 증폭 또는 정형하기 위해서 사용되는 장치. 2선식 중계기, 4선식 중계기 등이 있다.

repeating coil[ripíːtiŋ kɔ́il] **중계 코일**

repeating decimal number[–désiməl nʌ́mbər] **반복 소수, 반복 10진수** 0.3333333…이나 0.31282828… 등과 같은 소수점 이하의 수가 끝이 없이 반복되는 10진수.

repeating group[–grúːp] **반복 집단, 반복군** 데이터가 몇 단계의 계층 구조로 되어 있을 때 하나의 모(母)데이터에 대하여 여러 개의 자(子)데이터가 존속해 있는 구조.

repeating items[–áitəmz] **반복 항목군**

repeat instruction[ripíːt instrʌ́kʃən] **반복 명령** 한 개 이상의 명령을 지정한 횟수만큼 반복하여 실행시키는 명령. 통상 루프 속에서 사용되며 반복 횟수를 repeat count라고 한다.

repeat key[–kíː] **반복 키** (1) 다른 키와 동시에 눌러 입력시키는 키로, 이 반복 키가 눌러 있는 동안은 같이 입력된 키가 계속 입력된다. (2) 반복하여 누르지 않아도 기능이 계속 유지되는 키.

repeat mode[–móud] **반복 기능** 명령이나 실행을 반복하는 기능. 예를 들면 키보드에서는 하나의 키를 계속 누르면 같은 문자가 연속적으로 입력되는데, 이것은 반복 기능이 작용하고 있기 때문이다.

repeat operation[–ɑ̀pəréiʃən] **반복 연산**

repeat transmission system[–trænsmíʃən sístəm] **반복 전송 방식** 오자 정정 방식의 하나로 단말에서 동일 정보를 몇 회 반복하여 보내고, 수신 단말에서 비교하여 오류를 발견하는 방식. Verdan법이라고도 부른다.

reperforator[ripə́ːrfərèitər] **재천공기** 인쇄 전신(電信)으로 보내지는 직렬 신호를 대응하는 병렬 신호로 변환해서 테이프에 쳐내는 기구. 보통은 수신 천공기라 하지만 특별히 재천공기라고 하는 경우에는 천공과 함께 대응하는 문자를 같은 테이프 위에 그것과 똑같이 천공하는 것을 말한다.

reperforator/transmitter[–trænsmítər] **재천공기 · 전송기**

repertoire[répərtwɑ̀ːr] *n*. **레퍼터리** ⇨ repertory

repertory[répərtɔ̀(ː)ri(ː)] *n*. **레퍼터리** 주어진 연산 코드로 나타낼 수 있는 연산들의 집합.

repertory code[–kóud] **레퍼터리 코드** ⇨ instruction code

repetition[rèpətíʃən] *n*. **반복** 어느 조건에 따라서 여러 개의 명령문을 반복하는 것. ⇨ iteration, loop

repetition check system[–tʃék sístəm] **반복 검사 방식, 반복 검사 시스템** 동일한 데이터를 두 번 연속해서 송신하고 수신측에서 이 두 데이터를 비교하여 오류를 검출하는 데이터 통신의 오류 제어 방식.

repetition code[–kóud] **반복 코드**

repetition factor[–fǽktər] **반복 인수** PL/I 언어에서 ( ) 내에 지정된 발생 횟수. 예를 들면, 「999V99」라는 픽처 지정은 「(3) 9V(2) 9」, 「HAMLET HAMLET」이라는 문자 스트링 정수는 (2) 「HAMLET」이라고 지정할 수 있다. 반복 인수는 괄

호로 감싼 부호없는 10진 정정수가 아니면 안 된다. 최대 허용값은 32,767이다. 반복 인수를 픽처 지정할 때는 인용부로 감싸지 않으면 안 된다.

repetition instruction[–instrʌ́kʃən] **반복 명령어** 하나 또는 그 이상의 명령어들을 지정된 횟수만큼 반복 실행되게 하는 명령어.

repetitive[ripétitiv] *a*. **반복형**

repetitive addressing[–ədrésiŋ] **반복 주소 지정** 제로 어드레스 명령으로만 적용할 수 있는 암시 어드레스 지정의 한 방법으로, 명령의 연산부가 최후로 실행된 명령의 오퍼랜드를 암시적으로 어드레싱하는 것을 말한다.

repetitive analog computer[–ǽnəlɔ̀(:)g kəmpjú:tər] **반복형 아날로그 컴퓨터** 반복 연산이 가능한 아날로그 컴퓨터로, 그 답은 보통 브라운관 위에 정지상(靜止像)으로 표시된다.

repetitive construct[–kánstrʌkt] **반복 구조**

repetitive operation[–àpəréiʃən] **반복 연산** 초기 조건과 다른 파라미터의 정해진 조합에 따라 자동으로 반복에 의하여 방정식의 해를 구하는 연산. 반복 동작에 의하여 동일한 해파형(解波形)을 표시하는 데 사용한다. 또 하나 이상의 파라미터의 수동 조정이나 최적화에도 이용할 수 있다.

repetitive specification[–spèsifikéiʃən] **반복 지정** DO 문에 의한 반복과 같은 기능으로, 데이터의 배열 중에서 데이터의 반복을 지정하는 방법.

repetitive statement[–stéitmənt] **반복문, 반복 문장** 고수준 언어에 사용되는 언어로, 한 문장(statement)의 반복을 지시하는 문장. repeat-until의 형태로 사용되며 「지정한 조건이 만족될 때까지」 반복을 지시한다. 같은 반복이라도 while do는 「지정한 조건이 만족되어 있는 동안만」 반복을 지시하는 것으로 양자 사이에는 명확한 차이가 있다.

replace[ripléis] *v*. **새로 바꾸기** 대체하다. 치환하다. 일을 바꾸어 새로운 것으로 하는 것, 메모리상에 데이터의 수정을 행하거나 새로운 데이터로 갱신하거나 하는 것. 데이터 베이스에서의 데이터 갱신은 새로운 데이터가 들어온 시점에서 즉시 행하지 않으면 안 된다. 또 이용 가치가 낮은 데이터는 메모리를 유효하게 이용하기 위해서 이보다 이용 가치가 있다고 생각되는 새로운 데이터와 교환이 이루어진다. 중앙 제어 장치에서는 수치의 가감승제나 비트 처리 등은 어큐뮬레이터라는 특수한 연산 처리를 행하는 레지스터로 실행된다. 이때 실행 결과는 어떤 레지스터의 값에 대입하거나 어큐뮬레이터에 대입하여 그때까지 입력된 값으로 치환된다. 또 기존의 컴퓨터 시스템 등 업무량의 확대나 처리 방식을 바꾸기 위하여 성능이 우수한 것으로 교체하거나, 다른 메이커의 것으로 교체하는 데도 이용된다.

replaceability[riplèisəbíliti(:)] **갱신성** 부품을 바꿀 때, 주변 부품을 추가로 이용해 고치거나 하지 않고 그대로 교체하는 정도를 말한다.

replacement[ripléismənt] *n*. **대체** 가상 기억 장치에서 현재 주기억 장치에 없는 페이지를 디스크로부터 옮겨올 때 주기억 장치에 있는 페이지를 하나 선택하여 그것을 디스크로 내보내고 그 빈자리에 새 페이지를 넣는 것.

replacement algorithm[–ǽlgəriðm] **치환 알고리즘** 페이징 방식의 가상 기억 방식에서는 주기억의 빈 영역이 없어지면 불필요한 페이지를 버리고 새롭게 필요로 하는 페이지를 로드한다. 이때, 가장 필요없는 페이지를 선출하는 알고리즘을 가리킨다. 최근 가장 참조된 페이지를 선택하는 LRU 알고리즘이나 FIFO 알고리즘 등이 쓰이고 있다.

replacement function[–fʌ̀ŋkʃən] **치환 기능** 문서 파일 중의 지정된 문서열을 검색해서 그것을 다른 문자열로 바꿔놓는 기능. 편집기나 워드 프로세서 소프트웨어에는 표준으로 갖추어져 있는 기능이다.

replacement model[–mádəl] **교체 모델** 일반적인 기계 설비라든가 조명용 전등과 같은 여러 가지 시설은 사용 시간의 경과와 함께 그 능력이 저하되는 것이 보통이다. 따라서 어느 설비에도 갱신은 부수되지만 그 시기가 너무 이르면 갱신에 필요한 정비면에서, 너무 늦으면 생산성에서 비경제적이다. 그 시기를 결정하기 위한 이론적인 가설로서 사용되는 모델이다. 적분 방정식을 포함한 확률이 문제가 된다.

replacement problem[–prábləm] **교체 문제** 장차 능률이 저하되는 것을 예상하여 그것을 어떤 종류의 보수(repair)로써 원래의 수준까지 회복될 수 있도록 하는 것.

replacement selection sort[–səlékʃən sɔ́:rt] **치환 선택 분류**

replacement theory[–θíəri(:)] **교체 이론** 시간이 지나감에 따라 능률이 저하되거나 고장을 일으키는 것을 어느 시점에서 어느 정도의 비율을 투자하여 회복시키는 것이 가장 적절한가를 수학적으로 연구하는 이론.

replicated data base[réplikèitəd déitə béis] **중복 데이터 베이스** 분할 데이터 베이스와는 달리, 둘 또는 그 이상의 복제된 데이터가 다른 노드에 존재하고 극단적인 경우는 시스템 내의 모든 노드가 어떤 데이터의 복제 파일을 가질 수 있는 데이터 베이스.

replication[rèplikéiʃən] *n.* **중복** 신뢰도와 가용성을 증대시키기 위해서 동시에 여러 사이트의 디스크에 같은 데이터를 기억시켜 두는 것.

replication transparency[–trænspέ(ː)rənsi(ː)] **복사 무관성** 분산 처리 시스템에서 같은 파일을 여러 곳에 복사시켜 보존할 수 있는데, 이 파일에 대한 수정이나 참조시에 사용자는 마치 하나의 파일만 존재하는 것처럼 사용하고, 이를 시스템이 자동으로 여러 파일에 대한 작업으로 대체시켜 수행해주는 것.

replicator[réplikèitər] *n.* **반복자**

reply[riplái] *n.* **회답, 응답**

report[ripɔ́ːrt] *n.* **보고서** 컴퓨터 용어로도 「보고서」라고 번역되는 경우가 많다. 구체적으로는 「급료일람표」, 「부문별 판매 실적표」, 「재무제표」 등을 가리킨다. 이러한 보고서는 컴퓨터에 특정의 데이터를 입력하여 얻게 되는 결과의 하나이다. 보고서는 프린터로 인쇄된 것을 가리키는 경우가 많으나 표시(display) 장치의 화면에 표시된 것을 가리키는 경우도 있다. COBOL 용어로서 데이터에 대하여 편집과 제어로써 집계가 행해지고, 지정한 페이지 형식으로 출력되는 것, 파일 기술항에 REPORT 구를 포함하는 파일이며, 보고서 작성 관리 시스템이 만들어낸 레코드의 집합.

report clause[–klɔ́ːz] **보고서 구(句), 보고서 구절** COBOL 언어에서 데이터부 중 보고서절의 구이며, 보고서 기술(記述)항 또는 보고 집단 기술항에 쓰는 것.

report delay[–diléi] **보고서 지연**

report description entry[–diskrípʃən éntri(ː)] **보고 기술항** COBOL 언어에서 데이터부 중 보고서 구절에 쓰는 기술항으로 레벨 지시어 RD에 이어 보고서명을 쓰고, 그 뒤에 필요한 보고서 구절의 조(組)를 쓰는 것.

report file[–fáil] **보고서 파일** 인쇄하거나 표시(display)할 수 있도록 데이터 처리 사이에 생성되는 자기 디스크 등의 파일을 가리키는 것. 또 보고서의 체제, 양식, 서식을 report format(또는 form)이라고도 한다. 사무 처리에 이용되는 경우가 많은 것으로, 마스터 파일을 처리하거나 마스터 파일에서 어느 항목을 인출해 그 정보를 보고서 형식으로 모은 파일을 말한다. 급여 계산에서는 급여 지불 명세표, 자재 관리에서는 재고 처리표 등이 그 예이다.

report footing[–fútiŋ] **보고서 각주** 전체 보고서의 요약으로 대부분 끝부분에 나타내며 최종적인 마무리이다.

report footing report group[–ripɔ́ːrt grúːp] **보고서 각주 보고 집단**

report form[–fɔ́ːrm] **보고서 양식, 보고서 서식** ⇨ format

report format[–fɔ́ːrmæt] **보고서 체제**

report generation[–dʒènəréiʃən] **보고서 작성** 입력 파일과 출력 보고서의 내용과 형태를 기술한 정보로부터 완전히 기계에 의해 보고서를 작성하는 것.

report generation parameter[–pərǽmətər] **보고서 작성 매개변수** 제조 업자는 사용자의 명세서에 따라 자동적으로 보고서를 작성하는 프로그램을 제공하는데, 이 보고서 작성기를 이용하려면 프로그래머는 제어란과 보고서의 각 줄을 정의하는 일련의 매개변수가 필요하며, 이 매개변수들을 보고서 작성 매개변수라고 한다. 이러한 매개변수를 보고서 작성기에 입력으로 사용하여 상징적으로 프로그램을 만들며 이 프로그램을 어셈블한 프로그램은 원시 데이터를 입력으로 받아들여 그것을 편집하고 필요한 보고서를 작성한다.

report generator[–dʒénərèitər] **보고서 작성기** 출력되는 보고서에 필요한 내용과 형식을 기술하거나 입력 파일에 관한 어떤 종류의 정보만을 주어서 완전한 데이터 처리 보고서를 만들어내는 소프트웨어 프로그램.

report group[–grúːp] **보고 집단** COBOL 언어에서의 데이터부 가운데 보고서 구절의 01레벨 및 그 이하 레벨의 기술항에 지정되는 보고서의 일부분.

report heading[–hé(ː)diŋ] **보고서 표제** 보고서의 취지를 기술한 것으로 보통 보고서의 시작 부분에 나타난다.

report heading report group[–ripɔ́ːrt grúːp] **보고서 표제 보고 집단**

reporting[ripɔ́ːrtiŋ] **보고서 작성** 입력 파일의 내용을 읽어들여 집계, 편집 등의 처리를 한 다음에 일정한 형식으로 인쇄하는 처리.

reporting period[–pí(ː)riəd] **보고 기간** 보고서가 적용되는 시간.

reporting system[–sístəm] **보고 시스템** 경영 관리의 능률적인 수행에 필요한 과학적인 경영 관리 정보들을 작성하고 제공하는 조직. 톱 매니지먼트나 각 관리자층에 대하여 경영 관리에 관해서 부문적 시야에 들어오지 않는 전반적인 관리 정보를 수집하여 공급할 수 있도록 그 형식과 내용을 체계화하여 규정지어 할 수 있게 만든 제도를 말한다. 또한 이들이 전통적 사무 관리 방식의 중요한 하나의 요소를 차지하고 있었으나, 거기서 취급하는 정보, 데이터량의 증대와 요구자측이 요구하는 정밀도와 속도에서 그 처리와 입출력에 대하여 컴퓨터화가 진행되어 소위 정보 시스템이 되어 MIS를 향해 발전적으로 진전하고 있다.

report line[ripɔ́ːrt láin] **보고서 행** COBOL 언어에서 페이지 할당의 단위로 문자가 가로로 정렬된 일렬(一列). 보고서 행의 각 문자의 위치는 세로 방향의 상위 보고서 행의 문자 위치에 대응한다. 보고서 행은 페이지의 선두를 1로 하여 하나씩 늘려간다.

report management and distribution system[–mǽnidʒmənt ənd dìstribjú(ː)ʃən sístəm] **RMDS, 보고서 관리 배포 시스템**

report-name[–néim] **보고서명**

report program[–próugræm] **보고서 프로그램** 하나 또는 그 이상의 보고서를 작성하기 위해 작성된 프로그램.

report program generator[–dʒénərèitər] **RPG, 보고서 프로그램 작성기, 보고서 작성 프로그램, 리포트 프로그램 제너레이터** 보고서 작성용 프로그램. RPG의 특징은 사무 계산에 적합한 편집, 연산, 파일의 취급이 쉽다는 것, 하드웨어의 지식이나 프로그래밍의 지식이 그다지 없어도 사용할 수 있다는 것 등에 있다. RPG에는 ① 파일 시방서(示方書) ② 입력 시방서 ③ 연산 시방서 ④ 출력 시방서 등 네 종류의 시방서가 있으며, 이것에 기입함으로써 목적 프로그램이 작성된다. 이 중 파일 시방서, 입력 시방서, 출력 시방서는 반드시 사용되지만 파일 시방서의 일부와 연산 시방서는 필요에 따라서 사용된다. ⇨ RPG

report program generator language[–lǽŋgwidʒ] **보고서 프로그램 작성기 언어** ⇨ RPG language

report section[–sékʃən] **보고서 구절** COBOL의 용어로 데이터부 중의 절. 0개 이상의 보고서 기술항 및 관련된 보고 집단 기술항으로 이루어진다.

report variable[–vέ(ː)riəbl] **보고서 변수** 보고서에서 직접 유도된 정보와 시스템 정보(날짜, 시간), 계산된 데이터 등을 사용되는 변수로 정한 보고서에 한해서만 사용된다.

report writer[–ráitər] **보고서 작성기** 보고서의 작성에 요하는 상세한 절차를 지정하는 대신, 보고서의 물리적인 형태를 지정함으로써 보고서의 작성을 쉽게 하는 기능. 보고서 작성 기능의 의미로 이 말을 쓴다.

report writer control system[–kəntróul sístəm] **RWCS, 보고서 작성 관리 시스템** 보고서를 작성하기 위한 관리 시스템으로서 COBOL 프로그램의 실행시에 준비된다.

report writer feature[–fíːtʃər] **보고서 작성 기능**

report writer logical record[–ládʒikəl rikɔ́ːrd] **보고서 작성 논리 레코드**

reposition[ripəzíʃən] *n.* **재위치 설정**

repository[ripázətɔ̀ːri] **리포지토리** 정보 시스템의 프로그램이나 데이터 같은 각종 자원을 자원간의 관련까지 포함하여 관리하는 자원 관리 데이터 베이스. 특히 대규모 정보 시스템의 개발과 운용에서는 모든 정보 시스템 자원을 리포지토리에서 관리하게 된다. 프로그램의 버전 관리나 데이터 항목을 변경할 경우에 수정해야 할 프로그램의 특정화 등 개발, 운용 효율 향상에 큰 효과가 있다.

represent[rèprizént] *v.* **표현하다, 표시하다** 일을 문자나 수식으로 표현하거나 어떤 심벌을 사용하여 나타내는 것. 10진수를 2진수로 표현하는 것을 BCD라고 한다.

representation[rèprizentéiʃən] *n.* **표현** 단수 또는 복수의 문자를 조합함으로써 어느 단위를 나타내거나, 구상 · 추상을 불문하고 어떤 구조를 표현하는 것을 뜻한다. 예를 들면 2, 4, 6, 8, 10으로 짝수 단위를 나타내는 것.

representation specification[–spèsifikéiʃən] **표현 명세** 절차나 함수 등의 프로그램 단위의 데이터형과 그 프로그램을 실행하는 컴퓨터 사이의 대응법(데이터의 내부 구조나 그 작용)을 지시하는 것. 대응시키는 방법을 완전히 지시하는 것. 대응시키는 방법을 택하는 기준만을 지시하는 경우도 있다. Ada의 용어.

representative simulation[rèprizéntətiv sìmjuléiʃən] **대표적 시뮬레이션** 모델의 성분, 처리 과정 및 상호작용이 연구되고 있는 시스템과 명확한 관계를 가지고 있는 시스템 모델로서 고도의 추상적, 수학적인 모델은 제외하는 경향이 있다.

reproduce[riːprədjúːs] *v.* **복사하다, 재생하다** 저장된 정보의 사본을 만드는 것. 특히 종이 테이프나 카드에 해당된다.

reproducer[riːprədjúːsər] *n.* **복제기, 복사기, 집단 복사 천공기** 같은 종류의 카드를 복사, 복제하기 위한 전용기로서, 원래 카드의 펀치대로 카드를 필요 매수만큼 복제 재천공하는 기계. 잼(jam)을 한 카드 등의 재생 등에 이용한다. PCS의 일종.

reproducing punch[riːprədjúːsiŋ pʌ́ntʃ] **복사 천공기, 복제 천공기** 천공 카드용 장치이며, 어떤 카드로부터 판독한 데이터의 전부 또는 일부를 카피하여 다른 카드를 만드는 것.

reproduction code[riːprədʌ́kʃən kóud] **복제 코드** 데이터 처리 연산을 거친 후 산출 테이프에도 나타나는 주테이프 상의 기능 코드.

reproduction machine[–məʃíːn] **증식(增殖)**

기계 생물은 스스로 증식 작용이 있어 자식을 낳고 자식은 손자를 낳는다. 그렇게 해서 재생을 해간다. 이 모델을 기계를 이용해 만들도록 한 것이 노이만(Neumann)의 제안에 따른 증식 기계이다. 즉, 만능 공작 기계가 자신과 똑같은 기계를 만드는 것은 어떠한 기능을 만능 공작 기계에도 시킨다는 문제가 된다. 만능 공작 기계 A는 자신과 똑같은 형의 만능 공작 기계 A_1을 만들었다고 하자. 그러나 A_1이 또 그것과 동형의 만능 공작 기계 A_2를 만들지 않으면 안 되므로 단지 그것만으로는 자손이 감소되어 버린다. 그 때문에 A가 A_1을 제조하기 위해 A에 삽입한 프로그램 데이터를 복사할 복사기 B가 처음부터 A와 함께 있어야 한다. 자손이 줄어들지 않게 하기 위해서는 A가 A_1을 제조하는 것과 동시에 테이프 복사기 B_1도 제조하여야 한다. 따라서 A에 삽입되어 있는 프로그램 테이프는 A_1과 B_1을 제조하는 프로그램이 아니면 소용없다. 결국 만능 공작 기계 A와 테이프 복사기 B를 공작하는 프로그램 테이프라는 시스템이 처음부터 있다면 재료를 주는 것만으로 아버지는 자식을, 자식은 손자를 만들어 가게 된다. 보통은 공작 기계쪽이 그것으로 만드는 제품보다 복잡하다. 그러나 아버지, 자식, 손자 등이 똑같이 복사되지 않으면 증식이라고 할 수 없다. 위의 폰 노이만의 증식 기계가 정말로 생물 증식의 모델로 되어 있는가는 의문인 점도 있지만 흥미있는 모델이다.

reprogrammable ROM 재프로그램 가능 ROM PROM에 대해 다시 프로그램할 수 있도록 만들어진 ROM.

reprogramming[ripróugræmiŋ] *v*. **재프로그래밍, 프로그래밍을 다시 하다** 한 컴퓨터를 위해 작성된 프로그램을 다른 컴퓨터에도 수행할 수 있도록 수정하는 작업.

reprographics[riprάgrəfiks] **그래픽 복사** 설명문을 비롯하여 도형, 사진, 필름 등의 복사 기술은 물론이고 사진 복사, 오프셋 인쇄, 마이크로필름, 오프셋 복사 등을 포함하는 대량 생산 기술 등을 가리키는 말이다.

reprojection[riprədʒékʃən] **재투영** 바늘 그림(needle diagram)에서 얻어진 방향 막대 그래프와 개체 모델에서 얻어진 종합적인 막대 그래프와의 차이를 비교하기 위한 것으로, 전자의 막대 그래프가 회전할 때 투영 과정을 거치기에 앞서 행하는 상쇄적인 회전 작용.

REQ 가격 요구 request for quotation의 약어. 컴퓨터 시스템을 갖추고자 하는 사람이 컴퓨터 하드웨어와 소프트웨어 공급자에게 기기나 소프트웨어의 가격을 알고자 하는 뜻으로 보내는 요구서.

request[rikwést] *n*. **요구, 리퀘스트** 명령 코드에 의하여 특정 장치, 처리 혹은 정보를 요구하는 것. 예를 들어 입출력 인터럽트 요구(I/O interruption request)라고 하면, 입출력 조작이 끝났을 때나 입출력 에러가 발생했을 때, CPU 서비스를 필요로 하기 때문에 채널이 인터럽트 신호를 내어, 실행중인 처리 프로그램으로부터 제어 프로그램으로 CPU 제어권을 건네도록 의뢰하는 것이다.

request block[–blάk] **RB, 요구 블록**

request call[–kɔ́:l] **요구 호출** 온라인 시스템에서 단말 장치로부터 중앙 처리에 대한 호출. 중앙 컴퓨터에서 처리를 행하여야 하는 메시지(입력 메시지)를 단말 장치측에서 발생하기 위해 이 호출을 단말 장치가 한다.

request control subroutine[–kəntróul sʌ́bru:tí:n] **요구 제어 서브루틴**

requester[rikwéstər] *n*. **리퀘스터, 요구자, 청구자**

request for comments[rikwést fər kάm-ents] **설명 요청** ⇨ RFC

request for information[–ìnfərméiʃən] **RFI, 자료 의뢰서**

request for price quotation[–prάis kwo-utéiʃən] **RPQ, 특별 주문(기구)**

request for proposal[–prəpóuzəl] **RFP, 제안 의뢰서, 제안서, 제출 의뢰, 제안 요구**

request for quotation[–kwoutéiʃən] **RFQ, 가격 요구**

request header[–hé(:)dər] **요구 헤더**

request mode[–móud] **요구 모드** 트리거(trigger)가 있을 때마다 논리 입력 장치에서 동기적으로 입력을 받아들이는 동작 모드. 받아들인 입력은 즉시 응용해서 되돌려진다.

request packet[–pǽkət] **요구 패킷**

request parameter list[–pərǽmətər líst] **RPL, 요구 매개변수 리스트** VSAM 데이터 세트에 대한 사용자의 접근 요구를 기술한 매개변수.

request pulse[–pʌ́ls] **호출 펄스**

request repeat, retransmission[–ripí:t, ri:trænsmíʃən] **재전송** 데이터 전송중 수신측이 수신한 데이터에 잡음 등의 원인에 의한 오류를 발견하면 송신측에 신호가 보내져 필요한 데이터 전송 정정을 요구한다. 이것을 재전송이라 하고, 송신측에는 이 요구에 응하도록 문제의 데이터를 남겨놓기 위해 버퍼가 필요하다. 일정 횟수 이상의 재전송 요구가 있으면 기기의 고장으로 판단되어 오퍼레이터에게 경보를 알린다. 오류 검출을 위해서는 수직 패리티, 군계수(群計數) 패리티 등이 이용된다.

request repeat system[–sístəm] **재전송 정**

정 방식, 요구 반복 시스템** 데이터 전송에서의 오류 정정 방식의 하나이며, 데이터의 오류를 송신측 또는 수신측에서 검출하고, 오류가 있었을 때는 동일 내용의 데이터를 재차 전송함으로써 정정하는 방식을 말한다.

request repeat system by interference detection[–bɑi ìntərfí(ː)rəns ditékʃən] **방해 검출 재전송 정정 방식** 전송로에서 방해가 검출될 때 그 시점에 보내진 데이터를 재전송함으로써 오류를 정정하는 방식.

request repeat system with error detecting code[–wið érər ditéktiŋ kóud] **오류 검출 부호 재전송 정정 방식** 오류 검출 부호를 사용하여 수신 데이터에서 오류를 검출한 경우, 그 데이터를 재전송함으로써 오류를 정정하는 방식. 판정귀환 방식에 속한다.

request response header[–rispɑ́ns hé(ː)dər] **R H, 요구 응답 헤더**

request response unit[–júːnit] **RU, 요구 응답 단위**

request system by interference detection retransmission[–sístəm bɑi ìntərfí(ː)rəns ditékʃən ritrænsmíʃən] **방해 검출 재전송 정정 방식** 통신로에서 방해가 검출되었을 때 그 시점에서 보내오는 데이터를 재전송함으로써 오류를 정정하는 방식.

request to send[–tu sénd] **RS, 송신 요구** 데이터 단말 장치에서 모뎀으로 보내지면 송신 캐리어를 제어하는 제어 신호 또는 그 상태를 말한다. 제어 신호에 의해 모뎀 인터페이스 회로의 하나인 모뎀의 송신 기능이 ON 상태, 즉 송신 모드로 되는 캐리어를 송출하게 된다. 여기서 캐리어란 신호 전류의 반송파를 말한다.

request unit[–júːnit] **요구 단위**

request words for input/output[–wɔ́ːrdz fər ínpùt ɑ́utpùt] **입출력 요구 단어** 입출력이 끝날 때까지 메시지 조회 블록 중에 있으면서 입출력 요구를 제어하는 단어.

require[rikwɑ́iər] *v*. **요구하다** 장치(unit)나 디바이스(device), 시스템 등이 어떤 목적을 달성하기 위하여 명령하거나 요구하는 것. 예를 들면 콘솔(console) 상의 특정한 키 스위치(key switch)에 인터럽트 신호를 발생하도록 할당해두면 프로그램 실행중에도 이 키 스위치를 누름으로써 인터럽트 요구를 내어 실행(execution)을 중단시킬 수 있다.

required[rikwɑ́iərd] *a*. **필수의, 필요한**

required input[–ínpùt] **필수 입력** 표시 화면에 입력하는 경우에 입력 영역에 반드시 한 문자 이상 입력하지 않으면 안 되는 것.

requirement[rikwɑ́iərmənt] *n*. **요구 사항, 필요 조건, 요구 조건** (1) 이용자가 어떤 문제를 풀거나 목표를 달성하기 위해 필요로 하는 조건이나 능력. (2) 계약을 수행하거나, 표준에 맞추거나, 시방을 만족시키기 위해 시스템의 전체 혹은 일부가 갖추어야 하는 조건이나 능력. 요구의 총체는 시스템의 장래 발전의 기반이 될 수 있다.

requirement analysis[–ənǽlisis] **요구 사항 분석** (1) 시스템이나 소프트웨어 요구 사항을 정의하기 위해 사용자의 요구 사항을 조사하고 확인하는 과정. (2) 시스템이나 소프트웨어 요구 사항의 검증.

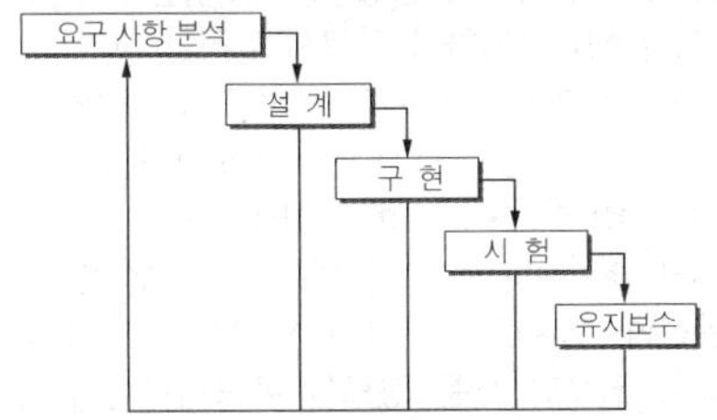

〈시스템 개발에서 요구 사항 분석이 차지하는 위치〉

requirement definition[–definíʃən] **요구 정의** 이용자측에서 본 시스템의 기능이나 동작을 설계자에게 정확하게 전달하기 위해 요구를 명확하게 하는 것.

requirement description[–diskrípʃən] **요건 기술**

requirement engineering[–èndʒəníəriŋ] **요건 공학, 리콰이어먼트 엔지니어링**

requirement inspection[–inspékʃən] **요구 사항 검사**

requirement list[–líst] **요구 리스트** 프로그램 개발 단계에서 필요한 형식을 갖춘 리스트. 소프트웨어가 어떻게 구성되어야 하고 어떤 일을 수행해야 하는가가 지정되어 있다.

requirement phase[–féiz] **요구 단계, 요구 사항 단계** 소프트웨어 라이프 사이클 중에서 소프트웨어 제품에 관한 기능 혹은 처리 능력과 같은 요구 조건이 정의되고 문서화되는 시기.

requirement specification[–spèsifikéiʃən] **요구 조건 명세** 먼저 조직체의 목표를 확인하고 이들로부터 데이터 베이스 요구 조건들을 유도하여 이를 문서화하는 과정.

requirements statement language/requirements engineering and validation system[rikwɑ́iərmənts stéitmənt lǽŋgwidʒ èndʒəníəriŋ ənd vælidéiʃən sístəm]

RSL/REVS, 소프트웨어 요구 기술 언어/기계 처리 지원 소프트웨어

reread[riːríːd] *v.* 재판독하다, 다시 읽기

rereading[riːríːdiŋ] 다시 읽기 한 장의 카드 또는 테이프를 두 번 판독부를 통과시켜 양자의 판독 출력 일치를 확인함으로써 판독의 정확성을 보증하는 것.

rerun[riːrʌ́n] *n.* 재실행, 리런 연산 처리 결과가 도움이 되지 않을 때 필요한 수정, 정정의 순서로 다시 같은 목적을 위해 컴퓨터 시스템을 움직이는 것.

rerun dump[–dʌ́mp] 재실행 덤프 예측하지 못한 사태로 인해서 컴퓨터 작업을 처음부터 다시 하는 재실행을 방지하기 위해서 일정한 시간 간격 또는 자료 처리 단위별로 그 당시 프로그램의 상태를 보존하고 적당한 기억 매체에 덤프시켜 두는 것.

rerun mode[–móud] 재실행 모드

rerun point[–pɔ́int] 재실행점, 재실행 개시점, 재운전점 오류나 컴퓨터 고장 후에 재출발이 가능하도록 필요한 모든 정보를 유보시켰다가 재개시 작업을 하는 단계나 위치. 프로그램에 따라서는 「재실행점」을 지정하고, 거기서 프로그램의 재실행에 필요한 정보를 모두 보존해두면, 처음부터 재실행하지 않아도 마칠 수 있다.

rerun routine[–ruːtíːn] 재실행 루틴 컴퓨터의 잘못된 기능이나 코딩 혹은 작동상 잘못이 발생되었을 때, 작동을 다시 시작시키기 위해 종전의 최종 재실행 위치로부터 구성하는 데 사용되는 루틴.

rerun time[–táim] 재실행 시간 동작 시간중, 동작중의 장애 또는 실수 때문에 재실행하는 데 사용되는 시간. 또 프로그램의 오류가 조작상 잘못된 것을 정정하여 실행 결과를 바르게 하는 데 소요되는 시간을 말한다.

RES (1) 리모트 엔트리 서비스, 원격 입력 서비스 remote entry services의 약어. (2) 재고정 신호 reset signal의 약어.

rescan[riskǽn] *n. v.* 재주사, 재주사하다

rescanning[riskǽniŋ] *n.* 재주사 PL/I의 용어. 살아 있는 상태의 프리프로세서 변수나 절차명이 원시 프로그램 내에 나타났을 때 그들이 가지고 있는 값으로 대치할 수 있는지 어떤지를 살피기 위해 반복되는 주사.

rescue dump[réskjuː dʌ́mp] 구조 덤프, 재개 덤프 덤프를 해야 할 당시의 컴퓨터 시스템의 상태뿐만 아니라 전 기억 장치의 내용을 모두 자기 테이프에 기록하는 것. 구조 덤프는 정전과 같은 경우에 전 프로그램을 새로이 실행시키지 않고 마지막 구조점에서 실행을 재개할 수 있도록 하기 위해 만들어진다.

rescue point[–pɔ́int] 재시동점 컴퓨터 프로그램 중의 한 장소이며, 실행을 재시동할 수 있는 부분. 특히 재시동 명령의 어드레스. 시스템을 복원할 때 구조 덤프를 읽는 점.

research[risə́ːrtʃ] *n.* 탐색, 연구, 리서치

research storage system[–stɔ́ːridʒ sístəm] RSS, 탐색 기억 시스템

Res Edit 레스 에디트 매킨토시의 각종 파일 리소스를 편집하기 위한 프로그램. 각종 파일이 가지고 있는 아이콘이나 메뉴 등 시각이나 조작 감각에 영향을 주는 리소스 데이터를 변경할 수 있다. 애플사에서 배포하고 있고 현재의 버전은 2.1.3이다.

reseller[–riːsélər] 재판매 통신 사업자 다른 통신 사업의 서비스(데이터 및 영상, 음성, 통신 서비스 등)를 소매 형식으로 재분배하여 판매하는 사업자.

resend[riːsénd] *v.* 재전송하다

reservation[rèzərvéiʃən] *n.* 예약, 레저베이션 시스템의 자원을 배당하는 것.

reservation system[–sístəm] 예약 시스템 매체 점유 시간을 슬롯(slot)으로 나누고 전송하고자 하는 국(局)은 앞으로 다가올 슬롯을 미리 예약하여 데이터를 전송하는 방식.

reserve[rizə́ːrv] *n.* 예약 (1) 다중 프로그래밍의 환경 하에 특정 프로그램에 기억 영역이나 주변 장치를 할당하는 것. (2) 다중 처리 환경 하에서 여러 개의 처리 장치가 주기억을 공유하는 경우에 한 대의 처리 장치에 특정 기억 영역으로 액세스를 허락하는 것.

reserve accumulator[–əkjúːmjulèitər] 예약 누산기

reserved[rizə́ːrvd] *a.* 예약의

reserved character[–kǽriktər] 예약 문자 (1) 프로그래밍 언어에서 「*」(곱셈), 「/」(나눗셈), 「?」 등 특정 의미를 가진 기호로 지정된 문자. 변수명 등으로 사용하는 것은 금지되어 있다. (2) 특별한 목적을 위해 할당된 키보드 상의 문자. 일반적으로 /,\, ?, | 등과 같은 특수 문자가 이에 해당되며, 파일 이름이나 매크로 정의 등에는 사용할 수 없다.

reserved name[–néim] 예약명 마크업 선언 명칭과 같이 응용에서 정의한 것이 아닌 구체 두문으로 정의된 명칭.

reserved page option[–péidʒ ápʃən] 예약 페이지 선택 기능

reserved virtual volume[–və́ːrtʃuəl váljum] 예약 가상 볼륨

reserved volume[–váljum] 예약된 볼륨

reserved word[–wə́ːrd] 예약어 프로그래밍

언어 중에서 의미가 고정되어 있고, 사용자(user)가 작성하는 프로그램 상태에 따라서 의미를 변경할 수 없는 단어. 예를 들어 COBOL에서의 「AND」, 「BEFORE」, 「CLOSE」 등이 예약어이다. 그 언어 특유의 규칙에 따라 의미가 고정되어 있어 프로그램에 사용하는 변수, 상수, 함수명 등으로 쓸 수 없는 명칭. BASIC의 예약어로는 IF, THEN, GOTO, FOR, NEXT, REM 등이 있다. 만일 이들 예약어를 사용하면 변수와 명령이 구별되지 않기 때문에 프로그램은 제대로 실행되지 않는다. 예약어가 지정되어 있다는 것은 그 밖의 명칭을 프로그래머가 자유롭게 사용해도 된다는 뜻이다. 예를 들면 ① 「SIN」은 서브루틴을 호출하기 위한 예약어로 할 수 있다. ② 다음과 같은 COBOL 언어, 「OCCURS」, 「INDEVED BY」 ③ 식별자로 사용해서는 안 되는 키워드가 있다.

reserve feature[rizə́:rv fí:tʃər] **예약 기능, 리저브 기구** 자기 기억 장치가 둘 이상의 운영 체제에서 공용되는 경우에 소프트웨어로부터의 커맨드에 의해서 선택하는데, 특정한 자기 기억 장치를 먼저 커맨드를 발행한 운영 체제에서만 접근을 가능하게 하는 기구.

reserve function[–fʌ́ŋkʃən] **예약 기능** 리저브 기구를 이용하여 공용 직접 접근 기억 장치 상에 둔 순차 재사용 가능한 자원을 운영 체제 간에서 배타적으로 제어하는 기능.

reserve time[–táim] *n.* **보존 시간**

reset[ri:sét] *v.* **리셋, 재시동** 장치의 일부 또는 시스템 전체를 미리 정해진 상태로 되돌리는 것. 시스템의 일부가 과열 현상을 일으키거나 노이즈(noise) 등에 의해 동작이 이상하게 되었을 때는 리셋(reset) 버튼을 누름으로써 같은 상태로 되돌려 놓을 수 있다. 리셋에는 주변(peripheral) 기기만을 세트할 수 있는 것과 시스템 전체를 리셋해버릴 수 있는 두 종류가 있다. CPU는 리셋이 걸리면 인터럽트를 마스크(mask)하고, 내부 레지스터 값을 제로로 세트시킨다. 또한 프로그램 카운터를 클리어하고 메모리의 서두부터 실행을 재개한다. 전원 투입시에는 컴퓨터의 시스템 상태는 불확정적이며 어떤 상태인지 알 수 없다. 이것을 해결하기 위해서 전원이 입력된 순간부터 일정한 기간 내에 리셋이 걸리도록 되어 있다. 이것을 파워 온 리셋(power on reset)이라고 한다.

[주] 계수기를 지정된 초기의 수에 대응한 상태로 하는 것. 데이터 처리 기구 전체 또는 일부를 지정된 상태로 되돌리는 것.

reset button[–bʌ́tn] **리셋 버튼** 전원을 끊지 않고 컴퓨터를 재시동시키는 기능의 버튼. 대부분의 PC에는 시스템 장치의 앞면에 이 버튼이 붙어 있다. 대부분의 애플 매킨토시 컴퓨터에는 버튼이 두 개 있는데, 그 중 하나는 컴퓨터 리셋용이고, 다른 하나는 인터럽트 버튼이라고 하여 사용자가 시스템 모니터를 쓸 수 있도록 해준다.

reset call[–kɔ́:l] **리셋 호출**

reset coil[–kɔ́il] **복귀 코일**

reset cycle[–sáikl] **재고정 주기** 주기 인덱스를 초기 상태나 어떤 선택된 상태로 복귀시키는 것.

reset error[–érər] **리셋 오차** 아날로그 컴퓨터에 있어서 리셋에 기인하는 오차.

reset key[–kí:] **재시동 키** 실행중인 컴퓨터 프로그램을 정지시켜 초기 상태로 되돌리게 하는 기능을 갖는 키.

reset mode[–móud] **재고정 방식** 아날로그 컴퓨터의 설정 모드이며, 적분기는 작동시키지 않고 초기 조건을 설정하는 모드.

reset procedure[–prəsí:dʒər] **리셋 절차, 재고정 절차** 처리기를 처음 작동시키고자 할 때 전원이 꺼진 상태에서 MPU를 원상 복귀시켜 출발시키기 위해 특정 입력을 사용한다. 이 입력에 양극이 검출되면 MPU에게 재시작 절차를 밟으라는 신호가 되며, 원상 복귀 상태에서 처리기를 시작시키는 루틴에서 일을 수행하게 한다.

reset pulse[–pʌ́ls] **재고정 펄스** 플립플롭이나 자기 코어(core) 등의 소자를 원상 복귀 상태로 만드는 데 사용되는 펄스.

reset rate[–réit] **리셋률, 재고정률** 비례 위치 제어 동작의 효과가 1분간에 반복되는 횟수.

reset-set flip-flop[–sét flíp flɑ́p] **R-S 플립플롭, 재고정 세트 플립플롭**

reset switch[–swítʃ] **재시동 스위치** 제어계를 조정적인 동작 다음에 정상 상태로 복귀시키기 위해 기계적으로 작동하는 장치. 이것은 하드웨어적인 리셋으로 컴퓨터를 다시 부팅시킬 때 사용한다.

reset-to-n[–tu én] **n 으로 재고정** 레지스터나 계수기 등의 장치를 특정값 *n*이나 미리 결정된 어떤 초기값으로 저장하거나 표시하는 과정.

reshaping signal[ri:ʃéipiŋ sígnəl] **신호 재형성** ⇨ pulse regeneration

reside[rizáid] *v.* **상주하다, 존재하다** 「존재」를 의미한다. 어떤 요소나 기능 등이 시스템이나 기기 중에 존재하는 것. 예를 들면 컴퓨터 시스템 전체를 관리하는 프로그램은 항상 메모리 상(on memory)에 존재한다. 그리고 이것은 프로그램의 입력이나 세이브 파일(save file)의 작성 등에 따른 메모리의 할당, 주변 기기와의 통신 등을 행하여 시스템 전체가 안정하게 동작하도록 한다. 또 CPU 내부에는 어큐뮬레이터라 불리는 특별한 레지스터가 존재하고 이 레지스터에서 많은 종류의 연산을 행한다.

resident[rézidənt] *n.* **상주** 데이터나 프로그램이 존재하는 것을 말한다. 통상, 프로그램이 주기억 장치(main storage) 상에 영구적으로 보존, 유지되어 있는 것을 가리킨다. 주기억 장치보다 용량이 큰 프로그램을 실행할 경우에 프로그램 전체를 주기억 장치 상에 보존, 유지하는 루틴은 필요에 따라, 주기억 장치 상에 입력시키기는 것이 불가능하다. 그래서 그 프로그램 전체의 제어를 행하는 루틴이나 사용 빈도가 높은 루틴만을 항상 주기억 장치 상에 유지하고, 그 외의 루틴은 필요에 따라 주기억 장치 상에 입력하는 방법이 취해진다. 여기서, 사용 빈도가 높은 루틴을 주기억 장치 상에 상주시키는 것은 보조 기억 장치로부터의 판독 횟수를 적게 하여 프로그램의 실행 속도를 향상시키기 위해서이다.
[주] 특정 기억 장치 상에 상시 보존, 유지되는 컴퓨터 프로그램에 관계하는 용어.

resident access method[–ǽkses méθəd] RAM, **상주 액세스법**

resident area[–έ(:)riə] **상주 영역** 주기억 장치에서 운영 체제의 일부가 항상 저장되어 있는 것으로 일시 영역(transient area)과 대비된다.

resident assembler[–əsémblər] **상주 어셈블러** 어셈블러 프로그램이 주기억 장치에 상주하고 있는 것. 언제든지 어셈블러를 사용할 수 있다.

resident command[–kəmǽ:nd] **상주 커맨드, 상주 명령** 운영 체제의 루틴에서, 사용 빈도가 높은 것은 일반적으로 주기억 장치 상에 항상 존재해 있고, 커맨드의 실행을 요구하면 즉시 실행된다. 이와 같은 커맨드를 「상주 커맨드」라고 한다. 이것에 대하여 보조 기억 장치에 존재하고, 실행 요구가 있을 때 주기억 장치 상에 로드되며, 실행되는 루틴을 비상주 루틴(nonresident routine)이라고 한다.

resident compiler[–kəmpáilər] **상주 컴파일러** 일반적으로 마이크로컴퓨터는 내부에 컴파일러가 없기 때문에 큰 기계에서 작동되는 크로스 컴파일러가 필요한데, 상주 컴파일러는 마이크로컴퓨터 그 자체에서 직접 프로그램을 작성할 수 있게 하고, 또한 시스템 개발용으로 사용되어 큰 시스템의 도움없이 독자적으로 원시 프로그램을 기계어로 번역하는 데 필요한 여러 처리 과정을 보유하고 있다.

resident console command[–kánsoul kəmǽ:nd] **상주 콘솔 커맨드**

resident data base[–déitə béis] **상수 데이터베이스** DB(data base)에 관련하여 데이터 세트 내의 데이터 베이스를 가상 기억 상에 상주시킨 것. 이로써 입출력 액세스를 생략할 수 있기 때문에 처리 효율이 향상된다.

resident data set[–sét] **상주 데이터 세트** 데이터 베이스 관리 하의 일반 데이터 세트를 입출력 접근을 생략하고 처리 효율을 높일 수 있도록 가상 기억 상에 상주화시킨 데이터 세트.

resident element[–éləmənt] **상주 엘리먼트**

resident executive[–igzékjutiv] **상주 관리 체제** 항상 주기억 장치에 있는 감독자 프로그램의 한 부분.

resident executive program[–próugræm] **상주 실행 프로그램** 언제나 주기억 장치에 있는 감독 프로그램의 한 부분으로 이것은 코어 기억 장치에 영속적으로 존재한다.

resident font[–fánt] **상주 자형** 프린터에 내장되어 있는 자형.

resident independence[–indipéndəns] **기억 장소 독립, 기억 장소로부터의 독립성**

resident library[–láibrəri(:)] **상주 라이브러리** PL/I에 있어서의 상주하는 라이브러리로 PL/I 오브젝트와 연결 편집되어 로드 모듈을 구성하고 있다.

resident macro assembler[–mǽkrou əsémblər] **상주 매크로 어셈블러** 기호로 된 어셈블리 언어 명령어를 적당한 기계어 코드들로 번역하는 일을 수행하는 어셈블러.

resident mode[–móud] **상주 모드** 프로그램이 로딩시에 할당된 실페이지에 상주한 채로 실행되는 모드.

resident module[–mádʒu:l] **상주 모듈** 프로그램의 실행 상태를 추적하고 어떤 오버레이 모듈을 필요로 하는가를 조사하며, 디스크에 들어가 있다. 그러므로 시스템 프로그램을 조정하면서 기억 장치는 여러 다른 프로그램을 보유할 수 있다. 시스템 조정 서비스가 완수되어 겹친 부분이 데이터 표를 갖거나 변화가 있어 저장해야 한다면 조작원은 겹친 부분들을 디스크에 저장할 수 있다. 만일, 조작원이 FORTRAN 프로그램을 컴파일하려고 하면 FORTRAN 컴파일러를 기억 장치에 불러들인다. 이때 디스크와 기억 장치 간의 데이터 전송이 충분히 빠르면 사용자는 디스크를 사용 가능한 기억 장치의 확장으로 간주할 수 있다.

resident monitor[–mánitər] **상주 모니터** 초기의 운영 체제 형태로서 한 프로그램에서 다음 프로그램으로 제어가 자동으로 넘어가도록 하는 프로그램.

resident program[–próugræm] **상주 프로그램** 시스템의 초기 설정중에 내부 기억 장치에 로딩되며, 컴퓨터 시스템 동작중, 주기억 장치(main storage) 내에 로드되어 있는 프로그램을 가리킨다. 상주 루틴이라고도 한다. 상주 프로그램에서는 제어상의 필요성에서 상주되어 있는 경우와 사용 빈도가 높기 때문에 상주하는 경우가 있다. 일반적으로 프로그램을 상주화할지의 여부 판단은 메모리 용량을 우선할 것인가, 처리 속도를 우선할 것인가에 따라서 결정된다. 운영 체제에 주요한 부분이 「상주」하고 있다. 이와는 달리 필요에 따라 보조 기억 장치 등으로부터 주기억 장치에 로드되는 프로그램을 비상주 프로그램(nonresident program)이라고 한다.

resident routine[–ru:tí:n] **상주 루틴** 모니터 루틴이나 감독자 프로그램과 같이 기억 장치 내에 상주하는 루틴.

resident set[–sét] **상주 집합** 한 순간에 주기억 장치 내에서 한 프로세스가 가지고 있는 페이지들의 집합. VMS 설명서에서는 워킹 세트라 한다.

resident set limit[–límit] **상주 집합 한계** 각 프로세스가 주기억 장치 내에서 점유 가능한 제한된 페이지 수.

resident software[–sɔ́(:)ftwὲər] **상주 소프트웨어**

resident supervisor call[–sù:pərváizər kɔ́:l] **RSVC, 상주 감독자 호출**

resident system function[–sístəm fʌ́ŋkʃən] **상주 시스템 기능**

residual[rizídʒuəl] *a.* **잔여의** 어떤 현상이나 처리 결과 등이 완전하지 않고 잔류가 있거나, 오차의 여지가 남아 있는 모양. 또 어떤 영역 공간에서 사용되고 있지 않은 잔여 공간을 말한다. 컴퓨터 시스템에서는 주기억 장치(main memory)를 관리하기 위해서 사용되지 않는 부분을 잔여 바이트 카운트(residual byte count)라는 바이트 수나 잔여 어드레스 표(residual address table)라고 하는 메모리의 어드레스를 파일의 형태로 파악하고 있다. 이것이 어느 일정값보다 작게 되면, 사용 빈도가 낮은 부분부터 순서대로 메모리 영역을 해제(free) 해가고, 시스템 내에서 프로그램을 실행하는 데 지장이 없도록 관리한다.

residual address table[–ədrés téibəl] **잔여 주소표**

residual byte count[–báit káunt] **잔여 바이트 카운트**

residual error[–érər] **잔여 오류** 실험에 의해 측정한 측정값과 논리적으로 계산한 논리값과의 차. 실측적으로는 기기의 측정 정도(精度)에 의해 생기는 오류나 시차 등 인간의 개인차로부터 생기는 오류, 우연히 발생하는 오류 등에 의해 논리값과의 사이에 오류가 발생한다.

residual error rate[–réit] **잔여 오류율** 통신 회로로 전송된 신호에서, 검출할 수 없는 또는 정정할 수 없는 문자나 블록(block), 엘리먼트(element) 등이 전체에 대하여 어느 정도 존재하는가 하는 비율. undetected error rate라고도 한다.

residual path method[–pá:θ méθəd] **잔류 경로 방식**

residual status block[–stéitəs blák] **잔여 상황 블록**

residual value[–vǽlju:] **잔여 가격** 컴퓨터의 임대 기간이 끝난 후에 그 컴퓨터를 구입할 수 있는 가격.

residue[rézidʒù:] *n.* **나머지, 잔여, 잉여**

residue check[–tʃék] **잉여 검사** 연산수를 어떤 수로 나누고, 그 나머지를 검사하기 위해서 사용하는 타당성 검사. modulo *N* check와 같은 뜻으로 쓰이고 있다.

[주] 어떤 수치를 수치 *N*으로 나누었을 때의 나머지와 미리 계산해놓은 나머지를 비교하는 검사.

residue code[–kóud] **잔여 코드** 정보 *N*비트와 체크 비트 INIA(*N* mode *A* 잉여)로 구성된 부호.

resilience[rizíliəns] *n.* **장애 허용력, 회복성** 컴퓨터 시스템이 구성 요소의 오동작과 상관없이 정확하게 계속 동작하는 능력.

resilient[rizíliənt] *a.* **회복성** 오류가 있어도 프로그램 수행을 계속할 수 있는 시스템의 능력.

resist[rizíst] *n.* **레지스트** 다른 물질의 표면을 보호하기 위하여 칠하는 물질. 프린트 기판(PCB)에 부품을 납땜할 때 납이 묻으면 안 되는 부분에 사용되는 레지스트를 솔더 레지스트라 하고, IC 반도체 제조에서 노출할 때 빛과 반응하는 물질을 포토레지스트라고 한다.

resistance[rizístəns] *n.* **저항**

resistance-condenser circuit[–kəndénsər sə́:rkit] **저항-콘덴서 회로** ⇨ RC circuit

resistive sheet[rizístiv ʃí:t] **저항도** 빛의 조도(照度)와 색깔에 대한 설명을 하기 위한 물리적인 모델로 사용된 저항, 전류, 전압 관계의 도표.

resistivity[ri:zistíviti(:)] **비저항** 전도도의 역수. 단위는 Ω · m.

resistor[rizístər] *n.* **저항기, 레지스터** 전류가 흐르기 힘든 회로 소자로서 카본 저항기, 솔리드 저항기, 금속 피막 저항기, 코일 저항기, 법랑 저항기 등과 같은 고정 또는 반고정 저항기와 볼륨이라 불리는 가변 저항기가 있다. 저항이라고도 일컫는다.

resistor-capacitor-transistor logic[–kəpǽsitər trænzístər ládʒik] **RCTL, 저항기-용량-트랜지스터 논리 회로**

resistor-condenser-transister logic[-kəndénsər trænzístər ládʒik] **저항기-콘덴서-트랜지스터형 논리** 회로 초소형 디지털 회로 방식의 일종으로 저항과 콘덴서와 트랜지스터를 사용한 논리 회로. ⇨ RCTL

resistor-transistor logic[-trænzístər ládʒik] RTL, **저항 트랜지스터 논리 회로** 디지털 회로 방식의 일종. 직접 결합의 저항을 이용하여 트랜지스터에 결합된 입력을 갖는 직렬형 트랜지스터 논리 회로. NOR 게이트가 이에 해당한다.

resizing[risáiziŋ] **리사이징** 그래픽 데이터나 파일을 미리 주어진 변수에 맞도록 그 크기를 재조정하는 것.

resolution[rèzəlúːʃən] *n*. **해상도, 해결, 분해, 해답, 결말** (1) 디스플레이 장치나 팩시밀리 장치 등에서 단위 길이당 눈으로 보아 구별할 수 있는 평행선이 몇 개 들어 있는가를 나타내는 것. 화질의 평가 기준이 된다. (2) 계산 장치에서 주어진 증가값 정도보다 작은 변량을 나타낼 수 없어서 발생하는 에러. (3) 어떤 패턴을 어느 정도의 세밀한 밀도로 기록 또는 표시할 수 있는지 그 정밀도를 나타내는 척도로서 보통 1밀리미터 사이에 몇 줄이 구별되어 기록 또는 표시되는가로 나타낸다.

resolution error[-érər] **해상도 오류** 계산 장치가 주어진 증가값 정도보다 작은 변량을 나타낼 수 없어서 발생하는 오류.

resolution factor[-fǽktər] **분해 계수** 정보 검색 시스템의 성질을 판단하는 파라미터의 하나. 시스템에 축적되어 있는 N건 중 R건이 검색될 때 R/N을 분해 계수라 한다. Perry와 Kent에 의한 정의이다.

resolution method[-méθəd] **도출 방법** 논리 시스템에서 사용되는 추론 전략으로 어떤 주장이 옳은가를 결정한다. 문제 해결 이론의 증명은 1차 서술 논리의 증명 이론인 추론 논리를 특별히 이용한다. 이 방법은 다음과 같은 문제 해결 원리를 사용한다.

(A or C) implies (B or C)

resolution principle[-prínsipl] **도출 원리** 주어진 1차의 술어 논리의 명제가 주어진 공리계로부터 도출되는 것을 정하는 계산기용의 절차. 명제는 절(節) 형식이라는 형태를 이용하고, 단일화라 불리는 조작 및 하나의 명제를 그 명제의 부정이 양립하지 않는 것을 차례로 이용한다.

resolution ratio[-réiʃiòu] **해상도비** 수평 해상도와 수직 해상도의 비율. 우리 나라의 표준 방식에서는 이 값은 1보다 약간 작다.

resolution refutation[-rèfjutéiʃən] **도출 부정 방식** 어떤 목적 표현이 주어진 표현들의 집합으로부터 논리적으로 따르는지를 증명하기 위해서 이 목적 표현을 먼저 부정한 다음 주어진 표현들과 합하여 새로운 집합을 만들고, 그 다음에 비교 흡수 과정을 이용해서 모순을 유도하는 시스템.

resolution theorem proving[-θíərəm prúːviŋ] **도출 이론 증명** 1차 술어 계산법에서 이론을 증명하기 위한 연역적 논리의 특수 이용.

resolvent[rizálvənt] *a*. **도출식** 비교 흡수 과정에서 두 개의 서로 다른 절들의 논리합을 취함으로써 서로 보수 관계에 있는 표현을 제거하여 논리적으로 유도되는 새로운 절.

resolver[rizálvər] *n*. **분해기, 리졸버** (1) 극좌표로 주어진 입력 아날로그 변수를 직각 좌표의 출력 아날로그 변수로 변환하는 연산기, 또는 그 역변환을 행하는 연산기. (2) 회전 각도의 검출이나 원격 전송, 계산기 등에서의 삼각 함수의 발생이나 좌표 변환에 사용되는 전동기. (3) 드럼이나 테이프 또는 디스크 기억 장치에서 다른 부분보다 더 빨리 액세스될 수 있는 기억 장소의 일부분.

resolving potentiometer[rizálviŋ pətènʃiámitər] **분해 전위차계** 함수 발생기로서 작동하기 위해 사용되는 전압 분배기. 출력 변수는 직각 좌표로, 입력 변수는 극좌표로 표시된다.

resonance[rézənəns] *n*. **공진** 외부로부터의 강제 진동력의 주파수가 그 진동계의 고유 주파수와 일치했을 때 진동계의 진폭이 최대가 되는 현상.

resource[risɔ́ːrs] *n*. **자원** 컴퓨터 시스템 자체와 운영 체제에 포함되는 「하드웨어 기구」나 「기능」의 총칭. 또한 처리에 요하는 「시간」이나 「오퍼레이터(조작원)」 등도 포함하여 가리킨다. 또 작업(job)이나 태스크의 실행에 필요한 입출력 장치, 주기억 장치, 제어 프로그램, 처리 프로그램 등을 가리키는 경우도 있다. 넓은 의미로는 컴퓨터 시스템에 종사하는 인력을 포함하기도 한다. 이러한 자원(resource) 중에서 운영 체제의 제어 프로그램이 직접 관리하고 사용하는 자원을 특히 시스템 자원(system resource) 이라고 한다.

resource access control facility[-ǽkses kəntróul fəsíliti(ː)] RACF, **자원 접근 관리 기능**

resource accountimg[-əkáuntiŋ] **자원 사용에 대한 과금**

resource allocation[æ̀ləkéiʃən] **자원 할당, 자원 배당** 태스크가 요구하는 자원을 실행 전에 미리 할당하는 것으로서, 운영 체제의 중추적 기능 중의 하나. 예를 들면 주기억 장치, 입출력 장치, 파일의 할당 등이 있다.

resource allocation and multiple project scheduling[–ənd mʌ́ltipl prədʒékt skédʒuliŋ] **RAMPS, 램프스** PERT/COST형의 프로그램으로서 여러 개의 동시 진행 프로젝트를 대상으로 하여 자원의 할당을 유효하게 하는 네트워크 기법.

resource allocation graph[–grǽf] **자원 할당 그래프** 교착 상태를 쉽게 탐색하기 위해 유도된 방향으로 표시된 그래프(방향성 그래프)를 이용하여 자원 할당 사항과 요구 사항을 나타내는 기법.

resource allocation in multi-project scheduling[–in mʌ́ltiprədʒèkt skédʒuliŋ] **RAMPS, 다중 프로젝트 계획에서의 자원 할당** 네트워크의 해석 기법을 사용한 분할 방법으로서 다수의 프로젝트에 걸쳐 사용되는 자원을 최대한 효율적으로 사용하도록 자원을 할당하는 것.

resource allocation linear programming[–líniər próugræmiŋ] **자원 할당 선형 계획** 일련의 선형 방정식을 조작하여 최적의 자원 할당을 구할 수 있는 수학적 기술.

resource allocation model[–mádəl] **자원 배분 모델, 자원 할당 모델**

resource allocation procedure[–prəsíːdʒər] **자원 배분 절차, 자원 할당 절차**

resource allocation processor[–prásesər] **자원 배분 프로세서**

resource allocation strategy[–strǽtədʒi(ː)] **자원 할당 전략** 다수의 사용자가 동시에 작업을 수행할 경우에 그들 각각에 자원을 할당해야 하는데, 여러 형태의 많은 자원들을 할당해주는 방법들.

resource allocation table[–téibəl] **자원 할당표** 한 프로세스가 액세스하는 각종 자원들에 대한 할당 상태를 나타내는 표로서 운영 체제가 관리한다.

resource analysis[–ənǽlisis] **자원 해석**

resource availability[–əvèiləbíliti(ː)] **자원 이용성**

resource-constrained network problem[–kənstréind nétwəːrk prábləm] **자원 제약형 네트워크 문제**

resource-constrained scheduling problem[–skédʒuliŋ prábləm] **자원 제약형 스케줄링 문제**

resource control[–kəntróul] **자원 제어** 특히 다중 프로세서 기능을 사용하는 경우에 MVS의 중요한 고려 사항으로서 MVS에서는 다수 태스크가 자원을 동시에 사용하는 것을 방지하기 위해 인큐(enqueue) 기본 기능이 사용된다.

resource control block[–blák] **자원 제어 블록**

resource data[–déitə] **리소스 데이터** 특정 리소스에 딸려 있는 데이터 구조, 관리 루틴, 기타 데이터를 가리킨다.

resource description framework[–diskrípʃən fréimwəːrk] ⇨ RDF

resource definition table[–dèfiníʃən téibəl] **자원 정의 테이블**

resource descriptor[–diskríptər] **자원 기술자(記述子)**

resource engineering[–èndʒəníəriŋ] **자원 공학**

resource file[–fáil] **자원 파일** 응용 프로그램이 사용하기 위한 디스크나 테이프에 기억되어 있는 프로그램 또는 데이터.

resource fork[–fɔ́ːrk] **자원 포크** 애플 매킨토시 파일의 두 개의 포크 중 하나(다른 하나는 데이터 포크). 프로그램 파일의 자원 포크 내용은 실행 과정에서 프로그램이 사용 가능한 정보 항목이다. 자원 포크 내에는 다양한 유형의 자원들(프로그램 명령 블록, 폰트, 윈도, 대화 상자, 메뉴 등)이 포함되어 있다.

resource ID 자원 식별 번호 운영 체제의 주어진 자원형 내의 특정 자원(예를 들면 프로그램이 사용 가능한 MENU와 같은 유형의 수많은 자원 중의 특정 메뉴)의 식별 번호.

resource identification table[–aidèntifikéiʃən téibəl] **자원 식별 테이블**

resource initialization module[–iniʃəlizéiʃən mádʒuːl] **RIM, 자원 초기화 모듈**

resource integration system[–ìntəgréiʃən sístəm] **자원 통합 시스템**

resource interchange file format[–ìntərtʃéindʒ fáil fɔ́ːrmæt] ⇨ RIFF

resource interruption projection system[–ìntərʌ́pʃən prədʒékʃən sístəm] **자원 인터럽트 투영 시스템**

resource leveling[–lévəliŋ] **자원 평준화** 컴퓨터 자원을 보다 효율적으로 이용하기 위해 사용하지 않고 대기하는 시간을 계획하여 자원 요구가 많을 때 장시간의 처리 시간이 소요되는 등의 변동을 균일하게 하는 것.

resource management[–mǽnidʒmənt] **자원 관리** 자원 할당을 행하는 제어 기능의 관리. 시스템에 포함되는 CPU, 기억 장치, 입출력 장치 등의 자원에 대한 이용 요구에 대해서 자원의 종류, 상태에 따라 자원 할당 공동 이용 허가 등을 행하는 운영 체제의 기능. 시스템의 효율적 운영, 경합적 자원 할당 요구에 대해 중재하는 것이다. 자원 관리를 위한 주된 임무에는 자원의 상태 관리, 자원 할당의 결정, 자원 할당, 자원 회수가 있다.

resource management program [–próugræm] **자원 관리 프로그램**

resource manager [–mǽnidʒər] **자원 관리자** 컴퓨터 시스템을 구성하고 있는 하드웨어/소프트웨어 자원의 할당을 행하는 기능을 완수하는 각종 제어 프로그램.

resource measurement facility [–méʒərmənt fəsíliti(:)] **RMF, 자원 측정 기능**

resource network model [–nétwə̀ːrk mádəl] **자원 네트워크 모델**

resource planning and management [–plǽniŋ ənd mǽnidʒmənt] **RPM, 자원 계획 관리**

resource reservation protocol [–rèzərvéiʃən próutəkɔ(:)l] **자원 예약 프로토콜** ⇨ RSVP

resource security [–sikjú(:)riti(:)] **자원 안전 보호**

resource share [–ʃέər] **리소스 셰어, 자원 공유** 여러 작업이나 태스크 혹은 프로세스가 자원을 좀 더 유효하게 사용하기 위해서 하나의 자원(리소스)을 공유하는 것.

resource-sharing [–ʃέəriŋ] **자원 공유, 자원 공용** 컴퓨터 시스템에서 여러 이용자 또는 작업(job) 프로그램 간에 자원을 공동으로 사용하는 것.

resource-sharing computer communication network [–kəmpjúːtər kəmjùːnikéiʃən nétwə̀ːrk] **자원 분할형 컴퓨터 통신망**

resource-sharing computer network [–nétwə̀ːrk] **자원 분할형 컴퓨터 네트워크**

resource-sharing control [–kəntróul] **자원 공유 제어** 작업량이 방대하여 하나의 컴퓨터로는 도저히 처리할 수 없을 때 작업량을 여러 컴퓨터에 분산시켜 공동 처리함으로써 효율을 높일 수 있게 하는 분산 처리 시스템에서 여러 컴퓨터를 함께 묶는 것.

resource-sharing network [–nétwə̀ːrk] **자원 공유 네트워크** (1) 여러 장소에 멀리 떨어져 있는 기기들을 마치 지역 내 시스템에 있는 것처럼 사용할 수 있도록 하는 네트워크. (2) 서로 다른 호스트(host)끼리 서로 자원들을 공유하도록 하는데, 이런 자원에는 카드 판독기, 라인 프린터, 디스크 파일 등도 포함된다.

resource synchronization [–sìnkrənaizéiʃən] **자원 동기화**

resource system engineering [–sístəm èndʒəníəriŋ] **자원 시스템 공학**

resource use algorithm [–júːz ǽlgəriðm] **자원 사용 알고리즘**

resource type [–táip] **자원형** 매킨토시 운영 체제의 코드, 폰트, 윈도, 대화 상자, 템플릿, 아이콘, 패턴, 문자열, 드라이버, 커서, 색상표, 메뉴 등 다수의 구조 및 절차 클래스 중의 하나. 자원형에는 프로그램 명령 블록의 CODE, 폰트의 FONT, 마우스 커서의 CURS 등과 같은 특성 식별 레이블이 붙어 있다.

resource vector table [–véktər téibəl] **자원 벡터 테이블**

resource verification [–vèrifikéiʃən] **자원 검사**

respond [rispánd] *v.* **응답하다** 각 디바이스(device)나 장치, 시스템 등이 어떠한 명령이나 요구를 받았을 경우에 그것에 대하여 반응하고, 응답하는 것을 말한다. 컴퓨터 본체는 그 주변 장치(peripheral equipment)와의 사이에 통신을 행하고 각 주변 장치에 처리를 지시한다. 이 상태에서 컴퓨터가 주변 장치에 동작 상태를 알게 하도록 요구하면, 주변 장치는 동작 상태의 정보를 응답으로서 출력한다. 이것은 컴퓨터가 요구(request)를 송출하고, 주변 장치가 그것에 응답하고 있다. 이와 같은 요구에 대한 대응을 응답이라고 한다.

response [rispáns] *n.* **응답** 일반적으로 어떤 시스템에 변화를 주었을 때, 혹은 신호를 입력했을 때, 그것에 대하여 출력측이 반응하는 것 또는 반응하는 정도를 말한다.

response analysis program [–ənǽlisis próugræm] **응답 분석 프로그램**

response behavior [–bihéivjər] **응답 거동**

response characteristic [–kæ̀rəktərístik] **응답 특성**

response duration [–dju(:)réiʃən] **응답 기간, 응답 계속 기간** 펄스의 시간 원점(time orgin)에서 그것이 어떤 동작값 이하로 되기까지의 시간 간격.

response frame [–fréim] **응답 프레임** 데이터 전송의 제어 절차인 하이 레벨 데이터 링크 제어 순서(HDLC ; high-level data link control procedures)에서 1차국(primary station) 혹은 복합국(combined station)의 응답 구성 단위이다. 즉, HDLC에서는 정보 메시지도 감시 제어 정보도 프레임을 단위로 하여 전송된다.

response function [–fʌ́ŋkʃən] **응답 함수**

response indicator [–índikèitər] **응답 표시기**

response message [–mésidʒ] **응답 메시지** 송신측에서 보내온 신호에 대응해서 수신측에서 송신측으로 보내는 정보.

response position [–pəzíʃən] **응답 위치** 광학 판독 장치(OCR)에 있어서 광학적 인식 형태로 정보가 판단될 수 있는 장소나 면적.

response signal [–sígnəl] **응답 신호**

response speed [–spíːd] **응답 속도**

response strategy [–strǽtədʒi(ː)] **응답 전략**

response surface methodology [–sə́ːrfəs mèθədɑ́lədʒi(ː)] **RSM, 응답 곡면법**

response/throughput bias [–θrúːpùt bɑ́iəs] **RTB, 응답 처리율 바이어스**

response time [–tɑ́im] **응답 시간** (1) 시분할 시스템(TSS)이나 온라인 실시간 시스템에 있어서 시스템에 대한 삽입. (2) 입력 데이터를 컴퓨터로 이송하며, 파일을 액세스하고 처리하여 처리 결과를 단말측으로 보내는 일련의 처리 과정에 요하는 시간의 합계. (3) 전기 회로 등에서는 입력이 가해진 뒤에 출력이 표시될 때까지의 시간을 말한다.

[주] 조회 또는 요구의 종료에서 응답 시작까지의 경과 시간. 예를 들어 조회의 종료를 지시하고 난 뒤에 이용자 단말에 응답 최초의 문자가 표시되기까지의 시간 길이.

response unit [–júːnit] **RU, 응답 단위**

restart [riːstɑ́ːrt] *n*. **재시동** 프로그램 중의 검사점(check point)에서 기록한 정보를 사용하여 그 프로그램의 실행을 개시하는 것. 또 재시동을 실시하는 것을 가리킨다. 복합어에서 재시작점(restart point)이라고 하면 프로그램 중의 장소의 하나로, 프로그램의 실행을 재개할 수 있는 곳을 말한다. 특히, 재시작 명령의 어드레스를 말한다.

[주] 검사점/재시작의 기능을 사용하면, 예를 들어 2시간 걸리는 프로그램에서 10분 간격으로 검사점을 잡으면 오류 발생시 수정에 걸리는 평균 시간을 60분에서 5분으로 단축할 수 있다.

restart condition [–kəndíʃən] **재시동 조건** 프로그램의 실행중에 재설정될 수 있는 조건으로, 프로그램의 재시동을 가능하게 하는 것. 태스크의 재개 필요성은 다음과 같다. ① 재개의 최초에 실행하는 명령의 주소. ② 각종 인디케이트류. ③ 각종 레지스터의 내용. 이 같은 정보를 중단점으로 퇴피하고 재개시에 복귀하면 태스크의 속행이 가능하다.

restart displacement [–displéismənt] **재시동 디스플레이스먼트** 오류가 검출된 채널 커맨드에 의해 채널에 전송된 전 데이터의 바이트 수를 나타내며, 자기 디스크 장치 등에 있어서의 오류 정정 정보의 하나이다.

restart facility [–fəsíliti(ː)] **재시작 기능**

restart instruction [–instrʌ́kʃən] **재시동 명령** 프로그램 중의 명령으로 그곳으로부터 컴퓨터 프로그램을 재시동시킬 수 있는 것.

restart interrupt [–ìntərʌ́pt] **재시동 인터럽트, 재시작 인터럽트** 조작원이 콘솔에서 재시동 버튼을 누를 때나 다중 처리 시스템에서 다른 프로세서로부터 재시동 신호 처리기(SIGP) 명령문이 도착되면 일어나는 인터럽트.

restart point [–pɔ́int] **재시동점, 재시작점** 프로그램 중의 하나의 장소로, 실행을 재시동할 수 있는 부분. 특히 재시동 명령의 어드레스.

restart procedure [–prəsíːdʒər] **재시작 프로시저**

restart program [–próugræm] **재시작 프로그램, 재시동 프로그램** 컴퓨터에 의한 업무 처리가 컴퓨터의 오동작 등 어떤 외부 요인에 의해서 중단되었을 때 그 중단 요인이 제거된 다음에 업무 처리 재개에 있어서 컴퓨터 상황을 중단 시점으로 되돌리기 위해 사용하는 프로그램. 레지스터의 재설정 또는 사용 데이터 파일의 체크 포인트 및 로그 데이터를 사용한 수정 등, 중단 요인, 대상 업무에 따라서 여러 가지로 준비된다.

restart routine [–ruːtíːn] **재시동 루틴, 재시작 루틴** ⇨ rerun routine

restitution [rèstitjúːʃən] *n*. **복원력** 복조된 전신 신호를 바탕으로 한 판단으로부터 수반되는 어떤 의미를 갖는 일련의 조건.

restoration [rèstəréiʃən] *n*. **복원, 수복**

restoration time [–tɑ́im] **복원 시간** 변경된 기기의 상태, 기억 장치나 레지스터의 내용을 원상태로 복원하는 데 걸리는 시간.

restore [ristɔ́ːr] *v*. **재기록하다, 재저장** 주기억장치(main storage), 카운터, 레지스터 등을 원래의 값으로 되돌리는 동작. 예를 들면 다중 프로그래밍으로 태스크를 전환하였을 때나 서브루틴이 호출되었을 때에 레지스터(register) 등의 내용을 저장시켜 놓아, 원래대로 되돌아갈 때 이들을 복원(restore)시켜 원래 상태로 되돌리는 것. 또 파일이나 데이터 베이스의 내용을 본래의 상태로 되돌리는 경우에도 사용한다.

restore utility file system [–ju(ː)tíliti(ː) fáil sístəm] **복원 유틸리티 파일 시스템** 예비 유틸리티의 반대되는 개념으로, 예비 유틸리티가 파일의 예비 복제를 만드는 데 반해, 재저장 유틸리티는 예비 파일을 입력하여 표준 파일을 출력한다.

restoring division [ristɔ́ːriŋ divíʒən] **복원 나눗셈** 컴퓨터 연산 장치에서 나눗셈 알고리즘을 하드웨어로 구현하는 한 방법으로서 제수를 피제수에서 한 비트씩 시프트하면서 감산하는 과정에서 제수가 부분 피제수보다 클 경우 다시 제수를 더하여 원상태로 그 부분의 피제수를 복원시켜 나눗셈을 계속하는 알고리즘.

restoring method[−méθəd] **복원법** 컴퓨터에 의한 나눗셈 방법의 일종. 나머지가 음이 되기까지 피제수로부터 제수를 빼서(2진수인 경우는 1회 조작으로 된다. 양(+)의 나머지가 나오거나 음(−)의 나머지가 나오는 한 가지 경우만 존재한다) 음의 나머지가 나왔으면 1회만 여분으로 뺀 것이므로 곧바로 제수를 더하고 다음에 제수를 한 자리 왼쪽으로 옮겨 뺄셈을 계속하는 방법.

restrict[ristríkt] *v*. **한정하다, 제한하다** 범위를 정하여 사용 방법이나 능력, 용량 등을 한정하는 것. 컴퓨터로 실행시킬 수 있는 프로그램의 크기는 주기억 장치의 크기에 따라 한정된다. 예를 들면 어떤 이용자가 점유하여 사용할 수 있는 메모리 공간은 개인용 볼륨이라고 한다. 이용자는 개인용 볼륨의 범위에서는 자유롭게 메모리를 사용할 수 있다.

restricted[ristríktəd] *a*. **한정적**

restricted instruction set computer[−instrʌ́kʃən sét kəmpjúːtər] **RISC, 한정 명령 세트 컴퓨터**

restricted-use mass storage volume[−júːz mǽs stɔ́ːridʒ vɑ́ljum] **한정 대용량 기억 볼륨**

restricted-use volume[−vɑ́ljum] **한정 볼륨**

restriction[ristríkʃən] *n*. **제한, 제약, 한정** 관계 연산에서 어떤 조건에 맞는 투플(tuple)들을 골라내는 것.

restriction of message[−əv mésidʒ] **메시지 제한** 사설 자동 구내 교환(PABX) 권이 아닌 외부로 전화를 하려는 회선에 대해 오퍼레이터를 거치게 하거나 또는 특별 그룹에게만 메시지 교환을 허용하는 전화 조치 사항.

restriction predicate[−prédikèit] **제한 프레디킷** 주어진 투플을 개별적으로 검사하여 참이나 거짓을 결정할 수 있는 프레디킷. 관계 연산에서 투플 선택 조건으로 쓰인다.

restructuring[ristrʌ́ktʃəriŋ] **재구성** 데이터 베이스에 나타나는 데이터 단위의 타입과 데이터 관계성을 첨가하거나 삭제하는 과정과 변경된 데이터 단위로 데이터를 재정렬하는 과정. 그리고 수정된 데이터 베이스 스키마를 변경하는 과정을 가리킨다.

result[rizʌ́lt] *n*. **결과, 성과, 효과** 연산을 행하여 얻을 수 있는 것. 협의로는 산술 연산이나 논리 연산에서 얻을 수 있는 양이나 값을 가리키지만, 광의로는 문자열 조작을 비롯하여, 정렬(sorting), 파일 보수(file maintenance)를 행하여 생성되는 파일도 「결과」라고 할 수 있다.

result address[−ədrés] **결과 주소** 연산 결과가 기억되는 장소의 주소.

result even indicator[−íːvən índikèitər] **짝수 결과 표시기**

result field[−fíːld] **연산 결과의 필드, 연산 결과 필드** 보고서 작성 프로그램(report generator)에서의 연산 결과를 저장하기 위한 필드, 테이블, 배열 또는 배열 요소명 등.

result indicator[−índikèitər] **결과 표시기, 결과의 표지** 연산 명령의 실행 결과가 지정한 조건(+, −, 제로, 고, 저 등)을 만족하면 ON에 설정되는 표지.

result negative indicator[−négətiv índikèitər] **음수 결과 표시기**

result positive indicator[−pɑ́zitiv índikèitər] **양수 결과 표시기**

result zero indicator[−zí(ː)rou índikèitər] **제로 결과 표시기**

resume[rizjúːm] *v*. **재시작하다, 재개하다** 도중에 중단한 사상을 다시 개시하는 것. 컴퓨터에서 프로그램 실행중에 인터럽트(interrupt)가 발생했을 경우에는 프로그램을 어디까지 실행했는지, 또는 그 프로그램 실행 도중의 데이터나 레지스터의 값, 변수값 등을 보존해두고, 일단 인터럽트 처리를 한다. 그리고 인터럽트 처리가 끝나면 보존해 두었던 각종 상태(status)나 데이터 등을 각각의 레지스터나 변수 등에 다시 로드(load)하여 실행을 중단한 시점에서부터 처리를 재개한다. 이렇게 하여 컴퓨터에서는 하나의 프로그램을 실행중에 다른 처리를 할 수 있다. 또 다중 프로그래밍에서는 여러 프로그램을 준비해두고, 먼저 중앙 처리 장치는 하나의 프로그램을 실행한다. 입출력 제어(input/output control) 등 처리가 지연되는 부분에서는 CPU는 쓸데 없는 시간을 생략하기 위해서 다른 프로그램의 실행을 개시한다. 그리고 입출력 제어의 처리가 끝난 시점에서 CPU는 처음에 실행했던 프로그램의 처리를 재개한다. 이렇게 해서 마치 컴퓨터가 여러 프로그램을 동시에 실행하고 있는 것처럼 한다.

resume a process[−ə prɑ́ses] **프로세스의 재시작** 중단된 프로세스가 실행을 재개하는 것.

resume function[−fʌ́ŋkʃən] **재개 기능** PC나 워크스테이션에서 작업 도중에 전원을 껐다 켰을 때 원래의 작업 상태로 되돌리는 기능. 하이버네이션(hibernation)이 있다. 이 기능을 설정해두면 전원이 꺼져도 메모리 내용 등의 컴퓨터 상태를 그대로 저장할 수 있어 완전히 제로가 되어도 원상태로 복귀할 수 있지만, 전원이 끊기거나 투입시에는 하드 디스크에 내용을 전부 기록하거나 읽는 데 많은 시간이 소요된다. 작업 상태를 저장한 대로 전원을 끄는 경우를 보류(suspend)라고 한다.

resume-work-session indicator[-wə́ːrk séʃən índikèitər] RS indicator, RS **표시기, 워크세션 재개시 표시기**

RET 복귀 return의 약어. 복귀시킬 때 사용하는 명령.

retail industry terminal[ríːteil índəstri(ː) tə́ːrminəl] **유통 단말** 유통 업계에서 기계화를 위해 사용되는 단말 장치를 총칭한다. 각 점포에서 상품 매상 정보를 수집하기 위한 POS 단말이 대표적인 것이다.

retain[ritéin] *v*. **보존하다** 장치나 시스템 등의 상태를 계속적으로 보존하는 것. 예를 들면 컴퓨터 본체를 새로운 모델로 교환했으나 주변 장치(peripheral equipment)는 교환하지 않아도 그대로 새로운 컴퓨터와 접속하여 사용할 수 있는 경우, 이 주변 장치를 보유 주변 장치라고 한다. 이 밖에 컴퓨터에서는 필요한 정보를 파일의 상태로 수용해 두는데, 이것도 파일을 보존(retain)한다고 표현한다.

retained peripheral[ritéind pəríførəl] **보유 주변 장치** 처리기의 일정한 형태, 양식 및 범주 내에서 이미 사용하였던 주변 장치가 후에 다른 양식 및 범주 내에서 다시 사용되는 장치를 말한다.

retention[riténʃən] *n*. **보존, 보유**

retention code[-kóud] **보존 코드**

retention period[-pí(ː)riəd] **보존 기간, 보유 기간** 릴 또는 자기 테이프에 있는 데이터가 다른 데이터에 의해서 지워질 때까지의 시간. 이 정보를 릴의 헤더 표지에 기록하여 데이터 보호를 위해 사용한다.

retention period check[-tʃék] **보존 기간 검사** 소정의 날짜를 만료 날짜와 비교하는 것. 예를 들면 레코드 또는 파일의 보존 기한 검사.

reticle[rétikl] *n*. **망선, 그물 눈금** 반도체 회로의 패턴(pattern) 과정에 쓰이는 마스킹(masking)판.

retina[rétinə] *n*. **망막** 안구벽의 맨 안쪽 층의 광 검지막.

retina character reader[-kǽrəktər ríːdər] **망막 문자 판독기** ⇨ RCR

retouch[rìːtʌ́tʃ] **리터치** 그림이나 사진 등을 수정하는 것. 사진 등의 이미지를 PC로 수정하는 포토 리터치 소프트웨어 등이 있다.

retract[ritrǽkt] **리트랙트** 하드 디스크의 헤드가 디스크면에 접촉되어 데이터가 손상되지 않도록 이동하는 것. 오토 리트랙트(auto retract)는 이를 자동으로 실행하는 기능이다.

retransmission[rìːtrænsmíʃən] **재송(再送)** ⇨ request repeat

retransmission command[-kəmǽːnd] **재송 명령** 회선 교환을 하는 시스템과 단말 사이의 전송 제어에서 시스템으로부터 단말로의 전송 오류가 생긴 경우 단말에서부터 시스템에 대하여 발하는 전문(電文)의 재송을 요구하는 명령.

retrieval[ritríːvəl] *n*. **검색** 보통 정보 검색(IR ; information retrieval)이라고 일컫는 것으로 정확하게는 정보 축적과 검색이다. 검색이란 어떤 기억 매체 중에 축적되어 있는 정보 중에서 필요한 정보를 찾아내는 것을 말한다. 검색에는 두 가지 형식이 있다. 하나는 주어진 질문에 대해서 직접 사실을 구하는 것으로 사실 검색(fact retrieval) 혹은 확정 검색(deterministic retrieval)이라 한다. 또 하나는 어떤 사실에 관해서 관계되는 문헌명을 찾아내는 것으로 문헌 검색(document retrieval) 혹은 확률 검색(stochastic retrieval)이라 한다. 컴퓨터를 이용해서 행해지는 것에는 후자의 종류가 많다.

retrieval code[-kóud] **검색 코드**

retrieval loss[-lɔ́(ː)s] **검색 누락** 정보 검색에 있어서 정보 요구자의 요구에 적합하고 검색의 결과 선택, 추출되어야 함에도 불구하고 실제로는 추출되지 않는 정보. 검색 누락이 생기는 원인은, 첫째로 직접 검색의 대상인 2차 정보(실제로는 키워드의 집합이나 분류표 수 등)가 반드시 그 1차 정보를 완전히 대표하고 있지 않다는 것. 둘째로 검색의 기법, 특히 검색 용어의 선정 미숙에 있다.

retrieval strategy[-strǽtədʒi(ː)] **탐색 전략**

retrieval system[-sístəm] **검색 시스템**

retrieval time[-táim] **검색 시간**

retrieve[ritríːv] *v*. **검색하다** 특정 데이터나 코드, 변수 등의 특정 정보를 발견하고, 선출해내는 것. 정보를 검색하는 것. 예를 들면 정보 검색이란 컴퓨터에 축적된 대량의 데이터 파일 인덱스로부터 목적하는 정보 항목을 자동으로 검색하는 것이다. 필요로 하는 정보에 관한 키워드를 입력함으로써, 그것에 관한 데이터를 인출할 수 있다. 잡지, 보고서 등의 저자명, 내용, 표제 등의 데이터를 검색하는 것을 문헌 검색이라고 하고, 보통은 온라인으로 처리 · 실행된다. 컴퓨터 시스템에 의한 데이터 베이스에서는 전문적 혹은 특정 목적을 가지고 정보가 수집되며 파일 처리되어 있다. 데이터 베이스는 이용자가 적당한 키워드를 입력함으로써 목적한 정보를 검색할 수 있는 것과 같은 정보 검색 능력을 가지지 않으면 안 된다.

retrieve operation[-àpəréiʃən] **검색 연산** 데이터의 값이나 관계를 추출해내는 연산. 이것은 두 단계로 수행된다. 먼저 명세된 데이터의 위치를 갖도록 지시하는 FIND 연산과 찾은 데이터의 값을 버퍼나 프로그램 변수에 이동시키는 GET 연산을 포함한다.

retrieving[ritríːviŋ] **검색** 필요한 데이터를 찾기 위해 기억 장소를 찾아서 기억 장소로부터 필요한 데이터를 선택 · 제거하는 과정.

retrofit[rétrəfit] **재조절** 새로운 부분을 수정하고 기존 시스템을 변경 또는 기능을 부가하여 시스템을 향상시키거나 변화에 적응시킬 목적으로 현존 시스템 또는 프로그램을 조정하는 과정.

retrofit testing[–téstiŋ] **재조절 검사** 몇 개의 부품이나 프로그램을 교체한 다음 시스템 기능을 확인하기 위한 시험 과정.

retrospective search[rètrouspéktiv sə́ːrtʃ] **소급 검색** 문서 검색에 있어서 과거로 거슬러 올라가서 필요한 문서를 검색하고 제공하는 방식.

retry[ritrái] *v.* **재시도, 재시행** 프로그램의 실행에서 어떤 오류가 검출되었기 때문에 입출력 명령, 또는 마이크로 명령의 실행이 실패로 끝난 후, 반복하여 이들 명령을 실행하려고 시험하는 것.

retry routine[–ruːtíːn] **재시행 루틴**

return[ritə́ːrn] *n.* **복귀** (1) 복귀 : 타이프라이터 등의 인쇄 기구가 인쇄행 최초의 위치로 되돌아가는 것. (2) 서브루틴으로부터 주루틴으로 제어가 되돌아가는 것. (3) 절차나 부프로그램 내부의 문장, 실행 열이 종료를 지시하는 것. (4) 서브루틴 내에서 그 서브루틴을 호출한 컴퓨터 프로그램 중 하나의 변수를 설정하는 것. 절차 중의 하나인 실행 순서의 종점을 표시하는 언어 구성 요소.
[주] 보통 실행 순서는 대응하는 절차 호출의 지점으로 되돌린다.

return address[–ədrés] **복귀 주소, 리턴 어드레스** 서브루틴을 호출할 때, 다시 호출한 루틴으로 되돌리기 위해 어느 어드레스로 되돌려야 하는가를 기억해놓지 않으면 안 되는데, 이렇게 되돌리기 전의 어드레스를 말한다.

return address instruction[–instrʌ́kʃən] **복귀 주소 명령어**

return channel[–tʃǽnəl] **복귀 채널**

return code[–kóud] **복귀 코드, 반송 코드** 프로그램의 종료시에 복귀 코드 레지스터에 넣어지는 값. 이 값을 인쇄하면 프로그램이 어떤 상태에서 끝났는가를 알 수 있다. 어떤 작업 단계의 실행 결과에 의해서 그 작업의 후속 단계를 실행하는지 어떤지를 정하고 싶은 경우가 있다. 작업 단계의 실행 결과는 복귀 코드에서 알 수 있다. 어떤 종류의 프로그램에서는 복귀 코드가 표준화되어 있는 경우도 있다. 예를 들면 컴파일러 또는 연결 편집 프로그램에서 발생되는 복귀 코드 8은 중대한 오류가 검출되어 실행할 수 없을 수도 있음을 나타낸다.

return code register[–rédʒistər] **복귀 코드 레지스터** 후속 프로그램의 실행을 제어하기 위한 데이터를 저장하는 데 사용되는 레지스터.

returned value[ritə́ːrnd vǽljuː] **반환값**

return from a procedure[ritə́ːrn frəm ə prəsíːdʒər] **절차의 출구, 반송** 절차 중 한 실행 순서의 종점을 표시한다. 그 절차 내의 언어 구성 요소.

return from interrupt[–ìntərʌ́pt] **인터럽트로부터의 복귀** 인터럽트가 발생하면 해당 서비스 루틴으로 가서 처리해준 후 인터럽트가 발생한 다음부터 수행을 계속한다. 이때 되돌아갈 수 있는 어드레스를 저장했다가 이 어드레스에 의해 원래 수행하던 곳으로 복귀한다.

return from interrupt microprocessor[–máikrouprὰsesər] **인터럽트로부터의 복귀 마이크로프로세서**

return from zero time[–zí(ː)rou táim] **제로 타임으로부터의 복귀**

return instruction[–instrʌ́kʃən] **복귀 명령** 서브루틴으로부터 복귀하기 위한 명령으로 RET(복귀), RZ(제로이면 복귀), RM(마이너스이면 복귀), RP(플러스이면 복귀)가 있다. 다시 말하면, 서브루틴에서의 처리를 끝내고 원래 호출한 프로그램으로 제어를 되돌리는 명령이다.

return key[–kíː] **리턴 키** 컴퓨터 키보드에서 문장의 끝이나 명령을 실행시키는 키.

return loss[–lɔ́(ː)s] **복귀 손실** (1) 전송 시스템의 불연속점에 있어서의 입사 전력의 차. (2) 불연속점에 있어서의 입사 전력의 불연속점에서 반사되는 전력에 대한 데시벨의 비.

return mail[–méil] **왕복 메일** 메일 서비스에서 수취인의 회신을 필요로 하는 메일. 수취인은 이 메일에 대하여 회신할 필요가 있다.

return mechanism[–mékənizm] **복귀 기구**

return on investment[–ɑn invéstmənt] **ROI, 투자 회수율, 투자 수익률**

RETURN statement[–stéitmənt] **RETURN 문**

return-to-bias[–tu báiəs] **바이어스 복귀**

return-to-bias method[–méθəd] **RB method, RB법, 바이어스 복귀 기록 방식** 디지털 자기 기록법의 일종으로 「1」비트에 대해서는 자기(磁器) 특성의 한쪽 극성이 포화 자화를, 「0」비트 및 비트 간의 무신호부에 대해서는 다른쪽 극성의 포화 자화를 이용하는 방식.

return-to-bias recording[–rikɔ́ːrdiŋ] **RB, 바이어스 복귀 기록 방식**

return-to-reference recording[–réfərəns rikɔ́:rdiŋ] **기준 복귀 기록** 0 및 1을 표시하는 자화 패턴이 기억 셀(cell)의 일부만을 차지하며, 그 기억에서는 나머지는 참조 상태로 자화되도록 한 2진 문자의 자기 기록.

return-to-saturation method[–sæ̀tʃuréiʃən méθəd] **RS법, 포화 복귀 기록 방식**

return-to-zero[–zí(:)rou] **RZ, 제로 복귀, 제로화** 전송 부호 형식의 하나로 단극성(單極性) 부호 또는 RZ 부호라고 하는 형식이 있다. 이것은 1, 0의 정보에 그대로 1, 0의 펄스를 대응시킨 것이다. RZ 방식은 이 부호 형식을 응용하여 자기 테이프 등의 디지털식 기록 장치의 데이터를 기록하는 방식이다. 구체적으로는 1 및 0의 정보를 + 및 −의 전위(電位)에 대응시켜 1비트마다 0으로 되돌리는 방식이다. 데이터 전송 부호와 다른 점은 데이터 전송에서는 유니폴러 펄스를 사용하는 데 대해서 바이폴러 펄스를 사용하는 점이다.

[주] RZ 부호란, 정보의 "1", "0"을 신호(전압, 전류 등)의 유무로 표시하는 경우 1정보에 할당된 시간폭이 단위 시간폭보다 짧은 펄스 신호를 말한다.

return-to-zero method[–méθəd] **RZ method, RZ법, 제로 복귀 기록 방식** 디지털 자기(磁器) 기록법의 일종으로 「1」비트에 대해서는 자기 특성의 한쪽 극성의 포화 자화를, 「0」비트에 대해서는 다른쪽 극성의 포화 자화를, 따라서 비트 간의 무신호 부분에 대해서는 자기적 중성점을 대응시키는 방식이다.

return-to-zero recording[–rikɔ́:rdiŋ] **RZ, 제로 복귀 기록** 자기 테이프, 자기 디스크 등의 기록 매체에 기록하는 방식 중의 하나. 비제로 복귀 기록 방식(recording media)과 대비된다. 기록 매체의 표면에 디지털 정보를 기록할 때, 기록해야 할 숫자 「0」을 −(마이너스)방향의 자화라고 하고, 「1」은 +(플러스) 방향의 짧은 자화로 표현한다.

[주] 기준 상태가 자화되어 있지 않은 상태인 참조 복귀 기록.

return value[–vǽlju:] **복귀값** 함수 호출의 결과값. 수식을 계산하여 변환하는 값을 말한다.

return variable[–vɛ́(:)riəbl] **복귀 변수** Lisp의 루프 명령어에서 결과값을 저장하기 위해 사용되는 변수.

reusability[ri:jù:zəbíliti(:)] **재사용 가능성** 프로그램 등을 재사용할 수 있는 것. 이 경우 변수 등은 초기화가 필요하다.

reusable[ri:jú:zəbl] *a.* **재사용 가능, 재사용** 자원(resource)을 몇 번이라도 재이용할 수 있는 것. 여기서 말하는 자원이란 컴퓨터 시스템에 있어서 이른바 주변 장치(peripheral equipment)나 소프트웨어이다. 프로그램을 몇 번 실행해도 그 기능이 변화하지 않는 경우, 이것을 재사용 가능하다고 한다. 또 재사용 가능한 프로그램을 reusable program, 재사용 가능한 루틴을 reusable routine이라고 하는 경우도 있다. 외부 프로그램(external program)의 파라미터는 불변이며, 실행중에 재사용 가능한 프로그램이나 루틴 내의 명령이 변경되어도 반드시 초기 상태로 복귀되도록 되어 있다. 순차적으로 재사용이 가능할 경우와 재입력이 가능한 경우 두 가지가 존재한다. 이 가운데 순차 재사용 가능이란 두 가지 이상의 프로그램에 의해, 동일 루틴을 필요로 하는 경우에 이 부분을 공통으로 하여 사용하는 것이다. 이 루틴을 두 가지 프로그램이 동시에 액세스했을 경우, 우선 순위가 높은 프로그램으로부터 실행되며, 우선 순위가 낮은 프로그램은 기다리게 되는 것이다.

reusable data set[–déitə sét] **재사용 가능 데이터 세트** 최초 정의한 상태로부터 몇 번이라도 사용할 수 있는 가상 기억 액세스 방식(VSAM) 데이터 세트.

reusable file[–fáil] **재사용 가능 파일**

reusable program[–próugræm] **재사용 가능 프로그램** 프로그램의 하나이며, 한 번 로드된 후에도 반복하여 실행될 수 있는 것이며, 또한 실행중에 변경된 어떤 명령도 초기 상태로 복귀되고, 외부 프로그램 파라미터는 변경되지 않고 보존 유지되는 조건을 만족시키고 있는 것. 한 번 기억 장치에 로드하면 재적재 없이 반복 사용할 수 있는 프로그램.

reusable resource[–risɔ́:rs] **재사용 가능 자원** 내용이 변하기는 하지만 사용시마다 다시 초기화 작업을 해서 다시 사용 가능한 자원.

reusable routine[–ru:tí:n] **재사용 가능 루틴** 루틴의 하나이며, 한 번 로드된 후에는 반복하여 실행될 수 있는 것이며, 더구나 실행중에 변경된 어떠한 명령도 초기 상태로 복원되고, 외부 프로그램 파라미터는 변경되지 않고 보존 유지되는 조건을 만족하고 있는 것. ⇨ reusable program

reusable software component[–sɔ́(:)ftwɛ̀ər kəmpóunənt] **재사용 소프트웨어 요소** 다른 프로세서에 의한 내용 변경이 금지되며, 프로세스들 간의 상대적 속도에 변화를 받으면 안 되는 것으로, 여러 프로세스에 의해 공유 가능한 소프트웨어. 재입력 코드라고도 한다.

reverberation[rivə̀:rbəréiʃən] *n.* **잔향(殘響), 반향** 신경 회로망은 능동적인 소자로 되어 모든 곳에서(2차원적 또는 3차원적) 에너지를 보급하므로 흥분의 진동(파)이 소멸하지 않고 지속하는 경우가 있다. 이러한 운동을 말한다.

reverse[rivə́:rs] *a. n.* **역(逆), 반전, 반위** 방향, 기능을 반대로 바꾸어주는 것.

reverse assembler[-əsémblər] **역어셈블러** 완전한 기호표를 만들고, 새로 만들어내는 원시 프로그램의 첫머리에 부호의 값을 규정하는 문장들을 위치시키며, 프로그램 전반에 걸쳐 적당한 위치에 레이블을 삽입하여 읽기 쉬운 기호 코드로 기계어를 변환해주는 어셈블리.

reverse authentication[-ɔ:θèntikéiʃən] **역 확인**

reverse bias[-báiəs] **역바이어스** 접합에서의 전위 장벽이 높아져서 전류의 흐름이 제한되며, 반도체의 PN 접합에서 P형에 −전압, N형에 +전압을 걸어주는 상태를 말한다.

reverse break[-bréik] **역중단**

reverse capstan[-kǽpstən] **역방향 회전축** 일정 속도로 자기 테이프의 역방향 또는 되감기를 제어해주는 오차가 최소인 회전축.

reverse channel[-tʃǽnəl] **역감시 통신로, 역방향 채널** 주채널과 연관되는 감시 신호나 에러 제어 신호의 통로로 사용되는 채널로서 전송 방향은 정보 전달 방향과 반대. Bell 사의 변복조 장치에 대한 용어로서 반이중 데이터 전송 시스템을 통해 수신측에서 송신측으로 동시 통신을 실행하는 방법.

reverse clipping[-klípiŋ] **역클리핑, 역잘라내기** 주어진 경계의 내부에 있는 모든 표시 요소를 억제하는 것.

reverse-code dictionary[-kóud díkʃənəri(:)] **역코드 사전** 단어나 용어에 해당하는 영문자 또는 숫자 코드를 순서대로 정리해놓은 것.

reverse current[-kərə́:nt] **역방향 전류**

reversed character[rivə́:rst kǽrəktər] **역상 문자** 문자 꾸미기의 일종. 흑백으로 반전시킨 문자.

reverse digit sorting method[rivə́:rs dídʒit sɔ́:rtiŋ méθəd] **역숫자 정렬 방법** 주어진 필드의 단위 위치에서 시작하여 필드의 정렬이 완전히 끝날 때까지 한 번에 한 행씩 오른쪽에서 왼쪽으로 분류하는 방법.

reverse direction[-dirékʃən] **역방향** 정류 특성을 나타내는 반도체 장치에 있어서 전류가 흐르기 어려운 방향.

reverse direction flow[-flóu] **역방향 흐름** 블록 도표나 순서도에서 좌로부터 우로, 또는 위로부터 아래로 흐르는 방향 이외의 흐름.

reverse display[-displéi] **리버스 표시, 역표시**

reverse engineering[-èndʒəníəriŋ] **역공학** 소프트웨어 공학의 한 분야. 기존의 시스템으로부터 각종 문서 또는 설계 기법의 데이트를 역으로 얻어내는 것.

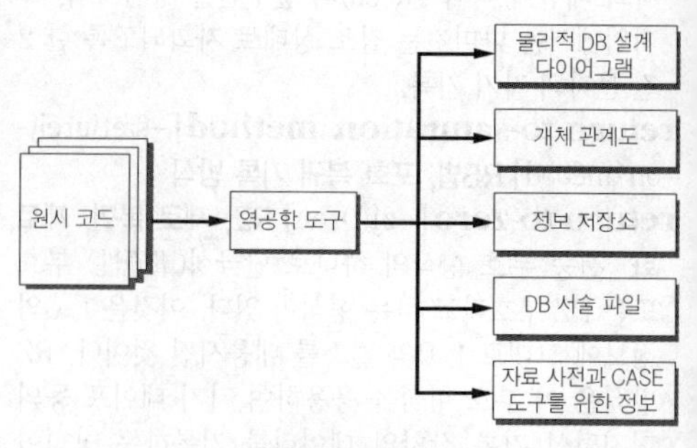

〈역공학의 개념〉

reverse field video[-fí:ld vídiòu] **역필드 비디오** 텔레비전 디스플레이 상의 흑백을 반전시켜 나타낼 수 있는 비디오.

reverse interrupt[-ìntərʌ́pt] **RVI, 역인터럽트, 반전 중단** ACK0이나 ACK1 대신에 쓰이는 긍정적인 응답. 수신국이 현재의 송신, 수신 관계를 단절하고자 할 때 보내진다. 전송 스테이션은 RVI를 긍정적 확인 응답(0 혹은 1)으로 간주하며, 현재 전송해야 할 모든 전문을 내보냄으로써 수신국의 역할을 할 수 있는 준비를 갖춘다.

reverse Polish notation[-páliʃ noutéiʃən] **역폴란드식 표기법** 수학상의 식을 구성하는 방법으로, 각 연산자는 그 오퍼랜드의 뒤에 놓여지며, 그 앞에 있는 오퍼랜드 또는 중간 결과에 대하여 행해지는 연산을 표시하는 것. 폴란드의 J. Lukasiewicz가 1920년대에 제창한 폴란드 기법(記法)의 변형. 연산자를 오퍼랜드 사이가 아니라 뒤에 놓는다. 괄호가 불필요하고 또 연산자가 연산되는 순서로 늘어서므로 계산기 번역 루틴에 주로 이용된다. 예를 들면, $(x+y)\times z$는 역폴란드식 표기법에서는 $xy+z\times$이고 $x+y\times z$는 $xyz\times+$이다. 이 기법에 기초해서 철물을 설계한 컴퓨터도 있다. A+B*C를 ABC*와 같이 나타내는 것.

reverse read[-rí:d] **역판독** 일반적인 판독에 대응되는 것으로 프로그램의 제어 하에 테이프 반대 방향으로 판독이 가능한 것.

reverse recovery time[-rikʌ́vəri(:) táim] **역방향 회복 시간** 특히 스위칭 다이오드의 성능을 나타내는 중요한 지표가 되는 것으로, 다이오드가 도통 상태에서 차단 상태로 이행될 때의 과도 특성을 나타내는 양.

reverse scan[-skǽn] **역주사** 0을 삭제하는 편집 기능. 즉, 0을 빈칸으로 바꾸어서 0을 없애고 0 삭제 표시를 한다.

reverse scrolling[-skróuliŋ] **역 스크롤** ⇨ backward scrolling

reverse sequential processing[–sikwénʃəl prásesiŋ] **역순차 처리** 파일의 레코드를 배열하고 있는 차례의 역순으로 입력 처리 및 갱신 처리를 하는 것.

reverse slant[–slǽnt] **역사선**

reverse video[–vídiòu] **역상, 역비디오, 반전 영상** CRT 화면상의 반전 문자. 특별한 설명이나 주의를 요하는 곳에 사용된다.

reverse video display[–displéi] **역비디오 디스플레이** 밝은 화면을 배경으로 하여 어두운 색깔의 문자를 나타내는 기능.

reverse voltage[–vóultidʒ] **역전압** 반도체 정류기(整流器) 등에서 전류가 흐르기 쉬운 방향을 순방향, 흐르기 어려운 방향을 역방향이라 하며 순방향에 건 전압을 순전압, 역방향에 건 전압을 역전압이라고 한다.

reversible[rivə́:rsəbl] *a.* **양방향의, 가역성의**

reversible counter[–káuntər] **양방향 카운터, 가역 계수기, 가역 카운터** 유한 개의 상태를 가지며, 각각의 상태가 수를 표시하는 기구이고, 적당한 신호가 주어지면 그 수가 1 또는 주어진 정수만큼 증가하거나 감소하는 것. 즉, 특정한 제어 신호에 의해 내용값이 증가될 수도 있고 감소될 수도 있는 계수기.

reversible magnetic process[–mægnétik práses] **가역 자기 프로세스** 자성체 내부의 자속(磁束)이 자장(磁場)을 제거했을 때 원래의 상태로 되돌아가는 과정.

reversible shift register[–ʃíft rédʒistər] **가역 시프트 레지스터** 우 시프트 펄스가 가해질 때마다 기억 내용이 오른쪽으로 이동하고, 좌 시프트 펄스가 가해질 때마다 기억 내용이 왼쪽으로 이동하는 양쪽 기능을 아울러 갖춘 시프트 레지스터.

reversing display[rivə́:rsiŋ displéi] **역상 표시** 워드 프로세서 등에서 화면의 특정 부분의 음영을 반전시킴으로써 지정 대상을 명확히 표시하는 방법. 복사 범위 등을 지정하여 할 수 있다.

reversion control system[rivə́:rʃən kəntróul sístəm] **RCS, 재버전 제어 시스템**

revert[rivə́:rt] **회귀** 최근에 보존된 버전으로 문서를 되돌리는 것. 이 명령을 선택하면 마지막 저장 이후에 문서에 가해진 모든 변경을 취소하도록 응용에 지시된다.

review[rivjú:] *n.* **검토** 새로 도입하거나 만들어진 시스템의 성능을 검사하는 것.

revision marking[rivíʒən má:rkiŋ] **수정 기록** 문서 등에서 수정한 곳 및 기타 기록. 수정 전 문서 상태로 되돌리고 싶거나 수정이 진행되어 과정을 알고 싶을 때 도움이 된다. 워드 프로세서에도 이 기능을 탑재한 것이 증가하고 있다.

revolutions per minute[rèvəlú:ʃənz pər mínit] **분당 회전수** ⇨ rpm

revolver[riválvər] *n.* **리볼버** 자기 드럼이나 자기 디스크에서 호출 시간을 단축시키기 위해 한 개의 트랙 상에 판독/기록 헤드를 설치하고 트랙의 일부만을 써서 두 개의 헤드 간에서 데이터를 순환시키는 장치.

revolver track[–trǽk] **리볼버 트랙** 자기 드럼이나 자기 디스크 상에서 재생 기억 장치로 동작하는 트랙.

rewind[ri:wáind] *v.* **되감기** 자기 테이프(magnetic tape)를 테이프 시작 표시(BOT marker)의 위치까지 되감는 조작. 프로그래밍 언어의 COBOL이나 FORTRAN에서는 REWIND라는 용어가 명령문의 하나로 사용된다. REWIND 커맨드에서는 테이프 시작 표시의 장소까지 테이프가 되감긴다. 테이프가 되감겨지는 시작 표시의 경우를 적재 지점(load point)이라고도 말한다. 여기서부터 테이프는 다시 최초부터 읽을 수 있다.

rewind and unload[–ənd ʌnlóud] **되감기와 언로드**

REWIND statement[–stéitmənt] **REWIND 문**

rewind time[–táim] **되감기 시간** 자기 테이프 장치에서 기계 릴에 감겨 있는 테이프 전부를 다시 필름 릴에 감는 데 필요한 시간. 이 조작은 필름 릴을 전속력으로 역방향 회전시킴으로써 이루어지는데, 되감기 시간은 대체로 테이프 전체의 길이를 정상적인 속도로 주행시키는 데 필요한 시간의 1/3 정도가 소요된다. 그러나 테이프를 되감고 있을 동안에는 그 테이프 내용을 기억 장치로 호출할 수 없기 때문에 되감기 시간은 가능한 한 짧은 것이 좋다.

rewrite[ri:ráit] *n.* **재기록, 재작성** 판독을 한 후에 다시 같은 번지에 데이터를 기록함으로써 데이터를 유지하는 것. 메모리 코어의 파괴 판독을 할 때는 재차 그 번지에 기록해서 기억을 유지한다.

rewrite dual gap head[–djú:əl gǽp hé(:)d] **재기록 2중 갭 헤드** 기록된 데이터의 정확도를 확인하기 위하여 테이프에 기록된 글자를 다시 판독하는 헤드.

rewriting rule[ri:ráitiŋ rú:l] **재기록 규칙** 일반적으로 어떤 비단말 기호를 또 다른 기호로 재기록하는 규칙.

rewriting system[–sístəm] **재기록 시스템**

rezero seek[ri:zí(:)rou sí:k] **리제로 시크** 자기 디스크 장치에서 자기 헤드를 실린더 0으로 되돌리는 동작. 일반적으로 시크의 오류를 일으킨 다음에 재차 자기 헤드의 위치를 분명히 하기 위해 쓰인다.

RF (1) **무선 주파수** radio frequency의 약어. 무선 통신을 하는 데 편리한 주파수. 현재의 실용적인 무선 주파수의 범위는 대체로 10kHz부터 100,000 MHz까지이다. (2) **보고서 각주** report footing의 약어.

RFC 설명 요청 request for comments의 약어. 인터넷에서 새로운 표준을 만드는 절차와 그 결과들을 만들어 나가는 것을 RFC라고 한다. 인터넷의 새로운 표준들은 온라인에서 RFC로 제안되고 공표된다. 특히 인터넷 소사이어티 안에 있는 「the Internet engineering task force」는 여론을 모으고 토론을 촉진시켜서 새로운 인터넷 표준을 정착시키는 데 일조하고 있다. 그러나 인터넷 표준들은 RFC라는 약어를 그대로 보유하고 있게 된다. 인터넷 표준과 정보를 포함한 문서의 집합 중 하나로 인터넷을 개방적인 방법으로 정의한다. 여기에 포함된 표준은 소프트웨어 개발자가 주의깊게 발송한 것(상용 및 프리웨어로)이다. request for comment라는 이름은 내용이 설정되더라도 무료로 도달하여 인터넷에서 토론을 개설할 수 있으므로 혼동의 여지가 있다. RFC는 ftp.internic.net 사이트에 익명의 FTP로 접속하여 찾아볼 수 있다.

RFI 자료 의뢰서 request for information의 약어. 제안 의뢰서(RFP)를 작성하기 위한 준비로서 정보 기술 공급업자들이 기업, 정부 기관 등을 상대로 특정 프로젝트에 관계된 정보를 제공해 달라고 요구하는 서면. ⇨ RFP

RF modulator 주파수 변조기 radio frequency modulator의 약어. 컴퓨터에서 출력되는 신호를 받아들여 표준 텔레비전 디스플레이에 사용할 수 있게 하는 장치.

RFP 제안 의뢰서, 제안서, 제출 의뢰, 제안 요구 request for proposal의 약어. 보 기관, 기업체 등이 특정 프로젝트를 개발하기 위해 정보 기술 업자 등에게 프로젝트 계획의 실시, 가격 등의 각종 조건들을 제안서로서 제시하도록 요구하는 서면.

RFQ 가격 요구 request for quotation의 약어. 요구하는 시스템 기기나 소프트웨어의 판매 가격을 적어 시스템 판매자에게 보내는 서류.

RFS (1) remote file sharing의 약어. AT & T 사가 개발한 유닉스용 분산 파일 시스템. NFS와 마찬가지로 네트워크 상에서 파일을 공용할 수 있게 해준다. NFS가 RPC에 기초를 두고 있는 데 비하여 RFS는 스트림의 개념을 사용하고 있다. System V용으로 개발되었으며 지금은 NFS와 함께 사용하는 수가 많다. ⇨ stream, NFS (2) **원격 파일 시스템** remote file system의 약어.

RFT request for technology의 약어. OSF가 유닉스를 확장하려고 할 때 업계 각사에 기술 제공을 요청하는 것. OSF에서는 각사에서 나온 기술을 심사하여 어떤 것을 채택할 것인가 결정하여 필요한 개발을 하게 된다.

RGB color model 3원색 모델 RGB는 빨강(red), 초록(green), 파랑(blue)의 약어. 이 3색을 기본으로 하여 구성되는 하드웨어 지향적인 색 모델로 일반적인 컬러 TV 모니터에 사용된다.

RGB monitor 3원색 화면 빨강, 초록, 파랑이 별도로 입력되는 천연색 화면의 일종으로, 해상력이 높은 컬러 영상을 만들어낸다. 이때 3색에 해당하는 신호는 따로 전송되어야 한다.

RGB television RGB 텔레비전 보통 텔레비전의 기능 외에 컴퓨터의 디스플레이로 사용하기 위해 RGB 입력 단자를 가진 텔레비전. RGB란 빛의 3원색인 red(적색), green(초록색), blue(청색)의 머리글자를 딴 것으로, RGB 텔레비전은 이 3원색을 각각 따로 따로 입력하여 재생하는 것이다. 이 방식은 3색을 합쳐서 입력하는 형식의 것보다 색의 재현력이 뛰어나서 퍼스널 컴퓨터용 디스플레이로서 가장 품질이 높은 것으로 되어 있다.

RGB video 3원색 영상/비디오 표준 텔레비전에서 쓰이는 복합 컬러 비디오 신호와는 달리 적색(R), 녹색(G), 청색(B)의 각 신호를 독립적으로 전송하는 컬러 비디오 신호. 화면이 깨끗하고 밝으며, 고해상도를 갖는다.

RH (1) **보고서 표제** report heading의 약어. 프린터에서 사용하는 리본이 감겨 있는 플라스틱 카트리지로서, 프린터 종류에 따라 여러 가지가 있다. (2) **요구 응답 헤더** request response header의 약어.

Rhapsody [rǽpsədi(ː)] **랩소디** AT & T 사가 개발한 작업 흐름 관리 소프트웨어.

rheotaxial growth [ríːətǽksiəl gróuθ] **레오택시얼 성장** 기판 상에 용융면을 마련해두고 여기에 가상으로 결정 재료를 보내어 기판 온도 또는 용융면 조성의 변화에 의해 용융면을 고화시켜 꺼내는 연속 결정 성장.

rhochrematics [róukrimətiks] **로크레머틱스** 기업 조직에 있어서 원료에서 완성품까지의 물건의 흐름, 정보의 흐름을 조직적으로 관리하는 과학으로, 물류 과학이라고 한다. 일반 사전에서 볼 수 없는 낱말인데, 희랍어의 rho(로 ; 흐름을 의미)와 chreme(크레머 ; 물이나 정보를 의미)의 합성어.

rhodopsin [roudɑ́psin] **로돕신** 눈의 수용체로서, 원추 세포(cone)와 간상 세포(rod)에 있는 빛에 민감한 시각 색소 세포.

RI right in의 약어. 시프트의 오른쪽으로부터의 입력.

ribbon[ríbən] *n.* **리본** 잉크를 먹인 섬유제 테이프로, 타자기나 인쇄 장치에서 사용한다. 충격식 인쇄 장치에서는 용지가 인쇄 해머와 리본 사이를 이동해간다. 리본은 인쇄 벨트를 따라 이동한다. 인쇄되는 문자가 해당하는 해머의 위치까지 오면 해머가 용지를 뒤에서 두드린다. 용지와 리본과 활자가 밀착하여 문자가 인쇄된다.

ribbon cable[–kéibl] **리본 케이블** 전선들을 서로 나란히 붙여서 만들어진 케이블. 전선이 하나씩 수평으로 붙어 있기 때문에 각각의 전선을 구별하기가 쉽다. 주로 PCB 간의 연결이나 주변 장치의 접속에 사용된다.

ribbon cartridge[–ká:*r*tridʒ] **리본 카트리지** 프린터에서 사용하는 리본이 감겨 있는 플라스틱 카트리지로서, 프린터 종류에 따라 여러 가지가 있다.

ribbon spool[–spú:l] **리본 스풀**

Ricco's law 리코의 법칙 「한 점의 밝기와 역치의 곱은 상수이다」라는 수용역(receptive field) 모델에서 밝혀진 법칙.

Richardson's extrapolation 리차드슨 외삽법(外揷法) 수치 해법의 한 방법으로서 수치 적분, 수치 미분, 미분 방정식 등에서 오차의 위수(order)를 높여가는 방법. 롬버그 적분법에 의한 수치 적분에 응용된다.

Richard Stallman 리처드 스톨먼 GNU의 창설자로 알려진 인물. 매사추세츠 공과 대학의 AI 연구소 등에서 근무했으며 프리소프트웨어 보급의 필요성을 절실히 느껴 GNU, FSF 등의 창설에 노력하였다.

RID 관계 식별자 relation identifier의 약어. 시스템 R의 RSI(research storaye interface)에서 저장 파일을 가리키는 수치로 된 인덱스.

ridge regression[rídʒ rigréʃən] **리지 회귀** 다중 회귀를 의미하며 설명 변수 간에 다중 공동선 관계가 있을 때 그 대책의 하나이다. 그리고 동 관계를 검출하는 방법이기도 하다. 리지 매개변수를 이용하여 다중 공동선 관계를 검출하거나 수정한다.

RIFF 자원 교환 파일 포맷 resource interchange file format의 약어. MME에서 규정된 각종 데이터를 저장하기 위한 공통의 포맷이다. ⇨ MME

right[ráit] *a.* **오른쪽의, 우측의** 컴퓨터 동작에서 우선적으로 권리를 갖는다는 것은 두 장소로부터의 액세스가 있었을 경우, 우선권을 갖는 쪽이 먼저 액세스할 수 있다는 것이다. 이때, 또 한쪽은 우선권을 갖는 쪽의 액세스가 종료하기까지 보류된다.

right aligned[–əláind] **오른쪽 정렬** 프린터의 인쇄, 화면의 표시 등에서 문자열이 행의 우측 끝을 잘 맞추어 실행시키는 것. 비트나 숫자의 나열 등으로 유효 자리의 우측 끝이 레지스터(register) 내에서의 우측 끝부분에 위치하도록 정리하는 것이기도 하며 또는 그 상태를 말한다.

right alignment[–əláinment] **오른쪽 정렬** 비트, 문자 등을 오른쪽에 맞춰 나열하는 것.

right-and-left-hand truncation[–ənd léft hǽnd trʌŋkéiʃən] **중간 일치** 자연어의 단어를 검색 용어로 하여 검색하는 경우의 일치 판단 기법의 하나. 단어의 중간부를 이용하여 중간 일치 지정을 하면 전방 일치와 후방 일치가 동시에 행해진다.

right brother tree[–brʌ́ðər trí:] **오른쪽 형제 트리**

right context[–kántekst] **오른쪽 문맥** 구문 분석 과정에서 현재 분석하고 있는 위치의 오른쪽에 나오는 내용들. LL이나 LR의 경우 앞으로 분석을 계속해야 할 부분들이다.

right curly bracket[–kə́:*r*li(:) brǽkət] **오른쪽 중괄호**

right half word[–há:f wə́:*r*d] **오른쪽 반어(半語)**

right-handed coordinate system[–hǽndəd kouɔ́:*r*dinət sístəm] **우향 좌표계** 일반적인 3차원 그래픽보다 일반 사람들에게 친숙한 3차원 좌표계로, 양(陽) 방향의 회전은 반시계 방향이다.

right hand justified[–hǽnd dʒʌ́stifàid] **우향 정렬, 오른쪽 위치 조정** 저장 장소 혹은 레지스터에서 오른쪽 끝을 중심으로 숫자나 문자를 정렬하는 것.

right hand order[– ɔ́:*r*dər] **우측 명령**

right-hand truncation[–trʌŋkéiʃən] **전방 일치** 자연어의 단어를 검색 용어로 하여 검색을 행할 경우의 일치 판단 기법의 하나. 검색 용어에 자연어 단어의 머리 부분을 이용하여 전방 일치 지정을 하면 어미부에 관계없이 일치로 판단되므로 어미 변화에 따른 관련어를 간단히 일괄해서 다루는 것이 가능하다. 예를 들면 comput를 검색어로 하여 전방 일치 검색을 하면, computer, computers, computing, compute, computation 등이 모두 일치로 보인다. 보통 온라인 검색 시스템은 모두 이 기능을 갖추고 있다.

right justification[–dʒʌ̀stifikéiʃən] **오른쪽 정렬, 오른쪽 정리** 문자열의 우측을 미리 정해진 범위의 우측 끝에 일치시키는 기능. 지면에 문서를 인자할 때, 각 행의 오른쪽 끝이 맞추어지도록 인자 위치를 제어하는 것. 문자 피치가 항상 일정한 타이프라이터로 인자하는 경우에는 오른쪽 자리맞춤을 행하지 않는 일도 많지만, 특히 오른쪽 자리맞춤도 행할 때에는 도중의 스페이스를 적당히 증가하는 것이 보통이다.

right justify[-dʒʌ́stifài] **오른쪽 정렬, 오른쪽 자리맞춤** 문자열, 문장 등의 편집이나 인쇄, 화면상에서의 표시에 있어서, 우측 끝의 여백 부분의 길이를 지정하여 일치시키는 작업. 이로써 보기 쉬운 인쇄 문자 표시가 가능하게 된다. 또 레지스터 내에 입력된 데이터의 우측 끝을 그 레지스터 내의 지정된 위치에 일치시킨다는 의미도 있다. 마찬가지로 데이터 우측 끝을 그 데이터 영역 내의 지정된 위치에 정렬하는 것 등도 표시한다.
[주] 1. 우측단의 여백이 정상적으로 취해지도록, 페이지 상의 문자의 인쇄 위치를 제어하는 것. 2. 레지스터로 판독된 또는 로드된 데이터의 우측 끝 문자가 그 레지스터의 위치에 오도록 필요하면 레지스터의 내용을 시프트(shift)하는 것.

right-linear grammar[-líniər grǽmər] **우선형 문법, 라이트 리니어 그래머** 좌선형 문법과 동등한 언어 생성 능력을 가지며 정규 집합을 특징짓는 구(句) 구조 문법의 하나. X 및 Y를 비단말 기호, α를 단말 기호열로 할 때 생성 규칙이 $X \rightarrow \alpha Y$ 또는 $X \rightarrow \alpha$와 같이 비단말 기호가 우변의 우단에 겨우 한 개만이 나타나는 형태의 문법.

right linear language[-lǽŋgwidʒ] **우선형 언어** 우선형 문법으로 생성되는 언어. 이 언어는 유한 상태 기계로 인식된다.

right margin[-má:rdʒin] **라이트 마진** 문서의 인쇄(인자)에서 가로쓰기일 때 행 끝에서 오른쪽에 남겨진 인자 가능 영역 내의 여백.

rightmost[ráitmóust] *a*. **우측단의, 우측단**

rightmost derivation[-dèrivéiʃən] **우단 유도** 문법에 따라 문자열을 생성하면서 문장 형태(sentential form)의 맨 오른쪽에 나타나는 비단말 기호를 이용하여 유도하는 방법이며, 정규 유도라고도 한다.

right parenthesis[ráit pərénθəsis] **우측 괄호**

right shift[-ʃíft] **우측 시프트, 우측 자리 이동** 1 단어(워드) 구성의 숫자열을 오른쪽으로 비키어 놓는 것. 산술 시프트의 경우, 기수에 의한 나눗셈과 같은 기능을 수행한다.

right shift instruction[-instrʌ́kʃən] **우측 시프트 명령어, 우측 자리 이동 명령어** 레지스터의 모든 비트의 내용을 오른쪽으로 옮겨놓게 하는 명령어.

right-shift register[-rédʒistər] **오른쪽 시프트 레지스터** 한 발의 시프트 펄스가 올 때마다 오른쪽 옆의 플립플롭에 정보가 전송되는 시프트 레지스터.

rightsizing[ráitsaiziŋ] **라이트사이징** 기존에 무조건 호스트/메인 프레임을 사용하던 방식이나 다운사이징(downsizing)을 적용하던 방식에서 탈피하여 그 조직 및 업무에 가장 적합한 구조로 구현하는 것을 말한다. ⇨ downsizing

〈다운사이징과 라이트사이징의 차이점〉

구분	다운사이징	라이트사이징
차이점	• 클라이언트 • 서버 기술 고려 • 애플리케이션 분리 • 단순한 구조 지향	• 호스트/메인 프레임 기술도 함께 고려 • 검토 단위 업무별로 구축 • 애플리케이션 분리 및 통합도 검토 • 기업 통합 모델 고려하여 구축 • 미들웨어 등을 사용한 복잡한 구조
공통점	사용자측에서 볼 때 외관상 형태가 동일 데이터 베이스, 네트워킹 등의 요소 기술 동일하게 적용	

right square bracket[ráit skέər brǽkət] **우측 대괄호**

right subtree[-sʌ́btrì:] **오른쪽 종속 트리** 순서를 갖는 2진 트리에서 한 노드를 기준으로 오른쪽에 존재하는 종속 트리.

right truncation[-trʌŋkéiʃən] **전방 일치** 정보 검색에 있어서 검색의 키로서 주어진 문자열과 검색 대상의 문자열의 선두로부터의 길이가 일치하는 것.

right value[-vǽlju:] **오른쪽 값** 연산자의 왼쪽은 위치를 의미하고, 오른쪽은 값을 의미하므로 변수명을 값과 관련시켜 언급하게 될 때에는 오른쪽 값(R-value)으로 부르고, 위치와 관련시켜 언급할 때에는 왼쪽 값(L-value)으로 부른다. 프로그래밍 언어에서 단순 변수명으로 된 수식은 그 이름 자체로서 값(R-value)과 위치(L-value)를 모두 내포할 수 있다. 연산자가 들어 있는 수식의 오른쪽 값은 그 수식을 계산한 값이며, 이러한 경우 이 수식의 왼쪽 값은 일반적으로 존재하지 않는다.

rigid disk[rídʒid dísk] **경화 디스크** 두꺼운 금속 표면에 자기를 입힌 재료로 만든 디스크 저장 장치. 조종 장치로부터 매체를 분리할 수 없는 것과 분리할 수 있는 것이 있다. 경화 디스크의 경우 보통 5~200MB 이상의 용량을 갖는다.

RIM 자원 초기화 모듈 resource initialization module의 약어.

RIMM Rambus inline memory module의 약어. RDRAM을 메모리 모듈화한 것. DIMM을 기준으로 하고 있지만 호환성은 없다. 모듈을 통해 신호가 흐르는 구조이기 때문에, 빈 슬롯이 있는 경우에는 통전(通電)만을 위한 모듈(continuity RIMM)을 사용해서 빈 슬롯이 막히지 않도록 해야 한다. ⇨ memory module, Rambus, RDRAM

ring[ríŋ] *n*. **링, 고리** 물리적으로 고리와 같은 형으로 접속되어 있거나 줄지어 있거나 움직이고 있거나 또는 개념적으로 고리와 같은 형으로 관련해 있거나 하는 것. 혹은 그 상태를 표시하는 데 사용된다. 링 형태나 환형 계수기 등 같이 형용사적으로 사용되는 경우도 많다.

ring buffer[–bʌ́fər] **링 버퍼** 버퍼란 본래 완충 장치를 뜻하는 것으로, 컴퓨터 분야에서는 속도가 다른 장치 사이에서 데이터를 주고받을 때의 시간 조절을 하는 중간적인 기억 영역을 가리킨다. 예를 들면 중간적인 기억 영역이 가득 찼을 때 전부 묶어서 내보내는 것이 전형적인 사용 방법이다. 그런데 버퍼에 정보를 보내는 측과 버퍼에서 정보를 꺼내는 측이 서로 조금씩 움직이고 있을 때는 보내는 측이 버퍼의 끝에 도달했다고 해서 쉴 수는 없다. 이 때 버퍼에 축적되어 있는 데이터를 버퍼의 선두 방향에 일제히 이동시키게 되면 효율이 나빠진다. 그래서 버퍼의 끝과 머리가 고리와 같이 이어져 있다고 (가상적으로) 생각하고, 또 선두부터 데이터를 보내는 것이 링 버퍼이다. 꺼낼 때도 마찬가지이다(꺼내는 측이 늦어지고 버퍼가 다 찼을 때 내보내는 측이 쉬는 것은 당연하다). 큐가 그 전형적인 예이다.

ring counter[–káuntər] **링 계수기, 링 카운터** 계수기의 일종으로 2값 소자가 고리 모양으로 연결되어 보통 이 중 1 소자가 다른 것과 다른 상태로 되어 있고, 입력 신호를 받을 때마다 이 상태가 하나 옆으로 이행(移行)하도록 구성된 것. 보내는 레지스터가 고리 모양으로 접속되어 있다고 생각해도 좋다.

ring counter code[–kóud] **링 카운터 코드** ⇨ error detecting code

ring down trunk equipment[–dáun trʌ́ŋk ikwípmənt] **신호식 시외선 장치**

ring enable operation[–inéibl àpəréiʃən] **호출 가능 동작**

ring format[–fɔ́:rmæt] **링 형태** 데이터 베이스의 레코드 계층 관계에 있어서 하나의 오너 레코드와 하나 또는 여러 개의 멤버 레코드가 각각 관계가 있는 레코드의 저장 주소(포인터)를 레코드 제어부에 가짐으로써 관계를 갖게 되는 형태.

ring forward signal[–fɔ́:rwərd sígnəl] **재호출 신호**

ring-header element[–hé(:)dər éləmənt] **링 헤더 엘리먼트** 링 구조에서 그 링의 모든 멤버의 공통된 데이터를 저장하는 특수 레코드. 링의 진입점일 수도 있고 다른 링의 멤버일 수도 있다.

ringing[ríŋiŋ] *n*. **울림, 링잉** 전기 회로에 발생하는 감쇠 진동의 일종. 이것은 회로에 급격한 신호를 입력할 때 발생한다.

ring interface processor[ríŋ íntərfèis prásesər] **RIP, 링 인터페이스 처리기**

ring latency[–léitnsi] IEEE 802.5의 네트워크에서 신호가 고리를 한 번 도는 데 걸리는 시간.

ring modulator[–mádʒulèitər] **링 변조기** 진폭 변조에 의한 반송 방식으로 가장 널리 쓰이는 변조기.

ring network[–nétwə̀:rk] **링 네트워크** 컴퓨터 네트워크의 한 형태로서 원격지에 있는 컴퓨터가 중앙에 설치된 컴퓨터 시스템을 사용하여 처리하는 것이 아니라 인접된 컴퓨터 시스템끼리 서로 통신하도록 하는 구조. 장거리 데이터 통신에서는 별로 사용치 않고 주로 지역 내(local) 통신에서 사용된다.

ring network node[–nóud] **링 네트워크 노드** 링 네트워크를 이루는 각 부분 요소로, 각각은 비슷한 하드웨어와 소프트웨어를 가진다. 서로 다른 것과의 통신이 가능하고, 하나의 컴퓨터에 대해서 다른 노드와의 종속 관계는 없다.

ring network structure[–strʌ́ktʃər] **링 네트워크 구조** 원격 단말기나 각 컴퓨터가 주컴퓨터에 연결되어 데이터를 처리하는 것이 아니라, 인접된 것에서 연결되어 전체가 링 모양을 이루는 컴퓨터 네트워크.

ring number[–nʌ́mbər] **링 번호**

ring protection[–prətékʃən] **링 보호** 프로그램이나 주기억 상의 데이터에 보호의 정도를 나타내는 번호를 부여하고, 더 작은 번호의 것이 더 강하게 보호된다는 계층 구조를 취한 기억 보호 방식.

ring register[–rédʒistər] **링 레지스터** 서로 다른 전송 타이밍을 가진 두 개의 전송 시스템을 접속할 때 사용되는 일정 문자 수의 축적기. 축적 위치의 순서는 루프 모양이고 전송 시스템의 한쪽이 축적기에 기록되면 다른 한쪽은 판독된다.

ring shift[–ʃíft] **환형 자리 이동** 레지스터의 한쪽 끝에서 밀려난 숫자가 자동적으로 다른쪽으로 들어오는 시프트 연산.

ring structure[–strʌ́ktʃər] **링 구조, 환형 구조** 데이터 구조의 일종으로, 일련의 아이템군이 한 줄로 배열되어 있는 구조(선형 구조)의 마지막 아이템 다음에 최초의 아이템을 연결해서 얻어진다. 어느 아이템에서 시작해도 모든 아이템에 도달할 수 있는 성질이 있다.

ring-structured loop network[–strʌ́ktʃərd lú:p nétwə̀:rk] **환형 구조 루프 네트워크, 링**

구조 루프망

ring translator[-trænsléitər] **링 트랜슬레이터, 링 번역기**

RIP (1) **래스터 이미지 처리기** raster image processor의 약어. 포스트스크립트 명령을 래스터 이미지로 변환하는 하드웨어. 보통 포스트스크립트를 사용할 수 있는 프린터나 이미지 세터에 내장되어 있다. 소프트웨어적으로 「래스터 이미지 처리기」를 실현한 소프트웨어 RIP가 있다. (2) **링 인터페이스 처리기** ring interface processor의 약어. 링 구조는 교환 기기를 가지고 있는데, 하나 혹은 여러 개의 링이 상호 연결된 단편들을 형성하게 된다. 각 RIP는 시프트 레지스터를 통해서 고리 모양으로 접속되는데, 이 레지스터는 입력 회선과 출력 회선을 중계하게 된다. (3) router interchange protocol의 약어. 네트워크 기기 간에서 경로 정보를 교환하고, 동적으로 경로 정보를 구성하는 라우터 제어 프로토콜. 망과 같이 연결된 네트워크 간을 얼마나 빠른 속도로 정보를 전달할 수 있는지를 계산해서 경로를 결정한다. routed라는 이름의 프로그램으로 유닉스 상에 표준 설치되어 있다. 사양의 상세한 내용은 RFC 1058과 RFC 1723에 나와 있다. 또한 버전 2부터는 CIDR에 대응하고 있다. ⇨ CIDR

ripple[rípl] *v. n.* **리플, 변동** 직류에 포함되어 있는 교류 성분으로, 일반적으로 잡음의 원인이 되므로 제거하거나 낮추어야 한다.

ripple carry[-kǽri(:)] **리플 캐리** 병렬 가산에서 어느 숫자 위치에 있어서 그 숫자 위치의 가산 결과로서 생기고, 다음 고위 숫자 위치에 전파(傳播)되는 자리 올림.

ripple counter[-káuntər] **리플 계수기** 비동기 계수기로서 한 외부 클록에 의해 한 플립플롭의 출력이 변화하며 이 출력은 다음 플립플롭의 입력으로 물결치듯이 차례로 전달되는 계수기.

ripple sort[-sɔ́:rt] **리플 정렬** ⇨ bubble sort

ripple through carry[-θrú: kǽri(:)] **리플 스루 캐리** ⇨ high speed carry

RISC 리스크, 한정 명령 세트 컴퓨터 restricted instruction set computer의 약어. 간단한 명령만 하드웨어에 준비되어 있는 컴퓨터. 현재 대부분의 컴퓨터는 시스크(CISC)라고 하여 복잡한 명령을 가진 컴퓨터이다. 이에 대해 리스크는 명령 수를 줄임으로써 구조를 단순화하여 설계를 쉽게 하는 일과 처리 속도의 향상을 도모하는 것이다.

rise time[ráiz táim] **상승 시간** 스텝 함수의 응답에 있어서 규정된 두 개의 값 사이에서 신호가 변화하는 데 필요한 시간.

[주] 보통 이 값들은 스텝 높이의 10%와 90%이다.

risk analysis[rísk ənǽlisis] **위험도 분포** 어느 사상(事象)이 발생할 확률에 따라서 이들 사상에서 예상되는 손실을 산정하기 위해 시스템의 자산이나 약점을 분석하는 것.

risk assessment[-əsésmənt] **위험 평가** 임의의 시스템, 네트워크, 조직 등에서 발생할 수 있는 손실에 대비한 보안 대책에 드는 비용 효과 분석을 통해 적은 비용으로 가장 효과적인 위험 관리를 수행하는 것.

RI/SME Robotics International of the Society of Manufacturing Engineer의 약어. 로봇을 설계하거나 그 이용에 관심 있는 공학자들의 전문적인 조직.

RIT 정보 전달 속도 rate of information throughput의 약어. 단위 시간 내에 정보가 도달하는 속도.

Ritz method 리츠법 상미분 방정식 또는 편미분 방정식의 경계값 문제의 수치 해법의 하나. 변분법(變分法)에 기초하여 n차원 범함수(汎函數)의 최소화 문제에 귀착된다.

Rivest-Shamir-Adleman method RSA법 RSA법은 공개 키 암호 방식의 일종으로, 암호 방식은 관용 암호계와 공개 키 암호계로 대별된다. 1978년, 이 공개 키 암호계의 구체적인 알고리즘이 MIT의 R.L. Rivest, A. Shamir, L. Adleman 등에 의해 제안되어 RSA법이라고 불리며, 최근 전송 시스템이나 전자 우편의 기밀 보호 대책으로서 암호가 쓰이기 시작하였다. 환자(換字)와 전치(轉置)를 바탕으로 한 관용 암호계에서는 암호화 키와 복호화 키가 같고 각각 비밀로 해두는 데 대해 공개 키 암호계에서는 암호화 키와 복호화 키가 다르며, 암호화 키는 공개하고 복호화 키만을 비밀로 해둔다. 이 획기적인 공개 키 암호계의 개념은 1976년 Diffie와 Hellman에 의해 발표되었다. 이 공개 키 암호계를 쓰면 비밀 통신을 할 수 있다는 점은 물론, 송신자의 서명과 통신 도중에 내용이 고쳐지지 않는다

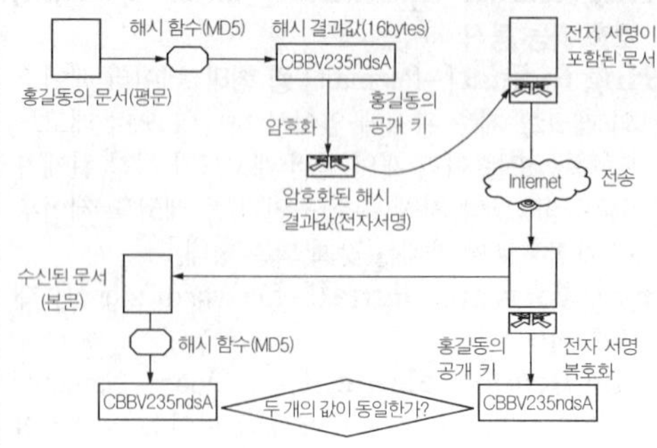

〈RSA를 이용한 전자 서명의 사용 예〉

는 확증을 할 수 있다는 점, 키의 배포가 쉽다는 점 등 관용 암호계에 없는 장점이 있다.

RIW 신뢰성 개선 보증 reliability improvement warranty의 약어.

RJ-11 전화기에 연결하여 사용하는 4선식 단자의 이름.

RJ-45 표준 전화 연결기처럼 보이지만 RJ-45 연결기는 8개의 선으로 되어 있어 그만큼 넓고, 컴퓨터를 그 근거리 네트워크 혹은 많은 회선을 갖춘 전화에 연결할 때 이용한다.

RJE 원격 작업 입력 remote job entry의 약어. 통신선을 통해 원격지의 단말기로부터 컴퓨터를 사용하는 방법으로, 시분할 시스템도 그 한 형이지만 보통 배치(batch) 형식으로 처리된다.

RJE support program 원격 작업 입력 지원 프로그램

RLC rotate left accumulator의 약어. 누산기의 내용을 왼쪽으로 회전시키는 명령.

RLD 재배치 사전 relocation dictionary의 약어.

RLL run length limited의 약어. 하드 디스크 기록 방식의 하나로, 보통 쓰이는 MFM 방식보다 기록 밀도가 50% 가량 높다.

RM return if minus의 약어. 마이너스이면 복귀하라는 명령

RM/COBOL Ryan Mc Farland 사가 개발한 IBM PC용 COBOL 컴파일러.

RMDS 보고서 관리 배포 시스템 report management and distribution system의 약어.

RMF 자원 측정 기능 resource measurement facility의 약어.

RMI remote method invocation의 약어. 서로 다른 가상 기계에 존재하는 함수를 호출하고 실행하는 기능을 담당한다. 서로 다른 로컬 LAN이나 리모트 LAN에 위치한 각각의 객체를 원격 객체라고 하는데, 이들 간의 통신 메커니즘을 제공한다. 1980년대 RPC(remote procedure call)를 기반으로 한 것으로 원격 인터페이스, 원격 서버, 에이전트, 네이밍 레지스트리로 이루어진다.

RMS 회복 관리 지원 프로그램, 회복 관리 서포트 recovery management support의 약어.

RMSR 장애 정보 기록 프로그램 recovery management support recorder의 약어.

RMS value 실효값 ⇨ effective value

RM/T 확장 관계 모델 구조적 의미를 지원하여 실세계에서 데이터가 갖는 의미를 좀더 잘 표현할 수 있게 관계 모델을 확장한 모델.

RMW read modify write의 약어. RAM에서 사용되는 용어.

rn 유즈넷을 이용하기 위한 소프트웨어. ⇨ Usenet

RNR receive not ready의 약어. 당국이 비지(busy) 상태에 있음을 나타내며, 상대국으로부터 $N(R)-1$까지의 정보 프레임을 바르게 수신하였음을 나타내는 데이터 프레임.

RO (1) **판독 전용** read only의 약어. 기억 장치로부터 정보를 읽을 수만 있고 기록할 수는 없는 것. (2) **수신 전용** receive only의 약어. 어떤 장비가 키보드 등과 같은 입력 장치가 없고 단지 수신만 가능하다는 상태를 나타내는 것.

roaming[róumiŋ] **로밍** 사용자가 직접 계약한 통신 사업자의 서비스 영역뿐 아니라 계약하지 않은 통신 사업자의 서비스 영역에서도 통신 서비스를 받을 수 있도록 하는 것. 로밍을 구현하기 위해서는 통신 사업자들 간에 사용자의 정보를 주고받는 조직이 필요하다.

robot[róubət] *n*. **로봇** (1) 일반적인 의미는 「인조 인간」이지만, 컴퓨터 분야에서는 기계적 운동이나 일을 행할 수 있는 기계적인 인간과 유사한 장치이다. 최근에는 기억 능력, 정보 처리 능력을 가진 지능 로봇(intelligent robot)도 출현하고 있다. 공장 자동화에 있어서 중요한 위치를 차지한다. (2) 로봇은 WWW 검색 프로그램으로서 인터넷 상에 호스트들을 자동으로 방문해 WWW 서버 사이트의 자료를 검색하는 agent 프로그램이다. 로봇은 검색 엔진과 연계해 인터넷 상의 정보를 검색하는 DB를 구축할 수 있다. 현재 잘 알려진 로봇 프로그램으로는 Jumpstation(http://js.stir.ac.uk/jsbin/jsii), RBASEpider(http://rbse.jsc.nasa.gov/erchmann/urlsearch.html) 등이 있다. ⇨ search engine

robot adaptation[–ədæ̀ptéiʃən] **로봇 적응**

robot assembly system[–əsémbli(ː) sístəm] **로봇 조립 시스템**

robot capability[–kèipəbíliti(ː)] **로봇 능력**

robot control language[–kəntróul lǽŋgwidʒ] **로봇 제어 언어** 로봇을 조종하기 위하여 설계된 프로그램 언어.

robot decision making system[–disíʒən méikiŋ sístem] **로봇 의사 결정 시스템**

robot engineering[–èndʒəníəriŋ] **로봇 공학** 로봇에 관한 공학 기술적 연구를 행하는 학문 분야. 로보틱스(robotics)라고도 한다. 로봇 공학은 인간이 지니는 감각을 갖도록 하려는 센서 공학, 인간의 지능에 가까운 능력을 갖도록 하기 위한 인공 지능이나 컴퓨터 사이언스, 의수 · 의족 등의 의지(義肢) 공학 및 생물 공학 등으로 이루어지는 종합적 학문 분야이다. 그리고 공장 등의 생산 현장에 산업용 로

봇을 도입하고 새로운 생산 시스템을 구축하기 위한 시스템 엔지니어링이기도 하다.

robot geometry[–dʒiámətri(:)] **로봇 기하학**

robotics[roubátiks] *n.* **로봇 공학** 로봇의 구조, 행동, 관리 및 유지를 연구하는 공학 분야. 전산 과학과의 관련에 있어서는 로봇이 갖는 지능면에 주목하여, 종래의 인공 지능 분야에서 행해져온 시각, 청각 및 패턴 인식, 자연 언어 처리, 지식 표현, 문제 해결을 결부시켜 연구하고 있다.

Robotics International of the Society of Manufacturing Engineers[–intəːrnǽʃənəl əv ðə səsáiəti(:) əv mæ̀njufǽktʃəriŋ èndʒəníərz] **RI/SME** 로봇을 설계하거나 그의 이용에 관심있는 공학자들의 조직.

robotization[ròubətaizéiʃən] **로봇화**

robot language[róubət lǽŋgwidʒ] **로봇 언어** 로봇을 생각대로 동작시키기 위해 인간이 기술하여 로봇 제어 장치나 컴퓨터에 입력하는 절차 표현. 이상적으로는 사람이 사람에게 하는 명령처럼 지시하는 것이 바람직하나 실제로는 이런 표현으로는 로봇이나 컴퓨터에 통하지 않는다. 로봇 언어에는 VAL, AL과 같은 동작 기술 언어, AUTOPASS, LAMA와 같은 자동 조립 언어, RVA와 같은 시각 언어 등의 종류가 있다.

robot-machine-plant interaction[–məʃíːn plǽnt intərǽkʃən] **로봇 기계 플랜트 상호 관계**

robot-machine system[–sístəm] **로봇 기계 시스템**

robot machining system[–məʃíːniŋ sístəm] **로봇 기계 가공 시스템**

robot manipulator control[–mənípjulèitər kəntróul] **로봇 머니퓰레이터 제어**

robot model of human behavior[–mádəl əv hjúːmən bihéibjər] **인간 행동의 로봇 모델**

robot operating system[–ápərèitiŋ sístəm] **ROS, 로봇 운영 체제**

robot planning system[–plǽniŋ sístəm] **로봇 계획 시스템**

robot problem solving[–prábləm sálviŋ] **로봇 문제 해결**

robot program[–próugræm] **로봇 프로그램**

robot search[–səːrtʃ] **로봇 검색** 인터넷 검색 엔진의 일종. 서버가 자유롭게 다른 서버 상의 홈페이지를 읽거나 그 결과를 자기 내부에 저장한다. 키워드에 적합하면 링크가 숨겨져 있는 페이지까지 소개되는 경우가 있다.

robot sensory system[–sénsəri(:) sístəm] **로봇 감각 시스템**

robot strategy[–strǽtidʒi(:)] **로봇 전략**

robot visual system[–víʒuəl sístəm] **로봇 시각 시스템**

robust control[rəbʌ́st kəntróul] **로버스트 제어** 프로세스 제어에 있어서 제어 모델과 다소 차이가 있어도 현실적으로 실행했을 때 제어성을 그다지 잃지 않는 제어 또는 제어 대상의 실제 특성이 제어계 설계시에 상정하여 꾸며넣은 프로세스 모델을 로버스트 제어라고 한다. 로버스트 제어를 한 마디로 말하면, 「모델의 부정확성을 허용하는 제어」라고 할 수 있다. 따라서 로버스트 제어가 가능하면 제어 시스템의 설계에서 프로세스 모델이나 제어 모델을 엄밀히 정확하게 작성하는 작업의 부담을 덜 수 있다.

robustness[rəbʌ́stnəs] *n.* **견고성, 완강성** 반복식을 가진 알고리즘에서 초기 예상값 x_0가 부분적으로 적절하지 못해도 x_R이 x에 수렴하는 경우에 그 알고리즘은 견고하다고 한다.

rockout[rakáut] **록아웃** 파일 등에의 액세스를 금지해서 동시에 하나의 프로그램에서만 사용되도록 하는 것.

rock ridge[rak ridʒ] **록 리즈** 유닉스 환경에서 사용하는 것을 전제로 한 확장 규격. 유닉스 계열의 운영 체제나 유닉스의 파일 시스템이 읽을 수 있는 운영 체제에서는 유닉스 파일로 인식되고, 그 밖의 운영 체제에서는 ISO9660 준거 파일로 취급된다.

rockup[rakʌ́p] **록업** 처리가 끝난 것처럼 보여, 키보드의 입력을 받아들이지 않게 된 상태.

rod memory[rá(:)d méməri(:)] **로드 메모리, 로드 기억 장치** 지름 0.2mm의 인청동선에 퍼멀로이를 자기 박막으로 만들어 도금한 것으로, 이것을 구동선으로서의 절연 동선과 짜맞춘 기억 장치. 도금이 되어 있는 도체 심선쪽이 자리선(digit line) 및 독출선(sense line)이고, 절연선쪽이 어구동선(語驅動線 ; word line)으로서 특수한 기기로 만든 것이다. 같은 종류로는 와이어 메모리(wire memory)가 있다.

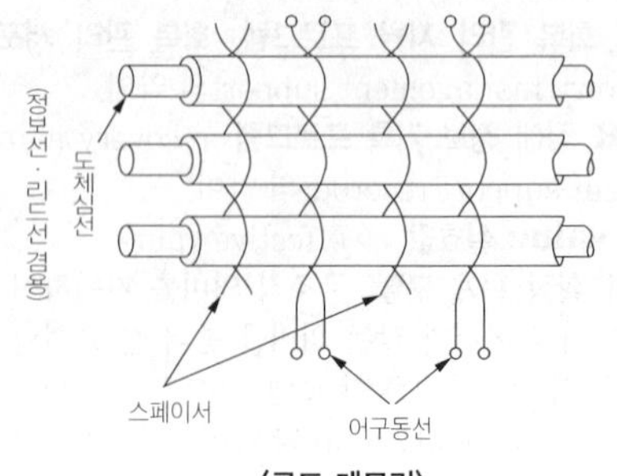

〈로드 메모리〉

roff 로프 run off의 약어. 문서 처리 가운데 정서용의 기능 전체를 가리킨다. 정서 기능이란 정서용 텍스트 파일에 저장된 문서 데이터의 형식을 갖추고 출력하는 기능이다.

ROFL rolling on the floor laughing의 약어. 뉴스그룹에서 포스팅을 할 때나 온라인 채팅을 할 때 이전의 포스팅이나 채팅 상대방의 농담에 대한 열렬한 반응을 나타내는 말로 포복 절도하는 모습을 나타낸다.

rogue[róug] *n.* **로그** 유닉스 운영 체제에 포함된 게임 프로그램의 하나로, 동굴에 들어가 괴물과 싸워가며 보물을 찾아낸다는 줄거리이다.

ROHO remote office home office의 약어. ⇨ SOHO

ROI 투자 회수율, 투자 수익률 return on investment의 약어.

Roland Digital Group[róulənd dídʒitl grú:p] **롤랜드 디지털 사** 디지타이저, 플로터 등 컴퓨터 지원 설계(CAD) 관련 제품을 주로 생산하는 일본의 컴퓨터 제작 업체.

R-OLAP 관계형 온라인 분석 처리 relational online analytical processing의 약어. 기간 업무 시스템에서 발생한 데이터는 보통 관계형 데이터 베이스에 저장되는데, 이것을 그대로 이용하여 다양한 문의나 데이터를 집약하여 다차원으로 분석하는 방식. M-OLAP보다 분석은 유연하지만 응답은 느린 것이 특징이다.

role[róul] *n.* **역할** 문장 중의 어느 단어의 사용 방법. 구문적인 역할(주어인 …)과 의미적인 역할(재료를 나타내는 …)이 고려된다.

role indicator[–índikèitər] **역할 지시기** 각 단어에 할당된 코드로서 문헌상에서 특정 단어가 갖는 성격이나 특정 기능을 나타낸다. 단어가 문장 중에서 어떻게 사용되는가를 표시하는 기호. Western Reserve University에서 문헌 색인을 위해 고안되어 그 후 독립해서 사용된 용어.

role name[–néim] **역할 이름** 동일한 도메인으로부터 나온 속성이 하나 이상 있을 경우, 그 릴레이션에서의 서로 다른 역할을 나타낸다.

role-playing game[–pléiŋ géim] **롤 플레잉 게임** 컴퓨터 게임의 하나로, 어떤 줄거리의 전개를 가정하고, 사용자가 게임에 나오는 여러 등장 인물들의 행동을 지시함으로써 진행된다.

roll[róul] *v. n.* **롤** (1) 흐르듯이, 혹은 흐르는 모양. CRT 디스플레이의 문자의 흐름. 예를 들면 디스플레이 화면에 알맞게 들어맞지 않는 문자열을 표시할 때, 맨 처음 화면 위로부터 순차적으로 표시되며, 그것이 화면의 맨 아래에 와도 순차적으로 표시되어 화면 윗부분의 문자열이 위로 보내져 표시되지 않게 된다. 이러한 문자열의 흐름을 롤이라 하고, 디스플레이의 경우에는 특히 스크롤(scroll)이라고 한다. 디스플레이의 경우에 문자열 등이 위 방향으로 흐르는 것을 롤 업(roll up), 아래 방향으로 흐르는 것을 롤 다운(roll down)이라고 한다. (2) 종이 테이프를 감은 것 또는 롤 용지(roll paper) 따위를 감은 것을 부착하기 위한 기구를 스풀(spool) 혹은 릴(reel)이라고 한다. (3) 데이터의 흐름이라는 의미로부터 전송 혹은 카피의 의미로 사용되는 경우가 있다.

roll back[–bǽk] **복귀, 롤 백** 프로그램 제어에 의하여 하나 앞의 체크포인트로 되돌리는 것. 시스템 고장 후에 이동해 있던 프로그램을 재시동시킬 때에 사용한다.

roll call[–kɔ́:l] **롤 콜**

roll call polling[–póuliŋ] **롤 콜 폴링**

roll control[–kəntróul] **회전 제어**

roll down[–dáun] **화면 하향 이동**

roller feed[róulər fí:d] **롤러 이송** 용지 같은 매체의 보내기 구멍에 의하지 않고 롤러의 회전과 이에 접하는 것의 마찰에 의해서 용지를 보내는 기구 또는 방식.

roll film[–fílm] **롤 필름** 마이크로필름의 한 종류로, 16mm, 35mm 등이 있다. 도서관의 참고 자료, 지적도 등 중요하면서도 사용 빈도가 낮은 자료에 적합하다.

roll forward[–fɔ́:rwərd] **롤 포워드** 처리할 데이터를 미리 다른 파일에 저장해 둠으로써 데이터 처리 도중 장애가 발생했을 때 저장한 파일을 원 상태로 돌려 데이터 처리를 재수정하는 것.

roll-in[–in] **롤인** 컴퓨터 시스템에서 다른 작업(job)에 비하여 우선 순위가 높은 것이라고 판단되면 외부의 보조 기억 장치에서 주기억 장치에 프로그램이나 데이터가 전송되어 먼저 실행된다. 이것을 롤인이라고 한다. 이에 대해서 우선 순위가 낮은 작업은 주기억 장치에서 외부의 보조 기억 장치로 전송되어 주기억 장치는 비게 된다. 다중 프로그램 구조에서 사용되는 방법이다.

[주] 앞에 롤아웃된 데이터의 집합을 주기억 장치에 재저장하는 것.

roll indicator[–índikèitər] **롤 인디케이터, 롤 표시자**

rolling[róuliŋ] *n.* **롤링, 세로 시야 이동** 상하 방향으로 한정된 시야 이동.

rolling forward[–fɔ́:rwərd] **앞당김** 합계 카운터에 그보다 낮은 레벨의 제어 각주 보고 집단의 합계 카운터를 덧셈하는 것을 말한다.

roll-in roll-out[róul in róul ɑut] **롤인 롤아웃** 기억 용량이 한정된 내부 기억 장치를 유효하게 사용하기 위해 내부 기억 장치에 읽어들이는 프로그램 등을 외부 기억 장치(드럼, 디스크 등)에 써낸다든지, 내부 기억 장치에 읽어들인다든지 하는 소프트웨어의 기능이며, 온라인 처리 등에서 우선도가 높은 프로그램을 처리할 경우 우선도가 낮은 프로그램 등을 디스크 등에 추출할 때 이 기능을 사용한다.

roll off[–ɔ(ː)f] **롤 오프**

roll off characteristcis[–kæ̀rəktərístiks] **롤 오프 특성** 이상적인 저역 차단 특성에 대하여 그 차단 특성을 완만하게 하강시키고 임펄스 응답의 양단 진동을 억제하여 부호 간 간섭을 작게 하기 위한 저역 차단 특성. 이것에 의하여 위상 특상의 직선성을 얻을 수 있다.

roll off filter[–fíltər] **롤 오프 필터**

roll on roll off system[–ən róul ɔ(ː)f sístəm] **롤 온 롤 오프 시스템**

roll-out[–ɑut] **롤아웃** 다중 프로그램 구조를 갖는 컴퓨터 시스템에서 우선 순위가 높은 작업(job)이 들어오면, 우선 순위가 낮은 작업은 주기억 장치로부터 외부의 보조 기억 장치로 전송된다. 그 대신에 보조 기억 장치에서 주기억 장치로 우선 순위가 높은 프로그램이 전송되어 와서 실행된다. 여기서 우선 순위가 낮은 작업이 주기억 장치에서 외부의 보조 기억 장치로 전송되는 것을 롤아웃이라고 한다. **[주]** 주기억 장치를 별도 용도를 위해서 해제하는 것을 목적으로 하고, 여러 가지 크기의 파일 또는 컴퓨터 프로그램과 같은 데이터의 집합을 주기억 장치에서 보조 기억 장치로 전송하는 것.

roll over[–óuvər] **롤 오버** 키보드 상에 두 개 이상의 키를 동시에 눌렀을 때 두 개의 키를 인식하는 데이터가 전송되어 오는 것.

roll paper[–péipər] **롤 페이퍼** 원통에 감겨 있는 프린터 용지. 팩시밀리 용지와 같은 열 감응 종이와 플로터 용지 등이 이런 형태로 사용된다.

roll paper feed[–fíːd] **롤 용지 이송 기구**

roll sheet[–ʃíːt] **롤 용지**

roll stationery[–stéiʃənəri(ː)] **롤 스테이셔너리**

Roll's theorem[róulz θíərəm] **롤의 정리** $f(x)$가 폐구간 a, b에서 연속이고 개구간 a, b에서 미분가능할 때 $f(a)=f(b)=0$이면 $f(\xi)=0$인 $\xi\in[a, b]$가 존재한다.

roll up[róul ʌp] **화면 상향 이동** 화면 표시가 1행만큼씩 말아 올려지듯이 움직여가는 것.

ROM (1) read only member의 약어. PC 통신 상의 속어로 넷 상의 대화에 참가하지 않고 단지 로그(log)만 읽는 사람. 이외에도 DOM(down only member)이나 MOM(mail only member) 등의 속어가 있다. ⇨ DOM (2) **롬, 판독 전용 기억 장치** read only memory의 약어. 메모리 중에서 읽기만 하고 쓰기를 할 수 없는 것. ROM 중에는 컴퓨터에 설치되기 전에 데이터가 특수한 방법으로 기록되어 있는데, 이것은 전원을 넣었을 때의 동작 개시 프로그램이나 기본 동작 소프트웨어(BIOS) 등이 들어 있다. 또 세트인된 마이크로컴퓨터에서는 롬에 모든 실행 프로그램을 보존하고 있는 것이 대부분이다. ⇨ read only memory

ROMable code **롬용 코드** ROM 메모리 내에서 사용하도록 설계된 코드.

ROM address **ROM 주소**

Roman character[róumən kǽrəktər] **로마자** $A, B, \cdots, Z$ 및 $a, b, \cdots, z$ 52개의 알파벳 문자.

ROM assimilator **ROM 동화기(同化機)**

Romberg's integration **롬버그의 적분** 수치 미분, 수치 적분, 미분 방정식 등의 수치 해법(numerical solution)의 한 방법. 리차드슨(Richardson)의 외삽법을 보완한 것이다. 롬버그의 알고리즘은 두 단계로 구분된다.

ROM bipolar technology **ROM 양극성 기술** 쌍안정 소자는 MOS 소자보다 빠른 동작 속도를 갖고 있으며, ROM을 만들 때 사용하는 기술이다.

ROM bootstrap **ROM 부트스트랩** 판독 전용 기억 장치 안에 부트스트랩 적재기를 프로그램해 넣은 것으로, 거의 모든 시스템이 이것을 사용한다.

ROM bus interface(TTL) **ROM 버스 접속기** 많은 시스템과의 접속을 간단하게 할 수 있는 접속기. 모든 마이크로버스 부품들은 TTL 신호와 같은 구동 기능으로 작동되므로 데이터, 주소, 제어선들이 버퍼없이 바로 연결될 수 있다.

ROM card **ROM 카드** read only memory card의 약어. 프린터의 글꼴이나 게임, 교육 프로그램, 사무용 프로그램 등이 수록되어 있는 ROM 기판. 컴퓨터나 프린터의 카드 접속 단자에 꽂아서 사용한다.

ROM cartridge **ROM 카트리지** 프로그래밍되어 있는 전자 오락 프로그램이나 교육 프로그램 또는 사무 기능 프로그램 등이 담겨 있는 ROM 모듈. 이 모듈은 컴퓨터의 접속 단자에 꽂아서 사용한다.

ROM character **ROM 문자** ⇨ alphabetical

ROM controlled terminals **ROM 제어 단말기** ROM을 사용하여 단말기 내의 마이크로프로세서를 운영함으로써 지정된 명령에만 동작하는 단말기.

ROM custom changes **ROM 사용자 변형** 마이크로프로그램으로 이루어진 시스템에서 그 시스템의 기능을 추가하거나 개조하기 위해 사용자가

ROM의 내용을 변형시키는 것.

ROM-DOS read only memory disk operating system의 약어. MS-DOS 등의 PC용 OS를 ROM에 기록해서 제공하는 것. DOS의 기능을 탑재하고 있는 워드 프로세서 전용기에서 사용하는 경우가 많다.

ROM error ROM 오류

ROM firmware ROM 펌웨어

ROM function ROM 기능 ROM은 마이크로프로세서의 마이크로프로그램을 기억하거나 시스템 내부에서 바꿀 필요가 없는 프로그램들을 기억시킬 때 사용하는데, 이런 기능에 대한 ROM 용량(크기)은 사용자의 요구와 프로세서의 주소 지정 능력에 따라 정해진다.

ROM in microprocessor chip 마이크로프로세서 칩에 있어서의 ROM

ROM loader ROM 적재기

ROM microprogramming ROM 마이크로프로그래밍

ROM module board ROM 모듈 보드 프로그램의 보안이나 다른 특별한 목적에 사용하기 위해 ROM으로써 주기억 장치를 만들 경우에 사용되는 보드.

ROM OD ROM 광디스크 ROM optical disk의 약어.

ROM optical disk ROM OD, ROM 광디스크

ROM oriented architecture ROM용 구조

ROM pack ROM 팩

ROM/RAM simulator ROM/RAM 시뮬레이터

ROM reprogrammability ROM 재프로그램 가능성

ROM simulator ROM 시뮬레이터 ROM이나 PROM의 프로그램을 수정하기 위해 실제의 ROM이나 PROM 내의 명령을 사용하여 개발용 컴퓨터 시스템 등으로 시뮬레이트하는 시스템.

ROM testing ROM 테스팅

ROM writer ROM 라이터 ROM에 데이터를 기억시키는 장치로서, 프로그램이 가능한 ROM(PROM)용과 일반적인 ROM(mask ROM)용이 있다.

room[rú:m] *n.* 메모리 공간, 공간, 기억 공간

root[rú:t] *n.* 근, 루트 트리 구조(tree structure)나 계층 구조(hierarchy)의 정점을 표시하는 용어로 사용된다. 즉, 상하 관계가 존재하는 구조에 있어서 어떤 상위 단계에도 속하지 않는 것을 root라고 한다. 그 밖에 수치 계산 프로그램이나 연산 등에서 제곱근을 의미하는 경우도 있다.

root addressable area[–ədrésəbl ɛ́(:)riə] 근 주소 가능 영역

root agent[–éidʒənt] 루트 대리인 트랜잭션이 입력된 사이트에서 그 트랜잭션의 수행을 시작해 주고 수행 후 완료 또는 철회해주는 프로세스.

root anchor point[–ǽŋkər pɔ́int] 루트 앵커점

root directory[–diréktəri(:)] 루트 디렉토리 유닉스 운영 체제 등에서는 트리 구조의 파일 시스템을 가지고 있다. 그 정점에 위치하는 디렉토리. 즉, 모든 파일이나 디렉토리의 근원이 되는 디렉토리.

root mean square burst magnitude[–mí:n skɛ́ər bə́:rst mǽgnitjù:d] 버스트 진폭 실효값

root mean square value[–vǽlju:] RMS, 제곱 평균 제곱근값, 실효값

root node[–nóud] 근 노드, 루트 노드 트리에서 부모 노드가 존재하지 않는 최상위 노드.

root phase[–féiz] 루트 페이즈, 루트 단계

root record type[–rékərd táip] 루트 레코드 타입 계층 정의 트리의 최상위에 있는 하나의 레코드 타입.

root segment[–ségmənt] 루트 세그먼트, 근 세그먼트 오버레이 프로그램(overlay program)에서는 오버레이 프로그램의 실행중 항상 주기억 장치 중에 남아 있고, 다른 세그먼트와의 사이에서 제어를 행하는 주간(主幹) 루틴을 「루트 세그먼트」라고 한다. 이에 대하여 필요에 따라서 주기억 장치에 로드되는 세그먼트를 오버레이 세그먼트(overlay segment)라고 한다. 계층 구조의 데이터 베이스에서는 최고위의 세그먼트를 루트 세그먼트라고 한다. 즉, 상위 세그먼트가 없는 세그먼트이다.

root segment addressable area[–ədrésəbl ɛ́(:)riə] 루트 세그먼트 주소 가능 영역 IMS 데이터 베이스에서 세그먼트를 직접 접근하기 위해 루트 세그먼트에 대한 주소를 가지고 있는 영역.

root segment type[–táip] 루트 세그먼트 타입 명시된 필드들로 구성된 세그먼트들로 이루어진 정의 트리에서 맨 상위 수준에 있는 세그먼트.

ROP 수신 전용 인쇄기 receive only printer의 약어.

ROPP 수신 전용 페이지 인쇄기 receive only page printer의 약어.

ROS (1) 판독 전용 기억 장치, 고정 기억 장치 read only storage의 약어. (2) 로봇 운영 체제 robot operating system의 약어.

rotary encoder[róutəri(:) inkóudər] 로터리 인코더

rotary group number[–grú:p nʌ́mbər] 대표 번호 두 개 이상의 전화를 가진 경우 고능률화를 위해 대표 취급이 가능하다. 이때 사용되는 번호를 대표 번호라 한다.

rotary head[–hé(:)d] 로터리 헤드 일정 속도로

회전하여 데이터 매체의 트랙 위를 주행하면서 데이터를 기록 또는 재생하는 자기 헤드.

rotate[róuteit] *v*. **회전하다, 순환하다** 컴퓨터에는 일반적으로 로테이트 명령이 있다. 이 로테이트 명령을 실행하면, 레지스터 내의 2진수로 표시된 데이터가 왼쪽 또는 오른쪽 주위로 순환한다. 이것을 순환 시프트(circular shift)라고도 한다. 예를 들어 8비트 레지스터(register)의 내용이 11001101일 때, 우회전의 로테이트를 실행하면 레지스터의 내용은 11100110과 같이 변화하고, 좌회전의 로테이트를 실행하면 10011011과 같이 레지스터 내용이 변화한다. 여기서 좌회전의 로테이트를 로테이트 레프트(rotate left), 우회전의 로테이트를 로테이트 라이트(rotate right)라고 부른다. 이 로테이트 명령은 곱셈, 나눗셈을 프로그램이나 컴퓨터 주변 기기의 제어에 흔히 사용한다.

rotating[róutetiŋ] **회전** 표시면에 대하여 수직인 축 둘레에 표시 화상의 일부 또는 전부를 회전하는 조작.

rotating drum printer[–drʌ́m príntər] **회전 드럼 프린터**

rotating memory[–méməri(ː)] **회전 기억 장치** 플로피 디스크나 자기 디스크와 같이 마치 레코드판과 같은 둥근 모양의 평평한 자기 기억 장치.

rotation[routéiʃən] *n*. **회전, 로테이션** 하나의 고정축을 중심으로 하여 표시 요소를 회전하는 것.

rotational[routéiʃənəl] *a*. **회전의, 선회의**

rotational delay[–diléi] **회전 지연, 회전 개시 시간, 회전 대기, 회전 시간** 디스크 장치 등(직접 접근 기억 장치)의 판독/기록 헤드가 주어진 주소 또는 키에 대응하는 트랙 상의 특정한 레코드의 위치에 도달하는 데 필요한 시간.

rotational delay time[–táim] **회전 지연 시간** 헤드(head)가 접속된 후 원하는 레코드가 그 헤드에 올 때까지 소요되는 지연 시간으로, 평균 소요 시간은 12.5밀리초이다.

rotational optimization[–àptimizéiʃən] **회전 시간 최적화** 디스크 스케줄링에서 도착한 작업의 서비스를 할 때 지연 시간의 최소가 되게 하는 것.

rotational positing sensing[–pázitiŋ sénsiŋ] **회전 위치 감지 장치**

rotational sweep[–swíːp] **회전에 의한 공간** 2차원 물체를 고정축에 의해서 회전시킬 때 만들어지는 3차원적인 공간.

rotation error[routéiʃən érər] **회전 에러, 기울기 에러** 모든 화면 이미지들의 모니터 화면에서 나타나는 것은 아니다. 전체 이미지는 시계 방향으로 기울어져 있거나 수직 위치에서 볼 때 시계 반대 방향으로 기울어져 있다. 많은 모니터들이 이러한 회전 에러를 바로잡기 위해 다이얼을 가지고 있어서 이미지가 똑바로 보여질 수 있도록 조정할 수 있다.

rotation position sensor[–pəzíʃən sénsər] **회전 위치 감지기**

rotator[róuteitər] *n*. **회전자**

rote learning[róut lə́ːrniŋ] **기계적 학습** 입력되는 정보로부터 추론을 행하지 않고 직접적으로 주어진 사실이나 데이터를 기억하여 학습을 수행하는 방법.

RO terminal **수신 전용 단말기** 수신 기능만이 있고 송신 기능이 없는 데이터 통신 장치.

ROTFL rolling on the floor laughing의 약어. 보통 인터넷(채팅 서비스의 IRC(Internet relahat))의 대화 도중 많이 사용되며, 우리가 대화를 하는 도중에 너무나 재미가 있어서 "방바닥에서 구르면서 웃는 것"을 생각해보면 이 말이 의미하는 것을 알 수 있을 것이다. 이 용어는 인터넷 상에서 자주 쓰이는 약어의 한 형태이다.

rotorring priority system[róutəriŋ prɑ-ɔ́(ː)riti(ː) sístəm] **로터링식 우선도 제어 방식** ⇨ round robin system

round[ráund] *v*. **맺음, 나머지를 버리다, 완성하다, 둥글게 하다, 사사오입하다** 프로그램 작성에 있어서 계산 처리 부분에서 고려해야 할 것 중의 하나. 위치 결정 표현에서 한 개 이상의 숫자를 최하위로부터 삭제 또는 생략하고 나머지 부분을 어떤 지정된 규칙에 따라 조정하는 것.
[주] 1. 수 표시에서의 문자 수를 줄이는 것 또는 그 반대의 경우. 2. 산술에서 가장 일반적인 라운드 방법은 버림, 올림 및 반올림이다.

round down[–dáun] **버림 끝수를 자르다** 남은 수 표시 부분에는 어떠한 조정도 시행되지 않도록 라운드하는 것. 예를 들면, 12.6374와 15.0625라는 수 표시는 버림하여 소수점 2째자리까지 구하면 각각 12.63과 15.06으로 된다.

rounding[ráundiŋ] **라운딩, 마무리** 펄스가 일그러지는 형태의 하나로, 펄스의 모서리가 둥글게 잘리는 것을 말한다.

rounding error[–érər] *n*. **라운딩 오차, 반올림 오차** 라운딩에 의한 오차.

round off[ráund ɔ(ː)f] **반올림** (1) 삭제할 숫자의 최상위가 5 이상일 때 앞의 숫자에 1을 더하여 필요한 자릿수 올림을 하여 조정하는 것. 예를 들면 12.6374와 15.0625라는 수 표시를 반올림하여 소수 둘째 자리까지 구하면 각각 12.64와 15.06이 된다. (2) 다음과 같은 수 표시의 최하위의 숫자에 1을 더하여 필요한 자릿수 올림을 함으로써 조정하여 라운딩하는 것. ① 삭제하는 숫자의 최상위가 그 숫자 위치의 기수(基數)의 반보다 크다. ② 삭제하는 숫자의 최상위가 그 숫자 위치의 기수의 반과 같고, 그 뒤에 계속되는 하나 이상의 숫자가 제로보다 크다. ③ 삭제할 숫자의 최상위가 그 숫자 위치의 기수의 반과 같고, 그 뒤에 계속되는 모든 숫자가 제로이며, 또한 남은 숫자의 최하위가 홀수이다. 예를 들면 12.6375와 15.0625라는 수 표시는 반올림해서 소수 셋째 자리까지 구하면 각각 12.638과 15.062가 된다.

round off error[–érər] **반올림 오차 오류** 수치 처리중의 계산 결과를 컴퓨터의 유한한 기억 자릿수에 표현함으로써 나타나는 오차. 마무리에는 잘라올리는 방법과 잘라버리는 방법 및 반올림 방법이 있으나 컴퓨터에서는 잘라버림 방법(chopping)과 반올림 방법이 많이 사용되고 있다.

round robin[–rάbin] **라운드 로빈** 스케줄링(scheduling)의 한 방법이며, 다중 처리에서 태스크의 실행 순서를 사이클릭(cyclic)으로 실행하는 방법 등에 사용되고 있다. 예를 들면 A, B, C의 3개의 태스크가 있을 경우

A→B→C→A→B→C→A→

와 같이 전환된다. 태스크에 우선도가 주어졌을 경우에는 태스크를 우선도에 의해서 그룹 분할하고, 각 그룹 내에서 라운드 로빈이 실행된다. 이것에 의해 그룹 내의 각 태스크는 평등하게 CPU 시간이 할당된다.

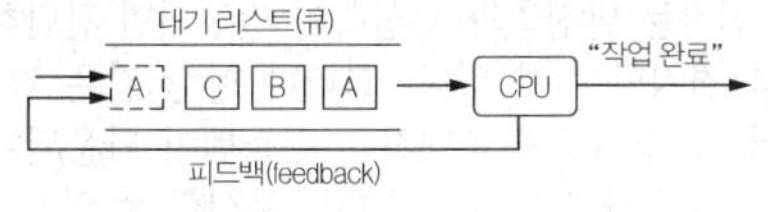

〈라운드 로빈의 개념〉

round robin algorithm[–ǽlgəriðm] **라운드 로빈 알고리즘** 운영 체제 중에서 프로그램이나 그 일부(프로세스)의 전환을 정해진 순서대로 주기적으로 하는 기법. 다중 프로그래밍의 초기 시대부터 전통적으로 채용되어온 실행 시간의 할당에 관한 가장 단순한 기법으로, 정해진 타임 슬라이스(time slice)와 같은 시간 간격만큼 각 프로그램(또는 프로세스)에 중앙 처리 장치를 사용할 수 있는 기회를 가지게 한 것.

round robin discipline[–dísiplin] **라운드 로빈 방식** 시분할 시스템(TSS)에서의 일반적인 스케줄링 알고리즘으로, 하나의 업무를 중앙 처리 장치(CPU)에 대하여 라운드 로빈으로 할당하여 마치 개개의 업무가 CPU를 점유하고 있는 것처럼 시분할하여 사용하는 방식.

round robin queue[–kjúː] **궤환형 대기 행렬** 대기 행렬 모델의 하나. 고객에 대한 서비스는 양자(量子)라고 불리는 한정된 시간만큼 진행하고 처리가 끝나지 않으면 중단하여 대기 행렬로 되돌아가 다른 고객의 서비스로 옮기는 방식.

round robin scheduling[–skédʒuliŋ] **RR scheduling, 라운드 로빈 방식** CPU 시간을 태스크의 생성 순으로 차례로 분배하는 방식. 태스크가 입출력 명령 등을 내었을 때 CPU 시간을 포기하고 다시 대기 행렬의 맨 뒤로 되돌려진다. 라운드 로빈 정책은 각 프로세스에게 차례차례로 일정한 시간 단위 동안 CPU를 차지하도록 하는 것이다.

round up[–ʌp] **올림** 나머지를 올리다. 하나 이상의 숫자를 삭제할 때 한하여 남은 수 표시의 부분을 그 최하위의 숫자에 1을 더하여 필요한 자릿수 올림을 함으로써 조정하여 라운드하는 것. 예를 들어 12.6374와 15.0625라는 수 표시는 올림하여 소수 둘째 자리까지 구하면, 각각 12.64와 15.07이 된다.

route[rúːt] *n.* **경로, 루트** (1) 전보의 전송이나 양단말 간을 연결하기 위한 전송 경로. (2) 전보의 전송이나 전송 경로를 연결하기 위해 사용되는 전송 수단(유선, 무선).

router[rάutər] **라우터** LAN과 LAN을 연결하거나 LAN과 WAN을 연결하기 위한 인터넷 네트워킹 장비로서, 임의의 외부 네트워크와 내부 네트워크를 연결시켜 준다. 최적의 경로를 설정하는 라우팅 기능이 존재하는 곳은 OSI 3 계층이고 인터넷을 전용선을 통해 사용하고자 할 경우 필요한 장비이다. 라우터는 브리지와 유사한 기능을 제공하지만, 데이터 패킷을 한 네트워크에서 다음 네트워크로 넘기기 위해서는 또 하나의 계층을 필요로 한다. 로컬 컴퓨터 네트워크(LAN)에서 전화선으로 이어진 장거리선까지 데이터 루트를 정한다. 라우터는 통행 경찰의 역할을 하여 사용 권한이 있는 컴퓨터에게만 로컬 네트워크를 통해 데이터를 전송하는 것을 허락한다. 그러므로 개인적인 정보는 안전하게 유지될 수 있다. 다이얼 인과 전용선 방식을 지원할 뿐만 아니라 에러를 처리하고 네트워크 사용 통계를 유지하고 보안 문제를 담당한다. ⇨ 그림 참조

router interchange protocol[–intərtʃéindʒ próutəkɔ̀(ː)l] ⇨ RIP

route segment[rúːt ségmənt] **루트 세그먼트** 프로그램을 오버레이(overlay) 구조로서 실행할 경우, 항상 주기억에 머물러 있는 세그먼트. 또는 오버레이 구조의 최초 세그먼트를 말한다.

routine[ruːtíːn] *n.* **루틴, 통로** 컴퓨터 프로그램에서 어떤 일을 담당하는 하나의 정리된 일. 또 프

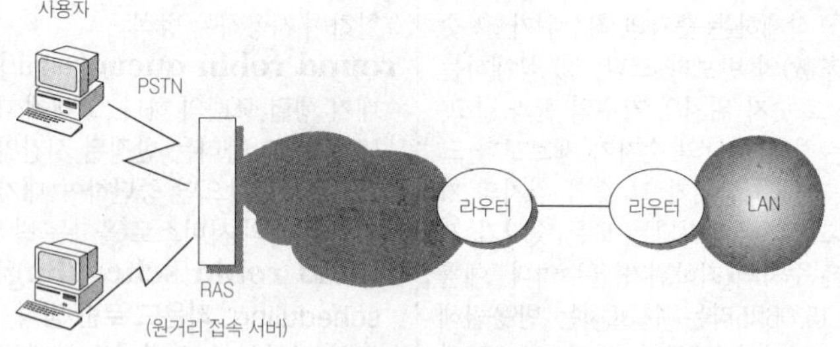

〈ISP 서비스 방식 중 라우터의 위치〉

로그램의 일부를 표시하는 경우도 있고, 전부를 표시하는 경우도 있다. 프로그램은 크고 작은 여러 가지 루틴을 조합시킴으로써 성립된다. 루틴은 메인 루틴(main routine)과 서브루틴(subroutine)으로 구분하고 있다. 메인 루틴이란 프로그램의 주요한 부분이며, 전체의 개략적인 동작 절차를 표시하도록 만들어진다. 이 대강의 정도는 서브루틴의 작업 정도에 의해 정해진다. 결국, 메인 루틴에서는 몇 가지의 서브루틴을 호출하고, 서브루틴에 의해서 프로그램의 세세한 실행을 행한다. 서브루틴이란 프로그램의 일부를 담당하는 부분 프로그램이며, 메인 프로그램으로부터 호출되어 실행된다. 프로그램 중에서 사용 빈도가 높은 부분은 공통화하여 서브루틴으로 함으로써 메모리의 사용 효율을 상승시키며 또 프로그래밍 효율도 상승시킨다. 그리고 흔히 사용하는 루틴을 루틴 라이브러리로서의 파일형으로 해두면 프로그래밍할 때 아주 편리하다. 또한 서브루틴에는 그 역할과 목적에 맞는 이름을 붙인다. 이로써 프로그램을 읽을 때 이해가 쉽고 읽기 쉬운 프로그램이 된다. 서브루틴과 메인 루틴은 서로 입력 데이터의 계산 결과를 파라미터로서 주고받는다. 그 경우 파라미터는 변수형으로 주어지며 그 파라미터에 데이터값을 대입하여 서브루틴을 호출함으로써 마치 내장 함수인 것처럼 실행할 수 있다.

routine engine[–éndʒin] **루틴 엔진** 멀티미디어 프로그램을 실행하기 위해 반드시 필요한 소프트웨어로서 멀티미디어 프로그램과 같이 공급된다.

routine library[–láibrəri(:)] **루틴 라이브러리**

routine maintenance[–méintənəns] **루틴 보수, 정기 보수** 컴퓨터 시스템의 고장을 방지하기 위해서 정해진 일정표에 따라 수행하는 보수 작업. 이러한 정기 보수에 할당되는 시간을 루틴 보수 시간이라고 한다.

routine maintenance time[–táim] **루틴 보수 시간, 정기 보수 시간** 일반적으로 이용자에 의해 사전에 충분한 계획을 세워 정기 보수 작업을 수행하는 데 할당된 시간.

routine-name[–néim] **수순명, 절차명, 루틴명** COBOL 이외의 언어로 쓰여진 절차를 식별하는 이용자 언어.

routine operation[–àpəréiʃən] **정상 조작**

routine program[–próugræm] **루틴 프로그램** 프로그램의 명령과 상수값을 컴퓨터에 주입하는 절차.

routine storage[–stɔ́:ridʒ] **루틴 기억 장소** 프로그램을 저장하기 위해 사용되는 기억 장소 위치 또는 수행될 명령 집단을 저장하도록 할당된 기억 장소.

routing[rú:tiŋ] *n.* **경로 배정, 라우팅, 경과 지정** (1) 데이터 통신에서 어드레스 정보를 기준으로 정보를 발신측에서 수신측으로 전송하는 경로를 선택하는 동작을 가리킨다. (2) 라우팅에는 크게 나누어서 두 가지의 방법이 있다. 하나는 발신측으로부터 수신측으로의 경로로 미리 결정해두는 방법이고, 또 한 가지는 그때의 시스템이나 네트워크의 상태에 따라 가장 효율이 좋은 경로를 선택하는 방법이다. 전자는 발신측과 수신측이 결정되면 간단히 경로를 결정할 수가 있다. 그러나 항상 같은 경로가 되어 그 경로상에 존재하는 시스템이 다운되어 있거나 회선 사고 등의 경우에는 통신할 수 없게 된다는 문제점이 있다. 이에 대하여 후자의 경우는 그때의 상태에 따라서 경로를 선택하기 때문에 전자와 같은 문제점은 회피할 수 있으나 경로 선택 처리가 복잡하게 된다. 또 패킷 교환망에서는 메시지를 여러 패킷으로 분할하여 송신한다. 이 경우 매 패킷마다 전송 경로를 선택하는 시스템에서는 선택된 경로에 의하여 전송에 필요한 시간이 다르기 때문에 수신측에서의 패킷 수신 순서와 송신측의 패킷 송신 순서가 반드시 일치하지는 않는다. 그 때문에 수신측에서 패킷 순서를 다시 배열할 필요가 있다. (3) 유닉스 등의 트리(tree) 구조의 파일 구조를 갖는 시스템에서는 각 파일로 액세스하는 데 트리의 각 디렉토리(directory)를 더듬을 필요가 있다. 이 동작을 「라우팅」이라고 부른다. ⇨ 표 참조

routing code[–kóud] **경로 코드, 라우팅 코드, 수신처 코드** (1) 복수 콘솔 서포트가 있는 시스템에

서 조작원 메시지에 배당되는 코드. 메시지를 특정 한 콘솔에 분배하기 위해서 사용된다. (2) 착신국에의 경로를 지시하기 위한 부호 정보(숫자 또는 숫자열).

〈라우팅 기술 요소의 분류〉

라우팅 기술 분류	내 용
성능 기준	통신 링크 수 통신 비용 자연 시간 처리율(throughput)
결정 시간	패킷(데이터그램) 결정 시간 세션(가상 회선) 결정 시간
결정 위치	중앙 집중 환경의 중앙 노드 위치 분산 환경의 각 노드 위치 송신측 위치
네트워크 정보 출처	없음 지역 노드 인접 노드 경로상의 노드 모든 노드
네트워크 정보 갱신 타이밍	연속적인(continuous) 갱신 정기적인(periodic) 갱신 주부하(major load) 변경 위상(topology) 변경
라우팅 알고리즘	고정(fixed) 라우팅 알고리즘 플러딩(flooding) 라우팅 알고리즘 랜덤(random) 라우팅 알고리즘 적응(adaptive) 라우팅 알고리즘

routing control[–kəntróul] **경로 제어** 데이터 망에 있어서 어느 경로로 통신을 행할지를 제어하는 것.

routing control center[–séntər] **RCC, 경로 제어 센터** 경로 제어 센터는 주기적으로 각 노드에서 상태 정보(가동 상태에 있는 아웃 노드의 목록, 대기 행렬의 길이, 지난번 보고 이래 매 회선에서 처리된 교통량 등)를 보고받는다. 이 종합된 전체 네트워크의 상태 정보에 입각하여 임의의 노드에서 모든 다른 노드로 향하는 최적 경로를 산출해서 새로운 경로 제어 테이블(혹은 디렉토리)을 작성하여 모든 노드들에게 배분한다. 각 노드는 이 테이블에 입각하여 패킷의 경로를 선택하게 된다.

routing control layer[–léiər] **RCL, 경로 제어 계층** 전용 통신망으로 경로 제어 및 공중 패킷망으로 접근 제어를 행하는 경로 제어층.

routing data[–déitə] **경로 지정 데이터**

routing entry[–éntri(:)] **경로 지정 항목**

routing indicator[–índikèitər] **경로 표시부** 최종 회로나 단말 장치를 정의하기 위해 사용되는 메시지 머리 부분에 있는 어드레스 또는 문자 그룹.

routing step[–stép] **경로 지정 스텝**

routing strategy[–strǽtədʒi(:)] **경로 배정 기법** 네트워크를 통해 메시지를 어떤 경로를 통하여 보낼 것인지를 정하는 방법.

routing table[–téibəl] **경로표** 망(network) 간 프로토콜에 의해 목적하는 망에 도달하기 위한 다음의 게이트웨이에 대한 정보를 모아둔 표. 각 국 및 게이트웨이는 경로표를 가지고 있어야 한다.

R out of n code[ɑ́:r áut ɔv én kóud] **정(定) 마크 부호** *n*비트로 되는 부호 중 1(마크)수가 *R*비트만으로 성립되는 부호.

row[rów] *n*. **가로(칸)** 행. 천공단. (1) 배열(array)에서 요소가 횡대 형태로 정렬된 가로 방향의 한 줄. (2) 천공 카드(punched card)에서 천공될 수평 방향의 한 줄. (3) 스프레드시트에서 수평 성분의 구획. 스프레드시트의 작업 영역인 매트릭스는 행과 열로 이루어져 있다. ⇨ column

row address strobe[–ədrés stróub] **RAS, 래스, 행 주소 스트로브**

row binary[–báinəri(:)] **행 2진수** 펀치 카드에서 데이터의 2진 표현. 어떤 하나의 열 중에서 인접한 장소가 데이터의 인접한 비트에 대하고 있는 상태. 카드 상으로 2진 데이터를 나타내는 방법의 하나로, 2진 표시를 행(row) 방향으로 전개해서 나타낸다. 80란 카드에서는 한 행에 80자리의 2진법을 나타내는 것이 가능하다.

row binary code[–koúd] **행 2진수 코드** 카드와 동일한 2차원적 정보 매체의 세로 한 자리의 각 단을 1비트 숫자로 간주하고 부호화한 코드.

row by row reading[–bai róu rí:diŋ] **가로 판독(읽기)**

row major order[–méidʒər ɔ́:rdər] **행 우선 순서**

row major ordering[–ɔ́:rdəriŋ] **행 우선 배열** *n*차원의 어레이(array)를 1차원의 기억 장소에 할당하는 방법 중의 하나.

row matrix[–méitriks] **행 행렬**

row norm[–nɔ́:rm] **행 놈** 행별로 그 원소의 절대값을 합한 것 중 최대값.

row pitch[–pítʃ] **행 피치** 인접한 열에서 대응되는 두 점 간을 트랙에 따라 측정한 거리. 자기 테이프에서 테이프의 너비 방향으로 기록이나 재생이 동시에 이루어지는 행과 행의 간격.

rows per inch[-pər íntʃ] **rpi, 인치당 행수**(열수/inch)

row scanning[-skǽniŋ] **행 주사** 키보드의 키를 눌렀을 때 디코드에 사용되는 기술로서 각 행은 "1"를 출력함으로써 차례대로 주사된다. 열의 출력은 키의 식별 결과에 따라 검사된다.

row vector[-vǽktər] **행 벡터** 한 개의 행으로 이루어진 행렬.

RP return if plus의 약어. 양(+)이면 복귀하라는 명령이다.

RPC 원격 프로시저 호출 remote procedure call의 약어. 어떤 머신의 프로그램에서 다른 머신으로 돌고 있는 프로그램의 프로시저(C 언어에서는 함수)를 직접 불러낸다. 이렇게 하여 두 머신의 프로그램 사이에서 직접 교신이 가능하게 된다. 네트워크를 통해서는 인수(引數)와 결과만을 주고받는다. 인수와 결과를 교환하는 모듈을 stub라 부른다. NFS 등 분산 처리 기능을 실현하는 소프트웨어에서 쓰인다. ⇨ NFS

RPC Middleware\remote procedure call 미들웨어 애플리케이션과 애플리케이션 간의 상호 연동을 위한 가장 진보된 분산 메시지 인터페이스 방식. 애플리케이션에서 대응되는 원격 애플리케이션 시스템의 프로시저(procedure)를 직접 호출해 작업을 의뢰하면, RPC의 다양한 런타임 라이브러리에 의해 쌍방간 처리를 하고, 이에 대한 결과를 되돌려받는다. 이때 필요한 파라미터와 같이 사용할 수 있다.

RPG (1) **보고서 프로그램 생성기, 보고서 작성 프로그램** report program generator의 약어. 범용 프로그래밍 언어의 하나이다. 사무 관계의 응용(애플리케이션)에 있어서 일람표, 집계표, 명세표, 통계표 등 보고서 작성이 컴퓨터 처리에서 상당히 큰 부분을 차지한다. 통계 처리 등에서는 적은 입력 데이터로부터 다종 다량의 「표」가 출력된다. 이러한 작표를 위한 프로그램을 그때마다 만들어낸다는 것은 대단히 번거로운 일이다. 따라서 「리포트 작성 프로그램」을 생성하기 위한 「프로그램」이 개발된 것이다. 작성해야 할 「표」의 양식을 프로그램 기록 용지의 소정 위치에 기록해가는 것만으로 가능하기 때문에 많은 컴퓨터에 널리 보급되어 있다. COBOL 용어로는 보고서 작성 기능이 사용되고 있다. (2) role playing game의 약어. 한 명 또는 몇 명의 사용자가 모여서 하는 게임으로, 역할 분담 게임이라고 불린다.

RPG language RPG 언어 상업용 프로그래밍 분야에서 대중화된 문제 해결을 위한 언어. RPG는 COBOL과 같이 비교적 간단한 입출력 파일 처리에서는 강력하지만 알고리즘 처리 능력에서는 상대적으로 제한이 있다.

RPG logical cycle RPG 논리 사이클 RPG의 목적 프로그램의 고정 논리. 모든 RPG의 목적 프로그램은 동일한 논리로 동작한다.

RPG specifications form RPG 명세서 용지 RPG 프로그램을 작성할 때 사용하는 코딩 시트의 총칭.

rpi 인치당 행 수 rows per inch의 약어. 자기 테이프의 기록 밀도를 나타내는 단위. 보통 소문자로 rpi라고 쓴다. 테이프의 진행 방향으로 늘어선 비트의 열(row)이 1인치에 몇 개 있는가로 나타낸다. 1열에 한 자를 담는 방법으로는 cpi 및 한 트랙당 bpi 수치와 일치한다. 이 단어는 ISO 규격을 위해 만들어진 것으로 문자의 기록 형식에도 불구하고 테이프 상의 쓰기 밀도를 엄밀히 표현할 수 있지만 일반적으로 별로 보급되지 않았다.

RPL 요구 파라미터 리스트 request parameter list의 약어.

RPM (1) **신뢰성 계획·관리** reliability planning and management의 약어. (2) **자원 계획·관리** resource planning and management의 약어.

rpm 분당 회전수 revolutions per minute의 약어. 주로 하드 디스크 등의 디스크 회전수를 표시하기 위해 사용된다. 회전수가 높을수록 고속 액세스가 실행된다.

RPQ 특별 주문 request for price quotation의 약어.

RPROM RP 롬 reprogrammable read only memory의 약어. 사용자가 자기 스스로 재프로그램할 수 있는 ROM. 판독 전용인 ROM에 대하여 먼저 기록되어 데이터류를 소거하고 새로 고쳐넣을 수 있는 ROM을 구별하여 RPROM이라고 한다. ⇨ ROM

RPS 실시간 프로그래밍 시스템 (1) real time programming system의 약어. IBM의 운영 체제(OS)의 일종. 다중 프로세서의 서포트 기능을 비롯하여, 전달 제어, 원격 프로세서의 조작, 응용 프로그램의 개발, 서포트 기능 등 풍부한 기능을 준비한 고성능 OS이다. (2) **회전 위치 검출 장치** rotational position sensing의 약어. 회전 위치 감지 채널의 혼잡을 덜기 위해 디스크 시스템을 사용하는 기법. 어떤 레코드가 요청될 때 그 레코드가 헤드 아래에 오기 전까지 채널이 다른 작업을 할 수 있게 한다. 이처럼 RPS는 한 채널에서 여러 개의 요청들이 동시에 작업을 가능하게 함으로써 채널의 이용도를 높일 수 있다.

RPS interactive loader RPS 대화식 적재기

RPS remote management utility RPS 원격 관리 유틸리티

RPS SNA remote management utility RPS SNA 원격 관리 유틸리티

RR receive ready의 약어. 데이터 프레임을 받을 수 있음을 표시하고, 상대국으로부터 $N(R)-1$까지의 데이터 프레임을 올바르게 수신하였음을 나타내는 프레임.

RRC rotate right accumulator의 약어. 누산기의 내용을 오른쪽으로 회전시키라는 명령어.

RR card RR 카드

RRDS 상대 레코드 데이터 세트 relative record data set의 약어. ⇨ relative record data set

R register [ɑ́ːr rédʒistər] **R 레지스터** 하위 디짓 10개를 갖는 레지스터.

RR scheduling RR 스케줄링

RS (1) **레코드 분리** record seperator의 약어. 논리적 레코드를 분리 표현하는 데 사용되는 제어 문자. (2) **레지스터 센더** register sender의 약어.

RS-232C 미국 EIA(전자 공업 협회)에서 만든 데이터 단말 장치(DTE)와 모뎀 또는 데이터 회선 종단 장치(DCE)를 상호 접속하기 위한 표준 규격. 컴퓨터나 단말을 모뎀에 접속해서 비트 직렬 전송할 때의 물리적, 전기적 인터페이스를 결정한 것으로 20킬로비트/초 이하의 전송 속도를 다룬다. 일반적으로 퍼스널 컴퓨터에 표준 장비되어 있는 것이 많고 규격에 준한 각종 입출력 장치나 퍼스널 컴퓨터끼리를 접속할 수도 있다.

〈RS-232C〉

RS-232C interface RS-232C 인터페이스 모뎀, 퍼스널 컴퓨터 등에 사용하는 표준 규격의 인터페이스. ⇨ 표 참조

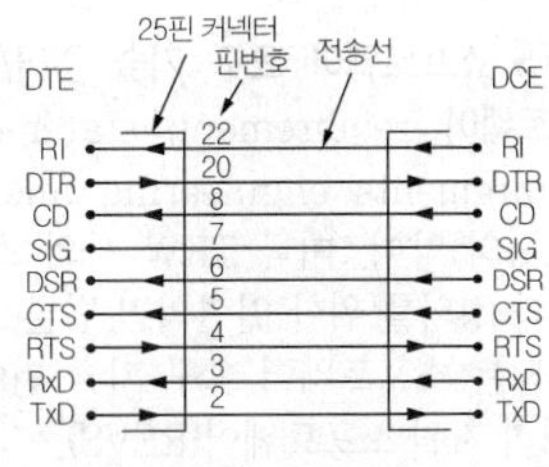

〈RS-232C 인터페이스〉

RS-422A, RS-423A RS-232C의 제약을 개선하기 위해서 새로 정한 고속 전송 기능을 갖춘 직렬 통신 규격. 미국 전자 공업 협회(EIA)가 규정하는 데이터 단말 장치와 데이터 회선 종단 장치 간에서의 직렬 2진 신호의 교환 또는 디지털 장치 간의 직렬 2진 신호의 임의의 점에서 점으로의 교신에 대하여 채용되는 평형 전압 디지털 인터페이스 회로의 제너레이터와 리시버를 중심으로 전기적 특성을 정한 것.

RS-422 standard RS-422 표준 미국 전자 공업회(EIA ; Electronic Industries Association of America)가 여러 제조 업자와 사용자의 동의 하에 RS-232 접속기라고 불리는 적당한 신호 레벨을 가진 25핀 연결을 표준화한 것. EIA는 복합 TTL에 더욱 적합한 RS-422 표준이라고 불리는 새로운 것을 소개한 바 있다. 주변 기기, 시스템과 변복조 장치 간의 직렬 데이터 전송을 위한 접속의 표준이다.

RS-530 EIA의 규격으로, RS-422A, RS-339에 대신하여 1987년에 정의되었다. 전기적 특성은 RS-422A와 같고, RS-232D와 같은 커넥터를 사용한다.

RSA Rivest Shamir Adleman의 약어. RSA란 이름은 이 알고리즘을 만든 Ron Rivest, Adi Shamir와 Leonard Adleman 세 사람의 이름을 따서 만들었으며, 비대칭형 암호 방식의 일종이다. 메시지를 보내는 사람과 받는 사람이 서로 다른 키를 가짐으로써 키 전송의 위험을 방지한 것으로, RSA에서 암호화 키는 두 개로 구성되며, 두 개의 키 중에서 하나는 전송할 필요가 없으므로 보안성이 증대되지만 키의 크기가 크므로 암호화의 속도가 느리다.

RSACi recreational software advisory council on the interent의 약어. 인터넷에서 각각의 사이트를 직접 감시하고 유해한 사이트를 청소년들로부터 차단하기 위한 필터링 표준안. 대부분의 필터링 소프트웨어들은 이 기준에 의거하여 필터링을 구현하고 있다. ⇨ 표 참조

RSA cryptosystem ⇨ RSA

RSA encryption RSA 암호화 ⇨ RSA

RSA scheme RSA법 1978년 MIT의 Rivest, Shamir, Adleman 등에 의해서 제안된 공개 키 암호계의 알고리즘. ⇨ RSA

RS bistable element RS 쌍안정 소자 두 입력, R(리셋) 입력과 S(세트) 입력을 갖는 쌍안정 회로 소자. 두 입력 상태가 다른 경우 상태 1에 있는 입력에 대응하는 출력은 상태 1이 되고, 다른 출력은 상태 0이 된다. 그 후 양 입력이 상태 0으로 되어도 출력은 그대로의 상태를 유지한다. 양 입력이 모두 상태 1로 된 후 모두 상태 0으로 되돌아갔을 경우 동작이 불확정적으로 된다.

〈RS-232C 인터페이스의 주요 기능〉

핀 번호	이 름	의 미	기 능	데이터 수신측	비 고
2	TxD	Transmit Data	전송 데이터	DTE	필수 연결선
3	RxD	Receive Data	수신 데이터	DCE	필수 연결선
4	RTS	Request To Send	송신 요청	DCE	
5	CTS	Clear To Send	송신을 위한 설정	DTE	
6	DSR	Data Set Ready	데이터 준비 완료	DTE	
7	SIG	Signal Ground	접지선		필수 연결선
8	CD	Carrier Datect	반송자 감지	DTE	
20	DTR	Data Terminal Ready	데이터 단말기 준비	DCE	
22	RI	Ring Indication	벨 지시기	DTE	

〈RSACi의 기준〉

폭력
레벨 4－강간 또는 이유 없고 근거 없는 폭력
레벨 3－인간을 향한 도발적인 폭력과 죽음
레벨 2－실제적 사물의 파괴
레벨 1－인간에게 상처를 입힘
레벨 0－위의 사항 또는 비슷한 성격의 스포츠들과 상관 없음

누드
레벨 4－전면적 노출 중에서도 이유가 없는 것으로 판정되는 것들
레벨 3－전면적 노출
레벨 2－부분적 노출
레벨 1－부분적 의상 착용
레벨 0－위의 사항 어느 것에도 해당 안 됨

성(性)
레벨 4－명백한 성행위 또는 성범죄
레벨 3－명백하지는 않은 성행위
레벨 2－의복을 입은 상태에서의 성적 접촉
레벨 1－열정적 키스
레벨 0－위의 사항 어느 것에도 해당 안 됨, 낭만적이고 순수한 키스

언어
레벨 4－적나라하고 상스러운 언어 또는 극단적으로 증오하는 언급
레벨 3－거친 언어 또는 혐오스런 언급
레벨 2－지나치지 않은 저속어 또는 불경스러움
레벨 1－적당한 저속어의 덧붙임
레벨 0－위의 사항 어느 것에도 해당 안됨

이와 같이 분류한다는 것은 어쩌면 좀 우습기도 하고 때론 자의적일 수 있다는 위험을 안고 있지만 어느 정도 공감대를 이끌어낼 수 있다. 대부분의 프로그램들은 위의 표준을 기반으로 제작되었다.

RSCS 원격 스풀링 통신 시스템 remote spooling and communication system의 약어. 통신 네트워크를 통하여 원격 작업 스테이션과 컴퓨터 사이에 데이터 파일을 전송하는 작업을 지원해주는 시스템으로서, 컴퓨터 시스템과 원격 작업 스테이션 사이의 일상적인 전송뿐만 아니라 동일한 실제 기계 상에 존재하는 가상 기계들 사이의 파일 전송에도 편리한 수단을 제공한다. RSCS에서 원격지의 컴퓨터로 전송할 때에는 인접 컴퓨터의 RSCS로 파일을 보내며, 그 파일이 목적지에 도착될 때까지 이 작업은 계속된다.

RSDS 상대 순차 데이터 세트 relative sequential data set의 약어.

RS flip-flop RS 플립플롭 세트 입력과 리셋 입력과의 단자가 각각 다른 플립플롭이며 세트 펄스와 리셋 펄스가 동시에 오면 출력은 불안정하게 되기 때문에 사용상 주의를 요한다.

rsh 리모트 셸 ⇨ remote shell

rshell[ά:r ʃél] 자원의 기밀 보호, 커맨드의 사용 범위 등을 제한하며, 본 셸(Bourne shell)의 기능 중 초보자용으로 일부 기능을 제한한 셸.

RSI 탐색 기억 장치 인터페이스 research storage interface의 약어. 저장 파일 인덱스와 같은 탐색 장치(RSS)의 목적물과 관련 연산자로 구성되며 RDS에 의해 목적물로 사용되는 인터페이스.

RS indicator RS 표지, 워크 세션 재개시 표지 resume work session indicator의 약어.

RSL 레지스터 센더 링크 register sender link의 약어.

RS latch RS 래치 한 비트의 데이터 저장 기능을 갖는 회로.

RSL/REVS 소프트웨어 요구 기술 언어/기계 처리 지원 소프트웨어 requirements statement language/requirements engineering and validation system의 약어. 미국 TRW 사의 소프트웨어 요구 분석과 정의를 위한 일련의 방법론(SREM) 중에서 사용되는 소프트웨어 요구 기술 언어(RSL)와 그 기계 처리 지원 소프트웨어(REVS).

RSM (1) **기억 관리 프로그램, 실기억 관리** real storage management의 약어. (2) **실기억 장치 관리자** real storage manager의 약어. RSM은 기억 장치의 사용을 관리하고 페이지 기법을 사용하는 장치로 페이지를 이동시키며, 시스템 자원 관리자(SRM)로부터 도움을 받는다. 또한 RSM은 시스템에 의해 사용되는 서비스 루틴을 갖는데, 페이지 결함 처리, 가상 입출력 및 실기억 장치를 단절시키거나 연결시키는 기능 등이 포함된다. (3) **응답 곡면법** response surface methodology의 약어.

RS master/slave flip-flop RS 주종 플립플롭 정확히 동작을 위해 분리된 두 개의 플립플롭이 서로 주종 관계로 연결 구성된 플립플롭.

RS method RS법, 포화 복귀 기록 방식 return-to saturation method의 약어.

RSPT 실기억 페이지 테이블 real storage page table의 약어.

RSN real soon now의 약어. "지금 즉시!"의 뜻.

RSS 탐색 기억 장치 시스템 research storage system의 약어. 시스템 R의 접근 방법으로 주요 기능은 물리적 구조의 세부 사항을 다루고, 사용자에게 RSI(research storage interface)라는 인터페이스를 제공한다. RSS는 RSI에서 정의된 데이터를 유지하기 위하여 RSS 디렉토리를 만들어 이용하는데, 이 디렉토리에 의하여 RSS는 주어진 저장 파일의 모든 인덱스를 찾을 수 있다.

RSS directory 탐색 기억 장치 시스템 디렉토리 이 디렉토리는 데이터 베이스의 세그먼트에 따라 물리적으로 분산되는데, 각 세그먼트는 세그먼트를 기술한 미리 정의된 테이블과 데이터를 포함한다. 특별한 RSI 연산자는 디렉토리 레코드를 호출, 삽입, 삭제 및 갱신할 수 있다.

RST 재시동, 재시작 restart의 약어.

RST flip-flop RST 플립플롭 reset trigger flip-flop의 약어. 입력 단자로서 S, R 외에 클록 입력 단자 T를 가지며, 상보적인 출력 Q, Q를 갖는 플립플롭.

RSTRIPS R-스트립스 목적이 상호작용하는 문제를 피하기 위하여 목적 상태에서 역행하는 방식을 쓰는 STRIPS의 변형. 이를 위해서 RSTRIPS는 성취된 전제 조건 p와 결합하는 F 규칙, f1이 계획에서 나중에 실행될 다른 F 규칙, f2에 의해 필요하게 되면 f1은 적용되지 못하게 한다.

RSVC 상주 감독자 호출 resident supervisor call의 약어.

RSVP 자원 예약 프로토콜 resource reservation protocol의 약어. IP 네트워크에서 이용하는 라우터 상호간에 특정 통신 채널의 전송 대역을 관리하기 위한 프로토콜. TCP/IP의 상위 프로토콜 기능이며 IETF에서 표준화 작업이 진행중이다. 단말기 상의 응용 프로그램 및 라우터에 장착된다. 멀티미디어 통신 등은 일정한 전송 속도를 유지하며 데이터를 송수신해야 하는데, 인터넷 등의 IP 네트워크 상에서는 전송 속도를 보증할 수 없다. RSVP는 IP 네트워크의 병목 현상이 일어나기 쉬운 WAN측 회선 부분의 대역을 확보한다. 단말기의 응용 프로그램에서 라우터에 대해 일정 전송 속도의 예약을 신청하면 라우터는 네트워크 상황에 대응하여 그 응용 프로그램에 대해 대역을 확보한다.

RTA RAS 비상주 영역 RAS transient area의 약어. ⇨ RAS transient area

RTAM 원격 단말 액세스법 remote terminal access method의 약어.

RTB 응답 대 처리율 바이어스 response/throughput bias의 약어.

RTBM (1) **실시간 비트 매핑** real time bit mapping의 약어. (2) read the bloody manual의 약어. "매뉴얼을 읽고 다시 시작하라"라는 뜻.

RTC 리얼 타임 클록, 실시간 클록, 실시간 시계 real time clock의 약어. ⇨ real time clock

RTCC 실시간 컴퓨터 복합체 real time computer complex의 약어. 대표적인 것에는 미국의 아폴로 계획에서 사용되고 있는 것으로, 우주선으로부터의 데이터를 휴스톤에 있는 RTCC에서 처리하여 비행 센터의 관제관에게 3초 이내에 표시 장치에서의 출력을 제공할 수 있게 되는 것.

RTCF 실시간 처리 기능 real time control facility의 약어.

RTE 실시간 관리 real time executive의 약어. 다중 프로그래밍, 우선 순위 계획을 가진 우선 처리, 즉 전후위 처리 시스템, 인터럽트 취급과 프로그램 로드(load) 후 수행 능력 등을 제공하는 소프트웨어.

RTF rich text format의 약어. 마이크로소프트 사가 배포한 파일 포맷. 사용자가 텍스트 파일을 포매팅 요소, 폰트 정보, 텍스트 색깔, 페이지 정보 등이 손상되지 않은 채로 자신의 워드 프로세서에 저장하는 것을 가능하게 해준다. RTF 포맷은 모든 종류의 워드프로세서들 사이에 교환이 가능하다.

RTFM (1) read the formating manual의 약어. 사용자들의 어리석은 질문에 기술적인 지원 컨설턴트를 해주는 것에 지쳤을 때 사용자들에게 보여주는 고전적인 반응을 줄여서 나타낸 말. (2) read the fabulous manual의 약어. 온라인 통신에서 '관련된 매뉴얼을 읽으시오'라는 뜻으로 누군가 간단하고 흔한 질문에 답할 때 종종 사용된다.

RTL (1) **레지스터 트랜스퍼 언어** register transfer language의 약어. (2) **저항-트랜지스터 논리 회로**

resistor transistor logic의 약어. 저항 결합의 저항을 통해 트랜지스터에 결합된 입력을 갖는 직렬형 트랜지스터 논리 회로. 이 계열의 기본적인 게이트는 NOR 게이트이다. 저항과 트랜지스터로 구성된 논리 회로로서 DCTL(직결형 트랜지스터 논리)에 비해서 동작 속도가 늦다.

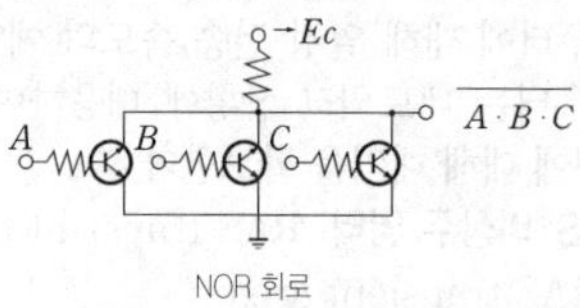

〈RTL 회로의 예〉

RTM (1) **회복 수료 관리 프로그램, 회복 종료 관리 프로그램** recovery termination manager의 약어. (2) **저항 트랜스퍼 모듈** resister transfer module의 약어.

RTN 순환 천이망 recursive transition network의 약어. 문맥 자유 언어를 구문 분석하기 위한 자연 언어의 분석 기법 중의 하나. RTN은 상태를 나타내는 노드와 상태를 변화시키는 아크(arc)로 구성된다.

RTOS 실시간 운영 체제 real time operating system의 약어.

RTP routing table protocol의 약어. RTP는 들어오는 전화를 다루는 데 필요한 일련의 단계 및 규정을 나열하는 통신 프로토콜. 라우팅 테이블은 원거리 네트워크를 통해 밖으로 나가는 전화의 방향을 잡아주는 데 사용된다.

RTS 송신 요구 ready to send의 약어. 표준 모뎀 제어 신호의 하나. 직렬 입출력 장치가 데이터를 전송할 준비가 되어 있다는 것을 나타내기 위해 사용한다. ⇨ ready to send

RTS/CTS control RTS/CTS 제어 XON/ XOFF 흐름 제어와 유사한 또 다른 속도 매칭 기법에 송신 요구/송신 허가 방법이 있다. 이 방법은 시스템과 모뎀 또는 통신 장치 간에서 전기 신호와 로직을 사용하여 데이터의 흐름을 제어한다. Telnet과 미국 이외의 나라의 데이터 네트워크와 같은 부가 가치 네트워크(VAN)에서는 이 기법을 많이 사용한다. 또한 이 기법은 메인프레임 컴퓨터와 통신에도 사용된다.

RTV real time video의 약어. DVI의 화상 압축 방식의 하나. 알고리즘은 단순하고, DVI를 재생하는 것과 동일한 전용 칩을 사용하고, 리얼 타임에 가까운 시간으로 압축한다. 단, 압축 비율은 작다. 화소 수를 120×240, 매초 30프레임으로 대응하기 때문에 화질은 조잡하다. ⇨ DVI, PLV

RU (1) **요구 응답 단위** request response unit의 약어. (2) **응답 단위** response unit의 약어.

rubber-banding [rʌ́bər bǽndiŋ] **양단 묶음** 대화식 그래픽에서 선(線)의 시작과 끝점에 제약을 두는 것.

rub-out [rʌ́(:)b áut] **말소**

rub-out character [–kǽrəktər] **말소 문자**

ruby [rú:bi(:)] *n. a.* **루비** 문자를 판독하는 방법을 표기하거나 의미를 강조하기 위해서 문자의 옆에 첨부하는 것.

ruggedized computer [rʌ́gədàizd kəmpjú:tər] **러기다이즈드 컴퓨터** 우주선, 선박, 항공기, 농기계 등에서 사용하기 위해 주위의 악조건 환경에 대해서 신뢰성이 뛰어나고 특수한 전원 전압을 이용할 수 있는 특수한 컴퓨터.

RUIOS aRe yoU In Outer Space?의 약어. "당신은 외계인이야", "당신은 지구에 사는 사람이 아니야"의 뜻.

rule [rú:l] *n.* **규칙** 연산, 조작, 절차 등의 행위나 행동에 대하여 따라야 할 일정한 규율.

rule-based system [–béist sístəm] **규칙 기반 시스템** 문제 해결에서 어떤 전제를 설정하고 그것에 기반해서 결론을 도출해내는 if-then 규칙을 적용하는 전문가 시스템. 생성 시스템이나 추론 시스템이 이에 속한다.

ruled line [rú:ld láin] **괘선** 도표 등에 사용되는 가로 또는 세로로 긋는 선.

ruler [rú:lə] **눈금자** 들여쓰기 등을 확인, 이동하기 위한 화면상의 자와 같은 눈금.

rules of decistion [rú:lz əv disíʒən] **판정 법칙**

rules of inference [–ínfərəns] **추론 규칙** 어떤 이론을 논리에 기초하여 형식화할 때 주어지는 규칙이며, 몇 개의 논리식으로부터 다른 논리식을 유도하기 위한 규칙을 말한다.

RUMOF aRe yoU Male Or Female?의 약어. "당신은 남자입니까 혹은 여자입니까?"의 뜻.

run [rʌ́n] *n.* **실행** 「달리다」, 「운전하다」라는 의미에서 컴퓨터 용어로는 프로그램의 「실행」을 표시한다. 컴퓨터에 의해 하나의 명령 또는 프로그램 가운데 여러 개의 명령을 수행하는 처리로 되어 있다. 영문 용어로는 「실행」이 사용되고 있다. 이용자 입장에서 본 경우 컴퓨터를 실행시키는 일의 단위인 작업(job)과 같은 뜻으로 이용되는 경우도 있다. 런 스트림(run stream)의 경우를 작업 스트림(job stream)이라고도 한다. 1회의 프로그램 실행으로 어떤 문제를 해결하거나 파일을 검색하거나 모든 레코드 데이터를 갱신하는 등, 다양한 동작을 수행한다. 이러한 동작 사이에 인간은 개입하지 않으며 컴퓨터는 정지하는 일이 없다. run(running)이라고 하면, 컴퓨터가 실제로 작동하고 있는 시간, 즉 번역 등이 행하여지고 있는 시간을 뺀 시간을 표시한다. 또 실행 단계의 것을 running phase 또는 execution phase라고도 한다.

run administration[–ədmìnistréiʃən] **실행 관리** 필요로 하는 정보를 만들기 위해 생산 실행을 관리하는 것. 구체적인 관리 부문으로는 실행 스케줄링, 입출력 데이터 관리, 운영 관리, 프로그램 관리 등이 있다.

run authority[–əθɔ́ːriti(ː)] **실행 권한** 프로그램을 실행시킬 수 있는 권한. 프로그램의 생성자는 자동적으로 그 프로그램에 대해 권한을 갖는다.

run away[–əwéi] **폭주** 프로그램의 오류 등으로 컴퓨터가 제대로 작동되지 않고 손을 쓸 수 없게 되는 상태. 폭주가 일어나면 표시 장치상에 이상한 문자열 등이 나타나기도 하고, 키보드에서 입력을 하려 해도 전혀 받아들여지지 않는다. 이때에는 리셋 스위치를 눌러 재시동시켜 정상 상태로 되돌리는 방법밖에 없다.

run away task[–tǽsk] **이탈 태스크** CICS(고객 정보 관리 시스템)에서 사용자가 원하는 시간 내에 제어를 그 사용자에게 넘겨주지 못하는 태스크.

run book[–búk] **실행서, 실행 지침서** 어의(語意)는 "컴퓨터의 조작 설명서"이며, 기계화 업무별로 작성된다. 어떤 정해진 계산을 언제나 같은 오퍼레이터가 취급한다고는 한정할 수 없다. 그래서 누구라도 쉽게 그 계산의 순서, 취급 방법을 알 수 있도록 설명서가 작성되어 있는데, 이것을 실행서라고 한다. 주요 기술 내용은 프로그램 구성과 그 처리 순서, 자기 테이프 등 주변 장치의 사용 스케줄, 입출력 데이터의 양식 등이며, 에러의 방지와 후일의 시스템 변경이나 프로그램 수정에 준비하기 위한 것이다. 순서를 나타내는 데 편리하게 차트나 다이어그램의 형식으로 되어 있는 경우가 있는데, 그 때에는 런 차트(run chart), 런 다이어그램(run diagram)이라는 것이 있다.

run chart[–tʃáːrt] **실행 도표** 1회 이상 프로그램의 수행을 위한 입출력을 나타내는 도표.

run command[–kəmáːnd] **실행 명령**

run deck[–dék] **실행용 덱**

run diagram[–dáiəgræ̀m] **실행 다이어그램** 새로이 갱신된 파일, 변환된 리스트, 특별한 기록 등을 산출하기 위해 프로그램 통제 하에 함께 처리될 파일, 트랜잭션, 정보, 자료 등을 그래프적으로 표현한 것.

run duration[–dju(ː)réiʃən] **실행 시간, 실행 계속 시간** 목적 프로그램의 실행에 요하는 경과 시간.

Runge-Kutta-Gill method **룬게-쿠타-길법** 룬게-쿠타법을 개량한 것으로 계산할 때 차지하는 기억 용량이 적어지고 또 라운드 오차도 적다.

Runge-Kutta method **룬게-쿠타법** 수치 해법(numerical solution)의 일종. 상미분 방정식의 수치 적분을 구하는 공식 중 이른바 전진형(前進形) 공식에 속하는 것으로 3점 $x_n=(nh+x_0)$, $x_{n+1}=(x_n+h)$ 및 $x_{n+11/2}=(x_n+1/2\,h)$에서의 구배와 구간의 폭을 이용하여 얻어진 높이를 가중 평균하여 y_{n+1}을 구하는 것이다. $O(h^5)$의 쳐서 끊는 오차를 가진 공식은 다음과 같다.

$$y_{n+1}=y_n+(k_1+2k_2+2k_3+k_4)/6$$
$$k_1=h\cdot f(x_n,\ y_n)$$
$$k_2=h\cdot f(x_{n+1/2},\ y_n+k_1/2)$$
$$k_3=h\cdot f(x_{n+1/2},\ y+k_2/2)$$
$$k_4=h\cdot f(x_{n+1},\ y+k_3)$$

run length[rʌ́n lǽŋkθ] **런 길이**

run length coding[–kóudiŋ] **런 길이 부호화** 중복도를 억제하는 방법으로서 유효하다. 대표적인 것에 변형 허프만(modified Huffman) 부호화 방식, 와일(Whyle) 부호화 방식 등이 있으며, 팩시밀리 전송이나 도형 패턴의 압축에서 사용하는 부호와 방식의 일종. 한 줄의 주사선 상에서 백 또는 흑의 화소가 연속하여 출현할 때 연속하는 동일한 화소(run)를 그대로 전송하는 것이 아니고 런의 길이를 단계적으로 2진 부호화하는 방식이다.

run length encoding[–inkóudiŋ] **런 길이 부호화** 흑백 혹은 만화 형식의 선 위주의 그래픽 파일 크기를 줄이는 압축 기술. 이 기술은 같은 색깔의 런(runs ; 화소)을 한 문자로 대치하여 효과를 낸다. 런이 많을수록 런의 열이 길수록 압축률은 더욱 높다.

run level[–lévəl] **실행 레벨** 컴퓨터 시스템을 동작시킬 때의 레벨. 지정한 레벨에 따라서 싱글 유저 모드나 멀티 유저 모드가 된다.

run manual[–mǽnjuəl] **실행 안내서** 처리 시스템, 프로그램 방법, 제어, 프로그램 변경, 컴퓨터에서의 실행과 관련한 조작 명령을 기록한 매뉴얼 또는 책.

run mode[–móud] **실행 모드** 기억 장치 카드나 소자에 들어 있는 실행 명령을 자동적으로 실행할 때 컴퓨터가 실행되는 양식.

running[rʌ́niŋ] *n.* **실행, 주행** 실행은 커널 실행, 사용자 실행으로 나눌 수 있는데, 프로세스가 커널 모드에 있을 때 커널 실행이라 하고, 사용자 모드에 있을 때 사용자 실행이라 한다. 사용자 실행에서는 자신의 명령들과 데이터만 접근 가능하지만 커널 실행에서는 커널과 다른 프로세스의 명령이나 데이터에 접근할 수 있다.

running accumulator[−əkjúːmjulèitər] **실행 누적기** ⇨ push down storage

running cost[−kɔ̀st] **운영 비용** 시스템이나 기기 운용에 드는 비용. 제품 가격 이외의 전기 요금이나 소모품비, 보급재나 보수 점검에 드는 비용 등을 가리킨다. 단위 기간당 운영 비용으로 성능을 판단하는 경우도 있다.

running in parallel[−in pərélәl] **병렬 수행** 현재 수행하고 있는 프로그램과 함께 새로운 프로그램이 실행되는 상태.

running open[−óupən] **실행 개방** 전신에서 개방 회선 또는 무전선 회선에 접속되어 있는 기계에 관한 용어. 타이프 해머가 끊임없이 타이프 박스를 두드리고 있어 가동하는 것같이 보이지만 실제로 페이지는 앞으로 나아가지 않는다. 이는 개방 회선이 보드 문자의 스페이스나 널(null) 문자로 해독되기 때문이다.

running phase[−féiz] **실행 단계** (1) 컴퓨터에 의한 처리중 입력 언어의 번역이나 결합 편집 등의 전처리에 대하여, 실제의 프로그램 실행을 하는 단계를 말한다. (2) 주행에 관한 논리적인 일부로 목적 프로그램의 실행을 포함하는 것.

running process number[−prάses nʌ́mbər] **실행 처리 번호**

running routine[−ruːtíːn] **실행 루틴**

running state[−stéit] **실행 상태, 주행 상태** 프로세스가 CPU를 할당받아 사용자 모드나 커널 모드에서 실행중인 상태.

running time[−tάim] **실행 시간** 컴퓨터가 명령을 실행하고 있는 정미(正味) 시간. 프로그램이 커도 실제 처리에서 분기가 많아 명령 주행 단계 수가 적은 경우에는 실행 시간이 짧고 반대로 작은 프로그램이라도 루프가 많아 주행 단계 수가 많은 경우에는 실행 시간은 길어진다. ⇨ run duration

run occurrence number[rʌ́n əkə́ːrəns nʌ́mbər] **실행 출현 번호**

run off[−ɔ́(ː)f] **런 오프** ⇨ roff

run out[−άut] **런 아웃** 자기 디스크나 스핀들 등의 회전체의 수평 방향, 수직 방향의 「진동」.

run phase[−féiz] **실행 단계** 컴파일 후에 목적 프로그램이 수행되는 기간으로서 수행 단계 또는 목적 단계라고 한다.

runs[rʌ́nz] **연속** "0"과 "1"로 이루어진 코드에서 같은 숫자가 연달아 나온 형태.

run schedule[rʌ́n skédʒul] **실행 일정** 컴퓨터에서 작업(job)이 처리되는 시간에 따라서 수행될 작업을 일정한 순서로 나열하는 것.

run state[−stéit] **실행 상태** 컴퓨터가 명령을 실행하고 있는 상태. 대기 상태(wait state)와 대비된다.

run stream[−stríːm] **실행 흐름** 실행되어야 할 몇 가지 작업(job)의 모든 또는 그 부분을 표현한 것의 열(列)이며, 운영 체제로 건네지는 것. ⇨ job stream, input stream

run time[−tάim] **실행 시간** 목표 프로그램을 완전히 한 번에 연속적으로 실행하는 데 걸리는 시간.

run time address[−ədrés] **실행 시간 주소** 실행 시간에 배정되는 기억 장소를 분류해보면 사용자 프로그램의 목적 코드, 입력, 출력을 위한 버퍼, 시스템 루틴, 또 이 밖에 변수들이나 기타 정보를 배정하기 위한 실행 시간 스택이 있는데, 이때 기억 장소를 참조하기 위한 주소.

run time control system[−kəntróul sístəm] **실행 시간 제어 시스템** 프리컴파일된 응용 프로그램을 실행하기 위한 기능을 제공하는 RDS의 한 구성 요소.

run time error[−érər] **실행 시간 오류** 프로그램 실행중에 나타나 실행에 영향을 미치는 오류.

run time library[−lάibrəri(ː)] **실행 시간 라이브러리** 프로그램 라이브러리의 일종으로, 특히 프로그램의 실행시에 사용하는 서브루틴을 수용하는 라이브러리이다. COBOL, FORTRAN 등의 프로그램 언어에서 컴파일되는 서브루틴을 직접 프로그램 중에 꾸며넣지 않고 서브루틴과의 링키지만을 만들어 프로그램의 실행시에 서브루틴을 기억시켜 사용한다. 이들을 COBOL, FORTRAN의 실행 시간 라이브러리라 하고, 라이브러리 기억 영역 및 프로그램의 기억 영역을 유효하게 활용한다.

run time module[−mάdʒuːl] **실행 시간 모듈** 프로그램을 실행할 때 참조, 실행되는 외부 프로그램. 운영 체제나 개발 환경으로부터 제공되는 임의 라이브러리나 프로그램 작성자에 의해 만들어진 것을 가리킨다.

run time overhead[−óuvərhè(ː)d] **실행 시간 추가 비용** 디스크 스케줄링을 구현하는 것이 바람직한가를 결정하는 하나의 기준으로 디스크 스케줄링을 구현하는 데 소요되는 비용. 시스템의 중앙 처리 장치가 부과된 작업과는 관계없는 작업 처리에 그 수행 시간을 소비함으로써 초래되는 비용. 예를 들면, 교착 상태가 존재하는지를 발견하기 위한 작업들이 이러한 비용을 초래한다.

run time parameter[−pərǽmətər] **실행 시간 파라미터** 입력 장치의 할당 등 프로그램 실행시(런 타임), 필요하게 되는 정보를 건네기 위한 파라미터.

run time routine[−ruːtíːn] **실행 시간 루틴**

컴파일이 끝난 기계어로 변환(번역)된 프로그램을 실행시킬 때 쓰는 루틴군(群).

run time stack[–stǽk] **실행 시간 스택** 프로그램 수행중에 필요한 정보들을 저장하는 스택. 부프로그램이 호출되고 반환될 때 주로 쓰인다.

run time storage management[–stɔ́:ridʒ mǽnidʒmənt] **실행 시간 기억 장소 관리** 기억 장소의 할당, 회수 등을 실행시에 해주는 것.

run time supervisor[–sù:pərváizər] **실행 시간 감독기** 응용 프로그램의 데이터 베이스 연산 실행 요구시, 수행되면서 적절한 응용 계획을 선정하여 실행하도록 해주는 DB2의 주요 구성 프로그램.

run time support[–səpɔ́:rt] **실행 시간 지원** 실행되어야 할 프로시저 혹은 제작되어야 할 데이터를 위해서 기억 장소를 할당하고 수거하는 역할을 하는 작용.

run time support package[–pǽkidʒ] **실행 시간 지원 패키지** 실행되어야 할 프로시저 또는 제작되어야 할 데이터를 위해서 기억 장소를 할당하고 수거하는 역할을 하는 작용.

run time system[–sístəm] **실행 시간 시스템**

run time version[–və́:rʃən] **실행 시간 버전** 가능한 프로그램 코드. 일반적으로 컴파일이 완료되었기 때문에 사용자 커맨드 시퀀스 하에서 대부분의 데이터 세트에 대해서 오류 없이 동작할 수 있다.

run unit[–jú:nit] **실행 단위** 많은 사용자가 파라미터를 통해 하나의 응용 프로그램을 실행할 때 각 사용자를 위한 응용 프로그램 실행을 실행 단위라고 한다.

run wave marketing[-wéiv má:rkitiŋ] **런 웨이브 마케팅** 네트워크가 급성장함에 따라 매체 환경이 변하면서 광고 · 미디어 시장은 더 이상 전통적 4대 매체(TV · 라디오 · 신문 · 잡지)에 의해서만 효과를 보기는 힘든 상황으로 변하였다. 이에 기존 광고의 저효율과 오용을 막고 광고 효과와 가치를 극대화하기 위하여 4대 매체뿐 아니라 블로그 · 카페 등의 인터넷 커뮤니티, UCC, 트위터 · 페이스북 · 미투데이 등의 소셜 네트워크 서비스(SNS), 모바일, 서포터즈, 캠페인 등의 다양한 매체와 방법들을 통합해서 관리하고, 상호 매체들 간의 유기적인 네트워크를 통하여 마케팅 툴을 체계화시킨 것이다.

Russell's paradox[rʌ́lsəlz pǽrədɑ̀ks] **러셀의 역리(逆理)** B.A. Russell에 의해 발견된 집합론상의 역리이다. 모든 집합을 두 종류로 분류함에 있어서 자기 자신을 요소로 포함하지 않는 집합을 제1종 집합, 자신을 요소로 포함한 집합을 제2종 집합이라 한다. 여기서 제1종 집합을 하나로 묶어 집합을 만들고 이것을 M이라고 한다. 그러면 기묘한 일이 발생한다. 즉, M이 제1종 집합에 속하는지 제2종 집합에 속하는지를 생각한다. M이 제1종 집합에 속한다고 가정하면 M은 M 자신을 요소로서 포함하게 되며, 이것은 제2종 집합으로 되어 가정에 어긋난다. 다음에 M이 제2종 집합에 속한다고 가정하면 제2종의 정의에 의해 M은 M 자신을 요소로서 포함하는 것이 되어 M의 정의에 반한다. 즉, M은 제1종 집합으로서도 제2종 집합으로서도 모순을 일으킨다. 이것을 러셀의 역리라고 한다.

R-value **오른쪽 값** right value의 약어. 연산자의 왼쪽은 위치를, 오른쪽은 값을 의미하므로 변수 이름을 값과 관련시켜 언급하게 될 때는 오른쪽 값(R-value)으로 부르고, 위치와 관련시켜 언급할 때는 왼쪽 값(L-value)으로 부른다. 프로그래밍 언어에서 단순 변수명으로 된 수식은 그 이름 자체로써 값(R-value)과 위치(L-value)를 모두 내포할 수 있다. 연산자가 들어 있는 수식의 오른쪽 값은 그 수식을 계산한 값이며, 이러한 경우 이 수식의 왼쪽 값은 일반적으로 존재하지 않는다.

RVI **역인터럽트** reverse interrupt의 약어.

R/W **판독/기록** read/write의 약어.

RWC **실세계 정보 처리** real world computing의 약어. 21세기의 정보 처리 기반 기술을 목표로 하여 일본에서 시작된 신정보 처리 기술 개발(NIPT ; new information processing technology)의 별칭으로 컴퓨터를 이용하여 인간, 사회, 자연이 만들어내는 정보를 직접 취급한다. 화상, 음성, 영상, 문제 해결, 제어, 계획, 지구 환경 등 현실 세계의 다양한 과제들을 유연한 정보 처리와 초병렬 초분산 처리로 해결하려는 것이다. 논리나 패턴에 관한 기초 이론이나 그들을 취급하기 위한 정보 처리 기구의 설계, 나아가 실제 컴퓨터 시스템의 개발 등이 중심 과제이다. 뇌 모델 연구나 정보 세계의 환경 요인의 연구를 통합하는 분야이다.

RWCS **보고서 작성 관리 시스템** report writer control system의 약어.

RWD **되감기** rewind의 약어. 테이프의 릴(reel)을 되감기 위해 첨가된 프로그램 용어. 테이프의 질을 되감기 위해 첨가된 프로그램 제어 명령어.

R/W head **판독/기록 헤드** read/write head의 약어. 자기 표면의 자기화된 점들을 지우고 읽고 기록하기 위한 작은 전자석. 자기 헤드, 판독 헤드, 기록 헤드라고도 한다.

RWM **판독/기록 기억 소자** read write memory의 약어.

R/W strobe **판독/기록 스트로브** read/write strobe의 약어.

RZ (1) **극성 제로 복귀 기록** polarized return to

zero recording의 약어. (2) **제로 복귀 기록** return to zero의 약어. 자기 테이프 표면에 정보를 기록하는 방법으로 기록 헤드 와인딩을 통과한 전류는 펄스가 나간 후에 제로(0)로 돌아가게 하는 방식. (3) **제로 복귀 기록** return to zero recording의 약어. ⇨ return to zero recording

RZ method **RZ법, 제로 복귀 기록 방식** return to zero method의 약어.

RZP **극성 제로 복귀 기록** 0은 어느 방향의 자화에 의해서 표현되고, 1은 반대 방향의 자화로 나타내는 제로 복귀 기록. ⇨ polarized return to zero recording

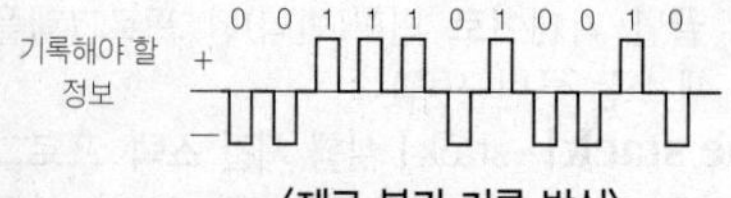

〈제로 복귀 기록 방식〉

RZP recording **RZP, 극성 제로 복귀 기록 방식** polarized return to zero recording의 약어.

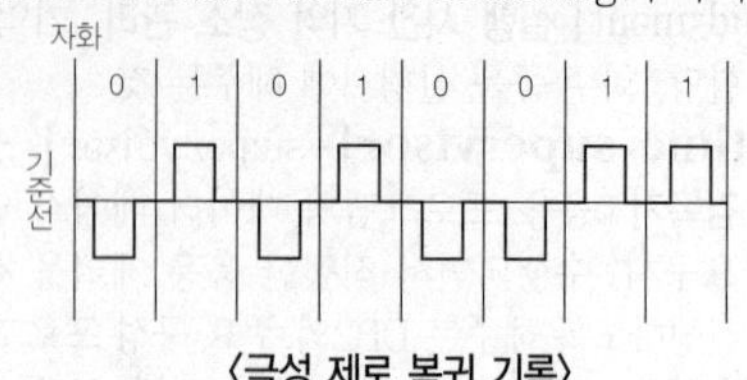

〈극성 제로 복귀 기록〉

S

S [és] **에스** second, select, sign, source, strobe, switch, system의 약어.

S3 그래픽 가속기 등을 중심으로 개발, 판매하는 하드웨어 회사. 한때는 3D 그래픽 가속기 시장의 60% 이상을 점유하기도 했다. Sight, Sound, Speed를 회사 이념으로 하고 있다. 1999년 6월에 MP3 플레이어 「Rio」와 그래픽 보드로 알려진 미국 다이아몬드 멀티미디어 시스템즈 사를 매수하였다. 주력 제품은 그래픽용 칩 「saveg」 시리즈이다. 2000년 4월 PC 그래픽 칩 사업을 대만의 VLA 테크놀러지 사와 설립한 합병 회사에 매각하고 사업의 중심을 인터넷 관련 분야로 옮겼다.

S400 speed 400Mbps의 약어. ⇨ IEEE1394

SA (1) **서비스 가용성** service availability의 약어. (2) **스토어 오토메이션** store automation의 약어. 사무 부문의 효율화를 추진하는 OA(office automation), 생산 현장의 합리화를 꾀하는 FA (factory automation)에 대해서 백화점, 소매점 등의 점포에서 업무를 정확히 하고 에너지 절약을 위해 컴퓨터 등의 기기를 도입하는 것, POS(point of sales) 시스템에 의한 판매 관리, EOS에 의한 발주 데이터 처리, ID 카드에 의한 종업원 관리 등의 시스템이 SA의 주요한 사례이다.

SAA 시스템 응용 구조 system application architecture의 약어. 소프트웨어 개발 체계의 일종. 일반적으로 컴퓨터는 제품 계열마다 설계 형식이 다르며, 사용할 운영 체제도 천차 만별이다. 네트워크 기술의 진보에 따라 타 기종 간에도 데이터나 메시지를 주고받을 수 있게 되었으나 소프트웨어는 기종마다 일일이 바꾸어 만들 필요가 있다. 그러나 SAA는 범용기에서 퍼스널 컴퓨터까지 어느 기종으로 만든 응용 소프트웨어도 자유롭게 이용할 수 있게 하는 소프트웨어 개발 체계이다.

SABM 세트 비동기 평형 방식 set asynchronous balanced mode의 약어. 주소 필드에 표시한 복합국에 비동기 평형 모드로 동작할 것을 요구하는 명령을 하는 데이터 연결 계층에서 쓰이는 프로토콜의 하나인 HDLC 프레임의 한 종류.

SABRE 사브레 semi-automatic business research의 약어. 1960년대 초기에 계획된 American Air Lines 사의 좌석 예약 시스템. 이 시스템은 전세계 약 1,100개 대리점에 단말 장치를 놓고 이것을 전용 전화 회선으로 중앙 대형 컴퓨터와 연결해서 좌석 예약 업무를 온라인 리얼 타임으로 처리한다. 복잡한 예약 방식에 응하기 위한 다수의 프로그램과 데이터를 저장해놓기 위한 막대한 랜덤 액세스 파일을 가지고 있는 것이 특징이다. 1964년에 개발되었다.

SAD 시스템 관리자 system administrator의 약어. 조직 내의 정보화를 책임지는 사람. 정보 처리에 관한 일련의 지식을 갖추고 있으며, 업무 개선을 위해 컴퓨터 시스템을 구축하고 운용한다.

saddle point [sǽdl pɔ́int] **안장점** 곡면상의 한 점을 나타내는 용어. 이 점을 지나는 직선들을 생각할 때 그 점이 최대점이 되는 직선과 최소점이 되는 직선이 모두 존재할 경우 그 점을 일컫는 말이다.

Sad Mac 새드 맥 매킨토시에서 표시되는 우는 얼굴 모양의 아이콘. 시동중 이상이 발생했을 때 그 원인을 나타내는 16진 코드와 함께 화면에 표시된다.

SADT 구조화 해석 및 설계 기법 structured analysis and design technique의 약어.

safe mode [séif móud] **안전 모드** 컴퓨터를 시동할 때 장애 발생 등을 막는 것을 목적으로 한 윈도 95/98의 특별 모드. 예를 들면, 새로운 주변 기기를 접속하고 그 주변 기기를 액세스한 후 운영 체제가 제대로 시동되지 않을 경우 안전 모드에서 드라이버를 버리고 원래 상태로 돌아가 시동할 수 있다.

safeguard [séifgὰ:rd] *n.* **보호하다** 컴퓨터 시스템에서는 이용자가 사용하는 프로그램이나 데이터가 부당하게 사용되는 것을 막기 위해서 하드웨어적 또는 소프트웨어적으로 보호(safeguard)될 필요가 있다. 예를 들면 컴퓨터 시스템을 이용할 때에는 그 이용자가 정당한 것인지의 여부를 확인하기 위해서 암호(password)를 입력(input)할 필요가 있다. 이렇게 함으로써 이용자의 자원(resource)에 대한 보호(protection)는 상당히 유효하게 행해진다. 이 보호는 시스템의 안전면에서도 필요하며, 부당한 이용자가 시스템에 대하여 손해(damage)를 주거나 하는 것을 막는 의미도 있다.

safe state [séif stéit] **안전 상태** 전체 자원의 할당 상황이 모든 사용자가 결국에는 작업을 완료할 수 있는 상태.

safety [séifti(:)] *n.* **안전성** 신뢰성에서는 요구된 기능을 수행함에 있어서의 기능 단위의 고장을 대상으로 하지만, 안전성에서는 인간이나 자재에 손상이나 손실을 줄 위험한 상태를 대상으로 한다. 즉, 자재의 손상이나 손실, 인간의 사상과 관련되는 상태가 존재하지 않는 것을 의미한다.

safety allowance [–əláuəns] **안전 재고량** 안전 여유라고도 일컫는데, 수요나 공급의 추정 오차에 따른 재고 부족을 방지하기 위해 여분으로 보유하는 재고량.

safety factor [–fǽktər] **안전 계수** 부품의 강도를 스트레스(혹은 부하(負荷))에서 뺀 값으로 이것을 S_F로 표시할 때, $S_F>1$이라면 안전, $S_F<1$이라면 불안전하다.

safety stock [–sták] **안전 재고** 안전 계수, 즉 서비스의 표준 레벨. 수요 예측에 대한 오차의 확률과 리드 타임 등의 여러 가지 요인을 포함해서 안전 재고량을 정하는 것으로 수요가 예상을 넘었다고 해도 표준적인 레벨에서 보증할 수 있는 예비 재고를 말한다.

SAG SQL 액세스 그룹 SQL Access Group의 약어. 미국을 중심으로 한 데이터 베이스 관계의 유력한 소프트웨어/하드웨어 벤더 40여 개 회사로 구성된 업계 단체. 데이터 베이스 관리 시스템의 서버와 클라이언트 간의 인터페이스 공통화 사양(SQL Access Specification)의 확립을 목표로 하고 있다. 이에 따라 서로 다른 벤더의 데이터 베이스 엔진(서버)에 각 사의 프런트엔드(클라이언트) 소프트웨어 공통으로 액세스할 수 있도록 한다. 오라클, 인포믹스 소프트웨어, 사이베이스, 유닉스 사 등 주된 컴퓨터 제조 업체 외에 X/Open도 멤버로 참가하고 있다.

sag [sǽ(:)g] *v.* **새그** (1) 사각형파를 증폭할 때 증폭기의 지역 특성이 양호하지 못해 파형이 찌그러지는 상태. (2) 사각형파를 회로에 입력한 경우에 출력 파형의 상하가 왜곡(일그러지는)되는 상태.

SAGE 세이지, 방공용 지령 제어 시스템 semi-automatic ground environment의 약어. 지령 관리 시스템의 대표적인 실시간 방공 시스템으로서 1957년에 개발된 가장 규모가 큰 것 가운데 하나이다. 이 시스템은 ① 레이더의 상을 추적하고 식별한다. ② 식별 결과, 필요에 따라 경보를 발한다. ③ 요격 시스템에 저지 수단을 명령한다. ④ 추격기를 대상물까지 유도한다의 네 가지 기능을 갖고 있다. 이 기능을 다하기 위해 CRT 디스플레이 장치와 라이트 건이 유효하게 사용되고 있다.

salami technique [səlɑ́:mi(:) tékni:k] **살라미 기법** 다량의 자원으로부터 그 양을 조금씩 빼내는 기법.

SAIL 세일 스탠포드 대학에서 인공 지능 프로젝트를 위하여 개발된 언어. ALGOL-60을 친(親)언어로 해서 연상 데이터 베이스와 각각에 대한 검색 결과인 집합 조작을 특징으로 한다.

sales engineer [séilz èndʒəníər] **판매 기술자** 컴퓨터 시스템을 납품한 후 보수를 담당하는 기술자.

sales forecasting model [–fɔ́:rkæ̀:stiŋ mɑ́dəl] **판매 예측 모델** 미리 준비되어야 할 데이터로는 시장의 규모, 판매 가격, 시장 전망, 제품 점유율, 경쟁사 동향 등으로서 판매 예측에 사용되는 모델.

salesman problem [séilzmæn prɑ́bləm] **판매원 문제** ⇨ traveling salesman problem

salesman's portable computer terminal [séilzmænz pɔ́:rtəbl kəmpjú:tər tə́:rminəl] **판매원 휴대용 컴퓨터 단말기** 어느 곳에나 휴대하고 다닐 수 있는 컴퓨터 단말기. 보통 이것은 표준 전화 수신기를 통해서 음향적으로 연결된다.

sales representative [séilz rèprizéntətiv] **판매 대리인** 컴퓨터의 하드웨어, 주변 장치 및 소프트웨어를 판매하는 사람.

Salton's magical automatic retrieval of texts 스마트 ⇨ SMART

salvage program [sǽlvidʒ próugræm] **구조 프로그램** 일반적인 절차로는 데이터 베이스의 회복이 불가능한 경우(로그의 손상 등)에 응급 복구를 위해 사용되는 루틴.

salvation program [sælvéiʃən próugræm] **구원 프로그램** 로그가 손상을 입은 경우와 같은 특별한 경우에 보통 일반 절차로는 데이터 베이스를 회복시킬 수 없으므로 이러한 경우 데이터 베이스의 취약 부분에 대해서 일관성을 검사하고 응급 조치로 오류를 교정하는 특별한 루틴.

SAM (1) **순차 액세스 기억 장치** sequential access memory의 약어. ⇨ sequential access memory (2) symantec antivirus for Macintosh의

약어. 매킨토시용의 바이러스 예방 소프트웨어.

SAM-E 확장 순차 액세스 방식 sequential access method extended의 약어.

same type [séim táip] **동일성**

SAMOS 사모스 stacked-gate avalanche injection MOS의 약어. FAMOS의 부유(浮遊) 게이트 상에 게이트를 둔(스택) 구조로 되어 있다. 정보의 기억과 판독은 FAMOS의 경우와 같으나 기록 전류를 저감할 수 있다는 특징을 갖는다. 전기적으로도 소거할 수 있으나 대개는 자외선 등으로 소거한다. 즉, EPROM(자외선 등의 조사로 소거, 기록이 가능한 PROM)에 사용하는 MOS 트랜지스터의 일종이다.

sample [sá:mpl] *n*. **표본, 본보기, 샘플, 견본** 많은 대상 중에서 임의로 몇 개의 본보기를 인출(引出)하여 견본을 의뢰하는 것.
[참고] 정의 영역 상에서 규칙적 또는 불규칙적으로 분리된 서로 다른 값에 대한 관계식을 구하는 것.
[주] 이 용어는 특정 분야, 예를 들면 통계학 등에서 별도의 의미로 사용되는 경우가 있다.

sample and hold [–ənd hóuld] **S/H, 표본 및 보존 유지** 외부로부터 지령을 받아 그 시간의 입력 아날로그 신호값을 기억하는 것. 입력 아날로그 신호값을 기록하기 위해 필요한 시간을 정착 시간(settling time)이라고 하며, 이 시간이 지난 다음에 올바른 값의 출력이 나오도록 되어 있다.

sample and hold amplifier [–ǽmplifàiər] **표본 유지 증폭기** 아날로그 신호를 받아서 저장하는 데 사용하는 증폭기. 시간에 따라 변하는 입력 신호를 2진화하는데, 연속적인 근사값을 취하는 아날로그-디지털 변환기와 함께 사용하면 특히 유용하다.

sample and hole device [–hɔ:l diváis] **표본 유지 장치** 아날로그 신호의 순간값을 검출하고 기억하는 장치.

sample audit review file [–ɔ́:dit rivjú: fáil] **SARF, 표본 감사 리뷰 파일**

sample change compaction [–tʃéindʒ kəmpǽkʃən] **표본 변화 압축**

sample correlation coefficient [–kɔ̀(:)rəléiʃən kòuəfíʃənt] **표본 상관 계수** 보통 γ로 나타내며, 표본 중 두 개의 부집단 간의 변량 상관을 측정하는 통계량.

sample data [–déitə] **표본 데이터** 작성한 프로그램이 논리적으로 정확하게 움직이는지의 여부를 조사하기 위한 데이터.

sample-data control system [–kəntróul sístəm] **표본값 제어계**

sample-data automatic control system [–ɔ̀:təmǽtik kəntróul sístəm] **표본값 자동 제어 시스템**

sampled-data control [sá:mpld déitə kəntróul] **표본값 제어** 연속적으로 변화하는 정보는 아날로그 파형으로 나타나며, 그 데이터를 일정 시간 간격마다 꺼낸 표본 데이터 신호를 사용하여 자동 제어하는 방식. 표본 데이터 신호는 본질적으로는 펄스 신호이므로 시분할로 여러 개의 값을 제어할 수 있다. 이러한 정보의 유연한 처리가 가능한 펄스 신호의 특징을 자동 제어로 발휘할 수 있다. 표본 데이터 신호는 어느 조건을 만족시키면 완전히 원래 연속 파형으로 재생한다.

sampled-data theory [–θíəri(:)] **표본값 논리**

sample deviation [sá:mpl dì:viéiʃən] **표본 분산** 표본값 $X_1, X_2, \cdots, X_n$의 분산을 표본 분산이라고 한다.

sample device [–diváis] **표본 장치** 그래픽 입력 장치의 위치와 같이 응용 프로그램이 현재 x와 y의 좌표 위치를 요구했을 때, 그 값을 입력시키는 장치.

sampled value [sá:mpld vǽlju:] **표본값** 표본화하여 꺼내진 값

sample function [sá:mpl fʌ́ŋkʃən] **견본 함수**

sample hold [–hóuld] **표본 유지** ⇨S/H, sample and hold

sample hold circuit [–sə́:rkit] **표본 유지 회로** 아날로그 회로의 진폭값을 지정된 시점에서 꺼내어(sample) 이것을 요구된 시간 동안 유지(hold)하는 회로. 아날로그 신호가 디지털화될 때, AD 변환 회로의 입력은 표본 유지 회로에 의해 주어진다.

sample inquiry [–inkwáiəri(:)] **표본 조사** 예를 들면 공장에서의 불량품 검사를 모든 제품에 대해서 하는 것이 아니라 임의로 제품을 선출하여 그것에 대해서만 행하는 조사. 조사 방법이 복잡하다든가 또는 개수가 많아서 시간이 걸릴 때 하는 방법이며, 샘플링(sampling)이라고도 한다.

sample mean [–mí:n] **표본 평균** 표본 N의 관측값을 $x_i(i=1, \cdots, n)$라 할 때 표본 분포의 중심적 지표로

$$\overline{x}=\sum_{i=1}^{n}x_i/n$$

으로 나타낸다. 시료 평균이라고도 한다.

sample only [–óunli(:)] **참고 출품** 개발중인 상품을 쇼 등을 통해 전시하는 것. 상품화의 단계까지 이르지 못한 제품이 대부분이지만 상품화의 시기를 명시한 것도 종종 있다.

sampler [sǽmplər] **표본화 장치** 표본 추출을 행하는 하드웨어. 특히 악기나 음성을 표본화하여 음

정을 변화시키는 전자 악기를 가리킨다. 표본 추출 주파수가 높을수록 원음에 가깝다.

sample space[–spéis] **표본 공간** 일정한 모집단으로부터 가능한 모든 방법으로 뽑은 크기 n인 모든 표본의 집합. 유한 또는 무한의 집합을 가리킨다.

sample variance[–vɛ́(ː)riəns] **샘플 분산** 표본 N개의 관측값을 $x_i(i=1, \cdots, n)$로 했을 때, 표본 분포의 평균값에서 벗어나는 것을 나타내는 지표로

$$s^2 = \sum_{i=1}^{n}(x_i - x^2)/n$$

로 나타낸다. 시료 분산이라고도 한다.

sampling [sǽːmpliŋ] *n.* **표본 추출, 샘플링, 표본화** (1) 일반적으로는 시간에 관하여 연속한 신호값을 일정 시간마다 발췌하는 것을 말하지만, 컴퓨터에서는 변수(variable)값을 일정 시간마다 기록하는 과정을 말한다. (2) 아날로그 신호파를 시간적으로 불연속인 디지털 신호로 인출(引出)하는 조작이며, A/D 변환기(A/D converter)나 시분할 다중 통신 등에서 널리 이용되고 있다. A/D 변환기에서는 연속한 전기 신호인 아날로그 신호를 이산적인 신호인 디지털 신호로 변환한다. 이것은 일정 주기마다 입력된 아날로그 전기 신호의 진폭을 측정하고, 「샘플링」을 한다. 이 샘플링된 진폭값을 미리 2진수 코드에 대응시켜 정해진 진폭값과 비교하여 가장 가까운 코드를 할당한다. 그리고 A/D 변환기는 이 코드를 디지털값으로 출력한다. (3) 비트 샘플링(bit sampling)이란 통신 제어 장치가 갖는 수신 부호 선택 기능이며, 모뎀에 의하여 직류 신호로 변환된 수신 부호 중에서 정확하게 비트를 인출하는 것.

sampling action [–ǽkʃən] **샘플링 동작**

sampling circuit[–sə́ːrkit] **샘플링 회로, 표본화 회로**

sampling control system[–kəntróul sístəm] **샘플링 제어 시스템**

sampling distribution[–dìstribjúːʃən] **표본 분포** 모집단으로부터 추출되는 일정한 크기의 표본들의 통계값은 또 하나의 통계 집단을 이루게 되는데, 이러한 표본의 통계 분포를 말한다.

sampling entropy index[–éntrəpi(ː) índeks] **샘플링 엔트로피 색인**

sampling error[–érər] **표본 오차** 샘플링에 수반된 오차. 샘플링 조사 결과에는 이 밖에 조사 개념의 규정, 조사법의 설계 등 계획시의 오차, 신고, 기입, 조사표 집계시의 오류 등이 포함되어 있다.

sampling frequency[–fríːkwənsi(ː)] **표본화 주파수** 음성 등의 연속 신호를 이산적인 시간에 대응하는 불연속적인 값의 집합으로 표시하는 것을 표본화라 하는데, 그 표본화를 하는 시간 간격을 결정하는 주파수.

sampling gate[–géit] **샘플링 게이트** 선택 펄스에 의해 구동될 때만 입력 파형으로부터의 정보를 추출하는 게이트 회로.

sampling interval[–íntərvəl] **표본화 간격**

sampling normal distribution[–nɔ́ːrməl dìstribjúːʃən] **표본 정규 분포** 표본 $(x_1, \cdots, x_n)$을 N개의 확률 변수의 조(組)로 볼 때 그 함수, 즉 통계량의 확률 분포를 표본 분포라고 한다. 특히 표본 분포가 정규 분포에 종속된 경우, 그것을 표본 정규 분포라고 한다. 정규 분포는 평균 μ, 표준 편차 σ로 했을 때 $N(\mu, \sigma^2)$으로 줄이고, 밀도 함수는

$$f(x) = \frac{1}{\sqrt{2\pi\sigma}} \exp - \left[\frac{(x-\mu)^2}{2\sigma^2}\right] (-\infty \langle x \langle \infty)$$

로 나타낸다.

sampling oscilloscope[–əsíləskòup] **샘플링 오실로스코프** 반복 신호를 어느 일정 간격만큼 벗어나게 하면서 순차 채취하여 그 포락선을 브라운관 상에 표시하는 오실로스코프.

sampling period[–pí(ː)riəd] **표본 추출 주기** 표본 추출 시스템에서 신호를 주기적으로 추출하는 경우의 주기.

sampling point[–pɔ́int] **샘플링 점**

sampling pulse[–pʌ́ls] **표본화 펄스** 표본화하기 위한 펄스.

sampling rate[–réit] **표본 추출 비율** 표본 추출을 하는 속도. 1초 간격으로 표본 추출을 행하면 시간당 3,600회가 추출 속도가 된다.

sampling scope[–skóup] **표본 추출 스코프** ⇨ sampling oscilloscope

sampling survey method[–sərvéi méθəd] **표본 조사법** 조사 대상의 집단 중에서 일부분만을 추출하여 그 조사, 관측 결과에 근거해서 집단 전체에 관하여 집계하는 방법을 말하며, 전체수 조사법에 대비하여 사용된다. 이 방법의 이점은 가격의 경감, 짧은 시간, 표본의 크기를 조절해서 원하는 정밀도가 얻어진다는 것이다.

sampling synchroscope[–síŋkrəskòup] **샘플링 싱크로스코프** 샘플링 오실로스코프라고도 하고, 수천 MHz까지 반복 신호의 샘플링을 행하여 원래의 파형(波形)을 비슷하게 재현할 수 있는 장치.

sampling test[–tést] **발췌 시험** 어떤 개수로 모여진 것을 하나하나 조사하는 대신에 몇 개를 발췌해서 이것을 표본으로 조사하는 것.

sampling theorem[–θíərəm] **표본 추출 정리** 나이퀴스트의 표본화 정리라고도 하며 0~f[Hz]의 주파수 대역 신호를 $1/2f$의 표본 추출 주기(sampling period)로 표본화하면 원래의 신호를 완전히 재현할 수 있다는 정리.

sampling theory[–θíəri(:)] **표본화 정리** 아날로그 신호를 표본화한 것의 주파수 스펙트럼은 아날로그 신호의 스펙트럼을 표본 주파수의 정수배를 중심으로 반복한 것이 된다. 따라서 펄스열 1/T이 아날로그 신호의 최고 주파수 w_0의 2배 이상이 아니면 스펙트럼에 중복되어 원 신호를 복원할 수 없게 된다. 이것을 표본화 정리라 한다.

sampling time[–táim] **샘플링 시간**

SAN storage area network의 약어. 서버 간의 고속 데이터 전송이 가능한 네트워크. 원래는 기억 장치(스토리지) 간의 고속 인터페이스를 목적으로 개발된 것으로 데이터 전송 속도가 100MB/초, 접속할 수 있는 단말 장치가 1,622만 대, 서버나 기억 장치 간의 거리가 30m인 등, 이더넷에 비해 네트워크 설치의 자유도나 서버 간의 속도 향상(fast Ethernet의 약 8배)이 기대된다.

sandbox[sǽndbɑ̀ks] **샌드박스** 컴퓨터 메모리에서 애플리케이션 호스트 시스템에 해를 끼치지 않고 작동하는 것이 허락된 보호받는 제한 구역을 가리킨다.

sanserif font[sænsérif fɑ́nt] **산세리프 서체** 세로의 선과 가로의 선 굵기가 고른 두께로 된 서체. 표제 등에 널리 쓰인다.

SAP (1) **서비스 접근점** service access point의 약어. 일반적으로 (N+1)층 내의 (N+1)엔티티가 (N) 서비스를 받기 위해 (N)층에 접근하는 점을 (N) 서비스 접근점이라고 한다. 인접하는 층간의 제어 동작에 있어서 하위층이 제공하는 서비스를 받기 위해 상위층이 하위층에 접근하는 점으로 각 층의 경계에 존재한다. 또한 (N) 서비스 접근점의 위치를 식별하기 위해 (N) 서비스 접근점 주소를 사용한다. (2) service advertising protocol의 약어. 미국 노벨 사의 네트워크 운영 체제인 넷웨어에서 사용되고 있는 트랜스포트층 프로토콜. 네트워크층 프로토콜인 IPX 상에서 동작하며 서버명이나 IPX 주소를 정기적으로 브로드캐스트하여 네임 클라이언트에 통지한다.

sapphire[sǽfaiər] *n.* **사파이어** 보석의 한 가지. 산업에서는 집적 회로(IC) 칩을 고정시키는 기판 재료로 사용된다. 기계적 강도와 열전도성, 절연성이 우수하므로 집적도가 높아 열이 많이 발생하는 부품에 사용된다.

SAR (1) **기억 어드레스 레지스터** storage address register의 약어. (2) supervisor analysis register의 약어.

SARF 샘플 감사 리뷰 파일 sample audit review file의 약어.

SARM 세트 비동기 응답 방식 set asynchronous response mode의 약어. 비트 지향적인 프로토콜의 링크 계층에서 사용되는 명령으로 종속 스테이션이 주스테이션에 대해 통신 개시를 요청할 수 있다.

SART swap activity reference table의 약어.

SAS single attachment stations의 약어. FDDI 네트워크 인터페이스 카드로서 FDDI에서 허브 기능을 하는 concentrator에 연결되며 개별 워크스테이션으로서 고안되었다.

SASI bus SASI 버스 Shugart Associates system interface bus의 약어. Shugart Associates 사의 미니컴퓨터와 그 주변 기기를 위한 버스 인터페이스. 일본에서는 PC-98 시리즈 등의 하드 디스크 장치 접속에 사용해 왔지만, 용량이나 접속 대수에 대한 제한이 커서 SCSI 인터페이스쪽이 주류를 이루고 있다.

SASID 2차 주소 공간 식별자 secondary address space ID의 약어.

SASN 2차 주소 공간 번호 secondary address space number의 약어.

SAT 새트, 스왑 할당 테이블 swap allocation table의 약어.

satellite[sǽtəlàit] *n.* **통신 위성** 위성 또는 종속적인 동작을 하는 것. 지상 35,000km 정도의 상공에 떠서 지상에서 전송한 신호를 장거리로 중계해 주는 장치.

satellite ACS 위성 ACS satellite advanced communication service의 약어. 단말기와 컴퓨터가 서로 자유롭게 통신할 수 있도록 필요한 코드 변환, 프로토콜 번역, 속도 정합을 해주는 미국 AT & T 사의 서비스. ACS는 여러 가지의 단독 또는 군집, 동기 또는 비동기 단말기를 ASCII와 EBCDIC과 같은 코드를 사용해서 보조해주고, 폴 또는 출동 회선 제어에 의한 문자의 블록 양식에 의해서 110~9,600bps의 속도로 작동된다.

satellite basic control system[–béisik kəntróul sístəm] **위성 기본 제어 시스템** 위성 컴퓨터에서 전용 프로그램을 고속으로 실행할 수 있도록 되어 있는 시스템. 중앙 처리 장치로부터의 요구는 인터럽트 처리에 의해 이루어지는 것이 많다.

satellite broadcasting[–brɔ́:dkɑ̀:stiŋ] **위성 방송** 적도 상공 36,000km의 정지 궤도 상의 방송 위성으로부터 전국의 가정에 직접 전파를 보내는 새로운 방송. 방송 위성의 텔레비전 중계기에서 전파를 발사하므로, 고스트(多重像)가 없는 깨끗한 상을 수신할 수 있고, 그 음성은 PCM 방식에 의한 고품질의 디지털 사운드이므로 음이 깨끗하고 충실하

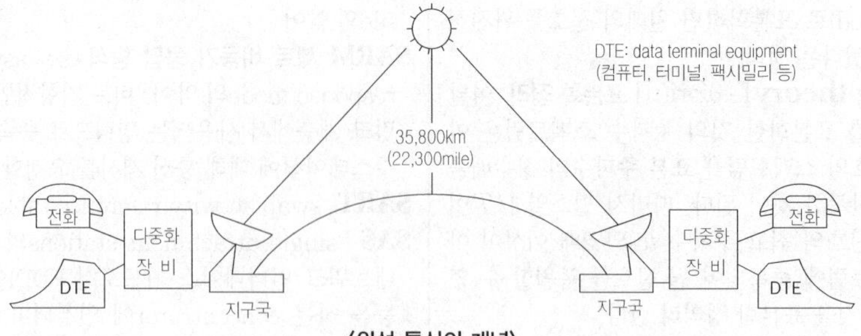

〈위성 통신의 개념〉

게 재현된다. 위성 방송의 수신에는 위성 수신용의 파라볼라 안테나와 튜너가 필요하다. 난시청 해소를 위해 위성 방송을 하지만, 그 전파는 목적하는 지역 외에도 도달할 수 있다. 이것을 감소시키기 위하여 성형 빔 안테나를 사용하고 있지만 완전하지는 못하다.

satellite communication [–kəmjùːnikéiʃən] **위성 통신** 인공 위성을 중계 기지로 해서 대륙간의 통신을 행하는 방식. 기간 방식으로서는 3개의 정지 위성을 사용하여 지표(地表) 전역을 커버하는 것이 이용되고 있다. 변복조(變復調)는 현재 FM이 가장 많이 이용되며, 대역(帶域)은 잡음이 비교적 적은 1~10GHz가 이용되고 있다. ⇨ 그림 참조

satellite complex computer [–kámpleks kəmpjúːtər] **위성 복합 컴퓨터** 종래의 입출력 채널 제어 장치나 통신 제어 장치를 OS에서의 입출력 제어 프로그램, 통신 제어 프로그램의 일부도 포함하여 프로세스로서 독립시킴에 따라 호스트 프로세서와 복합한 컴퓨터 시스템으로 구성된 것.

satellite computer [–kəmpjútər] **위성 컴퓨터** 중앙 처리 장치의 태스크를 경감하기 위해서 사용되는 컴퓨터나 sub CPU를 말한다. 입출력 장치의 제어나 프로그램 컴파일(compile), 프로그램의 에디트(edit)라는 단순하고 시간이 걸리는 비효율적인 동작을 중앙 처리 장치(CPU)를 대신하여 처리한다. 주변 컴퓨터와 중앙 처리를 행하는 컴퓨터는 로컬 네트워크로 연결되어 있으며, 이 두 가지는 시간적으로 독립 처리를 할 수가 있다. 이로써 컴퓨터 시스템을 좀더 경제적으로 사용할 수 있다. 지능 단말기(intelligent terminal)는 위성 컴퓨터의 일종이다.

satellite computer network [–nétwə̀ːrk] **위성 컴퓨터 통신망** 위성 컴퓨터 집단이 동기 또는 비동기 통신선을 통하여 중앙의 호스트 컴퓨터와 연결된 형태의 네트워크. 이와 같은 네트워크는 각 원거리 컴퓨터가 독자적인 데이터 처리 능력을 가지고 있기 때문에 큰 시스템을 보조하는 데 사용된다.

satellite Internet system [–intərnét sístəm] **위성 인터넷** 평균 전송률 400kbps의 전송 능력을 가진 위성을 이용한 개인용 인터넷 접속 서비스. 128kbps의 속도를 지닌 ISDN의 약 3배의 전송 능력을 상시 보유하는 「하늘을 나는 전용선」.

satellite office [–ɔ́(ː)fis] **위성 사무실** 자택과 본사의 중계지에 사무소를 설치하고 컴퓨터와 통신 기술이 완비된 작업 환경을 그 지역의 직원에게 제공하는 방식. 원격 근무에서 문제시되는 인사 관리, 사원의 유대 관계 등을 어느 정도 해소할 수 있는 방식으로 일부에서는 이미 실용화되었다.

satellite packet [–pǽkət] **위성 패킷 방식** 위성 방송 기능과 멀티액세스 기능을 이용해서 광역에 산재한 지구국(地球局)이 통신할 때의 패킷 교환 방식. ⇨ALOHA system

satellite processing [–prásesiŋ] **위성 처리** 시스템 처리율을 높이기 위한 방식으로, 위성 프로세서들을 두어 중앙 프로세서의 작업을 위성 프로세서에 분담시켜 처리하는 방법.

satellite processor [–prásesər] **위성 처리기** 주컴퓨터 시스템의 작업에 대하여 보조적인 작업을 처리하는 것. 즉, 대규모 데이터 처리 시스템의 일부를 담당하는 프로세서.

satellite system [–sístəm] **위성 시스템**

satisfiability [sæ̀tisfɑiəbíliti(ː)] *n.* **충족 가능성** wff들의 집합에서 각각의 wff에 대해 똑같은 해석을 주었을 때, 각각의 wff가 참값을 가지게 되면 그 해석은 wff의 집합을 만족한다.

satisfiability problem [–prábləm] **충족 가능 문제** 불 대수에서, 변수에 적당한 값(0 또는 1)을 넣어 그 식의 값을 1로 할 수 있는지의 여부를 판별하는 문제.

satisfiable formula [sǽtisfɑiəbl fɔ́ːrmjulə] **만족 가능식** 변수들에 적당한 값을 주어 그 결과가 참이 될 수 있는 불 식.

saturate [sǽtʃurèit] *a.* **포화** 최대 저장 능력이 한계에 도달하여 더 이상의 데이터를 받아들이거나 처리할 수 없는 상태.

saturated logic family [sǽtʃurèitəd ládʒik fǽmili(ː)] **포화 논리 계열** 반도체에서 포화 현상을

이용하여 스위치 작용을 하는 논리 회로 계열.

saturating integrator [sǽtʃurèitiŋ ìntəgréitər] **포화 적분기** 순간적인 입력 신호의 −, 0, +에 따라 출력 신호가 최대 음수, 0, 최대 양수의 값을 갖는 적분기.

saturation [sæ̀tʃuréiʃən] *n.* **포화, 침투, 충만** 어느 자원에 있어서 작업(job)이나 프로세서의 교통량이 그 자원의 용량에 거의 액세스하게 되어 나타나는 병목 현상.

saturation curve [−kə́ːrv] **포화 곡선** 반도체(트랜지스터)에서 선형 영역과 포화 영역을 구분하는 특성 곡선.

saturation recording [−rikɔ́ːrdiŋ] **포화 기록** 디지털 정보를 자기 테이프, 자기 디스크, 자기 드럼, 또는 자기 카드 같은 자기 기록 매체에 기록하는 경우, 매체의 자기 특성(B-H 특성)의 포화 자화점(磁化點)을 이용하는 방식. 현재는 거의 예외 없이 이 방식을 이용하고 있다.

saturation region [−ríːdʒən] **포화 영역** 트랜지스터의 특성 곡선에 의해 구분되는 영역. 트랜지스터에서 컬렉터 접합이 순 바이어스되어 트랜지스터로서의 구실을 잃는 영역.

saturation testing [−téstiŋ] **포화 검사** 대단히 많은 양의 메시지를 통과시킴으로써 오류를 검출해 내는 프로그램 검색법.

saturation type circuit [−tάip sə́ːrkit] **포화형 회로** 트랜지스터를 이용한 논리 회로의 정형(整形) 증폭기에 트랜지스터의 포화 영역을 사용하는 회로. ⇨ nonsaturation type circuit

SAVE 세이브 주기억 장치에 저장되어 있는 프로그램을 보조 기억 장치에 저장하는 BASIC 명령어.

save [séiv] *v.* **세이브, 갈무리, 저장** (1) 주기억 장치 상의 특정한 기억 위치, 영역, 레지스터 등의 내용을 다른 목적으로 사용하기 위하여 일시적으로 다른 기억 장소 또는 보조 기억에 저장해두는 것. 예를 들면 주프로그램으로 사용하고 있는 내용이 잘못되어 파괴되는 것을 막기 위해 서브루틴의 입구에서 레지스터의 내용을 저장(보관)해두고 서브루틴의 출구에서 원상태로 돌아가도록 하는 경우가 있다. (2) 파일이나 데이터 베이스 등은 컴퓨터 처리 중 어떤 원인으로 읽지 못하게 되거나 파괴되거나 할 염려가 있다. 이러한 경우에 대비하여 별도의 기억 조건이나 매체에 백업용 등의 카피를 작성해두는 것을 「세이브한다」라고도 한다.

save and store function [−ənd stɔ́ːr fʌ́ŋkʃən] **세이브 앤드 스토어 기능, 저장·기억 기능**

save area [−ɛ́(ː)riə] **저장 영역** 다중 프로그래밍 등에서 여러 프로그램이 병행하여 실행되고 있을 때, 어떤 사상인 프로그램의 실행이 중단되었을 때, 그 시점에서의 레지스터의 내용이나 특정 기억 영역. 이것은 다중 프로그래밍에서 실행 프로그램이 전환될 때 전에 실행되던 프로그램의 정보를 보존하기 위해서도 필요하다.

save area table [−téibəl] **저장 영역 테이블**

savingsbook with magnetic stripe [séiviŋzbùk wið mægnétik strάip] **자기 스트라이프 통장** 표지에 자기 스트라이프를 갖춘 예금 통장. 스트라이프에 계좌 번호, 그 밖의 정보를 자기 기록하여 자동 예금기, 캐시 디스펜서 등에 통장을 삽입할 때 이용한다.

savvy search [sǽvi sə́ːrtʃ] 인터넷 상의 모든 검색 도구를 한꺼번에 이용하여 검색할 수 있는 도구. savvy search는 자체적으로 검색 도구를 제공하는 것이 아니라 사용자가 검색어를 입력하면 savvy search와 연결된 검색 엔진에 보내지고, 그 검색 결과를 사용자에게 보여준다. savvy search는 일종의 대리인 역할을 하는 것이다. http://guaraldi.cs.colostate.edu:2000/.

saw tooth pulse [sɔ́ː túːθ pʌ́ls] **톱니형 펄스**

saw tooth waveform [−wéivfɔ̀ːrm] **톱니파형** 전압 또는 전류가 시간과 더불어 직선적으로 증가하고, 어느 크기에 이르면 급격히 감소하여 원래의 값으로 되돌아가는 변화를 반복하는 파형. 파형이 톱니와 비슷하다고 해서 생긴 이름이다.

SBC (1) **소형 업무용 컴퓨터, 오피스 컴퓨터** small business computer의 약어. 사무용 소형 컴퓨터의 총칭. 오피스 컴퓨터라고 부르는 경우가 많다. 보통 이것에는 일반 사무 업무인 판매에 대한 통계, 재고 관리, 경리 사무, 급여 계산, 판매 관리 등을 행하는 소프트웨어가 준비되어 있다. 퍼스널 컴퓨터보다 약간 고속인 처리 능력을 갖는 것을 표시하는 경우가 많다. 이것을 사용함으로써 일반 사무 업무의 간략화, 인원 삭감 등을 꾀할 수 있다. (2) **단일 보드 컴퓨터** single board computer의 약어.

SBD TTL 쇼트키 접합 다이오드 트랜지스터-트랜지스터 논리 회로 Schottky barrier diode transistor-transistor logic의 약어. 쇼트키 장벽 다이오드 트랜지스터 논리.

SBS 스몰 비즈니스 시스템 small business system의 약어.

SBus [esbʌs] 선 마이크로시스템즈 사가 1989년 9월 사양을 정한 SPARC 워크스테이션용 32비트/64비트 확장 버스 사양은 일반에게 공개되고 있다. 32비트폭 전송시에 최대 전송 속도는 Burst 전송일 때 100MB/s, 64비트폭 전송시는 200MB/s가 된다. SPARC station이나 호환 기종의 확장 버스로 채택되고 있다. 버스의 사이클 중에 어드레스값을 가상 어드레스로부터 물리 어드레스로 변환하는 phaserk 있는 사이클을 DVMA(direct virtual memory access) 사이클이라 한다.

SBX 인텔 사에서 개발한 버스.

SCADA **감시 제어 데이터 수집** supervisory control and data acquisition의 약어. 통신 경로 상의 아날로그 또는 디지털 신호를 사용하여 원격 상태 정보 자료를 수집, 처리하여 중앙 제어 시스템이 원격 장치를 감시 제어하는 시스템. 주로 석유 화학 플랜트, 제철 공정 시설, 송배전 시설, 공장 자동화 시설 등을 중앙 집중식으로 감시 · 제어하는 시스템을 말한다.

SCADA system **감시 제어 데이터 수집 시스템** supervisory control and data acquisition systm의 약어.

scalability[skèləbíliti(ː)] **확장성** 정보 시스템 분야에서 시스템 규모에 관계없이 동등한 기능을 제공하는 것. 예를 들면 PC와 범용 컴퓨터가 같은 데이터 베이스 서버를 이용할 수 있는 경우 그 데이터 베이스 서버는 「확장성이 있다」라고 한다.

scalable coherent interface[skéləbl kouhí(ː)rənt íntərfèis] ⇨ SCE

scalable font[–fánt] **확장 가능 폰트** 확대, 축소가 가능한 폰트. 대표적인 예로 트루타입 폰트, 포스트스크립트 폰트 등 아우트라인 폰트를 들 수 있다.

scalable server[–sə́ːrvər] **확장 가능 서버** 일정한 비율로 증감하는 데이터의 양에 유연하게 대응, 처리하는 서버.

scalar[skéilər] *a.* **스칼라** 크기만을 나타내는 양. 벡터에 대응하여 사용된다. 벡터는 크기와 방향 등 2차원 값을 갖지만, 스칼라에는 크기만의 1차원 양 밖에 존재하지 않는다. 예를 들면, 5+8=13, 15×3=45와 같은 계산은 스칼라 양끼리의 연산이고, 연산 결과도 스칼라 양이 된다. 컴퓨터에서 취급하는 수치는 스칼라 양이 대부분이다.

scalar expression[–ikspréʃən] **스칼라식**

scalar item[–áitəm] **스칼라 항목**

scalar matrix[–méitriks] **스칼라 행렬** 대각 행렬 중 주대각 원소의 값이 모두 같은 것.

scalar multiplication[–mʌ̀ltiplikéiʃən] **스칼라 곱** 결과가 스칼라 양으로 두 벡터 양의 곱.

scalar operation[–àpəréiʃən] **스칼라 연산** 스칼라 데이터를 다루는 연산.

scalar processing unit[–prásesiŋ júːnit] **스칼라 처리 유닛** 벡터 프로세서의 스칼라 데이터를 전문으로 다루는 부분.

scalar product[–prádəkt] **스칼라 곱** ⇨ scalar multiplication

scalar quantity[–kwántiti(ː)] **스칼라량** 방향에 관계없이 크기만으로 그 양을 나타내는 것. 물건의 길이, 무게 등이 그 예이며, 벡터량에 대비되는 양이다.

scalar transform[–trænsfɔ́ːrm] **스칼라 변환** 경계 데이터를 새로운 표현 방식으로 변환하는 과정으로 형체 묘사의 한 방법.

scalar type[–táip] **스칼라 타입, 스칼라형** 데이터형으로 여러 값 사이에 순서가 존재하는 것. PASCAL에 도입된 데이터형의 개념이며, 가장 단순하고 기본적인 형인 논리형, 정수형, 실수형 및 문자형을 포함하며 Ada의 데이터형인 실수형과 이산형(discrete type)을 포함한다.

scalar value[–vǽljuː] **스칼라값** PASCAL처럼 프로그래밍 언어에서 정수와 같이 그 값의 범위가 정해져 있는 값.

scalar variable[–vέ(ː)riəbl] **스칼라 변수**

scale [skéil] *v.* **크기 조정, 스케일** 어떤 값이 미리 정해진 범위 내에 들어 있도록 일정한 상수를 곱해서 값을 변환하는 것. 각각의 값은 컴퓨터에서는 취급할 수 있는 값의 크기에 제한이 있으므로 기준화를 행함으로써 그 값이 일정한 길이의 데이터 내에 들어가도록 하고 있다. 컴퓨터에서는 부동 소수점이나 고정 소수점의 위치 설정을 행할 수 있다. 미리 입력되는 값이 어떤 범위에 들어 있는지 알고 있을 때는 고정 소수점이 사용되고, 그 밖에는 부동 소수점이 사용된다.

[주] 다른 단위에 표시되어 있는 어떤 양을 그 범위가 존재하는 정해진 범위에 수용되도록 하기 위해서 바꾸는 것.

scale attribute[–ǽtribjù(ː)t] **기준화 속성** 수치 데이터의 특성을 나타내는 것으로, 데이터가 고정 소수점을 갖는지 부동 소수점을 갖는지를 나타내는 것. PL/I에서는 네 가지 속성(mode 속성, scale 속성, base 속성, precision 속성)을 갖고 있다.

scale conversion[–kənvə́ːrʃən] **소수점법 변환** 부동 소수점에서 고장 소수점 또는 산술값의 고정 소수점에서 부동 소수점으로의 변환.

scale factor[–fǽktər] **기준화 인수, 자리 이동수, 환산 계수, 배율 인자** 데이터를 어떤 범위 내로 수용하기 위해 데이터에 곱해지는 계수. 또 컴퓨터에서는 부동 소수점 표현시에 내부 데이터에 대하여 몇 자리의 자리 이동을 행하며 외부에 표시할 것인지를 결정하는 인자로서 자리 이동수라고 불린다.

[주] 기준화에 있어서 승수로서 이용되는 수. 예를 들면 856, 423, −95 및 −182라는 값의 집합을 −1

과 +1의 범위 내에서 수용하기 위해서는 1/1,000배율을 이용하면 된다.

scale factor designator[–dézignèitər] **자리 이동자**

scale label[–léibəl] **표지 눈금** 눈금 옆에 붙어서 그 눈금의 값을 지시하는 수 표시.

scale line[–láin] **스케일 행**

scale modifier[–mádifàiər] **기준화 수정자, 스케일 모디파이어** 어셈블러에서 고정 소수점 연산 또는 부동 소수점 연산에서 버리는 부분을 유효하게 하고, 필요없는 부분을 무효로 하는 동작.

scale operation[–àpəréiʃən] *n.* **기준화 연산, 진법 연산** 상술된 한계 내의 범위를 만족시키기 위해 특정 인수만큼씩 어떤 양을 변화시켜 가는 연산.

scaler[skéilər] *n.* **배수기** 입력 변수에 어떤 상수가 곱해진 것과 똑같은 출력 변수를 갖는 특수한 장치.

scaling[skéiliŋ] *n.* **크기 조정** 기준화. 자리잡기. 스케일링. 확대 축소. (도형 처리에서) 표시 화상의 전체 또는 부분의 크기를 바꾸는 것.

[주] 확대 축소 배율은 전 방향에 대하여 동일하지 않아도 좋다.

scaling attribute[–ǽtribjù:t] **스케일링 속성**

scaling factor[–fǽktər] **환산 계수** 기준화에 있어서 승수로서 사용되는 수. 예를 들어 856, 423, −95 및 −182를 −1에서 +1의 범위 내로 수용하기 위해서는 1/1,000의 배율을 이용하면 좋다.

SCAM 스캠 SCSI configured automatically의 약어. SCSI의 ID 설정을 자동으로 행하기 위한 규격. SCAM에 대응하는 주변 기기의 경우 접속만 하면 자동으로 SCSI ID가 설정된다. 처음 명칭은 SCSI configured automatically였다.

scan[skǽn] *v.* **훑다/주사(走査)하다, 스캔하다** 문자나 화상을 구성하고 있는 요소를 정해진 순서대로 읽어서 정보로 받아들이는 일. 예를 들면 팩시밀리에서는 화상을 가로로 길고 가느다란 띠 모임으로써 포착하여 차례로 입출력한다. 텔레비전의 화상도 가로로 늘어선 빛의 점을 좌에서 우로 고속으로 표시해가는 것으로서 주사의 일종이다.

scan access[–ǽkses] **주사 접근** 찾는 데이터가 얻어질 때까지 파일에서 연속적으로 접근하여 찾는 과정.

scan area[–ɛ́(:)riə] **주사 면적** 광학 문자 판독기에 의해 문자, 기호, 영상 등의 정보를 읽을 때 주사되는 면적.

scan conversion[–kənvə́:rʃən] **주사 변환** 래스터 그래픽 시스템에서 기하학적으로 정의되어 있는 벡터나 다각형 등의 출력 프리미티브를 재생 버퍼에 2차원 배열의 형태로 변환시켜 저장하는 기법.

scan conversion device[–diváis] **주사 변환 장치** 보통의 데이터 표시(PPI 방식 ; CRT의 중심에서 원주에 포물선 형상으로 그려진다)에서는 잔광이 남기 때문에 대형 화면에서는 문제가 된다. 이를 해결하기 위한 방법으로 PPI 표시를 카메라로 촬영하여 대형 TV에 표시하거나 전자적으로 TV 화상으로 변환하는 특수 축적관을 이용한다.

scan converter[–kənvə́:rtər] **주사 변환기** 영상용 신호의 주사 주파수를 변환하는 장치. PC 화면을 TV에 표시하는 기기(down scan converter), NTSC 영상 신호를 RGB 신호로 변환하는, 즉 게임기 영상, TV, 비디오 영상을 PC용 VGA 대응 모니터, 또는 고해상도 모니터에 표시하는 기기(up scan converter)로 분류된다.

scan disk[–dísk] **주사 디스크 기구**

scan group[–grú:p] **주사 그룹 기구**

scan head[–hé(:)d] **주사 헤드**

scan in[–in] **주사 인** 컴퓨터 등의 보수, 점검을 위해서 하드웨어를 설정하는 것.

scan limit[–límit] **주사 한계**

scan line[–lɑin] **주사선** 래스터(raster) 그래픽에서 사용되는 화면에서 수평 방향의 연속적인 화소의 모임으로 실제 연속적인 기억 장치에 저장되고 각 주사선은 연결 리스트로 구성하거나 주사선 디렉토리의 정보를 이용한다.

scan line algorithm[–ǽlgəriðm] **주사선 알고리즘** 컴퓨터 그래픽에서 닫힌 다각형의 안쪽을 어떤 색으로 칠하는 알고리즘. 화면의 각 주사선을 검색하여 그 다각형의 안쪽에 해당되는 부분을 칠한다.

scan line method[–méθəd] **주사선법** 면의 일정한 성질을 이용하는 방법으로 필요한 기억 용량은 광선 추적법보다 작지만 알고리즘이 복잡하다. 각 주사선과 시점(視點)을 포함하는 평면에서 정해진 윈도를 생각하고, 이 윈도와 교차되는 물체의 면과의 교선을 구하여 그림을 그리는 방법이다.

scanner[skǽnər] *n.* **스캐너** 소형화와 저가격화를 이룩한 화상 정보 입력 장치. 컴퓨터부에서는 도형이나 일러스트레이션은 모두 도트 패턴(dot pattern), 즉 점 집합으로 표현된다. 그래서 도형 정보를 CCD(전하 결합 고체 촬영 소자) 카메라로 촬영하고, 그 정보를 디지털 신호로 컴퓨터에 넣는 것을 생각할 수 있다. 그때 카메라는 비디오 카메라처럼 2차원 평면 화상을 표현하지 않아도 1차원 화상을 축방향으로 스캔(scan)함으로써 같은 효과를 얻을 수 있다. 이러한 원리를 바탕으로 장치의 소형화와 저렴한 가격을 현실화시킨 것이 스캐너이다.

[주] 주사기는 마크 판독, 패턴 인식, 문자 인식에

흔히 사용된다.

〈필름 스캐너〉

scanner channel[−tʃǽnəl] **주사기 채널** 전송하는 데이터가 있는가 없는가를 알아내기 위해 개개의 채널에 문의하는 장치.

scanner generator[−dʒénərèitər] **주사기 생성기** 보통 정규 표현을 기초로 한 명세화로부터 자동으로 어휘 분석기를 구성하는 생성기. 예를 들면 유닉스 시스템의 LEX 같은 프로그램을 들 수 있다.

scanning[skǽniŋ] *n.* **주사, 스캐닝** 파일에서 필요한 레코드를 꺼내기 위해 각 레코드의 키워드가 미리 지정한 것과 일치하고 있는가를 하나하나 순번대로 조사해가는 것을 「주사(한다)」라고 한다. 또 프로세스 제어 등에서 프로세스의 상태를 입력하는 방법으로 입력 신호가 들어온 단자를 조사하는 것이 아니라 입력 단자 전체를 하나하나 순서대로 조사함으로써 필요한 신호를 취해넣는 방법도 「주사(한다)」라고 한다.

scanning error[−érər] **주사 오류** 5행의 바 도트와 몇 개의 정정 도트를 쓰는 오류 주사 형식에 의해 제외되는 것.

scanning frequency[−fríːkwənsi(ː)] **주사 주파수** CRT 모니터에서 전자총으로 화면을 주사할 때의 주파수. 수평 주사 주파수와 수직 주사 주파수가 있다.

scanning machine[−məʃíːn] **주사 기계** 인쇄된 데이터를 자동으로 읽어 기계어로 변환시키는 기계로서 광주사(optical scanner)와 자기 잉크 주사의 두 종류가 있다.

scanning period[−pí(ː)riəd] **주사 기간** 한 주사의 처음부터 다음 주사의 처음까지의 시간.

scanning rate[−réit] **주사율**

scanning search[−sə́ːrtʃ] **스캐닝 서치** 순차 테이블의 요소를 테스트하는 방법으로 테이블 색인법이라는 뜻.

scan operation[skǽn àpəréiʃən] **주사 조작**

scan out[−áut] **주사 아웃** 시험 및 보수를 위해 정규의 회로와는 다른 회로를 통해서 하드웨어의 내부 상태를 일련의 데이터로서 수집하는 것.

scan path[−pɑ́ːθ] **주사 경로** 광학 판독 기능에서 판독해야 할 데이터의 명확한 위치를 미리 결정하는 장소.

scan pointer[−pɔ́intər] **주사 포인터**

scan program extension[−próugræm iksténʃən] **주사 프로그램 확장 기구**

scan rate[−réit] **주사 속도** 컴퓨터가 특정 항목을 탐색하기 위하여 데이터를 입력 비교하는 속도. 일반적으로 주사 속도라는 것은 단위 시간당 가능한 주사의 횟수를 말한다. 데이터 탐색 등을 위하여 데이터의 비교나 입력을 행하는 속도와 아날로그 입력을 선택해서 변경하거나 상한·하한과 비교할 때의 컴퓨터 작동 속도를 가리킨다.

scan/read feature[−ríːd fíːtʃər] **주사/판독 기구**

scan scheduling[−skédʒuliŋ] **스캔 스케줄링, 주사 스케줄링** 헤드가 디스크 끝에 이르면 헤드의 움직이는 방향을 반대로 하여 다시 계속 처리하는 방법으로 판독/기록 헤드가 디스크의 끝에서 시작하여 반대편 끝으로 움직인다.

scan search[−sə́ːrtʃ] **주사 탐색, 주사 검색** 순서대로 테이블의 요소를 탐색해 나가는 것. 즉, 가장 기본적인 테이블 색인 방법이다.

scan table[−téibəl] **주사 테이블, 주사표**

scan visual[−vídʒuəl] **주사 화상** 인쇄되거나 작성된 데이터를 광학적으로 주사하여 화상을 만들어 내는 장치.

SCARF method **감사 모듈법** 감사인이 필요하다고 생각되는 데이터를 감사인이 지정한 추출 조건에 따라서 추출하는 프로그램. 이렇게 함으로써 일정 금액 이상의 거래, 이상 거래, 통계적 수법에 의한 감사 샘플의 추출 등이 가능하게 되므로 감사상 매우 유효한 수법이다. SCARF법.

SCATS **순차 제어 자동 송신 장치** sequentially controlled automatic transmitter start의 약어. 한번에 하나의 단말 장치만이 서비스를 받는 분기식 텔레타이프라이터 시스템. 단말 장치 사이에서 회선의 쟁탈 없이 메시지가 자동으로 전송할 수 있게 되어 있다.

scatter[skǽtər] *v.* **분산하다, 분산**

scatter format[−fɔ́ːrmæt] **분산 형식**

scatter gap[−gǽp] **분산 갭** ⇨ magnetic recording head gap

scattergram[skǽtərgræ̀m] **산포도** 상이한 유형의 표본들을 구별할 목적으로 각 표본에 대해서 해당 특징에 상응하는 위치에 점을 위치시켜 이루어진 2차원적인 점들의 도표.

scatter load[skǽtər lóud] **분산 로드**

scatter loading[−lóudiŋ] **분산 적재** 꺼내기의

한 형식으로 판독 모듈의 제어 섹션을 주기억 장치 가운데 각각의 장소에 적재하는 것.

scatter-read[–ríːd] **분산 판독** 일련의 데이터를 판독할 때 주기억 장치의 몇 개 영역에 데이터를 분산하여 기억시키는 방법.

scatter storage[–stɔ́ːridʒ] **분산 기억 장치**

scatter storage technique[–téknik] **분산 저장 기법**

scatter-write operation[–ràit àpəréiʃən] **분산 기록 연산** 한 장소에서 다양한 데이터를 얻어 이를 동시에 여러 출력 영역으로 보내는 과정.

scavenging[skǽvindʒiŋ] **스캐빈징** 컴퓨터의 실행 후에 남겨지는 정보를 훔치는 범죄. 메모리나 디스크 내용을 조사하는 것부터 쓰레기로 버려진 문서류를 줍는 것까지 모든 행위가 포함된다.

SCC 순차 제어 계수기 sequential control counter의 약어. 컴퓨터를 주어진 프로그램의 순서대로 실행시키기 위해서 다음에 판독할 명령의 소재를 기억해놓은 레지스터로, 사람 손을 거치지 않고 미리 지정된 명령 계열에 따라서 컴퓨터를 순차적으로 움직이는 계수기.

SCCS 원시 코드 제어 시스템 source code control system의 약어. 대규모 소프트웨어 개발 효율을 올리기 위한 대표적인 툴로 원시 프로그램을 개정할 때마다 자동적으로 부여되는 버전 번호에 따라 소스를 관리한다. 개정 이력이 모두 보존되기 때문에 버전 번호를 지정하여 오래된 버전을 복원시켜 꺼내는 것도 가능하다.

SCE scalable coherent interface의 약어. 멀티프로세서 시스템용의 입출력 버스. 확장성(scalability)을 중시하여 설계되었기 때문에 데스크톱 PC 내부의 버스에서 초병렬 컴퓨터까지 적용 가능하다. 데이터 전송 속도는 1GB/초로 IEEE가 표준화 작업을 추진하고 있다. 점대점 방식으로 데이터를 전송하며 데이터는 패킷으로 해서 보낸다.

schedule[skédʒul] *n.* **일정, 스케줄** 사업을 수행하는 순서를 결정한 예정표, 계획표, 스케줄을 말한다. 컴퓨터 시스템에서는 여러 작업(job)이나 태스크(task) 처리의 요구가 발생했을 경우에 실행되는 태스크 작업(task job)의 순서를 작성하는 것. 또한 시분할 방식(TSS ; time sharing system)에서는 처리 시간을 각 태스크에 어느 비중만큼 분할할 것인지를 정한 것. 또 주변 기기로의 입출력에 대해서 그 처리의 순서를 작성하는 것을 스케줄이라고도 한다. 시스템에서는 작업이나 태스크에 우선 순위가 정해져 있으며, 이 순위에 따라서 처리를 할 수 있다. 이와 같이 시스템이 유효하게 이용되도록 고려하면서 각 작업과 태스크를 요구한다. 사용자(user)의 랭크(rank)나 시스템에 처리 요구를 낸 순서 등을 아울러 생각해서 시스템 자체가 우선 순위를 결정해 관리한다.

[참고] 디스패치(dispatch)되어야 할 작업 또는 태스크를 선택하는 것.

[주] 일부 운영 체제에서는 상기 이외에 입출력 조작과 같은 일의 단위도 스케줄할 수 있다.

schedule cost network[–kɔ́(ː)st nétwə̀ːrk] **스케줄 비용 네트워크**

scheduled[skédʒuld] *a.* **스케줄된, 계획적인**

scheduled down time[–dáun táim] **정규 정지 시간** 전체 이용 시간의 백분율로 나타내고 컴퓨터 기기나 정상 서비스 작동을 위하여 장치의 정규 서비스에 필요한 유휴 시간으로, 기계의 휴식 정지 시간. ⇨ preventive maintenance time

scheduled engineering time[–èndʒəníəriŋ táim] **정규 공학 시간** 이 시간은 고장 시간으로 간주하지 않고 유휴 시간으로 간주하는데 정기적인 기술 보완이나 유지 보수를 위해 컴퓨터를 정상 가동시키지 않는 시간을 말한다. 이러한 일은 정기적으로 행한다.

scheduled maintenance[–méintənəns] **정규 보수, 정규 보전** 미리 계획을 세워서 시스템이나 장치의 보수와 보전을 행하는 것. 정기적으로 점검이나 청소, 마모 부품의 교환 등을 행해 시스템이나 장치가 안정하게 작동하도록 관리하는 것. 하루에 한 번씩 점검하는 데일리 체크(daily check), 일주일에 한 번 점검하는 위클리 체크(weekly check) 등도 정규 보수의 일환으로서 행해진다.

scheduled maintenance time[–táim] **정기 보수 시간** 이 시간 동안에 예방 유지 작업을 하고 정기적으로 기계의 보수에 할애하는 시간.

scheduled output[–áutpùt] **스케줄 출력**

scheduled report[–ripɔ́ːrt] **스케줄 보고** 사용자에게 일정한 시간 간격으로 정보를 제공하는 보고.

schedule information system[skédʒul ìnfərméiʃən sístəm] **정규 정보 시스템**

schedule job[–dʒɑ́(ː)b] **정규 작업** 입력 작업의 대기열을 검사하여 다음에 처리할 작업을 선택하는 데 사용되는 제어 프로그램.

schedule maintenance[–méintənəns] **정규 관리, 계획 보전**

schedule optimization[–ɑ̀ptimizéiʃən] **스케줄 최적화** 시스템 전체로서 가장 유효하게 이용되도록 스케줄을 짜는 것.

scheduler[skédʒulər] *n.* **스케줄러** (1) OS(운영 체제)에 있어서 독립적으로 실행할 수 있는 컴퓨터 프로그램에 대하여 컴퓨터 시간을 할당하는 루틴을 말하며, 컴퓨터에 투입되는 작업 대기 행렬을 조사하여 그 중에서 처리해야 하는 다음 작업(우선도나 자원 등을 감안해서)을 선출하는 제어 프로그램이다. (2) TSS(시분할 시스템)에서는 다중 프로그래밍 방식을 기본으로 스케줄을 사용하여 다수의 작업(job)을 동시에 처리한다. 보통 우선도가 높은 작업에 타임 슬라이스(time slice)를 실행하는 스케줄이 형성된다.

scheduler task[–tá:sk] **스케줄러 태스크**

scheduler work area[–wə́:rk έ(:)riə] SWA, **스케줄러 작업 영역** 사용자 영역은 프로그램 영역, 스케줄러 작업 영역과 국부 시스템 큐 영역(local system queue area)을 포함하는데, 스케줄러 작업 영역은 작업에 관련된 모든 제어 블록을 포함한다.

scheduler work area data set[–déitə sét] **스케줄러 작업 영역 데이터 세트**

schedule speed[skédʒul spí:d] **스케줄 속도**

scheduling[skédʒuliŋ] *n*. **스케줄링** 일정 계획. (1) 컴퓨터 시스템을 구성하고 있는 주기억 장치, 입출력 장치, 처리 시간 등의 시스템 자원을 언제 배분할 것인가를 결정하는 프로그램 기능을 가리킨다. (2) 스케줄링된 프로세서 컨트롤의 목적은 여러 개의 프로세서가 공동으로 하나의 일을 수행하는 경우에 전체로서 그 일의 실행 시간을 최단으로 하도록 제어하는 것이다. 그러나 시스템 자원에 제약이 있을 경우는 반드시 그 일을 최단 시간에 종료시킬 수 있다고 한정하지 않는다. 이러한 경우에는 자원의 사용률에 대해 모순을 초래하지 않는 범위에서 그 일의 실행 시간이 가장 짧아지도록 차선의 스케줄링을 생각하게 된다. 거의 대부분의 일은 그와 같은 스케줄 하에서 실행된다.

scheduling algorithm[–ǽlgəriðm] **스케줄링 알고리즘** 관리 프로그램의 스케줄링 프로그램에 포함된 일련의 규칙들. 이것은 사용자의 시간 할당량과 이 할당량이 반복되는 빈도를 정한다.

scheduling and resource allocation computer system[–ənd risɔ́:rs æ̀ləkéiʃən kampjú:tər sístəm] **스케줄링 자원 할당용 컴퓨터 시스템**

scheduling and resource allocation system **스케줄링 자원 할당 시스템**

scheduling control[–kəntróul] **스케줄링 제어**

scheduling control program[–próugræm] **스케줄링 제어 프로그램**

scheduling decision behavior[–disíʒən bihéivjər] **스케줄링 결정 행동**

scheduling heuristics[–hjurístiks] **스케줄링 발견적 방법**

scheduling method[–méθəd] **스케줄링 방법** 반환 시간의 최소화, 처리율의 최대화, 공정성, 우선 순위제 실시, 무한정 대기 방지 등을 만족시켜 시스템 성능을 최대화시키기 위해 사용되는 프로세스 스케줄링.

scheduling model[–mádəl] **스케줄링 모델**

scheduling of main memory[–əv méin méməri(:)] **주기억 장치의 스케줄링**

scheduling priority[–praiɔ́(:)riti(:)] **우선 순위 스케줄링** 어느 작업을 처리할 때 우선 순위에 따라 일을 처리하는 방법.

scheduling program[–próugræm] **스케줄링 프로그램**

scheduling strategy[–strǽtədʒi(:)] **스케줄링 전략**

scheduling theory[–θíəri(:)] **스케줄링 이론**

schema [skí:mə] *n*. **스키마, 고유 데이터 구조 기술** (1) CODASYL이 제안한 DBMS(DBTGCOBOL)에서의 용어. 물리적인 장치로부터 논리적인 데이터 베이스 레코드(data base record)를 매핑(mapping)하는 데 사용되는 정의 정보를 말한다. 데이터 베이스의 논리 구조에는 데이터 베이스「전체 논리 구조」와 사용자 응용마다의「개별 논리 구조」 두 가지 레벨이 있다. 이들의 구조로 내장되는「데이터의 정의」에는「전체 논리 구조 기술」과「개별 논리 구조 기술」이 있고, 전자를 스키마, 후자를 서브스키마라고 한다. 데이터 정의 기술에는 데이터 정의 언어(DDL)를 사용한다. (2) 데이터 베이스의 기본 개념으로서 데이터 베이스가 대상으로 하는 실세계를 논의 영역(universe of discourse), 논의 영역에서 데이터 베이스에 필요한 정보를 추상

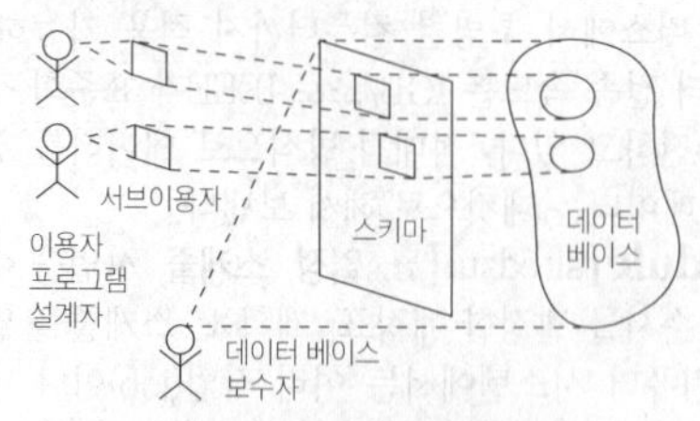

〈스키마와 서브스키마와의 관계〉

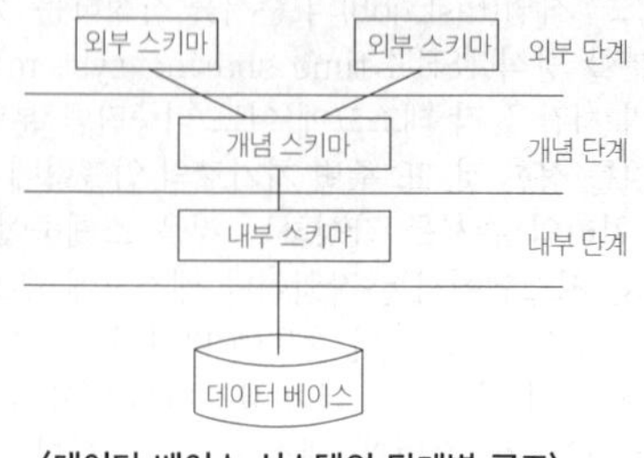

〈데이터 베이스 시스템의 단계별 구조〉

화하는 모델을 데이터 모델(data model), 추상한 결과를 기술한 것을 개념 스키마(conceptual schema)라고 한다. 개념 스키마를 컴퓨터의 세계로 매핑한 것을 내부 스키마(internal schema)라 하고, 각 이용자 자신의 데이터 베이스를 구축하는 데는 개념 스키마를 어떻게 구성하는가가 더욱 중요한 점이다. 이용자의 데이터 시점에서 공통 항목을 추출해서 개념 스키마에 반영시키는 것이 필요하다.

schema chart [–tʃɑ́:rt] **스키마도**

schema DDL 스키마 데이터 정의 언어 스키마를 정의하는 데 사용되는 데이터 정의 언어.

schema entry [–éntri(:)] **스키마 항**

schema group [–grú:p] **스키마 그룹** 스키마 그룹이란 데이터 베이스군에서의 관련된 스키마군으로서 데이터 베이스의 이용에서 적용 업무마다 또는 운용 스케줄에 의해서 여러 데이터 베이스를 그룹화한 것.

schema name [–néim] **스키마명**

schematic [ski(:)mǽtik] *a.* **회로도, 도식적인** 회로 요소들의 내부 연결 상태를 나타낸 그림.

schematic symbol [–símbəl] **회로도 기호** 일반적으로 사용되는 여러 가지 회로 부품을 나타내는 규격화된 기호.

scheme [skí:m] *a.* **계획**

Schmitt circuit 시미트 회로

Schmitt trigger 시미트 트리거 느리고 약한 전이 신호를 날카로운 파형의 전이 신호로 바꾸는 역할을 하는 회로.

Schottky barrier 쇼트키 접합 반도체와 금속의 접촉에 의한 접합. PN 접합에 비교하여 순방향 전압이 낮고 고속이라는 특징이 있는데, 예를 들면 N형 반도체의 경우에 반도체가 –이고 금속이 +가 되도록 외부 전압을 가하면 전류가 흐르지만, 반대 방향으로 외부 전압을 가하면 전류가 흐르지 않아 정류 작용을 나타낸다.

Schottky barrier diode 쇼트키 접합 다이오드 쇼트키 장벽을 가지는 다이오드. 쇼트키 장벽이란 쇼트키가 제창한 반도체 정류기(整流器)의 정류 이론에 의해 도입된 것으로, 반도체 내부의 표면 부근에 공간 전하(空間電荷)의 일정 영역이 존재한다는 모델로, 표면에서의 포텐셜산 높이는 일함수의 차이에 따른다고 한다. 이것을 쇼트키 장벽이라고 부른다. 쇼트키 접합 다이오드는 평면적으로 금속 박막을 반도체 기판에 접하고 쇼트키 장벽을 구성한 다이오드이다.

Schottky circuit 쇼트키 회로 낮은 전력 소모와 빠른 동작 속도가 특징인 회로.

Schottky-clamped circuit 쇼트키 클램프 회로

Schottky diode 쇼트키 다이오드 반도체 표면에 금속을 증착하여 금속과 반도체 간에 생기는 이른바 쇼트키 장벽의 정류 작용을 이용한 다이오드.

Schottky junction 쇼트키 접합 금속과 반도체가 접촉된 구조로서 그 전압-전류 특성이 정류성(整流性)을 나타내는 것. 즉, 어느 방향의 전압에 대해서는 전류가 흐르기 쉽고 역방향의 전압에 대해서는 전류가 거의 흐르지 않는 것을 쇼트키 접합이라고 한다. 전류가 흐르기 쉬운 전압의 방향을 순방향, 흐르지 않는 방향을 역방향이라고 한다. 쇼트키 접합이 정류성을 나타내는 것은 금속과 반도체의 함수가 달라서 접합부에 전위 장벽이 생기기 때문이다. 예를 들면 금속과 N형 반도체 중의 전자가 금속으로 흐르기 때문에 전류가 흐른다. 역방향으로 전압을 걸면 전위 장벽이 높아지기 때문에 금속에서 반도체로 전자의 흐름이 저지되어 전류는 거의 흐르지 않는다. 금속의 함수가 N형 반도체의 함수보다 적을 때에는 전자에 대한 전위 장벽이 생기지 않아 쇼트키 접합이 되지 않는다. 또한 P형 반도체와 금속의 접합에서는 금속의 함수가 P형 반도체의 함수보다 적을 때에는 정공(正孔)에 대하여 전위 장벽이 형성되어 쇼트키 접합이 된다. 단, 접합부에 경계면 준위(準位)가 존재하는 경우에는 이와 같은 간단한 관계는 성립되지 않는다. 또 장벽이 형성되어도 반도체 중의 불순물 농도가 높은 경우에는 장벽의 두께가 얇아져서 캐리어가 터널(tunnel) 효과에 의하여 장벽을 통하기 때문에 좋은 정류성을 나타내게 된다. 쇼트키 접합을 사용한 다이오드는 쇼트키 다이오드 또는 쇼트키 접합 다이오드라고 한다. 그 특징은 전류가 주로 다수 캐리어에 의하여 운반되며, 소수 캐리어는 거의 관여하지 않는다는 것이다. 이 때문에 소수(少數) 캐리어의 축적이 없으며 PN 접합에 비하여 응답 속도가 빠른 다이오드를 얻을 수 있다. 또한 트랜지스터의 컬렉터 접합으로서 쇼트키 접합을 사용하면 포화형 스위치 동작의 경우에도 컬렉터에서 베이스로의 소수 캐리어의 주입과 컬렉터 영역 내의 소수 캐리어의 축적을 없앨 수 있고, 컬렉터 직렬 저항도 거의 영(0)으로 되기 때문에 PN 접합형에 대하여 대폭적으로 동작 속도를 개선할 수 있다.

Schottky transistor 쇼트키 트랜지스터 전력 손실이 적고, 전달 지연 속도를 줄일 수 있는 특성이 있는데, 쇼트키 다이오드를 이용하여 포화 영역이 존재하지 않도록 만들어진 트랜지스터.

Schottky TTL 쇼트키 TTL TTL(transistor transistor logic)에 쇼트키 장벽 다이오드의 클램프 회로를 붙여 포화를 낮게 하여 고속화한 회로.

Schur's theorem 슐의 정리 행렬의 고유값을 쉽게 구하기 위해 정방 행렬을 상삼각 행렬로 나타낼 수 있다는 정리.

scientific [sàiəntífik] *a.* **과학용, 과학적**

scientific application [–æplikéiʃən] **과학적 응용** 비상업용으로 분류되어 과학적 문제 해결이나 연구에 이용되는 컴퓨터의 응용 형태로, 여기에 관련된 프로그램들은 비교적 적은 입력, 많은 계산, 적은 출력 등이 특징이다.

scientific calculation [–kælkjuléiʃən] **과학 기술 계산** 과학 기술 분야의 문제 풀이를 하는 것.

scientific computer [–kəmpjúːtər] **과학용 컴퓨터**

scientific data processing [–déitə prásesiŋ] **과학 자료 처리** 수학 함수나 방정식을 해결하는 데 필요한 자료 처리.

scientific instruction set [–instrʌ́kʃən sét] **과학용 명령 세트**

scientific language [–læŋgwidʒ] **과학용 언어** FORTRAN이나 ALGOL처럼 수학적 또는 과학적인 프로그램을 작성하기 위하여 설계된 프로그램 언어.

scientific notation [–noutéiʃən] **과학적 표기법** 어떤 양을 소수 부분과 10의 멱수로 나타내는 표기법.

scientific processing [–prásesiŋ] **과학용 처리** 수학적인 함수 또는 방정식을 푸는 것과 관련된 데이터의 처리.

scientific subroutine [–sʌ́bruːtíːn] **과학용 서브루틴** 컴퓨터 시스템에서 이용 가능한 기본 수학적 연산을 할 수 있는 서브루틴. 이러한 연산은 정수의 승제, 소수의 가감승제, 제곱근, 행렬, 통계, 통계 로그 함수, 삼각 함수 등이다.

scientific subroutine package [–pækidʒ] SSP, **과학용 서브루틴 패키지**

scientific system [–sístəm] **과학용 시스템** 주로 계산용으로 특별히 고안된 시스템.

scissoring [sízəriŋ] *n.* **시저링** 디스플레이의 화면 왼쪽에 있는 화면의 구성 부분을 제거하는 조작. 통상 지정 영역(예를 들면, 윈도)밖에 선분이 없는 경우, 빔의 휘도(輝度)를 떨어뜨려 그 선분을 소거하는 방법이 취해진다.

SCM (1) **시뮬레이션 비용 모델** simulation cost model의 약어. (2) **컴퓨터 의학 협회** Society for Computer Medicine의 약어. 의료 애플리케이션(application)의 자동화를 강조하며 의사와 컴퓨터 과학자가 함께 모이는 단체. (3) **소프트웨어 구성 관리** software configuration management의 약어. (4) **공급 사슬 관리** supply chain management의 약어. 공급 사슬(supply chain)은 어떤 제품을 판매하는 경우 자재 조달, 제품 생산, 유통, 판매라는 흐름이 발생하는 것을 의미하며, SCM이란 이 흐름을 적절히 관리하여 공급망 체인을 최적화하여 조달 시간 단축, 재고 비용이나 유통 비용 삭감, 고객 문의에 대한 빠른 대응을 실현하는 것을 목표로 한다.

SCN (1) **자기 항행(航行)** self-contained navigation의 약어. (2) **동기 제어망** synchronous control network의 약어.

SCO Santa Cruz Operation의 약어. PC용 유닉스인 XENIX(마이크로소프트 사와 협력) 및 Open Desktop을 개발 · 판매하고 있는 회사. 본사가 미국 캘리포니아 주 산타크루즈에 있다.

SCOOP 스쿠프 system for computerization of office processing의 약어. 사무 처리의 기술뿐만 아니라 전자 공학에도 이용되는 표기법.

scope [skóup] *n.* **유효 범위** 적용 범위. 스코프. 프로그래밍 언어에서 선언에 의해 지정된 이름과 화면 대상과의 대응이 유효하도록 하는 원시 프로그램 중의 일부분. 예를 들면 ALGOL 언어 등의 블록 구조를 가진 언어에서 어떤 이름의 유효 범위는 그 이름이 선언된 블록 혹은 절차 내에 한정되며, 그 블록에 같은 이름의 선언을 갖는 블록이 포함될 경우에는 내측(內側)의 블록을 제외한 부분으로 된다.

[주] 1. 「식별자의 유효 범위」는 자주 「그 선언의 유효 범위」와 같은 뜻으로 사용된다. 2. 언어 대상물은 유효 범위 내에서 참조할 수 없는 것도 있다. 어떤 식별자와 같은 식별자가 내부 블록에 선언됨으로써 앞의 식별자가 그 블록 내에서는 유효하지 않게 되는 경우가 있기 때문이다.

scope attribute [–ǽtribjùt] **유효 범위 속성**

scope of declaration [–əv dèkləréiʃən] **선언의 유효 범위**

scope of name [–néim] **이름의 범위**

scope virus [–váirəs] **스코프 바이러스** 애플 매킨토시 컴퓨터에만 감염되는 악성 바이러스 프로그램.

SCP 시스템 제어 프로그램 system control program의 약어.

SCR (1) **사이리스터** semiconductor-controlled rectifier의 약어. (2) **사이리스터, 실리콘 제어 정류기** silicon-controlled rectifier의 약어. 많은 양의 직류나 전압을 제어하는 데 쓰이는 반도체 장치. 특징이 옛 진공튜브 사이라트론과 비슷하여 종종 thyristor라 불린다.

scrambled [skrǽmbld] *a.* **스크램블된** 해독되거나 재정리하지 않고는 읽을 수 없는, 즉 암호화된 또는 사적인 신호 형태에 대해 사용하는 말이다.

scrambler[skrǽmblər] *n.* **스크램블러** 스크램블러는 전송되는 원부호열(原符號列)과 M계열 부호(의사 랜덤 신호)와의 배타적 논리합을 취함으로써 전송 부호열을 랜덤화하는 것이다. 디스크램블러(descramber)는 스크램블러에 의하여 변조된 신호에 같은 모양의 처리를 실시함으로써 역변환하는 것이다. 스크램블러, 디스크램블러를 사용함에 따르는 효과는 다음과 같다. ① 전송 부호열의 주파수 스펙터를 랜덤화하므로 입력 신호에 따르지 않는 균일한 전송 특성을 실현할 수 있다. ② 전송 부호열을 랜덤 신호화함으로써 정(靜) 패턴(pattern)적인 지터를 억압하여 지터 억압을 도모할 수 있다. ③ 전송 부호열의 마크율이 1/2에 가깝기 때문에 확률적으로 0 연속의 발생을 억제할 수 있다.

scramble time[skrǽmbl tάim] **스크램블 시간** 짧거나 긴급을 요하거나 단 한 번만의 실행을 위해 마련해둔 컴퓨터 실행 준비 완료 시간.

scrapbook[skrǽpbùk] *n.* **스크랩북** 데이터를 저장시키고 어떤 한 프로그램이 실행중인지에 관계없이 그 데이터를 쉽게 접근하게 해주는 데스크 액세서리.

scratch[skrǽtʃ] *n. v.* **스크래치, (데이터 세트를) 소거하다** 「할퀸 상처」, 「휘갈겨 씀」이 보통의 의미이지만, 「데이터 세트를 소거하다」라는 의미도 있다.

scratch cartridge[–kά:rtridʒ] **스크래치 카트리지** 대용량 기억 시스템에서 대용량 기억 볼륨으로서 사용되지 않는 CE 전용의 데이터 카트리지.

scratch file[–fάil] **스크래치 파일** 데이터 파일을 처리하는 경우에 파일 전체 또는 그 일부를 일시적으로 자기 테이프나 자기 디스크에 복사한 것.

scratchpad[skrǽtʃpæ̀(:)d] *n.* **스크래치패드** 응용 프로그램(application program)의 데이터를 일시적으로 기억하는 기억 영역이며, 작업용 기억 영역(scratchpad area)이라고도 한다. 일괄(batch) 처리에서 에러 레코드, 전송 데이터의 일시 기억 영역으로 사용하거나 한다.

scratchpad area[–έ(:)riə] **SPA, 스크래치패드 영역, 작업용 기억 영역** 다중 회화 처리를 하는 응용 프로그램이 스크래치패드 파일에 퇴피(退避)할 정보를 저장하기 위해서 갖는 영역.

scratchpad file[–fάil] **SPF, 스크래치패드 파일** 하나의 직업(job) 중에서 작업 단계 간의 데이터를 주고받거나 주기억 용량의 부족을 일시적으로 보충하기 위해 사용하는 파일. 워크 파일(work file)이라고도 한다. 일시적으로 주어진 역할이 끝났을 때 작업 도중에 불필요하게 된 파일이다.

scratchpad memory[–méməri(:)] **스크래치패드 기억 장치, 작업용 기억 장치, 임시 기억 장치** 컴퓨터 중의 「메모장」이라고 할 수 있는 것으로 메모리라는 의미이며, 주기억 장치와는 별도로 실행중의 명령에 필요한 오퍼랜드, 중간 데이터의 유지, 인터럽트 처리, 메모리 프로덕트용 등에 사용하는 고속 처리용 메모리이다. 컴퓨터의 연산 회로와 같은 정도로 빠른 읽기와 쓰기 속도를 가진 기억 장치. 컴퓨터의 연산 도중의 메모를 위해 사용된다. 즉, 보통 메모리를 사용하면 연산 속도가 늦어지므로 그것을 방지하기 위해 설치된 것이다. 보통은 반도체 집적 회로가 사용되며 주로 대형 컴퓨터에 사용된다.

scratchpad storage[–stɔ́:ridʒ] **스크래치패드 기억 장치** 중앙 처리 장치(CPU)의 작은 중간 처리용 기억 영역으로 대용량의 주기억 장치(main storage)보다 고속 처리가 행해진다. 사용법은 인터럽트된 프로그램의 위치가 기억되고, 인터럽트(일시 정지) 프로그램 종료 후 인터럽트가 발생한 장소로 되돌릴 수 있는 것. 또는 빈번하게 사용되는 오퍼랜드, 목적 프로그램 명령 및 레지스터의 내용 등이 기억되는 것이다.

scratch tape[skrǽtʃ téip] **스크래치 테이프** 프로그램 처리중에 작업용으로서 일시적으로 기억시키기 위해 사용되는 자기 테이프.

scratch volume[–vάljum] **스크래치 볼륨** 작업(job)에서 작업 영역(work area)으로 사용되는 자기 테이프 볼륨이다. 일반적으로 데이터를 기록해두기 위한 것이다.

screen[skrí:n] *n.* **화면, 스크린** 표시면. (1) CRT 디스플레이(CRT display) 등의 영상 표시 장치(visual display unit)의 화면. (2) 동사로서 어떤 결정된 규칙(rule) 또는 조건(condition)에 따라서 사전에 선택(selection)해두는 것을 의미한다.

screen attribute byte[–ǽtribjù(:)t bάit] **화면 속성 바이트**

screen burn-in[–bə́:rn in] 장시간 사용에 의해 디스플레이의 화상 표시 기능이 저하되는 현상. 구체적으로는 관의 안쪽에 도포된 형광 물질이 강한 전자파에 장시간 노출됨에 따라 제기능을 하지 못하게 되는 상태. 이것을 방지하지 위해 스크린 세이버 등을 사용한다. ⇨ screen saver

screen character color[–kǽrəktər kʌ́lər] **표시 문자 색** 표시 장치에 나타내는 문자의 색.

screen control function[–kəntróul fʌ́ŋkʃən] **화면 제어 기능** 예를 들면 스크롤, 블링킹(blinking)과 같이 표시 화면을 제어하는 기능.

screen coordinate[–kouɔ́:rdənit] **화면 좌표계** 그래픽 시스템의 실제 화면에 대한 좌표계로,

기하학적 변환을 통해 보편적 좌표계를 화면 좌표계로 변환한다.

screen definition facility[–dèfiníʃən fəsíliti(ː)] **표시 화면 정의 기능**

screen density[–dénsiti(ː)] **화면 밀도** 수직 방향에서는 CRT 모니터 등의 관면을 구성하는 주사선 밀도, 수평 방향에서는 하나의 주사선의 길이를 나타낸다.

screen design aid[–dizáin éid] **SDA, 화면 설계 보조 기능, 화면 설계 보조 유틸리티**

screen dump[–dʌ́mp] **화면 퍼내기** 단말 디스플레이로부터 내용 그대로를 기억 장치나 주변 기기로 프린트해내기 위한 데이터 또는 영상의 전송.

screen editing[–éditiŋ] **화면 편집** 디스플레이의 화면상에서 입력한 숫자나 문자를 임의의 위치에 표시하는 편집 프로그램의 기능.

screen editor[–éditər] **화면 편집기** 디스플레이의 화면상에서 키보드 등으로부터 입력한 숫자나 문자를 임의의 표시 위치에 표시하거나 불필요한 문자를 소거하거나 새롭게 문자를 삽입하거나 하는 편집 프로그램 그 자체, 또는 기능을 가리킨다.

screen enhancement for character[–inhǽːnsmənt fər kǽrəktər] **문자에 관한 스크린 기능의 증강**

screen filter[–fíltər] **표시 화면 필터**

screen font[–fánt] **화면 폰트** 화면 표시 전용 폰트 데이터. 도트로 구성된 비트맵 폰트와 계산으로 폰트를 확대, 축소하는 스케일러블 폰트가 있다. 인쇄 전용 프린터 폰트에 비해 해상도가 낮다.

screen generator[–dʒénərèitər] **표시 화면 생성 프로그램** 디스플레이 화면상에 데이터를 투입하거나 표시할 때의 서식을 지원하는 프로그램. 보통의 입력 및 표시란의 보호란도 지정할 수 있도록 되어 있다.

screen geometry[–dʒiámətri(ː)] **스크린 지오메트리** 다양한 모양을 찌그러짐 없이 정확하게 재생하는 모니터 성능을 표현하는 일반적인 용어. 모니터는 핀쿠셔닝(pincushioning) 사다리꼴 에러, 회전 에러, 부적합한 선형도 등과 같은 기하학적인 문제들을 가지기 쉽다. ⇨ rotation error, pincushioning error

screen image[–ímidʒ] **화면 영상**

screening[skríːniŋ] *n.* **스크리닝** 원칙적으로 비파괴적 수단에 의한 전수(全數) 검사가 쓰이며, 고장 메커니즘에 대응하는 시험에 의해서 잠재 결점을 포함하는 기능 단위를 제거하는 것.

screening test[–tést] **스크리닝 테스트** 고신뢰도 집적 회로에 대한 제품 검사법.

screen paging[skríːn péidʒiŋ] **화면 페이징** 표시 장치에의 출력 메시지의 여러 화면의 분할 또는 응용 프로그램이 요구하는 입력 메시지의 조립을 하는 처리.

screen painter[–péintər] **화면 채색기** 구체적인 좌표를 모르고도 사용자가 원하는 형태의 스크린을 만들 수 있는 dBASE Ⅲ PLUS의 기능.

screen position[–pəzíʃən] **화면 위치** 그래픽 데이터가 화면에서 실제로 위치하는 물리적 위치.

screen router[–ráutər] **스크린 라우터** 방화벽 시스템의 일종. 거의 대부분의 기관이 인터넷에 접속할 경우 일반적으로 인터넷 패킷을 전달하고 경로 배정(routing)을 담당하는 라우터라는 장비를 사용하게 된다. 이 라우터는 패킷의 헤더 내용을 보고 필터링(스크린)할 수 있는 능력을 가지고 있다. 즉, 네트워크 수준의 IP 데이터그램에서는 출발지 주소 및 목적지 주소에 의한 스크린, TCP 수준의 패킷에서는 네트워크 응용 프로그램을 판단하게 해주는 포트 번호에 의한 스크린, 프로토콜별 스크린 등의 기능을 제공한다. 이러한 기능을 가진 스크린 라우터만 사용해도 일정 수준의 보안 접근 제어를 통한 방화벽 시스템 환경을 구축할 수 있다. ⇨ firewall, TCP/ IP

screen saver[–séivər] **스크린 세이버, 화면 보호기** 컴퓨터를 켜놓은 상태에서 화면이 오랫동안 변하지 않고 있을 때, 컴퓨터의 모니터 브라운관이 가열되어 화면에 무리가 생기는 것을 방지하는 소프트웨어. 키보드나 마우스 등의 입력이 일정 시간 동안 없어 화면에 아무런 변화가 생기기 않을 때 스크린 세이버가 자동적으로 작동하며, 아무 키를 누르거나 마우스를 조작하면 화면 보호 상태가 끝나고 원래의 작업중인 화면이 다시 나타난다.

screen scrolling[–skróuliŋ] **스크린 스크롤링** 디스플레이 화면에 들어가지 않는 자료를 보이기 위해 출력 내용이 위아래로 움직이도록 한 특성. 스크롤링 키를 누르면 전체 화면이 위 또는 아래로 움직이며 움직이는 첫 줄이 사라지고 반대쪽에 새로운 줄이 나온다.

screen section[–sékʃən] **화면 섹션**

screen separation[–sèpəréiʃən] **스크린 분리** 화면에 표시된 자료들을 분리 구성하는 화면 분리기.

screen size[–sáiz] **화면 크기** 표시 장치의 화면 크기. 보통 대각선 길이를 인치로 나타낸다.

screen snapshot[–snǽpʃàt] **화면 잡기** 그래픽에서 화면에 비쳐진 화상을 잡아 파일로 저장하는 것.

screen subnet[–sʌ́bnet] **스크린 서브넷** 일명 DMZ(demiliterization zone)를 외부 네트워크와 내

부 네트워크 사이에 두는 것으로서 완충 지역 개념의 서브넷을 운영하는 것이다. 여기에 스크린 라우터를 두어 이 완충 지역을 곧장 통과하지 못하게 함으로써 방화벽 시스템을 구축할 수 있다. ⇨ screen router, firewall

screen update[-ʌ́pdèit] **화면 바꿈** 키를 누르는 등의 입력에 대응하여 화면의 내용이 바뀌는 것.

screw terminal[skrúː tə́ːrminəl] **스크루 단자, 나사 꽂이 단자**

scripter[skríptər] *n.* **스크립터**

script language[skrípt lǽŋgwidʒ] **스크립트 언어** 컴파일(compile)을 하지 않고, 작성해서 바로 실행시킬 수 있는 언어. 컴파일하지 않고 변수 타입을 선언하지 않는다는 특징이 있다. 대표적인 스크립트 언어로는 자바 스크립트, Perl, Tcl/Tk 등이 있다.

Script-X 스크립트 엑스 미국 칼레디아(Kaledia) 사가 개발한 멀티미디어 프로그램 기술 언어. 하드웨어나 운영 체제와 독립되어 있고, 운영 체제에 상관없이 재생과 열람이 가능하지만 실제로 보급되어 있는 소프트웨어가 없다.

scripting[skríptiŋ] **스크립팅** 응용 프로그램이나 셸의 기능을 보완하기 위한 처리 순서를 기술한 간단한 프로그램을 스크립트라 하는데, 이 프로그램을 기술하여 처리하는 것.

scroll[skróul] *v.* **스크롤** 화면(screen)이나 패널에 표시되어 있는 정보를 세로(vertical) 또는 가로(horizontal) 방향으로 이동시키는 것. 이동된 화면에서 사라진 부분만큼 반대측에서 새로운 정보가 나타나게 된다. 그 정보량(자릿수)이 표시 장치(display unit)의 화면 표시 기능 자릿수보다 많기 때문에 이러한 기능이 필요하다. 스크롤용의 키를 누르면서 화면상의 정보를 읽어갈 수가 있다. 콘솔, 워드 프로세서, 퍼스널 컴퓨터 등의 표시 장치에는 거의 예외 없이 갖추어져 있다.

[주] 표시 장치의 화면상에 표시되어 있는 데이터를 상하 방향(세로 스크롤) 또는 좌우 방향(가로 스크롤)으로 이동하고, 그 데이터에 이어지는 새로운 데이터를 표시하는 기능. 위 방향으로 스크롤하는 것을 스크롤 업, 아래 방향으로 스크롤하는 것을 스크롤 다운이라고도 한다.

scroll bar[-báːr] **스크롤 바** 일반적으로 윈도 방식의 프로그램들에서 현재 윈도에 표시된 커서가 전체 텍스트 내에서 어느 위치에 있는가를 표시해 주는 우측과 하단의 표시.

scroll box[-bàks] **스크롤 상자** ⇨ scroll bar

scroll down[-dáun] **스크롤 다운** 디스플레이(표시 화면)의 화면(스크린)상에 표시되어 있는 화면을 위에서 아래로 연속적으로 움직인다. 이 기능에 의해서 한 화면에 수용되지 않는 분량의 데이터 등을 볼 수 있다.

scrolling[skróuliŋ] *n.* **스크롤링** 표시 영역 중에서 오래된 데이터를 지우고 동시에 새로운 데이터가 나타나도록 화면 상하 방향 또는 좌우 방향으로 이동시키는 것.

scroll lock key[skróul lák kíː] **스크롤 잠금 키**

scroll up[-ʌp] **스크롤 업** 디스플레이의 화면(스크린)상에 표시되어 있는 화면을 아래서 위로 연속적으로 움직인다. 이 기능에 의해서 한 화면에 수용되지 않는 분량의 데이터 등을 볼 수 있다.

SCS 단일 콘솔 지원 single console support의 약어. 시뮬레이션과 그 상관 기술(특히 관리와 사회, 과학, 생물학, 환경 문제를 다루는)의 진척을 위해 만들어진 기술 협회.

SCSI 스카시, 소형 컴퓨터 시스템 인터페이스 small computer system interface의 약어. PC에 질 나쁜 선택 사항이 설치되어 있을 때 맥은 확장 표준으로서 스카시를 채택했다. 스카시를 이용하면 7개의 새로운 장치들을 PC에 덧붙일 수 있으며 개별적인 인터페이스 문제도 다룰 수가 있다. 하지만 스카시는 부담이 많이 드는 시스템이고 컴퓨터 시동을 지연시킨다. 또 설치되는 동안 사용자는 신원 확인 관리 장치와 스카시 회로를 닫는 종연 과정을 다루어야 한다.

SCSI-3 스카시-3 small computer system interface-3의 약어. SCSI-2를 확장한 데이터 전송 규격. SCSI-2에서는 기기 접속이 8대까지 가능했으나 SCSI-3에서는 16대, 때에 따라서는 32대까지 접속할 수 있다. 아직 확정된 규격은 아니기 때문에 상품화되어 있지는 않다.

SCSI configured automatically 스캠 ⇨ SCAM

SCSI directed ATA transfer ⇨ SDAT

SCSI-ID SCSI 규격의 기기(하드 디스크 등)는 여러 개를 캐스케이드 접속할 수 있으며, 각각을 구별하기 위해 ID 번호를 설정한다. ID 번호는 각각의 SCSI 기기에 따라 임의로 설정할 수 있다.

SCSI probe SCSI 프로브 매킨토시용의 프리 소프트웨어. Robert Polic이 개발하고, 저작권도 그에게 있다. 컨트롤 패널의 하나로, SCSI 버스로 접속한 디바이스의 체크나 마운트 등이 가능하다.

SCT 단계 제어 테이블 step control table의 약어.

sculptured surface[skʌ́lptʃərd sə́ːrfəs] **자유 곡면**

SCW 세그먼트 제어 단어 segment control word의 약어.

SD (1) **송신 데이터** send data의 약어. 데이터가 전송되는 동안에는 모뎀 불빛이 깜빡인다. 이는 모뎀이 멀리 떨어져 있는 컴퓨터에게 신호를 보내고 있는 중이라는 것을 사용자에게 알리는 것이다. (2) **수퍼 디지털** super digital의 약어. NTT의 ISDN을 이용한 전용선 서비스의 명칭.

SDA 화면 설계 보조 기능 screen design aid의 약어.

SDAT SCSI directed ATA transfer의 약어. 멜코(Melco) 사가 개발한 신호 변환 방식으로, ATA 인터페이스를 가진 장치를 SCSI 인터페이스에 접속하는 기술. ATA 장치는 저가이지만 내장 전용이고, 기기를 취급하기 위해서는 컴퓨터 내부를 열어야 한다. SCSI 기기는 내장, 외장 어느 것이라고 취급하고, 데이터 전송의 신뢰성도 높지만 고가인 것이 단점이다. SDAT 기술은 ATA 장치에 SCSI 인터페이스를 결부시킴으로써 저렴하고, 신뢰성이 높으며, 취급하기 쉬운 주변 기기를 만드는 것이 가능하다. ⇨ ATA, SCSI, IDE

SDC 스테이징 디스크 제어 장치 staging disk controller의 약어.

SDCT swap device characteristic table의 약어.

SDDM 기동측 분산 데이터 관리 프로그램 source distributed data manager의 약어.

SDE (1) **소프트웨어 개발 환경** ⇨ software development environment (2) **시스템 설계 공학** system design engineering의 약어.

SDI 정보 선택 제공 selective dissemination of information의 약어. 정보 검색 기법의 하나. 정보를 요구하고 있는 이용자의 특성을 프로파일로서 등록해두고, 새로운 정보가 발생할 때마다 그 정보와 이용자의 프로파일을 조회하고 그 정보에 흥미를 가지는 이용자에게 자동으로 제공하는 것. ⇨ information retrieval IR

SDK 소프트웨어 개발 도구 software development kit의 약어. 윈도용 응용 프로그램을 만드는 데 사용되는 개발 도구. 라이브러리나 아이콘 편집기, 디버거 등의 도구로 구성되어 있다.

SDL 시스템 디렉토리 리스트 system directory list의 약어. 공용 가상 영역에 적재되어 있는 프로그램이나 컴퓨터 시스템이 사용하는 프로그램이 저장된 실행 형식 라이브러리의 프로그램명으로 이루어지는 표.

SDLC 동기식 데이터 연결 제어 synchronous data link control의 약어. IBM이 1973년에 발표한 비트 방식의 프로토콜로서 스테이션 간의 통일된 원리로 데이터 전송을 하기 위한 기술을 말한다.

SDP (1) **순차 결정 과정** sequential decision process의 약어. (2) **시스템 설계 단계** system design phase의 약어. (3) **시스템 설계 제안** system dsign proposal의 약어.

SDR (1) **통계 데이터 기록 기능** statistical data recorder의 약어. (2) **시스템 설계 심사** system design review의 약어.

SDRAM synchronous dynamic RAM의 약어. 주기억 장치에서 시스템 프로세서로 데이터를 전송하는 것은 어떤 PC라도 수행하는 데 있어 지속적으로 발생하는 가장 커다란 장애 가운데 하나이다. 가장 빠른 DRAM과 EDO 기억 장치도 펜티엄에서 사용되는 66MHz 머스 속도를 따라잡기는 힘들다. SDRMA은 100MHz의 머스 속도를 유지하게 하는 새로운 기능을 통합했다. 두 개의 기억 장치 주소를 동시에 열리게 함으로써 이것은 가능하다. 데이터를 읽을 때는 하나의 주소 뱅크를 중단하고 나머지 하나를 읽을 필요 없이 각 세트를 번갈아 가면서 읽어올 수 있다. ⇨ RAM, DRAM, SRAM, EDO

SDS 소프트웨어 개발 시스템 software development system의 약어.

SDSL 대칭 디지털 가입자 회선 symmetric digital subscriber line의 약어. 인터넷에서 데이터를 주고받을 때 데이터의 수신 및 송신을 위한 전송 속도가 같은 방식. 일반 가정용으로 ADSL(asymmetric digital subscriber line ; 비대칭 디지털 가입자 회선)이 데이터의 수신은 빠르고 송신은 느린 데 비해, SDSL은 데이터의 송수신 속도가 같은 서비스로, 회사에서 주로 사용된다.

SDT 신호 검출 이론 signal detection theory의 약어.

SE (1) **상태 추정** state estimation의 약어. (2) **시스템 공학자** system engineer의 약어. ⇨ system engineer (3) **시스템 공학** systems engineering의 약어. 인간과 기계가 공존하는 복잡한 시스템을 어떤 목적을 위해서 유기적인 결합을 하는데 어떻게 하면 실현이 가능한가를 조사하고 연구하여 설계해서 그 해답을 구하는 학문.

SEAC 시크 standards eastern automatic computer의 약어. 최초의 프로그램 축적형 컴퓨터의 이름.

Seagate [síːgèit] **시게이트 사** 미국의 하드 디스크 전문 생산 회사.

SEALink 시링크 PC 통신에서 파일 전송을 위해 사용되는 프로토콜로 XMODEM 프로토콜을 개량한 것.

seamless [síːmlis] **이음새 없음** 이음새가 없는 상태. 예를 들어 응용 소프트웨어 내에서 각 기능의 구분이 없기 때문에 일관성 있게 조작할 수 있는 상태를 가리킨다.

search[sə́ːrtʃ] *v.* **탐색, 검색** 같은 성질을 갖는 항목의 집합 중에서 필요한 특성을 갖는 항목을 찾아내는 것. 예를 들면 컴퓨터 프로그램을 사용하여 여러 개의 데이터가 모여 있는 테이블 중에서 특정 데이터를 찾아내는 테이블 탐색(table search) 처리에서는 다음과 같은 방법으로 행해진다. ① 순차 탐색법(sequential search) : 최초의 데이터에서 순번 탐색하여 해당하는 키를 갖는 데이터를 찾아내는 방법. 7개의 데이터를 탐색할 경우의 평균 비교 횟수는 전부를 비교할 경우의 2분의 1이므로 $n/2$회이다. ② 2진 탐색법(binary search) : 데이터가 키의 순번으로 분류되어 있을 때 사용하는 방법으로 순차 탐색법보다 효율적이다. 우선 탐색할 키를 테이블 중앙의 데이터 키와 비교하여 테이블 전반부에 있는가, 후반부에 있는가를 결정한다. 전반부에 있으면 다음에 전반부 중앙 키와 비교하여 그 앞에 있는지 뒤에 있는지를 결정한다. 이하 동일한 절차를 반복하여 해당하는 데이터를 찾아낸다. n개의 데이터의 최대 비교 횟수는 $\log_2 n$회이고, 평균 비교 횟수는 $\log_2(n/2)$이다.

[주] 필요로 하는 하나 이상의 항목을 찾아내기 위해 항목의 집합을 조사하는 것.

search and insertion algorithm[–ənd insə́ːrʃən ǽlgəriðm] **탐색 · 삽입 알고리즘**

search and replace[–ripléis] **찾아 바꾸기** 본문에서 나타나는 특정 문자나 단어 또는 스트링을 찾아서 그것을 다른 문자나 단어 또는 스트링으로 교체하는 워드 프로세싱 프로그램의 기능.

search argument[–ɑ́ːrgjumənt] **탐색 인수** 인덱스나 탐색을 통해 데이터 창고로부터 특정 데이터를 검색하는 데 사용되는 속성값.

search cycle[–sáikl] **탐색 주기** 각 항목에 대하여 되풀이되는 탐색의 일부분이며, 통상 항목의 위치를 결정하는 것.

search engine [–éndʒin] **검색 엔진** 인터넷 상에서 원하는 자료를 찾기 위해서 사용하는 프로그램으로서, 원하는 자료와 관련된 키워드를 입력하면 관련 자료들이 있는 곳의 인터넷 주소들을 나타낸다. 대표적인 검색 엔진으로는 infoseek 사의 net search를 들 수 있다. 검색 엔진은 주제별 검색 엔진, 단어별 검색 엔진, 메타 검색 엔진, 통합 검색 엔진으로 구분되며, 각 엔진의 대표적인 것은 다음과 같다. ⇨ 보충 설명 참조

search graph[–grǽf] **탐색 그래프** 그래픽 탐색 알고리즘에 의해 생성되는 그래프. 탐색 트리(search tree)라고도 한다.

searching[sə́ːrtʃiŋ] *n.* **탐색**

searching time[–táim] **탐색 시간** 데이터의 집단을 탐색하여 필요한 정보를 찾아낼 때까지의 소요 시간.

search key[sə́ːrtʃ kíː] **탐색 키** 탐색할 때 각 항목에 지정된 부분과 비교된 데이터. 레코드의 표제어로 사용되는 문자의 집합으로서 보통 하나의 필드(field)를 구성하고 있다. 따라서 일반적으로 파일 내의 레코드는 탐색 키에 의해서 식별할 수 있다.

search memory[–méməri(ː)] **탐색 기억 장치**

search mode[–móud] **탐색 모드**

search on content[–ən kɑ́ntent] **내용 탐색, 내용에 의한 탐색**

search on end of data[–énd əv déitə] **데이터 종료에 의한 탐색**

search on record address[–rikɔ́ːrd əd-

〈검색 엔진의 종류〉

① 주제별 검색 엔진의 종류
Yahoo, http://www.yahoo.com/
EINet Galaxy,
http://www.einet.net.galxy.html
WWW Virtual Library,
http://www.w3.org/hypertext/datasources/bysubject/overview.html

② 단어별 검색 엔진의 종류
Infoseek 사의 net search,
http://www.infoseek.com/
Lycos, http://fuzine.mt.cs.cmu.edumlm/lycos-beta.html
Webcrawler, http://webcrawler.com
World Wide Web Worm,
http://www.cs.colorado.edu/home/mcbryan/WWWW.html

③ 메타 검색 엔진의 종류
W3 검색 엔진, http://cuiwww.unige. ch/meta-index.html
CUSI(Configurable Unified Search Engine),
http://pubweb.nexor.co.uk/public/cusi/doc/distribution

④ 통합 검색 엔진의 종류
Multithread query page,
http://www.sun.fi/mtq/mtquery.html
Netsearch Search Tool,
http://wahda.pond.com/cortex/cgibin/netsearch
Savvy Search, http://www.cs.colostat e.edu/dreiling/smart-form.html

rés] 레코드 주소 탐색, 레코드 주소에 의한 탐색

search on sequential content[–sikwénʃəl kántent] **순차 내용(에 의한) 탐색**

search-read function[–rí:d fʌ́ŋkʃən] **검색 판독 기능** 자기 테이프, 자기 드럼, 자기 디스크 등에 기억되어 있는 레코드 가운데 그 내용의 일부를 지정, 검색하여 레코드를 발견했을 때 그 레코드를 포함한 전 블록을 읽어넣는 검색 기능. 논리 검색 및 정량 검색에서 단독의 색인어(키워드), 색인어의 어간, 부분 집합명만을 지정한 검색을 말한다. 검색으로서는 가장 기본적인 것이다. 단일 검색에 의해 색인어 또는 색인어 어간에 대한 해당 데이터 건수를 알 수 있어서 이 결과로부터 논리식 등을 교환하여 검색 결과를 적당한 해당 데이터 건수로 줄일 수 있다.

search space[–spéis] **탐색 공간** 해답을 얻기 위해 탐색해야 하는 가능한 모든 상태.

search string[–stríŋ] **탐색 문자열** 에디터 또는 워드 프로세서에서 탐색과 치환을 위하여 지정하는 문자 또는 문자열 길이는 1행 이하이다.

search theory[–θíəri(:)] **검색 논리, 탐색 논리, 탐색 이론** 시스템의 수학적 모델이 주어져 있지 않는 경우로, 그 시스템 혹은 특성에 관해서 최대값(또는 최소값)을 갖도록 조작 변량을 구할 필요가 있다. 이러한 경우에는 탐색 조작이 불가피하다. 이와 같이 최적 변량을 찾는 방법에 관한 이론을 탐색 이론이라고 한다.

search time[–táim] **탐색 시간** 「탐색」에 있어서 목적의 항목을 찾아내는 데 필요한 시간을 가리키지만, 자기 디스크 장치 등에서 판독/기록 헤드(read/write head)가 소정의 위치(실린더, 트랙 등)에 도달하고 나서 목적 데이터의 장소로 디스크가 돌아오기까지의 회전 대기 시간을 가리키는 경우도 있다. 이 과정에서의 전반부의 소요 시간을 탐색 시간(seek time)이라고도 한다.

search tree[–trí:] **탐색 트리** 트리의 각 절점(節点)에는 비교할 항목을, 가지에는 선택 가능한 결과 또는 조건을 배치함으로써 탐사 단계의 계열을 트리 구조로 표현한 것.

search word[–wə́:rd] **탐색어**

seasonal index[sí:zənəl índeks] **계절 지수** 계절 변동을 표현하는 방법으로, 매월의 변량을 연평균에 대한 백분비 형식으로 나타낸 것.

seasonal variation[–vɛ̀(:)riéiʃən] **계절 변동** 주, 월, 4분기와 같은 시계열의 변동 중 1년을 주기로 한 규칙적 변동.

seat reservation system[sí:t rèzərvéiʃən sístəm] **좌석 예약 시스템** 예약 접수 장소가 원거리에 산재해 있는 경우가 많아 손님에 대한 서비스나 파일 관리 같은 여러 문제가 있다. 그래서 현재에는 컴퓨터와 원격 단말을 연결하여 온라인 실시간 처리에 의한 방식이 일반화되어 신속하고 정확한 서비스를 제공받게 되었다. 철도 창구가 그 대표적인 예이다.

SECAM system **세캄 방식** SECAM은 sequentiel couleur a mémoire의 약어. 프랑스가 1960년대에 개발한 주사 선수 625, 매초 상수 25의 컬러 텔레비전 방송의 표준 방식을 말한다. 선순차(線順次) 방식으로 두 개의 색차 신호를 부반송파로 송신하고, 수신측에서는 메모리를 써서 컬러 영상을 재생한다. 프랑스 외에 러시아 등 동유럽의 여러 나라와 아프리카의 프랑스어권 여러 나라가 주로 채택하고 있다.

SECC single edge contact cartridge의 약어. 인텔 사가 펜티엄 II의 패키지에 최초로 채용한 형상으로 카트리지 타입이 되고 있다.

SEC-DED **단일 오류 정정 2중 오류 검출** 데이터의 단일 오류는 스스로 정정하고, 두 개의 오류는 검출하도록 한 제어 방식. 기억 장치의 데이터나 데이터 통신의 데이터 오류 검출과 정정에 이용된다.

second[sékənd] *a.* **제2의, 2차의, 부차적** 「제1(first)」과의 대비(對比)로서 사용된다. 이것과 똑같은 2차(secondary)는 1차(primary)와 대비하여 사용된다.

secondary[sékəndɛ̀(:)ri(:)] *a.* **보조적인** 「주된 것」을 보조하는 것에 대해 사용된다.

secondary access method[–ǽkses méθəd] **보조 접근 방법** 질의에 쓰인 보조 키 값들과 연관된 모든 레코드들을 효율적으로 접근하기 위해 마련된 기법.

secondary address space ID **SASID, 2차 주소 공간 식별자**

secondary address space number[–ədrés speis nʌ́mbər] **SASN, 2차 주소 공간 번호**

secondary address vector table[–véktər téibəl] **2차 주소 벡터 테이블**

secondary allocation[–æ̀ləkéiʃən] **증분 할당** 어느 데이터 세트에 대하여 당초 할당된 스페이스량이 작업의 실행중에 부족한 경우, 지정된 증분량으로 스페이스를 확장하는 것.

secondary area[–έ(:)riə] **2차 영역** 1차 영역이 사용 불가능하게 된 경우에 사용되는 영역. 자기 디스크 또는 자기 드럼에 있어서 데이터가 기록되는 영역은 사용상 1차 영역과 2차 영역으로 나뉘어져 있다. ⇨ primary area

second battery[sékənd bǽtəri(:)] **보조 배터**

리 노트북 PC 등의 예비 전원. 대개의 경우 배터리가 다 소모되었을 때 진행중인 작업을 속행, 저장하는 데 사용되는 옵션 제품이다.

second harmonic generation laser[–hɑːr-mánik dʒènəréiʃən léizər] **SHG 레이저** ⇨ SHG laser

secondary cache memory[–sékəndɛ̀(ː)-ri(ː) kǽʃ méməri(ː)] **2차 캐시 메모리** 캐시 메모리를 보충하기 위해 캐시 메모리와 메인 메모리 사이에 위치한 메모리. CPU의 데이터 송수신을 고속화하기 위해 이용된다. 줄여서 2차 캐시라고 한다.

secondary console[–kənsóul] **부콘솔, 2차 콘솔** 운영 체제 중에서 주콘솔을 제외한 모든 콘솔.

secondary CPU **2차 CPU**

secondary data[–déitə] **2차 데이터**

secondary data set group[–sét grúːp] **보조 데이터 세트 그룹** 루트 세그먼트를 포함하지 않은 세그먼트들의 물리적 집중화.

secondary data structure[–strʌ́ktʃər] **보조 데이터 구조** 인덱스 세그먼트가 가리키고 있는 목표 세그먼트의 필드.

secondary entry[–éntri(ː)] **보조 엔트리** 데이터 베이스를 확장 인덱스를 써서 검색하는 수법의 하나. 주엔트리와 비교하여 다음과 같은 특징을 갖는다. 레코드 타입에 여러 개의 키를 설정할 수 있고, 키값은 데이터 베이스의 저장과는 관계없으며, 일의적인 값이 아니라도 좋다. 또 키값의 변경도 가능하다. 이러한 보조 엔트리의 키를 보조 키라고 한다.

secondary entry point[–pɔ́int] **2차 입구점** 1차 입구점을 제외한 모든 입구.

secondary failure[–féiljər] **2차 고장** 어떤 시스템 중의 다른 기능 단위의 고장이 원인이 되어 직접적 또는 간접적으로 생기는 고장. 파급 고장이라고도 한다.

secondary file[–fáil] **보조 파일** 두 번째로 처리되는 파일의 의미.

secondary function[–fʌ́ŋkʃən] **2차 기능** 데이터 전송에 있어서 데이터 링크의 제어 관점에서 본 국(局) 기능의 하나이며, 1차 기능에 의해서 지시된 것을 실행하는 기능. 특히 고수준 데이터 링크 제어(HDLC)에 관련하여 사용된다. primary function에 대비된다.

secondary generation[–dʒènəréiʃən] **제2세대** 컴퓨터 발전사에서 트랜지스터(transistor)를 채용한 시기이며 그 결과로서 컴퓨터의 신뢰성이나 연산 속도가 비약적으로 향상했다. 이 시기의 특색으로는 기억 장치(storage)에 자심(磁心 ; core)을 연산 회로(operation circut)로서 트랜지스터와 다이오드(diode)를 사용하고, 또 컴파일러 언어를 사용한 것이다. second generation의 앞은 제1세대(first generation)로 진공관 세대, 또 뒤는 제3세대(third generation)로 집적 회로(IC ; integrated circuit)를 채용한 세대이다. 또한 제4세대는 LSI를 채용한 세대를 가리킨다.

secondary generation computer[–kəmpjúːtər] **제2세대 컴퓨터** 1957~64년의 트랜지스터 기술을 도입한 컴퓨터 시스템. 자기 코어 메모리도 이 무렵부터 사용되었다. 소프트웨어의 면에서도 FORTRAN, COBOL 같은 컴파일러 언어가 개발되었다.

secondary cache[–kǽʃ] **보조 캐시** 빠르고 값비싼 메모리로 데이터를 캐시하면 시스템의 작업 속도를 높일 수 있다. 보조 캐시는 대개 CPU에 위치하는 기본 캐시보다 주기억 장치(RAM)와 기본 캐시 사이에 위치한다. 보조 기억 장치가 주기억 장치보다 빠르지만 기본 캐시보다는 느리다. 일반적인 크기는 256K이다. ⇨ cache

secondary index[–índeks] **보조 색인, 2차 색인** 기본 키 외에 보조 키로 구성된 색인.

secondary information[–ìnfərméiʃən] **2차 정보** 과학 기술 문헌 등의 정보의 발표 원문(1차 정보)으로부터 이것을 가공 재편성해서 검색이나 유통에 편리한 형태로 한 정보 문헌 목록, 잡지 리스트, 기사 색인, 초록(抄錄) 등이 여기에 해당된다.

secondary key[–kíː] **보조 키, 2차 키** 대량의 데이터를 탐색할 때 지정하는 키 중에서 어드레스 지정에 사용되는 키 이외의 키. 보조 키에 대응하여 색인 파일을 구성할 수 있다.

secondary memory[–méməri(ː)] **보조 기억 장치** 컴퓨터에 의해 제어되어 자동으로 이용되며, 기억 장소의 지정이 단어마다가 아니라 단어의 집단에 대해 행해지고 그 집단을 주기억 장치 사이에서 주고받아 주기억 장치의 기억 용량 부족을 보충하는 데 사용하는 기억 장치. 예를 들면 IC 기억 장치, 자심(磁心) 기억 장치를 주기억 장치로 하는 컴퓨터에서는 자기 드럼, 자기 디스크 등이 보조 기억 장치로 사용되는 경우가 많다. 또 자기 테이프 장치도 보조 기억 장치의 일종으로 볼 수 있다.

secondary operator control station[–ápərèitər kəntróul stéiʃən] **2차 조작원 제어 단말**

secondary output punch attachment[–áutpùt pʌ́ntʃ ətǽtʃmənt] **2차 천공 장치 접속 기구**

secondary paging device[–péidʒiŋ divái-s] **2차 페이징 장치** 주기억 장치, 1차 페이징 장치

의 용량 부족을 보충하는 것.

secondary password[–pá:swə̀:rd] **2차 암호** 데이터 세트를 암호로 보호할 때 해당 데이터 세트에 관해서 암호용 데이터 세트에 추가되는 두 번째 이후의 암호.

secondary processing sequence[–prɑ́sesiŋ sí:kwəns] **보조 처리 순서** 어커런스 상에 보조 인덱스가 각 어커런스에 대한 인덱스 세그먼트 어커런스를 포함할 때 이 인덱스에 의해 어커런스 필드값의 오름차순으로 순차 처리하는 것.

secondary quantity[–kwɑ́ntiti(:)] **증가량** (1) 직접 접근 볼륨 상에서 데이터 세트(파일)의 영역이 증가(확장)되는 단위. 데이터 세트(파일)를 작성중 혹은 확장중에 영역이 부족한 경우 자동으로 스페이스의 확장이 이루어진다. (2) 표시면상의 인접하는 주소 가능점 간의 거리.

secondary reference tape[–réfərəns téip] **보조 참조 테이프**

secondary space allocation[–spéis æ̀ləkéiʃən] **보조 공간 할당**

secondary station[–stéiʃən] **2차국** 데이터 전송에 있어서 데이터 링크의 제어라는 관점에서 국을 볼 때, 1차 기능(primary function)과 2차 기능(secondary function)이 있으나 이 중 2차 기능을 수행할 수 있으나 1차 기능을 갖추고 있지 않는 국을 2차국이라 한다.

[주] 데이터 스테이션의 일부이며, 고수준 데이터 링크 제어에서의 1차국으로부터의 지시에 의해 데이터 링크 제어 기능을 실행하고, 수신한 명령을 해석하여 송신할 응답을 생성하는 것.

secondary storage[–stɔ́:ridʒ] **보조 기억 장치** 자기 디스크 등의 보조 기억 장치(auxiliary storage)를 말하는 경우가 있다. 이것은 컴퓨터에 의해서 제어되어 자동으로 이용되는데, 기억 장소의 지정이 단어 단위가 아니라 단어의 집단에 대하여 행해지며 그 집단을 주기억 장치와의 사이에서 주고 받음으로써 주기억 장치의 용량 부족을 보완하는 데 사용하는 기억 장치를 말한다.

secondary-to-primary flow[–tu prɑ́iməri(:) flóu] **2차국에서 1차국으로의 흐름** ⇨ 그림 참조

second chance[sékənd tʃɑ́:ns] **2차 기회** 기본적인 알고리즘은 선입 선출(先入先出 ; FIFO)이고 이것은 어떤 페이지가 선택되었을 때 우선 그 페이지의 호출 비트를 조사하여 호출 비트가 0이면 그 페이지를 대체하고, 1이면 그 페이지에게 2차 기회를 주고 다음 FIFO 페이지를 선택하는 방법.

second generation operating system [–dʒènəréiʃən ɑ́pərèitiŋ sístəm] **제2세대 운영 체제** 제1세대 운영 체제 기능에 작업을 더 빨리 처리할 수 있도록 하는 다중 처리, 시분할 체제 기능을 첨가한 운영 체제.

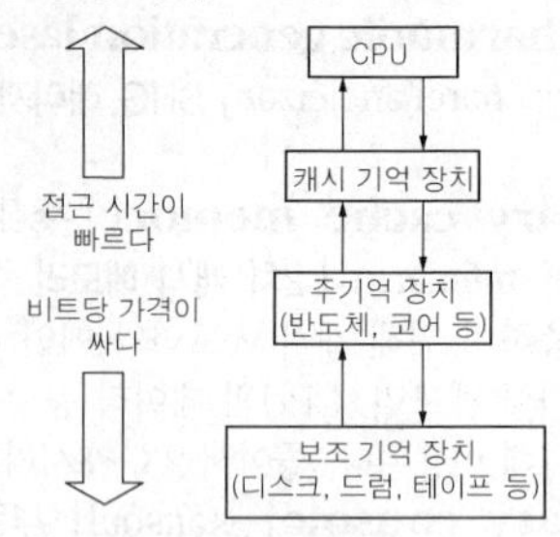

〈보조 기억 장치〉

second level address[–lévəl ədrés] **제2단계 주소** 오퍼랜드의 실제 주소가 들어 있는 위치를 참조하는 명령어 내의 주소. ⇨ indirect address

second level addressing[–ədrésiŋ] **제 2단계 주소 지정**

second level definition[–dèfiníʃən] **제2단계 정의** 수치에 관한 정의에서 정수형의 변수가 첨자식 또는 계산형 GO TO 문 중에 나타나는 경우의 정의. 이것은 변수의 값이 주소, 즉 기억 장소에 대응하여 사용되는 경우이며, 지표 레지스터의 최적화를 고려하여 만들어진 개념이다. FORTRAN 용어.

second level message[–mésidʒ] **2차 레벨 메시지** 1차 레벨 메시지의 내용보다 자세하게 설명한 메시지. 단말 장치의 이용자에게 재촉을 받았을 때 출력된다.

second level message member[–mémbər] **2차 레벨 메시지 멤버**

second normal form[–nɔ́:rməl fɔ́:rm] **제 2정규형** 제3정규형을 고찰하는 과정에서 Codd가 도입한 정규형이며, 현재는 역사적 의미밖에 가지지 않는다.

second operand[–ɑ́pəræ̀nd] **제2 오퍼랜드**

second order subroutine[–ɔ́:rdər sʌ̀bru:tí:n] **2차 서브루틴** 1차 서브루틴으로부터 호출되어 1차 서브루틴이나 메인 루틴으로 복귀하는 서브루틴.

second storage[–stɔ́:ridʒ] **보조 기억 장치** 컴퓨터 자체와 분리되어 있으나 컴퓨터가 처리할 수 있는 형태로 정보를 기억하는 장치. ⇨ external storage

second source[–sɔ́:rs] **2차 공급원, 세컨드 소스** 어떤 제조업자가 시장에 출하하고 있는 제품과 똑같은 명세 또는 호환성 있는 제품을 다른 제품업자가 제작 출하할 때 후자는 전자를 보조 공급원이라 한다.

secretarial system[sèkrətɛ́(ː)riəl sístəm] **비서 시스템** 비서의 작업을 지원하는 컴퓨터 시스템.

section[sékʃən] *n.* **절, 섹션** (1) 프로그램의 최소 구성 단위이며, 그 속성에 의해서 제어 섹션(control section), 프로토타입 섹션(prototype section), 공통 섹션(common section)의 세 가지로 분리된다. ① 제어 섹션 : 프로그램의 데이터와 절차를 정의한 섹션. 목적 프로그램이 이것에 해당하며 재배치 기능(relocatable)의 단위이다. ② 프로토타입 섹션 : 프로그램을 실행할 때 적재기에 의해 메모리에 로드된다. ③ 공통 섹션 : 별도로 작성한 프로그램을 하나로 결합할 때 공통으로 참조할 수 있는 영역을 정의한 섹션. ④ 이 밖에 어셈블(assemble)은 되지만, 목적은 이룰 수 없는 의사(疑似) 제어 섹션(dummy control section)이 있다. 이것은 프로그램을 분할하여 작성하는 경우 별도로 정의되는 영역에 대하여 배치만 명확히 해두고 싶을 때 등에 사용한다. (2) COBOL 언어에서의 "표제"로 시작되는 하나 이상의 단락이나 기술항의 세트를 말한다. 이 표제를 절 표제(section header)라고 한다. 표제는 환경부(environment division), 데이터부(data division), 절차부(procedure division)의 각 절을 식별하기 위하여 절의 선두에 기입하는 언어의 조합이다.

section arithmetic[–əríθmetìk] **연산부** 컴퓨터 하드웨어 중에서 산술적 · 논리적 연산이 수행되는 피연산자들과 결과의 저장을 위한 특수 레지스터들, 그리고 덧셈과 뺄셈 그 밖의 원하는 연산과 자리 이동을 위한 회로들로 구성된 부분. ⇨ CPU

section definition[–dèfiníʃən] **구간 지정** 문서 중의 연속한 하나의 문자열로 이동 같은 특정한 편집 처리를 하기 위해 문자열의 시점과 종점을 지시하여 대상 구간을 지정하는 기능.

section header[–hé(ː)dər] **절(節)의 표제, 섹션 표제** 환경부, 데이터부 및 절차부의 절의 시작을 나타내는 단어를 분리부의 종지부로 맺은 것. COBOL의 용어.

section name[–néim] **절의 명칭** 절차부의 절을 명명하는 이용자 단어. 절과 절을 구별하기 위해 붙여진 명칭.

section number[–nʌ́mbər] **절 번호** 하나의 파일을 구성하는 일련의 절 중에서 특정한 절을 식별하기 위해 사용되는 일련 번호.

section text[–tékst] **절 문안** 최종 형태의 컴퓨터 명령어들과 특정 초기값으로 정의된 데이터들을 가진 적재 모듈의 일부.

sector[séktər] *n.* **섹터, (저장) 테조각** 자기 디스크, 디스크 팩 등의 동심원상에 정보가 기록되어 있는 각 트랙(track)을 똑같은 길이로 분할했을 때 그 일부분이며, 이 섹터마다 붙여진 어드레스를 섹터 어드레스(sector address)라 하고, 섹터를 고정 길이 레코드(fixed length record)로 취급한다.
[주] 자기(磁氣) 드럼, 자기 디스크, 디스크 팩 등에 있어서 데이터 매체의 미리 정해진 각도 편위의 범위로서, 자기 헤드에 의해서 액세스할 수 있는 트랙 또는 밴드 부분.

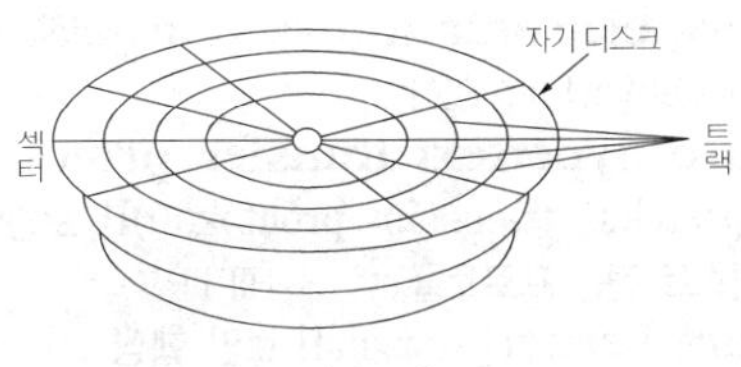

〈섹 터〉

sector address[–ədrés] **섹터 주소**

sector allocation[–æ̀ləkéiʃən] **섹터 할당**

sector file[–fáil] **섹터 파일** 자기 디스크 장치 등의 트랙 포맷에서 레코드 길이를 섹터에 대응시킨 방식. 보통 1섹터에 1레코드를 할당한다. 또는 이 섹터 방식의 장치에 기록된 데이터의 덩어리.

sector identifier[–aidéntifàiər] **섹터 식별자** 자기 디스크, 플렉시블 디스크 등에서 섹터의 선두부터 일정한 길이의 영역을 가리킨다.

sector mapping[–mǽpiŋ] **섹터 매핑** 디스크에 액세스 타임을 적게 하기 위하여 섹터 어드레스를 적당히 바꾸는 것. 매핑(mapping)은 섹터의 논리를 물리적으로 복사하는 것을 의미한다.

sector mode[–móud] **섹터 방식** 트랙에 데이터를 기록하는 방식의 하나이며, 각 트랙을 일정한 바이트 길이(byte length)의 섹터로 분할하여 섹터 단위로 데이터를 판독, 기록하는 방식을 말한다. 이에 대해서 트랙 상의 임의의 기록 위치에서 임의의 길이의 물리적 레코드(physical record)를 그 레코드를 식별하는 정보(카운트 부라고 한다)와 함께 기록하는 방법을 가변 방식(variable mode)이라고 한다.

sector queuing[–kjúːiŋ] **섹터 대기 행렬**

sector size[–sáiz] **섹터 크기** 섹터의 용량. 같은 용량을 가진 플로피 디스크일지라도 포맷하는 운영체제에 따라 관리하는 섹터 크기가 다르기 때문에 읽히지 않는 경우가 있다.

secular trend[sékjulər trénd] **추세 변동** ⇨ trend

secure[sikjúər] *v.* **안전하게 하다, 보호하다** 컴퓨터 시스템은 안전한 동작을 확보하기 위한 기구를 갖추고 있다. 예를 들면 프로그램을 잘못하여 소거하거나 바꿔 쓰지 않도록 소프트웨어적, 하드웨어적으로 기억 회로나 다른 기기에 기록 보호(write protect)를 걸어줌으로써 프로그램을 보호할 수 있다. 플로피 디스크에서는 재킷(jacket)의 노치(notch) 유무에 따라서 하드웨어적으로 기록 금지를 행하고 있다. 이들은 보안(security)을 위한 기구의 하나이다. 보안 기구에 의해서 시스템은 우발적이거나 인위적인 오차 동작으로부터 보호되도록 하였다. 해커로부터 시스템을 보호하는 데는 종합적인 안전 대책이 필요하다.

secure eletronic transaction [–ilèktrάnik trænzǽkʃən] ⇨ SET

secure hypertext transfer protocol [–háipərtèkst trænsfə́:r próutəkɔ(:)l] **보안 하이퍼텍스트 전송 프로토콜** ⇨ S-HTTP

secure kernel [–kə́:rnəl] **보안 핵심** 시스템 프로그램에서 보호를 받고 있는 세그먼트.

secure MIME ⇨ S/MIME

secure operating system [–άpərèitiŋ sístəm] **안전 운영 체제, 시큐어 오퍼레이팅 시스템** 안전 보호 기능을 갖는 운영 체제를 가리킨다. 운영 체제(OS)의 일종으로 하드웨어와 소프트웨어의 기능을 효과적으로 제어하고, 운영 체제에서 관리하고 있는 데이터나 자원의 가치에 상응한 보호 레벨을 설정하고 있는 것.

secure socket layer [–sάkət léiər] **보안 소켓 계층** ⇨ SSL

security [sikjú(:)riti(:)] *n.* **기밀 보호, 보안, 안전 보호** 컴퓨터의 분야에서는 다음과 같이 사용되는 경우가 많으나 최근에는 컴퓨터 시스템의 방재, 도난 방지 등 좀더 일반적인 의미로 사용된다. ① 데이터 베이스를 사용하는 불특정 다수의 이용자 데이터를 적당한 권리를 갖는 자에 한해서만 사용이 가능하게 하는 체크 기능을 말한다. ② 기밀 보호에는 액세스(access) 단위에 의한 제어와 내용에 의한 제어가 있다. 전자는 데이터 베이스의 몇몇 액세스 단위(파일 그룹, 데이터 항목 등)에 대해서 기밀 보호를 하는 방식으로, 보통은 스키마(schema)의 등록 항목에 의한다. 후자는 데이터 베이스의 내용에 따라서 기밀 보호를 하는 방식이다. 이 방식에서는 액세스 권한의 판정이 이용자의 식별 코드와 대상 코드 내의 값에 의존한다. 어떤 이용자가 액세스할 수 있는 부분을 그 이용자의 액세스 영역이라 한다. ③ 통상 시스템에서는 이용자 식별 코드(user code)와 암호(password)를 할당하고, 이들과 액세스 영역과의 대응을 시스템 파일로 관리하고 있다. 액세스 단위 방식에서의 액세스 영역의 정의는 각각의 패스워드마다 액세스가 허용되는 스키마 등록 항목이 열거된다. 내용 제어 방식에서는 액세스 영역의 확정으로 패스워드의 인수(引數)로 한 실행시의 함수를 사용한다. 기밀 보호에는 액세스 모드(read, write, read/write)가 부수되어 있다. 또 기밀 누설에 대비하여 데이터의 값 그 자체를 암호화하는 방법도 있다. 그러나 이와 같은 방법도 완전한 것은 아니며, 다른 사람의 영역에 부정하게 침입하여 그 데이터를 훔치거나 소거해 버리기도 하고, 전화 회선을 통해서 은행 컴퓨터에 침입하여 예금 조작을 한다든지, 자기 학교의 컴퓨터에 침입하여 성적 데이터를 바꾸어 버리는 등 여러 가지 사건이 발생하고 있다. 이와 같은 조작을 일반적으로 해킹(hacking)이라 하고, 그것을 행하는 자를 해커(hacker)라고 한다.

security audit [–ɔ́:dit] **보안 감사**

security auditor program [–ɔ́:ditər próugræm] **보안 감사 프로그램** 컴퓨터에 저장된 데이터에 대해서 보안이 적절하게 유지되고 있는지를 확인하는 프로그램.

security axiom [–ǽksiəm] **안전 보호 공리, 보안 공리** 일반적으로 명세될 수 있는 권한 부여 규칙에 제약을 가하여 실제로 시스템 딕셔너리에 나타나는 명세에 경제성을 부여하는 것.

security certification [–sə̀:rtifikéiʃən] **기밀 보호 증명**

security class [–klά:s] **기밀 클래스**

security classification [–klæ̀sifikéiʃən] **기밀 구분**

security clearance [–klí(:)rəns] **보안 허가(증)**

security code [–kóud] **기밀 코드, 보안 코드** 데이터의 비밀을 지키기 위해 사용 허가가 나지 않은 사용자는 접근할 수 없도록 설계된 코드.

security control [–kəntróul] **긴급 제어, 복구 제어, 예방 제어** 인정된 사용자만이 컴퓨터 시스템에 접근하고 컴퓨터를 이용할 수 있도록 하는 보안 방법.

security evaluation [–ivæ̀ljuéiʃən] **기밀 보호 평가**

security file [–fáil] **보안 파일** 매우 중요하고 단 하나뿐인 데이터나 정보를 복사한 파일.

security hole [–hóul] **보안 허점** 시스템에 내재된 보안상의 허점. 그 시스템에서 가동되는 응용 프로그램의 버그에 의한 경우도 있고, 시스템의 설정 오류가 원인인 경우도 있다. 보안 허점을 이용하여 원칙적으로는 관리자 권한을 가진 자만이 할 수 있는 작업을 수행하는 것을 「보안 허점을 뚫었다」라고 한다.

security identification [–aidèntifikéiʃən] **기밀 보호 코드 식별 기구**

security kernel [–kə́:rnəl] **기밀 보호 커널** (1) 보안을 한 가상 기계에서 실제 자원을 제어하는 처리 절차의 집합. (2) 소프트웨어의 기본적인 보안 기법들이 모두 포함된 시스템의 한 부분.

security label[-léibəl] **기밀 보호**

security model[-mádəl] **기밀 보호 모델**

security monitor microprocessor [-mánitər màikrouprásesər] **안전 감시 마이크로프로세서**

security policy[-pálisi(:)] **기밀 보호 정책** 컴퓨터 하드웨어나 소프트웨어의 고장, 사용자에 의한 부정 행위 또는 기밀 누설 등을 방지하기 위해 시스템 자체와 그 사용자 및 관련 분야 전반에 걸쳐 사전에 대비해두는 것.

security processing mode[-prásesiŋ móud] **기밀 보호 처리 방식**

security program[-próugræm] **보안 프로그램** 인정된 사용자만이 단말기나 기타 주변 기기를 통해서 파일에 접근할 수 있도록 조정하는 프로그램.

security protection[-prəték∫ən] **기밀 보호 유지**

security standard[-stǽndərd] **기밀 보호 기준**

security subsystem[-sʌ̀bsístəm] **기밀 보호 부속 시스템** 권한 부여 규칙 컴파일러와 이의 강제 규정으로 구성된 시스템.

security table[-téibəl] **보안 테이블**

security testing[-téstiŋ] **보안 검사** 프로그램의 암호 검사를 파괴할 수 있는 경우들을 고안하기 위한 검사 과정.

SEDL 웨스턴 전기 정의어 western electric definition language의 약어. 유닉스를 이용하여 개발된 것으로 각종 서식을 통합시키는 데 효과적인 언어이다.

SEDR 시스템 실효 데이터율 system effective data rate의 약어.

seed[síːd] *n.* **시드** 의사 난수 발생기에 초기값으로 사용하는 상수. 처음 지정하는 난수의 시드가 다음의 결과를 발생시키고, 다시 그 결과가 시드로 작용한다.

seek[síːk] *v.* **자리찾기** 자기 디스크 장치(magnetic disk unit)의 판독과 기록을 위하여 목적한 기억 위치를 찾아서 그곳으로 액세스 암의 자기 헤드 그룹의 위치를 정하는 것을 말한다. 레코드가 액세스되기 위해서는 탐색에 따라 헤드가 지정된 트랙으로 옮겨진 뒤 그 트랙 중의 액세스하고자 하는 코드 영역을 헤드 바로 밑에 오기까지 기다려야만 한다. 이것을 회전 지연 시간(latency)이라고 한다.

seek area[-ɛ́(:)riə] **탐색 영역** 디스크 장치 중의 각 디스크에 대하여 그 회전축으로부터 등거리에 있는 트랙의 세로 방향의 집합을 말한다. 원통과 같은 것으로 생각하여 실린더(cylinder)라고도 한다.

seek check[-t∫ék] **탐색 체크, 탐색 검사**

seek error[-érər] **탐색 오류** 플로피 디스크 장치(FDD)의 헤드가 스텝 신호를 받아도 목적 트랙에 도착하지 않기 때문에 일어나는 오차.

seek operation [-àpəréi∫ən] **시크 (동작)** 자기 디스크의 암(arm)이 지시된 위치로 움직이는 동작.

seek ordering queue [-ɔ́ːrdəriŋ kjúː] **탐색 순서 큐** 움직이는 헤드를 가진 디스크에서 디스크 접근시 헤드가 움직이는 것을 최소화해서 액세스 시간을 줄이기 위해 액세스 순서를 결정하는 기법.

seek overlap adapter [-òuvərlǽp ədǽptər] **병행 탐색 어댑터**

seek time [-táim] **시크 시간** 자기 디스크 장치 등의 직접 액세스 기억 장치의 액세스 기구(구체적으로는 액세스 암)를 소정의 장소에 위치 결정(positioning)하는 데 필요한 시간. 이 시간은 그 암이 현재의 위치에서 목적한 위치까지 이동하는 사이에 교차하는 트랙 수에 따라서 결정된다.

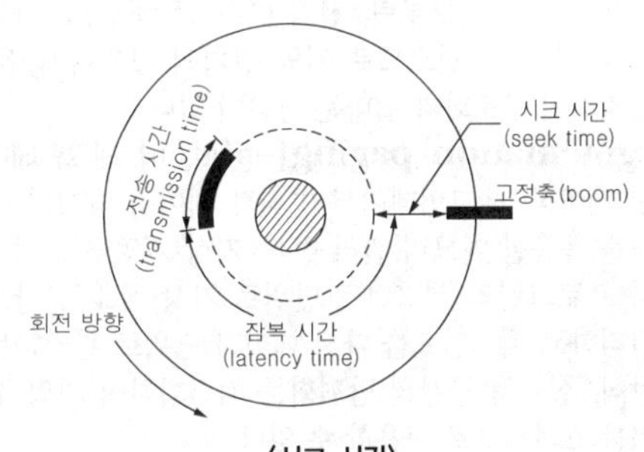

〈시크 시간〉

see-saw amplifier[síː sɔ̀ː ǽmplifàiər] **시소 증폭기** ⇨ sign-reversing amplifier

segment[ségmənt] *n.* **세그먼트** (1) 프로그램 실행시에 주기억 장치 상에 적재되는 프로그램의 분할 가능한 기본 단위. 프로그램을 한 번에 내부 기억 장치에 저장할 수 없는 경우, 그것을 몇 개의 짧은 단위로 분할하고, 실행시에 필요한 세그먼트만을 주기억 장치 상에 저장해두며, 그 부분의 실행이 종료하는 시점에서 다음에 실행하는 세그먼트를 호출한다. 이와 같이 세그먼트를 치환하여 적재하는 것을 오버레이(overlay)한다고 한다. (2) 데이터 베이스 시스템에 있어서 데이터를 기억할 때의 최소 단위이며, 하나 또는 여러 개의 필드(field)에 의해 구성된다. 업무 프로그램과 데이터 베이스와의 사이에 전송되는 데이터 단위가 된다. (3) 가상 기억 장치에 있어서 가상 어드레스(virtual address) 구조를 실현하기 위해 운영 체제에 의해서 어떤 바이트 수 단위로 분할되는 가상 기억 영역. 각 세그먼트는 몇 개의 페이지로 분할된다. 각 페이지 내에서의 특정 위치를 표시하는 것은 가상 어드레스이며, 이것을 지정하는 데는 페이지의 맨 처음에서 그 위치까지의 사이에 있는 바이트 수로 지정한다.
[주] 세그먼트는 각각 점, 몇 개의 선분 또는 다른 표시 요소로부터 구한다.

segment addressing[–ədrésiŋ] **세그먼트 주소 지정**

segmentation[sègməntéiʃən] *n.* **세그먼테이션** 어느 순간에 필요한 한 부분만을 주기억 공간에 존재하도록 프로그램을 세그먼트 단위로 나누는 프로그래머 정의 또는 모니터 구현 기법. 컴퓨터를 시분할로 이용할 경우의 어드레스 공간 할당에 이용되는 개념으로, 프로그램은 주기억 장치의 번지와는 관계없이 임의 크기의 세그먼트로 만든다. 어드레싱은 세그먼트 번호와 워드 번호를 지정함으로써 행하고, 이용자는 주기억 장치 용량에 제한 없이 세그먼트를 사용할 수 있다. 세그먼테이션은 각 세그먼트를 프로그램의 논리적인 구성 단위(예를 들면 주프로그램, 서브루틴, 전역 변수, 스택 등)로 나누어 배정할 수 있으므로 기억 장치의 보호나 공유, 논리적인 구조화가 쉽다는 장점이 있다.

segmentation paging[–péidʒiŋ] **세그먼테이션 페이징** 세그먼테이션 방식과 페이징 방식의 이점을 응용한 메모리 관리 방식. 가상 기억 시스템에서 프로그램의 세그먼트 단위로 가상 주소 공간을 관리하고 세그먼트를 다시 페이지 단위로 관리하는 방식. 실기억 공간의 단편화를 최소화하여 기억 장치를 효과적으로 사용할 수 있다.

segment attribute[ségmənt ǽtribjù(ː)t] **세그먼트 속성** 그래픽에서 세그먼트에 주어진 속성으로 세그먼트에 포함되는 모든 출력 기본 요소에 대해서 공통으로 적용된다.

segment control word[–kəntróul wə́ːrd] **SCW, 세그먼트 제어 단어**

segment descriptor word[–diskríptər wə́ːrd] **세그먼트 기술(서술)어** 스팬드 레코드에 있어서 레코드 세그먼트의 길이와 그 레코드 세그먼트의 위치(레코드 내에 있어서의)를 나타낸다. 즉, 표지(標識)가 들어 있는 블록 내의 필드.

segment fault[–fɔ́ːlt] **세그먼트 부재** 세그먼테이션이나 페이지 세그먼트 등의 가상 기억 장치 기법을 쓸 경우 현재 실행하려고 하는 세그먼트가 주기억 장치에 적재되어 있지 않을 때 발생하는 인터럽트.

segment format[–fɔ́ːrmæt] **세그먼트 형식**

segment identifier[–aidéntifàiər] **SID, 세그먼트 식별자** 시스템 R에서 RSI(탐색 기억 장치 인터페이스)의 세그먼트를 지시하는 인덱스.

segment index[–índeks] **세그먼트 색인**

segmenting[ségməntiŋ] *n.* **세그먼팅** 개방형 시스템 간 접속의 참조 모델에서의 각 층에 준비되어 있는 기능 단위의 하나로, 상위 또는 하위층과의 사이에서 데이터를 교환할 때 한 개의 데이터 단위를 여러 개의 데이터 단위로 분할하는 처리. 예를 들면 한 개의 서비스 데이터 단위를 여러 개의 프로토콜 데이터 단위로 분할하는 것.

segment interface[ségmənt íntərfèis] **세그먼트 인터페이스** 레코드의 주고 받음을 세그먼트 단위에 의해서 하는 것.

segment interrelationship[–ìntəriléiʃənʃìp] **세그먼트 상호 관계**

segment level[–lévəl] **세그먼트 레벨**

segment name[–néim] **세그먼트 이름, 구분명** 세그먼트를 식별하기 위해 사용되는 명칭.

segment number[–nʌ́mbər] **구분 번호** 구분화를 위하여 절차부의 절(節)을 분류하는 이용자 단어. 구분 번호는 한 자리 또는 두 자리의 숫자로 이루어진다.

segment overflow fault[–òuvərflóu fɔ́ːlt] **세그먼트 오버플로 결함** 가상 주소가 세그먼트의 경계를 넘어설 때 발생하는 결함.

segment overlays[–òuvərléiz] **세그먼트 오버레이** 한 프로그램의 세그먼트는 적재기(loader)에 대한 단 한 번의 참조에 의해 옮겨지는데, 보통 한 세그먼트는 다른 세그먼트를 오버레이하고, 그 자체 내에 오버레이된 다른 부분, 즉 부세그먼트들을 포함할 수도 있다.

segment page address space[–péidʒ ədrés spéis] **세그먼트 페이지 어드레스 공간**

segment page structure[–strʌ́ktʃər] **세그먼트 페이지 구조**

segment prefix[–príːfiks] **세그먼트 접두사**

segment priority[–praiɔ́(ː)riti(ː)] **세그먼트 우선 순위** 서로 중첩되어 표시되는 여러 개의 세그먼트 간의 그래픽 입출력에서 우선 순위를 지정하는 세그먼트 속성.

segment program[–próugræm] **세그먼트 프로그램**

segment protection[–prətékʃən] **세그먼트 보호**

segment protection fault[–fɔ́ːlt] **세그먼트 보호 결함** 보호 비트로써 참조된 가상 어드레스에 대해서 요구된 작업이 허용될 수 없을 때 발생하는 결함.

segment record[–rikɔ́ːrd] **세그먼트 레코드**

segment risk[–rísk] **세그먼트 리스크**

segment search argument[–sɔ́:rtʃ ɑ́:rgjumənt] SSA, **세그먼트 탐색 인자** 한 세그먼트 타입에 대한 선정 조건을 명세한 것이며, 일반적으로 세그먼트 이름과 조건들로 구성된다.

segment state list[–stéit líst] **세그먼트 상태 표** 각각의 세그먼트에 대하여 세그먼트 속성과 표시되어 있는 워크스테이션 등을 기록하여 두는 표.

segment storage[–stɔ́:ridʒ] **세그먼트 기억 장치** 도형을 세그먼트 단위로 보존하기 위한 기억 장치. 세그먼트의 등록, 삭제, 속성, 변경, 재이용 등에 이용된다.

segment table[–téibəl] **세그먼트 테이블** 가상 어드레스를 실제 어드레스로 변환하는 동적 어드레스 변환(dynamic address translation)에서 페이지 테이블(page table)과 함께 참조되는 테이블.

segment table base register[–béis rédʒistər] STBR, **세그먼트 테이블 기본 레지스터** 세그먼트 표의 시작 주소를 가리키는 레지스터.

segment table entry[–éntri(:)] **세그먼트 테이블 기입 항목, 세그먼트 테이블 엔트리**

segment table length register[–léŋkθ rédʒistər] STLR, **세그먼트 테이블 길이 레지스터** 세그먼트 표의 길이 정보를 가지고 있는 레지스터.

segment table origin[–ɔ́(:)ridʒin] STO, **세그먼트 테이블 기점 주소**

segment tabel origin register[–rédʒistər] STOR, **세그먼트 테이블 기점 레지스터** 세그먼트 표의 시작 주소를 가리키는 레지스터.

segment transformation[–trænsfərméiʃən] **세그먼트 변환** 그래픽에서 평행 이동, 확대, 축소, 회전 등을 세그먼트 단위로 하는 정규화 장치 좌표에서 정규화 장치 좌표로의 좌표 변환. 2×3행렬로 나타난다.

segment translation exception[–trænsléiʃən iksépʃən] **세그먼트 변환 예외**

segment type[–táip] **세그먼트 타입** 정보 관리 시스템(IMS)에서 논리적 데이터의 가장 작은 단위인 필드(field)들의 집합을 의미한다. 레코드 타입이라고도 한다.

segregating unit[ségrigèitiŋ jú:nit] **분리 장치** 카드 묶음에서 카드를 한 장씩 분리하는 장치.

seizing signal[sí:ziŋ sígnəl] **포착 신호** 회로의 수신측에서 회로의 동작을 시동시키기 위해 메시지 서두에서 수시로 번역되는 특수한 신호.

select[səlékt] *v.* **선택하다, 선정하다** (1) 동작, 상태 등에 선택의 여지가 있는 경우 그 동작, 상태 등을 조사·검토하고 적당한 것을 선택하는 것. 일반적으로 어떤 특정한 조건이 성립하는지의 여부를 조사하는 작업도 포함된다. 예를 들면 프로그램에서 조건 분기(conditional branch)의 조건이 성립했을 때 조건문 중에 표시되는 어드레스에 제어를 이동하고, 조건이 성립하지 않을 때에는 이 분기를 무시하고 실행을 계속한다. 이 경우 분기를 행할지 행하지 않을지의 선택은 조건이 성립하는가 하지 않는가에 따라서 결정된다. 또 프로그램의 실행에 적합한 레지스터에 수치를 대입할 때에는 프로그램에 의하여 지정된 레지스터를 사용하게 된다. 이 때 프로그램 상에서 레지스터를 선택하게 된다. (2) 중앙 제어 방식의 시스템에서 데이터 전송을 행하기 위한 절차. 이것은 제어국 또는 중앙국이 데이터를 보내려고 하는 단말에 대해 데이터의 수신을 하도록 문의하는 것을 표시한다.

[주] 지정된 기준에 따라 문서 데이터 중에서 해당하는 내용을 선별하는 기능.

selectable-length word[səléktəbl léŋkθ wə́:rd] **길이 선택 가능 단어** 프로그래머가 데이터 각각의 항목들에 대하여 문자의 개수를 지정해줄 수 있는 능력.

selected[səléktəd] *a.* **피선택, 선택된**

selected function[–fʌ́ŋkʃən] **선택 기능**

selected hold[–hóuld] **실렉트 홀드, 선택 유지** 데이터 전송에 있어서 두 지점 사이의 데이터 링크의 확립 후, 그 두 지점 사이의 데이터 전송이 완료되기까지 다른 지점과는 통신을 할 수 없는 방식. 논실렉트 홀드(non-select hold)와 대비된다.

selected mode[–móud] **피선택 방식**

select-error[səlékt érər] **선택 오류** 시스템에서 두 개 이상의 전송이 같은 선택 코드에 할당되었거나 프로그램된 선택 코드에 할당된 전송이 없을 경우에 발생하는 오류.

select function[–fʌ́ŋkʃən] **선택 기능**

selecting[səléktiŋ] **실렉팅, 선택** 분기 접속 또는 두 지점 간 접속에 있어서 하나 이상의 데이터 스테이션에 대해 데이터의 수신을 요구하는 처리 과정.

selecting data[–déitə] **선택 데이터** 많은 데이터 중에서 관련있는 정보를 추출하거나 파일에서 레코드를 뽑아내는 것.

selecting sequence[–sí:kwəns] **실렉팅 시퀀스** 선택을 하기 위한 부호열.

selection[səlékʃən] *n.* **선택, 선정** 일반적으로 「사물」과 「대상」의 집합에서 특정 조건에 적합한 부분을 지정하는 조작 또는 그 행위. (1) 단말 장치가 하나의 통신 회선에 다수 접속된 형식으로 사용될 경우가 있다. 이때 개개의 단말 장치는 중앙의 컴퓨터와 개개의 통신을 행할 필요가 있다. 컴퓨터가 특정의 단말 장치로 데이터를 송신할 때, 우선 어느 단말 장치인가를 정하는 조작이 필요한데, 이것을 실렉션이나 실렉팅이라고 한다. (2) 주기억 장치의 내용을 외부 기억 장치나 인쇄 장치에 전송할 때 행하는 조작으로 주기억 장치 상의 대상이 되는 범위를 지정하는 것. (3) 프로그램 중에서 지정해둔 조건이 만족되었을 때 행해지는 분기(branch)를 말한다. IF 조건 THEN 분기선 등(IF THEN ELSE).

selection addressing[–ədrésiŋ] **실렉션 어드레싱, 선택 주소법** 통신로 상의 특정(또는 여러 개) 단말 장치에 대해 조회를 하여 데이터를 수신할 수 있는 상태인지 어떤지를 조사하는 기법.

selection check[–tʃék] **선택 검사** 장치의 선택이 바르게 되어 있는가의 여부를 작업을 실행할 때 검사하는 것.

selection control[–kəntróul] **선택 제어** 실행할 명령어를 선택할 때 명령어 제어 장치를 돕는 제어 기능.

selection evaluation[–ivæ̀ljuéiʃən] **선택 평가법** 시스템 공급 회사들이 여러 시스템 중에서 어느 컴퓨터를 선택하는 것이 적절한지를 성능 평가자가 결정하는 것.

selection matrix[–méitriks] **선출 회로** 디코더의 일종이며 다이오드에 의한 논리곱 회로를 매트릭스 모양으로 구성한 것. 즉, 2진법으로 정보를 보내거나 그 2진법에 대응하는 정수 n에 대응하는 단자에만 전압이 나타나고 다른 단자에는 전압이 나타나지 않게 한 회로이다. 입력 2진법에 의한 정보가 m자리이면 2^m개로부터 한 개를 선출하는 회로가 된다.

selection menu[–ménjuː] **선택 메뉴** 디스플레이(표시 장치)의 화면상에 기능이나 처리 내용 등의 일람을 표시하고, 오퍼레이터가 그 중에서 필요한 항목을 선택할 수 있도록 한 화면(스크린). 메뉴에 있는 번호나 코드를 입력함으로써 선택할 수 있게 한 것이 많이 사용되고 있다.

selection model[–mɑ́dəl] **선택 모델**

selection of samples[–əv sɑ́ːmplz] **시료의 선택**

selection operation[–ɑ̀pəréiʃən] **선택 연산** 데이터 구조의 구성원을 접근하는 연산과 다른 연산에 의해서 처리가 가능하게 만드는 연산.

selection ratio[–réiʃiòu] **선택비** 소자 또는 코어를 선택하는 데 사용되는 최소한의 자기력과 소자 또는 코어를 선택하지 못하는 최대 자기력과의 비.

selection-replacement technique[–ripléismənt tekníːk] **선택 대체 기법** 정렬(분류) 프로그램의 내부에서 사용되는 기술로 레코드 집단 간의 비교 결과는 후에 사용하기 위해 보관한다.

selection signal[–sígnəl] **선택 신호** 교환망에서의 호출을 확립하기 위해 필요한 모든 정보를 지정하는 문자열.

selection sort[–sɔ́ːrt] **정렬 선택 소트** 정렬 방법 중의 하나. 처음에 있는 키를 가지고 나머지 키와 비교하여 제일 작은 값을 첫 번째 위치에 놓고 비교하는 동안 첫 번째 값보다 더 작은 값이 발견되면 항상 첫 번째 값과 그 작은 값을 서로 교환한다. 이러한 과정이 완료되면 가장 작은 값이 첫 번째 위치에 존재하게 된다. 다음에 두 번째 작은 값을 찾고 이를 두 번째 위치에 놓는다. 이런 과정을 반복·실행하면 정렬이 된다.

정렬되지 않은 입력 파일이 (16, 12, 37, 55, 33, 48, 22, 28)로 8개의 항목이 있다. 이것을 선택 정렬(insertion sort)로 분류하면 다음과 같다.

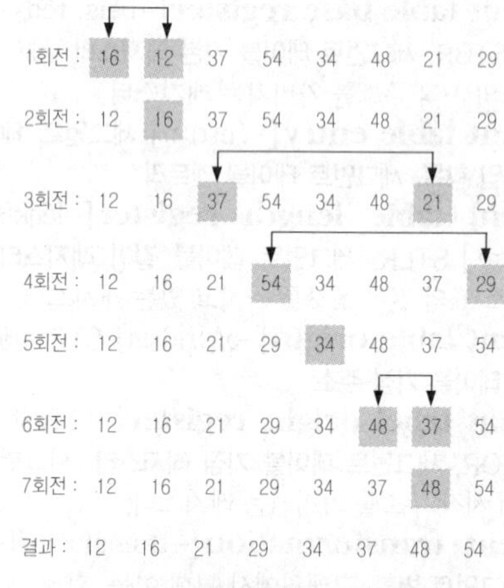

〈정렬 선택 소트의 예〉

selection time[–táim] **선택 시간** 선택 처리 신호가 발생한 후부터 완전히 전달할 때까지의 시간.

selection tree[–tríː] **선택 트리** 리프 노드를 제외한 모든 노드들이 두 개의 종속 노드 중 작은 값을 갖게 되어 결국 루트 노드는 리프 노드 중에서 최소의 값을 갖게 되는 2진 트리.

selective ARQ 선택적 자동 반복 응답 selective automatic request for repetition의 약어.

selective assembly[səléktiv əsémbli(ː)] **선택 어셈블리** 새로운 프로그램 입력 덱(deck)과 처리가 끝난 프로그램을 가진 테이프 파일 가운데 프로그래머가 선정한 특정 프로그램을 포함하고 있는 실행 테이프.

selective calling[–kɔ́ːliŋ] **선택 호출** 한 개의 통신선에 여러 개의 단국(端局) 장치가 붙어 있는 경우, 그 중에서 필요한 단국만을 호출하는 것을 선택 호출이라고 한다. 이것을 행하기 위해서는 각 단국마다 다른 어드레스 코드를 가지고 있어야 한다.

selective diffusion [–difjú:ʒən] **선택적 확산** 반도체 소자를 제조하기 위해 필요한 구역에만 선택적으로 불순물을 확산시켜 도핑하는 것.

selective dissemination of information [–disèminéiʃən əv ìnfərméiʃən] **SDI, 정보 선택 제공** ⇨ SDI

selective doping [–dóupiŋ] **선택적 도핑** 반도체에 선택적으로 불순물을 투입하여 국부적으로 P형 또는 N형으로 만드는 것.

selective dump [–dʌ́mp] **선택적 덤프** 하나 이상의 지정된 기억 영역의 내용을 덤프하는 것. 또는 지정 기억 장소의 덤프. 주기억 장치 중에 있는 영역을 지정하여 그 내용을 전부 출력한다.

selective erase [–iréis] **선택 소거** 조작원이 그림을 전체적으로 다시 그리는 대신 잘못된 부분만을 소거하기 위해 디스플레이된 영상의 일부를 수정하는 것.

selective generalization [–dʒènərəlaizéiʃən] **선택적 일반화** 일반화된 개념의 기술에 쓰인 상황 설명자들이 원래 주어진 개념 기술에 쓰이는 상황 설명자들의 집합에 속하는 일반화 규칙.

selective listing [–lístiŋ] **선택 리스팅** 미리 정해진 기준에 맞는 데이터만을 프린트하는 것.

selective message routing [–mésidʒ rú:tiŋ] **메시지 경로 선택 지정**

selective parameter [–pərǽmətər] **선택 파라미터** 제어 문자의 기능을 규정하는 매개변수 가운데 규정 사항을 항목으로 선택 지정하는 것.

selective statement [–stéitmənt] **선택문** 조건에 따라 시행 순서를 선택하는 문.

selective trace [–tréis] **선택 추적** 특정 명령의 유형이나 기억 영역만을 분석, 추적하는 추적 루틴. 특별한 명령 코드나 주소를 사용한 명령의 지정이 가능하다.

selective updating [–ʌ́pdèitiŋ] **선택적 갱신** 특정한 레코드만을 골라서 그 정보를 바꾸어 쓰는 것. 파일 갱신의 일종.

select line [səlékt láin] **선택 회선** 컴퓨터의 다음 동작에 필요한 코어 위치를 선정해주는 동시 펄스들이 유통하는 코어 기억 장치 회로.

select omit field [–oumít fí:ld] **선택 제외 필드**

select omit level specification [–lévəl spèsifikéiʃən] **선택 제외 수준 명세**

selector [səléktər] *n.* **실렉터, 선택자** (1) 특정 조건의 성립 유무를 조사하고, 그 결과에 기초하여 행하는 동작을 선택하는 제어 기구. (2) 스텝 바이 스텝 방식의 자동 교환기에서 가입자 전화기의 다이얼 펄스를 받아서 그것에 대응하는 출력선을 선택하는 기구. 그룹 실렉터(group selector)라고도 한다. 여기서 출력선에 접속하기 위한 원격 조작 스위치를 실렉터 스위치(selector switch)라고 한다.

selector card [–ká:rd] **식별 카드**

selector channel [–tʃǽnəl] **선택 채널, 점유 채널, 실렉터 채널, 입출력 선택 채널** 입출력 제어 장치와 채널 제어 장치와의 사이에 있으며, 데이터나 입출력을 위해 제어 신호를 주고받는 장치를 채널(channel)이라고 한다. 실렉터 채널은 다수의 주변 장치(peripheral unit)가 하나의 채널을 경유하여 중앙 처리 장치(CPU)에 접속되어 있는 경우에 각각의 주변 장치와 중앙 처리 장치 사이의 데이터 전송을 제어하는 것. 예를 들면 자기 디스크 등과 같이 고속 데이터 전송을 전용으로 하기 위한 채널을 실렉터 채널이라고 한다. 실렉터 채널은 하나의 입출력 명령이 완료하기(입출력 제어의 처음에서 끝)까지 하나의 주변 장치에 점유된다. 이 경우에 데이터는 버스트(burst) 방식으로 보내지며 고속 전송이 가능하다. 반면, 복수 대의 주변 장치와의 사이에 동시 병행적으로 교환하는 채널을 멀티플렉서 채널(multiplexer channel)이라고 한다.
[주] 데이터 처리 시스템에서 접속되어 있는 여러 대의 주변 장치 가운데 선택된 한 대와 내부 기억 장치와의 사이에 데이터 전송을 처리하는 기능 단위. ⇨ channel

selector gate [–géit] **선택 게이트**

selector light-pen [–láit pén] **선택용 라이트 펜**

selector pen [–pén] **선택 펜**

selector pen attention [–əténʃən] **선택 펜 어텐션**

selector subchannel [–sʌ́btʃǽnəl] **입출력 선택 서브채널**

selector switch [–swítʃ] **실렉터 스위치**

select receive frequency [səlékt risí:v frí:kwənsi(:)] **수신 주파수 선택** 신호 변환 장치의 수신 주파수 선택을 위해 데이터 전송 단말 장치로부터 보내지는 제어 신호 또는 그 상태. ON 상태는 낮은 주파수, OFF 상태는 높은 주파수를 선택하도록 CCITT에서는 권고하고 있다.

selectric [seléktrik] **실렉트릭** IBM 사의 전동 타이프라이터의 한 형식으로 모델 72 등이 있다. 실렉트릭 타이프라이터라고도 한다.

select structure [səlékt strʌ́ktʃər] **선택 구조** 구조화되어 있는 순서도에서 어떤 조건에 따라 두 가지의 다른 선택의 길을 제공하는 선택 구조.

select transmit frequency [–trænsmít frí:kwənsi(:)] **송신 주파수 선택** 신호 변환 장치의

송신 주파수 선택 때문에 데이터 전송 단말 장치로부터 보내지는 제어 신호 또는 그 상태. ON 상태는 높은 주파수, OFF 상태는 낮은 주파수를 선택하도록 CCITT에서는 권고하고 있다.

self-adapting[sélf ədǽptiŋ] **자기 적응형** 컴퓨터 시스템이 환경에 따라 그 성능의 특성을 바꾸는 능력.

self-adapting computer[–kəmpjúːtər] **자기 적응 컴퓨터, 자체 적응 컴퓨터** 환경에 따라 자신의 수행 특성을 바꿀 수 있는 컴퓨터.

self-adapting process[–prάses] **자기 적응 프로세스**

self-adapting program[–próugræm] **자기 적응 프로그램, 자기 조정 프로그램** 환경에 따라 자체 실행 특성을 바꿀 수 있는 프로그램.

self-adaptive automatic data base system[–ədǽptiv ɔːtəmǽtik déitə béis sístəm] **자기 적응 자동 데이터 베이스 시스템**

self-adaptive autopilot[–ɔ́ːtoupàilət] **자기 적응 자동 조종 장치**

self-adaptive computer[–kəmpjúːtər] **자기 적응 컴퓨터**

self-adaptive numerical control[–njumérikəl kəntróul] **자기 적응 수치 제어**

self-adjusting simulator[–ədʒʌ́stiŋ símjulèitər] **자기 조정 시뮬레이터**

self-assembler[–əsémblər] **자체 어셈블러** 어셈블리 언어로 쓰여진 프로그램을 마이크로컴퓨터 자체를 사용하여 기계어로 번역해서 오브젝트 테이프를 출력하는 프로그램.

self-balancing instrument[–bǽlənsiŋ ínstrumənt] **자동 평형계기** 영위법에 의한 측정을 자동으로 수행하는 계기.

self-capacity[–kəpǽsiti(ː)] **자기 용량**

self-check[–tʃék] **자체 검사** (1) 부호(code) 구성 비트 중에 오류가 있을 때 그것을 검출할 수 있게 구성된 부호로써 계산 처리 과정이나 결과를 검사하는 것. (2) 기계 자신이 회로나 검사 장치에 의해서 검사하는 것.

self-check digit[–dídʒit] **자체 검사 자릿수**

self-check field[–fíːld] **자체 검사 필드**

self-checking circuit[–tʃékiŋ sə́ːrkit] **자체 검사형 회로** 어떤 지정된 부분의 고장이 발생할 횟수가 미리 규정한 횟수 이하이면 고장이 검출될 수 없다고 해서 오차가 출력측에는 나타나지 않도록 한 회로.

self-checking code[–kóud] **자체 점검 코드, 자기 검사 코드, 자기 검사 부호** 부호(code) 중에 한 개 또는 그 이상의 오류(error)가 있으면, 구성상 금지된 조합이 발생되도록 되어 있는 부호. 오류 검출 부호(error detecting code)라고도 한다. 이 금지 문자를 forbidden character라고 한다.
[주] 개개의 부호와 표현이 특정, 생성 규칙에 따라 그것에 위반하는 것이 오류의 존재를 표시하도록 한 부호.

self-checking digit[–dídʒit] **자체 점검 디짓** 에러 검출이나 정정 등의 필요 때문에 부가하는 디짓. ⇨ self-checking code

self-checking number[–nʌ́mbər] **자체 점검 수, 자기 검사 번호** 각 자리마다의 비트에 의한 부호로서 데이터의 오류를 검사하기 위하여 설치되어 있다. 코드 번호의 끝에 digit이라는 숫자를 한 자리 추가한다. 즉, 오류를 확인하기 위해서 숫자 뒤에 추가한 수를 말한다.

self-checking number generator[–dʒénərèitər] **자체 검사 번호 발생 기구**

self-checking numeral[–njúːmərəl] **자체 검사 숫자** 짝수 또는 홀수 패리티 검사를 위한 검사 숫자들을 가지고 있는 고유하고 특별한 수.

self-compiling compiler[–kəmpάiliŋ kəmpάilər] **자체 컴파일링 컴파일러**

self-complementing code[–kάmpləmənt-iŋ kóud] **자체 보수 부호** 어느 숫자의 보수를 취하면 그 숫자의 보수 코드와 일치하는 기계어. 즉, 2진 부호화 10진수의 2진수 1의 보수는 10진 표기법의 9의 보수이기도 한 특징을 가진 코드.

self-contained language[–kəntéind lǽŋgwidʒ] **자체 수용 언어** 데이터 베이스에서 사용되는 언어.

self-contained navigation[–nӕvigéiʃən] **SCN, 자체 항행(航行)**

self-contained system[–sístəm] **독립 언어 시스템** 데이터 베이스 관리 시스템 형태의 일종. 데이터 조작 언어로서 그 시스템 특유의 고수준 언어를 갖추고 있는 시스템.

self-correcting code[–kəréktiŋ kóud] **자체 정정 부호**

self-correcting system[–sístəm] **자체 정정 방식, 자기 정정 시스템** 오류 정정 부호를 이용함으로써 전송시 자동으로 에러를 수신측에만 정정할 수 있는 방식.

self-defining[–difάiniŋ] **자체 정의, 자기 정의의** 프로그래밍 언어의 경우 그 언어로 자기 자신의 컴파일러를 기술할 수 있다고 하는 의미.

self-defining data[–déitə] **자체 정의 데이터**

self-defining delimiter[–dilímitər] **자체 정**

의 구분 문자 TSO 명령어에서 어떤 종류의 문자 스트링의 최초 위치에 있는 문자 스트링 중에서 이 문자가 되풀이되면 구분 문자로 간주된다.

self-defining term[–tə́ːrm] **자체 규정항, 자체 정의항** (1) 항 자신이 값을 나타내는 것으로서 재배치에 의해 값이 달라지지 않는 항. 자체 규정항은 그 표현 형식에 의해 10진 자체 규정항, 2진 자체 규정항, 16진 자체 규정항 및 문자 자체 규정항으로 분류할 수 있다. (2) 형 속성이 N인 항.

self-defining value[–vǽljuː] **자체 정의값**

self-demarcating code[–díːmɑːrkèitiŋ kóud] **자기 구별 코드** 두 개의 연속된 코드의 상호 작용으로 잘못된 조합이 발생되지 않도록 기호가 배열되고 선택된 코드.

self-describing system[–diskráibiŋ sístəm] **자체 기술 시스템**

self-diagnosable module system[–dàiəgnóusəbl mɑ́dʒuːl sístəm] **자체 진단 가능 모듈 시스템**

self-diagnosis[–dàiəgnóusis] **자체 진단** 시스템 자체가 자동으로 장애 장소 유무를 조사하고 장애 장소를 지적하는 것. 예를 들면 펌웨어에 의해서 각종 레지스터, 연산 회로, 버스, 기억 장치 등의 자체 진단이 행해진다.

self-diagnostic feature[–dàiəgnɑ́stik fíːtʃər] **자체 진단 기능** 판독 전용 메모리(ROM)에 최악의 경우를 상정한 명령 그룹을 수납하고, 그곳으로부터 랜덤 액세스 메모리(RAM)로 로드(load)하여 자체 진단(self-checking)을 행한다.

self-diagnostic testing[–téstiŋ] **자체 진단 검사**

self-differentiating system[–difərénʃièitiŋ sístəm] **자율 분화 시스템**

self-documenting program[–dɑ́kjuməntiŋ próugræm] **자체 문서화 프로그램** 프로그래밍 언어가 그 자체적으로 연산의 명세화를 허용하고, 데이터를 분명하게 하며, 자연스러운 문형식, 구조화된 문, 키 단어와 잡음 단어의 사용을 자유롭게 하고, 부가 주석, 제한되지 않은 길이의 명칭, 자유 필드 형식과 완전한 데이터 선언들을 부여함으로써 프로그래머에게 명확성을 주는 것을 말하고, 잘 설계된 언어는 이러한 기능을 갖고 있다.

self-dual[–dʒúːəl] **자기 쌍대, 자체 쌍대**

self-dual preference[–préfərəns] **자체 쌍대 선호**

self-embedding[–imbédiŋ] **자체 매립** 문맥 자유 문법으로 기술할 수 있는 구문상의 구조를 특징짓는 성질로, 동일 비종단 기호를 생성 규칙의 양변에 사용함으로써 내포 구조를 기술할 수 있는 성질.

self-enclosed information system[–inklóuzd ìnfərméiʃən sístəm] **자체 폐쇄 정보 시스템**

self-expanding file[–ikspǽndiŋ fáil] **자기 전개 파일** ⇨ self-extracting file

self-extending [–iksténdiŋ] **자기 확장, 자체 확장**

self-extracting file[–ikstrǽktiŋ fáil] **자체 복원 파일, 자기 전개 파일** 압축을 해제하는 소프트웨어 없이도 자체적으로 복원이 가능한 파일. 압축된 파일 안에 압축 해지 프로그램이 내장되어 있다. 매킨토시에서의 확장자는 .sea, MS-DOS, 윈도, 유닉스는 .exe이다.

self-generated strategy[–dʒénərèitəd strǽtədʒi(ː)] **자체 생성 전략**

self-hold circuit[–hóuld sə́ːrkit] **자체 유지 회로** 하나의 펄스가 와서 ON 상태가 되면 ON 상태를 유지하여 계속하는 회로. 따라서 기억 기능을 가진다. 예를 들어 전자 계전기(電磁繼電器)로 그림과 같은 회로 구성으로 하면 여자(勵磁) 코일 X에 전류(펄스)가 흐르고 메이크(make) 접점 x는 닫혀 ON 상태로 되며, 이번에는 x를 통해 유지 전류가 흐르므로 최초 펄스가 없어진 후에도 x는 닫혀 있다. 이것도 자체 유지 회로의 한 예이다. 계전기식 계수형 자동 계산기의 기억 장치는 이것을 이용했다.

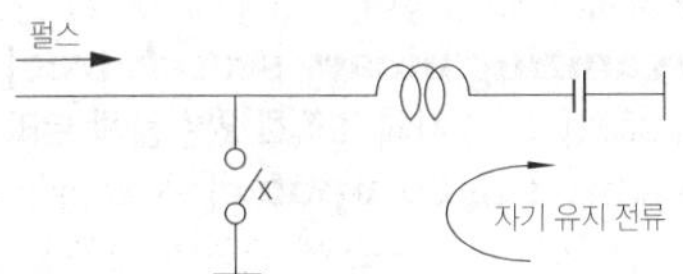

〈자체 유지 회로〉

self-induced disturbance[–indjúːst distə́ːrbəns] **자체 유도 외란(外亂)**

self-initialize[–iníʃəlàiz] **자체 초기화**

self-instructed carry[–instrʌ́ktəd kǽri(ː)] **자체 생성 캐리** 자리올림의 필요가 생긴 경우, 다른 것으로부터의 신호를 필요로 하지 않고 자동으로 자리올림 연산을 진행하는 자리올림 방식.

self-interaction matrix[–ìntərǽkʃən méitriks] **자기 상호 관계 매트릭스(행렬)**

self-learning[–lə́ːrniŋ] **자체 학습** 의사 결정에 자체의 능력을 발전시킬 수 있는 기계나 장치의 특수한 능력.

self-learning computer[–kəmpjúːtər] **자체 학습 컴퓨터**

self-learning process[–prɑ́ses] **자체 학습 과정**

self-loading cartridge[–lóudiŋ kɑ́ːrtridʒ] **자**

체 적재 카트리지 자동 테이프 장착 기구를 부착한 자체 테이프 장치에 테이프 릴을 장착할 때 테이프의 풀어냄을 쉽게 하기 위해 릴의 바깥쪽의 둘레에 설치하는 링 모양의 기구. 테이프를 보관할 때 컨테이너의 역할도 한다.

self-maintenance[-méintənəns] 자체 보전

self-metric software[-métrik sɔ́(ː)ftwὲər] 자체 계량 소프트웨어

self-modification program[-mɑ̀difikéiʃən próugræm] 자체 수정 프로그램 프로그램 자신의 타당성을 나타내거나 한 시점의 사건이 차후 프로그램의 동작에 영향을 미치게 하는 스위치를 세트할 수 있는 프로그램 기능.

self-modifying channel program[-mɑ́difɑ̀iŋ tʃǽnəl próugræm] 자체 수정 채널 프로그램

self-operated control[-ɑ́pərèitəd kəntróul] 자력 제어

self-optimizing[-ɑ́ptimɑ̀iziŋ] 자기 최적화

self-organization[-ɔ̀ːrgənaizéiʃən] 자체 조직 프로그램을 논리적인 순서로 조직하거나 효과적인 실행 단계로 조직할 수 있는 기계의 능력.

self-organization theory[-θíəri(ː)] 자체 조직화 이론

self-organizing[-ɔ́ːrgənɑ̀iziŋ] 자체 편성형 내부 구조에 관해서 자신을 자율적으로 재편성하는 능력을 가지고 있는 상태.

self-organizing binary search tree[-bɑ́inəri(ː) sə́ːrtʃ tríː] 자체 조직화 2분 탐색 트리

self-organizing computer[-kəmpjúːtər] 자체 조직 컴퓨터 내부 구조에 관하여 재구성 능력을 가진 컴퓨터.

self-organizing concept[-kɑ́nsept] SOC, 자체 조직화 개념

self-organizing control[-kəntróul] SOC, 자체 조직화 제어

self-organizing machine[-məʃíːn] 자체 조직 기계 성공적인 작동 기준을 만족시키기 위하여 기계 자체에 가변적인 회로망을 갖게 한 기계류.

self-organizing process controller[-prɑ́ses kəntróulər] 자체 조직화 프로세스 제어 장치

self-organizing program[-próugræm] 자체 편성 프로그램 내부 구조에 관하여 재편성하는 능력을 갖는 프로그램.

self-organizing search[-sə́ːrtʃ] 자체 조직화 탐색

self-organizing sequence tree[-síːkwəns tríː] 자체 조직화 순서 트리

self-organizing system[-sístəm] 자체 조직화 시스템 내부 구조를 자기 자신이 바꾸는 것이 가능한 시스템으로, 생체 학습 기능 등이 그 예이다. 뇌 기능의 가장 중요한 성질은 경험에 따라 합리적으로 목적에 맞게 조직화되어 가는 것이다. 외부에서 발생하는 일에 대응하여 내부적으로 재구성할 수 있는 능력을 가진 시스템.

self-procreating system[-próukrièitiŋ sístəm] 자체 획득 시스템

self-recovering[-riːkʌ́vəriŋ] 자체 회복 오류 등의 요인으로 컴퓨터 시스템이 정지하지 않도록 오류의 정정과 고장 부분의 분리 등을 사람 손을 거치지 않고 자동으로 하여 컴퓨터 시스템을 본래의 상태로 되돌리는 것.

self-reference list[-réfərəns líst] 자체 참조 리스트

self-refresh RAM 자체 재생 RAM

self-regulating system[-régjulèitiŋ sístəm] SRS, 자체 조정 시스템

self-relative address[-rélətiv ədrés] 자체 상대 주소 상대 주소의 일종이며, 이것을 포함한 명령 주소를 기저 주소로 사용하는 것.

self-relative addressing[-ədrésiŋ] 자체 상대 주소 지정 명령 주소부가 자체 상대 주소를 포함하는 주소 지정 방법.

self-relocatable program[-riːloukéitəbl próugræm] 자체 재배치 가능 프로그램 프로그램의 일종으로 가상 기억의 어느 영역에 적재되어도 실행할 수 있게 프로그램 자체에서 주소 정수의 수정을 하도록 작성된 것.

self-relocating program[-riːloukéitiŋ próugræm] 자체 재배치 프로그램 주기억 장치 상의 임의의 구역에 적재할 수 있고, 거기에서 실행될 수 있도록 개시 위치를 스스로 조정할 수 있는 초기 설정 루틴을 포함하는 프로그램.

self-relocating routine[-ruːtíːn] 자체 재배치 루틴

self-relocation[-riːloukéiʃən] 자체 재배치

self-repairing[-ripέəriŋ] 자체 수리 작동중에 여러 가지 잘못된 작동을 사람의 개입 없이 자동으로 발견, 제거, 변경할 수 있는 특별한 기계의 성능.

self-repairing automaton[-ɔːtɑ́mətən] 자체 수리 오토머턴

self-repairing circuit[-sə́ːrkit] 자체 수리형 회로, 자체 복구형 회로 고장의 영향을 사람이 개재(介在)하는 일 없이 개선할 능력을 갖는 회로이며, 그 때문에 회로의 출력측에서는 고장이 났는지 예측할 수 없는 것을 가리킨다.

self-reproducing automaton[-riːprədjúː-

siŋ ɔ:tάmətən] **자체 재생 오토머턴, 자체 증식 오토머턴**

self-reproduction system[–ri:prədΛkʃən sístəm] **자체 재생산 시스템**

self-resetting loop[–ri:sétiŋ lú:p] **자체 재조정 루프** 루프에 들어갈 때 초기 상태의 루프로 루프가 시작될 수 있게 하는 명령어를 가진 루프.

self-scheduling learning[–skédʒuliŋ lə́:rniŋ] **자체 스케줄링 학습**

self-stabilization[–stèibilaizéiʃən] **자체 안정화**

self-sustaining system[–səstéiniŋ sístəm] **자체 지속 시스템**

self-synchronizing code[–síŋkrənàiziŋ kóud] **자체 동기 부호** 신호 계열을 도중에서부터 수신한 경우에도 심벌이 바로 읽혀지도록 특별한 성질을 가진 부호. 대표적인 것으로는 콤마 부호, 콤마 프리 부호, 동기 프리픽스를 갖는 블록 부호 등이 있다.

self-terminating[–tə́:rminèitiŋ] **자체 종단**

self-test[–tést] **자기 진단, 자체 검사** 장치 자신이 가지고 있는 검사 기능 또는 진단 프로그램을 사람 손을 거치지 않고 실행하여 그 장치의 정상성을 확인하는 것. 확인 결과는 기록되거나 조작원에게 통지되거나 한다.

self-testing-and-repairing[–téstiŋ ənd ripέəriŋ] **STAR, 자체 시험 및 수리**

self-triggering program[–trígəriŋ próugræm] **자체 작업 개시 프로그램** 중앙 처리 장치에 들어가는 즉시 동작을 시작하는 프로그램.

self-tuning algorithm[–tjú:niŋ ǽlgərìðm] **자체 동조 알고리즘**

self-tuning control[–kəntróul] **STC, 자체 동조 제어**

self-tuning predictor[–pridíktər] **자체 동조 예측 장치**

semanteme[səmǽnti:m] **의미소** 분명한 의미와 관념을 나타내는 언어의 한 요소.

semantic [səmǽntik] *a*. **의미론적**

semantic analysis[–ənǽlisis] **의미 해석** 프로그램 언어나 자연 언어의 분석 과정의 하나이며, 의미를 취급하는 과정. 일반적으로 프로그램 언어의 처리계에서는 구문 해석에 따라서 얻어진 프로그램 구조에 기초하여 이것에 목적 언어의 명령을 어떻게 대응시킬 것인지를 처리하고, 자연 언어의 해석에서 이것에 다양한 유형의 문법을 이용하는데, 이들은 문장이 어떻게 구성되었는가를 나타내 주는 규칙들로 구성된 일종의 형식 시스템(formal system)이다.

semantic constraint[–kənstréint] **의미 제약 조건** 데이터 베이스의 관계 스키마에 부과되는 여러 가지 조건. 영역 조건이나 종속 조건 같은 하나의 관계 스키마 상에서 정의되는 것으로부터 여러 개의 관계 스키마에 걸쳐 정의되는 것까지 존재한다. 의미 조건은 데이터 베이스 갱신의 정당성을 판단하기 위해 사용되거나 데이터 베이스 내에서의 추론 규칙으로 사용된다.

semantic data model[–déitə mάdəl] **의미 데이터 모델** 앞서 개발된 고전적 데이터 모델보다도 그 기능이 확장되어 더욱 광범위한 모델링이 가능한 모델. 확장 모델이라고도 한다.

semantic disambiguation[–disæ̀mbigjuéiʃən] **의미 모호성 해소화** 자연 언어 이해에서 단어의 정확한 의미를 결정하는 것.

semantic domain[–douméin] **의미 정의역** 프로그램의 입력 데이터 또는 입력 데이터에 대한 출력의 범위.

semantic equivalence[–ikwívələns] **의미 동치성**

semantic error[–érər] **의미론적 오류**

semantic expression[–ikspréʃən] **의미 방정식** 표시적 의미론에 있어서 프로그램의 의미는 프로그램 텍스트로부터 상태 천이(狀態遷移) 함수로의 사상(寫像)으로 표시된다. 이 함수를 해로서 갖는 방정식을 의미 방정식이라고 한다.

semantic gap[–gǽp] **의미상의 갭(간격)** 고수준 언어의 언어 요소와 이들을 실현하기 위한 컴퓨터의 기능 구조와의 사이에는 큰 격차가 있는 것. 예를 들면 배열, 데이터형, 문자열 처리, 절차, 블록 구조 등을 취급하는 데는 다수의 기계어 명령이 필요하게 된다.

semantic grammar[–grǽmər] **의미 문법** 모든 종류의 구조적 의미 지식을 문법 형태에 맞게 일련의 법칙으로 합성화한 문법.

semantic integrity[–intégriti(:)] **의미 무결성**

semantic knowledge[–nάlidʒ] **의미 지식** 하나의 세계에서 가정된 추측들을 해석하기 위해 사용되는 지식.

semantic matrix[–méitriks] **의미 행렬** 한 개념의 의미 분석을 해서 확정된 의미의 정확한 요소를 표준형으로 나타내기 위한 그래픽 장치.

semantic network[–nétwə̀:rk] **의미 네트워크** 자연 언어 처리에서의 의미 해석의 결과나 질문 응답 시스템에서의 지식의 표현 등에 사용되는 네트워크형으로 구성된 데이터 베이스.

semantics[səmǽntiks] *n*. **의미론** 의미. 언어는 일반적으로 신택스(구문 법칙)와 시맨틱스(의미론)

의 두 가지 측면을 갖고 있으며, 프로그램 언어도 마찬가지로 두 개의 측면에서 규정된다. 시맨틱스란 신택스에 따른 문자를 나열(문)한 것으로 어떤 의미를 가진 것인가 결정하는 규칙이며, 프로그램이 컴퓨터 상에서 어떤 처리를 해야 하는가를 정하는 것이다. 즉 문장을 문자, 기호의 배열로 간주하지 않고, 그것에 포함되어 있는 내용과 의미를 문제로 하는 것. 프로그램 언어에서는 문(statement)의 구조, 즉 자구(字句)의 배열 방식을 규정하는 구문(syntex)에 대비되는 언어이다. 구문은 프로그램을 기호의 열로 간주하며, 바른 프로그램은 어떠한 기호열이어야 하는가를 규정하는 데 대해, 의미는 프로그램을 어떠한 기계어(machine language)로 번역해야 하는가를 결정하는 규칙으로 기호와 그 의미를 규정하고 있다.

[주] 문자 또는 문자의 집합과 그 의미와의 관계이고, 그 해석의 방법 및 사용 방법과는 독립적인 것.

semantics check[–tʃék] **시맨틱스 체크, 의미 검사**

semantics error[–érər] **시맨틱스 오류, 의미 오류** 프로그램 실행문, 커맨드 등에 있어서 지정한 내용(문법상이 아닌 지정한 값 등)에 오차 또는 모순을 포함하기 때문에 생기는 오류.

semantics gap[–gǽp] **시맨틱스 갭, 의미론 갭** 노이만형 컴퓨터에서는 대개의 경우 고급 언어와 그 컴퓨터의 사이에는 아무런 관계가 없다. 예를 들면 현재의 노이만형 컴퓨터(Neuman type computer)에서는 고급 언어로 행렬 연산을 기술해도 실제로 내용에서는 선형(線形) 연산이 행해지고 있는 것처럼 표현한 것과 실제로 행해지는 것이 상반되는 것을 말한다.

semaphore[séməfɔːr] *n.* **신호기, 세마포, 완목(腕木), 완목식 신호기** 컴퓨터에서 병행 내지 병렬로 동작하는 두 개 이상의 프로세서 사이에서 공용의 기억 장소에 연락을 위한 신호를 세트하고 의미있는 사상이 일어난 것을 상대에게 통지하여 동기(同期)를 취하는 방식.

semaphore variable[–vɛ́(ː)riəbl] **신호기 변수** 동기(同期)를 위해 신호기를 이용할 때 신호기 변수는 일반적으로 공유 자원의 개수를 지닌다. 이 변수값은 P와 V라는 기본 동작으로 바뀌어진다.

semi [sémi] **세미, 반(半), 하프**

semiautomatic ground environment [sèmiɔːtəmǽtik gráund inváirənmənt] **SAGE, 세이지, 반자동 지령 제어 시스템** 군사용 컴퓨터 AN/FSQ-7(IBM)의 2중 온라인 하드웨어를 이용하여 레이더나 기타 감시 초소로부터의 정보 및 방공 스케줄을 입력하여 전투기나 미사일에 전투 지령을 내리는 반자동 지령 제어 시스템.

semiautomatic message switching center[–mésidʒ swítʃiŋ séntər] **반자동 메시지 교환소** 입력되는 메시지가 메시지의 정보에 따라 오퍼레이터에게 출력 회로로 메시지를 보내도록 되어 있는 교환소. 즉, 메시지의 내용에 따라 조작원이 메시지의 경로를 결정하는 교환소.

semicolon[sémikòulən] *n.* **세미콜론, ;**

semicompiled[sèmikəmpáiləd] **반컴파일** 컴파일러에 의하여 원시 프로그램이 목적 프로그램으로 번역은 되었으나 원시 프로그램에서 분명히 또는 함축적으로 호출되어야 하는 부프로그램이 포함되지 않은 프로그램에 대하여 사용되는 용어.

semiconductor [sèmikəndʌ́ktər] *n.* **반도체** 상온에서 전도율(전기도전도)의 값은 금속과 절연체의 중간으로 10^{-9}~10^{3}Ω/cm의 범위에 있는 고체를 반도체라고 하며 게르마늄, 실리콘 원소 반도체와 규화칼륨, 황화카드뮴 등의 화합물 반도체가 대표적인 것이다. 반도체 연구의 역사는 오래되어 19세기 말에는 방연광(方鉛鑛), 아산화동(亞酸化銅) 등의 정류성(整流性)이 발견되어 1920년에는 실용적인 정류기와 무선 통신의 검파기가 출현하게 되었다. 1931년에 와일 손에 의하여 전자 에너지대(帶) 모델이 나타나게 되어 반도체의 여러 가지 성질을 이론적으로 이해할 수 있게 되었으며 그에 따라 연구가 진전되었다. 한편으로는 재료의 정제(精製) 기술이 발달되어 순도가 높은 게르마늄과 실리콘을 사용하여 실험적인 연구도 성행하여 반도체에 대한 이해가 깊어졌다. 이런 과정중에서 1948년 벨 연구소의 쇼클레이에 의하여 트랜지스터가 발명되어 증폭 소자 고체화에의 길이 열렸다. 그 후 Tr(테르뷰)의 성능은 비약적으로 진보되어 소형, 경량(輕量), 낮은 소비 전력, 높은 신뢰성 등의 장점을 발휘하게 되었고, 오늘날 대부분의 전자 기기에서 집적 회로가 실현되면서 Tr의 장점이 더 정밀한 전자 기기에 도입됨으로써 무한한 발전 가능성을 나타내었다. 또한 반도체 레이저의 발명도 광 응용 분야에 큰 영향을 주고 있다. 도전율이 금속의 도전율과 절연체의 도전율 중간에 있는 물질로, 게르마늄이나 실리콘이 그 대표적인 예이다. 음의 온도 계수, 정류성 등의 성질이 있으며, 다이오드나 트랜지스터, 집적 회로(IC) 등에 사용되고 있다. 또 반도체 기억 장치는 반도체 집적 회로로 구성된 기억 소자로 이루어진 기억 장치이다. 반도체의 전도율은 불순물 또는 격자 결함의 종류와 농도에 대단히 민감하다. 예를 들면 실온에서 실리콘의 전도율은 불순물의 농도에 따라서 10^{-3}~10^{5}Ω/cm 정도까지 변화하며, 불순물의 종류에 따라 N형 전도, P형 전도를 자유롭게 만들 수 있다. 이것을 국부적으로 제어함으로써 PN 접합과 저항을 자유로 배치하여 상호 접속시킨 것이 집적 회로이며, 반도체의 장점을 최대한으로 끌어낼 수 있게 되었다.

semiconductor-controlled rectifier [-kəntróuld réktifàiər] **SCR, 실리콘 제어 정류기**

semiconductor device [-diváis] **반도체 장치** 반도체에 전자기나 열, 빛 등이 가해졌을 때 나타나는 특성을 이용한 장치. 즉, 순수한 상태에서는 양질의 전도체도 아니고 절연체도 아니며, 또 전자적 목적으로는 사용할 수 없는 실리콘 또는 게르마늄과 같은 수정체 물질로 이루어져 있는 전자 소자. 인 또는 비소와 같은 어떤 종류의 불순 원자가 순수 금속의 수정 구조 속에서 확산되면 전기적 중립은 무너지고 + 또는 -의 전류가 생긴다. 다이오드와 트랜지스터가 사용된다.

semiconductor diode [-dáioud] **반도체 다이오드** 반도체의 정류 작용을 이용해서 음극 진공관과 같은 동작을 하도록 만들어진 소자.

semiconductor integrated circuit [-íntəgrèitəd sə́:rkit] **반도체 집적 회로** 한 개 또는 그 이상의 반도체 재료 안에 완전히 실현된 회로 소자와 상호 접속으로 이루어진 집적 회로.

semiconductor laser [-léizər] **반도체 레이저** (1) PN 접합의 발광 작용을 이용한 레이저 발생기. 다른 레이저에 비해서 소형, 고능률, 고신뢰성, 긴 수명을 얻을 수 있고, 보내는 전류에 의해 출력광을 직접 고속으로 변조하는 것이 가능하다. 갈륨·비소계, 인듐·포스파이드계, 알루미늄·갈륨·비소계 등이 재료로 쓰이고 있으며, 근적외(近赤外) 영역의 발광이 중심이나 최근에는 적색광까지 단파장화가 진척되고 있다. 광섬유 통신, 레이저 빔 프린터, CD-ROM 등에 널리 활용되고 있다. (2) 반도체 레이저는 간섭성이 가능하고 양호한 빛이 방사되는 반도체 소자로서 1960년에 가능성이 제안되었으며, 1962년에 GaAs로 저온 발진(低溫發振)시켰고, 1970년에 GaAlAs 더블 헤테로(DH ; double hetero) 구조로 실온에서 연속 발진시킨 것이다. 가스 레이저, 고체 레이저와 비교하면 소형 고효율이고, 소량 전력에 작동되며, 직접 변조가 가능하고, 수명이 긴 것 등의 장점이 있으며, 광전송, 고밀도, 기록 재생, 광정보 처리, 광계측(光計測) 등의 용도로 쓰인다.

semiconductor memory [-méməri(:)] **반도체 기억 장치** 반도체를 사용하여 구성한 기억 장치로, 바이폴러 트랜지스터와 MOS 트랜지스터를 이용한 것으로 크게 구별된다. 또 기억 방법으로서 스태틱과 다이내믹으로 분류되어 전자는 플립플롭을, 후자는 다이내믹한 회로를 사용한다. 기능면으로 분류하면 ROM과 RAM이 있다. 최근 초 LSI 기술의 진보로 점점 고밀도화가 이루어지고 있다.

semiconductor nonvolatile memory [-nɑnvɑ́lətil méməri(:)] **반도체 비휘발성 메모리** 종래에는 전자적 부품으로 구성된 메모리에는 휘발성이 대부분이고 비휘발성 메모리는 대부분 자기적인 부품에 한정되어 왔다. 그러나 최근 반도체를 이용한 전자적 부품으로 비휘발성 메모리가 등장하고 IC화해서 상당한 기억 용량 메모리로 사용되도록 하고 있다. 현재는 읽기 속도는 꽤 고속을 기대할 수 있지만, 쓰기 속도가 느린 결점이 있다. 따라서 ROM으로서의 성격이 강하다. 구조도 각종의 것이 제안되어 현재 발전 도상에 있다.

semiconductor storage [-stɔ́:ridʒ] **반도체 기억 장치** ⇨ semiconductor memory

semicustom design [semikʌ́stəm dizáin] **반주문식 설계** 상대적으로 적은 설계 시간이 소요되는 집적 회로의 설계 방법. 게이트 어레이(gate array) 방법과 표준 셀 방법 등이 있다.

semicustom integrated circuit [-íntəgrèitəd sə́:rkit] **반주문식 집적 회로** 표준화한 설계를 일부분으로 이용하는 반주문식 IC. 대표적인 것으로 게이트 어레이나 표준 셀 방식 IC를 들 수 있다. 게이트 어레이는 트랜지스터가 공통으로 들어가고 사용자 사양에 따라 배선만을 주문식으로 설계한다. 표준 셀 방식의 IC에서는 사전에 설계하고 있는 기능 블록 등을 조합해서 주문식 IC를 만든다. 따라서 주문식 EC에 비해서 반주문식 IC는 개발 기간이 짧고 비용도 저렴하다. 손쉽게 전용 LSI를 제조할 수 있기 때문에 특히 게이트 어레이 시장은 급성장하고 있다.

semicustom large-scale integrated circuit [-lɑ́:rdʒ skéil íntəgrèitəd sə́:rkit] **세미커스텀 LSI** 설계 또는 제조 공정 도중까지를 다른 품종과 공용하고, 그 후의 공정을 품종마다 만드는 대규모 집적 회로. 대표 예로는 게이트 어레이나 스탠더드 셀이 있다.

semifixed length record [semifíkst léŋkθ rékərd] **반고정 길이 레코드** 시스템 분석가나 프로그래머에 의하여 레코드의 길이가 정해지면 주어진 문제를 수행하는 동안은 그 길이가 바뀌지 않는 레코드.

semifixed memory [-méməri(:)] **반고정 메모리** 이른바 고정 기억 장치 중 매체의 치환, 매체의 상태 변화 등에 따라 기억 내용을 비교적 쉽게 치환하는 것.

semigroup [semigrú:p] *n.* **세미그룹** 대수 구조

체의 일종.

semi-private [sémi práivət] **준전용** 전용에 준하는 것으로 특정한 자격을 가진 자에게만 공동 이용을 허용하는 것.

semi-private circuit [–sə́:rkit] **준전용 회선** 전화 교환망의 일부를 이용하여 데이터 전송 서비스를 행하는 것으로, 어느 지역의 특정 가입자로부터 그 지역에서 다이얼 통화할 수 있는 지역의 특정 가입자에게 원할 때 필요한 시간 동안만 통신할 수 있게 한 서비스를 위해 사용되는 회로. 이 방식에서는 회선을 빌어올 필요가 없으므로 비교적 트래픽이 적은 이용자에게 유리하다.

semi-random access [–rǽndəm ǽkses] **준무작위 접근** 제한적인 순차 검색 한계 내에서 필요로 하는 데이터로 접근하기 위해 직접 접근 방식을 쓰는 등의 복합적인 방법을 사용한 접근 방법.

semi-real time [–rí:əl táim] **반 실시간, 준 실시간** 어떤 사상에 대해 주·월 등을 단위로 실태를 파악함으로써 그 사상을 파악하는 데 소요되는 의도적인 지연 시간 또는 그 타이밍.

semi-real time processing [–prásesiŋ] **준실시간 처리**

semirelational [semiriléiʃənəl] **세미릴레이셔널**

send [sénd] *v.* **보내다** 송신하다. 「수신하다」와 대비된다. (1) 데이터 통신에 관련해서 사용되는 경우가 많다. 컴퓨터와 단말 장치 혹은 데이터 통신 기기끼리의 데이터 교환에 있어서 상대에 대해 데이터와 메시지를 송신하고, 이것을 상대가 수신하는 것이 되풀이된다. (2) 데이터 단말 장치(DTE)로부터 모뎀(변복조 장치)으로 송출되는 제어 신호의 하나로 송신 요구(RS ; request to send)가 있다. 이 제어 신호에 의하여 모뎀 중의 송신 기능을 제어하는 회로가 ON, 즉 송신 모드가 되어 「송신」이 실행된다. 이 밖에 송신 데이터(SD ; send data), 송신 가능(ready for sending) 등의 형태로 많이 사용된다.

send data [–déitə] **SD, 송신 데이터**

sender [séndər] *n.* **송신측**

sender-receiver buffers [–risí:vər bʌ́fərz] **송수신 버퍼** 송신기의 제어기는 입력 장치에서 들어오는 비트를 버퍼에 채운 다음 적당한 순서에 따라 통신선에 한 비트씩 내보내며, 단말기가 수신 작용을 하는 경우는 반대 순서로 처리한다. 제어기가 동일한 단말기에서 송수신 기능을 위한 다른 두 개의 버퍼를 동시에 관리하거나 단말기의 속도를 빠르게 하기 위해 2중 버퍼 기능을 갖게 하는 경우에는 버퍼 제어가 매우 복잡하지만, 비교적 고정된 기능이므로 논리 회로는 간단하다.

sender-receiver terminal [–tə́:rminəl] **송수신 단말기** 송수신기와 함께 원거리에 사용되는 단말기. 제어기와 버퍼 기억 장치 그리고 입출력 기능을 갖는 장치.

sending [séndiŋ] *n.* **송신** 컴퓨터가 단말 장치 또는 다른 컴퓨터에 전송하기 위해 메시지를 회선에 보내는 과정.

sending area [–ɛ́(:)riə] **송출측** 데이터 전기(轉記) 명령 등에서 데이터를 내보내는 측의 데이터 항목.

sending data item [–déitə áitəm] **송출측 데이터 항목** 데이터 전기(轉記) 명령 등에서 데이터를 내보내는 측의 데이터 항목.

sending end [–énd] **송신측**

sending field [–fí:ld] **송출 필드**

sending station [–stéiʃən] **송신국**

sending terminal [–tə́:rminəl] **송신 단말기**

send length [sénd léŋkθ] **송신 항목수**

sendmail [séndmeil] **센드메일** 네트워크 상의 서버 간에 메일을 송수신하는 유닉스의 대표적인 메일 서버.

send-only service [–óunli(:) sə́:rvis] **송신 전용 서비스** 송신은 가능하나 수신 장비가 없는 데이터 통신 채널의 서비스.

send/receive counter [–risí:v káuntər] **송수신 카운터**

send/receive message [–mésidʒ] **송수신 메시지**

send/receive queue [–kjú:] **송수신 대기 행렬**

send sequence count [–sí:kwəns káunt] **송신 순서 카운트**

senior [sí:njər] *n.* **시니어, 상급**

sense [séns] *n.* **감지, 센스** 예를 들면 중앙 처리 장치(CPU)가 주변 장치(peripheral unit)의 동작 상태를 판독하는 것. 이때 CPU는 주변 장치로부터 워드(word)를 단위로 하는 데이터를 수취하는데, 이것을 센스 바이트(sense byte)라고 한다. 이 센스 바이트가 표시하는 주변 장치의 동작 상태를 센스 데이터(sense data)라고 한다. 또 컴퓨터가 콘솔(console) 상의 특정 스위치 상태를 판독할 수 있는 경우가 있다. 이 스위치를 센스 스위치(sense switch)라 한다. 콘솔 상의 브레이크 키(break key)도 센스의 대상이 된다. 컴퓨터는 항상 이 브레이크 키가 눌러지는지의 여부를 체크해두고, 프로그램을 실행중에 이 센스 키(브레이크 키)가 눌러지는 것을 감지하면 곧바로 그 프로그램의 실행이 중단된다.

sense amplifier [–ǽmplifàiər] **감지 앰프, 감지 증폭기, 판독 증폭기** 자기 테이프 등의 기억 소자로부터의 미소한 판독 전압을 컴퓨터의 논리 신호로 증폭하기 위한 기능 단위.

sense bit[–bít] 센스 비트
sense byte[–báit] SSB, 센스 바이트
sense code[–kóud] 센스 코드
sense data[–déitə] 센스 데이터
sense finder[–fáindər] 센스 파인더
sense light[–láit] 감지등 컴퓨터가 프로그램 분기(branch)를 문의하는 데 사용되는 등.
sense line[–láin] 센스선, 판독선 자심 기억 장치 등에서의 판독선.
sense operation[–àpəréiʃən] 감지 조작
sense probe[–próub] 감지 프로브 디스플레이 장치의 화면상의 한 점을 판독할 수 있는 입력 장치의 구조를 말하며, 컴퓨터에게 입력을 전해주는 장치로서 쓰인다.
sense recovery time[–rikʌ́vəri(:) táim] 감지 회복 시간
sense station[–stéiʃən] 감지 기구
sense switch[–swítʃ] 감지 스위치 콘솔 상의 물리적인 스위치나 프로그램 중에서 사용하고 있는 스위치. 이것을 ON/OFF로 전환함으로써 프로그램의 실행을 조절할 수 있다.
sense wire[–wáiər] 감지 와이어
sensibility analysis[sènsibíliti(:) ənǽlisis] 감도 분석 목적 변량이나 분석의 결과 등이 데이터나 환경의 변화에 따라서 어떻게 변화하는가를 분석하는 것. 예를 들면 선형 계획법의 해법에서 조건식군(條件式群)의 제약이 되는 항의 변동에 의해서 최적해가 어떻게 바뀌는지를 분석한다.
sensing[sénsiŋ] *n.* 감지
sensing element[–éləmənt] 감지 요소 측정된 양의 특정한 값에 직접 반응하는 기계 장치의 특별한 부분.
sensing pin[–pín] 감지 핀, 촉침(觸針) 카드나 종이 테이프에 있는 구멍의 위치를 감지하기 위한 핀.
sensing signal[–sígnəl] 감지 신호 회로의 수신측에서 회로 작동을 시작하게 할 목적으로 메시지 첫머리에서 번역되는 특수 신호.
sensing station[–stéiʃən] 감지 위치, 검출부 데이터 매체 상의 데이터가 판독되는 판독 장치 내의 장소.
sensitive[sénsitiv] *a.* 감지 가능한, 민감한
sensitive data[–déitə] 감지 가능 데이터
sensitive field[–fí:ld] 관련 필드 물리적 데이터 베이스 필드들 가운데 논리적 데이터 베이스에 포함된 필드.
sensitivity[sènsitíviti(:)] *n.* 민감도 입력 신호에 대한 기기 또는 제어 장치의 반응되는 정도.
sensitivity analysis[–ənǽlisis] 민감도 분석 출력값의 억제, 상호 의존도 또는 반응을 결정하기 위한 입력값의 범위와 값에 대하여 시험하는 것.
sensor[sénsɔ:r] *n.* 감지기, 센서 감지 장치. 물리적 또는 화학적인 정보를 이용하기 쉬운 형태로 변환하는 장치나 소자. 즉, 빛, 압력, 변위, 온도, 습도 등의 물리량이나 가스, 이온, 생체 물질 등의 화학량 정보를 감지하여 후처리에 적합한 신호로 변환하는 디바이스의 일반 명칭. 또 넓은 의미의 변압기에서 직접 검출부를 의미하는 경우도 있다.
sensor-based[–béist] 센서 베이스, 감지기 이용의
sensor-base data collection system[–béis déitə kəlékʃən sístəm] 감지기 이용 데이터 수집 시스템
sensor-based computer[–béist kəmpjú:tər] 감지기 이용 컴퓨터 감지기 이용 시스템에 사용되는 컴퓨터. 제어 대상과의 직접적인 정보 교환을 행하기 위한 컴퓨터 입출력, 즉 프로세스 입출력으로부터 실시간(real time)의 데이터를 받아들이는 능력을 가진 컴퓨터이다.
sensor-based control unit[–kəntróul jú:nit] 감지기 이용 제어 장치
sensor-based system[–sístəm] 감지기 이용 시스템 컴퓨터 시스템의 한 형태이며, 센서로부터 입력 데이터(온도, 풍속, 유압 등)를 수취(受取)하여 프로세스(공정) 제어를 행하기 위한 「출력」을 만들어내는 시스템.
sensor card[–ká:rd] 센서 카드
sensor-computer-controlled manipulator system[–kəmpjú:tər kəntróuld mənípjulèitər sístəm] 센서 컴퓨터 제어 머니퓰레이터 시스템
sensor control[–kəntróul] 센서 제어
sensor control system[–sístəm] 센서 제어 시스템
sensor device[–diváis] 센서 장치
sensor evaluation[–ivæ̀ljuéiʃən] 관능 검사
sensor input/output unit[–ínpùt áutpùt jú:nit] 센서 입출력 장치, 센서 입출력 유닛
sensor I/O 센서 입출력
sensor location problem[–loukéiʃən prábləm] 센서 위치 문제
sensor scan[–skǽn] 센서 스캔
sentence[séntəns] *n.* 문장, 센텐스 고수준 언어 프로그램의 구성 단위로서 하나의 문은 일반적으로 하나의 종합된 데이터의 정의 연산의 명령 등을 나타내고, 분기 이외의 연산을 나타내는 문은 프로그램의 처음부터 순차적으로 실행된다.
sentence retrieval[–ritrí:vəl] 문장 검색 정

보 검색에 있어서 문장 중의 어(語)를 검색할 때 어와 어의 위치 관계를 조건으로서 수행하는 검색.

sentence symbol[-símbəl] **문장 기호**

sentential connective[senténʃəl kənéktiv] **문장 접속사**

sentential form[-fɔ́:rm] **문장 형태** 구(句) 구조 문법 중에서 받아들여질 수 있는 종단(終端) 기호나 비종단 기호의 열.

sentinel[séntinəl] *n.* **센티널, 표지** 어떤 블록, 테이프, 파일, 항목의 끝에 표시해서 한 단위의 정보의 끝을 표시하는 부호, 레코드, IRC 등이다.

separate[sépərət] *a.* **각각의, 분리의, 개별의**

separate assembly[-əsémbli(:)] **개별 어셈블리**

separate character[-kǽrəktər] **분리 문자** 데이터 등을 구분하여 구별하기 위한 스페이스나 콤마 등을 말한다. 컴퓨터의 기종이나 사용한 프로그래밍 언어에 따라서 분리 문자는 각각 정해져 있으며 독특한 문자로 되어 있다. 데이터 전송에서도 데이터 유닛(data unit)을 구분짓기 위하여 분리 문자가 사용된다.

separate common channel signalling system[-kʌ́mən tʃǽnəl sígnəliŋ sístəm] **분리 공통선 신호 방식** 통화 회선과는 별도로 독립한 신호 선로를 설치하고, 여러 개의 데이터 전송에 공용하는 것. 단지 「공통선 방식」이라고도 한다. 이 방식으로는 통신중에도 데이터의 전송을 할 수 있으며, 최근의 교환기(switch system)에서는 널리 사용되고 있다.

separate compilation[-kɑmpiléiʃən] **분리 컴파일레이션, 개별 컴파일** 예를 들면 변수와 배열, 절차 등의 문법 단위의 참고 관계를 검사하면서 혹은 적재시에 하나의 프로그램 중에 프로그램 단위를 개별로 컴파일하는 것.

separate executive structure[-igzékjutiv strʌ́ktʃər] **분리 실행 구조**

separate index access method[-índeks ǽkses méθəd] **SIAM, 분리 색인 액세스 방식, 분리 색인 접근법**

separately compiled program[sépərətli(:) kəmpáild próugræm] **번역 단위의 프로그램** 별개로 번역되는 프로그램으로 그 프로그램에 포함되는 프로그램도 포함한다.

separately instructed carry[-instrʌ́ktəd kǽri(:)] **타동식(他動式) 자리올림** 자리올림이 필요한 경우 다른 것으로부터 특별한 신호를 받을 때만 자리올림 연산을 진행하는 자리올림 방식.

separate type signalling system[sépərət táip sígnəliŋ sístəm] **분리 신호 방식**

separating character[sépərətiŋ kǽrəktər] **분리 문자** 데이터의 단계적 편성에 있어서 유사한 데이터의 구성 단위를 구분짓기 위해 사용되는 제어 문자.

[주] 정보 분리 문자의 이름은 이것이 분리하는 데이터의 구성 단위를 표시한다고는 한정하지 않는다.

separating control character[-kəntróul kǽrəktər] **분리 제어 문자** 데이터를 계층적인 단위로 구분할 때 사용되는 제어 문자.

separation[sèpəréiʃən] *n.* **구분, 분리**

separation character[-kǽrəktər] **정보 분리 문자** ⇨ IS, information separator

separation record[-rékərd] **구분 레코드**

separator[sépərèitər] *n.* **분리기** 데이터의 항목들을 분리 구성하는 부호.

septenary number[séptənɛ̀(:)ri(:) nʌ́mbər] **7진수** 기수가 7인 수로 사용되는 숫자는 0, 1, 2, 3, 4, 5, 6의 7개이다.

septet[septét] **셉텟, 7개, 7비트 바이트** 7개의 2진 문자로서 구성되는 바이트.

SEQUEL 시퀄 structured english as query language의 약어. IBM에서 개발한 관계형 데이터베이스의 질의 언어.

sequence[sí:kwəns] *n.* **순차** 순서. 분류. 열. 알파벳순(alphabetically), 번호순(numerically) 또는 연대순(chronologically) 등과 같이 특정 규칙(specified rule)에 따라서 배열(arrangement)하는 것. 또는 그처럼 배열된 일련의 정보(information)나 항목(item)을 말한다.

[주] 자연수의 순서에 따른 순으로 항목을 배치하는 것.

sequence access storage[-ǽkses stɔ́:ridʒ] **순차 접근 기억 장치** 자기 테이프와 같이 기억되어 있는 정보를 일정한 순서에 의해서만 액세스할 수 있는 기억 장치로서, 정보를 판독/기록하는 데 많은 시간이 소요되는 단점이 있으나 대용량의 정보에 적합하다.

sequence break[-bréik] **순서열 중단점** 파일에서 한 문자열의 끝과 다른 문자열의 시작과의 사이.

sequence by merging[-bɑi mə́:rdʒiŋ] **합병에 의한 순서열, 혼합에 의한 순서 매기기** 분할과 합병의 반복에 의하여 순번을 매기는 것. 예를 들면 데이터 레코드를 그 크기에 따라 큰 순서나 작은 순서로 다시 배열하는 것.

sequence check[-tʃék] **순서 점검, 순번 검사, 순서 검사, 시퀀스 체크** 레코드 항목이 지정된 순서로 나열되어 있는지를 체크하는 것. 이 방법은 데이터를 만들 때 그 데이터에 일관된 연속 번호를 부여하고 컴퓨터에서 처리할 때 그 연속성을 검사하는 것이다. 이 검사를 행하여 지정된 순서로 나열되어 있지 않는 것이 발견되면 그 상태를 순서 오류(sequence error)라고 한다.

[주] 항목이 이미 정해진 어떤 기준에 따라서 순번이 정해져 있는지의 여부를 확인하는 검사.

sequence checking routine[–tʃékiŋ ru:tí:n] **순서 점검 루틴** 실행된 각 명령을 확인하고 어떤 데이터를 인쇄하는 루틴. 어드레스와 함께 명령어나 레지스터의 내용 또는 전송 명령이나 실제 전송된 것을 인쇄하는 데 이용된다.

sequence circuit[–sə́:rkit] **순서 회로, 시퀀스 회로**

sequence code[–kóud] **순서 코드** 순번대로 번호를 붙여가는 코드. 대상 항목에 순번대로 번호를 주므로 붙이는 방법이 간단하고 항목만큼의 자릿수를 준비하면 된다. 그러나 대상 항목의 수가 증가할 때나 일련 번호 이외의 분류를 할 때 등은 불편하다.

sequence control[–kəntróul] **순서 제어, 시퀀스 제어** 문장의 실행 순서를 제어하는 규칙으로 각 문장이 프로그램 의미에 따라 실행된다. (1) 미리 정해진 순서에 따라서 제어의 각 단계를 순차 진행해가는 제어를 말하며, 시퀀스 제어에서는 다음 단계에서 수행해야 할 제어 동작이 정해져 있는 것이 특징이다. 앞 단계에서의 제어 동작을 완료한 다음, 다음 동작으로 이행하는 경우나 앞 단계의 동작 후 일정 시간을 경과하면 다음 동작으로 이행하는 것, 혹은 앞 단계의 제어 결과에 따라서 다음에 수행해야 할 동작을 미리 정해져 있는 케이스 중에서 선택하는 것 등이 조합되어 있는 경우가 많다. 순서에 따라서 진행하는 경우를 순서 제어, 제어 결과에 따라서 다음 동작을 선택하는 경우를 조건 제어라고 한다. 시퀀스 제어의 실행에는 컴퓨터나 그에 가까운 구조의 기기가 이용되는 경우가 많다. (2) 패킷 교환망의 망내 제어 기능의 하나이며, 패킷의 순서를 감시하여 상이한 루트를 경유한 것 등에 의해 순서가 역전하여 도달한 여러 개의 패킷 순서를 고치고 단말에서 입력한 순서대로 출력하는 것을 말한다.

sequence control counter[–káuntər] **순서 제어 계수기** 미리 지정된 순서에 따라 명령을 실행시키는 계수기. 컴퓨터는 주기억 장치 내에 있는 어드레스에 저장되어 있는 명령을 실행하고 나면 미리 정해진 어드레스의 명령 실행으로 옮긴다. 이때 중앙 처리 장치(CPU)는 다음에 실행해야 할 명령이 저장되어 있는 어드레스를 나타내는 레지스터에서 다음에 실행해야 할 명령의 어드레스를 얻는다. 이 레지스터를 순서 제어 계수기, 약해서 SCC라고 한다. 또 프로그램 카운터라고도 하며 줄여서 PC라고 하는 경우도 있다.

sequence controller[–kəntróulər] **시퀀스 컨트롤러**

sequence control register[–kəntróul rédʒistər] **순서 제어 레지스터** 프로그램의 실행을 제어하는 레지스터의 일종이며, instruction address register와 같은 뜻으로 사용된다.

sequence control statement[–stéitmənt] **순서 제어문** 프로그램의 성격상 같은 명령을 무한히 반복해서 실행해야 하거나 어떤 조건에 따라서 프로그램의 실행을 바꾸어야 할 필요가 있을 경우에 사용되는 문장.

sequence control structure[–strʌ́ktʃər] **순서 제어 구조** 순서 제어문이 가지고 있는 각각의 구조.

sequence control tape[–téip] **순서 제어 테이프** 문제를 해결하는 데 필요한 명령 순서가 기록된 테이프.

sequence counter[–káuntər] **순서 계수기, 시퀀스 카운터** 연산 장치에서 곱셈, 나눗셈, 자리 이동 조작의 단계를 헤아리는 데 쓰이는 계수기.

sequence diagram[–dáiəgræ̀m] **순차 패킷 교환** ⇨ SPX

sequence diagram technique[–tekní:k] **순서도법**

sequence diagram exchage[–ikstʃéindʒ] **순차 패킷 교환** ⇨ SPX

sequenced packet exchange/internetwork packet exchange[sí:kwənst pǽkət ikstʃéindʒ ìntərnétwə̀:rk pǽkət ikstʃéindʒ] ⇨ SPX/IPX

sequence error[sí:kwəns érər] **순서의 오류** 순서 파일에서 레코드가 정해진 순서로 되어 있지 않은 상태, 또는 이와 같은 상태가 순서 검사에 의해 발견되는 것.

sequence error checking[–tʃékiŋ] **순서 오류 점검** 프로토콜은 블록의 순서 및 상호 인지를 포함하기도 하는데, 수신 단말에서 순서가 틀렸을 경우에는 순서 오류의 신호를 송신 단말에 발송하여 재전송하게 한다.

sequence indicator[–índikeitər] **순서의 표지**

sequence monitor[–mánitər] **순서 모니터** 일정한 순서의 조작이 필요한 공정에 있어서 조작원의 조작을 포함하는 프로세스의 동작을 단계적으로 순차 감시하고, 관리하기 위한 장치나 프로그램.

sequence number[–nʌ́mbər] **시퀀스 번호,**

순서 번호 수치 제어 테이프 상의 블록 또는 블록 집합의 상대적 위치를 나타내기 위한 번호. 이 워드의 주소에는 N을 쓰고, 그것에 이어지는 수로 나타낸다.

sequence processor[-prásesər] **시퀀스 프로세서**

sequence queue[-kjúː] **순서 대기 행렬** 시스템 내에서 처리를 기다리는 항목의 집합. 입력된 순서에 관계없이 어느 항목을 제거할 수 있다.

sequencer[síːkwənsər] *n.* **순서기** 컴퓨터 명령 실행에 있어서 하나의 명령은 다시 일정 논리 회로에서부터 구성되는 몇 가지 요소를 잘 연결하여 합함으로써 실행된다. 이러한 논리 회로 요소가 능숙한 스텝으로 동작하도록 제어하는 것이 순서기이다. 플립플롭과 게이트 회로 등으로 되어 있다.

sequence register[síːkwəns rédʒistər] **시퀀스 레지스터** 레지스터의 일종으로, 명령의 실행에 따라 신호가 보내지고 다음 명령의 주소를 만드는 레지스터. ⇨ sequence control register

sequence set[-sét] **SS, 순서 집합, 시퀀스 세트** 키순 데이터 세트의 인덱스부에 있어서의 최하위 레벨의 인덱스.

sequence software[-sɔ́(ː)ftwὲər] **시퀀스 소프트웨어** MIDI 등의 음원을 PC로 제어하여 연주하기 위한 소프트웨어. 연주한 그대로를 직접 데이터로 변환하는 실시간 입력과 하나 하나의 음을 입력하는 스텝 입력이 있다. 스텝 입력을 더욱 세분화하면, 대표적인 입력 방법에는 수치의 나열로 입력하는 리스트 에디트와 시각적으로 파라미터를 조작할 수 있는 그래픽 에디트 등이 있다. 대부분의 소프트웨어는 몇 가지 입력 방법을 갖추고 있다. ⇨ MIDI

sequence specification[-spèsifikéiʃən] **순서 명세서**

sequence structure[-strʌ́ktʃər] **순서 구조** ⇨ Nassi-Schneiderman chart

sequence symbol[-símbəl] **순서 기호** 어셈블러(assembler)의 프로그래밍에 있어서 조건부 어셈블러 명령(conditional assembler instruction)의 분기(branching) 표시로서 사용되는 기호이다. 기호는 처음에 피리어드(period)가 오고, 두 번째가 영문자(alphabet)이며, 세 번째부터 최고 여덟 번째까지가 영숫자(alphameric character)를 사용하여 구성된다.

sequence table[-téibəl] **시퀀스 표**

sequence timer[-táimər] **순서 타이머, 시퀀스 타이머** 한 회로의 지연이 끝나면 다음 회로에서 지연이 시작되도록 설계된 연속된 시간 지연 회로.

sequencing[síːkwənsiŋ] *n.* **순서화, 순위 지정, 순위 매기기** 데이터를 일렬로, 또는 순위나 시간의 순서에 따라 배열하는 것.

sequencing by merging[-bai mə́ːrdʒiŋ] **합병 순서화** 반복되는 합병, 분리 또는 재합병 등으로 조직적인 항목 배열을 만드는 기법.

sequencing criteria[-kraití(ː)riə] **순서화 기준** 파일 내의 레코드 순서를 결정하는 데 쓰이는 레코드 내의 필드.

sequencing theory[-θíəri(ː)] **순서화 이론** 생산 부문 등에서 일정한 목적을 달성하는 데 그 총소요 시간을 최소로 하기 위해 여러 가지 작업에 대하여 그 조건에 따라서 가장 적합한 작업의 순서를 결정한다. 스케줄의 작성과 관련된다.

Sequent Computer Systems Inc.[síːkwənt kəmpjúːtər sístəmz inkɔ̀ːrpəréiʃən] **시퀀트 컴퓨터 시스템즈 사** 미국의 컴퓨터 생산 업체로 다중 처리기를 사용한 워크스테이션과 미니 수퍼 컴퓨터를 주로 생산한다.

sequential[sikwénʃəl] *a.* **순차** 사상 또는 동작이 시간순으로 발생하고 각 사상 또는 동작 사이에 중복이나 동시성이 없는 것. 즉, 어떤 순간에 있어서 두 개 이상의 사상이나 동작이 발생하는 일이 없다고 하는 의미의 형용사. 순차, 축차, 순 등으로 번역된다. 같은 개념의 용어로 직렬(serial)이 있으나 기능에서 두 개 이상의 사상이 「순차」적으로 발생한다고 하는 의미이며 뉘앙스가 약간 다르다.

[주] 동시가 아닌 중복되는 일 없이 시간순으로 사상이 발생하는 것에 관한 용어.

sequential access[-ǽkses] **순차 액세스, 순서 호출, 축차 호출** 전회(前回) 액세스한 기억 장소의 직전 또는 직후로부터 데이터를 순차적으로 판독, 기록하는 기능. 순차 액세스(serial access)가 동의어이며, 그와 같은 방식의 기억 장치를 순차 액세스 기억 장치(serial access storage)라고 한다.

[주] 기억 장치에서 데이터를 얻거나 기억 장치에 데이터를 입력하거나 하는 기능이며, 그 과정이 목적 데이터의 기억 장소와 그 전에 참조한 데이터에 의존하도록 하는 방법.

sequential access disk[-dísk] **순서 액세스 디스크**

sequential access file[-fáil] **순서 액세스 파일, 순차 액세스 파일** 한 줄의 선과 같은 파일. 파일은 몇몇 레코드에 의해 구성되지만, 그들은 물리적인 순서에 따라서 기록된다. 그러므로 한 개의 레코드가 액세스(판독/기록)되었을 때 다음의 레코드는 그 물리적인 위치에 의해 결정된다. 다시 말하면 그 구조로부터 순번(sequential)대로 판독하거나 기록하거나 할 수 없는 파일이라고도 말할 수 있다. 자기 테이프, 카드 입출력, 프린터 상에 만들어진 파일은 모두 순차 파일이다. 자기 디스크의 경우에는 랜덤 액세스 파일(random access file)도 가능하다.

sequential access input-output statement[–ínpùt áutpùt stéitmənt] **순차 액세스 입출력문**

sequential access memory[–mémәri(:)] **순차 액세스 메모리** 순차 접근을 행하는 기억 장치. 시프트 레지스터와 같이 정보가 직렬로 저장되어 있으며, 판독과 기록을 시간의 경과로 수행하는 기억 장치.

sequential access method[–méθəd] **SAM, 순차 액세스 방법** 파일 상에 기록되어 있는 순서에 따라서 데이터를 검색하거나 처리하는 방법. 운영체제(operating system)의 경우 데이터 관리 기능으로서 통상 몇 개의 파일 편성을 시스템 내부에서 처리하는 액세스 방법(access method)을 제공하고 있다. 파일 편성에는 순차 편성(sequential access), 색인 순차 편성(indexed sequential access), 직접 편성(direct access) 등이 있다. 순차 편성이란 기록을 입력 순서대로 물리적으로 연속한 장소에 저장해가는 것이며, 호출도 저장된 순서에 따라서 행해진다. 순차 편성 파일의 순차 처리는 트랜잭션으로부터의 마스터 갱신 등의 일괄 처리(batch processing)에는 가장 효율적이다.

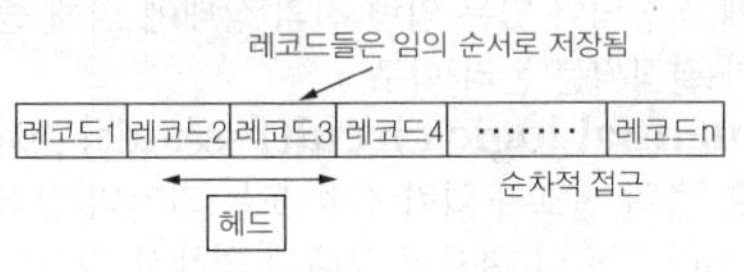

〈SAM 파일의 개념〉

sequential access method-extended[–ikstέndəd] **SAM–E, 확장 순차 액세스 방법**

sequential access storage[–stɔ́:ridʒ] **순차 액세스 기억 장치, 액세스 순차 기억, 축차 호출 기억 장치**

sequential addressing[–ədrésiŋ] **순차 주소 지정**

sequential alarm module[–əlɑ́:rm mɑ́dʒu:l] **순서 경고 모듈**

sequential algorithm[–ǽlgəriðm] **순차 알고리즘** 알고리즘 내의 기본 연산이 두 개 이상 동시에 발생하지 않는다고 가정한 컴퓨터 모델에서 수행되는 알고리즘.

sequential allocation[–æ̀ləkéiʃən] **순차 할당** 파일이나 배열을 할당할 때 마지막으로 할당된 영역의 다음부터 순서적으로 할당하는 방법.

sequential allocation game[–géim] **순차 할당 게임**

sequential analysis[–ənǽlisis] **순차 분석**

sequential batch processing[–bǽtʃ prɑ́sesiŋ] **순차 일괄 처리**

sequential behavior[–bihéivjər] **순서 행동**

sequential by key processing[–bai kí: prɑ́sesiŋ] **키에 의한 순차 처리**

sequential check[–tʃék] **순서 검사** 데이터 또는 레코드가 어떤 특정의 순서로 나열되어 있는지의 여부에 대한 검사. 레코드의 경우에는, 예를 들면 몇 번째인가의 필드가 정해진 순서가 되도록 레코드가 나열되어 있는지의 여부를 검사한다. ⇨ record

sequential circuit[–sə́:rkit] **순서 회로, 시퀀스 회로, 순차 회로** 어떤 순간에 있어서의 출력값이 그 시점에서의 입력값과 내부 상태에 의하여 정해지며, 그 내부 상태는 직전의 입력값과 직전의 내부 상태에 따라서 결정되는 논리 기구.

[주] 순차 회로는 유한 개의 내부 상태를 취할 수가 있기 때문에 추상적인 관점으로는 유한 자동 장치(automaton)로 간주할 수 있다.

sequential collating[–kəléitiŋ] **순차 대조법** 일단의 레코드에서 한 레코드의 키를 다른 레코드의 키와 같거나 크거나 작을 때까지 비교하여 순서화하는 것.

sequential computer[–kəmpjú:tər] **순차 처리 컴퓨터** 사상(事象)이 동시에 발생한다든지 중복해서 일어난다든지 하는 일 없이 시간적인 순서로 발생하는 컴퓨터.

sequential control[–kəntróul] **순차 제어, 시퀀셜 컨트롤** 점프 명령(jump instruction)에 의하여 서로 다른 순번이 지정되지 않는 한 미리 정해져 있는 순번에 따라서 명령이 실행되는 컴퓨터의 동작 제어 방식. 컴퓨터의 동작 방식의 하나로, 점프 명령에 의하여 명시적으로 서로 다른 순번이 지정될 때까지는 암시적으로 정해져 있는 순번에 따라 명령이 실행되는 것이다. 설계가 쉽기 때문에 많은 컴퓨터에 채용되고 있지만 각 장치의 동작에 허점이 많아지는 결점이 있다. 또 자동 제어에서의 제어 방식의 하나로 미리 정해진 순서에 따라서 제어 단계를 순차 진행해가는 방식이다.

sequential control computer system[–kəmpjú:tər sístəm] **순차 제어 컴퓨터 시스템**

sequential control counter[–káuntər] **SCC, 순차 제어 계수기**

sequential counter[–káuntər] **시퀀셜 카운터** 기본 펄스를 계수하여 연속된 어드레스를 순서대로 발생하게 하는 장치. 시간 스위치의 일부로서 시퀀셜 리드와 시퀀셜 라이트를 하는 경우에 필요하다. 시퀀셜 카운터 출력은 랜덤 리드와 랜덤 라이트에서 필요로 하는 제어 메모리 번지 정보로도 사용된다. 동기 단국 장치에서는 시퀀셜 카운터 내용을 어드레스 카운터(AC ; address counter)라고 한다.

sequential data set[–déitə sét] **순차 데이터 세트, 집합 데이터 세트** 각 레코드의 순서와 물리적 순서가 같도록 배열되어 있는 데이터 집합.

sequential device[–diváis] **순차적 장치** 데이터를 차례로 판독하고 기록하는 주변 장치.

sequential decision-making[–disíʒən méikiŋ] **순차적 의사 결정**

sequential decision procedure[–prəsí:dʒər] **순차 결정 순서**

sequential decision process[–práses] **SDP, 순차 결정 과정**

sequential dicision tree[–trí:] **순차 결정 트리**

sequential disk[–dísk] **순차적 디스크**

sequential element[–éləmənt] **순차 소자** 최소한 하나의 출력 채널과 하나 이상의 입력 채널이 있고 모든 입출력이 이전 상태이며, 또한 출력 채널의 상태는 입력 채널의 이전 상태에 의해서 결정되는 장치.

sequential estimation problem[–èstiméiʃən prábləm] **순차 추정 문제**

sequential execution[–èksəkjú:ʃən] **순차 실행** 컴퓨터 프로그램의 실행 방식 중의 하나. 프로그램 상의 각 명령을 작성된 순서에 따라 순차적으로 실행하는 것.

sequential file[–fáil] **순차 파일** 순차 편성 파일. 직렬 파일. 가장 일반적으로 쓰이는 한 개의 선과 같은 파일. 파일은 몇 개의 레코드로 구성되며 그것은 물리적인 순서에 따라 배치된다. 따라서 한 레코드가 액세스될 때 다음 레코드는 그 물리적인 위치에 따라 결정된다. 자기 테이프, 카드 입출력, 프린터에 만들어지는 파일은 모두 순차 파일이다. 자기 디스크에 이 파일을 놓는 것도 가능하다.

학번	성명	학과	본적	전화 번호	성별
1000	김준영	전산	서울	872-3536	남
1001	박호식	전산	대구	522-2357	남
1002	김민식	전자	대구	662-2352	남
1003	김진희	전기	대구	752-5536	여
1004	이희진	전산	부산	323-5125	여
1005	장민호	전기	대구	415-2767	남

〈순차 파일 구성 예〉

sequential file organization[–ɔ̀:rgənaizéiʃən] **순차 파일 편성** 특정한 순서에 의한 레코드 편성. 부품 번호나 종업원 식별 번호와 같은 키에 따르고 있다. 순차 파일의 레코드는 차례로 처리해 가지 않으면 안 된다.

sequential file updating[–ʌpdéitiŋ] **순차 파일 갱신** 추가, 삭제, 변경을 포함하는 트랜잭션 파일을 마스터 파일과 같은 순서로 분류한 다음에 마스터 레코드와 트랜잭션 파일의 레코드를 읽어서 같은 레코드끼리 연결함으로써 새로운 파일을 만들어내는 것.

sequential function[–fʌ́ŋkʃən] **순차 기능**

sequential image enhancement technique[–ímidʒ inhǽ:nsmənt tekní:k] **순차 화상 강조 기법**

sequential inference machine[–ínfərəns məʃí:n] **SIM, 순차 추론 머신** 신세대 컴퓨터 기술 개발 기구(ICOT)로 1984년에 개발된 제5세대 컴퓨터.

sequential input adaptive system theory[–ínpùt ədǽptiv sístəm θíəri(:)] **순차 입력 적응 시스템 이론**

sequential input-output statement[–áutpùt stéitmənt] **순차 편성 입출력문** 순서 데이터 세트 중의 FORTRAN 기록의 전송을 하기 위한 문.

sequential link[–líŋk] **순차 연결**

sequential logic[–ládʒik] **순차 논리** 플립플롭에 저장되어 있는 입력 전의 상태에 의해 출력 상태가 결정되는 논리 회로.

sequential logic circuit[–sə́:rkit] **순차 논리 회로** 출력 신호가 입력 신호 또는 과거의 입력 신호나 논리 회로의 현재의 상태에 의해서 결정되는 논리 회로.

sequential logic circuit system theory[–sístəm θíəri(:)] **순차 논리 회로 시스템 이론**

sequential logic element[–éləmənt] **순차 논리 소자** 어느 시각의 출력 상태가 그 이전의 입력 상태에 의해서 정해지는 논리 소자.

sequential machine[–məʃí:n] **순차 기계** 어떤 종류의 회로를 추상적인 관점으로 보았을 때의 수학적 모델. 순차 회로, 순차 논리 소자(sequential element)도 순차 기계라고 볼 수 있으며, 유한 자동 장치와 같은 개념이다.

sequential Markovian decision procedure **순차 마르코프 결정 절차**

sequential memory[–méməri(:)] **순차 기억 장치** ⇨ sequence access storage

sequential MSI **순서 회로 MSI**

sequential operation[–àpəréiʃən] **순차 연산, 순차 동작, 순차 조작** 시각적으로 하나의 행위

다음에 다른 행위가 수행되는 것. 순차 동작은 주로 대규모 동작을 의미한다. 둘 이상의 연산을 차례로 하는 처리 형태이다. (1) 조작이 하나씩 차례로 실행되는 것. 보통 프로그램의 실행은 이 방식이며, 프로그램 카운터에는 다음에 실행되는 명령의 주소가 들어가고 기록되어 있는 순서로 명령이 실행된다. (2) 둘 이상의 장치가 동시에는 동작하지 않고 순차 동작하는 것.

sequential operator[–ápərèitər] **제어 작용소, 순차 작용소**

sequential optimization system[–àptəmaizéiʃən sístəm] **순차 최적화 시스템**

sequential organization[–ɔ̀:rgənaizéiʃən] **순차 편성** 각 레코드는 파일 내에서 단지 순번으로 나열되어 있을 뿐이지만 파일의 선두에서부터 순차 레코드를 처리하는 순서 액세스(sequential access)만 가능한 파일 편성. 종이 테이프, 카드, 라인 프린터 출력도 이 구성으로 볼 수 있다.

sequential organization data set[–déitə sét] **순차 편성 데이터 집합**

sequential organized file[–ɔ́rgənàizd fáil] **순차 편성 파일** 어느 기록 매체 위치에 대하여 그 다음 기록의 위치가 매체의 물리적 특성에 의해 정해지도록 편성된 파일. 이 편성 파일은 모든 기록을 규정 순서로 읽거나 써넣는 데 적합하다. ⇨ indexed sequential file

sequential probability ratio test[–pràbəbíliti(:) réiʃiòu tést] **SPRT, 순차 확률비 시험, 순차적 확률비 시험**

sequential procedure[–prəsí:dʒər] **순차적 절차**

sequential process[–práses] **순차 과정** 어느 시스템이 있고 그 상태 X가 외부 조건 r과 시스템에 대한 제어 u에 의해 움직여 X, r, u에 의해 결정된 출력 v를 발생하는 것으로 한다. 이때 스텝 $i+1$에서의 시스템의 상태 $X(i+1)$이 스텝 i 에서의 상태 $X(i)$와 입력 $r(i)$, 제어 $u(i)$의 함수로 정해지고 다시 이러한 함수로서 출력 $v(i)$가 발생하는 경우 이것을 순차 과정이라 한다.

sequential processing[–prásesiŋ] **순차 처리** 파일 처리 분야에서는 1차 키의 순번에 따라서 레코드를 처리하는 것이며, 기억 매체 상에 배치되어 있는 순번에 따라서 처리해가는 순차 처리(serial processing)와 대비된다.

sequential programming[–próugræmiŋ] **순차 프로그래밍** 한 번에 하나의 연산만 실행하는 형태의 프로그래밍.

sequential queue[–kjú:] **순차 대기 행렬** 처리를 기다리는 대기 행렬에서 먼저 도착한 것이 우선적으로 처리되는 행렬. ⇨ first-in first-out

sequential random search method[–rǽndəm sɔ́:rtʃ méθəd] **확률적 순차 탐색법**

sequential resource allocation[–risɔ́:rs æ̀ləkéiʃən] **순차 자원 배분**

sequential retrieval[–ritrí:vəl] **순차 검색** 데이터 베이스 내 오너 레코드의 레코드 제어부 내의 포인터를 차례로 검색하여 그 포인터로 나타낸 멤버 레코드의 검색을 하는 방법.

sequential sampling[–sá:mpliŋ] **순차적 표본 검사** 각 항목을 검사한 다음 받아들일 것인가 또는 다른 항목을 검사할 것인가에 대한 결정을 내리는 표본 채취 검사.

sequential sampling inspection[–inspékʃən] **순차 발췌 검사**

sequential scheduler[–skédʒu(:)lər] **순차 스케줄러**

sequential scheduling[–skédʒ(:)liŋ] **순차 스케줄링**

sequential scheduling system[–sístəm] **순차 스케줄링 시스템, 순차식 스케줄링 시스템** 스케줄링의 한 방식. 이것은 하나의 입력 스트림을 읽고 한 번에 하나의 작업 스텝을 순차적으로 실행해 나가는 것이다.

sequential search[–sɔ́:rtʃ] **순차 탐색**

sequential search algorithm[–ǽlgəriðm] **순차 탐색 알고리즘**

sequential specification[–spèsifikéiʃən] **순차 명세서**

sequential storage[–stɔ́:ridʒ] **순차 기억 장치** 데이터가 항목 번호 등과 같은 순서로 오름차순 또는 내림차순으로 정렬된 보조 기억 장치.

sequential strategy[–strǽtədʒi(:)] **순차 전략**

sequential structure[–strʌ́ktʃər] **순차 구조** 순차 구조는 항목 또는 데이터 간의 관계를 단순한 1차적인 연결로 나타낸다. 연결된 방향으로는 정방향, 역방향 또는 양방향이 있으며, 끝난 곳에서 다시 처음으로 연결되는 고리(ring) 구조도 있다.

sequential system identification[–sístəm aidèntifikéiʃən] **순차 시스템 식별**

sequential table[–téibəl] **순차 테이블** 데이터가 일정한 순서대로 배열되어 있는 테이블.

sequential testing[–téstiŋ] **순차적 시험** 미리 정해진 순서대로 반복적인 관찰을 하면서 일련의 시험을 하는 것.

sequential transducer[–trænsdjú:sər] **순차 변환기**

sequential transfer function[–trænsfə́:r fʌ́ŋkʃən] 순차 전달 함수

sequential type counter[–táip káuntər] 순차형 계수기, 순차 동작형 계수기

sequential unconstrained minimization technique[–ʌnkənstréind mìnimaizéiʃən teknί:k] SUMT, 순차 비제약형 최소화 기법

sequential within limit[–wiðín límit] 한계 내 순차 처리

sequential write, sequential read[–ráit, sikwénʃəl rí:d] 시퀀셜 라이트, 시퀀셜 리드 시분할 다중화 하이웨이의 각 타임 슬롯의 내용을 통화 메모리에 순번으로 써넣고(sequential write), 통화 메모리 내용을 순번으로 하이웨이 상에 읽어 내도록(sequential read)하는 것. 시퀀셜 리드와 시퀀셜 라이트를 하는 경우 하이웨이 상의 타임 슬롯 번호와 통화 메모리 번지는 일대일로 대응한다. 시퀀셜 리드, 시퀀셜 라이트에 대응하여 랜덤 리드(random read)와 랜덤 라이트(random write)가 있다.

SER (1) **시스템 환경 기록** system environment recording의 약어. (2) **에스이어, 시스템 엔지니어** system engineer의 약어. ① 시스템을 EDPS화하기 위해서 대상 시스템을 분석하고, 새로운 설계를 하여 프로그래머에게 기계화 조건을 주어 기계화를 추진 하는 사람들. ② SE를 하는 사람들. 시스템 분석가, 시스템 설계자, 시스템 계획자라고 하는 경우가 있으나 실무적으로는 동일한 의미이다. 엄밀하게는 적용 범주나 호칭 발생 성인이 다르기 때문에 구별할 필요가 있으나 실용상 같은 것으로 해도 무방하다. 흔히 SE라고 한다.

SERI 한국 과학 기술 연구원 부설 시스템 공학 센터 System Engineering Research Institute의 약어. ⇨ KAIST

serial [sí(:)riəl] *n.* **직렬** 순차. 순서. 보통 시간적인 순차(sequential) 처리를 의미한다. 전기 관계에서는 「직렬」의 의미로 사용된다. 즉, 전기 부품 전체에 전류가 한쪽 방향으로만 흐르게 하는 결합 방법을 의미하고 있다. 이것을 직렬 접속(series connection)이라고도 한다. 이것과 대조적인 접속 방법을 병렬 접속(parallel connection)이라고 한다. 컴퓨터 분야에서는 연산, 전송, 기억, 인쇄 등의 처리를 하는 경우 처리 대상의 데이터나 프로그램을 부분적으로 나누어서 시간의 전후 관계를 가지고 하는 것을 의미한다. 이때 동일 장치는 반복 사용되며, 분야별로 나누어 행해지는 처리가 시간적으로 겹치지 않는다. 직렬의 용법으로는 직렬 데이터 전송(serial data transfer), 직렬 연산(serial operation) 등이 있다. 이들은 어느 것이나 병렬 데이터 전송(parallel data transfer), 병렬 연산(parallel operation)과 대조적이다.
[주] 하나의 기구에서 두 개 이상의 동작이 순차적으로 일어나는 것과 관계되는 용어.

serial access[–ǽkses] **직렬 액세스, 순차 액세스** 기억 장치에서 데이터를 얻거나 기억 장치에 데이터를 입력하거나 하는 기능이며, 그 과정이 목적 데이터의 기억 장소와 그 전에 참조한 데이터에 의존하게 하는 방법.

serial access device[–diváis] **순차 접근 장치** 순차 접근을 지원하는 저장 장치.

serial access storage[–stɔ́:ridʒ] **순차 액세스 기억 장치, 축차 액세스 기억 장치** 액세스 시간이 데이터의 기억 장소와 그 전에 참조한 데이터에 의존하는 장치.

serial adder[–ǽdər] *n.* **직렬 가산기, 순차 가산 기구** 숫자 위치마다 순차적으로 오퍼랜드가 대응하는 숫자를 더함으로써 덧셈을 행하는 디지털 가산기.

serial adder block diagram[–blák dáiəgræ̀m] **직렬 가산기 블록 다이어그램**

serial addition[–ədíʃən] **직렬 가산, 순차 가산** 숫자 위치마다 순차적으로 피연산자에 대응하는 숫자를 더함으로써 가산이 행해지는 가산. 또는 데이터를 구성하는 비트 1에서 *n*을 가산기를 써서 순차 덧셈하는 것.

serial algorithm[–ǽlgəriðm] **직렬 알고리즘** 알고리즘 내의 기본 연산이 두 개 이상 동시에 일어나지 않는다고 가정한 컴퓨터 모델에서 수행되는 알고리즘. ⇨ sequential algorithm

serial arithmetic[–əríθmətìk] **직렬 연산** 가산기, 감산기, 비교기 등에서 수의 각 자리마다 연산 동작이 각기 분리되어 일어나는 것. 연산을 끝내려면 자릿수만큼의 연산 동작이 필요하며 병렬 연산에 비해 속도가 느리다.

serial arithmetic unit[–jú:nit] **직렬식 사칙 연산기** 직렬 방식에 의한 사칙 연산기. ⇨ adder

serial bit[–bít] **직렬 비트** 일정한 순서에 따라 한 개의 선상에서 연속된 비트의 집합을 한 번에 하나씩 순차적으로 움직이거나 전송하는 방법.

serial by bit[–bai bít] **비트별 직렬식** 문자와 비트를 나타내는 순서대로 다루는 방식으로서 문자는 직렬 또는 병렬로 취급될 수 있다.

serial chip memory[–tʃíp méməri(:)] **직렬 칩 메모리**

serial communication[–kəmjù:nikéiʃən] **직렬 통신**

serial completion strategy[–kəmplí:ʃən strǽtədʒi(ː)] 순차 완성 전략

serial computer[–kəmpjúːtər] 직렬식 컴퓨터 연산 논리 장치를 하나만 가지며 데이터를 순차적으로 처리하는 컴퓨터.

serial computer system[–sístəm] 직렬형 컴퓨터 시스템

serial counter[–káuntər] 직렬식 계수기

serial data[–déitə] 직렬 데이터 한 번에 한 비트씩 차례로 전송되는 데이터.

serial data communication[–kəmjùːnikéiʃən] 직렬 데이터 전송 병렬 또는 동시 전송과 대조적인 것으로, 전송 데이터를 한 비트씩 순차적으로 전송하는 정보 전송 방식.

serial data controller[–kəntróulər] 직렬식 데이터 제어 장치 직렬 통신 채널에 마이크로컴퓨터를 접속시키는 디지털 송수신기. 동기식과 비동기식이 있다.

serial device[–diváis] 직렬 장치 직렬 인터페이스에 접속하는 기기.

serial feeding[–fíːdiŋ] 직렬 피딩 천공 카드를 주입하는 방식. 카드는 제1열 또는 제80열의 가장 자리로부터 카드 트랙에 들어간다.

serial file[–fáil] 직렬 파일 자기 테이프와 같이 정보가 연속적으로 기록되어 순차 액세스를 하고 있는 파일.

serial flow[–flóu] 직렬식 흐름 각 연산이 단독으로 실행되며, 다른 연산이 진행되는 동안에는 수행되지 않는 것.

serial full-subtracter[–fúl səbtrǽktər] 직렬 전감산기

serial half-subtracter[–hǽːf səbtrǽktər] 직렬 반감산기

serial impact printer[–ímpækt príntər] 직렬 충격 프린터 문서 중의 문자를 그 읽는 순서에 따라 차례로 기계적인 타자에 의해 프린트하는 장치. 전통적인 타이프라이터를 위시하여 비교적 저속 프린터의 대부분은 이에 속한다. 일반적으로 프린트의 품질이 높다.

serial in parallel out[–in pǽrəlel áut] SIPO, 직렬 입력 병렬 출력

serial input[–ínpùt] SI, 직렬 입력 데이터를 하나씩 직렬로 입력하는 것.

serial input-output[–áutpùt] 직렬 입출력 컴퓨터와 주변 장치 사이의 데이터 전송 방법으로, 컴퓨터로의 입력이나 주변 장치로의 출력을 위해 전송되는 데이터는 단일 회로를 통해서 비트별로 전송된다.

serial in serial out[–in sí(ː)riəl áut] SISO, 직렬 입력 직렬 출력

serial interface[–íntərfèis] 직렬 인터페이스 프로그램 가능한 직렬 인터페이스.

serial I/O adapter 직렬 입출력 어댑터

serial I/O channel 직렬 입출력 채널

serial I/O controller 직렬 입출력 제어 장치

serial I/O interface SIO, 직렬 입출력 접속

serial line Internet protocol[–láin ìntərnét próutəkɔ(ː)l] 직렬 회선 인터넷 프로토콜 ⇨ SLIP

serializability[sì(ː)riəlaizəbíliti(ː)] *n.* 직렬화 성질 많은 컴퓨터 사용자가 동시에 한 데이터에 접근할 때 마치 혼자 그 데이터에 접근하는 것처럼 동일한 결과를 얻는 효과.

serialization[sì(ː)riəlaizéiʃən] *n.* 직렬화 병행 실행되는 트랜잭션 집합의 실행 순서를 B라 할 때, 이 B가 임의의 직렬 실행 순서인 T와 동일한 결과를 생성하면 이 임의의 직렬 실행 순서 B를 T의 직렬화라고 한다.

serialize[sí(ː)riəlàiz] *v.* 직렬화하다, 직렬로 변환하다 공간적으로 동시에 존재하는 상태로 표현되어 있는 데이터를 이것에 대응하는 직렬(시리얼)인 상태로 존재하도록 변환한다라는 의미가 있다. 정지화한다(staticize)와 대비된다.

serializer[sí(ː)riəlàizər] *n.* 직렬 변환기, 시리얼라이저 정보 처리 장치의 입출력 장치는 문자의 여러 엘리먼트를 병렬의 신호로 주고받는데, 이것을 시간으로 순서화하여 직렬로 변환하는 기능 장치를 말한다. 전송 시스템에서는 보통 직렬 전송이 사용되므로 단말 장치, 통신 제어 장치에는 이 기능이 필요하다. 즉, 공간적으로 동시에 존재하는 상태로 표현되는 데이터를 이것에 대응하는 시간적으로 직렬인 상태로 표현되게 변환하는 기구.

serially reusable[sí(ː)riəli(ː) riːjúːzəbl] 순차 재사용 기능 루틴 속성의 하나로서 한 번 수행한 후 변경 없이 다시 수행할 수 있는 성질. 프로그램이 동시에 하나의 태스크로 밖에는 사용할 수 없으나 재적재하지 않고 다른 태스크를 사용할 수 있도록 구성되어 있는 것.

serially reusable code[–kóud] 순차 재사용 가능 코드 사용중 내용이 바뀌기는 하지만 사용할 때마다 다시 초기화 작업을 해야 하는 코드. 이 코드는 한 순간에 오직 한 프로세스만이 사용할 수 있다.

serially reusable load module[–lóud mádʒuːl] 순차 재사용 가능 로드 모듈

serially reusable resource[–risɔ́ːrs] 순차 재사용 가능한 자원 여러 개의 사용 요구자에 의해서 공용되기 위해 소프트웨어 또는 하드웨어의 배

타 제어를 이용하여 순차적으로 참조나 갱신이 수행될 필요가 있는 자원. 즉, 어느 사용 요구자가 순차 재사용 가능한 자원을 사용하고 있는 경우에 다른 사용 요구자는 이 자원의 사용이 금지되거나 제한된다.

serially reusable routine[–ruːtíːn] **순차 재사용 가능 루틴** 어떤 작업이 끝나고부터 다음 처리에 의한 사용의 개시를 할 수 있는 것으로, 주기억장치에 있는 루틴.

serial memory[–méməri(ː)] **순차 기억 장치**

serial mode[–móud] **직렬 모드**

serial mouse[–máus] **직렬 마우스** 신호를 1비트씩 보내는 방식의 마우스.

serial number[–nʌ́mbər] **일련 번호** 열(列) 가운데 어떤 항목의 위치를 나타내는 정수. 또는 제품에 일률적으로 부여하는 고유 번호로서 이 번호로 제품을 식별한다.

serial number control[–kəntróul] **일련 번호 제어** 메시지가 구성될 때 번호가 정해지고, 특별한 지점을 통과해감에 따라 그 번호에 부가적인 수가 더해짐으로써 메시지가 제어되는 것.

serial numbering[–nʌ́mbəriŋ] **일련 번호 인쇄 기구, 일련 번호 기구** 수표나 송장 등을 순서적으로 배열함으로써 전송중에 있는 데이터의 제어를 쉽게 하는 방식.

serial operation[–àpəréiʃən] **직렬 조작, 직렬 연산** 컴퓨터 시스템 가운데 연산 장치 또는 논리 장치 등의 단일 기구에 있어서 순차 또는 연속적으로 두 개 이상의 처리를 하는 방식.

serial-parallel[–pǽrəlel] **직렬 병렬, 직병렬** (1) 직렬 입력을 병렬 출력으로 변환시키는 장치. (2) 직렬과 병렬의 조합.

serial-parallel addition[–ədíʃən] **직병렬 가산**

serial-parallel conversion[–kənvə́ːrʃən] **직병렬 변환** 데이터의 전송 방식으로는 전송하고자 하는 데이터를 동시에 여러 비트씩 정리해서 전송하는 방식(병렬 방식)과 데이터를 1비트씩 차례로 전송하는 방식(직렬 방식)이 있다. 단말 장치(terminal)나 컴퓨터의 내부에서는 통상 1바이트(byte)에서 1워드(word)분 정도의 비트 정보를 병렬(parallel)로 전송하고 있으나 통신 회선을 경유하여 데이터를 전송하는 경우에 비트 정보는 통상 1비트씩 직렬로 전송된다. 따라서 회선에서 전송되어 온 직렬의 비트 정보는 단말 장치 등에서 취급하는 1바이트 단위 등의 병렬 비트 정보로 변환할 필요가 있다. 이것을 직병렬 변환이라 한다. 또 이 역변환을 병직렬 변환(parallel-serial conversion)이라 한다.

serial-parallel converter[–kənvə́ːrtər] **직병렬 변환기, 직병렬 변환 회로** 직렬 또는 병렬로 들어온 엘리먼트를 병렬, 직렬로 변환하는 장치. 전송 시스템은 보통 직렬 전송이 적합하고, 컴퓨터 시스템은 직렬, 병렬의 양쪽을 사용하고 있기 때문에 이 변환기가 필요하다.

serial-parallel converter module[–mádʒuːl] **직병렬 변환 모듈**

serial-parallel multiplication[–mʌ̀ltipləkéiʃən] **직병렬 곱셈**

serial-parallel operation[–àpəréiʃən] **직병렬 연산** 직렬과 병렬 연산이 복합된 것으로, 예를 들면 비트들은 병렬로 처리하고, 문자들은 직렬로 처리하는 방법 등이 있다.

serial-parallel register[–rédʒistər] **직병렬 레지스터** 직렬 데이터를 병렬 데이터로 변환하는 레지스터.

serial-parallel system[–sístəm] **직병렬 방식** 직렬 방식과 병렬 방식의 중간 방식으로, 예를 들면 10진법의 각 자리를 2진화 10진법 부호 시스템, 즉 4비트 병렬로 처리하는데 각 자리 사이는 직렬 방식으로 계산하는 컴퓨터. ⇨ serial system, parallel system

serial port[–pɔ́ːrt] **직렬 포트** 컴퓨터에 내장된 입출력 포트. 이곳을 통해서 외부 기기와 데이터를 한 번에 한 비트씩 전송하거나 수신한다.

serial printer[–príntər] **SP, 직렬 프린터, 순차 인쇄 기구** 프린터는 컴퓨터 처리 결과를 인쇄 형태로 출력하기 위한 장치로 용도별로는 영문 숫자, 한글, 한자 또한 도형까지 취급하는 것도 있다. 또 방식별로 나누면, 글자형에서 모형 활자식과 도트 매트릭스식으로, 인쇄 방식으로는 1행마다 동시에 인쇄하는 방식과 「1자씩」 인쇄하는 방식으로 나누어진다. 후자와 같이 「1자씩」 인쇄하는 프린터를 직렬 프린터라고 하고 그 대표적으로는 타이프라이터가 있다. 기록 방식적으로는 자형(字形)을 지면에 기계적으로 누름으로써 인쇄하는 기구를 갖는 충격식(impact)과 약품을 발라 불에 쬐 나타난 그림처럼 열에 의해 글자를 나타내는 감열식 등 비충격식(non-impact)이 있다.

serial printer interface[–íntərfèis] **순차 인자 장치 접속기, 직렬 프린터 접속기** 데이터가 화면으로부터 프린터로, 또는 컴퓨터에서 프린터로 전달되는 것을 결정하는 스위치를 가지고 있는 기기.

serial process[–práses] **순차 처리**

serial processing[–prásesiŋ] **순차 처리, 직렬 처리, 축차 처리** 컴퓨터 시스템 중 채널이나 중앙 처리 장치 등의 단일 기구에 있어서 순차 또는 연속적으로 두 가지 이상의 처리를 행하는 형태. 병렬 처리(parallel processing)와 대비된다. 이것은 데이터들이 실제적으로 물리적으로 저장된 순서대로 처리되는 방법이다.

serial programming[–próugræmiŋ] **직렬 프로그래밍** 산술 또는 논리 연산이 어느 순간에 하나만 수행되도록 프로그래밍하는 것.

serial-punching[–pʌ́ntʃiŋ] **순차 천공**

serial read[–ríːd] **직렬 판독, 순차 판독**

serial reading[–ríːdiŋ] **순차 판독** 천공 카드를 한 자리씩 읽어가는 것.

serial read/punch[–ríːd pʌ́ntʃ] **순차 판독/천공**

serial reusable[–riːjúːzəbl] **순차 재사용** 시스템 자원 중 두 개 이상의 태스크가 동시에 처리되면 혼란을 일으킬 가능성이 있는 자원을 순차 재사용 자원이라 하며, CPU(중앙 처리 장치), 메모리, 채널, 입출력 파일, 프로그램 등이 있다. 이들의 자원이 동시에 사용되는 것을 방지하고 여러 개의 태스크에 의하여 순차적으로 여러 회 사용할 수 있도록 하기 위한 자원 관리 방법을 순차 제어라고 한다.

serial run test[–rʌ́n tést] **시리얼 런 테스트** 프로그램 개개의 테스트가 종료된 후 다수의 프로그램 전체의 종합적인 테스트로서 투입 자료에서 작성 자료까지를 일관된 테스트 데이터로 흐르는 프로그램 테스트.

serial scan[–skǽn] **순차 주사**

serial schedule[–skédʒul] **직렬 스케줄** 트랜잭션의 수행 스케줄 중에서 동시에 수행되는 트랜잭션이 없는 스케줄.

serial SCSI 직렬 SCSI 고속 SCSI 인터페이스의 총칭. 이전의 SCSI가 데이터를 한 번에 8비트 또는 16비트씩 전송하는 것과는 달리, 직렬 SCSI는 1비트씩 순차대로 전송함으로써 데이터의 동기가 쉽게 이루어져 고속화가 가능하다. 현재, FC(fiber channel), SSA(serial storage architecture), IEEE1394의 세 가지 규격이 있으며, 각각 최대 전송 속도는 100MB/초, 20MB/초, 12.5~50MB/초이다.

serial search[–sə́ːrtʃ] **순차 탐색**

serial storage[–stɔ́ːridʒ] **직렬식 기억 장치**

serial system[–sístəm] **직렬 방식** 컴퓨터에 있어서의 정보의 전송 방식에는 직렬 방식, 병렬 방식, 직병렬 방식 등이 있다. 직렬 방식은 한 줄의 전송로에 의해서 일정한 시간 간격에 의한 1비트씩 정보를 전송하는 데 반해 병렬 방식은 1워드분의 비트 수와 동수의 정보 선로에 의해 1워드분의 정보를 동시에 전송하는 방식이다. 현재의 대형 컴퓨터는 거의 모두 병렬 방식을 채용하고 있다.

serial task[–tǽːsk] **직렬 태스크** 태스크란 어떤 프로그램 내에서 논리적이고 완전한 수행 과정을 뜻하는데, 이 프로그램은 같은 프로그램 내에서 어떤 다른 태스크와도 독립적으로 수행이 가능하다. 직렬 태스킹에서는 각 태스크가 필요로 하는 시스템 자원에 대한 제어를 얻은 다음 그 자원을 사용하여 기능을 완료하며, 그 후 그 자원의 제어를 다음에 태스크에 넘겨준다.

serial terminal[–tə́ːrminəl] **직렬 단말기**

serial transfer[–trænsfə́ːr] **직렬 전송** 어느 기억 매체에 있는 데이터를 다른 기억 매체로 옮길 경우에 한 자분의 부호를 비트 단위로 분할하여 1타임 슬롯에서 1비트 전송을 행하는 방법으로 연속해서 보내는(직렬 부호) 방식을 직렬 전송이라고 한다.

serial transfer shift[–ʃíft] **직렬 전송 시프트** ⇨ shift micro operation

serial transmission[–trænsmíʃən] **직렬 전송(傳送), 직렬 전송(轉送)** 데이터 전송에 있어서 문자나 그 밖의 데이터를 구성하는 비트군(群)을 순차적으로 전송하는 것. 병렬 전송(parallel transmission)과 대비된다.

serial word operation[–wə́ːrd àpəréiʃən] **직렬 단어 조작** 단어가 직렬로 조작되는 처리 장치의 특정한 형태.

series[sí(ː)riːz] *n.* **시리즈, 직렬, 수열, 연속** 일련의 같은 종류에 접속할 수 있는 회로 소자. (1) 회로 부품을 그 한끝을 다른 회로 부품의 한끝에 접속하여 전류에 대해서 하나의 통로를 구성하는 것. (2) 전체를 구성하는 개개의 부분을 차례로 시간 순서적으로 다루는 것. 예를 들면 어느 단어를 구성하는 개개의 비트에 대하여 차례로 연산, 전송, 기억 등의 처리, 조작하는 것.

series connection[–kənékʃən] **직렬 연결**

series regulator[–régjulèitər] **시리즈 레귤레이터** 능동 소자를 출력에 직렬로 삽입하고 있는 것을 특징으로 하는 직류 정전압 전원의 출력 안정화 회로.

serif[sérif] **세리프** 영문 활자체에서 획의 끝에 달린 장식용 꼬리 또는 그와 같은 꼬리가 달린 문자체.

server[sə́ːrvər] **서버** 컴퓨터 네트워크에서 다른 컴퓨터에 서비스를 제공하기 위한 컴퓨터 또는 소프트웨어를 가리키는 용어. 반대로 서버에서 보내주는 정보 서비스를 받는 측 또는 요구하는 측의 컴퓨터 또는 소프트웨어를 클라이언트라고 한다. 인터넷에서는 FTP나 WWW 등에 대응한 서버가 세계 각지에 산재하고 있으며, 그 수는 급격히 증가하고 있다. ⇨ 그림 참조 ⇨ client, FTP, WWW

server housing[–háuziŋ] **서버 하우징** ⇨ housing

server message block[–mésidʒ blɑ́k] **서버**

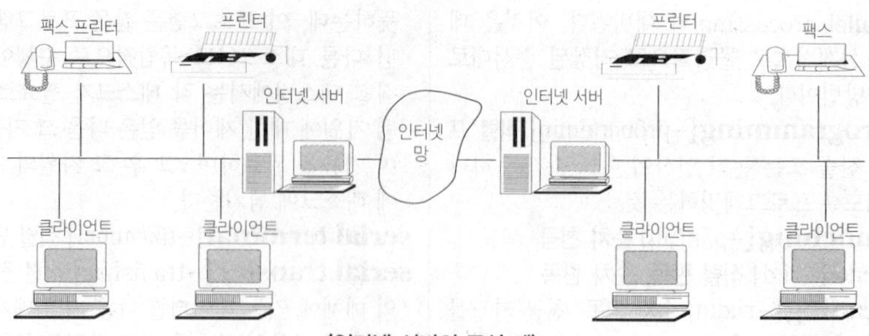

〈인터넷 서버의 구성 예〉

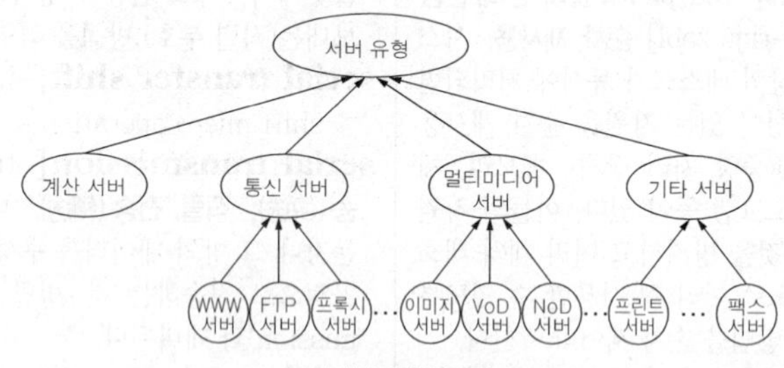

〈서버 유형 분류〉

메시지 블록 ⇨ SMB

server system[–sístəm] **서버 시스템** 근거리 통신망(LAN) 등에 의해서 접속된 복수의 워크스테이션 간에 있어서 자원(파일, 프린터, 통신 회선 등)의 공용을 가능하게 하는 컴퓨터 시스템. 한 대(또는 여러 대)의 워크스테이션(서버)이 갖는 자원을 다른 워크스테이션에서 마치 자기가 가지고 있는 자원과 같이 사용할 수 있다. 또한 실현하기 위해 워크스테이션을 사용할 때와 좀더 상위의 컴퓨터를 사용하는 경우도 있다.

service[sə́ːrvis] *n.* **서비스, 봉사** 사용자에게 봉사하는 의미의 「서비스~」라는 복합어가 흔히 사용된다. 또 「보수~」라는 의미도 있다.

serviceability[sə̀ːrvisəbíliti(ː)] *n.* **서비스 가용성, 보수 용이성(도)** 컴퓨터 시스템의 성능을 평가하는 기준인 RAS의 하나. 시스템에서 장애가 발생했을 때 복구까지 소요되는 시간으로 평가된다. 컴퓨터 시스템 등에서의 특수한 장치나 기법, 절차를 사용함으로써 어떤 계(시스템)가 동작 가능한 상태를 보유할 수가 있는 정도나 성질, 보수의 용이성을 표시한다. 보수 용이성(maintainability)과 같은 뜻으로도 사용될 수 있다.

serviceability ratio[–réiʃiòu] **서비스율** 시간과 고장 시간의 합에 대한 서비스 시간의 비율.

serviceable[sə́ːrvisəbl] *a.* **사용 가능한**

serviceable time[–táim] **사용 가능 시간** 기계가 정상 동작 가능한 상태에 있는 전체 시간.

service access point[sə́ːrvis ǽkses pɔ́int] SAP, **서비스 접근점**

service advertising protocol[–ǽdvərtàiziŋ próutəkɔ(ː)l] ⇨ SAP

service aid[–éid] **서비스 에이드, 보수 원조 기능** 시스템 또는 처리 프로그램에 장애(fault)가 발생했을 경우에 그 원인을 발견하고 수정하여 도움을 주는 기능을 가진 프로그램.

service availability[–əvèiləbíliti(ː)] SA, **서비스 가용성**

service bit[–bít] **서비스 비트** 시작-정지 전송(start-stop transmission)에 사용하는 스타트 비트, 스톱 비트 등 검사 비트(check bit) 이외의 부가된 비트이며, 전송 자체를 감시하기 위한 신호를 전달하는 데 사용되는 비트.

service bureau[–bjú(ː)rou] **서비스 접수처** 컴퓨터 메이커나 중간상이 판매 확장이나 납품된 컴퓨터의 사후 지원 등을 위해 설치한 컴퓨터 센서. 수탁 계산 등의 서비스 제공을 영업으로 하는 일반 상업 센터도 여기에 포함된다.

service clearance[–klí(ː)rəns] **보수 스페이스, 서비스 에어리어** 컴퓨터를 효율적으로 보수하고 조작하기 위해 필요한 공간.

service contract[–kɑ́ntækt] **서비스 계약** 컴퓨터 판매인 또는 서비스 회사와 컴퓨터 보수를 위해 체결하는 계약.

service control[–kəntróul] **서비스 제어**

service control register[–rédʒistər] SCR, 서비스 제어 레지스터

service data unit[–déitə júːnit] 서비스 데이터 단위 계층 N의 커넥션 종단에서 상대측 종단으로 전송되는 동시성이 유지되는 하나의 단위 정보.

service dependability[–dipèndəbíliti(ː)] 서비스 신뢰성

service engineering[–èndʒəníəriŋ] 서비스 공학

service function[–fʌ́ŋkʃən] 서비스 기능

service function driver[–dráivər] SFD, 보수 기능 드라이버

service level[–lévəl] 서비스 레벨 엔드 유저(end user)가 시스템에서 적절한 서비스를 받고 있는지 어떤지를 나타내는 지표.

service level agreement[–əgríːmənt] ⇨ SLA

service level reporter[–ripɔ́ːrtər] SLR, 서비스 수준 보고 프로그램

service level update[–ʌ̀pdéit] 서비스 레벨 갱신

service library[–láibrəri(ː)] 보수 라이브러리

service log[–lɔ́(ː)g] 보수 로그, 보수 기록

service manager[–mǽnidʒər] 서비스 관리 프로그램

service mode[–móud] 서비스 방식 단어 속의 이상 작동 또는 오류의 처리에 대해 작동하는 모드.

service order[–ɔ́ːrdər] 서비스 오더 광의로는 영업 창구에서 가입자 요구를 접수하여 보전, 영업, 운용 부문이 행하는 일련의 처리를 말하는데, 교환 부문에서는 협의로 가입자 데이터 변경 처리를 하는 명령을 지칭하는 것이다.

service order table[–téibəl] 서비스 순위 테이블

service priority list[–praiɔ́(ː)riti(ː) líst] SPL, 서비스 우선 리스트

service processor[–prásesər] SVP, 서비스 프로세서, 서비스 처리 기구 제3, 5세대 이후의 상용 컴퓨터에 많이 도입되고 있는 처리 장치이며, 본체 장치의 일부로 간주할 수 있지만, 그 기능과 구성은 명확하게 정해져 있지 않다. 그러나 주요 기능으로 다음과 같은 것이 있다. ① 오퍼레이터 콘솔 기능 : 컴퓨터 시스템을 제어하는 기능. ② 엔지니어링 콘솔 기능 : 컴퓨터의 조작반(操作盤), 보수반(保守盤)에 상당하는 기능. ③ 메인터넌스 콘솔 기능 : 종래의 보수 진단 장치나 사람에 따라서 원격 보수용 콘솔에 상당하는 기능. 이상과 같이 맨 머신 인터페이스(man machine interface)를 확장함과 함께 고신뢰성 실현의 기본을 이루는 것이다.

service program[–próugræm] 서비스 프로그램 시스템 운용, 프로그램 실행 보조, 개발 등을 좀 더 효율적으로 실행하기 위해 메이커에서 제공하는 범용 프로그램(general purpose program). 예를 들면 연결 편집 프로그램(linkage editor), 분류/병합 프로그램(SORT/MERGE), 디버거(debugger) 등이 여기에 해당하며, 운영 체제(OS)의 일부라고 해도 좋다. 서비스 루틴(service routine), 서포트 프로그램(support program), 유틸리티 프로그램(utility program)이라고도 한다.
[주] 컴퓨터에 의한 처리를 일반적으로 지원하는 컴퓨터 프로그램. 예 입력 루틴, 진단 프로그램, 추적 프로그램, 분류 프로그램

service provider[sə́ːrvis prəváidər] 서비스 프로바이더 인터넷 접속을 서비스하는 회사. 인터넷은 그 성립이 연구 목적인 네트워크이며, 네트워크 기술은 유닉스라는 워크스테이션의 기본 소프트웨어를 바탕으로 한 것이다. 인터넷이 세계적 규모의 네트워크라는 점 때문에 상업용으로 이용되고, 또 이를 위해 여러 가지 단체 및 기업에서도 인터넷에 접속할 수 있는 서비스를 대행하는 업자가 나타나게 되었는데, 이것이 서비스 프로바이더이다. 전 세계에서 많은 서비스 프로바이더가 있으며, 서비스 내용으로는 개인용으로 UUCP 접속과 다이얼업 IP 접속, 전용선 접속 등이 있다. ⇨ UUCP

servicer [sə́ːrvisər] 서비서 보수를 받고 컴퓨터의 점검, 수리를 실시해주는 회사 또는 개인.

service rate [sə́ːrvis réit] 서비스율

service reliability [–rilàiəbíliti(ː)] 서비스 신속성

service request block[–rikwést blák] SRB, 서비스 요구 블록

service request flag[–flǽ(ː)g] SRF, 서비스 요구 플래그

service request interrupt[–ìntərʌ́pt] 서비스 요구 인터럽트 버퍼 채널 요구에 사용되는 인터럽트. 이것은 기계의 내부 기능이므로 프로그래머가 제어할 수 없다.

service routine[–ruːtíːn] 서비스 루틴 컴퓨터에 의한 처리를 일반적으로 메이커가 지원하는 루틴(컴퓨터 프로그램). 예 입력 루틴, 진단 프로그램, 추적 프로그램, 분류 프로그램

service-seeking pause[–síːkiŋ pɔ́ːz] 서비스 탐색 중지

service signal[–sígnəl] 서비스 신호

service support console[–səpɔ́ːrt kənsóul] 서비스 지원 콘솔, 서비스 서포트 콘솔

service system[–sístəm] 서비스 시스템

service time[–tάim] **서비스 시간** 시스템이 실제로 사용된 시간. 이용자 입장에서 보아 사용할 수 있는 시간은 특히 사용 가능 시간(serviceable time, available time)이라고 한다.

service time distribution[–dìstribjú:ʃən] **서비스 시간 분포**

service unit[–jú:nit] **서비스 단위**

servlet[sə́:rvlət] **서블릿** 웹에서 사용하고 있는 프로토콜 http는 비연결형 프로토콜이며, 네트워크 전송 효율을 높이는 데는 도움을 줄 수 있다. 하지만 CGI에 적용하여 다양한 서비스를 개발하는 데 걸림돌이 되고 있다. 서블릿은 이러한 문제점을 해결하고, 빠른 속도를 제공하고자 하는 취지에서 개발되었다. 애플릿과 달리 순수한 프로그래밍 환경으로 자바의 확산에 큰 역할을 할 것으로 기대된다.

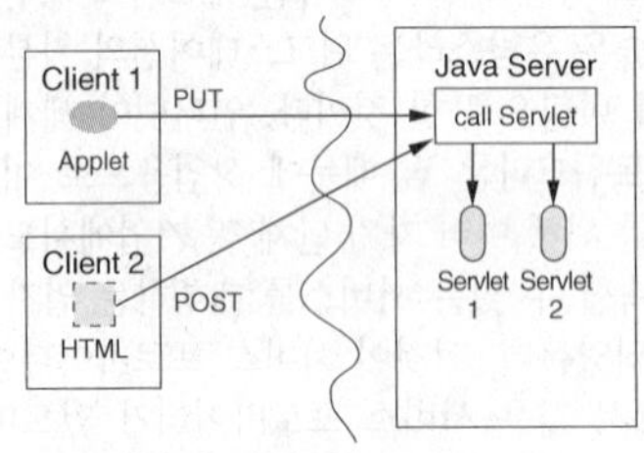

〈CGI와 서블릿의 비교〉

servo[sə́:rvou] *n.* **서보** 어떤 장치의 상태를 기준이 되는 것과 비교하고, 안정이 되는 방향으로 피드백(feedback)함으로써 가장 적합하도록 자동 제어하는 것. 혹은 임의의 목적값에 가까워지도록 제어(control)하는 것을 말한다. 예를 들면 모터(motor)의 회전수를 일정하게 하기 위해서 서보를 거는 데에는 모터의 회전을 로터리 인코더(rotary encoder) 등으로 검출하고, 기준이 되는 회전수와 이것을 비교한다. 이 기준과 차의 회전수의 분량만큼 회전수를 변화시켜 주면, 항상 기준 회전수와 같은 안정된 회전을 얻을 수 있게 된다. 이 동작을 전자회로에 의해 자동으로 행하는 것을 서보라 한다. 플로피 디스크 드라이브(FDD)의 회전 제어나 헤드 위치 결정, 또 카세트 테이프 이송 속도 등도 서보 기술에 의해 정도(精度)가 좋게 제어된다.

servo actuated control[–ǽktʃuèited kəntróul] **타력 제어**

servo amplifier[–ǽmplifàiər] **서보 증폭기**

servo-balancing type[–bǽlənsiŋ tάip] **추종 비교형**

servo compensator[–kάmpənsèitər] **서보 보상기**

servo control[–kəntróul] **서보 제어**

servo control system[–sístəm] **서보 제어 시스템**

servo disk[–dísk] **서보 원판** 자기 디스크 등에 있어서 자기 헤드의 위치 결정을 위한 서보 신호가 미리 기록되어 있는 원판.

servo feedback[–fí:dbæ̀k] **서보 피드백**

servo function generator[–fʌ́ŋkʃən dʒénərèitər] **서보 함수 발생기**

servo head[–hé(:)d] **서보 헤드** 서보 신호를 읽기 위한 자기 헤드.

servo integrator[–íntəgrèitər] **서보 적분기**

servo link[–líŋk] **서보 링크**

servo mechanism[–mékənizm] **서보 제어 기구** 자동 제어 시스템의 일종. 수행되고 있는 상태를 감시하고 그 동작을 제어하기 위해 필요한 조정을 하는 장치. 기구나 정지나 운동을 반복하기 위해서 끊임없이 위치 결정을 하여 변화량을 비교해서 목적 위치까지 자동으로 제어하고 있는 기구로 된 것. 예 용광로의 온도 조절 장치

servo mechanism-propelled vehicle[–prəpéld ví:ikl] **서보 메커니즘 추진 비이클**

servo mechanism rate[–réit] **자동 제어 기구 속도**

servo mechanism theory[–θíəri(:)] **자동 제어 기구 이론**

servo motor[–móutər] **자동 제어 모터**

servo multiplier[–mʌ́ltiplàiər] **자동 곱셈기** 아날로그 전압으로 표시되는 단일 변수로서 몇 개의 다른 변수를 곱하는 능력과 위치 제어 기능을 가진 아날로그 컴퓨터 장치나 기구. 곱해질 숫자는 해당 변수의 값만큼 기구의 축을 회전시키는 장치에 입력 신호로 입력된다.

servo signal[–sígnəl] **서보 신호** 자기 디스크 장치 등에서 자기 헤드의 위치 결정을 위해 미리 서보 원판 등에 기록되어 있는 신호.

servo-soldier concept[–sóuldʒər kάnsept] **서보–솔저 개념**

servo steering system[–stí(:)riŋ sístəm] **서보 스티링 시스템**

servo surface[–sə́:rfəs] **서보면** 자기 디스크 등의 서보 원판에 있어서 서보 신호가 기록되어 있는 면.

servo system[–sístəm] **서보 시스템, 서보계** ⇨ 그림 참조

servo track[–trǽk] **서보 트랙** 자기 디스크 장치의 자기 헤드를 목표한 트랙으로 위치를 결정하기 위해서 준비된 자기 디스크의 특정면상의 트랙.

servo tracking[–trǽkiŋ] **서보 트래킹** FDD에

서 헤드의 위치를 서버에 의해 폐쇄 루프(closed loop)로 제어하는 것.

〈서보 시스템〉

servo track writer[–trǽk ráitər] **서보 트랙 라이터** 자기 디스크 장치 등의 서보 신호를 데이터 매체 상에 써넣는 전용기.

servo-type A/D converter **서보형 A/D 변환기**

session[séʃən] *n.* **작업 시간, 세션** (1) 일반적으로 대화 처리 등에 있어서의 대화의 한 단위를 표시하는 개념이며, 구체적으로는 이용자 단말 장치와 중앙 컴퓨터가 논리적인 결합 관계에 있는 시간. (2) 데이터 통신 용어에서는 데이터 송신측과 수신측과의 논리적인 결합 관계를 가리킨다. 예를 들면 송수신하는 것끼리의 사이에 설정되는 논리적인 경로, 타이밍 맞춤, 데이터 전송 등의 제어를 가리킨다. (3) 단말 세션(terminal session)이라 하면 대화형 시분할 시스템(interactive time sharing system)이며, 단일 사용자가 시스템에 로그온(log on)한 뒤 로그오프(log off)할 때까지의 기간을 말한다.

session control[–kəntróul] **세션 제어**

session control layer[–léiər] **세션 제어 계층** 특정한 한 쌍의 프로세스들 간에서 세션이라는 연결을 확립하고 유지함으로써 전송 계층에서 제공되는 비트들에게 응용과 관련된 기능을 제공해주는 것.

session control record[–rékərd] **세션 제어 레코드**

session data[–déitə] **세션 날짜**

session description[–diskrípʃən] **세션 기술**

session group[–grú:p] **세션 그룹**

session indicator [–índikèitər] **세션 표시**

session layer[–léiər] **세션 계층** 네트워크 아키텍처를 구성하는 7계층 중의 5세션 계층이며, 세션이라고 하는 커넥션(결합 관계)이 설정되고 그곳에 기초를 둔 데이터 송수신 제어나 동기 제어 기능이 보존되어 있다. 7계층 모델은 국제 표준화 기구(ISO)의 개방형 시스템 간 상호 접속(open system interconnection)으로서 잘 알려져 있다.

session-level field[–lévəl fí:ld] **세션 레벨 필드**

session library[–láibrəri(:)] **세션 라이브러리**

session list data set[–líst déitə sét] **세션 리스트 데이터 세트**

session management data set[–mǽnidʒmənt déitə sét] **세션 관리 데이터 세트** 메시지 회복 관련 데이터 세트를 구성하는 데이터 세트의 일종. 컴퓨터 시스템 간 통신로의 실태를 관리하는 AIM 하의 데이터 세트이다.

session protocol[–próutəkɔ(:)l] **세션 프로토콜** 통신하고자 하는 두 엔티티의 섹션 계층 사이의 통신 방식을 규정한 프로토콜.

session protocol data unit[–déitə jú:nit] **SPDU, 세션 프로토콜 데이터 단위** 세션 프로토콜에 의하여 사용되는 프로토콜 데이터 단위.

session service[–sə́:rvis] **세션 서비스** 세션 계층이 프레젠테이션 계층에서 제공하는 서비스.

SET secure eletronic transaction의 약어. 인터넷과 같은 공개된 네트워크 상에서 전자 상거래를 위한 신용 카드 거래를 안전하게 하기 위한 표준 프로토콜. 전자 상거래 상에서의 보안상의 허점을 보완하고자 신용 카드 회사인 비자, 마스터 카드와 IBM, 마이크로소프트 사의 기술적인 도움으로 개발되었다. RSA 데이터 보안 회사의 암호화 기술에 기초를 두고 있으며, 기술 사양 자체가 공개이므로 누구나 자유롭게 SET 프로토콜을 사용하는 소프트웨어를 개발할 수 있다.

set [sét] *n. v.* **설정, 집합, 세트** 설정하다. (1) 동사로서는 데이터 처리를 행하는 장치로 여러 가지 수치를 주거나 스위치를 ON, OFF시키거나 하여 지정된 상태로 하는 것. 주로 두 가지 값을 취하는 장치에 있어서 그 어느 쪽 상태를 지정하는 것. 리셋(reset)과 대비된다. 능동적인 상태와 비능동적인 상태의 두 가지 상태를 갖는 장치에서는 보통 능동적인 상태로 하는 의미를 갖는다. 예를 들면 셋업(set up)이란 장치나 시스템 등을 어떤 목적을 위해 동작시켰을 때 그것이 동작할 때까지의 준비를 행하여 동작 가능함을 표시한다. 셋업하기 위한 순서를 나타낸 표를 셋업 다이어그램(set up diagram), 셋업에 필요한 시간을 셋업 타임(set up time)이라 한다. 또 계수기(counter)나 레지스터(register)에 수치를 대입하거나 RAM(random access memory)의 하나하나의 메모리 셀(memory cell)에 전하(電荷)를 주거나 전하를 제어하거나 하여 「0」과 「1」 어느 쪽이든 상태를 설정하고, 그것에 의해 정보를 축적하도록 하는 동작도 세트라고 한다. (2) 명사로서는 하나 이상의 공통적인 성질을 갖는 것의 「집합」이나 「모임」을 나타낸다. 이 세트가 더욱 작은 부분적인 집합으로 나누어질 때 이 부분 집합을 서브셋(subset)이라고 한다. 예를 들어 a, b, c…, z는 알파벳이라는 하나의 세트이다. (3) 집합 : 주어진 하나 이상의 공통적인 성질을 갖는 유한 개 또는 무한 개의 어느 종류의 대상, 물건 또는 개념. (4) 설정하다(변수에 대해서) : 변수에 값을 할당하는 것. 특히 파라미터에 값을 할당하는 것. (5) 세트하다(계수기를) : ① 계수기를 지정된 수에 대응하는 상태로 하는 것. ② 데이터 처리 기구 전체 또는 일부를 지정된 상태로 하는 것.

set algebra [–ǽldʒəbrə] **집합 대수 (代數)**

set associative [–əsóuʃièitiv] **세트 결합** 주기억 장치와 완충 기억 장치 사이의 데이터 전송을 제어하는 방식의 일종. 주기억과 완충 기억을 일정 수의 n개의 칼럼이라 부르는 블록으로 분할하고, 각 블록은 어느 하나의 칼럼에 대응시키도록 한 방식.

set asynchronous balanced mode [–eisíŋkrənəs bǽlənst móud] **SABM, 세트 비동기 평형 방식** 데이터 연결 계층에서 쓰이는 프로토콜의 하나인 HDLC의 프레임의 한 종류. 주소 필드에 표시한 복합국에 비동기 평형 모드로 동작할 것을 요구하는 명령을 한다.

set asynchronous response mode [–rispɑ́ns móud] **SARM, 세트 비동기 응답 방식** 비트 지향적인 프로토콜의 링크 계층에서 사용되는 명령으로 종속 스테이션이 주스테이션에 대하여 통신 개시를 요청할 수 있다.

set breakpoint [–bréikpɔ̀int] **단절점 설정, 세트 중지점** 기억 장치의 특정 위치에 단절점을 설정할 수 있도록 설계된 사용자 디버그 명령. 프로그램 실행시 단절점을 만나면 프로그램의 실행이 중지되고 오류 검색 루틴으로 넘어간다.

set constraint [–kənstréint] **집합 제약 조건** 실제 연산이 수행되는 특정 레코드가 아닌 전체 레코드 집합에 관련된 제약 조건.

set control key [–kəntróul kíː] **세트 제어 키**

set control operation [–ɑ̀pəréiʃən] **제어 설정 동작**

set cover [–kʌ́vər] **세트 커버, 집합 커버** 어떤 집합에 대해서 그 집합의 부분 집합들의 한 유한 집단이 주어진 집합의 모든 원소를 포함하고 있으면 그 집단을 주어진 집합의 커버라고 한다.

set covering [–kʌ́vəriŋ] **세트 커버링**

set description entry [–diskrípʃən éntri(ː)] **집합 기술 항목**

set entry [–éntri] **친자 집합항, 세트 기술항**

set group [–grúːp] **집합 그룹** 데이터 베이스에서 각각의 레코드의 연결 상태를 나타내는 엔티티 집합(entity set)이 여러 개 모여 있는 데이터 그룹.

set identification [–aidèntifikéiʃən] **세트 식별 코드, 세트 식별명(파일의)**

set identifier [–aidéntifɑ̀iər] **세트 식별자** 파일 집합을 구별하기 위해 각 집합에 대해 고유의 이름을 붙이는 것이며, 파일명(file name)도 거의 같은 뜻이다.

SETL 세틀 집합과 그와 관련된 구조를 포함하는 알고리즘을 쉽게 프로그래밍할 수 있게 설계되어 있는 고급 언어. SETL은 IBM 370, VAX, CDC 6600 등에서 사용된다.

set level language [–lévəl lǽŋgwidʒ] **집합 수준 언어** 모든 관계 데이터 조작 언어들처럼 데이터 조작 명령어가 레코드들의 전체 집합에 대해서 수행되는 언어.

set location mode [–loukéiʃən móud] **세트 로케이션 모드**

set member [–mémbər] **세트 멤버**

set membership [–mémbərʃip] **친자 관계**

set name [–néim] **세트명** 집합 간의 구별을 위해서 붙여진 명칭.

set occurrence [–əkə́ːrəns] **집합 어커런스** 하나의 오너 레코드 타입과 하나 이상의 멤버 레코드 타입으로 구성된 이름을 가진 레코드 타입들의 집합을 집합형이라고 하는데, 이와 같은 집합형의 어커런스를 말한다.

set of data [–əv déitə] **데이터 집합** 그래프 상에 점의 집합으로서 곡선 등을 표시하는 데 필요한 x, y의 값들.

set-of-support strategy [–səpɔ́ːrt strǽtədʒi(ː)] **지원 집합 전략**

set operation [–ɑ̀pəréiʃən] **집합 연산, 집합 조작**

set ordering criteria [–ɔ́ːrdəriŋ kraití(ː)riə] **친자 집합 순서 기준**

set owner [–óunər] **세트 오너**

set point [–pɔ́int] **설정점, 세트 포인트, 설정값, 목표값** 보통 피드백 제어 루프에서 제어되고 있는 양에 대해 요구되는 특정값.

set point control [–kəntróul] **SPC, 설정값 제어** 컴퓨터 제어에 있어서 컴퓨터에 들어온 여러 가지 신호를 컴퓨터 내부에서 연산 처리를 하고, 아날로그 또는 디지털의 제어 장치나 조절계의 설정값(프로세스의 제어량이 그 값을 유지하도록 목표로서 주어지는 값)을 출력하여 설정하는 제어.

set pulse [–pʌ́ls] **설정 펄스** 플립플롭 등의 전자 회로를 일정한 상태로 설정하기 위한 펄스.

set section [–sékʃən] **집합 절, 세트 절**

set selection [–səlékʃən] **집합 선택** 집합 선택

이란 해당 소유자를 가진 집합 사례를 선택하기 위한 방법으로 세트와 관련된 스키마에 선택절로 주어진다.

set selection criteria[–kraití(ː)riə] **집합 선택 기준, 세트 선택 기준**

set subentry[–sʌ́bentri] **집합 부기술항**

set symbol[–símbəl] **세트 기호** 어셈블리 언어에 있어서 네임(name)에 대하여 직접 어떤 표현을 할당하는 유사 명령. 세트 명령에 의해 정의된 네임은 그 표현 내용을 다시 한 번 세트 명령을 사용함으로써 변경할 수 있다. 예를 들면 name 1 set ABC+1이라고 할 경우에는 name1이라는 이름에 「ABC」라는 이름의 값에 1을 더한 것을 얻을 수 있다.

set-theoretical model[–θiərétikəl mɑ́dəl] **집합론 모델**

set-theoretic estimation[–θiərétik èstiméiʃən] **집합론적 추정**

set-theoretic programming language [–próugræmiŋ lǽŋgwidʒ] **집합론적 프로그램 언어**

set-theory[–θíəri(ː)] **집합론** 집단(group)이나 집합(set)의 응용 또는 그 이용에 관한 연구.

setting[sétiŋ] *n.* **설정**

settling time[sétliŋ tɑ́im] **정착 시간, 정정 시간** 규정된 입력 신호가 시스템에 들어간 후 출력 신호가 안정 상태값을 중심으로 한 규정된 범위 안에 들어올 때까지 필요한 시간.
[주] 입력은 스텝, 임펄스, 램프, 포물선, 사인파라도 좋다. 스텝 또는 임펄스에 대하여 범위는 최종 안정 상태의 ±2%로 규정되는 경우가 많다.

set top box[set top bɑks] **셋 톱 박스** ⇨ STB

set top box strategy[–strǽtədʒi(ː)] **STB 전략** ⇨ STB strategy

set top PC 셋 톱 PC ⇨ STPC

set type [sét tɑ́ip] **집합형** 여러 레코드형 사이에서 그 중 하나를 모레코드형, 나머지를 자레코드형으로 보고 전체 형태에 이름을 붙인 것. 모레코드형의 한 레코드에 별도 형태의 임의 개수의 레코드를 관련시켜 전체에 이름을 붙인 것을 모자 집합이라고 한다. C.W Bachman이 I-D-S 시스템에 관련해서 고안한 일종의 데이터 모델.

set type selection [–səlékʃən] **세트 타입 선택** 데이터 베이스의 가상 논리 구조의 작성에 있어서의 응용 프로그램 선택 방법. 세트 타입의 선택은 논리 구조의 정의 범위 내에서 자유롭게 선택할 수 있고, 링 형태에 의한 세트 타입이나 리스트 형태에서의 가상 세트 타입의 선택이 있다.

setup[sétʌ̀p] *n.* **준비** (1) 각각의 계산 장치로 구성되는 컴퓨터에서 각 장치 간의 상호 결합을 정리하고, 주어진 문제를 풀기 위해서 컴퓨터에 대하여 필요한 조정을 행하는 등 모든 준비를 하는 것. 예를 들면 프린트에 용지를 세트하거나 장치 선택 스위치를 넣는 것 등이다. 이들 준비 작업에 필요한 시간을 셋업 시간(setup time)이라 한다. 반대 동작은 테이크 다운(take down)이라 한다. (2) 특정의 문제를 해결하는 데 필요한 데이터나 장치를 준비하는 것.

setup data label[–déitə léibəl] **셋업 데이터 레이블**

setup diagram[–dɑ́iəgræ̀m] **준비 도표, 셋업 다이어그램, 준비 순서 다이어그램** 컴퓨터 시스템에 대하여 특정한 조정이나 준비를 지정하기 위한 컴퓨터 시스템의 셋업(준비)을 지시하는 도표(다이어그램).

setup disk[–dísk] **셋업 디스크** 셋업용 디스크.

setup engine[–éndʒin] **셋업 엔진** 3D 연산에서 공간 좌표 연산 등을 중심으로 행하는 칩. 특히 다각형 등의 연산에 많이 사용되고 있는 경우는 다각형 셋업 엔진 또는 삼각형 셋업 엔진이라고도 한다. ⇨ polygon, geometry engine

setup keylock[–kíːlɑ̀k] **셋업 잠금 기구**

setup program[–próugræm] **셋업 프로그램** 소프트웨어나 하드웨어의 셋업용 프로그램. 이 프로그램으로 PC를 사용하기 위한 기본적인 사항을 설정한다.

setup time[–tɑ́im] **설정 시간, 준비 시간** 플립플롭(flip-flop) 회로에 있어서 세트 입력 혹은 클리어 입력이 변화하고 나서 클록 입력이 주어지기까지의 최소 여유 시간. 이 시간에 의해서 플립플롭의 클록 속도가 제약된다. 자기 테이프를 자기 테이프 장치에 부착한다든지, 인쇄 용지를 프린터에 부착하기 위한 컴퓨터 조작의 준비에 필요한 시간을 말한다.

set-valued function[–vǽljuːd fʌ́ŋkʃən] **집합값 함수**

set-valued set theory[–sét θíəri(ː)] **집합값 집합론**

SEU 원시문 입력 유틸리티 source entry utility의 약어.

seven bit code[sévən bít kóud] **7단위 부호** 캐릭터를 부호화하기 위해 7비트를 써서 문자, 숫자, 기호 및 제어 기능을 표현하는 부호.

seven-layer reference model[–léiər réfərəns mɑ́dəl] **7층 참조 모델**

several-for-one[sévərəl fər wʌ́n] **일대다** 하나의 프로그램 명령어에서 여러 개의 기계어가 만들어지는 것.

severity[səvériti(ː)] *n.* **중대도**

severity code[–kóud] **중대도 코드** 컴파일러나 어셈블러가 번역중에 검출한 개개의 오류가 어느 레벨의 것인가를 나타내는 코드.

severity factor[–fǽktər] **엄격 계수** 어떤 환경에서의 고장률을 기준으로 해서 대상 환경에서의 고장률을 추정 또는 산정할 때 이용되는 계수.

sexadecimal[sèksədésiməl] *a.* **16진, 16진법, 16치, 16진의, 16진법의** (1) 16개의 서로 다른 값 또는 상태를 취할 수 있도록 한 선택 또는 조건에 특성을 부여하는 것을 나타내는 용어. (2) 고정 기수 기수법(基數記數法)에 있어서 기수로서 16을 취하는 것. 또는 그와 같은 방식.

sexadecimal digit[–dídʒit] **16진 숫자** 16진법에서 사용되는 숫자 중의 하나이며, 10진수 숫자 외에 10진법의 10에서 15까지를 표시하는 특별한 문자(통상은 영문자 중 6개, 예를 들면 A, B, C, D, E, F)가 사용된다.

sexadecimal notation[–noutéiʃən] **16진법** $16=2^4$를 기수로 하는 수의 표기법. 2진법 표기에서 소수점을 기점으로 4자리씩 구분하여 각 조의 4자리의 2진법에 16진 숫자를 대응하면 16진법 표기가 얻어진다.

sexadecimal number[–nʌ́mbər] **16진수** ⇨ hexadecimal number

sextet[sekstét] **6비트 바이트** 6개의 2진 문자로 구성되는 바이트.

SFA sales forces automation의 약어. 영업 활동을 추진하기 위해 정보기술을 활용하여 영업 활동 전반을 지원하는 시스템. SFA에 포함되는 기능들로는 고객에 대한 각종 정보 및 영업사원 접촉 이력의 데이터베이스화, 영업사원들에게 접촉 업무에 도움을 주는 다양한 기능을 제공, 관리자에게 영업 과정에 대한 현황 파악 및 관리 기능 제공 등이 있다.

SFCI 싱가포르 정보 산업 연합회 Singapore Federation of the Computer Industry의 약어.

SFD 보수 기능 드라이버 service function driver의 약어.

SFT NetWare **SFT 넷웨어** System Fault Tolerant NetWare의 약어. 미국 노벨 사의 서버 탑재 네트워크용 운영 체제의 상품명.

SG 시그널 그라운드, 신호용 접지, 통신용 어스 signal ground의 약어.

S-gate 3진 논리 한계 게이트 ternary threshold gate의 약어.

SGCS 제6세대 컴퓨터 시스템 sixth generation computer system의 약어. 제5세대 컴퓨터(FGCS)의 다음 개발을 목표로 하고 있는 컴퓨터의 총칭. 두뇌 공학이나 생명 공학의 성과를 도입하여 인간의 두뇌와 매우 유사한 동작을 할 수 있는 미래형 컴퓨터를 가리킨다. 제5세대는 지식 처리나 데이터 병렬 처리 방식의 연구에 초점을 두지만, 제6세대는 단백질 등을 사용하는 생체 소자의 개발이 최대 관건이다.

SGI 옛 회사명이 「Sillicon Graphics, Inc.」로 3D 그래픽용 하드웨어, 소프트웨어를 개발, 판매하는 회사.

SGML 표준 범용 교정 용어 standard generalized markup language의 약어. AAP(Association of American Publishers ; 미국 출판사 협회)의 EP(electronic publishing ; 전자 출판)용 언어. 전자 문서의 구조와 내용을 정의하는 국제 표준이다. SGML은 수천 개에 이르는 문서의 종류를 설명하는 데 쓰이는 언어이다. HTML은 이러한 문서 종류 중에 하나이며 XML은 SGML의 단순화된 형태이다.

SGRAM SDRAM의 속도를 높이는 기능을 가지고 있으며 3D 그래픽 작업을 향상시켜 주는 그래픽 기능을 덧붙였다. SDRAM처럼 100MHz까지 속도를 올려주는 시스템 버스와 함께 동시에 작동된다. ⇨ DRAM, EDO, RAM, SRAM, SDRAM

S/H 표본 및 유지 sample and hold의 약어.

shade[ʃéid] *n.* **그늘/음영** ⇨ shading

shaded character[ʃéidid kǽrəktər] **음영 문자** 문자의 오른쪽 아래에 그림자를 주어 입체감을 나타낸 장식 문자의 하나.

shading[ʃéidiŋ] *n.* **음영, 셰이딩** 도형 처리 조작의 한 가지. 특정 표시 요소의 집합을 강조하기 위해서 동일 표시 영역 내의 다른 표시 요소군의 속성을 모두 바꾸는 것. 예를 들면 광원이나 관찰점, 표면의 성질에 따라서 3차원 실체의 표면 명암도나 색채를 변화시키는 조작 등.

〈셰이딩의 예〉

shading compensation[–kɑ̀mpənséiʃ(ə)n] **음영 보정** 화상 스캐너 등에서 발생하는 입력 화상의 색을 보정하는 것.

shading symbol[–símbəl] **명암 기호** 컴퓨터 그래픽 내장 문자 집합의 부분인 블록 그래픽 문자.

shadow function[ʃǽdou fʌ́ŋkʃən] **비가시적 기능** 어떤 일에 수반되는 부가적인 추가적 낭비 요소.

shadowing[ʃǽdouiŋ] **섀도잉** 컴퓨터 그래픽의 영상화 기법의 하나. 영화(影化) 또는 그림자 만들기라고도 한다. 평행 광선이 오는 방향 또는 점 광선의 위치를 정했을 때, 하나의 물체가 다른 물체의 그림자가 되어 있는 경우가 있다. 이 그림자가 되어 있는 부분을 함께 어둡게 표시하는 것을 섀도잉이라고 한다.

shadow mask[ʃǽdou mɑ́:sk] **그림자 마스크, 섀도 마스크** 컬러 CRT의 형광면 바로 앞에 놓여진 다공판(多孔板). 컬러 CRT가 가진 3개의 전자총이 발생하는 전자 빔은 그림자 마스크의 구멍을 통해 각각 적, 녹, 청의 형광면을 두드려 상(像)을 만들어 낸다.

shadow mask color CRT 섀도 마스크형 컬러 CRT 가정용 컬러 TV 세트에 사용되는 형태의 CRT로, 발광면 바로 앞에 구멍이 뚫린 금속판(섀도 마스크)이 있고, 3개의 전자 빔이 구멍을 통하면 3색의 발광점에 닿도록 한 컬러 CRT.

shadow printing[–príntiŋ] **음영 인쇄** 프린터로 인쇄를 할 때 한 문자를 인자한 다음 약간 오른쪽으로 옮겨서 다시 같은 문자를 인자함으로써 그 문자에 그림자가 생긴 것과 같은 효과를 나타내는 것.

shadow RAM 섀도 RAM 시동 시간을 단축하기 위해 읽는 속도가 느린 BIOS ROM의 내용을 RAM에 복사한 것. 이 기능에 대응하는 것으로 award BIOS가 있다.

shadow storage[–stɔ́:ridʒ] **섀도 메모리** 내장된 메모리의 일부를 사용하고 PC를 보다 고속으로 효율적으로 사용하기 위해 사용되는 메모리.

shaker sort[ʃéikər sɔ́:rt] **셰이커 소트** 버블 소트의 개량판. 소트 패스 도중에서 항목의 교환이 이루어지지 않은 시점에서 비교와 교환의 조작을 정지시키는 것. 항목이 거의 정상 순서로 되어 있는 경우에 유효하다. ⇨ exchange sort

Shannon[ʃǽnən] **샤논** (1) 샤논(Shannon, Claude Elwood, 1916~)은 1948년에 논문「통신의 수학적 이론」(a mathematical theory of communications) 중에 통신계의 모형을 발표했다. 정보원에서 발생하는 정보를 그 이용자(수신자)가 이용할 수 있는 위치로 운반하는 것이 통신임을 표시했다. 문자나 음성의 순간값과 같은 정보의 표현 요소를 순서를 붙여 나열한 것이 통보(message)이며, 송신기(transmitter)는 메시지를 입력(input)해서 통신로(channel) 상을 적절히 전송할 수 있도록 통보 형태를 변환하는 기능을 갖고 있으며, 이것을 부호화라고 한다. 일반적으로 부호화란 고능률, 고충실하게 행할 필요가 있다. 즉, 가능한 한 시간적인 능률을 향상시키는 것(고능률)과 통신로 상에서 잡음에 의한 방해가 가해지는데도 불구하고 가능한 적은 오차로 전송하는 것을 말한다. 샤논의 제1기본 정리는 통신로에 가장 적합한 정보원이 접속되었을 때, 비로소 통신로의 통신 용량과 같은 정보 전송 속도로 전송이 가능하다고 하는 것이며, 샤논의 제2기본 정리는 적당한 부호화를 행하면 어느 정도 작은 이퀴보케이션(equivocation ; 모호도)으로 정보를 전송하는 것이 가능하다고 말하고 있다. (2) 정보의 측도 단위. 서로 배반적인 두 개의 사상으로 이루어지는 집합의 2를 기저로 하는 대수로서 표시된 선택 정보량과 같다. 예 8문자로 이루어진 문자 집합의 선택 정보량은 3샤논($\log_2 8 = 3$)과 같다.

Shannon diagram[–dáiəgræ̀m] **샤논 선도** 확률과 정론에서 마르코프(Markov)의 사슬을 표시하는 방법으로 순서 회로의 동작 상태를 나타내는 상태 선도(狀態線圖)와 같은 것이다.

Shannon-Fano coding 샤논-파노 코딩

Shannon-Hartley law 샤논-하틀레이 법칙

Shannon's formula[ʃǽnənz fɔ́:rmjulə] **샤논 공식**

Shannon's information theory[–ìnfərméiʃən θíəri(:)] **샤논의 정보 이론** ⇨ information theory

Shannon's model[–mɑ́dəl] **샤논 모델**

Shannon's theorem[–θíərəm] **샤논의 정리**

Shannon text[ʃǽnən tékst] **샤논 텍스트**

SHARE 공유하라, 나눠 써라 society for handling avoid redundant effort의 약어. 여분의 노력을 피하기 위한 단체의 뜻. IBM 과학 기술 사용자의 단체이다. 1955년 8월에 IBM 704 사용자 모임으로 결성되었다. 이름에 나타나는 대로 프로그램 교환 등을 통해 불필요한 노력을 절약하려는 것을 목적으로 하고 있다. 704의 어셈블러 US-AP, 709의 운영 체제 SOS, PL/I의 언어 설정 등 소프트웨어의 발전에 크게 공헌하고 있다.

share[ʃέər] *v.* **공유하다, 나눠(함께) 쓰다** 본래 배타적으로만 사용되는 시스템 자원(system resource)을 시간적으로 분할하여 여러 대의 컴퓨터 혹은 사용자가 동시 병행적으로 사용하는 것을 표시한다. 실제로는 셰어드(shared) 또는 셰어링(sharing)의 형태로 시분할 시스템(time sharing system)과 같이 사용되는 경우가 많다.

shareable[ʃέərəbl] *a.* **공유 가능한, 공유 가능** 동시에 둘 이상의 목적에서의 사용이 가능한 것.

shareable attribute[–ǽtribjù:t] **공유 가능 속성** 장치 할당시에 직접 접근 볼륨에 주어지는 속

성. 이 속성이 주어진 볼륨은 다른 작업에서 동시에 사용되기도 한다.

shareable device[-diváis] **공유 가능 장치**

shared[ʃɛərd] *a*. **공유의, 공동의, 공용의** 하나의 자원(파일, 주기억 등)을 동시에 여러 개의 것을 골고루 사용할 수 있음을 표시한다.

shared access[-ǽkses] **공유 액세스**

shared access path[-pɑ́:θ] **공유 액세스 경로**

shared address[-ədrés] **공유 어드레스**

shared area[-ɛ́(:)riə] **공유 영역** 주기억 등과 같은 시스템 자원의 공간의 일부이며 여러 서브시스템끼리 공통으로 사용할 수 있는 부분.

shared attribute[-ǽtribjù:t] **공유 속성** 동시에 여러 중앙 처리 시스템으로부터의 접근을 가능하게 하는 대용량 기억 볼륨의 속성.

shared batch area[-bætʃ ɛ́(:)riə] **공유 일괄 영역**

shared bus system[-bʌ́s sístəm] **공유 버스 시스템**

shared control[-kəntróul] **공유 제어**

shared control unit[-jú:nit] **공유 제어 장치**

shared critical data[-krítikəl déitə] **공유 임계 데이터, 공용 임계 데이터** 여러 프로세스들이 공용할 수 있는 데이터 중에서 어떤 순간에도 반드시 하나의 프로세스만이 접근하고 있어야만 하는 데이터.

shared DASD **공유 DASD, 공유 직접 접근 기억 장치, 공유 직접 액세스 장치** shared direct access storage device의 약어.

shared DASD option **공유 DASD 옵션, 공유 DASD 선택 기능**

shared data[-déitə] **공유 데이터** 각 프로그램 사이에 공유하는 데이터.

shared demand-responsive system[-dimǽ:nd rispɑ́nsiv sístəm] **공유 요구 응답 시스템**

shared direct access storage device[-dirékt ǽkses stɔ́:ridʒ diváis] **shared DASD, 공유 DASD, 공유 직접 액세스 기억 장치, 공유 직접 액세스 장치** 둘 이상의 컴퓨터 시스템이 공용하여 접근할 수 있는 직접 접근 기억 장치(DASD).

shared directory[-diréktəri(:)] **공유 디렉토리** ⇨ network directory

shared disk[-dísk] **공유 디스크** 복수의 LAN 사용자가 공동으로 사용하고 있는 파일 서버에 있는 디스크, 또는 그 디스크 상의 특정 영역. 복수의 사용자가 동시에 액세스해 온다.

shared executive system[-igzékjutiv sístəm] **공유 감시 시스템**

shared file[-fáil] **공유 파일** 여러 컴퓨터에 의해 이용되는 직접 액세스 기억 장치(direct-access storage device)를 의미한다. 이것과 반대 의미를 갖는 단어는 「배타적(exclusive)」이다. 그러나 이 의미는 좀더 넓게 생각되는 경우도 있다. 즉, 여러 프로그램에 의해 동시에 사용되는 파일을 가리킨다. 주의해야 할 것은 하나의 프로그램이 그 파일을 사용하고 있을 때에는 어떤 조건이 성립하지 않으면 다른 프로그램은 이 공유 파일을 사용할 수 없다.

shared file system[-sístəm] **공유 파일 시스템** 이 시스템에서는 하나의 파일을 시분할로 공유하고 있으며, 주종의 작업 분담은 똑같지만 파일의 동일 장소를 동시에 사용하지 않도록 프로그램적으로 인터록하고 있다. 하나의 파일을 두 개 이상의 프로세서가 공유해서 사용하는 파일 시스템 구성 방식.

shared for-read lock state[-fər rí:d lɑ́k stéit] **판독 공유 로크 상태**

shared for-update lock state[-ʌ̀pdéit lɑ́k stéit] **갱신 공유 로크 상태**

shared index[-índeks] **공유 색인**

shared information management system[-ìnfərméiʃən mǽnidʒmənt sístəm] **SIMS, 공유 정보 관리 시스템**

shared I/O device **공유 입출력 장치**

shared laboratory information system[-lǽbərətɔ̀(:)ri(:) infərméiʃən sístəm] **SLIS, 임상 검사실 공동 정보 시스템**

shared lock[-lɑ́k] **공유 로크** 어떤 트랜잭션이 데이터 항목을 읽기 위해 요청하는 로크.

shared logic[-lɑ́dʒik] **공유 논리** 많은 사람들이 하나의 컴퓨터를 동시에 공동 사용하는 것.

shared logical unit [-lɑ́dʒikəl jú:nit] **공유 논리 회로** 복수의 컴퓨터 시스템 간에서 공용 사용하는 논리 볼륨을 마운트하는 논리적으로 존재하는 장치.

shared logic system[-lɑ́dʒik sístəm] **공유 논리 시스템** 중앙 처리 장치의 계산 능력을 가진 논리 구성이 부분적으로 워드 프로세서나 단말기 등에 분산되어 있는 시스템.

shared library[-láibrəri(:)] **공유 라이브러리** 여러 프로세스에서 동시에 공동 이용 가능한 라이브러리. 각 라이브러리는 가변 데이터를 수록하는 영역을 프로세스별로 준비하게 되어 있어야 한다.

shared logic type word processor[-lɑ́dʒik taip wə:rd prɑ́sesər] **공유 논리형 워드 프로세서** 중앙 처리 장치와 기억 장치 등은 하나씩이

지만, 화면과 키보드가 여러 개 있어 여러 사람이 동시에 문서를 작성할 수 있도록 주로 마이크로컴퓨터를 기본으로 하여 만든 워드 프로세서.

shared main memory [–méin mémәri(:)] **공유 주기억 장치** 여러 멀티 프로세서(multi processor)에서 공유되는 주기억 장치. 어떤 CPU로부터도 기억 장치에 정보를 저장하거나 데이터를 호출할 수 있다.

shared main storage multiprocessing [–stɔ́:ridʒ mʌ́ltiprɑ̀sesiŋ] **공유 주기억 다중 처리, 주기억 공유 다중 처리** 연산 처리 장치의 다수가 주기억 장치의 모두에 관해서 공용으로 액세스할 수 있는 조작 방법.

shared man-computer control [–mǽn kәmpjú:tәr kәntróul] **분할형 인간 컴퓨터 제어**

shared memory [–mémәri(:)] **공용 기억 영역** 여러 프로세서에 의해서 공통으로 사용되는 기억 장치.

shared memory buffer architecture [–bʌ́fәr ɑ́:rkitektʃәr] ⇨ SMBA

shared memory system [–sístәm] **공유 기억 영역 시스템**

shared network [–nétwә̀:rk] **공유 회선망**

shared no-update lock state [–nóu ʌ̀pdéit lɑ́k stéit] **갱신 불가 공유 로크 상태**

shared operation system [–ɑ̀pәréiʃәn sístәm] **SOS, 공유 운영 시스템** 상징형 명령 등을 기계어로 번역하거나 처리하는 특수 과정.

shared page frame [–péidʒ fréim] **공유 페이지 틀**

shared physical unit [–fízikәl jú:nit] **공용 물리 장치** 공용 물리 볼륨이 마운트되어 있는 물리적으로 존재하는 공용 장치.

shared physical volume [–vɑ́ljum] **공용 물리 볼륨** 공용 논리 볼륨을 구성하는 물리적으로 존재하는 공용 볼륨. 공용 물리 장치 상에 마운트된다.

shared processor [–prɑ́sesәr] **공유 프로세서, 공용 프로세서** 프로그램 실행의 시간적인 차가 CPU에 이용되고, 시분할로 처리를 할 수 있을 만한 능력이 컴퓨터에 요구되는 것으로, 중앙 연산 처리 장치가 여러 개의 기억 장치를 구비함으로써 각각 독자적인 연산 처리를 행할 수 있도록 조직한 처리기.

shared processor storage [–stɔ́:ridʒ] **자기 코어 공유 기구**

shared record format [–rékәrd fɔ́:rmæt] **공유 레코드 양식**

shared region [–rí:dʒәn] **공유 영역**

shared resource [–risɔ́:rs] **공유 자원** 많은 사용자가 공유하는 컴퓨터 자원.

shared resource system [–sístәm] **공용 자원 시스템, 공유 자원 시스템** 공유 조직 시스템과 같은 기능을 가지고 있으며, 신호가 입력되면 그것을 인지하여 디스플레이할 수 있는 기능을 갖는 시스템.

shared segment [–ségmәnt] **공유 세그먼트**

shared spooling feature [–spú:liŋ fí:tʃәr] **공유 스풀 기능**

shared storage [–stɔ́:ridʒ] **공유 기억 장치, 공유 기억 기구** 두 개 이상의 컴퓨터가 공유할 수 있는 기억 장치.

shared subchannel [–sʌ́btʃǽnәl] **공유 서브채널**

shared task set [–tɑ́:sk sét] **공유 태스크 세트**

shared terminal [–tә́:rminәl] **공유 단말, 공유 단말 장치, 단말 장치 공유 기구**

shared variable [–vέ(:)riәbl] **공유 변수** 여러 프로세스에 의해 공유되는 변수. 이 변수를 통해 독자적으로 동작하는 프로세스가 통신 가능하다.

shared virtual area [–vә́:rtʃuәl έ(:)riә] **SVA, 공유 가상 영역** 기억의 파괴에 대하여 주기억 키에 의해서 보호된 각 파티션의 공용 영역.

shared wireless access protocol [–wáiәrlәs ǽkses próutәkɔ(:)l] **스왑** ⇨ SWAP

shareware [ʃέәrwὲәr] **셰어웨어** 소프트웨어를 만든 사람이 여러 사람에게 배포한 소프트웨어. 셰어웨어는 소비자가 사용해보고 정식으로 사용하고자 한다면 만든 이가 요구하는 등록 비용을 내면, 공식적인 사용 허가를 얻게 되며, 사용 설명서나 보너스 소프트웨어를 받게 된다. 셰어웨어의 좋은 점은 유통 마진 부담이 없기 때문에 가격이 상당히 저렴하며, 많은 셰어웨어 제작자들이 그들의 셰어웨어 때문에 부자가 되었다. 인터넷 상에서 무료로 다운로드할 수 있는 셰어웨어의 보고이다. CINET의 shareware.com은 인터넷 상에서 소프트웨어를 찾을 수 있게 해준다. 인터넷 상의 셰어웨어와 각종 기업의 아카이브에서 17만 개 이상의 파일을 검색해서 살펴보고 필요하면 다운로드할 수 있다. NewsWeek지는 야후가 웹 페이지에서 정보 검색을 쉽게 해준 것처럼 shareware.com은 소프트웨어를 찾기 쉽게 해주었다고 보도했다. ⇨ nagware

sharing [ʃέәriŋ] *n.* **공용** 어떤 장치를 사용하는 시간을 각 사용자마다 서로 다르게 해서 한 개의 장치를 여러 사용자가 동시에 골고루 이용하도록 하는 컴퓨터 작동 방법.

sharpening [ʃɑ́:rpәniŋ] **첨예화**

sharpness [ʃɑ́:rpnәs] **선명도** 인쇄물이나 이미지

등의 정밀도, 선명도. 모니터의 스위치와 같이 하드웨어적으로 조절하는 경우와 데이터 자체를 소프트웨어적으로 조절하는 경우가 있다. 두 경우 모두 공간 주파수의 고쇄역 성분을 올려 에지를 강조하면 선명도가 향상된다.

sheet[ʃíːt] *n.* **시트, 용지, 종이**

sheet feeder[–fíːdər] **낱장 공급 장치, 시트 피더기** 프린터에 낱장의 용지를 한 장씩 자동으로 공급하는 부품.

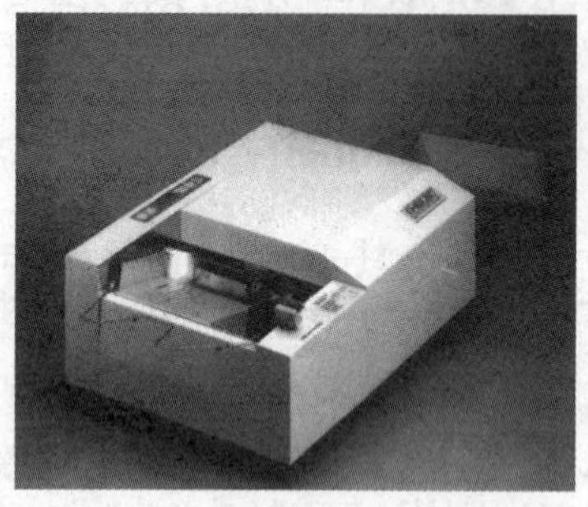

〈시트 피더기〉

Sheffer stroke 셰퍼 스트로크 명제 「A, B에서 A와 B는 동시에 성립하지 않는다」라는 개념을 생각하면, 그 조합으로 부정, 논리합, 논리곱 등 모든 2값 논리 개념을 구성하는 것이 가능한 것을 셰퍼가 발견했다. 컴퓨터에서의 NAND 회로가 이에 해당한다. 부정 논리곱.

Sheffer stroke function 셰퍼 스트로크 함수 두 변수의 값이 모두 거짓일 때만 참이 되는 논리 연산자.

Sheffer stroke gate 셰퍼 스트로크 게이트 ⇨ NAND

shelf[ʃélf] *n.* **셸프, 선반** 여러 개의 동종 기기를 세로 또는 가로형으로 실장하는 선반.

SHELL 셸 유닉스와 대화하기 위한 커맨드 인터프리터. 보통 커맨드 인터프리터는 운영 체제(OS)로 구성되어 있으나 유닉스에서는 유저 프로세스의 하나로 셸(커맨드 인터프리터)이 동작하도록 되어 있기 때문에 다른 것으로 치환할 수 있다.

shell[ʃél] *n.* **셸** 유닉스 운영 체제와 인터페이스를 위한 명령어.

shell procedure[–prəsíːdʒər] **셸 프로시저** ⇨ shell script

shell script[–skrípt] **셸 스크립트** 배치(batch) 처리의 실행을 기술한 파일. 셸로부터의 커맨드 실행은 단말의 키보드를 통한 직접 입력 외에, MS-DOS의 배치 파일과 마찬가지로 파일을 읽어넣어 그 속에 기술되어 있는 커맨드를 실행할 수 있다. 이 커맨드를 기술한 파일을 셸 스크립트(또는 셸 프로그램)라고 부르며, 셸에 의해 해석 실행된다. 셸 스크립트 속에서는 커맨드 외에 변수나 제어문, 조건식, 메타 문자(meta character)라고 부르는 임의의 문자 또는 문자열을 나타내는 표현을 기술할 수 있다.

Shell sort[–sɔ́ːrt] **셸 소트** 셸에 의해 고안된 정렬(소트) 방식. 2분 탐색을 응용한 것으로 집합 중의 첫 번째 항목이 집합의 반 정도의 항목과 비교되고, 다음 2분할한 부분 집합의 두 번째 항목끼리 비교되어 순차적으로 집합의 전 항목이 비교된다. 비교할 때마다 지정한 기준에서 떨어져 있으면 그 항목의 장소를 교환한다.

Sherlock 셜록 MacOS 8.5에 추가된 파일 검색 프로그램. 파일명과 파일 내용까지 검색할 수 있다. 또, 로컬 디스크뿐 아니라 인터넷 검색 엔진과 링크하여 브라우저를 열지 않고도 인터넷 검색이 가능하다. MacOS 9에서는 기능이 더욱 강화된 셜록이 탑재되었다.

SHF 초고주파 super high frequency의 약어. 주파수 3~30기가헤르츠(GHz), 파장 1~10cm의 전파. 위성 통신 · 위성 방송 · 텔레비전 중계 · 마이크로 회선 · 레이더 등에 이용되고 있다. SHF대 가운데 20~30기가헤르츠를 준밀리파라고 한다. 비나 안개의 영향을 받기 쉬우나 직진성이 강해 장래의 각종 뉴미디어의 전파 자원으로 주목받고 있으며, 하이비전 같은 새로운 서비스에도 사용될 것이다. 전파는 주파수가 높아질수록 많은 정보를 전송할 수 있으며 직진성이 강하다.

SHG laser SHG 레이저 second harmonic generation laser의 약어. 제2고조파 발생 소자를 사용하여 파장을 2등분한 레이저. 광디스크의 광원으로서 유력시되고 있다. 녹색 레이저로 SHG를 사용하면 파장 350nm, 청색 레이저로 SGH를 사용하면 파장 400nm가 된다.

shield[ʃíːld] *n.* **실드, 차폐(遮蔽)** 주어진 환경 내부에 있는 모든 표시 요소를 억제하는 것.

shielded twisted-pair[ʃíːldəd twístid pέər] **실드 처리된 꼬인 쌍선** ⇨ STP

shielding[ʃíːldiŋ] *n.* **방호 차폐, 보호** 주어진 경계의 내부에 있는 표시 요소를 억제하는 것. 그래픽에 사용되는 기법인 전단(clipping)의 반대 개념. ⇨ reverse clipping

shift[ʃíft] *n.* **밀기, 시프트** 연산 등을 실행할 때 문자열(character string), 비트열(bit string) 또는 바이트열(byte string)의 문자 또는 바이트를 지정된 방향으로 이동하는 것. 논리 스트링(logical string)은 모든 문자나 비트에 대하여 시프트(shift)가 행해진다.

[주] 레지스터의 내용을 좌우로 이동시키는 일. 부호 비트는 그대로 두고 다른 비트를 이동시키는 것을 산술 이동, 레지스터 내의 모든 비트를 이동시키는 것을 논리 이동이라고 한다.

shift across 0's 1's method 가변 길이 자리 이동 방식 ⇨ variable length shift method

shift amount[–əmáunt] **시프트량**

shift character[–kǽrəktər] **시프트 문자** 도형 문자를 확장하기 위하여 사용하는 특수 기능 문자.

shift click[–klík] **시프트 클릭** 키보드 상의 시프트 키를 누르고 마우스 버튼을 순간적으로 누르는 것.

shift code[–kóud] **시프트 부호** 다수의 문자를 한정된 부호로 나타내기 위해서 동일 부호에 두 개 이상의 문자를 할당하는 기법으로서 특정한 두 개의 부호를 정하고 있다. 그 하나를 시프트 부호라 하며 다른 하나를 클리어 부호라 한다. 시프트 부호와 클리어 부호 사이에 끼워진 부호는 한글로 나타낸다.

shift count[–káunt] **자리 이동수**

shift counter[–káuntər] **자리 이동 계수기**

shifter[ʃíːftər] *n.* **시프터, 이동기** ALU 출력을 출력 버스로 전달할 경우에 정보를 그대로 보낼 수도 있고 오른쪽이나 왼쪽으로 자리 이동시킬 수도 있는 장치.

shift-in[ʃíft in] **SI, 시프트 인** 코드 확장 문자의 일종. 도형 문자를 확장하기 위하여 시프트 아웃과 쌍을 이루어 쓰이는 특수 기능 문자. 표준의 도형 문자 집합은 로마 문자용 도형 문자 집합이다. ⇨ shift-out

shift-in character[–kǽrəktər] **SI, 시프트 인 문자** 시프트 아웃 문자(SO ; shift-out character)에 의해 지정된 확장 문자 집합으로부터 표준 문자 집합으로 되돌아갈 때 사용되는 기능 문자. 역으로 SO는 표준 문자 집합 중 도형 문자 대신에 다른 도형 문자 집합을 사용하는 것을 나타낸다.

[주] 레코드 확장 문자의 일종이며, 시프트 아웃 문자에 의해 지정된 일련의 문자 사용을 종료하고 표준 문자 집합의 도형 문자를 사용하는 것을 표시하는 것.

shift-in control character[–kəntróul kǽrəktər] **시프트 인 제어 문자**

shifting[ʃíftiŋ] **시프팅** 레코드를 삽입할 수 있도록 레코드를 이동하는 내부 분류 방법. 삽입 방식(insertion method)이라고도 한다.

shift instruction[ʃíft instrʌ́kʃən] **자리 이동 명령어** 레지스터 내의 데이터를 왼쪽으로 또는 오른쪽으로 한 자리 이동시키는 특수 명령어.

shift-key[–kíː] **시프트 키** 컴퓨터의 키보드에 있는 키의 하나로, 그 자체만으로는 아무런 기능이 없고 이것과 다른 키를 함께 누르면 그 키만을 눌렀을 때와는 다른 문자가 입력되도록 한다. 예를 들면 소문자 입력 상태일 때 시프트와 영문자를 같이 누르면 대문자가 입력되고, 숫자키와 같이 시프트 키를 누르면 !, @ 등의 특수 문자를 입력할 수 있다.

shift left[–léft] **왼쪽 자리 이동** 일렬로 정렬되어 있는 문자나 부호를 일제히 왼쪽으로 한 자리씩 이동시키는 것.

shift letters[–létərz] **시프트 문자, 변환 문자** 텔레프린터에서 수행되는 기능으로 문자 변환 키가 주어지면 그 키에 의해 대문자를 찍는 모드에서 소문자를 찍는 모드로, 또는 이와 반대로 변환되어 찍히는 문자.

shift locking character[–lákiŋ kǽrəktər] **시프트 고정 문자, 변환 고정 문자** 이 문자 다음에 나타나는 변환 고정 문자까지의 모든 문자가 원래의 문자 집합과 다른 문자로 사용되도록 하는 일종의 제어 문자.

shift micro-operation[–máikrou àpəréiʃən] **시프트 마이크로 동작** 직렬 컴퓨터에서 레지스터 간에 2진 정보를 전송하기 위해서 사용되며 산술, 논리 등의 데이터 처리 동작을 위해 병렬 컴퓨터에서도 사용되는 마이크로 연산. 이때의 시프트 동작에는 직렬 전송 시프트, 논리 시프트, 순환 시프트, 산술 시프트 등 네 가지가 있다.

shift operation[–àpəréiʃən] **시프트 연산**

shift-out[–áut] **SO, 시프트 아웃** 레지스터의 한쪽 끝으로 정보를 옮기고 그 반대쪽에 0이 들어가도록 정보를 자리 이동시키는 것.

shift-out character[–kǽrəktər] **SO, 시프트 아웃 문자** 코드 확대용 문자의 일종이며, 표준 문자 집합의 도형 문자 대신에 일정 약속에 근거한 또는 코드 확대용 순서로 표시된 도형 문자의 집합을 사용하는 것.

shift-out control character[–kəntróul kǽrəktər] **시프트 아웃 제어 문자**

shift position[–pəzíʃən] **시프트 위치**

shift pulse[–pʌ́ls] **시프트 펄스, 자리 이동 펄스** 레지스터의 문자들을 자리 이동시키는 펄스.

shift-reduce parser[–ridʒúːs pάːrsər] **시프트 환원 해석계** 입력 기호열에서 종단 기호를 하나 읽어넣어서 스택에 두는 것과 스택의 최상부에 나타난 핸들을 환원하는 것을 일정 개수의 입력 기호를 선독(先讀)하면서 반복하여 구문 해석을 하는 프로그램. 상향 해석법의 하나.

shift register[–rédʒistər] **자리 이동 레지스터, 시프트 레지스터** 기억되어 있는 value(값)를 오른쪽 또는 왼쪽에 순차 이동할 수 있는 시프트 회로. 이 경우 시프트 명령(shift instruction)에 의해 지정된 비트 수만큼 시프트되거나 승제(나눗셈, 곱셈) 연산에 조립되어 자동으로 시프트된다. ⇨ 그림 참조

[주] 자리 이동을 행하는 레지스터.

shift register sequential machine[–si-kwénʃəl məʃí:n] **시프트 레지스터형 순서 기계**

shift right[–ráit] **오른쪽 자리 이동** 일렬로 정렬되어 있는 문자나 부호를 일제히 오른쪽으로 한 자리씩 이동시키는 것.

shipping[ʃípiŋ] *n.* **시핑** 하드 디스크의 자기 헤드를 디스크의 기록 부분 이외의 위치(shipping zone)로 이동시키는 것. 낙하 또는 정전 등으로 자기 헤드와 자성면의 접촉에 의한 데이터 파괴를 방지하기 위한 기구.

shipping zone[–zóun] **이동 지역** 하드 디스크를 옮길 때 헤드나 디스크 표면이 충격으로 파손되는 것을 막기 위해 헤드를 대피시켜 놓는 영역. 이 영역에는 데이터가 기록되지 않는다.

shockwave[ʃákwèiv] **쇽웨이브** 매크로 미디어사의 디렉터 파일을 넷스케이프에서 볼 수 있게 해주는 것으로 이른바 애니메이션의 구현을 가능하게 해주는 것으로 인터넷 상에서 대단히 인기를 끌고 있다. 이것을 보려면 넷스케이프 2.0 이상의 버전에서 쇽웨이브 관련 플러스인을 설치하면 된다.

shooting game[sú:tiŋ géim] **슈팅 게임** 총이나 미사일 등을 이용하여 적을 물리치는 게임. 초기의 「인베이더」부터 총을 모방한 외부 입력 장치를 이용한 게임에 이르기까지 매우 다양한 내용으로 되어 있다.

shooting method[–méθəd] **슈팅법**

shop automation[ʃáp ɔ̀:təméiʃən] **숍 오토메이션** 제조 현장(shop)에서의 자동화. 각 제조 현장에서의 자동화를 종합적으로 관리하는 것이 공장 자동화(FA ; factory automation)이다.

shopping agent[ʃápiŋ éidʒənt] **쇼핑 에이전트** 인터넷 전자 상거래 사이트가 늘어나면서 같은 종류의 제품을 가장 싸게 파는 곳은 어디인지, 어느 사이트에서 어떤 물건을 판매하는지 등의 쇼핑 관련 정보를 알려주는 사이트. 전자 상거래 전문 검색용 로봇 프로그램을 통해 상품의 목록과 가격을 비교해 보여준다.

shopping bot[–bɔt] **쇼핑 봇** 웹 상에서 적정한 가격의 물건을 제공해주는 서비스.

shopping mall[–mɔ́:l] **쇼핑 몰** 전자 우편이나 인터넷에서 온라인 쇼핑을 할 수 있는 코너.

shopping on demand[–ən dimá:nd] **통신 홈쇼핑** 비디오 온 디맨드의 홈쇼핑 판. 양방향 CATV나 위성 통신, 인터넷 등 상품 데이터를 대형 컴퓨터와 접속하고, 시청자는 PC나 전용 단말을 접속해서 적당한 시간에 상품 데이터에서 원하는 물건을 선택하여 구매하기도 하고, 좀더 구체적인 상품 정보를 얻기도 하며, 결제까지 이루어지는 양방향성 TV 쇼핑.

short[ʃɔ:rt] *a.* **짧은, 부족된**

short block[–blák] **단(短) 블록** 고정 블록 길이의 데이터 전송을 행하는 경우에 하나의 블록에 포함되는 레코드 길이(record length)가 미리 고정되어 있는 레코드 길이보다 짧은 것.

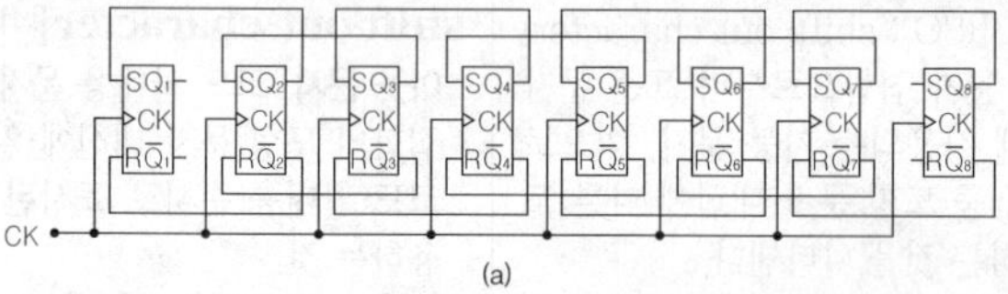

(a)

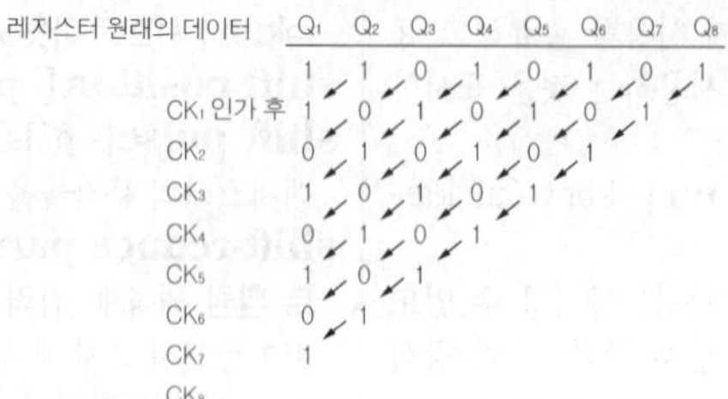

모든 데이터 비트는 왼쪽으로 시프트된다.

(b)

〈8비트 좌측 시프트 레지스터〉

short card[–kɑ́:rd] **단 카드** 1레코드 단위인 데이터의 양이 적어서 표준 카드(80란 카드나 90란 카드)의 전체를 사용하지 않고 여백 부분이 많을 때 90란 카드는 58란까지, 80란 카드는 51란 또는 62란까지 사용이 가능하게 만든 카드.

short channel effect[–tʃǽnəl ifékt] **짧은 채널 효과** MOS 트랜지스터의 채널 길이가 3μm 미만일 때 생기는 현상으로, 임계 전압이 변화하고 큰 전기장이 걸리며 펀치 스루(punch through) 현상을 일으키기도 한다.

short circuit[–sə́:rkit] **단락 회로** 전기 회로에서 어느 두 점 간이 매우 전기 저항이 작은 도체로 접속된 상태.

short circuit current amplification[–kə́:rənt æ̀mplifikéiʃən] **단락 전류 증폭기**

short circuit relay[–rí:lei] **단락 계전기**

shortcut icon[ʃɔ́:rtkʌ́t ikən] **단축 아이콘, 바로가기 아이콘** 윈도 운영 체제에서 생성할 수 있는 아이콘으로 자주 사용하는 프로그램이나 파일을 아이콘화하여 데스크톱 또는 폴더 안에 자유롭게 표시해둘 수 있다. 이 아이콘을 클릭하면 실제 파일이 있는 곳을 찾지 않아도 간단하고 신속히 접속할 수 있다.

shortcut input[–ínpùt] **단축 입력, 쇼트컷 입력** 응용 프로그램에서 메뉴의 명령을 선택하거나 설정 화면에서 항목을 선택하는 조작을 특정 키 조작으로 대행하는 것. 메뉴를 열거나 커서를 이동하는 일이 생략되므로 실행 속도가 향상된다. 키와 기능의 설정을 변경할 수 있는 응용 프로그램도 있다.

shortcut (key)[–ki:] **단축 키** 메뉴 방식 프로그램에 있어서 일일이 메뉴를 불러내어 필요 사항을 지시하는 번잡을 덜기 위해 단지 그 키만 누르면 어떤 기능이 수행되거나 특정한 메뉴가 나타나도록 배정된 키. ⇨ hot key

shortcut key input[–ínpùt] **단축 키 입력** 워드 프로세서 등에서 명령을 호출할 때 메뉴나 명령의 선택이 여러 번 반복적으로 필요한 기능을 어떤 특정 키 조작으로 호출하는 것.

shutdown [ʃʌ́tdàun] **중단**

shortest job first scheduling[ʃɔ́:rtist dʒɑ́(:)b fə́:rst skédʒuliŋ] **최단 작업 우선 스케줄링** 운영 체제의 CPU 스케줄링 방법 중의 하나. 실행 시간의 추정값이 가장 작은 작업을 우선 실행시키는 비선취형 스케줄링 기법.

shortest operating time[–ɑ́pərèitiŋ táim] **최단 작동 시간** 컴퓨터 작동 시간을 가장 적게 소비하는 작업부터 먼저 수행하도록 하는 스케줄링.

shortest path[–pǽ:θ] **최단 경로** 그래프의 두 정점 간의 경로 중에서 길이가 가장 짧은 경로.

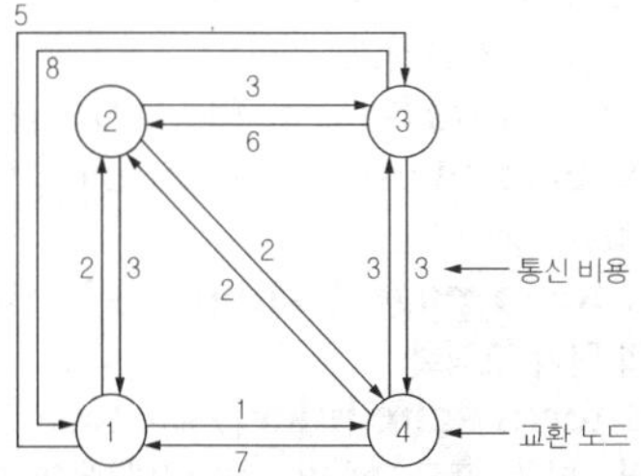

〈통신 비용이 표시된 교환 네트워크 구성의 예〉

shortest path algorithm[–ǽlgəriðm] **최단 경로 알고리즘** 통신에서 네트워크의 성능을 평가할 때 최단 경로(shortest path) 또는 최소 비용(minimum cost)을 선정한다. 비용이란 네트워크의 각 링크에 부여된 통신 비용을 의미한다. 많은 경로 중에서 최소 비용 경로를 찾는 알고리즘이 여러 가지 개발되어 있는데 가장 많이 사용되는 알고리즘이 Dijkstrs 알고리즘과 Bellman-Ford 알고리즘이다.

shortest path problem[–prɑ́bləm] **최단 경로 문제**

shortest remaining time scheduling[–riméiniŋ táim skédʒu(:)liŋ] **최단 잔여 시간 스케줄링** 실행중인 작업이 끝날 때까지 남은 실행 시간의 추정값보다 더 작은 추정값을 갖는 작업이 들어오게 되면 언제라도 현재 실행중인 작업을 중단하고 그것을 먼저 실행시키는 스케줄링 기법. 운영 체제의 CPU 스케줄링 방법 가운데 하나이다.

shortest route problem[–rú:t prɑ́bləm] **최단 루트 문제** 정수(整數) 계획법에서의 네트워크 문제의 하나. 네트워크의 최단 경로, 즉 시작점의 노드에서 종점의 노드까지의 거리를 최소로 하는 연쇄를 찾아내는 것.

shortest seek time first scheduling[–sí:k táim fə́:rst skédʒu(:)liŋ] **최단 탐색 시간 우선 스케줄링** 현재 있는 헤드 위치에서 가장 가깝게 위치한 작업에 대한 요구부터 먼저 서비스하는 기법. 운영 체제의 디스크 스케줄링 방법 가운데 하나이다.

shortest word[–wə́:rd] **최소 단어** 컴퓨터가 사용하는 최소 길이(보통 2바이트)의 단어.

short floating-point number[ʃɔ́:rt flóutiŋ pɔ́int nʌ́mbər] **단정도 부동 소수점 수**

short-haul modem[–hɔ́:l móudem] **단거리 모뎀**

short message[–mésidʒ] **단 메시지**

short precision[–prisíʒən] **단정도(短精度)**

short proof transformer[–prú:f trænsfɔ́:rmər] **혼촉(混觸) 방지형 트랜스** 고압측과 저압

측의 코일이 트랜스의 내부 고장으로 직접 접촉하지 않도록 고압측 코일과 저압측 코일 사이에 접지한 동판을 넣은 트랜스.

short term fix [–tə́:rm fíks] **단기 고정**

short term memory [–méməri(:)] **단기 기억 장치** ⇨ short term storage

short term page fixing [–péidʒ fíksiŋ] **페이지의 단기 고정화**

short term scheduler [–skédʒulər] **단기 스케줄러** 다중 프로그래밍 시스템의 운영 체제에서 사용자 프로그램이 CPU를 받아 수행될 순서를 정하는 스케줄러.

short term scheduling [–skédʒuliŋ] **단기 스케줄링** 주기억 장치 내의 준비 상태에 있는 작업들 중에서 실행할 작업을 선택하는 정책으로 실행 빈도가 높다.

short term storage [–stɔ́:ridʒ] **단기 저장 장치** 단기간 동안만 코어 기억 장치에 기억되는 데이터 장소.

short vector [–véktər] **쇼트 벡터** 그래픽 표시에서 그리기 속도를 측정하는 데 사용되는 약 10도트 정도의 짧은 직선.

short word [–wə́:rd] **단 단어, 쇼트 워드** 컴퓨터로 처리할 수 있는 비트(bit) 수의 절반. 보통 8비트, 16비트, 32비트와 같이 8의 배수를 최소 단위로 하고 있으며, 이것은 컴퓨터의 중앙 처리 장치(CPU) 내의 레지스터(register)나 버스 구성에 의해 결정되고, 그 크기가 16비트이면, 16비트를 1워드, 32비트이면 32비트를 1워드로서 처리한다. 그러나 실제로 CPU 내에서 처리할 때는 1워드의 반(半) 정도의 비트 처리가 필요하게 되는 경우가 있으며, 이 통상 정보 단위의 반 정도의 비트 수를 워드에 대하여 단 단어라고 한다.

shot [ʃát] *n.* **숏**

shot noise [–nɔ́iz] **산탄 잡음** 수신광 전력 파형을 $P(t)$, 광변환 후의 전류를 $I(t)$라고 하고 이것을 임펄스 응답 $h(t)$ 선형 회로에 가했을 때의 신호 전류 $I_s(t)$와 숏잡음 전류 $I_n(t)$는 다음 식으로 주어진다.

$$I_s(t) = \int_{-\infty}^{\infty} \langle I(t-\tau)\rangle\ h(\tau)d\tau$$

$$\langle I^2 2_n(t)\rangle = e\int_{-\infty}^{\infty} I(t-\tau)\rangle\ h^2(\tau)d\tau$$

$$\langle I(t)\rangle = \frac{\eta_e}{h\upsilon}\cdot P(t)$$

여기서 η는 광전 변환 소자의 양자 효율, e는 전자의 전하량(1.6×10^{-19}C), h는 플랑크 상수(6.25×10^{-34} J · s), ν는 광파의 주파수이고 ⟨ ⟩는 집합 평균을 나타낸다. 위의 식이 나타내듯이 산탄 잡음 전류는 대개 시간의 함수이며 신호 레벨에 의존한다. 디지털 전송에는 마이크 수신시와 스페이스 수신시의 잡음 전력이 서로 다르며, 그 값은 부호 패턴, 수신 광전력, 수신 파형 및 수신계의 특성에 의존한다. 보통 수신계에서는 식별점에서의 부호 간 간섭을 제거하거나 억압하도록 신호 파형에 대하여 등화가 행해지는데, 이 경우에도 잡음은 완전히 제거 · 억압되지 않는다.

shouting [ʃáutəŋ] **샤우팅** 인터넷에서 메시지를 모두 대문자로 입력하는 것.

SH ratio 소프트웨어 대 하드웨어 비 software to hardware ratio의 약어.

shrinking phase [ʃríŋkiŋ féiz] **수축 단계** 로킹에서 한 트랜잭션이 보유하고 있는 로크를 해제하는 단계. 이 단계에서는 트랜잭션이 더 이상 로크를 요청할 수 없다.

shrinking raster [–rǽstər] **수축 래스터** 그래픽 화면의 해상도 측정 기준으로 두 개의 래스터선이 하나로 합병되는 순간까지 래스터선의 간격을 감소시키는 것.

shroud assembly [ʃráud əsémbli(:)] **슈라우드 어셈블리** 자기 디스크를 먼지 등으로부터 보호하기 위해 주위를 감싼 기구로 자기 디스크 장치의 일부분이다.

S-HTTP secure hypertext transfer protocol의 약어. S-HTTP 프로토콜은 1994년 Rescorla와 Schiffman에 의해 개발된 HTTP 프로토콜의 확장판이며, 기존의 프로토콜에 송신자 인증, 메시지 기밀성과 무결성, 부인 방지(nonrepudiation) 기능을 확장한 것이다. HTTP의 확장이기 때문에 기존의 HTTP 프로토콜과 완전한 호환성을 지닌다.

Shugart Associates system inteface bus **SASI 버스** ⇨ SASI bus

shutdown [ʃʌ́tdàun] *n.* **중단** (1) 컴퓨터 시스템이 정전, 사고, 오류 등으로 작동을 중단하는 것. (2) 컴퓨터 시스템의 전원을 끄는 것.

shuttle printer [ʃʌ́tl príntər] **셔틀 프린터** 와이어드 프린터의 일종. 복수의 인자 헤드를 가지며, 각 인자 헤드는 동시에 이동하면서 여러 개소에 인자를 한다.

SI (1) **중복** super impose의 약어. 한 곳에서 다른 곳으로 데이터를 이동할 때 특정한 곳의 내용에 비트 혹은 문자가 중복되는 현상. (2) **시프트인** shift-in의 약어. (3) **시스템 인터그레이션** system integration의 약어.

S/I 신호 대 혼신비 signal-to-interference ratio의 약어.

SIA (1) **명령 개시 어드레스** start instruction address의 약어. (2) **시스템 통합 구조** systems integration architecture의 약어. 급격히 변화하는 시대의 흐름에 대응하기 위한 시스템을 구축하기 위하여 1991년경부터 컴퓨터 메이커들이 제창한 시스템 구조. 메인 프레임에서 워크스테이션, 개인용 컴퓨터 등을 적절히 조합하여 유연한 시스템을 구축할 수 있도록 한 구조. (3) **미국 반도체 공업 협회** Semiconductor Federation of the Association의 약어. 1977년 3월 미국 캘리포니아주 실리콘밸리의 인텔 등 유력 반도체 메이커 5개사가 중심이 되어 결성되었다.

SIAM 분리 색인 액세스 방식, 분리 색인 액세스법 separate index access method의 약어.

sibling[síbliŋ] *n.* **형제, 제노드** 트리(tree)에서 부모(parents)가 같은 노드들.

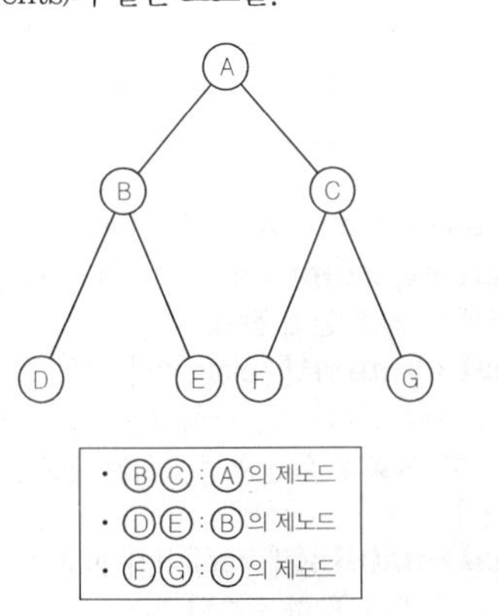

〈제노드의 예〉

SID (1) **세그먼트 식별자, 세그먼트 구별자** segment indentifier의 약어. (2) **기호 명령어 디버거** symbolic instruction debugger의 약어. 기계어 프로그램의 수정을 용이하게 하기 위한 프로그램.

side[sáid] **측, 사이드, 부(副)**

sideband[sáidbæ̀nd] *n.* **측파대** 변조 결과 반송파 주파수의 상하에 만들어지는 주파수대. 반송파를 W, 신호파를 S로 했을 때, $W \pm S$인 주파수를 측파대라고 하며, +(플러스)쪽을 고측파대, −(마이너스)쪽을 저측파대라고 한다.

sideband addressing[−ədrésiŋ] **사이드밴드 어드레싱** AGP의 기능 중 하나로 그래픽 프로세서와 시스템 사이에 추가 채널을 제공한다. ⇨ AGP

side circuit[sáid sə́ːrkit] **측면 회로** 가상 회로 집단에서 두 개의 실제 회로 중 하나.

side circuit loading coil[−lóudiŋ kɔ́il] **측면 회로 부하 코일**

side circuit repeating coil[−ripíːtiŋ kɔ́il] **측면 회로 중계 코일** 중계 코일의 일종으로, 측회선의 단말에서는 변성기로 작동하고 동시에 그 측회선 상에 중신(重信) 회선의 한쪽을 겹치기 위한 장치로서 작동하는 코일.

side effect[−ifékt] **부작용** 함수 절차의 실행에 의해서 발생되는 외부적인 작용이고, 함수의 결과값을 발생시키는 작용과는 다른 것을 말한다.

side effect of a function procedure[−əv ə fʌ́ŋkʃən prəsíːdʒər] **함수 절차의 부작용** 함수 절차의 실행에 의해서 발생되는 외부적인 작용으로, 함수의 결과값을 생기게 하는 작용과는 다른 것.

SideKick[sáidkìk] **사이드킥** 미국의 볼랜드 인터내셔널(Borland International) 사에 의해 개발된 IBM-PC를 위한 데스크 액세서리용 프로그램. 계산기, 간단한 에디터, 달력, 전화 번호부, 일정표 등의 기능을 가지고 있다.

sidelight[sáidlàit] **사이드라이트** 액정 패널의 측면에 광원을 설치하여 화면을 보기 쉽게 한 것 또는 그 광원. 노트북 PC에 내장된다.

side tone[sáid tóun] **측음, 혼신** 전화 통화중에 사용자의 송화기로 들어간 사용자의 소리나 주변의 소리가 사용자의 수화기를 통해 들리는 것.

sideway sum[sáidwèi sʌ́m] **측면 합** 위치를 고려하지 않고 자릿수에 따라 여러 가지 가중값을 붙여 더한 것.

Sierpinski curve 시어핀스키 곡선 가로, 세로, 사선의 8개의 선분에 대해, URD(n)aLUR(n)bDLU(n)cRDL(n)d의 관계로 그린 곡선. 선분 a, b, …, h의 길이는 모두 같고, 이것은 현재의 점으로부터의 상대 이동을 의미하고 있으며, 그 관계식은 다음과 같다(n=1, 2, …).

URD(n)=URD(n−1)aLUR(n−1)e
RDL(n−1)dURD(n−1)
LUR(n)=LUR(n−1)bDLU(n−1)f
URD(n−1)dLUR(n−1)
DLU(n)=DLU(n−1)cRDL(n−1)g
LUR(n−1)bDLU(n−1)
RDL(n)=RDL(n−1)dURD(n−1)h
DLU(n−1)cRDL(n−1)

단, n=0에서는 이동하지 않는 것으로 한다.

SIG 시그, 스페셜 인터레스트 그룹, 분과회 Special Interest Group의 약어. PC 통신 서비스에서 같은 관심 분야를 가진 회원끼리 일정한 사상이나 테마에 관해서 정보 제공이나 의견 교환을 하는 메뉴. 보통 시그라고 부르며 네트워크에 따라서는 포럼이라 부르는 경우도 있다.

SIGGRAPH 미국 컴퓨터 학회 컴퓨터 그래픽스 분과회 Special Interest Group on Computer Graphics의 약어. 미국 컴퓨터 학회(ACM)의 컴퓨터 그래픽스(CG) 분과회(SIG ; Special Interest Group). 약칭인 SIGGRAPH는 일반적으로는 동 분과회가 매년 미국 내에서 열리는 세계 최대의 컴퓨터 그래픽스 전시회를 가리킨다.

sight-check[sáit tʃék] **시각 검사, 시각 천공 검사** 펀치한 카드나 종이 테이프의 내용을 다시 한 번 프린터로 인쇄하여 내용을 읽어보는 방법으로 점검하는 것.

sigma term[sígmə tə́ːrm] **시그마 항**

sigma tree[–tríː] **시그마 트리**

sign[sáin] *n.* **기호, 사인** 수의 양(positive), 음(negative)을 표시하기 위한 플러스(+), 마이너스(−) 부호. (1) 컴퓨터의 내부에서 「음」의 수를 보수를 사용하여 나타낼 때는 이 부호는 존재하지 않거나 또는 최상위가 부호라고도 말할 수 있다. (2) 에너지 흐름 방향, 전압의 극성, 수치의 양·음 등을 구별하기 위한 부호로, +, −가 보통이다.

signal[sígnəl] *n.* **신호, 시그널** 전기나 자기, 광(빛) 등의 물리적 현상을 이용하여 정보의 송수신을 행하거나 정보를 축적할 수 있도록 한 것. 예를 들면 컴퓨터 시스템에서는 모든 정보를 「0」, 「1」로 고쳐서 전송하는 2진 코드(binary code)를 사용하고 있다. 이것을 디지털 신호(digital signal)라 한다. 이것은 전류가 흐른다, 흐르지 않는다 또는 스위치가 ON이다, OFF이다 라는 두 가지 상태를 갖는 현상을 이용하여 2진 코드의 데이터를 보내기 위한 신호이다. 이 2진 코드의 전송은 전기를 이용하여 각 디바이스 간에 전류가 흐른다, 흐르지 않는다에 따라서 「1」, 「0」을 정한다. 또 정보를 축적하기 위해서는 콘덴서에 전하를 축적하거나 자화(磁化)를 하는 물리적으로 정적인 상태의 변화를 이용하고 있다. RAM(random access memory)이나 자기 디스크(magnetic disk) 등은 이 방법에 의해 정보를 기록한다.

signal cable[–kéibl] **신호 케이블**

signal charge[–tʃáːrdʒ] **신호 전하**

signal component[–kəmpóunənt] **신호 성분**

signal conditioning[–kəndíʃəniŋ] **신호 조정** (1) 컴퓨터 주변 기기의 입력에 맞도록 변환기나 전송기의 출력을 조정하는 것. (2) 컴퓨터 내에서 이루어지는 선형화 및 제곱근의 추출과 같은 연산.

signal control[–kəntróul] **신호 제어**

signal conversion equipment[–kənvə́ːrʃən ikwípmənt] **신호 변환 장치**

signal converter[–kənvə́ːrtər] **신호 변환기** 데이터 전송을 할 때 송신 장치로부터의 데이터 신호를 전송에 적합한 전기 신호로 변환하는 송신 신호 변환 장치와 보내온 신호를 데이터 전송 수신 장치의 입력 신호로 변환하는 수신 신호 변환 장치에 대한 총칭.

signal converter housing[–háuziŋ] **변복조 기구 저장 장치, 신호 변환 기구 수납 장치**

signal detection theory[–ditékʃən θíəri(ː)] **SDT, 신호 검출 이론**

signal detector[–ditéktər] **신호 검출기** 잡음 등이 뒤섞인 신호파로부터 원신호를 판별 검출하는 장치.

signal distance[–dístəns] **신호 거리, 해밍 거리** hamming distance와 같은 뜻으로 사용되고 있다. 같은 어의 길이를 갖는 두 2진수의 대응하는 각 자리를 비교해 다르게 되어 있는 수. 예컨대 01011100과 11011111의 해밍 거리는 3이다.

signal distortion[–distɔ́ːrʃən] **부호 일그러짐** 전송계에 있어서 회로 등의 영향으로 부호 간 간섭이 생긴다. 그 영향도를 정량화한 것을 부호 일그러짐이라고 한다.

signal distribution[–distribjúː(ː)ʃən] **신호 분배**

signal distributor[–distríbju(ː)tər] **SD, 신호 분배기, 신호 분배 장치**

signal element[–éləmənt] **신호 소자** 정보의 전달을 행하는 신호를 구성하는 최소 구간의 신호 부분. 이 신호의 소자를 조합시켜 신호를 만들어낼 수 있다.

signal enabling[–inéibliŋ] **신호 부여** 작동이 시작될 수 있도록 하는 수단.

signal end point[–énd pɔ́int] **신호 단국** 공통선 신호 방식의 신호망 구성상 단말에 상당하는 국을 신호 단국(端局)이라고 한다. 신호 단국(SEP)은 통화로가 전화망과 연결되고 신호의 송수신이 공통선 신호 장치(CSE)를 넣어 공통 신호망과 연결되어 교환 동작을 한다. 또 SEP의 CSE는 서브채널에 접속하여 신호로의 설정에서는 동일한 신호로를 A면과 B면에 두 개 설정하여 신호망과 접속한다.

signal flow diagram[–flóu dáiəgræ̀m] **신호 흐름 도표**

signal flow graph[–grǽf] **신호 흐름 그래프**

signal format[–fɔ́ːrmæt] **신호 형식**

signal frequency noise[–fríːkwənsi(ː) nɔ́iz] **신호 주파수 잡음**

signal gain[–géin] **신호 이득**

signal ground[–gráund] **시그널 그라운드, 신호용 접지, 통신용 어스**

signaling[sígnəliŋ] **신호 전파** 적절한 매체를 통해서 신호를 전파하는 행위.

signaling rate[–réit] **신호 속도** 신호가 통신

회선을 통해 전달되는 속도.

signaling speed[–spíːd] **통신 속도** 통신로를 전송하는 신호 속도. 단위 소자의 계속 길이를 τ라 하면 그 역수 $1/\tau$로 빠르기를 나타낸다. 단위는 보(baud).

signaling system[–sístəm] **신호 방식**

signal intelligence system[sígnəl intélidʒəns sístəm] **신호 지능 시스템**

signal lamp[–lǽmp] **표시등**

signal level[–lévəl] **신호 레벨** 광학 문자 인식 용어로서 기록 바탕의 면적과 인쇄된 문자의 면적이 대조되는 비율로부터 발생한 전자 반응의 크기.

signal line[–láin] **신호선**

signal-noise ratio[–nɔ́iz réiʃiou] **S/N, S/N 비, 신호 대 잡음비** 신호 전압(또는 신호 전류, 신호 전력)과 잡음 전압(또는 잡음 전류, 잡음 전력)과의 비이며, 주로 데시벨(dB ; decibel)로 나타낸다.

signal normalization[–nɔ̀ːrməlaizéiʃən] **신호 정규화** ⇨ pulse regeneration

signal notation[–noutéiʃən] **신호 표기법** 신호 부호가 1일 때 회로가 실행되는 ENABLE의 경우와 같이 서로 다른 경우들을 구별하기 위해 각 장비에 따라서 여러 종류의 신호 표기법이 쓰인다.

signal operation[–àpəréiʃən] **신호 조작**

signal parameter[–pərǽmətər] **신호 파라미터**

signal probability[–pràbəbíliti(ː)] **신호 확립**

signal processing[–prásesiŋ] **신호 처리** 음성 인식에 있어서 마이크로폰과 같은 감지 장치에서 받은 데이터를 전기적 신호로 변환하여 컴퓨터에서 분석하는 과정. 대개의 경우에 음파가 음성 형태로 변환된다.

signal processing system[–sístəm] **신호 처리 시스템**

signal processor[–prásesər] **신호 처리 장치** FFT 등을 실행하는 신호 처리 전용의 대규모 집적 회로. 가입자선 신호, 중계선 신호 등의 신호 처리 및 원격계(遠隔系)의 처리를 하는 프로세서를 총칭하여 신호 처리 장치(SGP)라고 한다. SGP는 다음과 같은 프로세서로 분류할 수 있다. ① 중계선 신호 처리 장치(TSP ; trunk signaling processor) : 중계선과의 입출력 신호의 송수신 및 CNP에서의 제어 정보에 따라 트렁크 신호 장치(TSE)를 제어한다. TSP는 중계선의 규모에 따라 여러 개를 설치한다. ② 가입자선 신호 처리 장치(LNP ; line control procesor) : 가입자선과의 입출력 신호의 송수신 및 CNP에서의 제어 정보에 따라 가입자 회로, 집선 장치, 신호 장치(LSE)를 제어한다. LNP는 집선 장치의 규모에 따라 여러 대를 설치한다. ③ 공통선 신호 처리 장치(CSP ; common channel signaling processor) : 공통선의 입출력 처리를 한다. 전자 교환기에서는 이 처리를 CNP라 한다. ④ 원격 제어 장치(RNP)가 있다.

signal propagation time[–pràpəgéiʃən táim] **신호 전파 시간** 통신 매체 상의 어느 한 점에서 발생한 신호의 변화가 같은 신호 매체 상의 다른 점으로 전하는 데 필요로 하는 시간.

signal protection ratio[–prətékʃən réiʃiou] **신호 보호비**

signal quality[–kwáliti(ː)] **신호 품질**

signal quality detector[–ditéktər] **신호 품질 검출** 수신중인 데이터의 에러 확률이 높은가 여부를 데이터 전송 단말 장치에 나타내는 제어 신호 또는 그 상태. 일반적으로 ON 상태는 에러가 발생한 것으로 생각하지 않는다는 것을 나타낸다.

signal ratio[–réiʃiou] **신호율, 신호비** 넓은 뜻으로는 감지되는 목표물에 광선을 차단했을 때와 가리지 않았을 때 감광기에 나타난 빛의 비율을 말하며, 좁은 뜻으로는 어두울 때와 밝을 때의 감지기의 광전관 저항의 비율을 말한다.

signal recognition[–rèkəgníʃən] **신호 인식**

signal regeneration[–ridʒènəréiʃən] **신호 재생, 신호 재생성** 신호 변환의 일종이며, 원래의 명세와 일치하도록 신호를 원래대로 하는 기능.

signal reshaping[–riːʃéipiŋ] **신호 정형** 일그러진 신호 파형을 원형으로 되돌리는 것.

signal shaping[–ʃéipiŋ] **신호 변환** 최대값, 파형, 타이밍이라는 신호 중 하나 이상의 특성을 바꾸는 것.

signal shaping and filtering[–ənd fíltəriŋ] **신호 정형과 필터**

signal space[–spéis] **신호 공간**

signal speed[–spíːd] **통신 속도** ⇨ signaling speed

signal standardization[–stæ̀ndərdaizéiʃən] **신호 표준화** 일그러진 신호 또는 규격 미달의 신호를 규격에 적합한 형으로 변환하거나, 또는 그들을 이용하여 규격을 만족시키는 새로운 신호를 만들어 내는 것.

signal strength[–stréŋθ] **신호 강도** 광전관이나 자기 테이프 등과 같은 판독 장치에서 얻어진 신호의 진폭.

signal theory[–θíəri(ː)] **신호 이론**

signal-to-crosstalk ratio[–tu krɔ́(ː)stɔ̀ːk réiʃiou] **SX, 신호 대 누화비**

signal-to-interference ratio[–ìntərfí(ː)rəns réiʃiou] **S/I, 신호 대 혼신비**

signal-to-noise ratio[-nɔ́iz réiʃiou] **S/N, SN 비, 신호 대 잡음비** 희망하는 신호(signal)의 잡음을 포함한 전체 신호에 대한 비(比). 일반적으로 SN비는 데시벨(dB)로 표현되는 경우가 많다. 이것은 인간의 감각이 데시벨 표기에 비례하기 때문이다. 신호 전송로의 특성을 규정하는 가장 중요한 파라미터의 하나이다.

signal transformation[-trǽnsfərméiʃən] **신호 변환, 신호 파형** 최대값, 파형, 타이밍 신호 중 한 가지 이상의 특성을 바꾸는 것.

signal transit point[-trǽnsit pɔ́int] **STP, 신호 중계점**

signal transmission[-trænsmíʃən] **신호 전송**

signal unit[-jú:nit] **신호 유닛**

sign and currency symbol characters [sáin ənd kɔ́:rənsi(:) símbəl kǽrəktərz] **부호 및 통화 기호**

signature[sígnətʃər] *n.* **서명** 전자 메일과 컴퓨터 뉴스 그룹에서 메시지 전송자의 이름과 소속된 조직, 주소, 전자 메일 주소, 전화 번호 등이 들어 있는 3~4 줄 정도의 간단한 메시지를 말한다. 대부분의 시스템은 사용자가 전송하는 각 메시지의 끝에 이와 같은 파일이 자동으로 추가되도록 환경 설정을 할 수 있다.

signature analysis[-ənǽlisis] **기호 분석** 디지털 논리를 이루는 구성 요소들의 고장을 알아내는 방법으로, 마이크로프로세서를 이용한 제품에 가장 효과적이지만 일반적인 디지털 시스템에도 이용 가능하다. 근본적으로 이 기법은 신호를 추적하거나, 또는 긴 비트열을 4자리 16진법의 기호(signature)로 변환시키는 작업을 포함한다. 각 데이터 노드에서의 정확한 기호가 설명되어 있는 논리도나 구성도 및 고장 진단 트리의 도움을 받아 서비스맨은 정확한 입력 기호를 가지나 출력 기호가 잘못된 한 점을 발견할 때까지 반대로 추적해 갈 수 있다. 기호는 감식할 수 있는 피롬(PROM ; programmable read only memory)의 지시에 따라 추적된다. 제조 업자 시험 목적을 위해서 생산품의 응용 프로그램을 대체할 수 있는 PROM을 생산한다.

signature analyzer[-ǽnəlaizər] **기호 분석기** 기호 분석에 사용되는 서비스용 기기. ⇨ signature analysis

sign binary digit[sáin báinəri(:) dídʒit] **부호 2진수** 부호 위치를 차지하는 2진 숫자 또는 2진 문자로 그 수 표시가 표현하는 수의 대수 부호를 표시하는 것.

sign bit[-bít] **부호 비트** 부호를 표현하기 위한 비트. 보통 최상위 비트를 말한다. 양(+), 음(−)의 값을 가진 신호인 경우에 양 · 음을 표시하기 위해 사용되는 비트. 2진법 표시인 경우는 1단어의 선두가 부호 비트로 되는 것이 많다.

sign changing amplifier[-tʃéindʒiŋ ǽmplifàiər] **부호 교환 증폭기**

sign character[-kǽrəktər] **부호 문자, 부호 캐릭터** 부호 위치를 차지하는 문자이며, 그 수 표시가 표현하는 수의 대수 부호를 표시하는 것.

sign check[-tʃék] **부호 점검, 부호 검사** 산술 연산 중에 발생하는 부호의 변화를 탐색하여 기계를 정지시키거나 재점검을 위한 신호를 보내주는 것. 급료 프로그램에서 부호 점검은 공제가 소득을 초과하는 상태를 알아내는 데 사용되고, 또한 수입금, 지불금, 재고 및 일반 회계 응용에도 쓰인다.

sign check indicator[-índikèitər] **부호 검사 표시기** 어떤 숫자나 난의 부호에서 오류가 발생하면 그것을 감지하여 신호를 보내주는 장치.

sign comparator[-kʌ́mpərèitər] **부호 비교기** 두 수의 양(+), 음(−) 부호가 같은 부호인가의 여부를 비교하는 비교기.

sign condition[-kəndíʃən] **부호 조건** 어느 데이터 항목 또는 산술식의 대수적인 값이 제로보다 크든가 작든가 또는 제로와 같은가에 따라서 진리값이 정해지는 명제.

sign-control flip-flop[-kəntróul flíp flɑ́p] **부호 제어 플립플롭**

sign digit[-dídʒit] **부호 숫자, 부호 자리, 부호 자리 숫자** 수량의 대수적인 부호를 나타내는 데 사용하는 문자나 한 비트.

signed[sáind] *a.* **부호화된**

signed binary[-báinəri(:)] **부호화된 2진수**

signed constant[-kɑ́nstənt] **부호화된 상수**

signed decimal data[-désiməl déitə] **부호화된 10진 데이터**

signed field[-fí:ld] **부호화된 필드** 모든 숫자의 대수 부호를 나타내기 위해 지점 위치에 양, 음의 의미를 지닌 문자를 갖는 행.

signed integer[-íntədʒər] **부호화된 정수**

signed magnitude arithmetic[-mǽgnitjù:d əríθmətìk] **부호화된 크기 연산** 사칙 연산은 연산수의 절대값을 써서 계산하고, 결과의 부호는 따로 구하는 계산 방식. 2진 보수 연산(2' s complement arithmethic)과 대비된다.

signed term[-tɔ́:rm] **부호화된 항**

sign extend[sáin iksténd] **부호 확장** 시프트 인(shift-in)된 비트가 부호 비트와 같도록 보증하기 위해 시프트 중의 곱셈, 나눗셈 조작 동안에 사용되는 것.

sign extension [–iksténʃən] **사인 익스텐션, 부호 확장** 부호 비트를 고순위의 레지스터에 복사하는 것. 이 확장은 보통 1 또는 2의 보수 2진수로 수행된다.

sign flag [–flǽ(:)g] **부호 플래그** 중앙 처리 장치 내의 산술 논리 장치(ALU)에서 연산한 결과의 최상위 비트(MSB)의 값을 기억하는 플립플롭. 만일 연산 결과의 최대 유효 비트가 논리 1의 값을 갖는다면 논리 1이 되는 플립플롭.

sign flip-flop [–flíp flάp] **부호 플립플롭** 숫자의 대수 부호를 저장하는 데 사용되는 특정 플립플롭.

sign format [–fɔ́:rmæt] **부호 형식**

sign handling [–hǽndliŋ] **부호 조작** 숫자 필드의 데이터를 입출력할 때 부호 검사를 하여 +나 –의 부호로 하는 조작.

significance [signífikəns] *n.* **유의, 유효, 중요도** 위치 결정 표현에서 숫자 위치에 관계하는 계수이고, 각 숫자 위치에서 문자에 의해 표현되는 값에 각각의 계수를 곱해서 더하면, 이 표현에서의 실수값을 얻을 수 있는 것.

significance code [–kóud] **중요도 코드**

significance exception [–iksépʃən] **유효 숫자 예외**

significance start character [–stά:rt kǽrəktər] **유효 자릿수 개시 문자**

significance test [–tést] **중요도 테스트**

significant [signífikənt] *a.* **유의한, 유효한, 중요한**

significant allocation [–æ̀ləkéiʃən] **유의 할당** 프로그램의 실행중 영역 중에 할당된 기억 영역의 상태. 영역의 선두와 영역의 선두에서 가장 떨어진 미해방의 할당 간에 있는 모든 할당(해방되어 있는 것을 포함)을 유의 할당이라고 한다. 같은 크기의 할당이 같은 위치에 행하여지면 원래의 할당은 유의가 아니게 된다.

significant condition [–kəndíʃən] **유의 조건** 각 신호의 구성 요소를 특징짓는 조건. 2값의 디지털 신호에서는 전류가 흐르는 경우와 흐르지 않는 경우이다. **예** 2값 신호를 표시하기 위한 전류의 ON(1), OFF(0) 등

significant digit [–dídʒit] **유효 숫자, 유효 자리, 유효 자릿수** 측정이나 연산에 관계하여 그 측정 결과나 연산 결과의 정밀도를 주기 위한 숫자이며, 신뢰할 수 있는 숫자를 표시한다. 이 유효 숫자가 몇 행인가를 「유효 자릿수」라고 하며, 최상위 유효 숫자(most significant digit)로부터 최하위 유효 숫자(least significant digit)까지의 자릿수로 나타낸다.

[주] 수 표시에 있어서 주어진 목적에 대해 필요해지는 숫자. 특히 주어진 정확도 또는 정도를 유지하기 위해 필요한 숫자.

significant digit arithmetic [–əríθmətik] **유효 자릿수 연산, 유효 숫자 연산** 부동 소수점 표시법의 변형을 사용한 계산법으로 오퍼랜드의 유효 자릿수가 표시되고, 결과의 유효 자릿수는 오퍼랜드의 유효 자릿수, 실행되는 연산 및 유효 정밀도로부터 정해지는 것.

significant digit code [–kóud] **유의 숫자 코드, 표의(表意) 숫자 코드, 유효 숫자 코드** 대상이 되는 물체의 크기나 중량을 코드 일부에 숫자로 나타내는 것. 코드 번호의 일부에 그 코드 대상물의 품명, 특징, 중량, 크기, 용량, 길이 등의 부호를 꾸며 넣은 코드.

significant error [–érər] **유의성 오류**

significant event simulation [–ivént sìmjuléiʃən] **유의 사상 시뮬레이션**

significant figure [–fígjər] **유효 숫자** ⇨ significant digit

significant instant [–ínstənt] **유의 순간** 유의 상태가 변화하는 순간. 예를 들면 마크(1)에서 스페이스(0) 또는 스페이스(0)에서 마크(1)로의 변환점이다. 전압이 0볼트인지 아닌지, 스위치가 ON인지 OFF인지 등 두 가지 상태에 의해 0, 1의 두 가지 부호를 전송하는 경우, 이 부호의 유의 조건이 변화하고 다른 유의 조건이 될 때까지의 간격을 「유의 순간」이라고 하며, 그 동안은 상태가 안정되지 않고, 두 유의 조건 사이를 왔다갔다 한다.

[주] 유의 조건이 변화하는 순간, 예를 들면 전류의 ON에서 OFF 또는 OFF에서 ON으로의 변환점 등.

significant interval [–íntərvəl] **유의 간격** 신호의 각 엘리먼트의 유효 상태가 유지되는 시간. 전송되고자 하는 신호와 암호에 의해 주어진 중요 상태가 전송되는 시간 간격 또는 전송되는 시간 간격을 의미한다.

signification [sìgnifikéiʃən] *n.* **유의** 숫자 자리 표시에서 각 자리마다 정해진 계수로 각 자리의 숫자에 이것을 곱해서 얻어진 값을 모두 합함으로써 수를 표현하는 것.

significant part [signífikənt pά:rt] **유효 부분**

sign magnitude [sáin mǽgnitjù:d] **부호 절대값**

sign off [–ɔ́(:)f] **종료 신호, 사인 오프** 시분할 시스템(time sharing system)에서 단말을 호스트 컴퓨터로부터 분리하는 일. 사인온으로 호스트 컴퓨터와 연결되면 세션이 개설된 것이다. 로그아웃, 로그오프라고도 한다.

sign on [–ɔ(:)n] **개시 신호, 사인온** 시분할 시스템(TSS)에서 단말을 호스트 컴퓨터에 연결하는 일.

사인온으로 세션이 개설되고, 사인오프에 의해 세션이 종료되어 호스트 컴퓨터에서 분리된다.

sign on display[−displéi] **개시 신호 화면**

sign on verification[−vèrifikéiʃən] **개시 검증** 관련된 최종 사용자를 식별하는 것.

sign part[−pɑ́ːrt] **부호부**

sign position[−pəzíʃən] **부호 위치, 사인 포지션, 부호 자리** 숫자의 부호가 놓인 위치. 즉, 수의 양(+), 음(−)을 별도로 표시하는 자릿수 위치.

sign propagation[−prɑ̀pəgéiʃən] **부호 전파(傳播)**

sign-reversing amplifier[−rivə́ːrsiŋ ǽmplifɑ̀iər] **부호 전환 증폭기** 입력 전압과 크기는 같으나 반대 부호의 출력을 꺼내는 특수한 아날로그 컴퓨터 증폭기.

sign test[−tést] **부호 테스트**

SIG operator ⇨ SIG

SIGP 프로세서 신호(명령) signal processor의 약어.

silicon[sílikən] *n.* **실리콘** 가장 많이 사용되고 있는 반도체. 원소 기호는 Si.

Silicon Alley 실리콘 앨리 인터넷 컨텐츠 업체를 비롯한 각종 뉴미디어 업체가 밀집되어 미디어 산업을 주도하는 뉴욕 맨해튼을 일컫는다. 미국의 서부 캘리포니아가 디지털 신기술을 내세운 벤처 기업의 요람 실리콘 밸리를 가지고 있다면 기술보다는 기존 미디어와의 결합을 통해 컨텐츠에 치중하는 것이 실리콘 앨리의 특징이다. 앨리란 골목길이란 의미. 90년대 중반 들어 뉴욕의 경기가 전반적으로 침체기를 겪게 되자, 맨하튼 41번가의 빈 사무실에는 인터넷 관련 비즈니스 종사자들이 입주하기 시작했는데, 이를 계기로 형성된 것이 실리콘 앨리이다.

silicon chip[−tʃíp] **실리콘 칩** 하나의 실리콘 기판에 다 들어가도록 만들어진 IC나 LSI.

silicon-controlled rectifier[−kəntróuld réktifɑ̀iər] **SCR, 실리콘 제어 정류기, 사이리스터** 전력 회로에 쓰이는 4층 구조의 반도체 소자로 스위치에 사용된다.

silicon diode[−dɑ́ioud] **실리콘 다이오드** 불순물의 농도가 아주 적은 실리콘 단결정으로 만든 다이오드로, 마이크로파용과 전력 정류용이 있다.

silicon disk[−dísk] **실리콘 디스크** RAM을 기억 장치로 사용하는 디스크 장치. 확장 보드에 메모리를 배치하고 장치 드라이버에서 디스크 장치로 인식시키면 하드 디스크와 동일하게 조작할 수 있다. 기계적 동작 구분이 없어 내구성, 내진동성이 뛰어나다는 이점도 있지만, 데이터를 전기로 유지하기 때문에 배터리에 의한 전원 공급이 필요하고 고가라는 단점이 있다. 최근에는 액세스 속도와 바꿔쓰기 횟수에 제한은 있지만, SRAM보다 저렴하고 전원 공급이 불필요한 플래시 메모리가 보급되고 있다.

Silicon Graphics Inc.[−grǽfiks inkɔ̀ːrpəréiʃən] **실리콘 그래픽스 사** 주로 3차원 그래픽 및 애니메이션을 위한 고성능 워크스테이션을 생산하는 미국의 업체.

silicon-on-insulator[−ən ínsjulèitər] ⇨ SOI

silicon-on-sapphire technology[−sǽfɑiər teknɑ́lədʒ(ː)] **사파이어 실리콘 기술** 사파이어의 단결정 상에 실리콘 단결정을 성장시킨 것으로 집적 회로를 만드는 기술.

silicon operating system[−ɑ́pərèitiŋ sístəm] **실리콘 운영 체제** 컴퓨터의 운영 체제를 IC 등을 써서 하드웨어로 구성한 것.

silicon transistor[−trænzístər] **실리콘 트랜지스터** 실리콘을 소재로 하는 트랜지스터.

Silicon Valley[−vǽli(ː)] **실리콘 밸리** 미국 캘리포니아 연안 일대의 계곡 지대에 대한 별칭으로, 반도체 관련 기업이 대규모로 진출해 있다. Fairchild 사를 비롯하여 반도체 공장 등의 전자 공업이 집중해 있기 때문에 이렇게 불리게 되었다. 컴퓨터 공업에서도 가장 주목을 받고 있는 지대이다.

silicon wafer[−wéifər] **실리콘 웨이퍼** 집적 회로를 구성할 실리콘 원판. 실리콘의 원기둥 모양의 이곳을 0.2mm 정도로 얇게 슬라이스(slice)한 것. 후에 산화, 확산 에칭 등을 하여 IC, LSI의 실리콘 기판이 된다.

SIM 순차 추론 기계 sequential inference machine의 약어. ⇨ sequential inference machine

Sim City 심 시티 미국 MAXIS 사의 시뮬레이션 게임. 가상 도시의 시장이 되어 대도시를 목표로 하여 도시를 발전시키는 게임. 비슷한 게임으로 「Sim Earth」, 「Sim Ant」, 「Sim Town」, 「Sim City 3000」 등이 있다.

SIMD 단일 명령 다중 데이터 처리 single instruction multiple data stream의 약어. 컴퓨터의 처리 형태를 명령과 데이터에 착안해서 분류한 경우의 한 형태. 한 명령으로 여러 개의 데이터를 처리하는 컴퓨터. 병렬 처리 컴퓨터(예를 들면 ILLIAC IV)가 이 형태에 해당한다. 반대로 여러 명령으로 단일 데이터 흐름을 처리하는 방식을 MISD라고 하고, 파이프라인 컴퓨터가 이 형태에 속한다.

SIMD processor 단일 명령 다중 데이터 프로세서

SIMD structure 단일 명령 다중 데이터 구조 한 개의 명령으로 동시에 여러 개의 데이터 항목을 처리하는 병렬 처리 컴퓨터의 구조.

SIMM 심 single in-line memory module의 약

어. 작은 기판에 RAM 칩을 여러 개 꽂고, 접속 단자를 기판 한쪽에 몰아서 낸 것. 필요한 기억 장치를 구성하기 위해 사용된다.

simple[símpl] *a.* **단순한, 알기 쉬운, 최급하기 쉬운, 사용하기 쉬운, 간결한, 단순한** 구조나 절차가 단순하고 취급하기 쉬운 것.

simple absolute expression[–ǽbsəlù:t ikspréʃən] **단순 절대식, 단순 절대 표현식**

simple alpha expression[–ǽlfə ikspréʃən] **단순 문자식**

simple arithmetic expression[–əríθmətìk ikspréʃən] **단순 산술식, 단순 연산식, 단순 연산 표현식**

simple attribute[–ǽtribjù:t] **단순 속성** 단순 도메인 위에서 정의된 속성.

simple Boolean **단순 논리식**

simple Boolean expression **단순 논리식**

simple Boolean method **단순 불 대수적 방법**

simple buffering[–bʌ́fəriŋ] **단순 완충법, 단순 버퍼링, 단순 버퍼 방식** 컴퓨터가 프로그램을 실행하고 있는 사이 완충 기억 장치를 할당해두는 방식. 버퍼 제어 기법의 하나로서 버퍼를 하나의 데이터 제어 블록에 할당하여 그 데이터 제어 블록이 닫혀질(close) 때까지 할당된 그대로 두는 기법.

simple checkpoint[–tʃékpɔ̀int] **단순 검사점**

simple concatenation[–kɑnkæ̀tənéiʃən] **단순 연결**

simple condition[–kəndíʃən] **단순 조건** 비교 조건, 자류(字類) 조건, 조건명 조건, 스위치 상태 조건 또는 부호 조건.

simple conditional expression[–kəndíʃənəl ikspréʃən] **단순 조건식, 단순 조건 표현식**

simple correlation[–kɔ̀(:)rəléiʃən] **단순 상관** ⇨ correlation

simple cycle[–sáikl] **단순 사이클** 처음과 마지막 정점이 같고 나머지 정점들이 서로 다른 단순 경로.

simple data type[–déitə táip] **단순 데이터형** 어떤 프로그래밍 언어가 제공하는 기본적인 데이터형. 일반적으로 정수형, 실수형, 문자형, 불형을 포함한다.

simple domain[–douméin] **단순 도메인** 도메인의 모든 원소가 원자값인 도메인을 의미한다.

simple expression[–ikspréʃən] **단순식, 단순 표현식** 간단한 수식으로서 연산자를 하나만 갖는 수식.

simple graph[–grǽf] **단순 그래프** 루프(loop)가 없고 두 정점 사이에 두 개 이상의 간선이 없는 그래프.

simple hierarchical indexed sequential access method[–hàiərɑ́:rkikəl indékst sikwénʃəl ǽkses méθəd] **simple HISAM, 단순 HISAM, 단순 계층 색인 순차 액세스 방식**

simple hierarchical sequential access method **simple HSAM, 단순 HSAM, 단순 계층 순차 액세스 방식**

simple HISAM **단순 HISAM, 단순 계층 색인 순차 액세스 방식** simple hierarchical indexed sequential access method의 약어.

simple HSAM **단순 HSAM, 단순 계층 순차 액세스 방식** simple hierarchical sequential access method의 약어.

simple inclusion[–inklú:ʒən] **단순 포함**

simple insertion[–insə́:rʃən] **단순 삽입** 편집되는 항목 내에서 PICTURE 구의 문자열 중의 편집 문자와 같은 위치에 지정한 삽입 문자를 삽입하는 것. PICTURE 구로 지정하는 편집 방법의 하나로 콤마, 공백, 제로 또는 사선을 삽입 문자로 사용한다.

simple insertion character[–kǽrəktər] **단순 삽입 문자**

simple insertion editing[–éditiŋ] **단순 삽입 편집**

simple join graph[–dʒɔ́in grǽf] **단순 조인 그래프** 전체 조인 그래프가 분할되어 있고 각 부속 그래프는 하나의 간선만 갖는 조인 그래프.

simple list[–líst] **단순 리스트**

simple mail transfer protocol[–méil trænsfə́:r próutəkɔ(:)l] ⇨ SMTP

simple Markov chain **단순 마르코프 연쇄**

simple Markov process **단순 마르코프 과정** 현재, 어느 사상(事象)을 일으킬 확률이 이전의 시행 결과에 영향을 주는 경우가 있는데, 유한 회 시행보다 앞의 시행에는 영향을 주지 않도록 한 확률 과정을 마르코프 과정이라 하고, 그 중에서 바로 앞의 시행에만 영향을 주고 그보다 앞에는 영향을 주지 않는 확률 과정을 단순 마르코프 과정이라 한다.

simple multiattribute utility procedure [–mʌ̀ltiǽtribjú:t ju(:)tíliti(:) prəsí:dʒər] **SMAUP, 단순 다속성 효용 절차**

simple name[–néim] **단순명** 보통 1문자로부터 8문자 정도의 영문자명을 말하며, 데이터 세트(data set)의 명칭 혹은 변수(variable)의 명칭으로 사용된다. SAMPLE-A1인 경우 「–」라는 기호에 의해 「SAMPLE」과 「A1」이라는 두 가지의 단순명을 결합한 것이 된다.

simple parameter[−pərǽmətər] **단순 파라미터**

simple path[−pɑ́:θ] **단순 경로** 그래프에서 처음과 마지막 정점을 제외한 모든 정점들이 서로 다른 경로.

simple perceptron[−pərséptrɑn] **단순 퍼셉트론**

simple polygon[−pɑ́ligɑn] **단순 다각형** 연속한 두 변 이외에는 어떤 두 변도 교차하지 않는 다각형 혹은 그 내부를 이루는 점의 집합.

simple polytope[−pɑ́litòup] **단순 다면체** 각 꼭지점이 정확히 d개의 면에 인접한 d-다면체.

simple precedence grammar[−présədəns grǽmər] **단순 순위 문법** 상향 구문 해석을 위해서 사용되는 문법의 하나. 문맥 자유 문법의 생성 규칙의 우변 중에서 서로 인접하여 나타나는 모든 종단 기호와 비종단 기호에 대해서 순위를 정할 수 있고, 이 순위를 기초로 환원을 원래대로 행할 수 있는 문법.

simple precedence language[−lǽŋgwidʒ] **단순 순위 언어** 단순 순위 문법에 의해 생성되는 언어. 스택과 순위 관계표로부터 핸들을 찾아내어 환원을 하는 상향 해석계에 의해 구문 해석을 할 수 있다.

simple query[−kwí(:)ri(:)] **단순 질의** 초기의 지역 처리를 거친 다음 모든 릴레이션들이 이 릴레이션들을 조인하는 데 사용될 속성 하나만으로 이루어지는 질의.

simple random sampling[−rǽndəm sǽ:mpliŋ] **단순 임의 표본 추출법** 임의 표본 추출법 중 가장 기본적인 방법.

simple skill[−skíl] **단순 스킬**

simple statement[−stéitmənt] **단순 문장, 단순 스테이트먼트** 복합 문장과 상대되는 것으로서 한 번의 실행으로 끝마치는 문장을 의미한다.

simple structure[−strʌ́ktʃər] **단순 구조** 실행을 개시할 때 프로그램 전체가 가상 기억 상에 적재되고 실행되는 프로그램 구조.

simple terminal writer[−tə́:rminəl rɑ́itər] **STW, 기장기(記帳機), 단순 단말 기록기** 은행 등 금융 기관에서 통장 등에 인자 처리를 하는 장치.

simple time-averaged current[−tɑ́im ǽvəridʒid kə́:rənt] **단순 시간 평균 전류**

simple variable[−vέ(:)riəbl] **단순 변수**

simplex[símpleks] *n.* **일방, 심플렉스** 다음 몇 가지의 의미로 사용된다. (1) 단방향의(단신의) : 미리 정해진 한쪽 방향으로만 전송이 가능한 데이터 회선 상에서 행해지는 데이터 전송. 데이터 통신의 경우에 통신단(通信端) a, b가 있을 때 a에서 b, b에서 a의 어느쪽 방향으로도 통신이 가능하지만 양방향 동시에는 통신할 수 없는 방식을 말한다. 또한 이 방식 중 통신의 방향이 항상 a에서 b 또는 b에서 a의 어느 쪽이든 하나인 경우를 단향 단신이라 한다. 이중 통신(duplex transmission)과 대비된다. (2) 온라인 중앙측의 기기 구성으로 예비 컴퓨터를 설치하지 않고, 컴퓨터 본체 한 대만으로 한 시스템 구성을 가리키는 경우가 있다. 비용은 싸지만 컴퓨터 본체에 고장이 발생하면 시스템이 전면 정지해 버릴 염려가 있다. 이중 시스템(duplex system)과 대비된다. (3) 선형 계획법의 해석에 사용되는 수법의 한 가지로 알려진 심플렉스법(simplex method)을 가리키는 경우도 있다.

simplex algorithm[−ǽlgərìðm] **심플렉스 알고리즘**

simplex channel[−tʃǽnəl] **단신 통신로** 단방향으로만 통신 가능한 통신 회로.

simplex circuit[−sə́:rkit] **단향식 회로, 단신 회로** 전신 회선의 하나. 회선을 구성하는 왕복 도체 중 한쪽은 2선식 전화 회선을 양단에 있는 트랜스 코일의 중앙에서 탭을 꺼내서 사용하고, 또 한쪽은 어스 리턴을 사용하는 것.

simplex code[−kóud] **심플렉스 코드**

simplex communication[−kəmjù:nikéiʃən] **단신 통신**

simplex communication system[−sístəm] **단신 통신 방식** 송신과 수신에 동일 주파수를 사용하여 송신중에는 수신기를, 수신중에는 송신기를 동작시키지 않고 송수신 상태를 교대로 전환하여 통신하는 방식.

simplex criterion[−krɑití(:)riən] **단체 판정 기준**

simplex/duplex MODEM[−djúpleks móudem] **일방/양방 전산 통신기** (1) 통신단 A, B가 있을 때 A로부터 B와 B로부터 A의 어느 방향으로도 통신할 수가 있으나 양방향 동시에는 통신할 수 없는 방식. (2) 온라인 시스템을 구성할 때 한 대의 컴퓨터로 구성되는 것.

simplex method[−méθəd] **단체법(單體法), 심플렉스법, 단방향법** 선형 계획법에 사용되는 수법의 한 가지. 이 방법은 하나의 가능 기저해(基底解)로부터 출발하여 적절한 기저 변수의 교체와 그것에 따르는 피벗 연산을 행하여 목적 함수의 값을 최대(또는 최소)로 하는 기저 변수와 그 값을 구한다.

simplex mode[−móud] **심플렉스 모드, 단신 모드** 통신로를 단방향으로만 이용하고 반대 방향의 통신 기능을 가지고 있지 않은 통신 방법. ⇨ simplex system

simplex operation [−ɑ̀pəréiʃən] **단향 동작,**

단신 동작

simplex system[–sístəm] **단방향 시스템, 심플렉스 시스템, 단신 시스템** 예비용 컴퓨터를 가지지 않은 한 대의 컴퓨터 시스템. 값이 싸고 두 대 이상의 컴퓨터를 연결하여 복잡한 프로그램을 필요로 하지 않지만, 중앙 처리 장치가 사용 불능이거나 보수를 할 때는 시스템이 완전히 다운된다. 예비를 갖는 경우에는 듀플렉스 시스템(duplex system)이라고 한다.

simplex tableau[–tǽblou] **단체표, 심플렉스 태블로, 심플렉스표**

simplex transmission[–trænsmíʃən] **단방향 전송** 미리 지정된 한 방향으로만 전송이 가능한 데이터 회선 상에서 행하여지는 데이터 전송.

simplified language[símplifàid lǽŋgwidʒ] **간이 언어** 컴퓨터 프로그래밍에 대한 지식이 없는 사람도 쉽게 프로그램을 작성할 수 있도록 개발된 컴퓨터 언어. 종래의 일반적인 프로그래밍과는 아주 달라서 종래 형식에서 보면 프로그램을 작성하고 있지 않은 것처럼 보이므로 「논프로그래밍 언어」라고도 하지만, 전혀 프로그램을 작성하지 않는 것은 아니다. 각종의 파라미터 언어 등이 간이 언어에 해당되는데, 대개 논리 과정의 고안·기술을 필요로 하지 않는 비절차 언어 형식을 취하고 있다. 현재의 간이 언어는 쓰기 편하게 고안되어 있다.

simply interactive PC 초간편 PC ⇨ SIPC

Simpson's formula 심프슨 공식 수치 적분의 한 방법. 주어진 함수를 2차 또는 3차 다항식에 적용하여 근사(近似)하고, 정적분의 근사값으로서 그러한 다항식의 적분값 합을 취하는 방법.

SIMS 공유 정보 관리 시스템 shared information management system의 약어.

SIMSCRIPT 심스크립트 simulation scriptor의 약어. (1) 이산형 시뮬레이션을 위한 프로그램을 기술하기 위해 1960년대 초기에 미국 RAND 사에서 개발한 프로그래밍 언어(programming language)이다. SIMSCRIPT에서는 시스템을 실체(entity), 속성(attribute), 집합(set)으로 기술할 수 있다. 예를 들어 실체는 PERSON이며, 속성은 ADDRESS, AGE, SEX이고, 집합은 ACM, IEEE, SIAM 등으로 생각한다. 기술 방법은 이용자가 시스템의 행위를 표시하는 한 조의 스테이트먼트를 기입해간다. 이 언어는 외관상 FORTRAN과 유사하다. (2) 일반적으로 시뮬레이션 소프트웨어는 크게 나누어 연속형과 이산형으로 이루어진다. SIMSCRIPT는 이산형 시뮬레이션 언어이며, 그 밖에 대표적으로 SIMSCRIPT와 함께 보급되고 있는 것으로 GPSS(general purpose systems simulation)가 있다. GPSS는 블록 다이어그램(block diagram)의 어프로치를 취하므로 가장 유명하고, 다른 언어와 기본적으로 시스템 구조와 행위의 표현 방법이 다르다.

Simtel[símtèl] **심텔** 심텔은 인터넷 상에서 CD-ROM에 관한 정보를 제공해주는 Walnet Creek의 홈페이지에서 함께 볼 수 있다. 주로 셰어웨어(shareware), 공개 프로그램, 업그레이드 정보들을 알려주는 온라인 뉴스 채널이다. 주명칭은 Simtel Network이고, MS-News Manager로 불린다. 원래는 FTP 방식으로만 운용하던 것을 WWW에서도 제공하고 있다. 주로 마이크로소프트 사의 운용 체제인 OS와 윈도 3.1, 윈도 95와 관련된 업그레이드된 소프트웨어 정보 및 자료들을 올려놓은 것을 볼 수 있다. 이 사이트의 운용 방식은 각 개발업체에서 이곳으로 업그레이드된 정보와 함께 데이터를 업로드하고, 심텔은 그 정보를 사이트에 올림과 동시에 전자 메일로 각 사용자에게 전달하는 것이 이 사이트의 특징이다. 대부분의 온라인 뉴스들이 주로 단편적인 정보를 사이트에 올려놓고 사용자들에게 보라는 식인데, 심텔은 그 정보를 시시각각 사용자들에게 자동으로 전달해준다는 것이 장점이다. 또한 그 정보를 인터넷을 이용해볼 수 있을 뿐 아니라 일반 PC 통신에서도 자유롭게 이용할 수 있다.

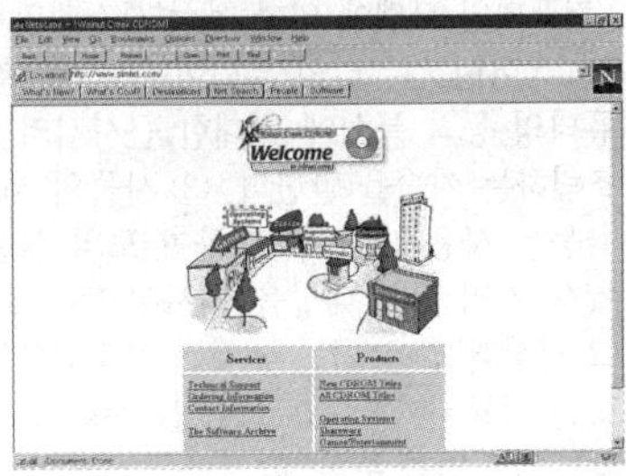

〈심텔의 초기 화면〉

SIMULA 시뮬러, 시뮬레이션 언어 simulation language의 약어. 이산형 시뮬레이션 언어로 개발되었으며, 현재 보급되어 있는 SIMULA 67은 범용 언어로 사용되고 있다. SIMULA가 가진 태스크 개념은 추상 데이터형을 어느 정도 실현하고 있어 이후의 이른바 목적 중심 지향 언어에 영향을 주고 있다.

simulate[símjulèit] *v.* **시뮬레이트하다, 모의 실험하다** 실제로는 시뮬레이션(simulation)형으로 사용된다. (1) 물리적 또는 추상적인 시스템 동작의 특색을 다른 시스템 동작에 의해 닮게 하는 것. 예를 들면 물리적 현상을 컴퓨터로 재현하거나 어떤 컴퓨터의 동작을 별도의 컴퓨터 동작으로 표현하는 장치나 시스템, 프로그램 기능을 다른 것으로 표현하는 것이다. 여기에는 생물 시스템을 수학적 모델로 표현하는 것 등도 가리킨다. (2) 컴퓨터 시스템이나 여러 가지 제어 장치를 조합해 현실의 프로세스를 모의적으로 행하는 시스템을 시뮬레이터(simulator)라 한다. 예를 들면 항공기 조종을 훈련하기 위한 것을 플라이트 시뮬레이터(flight simulator)라고 한다. 또한 시뮬레이트(simulate)하는 데 대한 정의는 물리적 또는 추상적인 시스템의 행동 특징을 다른 시스템 행동으로 표현하는 것이다. 예 1. 컴퓨터에 의해 행해지는 연산에 의해 물리 현상을 표현하는 것. 2.어떤 컴퓨터의 연산을 다른 컴퓨터의 연산으로 표현하는 것으로 되어 있다.

simulated attention[símjulèitəd əténʃən] **의사(疑似) 어텐션** 어텐션 기능을 가지고 있지 않은 단말 장치에서 미리 등록해둔 문자열을 써서 어텐션 키를 누른 경우와 같은 효과를 나타내는 것.

simulated real-time on-line operation [–ríːəl táim ɔ́n làin àpəréiʃən] **의사 실시간 온라인 운용** 데이터 처리 결과가 실제 작업에 유용하도록 실제 처리 과정과 동기화하여 데이터를 처리하는 것.

simulating the multiplexer[símjulèitiŋ ðə mʌ́ltiplèksər] **멀티플렉서 모의 실험** 멀티플렉서를 모의 실험하는 실험용 프로그램.

simulation[sìmjuléiʃən] *n.* **현상 실험, 시뮬레이션** (1) 컴퓨터와 모델에 의한 현실 시스템의 표현을 말한다. (2) 어떤 컴퓨터의 루틴이나 프로그램을 다른 컴퓨터의 동작 특성에 최대한 근사시켜 모의적으로 조립하는 기술을 말한다. (3) 사물의 제현상을 컴퓨터 등을 사용하여 모델화하여 모의 실험을 행하는 것을 가리킨다. 대상을 의사적으로 실행하는 데는 그 사상과 같은 기능을 갖는 프로그램(시뮬레이터 또는 시뮬레이션 프로그램)을 준비하고, 실제와 걸맞는 데이터를 주어 그 결과를 실제의 사상 변화에 대응시킨다. 시뮬레이션은 과학 기술 계산이나 플랜트 엔지니어링에서의 프로세스 제어 등으로 흔히 사용된다. 시뮬레이션을 행함에 있어 일반적으로 사용되는 언어로는 FORTRAN, ALGOL 등을 들 수 있다. 그러나 기술하기 어려운 시스템도 많으며, 그 때문에 시뮬레이션 중심의 프로그래밍 언어가 개발되고 있다. 시뮬레이션 언어는 크게 나누면 연속형과 불연속형으로 나누어진다. 연속형 시뮬레이션 시스템으로서 대표적인 것으로 CSMP(continuous system modeling program)가 있고, 불연속형으로는 GPSS(general purpose simulation system), SIMSCRIPT(simulation scriptor) 등을 들 수 있다.

[주] 물리적 또는 추상적 시스템의 특정 동작의 특성에 관계하는 다른 시스템에 의한 표현. 예 1. 데이터 처리 시스템에 의한 연산을 수단으로 한 물리 현상의 표현. 2. 데이터 처리 시스템의 연산에 관계하는 다른 데이터 처리 시스템에 의한 표현.

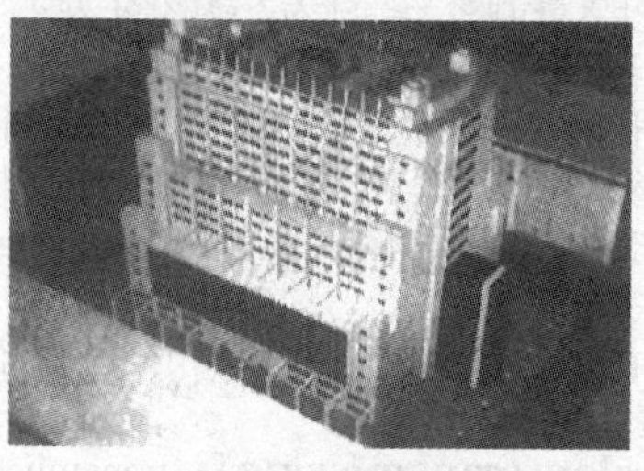

〈건축 시뮬레이션〉

simulation aided design[–éidəd dizáin] **시뮬레이션 이용 설계**

simulation analysis[–ənǽlisis] **시뮬레이션 해석**

simulation configuration[–kənfìgjuréiʃən] **시뮬레이션 구성**

simulation control[–kəntróul] **시뮬레이션 제어**

simulation cost model[–kɔ́(ː)st mádəl] **SCM, 시뮬레이션 비용 모델**

simulation debugger[–diːbʌ́(ː)gər] **시뮬레이션 디버거, 시뮬레이션 오류 수정기** 다른 기계에서 수행하기 위해 작성한 프로그램의 오류 검출을 한 기계에서 시뮬레이션을 이용해 쉽게 할 수 있는 오류 수정기.

simulation engineering[–èndʒəníəriŋ] **시뮬레이션 공학**

simulation executive[–igzékjutiv] **시뮬레이션 관리**

simulation experiment[–ikspérimənt] **시뮬레이션 실험**

simulation facility[–fəsíliti(ː)] **시뮬레이션 기능**

simulation fidelity[–fidéliti(ː)] **시뮬레이션 충실성**

simulation game[–géim] **시뮬레이션 게임**

simulation input devices[–ínpùt diváisiz] **시뮬레이션 입력 장치** ⇨ input device, simulation

simulation language[–lǽŋgwidʒ] **SIMULA, 시뮬러, 시뮬레이션 언어** 시뮬레이션을 행하기 위한 고수준의 컴퓨터 언어. 시뮬레이션 프로그램을 일반 프로그래밍 언어로 쓰려고 하면 매우 복잡하게 된다. 동작 대상, 표현이나 상호 관계하는 활동이 일어나는 순서의 제어 등을 쉽게 하는 시뮬레이션에 적합한 프로그래밍 언어이다. 일정 계획이나 대기 행렬 문제에 적당한 GPSS나 대규모적 경제 시

스템의 시뮬레이션에 적합한 DYNAMO 등이 대표적이다. ⇨ SIMULA

simulation management system[–mǽnidʒmənt sístəm] **시뮬레이션 관리 시스템**

simulation model[–mɑ́dəl] **시뮬레이션 모델** 시뮬레이션을 하기 위해 설정한 모델로서 수식으로 정식화되는 것이 통례이다. 실재(實在)하는 대상이나 현상을 해석하고 그 특성을 연구하기 위해 실물이 아니라 실물의 모의 표현을 이용하는 것을 시뮬레이션이라 하고, 그 모의 표현을 시뮬레이션 모델이라고 한다. 이것에는 구체적인 물건으로 표현되는 물리적인 모델과 수치의 집합이나 변수 등으로 구성되는 수학적 모델이 있지만, 오늘날에는 컴퓨터의 발달에 따라 고속 연산, 기억 능력을 이용한 수학적 모델에 의한 시스템의 모의 표현이 보급되고 있다.

simulation oriented language[–ɔ́(ː)riəntəd lǽŋgwidʒ] **SOL, 시뮬레이션 지향 언어** ALGOL을 기본으로 하는 범용 시뮬레이션 언어의 일종.

simulation parameter[–pərǽmətər] **시뮬레이션 파라미터**

simulation programming language[–próugræmiŋ lǽŋgwidʒ] **시뮬레이션 언어** 현실 세계를 시뮬레이션하는 데 사용되는 프로그래밍 언어. SIMULA나 DYNAMO 등이 그 예이다.

simulation roll playing game[–róul plé(i)əiŋ géim] **시뮬레이션 롤 플레잉 게임** ⇨ SRPG

simulation science[–sɑ́iəns] **시뮬레이션 과학**

simulation scriptor[–skríptər] **SIMSCRIPT, 심스크립트** ⇨ SIMSCRIPT

simulation software[–sɔ́(ː)ftwɛ̀ər] **시뮬레이션 소프트웨어**

simulation structure [–strʌ́ktʃər] **시뮬레이션 구조**

simulation system [–sístəm] **시뮬레이션 시스템**

simulation theory [–θíəri(ː)] **시뮬레이션 이론**

simulation trial and error design[–trɑ́iəl ənd érər dizɑ́in] **시뮬레이션 시행 착오 설계**

simulation verification[–vèrifikéiʃən] **시뮬레이션 검증**

simulator[símjulèitər] *n.* **시뮬레이터, 모의 실험 장치** 시뮬레이션을 하기 위한 장치 또는 프로그램 언어. 현실 과정의 시뮬레이션을 행하고, 여러 가지 요인에 의해 발생하는 문제를 풀기 위한 소프트웨어 또는 하드웨어 시스템. 예를 들면 마이크로프로세서의 논리 연산의 에뮬레이트(emulate), 시뮬레이션을 행하는 프로그램. 이와 같은 프로그램을 시뮬레이터 루틴이라고도 한다. 또 이 프로그램을 작성하기 위해 만들어진 언어를 시뮬레이션 언어라고 한다. ⇨ simulator

simulator configuration management [–kənfìgjuréiʃən mǽnidʒmənt] **시뮬레이터 구성 관리**

simulator/debug utility[–diːbʌ́(ː)g ju(ː)tíliti(ː)] **시뮬레이터/디버그 유틸리티**

simulator hardware[–hɑ́ːrdwɛ̀ər] **시뮬레이터 하드웨어**

simulator program [–próugræm] **시뮬레이터 프로그램** 다른 컴퓨터의 논리적 동작을 흉내낼 수 있게 하는 프로그램. 이의 목적은 하드웨어에 관계없이 프로그램 논리를 추정, 평가, 시험하는 데 있다. 번역 루틴의 일종. 어떤 컴퓨터에 적용되는 프로그램을 사용하여 기계어가 다른 컴퓨터로도 결과가 얻어지도록 만들어진 프로그램.

simulator routine[–ruːtíːn] **시뮬레이터 루틴**

simulator software[–sɔ́(ː)ftwɛ̀ər] **시뮬레이터 소프트웨어**

simulator software program[–próugræm] **시뮬레이터 소프트웨어 프로그램**

simulator study[–stʌ́di(ː)] **시뮬레이터 연구**

simulator training[–tréiniŋ] **시뮬레이터 훈련**

simultaneity[sɑ̀iməltəníːiti(ː)] *n.* **동시성** 주변 장치의 동시적 작동을 의미. 하나의 프로그램 중 어느 조작을 다른 조작과 동시에 수행하기 위한 특성으로, 보통 별도의 업무를 실행하기 위해 별도의 하드웨어를 사용할 수 있는 경우에 이용된다.

simultaneous[sɑ̀iməltéiniəs] *a.* **동시의** 어느 순간에 여러 개의 사상(event)이 발생하는 것을 말한다. concurrent, coincident, parallel 등과 같은 의미.

[주] 동시에 두 개 이상의 사상이 발생하는 것과 관계되는 용어.

simultaneous access[–ǽkses] **동시 액세스, 병렬 액세스, 동시 접근** 정보를 기억 장치로 이동하거나 그곳에서 인출하는 경우 그 정보의 모든 요소를 동시에 이동하는 것. 이것은 병렬 액세스(parallel access)라고도 한다. 일례로서 주기억 장치가 여러 개의 메모리 뱅크(memory bank) 중의 데이터에 동시에 액세스한다.

simultaneous carry[–kǽri(ː)] **동시 자릿수 올림**

simultaneous computer[–kəmpjúːtər] **동시 처리 컴퓨터** 전체 계산의 각 부분을 각각 병행적으로 수행하는 개별 기구를 갖는 컴퓨터의 총칭. 이들의 장치는 그 계산에 의해서 정해진 방법으로 상호 접속되어 있는 것. 주어진 상호 접속에 의해서 주행중의 다른 시점에서는 같은 변수의 다른 값을 나타내는 신호가 전해진다. 예 미분 해석기

simultaneous displacement method [–displéismənt méθəd] **동시 대치법** ⇨ Jacobi method

simultaneous DMA 동시 DMA

simultaneous equation [–ikwéiʒən] **연립 방정식, 동시 방정식**

simultaneous execution [–èksəkjúːʃən] **동시 실행** 프로그램을 실행할 때 단 하나의 실행 순서를 갖도록 하는 제약을 없애고 각 부프로그램이 다른 부프로그램과 병렬적으로 동시에 실행되는 것.

simultaneous input-output [–ínpùt áutpùt] **동시 입출력** 데이터나 정보를 일시적으로 보관하는 버퍼를 이용함으로써 입출력을 다른 일들과 동시에 수행할 수 있도록 하는 컴퓨터 처리 방법.

simultaneous I/O bus interface 동시 입출력 인터페이스

simultaneous mode [–móud] **동시 처리 방식**

simultaneous multiplier [–mʌ́ltiplàiər] **동시 곱셈기**

simultaneous operation [–àpəréiʃən] **동시 연산, 동시 처리, 동시 조작, 동시 작동** 같은 순간에 두 가지 이상의 연산을 행하는 처리 형태.

simultaneous operation concurrent [–kənkə́ːrənt] **동시 조작** 중앙 처리 장치에 있어서의 프로그램의 실행과 동시에 병행하여 입출력 장치가 주어진 명령을 독립적으로 처리할 수 있는 것. 입력과 처리 및 출력을 동시에 하는 조작.

simultaneous peripheral operation on-line [–pərífərəl àpəréiʃən ən láin] **SPOOL, 스풀** 작업의 연산 처리와 입출력 처리를 병행하여 하는 것. 운영 체제의 가장 기본적인 기능의 하나.

simultaneous processing [–prάsesiŋ] **동시 처리** 둘 이상의 데이터 처리 태스크를 동시에 실행하는 것. ⇨ parallel processing

simultaneous processing system [–sístəm] **동시 처리 시스템**

simultaneous read-while-write [–ríːd hwáil ráit] **동시 판독 입력 기구**

simultaneous search [–sə́ːrtʃ] **동시 탐색**

simultaneous throughput [–θrùːpút] **동시 처리율** 동시에 입출력 데이터가 전송되는 컴퓨터의 기능.

simultaneous transmission [–trænsmíʃən] **동시 전송** 데이터가 한 방향으로부터 수신하고 있는 사이에 반대 방향으로도 데이터를 송신하는 것. 좀더 전문적인 용어로 전이중(full duplex)이라고 한다.

simultaneous type counter [–táip káuntər] **동시 동작형 계수기**

SIN 지원 정보망 support information network 의 약어.

sinario manager [sínɑriou mǽnidʒər] **시나리오 매니저** 스프레드시트 「로터스 1-2-3」의 특수 기능으로, 여러 사례를 화면상에 출력해서 비교 검토하거나 그것들을 짜붙이기 해서 사업 계획을 다듬는 데 사용하는 기능.

sine wave [sáin wéiv] **정현파(正弦波), 사인파** 진폭의 변화가 시간의 사인 함수로 나타나는 파.

singing [síŋiŋ] *n.* **명음(鳴音)** 2선식 중계기에서 양방향 전송의 분리를 위해 쓰이는 3권 변성기에 있어서 선로측과 평형 결선망의 임피던스 불평형에 의한 반향손의 합이 증폭기의 이득의 합보다 커지면 증폭기가 발진을 일으키는데, 이것을 명음이라 한다.

single [síŋgl] *a.* **단일의**

single address [–ədrés] **단일 주소** 주소부를 하나만 갖는 명령 형식으로, 각각의 완전한 명령은 완전한 하나의 연산을 나타내며, 그 명령어에 해당하는 한 개의 저장 위치를 갖는 기계 명령 시스템의 일부분.

single-address code, one-address code [–kóud, wʌ́n ədrés kóud] **단일 주소 코드** 명령 코드의 일종으로 주소를 한 개 포함한 것. 보통 이 주소는 연산수(演算數)가 나온 곳 또는 결과의 행선지를 지정한다. 또 점프한 명령의 경우에는 다음 명령의 출력 장소를 지정한다. 점프 명령으로 지정된 경우를 제외하고는 다음 명령은 그 명령 다음의 기억 장소에서 끄집어낸다.

single address code system [–sístəm] **단일 주소 방식**

single address instruction [–instrʌ́kʃən] **단일 주소 명령** 한 개의 피연산자 주소를 가지고 있는 명령.

single address message [–mésidʒ] **단일 주소 메시지** 오직 한 목적지로만 전송되는 전문.

single address system [–sístəm] **단일 주소 시스템** 하나의 주소부를 가진 명령어 방식으로, 1 주소 방식에서 주소부에는 계산에 사용하는 수치가 들어 있는 것.

single alternative [–ɔːltə́ːrnətiv] **단일 택일문** 조건이 참일 때에만 주어진 문장들을 수행하는 택일문.

single and multiple pass program [–ənd

mʌ́ltipl pǽːs próugræm] **단일 및 다중 패스 프로그램**

single assignment language[–əsáinmənt lǽŋgwidʒ] **단일 할당 언어** 단일 대입 규칙을 만족시키는 프로그램 언어.

single assignment property[–prápərti(ː)] **단일 대입 규칙** 프로그램 중의 모든 변수에 대하여 대입 조작을 한 번만 허용하는 규칙.

single attachment stations[–ətǽtʃmənt stéiʃ(ə)nz] ⇨ SAS

single block transmission[–blák trænsmíʃən] **단일 블록 전송** 블록을 하나만 송신하는 것. 기본형 데이터 전송 제어 절차에 있어서 같은 정보 전송의 페이즈(phase) 중에서 단일의 블록을 송신하는 것.

single board computer[–bɔ́ːrd kəmpjúːtər] **단일 보드 컴퓨터** 하나의 회로판 위에 기억 장치, 인터페이스 타이밍, 논리들을 포함한 모든 구성 요소들을 갖춘 컴퓨터. CPU 부분이 하나의 칩에 들어갈 수 있게 됨으로써 사용자 자신이 손쉽게 컴퓨터를 제작하여 사용할 수 있게 되었다. 한 장의 프린트 기판에 CPU와 RAM, ROM 등의 기억 장치와 입출력 포트 등을 얹어서 그것 한 장으로 컴퓨터 본체의 기능을 모두 충족시키고 있는 것. 원 보드 마이크로컴퓨터라고도 한다.

single board computer controller[–kəntróulər] **단일 보드 컴퓨터 제어기**

single board microcomputer[–màikroukəmpjúːtər] **SBC, 단일 기판 마이크로컴퓨터, 단일 보드 마이크로컴퓨터** 한 장의 프린트 기판 상에 마이크로프로세서, 메모리, I/O 제어 등을 내장한 것.

single capstan[–kǽpstən] **단일 캡스턴** 자기 테이프 장치의 테이프 구동 방식의 일종. 한 개의 캡스턴 자체의 기동, 회전, 정지에 따라 테이프의 기동, 주행, 정지를 행한다. 캡스턴을 구동하는 모터로는 프린트 모터 등 관성(慣性)이 작은 것을 사용하여야 한다. 이것은 테이프를 언제나 넓은 면적으로 캡스턴에 접하고 있는 상태로 이동시키므로 테이프의 인장이 균등해지며 이상적인 이송을 가능하게 한다.

single-channel communication[–tʃǽnəl kəmjùːnikéiʃən] **단채널 통신**

single chip[–tʃíp] **단일 칩** 한 개의 칩으로 구성되어 있는 하드웨어.

single chip microcomputer[–màikroukəmpjúːtər] **단일 칩 마이크로컴퓨터** 싱글 칩(1칩)에 CPU를 위시하여 RAM, ROM, I/O 제어, 인터럽트 제어, 타이머 등을 조립한 것.

single chip microcontroller[–màikroukəntróulər] **단일 칩 마이크로 제어기**

single chip system microcomputer[–sístəm màikroukəmpjúːtər] **단일 칩 시스템 마이크로컴퓨터**

single circuit[–sə́ːrkit] **단일 회로** 양방향 통신은 동시에 수행할 수 없는 전신 회로.

single column pence[–káləm péns] **단일 칼럼 펜스, 펜스 자리 방식** 0에서 11까지의 모든 수를 카드의 1칼럼에 단일 천공하여 표현하는 코드화 방식의 하나.

single connection[–kənékʃən] **단일 결합**

single console support[–kənsóul səpɔ́ːrt] **SCS, 단일 콘솔 서포트**

single continuous allocation[–kəntínjuəs æ̀ləkéiʃən] **단일 연속 할당법** 주기억 공간에 여러 개의 사용자 프로그램이 적재될 수 없고 단지 한 개의 사용자 프로그램만이 적재되어 실행하도록 하는 기억 장치 관리 기법.

single-CPU system **단일 CPU 시스템**

single-crystal, monocrystal[–krístəl, mòunoukrístəl] **단결정(單結晶)** 원자 혹은 원자단(原子團)이 3차원 공간적으로 일정한 주기성을 갖고 같은 양식으로 배열되어 있는 상태가 결정 전체에 미칠 때 단결정이라 한다.

single current[–kə́ːrənt] **단일 전류**

single current method[–méθəd] **단일 전류법** 전류의 유무에 따라 2원 상태인 1과 0에 대응시켜 부호를 전송하는 것으로, "1" 및 "0"을 양(+) 전압과 영(0) 단위, 혹은 음(–) 전압과 영 단위에 대응시키는 방식이다. 전송 방식은 간단하지만 선로 특성 변화에 의한 영향이 크기 때문에 단거리 전송용에 이용된다. ⇨ double current method

single cycle key[–sáikl kíː] **단일 주기 키** 프린터에 있는 버튼을 누르면 프로그램이나 용지의 끝에 관계없이 한 줄이 추가 인쇄되도록 하는 키.

single density[–dénsiti(ː)] **단밀도** 플로피 디스크에 데이터를 저장하는 표준 기록 방식.

single density floppy disk[–flápi(ː) dísk] **단밀도 플로피 디스크** 데이터를 기록할 수 있는 밀도가 단밀도의 규격인 플로피 디스크. 한쪽 면에만 기록할 수 있는 것과 앞뒤 양면에 기록할 수 있는 것이 있으며, 그 수록 용량은 256KB~512KB이다.

single domain[–douméin] **단일 정의 영역**

single edge contact cartridge[–é(ː)dʒ kántækt káːrtridʒ] ⇨ SECC

single error[–érər] **단일 오류** n비트 정보에서 1비트만의 에러.

single frame video[−fréim vídiou] 단일 프레임 비디오

single hetero junction laser[−hétərou dʒʌ́ŋkʃən léizər] 단일 헤테로 접합 레이저 단일 헤테로 접합에 의해 제작된 반도체 레이저. ⇨ hetero junction

single in-line package[−in láin pǽkidʒ] SIP, 싱글 인라인 패키지

single instruction multiple data architecture[−instrʌ́kʃən mʌ́ltipl déitə á:rkitèktʃər] SIMDA, 단일 명령 다중 데이터 방식 연산 장치를 여러 개 가지며, 단일의 명령으로 상이한 여러 개의 데이터에 대한 연산을 동시에 실행시키는 컴퓨터 제어 방식.

single instruction(stream), multiple data(stream) processor[−(strí:m), mʌ́ltipl déitə(strí:m) prásesər] SIMD processor, 단일 명령 다중 데이터 프로세서

single instruction multiple data stream [−strí:m] SIMDS, 단일 명령 다중 데이터 처리 컴퓨터의 처리 형태를 명령과 데이터에 주목하여 분류한 경우의 한 형태. 하나의 명령으로 여러 데이터를 처리하는 컴퓨터. 병렬 처리 컴퓨터(예를 들면 ILLIAC Ⅳ)가 이 형태에 해당한다. 역으로 여러 개의 명령으로 단일의 데이터 흐름을 처리하는 방식을 MID라 하고 파이프라인 컴퓨터가 이 형태에 해당한다.

single instruction(stream), single data(stream) processor[−(strí:m), síngl déitə(strí:m) prásesər] SISD processor, 단일 명령 단일 데이터 프로세서

single instruction single data stream SISDS, 단일 명령 단일 데이터 처리 컴퓨터의 처리 형태를 명령과 데이터에 주목하여 분류한 경우의 한 형태. 하나의 명령으로 단일의 데이터를 처리하는 컴퓨터.

single job[−dʒɑ́(:)b] 단일 작업 한 번에 하나의 작업만 처리하는 것.

single job processing system[−prásesiŋ sístəm] 단일 작업 처리 시스템 한 번에 하나의 작업만을 도중에 중단하는 일 없이 처리하는 시스템. 보통의 개인용 컴퓨터에서 볼 수 있다.

single job scheduling[−skédʒuliŋ] 단일 작업 스케줄링

single job system[−sístəm] 단일 작업 시스템 ⇨ single job processing system

single key processing[−kí: prásesiŋ] 단일 키 처리 레코드들이 하나의 키값(기본 키)에 의해서만 저장되고 검색되는 파일 처리 방법.

single length[−léŋkθ] 단일어 길이 1어(語) 속에 들어가는 수치의 형태가 2진 형식인 표현.

single level address[−lévəl ədrés] 단일 레벨 주소

single level explosion[−iksplóuʒən] 단일 레벨 전개

single level implosion[−implóuʒən] 단일 레벨 역전개

single level interrupt[−ìntərʌ́pt] 단일 레벨 인터럽트 인터럽트 형태의 일종. 인터럽트가 일어난 후 제어가 옮겨지는 장소가 하나밖에 없고, 어느 곳이 서비스를 요구하고 있는가를 정하기 위하여 인터럽트 처리를 하는 프로그램측에서 인터럽트의 출처를 모두 살피도록 되어 있는 것.

single level storage[−stɔ́:ridʒ] 단일 레벨 기억 주기억과 보조 기억이라는 기억 계층으로 프로그래머에 의식시키지 않는 것을 목적으로 한 가상 기억 공간.

single line repeater[−láin ripí:tər] 단선 중계기

single locative space data base[−lákətiv spéis déitə béis] 단일 공간 데이터 베이스 데이터 베이스의 레인지에 서브레인지 분할이 있는 경우라도 레인지 내의 어드레싱을 레인지 상대로 하는 데이터 베이스.

single message transmission[−mésidʒ trænsmíʃən] 단일 메시지 전송 메시지를 하나만 송신하는 것. 기본형 데이터 전송 제어 절차에 있어서 동일 정보 전송 페이즈(phase) 내에서 단일의 블록 또는 정보 메시지를 송신하는 것.

single mode fiber[−móud fáibər] 단일 모드 파이버 사용 파장에 있어서 전송 가능한 전파(傳播) 모드의 수가 한 개밖에 없는 광섬유.

single-office exchange[−ɔ́(:)fis ikstʃéindʒ] 자국 내 교환

single-operand addressing[−ápərænd ədrésiŋ] 단일 오퍼랜드 주소법 주소 지정의 한 방법으로, 명령어의 앞부분은 레지스터를 지정하고 뒷부분은 오퍼랜드의 위치를 알려주는 정보를 갖는 것. 예를 들면 clear, increment, test 등.

single-operand instruction[−instrʌ́kʃən] 단일 오퍼랜드 명령어 단일 레지스터, 기억 주소 또는 장치에 대하여 하나의 참조 사항을 갖는 명령어.

single part[−pá:rt] 단일 파트, 싱글 파트

single part form[−fɔ́:rm] 싱글 파트 형식, 단일 파트 용지

single pass assembler[−pá:s əsémblər] 단

일 경로 어셈블러 ⇨ one pass assembler

single pass compiler[–kəmpáilər] **단일 경로 컴파일러** 컴파일 과정에서 중간 파일을 읽고 쓰는 시간을 줄이기 위해서 몇 개의 과정을 하나의 단계로 결합한 컴파일러.

single pass operation[–àpəréiʃən] **단일 경로 조작** 지연 중앙 처리의 일종으로, 트랜잭션형에 관계없이 적당한 번호순으로 분류하여 마스터 파일을 작성하는 것.

single pass system[–sístəm] **단일 경로 시스템** 컴퓨터가 작업을 수행할 때 항상 정해진 과정에 따라서 그 작업을 처리하도록 하는 시스템.

single-phase circuit[–féiz sə́:rkit] **단상 회로**

single-phase clock[–klák] **단상 클록** 클록이 단상인 것.

single-point sampling[–pɔ́int sǽ:mpliŋ] **단점 샘플링** 데이터 단말 장치에서 송출된 동기 신호를 디지털 데이터망을 이용하여 전송하는 경우 등에 쓰인다. 디지털-디지털 변환의 하나이며, 데이터 신호의 1단위 시간 길이를 망의 클록에 동기한 단일의 펄스로 표본화하는 것을 말한다. 망의 동기 펄스를 단말에 공급함으로써 종속 동기를 시킨다.

single positioning[–pəzíʃəniŋ] **단일 위치 부여**

single precision[–prisíʒən] **단정도(單精度), 단일 정밀도** 컴퓨터로 연산을 행할 때 고정 소수점 표시나 부동 소수점 표시 등의 기수부에 상당하는 부분의 연산 정도. 단정도는 각 컴퓨터의 연산의 기본이 되는 워드 길이(word length)로 연산하는 것을 의미하며, 이 기본 길이의 두 배로 연산하는 것을 배정도(double precision)라 한다.

[주] 어떤 하나의 수를 표현할 때 요구되는 정도에 따라 기계어를 한 개 사용하는 데에 관한 용어.

single precision arithmetic[–əríθmətik] **단정도 연산**

single precision integer[–íntədʒər] **단정도 정수** 주기억 장치의 한 단어에 기억시킬 수 있는 고정 소수점 방식으로 표현되는 수. 주기억 장치 단어의 길이에 따라서 나타낼 수 있는 최대수의 크기는 다르다.

single processing[–prásesiŋ] **단일 처리** 또 다른 메시지가 시작하기 전에 주어진 메시지를 처리 완료하는 프로그램 처리.

single processor system[–prásesər sístəm] **단일 처리기 시스템** 모든 작업을 한 프로세서가 수행하며 한 번에 한 명령어와 하나의 데이터가 처리되는 시스템.

single program initiator[–próugræm iníʃièitər] **SPI, 단일 프로그램 개시 프로그램**

single purpose business machine[–pə́:rpəs bíznəs məʃí:n] **단일 목적 사무 기계** 어느 단일 목적만의 사무 처리를 행하는 기계.

single purpose local area network [–lóukəl ɛ́(:)riə nétwə̀:rk] **단일 목적 근거리 통신망** 한 제조 회사의 컴퓨터와 단말 장치만을 연결하는 네트워크 시스템.

single purpose machine[–məʃí:n] **단일 목적 기계** 한정된 목적을 위해 설계, 제조된 데이터 처리 기계로, 회계기라든가 통신 제어용 컴퓨터 등을 말한다.

single-quote mark[–kwóut má:rk] **단일 인용 표시** 문자열을 묶는 데 사용되는 FORTRAN 특수 문자.

single refresh mode[–rifréʃ móud] **단일 리프레시 모드**

single session procedure[–séʃən prəsí:dʒər] **단일 세션형 프로시저** 세션의 종료와 동시에 워크스테이션과 프로시저가 분리되는 세션의 형태.

single setup[–sétʌ̀p] **단일 조치** 단일 수작업에 의해 한 단계씩 수행되도록 컴퓨터를 조작하는 방법.

single-sheet feeding[–ʃí:t fí:diŋ] **낱장 공급** 연결 용지가 아니고 낱장의 용지를 프린터에 공급하는 것.

single shot[–ʃát] **단안정(單安定)** ⇨ monostable circuit

single shot circuit[–sə́:rkit] **단사 회로** 부정확하게 입력되는 신호를 특정 기계에 맞도록 변환시켜 주는 신호 표준화 회로 또는 논리 요소.

single shot operation[–àpəréiʃən] **단사 조작**

single sideband[–sáidbæ̀nd] **SSB, 단측파대** 변조에 있어서 반송파(carrier)와 양측파대 중에서 마이너스 측파대와 반송파를 제거한 것.

single sideband modulation[–màdʒuléiʃən] **단측파대 변조** 변조에 있어서 일반적으로 반송파 위아래에 측파대가 생기지만, 특히 한쪽 측파대만 남도록 한 변조 방식을 단측파대 변조라고 한다. 전송하는 경우에 대역이 좁게 끝나 유효한 방법이다.

single sideband transmission[–trænsmíʃən] **단측파대 전송** 반송파 전송의 한 방식으로, 한쪽 측파대를 전송하고 다른 쪽 측파대를 억제하는 것.

single sided[–sáidəd] **단면, 편면**

single sided disk[–dísk] **단면 디스크** 정보의 판독과 기록을 위해 한쪽 면만을 사용하는 자기 디스크.

single sided printed circuit[-príntəd sə́:rkit] **단면 인쇄 배선 회로**

single sided printed wiring board[-wáiəriŋ bɔ́:rd] **단면 인쇄 배선판** 한쪽 면에만 도체 패턴이 있는 인쇄 배선판.

single sided, single density diskette[-síŋgl dénsiti(:) dísket] **편면 단밀도 디스켓**

single step[-stép] **단일 단계** 단일 수작업에 의해 한 단계씩 수행되도록 컴퓨터를 조작하는 방법.

single step debugging[-di:bʌ́(:)giŋ] **단일 단계 오류 수정** 단일 단계의 방법을 이용한 오류 검출법. 한 명령어씩 수행하면서 그때의 레지스터 상태와 시스템 상태를 검토하여 오류를 검출한다.

single step execution[-èksəkjú:ʃən] **단일 단계 실행** 명령을 하나씩 실행하는 것. 프로그램의 디버그시에 이용하면 한 단계마다 동작을 알 수 있어 유용하다. 이때에 오류를 발견하고 수정할 수 있다. ⇨ debug

single step mode[-móud] **단일 단계 방식** 컴퓨터가 한 번에 하나의 명령어를 수행하도록 한 처리 방식.

single step mode diagnosis[-dàiəgnóusis] **단일 단계 방식의 진단**

single step operation[-àpəréiʃən] **단일 단계 연산** 컴퓨터의 연속 처리 동작을 중지하고 사람이 커서 등의 지시에 의해 한 명령씩 실행시키는 것. 하드웨어 보수 등을 위해 주기억 장치의 내용을 확인할 수 있다. 단계별 연산(step-by-step operation), 단사 연산(single-shot operation)이라고도 한다. ⇨ step-by-step operation

[주] 하나의 컴퓨터 명령 또는 그 일부가 외부 신호에 호응하여 실행되는 컴퓨터 조작 형태.

single structure file[-strʌ́ktʃər fáil] **단일 구조 파일**

single system[-sístəm] **단일 시스템**

single-system network[-nétwə̀:rk] **단일 시스템 네트워크** 네트워크 내에 존재하는 호스트 프로세서가 한 대뿐이고, 그 호스트 프로세서 중의 TAM(가상 통신 접근법)에 의해서 네트워크 전체가 제어되는 네트워크.

single tasking[-tǽ:skiŋ] **단일 태스킹** 한 번에 하나의 태스크를 처리하는 것. 여러 개의 태스크를 처리할 때는 다중 태스킹(multi-tasking)이라 한다.

single text transmission[-tékst trænsmíʃən] **텍스트 단신** 텍스트를 하나만 송신하는 것. 기본형 데이터 전송 제어 절차에 있어서 동일한 정보 전송의 페이즈(phase) 중에서 단일의 텍스트를 송신하는 것.

single thread[-θré(:)d] **단일 스레드**

single threading[-θré(:)diŋ] **단일 스레딩** 다른 메시지가 시작되기 전에 주어진 메시지를 처리 완료하는 프로그램 처리법.

single-thread processing[-θré(:)d prásesiŋ] **단일 스레드 처리** 온라인 실시간 시스템에서는 하나의 트랜잭션이 받아들여지면 이것에 대해서 일련의 처리가 실시된다. 이런 일련의 처리를 스레드(thread)라 하고, 하나의 트랜잭션에 대한 처리가 모두 완료되지 않는 동안에는 다음 트랜잭션을 받지 않는 방식을 단일 스레드 처리라고 한다.

single track[-trǽk] **단일 트랙**

single user[-jú:zər] **단일 사용자** 한 대의 PC를 한 명의 사용자가 이용하는 것.

single user mode[-móud] **단일 사용자 모드** 콘솔 기능을 가진 사용자 단말만이 사용 가능한 실행 레벨.

single valued function[-vǽlju:d fʌ́ŋʃən] **1가 함수** 부프로그램으로 구하는 값이 한 개인 함수.

single vertical key[-və́:rtikəl kí:] **단일 수직 키** 프린터에 부착되어 있는 버튼의 한 종류로 이 키를 누르면 한 줄을 인쇄하게 된다.

single virtual storage[-və́:rtʃuəl stɔ́:ridʒ] **SVS, 단일 가상 기억 시스템** 하나의 실기억 장치에 의해 단 하나의 가상 기억 장치를 설정하는 시스템.

single volume[-váljum] **단일 볼륨**

single volume data set[-déitə sét] **단일 볼륨 데이터 세트**

single volume file[-fáil] **단일 볼륨 파일**

single wire line[-wáiər láin] **단선식 회선**

singly linked list[síŋgli(:) líŋkt líst] **단일 연결 리스트** 리스트를 구현한 데이터 구조의 한 형태. 리스트의 각 노드에 다른 노드를 가리키는 포인터가 하나씩만 있는 것으로, 연결 리스트의 하나이다.

sink[síŋk] *n.* **싱크, 받는 사람, 수신측** 전송 기기로부터 데이터 신호를 받는 장치로서 보내온 신호를 분석하여 오류 제어 신호를 발생하기도 한다.

sink current[-kə́:rənt] **싱크 전류** 디지털 직접 회로에서 출력이 로 레벨(low level)일 때 반도체 집적 회로에 부하로부터 흘려넣을 수 있는 허용 전류.

SIO (1) **직렬 입출력 인터페이스** serial I/O interface의 약어. 출력 장치에서 직렬 방식으로 데이터를 받아 일반적으로 8비트 병렬 단어로 변환하는 접속 장치로서 8비트 병렬 단어를 직렬 데이터로 바꾸어 직렬 기기로 출력하기도 한다. 입출력의 각 직렬 단어는 시작 비트, 8개의 데이터 비트, 패리티 비트 그리고 한두 개의 정지 비트 등 한 단어당 10~12개의 직렬 비트로 구성된다. (2) **입출력 개시**

명령 start I/O의 약어.

SIOT 스텝 입력/출력 테이블 step input /output table의 약어.

SIP (1) **단일 인라인 패키지** single in-line package의 약어. 집적 회로 패키지의 핀 배열이 한쪽, 즉 일렬로만 되어 있는 것. (2) **표준 도입 패키지** standard installation package의 약어. 컴퓨터 시스템의 도입을 쉽게 하기 위하여 시스템의 제어 프로그램 등의 소프트웨어 제품을 미리 패키지화하여 제공하는 소프트웨어 제품이다.

SIPC 초간편 PC simply interactive PC의 약어. 마이크로소프트와 컴팩 등이 컨소시엄을 통해 제작된 PC. 윈도를 기본 운영 체제로 내장하여 PC를 마치 TV처럼 쉽게 사용할 수 있게 하자는 개념에서 출발했다. 비디오, TV 등 가전 제품들과도 연결할 수 있으며 컴퓨터를 사용하면서 가전 제품의 제어가 가능하다. 이용자가 본체 내부를 해체하는 것이 불가능한 밀봉 케이스를 사용하여 하드 디스크 등의 증설용으로 디바이스 베이를 설정한 것이 특징이다. 전원이 들어온 채 주변 기기와의 접속이 가능하도록 인터페이스에는 USB 또는 IEEE 1394를 채택한다.

SIPO 직렬 입력 병렬 출력 serial in parallel out의 약어.

SIS 전략 정보 시스템 strategic information system의 약어. 컴퓨터를 단순한 사무 작업의 효율화뿐만 아니라 경쟁 회사와의 차별화 등 경영 전략 수행의 유효 수단으로 사용하는 것으로 종래의 단순한 비용 절감이나 사무 효율화를 목적으로 하지 않고 기업의 경쟁 우위를 획득, 유지하거나 업체 구조의 변혁, 신규 사업의 창출, 기업 전체를 혁신시키는 데 커다란 효과를 발휘한다. 전략 정보 시스템이란 정보 기술(information technology)과 경쟁 전략(competitive strategy)을 결합하여 정보 자원을 전략적으로 활용함으로써 기업의 경쟁 우위(competitive advantage)를 확보하고 부가 가치를 높이기 위한 시스템이다. 이 SIS를 구축하기 위해서는 업계 구조의 분석, 정보 관련 기술의 동향 파악, 장래 예측이나 창조적 개발 기법의 활용 등 종래의 일반적인 응용 프로그램과는 전혀 다른 접근이 필요하다.

SISD (1) **단일 명령 단일 데이터 처리** single instruction single data stream의 약어. 컴퓨터의 처리 형태를 명령과 데이터에 착안해서 분류한 경우의 한 형태. 한 명령으로 단일 데이터를 처리하는 컴퓨터. (2) **단일 명령 단일 데이터 프로세서** single instruction (stream) single data (stream) processor의 약어.

SISO 직렬 입력 직렬 출력 serial in serial out의 약어.

sister [sístər] *n.* **자매**

sister task [–tɑ́:sk] **자매 태스크** 태스크에서 태스크를 생성할 때 동일 태스크에서 생성된 여러 개의 자(子) 태스크를 총칭.

Sit static induction transistor의 약어. 바이폴러(bipolar)형, 전계 효과형에 이어 제3의 트랜지스터라고 불린다. 반도체 중에서의 정전 유도 효과를 이용하여 흐르는 전류를 제어하는 것으로 다른 형의 트랜지스터에 비해 고속으로 동작하고 소비 전력도 적은 것이 특징이다.

SITA 국제 항공 통신 협회 Society of International Telecommunication of Airline의 약어. 세계 각국의 항공 회사를 대상으로 한 에어라인에 관한 정보 통신 서비스. 1949년에 설립되었고, 현재는 세계의 거의 모든 항공 회사가 가입하고 있다.

SITD still in the dark의 약어. "아직 잘 모른다." 의 뜻. "I studied the book. But SITD."(책을 공부했지만 아직 잘 모른다.)

site [sáit] (1) *n.* **사이트, 현장, 위치, 장소** 통신망을 통해 분산 데이터 베이스 시스템을 구성하는 한 요소. 일반적으로 각 사이트는 독립된 컴퓨터 시스템과 데이터 베이스 시스템을 갖는다. (2) **사이트** 인터넷 상에서 연결할 수 있는 하나의 인터넷 주소를 나타낸다.

site license [–láisəns] **사이트 라이선스** 소프트웨어를 판매할 때 근거리 통신망(LAN)에 연결되어 있는 여러 대의 컴퓨터에 대해 그 통신망을 한 단위로 보는 것.

situation [sìtʃuéiʃən] *n.* **상황, 상태**

six-bit code [síks bít kóud] **6비트 코드** 6비트로 숫자, 기호 등을 표현하는 부호 체계.

sixth generation computer system [siksθ dʒènəréiʃən kəmpjú:tər sístəm] **제6세대 컴퓨터 시스템** ⇨ SGCS

size [sáiz] *n.* **크기, 사이즈, 치수** (1) 메모리 영역을 차지하는 요소의 단위 수를 표시할 때 사용한다. 예를 들어 프로그램 사이즈, 파일 사이즈라고 하면 바이트 수, 레지스터 사이즈는 비트 수, 레코드 사이즈는 단어 수로 표시하는 경우가 많다. (2) PL/ I 용어로 영역 사이즈(area size)라고 하면, 기저부 변수(based variable)를 할당하기 위한 기억 영역의 크기를 말한다. (3) COBOL 용어로 항목의 크기(size of a data item)라고 하면 데이터의 자수 또는 자릿수를 가리킨다. (4) 동사로서의 size의 의미는 컴퓨터에서는 시스템의 규모를 견적하는 것을 말한다. 즉, 이용자의 요구에 적합한 비용으로 정해진 서비스를 실행하기 위해서 행하는 데이터 처리 작업에 필요한 자원과 기능을 견적하는 것이다.

size box[–báks] 매킨토시에서 윈도의 오른쪽 아래에 있는 이중으로 된 사각형. 이곳을 드래그하면, 윈도의 크기를 적당히 변경할 수 있다. 윈도 95/98에서도 마찬가지로 윈도 오른쪽 아래의 삼각형 영역을 사용한다. ⇨ window

size coding[–kóudiŋ] **크기 코딩**

size error condition[–érər kəndíʃən] **자리 넘침 조건, 치수 오류 조건** COBOL 용어이며, 소수점의 위치를 맞추어 계산한 답이 답을 수용하는 숫자 항목의 최대값보다 큰 것을 말한다. 제로로 나누거나 하면 어떤 PICTURE 구(句)를 써넣어도 오류가 된다. 오류가 생길 위험이 있는 경우에는 SIZE ERROR 구를 써두면, 연산 결과는 데이터 항목에 수용되지 않으며, SIZE ERROR 구 중의 무조건 명령이 실행된다.

sizing[sáiziŋ] *n.* **사이징, 교정, 견적** 적용 업무 시스템에 대한 엔드 유저의 요구 사항을 바탕으로 하여 용인할 수 있는 비용의 범위 내에서 그 시스템을 가동시키는 데 필요한 하드웨어 및 소프트웨어도 포함한 컴퓨터 시스템의 자원과 기능을 결정하는 것.

skeletal[skélətəl] *a.* **골조의**

skeletal code[–kóud] **골조 코드** 명령 집합이며, 주소와 같은 명령의 어떤 부분을 그 집합이 사용될 때마다 완전하게 하든지 또는 상세하게 지정하지 않으면 안 되는 것. 또는 프로그램의 골자만을 기술한 것. 매개변수를 주어서 제너레이터를 통함으로써 완전한 프로그램이 된다.

skeletal coding[–kóudiŋ] **골조 코딩** 주소 혹은 기타의 부분이 미결정인 채로 있는 명령군. 미결정 부분은 실행시에 주어지는 매개변수에 따라서 수식하도록 작성된 루틴에 의해 결정된다.

skeletal system[–sístəm] **골조 시스템** 기존의 전문가가 시스템에서 문제 영역에 특정한 지식을 제거해서 전문가 시스템을 만드는 골격이 되는 시스템.

skeleton[skélətən] *n.* **골조, 골격** 시스템의 중요 부분의 구성과 동작 방식을 추상화시켜 나타낸 그림으로, 주소나 기타의 부분을 미결정인 채로 해둔 기호 형식으로 쓰이는 명령의 집합. 이들의 미결정 부분은 보통 매개변수에 의해서 직접 또는 간접적(스켈리턴 처리 프로그램의 실행에 따라서)으로 보충된다. 어셈블러 매크로 등은 이 골조를 사용하고 있다.

skeleton representation[–rèprizentéiʃən] **골조 표현** 각 점에 있는 경계에 대해서 중앙선과 수직 거리로 2차원 영역을 표현하는 것.

skeleton structure diagram[–strʌ́ktʃər dáiəgræ̀m] **형 구조도**

sketching[skétʃiŋ] **스케칭** 원하는 화상을 얻기 위해 그래픽 화면의 커서를 자유롭게 이동시키면서 작도하는 것. 사용자가 버튼을 누르면 직선이 끝나고 다음 직선이 시작되는 분리 스케칭(discrete sketching)과 커서를 움직이는 위치에 곡선을 따라 그릴 수 있는 연속 스케칭(continuous sketching)이 있다.

sketchpad[skétʃpæ̀d] *n.* **화판** MIT 공과 대학에서 개발한 그림을 그리는 장치. 그림을 회전하면 측면도, 후면도, 상하면도를 볼 수 있도록 되어 있다.

skew[skjúː] *n.* **스큐, 비틀림** 자기 테이프에 기억되어 있는 정보를 읽어낼 때 동일한 열(列)에 속하는 각 비트는 본래 같은 시각에 읽어내지 않으면 안 되지만, 실제로는 미미한 시간차가 존재하는데, 이 시간차를 스큐라고 한다. 스큐는 보통 테이프 주행 속도를 올려 테이프 상의 길이로 나타낸다. 스큐에는 정적 스큐와 동적 스큐가 있는데, 전자는 기록 헤드와 판독 헤드의 공극 위치가 고르지 않거나 전기적 손실 등이, 후자는 테이프 주행중의 비틀림이나 왜곡이 원인이다. 스큐가 크면 다른 트랙에서 동시에 다른 열에 속하는 비트를 읽어내어 장애가 되는 일이 있다.

skew cartridge[–káːrtridʒ] **스큐 카트리지** 대용량 기억 시스템에 있어서 데이터 기록 기구의 스큐 점검에 사용되는 특수 데이터 카트리지.

skewed binary tree[skjúːid báinəri(ː) tríː] **경사 2진 트리** 모든 노드들이 왼쪽 또는 오른쪽의 한 가지로만 달려 있어 전체적으로 기울어진 직선 모양으로 된 2진 트리. 이러한 트리는 노드의 검색에 시간이 많이 걸리므로 좋지 않다.

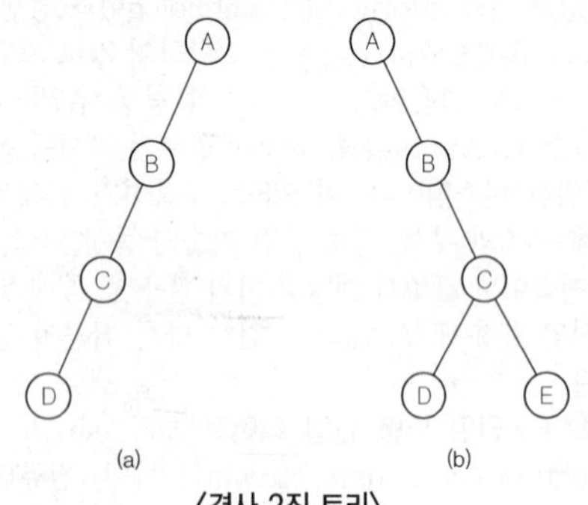

〈경사 2진 트리〉

skewed tree[–tríː] **비평형 트리**

skewness[skjúːnəs] *n.* **왜도** 어떤 확률 분포의 곡선이 그 평균값에 대해서 양쪽으로 얼마나 대칭을 이루고 있는가 하는 정도.

skew symmetric matrix[skjúː simétrik méitriks] **교대 행렬, 대칭 행렬** 행렬 a의 전위 행렬을 a'로 할 때 $a'=-a$가 되는 행렬.

skill[skíl] *n.* **스킬**

skills inventory[skílz ínvəntɔ̀(ː)ri(ː)] **인사 관리** 기업에서 일하고 있는 종업원이 일을 함으로써 최대의 만족감을 얻음과 동시에 기업에 대하여 최대의 노력을 할 수 있게 그 잠재 능력을 육성하고 발전시키도록 관리하는 것. 현재는 컴퓨터를 사용해서 각 개인을 평가하여 종래의 연공 서열주의, 학력 존중주의로부터 실력 존중주의적인 관리 방식으로 변해가고 있다.

skin[skin] **스킨** 응용 프로그램의 표면상 모습을 변경하기 위한 인터페이스. 대응된 응용 프로그램용의 스킨을 이용함으로써 조작 부분의 디자인을 자유롭게 바꿀 수 있다. WINAMP가 좋은 예이다.

skip[skíp] *n.* **넘김, 스킵** 대충 읽기. (1) 컴퓨터의 메모리나 파일 등의 판독/기록 동작에 있어서 어떤 특정의 것을 찾아내기 위해 도중의 것을 「건너뛰는」 동작 또는 파일 안의 특정 레코드를 건너뛰어 다음 레코드로 이동하는 것, 혹은 행렬 배치된 배열에 있어서 특정한 행이나 칼럼 등을 건너뛰어 처리하는 것, 여기서 어떤 데이터에 대한 배열의 요소와 요소 사이에 다른 데이터에 대한 기록이 들어 있는 경우 이것을 인터리브 배열(interleaved array)이라고 한다. (2) 프로그램 실행중 하드웨어의 조건에 따라서 몇 가지 명령을 실행시키지 않고 건너뛰어 그 다음 것에서부터 실행을 개시하는 동작. 어셈블러에서 NOP(not operation)라고 하는 아무 일도 하지 않는 명령이 있다. 이 명령이 판독되면 제어가 다음의 어드레스로 이동한다. 이 명령 자체도 「skip」이다. (3) 자기 테이프나 자기 드럼에서 자성면에 상처가 있거나 자성체가 박리되었거나 하는 물리적인 장해가 있는 경우에는 데이터를 바르게 입출력할 수 없으므로 이것을 발견했을 때는 이 부분을 건너뛰어 다음 데이터를 판독/기록하는 제어가 취해진다. 또 자기 디스크에서는 미디어(media) 상의 장애에 의해 물리적 트랙(physical track)을 건너뛸 필요가 있을 때에는 그 정보를 자기 디스크 상의 ID 구분에 기록해두지 않으면 안 된다. 이와 같은 것들에 의해 스킵해야 할 장소를 인식한다.

skip after[–ǽːftər] **인쇄 후 스킵**

skip before[–bifɔ́ːr] **인쇄 전 스킵**

skip bus[–bʌ́s] **스킵 버스**

skip code[–kóud] **스킵 코드** 기억 장치 안에서 미리 주어진 범위를 띄우도록 명령하는 코드.

skip displacement[–displéismənt] **스킵 변위** 자기 디스크 장치 등에 있어서 데이터 매체 상의 결함 위치를 나타내는 정보.

skip flag[–flǽ(ː)g] **스킵 플래그, 스킵 표시** 특정 위치에 있는 계수기의 기능을 가진 한 개의 비트로, 값이 0이 될 때까지 건너뛰게 하는 신호.

skip instruction[–instrʌ́kʃən] **스킵 명령어** 프로세서에서 저장 장소에서 그 다음 명령어로 건너뛰도록 지시하는 명령어.

skip printer[–príntər] **스킵 프린터** 프린터에서 인쇄하는 행을 띄우라는 지시를 하는 것으로, 인쇄 과정의 어느 단계에서도 가능하다.

skip sequential access[–sikwénʃəl ǽkses] **스킵 순차 액세스** 키 또는 상대 레코드의 오름차순에 레코드를 불연속으로 접근하는 방법. 키 순차 데이터 세트(KSDS), 상대 레코드 데이터 세트(RRDS)에 대해서만 사용할 수 있다.

skip test[–tést] **스킵 테스트** 여러 주변 기기들의 준비 상태나 레지스터들의 조건에 맞추어 조건부 작동을 위하여 설계되어 사용되는 특수 형태의 매크로 명령어.

SL 중속 동기용 회선 접속 기구 synchronous line medium speed의 약어.

SLA (1) **서비스 레벨 계약** service level agreement의 약어. 이용자와 제공자 사이에서 교환되는 특정 기간의 서비스 레벨에 관한 계약. 구체적으로는 통신 회선의 사용률과 서버가 다운된 경우에 몇 시간 안에 복구시킬지, 서버의 증설이나 회선의 증감을 며칠 내에 할 것인지, 어떤 장애가 발생한 경우에 몇 분 이내에 연락을 주는지에 관한 내용을 계약한다. (2) **저장 논리 배열** storage logic array의 약어. PLA(프로그램 논리 배열)에서 쓰이지 않는 부분을 기억 장소로 만들어 순차 기능을 부여한 것.

slack[slǽk] *n. a.* **슬랙, 여유의** PERT 네트워크의 각 경로 중에서 다른 작업과의 관련으로 그 작업 진행이 늦어져도 전체 공정에는 영향이 없는 부분이 있다. 이것을 슬랙이라 하고, 구체적으로는 네트워크 각 결합점의 가장 늦어지는 시각과 가장 빠른 시각과의 차이를 가리킨다. 또 실제 작업 진행 상황이 당초 계획과 빗나간 것이 있는데, 이런 경우에는 차후 노력에 의한 결합점으로의 도달 목표 시각과 당초 예정 시각과의 차이를 가리킬 때도 있다.

slack byte[–báit] **슬랙 바이트, 여유 바이트** 데이터를 기억하는 레코드 길이(record length) 등이 고정되어 있으며, 그 때문에 짧은 데이터일지라도 어느 일정한 길이를 필요로 한다. 이때 데이터에 붙어(덧붙이는) 의미 없는 바이트 열을 「슬랙 바이트」라고 한다. 예를 들면 패킷 교환 방식에서는 패킷이라고 하는 데이터 집합으로 처리할 수 있다. 보통 비트 길이는 고정되므로 비트 길이에 미치지 못하는 프레임은 부족 부분인 어떤 데이터에 만족하는 것이 된다.

slack path[-pάːθ] **슬랙 경로** PERT에서 네트워크의 각 경로 중에 슬랙을 가지고 있는 것.

slack variable[-vέ(ː)riəbl] **여유 변수** 선형 계획법에서의 단체 해법(simplex method)시 부등식으로 변환하기 위해 사용되는 변수.

slant[slǽnt] *n*. **경사, 사선** 관찰자의 전면을 기준으로 했을 때 보이는 편면의 기울어진 각도.

SLAM simulation language for alternative modeling의 약어. 시뮬레이션 언어의 한 종류. 사건 중심 또는 프로세스 중심 방식의 시뮬레이션 언어로서 사용자는 노드(node)들의 표준 기호들과 가지(branch)들을 사용하여 시스템을 상호 연결된 네트워크 구조로 표현. SLAM은 모델링 방법이 다양하며, 이용자들은 사건이나 프로세스를 이용해서 이산형 모델을 구성할 수 있으며, 미분 방정식을 포함하는 연속형 모델을 구성할 수도 있다. 또한 모든 요소들을 이용하여 혼합형 모델을 구성할 수도 있다.

slash[slǽʃ] *n*. **사선**

slave[sléiv] *n*. **슬레이브, 종속, 종(從)** 예를 들면 마스터 슬레이브 시스템(master-slave system)이라 하면, 온라인 리얼 타임 시스템에 있어서 주 컴퓨터(마스터)에 대하여 연산 속도가 빠른 대용량 메모리를 갖는 종속 프로세서(슬레이브)를 직접 결합함으로써 슬레이브가 시간이 걸리는 연산 프로세스를 행하고 있는 사이에 마스터가 다른 작업을 할 수 있게 하여 처리 효율을 높이는 방법을 말한다. 이와 같은 슬레이브 계산 처리와 다중 프로세싱(multiprocessing)과의 차이는 슬레이브 머신은 독자적인 메모리와 I/O를 갖고 있어 호스트 프로세서(host processor)와 같은 버스 상에서 평행하게 처리를 진행시키는 데 대하여, 다중 프로세싱은 연결된 여러 개의 중앙 처리 장치가 주기억 장치를 공유하면서 처리를 하는 점이다. 따라서 슬레이브 머신은 호스트에 간섭하지 않게 주변 기능을 실행시킬 수 있다. 또 마스터 슬레이브 플립플롭이라고 하면 마스터 플립플롭의 출력을 슬레이브 플립플롭의 입력에 접속하여 클록 신호의 상승에서 마스터 플립플롭이 입력 신호를 판독하고, 클록 신호의 하강에서 마스터 플립플롭의 출력이 슬레이브 플립플롭에 입력되는 회로를 말한다.

slave application[-æplikéiʃən] **종속 응용** 중단 방지 또는 예비용 목적의 시스템 응용으로 종속 컴퓨터를 두어 주컴퓨터가 고장 등으로 제기능을 발휘하지 못하더라도 중단 없이 작업을 계속할 수 있도록 한 안전 체제.

slave computer[-kəmpjúːtər] **슬레이브 컴퓨터** 주컴퓨터를 보조하는 컴퓨터. front-end computer와 back-end computer를 총칭한 것.

slave connect[-kənékt] **종속 접속** 어떤 컴퓨터를 다른 컴퓨터의 종속 장치로 접속하는 것, 또는 IDE 접속에서의 비우선적 접속.

slave console[-kάnsoul] **종속 콘솔**

slave interface[-íntərfèis] **종속 접속**

slave machine[-məʃíːn] **종속 머신**

slave/master relationship[-mάːstər riléiʃənʃip] **종/주 관계**

slave memory[-méməri(ː)] **종속 메모리** 논리 회로와 거의 같은 정도의 속도로 동작하고 더욱이 여기에 직결해서 정보의 일시 기억, 주기억 장치의 복사 등으로 사용되는 기억 장치의 총칭.

slave microcomputer[-màikroukəmpjúːtər] **종속 마이크로컴퓨터**

slave microcomputer architecture[-άːrkitèktʃər] **종속 마이크로컴퓨터 구조**

slave mode[-móud] **종속 방식** 컴퓨터 작동 상태에 따라 영향을 받는 기본 제어의 대부분이 프로그램으로부터 보호되는 컴퓨터 운영 형태. 보통의 계산 조작을 위한 명령(비특권 명령)밖에 실행할 수 없는 사용자 프로그램 실행을 위한 실행 모드. ⇨ supervisor mode

slave peripheral-processor control[-pəríf ərəl prάsesər kəntróul] **종속 주변 프로세서 제어**

slave procedure[-prəsíːdʒər] **종속 절차(수속)**

slave process[-prάses] **종속 처리**

slave processor[-prάsesər] **슬레이브 프로세서** ⇨ master-slave system

slave program prefix[-próugræm príːfiks] **종속 프로그램 프리픽스**

slave station[-stéiʃən] **종속국, 종국 통신** 기본형 링크 제어에 있어서 데이터를 수신하도록 주국(primary station)에 의해 선택된 데이터 스테이션.

slave store[-stɔ́ːr] **종속 기억 장치** 상호 관련된 기억 장치들의 처리 속도 차이를 해결하기 위한 데이터 기록 장치.

slave support processor[-səpɔ́ːrt prάsesər] **종속 지원 프로세서**

slave synchronization[-sìŋkrənaizéiʃən] **종속 동기 방식** 디지털망에 있어서 망 전체의 동작 클록 주파수를 일치시키는 것을 망 동기라고 하는데, 이 망 동기를 취하기 위한 한 방식이며, 망 내의 특정한 국(局)을 주국(마스터국)으로 하고, 그 주국에 통일의 클록원(源)을 두어 그 클록을 디지털 전송로를 거쳐서 순차 하위의 종속국에 분배하는 방식을 말한다.

slave system [–sístəm] **종속 시스템** 주시스템에 종속적으로 연결되어 사용되는 특수 시스템. 종속 시스템은 주시스템의 명령을 모방해서 사용하기도 하지만 주시스템의 명령이 우선한다.

slave unit [–jú:nit] **종속 장치** 주컴퓨터와 접속되어 주컴퓨터의 기능을 보조하는 컴퓨터 장치.

slave tape unit [–téip jú:nit] **종속 테이프 장치**

SLC 중속 동기용 회선 접속 기구(시계 장치가 달린) synchronous line medium speed with clock의 약어.

SLD 축적형 논리 행선지 stack-type logical destination의 약어. 메시지의 저장 장소에 의한 논리 수신인 분류의 하나. 축적형 논리 수신인을 지정하여 쓰여진 메시지는 메시지 축적 파일(NSF)에 저장되고, 워크스테이션에 배신(配信)된 후에도 보존되어 재송 요구에 대응할 수 있다. ⇨ stack-type logical destination

sleep [slí:p] **슬리프** 프로그램의 실행이 멈춘 것을 슬리프 상태에 있다고 한다. 반면, 실행되고 있는 것은 액티브 상태에 있다고 한다.

sleeve [slí:v] *n.* **슬리브, 봉투** 플로피 디스크를 보관하는 종이 봉투.

slew [slú:] *n.* **슬루** 프린터에서 용지를 움직이는 것.

slewing [slú:iŋ] *n.* **개행** 수치 제어(NC) 공작 기계에 있어서 부품이 한 위치에서 다른 위치로 이동하는 속도.

slew rate [slú: réit] **회전율** 초당 볼트 수로 측정되는 빠른 신호 반응. 연산 증폭기 규격을 나타내는 데 사용된다. 아날로그 신호를 다루는 증폭기의 성능 중 출력 전압의 시간에 대한 변화량의 최대값을 정의하는 용어. 보통 단위 기호는 V/μV를 사용한다.

SLG 동기용 회선 그룹 기구 synchronous line group의 약어.

slice [sláis] *v.* **박편으로 잘라내다** 사상의 일부를 박편(薄片)으로 잘라내는 것. 또는 어떤 신호 파형의 일부를 잘라내어 관측하는 것. 이 경우 그 파형 일부는 몇 개의 형으로 기억 회로(storage circuit)에 저장되고, 그것을 읽어내어 표시 장치로 표시한다. 이와 같은 동작을 하는 것으로는 축적형 오실로스코프(storage type oscilloscope) 등이 있다. 또 컴퓨터에서 사용하는 디바이스(device)를 병렬로 접속하거나 스택(stack)하거나 하여 임의의 비트 길이(bit length)로 처리할 수 있도록 하는 것. 이 경우 단일 디바이스에서는 다(多)비트 길이의 것을 처리할 수 없지만, 디바이스를 2~3개로 병렬로 작동시킴으로써 취급할 수 있는 비트 길이가 2~3배가 되어 처리 속도가 향상된다. 이것을 비트 슬라이스(bit slice)라고 하며, 비트 슬라이스를 행하는 것이 가능하도록 되어 있는 구조(architecture)의 프로세서를 비트 슬라이스형 프로세서라고 한다. 이 비트 슬라이스형 프로세서를 이용하면 컴퓨터의 하드웨어에서 비트 슬라이스형의 구조를 쉽게 구축할 수 있다.

slice architecture [–á:rkitèktʃər] **슬라이스 구조** 레지스터 파일의 한 부분과 연산 논리 장치가 하나의 패키지에 존재하는 것으로, 레지스터는 모두 4비트이지만 때로는 2비트인 것도 있으며, 레지스터의 연결은 칩 끝에 있는 연산 논리 장치를 통해서 이루어진다.

slice index [–índeks] **슬라이스 인덱스, 회전 인덱스** 데이터 신호를 펄스 부호 변조(PCM) 신호로 변환하는 방식의 일종. 부호 변환 효율을 개선하기 위한 데이터 신호의 상태 변환 시점을 3비트로 부호화하는 방식.

slice level [–lévəl] **슬라이스 레벨** 펄스 전송에 있어서 고수준(high level), 저수준(low level)을 결정하는 데 기준이 되는 전압 레벨. 일반적으로 전송로는 그 진폭의 레벨 변동을 수반하는 경우가 많다. 따라서 슬라이스 레벨도 이것을 고려하여 결정될 필요가 있다.

slice/memory interface circuit [–mémər i(:) íntərfèis sə́:rkit] **슬라이스/기억 접속 회로**

slicer [sláisər] *n.* **슬라이서** 입력 파형에 대하여 미리 설정한 일정 레벨 이상 또는 이하, 혹은 중간에 있는 부분 파형만을 선택하여 꺼내는 전자 회로.

slicing [sláisiŋ] *n.* **슬라이싱**

slicing & dicing [–ænd dáisiŋ] 다양한 자원으로 데이터를 검색하며, 간단한 조작으로 자원 간의 이동이 가능하여 사용자가 보고자 하는 관점에서 손쉽게 정보를 살펴볼 수 있게 해주는 기능.

slide dictionary [sláid díkʃənəri(:)] **이동 사전법** 압축 알고리즘의 하나. 일정한 크기의 사전 버퍼 안에 같은 문자열이 두 개 이상 나타났을 때 하나만을 남겨놓고, 뒤에는 이 문자열을 참조하기 위한 짧은 코드로 바꿔놓는 형식이다.

slider [sláidər] *n.* **슬라이더** 자기 디스크 장치 등에서 자기 헤드를 데이터 매체 표면에서 일정한 부상량(浮上量)을 유지하여 부동(浮動)시키는 기구.

slide rule [sláid rú:l] **슬라이드 룰** 알고리즘의 원리를 써서 근사값 계산을 하기 위한 장치.

slide show [–ʃou] **슬라이드 쇼** 프레젠테이션 소프트웨어나 이미지 열람 소프트웨어 등에서 이미지를 차례로 전환하여 표시하는 기능. 화면 전환시 오버랩 등의 효과를 추가하는 경우도 있다.

sliding window [sláidiŋ wíndou] **회전 윈도**

SLIM 소프트웨어의 라이프 사이클 관리 software life cycle management의 약어.

slime spot[sláim spát] **슬라임 스폿** 종이의 제조 공정 중 원료액 속에 미생물의 작용 등에 의해서 생기는 점상(粘狀) 물질을 슬라임이라고 하는데, 이 슬라임에 의해서 생긴 종이의 회색 또는 검정색 등의 반점을 말하며 종이의 결점의 하나이다.

SLIP (1) **직렬 회선 인터넷 프로토콜** serial line Internet protocol의 약어. 인터넷 접속시 데이터 패킷 전송을 허용하는 데에서 생기는 상호 작용에 대한 규약. 아주 간단하게 설명하자면 전화선과 모뎀을 이용하여 컴퓨터를 인터넷에 연결하는 방법을 말한다. 전화선(serial line)과 모뎀을 이용해 컴퓨터를 인터넷에 접속하게 하는 프로토콜. 1980년대 초에 등장했기 때문에 그 구조가 간단하고 구현이나 설치가 용이한 반면에 고속 모뎀을 사용하는 현실에 맞지 않게 설계되어 최근에는 PPP가 SLIP를 대신하고 있다. (2) **대칭 리스트 처리기** symmetric list processor의 약어. 리스트 처리를 위한 시스템으로, MIT의 j. Weisenbaum이 개발하였다. 100개에 가까운 함수 프로그램과 부프로그램으로 되어 있다. 리스트는 이름과 같이 양방향(symmetric)의 포인터로 링크되어 있다. 이것을 FORTRAN 프로그램으로 사용할 수 있게 하였으며, 심벌이나 식을 다루는 문제, 네트워크를 다루는 문제, 반복적(recursive)인 문제를 쉽게 짤 수 있다.

SLIP connection 직렬 회선 접속 프로토콜 연결 connection by serial line interface protocol의 약어. 고속 모뎀으로 전화 회선을 통해서 인터넷에 접속하는 기법. 인터넷에서 전송되어 오는 패킷을 체크하지 않으므로 처리는 고속이지만 신뢰성이 낮아진다.

SlipKnot 윈도용 브라우저로서 MicroMin 사에서 만든 셰어웨어.

SLIRP 리얼오디오를 지원하지 않고 셰어웨어라는 불명예를 가진 티아에 대응하기 위해 나온 프로그램. 리얼오디오를 지원할 뿐 아니라 가상 PPP, CSLIP도 지원해준다. 구동시 여러 가지 옵션 지정까지 가능하며 티아에 식상한 많은 사용자들이 주로 애용하는 프로그램이다.

SLIS 임상(臨床) 검사실 공동 정보 시스템 shared laboratory information system의 약어.

slit[slit] **슬릿** PC 본체의 뒷면에 있는 주변 기기용 창.

SLLL 저부하 동기용 회선 접속 기구 synchronous line, low load의 약어.

slope type (in keyboard)[slóup táip(in kí:bɔ̀:rd)] **슬로프 타입(키보드 형식)** 키보드 상에 배치된 여러 열로 되어 있는 키 톱(key top)의 배열이 평평하게 구성된 키보드의 형식.

slot[slát] *n.* **슬롯** (1) 원래의 의미는 카드의 구멍이나 퍼스널 컴퓨터의 확장 기구 등을 꽂는 구멍을 가리킨다. (2) 가상 기억 시스템(virtual storage system)에서 1페이지를 수용하는 크기의 보조 기억 기구 내의 구역. 보조 기억 기구 내의 직접 어드레스 공간은 페이지와 같은 크기의 슬롯으로 분할되며, 페이지의 할당이 행해진 데이터 1페이지분에 대하여 실기억 기구의 기억 공간은 페이지 프레임(page frame)으로 분할된다. 각 페이지 프레임은 슬롯과 같은 모양으로 가상 기억 영역의 1페이지를 수용할 수 있는 크기로 되어 있다. (3) 가상 기억 액세스 방식의 상대 레코드 데이터 세트의 1레코드를 수용할 수 있는 기억 영역. 슬롯에는 레코드가 들어 있지 않을 경우도 있으나 들어 있는 경우는 슬롯 번호(slot number)에 의해 그 레코드가 식별된다.

slot 1 슬롯 1 인텔 사의 펜티엄 II에서 채용한 SEC(single edge contact) 카트리지 타입의 CPU용 소켓. 서버용으로 slot 2도 있다. 이전의 ZIF 소켓이 아닌 게임기의 ROM 카세트와 같은 유형의 슬롯으로 조작이 편리하고 비용이 절감된다. 슬롯 1에 사용할 수 있는 슬롯 수는 두 개까지 가능하다.

slot 2 슬롯 2 고급 워크스테이션용 CPU, 펜티엄 II/III 「Xeon」용 슬롯. 최대 두 개의 프로세서만 꽂을 수 있었던 슬롯 1과 달리 최대 4개의 프로세서까지 가능하다.

slot bound[-báund] **슬롯 제한** 이용 가능한 확장 슬롯 수에 의해 마이크로컴퓨터의 확장이 제한되는 상황.

slot filling[-fíliŋ] **슬롯 채우기** 프레임 표현에서 슬롯에 값이 채워지는 것.

slot group[-grú:p] **슬롯 그룹** 슬롯의 회전 위치를 바탕으로 분류된 슬롯의 집합.

slot in[-in] **슬롯 인** 삽입구에 CD-ROM을 삽입하면 자동으로 시동되는 기억 장치의 호칭. 슬롯 인 방식을 채택하고 있는 대표적인 것에 파워 맥 G4 Cube, iMac DV가 있다.

slot number[-nʌ́mbər] **슬롯 번호** 외부 페이지의 주소 번호. 장치 번호나 그룹 번호와 함께 형성하고 있다.

slot reader[-rí:dər] **슬롯 판독 장치** 카드 판독 기구(card reader)이며 슬롯은 천공 카드의 구멍을 의미한다.

slotted ring[slátid ríŋ] **슬롯 링 방식** 전송로가 링형으로 되어 있는 근거리 통신망(LAN)에 있어서 타임 슬롯을 할당하여 통신하는 방식. 즉, 근거리 통신망의 전송 방식 중의 하나로 각 장치들을 둥근 고리 모양으로 연결하고, 전송 회선을 따라 시간적인 슬롯을 회전시키면서 각 장치가 전송을 원할 때 빈 슬롯을 이용하도록 하는 방식이다.

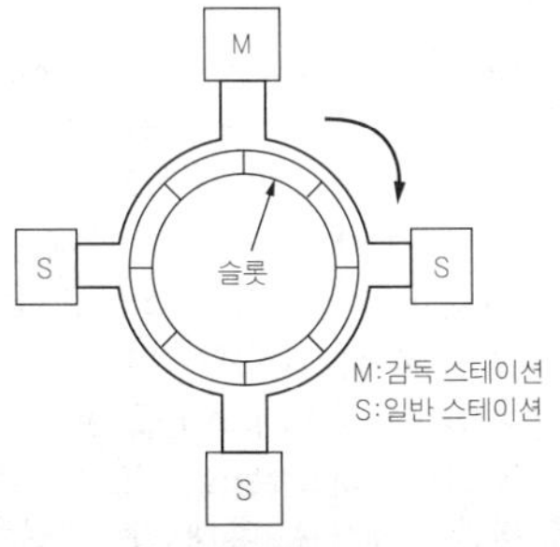

〈슬롯 링 구성 예〉

slow memory[slóu méməri(:)] **저속 기억 장치** 접근 시간이 서로 다른 기억 장치를 가진 컴퓨터 시스템에서 상대적으로 접근 시간이 느린 기억 장치.

slow storage[–stɔ́:ridʒ] **저속 기억 장치**

slow type analog computer[–táip ǽnəlɔ̀-(:)g kəmpjú:tər] **저속도형 아날로그 컴퓨터** 저속도로 독립 변수를 변화시켜 해를 구하고, 이것을 기록지에 곡선형으로 표시하는 아날로그형 컴퓨터를 말하며, 반복형 아날로그 컴퓨터에 대해서 직류형인 경우가 있다. 반복형과 저속도형은 각각 장단점을 가지고 있으므로 비용, 계산, 정밀도, 계산 내용 등에 따라 선택한다.

SLR 서비스 수준 보고 프로그램 service level reporter의 약어.

SLS-DB 단일 저장 공간 데이터 베이스 single locative space data base의 약어.

SLSI 초(超)대규모 집적, 초대규모 집적 회로 super large scale integration의 약어.

SLT 고체 논리 기술 solid logic technology의 약어. IBM 사가 개발한 것으로 혼성 집적 회로라고 하는 SMSC를 대신한 소형 회로이다. 구체적으로는 식염의 결정 크기만한 팁 트랜지스터(tip transistor)를 얇은 유리 피막으로 보호, 봉입한 것과 저항, 콘덴서와 함께 프린트판에 조립하여 집적한 것이 있다.

slug[slʌ́(:)g] *n.* **슬러그** 프린터나 타자기에서 글자 모양의 금속 활자.

small[smɔ́:l] *a.* **작은** 시스템이 작은 것. 소형인 것. 작게 정리되어 있는 것. 컴퓨터 프로그래밍에서는 메모리 사이즈 등이 작은 것을 표시한다.

small business computer[–bíznəs kəmp-jú:tər] **SBC, 소형 업무용 컴퓨터, 오피스 컴퓨터** 일반 사무실 내에서 사용되는 회계 사무 처리를 주요 목적으로 한 소형 컴퓨터. 조작은 조작원이 키보드로 직접 입력하는 것을 기본으로 하고 있다.

small business system[–sístəm] **SBS, 소형 비즈니스 시스템** 사무실 내에서 전임 조작원에 의하지 않고 문제 발생측의 담당자가 사무 데이터 처리를 위해 사용하는 소형 컴퓨터. 일반적으로 전표 발생을 중심으로 한 회계 업무의 인라인 처리를 할 수 있는 기기 구성을 가지며, 키보드와 문자 표시 장치가 일체형인 여러 대의 워크스테이션을 접속할 수 있다.

small capital letter[–kǽpitəl létər] **작은 대문자** 대문자를 소문자 크기에 맞추어 작게 표시한 것. 예를 들면 「LETTER」의 「ETTER」를 「ᴇᴛᴛᴇʀ」와 같이 소문자로 쓴 것과 같은 크기로 한다.

small computer[–kəmpjú:tər] **소형 컴퓨터** 주기억 장치의 용량이 96KB 미만, 자기 디스크 용량이 8MB 이하, 자기 테이프 전송 속도가 40MB/초 이하인 컴퓨터를 말한다.

small computer graphics[–grǽfiks] **소형 컴퓨터 도형 처리**

small computer system interface[–sístəm íntərfèis] **SCSI, 소형 컴퓨터 시스템 인터페이스**

small computer system interface-3 스카시 3 ⇨ SCSI-3

small icon[–áikɑn] **작은 아이콘** 윈도 안에 많은 아이콘을 표시할 때 사용되는 작은 아이콘.

small model[–mɑ́dəl] **소형 모델** 대표적인 8비트 CPU인 인텔 사의 i8080에서는 최대 64kB까지의 데이터밖에 취급되지 않는다. 그러나 그 상위 CPU인 16비트 CPU i80286에서는 그것보다 큰 사이즈의 메모리를 취급할 수 있다. 그러나 하위 CPU와의 호환성을 유지하기 위해서 64kB까지의 데이터만 취급하는 모드가 있다. 이것을 특히 「소형 모델」이라고 한다. 혹은 호환성을 의식하여 매우 작은 메모리 사이즈(memory size)로 프로그래밍을 행하는 경우도 있으며, 이 프로그램도 소형 모델이라 한다.

small-scale computer[–skéil kəmpjú:tər] **소규모 컴퓨터**

small-scale integration[–ìntəgréiʃən] **SSI, 소규모 집적 회로** 초기 집적 회로의 기술 형태로 이 집적 회로는 1~4개의 논리 회로를 갖고 있다. 이것은 IC(집적 회로) 중에서 집적도가 낮은 것. 즉, 하나의 기판에 실리는 회로의 수가 100 이하의 것을 말한다. 회로수가 증가함에 따라 중규모 집적 회로(MSI), 대규모 집적 회로(LSI), 초대규모 집적 회로(VLSI), 극 초대규모 집적 회로(ULSI)라고 한다.

small-scale systems engineering[–sístəmz èndʒəníəriŋ] **소규모 시스템 공학**

small-sized computer[–sáizd kəmpjúːtər] **소형 컴퓨터**

small system[–sístəm] **소규모 시스템**

small systems executive/virtual storage extended[–sistəmz igzékjutiv vɔ́ːrtʃuəl stɔ́ːridʒ iksténdəd] **SSX/VSE, 확장 가상 기억 소형 시스템 감시** ⇨SSX/VSE

small system software monitor[–sístəm sɔ́(ː)ftwɛ̀ər mánitər] **소형 시스템 소프트웨어 모니터**

Smalltalk[smɔ́ːltɔ̀ːk] **스몰토크** 프로그래밍 언어의 일종. 미국의 제록스 사가 개발한 프로그램 언어와 그 처리계. 어린이에서부터 경험을 쌓은 프로그래머까지 폭넓은 이용자가 수나 문자열에서부터 음성 및 화상에 이르는 정보를 대화 형식으로 조작함으로써 프로그램의 개발이나 시뮬레이션, 묘화, 작곡, 정보 검색 등의 도구(tool)로 이용된다.

Smalltalk-80 미국의 제록스 사에서 개발한 오브젝트 지향형의 프로그래밍 언어로 테크트로닉스 4404, 제록스 1100 등으로 표준 장비화되고 있다. Smalltalk-80의 기본 단위는 데이터와 그 데이터의 절차를 하나로 묶은 오브젝트라고 하는 것으로, 각 오브젝트가 메시지를 서로 교환함으로써 처리를 행한다.

SMART 스마트 Salton's magical automatic retriever of texts의 약어. 1964년부터 1966년경에 당시 하버드 대학 에이켄 계산 연구소에 있던 G. Salton이 중심이 되어 개발한 컴퓨터(IBM 7094)에 의한 정보 검색 시스템. 축적되는 정보나 검색 문의가 자연 언어(영어)로 이루어지며, 이것을 컴퓨터에 의해 언어 처리함으로써 상관도가 큰 것부터 순서적으로 해당 문헌이 출력되는 대규모 프로그램이다.

smart card[smáːrt káːrd] **스마트 카드** 카드와 같은 플라스틱 카드 안에 있는 집적 회로(IC ; integrated circuit)에 기억 기능을 내장한 것으로 IC 카드라고도 한다.

SMARTDRV 스마트 드라이브 smart drive의 약어. 윈도나 DOS에서 채택하고 있는, 마이크로소프트 사가 제공하는 디스크 캐시 프로그램. 처음 확보하고 있던 용량이 부족해지면 자동적으로 캐시를 줄이고, 캐시 용량의 변경이 가능하기 때문에 윈도 등의 작동을 고속화할 수 있다.

smart icon[smáːrt ikən] **스마트 아이콘** 미국 로터스 사의 워드 프로세서 소프트웨어 「Amipro」에서 사용되는 명령 실행 버튼. 응용 프로그램의 명령을 아이콘으로 선택할 수 있다. 로터스 사의 스프레드시트 「Lotus 1-2-3」와 호환성이 있다.

smart interactive terminal[–ìntərǽktiv tɔ́ːrminəl] **스마트 대화식 단말기** 단말기 기능뿐만 아니라 간단한 응용 프로그램도 수행할 수 있는 기능을 가진 단말기.

Smart media[–mídiə] 도시바에서 개발한 플래시 메모리의 상품명. 콤팩트 플래시 카드와 시장을 양분하고 있다. 플로피 디스크의 1/4 정도 크기의 카드로 디지털 카메라의 기억 매체로 사용된다. 어댑터를 사용하면 플로피 디스크 드라이브나 PC 카드 슬롯에서 읽어들일 수도 있다.

smart phone[–fóun] **스마트 폰** 휴대 전화와 개인 휴대 단말기(personal digital assistant, PDA)를 결합한 것으로, 휴대 전화 기능에 일정관리, 인터넷 접속 등의 데이터 통신 기능을 통합시킨 것이다. 스마트 폰은 완제품으로 출시되어 주어진 기능만 사용하던 기존의 휴대 전화와는 달리 다양한 애플리케이션(응용프로그램)을 사용자가 원하는 대로 설치하고 추가 또는 삭제할 수 있다는 특징을 가지고 있다. 또한 인터넷에 직접 접속할 수 있을 뿐 아니라 같은 운영체제를 가진 스마트 폰 간에 애플리케이션을 공유할 수 있다는 점 등도 기존 휴대 전화가 갖지 못한 장점으로 꼽힌다.

smart phone phobia[–fóubiə] **스마트 폰 공포증** 스마트 폰을 구입했지만 기능을 잘 몰라 쩔쩔매는 이들을 일컬어 '스마트 폰 포비아(공포증)' 라고 한다. 또한 스마트 폰을 갖고 있지 못해 주류에서 벗어난 것처럼 느끼는 사람들을 중심으로 '스마트 폰 소외족' 이 생기는 등 '안티(anti) 스마트 폰' 현상도 나타나고 있다.

smart sensor[–sénsɔːr] **스마트 센서** 센서의 출력 신호를 처리하는 회로를 부가하여 일체화시킴으로써 판단과 인식 기능을 갖는 센서.

smart terminal[–tɔ́ːrminəl] **스마트 단말기** 데이터 입출력에 사용되는 복합 키보드와 CRT 화면으로 구성되어 있는 주변 기기의 일종.

smart terminal software[–sɔ́ːftwɛ̀ər] **스마트 터미널 소프트웨어** PC에 실질적인 통신 능력을 제공하는 디스크 수록 프로그램. 이들 패키지는 데이터 입력과 디스플레이 이외에 호스트 전화 번호의 저장과 검색, 전화 번호의 자동 다이얼링 및 재다이얼링, 디스크 파일의 전송을 가능하게 해준다. 이들 패키지의 일부는 공중 소프트웨어로서의 이용 가능하며, 다른 것은 고성능의 패키지로서 상용으로 이용 가능하다. 일부 우수한 스마트 터미널 소프트웨어는 프리웨어 제품으로 제공된다. 이러한 패키지를 사용한 후에는 소프트웨어 메이커에 정보를 제공해 주어야 한다. Qmodem Procomm은 프리웨어 제품으로서 사용 가능한 고품질의 통신 프로그램이다.

smash[smǽʃ] *n.* **말소** 기억 장소를 재할당하거나

프로그램을 중복해서 기록함으로써 이전의 기억 장소 영역이나 프로그램을 지우는 것.

SMAUP 단순 다속성 효용 순서 simple multiattribute utility procedure의 약어.

SMB server message block의 약어. LAN이나 컴퓨터 간의 통신에서 데이터 송수신을 하기 위한 프로토콜.

SMBA shared memory buffer architecture의 약어. 표시용 메모리를 그래픽 보드 상에 확보하는 대신에 메인 메모리 상에 영역을 확보하는 아키텍처.

SMF 시스템 관리 기능 system management facilities의 약어. 컴퓨터 이용 감사의 한 방법으로 처음부터 해당 컴퓨터의 성능 측정과 컴퓨터 사용자별 사용 경비 명세서를 작성한다. 이 같은 내용을 처리할 수 있도록 각 기계마다 회계 프로그램(accounting program)을 이용하여 피(被)감사 대상 시스템의 성능 측정은 물론이고, 경우에 따라서는 부당한 미(未)승인 오퍼레이션을 발견할 수 있다.

SMIL 동기 멀티미디어 결합 언어 synchronized multimedia integration language의 약어. WWW 컨소시엄(W3C)이 제시한 멀티미디어 레이아웃 언어. 음향, 동영상, 텍스트 등 동기화된 멀티미디어 컨텐츠를 인터넷 상에 나타내는 데 필요한 기준과 전송 기술을 정의한 언어. 이를 통해 TV의 내용물과 같은 데이터의 인터넷 전송이 훨씬 쉬워졌다. CD-ROM과 대화형 TV, 웹, 오디오와 비디오 스트리밍 업계의 관계자들로 구성된 「W3C SMIL 워킹 그룹」에서 개발하였으며, 1997년 11월 첫 번째 공개 드래프트(draft) 스펙이 발표되었다.

smiley [smáili] **스마일리** 문자로 사람의 얼굴 모양을 흉내내어 자신의 감정 상태를 재미있게 표현한 것으로 이모티콘(imoticon)이라고도 부른다. 이런 표현은 국가를 가리지 않고 세계적으로 공통이다. 토크(talk)할 때 응답 시간이 느리므로 되도록 짧은 글을 쓰게 되는데 이런 표시를 통해서 자신의 느낌을 간단하게 전달하는 것이며, 메일을 쓸 때에도 흔히 사용된다. ⇨ 표 참조

S/MIME secure MIME의 약어. 전자 우편의 내용을 보호하기 위한 암호화 기술로, 훔쳐보기(snooping), 변조(tampering), 위조(forgery) 등의 위험을 방지할 수 있다.

S-mode record [és móud rékərd] **S 형식 레코드**

smoke test [smóuk tést] **스모크 테스트** 장치가 제대로 원활히 동작하는지의 여부를 알아보기 위해서 처음에 전원을 넣는 것.

smooth [smúːð] *a. v.* **평활한, 평활하게 하다**

smoothed scroll [smúːðəd skróul] **스무드 스크롤** 도트 단위로 화면 표시를 이동하는 것. 1도트씩 화면이 흐르기 때문에 화면이 가물거리지 않는다.

smoothing [smúːðiŋ] *n.* **평활화**

smooth line [smúːð láin] **평활 회선**

smooth scrolling [–skróuliŋ] **매끄러운 스크롤링** 컴퓨터나 단말기의 화면이 상하로 스크롤될 때 한 줄 단위로 움직이지 않고 한 도트 단위로 움직임으로써 화면이 매끄럽게 이동하게 하는 것.

SMP 대칭형 다중 프로세서 symmetrical multiprocessing의 약어. 같은 기종의 프로세서를 두 대 이상 같은 컴퓨터에 넣어 병렬 처리하는 방식. 모든 프로세서가 동등하게 동작한다.

SMS (1) **표준 모듈러 시스템** standard modular system의 약어. (2) **시스템 관리 서버** system management server의 약어. 마이크로소프트 사의 네트워크 관리 프로그램. 각 단말기를 개별적으로 관리하는 데서 오는 비효율성을 해소하고 하드웨어 감시, 소프트웨어 자동 배포 등을 총괄하는 등 TCO(total cost of management)를 줄일 수 있는 기술이다.

SMSC 표준 모듈러 시스템 카드 standard modular system card의 약어. 전자 회로를 프린트 배선한 플라스틱 카드. 이것에는 트랜지스터나 저항 등이 조립되어 그것을 프린트 배선으로 결선하고, 다른 회로와는 기판의 플러그를 삽입, 접속에 의해서 연결하게 되어 있다.

SMT 표면 실장 기술 surface mounting techonolgy의 약어. 탑재하는 부품의 고정 및 접속을 프린트 배선판 표면에서 하는 실장 방법.

SMTP simple mail transfer protocol의 약어. 인터넷 상에서 전자 메일을 전송할 때 쓰이는 표준적인 프로토콜. SMTP 프로토콜에 의해 전자 메일을 발신하는 서버(server)를 SMTP 서버라고 한다. 메일 사이에서 발생하는 것을 WWJF해 주는 프로토콜로 인터넷에서 이 메일을 교환할 때 그 과정을 정렬해준다. ⇨ protocol, server

smudge [smʌ́(ː)dʒ] *n.* **얼룩** OCR(광학 문자 판독 장치)에서 인쇄된 문자 윤곽의 바깥쪽에 묻은 잉크 등.

smudge resistance [–rizístəns] **얼룩 방지** 인쇄된 내용이 지워지지 않도록 하는 특수 용도 잉크의 성질.

Smurf attack [–smʌ́rf ətǽk] **스머프 공격** 목표 사이트에 응답 패킷의 트래픽이 넘쳐서 다른 사용자로부터 접속을 받아들일 수 없게 만드는 것. IP 주소에는 한 번에 여러 주소를 모아 문의할 수 있게 하는 브로드캐스트 주소(broadcast address)라는 것이 준비되어 있다. 이 주소에 목표 사이트에서 발

〈스마일리의 종류〉

:-) 가장 일반적으로 사용되는 스마일 표시로 내가 웃는다는 뜻이다.

;-) 윙크하며 웃고 있다.

:-(얼굴을 찡그리고 있다.

:-| 무관심한 미소

:-> 약간 비꼬는 듯한 얼굴 표정

(@@) 눈이 팽팽 돌아가고 있다.

(-: 왼손잡이의 미소

:- 입술을 꽉 오무리고 있는 모습

: *) 술 취해 있는 모습

{:] 로봇의 표정

8-) 선글라스를 끼고 있다.

B:-) 선글라스를 머리 위에 올려놓고 있다.

::-) 보통 안경을 쓰고 있다. 눈이 4개라는 의미

8:-) 머리를 둥글게 말아올린 소녀

:-)-8 성숙한 처녀(!)

:-{) 콧수염을 기른 신사

:-\{) 립스틱을 바른 모습

{:-) 가발을 쓰고 있다.

}:-(가발을 뒤집어 쓰고 있다.

@:-) 머리에 터번을 쓴 인도 사람

:-{ 드라큘라 백작

:-「 흡혈귀 뱀파이어

%-) 컴퓨터 모니터를 너무 오래 쳐다봐서 몽롱해진 눈

:-* '아차' 하는 표현, 또는 뭔가 신 것을 먹은 모습

:(울고 있다.

:) 기뻐서 울고 있는 얼굴

.) 윙크하는 또 다른 표현(눈이 하나만 보임)

:-@ 마구 소리치는 것

:-# 치아 교정기를 달고 있다.

:∧) 코가 부러진 얼굴

:∨) 코가 부러진 얼굴의 또 다른 표현법

:〈)= 턱수염난 사람

:-& 혀가 꼬인 모습

=:-) 머리털이 뻣뻣하게 선 모습

-:-) 펑크 록 음악가

:==) 코가 2개 있다.

+:-) 교황의 모습

: -) 눈썹 하나가 없어진 얼굴

|-| 잠들고 있다.

:-G 담배 피우고 있다.

:-? 파이프 담배를 피우고 있다.

G :-) 천사

:-G 웃고 있다.

:-G 입을 봉하고 말을 안한다.

:-G 너무 놀라운 말을 들어서 믿지 못함 (입이 딱 벌어짐)

〈|-) 중국 사람 얼굴

〈|-(별로 기쁘지 않은 중국 사람

:-/ 의심스러워하는 표정

G = :- 요리사

*〈:-) 산타 할아버지

G -:-) 아마추어 무선가의 얼굴

G -) 애꾸눈 해적

:-9 입맛을 다시고 있다.

%-6 뇌사 상태

「:-) 워크맨의 헤드폰을 낀 모습

(:| 대머리(윽~)

:-G 혀를 내놓고 뺨에 대고 있다.

:*) 광대 표정을 짓고 있다.

:-G 키스를 보낸다.

:/i 금연

:/) '하나도 안 웃겨요. 썰렁하네요~' 라는 의미

:_) 코가 삐뚤어졌다. 코가 제위치를 벗어났다.

:-G 쉬잇. 조용히 하길

:-: 기형적인 웃음

.-) 애꾸눈

,-) 애꾸눈으로 윙크

G-) 난 죽었다.

G\-) 마법사

G-) 로보캅

〈:-G 윽 ~ 하는 감탄사

:-8 입의 양쪽으로 말하고 있다.

(:-) 헬멧을 쓴 모습

|-(한밤중의 얼굴

(:-G 난 지금 몸이 아프다는 표시

(:-G 화가 났다.

(:-(매우 슬프다.

:-(=) 이빨이 큰 사람 얼굴

G :-) 퍼머 머리

@:-) 또 다른 퍼머 머리

G-(눈두덩이가 멍들었다.

:-% 은행가

:-G 실망했다.

신된 것처럼 IP 주소를 위조하여 핑(ping) 패킷을 발신하면 여러 서버에서 목표에 대하여 일제히 응답 패킷이 되돌아온다. 목표 사이트는 이 응답 패킷의 트래픽이 넘쳐서 다른 사용자로부터 접속을 받아들일 수 없게 된다.

S/N S/N 비, 신호 대 잡음비 signal-noise ratio 의 약어. 신호 전력 P_s와 P_n과의 비를 대수 표시한 것으로 다음 식으로 나타낸다.

$$S/N = 10 \log_{10} P_s / P_n$$

회선 등의 평가를 할 경우 등에 사용되며, 이것과 비슷한 것으로 잡음 지수라는 것이 있는데, 입력측 P_s/P_n을 출력측 P_s/P_n으로 나눈 것으로 정의하

고, S/N 비와 같이 증폭기나 회선 등을 평가하는 데 널리 쓰이고 있다.

SNA 시스템 네트워크 구조 systems network architecture의 약어. 1974년 IBM이 발표한 네트워크 구조와 통신 시스템에 대한 통일적인 구조. 그 후 대형 컴퓨터 메이커도 마찬가지의 설계 사상을 갖는 네트워크 구조를 개발해 왔으나 SNA가 사실상의 표준 구조로 되어 있다. IBM의 하드웨어와 소프트웨어 제품의 대부분은 이 SNA에 기초해 만들어지고 있다. 통신 제어 장치를 호스트(네트워크의 중심이 되는 컴퓨터)로부터 독립시켜 호스트의 부하를 경감하며, 통신 처리는 통신 제어 장치의 네트워크 제어 프로그램에 의해서 행한다. 이 방법은 새로운 것은 아니지만 통신의 계층 구조를 명확히 한 점에서 네트워크 구조라고 한다.

SNA distribution services SNA 분산 서비스 ⇨ SNADS

SNADS SNA 분산 서비스 SNA distribution services의 약어. SNA 네트워크를 이용해서 실시간으로 전송할 필요가 없는 데이터를 축적해 두었다가 한가한 시간에 전송하는 것.

snail mail[snéil mèil] **스네일 메일** 전통적인 우편 서비스의 느린 속도를 경멸하는 표현(snail은 달팽이를 의미한다)으로 주로 미국 우편 제도를 경멸해서 일컫는 용어이다.

snap dump information[snǽp dʌ́mp ìnfərméiʃən] **스냅 덤프 정보** AIM SNAP에 의해 수집된 정보. 매크로 명령의 이름, 발생 시각, 매개 변수, 복귀 정보 등이 있다.

snap information[–ìnfərméiʃən] **스냅 정보**

snap sampling[–sǽ:mpliŋ] **스냅 샘플링**

snapshot[snǽpʃàt] *n.* **스냅숏** 시간과 더불어 변화해가는 상태가 어떤 순간에 포착될 수 있는 것. 어떤 시스템 개발에 있어서의 프로그램 실행 단계이며, 그 프로그램이 논리적으로 바르게 동작하고 있는지의 여부를 디버그(debug)할 때 스냅숏이 자주 사용된다. 프로그램의 실행중 기억 장치, 레지스터 등의 내용이 어떻게 되어 있는지를 조사하는 것을 말한다. 프로그램의 에러에는 「프로그램 사용 상의 에러」, 「프로그램 논리 상의 에러(logic miss)」 등이 있으며, 스냅숏을 프로그램 중에 삽입하여 그 상태를 출력시킴으로써 효과적인 디버깅(debugging)을 할 수 있다. ⇨ snapshot program

snapshot copy[–kápi(:)] **스냅숏 복사** 이용자의 작업을 중단하고 한 디스크의 전체 내용을 디스크에 복사하는 것. 특수 명령어를 사용해 짧은 시간에 처리한다.

snapshot debugging[–di:bʌ́(:)giŋ] **스냅숏 디버깅, 스냅숏 오류 수정** 프로그래머가 프로그램 세그먼트의 시작 부분과 끝 부분을 지정하여 수행한 결과의 레지스터와 누적기의 내용을 검사하는 진단 및 검출 기법. 이 기법은 여러 누적기나 레지스터의 내용뿐 아니라 기억 장치의 특정 부분의 내용도 표시한다.

snapshot display[–displéi] **스냅숏 디스플레이**

snapshot dump[–dʌ́mp] **스냅숏 덤프, 속사(速寫) 덤프** 특정 기억 영역을 지정하고 그 내용을 동적으로 덤프하는 것. 프로그램 실행중에 레지스터나 지정한 기억 영역의 내용을 표시하거나 프린트하는 것.

snapshot jump[–dʒʌ́mp] **스냅숏 점프**

snapshot method[–méθəd] **스냅숏법** 컴퓨터 활용 감사의 한 수법. 미리 감사 상 문제가 발생할 가능성이 있는 데이터 상에 특별한 코드를 부여하여 시스템 수행시에 트랜잭션이 하나의 프로그램 모듈에서 다음 모듈로 혹은 어느 파일에서 다른 파일로 넘어갈 때마다 직전, 직후의 숫자를 기록해 두었다가 나중에 그것을 출력하여 비교하는 방법을 말한다. 입력 데이터가 프로그램 내부에서 차례로 가공되어 가는 경우에 그 사이의 처리 과정을 마치 순간 촬영하는 것과 같이 출력할 수 있기 때문에 이런 이름이 붙었다.

snapshot program[–próugræm] **속사 프로그램, 스냅숏 프로그램** 선택된 명령 또는 조건에 대해서만 출력 데이터를 만들어내는 추적 프로그램.

snapshot record[–rékərd] **스냅숏 레코드**

snapshot roll-back system[–róul bǽk sístəm] **스냅숏 복귀 방식**

snapshot routine[–ru:tí:n] **스냅숏 루틴**

snapshot trace[–tréis] **스냅숏 추적**

SNA upline facility SNUF, SNA 업라인 기능, 시스템 네트워크 체계 업라인 기능

SNBU 교환망 백업 switched network backup의 약어.

sneak current[sní:k kə́:rənt] **누설 전류** 전화 회선에서 다른 회선에 의해 들어오는 전류. 매우 약해서 직접적으로 해를 주는 일은 없으나 방치해두면 유해한 가열 결과를 가져온다.

sniffing[snífiŋ] **스니핑** 가장 많이 사용되는 해킹(hacking) 수법으로, 이더넷(Ethernet) 상에서 전달되는 모든 패킷(packet)을 분석하여 사용자의 계정과 암호를 알아내는 것.

surfing[sə́:rfiŋ] *n.* **서핑** 여름 해변가에서 즐기는 wind surfing에서 유래된 용어로 인터넷 탐험을 말한다. 이는 엄밀히 말해서 인터넷을 단순히 아무 목적 없이 슬쩍 보기 위해 인터넷의 이곳저곳에 접속해서 「엿보는 것」을 말하는데, 대부분의 인터넷 사용자들은 이와 같은 부류(surfer)들이다.

SNMP simple network management protocol의 약어. TCP/IP 기반의 네트워크에서 네트워크상의 각 호스트에서 정기적으로 여러 가지 정보를 자동적으로 수집하여 네트워크 관리를 하기 위한 프로토콜.

SNOBOL 스노블 string oriented symbolic language의 약어. 1962년에 벨 연구소에서 개발된 문자열(string)의 처리나 비수치 처리를 목적으로 한 프로그램 언어. 언어학 연구에서 발생한 것으로 언어 번역, 언어 컴파일 패턴 매칭 등에 적합하다. 전문 프로그래머가 아니라도 사용할 수 있다. 1962년 이후 개량되어 1966년에 SNOBOL-Ⅲ, 1968년에 SNOBOL-Ⅳ가 개발되었다. 이 언어는 고도로 형식적이며 판독 기록이 어렵게 보이지만 실제 문제에서 표기법이 매우 간단하며 콤팩트하다. 적용 분야는 간단한 수치 연산을 필요로 하고, 열의 명칭 부여 및 취급이 중요한 구성 요소이면 무엇이라도 좋다. 언어의 문자 집합은 명백하게 정의되어 있지 않지만, 26개의 알파벳 대문자, 10개의 숫자와 여러 개의 특수 문자로 구성되어 있다. 데이터명은 문자와 숫자 및 피리어드와 콜론의 임의 조합에 의해 구성된다. 또 묵시의 데이터명은 간접적으로 인용함으로써 구성되고, 달러 부호($)에 의해서 선행되는 임의의 데이터명에 의해 구성된다.

snooping[snú:piŋ] **스누핑** 기억 장치의 내용이 캐시 내용과 일치하는지를 감시하고 필요에 따라 캐시 내용을 파기하는 기능. CPU나 캐시 제어기에 내장되어 있다.

SNS 소셜 네트워크 서비스 social network service의 약어. 온라인상에서 불특정 타인과 관계를 맺을 수 있는 커뮤니티형 웹사이트 또는 서비스. 대표적인 소셜 네트워크 서비스로는 미국의 트위터, 마이스페이스, 페이스북, 한국의 싸이월드, 미투데이 등이 있다. 소셜 네트워크 서비스는 다른 사람과 의사소통을 하거나 정보를 공유·검색하는데 이용되고 있다.

SNUF 시스템 네트워크 체계 업라인 기능 SNA upline facility의 약어.

SO 시프트 아웃 문자 shift-out character의 약어. 입출력용 제어 문자의 일종. 동일 문자 코드에 대해 두 종류의 문자가 대응하도록 되어 있는 코드계에서 그 두 종류의 문자 한쪽을 SI측, 다른 쪽을 SO측으로 정했을 때 SO에 이어지는 문자 코드에 대해서는 SO측의 문자를, SI에 이어지는 문자 코드에 대해서는 SI측의 문자를 각각 사용하는 것으로 한다. 코드 확장 문자의 일종으로, 표준 문자 집합의 도형 문자 대신 일정한 약속이나 코드 확장 순서에 따라 나타낸 도형 문자의 집합을 사용하는 것을 나타낸다.

SOB 시작 블록 start of block의 약어. 블록의 시작을 나타내는 전송 제어 문자.

SOC (1) **자기 조직화 개념** self-organizing concept의 약어. (2) **자기 조직화 제어** self-organizing control의 약어.

social user interface[sóuʃəl jú:zər íntərfèis] **소셜 사용자 인터페이스** 컴퓨터 소프트웨어 설계에 관한 새로운 접근 방식으로 사용자가 컴퓨터와 자연스러운 방식으로 상호작용하도록 한 접근 방법. 사용자가 별개의 매뉴얼이나 도구 막대, 혹은 지침서를 사용할 필요가 없게 하였다.

Society of International Telecommunications of Airline[səsáiəti(:) əv intərnǽʃənəl tèləkəmjù:nikéiʃənz əv ɛ́ərlàin] SITA, **국제 항공 통신 협회** ⇨ SITA

society of worldwide interbank financial telecommunication[−wə́:rldwàid intərbǽŋk finǽnʃəl tèləkəmjù:nikéiʃən] SWIFT, **국제 은행 간 데이터 통신 시스템** ⇨ SWIFT

sociometry[sòusiámətri(:)] *n.* **소시오메트리, 사회 측정법**

socket[sákət] *n.* **소켓** 회로의 고정 부분 끝에 있는 장치로서 이 소켓에 플러그(plug)를 삽입하면 회로가 연결된다. (1) 전기 기기용 소켓. (2) 마이크로컴퓨터에서 IC 또는 LSI는 프린트 기판에 납땜하는 것과 ROM, PROM, CPU 등은 용도에 따라 기판에 소켓을 붙여서 바꾸어 꽂을 수 있게 한다. (3) 인터넷은 전용선과 TCP/IP를 사용하고 있고, 우리가 쉽게 하는 컴퓨터 통신은 전화선과 Zmodem 등의 프로토콜을 사용하고 있다. 이것이 서로 다른 통신 환경을 이어주는 것이 소켓(socket)이다.

socket 7 소켓 7 인텔 사의 펜티엄용 소켓. 베이스 클록은 66MHz, 펜티엄 75MHz~200MHz 및 펜티엄 MMX-166MHz~233MHz까지의 CPU를 장착할 수 있다. 현재 가장 많이 보급되어 있으며, AMD 사 등에서 소켓 7의 호환 CPU를 발표하였다. 특히 AGP, 베이스 클록 100MHz에 대응하는 것을 수퍼 7이라고 부른다.

socket 8 소켓 8 펜티엄 Pro용 소켓.

socket A 소켓 A 미국 AMD 사가 Thun-derbird 라고도 불렀던 애슬론과 듀론에서 채택한 CPU 설치용 소켓의 규격.

Socket & Slot[sákət ænd slát] **소켓 앤드 슬롯** CPU를 메인보드에 장착하는 방법은 현재 소켓이라는 장치가 표준이다. 과거 286이나 386 시절에는 메인 보드에 CPU가 아예 부착되어 있는 상태로 있었지만 486 이후로는 CPU의 업그레이드를 원활히 할 수 있도록 소켓이라는 장치가 고안되었다. 소켓은 슬라이드식으로 되어 있어 간단히 CPU를 부착할 수 있도록 되어 있다. 현재 펜티엄 메인 보드들은 소켓 규격 7을 사용하고 있는데, 이는 펜티엄의 핀 배열과 같이 141개의 구멍을 가지고 있어 CPU를 고정하고 신호를 전달하게 된다. 마치 안전벨트를 사용하여 운전자를 좌석에 밀착시키는 것과 같은 이치이다. 하지만 이제 소켓은 운명적인 전환기를 맞이하고 있다. 펜티엄 프로는 이미 소켓 8이라는 조금은 다른 형식의 소켓 방식을 사용하는데, 어느 인텔의 경쟁사도 소켓 8의 호환 칩을 만들지는 않았고 그리 널리 쓰이지 않는 방식이 되어버렸다. 그리고 새로 나온 펜티엄 II는 슬롯이라는 또 다른 방식의 CPU 장착 방식을 제공한다. 펜티엄 II CPU는 고속 S2 캐시를 내장하고 있기 때문에 슬롯형 메인 보드들은 별도의 L2 캐시를 가지고 있지 않다. 따라서 슬롯은 CPU와 캐시를 동시에 연결하는 접속 부분인 셈인데, 그에 따른 기술이 상당히 까다롭다고 한다. 그리고 슬롯은 소켓에 비해 착탈 방식이 조금 복잡하다. 슬롯에 끼워놓은 펜티엄 II는 방열판이나 냉각팬의 무게가 상당히 나가므로 비록 데스크톱 방식의 PC라 할지라도 지지대를 부착시키지 않고는 안정적으로 메인 보드에 장착되지 않는다. 마치 축대를 쌓듯이 양쪽에 지지대를 세우고 그 밑 부분을 한 번 더 가로 활대를 버티어 고정시키는 방식을 사용하고 있다.

soft[sɔ́(ː)ft] *a.* **소프트** 컴퓨터에서는 소프트웨어를 단지 소프트라고 하는 경우가 많다. 또 「소프트」가 합성어를 만드는 경우에는 하드(hard)의 대조어로서의 의미, 즉 고정되어 있지 않은(변경할 수 있는) 또는 쉽다는 의미가 된다.

soft breakdown characteristic[–bréikdàun kæ̀rəktərístik] **유연한 항복(降伏) 특성**

soft clip area[–klíp ɛ́(ː)riə] **소프트 클립 영역** 플로터로 도형을 작도할 때 플로터로 보낼 수 있는 좌표 영역의 한계.

soft copy[–kápi(ː)] **화면 출력** 표시 장치 상에 표시되는 화상이라든가, 음성으로 알리거나 하는 것과 같은 출력 형식. 즉, 기록으로 남기지 않는 보존할 수 없는 표시 형식이며 인쇄물을 의미하는 하드 카피(hard copy)의 상대어이다.

[주] 영속성이 없는 표시 화상. **예** 음극선관 표시

SOFTCOPY CADAM 도면 열람 시스템

soft crash[–krǽʃ] **소프트 붕괴** 전원 공급의 중단 등에 의해 데이터 베이스에 물리적 손상은 없으나 주기억 장치의 내용을 잃게 되는 현상.

softening filter[sɔ́(ː)ftəniŋ fíltər] **완화 필터**

soft error[sɔ́(ː)ft érər] **소프트 에러, 소프트 오류** 다이내믹형 MOS 기억 소자의 집적도를 높인 경우 용기에 포함되는 미량의 방사성 물질에서 나오는 α선에 의해 일시적으로 발생하는 재현성이 없는 에러.

soft error rate[–réit] **소프트 오류율** 대용량 기억 장치를 가진 시스템에서 일시적으로 발생하는 비트 오류율. 이 오류는 이론적으로 이동 명령을 반복 시행하면 줄어든다.

soft exception trap interrupt[–iksépʃən trǽp ìntərʌ́pt] **소프트 예외 트랩 일시 정지**

soft fail[–féil] **소프트 장애** 시스템의 고장에도 어느 정도 계속 작동되도록 하는 기법.

soft format[–fɔ́ːrmæt] **소프트 형식**

soft-hard path[–háːrd pǽːθ] **소프트 하드 패스**

soft hyphen[–háifən] **소프트 하이픈** 워드 프로세싱에서 문서의 줄맞춤을 할 때 행의 오른쪽 끝에서 단어를 끊고 넣는 하이픈.

soft keyboard[–kíːbɔ̀ːrd] **소프트 키보드**

soft keys[–kíːz] **소프트 키** ⇨ function key

soft key terminal[–kíː tə́ːrminəl] **소프트 키 단말기** 사용자가 특별한 기능에 대하여 개인적인 용도로 사용할 수 있는 단말기.

soft logic[–ládʒik] **소프트 논리**

soft machine[–məʃíːn] **소프트 기계**

soft machine check interruption[–tʃék ìntərʌ́pʃən] **소프트 기계 체크 인터럽트**

soft observer[–əbzə́ːrvər] **소프트 옵저버**

soft science[–sáiəns] **소프트 사이언스** 사회, 경제, 생화학 등의 분야에서의 복잡한 현상 등을 해결하기 위한 종합적인 새로운 과학 기술의 수법. 종래의 기계를 주체로 한 하드 테크놀러지와 대응시켜서 소프트 테크놀러지라고도 한다. 공해, 마약, 농업 축산, 나아가서 유전자 분야 등 그 응용 분야가 급속히 확대되어 가고 있다.

soft sector[–séktər] **소프트 섹터** 소프트 섹터 방식이란 자기 디스크의 센터 분할법의 하나. 디스크 상의 하나의 색인 구멍에 최초 섹터의 위치 결정을 행하고, 계속되는 섹터는 최초에 일정 식별 코드를 기록함으로써 각 섹터를 구별하는 방식으로, 1트랙을 임의의 수의 섹터로 나눌 수 있다.

soft sectored[–séktərd] **소프트 섹터 방식** 자기 디스크나 플로피 디스크 내의 하나의 색인 구멍에 의해 트랙의 개시점을 비롯하여 상대적인 위치에 의하여 섹터로 분할하는 방식. 하드 섹터 방식(hard sectored)과 대비된다.

soft sectored disk[–dísk] **소프트 섹터 디스크** 플로피 디스크의 섹터를 소프트웨어에 의해서 분류하는 방식으로, 1트랙을 임의의 수의 섹터로 나눌

수 있다.

soft sector formatting[–séktər fɔ́ːrmæt-iŋ] **소프트 섹터 형식** 표준 디스켓에서 초기화 작업 중 미리 섹터에 관한 정보가 기록되는 형식.

soft sectoring[–séktəriŋ] **소프트 섹터링** 디스크에 저장되어 있는 데이터를 써서 디스크에 섹터를 표시하는 방법으로, 플로피 디스크에서 트랙 내 섹터의 시작점을 찾아내는 방법의 하나.

soft-strip[–stríp] **소프트스트립** 소프트웨어, 문장, 수, 그래픽, 음성을 포함한 어떤 종류의 데이터라도 정보를 조정하지 않고 손으로 개인용 컴퓨터에 입력시킬 수 있는 시스템. 이 데이터는 작은 흑백의 직사각형으로 된 조밀한 패턴으로 암호화하여 5~8인치 폭과 9.5인치 길이의 보통 종이 조각에 인쇄된다.

soft systems engineering[–sístəmz èndʒ-əníəriŋ] SSE, **소프트 시스템 공학**

soft system theory[–sístəm θíəri(ː)] SST, **소프트 시스템 이론**

soft technology[–teknɑ́lədʒi(ː)] **소프트 테크놀로지**

soft wait[–wéit] **소프트 대기 상태** 시스템이 정지하고 명령이 실행되지 않는 상태에서 조작원의 처리를 필요로 하는 대기 상태(wait state)의 한 가지. 이 대기 상태의 원인으로는 입출력 장치의 고장 등을 들 수 있다. 프로그램을 최소화하지 않고 회복할 수 있으며, 그 후 즉시 실행을 재개할 수 있다.

software[sɔ́(ː)ftwɛ̀ər] *n.* S/W, **소프트웨어** 물리적 실체인 하드웨어의 반대어로 만들어진 용어. 컴퓨터 프로그램과 같은 뜻으로 해석되는 경우도 있으나 프로그램 자신 외에 그 프로그램 자신의 설명서, 그 프로그램에 의해 업무를 수행할 때의 사무상의 규정이나 절차, 이들을 문서화한 설명서나 색인서도 모두 포함한 전체를 가리킨다. 또한 컴퓨터 시스템을 가동시키는 데 필수가 되는 시스템 소프트웨어(system software)와 이용자 측의 업무에 특유한 응용 프로그램(applications program)을 구별해 왔으나 현재는 양자를 포함하여 소프트웨어라고 하며, 시스템 개발(system development)과 소프트웨어 개발(software development)은 동의어로 취급되고 있다. ⇨ 그림 참조

[주] 데이터 처리 시스템을 기능화시키기 위해 프로그램, 절차, 규칙, 관련 문서 등을 포함하는 지적인 창작.

software architecture[–ɑ́ːrkitèktʃər] **소프트웨어 구조**

software assurance technology[–əʃú(ː)-rəns teknɑ́lədʒi(ː)] **소프트웨어 보증 기술**

software base[–béis] **소프트웨어 기반** 특정한 컴퓨터 시스템에서 필요로 하는 소프트웨어.

software break point[–bréik pɔ́int] **소프트웨어 브레이크 포인트, 소프트웨어 중지점**

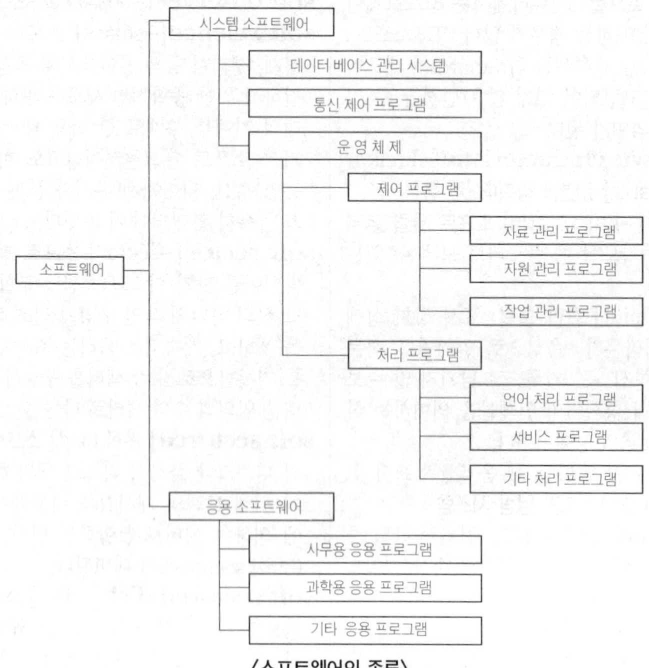

〈소프트웨어의 종류〉

software bundling[–bʌ́ndliŋ] **소프트웨어 번들링** 소프트웨어를 하드웨어와 묶어서 제공하는 것. 대형 범용 컴퓨터의 판매 대책용이나 현재는 소프트웨어의 불법 복제를 방지하기 위한 방법으로 PC에 사용되고 있다. 이 경우 하드웨어와 소프트웨어의 판매가 일치한다. PC의 BASIC이 그 예이다.

software bus[–bʌ́s] **소프트웨어 버스** 버스란 컴퓨터의 중앙 처리 장치와 내부의 각 장치나 외부와의 데이터 교환을 위한 공통 신호로를 말한다. 이와 마찬가지로 각종 소프트웨어를 조합할 수 있는 중계적인 소프트웨어를 소프트웨어 버스라 한다.

software compatible[–kəmpǽtibl] **소프트웨어 호환성** 다른 마이크로프로세서용으로 만들어진 소프트웨어를 다른 기종에서도 실행할 수 있게 만들어진 마이크로프로세서.

software component[–kəmpóunənt] **소프트웨어 구성 요소** 이용자의 다양한 요구에 따른 컴퓨터 시스템의 구성을 실현하기 위한 온라인 데이터 베이스 시스템의 구성 단위.

software concept[–kɑ́nsept] **소프트웨어 개념, 소프트웨어 구상**

software configuration management [–kənfìgjuréiʃən mǽnidʒmənt] SCM, **소프트웨어 구성 관리**

software-controllable system[–kəntróuləbl sístəm] **소프트웨어 제어 가능 시스템**

software control system[–kəntróul sístəm] **소프트웨어 제어 시스템**

software conversion[–kənvə́ːrʃən] **소프트웨어 변환**

software copyright[–kɑ́piràit] **소프트웨어 저작권** 컴퓨터에서 작성한 소프트웨어의 저작권. 소프트웨어에 관한 소프트웨어 저작자의 권리가 보호되고 있다. 단, 프로그램의 작성을 위한 프로그램 언어나 프로토콜, 알고리즘 등은 보호의 대상에서 제외된다.

software creation process[–kriéiʃən prɑ́ses] **소프트웨어 창조 과정**

software crisis[–kráisis] **소프트웨어 위기** 시스템의 대규모화에 따라 소프트웨어의 신뢰성 저하, 개발비의 증대, 계획의 지연 등의 현상이 현저해져서 개발 계획의 수행이 매우 곤란해진 상황. 이 용어는 1968년 NATO의 후원에 의한 가르미시(Garmisch) 회의, 이듬해의 로마 회의 이후 「소프트웨어 공학」과 함께 유명해진 말이다. ⇨ 그림 참조

software description[–diskrípʃən] **소프트웨어 기술**

software design[–dizáin] **소프트웨어 설계**

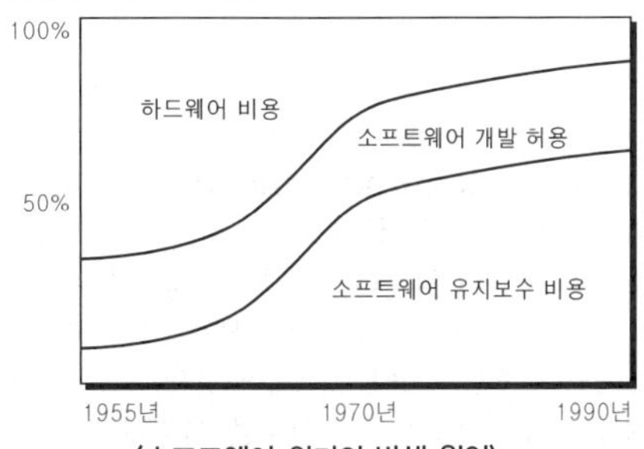

〈소프트웨어 위기의 발생 원인〉

software design approach[–əpróutʃ] **소프트웨어 설계로의 접근**

software design automation[–ɔ̀ːtəméiʃən] **소프트웨어 설계 자동화**

software design tradeoff[–tréidɔ̀(ː)f] **소프트웨어 설계 트레이드오프**

software development[–divéləpmənt] **소프트웨어 개발** 사용자의 요구에 걸맞는 소프트웨어를 작성하는 것.

software development environment [–inváirənmənt] SDE, **소프트웨어 개발 환경** 소프트웨어 개발은 개발 방법론, 각종 개발 기법, 그것을 지원하는 소프트웨어 툴 등 다양한 과제와 관련되어 있는데, 이들을 통합해서 실제의 개발 과정에 이용되는 개발 지원 시스템.

software development kit[–kit] **소프트웨어 개발 도구** ⇨ SDK

software development methodology [–mèθədɑ́lədʒi(ː)] **소프트웨어 개발 방법론**

software development scope[–skóup] **소프트웨어 개발 범주** 소프트웨어를 생산하는 데 있어서 요구 분석 및 정의 집합을 운영할 수 있는 시스템 요소로 개발하는 데 소요되는 과정.

software development supporting tool [–səpɔ́ːrtiŋ túːl] **소프트웨어 개발 지원 도구** 소프트웨어를 효율적으로 개발하기 위한 소프트웨어 및 하드웨어. 디버거, 편집기, 버전 관리 도구 등이 여기에 속한다.

software development system[–sístəm] SDS, **소프트웨어 개발 시스템**

software development tool[–túːl] **소프트웨어 개발 도구**

software diagnosis[–dàiəgnóusis] **소프트웨어 진단**

software diagnostics analysis[–dàiəgnɑ́stiks ənǽlisis] **소프트웨어 진단 해석**

software document[–dɑ́kjumənt] **소프트웨어 문서** 컴퓨터에 관련된 모든 문서나 기호와 관련

되는 것으로, 지침서, 회로도, 컴파일러, 특별한 언어, 라이브러리, 그리고 루틴 같은 컴퓨터에 관계된 프로그램과 루틴 등을 예로 들 수 있다.

software documentation [-dàkjumentéiʃən] **소프트웨어 문서화** 프로그램이나 응용에 관한 문서를 비롯해 컴퓨터로부터의 출력 리스트 등 눈으로 보아 읽을 수 있는 형식으로 되어 있는 기술 데이터로 소프트웨어의 설계나 상세, 소프트웨어의 성능, 이용할 때의 주의 사항을 설명한 것 등이 모두 포함된다.

software driver [-dráivər] **소프트웨어 구동기** 특정한 주변 기기로 전송 데이터를 구성하여 전송하고자 할 때 컴퓨터의 명령어 및 주변 기기 간의 전기적 기계적 특성이 다르므로 주변 기기와 CPU 간의 데이터 형식을 표준화해야 한다. 바로 이 기능을 담당하는 것이 소프트웨어 구동기이다. 또 이것은 각종 주변 기기들의 접속(interface)을 가능하도록 해주는 역할도 한다.

software emulation [-èmjuléiʃən] **소프트웨어 에뮬레이션** 한 컴퓨터가 다른 컴퓨터의 기계어를 실행할 수 있게 하는 기술로, 컴퓨터 네트워크 시스템에서 한 컴퓨터로부터 다른 컴퓨터로 프로그램을 전환하여 사용할 때 쓰인다.

software engineering [-èndʒəníəriŋ] **소프트웨어 공학** 소프트웨어의 설계, 개발 및 사용에 관한 공학의 분야. 소프트웨어 공학은 허용된 시간, 타당한 비용 범위 내에서 올바르고 효과적인 융통성 있는 보수가 쉬운 프로그램을 작성하기 위한 지침이 되는 학문의 한 분야이다. ⇨ 그림 참조

software engineering environment [-inváirənmənt] **소프트웨어 공학 환경**

software engineering system [-sístəm] **소프트웨어 공학 시스템**

software engineering tool [-tú:l] **소프트웨어 공학용 도구** 소프트웨어 개발을 지원하기 위한 모든 기법.

software error [-érər] **소프트웨어 에러** 프로그램 디버깅 중에서 원래 설계에서 밝혀지지 않는 일련의 조건이 발생하여 처리 과정에서 실패를 유발하는 것.

software failure [-féiljər] **소프트웨어 장애**

software failure model [-mádəl] **소프트웨어 고장 모델**

software first philosophy [-fə́:rst filásəfi(:)] **소프트웨어 제1 필로소피**

software flexibility [-flèksibíliti(:)] **소프트웨어의 유연성** 소프트웨어를 다른 사용자와 다른 시스템 요구 사항에 맞도록 고칠 수 있는, 이종(異種)의 기계 및 여러 가지 이용자의 요구에 대응하여 쉽게 변경할 수 있는 소프트웨어의 성질. 이용자측에서 보면 환경의 변화에 대응할 수 있는 것을 말하며, 유연성이라는 말은 적합성이라고 해석된다. 기계측에서 보면 「유연성」은 기계의 구조 변화에 대응할 수 있는 것을 말하며 이식성(portability)이라는 말도 쓰인다.

software for industrial classification [-fɔ́:r indʌ́striəl klæ̀sifikéiʃən] **업종별 소프트웨어** 특정 업종마다 그 사양을 변경해서 사용할 수 있는 소프트웨어.

software for specific industry [-spisífik índəstri(:)] **특정 업종용 소프트웨어** 특정 사용자의 특정 업종에 대한 소프트웨어. 경리, 급여, 인사 등과 같은 어느 기업에서나 필요로 하는 범용 소프트웨어는 해당되지 않는다.

software functional mode [-fʌ́ŋkʃənəl móud] **소프트웨어 기능 모드**

software functional network tree [-nétwə̀:rk trí:] **소프트웨어 기능 네트워크 트리**

	1960	1970	1980	1990	2000
프로그래밍 언어	Assembly, COBOL	C, PASCAL, Ada		C++, Visual Basic	
개발 기법		구조적 프로그래밍	구조적 개발 기법	객체 지향 개발 기법	
관리 방법			품질 보증, 형상 관리 재사용	3'R	
개발 도구 및 방법론			제4세대 언어	CASE 방법론(Methodology)	

〈소프트웨어 공학의 역사〉

software house[–háus] **소프트웨어 하우스** 소프트웨어를 개발하여 이용자에게 제공하는 소프트웨어 전문 용역 회사.

software industrialized generator & maintenance aids[–indʌ́striəlàizd dʒénərèitər ənd méintənəns éidz] **시그마(∑) 계획**

software influence[–ínfluəns] **소프트웨어 유통** 일반 상품과 마찬가지로 소프트웨어를 유상으로 다른 사람에게 판매하거나 대여하는 것. 소프트웨어 유통의 일반적인 방법으로서, 소프트웨어를 필요로 하는 사용자(user)에게 판매하는 방법과 리모트 컴퓨팅 서비스(RCS)의 라이브러리로서 이용하게 해서 이용자에게 프리미엄을 징수하는 두 가지의 방법이 있다.

software instrumentation[–ìnstrumentéiʃən] **소프트웨어 계측** 소프트웨어의 성능 평가나 개량을 위해 수행하는 계측의 총칭. 특별한 운영 체제에 부수시킨 소프트웨어에 의해서 측정하는 것과 계측 장치를 붙여서 프로그램을 실행시켜 사후 집계하는 것이 있으며, 최근에는 계측 기능이 마이크로 코드로서 컴퓨터 내에 조립되어 있다. 계측 후는 시뮬레이션을 통해서 개선책을 검토한다.

software integration[–ìntəgréiʃən] **소프트웨어 통합**

software integration test[–tést] **소프트웨어 통합 테스트**

software interrupt[–ìntərʌ́pt] **소프트웨어 인터럽트** 하나의 프로그램 실행을 그 프로그램 내에 포함시킨 명령에 의하여 중단시켜 재개할 수 있도록 해두고, 다른 프로그램의 실행으로 제어를 옮기는 것. 하드웨어적으로 인터럽트를 거는 방식이 아니다.

software kernel[–kə́ːrnəl] **소프트웨어의 핵**

software keyboard[–kíːbɔ̀ːrd] **소프트웨어 키보드** 화면상에 키보드가 표시되어 마우스로 버튼을 클릭하면 키보드로 대용할 수 있는 프로그램. 이 소프트웨어를 사용하면 마우스만으로 PC를 조작할 수 있다.

software library[–láibrəri(ː)] **소프트웨어 라이브러리** 개발된 각종 프로그램을 모아두고 다른 사용자도 사용할 수 있도록 한 프로그램의 집합.

software license agreement[–láisəns əgríːmənt] **사용 허가 계약** 소프트웨어의 사용시 사용자가 사용 조건을 인정하는 계약. 이 계약은 민사로 취급되며 저작권법의 보호에 우선한다. 일반적으로 판매용 소프트웨어의 경우 패키지 안에 계약서가 동봉되어 있거나 소프트웨어를 설치할 때 확인하도록 되어 있다.

software life cycle[–láif sáikl] **소프트웨어 생명 주기** 소프트웨어를 공업 제품과 같은 관점으로부터 취해졌을 때의 소프트웨어의 착상, 개발에서 사용에 이르기까지 일련의 시간적인 경과를 가리킨다. 소프트웨어의 규모나 소프트웨어 개발 방법론(software development methodology) 등에 의해 여러 가지 정의가 있으나 보통 다음의 단계(phase)가 있는 것으로 되어 있다. 요구 명세(requirement), 설계(design), 구체화 명세를 실현하는 것(implementation), 시험(testing), 릴리스(release) 또는 설치(installation), 운용(operation)과 유지 보수(maintenance). 하나의 소프트웨어의 수명 기간, 소프트웨어의 고안, 개발에서 운용과 보수에 이르는 일련의 경과 기간을 나타낸다.

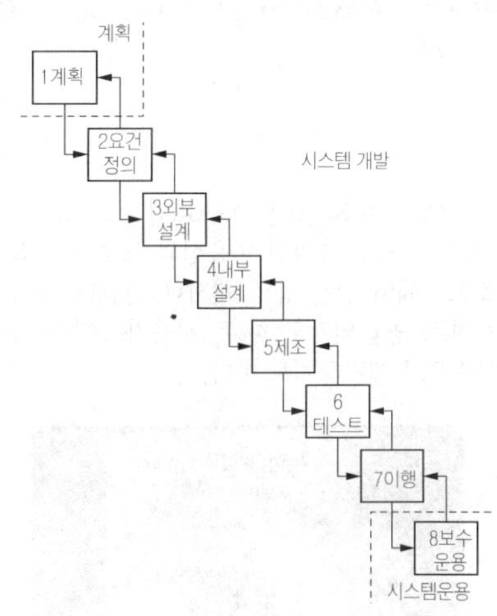

〈소프트웨어 생명 주기〉

software life cycle management[–mǽnidʒmənt] SLIM, **소프트웨어 생명 주기 관리**

software machine[–məʃíːn] **소프트웨어 기계**

software maintainability[–meintèinəbíləti] **소프트웨어 보전성**

software maintenance[–méintənəns] **소프트웨어 유지 보수, 소프트웨어 메인티넌스** 프로그램 중의 에러 검출이나 정정, 기능의 추가나 성능의 향상을 위해서 행하는 개수(改修) 등의 활동의 총칭.

software management[–mǽnidʒmənt] **소프트웨어 관리** 소프트웨어 개발을 하나의 프로젝트로써 취하고 개발 도중 발생하는 현안 사항을 정기적으로 평가하기 위해서 개발 전기간에 걸쳐 작업 계획이나 일정 계획, 진보 사항 등을 문서의 형태로 정리하여 점검하고 관리해가는 것.

software matrix[–méitriks] **소프트웨어 행렬**

software measurement[–méʒərmənt] **소프

트웨어 측정

software MODEM[–móudèm] **소프트웨어 모뎀** 소프트웨어를 이용하여 모뎀의 기능을 실현한 것. 컴퓨터 자체의 처리 능력 향상에 따라 등장한 것으로서 FFT 등을 이용한 디지털 필터나 노이즈 캔슬러 등으로 구성되어 있다. 모뎀 자체의 중신(中身)/역할은 전화 신호를 취급하는 회로와 A/D, D/A의 변환이기 때문에, 현재의 컴퓨터 시스템에서는 이들의 기능을 충분히 발휘할 수 있게 되어 있다.

software module[–mádʒu:l] **소프트웨어 모듈**

software monitor[–mánitər] **소프트웨어 모니터** 다른 컴퓨터 프로그램을 수행하면서 그 프로그램의 수행에 관련된 상세한 정보를 제공해주는 소프트웨어 도구.

software monitoring[–mánitəriŋ] **소프트웨어 모니터링** 운전중인 컴퓨터 시스템의 동작 상황을 감시하고 그것을 정량적으로 평가하기 위해 필요한 데이터를 소프트웨어를 이용하여 수집, 표시하는 것.

software package[–pǽkidʒ] **소프트웨어 패키지** 특정 용도로 개발된 범용성의 프로그램 집합으로 소프트웨어 전문 용역 회사나 컴퓨터 메이커에 의해 제작 공급되기도 하고, 사용자측에서 상품화를 목적으로 개발하기도 한다.

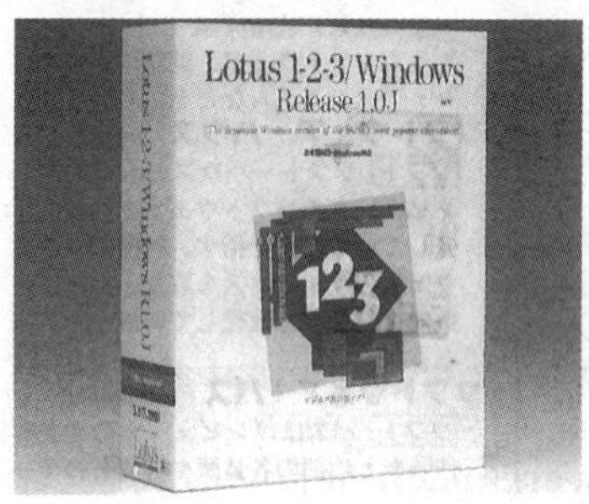

〈소프트웨어 패키지〉

software performance[–pərfɔ́:rməns] **소프트웨어 성능** 프로그램의 실행 시간이나 기억 영역의 점유량과 같은 컴퓨터 자원의 관점에서만 소프트웨어의 성능을 보는 것이 아니라 신뢰성, 개수(改修)의 용이성, 이식의 용이성, 또한 사용의 편리함 등 소프트웨어의 수명 전체에 걸친 성능을 가리킨다.

software philosophy[–filásəfi(:)] **소프트웨어 필로소피**

software physics[–fíziks] **소프트웨어 물리학**

software piracy[–páirəsi(:)] **소프트웨어 무단 복제** 원작자 또는 판권자의 허락없이 상업용 소프트웨어를 무단 복사하는 것.

software planning[–plǽniŋ] **소프트웨어 계획** 소프트웨어의 개발에 있어서 소요되는 작업의 범주, 요구되는 자원들 및 인건비 등을 분석하고 추정하는 일.

software polling[–póliŋ] **소프트웨어 폴링** 소프트웨어적으로는 어느 장치가 인터럽트를 요구하는지를 조사하는 방법이다. 데이지 체인의 일종.

software portability[–pɔ̀:rtəbíliti(:)] **소프트웨어 이식성** 어떤 컴퓨터 환경 하에서 실행될 수 있는 프로그램이 다른 컴퓨터 환경에서도 그대로 혹은 약간의 수정을 거쳐 수행될 수 있는 성질.

software problem-solving capability[–prábləm sálviŋ kèipəbíliti(:)] **소프트웨어 문제 해결 자격**

software product[–prádəkt] **소프트웨어 제품** 컴퓨터의 소프트웨어 제품. 프로그램 프로덕트(program product)라고도 한다.

software product engineering[–èndʒəníəriŋ] **소프트웨어 프로덕트 공학, 소프트웨어 제품 공학**

software product license[–láisəns] **소프트웨어 사용 허가 계약** ⇨ product license

software production system[–prədʌ́kʃən sístəm] **소프트웨어 생산 시스템**

software project[–prádʒekt] **소프트웨어 프로젝트**

software protection[–prətékʃən] **소프트웨어 복사 방지** 소프트웨어를 무단 복사하지 못하게 하는 것.

software prototyping[–próutətàipiŋ] **소프트웨어 프로토타이핑** 한 소프트웨어의 개발 방법으로, 프로토타입 시스템에는 여러 종류의 프로그램들, 온라인 수행에 관한 사항, 오류 수정에 관한 사항이 포함된다.

software prototyping system[–sístəm] **소프트웨어 원형화 시스템**

Software Publishing Company[–pʌ́bliʃiŋ kʌ́mpəni(:)] **소프트웨어 퍼블리싱 사** PFS 시리즈, 하버드 그래픽스 등의 제품으로 유명한, 미국의 소프트웨어 회사.

software quality[–kwáliti(:)] **소프트웨어 품질** 주어진 요구를 만족하기 위한 능력에 영향을 미치는 소프트웨어 제품의 모든 특성과 속성들.

software quality assessment and measurement[–əsésmənt ənd méʒərmənt] **SQAM, 소프트웨어 품질 보증 측정**

software quality assurance[–əʃú(:)rəns]

SQA, 소프트웨어 품질 보증

software quality matrics[–méitriks] 소프트웨어 품질 매트릭스

software recording facility[–rikɔ́:rdiŋ fəsíliti(:)] 소프트웨어 기록 기능

software redundancy[–ridʌ́ndənsi(:)] 소프트웨어 중복성

software-related safety problem[–riléitəd séifti(:) prɑ́bləm] 소프트웨어 관련 안전 문제

software reliability[–rilɑ̀iəbíliti(:)] 소프트웨어 신뢰성 프로그램 등이 요구대로의 기능이나 성능을 발휘하고, 에러(오류) 없이 안정된 상태로 사용할 수 있는지를 표시하는 척도의 한 가지.

software reliability engineering[–èndʒəníəriŋ] SRE, 소프트웨어 신뢰성 공학

software rental[–réntəl] 소프트웨어 임대

software repository[–ripɑ́zitɔ(:)ri(:)] 소프트웨어 보관소 소프트웨어 및 관련 문서들을 보관하기 위하여 영구적인 기록 보관용의 장소를 제공하는 소프트웨어 라이브러리.

software requirement engineering methodology[–rikwɑ́iərmənt èndʒəníəriŋ mèθədɑ́lədʒi(:)] SREM, 소프트웨어 요건 정의 공학 방법론 미국 육군의 미사일 방위 시스템을 개발할 당시에 사용되었다. 미국 TRW 사의 소프트웨어 요구 분석 · 정의를 위한 일련의 방법론.

software requirements engineering 소프트웨어 요건 사항 공학

software resource[–risɔ́:rs] 소프트웨어 자원, 소프트웨어 리소스 컴퓨터 시스템과 관련이 있는 소프트웨어.

software reuse [–ri:jú:s] 소프트웨어 재사용 개발자에 의하여 이미 개발된 소프트웨어를 일부 혹은 전체를 다시 사용하여 소프트웨어 품질과 생산성 및 신뢰도를 높이고 개발 기간과 비용을 낮추는 방법론. 소프트웨어를 재사용함으로써 개발 기간 단축, 개발 비용의 감소, 소프트웨어 품질 향상 그리고 생산성 향상 등의 장점을 가질 수 있다. ⇨ 표 참조

software robot[–róubət] 보트 로봇의 속칭.

software science[–sɑ́iəns] 소프트웨어 과학

software servo[–sɔ́:rvou] 소프트웨어 서보 서보 제어 회로의 연산용 펌웨어(firmware), 즉 ROM을 사용해 서보 제어를 수행하는 서보 기구.

software simulated computer[–símjulèitəd kəmpjú:tər] 소프트웨어 시뮬레이티드 컴퓨터 사용되는 프로그램에 의해 구성되는 컴퓨터.

software simulation[–sìmjuléiʃən] 소프트웨어 시뮬레이션 고급 언어를 기계어로 쓰는 컴퓨터를 하드웨어로 구성하는 대신 이 고급 언어를 사용하는 컴퓨터를 다른 컴퓨터에서 시행되는 소프트웨어로 시뮬레이션하여 구성하는 방법.

〈소프트웨어 재사용 대상 요소들〉

분 류	재사용되는 요소들
일반적 지식	1. 환경 정보(교육 및 활용을 통해 얻어진 지식) 2. 외부 지식(개발 및 특정 분야의 참여를 통해 쌓은 지식)
설계 정보	1. 기본 설계(architecture) 2. 상세 설계(design) 3. 데이터 구조 설계 (data structure design)
데이터 정보	1. 시스템 데이터 2. 시험 사례(test cases)
코드	1. 모듈(module) 2. 프로그램(program)
기타	1. 투자 효과 계산 정보 2. 사용자 매뉴얼 3. 타당성 조사 방법 및 결과 4. 프로토타입 5. 입력

software simulator[–símjulèitər] 소프트웨어 시뮬레이터

software specification[–spèsifikéiʃən] 소프트웨어 명세서 하나의 소프트웨어의 개요부터 상세히 기술한 명세서. 소프트웨어 개발 최초에 작성하는 문서의 한 가지.

software stack[–stǽk] 소프트웨어 스택 프로그램 제어를 받을 수 있도록 특별히 마련된 기억 장소.

software support system[–səpɔ́:rt sístəm] 소프트웨어 지원 시스템 마이크로프로세서와 같은 방법으로 목적 프로그램을 수행하는 기능을 가진 소프트웨어. 원시 프로그램의 기능이 정상적으로 수행하는지의 여부를 검사할 수 있게 도와준다.

software switch[–swítʃ] 소프트웨어 스위치

software system behavior[–sístəm bihéivjər] 소프트웨어 시스템 행동

software system design[–dizɑ́in] 소프트웨어 시스템 설계

software systems engineering[–sístəmz èndʒəníəriŋ] 소프트웨어 시스템 공학

software timer[–tɑ́imər] 소프트웨어 타이머

software timer alarm[–əlɑ́:rm] 소프트웨어 계시(計時) 경보

software to hardware ratio[–tu hɑ́:rdwὲər réiʃiòu] SH ratio, **소프트웨어 대 하드웨어 비**

software tool [–tú:l] **소프트웨어 도구** 자동화된 설계 도구, 테스트 도구, 컴파일러 또는 유지 보수용 도구 등과 같이 다른 컴퓨터 프로그램이나 관련 데이터들을 개발, 테스트, 분석 또는 유지 보수하는 데 도움을 주는 컴퓨터 프로그램.

software trace [–tréis] **소프트웨어 추적**

software trace mode [–móud] **소프트웨어 추적 방식** 프로그램이 정지 조건을 만났을 때마다 그 수행을 중지함으로써 마이크로프로세서의 내부 상태를 외부에서 살필 수 있는 방식.

software transportability [–trænspɔ̀:rtəbíliti(:)] **소프트웨어 이동성** 특정 컴퓨터를 위해 만들어진 프로그램을 그대로 수정하는 일 없이 다른 컴퓨터에서 실행시키는 능력.

software unbundling [–ʌnbʌ́ndliŋ] **소프트웨어 가격 분리**

software visibility [–vìzibíliti(:)] **소프트웨어 가시성**

software visible unit [–vízibl jú:nit] **소프트웨어 가시 장치**

software wired logic [–wáiərd ládʒik] **소프트 와이어드 논리**

Soft Windows [–wíndouz] **소프트 윈도** 미국 인시그니아(Insignia) 사가 판매하는, 매킨토시 상에서 윈도를 모방한 프로그램. 같은 기능을 가진 것으로 미국 커넥틱스(Connectix) 사의 가상 PC가 있다.

SOH 헤드 개시 문자 start of heading character의 약어. 정보 전문 헤딩의 최초 부호로 사용되는 전송 제어 문자. ISO에 의하면 헤딩은 본문의 보조적 정보를 구성하는 문자 연속으로서 경로, 우선도, 보증, 메시지 번호 등에 쓰이고 총결은 six에 의한다. 부호 부성은 ISO 7단위의 경우 1행, 0열, 비트 번호수로 1,000,000이다.

SOHO 소호 small office home office의 약어. 집이나 작은 사무실을 근거로 해서 활동하는 독자적인 업무 형태를 가리키는 말로 컴퓨터와 통신망의 발전으로 90년대 중반부터 고학력 전문직 종사자들 사이에서 유행하기 시작했다. 소호는 교통 문제, 육아 문제, 환경 문제, 정년퇴임 문제 등의 사회 문제를 해결해줄 수 있는 이상적인 미래형 근무 형태로 최근 더욱 각광받고 있다. 소호족이란 작게는 개인 프리랜서에서, 크게는 벤처 기업 종사자들을 말한다. 이들은 자신의 창의력을 바탕으로 컴퓨터 통신망을 이용해서 독자적인 사업을 운영한다.

SOI silicon-on-insulator의 약어. 실리콘 기판 상에 절연막(SiO_2)를 형성하고, 그 위에 실리콘층을 형성한 샌드위치 구조. 이 기술을 이용하면 고속으로 초미세한 집적 회로를 제작할 수 있기 때문에 차세대의 집적 회로 기술로서 주목받고 있다.

SOL (1) **헤딩 개시 문자** start of heading character의 약어. 컴퓨터가 알 수 있는 어드레스나 행로(routing) 정보로 구성되는 연속된 문자들의 첫머리에 사용되는 통신 제어 문자. (2) **시뮬레이션 지향 언어** simulation oriented language의 약어. 범용 시뮬레이션 언어의 일종으로 바로즈 사에서 개발한 것. 대기형 시뮬레이션에서는 효과적인 언어라고 하며 ALGOL을 기본으로 하고 있다.

solar battery [sóulər bǽtəri(:)] **태양 전지** PN 접합에 빛을 쬐어 광전 효과를 이용하는 에너지 변환기.

Solaris [sóuləris] **솔라리스** 선 마이크로시스템즈 사의 유닉스의 새로운 이름. 개발-판매는 자회사인 SunSoft 사가 하고 있다. Solaris 1.0은 BSD를 기반으로 한 Sun OS 4.1과 Open Windows 2.0/3.0. ONc 등으로 구성된 종합 OS 환경. Solaris 2.0부터는 SVR4를 기반으로 한 Sun OS 5.0을 핵으로 하고 있다. Solaris 2.0부터는 SPARCclq 상에서 뿐만 아니라 386/486 기반의 IBM PC/AT 호환기 위에서도 움직이게 되므로 도시바가 Solaris 2.0을 채택하는 것으로 되어 있다.

solenoid [sóulənɔ̀id] *n.* **솔레노이드** 전선 간격을 좁게 나선형으로 감은 전도체 또는 긴 원통형 코일.

solicit [səlísit] *v.* **청구하다, 송신을 청구하다**

solicited [səlísitid] *a.* **응답형** 컴퓨터 시스템이 사용자에게(강하게) 요구하는 사항을 형용할 때 사용된다. 예를 들어 응답형 키인(solicited key-in)이라 하면 시스템의 요구에 응답하는 형으로 키보드로 키인하는 것을 말한다.

solicited key-in [–kí:n] **응답형 키인**

solicited message [–mésidʒ] **청구 메시지(송신)**

solicited operation [–àpəréiʃən] **송신 청구 조작**

solicited request [–rikwést] **송신 청구 요구**

solid [sálid] *a.* **고체의** 고체 또는 고체와 같이 견고하여 이음매가 없는 모양.

solid circuit [–sə́:rkit] **솔리드 회로**

SolidAudio [sálidɔ́:diou] **솔리드오디오** SolidAudio Project가 제창한 네트워크 오디오 방식의 명칭. TwinVQ 기술에 의한 고음질/고압축과 저작권 보호를 위한 암호키 기술에 의해 안전하게 고품질의 음악 배신(配信)이 이루어진다. 음악 데이터의 재생에는 전용 플레이어나 PC 상에서 재생할 수 있는 소프트웨어 등이 있다. 1999년 9월에 같은 이름의 음악 배신(配信) 서비스가 개시되었다. ⇨ TwinVQ

solid error[sálid érər] **영속적 오류** 어느 특정 장치끼리를 접속하거나 특정 기기를 사용하거나 할 때 반드시 발생하는 오류(error) 플렉시블 디스크의 자성체면에 흠집이 있으면 그곳에서는 반드시 입력 에러가 발생한다.

solid logic technique[–ládʒik tekní:k] **SLT, 고체 논리 기술** 트랜지스터나 다이오드 등 이른바 진공관이 아닌 고체의 소자와 프린트 배선을 이용한 완성된 고체 논리 회로의 총칭이며, 소형화, 고속화가 가능함과 동시에 고신뢰성 실현에 도움이 되고 있다.

solid modeling[–mádəliŋ] **솔리드 모델링** CAD/CAM 등의 컴퓨터 응용(computer application)에서 3차원의 물체를 표시하는 데 사용되는 기법의 한 가지. 물체의 표면뿐만 아니라 그 내부에 대해서 여러 가지 데이터를 보유하고 선(line)을 조합하여 표현하는 와이어 프레임 모델(wire frame model)이나 면(site)을 조합시켜 물체를 표현하는 서피스 프레임-모델(surface frame model) 등 고도의 처리가 가능하다. 그러나 정보량이 팽대해지기 때문에 컴퓨터에서의 처리 시간이 길어지는 것이 문제가 되고 있다.

solid-state[–stéit] **솔리드 스테이트, 고체 소자, 고체화, 고체** 진공관과 같은 공간(space)에 전기 신호를 제어하는 소자에 대하여 트랜지스터(transistor)나 집적 회로(IC)라는 고체 중에서 전자기 현상을 이용하여 제어를 행하는 고체 부품. 현재는 주요 장치(main device)에 고체 장치(solid-state device)가 많이 사용되고 있다.

solid-state circuit[–sə́:rkit] **고체 회로** 반도체와 자심(core) 등의 고체 소자로 구성된 회로.

solid-state component[–kəmpóunənt] **고체 소자** 트랜지스터나 다이오드 및 코어 안에 있는 전자기 현상을 제어하는 반도체적인 작동 요소. 이것을 사용하게 된 컴퓨터를 제2세대 컴퓨터라고 한다.

solid-state computer[–kəmpjú:tər] **고체 컴퓨터, 고체화 컴퓨터** 고체 소자만으로 만들어진 컴퓨터. 현재 사용되고 있는 컴퓨터는 LSI 등을 조합하여 구성되어 있는 것이 대부분이므로 이들은 모두 고체화 컴퓨터라고 말할 수 있다.

solid-state computer system[–sístəm] **고체화 컴퓨터 시스템**

solid-state control system[–kəntróul sístəm] **고체 제어 시스템**

solid-state device[–diváis] **고체 장치** 주로 고체 전자 회로 소자로 만들어진 장치.

solid-state disk[–dísk] **SSD, 반도체 디스크** 반도체 기억 소자를 사용하여 자기 디스크 장치와 같은 접근법을 가능하게 한 기억 장치.

solid-state floppy disk card[–flápi(:) dísk ká:rd] ⇨ SSFDC

solid-state image sensor[–ímidʒ sénsɔ:r] **고체 이미지 센서** 화상을 전하(電荷)의 모양으로 변환하여 축적하고, 이들의 전하를 순차 주사하는 기능을 가지며, 팩시밀리 전송이나 화상의 촬영 등에 응용되는 포토다이오드나 포토트랜지스터 등으로 구성되는 반도체 디바이스. 구조상으로는 전하를 전송하여 꺼내는 CCD형과 MOS에 의해서 전하를 꺼내는 MOS형이 있다.

solid-state integrated circuit[–íntəgrèitəd sə́:rkit] **고체 집적 회로**

solid-state logic[–ládʒik] **고체 논리** ⇨ solid-logic technology

solid-state memory[–méməri(:)] **고체 상태 기억 장치** ⇨ semiconductor

solid-state multiplexer[–mʌ́ltiplèksər] **반도체 멀티플렉서**

solid-state relay[–rí:lei] **SSR, 고체 회로 계전기, 솔리드 스테이트 계전기** 계전기의 전기 회로 개폐부를 반도체 소자로 대치하여 무접점화한 기기.

solid texture[–tékstʃər] **솔리드 텍스처** 3D 데이터를 3D 물체 표면에 좌표 변환시키는 방법. 화상 메모리가 많이 필요하지 않기 때문에 작은 시스템이라도 고품질의 텍스처를 표현할 수 있다. 이것으로 입체를 정의하면, 내부의 텍스처도 표현할 수 있다(솔리드 텍스처 매핑) ⇨ texture mapping

Solitaire 솔리테어 하트, 스페이드, 클로버, 다이아몬드의 각 트럼프를 순서대로 쌓는 게임. 솔리테어는 1인용 게임의 총칭이다. 윈도에 표준으로 내장되어 있는 게임 소프트웨어이다.

SOLOMON type computer 솔로몬형 컴퓨터 SOLOMON은 simultaneous operation linked ordinal modular network의 약어로 1962년경부터 개발된 병렬형 네트워크 프로세서(parallel network processor)의 컴퓨터이다. 일리노이 대학의 ILLIAC IV는 이것에 속한다.

solution[səlú:ʃən] **솔루션** 해결책. 특히 사용자가 제시한 문제점에서 도출한 해결책을 하드웨어나 소프트웨어, 네트워크에 반영시켜 재구축하는 것.

Solution 21[səlú:ʃən twéntiwʌ́n] **솔루션 21** NEC가 1992년 4월에 발표한 컴퓨터 이용의 새로운 구상, 다운사이징, 오픈 시스템화, SI에의 대응을 표방하고 있다. 이에 대응하는 제품들은 NetWare, LAN Manager, NFS, 각종 서버 머신, RDBMS 환경, Open DINA(TCP/IP) 등이 있다.

solution check[–tʃék] **해답 점검** 컴퓨터로 구

한 해답을 점검하기 위해 독립적 방법으로 별도의 해답을 구하는 것.

solution graph[–grǽf] **해결 그래프** 보통 그래프에서의 해결 경로를 AND/OR 그래프에서는 해결 그래프라고 한다.

solution provider[–prəvάidər] **문제 해결 제공자** 문제 해결 서비스를 수행하는 기업이라는 의미가 있으나, 본래는 마이크로소프트 사의 제품을 응용한 소프트웨어를 만들어 사용자에게 제공하는 기업을 가리킨다. 문제 해결 제공자는 주로 윈도 NT를 이용하여 네트워크 시스템을 구축하고, 관련 서비스를 제공하고 있다.

solvable[sάlvəbl] *a.* **해결 가능한** 자연수에 관한 변수의 술어 $P(x_1, x_2, \cdots, x_n)$에 관한 해결 문제에 있어서 $P(x_1, x_2, \cdots, x_n)$이 일반 귀납적 술어일 때, 해결 가능하다고 한다. ⇨ predicate, decision problem unsolvable

solvable problem[–prάbləm] **해결 가능 문제** 해결할 수 있는 알고리즘이 존재하는 문제.

Solver[–sάlvər] **문제 풀이 프로그램** 여러 개의 변수를 포함하는 수식을 제약 조건으로 하고, 그 조건의 범위 내에서 목표값을 얻기 위한 해답의 조합을 구하는 기능. 여러 변동 요인과 그 상호 관계, 그에 대한 판단 기준을 설정하여 실행한다. 미국 마이크로소프트 사의 「Excel」, 로터스 사의 「Lotus 1-2-3」 등의 스프레드시트에 내장되어 있다.

SOM **메시지 시작** start of message의 약어. ⇨ start of message

sonagram[sóunəgræ̀m] **소나그램** 음성을 눈으로 보는 가시(visible) 패턴으로 하기 위해, 시간, 주파수를 각각 가로축, 세로축에 잡고 강도를 나타낸 것.

sonde method[sάnd méθəd] **존데법** 문자 해독 장치에 이용하는 문자 판독 방식의 일종으로 문자 패턴 형태를 고려하여 몇 가지의 도전성(導電性) 존데를 배치하고 존데와 문자가 바뀌어졌는지 여부에 따라 패턴을 인식하려는 방법.

SONET synchronous optical network의 약어. 광 케이블의 WAN 시스템으로서 이론적으로 2.48 Gbps의 전송 속도를 가지며 음성, 데이터, 비디오의 정보를 동시에 보낼 수 있다.

sonic delay line[sάnik diléi lάin] **음파 지연선** 음파 지연을 제공하는 수은이나 수정 같은 중간 매개물을 사용하는 것으로, 전기 신호를 탄성 진동으로 변환하여 그 전달되는 시간에 상당하는 기억을 얻기 위한 것. 전기 신호 그대로는 너무 빨라서 많은 정보를 기억할 수 없을 때나 대형화하기 위해서 사용되는 것으로, 유리나 금속선 등이 갖는 매체 중의 음파의 전파 시간을 이용한 지역선을 말한다. ⇨ delay line memory

Sony Philips digital interface ⇨ SPDIF

SOP (1) **구조 설계 연구** study organization plan의 약어. 조직 연구와 문서류 작성의 한 수법으로 1960년대 초기에 IBM 사에서 개발한 것이다. 현 조직의 분석, 목적 해명, 새 조직의 입안 기술 등을 위해 자원 명세서, 활동 명세서, 오퍼레이션 용지, 기타 몇 종류의 문서류를 사용한다. (2) **표준 조작 절차** standard oprating procedure의 약어.

sort[sɔ́ːrt] *v.* **정렬** 정렬하다. 분류하다. 소트하다. 데이터 항목을 지정된 순서로 나열하는 것을 가리킨다. 예를 들면 급여 파일의 레코드를 「사원 번호」 순으로 나열하는 것이다. 이 때 사원 번호가 작은 순서로 배열하는 것을 오름차순(ascending order), 큰 순서로 나열하는 것을 내림차순(descending order)이라 한다. ⇨ 그림 참조

[주] 지정된 기준에 따라 항목을 그룹으로 나누는 것. 예 분류는 순서를 붙여 포함하지만 반드시 순서 부여를 포함하지 않는다는 것은 이들 그룹은 임의의 순서로 나열해도 좋기 때문이다. 또 지정된 기준에 따라 문서 데이터의 나열 바꿈을 하는 기능.

sort balance[–bǽləns] **정렬 밸런스** 자기 테이프를 사용한 기본적인 분류 방법의 하나로, 분류의 대상이 되는 입력과 출력의 수가 동수(n)로서 n웨이 머지 소트라고도 하며, I/O에 사용되는 테이프가 N개인 경우, $N/2$ 웨이 머지 소트가 되며 N이

비교에 의한 정렬 (comparative sort)	교환법	선택 정렬(selection sort)
		퀵 정렬(quick sort)
		버블 정렬(bubble sort)
	삽입법	삽입 정렬(insertion sort)
		셸 정렬(shell sort)
	선택법	히프 정렬(heap sort)
	병합법	병합 정렬(merge sort)
분산에 의한 정렬 (distributive sort)	분배법	기수 정렬(radix sort)
		기수 교환 정렬(radix exchange sort)

〈정렬의 분류〉

4일 때 4개의 자기 테이프를 사용한 von Neumann에 의해서 제창된 것으로, von Neumann sort 라고도 한다.

sort blocking factor[–blάkiŋ fǽktər] **정렬 블록화 인수** 정렬에서 각 볼륨에 넣어지는 데이터 레코드의 개수.

sort/collate[–kαléit] **분류/조회**

sort control item[–kəntróul άitəm] **순위 제어 항목**

sort control key[–kíː] **순위 제어 키**

sort description entry[–diskrípʃən éntri(ː)] **분류 기술 항목**

sorted[sɔ́ːrtəd] *a.* **정렬 완료의, 소트 후의, 분류된**

sorted file[–fάil] **정렬된 파일, 분류된 파일**

sorted-key item[–kíː άitəm] **정렬 키 항목** 세트 내 멤버 레코드의 결합 위치를 규정하는 데이터 항목. 데이터 베이스의 레코드 간을 관련짓는 데 쓰인다.

sort effort[sɔ́ːrt éfərt] **정렬 노력** 차례로 정렬되어 있지 않은 리스트를 정렬하는 데 필요한 단계수.

sorter[sɔ́ːrtər] *n.* **정렬기, 분류기** 카드 분류기이며 「천공 카드를 그 카드의 구멍 패턴에 맞게 보내져 포켓에 넣는 장치」. 이 장치는 카드의 특정 자리의 값, 문자 인식용의 필드 마크, 즉 구멍 패턴 등을 검지하여, 같은 값을 갖는 것이 모두 동일한 묶음(束), 즉 스태커(stacker)에 들어가도록 되어 있다. 이때 카드가 스태커에 들어갈 때까지 움직여 유도되는 부분을 분류 통로(sort path)라고 한다. 1회의 조작으로 분류할 수 있는 스태커의 수도 제약되기 때문에 몇 회로도 나누어 반복하여 행해지는 경우가 많다. 펀치 카드 시스템(punch card system) 시대에는 중요한 것이었지만 컴퓨터에서 분류 프로그램이 사용되고 나서부터는 정렬기(분류기)는 거의 사용하지 않게 되었다.

sort path[sɔ́ːrt pάːθ] **분류 통로**

sort file[–fάil] **정렬용 파일** COBOL 용어. SORT 문으로 정렬되는 레코드의 집합. 이 정렬용 파일은 정렬 기능에 의해서만 만들어져 사용된다.

sort file description entry[–diskrípʃən éntri(ː)] **분류용 파일 기술항**

sort generator[–dʒénərèitər] **정렬 발생기** 파일에 대해 레코드 형식, 키가 되는 데이터 항목, 순서를 부여함으로써 정렬 프로그램을 만드는 프로그램. 제작자가 준비한 프로그램으로, 기본적으로는 매크로 생성 프로그램으로서 분류하려는 파일에 관하여 분류 키나 분류 형식, 레코드의 크기 등의 매개변수를 주어서 분류 프로그램을 만들어내는 프로그램.

sorting[sɔ́ːrtiŋ] *n.* **정렬, 분류, 소팅** 데이터를 특정 항목에 대해서 일정한 순서로 고쳐서 나열하는 것. 예를 들면 수의 크기순, 알파벳순, 코드순 등으로 나열한다. 컴퓨터에 의한 사무 처리에 있어서 「소팅」은 매우 큰 비중을 차지하고 있다. 소트(sort)와 같은 뜻.

sorting algorithm[–ǽlgəriðm] **정렬 알고리즘** ⇨ sort, algorithm

sorting by collation[–bαi kαléiʃən] **대조 분류**

sorting control card[–kəntróul kάːrd] **정렬 제어 카드** 정렬을 위한 매개변수를 규정하는 데 사용하는 카드.

sorting control field[–fíːld] **정렬 제어 필드** 제어 단어의 일부 또는 전체를 형성하는 레코드 내의 연속된 문자 집단.

sorting item[–άitəm] **정렬 항목** 파일의 정렬이 파일 레코드의 재배열에 의해 이루어지는 파일의 기본 요소.

sorting pass[–pάːs] **정렬 패스** 순서화된 레코드로 구성된 열 수를 줄이고, 각 열당 순서화된 레코드의 수를 늘릴 목적으로 행하는 각 파일 레코드 처리.

sorting phase[–féiz] **분류 단계** 정렬 프로그램을 임의로 분할한 것. 많은 분류 방법은 초기화 단계, 내부 처리 단계, 합병 단계의 3단계로 분류한다.

sorting program[–próugræm] **분류 프로그램**

sorting restart[–riːstάːrt] **정렬 재시작** 프로그램 앞의 위치로 돌아가서 처리가 시작되는 것.

sorting return point[–ritɔ́ːrn pɔ́int] **정렬 복귀점** ⇨ sorting restart

sorting rewind time [–riːwάind tάim] **정렬 되감기 시간** 정렬/합병 프로그램에서 중간 및 최종 테이프를 처음 위치로 되돌리는 데 소요되는 시간.

sorting routine[–ruːtíːn] **분류 루틴** 기억 매체 상의 레코드를 구성하고 있는 특정 항목을 기준으로 여러 레코드를 정해진 순서로 정렬하는 프로그램.

sorting routine generator[–dʒénərèitər] **분류 루틴 발생기**

sorting scratch tape[–skrǽtʃ téip] **정렬 임시 테이프** 정렬 프로그램에서 중간 처리 단계의 데이터를 저장하는 데 사용되는 테이프.

sorting technique[–tekníːk] **소트 기법**

sorting time[–tάim] **정렬 시간** 테이프의 1패스 시간과 패스 횟수를 곱하여 구해진 시간.

sorting work tape[–wɔ́ːrk téip] **정렬 작업 테이프** 정렬 프로그램에서 중간 처리 단계의 데이터를 수록하는 데 쓰이는 테이프.

sort key[sɔ́ːrt kíː] **분류 키** 정렬을 위하여 사용

된 값을 갖고 있는 필드.

sort/merge[–mə́ːrdʒ] **정렬/합병**

sort/merge file description entry[–fáil diskrípʃən éntri(ː)] **정렬/합병용 파일 기술항** COBOL 용어. 데이터부의 파일절에 쓰는 기술항으로, 레벨 지시어 SD에 이어서 파일명을 쓰고, 그 후에 필요한 파일구(句)의 조(組)를 쓴다.

sort/merge method[–méθəd] **정렬/합병 방법** 외부 정렬을 실행하는 한 방법. 즉, 정렬하려는 데이터의 양이 주기억 장치가 수용할 수 있는 양보다 많을 경우 데이터를 일정한 양으로 나누어서 각각을 정렬한 다음에 그것들을 합병하는 방법.

sort/merge program[–próugræm] **분류/합병 프로그램, 정렬/합병 프로그램** 분류 프로그램(sort program)은 데이터를 지정된 순번으로 바꿔 나열하는 프로그램이며, 합병 프로그램(merge program)은 일정 순번으로 나열된 여러 개의 파일을 대조하여 일정한 순번의 하나의 파일로 정리하는 프로그램이다. 두 프로그램에는 공통된 부분이 많으므로 통상 합쳐서 분류/합병 프로그램이라고 한다. 이 프로그램을 사용하여 분류와 합병을 행할 때는 대상이 되는 항목, 즉 소트 키(sort key)의 위치나 크기 등을 설정하거나 오름차순(ascending)이나 내림차순(descending)을 지정할 수 있다.

sort operation[–àpəréiʃən] **분류 조작**

sort pass [–pǽːs] **분류 패스**

sort program [–próugræm] **소트 프로그램, 분류 프로그램** 「분류」를 행하는 프로그램은 그때그때 작성하는 것이 중요하므로 일반적으로 컴퓨터의 메이커가 「기성품」을 제공하도록 되어 있다. 이것을 「소트 프로그램」이라고 한다. 또 분류가 완료된 여러 개의 파일을 하나로 정리하는 것을 합병(merge)이라 한다. 이 「합병」과 「분류」는 사무 관계의 컴퓨터 처리에서 관련이 있는 중요한 기능이므로 분류/합병 프로그램(sort/merge program)이라는 형으로 정리된 것이 많다.

sort reorganization[–riːɔ̀ːrgənizéiʃən] **분류 재편성**

sort sequence specification[–síːkwəns spèsifikéiʃən] **분류 프로그램 순서 명세**

sort specification prompt[–spèsifikéiʃən prámpt] **분류 명세 프롬프트**

sort suppress/digit select[–səprés dídʒit səlékt] **분류 제어/숫자 선정 장치**

sort suppression[–səpréʃən] **분류 억제 기구**

sort utility[–ju(ː)tíliti(ː)] **정렬 유틸리티, 분류 프로그램 유틸리티** 유틸리티 패키지와 같은 프로그램에 의해 수행되는 기능으로서 데이터 파일 내의 항목들이 각 항목의 키 단어 또는 필드에서 지정된 순서에 따라 배열 혹은 재배열된다.

SOS (1) **사파이어 상의 실리콘** silicon-on-sapphire의 약어. (2) **공유 작동 시스템** share operation system의 약어.

sound[sáund] (1) *a.* **건전한** 주로 논리에 관계하는 계(系)에 대해서 쓰이는 용어. ⇨ consistent (2) **사운드** 컴퓨터를 시행시킬 때 나는 소리 이외에도 컴퓨터는 세 가지 경로를 통해 소리를 만든다. 첫 번째는 CD 재생기를 실행시킬 때이다. CD를 틀거나 CD 오디오트랙을 이용한 CD-ROM 타이틀을 사용할 때 소리를 만든다. 두 번째는 파형(waveform) 사운드이다. 파형 사운드란 소리나 음악이 디지털 방식으로 녹음된 것을 말한다. 세 번째는 미디(MIDI)이다. 미디는 디지털 시트 뮤직의 한 종류로 음표, 박자, 악기에 기반을 둔 신디사이저 칩을 이용하여 연주한다. ⇨ MIDI

Sound Blaster[–blǽːstər] **사운드 블라스터** IBM PC 호환기에서 표준이 되는 사운드 카드. 비프(beep) 음만을 가진 PC에 FM 음악과 PCM 음원 등 여러 가지 사운드 기능을 부여했으며, 다양한 종류가 있다.

sound board[–bɔ́ːrd] **사운드 보드** 컴퓨터에 음원 기능을 갖게 하는 확장 보드. FM 음원 칩, WAVE 테이블용 메모리, D/A 변환기, 스피커 구동용 앰프 등이 탑재되어 있다. MIDI의 인터페이스나 조이스틱을 접속하는 게임 보드를 갖춘 것도 있다. 사운드 카드라고도 한다.

SoundFont[sáundfánt] **사운드폰트** 미국 Creative Labs 사가 제조하는 사운드 보드 「Sound Blaster」 또는 그 호환 보드에서, 음색 추가 기능을 가진 보드로 이용할 수 있는 외부 음색. 음색은 PCM 음원으로서 스스로 작성하거나 어떠한 소스에서 받아 파라미터나 파형 데이터를 설정함으로써 새로운 음색으로 사용할 수 있다. ⇨ Sound Blaster

sound function[sáund fʌ́ŋkʃən] **사운드 기능** 소리를 내고, 녹음하고, 제어하는 기능의 총칭. PC가 등장하기 시작했을 때에는 단순히 비프음만을 냈지만, 이어서 FM 음원에 의한 사운드 기능 및 나아가 PCM 음원을 사용하는 사운드 기능 등 기능이 다양해졌다.

sound generator[–dʒénərèitər] **음원** 음성을 발생시키는 장치나 기재. 최근에는 사운드 보드 전용 칩으로서 대부분 처음부터 PC에 탑재되어 있다. MIDI 음원 등은 상자 형태로, 컴퓨터에 외부에서 접속하는 것이 많다. ⇨ MIDI, sound board

sound recognition[–rèkəgníʃən] **음성 인식** 패턴 인식의 한 분야로 각 음성의 특색을 자동 인식

수단에 의해 식별하는 것.

source[sɔ́:rs] *n.* **소스, 원시** 「근원」, 「출처」라는 원래의 의미로부터 컴퓨터에서도 데이터의 발생원 등을 표시하는 데 사용된다. 데이터 통신 네트워크에 있어서도 메시지의 발신원을 소스(source), 수신지를 데스티네이션(destination)이라 한다. 또 일반적으로 프로그래밍 언어로 기술한 프로그램을 원시 프로그램(source program), 어셈블러나 컴파일러로 번역된 프로그램을 목적 프로그램이라고 한다.

source address[–ədrés] **출처 주소** 그곳으로부터 데이터가 전송되는 장치 주소 또는 기억 장소의 주소.

source address instruction[–instrʌ́kʃən] **출처 주소 명령어** ⇨ functional address instruction

source address register[–rédʒistər] **출처 주소 레지스터**

source alphabet[–ǽlfəbet] **원시 알파벳**

source card[–kɑ́:rd] **원시 카드** 원시 프로그램이 천공되어 있는 카드. 컴파일러 언어나 어셈블리 언어로 프로그래밍된 것을 펀치해서 만든다.

source code[–kóud] **원시 코드, 소스 코드** 원래의 부호나 고급 언어 문장으로 된 프로그램. 여기에서 기계어나 최종 코드로 구성된 목적 프로그램이 얻어진다.

source code compatibility[–kəmpӕtibíliti(:)] **원시 코드 호환성**

source code generator [–dʒénərèitər] **소스 코드 생성기** 단순한 기호로 원하는 프로그램을 만드는 소프트웨어 툴. 고급 언어의 소스 프로그램을 만들 수 있다.

source code instruction[–instrʌ́kʃən] **원시 코드 명령**

source coding[–kóudiŋ] **소스 코딩, 원시 코딩**

source compare/audit utility[–kəmpɛ́ər ɔ́:dit ju(:)tíliti(:)] **원시 데이터 비교/감사 유틸리티**

source computer[–kəmpjú:tər] **번역용 컴퓨터** 프로그래머가 작성한 원시 프로그램(source program)을 목적 프로그램(object program)으로 번역하는 컴퓨터. 목적 프로그램을 실행시키는 목적 컴퓨터(object computer)와 대비된다. COBOL 언어에서 환경부의 단락 이름으로, 원시 프로그램을 번역하는 컴퓨터의 환경을 이 단락에서 기술한다.

source computer entry[–éntri(:)] **번역용 컴퓨터 기술항** COBOL의 용어. 환경부의 번역용 컴퓨터 단락에 있어서 원시 프로그램을 번역하는 컴퓨터의 환경을 기술하는 구(句)로 구성되는 기술항.

source current[–kə́:rənt] **원시 전류** 반도체 집적 회로에서 부하로 흘릴 수 있는 허용 전류.

source data[–déitə] **원시 데이터** 데이터가 발생하거나 생성하는 것이 개인이나 조직에 의해 만들어지는 데이터.

source data automation[–ɔ̀:təméiʃən] **원시 데이터 자동화** 지금 생겨나고 있는 사상(事象)이 직접 기계가 처리할 수 있는 형태로 시스템에 입력되고, 만들어지는 데이터. 예를 들어 종이 테이프나 천공 카드, 표 등에 기록되는 여러 가지 방법들이 있다.

source data base[–béis] **원시 데이터 베이스** 정보 시스템을 만드는 기본적인 데이터 집합의 기반이 되는 것.

source data card[–kɑ́:rd] **원시 데이터 카드**

source data file[–fáil] **원시 데이터 파일** 입력 데이터를 매체에 적합한 형태로 변환하여 만들어진 파일. 이 파일을 이용하여 다음 작업이 수행된다.

source data item[–áitəm] **원시 데이터 항목**

source deck[–dék] **원시 덱** 소스 프로그램이 천공된 일련의 카드 모음.

source department[–dipɑ́:rtmənt] **데이터 발생 부문**

source destination instruction[–dèstinéiʃən instrʌ́kʃən] **원시 목적 명령어** 연산자 부분이 없는 명령어로서 주소 부분에 연산의 종류를 뜻하는 명령어.

source disk[–dísk] **원시 디스크** 복사될 파일 또는 프로그램을 가지고 있는 디스크. ⇨ target disk

source distributed data manager[–distríbjutid déitə mǽnidʒər] **SDDM, 기동측 분산 데이터 관리 프로그램**

source document[–dɑ́kjumənt] **원시 문서** 컴퓨터의 처리를 전제로 해서, 입력 정보가 되는 카드 또는 종이 테이프 등으로 작성된 문서. 예를 들어 급여 계산일 때 타임 카드는 원시 문서이다. 그러나 원시 문서가 카드로 되어 있어 그대로 컴퓨터 입력이 가능한 것이 있는데, 이것을 문서 카드 또는 듀얼 카드(dual card)라고 한다. 데이터 처리 시스템에 입력으로 사용될 기초 데이터를 제공하는 문서를 의미한다.

source editor[–éditər] **원시 편집기** 후에 번역, 온라인/오프라인 기억 장치, 차후의 사용을 위한 인쇄 등을 위해 컴퓨터 시스템이 원시 코드의 입력과 변경을 쉽게 해주는 프로그램.

source entry utility[–éntri(:) ju(:)tíliti(:)] **SEU, 원시문 입력 유틸리티**

source error[–érər] **소스 에러, 원시 프로그램**

오류

source field[–fíːld] **소스 필드, 원시 필드**

source file[–fáil] **바탕 파일** 원시 프로그램 코드가 포함되어 있는 파일.

source file editor[–éditər] **원시 파일 편집기** 운영 체제 하에서 동작하는 행 단위로 수행되는 편집기로, 프로그램의 편집은 어셈블러가 만들어내는 원시 문장 행 번호에 의해 차례로 수행된다.

source form[–fɔ́ːrm] **원시 형식**

source information[–ìnfərméiʃən] **원시 정보** 처리 가공이 가해져 있지 않은 정보. 이 정보를 컴퓨터 등으로 처리해서 필요 정보를 얻는다. 원시 데이터(source data), 원시 프로그램(source program) 등이 원시 정보의 예이다.

source item[–áitəm] **원시 항목** COBOL 언어에 있어서, SOURCE 구(句)로 지정되며 인쇄 항목에 값을 주는 뜻을 가진다.

source key[–kíː] **원시 키**

source language[–lǽŋgwidʒ] **바탕 언어** 원시 언어. 기본 언어. 소스 언어 (1) 번역 처리의 입력(input)이 되는 원래의 프로그래밍 언어(programming)를 가리킨다. (2) 어셈블러 언어나 컴파일러 언어(COBOL, FORTRAN 등)를 사용하고, 프로그래머가 등록한 프로그램을 원시 언어(source language)의 프로그램 또는 원시 프로그램이 어셈블러 또는 컴파일된(번역된) 프로그램을 오브젝트 프로그램(object program)이라 한다.
[주] 하나의 언어로, 그것으로부터 명령문이 번역되는 것.

source language debugging[–diːbʌ́(ː)giŋ] **원시 언어의 오류 수정** 오류 검출 정보를 사용자가 요청하면 시스템이 원시 프로그래밍 언어와 일치하는 형태로 표시해준다.

source language translation[–trænsléiʃən] **원시 언어 번역** 원시 프로그램을 목적 프로그램으로, 즉 FORTRAN, ALGOL, 또는 기계어로 번역하는 것.

source level[–lévəl] **원시 수준**

source library[–láibrəri(ː)] **원시 라이브러리, 소스 라이브러리**

source library program[–próugræm] **원시 라이브러리 프로그램**

source list[–líst] **원시 리스트**

source machine[–məʃíːn] **원시 기계** 원시 프로그램을 목적 프로그램으로 번역하는 컴퓨터.

source macro definition[–mǽkrou dèfiníʃən] **원시 매크로 정의** 원시 프로그램 내에 기술된 매크로 정의.

source map[–mǽp] **원시 맵**

source member[–mémbər] **원시 멤버**

source module[–mádʒuːl] **원시 모듈, 소스 모듈** 적당한 원시 언어로 쓴 프로그램이 컴퓨터에 바로 읽어 넣어지게 한 형으로 조직적으로 편집되어 있는 것. 원시 모듈에는 적어도 한 개의 프로그램이 들어 있지만 배치(batch) 방식으로 처리될 때에는 여러 개의 프로그램이 넣어지는 것도 있다. 카드로 준비된 소스 모듈을 카드 덱이라고 한다. FORTRAN이나 COBOL 등으로 작성된 원시 프로그램의 일종으로, 원시 프로그램과 다른 점은 특정 프로그램을 작성할 때 이것을 몇 개의 부분으로 나누어 각각 다른 프로그래머가 다른 언어로 작성할 수 있다는 점이다.

source module library[–láibrəri(ː)] **원시 모듈 라이브러리** 원시 모듈에 의해서 구성되어 있는 라이브러리.

source operand[–ápərӕnd] **원시 오퍼랜드** 두 개의 오퍼랜드를 갖는 명령어에 있어서 앞의 오퍼랜드의 내용이 뒤의 오퍼랜드의 내용으로 옮겨질 때 앞쪽의 오퍼랜드.

source operand register[–rédʒistər] **원시 오퍼랜드 레지스터** 어떤 시스템에서 두 개의 오퍼랜드를 가진 명령어의 마지막 원시 오퍼랜드를 기억하고 있는 레지스터.

source program[–próugræm] **소스 프로그램** 인간이 기술한 상태의 프로그램, 즉 원시 언어로 표시된 프로그램. 하드 카피형이건 기억된 형이건 기계어 이외의 원시 언어로 작성되어 있으며, 컴파일러, 어셈블러, 인터프리터 등으로 번역할 필요가 있는 것을 가리킨다. 이 원시 프로그램을 번역한 것을 목적 프로그램(object program)이라 한다. 또한 원시 코드(source code)와 같은 뜻으로도 사용된다. 이 경우에는 목적 코드(object code)와 대비된다.

source program deck[–dék] **원시 프로그램 덱** 기계어가 아닌 다른 언어로 쓰여진 프로그램을 천공한 카드의 묶음.

source program library[–láibrəri(ː)] **원시 프로그램 라이브러리**

source record[–rékərd] **원시 레코드** 이후의 처리를 기본으로 하는 레코드.

source recording[–rikɔ́ːrdiŋ] **원시 레코드 작성** 카드, 종이 테이프, 자기 테이프 등의 매체에 데이터를 기록하는 일반적 호칭.

source register[–rédʒistər] **원시 레지스터** 이행 데이터를 포함한 레지스터.

source routine[–ruːtíːn] **원시 루틴**

source statement[–stéitmənt] **원시 문장, 원**

시 스테이트먼트, 원시문 기계어 이외의 언어로 쓰여진 문자. 컴파일러 언어나 어셈블리 언어로 쓰여지는 소스 프로그램을 구성하는 스테이트먼트. 프로그래머가 실제로 코딩 시트에 쓰는 문이다.

source statement library[–láibrəri(ː)] **원시 문장 라이브러리, 원시 스테이트먼트 라이브러리** 참조나 연구를 위한 기계어 이외의 언어로 쓰여진 프로그램의 집합.

source station[–stéiʃən] **발신국**

source subschema[–sʌ́bskìːmə] **원시 서브스키마**

source system[–sístəm] **기동 시스템**

source tape[–téip] **원시 테이프**

source tape cross-assembler[–krɔ́(ː)s əsémblər] **원시 테이프 크로스 어셈블러**

source tape preparation[–prèpəréiʃən] **원시 테이프의 전(前)처리**

source text[–tékst] **원시 텍스트, 원시 문안** 원시 코드의 입력과 변경을 쉽게 하기 위한 정보들을 담고 있는 메시지.

source unit[–júːnit] **원시 프로그램 단위, 번역 입력 단위**

source utility[–ju(ː)tíliti(ː)] **원시 유틸리티** 어셈블리어와 원시 테이프의 작성과 변경을 편하게 해주는 공용 프로그램.

source variable[–vɛ́(ː)riəbl] **원시 변수**

SP (1) **간격 문자, 스페이스 행 이송** space character의 약어. 단어 사이를 1자분 띄우는 데 사용하는 특수 기능 문자. 이것은 인자 위치를 전진 방향으로 1자분 이동시키는 서식 제어 문자이기도 한다. (2) **순차 인쇄 장치, 순차 인쇄 기구, 시리얼 프린터, 축차 인쇄 기구** serial printer의 약어. ⇨ serial printer (3) **공간, 스페이스** space의 약어. ⇨ space (4) **스택 포인터** stack pointer의 약어. 선입 후출이나 혹은 이와 비슷한 방법을 사용하는 스택(파일 또는 중첩)의 데이터 처리를 CPU가 행할 수 있도록 하는 특수 레지스터를 말한다. (5) **구조화 프로그래밍** structured programming의 약어. ⇨ structured programming (6) **기호 프로그래머** symbol programmer의 약어. (7) **시스템 프로세서** system processor의 약어.

SPA 스크래치패드 구역 scratchpad area의 약어.

space [spéis] *n*. **SP, 사이, 간격, 공간, 스페이스** (1) 기억 장치(storage) 상에서 비어 있는 부분(영역), 즉 사용하지 않는 부분(영역)을 가리키는 경우가 있다. 데이터 관리 등에서 데이터 세트(data set)에 직접 액세스 볼륨 상의 영역을 할당하는 것을 스페이스 할당(space allocation)이라 한다. (2) 문자와 문자 사이의 간격, 또는 간격(문자)을 가리키는 경우가 있다. 생략형은 SP. 블랭크(blank)라고도 한다. 보통 일련의 도형 중 공백에 의해 표현되는 문자. 간격 문자는 제어 문자는 아니지만, 어떤 도형의 인쇄도, 표시도 행하지 않고, 인쇄 위치 또는 표시 위치를 하나 앞에서 진행하도록 서식 제어 문자와 같은 기능을 갖고 있다. 마찬가지로 간격 문자는 정보 분리 문자와 같은 기능을 가질 수 있다고 되어 있다. (3) 종이 테이프의 경우에 구멍이 뚫려 있지 않은 비트를 스페이스라고 하며, 구멍이 있는 비트를 마크(mark)라고 한다. (4) 데이터 전송의 경우에 스페이스는 전송되어, 2진 데이터의 논리 「0」 상태를 표시한다. 이것에 대한 논리 「1」을 마크라고 한다.

space after [–ǽːftər] **인쇄 후 행 이송**

space allocation [–æ̀ləkéiʃən] **스페이스 할당** 데이터 세트(파일)에 대한 직접 접근 볼륨 상의 영역의 할당.

space allocation routine [–ruːtíːn] **여백 영역 할당 루틴**

space area [–ɛ́(ː)riə] **여백 영역**

space bar [–bɑ́ːr] **스페이스 바** 키보드에서 공백을 찍는 키. 키보드의 맨 아래에 좌우로 긴 막대 모양을 이루고 있다.

space before [–bifɔ́ːr] **인쇄 전 행 이송**

space character [–kǽrəktər] **사이 문자** 스페이스 행 이송. (1) 간격 (문자) : 인쇄도 표시도 하지 않고 인쇄 위치 또는 표시 위치를 하나 앞으로 나아갈 수 있게 한 서식 제어 문자와 같은 기능을 갖는 문자. 또 자기 테이프 등의 데이터 기록 매체와 컴퓨터와의 데이터를 변환할 때, 1레코드분의 단락 또는 1자분의 단락을 위해서 다음의 레코드 문자와의 사이에 무의미한 부호나 기호를 넣어, 그곳에 공백이나 간격 또는 단락이 있음을 표시하는 것. (2) 스페이스 : 데이터를 기억하기 위한 장소. (3) 행 이송 : 판독, 표시 위치를 일정한 서식에 따라 앞으로 진행하는 것.

[참고] 보통 일련의 도형 중 공백에 의해 표현되는 문자.

[주] 1. 간격 문자는 제어 문자는 아니지만, 어떤 도형의 인쇄도 표시도 행하지 않고, 인쇄 위치 또는 표시 위치를 하나 앞으로 나아갈 수 있도록 한 서식 제어 문자와 같은 기능을 갖고 있다. 2. 마찬가지로 간격 문자와 정보 분리 문자와 같은 기능을 가질 수 있다. ⇨ space

space charge region[–tʃɑ́ːrdʒ ríːdʒən] **공핍 지역** ⇨ depletion region

space code[–kóud] **공백 코드, 간격 부호** 생략

코드와 같으나 한 번에 한 공백으로 제한한다.

space command and control system [-kəmɑ́:nd ənd kəntróul sístəm] SCCS, 우주 명령과 제어 시스템

space complexity [-kəmpléksiti(:)] 공간 복잡도 알고리즘이 어떤 문제를 해결하는 데 필요한 공간의 양을 문제의 크기에 대한 함수로 표현한 것.

space compression/expansion [-kəmpréʃən ikspǽnʃən] 간격 문자 소거 · 복원 기구

space detection and tracking system [-ditékʃən ənd trǽkiŋ sístəm] SPADATS, 우주 탐사 추적 시스템

space-division multiplexing [-divíʒən mʌ́ltiplèksiŋ] 공간 분할 다중화 각각의 신호가 각각의 통로를 통해서 전달되는 다중 처리 방식.

space division switching system [-swítʃiŋ sístəm] 공간 분할 교환 방식 크로스바 스위치나 릴레이 등의 전자(電磁) · 기계 부품에 의해 구성되고, 공간적으로 나뉜 접속 경로의 전환에 의해서 통신로가 설정되는 교환 방식을 말하며, 시분할 교환 방식과 같이 물리적으로 동일한 통신 경로를 다중화함으로써 교환하는 방식과 구별하기 위한 호칭이다.

space domain [-douméin] 공백 정의 영역

space filling [-fíliŋ] 공백 채움

space-hold [-hóuld] 공백 유지, 스페이스 홀드 계속 공백만을 전송하며 신호 왕래가 없는 상태.

space key [-kí:] 스페이스 키

space manager [-mǽnidʒər] 스페이스 관리자

space pixelization [-piksəlizéiʃən] 공간 화소화

space quantization [-kwɑ̀ntizéiʃən] 공간 양자화

space reclamation [-rèkləméiʃən] 기억 공간 재이용

space record [-rékərd] 스페이스 레코드 페이징 처리를 효율적으로 수행시키기 위해 준비된 스페이스로 이루어지는 레코드. 페이지 레코드와 페이지 레코드 사이에 존재한다.

space sharing [-ʃεəriŋ] 공간 분할

space state [-stéit] 스페이스 상태

space suppression [-səpréʃən] 종이 이송 억제, 공백 삭제 연속행 인쇄 등의 인쇄를 할 때 종이의 이송을 못하게 하는 것.

space-to-mark transition [-tu mɑ́:rk trænzíʃən] 공백 마크 전환, 스페이스에서 마크로의 전환 공백 임펄스에서 마크 임펄스로의 전환.

space tracking and data acquisition network [-trǽkiŋ ənd déitə æ̀kwizíʃən nétwə̀:rk] STADAN, 우주 추적 데이터 수집 네트워크

spacing [spéisiŋ] *n.* 스페이싱 프린터에서 인쇄되는 문자들 사이나 행과 행 사이의 간격 또는 그 간격을 조절하는 것.

spacing bias [-báiəs] 공백 편중 공백 마크 전환의 지연으로 인해 공백 임펄스를 길게 만드는 편중 왜곡.

spacing chart [-tʃɑ́:rt] 스페이싱 차트, 서식 설계 용지 출력 데이터의 배치 및 간격 등의 출력 데이터 설계를 위해 사용하는 서식.

SPADATS 우주 탐사 추적 시스템 space detection and tracking system의 약어.

spaghetti code [spəgéti(:) kóud] 스파게티 코드 GO TO 문을 많이 사용했기 때문에 프로그램의 논리가 마치 스파게티와 같이 복잡하게 꼬여 있는 프로그램. 이러한 프로그램은 이해도가 떨어지고 버그의 확률도 높으므로 가능하면 GO TO 문을 쓰지 않고 구조적인 프로그래밍 방식을 사용하여 방지하는 것이 바람직하다.

spaghetti program [-próugræm] 스파게티 프로그램 GO TO 문이나 분기문을 부적절하게 사용하여 논리가 마치 스파게티처럼 복잡하게 얽혀 해독할 수 없는 프로그램.

spam [spǽm] 스팸 매우 하찮고 "쓸모 없는 글"로서 보통 무작위로 인터넷 사용자들에게 가명으로 보내지는 전자 메일의 형태로 보내어진다. 이는 앞에서 언급한 플레임이 될 수 있다.

spam mail [-méil] 스팸 메일 스팸은 매우 하찮고 쓸모없는 글을 의미하는 단어로서, PC 통신이나 인터넷을 통해 사용자의 의사와 관계없이 일방적으로 전달되는 광고성 전자 우편을 뜻한다. 스팸은 보통 무작위로 인터넷 사용자들에게 가명으로 보내지는 전자 메일의 형태를 띤다. 전자 메일의 경우에는 정크 메일(junk mail), UBE(unsolocited bulk e-mail)라고도 한다.

span [spǽn] *n.* 범위 어떤 양 또는 함수가 취할 수 있는 최대값과 최소값의 차. 또는 계측기 등에서 측정할 수 있는 상한으로부터 하한을 뺀 값. 예를 들면, 0~500℃의 온도계에서는 500℃, −10~+20V의 전압에서는 30V.

spanned [spǽnd] *a.* 스팬화

spanned file [-fáil] 스팬 파일

spanned record [-rékərd] 스팬 레코드, 신장된 레코드 파일을 구성하고 있는 레코드가 여러 블록에 「걸쳐 있는」 레코드. 즉, 몇 개의 구간들을 차지하는 레코드.

spanning indicator [spǽniŋ índikèitər] 스

팬 지시기

spanning tree[–trí:] **신장 트리** 연결 그래프의 부분 그래프로서 그 그래프의 모든 정점과 간선의 부분 집합으로 구성되는 트리. 모든 노드는 적어도 하나의 간선에 연결되어 있어야 한다.

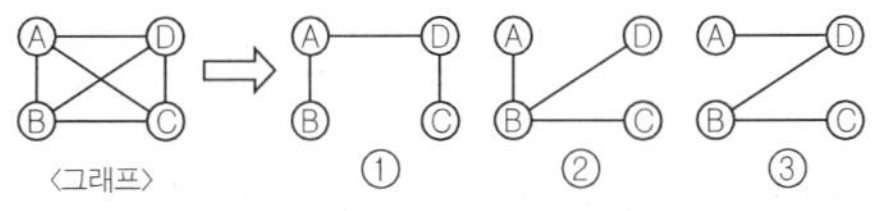

〈신장 트리의 예〉

span of control[spǽn əv kəntróul] **제어폭** 다른 모듈에 의해 직접 호출되는 모듈의 개수.

SPARC 스파크 scalable processor architecture의 약어. 미국 선 마이크로시스템즈 사에서 개발한 축소 명령형 컴퓨터 기술을 채택한 32비트 마이크로프로세서의 명칭.

SPARKS 스파크스 structured programming a reasonably komplete set의 약어. 알고리즘을 기술하는 데 사용되는 언어의 일종.

spare[spɛ́ər] *a.* **예비의** 장치나 기기 등의 예비. 그대로 「스페어」라고 번역되는 경우가 많다. (1) 예를 들어 예비 퓨즈(fuse)는 스페어 퓨즈(spare fuse)라고 한다. 예비 부품, 장치를 준비해 둠으로써 본체가 고장났을 때에는 예비 부품이나 장치를 사용하여 바로 그 자리에 처리를 행할 수 있다. 은행의 온라인 센터(online center) 등의 공공성이 강하고, 고장이 허용되지 않는 곳에서는 예비 시스템을 준비해두고, 고장이 발생하면 시스템마다 교환하여 대처한다. (2) 여분의 부분을 스페어라고 하는 경우가 있다.

spare length for joint[–léŋkθ fər dʒɔ́int] **접속 재료, 접속 여분 길이** 케이블의 길이 중 케이블끼리를 접속하거나 커넥터를 붙이거나 하기 위해 여분으로 필요한 길이.

spare locker[–lɑ́kər] **부품 로커**

spare out[–áut] **예비 출력** 하드 디스크에서 불완전한 트랙을 찾아내고 그러한 트랙들을 사용하지 않도록 소프트웨어에 명령을 내리는 작업.

spare parts kit[–pɑ́:rts kít] **예비 부품**

spare point[–pɔ́int] **예비 포인트, 예비점**

spare tape[–téip] **예비용 테이프** 테이프 교환 시간을 단축시키기 위해 예비로 사용하는 테이프.

sparse[spɑ́:rs] *a.* **스파스** 한 집합으로 이루어져 있는 요소(행렬 등) 가운데 어떤 의미 있는 요소의 비율이 극단적으로 작은 것으로 배열(행렬) 성질의 하나로 논의된다.

sparse file[–fáil] **희소 파일** 많은 레코드의 데이터 필드값이 없는 파일.

sparse matrix[–méitriks] **희소 행렬, 스파스 매트릭스** 행렬의 원소에 비교적 0이 많은 행렬. 비제로 요소의 수가 적은 행렬. 편미분 방정식을 차분법이나 유한 요소법으로 이산화(離散化)했을 때 나타난다. 상세 테이블에서 요약 테이블을 만들 때 선택한 자원의 모든 경우의 수로 요약을 하면 실제로 데이터가 발생하지 않는 자원에 대해서도 공간이 잡히므로 낭비가 될 수 있다. 그러므로 이런 낭비를 없애기 위해서 발생하지 않는 경우의 수에 대해서는 요약을 하지 않는 말 그대로 성긴 요약을 해놓은 테이블을 의미한다.

spatial data management[spéiʃəl déitə mǽnidʒmənt] **공간 데이터 관리** 데이터가 간단하게 이해되고 처리될 수 있도록 데이터를 공간 내의 물체의 집합, 특히 화면상에서 아이콘으로 표시하는 것.

spatial digitizer[–dídʒitàizər] **3차원 디지타이저** 컴퓨터 그래픽에 있어서 3차원 물체의 모양을 입력하기 위해 사용되는 디지타이저.

spatial filter[–fíltər] **공간 주파수 필터** 시간에 따라 변화하는 신호에 대한 주파수 성분이 있듯이 공간적으로 변화하는 신호(화상 등)에 대해서는 공간 주파수가 있다. 그 공간 주파수를 바꾸거나 의도적으로 조작해서 원래의 공간적인 신호로 변화시키는 장치나 프로그램.

spatial filtering[–fíltəriŋ] **공간 주파수 필터링** 화상의 품질을 개량하기 위해 화상에 포함되는 특정한 공간 주파수 성분을 강조 또는 감쇠시키는 조작.

spatial frequency[–frí:kwənsi(:)] **공간 주파수**

spatial integration[–ìntəgréiʃən] **공간 통합**

spatial locality[–loukǽliti(:)] **공간 구역성** 일단 하나의 기억 장소가 참조되면 그 근처의 기억 장소가 계속 참조되는 경향이 있는 성질. 배열 순례, 순차적 코드의 실행, 프로그래머들이 관련된 변수들을 서로 근처에 선언하는 경우 등에 장소 구역성이 나타난다.

spatial navigation[–næ̀vigéiʃən] **공간 탐색** 일부 소프트웨어 상품에서 이미 활용되고 있는 기술로, 현실 세계 또는 가상 세계의 시각적 모델과 대화하는 방식으로 정보를 찾을 수 있는 방법. 예를 들면, 3차원 그림으로 표현된 지도에서 어떤 장소로 가야 할 때 간단한 마우스 조작만으로 원하는 장소에 관한 모든 정보를 구할 수 있다.

SPC 시스템 전원 제어 장치 system power controller의 약어. 시스템에 있어서의 각 장치의 전원의 투입, 절단 등을 제어하는 장치.

SPDIF Sony Philips digital interface의 약어. 디지털 단자 규격의 하나로, 정식 명칭은 IEC958-TYPE이고, EIAJ에 규정되어 있다. 민생용 기기의

디지털 단자는 모두 SPDIF에 대응하도록 되어 있다. ⇨ EIAJ

speaker-dependent speech recognition [spíːkər dipéndənt spíːtʃ rèkəgníʃən] **특정 대화자 음성 인식** 사용함에 있어서 등록된 대화자의 음성을 대상으로 한 음성 인식.

speaker identification [–aidèntifikéiʃən] **대화자 식별** 이야기하는 사람을 그 음성에 의해서 등록된 대화자군 속에서 특정하는 것.

speaker-independent speech recognition [–ìndipéndənt spíːtʃ rèkəgníʃən] **불특정 대화자 음성 인식** 불특정 다수의 대화자 음성을 대상으로 하는 음성 인식.

speaker recognition [–rèkəgníʃən] **대화자 자동 인식**

speaker verification [–vèrifikéiʃən] **대화자 대조** 미지의 대화자를 그 음성에 의해서 지정된 사람과 동일인인가를 판정하는 것.

SPEC systems performance evalution cooperative의 약어. 1988년에 Apollo Computer(현재는 HP가 흡수 합병), HP, MIPS Computer Systems (현재는 Silicon Graphics 사가 흡수 합병), 선 마이크로시스템즈에 의하여 설립된 비영리 단체로 컴퓨터의 성능을 측정하기 위한 벤치마크 테스트 프로그램의 개발과 테스트를 하고 있다. 개발된 벤치마크 프로그램을 SPECmark라 부르며 GUN의 C 컴파일러, 회로 시뮬레이터, 몬테카를로 시뮬레이터, LISP interpreter, 행렬 연산 등 10종의 애플리케이션으로 되어 있다. SPECmark는 종래의 벤치마크보다 신뢰성이 높아 워크스테이션의 성능 비교에 많이 쓰이고 있다.

special [spéʃəl] *a.* **특수한, 전용의**

special add [–ǽ(ː)d] **특별 가산** 컴퓨터 레지스터가 기억할 수 있는 것보다 두 배의 자릿수를 가진 수를 덧셈하는 것.

special authority [–əθɔ́ːriti(ː)] **특수 권한**

special card record [–kɑ́ːrd rékərd] **전개 카드 레코드**

special category telecommunications service [–kǽtəgɔ̀(ː)ri(ː) tèləkəmjùːmkéiʃənz sə́ːrvis] **별정 통신 서비스** 개정된 전기 통신 사업법 (대한민국 법률 제5385호 : 1997. 8. 28)에 따라 1998년 1월부터 제공된 일련의 신규 전기 통신 서비스. 종전에는 전기 통신 서비스를 전기 통신 설비의 보유 유무를 기준으로 하여 설비를 설치, 운용하여 제공하는 기간 통신 서비스, 기간 통신 사업자로부터 회선 설비 등을 임차하여 고도의 정보 처리 기능 등 부가 가치를 더하여 판매하는 부가 통신 서비스로 크게 구분하였다.

special character [–kǽrəktər] **특수 문자** 문자 집합(character set)의 기호 가운데 알파벳에서도 한자에도, 한글에도, 숫자에도 없는 문자. 구체적으로는 콤마, 피리어드, 인용 부호, 대수 기호(+, −, ＊, / 등), 특수 기호(&, %, $, #, ₩ 등). 프린터에서는 인쇄되지 않는 개행(改行)(LF ; line feed), 말소(DEL ; delete) 문자, 확장(ESC ; escape) 문자 등.

special character table [–téibəl] **특수 문자 테이블**

special character window [–wíndou] **서식 제어 문자 확인 창구**

special character word [–wə́ːrd] **특수 문자어** 산술 연산자 또는 비교 문자로 사용하는 예약어.

special code key [–kóud kíː] **특수 코드용 키**

special control [–kəntróul] **개별 제어 기구**

special control character [–kǽrəktər] **특수 제어 문자** 제어 문자 중에서 전송 제어 문자, 서식 제어 문자, 정보 제어 문자, 장치 제어 문자 중 어느 것도 아닌 문자. 제어 문자 중 TC, FE, DC, IS의 4종을 제외한 것, 즉 NUL, BEL, SO, SI, CAN, EM, SUB 및 ESC가 포함된다.

special distortion [–distɔ́ːrʃən] **특수 변형** 특성 변형에 대응해서 레벨 변동으로 생기는 바이어스 변형이나 잡음에 따라 생기는 불규칙 변형.

special feature [–fíːtʃər] **특수 기구**

special feature adapter [–ədǽptər] **특수 기구 어댑터**

special file [–fáil] **특수 파일**

special form [–fɔ́ːrm] **특수 형식** 처리계에서 정해진 특별한 심벌을 카드에 갖는 형식. 특수 형식이 아닌 것에 함수와 매크로가 있다. 이들의 평가 방법에는 함수의 인수(引數)는 평가되고 매크로에의 인수는 평가되지 않는 등의 규칙성이 있으나, 특수 형식은 그 식에 고유한 방법으로 평가된다.

special function [–fʌ́ŋkʃən] **특수 함수**

special function character [–kǽrəktər] **특수 기능 문자**

special index analyzer [–índeks ǽnəlàizər] **특수 색인 분석기** 정보 검색을 위해 미국 IBM 사가 개발한 장치로 IBM 9900형이라고도 하는데, 카드 판독 천공기, 기억 장치, 종이 테이프 판독 천공기, 타이프라이터 등으로 구성되어 있다.

special insertion [–insə́ːrʃən] **특수 삽입** COBOL의 용어. PICTURE 구로 지정하는 편집 방법의 하나. 소수점을 삽입 문자로 사용하고 편집되는 항목 내에서 PICTURE 구의 문자열 중에 지정한 위치에 실소수점을 삽입하는 것.

special insertion editing[–éditiŋ] **특수 삽입 편집** 특수, 삽입을 하는 편집. ⇨special insertion

special instruction[–instrʌ́kʃən] **특수 명령**

special interest group[–íntərəst grúːp] **SIG, 분과회, 스페셜 인터레스트 그룹** 특정 목적의 컴퓨터 응용 분야. 즉, 컴퓨터 그래픽스, 로봇 공학, 업무 응용, 단어 처리 등에 대한 정보 교환 및 토의를 위해 모이는 집단.

special interrupt[–ìntərʌ́pt] **특수 인터럽트**

specialization[spèʃəlaizéiʃən] *n.* **특수화** 일반화가 가능한 객체들을 어떤 특정 성질을 만족하는 객체들로 분류하는 것.

specialize[spéʃəlàiz] *v.* **특수화하다, 적합하게 하다**

specialized operating system[spéʃəlàiziəd ápərèitiŋ sístəm] **전용 운영 체제**

special key[spéʃəl kíː] **특수 키** 문자, 숫자, 기호 키 이외의 키의 총칭. Shift, Ctrl, Insert, function key 등이 이에 해당된다.

special-names[–néimz] **특수명**

special picture[–píktʃər] **스페셜 픽처** DVD에 수록된 내용 중에 영화 본편 외에 감독의 육성으로 된 해설이나 출연자와 제작진 소개, 영화 제작 과정 다큐멘터리나 뮤직 비디오 등을 의미한다. DVD 애호가들은 영화와 함께 스페셜 픽처가 풍부한 타이틀에 소장 가치를 많이 부여한다.

special printing cartridge[–príntiŋ káːrtridʒ] **특별 인쇄 카트리지**

special purpose[–pə́ːrpəs] **전용, 특정 목적** 기본적인 수정(modification)은 하지 않고 제한된 형태로 쓰이도록 응용하는 것.

special purpose buffer[–bʌ́fər] **전용 버퍼 방식** 온라인 처리에서 전문(電文)의 처리와 전문의 송수신 처리와의 사이에서 처리 대기 전문을 보존하는 방식(버퍼링)의 하나. 이 방식은 주기억 장치 내의 각 회선에 대응하는 전용의 버퍼를 마련하므로 제어가 간단하고 응답 속도도 빠르지만 사용 빈도가 적은 단말이 많았다든지 메시지 길이가 듬성듬성하였다면 사용이 비경제적이다.

special purpose computer[–kəmpjúːtər] **특수 (목적) 컴퓨터** 전용 컴퓨터. 특수한 목적을 위해 개발된 컴퓨터. 종래 특히 제어용 컴퓨터는 신뢰성의 요구, 온도 등 설정 조건에의 요구가 다른 일반 컴퓨터보다 엄격하고, 또 프로세스와의 정보 교환 수단으로서 스캐너, A/D 교환기, 펄스 계수기, 출력 릴레이 등 특수한 입출력 기기를 갖추었으므로 특수 목적 컴퓨터라고 생각되어 왔다. 한정된 목적에 사용되는 컴퓨터로 범용 컴퓨터(general purpose computer)와 대비된다. 그러나 현재는 이런 것은 범용기로 행하도록 되어 목적 컴퓨터라도 범용 처리 유닛을 넣도록 되어 있다.

special purpose intelligent terminal[–intélidʒənt tə́ːrminəl] **특수 목적 지능 단말기**

special purpose language[–lǽŋgwidʒ] **특수 목적 언어**

special purpose logic[–ládʒik] **전용 논리**

special purpose module board[–mádʒuːl bɔ́ːrd] **특수 목적 모듈 보드**

special purpose oriented language[–ɔ́(ː)rièntəd lǽŋgwidʒ] **특수 목적 중심 언어** 어떤 특별한 문제를 기술하는 데 용이하도록 설계된 프로그램 언어.

special purpose programming language[–próugræmiŋ lǽŋgwidʒ] **특수 목적 프로그래밍 언어** 특정 범주의 문제를 해결하는 데 편리하도록 만들어진 컴퓨터 언어.

special real time OS 특수 실시간용 운영 체제

special register[–rédʒistər] **특수 레지스터**

special sign[–sáin] **특별 부호** ⇨special character

special value[–vǽljuː] **특수값**

special word[–wə́ːrd] **특수어**

specific[spisífik] *a.* **특정의, 절대의** 통상의 의미 이외에, 확정의(definite), 절대의(absolute), 유일한(unique) 등과 같은 의미로도 사용된다.

specific address [–ədrés] **특정 주소** 절대 어드레스(absolute address)라고도 한다. 이것은 기계 코드(machine code)의 번호 부여 방식으로 표시한 기억 장치(storage) 가운데 위치의 실제 어드레스, 실어드레스(real address), 직접 어드레스(direct address)라고도 한다.

specific coding[–kóudiŋ] **특유 코딩** ⇨absolute coding

specification[spèsifikéiʃən] *n.* **명세** 프로그램 명세서(program specification)란 프로그램 설계서이며, 그 프로그램이 어떤 환경 하에 무엇을 해야 하는지를 기술한 문서이다.

specification display[–displéi] **명세 화면**

specification exception[–iksépʃən] **지정 예외** 오퍼레이션 지정이 바르지 않은 데 따른 예외 상태. 그 결과 프로그램 일시 정지(program interruption)가 일어나고, 프로그램의 실행이 중단된다.

specification form[–fɔ́ːrm] **명세서**

specification language[–lǽŋgwidʒ] **명세 언어** 시스템이나 프로그램의 명세를 기술하기 위한

컴퓨터 언어. 명세의 기술에 있어서는 자연 언어, 플로 차트(순서도)와 결정표 같은 각종 도표를 병용한다. 명세는 최종 제품의 검사 기준으로 사용하기 때문에 오해를 초래하지 않는 언어로 기술해야만 한다. 상당히 넓은 이용자층을 가지고 있으며, 엄밀하고 알기 쉬운, 경우에 따라서는 기계로도 읽을 수 있는 언어가 바람직하다.

specification limit[-límit] **규격 한계**

specification part[-pá:rt] **규제부**

specification sheet[-ʃí:t] **명세서, 명세 시트, 명세서 코딩 용지** 보고서 작성을 중심으로 하는 사무 계산형의 프로그램 언어(RPG ; report program generator) 스테이트먼트를 코딩할 때 사용되는 용지.

specification statement[-stéitmənt] **명세문, 명세 스테이트먼트** FORTRAN 용어이며, 데이터의 특성(타입, 정도 따위)과 정렬 방법을 위한 정보를 지정하는 문장. DIMENSION 문, COMMON 문, EQUIVALENCE 문, EXTERNAL 문, 형 선언문 등이 있다. 이들 문에는 지정되어 있지 않는 변수(variable), 상수(constant), 배열(array) 이름의 타입과 길이는 그 이름의 최초의 문자에서 암시적으로 정의된다. 이 규칙을 묵시적 지정(predefined specification)이라고 한다.

specification subprogram[-sʌ̀bpróugræm] **초기값 설정 부프로그램, 명세 서브프로그램** FORTRAN의 부프로그램의 하나로서 BLOCK DATA 문을 선두에 두고 형 선언 문, DATA 문, EQUIVALENCE 문, DIMENSION 문 및 COMMON 문만으로 구성되며, 이름 붙은 공통 블록의 요소에 초기값을 부여하는 데 사용된다.

specification testing[-téstiŋ] **규격 시험**

specification tree[-trí:] **명세 트리**

specificator[spisífikèitər] *n.* **특별 규제어** ALGOL 용어.

specific code[spisífik kóud] **특정 코드** 절대 코드(absolute code)라고도 한다. 이것은 절대 어드레스와 연산자를 사용한 프로그램 코드이다. 절대 코드로 작성하여 컴퓨터가 읽을 수 있는 명령을 특정 코딩(specific coding)이라고 한다.

specific coding[-kóudiŋ] **특정 코딩, 절대 코딩**

specific cryptsystem[-kríptsìstəm] **특정 암호 시스템**

specific implementation[-ìmpləmentéiʃən] **특수 작성**

specific mode[-móud] **특정 모드**

specific permission[-pərmíʃən] **특정 액세스 허가(지정)**

specific polling[-páliŋ] **특정 폴링** 데이터 스테이션 관할하의 특정한 장치에 대한 폴링.

specific production line[-prədʌ́kʃən láin] **규정 생산 라인**

specific program[-próugræm] **특정 프로그램** 특정 문제를 해결하는 데에만 쓰이는 프로그램. 즉, 한 가지 문제에만 전적으로 적용이 가능하고, 어떤 다른 문제에는 사용될 수 없는 프로그램.

specific routine[-ru:tí:n] **특정 루틴** 각 주소는 별도로 서술된 레지스터나 장소를 가리키고 특정한 수학적·논리적 혹은 데이터 처리 문제를 해결하는 루틴.

specific search[-sə́:rtʃ] **특정 검색**

specific symbol[-símbəl] **특정 기호**

specific volume request[-váljum rikwést] **특정 볼륨 요구** 이용자가 볼륨을 요구할 때 직접 또는 간접적으로 볼륨 일련 번호를 지정하여 특정한 볼륨의 할당을 요구하는 것.

specifier[spésifàiər] *n.* **규칙자**

specify[spésifài] *v.* **지정하다, 기입하다** 본래 「명기하다」, 「명확하게 말하다」는 의미를 갖고 있으나 컴퓨터 분야에서는 「지정하다」라는 해석을 붙이는 경우가 가장 많다. 예를 들면 특정 비트를 사용하여 사용자의 식별 번호를 「지정하다」라든가, 기억 장치상의 기록 위치를 「지정하다」 등 하드웨어, 소프트웨어의 모든 곳에서 이용된다. specify는 이 밖에도 기입하다(enter), 입력하다(input), 코드를 기입하다(code), 기록하다(write)라고 하는 의미를 가지고 있다. 이와 같이 specify는 여러 가지 의미로 사용될 수 있으므로 문맥과 내용에 따라서 번역어를 선택할 필요가 생긴다.

specify feature[-fí:tʃər] **지정 기구**

specify task asynchronous exit[-tǽsk eisíŋkrənəs égzit] **STAE, 태스크 비동기 출구 지정** 이 매크로를 낸 태스크가 이상 종료되었을 때 제어를 받아야 할 루틴을 지정하기 위한 매크로 명령.

SPECmark SPEC benchmak의 약어. 본래 미국의 Apollo, HP, MIPS, Sun의 네 회사를 축으로 한 SPEC이 정한 벤치마크 테스트로 컴퓨터(CPU) 성능을 측정한 값. 1989년에 발표된 Release 1.0에서는 C로 작성된 4종류의 프로그램 및 FORTRAN으로 작성된 6종류의 프로그램의 실행 시간을 각기 측정하여 이의 기하평균을 구한 후 이를 VAX11/780값으로 나눈 것을 SPECmark값으로 한다. 기하평균을 구한 후의 것은 장시간 프로그램에 의한 과다한 영향을 피하기 위해서이며, VAX11/780값으로 나누는 것은 VAX11/780의 성능이 거의 1MIPS였기 때문이다. 따라서 SPECmark는 MIPS값에 가깝지만 MIPS값보다 신뢰할 수 있는 성능의 기준이 되어 있다. 최근의 고성능 워크스테이션의 SPECmark는 100(즉, 약 100 MIPS) 전후에 이르고 있다.

spectral[spéktrəl] *a.* **스펙트럴(의)**

spectral analysis[–ənǽlisis] **스펙트럴 분석** 연속적으로 변화하는 데이터가 갖는 통계적인 여러 특성 중 주기성의 요인을 추출하기 위해 푸리에 해석을 써서 하는 분석. 정상적인 데이터의 경우는 데이터 $f(x)$를 연속적으로 변화하는 진동수 u를 써서 무한히 많은 진동의 합의 모양으로 나타낸다.

spectral band[–bǽnd] **스펙트럴 밴드**

spectral response[–rispɑ́ns] **스펙트럴 반응** 다른 파장의 빛에 대한 장치의 감도 변화.

spectrum[spéktrəm] *n.* **스펙트럼** 전파를 파장이 짧은 것부터 긴 것의 순으로 배열한 것. 또 빛이 프리즘을 통과했을 때 파장에 따라 굴절률이 다른 여러 가지 색으로 나뉘어지는데, 이 배열을 스펙트럼이라고 한다.

specular reflection[spékjulər riflékʃən] **윤택 반사** 3차원 그래픽에서 빛이 물체 표면에서 정반사되는 효과.

speech[spíːtʃ] *n.* **음성**

speech comprehension[–kɑ̀mprəhénʃən] **음성 이해** 공학적 수단에 의해 음성에서 대화자의 의도를 이해하는 것.

speech generation device[–dʒènəréiʃən diváis] **음성 발생 장치** 정확한 발음으로 텍스트를 청취 음성으로 변환하는 장치를 말한다.

speech input device[–ínpùt diváis] **음성 입력 장치** (1) 필요한 정보를 음성으로 컴퓨터, 기타 기기 및 장치 등에 입력하기 위한 장치. (2) 음성 파형의 정보를 A/D 변환하여 디지털화하고 컴퓨터에 입력하기 위한 장치.

speech input system[–sístəm] **음성 인식 장치** 음성을 해석하고 소리의 식별이나 단어의 인식을 행하는 장치. 음성 입력 워드 프로세서나 화자(話者) 인식 장치 등에 사용된다. 이 장치를 통해 인식한 단어를 명령어로 실행하거나 문서로 변환하는 소프트웨어도 있다.

speech input unit[–júːnit] **음성 입력 장치** 컴퓨터에 데이터 입력을 음성을 써서 하는 장치. 또는 음성 그 자체를 입력하는 장치.

speech output unit[–áutpùt júːnit] **음성 출력 장치** 컴퓨터 출력을 음성으로 하는 장치.

speech path equipment[–pɑ́ːθ ikwípmənt] **통화로계 장치** 전자 교환기의 통화로를 구성하는 네트워크, 트렁크 및 그들을 제어하는 통화로 제어 장치의 총칭. 통화로계는 통화로 그 자체를 구성하는 네트워크 및 트렁크류와 이들을 중앙 처리 장치로부터의 명령에 의하여 제어하거나 상태를 중앙 처리 장치에 전달하는 통화로 제어부로 구성된다. 통화로 제어부는 통화로 구동 장치(switching controller), 계전기 구동 장치(relay controller), 신호 분배 장치(switching controller), 계전기 구동 장치(relay controller), 신호 분배 장치(signal distributor), 주사 장치(scanner) 및 정보 수신 분배 장치(SRD) 등으로 구성된다.

speech path subsystem[–sʌ̀bsístəm] **통화로계** 통화를 하기 위해 신호 및 정보를 전달하는 전송로계. 이것은 전자 교환기의 3대 요소인 통화로계, 중앙 처리계, 입출력계의 하나로서 통화를 구성하는 스위치 및 트렁크와 그것을 직접 제어하는 각종 장치의 총칭이다.

speech processing[–prɑ́sesiŋ] **음성 처리** 컴퓨터에 의해 구어(口語)를 인식하고 이해하는 것으로 음성 인식과 음성 합성의 두 분야로 나누어진다. 음성을 입출력의 수단으로서 쓰기 위한 처리로, 예를 들면 음성 파형의 디지털화, 음성 인식에 의한 문자에의 부호화, 문자 표기에서 음성을 합성하는 것 등을 들 수 있다.

speech processing unit[–júːnit] **음성 처리 장치** 음성을 처리하는 장치. 특히 컴퓨터와의 대화를 음성에 의해서 전화 회선을 통하여 수행하는 장치.

speech recognition[–rèkəgníʃən] **음성 인식** 음성 신호 중에서 의미나 내용을 식별하는 것. 1950년대부터 연구가 시작되어 다수의 인식 방법이 발표되고 있다. 단어 단위로 표준 패턴(template)을 설정해두고, 입력 신호와 표준 패턴을 대조하여, 단어를 식별하는 패턴 부합(pattern matching)과 음소(音素) 단위로 표준 패턴을 설정해두고, 입력 신호의 음소(音素) 분석 결과로부터 사전과 대조하여 단어를 식별하는 특징 추출(feature extraction)의 두 가지 방법으로 대별된다. voice recognition이라고도 한다.

speech recognition terminal[–tə́ːrminəl] **음성 인식 단말 장치** 음성 인식이 가능한 단말 장치로 음성으로 컴퓨터에 정보를 입력할 수 있으므로 키보드 대신 사용할 수 있다.

speech synthesis[–sínθəsis] **음성 합성** 음성을 합성하는 방법으로는 기계적 모형에 따른 것, 전기 회로에 의한 것, 컴퓨터를 이용하는 것, 자기 녹음 편집에 따른 것 등이 있다.

speech synthesis by rule[–bai rúːl] **규칙 합성** 임의의 단어, 문장을 표현 가능한 입력 기호열로 하고, 그에 대응하는 음성을 출력하는 음성 합성 방식.

speech synthesis data capture[–déitə kǽptʃər] **음성 합성 데이터 수집** 사람의 목소리를 데이터의 입력으로 직접 사용하는 한 방법.

speech synthesizer[–sínθəsàizər] **음성 합성기** 다른 형태(문자나 숫자 코드)의 입력을 음성으로 만들어내는 장치.

speech understanding[–ʌ̀ndərstǽndiŋ] **음성 이해, 음성 인식** 인간의 음성을 표현하는 가청 신호를 처리하고 해석하기 위한 인공 지능 기법.

speech understanding system[–sístəm] **음성 이해 시스템** 사람이 컴퓨터에 음성으로 말하고 컴퓨터가 음성으로 응답하는 시스템. 따라서 이해라는 의미가 음성 이해와 음성 합성이라는 두 가지 기술을 포함하고 있다. 음성 이해는 음향 · 단어 · 구문 · 의미 레벨의 각 지식들을 이용해 연속 음성을 이해하는 기술이다. 여러 가지의 레벨에 있는 지식을 어느 타이밍에서 이용하는가의 방식이 중요하다. 앞으로는 회화 처리나 상식을 어떻게 도입할 것인가의 과제가 중요해질 것이다. 현재의 음성 이해 시스템으로는 Hearsay-Ⅱ가 유명하다.

speed[spíːd] *n.* **빠르기, 속도** 일반적으로 「속도」라고 해석되지만 물리 등에서는 속도의 크기를 부여하는 스칼라(scalar) 양으로, 「속도」와는 구별하여 「빠르기」라고 한다. 예를 들면 중앙 처리 장치(CPU)의 명령 실행 속도의 표준으로 mega instructions per second(MIPS)와 floating point oprations per second(FLOPS)가 흔히 사용된다. 또 데이터 전송(data transmission)에서는 신호 변조 속도의 단위로서 보(baud)를 사용하고 있다.

speed changing[–tʃéindʒiŋ] **속도 변환** 컴퓨터, 단말 장치와 같이 동작 속도가 크게 다른 장치 간에 데이터를 주고받는 경우, 통신 회로나 채널을 효율적으로 사용하기 위해 속도 변환이 필요하다. 예를 들어 오퍼레이터가 텔레프린터로 데이터를 넣는 속도는 매우 느리므로 이것을 일단 버퍼에 축적하고, 조작이 완료되었으면 곧바로 고속으로 컴퓨터에 보내도록 한다. 반대로 컴퓨터에서부터 데이터가 보내져 오는 경우도 데이터 전체는 일단 버퍼에 넣어져, 이곳에서 텔레프린터 동작 속도에 따라 프린트된다. 이러한 기법을 속도 변환이라 한다.

speed characteristic curve[–kæ̀rəktərístik kə́ːrv] **속도 특성 곡선**

speed control signal[–kəntróul sígnəl] **속도 제어 신호**

speed conversion[–kənvə́ːrʃən] **속도 변환** 정보의 의미를 바꾸는 일 없이 정보의 형식 변환 등을 하는 통신 처리의 한 기능이며, 속도가 다른 댁내 기기 상호간의 통신을 보증하기 위한 속도의 변환을 말한다. 이 기능에 의하여 접속 상대의 속도를 의식하지 않고 통신을 할 수 있다.

speed enhancement[–inhǽːnsmənt] **인쇄 속도 증가 기구**

speed extension[–iksténʃən] **전송 속도 증가 기구**

speed limiting device[–límitiŋ diváis] **속도 제한 장치**

speed log adapter[–lɔ́(ː)g ədǽptər] **속도 측정기 어댑터**

speed-power product[–páuər prádəkt] **속도–전력곱** 스위칭 시간과 소비 전력의 곱.

speed selection[–səlékʃən] **속도 선택**

speed selector switch[–səléktər swítʃ] **전송 속도 변환 기구**

spell[spél] *v.* **(낱말을) 철자하다**

spell checker[–tʃékər] **철자 검사기**

spelling checker[spéliŋ tʃékər] **맞춤법 검사기** 워드 프로세서 등에서 입력된 문안 내에 철자가 잘못된 단어가 있는지를 검사하는 철자 검사기.

Sperry Univac 스페리 유니백 사 현재 UNISYS.

SPF 스크래치패드 파일 scratchpad file의 약어. ⇨ scratchpad file

SPI 단일 프로그램 개시 프로그램 single program initiator의 약어. DOS에서 일괄 작업 입력으로는 시행할 수 없는 포어그라운드 프로그램이기 때문에 주기억 장치 내에 들어가 작업 제어 프로그램의 작용을 하는 프로그램.

SPICE 집적 회로 중요 시뮬레이터 프로그램 simulate program integrated circuit emphasis의 약어. 집적 회로의 설계에서 대표적으로 널리 쓰이는 회로 시뮬레이터. 버클리 대학에서 1972년에 개발하였다.

SPID service profile identifiers의 약어. 중앙 전화국 스위치가 ISDN 기기에 제공하는 서비스와 기능을 밝혀준다. 새로운 ISDN 회선을 추가할 때 전화 회사는 스위치가 고객의 ISDN 기기와 일치되도록 만들기 위하여 각 디렉토리 숫자에 SPI를 지정해준다. SPID는 ISDN 기기를 인식하는 데 필요하며 기기가 장착되었을 때 입력된다. ⇨ ISDN

SPIDER 스파이더 subroutine package for image data enhancement and recognition의 약어.

spike[spáik] *n.* **스파이크** 펄스폭에 비해서 매우 짧은 폭으로 펄스 모양이 일그러지는 것. 하나 또는 여러 회로의 스위칭 동작이나 커플링 등에 의해서 생긴 단시간의 전압 또는 전류 진폭.

spindle[spíndl] *n.* **스핀들, 축** 자기 디스크 장치

등의 기억 매체를 보존 유지하고, 디스크를 고속도로 회전(spin)시키기 위한 구동부(驅動部). 이것은 모터를 구동 장치로 하여, 직접 또는 벨트(belt) 등에 의해 간접적으로 회전하도록 되어 있다.

spindle hub [–hʌ́(:)b] **스핀들 허브** 플렉시블 디스크 장치에 있어서, 디스크를 지지하기 위한 부분. 디스크를 고정하기 위한 클러치(clutch)인 콜릿(collet)과 마주보도록 되어 있고, 이 두 디스크를 끼워넣도록 되어 있다. 그리고 자기 기억 장치(magnetic memory)에 있어서, 스핀들에 회전 구동력(driving torque)을 주기 위한 모터를 스핀들 모터(spindle motor)라 한다.

spindle lock [–lɑ́k] **스핀들 로크** 디스크 팩의 일부분으로, 디스크 팩 장치의 스핀들과 결합하기 위한 부분.

spindle motor [–móutər] **스핀들 모터** 자기 디스크 장치의 스핀들을 구동하는 모터.

spindle speed function [–spí:d fʌ́ŋkʃən] **S기능, 스핀들 주축 기능** 수치 제어(NC)의 공작 기계에 있어서 주축의 회전 속도를 지정하는 기능. 수치 제어 공작 기계는 처리를 수치 명령(numeric instruction)을 이용해 행하고 있으며, 각종 가공이 가능하도록 되어 있다.

spindle switch [–swítʃ] **디스크 팩 변환 기구** 디스크 팩 장치를 두 대 이상의 제어 장치에서 사용할 수 있도록 설치한 중간 장치.

SPL 서비스 우선 리스트 service priority list의 약어.

splash page [splǽʃ péidʒ] **스플래시 페이지** 홈페이지(타이틀 페이지)가 표시되기 전에 내용이나 제목을 소개하는 페이지. 타이틀 페이지로 자동 점프한다.

splice [spláis] *n.* **스플라이스** 광섬유끼리를 영구 접속하는 것. 방전 가열에 의해서 융착하는 방법이 있다.

splicer [spláisər] *n.* **스플라이서, 접속기** 종이 테이프를 이어 맞추기 위해서 사용하는 기구. 이것은 종이 테이프가 끊어졌을 때, 또는 컴퓨터에 걸리는 시간과 수고를 덜기 위해서 짧은 테이프를 이어 맞출 때 사용한다.

splicing [spláisiŋ] **스플라이싱** ⇨ splice

splicing box [–bɑ́ks] **스플라이싱 박스** 스플라이스된 광섬유 케이블을 보호하기 위해 격납하는 박스.

splicing tape [–téip] **스플라이싱 테이프** 자기 테이프와 메일 태브(male tab), 리더 테이프와 피메일 태브(female tab) 등을 각각 접합하기 위해 사용하는 접착용 테이프.

spline [spláin] *n.* **스플라인** 등이 매끄러운 곡선을 그릴 경우에 사용되는 도구로서 스플라인 함수는 구간적 보간 다항식 중에서 가장 발전된 것이다. 다항식의 일종.

splined curve [spláind kə́:rv] **스플라인 곡선** 자유 곡면이나 합성 곡선의 창성(創成)에 쓰이며, 불연속인 일련의 점을 매끄럽게 이음으로써 창성되는 공간 곡선의 하나이다.

spline function [spláin fʌ́ŋkʃən] **스플라인 함수** 주어진 점열(點列)을 보간하는 근사 함수의 하나. 인접한 두 점을 양단으로 하는 각 구간마다 k차 다항식으로 정의하고, 접속점에서 k–1차까지의 도함수가 연속되어 있는 것. 컴퓨터 그래픽에 주로 이용된다.

split [splít] *v.* **분할하다** 하나를 여러 개로 나누는 것.

split browse display [–bráuz displéi] **분할 주사 검색 화면**

split card [–kɑ́:rd] **분할 카드** 한 장의 카드에 여러 레코드를 천공한 것으로, 카드를 유효하게 이용할 수 있지만 정정, 추가, 삭제를 할 경우에는 다른 데이터에 영향을 주게 된다.

split catalog [–kǽtəlɔ̀(:)g] **분할 카탈로그, 분리 목록** 다른 종류의 엔트리가 별도로 파일화된 도서 목록. 예를 들면 주제 엔트리, 저자 엔트리, 제목 엔트리 등.

split chaining field [–tʃéiniŋ fí:ld] **분할 연계 필드** 여러 개의 연쇄 필드를 하나의 연쇄 필드로 다루는 경우를 말한다. 연쇄 파일(chained file)을 꺼내기 위한 연쇄 필드가 여러 개의 필드로 구성되는 경우, 그들의 필드에 동일한 C1-C9 코드를 지정할 수 있다.

split control field [–kəntróul fí:ld] **분할 제어 필드** 어느 하나의 제어 레벨에 대하여 몇 개로 분할해서 제어 필드를 지정하는 것. 하나의 입력 레코드 중에 있어서 여러 개의 제어 필드가 동일한 제어 레벨을 갖는 경우에 동일한 제어 레벨 표지(標識)를 지정한다.

split cylinder allocation [–sílindər æ̀ləkéiʃən] **분할 실린더 할당** 데이터 세트에 직접 접근 볼륨 상의 영역을 할당할 때 연속한 실린더를 트랙 방향으로 분할하여 할당하는 것.

split cylinder mode [–móud] **분할 실린더 모드**

split edit display [–édit displéi] **분할 편집 화면**

split field [–fí:ld] **분할 필드**

split friction feed platen [–fríkʃən fí:d plǽtən] **분할 플래턴**

split half method [–hɑ́:f méθəd] **2분법** 정보 처리 회로의 고장 진단법의 일종으로, 우선 고장나 있는 하나의 기능 블록의 거의 중앙에서 신호 검사를 하고, 만약 그것이 정상이면 고장 개소는 그보다 뒷부분, 이상이 있으면 고장 개소는 그보다도 앞부분으로 나눈다. 이와 같이 하여 고장 개소의 장소를 조금씩 한정해가서 최종적으로 고장 개소를 특정하는 방법.

split key[–kí:] **분할 키**

split screen[–skrí:n] **분할 화면** CRT 디스플레이 등의 표시 장치 화면을 여러 부분으로 분할하는 것. 있던 구획으로 데이터를 표시하고, 별도의 구획으로 변환하여 그대로 처리를 계속할 수 있다.

split suballocation[–sʌ́bæ̀ləkéiʃən] **분할 세분 할당**

split system[–sístəm] **분할 시스템** 컴퓨터실의 공기 조절 방식의 일종으로, 컴퓨터실 마루 밑에 덕트를 설치하고 마루에는 많은 구멍을 뚫어 이 구멍을 통해 공기 조정 장치로부터 깨끗한 공기를 보내는 것을 말한다.

split word operation[–wə́:rd ɑ̀pəréiʃən] **분할 단어 연산, 부분어 연산** 보통 연산 단위인 단어 전체가 아니라 단어를 분할하여 처리하는 것. 예를 들면 배정도 연산(double precision arithmetic) 등에서는 데이터가 2워드에 걸치기 때문에 1워드씩 처리를 하고 있다.

spoofing[spú:fiŋ] **위조, 스푸핑** 침입이나 공격을 목적으로 하여 데이터를 위조하는 행위. 호스트 이름과 IP 주소의 조합을 DNS 서버에 있는 것과 다른 정보로 바꿔 쓰는 DNS 위조와 패킷의 경로 정보를 변경하는 RIP 위조 등 위조하는 정보에 따라 다양하다. 네트워크를 표적으로 한 공격에는 반드시 필요한 기술이다.

spool[spú:l] *n.* **스풀** (1) 예를 들면 종이 테이프를 감는 데 사용되는 원통상의 것. 릴(reel)이라고도 함. (2) 스풀을 행하는 것. 스풀은 「simultaneous peripheral operation online」에서 유래한다. 제어 프로그램이 작업을 실행할 때 카드 리더와 프린터 등 저속의 입출력 장치를 직접 사용하면 입출력 속도가 느려지기 때문에 처리 대기가 생긴다. 그래서 입출력 데이터를 고속으로 대용량인 자기 디스크 장치 등의 보조 기억 장치에 일단 판독 기록해두고, 프로그램 실행시(즉, 입출력 명령의 실행시)에 보조 기억 장치와 데이터를 교환한다. 이상과 같은 제어 프로그램의 처리 방법을 스풀이라 한다.

[주] 플랜지가 없는 원통이며, 이 둘레에 테이프가 감겨진 것.

spool device[–diváis] **스풀 장치** 입력 장치와 입력 데이터를 판독하는 루틴(spool reader ; 스풀 리더), 또 출력 장치와 출력 데이터를 출력하는 루틴(spool writer ; 스풀 라이터) 사이의 완충 기억 장치(buffer). 스풀링시의 데이터는 일단 여기에 저장된다.

spooled print[spú:ld prínt] **스풀 인쇄** 통신로를 방해하거나 응답 시간이 오래 걸리는 인쇄 데이터를 통신 활동이 적을 때 전송하는 과정.

spooler[spú:lər] **스풀러, 순간 작동** 스풀링 작업을 하는 프로그램이나 주변 장치.

spool file[spú:l fáil] **스풀 파일**

spool file class[–klǽs] **스풀 파일 클래스**

spool file entry[–éntri(:)] **스풀 파일 항목**

spooling[spú:liŋ] *n.* **스풀링** 주변 장치와 컴퓨터 처리 장치 간에 데이터를 전송할 때 처리 지연을 단축하기 위해 보조 기억 장치를 완충 기억 장치로서 사용하는 것.

[주] 이 용어는 「simultaneous peripheral operation online」에서 유래한다.

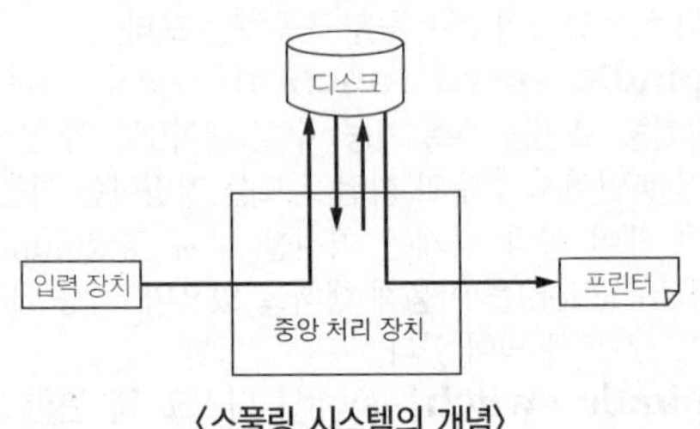

〈스풀링 시스템의 개념〉

spool-in/spool-out[–in spú:l áut] **스풀 인/스풀 아웃** 스풀 조작에 있어서, 입력 스트림을 보조 기억 장치에 써넣은 것을 스풀 아웃, 반대로 보조 기억 장치에서 출력 스트림을 판독하는 것을 스풀인이라 한다.

spool intercept buffer[–ìntərsépt bʌ́fər] **스풀 대행 버퍼**

spool management[–mǽnidʒmənt] **스풀 관리**

spool partitioning[–pɑ:rtíʃəniŋ] **스풀 구획화**

spool processing[–prɑ́sesiŋ] **스풀 처리**

spool reader[–rí:dər] **스풀 판독 프로그램, 스풀 판독 기능**

spool system[–sístəm] **스풀 시스템** 중앙 처리 장치와 입출력 장치 사이의 속도차를 극복하기 위해 보조 기억 장치로부터의 입출력 정보들을 버퍼링하여 병행 처리하도록 하는 시스템. ⇨ 그림 참조

spool writer[–ráitər] **스풀 출력 프로그램, 스풀 기록 기능**

spot[spɑ́t] *n.* **스폿** 예를 들어 bad spot이라 하면, 자기 테이프 등에 홈이 있어서 판독하거나 기록할 수 없는 작은 부분을 가리키는 경우가 있다.

spot punch[–pʌ́ntʃ] **스폿 천공기** 데이터 매체

에 한 번에 하나의 구멍을 뚫는 기구.

spray can[spréi kǽn] **스프레이 깡통** 컴퓨터 그래픽 소프트웨어에서 스프레이로 페인트를 뿌리듯이 화면에 뿌옇게 색을 칠하는 기능.

spread[spré(ː)d] *v.* **전개, 스프레드, 넓어지다, 넓히다** 하나의 통신로에 의해 통보 입력 단말기에 접속되어 있는 정보원에서 특정한 통보가 발생했다는 조건 하의 통보 입력 단말기에서 어떤 정보가 발생하는 조건부 엔트로피.

spread card record[–kάːrd rékərd] **전개 카드 레코드** 카드 상에 레코드를 효율적으로 표시하기 위한 레코드. 레코드 표제 부분이라고 불리는 고정 부분과 유사한 정보로 같은 길이와 형식을 가지고 있는 후부분으로 이루어진다.

spreadsheet[spré(ː)dʃìːt] *n.* **스프레드시트** 표 계산. (1) 컴퓨터 응용 프로그램의 하나로, 숫자나 문자 데이터가 가로 세로로 펼쳐져 있는 표를 입력하고 이것을 조작하고 다루어 데이터 처리를 할 수 있게 된 프로그램. (2) 데이터를 가로 세로의 표 모양으로 나열해놓은 것.

spreadsheet program[–próugræm] **스프레드시트 프로그램, 테이블형 간이 언어**

spreadsheet software[sɔ́(ː)ftwὲər] **표 계산 프로그램, 스프레드시트, 스프레드 프로그램** 표 형식으로 된 수치 데이터에 대한 각종 계산을 하는 프로그램. 행과 열로 구성되는 개개의 눈금을 셀이라 하고, 셀에 데이터나 계산식을 입력하여 계산한다. 사칙연산 이외에 과학 계산, 통계 및 재무 계산, 문자열 처리용 각종 함수를 사용한 복잡한 계산도 갖추어져 있다. 최근에는 표 계산 기능 외에 그래프 작성 기능, 데이터 베이스 처리 기능, 매크로 기능까지 갖추어진 것도 많다. 대표적인 소프트웨어에는 미국 로터스 사의 「Lotus 1-2-3」와 미국 마이크로소프트 사의 「Microsoft Excel」 등이 있다.

spread spectrum[spré(ː)d spéktrəm] **스프레드 스펙트럼** 변조 방식의 일종으로 무작위 추출 형태로 주파수 대역을 지나는 데이터들의 전송 범위를 넓혀준다. 주파수 스펙트럼을 지나는 데이터를 넓혀주면 신호는 소음 장애와 다른 방해로부터 견디어낼 수 있다. 스프레드 스펙트럼 변조기는 디지털 휴대 전화기, 무선 근거리 통신망, 케이블 모뎀과 같은 개인 통신 장치에 사용된다.

spread use card[–júːs kάːrd] **전개 카드** 한 매의 원시 전표에 여러 행의 데이터가 있고 각 항의 천공 항목이 80칼럼 이하의 경우 한 매의 카드에 전개하여 천공하도록 설계된 카드.

sprites[sprάits] *n.* **쪽화면** 컴퓨터의 화면 표시에서 겹쳐서 합성을 하는 기능. 스프라이트 화면에 그래픽을 그려 그것을 우선 순위에 따라 겹침으로써 애니메이션 등에 쓰이는 셀(cell)과 똑같은 합성 화면을 만들 수 있다. 또 애니메이션과 마찬가지로 배경이 존재하여 셀을 자유로이 슬라이드시키거나 우선 순위를 바꿀 수도 있다. 스프라이트 기능은 주로 고속으로 그래픽을 바꿀 필요가 있는 게임 머신 등에 이용되어 왔으나, 앞으로는 멀티 윈도 시스템 등에서 이용될 전망이다.

sprocket[sprάkət] *n.* **스프로킷, 사슬** 프린터에서 종이 이송(paper feed)할 경우 실제로는 연속 용지(continuous form)의 양측에 붙어 있는 구멍을 사용한다. 즉, 프린터의 스프로킷 휠(sprocket wheel)이 회전하여 종이를 이송하는 구조로 되어 있다. 이 구멍은 종이 테이프에도 첨부되어 있어 테이프를 이송한다. 종이 테이프의 코드를 표시하는 코드 구멍(code hole)과는 구별된다.

sprocket feed[–fíːd] **스프로킷 이송, 스프로킷 보내기** 원통형의 바깥 둘레에 용지의 송출 구멍에 맞는 피치로 핀을 두고, 이 원통형의 회전으로 용지를 보내는 기구 또는 방식.

sprocket hole[–hóul] **사슬 구멍, 이송 구멍, 스프로킷 홀** (1) 인쇄 용지가 개행(改行) 조작에 따라 계속 전진할 때 미끄러지는 것을 방지하기 위해 용지의 양쪽 가장자리에 일정한 간격으로 뚫린 구멍.

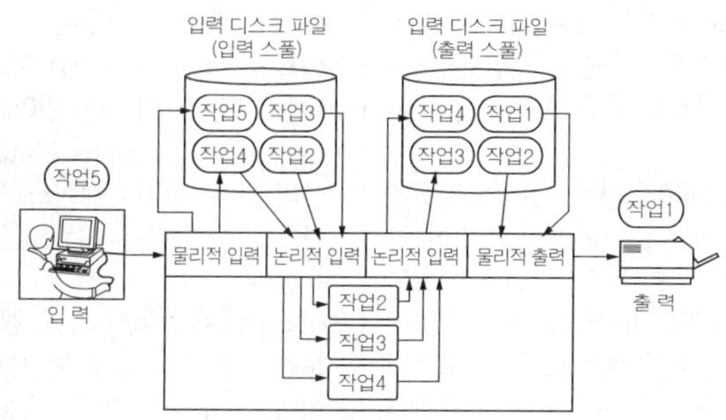

〈스풀 시스템의 개념〉

(2) 종이 테이프를 가동시키고 테이프의 색인으로 사용하기 위해 종이 테이프에 천공된 구멍.

sprocket mechanism[-mékənizm] **스프로킷 기구**

sprocket pulse[-pʌ́ls] **사슬 펄스, 스프로킷 펄스** 종이 테이프 판독기에서 테이프 상의 사슬 구멍(sprocket hole)을 읽으면 발생되는 펄스 또는 신호로 타이밍 펄스(timing pulse)로 사용된다.

sprocket track[-trǽk] **사슬 트랙** 데이터 매체 상의 이송 구멍이 있는 트랙. ⇨ feed track

SPRT 순차(적) 확률비 시험 sequential probability ratio test의 약어.

SPS 심벌 프로그래밍 시스템, 부호 프로그래밍 시스템 symbolic programming system의 약어.

SPSS 사회 과학용 통계 패키지 statistical package for social science의 약어. 1975년, 미국 시카고 대학에서 개발한 통계 처리용 소프트웨어. 이후에 기능이 보완된 SPSS-X가 개발되었다.

SPX 순차 패킷 교환 sequenced packet exchange의 약어. 노벨 사의 넷웨어에서 사용되고 있는 프로토콜로, 트랜스포트 계층의 프로토콜을 이용하여 워크스테이션들 간에서 신뢰성이 높은 전송(delivery) 링크를 확립하기 위한 것이다. SPX는 커넥션형의 통신에 사용되며, 통신을 개시하기 전에 클라이언트와 서버 간의 논리적인 통신로인 커넥션을 확립하여 데이터의 수신측은 송신측에 대하여 데이터를 정상으로 수신했음을 알리는 확인 응답을 회신한다. SPX는 패킷에 순서 번호를 부여하여 송신하기 때문에 전송 도중에 패킷의 추월이 발생하더라도 수신측에서 올바른 순서로 바꾸어 배열할 수 있다.

SPX/IPX sequenced packet exchange/Internet packet exchange의 약어. 모두 Netware에 쓰이고 있는 프로토콜 이름. IPX는 OSI 모델에서 말하면 계층 3(네트워크층)에 해당되며 통신 패킷의 어드레싱이나 배신(配信)을 맡아 하는 커넥션리스(connectionless ; 패킷이 번호순이 아니라 도착순으로 나열됨)형의 프로토콜이다. 이에 대하여 SPX는 계층 4(트랜스포트층)의 커넥션 중심(connetion-oriented ; 수신 패킷을 옳은 번호순으로 나열)형의 프로토콜이다.

spyglass[spɑiglɑ́:s] **스파이글라스** 일리노이주의 어바나 샴페인 대학에 있는 NCSA에서 독립한 과학자들과 엔지니어들에 의해 1990년 1월에 설립된 회사. 웹 관련 프로그램 개발과 소프트웨어 개발에 주력하고 있으며, 1994년 6월 NCSA로부터 모자이크 소스를 배포할 권리를 얻은 이후 모자이크 관련 소스를 제공하고 있다.

spyware[spáiwὲər] **스파이웨어** 스파이(spy)와 소프트웨어(software)의 합성어. 다른 사람의 컴퓨터에 잠입해 개인신상정보 등과 같은 정보를 사용자 모르게 수집하는 프로그램.

SQA 소프트웨어 품질 보증 software quality assurance의 약어.

SQAM 소프트웨어 품질 보증 측정 software quality assessment and measurement의 약어.

SQC statistical quality control의 약어. 품질 관리에 통계학을 활용하는 기법. 품질 관리에서는 제품의 특성을 정밀하게 추정하여 불량품을 발견하는데, 이 불량품의 발생 빈도나 불량품 발생의 원인을 조사하기 위해 통계학을 활용한다.

SQL 구조화 질의 언어 structured query language의 약어. 관계 데이터 베이스(RDB)용 질의 언어. IBM의 산호세 연구소에서 개발한 것. 미국 규격 협회(ANSI)에서는 1986년 11월에 RDB의 데이터 정의/조작 언어의 표준으로서 규격화했다. 국제 표준화 기구(ISO)에서도 이 SQL을 표준 언어로서 규격화하는 심사를 추진하고 있다. 검색은 select-from-where 형식이다.

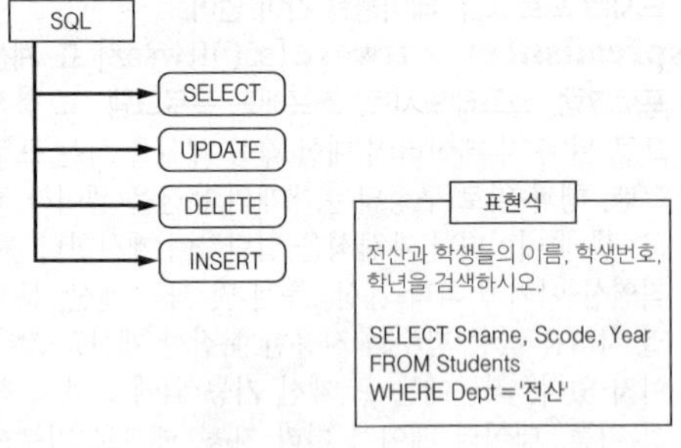

〈SQL의 예〉

SQL2 SQL2는 1992년에 확장된 것으로, SQL92라고도 한다. 데이터 정의 언어(DDL)에서는 참조 제약 동작, 표명, 데이터형 확장 등이, 데이터 조작 언어(DML)에서는 동적 기능, 관계 연산, 커서 조작, 트랜잭션 기능, 문자열 조작, 에러 코드의 규격화 등이 확장되어 있다.

SQL Access Group **SQL 액세스 그룹** ⇨ SAG

SQL/DS 구조화 질의 언어/데이터 시스템 structured query language/data system의 약어. IBM 사의 관계 데이터 베이스 시스템이다. 관계 모델을 기초로 하여 이용자는 SQL이라는 질의 언어를 사용한다.

square[skwέər] *n. a.* **정방, 2승, 제곱** 수학적으로는 동일한 수를 두 번 서로 곱한 곱(積 ; product)이며, 제곱 또는 「2승」, 「평방」이라고 해석한다. 컴퓨터에서는 사각형 모양, 특히 장방형으로 배열하여 두 개를 한 조로 한 변수(variable)에 의해 각각 을 구별할 수 있다. 배열의 것을 말하는 경우가 많으며 「정방」이라 해석된다. 이와 같이 배열명(array name)이 아닌, 배열명의 뒤에 이어지는 두 개의 첨자(subscript)를 괄호로 묶은 변수에 의하여 지정하는 변수를 바꿀 수 있으므로 BASIC의 FOR~NEXT 문이나 FORTRAN의 DO 루프 등의 반복 중에 그 숫자를 바꿈으로써 배열 전체나 배열의 행이나, 열만을 정리하여 처리할 수가 있다. 또 특히 이러한 정방 배열의 경우를 2차원 배열 (two-dmensional array)이라 한다. 2차원 배열은 변수의 지시가 간단하기 때문에 데이터량이 많을 때 흔히 사용된다.

square hysteresis loop [–hìstərí:sis lú:p] **직사각형 히스테리시스 곡선**

square law characteristic [–lɔ́: kæ̀rəktərístiks] **곱셈법 특성**

square matrix [–méitriks] **정방 행렬** 제곱 행렬. 행(column)과 열(row)의 수가 일정한(똑같은) 정방형의 행렬.

squareness ratio [skwɛ́ərnəs réiʃiòu] **각형비(角形比)** 자심(慈心)이나 자기 기억 매체의 $B-H$ 특성에서 포화 자속 밀도 B_s와 잔류 자속 밀도 B_r의 비. 이 값이 1에 가까운 $B-H$ 특성 곡선의 형상이 각형(角形)에 가깝다.

square root [skwɛ́ər rú:t] **제곱근**

square specification [–spəsəfikéiʃən] **직사각형 지정** 워드 프로세서 등에서 도형 등을 끼워넣기 위해 직사각형의 빈 공간을 지정하는 것. ⇨ diagonal definition

square wave [–wéiv] **직사각형파(波)** 펄스폭이 펄스 간격과 같은 주기적인 사각형 펄스열.

squeeze [skwí:z] **스퀴즈, 압축** 데이터를 전송할 때 또는 데이터를 저장할 때 그 데이터가 차지하는 공간을 줄이기 위해 특별한 방법으로 압축하는 것.

squeeze file [–fáil] **스퀴즈 파일** 공백의 절약과 전송 시간의 단축을 위하여 스퀴즈(SQ)와 언스퀴즈(USQ) 유틸리티를 써서 좀더 효율적으로 만들어진 정상적인 데이터 또는 프로그램 파일.

squeeze out [–áut] **스퀴즈 아웃** 광학적 문자 인식에서 잉크가 문자의 가장자리에 치우쳐 농도 분포가 균일하지 않은 것.

squeezer [skwí:zər] *n.* **스퀴저** LSI 회로 설계의 첫 단계로 확대된 모양의 레이아웃을 하는 사람.

SRAM 정적 램 static RAM의 약어. SRAM은 스테이드에서 DRAM과 비슷한데 계속 재충전하지 않아도 되는 축전지 안에 데이터를 저장하고 보존하기 때문이다. 하지만 값이 비싸다. SRAM은 일반적으로 2등급 캐시에서 사용되는데, 이것은 속도가 DRAM과 CPU 장착 캐시 사이로 떨어지기 때문이다. 일반적으로 8~10ns인 반면에 DRAM은 60~80ns이다. ⇨ DRAM

SRPG 시뮬레이션 롤 플레잉 게임 simulation roll playing game의 약어. 시뮬레이션 게임과 롤 플레잉 게임이 결합된 게임 장르. 최근의 게임들은 하나의 전형적인 장르만 고집하지 않고 다른 장르와 복합되어 새로운 게임을 만들어내는 추세이다. SRPG는 롤 플레잉 안에 워크래프트와 같은 전략 시뮬레이션 요소가 가미되어 게이머가 군대나 조직을 이끌고 임무를 달성하게 된다.

SQUID 스퀴드 superconducting quantum interference device의 약어. 조셉슨 효과를 이용하고 자기장에 따른 간섭을 이용하여 고감도로 자기장을 측정하는 것.

SRB 서비스 요구 블록 service request block의 약어.

SRE 소프트웨어 신뢰성 공학 software reliability engineering의 약어.

SREM 소프트웨어 요구 정의 공학 방법론 software requirement engineering methodology의 약어. 미국 TRW 사의 소프트웨어 요구 분석, 정의를 위한 일련의 방법론. 미국 육군의 미사일 방위 시스템 개발시에 사용되었다.

SRM 시스템 자원 관리자, 시스템 자원 관리 프로그램 system resource manager의 약어. 실행중인 모든 태스크들 중 어느 것이 시스템 자원을 사용하고, 그 태스크가 이들 자원을 어느 정도로 사용하여 허용할 것인지를 결정한다. SRM은 주로 응답 시간과 횟수 시간에 대한 각 컴퓨터 설비에서의 요구에 따라 자원을 배분하고 시스템 자원 사용을 최적화하기 위한 결정을 내린다.

SRS 자기 조정 시스템 self-regulating system의 약어.

SS (1) **순서 세트** sequence set의 약어. (2) **스타트스톱** start-stop의 약어.

SSA 세그먼트 탐색 인수 segment search argument의 약어.

SSB (1) **센스 바이트** sense byte의 약어. (2) **단측파대** single sideband의 약어. 변조 후 파형의 주파수 스펙트럼은 반송파 주파수를 중심으로 상하 같은 형이 된다. 그러므로 복조측에서는 한쪽만의 측파대를 이용하는 방식이 행해지고 있다. 이것을 SSB라고 한다. 이것으로 필요 대역폭도 반분된다.

SSC 단말 선택 코드, 국 선택 코드 station selection code의 약어.

SSCH 서브채널 개시(명령) start subchannel의 약어.

SSCP 시스템 서비스 제어점 system service control point의 약어.

SSCVT 서브시스템 커뮤니케이션 벡터 테이블 subsystem communication vector table의 약어.

SSD 반도체 디스크 solid-state disk의 약어.

SSDA 동기식 직렬 데이터 접합기 synchronous serial data adapter의 약어. 직렬로 데이터를 전송하는 동기 통신용 인터페이스.

SSE 스트리밍 SIMD 확장, 스트리밍 단일 명령 다중 데이터 처리 확장 streaming SIMD(single instruction multiple data) extension의 약어. 펜티엄 III에서 이용되는 계산 구조이다. SSE는 KNI(Katmai New Instruction) 또는 MMX2라고 부르기도 하며, 실수 연산이나 멀티미디어 계산 능력을 높이기 위해 한꺼번에 여러 개의 계산을 진행한다. SSE는 고해상도와 고화질 영상, MPEG-2를 처리하고, 응답 속도가 빨라야 하는 인공 지능 기술에 효과적이며, 실수 계산 속도가 빨라야 하는 공학용 계산 프로그램이나 EODYDFIDD 시뮬레이션 등에 유리하다.

SSE 자원 시스템 공학 support system engineering의 약어.

SSF 시스템 표준 형식 system standard format의 약어.

SSFDC solid state floppy disk card의 약어. 도시바가 개발한 플래시 메모리 카드로, 애칭으로 「스마트미디어」라고도 한다. 크기는 45(W)×37(D)×0.76(H)mm이고 소형이다. 용량은 128MB까지 사양이 정해져 있다.

SSH secure shell의 약어. PGP와 마찬가지로 공개 키 방식의 암호 방식을 사용하여 원격지 시스템에 접근하여 암호화된 메시지를 전송할 수 있는 시스템. 따라서 LAN 상에서 다른 시스템에 로그인할 때 스니퍼에 의해서 도청당하는 것을 막을 수 있다. ⇨ PGP, LAN

SSI (1) **소규모 집적 회로** small scale integrated circuit의 약어. 트랜지스터 등의 반도체 결정을 사용한 전자 소자를 한 기판 위에 여러 개 집적한 것을 집적 회로(IC)라고 한다. 이 IC를 집적도로 분류하고, 그 중에서 가장 집적도가 낮은 것(집적도 1~10의 것)을 SSI로 구분하고 있다. 이와 관련하여, 집적도가 수백~수천의 것을 대규모 집적 회로(LSI), 백수십만 소자의 것을 초 LSI(VLSI)라고 한다. (2) **서브시스템 인터페이스** subsystem interface의 약어. (3) server-side include의 약어. SSI는 현재 시간을 알려주는 시계와 같은 다이내믹 부속들이 웹 페이지에 쉽게 연결되도록 만들어준다.

SSIB 서브시스템 식별명 블록 subsystem identification block의 약어.

SSID 서브시스템 ID, 서브시스템 식별명 subsystem identification의 약어. ⇨ subsystem identification

SSL 보안 소켓 계층 secure socket layer의 약어. 테리사(Terrisa)가 개발한 프로토콜로서, 데이터를 주고받는 프로토콜 TCP를 사용하여 교환할 데이터를 암호화하며, 암호화에는 공개 키 암호화 방식을 이용한다. 전송 계층(transport layer)에서의 암호화 방식이기 때문에 HTTP뿐만 아니라 Telnet, FTP, Gopher 등에서도 사용할 수 있는 장점이 있다. 일반적으로 신용 카드 번호 같은 개인 정보를 보호하기 위한 데이터 암호화 수단 및 전자 상거래에서 거래 상대의 인증 수단으로 SSL이나 SET이 주로 사용된다. SSL과 SET의 가장 큰 차이점은 SSL이 이용 고객과 전자 상점 사이만이 암호화되는 반면에 SET은 이용 고객과 전자 상점 및 금융 기관 모두가 암호화 통신을 한다는 점이다. 이 때문에 SSL을 이용할 경우 고객은 신용 정보 같은 개인 신상 정보가 전자 상점에 노출될 우려가 있는 반면 SET은 고객의 카드 정보를 금융 기관의 공개 키로 암호화하기 때문에 전자 상점에 이러한 카드 정보를 악용 당할 우려가 없다.

SSM 상태 시퀀스 모델 state sequence model의 약어.

SSOB 서브시스템 선택 블록 subsystem options block의 약어.

SSP 과학 계산용 서브루틴 패키지 scientific subroutine package의 약어. 컴퓨터 사용자들에게 관심의 표적이 되고 전략 정보 시스템(SIS)을 구축하기 위한 방법론으로서 그 개념은 다음의 8개 항목으로 구성되어 있다. ① SSP의 시점, ② SSP의 조사 스테이지(stage) 구성, ③ 정보 수집 정보 집약 어프로치(approach), ④ 리스크 매니지먼트 어프로치(risk management approach), ⑤ 경영 전략의 정보 전략 전환 어프로치, ⑥ 시스템 개발 방법론의 인터그레이션(integration), ⑦ 통합과 어프로치, ⑧ 비즈니스 시스템 편성 어프로치.

SSR 고체 릴레이, 솔리드 스테이트 릴레이 solid state relay의 약어.

SSS 서브시스템 지원 시스템 subsystem support services의 약어.

SST (1) **소프트 시스템 이론** soft systems theory의 약어. (2) **시스템 시뮬레이션 테스터** system simulation tester의 약어.

SS transmission 조보식(調步式) 전송 SS는 start-stop의 약어. 문자를 나타내는 각각의 신호군에 스타트 신호가 선행하고, 스톱 신호가 후속하는 비동기 전송.

SSX/VSE 소형 시스템 관리/확장 가상 기억 small systems executive/virtual storage extended의 약어.

ST 저장 누산기 store accumulator의 약어.

ST506 interface ST506 인터페이스 하드 디스크 컨트롤러와 커넥터용에 사용되는 하드웨어의 부호 사양으로, 이 506/412가 표준으로 되어 있다.

stability[stəbíliti(ː)] *n.* **안정도, 안정성** (1) 기기가 안정하게 동작하는 정도. (2) 자동 제어계에서는 난조(亂調)가 발생하기 어려운 정도를 말한다. (3) 계기, 부품 등에서는 경년 변화에 의해서 그 신뢰도가 기대되는 정도와 같은 뜻으로도 쓰인다.

stability analysis[–ənǽlisis] **안정성 해석**

stability criterion[–kraití(ː)riən] **안정 판별** 제어 시스템에서는 일반적으로 (1) 출력 신호의 주파수 성분 중에 입력 신호의 같은 주파수 성분보다도 위상이 180도 늦고, 더욱이 진폭이 그보다도 커지는 것이 있을 때 시스템은 불안정하게 된다. (2) 180도 위상이 늦은 출력 신호의 주파수 성분이 입력 신호의 같은 주파수 성분의 진폭보다도 작을 때는 시스템은 안정하나, 입력 신호의 진폭에 가까울수록 시스템은 진동이 일어난다. 제어계의 안정성을 판별하는 방법으로서 이미 여러 가지 제어 이론적 해석법이 시도되고 있다.

stabilized power supply[stéibilàizd páuər səplái] **안정화 전원** (1) 직류 전원에서는 외부의 전원 변동, 부하 변동에 관계없이 출력 직류 전압 또는 전류가 일정하게 유지되도록 만들어진 전원. (2) 교류 전원에서는 입력 전압이나 부하의 변동과는 관계없이 교류 출력 전압을 일정하게 하도록 한 전원.

stabilizing control circuit[stéibilàiziŋ kəntróul sə́ːrkit] **안정화 제어 회로** 직류 전압을 안정하게 유지하는 정전압 전원 회로 등에 있어서 전압을 일정하게 제어하는 회로.

stable[stéibl] *a.* **안정된** 어떤 상태가 안정되어 있는 것. 예를 들면 플립플롭은 두 가지 안정 상태를 보유하는 단순한 전자 회로이다. 이 회로는 펄스(pulse)에 의해 어떤 상태로부터 다른 상태로 변화하며 변경 신호를 받지 않는 한 그 상태를 계속한다. 이와 같이 적절한 펄스의 인가(application)까지 안정 상태(stable state)를 계속하는 회로를 트리거 회로(trigger circuit)라 한다. 전술한 플립플롭(flip-flop)은 이 회로이다. ⇨ flip-flop

stable adaptive control[–ədǽptiv kəntróul] **안정 적응 제어**

stable control system[–kəntróul sístəm] **안정 제어 시스템**

stable model reference control system[–mɑ́dəl réfərəns kəntróul sístəm] **안정 모델 규범형 제어 시스템**

stable oscillation[–ɑ̀siléiʃən] **안정 진동**

stable set[–sét] **안정 집합**

stable sort[–sɔ́ːrt] **안정 정렬** 동일한 키 값을 레코드들의 처음 순서가 정렬된 다음에도 그대로 유지되는 정렬.

stable sorting algorithm[–sɔ́ːrtiŋ ǽlgəriðm] **안정 분류 알고리즘**

stable state[–stéit] **안정 상태** 트리거 회로에 있어서 적절한 펄스의 인가(detect)까지 회선이 멈추어 있는 상태.

stable system[–sístəm] **안정 시스템**

stable trigger circuit[–trígər sə́ːrkit] **안정 트리거 회로**

stack[stǽk] *n.* **스택, 동전통** 스택(stack)은 모든 원소들의 삽입(insert)과 삭제(delete)가 리스트의 한쪽 끝에서만 수행되는 제한 조건을 가지는 선형 자료 구조(linear data structure)로서, 삽입과 삭제가 일어나는 리스트의 끝을 top이라 하고, 다른 한쪽 끝을 bottom이라 한다. 스택은 종종 push-down stack이라고도 하는데, 스택의 top에 새로운 원소를 삽입하는 것을 push라 하고, 가장 최근에 삽입된 원소를 의미하는 스택의 top으로부터 한 원소를 제거하는 것을 pop이라 한다. 이와 같은 스택 연상은 항상 스택의 top에서 발생하므로 top 포인터의 값을 1씩 증가 또는 감소시킴으로써 수행된다.

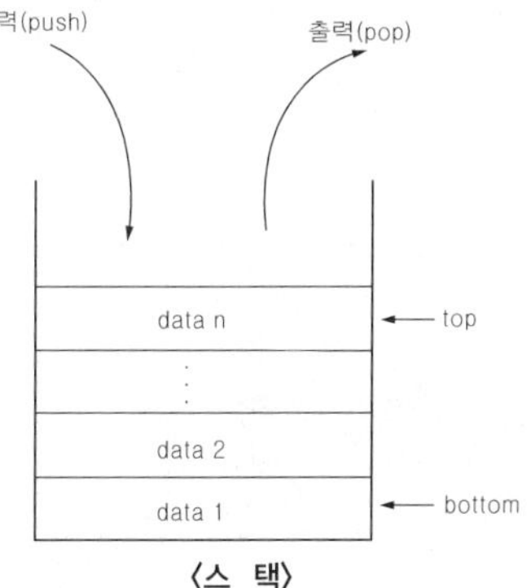

〈스 택〉

stackable HUB 스태커블 허브 스택 접속 포트가 갖추어져 있는 HUB. 스택 접속에 의해 같은 레벨(단계)로 HUB를 증설할 수 있어 대규모 LAN 구축에 이용된다. ⇨ HUB, cascade connection

stackware[stǽkwɛ̀(ː)r] **스택웨어** 스택과 소프트웨어의 합성어. 매킨토시용 멀티미디어 작성 소프트웨어 「Hyper Card」를 이용해 작성한 응용 프로그램. 사용자가 간단히 가공할 수 있는 것이 특징인데, 카드 표면에 카드 간 점프를 지시하는 버튼을 달거나 새로운 카드 정보를 추가할 수 있다. 최근 미국에서는 레이저 디스크(LD)나 CD-ROM을 제어하는 멀티미디어 대응 소프트웨어도 증가하고 있다.

stack address [–ədrés] **스택 주소** CPU가 프로그램 처리 등에 사용하는 일시적인 기억 장소의 메모리 상에 존재하는 어드레스(주소).

stack addressing [–ədrésiŋ] **스택 주소 지정** 대부분의 미니컴퓨터나 마이크로컴퓨터에서 사용되는 임시 메모리 주소 지정의 변형.

stack algorithm [–ǽlgəriðm] **스택 알고리즘**

stack allocation [–æləkéiʃən] **스택 배분, 스택 할당**

stack architecture [–ɑ́:rkitèktʃər] **스택 구조** 마이크로컴퓨터의 대부분은 외부 기억 장치의 한 부분으로 스택 구조를 택하고 있다. 이 부분은 누산기, 플래그, 데이터 레지스터의 내용을 저장하거나 판독하는 데 사용된다. ⇨ 그림 참조

stack area [–έ(:)riə] **스택 영역**

stack automation [–ɔ:təméiʃən] **스택 자동 장치**

stack computer [–kəmpjú:tər] **스택 컴퓨터** 일반적인 구조의 컴퓨터와는 달리 스택을 주요 연산 대상으로 하여 작동하는 컴퓨터.

stack control [–kəntróul] **스택 제어**

stacked [stǽkt] *a.* **스택화, 연속식**

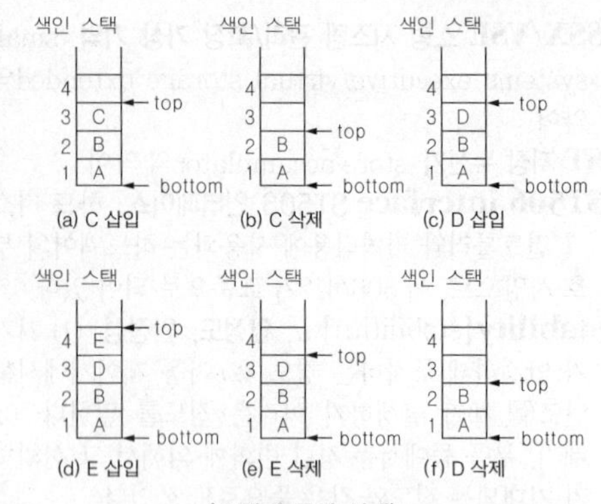

〈스택의 동작 상태〉

stacked job [–dʒɑ́(:)b] **스택화 작업, 연속 작업** 컴퓨터에서 어떤 작업으로부터 다른 작업으로 작업이 넘어갈 때 컴퓨터의 효율을 높이기 위하여 자동으로 연속해서 처리되도록 묶여진 작업.

stacked job control [–kəntróul] **스택 작업 제어** 작업의 입력 순서에 따라 처리되는 작업 제어 방법.

stacked job processing [–prɑ́sesiŋ] **스택화 작업 처리, 연속식 작업 처리** 컴퓨터로 작업을 효율적으로 처리하기 위해 관련된 여러 개의 작업을 일괄하여 컴퓨터 시스템에 투입하는 처리 방식.

stacker [stǽkər] *n.* **스태커** 본래는 「물건을 쌓아

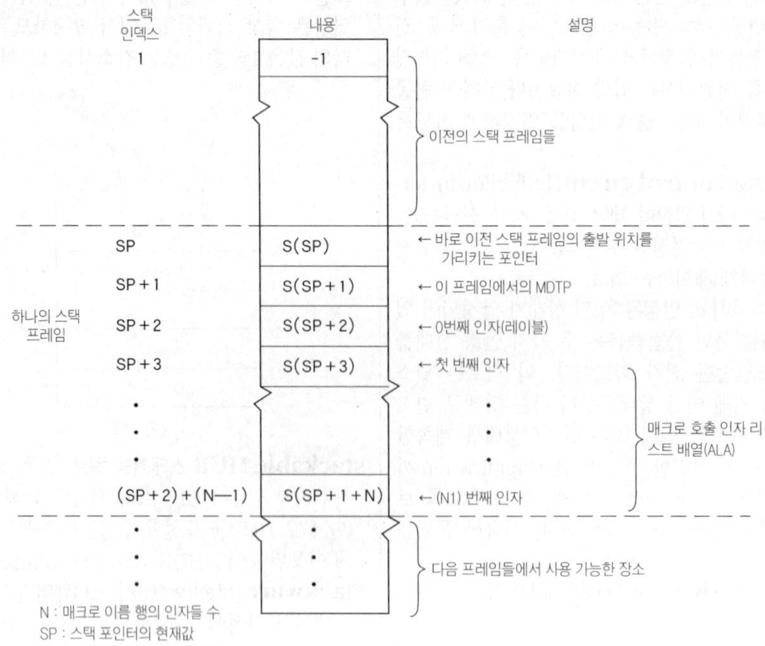

〈스 택〉

두는 사람」, 「물건을 산처럼 쌓아올리는 장치」 등의 의미. 보통 다량의 매체를 연속적으로 처리하고, 처리 완료의 매체를 쌓아서 두는 장소와 용기이며, 카드 리더에서의 판독이 끝난 카드와 프린터(printer)에서의 프린터 완료의 용지, 카드 천공기(card punch)의 천공 후의 카드를 저장해두는 것 등을 가리킨다. 이 때문에 스태커를 포켓(pocket)이나 출력 스태커(output stacker), 카드의 경우는 특히 카드 스태커(card stacker)라고도 한다. 카드 리더와 카드 천공기에서는 보통 스태커는 호퍼(hopper)와 피드(feed) 기구가 연결되어 있으며, 투입된 카드는 이들 기구를 통하여 스태커로 송출된다.

stacker module[–mádʒu:l] **스태커 모듈**

stacker selection[–səlékʃən] **스태커 선택** 스태커가 두 개 이상 있는 경우, 스태커를 선별하는 것.

stack frame[stǽk fréim] **스택 프레임**

stack indicator[–índikèitər] **스택 표시자, 스택 표지, 스택 인디케이터** 후입 선출 기억 장치와 유사하며 가장 새롭게 기억된 데이터 항목을 보존하고 유지하고 있는 기억 장소의 어드레스. stack pointer와 같은 뜻으로 사용된다. ⇨ stack pointer

stack level[–lévəl] **스택 레벨**

stack machine[–məʃí:n] **스택 머신, 스택 기계** 보조 기억 장치로서 스택(후입 선출 리스트)을 사용하도록 하는 유한 상태 자동 장치. 또는 스택을 장착한 컴퓨터를 가리킨다. 보통 역폴리시 기법으로 표현된 산술식을 효율적으로 처리하기 위해서 사용되는 연산용 스택과 서브루틴 등의 CALL/RETURN에 사용되는 제어용 스택 등의 스택 기구를 갖추고 있다. 이들의 기능은 어느 것이나 비노이만 기능이다.

stack manipulation[–mənìpjuléiʃən] **스택 조작**

stack memory[–méməri(:)] **스택 기억 장치** ⇨ stack

stack operation[–àpəréiʃən] **스택 연산** push나 pop을 사용해서 스택의 기록/판독을 행하는 연산. 이 조작에 사용되는 레지스터를 스택 포인터라고 한다.

stack organization[–ɔ̀:rgənaizéiʃən] **스택 구조** 컴퓨터 중앙 처리 장치의 활용도를 높이기 위하여 후입 선출(後入先出) 리스트로 저장되는 스택은 근본적으로 수를 셈하는 역할만 하는 주소 레지스터가 부가된 기억 장치인데, 이 레지스터에는 다른 어떤 값들도 저장될 수 없다. 스택에서의 이러한 주소 레지스터를 스택 포인터라고 하며, 이것의 값은 항상 스택의 톱(top) 주소를 나타낸다. 스택 포인터는 항상 스택의 맨 마지막에 들어간 아이템(기억된 워드의 내용)의 주소를 갖게 되는데, 스택에 새로운 아이템을 넣는 것을 푸시(push), 아이템을 빼내는 것을 팝(pop)이라고 하며, 이러한 동작들은 스택 포인터 레지스터를 하나씩 증가 혹은 감소시킴으로써 수행된다. 대부분의 컴퓨터는 스택의 주소 제어를 위해 16비트로 구성된 스택 포인터를 가지고 있다.

stack-organized CPU 스택 구조의 중앙 처리 장치 스택 구조의 중앙 처리 장치(CPU)에서 톱(top)의 두 기억 장소는 레지스터의 역할을 수행하며, 나머지는 기억 장치에 속한다. 이러한 방법으로 스택의 톱에 있는 두 개의 값으로 수행되는 연산은 프로세서 레지스터로 수행된다. 만약 스택의 톱이 두 번째 레지스터가 되는 경우라면 자동으로 메모리에서 오퍼랜드가 레지스터로 올라와서 제대로 된 형태를 갖게 된다.

stack-oriented register[–ɔ́(:)rièntəd rédʒistər] **스택 지향 레지스터**

stack overflow[–òuvərflóu] **스택 오버플로**

stack pointer[–pɔ́intər] **SP, 스택 포인터** 후입 선출 기억 장치와 유사하며, 가장 새롭게 기억된 데이터의 항목을 유지하고 있는 기억 장소의 어드레스.

stack pointer register[–rédʒistər] **스택 포인터 레지스터**

stack processing[–prásesiŋ] **스택 처리**

stack push-down[–púʃ dàun] **스택 푸시다운**

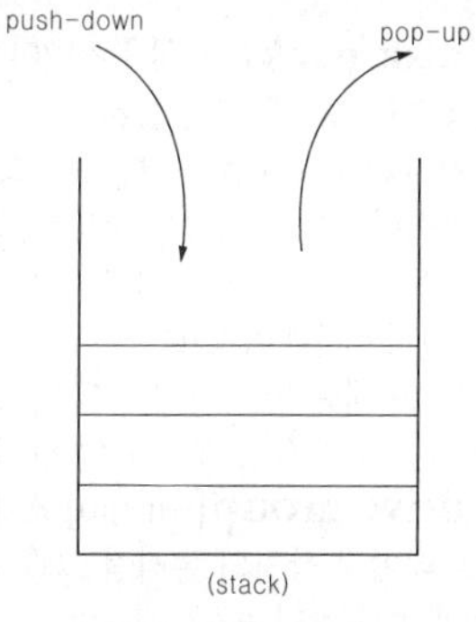

〈스택 푸시다운〉

stack segment[–ségmənt] **스택 세그먼트**

stack-type logical destination[–táip ládʒikəl dèstinéiʃən] **SLD, 축적형 논리 수신지**

STADAN 우주 추적 자료 수집 네트워크 space tracking and data acquisition network의 약어.

STAE 특정 비동기 종료 태스크 specify task asynchronous exit의 약어. 연산이 종료되었을 때 제어를 받아야 할 루틴을 지정하기 위한 매크로 명령.

stage[stéidʒ] *v.* **스테이지하다** 데이터를 스테이징

장치(staging device) 위로 옮기는 동작. 흔히 그대로 「스테이지하다」라고 해석한다. 스테이징이란 대용량 기억 볼륨(memory volume) 상의 데이터를 직접 액세스 기억 장치 상으로 옮기는 것. 좀더 일반적으로는 데이터를 오프라인(off-line) 장치나 액세스의 우선 순위가 낮은 장치에서 온라인 장치나 우선 순위가 높은 장치로 옮기는 것을 말한다. 결국 스테이지한다 라는 것은 데이터에 재빨리 액세스하기 위해 온라인 장치나 우선 순위가 높은 장치로 그것을 옮기는 동작을 말한다.

stage mode[–móud] **스테이지 모드** 스테이징을 데이터 세트의 오픈시에 수행하는 스테이징 방법.

staging[stéidʒiŋ] *n.* **스테이징** (1) 대용량 기억 시스템에 있어서 대용량 기억 볼륨(데이터 카트리지) 상의 데이터를 직접 접근 기억 장치(DASD) 상으로 옮겨서 호스트 컴퓨터에서 접근 가능하게 하는 것. (2) 오프라인 장치나 낮은 우선 순위의 장치에서 온라인 장치나 높은 우선 순위의 장치에 데이터를 옮기는 것.

staging adapter[–ədǽptər] **스테이징 어댑터**

staging device[–diváis] **스테이징 장치**

staging disk controller[–dísk kəntróulər] **SDC, 스테이징 디스크 제어 장치** 대용량 기억 시스템에 있어서 호스트 컴퓨터로부터의 가상 DASD(직접 접근 기억 장치) 또는 실 DASD에 대한 접근 요구의 제어와 스테이징 및 디스테이징의 제어를 하는 제어 장치. ⇨ SDC

staging disk pack[–pǽk] **스테이징 디스크 팩** 스테이징용으로 초기화되어 있는 디스크 팩.

staging drive[–dráiv] **스테이징 장치** (1) 대용량 기억 시스템에서는 가상 DASD(직접 접근 기억 장치)가 호스트 컴퓨터에서 접근될 때 데이터를 데이터 카트리지에서 DASD로 옮기기 위한 자기 디스크 장치. (2) 대용량 기억 시스템의 동작 작업 영역으로서 사용하는 직접 접근 기억 장치(DASD).

staging drive group[–grúːp] **스테이징 드라이브 그룹** 스테이징 장치의 논리적 그룹. 스테이징 스페이스를 관리하는 단위.

staging effective data rate[–iféktiv déitə réit] **STEDR, 스테이징 실효 데이터율**

staging pack[–pǽk] **스테이징 팩**

staging space[–spéis] **스테이징 공간** 스테이징 디스크 팩 상의 스페이스.

STAIRS 데이터 베이스 작성 검색 시스템 storage and information retrieval system의 약어.

stair stepping[stέər stépiŋ] **계단식 변위** 수평, 수직 또는 45도가 아닌 다른 각도로 줄무늬가 연속되지 않게 나타나는 성질.

stall[stɔ́ːl] *n.* **기능 정지** 꼼짝 못하는 것. 차의 엔진이 정지되어 서는 것, 비행기가 속도를 잃은 것 등으로부터 전이하여 컴퓨터에서는 주로 「기능을 정지하다」의 의미로 사용되고 있다.

stamp[stǽmp] *n.* **스탬프**

stand-alone[stǽnd əlóun] **독립, 독립형** 주위로부터 영향을 받지 않고 독립해 있는 것.

stand-alone computer[–kəmpjúːtər] **독립형 컴퓨터**

stand-alone console[–kánsoul] **독립형 콘솔, 독립형 조작 테이블**

stand-alone data processing system[–déitə prásesiŋ sístəm] **독립형 데이터 처리 시스템**

stand-alone dump/restore[–dʌ́mp ristɔ́ːr] **독립 덤프/복원**

stand-alone emulator[–émjulèitər] **독립형 에뮬레이터, 단체(單體) 에뮬레이터** 에뮬레이터의 일종으로서, 실행이 제어 프로그램에 의해 제어되지 않는 것을 의미한다. 다른 프로그램과의 사이에서 시스템 자원을 공유하지 않고, 또 이 프로그램의 실행중에 컴퓨터 시스템이 다른 작업을 병행해서 실행하지 않는다.

stand-alone graphic system[–grǽfik sístəm] **자립형 그래픽 시스템** 마이크로컴퓨터, 그래픽 디스플레이 장치, 태블릿, 기억 장치 등을 모두 갖추어 독자적으로 그래픽을 할 수 있는 시스템.

stand-alone interactive terminal[–ìntərǽktiv tə́ːrminəl] **자립 대화식 단말기** 주컴퓨터에 의해 처리되는 프로세싱의 일부를 떠맡을 수 있도록 프로그램된 프로세서 주변의 단말 장치.

stand-alone mode[–móud] **독립 방식**

stand-alone network system[–nétwəːrk sístəm] **스탠드 얼론 컴퓨터망, 독립 컴퓨터망** 중앙 컴퓨터와 결합시킨 단말기(terminal)로부터 국소적(local) 데이터 베이스를 조회할 수 있도록 하는 시스템.

stand-alone processor[–prásesər] **독립 프로세서**

stand-alone program[–próugræm] **스탠드 얼론 프로그램, 독립 프로그램** 운영 체제(OS)로부터 독립하여 그것만으로 실행 가능한 프로그램. 운영 체제가 독립하여 실행 가능한 프로그램의 총칭.

stand-alone system[–sístəm] **독립 체계** (1) 다른 컴퓨터(또는 시분할 시스템)와 연결되어 있지 않고 마이크로컴퓨터에 의해 수행되는 마이크로컴퓨터 소프트웨어 개발 시스템. (2) 문서의 편집, 교정, 출력 인쇄, 문서 파일, 계산 등의 여러 가지 보조 기능을 가지고 있는 워드 프로세서의 한 형태.

(3) 독립형 시스템은 그 기능과 용도에 따라 독립 기계 시스템, 독립 박형 디스플레이 시스템, 독립 디스플레이 베이스트 시스템 등으로 나뉜다.

stand-alone type[–táip] **독립형** 하나의 독립적인 시스템을 구성하고 있는 장치. 보통은 큰 컴퓨터 시스템의 구성 요소로 되어 있으나 그 자신이 갖추고 있는 기능을 독립하여 완수할 수 있는 것을 나타낸다. 예를 들면 구성 요소로서는 「입출력 장치」와 「단말 장치」로 작동하고, 스탠드 얼론으로서 독립한 소형 컴퓨터로도 그 기능을 할 수 있는 것.

stand-alone utility[–ju(:)tíliti(:)] **독립형 유틸리티**

standard[stǽndərd] *n*. **표준, 스탠더드** 공업 제품 등의 품질이나 호환성 등을 확보할 목적으로 정하는 규정. 제조 회사가 정하는 사내 규격, 업계 단체가 정하는 공업회 규격 등도 있으나 국내 규격으로는 우리 나라의 경우 KS, 미국에서는 ANSI 규격, 독일은 DIN이 있다. 국제적인 규격에는 ISO 규격, IEC 규격 등이 유명하다. (1) 표준화할 것을 목적으로 한 기술적 사항에 대한 약속. 표준화의 레벨에 따라, 국제 규격, 국내 규격 등이 있다. (2) 표준화된 것에 대해 사용되는 용어. 예를 들면 CPU와 입출력 장치와의 사이의 표준 I/O 인터페이스(standard I/O interface), 표준 데이터 형식(standard data format) 등.

standard access[–ǽkses] **표준 액세스**

standard alignment rules[–əláinmənt rú:lz] **표준 정렬 규칙**

standard application[–æ̀plikéiʃən] **표준 응용**

standard assignment[–əsáinmənt] **표준 할당** 할당 파티션의 시동시 혹은 작업의 실행 개시시에 표준 예약에 따라서 할당이 행해지는 장치 할당.

standard binary-coded decimal representation[–báinəri(:) kóudəd désiməl rèprizentéiʃən] **표준 2진화 10진 코드**

standard card[–ká:rd] **표준 카드** 가로 길이 7.375인치(187.325mm ; 허용 오차 ±0.127), 세로 길이 3.25인치(82.55mm ; 허용 오차 +0.177~−0.076), 두께 0.0067인치(0.17mm ; 허용 오차 ±0.010) 규격의 80칼럼 카드를 말한다.

standard card cage[–kéidʒ] **표준 카드 케이지** 9개까지의 인쇄 회로를 수용할 수 있고 여러 각도에서 여러 개의 서로 다른 틀에 끼울 수 있는 구조물.

standard cell[–sél] **표준 셀**

standard cell approach[–əpróutʃ] **표준 셀 방식** 여러 가지 기능으로, 개개의 기능을 실현하는 여러 기능을 갖는 회로(셀)에 의해서 미리 준비하고, 이 셀을 임의로 조합시켜 고객이나 이용자의 명세에 맞춘 전용의 대규모 집적 회로(LSI)를 설계하는 방식. 셀은 미리 설계와 검증이 행해져서 컴퓨터에 등록되며, CAD를 사용하여 셀을 조합시킨 논리 설계, 배치, 배선이 행하여진다.

standard characters[–kǽrəktərz] **표준 문자열**

standard code for information interchange[–kóud fər ìnfərméiʃən ìntərtʃéindʒ] **정보 교환용 부호** 정보 교환을 하기 위해 사용되는 부호. 당연히 당사자간의 협정이 필요하지만 이것을 광범위하게 적용하는 표준 규격으로 하면 더욱 유효하다. 알파벳과 숫자를 포함한 표준으로, ASCII가 있고 국제적으로 이것에 기초한 ISO 646이 있다.

standard collecting sequence[–kəléktiŋ sí:kwəns] **표준 조합 순서**

standard comparison[–kəmpǽrisən] **표준 비교**

standard data format[–déitə fɔ́:rmæt] **표준 데이터 형식** COBOL의 데이터부에서 데이터의 성질을 기술할 때의 개념으로, 무한한 폭과 길이를 가진 인쇄 페이지 상의 데이터 형식을 가상하여 데이터의 성질이나 특성을 표현하는 것.

standard default[–difɔ́:lt] **표준 생략시 해석** 속성이 생략되었을 때 컴퓨터 시스템이 보상하는 적당한 속성.

standard deviation[–dì:viéiʃən] **표준 편차** 분산을 σ로 나타낼 때 그 σ를 말한다. 분포의 평균값으로부터의 벗어남을 나타낸다. ⇨ variance

standard deviation in population[–in pɑ̀pjuléiʃən] **모표준 편차** 모집단의 표준 편차를 모표준 편차라고 한다. 이 제곱이 모분산이다.

standard device byte[–diváis báit] **표준 상태 바이트**

standard duplex system[–djú:pleks sístəm] **표준 듀플렉스 시스템**

standard error[–érər] **표준 오차** 표준 분포에서의 표준 편차를 모집단이라고 하지만 표본에서의 표준 편차와 구별하여 특별히 표준 오차라고 한다.

standard error output file[–áutpùt fáil] **표준 오류 출력 파일** 세션 개시시에 컴퓨터 시스템에 의해서 자동으로 설정되는 출력용 파일. 특히 이용자에의 메시지를 출력한다.

standard feature[–fí:tʃər] **표준 기구**

standard file[–fáil] **표준 파일** 파일에 대한 흐름 전송문에 있어서 파일의 지정이 없을 때 컴퓨터 시스템이 가정하는 파일. GET 문에 대해서는 SYSIN, PUT 문에 대해서는 SYSPRINT가 가정된다.

standard file organization[–ɔ̀ːrgənaizéiʃən] **표준 파일 편성**

standard fixed-length record[–fíkst léŋθ rékərd] **고정 길이 표준 형식 레코드** 데이터 세트에 포함되는 레코드의 길이가 일정하고, 데이터 세트의 마지막에 짧은 블록을 허용하지 않는 형식의 레코드.

standard for the exchange of product model data[–fɔ́ːr ði ikstʃéindʒ əv prάdəkt mάdəl déitə] **STEP, 스텝** ⇨ STEP

standard form[–fɔ́ːrm] **표준 형식, 표준형, 정규형** 미리 결정된 범위에 고정 소수점부가 있는 경우의 부동 소수점 표시에 의해 취해지는 형이며, 임의의 수가 한 쌍의 수로 유일하게 표현되도록 선택되는 것을 가리킨다.

standard format[–fɔ́ːrmæt] **표준 서식**

standard for personal computer communications[–fər pɔ́ːrsənəl kəmpjúːtər kəmjùːnikéiʃənz] **퍼스널 컴퓨터 표준 통신 방식** ⇨ JUSTbPC

standard function[–fʌ́ŋkʃən] **표준 함수** 프로그래밍에서 선언 없이 사용할 수 있는 표준적인 내장 함수. ABS(E), SIGN(E), SQRT(E), SIN(E), COS(E), ARCTAN(E), ALOG(E), EXP(E) 등이 있으며 여기서 E는 산술식을 나타낸다. 즉, ALGOL의 용어로서 프로그래머가 정의하지 않고 사용할 수 있는 함수이다. 입출력은 모두 표준 절차를 써서 하게 된다. 따라서 특별히 선언하지 않아도 일정한 뜻으로 사용할 수 있다.

standard generalized markup language[–dʒénərəlάizd mάːrkʌ̀p lǽŋgwidʒ] **표준 범용 교정 용어** ⇨ SGML

standard graph[–grǽf] **표준 그래프** 하나의 x좌표와 그에 따르는 하나 또는 두 개의 y좌표로써 그려진 하나의 격자를 형성하는 그래프.

standard identifier[–aidéntifàiər] **표준 식별자, 표준명** 미리 시스템에 의해서 특정한 의미가 주어진 이름으로, INTEGER, TRUE, OUTPUT 등이 그 예이다.

standard input[–ínpùt] **표준 입력** MS-DOS나 유닉스 등의 운영 체제에 탑재된 표준적인 입력 장치로, 특별한 지정이 없는 한 일반적으로 키보드를 가리킨다.

standard input data set[–déitə sét] **표준 입력 데이터 세트**

standard input file[–fάil] **표준 입력 파일** 세션 개시시에 컴퓨터 시스템에 의해서 자동으로 설정되는 입력용의 파일.

standard installation package[–ìnstəléiʃən pǽkidʒ] **SIP, 표준 도입 패키지**

standard instruction set[–instrʌ́kʃən sét] **표준 명령 세트**

standard interface[–íntərfèis] **표준 인터페이스, 표준 접속** 컴퓨터 단말기의 상호 교환성을 확보하기 위해 국제적인 표준에 따라 제정된 것으로, 주변 장치와 CPU와의 연결을 위한 표준 논리 회로와 입출력 채널을 포함하는 하드웨어 시스템.

standard interface trunk[–trʌ́ŋk] **표준 접속 트렁크**

standard interrupts[–ìntərʌ́pts] **표준 인터럽트** 각종 사건에 의해 프로그램 인터럽트가 일어날 수 있다. 어떤 현상이 프로그램 인터럽트를 일으킬 때 각 인터럽트는 그것을 일으킨 상황과 연관되는 고정된 기억 장치 주소와 유일하게 대응되어야 한다. 이 경우에 주소는 이러한 인터럽트를 위해 보관되어 있으며, 각 외부 장치는 인터럽트 주소와 하나 이상의 인터럽트 상황을 가질 수 있다. 이때는 각자의 인터럽트 주소를 갖는다.

standard I/O devices 표준 입출력 장치

standard I/O interface 표준 입출력 접속

standardization[stæ̀ndərdaizéiʃən] *n.* **표준화, 정규화** (1) 수에 어떤 계수를 곱해서 일정한 범위에 들어가도록 하는 것. (2) 부동 소수점 표시에서 가수부의 왼쪽 끝에 유효 숫자가 오도록 지수부를 변경하는 것. ⇨ normalize

standardize[stǽndərdàiz] **표준화하다, 정규화하다** 부동 소수점 표시에 있어서 표현되고 있는 실수는 변화시키지 않고, 고정 소수부가 어떤 수를 정하여 그에 대응하여 지수부도 조정하는 것. 예 고정 소수부를 1로부터 9.99…의 단위로 받아들이기 위해서 부동 소수점 표시는 123.45×10^4인 경우 1.2345×10^2으로 정규화된다.

standard label[stǽndərd léibəl] **표준 레이블** 자기 테이프 상의 레이블. 형식, 길이, 기록 내용이 컴퓨터 시스템에 의해 규정되어 있는 레이블. 직접 접근 볼륨이나 자기 테이프 볼륨 상에 있다.

standard labeled magnetic tape[–léibəld mægnétik téip] **표준 레이블 자기 테이프** 볼륨 레이블 및 데이터 세트 레이블(파일 레이블)의 형식이 표준 레이블인 자기 테이프 볼륨.

standard layout[–léiàut] **표준 배치**

standard memory locations[–méməri(ː) loukéiʃənz] **표준 기억 장소** 수리표나 레지스터의 최종 내용을 자동으로 저장하도록 준비해둔 기억 장소.

standard method[–méθəd] **표준 방법** 기본

시스템이 존재하지 않을 경우, 새로운 목표에 따라 시스템을 개발하기 위해 기획, 설계, 작성, 운용의 각 단계로 나누어 개발하는 방법.

standard modular system card[–mádʒulər sístəm ká:rd] **SMSC, 표준 모듈러 시스템 카드** 전자 회로를 인쇄 배선한 플라스틱 카드. 이 카드는 트랜지스터나 배선으로 결선한 것으로, 다른 회로와는 기판 상에서 플러그의 삽입이나 접속으로 연결하게 되어 있다.

standard module[–mádʒu:l] **STDM, 표준 모듈**

standard operating procedure[–ápərèitiŋ prəsí:dʒər] **SOP, 표준 연산 절차**

standard optimization theory[–àptəmaizéiʃən θíəri(:)] **표준 최적화 이론**

standard output[–áutpùt] **표준 출력** MSDOS나 유닉스 등의 운영 체제에 탑재된 표준적인 출력 장치로, 특별한 지정이 없는 한 일반적으로 디스플레이(화면)를 가리킨다.

standard output data set[–déitə sét] **표준 출력 데이터 세트**

standard output file[–fáil] **표준 출력 파일** 세션 개시시에 컴퓨터 시스템에 의해서 자동으로 설정되는 출력용 파일. 보통은 단말 장치이다.

standard procedure[–prəsí:dʒər] **표준 절차** ALGOL의 용어. 프로그래머가 정의하지 않고 사용할 수 있는 절차. 입출력은 모두 표준 절차를 써서 하게 된다. 여기에는 read, write와 같은 입출력용 프로시저와 ord, chr과 같은 표준 함수가 있다.

standard procedure program[–próugræm] **표준 절차 프로그램** 컴퓨터 제작자가 제시하는 프로그래밍 방법.

standard program **표준 프로그램** 표준 ALGOL, COBOL, FORTRAN 등의 언어로 작성되고, 많은 기종에서 공통으로 사용되며 널리 승인된 해를 유출해낼 수 있는 프로그램.

standard reference tape[–réfərəns téip] **표준 자기 테이프, 기준 테이프** 자기 테이프에 관해서 규정되어 있는 표준적인 명세와 물리적 특성에 따라 제조된 표준 테이프로, 미국 상무성 표준국(NBS)에 보관되어 있다. 이를테면 도량형에 있어서의 미터 원기(原器)에 상당하는 것.

Standards Eastern Automatic Computer[stǽndərdz í:stərn ɔ̀:təmǽtik kəmpjú:tər] **SEAC, 시크** ⇨ SEAC

standard set[stǽndərd sét] **표준 세트**

standard subchannel[–sʌ́btʃǽnəl] **표준 서브채널**

standard subroutine[–sʌ̀bru:tí:n] **표준 서브루틴** 같은 유형의 문제들에 이용될 수 있는 서브루틴.

standard system action[–sístəm ǽkʃən] **표준 시스템 동작** 조건이 발생했을 때 대응하는 ON 단위가 없는 경우에 데이터 처리 시스템이 취하는 동작.

standard system default[–difɔ́:lt] **표준 시스템 생략시 해석**

standard system label[–léibəl] **표준 시스템 레이블**

standard system tape[–téip] **표준 시스템 테이프**

standard tape label[–téip léibəl] **표준 테이프 레이블**

standard test-tone power[–tést tóun páuər] **표준 시험 신호음 전력**

standard time origin[–táim ɔ́(:)ridʒin] **표준 시각의 기점**

standard unit memory[–jú:nit méməri(:)] **표준 단위 기억 장치** 수행될 데이터가 정상적으로 저장되는 기억 장소. 이 기억 장소는 컴퓨터의 제어에 따르나 수행될 데이터는 작동이 시작되기 전에 보조 기억 장소나 내부 기억 장소에 전달되어야 한다.

standard unit of accounting[–əv əkáuntiŋ] **SUA, 표준 회계, 표준 부과금 단위**

standard value[–vǽlju:] **표준값** 작업 제어 매크로의 호출에 있어서 실매개변수값이 지정되어 있지 않은 경우에 생략값으로 쓰이는 값.

standard volume label[–váljum léibəl] **표준 볼륨 레이블** 직접 접근 볼륨이나 자기 테이프 볼륨 상에 있는 것으로 레이블의 길이, 형식, 내용이 컴퓨터 시스템에 의하여 규정되어 있는 볼륨의 식별을 위한 레이블.

standby[stǽndbài] *n.* **대기중, 스탠바이** (1) 아주 짧은 시간 내에 안정된 동작을 재개할 수 있는 장치의 상태. (2) 중요한 장비가 오동작에 의해 불안정하게 되었을 때 이를 대신하여 사용할 수 있는 여분의 장비.

standby application[–æ̀plikéiʃən] **대기 응용** 두 개 이상의 컴퓨터가 연결되어 하나의 전체적인 시스템을 구성하여 필요할 경우에 즉시 활성화되어 적절한 조치를 취할 수 있도록 항상 준비된 상태로 유지하고 있어야 하는 응용 분야.

standby block[–blák] **대기 블록** (1) 버퍼(buffer)를 효율적으로 사용하기 위해서 버퍼와의 교신을 위해 기억 장치 내에 마련해놓은 장소. (2) 중앙 컴퓨터가 입출력시 입력 장치가 정보를 받아들이기를, 또는 출력 장치가 정보를 내보내기를 기다릴 필요가 없도록 기억 장치 속에 정보를 저장할 수 있게 보유한 추가 또는 전용 블록.

standby computer[–kəmpjúːtər] **대기 컴퓨터** 대기 운전중인 컴퓨터.

standby equipment[–ikwípmənt] **대기 장치** 기계가 정상적으로 작동될 때는 사용하지 않으나, 어떤 원인으로 사용할 수 없게 되었을 때 그에 대비하여 준비되어 있는 사용 가능한 여러 개의 장치.

standby maintenance time[–méintənəns táim] **보수 대기 시간**

standby mode[–móud] **대기 방식** 컴퓨터 시스템의 주변 장치와 주기억 장치와의 사이에 데이터를 전송할 때, 예비 버퍼를 준비하여 전송 효율을 높이는 방식. 2중 완충법(toggle buffering)과 같은 뜻으로 사용되며, 디맨드 모드(demand mode)와 대비된다.

standby operation[–àpəréiʃən] **대기 운전** 온라인 실시간 시스템에서 높은 신뢰도를 보증하는 한 방법으로서 컴퓨터 시스템을 2중계로 하여 한쪽이 온라인 처리를 담당하고, 다른쪽이 온라인이 아닌 일을 담당하는 방식이다. 이때 온라인이 아닌 일을 하고 있는 컴퓨터의 운전 상태를 대기 운전이라 하고 온라인중인 컴퓨터에 이상이 검출되면 대기중인 컴퓨터로 바뀌어 온라인 처리는 중단되지 않고 계속된다.

standby redundancy[–ridʌ́ndənsi(ː)] **대기 중복** 어떤 요소 또는 수단이 규정 기능을 수행하고 있는 사이, 다른 요소 또는 수단이 고장시에 바뀌는 상태로 대기 상태에 있는 중복성. 예비 중복이라고도 한다.

standby register[–rédʒistər] **대기 레지스터** 정보 처리 과정에서 프로그램 내의 오류 또는 컴퓨터 고장으로 정보 처리가 중지되는 경우, 회복에 사용할 정보를 저장할 수 있는 레지스터.

standby system, duplex system[–sístəm, djúːpleks sístəm] **대기 시스템** 시스템을 2조 갖추어 1시스템만 동작시키고 다른 1조는 대기시켰다가 동작 시스템 고장시에 대기 시스템과 치환하는 방식. 보통 1조(현재 사용 기기)는 온라인 업무 등 시스템의 주요 업무를 행하고 다른 1조(예비기)는 일괄 작업 등 중요도가 낮아 언제라도 재시행 가능한 작업을 처리하고 있다. 완전히 이중화하기 때문에 값이 비싸지만 예비기와 치환해도 처리 능력이 저하되지 않는 특징이 있다.

standby time[–táim] **대기 시간** 시스템이 동작할 수 있도록 전력(동력)이 부분적으로 가해져 있어, 언제든지 필요하면 곧바로 사용 상태에 들어가게 하는 시간.

standby-on-nines carry[–ən náinz kǽri(ː)] **9 건너뛰기 자리올림** 10진수로 표시된 수의 병렬 가산에 있어서 어떤 숫자 위치의 현재 합이 9일 때, 그 숫자 위치로의 자릿수 올림을 다음 숫자 위치로 점프시켜 그 9를 0으로 바꾸는 기법. 어떤 자리의 숫자의 덧셈 결과가 9일 때, 그 아래 자리로부터의 자리올림이 있으면 그 자리를 건너뛰고, 즉 다음 자리로 보내도록 한 것.

standby unattended time[–ʌ̀nəténdəd táim] **비동작 대기 시간** 기계가 미지의 상태에 있거나 문제로 인하여 동작하지 못하고 있는 시간.

STAR 자기 검사 · 수리, 자기 시험 · 수리 self-testing-and-repairing의 약어.

star arrangement[stáːr əréindʒmənt] **스타 구성, 방사상 구성** 하나의 입출력 채널에 대해 한 대의 입출력 제어 장치만이 접속되는 방식. 여러 대의 입출력 제어 장치를 접속할 경우는 여러 개의 입출력 채널을 이용한다. 버스 구성(bus arrangement), 데이지 체인(daisy chain) 방식과 대비된다.

star-burst connection[–bə́ːrst kənékʃən] **문어발 접속** 장치 간의 케이블 접속 방식의 하나. 한 대의 제어 장치의 *n*개의 접속구와 여러 대(*n*대)의 주변 장치가 일대일로 접속되는 방식이다. 주변 장치측에는 보통 종단(라인 터미네이션)으로 단락되어 있다.

star connection[–kənékʃən] **성형(星形) 접속** 3개 이상의 통신을 하는 장치 상호를 접속하는 경우의 접속 형태의 하나이며, 중심에서 방사상으로 연장된 전송로 끝에 각 장치를 접속한 것.

star coupler[–kʌ́plər] **성형 결합기** 한 개 또는 그 이상의 광도파로에서 나온 빛이 그보다 많은 수의 광도파로 나뉘어지는 수동 소자.

star network[–nétwəːrk] **성형(星形) 네트워크** 중간 노드가 하나밖에 없는 트리형 네트워크. 즉, 다른 터미널과 컴퓨터는 중앙 컴퓨터에 직접 연결되어 있으나 상호간에는 연결되어 있지 않다.

star operation[–àpəréiʃən] **스타 연산**

star plan[–plǽn] **스타 계획** EC에 의해 추진되고 있는 EC 내의 낙후 지역에 고도의 전기 통신 서비스를 제공함으로써 이 지역 산업의 경쟁력을 강화시키고 고도 전기 통신 서비스에 대한 잠재 수요를 선도적으로 유도해내기 위한 5개년(1987~1991년) 계획이다.

star program[–próugræm] **성형 프로그램** 프로그래머가 독자적으로 설계하여 오류가 없도록 점검해서 손으로 작성한 프로그램.

star-shaped network[–ʃéipt nétwəːrk] **성형망, 별형 네트워크**

start[stáːrt] *n.* **시동, 개시, 기동** start-up은 조작

(operation)의 기동 또는 시동을 표시한다. 또 start(ing) time은 시작 시간, start(ing) address는 실행 개시 어드레스라고 해석한다. 다른 해석으로서는 조보(調步) 동기(start-stop synchronization)가 있다. 그러나 start-stop time은 시작 정지 시간이라고 해석한다. 이것은 시작과 정지를 위해 필요한 시간을 말한다. 동사로서의 start에 수반되는 전치사는 with, at 및 in이다.

start address[–ədrés] **개시 어드레스**

start and stop mode[–ənd stáp móud] **시작 정지 방식** 일정한 길이의 정보의 전후에 시작과 정지 비트를 두고 시작 비트가 1에서 0으로 변하는 점을 기준으로 하여 내부의 클록에 의하여 타이밍을 보정하고, 수신 신호의 샘플링 타이밍을 결정하는 비동기식 방식.

start bit[–bít] **시작 비트** 엘리먼트군(예를 들면 문자에 대응하는 개개의 부호)에 대하여 선행되는 동기용 신호.

start button[–bʌ́tən] **기동 버튼**

start dialing signal[–dáiəliŋ sígnəl] **시작 다이얼링 신호**

start element[–éləmənt] **스타트 소자** 데이터 통신에서 직렬식 전송에서의 문자의 시작을 표시하고, 한 문자를 구성하는 신호 엘리먼트의 공칭 길이 분만큼 전송된 신호. 시작 비트와 같은 의미로 사용된다.

starter[stá:rtər] *n.* **시동기, 스타터** 컴퓨터의 소프트웨어 분야에서는 소프트웨어를 기동하는 시스템. 예를 들면 기동 시스템(starter system)은 데이터 처리 시스템의 작성용으로 제공되는 운영 체제(operating system) 기능의 일부이다. 전자·전기의 분야에서는 「시동기」라 해석되는 경우가 많다. 구체적으로는 전기 제어기(electric controller)이며, 모터를 정지 상태로부터 정격 상태로 전향시켜 가속한다. 이 제어기에는 정지 기능(stop function)도 부속되어 있다.

starter diskette[–dísket] **기동 디스켓**

starter operating system[–ápərèitiŋ sístəm] **스타터 오퍼레이팅 시스템, 시동 운영 체제**

starter system[–sístem] **기동 시스템, 스타터 시스템** 데이터 처리 시스템 작성용으로 제공되는 운영 체제.

starting[stá:rtiŋ] *n.* **기동, 시동**

starting address[–ədrés] **실행 개시 어드레스, 개시 주소, 개시 어드레스**

starting point[–pɔ́int] **기점** 표시 장치에 있어서 데이터의 표시를 시작하는 표시 화면상의 위치 또는 좌표.

starting time[–táim] **기동 시간, 시동 시간** 자기 테이프 장치에 관한 용어. 테이프의 기동 신호가 발생했을 때부터 테이프가 정상 속도에 이르기까지의 시간. 일반적으로는 데이터 기록에 걸리는 시간을 말하며보통 3~7ms(밀리초)이다.

start instruction address[stá:rt instrʌ́kʃən ədrés] **SIA, 명령 개시 주소**

start interval[–íntərvəl] **스타트 비트 타임**

start I/O SIO, 입출력 개시 명령

start key[–kí:] **시작 키** 프로그램에 의해서 또는 자동으로 장비가 정지되었을 때 그 장비를 재시동시키기 위한 제어판에 있는 누름 단추.

start manual input symbol[–mǽnjuəl ínpùt símbəl] **수동 입력 개시 기호**

start of heading[–əv hédiŋ] **SOH, 제목 개시** 정보 전문의 헤딩의 최초 부호로서 사용하는 전송 제어 문자. ⇨ SOH

start of heading character[–kǽrəktər] **SOH, 제목 개시 문자** 제목의 최초 문자로 이용되는 전송 제어 문자.

start of message[–mésidʒ] **SOM, 메시지 개시, 메시지 개시 문자** 데이터 전송에 있어서의 전송 제어 문자의 하나. 텍스트 개시 문자(STX)와 동의어. 폴링(polling)된 단말 장치로부터 전송되는 제어 문자로, 메시지를 수신해야 할 국의 어드레스가 이 뒤에 들어 있다. 그리고 이 뒤에 메시지(본문)가 이어지며, 최후에 메시지 종결 문자(EOM)가 온다.

start of message character[–kǽrəktər] **메시지 개시 문자**

start of text[–tékst] **STX, 본문 개시** 본문에 선행하고, 더욱이 제목의 종결에도 사용하는 전송 제어 문자.

start of text character[–kǽrəktər] **STX, 본문 개시 문자** 본문에 선행하는 전송 제어 문자이며, 또한 제목의 종결에도 사용되는 것.

start button[–bʌ́tən] **시작 버튼** 윈도 95/98의 작업 표시줄 왼쪽 끝에 있는 버튼. 시작 버튼을 클릭하면 윈도 95/98의 기본적인 조작(각종 속성 설정, 파일 검색, 온라인 도움말 표시 등)을 메뉴 선택 방식으로 실행할 수 있다.

starters kit[stá:rtərz kit] **스타터 키트** 초보자용으로 발매되는 패키지 소프트웨어. 인터넷 접속용 패키지는 이러한 형태가 주류를 이룬다.

star topology[stá:r təpálədʒi(:)] **스타 토폴로지** 모든 네트워크 노드가 중앙의 허브 컴퓨터에 접속된 네트워크 구조. 컴퓨터끼리는 직접 접속되지 않는 것이 특징이다.

start option[stáːrt ápʃən] **개시 옵션**
start point[–pɔ́int] **스타트 포인트**
start polarity[–pouléæriti(ː)] **스타트 극성**
start pulse[–pʌ́ls] **스타트 펄스** 동작을 개시시키기 위한 펄스.
start signal[–sígnəl] **스타트 신호, 개시 신호** 조보식 전송에 있어서 수신 장치가 그 부호 소자의 수신을 준비하기 위한 신호이며, 문자의 선두에 위치하는 것.
[주] 스타트 신호는 일반적으로 1단위 간격의 신호 소자로 한정된다.
start-stop[–stáp] SS, **시작-정지, 스타트 스톱 방식** 코드를 전송할 때 수신측의 수신 장치를 준비시키기 위해 시작 신호를 먼저 보낸 다음 수신 장치가 다음 문자의 수신을 준비하도록 정지 신호를 보내는 것. 시작 신호와 정지 신호는 기계 정보 또는 동기 비트로 간주된다. ⇨ SS
start-stop bit[–bít] **시작-정지 비트** 비동기 통신에 있어서 한 문자의 시작과 끝을 알리기 위해 문자 전후에 붙여져서 함께 전송되는 비트들. ⇨ start bit, stop bit
start-stop communication[–kəmjùːnikéiʃən] **비동기 통신**
start-stop distortion[–distɔ́ːrʃən] **시작-정지 일그러짐, 조보식 일그러짐** 시작 펄스에서 각 단위 소자까지의 시간 간격 이론값과 실측값 차이의 최대값을 단위 이론 간격에 대한 백분율로 나타낸 것.

$$\text{시작-정지 일그러짐} = \frac{t_4 - 4\tau_p}{\tau_p} \times 100(\%)$$

start-stop mode[–móud] **시작-정지 방식** 일정한 길이의 정보 전후에 시작과 정지 비트를 두고, 시작 비트가 1에서 0으로 변하는 점을 기준으로 하여 내부의 클록에 의해 타이밍을 보정하고, 수신 신호의 샘플링 타이밍을 결정하는 비동기식 방식.
start-stop signal[–sígnəl] **시작-정지 신호** 비동기식 데이터 전송에서는 한 번에 한 자씩 전송하는데, 글자 구분에 시작 신호 및 정지 신호를 설치하여 시작 신호에 의해 발진기를 움직이고 글자를 읽어내며, 정지 신호에 따라 발진기를 정지시킨다. 이때의 신호를 말한다.
start-stop supervision[–sùːpərvíʒən] **시작-정지 감시** 조보식의 경우에 시작 요소, 정지 요소가 일정한 간격으로 선행하고 있는가 또는 후속하고 있는가를 감시하는 방식.
start-stop synchronization[–siŋkrənaizéiʃən] **시작-정지 동기** 데이터 통신(data communication) 분야의 용어이며, 송신할 데이터의 전후에 시작 펄스(start pulse)와 정지 펄스를 각각 붙여서 보내는 방법을 말한다.
start-stop system[–sístəm] **시작-정지 시스템** 데이터 전송에 있어서 부호를 전송하는 경우 보통 6~8비트 구성의 한 문자를 순차 직렬(serial)로 전송한다. 이 경우 수신측에서 어디부터 어디까지가 한 문자인지를 식별할 필요가 있다. 이 식별을 행하기 위해 송신측에 각 한 문자분 비트열의 전후에 각각 시작 비트(start bit) 및 정지 비트(stop bit)를 부가하여 송신하고, 수신측에서는 「시작 비트」, 「정지 비트」를 검출하여, 그 사이에 끼워진 비트열이 한 문자분의 부호인 것을 식별하는 방법이 있다. 이러한 전송 방식의 것을 「시작-정지 방식」이라고 한다.
start-stop system communication[–kəmjùːnikéiʃən] **비동기 통신 방식** 영문자를 나타내는 코드 요소의 각 그룹 전후에 각각 시작 신호, 정지 신호를 걸어서 데이터 전송을 수행하는 것. 비동기 통신 방식의 하나.
start-stop time[–táim] **시작-정지 시간** 자기 테이프 장치에서 테이프가 정지하고 있는 상태로부터 정상 속도에 이를 때까지의 시간(시작 시간)과 정상 속도로부터 정지 상태에 이를 때까지의 시간(정지 시간).
start-stop transmission[–trænsmíʃən] **시작-정지 전송** 비동기 전송의 하나. 한 개의 문자를 표시하는 신호군에 시작 소자를 선행시키고, 정지 소자를 후속시켜 동기를 취하고, 데이터를 전송하는 방식.
[주] 문자를 표시하는 각각의 신호군에 시작 신호가 선행하고, 정지 신호가 후속하는 비동기 전송.
start subchannel[–sʌ́btʃǽnəl] SSCH, **서브 채널 개시(명령)**
start symbol[–símbəl] **개시 신호**
start time[–táim] **개시 시간, 기동 시간** 테이프에 대한 입출력 명령어의 번역과 정보를 테이프로부터 기억 장치로, 기억 장치에서 테이프로 전달하는 데까지의 시간. 자기 테이프 기억 장치에 관해서 사용될 때에는 자기 테이프에 주행 기동의 지령을 준 다음 테이프가 규정 속도에 도달할 때까지의 시간. 규정 속도로서는 보통 정상 속도의 90%가 이용된다. 기동 시간은 정지 시간과 함께 블록 간격에 영향을 주므로 되도록이면 작은 것이 바람직하다. 보통 장치에서는 기동 시간이 3~5ms이다.
startup applications[stártʌp æplikéiʃənz] **스타트업 응용 프로그램** 매킨토시에서 시스템을 시동할 때 자동적으로 시동되는 응용 프로그램. 응용 프로그램 또는 별칭(alias)을 시스템 폴더의 시동 항목 폴더에 넣어두면 시동 직후에 자동적으로 그 파일이 열린다.

startup disk[–disk] **시동 디스크** MS-DOS 등의 운영 체제가 들어 있는 플로피 디스크 또는 하드 디스크. 이 시동 디스크를 사용하여 컴퓨터를 시동시킨다.

startup group[–grú:p] **스타트업 그룹** 윈도 그룹의 하나로, 이 그룹에 아이콘을 넣어두면 윈도를 시작할 때 자동적으로 그 프로그램이 실행된다. ⇨ group, icon, group window

startup items[–áitemz] **시작 항목** 매킨토시에서 시스템을 시작할 때 자동으로 실행시키고 싶은 응용 프로그램을 넣어두는 폴더. 일반적으로 윈도 운영 체제의 바로가기와 같은 별칭(alias)을 넣어둔다.

startup items folder[–fóuldər] **시동 항목 폴더** ⇨ system folder

startup macro[–mǽkrou] **시동 매크로** 어떤 소프트웨어를 실행할 때마다 미리 실행할 일을 매크로로 정의해놓은 것.

startup screen[–skrí:n] **시동 화면** 시동시에 표시되는 화면. 윈도나 매킨토시에서는 자유롭게 설정할 수 있다.

start up/shutdown mode[–ʃʌ́tdàun móud] **시동/정지 모드**

start vertex[stárt vɔ́:rteks] **시작 정점** 그래프에서 임의의 경로를 구성하는 정점들 중 첫 번째 정점을 가리킨다. 경로의 출발 정점.

state[stéit] *n.* **상태, 상황** 어떤 비트가 「0」 또는 「1」인지 스위치가 ON 또는 OFF인지 CPU가 작동하고 있는지 정지하고 있는지 등을 표시할 때 사용한다. state와 같은 의미를 갖는 말로 status가 있다. 이것은 상태 비트(status bit) 등과 같이 사용한다. 그러나 state bit라고는 하지 않는다.

state assignment[–əsáinmənt] **상태 할당** 순서 회로를 설계할 때 순서 논리 회로의 플립플롭을 동작시키는 조합 논리 회로의 비용이 최소가 되도록 각각의 상태에 2진수를 부여하는 방법.

state assignment map[–mǽp] **상태 배치도** 계수기의 해석 및 설계를 할 때 특정 계수기 순서를 수행하기 위한 도구. 보통 카르노 맵(Karnaugh map)을 이용하는데, 이는 정해진 시퀀스의 상태로부터 적당한 다음 상태로 가기 위해 계수기의 각 플립플롭이 나타날 조건을 도표로 나타내는 데 사용한다.

state class[–klá:s] **상태 분류** ⇨ state classification

state classification[–klæ̀sifikéiʃən] **상태 분류** 최종 상태가 동일한 유한 오토머턴을 하나의 종류로 묶으면 유한 오토머턴을 몇 가지 종류로 나눌 수 있다. 이것을 상태 분류라고 하고 그 하나하나의 종류를 상태 종류라고 한다. 그래서 두 개의 유한 오토머턴이 모든 입력 계열에 대해 서로 같은 출력 계열이 생길 때, 서로 동등하다고 한다.

state code[–kóud] **상태 코드** 인터럽트의 처리, 직접 메모리 접근 요구의 처리, 입출력 명령 수행 등과 같은 중앙 처리 장치의 상태를 표시하는 코드.

state concept[–kánsept] **상태 개념**

state-constrained control problem[–kənstréind kəntróul prábləm] **상태 제약 조건 제어 문제**

state constraint[–kənstréint] **상태 제약 조건** 주어진 데이터 베이스의 상태가 다른 상태와는 관계없이 정당해야 한다는 제약.

state-dependent feedback gain[–dipéndənt fí:dbæ̀k géin] **상태 의존 피드백 이득**

state-dependent feedback system[–sístəm] **상태 의존 피드백 시스템**

state-dependent server[–sɔ́:rvər] **상태 의존 취급자**

state description[–diskrípʃən] **상태 묘사** 어떤 문제에서의 특정 상황이나 상태를 여러 가지 공식들의 논리곱으로 묘사한 것.

state determined system[–ditɔ́:rmind sístəm] **상태 결정 시스템**

state diagram[–dáiəgræ̀m] **상태도** 입력과 출력 및 이에 대한 플립플롭의 상태 변화로 나타낼 수 있는 순차 회로의 특성을 그림으로 나타낸 것.

state distinguishability[–distìŋgwiʃəbíləti] **상태 구별 가능성**

state enumeration method[–injù:məréiʃən méθəd] **상태 열거법**

state equation[–ikwéiʒən] **상태 방정식, 상태식** 순차 회로에서 플립플롭의 상태가 변화하는 조건을 나타내는 불 대수식.

state equivalence[–ikwívələns] **상태 등가성** 순서 회로의 내부 상태 q_i와 q_j가 임의의 입력 계열에 대해 동일 출력 응답을 줄 때, q_j와 q_j는 등가라고 한다. 등가인 여러 상태를 하나의 상태로 묶으면 좀더 간단한 상태 천이도(遷移圖)가 얻어진다.

state estimation[–èstiméiʃən] **SE, 상태 추정**

state estimation problem[–prábləm] **상태 추정 문제**

state-event[–ivént] **상태 사상**

state feedback control[–fí:dbæ̀k kəntróul] **상태 피드백 제어**

state feedback minimal time control problem[–mínimәl táim kəntróul prábləm] **상태 피드백 최소 시간 제어 문제**

state feedback technique[−tekníːk] **상태 피드백 기법**
state flag[−flǽ(ː)g] **상태 플래그** 시스템 내의 어떤 장치나 요소들의 상태를 나타내는 플래그. 즉, 저장 데이터, 레지스터 내의 디짓, 스위치의 개폐 상태 등을 나타낸다.
state identification[−ɑidèntifikéiʃən] **상태 식별**
state identification problem[−prɑ́bləm] **상태 식별 문제**
state increment dynamic programming[−ínkrəmənt dɑinǽmik próugræmiŋ] **상태 증가 동적 계획성**
state information[−ìnfərméiʃən] **상태 정보**
state information lag[−lǽ(ː)g] **상태 정보 지연**
state list[−líst] **상태표** 그래픽에서 시스템 전체 또는 부분의 동작을 제어하는 정보를 넣어두는 표.
state-maintaining system[−meintéiniŋ sístəm] **상태 유지 시스템**
statement[stéitmənt] *n.* **문, 문장, 명령문** 프로그램을 구성하는 주요 단위. 예를 들어 BASIC의 경우에 「문(文)」을 크게 나누면 선언문(specification statement)과 실행문(executable statement) 두 종류가 된다. 선언문은 데이터의 특성과 정렬하는 방법, 문(文) 함수, 편집 정보 등이 기술된다. 실행문은 컴퓨터로 실행되는 작업 스텝(job step)이 정의되고 그 처리 조건이 기술된다. 대표적인 실행문으로는 대입문(assignment statement)과 제어문(control statement)이 있다.
[주] 1. 프로그램 언어에서의 의미를 갖는 표현으로, 연산을 기술 또는 지정하고 통상 그 언어의 문맥에서는 완결할 수 있는 것. 2. 일련의 동작중의 1단계 또는 1쌍의 선언을 표시하는 언어 구성 요소.
statement body[−bɑ́di(ː)] **문장 본체, 스테이트먼트 본체**
statement bracket[−brǽkət] **문장의 괄호**
statement construction[−kənstrʌ́kʃən] **문장 구성** 문장에 일련의 동작을 실행하도록 의미를 부여하는 행위.
statement descriptor[−diskríptər] **문장 기술** 문장의 설명을 나타내기 위해 사용되는 기본 단어나 구문.
statement field[−fíːld] **문장 부분** 문장을 기억하는 데 사용되는 하나 이상의 열의 집합.
statement function[−fʌ́ŋkʃən] **문함수, 명령문 함수, 스테이트먼트 함수** (1) 하나의 문으로 정의되는 절차. (2) BASIC에서는 user-defined function을 사용한다.
statement function defining statement[−difɑ́iniŋ stéitmənt] **문함수 정의문**
statement function definition[−dèfiníʃən] **문함수 정의**
statement function reference[−réfərəns] **문함수 참조**
statement function statement[−stéitmənt] **문함수 정의문**
statement identifier[−ɑidéntifɑ̀iər] **스테이트먼트 식별자, 문 식별자**
statement label[−léibəl] **명령문 레이블** FORTRAN 등과 같은 언어에서 다른 명령문으로부터 참조하기 위해 명령문 앞에 덧붙이는 레이블.
statement label constant[−kɑ́nstənt] **명령문 레이블 상수**
statement label expression[−ikspréʃən] **명령문 레이블식**
statement label variable[−vɛ́(ː)riəbl] **명령문 레이블 변수**
statement level control structure[−lévəl kəntróul strʌ́ktʃər] **문장 수준 제어 구조** 문 또는 문들의 그룹이 실행되는 순서를 나타내는 제어 구조의 하나로서, 개개 문장의 활성화를 순서화한다. 문장 수준 제어 구조에는 순차(sequencing), 선택(selection), 반복(repetition) 등 세 가지가 있다.
statement number[−nʌ́mbər] **문번호, 스테이트먼트 번호** 문장을 참조할 수 있도록 그 문장에 부여된 번호.
statement prefix[−príːfiks] **명령문 접두어**
state model[stéit mɑ́dəl] **상태 모델**
state multi-attribute assignment model[−mʌ́lti ætribjúːt əsɑ́inmənt mɑ́dəl] **상태 다속성 할당 모델**
state observer[−əbzə́ːrvər] **상태 옵저버**
state of control[−əv kəntróul] **관리 상태** 기술적·경제적으로 검토하여 바람직한 수준에서의 안정 상태.
state-of-the-art[−ðə ɑ́ːrt] **기술적 현상, 최신식** 기술적으로 「가장 앞선」, 「최첨단의」 등의 뜻을 나타내는 말.
state optimization[−ɑ̀ptəmɑizéiʃən] **상태 최적화**
state-parameter estimation problem[−pərǽmətər èstiméiʃən prɑ́bləm] **상태 파라미터 추정 문제**
state prediction[−pridíkʃən] **상태 예측**
state probability[−prɑ̀bəbíliti(ː)] **상태 확률**
state reduction[−ridʌ́kʃən] **상태 축소화** 순차

회로 설계시에 중복되는 상태를 제거하는 과정. 중복 상태를 제거함으로써 최적화된 순차 회로를 설계할 수 있다. 같은 순서열이 두 회로에 가해졌을 때 모든 종류의 입력 순서열에 대해서 같은 출력이 나오면 이 두 회로는 서로 등가(等價)라고 하는데, 이러한 입출력 관계가 성립되는 등가 회로 중에서 상태의 수가 가장 적은 회로를 찾아내는 작업을 말한다.

state regulator problem [–régjulèitər prάbləm] **상태 레귤레이터 문제**

state regulator system [–sístəm] **상태 레귤레이터 시스템**

state representation [–rèprizentéiʃən] **상태 표현**

state sensitivity [–sènsitíviti(:)] **상태 감도**

state sequence model [–sí:kwəns mάdəl] **SSM, 상태 시퀀스 모델**

state space [–spéis] **상태 공간**

state space analysis [–ənǽlisis] **상태 공간 해석**

state space constrained optimization problem [–kənstréind ὰptəmaizéiʃən prάbləm] **상태 공간 제약 조건 최적화 문제**

state space control problem [–kəntróul prάbləm] **상태 공간 제어 문제**

state space covariance analysis [–kouvέəriəns ənǽlisis] **상태 공간 공분산 분석**

state space model [–mάdəl] **상태 공간 모델**

state space realization theory [–rìəlaizéiʃən θíəri(:)] **상태 공간 실현 이론**

state space-searching method [–sə́:rtʃiŋ méθəd] **상태 공간 탐색법**

state space signal processing [–sígnəl prάsesiŋ] **상태 공간 신호 처리**

state space synthesis [–sínθəsis] **상태 공간 합성**

state space system description [–sístəm diskrípʃən] **상태 공간 시스템 기술**

state space tree [–trí:] **상태 공간 트리** 초기 상태에서 목적 상태에 이르는 모든 상태들의 전이 가능 관계를 나타낸 트리.

state table [–téibəl] **상태표** 입력과 전단계의 출력에 의한 논리 회로의 출력 리스트. 이러한 회로에는 메모리가 있으며 간단한 진리표만으로는 설명할 수 없다.

state trajectory [–trədʒéktəri(:)] **상태 궤도**

state transition [–trænzíʃən] **상태 변환** 순차 회로에서 플립플롭의 상태가 입력에 의해 변화되는 것.

state transition diagram [–dάiəgræ̀m] **상태 변환도, 상태 천이도** 유한 오토머턴의 상태 추이를 나타낼 그래프에서 볼 수 있듯이 상태 간의 추이 관계를 도시(圖示)한 방향 그래프.

state transition equation [–ikwéiʒən] **상태 천이 방정식**

state transition function [–fʌ́ŋkʃən] **상태 천이 함수** 유한 오토머턴이나 푸시다운 오토머턴에 있어서 상태 천이를 나타내는 함수. 보통 δ로 표시한다. 예를 들면, 유한 오토머턴에 있어서

$\delta(q_i, a) = q_j$

는 내부 상태가 q_i, 입력 기호가 a일 때, 내부 상태가 q_j로 천이하는 것을 나타낸다.

state transition matrix [–méitriks] **상태 천이 행렬**

state transition probability [–prὰbəbílit-i(:)] **상태 천이 확률**

state transition structure [–strʌ́ktʃər] **ST structure, 상태 천이 구조**

state transition table [–téibəl] **상태 천이표** 순서 기계에서 시각 t에서의 내부 상태를 세로축으로 하고 그때의 입력을 가로축으로 했을 때, 그때의 출력과 다음 시각에서의 내부 상태를 세로축과 가로축의 교차점 모눈에 기록하는 표. ⇨ status map

state variable [–vέ(:)riəbl] **상태 변수**

state variable analysis [–ənǽlisis] **상태 변수 해석**

state variable approach [–əpróutʃ] **상태 변수 접근**

state variable descriptor system [–diskríptər sístəm] **상태 변수 기술 시스템**

state variable feedback [–fí:dbæ̀k] **상태 변수 피드백**

state variable feedback matrix [–méitriks] **상태 변수 피드백 매트릭스**

state variable filter [–fíltər] **상태 변수 필터**

state variable information [–ìnfərméiʃən] **상태 변수 정보**

state vector [–véktər] **상태 벡터**

state vector feedback controller [–fí:dbæk kəntróulər] **상태 피드백 제어 장치**

static [stǽtik] *a.* **정적(靜的)** 시간과 더불어 변화하지 않는 양과 상태를 표시하는 데 사용되며, 「안정한」, 「정적인」으로 해석된다. 동적인(dynamic)과 비교된다.

[주] 프로그램의 실행에 들어가기 전에 확립될 수 있는 성질에 관한 용어. 예 고정 길이 변수의 길이는 정적이다.

statical group [stǽtikəl grú:p] **정적 집단** 시

간상 계속적으로 변화하는 통계 단위에 대해서 시간적인 한정을 두고 일정 시점을 기준으로 하여 조사된 통계 집단.

static allocation[stǽtik æ̀ləkéiʃən] **정적 할당** 프로그램에 필요한 영역을 실행 전에 미리 할당하는 것. dynamic allocation(동적 할당)의 반대어.

static analysis[–ənǽlisis] **정적 분석** 프로그램을 실행시키지 않고 프로그램을 평가하는 분석.

static array[–əréi] **정적 배열**

static assignment[–əsáinmənt] **정적 할당**

static binding[–báindiŋ] **정적 결합, 정적 바인딩** 프로그래밍 언어에 있어서, 프로그램의 실행시가 아니고, 번역시에 확정되도록 하는 이름과 그것이 표시하는 대상과의 결합.

static buffer allocation[–bʌ́fər æ̀ləkéiʃən] **정적 버퍼 할당**

static buffering[–bʌ́fəriŋ] **정적 버퍼링, 정적 완충 방법**

static cell memory[–sél méməri(ː)] **정적 셀 기억**

static chain[–tʃeín] **정적 체인** 블록 구조 언어에서 현재 실행중인 부프로그램의 활성화 레코드로부터 정적 범위를 실현하기 위해 다른 활성화 레코드를 정적 링크를 이용하여 연결한 체인.

static characteristic curve[–kæ̀rəktərístik kə́ːrv] **정적 특성 곡선**

static characteristics[–kæ̀rəktərístiks] **정적 특성, 정특성** 측정량이 변동하지 않을 때의 계측기의 지시 특성. 시스템이나 제어계의 입력 신호와 출력 신호 사이의 관계를 그 시스템 또는 제어계의 특성이라고 한다. 이것은 시간의 변동 없이 본 정특성과 시간의 변화를 고려한 동특성의 양쪽을 포함하고 있다. 정특성은 일정한 크기의 입력에 대하여 일정한 정상값에 이르렀을 때의 출력 크기의 관계를 말한다. 즉, 평형한 상태에 도달했을 때의 입출력 관계를 나타내며, 충분히 완만한 상태에서의 입출력 간의 관계라고 생각해도 무방하다. 동특성의 대비어이다.

static check[–tʃék] **정적 검사** 프로그램이 정확한가를 검사하기 위해 다른 검사용 프로그램을 작성하여 어떤 상태까지 프로그램을 실행시킨 다음에 그때의 기억 장치 내용을 검사하는 방법.

static circuit[–sə́ːrkit] **정적 회로** 정보가 시간적으로 정지하고 있는 것과 같은 회로의 총칭. 플립플롭 등이 이에 해당한다. 동적 회로(dynamic circuit)와 대비된다.

static competitive situation[–kəmpétitiv sìtʃuéiʃən] **정적 경합 상황**

static control[–kəntróul] **정적 제어**

static CP area **정적 제어 프로그램 영역**

static data structure[–déitə strʌ́ktʃər] **정적 데이터 구조**

static decoupling[–dikʌ́pliŋ] **정적 분할**

static dissipation[–dìsipéiʃən] **정적 소모** 트랜지스터 회로에서 누설 전류 때문에 발생하는 전력 소모.

static dump[–dʌ́mp] **정적 덤프** 어떤 결정된 방법으로 주기억 장치와 보조 기억 장치의 내용을 편집하여 인쇄, 출력하는 것. 이것은 프로그램(program)의 실행 종료(end of run) 상태가 실행중에도 출력할 수 있는 상태에 달했을 때 자동적으로 또는 오퍼레이터(operator)의 개입에 의해 행해진다. 동적 덤프(dynamic dump)와 대비된다.
[주] 기계에 관련된 특정 시점이며, 흔히 작업 수행의 끝에 덤프하는 것으로 보통 컴퓨터 조작원 또는 감시 프로그램의 제어의 일원으로 행해진다.

static error[–érər] **정적 오류** 동적 오류와 대비되는 개념으로 시간 변수와는 관계없는 오류.

static expression[–ikspréʃən] **스태틱식, 정적식**

static father[–fáːðər] **정적인 부모**

static file[–fáil] **정적 파일**

static flip-flop[–flíp fláp] **정적 플립플롭**

static handling[–hǽndliŋ] **정적 조작** 컴파일러 프로그램에 의해서 완전하게 수행되는 조작.

static hazard[–hǽzərd] **정적 해저드** 신호가 잠시 동안 비정상적인 상태에 들어갔다가 곧 정상값을 갖게 되는 현상. 조합 회로에 있어서 입력 신호가 다음과 같이 변화하는 장애를 말한다. ① 출력 신호 또는 귀환 신호가 입력 신호의 변화 전과 달라지지 않는다. ② 변화하는 동안에 출력 신호 또는 귀환 신호 상에 의사(疑似) 펄스가 나타난다.

static image[–ímidʒ] **정지 화상** 개개의 화상 처리 과정에 의해 그때마다 변화하는 일 없이, 예를 들면 서식 오버레이 같은 표시 화상의 배경 부분을 말한다.

static index[–índeks] **정적 인덱스** 인덱스된 파일이 변경되어도 인덱스에는 변화가 없는 인덱스.

static integrity constraint[–intégriti(ː) kənstréint] **정적 무결성 제약 조건** 데이터 베이스의 상태를 정확하게 유지하기 위한 제약 조건.

staticize[stǽtisaiz] *v.* **정지화하다** 시간적으로 직렬인 데이터를 정지화한다(즉, 공간적으로 동시에 존재하는 것과 같이 변환한다). 직렬화하다(serialize)와 대비된다. 또 컴퓨터 명령의 실행에 앞서 기억 장치로부터 명령과 그 오퍼랜드를 인출하는 의미로 사용되는 경우도 있다.

staticizer [stǽtisaizər] *n.* **정지화 기구, 스태티사이저** 직렬 데이터를 병렬 데이터로 변환하는 회로와 기구를 가리킨다.
[주] 시간적으로 직렬 상태로 표현되어 있는 데이터를 이것에 대응하는 공간적으로 동시에 존재하는 상태로 표현하도록 변환하는 기구.

static link [stǽtik líŋk] **정적 링크**

static linkage [–líŋkwidʒ] **정적 연결**

static linker [–líŋkər] **정적 연결기**

static loading [–lóudiŋ] **정적 적재**

static magnetic cell [–mægnétik sél] **정적 자기 셀**

static menu [–ménju:] **정적 메뉴** 화면의 일정한 위치에 항상 존재하는 메뉴. 언제든지 사용이 가능하다.

static memory [–mémәri(:)] **정적 메모리** 정보를 기록하는 장소가 기억 매체 상에 고정되어 있고, 임의의 시간 동안 정보가 유지되는 기억 장치. 정보에 접근하는 데 필요한 시간이 기록 장소에 상관없이 일정하다는 이점이 있다. SRAM이 여기에 해당한다.

static model [–mádәl] **정적 모델** 어떤 시스템에 있어서 시간의 흐름에 관한 변수를 갖지 않는 모델로서, 시간의 흐름을 수반하는 시스템을 단면적으로 표현한 모델을 말한다.

static MOS memory **정적 MOS 기억 장치**

static nesting [–néstiŋ] **정적 중첩** 프로그램을 작성할 때 각 블록들 사이의 중첩 관계.

static optimization [–àptәmaizéiʃәn] **정적 최적화**

static printout [–príntàut] **정적 출력** 프로그램 수행 과정중에 출력하는 것이 아니라 수행 후에 데이터를 인쇄하는 것으로 동적 출력과는 대조적이다.

static priority [–praiɔ́(:)riti(:)] **정적 우선 순위** 프로세스의 실행중에도 우선 순위가 변하지 않는 기법으로서, 구현하기도 쉽고 상대적으로 오버헤드도 적다. 그러나 이 기법은 상황의 변동, 즉 우선 순위를 조정해야 할 필요가 있을 때에는 부적합하다.

static probabilistic inventory model [–pràbәbәlístik ínvәntɔ̀(:)ri mádәl] **정적 확률적 재고 모델**

static RAM **정적 RAM** 플립플롭 회로(flip-flop circuit)로 구성되어 있고, 정적이며 안정한 기억이 가능한 소자. 동적 램(dynamic RAM)에 비해서 배가까이 소비 전력이 크고, 작동도 늦지만, 재생(reflesh) 등의 염려가 없다는 이점이 있다. 그러나 항상 전류를 통해 두어야 하기 때문에 휘발성 램인 동적 램보다 전기료가 많이 드는 것이 단점이다.

〈정적 램〉

static RAM chip **정적 RAM 칩**

static read/write memory [–rí:d ráit mémәri(:)] **정적 판독/기록 기억 장치**

static register [–rédʒistәr] **정적 레지스터** 레지스터의 일종. 데이터가 공간적으로 고정되고 비트마다 병렬로 끄집어낼 수 있는 것을 가리킨다.

static relocation [–ri:loukéiʃәn] **정적 재배치** 실기억 장치의 비어 있는 구역을 주소 공간으로 할당하는 경우, 프로그램을 실기억 장치에 적재하는 시점에서 프로그램 적재기가 재배치되는 것.

static resource allocation [–risɔ́:rs æ̀lәkéiʃәn] **정적 자원 할당**

static resource declaration [–dèklәréiʃәn] **정적 자원의 선언**

static restructuring [–ri:strʌ́ktʃәriŋ] **정적 재구성**

static routine [–ru:tí:n] **정적 루틴** 연산자의 어드레스 외에는 어떤 매개변수도 포함하지 않는 부프로그램.

static scale-model [–skéil mádәl] **정적 스케일 모델**

static signalling [–sígnәliŋ] **정적 신호**

static skew [–skjú:] **정적 스큐** 동일한 열에 속하고 또한 상이한 트랙에 속하는 비트 가운데 테이프 진행 방향의 거리가 최대인 2비트에 대해서 그 거리를 열에 관해서 평균한 값.

static stability [–stәbíliti(:)] **정적 안정**

static storage [–stɔ́:ridʒ] **정적 기억 장치, 정적 기억 영역** 기억하고 있는 데이터가 공간적으로 고정되어 있고, 시간에 대해서 이동도 변화도 하지 않는 기억 장치. 자기 코어 기억 장치 등이 그 예이다. 이런 종류의 기억 장치에서는 일정 주기로 리플레시(reflesh)를 할 필요는 없다. 정적 램(static RAM) 등도 그 예이다. 동적 기억 장치(dynamic storage)와 대비된다.

static storage allocation [–æ̀lәkéiʃәn] **정적 기억 영역 할당** 프로그램 언어에 있어서, 변수에 대하여 기억 영역을 예약하는 방법의 하나. 프로그램의 실행 개시 전(또는 번역시)에 기억 영역을 할당하고, 프로그램의 실행중에도 그 상태대로 해두는 것. 또 프로그램의 실행 개시 전에 실행을 위해 필요한 기억 영역을 모두 할당하는 것. 동적 기억 영역 할당과 대비된다.

static store [–stɔ́ːr] **정적 기억 장치** 각 번지(address)가 고정된 장소(location)를 가지고 있고, 특정 시간에 그 장소가 이용 가능하게 되어 있는지의 여부에 따르지 않는 기억 장치. 순회식 기억 장치(cyclic store)와 대비된다.

static study [–stʌ́di(ː)] **정적 검토**

static subroutine [–sʌ́bruːtíːn] **정적 서브루틴** 매개변수를 필요로 하지 않는 항상 같은 기능을 수행하는 서브루틴. 동적 서브루틴(dynamic subroutine)과 대비된다.

static system [–sístəm] **정적 방식** 논리 회로의 접속법이 직류 결합인 컴퓨터의 하드웨어 방식. ⇨ dynamic system

static test mode [–tést móud] **정적 테스트 모드** 아날로그 컴퓨터의 설정 모드로, 특정 초기 조건을 주어 연산기 상호간의 접속 상태를 조사하고, 또한 적분기 이외의 모든 연산기의 정상적인 동작을 확인하는 모드.

static variable [–vέ(ː)riəbl] **정적 변수** 프로그램의 실행 전에 지정되어 종료까지 변하지 않는 변수.

station [stéiʃən] *n.* **국(局)** 기구. 장치. 단말. 일반적으로 동일 계열에 배치되어 있는 일련의 설비 중의 하나. 또 컴퓨터 네트워크(computer network)에서는 데이터의 송수신과 처리를 행하는 장소의 총칭. 예를 들면, 데이터 전송(data transmission)에서 호스트(host) 컴퓨터와 외부 단말을 잇는 결합 개소를 가입자 스테이션(subscriber station)이라 한다. 결합 회로, 회로 종단 장치, 거기에 부수하는 입출력 장치를 포함한 것도 있다. 또 자기 테이프의 판독, 기록 헤드 및 테이프의 구동 장치 일체를 테이프 스테이션이라 한다. 자기 테이프 덱, 테이프 덱, 자기 테이프 유닛(magnetic tape unit)이라고도 한다. 생략해서 덱이라고만 하는 경우도 있다. 그리고 데이터 처리(data processing)를 위한 입출력 장치(input-output device)를 총칭한 장치를 데이터 스테이션(data station)이라고 한다.

station address [–ədrés] **지국 지정** 교환망을 통해서 데이터 등을 전송하는 경우, 경유하는 중계국이나 종단의 교환국을 발신측에서 먼저 지정하는 것.

station arrangement [–əréindʒmənt] **단말 장치**

stationary [stéiʃənὲ(ː)ri(ː)] *a.* **정상, 정상의**

stationary information source [–ìnfərméiʃən sɔ́ːrs] **정상 정보원** 그곳에서 발생하는 메시지가 모두 발생 시간에는 관계없이 발생 확률을 가지고 있는 것과 같은 정보원. station message source라고도 한다.
[주] 통보의 발생 확률이 시각에 의존하지 않는 정보원.

station battery [–bǽtəri(ː)] **국내 전원**

station code [–kóud] **국(局) 코드**

station connector [–kənéktər] **입력 장치 커넥터**

station connector mounting receptacle box and cover [–máuntiŋ riséptəkl báks ənd kʌ́vər] **입력 장치 커넥터용 함**

station control [–kəntróul] **국 제어 기구**

station controller [–kəntróulər] **국 제어 장치** 호스트 컴퓨터와 워크스테이션과의 사이에 접속되고, 여러 개의 워크스테이션의 제어, 워크스테이션에 공통의 파일 장치, 프린터 등의 제어, 데이터의 송수신 동작의 제어를 하는 단말 제어 장치의 일종.

station control unit [–kəntróul júːnit] **국 제어 장치**

station error detection [–érər ditékʃən] **국 오류 검출** 종속국이 수신한 메시지가 주국이 전송한 메시지와 같은가를 확인하는 처리 과정으로서, 이것은 비교 검사나 패리티 검사를 통해서 수행된다.

station line [–láin] **지국 회선, 가입자 선** 가입자의 집과 그가 속해 있는 교환국 사이의 회선.

station message source [–mésidʒ sɔ́ːrs] **정상 정보원** ⇨ stationary information source

station selection [–səlékʃən] **국 선택 기구**

station selection code [–kóud] **SSC, 단말 선택 코드, 국 선택 코드**

statistical [stətístikəl] *a.* **통계적**

statistical analysis [–ənǽlisis] **통계적 분석** OR의 네 가지 주요 기법 중의 하나. 프로세스 제어 등의 개발에 있어서 프로세스의 수학적 모델을 작성하기 위하여 공정 해석 등을 주로 실 조업이나 실험 결과의 데이터를 통계적 수법을 이용하여 행하는 분석 방법. 프로세스의 변화에 불규칙성 외란이나 확률적 요인이 많은 경우 혹은 순 이론적으로 프로세스 내의 인과 관계를 확정할 수 없는 경우 등의 분석에 채용된 데이터의 영역 내에서 하나의 유효한 해석 수단이라고 할 수 있다.

statistical analysis system [–sístəm] **통계적 분석 시스템** 자료의 수집, 정리, 분류, 배열, 평가 등 분석되어야 할 과학 문제를 수학적 기술과 컴퓨터 기술을 결합하여 처리하는 장치.

statistical collection file[–kəlékʃən fáil] **통계 수집 파일**

statistical constraint[–kənstréint] **통계 제약 조건** 데이터 베이스의 릴레이션에 대해서 통계값에 의해 제약을 가하는 조건.

statistical control[–kəntróul] **통계 제어** 일반적인 선택, 삽입 등의 연산이 통계적 연산자를 포함하는 것.

statistical data base[–déitə béis] **통계 데이터 베이스** 안전 보호 혹은 프라이버시 보호 기능에 의해서 보호되고 있음에도 불구하고, 보호되지 않는 다른 데이터에서 추측할 수 있는 데이터를 포함한 데이터 베이스.

statistical data recorder[–rikɔ́ːrdər] **SDR, 통계 데이터 기록 기능** 디스크 운영 체제에서 시스템 기록 파일에 입출력 기기의 오류(error) 상태를 기록하는 것.

statistical error[–érər] **통계 오류** 비율에 관한 통계적 변동의 결과로 무작위 사건에 대한 평균 계수 비율의 측정 과정에서 발생하는 부정확성.

statistical group[–grúːp] **통계 집단** 통계적 관찰의 대상이 되는 집단.

statistical hypothesis[–haipáθəsis] **통계적 가설** 통계적 검정에 이용하는 가설. 모집단의 어느 특성에 대해서 진술한 명제의 형태를 갖는다.

statistical hypothesis test[–tést] **통계적 가설 검정** 확률적 표본 분포의 성질을 이용해서 모집단의 특성에 관한 진술인 가설의 진위를 가리는 것.

statistical information[–ìnfərméiʃən] **통계 정보**

statistical map[–mǽp] **통계 지도**

statistical method[–méθəd] **통계적 방법** 통계적 방법이라는 말은 통계적인 데이터를 써서 논의를 진행하는 방법과 데이터의 해석에 수리 통계학적 방법을 응용하는 방법 등에 대해 널리 쓰이는데, 특히 데이터의 불균일에 주목하여 그에 대해서 확률적인 사고 방식을 적용하는 것을 말한다. 품질 관리 용어로는 관리도법, 발취 검사법, 추정 검정법, 상관 분석, 회귀 분석, 분산 분석 등을 총칭해서 말한다.

statistical multiplexing[–mʌ́ltiplèksiŋ] **통계적 다중화** 다중 전송로에서 채널을 동적으로 할당하는 방식으로 저속 회선의 부호열과 고속 회선의 부호열의 관계가 시간축에서 고정되어 있지 않고, 저속 회선에서 보낼 데이터가 있을 때 고속 회선의 부호열을 할당받는 방식.

statistical package for social science[–pǽkidʒ fɔ́ːr sóuʃəl sáiəns] **사회 과학용 통계 패키지** ⇨ SPSS

statistical prediction[–pridíkʃən] **통계적 예측**

statistical time division multiplexer[–táim divíʒən mʌ́ltiplèksər] **STDM, 통계적 시분할 다중 장치** 보통의 시분할 다중 장치에 비해서 많은 다중화와 공중망에 접속할 수 있는 등의 기능을 가진 장치.

statistical universe[–júːnivə̀ːrs] **통계적 모(母)집단** 어떤 정해진 관점에서 볼 때 서로 같은 성질을 갖거나 비슷한 현상을 나타내는 단위들로 구성된 완전한 집단. 이것은 통계 집단의 전체 집합을 이룬다.

statistic computation[stətístik kàmpjutéiʃən] **통계 계산** 조사 대상이 되는 모(母)집단의 성질을 검토하기 위한 해석 방법. 일반적으로 이용되고 있는 통계 계산의 수법에는 다음과 같은 것이 있다. ① 평균값, 표준 편차, 상관 계수를 구해서 데이터를 마무리하는 방법, ② 히스토그램(histogram), 분할표를 작성하는 방법, ③ 회귀(回歸) 분석, ④ 요인 분석, ⑤ 다변량(多變量) 해석.

statistics[stətístiks] *n.* **통계량, 통계학** 관측 대상이 되는 표본(sample) 집합으로부터 얻어지는 여러 가지 측정값. 컴퓨터에서는 대량의 데이터를 고속으로 처리할 수 있기 때문에, 이와 같은 대량의 관측값에 대해 여러 가지 연산(operation)을 행하여, 여러 가지 형태로 컴퓨터에 표시하는 것은 더욱 적합한 작업의 하나이다. 구체적으로는 표본의 평균값(mean)이나 불편 분산, 중앙값, 상관 계수, 범위 등이다. 통계량의 계산에서는 표본의 수가 많은 쪽이 그 데이터의 신속성이 높기 때문에 이와 같은 통계량을 구할 때는 컴퓨터의 계산 처리 같은 것보다도 그 표본의 수집 방법 쪽이 훨씬 중요해진다.

status[stéitəs] *n.* **상태, 상황** 널리 시스템 자원(system resource)의 상태를 표시하는 데 사용된다. 컴퓨터는 본래 많은 기능의 집합체이지만, 이들의 기능을 바르게 효율적으로 작동시키는 데는 장치와 운영 체제(operation system)의 상태를 몇 가지 형태로 관리해둘 필요가 있다. 예를 들면 각종 상태어(status word)가 그것이다.

status bar[–báːr] **상태 표시줄** 윈도 안에 표시되어 있는 내용에 따라 다양한 정보가 표시되는 부분.

status bit[–bít] **상태 비트, 상황 비트** 컴퓨터 또는 입출력 기기의 상태를 표시하는 비트. 컴퓨터에서는 상태 레지스터에서 유지되고 명령의 실행 결과를 표시한다. 입출력 기기에서는 입출력 동작의 결과를 표시하고, 동작이 완료된 후에 컴퓨터로 보내진다.

status byte[–báit] **상황 바이트, 상태 바이트** 입

출력 인터페이스에 있어서 입출력 기기나 입출력 제어 장치의 기본적인 동작 상태를 나타내는 8비트의 정보. 이상 상태를 나타내는 정보를 포함할 때는 센스 바이트를 써서 상세한 상태를 처리 장치에 알린다.

status character [–kǽrəktər] **상태 문자** 입출력의 상태를 나타내는 문자 정보.

status code [–kóud] **상태 코드** ⇨ condition code

status display line [–displéi láin] **상태 표시등** 표시 장치에 있어서 운영 체제나 애플리케이션 프로그램의 상태를 나타내는 심벌 혹은 메시지를 표시하기 위한 표시 화면의 최하부의 한 행 또는 수 행을 차지하는 영역.

status flag [–flǽ(:)g] **상태 플래그, 상태 표지** 중앙 처리 장치(CPU)에서 산술 논리 연산 장치(ALU)의 연산 결과를 반영하기 위해 세트, 리셋을 동적으로 행하는 단일의 2진 숫자 논리 게이트.

status flag latch [–lǽtʃ] **상태 플래그 래치**

status indicator [–índikèitər] **상태 표시자, 상황 표시자** 하드웨어와 시스템의 상태를 표시하는 램프와 표시등.

status indicator busy [–bízi(:)] **상태 표시자 사용중**

status information [–ìnfərméiʃən] **상태 정보** CPU가 기계어 명령의 각 단계마다 현재 무엇을 하고 있는가를 외부로 알려주는 신호. 기계 사이클 단위로 변화한다.

status inquiry [–inkwáiri(:)] **상태 조회**

status instruction [–instrʌ́kʃən] **상태 명령어** 네 가지 상태 플래그(부호, 자리올림, 오버플로, 제로)에 대해서 이들을 각각 세트, 리셋시키는 명령어.

status line [–láin] **상태 표시행, 상황 표시행** 각종 장치의 상태를 나타내는 신호선.

status map [–mǽp] **스테이터스 맵, 상태 맵** 일반적으로 도표 형식으로 되어 있으며, 어떤 시점의 출력이 계(系)의 내부 상태와 입력에 의존하는 시스템(순서 회로)에서의 내부 상태와 천이 관계를 나타낸 것이다. 표기법으로 천이가 출력에 대응하는 무어형(Moore type)과 상태가 출력에 대응하는 밀리형(Mealy type)이 있다.

status modifier [–mádifàiər] **상황 수정자, 상태 변경자**

status number [–nʌ́mbər] **STN, 상태 번호** 전자 교환기의 신호 처리에는 크게 나누어 두 종류의 작업이 있다. 그것은 처리 요구의 감시와 처리 요구에 대한 실행이다. 이 두 종류의 작업을 표시하는 방법으로서 「상태」와 「천이」라는 개념을 사용하여 표현하는데, 이것을 상태 천이도라고 한다. 상태 천이도 상에는 몇 개의 안정 상태, 즉 처리 요구의 감시 상태(숫자 수신중, 호출중, 통화중 등)가 있으며 이것들에 일련의 번호를 부여한 것이 상태 번호이다.

status of edit word [–əv édit wə́:rd] **편집어의 상태부**

status panel [–pǽnəl] **상황 표시판, 상태 표시판**

status register [–rédʒistər] **상태 레지스터** 처리 결과의 상태가 비트의 정보로서 기억되는 레지스터. 연산 결과, 자리 넘침이 발생했는지의 여부, 부호는 어떻게 되었는지 등의 정보가 세트된다.

status report [–ripɔ́:rt] **상태 보고**

status save area [–séiv ɛ́(:)riə] **상황 보관 영역**

status signal [–sígnəl] **상태 신호** 외부 인터페이스 장치(interface unit)를 제어하기 위해 CPU에 보내는 신호.

status stroke [–stróuk] **상태 스트로크** 데이터 버스 상에 출력되는 상태 신호를 스트로크하는 신호.

status switching [–swítʃiŋ] **상태 변환**

status table [–téibəl] **상태표**

status value [–vǽlju:] **상태값** 사상의 한 측면. STATUS 내장 함수 또는 의변수(擬變數)를 통하여 2진 고정 소수점 데이터로서 참조된다. 2진 고정 소수점 값과 구체적인 사상과의 대응은 아래의 경우를 제외하고 프로그래머에 맡겨지고 있다. 즉, 값 0이 사상의 정상 완료와 대응되고 있다. 따라서 사상의 이상 완료라고 간주될 때에는 0 이외의 값과 대응된다.

status word [–wə́:rd] **상태어, 상황 단어** 「상태어」는 「정상」인지 「이상」인지 「on」인지 「off」인지 등을 표시하는 상태 비트(status bit)로 구성되어 있다. 「상태어」 중에 중요한 것은 프로그램 상태어(PSW ; program status word)이지만, 보통은 중앙 처리 장치(CPU)에 의해 관리되며, 프로그램의 동작 상태를 표시하고 있다. 또 입출력 장치(input/output unit)의 상태를 표시하는 상태어인 입출력 장치 상태어(input/output unit status word)도 있다.

status word register [–rédʒistər] **상태어 레지스터** 마이크로프로세서의 현재 상태를 사용자에게 알리기 위해 사용되는 레지스터.

STB 셋 톱 박스 set top box의 약어. 쌍방향 멀티미디어 통신을 위한 가정용 통신 단말기. TV를 네트워크와 접속하여 VOD나 쌍방향 TV 등을 목적으로 하는 것. 전화나 컴퓨터 등과의 통신 기능을 갖춘 단말기(box)를 TV 세트에 설치하기 때문에 「set top box」라고 불린다.

STB strategy STB 전략 set top box strategy

의 약어. 매니어들만의 전유물이었던 PC를 가전 제품화하여 누구나 쉽고 편리하게 사용할 수 있도록 기능을 간략화하고 저가로 판매하려는 인텔 사의 전략.

STC 자기 동조 제어 self-tuning control의 약어.

STDM (1) **표준 모듈** standard module의 약어. (2) **동기 시분할 다중 방식** synchronous time division multiplexing system의 약어. (3) **통계적 시분할 다중 장치** statical time division multiplexer의 약어.

steady-error state[stédi(:) érər stéit] **정상 편차 상태** 과도 응답에서 충분한 시간이 경과한 후 제어 편차가 일정한 값으로 떨어졌을 때. 정상 편차에서 입력이 스텝 입력인 경우를 위치 편차 또는 오프셋, 램프 입력인 경우를 속도 편차, 일정 가속도 입력인 경우를 가속도 편차라고 한다.

STEDR 스테이징 실효 데이터율 staging effective data rate의 약어.

steepest descent method[stí:pist disént méθəd] **최급강하법** 아날로그 컴퓨터에서 나눗셈 회로나 역함수 발생 회로의 정밀도를 개선하기 위해 적당한 평가 함수를 정하고 이것을 최소화하는 방법.

Stenopunch[sténəpʌ̀ntʃ] *n.* **스테노펀치** 속기에 사용되는 타이프라이터. 20여 개의 키를 가진 특수한 키보드를 사용하여 조작자는 양 손으로 속기 규약에 따라 입력한다. 보통 타이프라이터와 달리 두 개 이상의 키를 동시에 칠 수도 있으며 폭이 비교적 좁은 프린트 용지에 프린트되면 이것을 정상 문으로 번역한다. 프린트 용지의 문자를 읽어 기계적으로 번역하는 시스템도 있다.

STEP 스텝 standard for the exchange of product model data의 약어. ANSI 규격의 1GES를 계승한 ISO의 CAD/CAM 솔리드 모델의 데이터 교환에 관한 표준안. 1GES는 CAD 데이터뿐이었으나 STEP에서는 설계, 해석, 제조, 검사, 보수 등 제품의 수명 주기 전체를 그 대상으로 하고 있다.

step[stép] *n.* **단계, 수단, 처치, 스텝** (1) 컴퓨터가 실행하는 하나하나의 명령어(instruction), 프로그램(program)과 루틴(routine)을 구성하고 있는 명령을 말한다. 컴퓨터는 명령을 순차적(step-by-step)으로 실행해가는 것으로 시작된다. (2) 프로그램이 작성한 원시 프로그램(source program)의 명령 수와 코딩 시트(coding sheet)로 작성된 프로그램의 행수를 말한다. 이와 같이 프로그램이나 루틴의 크기를 표시할 때도 사용된다.「스텝 수」라 한다. 어셈블러 언어로 2,000스텝이라는 식으로 표시된다. (3) 프로그램 개발 등에서 명령마다 구역별로 나누어 실행되는 결과를 확인하고 다음으로 진행해 가는 것을 스텝 동작(step operation)이라고 한다. (4) 플로피 디스크 장치(FDD) 등에 판독/기록 헤드(magnetic head)를 목적 트랙(track) 위치까지 이동시킬 때 1트랙을 1펄스로 이동시킨다. 이와 같이 단계를 구분지어 처리하는 것을「스텝 처리」라 한다.

step-and-repeat system[–ənd ripí:t sístəm] **단계 및 반복 시스템**

step-by-step execution[–bɑi stép èksəkjú:ʃən] **단계별 수행** ⇨ single step

step-by-step operation[–ɑ̀pəréiʃən] **단계별 조작** 하나의 컴퓨터 명령 또는 일부분이 외부 신호에 호응하여 실행되는 컴퓨터의 조작 형태.

step-by-step system[–sístəm] **스텝바이 스텝 방식, 단계별 방식** 자동 전화 교환기의 한 방식. 뱅크(가로 세로로 나열한 도체 단자군) 접점을 겹쳐 쌓아서 가입자가 다이얼을 돌리면 와이퍼(접촉자)가 상승하여 뱅크 접점 상을 회전하여 선택 동작하는 방식.

step change[–tʃéindʒ] **단계 변화** 무시할 정도의 시간 내에 한 값에서 다른 값으로의 변화.

step control table[–kəntróul téibəl] **SCT, 단계 제어 테이블**

step counter[–káuntər] **단계 계수기** 연산 장치가 곱셈, 나눗셈, 자리 이동 연산을 할 때 단계를 세기 위해 사용하는 계수기.

step-down transformer[–dàun trænsfɔ́:rmər] **스텝 다운 변압기** 입력측보다 낮은 전압을 출력측에 보내기 위한 변압기.

step function[–fʌ́ŋkʃən] **단계 함수** 헤비사이드 함수(Heaviside function)라고도 하며 정의역의 하나 이상의 점에서 함수값이 불연속으로 뛰는 함수.

step input[–ínpùt] **단계 입력** 외부의 기억 매체로부터 차례로 내부 기억 장소에 전달되는 정보의 자료.

step input/output table[–áutpùt téibəl] **SIOT, 스텝 입출력 테이블, 단계 입출력표**

step junction[–dʒʌ́ŋkʃən] **단계 접합** 접합면을 기준으로 한쪽은 P형으로, 그리고 다른 한쪽은 N형으로 균일하게 도핑되어 있는 PN 접합.

step library[–láibrəri(:)] **스텝 라이브러리** 작업 단계마다 데이터 정의문에 의해서 지정할 수 있고 그 작업 단계에서만 모듈의 검색 대상이 되는 라이브러리.

step name[–néim] **스텝명** 작업을 구성하는 작업 단계에 붙여진 명칭. 작업 단계(jop step)명과 절차 단계(procedure step)명이 있다.

stepped-ramp system[stépt rǽmp sístəm]

계단형 램프 방식 시작 번호가 일정 간격으로 발생하는 동기의 한 형태.

stepped start stop system[–stɑ́:rt stɑ́p sístəm] **단계적 시작 정지 시스템** 시작 신호가 일정 간격으로 일어나는 것 같은 동기 형식.

stepper motor[stépər móutər] **단계적 모터, 단계적 전동기** 펄스가 있을 때마다 정해진 양만큼 회전하는 기계적 장치.

stepping register[stépiŋ rédʒistər] **단계 레지스터** ⇨ shift register

step rate[stép réit] **스텝 레이트**

step region[–rí:dʒən] **스텝 영역**

step response[–rispɑ́ns] **스텝 응답** 프로세스나 제어계의 입력을 어느 일정값에서 다른 일정값으로 계단형으로 순간 변화시켰을 때의 출력의 변화(응답). ⇨ indicial response

step response time[–tɑ́im] **스텝 응답 시간**

step restart[–ri:stɑ́:rt] **스텝 재가동**

STEPS 스텝스 standardized technology and engineering for programming support의 약어. 시스템 분석으로부터 프로그래밍까지를 표준화된 작업 순서와 작업 방법을 사용함으로써 체계화한 시스템 개발 기법.

step scalpture[stép skǽlptʃər] **스텝 스컬처** 키보드의 형상 중 맨 앞쪽 열부터 차례로 조금씩 위로 경사가 진 형태의 키보드.

step sequencing[–sí:kwənsiŋ] **스텝 순서**

step-size control[–sɑ́iz kəntróul] **단계 크기 조절** 주어진 주간격으로부터 근사 함수를 구할 때 오차를 줄이기 위해 간격을 조절하는 방법. 주로 2등분법과 2배법을 사용한다.

step stress test[–strés tést] **스텝 스트레스 테스트** 샘플에 대해서 시간적, 단계적으로 시험 조건의 엄격성을 변화시키면서 행하는 시험.

step type[–tɑ́ip] **스텝 타입** 키보드 상에 배치된 여러 열로 되어 있는 키보드의 배열 방법이 열(列)마다 계단 모양으로 구성된 키보드의 형식.

step voltage[–vóultidʒ] **단계 전압** 계단파 모양의 입력 전압.

stepwise execution[stépwɑ̀iz èksəkjú:ʃən] **스텝 실행** 프로그램의 디버그 기능 중 하나로 프로그램을 한 행씩 실행해 가면서, 올바르게 실행되고 있는지를 조사하는 기능.

stepwise refinement[–rifɑ́inmənt] **단계적 정제** 프로그램을 추상 기계의 계층으로서 재구성하는 것.

stepwise regression[–rigréʃən] **단계적 회귀 분석** 통계적인 회귀 분석에서 결과값에 유의(有意)한 영향을 미치는 독립 변수의 항을 결정하는 방법.

stereoscopic headset[stèriəskɑ́pik hédsèt] **입체경 헤드셋** 가상 현실 등에서 3차원 영상으로 느끼게 하기 위해 착용하는 안경. 3차원 영화 등에서는 빛의 편광을 이용하는 유리를 사용하며, 가상 현실 세계에서는 두 개의 작은 화면을 적절하게 배치하여 마치 3차원 영상인 것처럼 느끼게 한다.

stereoscopic television[–téləvìʒən] **입체 텔레비전** 텔레비전 화상을 3차원식, 즉 입체식으로 재현하는 방식. 촬영할 때 2렌즈로 찍는 2안식(二眼式)과 많은 렌즈로 찍는 다안식(多眼式)으로 대별되며, 그 밖에도 몇 가지 방식이 고려된다. 의학용·공업용·교육용 등의 전문 분야의 이용에 대한 개발을 추진하고 있다.

Steve(Steven Paul) Jobs 스티브 잡스 애플 사의 창립자 중 한 사람. 세계 최초로 PC를 개발하였고, 개인용 컴퓨터를 대중화하였다. 또한 GUI와 마우스를 애플 리사와 매킨토시에 도입하였으며, 애플 사를 혁신시키고 시장에서 성공을 거두게끔 이끌었다. 픽사 사의 소유주이자 CEO였으며, 월트 디즈니 사가 이 회사를 구입함으로써 디즈니 사의 최대 개인 주주이자 이사회 이사가 되었다. 2004년 무렵부터 췌장암으로 투병생활을 이어오다 2011년 10월 5일에 만 56세의 나이로 사망하였다.

Steve(Stephan) Wozniak 스티브 워즈니악 미국의 컴퓨터 기술자. 1976년 스티브 잡스와 함께 미국 캘리포니아 주에서 애플 사를 설립하였고, 애플 II 등을 설계하였다. 그 후 경영 방침에 반대하여 회사를 그만두었다.

stick printer[stík príntər] **막대 프린터** 한 번에 한 자씩 인쇄하는 막대로 이루어진 프린터. 막대가 좌에서 우로 이동하면서 인쇄한다.

S/T interface S/T 인터페이스 ISDN으로 통신하기 위해 모든 ISDN 기기가 연결되어 있는 ISDN 모뎀의 한 부분. 라인을 종료시키기 위해서는 하드웨어 부속이 ISDN과 잭 사이에 있어야 한다. NT1과 월 잭 사이 지점을 U 인터페이스라고 한다.

Stirling's formula 스털링의 공식 계승(階乘)에 관한 근사식에서

$$k \gg 1,\ k\,! \fallingdotseq \sqrt{2\pi k}\, k^k e^{-k}$$

로 나타낸다.

STM 동기 전송 모드 synchronous transter mode의 약어. ITU-T(국제 전기 통신 연합 전기 통신 표준화 부문)가 1986년 B-ISDN(광대역 ISDN)의 전달 모드를 검토할 때 ATM(비동기 전송 모드)과 함께 결정된 용어이다. B-ISDN의 전달 모드는 1988년에 ATM으로 일원화했다. 종래의 교환 방식

은 회선 교환이라 하여 하나의 신호가 발생하면 그것에 대해 하나의 채널을 발착 단말기 간에 점유시키는 방식이었다. STM은 하나의 채널을 주기적으로 나타내는 프레임 타임 슬롯이며, 분할해서 전송하는 시간 위치 다중 방식으로 특정의 신호를 프레임으로부터 유출하는 등의 채널 식별은 프레임 내의 타임 슬롯의 시간적 위치에서 판단한다. 이 방식은 1채널당 최대 통신 속도가 일정하다는 제약이 있다. B-ISDN처럼 다양한 정보, 서로 다른 통신 속도, 변화하는 정보를 취급할 경우는 하나의 신호에 대해서 최대 통신 속도에 맞추어야 하므로 여러 개의 채널을 할당할 필요가 있다. 따라서 공백 채널이 많아지고 회선 사용 효율이 떨어진다.

STN 상태 번호 status number의 약어.

STO 세그먼트 테이블 기점 어드레스 segment table origin의 약어.

stochastic[stəkǽstik] *a.* **확률적** 알고리즘의 고정된 단계적 절차들과는 대조적인 시행 착오 절차. 추계 결과는 확률적으로 정의된다.

stochastic matrix[–méitriks] **확률 행렬**

stochastic model[–mádəl] **확률적 모형** 확률 변수를 포함하는 수학적 모형.

stochastic procedure[–prəsí:dʒər] **추계 절차** 시행 착오로 말미암아 어떤 결과를 만들어내는 과정.

stochastic process[–práses] **확률적 과정** 어떤 식으로 일어날지를 확률적으로만 말할 수 있는 사건들의 연속으로 이루어진 과정.

stochastic programming[–próugræmiŋ] **추계 프로그래밍** 어떤 단위 비용이나 제약 조건식에서의 계수, 조건식의 우변 등이 이미 알려진 분포의 임의 변수인 경우에 그 최적 조건을 구하기 위한 선형 계획법의 일반적인 기법. 이의 목적은 실제보다 많은 예상 비용을 최소화할 수 있도록 변수 기준을 선택하는 데 있다.

stock control[sták kəntróul] **재고 관리**

stock form[–fɔ́:rm] **스톡 폼** 프린터에서 사용되는 연속 용지.

stock safety level[–séifti(:) lévəl] **안전 재고**

stop[stáp] *n.* **멈춤, 정지** 장치(unit)나 프로그램이 작동 상태가 아니고, 정지한 상태를 나타내는 경우에 사용된다.

stop address[–ədrés] **정지 주소** 시스템 콘솔에서 지정해둔 주소와 만났을 때 처리가 정지되는 동작.

stop bit[–bít] **정지 비트, 스톱 비트** 비동기의 데이터 통신(asynchronous data transmission)에서 하나의 단어(word)의 끝을 표시하기 위해 최후에 부가하는 2비트. 최초에 붙이는 2비트를 시작 비트(start bit)라고 한다. 정지 비트(stop bit)는 전기적으로 말하면, 정지 신호(stop signal)이다.

stop code[–kóud] **정지 코드** 보통 보조 장치의 동작을 중단 또는 정지시키는 제어용 코드. 예를 들면 테이프 판독 장치에서 정보를 판독하는 경우, 종이 테이프에 이 코드가 들어 있으면 이 코드로 판독을 중지한다. ⇨ stop instruction

stop control card[–kəntróul ká:rd] **정지 제어 카드**

stop element[–éləmənt] **정지 소자, 스톱 엘리먼트** 직렬 전송에서 한 문자의 마지막 요소로서 다음 시작 요소의 인식을 확인하는 데 사용된다.

stop function[–fʌ́ŋkʃən] **정지 기능, 스톱 기능** 일반적으로 대규모 컴퓨터 시스템에서는 콘솔(console)로부터 컴퓨터를 정지(stop)해야만 한다. 「정지 기능」은 중앙 처리 장치(CPU)를 정지하기 위한 OS(운영 체제)와 관련된 기능의 하나이다.

stop indicator[–índikèitər] **정지 표시등**

stop instruction[–instrʌ́kʃən] **정지 명령** 프로그램의 실행을 정지하는 명령. halt instruction 이라고도 한다. BASIC 언어와 FORTRAN 언어 등의 프로그래밍 언어에서 프로그램은 STOP 문으로 정지시킬 수가 있다.

[주] 컴퓨터 프로그램의 실행 종료를 지정하는 출구.

stop interval[–íntərvəl] **정지 인터벌**

stop key[–kí:] **정지 키** 처리 작업을 정지시키기 위해 제어 패널에 있는 푸시 버튼. 이러한 작업의 정지는 그 순간에 수행중인 명령어가 끝난 다음에 이루어진다.

stop loop[–lú:p] **정지 루프** 작은 폐쇄 루프로, 보통 조작자의 편리를 위해 고안되어 사용된다. 즉, 잘못된 용법이나 특별한 결과를 지시하는 데 사용된다.

stopped state[stápt stéit] **정지 상태** 중앙 처리 장치가 아무 일도 하고 있지 않은 상태. 조작원의 조작이나 특별한 인터럽트 신호에 의해 작동 상태로 들어간다.

stopper[stápər] *n.* **정지기** 주어진 시스템에서 가장 높은 기억 장소.

stop polarity[stáp pouléæriti(:)] **정지 극성**

stop pulse[–pʌ́ls] **정지 펄스** 동작을 정지시키기 위한 펄스.

stop signal[–sígnəl] **정지 신호** 시작-정지식 전송에 있어서 후속된 문자를 수신 장치가 수신할 수 있도록 준비하기 위한 신호이며, 문자의 끝에 위치하는 것.

[주] 정지 신호는 통상, 정해진 최소값 이상의 길이

를 보유하는 하나의 신호 엘리먼트로 한정된다.

stop statement[–stéitmənt] **스톱문, 정지문** 컴퓨터 명령어에서 STOP, STOP *n*(*n*은 8자리 이하의 정수)의 형을 하고 있다. 이 명령을 실행하면, 컴퓨터는 프로그램 실행을 정지한다. END 문이 프로그램 단위의 마지막을 나타내기 때문에 프로그램 최후에 쓰여지는 데 대해 STOP 문은 실행 종료를 나타내기 위한 것이기 때문에 프로그램 중 어느 위치에 있어도 상관없다.

stop time[–táim] **정지 시간** 자기 테이프 장치(magnetic tape unit)에서 판독(read)과 기록(write)의 완료에서 실제로 테이프가 정지할 때까지의 시간이다. 감속 시간(deceleration time)이라고도 한다.

stop word[–wɔ́ːrd] **제외어** 색인(인덱스) 작성 때에 표제어(keyword, descriptor)로 하지 않는 언어. 일반적으로 표제어로 할 필요가 없는 단어나 관계없는 분야의 용어 등이 여기에 해당된다. 색인 작성 목적에 따라서 제외어의 범위도 변화한다.

STOR 세그먼트 테이블 기점 레지스터 segment table origin register의 약어.

storage[stɔ́ːridʒ] *n.* **기억 (장치)** (1) 기억 : 필요한 정보를 필요한 시간에 저장하는 것으로, 일시 기억(memory)과 같은 뜻으로도 사용된다. (2) 기억 장치 : storage unit, storage device와 같은 뜻으로도 사용된다. 이것은 컴퓨터 시스템의 구성 요소의 하나로, 프로그램과 데이터를 저장하고 보존 유지하며 또한 인출할 수 있는 기능 단위. 컴퓨터 처리에 필요한 정보를 저장(기억)해두는 것. 보통 필요에 따라 필요한 정보를 재빨리 저장하거나(기록), 저장된 정보를 빠르게 인출하거나(판독) 하는 기능을 갖추고 있다. 더욱이 중앙 처리 장치(CPU)에 있는 기억 장치를 내부 기억 장치 또는 주기억 장치라 하고, 자기 테이프, 자기 디스크, 자기 드럼 등을 외부 기억 장치 또는 보조 기억 장치라고 한다.

storage acquisition[–ækwizíʃən] **기억 영역 획득**

storage address display lights[–ədrés displéi láits] **기억 주소 표시등** 선택된 주소(기억 장소)의 비트 형태를 표시하기 위해 제어 패널에 있는 각종 지시등.

storage address register[–rédʒistər] **SAR, 기억 주소 레지스터**

storage allocation[–æ̀ləkéiʃən] **기억 장소 할당** 지정된 데이터에 대한 기억 영역의 할당. 주기억 장치의 장소를 프로그램 루틴, 상수, 워킹 스페이스, 데이터 등 용도별로 지정해서 할당하는 것. 대부분의 컴퓨터 시스템에서는 자동으로 행해진다.

storage allocation switch[–swítʃ] **기억 장소 할당 스위치**

storage and information retrieval system[–ənd ìnfərméiʃən ritríːvəl sístəm] **STAIRS, 데이터 베이스 작성 검색 시스템**

storage area[–έ(ː)riə] **기억 영역** 프로그램, 데이터 등을 저장하기 위해 할당된 영역. 이것은 대상이 되는 프로그램 및 데이터에 의해서 규정되는데, 특히 프로그램 및 데이터를 특정하지 않는 경우는 주소 공간 전역을 가리킨다.

storage area network[–nétwɔ̀ːrk] ⇨ SAN

storage block[–blák] **기억 블록** 주기억 장치 내의 2,048바이트로 이루어지는 연속된 기억 영역으로서, 기억 키를 배당할 수 있는 곳을 의미한다.

storage capacity[–kəpǽsiti(ː)] **기억 용량** 기억 장치에 넣을 수 있는 데이터의 양이며, 비트, 바이트 문자, 단어 또는 그 밖의 데이터 단위로 표시된 것. 즉, 기억 장치에서 기억 내용을 읽어내고(필요하면 다시 써넣어 완료함) 다음 동작을 시동할 수 있는 상태로 되기까지의 시간.

storage cell[–sél] **기억 소자, 저장 장치 셀** 기억 장치의 내부 기본 단위이며 2치 소자, 10치 소자 등을 말한다. 한 개의 단위로 간주되는 하나 이상의 기억 소자이다.

storage charge[–tʃáːrdʒ] **저장 비용** 디스크, 드럼, 테이프와 같은 주변 장치를 하나의 기억 장소에 저장시키는 데 소요되는 경비.

storage circuit[–sɔ́ːrkit] **기억 회로**

storage class[–kláːs] **기억 영역 클래스** PL/I의 용어. 변수에 대하여 기억 영역의 할당 방법을 지정하는 것. 자동적, 정적, 기저부 및 피제어의 네 가지가 있다.

storage class attribute[–ǽtribjùːt] **기억 영역 클래스 속성** PL/I의 용어. 데이터 변수에 대한 기억 영역의 형을 지정하는 속성으로, 다음과 같은 것이 있다. STATIC, AUTOMATIC, CONTROLLED 및 BASED.

storage configuration control[–kənfìgjuréiʃən kəntróul] **주기억 구성 제어**

storage controlled built-in function [–kəntróuld bílt in fʌ́ŋkʃən] **기억 영역 제어 내장 함수** 기저부 변수 혹은 피제어 변수의 특별한 값. 또는 기저부 변수의 할당을 나타내는 값 등을 되돌리는 내장 함수를 말한다.

storage counter[–káuntər] **기억 장소 계수기** 입력 펄스에 의하여 콘덴서를 순서적으로 충전하고, 콘덴서의 전압이 설정값에 이르는 것을 진폭 비교 회로로써 판단하여 계수하는 회로.

storage cycle[–sáikl] **기억 사이클, 기억 장치 주기** 정보가 컴퓨터의 기억 장치로 오고갈 때 생기는 주기적인 일련의 사상(event)으로서 저장, 감지, 재생 등이 저장 작업 순서의 일부를 이룬다.

storage cycle time[–táim] **기억 주기 시간** 주기억 장치에서 한 단어가 읽혀지고 재복구하는 데 걸리는 시간. 자기 코어 등의 등속 기억 장치에 있어서 어떤 기억 장소에 기억되어 있는 정보의 판독을 개시하고부터 다음 기억 장소에 있는 정보를 판독하기 시작하는 데 필요한 시간. ⇨ cycle time

storage data check status bit[–déitə tʃék stéitəs bít] **기억 데이터 체크 상태 비트**

storage data transfer rate[–trænsfə́:r réit] **기억 장치 데이터 전송률**

storage deallocation[–diæ̀ləkéiʃən] **기억 장소 반환** 기억 장소 할당의 반대 개념으로, 이미 할당된 기억 장치의 특정 영역을 반환하는 것.

storage density[–dénsiti(:)] **저장 밀도** 기억 매체의 단위 길이 혹은 단위 면적 내에 기억할 수 있는 문자의 개수.

storage device[–diváis] **기억 장치, 스토리지 디바이스** 데이터를 저장하고, 보존 유지하며 또한 인출할 수 있는 장치.

storage device independent[–indipéndənt] **기억 장치 독립성** 사용자에게 데이터가 저장된 설계 장치와 위치를 알 필요가 없게 하는 논리적 데이터 저장 방식.

storage display[–displéi] **저장 디스플레이**

storage domain[–douméin] **기억 영역**

storage dump[–dʌ́mp] **기억 장소 덤프** 기억 장소의 내용 전부 또는 특정한 일부를 자기 테이프에 기록하거나 인쇄하며 인출해내는 것으로서 프로그램의 디버그 등에 사용한다.

storage element[–éləmənt] **기억 소자** 기억 장치의 기본 단위. 0 또는 1을 기억하고 있으며, 이것을 비트라고 한다.

storage file[–fáil] **기억 파일** 시스템 R에서 베이스 테이블을 저장하는 파일.

storage fragmentation[–frægmentéiʃən] **기억 영역 단편화** 빈 영역의 할당을 할 수 없게 되는 것.

storage group[–grú:p] **기억 공간군** 같은 종류의 보조 기억 장치 상에 존재하는 직접 접근 기억 공간의 집합.

storage hierarchy[–háiərɑ̀:rki(:)] **기억 계층** 컴퓨터에서 사용하는 기억 장치는 고속, 대용량이 이상적이지만 현실적으로는 고속이면 용량이 적거나, 대용량이면 저속인 경우가 있다. 그래서 실제의 컴퓨터에서는 각종 기억 장치를 조합해서 각 장치의 장점을 살려 사용하고 있다. 이것을 컴퓨터의 기억 계층화라고 한다. 주기억 장치와 CPU의 데이터를 주고받는 CPU가 고속인 반면, 1회에 다루는 데이터의 양은 비교적 한정되어 있으므로 캐시 기억 장치를 쓰는 경우가 있다. 그에 비하여 보조 기억 장치는 대용량이 요구되므로 자기 디스크 등이 쓰인다.

storage hierarchy structure[–strʌ́ktʃər] **기억 계층 구조** ⇨ layered structure

storage image[–ímidʒ] **기억 이미지** 주기억 장치 중에 의존할 때가 있으나 그 상태 그대로를 표시하는 것과 같은 컴퓨터 프로그램 및 관련되는 데이터의 표현.

storage initialization[–inìʃəlaizéiʃən] **기억 영역 초기 설정**

storage integrator[–íntəgrèitər] **기억 장치 적분기**

storage interface[–íntərfèis] **저장 인터페이스** 데이터 베이스에 있어서 논리적 스키마와 물리적 측면의 저장 공간상의 스키마 간의 인터페이스.

storage interference[–ìntərfí(:)rəns] **기억 영역 간섭**

storage interleaving[–ìntərlí:viŋ] **기억 장소 인터리빙** 인접한 메모리 위치를 서로 다른 뱅크에 둠으로써 동시에 여러 곳을 접근할 수 있게 하는 것. 주기억 장치를 접근하는 속도를 빠르게 하는 데 쓰인다. ⇨ two-way interleaving

storage key[–kí:] **기억 장치 키** 하나 이상의 블록에 결합되어 있는 표지의 뜻으로서 그 블록을 사용하기 위해 태스크는 대응하는 보호 키를 필요로 한다.

storage light[–láit] **기억 장치 표시등** 하나의 문자를 입력해서 기억 장치에 기억시킬 경우, 패리티 검사에 의해 오류가 탐지되면 그 상태를 표시하기 위해 제어 콘솔에 있는 표시등.

storage limit register[–límit rédʒistər] **기억 영역 한계 레지스터**

storage load[–lóud] **기억 영역 로드**

storage location[–loukéiʃən] **기억 장소, 기억 위치** 어드레스에 의해서 명시적으로 지정될 수 있는 기억 장치 중의 영역.

storage logic array[–lɑ́dʒik əréi] **SLA, 저장 논리 배열** PLA(프로그램 가능 논리 배열)에서 쓰이지 않는 부분을 기억 장소로 만들어 순차 기능을 부여한 것.

storage management[–mǽnidʒmənt] **기억 장치 관리** 기억 장소를 프로그램이나 데이터에 의해서 할당하고 반환하는 모든 작업의 관리.

storage map[-mǽp] **기억 장치 지도, 메모리 맵, 기억 장소도** 프로그램이 점유하고 있는 기억 영역의 범위를 정의하고 있는 어드레스 또는 어드레스 기호 표현의 인쇄 출력.

storage matrix[-méitriks] **기억 행렬**

storage medium[-mí:diəm] **기억 매체** 프로그램이나 데이터를 기억하기 위해 쓰이는 매체. 자기 디스크 등 데이터를 등록, 취소하기 쉬운 것을 사용하는 일이 많다.

storage memory[-méməri(:)] **기억 장치** 처리하고자 하는 명령(instruction)이나 데이터 또는 처리된 데이터를 인쇄 용지 등에 출력하기까지 일시적으로 저장해두는 장치. 또 중앙 처리 장치에 있는 기억 장치를 내부 기억 장치 또는 주기억 장치라 하며, 자기 테이프, 자기 디스크 팩, 자기 드럼 등의 각 장치를 외부 기억 장치 또는 보조 기억 장치라고 한다. 주기억 장치의 용량은 보통 수 메가바이트이며, 100메가바이트를 넘는 시스템도 있다.

storage mode[-móud] **기억 방식**

storage node[-nóud] **기억 장치 노드** 트랜지스터 회로에서 전하를 충전된 상태로 가질 수 있는 노드.

storage operand[-ápərӕ̀nd] **기억 장치 피연산자** CPU 연산시 피연산자가 주기억 공간 속에 적재된 데이터일 때를 가리킨다.

storage operation[-ɑ̀pəréiʃən] **기억 영역 조작**

storage oscilloscope[-əsíləskòup] **축적형 오실로스코프** 단현상의 파형을 관측하기 위한 오실로스코프. 직시형 축적관을 사용해서 브라운관의 스크린에 파형을 기억시킬 수 있다.

storage parity[-pǽriti(:)] **기억 장치 패리티** 디스크, 드럼, 보조 기억 장치 등과 같은 기억 장치에 데이터를 주고받을 때 사용되는 패리티 체크 코드 또는 장치의 특정한 응용.

storage part[-pá:rt] **기억 장치 부분** 한 시스템 내에서 기억 장치를 총칭하는 용어.

storage pool[-pú:l] **기억 풀**

storage port[-pɔ́:rt] **기억 장치 포트**

storage-print program[-prínt próugrӕm] **기억 내용 인쇄 프로그램** 프로그램 오류의 내용을 이용자가 알아볼 수 있도록 기억 장치와 레지스터의 내용을 인쇄하는 프로그램.

storage protection[-prətékʃən] **기억 보호** 기억 보호라는 용어는 정보를 기억하는 모든 장치(메모리 장치, 자기 기억 장치 등)에 사용되는 용어가 아니라, 기억 장치의 메모리에 대해서 사용되는 용어이며, 메모리 보호와 동의어이다. 자기 기억 장치에 대해서는 파일 보호(file protection)라고 하는 용어가 사용되고 있다. 잘못된 명령에 의한 기록이 악의(惡意)에 의한 기억 내용의 파괴 또는 변경을 방지하기 위해서 쓰기를 거부하는 기록(write) 제한, 정보의 부당한 판독을 거부하는 판독(read) 제한, 프로그램의 폭주(暴走)를 방지하고 프로그램의 실행권을 보호하는 목적으로 기억 내용을 명령으로서 실행하는 것의 제한 등을 기억 보호라고 한다. 예를 들면 주기억 장치에 여러 개의 프로그램이 들어 있고, 이들이 동시에 실행되고 있는 경우 어떤 프로그램의 오류(에러)로 인해 다른 프로그램이 파괴될 수 있다. 더욱이 운영 체제(OS)의 제어 프로그램에 영향이 미치는 경우도 있다. 이러한 것을 방지하는 것을 말한다.
[주] 기록, 판독 또는 그 양쪽을 조정함으로써 기억 장치 또는 기억 장소로의 액세스를 제한하는 것.

storage protection feature[-fí:tʃər] **기억 보호 기능**

storage protection key[-kí:] **기억 보호 키**

storage reconfiguration[-ri:kənfìgjuréiʃən] **기억 장치 재구성** 고장난 기억 영역의 사용을 금지하고, 관련된 시스템 자원을 분리하는 기능.

storage region[-rí:dʒən] **기억 영역**

storage register[-rédʒistər] **기억 레지스터** 컴퓨터 내의 중앙 처리 장치와 같은 기억 장치 내에 있는 레지스터.

storage requirement[-rikwáiərmənt] **필요 메모리** 소프트웨어를 실행하는 데 필요한 최소한의 메모리 용량. 새로 구입한 소프트웨어가 정상적으로 동작하지 않을 경우에 그 원인의 하나로 컴퓨터의 메모리를 생각해봐야 한다.

storage space[-spéis] **기억 공간**

storage stack[-stǽk] **저장 장치 스택** 특수한 형태로 연결된 기억 장치 요소들의 집단으로, 스택 내의 데이터는 선입 선출(先入先出) 방식으로 참조될 수 있거나 후입 선출(後入先出) 방식으로 참조된다.

storage structure[-strʌ́ktʃər] **기억 장치 구조** 포인터나 문자 표현 방식, 부동 소수점 수, 블로킹, 접근 방법 등으로 시스템 내의 데이터가 저장되는 방식을 서술한 것.

storage switch[-swítʃ] **기억 스위치** 컴퓨터 콘솔에 있는 수동 조작 스위치로, 조작원이 레지스터의 내용을 읽을 수 있게 한다.

storage temperature[-témpərətʃər] **보존 온도, 기억 장치 온도** 전압을 가하지 않고도 기억 소자의 내용을 보존할 수 있는 온도.

storage time[-táim] **기억 시간** 포화하고 있는 트랜지스터를 턴오프(turn-off)하는 데 필요한 시간.

storage to diskette dump[-tu dísket dʌ́mp] **기억 영역/디스켓 덤프**

storage to printer dump[–príntər dʌ́mp] **기억 영역/인쇄 장치 덤프**

storage-to-storage operation[–stɔ́:ridʒ àpəréiʃən] **기억 영역 간 조작**

storage-to-storage technique[–tekní:k] **기억 장소 대 기억 장소 기법** 주소화할 수 있는 레지스터에 들어 있는 가변 길이 단어(명령어, 자료)들을 주소화할 수 없는 레지스터에 하나의 문자(바이트)를 호출하여 그것에 필요한 작업을 가한 후 그 결과를 다시 문자(바이트) 영역에 저장하는 기법.

storage tube[–tjú:b] **축적관** 재생하는 일 없이 표시 영상에 보존 유지할 수 있는 음극 선관.

storage unit[–jú:nit] **기억 장치**

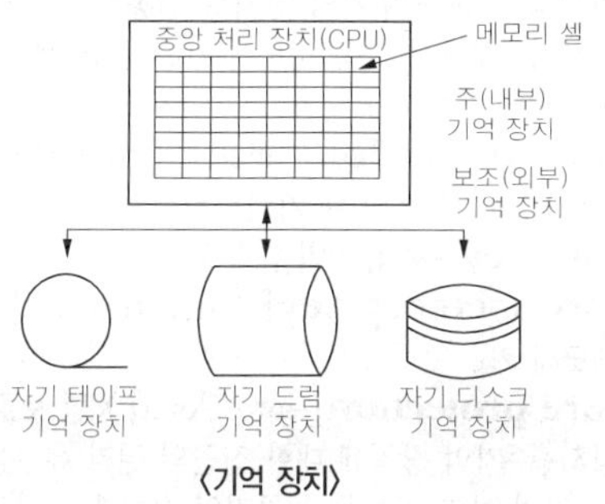

〈기억 장치〉

storage volume[–váljum] **기억 볼륨** 불특정 볼륨 요구의 비일시 데이터 세트를 우선적으로 할당하는 데 쓰이는 볼륨.

store[stɔ́:r] *n.* **기억 저장, 축적** 정보를 데이터 기억 장치(data storage unit) 안에 일정 기간 보존하고, 필요할 때 꺼내어 사용할 수 있는 장치(device)와 이것에 정보를 넣는 것. 전자의 경우는 「기억 장치」, 후자의 경우는 「저장」이라고 해석된다. 전자의 경우 영국 이외에서는 storage라고 한다. 테이프나 디스크라는 동적 매체(dynamic medium)에 기록하는 것을 기록 또는 써넣기라 하고, store와는 구별된다. 컴퓨터에서는 데이터를 지구 기억 매체(nonvolatile storage medium) 상에 보존 유지하지만 이것이 단기인 경우, 내부 기억 장치에 보존 유지된다. 이것은 즉시 액세스 기억 장치(immediate access store)라고도 말할 수 있다. 중간 정도의 시간인 경우는 온라인의 자기 디스크(magnetic disk), 자기 드럼(magnetic drum)과 같은 고속 판독 메모리로 할 수 있다. 장기인 경우는 경제성을 고려하여 제외시킬 수 있다. 자기 테이프(magnetic tape) 등에서 이루어진다.

store accumulator[–əkjú:mjulèitər] **ST, 저장 누산기**

store and fetch protection[–ənd fétʃ prətékʃən] **기억 인출 보호**

store and forward[–fɔ́:rwərd] **저장 전달, 축적 전송** 통신 시스템(communication system)에서 하나의 노드(node)로 들어오는 패킷(packet)이나 메시지를 한 번 축적하고 나서 목적 부호 등으로 상대국을 식별하여 그 정보를 전송하는 것.

store and forward exchange[–ikstʃéindʒ] **저장 전달 교환** 발신 단말로부터의 정보로 일단 교환기에 저장한 다음에 교환하는 방식. 정보의 저장 · 교환의 단위에 따라 메시지 교환과 패킷 교환이 있다.

store and forward exchange method[–méθəd] **저장 전달 교환 방식** 여러 지점을 상대로 하는 데이터 전송에서는 회선 비용 절약과 단말 장치 효율 향상을 위한 데이터 교환이 필요하며, 통신로를 흐르는 정보에 대해서 교환을 행할 뿐만 아니라 일단 기억 장치에 넣어져 필요한 처리를 거친 후 통신로로 송출하는 방식을 저장 전달 교환 방식이라고 하는데, 교환 기능과 데이터 처리 기능을 겸비한 방식이다.

store and forward mode[–móud] **저장 전달 형식, 축적 교환 형태, 축적 교환 방식** 데이터 전송에 있어서 패킷과 메시지를 일단 네트워크 내에 축적하고 나서 최종 행선지에 전송하게 해서 데이터망을 이용하는 방식.

store and forward processing[–práses-iŋ] **저장 전달 처리, 집배신(集配信)** 단말 장치로부터의 메시지를 중앙 처리 시스템의 메시지 파일에 축적한다든지 중앙 처리 시스템의 메시지 파일에서 단말 장치로 메시지를 송출하는 처리.

store and forward switching[–swítʃiŋ] **저장 전달 교환** 메시지를 수신하여 송신 상대방의 회선이 사용 가능할 때까지 저장해 두었다가 수신자가 수신 가능할 때 목적지에 송신하는 교환 방식.

store and forward with distributed data[–wið distríbjutid déitə] **분산 파일 부착 축적 교환**

store automation[–ɔ̀:təméiʃən] **상점 자동화, 스토어 오토메이션** 수퍼마켓이나 백화점 같은 소매 점포의 운영에 컴퓨터나 자동 기계를 도입하여 합리화를 꾀해가는 것. 상품의 반입, 보관, 매장으로의 운반, 가격표 부착 등을 로봇을 사용하여 자동화하는 계획을 흔히 볼 수 있다. 오피스 자동화를 목적으로 하는 오피스 오토메이션(OA), 공장과 제조 부문에서의 팩토리 오토메이션(FA) 등과 대비된다.

store controller[–kəntróulər] **스토어 제어 장치**

stored data[stɔ́:rd déitə] **기억 데이터**

stored logic[–ládʒik] **축적 논리** 마이크로프로

그램을 뜻한다. 논리 회로를 하드웨어로 실현하는 것이 아니라 프로그램형으로 실현하고 제어 기억에 축적하기 때문에 이렇게 부른다.

stored program[–próugræm] **내장식 프로그램, 프로그램 기억 방식** 문제의 처리 순서를 일정한 방식에 따라서 컴퓨터 내부에 기억시키는 것이며, 프로그램 내장 방식이라고도 한다. 컴퓨터가 내부 기억 장치를 가지며, 이것에 프로그램을 기억시켜 자동으로 계산시키는 방식이다. 폰 노이만에 의해 제창된 것이다.

stored program computer[–kəmpjú:tər] **프로그램 내장식 컴퓨터, 프로그램 기억식 컴퓨터** 프로그램이 주기억 장치에 적재되어 있어야만 실행될 수 있는 컴퓨터. 명령을 조립 · 기억하며, 계속하여 이들의 명령을 실행할 수 있다. 오늘날의 컴퓨터는 대부분 이 방식이다.

stored program concept[–kánsept] **프로그램 내장 방식** 1945년에 폰 노이만(John von Neumann)에 의해서 소개된 것으로, 디지털 컴퓨터의 가장 중요한 특징이다. 이 개념은 데이터뿐만 아니라 컴퓨터의 명령을 컴퓨터의 내부 기억 장치 내에 기억하는 것. 이 명령은 더 빠르게 접근되고, 더 쉽게 변경된다.

stored program control system[–kəntróul sístəm] **축적 프로그램 제어 방식** 디지털 교환기를 위시하여 전자 교환기에 채용되는 제어 방식. 전자 교환기를 구성하는 하드웨어의 각 장치에는 교환 동작중의 일부에 단일 기능을 부여하여 교환 동작 전체는 교환용 소프트웨어가 이들 각 장치를 유기적으로 결합하여 동작시킨다. 소프트웨어는 교환 동작에 필요한 순서와 방법이 기록되어 있는 부분(프로그램)과 데이터로 이루어지고 있으며 이들을 기억 장치에 미리 넣고 프로그램을 1스텝마다 읽어내는 교환 동작을 하는 방식을 축적 프로그램 제어 방식이라고 한다.

stored program system[–sístəm] **프로그램 기억 방식** 수학자 노이만이 제창한 것으로 명령을 미리 내부 기억 장치에 기억해놓고 그 기억되어 있는 명령에 의해 컴퓨터를 제어하는 방식. 이것에 따라 프로그램의 융통성, 계산 속도 등이 현저하게 향상되었다. 현재 컴퓨터는 거의 이 방식을 채용하고 있다.

stored record[–rékərd] **기억 레코드**

stored response testing[–rispáns téstiŋ] **저장 응답 검사** 미리 예상을 하고 저장해놓은 결과와 실제 출력한 결과를 비교 검사하는 것.

stored routine[–ru:tí:n] **저장 루틴, 내장 루틴** 컴퓨터 시스템의 작동을 단계적으로 지시하기 위해 기억 장치에 상주시켜 놓은 일련의 명령어 집합.

stored table[–téibəl] **내장 테이블** 물리적 저장 장치에 실제로 레코드들이 저장되어 있는 테이블.

stored virtual volume[–vɔ́:rtʃuəl váljum] **보존 가상 볼륨**

stored implied[–implάid] **스토어 임플라이드**

store-in[stɔ́:r in] **스토어 인** 고속 버퍼 기억 장치(캐시 메모리)를 사용하는 경우의 데이터 입력 방법의 하나. 캐시에만 입력하고, 필요하게 된 시점에서 캐시 내용을 블록 단위로 전송해서 주기억 장치에 입력하는 방식. 멀티프로세서 시스템의 경우, 한 대의 프로세서가 캐시에 입력 후에 다른 프로세서가 주기억 장치의 동일 페이지에 액세스할 때마다 캐시의 내용을 주기억 장치로 전송하는 조작이 필요하다. 캐시의 고속 이용이 가능한 반면에 제어가 복잡해진다.

store instruction[–instrʌ́kʃən] **저장 명령** 데이터를 주기억 장치에 기억시키는 명령.

store key[–kí:] **기억 입력 키**

store memory key[–méməri(:) kí:] **스토어 메모리 키**

store protection[–prətékʃən] **저장 보호, 기록 방지** 주기억 장치에 대한 접근의 권리 유무를 살피는 기억 보호 기능으로 주기억 장치에 기억되는 순간의 보호 키와 기억 장치 블록의 기억 키를 비교해서 판단한다.

store recording[–rikɔ́:rdiŋ] **축적** 데이터를 다시 추출할 수 있는 장치에 넣어두는 것.

store-through[–θrú:] **스토어 스루** 고속 버퍼 기억 장치(캐시 메모리)를 사용하는 경우에 데이터 입력 방법의 일종. 캐시에 입력함과 동시에 주기억 장치에도 같은 데이터를 입력하는 방식. 캐시와 주기억 장치와의 사이에 데이터의 불균형이 발생하지 않지만, 입력 빈도가 많으면 효율이 떨어진다.

store violation[–vàiəléiʃən] **기록 위반**

storing[stɔ́:riŋ] *n.* **기억 동작** 데이터를 기억 장치에 저장(격납)하는 동작.

story board[stɔ́:ri bɔ́:rd] **스토리 보드** 웹 사이트 구축시 각 화면의 구성 및 기능에 대해 설명해 놓은 자료를 의미하며, 시나리오의 표현이라고 할 수 있다. 스토리 보드에는 화면 이름, 화면의 구성 및 화면 설명에 대한 내용 등이 들어가며, 플로차트(flowchart) 멀티미디어 자료와 관련된 내용을 포함하도록 스토리 보드를 구성할 수 있다. 스토리 보드에는 나중에 웹 사이트 제작자가 이해하기 쉽도록 다른 화면과의 관계, 화면 내의 구성 요소들의 기능 등을 자세히 표현해야 한다.

STP (1) **실드 처리된 꼬인 쌍선** shielded twistedpair의 약어. 네트워크 케이블의 일종으로 절연체로 채워진 피복의 내부에 두 개 이상의 전선이 꼬여 있는 것으로 내부에 절연이 되지 않는 것은 UTP라 부른다. (2) **신호 중계점** signal transit point의 약어.

STPC 셋 톱 PC set top PC의 약어. 인텔 사가 제창한 1000달러 절감 PC 호환 컴퓨터. 컴퓨터용 응용 프로그램을 이용할 수 있다. STC라고도 한다.

S/T point S/T점 ISDN 가입자 망에서 사용자 단말과 전화국을 연결하는 사용자측의 종단 장치 간의 인터페이스. ISDN 가입자 망의 인터페이스 점은 단말에 가까운 것부터 R점, S점, T점, U점으로 불리고 있는데, 일반적인 이용 형태에서는 사용자측에 설치하는 제어 장치가 존재하지 않고, S점과 T점이 일치하는 경우가 많기 때문에 특히 이런 명칭이 생겼다. ⇨ ISDN

STR 동기 송수신 (기구) synchronous transmitter receiver의 약어.

STRACT 스트랙트, 대화형 전략 정보 시스템 strategic interactive information system의 약어. 최종 사용자(end user)의 업무를 지원하는 대화형의 전략 정보 시스템. 데이터 베이스에 저장되어 있는 데이터의 검색, 가공, 집계를 하여 보고서나 그래프를 작성할 수 있다. 또 통계 해석이나 시계열 예측, 모델 시뮬레이션 등 고도한 의사 결정 지원 기능을 갖는다.

straight cable[stréit kéibl] **스트레이트 케이블** 모뎀과 PC를 연결하기 위해 사용되는 케이블. RS-232C 케이블, 10Base-T, ISDN 등의 케이블이 이 것에 해당된다.

straddle erasure[strǽdl iréiʒər] **스트래들 소거** 판독/기록용 자기 헤드의 자극 한 측면을 갭(gap)으로 이용한 특수 구조의 소거 헤드를 사용하여 기록 직후의 트랙 양 가장자리 부근을 소거하는 방법. 자기 디스크 팩 장치 등에 쓰인다.

straight binary[stréit bάinəri(ː)] **순수 2진법**

straight cut control[–kʌ́t kəntróul] **직선 절삭 제어** 수치 제어(NC) 공작 기계의 하나의 축을 따라서 공작물에 대한 공구의 운동을 제어하는 방식. 또는 NC 공작기의 하나의 축을 따라서 재료 부품 등 피가공물에 대한 공구의 운동을 제어하는 방식. 1축씩 이동량과 이동 속도를 제어한다.

straight line coding[–lάin kóudiŋ] **직선적 코딩** (1) 루프를 포함하지 않은 명령 집합. (2) 전개함으로써 루프를 피하는 프로그래밍 기법.

straight selection sort[–səlékʃən sɔ́ːrt] **직선 선택법 분류**

strata[stréitə] *n.* **스트레이터** ⇨ disk strata

strategical decision[strətíːdʒikəl disíʒən] **전략적 결정** 의사 결정 방법의 일종으로, 목표나 방침 그 자체가 결정이며, 전술적 결정의 기초가 되는 것으로 조건의 결정부터 시작하지 않으면 안 된다. 복잡하고 불확실한 요소가 많다.

strategic information system[strətíːdʒik ìnfərméiʃən sístəm] **SIS, 전략 정보 시스템** 경영 전략과 일체화한 정보 전략에 따라 정보 기술을 활용하여 경쟁 우위를 획득하고, 유지하기 위한 정보 시스템.

strategic interactive information system [–ìntərǽktiv ìnfərméiʃən sístəm] **대화형 전략 정보 시스템**

strategy[strǽtədʒi(ː)] *n.* **전략, 스트래티지**

stratified language[strǽtifὰid lǽŋgwidʒ] **자기 기술 불능 언어, 성층 언어** 그 자체의 언어를 초과해서 사용할 수 없는 언어. 예 FORTRAN

stratified random sampling[–rǽndəm sάː-mpliŋ] **성층 표본 추출법** 임의 표본 추출법의 하나로, 특히 어떤 모집단에 포함된 단위들이 균일하지 않을 때 사용되는 표본 추출법.

stray capacitance[stréi kəpǽsitəns] **부유 용량** 전기 회로, 배선과 대지 간이나 배선 상호간 등에 있는 불확정한 정전 용량.

stream[stríːm] *n.* **흐름, 스트림** (1) 예를 들면 데이터를 전송할 경우에 문자 형식의 데이터가 연속적인 「열」을 만들고 있는 것이라든가, 자원(resource)으로부터 제어 장치로의 데이터의 루트를 말한다. 또 프린터로 출력을 행할 때 컴퓨터로부터 어떤 논리적 회선을 통해서 신호의 교환이 이루어진다. (2) 테이프 모양의 것. 또는 하나의 연속된 것. 예를 들면 어떤 데이터를 파일에 순차 기억시킨 것을 데이터의 stream이라고도 한다.

stream bit transmission[–bit trænsmíʃən] **비트열 전송** 일정한 간격으로 문자를 전송하는 방법. 문자의 시작과 끝을 나타내는 표시가 필요 없으며, 문자를 연속적으로 전송할 수 있는 장점이 있다.

stream data[–déitə] **스트림 데이터** 애플리케이션에서 데이터값이 시간과 함께 연속성을 지니며 변화하는 비디오, 오디오와 같은 데이터를 의미한다.

streamer[stríːmər] *n.* **스트리머** 간격에서 정지하는 일 없이 자기 디스크의 연속 덤프 또는 연속적 저장을 하기 위해 특별히 설계된 자기 테이프 장치.

streamer tape device[–téip divάis] **스트리머 테이프 구동 장치** 입출력 속도가 빠른 테이프 구동 장치.

stream file[stríːm fάil] **스트림 파일**

streaming[stríːmiŋ] *n.* **스트리밍** 전송되는 데이터가 마치 물이 흐르는 것처럼 처리된다고 해서 붙여진 이름. 인터넷에서 음성이나 영상, 애니메이션 등을 실시간으로 재생하는 기법.

streaming magnetic tape drive[–mægnétik téip dráiv] **스트리밍 자기 테이프 구동 기구** 일반적인 자기 테이프 장치와 같이 블록 간에서 엄밀하게 시동 정지하는 방식 대신에 블록 간격(IBG)의 길이가 임의로 취해지는 테이프 구동 기구. 처리 장치측의 제어에 의해서 정지한다거나 전송할 데이터가 없어진 시점에서 정지하는 등 여러 가지 방식이 있다.

streaming mode[–móud] **스트리밍 모드** 자기 테이프 장치에서 자기 헤드가 블록 간격을 검출해도 테이프의 주행을 멈추지 않고 데이터의 기록이나 판독을 하는 상태.

streaming SIMD extensions ⇨ SSE

streaming tape drive[–téip dráiv] **스트리밍 테이프 드라이브**

streaming tape transport[–trænspɔ́ːrt] **스트리밍 테이프 구동 기구**

streaming technology[–teknálədʒi(ː)] **스트리밍 기술** 인터넷 방송 등을 통해 동영상을 볼 경우 파일 전체가 다운로드될 때까지 기다리지 않고 일정량의 데이터만으로 바로 실행이 가능하며 나머지 데이터들은 실행되면서 계속적으로 다운로드받아 실시간으로 볼 수 있도록 한 기술.

stream input-output[stríːm ínpùt áutpùt] **스트림 입출력** ⇨ stream I/O

stream I/O 스트림 입출력 입력과 출력의 연속된 배열을 의미하며, 입력 스트림으로는 대개 천공 카드와 카드의 영상이 있다.

stream monitoring system[–mánitəriŋ sístəm] **흐름 감시 시스템**

stream transmission[–trænsmíʃən] **흐름 전송** 문자열의 연속한 흐름인 데이터 세트와의 데이터값의 전송. 배열에 따르는 전송, 데이터에 따르는 전송 그리고 편집에 따르는 전송 등이 있다.

strength[stréŋθ] *n.* **장점, 강도**

STRESS 스트레스 structural engineering system solver의 약어. 구조적인 엔지니어링 문제를 해결하는 데 쓰이는 문제 중심 언어.

stress[strés] *n.* **스트레스** 기기, 부품 등의 기능에 영향을 주는 요인. 예를 들면 온도, 전압, 진동, 충격 등.

stretching[strétʃiŋ] *n.* **신장** 비교적 좁은 펄스 폭을 규정된 시간 간격으로 늘리는 것.

stretching circuit[–sə́ːrkit] **신장 회로** 폭이 좁은 펄스를 규정된 시간 간격으로 늘리는 회로.

string[stríŋ] *n.* **문자열** (1) 문자 등을 1차원적으로 나열한 것을 가리킨다. (2) 하나의 계속되는 비트(bit), 문자(character), 레코드(record) 등을 나타낸다. 이들을 비트 스트링(bit string), 문자열(character string), 레코드 스트링(record string)이라고도 한다. (3) 분류(sorting)에 있어서, 분류 키(sort key)에 따라서 오름차순(ascending) 또는 내림차순(descending)으로 나열한 일련의 레코드를 가리킨다. (4) 한 대의 디스크 팩(disk pack) 제어 어댑터에 접속되어 있는 1군의 자기 디스크 장치.
[주] 문자 또는 물리적 요소 같은 것의 1차원적(늘어선) 줄.

string array[–əréi] **문자열 배열** 문자열 데이터를 요소로 하는 배열. 기호를 포함한 변수명을 갖는 변수의 사용에 따라 수직 배열과 구별된다.

string assignment[–əsáinmənt] **문자열 대입**

string break [–bréik] **문자열 중단** 정렬에서 현재의 출력 문자열에 맞추기 위한 가장 높은 제어 키를 가진 레코드를 더 이상 찾을 수 없는 지점.

string built-in function[–bílt ìn fʌ́ŋkʃən] **문자열 내장 함수**

string-chart recorder[–tʃáːrt rikɔ́ːrdər] **스트링-차트 기록기** 그래프 용지에 시간 대 변수의 도면을 자동으로 만드는 기록기. 용지가 펜이나 다른 기록 장치 밑을 일정한 속도로 움직임으로써 원하는 도표가 기록된다.

string concatenation[–kɑnkætənéiʃən] **문자열 접합** 두 문자열을 접속하여 하나의 문자열로 만드는 연산.

string controller[–kəntróulər] **문자열 제어 기구**

string data[–déitə] **열 데이터** 문자열 데이터와 비트열 데이터의 총칭.

string data attribute[–ǽtribjùːt] **열 데이터 속성**

string device[–diváis] **문자열 입력 장치** 그래픽에서 문자열을 입력하는 논리 입력 장치.

string editor[–éditər] **문자열 에디터**

string field[–fíːld] **문자열 난(欄)**

string file[–fáil] **문자열 파일** 참조하기 편하게 문서들을 배열해서 구성한 파일.

string fixed length[–fíkst léŋθ] **고정 길이 문자열** 하나의 문자열에 속하는 문자 수나 레코드 수가 고정되어 있는 것.

string format[–fɔ́ːrmæt] **기호열 서식**

string function[–fʌ́ŋkʃən] **스트링 함수** BASIC 등의 프로그램 언어에서 문자나 문자열을 다루기 위한 명령. 예를 들면 문자열을 코드로 변환한다든지, 반대로 코드를 문자열로 변환한다든지 할 수 있다.

string-handling built-in function[-hǽndliŋ bílt ìn fʌ́ŋkʃən] **문자열 처리 내장 함수**

string input device[-ínpùt diváis] **문자열 입력 장치** 그래픽에서 문자열을 입력하는 논리 입력 장치.

string language[-lǽŋgwidʒ] **스트링 언어**

string length[-léŋθ] **문자열 길이** 한 문자열에 포함된 문자의 개수. 예를 들면 「ABC」라는 문자열의 길이는 3이다.

string manipulation[-mənìpjuléiʃən] **문자열 조작, 문자열 처리** 문자열을 연산자를 이용하여 처리하는 것.

string manipulation language[-lǽŋgwidʒ] **문자열 처리 언어, 기호열 처리 언어** 신호열 처리용으로 개발된 언어. 기호 처리에 적합한 comit, snobol, 수식 처리에 적합한 formac, mathlab 등이 있다.

string matching[-mǽtʃiŋ] **스트링 매칭**

string operator[-ápərèitər] **문자열 연산자**

string oriented symbolic language[-ɔ́(:)riὲntəd simbálik lǽŋgwidʒ] **SNOBOL, 스노볼** ⇨ SNOBOL

string overlay defining[-òuvərléi difáiniŋ] **문자열 중첩형 정의** 피정의 변수 및 기초 변수는 모두 비트 클래스 또는 문자 클래스에 속하지 않으면 안 된다. 즉, 피정의 변수를 정의하는 형의 하나이다.

string processing[-prásesiŋ] **문자열 처리**

string processing language[-lǽŋgwidʒ] **문자열 처리용 언어** 문자열이나 문자열 리스트를 처리하는 데 편리하게 만들어진 언어. LISP, PROLOG, SNOBOL 등이 있다.

string quote[-kwóut] **기호열 인용부**

string segment[-ségmənt] **스트링 세그먼트**

string sorting[-sɔ́:rtiŋ] **문자열 정렬** 자기 디스크, 테이프, 드럼과 같은 보조 기억 장치에 차례대로 배열된 레코드들의 집합.

string switch[-swítʃ] **스트링 스위치**

string type[-táip] **스트링형** 문자열이나 비트열 같은 스트링값을 가지는 데이터 타입.

string variable[-vέ(:)riəbl] **문자열 변수**

string variable ROM 문자열 가변 ROM 수치적 정보뿐만 아니라 영문자 정보를 저장하고 조작하는 기능의 명령어를 실현하는 기억 장치.

stripe[stráip] *n.* **스트라이프** 천공 카드를 구별하기 위해 카드 뒷면에 8mm 정도의 폭으로 도색한 부분.

stripe card reader[-ká:rd rí:dər] **스트라이프 카드 판독기** 플라스틱 카트 내의 자기 테이프에 수록되어 있는 정보를 해독하는 기기.

stripe ID 스트라이프 ID 대용량 기억 시스템에서 쓰이는 데이터 카트리지의 각 스트라이프에 식별용으로 기록되어 있는 스트라이프 번호.

stripline[stríplàin] **스트립 선로** 도체 평면상의 (혹은 도체 평면 사이에 끼어 있는) 유전체 속을 통한 선로.

strip encoding[stríp inkóudiŋ] **스트립 코드화** 수표 위에 문자를 나타내기 위해 일정한 위치에 자기 잉크로 선형 코드를 기록하는 것.

striping[stráipiŋ] **스트라이핑** 데이터를 분할(세그먼트화)하고, 그것들을 개별적으로 서버에 분산함으로써 한 대의 서버에 대응하는 부하를 줄이고, 고속 데이터 액세스가 가능한 기술. 액세스가 집중하더라도 읽어내는 속도가 떨어지지 않는다.

strip record[stríp rékərd] **스트립 기록** 정보를 가시적인 띠무늬 형태로 기억시키는 방법.

strobe[stróub] *n.* **스트로브** 데이터를 기억 장치나 회로에 입력할 때 타이밍을 잡는 것. 또는 버스에서 데이터가 올바른 것일 때 활동 신호를 선택하는 것.

strobe pulse[-pʌ́ls] **스트로브 펄스** 데이터를 순간적으로 엿보는 펄스. 이 기간 동안만 전단의 출력 신호를 받기 위해 다음 단에 가하는 펄스 신호.

strobe switch[-swítʃ] **스트로브 스위치** 스트로브의 동작을 일으키는 스위치.

stroke[stróuk] *n.* **자획, 누르기, 치기(자판)** 키보드에서 1회 두드리는 조작과 광학 문자 인식(optical character recognition)에 있어서의 펜의 일획 쓰기의 움직임으로 만들어지는 것과 같은 문자를 구성하는 직선과 곡선. 일반적으로 스트로크 수라고 하는 경우, 이것은 오퍼레이터(operator)가 단위 시간 내에 행하는 유효 생산 펀치 수를 표시한다. 카드 천공기나 타이프라이터 등의 키보드에서 데이터를 입력한 경우, 천공한 키보드 수의 단위이다. 펀처(puncher)의 능률은 1시간에 800스트로크, 1일 40,000스트로크 정도가 표준이다.

stroke analysis[-ənǽlisis] **스트로크 분석, 선분석** 문자 인식의 문자 특정 검출에 사용되는 방법으로 문자를 수평 요소와 수직 요소로 분해하고, 그 순서열과 상대 위치, 요소 수 등을 사용하여 판정하는 것. 이 방법에서는 사선을 분리할 수 없기 때문에 특정 문자형으로밖에 적용할 수가 없다는 결점이 있다.

stroke centerline[-séntərlàin] **중간획, 스트로크 중심선** 문자 인식에 있어서의 문자 양측의 평균 테두리선의 중앙선. 즉, 문자 인쇄 중간점 궤적의 위치와 모양을 가리킨다.

stroke character[–kǽrəktər] 스트로크 문자 짧은 선분의 집합으로 이루어진 문자.

stroke character generator[–dʒénərèitər] 선분 문자 발생기, 스트로크 문자 발생기 선분으로 구성된 문자 화상을 생성하는 문자 발생기.

stroke device[–diváis] 정렬 입력 장치, 스트로크 입력 장치 자기 이동 경로를 일련의 좌표로서 주는 입력 장치. 예를 들면 일정 빈도로 위치 기록을 행하는 위치 입력 장치.

stroke edge[–é(:)dʒ] 선 가장자리, 스트로크 단 스트로크 양단의 최장 거리에 따라서 최외단을 그리는 연속 직선 또는 곡선.

stroke font[–fánt] 자획체 선분의 모임으로 글자의 모양을 만든 것.

stroke generator[–dʒénərèitər] 스트로크 발생 기구

stroke input method[–ínpùt méθəd] 스트로크 입력 방식 브라운관 표시 장치에 있어서 자형을 발생시키기 위한 방법.

stroke method[–méθəd] 스트로크 방법 브라운관 디스플레이 장치에서 자형(字型)을 발생시키기 위한 한 방법. 자획(字劃)의 시작점과 종점의 좌표 또는 시작점의 좌표, 방향, 선분의 길이를 발생하는 문자 발생 장치와 조합시켜 문자마다 전자 빔을 문자 발생 장치로부터의 신호대로 편향시켜 문자를 표현한다.

stroke mode[–móud] 스트로크 방식 캐릭터(character)를 CRT 디스플레이에 표시하는 방법의 하나로, 캐릭터의 도트(dot)와 도트를 직선의 스트로크로 이어서 그 모양을 만드는 방법.

stroke number[–nʌ́mbər] 스트로크 수 오퍼레이터가 키를 두드림으로써 조작하는 천공 기계, 프린트 기계, 계산 기계 등에서 단위 시간에 올바로 조작하는 횟수. 터치(touch) 수라고도 한다. 키 펀처의 능력을 나타내기 위한 중요한 척도가 된다.

stroke storage[–stɔ́:ridʒ] 스트로크 기억 기구

stroke width[–wídθ] 선폭, 스트로크 폭 스트로크 양단으로부터 스트로크 중심으로 수직하게 내린 선의 교점 간 거리. 즉, 평균 스트로크 폭은 평균 연선(緣線) 간의 거리이다.

StrongARM 스트롱암 펜티엄급의 성능으로 저전력에 셀러론보다 저가로 제조할 수 있는 MPU. Advanced RISC Machine(ARM) 사가 개발한 아키텍처. 인텔 사가 DEC와 제휴한 대가로 MPU의 개발과 제조권을 획득하였다.

strong inversion[strɔ́(:)ŋ invə́:rʃən] 강 역전 MOS 트랜지스터의 게이트에 일정 전압을 가할 때 그 표면이 서브스트레이트의 타입과 충분히 같은 정도로 반대 타입이 되는 경우로서 임계 전압에 도달하는 요건.

structural[strʌ́ktʃurəl] *a.* 구조의, 구조상의, 구조적

structural analysis[–ənǽlisis] 구조 해석

structural pattern recognition[–pǽtərn rèkəgníʃən] 구조적 패턴 인식

structure [strʌ́ktʃər] *n.* 구조 (1) 시스템 중의 요소(element), 구성 부분의 상대적인 레이아웃(layout). (2) PL/I 언어에 있어서 계층(hierarchy)적인 레벨 차(差)를 가진 이름의 「집합」을 말하며 「구조체」라고 부르기도 한다. (3) 데이터나 파일이 어떠한 요소로 이루어져 있는지를 표현하는 것으로, 데이터 구조(data structure), 파일 구조(file structure)라는 복합어가 흔히 사용된다.

structure assignment[–əsáinmənt] 구조체 대입 PL/I 언어에 있어서 대입문 중, 좌변이 구조체 변수 혹은 의사 변수이며, 우변이 구조체식 혹은 스칼라식인 것.

structured[strʌ́ktʃərd] *a.* 구조화, 구조화한 정보를 쉽게 인출(引出)할 수 있도록 한 편성 방식.

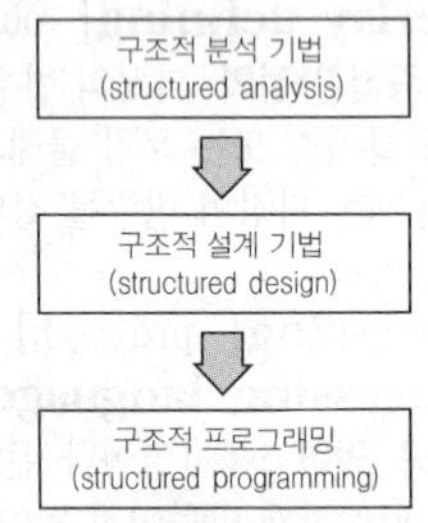

〈구조화 기법의 예〉

structured analysis[–ənǽlisis] 구조화 분석 현재 실행되고 있는 시스템이나 앞으로 구축하려는 시스템에 대하여, 데이터의 흐름만을 강조하여 시스템을 모델화한 데이터 흐름 도표, 데이터 사전, 모듈 명세서 등의 도구를 이용하여 시스템 전체의 흐름을 분석하고 문서화하는 것. ⇨ 그림 참조

structured analysis and design technique[–ənd dizáin tekní:k] SADT, 구조화 분석 설계 기법

structured BASIC 구조적 베이식 미국 다트머스(Dartmouth) 대학에서 개발한 구조적 프로그래밍을 위한 BASIC.

structured coding[–kóudiŋ] 구조적 코딩 어떤 논리의 프로그램이라도 순차, 선택, 반복의 3가지 기본 형태를 사용하면 기술할 수 있다는 점을 코

딩시에도 적용하는 것.

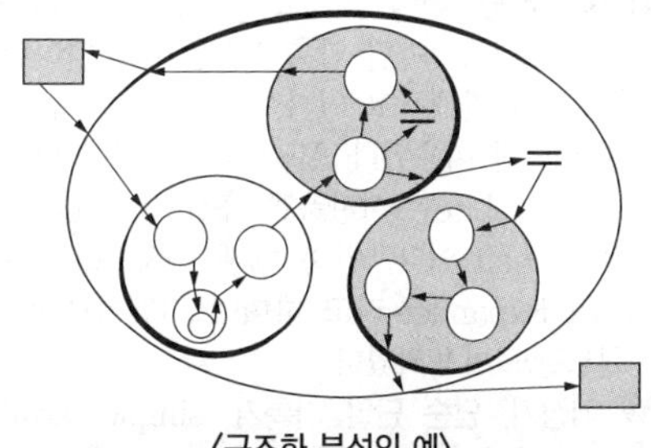

〈구조화 분석의 예〉

structured data[−déitə] **구조적 데이터** 프로그램에 의한 처리의 대상이 되는 데이터가 단독으로 존재하는 것이 아니고 특유한 구조를 갖는 집단을 이루고 있다.

structured design[−dizáin] **구조적 설계** 프로그램에 있어서 하나의 프로그램을 독립한 몇 개의 모듈로 분할하는 것을 주목적으로 한 설계를 위한 수법. 모듈로 분할함으로써 모듈 내의 변경이 다른 모듈에 영향을 미칠 가능성을 적게 할 수가 있다. 평가의 척도로서 모듈의 강도와 모듈의 결합도가 도입되고 있다.

structured English[−íŋgliʃ] **구조화 영어** 구조화된 코딩의 논리적 구조를 써서 정확한 영어로 정책과 절차를 나타내기 위한 도구.

structure design[strʌ́ktʃər dizáin] **구조화 설계**

structured field[strʌ́ktʃərd fíːld] **구조화 필드**

structured flow chart[−flóu tʃáːrt] **구조화 순서도** 처리 과정이 아닌 입력, 처리 과정 그리고 출력 관계와 파일의 내용들을 보여주는 일반화된 순서도.

structured graphics[−grǽfiks] **구조화 그래픽** ⇨ object oriented graphics

structured interrupt[−ìntərʌ́pt] **구조적 인터럽트** 인터럽트 방식의 하나로, 배선식 논리합을 이용하여 주변 기기의 폴링을 쉽게 한 방식이다.

structure division[strʌ́ktʃər divíʒən] **구조부**

structured language[strʌ́ktʃərd lǽŋgwidʒ] **구조 언어** 단어, 구문, 문법을 써서 구조적 프로그래밍의 작성을 쉽게 하는 컴퓨터 언어.

structured modelling[−mádəliŋ] **구조화 모델링** 데이터 베이스 응용에 대해서 구조적 특성의 명세와 설계를 하는 것.

structured programming[−próugræmiŋ] **구조 프로그래밍, 프로그램 짜기** 컴퓨터 프로그램의 개발 및 유지 · 관리를 위해 명확한 구조, 생산성 · 신뢰성 있는 프로그래밍의 작성 수법으로 고안된 것. 컴퓨터의 프로그램은 앞뒤의 연락 관계가 매우 논리적으로 구성된 일종의 문장이라는 의미에서 누가 작성한 프로그램이라도 일독하면 내용을 쉽게 이해할 수 있다. 그러나 컴퓨터의 기본적 명령에 무조건 분기라는 것이 있어서, 이를 많이 사용하면 전후 관계를 엉망으로 만들어버려 다른 사람이 이용할 수 없을 뿐만 아니라 작성한 본인조차 이해할 수 없게 된다. 프로그램의 작성자는 의식적으로 무조건 분기를 쓰는 일은 없으나, 개발 작업중에 이것을 사용하면 편리하므로 이런 일이 일어난다. 구조화 프로그래밍은 이것을 막기 위해 작성된 것이다.

structured programming documentation[−dὰkjumentéiʃən] **구조적 프로그래밍 문서화** 프로그램에 관한 문서를 시스템을 제작한 다음에 별도로 작성하지 않고 구조적 프로그래밍의 각 단계에서 설계하는 것.

structured programming FORTH language[−fɔ́ːrθ lǽŋgwidʒ] **구조화 프로그램 언어 포스, 구조적 프로그램 언어 포스**

structured programming language **구조적 프로그래밍 언어** 구조적 프로그램 구조를 제공하거나 구조적 프로그램들의 개발을 쉽게 하는 프로그래밍 언어.

structured programming macro[−mǽkrou] **구조화 프로그래밍 매크로**

structured query language/data system [−kwí(ː)ri(ː) lǽŋgwidʒ déitə sístəm] **구조화 질의 언어/데이터 시스템** IBM 사의 관계 데이터 베이스 시스템. 관계 모델을 기초로 하고 있으며, 이용자는 SQL이라는 질의 언어를 사용한다. ⇨ SQL

structured system analysis[−sístəm ənǽlisis] **구조화 시스템 분석**

structured system programming[−próugræmiŋ] **구조적 시스템 프로그래밍** 구조적 프로그래밍 기법을 이용하여 작성하는 시스템 프로그램의 기법.

structured type[−táip] **구조형** (1) 요소를 갖는 데이터의 형(배열형, 레코드형, 집합형, 파일형 및 스페이스형)의 총칭. (2) 그 값이 요소를 갖는 형. 배열형과 레코드형의 두 종류가 있다.

structured variable[−vέ(ː)riəbl] **구조화 변수**

structured walk through[−wɔ́ːk θrúː] **구조적 검토, 구조화된 워크 검토** 시스템 개발 과정의 여러 시점에서 실행되는 재평가(review)의 수법. 주요 목적은 오류의 조기 발견에 의한 영향 및 범위를 최소화하며, 완성 비율을 평가하는 것으로 품질 보증을 제조 과정에서 전개하려는 것이다.

structure expression[strʌ́ktʃər ikspréʃən] **구조체식, 구조식** PL/I 언어에 있어서 계산 결과가

구조체로 되는 식.

structure flow chart[–flóu tʃɑ́ːrt] **구조 순서도** 입력, 처리 과정 및 출력 관계와 파일의 내용을 나타내는 구조화된 순서도.

structure member[–mémbər] **구조 멤버**

structure of array[–əv əréi] **배열 구조**

structure qualification[–kwɑ̀lifikéiʃən] **구조체 수식**

structure retrieve[–ritríːv] **구조 검색**

structure variable[–vέ(ː)riəbl] **구조체 변수** PL/I 언어에서 주구조체명과 세로 구조체명.

struddle erase[strʌ́dl iréis] **스트러들 소거** 터널 소거의 일종. 데이터 매체의 트랙 상에 기입되어져 있는 데이터의 자화 방향과 직각 방향으로 소거하여 트랙폭을 좁게 하는 기법.

STRUDLE 스트루들 structural design language의 약어. 구조적 설계와 분석을 위해 사용되는 언어.

ST structure 상태 천이 구조 state transition structure의 약어.

STT 보안 주문 처리 기법 secure transaction technology의 약어. 마이크로소프트 사와 비자 인터내셔널 사에서 공동으로 개발한 주문 처리용 프로토콜.

S-TTL 쇼트키 TTL Schottky transistor-transistor logic의 약어. 고속, 저소비 전력인 TTL로서 쇼트키 접합을 이용한 트랜지스터에 의한 TTL.

stub[stʌ́(ː)b] *n.* **스터브, 절취 부분** 하위 모듈의 상세한 구조에도 불구하고 그 입출력 조건을 모의하기 위한 모듈로, 톱 다운으로 행하는 설계나 테스트에 있어서 어느 추상화 레벨에서의 기술(記述)을 위해 불필요한 하위 모듈 내부의 기술을 없애기 위해 사용된다.

stub card[–kɑ́ːrd] **스터브 카드, 절취 카드** 천공 카드의 일종으로서 카드에 자르는 선이 있어 카드 한 장을 필요에 따라 두 장 또는 세 장으로 자를 수 있게 한 카드. 떼어낸 쪽을 스터브 카드로 사용한다. 예를 들면, 어떤 백화점의 의류 등에 붙여놓은 스터브 카드에서는 한쪽을 현물표로 사용하고 다른 한쪽을 팔렸을 때 잘라내서 판매 및 재고 관리에 사용한다.

stub testing[–téstiŋ] **부분 시험** 단지 프로그램의 일부분을 시험하여 프로그램이 계획대로 잘 작성되었는지의 여부를 확인하는 것.

study[stʌ́di(ː)] *n.* **학습, 검토** 연구, 학문 조사 등을 뜻한다.

study organization plan[–ɔ̀ːrgənaizéiʃən plǽn] **SOP, 솝** IBM 사가 개발한 3단계 시스템 설계 방법. ⇨ SOP

Stuffit 스터핏 레이몬드 로(Raymond Lau)가 개발한 매킨토시용 파일 압축 도구. 미국 알라딘 시스템즈 사가 판매하고 있다. 매킨토시용 아카이브로 가장 널리 이용된다. BBS에 공개되어 있는 것은 「Stuffit Lite」, 시판품은 「Stuffit Deluxe」로 확장자는 「.sit」이다. 압축 해제 전용 프로그램은 「Stuffit Expander」라고 하며 프리웨어로 배포된다. 윈도판도 발표되었다.

STW 기장기, 단순 단말 기록기 simple terminal writer의 약어.

STX (1) **텍스트 개시** start of text의 약어. 텍스트에 선행함과 동시에 헤딩 종결에도 사용하는 전송 제어 문자. (2) **텍스트 개시 문자** start of text character의 약어. 텍스트 개시 문자는 Bisync 프로토콜에서 사용되는 통신 제어 문자이다. 이 제어 문자는 헤딩 데이터의 끝과 정보 데이터의 시작을 나타내는 신호이다.

style[stáil] *n.* **스타일** 크기에 제한 없이 광학 문자 인식에 사용되는 도구.

style file[–fáil] **스타일 파일** TEX에서 사용되는 파일로, 문서 구조를 기술한 파일. LATEX2ε에서는 클래스 파일과 패키지 파일로 나누어져 있다. ⇨ TEX, package file, class file

style guide[–gáid] **스타일 가이드** 어떤 프로그램에 사용자 인터페이스를 만들 때 기준이 되는 각종 규칙들의 집합. 예를 들면 메뉴의 위치, 글자의 모양, 선택 방식 등이다.

style sheet[–ʃíːt] **스타일 시트** 넷스케이프 커뮤니케이터(Netscape Communicator)와 마이크로소프트 익스플로러(Microsoft Explorer) 최신 버전이 발표되면서 새롭게 지원되는 HTML 형식. 워드 프로세서의 스타일과 같은 기능으로, HTML로 보여주는 홈페이지의 여러 가지 속성들(폰트 종류와 크기, 여백, 글자색, 배경색, 정렬 등)을 미리 지정하는 데 사용될 수 있다. 즉, 홈페이지를 만드는 데 사용될 여러 가지 스타일들을 미리 정의해놓은 후, 원하는 곳에 이 스타일을 지정하면 손쉽게 홈페이지의 일관성을 유지할 수 있을 것이다. 예를 들어 제목에는 언제나 명조체, 가운데 정렬, 글자 크기 15로 정의된 스타일을 지정하고, 본문에는 고딕체, 왼쪽 정렬, 글자 크기 10으로 정의된 스타일을 지정하는 것이다. 주요 스타일 시트에는 CSS(cascading style sheets)와 XSL(extensible style sheet language)이 있으며, CSS는 간단한 레이아웃을 지정할 때 이용되고, XSL은 보다 복잡한 지정이 가능하지만 HTML에서는 사용할 수 없고, XML이나 XHTML에 대해서만 사용이 가능하다.

stylus [stáiləs] *n.* **스타일러스, 철필** 그래픽 디스플레이(도형 표시 장치)의 포인터의 일종으로, 표시 면상 또는 평판(tablet) 상에 놓음으로써 조작하는 것. 예를 들면 라이트 펜, 음향 펜 등이다.

stylus input device [–ínpùt diváis] **스타일러스 입력 장치**

stylus printer [–príntər] **스타일러스 프린터**

SUA 표준 회계 단위 standard unit of accounting의 약어.

SUB 치환 문자 substitute character의 약어. 무효 또는 오류가 된 부호를 치환하는 데 사용하는 치환용 특수 기능 문자.

sub- [sʌb] **서브, 부(副), 2차**

subactivity [sʌbæktíviti(ː)] *n.* **부액티비티**

suballocate [sʌbǽləkèit] *v.* **세분 할당하다**

suballocation [sʌbæ̀ləkéiʃən] *n.* **세분 할당** 여러 개의 데이터 세트를 할당하는 경우에 미리 큰 스페이스를 하나의 데이터 세트(이것을 모체 데이터 세트라고 한다)로서 할당해두고, 개개의 데이터 세트의 스페이스를 모체 데이터 세트의 스페이스에서 할당하는 방법.

subalphabet [sʌbǽlfəbèt] *n.* **부알파벳** 알파벳의 부분 집합. 즉, 26자보다 적은 임의의 집합.

subarea [sʌbέ(ː)riə] *n.* **부영역**

subarea address [–ədrés] **부영역 주소**

subblock [sʌbblák] *n.* **서브블록**

subcarrier [sʌbkǽriər] *n.* **부반송파** 단측파대(單側波帶) 통신에 있어서, 변조 신호의 주파수 성분 f_0가 있다면 상하 측파대의 차 $2f_0$와 반송 주파수 f_c와의 비가 작으므로 분할 필터 제작이 곤란하게 된다. 그래서 주파수가 낮은 반송파 f_{SVB}를 이용하여 변조하고, 이 변조된 신호로 다시 소정의 반송파 f_c를 변조함으로써 $2f_0'$와 f_c'의 비를 크게 하는 방법이 취해진다. 이때 쓰이는 저주파수의 반송파 f_{SVB}를 부반송파라 한다.

subcatalog [sʌbkǽtəlɔ̀(ː)g] *n.* **서브카탈로그**

subchannel [sʌbtʃǽnəl] *n.* **서브채널, 부채널** 다중 채널에 복수대의 주변 장치를 접속할 때 각 장치에 할당된 가상의 입출력 채널.

subcommand [sʌbkəmáːnd] *n.* **부명령, 부차명령, 서브커맨드** 명령으로 요구한 조작을 다시 세분하여 기능마다 지정해서 요구하기 위한 명령. 명령이란 중앙 처리 장치(CPU) 또는 운영 체제(operating system)에 대하여 오퍼레이터가 요구하는 것을 말한다. 어떤 명령 계열에는 계열에 대하여 그 내부에서 좀더 상세한 지정과 요구를 할 때에 옵션(option)적으로 사용될 수도 있지만, 일반적으로 기초가 되는 주명령(main command)을 입력한 후에 잇따라서 입력을 요구하는 명령을 부명령이라고 하는 경우가 많다.

subcommand mode [–móud] **부명령 모드** 하나의 명령 입력 후 특정 명령을 입력할 수 있는 상태.

subcomponent [sʌbkəmpóunənt] *n.* **부구성 요소**

subcomputer [sʌbkəmpjúːtər] **부컴퓨터** 주컴퓨터와는 별도로 특정한 일을 수행하지만 주컴퓨터로부터 감시를 받는 컴퓨터.

subdirectory [sʌbdiréktəri(ː)] *n.* **서브디렉토리** 디스크 디렉토리 내에서 보이는 파일명이 아닌 다른 파일명을 리스트하는 파일.

subdivide [sʌbdəváid] *v.* **세분하다**

subdomain [sʌ́bdouméin] **서브도메인** 인터넷의 주소에서 지역 이름과 맨 끝의 영역 이름 사이에 오는 이름. 한국의 경우 한국을 나타내는 kr 서브도메인, 조직의 종류를 나타내는 「ac」, 「co」, 「go」, 「or」, 「ne」 등의 제2도메인, 조직명을 나타내는 제3도메인까지 KRNIC에서 관리하고 있다. 일반적으로 각 조직에서 임으로 부여할 수 있는 제4계층 이하를 서브도메인이라고 부르는 경우가 많다.

subentry name [sʌbéntri(ː) néim] **부입구명**

subfield [sʌbfíːld] **서브필드, 부분 필드**

subfile [sʌbfáil] **부파일, 서브파일** 한 파일의 부분이 되는 파일.

subframe [sʌbfréim] **서브프레임**

subgeneration [sʌbdʒènəréiʃən] **부분 세대** 집합 혹은 영역의 세대를 구성하는 것. 배열의 세대인 경우 배열의 각각의 첨가가 붙은 항목. 구조체의 세대인 경우는 구조체 내에 집적 포함되는 각각의 항목. 집합체의 부분 세대 자신이 다시 부분 세대를 포함하는 일이 있다. 영역의 세대는 영역 내에서 할당되고, 또 해방되어 있지 않은 세대에 대응하는 부분 세대의 집합을 포함한다.

subgraph [sʌbgrǽf] *n.* **서브그래프** 어느 한 그래프에 대해서 그 그래프에 속한 정점들과 간선들의 부분 집합으로 구성된 그래프.

subgroup [sʌbgrúːp] *n.* **부집단, 서브그룹** 기본 집단(또는 전체 집단)의 표시에 대하여 시간적 · 장소적 · 속성적 표지와 조사 표지를 첨가함으로써 기본 집단에서 파생된 집단.

subject [sʌ́bdʒik] *n.* **주체, 주어**

subject analysis [–ənǽlisis] **주제 분석** 자료가 표현하고 있는 주제(내용)를 적절한 순서에 따라 분석하는 것. 특히 정보 검색 분야에서는 주제를 분석해서 적당히 간단한 형식으로 표시하는 것을 말한다.

subject copy[-kɑ́pi(:)] **원화, 원상** 팩시밀리(FAX)를 보내는 쪽이 갖는 원상(元像). 즉, 전송하는 원래의 정보(information)가 기록되어 있는 종이와 파일 등 팩시밀리 전송에 있어서 전송해야 할 「원래」의 상(像).

subject of condition[-əv kəndíʃən] **조건의 좌변** 비교 조건의 좌측에 놓여지는 작용의 대상. 프로그래밍 언어에서는 조건을 비교할 때, 연산자 좌측에 비교 작용을 하는 변수(variable) 등을 두고, 우측에 그 조건을 둔다. 예를 들면 X가 3보다 클 때를 나타내는 명령(instruction)을 줄 때, BASIC이나 PASCAL에서는 IF X〉3 THEN, FORTRAN에서는 IF (X, GT. 3) THEN 등과 같이 좌측에 작용의 대상이 되는 것을 두고 있다. 좌측에 작용 대상을 두는 것은 언어 명세의 습관에 지나지 않는다.

subject of entry[-éntri(:)] **기술항의 좌변, 기입 항목의 주어** COBOL의 용어. 데이터부의 기술항에 있어서 레벨 지시어 또는 레벨 번호를 직접 쓰는 작용 대상 또는 예약어.

subject program[-próugræm] **주체 프로그램**

subjob[sʌbdʒɑ́(:)b] *n.* **부속 작업** 수행되어야 할 루틴이나 컴퓨터 처리 과정으로, 하나의 프로그램은 컴퓨터의 중앙 처리 장치를 좀더 효율적으로 이용하기 위해 여러 개의 부속 작업이나 단위 작업으로 나뉜다.

sublanguage[sʌblǽŋgwidʒ] *n.* **부속 언어** 응용 프로그램과 DBMS를 연결하는 도구로서 COBOL, FORTRAN, PL/ I 어셈블리 등의 범용 언어에 내장되어 데이터 베이스만을 위해 사용되는 언어.

sublayer[sʌbléiər] *n.* **부층, 서브레이어** 개방형 시스템 간 상호 접속(OSI)의 기본형 참조 모델에 있어서의 각 층의 내용을 기능에 따라서 다시 더 분해한 경우의 층의 구성 단위.

subletting use[sʌblétiŋ júːz] **타인 사용** 데이터 통신 설비(통신 회선)의 사용 계약자가 그 데이터 통신 설비(또는 데이터 통신 회선)를 사용하여 타인의 통신을 매개한다든지, 그 데이터 통신(또는 데이터 통신 회선)을 다른 통신의 사용에 제공한다든지 하는 것을 말하며 그 목적을 위해서 전기 통신 공사와 체결하는 계약을 타인 사용 계약이라고 한다.

sublibrary[sʌblάibrəri(:)] *n.* **서브라이브러리** 원시문 라이브러리의 멤버를 멤버의 속성에 의해 분류한 것.

sublimate printer[sʌ̀blimétə príntər] **승화형 프린터** 잉크 시트에 코팅된 잉크를 가열, 승화시켜 용지에 부착하는 인쇄 방식의 프린터. 계조 표현이 가능하므로 컬러 원고의 발색이나 재현성이 뛰어나지만 비용이 많이 든다는 것이 단점이다.

sublist[sʌblíst] *n.* **서브리스트**

submarine patent[sʌ̀bməríːn pǽtənt] **잠수함 특허** 특허가 성립될 때까지 출원 내용이 장기간에 걸쳐 공개되지 않고 특허 성립일이 특허권 효력 발생일이 되는 미국의 구 특허 제도.

submenu[sʌ̀bménjuː] **서브메뉴** 하향식 메뉴 시스템에서 주메뉴의 여러 가지 항목 중 하나를 선택했을 때 다음에 나오는 메뉴.

submit[səbmít] *v.* **실행 의뢰하다, 제출하다** 다른 곳에 제어나 처리를 맡기는 것. 예를 들면 원격 단말기로부터 중앙의 컴퓨터로 일괄 작업의 실행을 의뢰하는 경우 등이 이에 해당한다.

submodel[sʌbmɑ́dəl] *n.* **부속 모델** 데이터에 대한 사용자나 프로그래머의 관점.

subnet[səbnét] *n.* **부분 망, 서브넷** 네트워크의 일부를 구성하는 망. 컴퓨터 네트워크는 소프트 컴퓨터를 네트워크 상에 결합한 것이며 네트워크 중 호스트 컴퓨터를 제외한 부분을 서브넷이라고 한다. 서브넷의 임무는 어느 호스트 컴퓨터로부터 지정된 다른 호스트 컴퓨터로 메시지(원하는 비트 계열)를 정확히 필요로 하는 시간 내에 보내는 것이다. 서브넷은 호스트 컴퓨터에 종속한 것이 아니라 그 스스로 자율적인 동작이 가능하다(관리, 유지). 하드웨어 호환성, 거리 제한 문제 등으로 하나의 네트워크에 모든 호스트를 연결할 수 없을 경우에 추가하여 연결하는 네트워크. ⇨ 그림 참조

subnet mask[-mάːsk] **서브넷 마스크** 호스트 이름으로부터의 IP 주소지에 대한 네트워크의 이름을 규정하는 것으로 32비트의 크기로 만들어진다.

subnetwork[sʌbnétwə̀ːrk] *n.* **서브네트워크** ⇨ subnet

subnote[sʌ̀bnóut] **서브노트** 노트북 PC보다 작고 팜톱 PC보다는 큰 휴대형 PC. 일반적으로 크기가 B5판 정도의 휴대형 PC를 가리킨다.

suboptimization[sʌbɑ̀ptimaizéiʃən] *n.* **부최적화** 광범위한 목적의 통합 부분 중에서 일부분을 최적화하는 과정.

subordinate[səbɔ́ːrdinət] *a.* **하위의, 종속의** 자기보다 큰 것에 부속하는 것. 즉, 보조적인 작용을 하는 것에 대해 사용된다.

subordinate chain address[-tʃéin ədrés] **종속 연쇄 주소**

subordinate data set[-déitə sét] **종속 데이터 세트** 계층 색인 순차 편성(hierarchical indexed sequential organization)의 주데이터 세트(prime data set)가 루트(root)라고 하는 트리(tree) 구조에 따라서 형성되는 데이터 세트. 하나의 데이터 세트에 몇 개의 구분 편성 데이터 세트(partitioned organization data set)가 붙어 있도록 하는 것으로, 색인이 트리형 구조로 나누어져 있고, 색인 길이가 짧아지기 때문에 기억 장치로의 액세스 횟수가 적게 끝난다.

subordinate entity[–éntiti(:)] **부엔티티, 종속 엔티티** 주엔티티에 종속해서만 존재할 수 있는 엔티티.

subordinate field[–fí:ld] **종속 필드**

subordinate list[–líst] **종속 리스트**

subordinate master file[–mɑ́:stər fáil] **종속 마스터 파일**

subordinate master record link[–rikɔ́:rd líŋk] **종속 마스터 레코드 링크**

subordinate segment[–ségmənt] **종속 세그먼트**

subordinate task [–tɑ́:sk] **종속 태스크**

subparameter[sʌbpərǽmətər] **서브파라미터**

subpictures[sʌbpíktʃərz] *n.* **부속 그림** 그래픽의 응용에 있어서, 완전한 그림에서 되풀이되는 부분을 정의한 그림. 프로그래머는 이 기호를 부속 그림으로 사용하여 반복될 때마다 이 심벌을 호출해서 사용할 수 있다.

subpool[sʌbpú:l] *n.* **서브풀** 특정한 태스크 때문에 어떤 형태로 배당되는 모든 기억 블록.

subpool number[–nʌ́mbər] **서브풀 번호** 서브풀을 식별하기 위해 주어진 번호.

subprocessor[sʌbprɑ́sesər] *n.* **보조 처리 장치** 컴퓨터 시스템 중에서 목적의 업무를 처리하기 위해 중심이 되는 처리 장치가 있는데, 이것을 보조하는 처리 장치를 말한다.

subprogram[sʌbpróugræm] *n.* **서브프로그램, 부프로그램** 프로그램의 일부이며 실행 가능한 프로그램의 한 단위. 예를 들면 프로그램 중에 같은 처리를 몇 번이고 반복할 경우, 그 처리를 독립한 모양으로 작성하고, 필요에 따라서 호출해 실행한다. 이러한 정리된 형태의 프로그램 부분이 서브프로그램(subprogram)이다. 일반적인 프로그램은 주프로그램(main program)과 서브프로그램으로 나눌 수 있다.

subprogram linkage[–líŋkidʒ] **부프로그램 연결**

subprogram statement[–stéitmənt] **부프로그램문** FORTRAN 언어에서 프로그램마다 그 종류를 지정한 문(스테이트먼트). 문(文)으로서는 FUNCTION 문, SUBROUTINE 문, BLOCK DATA 문이 있다.

subrange[sʌbréindʒ] *n.* **서브레인지, 부분 범위** 저장 공간을 분할하여 생긴 레인지를 레코드 타입의 성질을 고려하여 다시 한 단계 아래의 영역으로 분할한 레인지.

subrange type[–táip] **부분 범위형** PASCAL에서 도입되고 있는 데이터형의 하나. 스칼라형의 값에 대하여 상한과 하한을 지정하여 부분 집합으로서 꺼낸 것. 실수형을 제외한 기본적인 데이터형에서 만들어낼 수 있으며, 주로 배열의 첨자로 쓰인다.

subroutine[sʌbru:tí:n] *n.* **서브루틴, 아랫 경로** 메인 루틴(main routine)에 대응되는 단어로, 프로그램 중의 하나 이상의 장소에서 필요할 때마다 반복해서 사용할 수 있는 부분적 프로그램으로, 그 자체가 독립해서 사용되는 일 없이 메인 루틴과 결부시킴으로써 그 기능을 완수한다. 서브루틴을 실현하는 데는 다음의 두 종류가 있다. ① 서브루틴 본체를 프로그램 중의 한 장소에서만 실행시에 호출하는 방법을 폐쇄 서브루틴(closed subroutine)이라고 한다. ② 서브루틴의 본체를 프로그램 중의 필요한 개소에 직접 전개하는 방식을 개방 서브루틴(open subroutine)이라고 한다.

[참고] 순번이 매겨진 명령문의 집합으로, 하나 이상의 컴퓨터 프로그램의 안 또는 하나의 컴퓨터 프로그램 이상의 장소에서 사용되는 것.

[주] 서브프로그램이라는 용어는 서브루틴의 의미로 사용하는 경우가 있다. ⇨ 그림 참조

subroutine call[–kɔ́:l] **서브루틴 호출, 서브루틴 콜** 주프로그램으로부터 어떤 서브루틴에 프로

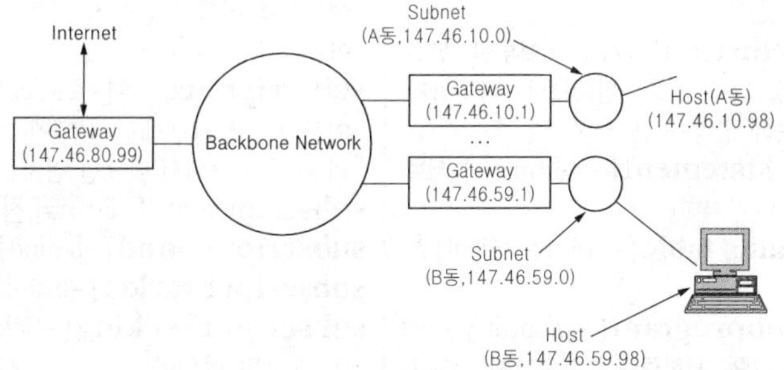

〈서브넷의 구성도 예〉

그램의 실행권을 옮기는 것. 보통 이 시점에서 그 서브루틴의 실행에 필요한 정보가 매개변수를 경유하여 건네진다.

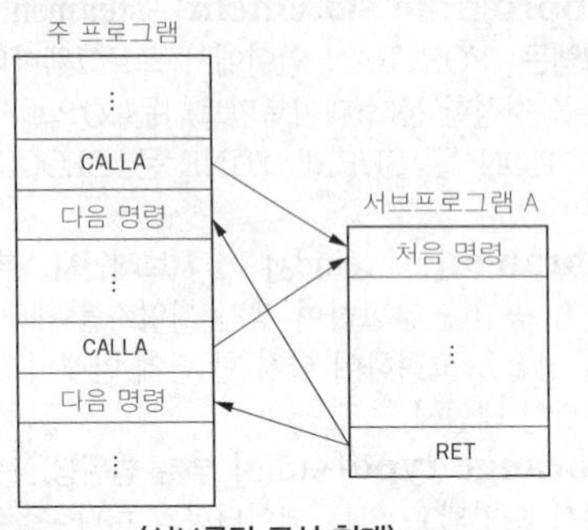

〈서브루틴 구성 형태〉

subroutine instruction[–instrʌ́kʃən] **서브루틴 명령**

subroutine jump[–dʒʌ́mp] **서브루틴 점프**

subroutine library[–láibrəri(:)] **서브루틴 라이브러리** 필요에 따라 언제든지 사용할 수 있도록 파일에 저장해놓은 표준형 서브루틴 집합.

subroutine member[–mémbər] **서브루틴 멤버**

subroutine package for image data enhancement and recognition[–pǽkidʒ fər ímidʒ déitə inhǽ:nsmənt ənd rèkəgníʃən] **SPIDER, 스파이더**

subroutine procedure[–prəsí:dʒər] **서브루틴 절차** PL/I의 용어. 다른 절차에서 호출되고 값을 되돌리지 않는 절차.

subroutine reentry[–ri:éntri(:)] **서브루틴 재진입** 어느 프로그램에 의해서 하나의 서브루틴을 개시하는 것. 이것은 실행을 위해 호출된 다른 프로그램에 대한 응답을 끝내기 전에 이루어진다. 즉, 제어 프로그램이 순위가 빠른 인터럽션(방해 프로그램)에 종속될 때 일어날 수 있다.

subroutine reference[–réfərəns] **서브루틴 참조** 서브루틴의 입구점에 제어를 넘기고, 서브루틴을 시동시키는 것.

subroutine return[–ritə́:rn] **서브루틴 복귀** 서브루틴이 끝났을 경우에 호출된 곳으로 되돌아가서 호출 명령 다음의 명령을 실행하는 것.

SUBROUTINE statement[–stéitmənt] **서브루틴문**

subroutine status table[–stéitəs téibəl] **서브루틴 상태표**

subroutine subprogram[–sʌbpróugræm] **서브루틴 서브프로그램, 서브루틴 부프로그램** CALL 문에서 호출되는 FORTRAN 서브프로그램. 함수 서브프로그램(function subprogram)과는 다르며, 반드시 계산 결과를 호출한 프로그램(calling program)으로 되돌아온다고는 할 수 없다.

subroutine subprogram reference[–réfərəns] **서브루틴 부프로그램 참조, 서브루틴 부프로그램 호출**

subschema[sʌbskí:mə] *n.* **서브스키마, 개별 데이터 구조, 부스키마** 데이터 베이스의 논리 구조를 정의하는 것의 일종. 데이터 베이스가 어떤 레코드로 구성되고, 어떤 검색 키를 가지며, 레코드와 레코드의 관계는 어떻게 되어 있는가 등은 스키마, 서브스키마로 정의한다. 스키마에서는 상위 레벨의 정의를, 서브스키마에서는 하위 레벨의 정의를 하는 것이 보통이다. 서브스키마에서는 주로 레코드 내의 필드를 정의한다.

subschema DDL 서브스키마 데이터 정의어

subschema description[–diskrípʃən] **서브스키마 기술**

subschema description entry[–éntri(:)] **서브스키마 기술항**

subschema entry[–éntri(:)] **서브스키마 기술항**

subschema name[–néim] **서브스키마 이름**

subschema section[–sékʃən] **서브스키마 마디**

subscriber[sʌbskráibər] *n.* **가입자** 스위치 네트워크에 연결되어 있는 모든 가입자.

subscriber's line[sʌbskráibərz láin] **가입자선** 가입자 지국의 교환을 연결하는 전화선으로 원격 스위칭 시스템의 첫 단계.

subscriber's loop[–lú:p] **가입자 루프**

subscriber's number[–nʌ́mbər] **가입자 번호**

subscriber station[sʌbskráibər stéiʃən] **가입자 지국, 가입자 스테이션** 중앙의 컴퓨터와 단말을 연결하는 데이터 전송의 접속국. 지역 루프(local loop)라고도 한다.

subscript[sʌbskrípt] *n.* **첨자** 배열 중의 요소를 식별하기 위해 배열명에 계속하여 「첨가하는」 것. **[주]** 특정한 부분 집합 또는 요소를 식별하기 위하여, 집합 이름에 붙여진 기호. 보통 문자 위치보다 아래 부분의 위치에 인쇄 또는 표시하는 기능.

subscript access[–ǽkses] **첨자 접근** 배열을 이용한 프로그램에서 첨자에 의해 선언된 여러 개의 데이터 중에서 필요한 첨자를 찾아가는 것.

subscript area[–ɛ́(:)riə] **첨자 영역**

subscript bound[–baund] **첨자 바운드**

subscript bracket[–brǽkət] **첨자 괄호**

subscript checking[–tʃékiŋ] **첨자 검사** 배열이 제한된 범위를 벗어나 이용되고 있는지 어떤지를 검사하는 것.

subscripted [sʌbskríptəd] *a.* **첨자를 붙인** 첨자(subscript)란 수식과 화학식에 사용되는 1/4각의 문자나, 배열(array)의 각각의 요소(element)를 식별하는 데 사용하는 숫자를 말한다.

subscripted data-name [–déitə nèim] **첨자 부착 데이터명** 데이터명의 뒤에 괄호로 묶은 한 개 이상의 첨자를 붙인 것. 또는 COBOL 언어에 있어서 데이터명 뒤에 괄호로 묶은 한 개 이상의 첨자를 쓴 하나의 이름.

subscripted name [–néim] **첨자명** 배열 요소를 표시하기 위해 배열의 뒤에 괄호로 묶은 한 개 이상의 첨자를 붙인 것.

subscripted qualified name [–kwɑ́lifɑ̀id néim] **첨자 수식 부착명** 배열명의 뒤에 괄호로 묶은 한 개 이상의 첨자를 붙인 것. PL/I 언어에 있어서 구조체 배열 또는 구조체에 포함되는 배열 요소를 표시하는 첨자를 가진 수식 부착명. 첨자는 배열로서 선언된 이름과 반드시 짝을 이룰 필요는 없다.

subscripted variable [–vɛ́(ː)riəbl] **첨자 변수** ALGOL 언어에서 첨자 변수는 배열의 부분 집합. 배열명에 계속되며 첨자 괄호로 묶여진 첨자식의 배열을 배치하여 표시한다. 또 PL/I 언어에서는 첨자명(subscripted name)을 사용한다.

subscripted variable symbol [–símbəl] **첨자 가변 기호** 가변 기호 다음에 괄호로 감싼 하나 이상의 첨자를 갖는 가변 기호.

subscript expression [sʌbskrípt ikspréʃən] **첨자식** 고수준 언어(high level language)에 있어서 숫자뿐만 아니라 $i+2$와 같이 변수와 수(정수)의 조합을 사용하여 「첨자」를 표시할 수 있는데, 이러한 식의 형(形)의 첨자를 「첨자식」이라고 한다.

subscripting [sʌbskríptiŋ] *n.* **첨자 지정** 배열 참조와 평가될 때 배열 요소의 위치를 부여하는 하나 이상의 식에 의해서 그 요소를 참조하는 구조.

[주] 이 구조를 사용하는 경우도 첨자 지정이라고 한다.

subscript list [sʌbskrípt líst] **첨자 배열, 첨자식 배열** ALGOL 언어에서의 첨자식을 커맨드로 구분하여 나열한 것.

subscript quantity [–kwɑ́ntiti(ː)] **첨자 요소**

subscript range [–réindʒ] **첨자 범위** 배열에서 첨자가 가질 수 있는 크기.

subscript value [–vǽljuː] **첨자값** 프로그램 실행중에 배열에서 첨자 변수가 가지고 있는 값.

subscript variable [–vɛ́(ː)riəbl] **첨자 변수** 배열의 요소를 나타내기 위해 첨자 위치에서 사용되는 변수.

subsequence counter [sʌbsíːkwəns kɑ́untər] **연속 계수기** 마이크로 동작을 계산하거나 그를 통해서 단계를 설계하는 특별한 유형의 명령어 계수기.

subset [sʌ́bsèt] *n.* **부분 집합** (1) 그 자신보다 큰 집단에 속하는 항목 중에서 동일하게 보이게 하는 집단. 컴퓨터에서는 어떤 언어(language)의 일반 규칙 중의 일부를 빼내서 만든 소형 언어를 표시하는 경우가 많다. 이것은 메모리와 컴퓨터의 기종 제한에 따른, 어떤 프로그램의 소규모 판이다. 컴파일러 언어의 대부분은 개발에 대규모적인 컴퓨터 시스템을 사용하는 경우가 많으며, 이전에는 미니컴퓨터나 퍼스널 컴퓨터로 실행하는 것이 어려웠다. 그 때문에 같은 언어를 사용할 때 기능면을 약간 희생해서 컴파일러 언어를 실행 가능하게 한 것이다. 이 같은 언어의 대부분은 대규모 모델(large model)의 것을 그대로 컴파일할 수 없지만 약간 변경하면 소규모 시스템에서 거의 같은 언어 시스템을 실행할 수 있는 이점이 있다. (2) subscriber set의 생략형이다. 모뎀(modem), 즉 변복조 장치(modulator/demodulator)를 나타낸다.

subsidiary station [səbsídiɛ̀(ː)ri(ː) stéiʃən] **종속국**

SUBST 경로 바꾸기

substantive input [sʌ́bstəntiv ínpùt] **본체 입력** 외부 기억 장치에서 내부 기억 장치로 데이터가 전달되는 것.

substitute [sʌ́bstitjùːt] *n.* **바꾸기** 「대용하다」, 「바꾸다」의 의미이지만 컴퓨터에서는 무효(invalidity), 또는 오류(error)로 된 부호(code)를 치환하는 데 사용되는 특수 기호(special character)를 말하기도 한다. sub로 생략해서 쓰는 경우도 있지만 「치환」이라 해석한다.

[주] 입력 끝의 문자 위에 새로운 문자를 입력하는 기능. 입력 끝의 문자는 새로운 문자로 치환한다.

substitute brank [–brǽŋk] **대용 브랭크**

substitute character [–kǽrəktər] **SUB, 치환 문자** 제어 문자의 일종으로, 무효 또는 오류임이 식별된 문자. 또는 사용하고 있는 장치에서는 표현할 수 없는 문자 대신에 사용되는 것.

substitute mode [–móud] **치환 방식** 데이터 전송(data transmission) 모드의 일종으로, 기억 영역(memory area)을 버퍼 기억(buffer store)이나 프로그램 작동 영역으로 기능시키는 버퍼 교환 조작(exchange buffering)의 방법. 이때 실제로는 데이터의 이동은 없고, 포인터(pointer)의 전환만에 의하여 겉보기 위치를 치환하고 있다. 데이터 관리에서 대기 순차 액세스법(QSAM)에 있어서 데이터 전송 모드의 일종. 실제 데이터의 이동은 없고 포인터의 전환에 의해 입출력 버퍼의 위치와 응용 프로그램의 작업 영역 위치를 외관상 교환하는 방식이다.

substitute processing[–prásesiŋ] **대행 처리** 장애 등의 요인에 의해 소정의 장치에 데이터가 출력되지 않을 경우 미리 정의되어 있는 장치에 데이터를 출력하는 처리를 대행 처리라고 한다. 일반적으로는 단말 고장에 의해 출력되지 않는 데이터를 센터의 라인 프린터 등에 잠정적으로 출력하는 방법이 있다.

substitution[sʌ̀bstitjúːʃən] *n.* **치환**

substitution method[–méθəd] **치환법** 측정량과 이미 알고 있는 양을 치환하여 전후 2회의 측정 결과로부터 측정량을 파악하는 방법.

substrate[sʌ́bstrèit] *n.* **기판, 기초, 근본** 표면 또는 그 내부에 집적 회로가 구성되는 장방형의 물체. 그 위 혹은 내부에 임의 회로 소자를 구성하거나 또는 구성하려는 물체. 임의의 회로 소자로는 능동 소자인 경우도 있고 수동 소자인 경우도 있다. 예를 들면 반도체 집적 회로의 실리콘 박편 등이 있다.

substring[sʌbstríŋ] *n.* **부스트링** 부분열.

substring formation[–fɔːrméiʃən] **부스트링 형성** 프로그래밍 언어에서 스트링 중의 일부를 추출하는 기법.

substring identifier[–aidéntifàiər] **부문자열 식별자**

substring notation[–noutéiʃən] **부문자열 표기법**

subsystem[sʌ́bsìstəm] *n.* **서브시스템, 부분 시스템** 하나의 시스템을 구성하고 있는 부분적 시스템. 일반적으로는 서브시스템을 제어하는 시스템과 독립하여 작동하거나 비동기로 작동하거나 할 수 있다. 예를 들면 컴퓨터 시스템에서 자기 테이프 장치(magnetic tape unit)와 그 제어 장치, 자기 디스크 장치와 그 제어 장치 등은 서브시스템이며, 각각을 자기 테이프 서브시스템(magnetic tape subsystem), 자기 디스크 서브시스템(magnetic disk subsystem)이라고 한다.

subsystem attribute[–ǽtribjùːt] **서브시스템 속성**

subsystem carrier[–kǽriər] **서브시스템 캐리어** 대규모 컴퓨터를 구성하는 단위 기능(예를 들면 중앙 처리 장치, 기억 장치)을 한 장의 인쇄 배선판 상에 장착한 것. ⇨ SSC

subsystem communication vector table[–kəmjùːnikéiʃən véktər téibəl] **SSCVT, 서브시스템 커뮤니케이션 벡터표**

subsystem component[–kəmpóunənt] **서브시스템 구성 요소**

subsystem controller[–kəntróulər] **서브시스템 제어 장치**

subsystem definition statement[–dèfiníʃən stéitmənt] **서브시스템 정의문**

subsystem description display[–diskrípʃən displéi] **서브시스템 기술 표시 화면**

subsystem generation[–dʒènəréiʃən] **서브시스템 생성**

subsystem identification[–aidèntifikéiʃən] **SSID, 서브시스템 ID, 서브시스템 식별명** 보조 기억 장치로 사용되는 대용량 기억 시스템(MSS)을 구성하는 각 기기를 식별하는 번호.

subsystem identification block[–blák] **SSIB, 서브시스템 식별명 블록**

subsystem information library[–ìnfərméiʃən láibrəri(ː)] **서브시스템 정보 라이브러리**

subsystem interface[–íntərfèis] **SSI, 서브시스템 접속**

subsystem monitor[–mánitər] **서브시스템 모니터**

subsystem options block[–ápʃənz blák] **SSOB, 서브시스템 옵션즈 블록**

subsystem program preparation support[–próugræm prèpəréiʃən səpɔ́ːrt] **서브시스템 프로그램 작성 지원**

subsystem status display[–stéitəs displéi] **서브시스템 상황 표시 화면**

subsystem support chip[–səpɔ́ːrt tʃíp] **서브시스템 지원 칩**

subsystem support program[–próugræm] **서브시스템 지원 프로그램**

subsystem support service[–sɔ́ːrvis] **SSS, 서브시스템 지원 서비스**

subtask[sʌbtáːsk] *n.* **서브태스크, 자식 태스크** 독립적으로 제어 시스템을 작동할 수 없는 부속 또는 보조 시스템. 서브태스크는 다른 태스크와 성질이 거의 동일하여 컴퓨터 시스템의 자원을 서로 경합하면서 사용하는데, 모(母) 태스크가 소멸할 때에는 강제로 소멸시키거나, 우선권이 모태스크의 그것을 초월하지 않는 등의 몇 가지 제한이 있다.

subtask control block[–kəntróul blák] **서브태스크 제어 블록**

subtotaling[sʌ́btòutəliŋ] *n.* **명세 집계**

subtract[səbtrǽkt] *v.* **감산하다, 공제하다**

subtracter[səbtrǽktər] *n.* **감산기** 입력 데이터로 표시되는 수의 차를 출력 데이터로서 표현하는 기구. 감산기에 피감수, 감수 및 자리올림을 입력하면 차와 자리올림을 출력한다. 감산기와 반대의 기능을 하는 것이 가산기이다. 이들 두 계산기의 기능을 겸비한 가감산기라는 것도 있고, 반감산기, 반가산기도 있다. 이들 계산 기능은 중앙 처리 장치(CPU)의 기능 속에도 포함되어 있다.

subtraction[səbtrǽkʃən] *n.* **감산, 뺄셈** 컴퓨터나 그 밖의 다른 연산 장치에서 이루어지는 연산(operation)의 하나이며, 감수(subtrahend)가 피감수(minuend)에서 뺄셈되어 차(difference)를 만드는 연산. 컴퓨터 내부의 연산에서는 뺄셈을 할 때는 실제로 뺄셈 조작을 하는 것은 아니고, 감수의 보수(complement)를 구하고 나서 그것을 피감수에 가산(addition)하는 조작을 한다. 컴퓨터 내부의 CPU에서는 뺄셈도 보수를 사용한 덧셈 형태로 실현하고 있다. 이것은 컴퓨터 내부의 CPU에서는 2진법만을 사용하고 있기 때문에, 뺄셈에 보수를 사용하여 연산을 덧셈으로 간단히 실현하는 것을 이용하고 있다. 보수는 NOT 회로를 시작으로 하는 간단한 논리 회로(logic circuit)로 구성되거나, 소프트웨어에 의한 방법으로 얻어진다.

subtract time[səbtrǽkt táim] **뺄셈 시간** 하나의 뺄셈 연산을 하는 데 소요되는 시간.

subtrahend[sʌ́btrəhènd] *n.* **감수** 뺄셈에 있어서 피감수에서 빼는 수나 양.

subtransaction[səbtrænsǽkʃən] *n.* **부트랜잭션** 하나의 트랜잭션을 구성하는 작은 단위의 트랜잭션.

subtree[səbtríː] *n.* **서브트리** 트리에서 루트 노드를 제외한 어느 한 노드를 루트 노드로 하여 그 노드와 그 노드의 자식 노드들로 이루어진 트리. 전체 트리의 한 부분을 말한다.

subtype[səbtáip] *n.* **부분형** 형에 제약을 가하고, 형이 취할 수 있는 값의 부분 집합을 규정한 형.

subunit[səbjúːnit] *n.* **부단위** 다른 컴파일 단위의 안쪽에서 선언된 프로그램 단위의 본체를 분할 컴파일하기 위한 새로운 컴파일 단위. 이로써 톱다운 개발을 할 수 있다.

subwindow[sʌ́bwíndou] **부윈도, 서브윈도** 주윈도 내에 표시되는 작은 윈도. 윈도 파일 매니저에서, 파일 매니저 자체가 주윈도가 되고 그 속에 드라이브의 내용을 표시하고 있는 윈도가 부윈도가 된다.

succeeding model[səksíːdiŋ mádəl] **후속 기종** 컴퓨터 시스템에서 컴퓨터 본체나 주변 장치와 같이 기본적인 구조나 사양은 변하지 않고 시스템이나 부품에만 변경이나 개량을 한 기종.

successive[səksésiv] *a.* **연속적**

successor[səksésər] *n.* **후속자** 트리를 어떤 순서로 순회할 때 한 노드를 방문한 후 바로 다음에 방문할 노드.

sudden failure[sʌ́dən féiljər] **돌발 고장** 갑자기 발생하고, 사전의 검사 또는 감시에 의해서 예측할 수 없는 고장. 돌발 고장으로 기능 단위의 기능을 완전히 잃게 되는 고장이 파국 고장(catastrophic failure)이다.

suffix[sʌ́fiks] *n.* **접미사, 접미부** 뒤에 붙이는 것을 표시한다. 접두사(prefix)와 대비된다. 컴퓨터에서의 연산 처리를 고속화하는 방법으로서 후치 연산자(suffix operator)와 전치 연산자(prefix operator)를 사용하는 경우가 있다. 이것은 폴란드의 논리학자 J. Lukasiewicz가 개발한 폴란드 기법(Polish notation)의 일종으로, 스택 연산(stack operation)에 기초를 두고 행해진다. 후치 표기법을 역폴란드 기법, 전치 표기법을 폴란드 기법이라고 하는 경우도 있다. 이러한 작성 방법은 컴퓨터 내부에서 하기 쉽기 때문에 대단히 빠른 계산을 할 수 있다. 구체적으로는 괄호를 사용하지 않으며, 그리고 후치 표기법에서는 변수나 숫자가 뒤에 연산자를, 전치 표기법에서는 앞에 연산자를 기입한 것이며, 통상 표기법으로 A=B/(C+D)+E×(F−G)이라는 식은 후치 표기법에서 CD+B/EFG− +×+A=, 전치 표기법에서는 +/B+CD×+−GFE=A가 된다. 전치 표기법의 경우는 우선 C를 판독하고 다음에 D를 판독한다. 그리고 앞의 두 개 C와 D를 더하고 다음에 B를 판독한다. 그 다음에 앞의 (C+D)로 나눈다. 이어서 EFG라고 판독하고, 이어서 G를 −로 한다. 또 바로 앞의 두 (−G)와 F를 더한다. 그리고 바로 앞의 두 (−G+F)와 E를 곱한 후 최후에 남아 있는 두 수 B/(C+D)와 E×(F−G)를 더해서 A에 대입한다. 결국 스택의 후입 선출(last-in first-out)을 사용하여 계산하는 것이다.

suffix notation[−noutéiʃən] **접미 표시법, 후치 표기법** 수학상의 식을 구성하는 방법으로, 각 연산자는 그 오퍼랜드의 뒤에 놓여지고, 그 앞에 있는 오퍼랜드 또는 중간 결과에 대해 행해지는 연산을 나타내는 것. 예 1. A와 B를 더하고, 그 합에 C를 곱하는 것은 AB+C×라는 식으로 표시한다. 2. P와, Q와 R와의 논리곱(積) 결과와의 논리곱은 PQR&&라는 식으로 표현된다. ⇨ postfix notation, reverse Polish notation

suffix operator[−ápərèitər] **후치 연산자** ⇨ postfix operator

suite[swíːt] *n.* **스위트** 특정의 요구에 따른 프로그램의 한 식.

suitcase file[sjúːtkèis fáil] **서류가방 파일** 매킨토시에서 폰트나 디스크 액세서리를 보존하는 파일. 서류가방형의 아이콘으로 표시된다. 이것을 시스템 폴더에 넣으면 자동으로 시스템에서 맞추어준다.

suite of programs[swíːt əv próugræmz] **프로그램의 조(組)** 서로 연관된 프로그램들.

sum[sʌ́m] *n.* **합, 합계** 가수(addend)와 피가수(augend)를 가산(addition)해서 얻어지는 결과. 예를 들면 각각의 자릿수를 사용해서 얻어지는 합계를 검사하는 것을 검사 합계(check sum)라고 한다. 잡지 등에 실려 있는 기계어(machine language) 프로그램을 입력시킬 때의 검사에 사용하는 수치. 그리고 검사 합계를 사용하여 검사를 행하는 것을 합계 검사(sum check)라고 한다. 또 논리 연산(logical operation)의 하나인 「논리합」을 logical sum이라 한다.

[주] 두 개 이상의 수 또는 양의 가산 결과인 수 또는 양.

sum check[–tʃék] **합계 검사** 검사 합계(check sum)를 써서 데이터를 검사하는 일. 어떤 두 종류의 데이터를 송신할 때, 미리 검사 합계를 구하여 검사 합계도 함께 송신한다. 수신측에서는 보내온 두 2진수에서 재차 검사 합계를 구하여, 함께 보내온 송신 전의 검사 합계와 대조하여 차이가 나면 그 자리에 오류가 있었음을 알 수 있다. 그러나 이 방법의 결점은 같은 자리에 여러 오류가 발생했을 때 원검사 합계와 같아져서 오류를 알아차리지 못할 가능성이 있다는 것이다.

[주] 데이터의 완전성을 검증하기 위해 같은 데이터에 대해서 다른 기회에 계산하거나 그 데이터의 다른 표시에 대해서 계산한 검사 합계의 비교.

sum check digit[–dídʒit] **가산 검사 숫자** 가산 검사에 의해 얻어지는 검사수.

sum counter[–káuntər] **합계 계수기** COBOL 언어에 있어서 데이터부의 보고서 절 가운데 SUM 구로 설정되는 부호를 갖는 숫자 데이터 항목. 합계 계수기는 보고서 작성중에 행해지는 소정의 합계 연산의 결과로 얻어진다.

sum event[–ivént] **합 사상**

summarize[sʌ́mərὰiz] *v.* **요약하다, 집약하다**

summerizing[sʌ́mərὰiziŋ] *n.* **요약화** 데이터를 종합하여 요약 형태로 만드는 연산으로서 제어를 위해 키 필드의 최종합은 세부적으로 계산된 합과 일치하여야 한다.

summary[sʌ́məri(ː)] *n.* **요약, 합계** 일반적으로 상세한 것은 생략하고 필요한 정보만을 제공한 리포트로, 「요약」이라 해석되며, 처리가 완료된 각 레코드의 상세한 것으로부터 인출한 필요한 정보만을 제공하는 것을 말한다.

summary card[–kάːrd] **요약 카드, 합계 카드** 상세한 카드를 어떤 기간, 또는 어떤 그룹마다 공통 항목을 합계하고, 그 합계값을 천공한 천공 카드(punched card). 사전에 이것을 작성해두면, 나중에 상세 카드를 합계할 필요가 없어 취급이 간단해진다. 단지 이것만으로는 상세한 내용을 분석할 수는 없다.

summary check[–tʃék] **합계 검사** ⇨ sum check

summary data field[–déitə fíːld] **합계 데이터 필드**

summary punch[–pʌ́ntʃ] **합계 천공기** 도표 작성기(tabulator)로 작표 작업중에 동시에 소정의 것을 합계하고, 합계 카드를 천공하는 데 사용하는 천공기(card puch).

[주] 도표 작성기와 같은 별도의 장치로 계산하거나 합계된 데이터를 기록하기 위하여, 그 장치에 접속할 수 있는 카드 천공 장치.

summary punch and reproducer[–ənd rìːprədjúːsər] **집단 복사 천공기**

summary punching[–pʌ́ntʃiŋ] **요약 천공** 다른 기계(machine)로 만들어진 리포트로부터 요약 정보를 천공 카드에 천공하는 것.

summary report[–ripɔ́ːrt] **합계 보고서** COBOL 언어에 있어서, 보고서에 대한 GENERATE 명령이 모든 보고서명을 지정한 GENERATE 명령일 때에 작성 표시되는 보고서. 합계 보고서는 명세 보고 집단이 표시되지 않는 보고서이다.

summary reporting[–ripɔ́ːrtiŋ] **합계 보고 작성**

summary tag-along sort[–tǽg əlɔ́(ː)ŋ sɔ́ːrt] **태그 부착 요약 분류**

summation[sʌméiʃən] *n.* **합산, 합계하는 것, 합**

summation check[–tʃék] **합계 검사** 데이터의 완전성을 검증하기 위해 같은 데이터에 대하여 다른 기회에 계산한 또는 그 데이터의 다른 표시에 대해 계산한 검사 합계의 비교.

summer[sʌ́mər] *n.* **합산기, 가산기, 덧셈기** 복수의 입력 아날로그 변수를 간단하게 가산, 또는 각각의 입력 아날로그 변수를 가중 가산한 출력 아날로그 변수를 얻는 연산기.

summing amplifier[sʌ́miŋ ǽmplifὰiər] **가산 증폭기** 하나의 연산 증폭기에 여러 개의 입력을 연결시킨 것으로서 합계 증폭값이 얻어진다. 이 장치로 각 입력 변수들을 더하거나 곱하거나 그 부호를 바꿀 수도 있다.

summing integrator[–íntəgrèitər] **가산 적분기** 입력 아날로그 변수를 가중 가산하고, 시간에 관해서, 또는 다른 입력 아날로그에 관해서 적분한 출력 아날로그 변수를 얻는 연산기.

summing point[–pɔ́int] **가산 장소, 합산점** 신

호들이 대수적으로 기산되는 특정한 장소.

SUMT 순차적 비제약형 최소화 기법 sequential unconstrained minimization technique의 약어.

sunday programmer[sʌ́ndei próugræmər] **선데이 프로그래머** 휴일 등의 여가 시간을 이용하여 프로그램을 작성하는 사람. 홀리데이 프로그래머라고도 한다.

Sun Microsystems Inc.[sʌ́n màikrəsístəmz inkɔ̀ːrpəréitid] **선 마이크로시스템즈 사** 미국의 컴퓨터 제조 업체로 공학용 워크스테이션을 전문으로 생산한다.

SunOS 미국의 선 마이크로시스템즈 사의 워크스테이션들을 위한 운영 체제. 버클리 대학에서 개발된 4.3BSD 유닉스를 근간으로 하고 있다.

SunView[sʌ́nvjùː] **선뷰** SunOS 위에서 돌아가는 그래픽 윈도 환경.

super[súːpər] **수퍼, 초(超)**

super block[–blɑ́k] **수퍼 블록** 유닉스 시스템에서 파일 시스템의 상태를 설명하는 블록.

SuperCalc 수퍼칼크 Sorcim 사가 판매하고 있는 IBM-PC용 스프레드시트 프로그램.

supercomputer[sùːpərkəmpjúːtər] *n.* **초고속 전산기, 수퍼 컴퓨터** 주로 과학 기술 계산 분야에서 이용되는 초고속 · 초대형 컴퓨터의 총칭이다. 종래의 범용 대형 컴퓨터와 비교해 연산 속도가 매우 빠르고, 우주 개발과 원자력 계산 등에 큰 위력을 발휘한다. 보통 메모리와 중앙 처리 장치(CPU)만으로 구성되며, 파이프라인 방식 또는 병렬 처리 방식을 채용하고, 대규모 벡터 연산이나 행렬 연산을 고속으로 처리하기 때문에 배열 처리기나 벡터 프로세서의 형태를 취한다. 외부 기억 장치, 프린터 등은 구비되어 있지 않은 경우가 많다. 미국의 크레이 리서치 사의 Y-MP832는 1초에 40억 회의 계산이 가능하다. 주된 용도는 구조 해석, 원자력, 우주 개발, 기상 예측, 대규모 선형 계획법, 자원 탐사 등의 대형 과학 기술 계산에서 편미분 방정식, 연립 방정식의 수치 계산이나 시뮬레이션을 하는 것이다.

〈수퍼 컴퓨터〉

superconducting element[sùːpərkʌ́ndəktiŋ éləmənt] **초전도 소자** 초전도 현상을 이용한 전자 소자. 예를 들면 크라이오트론(cryotron), 조셉슨 소자, 지속 전류를 이용한 기억 소자 등.

superconducting memory[–mémәri(ː)] **초전도 메모리, 초전도 기억 장치** 조셉슨 기억 소자나 지속 전류를 이용한 메모리의 총칭.

superconducting technology[–teknɑ́lədʒi(ː)] **초전도 기술**

superconduction[sùːpərkəndʌ́kʃən] *n.* **초전도** 대부분의 금속이나 합금은 시료를 충분히 낮은 온도, 대개는 액체 헬륨 범위의 온도(약 –260℃)로 냉각하면 돌연 전기 저항이 손실된다. 이 현상을 초전도(超電導)라고 한다. 이 현상은 최초에 네덜란드의 카메링 온네스에 의해 1911년에 발견되었지만 50년이 지나서야 그 이유가 밝혀졌다. 그 후 1957년이 되어 전자론(電子論)의 입장에서 일리노이 대학의 J. 버딘, L.N. 쿠퍼, J.R. 쉬리퍼 등에 의해서 완전히 설명되었다. 이 이론은 세 명의 머리문자를 따라서 BCS 이론이라고 한다.

superconductor[sùːpərkəndʌ́ktər] **초전도체** 주로 과학 기술 계산 분야에서 이용되는 초고속, 초대형 컴퓨터의 분류명.

superconductivity[sùːpərkəndʌ́ktiviti] *n.* **초전도 현상** 극저온(헬륨의 1기압 하에서의 액화 온도, 4.2K) 부근에서 어떤 물질(예를 들면 탄탈, 니오브, 납 등)은 전기 저항이 갑자기 완전히 0으로 되는 성질을 말한다. 외부 자계에 의해 초전도 상태가 깨어진다.

super digital[súːpər dídʒitəl] *n.* **수퍼 디지털** ⇨ SD

SuperDisk[súːpərDisk] **수퍼디스크** 대용량 플로피 디스크 규격의 하나. 이전 플로피 디스크의 약 80배에 이르는 120MB의 용량을 가진다. 최대의 특징은 드라이브 3.5인치 FD와 호환성을 가진다는 점이다. 이것은 전용 해독 헤드와 플로피 디스크 헤드의 두 종류가 있어 호환성이 있다. 플로피 디스크의 최대 3배, 전용 미디어를 사용할 경우에는 약 5배의 속도로 판독, 기록이 가능하다. 운영 체제나 드라이버의 지원이 필요하지만 1.25MB의 디스크도 사용할 수 있다.

super drive[súːpər draiv] **수퍼 드라이브** 매킨토시에서 MS-DOS용 플로피 디스크를 사용할 수 있게 만든 디스크 드라이브. 이전에는 포맷이 달라 MS-DOS용 플로피 디스크는 읽어들일 수 없었으나, 수퍼 드라이브가 탑재된 매킨토시의 경우 MS-DOS의

3.5인치 720KB/1.44MB 포맷의 플로피 디스크를 이용할 수 있다. 단, 시스템에 부속된 PC exchange나 시판용 패키지 소프트웨어 DOS Mounter 등과 조합해서 사용해야 한다.

Super ESC/P 엡손이 제창하는 프린터 명령 체계로, ESC/P와 PC-PR 계열 프린터(NEC)의 코드를 자동적으로 판단할 수 있게 되어 있다. ⇨ ESC/P

super high frequency [sjú:pər hái frí:kwənsi] **초고주파** 3×10^{9}~3×10^{1}헤르츠의 주파수의 전파. 파장으로 고치면 1~10cm에 해당된다. ⇨ SHF

super impose [–impóuz] **중첩** 두 개의 이미지를 합성하여 표시하는 것. PC의 디스플레이에 표시된 문자나 도형을 그대로 TV 영상에 합성하는 방식과 PC의 디스플레이에 표시하지 않고 소프트웨어에서 처리한 문자나 도형을 TV 영상과 합성하는 방식이 있다. 최근의 디지털 비디오 편집 소프트웨어에도 중첩 기능이 내장되어 있다.

supermini [sù:pərmíni] **수퍼미니**

super minicomputer [sú:pər mìnikəmpjú:tər] **수퍼 미니컴퓨터** 수퍼 컴퓨터의 소형판이라고 할 수 있는 것으로, 계산 능력은 수퍼 컴퓨터에 버금간다. 초기에는 현재의 개인용 컴퓨터 정도의 연산 능력밖에 없었으나, 그 후 기술이 발달하며 수퍼 컴퓨터와 거의 맞먹는 연산 능력을 갖춘 것도 있다.

super pipe-line [–pαip lαin] **수퍼 파이프라인** 최근의 CPU에서 보여지는 방식으로 병렬 처리에 의해 처리 속도를 향상시킨 것.

super program [–próugræm] **수퍼 프로그램** SRI(Stanford Research Institute)가 제창한 것으로, 요구(requirement)를 입력하면 자동으로 소프트웨어 패키지가 생성되는 프로그램 작성법.

super scalar [–skéilər] **수퍼 스케일러** CPU에 의해 여러 개의 파이프라인을 준비하여 다수의 명령을 병렬 처리하는 방식. 대형 범용 컴퓨터 외에 인텔 사가 1993년부터 출하하고 있는 CPU, 펜티엄에도 채택되어 있다.

superscript [sú:pərskrìpt] *n.* **어깨 글자, 상첨자, 상부 문자** 일반적인 문자열보다 위쪽에 기입된 문자로, 수학이나 화학에 사용되는 경우가 많고, 워드 프로세서 등에서도 간단한 지정으로 쓸 수 있도록 되어 있다. 예를 들면 수학에서 누승(거듭제곱)을 표시하는 데는 작용시킬 문자나 숫자의 오른쪽 위에 그보다도 작은 문자와 숫자를 기입한다. 화학에서는 이온 물질의 가수를 표시하기 위해서 원소명의 오른쪽 위에 가수를 쓴다. 또 핵반응을 고려할 때 등은 원소명의 왼쪽 위에 질량수를 쓴다. 반대로 보통의 문자열보다 아래 부분에 쓰여진 문자를 하부 문자(subscript)라고 한다. 수학에서는 주로 수열을 표시하는 데 사용하고 있다. 화학에서는 원소의 개수를 표시하는 데 사용하며, 화학식과 화학 반응식에 이용된다.

super spider [sú:pər spáidər] **수퍼 스파이더** 기존 웹 검색 엔진보다 100배 빠른 새로운 웹 정보 기술을 채택한 디지털 사의 새로운 검색 소프트웨어. 베타 테스트중인 수퍼 스파이더는 현재 알타비스터 웹 사이트에서 이용할 수 있다. http://www.altavista.igital.com 참고.

super user [–jú:zər] **수퍼 사용자** 일반 사용자에게는 주어지지 않은 특권을 부여한 사용자로서 워크스테이션을 관리한다. 사용자의 등록, 삭제나 워크스테이션의 정지 등의 작업을 할 수 있다. 수퍼 사용자의 권한을 얻으려면 su 명령을 사용해야 한다.

super video graphics array [–vídiòu grǽfiks əréi] **수퍼 비디오 그래픽 어레이** ⇨ SVGA

supervise [sú:pərvàiz] *v.* **감시하다** 사람이 컴퓨터 시스템의 작동 상태를 「감시한다」든지, 제어 프로그램이 태스크의 실행을 「감시한다」라고 할 때 사용된다. 또 온라인 시스템 등에서는 컴퓨터측으로부터 통신 회로와 단말의 상태를 항상 감시하여 시스템 전체를 안전하게 가동시킬 필요가 있다. 모니터와 같은 뜻으로도 사용된다.

supervision [sù:pərvíʒən] *n.* **감시**

supervision mode [–móud] **감시 방식**

supervisor [sú:pərvàizər] *n.* **수퍼바이저, 감시자, 감시 프로그램** OS(운영 체제)의 일부분으로 주기억 장치 상에 상주하고 있는 프로그램. 감시 프로그램(executive program)이라고도 한다. 이것은 OS의 중심 부분에 하드웨어가 최대한으로 작동되도록 시스템을 감시 제어한다. ① 각 프로그램에 메모리를 할당한다. ② 입출력 장치(input/output devices)를 각 프로그램에 할당하고 이것들을 제어한다. ③ 컴퓨터 내부에 있는 타이머를 관리한다. ④ 다중 프로그래밍(multiprogramming) 등의 기능을 제어한다. ⑤ 인터럽트(interrupt)를 제어한다. 시스템 전체를 제어하는 프로그램이므로 사용자 프로그램보다도 상위(upper)에 위치되어 있다. 그 때문에 수퍼바이저만이 사용할 수 있는 명령도 있으며, 이것을 특권 명령어(privileged instruction)라고 한다.

[주] 보통은 운영 체제의 일부이며, 다른 컴퓨터 프로그램의 실행을 제어하고, 데이터 처리 시스템의 작업의 흐름을 통제하는 컴퓨터 프로그램.

supervisor analysis router [–ənǽlisis rú:tər] SAR

supervisor call [–kɔ́:l] **SVC, 감시자 호출하기** 수퍼바이저 호출(명령). OS(운영 체제)의 작동 모

드를 문제 프로그램 모드로부터 수퍼바이저 모드로 전환할 수 있는 명령. 보통 유저 프로그램 등은 문제 프로그램 모드로 실행된다. 단지 「입출력 명령」 등은 유저 프로그램에서는 직접 실행할 수 없으므로 대신에 수퍼바이저(OS로 생각해도 좋다)로 실행해받기 위해, 이 동작 모드를 바꾸어 수퍼바이저 모드로 할 필요가 있다. 수퍼바이저 모드에 있어서만 실행할 수 있는 명령을 특권 명령어(privileged instruction)라 한다.

supervisor call argument[–ɑ́:rgjumənt] **감시 프로그램 호출 인수**

supervisor call code[–kóud] **감시 프로그램 호출 코드**

supervisor call instruction[–instrʌ́kʃən] **SVC, 감시 프로그램 호출 명령** 실행중인 프로그램에 인터럽트를 발생시켜 제어를 수퍼바이저에게 넘겨주는 명령.

supervisor call interruption[–ìntərʌ́pʃən] **SVC 인터럽트, 감독자 호출 인터럽트** 제어를 감독자에게 넘겨주기 위해 현재 수행중인 프로그램에 소프트웨어적으로 발생시키는 인터럽트.

supervisor call trace[–tréis] **SVC 트레이스, 감독자 호출 추적**

supervisor call transient area[–trǽnʃənt ɛ́(:)riə] **SVC 루틴 일시 영역, 감독자 호출 과도 구역**

supervisor lock[–lɑ́k] **수퍼바이저 로크**

supervisor mode[–móud] **감독자 방식** 시스템 관리를 위한 조작은 시스템 관리자인 OS에만 허락되어 있다. 이 특권 조작을 행하는 상태를 감독자 방식이라고 한다.

supervisor operating system[–ɑ́pərèitiŋ sístəm] **감시 운영 체제** 시스템 프로그램 및 서브루틴들로 구성되어 운영 체제를 제어하는 프로그램.

supervisor overlay[–òuvərléi] **수퍼바이저 오버레이**

supervisor program[–próugrɑm] **감시 프로그램** 컴퓨터 시스템의 자원을 계획, 할당, 제어하는 기능을 수행하는 프로그램.

supervisor program test[–tést] **감시 프로그램 점검** 점검만을 위해 사용되는 감독 프로그램.

supervisor privileged instruction[–prívilidʒd instrʌ́kʃən] **감시 프로그램 특권 명령어**

supervisor queue area[–kjú: ɛ́(:)riə] **감시 프로그램 대기 영역**

supervisor register[–rédʒistər] **수퍼바이저 레지스터**

supervisor request block[–rikwést blɑ́k] **SVRB, 수퍼바이저 요구 블록**

supervisor resident area[–rézidənt ɛ́(:)riə] **수퍼바이저 상주 영역**

supervisor services[–sə́:rvisiz] **감시 프로그램 서비스**

supervisor state[–stéit] **수퍼바이저 상태, 감독자 상태** 중앙 처리 장치(CPU)가 입출력 및 기타의 특권 명령어를 실행할 수 있는 상태. 문제 프로그램 상태(problem program state)와 대비된다.

supervisor transient area[–trǽnʃənt ɛ́(:)riə] **수퍼바이저 비상주 영역**

supervisor vector table[–véktər téibəl] **SUPVT, 수퍼바이저 벡터 테이블**

supervisory[sú:pərvɑ̀izəri(:)] *a.* **감시의, 감독**

supervisory and sequence control[–ənd sí:kwəns kəntróul] **감시 · 시퀀스 제어**

supervisory character [–kǽrəktər] **감시용 캐릭터**

supervisory communication[–kəmjù:nikéiʃən] **감시 통신** 사용자(user)의 프로그램과 다른 컴퓨터의 원격 터미널과의 사이에 데이터 전송을 감시하는 프로그램.

supervisory computer control[–kəmpjú:tər kəntróul] **감시 컴퓨터 제어**

supervisory computer control system [–sístəm] **SCC system, 감시 컴퓨터 제어 시스템**

supervisory console [–kɑ́nsoul] **감시용 콘솔** 조작원(오퍼레이터)이 컴퓨터 시스템 전체를 관리하는 데 사용하는 콘솔이며 표시 장치, 키보드, 프린터 등으로 구성된다.

supervisory control[–kəntróul] **감시 제어, 감독 제어** 제어하고 있는 프로세스로부터의 정보를 받아서 오퍼레이터(operator)가 제어를 행하는 시스템.

supervisory control and data acquisition[–ənd déitə ǽkwizíʃən] **감시 제어 데이터 수집** ⇨ SCADA

supervisory control and data acquisition system[–sístəm] **SCADA system, 감시 제어 데이터 수집 시스템**

supervisory control signal[–sígnəl] **감시 제어 신호**

supervisory control system[–sístəm] **감시 제어 시스템**

supervisory format[–fɔ́:rmæt] **감시 형식**

supervisory function bit[–fʌ́ŋkʃən bít] **감시 기능 비트**

supervisory human operator[–hjú:mən ɑ́pərèitər] **감시 인간 조작원**

supervisory lamp[-lǽmp] **감독등, 감시등** 조작원에게 호출 상태를 지시하고 호출하는 동안 스위칭이나 조작으로 밝아지거나 어두워지는 것.

supervisory memory[-mémǝri(:)] **감시 메모리** 감시 메모리는 가입자나 트렁크의 상태를 표시하는 메모리이며 주로 입력 처리 프로그램에 따라 참조되는데, 주사(走査) 장치의 주사 결과와 비트 위치에 대응되는 메모리로 구성되어 있다. 일반적으로 처리 요구 표시의 ACT 비트와 전주기(前周期)의 스캐너(scanner)가 리드한 것을 기억하는 비트로 구성되고 현재 주기의 스캐너가 읽어낸 결과를 비교하여 어떠한 처리를 하도록 하는 요구가 트렁크의 감시점에 발생되는지를 검출하기 위하여 이용된다. 감시 메모리의 종류로는 비어 있는 화중 정보(話中情報), 전회(前回)의 주사(scan) 정보, 한 자리분의 다이얼 펄스 정보 등이 있다.

supervisory operating system[-ɑ́pǝrèitiŋ sístǝm] **감독 운영 체제**

supervisory process computer[-prɑ́ses kǝmpjú:tǝr] **감시 처리 컴퓨터**

supervisory program[-próugræm] **감시 프로그램** 수퍼바이저(supervisor)와 감시 프로그램(executive program)과 같은 것이며, 운영 체제(OS)의 일부로 주기억 장치 상에 상주하고 있는 프로그램. 이것은 하드웨어가 최대한 작동되도록 시스템을 감시하는 것이다.

[주] 운영 체제의 일부이며, 다른 컴퓨터 프로그램의 실행을 제어하고, 데이터 처리 시스템의 작업의 흐름을 통제하는 컴퓨터 프로그램.

supervisory program simulation[-sìmjuléiʃǝn] **감시 프로그램 시뮬레이션** 감시 프로그램을 모방한 대체 프로그램을 사용하는 것.

supervisory relay[-rí:lei] **감시 계전기**

supervisory remote-control system[-rimóut kǝntróul sístǝm] **감시 원격 제어 시스템**

supervisory routine[-ru:tí:n] **감시 루틴**

supervisory sequence[-sí:kwǝns] **감시 시퀀스** 전송 제어에서 정보의 전달이 아니고 상태의 감시를 목적으로 하는 메시지. 기본형 데이터 전송 제어 절차에서 사용한다.

supervisory service[-sǝ́:rvis] **감시 서비스**

supervisory signal[-sígnǝl] **감시 신호** 회로가 사용 상태인지 아닌지를 지시하는 신호. 또는 회로 조합들의 여러 가지 작동 상태를 지시하기 위해 사용되는 신호를 말한다.

supervisory system[-sístǝm] **감시 시스템**

superzapping[sú:pǝrzæ̀piŋ] **수퍼재핑** 컴퓨터 범죄의 일종. 긴급 사태에 대처하기 위한 시스템을 갖추고, 여러 가지 장애물을 피해서 프로그램이나 파일에 접근, 변경할 수 있는 기능을 악용한다.

supplementary maintenance[sʌ̀plméntǝri(:) méintǝnǝns] **추가 보수** 루틴 유지나 수정 유지를 목적으로 하는 것이 아니고 일반적인 약간의 변형만을 가함으로써 기계의 신뢰성을 증가시키기 위한 유지 작업.

supplementary maintenance time[-táim] **추가 보수 시간** 새로운 장치의 추가 없이 신뢰도를 높이기 위해서 기존의 장치를 어떤 주요 방법으로 수정하거나 변경시키기 위한 시간. 이 시간은 주로 정규 공학 시간 혹은 정규 보수 시간으로 간주된다.

supplier[sǝpláiǝr] *n.* **제공자, 서플라이어**

supply[sǝplái] *n.* **비품, 용품, 공급**

supply chain management[-tʃéin mǽnidʒmǝnt] **공급 사슬 관리** ⇨ SCM

supply delay time[-diléi táim] **보급 대기 시간** 보전에 필요한 부품, 재료가 곧바로 입수되지 않기 때문에 보전 작업이 실시될 수 없는 시간.

supply option[-ɑ́pʃǝn] **테이프 공급 기구**

supply reel[-rí:l] **송출 릴** 자기 테이프 등의 테이프를 송출하는 측의 릴. 한 방향으로 감기는 릴은 감는 릴(take-up reel)이라고 한다. ⇨ take-up reel

supply voltage[-vóultidʒ] **공급 전압** 전원 인입구에서의 전압. 전원 전압과 구분되지 않고 사용되는 일이 많다.

support[sǝpɔ́:rt] *v.* **지원(하다)** 서포트하다. 하드웨어나 소프트웨어에 있어서 공통되는 규격과 그것에 특유한 방법이나 다른 기종으로만 할 수 있는 것을 이용할 수 있도록 되었을 때 「이것은 ~을 지원하고 있습니다」 등으로 표현한다. 결국 규격에 적합한 것과 어떤 규격을 이용할 수 있는 것을 표시하는 데 이용된다. 즉, 그것을 사용하는 데 필요한 도움이나 지도를 공급자가 제공하는 것이다.

support chips[-tʃíps] **보조 칩** 주변 장치 제어 칩과 같이 보다 완전한 동작을 위해 중앙 처리 장치 칩을 보조하여 사용되는 칩.

support information network[-ìnfǝrméiʃǝn nétwǝ̀:rk] **SIN, 지원 정보망**

support library[-láibrǝri(:)] **지원 라이브러리** 이미 개발, 테스트가 이루어지고, 설명이 첨가된 완전한 프로그램과 서브루틴이 포함된 라이브러리.

support logic device[-lɑ́dʒik diváis] **지원 논리 장치** 마이크로컴퓨터에서 중앙 처리 장치 이외의 논리 장치.

support microprocessor[-màikrǝprɑ́sesər] **보조 마이크로프로세서** 입출력 처리기, 특수 명령어 처리기, 기억 장치 관리, 분산 지능 등과 같은 확장된 다중 처리기 응용의 여러 분야에 쓰이는 시스템 구성 요소들.

support model[–mádəl] **지원 모델**

support processor[–prásesər] **부프로세서**

support program[–próugræm] **지원 프로그램** 컴퓨터 시스템의 정상적인 운전 상태로 움직이는 관리 프로그램이나 업무 프로그램에 대해서, 시스템 건설시라든가 시스템의 원활한 운전을 유지하기 위해 필요한 프로그램을 지원 프로그램이라고 한다. 각종 테스트용 프로그램, 단말 시뮬레이터, 진단 프로그램 등이 포함된다. 또 실시간 처리 시스템에 있어서 중앙 처리 장치가 단말과 접속해 있지 않을 때 동작하는 프로그램 등도 지원 프로그램이다.

support resource[–risɔ́ːrs] **지원 자원**

support software[–sɔ́(ː)ftwὲər] **지원 소프트웨어** 실제 시스템을 모방하거나 시뮬레이트하는 소프트웨어에 의하여 이루어지며, 시스템 장치들을 시험하고 수정함으로써 사용자 프로그램을 개발하는 테이프, 디스크, 카드 라이브러리 등으로 구성되는 소프트웨어.

support state sequence[–stéit síːkwəns] **지원 상태 시퀀스**

support system[–sístəm] **보조 시스템** 시스템의 개발과 보수에 이용되는 소프트웨어이며, 컴퓨터 시스템 개발과 보수의 환경을 정비하는 것을 가리킨다. 사용하기 쉬운 디버거(debugger)나 여러 가지 함수를 가진 라이브러리(library), 개발한 모듈(module)을 즉시 이용할 수 있도록 하기 위한 관리를 하는 유틸리티(utility) 등을 통합해서 취급하는 프로그램이 여기에 해당한다.

support system engineering[–èndʒəníəriŋ] **SSE, 지원 시스템 공학**

suppress[səprés] *v.* **억제하다** 컴퓨터에서는 특정 조건에 있을 때, 어떤 특정 문자를 소거(erase)하는 것. 예를 들면 수치 계산 결과를 표시할 때에 유효 숫자의 좌측에 있는 "0"을 제거하는 것 등이다. 이 억제는 편집 기능의 하나이며, 제로 억제(zero suppression), 또는 제로 소거(zero elimination)라고 한다. 또 데이터 전송에서 사용되는 패리티 체크(parity check)용의 비트도 그 체크가 끝나면 필요 없는 것이므로, 전송하기 전의 데이터와 같은 것으로 하기 위해 제거된다. 워드 프로세스 등에 사용되는 서식 제어를 위한 제어 기호도 표시를 억제하기 때문에 화면에 나타나지 않는다.

suppressed carrier system[səprést kǽri(ː)ər sístəm] **반송파 억압 방식** 보통 진폭 변조에서는 반송파는 직접 신호에 관한 정보를 가지고 있지 않음에도 불구하고 전력을 많이 소모한다. 그래서 반송파는 수신측에서 만들거나 송신측에서는 이 반송파를 제거하여 보내는 방식이 행해지는데 이러한 방식을 말한다. 변조에는 평형 변조기, 복조에는 동기(同期) 복조기가 이용된다.

suppressd carrier transmission[–trænsmíʃən] **억제된 반송자 전송** 부분적이거나 또는 되도록이면 최대 한도로 반송자 주파수를 억제하는 통신 방법.

suppression[səpréʃən] *n.* **억제, 삭제, 억지** 불필요한 문자를 어떤 기능을 사용하여 소거하는 것.

suppression symbol[–símbəl] **제어 문자**

SUPVT **수퍼바이저 벡터 테이블** supervisor vector table의 약어.

surface[sə́ːrfəs] *n.* **표면**

surface analysis[–ənǽlisis] **표면 검사**

surface contour[–kántuər] **표면 윤곽** 표면 상에 놓여진 윤곽의 영상.

surface knowledge[–nálidʒ] **표면 지식** 경험으로부터 얻어지고 실제적인 문제를 해결하기 위하여 사용하는 지식.

surface model[–mádəl] **서피스 모델** 은선 소거를 하여 3차원 물체를 나타내는 도형의 표현 방식.

surface mounting technology[–máuntiŋ teknálədʒi(ː)] **SMT, 표면 장착 기술**

surface number[–nʌ́mbər] **서페이스 번호** ⇨ magnetic disk

surfing[sə́ːrfiŋ] *n.* **서핑** 여름 해변가에서 즐기는 wind surfing에서 유래된 용어로 인터넷을 탐험하는 것. 이는 엄밀히 말해서 인터넷을 단순히 아무 목적 없이 슬쩍 보기 위해 인터넷의 이곳저곳에 접속해서 「엿보는 것」을 말하는데 대부분의 인터넷 사용자들은 이와 같은 부류(surfer)들이다.

surge[sə́ːrdʒ] *n.* **전기놀, 전기 파도, 서지** 전기 회로 상에서의 갑작스러운 전압 또는 전류의 변화.

surge protection unit[–prətékʃən júːnit] **서지 보안기** 뇌운(雷雲)에 의해서 옥외 케이블에 유기된 전하가 뇌운의 방전에 의해 해방되어 순간적인 급격한 전류(surge)로 되어서 장치에 침입하여 전자 부품이 소손(燒損)되는 것을 방지하기 위하여 옥외 케이블과 장치 사이에 설치되는 기기.

surge resistance[–rizístəns] **서지 내력, 서지 저항** 과전압이 가해질 때 기능이 손상되지 않는 상태를 유지해 얻는 장치의 능력.

surge suppressor[–səprésər] **서지 흡수기**

suspend[səspénd] *v.* **중지** 중단하다. 연기하다. 재시동을 예정하여 일단 중지하는 것. 예를 들면 연기 로크(suspend lock)란 처리 장치(processor)의 사용을 연기하기 위한 로크. 연기 로크가 걸려 있을 때에는 처리 장치 중의 작업을 계속할 수가 있다.

suspended[səspéndəd] *a.* **중단원, 연기된, 중단**

suspend lock[səspénd lák] **연기 로크**

suspension[səspénʃ(ə)n] **중단** ⇨ break, interrupt

SVA 공유 가상 영역 shared virtual area의 약어.

SVC 수퍼바이저 호출 명령 supervisor call instruction의 약어.

SVC dump SVC 덤프

SVC interruption SVC 인터럽션

SVC library SVC 라이브러리 제어(컨트롤) 프로그램에 관해서, SVC 루틴 등이 들어 있는 라이브러리.

SVC routine SVC 루틴 제어 프로그램의 하나로, 수퍼바이저 호출 명령(SVC)에 지정된 제어 프로그램의 서비스를 실행하는 기능을 가지고 있다.

SVC table SVC 테이블

SVD simultaneous voice and data의 약어. 모뎀을 이용한 통신에 있어서 음성 통화와 데이터 통신을 동시에 하는 기법. 아날로그 방식인 ASVD와 디지털 방식인 DSVD가 있다. 모뎀 칩셋 하나만으로 염가로 처리가 가능하나 응용이 한정되어 있고, 후자는 별도의 프로세서가 필요하는 등 더 고가이나 다양한 분야에 응용이 가능하다. 근래에는 DSVD 방식이 각광을 받고 있다.

SVGA 수퍼 비디오 그래픽 어레이 super video graphics array의 약어. 그래픽 표시 규격 VGA의 확장판. 색상의 다양성이나 해상도면에서 VGA보다 뛰어나며 VGA와는 상향 호환성을 갖는다. 32비트 버스 규격의 EISA 상에서 작동하는 것이 특징이다.

SVP 서비스 프로세서, 서비스 처리 기구 service processor의 약어.

SVR4 AT & T의 유닉스 계열 운영 체제 SystemV 릴리즈 4를 말한다. ⇨ SystemV

SVRB 수퍼바이저 요구 블록 supervisor request block의 약어.

SVS 단일 가상 기억 시스템 single virtual storage의 약어.

S/W 소프트웨어 software의 약어. ⇨ software

SWA 스케줄러 작업 영역 scheduler work area의 약어.

SWAP 스왑 shared wireless access protocol의 약어. HomeRF 워킹 그룹에서 채택된 규격. 가전제품, 전화, 팩시밀리, PC 등에 공통으로 사용되며 음성과 데이터 통신에도 이용된다. 세계 각국에서 무선 통신 면허가 불필요한 2.4GHz를 이용한다.

swap[swɔ́(:)p] *v.* **교환** 교환하다. (1) 주기억 장치 상의 어떤 기억 영역의 내용과 보조 기억 장치 상의 어떤 기억 영역의 내용을 바꾸어넣는 것. 예를 들면 시분할 시스템(time sharing system)에 있어서는 어떤 작업(job)이 점유하고 있는 주기억 영역의 내용을 보조 기억 장치에 기록(이것을 스왑 아웃(swap-out)이라고 한다)하고, 다른 페이지를 보조 기억 장치로부터 실제 기억 장치로 옮기는 것(이것을 스왑 인(swap-in)이라고 한다)을 말한다. 또 가상 기억 장치를 가진 시스템에 있어서 실제 기억 장치에 기록, 다른 페이지를 보조 기억 장치로부터 실제 기억 장치로 옮기는 것. (2) 파일이 두 개 이상 걸쳐진 복수 볼륨 파일(multivolume file)의 처리에 있어서 하나의 볼륨(volume) 끝에 도달했을 때 자동으로 다음 볼륨으로 변환되는 것.

보조 기억 장치 ⇄ 주기억 장치 (swap in →, ← swap out)

swap allocation unit[–æləkéiʃən jú:nit] **스왑 할당 단위**

swap channel command work area[–tʃǽnəl kəmǽ:nd wə́:rk ɛ́:riə] SCCW

swap data set[–déitə set] **스왑 데이터 세트**

swap data set control block[–kəntróul blák] **스왑 데이터 세트 제어 블록**

swap device characteristic table[–diváis kæ̀rəktərístik téibəl] SDCT

swap file[–fáil] **교체 파일** 하드 디스크에서 가상 메모리로 쓰이는 부분. 교체 파일이라 불리는 이유는 가상 메모리와 주메모리 사이에 있는 데이터를 가상 메모리 관리 소프트웨어가 교체하기 때문이다. ⇨ virtual memory

swap-in[–ín] *v.* **스왑 인, 교체 입력** 동적 할당 장치에 의해서 보조 기억 장치에 기억되어 있는 프로그램 또는 그 일부가 주기억 장치로 호출되는 것.

swap macro[–mǽkrou] **교체 매크로** 여러 개의 파일을 한 파일로 쓸 때 사용하며, 특히 PUB의 어드레스를 교체 블록 어드레스로 바꾸는 데 이용된다.

swap-out[–áut] *v.* **스왑 아웃, 교체 출력** 동적 할당 장치에 의해서 주기억 장치에 들어 있는 프로그램 또는 그 일부가 보조 기억 장치로 옮겨지는 것.

swapping[swɔ́(:)piŋ] *n.* **교환** 주기억 장치의 영역 내용과 보조 기억 장치의 영역 내용을 교환하는

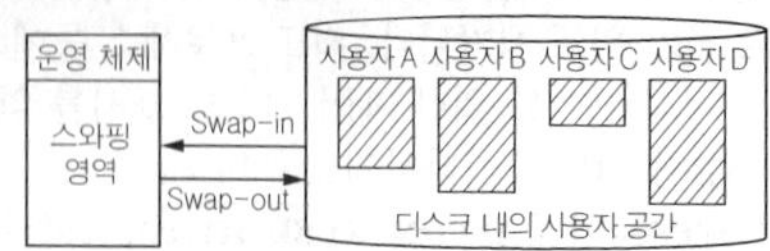

〈교환(swapping)의 개념〉

처리. 주기억 장치는 고가이고 기억 용량이 한정되어 있으므로 전체적으로 염가로 고속 처리할 수 있도록 하기 위한 조작이다.

swapping algorithm [–ǽlgəriðm] **교환 논리**

swap set [swɔ́(:)p sét] **스왑 세트**

swap time [–táim] **교체 시간** 프로그램을 보조 기억 장치에서 고속의 주기억 장치로, 혹은 주기억 장치에서 보조 기억 장치로 교체하는 데 소요되는 시간.

swarm [swɔ́:rm] *n.* **스웜** 다수의 프로그램 버그.

sweep [swí:p] *n.* **청소, 스위프**

sweep out [–áut] **소출법(掃出法)** 연립 1차 방정식의 해법으로서 소거법, 반복법 등이 있지만, 이 방법은 소거법에 속하는 것으로 가우스(Gauss)의 방법을 수정한 것이다.

SWIFT 스위프트, 국제 은행 간 데이터 통신 시스템 Society for Worldwide Interbank Financial Telecommunication의 약어. 1973년 5월 유럽 및 북미 15개국 239개 은행이 참가하여 각국 은행의 국제간 지급 결제에 관한 메시지를 좀더 안전하고 신속하게 처리할 시스템을 구축하고 이를 운영할 목적으로 창설된 비영리 법인. 현재 국제 간에 송금하는 은행 간 커뮤니케이션으로는 주로 우편과 텔렉스가 이용되고 있으며 그 중에서 우편이 80%를 차지하고 있다. 국제 간의 거래가 늘고 있는 한편 국내 업무의 기계화가 추진되고 있는 현실에서 다음과 같은 문제점이 지적되고 있다. ① 각국의 커뮤니케이션 형식이 다르기 때문에 사무 능률이 떨어진다. ② 은행 간의 연락이 늦어 에러가 발생한다. 이러한 문제점에 대처하기 위해 구미제국이 중심이 되어 SWIFT라는 통신 시스템을 개발했는데, 이것은 가맹국의 은행을 전용선으로 연결하고 외국 송금에 필요한 통신을 일괄 처리하는 시스템이다. 1977년 4월부터 구미 15개국(370 은행)에서 전면 가동되고 있다. 일본이 1976년 10월 정식 가맹됨으로써 비로소 아시아 지역을 포함하는 국제 금융 네트워크로 자리잡았다. SWIFT를 통한 업무는 국제 은행 업무에 관한 통신에 한정되며, 우편이나 텔렉스로 하던 고객 송금 수출입 결제에 따르는 은행 간 자금 결제 등이 대상이다. 이로써 은행 간의 통신 사무는 신속하게 처리되고 통신 한 건당의 비용도 극히 저렴해져 은행의 외국환 업무의 합리화를 이루게 되었다. ⇨ 그림 참조

swim [swím] *n.* **스윔** 모니터 화면에 나타난 영상이 하드웨어의 결함으로 떨리는 현상.

switch [swítʃ] *n.* **스위치** (1) 순서도(flow chart)에서의 가변 연결기(variable connector). 또는 이것에 대응하는 컴퓨터 프로그램에 있어서 몇 개의 분기(branch) 중의 어딘가 하나를 선택하기 위한 분기 명령. N웨이 스위치(N way switch)라고도 한다. (2) 전기 회로의 동작을 가능하게 하기 위하여 전원을 개폐시키는 전기 장치, 전기 부품. 이 의미에서「개폐기」라고도 한다. 또 전기 회로의 몇 가지 동작 상태 중에서 하나를 선택하기 위해 사용되는 전기 회로, 전기 부품이라고도 한다.

[주] 컴퓨터 프로그램에 있어서의 파라미터이며, 분기를 제어하고, 각 분기점에 도달하기 전에 설정되는 것.

switch backbone [–bǽkbòun] **스위치 백** LAN 백본으로 등장한 고성능 대형 스위치. 저가에 다양한 포트 수를 가지며 가상 LAN, 빠른 속도를 제공한다는 점에서 백본으로서 최적의 장비로 등장했다. 개별층의 스위치를 데이터 센터의 스위치와 접속하는 형태와 워크그룹 단위의 네트워크를 백본 스위

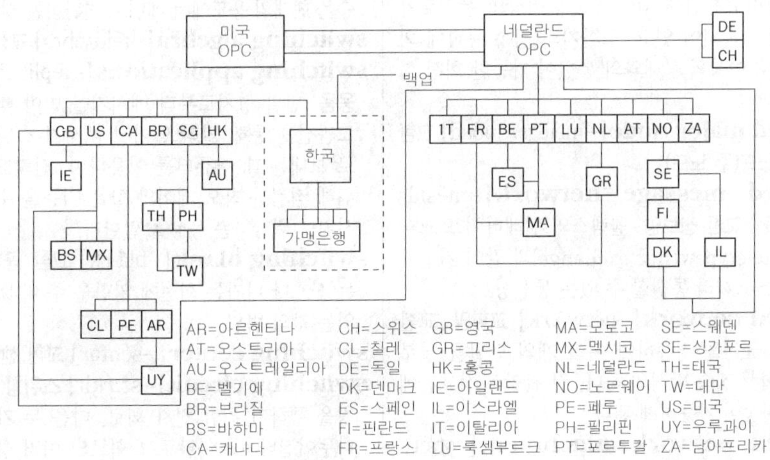

〈SWIFT 네트워크〉

치에 접속하는 방법으로 네트워크를 구성할 수 있다.

switch board[–bɔ́:rd] **교환기** 전화 교환을 하는 장치. 자동식과 수동식으로 대별된다.

switch character[–kǽrəkər] **스위치 문자** 명령어 라인에서 프로그램을 시동할 때에 옵션이나 매개변수 앞에 붙는 기호. 「–」나 「/」이 일반적이다.

switch circuit[–sə́:rkit] **교환 회로** 하나 이상의 관련된 곳에 동작이나 외적인 방법에 의해 연결되거나 단절되는 회로 혹은 채널.

switch control computer[–kəntróul kəmpjú:tər] **교환 제어 컴퓨터** 원격지에 있는 컴퓨터와 단말 장치 간에 데이터를 주고받을 수 있도록 고안된 컴퓨터.

switch control console[–kɑ́nsoul] **교환 제어 콘솔, 자기 테이프 변환 장치**

switch declaration[–dèkləréiʃən] **스위치 선언**

switch designator[–dézignèitər] **스위치 호출**

switched[swítʃt] *a.* **교환된** 데이터 통신 분야에서 「교환」의 의미로 사용된다.

switched access[–ǽkses] **스위치 접근** 불필요할 때는 접속을 끊는 네트워크. SLIP이나 PPP가 여기에 해당된다.

switched circuit[–sə́:rkit] **교환 회선망 (회로)**

switched communication network[–kəmjù:nikéiʃən nétwə̀:rk] **교환 통신 네트워크**

switched connection[–kənékʃən] **교환 결합**

switched line[–lάin] **교환 회선, 교환선** 다이얼 접속하는 통신 회선이며, 다이얼 교환 회선(dial line)이라고도 한다. 전화와 같은 모양으로 필요할 때 다이얼링하여 상대와 접속하고 나서 데이터 전송을 행하는 회선. 이에 대해서 특정 상대와 항상 연결되어 있는 회선을 전용 회선(leased line)이라 한다. 데이터 통신에 있어서 3개 이상의 통신로가 교환기에 접속되어 있고, 교환기의 접속 동작에 의해 두 군데 이상의 상대와의 통신이 가능한 회선 형식이다.

switched major node[–méidʒər nóud] **교환 링크 대 노드(주 노드)**

switched message network[–mésidʒ nétwə̀:rk] **교환 정보망** 텔렉스와 텔레타이프 교환(TWX ; teletypewriter exchange)과 같이 가입자(subscriber)끼리 통신할 수 있는 통신망.

switched network[–nétwə̀:rk] **교환망** 교환국(exchange)을 경유하여 여러 개의 단말을 결부시키는 회선 접속 방식의 하나. 전 단말로 상호간에 데이터 전송이 가능하게 된다.

switched network attachment[–ətǽtʃmənt] **교환망 접속 기구**

switched network backup[–bǽkʌ̀p] **SNBU, 교환망 백업**

switched network control[–kəntróul] **교환망 제어 기구**

switched network data link[–déitə líŋk] **교환망 데이터 연결** 교환 통신망에서는 데이터 연결은 두 지점이 전송을 끝낸 후 단절된다. 새로운 데이터 연결은 통신망의 어떤 다른 지점과도 연결될 수 있다.

switched network rate selection switch[–réit səlékʃən swítʃ] **교환망 속도 선택 스위치**

switched telephone line[–téləfòun lάin] **교환 전화 회선**

switched virtual circuit[–və́:rtʃuəl sə́:rkit] **교환 가상 회로**

switcher[swítʃər] **스위처** 윈도에서 여러 응용 프로그램을 전환하는 기능, 또는 그것을 관리하는 프로그램. 런처(launcher)가 이와 비슷한 기능을 가지고 있으나 응용 프로그램의 시동과 전환을 관리한다.

switch hook[swítʃ húk] **훅 스위치, 교환 훅** 전화기의 스위치로서 수화기 또는 송수화기를 유지하는 구조를 지닌 스위치.

switch identifier[–ɑidéntifὰiər] **스위치명**

switch indicator[–índikèitər] **스위치 표시기** 스위치 점의 설정 상태를 결정하거나 표시하거나 하는 표시기.

switching[swítʃiŋ] *n.* **엇바꾸기, 전환** (1) 교환 접속 또는 변환 : 교환 회선(switched line)에서 상대방을 호출함으로써 교환기를 통해서 쌍방이 접속되는 것을 말한다. (2) 교환 : 전송 회선망(transmission line network)에서, 장애가 발생하였을 때 전송을 현재의 용도에서 예비로 변환하는 것을 말한다.

switching algebra[–ǽldʒəbrə] **교환 대수**

switching applications[–æplikéiʃənz] **교환 응용** 단말 장치로부터 메시지를 받아 빠른 속도로 교환선을 통해 멀리 떨어진 메시지 스위치 컴퓨터로 보내는 데 컴퓨터를 이용하며, 신뢰도를 높이기 위해 점검과 착오 제어와 같은 기능을 수행하는 메시지를 취급하는 응용을 말한다.

switching blank[–blǽŋk] **교환 공백** 들어오는 신호나 나가는 회선에 영향을 주지 않고 변할 수 있는 값의 범위.

switching center[–séntər] **교환 센터, 교환소**

switching circuit[–sə́:rkit] **스위칭 회로** 스위칭을 행하기 위한 전자 회로. 다음 두 가지로 크게 나누어진다. ① 아날로그 회로의 여러 상태 중에서 하나를 선택하기 위해 사용되는 스위칭 장치(switching device)로서 다이오드, 트랜지스터 등이 사용된다. ② 디지털 회로에서 「온」이나 「오프」의 두 가지 상태를 취하는 소자를 사용해서 구성된다. 논리 회로의 기본이 되는 회로이다.

switching coefficient[–kòuəfíʃənt] **스위칭 계수** 스위칭 시간의 역수에 대하여 작용된 자화력으로 유도된 값.

switching component[–kəmpóunənt] **개폐 소자** ON이나 OFF의 두 상태를 취하는 전자 소자.

switching device[–diváis] **스위칭 장치**

switching diode[–dáioud] **스위칭 다이오드**

switching element[–éləmənt] **스위칭 소자** ⇨ logic element

switching equipment[–ikwípmənt] **스위칭 장치**

switching function[–fʌ́ŋkʃən] **스위칭 함수** 유한 개의 가능한 값 또는 상태만을 취하는 함수. 그 독립 변수(independent variable)를 스위칭 변수라고 하며, 각각의 독립 변수도 유한 개의 가능한 값만을 취한다.

switching hub[–hʌ́(:)b] **스위칭 허브** 스위칭 기능을 가진 허브(집선 장치). 스위칭은 보내온 안에 들어 있는 송신처 주소를 읽어, 그 주소의 단말기로만 데이터를 보내는 기능이다. 이에 대해 일반적인 공유 허브는 보내온 데이터를 접속되어 있는 모든 단말기로 전송한다. 스위칭에 의한 전송 방식은 저장 전달 방식, 컷드로 방식, 프래그먼트리 방식으로 나눌 수 있다.

switching insertion[–insə́:rʃən] **교환 삽입** 조작원이 스위치를 손으로 조작하여 정보를 컴퓨터 시스템에 넣는 것.

switching pad[–pǽ(:)d] **스위칭 패드** 전송 손실 패드의 일종으로, 서로 다른 조작 상태에 대응하기 위해 자동으로 시외 회선에 삽입되거나 벗어나는 것.

switching power supply[–páuər səplái] **스위칭 전력 공급**

switching regulator[–régjulèitər] **교환 안정기** 트랜지스터 등의 스위치 소자를 사용하여 직류의 입력 전압을 고속으로 스위칭하여 얻어지는 펄스열을 전류 · 평활함으로써 직류의 출력 전압을 얻는 안정기.

switching section[–sékʃən] **교환 구간**

switching space[–spéis] **교환 여백** ⇨ inter-word gap

switching speed[–spí:d] **개폐 속도** 제어 신호가 오므로 개폐 소자가 OFF에서 ON 상태로 되거나 ON에서 OFF 상태로 되기까지의 시간.

switching stage[–stéidʒ] **교환 단계**

switching station[–stéiʃən] **교환국**

switching system[–sístəm] **스위칭 시스템** 교환기를 거쳐서 임의의 여러 단말 간을 접속하는 방식이며, 전화와 같이 접속 후에는 한 개의 직통 회선과 마찬가지로 간주되는 회선 교환 방식과 한 번 교환기에서 처리하여 전송하는 축적 교환 방식이 있다. 일반적으로 접속, 절단 등의 순서와 시간이 필요하게 되지만 많은 상대와 임의의 조합을 만들 필요가 있을 경우는 직통 방식에 비해 훨씬 경제적이며 상대가 다른 단말과 접속중이면 기다리게 된다.

switching theory[–θíəri(:)] **스위칭 이론** 스위칭 소자를 사용해서 회로 설계를 행하기 위한 이론.

switching time[–táim] **스위칭 시간, 스위칭 타임, 교환 시간** 이론 소자에 있어서 1의 상태와 0의 상태 사이의 변환에 필요한 시간. 또 다중 프로그래밍에 있어서, 프로그램 간의 변환에 필요한 시간.

switching transistor[–trænzístər] **스위칭 트랜지스터**

switching unit[–jú:nit] **채널 교환 장치, 자기 테이프 교환 장치**

switching variable[–vέ(:)riəbl] **스위칭 변수** 유한 개의 가능한 값, 또는 상태만을 취할 수 있는 변수. 예를 들면 문자 집합 중의 임의의 한 문자.

switching wave form[–wéiv fɔ́:rm] **스위칭 파형**

switch list[–líst] **행선식의 배열**

switch matrix[–méitriks] **스위치 행렬** 상호 연결과 같은 특정 기능을 수행할 수 있는 회로 소자들이 2차원 배열로 연결되어 있는 것.

switchover[swítʃòuvər] *n.* **스위치오버** (1) 컴퓨터의 각 장치가 동작 불능 상태로 된 경우에 자동으로 혹은 컴퓨터 지시에 따라 수동으로 장치 전환을 행하는 것. 스위치오버의 요구 감시는 수퍼바이저에 의한다. (2) 전환 : 실시간 처리에 사용되는 듀플렉스(duplex) 시스템에서 고장이 발생하면 그 장비가 다른 한쪽 장비로 대체되는 것. 이러한 과정은 프로그램 제어에 의해 자동적으로 또는 수동적으로 이루어질 수 있다. 전환시에는 각종 장치 상황을 다른쪽 처리 장치로 옮겨 바꾸는 것뿐만 아니라 입력 중지, 2중 파일 시스템에서는 파일 어드레스의 수정 등의 작업이 행해진다.

switchpoint[swítʃpɔ̀int] **교환점** 「분기」를 제어하기 위한 매개변수(parameter)는 분기점에 도달하기 전에, 키보드로부터 입력하거나 미리 프로그램 중에 설정해놓을 수가 있다. 이 매개변수를 「교환점」이라 한다.

[주] 컴퓨터 프로그램에 있어서의 파라미터이며, 분

기를 제어하고, 각 그 분기점에 도달하기 전에 설정되는 것.

switch register [swítʃ rédʒistər] **스위치 레지스터** 수동에 의한 어큐뮬레이터, 프로그램 카운터, 메모리 레지스터의 내용을 변화시킬 때 사용하는 레지스터.

switch selection multiparty system [-səléкʃən mʌ̀ltipɑ́ːrti(ː) sístəm] **선택기식 다수 공동 방식**

switch-status condition [-stéitəs kəndíʃən] **스위치 상태 조건**

switch stepping [-stépiŋ] **스위치 스테핑**

switch train [-tréin] **스위치 열**

switch unit [-júːnit] **스위치 장치**

swivel feature [swívəl fíːtʃər] **스위블 기구**

SX 신호 대 누화비 signal-to-crosstalk ratio의 약어.

SYLK 실크, 기호 연결 symbolic link의 약어. 유통 소프트웨어에 있어서의 표준적인 데이터 형식의 하나. 헤더부와 데이터부로 형성되고, 데이터의 각 필드는 제어 코드에 의해서 감싸여 있다.

SYLK file 심볼릭 링크 파일 symbolic link file의 약어. (1) 마이크로소프트 사 고유의 형식으로 만들어진 파일. 마이크로소프트의 스프레드시트인 Multiplan이나 Excel 파일 형식의 하나로 사용되고 있다. (2) 유닉스에서 다른 파일과 연결된 파일. 링크 파일에 접근하면 원본 파일을 직접 사용하는 것과 같은 효과를 얻을 수 있다.

syllable [síləbl] *n.* **음절** 하나의 낱말에 포함되는 문자열.

symantec antivirus for Macintosh ⇨ SAM

symbian [símbiɑn] **심비안** 스마트폰(휴대폰에 무선 인터넷 등 PC기능을 합친 단말기)의 운영체제(OS). 영국 벤처기업인 싸이온에서 노키아, 에릭슨 등 유럽 통신사업자들이 이끌고 있다.

symbiont [símbɑiɑ̀nt] *n.* **심바이온트, 공생자** 컴퓨터의 중앙 처리 장치(CPU)와 주변 장치의 처리 속도를 평형시키고, 처리의 대기 시간을 단축시키기 위해서, 작업의 실행과 병행해서 입력 스트림을 보조 기억 장치의 완충 영역(buffer)에 기록하거나, 완충 영역으로부터 출력 스트림을 판독하는 프로그램 성격을 가진 운영 체제(OS)의 기능을 보좌하는 프로그램이다.

symbol [símbəl] *n.* **상징(기호), 심벌** 어떤 것에 대응된 양식, 도형 등. 기호는 데이터, 정보를 표현하기 위한 수단으로 사용되며, 그들의 처리, 연산 등을 쉽게 한다. 예를 들면 순서도(flow chart)에 사용하는 기호, 논리 기호(logical symbol), 수학적 기호(+, −, =, ×, ÷)가 있다. 또 어셈블러(assembler)에 사용하는 심볼릭 명령(symbolic instruction)도 그 예이다.

[주] 개념의 관례적 표현 또는 일정한 약속에 기초한 개념의 표현.

symbol definition instruction [-dèfiníʃən instrʌ́kʃən] **기호 정의용 명령**

symbol evaluation [-ivæ̀ljuéiʃən] **기호 평가** 기호에 내재된 의미와 정확도 및 주어진 조건이나 상황에 대한 관계 등을 평가하기 위한 검사와 분석.

symbol evaluation phase [-féiz] **기호 평가 단계** 기호 평가를 위한 작업의 검사와 분석 및 평가를 하기 위한 단계.

symbolic [simbɑ́lik] *a.* **기호의** 기호에 의해 표현되다, 기호를 처리한다 라는 의미. 기호는 양, 과정, 명령이나 데이터 등의 사실, 관계, 연산 등을 나타내는 것으로서 관례적으로, 또는 일정 약속에 기초하여 해설되어 있는 문자와 문자의 집합을 가리킨다.

symbolic address [-ədrés] **기호 주소** 프로그래밍에 편리한 형식. 즉, 기호를 사용하여 표시되는 어드레스이며, 명령 어드레스부(address part)가 기호 어드레스를 포함하는 것과 같은 어드레스 지정을 기호 어드레스 지정(symbolic addressing)이라고 한다. 기호 어드레스는 어셈블러 또는 컴파일러에 의해 계산 가능한 또는 계산 완료의 형식, 즉 재배치 가능 어드레스(relocatable address) 또는 절대 어드레스(absolute address)로 변환된다.

symbolic addressing [-ədrésiŋ] **기호 주소 지정** 명령 어드레스부가 어드레스를 포함하는 어드레스 지정 방법.

symbolic assembler [-əsémblər] **기호 어셈블러** 프로그래머가 기호 언어로 프로그램할 수 있도록 하는 어셈블러.

symbolic assembly language [-əsémbli(ː) lǽŋgwidʒ] **기호 어셈블리 언어**

symbolic character [-kǽrəktər] **기호 문자** COBOL에 있어서 이용자가 정하는 표의(表意) 상수를 지정하는 이용자 언어.

symbolic code [-kóud] **기호 명령, 기호 코드** 프로그램들을 원시 언어로 표현하는 데 사용되는 코드.

symbolic coding [-kóudiŋ] **기호 코딩, 심볼릭 코딩** (1) 기호화한 언어를 사용하여 프로그램을 작성하는 것을 말한다. 예를 들면, 「곱하다(MULTIPLY)」를 「MLT」, 「나누다(DIVIDE)」라는 명령을 「DVD」와 같이 어떤 말을 약어화하여 사용하는 것. (2) 명사 등을 코드화할 경우 기호법이나 기억법이라고도 하는 니모닉(mnemonic)이나 이들에서 파생한 것으로서 약어법이라고 하는 letter type 등도 이의 일종이다.

symbolic convention[-kənvénʃən] **기호 변환**

symbolic debugger[-diːbʌ́(ː)gər] **기호 디버거** 소스 프로그램의 레이블을 그대로 사용한 디버그 프로그램.

symbolic debugging[-diːbʌ́(ː)giŋ] **기호 디버깅** 오류 부분이 판명하고 있는 원시 프로그램과 그 오류 부분을 수정하기 위한 명령문(statement)을 조합시켜 컴파일하는 것과 같은 디버그 방법. 프로그램 전체를 컴파일하는 것이 아니며, 증분 컴파일(incremental compile) 방법에 의해 부분적으로 컴파일할 수 있다.

symbolic description[-diskrípʃən] **기호 기술** ⇨ symbolic name

symbolic device[-diváis] **논리 장치** (1) 제어 프로그램 내에 정의된 일정한 기호명을 갖는 장치. 프로그램 실행시에 실제의 물리 장치와 결부하여 사용한다. (2) 프로그램 중에서 입출력 장치를 기술할 때 물리 주소를 참조하지 않고 데이터 처리 시스템 중에서 정의된 일정한 기호명을 사용하는 장치. 목적 프로그램을 실행할 때 작업 제어문(JCS)을 써서 논리 장치와 물리 주소의 할당을 한다. (3) 논리 볼륨을 마운트하는 논리적으로 존재하는 장치.

symbolic differentiation[-dìfərènʃiéiʃən] **기호 미분** 변수 기호를 포함한 함수식을 미분해서 수치해가 아니라 식 자체를 구하는 처리를 컴퓨터로 행하는 것. ⇨ formula manipulation

symbolic editor[-éditər] **기호 편집기** 문장의 줄을 삭제하거나 추가하는 등의 원시 언어 프로그램을 편집하는 것.

symbolic element[-éləmənt] **심볼릭 엘리먼트** ⇨ source program

symbolic evaluation[-ivæ̀ljuéiʃən] **기호 평가** 원시 프로그램에 대하여 구체적인 데이터값을 주지 않고, 그 상태대로의 형태로 해석하고, 프로그램이 정확한지의 여부를 조사하는 것.

symbolic execution[-èksəkjúːʃən] **기호 실행** 원시 언어에 사용하는 명령 코드로, 직접 기계의 명령 코드로 변환할 수 있는 명령.

symbolic formula manipulations[-fɔ́ːrmjulə mənìpjuléiʃ(ə)nz] **기호 수식 처리** 수학 문제를 푸는 것과 같이 수식 기호를 그대로 이용하여 컴퓨터에서 계산하는 것. 예를 들어 인수 분해, 미분, 적분 등은 기호 수식 처리를 이용하여 풀 수 있다. 수치를 이용하는 것에 비해 오차가 적어 정확한 계산 결과를 가져온다. 기호 수식 처리에는 주로 전용 언어가 사용되는데, 대표적인 것으로는 SCHOONSCHIP, Mathematica, ASHMEDAI, MACSYMA, PC에서 작동하는 REDUCE나 μ MATH 등이 있다.

symbolic instruction debugger[-instrʌ́kʃən diːbʌ́(ː)gər] **SID, 기호 명령어 디버거** 기계어 프로그램의 수정을 부호값이 아닌 기호를 써서 쉽게 하기 위한 프로그램.

symbolic link file[-liŋk fail] **심볼릭 링크 파일** ⇨ SYLK file

symbol integration[símbəl ìntəgréiʃən] **기호 적분** 변수 기호를 포함한 관계식을 적분해서 수치해가 아닌 식 자체를 구하는 처리를 컴퓨터로 행하는 것.

symbolic I/O assignment **기호 입출력 할당**

symbolic key [-kíː] **기호 키** COBOL의 용어. 실제 키에 대응하는 말.

symbolic language[-læ̃ŋgwidʒ] **기호 언어** 초기의 경우는 어셈블리 언어(assembly language)의 의미로 사용되었지만, 현재는 고수준 언어(high-level language)라는 용어로 치환되고 있다. 마찬가지로 기호 코드(symbolic code), 기호 프로그래밍(symbolic programming)도 기계어(machine language) 이외의 언어로 작성한 프로그램의 의미로 사용되지만 역시 고수준 언어를 사용하는 의미의 쪽이 강하다.

symbolic link[-líŋk] **기호 연결** ⇨ SYLK

symbolic linkage[-líŋkidʒ] **기호 연결** 루틴 상호간에 호출이 발생할 때 각 루틴의 기호 이름을 이용하여 서로 연결되게 프로그래밍하는 기법.

symbolic logic[-lɑ́dʒik] **기호 논리, 기호 논리학** 형식 논리(formal logic)를 취급하는 학문 분야이며, 명제 논리(propositional logic)와 술어 논리(predicate logic)를 포함한다. 수학 논리학(mathematical logic)은 동의어.

[주] 자연 언어가 갖는 애매함 및 논리적 불충분함을 피하기 위해서 선정되는 인공 언어를 사용해서 적당한 논증 및 연산을 처리하는 학문 분야.

symbolic machine instruction[-məʃíːn instrʌ́kʃən] **기호 기계어** 원시 프로그램과 같이 기호로 표시될 수 있으며 개발적인 기계가 인식하고 실행할 수 있는 명령어.

symbolic macroassembler[-mækrəəsémblər] **기호 매크로어셈블러**

symbolic manipulation[-mənìpjuléiʃən] **기호 처리** 인공 지능의 연구상 지식을 기호로써 표현하고 처리하는 시스템. 지적 행동의 모델은 모두 기호 조작으로 치환하여 설명할 수 있고 또 기호 처리 시스템에 의해서 모의할 수 있다는 기호 모델론이 현재의 인공 지능 연구의 기본 사상이 되고 있다. 그리하여 게임이나 기계 번역, 정리 증명 기계 등 컴퓨터와 지능의 관계를 추구하는 인공 지능의 연구가 추진되어 왔다. 인공 지능의 연구에서는 지식을 기호로 표현하고 처리한다. 지식은 많은 개념 대상이 얽혀 이루어진 관계로 다루어진다. 따라서 지식을 나타내는 데이터는 개개의 데이터 아이템이 복잡하게 얽힌 구조를 이루며, 이 구조 자체가 또 데이터로서 처리되지 않으면 안 된다. 이러한 구조를 표현하는 데이터를 기호 데이터라고 하며, 지식 정보 처리 시스템의 실현에는 이 기호 데이터를 처리하기 위한 기능이 불가결하다.

symbolic manipulation language[–lǽŋgwidʒ] **기호 처리 언어** 처리 절차가 쓰여진 순서와 실행 순서가 같지 않고 다원적으로 정의되는 비절차용 언어.

symbolic model[–mɑ́dəl] **기호 모델**

symbolic name[–néim] **기호명, 식별명** 원시 언어에서 명령, 데이터 항목, 주변 장치 등을 참조하기 위해 프로그램에서 쓰이는 레이블(label).

symbolic node name[–nóud néim] **기호 노드명**

symbolic notation[–noutéiʃən] **기호 표기법** 기억 장소의 위치를 기호로 표시하는 방법.

symbolic number[–nʌ́mbər] **기호수** 어떤 특정 기억 장소를 접근할 때 사용되는 루틴들을 작성하는 데 사용되는 수.

symbolic operand[–ɑ́pərǽnd] **기호 연산 대상**

symbolic operation code[–ɑ̀pəréiʃən kóud] **기호 연산 코드** 기계어를 기호화시킨 코드.

symbolic parameter[–pərǽmətər] **기호 매개변수** 매크로 명령의 오퍼랜드에 지정된 값을 받기 위해 매크로 원형문의 이름란, 오퍼랜드란으로 정의된 가변 기호.

symbolic program[–próugræm] **기호 프로그램**

symbolic program linkage[–líŋkidʒ] **기호 프로그램 연결**

symbolic programming[–próugræmiŋ] **기호 프로그래밍** 프로그램을 원시 언어로 작성하는 것.

symbolic programming system[–sístəm] **기호 프로그래밍 시스템** 항목들의 양이나 위치를 나타내는 프로그래밍 언어.

symbolic reasoning[–ríːzəniŋ] **기호 추론** 문제 개념을 나타내고 있는 기호를 처리하기 위해 경험적 지식의 응용을 기초로 문제를 해결하는 방식.

symbolic simulation[–sìmjuléiʃən] **기호 시뮬레이션**

symbolic stream generator[–stríːm dʒénərèitər] **SSG 프로세서**

smbolic terminal name[–tə́ːrminəl néim] **기호 단말명**

symbolic unit[–júːnit] **기호 유닛**

symbolic variable[–vέ(ː)riəbl] **기호 변수**

symbol key[símbəl kíː] **기호 키**

symbol library[–lάibrəri(ː)] **기호 라이브러리**

symbol manipulation[–mənìpjuléiʃən] **기호 처리** 기호로 처리 장치에 입력된 것을 그 기초가 의미하는 처리 장치 고유의 명령 코드마다 미리 준비된 표 등을 사용하여 변환하는 것. 어셈블러를 위시하여 언어 처리의 번역 프로그램에서는 기본적으로 필요한 처리이다.

symbol manipulation language[–lǽŋgwidʒ] **기호 처리 언어** 기호 처리를 할 목적으로 설계된 프로그램 언어의 총칭.

symbol name[–néim] **식별명** 순서도에서 사용되는 입출력 기호나 처리 기호 등에서 프로그램을 참조하게 하거나 주석을 나타내기 위해서 기호 왼쪽 위에 표기하는 것.

symbol programmer[–próugræmər] **SP, 기호 프로그래머**

symbol rank[–rǽŋk] **기호 위치**

symbol string[–stríŋ] **기호열** 기호만으로 구성되는 열.

symbol system of account[–sístəm əv əkáunt] **회계 기호법, 감정 기호법** 기호를 이용하여 회계 과목을 나타내는 방법. 크게 나누어 문자 기호법, 중소 분류에 숫자 기호법을 사용한다. 회계 사무의 능률상 기계화로의 지향이 현저하며, 이들의 채용과 연구가 중요하다.

symbol table[–téibəl] **기호표** 어셈블러에서, 하나의 심볼과 다른 심볼의 관계를 정의하는 대응표.

symbol variable [–vέ(ː)riəbl] **기호 변수** 어셈블러로, 여러 가지 값을 할당하는 기호.

symmetric [simétrik] *a.* **대칭성, 대칭적** 집합의 두 원소 a, b에 대해서 a R b 관계가 성립할 때 b R a의 관계도 성립하면 R을 대칭성 관계라 한다.

symmetric binary channel [–bάinəri(ː) tʃǽnəl] **2원 대칭 통신로** 두 종류의 문자로 구성되는 통보를 전송하는 통신로이며, 전송한 어떤 문자를 다른쪽의 문자로 오인하는 조건부 확률이 동일한 성질을 갖는 것.

symmetric cryptosystem [–kríptousìstəm] **대칭형 암호 방식** 메시지를 암호화하는 키와 암호화된 메시지를 복호화하는 키가 동일한 방법. 대칭형 암호 방식은 암호화와 복호화가 빠르다는 장점이 있으나, 여러 명의 사용자가 있을 때에는 키의 공유, 관리 문제가 어렵다는 것이 단점이다. 이 방식을 사용하는 알고리즘으로는 DES, 3DES, IDEA, RC2, RC4 등이 있다.

symmetric difference gate[–dífərəns géit] **대칭 차이 게이트** ⇨ exclusive OR gate

symmetric digital subscriber line [–dídʒitəl sʌbskráibər láin] **대칭 디지털 가입자 회선** ⇨ SDSL

symmetric function[–fʌ́ŋkʃən] **대칭 함수**

symmetric group[–grúːp] **대칭군**

symmetric law[–lɔ́ː] **대칭 법칙**

symmetric linear programming[–líniər próugræmiŋ] **대칭 선형 프로그래밍** 생산 공정에 있어서 분배와 할당 문제에 대해 신속하고 효율적으로 최적해를 구할 수 있는 기법.

symmetric list[–líst] **대칭 리스트** 각 데이터 요소가 선행하는 데이터 요소의 위치에 관한 정보도 포함하는 연쇄 리스트.

symmetric list processor[–prásesər] **대칭 리스트 처리기** 고급 리스트 처리기로, MIT의 J. Weisenbaum이 개발하였다. 100개에 가까운 함수 프로그램과 부프로그램으로 되어 있다. 리스트는 이름과 같이 양방향(symmetric)의 포인터로 링크되어 있다. 이들을 FORTRAN 프로그램으로 사용할 수 있게 하였으며, 기호나 식을 다루는 문제, 네트워크 문제, 반복적인 문제를 쉽게 꾸밀 수 있다.

symmetric matrix[–méitriks] **대칭 행렬** 원 행렬과 그의 전치 행렬이 같은 경우의 행렬. 즉, 주대각 원소를 기준으로 했을 때, 그 대칭되는 원소의 값이 서로 같은 행렬. $A^T = A, (a_{ij} = a_{ji})$.

symmetric multiprocessing[–mʌ̀ltiprásesiŋ] **대칭적 다중 처리** 모든 처리기들이 같은 위치에서 입출력 장치가 어느 처리기에도 접속될 수 있고, 운영 체제가 모든 처리기와 입출력 장치, 기억 장치를 쓸 수 있게 관리하는 기법.

symmetric processors[–prásesərz] **대칭적 처리 장치**

symmetric storage configuration[–stɔ́ːridʒ kənfìgjuréiʃən] **대칭적 기억 장치 구성**

Symphony[símfəni(ː)] *n.* **심포니** Lotus Development 사가 개발한 소프트웨어 패키지. 워드 프로세싱, 데이터 베이스 관리, 스프레드시트, 데이터 통신, 그래픽을 제공한다.

symptom [símptəm] *n.* **증상, 조짐**

SYN 동기 신호 문자, 동기 신호 synchronous idle character의 약어. 동기 신호 방식으로 그 밖의 부호를 전송하지 않는 상태에서 동기를 가지고, 혹은 동기를 유지하기 위한 신호로서 사용하는 전송 제어 문자. ⇨ synchronous idle character

synapse[sinǽps] *n.* **시냅스** 신경 세포가 다른 신경 세포와 접촉하는 부분으로, 뉴런에서 뉴런으로 신호를 전달하는 부분. 시냅스의 정보 전달은 축색을 거쳐서 전파해간 활동 전위가 시냅스에 도착함으로써 시작되며, 전기 펄스에 의해 자극된 시냅스는 화학 물질을 방출한다. 방출된 화학 물질은 이 시냅스 후막에 있는 화학 물질 고유의 리셉터와 결합한다. 시냅스 전 뉴런(신호를 전하는 뉴런)의 활동 전위 펄스가 시냅스 후 뉴런(신호를 받아들이는 뉴런)의 막전위 변화를 일으킴으로써 정보가 전달된다. 시냅스에는 시냅스 전 뉴런의 펄스에 의해, 시냅스 후 뉴런의 막전위를 올리는 것(흥분성 시냅스)과 내리는 것(억제성 시냅스)의 두 종류가 있다.

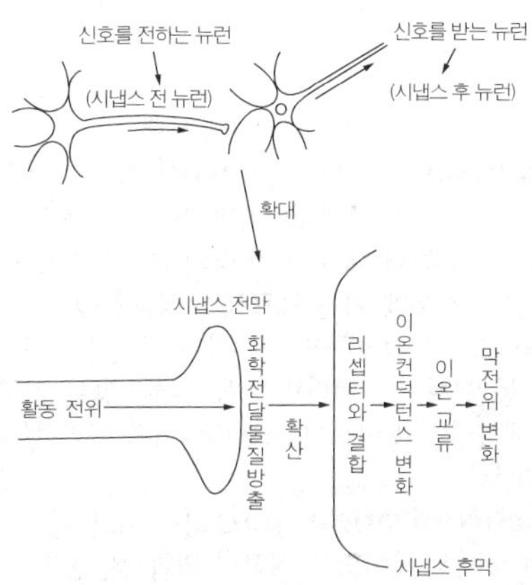

〈시냅스의 신호 전달 체계〉

sync 동기 문자 synchronous character의 약어. 동기 전송에서 데이터의 처음과 마지막에 오는 문자. 문자는 미리 결정해두고 수신측이 문자에 의해 시작과 끝을 식별한다.

sync bit[síŋk bít] **동기 비트**

sync character[–kǽrəktər] **동기 문자** 동기 통신에 있어서 문자 동기화를 위해 전송되는 문자.

synch[síŋk] *n.* **싱크** 블록의 시작을 나타내는 동기화 신호.

SYN character synchronization SYN 동기 동기식의 데이터 전송계에 있어서 일련의 데이터 앞에 전송 제어 캐릭터의 하나인 「SYN」 부호를 2~3개 부가하고, 이것을 검출함으로써 캐릭터를 식별하는 것. 즉, 캐릭터 동기를 취하는 것을 말한다.

synchronization[sìŋkrənaizéiʃən] *n.* **동기(화)** 송수신 속도를 맞추어(비트 동기) 엘리먼트군의 시작과 끝을 각각 송수신 상호간에서 일치시키는 것. 다음과 같이 분류된다.

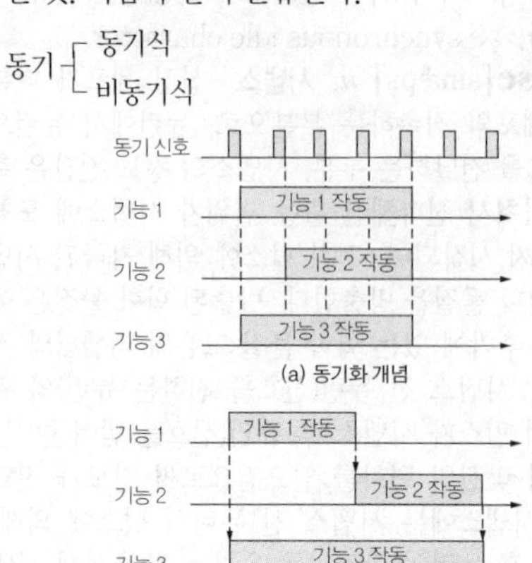

(a) 동기화 개념
(b) 비동기화 개념

synchronization check[–tʃék] **동기화 검사** 연속된 데이터의 전송시에 문자들의 블록, 즉 메시지를 보내기 전에 보내는 특정한 비트들의 집합으로, 송수신측의 동기화를 위해 보낸다.

synchronization control[–kəntróul] **동기 제어** 특정한 사상(事象)의 발생에 보조를 맞추어서 어느 시간 간격 내에 둘 이상의 프로세스가 진행하고 있는 경우에 이들 프로세스 상호간에 있어서 제어의 흐름을 정확하게 제어하기 위해 둔 기구와 방식. 동기 제어는 인터럽트 등의 하드웨어 기구에서도 행하여지고 있으나 소프트웨어로 해결하는 일이 많다.

synchronization pulse[–pʌ́ls] **동기 펄스** LSI 등에서 타이밍을 취하기 위한 것. 동작을 수행할 때는 이 펄스를 기본으로 하여 시간을 계산한다. 주기가 98MHz이면 1주기의 길이는 123ns(나노초)이다.

synchronize[síŋkrənàiz] *v.* **동기하다, 동기시키다** 여러 개가 있을 때 서로 시간적인 관계를 일치시키는 것. 컴퓨터 간 데이터를 교환하는 경우에, 데이터의 전송측과 수신측의 타이밍을 맞추는 것을 동기(synchronization)라 하고, 동기가 될 수 있도록 하는 것을 「동기를 취하다」라고 한다. 통신 회로처럼 하나 또는 두 개의 신호선(signal line)에 데이터를 전송하는 직렬 데이터 전송에서는 데이터는 일렬로 늘어선 2값 신호로 표시되도록 한다. 따라서 신호측에서는 비트의 단락을 시간적으로 식별하지 않으면 보내온 데이터를 이용할 수가 없다. 그 때문에 송신측에서는 비트의 단락을 식별하기 위한 동기 정보를 송신하고 있다. 이 동기 정보를 얻는 방법에는 시작-정지 방식(start-stop system)과 동기식(synchronous system)의 두 가지가 있다. 시작-정지 방식은 하나하나의 캐릭터(문자)의 선두에 시작 비트(start bit)를, 최후에는 정지 비트(stop bit)를 붙여 한 문자마다 동기를 취하는 방식이다. 동기식은 일정 클록 신호(clock signal)에 맞추어 데이터의 송수신을 취하는 것으로, 통신을 시작할 때, 데이터의 최초에 통신 속도와 통신 방법을 식별하기 위한 동기 문자를 붙여서 송신하는 방법이다.

synchronized multimedia integration language[siŋkrənàizd mʌ̀ltimídiə intəgréiʃən lǽŋgwidʒ] **동기 멀티미디어 결합 언어** ⇨ SMIL

synchronizer[síŋkrənàizər] *n.* **동기(화) 장치, 싱크로나이저, 동기화 회로** 서로 다른 전송 속도로 작동하는 장치 사이에서 데이터를 전송할 때 발생하는 영향을 상쇄하기 위해 버퍼 역할을 하는 기억장치.

synchronizing pilot[síŋkrənàiziŋ páilət] **동기 파일럿** 전송 시스템의 발진기의 동기화를 유지하기 위한 참조 신호. 이 신호는 발진기에서 생성된 전류의 주파수와 위상을 비교하는 데에도 쓰인다.

synchronizing primitive[–prímitiv] **동기 기본 명령** 병행 프로세스 시스템에서 프로세스의 동기를 실현하기 위하여 사용되는 특별한 명령. 테스트 앤드 세트 명령, wake up/block 명령, 세마포(semaphore) 시스템 등이 있다.

synchronizing pulse[–pʌ́ls] **동기 펄스** 시스템의 동기에 사용되는 클록 펄스.

synchronous[síŋkrənəs] *a.* **동기(적)** 여러 개가 있을 때 서로 시간적인 관계가 일치해 있는 것을 표시한다. 「비동기의(asynchronous)」와 대비된다. **[주]** 1. 공통 사상의 발생에 의존하는 여러 개의 처리 과정에 관계하는 용어. 2. 공통의 타이밍 신호와 같은 특정 사상의 발생에 의존한 두 개 이상의 처리에 관한 용어.

synchronous attachment[–ətǽtʃmənt] **동기용 접속 기구**

synchronous base[–béis] **동기용 베이스 기구**

synchronous bit[–bít] **동기 비트** 데이터 송신시에 수신측에서 타이밍을 취하지 않고 보내는 방식에서 전송되는 데이터열의 처음과 마지막에 첨가시키는 인식용의 제어 비트 정보.

synchronous character[–kǽrəktər] **SYNC, 동기용 문자**

synchronous circuit[–sə́ːrkit] **동기 회로** 마스터 플립플롭으로부터의 동등한 간격으로 배열된 신호에 의해 조작되는 회로.

synchronous clock[–klák] **동기 클록** 논리 회로의 동작 동기를 취하는 데 사용되는 펄스 신호.

synchronous clock operation[–àpəréiʃən] **동기 클록 동작** 시스템 동작이 하나의 마스터

시간 소스에 의해 지배되고 동기화되는 것.

synchronous communication[-kəmjù:nikéiʃən] **동기 통신** 데이터 전송에 있어서 일정 클록 신호에 맞추어 데이터의 송수신을 하는 방법으로 통신을 시작할 때, 데이터의 최초에 통신 속도와 통신 방법을 식별하기 위한 동기 캐릭터(synchronous character)를 첨부하여 송신하는 방법.

synchronous computer[-kəmpjú:tər] **동기식 컴퓨터** 일정한 시간 간격을 가진 펄스(클록 펄스)를 발생하는 장치를 설치하여, 이 펄스에 의해서 컴퓨터의 각 부의 동작이 규칙적으로 진행해가는 방식으로, 현재의 대부분의 컴퓨터에 사용되고 있다.

synchronous control[-kəntróul] **동기 제어**

synchronous control network[-nétwə̀:rk] **SCN, 동기 제어망**

synchronous control strategy[-strǽtədʒi(:)] **동기 제어 전략**

synchronous counter[-káuntər] **동기식 계수기** 클록 신호에 동기화되어 한꺼번에 모든 플립플롭들이 트리거하도록 설계된 계수기.

synchronous data communication[-déitə kəmjù:nikéiʃən] **동기식 데이터 전송** 송수신기가 시간 신호에 맞추어서 데이터를 전송하는 방식.

synchronous data link control[-líŋk kəntróul] **SDLC, 동기식 데이터 연결 제어** IBM 사에서 사용하는 동기식의 비트 전송 제어 프로토콜의 이름. 이는 고수준 데이터 연결 제어(HDLC) 프로토콜의 서브셋이다.

synchronous data message block[-mésidʒ blák] **동기식 데이터 메시지 블록** 1~2개의 동기 문자, 다수의 데이터와 제어 문자(대개 100~10,000), 종료 문자, 그리고 1~2개의 오류 제어 문자로 구성된 메시지 블록.

synchronous data network[-nétwə̀:rk] **동기식 데이터 네트워크**

synchronous detection[-ditékʃən] **동기 검파(檢波)** 수신기에 반송파와 동일 주파수, 동일 위상을 가지는 국부 신호를 준비하고, 진폭 변조파의 경우에는 수신 신호와의 곱을 취하고, 위상 변조의 경우에는 위상차를 검출해서 원 신호를 복원하는 것을 말한다.

synchronous DRAM **동기 DRAM** fast page 방식을 대신한 차세대 DRAM 방식의 하나. 종래의 DRAM은 CPU로부터 읽어들인 명령에 의해 데이터 교환을 수행하였으나, 동기 DRAM에서는 CPU와 동기하여 움직이는 메모리를 가지고, CPU와 마찬가지로 클록 신호를 받는 핀을 가지고 있다. 따라서 시스템의 클록에 동기한 고속 동작을 비교적 쉽게 실행한다.

synchronous distortion[-distɔ́:rʃən] **동기 변형** 송신 · 수신 간의 동기 오차에 따른 파형(波形)의 변형. 동기 변형은 동기용 부호가 오기 전이 가장 변형값이 크게 되며, 동기용 부호가 오면 변형은 0으로 된다. 회선에 허락되는 변형은 단말 기기, 동기 취급 방법에 따라 다르지만, 일반적으로 10~15% 이하의 동기 변형이면 데이터 전송에 지장은 없다.

synchronous error exit routine[-érər égzit ru:tí:n] **오류 분석 출구 루틴** 데이터 세트를 접근중에 입출력에 관한 하드웨어 혹은 소프트웨어의 오류가 검출된 경우, 이용자가 그 오류를 분석하여 대처하기 위한 출구 루틴.

synchronous exit routine **동기 출구 루틴** 프로그램의 실행 도중에 일어나는 모든 논리적인 사상(예를 들면 자식 태스크의 종료 등)과 동기를 취하여 처리를 하기 위한 출구 루틴.

synchronous gate[-géit] **동기 게이트** 출력 시간 간격이 입력 신호에 동기화되어 있는 타임 게이트(time gate).

synchronous idle[-áidl] **SYN, 동기 신호** 각 명령 사이클의 처음에 메모리와 입출력 장치가 동시에 사용하는 펄스.

synchronous idle character[-kǽrəktər] **SYN, 동기 신호 문자, 동기 신호** (1) 데이터 단말 장치 사이에 동기를 취하거나, 또는 동기를 유지하기 위해 사용되는 전송 제어 문자. (2) 마이크로컴퓨터 등에서 각 명령 사이클의 시작에 메모리와 입출력 디바이스와의 동기에 사용되는 펄스.

[주] 동기식 데이터 전송 방식에서, 다른 문자를 전송하고 있지 않을 때 데이터 단말 장치 사이에 동기를 취하거나 동기를 유지하기 위한 신호로서 사용되는 전송 제어 문자.

synchronous inputs[-ínpùts] **동기 입력**

synchronous graphic RAM ⇨ SGRAM

synchronous interface[-íntərfèis] **동기 접속**

synchronous line control[-láin kəntróul] **동기용 회선 제어**

synchronous line group[-grú:p] **SLG, 동기용 회선 그룹 기구**

synchronous line, low load[-lóu lóud] **SLLL, 저부하 동기용 회선 접속 기구**

synchronous line, medium speed[-mí:diəm spí:d] **SL, 중속 동기용 회선 접속 기구**

synchronous line, medium speed with clock[-wið klák] **SLC, 중속 동기용 회선 접속 기구(시각 기능 부착)**

synchronous line set[-sét] **동기용 회선 세**

트 기구

synchronous line speed option[–spíːd ɑ́pʃən] 동기 전송 속도 지정 기구

synchronous machine[–məʃíːn] 동기 기계

synchronous method[–méθəd] SYN 동기 방식 일련의 문자열을 나타내는 각각의 신호군에 동기 신호 문자(SYN)가 선행하는 동기 전송 방식. 보통 신 동기 방식이라고 읽는다.

synchronous mode[–móud] 동기 모드 프로시저의 동작 모드. 응용 프로그램이 메시지 파일에 대하여 READ 명령을 발생하지 않는 한 워크스테이션에 대하여 메시지의 투입을 허용하지 않는다. 송신인 경우는 응용 프로그램으로부터의 응답 메시지가 완료하기까지 다음 메시지의 투입은 할 수 없다. 조회형과 대화형의 응용 프로그램에 적용된다.

synchronous MODEM[–móudèm] 동기 모뎀 내장된 클록에 의해 동기화된 데이터를 전송하는 변복조 장치(modem).

synchronous motor[–móutər] 동기 전동기 어느 범위의 부하에 대하여 전원의 주파수에 동기하여 회전하는 전동기.

synchronous multimachine system[–mʌ̀ltiməʃíːn sístəm] 동기 다기계 시스템

synchronous network[–nétwə̀ːrk] 동기망 모든 통신 채널이 공동 클록에 의해 동기화되는 컴퓨터 네트워크.

synchronous operation[–ɑ̀pəréiʃən] 동기 조작, 동기 동작, 동기 연산 각 사건이나 동작의 수행이 한 클록(clock)에서 발생하는 신호의 결과로 일어나는 것.

synchronous optical network[–ɑ́ptikəl nétwə̀ːrk] ⇨ SONET

synchronous process[–prɑ́ses] 동기 처리

synchronous processing[–prɑ́sesiŋ] 동기 처리 하나의 태스크가 끝난 다음, 다음 태스크의 처리를 하는 직렬적인 처리의 진행.

synchronous request[–rikwést] 동기 요구

synchronous sequence circuit[–síːkwəns sə́ːrkit] 동기 순차 회로

synchronous sequence signal[–sígnəl] 동기 연속 부호 송신측과 수신측에서 데이터 송수신의 동기를 취하기 위해 사용되는 일련의 부호.

synchronous sequential machine[–sikwénʃəl məʃíːn] 동기 순차 기계

synchronous serial-data adapter[–sí(ː)riəl déitə ədǽptər] SSDA, 동기식 직렬 데이터 어댑터 동기 클록을 사용함으로써 마이크로프로세서로 입력되는 데이터를 병렬(parallel)인 것으로부터 직렬(serial)인 것으로 바꾸거나, 그 역으로 직렬인 것으로부터 병렬인 것으로 할 수도 있으며, 이러한 장치를 「동기식 직렬 데이터 어댑터」라 한다.

synchronous shift register[–ʃíft rédʒistər] 동기 시프트 레지스터

synchronous signal[–sígnəl] 동기 신호

synchronous signal character[–kǽrəktər] 동기 신호 문자 동기 전송 방식에서는 비트 동기는 모뎀 등으로 보증되지만 문자 동기는 송수신간의 약속에 의해서 사용되는 전송 제어 부호를 가리킨다. 송신측은 데이터의 송출에 앞서 3개 이상의 동기 신호 문자를 송출한다. 수신측에서는 두 개의 연속된 동기 신호 문자를 검출하면 이후 8비트마다의 부호를 잘라내어 문자 부호를 조립한다는 약속으로 되어 있다.

synchronous switching[–swítʃiŋ] 동기 교환

synchronous system[–sístəm] 연속식, 동기 시스템 동기 연속식으로, 동기 신호인 특정 부호를 여러 개 연속하여 보낸 뒤 데이터를 보내는 방법. 속도의 단위는 보(baud)이며, 1초당 보내는 비트의 수를 보율(baud rate)이라고 한다.

synchronous terminal[–tə́ːrminəl] 동기식 단말기 속도가 느린 입력 데이터를 모아서 동기식 전송 방법에 의해 빠른 속도로 출력 데이터를 회선으로 보내는 단말기.

synchronous terminal control[–kəntróul] 동기식 단말 제어 기구

synchronous time division multiplexing system[–táim divíʒən mʌ́ltiplèksiŋ sístəm] STDM, 동기식 시분할 다중 방식

synchronous transfer mode[–trǽnsfər móud] 동기 전송 모드 ⇨ STM

synchronous transmission[–trænsmíʃən] 동기 전송 비트를 표시하는 각 신호의 발생 시점이 고정된 시간 기준과 관계하는 데이터 전송.

synchronous transmitter receiver[–trænsmítər risíːvər] STR, 동기 송수신 (기구)

synchronous variable[–vɛ́(ː)riəbl] 동기 가변식 수행 시간이 유사한 마이크로 운영들을 하나 이상의 집합으로 구성하고, 각 집합에 대해 서로 다른 마이크로사이클 타임을 정의하는 것으로, 마이크로오퍼레이션에 따라 마이크로사이클 타임을 다르게 하는 방식이다.

synchronous watt[–wɑ́t] 동기 와트

synchronous working[–wə́ːrkiŋ] 동기식 작업 하나의 클록에서부터 나오는 등시간 간격 신호의 1사이클 제어에 의해 일련의 동작을 실행하는 것.

synchroscope[siŋkrəskóup] **싱크로스코프** 동기 신호를 물결 모양으로 표시하여 관찰하기 위한 측정기.

SYNC signal **동기 신호**

syndrome[síndroum] *n.* **신드롬** 코드 이론이며 오류(에러)에 관련해 사용된다.

synergic[sinə́:rdʒik] *a.* **시너직** 협동 시스템과 같은 시스템의 모든 부분의 조합.

SYNflood attack **SYNflood 공격** TCP/IP는 패킷의 발신 IP 주소와 수신 IP 주소 사이에서 TCP의 세 가지 핸드셰이크라는 순서를 사용하여 접속하는데, 이 IP 주소를 위조하여 SYN 패킷을 목표 서버에 단시간에 대량으로 보냄으로써 목적지를 잃어버린 SYN+ACK 패킷이 서버에 넘쳐나 정상적인 접속조차 받을 수 없게 만드는 것.

synonym[sínənim] *n.* **동의어, 시너님** 두 개 또는 그 이상의 키(key) 변수로 기억 장치(memory)의 동일 주소(address)로 변환하는 것과 같은 키. 즉, 하나의 주소에 대하여 두 개 또는 여러 개의 표제(index)가 붙어 있는 것을 말한다. 예를 들면 관계 파일(relation file) 등이 좋은 예이다. 이것은 여러 가지 키워드(keyword)로부터 한 데이터를 찾아내도록 하나의 데이터에 여러 인덱스 파일(multiple index file)이 대응하고 있다. 또 파일의 주소 지정을 간접적으로 행했을 때, 키를 랜덤(random)화해도 동일한 어드레스가 발생하도록 하는 레코드(record)도 synonym이라고 한다.

synonym resolution[–rèzəlú:ʃən] **동의어 분해**

syntactical[sintǽktikəl] *a.* **구문상의**

syntactical unit[–jú:nit] **통어(統語) 구조 단위, 구문 구조 단위** 언어의 구문을 규정하는 구문 규칙의 기본 구성.

syntactic analysis[sintǽktik ənǽlisis] **구문 해석** 주어진 입력이 구문 명세서에 맞는가를 검사하는 과정으로, 어느 언어(자연 언어나 프로그램 언어)의 문이나 문장의 구문상의 구조를 해석하는 것. 특히 프로그램 언어에 있어서 구(句) 구조 문법 등의 구문계에 따라서 원시 프로그램의 구문상 구조를 해석하는 것. 프로그램 언어에서는 구문을 문맥 자유 문법으로서 보는 경우가 많고, 이 경우 구문상의 구조는 문맥 자유 문법에서의 도출 트리에 따르는 구조로 파악되는 경우가 많다.

syntactical error[sintǽtikəl érər] **구문 오류**

syntactic pattern recognition[sintǽktik pǽtərn rèkəgníʃən] **구문적 패턴 인식** 처리하려는 패턴이 구조상의 특징을 가질 때 적용되는 방식으로, 패턴의 성분을 기본 기호로 정의하고, 성분끼리의 상호 관계를 논리식이나 생성 문법 등을 써서 기술함으로써 정보를 추출한다. 패턴 특징의 통계적인 상호 관계에만 착안하는 feature extraction과 대비된다.

syntax[síntæks] *n.* **통사(론)** 구문. 구문법(構文法). 문법. 어떤 언어(language)에 있어서 명확한 표현이나 문장을 구성하는 데 필요한 일련의 규칙이며, 「구문법」 혹은 단순히 「문법」이라고 번역된다. 컴퓨터에서는 원시 언어(source language)의 문장을 바르게 구성하기 위한 규칙으로, 자연 언어(natural language)의 문법에 해당하는 것. 사람의 경우는 두뇌의 적응성에 의하여 유연한 이해가 가능하기 때문에 거의 문제가 되지 않는 것이라도 컴퓨터는 일자일구(一字一句)에 구속되어 절대적으로 논리적이기 때문에 적응성이 부족하므로 비록 어떤 문장의 의미가 조금이라도 무의미한 것이 있다면 그것을 이해할 수 없다. 따라서 프로그래밍 언어의 문법은 대단히 엄밀히 적용되어 조금이라도 이상한 부분이 있으면 정확한 번역(compilation)을 수행할 수 없다. 그 때문에 문법 체크(syntax check)를 갖춘 컴파일러(compiler)가 만들어지고 최고급 언어를 기계어(machine language)로 변환할 때 구문법을 체크하도록 하고 있다.
[주] 문자 사이의 또는 문자의 집합 사이의 관계이며, 그 의미, 그 해석 방법 또는 사용 방법과는 독립된 것.

syntax analysis[–ənǽlisis] **구문 해석** 주어진 문자열을 구문 규칙에 따라 해석하고 대상 언어로서 허락된 구조를 가진 것인지를 확인하는 것. 예를 들면 컴파일러는 주어진 소스 프로그램 구문을 해석하고 문법 에러 체크와 프로그램 구조를 안 다음에 오브젝트 코드를 출력한다.

syntax analyzer[–ǽnəlàizər] **구문 해석기**

syntax chart[–tʃá:rt] **구문 도표** 한 언어에서의 문장 구조를 그림으로 나타낸 것. 구문에 대한 형식 정의를 한다.

syntax check[–tʃék] **문법 검사**

syntax checker[–tʃékər] **구문 검사기** 원시 프로그램에서 문법의 오류를 검사하기 위한 프로그램.

syntax-controlled generator[–kəntróuld dʒénərèitər] **구문 제어형 발생기**

syntax diagram[–dáiəgræ̀m] **구문 해석도** 언어의 구문을 방향성 그래프로 표현한 것. 언어에 어떤 형의 문이 포함되는가는 이 그래프의 가지를 더듬어, 절점(節點)의 종단 기호를 배열함으로써 알 수 있다.

syntax-directed analysis[–diréktəd ənǽlisis] **구문 지시형 해석** 어떤 언어를 다른 언어로 번역할 때 번역되는 언어의 구문을 나타내는 규칙에 따라서 해석하는 방법. 일반적으로 고수준 프로그램 언어로 쓰여진 프로그램을 기계어의 목적 프로그램으로 번역하는 경우에 정의를 사용한 BNF 표기법 등으로 기술된 구문에 따라서 원시 프로그램을 해석하는 방법을 말한다.

syntax directed compiler [–kəmpáilər] **구문 지향 컴파일러** 컴파일러에 있어서의 구문 해석이나 번역 등을, 번역할 프로그램 언어의 구문적 구조에 따라서 이들 기능을 수행하는 컴파일러를 가리킨다.

syntax error [–érər] **구문상 에러** 프로그래밍 언어의 문법상의 오류. BASIC으로 프로그램을 짜서 실행했을 경우 프로그램에 오류가 있으면 디스플레이 상에 「Syntax error in 120」으로 출력되어 문법상의 오류가 있는 행의 번호(120)를 나타내고 처리를 중단한다.

syntax fault [–fɔ́:lt] **구문상 장애**

syntax formalism [–fɔ́:rməlizm] **구문 형식** 프로그래밍 언어의 구문을 쉽게 이해할 수 있도록 도와주는 형식.

syntax language [–lǽŋgwidʒ] **구문 언어**

syntax notation [–noutéiʃən] **구문 표기법** 언어의 구문 규칙을 기술하는 방법. 예를 들면 BNF (Buckus normal form) 기법이 있다.

syntax recognizer [–rékəgnàizər] **구문 인식기** BNF(Buckus normal form)로 표현된 인공 언어 상태 분류를 인식하는 서브루틴.

syntax rule [–rú:l] **구문 규칙** COBOL 언어에 있어서 언어나 요소를 나열하여 구와 명령 등의 큰 요소로 정리하는 경우의 순서를 규정한 규칙. 각각의 언어와 요소에 대한 제한을 서술한다. 일반 규칙 (general rule)과 대비된다.

syntax transducer [–trænsdʒú:sər] **구문 변환기**

syntax tree [–trí:] **구문 트리**

syntax unit [–jú:nit] **구문 구조 단위**

synthesis [sínθəsis] *n.* **합성** 다른 종류의 소재를 유기적으로 결합하여 하나의 종합된 물건 또는 현상을 만들어내는 것.

synthesis method [–méθəd] **총합법, 합성법** 부품표(B/M ; bill of material) 전개의 한 방법으로 사용되는 말로, 공통 부품이 많을 때에 사용되는 방법이다. 어떤 부품 구성을 나타낼 때 작은 부품에서 중간 부품으로, 거기에서부터 대형 부품으로 열거해 나가는 것. 따라서 공통 부품이 많은 경우에 흔히 쓰이는 방법이다.

synthesizer [sínθəsàizər] *n.* **신디사이저, 합성기** 음정을 결정하는 기본 진동 주파수. 음의 세기를 결정하는 진폭, 진동수, 진폭의 변조도, 고조파 진동의 성분, 진동시 및 종료시의 진폭, 진동수의 응답도 등과 같은 종합 요소에 의해서 결정되는 음색의 요소를 전자적 합성 신호로 만들어 음성 합성을 하는 장치.

synthetic [sinθétik] *a.* **합성의, 합성식, 합성**

synthetic address [–ədrés] **생성 주소** 컴퓨터 프로그램의 실행중에 결과로서 형성되는 주소. ⇨ generated address

synthetic-display generation [–displéi dʒènəréiʃən] **종합 영상 생성** 수집되거나 계산된 데이터를 기호 형태로서 나타내기 위한 논리적 · 수학적 처리 절차.

synthetic language [–lǽŋgwidʒ] **합성 언어** 의사 코드 혹은 기호 언어. 여기에 쓰여진 프로그램은 그대로는 컴퓨터에서 실행할 수 없으므로 실행 전에 번역 변환이 필요하다.

synthetic program [–próugræm] **합성 프로그램** 커널(kernel)과 벤치마크 기법을 조합하여 기계의 특정한 기능을 실험해보기 위해 사용자 환경에 맞도록 설계된 실제의 프로그램.

synthetic speech [–spí:tʃ] **합성 음성** 인간의 음성과 같이 인식될 수 있도록 인위적으로 재생산된 음향 신호.

SYS 체계 복사

SYSGEN 시스템 생성, 시스템 제너레이션 system generation의 약어. ⇨ system generation

SYSGROUP 시스그룹 컴퓨터 시스템에 미리 정의되어 있는 대용량 기억 볼륨의 그룹명.

SYSIN 시스템 입력 스트림 system input stream의 약어. (1) 입력 스트림 그 자체를 나타낸다. (2) 시스템 논리 장치명의 하나. 입력 스트림이 놓여지는 시스템 논리 장치명. (3) 입력 스트림 중에 있는 데이터 세트의 정의명. ⇨ system input stream

SYSIPT 시스템 논리 입력 장치

SYSL 시스템 기술 언어 system description language의 약어.

SYSLOG 시스템 경과 기록 system log의 약어. 기계 조작원으로부터 받고 보내는 메시지나 명령, 또는 작업에 관련된 정보를 지정하고 있는 데이터의 집합을 의미한다.

sysop [sisóup] **(체계) 운영자** system operator의 약어. 컴퓨터를 이용한 전자 게시판 시스템을 운영하는 사람.

SYSOUT 시스템 출력 스트림 system output stream의 약어.

SYSOUT class 시스템 출력 클래스 작업의 실행 결과를 출력 형식의 특징에 맞추어서 적절히 정리

한 분류. ⇨ output class

SYSPCH 시스템 논리 천공 장치 ⇨ SYSPUNCH

SYSPUNCH 시스템 논리 천공 장치 최종적으로는 카드 상에 천공될 파일을 출력하는 데이터 처리 시스템의 논리적 장치. ⇨ SYSPCH

SYSRES 시스템 거주 볼륨 system residence volume의 약어.

system[sístəm] *n.* **체계, 시스템** 조직. 방식. (1) 일반적으로는 규칙적으로 상호작용을 서로 합치하는 상태를 보존, 하나의 정리로서 계통적으로 결합된 구성 요소의 집합. 하나의 시스템은 더 작은 부분으로 구분되어 있고, 소부분도 하나의 시스템으로 간주할 수 있을 때, 이것을 서브시스템(sub-system)이라고 한다. (2) 조직 : 인간의 기능을 구성 요소로 하는 체계의 경우 조직(organization)과 같은 뜻으로 이 용어가 사용된다. (3) 정보 처리의 분야에서는 시스템이라는 용어는 하드웨어 장치 또는 프로그램 또는 그 양쪽을 포함한 구성 요소에 관해서 폭넓게 사용되며, 전후의 문맥에 따라서 대상이 되는 구성 요소의 범위가 다르다. 컴퓨터로 구성할 경우, 하드웨어 기기 일체를 시스템이라고 불러도 좋고, 경우에 따라서는 운영 체제와 컴파일러 등의 기본 소프트웨어가 포함되어 있어도 좋다. 특정 업무를 위해서 개발된 프로그램군(群)도 시스템이라고 할 수 있다. 이 경우 개발을 위해서 사용된 문서(documentation)나 조작 설명서(procedure manual) 등이 포함되어 있어도 좋다. (4) 계 : 수학의 분야에서는 집합(set)과 같은 뜻으로 사용되는 경우도 있다.

〈시스템의 기본 요소〉

system accounting[–əkáuntiŋ] **시스템 회계**

system action condition[–ǽkʃən kəndíʃən] **시스템 동작 조건** 조건의 발생 후 혹은 프로그램의 완료시에 행하여지는 표준 시스템 동작을 프로그래머가 확장하는 편의를 주기 위한 조건.

System Administration Manager[–ədmìnistréiʃən mǽnidʒər] 미국 휴렛팩커드 사의 유닉스인 HP-UX 시스템 관리 소프트웨어.

system administrator[–ədmìnistréitər] **시스템 관리 책임자**

system analysis[–ənǽlisis] **시스템 분석** 어떤 업무를 컴퓨터를 써서 시스템화하려고 할 경우에 먼저 그 업무를 분석하고, 업무의 흐름을 조사하며, 어떤 정보가 언제 발생하고 어떤 정보를 필요로 하는가 등을 파악해서 시스템 설계를 위한 준비를 해주어야 한다. 이것을 시스템 분석이라고 하며, 「현상 분석」이라든가 「업무 분석」이라고도 한다. 이후 시스템 설계(system design), 프로그램 작성 등으로 옮겨간다.

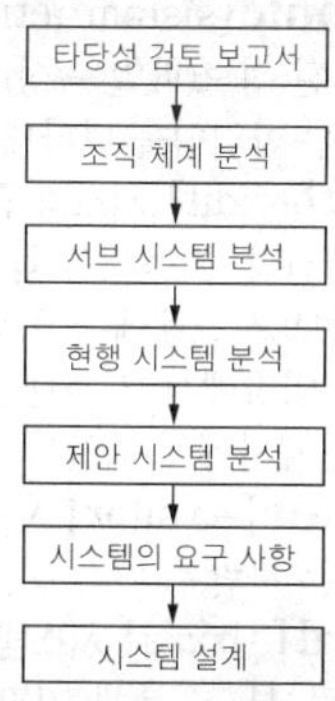

〈시스템 분석 단계〉

system analysis technology[–teknálədʒi(ː)] **시스템 분석 기술**

system analysis translator[–trænsléitər] **SYSTRAN, 시스템 분석 번역 기구** ⇨ SYSTRAN

system analyst[–ǽnəlist] **시스템 분석가, 시스템 어낼리스트** 경영상의 필요성을 조사·분석하고 요구 사항을 정형화하여, 경영 컴퓨터 시스템 구성 요소를 설계하는 사람.

system and level registers[–ənd lévəl rédʒistərz] **시스템 레지스터/레벨 레지스터**

system application architecture[–æplikéiʃən áːrkitèktʃər] **SAA, 시스템 응용 구조** ⇨ SAA

system assembler[–əsémblər] **시스템 어셈블러**

system approach[–əpróutʃ] **시스템 접근** 시스템 요소간의 상호 관계와 그들의 객관적 기준을 포괄적으로 관리할 수 있는 수학적 모형으로 나타냄으로써 최적해를 구하는 과정.

system area[–ɛ́(ː)riə] **시스템 영역** 기억 장치 안에서 시스템이 사용하는 영역.

systematic code[sìstəmǽtik kóud] **조직 부호** 디지털 정보를 취급하는 장치에서는 부호나 장치에 중복성을 가지게 하여 이것으로 에러를 발견하여 정정하는 일이 행해지고 있다. 예를 들면 1비트 에러에 대해서는 해밍(Hamming) 부호를 채용함으로써 그 검출과 정정이 가능하다. 그러나 버스트 에러에는 해밍 부호는 알맞지 않으므로 이러한 경우에도 정정 가능한 부호계가 이론적으로 구해진다. 아직 실용화되지는 않았지만 이러한 부호를 조직 부호라고 한다.

systematic error[-érər] **고의적 오차** 주로 계기 또는 측정자의 특유한 버릇 등과 같은 일정한 변동 요인으로부터 발생하는 측정 오차. 이 값은 참값에 대해 편차(bias)라고도 한다.

systematization[sìstəmətɑizéiʃən] *n.* **시스템화**

system attribute[sístəm ǽtribjù:t] **시스템 속성** 파일에 부속된 정보(파일 속성) 중 하나. 운영 체제에 관련된 특수 파일임을 나타내는 것.

system audit[-ɔ́:dit] **시스템 감사** 컴퓨터 시스템의 신뢰성, 안전성, 효율성을 높이기 위하여 감사 대상이 되는 정보 시스템에서 독립한 시스템 감사인이 객관적인 입장에서 시스템을 종합적으로 점검·평가하여 관계자에게 조언이나 권고를 하는 것.

system auditor[-ɔ́:ditər] **시스템 감사인** 시스템의 감사를 하는 사람.

system board[-bɔ́:rd] **시스템 기판** 마이크로컴퓨터의 주회로 보드. 본체 기판(mother board)이라고도 한다.

system browser[-bráuzər] **시스템 브라우저** 컴퓨터 시스템 내의 오브젝트의 일람 표시, 검색 및 실행할 수 있는 기능. 이용자는 시스템 브라우저를 통하여 컴퓨터 시스템과 대화하면서 작업을 진행한다. 예를 들면 이용자는 시스템 브라우저에서 문서 처리를 선택하고 문서의 작성과 갱신 등을 한다.

system buffer[-bʌ́fər] **시스템 버퍼** 주변 장치로부터의 블록 단위 입출력시에 사용하는 버퍼. 이 버퍼를 사용하지 않는 입출력은 문자 단위 입출력이라 한다.

system built-in[-bílt ìn] **시스템 내장** 시스템 내에 미리 내장시켜 두는 것.

system bus[-bʌ́s] **시스템 버스** 데이터 버스, 어드레스 버스, 제어 버스의 총칭.

system bus clock[-klák] **시스템 버스 클록** CPU와 메인 메모리 간 등 컴퓨터 중추 부분의 타이밍을 담당하는 클록. CPU 등은 보다 고속으로 동작하지만 시스템과의 동기를 위해서, 시스템 버스 클록의 몇 배로 빠르게 동작하도록 되어 있다. 이로부터 베이스 클록이라고도 한다. ⇨ bus

system cache[-kǽʃ] **시스템 캐시** 계층형 기억 장치의 일종. DRAM 등을 이용하고 있기 때문에 주기억 장치(대용량이면서 비교적 저속인)와 캐시 기억 장치(처리 장치 대용으로 설치된 초고속이지만 용량이 적은)와의 중간에 설치된 비교적 용량이 큰 캐시 기억 장치. 일반적으로 여러 처리 장치나 입출력 장치와 공유되도록 구성되어 있다.

system call[-kɔ́:l] **시스템 호출** (1) 운영 체제가 제공하는 각종 서비스를 이용자가 이용할 수 있도록 개방한 것. 이용자는 이것을 호출함으로써 복잡한 프로그램을 작성할 필요가 없게 된다. 또 여러 개의 프로그램 간에서 동일한 명세를 가질 수 있다. (2) 사용자 프로그램에서 운영 체제의 기능을 불러내기 위한 프로그램 절차(C 언어에서는 함수) 호출. OS 하에서는 사용자 프로그램에서 메모리나 입출력 장치를 직접 조작하는 것이 허락되지 않으므로 파일이나 입출력 장치나 메모리에 액세스할 때 사용한다. 유닉스에서는 표준 시스템 콜 세트가 정해져 있다.

system catalog[-kǽtəlɔ̀(:)g] **시스템 카탈로그**

system catalog data set[-déitə sét] **시스템 카탈로그 데이터 세트**

system catalog file[-fáil] **시스템 카탈로그 파일**

system chart[-tʃá:rt] **시스템 차트, 시스템 도표** 원시 데이터가 그 발생 또는 입력에서부터 출력으로서 최종적인 목적인 어떤 기록(장표) 또는 보고서로 바뀌기까지의 흐름을 도시한 것. 사용하는 파일 등의 종별이나 처리 기능의 표현에 대해 ISO 등에서 일정한 형식이나 기호를 정하고 있다. 본래는 순서도, 프로세스 차트와 같은 뜻이었으나 구체적으로는 각각을 별개 용도에서의 고유한 표시법을 갖는다.

system check[-tʃék] **시스템 검사** 시스템에 내장된 컴퓨터 검사 회로에 의해 검사되지 않는 전체적인 성능, 즉 제어 합계, 해시(hash) 합계, 레코드 카운트 등에 대하여 검사하는 것.

system check module[-mádʒu:l] **시스템 검사 모듈** 전원이 끊어지는 경우나 지정된 컴퓨터 동작의 진행에 따른 편차가 발생한 경우에 시스템의 동작 능력을 감시하는 장치로, 컴퓨터에 의한 적절한 긴급 동작을 유발시킨다.

system clear function[-klíər fʌ́ŋkʃən] **시스템 클리어 기능**

system clear reset function[-risét fʌ́ŋkʃən] **시스템 클리어 리셋 기능**

system clock[-klák] **시스템 클록** 컴퓨터 본체에 내장된 시계. 파일의 작성 일시를 기록할 때 이용되는 것을 들 수 있다.

system code[-kóud] **시스템 코드**

system command[-kəmá:nd] **시스템 명령** 운영 체제에 어떤 동작을 요구하는 명령. 이것에는 작업의 강제적 종료, 단말 장치의 시스템 접속/분리, 기억 장치의 배치(allocation), 가동 상황의 표시 등이 있다.

system communication[-kəmjù:nikéiʃən]

시스템 커뮤니케이션, 시스템 통신 조작원의 지정에 응하는 것이지만, 반대로 조작원에게 지시하여 프로그램과 조작원과의 연락을 취하는 기능.

system communication processing[–prásesiŋ] 시스템 통신 처리 중앙의 컴퓨터에 직결된 단말이 아닌 원격지의 단말기에서 데이터의 처리를 위해 중앙의 컴퓨터에 데이터를 전송하는 것.

system component[–kəmpóunənt] 시스템 구성 요소 시스템을 구성하는 전반적인 요소.

system concept[–kánsept] 시스템 개념 개별적인 영역의 구체성을 제외하고 패턴화에 의한 일반성, 광의성을 얻고 과학의 논리적 모델의 구성을 추구하는 방법 및 사고 방식.

system concurrency[–kənkə́:rənsi(:)] 시스템 병행성 같은 시간 간격 내에 두 개 이상의 사항이나 활동이 동시에 또는 병행적으로 다중 처리하도록 개발한 처리 방법.

system configuration[–kənfìgjuréiʃən] 시스템 구성 컴퓨터 시스템이 어떻게 구성되어 있는지를 표시한다. 주기억 장치의 크기, 보조 기억 장치의 용량이나 대수, 회선수, 입출력 장치의 종류 등으로 표시한다. 단순히 「구성(configuration)」이라고도 한다.

system console[–kánsoul] 시스템 콘솔

system constant[–kánstənt] 시스템 상수 시스템 상수는 모니터에 속한 영구적인 장소로서 이 장소에는 시스템 프로그램에 의해 사용될 데이터가 보관되며, 때때로 프로그램에서 사용되는 데이터가 보관되기도 한다.

system control[–kəntróul] 시스템 제어

system control command[–kəmǽ:nd] 시스템 제어 명령 시분할 시스템의 운용과 관련된 조작원의 작업을 이용자 단말에서도 할 수 있도록 준비되어 있는 커맨드.

system control data[–déitə] 시스템 제어 데이터

system controller[–kəntróulər] 시스템 제어기 데이터 버스로 보내는 제어 신호를 분리하여 데이터 버스와 제어 버스로 보내는 장치.

system control panel[–kəntróul pǽnəl] 시스템 제어판

system control program[–próugræm] SCP, 시스템 제어 프로그램 시스템의 운용과 보수를 목적으로 컴퓨터 제작 회사측에서 제공하는 프로그램. 프로그램의 생성(product)과 사용자 프로그램 사이에서 인터페이스 역할을 한다.

system control programming[–próugræmiŋ] 시스템 제어 프로그래밍

system conversion[–kənvə́:rʃən] 시스템 변환, 시스템 컨버전, 시스템 이행 어떤 사정으로 컴퓨터를 다른 메이커의 제품으로 교환하거나 중형에서 대형으로 격상하거나 또는 오프라인 처리에서 온라인 처리로 시스템을 「변경하는」 것을 말한다. 낡은 시스템에서 새로운 시스템으로 이행하는 방법 및 그 때 생기는 문제점은 대단히 중요한 것이지만, 여러 가지 이행 방법에 대해서는 새 시스템의 설계가 완료하기 전에 계획되어 있어야 한다. 이행 방법으로는 어떤 시점에서 일제히 새로 바꾸는 방법과 서서히 새로 바꾸는 방법이 있고, 각각의 시스템에 대한 이해 득실을 검사하여 방식을 결정할 필요가 있다.

system crash[–krǽʃ] 시스템 충돌

system data[–déitə] 시스템 데이터 디지털 교환기가 교환 처리를 하기 위해 사용되는 데이터 중에서 단말 조건에 좌우되지 않고 방식적으로 고정해서 주어지는 데이터. 이 데이터는 교환 시스템이 어떠한 구성으로 되며 어떻게 설치되는가, 또는 프로그램이 메모리 상에 어느 정도 할당되는가를 표시하는 데이터 종류를 말한다.

system data analyzer[–ǽnəlàizər] 시스템 데이터 해석 프로그램 대용량 기억 시스템에 있어서 발생한 장애에 관해서 수집된 데이터를 해석하는 프로그램.

system data base[–béis] 시스템 데이터 베이스 카탈로그 데이터 베이스라고도 하며, 시스템 자체에 관련된 정보를 모아놓는 곳.

system data bus[–bʌ́s] 시스템 데이터 버스 마이크로프로세서 내의 대부분의 모듈 간의 통신은 시스템 데이터 버스를 통하여 이루어진다. 이 버스는 처리기와 독립되어 있으며, 버스에 연결된 임의의 두 장치 사이의 통신을 가능하게 한다.

system data set[–sét] 시스템 데이터 세트 운영 체제를 동작시키기 위하여 필요한 데이터 처리 시스템의 데이터 세트.

system defined data[–difáind déitə] 시스템 정의 데이터 프로그램의 수행을 유지하기 위한 자료들로서, 부프로그램 수행을 위한 스택, 데이터 명세표, 입출력 버퍼, 조회 환경 등이 있다. 이러한 자료들은 프로그램의 실행 도중 필요한 때마다 자동으로 시스템에 의해 만들어진다.

system definition[–dèfiníʃən] 시스템 정의 시스템 분석가가 설계한 시스템을 자세히 정의한 문서들. 이러한 문서는 모든 사무적인 절차를 설명하고 프로그램 명세를 포함하므로 시스템 명세라고도 한다.

system description language[–diskrípʃən lǽŋgwidʒ] SYSL, 시스템 기술(記述) 언어 시

스템 프로그램의 기술을 주목적으로 설계한 언어. 구조적 프로그래밍을 지원하거나 추상 데이터형에 기초한 것도 개발되어 있다. 어셈블리 언어의 매크로 기능을 이용하여 정의된 매크로 언어나, 일반용 언어 ALGOL이나 PL/I 등의 기능을 도입하여 확장한 고수준 언어(EULER, MULTICS PL/I, XPL, Concurrent PASCAL 등)나, 기계 의존 부분도 고수준으로 쓰여진 기계용 고수준 언어(BLISS 등)가 있다. 그 밖에 유닉스 기술에 사용된 언어 C나 미 국방성의 통일 언어 Ada, 제록스 사의 Mesa 등이 있다.

system design[–dizáin] **시스템 설계, 시스템 디자인** 컴퓨터를 도입하여 각종 업무를 컴퓨터에 의한 처리로 이행할 때 실행해야 할 중요한 작업의 하나. 어떤 업무를 컴퓨터로 이행하려면, 시스템 분석, 시스템 설계, 프로그램 설계, 프로그램 작성과 테스트, 실제 운용 등 여러 가지 작업이 필요하게 된다. 시스템 설계는 이 일련의 흐름 속에서 가장 중요한 것이라고 할 수 있다. 하드웨어, 소프트웨어의 구성, 운용 방법과 체제, 이용자가 저항 없이 사용할 수 있도록 하는 것 등이 시스템 설계의 업무 내용이다. 또한 좁은 의미로 시스템 설계라고 하면, 소프트웨어의 명세를 결정하고 기술할 부분을 지시하고, 코드 설계, 입출력 설계, 파일 설계 등의 작업이 포함된다.

system design adequacy[–ǽdəkwəsi(:)] **시스템 설계 타당(성)**

system design concept[–kánsept] **시스템 설계 개념**

system design condition[–kəndíʃən] **시스템 설계 조건**

system design criteria[–kraití(:)riə] **시스템 설계 기준**

system design engineering[–èndʒəníəriŋ] **SDE, 시스템 설계 공학**

system designer[–dizáinər] **시스템 설계자**

system design evaluation[–dizáin ivæljuéiʃən] **시스템 설계 평가**

system design optimization[–àptimizéiʃən] **시스템 설계 최적화**

system design optimization problem [–prábləm] **시스템 설계 최적화 문제**

system design option[–ápʃən] **시스템 설계 선택**

system design parameter[–pərǽmətər] **시스템 설계 매개변수**

system design phase[–féiz] **SDP, 시스템 설계 단계**

system design philosophy[–filásəfi(:)] **시스템 설계 철학**

system design principle[–prínsipl] **시스템 설계 원리**

system design problem[–prábləm] **시스템 설계 문제** 시스템의 지정된 요구 사항에 대한 최적(혹은 최적에 근사한) 실현을 서술한 문서 설계에 관한 문제로서, 거의 전적으로 정보 취급 처리를 뜻한다.

system design problem solving[–sálviŋ] **시스템 설계 문제 해결**

system design process[–práses] **시스템 설계 과정**

system design proposal[–prəpóuzəl] **SDP, 시스템 설계 제안**

system design requirements review[–rikwáiərmənts rivjú:] **시스템 설계 요건 심사**

system design review[–rivjú:] **SDR, 시스템 설계 심사**

system design simplification[–sìmplifikéiʃən] **시스템 설계 단순화**

system design support system[–səpɔ́:rt sístəm] **시스템 설계 지원 시스템**

system design trade-off [–tréid ɔ̀(:)f] **시스템 설계 트레이드오프**

system development[–divéləpmənt] **시스템 개발** 실제의 시스템 작성, 즉 하드웨어의 제작, 프로그래밍, 종합 테스트 등과 같은 일을 행하는 것.

system development process[–práses] **시스템 개발 공정** 시스템 개발의 흐름을 애플리케이션 기능의 분해와 통합의 프로세스로 분할한 공정. 각 공정마다 목표와 완료 조건을 설정한다.

system development standards[–stǽndərdz] **개발 작업 표준** 컴퓨터 시스템 개발 공정 단계별 작업 항목과 작업해야 할 도큐먼트에 관한 결정.

system diagnostics[–dàiəgnástiks] **시스템 진단 프로그램, 시스템 시험 시간**

system directory[–diréktəri(:)] **시스템 디렉토리**

system directory list[–líst] **SDL, 시스템 디렉토리 리스트**

system disk[–dísk] **시스템 디스크** 개인용 컴퓨터에서, OS(운영 체제)가 들어 있는 플로피 디스크를 말한다. 시판되는 소프트웨어의 경우, 보통 OS와 응용 프로그램이 한 장의 플로피 디스크에 수용되어 있다.

system distribution[–dìstribjú(:)ʃən] **시스템 제공**

system documentation[–dàkjuməntéiʃən]

시스템 명세서 시스템의 예비 설계가 완성된 후 프로그램을 다시 작성하고, 장치에 의한 벤치마크를 설명하는 자세한 기술적인 설명서.

system down[–dáun] **시스템 다운** 컴퓨터 시스템을 구성하고 있는 하드웨어에 어떤 장해가 발생하거나, 운영 체제(OS)를 포함하는 소프트웨어 관계의 트러블 등에 따라서 그 시스템 전체의 기능이 정지해 버리는 것.

system down recovery[–rikʌ́vəri(ː)] **시스템 다운 리커버리, 시스템 정지 상태 회복**

system dynamics[–dɑinǽmiks] **시스템 다이내믹스** 사회 시스템과 같은 복잡하고, 대규모로 시간 지연을 수반하는 비선형 피드백 시스템의 동태를 해석하기 위한 하나의 방법론.

system effective data rate[–iféktiv déitə réit] **SEDR, 시스템 실효 데이터율**

system element[–éləmənt] **시스템 요소** 시스템의 구성 요소를 말하며, 시스템은 목적에 도달하기 위해서 유기적으로 결합된 일련의 요소 자원의 활동 프로세스에 의해 이루어지는 것이라고 할 수 있다. 시스템 요소에는 기본적으로 입력, 처리, 출력의 세 가지가 있다. ⇨ system principle

system engineer[–èndʒəníər] **SE, 체계 기술자, 시스템 엔지니어** 정보 처리에 있어서의 직종의 하나. 어떤 업무를 컴퓨터화할 경우에 그 업무 분석으로부터 개발해야 할 프로그램과 처리 순서를 결정하고, 시스템 전체의 설계를 담당하는 사람을 SE라고 부른다. 컴퓨터 시스템뿐만 아니라 업무 자체나 최신식 지식, 독창성 등이 요구된다.

system engineering[–èndʒəníəriŋ] **시스템 공학** 시스템 공학이라 번역되고 있지만 시스템의 개념을 컴퓨터를 중심으로 한 정보 처리 체계라는 것으로 한정한 경우 이 체계의 최적 설계를 주안(主眼)으로 한 분야를 가리키고 있다. 또 이 분야의 기술자를 일반적으로 시스템 엔지니어(줄여서 SE)라고 한다.

system entry record type[–éntri(ː) rikɔ́ːrd táip] **시스템 엔트리 레코드 타입** 데이터 베이스로의 엔트리 수법 중 시스템 엔트리 수법을 써서 엔트리할 수 있는 레코드 타입.

system entry technique[–tekníːk] **시스템 엔트리 수법** 데이터 베이스의 목적 레코드 키를 지정하는 일 없이 직접 레코드를 접근할 수 있는 엔트리 수법. 계층 관계로 관련되어 있는 멤버 레코드를 처리하는 방법과 같은 방법으로 한다.

system environment[–invάirənmənt] **시스템 환경**

system environment recording[–rikɔ́ːrdiŋ] **SER, 시스템 환경 기록**

system error[–érər] **시스템 오류** 시스템이 정상적인 기능을 수행할 수 없게 된 상태. 매킨토시의 운영 체제에서는 응용 소프트웨어의 이상으로 운영 체제에 장애가 발생했을 때를 가리킨다.

system evaluation[–ivæ̀ljuéiʃən] **시스템 평가** 컴퓨터 시스템 전체를 평가(evaluate)하는 것이다. 실제로 가동하고 있는 컴퓨터 시스템이 설계상의 능력을 보존 유지하고 있는지의 여부를 확인하기 위해, 현실적으로 발생하는 데이터를 주어 컴퓨터의 처리 능력을 검토하는 것. 설계시에 예측할 수 없거나 함께 담을 수 없는 여러 가지 요인이 얽혀서, 컴퓨터 시스템이 설계값대로의 능력을 가질 수 없는 경우가 있다. 특히 컴퓨터뿐만 아니라 통신 회선이나 단말 장치를 포함한 대규모 시스템에서는 이 평가를 엄밀히 행하는 것이 중요하다.

system exerciser[–éksərsὰizər] **시스템 엑서사이저** 시스템의 고장 개소를 검출하기 위하여 사용하는 프로그램.

system failure[–féiljər] **시스템 고장** 기기 혹은 소프트웨어의 이상으로 시스템의 정상적인 진행이 장애를 받는 것.

system fault tolerant NetWare **SFT 넷웨어** ⇨ SFT NetWare

system file[–fáil] **시스템 파일** 일반적으로 파일은 그 파일의 이용 형태에 따라서 시스템 파일과 유저 파일 두 종류로 나누어진다. 시스템 파일이란 운영 체제가 관리하는 파일이며, 운영 체제가 동작하는 데 필요한 프로그램이나 데이터 등이 저장되어 있는 외부 기억 장치 상의 파일을 말한다.

system firmware[–fɔ́ːrmwὲər] **시스템 펌웨어**

system flow[–flóu] **시스템 흐름** 여러 가지 작업을 개별 단계로 기호화하고 각 단계의 작업을 시스템의 기능 요소로 하여 순서도화하는 것.

system flow chart[–tʃάːrt] **시스템 순서도** 프로세스 플로 차트라고도 하는 것으로, 원시 데이터로부터 최종 보고서의 작성에 이르는 과정을 컴퓨터의 처리 순서, 공정을 중심으로 미리 정한 어느 기호나 템플릿을 써서 도표화한 것. ⇨ 그림 참조

system folder[–fóuldər] **시스템 폴더** 윈도나 MacOS에서 시스템 정보와 같은 중요 정보가 들어 있는 특수한 폴더. 기능 확장, 제어판, 폰트 등의 기본적 파일이 포함되기 때문에 임의로 내용을 변경하면 시스템에 이상을 가져올 수도 있다. 매킨토시에서는 시스템 관련 파일을 드래그 앤드 드롭하면 각종 폴더로 분류하는 기능이 자동으로 추가된다.

system follow-up[–fálou ʌ́p] **시스템 검토** 신설한 시스템이 계획대로 수행되는지를 보기 위한

계속적인 시스템 평가와 검토.

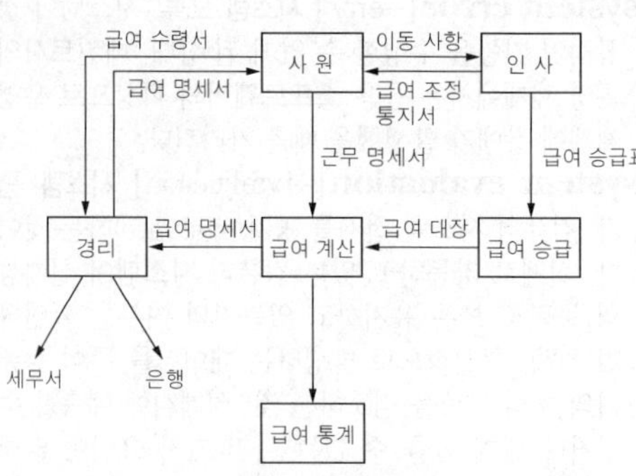

〈시스템 순서도의 예〉

system font[–fɔnt] **시스템 글꼴** 매킨토시나 윈도에서 운영 체제에 사용되는 기본 글꼴.

system format[–fɔ́ːrmæt] **시스템 표시 형식**

system function[–fʌ́ŋkʃən] **시스템 기능** 시스템의 움직임. 시스템이 어떤 입력(자료, 정보)을 주어 어떤 자원(자금, 인력, 자재, 기기)을 사용하여 어떠한 작업이나 처리를 할 수 있는지, 그것에 따라서 어떤 출력(제품, 정보, 서비스)이 얻어지는지를 나타낸다. 말하자면 시스템의 입출력 관계를 나타내는 것이다. 시스템 설계를 할 경우, 시스템 기능을 명확히 하고 나서 새로운 시스템 설계를 해야 한다.

system generation[–dʒènəréiʃən] **SYSGEN, 시스템 생성, 시스템 제너레이션** 사용자(user)의 요구에 맞추어 운영 체제(OS)의 각 구성 부분을 선택하고, 어셈블 및 연결 편집하여 특정 시스템 프로그램을 작성하는 작업. 대개는 일반적으로 시판되고 있는 OS를 변경해서 만든다.
[주] 뒷면에 운영 체제의 임의 선택 부분을 선택하고, 데이터 시설의 요건에 적합하도록 하는 특정한 운영 체제를 작성하는 처리.

system hacker[–hǽkər] **시스템 해커**

system handbook[–hǽndbùk] **시스템 핸드북, 시스템 안내 책자** 각 명령어에 대한 동작 코드, 주소 방식과 마이크로프로세서 상태를 포함한 명령어 집합의 중요한 특징들을 간결하게 요약한 책.

system heap[–híːp] **시스템 히프** 매킨토시용 용어로, 시스템이 사용하기 위해 동적으로 할당되는 기억 영역.

system high[–hái] **시스템 하이** 기밀 보호 모드의 일종.

system history area[–hístəri(ː) ɛ́(ː)riə] **시스템 활동 기록 영역**

system house[–háus] **시스템 하우스** 시스템을 개발함으로써 부가 가치를 낳는 영업을 하는 회사.

system implementation[–ìmpləmentéiʃən] **시스템 실현** 시스템 개발 단계 다음에 실시하는 일련의 활동. 개발한 새 시스템을 실제의 환경 하에서 시험하고, 전체를 정상으로 가동시킨다.

system improvement[–imprúːvmənt] **시스템 개선**

system improvement time[–táim] **시스템 개선 시간** 새로운 부품을 시험하고 가동시키는 데 필요한 기계 정지 시간이나 기준 부품을 수리하는 데 필요한 기계 정지 시간. 수정된 기계를 점검하기 위한 프로그래밍 시험 시간도 포함된다.

SYSTEM.INI 윈도 3.1 이전 버전에서 시스템 설정을 기록한 형식의 파일. 윈도를 시동하면 이 파일을 읽어들여 각종 설정이 실행된다.

system initialization[–inìʃəlizéiʃən] **시스템 초기화**

system input[–ínpùt] **시스템 입력**

system input device[–diváis] **시스템 입력 장치** 입력 리더에 의해 제어되고 입력 스트림을 읽어들이기 위한 장치.

system input stream[–stríːm] **SYSIN, 시스템 입력 스트림**

system input unit[–júːnit] **시스템 입력 장치**

system installation[–ìnstəléiʃən] **시스템 도입** 데이터 처리 시스템의 기능을 실현하기 위하여 필요한 기반(시스템 구성이나 소프트웨어의 동작 환경 등)의 정비.

system integration[–ìntəgréiʃən] **SI, 시스템 인티그레이션** (1) 명세에 적합한 시스템을 구성하는 기기, 소프트웨어 및 관련하는 기술을 선정하고 또한 정비하여 정보 처리 시스템으로서 종합적으로 구축하는 행위. (2) 시스템 프로그램의 모든 구성 요소를 결합하여 행하는 기본 인터페이스와 기본 기능의 확인 테스트.

system integrator[–íntigrèitər] **시스템 인티그레이터, 시스템 적분기** 프로그램의 조직화된 모임으로 구성된 적분 회로망.

system integrity[–intégriti(ː)] **시스템 보존, 시스템 보존성** 모든 조건 하에서 컴퓨터 시스템이 다음과 같은 것에 입각하여 가동하고 있다는 완전한 보증이 얻어질 때 성립하는 상태. ① 운영 체제가 논리적으로 틀림없이 신뢰된다. ② 방어 기구를 구체화하는 하드웨어와 소프트웨어가 논리적으로 완전하다. ③ 데이터의 완전성이 확립되어 있다.

system interface design[–íntərfèis dizáin] **시스템 인터페이스 설계** 특수한 입출력 장치를 요하는 온라인 설치와 같이 특정의 사용자들에게 필요한 접속 장치를 제조업자측에서 설계하는 것.

system interrupt[–íntərʌ̀pt] **시스템 인터럽트** 처리중인 프로그램에서 입출력 동작의 개시와 같은 동작을 위해 제어 프로그램으로 제어를 바꾸도록 작성된 요구.

system interrupt action[–ǽkʃən] **시스템 인터럽트 동작** 인터럽트가 발생했을 때 행하여지는 동작.

system job queue[–dʒɑ́(:)b kjú:] **시스템 작업 큐**

system key[–kí:] **시스템 키**

system language[–lǽŋgwidʒ] **시스템 언어**

system level[–lévəl] **시스템 레벨**

system librarian[–laibrέ(:)riən] **시스템 라이브러리언** 데이터 파일과 다른 설치의 기록들을 발행하고 저장하며 모든 최신 프로그램 목록을 관리하는 사람.

system library[–láibrəri(:)] **시스템 라이브러리** 사용 가능한 컴퓨터 프로그램 및 루틴의 집합. 제공 라이브러리를 입력하여 시스템 생성을 실행한 결과 만들어지는 운영 체제의 프로그램 라이브러리.

system library maintenance routine [–méintənəns ru:tí:n] **시스템 라이브러리 보존 루틴**

system life cycle[–láif sáikl] **시스템 라이프 사이클** 시스템 개발에서 운용까지의 모든 단계, 즉 시스템 분석, 시스템 설계, 설정(implementation) 및 운용은 그 시스템의 생애를 나타내는 것이라는 사고 방식에서 모든 단계를 종합하여 시스템의 라이프 사이클이라 일컫는다. 이에 따라 시스템 개발이 행해지는 단계가 나타난다. 미 공군의 시스템 개발은 네 가지 단계로 나누어져 있다. ① conceptual phase. ② definition phase. ③ acquisition phase. ④ operational phase.

system line translation[–láin trænsléiʃən] **시스템 라인 변환** 응용 소프트웨어에서 문자 변환의 한 방법. 화면 밑부분과 윗부분에 시스템 라인이라는 특별한 장소를 설정해두고, 거기에서 변환해야 할 문자열을 넣어서 변환한다. 그리고 단어가 확정되고 나서 그것을 소정의 위치로 옮긴다. 변환 장소가 정해져 있는 것이 특징이다.

system loader[–lóudər] **시스템 적재기** 컴파일 혹은 어셈블된 목적 프로그램을 기억 장치에 적재하여 이들 사이의 연결이 자동적으로 이루어지도록 하는 적재기.

system lock[–lɑ́k] **시스템 로크** 통신 벡터 테이블 내의 하나의 표지로서, 페이징 감시 프로그램 이외의 처리를 금지하기 위해 사용된다.

system log[–lɔ́(:)g] **SYSLOG, 시스템 경과 기록** 작업의 동작 상황, 조작원과 시스템의 대화, 하드웨어의 동작 상황 및 시스템 자원의 사용 상황 등 시스템의 운용 관리에 필요한 정보를 기록하는 것.

system logical unit[–lɑ́dʒikəl jú:nit] **시스템 논리 장치** 주로 제어 프로그램, 서비스 프로그램, 언어 처리 프로그램이 이용할 목적으로 정의된 논리 장치. 상기 프로그램이 사용되는 경우 용도는 각 논리 장치에 대하여 고유하다.

system machine[–məʃí:n] **시스템 기계** 목적에 대하여 단일의 기능밖에 갖지 않는 단일 기기에 대하여 입력→처리→출력이라는 계를 갖는 기계의 일반적 호칭. 컴퓨터의 입력, 기억, 제어, 연산, 출력의 5대 기능을 가지며, 시스템 기계의 대표적인 것.

system macro[–mǽkrou] **시스템 매크로** 컴퓨터 시스템이 제공한 매크로 라이브러리에 등록되어 있는 매크로.

system macro definition[–dèfiníʃən] **시스템 매크로 정의**

system macro instruction[–instrʌ́kʃən] **시스템 매크로 명령** 시스템 프로그램에 정의되어 있는 매크로 명령. 사용자가 정의하여 그 해독 루틴을 만듦으로써 이용하는 것을 사용자 매크로(user macro) 명령이라고 한다.

system macro library[–laibrəri(:)] **시스템 매크로 라이브러리** 컴퓨터 시스템이 제공하는 매크로 라이브러리.

system maintenance[–méintənəns] **시스템 유지 보수** 현재 운영중인 시스템의 기능을 새로운 환경 변화에 적응되도록 변경시키거나, 현재 시스템의 고장 등을 수리하여 정상적으로 가동될 수 있도록 하는 일련의 작업.

system maintenance program[–próugræm] **시스템 보수 프로그램**

system management[–mǽnidʒmənt] **시스템 관리** 시스템의 원활한 운용을 위해 하드웨어의 보수, 공유 데이터와 네트워크 응용 프로그램의 설정, 사용자 인터페이스의 설계, 장애의 복구와 예방, 운용 상황의 감시 등을 행하여 컴퓨터 시스템을 관리하는 것.

system management facilities[–fəsíliti(:)z] **SMF, 시스템 관리 기능**

system management server[–sə́:rvər] **시스템 관리 서버** ⇨ SMS

system manager[–mǽnidʒər] **시스템 관리자** 시스템이 알 수 있는 사용자의 이름과 암호를 시스템에 할당함으로써 사용자에게 권한을 부여하는 사람.

system manual[–mǽnjuəl] **시스템 매뉴얼** 시스템을 작동시키는 데 필요한 정보가 담긴 지침서.

데이터 흐름, 사용 형태, 일반적인 보고, 제어의 방법 등이 상세히 기술되어 있다. 또 일반적인 컴퓨터의 작업이 기술되어 있다.

system mask[–mɑ́ːsk] **시스템 마스크**

system memory map[–méməri(ː) mǽp] **시스템 메모리 맵**

system message[–mésidʒ] **시스템 메시지** 컴퓨터 시스템이 주로 오퍼레이터에 대하여 출력하는 조작 지시를 위한 메시지.

system mode[–móud] **시스템 방식**

system model[–mɑ́dəl] **시스템 모델** 시스템 설계에 있어서 현행 시스템의 조사와 분석을 하여 새로운 시스템을 설계할 때에는 먼저 모델을 생각하고 그 평가를 하게 되는데, 그 모델을 말한다. 물론 시스템 조사와 분석에서도 이미 있는 모델을 생각하고 있는 셈이므로 그 모델도 의미한다. 시스템 모델의 평가, 그것에 기초한 모델 수정과 재평가를 반복하면서 최종적인 실행 가능한 모델을 만들어낸다.

system modeling[–mɑ́dəliŋ] **시스템 모형화** 설계하려는 시스템을 가상적 모델을 이용, 모델링한 후 분석하기 위하여 사용되는 기법.

system modification program[–mɑ̀difikéiʃən próugræm] **시스템 수정 변경 프로그램**

system module[–mɑ́dʒuːl] **시스템 모듈** 시스템의 구성 단위를 말하는 것으로, 시스템은 모두 이 모듈의 집합이며 모듈 단위로 분할할 수 있다. 시스템 모듈에는 레벨을 설정할 수 있다. 즉, 시스템의 기능적 단위에 의한 분할이나 계층적 단위에 의한 분할 등이다. 경영 시스템을 모듈화할 때 전자의 레벨에 의하면 계획 시스템, 생산 시스템, 판매 시스템, 서비스 시스템, 회계 시스템 등이며, 후자에 의하면 최고 경영층, 중간 관리층, 하위층 등으로 대별할 수 있다.

system monitor[–mɑ́nitər] **시스템 프로그램 감시**

system multiplex[–mʌ́ltiplèks] **시스템 다중화**

system name[–néim] **시스템명** COBOL 언어에서 프로그램 중에 기술하는 「컴퓨터명」, 「기능명」, 「파일 식별명」, 「언어명」.

system network architecture[–nétwəːrk ɑ́ːrkitèktʃər] **SNA, 시스템 네트워크 구조** 데이터 통신으로 이어지는 각종 단말 장치를 통알적으로 다루어 이용자가 넓은 범위의 업무를 쉽게 처리할 수 있게 할 생각으로 개발된 IBM의 통신 제어용 소프트웨어를 말한다.

system noise[–nɔ́iz] **시스템 잡음**

system nucleus[–njúːkliəs] **시스템 핵심**

system of axioms[–əv ǽksiəmz] **공리계(公理系)** 몇 개의 공리로 구성되어 있는 체계를 공리계라고 한다. 유클리드 기하학의 공리계는 유명하다.

system of normalized orthogonal polynomials[–nɔ́ːrməlàizd ɔːrθɑ́gənəl pɑ̀linóumiəlz] **정규 직교 다항식계** 직교 다항식계 $p_i(x)(i=0, 1, \cdots)$ 중 특히

$$\int_a^b \phi(x)\, p_i(x)\ p_i(x)\, dx = 1$$

로 되는 것을 말한다. ⇨ orthogonal polynomial

system operation[–ɑ̀pəréiʃən] **시스템 운용** 데이터 처리 시스템을 정상적으로 가동 · 유지하여 이용자에게 업무 처리의 실행 서비스를 제공하는 것.

system operation design[–dizɑ́in] **시스템 운용 설계** 시스템 운용에 관한 수순이나 규칙을 구체적으로 책정하여 설계하는 것.

system operator[–ɑ́pərèitər] **시스템 오퍼레이터**

system optimization[–ɑ̀ptimizéiʃən] **시스템 최적화** 어떤 체계의 목적을 주어진 환경, 조건 하에서 최적으로 달성시키기 위해 주로 수학적 모델을 이용하여 양적으로 제어 가능한 시스템의 목적 효과를 최대로 하는 것.

system output[–ɑ́utpùt] **시스템 출력** 조작원에 의하여 시동 지시가 행하여진 출력 장치 상에 운영 체제 또는 처리 프로그램에서 보내는 진단 메시지 및 기타의 출력 데이터.

system output device[–divɑ́is] **시스템 출력 장치** 출력 라이터(writer)에 의해 제어되고, 작업의 실행 결과를 출력하기 위한 장치.

system output stream[–stríːm] **SYSOUT, 시스템 출력 스트림** 최종적으로는 인쇄되어야 할 파일을 출력하는 데이터 처리 시스템의 논리적 장치.

system output writer[–rɑ́itər] **시스템 출력 라이터 프로그램** 작업 스케줄러 기능의 하나로, 지정된 출력 데이터 세트를 그 데이터 세트를 만들어낸 프로그램과는 독립적인 시스템 출력 장치로 전사(轉寫)하는 것.

system pack[–pǽk] **시스템 팩**

system package[–pǽkidʒ] **시스템 패키지** 소프트웨어 시스템이 기본적으로 가지고 있는 프로그램의 집단. 고급 언어로 작성된 프로그램 등을 포함하는 경우도 많다.

system parameter[–pərǽmətər] **시스템 매개변수**

system performance[–pərfɔ́ːrməns] **시스템 성능** 처리 능력, 응답 시간, 사용 가능도, 신뢰도의 네 가지 요소로 나타낼 수 있으며 이 성능을 높임으로써 처리 과정을 최대한 자동화하고 또 사용

하기 쉽게 하여 생산성을 높일 수 있다.

system performance evaluation[–ivæ̀ljuéiʃən] **시스템 성능 평가** 시스템 운용의 합리화를 위해 수정할 필요가 있는 부분을 찾기 위해 행하여지는 각종 시험 및 시험 결과의 분석 등을 포함하는 일련의 절차.

system planner[–plǽnər] **시스템 플래너, 시스템 계획자** 시스템을 계획하는 사람. ⇨ systems planner

system planning[–plǽniŋ] **시스템 계획** 시스템 설계 개발에서 초기 단계에 주어진 목표나 요구 조건을 만족하는 몇 가지 시스템 개념을 만들고, 그 중에서 성능, 가격, 스케줄 등을 고려하여 실행 가능하다고 생각되는 것을 택해 다시 상세한 목적과 요구 조건을 명확히 제시한 다음에 시스템을 완전히 기술해 합성(synthesis)하는 것.

system planning methodology[–mèθədɑ́lədʒi(:)] **시스템 계획 기법** 시스템의 개발에 있어서 계획의 입안이나 요구 분석을 효율적으로 하기 위한 기술과 방법.

system policy[–pɑ́lisi(:)] **시스템 정책** 여러 명의 사용자가 한 대의 PC를 사용할 때, 시스템이 파괴되는 것을 막기 위해 실시하는 각 사용자마다의 제한, 또는 그 제한 기능. ⇨ resource

system power controller[–páuər kəntróulər] **SPC, 시스템 전원 제어 장치**

system principle[–prínsipl] **시스템 원리** 시스템으로서 체계화할 수 있는 현상 및 조직 체계에는 공통의 패턴 요소로서 시스템 요소가 반드시 존재한다. 즉, 어떤 모양으로 자원으로서의 물체, 에너지, 정보가 입력되어 외부 환경 조건과의 관련 하에서 자원 상호간에 어떤 목적을 가진 작용이 이루어져서 출력된다. 반대로 말하면, 이와 같은 공통 원리를 가진 체계가 시스템이라고 할 수 있다.

system priority[–praiɔ́(:)riti(:)] **시스템 우선 순위** 정보 시스템 작업의 수행 순서를 결정하기 위해 정해진 우선 순위.

system procedure library[–prəsí:dʒər lɑ́ibrəri(:)] **시스템 프로시저 라이브러리** 업무의 정의를 포함하는 직접 접근 기억 장치 상의 프로그램 라이브러리.

system processor[–prɑ́sesər] **SP, 시스템 프로세서**

system production time[–prədʌ́kʃən tɑ́im] **시스템 생산 시간** 컴퓨터 동작 시간중 실제로 이용자에 의해 사용되는 시간.

system productivity[–pròudʌktíviti(:)] **시스템 생산성** 시스템으로 실행되는 작업량에 대한 척도로, 시스템 생산성은 시스템의 기능(사용 용이성)과 시스템의 성능(처리 능력, 응답 시간, 가능성)에 의해 좌우된다.

system program[–próugræm] **체계 프로그램, 시스템 프로그램** 컴퓨터 상에서 움직이는 프로그램은 크게 나누어 응용 프로그램과 시스템 프로그램의 두 가지로 구분된다. 응용 프로그램은 목적하는 업무를 수행하는 프로그램을 말하는데, 예를 들어 경리 프로그램이라고 하면 경리에 관한 입출력과 처리를 하는 프로그램 전부를 가리키는 데 대하여, 시스템 프로그램은 그 밖의 프로그램, 주로 OS(운영 체제)를 가리킨다. ⇨ 그림 참조

system programmer[–próugræmər] **시스템 프로그래머** 언어 프로세스, 운영 체제 등의 프로그램을 짜서 개발하는 기술을 가지며, 그것을 일상 업무로 하고 있는 사람.

system programming[–próugræmiŋ] **체계 프로그램, 프로그램 짜기** 컴퓨터나 프로그램의 주행을 감시 · 제어하거나, 프로그램의 번역이나 로딩, 보수를 하는 프로그램의 개발이나 작성을 가리킨다. 응용 프로그램(applications program)에 대비하여 쓰이는 용어로, 운영 체제나 언어 프로세서, 유틸리티 프로그램, 파일 관리 시스템 등이 그 전형적인 성과물이다.

system propelling organization[–prəpéliŋ ɔ̀:rgənɑizéiʃən] **시스템 추진 모체** 기업 중에서 EDP 시스템의 개발을 조직적으로 전개하여 추진하는 방법으로는 EDP 담당 부서가 중심이 되어 수행하는 경

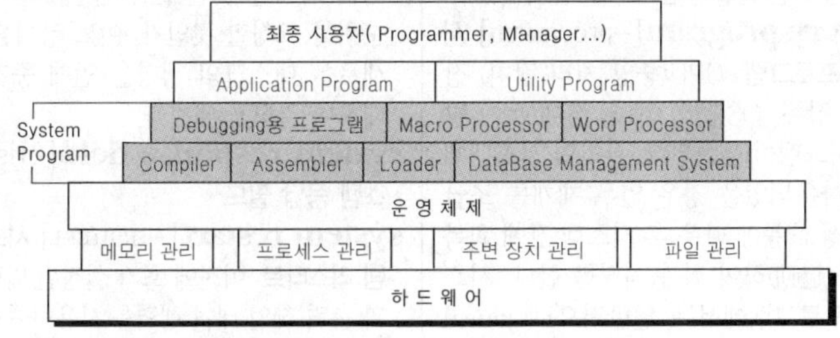

〈컴퓨터에서 시스템 프로그램이 차지하는 위치〉

우, 대상 업무 부서가 중심이 되고, EDP 담당 부서, 관련 부서가 협력하는 경우 및 관계 부서에서 적임의 전임자를 선출하여 프로젝트 팀을 조직해서 수행하는 경우 등이 있다. 어느 경우나 대상 시스템의 개발이 완료되기까지의 시스템 개발의 전 과정을 담당하여 추진하는 조직체를 시스템 추진 모체라고 한다.

system proposal[–prəpóuzəl] **시스템 제안서** 사용자 또는 고객이 제시하는 요구 조건, 문제점을 해결할 수 있는 전체적인 해결책을 제안할 때 작성되는 문서.

system queue area[–kjúː ɛ(ː)riə] **SQA, 시스템 큐 영역** 주기억 영역으로서 시스템에 관계되는 제어 블록을 위해서 확보되는 가상 기억 영역.

System R[–áːr] **시스템 R** IBM 사의 산호세 기초 연구소에서 1970년대 후반에 연구 개발된 관계 데이터 베이스 실험 시스템. 데이터 준언어 SQL2를 중심으로 하며, 뒤에 SQL/DS란 명칭으로 상용화되었다.

system reaction time[–riǽkʃən táim] **시스템 반응 시간** 대화형 시스템에서 사용자가 입력 키를 누르고부터 사용자의 요구에 대한 최초의 서비스가 시작될 때까지의 시간.

system reconfiguration[–rikənfìgjuréiʃən] **시스템 재구성 처리**

system recorder file[–rikɔ́ːrdər fáil] **시스템 기록 파일** 입출력 장치의 오류 및 기계 장애에 관한 정보를 수집하는 직접 접근 볼륨 상의 파일. 수퍼바이저에 의해 기록된다.

system recovery[–rikʌ́vəri(ː)] **시스템 장애 회복** 시스템에 장애가 발생하여 시스템이 정지하고 있을 때, 이것을 정상으로 되돌리는 작업. 따라서 시스템에서 분리된 장치의 장애 수리 등은 리커버리라고 하지 않는다. 시스템 장애 회복은 시스템 장애 회복 프로그램을 동작시켜서 하지만 이 프로그램의 내용 여하에 따라서 해당 시스템의 평균 수리 시간(MTTR)이 크게 달라진다. 즉, 시스템 장애 회복을 위한 프로그램은 종래의 처리 프로그램을 지원하는 프로그램이며, 시스템의 신뢰성을 향상시키기 위해서 매우 중요한 프로그램이라고 할 수 있다.

system recovery program[–próugræm] **시스템 장애 회복 프로그램** CPU(중앙 처리 장치) 장애, 주기억 장치 장애, OS(운영 체제) 장애 등이 발생하였을 경우 시스템이 다운된다. 온라인 시스템에서는 시스템이 다운되었을 경우 업무 재개를 조급히 해야 할 필요성 때문에 다운 후 시스템 장애 회복 프로그램을 기동(起動)하여 회복 처리를 한다. 시스템 장애 회복 프로그램에서는 일반적으로 joural tape에서 파일 복구 데이터를 읽어들여 파일 복원(復元), 단말 오퍼레이터에 대해서 재투입, 데이터의 의뢰, 센터 오퍼레이터에게는 재개시 통지 등을 한다.

system refine[–rifáin] **시스템 개선** 이미 완성되어 있는 시스템에 대해서 시스템 구상의 개선, 프로그램 기법의 진보 등의 이유로 시스템을 다시 만드는 것. 비슷한 말로서 시스템 메인티넌스(system maintenance)가 있지만 이것은 규정의 개정이나 운용상의 미비한 점을 고친다고 하는 색채가 강하고, 수정 규모도 작은 것이 보통이다.

system reliability[–rilàiəbíliti(ː)] **시스템 신뢰도** 시스템이 어떤 전술적이나 환경적인 조건 하에서 지정된 작업을 정확하게 수행할 수 있는 확률.

system reset[–réset] **시스템 리셋**

system residence[–rézidəns] **시스템 거주** 운영 체제를 구성하는 각종 프로그램이 수용되어 있는 외부 기억 장치의 기억 장소. 일반적으로는 전체의 제어를 맡는 동시에 다른 프로그램을 호출해오는 운영 체제의 기본 부분이 기억 장치에 상주하고 있는 장소.

system residence volume[–váljum] **SYSRES, 시스템 거주 볼륨** 제어 프로그램의 저장 영역을 포함하는 직접 접근 볼륨.

system resource[–risɔ́ːrs] **시스템 자원, 시스템 리소스** 운영 체제(OS)가 실행해야 할 태스크(task)에 할당해서 얻는 자원.

system resource manager[–mǽnidʒər] **SRM, 시스템 자원 관리자, 시스템 자원 관리 프로그램** 실행중인 모든 태스크들 중 어느 것이 시스템 자원을 사용하고, 그 태스크가 이들 자원을 어느 정도로 사용하도록 허용할 것인지를 결정한다. 시스템 자원 관리 프로그램(SRM)은 주로 응답 시간과 회수 시간에 대한 각 컴퓨터 설비에서의 요구(IPS ; installation performance specification)에 따라 자원을 배분하고, 시스템 자원 사용을 최적화하기 위해 다음과 같은 유형, 즉 어느 주소 공간(또는 태스크)이 주기억 장치에 들어가서 시스템 자원을 사용하기 위해 전송되도록 할 것인가, 언제 어느 페이지를 회수할 것인가, 언제 태스크의 디스패칭 우선 순위를 조정할 것인가, 어느 장치를 할당할 것인가, 새로운 태스크의 생성을 언제 중지할 것인가 등에 대하여 결정을 내린다.

system response field[–rispáns fíːld] **시스템 응답 필드**

system restart[–riːstáːrt] **시스템 재시동, 시스템 리스타트** 이전에 초기 설정된 입력 작업 대기 행렬과 출력 작업 대기 행렬을 사용하여 재시동되는 것.

system routine[–ruːtíːn] **시스템 루틴** 운영 체

제에 들어 있는 서브루틴.

systems ADC interfacing **시스템 ADC 인터페이싱**

system safe signal[–séif sígnəl] **시스템 안전 신호** PROM에게 마이크로컴퓨터를 지시하여 회복 절차를 알리고 수행하기 위하여 마이크로컴퓨터의 외부 시스템 논리에서 사용하는 신호.

systems and support software[–ənd səpɔ́ːrt sɔ́(ː)ftwɛ̀ər] **시스템 소프트웨어와 지원 소프트웨어**

systems approach[–əpróutʃ] **시스템 접근법, 시스템 어프로치** 시스템 디자인이나 OR 등의 경우에 있어서 문제 해결을 위한 어프로치(접근) 또는 방법. 그것에는 다음과 같은 세 가지가 있다. ① 연역적 어프로치로, 먼저 경영 목적이나 방침에 따라서 있어야 할 모습을 설정하고 그것을 현재 있는 관리론, 경영 원칙 등에 의해 이론 장비하는 형식. ② 귀납적 어프로치로서 현존하는 실제의 문제 대상을 상세하게 조사 분석하여 그 결과에 경영 관리론, 경영 원칙을 가미하여 이상 시스템화해가는 형식. ③ 연상적 어프로치로, 새로운 정보를 바탕으로 기술 혁신이나 학문적 연구 성과의 새로운 이론을 개발하면서 시스템을 분석하여 설계하는 방법. 실제로는 이들이 중복되어 단독으로 행하여지는 일은 없다.

systems definition[–dèfiníʃən] **시스템 정의**

system security[–sikjú(ː)riti(ː)] **시스템 보안** 시스템의 하드웨어나 소프트웨어에 대한 물리적 또는 비물리적인 위협으로부터의 보호 조치.

systems engineer[–èndʒəníər] **시스템 엔지니어**

systems engineering[–èndʒəníəriŋ] **SE, 시스템 공학** 시스템 공학은 몇 가지로 정의되어 있다. (1) H. Chestnut의 정의 : 시스템 공학은 시스템 전체 목적을 달성하기 위해 모든 사상, 수법 등의 집적으로, 그것은 ① 시스템을 전체로 파악하는 일, ② 시스템에는 많은 목적이 있다는 것을 인식하고 그 균형을 갖추는 일, ③ 종합 평가에 기초하여 시스템을 최적화하는 일이 포함된다. (2) A.D. Hall의 정의 : 시스템 공학은 새로운 지식의 공급원을 갖고 있는 내용을 고찰하고 그것을 응용한 시스템을 개발하기 위한 프로젝트를 계획하여 그것을 시스템 계획, 설계, 시공, 테스트, 운용의 개발 단계에 따른 활동에 의해 시스템을 실현하는 기술을 말한다.

system service program[–sə́ːrvis próugræm] **시스템 서비스 프로그램**

system services control point[–sə́ːrvisiz kəntróul pɔ́int] **SSCP, 시스템 서비스 제어점**

system set[–sét] **시스템 세트** 시스템 엔트리 수법으로 엔트리할 수 있는 계층 관계에 있는 멤버 레코드의 집합.

system set type[–táip] **시스템 세트 타입** 오너 레코드 타입이 아니고 데이터 베이스 시스템 자체가 직접 멤버 레코드를 관리하고 있는 계층 관계의 세트 타입.

systems handbook[–hǽndbùk] **시스템 핸드북** 각 명령어에 대한 동작 코드, 어드레스 방식과 마이크로프로세서 상태를 포함한 명령어 집합의 중요한 특징들을 간결하게 요약한 안내 책자.

system simulation[–sìmjuléiʃən] **시스템 현상 실험** 서로 영향을 미치는 구성 요소들과 프로세스들의 모임. 컴퓨터 시스템을 좀더 정확하게 평가하기 위해서 시스템을 모델화하여 그 성능을 해석할 필요가 있는데, 그 방법에는 시스템을 수학적 모델로 표현하여 해석하는 것과 컴퓨터에 의해서 시뮬레이션하는 것이 있다.

system simulation tester[–téstər] **SST, 시스템 현상 실험 테스터**

systems integration architecture[–ìntəgréiʃən ɑ́ːrkitèktʃər] **SIA, 시스템 통합 아키텍처**

systems slowdown[–slóudàun] **시스템 감속**

systems maintenance[–méintənəns] **시스템 보수**

systems network architecture[–nétwə̀ːrk ɑ́ːrkitèktʃər] **SNA, 시스템 네트워크 체계** ⇨ SNA

system software[–sɔ́(ː)ftwɛ̀ər] **시스템 소프트웨어** 컴퓨터 사용자가 손쉽게 컴퓨터를 쓸 수 있게 도와주는 동시에 컴퓨터 시스템을 효율적으로 운영해주는 기능을 갖춘 프로그램의 집단. 시스템 소프트웨어는 컴퓨터 하드웨어의 제작 회사에 의해 제공되며 흔히 운영 체제(OS)로 불린다.

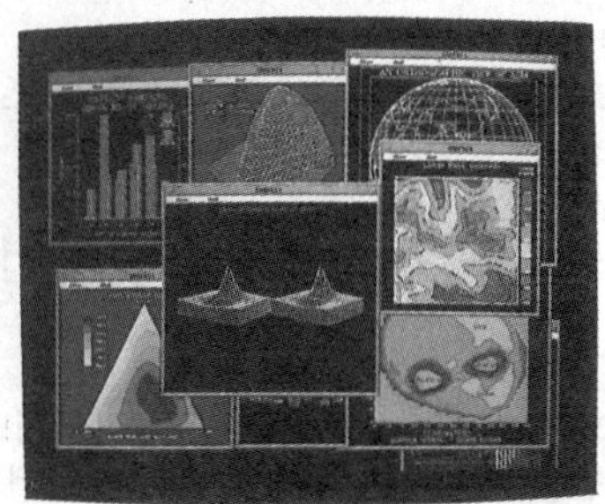

〈시스템 소프트웨어〉

systems operation[sístəmz ɑ̀pəréiʃən] **시스템 운용** 어떤 시스템을 설계했을 때 그 시스템이 실시 단계로 이행함에 있어 예비 단계 및 전기 단계로서 운용→개선→평가의 단계가 필요하며, 본 단계 및 중 · 후기 단계로서 운용→개선→평가의 단계를 필요로 한다. 이와 같이 시행, 운용, 평가, 개선을 하는 것.

system space[sístəm spéis] **시스템 공간** 응용 프로그램 이외의 프로그램. 즉, OS(운영 체제) 등의 시스템 감시 프로그램이 주기억 장치 내에서 차지하는 메모리.

system specification[–spèsifikéiʃən] **시스템 명세(서)**

systems planner[sístəmz plǽnər] **시스템즈 플래너** 먼저 대상이 되는 시스템의 목적을 확립하고 그 다음에 현상의 조사 분석, 문제점 파악, 해결 방법, 개선안 검토, 데이터 흐름, 출력 자료의 설계, 점검 수정법, 기타 처리 순서나 규칙 등을 설정해서 시스템 설계를 담당하는 사람.

systems procedure[–prəsíːdʒər] **시스템즈 절차** 어떤 특별한 활동에 관한 정보를 얻기 위해 필요한 모든 수동작이나 기계적인 데이터 처리 동작 등에 관한 절차.

systems recovery time[–rikʌ́vəri(ː) táim] **시스템 회복 시간** 회복에 소요되는 시간으로서, 재가동 시간이라고도 한다. 컴퓨터 시스템이 외부적인 요인 또는 하드웨어나 소프트웨어적인 사유로 인해 가동이 중지된 경우, 그 문제점을 찾아 회복하는 데 필요한 시간. ⇨ rerun time

system standard[sístəm stǽndərd] **시스템 표준** 시스템 운영을 허용하는 데 필요한 특정 명세.

system standard format[–fɔ́ːrmæt] SSF, **시스템 표준 형식**

system statistics[–stətístiks] **시스템 통계** 시스템의 감독 프로그램이 키의 타수, 기록되고 검증되거나 변경된 레코드의 수, 제한 조건 오류의 수, 변경된 필드의 수 등을 포함한 조작원의 수행 성능에 관한 통계를 제공해주는 것.

systems theory[sístəmz θíəri(ː)] **시스템 논리**

systems translation[–trænsléiʃən] SYSTRAN, **시스템 분석 번역 기구**

system structure[sístəm strʌ́ktʃər] **시스템 구조** 시스템을 구성하는 요소 간 또는 요소 속성 간의 상호 관계.

system study[–stʌ́di(ː)] **시스템 스터디** 새로운 시스템을 설계함에 따라 ① 새로운 시스템의 필요도 조사. ② 기존 시스템의 조사 및 시스템을 만든 환경 조건의 데이터 수집. ③ 새로운 시스템의 실현성이 있는 목표 설정. ④ 그 목표에 기초하여 시스템의 구체적인 구상을 세워 문제점을 제기하는 것 등에 의해 외부를 설계하고 양식서를 만들어내는 단계.

system subroutine[–sʌbruːtíːn] **시스템 서브루틴** 시스템 프로그램 내에 준비된 이용자 프로그램에서 호출 가능한 공통 서브루틴.

system supervisor[–súːpərvàizər] **시스템 감시 프로그램** 다음 프로그램의 수행을 준비하는 데 시간을 거의 낭비하지 않고 자동으로 수행하도록 하며, 또한 실제 프로그램을 읽기 전에 되도록이면 많은 준비와 제어 기능을 수행하도록 하는 프로그램.

system support program[–səpɔ́ːrt próugræm] **시스템 지원 프로그램**

system surveillance[–sərvéiləns] **시스템 감시** 시스템의 비정상적인 상태나 미리 정의된 어떤 기준을 초과하는 상태를 운영자에게 알리거나 자동으로 복구시키는 기능.

system survey[–sərvéi] **시스템 조사** 현재와 미래의 시스템이 사용될 한경에 대해 광범위하게 조사함으로써 시스템을 설계, 개발해 나가는 데 필요한 정보를 수집하는 것.

system synthesis[–sínθəsis] **시스템 합성** 선정된 목적을 만족시킬 수 있는 시스템을 편성한다든지 새로 구성한다든지 하는 것. 여러 종류의 방식에 대해서 주어진 목적을 기준으로 한 시스템 평가 및 개발의 가능성에 대하여 평가할 수 있는 데까지 충분히 상세한 검토가 이루어지지 않으면 안 된다.

system table[–téibəl] **시스템 테이블** 시스템에 관한 정보를 저장하는 테이블.

system tape[–téip] **시스템 테이프** 운영 체제, 컴파일러, 어셈블러, 소트 머지 등 컴퓨터 메이커가 사용자(user)에게 제공하는 소프트웨어가 들어 있는 자기 테이프. 디스크의 경우는 시스템 디스크.

system task[–táːsk] **시스템 태스크** 태스크에는 시스템 태스크와 서비스 태스크의 두 종류가 있다. OS(운영 체제) 내의 태스크 중 기본적인 제어 프로그램의 기능을 실현하기 위한 태스크를 시스템 태스크라 하며 그 밖의 것을 서비스 태스크라고 한다. ① 운영 체제가 그 기능을 실현하기 위해 생성하는 태스크. ② 데이터 처리 시스템에 의해 제공된 특권적인 태스크.

system test[–tést] **시스템 검사** 실제 운용과 같은 정보 시스템 환경 하에서 개발자가 기대한 명세대로 시스템이 실현되고 있는지 어떤지의 최종 기능 확인 시험.

system testing program[–téstiŋ próugræm] **시스템 검사 프로그램** 매개변수 혹은 어셈블리 검정과는 반대되는 개념의 완전한 프로그램 검정.

system test time[–tést táim] **시스템 시험 시간** 동작 시간 중 기능 단위가 그 동작의 타당성에 대하여 시험되고 있는 시간.

[주] 기능 단위는 컴퓨터와 운영 체제로 구성되는 것도 있으므로, 어떤 경우에는 시스템 시험 시간은 운영 체제를 구성하는 계산 프로그램의 시험을 위한 시간을 포함한다.

system throughput[–θrúːpùt] **시스템 처리율**

system time[–tάim] **시스템 시간** 시스템 내의 각종 기능, 공정 등을 처리하는 데 소요되는 시간.

system timer[–tάimər] **시스템 타이머**

system transfer rate[–trænsfə́ːr réit] **시스템 전송률** 저장 장치에 데이터를 얼마나 빨리 기록 또는 판독할 수 있는가의 척도.

system tuning[–tjúːniŋ] **시스템 튜닝** 시스템이 사용 장소에 설치된 후 사용자의 운영 환경에서 시스템이 최상의 상태로 수행되도록 시스템을 조정하는 과정.

system utillity[–ju(ː)tíliti(ː)] **시스템 유틸리티**

system utility device[–divάis] **시스템 유틸리티 장치**

system utility program[–próugræm] **시스템 유틸리티 프로그램** 작업 상태 프로그램의 모임으로서, 시스템 프로그래머가 카탈로그의 색인 구조를 변화시키거나 확장하는 기능을 실행시키기 위해 설계된 프로그램.

system utilization logger[–jù(ː)tilαizéiʃən lɔ́(ː)gər] **시스템 활용 등재기** 시스템이 어떻게 동작하는가에 대한 통계적 정보를 수집하는 프로그램 혹은 장치.

System V AT & T의 유닉스 계열 운영 체제의 버전 5를 말한다. BSD가 연구 교육용인 데 대해, System V 시스템은 주로 상업용으로 사용된다. ⇨ UNIX, BSD UNIX

system variable[–vɛ́(ː)riəbl] **시스템 변수** 현재 시간, 현재 날짜, 보고서 페이지 번호와 같은 값을 갖는 변수.

system variable symbol[–símbəl] **시스템 변수 기호** 어셈블러가 값을 할당하는 가변 기호. 번역 날짜, 시각 등의 값을 갖는 가변 기호가 있다.

system verification[–vèrifikéiʃən] **시스템 검사**

system wait[–wéit] **시스템 웨이트** 중앙 처리 장치, 주기억 장치, 채널, 입출력 장치 등에서 발생한 장애 때문에 컴퓨터 시스템이 가동을 계속할 수 없게 된 경우라든가, 혹은 사용자의 잘못으로 시스템의 운전에 불가결한 소프트웨어 자원을 찾을 수 없게 되었든가 사용할 수 없게 되었을 경우에 수퍼바이저가 시스템을 대기 상태로 하는 것.

system work[–wə́ːrk] **시스템 작업**

systolic array[sistάlik əréi] **시스톨릭 배열** 시스톨릭이란 심장의 박동 원리를 나타내는 말로, 같은 기능을 가진 셀들이 연결망을 구성하여 전체적인 동기 신호에 맞추어서 하나의 연산을 수행할 수 있도록 설계된 특수한 처리기.

SYSTRAN 시스템 분석 번역 기구 systems translation, system analysis translator의 약어. 기계 번역(machine translation) 시스템으로서 기술 문헌을 비롯하여 문헌 요약, 신문 기사, 정부 간행물, 회의 의사록 등을 각국 언어 간에 자동으로 변환 번역하기 위한 소프트웨어.

T

T[tíː] **티** (1) Tera(테라)의 약어. SI 단위의 접두어 10의 12제곱, 즉 $10^{12}=1$조를 의미. (2) terminal의 약어. (3) time의 약어.

T1 ISDN이 디지털 전송기로 불충분하다면 T1이 더 나을 것이다. ISDN의 전송 속도가 초당 64킬로바이트인 반면 AT & T 사가 만든 T1은 초당 1,544메가비트로 디지털 신호를 전송한다. T1에서는 1MB를 10초 안에 전송할 수 있지만 풀 모션(full motion) 비디오(10,000,000bps가 필요함)는 전송이 불가능하다. 보통 인터넷에 네트워크를 연결할 때 T1을 많이 사용한다. ⇨ ISDN

T3 디지털 전송기로 데이터를 전송하는 데 가장 좋은 방법이다. 이름만 보면 T1의 세 배인 듯 싶지만 T3은 무려 T1의 30배나 되는 능력을 가지고 있다. T3은 초당 44,736메가바이트의 속도로 전송한다. 풀 모션 비디오도 충분히 전송 가능하다.

TA (1) **태스크 분석** task analysis의 약어. (2) **기술 평가** technology assessment의 약어. (3) **간선 증폭기** trunk amplifier의 약어.

tab[tǽ(ː)b] *n*. **태브** (1) 타이프라이터나 텔레타이프, 키보드의 캐리지(carrige)를 몇 개 연속하여 송출하고, 인쇄 위치를 자동으로 움직이는 동작. 「탭」이라고 해석된다. (2) tabulator 또는 tabulation의 약어. 도표 작성기(tabulator)는 천공 카드(punched card)를 자동적으로 판독하여 그 데이터로부터 직접 작표하는 장치. 천공 작성기라고도 한다. 도표 작성기에는 전기 기계적 계수기를 사용하여 가산(addition), 감산(subtraction)을 하는 기능이 있으며, 이것을 사용하여 순차 항목별로 합계를 계산할 수 있다. 이와 같이 하여 합계된 데이터는 특정 카드군(card group)의 마지막에 인쇄된다. 이 인쇄 리포트를 합계표(tabulator)라고 한다.

tabbing[tǽ(ː)biŋ] **태빙** 프린트 용지나 화면상에서 프린터 헤드나 커서를 다음의 지정된 위치로 이동시키는 것.

tab-call[tǽ(ː)b kɔ́ːl] **탭 지정**

tab code[–koud] **탭 코드** 탭 키를 누르면 입력되는 탭용 제어 코드. 일반적으로 수평 탭(HT) 코드 0x09(ASCII)를 가리킨다. 화면이나 용지에 인쇄되지 않는 문자이다.

tab command[–kəmǽːnd] **탭 커맨드, 탭 명령** 커서를 탭 지정 위치로 이동시키는 명령어.

tab control specification[–kəntróul spèsifikéiʃən] **위치 지정, 탭 제어 명세** BASIC 언어의 경우, 출력행에 있어서 다음 인쇄 항목을 출력하기 전에 현재의 인쇄 위치를 지정시킨 값으로 설정하는 것을 목적으로 하는 일종의 함수.

tab delimited[–dilímitəd] **탭 단락** 문자와 문자열(문장)을 탭 키로 단락짓는 것 또는 그 단락. 데이터를 단락짓는 데 사용하는 특수 문자를 구분자(delimiter)라고 하는데, 이 밖에 스페이스나 콤마가 사용되기도 한다.

tab file[–fáil] **탭 파일** 천공된 카드를 그대로 파일로 이용한 것으로, 카드 끝에 카드의 내용을 판단할 수 있는 문자를 인쇄해두고 사람 손으로 색인하는 것이다. 간단한 재고 관리 등에 적합하다.

tab key[–kíː] **탭 키** 편집할 때 다음의 지정된 인쇄 위치로 커서를 이동시키는 데 이용되는 키. 도표 작성에 편리하다.

tab label[–léibəl] **탭 레이블, 탭 표지** 도표 작성 장치(tabulator)나 인쇄기(printer)를 통해서 연속적으로 찍히며, 이것을 떼어 상품이나 봉투에 붙일 수 있는 표지.

table[téibəl] **표, 테이블** (1) 사람은 여러 가지 「표」와 「일람표」를 보면서 일을 진행해간다. 컴퓨터의 경우는 이러한 「표」를 기억 장치 상에 미리 저장해놓고 필요에 따라서 참조(refer)할 수 있도록 계획해둔다. 서로 관련 있는 데이터를 규정된 규칙에 따라서 기억 장치 상에 전개한 것을 「표」라고 한다. 배열(array)과 같은 뜻으로도 사용된다. (2) 「표」 속에서 목적 데이터를 찾아내는 것을 테이블 색인(table look-up) 또는 색인(table search)이라고 한다. 「표」의 형식, 항목이 나열되어 있는 순서 등에 의하여 「찾아내는 데 필요한 시간」을 줄이기 위해서 여러 가지 수법이 고안되어 사용되고 있다. (3) 관계 데이터 베이스(RDB)의 구성 단위가 되는 「표」. RDB에서는 데이터를 간단한 표(관계 ; 릴레이션) 형식으로 표현하고, 이 표를 자유로이 종횡의 항(項) 지정으로 액세스할 수 있다. CODASYL형 데이터 베이스에서의 각종 데이터 사이를 관계시킨 「포인터」에 대신하는 것.

[주] 데이터의 배열이며, 그 각 항목이 한 개 이상인 수(독립된 수)에 의하여 애매함 없이 식별할 수 있는 것.

table address [–ədrés] **테이블 주소**

tableau [tǽblou] **테이블 형태** SPJ식을 기호로 나타내기 위해 사용되는 배열 형태. 열은 SPJ식의 애트리뷰트에, 행은 SPJ식의 프레디킷에 각각 대응된다.

table block [téibəl blɑ́k] **테이블 블록** 좀더 편리하게 접근하기 위하여 특별히 분류된 자료나 명령어를 가지는 테이블의 일부분.

table conversion function [–kənvə́:rʃən fʌ́ŋkʃən] **테이블 변환 기능** 작표 계산 패키지 프로그램 등에 의해서 작성된 표 형식 테이블 데이터를 다른 기종의 패키지 프로그램에 넘기기 위해 수행되는 데이터 형식 변환의 기능.

table debugging [–di:bʌ́(:)giŋ] **테이블 디버깅** 컴퓨터에 자료를 넣기 전에 책상 위에서 에러를 검사하는 것으로서 먼저 명령어 기입 방식의 에러 체크, 명령어 중복 사용과 처리 순서명의 잘못 여부, 초기값 설정 스위치 세트 및 리셋, 영역 지정과 크기의 오류 상수 내용, 프로그램 크기와 선택 기능의 적격 여부, 프로그램 논리 관계의 순서로 검사를 한다.

table development [–divéləpmənt] **테이블 개발** 어떤 시스템에서 테이블의 제작, 수정, 제거, 인쇄, 그리고 조사 등의 동작과 제작된 표의 이름에 대한 조사 혹은 인쇄. 사용자가 할 수 있는 테이블 개발에는 검증과 추출의 두 가지가 있다. 테이블을 만드는 과정 중에 사용자는 특정한 변수 자리를 검증 혹은 추출 동작과 관련시켜 지정할 수 있다. 이와 같은 시스템에서는 검증이나 추출 동작을 포함한 테이블 자료 입력에 사용되는 순간에 그 테이블의 변수 자리가 채워질 때마다 관련되는 동작들이 일어난다.

table-driven compiler [–drívən kəmpáilər] **테이블 구동형 컴파일러**

table driven parsing [–pɑ́:rziŋ] **테이블 이용 파싱** 테이블 이용 파싱은 2차원의 배열로서 $A(n, A)$의 모양으로 구성되는데, 테이블에서 n은 단말 기호이며 A는 비단말 기호로 나타낸다.

table-driven program [–próugræm] **테이블 구동형 프로그램**

table element [–éləmənt] **테이블 요소**

table file [–fáil] **테이블 파일**

table handling [–hǽndliŋ] **테이블 조작**

table language [–lǽŋgwidʒ] **표 언어**

table linkage field [–líŋkwidʒ fí:ld] **테이블 연결 필드**

table load record [–lóud rékərd] **변환 표 도입 레코드**

table lockup [–lɑ́kʌ̀p] **테이블 고정** 점프나 이동되는 위치를 제어하는 방법으로서 과학적 계산에서의 함수값과 같이 많은 선택 방법이 있는 경우에 특별히 사용된다.

table look-at [–lúk ət] **테이블 직접 색인** 테이블 속에서 각 항목을 색인할 때 비교 탐색에 의해서라기보다는 직접 계산에 의해서 항목의 위치를 찾아내고 그것을 색인하는 방법.

table lookup [–lúkʌ̀p] **TLU, 테이블 조사, 표 색인, 테이블 색인** (1) 함수값 등의 표(table)로부터 인수(argument)에 대응한 함수값을 얻는 순서. (2) 표의 형태로 정리된 데이터의 집합으로부터, 특정 키(key)나 표제 등을 근거로 필요한 데이터를 찾아내는 것을 말한다. (3) 이 「표 색인」을 컴퓨터 프로그램을 이용해서 효율적으로 행하기 위한 기법으로는 순차 탐색법(sequential search), 2등분 탐색법(binary search) 등이 있다.

[주] 표의 값으로부터 인수에 대응하는 값을 얻는 절차.

table lookup instruction [–instrʌ́kʃən] **테이블 참조 명령, 테이블 색인 명령**

table of contents [–əv kɑ́ntents] **TOC, 목록, 목차**

table of cumulative frequency distribution [–kjú:mjulətiv frí:kwənsi(:) dìstribjú:ʃən] **누적 도수 분포표** 도수 분포표에서 각 계급의 도수를 누적시킨 표로서 도수의 내용에 따라 절대 누적 도수 분포표와 상대 도수 누적 분포표로 분류할 수 있다.

table pack [–pǽk] **테이블 팩**

table search [–sə́:rtʃ] **테이블 탐색, 테이블 검색** 표 검색을 말한다. 표의 형으로 정리된 데이터의 모임에서 필요한 데이터를 찾아내기 위한 프로그래밍 상의 태크닉의 하나.

table segmenting [–segméntiŋ] **테이블 분할**

테이블 색인을 쉽게 하기 위해 테이블을 분할하는 방법.

table simulator[–símjulèitər] **테이블 시뮬레이터** 단순히 기억되어 있는 값만을 조사하는 것이 아니라 표에 있는 값들을 계산할 수도 있는 컴퓨터의 특정한 프로그램.

tablet[tǽblət] *n.* **자리판, 태블릿** 도형 처리에서 사용되는 장치의 하나. 좌표 데이터를 입력하는 데 사용하는 특수한 평면 상태의 기구. 포인팅 디바이스(pointing device)의 일종. ⇨ pointing device
[주] 위치를 지정하기 위한 기구를 가진 특수한 평판 상태의 입력 장치이며, 보통 위치 입력 장치로서 사용되는 것.

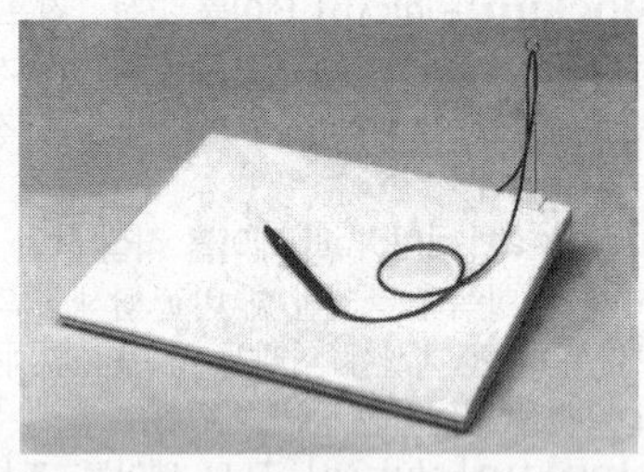

〈태블릿〉

tablet computer[-kəmpjúːtər] **태블릿 컴퓨터** 크기나 형태에 상관없이 터치스크린을 갖춘 컴퓨터 전체를 가리키는 말로, 최근에는 휴대용 컴퓨터를 지칭한다. 일반 컴퓨터가 전문 작업 등 콘텐츠의 '생산'에 적합하다면, 태블릿 컴퓨터는 인터넷 서핑 등 콘텐츠의 '소비'에 특화되어 있다.

tab position[tǽ(ː)b pəzíʃən] **탭 위치** PL/I 언어에 있어서의 흐름 전송에서 PRINT 파일의 배열에 따른 출력 형식. 데이터에 따른 출력 형식에 의해 출력할 때 데이터 항목을 출력하는 탭의 위치가 결정된다.

tab sequential format [–sikwénʃəl fɔ́ːrmæt] **탭 연속 형식** 블록 내에서 각 워드의 최초에 놓여진 「HT(horizontal tab)」라는 문자에 의해 각 워드를 구별하고, 동시에 블록 내에서 그 「HT」가 몇 번째인가를 파악해서 그 워드 정보가 무엇인가를 판단하는 형식. 따라서 1블록 내의 워드는 어느 정해진 순서에 의해 수치 제어 테이프 상에 주어진다.

tab setting[–sétiŋ] **탭 설정**

tab sheet[–ʃíːt] **탭 용지** 컴퓨터와 금전 등록기(cash register) 등에서 출력을 인쇄하는 종이. 페이지마다 점선 구멍이 들어 있어 중첩시킨 것처럼 되어 있는 것과 릴에 감긴 롤과 같은 것이 있다. 연속 양식(continuous forms)이라고도 한다.

TAB spacing[–spéisiŋ] **난(欄) 이송 간격** tabulation spacing의 약어.

tab stop[–stáp] **탭 스톱** 탭 동작을 할 때, 미리 그것이 정지하는 위치(position)를 정하기 위해서 사용되는 기구나 마크(mark). 내포 구조(nesting)를 하고 있는 복잡한 프로그램 등을 만들었을 경우, 이것을 보기 쉽게 하기 위해 시작 행(行)을 들여쓰는(indent) 경우가 많은데, 이와 같은 경우에 탭 스톱(tab stop)이 사용된다.

tabular[tǽbjulər] *a.* **태블러, 테이블 형태의**

tabular form language[–fɔ́ːrm lǽŋgwidʒ] **태블러형 언어** 비절차용 언어의 일종.

tabular language[–lǽŋgwidʒ] **태블러식 언어, 표 언어** 문제 중심의 프로그램을 결정표로 지시하는 것. 표가 문제용 프로그램의 언어 구실을 한다.

tabular method[–méθəd] **태블러 방식** 각 항들의 리터럴 수를 최소한으로 줄임으로써 간략화된 논리 함수를 구하는 방법. 카르노 도표(Karnaugh map)에서는 변수의 수가 5 이상되면 아주 복잡해지는 데 비해 이 방식에 의하면 변수의 수에 관계없이 균일한 특성을 얻을 수 있다.

tabular type model[–táip mádəl] **표시형 모델** 자기의 제어 경험(교육 표본)을 표로 기억하는 형식의 학습 제어 모델.

tabulate[tǽbjulèit] *v.* **표 작성, 도표 작성** (1) 천공된 카드 도표 작성 장치에 한 그룹의 마지막과 그 다음 그룹의 처음 시작 지점 사이에서 제어 자료 변화에 의해서 초기값으로 되는 각 행의 전체인 카드 그룹에 대한 총괄적 인쇄. (2) 각 그룹의 키를 가진 항목의 그룹에 대한 합계 등을 프린트하는 것.

tabulating equipment[tǽbjulèitiŋ ikwípmənt] **도표 작성 장치** 천공 카드를 사용하는 고도의 전기 기계적인 정보 처리 장치.

tabulation[tæ̀bjuléiʃən] *n.* **TAB, 도표 작성** (1) 일반적으로는 테이블을 작성하는 것을 말한다. 특히 컴퓨터에서는 원시 데이터에서 카드에 천공 후 검사, 분류, 계산의 과정을 경유하여 얻어진 결과의 리스트나 표 또는 합계를 만들어내는 것. 이것을 행하는 장치를 도표 작성기(tabulator), 또는 천공 카드 제표기(punched card tabulator)라고 한다. (2) 표를 만들 때 편리하게 하기 위해 타이프라이터나 프린터 키보드의 캐리지(carriage)를 미리 설정된 인쇄 위치까지 자동으로 움직이는 기능. ⇨ indent
[주] 인쇄 또는 표시의 서식을 정리하기 위해, 커서를 같은 행의 미리 정해진 위치까지 보내는 기능.

tabulation card[–káːrd] **통계 카드**

tabulation character [–kǽrəktər] **도표 작성 문자, 작표(作表) 제어 기호** 서식 제어 부호(format effector)라고도 하며, 인쇄 출력을 제어하기 위해 사용되며 일종의 제어 문자(control character)이며, 이 문자 자체는 인쇄되지 않는다.

tabulation definition prompt [–dèfiníʃən prάmpt] **작표 정의 프롬프트**

tabulation spacing [–spéisiŋ] TAB spacing, **난(欄) 이송 간격**

tabulator [tǽbjulèitər] *n.* **도표 작성기, 작표기** 천공 카드 또는 천공 테이프와 같은 데이터 매체로부터 데이터를 판독하며, 리스트, 표 또는 합계를 만들어내는 장치.

TACCIMS 태킴즈 theater automated command control information management system의 약어. 전장 지휘 통제 본부 자동화 시스템. TACCIMS 프로젝트는 1984년에 완료된 TACCSK의 어드밴스형으로, 한미 컨소시엄 형태로 7개팀이 제안서를 내놓고 있다.

tacit knowledge [tǽsit nάlidʒ] **묵시적 지식, 암묵적 지식** 개인적인 경험에 의해 얻어지는, 말로 표현하기 어려운 지식. 노하우나 요령이라 할 수 있다.

TACT 일시 영역 제어 테이블 transient area control table의 약어.

tactical decision [tǽktikəl disíʒən] **전술적 결정** 의사 결정 방법에는 여러 가지가 있으나 크게는 전술적 결정과 전략적 결정이 있다. 그 중에서 전략적 결정은 목표가 결정되어 주어져 있으며 그 달성하는 방법을 결정하는 것으로 이것은 기술적 결정으로서 어느 것이 유리하며 경제적인가 하는 것이 기본이 된다.

tactile keyboard [tǽktil kí:bɔ̀:rd] **접촉식 키보드** 휴대용 컴퓨터를 위한 키보드. 3층의 플라스틱으로 이루어져 있으며, 작은 압력에도 민감하게 반응을 보인다.

TAD (1) **일시 영역 기술자** transient area descriptor의 약어. (2) **전화 자동 응답 장치** telephone answering device의 약어.

tag [tǽ(:)g] *n.* **꼬리표** 표지. 데이터 요소 식별자. 표시 문자. 태그. 데이터의 집합에 붙여진 하나 이상의 문자이며, 이 집합에 관한 정보를 포함하고 그 식별이 가능한 것. 광의로는 연산 처리를 할 때의 각 데이터의 내부 표현에 사용되는 형의 정보를 가리키고, 협의로는 기계어 중의 특정한 비트 부위를 의미한다. 실제로는 프로세서부나 데이터부의 특정한 부위에 그 속성이 나타나 있는 정보를 말한다.

tag-along sort [–əlɔ́(:)ŋ sɔ́:rt] **태그 부착 분류**

tag architecture [–ά:rkitèktʃər] **태그 아키텍처** 고신뢰성 소프트웨어의 개발을 쉽게 하는 방식으로 계산기 내에서의 데이터에 그의 종류를 나타내는 식별 정보를 부가하고, 명령 실행시에 이것을 해독하여 처리할 수 있게 한 계산기의 방식.

tag bit [–bít] **태그 비트** 기억 장소 관리 기법 중 세그먼테이션에서 사용자가 임의로 세그먼트에 대해 접근하는 것을 막기 위한 방법의 하나로 주기억 장치 주소마다 태그 비트를 두어서 해당 기억 장소에 대한 접근이 허용되는 경우에만 태크 비트가 세트되고 그렇지 않을 경우에는 해당 기억 장소에 대한 접근을 통제한다.

tag bus [–bʌ́s] **태그 버스** 상위 장치와 하위 장치간의 제어 정보 인터페이스의 신호. 버스 아웃 및 버스 인의 조합으로써 각종의 의미를 갖는 인코드 신호이다. 이 신호를 디코드하면 태그 디코드의 신호가 얻어진다.

tag card [–kά:rd] **태그 카드** 판매 상품 한 품목마다 붙여진 소형 카드로, 상품의 크기, 색, 형태 등의 종별 데이터, 가격 등을 전용 천공기로 천공한 것. 상품이 판매될 때 그 태그 카드를 자르고, 매상 정보도 판독기에 걸어 기계 처리한다. 백화점 등에서 이용되고 있다.

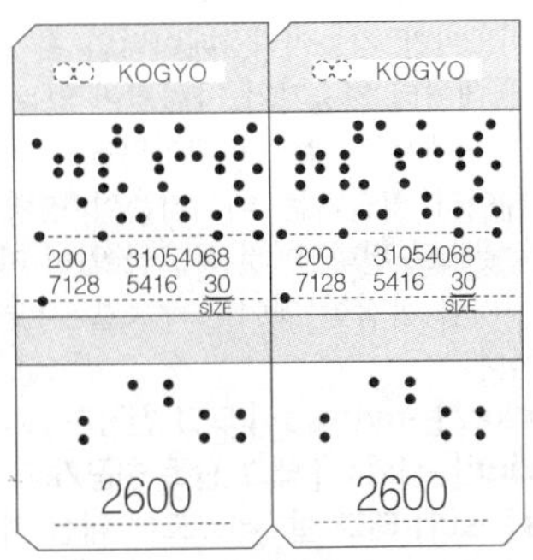

〈태그 카드〉

tag converting unit [–kənvə́:rtiŋ jú:nit] **태그 변환 장치** 구멍이 뚫려 있는 가격표의 정보를 천공 카드에 자동 복제하는 기계. 이 기계는 크기, 색깔, 가격, 구조, 스타일 등을 포함하여 자세한 최신의 상품 정보의 도표 작성에 관한 카드를 제공한다.

tag decode [–di:kóud] **태그 디코드** 태그 버스를 디코드하면 얻어지는 신호.

tag field [–fí:ld] **태그 필드**

tag file [–fáil] **태그 파일**

tag format [–fɔ́:rmæt] **태그 형식** 그 태그가 어떤 문자로 구성되어 있는가를 표시한다.

tagged [tǽ(:)gd] *a.* **태그 부착의**

tagged architecture [–ά:rkitèktʃər] **태그 방식** 오퍼랜드 속성을 실행할 때 컴퓨터 명령으로 정의하는 것이 아니고, 기억 장소에 저장하는 시점에서 모든 단어에 대하여 그 값의 속성, 예를 들면 데이터형이나 길이, 결보기의 소수점 위치 등을 기술한 정보를 미리 부가해두고, 이것을 오퍼랜드로써 연산을 시행하는 방식.

tagging & picture taking method[tǽ(ː)giŋ ənd píktʃər téikiŋ méθəd] **태깅 앤 픽처 테이킹법**

tag jump[tǽ(ː)g dʒʌ́mp] **태그 점프** 편집기 기능의 하나로서 파일의 임의의 위치로 분기(점프)하는 것. 편집 작업의 효율을 높이기 위한 방법이며, 이 기능을 확장한 편집기에서는 파일명과 원하는 행번호를 기록한 태그 파일을 읽어들여 지정하면 원하는 파일을 열어주어 즉석에서 편집 작업이 가능하다.

tag machine[–məʃíːn] **태그 계산기** 노이만형 컴퓨터에서는 기억 장치 상의 데이터와 프로세서는 구별되지 않는다. 이것에 대해서 태그라는 것을 정의하여 데이터와 프로시저, 또한 데이터의 속성을 명확하게 구별하여 이것을 하드웨어에서 실현하고, 연산의 처리 효율이나 소프트웨어의 효율성을 중시한 것이 태그 계산기이다. 이것은 스택 머신과 마찬가지로 비노이만 기능이다. 데이터의 속성을 기술하는 데에 데이터 기술자가 마련되어 있는 것도 있다. 노이만형에서는 명령이 데이터를 제어하는 데 대해서 데이터 기술자는 데이터측이 명령 기능을 제어하는 것으로 된다. 이것은 고급 언어 머신에 요구되는 것처럼 복잡한 데이터 구조를 기술하는 데도 유효하다.

tag marker[–mɑ́ːrkər] **태그 천공기**

tag reader[–ríːdər] **태그 판독 천공기**

tag seal[–síːl] **태그 실** 레코드에 대한 키와 현재 번지로 구성되어 문자 또는 숫자를 레코드에 첨부하는 식별용 꼬리표.

tag sort[–sɔ́ːrt] **태그 정렬** 태그 정렬은 각 레코드에서 키만 추출하여 정렬한다. 따라서 고정 혹은 가변 길이 레코드를 키 정렬 방법에 의해 최소의 주기억 장치로 처리할 수 있다. 어떤 종류의 태그 정렬은 정렬에 포함되지 않는 레코드를 선택할 수 있는 제외 기능을 갖기도 한다.

tag system[–sístəm] **태그 시스템** 상표 등에 붙어 있는 가격표(태그) 등을 그대로 컴퓨터에 입력하여 집계 처리하도록 한 시스템.

tail[téil] *n.* **꼬리** 연결 리스트에서 마지막 항목에 있는 포인터.

tailor[téilər] *v.* **적합하다, 맞게 하다**

takedown[téikdàun] **제거** 다음 과정을 위한 장비를 준비하기 위해 기기 동작의 한 주기 끝에 수행되는 동작. 예를 들면 제거 절차에 따라 컴퓨터 수행 끝에 테이프 장치로부터 테이프를 제거하는 것.

takedown time[–táim] **제거 시간** 장치의 한 부분을 제거하는 데 걸리는 시간.

take-up reel[téik ʌ̀p ríːl] **테이프 감는 기구, 감기는 릴** 처리 도중 테이프가 감기거나 감겨질 수 있는 특수한 릴(reel).

taking computer[téikiŋ kəmpjúːtər] **대화 컴퓨터** 대화 컴퓨터의 한 예를 들면, 직업 학교에서 시력 장애자들을 교육시키는 컴퓨터를 찾아볼 수 있다. 키보드를 통해서 특별히 고안된 교육 프로그램과 통신하며, 음성 합성기에 의해 만들어지는 응답을 제공하는 컴퓨터.

taking computer synthesizer[–sínθəsàizər] **대화 컴퓨터 합성기** 음성 합성 장치의 한 형태로 인간의 목소리와 비슷한 소리를 낼 수 있는 하드웨어.

talk[tɔ́ːk] **토크** 원격 호스트의 사용자 혹은 같은 호스트의 사용자와의 상호 동적인 정보 교환 방식으로 상대방이 꼭 시스템을 이용하고 있어야 한다는 특징이 있다.

talker[tɔ́ːkər] *n.* **대화자, 토커** 데이터를 보내는 쪽. IEC 버스에 있어서는 리스너(listener)에 데이터를 송신하는 쪽을 가리킨다.

talking path[tɔ́ːkiŋ pɑ́ːθ] **발성 경로** 전화 회로 내에 정보와 벨 울림 장치로 구성되어 있는 정보 송신 경로.

talk radio[tɔ́ːk réidiou] **토크 라디오** 인터넷에서 오디오 파일을 사용해서 라디오 방송과 같은 것을 시도하는 것. 1993년에 미국의 Internet Multicasting Services 사가 시작했다. 생방송이 아니라 사전에 만들어진 구연 등에 음악을 추가한 것을 PCM 음원을 사용해서 디지털화하고, 파일로 해서 각지의 미러 사이트에 보낸다. 확장자는 「.au」이고, 1초에 8KB의 용량이 전송된다. PC에서의 재생에는 wham(음악 연주 프로그램) 등의 소프트웨어가 이용된다.

tall character[tɔ́ːl kǽrəktər] **장체 문자** 문자의 가로 폭보다는 세로 폭이 큰 문자. 대개 전각 문자의 세로 폭을 두 배로 확대한 문자가 널리 쓰인다.

tally[tǽli(ː)] **표찰, 탤리, 표** 하드웨어나 소프트웨어로 작성된 카운터(counter) 또는 그 카운터를 프로그램 중에서 이용하는 것. 또 회계기로 작성한 합계 등을 인쇄한 저널 등의 의미도 있다.

tally reader[–ríːdər] **탤리 판독기** 계수 리스트에서 인쇄된 문자와 같은 자료들을 읽을 수 있는 기계.

tandem computer[tǽndəm kəmpjúːtər] **2중 컴퓨터** 동시에 서로 같은 일을 할 수 있는, 연결된 두 대의 컴퓨터.

tandem data circuit[–déitə sɔ́ːrkit] **직렬 데이터 회선** 연속한 3개 이상의 데이터 회선 종단

장치를 포함하는 데이터 회선.

tandem processors[–prásesərz] **이중 프로세서** 시스템의 신뢰도를 높이기 위해 여러 개의 CPU를 갖춘 프로세서. 메인 CPU 외에는 백업용으로 사용된다.

tandem system[–sístəm] **2중 시스템, 탠덤 방식** 컴퓨터 결합 방식의 일종. 여러 대 이상의 컴퓨터로 구성되지만, 컴퓨터를 효율적으로 가동시키기 위한 시스템이라기보다는 부하의 평활화나 신속성 향상을 목적으로 한 기능 분산형의 시스템으로 생각할 수 있다. 한 CPU를 통해 다른 처리기로 데이터가 이동하는 특별한 시스템이다.

Tandy Corp. 탠디 사 미국의 마이크로컴퓨터 제조 회사.

TANES 태스크 네트워크 스케줄링 task network scheduling의 약어.

TAO track at once의 약어. CD-R 드라이브에서 CD에 내용을 기록할 때 한 번에 한 트랙씩 기록하는 방법.

tap[tæp] **탭** PDA나 펜 컴퓨터를 이용할 때의 기본 동작으로, 펜 끝을 액정 화면에 가볍게 접촉시키는 것.

tape[téip] *n.* **테이프** 컴퓨터에 사용하는 데이터를 기록하기 위하여 사용되는 매체. 자기 테이프와 종이 테이프가 있으며, 어느 것이나 적당한 릴(reel)에 감겨져 사용되고 있다.

〈테이프 걸이〉

tape alternation[–ɔ̀:ltərnéiʃən] **테이프 교체** 보통 프로그램 내의 명령으로 자동 통제되며, 입출력 동작중에 프로그램에 영향을 주지 않고 한 파일의 다음 릴을 갈아 끼울 수 있는 테이프의 선택.

tape beginning control[–bigíniŋ kəntóul] **테이프 시작 제어** 자기 테이프의 시작점을 알려주는 특별한 구멍이나 반사점 또는 투명한 부분.

tape bin[–bín] **테이프 빈** 고정된 헤드를 각 테이프마다 가지고 있거나, 또는 이동 가능한 헤드를 가지고 있는 테이프 기억 장치로서, 한 개의 고정 헤드를 가진 테이프 기억 장치보다 정보 처리 시간이 빠른 장점이 있다.

tape block[–blák] **테이프 블록**

tape bootstrap routine[–bú:tstræ̀p ru:tín] **테이프 부트스트랩 루틴** 어떤 적재 테이프는 맨 처음 블록에 부트스트랩 루틴을 가지고 있는데, 이는 시스템의 나머지 부분의 프로그램들을 적재하게 한다. 이것이 기억 장치에 적재되고 이것에 의해 지정된 프로그램을 판독해 기억하게 된다.

tape bound[–báund] **테이프 한계** ⇨ tape limited

tape-bounded Turing machine[–báund-əd tjúəriŋ məʃí:n] **테이프 한계 튜링 기계**

tape buffer[–bʌ́fər] **테이프 버퍼** 전에는 텐션 암식이 사용되었으나 현재는 대부분이 공기 칼럼식으로, 자기 테이프 장치에 있어서 테이프를 급속히 시동하거나 정지했을 때 릴에서 송출되거나 릴에 감겨지는 테이프의 양과 테이프 구동부에 있어서 이동하는 테이프의 양과의 차를 각 순간에 조정하는 부분.

tape cable[–kéibəl] **테이블 케이블** 절연 물질에 둘러싸인 얇은 금속 리본 전도체들이 나란히 들어 있는 케이블.

tape cartridge drive[–ká:rtridʒ dráiv] **테이프 카트리지 구동 기구**

tape cartridge reader[–rí:dər] **테이프 카트리지 판독 장치**

tape cassette[–kəsét] **테이프 카세트**

tape cassette drive[–dráiv] **카세트 테이프 장치** 자기 카세트 테이프를 구동하여 기록하고 판독하기 위한 장치. 테이프의 구동은 대부분 캡스턴에 의한 것이고, 때로는 릴 구동에 의한 것도 있다. 테이프 주행 속도는 39cm/sec 정도가 한도이며, 일반적으로 그다지 고속은 아니다. 보통의 자기 테이프 구동 장치와 같은 테이프 완충 장치는 두고 있지 않다. 입력 장치, 전송 장치 등으로 쓰이며, 특히 휴대용의 것도 있다.

tape certification[–sə̀:rtifikéiʃən] **테이프 검사, 테이프 확인** 자기 테이프가 오류가 없고, 정상인지 어떤지를 검사하는 것.

tape certifier[–sə́:rtifàiər] **테이프 보증기** 사전에 테이프 상의 결함을 찾을 수 있도록 설계된 주변 장치.

tape channel[–tʃǽnəl] **테이프 채널**

tape character[–kǽrəktər] **테이프 문자** 테이프 각각의 세로 채널에 저장한 비트들로 구성된 정보.

tape characteristics [–kæ̀rəktərístiks] **테이프 특성**

tape cleaner[–klí:nər] **테이프 클리너** 어느 정

도 사용한 자기 테이프에 부착되어 있는 먼지를 제거하여 장애가 발생하지 않도록 하기 위한 청소 장치. 액체를 써서 세정하는 방식과 전체를 기계적으로 날을 사용하여 표면에 부착한 이물질을 떼어내는 방식이 있다.

tape code[–koúd] **테이프 코드**

tape comparator[–kámpərèitər] **테이프 비교기** 두 개의 테이프 내용이 같은지 자동으로 비교하는 기계. 행 단위로 비교하며 내용이 서로 다른 곳을 발견하면 정지한다.

tape conditioning[–kəndíʃəniŋ] **테이프 조정** 테이프를 조정한다는 것은 테이프를 끝까지 돌리고 다시 반대로 시작 부분까지 역진시켜 보는 것. 테이프 조정은 카트리지의 연속적인 작동을 위하여 변화가 있을 때 사용자는 항상 사용하기 전에 테이프 조정을 해야 한다.

tape controlled carriage[–kəntróuld kǽridʒ] **테이프 제어 캐리지, 테이프 제어식 종이 전송기구** 천공된 종이 테이프에 의해 제어된 자동 종이-주입 캐리지.

tape control unit[–kəntróul jú:nit] **테이프 제어 장치** 자기 테이프 전송의 작동을 제어하기 위한 버퍼링을 포함한 장치.

tape core[–kɔ́:r] **테이프 코어** 나선형으로 감겨진 강자기성 테이프(ferromagnetic tape)의 길이를 사용한 자기 코어.

tape cycling[–sáikliŋ] **테이프 순환** 새로운 테이프 파일을 만드는 갱신 절차.

tape data validation[–déitə vӕlidéiʃən] **테이프 데이터의 확인**

tape deck[–dék] **테이프 구동 기구, 테이프 덱** 자기 테이프를 구동하고, 그 동작을 제어하는 기구.

tape disk operating system[–dísk ápər·èitiŋ sístəm] **테이프 디스크 운영 체제** 자기 테이프와 자기 디스크를 사용하는 운영 체제.

tape drive[–dráiv] **테이프 구동 기구** 자기 테이프나 종이 테이프를 판독/기록 헤드를 통해 움직이게 하는 장치.

tape drive controller function[–kəntróulər kʌ́ŋkʃən] **테이프 구동 제어기 기능** 대표적인 자기 테이프 구동 제어 기기의 기능은 작동 제어, 판독, 기록, 그리고 DAM 접속 부문 등 네 부분으로 구성된다.

tape driver[–dráivər] **테이프 구동기** 자기 테이프나 종이 테이프를 감지 및 기록용 헤드를 지나 움직이게 하는 장치로서 보통 데이터 처리와 관련되어 있다.

tape driver interrupt routine[–intərʌ́pt ru:tín] **테이프 구동기 인터럽트 루틴** 인터럽트 루틴에서 구동기는 지정된 장치에서 장애 조건이 발생했는지 여부를 결정한다. 장애 조건은 그 장치가 테이프의 끝에 위치하거나 파일 표시점에 있거나 패리티 잘못이 있을 때 발생하게 된다. 만약 장애가 발생하지 않고 요구 동작이 일련의 명령들을 요구하는 경우 구동기는 다음 명령들을 주고 인터럽트 지점으로 빠져나온다.

tape dump[–dʌ́mp] **테이프 덤프** 자기 테이프에 기록되어 있는 정보의 전체 내용을 컴퓨터나 다른 저장 매체로 전송하는 것.

tape editor[–éditər] **테이프 편집기** 컴퓨터와 원격 단말 장치를 이용하여 프로그램 테이프를 편집, 교정, 갱신하는 데 사용한다. 주기억 장치의 편집기 사용자는 테이프의 일부분을 읽거나 지우거나 변경시키거나 혹은 명령어나 오퍼랜드를 추가함으로써 테이프를 편집한다.

tape erasure[–iréiʒər] **테이프 소거, 테이프 삭제** 테이프에 기록된 신호를 지우고 재기록할 수 있도록 준비하는 처리 과정. 지우는 방법으로는 교류로 지우는 방법과 직류로 지우는 방법이 있다.

tape error statistics[–érər stətístiks] **테이프 오류 통계**

tape feed[–fí:d] **테이프 주입** 기계로 입력하거나 판독하도록 테이프를 주입하는 장치.

tape feed switch[–swítʃ] **테이프 공급 스위치** 재천공기가 미리 정한 길이만큼의 테이프를 측정하도록 하는 스위치.

tape file[–fáil] **테이프 파일** 자기 테이프에 기록된 파일. 또는 테이프 라이브러리에 있는 자기 테이프 집합.

tape format[–fɔ́:rmӕt] **테이프 양식** 수치 제어 테이프 상에 정보를 저장할 때의 정해진 양식. 또는 NC 지령 정보를 NC 테이프 상에 어떤 순서와 형식으로 쓰는가를 정한 양식. NC의 테이프 양식에는 워드 주소(word address), 탭 시퀀셜, 고정 시퀀셜의 세 가지 형식이 있는데, 일반적으로 워드 주소 방식이 많이 쓰인다.

tape garble[–gá:rbl] **테이프 왜곡**

tape guide[–gáid] **테이프 가이드** 자기 테이프 기억 장치의 테이프 주행계에서, 테이프의 가로 진동을 방지하기 위해 설치되는 부품. 크거나 작거나 테이프의 주행 방향 변화를 동반하고 그 각도가 작은 것에는 핀 모양의 고정 가이드가, 큰 것에는 롤러를 갖춘 롤러 가이드가 사용되는 것이 보통이다. 또 롤러를 폭 방향으로 두 개로 나누고, 한쪽에 약한 스프링을 넣어 테이프가 항상 한 방향의 가장자리를 기준으로 주행하도록 한 것도 있다.

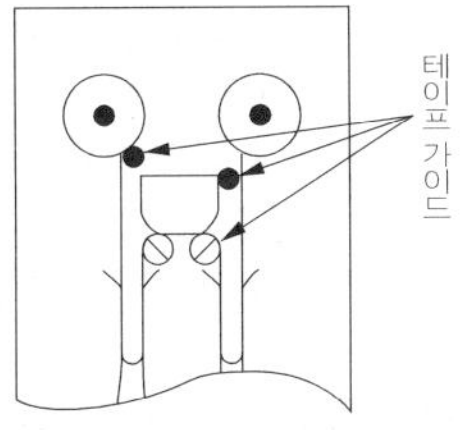

〈테이프 가이드〉

tape handler[–hǽndlər] **테이프 조정기** 자기 테이프 장치나 기타 주변 장치의 오퍼레이터를 가리키는 용어.

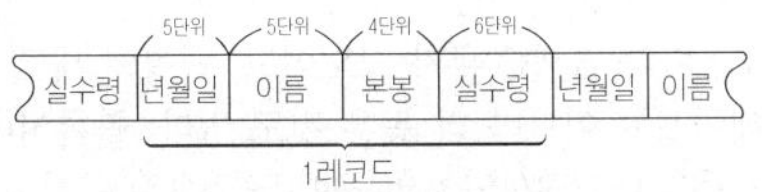

〈테이프 조정기〉

tape head[–hé(ː)d] **테이프 헤드**

tape header[–hédər] **테이프 표지**

tape input[–ínpùt] **테이프 입력** 데이터를 플라스틱 또는 금속 자기 테이프, 천공 종이 테이프 혹은 직물 테이프 등을 이용하여 입력 장치에 넣는 방법. 자료를 테이프에서 읽고 기계로 주입하는 기계적인 방법.

tape label[–léibəl] **테이프 레이블, 자기 테이프 레이블 기구** 자기 테이프의 각 릴에 처음과 마지막 레코드의 형태로 나타나는데, 그 내용은 어느 정도 그 테이프에 저장한 데이터 유형과 응용 부문으로 결정된다. 자기 테이프 볼륨에 의해 그 볼륨 자신의 식별 또는 볼륨에 포함되는 데이터 세트(파일)의 식별에 사용되는 정보를 포함한 데이터 블록의 총칭이다.

tape layout[–léiàut] **테이프 설계** 자기 테이프에 데이터를 기록할 때, 그 테이프 위에 어떤 형식으로 기록할 것인지에 관한 설계.

tape leader[–líːdər] **선두 테이프** 자기 테이프 또는 천공 테이프 릴의 시작 부분.

tape librarian[–laibrɛ́(ː)riən] **테이프 라이브러리언**

tape library[–láibrəri(ː)] **테이프 라이브러리, 테이프 보관실** 컴퓨터 시스템이 테이프 릴이나 디스크 팩 등을 사용하지 않을 때 이것을 보관하는 곳. 대부분의 경우 화재에 대비하여 테이프 보관실을 여러 곳에 갖추고 있다.

tape light[–láit] **테이프 지시등** 자기 테이프 입출력 사이클 동안 발생된 오류를 나타내주는 제어판의 지시등.

tape limited[–límitəd] **테이프 한계적, 테이프 제한** 컴퓨터가 여러 형태의 업무나 큰 일괄 처리 작업을 할 때, 중앙 처리 장치(CPU)의 연삭 속도가 아무리 빨라도 입력 장치의 처리 능력이 그것을 따를 수 없을 때는 전체로서의 처리 능력은 주변 장치로 규제된다. 이와 같이 자기 테이프에 의한 데이터의 입출력 속도에 따라 연산 처리 속도가 규제되는 것을 말한다.

tape limited sorting[–sɔ́ːrtiŋ] **테이프 제한 정렬** 입출력 제한 정렬이라고도 한다. 테이프 장치의 유효 전송률이 정렬에 필요한 전체 경과 시간을 결정하는 정렬 프로그램.

tape loading[–lóudiŋ] **테이프 장전(끼워 넣음)**

tape load key[–lóud kíː] **테이프 적재 키** 테이프에서 레코드 간의 간격이 감지될 때까지 데이터를 읽어서 내부 저장 장소로 옮겨지도록 하는 특수한 제어 단추.

tape load point[–lóud pɔ́int] **테이프 적재점** 자기 테이프의 입출력을 시작하는 헤드 아래에 있는 자기 테이프의 처음 위치.

tape loop storage[–lúːp stɔ́ːridʒ] **테이프 루프 기억 장치** 판독/기록 헤드와 연속적인 폐회로로 구성된 테이프를 사용하는 기억 장치. 전후 양방향으로 기억되어 있는 정보의 호출이 가능하고 속도가 빠른 것이 특징이다.

tape mark[–máːrk] **테이프 표시** 자기 테이프 상에 데이터의 판독/기록을 제어하기 위해 기록되는 특별 부호 또는 부호열이며, 파일과 레이블 사이 또는 레이블 군(群) 사이의 경계를 표시하는 것.

tape marker[–máːrkər] **TM, 테이프 마커** 자기 테이프 상의 사용할 수 있는 기록 가능 영역의 시작과 끝을 표시하는 "표시". 광반사판 등이 사용된다. 자기 테이프 장치는 「테이프의 시작」인 이 마크(mark)를 검출한 곳에서부터 데이터의 "판독/기록"을 개시하고, 「테이프의 끝」에 있어 또 하나의 마크를 검출했을 때 그 테이프가 끝난 것을 알 수가 있다.

tape operating system [–ápərèitiŋ sístəm] **TOS, 테이프 운영 체제** 운영 체제들은 시스템 테이프에 저장되어 있는 구성 모듈들(즉, 컴파일러, 연결 편집기 등)을 가지고 있으며 사용자 프로그램과 데이터 파일의 저장을 위해서 테이프 라이브러리(tape library)를 사용한다.

tape or disk program[–ər dísk próugræm] **테이프/디스크 프로그램** 추가 입력을 위한 전체 루틴을 저장하기 위해 사용하는 테이프나 디스크.

tape oriented system[–ɔ́(ː)riəntid sístəm] **테이프 지향 시스템** 입출력 매체에 자기 테이프를 주로 사용하는 컴퓨터 시스템.

tape parity[–pǽriti(ː)] **테이프 패리티** 종이 테

이프 또는 자기 테이프에 데이터를 주고받을 때 패리티 검사 코드 또는 장치의 특정한 응용.

tape perforating[–pə́ːrfərèitiŋ] **테이프 천공** 종이 테이프에 천공하여 데이터를 기록하는 것으로서, 이것은 일반적으로 카드에서 테이프로의 변환기에 의해 이루어진다.

tape perforator[–pə́ːrfərèitər] **테이프 천공기** 종이 테이프에 데이터에 따라 코드 구멍을 뚫어주는 오프라인 키보드 작동 장치.

tape-plotting system[–plɑ́tiŋ sístəm] **테이프 플로팅 시스템** 자기 테이프나 종이 테이프에 기록된 자료를 가지고 수치적으로 증가하는 플로터를 움직이는 시스템.

tape printer[–príntər] **테이프식 인쇄 수신기** 인쇄 수신기의 일종. 수신 신호에 대응하는 문자를 테이프 모양의 수신지에 인쇄하는 것.

tape processing method[–prɑ́sesiŋ méθəd] **테이프 처리 방법** 테이프를 이용한 데이터 처리 방법. 대부분의 컴퓨터에서는 지연 중앙 처리 방식을 사용하고 있다.

tape processing simultaneity[–sàiməltəníːəiti(ː)] **테이프 처리 동시성** 모든 테이프 장치는 데이터 전송을 다른 중앙 처리기 동작과 동시에 할 수 있다. 동시에 테이프 동작을 수행하는 능력은 중앙 처리기가 전송 문자당 2μsec 동안 기록 판독하는 동작이 가능함으로써 더욱 향상된다. 테이프 처리를 수행하는 동안 중앙 처리기가 계산이나 다른 주변 기기의 동작들을 수행할 수 있다.

tape processing unit[–júːnit] **테이프 처리 장치** 테이프 처리기는 기록, 복사, 전송, 수신의 기능을 포함한다. 종이 테이프에 기록된 데이터를 자동 번역에 의해 천공 카드를 만들어내는 일, 컴퓨터의 입력 제공, 전체 혹은 선별된 데이터의 자동 유선 전송, 차후에 일어날 관련된 레코드나 설명문의 타자, 그리고 반복해서 데이터가 사용되는 마스터 테이프나 카드를 생산해내는 일을 한다.

tape punch[–pʌ́ntʃ] **테이프 천공 장치, 종이 테이프 천공 장치, 종이 테이프 천공기** 종이 테이프에 천공하는 출력 장치. 고속인 것은 분당 6,000행, 9,000행, 또는 그 이상의 천공이 가능하다.

tape-punch control key[–kəntróul kíː] **테이프-천공 제어 키** 전원을 켜고 테이프 릴의 시작 또는 끝 부분으로 보내거나 되감고, 테이프 오류를 발견하고, 구멍을 뚫어주는 등의 기능을 제어해 주는 키들.

tape reader[–ríːdər] **테이프 판독기** 종이 테이프에 일련의 구멍 형태로 천공된 정보를 판독할 수 있는 장치. 기계식과 광전식이 있다. 기계식에서는 가벼운 스프링이 붙은 핀에 의해 테이프를 밀어올리고 그 위치에 구멍이 있으면 핀이 관통하여 올라가고, 구멍이 없으면 종이에 눌려서 핀이 올라가지 않음으로써 구멍의 유무를 확인한다. 읽는 속도는 매초 8~12자이며, 수동의 조작을 수반하는 것 또는 저속의 타이프라이터를 사용할 때 등과 같이 고속을 요하지 않는 경우에 이용된다. 광전식에 대해서는 광전식 테이프 판독기에 의해 판독한다. ⇨ photo tape reader

tape read head[–ríːd hé(ː)d] **테이프 판독 헤드**

tape recording density[–rikɔ́ːrdiŋ dénsəti(ː)] **테이프 기록 밀도** 테이프의 보통 기록 밀도는 인치당 800~6,250 문자 정도이고, 팩형의 새로 개발된 테이프는 이보다 더 높은 것도 있다. 블록이나 레코드 등은 대개 3/4인치의 공백(IRG)으로 구분된다.

tape reel[–ríːl] **테이프 릴** 테이프를 감아둘 수 있는 기구와 그 테이프를 통틀어서 일컫는 말.

tape relay[–riːléi] **테이프 중계** 송신소에서 수신소 간에 메시지를 연결시키는 데 사용되는 방법(천공 테이프를 매개 저장물로 사용함).

tape relay system[–sístəm] **테이프 중계 방식** 데이터 전송에서는 엄밀한 의미에서의 동시성이 요구되는 경우는 많지 않으므로 일시적으로 데이터를 기억하여 트래픽 능률의 향상이나 우선 처리 등을 하는 축적 교환 방식이 있다. 이때 기억 매체로서 종이 테이프를 사용하고, 오프라인 방식에 의해 교환하는 방식을 테이프 중계 교환 방식이라 하며 널리 이용되고 있다.

tape reproducer[–rìːprədjúːsər] **테이프 복제 장치** 어떤 길이의 종이 테이프로 자료를 복사하는데 사용되는 장치. 또한 키보드로부터 테이프로 새로운 자료를 삽입시키기 위해서 이런 과정(process)을 간섭할 수 있도록 조작원이 조작 가능하게 장치한다.

tape resident[–rézidənt] **테이프 상주** 시스템 루틴을 저장하기 위해 온라인 기억용 자기 테이프를 사용한 운영 체제에 관련된 용어.

tape resident system[–sístəm] **테이프 상주 시스템**

tape row[–róu] **테이프 열** 모든 2진 문자가 동시에 기록되든가 또는 검출되는 기준 행에 수직인 직선 상에 있는 테이프 부분.

tape serial number[–sí(ː)riəl nʌ́mbər] **테이프 일련 번호** 자기 테이프의 릴(reel)을 식별하기 위한 고유 번호이며 그 테이프의 내용을 대표한다. 주로 헤더 레이블(header label)에 기록되어 있다. ⇨ TSN

tape servo swap[–sə́ːrvou swɔ́(ː)p] **테이프**

서보 교환

tape skew[–skjúː] **테이프 휨** 테이프가 헤드를 거쳐 지날 때 길을 벗어난 편차. 이는 다른 트랙에 기록된 신호들 사이에 시간의 변위를 일으키고, 방향의 변화 때문에 각 트랙들의 출력차를 증대시킨다.

tape skip[–skíp] **테이프 스킵** 테이프의 어느 부분에 손상이 있을 때 데이터를 기억시킬 수 없으므로 그 부분을 공백으로 비워두고 앞부분으로 진행하라는 명령어.

tape skip restore[–ristɔ́ːr] **테이프 스킵 재생** 테이프를 읽지 않고 어떤 부분을 건너뛰어 통과시키는 기능.

tape sort[–sɔ́ːrt] **테이프 분류, 테이프 정렬** 자기 테이프에 기록되어 있는 데이터 파일을 파일 중의 각 레코드에 포함되어 있는 정렬 키에 따라서 컴퓨터로 오름차순 또는 내림차순으로 배열하여 새로운 파일을 만드는 것.

tape sort and collate program [–ənd kəléit próugræm] **테이프 정렬 및 대조 프로그램** 프로그래머가 명시한 인자들로 지시를 받아 특별한 형식으로 데이터를 정렬하고 대조하는 일반 프로그램.

tape speed[–spíːd] **테이프 스피드, 테이프 속도** 데이터 전송 도중 테이프가 기록 헤드를 지나 움직이는 속도.

tape splicer[–spláisər] **테이프 스플라이서** 테이프를 이어서 편집할 때 사용하는 기구.

tape spool[–spúːl] **테이프 스풀** 플랜지 없는 원통으로, 이 주위에 테이프가 감겨지는 것. ⇨ spool

tape station[–stéiʃən] **자기 테이프 장치** ⇨ tape unit

tape storage[–stɔ́ːridʒ] **테이프 기억 장치** 사용 시에 길이 방향으로 이동하는 테이프의 표면에 자기 기록함으로써 데이터를 기록하는 자기 기억 장치.

tape store[–stɔ́ːr] **테이프 기억 장치**

tape-streamer[–stríːmər] **테이프 스트리머** ⇨ streamer

tape swapping[–swɔ́(ː)piŋ] **테이프 교체, 테이프 전환** 한 개의 파일이 두 개 이상의 릴에 계속적으로 수록된 경우, 이를 처리하기 위해서 두 대 이상의 장치를 사용하여 이들 장치가 프로그램에 의해 자동으로 바뀌면서 연속적으로 처리되는 것.

tape synchronizer[–síŋkrənàizər] **테이프 동기 장치**

tape test set[–tést sét] **테이프 시험 장치** 자기 테이프 사용에 앞서 산화물 방사, 불균일 및 버블과 같은 결함을 찾아내기 위해 설계된 주변 장치나 기기.

tape-to-card converter[–tu káːrd kənvə́ːrtər] **테이프–카드 변환기** 종이 테이프에 천공된 정보를 읽어 카드에 천공하는 장치.

tape-to-card program[–próugræm] **테이프–카드 프로그램** 2진법 형태의 자료나 EBCDIC 자료를 자기 테이프 카드로 옮기는 프로그램.

tape-to-head speed[–hé(ː)d spíːd] **테이프와 헤드 간 상대 속도** 정상적인 기록이나 재생중 테이프와 헤드의 상대적인 속도.

tape-to-print [–prínt] **테이프–프린트** ⇨ tape-to-printer converter

tape-to-printer program [–príntər próugræm] **테이프–프린터 프로그램** 자기 테이프에서 인쇄기로 데이터를 전송하는 프로그램.

tape-to-tape converter[–téip kənvə́ːrtər] **테이프–테이프 변환 장치, 테이프–테이프 변환기** 단순히 데이터의 이동만이 아니고 코드의 변환, 기록 밀도의 변환, 트랙의 치수 변환을 목적으로, 자기 테이프에서 다른 자기 테이프에 정보를 이동시키는 장치.

tape trailer[–tréilər] **테이프 꼬리** 테이프 릴의 끝 부분에 붙이는 구멍이나 긴 공백, 자화점 등을 갖는 특별한 띠 모양의 테이프.

tape transmitter distributor[–trænsmítər distríbjutər] **테이프 송신 분배기** ⇨ tape reader

tape transport[–trænspɔ́ːrt] **테이프 구동 기구** 자기 테이프를 구동하고 그 동작을 제어하는 기구.

tape-type optical fiber cable[–táip ɑ́ptikəl fáibər kéibəl] **테이프형 광섬유 케이블** 테이프형 섬유 케이블은 여러 개의 광섬유를 테이프상(狀)으로 나란히 한 것(tape unit)을 기본 단위로 한 광케이블로서 리본형 광케이블이라고 한다. 테이프형 광케이블의 장점은 ① 고밀도로 케이블을 세경(細徑)으로 할 수 있고, ② 일괄 접속을 함으로써 접속부의 소형화가 가능하다. 한편, 단점으로는, ① 구부러지기 쉽기 때문에 테이프 유닛에 부가하여 연합되지만 섬유에 장력과 선단력(線斷力)을 주게 된다. ② 커넥터를 붙인 케이블이 취급하기 쉬운데, 이 경우에는 현장에서 길이를 조정할 수 없다. ③ 한 개씩 도중에서 인락(引落)하기가 곤란하다는 점 등을 들 수 있다.

tape transport speed[–trænspɔ́ːrt spíːd] **테이프 주행 속도** 자기 테이프 기억 장치에서 기록 및 판독할 때 주행시키는 테이프의 속도. 공식적인 규격은 없지만 3.81m/s, 3.05m/s, 2.03m/s, 1.52m/s, 1.14m/s 등인 것이 많다.

tape unit[–júːnit] **테이프 장치** 테이프 구동 기구, 자기 헤드 및 그것에 부수되는 제어 기구를 포함하는 장치.

tape unit perforator[–pə́ːrfərèitər] **테이프 천공 장치** ⇨ tape processing unit

tape unit status[–stéitəs] **테이프 장치 상태**

tape verifier[–vérifaiər] **테이프 검증기, 테이프 검공기** 펀치 착오의 방지를 위해서 천공할 때와 같은 방법으로 키를 조작하여 펀치한 종이 테이프의 오류를 검사하는 장치.

tape width[–wídθ] **테이프 폭** 하나의 종이 테이프나 자기 테이프는 두 개의 횡단면을 가지는데, 이것들 가운데 가장 큰 것이 테이프 폭이다.

TAPI telephony application program interface의 약어. 윈도 95에서 프로그래머가 모뎀과 전화걸기를 제어할 수 있도록 만든 여러 가지 루틴들을 담은 표준 라이브러리(library).

tar tape archive의 약어. 유닉스의 파일 시스템을 디렉토리의 계층 구조별로 자기 테이프(카트리지 테이프나 플로피 디스크도 포함)에 압축 복사하고 또 테이프에서 복원시키는 프로그램. 파일의 백업이나 소프트웨어 배포에 많이 쓰이고 있다. 유닉스의 이기종 사이에 파일을 교환할 때 표준적으로 이용하는 기능이다.

target[tɑ́ːrgət] *n.* **대상, 타깃** 목표. 목적. 표적. 수동. 목적이나 표적이 되는 물질이나 대상물을 표시한다.

target acquisition[–ækwizíʃən] **목표 포착**

target alphabet[–ǽlfəbèt] **목표 알파벳**

target computer[–kəmpjúːtər] **목적 컴퓨터** 실행용 컴퓨터. 특정한 목적 프로그램(object program)을 실행(run)하기 위한 시스템을 갖는 컴퓨터.

target configuration [–kənfìgjuréiʃən] **목표 구성** 어떤 특별한 목적 프로그램을 실행하기 위해 필요한 주변 장치와 기억 장치의 특별한 조합.

target cycle time[–sáikl taím] **TCT, 목표 사이클 시간**

target data item[–déitə áitem] **목표 데이터 항목**

target data set [–sét] **목표 데이터 세트**

target disk[–dísk] **대상 디스크** 프로그램 또는 파일을 프린트하는 디스크. ⇨ source disk

target distributed data manager[–distríbju(ː)təd déitə mǽnidʒər] **TDDM, 수동측 분산 데이터 관리 프로그램**

target file[–fáil] **목표 파일**

target language[–lǽŋgwidʒ] **대상 언어** 컴파일러(compiler)에 의하여 원시 언어(source language)로부터 컴파일된 언어. 목적 언어(object language)라고도 한다. 고급 언어(high level language)의 명령은 CPU가 직접 이해할 수 있는 기계어(machine language)와는 다르기 때문에, 컴파일러로 번역을 할 필요가 있다. 그러나 이때 출력되는 것이 기계어라고는 한정하지 않으며, 어떤 종류의 저급 언어인 것도 많다.

[주] 하나의 언어로, 그것에 명령문이 번역되는 것.

target list[–líst] **목표 리스트** Alpha 언어 중에서 관계 술어(述語)에 의하여 검색한 투플 중 필요한 속성을 선택하는 데 사용하는 리스트.

target machine [–məʃíːn] **목표 기계** ⇨ target computer

target model[–mɑ́dəl] **목표 모델**

target phase[–féiz] **목표 페이스, 목적 단계** 컴파일중에 목적 프로그램이 실행되는 첫 번째 단계. 이 용어는 컴파일이 이루어졌을 때 사용한다.

target position[–pəzíʃən] **목표 위치**

target process[–prɑ́ses] **목표 프로세스** 네트워크 운영 체제에서 프로세스 간의 통신을 위하여 논리적 링크 형성을 필요로 하는 원시 프로세스의 요청을 받아들이는 상대 프로세스.

target program[–próugræm] **대상 프로그램, 목적 프로그램** 원시 언어로부터 목적 언어로 번역된 컴퓨터 프로그램. ⇨ object program

target record[–rékərd] **목표 레코드** 질의에 표현된 자격 조건을 만족하는 레코드.

target routine[–ruːtín] **목표 루틴** 컴퓨터가 적절하게 기능하고 있는가를 보여주기 위해 고안된 루틴.

target segment[–ségmənt] **목표 세그먼트**

target system[–sístəm] **수동 시스템**

target uncertainty[–ʌnsə́ːrtənti(ː)] **목표 불확실성**

target variable[–vɛ́(ː)riəbl] **목표 변수, 대입 우선 변수** 값이 대입되는 변수. 대입문의 좌변에 나타난다.

target visibility[–vìzibíliti(ː)] **목표 시인성(視認性)**

tariff[tǽrif] *n.* **관세표, 요금표, 태리프** 데이터 통신(data communication) 분야에서 공중 통신 회선과 전용 회선(dedicated line) 등의 사용료를 말한다. 공중 통신 회선의 사용료가 사용 시간에 대해서 부과되는 데 대하여 전용 회선은 정액성이기 때문에 회선 사용 시간이 길어지면 길어질수록 공중 통신 회선에 비해서 경제적이다. 또 통신 용량이 클수록 단위 용량당 요금이 낮아지는 경향이 있으며, 통신 대상의 데이터량이 고밀도로 되면 될수록 전용 회선의 경제적 효과가 커진다.

tariff publishing system[–pʌ́bliʃiŋ sístəm]

운임표 발행 시스템

TASI 시간 할당 통화 배당 장치 time assignment speech interpolation의 약어. 해저 동축 케이블 방식에서 값비싼 회선을 유효하게 사용하기 위해서 한 사람의 통화 음성 사이에 다른 통화를 삽입하여 통화로의 사용 효율을 높이는 것.

task[tɑ́ːsk] *n.* **작업, 태스크** 컴퓨터로 처리하는 경우, 처리 단위는 다음의 두 가지 방법이 있다. ① 운영 체제(OS)에 외부로부터 주어지는 일의 「단위」. 이것을 작업(job)이라 한다. ② OS가 자원을 할당하여 처리하는 경우의 일의 「단위」. 이것을 태스크라 한다. 태스크의 개념은 자원의 효율적 사용, 다중 처리(multiprocessing)에 있어서의 처리율(throughput)의 향상을 도모하기 위해 이루어지는 것이고, 각 프로그램은 태스크를 경유하여 시스템 자원(system resources)을 할당할 수 있으며 주행(run)하게 된다. 태스크에는 각종 상태가 있으며, 이들을 제어하는 프로그램은 태스크 관리 프로그램(task management)으로 불리고, 운영 체제의 주요 기능의 하나이다.
[주] 다중 프로그래밍 또는 다중 프로세싱의 환경에서 컴퓨터에 의해 실시되어야 할 일의 요소로서 제어 프로그램에 의해 취급되는 명령이 한 개 이상인 열(列).

task adaptation[–ӕdəptéiʃən] **태스크 적응**

task allocation[–ӕləkéiʃən] **태스크 배분**

task ambient lighting[–ǽmbiənt láitiŋ] **TAL, 작업 환경 조명** 천정에서의 조명 대신 책상 윗면 가까이에 가구와 일체된 조명을 설치하여 업무에 필요한 밝기를 얻는 방법.

task analysis[–ənǽlisis] **TA, 태스크 해석** 휴먼 팩터즈 기법의 일종으로, 기술적(記述的) 방법과 해석적 방법이 있다. 전자는 오퍼레이션 시퀀스를 열거하고 오퍼레이터 시간선의 발생과 순서나 기기의 평가, 태스크의 검증 등에 이용한다. 해석적 방법은 기기에 대한 인간 오퍼레이터 순서의 개념화로, 시스템 요건의 시험이나 맨-머신 행동의 설정에 사용한다.

task analytic approach[–ӕnəlítik əpróutʃ] **태스크 해석 접근**

task assessment[–əsésmənt] **태스크 평가**

task assignment problem[–əsáinmənt prɑ́bləm] **태스크 할당 문제**

task bar [–bɑ́ːr] **태스크 바, 작업 표시줄** 윈도 화면 하단에 표시되는 가로 방향의 막대기 줄. 표시줄의 왼쪽에 있는 시작 버튼을 눌러 응용 프로그램을 시행한다. 사용중인 응용 프로그램과 폴더가 버튼처럼 옆으로 나열되고, 버튼을 클릭하면 응용 프로그램을 전환할 수 있다. 최소화 버튼에 의해 화면에서 사라진 응용 프로그램을 다시 불러오는 것도 이 버튼으로 한다.

task checkpoint[–tʃékpɔ̀int] **태스크 점검점** 어떤 시스템에서는 하나의 태스크가 일단 기억 장치 내에 있으면 더 높은 순위를 가지며 기억 장치 내에 있지 않은 태스크의 수행을 위해 기억 공간이 필요한 때라도 실행 제어 시스템은 정상적으로 원래의 태스크를 다중 처리 형태로 수행한다. 그러나 우선 순위가 높은 태스크를 수행하기 위한 기억 공간을 마련하는 것이 바람직하면 태스크가 만들어질 때 점검 가능함을 선언한다. 어느 구분된 구역에서 작동중인 점검 가능한 태스크는 우선 순위가 더 높은 태스크가 사용중인 구역을 요구할 때 인터럽트에 의해 주기억 장치로부터 디스크로 밀려나와 교체되고 나중에 더 높은 순위의 태스크가 수행을 끝내면 점검을 받은 태스크가 다시 들어와 인터럽트 되었던 곳부터 다시 실행을 시작한다.

task completion time[–kəmplíːʃən táim] **태스크 완성 시간**

task complexity [–kəmpléksiti(ː)] **태스크 복잡성**

task control[–kəntróul] **태스크 제어**

task control allocation [–ӕləkéiʃən] **태스크 제어 배분**

task control block[–blɑ́k] **TCB, 태스크 제어 블록, 태스크 컨트롤 블록** 어떤 태스크에 관한 제어 정보를 통합한 것.

task creation[–kriéiʃən] **태스크의 생성** 컴퓨터 사용자의 명령 또는 다른 작업의 시스템 호출에 의해서 새로운 작업이 하나 생성되는 것.

task data[–déitə] **태스크 데이터** 태스크의 우선 순위를 나타내는 값.

task definition[–dèfiníʃən] **태스크 정의** 프로그램 내에서 태스크 정의는 서브프로그램과는 다르며 선언부와 실행부로 구성된다.

task demand analysis[–dimɑ́ːnd ənǽlisis] **태스크 요구 해석**

task derivation[–dèrivéiʃən] **태스크 유도**

task description[–diskrípʃən] **태스크 기술**

task difficulty index [–dífikəlti(ː) índeks] **태스크 곤란도 지수**

task difficulty matrix[–méitriks] **태스크 곤란도 행렬**

task dispatcher[–dispǽtʃər] **태스크 디스패처, 태스크 지명 프로그램** 병렬로 태스크를 시작시켜 주고 그들 수행을 동기화시키는 역할.

task dispatcher routine [–ruːtíːn] **태스크**

지명 루틴, 태스크 디스패처 루틴 태스크 큐나 리스트로부터 다음에 처리할 태스크를 선정하여 중앙처리기의 제어를 전달하는 제어 루틴이나 그 기능.

task dump[–dʌ́mp] 태스크 덤프

task entropy[–éntrəpi(ː)] 태스크 엔트로피

task environment simulator[–inváirənmənt símjulèitər] 태스크 환경 시뮬레이터

task equipment analysis[–ikwípmənt ənǽlisis] TEA, 태스크 기기 분석

task error exit routine[–érər egzít ruːtíːn] 태스크 오류 출구 루틴

task evaluation[–ivæ̀ljuéiʃən] 태스크 평가

task event variable[–ivént vέ(ː)riəbl] 태스크 사상(事象) 변수

task function design[–fʌ́ŋkʃən dizáin] 태스크 기능 설계

task hierarchy[–háiərὰːrki(ː)] 태스크 계층

task ID 태스크 식별자 task identification의 약어.

task indentification [–aidèntifikéiʃən] task ID, 태스크 식별자

task identification matrix[–méitriks] TIM, 태스크 식별 행렬

tasking[tǽːskiŋ] *n.* 태스킹 여러 개의 독립적인 프로세스를 포함하는 시스템을 쉽게 구현하기 위하여 처리기들이 여러 개의 루틴들을 동시에 수행하는 것 같은 효과를 가지고 있어야 한다. 그러므로 어떤 형태의 다중 태스킹 능력이 있어야만 한다. 이러한 능력의 기본이 되는 것은 태스크 스케줄링 능력과 태스크들을 활성화, 비활성화 그리고 동기화하는 여러 개의 명령 등을 갖는 실시간 모니터이며, 기타 바람직한 특성들은 시간 측정 능력과 인터럽트 처리 등이다.

task initiation[tǽːsk iniʃiéiʃən] 태스크 개시, 태스크의 발생 태스크의 초기 실행은 서브프로그램의 호출 형태로 얻어진다. 예를 들면 PL/I의 구현에서는 한 태스크 B는 실행문 CALL B TASK의 실행으로 초기화되며 Ada에서는 또다른 방법으로 초기화된다.

task input/output table[–ínpùt áutpùt téibəl] TIOT, 태스크 입출력 테이블

task input queue[–kjúː] TIQ, 태스크 입력 대기 행렬

task interference[–ìntərfí(ː)rəns] 태스크 간섭

task interpreter table[–intə́ːrprətər téibəl] 태스크 인터프리터 테이블 태스크 실행 제어부는 교환 처리를 실행하기 위하여 태스크 테이블 상의 각 태스크 매크로를 차례로 해석하여 처리를 한다. 이와 같이 태스크 테이블 상에 지정된 태스크 매크로를 차례로 읽어내어 해석함과 동시에 태스크 매크로 본체에 제어를 이동시켜 처리하는 방법을 태스크 인터프리터 테이블 방식이라고 한다. 이 방식은 태스크 테이블 상의 태스크 매크로 지정의 변경이나 태스크 매크로의 추가에 따라 교환 처리의 변경이 가능하고 프로그램 전체를 다시 짤 필요가 없기 때문에 서비스 변경이나 새로운 서비스의 추가에 대하여 즉시 대응할 수 있다.

task I/O table TIOT, 태스크 입출력 테이블

task library[–láibrəri(ː)] 태스크 라이브러리 태스크 생성시에 모(母) 태스크에 의해 지정되고, 그 자(子) 태스크가 로드 모듈을 참고할 때 검색의 대상이 되는 라이브러리를 말한다.

task lighting[–láitiŋ] 태스크 라이팅 각각의 조명 기구를 사용하여 개인의 작업에 필요한 밝기와 눈에 부드러운 양질의 조명을 얻는 방법.

task location[–loukéiʃən] 태스크 로케이션

task log buffer[–lɔ́(ː)g bʌ́fər] 태스크 로그 버퍼 태스크마다 존재하는 트랜잭션 중 데이터 갱신을 수반하여 갱신한 후의 데이터를 축적하는 버퍼.

task management[–mǽnidʒmənt] 태스크 관리 태스크가 입출력 장치가 아닌 시스템 자원을 사용하는 것을 제어하는 프로그램 또는 루틴 기능의 집합.

task management function[–fʌ́ŋkʃən] 태스크 관리 기능 태스크의 생성, 스케줄링, 동기화 그리고 종료에 대한 순차적인 기능. 다중 태스킹은 여러 프로그램에 대해서도 그리고 하나의 프로그램 내에서도 이루어진다.

task management program[–próugræm] 태스크 관리 프로그램 태스크에 의한 중앙 연산 처리 장치 및 기타 자원의 사용을 규제하는 제어 프로그램의 하나.

task manager[–mǽnidʒər] 태스크 매니저, 작업 관리자 운영 체제에 탑재되어 태스크를 전환하는 프로그램. 응용 프로그램의 강제 종료, 윈도의 전환 등을 행할 수 있다.

task message queue node[–mésidʒ kjúː nóud] TMQN, 태스크 메시지 큐 노드 사용자의 단말에서 입력된 메시지가 응용 프로그램에 의한 처리를 기다리기 위하여 태스크 단위로 등록되는 장소(제어 블록). 응용 프로그램을 여러 태스크로 동작시키는 경우, 메시지 큐 노드(MQN)에 태스크의 수만큼 태스크 메시지 큐 노드가 접속된다.

task name[–néim] 태스크명

task network scheduling[–nétwə̀ːrk skédʒuliŋ] TANES, 태스크 네트워크 스케줄링

task origination[–ərìdʒinéiʃən] 태스크 발생

task package[–pǽkidʒ] **태스크 패키지**
task performance system [–pərfɔ́:rməns sístəm] **태스크 성능 시스템**
task priority[–prɑiɔ́(:)riti(:)] **태스크 우선 순위**
task queue[–kjú:] **태스크 대기 행렬** 어떤 시점에서 시스템 내에 존재하는 모든 태스크 제어 블록의 대기 행렬.
task recovery[–rikʌ́vəri(:)] **태스크 회복**
task redundancy[–ridʌ́ndənsi(:)] **태스크 중복, 태스크 용장성(冗長性)**
task resume[–rizjú:m] **태스크 재개시**
task scheduler[–skédʒulər] **태스크 스케줄러** 태스크 스케줄러는 사용자 인터럽트에 직접적으로 연결되어 있지 않는 일의 처리를 조직화하고 스케줄하며, 그리고 프로그램의 다중 처리를 모색하기 위하여 실시간 운영 체제에서 쓰이고 있다. 이렇게 다중 프로그래밍에서 태스크의 실행 순서를 정하는 프로그램을 말한다.
task scheduler supervision control [–sù:pərvíʒən kəntróul] **태스크 스케줄러 감독 제어** 태스크 스케줄러는 다른 태스크에 의해 명령을 받았을 경우, 특별한 시간 지연이나 그 태스크가 시작되기 위해서는 선행의 외부 작업이 있을 경우, 다른 태스크로부터 메시지를 기다리고 있든지 입출력과 시스템 호출의 종료를 기다리고, 시스템 호출을 하는 동안 혹은 어느 시간에 재개하도록 명령받았을 때 등의 조건 하에서 태스크들을 지연시킨다. 그 시간이 지나가든지 혹은 기다리던 일이 일어나면 스케줄러는 그 태스크를 다시 수행하기 위한 준비를 한다.
task scheduling[–skédʒuliŋ] **태스크 스케줄 조작**
task scheduling priority[–prɑiɔ́(:)riti(:)] **태스크 스케줄 우선 순위**
task selection [–səlékʃən] **태스크 선택**
task sequence control[–sí:kwəns kəntróul] **태스크 순차 제어**
task set[–sét] **태스크 세트**
task set control block[–kəntróul blɑ́k] **TS-CB, 태스크 세트 제어 블록**
task set installation[–ìnstəléiʃən] **태스크 세트 설치**
task set library[–lɑ́ibrəri(:)] **태스크 세트 라이브러리**
task set load module[–lóud mɑ́dʒu:l] **태스크 세트 로드 모듈**
task set reference table[–réfərəns téibəl] **TSRT, 태스크 세트 참조 테이블**
task start[–stɑ́:rt] **태스크 개시**
task state[–stéit] **태스크 상태**

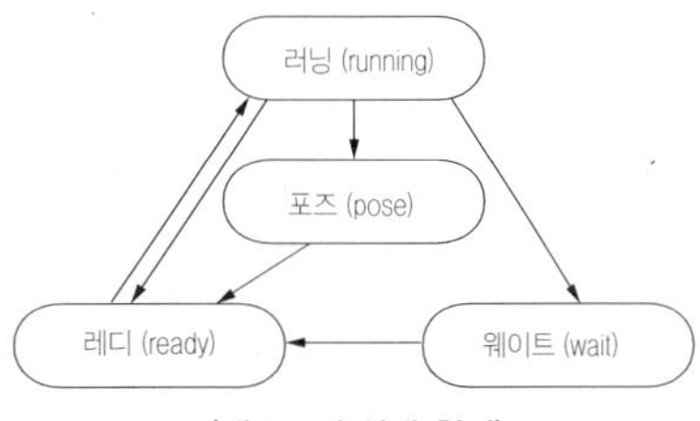

〈태스크의 상태 천이〉

task status [–stéitəs] **태스크 상황** 태스크의 동작에는 처리에 필요한 주기억 장치, 주변 장치 등의 할당과 중앙 처리 장치(CPU)의 할당, 즉 CPU 타임의 할당이 필요하며, 반대로 말하면 이들 모든 조건이 갖추어지기까지는 동작되지 않는다. 이들 태스크의 주요 상태는 다음과 같다. ① 러닝(running) : 현재 처리 중인 상태. ② 레디(ready) : CPU 타임 이외의 자원은 이미 할당되어 CPU 타임이 주어지면 러닝으로 될 수 있는 상태. ③ 웨이트(wait) : 파일 입출력 완료 등의 조건 대기이며, CPU 타임을 요구할 수 없는 상태. ④ 포즈(pose) : 주기억 장치에 공백이 존재하지 않기 때문에 기다리고 있는 상태. 모든 유저 프로그램은 태스크로서 동작하지만 운영 체제 중에는 CPU 시간의 계획적 할당의 대상이 되지 않고 하드웨어 인터럽트에 따라서 즉시 실행되는 처리 부분도 있다. 이것을 비(非)태스크라고 한다.
task-step data detail[–stép déitə ditéil] **TSDD, 태스크 스텝 데이터 상세**
task structure [–strʌ́ktʃər] **태스크 구조**
task suspend[–səspénd] **태스크 일시 정지**
task switch[–swítʃ] **태스크 스위치, 태스크 전환** 현재 실행중인 태스크보다 실행 우선도가 높은 태스크가 새로 실행 가능하게 되었을 경우, 또는 실행 중인 태스크가 어떤 이유로 대기 상태에 들어갔을 때 수행되는 것으로, 컴퓨터 시스템이 실행 가능한 상태에 있는 가장 높은 실행 우선도의 태스크에 실행권을 부여하는 것.
task switching [–swítʃiŋ] **태스크 전환**
task synchronization[–sìŋkrənɑizéiʃən] **태스크 동기화** 한 태스크가 어느 특정 부분을 완전히 끝냈음을 다른 태스크에게 알려줌으로써 전체 프로그램의 일관성을 유지시키는 것.
task system[–sístəm] **태스크 시스템**
task system work stack[–wə́:rk stǽk] **태스크 시스템 작업 스택**

task termination[–tə̀ːrminéiʃən] **태스크 종료, 태스크 중지** PL/I 용어. 태스크는 다음의 경우에 종료한다. ① 태스크에 대한 제어가 그 태스크의 초기 절차에 대한 RETURN 문 또는 END 문에 도달했을 때. ② 태스크에 대한 제어가 EXIT 문에 도달했을 때. ③ 그 태스크 또는 다른 임의의 태스크에 대한 제어가 STOP 문에 도달했을 때. ④ 태스크를 생성한 블록이 종료했을 때. ⑤ 모(母) 태스크 자신이 종료했을 때. ⑥ ERROR 조건에 대한 표준 시스템 동작 혹은 ERROR on 단위에서 정상 복귀하는 동작이 실행되었을 때이다.

task time[–táim] **태스크 시간**

task-to-task communication[–tu tǽsk kəmjùːnikéiʃən] **태스크–태스크 통신** 컴퓨터 네크워크의 어느 한 지점에 있는 사용자 프로그램이 타 지점에 있는 사용자 프로그램의 메시지나 데이터와 서로 교환하는 과정.

task translator[–trænsléitər] **태스크 트랜슬레이터, 태스크 변환, 태스크 번역기**

task tree[–tríː] **태스크 트리**

task tray[–tréi] **태스크 트레이, 작업 트레이** 윈도에서 백그라운드에서 처리되고 있는 상주 소프트웨어 등의 상태를 표시하는 작업 표시줄 오른쪽 끝의 영역. 인디케이터 영역이라고도 한다.

task uncertainty[–ʌnsə́ːrtənti(ː)] **태스크 불확정성**

task user work stack[–júːzər wə́ːrk stǽk] **태스크 사용자 작업 스택**

task variable [–vɛ́(ː)riəbl] **태스크 변수**

task work area[–wə́ːrk ɛ́(ː)riə] **태스크 작업 영역**

task work stack descriptor[–stǽk diskríptər] **TWSD, 태스크 작업 스택 기술자**

tautology[tɔːtálədʒi(ː)] *n*. **항진 명제, 토탈러지** 항상 참인 진리값을 가지는 명제. 항진 명제는 명제 변수의 모든 가능한 진리값에 대해 참인 진리값을 가진다. 즉, 명제는 논리를 수학적으로 표현하여 사용하는데, 그 대수적 문장에 어떤 명제값을 바꾸어도 항상 그 문장이 참인 현상이다.

TB (1) 테라바이트 ⇨ terabyte (2) **트렁크 블록 번호** trunk block number의 약어.

TBLA 시간 베이스 부하 해석 time-based load analysis의 약어.

TBM time-based management의 약어. 시테크라고 하며, 노동력 대신 각종 정보 기술과 전략적 사고에 입각하여 시간 가치를 높임으로써 기업의 경쟁력 확보, 고객 만족 및 종업원들의 복지에 기여하는 정보 사회의 새로운 시간 창조, 관리 기술이다.

TBO 오버홀 간격 time between overhauls의 약어.

TC (1) **단말 제어 장치** terminal controller의 약어. (2) **전송 제어** transmission control의 약어. (3) **전송 제어 문자, 전송 제어 부호** transmission control character의 약어. 전기 통신망에서 정보의 전송을 제어하기 위한 제어 문자의 총칭.

TCA 전 회사 자동화 total company automation의 약어.

TCAM 통신 액세스법, 통신 액세스 방식, 원격 통신 액세스법 telecommunication access method의 약어. 주기억 장치와 단말 장치(terminal) 사이의 데이터 교환 방법의 하나로, 통신 회선(communication line)을 경유하여 데이터와 메시지에 액세스하는 방법. 이용자가 TCAM을 사용하는 데는 응용 프로그램 중의 데이터의 액세스를 필요로 하는 곳에 GET/PUT 또는 READ/WRITE라고 하는 매크로 명령을 기입해 두도록 한다. 실제의 데이터 전송이나 전송 제어는 메시지 제어 프로그램(MCP)이 행한다.

TCAS 단말 제어 어드레스 공간 terminal control address space의 약어.

TCB 태스크 제어 블록, 태스크 컨트롤 블록 task control block의 약어. 어떤 태스크에 관한 제어 정보를 통합한 것.

TCH 채널 테스트 (명령) test channel의 약어.

T-chart[tíː tʃáːrt] **T 차트, T 도식** 입출력 및 그 처리 프로그램을 T자형으로 표현한 그림.

T-commerce[–kámәːrs] **T 커머스** TV와 commerce(상거래)가 결합된 단어. TV를 이용한 전자 상거래.

TCM 열전도 모듈 thermal conduction module의 약어.

TCO (1) Swedish Central Organization of, Salaried Employees의 약어. 전기 기기에서 방사되는 전자파 등에 대한 규격을 책정하는 스웨덴의 단체, 또는 그 규격. 컴퓨터 관련 주요 규격으로는 TCO-1992와 TCO95가 대표적이다. (2) total cost of ownship의 약어. ① 1997년 미국의 대표적인 컨설팅 회사인 가트너 그룹(Gartner Group)에서 발표한 것으로, 기업에서 사용하는 정보화 비용에 투자 효과를 고려하는 개념의 용어이다. 즉, 회사에서 전산 시스템을 도입할 때 단순히 초기 투자 비용만이 아니라 도입 후의 운영이나 유지 보수 비용까지 고려하는 것이다. ② 한 대의 컴퓨터를 이용하는 데 드는 전체 비용으로 하드웨어 소프트웨어, 업그레이드 비용, 상근 직원 및 훈련과 기술 지원을 담당하는 상담 직원 급료 등을 포함한다.

T connection T 접속 ⇨ neuristor

TCP 전송 제어 프로토콜 transmission control protocol의 약어. 미 국방성(DOD)에서 개발한 통신 소프트웨어로, 두 기종의 컴퓨터 네크워크에서 사용되며, 전송의 계층을 지원한다.

TCP/IP 전송 제어 프로토콜 / 인터넷 프로토콜 transfer control protocol/Internet protocol의 약어. 미 국방성에서 컴퓨터 이기종(異機種) 접속을 목적으로 만들어진 프로토콜로서 미 국방성 고등 연구 계획국의 컴퓨터 네트워크 프로젝트인 ARPA Net에서 광역 네트워크에 의한 자원 공유를 목적으로 개발한 통신 방식이다. TCP/IP는 1960년대부터 늘어나기 시작한 전산망 간의 호환성 결여의 심각한 문제를 해결하기 위해 만들어진 프로토콜로서 이기종 간의 접속을 가능하게 한다. 유닉스 운영 체제에 TCP/IP를 무상 탑재하여 배포하면서 급속히 보급되기 시작하였다. TCP/IP는 인터넷에서 사용되는 모든 프로토콜을 지칭하며 현재는 모든 운영체제(도스나 윈도, 매킨토시 등)에서 사용 가능하다. 인터넷에 접속하기 위해서는 TCP/IP 프로토콜을 사용하는 소프트웨어가 필요하며 네트워크를 통한 자료 전송이 이루어질 때는 패킷(packet)이라는 단위로 잘라져서 전송된다.

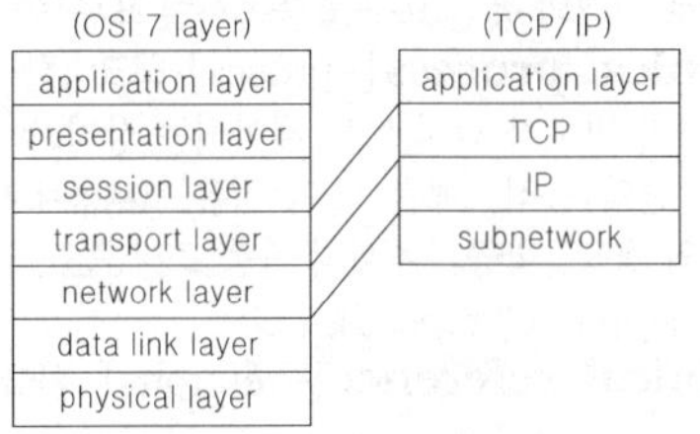

〈OSI 7 layer와 TCP/IP와의 비교〉

TCS 증권용 데이터 통신 제어 시스템 telecommunications control system의 약어.

TCT 목표 사이클 시간 target cycle time의 약어.

TCU (1) **통신 제어 장치** telecommunication control unit의 약어. (2) **전송 제어 장치** transmission control unit의 약어.

TD 자동 송신기 transmitter distributor의 약어. 텔레타이프 단말의 일종으로, 일정한 시간 간격을 두고 회선의 개폐를 하는 것. 종이 테이프 송신기라고도 한다.

TDCI 대만 데이터 협회 Taiwan Data Communication Institute의 약어.

TDE 전화를 이용한 데이터 입력 telephone data entry의 약어. 체인스토어가 전화 회선을 이용해서 발주 데이터나 영업 성격을 본부에 자동으로 보내는 시스템. 단말기에는 숫자를 찍어서 송화기에 접속만하면 데이터를 보낼 수 있다.

TDDM 수동측 분산 데이터 관리 프로그램 target distributed data manager의 약어.

TDF 국제간 정보 유통 transborder data flow의 약어.

TDL 트랜지스터 다이오드 논리 transistor-diode logic의 약어.

TDM (1) **시분할 다중 방식** time division multiplex의 약어. (2) **시분할 다중화** time division multiplexing의 약어. 상대적으로 저속으로 동작하는 여러 대의 전송 장치들이 고속으로 동작하는 하나의 통신 회선을 공유하여 동시에 데이터를 전송하는 방식. 하나의 전송 회선에 대한 전체 사용 시간을 작은 시간 단위(time slice)로 나누고, 이렇게 나눈 작은 시간을 하나의 처리 장치에 할당하여 여러 개의 장치로부터 전달된 정보들을 하나의 블록으로 묶어 전송하는 개념이다. 이 방식은 특성상 전송 장치의 속도가 통신 회선의 속도보다 느려야 동작하는 제약 사항이 있으며, 동기식 시분할 다중화 방식과 비동기식 시분할 다중화 방식으로 나눌 수 있다.

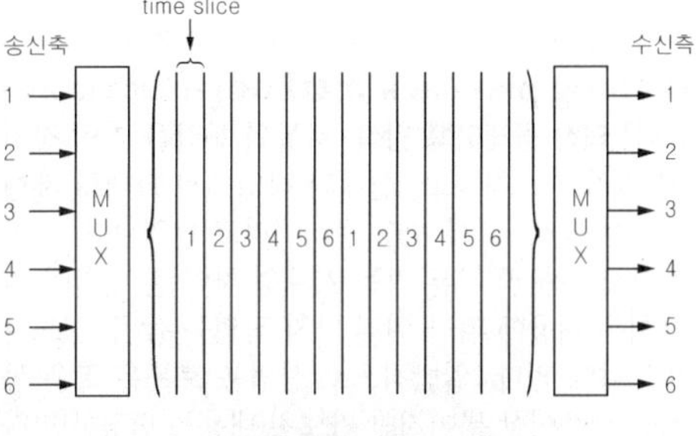

〈시분할 다중 방식의 예〉

TDMA 시분할 다중 액세스 time division multiple access의 약어. 위성 통신의 용량 할당을 위한 동기형 시분할 방식의 접근 방식.

TDOS 테이프 디스크 운영 체제 tape disk operating system의 약어. 자기 테이프와 자기 디스크를 사용한 운영 체제. 보통 운영 체제는 자기 디스크에 저장되어 있어 자기 테이프는 워킹 스토리지로서 사용된다.

TDR time domain reflectometer의 약어. 네트워크 케이블의 손상 및 단선을 검사하는 장비로서 검사를 위한 신호를 전송하고 신호의 반송에 따라 상태를 점검한다.

TDX 시분할 방식 교환기 time division exchange의 약어. TDX 교환기는 기존의 기계식 또는 아날로그 방식의 반전자 교환기에 비해 기술 특성이 뛰어나고 경제성이 높다. 디지털 시분할 방식의 이 교환기는 음성 화상 데이터 등 각종 비음성 통신 서비스를 제공할 수 있어 종합 정보 통신망의 주력 교환기로 적합하다.

TE (1) **종단 영역** termination environment의 약어. (2) **트랜스미트 버퍼 엠티, 송신 버퍼 공백** transmit buffer empty의 약어. 직렬 송신 제어 신호의 하나로서, 송신 데이터 버퍼가 비어 있다는 것을 나타내는 신호.

TEA 태스크 기구 분석 task-equipment analysis의 약어.

teaching[tí:tʃiŋ] *n.* **교육, 교습, 학습** 인간이 플레이백 로봇에게 동작 순서를 가르치는 것. 교습을 받은 플레이백 로봇은 가르침을 받은 대로 동작을 정확히 반복한다.

teaching machine[–məʃí:n] **티칭 머신, 교육 기계** 학습자 개개인이 일대일의 대화 모드로 학습하는 상대로 쓰이는 기계. 우선 슬라이드 프로젝터 등을 써서 문제를 제시하고 학습자의 응답이 정답인지 아닌지에 따라 그에 적절한 문제가 다음에 제시된다. 학습자의 이해 정도에 따라 적절한 진도로 학습을 진행시킬 수 있다. 미리 설정된 교육 계획대로 면밀한 프로그램을 만들 필요가 있다. 컴퓨터에 의해서 이를 행하는 시스템을 CAI 시스템이라고 한다.

teaching playback method[–pléibæ̀k méθəd] **티칭 플레이백 방식** 로봇의 동작을 기억 장치에 미리 가르쳐두고, 실제의 작업에서 그대로 재현시키는 방식. 교시 재생 방식이라고 번역된다. 일반적으로 로봇과 다른 자동 기계의 차이는, 인간이 가르치는 내용에 따라 여러 가지 작업을 할 수 있느냐 없느냐에 있다. 일반적으로 산업용 로봇은 같은 동작을 되풀이할 뿐이지만 가르친 내용을 변경하면 다른 작업도 할 수 있게 된다. 티칭(teaching)의 대상이 되는 로봇의 동작에는 팔의 움직임, 핸드(hand)의 동작 그리고 대상물이나 장애물의 존재 확인 등 이동 로봇인 경우의 이동 경로 같은 것이 있다.

Teach Text[tí:tʃ tékst] **티치 텍스트** 매킨토시 시스템에 표준으로 부착된 텍스트 편집기.

TEAPACK 티팩 teaching package의 약어. 캐나다 토론토 대학에서 개발한 수치 해석 패키지의 명칭.

teardown time[tέərdàun táim] **철거 시간** 작업이 완료된 후 테이프, 디스크 팩, 카드 덱 및 용지를 제거하고, 시간 카드를 천공하는 일 등에 소요되는 시간.

tear drop menu[tέər dráp ménju:] **테어 드롭 메뉴** 풀다운(pull-down) 메뉴의 좌우에 표시되는 서브메뉴.

tear off menu[–ɔ́(:)f ménju:] **테어 오프 메뉴** 메뉴 바를 드래그하여 임의의 장소에 배치할 수 있는 메뉴. 테어 오프란 「벗기다」, 「떼어내다」라는 의미.

technical[téknikəl] *a.* **테크니컬, 기술적**

technical control center[–kəntróul séntər] **기술적 제어 센터** 데이터 센터 요원이 전산망의 어느 곳에서 일어날 수 있는 문제들을 찾아 진단하는 데 도움을 주는 모듈화된 전자 시스템. 또는 전산망에 최소의 동작 정지를 시키면서 고장을 지적할 수 있는 시험 장비로서, 온라인 점검을 가능하게 해주고 있다.

technical innovation[–ìnəvéiʃən] **기술 혁신** 간단한 신발명이나 혁신적인 연구면에서의 새로운 지식 단계를 말하는 것이 아니고 전체적인 기술 중에 도입되어 새로운 상품, 새로운 프로세스, 새로운 시공법으로 다듬어져서 기존의 것에 비해 혁신을 일으키는 기술상의 사실화된 것. 그러므로 새로운 생산 방법, 기술의 개발, 신자원의 획득, 신제품의 개발이 활발해져 그것의 생산성이 향상되고 새로운 산업의 발달 등을 통해 경제 발전을 이룰 수 있다.

technical office protocol[–ɔ́(:)fis próutəkɔ̀(:)l] **TOP, 기술적 사무 프로토콜** 산업체 공장과 기업 내 사무실 환경에서의 분산 정보 처리를 효율적으로 처리해주는 OA 네트워크용 프로토콜의 표준안으로 미래의 통신 요구를 충족시킬 프로토콜이다.

technical process[–prάses] **테크니컬 프로세스** 물리 변수가 감시 또는 제어되는 장치로 행해지는 일련의 동작. 예를 들면 정유소(精油所)에서의 증류와 응축, 항공기에서의 자동 조타(操舵)와 자동 착륙 등이다. ⇨ process

technical reference[–réfərəns] **기술 참고 자료**

technical support[–səpɔ́:rt] **기술 지원** 컴퓨터의 하드웨어나 소프트웨어 판매자가 구입자에 대해 상품에 관한 교육, 수리와 정기 점검 등을 지원하는 것.

technique[tekní:k] *n.* **기법, 기술, 수법** 일반적으로 물질적 재화를 생산하는 생산 기술(industrial technology)의 의미로 사용되며, 「기술」과 거의 같은 뜻이지만 「방법」 또는 「수단」의 의미로 사용되는 경우도 많다. technique과 테크놀로지(technology)는 엄밀히 구별되어 있지 않으나 technique은 전문적인 "기술"의 「수단」과 「방법」 전반에 걸쳐서, "교묘한 방법"이나 "요령"이란 의미로 사용되는 경향이 있다. 일반적으로 「수법」, 「테크닉」이라고 해석된다. 프로그램의 수법 등에 대하여 사용된다. 또 수치 해석(numerical analysis) 등에서는 컴퓨터에 유용한 알고리즘(algorithm)을 고려하여, 그것을 프로그램에 적용하는 경우가 그 technique이 된

다. ⇨ technology

technique for human error rate prediction[–fər hjúːmən érər réit pridíkʃən] THERP, 휴먼 오류율 예측 기법

technology[teknálədʒi(ː)] *n.* 기술 일반적으로 물질적 재화를 생산하는 생산 기술(industrial technology)의 의미로 사용되며, 「기술」이라 해석되지만 「방법」 또는 「수단」의 의미로 사용되는 경우도 많다. technology와 technique은 엄밀히 구별되어 있지 않으나 "technology"는 해당 분야의 기술 전반 또는 종합 기술이라는 의미가 함축되어 사용되는 경우가 많다. 컴퓨터에서는 주로 하드웨어의 구조상의 기술에 관해서 사용되는 경우가 많다. 그대로 「테크놀로지」로 번역된다. ⇨ technique

technology assessment [–əsésmənt] 기술 평가 테크놀로지(기술) 개발에 의하여 초래되는 종류의 분야에 대한 효과, 부산물을 비롯, 자연 환경에 대한 경향 등을 실제 개발에 앞서 종합적으로 예측 평가하는 것.

technology community[–kəmjúːniti(ː)] 기술 공동체

technology cotyledon[–kàtilíːdən] 기술 떡잎

technology-economic model[–ìːkənámik mádəl] 기술 경제 모델

technology forecasting[–fɔ́ːrkàːstiŋ] 기술 예측

technology impact[–ímpækt] 기술 충격

technology matrix[–méitriks] 기술 매트릭스

technology without anyinterested name [–wiðáut eniítərəstəd neim] 트웨인 ⇨ TWAIN

technos[téknouːs] *n.* 기교 모든 조립된 것의 종합체 및 조립의 원리로서, 마이크로컴퓨터를 사용하여 조립 작업용 로봇 등을 만들 때 필요한 개념.

technoSphere[tèknousfíər] 가상 생물 공간 (1) 접근한 사람이 그 홈페이지에 준비된 생물의 부품 목록 중에서 자유롭게 눈이나 코, 몸체, 발, 손 등을 선택하여 가상의 생물을 탄생시키고, 지정된 가상 공간 안에서 그 생물이 자유롭게 생활할 수 있는 인터넷의 홈페이지. (2) 인터넷으로 접근할 수 있는 3차원 가상 세계. 유전 알고리즘에 의해 길러지고, 많은 사람들이 탄생시킨 생물이 동거하는, 프랙털한 기하에 의해 만들어진 세계.

techno stress[téknou strés] 테크노 스트레스 직장에 사무 자동화(OA) 기기나 공장 자동화(FA) 기기가 구비됨에 따라 그것들을 잘 사용할 수 없는 데서 오는 불만이나, 디스플레이 장치를 오랫동안 계속 볼 때 발생하는 스트레스. OA병이라고도 한다. 눈의 피로, 건조, 어깨결림, 요통 등 VDT 장애 요인의 하나라고 할 수 있다.

Tektronix Inc. 테크트로닉스 사 미국의 컴퓨터 업체. 컴퓨터 그래픽용의 하드웨어와 소프트웨어를 전문으로 생산하는 업체. 특히 그래픽 단말기와 워크스테이션이 유명하다.

telautograph[telɔ́ːtəgræ̀f] *n.* 텔로토그래프, 서화 전송기 인쇄 전신 장치의 일종으로, 송신측의 펜이 움직이기 시작하면 그 움직임에 따라 두 회로 중의 전류가 변화하여 원격지에 있는 수신 장치의 펜과 똑같은 움직임을 할 수 있게 하는 시스템. 텔레라이터라고도 한다. ⇨ tele-autograph

tele-autograph[télə ɔːtəgræ̀f] 텔레오토그래프 ⇨ telautograph

telecast[téləkàːst] *n.* 텔레비전 방송

telecommunication [téləkəmjùːnikéiʃən] *n.* (전기) 통신 텔레커뮤니케이션. 원격 통신. 전자 통신. (1) 서로 멀리 떨어진 장소에 있는 컴퓨터와 데이터 전송 단말 장치를 통신 회선에 연결하여 데이터를 「교환」하는 것을 말한다. 데이터를 송수신할 때의 순서와 데이터의 형식, 나열 방법 등에 대하여 미리 정해진 규칙이 필요하게 된다. 이것을 프로토콜(protocol)이라고 한다. 프로토콜은 물리층, 데이터 링크층, 네트워크층, 트랜스포트층, 세션층, 프레젠테이션층, 애플리케이션층의 각각에 대하여 별개로 존재한다. 「전송 제어 절차」는 프로토콜 일부의, 특히 데이터 링크층의 프로토콜과 겹치는 분야의 규약이지만 역사적으로 보아 오래된 용어이다. (2) 원격지로 전신, 라디오, 텔레비전 등에 의한 문자, 음성, 정지 화상, 동화(動畵) 등을 송신하는 것을 말한다. 통신에 사용하는 신호의 형태는 아날로그(analog)와 디지털(digital) 두 가지가 있다.

telecommunication access method[–ǽkses méθəd] TCAM, 원격 통신 접근 방식, 통신 액세스 방식, 원격 통신 액세스법 ⇨ TCAM

telecommunication control[–kəntróul] 텔레커뮤니케이션 컨트롤, 원격 통신 제어

telecommunication control unit[–júːnit] TCU, 통신 제어 장치

telecommunication line[–láin] 원격 통신 회선 데이터를 한 지점에서 다른 지점으로 전송하는 데 사용되는 전화와 다른 통신 선로나 채널.

telecommunication network [–nétwəːrk] 전기 통신망, 원격 통신망, 통신 네트워크 전기 통신을 하기 위한 설비의 유기적인 집합으로 전화망, 전신망 등의 단위망의 총칭.

telecommunications control system [tèləkəmjùːnikéiʃənz kəntróul sístəm] TCS, 증권용 데이터 통신 제어 시스템

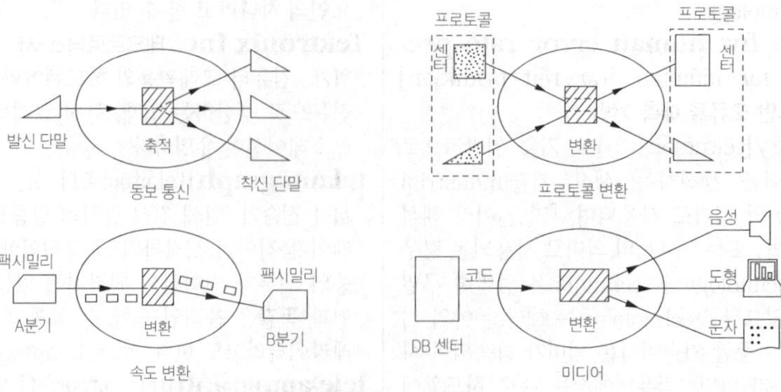

〈전자 회의 통신 처리〉

telecommunications feature [–fíːtʃərz] **원격 통신 기능**

telecommunications specifications form [–spèsifikéiʃənz fɔ́ːrm] **원격 통신 명세서 용지** 목적 프로그램의 실행시에 이용자 단말과의 다중 대화 처리를 사용하기 위해 필요한 퇴피(退避) 영역에 관한 지정을 하는 RPG 명세서 용지.

telecommunication system [tèləkəmjùː-nikéiʃən sístəm] **데이터 통신 시스템, 텔레커뮤니케이션 시스템, 원격 통신 시스템**

telecommuting [téləkəmjuːtiŋ] **재택 근무** 모뎀이나 통신 소프트웨어가 부착된 PC를 통해 다른 장소의 주사무소와 통신하면서 가정과 같은 장소에서 작업하는 것.

telecomputing [tèləkəmpjúːtiŋ] **원격 이동** 자택에서 직장으로의 물리적인 이동을 논리적인 이동으로 바꾸어 주어서 집에서 컴퓨터나 전기 통신 채널을 통해 작업을 할 수 있게 하는 것.

teleconference [tèləkánfərəns] *n.* **원격지 회의 시스템, 전자 회의** 보통 여러 개의 떨어진 지점 간에서 전기 통신 수단을 이용하여 동시에 또는 비동시에 정보 등을 교환하는 쌍방향 통신 시스템. 음성, 화상, 데이터 중 어느 것을 주로 사용하는가에 따라 전화를 사용한 오디오 회의, 텔레비전 회의로 대표되는 비디오 회의, 컴퓨터와 텔레타이프, 디스플레이 등의 단말로 구성되는 컴퓨터 회의의 세 가지 방식으로 크게 나누어진다. ⇨ 그림 참조

teleconferencing [tèləkánfərənsiŋ] *n.* **전자 회의**

telecopying [tèləkápiŋ] **원격 복사** 원격지에서 행해지는 복사. ⇨ facsimile

telecottage [téləkàtidʒ] **텔레코티지** 북유럽의 낙후성을 극복하고 이들 지역에 소재한 중소기업의 경쟁력 재고를 위해 지방 정부와 학계 관계자들이 주도적으로 추진한 지역 사회 운동의 일종으로 덴마크, 핀란드 등지에 약 50여 개가 설립 운영되고 있다. 텔레코티지는, 첫째 지역 주민의 정보 기지에 대한 두려움을 제거하고, 둘째 지역 상공인들을 대상으로 정보 통신 기기에 대한 자문을 제공하며, 셋째 지역 주민에 대한 컴퓨터 교육 등을 목표로 하고 있으며 전기 통신 서비스에 대한 지역 주민의 자발적인 수요 촉발과 노하우 인프라를 중시하고 있다.
[주] 노하우 인프라(know-how infra) : 사회적 생산 기반. 경제 활동의 기반을 형성하는 기초적인 시설.

teledata [tèlədéitə] **원격 자료** 전송을 위하여 천공 종이 테이프에 패리티 비트를 끼워넣어 주는 장치. 수신 장치는 부호의 정확성을 위해서 패리티를 조사한 뒤 정확한 자료로써 종이 테이프를 다시 천공해준다.

Teledisic 텔레디식 계획 2001년까지 840개 위성을 쏘아올려 범지구적 멀티미디어 통신을 실현하려는 계획. 마이크로소프트 사와 McCowCellular 사의 이동 통신 서비스 구상.

tele education [télə èdʒukéiʃən] **원격 교육, 재택 교육** CD-ROM 등의 교재와 PC를 조합하여 학생은 적절한 시간에 공부할 수 있고, 선생은 학생의 학습 상황을 파악하여 원격 지도를 할 수 있는 시스템.

telegram network [téləgræ̀m nétwə̀ːrk] **전보망** 전보를 발신국에서 착신국까지 전달하기 위해 구성된 통신망.

telegraph [téləgræ̀f] *n.* **전신** 전기 통신(telecommunication)의 일종으로 ON/OFF의 단속 신호에 의하여 숫자와 알파벳을 나타내어 통신하는 것으로, 초기 무렵은 수동 전건(電鍵)을 조작함으로써 이 단속 신호를 송신하고 있었지만, 현재는 키보드로 입력함으로써 단속 신호를 송신할 수 있는 원격 인쇄기(teleprinter)가 사용되고 있다.

telegraph alphabet [–ǽlfəbèt] **전신 알파벳**

telegraph attachment[–ətǽtʃmənt] **전신 장착 접속 기구**

telegraph channel [–tʃǽnəl] **전신 채널**

telegraph circuit[–sə́ːrkit] **전신 회로** 양방향의 전신 전송의 채널을 가지고 구성된 회선의 총칭.

telegraph concentrator [–kάnsəntrèitər] **전신 집신기**

telegraph distortion [–distɔ́ːrʃən] **전신 왜곡** 전신 신호를 전송할 때 신호의 계속 시간이 이론적인 시간과 일치하지 않을 때 그 신호는 전신 왜곡이 있다고 한다.

telegraph grade circuit[–gréid sə́ːrkit] **전신 등급 회선** 텔레타이프 장치에 의한 전송에 적합한 회선으로서 이 회선의 최고 속도는 보통 75보이며, 직류 신호 방식에 의한다.

telegraphic communication[tèləgrǽfik kəmjùːnikéiʃən] **전신** 전기 신호를 사용한 원거리 간의 데이터 송수신. 특히 2진 부호화된 정보는 아날로그 신호를 사용한 전화 통신과는 달리 데이터 선상을 각각의 비트값에 따라 ON(1), 또는 OFF(0)의 상태로 상대방에게 보내며, 수신측에서는 그것을 재구성하여 원래의 부호화된 정보로 만든다.

telegraph line pair [téləgræ̀f láin pέər] **TLP, 전신용 회선 접속 기구 (2회선용)**

telegraph line termination [–tə̀ːrminéiʃən] **전신 회선 종단 장치**

telegraph network[–nétwə̀ːrk] **전신망** 전보망(telegram network), 가입 전신망(telex network)이 있는데, 이 전신망의 최대 특징은 전세계에 문자 통신망으로서 보급되고 있다는 점이다.

telegraph repeater[–ripíːtər] **전신 중계기**

telegraph signal[–sígnəl] **전신 신호**

telegraph signal distortion[–distɔ́ːrʃən] **전신 신호 왜곡**

telegraph signal unit[–júːnit] **전신용 송수신 장치**

telegraph speed[–spíːd] **전신 속도**

telegraph switching system[–swítʃiŋ sístəm] **전신 중계 교환 방식** 전신의 중단 교환의 한 방식으로 선택 신호에 의해 상대국에 회선을 접속하는 회선 교환 방식과 종이 테이프 등에 일단 축적하고 회선이 비기를 기다렸다가 접속하는 축적 교환 방식 등이 있다. 회선의 효율적인 이용면에서는 후자가 뛰어나다.

telegraph terminal control base [–tə́ːrminəl kəntróul béis] **전신 장치 단말 제어 베이스 기구**

telegraph transmission speed [–trænsmíʃən spíːd] **전신 송신 속도**

telegraph-type data network [–táip déitə nétwə̀ːrk] **전신형 데이터 회선망** 가입 전신망을 사용하는 데이터 전송 회선. 50비트/초 이하의 직류 부호의 전송이 가능하다. 전화형 데이터 회선망이 교류 신호를 위해 단말에 모뎀(변복조기)을 필요로 하는 데 대해 전신형 데이터 회선망에서는 단말에 모뎀이 필요 없고, 전신을 반송 회선 또는 고속 디지털 회선에 싣기 위한 변복조 장치를 전화 중계소 등에 집중하는 것이 가능하다.

telegraph-type data transmission [–trænsmíʃən] **전신형 데이터 전송**

telegraphy[təlégrəfi(ː)] *n.* **전신** 전기 통신의 일부로서, 원격지 간에서 모든 정보의 통신을 목적으로 하는 것.

telegraphy circuit[–sə́ːrkit] **전신 회선** 전신 전송을 하기 위해 둔 양방향성의 통신 회선. 직류 전신 회선, 반송 전신 회선이 있다.

telemanagement[téləmæ̀nidʒmənt] *n.* **원격 관리** 사용자의 장거리 전화 시스템에 대한 전산 관리 서비스로서, 호출을 하는 그 시간에 가장 값이 싼 경로를 택해서 자동으로 연결해주며, 그 요금 계산 관리를 위하여 각 호출을 기록해둔다.

telematics[téləmæ̀tiks] **텔레매틱스** 통신(telecommunication)과 정보과학(informatics)의 합성어. 자동차 · 항공기 · 선박 등에 컴퓨터 · 무선통신 · 위성항법 기능을 모두 갖춘 장치를 달아 각종 데이터 및 영상정보 등을 주고 받을 수 있게 해주는 서비스.

telematique[téləmætik] *n.* **텔레마티크** 프랑스어로 telecommunication(전기 통신)과 informatique(정보 처리)의 합성어로, 전기 통신과 정보 처리의 결합 및 사회적 영향을 종합적으로 표현한 말이다. telematics라고도 한다.

telematique society[–səsάiəti(ː)] **정보화 사회** 컴퓨터와 통신의 기술이 고도로 발달하여 사회의 각 분야에서 중추적인 역할을 할 수 있는 미래 사회.

telemeter[təlémətər] *n.* **텔레미터, 원격 측정기** 멀리 떨어진 지점에 있는 물리량을 측정하고 이것을 어떤 방법으로(일반적으로는 전기 신호로 변환해서) 필요한 장소에 보내는 장치.

telemetering[təlémətəriŋ] **원격 검침** 전기, 가스, 수도 등의 미터 값을 통신 회선을 거쳐 멀리 떨어져 있는 센터에서 자동으로 읽어서 판독하는 것. 원격 계측을 하기 위해서는 센터, 컴퓨터, 통신 회선 및 단말 장치가 필요하며 이것으로 구성된 시스템을 원격 계측 시스템이라고 한다.

telemetry[təlémətri] **원격 계측** 측정값을 무선이나 유선으로 적절히 암호화된 변조(진폭, 주파수, 위상, 펄스)를 해서 멀리 떨어진 곳으로 전송하는 것. ⇨ telemetering

telemode[téləmòud] **텔레모드** 어떤 데이터를 멀리 떨어진 곳에 전송하도록 나타내는 방식.

telemonitoring service[téləmànitəriŋ sə́ːrvis] **원격 감시 서비스** 가정의 안전과 보호를 목적으로 많이 이용되고 있는 서비스로, 도난과 화재 경보 그리고 의료 경보와 가정의 에너지 사용을 제어 및 규제하는 에너지 관리 서비스 등이 포함된다.

telenet **텔레넷** 미국의 Telenet Communication 사가 패킷 교환 방식을 사용하여 서비스를 개시한 상용의 부가 가치 네트워크 서비스. 현재는 GTE Telenet Communication 사에 의해 운영되고 있다. [주] 패킷 교환 전송을 하는 통신망.

teleoperation technology[téləɔ̀pəréiʃən teknɑ́lədʒi(ː)] **텔레오퍼레이션 기술** 로봇 등의 원격 제어 기술. 이 경우 조작자(오퍼레이터)는 로봇 측의 정보, 즉 로봇이 놓여진 환경, 작업 대상물의 상황, 작업의 진척 상태 등을 정확·신속하게 알고 정확한 판단을 해서 지령하고 로봇을 마음먹은 대로 틀림없이 작업시키지 않으면 안 된다. 로봇 기술이 고도화됨에 따라 로봇의 자율성이 높아진다고 하지만, 당분간은 인간의 감시 하에서 원격 제어에 의한 작업의 실행을 기대할 수밖에 없다. 로봇의 텔레오퍼레이션 기술은 로봇의 자율성 향상에 못지않게 중요한 기술 과제이며, 인간과 로봇과의 결점을 서로 보완하는 인간과 기계 협조 기술이다.

telepak[téləpæ̀k] **텔레팩** 전용 회선 서비스의 한 가지. 음성 대역, 부음성 대역, 광대역의 채널을 여러 개 모아서 일정한 대역폭으로 하여 두 지점 사이에서의 서비스를 실행하는 것. 광대역 채널의 서비스를 가리키는 경우도 있다. 보통의 단독 전용 회선은 거리 체감 요금제를 취하는 데 비해 텔레팩에서는 단위 거리당의 요금이 고정되어 있다.

telephone[téləfòun] *n.* **전화** 원격 통신(telecommunication) 설비의 일종으로, 음성 주파수대의 아날로그 신호를 사용해 전송 변환(transmission conversion)하는 것. 컴퓨터로 데이터 전송을 하는 경우, 기업이나 연구소라면 컴퓨터를 전용 회선에 접속하는 경우가 많다. 이것은 전용 회선이 정액제이기 때문에 회선 사용 시간이 긴 이용자에 대해서는 공중 통신 회선을 사용하는 것보다도 싸기 때문이다. 개인 사용의 경우는 전화 회선(telephone line)에 모뎀(modem) 등의 변복조 장치를 붙여서 사용한다.

telephone-answering system[-ǽːnsəriŋ sístəm] **전화 응답 시스템**

telephone BORSHT function **전화 보시트 기능**

telephone circuit[-sə́ːrkit] **전화 회선** 양방향 전화 전송의 채널을 구성하는 회선.

telephone circuit connecting equipment[-kənéktiŋ ikwípmənt] **회선 접속 장치**

telephone company[-kʌ́mpəni(ː)] **전화 회사**

telephone conference[-kɑ́nfərəns] **전화 회의** 일반 전화, 확성 전화기 등의 전화를 통해서 3명 이상의 사람들이 동시에 회의를 할 수 있는 기능. 망 내의 전화 회의 장치에 30회선 이상의 회선을 접속하여, 각 상대방들이 동시에 통화할 수 있는 다지점 간 통신 서비스도 이루어지고 있다.

telephone coupler[-kʌ́plər] **전화 결합기** 보통의 일반 전화 수화기를 모뎀으로 사용할 수 있도록 하는 기법. 주로 그들은 음향적으로 작동하지만 전기 유도적으로 작동할 수도 있다.

telephone data-carrier system[-déitə kǽriər sístəm] **TDCS, 전화에 의한 데이터 반송(搬送) 시스템**

telephone data set[-sét] **전화 데이터 세트** 이미 만들어진 변복조 장치(모뎀)를 가진 전화.

telephone dialer[-dáiələr] **전화 다이얼러** 프로그램 제어 아래에서 온칩(on-chip) 수정 발진자의 출력을 나누고 나서 전화 체계에 필요한 음성 주파수 쌍을 제공하는 회로. 음성쌍은 버스로부터 BCD 코드에 의해서 래치를 통해 추출한다.

telephone dialer circuit [-sə́ːrkit] **전화 다이얼러 회로** 모스(MOS) 전화 다이얼러 회로는 푸시 버튼 클로저(push button closure)를 회전식 다이얼 펄스로 바꿔서 표준 전화 체계와 양립할 수 있게 해준다.

telephone line[-láin] **가입 전화 회선, 전화 회선** (1) 전화 교환을 취급하는 국과 계약 청약자가 지정하는 장소와의 사이에 설치하고, 음성 대역 통신이 가능한 회선이다. (2) 전기 통신 사업자(한국 통신 등)의 공중 전화망 가입자 회선. 본래는 전화용의 통신 회선이지만 컴퓨터 등에 의한 정보 기기도 접속할 수 있다.

telephone management system[-mǽnidʒmənt sístəm] **TMS, 전화 관리 시스템**

telephone modem [-móudèm] **전화 모뎀**

telephone network[-nétwə̀ːrk] **전화기 회로망** 음성 신호를 교환, 전송하는 회선 교환 기능을 가진 통신망.

telephone set [-sét] **전화기** 송화기, 수화기 등

송수신에 필요한 여러 가지 부품을 이용해서 구성된 전화 통신을 목적으로 하는 장.

telephone signal unit [–sígnəl jú:nit] **전화용 송수신 장치**

telephone-type data network [–táip déitə nétwə̀:rk] **전화형 데이터 회선망** 데이터 전송을 하기 위한 전송로로서, 전화 회선을 그대로 이용하는 방식. 전화가 있는 장소에 변복조 장치(modem)를 설치하여 데이터 신호를 전화 회선으로 전송 가능한 신호로 변환시켜 전송한다.

telephone-type data transmission [–trænsmíʃən] **전화형 데이터 전송**

Telepony TeleScript [tiléfəni téliskript] **텔레포니 텔레스크립트** 미국 제너럴 매직 사가 개발한 통신용 언어. 네트워크 전자 우편에 인텔리전트 기능을 부가할 수 있다. 미국에서는 최대 통신 회사인 AT＆T 사가 상용 네트워크 서비스인 퍼스널 링크 서비스(personal link service)에 채용을 결정하고 있으며, 차세대 통신의 표준이 될 가능성이 있다.

teleport [téləpɔ̀:rt] *n.* **텔레포트, 정보항** 통신 위성을 이용한 정보 통신 센터로서 송수신용 파라볼릭 안테나(parabolic antenna) 등을 구비한 지상국. 정보 처리를 위한 컴퓨터 설비, 정보 관련 기업의 빌딩(intelligent building)으로 구성되며 정보를 이용하는 각 기업 등과는 광섬유 케이블로 연결한다.

teleprinter [téləprìntər] *n.* **텔레프린터, 원격 인쇄기, 인쇄 전신기** 이전부터 사용되고 있는 인쇄 전신기의 총칭. 일반적으로 전신 타자기를 의미하는데, 재천공 종이 테이프를 읽어들임으로써 수동적으로나 전기적으로 작동된다.

teleprocessing [tèləprásesiŋ] *n.* **전신 처리, 원격 처리, 텔레프로세싱** 원격지에서 발생한 데이터를 통신 회로(communication line)를 경유하여 컴퓨터로 전송하여 처리하거나, 여러 가지 장소에 분산하고 있는 입력, 출력을 통신 회선에 접속시킨 시스템을 사용하여 데이터 처리(data processing)하는 것을 총괄해서 말한다. telecommunication과 data processing과의 합성어.

teleprocessing access method [–ǽkses méθəd] **텔레프로세싱 액세스 방식**

teleprocessing network simulator [–nétwə̀:rk símjulèitər] **TPNS, 통신망 시뮬레이터**

teleprocessing on-line test control program [–ɔ́(:)n làin tést kəntróul próugræm] **원격 온라인 테스트 제어 프로그램**

teleprocessing security [–sikjú(:)riti(:)] **원격 처리 안전 보호, 원격 처리 기밀 보호**

teleprocessing subsystem [–sʌ́bsìstəm] **원격 처리 서브시스템**

teleprocessing support feature [–səpɔ́:rt fí:tʃər] **전신 처리 지원 기능**

teleprocessing system [–sístəm] **전신 처리 시스템, 원격 처리 시스템** 원격 처리를 행하는 시스템이며, 예를 들면 데이터 수집 시스템(data gathering system), 원격지 회의(teleconference), 일괄 시분할 시스템(time sharing system), 원격 일괄 처리(remote batch processing)가 있다.

teleprocessing terminal [–tə́:rminəl] **원격 처리 단말기** 원격 처리 (기억) 장소와 중앙 처리 시스템 사이의 온라인 데이터 전송을 위해서 쓰이는 전신 처리 단말기. 컴퓨터 시스템에 대한 연결은 자료 수용 장치나 전송 제어에 의한다.

teleprocessing virtual machine [–və́:rtʃuəl məʃí:n] **TPVM, 전신 처리 가상 기계, 텔레프로세싱 가상 컴퓨터**

Telescript [téləskrípt] **텔레스크립트** 미국 General Magic 사가 개발하고 있는 통신용 기술 언어. 네트워크에서 이용된다. 호스트와 단말에 텔레스크립트용의 실행 프로그램을 두고, 전자 우편에 스크립트를 함께 전송한다. 그러면 실행 프로그램이 스크립트를 해석하고 자동 실행해준다. 이로써 다양한 명령이 부가된 전자 우편을 전송할 수 있다.

teleshopping [téləʃàpiŋ] **텔레쇼핑** 텔레비전 수상기 등에 표시되는 상품 정보에 따라 가정에서도 전기 통신 수단에 의해 상품의 주문 또는 대금 결제를 하는 정보 처리 시스템.

telesoftware [téləsɔ̀(:)ftwɛ́(:)r] **텔레소프트웨어** 전기 통신 회선이나 텔레비전에 의해서 보내지는 컴퓨터 프로그램.

teletel [télətəl] *n.* **텔레텔** 프랑스에서 개발된 비디오텍스(videotex) 서비스. 프랑스의 문자 다중 방송 안티오프(ANTIOPE)와 호환성이 있다. 도형 표현에는 알파 모자이크 방식을 채용하고 있다.

teletex [télətèks] *n.* **텔레텍스** 워드 프로세서 등의 오피스용 텍스트 편집 기계에 통신 기능을 부가하여, 전기 통신망을 경유하고 페이지 단위로 문서 교환을 행하는 시스템. 워드 프로세서의 보급에 따라 이들 기종을 단말기로서 사용하는 경향이 있어서 1980년 11월, 국제 전신 전화 자문 위원회(CCITT)로부터 텔레텍스에 관한 각종 기술 및 운영 기준(f.s 권고)이 제시되었다.

teletext [télətèkst] *n.* **글자 방송** 문자 다중. 텔레텍스트. 텔레비전 방송망을 통해서 사용자가 자신에게 필요한 문자 정보와 도형 정보를 텔레비전 수상기의 화면상에서 얻는 시스템. 영국 국영 방송

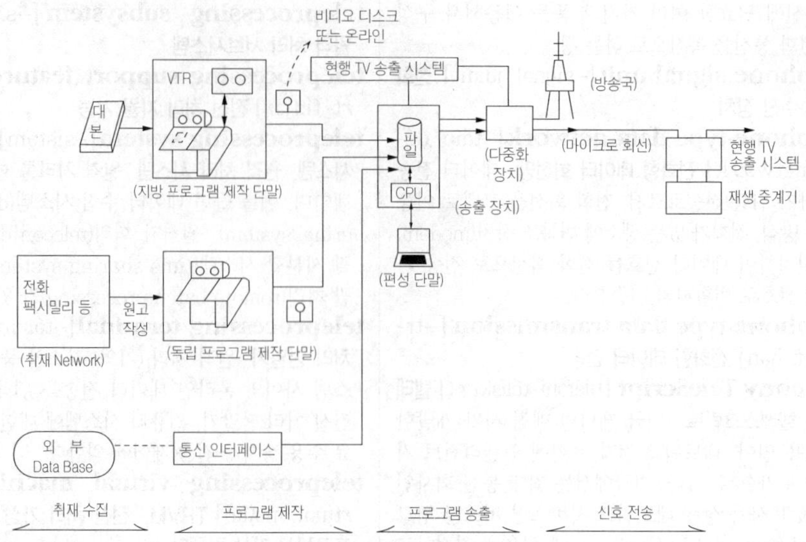

〈텔레텍스트 시스템 구성도〉

(BBC)이 구상을 발표한 후 각종 명세가 통일되었다. ⇨ 그림 참조

teletext and viewdata[–ənd vjúːdèitə] **텔레텍스트와 영상 자료** 텔레텍스트는 텔레비전 영상 신호의 일부로서 텍스트와 그래픽스를 방영하는 것을 총괄적으로 나타내는 용어이고 영상 자료는 그러한 정보를 주로 전화선을 통하여 대화적인 방법에 기초를 둔 전송을 의미한다. 텔레비전은 전송을 수신하고 그들을 텔레비전 화면에 표시하기에 적합한 부호 해독 회로(decoding circuit)를 갖추어야 한다. 전신 텍스트와 영상 자료는 약간의 차이는 있지만 대체로 같은 부호 해독기를 쓴다. 전신 텍스트 데이터가 수신기 안에 있는 부호 해독기에 의해서 해독되면 텍스트와 그래픽의 판면은 전송 프로그램 대신 화면상에 색깔이 넣어져서 표현된다. 텔레비전 전신 텍스트 시스템의 두드러진 특징은 시청자가 건반에 있는 적절한 페이지 번호를 선택함으로써 전송된 페이지들 중에서 어느 한 페이지를 선택할 수 있다는 것이다. 원하는 페이지는 부호 해독 시스템에 의해 해독되어 화면상에 나타내기 위해서 기억 장치에 저장된다.

teletype[télətàip] **텔레타이프, 전신 타자** 미국 텔레타이프 사의 등록 상표로 트랜스미터(transmitter), 테이프 천공기(tape puncher), 테이프 판독기(tape reader), 프린터 등으로 구성되는 원격 인쇄기(teleprinter)이지만, 일반적으로 전신(telegraphic communication)을 위한 장치와, 시스템을 가리키는 경우도 있다. 텔레프린터는 타이프라이터와 비슷한 장치로 통신 회선에 접속해서 데이터 송수신을 한다. 키보드에서 입력한 문자를 그대로 송신하는 것도 가능하며, 또한 종이 테이프를 판독시켜 그것을 자동으로 송신하는 것도 가능하다. 문자와 알파벳은 전송 신호에서는 ON/OFF의 단속 신호로 출력하고 전신망(telegraph network)에 의해 보내진다. 전신망은 전세계에 문자 통신망으로 보급되고 있지만, 타이피스트의 최고 능력이나 기계식 프린터의 작동 속도에 맞춰서 전송 속도(transmission speed)를 50비트/초로 정했기 때문에 데이터 전송에는 어딘가 부족하게 되어 버렸다. 그 때문에 현재는 수요가 줄고 이를 대신하여 가입 전선(telex)의 사용이 늘어나고 있다.

teletype for Chinese characters[–fər tʃɑiníːz kǽrəktərz] **한자 텔레타이프** 주로 신문사의 원격 통신용 및 모노타이프용으로 사용된다.

teletype input/output unit[–ínpùt áutpùt júːnit] **텔레타이프 입출력 장치**

teletype network[–nétwə̀ːrk] **TEL–NET, 텔넷**

teletypewriter[tèlətáipràitər] *n.* **TTY, 전신 타자기, 텔레타이프라이터** 전신 인쇄기 형태의 건반과 인쇄기로 구성되는 전자 기계 장치.

teletypewriter controller[–kəntróulər] **전신 타자기 제어기** 전신 타자기 제어기는 제어판 모듈과 같은 회로판에 만들어지고 있으며 추가적인 비용 없이도 작동이 가능하다. 이 "최소 비용" 인터페이스는 하나의 전신 타자기와 전이중 통신을 하도록 해주는 중앙 처리 장치의 프로그램 제어 하에서 작동된다.

teletypewriter/CRT utility package 전신 타자기/CRT 유틸리티 패키지 전신 타자기나 CRT 단말 장치를 위한 가장 보편적인 입출력 기능을 수행하는 프로그램 라이브러리.

teletypewriter entry system[–éntri(:) sístəm] **전신 타자기 입력 시스템** 많은 개인용 컴퓨터 시스템들은 전신 타자기를 기초로 한 시스템으로 이들은 주로 판독 전용 메모리(ROM ; read only memory)에 어떤 형태의 모니터를 가지고 있어서 조작원이 코드를 입력할 때 발생하는 오류를 줄일 수 있게 한다. 전체 프로그램은 하드 카피로 출력되며 주로 종이 테이프가 사용 가능하다.

teletypewriter exchange[–ikstʃéindʒ] **전신 타자기 교환 방식** 미국 AT & T에서 실시하고 있는 자동 즉시 전화망에만 가능한 다이얼식 전신 타자기의 교환 방식.

teletypewriter exchange service [–sə́:rvis] **TWX, 전신 타자기 교환 서비스**

teletypewriter grade[–gréid] **전신 타자기 등급** 속도, 가격, 그리고 정확성의 면에서 가장 낮은 형태의 통신 회로를 나타낸다.

teletypewriter input/output unit [–ínpùt áutpùt jú:nit] **전신 타자기 입출력 장치**

teletypewriter KSR 전신 타자기 건반 송수신 KSR은 건반 송수신(keyboard send-receiver)의 약어로서 회선 신호를 받고, 판독 전용(RO)과 똑같이 인쇄하는 장비이다. 그러나 추가로 회선 신호를 수동으로 보내는 데 쓰이는 건반도 갖고 있다. 그것은 종이 테이프 시설은 가지고 있지 않지만 대형화 시분할과 같이 질의-응답 응용에 자주 쓰인다.

teletypewriter network[–nétwə̀:rk] **전신 타자기 회선망** 사설 전신 채널에 의하여 서로 연결된 지점들로 구성된 시스템으로서 송수신 지점에서 요구될 때 하드 카피 또는 전신 부호화(5채널)된 천공 종이 테이프를 제공한다. 대체적으로 20개 중계소가 단일 회로에 대하여 송수신 시간을 공유하며, 교환 센터에서 어떤 동작을 해주는 것은 요구하지 않고 정보를 교환할 수 있다. 둘 이상의 회로가 있는 경우에는 회로 상호간의 전송을 가능하게 하기 위하여 교환 센터가 필요하다.

teletypewriter utility package[–ju(:)tíliti(:) pǽkidʒ] **전신 타자기 유틸리티 패키지** 전신 타자기를 통한 입출력을 포함하는 프로그래밍 기능들의 라이브러리. 여러 가지 전신 인쇄기 편의 패키지 루틴들은 단일 문자 혹은 한 줄의 문자에 작용하는 입출력을 제공한다. 다른 루틴들은 자료가 8진수, 10진수 혹은 16진수인 곳에서 입출력 목적의 자료 변환을 수행한다. 패키지는 요청받은 루틴들만이 적재되므로 선별적으로 기억 장치에 적재되어 보존된다.

television[téləvìʒən] *n.* **텔레비전**

television conference [–kánfərəns] **텔레비전 회의** ⇨ teleconference

telework[téləwə̀:rk] **텔레워크** 정보 통신 기술을 활용하여 업무를 보는 것. 그 종류는 통근 부담 경감이 목적인 도시형, 지역 활성화가 목적인 전원형, 재해시 통근 수단의 대체가 목적인 재해형으로 분류할 수 있다. 멀티미디어 시대의 새로운 근무 스타일로 주목된다. 텔레워크에 의해 일을 하는 사람을 텔레워커(teleworker)라고 한다.

teleworker[téləwə̀:rkər] **텔레워커** ⇨ telework

telewriter[télərὰitər] *n.* **텔레라이터** ⇨ telautograph

telex[téleks] *n.* **TEX, 텔렉스, 가입 전신, 텔레타이프 교환** teleprinter exchange의 합성어. 텔렉스는 가입 전선 서비스라 불리는 전신 서비스의 하나로, 국내 및 국제적인 통신 네트워크(communication network)의 회선을 경유하여 통신하고자 하는 가입자와 직접 다이얼 접속하여, 텔레프린터(teleprinter)와 종이 테이프를 사용하여 데이터의 송수신을 할 수 있다. 수신측이 부재시라도 텔레프린터가 자동으로 수신하여 종이 테이프에 인쇄한다.

telex circuit[–sə́:rkit] **텔렉스 회선**

telex line[–láin] **가입 전신 회선** KTA의 공중 텔렉스망의 가입자 회선. 컴퓨터 등을 접속하여 텔레프린터와의 사이에 집배 통신과 메시지 스위칭 등의 업무가 행해지고 있다.

telex network [–nétwə̀:rk] **가입 전신망**

telex service[–sə́:rvis] **가입 전신 방식** 가입자들이 서로간에 직접, 임의의 시간에 비동기식인 인쇄 전신기를 사용해서 전신 회선망에 의하여 교신할 수 있는 전신 서비스.

telex system[–sístəm] **가입 전신 시스템** 가입 전신망을 이용해서 가입자들이 서로간의 인쇄 전신을 하는 시스템. 가입자는 다이얼에 의해 임의 시간에 임의의 가입자에 대해 접속, 통신할 수 있다.

TELIDON 텔리돈 캐나다에서 개발된 비디오텍스(videotex)의 정보 전달 방식. 1979년에 실험 개시하고, 1982년에 NAPLPS(North American presentation level protocol syntax) 방식이 제정되어 텔리돈을 흡수했다.

teller[télər] *n.* **텔러, 은행의 출납계(원), 금전 출납계(원)**

teller console[–kánsoul] **금전 출납계 콘솔** 컴퓨터에 전송하기 위해서 금전 출납계에 색인된 거래 메시지를 받아들이고 처리된 응답(컴퓨터로부터 받은)을 거래자의 통장, 거래표 그리고 거래 일지에 기록한다.

teller/dispenser unit [–dispénsər jú:nit] **금전 출납계/지급기 장치** 거래자와 자동 금전 출납 기계/현금 지급기와의 직접적인 접속기로서 각 기계는 일반적으로 현금 지급 장치, 고객이 조작할 수 있는 건반, 고객에게 이용 설명을 알릴 수 있도록 해주는 출력 표시판 그리고 자료 처리 모듈을 가지고 있다. 제조 회사마다 기술이 다르지만 이런 모든 기계들은 수표에서 인출된 현금, 예금 계정, 신용 카드로부터의 현금 지출, 수표와 예금 계정에의 적립, 제3자 지불, 그리고 잔액 추심 등을 수행하고 처리하는 데 쓰이고 있다.

teller's machine [télərz məʃí:n] **텔러즈 머신, 현금 출납기** 은행의 창구마다 놓고 텔러(금전 출납계)가 사용하는 현금 출납 관리를 위한 기계. 창구 사무뿐만 아니라, 본점에 보관되어 있는 기계화된 대장과 온라인으로 접속되어 있어, 대장의 갱신 등도 동시에 가능하게 되었다.

teller terminal [télər tə́:rminəl] **은행용 단말 장치** 은행의 금전 출납 창구에 사용되고 있는 전용 단말 장치. 예금, 지불, 환전 교환 등을 하기 위한 특수 기호, 영숫자가 준비되어 있고, 인자 기능이 있는 단말 장치로, 중앙의 처리 장치에 온라인으로 연결되어 있다.

TelLink 텔링크 개인용 컴퓨터에서 사용되는 파일 전송용 프로토콜의 한 가지. XMODEM 프로토콜에 파일에 관한 정보와 일괄된 전송 기능을 추가한 것.

TELNET 텔넷 미국 최초의 공중 패킷망으로서 GTE (General Telegraph Electronic Corp.)의 자회사인 Telenet Communication Corp.에 의해 운영되고 있으며 통신 설비에도 원격 우편(telemail) 서비스를 제공하고 있다.

Telnet [télnet] **텔넷** 가상 터미널 서비스라고 하며 원격지 시스템에 접속할 수 있게 해주는 중요한 인터넷 프로토콜이다. 텔넷을 이용하면 한 컴퓨터 시스템에 있으면서 수천 마일 떨어진 또 다른 컴퓨터 시스템에 접속하여 작업할 수 있다. 텔넷을 사용하기 위해서는 원격지 시스템의 주소를 알 필요가 있다. 이것을 인터넷 넘버라고 한다.

Telpak 텔팍 둘 이상의 지점들 사이에서 넓은 밴드 채널을 빌려주는 전화 회사의 서비스. 텔팍(Telpak) 채널은 60이나 240음성-그레이드 채널 단위로 빌려주고 있다.

temperature stability [témpərətʃər stəbíliti(:)] **온도 안정도** 정해놓은 주위 온도 범위에서의 출력 전압 변동의 퍼센티지를 말한다.

template [témplət] *n.* **템플릿, 보기판** 도형 인식에 있어서, 미리 주어진 도형으로, 처리 대상도(圖)로부터 추출해야 할 것을 가리킨다. 또 템플릿 조합(template matching)이라고 하면, 도형 인식 과정에서 주어진 도형(템플릿과 일치하도록 하는 도형)을 화상으로부터 추출하는 조작을 가리킨다.

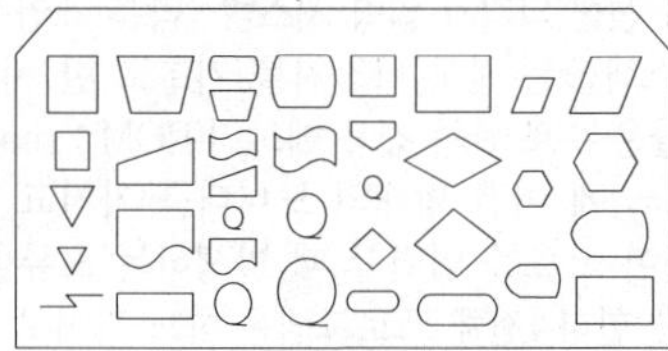

〈템플릿〉

template matching [–mǽtʃiŋ] **템플릿 매칭** 도형 인식 과정에 의해서 주어진 도형(템플릿과 일치하는 도형)을 화상에서 추출하는 조작.

temporal data base [témpərəl déitə béis] **이력(履歷) 데이터 베이스** 이력 데이터를 지원해주는 데이터 베이스로 시간을 나타내주는 애트리뷰트가 더 첨가된다.

temporal locality [–loukǽliti(:)] **잠정 구역성** 최초 참조된 기억 장소가 가까운 미래에도 계속 참조될 가능성이 높음을 의미한다.

temporal logic [–lɑ́dʒik] **시간 논리** 동적 논리는 프로그램에서 자료의 흐름을 매개변수로 사용하는 반면에 시간 논리는 자료를 시간 매개변수로 이용한다.

temporary [témpərɛ̀(:)ri(:)] *a.* **일시적인** 일정한 시간이 지나면 본래대로 되돌아가는 「일시적」인 현상과 상태 등을 표시하는 데 사용된다. 「영구의(permanent)」와 대비된다.

temporary accumulator [–əkjú:mjulèitər] **임시 누산기, 일시 어큐뮬레이터** 누산기의 내용을 연산 처리를 위해 일시적으로 기억시켜 두는 보조용 누산기.

temporary assignment [–əsáinmənt] **일시 할당** 어떤 특정 작업 내에서만 사용되는 장치에 할당을 행하는 것.

temporary close [–klóuz] **일시적 폐쇄** 개방(open) 처리를 하지 않아도 해당 데이터 세트는 처리 속행 가능한 상태로 유지된다. 데이터 세트의 폐쇄(close) 처리중에 그 일부의 처리(이용자 레이블의 처리, 데이터 세트 레이블의 처리, 볼륨의 위치 결정 처리 등)만을 하는 기능.

temporary data [–déitə] **일시적 데이터**

temporary data set [–sét] **일시적 데이터 세트, 임시 데이터 세트** 서로 같은 잡(job) 내에서 잡의 작업용으로 작성되고, 그 잡의 종료와 함께 소멸되는 데이터 세트.

temporary deletion [–dilíːʃən] **일시 소거** 윈도를 일시적으로 표시 화면상에서 소거하는 동작.

temporary disk [–dísk] **일시 디스크, 임시 디스크**

temporary error [–érər] **일시적 오류**

temporary file [–fáil] **임시 파일** 어떤 작업 내에서 일시적으로 작성되며, 작업 종료시에 소거되는 파일. 예를 들면 어떤 작업에서 취급하는 데이터량이 그 컴퓨터의 주기억 장치의 용량을 초과하는 경우, 그때의 작업에 필요한 데이터만을 주기억 장치 상에 남기고 나머지 부분을 온라인의 자기 디스크(magnetic disk), 자기 드럼과 같은 고속 판독 메모리(rapid-access memory) 상에 파일로서 기억해두며, 필요하게 되었을 때 주기억 장치 상의 필요하지 않은 데이터를 파일로 하여, 그 빈 영역으로 파일을 판독해내서 작업을 계속하는 식으로 사용된다.

temporary library [–láibrəri(ː)] **일시 라이브러리, 임시 라이브러리** 작업(job)중에 작성이 되고 작업 종료와 함께 소멸되는 라이브러리.

temporary log file [–lɔ́(ː)g fáil] **TLF, 일시적 로그 파일, 임시 로그 파일** 이력(履歷) 로그 파일(HLF)에 저장되는 로그 데이터를 블록화하기 위한 파일로, 일시적 로그 파일은 고속의 직접 접근 기억 장치(DASD)를 사용함으로써 HLF로의 기록 횟수의 감소로 로그 취득 효율을 높이는 데 유효하다.

temporary memory [–méməri(ː)] **TM, 임시 기억 장치, 일시 기억, 일시적 기억 영역** 중간 결과나 일부 결과를 임시로 저장하는 데 사용하는 내부 기억 장소.

temporary read/write error [–ríːd ráit érər] **임시 판독/기록 오류, 일시 읽기/쓰기 오류** 재시도(retry) 동작에 의하여 없어지는 입출력의 오류.

temporary region [–ríːdʒən] **임시 영역**

temporary register [–redʒístər] **일시 레지스터, 임시 레지스터** CPU가 연산을 실행해 나가는 과정에서 데이터를 임시 보관해두기 위한 레지스터.

temporary storage [–stɔ́ːridʒ] **임시 저장 장치** 특정 프로그램 동작중에 중간 결과(intermediate result)와 전송용 데이터를 보존하기 위해 확보된 기억 장소(storage location). 일반적으로 만약 이와 같이 사용되는 영역에 입력된 데이터가 이후에 사용되지 않을 때, 이 데이터는 오버레이(overlay)되어도 상관없다. 즉, 일시 기억 영역의 배열(arrary)이나 내용은 심하게 변하게 된다. 기억 용량을 고정적으로 할당하여 특정한 일시적 데이터만을 위하여 메모리를 사용하는 경우도 있다. 이것도 일시 기억이라고 여길 수 있으나 대단히 무모한 사용법이며, 보통 이와 같은 사용법은 쓰지 않는다.

temporary storage area [–ɛ́(ː)riə] **일시 기억 영역**

temporary storage location [–loukéiʃən] **임시 기억 장소** 계산중에 있는 자료의 기억을 위해 확보되어 있는 기억 장소. 중앙 처리 장치(CPU)에서 이러한 기억 장치는 흔히 스크래치패드 기억 장치라 한다.

temporary storage management [–mǽnidʒmənt] **임시 기억 관리, 일시 기억 영역 관리, 일시 기억 영역 관리 프로그램**

temporary-text-delay [–tékst diléi] **TTD, 임시 텍스트 지연, 일시 텍스트 연기** 송신 지국에 의해 보내지며, 지국이 회선 제어권을 계속 보유하기를 희망하지만, 당장 데이터 전송 준비가 되어 있지 않을 때 사용된다.

temporary variable [–vɛ́(ː)riəbl] **임시 수치 변수**

TEN **트렁크 장비 번호** trunk equipment number의 약어.

ten key [tén kíː] **텐 키** 숫자를 입력하기 위한 키보드로, 보통 형식에서는 1에서 9까지의 숫자가 3×3으로 배열되어 있고 0만이 큰 치수의 키보드로 되어 있어 손 닿는 곳에 세트되어 있다. 키 펀치 머신, 탁상 계산기, 푸시 버튼 전화기 등의 키는 이 방식이다. 0에서 9까지의 키를 필요한 만큼 몇 줄이든지 늘어놓은 것을 풀 키(full key)라고 부르는 데에 대한 상대어이다.

〈텐 키〉

ten key keyboard [–kíːbɔ̀ːrd] **텐 키 키보드**

ten key pad [–pǽd] **텐 키 패드** 컴퓨터나 단말기의 키보드에서 쉽게 숫자를 입력할 수 있도록 0부터 9까지의 숫자와 연산 기호만을 따로 모아서 배치해놓은 것. ⇨ numeric key pad

ten's complement [ténz kámpləmənt] 10

의 보수 10진 기수법에 있어서의 기수의 보수. 어떤 수의 각 자릿수와 9와의 차이에다 최소 유효 숫자에 1을 더함으로써 2를 얻게 된다. ⇨ complement on ten

tension arm[ténʃən áːrm] **장력 암** 초기의 자기 테이프 장치에서 테이프의 기동 및 정지시 장력의 변화를 흡수하기 위해서, 테이프를 스프링으로 걸어서 잡아당기게 되어 있는 암. 현재는 진공열(vacuum column) 방식이 많이 사용되고 있다.

tera-[térə] **테라** 10의 12제곱을 의미하는 연결형(기호는 T).

terabyte[térəbàit] **TB, 테라바이트** 바이트를 가리키는 말로 10^{12}바이트(1,099,511,627,776바이트).

tera hertz [térə hə́ːrts] **테라헤르츠** 10^6 MHz를 일컫는 용어.

term[tə́ːrm] *n.* **항** 식(expression) 중에서 값을 할당할 수 있는 최소의 단위이며, FORTRAN에서는 인자(factor), 항 * 인자, 또는 항/인자의 형으로 표시된다. 프로그램을 재배치(relocation)하면 재배치 가능항(relocatable term)의 값은 변하지만, 절대항(absolute term)의 값은 변하지 않는다.

termcap[tə́ːrmkæ̀p] *n.* **텀캡** 유닉스 운영 체제에서 사용 가능한 단말기의 각종 특성들에 대한 정보를 기억하고 있는 데이터 베이스.

terminal[tə́ːrminəl] *n.* **단말(기), 터미널** 단말 장치(terminal unit)와 같은 뜻으로 쓰여지고 있다. (1) 중앙의 컴퓨터와 통신 회로(communication line)를 경유하여 접속되어 있고, 그것으로부터 사용자가 데이터의 입출력을 행할 수 있는 기능을 가진 장치의 총칭. 온라인 시스템(online system)을 구성하는 3요소인 「컴퓨터」, 「통신 회선」, 「단말 장치」의 하나라고도 할 수 있다. (2) 단말 장치는 은행 등에 있는 현금 자동 지급기(cash dispenser), 표의 구입이나 호텔 예약을 하는 데 쓰이는 등의 용도에 따라서 최근에 특히 종류가 다양화되었다. 또 입력 데이터의 검사, 출력 데이터의 편집 등의 데이터 처리 기능을 갖는 프로그램 제어(program control) 형의 단말기를 지능 단말기(intelligent terminal)라 한다. (3) 단자 : 전자 회로 중의 여러 도선의 접점, 다른 도선과의 접속을 쉽게 하기 위한 부품을 말한다. ⇨ terminal unit

[주] 사용자가 데이터 처리 시스템과 교신하기 위한 입출력 장치.

terminal adapter[-ədǽptər] **단말 장치 어댑터** 전화기, 컴퓨터 등 종합 정보 통신망(ISDN) 인터페이스에 대응할 수 없는 기기들을 ISDN 망에 접속시키기 위한 어댑터. RS-232C 인터페이스 등을 ISDN에 적합한 인터페이스로 변환한다.

terminal area[-έ(ː)riə] **터미널 영역**

terminal assignment [-əsáinmənt] **단말기 할당**

terminal based system[-béist sístəm] **단말기 중심 시스템**

terminal buffer[-bʌ́fər] **단말기 버퍼** 최소한 하나의 문자를 나타내기에 충분한 비트들로 구성된 저장 장치. 더 큰 버퍼는 한 단어, 한 줄 또는 전체 메시지를 지정할 수 있다.

terminal character set[-kǽrəktər sét] **단말기 문자 세트**

terminal component[-kəmpóunənt] **단말기 구성 장치** 대부분의 기능들을 수행하는 데 필요한 구성 요소. 건반, 화면 표시, 마이크로프로세서, 기억 장치, 저장, 인쇄기, 모뎀 및 어댑터 등을 말한다.

terminal control[-kəntróul] **단말 제어** 단말 장치를 제어하는 것으로, 제어 방법에는 크게 나누어 컨텐션(contention) 방식과 폴링(polling) 방식이 있다.

terminal control address space [-ǽdres speis] **TCAS, 단말기 제어 주소 공간**

terminal controller[-kəntróulər] **TC, 단말 제어 장치**

terminal control system [-kəntróul sístəm] **단말기 제어 시스템** 컴퓨터 시스템에서 다중 단말 장치 운영을 다루는 제어 프로그램. 이것은 멀티태스킹, 다중 단말 장치 환경에서 입출력 처리와 하드웨어 자원의 사용을 계획한다.

terminal control table [-téibəl] **단말 제어 테이블, 단말 관리표**

terminal control unit[-júːnit] **단말 제어 장치** 단말기와 전송계의 사이에 위치하여 전송 제어, 단말기의 제어를 행하는 장치.

terminal cursor [-kə́ːrsər] **단말기 커서** 커서는 CRT 화면에 문자를 위치시키는 움직일 수 있는 표시점인데, 대부분의 단말 장치들은 하나의 커서를 가지고 있다. 고급 단말 장치에서는 커서가 주위를 자유롭게 움직일 수 있지만 일반적인 단말기들은 그 움직임에 제한이 있다. 대표적인 커서들은 바로 가까이에 있는 문자 아래에 그어진 선, 비파괴적인 깜박거리는 흰 블록 그리고 화면에 이미 존재하는 문자의 흰 블록 등이 있다. 대표적인 커서 키 명령들은 상하 좌우, 홈(home)으로, 새로운 줄(line) 명령에 따라 다음 줄의 왼쪽으로 돌아가는 것 등이 있다. 커서 제어 키들이 불충분하면 다른 대화형 제어 장치들을 취사 선택할 수 있다. 이것들은 조이스틱, 라이트 펜, 트랙 볼 그리고 일단의 손가락 휠 제어(thumb wheel control) 등을 포함한다. 이러한 기술들은 그래픽 단말기에 가장 유효하다.

terminal daisy-chaining [-déizi(:) tʃéiniŋ] **단말기 데이지 체이닝** 데이지 체이닝은 일반적으로 모뎀이 사용되지 않는 것을 제외하고는 멀티드롭과 같으나, 단말 장치들은 같은 데이터 링크를 공유한다. 데이터 링크는 컴퓨터에서 나와 처음 단말 장치로 들어가고, 여기서 나와 두 번째 단말 장치로 들어가는 등의 과정을 거친다. 모든 단말 장치들은 같은 데이터 링크와 같은 컴퓨터 접속 단자를 공유한다.

terminal desk [-désk] **단말 데스크** 표시 장치와 키보드 등을 사용할 때 조작할 수 있도록 고려된 데스크.

terminal device [-diváis] **단말기 장치** 온라인 시스템에서 원격지로부터 직접 중앙의 컴퓨터에 정보를 주고받기 위해서 설치된 입출력 장치.

terminal diagnostic graphics [-dàiəgnástik grǽfiks] **단말기 진단 표시기**

terminal-distributed system [-distríbju(:)təd sístəm] **단말기 분산 체제** 어떤 조직 밑에 컴퓨터들을 분산시키는 것으로 많은 독자적인 계산 능력을 갖는 컴퓨터들의 혼합체는 한 지점에 위치한 통상적인 단일 컴퓨터로 운용하는 것이 아니라 모든 컴퓨터가 협조적인 방법으로 작동한다. 컴퓨터 시스템의 다양한 능력은 지리적으로 흩어져 있는 지점들이 간단한 태스크를 위하여 사용되고, 강력한 중앙 컴퓨터가 더 큰 태스크를 위하여 사용이 가능하다면 더욱 증대될 수 있다. 가끔 조직의 중앙 파일은 중앙 컴퓨터 시설에 저장되어 있는데, 지리적으로 흩어져 있는 조그만 처리기들이 이 파일들을 필요로 할 때에는 중앙 파일을 호출하여 사용할 수 있다.

terminal edit operation [-édit àpəréiʃən] **단말기 편집 작업** 화면 전체나 보호되지 않는 부분들의 삭제, 변경, 문자의 추가/삭제, 행의 추가/삭제, 페이지의 마지막까지 지우고, 또한 줄이나 항목 영역을 지우는 등의 작업.

terminal electric buzzer [-iléktrik bʌ́zər] **단말기 전기 버저** 정상적으로 폐쇄된 스위치의 형태로 자명종과 음향 발생기가 회로에 연결되어 있는 버저. 스위치 접촉을 통한 전류는 코일 주위에 자장을 형성한다. 이 자장은 자명종 암을 유도하며, 그쪽으로 다가가서 스위치 접촉을 열고 자장을 방해한다. 자장이 없어지면 자명종은 스프링의 장력으로 되돌아가서 쉬는 위치점이 되며, 스위치 접촉을 닫고 저장을 다시 만들어준다. 이렇게 하여 이 과정을 되풀이한다.

terminal electromechanical buzzer [-ilèktrámәkǽnikəl bʌ́zər] **단말기 전자 기계 버저** 자명종 암(arm)과 음향 발생기가 전기 회로로부터 없어진 버저로, 자기장은 분리된 구성 요소나 집적 회로로 구성되는 온보드(on-board) 발진 회로에 의하여 대체되었다. 자명종 암은 전자기장에 의해 교대로 서로 밀고 당기며 암이 쉬는 위치점 주위를 발진하게 된다. 플라스틱 드럼 헤드에 대한 자명종의 전후 운동은 소리를 발생시킨다.

terminal emulation [-èmjuléiʃən] **단말 에뮬레이션**

terminal emulator [-èmjuléitər] **단말 에뮬레이터** 현재의 컴퓨터가 마치 서로 다른 컴퓨터와 연결되어 있는 단말 장치처럼 작동할 수 있게 만든 소프트웨어.

terminal end-to-end control [-énd tu énd kəntróul] **단말 첨단 간 제어** 상호 연결된 데이터 단말 장치들이 정보의 손실없이 제어와 자료의 신호를 교환할 수 있는 방법.

terminal equipment [-ikwípmənt] **단말기 장비, 가정용 단말 장치** 통신로를 통하여 정보를 송신 또는 수신할 수 있는 장치.

terminal handling [-hǽndliŋ] **단말기 조작**

terminal independence [-ìndipéndəns] **단말 장치 독립성** 응용 프로그램을 특별한 단말 장치의 제어 문자에 국한시키지 않고 코드화될 수 있게 해주는데, 일반적으로 모니터의 지원을 받는 대부분 혹은 모든 단말기에 대해 단말기 독립성이 주어진다. 폴링, 주소 지정, 대기 행렬 그리고 재경로(reroutine) 등과 같은 라인 제어 기능 등은 종종 자동으로 다루어진다. 일부 모니터들은 광범위한 편집 능력을 가지고 있다.

terminal input-output device [-ínpùt óutpùt diváis] **단말 입출력 장치** ⇨ terminal device

terminal input-output wait [-wéit] **단말 입출력 대기** 사용자 단말기에서 메시지를 수신하든지 또는 사용자 단말기로 메시지를 출력이 끝날 때까지 처리를 속행하지 못하고 있는 태스크(task)의 상태.

terminal installation for data equipment [-ìnstəléiʃən fər déitə ikwípmənt] **데이터 전송 단말 장치** 데이터 전송 시스템에서 신호 교환에 관한 장치를 제외한 장치.

terminal installation for data transmission [-trænsmíʃən] **데이터 전송 단말 설비** 데이터 전송에서 단말측에 설치된 각종 장치들을 총칭한다. 단말 장치만을 가리키는 경우도 있다.

terminal interchange [-ìntərtʃéindʒ] **단말기 상호 교환** 처리 센터로부터 멀리 떨어진 곳에 있

는 버퍼링 장치. 이러한 장치는 단말 장치들에서 만들어지거나 처리 센터에서 만들어지는 메시지들을 위한 일시 기억 장소를 제공한다.

terminal interface[–íntərfèis] **단말기 인터페이스** 미국 전자 산업 협회(EIA)는 단말기의 연결 방식 및 전압 수준을 표준화하고 임피던스, 연결기 형태, 핀 배치 등을 고정시키고 있다. 이러한 표준은 "데이터 처리 단말기 장비와 데이터 통신 장비 사이의 EIA 표준 RS-232C"라고 한다. 유사한 표준으로는 국제 전신 전화 자문 위원회(CCITT)에 의해서도 마련되어 있다.

terminal interface function[–fʌ́ŋkʃən] **단말기 인터페이스 기능** 단말기 인터페이스들은 화면 표시 장치가 통신-컴퓨터 시스템에 연결되어 있다. 인터페이스는 세 가지 기능을 가지고 있다. 첫째로, 컴퓨터 데이터 워드를 화면 표시에 적합한 단어 형태로 재구성하고, 둘째 컴퓨터 논리 전압의 화면 표시 논리 수준으로 변환하며, 셋째 자료 구조를 화면 처리 장치의 통신 특성에 적응시키는 기능이 있다. 화면 표시 장치와 컴퓨터 사이의 통신은 컴퓨터나 화면 표시 운영자에 의해서 시작된다.

terminal interface processor [–prɑ́sesər] **TIP, 단말 접속 연산 처리 장치** ARPANET에서 통신 서브네트워크를 형성하는 패킷 교환 노드 컴퓨터를 IMP(interface message processor)라 한다. TIP는 이 IMP의 기능 이외에 접속된 많은 단말 장치에서 네트워크 상의 여러 가지 호스트 컴퓨터로 접근할 수 있는 기능을 가지고 있다. 따라서 TIP에 의해 호스트 컴퓨터를 소유하지 않고 네트워크에 가입할 수도 있으며, 더욱이 네트워크 외의 호스트 컴퓨터에 있는 여러 가지 리소스를 이용할 수 있다.

terminal I/O coordinator 단말 입출력 조정자

terminal I/O wait 단말 입출력 대기

terminal job[–dʒɑ́b] **단말 작업** 단말 장치의 사용자들을 위하여 로그온(log-on)부터 로그아웃(log-out)까지 그 동안에 수행하는 처리.

terminal job identification[–aidèntifikéiʃən] **TJID, 단말 작업 식별**

terminal keyboard[–kíːbɔ̀ːrd] **단말용 키보드**

terminal keyboard type [–táip] **단말용 키보드 형태** 일반적으로 문자 · 숫자용 키보드와 숫자 전용 키보드 등 두 가지 유형이 있다. 문자 · 숫자용 키보드들은 단어 처리, 텍스트 처리, 자료 처리, 그리고 전신 처리를 위해 쓰인다. 숫자 전용 키보드는 접촉식 전화기, 회계기나 탁상 계산기 등에 쓰인다.

terminal/light pen system[–láit pén sístəm] **단말기/라이트 펜 시스템** 단말 장치와 라이트 펜으로 구성된 특수 형태의 시스템으로서, 라이트 펜을 원하는 문자 위치를 가리키게 하고, 그 끝을 화면에 대해 눌러주면 시스템이 적절한 조치를 선택한다.

terminal list[–líst] **단말기 리스트**

terminal machine[–məʃíːn] **단말 기계** 온라인 시스템에서 중앙 처리 장치와 데이터의 송수신을 하기 위해 데이터 발생 장소 등에 설치된 장치.

terminal management [–mǽnidʒmənt] **단말 관리** 통신 회선을 거쳐 중앙 처리 장치와 서로 연결되어 있는 단말 기기를 제어하는 것. 그리고 단말 관리는 보통의 입출력 기기와는 달라서 항상 컴퓨터와 연결되어 있지 않으므로 그 연결과 분리의 문제, 한 줄의 통신 회선에 다수의 단말이 연결되어 있을 때 하나하나를 식별하여 다루는 문제, 또 단말과의 응답 문제 등을 취급한다.

terminal memory[–méməri(ː)] **단말기 기억 장치** 일반 컴퓨터와 같이 마이크로컴퓨터 모듈이 수행할 프로그램과 데이터를 저장하는 기억 장치. 단말 장치 프로그램을 기억시키기 위해서는 RAM과 ROM이 쓰인다. 단말 장치 프로그램들을 펌웨어(firmware)라고 하는데, 이들은 ROM이 소프트웨어보다 영구적이나 하드웨어보다는 덜 영구적으로 만들기 때문이다. 일부 시스템에서는 가용 기억 장소의 반 정도가 ROM이나 프로그램의 기억 장소에 전용되며, 나머지 기억 장소는 RAM을 위해 사용된다.

terminal mode[–móud] **터미널 모드, 단말 방식** 어떤 컴퓨터의 주변 장치가 다른 컴퓨터의 단말 장치로 사용되도록 하는 컴퓨터 시스템의 운용 형태.

terminal modem eliminator[–móudèm ilíminèitər] **단말기 모뎀 제거기** 단말기와 단말기 또는 단말기와 컴퓨터를 직접 연결 가능하게 해주는 장치. 여기서는 모뎀이 후진(back-to-back)으로 연결되어야 할 필요가 없다.

terminal modem interface[–íntərfèis] **단말기 모뎀 접속기** 단말기와 모뎀 간의 접속 장치로서 계수형 자료 신호뿐 아니라 모뎀과 자료 연결 장치를 통제해주는 신호도 여기에 포함된다.

terminal monitor program[–mɑ́nitər próugræm] **TMP, 단말기 감시 프로그램** 단말기로부터 명령을 접수하여 해석하고, 처리 프로그램을 스케줄해서 실행시키는 프로그램.

terminal multiplexer[–mʌ́ltiplèksər] **단말 멀티플렉서 장치**

terminal network[–nétwə̀ːrk] **단말기 망** 특정 분야의 응용에서 가장 경제적인 배열 형태를 취함으로써 단말기 망을 구성하는 각 요소에 컴퓨터 기능의 분산을 가능하게 해주는 구조. 전위망(front-end network)이라고도 한다.

teminal node [–nóud] **단말기 노드** 트리(tree)의 노드들 중에서 분기 수가 0인 노드.

terminal operating mode [–ápərèitiŋ móud] **단말기 동작 방식** 단말기 동작 형태를 뜻하는 용어. 동작 형태는 단위 시간당 한 문자씩 전송이 이루어지는 「대화형 전송 방식」, 단위 시간당 한 행씩 전송이 이루어지는 「메시지 전송 방식」 및 단위 시간당 전체 화면 또는 일부 화면의 전송이 이루어지는 「페이지 전송 방식」으로 나누어진다.

terminal operating system [–sístəm] **TOPS, 단말기 운영 체제**

terminal parameter [–pərǽmətər] **최종값 매개변수** FORTRAN 용어. DO 문의 반복되는 횟수를 제한하고 있는 매개변수의 하나로, 제어 변수를 취할 수 있는 값의 최대값(또는 최소값)을 제한하는 것이다.

terminal peripheral [–pərífərəl] **단말기 주변 장치** 단말기에 데이터 전송을 하기 위한 장치. 대량 데이터 보관 장치, 하드 카피(hardcopy) 인쇄 장치 또는 데이터 처리를 위한 단말기에 접속하는 장치 등을 가리킨다. 이들은 표준 단말 기능을 확장하거나 단말기 자체를 소규모 업무 또는 연구실 시스템용으로 완전히 구성할 수 있게 해준다.

terminal polling [–páliŋ] **단말기 폴링** 각 단말기로부터 전송할 메시지가 있는지 또는 처리해야 할 인터럽트가 있는지를 각각의 단말기에서 검사하는 방식.

terminal port [–pɔ́ːrt] **단말기 포트, 터미널 포트** 통신 네트워크의 절점에 놓여지는 기구이며, 이것을 경유하여 데이터가 통신 네트워크에 출입할 수 있는 기능을 갖는 것. 단순히 「포트」라고 하는 경우도 있다.

terminal processor function [–prásesər fʌ́ŋkʃən] **단말 장치 처리기 기능** 순서적으로 들어오는 개별 비트를 모아서 하나의 문자로 조합하고, 시작과 종료 비트를 선별해내며, 해당 자료에 대한 전달시의 코드를 컴퓨터 처리 가능한 코드로 변환시켜 주고, 자료 전송 도중 오류가 발생하지는 않는가 여부를 검사하고, 조합된 각 문자들을 모아서 단어나 메시지로 만들어준다. 더욱이 단말 장치 처리기는 수신한 문자가 메시지 문자인지 또는 제어 문자인지를 결정해야만 하며, 만일 제어 문자를 수신했으면 컴퓨터 내의 다른 종류의 활동을 실행할 수 있도록 한다.

terminal program for information retrieval [–próugræm fər ìnfərméiʃən ritríːvəl] **데이터 베이스 검색용 소프트웨어**

terminal protected key [–prətéktəd kíː] **터미널 보호 키**

terminal protocol [–próutəkɔ̀ːl] **단말기 프로토콜** 컴퓨터 상호간 또는 단말기와 컴퓨터의 통신 문제로 가장 핵심이 되는 부분은 네트워크를 통해서 정보의 흐름을 제어하는 데 사용되는 프로토콜. 프로토콜이란 통신 규약을 말하며, 제어 메시지의 양식, 상대적 시간, 번역에 관한 일련의 약정을 말한다.

terminal repeater [–ripíːtər] **단말 중계기**

terminal security [–sikjú(ː)riti(ː)] **단말기 보안** 특정 작업(또는 특정 시스템 명령어)은 특정 단말기에서만 행해야 하는 방법.

terminal security feature [–fíːtʃər] **단말기 보안 시설** 자료와 시스템의 무결성을 보존하기 위한 시설들로 암호(password), 사용자 등록명(사용자 이름), 단말기 자물쇠, 소프트웨어 로크 등이 있다.

terminal self-diagnostics [–sélf dàiəgnástiks] **단말기 자체 진단** 설계자들 가운데 많은 사람들이 고장의 발견, 처리를 할 수 있는 기능 및 자체 진단 루틴을 첨가시켜 놓고 있다. 즉, 회로의 오동작을 지시해주는 표시등이라든지, 범위와 미터 클립(meter clips)이 있는 테스트 포인트, 또는 여분의 인쇄 회로 기판을 포함하는 연산 장치 등이 진단을 돕는 도구들이다.

terminal self-testing [–téstiŋ] **단말기 자체 검사** 전원이 들어올 때마다 또는 조작원이 특정 스위치를 누를 때마다 단말기가 자동으로 시스템 내의 주요 부분을 점검하는 것.

terminal server [–sə́ːrvər] **단말 서버** 이더넷에 단말기를 접속하기 위한 접속로로 사용되는 서버. 커뮤니케이션 서버라고도 한다. RS-232C 등으로 접속할 수 있다는 이점이 있지만, 네트워크 카드로 허브를 경유하여 접속하는 경우보다 전송 속도가 느리다. 다이얼업 서버는 이것을 발전시킨 형태이다.

terminal session [–séʃən] **단말기 세션** 단말을 능동(active) 상태로 사용하고 있는 시간.

terminal stand [–stǽnd] **단말기 스탠드** 컴퓨터 단말기를 올려놓는 받침대.

terminal status block [–stéitəs blák] **TSB, 단말 상태 블록**

terminal storage capability [–stɔ́ːridʒ kèipəbíliti(ː)] **단말기 저장 능력** 단말기에 PROM, RAM 또는 마이크로프로세서를 내장하여 자기 디스크 장치와 함께 운용이 된다면, 일괄 처리 단말기의 프로그램뿐만 아니라 온라인 시스템의 질의/응답을 요하는 일도 처리할 수 있다. 이러한 단말기에서는 주간에 접수된 중요도가 낮은 데이터는 낮에 접수해서 보관했다가 밤에 중앙 처리 장치로 보냄으로써 중앙 컴퓨터 시스템이나 통신선에 부하가 많이 걸리게 되는 시점을 피해서 자료를 처리할 수 있고, 그 결과를 다음날 인쇄할 수 있도록 디스켓에 보관할 수도 있다.

terminal symbol[-símbəl] **종단 기호, 단말기 신호** 처리 데이터의 종단점을 나타내는 특수 기호, 또는 문법론에서의 문의 구성 요소로서, 바꿔 쓰기 규칙에 의해 바꿔 쓸 수 없는 기호.

terminal system control unit[-sístəm kəntróul jú:nit] **단말기 제어 장치** 일부 시스템 제어 장치(SCU ; system control unit)들에는 단말기 망을 제어하는 기능을 수행할 수 있도록 마이크로컴퓨터를 내장하고 있어서 폴링 과정을 통해 각 단말기에 투입될 자료를 추출하거나, 단말기 동작 상태 확인을 위한 수신 자료의 분석 및 데이터 입력 순서를 통한 급한 정보를 단말기 운용자에게 도달할 수 있도록 전달해준다.

terminal table[-téibəl] **단말 테이블** 메시지를 주고받는 각 단말 장치의 집합 및 처리 프로그램들에 관한 정보를 보관하는 표와 블록들을 위해 하나의 제어 필드로 구성되는 정보를 일정한 순서로 모은 것.

terminal table entry [-éntri(:)] **단말 테이블 항목**

terminal transaction system[-trænsǽkʃən sístəm] **단말기 트랜잭션 시스템** 일반적으로 트랜잭션 위주의 시스템에서는 각 트랜잭션을 처리하기 위한 프로그램을 수행하여 얻어진 결과를 불과 몇 초 이내에 단말기 운용자에게 되돌려 보낸다. 대표적인 예를 들면 항공, 철도 등의 좌석 예약, 은행의 창구 업무, 기타 여러 분야에서의 응용을 들 수 있다.

terminal transmission interface[-trænsmíʃən íntərfèis] **단말기 전송 접속** 주변 장치에 따라서는 어떤 것은 병렬 자료를 또 어떤 것은 직렬 자료를 취급하게 되는데, 주변 장치 접속 변환기는 병렬 자료를 취급하는 구조의 장치와 MPU의 8비트 입출력 버스와의 접속 역할을 한다. 비동기 통신 접속 변환기는 비동기 데이터(양식화된 직렬 자료)의 취급에 사용된다.

terminal unit[-jú:nit] **단말 장치** 채널에 입력 또는 출력으로 사용될 수 있는 통신 채널 장치의 일부분.

terminal user[-jú:zər] **단말 사용자** 단말을 이용하여 컴퓨터 센터에 설치된 시스템을 이용하고 있는(혹은 사용하는) 사용자.

terminal virtualization [-və̀:rtʃuəlizéiʃən] **단말 가상화** 단말을 접속하기 위해 응용 프로그램으로부터 볼 때 각각의 단말이 표준적인 명세의 단말로 보이도록 하는 것.

terminal writer[-ráitər] **단말 장치 라이터, 단말 기록자**

terminate[tə́:rminèit] *v.* **종료하다, 종료되다, 중지하다** 처리(process)나 태스크(task)가 종료하는 것. 이 경우 완료되는 경우도 있으나 완료되지 않은 경우도 있다. 완료되지 않은 경우, 보통 종료한 개소로부터의 재개는 불가능한 때가 많다. 어떤 처리에 있어서 하드웨어가 틀린 조건을 검출하고 종료시키는 것을 이상 종료(ABEND ; abnormal termination, abnormal end)라고 하는데, 이 경우 출력 결과는 부정확하며 이후의 처리 속행은 곤란하다.

terminated[tə́:rminèitəd] *a.* **종단의**

terminated I/O state 입출력 종료 상태

terminated line[-láin] **종단 선로**

terminate module [tə́:rminit mádʒu:l] **종료 처리 모듈** 일련의 종료 처리를 행하는 모듈. 처리 종료의 경우, 진단 루틴(diagnostic routine)이 존재하는 경우, 그 종료 상태(terminated state)는 진단 메시지(diagnostic message)에 의해 알 수 있다.

terminate self[-sélf] **자기 종료**

terminating register[tə́:rminèitiŋ rédʒistər] **종료 레지스터**

terminating symbol[-símbəl] **종료 기호** 테이프에서 정보의 한 블록의 마지막을 나타내는 기호.

termination[tə̀:rminéiʃən] *n.* **종료, 중지, 종단, 터미네이션** (1) 프로그램의 실행이 정상으로 완료된 것을 표시한다. 이상 종료(abnormal termination)와 대비된다. (2) 데이터 통신 분야에서 전송선의 종단에 다른 장치와의 결합부를 갖는 것을 가리킨다. (3) 전기 회로망의 종단에서 반사가 일어나지 않도록 특정 임피던스를 붙여서 정합시킨 것을 가리킨다.

termination card[-ká:rd] **접속 카드**

termination criterion [-kraití(:)riən] **종료 기준** ⇨ stopping criterion

termination environment [-inváirənmənt] **TE, 종단 영역**

termination interrupt [-ìntərʌ́pt] **종료 인터럽트**

termination of a block[-əv ə blák] **블록의 종료**

termination of a task[-tá:sk] **태스크의 종료**

termination of instruction [-instrʌ́kʃən]

명령 정지

termination problem [−prɑ́bləm] **정지 문제** 본래 튜링 기계에 관해 사용하는 용어. 즉, 임의로 주어진 튜링 기계가 주어진 입력 테이프에 대해서 정지하는가 정지하지 않는가를, 판정하는 알고리즘이 존재하는가 안 하는가를 묻는 문제. 튜링 기계에 그치지 않고 각종 오토머턴이나 프로그램, 프로그램 도식(program schema)에 대해서도 같은 의미로 쓰인다.

termination proof [−prúːf] **종료 증명** 정당성의 증명에서 모든 특정 입력 조건 하에서 종료될 프로그램에 대한 증명.

termination protocol [−próutəkɔ̀ːl] **종료 프로토콜** 정상 완료 프로토콜의 수행중에 발생한 각각의 고장에 대해 모든 가동중인 사이트에서 트랜잭션을 올바르게 종료시키는 프로토콜.

termination routine [−ruːtíːn] **종료 루틴**

terminator [tə́ːrminèitər] *n.* **종료 프로그램, 종지부, 터미네이터** (1) 운영 체제(OS)의 제어 프로그램(control program) 중에 작업 스케줄러(job scheduler)가 있다. 종지 프로그램은 그 중의 일부이다. 작업 단계(job step)에 사용한 시스템 자원(system resource)을 해제하거나 다음의 작업 단계를 실행하거나 하는 기능을 완수하는 프로그램. 또 작업의 완료시에 처리 결과를 소정의 장치로 출력하는 기능도 갖고 있다. 개시 프로그램(initiator)과 대비된다. (2) 프로그램 언어에 있어서 하나의 명령문(statement)의 끝을 표시하는 세미콜론 등의 기호. (3) 종단 : 데이터 전송에 있어서, 전송로의 정합을 위한 장치를 가리킨다.

terminology [tə̀ːrminɑ́lədʒi(ː)] *n.* **전문 용어론, 용어**

ternary [tə́ːrnəri(ː)] *a.* **3진수, 3진법, 3치(値)** (1) 3개의 다른 값 또는 상태를 취할 수 있도록 한 선택 또는 조건, 선정에 관련된 용어. (2) 고정 기수법에 있어서, 기수로서 3을 취하는 것 및 그와 같은 방식.

ternary code [−kóud] **3진 코드** 오직 세 가지 상태만을 생각해서 만든 코드.

ternary incremental representation [−ìnkrəméntəl rèprizentéiʃən] **3진 증분(增分) 표시법** 디지털 적분기에 관한 용어로서, 증분을 +1, −1, 0의 조합으로 나타내는 증분 표시법.

ternary notation [−noutéiʃən] **3진법**

ternary relation [−riléiʃən] **3항 관계, 3진 릴레이션** 속성의 수가 3개인 릴레이션. ⇨ *n*-ary relation

ternary selector gate [−səléktər géit] **T-gate, 3진 실렉터 게이트, 3진 선택 게이트**

ternary threshold gate [−θréʃould géit] **S-gate, 3진 논리 한계 게이트**

test [tést] *n.* **테스트, 시험** 검사. (1) 컴퓨터 본체, 주변 장치, 부품 등의 하드웨어나 소프트웨어를 작동시켜 보고, 동작 도중과 최종 상태가 미리 상정된 상태와 비교해서 차이가 있는지의 유무를 조사하는 것을 말한다. 이러한 테스트의 목적은 「불합리」와 「결함」의 발견과 그 위치의 특성 따위에 있다. 설계한 대로 기기가 동작하는 것을 확인하기 위하여 행하는 테스트를 설계 검증 테스트(design verification test), 기기의 정상 동작을 확인하는 테스트를 신뢰도 테스트(confidence test), 불량 동작 부위의 특정을 하기 위해 행하는 테스트를 진단 테스트(diagnostic test)라고 한다. 제품을 출하할 때에 하는 「출하 테스트」, 기기에 전력을 투입했을 때에 실행되고 사용에 견디는 「파워 온 컨피던스 테스트(power on confidence test)」, 채널과 통신 회선 등 데이터의 왕복 장소에서 데이터를 「반환」하는 백투 백(BTB) 테스트, KTA의 설비와 기기와의 분계점에 컴퓨터와 단말 장치측에 데이터 등을 반환하여 테스트하는 「자체 테스트」 등 목적과 용도에 따라서 각종 테스트가 있다.

[주] 받아들일 수 있는지 여부를 정하기 위해, 기능 단위를 움직여서 얻어진 결과와 사전에 규정된 결과를 비교하는 것. **예** 장치 시험 또는 프로그램 시험

testability [tèstəbílti(ː)] *n.* **테스트 가능성** 소프트웨어의 품질 특성의 하나로, 소프트웨어의 테스트, 검증이나 성능 평가의 용이성을 나타낸다. 보수성을 정하는 하나의 척도이다.

test and maintenance program [tést ənd méintənəns próugræm] **TMP, 시험 유지 보수 프로그램** 장치가 고장나기 이전에 불안정한 상태를 조기 파악하기 위해 사전 점검 또는 장치가 고장났을 때의 고장 원인을 조사하기 위한 장애 보수 등 장치에 관한 시험을 하기 위해 사용되는 시험 프로그램. 시험 유지 보수 프로그램에 자동으로 시험되는 자동 시험 프로그램과 보수자가 개재하여 시험하는 수동 시험 프로그램이 있다.

test and set [−sét] **테스트 앤드 세트** 상호 배제의 구현을 위한 하드웨어 명령문. 이 명령문이 시작되면 인터럽트를 받지 않고 처리되며, 더 이상 분리되지 않는다.

test and verify program [−vérifài próugræm] **테스트 및 검증 프로그램** 사용자에게 하드웨어나 소프트웨어의 기능이 정상적인지 아니면 비정상적인 부분을 찾아낼 수 있도록 해주는 프로그램으로 프로세서, 기억 장치, 주변 장치 및 제어 장치 등에 대해서 시험과 검증을 하는 프로그램이 제

공된다.

test bed[-béd] **테스트 베드** 다른 프로그램의 정당성을 검사하는 데 사용되는 프로그램이나 자료의 집합.

test board[-bɔ́ːrd] **시험 보드** 시험용 설비를 갖춘 교환 설비.

test call[-kɔ́ːl] **테스트 콜** 메시지의 송신 장치에 이상이 생겼을 경우에 특정한 메시지를 일정한 시간마다 일정 횟수에 재송출을 시도해주는 기능.

test call message[-mésidʒ] **테스트 콜 메시지** 테스트 콜에 사용되는 메시지. 송신 이상이 생긴 메시지나 이용자에 의해 정해진 메시지.

test case[-kéis] **테스트 사례** 테스트용이나 검사용 입력 데이터의 샘플을 사용해 정확성이나 완전성을 검증하는 것과 같은 특정 목적을 위해 개발된 테스트 데이터와 그에 관련된 프로시저들의 집합.

test case generation [-dʒènəréiʃən] **테스트 케이스의 생성** 프로그램 검사를 위한 데이터를 자동적 수단에 의해 준비하는 것. 방법으로는 첫째, 명세에 따라 검사 데이터를 직접 생성한다. 둘째, 프로그램을 분석하고 어떤 의미로 전량 시험에 대신할 수 있는 유한의 데이터군을 생성하는 것 등이 있다. 이 데이터들을 자동으로 생성하는 프로그램을 테스트 케이스의 생성이라고 한다.

test channel [-tʃǽnəl] **TCH, 채널 테스트 (명령)**

test clip[-klíp] **검사 클립**

test condition [-kəndíʃən] **테스트 조건**

test control point(pin)[-kəntróul pɔ́int (pín)] **테스트 제어점(핀)** 기억 장치 내부의 각 요소의 상태를 제어할 수 있도록 시험이나 고장 검출을 위해서 마련되어 있는 입력 핀.

test coverage[-kʌ́vəridʒ] **검사 방법** 프로그램의 검사나 어떤 종류의 완전성에 관한 지표. 예를 들면 어떤 검사 데이터에 의해 프로그램의 명령을 적어도 1회 이상은 실행되었는지 아닌지를 확인하고 살피는 경우, 실행된 명령수와 전 명령수와의 비율로써 그 완전성의 지표로 한다.

test data[-déitə] **시험 데이터** 검사 문제에 사용하는 데이터로, 시스템 또는 시스템 컴포넌트를 테스트하기 위해 만들어진 데이터.

test data generation [-dʒènəréiʃən] **테스트 데이터 작성**

test data generator[-dʒénərèitər] **테스트 데이터 생성 프로그램, 테스트 데이터 작성 루틴**

test data method[-méθəd] **테스트 데이터법** 컴퓨터를 이용한 감사의 한 방법으로 감사인이 작성한 테스트 데이터를 준비하고 실제로 사용하고 있는 프로그램을 써서 처리한 결과와 미리 데이터를 집계한 결과를 비교하여 회계 시스템의 정당성을 평가하려는 것. ⇨ test deck method

test deck method[-dék méθəd] **테스트 덱법** ⇨ test data method

test driver[-dráivər] **테스트 드라이버** 테스트 입력을 공급하거나 테스트 하에서 항목을 호출하고 테스트 결과를 보고하는 프로그램.

test engineering[-èndʒəníəriŋ] **시험 공학**

tester[téstər] *n.* **테스터, 시험기**

test facility[test fəsíliti(ː)] **테스트 기능, 테스트 시설**

test file creation[-fáil kriéiʃən] **테스트 파일의 작성**

test function[-fʌ́ŋkʃən] **검정 함수**

testing[téstiŋ] *n.* **시험, 검사, 테스팅** 시스템의 경우는 용량, 능력 그리고 신뢰도를 판단하고, 프로그램의 경우는 시험 데이터, 모의 데이터 또는 실제 데이터를 사용했을 때 본래의 목적한 대로 프로그램이 실행되는가를 판단하는 것이다. 어떤 항목이나 프로그램 또는 시스템의 독특한 점이나 실제 특성을 파악하기 위한 시험 과정을 말한다.

testing labo **테스팅 라보** 벤더에게 의뢰받아 출하 전에 응용 프로그램을 시험해보는 회사로, 규격에 대한 인증도 취급한다. 새로운 업종으로 벤더 자신이 시험하는 것보다 비용이 적게 든다.

testing time[-táim] **테스트 시간, 시험 시간** 회로 시험 또는 부품의 상태나 조건 등을 살피거나 특별한 진단 루틴을 이용해서 고장이나 오동작이 존재하지 않음을 보증하기 위해서 기계나 시스템을 시험하는 데 소비되는 시간. 일반적인 경우 이 시간은 어떠한 고장을 수리한 후 그 고장이 발생된 시간에 포함되며, 계획된 유지 보수 시간에도 포함된다.

testing tool[-túːl] **테스트 툴, 테스트 도구** 정보 시스템 개발의 테스트 공정을 지원하는 도구. 프로그램을 동작시키지 않고 테스트를 지원하는 정적 해석 도구와 테스트 데이터를 작성하여 프로그램을 실제로 동작시켜 그 결과의 검증을 지원하는 동적 해석 도구가 있다.

test initialization[test iniʃəlizéiʃən] **시험 초기화** 모든 내부의 기억 장치 요소가 정해진 논리 상태를 이루게 하기 위해 논리 회로로 주어지는 입력 패턴.

test input-output[-ínpùt áutpùt] **TIO, 입출력 테스트, 입출력 테스트 명령**

test instruction debugging[-instrʌ́kʃən diːbʌ́(ː)giŋ] **테스트 명령어 디버깅** 대부분의 강력한 컴파일러 시스템에서 정확성과 정밀성을 보장해주기 위한 명령어. 자동으로 시험이 이루어진 후에 여러 가지의 일시적인 추적 명령어들을 자동으로 없애도록 설계되어 있다.

test library[–láibrəri(:)] 테스트 라이브러리

test log[–lɔ́:g] 테스트 로그, 검사 기록 테스팅 행위와 관련된 모든 세부 사항들을 시간 순서로 기록한 것.

test method deviation [–méθəd dì:viéiʃən] 시험 방법의 변경

test mode[–móud] 테스트 모드, 시험 방식 특정한 초기 조건을 주어서 연산기 상호간의 접속 상태를 살피고, 또 적분기 이외의 모든 연산기의 정상적인 동작을 확인하는 모드로, 아날로그 컴퓨터의 설정 모드이다.

test of goodness of fit[–əv gúdnəs əv fít] 적합도 검정

test of hypothesis[–hɑipáθəsis] 가설 검정 한 조에 있는 관측 데이터가 「가정된 모집단에서 얻어진 표본이다」라는 가정에 모순하지 않는지 어떤지를 살피는 방법.

test of significance [–signífikəns] 유의성 검정

test pattern[–pǽtərn] 테스트 패턴 대표적인 시험용 피사체로, 일정한 규격에 따라 만들어진 표준 패턴. 반사광을 이용한 반사형인 것과 투과광을 이용한 투과형인 것이 있다. 또, 텔레비전용과 팩시밀리용이 있다. 텔레비전용에는 해상도 차트, 볼 차트(카메라의 편향 일그러짐 측정용), 레지스트레이션 차트(컬러 카메라의 색의 중첩용), 그레이 스케일 등이 있고, 팩시밀리용으로는 해상도 차트, 그레이 스케일, 문자, 사진 등이 혼합된 여러 종류의 패턴이 있다.

test pattern generator[–dʒénərèitər] 태스트 패턴 발생기 자료 전송 장비 시험을 위한 특수 메시지를 생성하기 위해서 사용되는 장치.

test point(pin)[–pɔ́int(pín)] 테스트 점(핀) 시험이나 고장을 배제하려는 목적으로 제공되는 출력 핀들로서 노드에서의 응답을 감독할 수 있다. 신호 변화의 중요 사항을 파악할 수 있는 지점에 설치하고, 수리 매뉴얼에는 이 지점의 정상적인 출력과 고장 유형에 따른 변동 사항이 기록된다.

test problem[–prábləm] 검증 문제 컴퓨터나 프로그램의 동작이 옳게 되는지를 검증하기 위해서 선택한 문제.

test procedure[–prəsídʒər] 시험 절차 주어진 테스트에 대한 결과의 구성, 운용 그리고 평가를 위한 자세한 명령어들. 그와 관련된 절차들의 집합은 테스트 절차 문서를 구성하기 위하여 자주 병합된다.

test program[–próugræm] TP, 테스트 프로그램 검사 프로그램. 컴퓨터의 하드웨어, 소프트웨어의 고장, 능력의 검사, 프로그래밍의 검사 등에 사용되는 시험용 프로그램. 컴퓨터의 상태를 자세히 알기 위해서는 시험용 프로그램을 써서 모든 상황을 설정해 두어야 한다. 하드웨어 시험용 프로그램의 예로서 램(RAM) 검사용 프로그램을 들 수 있다. 이것은 난수(亂數)에 의해서 RAM에 데이터를 써넣고, 그 뒤에 읽어내서 써넣었을 때와 같은 값인가를 조사함으로써 RAM을 검사한다.

test program monitor[–mánitər] TP 모니터, 테스트 프로그램 모니터

test program scheduler[–skédʒulər] TP 스케줄러, 테스트 프로그램 스케줄러 장치 시험 프로그램 중에서 테스트 유닛과 같은 시험 프로그램의 실행 관리를 담당하는 프로그램. 구체적으로는 장치 시험 명령이 입력되었을 경우 제어를 모니터에서 받아 테스트 유닛에의 정보의 인도와 테스트 유닛의 시동, 시험의 종별과 실행 횟수의 제어, 시험의 개시 그리고 종료의 인자 및 모니터의 제어 수수를 한다.

test program system [–sístəm] 테스트 프로그램 시스템 어떤 문제를 수행해보기 이전에 사용하는 점검 시스템으로 이 시스템에서는 이미 알고 있는 답을 가진 동일한 형식의 표본 문제를 수행한다.

test program unit[–jú:nit] 테스트 유닛 장치 시험 프로그램에 의한 관리 상의 최소 단위이며, 하나의 테스트 유닛은 1~수 개의 시험 항목으로 이루어지며, 항목마다 차례대로 처리를 실행하여 시험 결과를 판정할 수 있는 기능이 있다.

TESTRAN 테스트 번역 프로그램 test translator의 약어. 어셈블리 언어의 프로그램 중에서 지정할 수 있는 프로그램 수신용의 각종 기능으로, OS/360용으로 개발된 진단 프로그램명. 소스 프로그램 중에 있는 매크로 명령에 의해서 시스템 테이블 및 코어 중에 기록, 점프하여 서브루틴 호출 등을 실행시키는 것.

TESTRAN editor TESTRAN 편집 프로그램

test repeatability[tést ripìtəbíliti(:)] 테스트 반복 가능성 테스트가 행해질 때마다 동일한 결과가 생성되는지를 보여주는 테스트의 속성.

test report[–ripɔ́:rt] 시험 리포트 시스템 또는 시스템 구성 요소에 대하여 실행되는 테스팅의 행위와 결과를 표현하는 문서.

test routine[–ru:tí:n] 시험 루틴 컴퓨터 기능이 정상적인가를 알아보기 위해 설계된 루틴.

test run[–rʌ́n] 시험 실행, 모의 실험 준비된 자료를 사용하여 프로그램에 대한 검사를 행하는 방

법. 프로그램 실행 후 얻어진 결과를 미리 알려진 정답과 비교 검토하게 된다.

test run of process control system [–əv prɑ́ses kəntróul sístəm] **프로세스 제어의 시운전** 시스템은 보통 가동에 들어가기 전에 반드시 시운전을 한다. 시운전은 일반적으로 더미 런(dummy run)→스타트업 테스트→셧다운 테스트→경부하 연속 운전→정격 부하 연속 운전→정격 부하 연속 운전→과부하 운전→정격 부하 연속 운전→과부하 운전→보증 운전과 같은 순서로 한다. 더미 런에서는 무부하 상태나 대용 재료 물질(예를 들면 단순한 물이나 공기를 프로세스에 유입하여)에 의한 단시간 운전을 하고, 그 결과 좋지 않은 개소를 손질한다. 보증 운전으로는 플랜트의 공칭 능력과 제품 품질, 안전성 등에 대해 계약 사항에 관해서 시공측과 운전측의 책임자 입회 하에 순차 확인하면서 한다.

test schema [–skíːmə] **시험 스키마**

test scoring machine [–skɔ́ːriŋ məʃíːn] **시험 채점기**

test simulator [–símjulèitər] **시험용 시뮬레이터**

test subroutine [–súbruːtìːn] **시험용 서브루틴** 컴퓨터가 정상적으로 기능을 하는지를 보이기 위해서 고안된 서브루틴.

test system [–sístəm] **시험용 시스템**

test tape program [–téip próugræm] **시험용 테이프 프로그램** 진단 분석이나 점검 시행을 위해서 사용할 프로그램 명령어들과 이미 인정된 자료 또는 테스트 데이터나 코딩 등을 포함한 특정한 테이프.

test to failure [–tu féiljər] **고장까지의 시험** 장치의 최대 능력을 결정하기 위해 전기적 및 기계적 스트레스를 증가시켜 고정 범위를 알아내는 시험법으로, 이 결과에 의해 결정된 딜레이팅에 따라 그 뒤 장치를 사용해서 수명 연장을 도모하는 것.

test tone [–tóun] **시험 신호음**

test tool [–túːl] **테스트 툴, 시험 도구**

test transit time [–trǽnsit táim] **시험 신호 통과 시간**

test translator [–trænsléitər] **TESTRAN, 테스트 번역 프로그램**

test utility [–ju(ː)tíliti(ː)] **시험용 유틸리티**

test validity [–vəlíditi(ː)] **시험 유효성** 테스트가 명시된 목적을 성취하는 정도.

tetrad [tétræd] **4진수** 4개의 모임. 특히 10이나 16의 범위로 숫자를 표시하는 데 쓰이는 4개의 펄스 모임.

TEX **텔렉스, 가입 전신, 텔레타이프 교환** telex의 약어.

TeX **텍스** 미국 스탠포드 대학에서 개발한 문서 조판 및 인쇄 시스템의 명칭.

Texas Instrument **텍사스 인스트루먼트 사** 미국의 유명한 반도체 제조 회사. TI 사로 약칭함.

TEX-NCU **가입 전신용 망 제어 장치, 텔렉스용 네트워크 제어 장치** network control unit for telex의 약어.

text [tékst] *n.* **문서 텍스트** 하나의 정리로 묶어서 처리되는 문자 집합이나 문자열. 데이터 전송에 있어서는 하나의 송신 메시지 중의 전송 제어 문자를 제외한 「본문」을 텍스트(text)라 한다. 또 프로그래밍 언어의 COBOL에 있어서 사용자가 작성한 형태의 원시 프로그램 또는 그 일부분을 텍스트라고 하는 경우도 있다.

text alignment [–əlάinmənt] **문자 배치열** 장방형 영역에 배치되어 있는 문자열 전체를 페이지 내의 지정된 위치, 예를 들면 최좌단과 최우단에 오도록 이동시키는 것을 말하다.

text attribute [–ǽtribjùːt] **문자열 속성, 문서 속성** 그래픽에서 문서에 주어진 속성.

text block [–blάk] **텍스트 블록** 텍스트 개시 문자(STX)와 텍스트 종결문(ETX)으로 둘러싸인 텍스트.

text body [–bάdi(ː)] **텍스트 본문**

text bundle [–bʌ́ndl] **문자열 묶음, 문서 묶음** 그래픽에서 문자열에 따르는 비기하학적 속성. 서체와 문서 정밀도, 문자 폭의 비, 문자간, 문서 색지표(color index)로 이루어지는 묶음.

text bundle table [–téibəl] **문자열 묶음표** 워크스테이션 속성으로서 문자열 묶음으로 구성되는 표.

text card [–kάːrd] **텍스트 카드**

text color index [–kʌ́lər índesks] **문자열 색지표, 문서 색지표** 그래픽에서 문서의 색을 지정하는 비기하 속성. 색 정의표 가운데 하나의 항목을 가리키는 색지표이다.

text compression [–kəmpréʃən] **텍스트 압축**

text display station [–displéi stéiʃən] **텍스트 표시 장치**

text editing [–éditiŋ] **문서 편집** 기억 매체에 저장되어 있는 문자열에 대해서 문자, 단어, 문절 등 구문 단위로 변경과 삭제를 시행하거나 새로운 구문 단위를 추가하거나 하는 처리.

[주] 표시 장치의 화면상에서 레이아웃, 문자의 정정, 삽입, 삭제 등을 함으로써 문서의 체제와 내용을 정리하는 기능. ⇨ editing, text revision

text editing utility [–ju(ː)tíliti(ː)] **텍스트 편집 유틸리티**

text editor [–éditər] **문서 편집기** 문장 편집 프

로그램. 단말 장치의 표시 화면을 써서 직접 프로그램이나 문장(이것을 본문이라고 한다)을 편집하는 작업. 텍스트 입력 외에 삽입, 삭제, 복사, 이동 등의 기능을 가진다. 이들 기능이 충실하고 사용하기 쉽다는 것이 생산성 향상과 관계가 있다.

text editor facilities [–fəsíliti(ː)z] **문안 편집 기 장치, 문서 편집 기기** 일반적인 외부 장치를 통해 읽어들인 원시 프로그램(주로 어셈블리 언어)을 편집하는 시설을 제공한다. 프로그램은 편집 과정 동안 기억 장치의 한 곳에 저장되었다가 편집이 끝나면 다시 외부 장치로 출력된다.

texel 텍셀 texture element의 약어. 픽셀(pixel)과 마찬가지로 그래픽의 기본 단위이다. 픽셀이 그래픽의 기본 요소라면 텍셀은 텍스처 맵(texture map)의 기본 요소이다. ⇨ pixel

text base[tékst béis] **텍스트 베이스** 문자를 주체로 한 화면 구성. 캐릭터(문자) 베이스라고도 한다. 데이터의 표시나 조작성 등 현재 매킨토시나 윈도는 GUI라 불리는 그래픽 사용자 인터페이스이지만 유닉스나 MS-DOS 등은 화면에 텍스트를 표시하고 모든 조작을 키보드 입력으로 하므로 텍스트 베이스의 인터페이스라고 부른다.

text converter[–kənvə́ːrtər] **문서 변환기** 텍스트 파일의 변환이 아니라 다른 워드 프로세서로 작성된 문서 파일을 그와 다른 워드 프로세서로 읽어들여 이용할 수 있도록 문서 파일 형식을 변환하는 소프트웨어.

text data [–déitə] **텍스트 데이터** 문자 코드만으로 이루어진 데이터. 코드까지 공통이면 일반적으로 어떤 PC라도 읽을 수 있다.

text entry assist [–éntri(ː) əsíst] **문장 처리 지원 기구**

text file[–fáil] **텍스트 파일** 기억 매체에 기억되어 있는 문서의 모임. 데이터의 최소 단위인 비트를 8개 모은 바이트라는 단위를 기본으로 하여 2의 8승인 256종류의 다른 데이터를 나타내고자 한 개념이다. 256 종류의 데이터에 알파벳이나 한글을 대응시켜 문자 텍스트를 나타낸다. 영어는 1바이트를 나타내는 것에 비해, 한글은 2바이트를 사용하여 하나의 문자를 나타낸다. ⇨ binary file, document file

text font [–fánt] **서체(書體), 문서체** 그래픽에서 문서를 구성하는 문자의 글자체.

text formatter [–fɔ́ːrmætər] **텍스트 형식자**

text formatting [–fɔ́ːrmætiŋ] **문장 정형** 문장의 편집 단계에서 구문 단위의 변경이나 보정이 끝난 문자열군에 대해 문서로서 체제를 갖추기 위하여 행, 단락, 페이지, 장, 절 등의 단위로 문자열을 배치하는 처리. 개행, 단 바꿈, 페이지 바꿈, 장절 표제나 이용하는 활자 크기 등을 명령문의 형식으로 원고 본문의 적절한 곳에 삽입한다. 보통 이 과정에서는 자동 식자 기계와 연동하도록 배려한다. 이와 같은 기능을 갖추고 있는 프로그램을 문장 정형 프로그램이라고 한다.

text function [–fʌ́ŋkʃən] **텍스트 기능, 문서 기능** 그래픽스 시스템에서 문안이 그림 속에 입력될 수 있도록 해주는 기능.

text index [–índeks] **문자열 지표, 문서 지표** 그래픽에서의 문자열 묶음표 중 하나의 항목을 가리키는 지표.

text instruction [–instrʌ́kʃən] **텍스트 명령어**

text library [–láibrəri(ː)] **텍스트 라이브러리**

text management system [–mǽnidʒmənt sístəm] **TMS, 텍스트 관리 시스템**

text manipulation [–mənìpjuléiʃən] **텍스트 조작, 텍스트 처리**

text message injury [–mésidʒ índʒəri(ː)] **문자 메시지 통증** ⇨ TMI

text mode [–móud] **텍스트 모드, 문서 방식** 무엇을 대상으로 하는가 이며, 조작 내용을 변경할 필요가 있는 처리를 위해 설정된 모드 중 텍스트 데이터만을 대상으로 하는 모드.

text module [–mádʒuːl] **텍스트 모듈**

text name [–néim] **원문명, 텍스트명** 등록집 원문을 식별하는 이용자 언어. COBOL 용어.

text path [–pɑ́ːθ] **문자열 방향, 문서 방향** 그래픽에서 문자열을 쓰는 방향을 지정하는 기하학적 속성. 좌우 상하 방향의 값으로 나타낸다.

text precision [–prisíʒən] **문자열 표시 정밀도, 문서 표시 정밀도** 그래픽에서 문자열의 표시를 어느 정도 충실하게 문자열 속성에 따라서 행하는가를 지정하는 비기하학적 속성으로서 문자열 정밀도, 문자 정밀도, 도형 정밀도의 값으로 나타낸다.

text primitive [–prímitiv] **문서 기본 요소, 문자열 기본 요소** 그래픽에서 문자열로 표현 가능한 기본 요소.

text print [–prínt] **텍스트 인쇄 기구, 텍스트 프린터**

text processing [–prásesiŋ] **문장 처리** 문장의 원고를 처리 가능한 문자열 형태로 변환하여 기억해놓고, 문자열 조작을 실시하여, 문자열군(群)을 문서의 체제에 따라 재배치하는 일련의 처리.

text processing network [–nétwəːrk] **텍스트 처리망, 문서 처리망** "망"이라는 용어가 반드시 서로 다른 건물이나 도시 사이에서 일하는 서기나 편집자들을 포함하는 지리적인 격리를 뜻하는 것은 아니며, 동일한 건물 내에서도 작업자들과 그들의 감독자들을 다같이 데이터 베이스에 연결해 하나의 망을 형성할 수 있다. 이와 같은 데이터 베이스는 모두에게 온라인 연결이 가능하며, 데이터 베이스에 관련된 모든 변화는 망에 참여하고 있는 관련자들의 CRT 화면에 바로 나타나게 할 수도 있다.

text representation[–rèprizentéiʃən] **문자열 표현, 문서 표현** 그래픽에서 문자열의 표시 방법으로, 문자열의 묶음으로 나타낸다.

text revision [–rivíʒən] **편집** 표시 장치의 화면상에 레이아웃, 문자의 정정, 삽입, 삭제 등을 행함으로써 문서의 체제와 내용을 정리하는 기능. ⇨ editing, text editing

text screen[–skríːn] **텍스트 화면** 문자만을 표시하는 화면. 텍스트 화면에는 문자밖에 써넣을 수 없지만 문자 코드만을 취급하므로 그래픽 화면에 비해 데이터량이 적고 표시 속도도 빨라진다.

text section[–sékʃən] **텍스트 부분, 문서 부분** 최종 형태의 컴퓨터 명령어들과 어떤 특정한 초기값을 갖는 정의된 자료를 가지는 적재 모듈의 일부.

text segment[–ségmənt] **텍스트 세그먼트**

text system[–sístəm] **텍스트 시스템** 텍스트 자료를 처리하기 위한 특수한 하드웨어나 소프트웨어의 집합.

text transparency [–trænspέ(ː)rənsi(ː)] **텍스트 투과 전송 기구**

text understanding[–ʌ̀ndərstǽndiŋ] **텍스트 이해** 인쇄물을 이해하는 자연 언어 이해의 한 응용 분야로, 여러 유형으로 인쇄된 문자나 단어를 해석할 수 있는 컴퓨터비전 시스템이 개발되고 있다.

texture [tékstʃər] *n.* **텍스처** 밝기나 색의 공간적 변화가 고른 모양.

texture mapping [–mǽpiŋ] **텍스처 매핑** 3D 그래픽에서 텍스처 매핑은 영상에 그래픽을 붙이는 과정이다. 다각형에 색깔을 넣은 셰이딩(shading)과는 달리 텍스처 매핑은 간단한 텍스처 그래픽을 가상 하늘이나 벽 등에 적용하는 것을 말한다.

text VRAM **텍스트 VRAM** VRAM에 기억된 화면 정보 중에서 텍스트 화면으로 표시되는 문자 정보를 기억하는 메모리.

text window[–wíndou] **텍스트 윈도** 일부 컴퓨터 그래픽 시스템의 화면에서 텍스트를 표시하거나 스크롤을 위해서 제공하는 네모진 한 영역.

text word[–wə́ːrd] **원문어**

T flip-flop[tíː flíp flɑ́p] **T 플립플롭** 입력 단자가 한 개로, 한 개의 펄스가 오면 세트되고 다음에 또 하나의 펄스가 오면 리셋된다. 입력 단자는 같고 차례차례 출력 상태가 변화하는 플립플롭.

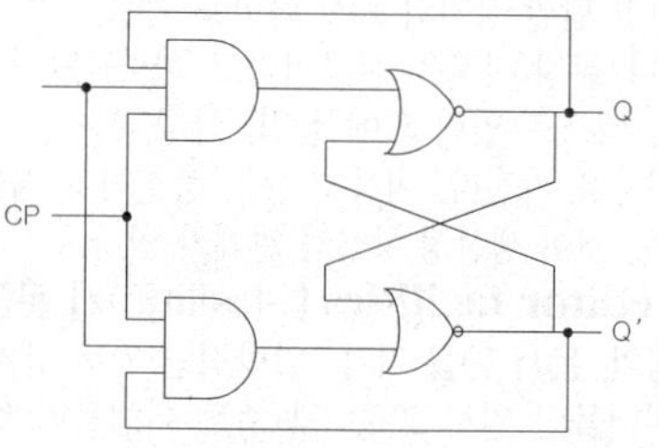

〈T 플립플롭 논리도〉

TFT 박막 트랜지스터 thin-film transistor의 약어. TFT는 주변에서 흔히 볼 수 있는 랩톱 컴퓨터의 액정 화면을 만드는 데 사용되는 트랜지스터. TFT 화면은 이중 스캔 액정 화면(dual-scan LCD screens)보다 밝고 읽기 쉬운 반면에 전력을 많이 소비하고 가격이 비싼 단점을 가지고 있다. ⇨ transistor

〈박막 트랜지스터〉

T-gate[–géit] **3진 실렉터 게이트, 3진 선택 게이트** ternary selector gate의 약어.

TGN 트렁크 그룹 번호 trunk group number의 약어.

the Center for Innovative Computing Applications[ðə séntər fɔːr ínəveitiv kəmpjúːtiŋ æ̀plikéiʃənz] **시카** ⇨ CICA

the fifth generation computer[–fífθ dʒènəréiʃən kəmpjúːtər] **제5세대 컴퓨터** 연상이나 추론이 가능한 인공 지능 컴퓨터. 제1~4세대 컴퓨터가 노이만(John von Neumann)의 이론에 기초한 노이만형 순차 처리 컴퓨터였던 데 대해 비노이만형 병렬 처리 컴퓨터를 목표로 한다. Prolog를 확장한 언어와 그것을 병렬 처리하는 컴퓨터의 PIM (parallel inference machine)이 개발되었다. 하드웨어로는 생물의 신경절을 모델로 한 뉴런 회로, 바이오칩(생체 분자 소자)에 관한 연구가 행해지고 있다.

the More Info Syndrome[–mɔːr ínfou síndroum] **모어-인포 신드롬** 사용자 및 고객이 인터넷 상에서 정보를 얻을 경우, 대부분의 경우 더 많은 정보(more information)를 원하는 경향을 일컫는 용어. 즉, 인터넷 비즈니스 환경에서 고객이 상품을 구매하려고 할 때, 구매에 필요한 정보를 얻으면 얻을수록 더욱더 많은 정보를 요구하게 된다.

theorem [θíərəm] *n.* **정리** 주어진 전제를 토대로 하여 증명될 수 있는 명제나 문장.

theorem proving [–prú:viŋ] **정리의 증명** 가설의 결론(정리)을 연역 논리를 이용하여 정당화하는 문제 해결의 방식. 어떤 형식적 논리의 체계 하에서 주어진 명제(정리)를 주어진 공리계에서 유도하는 것. 컴퓨터에 의한 정리 증명 기법으로 도출하는 원리가 널리 알려져 있다.

theoretical logic [θìərétikəl ládʒik] **이론적 논리학** ⇨ symbolic logic

theoretical programming [–próugræmiŋ] **이론적 프로그래밍** ⇨ Turing machine

theoretical supercomputer [–sù:pərkəmpjú:tər] **이론적 수퍼 컴퓨터**

the origin of the page table [ðə ɔ́(:)ridʒin əv ðə péidʒ téibəl] **페이지 테이블 기점**

theory of code [θíəri(:) əv kóud] **부호 이론** 정보를 표현하는 방법은 이산적(discrete)인 부호와 연속적인 부호로 크게 구별되는데, 전자를 디지털 부호, 후자를 아날로그 부호라고 한다. 디지털 부호는 부호를 1과 0에 대응시켜 표현하는 2진 부호(binary code)가 그 주류이다. 현재, 부호 이론이라고 할 경우에는 이 2진 부호의 이론이라고 여기면 된다. 예를 들어 10진법의 각 자리를 어떤 2진 부호로 표시하는가, 에러를 검출하거나 정정하는 것이 가능한 부호계는 어떻게 하면 좋은가 등이 이 이론에 속한다.

theory of computation [–kàmpjutéiʃən] **계산 이론** 계산 가능성의 문제를 밝히고, 계산 가능한 문제에 대해서는 그 계산을 하는 데 소요되는 시간과 필요한 기억량을 평가하는 이론. 이때 계산에 소요되는 시간과 필요한 기억량 등을 재는 척도를 일반적으로 계산량 또는 계산의 복잡함(complexity of computation)이라고 한다. 계산 이론을 위한 평가에는 튜링 머신이 모델로서 잘 쓰인다. 어떤 문제가 주어졌을 때, 그 계산을 유한 시간 내에 종료하여 정지하는 것과 같은 튜링 머신을 만들 수 있을 때, 그 문제는 계산 가능하다고 한다. 반대로 계산이 불가능한 문제에 대해서는 어떤 튜링 머신을 가져와도 결코 유한한 시간 내에 계산을 종료하여 정지시킬 수 없으며, 튜링 머신은 영원히 지속된다. 이와 같이 계산 가능성의 문제는 튜링 머신의 정지성의 문제로 치환된다.

theory of game [–geím] **게임 이론** 게임에 참가하는 여러 참가자(player) 간의 경쟁적 행동에 관한 이론. 게임은 참가자 수, 참가자가 선택할 수 있는 전략의 종류 그리고 선택된 전략에 의하여 지불함수를 사용해서 규정하며, 참가자의 최적 전략을 찾아내기 위해 각종 이론이 전개된다.

theory of graph [–grǽf] **그래프 이론** 그래프에 대한 통일적인 수학 이론. 게임 이론, 선형 계획법, 네트워크 문제 등 넓은 응용이 포함된다.

theory of servo-mechanism [–sə́:rvou mékənizm] **서보 이론** 자동 제어를 목적으로 하는 기계 구조나 시스템(서보 기구)에 관한 이론. 자동 제어 이론의 주류이다.

The Palace [ðə pǽlis] **팰리스** 매킨토시에서 사용할 수 있는 인터넷 채팅 프로그램. 이 프로그램의 가장 큰 특징은 실시간으로 자기 자신을 나타내는 캐릭터를 편집할 수 있다는 것이다. 표정뿐만 아니라 얼굴색도 바꿀 수 있으며, 등록 사용자에게는 클립아트나 간단한 일러스트를 자신의 캐릭터로 바꿀 수 있는 기능도 제공한다. 이 프로그램의 가장 큰 특징은 한글 사용이 자유롭고, 따라서 패키지와 함께 제공되는 서버를 띄우고 한글로 된 서버를 운영할 수도 있다. 이 프로그램은 http://www.thepalace.com에 접속하면 다운로드할 수 있다.

the PPP multilink protocol ⇨ MP

the real time operating system nucleus [ðə rí:əl táim ápərèitiŋ sístəm njú:kliəs] **TRON, 트론** ⇨ TRON

thermal [θə́:rməl] *a.* **열(의)**

thermal conduction module [–kəndʌ́kʃən mádʒu:l] **TCM, 열전도 모듈** IBM 사의 대형 컴퓨터에 이용되고 있는 LSI 냉각용 방열 기구.

thermal fuse [–fjú:z] **온도 퓨즈** 주위의 온도가 규정 온도 이상이 되면 단자간이 서로 절단되는 소자.

thermal head [–hé(:)d] **서멀 헤드, 열 기록 헤드** 알루미나 세라믹을 베이스로 하여 그 위에 열 절연층을 씌우고, 그 위에 발열 저항체의 막이 작동되게 하는 것으로, 서멀 프린터에 사용되는 전기 에너지를 열 에너지로 변환시키는 소자를 갖춘 인자 헤드.

thermal imprint recording method [–imprínt rikɔ́:rdiŋ méθəd] **열전사 기록 방식** 서멀 헤드의 발열체를 제어하는 문자나 도형을 전사(轉寫)하는 방식.

thermal light [–láit] **온도 표시등, 온도 지시등** 어떤 장비의 일부분의 온도가 예상된 온도보다 더 높은 온도가 되었을 때 컴퓨터 운영자에게 보이는 화면 표시 신호.

thermal noise [–nɔ́iz] **열 잡음** 열에 의한 자유

전자나 반도체 내의 전자, 이온이 불규칙한 운동을 함으로써 나타나는 잡음. 온도가 높아질수록 증가하며 넓은 주파수에 걸쳐 주로 저항체가 생기는데, 증폭기 등의 내부 잡음의 하나이다.

thermal printer[-príntər] **열 인쇄기** 감열식 인쇄 장치. 비충격식(non-impact)의 일종. 기록 헤드에 가열 발색시켜 도트 방식으로 인쇄하는 프린터. 온도차를 이용하기 때문에 열을 내고 난 뒤, 원 상태로 복원하는 시간이 필요하기 때문에 고속 프린터에는 바람직하지 않다. 세로 7~24도트의 열점(熱點)을 가진 헤드가 왼쪽에서 오른쪽으로 이동하는 것으로 문자를 인쇄해가는 방법과, 1행분의 문자를 횡 1열의 도트로 위에서 아래로 인쇄하는 방식이다. 소음이 없어 사무실 안에서 사용할 수 있는 이점도 있으나 일반적으로 인쇄 속도가 늦어 감열 용지 보존이 힘들다는 결점도 있다.

〈열전사 인쇄기〉

thermal printing[-príntiŋ] **열 기록** 액체 화학 물질을 사용하지 않고 열에 반응하는 용지를 사용하여 프린팅하는 것.

thermal recording[-rikɔ́ːrdiŋ] **감열 기록 방식** 매체에 서멀 헤드를 접촉시킨 상태에서 제어 전류를 서멀 헤드에 흘리고, 발열한 부분으로 도트로서 매체에 감열시켜 문자나 도형을 기록하는 방식.

thermal resistance[-rizístəns] **열 저항** 전력 소비에 따라서 발생한 줄 열이 발산하기 힘든 정도를 나타내는 것.

thermal run away[-rʌ́n əwéi] **열 폭주** 이상 현상에 따른 온도 상승으로 소비 전력이 더욱 상승하여 급격히 온도가 상승하는 현상. 이상 동작 또는 소자 파괴의 원인이 된다.

thermal transfer printer[-trænsfə́ːr príntər] **열전사 인쇄 장치**

thermal transfer recording[-rikɔ́ːrdiŋ] **열전사 기록** 감열층, 기지(基紙) 및 솔리드 잉크의 3층으로 된 감광지를 보통 종이와 겹치고 이것을 표면에서 가열하면, 감광지가 발색하는 동시에 솔리드 잉크도 융해되어 보통 종이에 전사된다. 이것을 이용하여 열전사 기록이 행하여진다.

thermistor [θərmístər] *n.* **서미스터** 반도체의 일종으로 전기 저항이 온도의 상승에 따라서 현저하게 감소하는 회로용 소자(素子). thermally sensitive resistor의 합성어로서 온도의 변화에 대해서 저항값이 바뀌는 저항기를 말한다. 온도 상승에 대해서 저항값이 내려가는 것을 음(陰) 온도 특성(NTC ; negative temperature coefficient) 서미스터라고 하며, 일반적으로 서미스터라 하면 이것을 가리킨다. 이와 반대로 온도와 더불어 저항값이 올라가는 것을 양(陽) 온도 특성(PTC ; positive temperature coefficient) 서미스터라고 한다.

thermocouple[θə́ːrməkʌ̀pl] **열전쌍, 열전대** 두 종류의 금속 도선을 접합한 것. 제벡 효과에 의해 발생하는 열 기전력에 의하여 온도를 측정하는 것.

thermo-electric effect [θə́ːrmou iléktrik ifékt] **열전 효과** 열과 전기 사이의 관계를 나타내는 효과의 총칭. 이중의 금속을 연결하여 한쪽을 고온, 다른쪽은 저온으로 했을 때 기전력이 발생하는 제백 효과와 반대로 전류를 흘려서 열의 발생이나 흡수가 일어나는 현상인 펠티에 효과가 있다.

thermo-sensitive device[-sénsitiv diváis] **온도 감지 소자** 열을 전기량으로 변환하는 소자. 예 서미스터

THERP 휴먼 오류율 예측 기법 technique for human error rate prediction의 약어.

thesaurus[θisɔ́ːrəs] *n.* **관련어집, 시소러스** 유어 사전. 용어 사전. 정보 검색에 있어서 키워드를 한정하기 위해 만들어지는 사전. 검색에서 검색 효율을 높이기 위해 디스크립터(descriptor ; 설명자)라 불리는 한정된 키워드(색인어) 외에 그 상위 개념어와 하위 개념어, 관련어, 경우에 따라서는 동의어와 반의어 등을 기술하는 것도 있다. 시소러스를 사용해서 검색하는 것을 포괄 검색이라고 하며, 그것은 사용하는 키워드에 관계된 기사를 될 수 있는 대로 많이 꺼내기 위해서, 또는 이용자가 사용하는 키워드와 데이터 베이스 중에서 사용되고 있는 키워드와의 벗어남을 조정하여 검색 효율을 높이기 위해서 행해진다.

the second generation computer [ðə sékənd dʒènəréiʃən kəmpjúːtər] **제2세대 컴퓨터** 1950년대 후반부터 1960년 중반까지의 컴퓨터 세대로 논리 소자를 트랜지스터를 이용하여 이전의 컴퓨터들에 비해 소형화, 경량화, 고속 처리, 저전력 소모 등의 장점을 지닌 시대. 입출력 장치도 천공 카드에서 자기 테이프와 비디오 콘솔로 바꾸고 프로그래밍 언어로는 FORTRAN, COBOL, ALGOL, APL 등이 사용된다.

the standard format of graphics files [–stǽndərd fɔ́ːrmæt əv grǽfiks fáilz] **화상 파일 표준 포맷** ⇨ graphics file

The Swedish Central Organization of Salaried Employees[–swíːdiʃ séntrəl ɔ̀ːrgənaizéiʃən əv sǽləri(ː)d implɔ́iːz] ⇨ TCO

the Telecommunication Technology Committee[–tèləkəmjùːnikéiʃən teknáləd3i(ː) kəmíti(ː)] **전신 전화 기술 위원회** 1985년에 설립된 민간 전기 통신에 관한 국내 표준 작성 단체. 1987년 5월에 TTC 표준의 제1판을 작성한 이래 제2회 페이스로 표준 작성 작업을 추진하고 있다. 대상으로 삼고 있는 표준화 분야는 ISDN이나 망 내 프로토콜에서 MHS, TV, 전화에 이르기까지 광범위하다. 현재 제1종/2종 전기 통신 사업자, 메이커 사용자 등에서 TTC 표준을 작성하고 있다. TTC 표준 번호는 JT, JS, JJ 어느 하나를 머리글자로 삼고 있다. 이것은 기본이 되는 국제 권고 등을 알기 쉽게 설계한 것으로 JT는 ITU-T 권고를, JS는 ISO/ICE 표준을 각각 기초로 삼고 있다. JJ가 붙어 있는 권고는 TTC가 독자적으로 제정한 것이다. JJ 표준에는 PBX 디지털 인터페이스나 정지 화면 TV 전화, 착신 단말 식별 인터페이스 규격 등이 있다.

the Tower of Babel 바벨 탑 여러 가지 프로그래밍 언어가 서로 맥락도 없이 사용되고 있는 상태를 나타낸 용어. 하느님이 인간의 언어를 서로 통하지 않게 혼란을 일으킴으로써 탑을 완성하지 못하게 되었다는 구약 성서의 「바벨 탑」에서 유래되었다.

thick film[θík fílm] **후막(厚膜)** 도체나 절연물 또는 수동 부품을 스크린법에 의해 기판 상에 입힌 것.

thick film hybrid[–háibrid] **후막 하이브리드** ⇨ hybrid integrated circuit

thick film integrated circuit[–íntəgrèitəd sɔ́ːrkit] **후막 집적 회로** 두께 2μm 정도의 기판 위에 구성된 회로 소자와 그 상호간의 접속이 후막으로 이루어진 집적 회로.

thickness pattern method[θíknəs pǽtərn méθəd] **농도 패턴법** 계조를 갖는 화상을 인쇄하는 경우 화상의 농담을 점의 면적의 크고 작음에 따라서 표현하기 위한 한 수법.

thimble printer element[θímbl príntər éləmənt] **골무형 프린터 요소, 골무형 프린터 부품** 프린터에서 문자들이 새겨져 있는 납작한 스포크들로 구성된 골무 형태의 기구. 리본을 따라서 스포크의 끝부분이 회전하면서 스포크를 때려 활자를 종이 위에 프린터할 수 있도록 되어 있다.

thin[θín] *a.* **얇은**

thin client[–kláiənt] **소형 클라이언트** 클라이언트 서버 시스템에서, 클라이언트의 운용 관리에 관련된 TCO(total cost of ownership) 삭감을 목적으로 하는 새로운 시스템 구상의 총칭. 로직 프로세스의 대부분이 클라이언트에 위치하는 fat client 와는 달리 로직 프로세스의 아주 작은 부분만이 클라이언트에 위치하는 응용 프로그램 모델이다. 오라클, 선 마이크로시스템즈 사 등의 네트워크 컴퓨터(NC), 인텔, 마이크로소프트 사 등의 Net PC, 마이크로소프트 사의 윈도 터미널 등이 있다. 소형 클라이언트라는 말은 이러한 신형 컴퓨터를 가리킨다.

thin film[–fílm] **박막(薄膜)** 진공 증착이나 형태화(patterning) 등을 이용하여 절연된 유리, 세라믹 또는 반도체(semiconductor) 등의 기판(substrate) 위에 형성된 매우 얇은 피막, 또는 피막을 만드는 기술. 이 박막 기술을 이용해서 자성 재료(magnetic material)의 박막(얇은 막)을 기억 소자의 집합체로 사용하는 자성 박막 기억 장치(magnetic thin film storage)를 만들거나 후막(두꺼운 막)보다도 성능이 한층 높은 박막 레지스터(thin film resister)를 만들거나 할 수 있다. 보통 수천 Å(옹스트럼, 1Å=1억분의 1cm) 이하의 얇은 막을 가리키는 용어.

thin film capacitor [–kəpǽsitər] **박막 콘덴서**

thin film circuit fabrication[–sɔ́ːrkit fæ̀brikéiʃən] **박막 회로의 제조**

thin film cryotron 박막 크라이오트론

thin film fabrication[–fæ̀brikéiʃən] **박막 제조**

thin film head[–hé(ː)d] **박막 헤드** 스퍼터(sputter)나 증착에 의해서 도체층, 자성체층 등을 생성하여 기판 상에 자기 회로를 구성한 자기 헤드.

thin film integrated circuit[–íntəgrèitəd sɔ́ːrkit] **박막 집적 회로** 기판 위에 구성된 회로 소자와 그 상호 접속이 박막으로 이루어진 집적 회로. 현재에는 능동 소자로 개별 부품을 이용하는 것이 많으므로 혼성 집적 회로에 포함되는 것이 많다.

thin film hybrid[–háibrid] **박막 하이브리드** ⇨ hybrid integrated circuit

thin film integrated circuitry[–íntəgrèitəd sɔ́ːrkitri(ː)] **박막 집적 회로**

thin film magnetic module[–mægnétik mád3uːl] **박막 자기 모듈**

thin film memory[–méməri(ː)] **자성 박막 기억 장치, 박막 메모리** 자성 박막을 사용한 기억 장치로서, 필름의 두께가 백만분의 1인치 정도밖에 안 된다. 이 필름은 나노초(nano second, 10^{-9} second) 단위로 저장된다.

thin film memory unit[–jú:nit] **박막 기억 장치**

thin film micro electronics[–máikrou ilèktrániks] **박막 초소형 전자 기술**

thin film printing[–príntiŋ] **박막 인쇄**

thin film processing[–prásesiŋ] **박막 처리**

thin film recording head[–rikɔ́:rdiŋ hé(:)d] **박막 기억 헤드**

thin film resistor[–rizístər] **박막 저항기**

thin film resistor chip[–tʃíp] **박막 저항 칩**

thin film storage[–stɔ́:ridʒ] **박막 기억 장치** 기판 상에 부착시킨 분자적인 두께의 막에 자기 기록함으로써 데이터를 기억하는 자기 기억 장치. ⇨ magnetic thin film storage

thin film store[–stɔ́:r] **박막 기억 장치**

thin film technology[–teknálədʒi(:)] **박막 기술**

thin film transistor[–trænzístər] **TFT, 박막 트랜지스터** 절연체나 반도체를 기판으로 하여 박막 기술을 사용해서 얻어진 박막 구조의 트랜지스터.

think tank[θíŋk tǽŋk] **두뇌 집단, 싱크 탱크** 경영 전략, 시장 조사, 기타 조사 업무 등이나 제품의 개발 연구 등을 전문적으로 수행하는 것을 주업무로 하는 회사 내의 조직 또는 부문. 주로 무형의 두뇌를 자본으로 하여 상업적으로 판매하는 기업이나 연구소를 말한다.

thinning[θíniŋ] *n.* **세선화(細線化), 박막화** 문자나 윤곽, 상 등과 같은 선 도형을 컴퓨터에 의해 처리할 경우, 선의 굵기는 아무런 의미도 없으며, 오히려 인식 등에 나쁜 영향을 미치는 경우가 많으므로 이때 선분을 일정한 굵기 이하로 처리하는 것.

thin server[θín sə́:rvər] **소형 서버** 웹이나 메일 등 서버의 일반적인 기능을 탑재한 서버 제품의 총칭. 전문적인 지식이 없어도 웹 서버, 메일 서버 등을 도입하여 운용할 수 있다.

third generation[θə́:rd dʒènəréiʃən] **제3세대**

third generation computer[–kəmpjú:tər] **제3세대 컴퓨터** 1964~1971년의 IC 메모리를 사용한 컴퓨터 시스템. 시스템의 신뢰성이 향상되고, 처리 용량의 확대, 고속화가 진척되었다. 운영 체제(OS)나 온라인 시스템이 확립된 것도 이 세대이다.

third generation robot[–róubət] **제3세대 로봇** 자율적으로 이동해 작업할 수 있거나 학습 능력이 있는 등 좀더 고도한 기능을 가진 로봇. 예를 들어 원자로 속이나 바다 속에서 인간을 대신해 점검이나 보수와 같은 작업을 할 수 있는 로봇을 말한다. 단순 반복형의 자동 기계와 가까운 로봇인 제1세대 로봇에 비해 더욱 발달한 형태의 차세대 로봇을 가리킨다. 지능 로봇과 같은 제2세대 이후의 로봇이 제3세대 로봇이다.

third-level address [–lévəl ədrés] **3단계 주소** 간접 혹은 다수 주소 지정 체제에서 피연산자의 위치를 찾기 위한 세 번째 주소. 기계는 처음 두 개의 주소를 피연산자로서가 아니라 피연산자의 주소가 들어 있는 곳의 주소로서 해석한다.

third normal form[–nɔ́:rməl fɔ́:rm] **3NF, 제3정규형** 어떤 릴레이션 R이 제2정규형이고, 또 키가 아닌 애트리뷰트들이 비이행적으로 기본 키에 종속되어 있을 때 이 릴레이션은 제3정규형에 속한다.

third party [–pá:rti] **제3자** 컴퓨터 제조업자와 사용자 사이에서 관련된 주변 기기나 소프트웨어를 판매하거나 서비스를 행하는 사람.

third-party lease[–lí:s] **제3자 리스** 독립된 중간 회사가 제조 업자로부터 장비를 구입하여 실사용자에게 임대해주는 것. 이때 중간 회사를 제3자(third-party)라고 한다.

thrashing[θrǽʃiŋ] *n.* **스래싱** 다중 프로그래밍 기능을 갖춘 가상 기억 시스템(virtual storage system)에 있어서, 프로그램의 실행보다도 페이징(paging)에 많은 시간이 필요하게 되는 상태. 처닝(churning)이라고도 한다. 스래싱이 일어나는 원인은 실행하는 프로그램이 큰 데도 불구하고 시스템이 사용되는 실기억 영역이 너무 작아서 단위 시간당 페이징의 횟수가 급증하기 때문이다. 페이지 감시 프로그램(paging supervisor) 중의 스래싱 모니터(thrashing monitor)는 페이지율(paging rate)을 감시하면서 스래싱을 방지하고 있다. 페이징률이 높아지면 우선도(priority)가 낮은 프로그램에 인터럽트를 걸어 페이지 프레임(page frame)의 할당을 조정하여 일시적으로 정지시키고, 그 프로그램을 페이지 아웃(page-out)하여 실기억 장치의 페이지 프레임을 해방한다. 해방된 페이지 프레임을 다른 프로그램이 사용함으로써 페이징률이 내려가게 된다. 이와 같이 유저 프로그램에 자원의 할당을 동적으로 조정하고 있다.

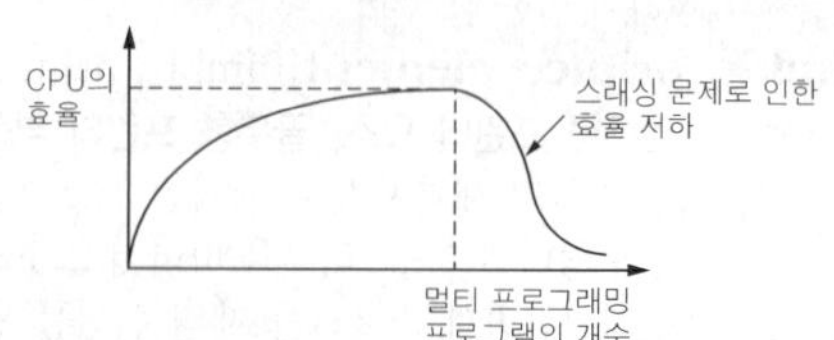

〈스래싱 문제로 인한 멀티프로그래밍 효율 저하 현상〉

thrashing monitor[–mánitər] **스래싱 모니터**

thread [θré(:)d] **스레드** (1) 자기 테이프 장치에서 자기 테이프를 장치에 걸어 사용이 가능한 상태로 하는 것. (2) 컴퓨터 뉴스그룹에서 한 주제에 관해 서로 연결되어 있는 게시물들을 의미하는 말. 대부분의 뉴스그룹 읽기 프로그램에는 관련 게시물을 추적할 수 있도록(즉, 각 메시지를 순서대로 나열하지 않고 그 주제에 관련된 다른 메시지로 건너뛸 수 있도록) 하는 명령어가 있다.

threaded [θré(:)dəd] *a.* **스레디드, 연결**

threaded binary tree [–báinəri(:) tríː] **스레디드 2진 트리** 2진 트리의 링크 표현 방식에서 발생하는 널 링크를 그 트리를 중위 순서로 순회할 때 다음에 방문할 노드를 가리키는 포인터로 사용하는 2진 트리. 이 포인터를 스레드라 한다.

threaded file [–fɑíl] **스레드된 파일** 여러 개의 키를 가지고 파일을 처리하는 한 방법으로, 포인터 필드가 각각의 인덱스된 보조 키 필드와 관련된 파일. 따라서 파일 내에 다수의 스레드들이 존재한다.

threaded list [–líst] **스레드된 리스트**

threaded tree [–tríː] **스레드된 트리** 트리 구조의 각 절점의 항목에는 부분 트리에의 포인트를, 잎 부분의 항목에는 상위의 절점으로 되돌아오는 것 같은 포인트를 각각 배치한 리스트. 보통 트리 구조에서는 잎부분에 빈 포인트가 놓여진다.

threading [θré(:)diŋ] *n.* **스레딩** (1) 각 루틴의 입구점의 열로 구성되는 코드를 이용하는 프로그래밍 기법. (2) 자기 테이프의 릴을 자기 테이프 장치에 걸고 테이프의 처음을 정당한 테이프 통로를 통해 사용할 수 있도록 하는 작업.

threat [θrét] *n.* **위협** 정보의 안정성을 위협하는 의미로 사용된다.

threat monitoring [–mánitəriŋ] **위협 감시** 시스템의 보안을 증진시키기 위해서 사용되는 관리 기법 중의 하나. 사용자들이 자원을 직접 접근할 수 없고 단지 운영 체제 내부의 감시 프로그램만이 접근할 수 있도록, 시스템 보안에 대한 위협을 감소시키는 방법 중의 하나로 중요한 작업에 대한 제어권을 사용자가 직접 갖지 못하게 하고 운영 체제가 갖도록 하는 것이다. 이와 같은 방법을 쓰지 않는 운영 체제에서는 중요한 파일을 사용자가 직접 접근할 때 어떤 일이 일어나는지를 운영 체제가 알 수 없게 되어 보안상 문제가 발생할 염려가 있으므로 이를 예방하기 위해 도입된 기법이 위협 감시 기법이다.

three address [θríː ədrés] **3주소** 가수와 피가수, 그리고 합의 주소 모두가 하나의 명령어 단어에 명기되어 있다.

three-address code [–koúd] **3주소 코드** 명령 코드의 일종. 주소를 3개 포함하는 것으로 이들의 주소는 두 개의 연산수의 출처와 결과의 행선을 지정하므로 점프 명령으로 지정된 경우를 제외하고는 다음 명령은 그 명령의 다음 기억 장소에서 꺼내진다.

three-address code system [–sístəm] **3주소 코드 방식** ⇨ address code system, three address code

three-address instruction [–instrʌ́kʃən] **3주소 명령어** 명령 형식의 하나로서, 하나의 연산과 3개의 주소로 이루어진다. 여기서 주소는 피연산자나 결과를 저장하는 곳, 또는 다른 명령어가 존재하는 곳의 위치를 나타낸다.

three-dimensional array [–diménʃənəl əréi] **3차원 배열** 열(列), 행(行), 계층의 세 가지 차원으로 나타내는 배열.

three-dimensional calculation [–kæ̀lkjuléiʃən] **3차원 계산** 열, 행, 계층(layer)의 세 가지 차원으로 계산하는 것.

three-dimensional CG **3차원 컴퓨터 그래픽** 입체 공간을 2차원 공간에 투영하여 표현하는 컴퓨터 그래픽.

three-dimensional core storage [–kɔ́ːr stɔ́ːridʒ] **3차원 방식 자기 코어 기억 장치** 자기 코어 기억 장치의 일종으로, 각각의 기억 코어에 주소 선택을 위한 선을 관통시키고, X선이나 Y선을 따라서 기록용의 억지선(抑止線)을, 또 이들 선에 대해 45도의 각도로 판독선을 관통시켜 전류 일치 선택 방식에 의해 판독하고 기록하는 것. 또 이 방식은 3D 방식, 비트 배열 방식이라고 한다.

three-dimensional digitizer [–dídʒitàizər] **3차원 디지타이저** 치수를 측정할 수 있는 움직이는 팔을 사용하여 3차원 입체의 좌표 정보를 직접 디지털 입력으로 바꾸는 장치.

three-dimensional graphic [–grǽfik] **3차원 그래픽** 컴퓨터 그래픽에서 모델의 각 점의 위치를 높이, 넓이 그리고 깊이의 3축 공간 좌표로 처리하여 그림을 형성하는 것.

three-dimensional integrated circuits [–íntəgrèitəd sə́ːrkits] **3차원 회로 소자** 평면적으로 만들어져 있는 초LSI 소자를 입체적으로 쌓아 올린 모양으로 집적도를 한층 더 높이는 회로 소자. 3차원 집적 회로에서는 집적도가 비약적으로 높아짐과 동시에 소자 사이의 배선이 짧아지기 때문에 고속화를 꾀할 수 있다. 이 소자를 만들 때는 단순히 쌓아붙여 올라가는 것이 아니라 처음부터 하나의 구조로 만들어 나간다. 기본적으로는 초LSI 기술의 응용이지만, 쌓아올린 절록층 위에 반도체의 단결정을 성장시키는 공정이 특히 힘들다고 한다. 3차원화에 의해 종래의 초LSI에 비해 수십 배의 집적도가 달성되어, 수 mm^3 의 8층 칩으로 1만 6천킬로비트의 기록 능력을 가지게 된다고 한다.

three-dimensional line drawing [–láin drɔ́:iŋ] **3차원 라인 드로잉** 2차원 스크린 평면에 대상물의 형태를 3차원 형태로 표현하는 방법으로서 원근 투영 기법이 사용되는데, 이는 카메라의 렌즈를 통해 바라보는 실물이 평면인 유리 위에 투영되는 것과 비슷하다.

three-dimensional representation[–rèprizentéiʃən] **3차원 표현** 컴퓨터 그래픽스에 있어서 물체를 X, Y, Z축을 사용해서 정의한 표현 방법의 총칭. 표현 방법에 따라서 와이어 프레임 표현과 서피스 모델, 솔리드 모델이 있다.

three-dimensional space[–spéis] **입체**

three-dimensional system[–sístəm] **3차원 방식** 자리와 워드를 한 장의 기억 매트릭스에 수용한 것으로, 워드의 선택을 행과 열의 지정에 의해서 행하는 것.

three-input[–ínpùt] **3중 입력** 3개의 입력 신호를 받아들이는 논리 구성 요소에 관한 용어.

three-input adder [–ǽdər] **전가산기** ⇨ full adder

three-dimension graphics[–diménʃən grǽfiks] **3차원 그래픽스** 물체의 모습을 평면도가 아닌 입체도로서 디스플레이에 표현하는 일. CAD에 의해 개인용 컴퓨터로도 상당히 실현할 수 있게 되었다.

three-input adder[–ínpùt ǽdər] **3중 입력 가산기, 전가산기** 피가수 D, 가수 E 및 다른 숫자 위치로부터 보내져 오는 자릿수 올림 F의 3개 입력과 자릿수 올림이 없는 합 T 및 새로운 자릿수 올림 R의 두 개의 출력을 가진 조합 회로. ⇨ full adder

three-level addressing[–lévəl ədrésiŋ] **3단계 주소법** 원하는 피연산자를 얻기 위하여 3번 주소를 참조하는 방법.

three-level schema[–skí:mə] **3층 스키마** 데이터 베이스의 기술(정의)을 데이터 자체의 기술(개념 스키마), 개개 응용의 입장에서 본 데이터 베이스의 일부분의 기술(외부 스키마), 개념 스키마를 컴퓨터 상에 실현하는 기법의 기술(내부 스키마)의 3층으로 나누어 정리하는 사고 방식. ANSI/X3/SPARC 데이터 베이스 작업반이 제안했다. ⇨ schema

three-phase circuit [–féiz sɔ́:rkit] **3상(相) 회로**

three-phase excitation[–èksitéiʃən] **3박 여진법** 방향성이 없는 소자에 방향성을 주기 위해 위상을 변조하여 둘은 공통 부분이 있지만 셋으로는 동시에 공통 부분을 갖지 않게 함으로써 방향성을 회로에 주는 방법. 파라메트론(parametron)에 채용되었다.

three plus one address[–plʌ́s wʌ́n ədrés] **3+1 주소** 3개의 오퍼랜드 주소와 하나의 제어 주소를 포함하는 명령.

three plus one address instruction[–instrʌ́kʃən] **3+1 주소 명령어** 4개의 주소를 포함한 특수 명령어로, 이 중 한 개는 다음에 수행될 명령어의 위치를 나타낸다.

three-PM recording **3점 변조 기록 방식** PM은 position modulation의 약자. 데이터 비트의 기록 밀도에 대해서 자화 반전 밀도의 비를 크게 할 수 있기 때문에 고밀도화에 유리하고 또한 매체의 속도 변동을 자동으로 검출할 수 있다는 특징이 있어 자기 디스크 장치의 고밀도 기록 방법으로 채용된 바 있다. MNRZ1 기록 방식의 일종으로, 데이터 매체 상 트랙에 일련의 데이터 비트를 순차 기록하는 경우, 비트 1에 착안했을 때 1과 1 사이에 비트 0이 두 개 이상 연속하여 나타나도록 연속하는 3비트를 단위로 하여 6비트로 이루어지는 부호화 문자로 변환하고, 이와 같이 확장된 비트열을 NRZI 방식으로 변조하는 방법이다.

three position modulation recording [–pəzíʃən mɑ̀dʒuléiʃən rikɔ́:rdiŋ] **3점 변조 기록 방식** ⇨ three-PM recording

three-state[–stéit] **3상태** 논리 회로의 출력에 있어서, 고 · 저의 전압 레벨 외에 고임피던스 상태를 갖는 것. 3상태는 신호로서 무시되기 때문에 출력 회로를 여러 개 병렬로 접속하는 것이 가능해진다. tri-state라고도 한다.

three-state control[–kəntróul] **TSC, 3상태 제어** 3상태를 취할 수 있는 제어.

three-state gate[–géit] **3상태 게이트** 출력이 0, 1 그리고 underfined의 세 가지 상태를 가지는 게이트.

three-state output[–áutpùt] **3상태 출력**

three valued logic[–vǽlju:d lɑ́dʒik] **3가 논리학** 명제가 참과 거짓의 두 상태를 갖는 보통 논리학을 확장하여 참과 거짓 외에 그 중간적인 부정이라는 상태를 갖는 논리학. 보통 참, 부정, 거짓에 각각 1, 1/2, 0이나 1, 0, −1 또는 2, 1, 0을 대응시킨다. ⇨ many-valued logic

three-wire handshaking [–wáiər hǽndʃèikiŋ] **3선 핸드셰이킹** 송신 장치가 하나이고 수

신 장치가 여러 개인 경우, 송신 장치는 버스에 데이터를 유효하게 하기 이전에 모든 수신 장치가 데이터를 받을 준비가 되었는지 확인하고, 또한 송신 장치는 버스의 데이터를 무효화하기 이전에 모든 수신 장치가 데이터를 수신했는지 확인하기 위해 3선의 제어선으로 각 장치 사이에 신호를 보내 데이터를 전송하는 것.

threshold[θréʃould] *a.* **문턱(값)** 임계(값). 한계(값). p, q, r, …을 각각 논리식으로 할 때, 이들 논리식 가운데 적어도 n개가 참이면 결과가 참, n개 이하가 참이면 결과가 거짓이 되는 성질을 갖는 논리 연산자(여기서 n은 한계값 조건이라 부르며 정수이다). 또 아날로그 양의 입력이 어떤 한계값을 초월했을 때, 출력이 1, 그 이외는 0이 되는 회로에서의 한계값.

threshold amplifier[–ǽmplifàiər] **한계값 증폭기** 입력 전압이 어떤 값 이상으로 되면 증폭된 일정한 출력 전압이 발생하는 증폭기.

threshold element[–éləmənt] **한계값 소자** 논리적 한계값 연산을 하는 장치로서, 각 입력 명제(또는 가중값)의 진위가 임계값 상태를 결정하는 출력을 완성하는 것. ⇨ threshold gate

threshold function[–fʌ́ŋkʃən] **한계값 함수, 임계값 함수** 한 개 이상의 인수를 갖는 2값 스위칭 함수로, 그 인수는 반드시 2값 인수일 필요는 없지만, 그 인수에 관한 소정의 수학적 함수가 주어진 한계값을 초월했을 때는 그 인수의 값이 1을 취하며, 그 밖의 경우에는 그 함수의 값이 0을 취하는 것. 예 다음과 같은 임계값 함수

$g \leqq T$일 때, $f(a_1 \cdots a_n) = 0$

$g > T$일 때, $f(a_1 \cdots a_n) = 1$

여기서, $g = w_1 a_1 + w_n a_n$, 단 $w_1 \cdots w_n$은 실수의 인수 $a_1 \cdots a_n$에 대한 양의 가중값이고, T는 논리 임계값이다.

threshold gate[–géit] **한계값 게이트, 논리 한계값 게이트** 논리 한계값 연산을 행하는 논리 소자. ⇨ threshold element

threshold level [–lévəl] **임계 수준** 입력의 크기에 따라서 두 개의 다른 상태를 취하는 기능을 갖는 회로 등에서 그 경계가 되는 입력값.

threshold operation[–àpəréiʃən] **한계값 연산, 임계값 연산** 오퍼랜드의 논리 한계값 함수를 계산하는 연산.

threshold register[–rédʒistər] **임계 레지스터**

threshold voltage[–vóultidʒ] **임계 전압** 디지털 회로의 입력에서 논리를 식별하는 경계 전압.

through connection[θrúː kənékʃən] **관통 연결** 컴퓨터 키트(kit)에서 구멍이나 짧은 연결선(jumper wire)에 의하여 만들어진 양면 또는 다중판(multilayer board)들 사이의 전기적인 연결.

through hole[–hóul] **관통 구멍** 프린트 기판의 양면을 접속하거나 부품의 삽입 등에 사용되는 구멍.

throughput[θrúːpùt] *n.* **처리 능력, 처리율, 스루풋** 컴퓨터 또는 주변 장치 등이 어떤 일정 시간 내 또는 단위 시간당 처리할 수 있는 처리량. 하루에 처리할 수 있는 작업의 수 등과 같이 시스템의 처리 능력을 평가(evaluation)할 때 사용되는 경우가 많고, 처리율이 커지면 커질수록 시스템 처리 능력이 우수하다.

[주] 주어진 시간 내에 컴퓨터 시스템에 의해 수행되는 일의 양의 측도. 예 1일당 작업의 개수

throughput class negotiation[–klǽːs nigòuʃiéiʃən] **처리율 클래스 확인**

throughput time[–taím] **처리 능력 시간** 데이터가 발생하여 컴퓨터가 데이터를 처리하기까지의 소요 시간.

throughput turnaround time[–tə́ːrnəràund taím] **처리량 회송 시간** 반이중 회로에 대해서 회송 시간은 방향을 바꾸는 데 드는 시간으로 측정한다. 전이중 조작에서는 준비 시간이나 초기화 시간, 동기화하는 데 걸리는 지연 등으로 회송 시간을 나타낸다.

thumb mouse[θʌ́m maus] **섬 마우스** 노트북 PC 등에 달린 마우스로 일반적인 마우스와 달리 손가락으로 마우스 볼을 직접 움직여 커서(포인터)를 이동시키는 위치 지정 장치의 일종. 섬 볼(thumb ball)이라고도 한다.

thumb nail[–néil] **섬 네일, 축소 이미지** 그래픽 파일의 이미지를 소형화한 것을 말하며, 일반적으로 그래픽 파일 안에 데이터로 포함된다. 인터넷에서는 작은 크기의 견본 이미지를 가리킨다. 섬 네일을 클릭하면 보다 큰 이미지가 표시된다. 원래 의미는 「엄지 손톱, 작은 물건」이라는 뜻이다.

thumb shift keyboard[–ʃift kíːbɔ̀ːrd] **엄지 손가락 시프트 키보드**

thumb wheel[–hwíːl] **지동륜** 중심축의 주위로 회전하는 환상의 기구이며, 스칼라 값을 주기 위해 사용되는 것.

[주] 한 쌍의 지동륜(指動輪)은 위치 입력 장치로서 사용할 수 있다.

thyristor[θairístər] *n.* **사이리스터** pnpn 구조를 3개 또는 그 이상의 접합을 갖는 쌍안정 반도체 스위칭 소자로서, 특히 전력 제어용으로 널리 사용한다.

thyristor inverter[–invə́ːrtər] **사이리스터 인**

버터 상용 전원을 우선 직류로 바꾸고, 다시 교류로 변환해서 안정화 전원을 발생시키는 장치. 일반적으로 축전지를 갖추고 있는 정전 대책에 사용하는 정주파 정전압 전원 장치의 일종이다.

TI 텍사스 인스트루먼트 사 Texas Instrument의 약어.

TIA the Internet adapter의 약어. pseudo SLIP-(가상 슬립)을 가능하게 하는 프로그램으로 마켓플레이스에서 만들었다. 설정이 복잡하고 리얼오디오를 지원하지 않는 단점이 있는 반면에 DNS를 빨리 찾고 웹 브라우저로 하이퍼 문서를 보는 중간에 정지(stop)가 가능하다는 장점을 가지고 있다.

TID 레코드 구별자 tuple identifier의 약어. 시스템 R에서 RSI로부터 레코드 자신을 가리키는 인덱스. 하나의 레코드 R에 대한 TID는 R을 포함하는 페이지 P의 페이지 번호와 페이지 P의 바닥으로부터의 거리를 나타내는 두 개의 인덱스를 갖는다.

tie [tái] *n.* **타이, 결합**

tie-branch [–brǽntʃ] **결합 분기**

tie line [–láin] **연락 회선, 연결선** 둘 또는 그 이상의 구내 교환 기간을 연결하기 위하여 제공되는 개인 회선 통신 채널.

TIENET 정보 교환 처리 서비스 total information exchange and processing network service의 약어.

TIFF tagged information file format의 약어. 1980년에 컴퓨터의 플랫폼에서 그래픽을 공유하는 것은 큰 골칫거리였다. 때문에 세계 어디에서나 사용 가능한 보편적인 그래픽 번역기가 필요했다. TIFF 그래픽 파일 포맷은 이 문제를 해결할 목적으로 개발되었다. TIFF를 이용하면 1비트에서 24비트 포토 그래픽 이미지에까지 이르는 색깔들을 매우 손쉽게 다룰 수 있다.

tight [táit] *a.* **긴밀한**

tightly coupled [táitli kʌ́pld] **밀착 결합** 여러 개의 중앙 처리 장치가 하나의 운영 체제를 공유하고 있으며, 그 제어 하에 각각 동시에 동작하여 처리 능력을 증대시키는 방법.

tightly coupled multiprocessing [–mʌ́ltiprɑ̀sesiŋ] **밀착 결합 다중 처리** 여러 프로세서들 간에 하나의 기억 장치를 공유하며 하나의 운영 체제가 모든 프로세서들과 시스템 하드웨어를 제어하는 것.

tightly coupled multiprocessor [–mʌ́ltiprɑ̀usesər] **밀착 결합 다중 처리기** 다중 처리기 시스템 구성 방법 중 처리 기간의 직접적인 자원 공유를 가능하게 하는 방법으로서 주종 시스템과 대칭 시스템으로 구분된다. ① 주종 시스템에서는 하나의 주처리기에 의해서 모든 자원 관리와 운영 체제 기능이 수행되므로 사용자의 작업을 처리하는 종속 관계에 놓여 있는 처리기의 활동은 통제된다. ② 대칭 시스템에서는 모든 처리기가 동일한 기능을 수행하므로 주종 시스템에서 예상되는 병목 현상을 피할 수 있다.

tile [tɑil] **타일** 인쇄하려는 내용이 용지보다 클 때 분할하는 방법밖에 없는데, 그 분할된 한 장 한 장을 말한다.

tiling [táiliŋ] **타일링** 컴퓨터 그래픽에서 화면상의 특정 영역에도 형이나 패턴이 서로 겹쳐지지 않도록 채워넣는 것.

tiling window [–wíndou] **타일링 윈도** 멀티윈도의 실현 방식의 일종. 표시 화면상에 여러 개의 윈도가 겹쳐지지 않고 표시된다.

tilt [tílt] *n.* **틸트** (1) 출력 레벨의 주파수에 의한 경사를 말한다. 일반적으로 양단 채널 사이의 레벨 차를 가리킨다. (2) 수평이어야 할 펄스 톱(pulse top) 또는 베이스의 평균 경사가 0이 아닐 때의 평균 경사의 일그러짐.

tilt feature [–fíːtʃər] **틸트 기구** 표시 장치에서 표시면 또는 키보드의 기울기(각도)를 상하로 조정할 수 있는 기구.

tilting screen [tíltiŋ skríːn] **경사 스크린** 사용자가 보기에 편한 위치로 화면을 상하 좌우로 기울일 수 있는 모니터.

TIM 태스크 식별 매트릭스 task identification matrix의 약어.

time [táim] *n.* **시간** 시간의 흐름, 시간축 상의 한 점 또는 두 점 간의 길이의 의미로 사용하며, 「시」, 「시간」, 「시각」 등으로 해석된다.

time allocation [–æ̀ləkéiʃən] **시간 할당**

time assignment speech interpolation [–əsáinmənt spíːtʃ ìntərpəléiʃən] **TASI, 시간 할당 통화 인터럽트 장치**

time axis matching [–ǽksis mǽtʃiŋ] **시간 축 정합**

time base [–béis] **시간 기준**

time-based load analysis [–béist lóud ənǽlisis] **TBLA, 시간 베이스 부하 해석**

time-based management [–mǽnidʒmənt] ⇨ TBM

time between overhauls [–bitwíːn òuvərhɔ́ːlz] **TBO, 오버홀 간격**

time chart [–tʃáːrt] **경과 도표** ⇨ historical chart

time complexity [–kəmpléksiti(ː)] **시간 복잡성** 어떤 문제를 풀기 위한 특정 알고리즘에 대해 그로부터 수행되는 기본 연산의 수.

time compression multiplexing [–kəmpréʃən mʌ́ltiplèksiŋ] **TCM, 시분할 방향 제어 전송 방식** 두 선의 케이블을 써서 디지털 자료의 전이중 통신을 하는 전송 방식.

time constant[–kɑ́nstənt] **시정수, 시간 상수** 응답 속도를 특징짓는 상수. 시간의 크기를 갖는 것.

time constant of integrator[–əv íntəgrèitər] **적분기의 시간 상수**

time delay circuit [–diléi sə́ːrkit] **시간 지연 회로**

time delay register[–rédʒistər] **시간 지연 레지스터**

time-dependent [–dipéndənt] **시간 의존**

time dependent password[–pɑ́ːswə̀ːrd] **시간 의존형 패스워드** 하루중의 어떤 시각 또는 특정한 시간 간격만이 정당하다는 패스워드.

time-derived channel[–diráivd tʃǽnəl] **시간 파생 채널** 한 채널에 대해서 시분할 다중 송신을 함으로써 얻어지는 다른 채널.

time discriminator[–diskrímineìtər] **타임 판별 회로, 시간 식별기**

time division[–divíʒən] **시분할** 하나의 전송 매체에 각각의 메시지를 시간적으로 분리시켜 몇 개의 메시지 채널을 서로 겹치지 않게 시간별로 서로 다른 메시지 채널로 병렬적으로 전송시키는 것.

time division multiple access[–mʌ́ltiplǽkses] **TDMA, 시분할 다중 접근** 성형 디지털 PBX나 링형 네트워크에서 쓰는 근거리 통신망(LAN)의 접근 제어 방식의 하나로 많은 장치에서 순차적인 일정 시간 길이의 디지털 신호를 한 개의 통신로에 송출하고, 시분할 스위치를 써서 송신 정보의 축적 교환을 한다. 예를 들어, 인공 위성의 시분할 다중 접근은 여러 지구 중계소 단말기들이 공동 자동 무선 레이더에 도달하는 신호를 흐트려 전송함으로써 시분할을 하고 연속적으로 인공 위성에 의한 비중첩 양식으로 반복되는 기법이다.

time division multiplex[–mʌ́ltiplèks] **TDM, 시분할 다중 방식** 여러 개의 메시지가 한 개의 전송 채널을 시분할해서 사용하는 전송법으로, 일정 시간 단말 장치를 공통 회선에 접속해서 다중 회선을 구성한다. ⇨ TDM

time division multiplexer[–mʌ́ltiplèksər] **시분할 멀티플렉서** 여러 개의 입력 신호를 동일 선로를 이용하여 송신하는 장치로 한 시점에서는 그 중의 하나를 골라서 시간대를 나누어 송신하는 것.

time division multiplexing[–mʌ́ltiplèksiŋ] **TDM, 시분할 다중화, 시분할 다중 방식, 시분할 멀티플렉스** 데이터 통신 분야에 있어서 아주 짧은 시간 간격에 몇몇 데이터의 일부를 전송하되, 하나의 물리적인 통신로를 여러 개의 논리적인 통신로로 사용하는 방식. ⇨ TDM

time division multiplier[–mʌ́ltiplàiər] **시분할 다중 장치** 두 개의 입력 변수와 한 개의 출력을 구현한 아날로그 장치로서 하나의 입력 변수는 펄스의 진폭을 제어하기 위해 사용하고 다른 입력 변수는 파형의 마크 스페이스 비율(mark to space ratio)을 제어한다. 이것은 mark space multiplier라고도 한다.

time division switch[–swítʃ] **시분할 스위치**

time division system[–sístəm] **시분할 방식** 통신로 다중화의 한 방식으로, 통신로를 어느 시간마다 구분하고 각각의 시간대를 각 단말에 할당하는 방법. PAM 방식과 PCM 방식이 있다.

time-domain[–douméin] **시간 영역**

time domain reflectometer ⇨ TDR

time entry station[–éntri(ː) stéiʃən] **시간 입력 장치**

time fill[–fíːl] **타임 필** (1) 블록과 블록 사이 또는 문자와 문자 사이에 삽입되어 동기의 유지 또는 약간의 지연 시간을 만들기 위하여 사용하는 아이들(idle) 부호. (2) 고수준 자료 연결 제어 절차(HDLC)에서는 프레임과 프레임 사이에 삽입되어 동기의 유지 또는 약간의 지연 시간을 만들기 위해 사용하는 비트의 열이다.

time frame[–fréim] **시간 프레임, 시간 간격** 구체적인 상황이나 사건 하에서 사용할 수 있는 시간의 한계.

time gate[–géit] **시간 게이트** 주어진 시간 사이에만 출력하는 변환 게이트.

time hierarchy[–háiərɑ̀ːrki(ː)] **시간 계층 구조** 튜링 기계가 인식하는 언어들의 시간 복잡도에 따른 계층 구조.

time increment[–ínkrəmənt] **시간 증분**

time interval[–íntərvəl] **시간 간격**

time lag[–lǽ(ː)g] **동작 지연** 일반적으로 전기 회로에서는 입력 신호가 도달한 시간에 대하여 출력 신호가 생기는 시간은 약간 늘어난다. 이것은 물리 현상을 이용하고 있는 이상 불가피한 것이다(원리적으로 결과는 원인보다 늦어진다는 특수 상대성 이론에 따른다). 이 지연을 동작 지연이라고 하며, 예를 들면 주파수 특성과 같은 것은 이것에 의한 것이고, 그 이상 빠른 주파수에서는 그 소자가 동작을 따르지 못함으로써 동작 지연의 원인이 된다.

time line analysis[–láin ənǽlisis] **TLA, 시간 회선 분석**

time log[–lɔ́(ː)g] **시간 기록** 정해진 시간 동안에 컴퓨터 시스템이 어떻게 사용되었는가를 기록하는 행위.

time management[–mǽnidʒmənt] **시간 관리**

time model[–mɑ́dəl] **시간 모델**

time modulation[–mɑ̀dʒuléiʃən] **시 변조**

time of arrival[–əv əráivəl] **TOA, 도착 시간**

time of day[–déi] **시각**

time of day clock[–klɑ́k] **TOD clock, 시각 기구, 24시제 클록** 24시제의 시간을 표시하는 시각 기구.

time of day control[–kəntróul] **시각 관리**

time-optimal system[–ɑ́ptiməl sístəm] **시간 최적 시스템**

time-out[–aut] **시간 끝, 타임 아웃** 어떤 특정의 사상으로부터 시작되며, 미리 정해진 시간의 끝에 발생하는 사상.
[주] 타임 아웃은 적당한 신호를 사용함으로써 발생하지 않도록 할 수 있다.

time-out check[–tʃék] **시간 마감 체크** 타임 아웃의 여부를 검사하는 것.

time-out control[–kəntróul] **타임 아웃 제어**

time preference[–préfərəns] **시간 선호**

time-pulse distributor[–pʌ́ls distríbju(ː)tər] **시간 펄스 배분기** 시분할의 타이밍 펄스(timing pulse)를 발생시키는 장치.

time quantization[–kwɑ̀ntizéiʃən] **시간 양자화**

time quantum[–kwɑ́ntəm] **시간 할당량** 시분할 시스템에서 각 작업에 할당되는 시간 슬롯의 크기. 시분할(time sharing)은 한 대의 처리 장치에, 여러 프로세스와 태스크를 아주 짧은 시간 간격에 짜넣도록(interleave) 하여 계산을 진행시키는 방식을 말한다. 이때 각 프로세스에 주어지는 최소의 시간 단위를 말한다.

timer[táimər] *n.* **시계, 타이머** 컴퓨터 시스템의 운용중에 생기는 일의 시간을 계산하기 위해 사용되는 시간 측정 장치의 총칭.

timer clock[–klɑ́k] **타이머 클록, 시각 장치**

time redundancy check[–ridʌ́ndənsi(ː) tʃék] **시간 중복 검사** 신뢰성 향상을 위해 계산을 여러 번 반복 실행하여 그 결과를 검사하는 방식.

time register[–rédʒistər] **계시 기구, 계시 레지스터** 시각 레지스터(clock register), 시각 기구(timer)와 같은 의미. 보통 이들 기구에서는 밀리초 단위로 경과 시간(elapsed time)이 계측된다.
⇨ timer, clock register
[주] 시간을 재기 위해서, 규칙적인 간격으로 내용이 변화하는 레지스터.

timer element[táimər éləmənt] **타이머 요소**

timer response[–rispɑ́ns] **시간 응답**

timer interrupt[–ìntərʌ́pt] **타이머 인터럽트** 타이머의 기구(인터벌 타이머, CPU 타이머, TOD 클록 등)에 의한 인터럽트.

timer interruption[–ìntərʌ́pʃən] **타이머 일시 정지**

timer supervision[–sùːpərvíʒən] **타이머 감시**

timer type automatic power control unit[–táip ɔ̀ːtəmǽtik páuər kəntróul júːnit] **타이머형 자동 전원 제어 장치** 단말 장치 등의 전원을 설정한 날짜 또는 시간과 요일 등에 자동으로 투입 제어하는 장치.

time sample[táim sɑ́ːmpl] **시간 샘플** 일정한 신뢰 수준으로 로트(lot)의 신뢰도를 평가할 목적으로 하나 혹은 그 이상의 유닛에 관해서 행하는 신뢰도 시험의 총시간 수(component hour 혹은 unit hour라고도 한다. 각 유닛의 시험 시간의 총합).

time scale[–skéil] **시간 척도** 하나의 프로세스나 사건의 세트가 일어나거나 종료되는 데 필요한 시간과 실제로 컴퓨터에서 연산에 의하여 해답을 얻는 데 걸리는 시간의 비율. 컴퓨터에서 기계에 의한 문제 해결 시간이 실제 처리의 물리적인 시간보다 큰 경우 이 컴퓨터의 시간 척도는 1보다 크다고 하며, 이러한 컴퓨터를 확대된(extended) 시간 척도, 늦은(slow) 시간 척도로 동작한다고 한다. 한편 이와 반대의 경우에는 시간 척도가 1보다 작으며, 시간 척도가 1인 경우의 계산은 실제 프로세스와 같은 시간 척도로 처리된다. 이러한 경우를 실시간(real-time) 처리라고 한다.

time scale factor[–fǽktər] **시간 변환 계수** 풀어야 할 문제의 시간축을 계산기의 시간축으로 변환하는 데 사용하는 계수.

time schedule controller[–skédʒul kəntróulər] **시간 스케줄 제어기** 참조 입력 신호가 자동적으로 미리 예정된 시간 계획에 따라 발생되는 특수 제어기.

time sequencing[–síːkwənsiŋ] **시간 순서** 정확하게 측정된 지연 시간의 함수로서 프로그램에 의해 만들어지는 스위치 신호.

time series[–sí(ː)riːz] **시계열** 확률적인 사상의 시간적인 변화를 통상 일정의 등간격으로 불연속적으로 관측함으로써 얻어지는 값의 목록. 시계열 문자는 경제, 기상, 인구 문제 등의 분야에 적용되는 기본적 분석 수법이다.
[주] 시간의 경과에 따라 변화하는 값.

time series analysis[–ənǽlisis] **시계열 분**

석 경제 통계와 기상 통계 등 시간과 더불어 추이하는 변량의 계열 구조를 분석하는 것으로, 시계열 분석에는 경향 변동과 순환 변동 그리고 계절 변동과 우연 변동으로 나뉘어 분석하는 것이 보통이고, 이를 경과 도표나 식으로 나타낸다. 이것에는 센서스국법과 EPA법, 지수 평활법이라는 분석법이 있다.

time series forecasting [–fɔ́:rkæ̀:stiŋ] **시계열 예측**

time series prediction [–pridíkʃən] **시계열 예측** 시계열의 분석으로 얻어진 자료와 더불어 장래를 예측하는 것. 그 방법으로는 시계열 자료의 분산 분석으로 결과값의 추정을 응용한 것이 흔히 쓰여진다.

time series vector [–véktər] **시계열 벡터** 시계열의 수와 같은 차원의 공간을 설정하여 이 공간에서의 각 좌표 성분이 각각의 시계열의 요소와 같은 벡터.

time share [–ʃέər] **시분할** 전체적으로 동일한 시간 내에 둘 이상의 목적을 위해 장치를 사용하는 기법으로서, 컴퓨터 구성 부품의 동작을 시간에 따라 적절히 분산시킴으로써 이루어진다.

time shared BASIC 시분할 베이식 시분할 베이식은 많은 사람들이 컴퓨터를 쉽게 활용할 수 있도록 고안된 대화형 언어이다. 대부분의 개인용 컴퓨터는 BASIC 언어를 기본적인 언어로 채택하고 있다.

time-shared (common) bus [–ʃέərd (kámən) bʌ́s] **시분할 (공동) 버스** 프로세서, 기억 장치, 입출력 장치 등 각종 장치들 간에 하나의 교신로만을 제공하는 버스. 각종 장치들 간의 정보 전송은 그 장치들 자신의 버스 인터페이스에 의하여 제어된다. 시분할 버스 구조에서는 새로운 장치들을 버스에 직접 연결시킴으로써 쉽게 추가시킬 수 있으며, 장기간의 교신을 위해 각 장치들은 어떤 다른 장치가 버스에 연결되어 있는지 알아야 하는데, 이것은 보통 소프트웨어에 의해 처리된다.

time shared computer utility [–kəmpjú:tər ju(:)tíliti(:)] **시분할 컴퓨터 효용** 시분할 컴퓨터 시스템의 특수 계산 능력으로 이에 의하여 데이터뿐만 아니라 프로그램들도 사용자에게 유용하게 사용할 수 있는 편의를 제공한다. 사용자는 중앙 처리 장치에 직접 자신의 프로그램들을 만들어넣을 수도 있고, 컴퓨터 유틸리티를 호출하여 사용할 수도 있다. 어떤 데이터나 프로그램들은 현재 서비스 받고 있는 모든 사용자들이 공동으로 사용할 수 있는 한편, 다른 데이터나 프로그램들은 제한적인 성격 때문에 제한된 접근만이 가능하다. 컴퓨터 유틸리티는 데이터 통신 서브시스템(subsystem)으로도 접근이 가능하다.

time-shared control [–kəntróul] **시분할 제어** 중앙 제어 장치는 프로그램 명령으로 다른 시스템 유닛의 동작을 제어한다. 중앙 제어 장치는 시스템이 받아들인 입력에 대하여 시분할(time shared)로 동작한다. 전화 교환에서 중앙 제어 장치는 하나의 신호 처리 과정을 여러 단계로 나누어 부분 부분을 다른 호출 처리 과정에 삽입하여 시분할적으로 처리하거나 어떤 특정한 동작은 다수의 신호에 대하여 동시에 처리한다. 시분할이란 다수의 회로가 한 개의 중앙 제어 장치가 제공하는 서비스를 공동으로 활용하고 각 회로는 교대로 서비스를 제공받게 되는 것을 의미한다. 프로그램으로 구성된 명령을 통하여 하나의 호출 처리 과정이 여러 단계로 나뉘어 부분 부분을 다른 호출 처리 과정에 삽입함으로써 정보 전송이 가능해진다.

time-shared input-output system [–ínpùt áutpùt sístəm] **시분할 입출력 시스템** 중앙 처리 장치(CPU)의 제어 하에서 상호 관련이 없는 여러 개의 주변 장치가 동시에 동작 상태로 될 수 있는 컴퓨터 시스템. 이때 CPU는 시분할적으로 주변 장치와 데이터의 송수신을 수행할 수 있기 때문에 동시에 한 개 내지 여러 개의 프로그램을 시분할적으로 실행하며, 계속해서 데이터 처리를 할 수 있다.

time-shared system [–sístəm] **시분할 시스템** 이용 가능한 중앙의 컴퓨터 시간을 예정 계획, 혹은 공식에 따라 여러 작업이 나누어 쓰는 특정한 시스템.

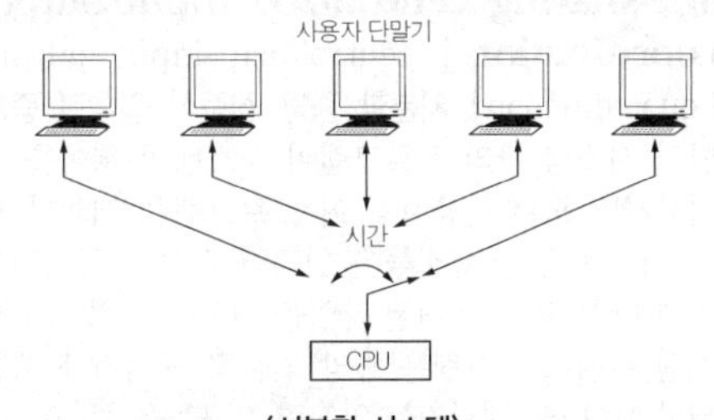

〈시분할 시스템〉

time sharing [–ʃέəriŋ] **시분할** 여러 사용자가 단일 컴퓨터 시스템을 외관상 동시에 병행적으로 사용할 수 있도록 하는 기술. 보통은 여러 개의 일을 동시에 처리할 수 없기 때문에, 대단히 빠른 스피드로 여러 가지 처리를 차례대로 행해간다. 한 대의 중앙 처리 장치(CPU)와 여러 단말기(terminal)를 직접 또는 통신 회선(communication line)을 경유하여 접속하고, 각각의 단말기로부터 동일한 데이터 베이스를 이용하거나, 프로그램을 작성하여 실행할 수 있기 때문에 효율적이고도 경제적으로 시스템을 이용할 수 있다.

[주] 하나의 처리 장치에 있어서 두 개 이상의 처리를 시간을 쪼개어 상호 교환 배치시키도록 하는 컴퓨터 시스템의 조작 기법.

time-sharing accounting [–əkáuntiŋ] **시분할 회계** 시분할 회계 관리 프로그램은 컴퓨터의 사용자들을 식별하고 로그인(log-in)시킬 수 있어야 한다. 또 이것은 시스템 관리자가 각 개인에게 사용료를 징수하는 데 필요한 중앙 처리 장치 사용 시간, 기억 용량 그리고 주변 장치 사용 용량 등을 상세히 기록해야 한다. 이 밖에 유휴 시간, 오류 조건 등에 관한 통계도 필요하다.

time-sharing allocation of hardware resource [–æ̀ləkéiʃən əv há:rdwɛ̀ər risɔ́:rs] **하드웨어 자원의 시분할 할당** 사용자의 프로그램과 시스템 프로그램, 그리고 데이터는 자기 디스크와 같은 보조 기억 장치에 기억되어 있으며, 경우에 따라서는 자기 테이프와 같은 자속 직렬 접근 기억 장치에 보존되어 유사시에 대비한다. 시스템 관리 프로그램은 정보를 어디에 기억시킬 것인가를 결정하며, 검색하는 데 필요한 목록들을 유지한다. 프로그램과 데이터는 수행이나 수정을 위하여 주기억 장치로 옮겨와야 하는데, 관리 프로그램은 필요에 따라 보조 기억 장치와 주기억 장치 사이에서 기억 장소를 할당하고 정보를 전송한다. 또 이 프로그램은 반드시 주변 장치의 사용을 원하는 동시 사용자 프로그램들 사이에 혼란을 피하기 위해 직접 접근 장치들과 주변 장치들의 할당을 관리해야 한다.

time-sharing centralized input/output coordination [–séntrəlàizd ínpùt áutpùt kouɔ̀:rdinéiʃən] **시분할 중앙 집중식 입출력 중재** 만일 시스템 관리 프로그램이 시스템의 제어를 유지하려면 모든 사용자와 이 프로그램을 제외한 모든 시스템 구성 요소들은 입출력 작업이 금지되어야 한다. 이러한 금지된 작업을 대신하기 위하여 시스템 관리 프로그램은 중앙 입출력 패키지를 제공해야 한다. 이 패키지는 입출력 요구들을 받아서 이 요구들을 큐에 대기시키며 요구를 만족시키기 위하여 하드웨어 요소들을 스케줄한다.

time-sharing clock [–klák] **시분할 클록** 다중 프로그래밍 시스템에서는 여러 사용자 프로그램들이 주기억 장치 내에 동시에 존재한다. 이들 프로그램의 수행은 교대로 이루어지는데, 이들 사이의 스위칭은 클록에 의하여 제어를 받으며, 이 클록은 일정한 시간이 경과했음을 처리기에 알려주는 인터럽트를 만들어낸다. 클록 인터럽트가 발생할 때마다 스케줄 알고리즘이 개시되어 만일 주기억 장치에 있는 프로그램이 할당된 시간을 전부 소비했거나 상태를 바꾸었을 때 그 프로그램은 큐(queue)에 있는 다음 프로그램이 수행될 수 있도록 교환이 일어난다.

time-sharing computer system [–kəmpjú:tər sístəm] **시분할 컴퓨터 시스템**

time-sharing control [–kəntróul] **TSC, 시분할 제어** 여러 개의 작업이 컴퓨터의 중앙 처리 장치를 공유하므로 시분할 처리를 실행하기 위한 제어 방식으로는 ① 다음에 실행하는 작업을 주사(走査)에 따라 결정하는 주사(scanning) 방식, ② 장치의 요구를 인터럽트(interrupt) 삽입에 의해 행하는 인터럽트 방식이 사용되고 있다.

time-sharing control task [–tá:sk] **시분할 제어 태스크** 시스템 초기 설정, 시분할용 영역 배당, 스와핑(swapping), 그 외의 일반적인 제어 기능을 가진 시스템 태스크.

time-sharing data base management and reporting [–déitə béis mǽnidʒmənt ənd ripɔ́:rtiŋ] **시분할 데이터 베이스 관리 · 보고** 대부분의 사업용 데이터 처리는 이 부류에 속한다. 그 범위는 독자적인 컴퓨터를 갖고 있지 않은 소규모 사업을 위한 일상 단순 업무 처리에서부터 주식 거래 시스템과 같이 실시간으로 작동하는 대형 전용 시스템에 이르고 있다.

time-sharing deferred-batch mode [–difɔ́:rd bǽtʃ móud] **시분할 지연–일괄 방식**

time-sharing driver [–dráivər] **시분할 드라이버**

time-sharing environment [–inváirənmənt] **시분할 환경, 타임 셰어링 환경**

time-sharing executive [–igzékjutiv] **시분할 관리 체제**

time-sharing input-output system [–ínpùt áutpùt sístəm] **시분할 입출력 시스템** 주변 장치가 시분할 방식으로 중앙 처리 장치와 데이터를 주고받을 수 있는 시스템.

time-sharing input QCB 시분할 입력 QCB

time-sharing interchange [–ìntərtʃéindʒ] **시분할 교환** 시분할 교환은 대화형 사용자가 여러 프로그램이 수행되는 동안에 일괄 프로그램을 수행하라는 명령을 만들어낼 수 있게 해준다. 이것은 대화형 단말 장치로부터 입력되거나 파일에 저장되어 있던 데이터나 다른 필요한 입력을 사무실의 시분할 망에 작동되는 일괄 처리 시스템으로 보낸다.

time-sharing interface area [–íntərfèis ɛ́(:)riə] **시분할 인터페이스 영역**

time-sharing interface program [–próugræm] 시분할 인터페이스 프로그램

time-sharing job control block [–dʒáb kəntróul blák] TJB, 시분할 작업 제어 블록

time-sharing macroassembler [–mækrouəsèmblər] 시분할 매크로 어셈블러

time-sharing method [–méθəd] 시분할 방식 컴퓨터와 단말기 사용자 사이에 시간적으로 분할하여 사용자가 연속적으로 컴퓨터 정보를 접근하는 방식으로 다중화하는 데 사용되는 방식.

time-sharing mode [–móud] 시분할 모드

time-sharing monitor [–mánitər] 시분할 모니터

time-sharing monitor system [–sístəm] 시분할 모니터 시스템 시분할의 컴퓨터 동작을 총괄하여 여러 루틴을 감시하는 실행 프로그램(executive program)으로, 다중 프로그래밍 시스템에 있어서 프로그램 간의 자동 조절, 중앙 처리 장치에서는 데이터 처리와 여러 개의 주변 기기를 동시에 동작할 수 있도록 입출력을 제어하는 기능을 갖는다.

time-sharing operating system [–ápərèitiŋ sístəm] 시분할 운영 체제 여러 이용자가 동시에 터미널을 통하여 직접 컴퓨터와 대화하면서 각 이용자의 프로그램을 수행할 수 있게 하는 운영 체제.

time-sharing operation [–àpəréiʃən] 시분할 운영 컴퓨터 이용의 한 방법으로 많은 단말기를 데이터 전송 회선 등으로 중앙의 컴퓨터에 접속하고 동시에 많은 이용자가 컴퓨터를 이용하는 방식.

time-sharing option [–ápʃən] TSO, 시분할 기능

time-sharing polling [–páliŋ] 시분할 폴링

time-sharing priority [–praiɔ́(:)riti(:)] 시분할 우선 순위

time-sharing processing [–prásesiŋ] 시분할 처리 컴퓨터 사용 형태의 한 방법으로 통신 회선을 거쳐서 여러 개의 단말기를 중앙측의 컴퓨터에 접속하고, 동시에 많은 사용자가 시분할에 의하여 컴퓨터를 사용하는 방식이다. 개개의 사용자가 연속적으로 컴퓨터를 사용하는 것은 많아야 수 100ms 정도이지만 다른 이용자를 의식하는 일 없이 대화 형식으로 자기 전용기와 같이 컴퓨터를 이용할 수 있다.

time-sharing quantum [–kwántəm] 시분할 할당량 시분할 체제의 컴퓨터에서 한 프로그램을 수행하는 데 할당될 수 있는 하나의 단위 처리 시간. 낮은 순위의 프로그램보다 높은 순위의 프로그램에 더 많은 할당 시간이 주어진다.

time-sharing ready mode [–rédi(:) móud] 시분할 준비 방식 준비 상태의 사용자 태스크는 수행 개시 혹은 수행 계속될 수 있다. 보통 시스템 관리 프로그램은 준비 상태의 태스크들을 대기시키는 대기 행렬을 유지하고 있다. 처리기가 사용 가능할 경우에는 언제나 시스템 관리 프로그램은 준비 상태의 태스크 대기 행렬의 앞에 있는 태스크를 활성화시키고 그것의 상태를 수행 상태로 바꾼다.

time-sharing real-time clock [–rí:əl táim klák] 시분할 실시간 클록 실시간 클록은 일정 시간이 지나면 수행 프로그램을 인터럽트할 수 있도록 맞출 수 있다. 최소 클록 간격은 사용자 프로그램이 수행될 수 있도록 허용받은 기본적인 시간 크기보다 작아야 한다. 시스템 관리 프로그램 제어 하의 이 클록은 사용자 프로그램이 할당받은 시간을 다 소모한 다음에 시스템 관리 프로그램이 컴퓨터의 제어를 다시 갖게 하는 가장 좋고 유일한 수단이다.

time-sharing resource allocation [–risɔ́:rs æ̀ləkéiʃən] 시분할 자원 할당

time-sharing scheduler system [–skédʒulər sístəm] 시분할 스케줄러 시스템

time-sharing scheduling rule [–skédʒuliŋ rú:l] 시분할 스케줄링 규칙 시분할 시스템을 위하여 스케줄링 규칙으로 정하는 것은 ① 유지해야 할 대기 행렬의 종류와 상태, ② 태스크의 모드와 대기 행렬을 바꾸기 위한 동작, ③ 동작들 가운데 하나가 취해지기 전에 경과되는 시간 간격, ④ 태스크를 대기 행렬에 넣거나 대기 행렬로부터 빼내는 방법 등이 있다.

time-sharing scientific and engineering calculation [–sàiəntífik ənd èndʒəníəriŋ kælkjuléiʃən] 시분할 과학 · 기술 계산 대부분의 시분할 시스템들은 과학자, 공학자 그리고 기술자들이 컴퓨터를 마치 큰 계산자처럼 사용할 수 있도록 해주는 대화형 계산 장치를 제공하고 있다.

time-sharing service [–sɔ́:rvis] 시분할 서비스

time-sharing sign on [–sáin ən] 시분할 체제 접근 시분할 체제에 접근하려면 제한을 받는데, 주로 사용자의 유효한 계정 번호와 패스워드를 요구한다(패스워드는 어떤 시스템에서는 10개까지의 인쇄 문자와 비인쇄 문자로 구성되어 있다).

time-sharing skill [–skíl] 시분할 스킬

time-sharing storage compacting [–stɔ́:ridʒ kəmpæktiŋ] 시분할 기억 장치 밀집화 시분할 체제에서 효과적인 다중 처리 환경을 제공하기 위한 것으로 중앙 기억 장치 내에 있는 프로그램을 동적으로 재배치하는 것. 이 경우 프로그램이 끝나면 이 프로그램이 사용하던 기억 장치가 사용 가능

한 기억 장치의 풀에 되돌려진다. 이 밀집화는 필요한 경우만 행해지며, 기억 장치를 제어하는 루틴이 계속해서 프로그램들이 사용하고 번잡한 기억 장소의 빈 자리에 프로그램을 맞추어넣기 때문에, 이 밀집화가 필요 없이 수행되는 일은 없다.

time-sharing slice [–sláis] **시분할 슬라이스** 컴퓨터를 여러 가지 다른 목적으로 거의 동시에 여러 사용자가 사용하는 운영 방법. 컴퓨터가 실제로는 짧은 시간 안에 차례로 각 사용자를 서비스해 주지만, 고속의 컴퓨터는 모든 사용자들을 동시에 처리해주는 것처럼 보인다.

time-sharing storage management [–stɔ́:ridʒ mǽnidʒmənt] **시분할 기억 장치 관리** 시분할 체제에서 기억 장치를 관리하는 것으로, 이 경우에는 특히 사용자 파일의 보호와 주기억 공간의 크기에 의해 사용자 프로그램의 크기가 제약을 받지 않게 하려는 문제가 중요하게 제기된다.

time-sharing supervisory program [–sù:pər*v*áizəri(:) próugræm] **시분할 감독 프로그램** 시분할 체제를 감독하는 프로그램으로 수행될 프로그램들을 스케줄 알고리즘에 의해 우선 순위에 따라 수행되게 한다. 따라서 이 우선 순위에 따라 프로그램들이 주기억 장치와 보조 기억 장치간에 교체되는 현상도 나타난다.

time-sharing system [–sístəm] **TSS, 시분할 체계** 다수의 사용자가 단말기(terminal)로부터 한 대의 컴퓨터 시스템을 시분할로 동시에 사용하는 처리 방식. 개개의 사용자는 컴퓨터 시스템과 대화를 하면서 작업을 진행해갈 수 있기 때문에, 사용자측에서는 마치 자기 한 사람이 컴퓨터를 독점하고 있는 것처럼 이용할 수 있다. ⇨ 보충 설명 참조

〈시분할 체계〉

time-sharing system command [–kəmǽ:nd] **시분할 시스템 명령** 사용자가 시분할 시스템에 어떤 일을 하도록 지시하는 명령어로서, 실행 모니터에 받아들여지고 해석되어 수행이 계획된다.

time-sharing system network [–nétwə̀:*r*k] **시분할 시스템 네트워크**

time-sharing system reliability [–rilàiəbíliti(:)] **시분할 시스템 신뢰도** 시분할 시스템의 일부 구성 요소가 고장이 났을 경우에 받게 되는 정보의 손실이나 불편을 최소화하는 시스템의 신뢰도.

time-sharing system terminal [–tə́:*r*minəl] **시분할 방식 단말기**

time-sharing terminal [–tə́:*r*minəl] **시분할용 단말기**

time-sharing terminal input-output coordination [–ínpùt áutpùt kouɔ̀:*r*dinéiʃən] **시분할 단말 입출력 조정** 사용자가 단말 장치를 통해서 입출력할 경우 사용자의 입출력과 그 메시지를 처리하는 행위를 조정하는 것.

time-sharing text editing and modification [–tékst éditiŋ ənd mɑ̀difikéiʃən] **시분할 문안 편집 · 수정** 시분할 체제에서 문안을 편

시분할 처리 방식

컴퓨터의 처리 시간을 시분할(50~100ms 정도)하여 각각의 이용자에게 할당함으로써 다수의 이용자가 대형 · 고성능의 컴퓨터를 공용하는 것을 가능하게 하는 시스템을 말한다. 시분할 처리 방식의 처리 형태로는 커맨드(command)를 사용해서 이용자가 센터의 컴퓨터와 대화를 하면서 프로그램의 작성과 실행을 하는 것이 일반적이다. 이 시스템을 실현시키는 주된 기술에는 다음과 같은 것이 있다.

① 다수의 이용자들이 동시에 사용하기 위하여 멀티프로그래밍 기술이 사용되며, 프로그램의 전환에는 일정한 시간마다 강제적으로 행하여진다. 멀티프로그래밍 시스템에는 입출력 동작 요구 또는 종료된 것이 전환되는 계기가 된다.

② 공동 이용자가 많으면 이용중의 프로그램을 모두 주기억 장치에 넣기는 용량상 곤란하므로 파일 기억 장치에 일시 대기시킬 필요가 있을 때 읽어두기 위한 셰이핑(shaping) 기술이 사용된다.

③ 한 대의 컴퓨터를 많은 사람들이 다른 목적으로 이용할 가능성이 있기 때문에 각 이용자의 정보 누설을 방지하기 위한 기밀 보호 기술이 필요하다. 일반적으로 이용자는 원격지의 단말에서 통신 회선을 개재시켜 시스템에 커맨드를 써서 대화 형식으로 자기의 프로그램을 작성, 실행할 수 있다. 시분할 시스템의 개념은 1961년에 미국의 MIT 대학에서 발표되어 그 구상에서 1963년에 CTSS(Compatible Time Sharing System)가 완성되었다. 상용 서비스로는 미국에서 GE에 의하여 1965년 최초로 제공되었다.

시분할 시스템의 서비스는 컴퓨터의 공동 이용이 주목적이며, 경제성과 사용하기 쉬운 것에 대한 검토가 진행되고 있는데, 최근에는 우수한 프로그램, 가치 있는 대량의 데이터 베이스(data base) 등 유통도 가해져서 공동 이용의 부가 가치를 높이려는 검토를 하고 있다.

집 · 수정하는 것으로 이 기능은 주로 보고서를 작성하는 사람이나 서신을 취급하는 경우에 많이 사용된다.

time-sharing user [-jú:zər] **시분할 사용자**

time-sharing user file [-fáil] **시분할 사용자 파일** 시분할 시스템 부속 구성 요소와 그 사용 가능성 부분만 구별되는 파일.

time-sharing user-oriented language [-ɔ́:riəntəd lǽŋgwidʒ] **시분할 사용자 중심 언어** 시분할 목적의 하나인 사용자들의 컴퓨터 접근도를 증가시키기 위해서 일반 사용자들이 사용하기 쉬운 사용자 중심의 언어.

time-sharing waiting mode [-wéitiŋ móud] **시분할 대기 모드** 작업이 시행되지 않고 지연된 상태로 있는 모드.

time slice [-sláis] **타임 슬라이스, 시간 분할** 작업이 자원을 선점당하지 않고 쓸 수 있는 지정된 시간 간격.

time slicing [-sláisiŋ] **타임 슬라이싱** (1) 하나의 장치를 두 개 이상의 목적을 위해서 시간을 나누어 사용하고, 외관상 동시적으로 동작할 수 있도록 하기 위한 수법의 하나. (2) 여러 태스크(task)가 하드웨어를 효율적으로 이용할 수 있도록 중앙 처리 장치(CPU)의 연산 시간을 세분하여, 각 태스크에 순번으로 사용하게 하는 것. 다중 프로그래밍(multiprogramming)의 환경에서는 실행 가능한 태스크 사이에서 처리 장치를 공용하지 않으면 안 되며, 이것을 실현하려면 하나의 태스크로 중앙 처리 장치(CPU)를 장시간 점유하는 것을 방지하기 위하여 이 수법이 필요하게 된다. 특히 각 사용자가 연속적인 처리를 기대하고 있는 시분할 시스템(TSS)에서는 이 「타임 슬라이싱」이 중요하다. 중앙 처리 장치(CPU)의 처리 시간과 비교하여 인간의 사고, 조작 시간은 대단히 길기 때문에 타임 슬라이싱이 충분히 기능을 하고 있는 TSS(시분할 시스템)에서는 사용자는 마치 컴퓨터를 점유하고 있는 것 같은 상태로 처리를 할 수 있다.

[주] 두 개 이상의 처리가 동일 처리 장치 상의 세분화된 시간으로 할당되는 조작 형태.

time slot [-slát] **타임 슬롯** 시분할 다중 방식의 하이웨이 상에서 일정한 주기로 되풀이 되는 비트열(列) 중에서 비트 또는 비트군(群)의 시간적 위치 또는 식별 가능한 주기적 시간 간격. 예를 들면 PCM 방식에서 음성 신호는 하나의 통화에 8비트를 할당하며, 이 8비트를 집계한 시간 간격을 타임 슬롯이라고 한다. 디지털 교환기에서 2Mbit/s의 국내 인터페이스에서는 1프레임당 32타임 슬롯으로 구성되며 그 내용은 음성용이 30타임 슬롯, 감시 신호용, 프레임 동기용이 1타임 슬롯 및 공백 타임 슬롯이 한 개이다.

time stamp [-stǽmp] **타임 스탬프, 시간 표시** 스테이징 팩 상에서 충분한 스페이스가 없어졌을 때 강제로 방해하는 페이지를 결정하기 위해 각각 다른 액티브 페이지에 대하여 붙여지는 시각 표시.

time stamp attribution[-ætribjú:ʃən] **타임 스탬프 속성** 파일 속성의 하나. 파일이나 폴더의 최종 갱신 일시가 기록되어 있으며 운영 체제에 의해 자동으로 작성된다.

time table problem [-téibəl prábləm] **시분할 문제**

time tick interrupt [-tík intərʌ́pt] **타임 틱 인터럽트** 컴퓨터에 내장되어 있는 타이머로부터 일정 시간마다 걸리는 인터럽트. 기종마다 다르나 일반적으로 1/60초마다 걸린다.

time-to-digital conversion [-tu dídʒitəl kənvə́:rʃən] **시간의 수치 변환** 어떤 시 구간을 디지털 숫자로 변환시키는 처리.

time to repair [-ripέər] **수복 시간** ⇨ repair time

time unit [-jú:nit] **타임 유닛**

time utilization [-jù(:)tilaizéiʃən] **시간 활용** 처리에 필요한 레코드를 파일에서 찾아서 이를 주기억 장치의 작업 공간 안으로 읽어 들여오는 동안 처리 과정이 멈추지 않게 한 프로그램 설비.

timing [táimiŋ] *n.* **타이밍, 시한** 두 개 이상의 계(系)에 있어서, 최고의 결과가 얻어지도록 시간과 속도 등을 조정하는 것. 시스템에서 행해지는 작업(job)의 실행을 모두 감시하는 태스크 관리 프로그램(task management program)에서는 작업의 흐름을 원활하게 하기 위해 제어하는 처리 시간 간격을 타이밍이라고 한다.

timing analyzer [-ǽnəlàizər] **시간 분석기** 컴퓨터 프로그램이나 컴퓨터 프로그램 일부분의 수행 시간을 예상하거나 측정하는 소프트웨어 기구.

timing and control circuit [-ənd kəntróul sə́:rkit] **타이밍 · 제어 회로** 버스와 내부 조작 신호를 받고 적당한 판독/기록 시간과 조작 신호를 발생시키는 회로.

timing characteristics [-kærəktərístiks] **타이밍 특성**

timing chart [-tʃá:rt] **타이밍 도(圖)** 프로그램이나 자료의 시간적 흐름을 나타낸 그림.

timing circuit [-sə́:rkit] **시한 회로** 어떤 시간 간격을 취하기 위하여 상태를 판단하든지 다음 동작에 들어갈 경우에 이 시간 간격을 작성하는 회로이며, 특수 계전기에 의한 방법, 계전기와 콘덴서에 의한 방법, 펄스 계수에 의한 방법 등을 이용한 회로가 있다.

timing diagram [–díəgræm] **타임 차트, 시간 다이어그램** 장치의 동작이나 회로 동작에서 타이밍과의 상호 관계를 나타낸 그림.

timing error [–érər] **타이밍 에러, 시간 오류** 자기 테이프(magnetic tape)의 전송 속도(transfer rate)에 프로그램이 대응할 수 없는 경우, 또는 먼저 입력된 커맨드의 실행이 아직 종료되지 않았는데도 새로운 커맨드가 발행되었을 경우 등에 발생한다.

timing estimate [–éstimət] **시간 견적, 시간 예상**

timing generator [–dʒènəréitər] **타이밍 발생기** 클록 펄스를 발생시키는 장치.

timing instruction [–instrʌ́kʃən] **타이밍 명령어**

timing master [–mɑ́ːstər] **타이밍 마스터**

timing mechanism [–mékənizm] **시한 장치**

timing meter [–míːtər] **타이밍 미터** 기억 소자의 상태 혹은 어떤 행동과 연관된 소자를 견본 추출하여 그 행동의 지속 시간을 측정하는 기구.

timing pulse [–pʌ́ls] **타이밍 펄스** 논리 회로의 동작 개시나 장치를 제어하기 위한 펄스.

timing relay [–riːléi] **시한 계전기**

timing signal [–sígnəl] **타이밍 신호** 송신측과 수신측의 양방향에 데이터의 입력 또는 출력의 동기(synchronization)를 확실하게 하기 위해서 보내지는 신호.

timing track [–trǽk] **타이밍 트랙** 자기 테이프, 자기 디스크, 드럼 등에 있는 정보를 위한 비트 외에 그 정보의 물리적 위치를 나타내기 위한 기록이 있다. 이를 위한 트랙을 타이밍 트랙이라고 한다.

tiny BASIC 타이니 베이식 일반적으로 사용되는 BASIC의 기능을 축소하여 메모리가 작아도 사용 가능하도록 한 마이크로컴퓨터용 BASIC.

TIO 입출력 테스트, 입출력 테스트 명령 test input-output의 약어.

TIOC 터미널 입출력 조정자 terminal I/O coordinator의 약어.

TIOT 태스크 입출력 테이블 task I/O table의 약어.

TIP (1) **단말기 접속 프로세서** terminal interface processor의 약어. ⇨ terminal interface processor (2) technical information project의 약어. 미국 MIT에서 개발된 문헌 검색 시스템. MIT에서 개발된 MAC이 이용되며 단말의 타이프라이터에서 즉시로 검색이 실시되는 특징이 있다.

tip node [típ nóud] **팁 노드, 끝단 노드**

tips [tips] **팁스** 매뉴얼 등에 쓰여져 있지 않은 편리한 기법이나 힌트 등을 의미한다. 매킨토시의 조작 등에서 잘 사용된다.

TIQ 태스크 입력 대기 행렬 task input queue의 약어.

TIS 시외 착신 교환기 toll incoming switch의 약어.

title [tɑitl] **타이틀, 제목** CD-ROM 소프트웨어 등의 멀티미디어 컨텐츠 또는 제품명.

title bar [–bɑ́ːr] **제목 표시줄** 매킨토시, 윈도에서 파일명이나 응용 프로그램명이 표시되어 있는 윈도의 윗부분. 일반적으로 윈도의 크기를 변경하거나 작업 표시줄에 숨기거나 최대화를 행하는 버튼이 붙어 있다.

TJB 시분할 작업 제어 블록 time sharing job control block의 약어.

TJID 단말기 작업 식별 terminal job identification의 약어.

T-junction [tíː dʒʌ́ŋkʃən] **T 접속** ⇨ tri-state

TLA 타임 라인 해석 time line analysis의 약어.

TLB 변환 색인 버퍼, 변환 색인 완충 기구 translation look a side buffer의 약어. 주어진 세그먼트와 페이지가 주기억 장치에 있는가를 판별하는 데 사용되는 특수 연산 기억 장치.

TLF 임시 로그 파일, 일시적 로그 파일 temporary log file의 약어.

TLP 전신용 회선 접속 기구 (2회선용) telegraph line pair의 약어.

TLPS total logistics planning system의 약어. 복잡해지고 있는 유통 체계 속에서 최소한의 물류 비용으로 제품 수급 계획을 수립하고 계획에 근거하여 실시된 물류 시스템을 모니터링하면서 실적을 평가할 수 있도록 개발된 시스템.

TLU 표 색인, 테이블 색인 table lookup의 약어. ⇨ table lookup

TM (1) **테이프 표시** tape marker의 약어. ⇨ tape marker (2) **임시 기억 장치, 일시 기억, 일시 기억 영역** temporary memory의 약어. (3) **튜링 머신, 튜링 기계** Turing machine의 약어. 1936년 Alan Turing이 소개한 유효 절차의 형식 모델로, 읽고 쓸 수 있는 무한 길이의 테이프와 유한 제어로 구성되어 있다.

TMDS transition minimized display signalling의 약어. VESA가 제창하는 액정 디스플레이의 표준화 접속 형식. ⇨ VESA

TMI 문자 메시지 통증 text message injury의 약어. 휴대 전화를 통해 문자 메시지나 이메일을 많이 보내게 되면서 생긴 새로운 질병. 혈액 순환 장애로 인해 손가락이 부어오른다.

TMP (1) **터미널 모니터 프로그램** terminal monitor program의 약어. (2) **시험 유지 보수 프로그램** test and maintenance program의 약어. 장치가 고장나기 전의 불안정한 상태를 조기에 파악하거나 장치가 고장났을 때 그 원인을 검색하기 위해 장치에 대한 시험용으로 쓰이는 시험 프로그램. 검사 보수 프로그램에는 자동으로 시험이 행해지는 자동 시험 프로그램과 보수자가 개재하여 시험을 행하는 수동 시험 프로그램이 있다.

TMQN 태스크 메시지 큐 노드 task message queue node의 약어.

TMS 텍스트 관리 시스템 text management system의 약어.

TN (1) **전송 네트워크** transport network의 약어. (2) **트렁크 번호** trunk number의 약어. 두 스위칭 시스템 사이의 통신 채널 번호.

TN3270 IBM full-screen을 지원하는 Telnet의 한 버전.

TNC 전송 네트워크 제어 transport network control의 약어.

TNG 트렁크 번호 그룹 trunk number group의 약어.

TNS 트랜잭션 네트워크 서비스 transaction network service의 약어. Bell 시스템의 메트로폴리탄 구역의 데이터 교환 서비스로서 재정 거래의 질의 · 응답 같은 짧은 데이터 메시지의 기본적 통신 서비스를 위해 작성되었다.

TO-5 집적 회로 용기의 형명.

TOA 도착 시간 time of arrival의 약어.

toaster [tóustər] 매킨토시나 PC를 넌지시 얕잡아 일컫는 말.

TOC 목록, 목차 table of contents의 약어.

TOD clock 시각 기구, 24시제 클록 time of day clock의 약어. ⇨ time of day clock

toggle [tágl] *a.* **똑딱, 토글** (1) 두 가지 안정 상태를 취할 수 있는 장치에 관한 것. (2) 주어진 시간에 두 가지 안정 상태 중 어느 한 상태를 유지하는 회로나 장치. 예를 들어 토글 스위치(toggle switch)라고 하면 「온」, 「오프」라는 두 개의 상태밖에 없는 스위치를 말한다.

toggle buffering [–bʌ́fəriŋ] **토글 버퍼화, 2중 완충법, 2중 버퍼링** 버퍼(buffer)를 두 개 준비해두고, 한편의 버퍼 영역을 사용하여 데이터를 전송하고 있는 사이, 또 한쪽의 버퍼 영역을 사용하여 데이터를 처리시키게 하여, 데이터 전송용 버퍼 영역과 처리용 버퍼 영역을 상호 변환하는 수법. double buffering과 같은 뜻으로 사용되고 있다.

toggle flip-flop [–flíp flɑ̀p] **토글 플립플롭**

toggle key [–kiː] **토글 키** ON, OFF 의 두 상태밖에 없는 스위치.

toggle switch [–swítʃ] **토글 스위치** 두 개의 접점 중에서 어느 위치에서든지 작동되는 스위치로 ON이나 OFF의 스위치라고도 한다.

toggling speed [tágliŋ spíːd] **변환 속도, 토글 속도**

token [tóukən] *n.* **징표** 토큰. 송신권. 송신 허가증. 자구 해석. 분야에 따라서 다음과 같이 사용할 수 있다. (1) 프로그래밍에 있어서 원시 프로그램(source program) 중 최소 문법 단위이며, 자구(字句) 단위라고도 한다. (2) 데이터 통신에 있어서 근거리 네트워크(LAN)의 토큰 전달 방식에서 제어의 목적에 링(ring) 모양의 통신로에 따라서 주고받게 되는 「송신 허가증」을 가리킨다.
[주] 규칙에 기인해서 의미상의 기초적인 단위를 표현하는 언어 구성 요소. **예** 리터럴 "2 G 5", 키워드 PRINT, 구분 기호 : (콜론)

token bus [–bʌ́s] **토큰 버스** 버스 구조의 근거리 통신망(LAN)에서 장치를 접근하는 데 사용되는 프로토콜의 일종. 버스가 논리적인 링을 구성하도록 한다.

token card [–kɑ́ːrd] **토큰 카드** 특정 사항이나 기정 사실을 인식 · 실증하기 위하여 고정적인 데이터 정보를 카드에 천공 또는 자화시켜 둔 것.

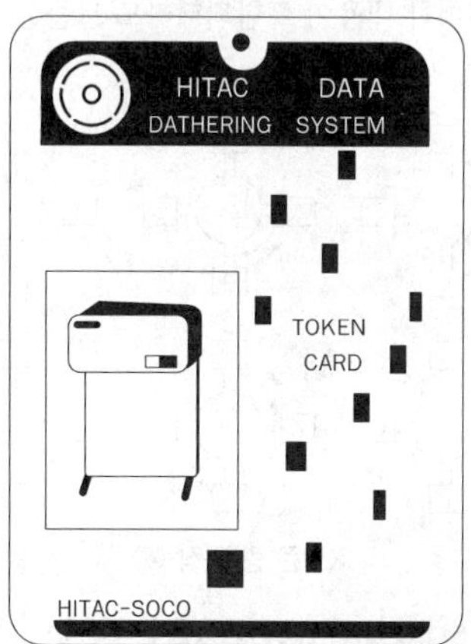

〈토큰 카드〉

token method [–méθəd] **토큰 방식** LAN의 액세스 방식 중의 하나.

token passing [–pɑ́ːsiŋ] **토큰 전달** 원형(ring) 모양의 통신로를 사용하는 근거리 네트워크(LAN)에서 사용하는 링 사용권의 관리 순서. 링 모양의 한쪽 방향 통신로에 다수의 국(局)이 접속되고, 송신 권리가 토큰으로서 링의 가운데를 국(station)에서 국으로 순차적으로 돌릴 수 있다. 어떤 국이 토큰을 입수했을 때 송신해야 할 메시지가 있으면 송신하고, 송신해야 할 메시지가 없는지 또는 송신을 마쳤을 때는 바로 토큰을 다음 국으로 보낸다. 메시지에는 수신국 주소부가 있고 각 국에서는 이를 감시한다. 송신국과 수신국에서는 주소가 자국임을 검출하고 메시지를 수신한다. 통신로가 물리적으로는 버스(bus)형이라도 국 사이에서 토큰을 주고받는 순서가 링 모양으로 정해지면 가상적 링 모양의 통신로가 설정된 것이 되어 이 순서를 원용할 수 있다. ⇨ 그림 참조

token passing access [–ǽkses] **토큰 전달 방식**

token passing bus [–bʌ́s] **토큰 패싱 버스** 토큰 패싱 방식에 의하여 제어하는 패스형의 전송로.

token passing ring [–ríŋ] **토큰 패싱 링** 토큰 패싱 방식에 의하여 제어하는 링형의 전송로.

token ring [–ríŋ] **토큰 링** LAN(근거리 통신망)의 실현으로 구성된 회선의 하나로, 단말이 접속되는 노드 간을 링(고리) 모양으로 접속해서 상호 통신하는 회선. 한 줄의 회선으로 각 노드 사이의 정보를 전송하기 위해 광케이블이나 동축 케이블을 사용해서 고속 전송을 하는 방식이 주류이다. 하나의 고리에 모든 노드를 포함하는 LAN의 형태로 각의 노드는 다음 노드로 제어 신호를 계속 보내며 노드에 어떠한 내용이 포함되더라도 토큰은 메시지를 보낼 수 있다.

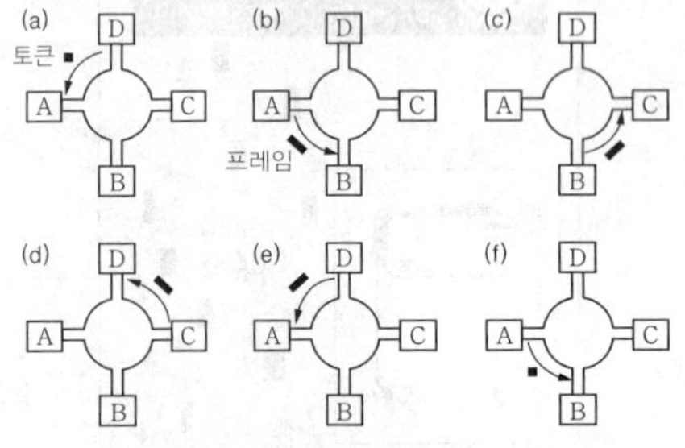

〈토큰 링 동작 예〉

token sharing network [–ʃέəriŋ nétwə̀ːrk] **토큰 셰어링 네트워크** 모든 스테이션(station)이 하나의 공동 버스에 부착되고 한 개의 액세스 토큰이 한 스테이션에서 다른 스테이션으로 이동되는 네트워크.

tolerance [tɑ́lərəns] *n.* **허용 한계** 허용 오차. 기준값으로서 그에 대해 허용되는 한계값과의 차. 불균일이 허용되는 한계값을 가리키는 경우도 있다. 이것을 허용 한계(tolerance limit)라고 한다.

tolerance limit [–límit] **허용 한계**

tolerant [tɑ́lərənt] *a.* **허용**

toll [tóul] *n.* **시외 통화 요금** 사용료나 요금이지만, 전화 또는 데이터 전송(data transmission)에 관해서 「시외 통화 요금」 또는 「시외」의 의미로 사용된다.

toll board [–bɔ́ːrd] **시외대**

toll call [–kɔ́ːl] **시외 호출**

toll calling controller [–kɔ́ːliŋ kəntróulər] **시외 제어 장치** 시외로의 통화 접속을 제어하는 교환기로 전화기(telephone)에서 송신된다. 다이얼 펄스(dial pulse)를 자동으로 식별하고 그것을 판단하는 장치이다.

toll center [–séntər] **집중국(集中局)** 몇 개의 단국에서 중계선을 모아 이들 상호간의 통화를 행하거나, 집중국 구역 밖으로 시외 통화를 중심국으로 중계하는 교환기(switch).

toll-dial system [–dɑ́iəl sístəm] **톨 다이얼 시스템**

toll discriminating number [–diskrímineìtiŋ nʌ́mbər] **시외 식별 번호** 시외 제어 장치가 자동 식별할 수 있도록 시외 통화시에 지정하는 다이얼의 번호. 국내에서는 처음에 0을 붙이고 있다.

toll entrance station [–éntrəns stéiʃən] **전송 관문국**

toll-free number [–fríː nʌ́mbər] **요금 무료 번호**

toll incoming switch [–ínkʌ̀miŋ swítʃ] **TIS, 시외 착신 교환기**

toll line connection [–láin kənékʃən] **톨 접속** 단말 장치 등을 구내 교환기에서 전용 회선망을 거쳐서 호스트 컴퓨터 또는 다른 단말 장치 등과 접속하는 방식.

toll line map [–mǽp] **시외 선로도**

toll network [–nétwə̀ːrk] **톨 다이얼망** 기업 내 전화 교환망에 있어서 구내 교환기(PRX ; private branch exchange) 사이를 전용 회선(dedicated line)으로 이은 전화망(telephone network).

toll number [–nʌ́mbər] **시외 국번**

toll outgoing switch [–áutgòuiŋ swítʃ] **TOS, 시외 발신 교환기**

toll point [–pɔ́int] **TP, 즉시 탠덤국**

toll reringing [–riːríŋiŋ] **시외 재신호**

toll transit switch [–trǽnsit swítʃ] **TTS, 시외 중계 교환기**

toll trunk dialing [–trʌ́ŋk dɑ́iəliŋ] **시외 다이얼 방식**

tone [tɔ́n] *n.* **음조** (1) 컴퓨터 그래픽에서 농담이

나 음영의 정보. (2) 데이터 통신에서 사용되는 음의 주파수.

tone burst [–bə́ːrst] **톤 버스트** 자기 테이프에 디지털 신호를 기록할 때 신호의 유무에 따라 기록하는 방식.

tone generator module[–dʒénərèitər mádʒuːl]] **음원 모듈** 외부에서 명령, 제어(MIDI 신호)를 보내면 음성을 발생하는 장치.

toner [tóunər] *n.* **토너** 전자 사진식 프린터, 제로그래피를 이용한 복사기 등에 사용되는 분말 잉크로, 전하상(電荷像)의 현상용에 이용한다. 가열 또는 압력에 의해서 정착된다.

tool [túːl] *n.* **툴, 도구** 컴퓨터에서 사용하는 프로그램. 그 자체로 어떤 일을 처리하는 데 사용하기보다는 다른 일을 처리하는 데 보조적인 역할을 한다거나 혹은 응용 프로그램을 작성하는 데 있어서 편리한 환경을 제공한다.

toolbar [túːlbɑːr] **툴바, 도구 모음** 자주 이용하는 기능을 직접 기동할 수 있게 버튼을 만들어 나란히 모아놓은 메뉴. 마이크로소프트의 스프레드시트 엑셀 4.0에서 처음으로 채용되었다. 일반적으로 메뉴바의 바로 밑에 버튼이 놓여 있다. 소프트웨어에 따라 사용자가 필요한 기능을 스스로 등록할 수도 있다. 마이크로소프트의 워드, 엑셀에서는 툴바, 로터스의 아미프로, 윈도 1-2-3에서는 스마트 아이콘(smart icon), 볼랜드의 윈도용 쿼트로프로에서는 스피드바(speed bar)라고 부른다.

tool box[túːl báks] **도구 상자** 매킨토시에서 파일을 조작하거나 편집하는 기능, 윈도에서 메뉴 제어 등의 응용 프로그램을 사용할 경우에 공통적으로 사용되는 각종 기능을 아이콘화하여 표준적, 시각적으로 나타낸 시스템 프로그램들. 도구 모음(toolbar)과 거의 같은 의미이다.

tool fragment [–frǽgmənt] **도구 부품**

tool function [–fʌ́ŋkʃən] **도구 기능** 공구 또는 공구에 관련된 사항을 지정하기 위한 기능. 이 워드의 주소에는 T를 사용하며, 그것에 이어지는 코드화된 수로 지정한다.

toolkit [túːlkìːt] **툴킷** 서로 다른 응용 프로그램을 만들 때 도움이 되는 각종 루틴 또는 보조 프로그램을 모은 집합체.

toolkit software [–sɔ́(ː)ftwὲər] **툴킷 소프트웨어** 어떤 문제를 해결하기 위한 프로그램을 쉽게 개발할 수 있도록 사용자가 자기가 필요로 하는 기능을 프로그램의 일부에 추가할 수 있도록 만들어진 소프트웨어.

tool menu[túːl ménjuː] **도구 메뉴** 워드나 엑셀 등에서 옵션이나 확장 기능 항목을 포함한 메뉴. 메인 메뉴의 한 항목.

tool offset [–ɔ́(ː)fsèt] **도구 위치 오프셋** 제어축에 평행한 방향으로 공구 위치를 보정하는 것으로서, 이때 보정은 두 축 이상에 걸치는 경우도 있다.

toolvox [túːlvɔks] **툴복스** 복스웨어 사의 툴복스는 리얼오디오에 이은 음성 서비스 기술로서, 메타보이스(meta voice) 기술을 응용하여 53 : 1이라는 경이적인 압축률을 자랑한다. 웹 서버 상에서는 MIME 타입으로 관리되며, 고도의 압축률의 혜택으로 웹 페이지가 실행되는 동안에도 리얼 타임 재생이 가능하다. 툴복스는 별도의 서버가 필요없고, 데이터 길이에 따라 각각 스트림과 다운로드 옵션을 제공하며, 버퍼링과 재생은 플러그인 플레이어에서 수행하는 특성을 지니고 있다. ⇨ MIME

TOP 기술적 사무 프로토콜 technical office protocol의 약어. 산업체 공장과 각 기업체 내의 사무실 환경에서 분산 정보 처리를 효율적으로 처리해주는 사무 자동화 네트워크용 프로토콜의 표준안으로 미래의 통신 요구를 충족시킬 수 있는 프로토콜.

TOPAS 토파스 대한항공에서 개발한 종합 여행 정보 시스템으로서 예약, 발권은 물론 여행에 필요한 모든 정보를 그 즉시 제공받을 수 있는 컴퓨터 예약 시스템. 주요 기능은 다음과 같다. ① 항공편 및 호텔 예약 : 전세계 650여 항공사의 정기편 스케줄과 200여만 개 구간의 발착 지점 조합, 좌석 상황 검색 기능, 연결편 최소 접속 시간, 도시, 공항과 항공사 코드 등 확인 정보 제공, 10개 주요 외국 항공사와 시스템을 연결, 지정 예약도 가능, 세계 500여 도시의 10,000여 개 호텔 정보 확인과 즉석 예약 가능. ② 자동 운임 계산 및 자동 발권 : 고객이 원하는 여정에 따라 최대 32개 구간까지 운임 자동 계산, APEX 등 50만 구간의 특별 운임과 미국 국내선 포함 3,500만 개 이상의 운임 관련 최신 데이터 보유, 한 번의 키 조작으로 대한항공의 국내선, 국제선 항공권은 물론 BSP 중립항공원의 자동 발권도 즉시 처리. ③ 한글과 영문 여행 정보 제공 : 세계 각국의 도시 정보, 공항 안내, 비자, 출입국 절차, 호텔, 식당, 쇼핑, 물가, 휴일, 관광 명소 등의 해외 여행 정보, 각종 전시회, 행사, 전람회, 회의 정보와 기상 정보, 렌트카와 여행 상품의 예약, 해외 여행자 상해 보험 처리, 항공권 이외의 여행에 필요한 증표류(여정표, 호텔 예약 확인증, 각 국가별 출입국 신고서 등)도 인쇄하여 제공. ④ 대리점 업무 전산화 : 항공사 매표 보고서의 전산화로 생산성 재고, 판매 관리는 물론 각종 대리점 자체 관리 업무 전산화로 업무 능률 향상과 인력 절감에 기여.

top-down [táp dáun] **하향식, 톱다운** 계층의 가장 상위 레벨부터 시작해서 점차 하위 레벨로 진행하여 내려오는 방식으로 하향식 설계, 하향식 프로그램, 하향식 테스팅 등이 있다. 구조적 프로그래밍(structured programming)과 동의어이다.

top-down analysis [-ənǽlisis] **하향식 분석** 특히 문맥 자유 언어의 구문 해석에 있어서 초기 기호보다 일정한 규칙에 따라서 바꾸어 쓰는 규칙을 차례로 적용하여 문(文)을 인식하는 수법.

top-down design [-dizáin] **톱다운 설계, 하향식 설계** 소프트웨어와 계층화 설계 수법의 하나. 소프트웨어의 기능이나 처리를 추상도가 높은 상위 계층부터 시작해서 추상도가 낮은 하위 계층으로 단계적으로 분해하여 상세화해가는 방법. 이 수법은 소프트웨어의 설계나 코딩뿐만 아니라 소프트웨어의 요구 해석 수법에 응용되거나 LSI나 논리 회로 등 하드웨어 설계법으로도 이용된다.

top-down design methodology [-mèθədálədʒi(ː)] **하향식 설계 수법**

top-down development [-divéləpmənt] **하향식 개발** 어떤 과제에 대해서 전체에서 세부적으로 순차적으로 구체화, 상세화하는 방식을 이용하여 소프트웨어를 개발하는 방법. 특히 코딩에서 테스트 공정까지 적용하는 경우를 톱다운 프로그래밍(테스트)이라 한다. 종래의 소프트웨어 개발에서는 설계를 톱다운으로, 테스트를 버텀업으로 하였지만 생산성, 신뢰성, 관리면에서 문제가 있으며, 이들의 개선을 꾀하기 위해서 톱다운으로 프로그래밍이 도입되도록 하였다.

top-down method [-méθəd] **톱다운법** 상위 프로그램을 먼저 만들고 차례로 하위 프로그램으로 미치는 방법으로, 구조화 프로그래밍의 기본적인 사고 방식. 또 프로그램의 컴파일 방식으로 순차로 읽어들이는 문자 형식을 순차 테스트해서 일치하는 것을 찾아내면서 진행하는 것을 말한다.

top-down parsing [-pάːrsiŋ] **톱다운 해석, 하향식 해석, 하강형 해석법** 어떤 주어진 입력 스트링을 인식하기 위하여 좌단 유도를 시도할 때 주어진 입력에 대하여 파스 트리를 구성하기 위해 루트로부터 단말 노드로 파스 트리를 만들어 나가는 구문 분석 방법.

top-down programming [-próugræmiŋ] **하향식 프로그래밍, 톱다운 프로그래밍** 시스템의 구성 요소를 계층 구조에 따라 구성하고, 최초에 계층 계열의 최상위 부분, 다음에 바로 아래의 레벨 부분, …라고 하듯이 이 구성의 순번에 근거하여 이들의 각 부분을 설계하여 행하도록 하는 프로그래밍 방법. 이 방식에서는 큰(상위의) 프로그램을 그 자체 개별로 취급하는 것이 가능한 비교적 작은 부프로그램으로 분해할 수 있다.

top-down testing [-téstiŋ] **하강형 시험법, 하향식 시험법** 시스템의 각 모듈을 하강법에 따라 작성할 때 사용하는 기법으로, 하위 모듈을 스터브(stub)라고 하는 프로그램으로 표현하며, 그 프로그램이 실제 동작할 때의 환경에서 프로그램을 실행시키도록 하여 부분적으로 완성시켜 가는 방법이다. 이 방식에 의해서 비교적 빠른 시기에 통합할 수 있으므로, 전통적인 시험법보다도 신속하게 문제점을 찾아낼 수 있다.

TOP END 미국에서 1991년에 발표된 NCR 사가 개발한 TP 모니터.

TOPICS 토픽스 total on-line program and information control system의 약어. TV 방송의 변조 편성 시스템. 프로그램 제작 활동의 기능 모두를 컴퓨터로 제어하는 것을 목적으로 하여 편성 기획, 제작, 운행, 송출, 평가, 시청자 동향 등의 업무를 포함한 종합 시스템.

top level [tάp lévəl] **톱 레벨** LISP 시스템 시동시의 상태로, 톱 레벨 루프 상태를 말한다. 톱 레벨 루프는 하나씩 식을 읽어들이고 그것을 평가하여 결과를 써내려가는 것을 반복한다. 사용자측에서 보면 식을 하나씩 입력할 때마다 반복해서 그 평가 결과가 표시되고 대화적으로 동작한다.

top loading [-lóudiŋ] **톱 부하, 톱 로딩** 디스크 팩, 디스크 카트리지 등의 자료 매체를 장치의 상부에서 착탈(着脫)하는 방식.

top margin [-mάːrdʒin] **상단부의 여백** COBOL 용어. 페이지의 본체에 선행하는 여백이다.

top menu[-ménjuː] **톱 메뉴** 메뉴 방식의 응용 프로그램 등에서 최초로 표시되는 메뉴. 계층화된 메뉴의 최상위 메뉴.

topological sort [tὰpəlάdʒikəl sɔ́ːrt] **토폴로지컬 정렬** 부분 순서(partial order)를 선형 순서 중에 메워넣는 것. 임의의 항목의 쌍에 대해서는 순서 관계가 성립하지만 모든 쌍에는 반드시 순서 관계가 성립하지 않는 집합(부분 순서 집합)의 항목을 항목의 쌍 사이에 성립하고 있는 순서 관계가 무너지지 않게 하면서 지정된 기준에 따라 배열하는 것. 이 방법에 의해 보통 여러 가지 정렬이 가능하고 그 중의 하나를 취하면 된다.

topology [təpάlədʒi(ː)] *n.* **위상기하학, 접속 형태, 위상 수학** 컴퓨터 네트워크에서 노드(node)의 물리적 또는 논리적인 배치. ⇨ 그림 참조

TOPS 단말기 운영 체제 terminal operating system의 약어.

TopView [tάpvjùː] **톱뷰** IBM-PC를 위해 IBM 사에서 사용자가 사용하기 편리하게 개발한 인터페이스 환경.

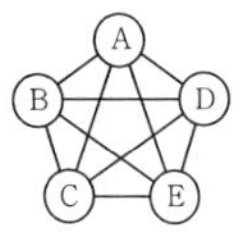

(a) 완전연결 형태

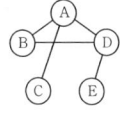

(b) 부분연결 형태

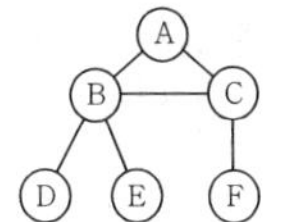

(c) 계층(트리) 구조 형태

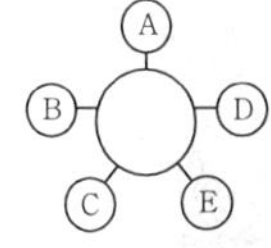

(d) 링 형태

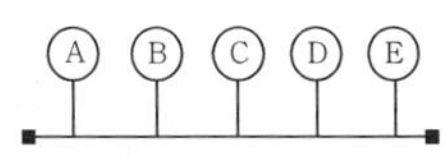

(e) 버스 형태

〈토폴로지 관점에서 본 분산 시스템의 종류〉

TOS (1) **테이프 운영 체제** tape operating system의 약어. 자기 테이프가 장치되어 있는 컴퓨터 시스템용의 운영 체제(OS). 도스(DOS)와 대비된다. 자기 디스크 장치를 갖지 않는 운영 체제로, 컴파일러와 에디터 등의 모듈이 시스템 테이프에 수용되어 있으며, 사용자 프로그램과 테이프 파일을 기억하는 데도 테이프 라이브러리를 사용할 수 있다. (2) **시외 발신 교환기** toll outgoing switch의 약어.

TOTAL 토탈 Cincom Systems 사에 의해 개발된 상업용 데이터 베이스 관리 시스템.

total [tóutəl] *a.* **전부의, 합계의, 토털**

total accumulator [–əkjúːmjulèitər] **토털 누산기**

total calculation operation [–kæ̀lkjuléiʃən àpəréiʃən] **합계 계산 조작**

total characters on screen [–kǽrəktərz ən skríːn] **표시 문자수** 표시 장치에 한 번에 표시할 수 있는 전각 문자의 총 수.

total check [–tʃék] **전체 검사** 컴퓨터에 의해 집계 산출된 합계액과 사전에 파악한 합계를 참조함으로써 출력 자료의 정확성을 입증하는 방법. 데이터의 건수, 수량, 금액 등을 체크하기 위한 수단이다.

total company automation [–kʌ́mpəni(ː) ɔ̀ːtəméiʃən] **TCA, 전회사 자동화**

total correctness [–kəréktnes] **전역 정당성, 총 정확도** 프로그램의 정당성 문제에 있어서 프로그램 p가 입력 표명 ϕ를 만족시키는 모든 입력에 대하여 정지하며, 또 그때의 출력 표명 ϕ가 만족된다면 p는 표명 ϕ와 ϕ에 관해서 전(역)정당이라고 한다. 프로그램의 정지성과 부분 정당성을 합한 개념이다.

total dump [–dʌ́mp] **합계 덤프, 전(全) 덤프** 시스템 장애시의 프로그램이나 데이터 파괴에 대해서 복원을 목적으로 하여 시스템 재개시에 필요한 데이터를 모두 미리 외부 기억 장치에 출력하여 기록하는 것을 합계 덤프라고 한다.

total function [–fʌ́ŋkʃən] **전역 함수** 부분 함수에 대비하여 사용되는 단어로, 정의 영역의 각 요소가 모든 요소에 대하여 정의되어 있도록 하는 함수를 말한다. 부분 함수는 partial function이라고 한다.

total information exchange and processing network service [–ìnfərméiʃən ikstʃéindʒ ənd prɑ́sesiŋ nétwəːrk sə́ːrvis] **TIENET, 정보 교환 처리 서비스**

total information system [–sístəm] **종합 정보 시스템** 조직 내의 모든 데이터 및 정보를 파일 등에 기록하고, 이것을 종합적으로 관리함으로써 조직 내의 각 부서에 필요한 정보를 필요한 시점에서 곧바로 제공 가능하도록 구성된 종합적인 정보 시스템.

totalizator system [tóutəlaizèitər sístəm] **종합 시스템** 공영 경기장(경마 · 경륜 · 경정 · 오토레이스)의 투표 업무를 기계화시킨 컴퓨터 시스템.

totally ordered set [tóutəli(ː) ɔ́ːrdərd sét] **전순서 집합** 집합 M의 임의의 요소 a, b에서 a가 b보다 앞에 있거나 뒤에 있거나 어느 방법으로든 결정되어 있을 때 M을 전순서 집합이라고 한다. 그리고 a가 b보다 앞에 있는 것을 $a < b$로 나타낸다.

total management system [tóutəl mǽnidʒmənt sístəm] **종합 관리 시스템** 전체 조직을 단일체처럼 통제하는 관리 방식으로 착상하여 설계된 관리 중심 시스템. 여기에는 회계 관리, 재고 관리, 품질 관리, 구매, 수납 그리고 금융 관리 등이 속한다.

total on-line program and information control system [–ɔ́ːn làin próugræm ənd ìnfərméiʃən kəntróul sístəm] **TOPICS, 토픽스**

total operating time [–ɑ́pərèitiŋ táim] **총 동작 시간** 계(系), 기기, 부품 등에 관해 측정된 개개의 동작 시간의 총계값.

total operation [–àpəréiʃən] **합계 조작, 합계 연산**

total output operation [–áutpùt àpəréiʃən] **합계 출력 조작**

total pivoting [–pívətiŋ] **전체 피보팅** 선형계 방정식의 수치 해법인 Gauss 소거법에서의 피보팅 전략 중의 하나.

total quality control [–kwɑ́liti(ː) kəntróul] **TQC, 종합 품질 관리**

total record [–rékərd] **합계 레코드** 합계시에 실행된 연산 결과의 자료 및 정수로 이루어지고, 합계 출력할 때에 출력되는 레코드.

total relation [–riléiʃən] **완전 릴레이션** 완전 투플로만 구성된 릴레이션.

total retention [–riténʃən] **합계 보존 유지 기구**

total storage management [–stɔ́:ridʒ mǽnidʒmənt] **TSM, 종합 기억 장치 관리**

total system [–sístəm] **종합 체계** 주요한 활동을 총망라하는 안전한 시스템으로, 기업과 조직체 등에서 하나의 메커니즘을 통해서 전체를 제어하고, 조정하는 몇 개의 서브시스템(subsystem)을 유기적으로 결합할 수 있는 시스템.

total testing time [–téstiŋ táim] **총 시험 시간** 계(系), 기기, 부품 등에 관해서 측정된 개개의 시험 시간의 총계값.

total time [–táim] **전체 시간** 운전 시간과 비운전 시간을 포함해서 특정의 컴퓨터 시스템을 움직이는 데 걸리는 시간.

totem-pole [tóutəm pòul] **토템폴** 출력 변압기를 생략하고 직접 부하와 결합할 수 있는 집적 회로의 출력 회로.

touch [tʌ́tʃ] *n.* **접촉, 터치**

touch-input system [–ínpùt sístəm] **접촉식 입력 시스템** 입력 시스템의 한 가지로, 표시면상에 직접 투사하게 되는 일련의 적외선 빔을 이용하는 것.

touch interface CRT screen **접촉식 접속 CRT 화면** 화면상의 한 점에 탐침(probe) 또는 손가락으로 접속한 점의 좌표를 컴퓨터나 제어기에 전달할 수 있는 위치 감지기가 장치되어 있는 CRT 화면.

touch pad[–pǽd] **접촉 패드** 노트북 PC 등에서 이용되는 위치 지정 장치의 일종으로 감압식 또는 정전식 센서 위에서 손가락이나 펜 끝을 움직여 마우스 포인터를 이동시키는 방식. 고해상도의 전기자기식 태블릿보다 가격이 저렴하므로 가정용이나 교육용 컴퓨터에 널리 사용된다.

touch panel [–pǽnəl] **터치 패널** 사용자가 스크린을 보면서 직접 위치를 지정할 수 있는 대화형 그래픽 입력 장치의 일종. CRT 화면에 투명한 패널을 씌워 사용자가 손가락 끝으로 접촉하면 그 위치가 컴퓨터에 입력된다.

touch screen [–skrí:n] **터치 화면, 터치 스크린** 화면상의 한 점을 손가락으로 누르면 그 접촉점의 좌표값이 컴퓨터로 전달할 수 있는 위치 감지기가 내장된 화면. ⇨ 그림 참조

touch-sensitive device [–sénsitiv diváis] **접촉 감지 장치, 터치 센스 기구**

touch-sensitive digitizer [–dídʒitàizər] **접촉 감지 디지타이저** 유리판의 양면에 위치한 변환기를 이용하여 손가락이나 다른 감지 펀의 위치를 정확하게 결정하고, 이 위치에 대한 정보를 컴퓨터 처리를 위한 디지털 형태로 변화시키는 장치.

〈터치 스크린〉

touch-sensitive screen [–skrí:n] **접촉 감지 스크린, 접촉식 화면**

touch-sensitive tablet [–tǽblət] **접촉식 태블릿** 그래픽 등의 정보를 컴퓨터가 다룰 수 있게 하여 수치 정보로 변환시켜 주는 입력 장치.

touch switch [–swítʃ] **접촉식 스위치** 손가락을 접촉시키면 전기적으로 회로가 개폐되는 스위치.

touch-tone[–tóun] **터치톤** 교환기에 전화 번호를 알려주기 위한 제어 신호의 하나. 음의 주파수 차이에 따라 번호를 표시한다. 이 방식은 버튼식 전화기에 채용되어 있다. ⇨ pulse dial

touch-tone dialing [–dáiəliŋ] **터치톤 다이얼링, 누름 단추식 다이얼** 다이얼 교환 방식 중의 하나로서 상대방의 번호에 해당하는 숫자 버튼을 누르면 주파수의 조합 신호가 발신되어 교환기가 접속되며, 다이얼 시간이 단축된다.

touch-tone signal [–sígnəl] **PB 신호, 터치톤 신호** 푸시버튼 다이얼 전화기에 사용되고 있는 선택 신호. 각각의 푸시버튼에 관하여 저군(低群), 고군(高群)의 조합에 의한 2주파 혼합 신호가 할당된다.

touch typing[–táipiŋ] **터치 타이핑** 키보드를 보지 않고 문자를 입력하는 것. 블라인드 터치(blind touch)라고도 한다. 키보드의 키 배치를 익힌 후 원고와 화면만을 보고 입력하므로 입력 속도가 향상된다. 키보드에는 손가락을 올려놓는 기준 위치가 되는 돌기가 달려 있는데, PC/AT 호환기는 「, ,」 매킨토시는 「,」 가 이에 해당된다.

tournament sort [túərnəmənt sɔ́:rt] **토너먼트 정렬** 반복적 선택 정렬법의 개량형으로, 각 부분 집합이 두 개 이하의 항목으로 이루어지는 것. 이 방법에서는 비교 횟수도 내부 기억 상에 위치한 작업 영역도 비교적 적어진다. 항목의 집합은 두 개의 부분 집합으로 분할하고 다시 각각의 부분 집합

을 2분하는 과정을 거쳐 최종적으로는 두 개의 항목으로 이루어지는 부분 집합이 되기까지 반복한다. 결과적으로 각 항목은 2분 평형 트리의 잎 부분에 두게 된다.

tower configuration[táuər kənfìgjuréiʃən] **타워형** 세로 길이의 케이스에 들어 있는 컴퓨터 형태. 바닥 위에 설치하므로 플로어 스탠드형이라고도 한다. 대형이고 확장성이 높다. 같은 타워형이라도 높이가 그다지 높지 않은 것을 미니 타워라고 한다.

Tower of Hanoi 하노이 탑 판 위에 3개의 막대가 고정되어 있다. 반지름이 약간씩 다른 원반이 *n*개 있고 그 중심에 구멍이 뚫려 있어 작은 반지름이 위에 오도록 하여 한 개의 막대에 원반들을 꽂는다. 다음의 규칙에 따라서 다른 막대의 원반을 이동시키는 것이 이 패널의 목적이다. ① 1회에 한 개의 원반밖에 이동할 수 없다. ② 이동은 막대에서 막대로 이루어진다. ③ 작은 원반 위에 큰 원반을 올려놓을 수 없다.

TP 즉시 탠덤국 toll point의 약어.

TPA 비상주 프로그램 영역 transient program area의 약어. 주기억 장소에 프로그램을 기억시켜 문제 처리를 하고자 할 때 주기억 장소의 용량 한계로 인해 컴퓨터에서 이용하기 위한 각종 운영 체제에 포함된 프로그램들을 모두 주기억 장소에 기억시켜 둘 수는 없다. 그러므로 어떠한 문제 처리를 할 경우 이용 빈도가 높은 프로그램들은 그때그때 비상주 영역에 기억시켜 이용하고 그 이용이 끝나면 소거하여 또 다른 프로그램을 기억시켜 이용할 수 있는 영역을 비상주 프로그램 영역이라고 한다.

TPC (1) **타이프라이터 제어 장치** typewriter controller의 약어. (2) transaction processing performance council의 약어. 1988년 8월에 발족한 OLTP 시스템의 성능 평가 척도의 마련과 각사의 벤치 마크값을 검증하기 위하여 만들어진 비영리 단체.

TPDDI twisted pair distributed data interface의 약어. CDDI라고도 한다. 실드 없이 꼬인 쌍선으로, 100Mbps의 고속 전송을 한다. ANSI에서 표준화가 추진되고 있고 전송 신호 수준의 규격도 정해져 있다.

tpi 인치당 트랙 수 tracks per inch의 약어. 플로피 디스크 등의 트랙 밀도를 나타내는 단위.

TPLIB 일시 프로그램 라이브러리 transient program library의 약어.

TPM 트랜잭션 처리 관리 프로그램 transaction processing manager의 약어.

TP monitor TP **모니터** 트랜잭션 처리를 감시/제어하는 미들웨어로서 OLTP 시스템의 구축에 중요한 역할을 한다. 기능은 크게 나누어 데이터 인티그리티를 보증하기 위한 기능과 많은 사용자를 지원하기 위한 기능의 두 가지가 있다.

TPNS 통신망 시뮬레이터 teleprocessing network simulator의 약어.

tps transactions per second의 약어. ⇨ TPC benchmark

TPT 일시 프로그램 테이블 transient program table의 약어.

TPVM 텔레프로세싱 가상 컴퓨터 teleprocessing virtual machine의 약어.

TQC 종합 품질 관리 total quality control의 약어. 회사의 직원이 QC를 이해하고 조직적으로 제품의 질을 높이려고 노력하는 것. 예를 들어 원료에서 상품까지의 유통 하나를 보아도 그것에는 설계－제조－판매－고객의 루트가 있다. 그러나 이들의 각 단계가 개별적으로 행동하면 전체의 의사 통일이 이루어지지 않고 고객의 의향을 무시한 상품이 생산되거나 판매된다. 그러므로 TQC는 설계, 제조, 판매 등의 각 부문은 물론 총무나 이사 등 직접 제품에 관계하지 않는 부분까지 포함해서 제품을 잘 만들어 보자는 전사적 운동을 가리킨다.

TQD 일시 큐 데이터 세트 transient-type queue data set의 약어.

TR terminal ready의 약어. 모뎀 통신을 할 때 컴퓨터가 통신 프로그램을 실행하고 있다는 것을 알려주기 위하여 전달되는 신호를 TR이라고 하며, TR의 시리얼 포트선은 DTR(data terminal ready)이라고 불린다. TR에 불이 켜지면 외부 모뎀은 다시 연결된다. 불이 꺼졌을 때는 사용자의 통신 프로그램이나 컴퓨터 전체가 그 작동을 멈추게 된다. ⇨ RD

trace [tréis] *n*. **뒤쫓기, 추적** (1) CRT 디스플레이(CRT display)에 나타나는 휘점(輝點)의 궤적. (2) 디버그(debugging)를 하기 위해 프로그램의 명령(instruction)과 연산(operation) 등의 기록을 작성하는 것. (3) 일련의 사상(event)을 발생순으로 기록하는 것.

traceability [trèisəbíliti(:)] *n*. **추적 능력** 모든 측정 기구를 국가 표준, 상급 측정기, 하급 측정기 체계로 구분하여 측정 결과의 신뢰성, 통일성을 유지하려는 것.

trace back map[tréis bǽk mǽp] **트레이스 백 맵, 트레이스 백 지도** FORTRAN 용어. 프로그램의 실행 제어가 어떤 방법으로 옮겨졌는가를 알려주기 위한 표.

trace buffer [–bʌ́fər] **트레이스 버퍼** 서비스 에이드의 범용 트레이스 기능(GTF) 프로그램이 트레이스한 레코드를 스택하는 영역.

trace command [–kəmǽ:nd] **트레이스 커맨드, 추적 명령**

trace debug [–di:bʌ́(:)g] **추적 오류 제거** 프로그램 실행을 중단시키지 않고 수행 도중에 나타나는 특정 집합의 레지스터나 기억 장소들을 인쇄하거나 디스플레이하는 오류 제거 프로그램.

trace display [–displéi] **추적 디스플레이** 오류가 발생한 곳을 찾기 위하여 매 단계마다 프로그램 실행을 따라가는 데 사용되는 소프트웨어 진단 기술.

trace file [–fáil] **추적 파일**

trace flow [–flóu] **추적 흐름** 사용자가 지정한 특정 프로그램 세그먼트에서 여러 레지스터와 기억 장소의 내용들을 인쇄하는 오류 제거 장치.

trace interrupt [–ìntərʌ́pt] **추적 인터럽트**

trace interval [–íntərvəl] **추적 기간**

trace mode [–móud] **추적 방식**

trace packet [–pǽkət] **추적 패킷**

trace program [–próugræm] **추적 프로그램** 명령이 실행된 순서 및 보통은 그들이 실행된 결과를 제시함으로써 별도의 컴퓨터 프로그램의 검사를 행하는 컴퓨터 프로그램. 트레이서(tracer)라고도 한다.

tracer [tréisər] *n.* **추적자** 실행중인 프로그램이 정확하게 작동하고 있는지의 여부를 진단하기 위한 프로그램. 추적 프로그램이라고도 한다. 트레이서를 사용하여 프로그램의 실행 과정을 추적하고 그 실행 결과를 출력함으로써 디버그(debug)를 행할 수 있다.

trace routine [tréis ru:tí:n] **추적 루틴** ⇨ trace program

trace table [–téibəl] **추적 테이블**

trace table entry [–éntri(:)] **TTE, 추적 테이블 엔트리**

trace trap [–trǽp] **추적 트랩**

trace width [–wídθ] **추적 폭**

tracing [tréisiŋ] **추적 기법** 각 명령어의 수행 및 결과를 출력 장치에 기록하기 위한 해석적 진단 기술.

tracing program [–próugræm] **추적 프로그램** ⇨ tracer

tracing routine [–ru:tí:n] **추적 루틴** 프로그램의 오류를 검사하고, 그 장소를 찾기 위해 사용하는 진단 루틴. 프로그램의 디버그를 편리하게 하기 위해 고안된 프로그램으로, 디버그 대상으로 되어 있는 프로그램이 한 단계 나아갈 때마다 각 레지스터의 상태 등을 프린터에 인자하여 그 프로그램이 진행하는 상황을 정확히 알 수 있다.

track [trǽk] *n.* **트랙** (1) 자기 디스크 등의 회전하는 기억 매체나 자기 테이프 상의 테이프를 물리적으로 기록하는 부분. 자기 디스크의 경우, 「트랙」은 원반 상에 동심원상으로 되어 있다. 한편 자기 테이프에는 테이프의 주행 방향으로 병렬로 7개 또는 9개 트랙이 존재한다. 트랙에 데이터를 기록하거나 판독하거나 하는 데 필요한 자기 헤드(magnetic head)는 자기 테이프 장치에서는 각 트랙에 전용되어 있으며, 이동은 불필요하지만 자기 디스크에서는 여러 개의 트랙에 대해서 하나의 헤드밖에 없기 때문에, 헤드를 목적의 트랙 위치에 이동하고 난 뒤 기록과 판독을 행한다. (2) 종이 테이프에서의 「천공」하는 부분에 테이프의 주행 방향으로 병렬로 5, 6, 7 또는 8개 존재한다.

[주] 1. 데이터 매체가 하나의 판독부 또는 기록부를 통과할 때 그 판독부 또는 기록부에 대응하는 데이터 매체 상의 경로 또는 경로 집합 가운데 하나의 경로. 2. 자기 기억 장치의 표면층의 트랙. ⇨ magnetic track

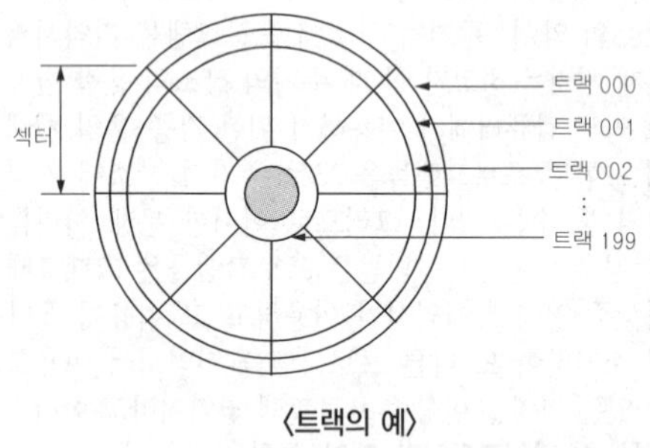

〈트랙의 예〉

track address [–ədrés] **트랙 주소**

track and hold unit [–ənd hóuld jú:nit] **추종 보존 유지 요소** 외부 논리 신호에 의해서 입력 아날로그 변수 또는 그 표본값과 동등한 출력 아날로그 변수를 얻는 연산기. ⇨ track and store unit

track and store unit [–stɔ́:r jú:nit] **추종 보존 유지 요소, 트랙 홀드 유닛** ⇨ track and hold unit

track at once[–ət wʌns] ⇨ TAO

track balance [–bǽləns] **트랙 밸런스**

track ball [–bɔ́:l] **트랙 볼** 중심 주위에서 회전 가능한 볼 모양의 입력 장치로, 보통 위치 입력 장치로 사용되는 것. ⇨ control ball ⇨ 그림 참조

track ball mouse [–máus] **트랙 볼 마우스** 종래의 마우스와 마우스팩을 일일이 휴대하고 다녀야 하는 불편을 없애고 키보드에 구슬 크기만한 트랙 볼을 달았다. 이 트랙 볼을 손가락으로 상하좌우로 움직이면서 마우스의 기능을 대신한다. 키보드

에 연필지우개 모양으로 달린 트랙포인트(track-point)와 손가락으로 원하는 부분을 눌러 작동하는 터치 마우스패드(mousepad)도 트랙 볼과 마찬가지로 대체품이다.

〈트랙 볼〉

track capacity [–kəpǽsiti(ː)] **트랙 용량** 직접 접근하여 기억 장치(DASD) 상에서 1트랙 상으로 실제로 기록할 수 있는 정보량.

track condition check [–kəndíʃən tʃék] **트랙 상태 체크**

track condition table [–téibəl] **트랙 조건 테이블, 트랙 상태표**

track density [–dénsiti(ː)] **트랙 밀도** 트랙 피치(track pitch)의 역수로, 각 트랙의 방향에 대해 수직인 방향으로 측정했을 때 단위 길이당 인접한 트랙의 수.

track descriptor record [–diskríptər rékərd] **트랙 기술용 레코드**

tracker [trǽkər] *n.* **추적식, 트래커** 허용되지 않는 질의에 대해 해를 발견하기 위해 시도하는 프레디킷.

tracker ball [–bɔ́ːl] **트래커 볼** ⇨ control ball, track ball

track following [trǽk fɑ́louiŋ] **트랙 폴로잉** 자기 디스크 장치에서 시크(seek) 또는 리제로 시크(rezero seek) 종료 후에 목적의 트랙으로부터 벗어나는 일이 생긴 경우에는 언제나 올바른 위치로 되돌리기 위하여 사용하는 서보 제어 동작.

track format [–fɔ́ːrmæt] **트랙 포맷, 트랙 형식** 트랙의 홈 어드레스와 각 레코드의 할당. 자기 디스크 또는 자기 드럼에서 모든 트랙은 인덱스 사이에 관하여 홈 어드레스 등의 초기 설정 부분과 이용자가 자료를 써넣는 레코드 부분 그리고 각 레코드 사이는 갭에 의해 구분되는데 이런 할당 방식을 말한다.

track free [–fríː] **트랙 프리** 배타적으로 사용하던 트랙을 해방하고 태스크로 트랙을 사용할 수도 있게 하는 기능.

track gap [–gǽp] **트랙 갭** 자기 디스크와 플렉시블 디스크 등에 있는 트랙 중 최후의 섹터 자료 블록 갭에서부터 인덱스 갭까지의 영역.

track header [–hédər] **트랙 헤더**

track hold [–hóuld] **트랙 보호** 트랙이 판독/기록 작업을 하는 사이에 그것을 보호하는 기능.

track hold component [–kəmpóunənt] **추종 유지 요소** 외부 논리 신호에 의해 입력 아날로그 변수 혹은 그 표본값과 같은 출력 아날로그 변수를 얻는 연산기.

track hold unit [–júːnit] **트랙 홀드 유닛** ⇨ track hold component

track identifier [–ɑ́identifɑ̀iər] **트랙 식별명** COBOL 언어에 있어서 ACTUAL KEY 구(句)로 지정되는 데이터명의 선두 4바이트. 직접 편성 파일에 있어서, 레코드의 수사 또는 새로운 레코드를 넣는 스페이스의 수사를 시작하는 상대 트랙 번호를 포함한다. 레코드 식별명(record indentifier)과 대비된다.

track index [–índeks] **트랙 인덱스** 색인 순서 편성 데이터 세트에 있어서 가장 수준 낮은 색인. 프라임 영역의 각 실린더의 선두 트랙 영역에 존재하고, 기본 데이터 영역 내의 각 트랙을 색인한다.

track index area [–ɛ́(ː)riə] **트랙 인덱스 영역** 프라임 데이터 영역의 각 트랙을 검색하기 위한 정보가 저장되는 영역. 프라임 영역(prime area)의 각 실린더 앞에 위치한다.

tracking [trǽkiŋ] *n.* **트래킹, 추적** (도형 처리에 있어서) 위치 입력 장치로부터 주어진 좌표 데이터에 대응하는 위치로 추적 기호를 이동시키는 것. 즉, CRT 화면상에 라이트 펜으로 도형을 그려넣는 것.

tracking cross [–krɔ́(ː)s] **트래킹 크로스** 브라운관 디스플레이 장치의 유효 표시 도면상에 표시된 작은(라이트 펜의 수광 구경보다 약간 큰 정도) 십자형의 도형으로서 표시 화면상 임의의 좌표값을 라이트 펜을 사용해서 입력할 수 있으므로 임의의 도형을 자유자재로 그릴 수 있다. 트래킹 마크로서 십자형 이외에도 여러 가지 모양을 한 것들이 이용되고 있다.

tracking symbol [–símbəl] **추적 기호, 트래킹 기호** 위치 입력 장치로부터 주어진 좌표 데이터에 대응하는 위치를 표시하기 위한 표시면상의 기호.

tracking system [–sístəm] **트래킹 시스템** 주문 배송 추적 시스템. 전자 상거래를 통해 물건을 구입 신청하고 자신이 주문한 물건이 언제쯤 도착할지를 궁금해하는 사용자들에게 현재 주문이 어느 정도 처리되었으며 언제쯤 배달될지를 보여주고자 개발된 시스템. 주문이 이루어지면 곧 포장, 배송 등의 단계별로 현황을 확인해볼 수 있는데, 이 시스템을 통해 구매자는 판매점에 대한 신뢰를 높일 수 있다. 인터넷 전문 서점으로 시작한 아마존을 비롯한 많은 전자 상거래 업체에서 유사한 서비스를 제공하고 있다.

track system [trǽk sístəm] **추적 시스템**

track label [–léibəl] **트랙 레이블** 자기 기억 매체 상의 트랙을 식별하기 위해 사용되는 특별한 레코드.

track number[–nʌ́mbər] **트랙 번호** ⇨ hard disk

track overflow [–òuvərflóu] **트랙 오버플로, 트랙 넘침** 직접 접근 기억 장치(DASD)의 입출력 동작에 있어서 하나의 트랙 용량을 초과하여 데이터의 읽고 쓰기를 했을 때 생기는 상태.

track overrun [–òuvərrʌ́n] **트랙 오버런** 자기 디스크 장치에서의 자료 기록시에 1트랙 이내에 기록을 할 수 없으며, 1트랙을 초과해 버리는 상태.

track pad[–pǽd] **트랙 패드** 손가락이나 펜 등의 입력이나 정전기를 감지하여 그 움직임을 기초로 커서를 움직이는 포인팅 장치의 일종. 기본적으로 태블릿을 소형화한 것. 패드 형상으로 주로 노트형과 서브노트형 PC에 채택되고 있다. 크기가 작으므로 점유 면적을 절약할 수 있지만, 화면의 범위가 크면 커서의 이동이 힘들어지는 것이 단점이다. 애플사의 PowerBook 시리즈에 처음으로 탑재되었다.

track per inch [–pər íntʃ] **인치당 트랙** 플로피 디스크 등의 트랙 밀도를 나타내는 단위. ⇨ TPI

track pitch [–pítʃ] **트랙 피치** 인접하는 트랙의 상대하는 두 점 간의 거리. 구멍 사이의 거리는 종축 방향 또는 기록 장치나 매체가 운동하는 방향으로 측정한다.

track recording density [–rikɔ́:rdiŋ dénsiti(:)] **트랙 기록 밀도**

track split [–splít] **트랙 스플릿**

tractor [trǽktər] *n.* **트랙터** 프린터 용지를 이송하기 위한 기구.

tractor-feed [–fí:d] **트랙터 이송** 종이의 구멍에 맞는 진행 톱니바퀴나 핀을 사용해서 종이를 전진시키는 프린터 부속 장치. 이 장치에 의한 종이 비행 방식은 마찰 진행 방식에 비해서 좀더 정확하게 동작한다.

trademark[tréidmà:rk] **상표** 지적 소유(재산)권의 일종. 브랜드명, 로고, 상품명 등. 상표를 보호함으로써 상표 사용자의 업무상의 신용 유지를 도모할 목적으로 제정된 법률. 이 법률에서 규정하는 상표란 문자, 도형 기호, 입체적 형상 또는 이것들의 결합을 말한다. 등록 상표의 유효 기한은 10년이며 갱신도 가능하다. 권리자는 상표에 관련된 물품에 대해 독점권을 가지며, 권리가 침해되면 침해자에 대해 손해 배상을 청구할 수 있다.

trade-off [tréid ɔ́(:)f] **트레이드 오프** 신뢰도에서는 여러 가지 인자 사이의 균형을 생각하여 어디에선가 손을 쓰지 않으면 안 된다. 이와 같이 손을 쓰는 것을 트레이드 오프라고 한다. 예를 들면 비용과 신뢰도, 무게와 여유도 등의 균형을 도모하는 등의 예이다.

trade secret [–sí:krət] **트레이드 비밀**

traffic [trǽfik] *n.* **소통(량), 통신량, 호출량, 교통량, 트래픽** 일반적으로 교통과 운수 등의 양을 나타내는 단어이지만, 전화의 발달과 함께 통화량에도 이용될 수 있게 되어, 그 통화량을 「트래픽」이라고 한다. 혹은 회선 상에 전송되는 정보량을 표시한다. 통신 회선(communication line)과 교환기(switch)의 설비 수에는 한계가 있음에도 불구하고 통신 빈도와 통신 시간은 각각 별개의 것이기 때문에 과잉(폭주)이 발생하게 된다. 이 폭주 처리를 수량적으로 생각하는 것을 「트래픽 이론(traffic theory)」 또는 「대기 행렬 이론(queue theory)」이라고도 한다. 전화의 중계 회선이 모두 사용중이며 접속할 수 없는 상태가 「폭주」이지만, 이것이 절대 일어나지 않게 하기 위해서는 가입자 수만큼 회선 수가 필요하게 된다. 그런데 전 회선이 전부 동시에 사용되는 일은 좀처럼 없기 때문에 여기서는 설비면에서 대단히 비경제적이게 된다. 그 때문에 실제로는 이용자가 불편하게 느끼지 않을 정도로, 즉 때로는 전화선이 막혀서 전화가 연결되지 않게 되어도 문제가 없도록 설계를 한다. 또 이용자가 전화 수화기를 들고 나서 통화를 끝내고 수화기를 내릴 때까지의 사이, 회선은 그 이용자에게 사용되어 다른 이용자가 사용할 수 없는 상태가 된다. 이 상태를 회선의 보류라고 말하고 회선을 보류하는 현상을 호출이라고 한다. 또 주목한 시간 간격 내에 회선이 보류되어 있는 연시간을 트래픽량이라고 한다. 트래픽량과 호출량은 시간에 따라서 불규칙하게 변동하는 양이기 때문에, 실제로 몇 회 정도 측정한 호출량을 평균해서 사용한다. 이 평균 호출량도 보통 생략해서 호출량이라고 한다. 트래픽량의 단위에는 트래픽 이론의 시조인 A.K. Erlang의 이름을 따서 어랑(erl)을 사용한다. 주목한 시간, 연속해서 그 회선이 사용되고 있을 때, 이 하나의 회선 호출 수를 1어랑이라고 한다. 결국 1회선의 최대 호출량은 1어랑이 된다.

traffic bit [–bít] **전송 지시 비트**

traffic control [–kəntróul] **소통량 제어** 도로

교통 신호를 제어하는 것. 그 방식으로는 제어 지점에 감응(感應) 제어 기능을 부여해서 자동 제어시키는 지점 감응 제어와 중앙에 컴퓨터를 놓고 집중 제어하는 방식 등이 있다. 또 그 외에 독립적으로 하나의 교차점만을 제어하는 점 제어, 신호 교차점이 선상에 1차원적으로 배치되어 각각 독립 제어를 하는 선 제어, 교차점이 가로면상에 2차원으로 배치된 면 제어 방식 등이 있으며, 선 제어 및 면 제어인 경우에는 일반적으로 컴퓨터를 중심으로 한 집중 제어 방식이 이용된다.

traffic control system [–sístəm] **소통량 제어 체계** 교통량의 증가, 감소에 따라 신호등의 점멸 시간을 자동 제어하는 시스템. 세 군데의 유입 지점에서 검출기에 의해 교통량을 측정하고, 그곳에서의 교통량을 측정하여 운행 시간과 신호 주기를 조정함으로써 최적 상태를 유지하도록 제어하는 것.

traffic density [–dénsiti(ː)] **호출량, 트래픽 밀도** 어떤 시간 내의 트래픽량을 그 시간 구간의 길이로 나눈 값.

traffic distribution [–distribjúːʃən] **트래픽 시간 분포** 일반적으로 처리 요구에 관한 서비스를 하는 시스템에 있어서 처리 요구(트랜잭션)의 발생 빈도의 시각에 대한 분포이다.

traffic engineering standard [–èndʒəníəriŋ stǽndərd] **접속 기준**

traffic forecasting [–fɔ́ːrkæ̀ːstiŋ] **트래픽 예측** 통신망을 구성하고 있는 각종 기기의 소요 수를 산출하기 위해 장래의 일정 시점에서의 호수(呼數)와 호량(呼量) 또는 호율(呼率)을 예측하는 것이다.

traffic intensity [–inténsiti(ː)] **트래픽 강도**

traffic measuring equipment [–méʒəriŋ ikwípmənt] **트래픽 측정 장치** 트래픽의 양을 자동으로 측정하는 장치.

traffic profile analysis system [–próufɑil ənǽlisis sístəm] **운송 분석 시스템**

traffic recorder [–rikɔ́ːrdər] **트래픽 리코더, 트래픽 기록기** 도로 교통 관제에 있어서 컴퓨터를 중심으로 해서 신호기군을 계통적으로 제어하는 시스템으로 교통 흐름의 검출, 기록을 하는 장치. 교통 흐름의 검출은 노면에 매입된 루프 코일의 인덕턴스 변화를 검출하는 것으로서, 초음파 레이더에 의한 것 같은 여러 가지 방식이 있다.

traffic situation display [–sìtʃuéiʃən displéi] **TSD, 교통 상황 디스플레이**

traffic statistics [–stətístiks] **소통량 통계** 통신 교통량을 연구함으로써 얻는 정보 메시지 헤드, 수신, 인식(acknowlegement), 행로(routine) 등의 통계와 시간의 변화에 따른 메시지 양의 변화와 유형에 대한 도표를 포함한다.

traffic theory [θíəri(ː)] **트래픽 이론, 교통량 이론** 네트워크나 회선 상에서 전송되는 정보를 효율적으로 관리하기 위한 이론. 혼잡에 의한 접속 불능 처리 등을 중심으로 경제적인 네트워크 설계에 이용되고 있다. 단위 시간 내에 네트워크에 접속하는 사람이 증가함으로써 데이터의 송신 속도가 떨어지는 현상을 도로 정체에 비유한 것.

trailer [tréilər] *n.* **정보 꼬리** 종단부. 뒷부분. 트레일러. 파일의 맨 처음에 있는 것이 헤더(header)이고, 파일의 맨 뒤에 기록되는 것이 트레일러(trailer)이다. 트레일러는 파일의 종료를 표시함과 동시에 그 파일의 내용을 요약한 정보를 포함하고 있다.

[주] 테이프 종단 표시기의 후미에 있는 자기 테이프의 부분.

trailer card [–kάːrd] **트레일러 카드**

trailer character [–kǽrəktər] **종료 문자**

trailer label [–léibəl] **후기 레이블** 파일의 종료를 표시하는 내부 레이블로, 파일 제어에 사용되는 데이터를 포함하는 경우가 있다.

[주] 파일 종료 레이블은 처리중에 누계된 합계와 비교하기 위한 대조 합계를 포함하는 일이 있다.

trailer record [–rékərd] **후기 레코드, 트레일러 레코드** 몇몇 관련된 레코드 뒤에 기록되는 레코드로서 그들 관련 레코드의 내용에 관한 정보를 포함하고 있다.

trailing character [tréiliŋ kǽrəktər] **종료 문자**

trailing edge [–é(ː)dʒ] **트레일링 가장 자리, 후연(後緣)** 천공 카드 기계의 카드 트랙에 마지막으로 들어가는 우변.

trailing end [–énd] **끝부분** 동선, 테이프, 리본 혹은 처리되는 물품 등의 끝부분.

train [tréin] *n.* **열, 트레인** 어떤 목적을 위해서 함께 연결된 항목의 순서.

training [tréiniŋ] *n.* **훈련**

train printer [tréin príntər] **트레인식 프린터, 트레인 프린터, 트레인 인쇄 장치**

transacter [trænsǽktər] *n.* **트랜잭터** 컴퓨터 시스템에 접속되어 다수의 원시 자료를 시스템에 결합할 수 있게 하는 접속 장치.

transaction [trænsǽkʃən] *n.* **변동 자료** 발생. 트랜잭션. 단말기 사용자가 중앙 처리 시스템에 서비스를 요구하는 일의 단위로서, 1회의 인터랙션(interaction)을 나타낸다. 또 파일과 데이터 베이스의 갱신 처리(updation)의 바탕이 되는 하나의 입력 메시지(input message)라는 의미도 있다. 본래의 의미는 「처리」이다. 구체적으로는 일시적으로 시스템 내에 잔류해 있는 데이터를 의미한다.

transaction abort [–əbɔ́ːrt] **트랜잭션 취소** 트랜잭션을 수행중에 오류가 발생하여 이미 수행된 트랜잭션의 모든 행위를 취소하는 것. 취소가 일어나면 지금까지 그 트랜잭션에 의해 일어났던 데이터 베이스의 수정 사항은 원래 값으로 되돌려진다.

transactional analysis [trænsǽkʃənəl ənǽlisis] **교류 분석**

transaction card [trænsǽkʃən kɑ́ːrd] **트랜잭션 카드** 변동 부분, 이동 부분의 항목을 천공하는 카드. 이 카드는 보통 한 번 사용한 후에 폐기한다.

transaction code [–kóud] **트랜잭션 코드**

transaction count [–kaúnt] **트랜잭션 카운트, 트랜잭션 계수** 보고 기록을 체크하는 간단한 방식.

transaction data [–déitə] **트랜잭션 데이터, 변경용 데이터, 발생 데이터** 어떤 사상에 의하여 발생한 일시적인 데이터. 이 데이터를 기록한 파일을 발생 파일(transaction file)이라고 한다.

transaction data processing system [–prɑ́sesiŋ sístəm] **거래 데이터 처리 방식** ⇨ transaction processing system

transaction data set [–sét] **트랜잭션 데이터 세트**

transaction file [–fáil] **변동 파일** 트랜잭션 파일. 마스터 파일(master file)과 비교되는 경우가 많은 파일. 마스터 파일에 어떤 영향을 가진 입력 파일이며, 대개 마스터 파일로의 추가, 변경, 소거 등에 사용되는 레코드로 구성된다. 예를 들어 급여 계산 업무라면, 장부에 해당하는 급여 마스터 파일이 있고, 월 단위의 변동 데이터, 즉 사원마다의 급여를 계산하여 급여 명세를 작성하는 데 필요한 데이터를 넣은 것을 변동 파일(transaction file)이라고 한다.

[주] 주어진 적용 업무에 대하여 그 해당하는 기본 파일과 함께 처리되는 비교적 일시적인 데이터를 포함하는 파일.

transaction journal [–dʒə́ːrnəl] **트랜잭션 저널**

transaction language [–lǽŋgwidʒ] **중간 언어, 중간 언어 방식**

transaction listing [–lístiŋ] **트랜잭션 리스팅** (1) 시스템 내에서 발생한 모든 기록. ⇨ system log (2) 사용자 프로그램에서 처리된 모든 처리의 목록. ⇨ audit trail

transaction log [–lɔ́(ː)g] **트랜잭션 로그**

transaction log file [–fáil] **트랜잭션 로그 파일** ⇨ transaction file

transaction management [–mǽnidʒmənt] **트랜잭션 관리** 온라인 응용 프로그램의 처리를 어떤 방법으로 분할하여 관리하는 수법.

transaction network service [–nétwəːrk sə́ːrvis] TNS, **트랜잭션 네트워크 서비스** 미국의 벨 회사에서 개발한 대도시 구역의 질의 응답 및 자료 교환 서비스로, 재정 거래의 질의 응답 같은 짧은 데이터 메시지에 관한 기본적인 통신 서비스를 위하여 개발되었다.

transaction-oriented language [–ɔ́ːriəntəd lǽŋgwidʒ] **트랜잭션용 중심 언어, 트랜잭션에 알맞은 언어**

transaction processing [–prɑ́sesiŋ] **트랜잭션 처리** 저장된 데이터 중 한 아이템을 검색하는 작업 등과 같이 연산 단위가 아주 작을 때 취해지는 운영 형태.

transaction processing component [–kəmpóunənt] **트랜잭션 처리 구성 요소**

transaction processing manager [–mǽnidʒər] TPM, **트랜잭션 처리 관리 프로그램**

transaction processing monitor[–mɑ́nitər] **TP 모니터** ⇨ TP monitor

Transaction Processing Performance Council[–pərfɔ́ːrməns káunsəl] **트랜잭션의 성능 평의회** 컴퓨터 시스템의 트랜잭션 처리 성능을 측정하는 비영리 단체. 1988년도에 미국의 탠덤, DEC, Sybase, 영국의 ICL 등의 8개 사가 모여서 설립했다.

transaction processing system [–sístəm] **트랜잭션 처리 시스템** 경영 컴퓨터 시스템으로, 주문 접수 시스템, 항공기 예약 시스템 및 급여 계산 시스템 등을 들 수 있다.

transaction processor [–prɑ́sesər] **트랜잭션 프로세서, 트랜잭션 처리 루틴**

transaction profile [–próufail] **트랜잭션 프로파일**

transaction profile library [–láibrəri(ː)] **트랜잭션 프로파일 라이브러리**

transaction program [–próugræm] **트랜잭션 프로그램**

transaction record [–rékərd] **트랜잭션 레코드** 한 파일에서의 정보를 수정하는 데 쓰이는 특성 정보.

transaction recovery [–rikʌ́vəri(ː)] **트랜잭션 리커버리, 트랜잭션 복원 처리, 트랜잭션 회복** 온라인 데이터 처리 시스템이 고장인 경우, 중단된 태스크의 각종 상태를 트랜잭션 개시 시점으로 복원하는 처리.

transaction request [–rikwést] **트랜잭션 요구**

transaction router [–rú:tər] **경로 지정 프로그램**

transaction scratch pad [–skrǽtʃ pǽ(:)d] **TSP, 트랜잭션 스크래치 패드**

transaction service [–sə́:rvis] **거래 처리 서비스** 홈 뱅킹(home banking), 홈 쇼핑, 텔레부킹(telebooking) 등에 이용되는 서비스를 말하며 서비스 이용자가 집이나 사무실에서 상품 안내를 보고 상품 주문을 하며, 또한 대금 지불을 할 수 있고, 은행 잔고 확인, 송금, 자금 이체 등의 은행 거래를 비롯하여 호텔 예약, 극장 예약, 음악회 좌석 예약, 철도, 항공기 등의 좌석 예약을 할 수 있다. 이와 같은 서비스는 관문 중계(gateway) 기능을 통해서 외부 정보 제공 기관으로부터 제공된다.

transactions per second [–pə́:r sékənd] ⇨ tps

transaction statement printer [–stéitmənt príntər] **명세서 인쇄 기구**

transaction subenvironment [–sʌ́bənvàirənmənt] **TSC, 트랜잭션 부 환경**

transaction synchronization [–sìŋkrənaizéiʃən] **트랜잭션 동기화**

transaction tape [–téip] **트랜잭션 테이프** 파일로 되어 있는 정보를 변경시키는 데 사용되는 정보를 수록한 종이 테이프나 자기 테이프.

transaction terminal [–tə́:rminəl] **트랜잭션 단말기**

transactor [trænsǽktər] *n.* **트랜잭터** 많은 자료를 종합하여 컴퓨터에 입력하기 위한 주변 장치.

transborder data flow [trǽnsbɔ̀:dər déitə flóu] **TDF, 국제간 정보 유통** 국외 지역에서의 자료 가공(저장, 처리, 편집 등)을 위하여 자료가 국경을 넘어 유통되는 형태. 대표적인 형태로는 원격 정보 처리 서비스(RCS)가 있는데, 프라이버시, 국가 안보, 국제 수지, 일부 국가의 정보 독점 등의 이슈와 관련되어 주로 논의되고 있다.

transcevier [trænsí:vər] *n.* **트랜시버, 송수신기** 데이터 전송에 있어서 데이터의 송수신이 가능한 단말 장치. 송신기(transmitter)와 수신기(receiver)와의 합성어이다. ⇨ 그림 참조

transcribe [trænskráib] *v.* **번역하다, 옮겨쓰다, 녹음하다** 하나의 데이터 수록 매체에서 다른 데이터 수록 매체로 정보의 수정 없이 그대로 복사하는 것.

transcript [trǽnskrìpt] *n.* **트랜스크립트** 카드의 일종. 원표로부터 소요 항목을 전재할 수 있도록 되어 있는 카드. ⇨ detail card

transcript card [–ká:rd] **전사(轉寫) 카드** 원시 데이터를 천공기에 의하여 전사 천공하는 데 사용되는 카드.

〈단파용 트랜시버〉

transcription [trænskrípʃən] *n.* **표현 형식** 하나의 언어, 자료 수록 매체, 부호로서의 다른 것으로 데이터를 변환시키는 것으로, 판독, 번역, 기록 동작을 포함한다.

transcription break [–bréik] **트랜스크립션 브레이크, 전사 중단** 두 파일 사이의 관계를 보여주는 순서도 기호 또는 장치.

transcription error [–érər] **전기 오류, 전사 오류** 코드를 기입할 때 발생되는 오류의 하나로 어떤 자릿수에 숫자나 문자를 잘못 쓰거나 바꾸어 쓰는 것.

transducer [trænsdjú:sər] *n.* **변환기** 입력 기호열에 대하여 출력열을 생성하는 유한 자동 장치와 에너지를 어떤 형태에서 다른 형태로 변환하는 장치.

transducer translating service [–trænsléitiŋ sə́:rvis] **변환기 번역 장치** 자동 제어 장치에서 제어된 요소의 오류를 교정하는 데 사용될 수 있는 전기적인 신호로 변환시키는 장치.

transfer [trænsfə́:r] *n.* **이송, 옮김** 전송. (1) 정보를 어떤 장치에서 다른 장치로 전송로를 경유하여 옮기는 것. 예를 들면 컴퓨터의 중앙 처리 장치(CPU)와 주변 장치와의 사이에 입출력 채널을 경유하여 데이터를 이동하는 것과 컴퓨터와 단말 장치와의 사이에 통신 회로선을 경유하여 데이터를 이동하는 것을 가리킨다. 전송(transmission)이라고도 한다. (2) 프로그램 실행에 있어서 순번으로 나열되어 있는 명령이 실행 순서를 변경하여, 떨어진 기억 장소에 있는 프로그램에 제어를 옮기는 것. 이것을 점프(jump)라고도 한다. 단, 이 의미로는 사용하지 않도록 ISO에서 권하고 있다. (3) 정전 사진에서 취급하는 영상을 면상의 매체 사이에서「이동해 옮기는」것을 말한다. 화상 정보는 정전에 의한 잠상(잠재 영상)이거나 토너를 부착한 눈에 보이는 화상이기도 하다.

[주] 어떤 곳으로부터 데이터를 보내고, 다른 곳에서 그 데이터를 받는 것.

transferability [trænsfə̀ːrəbíliti(ː)] *n.* **가반성(可搬性), 전송 능력** 포터빌리티(portability)와 같은 뜻으로 사용되고 있다.

transfer address [trænsfə́ːr ədrés] **전송 주소** 프로그램의 흐름이 다른 곳으로 옮겨질 경우에 그 옮겨지는 곳의 주소.

transfer algorithm [–ǽlgəriðm] **전송 알고리즘**

transfer card [–káːrd] **전송 카드** 천공 카드에 의해서 컴퓨터에 프로그램을 입력한 후 실행의 개시를 지령하기 위한 제어 카드.

transfer characteristics [–kæ̀rəktərístiks] **전송 특성** 4단자 회로망의 하나의 분기에 가한 입력과 그에 의한 다른 분기에서 나타내는 출력과의 관계를 나타내는 특성.

transfer check [–tʃék] **전송 검사** 데이터 전달의 정확성을 확인하기 위해 하는 패리티 검사.

transfer circuit [–sə́ːrkit] **전송 회로** 네트워크들 간에 정보를 전달하기 위해 둘 이상의 떨어져 있는 네트워크 통신 센터들을 연결하는 회로.

transfer command [–kəmáːnd] **전송 명령** 멀리 떨어져 있는 명령어를 지적함으로써 프로그램의 한 부분으로부터 다른 부분으로 제어를 바꾸어 주는 특정한 지시 또는 명령어.

transfer control [–kəntróul] **전송 제어** 데이터를 복사, 교환, 저장, 전송하고 판독/기록하는 것.

transfer facility [–fəsíliti(ː)] **전송 기능**

transfer function [–fʌ́ŋkʃən] **전송 함수, 변환 함수** 자동 제어계의 해석 등에 주로 쓰이며, 입력 신호 X와 출력 신호 Y의 관계가 라플라스 연산자 s의 대수식으로 표현되어 있을 때 그 대수식을 가리킨다. 즉,

$$Y=f(s)X$$

여기서, $f(s)$: s의 대수식, $f(s)$를 전송 함수라고 한다.

transfer impedance [–impíːdəns] **전달 임피던스** 회로망의 어느 분기에 전압 E를 가한 경우에 다른 분기에 I인 전류가 흐른다고 하면 E/I인 비를 일반적으로 전달 임피던스라고 한다. 예를 들어 4단자 회로망의 입력 단자에 E인 전압을 인가한 경우에 출력 단자에 흐르는 전류를 I로 하면 E/I를 말한다.

transfer instruction [–instrʌ́kʃən] **전송 명령어** 명령어가 수행되는 동안 컴퓨터에 의해 결정되는 조건에 따라 두 부프로그램 간에 양자 택일을 하기 위해 사용할 수 있는 명령어. ⇨ branch instruction

transfer interpreter [–intə́ːrprətər] **전송 번역기** 카드에 천공되어 있는 구멍 패턴에 대응하는 문자를 다른 카드 상에 인쇄하는 장치.

transfer key[–ki(ː)] ⇨ XFER key

transfer of control [–əv kəntróul] **제어 전송**

transfer operation [–ɑ̀pəréiʃən] **전송 동작**

transfer rate [–réit] **전송률** 단위 시간당 전송되는 정보량. 자기 테이프 장치, 자기 디스크 장치, 카드 판독 장치 등의 주변 장치(peripheral units)와 컴퓨터의 주기억 장치(main storage)와의 사이에 정보를 전송할 때의 단위 시간당의 전송량을 표시하는 것으로, 통상 1초당의 비트수 또는 문자수로 표현된다. 또한 1초당의 비트수로 표시한 전송 속도를 비트율(bit rate), 1초당의 문자수로 표시한 것을 문자 속도(character speed)라고도 한다.

transfer rate of information bit [–əv ìnfərméiʃən bít] **TRIB, 정보 비트 전송 속도** 단위 시간 내의 시스템 간에서 전송되고 있는 유효 정보 비트수. 전송 속도를 나타내는 하나의 기준이 된다.

transferred information [trænsfə́ːrəd infərméiʃən] **전달 정보량** 사상 x의 발생을 알게 됨으로써 전달되는 정보량과 다른 사상 y가 발생했다는 조건 하에서 사상 x의 발생을 알게 됨으로써 전달되는 조건부 정보량과의 차이.

transfer request [trænsfə́ːr rikwést] **전송 요구**

transfer sequence [–síːkwəns] **전송 순서, 전송 시퀀스**

transfer speed[–spíːd] **전송률** 하나의 기억 장소나 레지스터에 있는 정보를 다른 장소나 레지스터로 전송하는 속도.

transfer table [–téibəl] **전송표, 이전표** 코어 내에 있는 모든 프로그램의 분기 명령에 대한 리스트를 기억하고 있는 테이블.

transfer time [–táim] **전송 시간** 데이터 전송이 개시된 순간부터 완료되는 순간까지의 시간 간격.

transfer timing [–táimiŋ] **전송 타이밍**

transfer vector [–véktər] **전송 벡터** 상대 형식으로 쓰여진 프로그램으로부터 다른 프로그램에 제어를 옮기는 것은 프로그램을 쓰는 시점에서 어드레스를 알지 못하므로 보통 점프 명령으로는 불가능하다. 이것을 가능하게 하기 위해 주기억 장치 내의 프로그램 엔트리 포인트의 번지 테이블이 실행시에 준비된다. 이 테이블을 전송 벡터라고 한다.

transform [trænsfɔ́ːrm] *v.* **변환하다** 지정된 규칙에 따라 의미를 현저히 바꾸지 않고 데이터의 구조나 구성을 바꾸는 것.

transformation [træ̀nsfərméiʃən] *n.* **변환**

transformational semantics [træ̀nsfər-

méiʃənəl səmǽntiks] 변형 의미론
transformation matrix [trænsfərméiʃən méitriks] 변환 행렬
transformation ratio [–réiʃiòu] 변성비
transform-domain weighted interleave vector quantization[trænsfɔ́:rm douméin wéitəd ìntərlí:v véktər kwantizéiʃən] ⇨ TwinVQ
transformer [trænsfɔ́:rmər] *n.* 변환기, 변압기 어느 전압을 다른 전압으로 변환시키는 장치. 단, 전압과 주파수 등을 일정하게 유지하는 기능은 가지고 있지 않으므로 컴퓨터 전원에는 부적당하지만 PCS에 속하는 것에는 일단 충분하다고 할 수 있다.
transform function [trænsfɔ́:rm fʌ́ŋkʃən] 변환 함수
transient [trǽnʃənt] *a.* 일시(적), 비상주(의), 과도적 지속적이 아니고 곧바로 본래의 안정 내지는 정상인 상태에 돌아오는 것.
transient activity tool [–æktíviti(:) tú:l] 일시 루틴 모니터링 프로그램
transient allocation [–æ̀ləkéiʃən] 비상주 할당 컴퓨터가 데이터나 파일을 이용자에게 할당할 때, 필요에 따라서 그 할당(allocation)을 해제할 수 있는 상태. 반대로 이용자가 그 할당을 해제하기까지 그 할당이 보증되는 상태를 상주 할당(permanent allocation)이라 한다.
transient analyzer [–ǽnəlàizər] 과도 현상 해석기
transient area [–ɛ́(:)riə] 비상주 영역, 과도 구역 사용 빈도가 적은 루틴을 읽어넣기 위해, 주기억 장치 안의 예약된 영역. 어떤 작업에 대단히 큰 메모리를 사용할 때 이 영역은 이 작업에 의해 사용되며, 사용 후에 재차 자기 디스크, 자기 드럼이라는 고속 판독 메모리로부터 판독된다. 또 이와 같은 루틴을 비상주 루틴(transient routine)이라고 한다. 상주시켜 놓을 필요가 없는 사용 빈도가 낮은 루틴을 실행시에만 넣기 위한 일시적 기억 영역이다.
transient area control table [–kəntróul téibəl] TACT, 일시 영역 제어 테이블
transient area descriptor [–diskríptər] TAD, 일시 영역 기술자
transient command [–kəmǽ:nd] 외부 커맨드 어떤 정상 상태에서 다른 정상 상태로 변동할 때, 불안정한 변화를 하고 있는 상태에서 실행되는 명령. ⇨ 그림 참조
transient console command [–kánsoul kəmǽ:nd] 비상주 콘솔 커맨드
transient data [–déitə] 일시 데이터

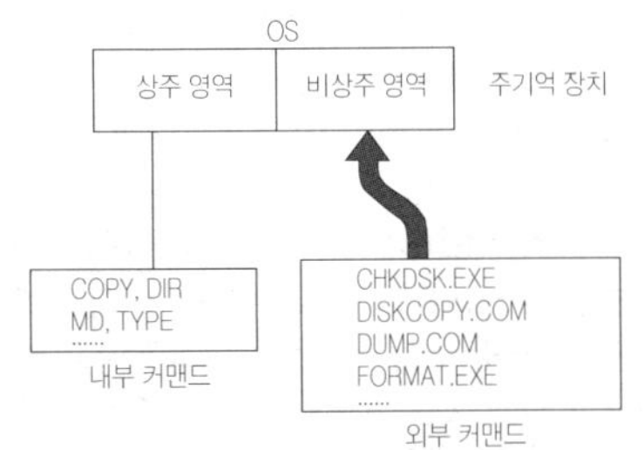

〈외부 커맨드〉

transient data management [–mǽnidʒmənt] 일시 데이터 관리, 일시 데이터 관리 프로그램
transient error [–érər] 과도 오류, 일시적 오류 테이프, 기계 또는 프로그램 안의 원천적인 결함 때문이 아니라 먼지 등으로 인해 야기되는 오류. 이러한 오류는 테이프를 다시 동작시키면 없어진다.
transient library [–láibrəri(:)] 과도 라이브러리, 일시 라이브러리
transient preamble [–pri:ǽmbl] 비상주 루틴 프리앰블
transient program [–próugræm] 비상주 프로그램 필요할 때마다 외부 기억 장치에서 내부 기억 장치로 로딩되고, 필요하지 않을 때 언로드되는 프로그램을 비상주 프로그램이라 하며 상주 프로그램과 대비된다.
transient program area [–ɛ́(:)riə] TPA, 비상주 프로그램 영역
transient program library [–láibrəri(:)] TPLIB, 일시 프로그램 라이브러리
transient program table [–téibəl] TPT, 일시 프로그램 테이블
transient response [–rispáns] 과도 응답 입력 신호가 어떤 정상 상태에서 다른 정상 상태로 변화할 때 나타나는 시스템의 반응.
transient routine [–ru:tí:n] 비상주 루틴, 일시 루틴 실행할 필요가 있을 때에만 일시적으로 주기억에 적재되는 루틴.
transient state [–stéit] 과도 상태 통신 채널이 초기 전송 전인 상태. 즉, 하나의 국이 전송을 위해 준비중인 상태에 있는 것.
transient supervisor [–sú:pərvàizər] 비상주 수퍼바이저
transient SVC table 일시 SVC 테이블
transient-type queue data set [–táip kjú: déitə sét] 일시 큐 데이터 세트 메시지 리커버리에 관계하여 메시지 그 자체를 저장하는 AIM 지배 외의 자료 세트. ⇨ TQD
transient-type queue file [–fáil] 일시 큐

파일 일시 큐 데이터 세트(TQD)와 TQD 관리 자료 세트의 한 조를 합친 논리명.

transient voltage suppressor [–vóultidʒ səprésər] **과도 전압 억제기**

transinformation [træ̀nsinfərméiʃən] *n.* **전달 정보량** 사상(事象) x의 발생을 알게 됨으로써 전달되는 정보량과 다른 사상 y가 생겼다고 하는 조건 하에서 사상 x의 발생을 알게 됨으로써 전달되는 조건부 정보량과의 차.

transinformation content [–kántent] **전달 정보량**

transinformation rate [–réit] **전달 정보 속도** 단위 시간당의 평균 전달 정보량. 수학적으로는 이 속도 T^*는 결합 사상(x_i y_i)의 평균 시간 길이 τ_{ii}의 기대값에 의해서 한 문자당의 평균 전달 정보량 T를 나눈 것이다.
[주] 평균 전달 정보 속도는 샤논/초 등의 단위로 표현된다. ⇨ average transinformation rate

transistor [trænzístər] *n.* **트랜지스터** 미국의 벨 연구소에서 개발된 다리가 3개인 반도체 소자. 진공관에 비해서 소형, 경량, 저소비 전력, 저발열량이며, 수명이 길고 증폭 작용이 뛰어나다. 트랜지스터의 출현으로 컴퓨터의 소형화가 이루어졌으나, 그 뒤 트랜지스터를 소형화 · 집적화한 IC가 탄생했기 때문에 트랜지스터 시대는 오래 가지 못했다.

transistor-current-switch logic [–kə́ːrənt swítʃ ládʒik] **TCSL, 트랜지스터 전류 전환 논리 회로** ⇨ current-switch circuit

transistor-current-switch logic circuit [–sə́ːrkit] **트랜지스터 전류 전환 논리 회로** ⇨ TCSL, current-switch circuit

transistor-diode logic [–dáioud ládʒik] **TDL, 트랜지스터 다이오드 논리**

transistor-resistor logic [–rédʒistər ládʒik] **TRL, 트랜지스터 저항 논리**

transistor-transistor logic [–trænzístər ládʒik] **TTL, 트랜지스터-트랜지스터 논리** 입력측에 다이오드, 출력측에 트랜지스터를 사용하여 논리 회로를 구성하는 바이폴러형 집적 회로의 하나인 DTL(diode transistor logic)의 입력 다이오드를 이미터가 여러 개 붙은 트랜지스터로 교환한 것. t^2l이라고도 한다. 특징으로서 소비 전력이 작으며, 속도는 빠르나 잡음에 약한 결점이 있다. 디지털형 IC의 주류이다. TTL의 스위칭 속도는 10나노초, 소비 전력은 10mW 정도이다. 또한 바이폴러에는 TTL 외에 IIL(integrated injection logic), RTL (register transistor logic) 등 종류가 많다.

transit [trǽnsit] *n.* **거쳐 보냄, 통과**

transition [trænzíʃən] *n.* **변환점, 천이(遷移), 전이(轉移)** 데이터 전송 회선 등에 있어서 디지털 신호 상태가 논리 "1"(3V 이상)로부터 "0"(0.8V 이하) 또는 그 역으로 변하는 점을 말한다.

transition amplitude [–ǽmplitjùːd] **전이 진폭** 전이 구간 전후의 진폭.

transition card [–káːrd] **트랜지션 카드, 전이 카드** 프로그램의 카드 덱(card deck)의 끝을 나타내는 데 사용되는 카드.

transition constraint [–kənstréint] **천이 제약 조건** 데이터 베이스의 갱신 전후 상태에 관한 제약 조건.

transition diagram [–dáiəgræ̀m] **천이도** 현재 상태와 다음 상태 그리고 입출력 상관 관계를 나타내는 그림.

transition duration [–dju(ː)réiʃən] **천이 시간, 변동 시간** 변동 구간(transition segment)의 지속 시간으로서 과도 시간이라고도 한다.

transition matrix [–méitriks] **천이 매트릭스** 순서 회로나 마르코프(Markov) 과정에 있어서 상태가 천이하는 모양을 매트릭스를 이용하여 표시한 것. 순서 회로인 경우는 행에 입력을, 열에 상태를 대응시키고, 매트릭스 성분에는 열에 대응하는 상태에 행에 대응하는 입력이 있었을 경우의 천이 후 상태를 대응시키고 있다. 마르코프 과정에서는 행, 열도 시스템의 상태에 대응하고, 상태 간의 천이 확률이 매트릭스의 성분에 대응하고 있다.

transition minimized display signaling[–mínimàizd displei sígnəliŋ] ⇨ TMDS

transition segment [–ségmənt] **천이 구간** 규정된 값만큼 변동되는 동안의 구간.

transition table [–téibəl] **천이표** ⇨ state table

transition temperature [–témpərətʃər] **천이 온도** 초전도 현상에 있어 극저온(헬륨의 1기압 하에서의 액화 온도. 절대 온도로 4.2K) 부근에서 어느 물질(예를 들면 탄탈, 니오브, 납 등)은 돌연 완전히 그 온도 이하에서는 전기 저항이 제로가 되는데, 이 온도를 말한다.

transitive law [trǽnsitiv lɔ́ː] **추이 법칙** ⇨ equivalence relation

translate [trænsléit] *v.* **번역(하다)** 변환하다. 변형하다. 어떤 언어를 다른 언어로 변환하는 것. 사람에게 알기 쉬운 프로그램 언어(programming language). 예를 들면 FORTRAN과 COBOL로 쓰여진 원시 프로그램(source program)은 직접 컴퓨터에서 실행할 수 없기 때문에 컴퓨터가 이해하는 기계어(machine language)로 번역하는 것을 말한다.

[주] 어떤 언어를 다른 언어로 변형하는 것.

translated address [trænsléitəd ədrés] **변환된 주소**

translate display [trænsléit displéi] **번역 디스플레이** 화면상의 영상을 변화시키지 않고 상하 좌우로 옮기는 것.

translate duration [–dju(:)réiʃən] **번역 시간** 번역 프로그램의 실행에 필요한 경과 시간. ⇨ translating time

translate phase [–féiz] **번역 단계** 주행에 관한 논리적인 일부이며, 번역 프로그램의 실행을 포함하는 것. ⇨ translating phase

translator [trænsléitər] *n.* **번역 프로그램, 변환 기구** 어떤 언어를 다른 언어로, 특히 어떤 프로그램 언어를 다른 프로그램 언어로 번역하는 컴퓨터 프로그램. ⇨ translator, translating program

translate routine [trænsléit ruːtíːn] **번역 루틴** ⇨ translator

translate table [–téibəl] **변환 테이블**

translating [trænsléitiŋ] *a.* **번역의, 번역, 평행 이동** 두 개 이상의 표시 요소 위치에 동일한 이동량을 부여하는 것.

translating phase [–fèiz] **번역 단계** 번역 프로그램을 실행하여 원시 프로그램에서 목적 프로그램(object program)으로 번역하는 과정. 이 과정에는 번역 프로그램 및 진단 프로그램(diagnostic program)의 실행이 포함된다. 이 번역 진단 기능에 의해서 원시 프로그램의 오차를 검출할 수 있으며, 그 오차를 정정하는 작업이 생기게 된다.

[주] 주행에 관한 논리적 일부이며, 번역 프로그램의 실행을 포함하는 것. ⇨ translate phase

translating program [–próugræm] **번역 프로그램** 어떤 언어를 다른 언어로, 특히 어떤 프로그램 언어를 다른 프로그램 언어로 번역하는 컴퓨터 프로그램. ⇨ translator, translater

translating routine [–ruːtíːn] **번역 루틴** 어떤 언어로 된 일련의 문장이 입력되면 다른 언어의 그와 동등한 일련의 문장으로 출력되는 프로그램.

translating time [–tαím] **번역 시간** 번역 프로그램의 실행에 필요한 경과 시간. ⇨ translate duration

translation [trænsléiʃən] *n.* **번역** 변환. (1) 어떤 언어에 의한 표현을 같은 의미의 다른 언어로 변환하는 것을 말한다. 번역은 자연 언어, 인공 언어, 각종 부호 등의 사이에서 행해지지만 그 과정에서 정보의 내용, 의미는 완전하게 보존된다. (2) 어드레스 변환(address translation)이란 데이터 항목 또는 명령 어드레스를 실제 어드레스(real address)로 변환하는 것을 말한다. 그 실제 어드레스에 데이터 항목 또는 명령이 적재된다. 가상 기억 기구(virtual storage)에서의 어드레스 변환이란, 프로그램 내에서의 가상 기억 위치에 액세스할 때 실제로 액세스하는 실기억(real storage)의 실제 어드레스로 변환하는 것을 말한다. 이 기법을 동적 어드레스 변환(DAT ; dynamic address translation)이라 한다.

translation algorithm [–ǽlgəriðm] **번역 알고리즘** 한 언어로부터 다른 언어로 번역하기 위한 특별하고 효과적인 계산 수법.

translation analysis phase [–ənǽlisis féiz] **번역 분석 단계** 입력 원시 프로그램 분석은 어휘 분석, 구문 분석, 의미 분석으로 나뉘어진다.

translation control bit [–kəntróul bít] **변환 제어 비트**

translation language [–lǽŋgwidʒ] **번역 언어**

translation lookaside buffer [–lú(:)kəsὰid bʌ́fər] **TLB, 변환 색인 버퍼, 변환 색인 완충 기구**

translation mode [–móud] **변환 방식**

translation specification exception [–spèsifikéiʃən iksépʃən] **변환 지정 예외** 프로그램 인터럽트의 일종으로 어드레스 변환 테이블의 지정에서의 오류에 기인하는 것.

translation table [–téibəl] **변환 테이블** 동적 어드레스 변환에 사용되는 테이블. 페이지 테이블(page table)과 세그먼트 테이블(segment table)이 있다. 이들을 참조함으로써 가상 어드레스와 실 어드레스가 관련지워진다.

translation table entry [–éntri(:)] **변환 테이블 항목**

translation table utility [–ju(:)tíliti(:)] **변환 테이블 유틸리티**

translation time [–tάim] **번역 시간** 번역 프로그램의 실행에 필요한 경과 시간.

translation unit [–júːnit] **번역 단위** 개별적으로 번역할 수 있는 프로그램 단위. 컴파일 단위(compilation unit)와 같은 뜻으로 사용된다.

translator [trænsléitər] *n.* **번역기, 번역 프로그램** (1) FORTRAN, COBOL 따위와 같이 인간의 언어 표현에 가까운 고수준 언어(high level language)를 기계어로 번역하는 컴파일러(compiler), 어셈블러(assembler) 언어와 같은 저수준 언어(low level language)를 기계어로 번역하는 어셈블러가 있다. 또 컴파일러와 어셈블러를 구별하는 것은 어셈블러는 입력되는 표현에 대하여 대개 일대일, 컴파일러는 일대다로 기계어가 생성되는 점이다. (2)

인터프리터(interpreter)를 트랜슬레이터라고 하는 경우는 인터프리터의 기능에 달려 있다. 원시 프로그램의 구문 해석, 목적 코드 작성, 목적 코드의 실행중 목적 코드를 생성하기까지의 부분을 말한다. (3) 표현 시스템을 변환하는 장치. 예를 들면, EBCDIC 코드를 ASCII 코드로 변환하는 것.
[주] 어떤 언어를 다른 언어로, 특히 어떤 프로그램 언어를 다른 프로그램 언어로 번역하는 컴퓨터 프로그램.

translator package [–pǽkidʒ] **번역 패키지**

translator phase [–féiz] **번역 단계** ⇨ translate phase

translator program [–próugræm] **번역기 프로그램** 원시 언어의 프로그램을 입력하면 기계어의 프로그램을 만들어내는 프로그램.

translator writing system [–ráitiŋ sístəm] **번역기 작성 시스템**

transliterate [trænslítərèit] *v.* **문자 번역** 데이터를 매 문자마다 변환하는 것.

transliteration [trænslitəréiʃən] *n.* **문자 변환** 어느 언어를 표현하는 보통의 문자 체계를 다른 문자 체계로 나타내는 것. 문자는 일대일 대응을 원칙으로 하지만 특수한 기호를 사용하지 않는 한 실현할 수 없다. 러시아 문자, 그리스 문자 등에서 로마 문자로의 글자 번역은 ISO의 추천 규격이 있다.

transmission [trænsmíʃən] *n.* **전송, 트랜스미션** 어떤 지점으로부터 다른 지점으로 데이터, 음성 영상 신호(audio visual signal), 메시지 같은 정보를 통신 케이블(communication cable)과 전자파(electromagnetic wave) 등을 사용해서 보내는 것이다.

transmission block [–blɑ́k] **전송 블록** 데이터 전송 시스템에 있어서 한 단위로 전송되는 데이터 신호의 집단.

transmission cable [–kéibl] **전송 케이블**

transmission channel [–tʃǽnəl] **전송 채널**

transmission circuit [–sə́ːrkit] **전송 회선**

transmission code [–kóud] **전송 코드** 데이터 통신 용어. 통신 회선을 경유하여 정보를 전송하기 위해 사용되는 코드.

transmission control [–kəntróul] **전송 제어** 정보 교환용 부호 중 데이터 전송을 원활하게 하기 위해서 필요로 하는 특수한 부호의 총칭이며, 전송 제어 부호라 번역된다. ACK, DLE, ENQ, ETB, ETX, NAK, SOH, STX, SYN의 각 기능 문자가 이것에 상당한다.

transmission control character [–kǽrəktər] **TC, 전송 제어 문자, 전송 제어 부호** 데이터 메시지(data message)는 아니지만, 전송 오류의 체크, 폴링(polling), 메시지의 블록화(message blocking) 등 데이터 전송에 필요한 제어를 행하거나, 데이터 전송을 원활(smooth)하게 하기 위해 사용되는 제어 문자(control character)이다. communication control character라고도 한다.
[주] 데이터 단말 장치 간에서 데이터 전송을 제어하고, 또는 쉽게 하기 위해 사용되는 제어 문자.

transmission control code [–kóud] **전송 제어 코드**

transmission control precedure [–prəsíːdʒər] **전송 제어 절차** 단말과 센터의 사이, 단말 상호 간 혹은 센터 상호간에서 부호화된 정보를 회선을 거쳐서 확실하게 전송하기 위해서는 상대와의 접속, 상대의 확인 등 데이터의 전송에 앞서서 각종 검색을 하고, 또 데이터의 전송이 올바로 행해지고 종료한 것을 서로 확인하여 회선을 절단하는 등 데이터의 전송 후에 계속해서 검색하는 것이 필요하다. 이와 같은 데이터의 전송에 부대(付帶)하는 제어나 검색을 총칭하여 전송 제어라 하며, 전송 제어를 하기 위한 일련의 규칙을 전송 제어 절차라고 한다. 표준화된 전송 제어 절차에는 두 종류가 있다. 하나는 종래에 단말과 컴퓨터 센터와의 사이에 통신에 널리 사용되어 온 기본형 데이터 전송 제어 절차이고, 다른쪽은 시대의 추세인 센터 간 또는 컴퓨터 간 통신에 적합하도록 새롭게 개발된 고전송 효율 · 고신뢰성의 고수준 데이터 링크 제어 절차이다.

transmission control protocol [–próutəkɔ̀(ː)l] **TCP, 전송 제어 프로토콜**

transmission control signal [–sígnəl] **전송 제어 신호**

transmission control subroutine [–sʌ́bruːtìːn] **전송 제어 서브루틴**

transmission control unit [–júːnit] **TCU, 전송 제어 장치** 여러 개의 원격 단말 장치의 어드레스를 지정하여 메시지를 보내는 입출력 제어 장치.

transmission conversion [–kənvə́ːrʃən] **전송 변환**

transmission cost [–kɔ́(ː)st] **전송 비용** 전송을 하는 데 필요한 비용. 구체적으로는 전송을 하는 데 필요한 설비비와 그 설비의 운용, 보수를 위한 비용 및 전송 회선의 통신 요금 등의 유지비 등을 말한다.

transmission efficiency [–ifíʃənsi(ː)] **전송 효율** 자료의 전송에 있어서 정보 펄스 수와 전체 펄스 수의 비율.

transmission error [–érər] **전송 오류**

transmission facility [–fəsíliti(ː)] **전송 설**

비 단말기와 컴퓨터 사이의 원격 통신을 위하여 쓰이는 모든 접속 장치.

transmission frequency bandwidth [–fríːkwənsi(ː) bǽndwìdθ] **전송 주파수 대역** 전송 회선에 의해서 전송할 수 있는 주파수 범위.

transmission gate [–géit] **전도 게이트**

transmission header [–hédər] **전송 헤더**

transmission interface converter [–íntərfèis kənvə́ːrtər] **전송 접속 변환기** 전송 채널과 전송 접합기 사이의 정보 전달을 제어하는 장치.

transmission interruption [–ìntərʌ́pʃən] **송신 중단, 전송 중단** 어떤 단말기로부터의 전송이, 그 단말로 들어오는 것보다 우선 순위가 높은 전송에 의해 중단되는 것.

transmission level [–lévəl] **전송 단계**

transmission line [–láin] **전송로** 데이터 전송에 있어서 떨어진 장소로 신호를 전송하기 위한 매체. 데이터 회선의 일부이며, 데이터 회선 종단 장치의 외측에 있고, 데이터 회선 종단 장치를 데이터 교환 장치와 접속하거나 데이터 회선 종단 장치를 다른 하나 이상의 데이터 회선 종단 장치와 접속하거나 또는 데이터 교환 장치를 다른 데이터 교환 장치와 접속하기도 하는 것을 가리킨다. ⇨ line

transmission line network [–nétwəːrk] **전송로망**

transmission line of information [–əv ìnfərméiʃən] **정보 전송 회선** 정보를 전송하기 위한 회선.

transmission line switching system [–swítʃiŋ sístəm] **전송로 변환 방식**

transmission log [–lɔ́(ː)g] **전송 로그**

transmission loss [–lɔ́(ː)s] **전송 손실** 한 지점에서 다른 지점으로 전송할 때 신호가 감소되는 것을 나타내는 용어. 단위는 dB.

transmission measuring set [–méʒəriŋ sét] **전송 특성 측정 장치**

transmission mode [–móud] **전송 방식** 온라인 시스템에서 입력 단말 장치가 센터에 데이터를 전송하거나 또는 전송 가능한 상태.

transmission of information [–əv ìnfərméiʃən] **정보 전송 회로** 정보가 어떤 매체에 의해 전송되는 경우의 전송 회선.

transmission packet [–pǽkət] **전송 패킷** ⇨ packet

transmission performance [–pərfɔ́ːrməns] **전송 품질** 전화 서비스에 있어서 일정한 송수화 조건 하에 통화가 전송되고 재현되는 품질을 정량적으로 표현한 것. 전송 품질의 척도에는 명료도 등과 감쇠량(AEN), 통화당량 및 음량 정격 등이 있다.

transmission priority [–praiɔ́(ː)riti(ː)] **전송 우선 순위**

transmission pulse [–pʌ́ls] **전송 펄스** 통신 선로를 통해서 전송 및 수신을 할 수 있는 전기적인 펄스.

transmission rate [–réit] **전송 속도**

transmission right [–ráit] **송신권, 전송권** 단말기와 센터와 같은 상호 교신 쌍방 가운데 어느 한 쪽이 갖는 메시지 송신의 권리를 말하며, 송신권이 없으면 메시지 송신은 불가능하다.

transmission signal [–sígnəl] **전송 신호**

transmission signal equipment [–ikwípmənt] **전송 신호 장치** 데이터 신호를 전송하기에 적합한 전기적 신호로 변환하는 장치로 변조 장치를 포함한다.

transmission speed [–spíːd] **전송 속도** 데이터 통신 회선에 있어서, 소정의 단위 시간 내에 전송된 비트 수나 문자 수.

transmission state [–stéit] **전송 상태** 온라인 시스템에서 입력 단말 장치가 중앙으로 데이터를 전송하거나 전송 가능한 상태.

transmission subsystem [–sʌ́bsìstəm] **전송 서브시스템**

transmission subsystem layer [–léiər] **전송 서브시스템 계층** IBM의 SNA 논리 계층 중의 하나로, 시작지와 목적지 사이에서 데이터의 경쟁 선택, 스케줄링(scheduling), 정보 전송 등과 관계하는 전송 기능을 수행하는 계층.

transmission system [–sístəm] **전송 시스템**

transmission system codes [–kóuz] **전송 시스템 코드** 오류를 검출하기 위해 블록 검사뿐만 아니라 문자 패리티 검사도 이용하는 방법.

transmission time [–táim] **전송 시간** 디스크의 헤드가 해당 위치로 옮겨져 읽은 데이터를 컴퓨터의 메모리에 전달하는 데 소요되는 시간. 보통은 화상 신호의 전송을 개시하기까지의 전송 제어 시간을 나타낸다. 페이지 간 또는 화상 신호 종료 후의 전송 제어에 필요한 시간은 포함하지 않는다. G3 팩시밀리, G4 팩시밀리와 같이 부호화 방식에 의하여 화상 신호를 압축하는 경우에는 원고에 따라 전송 시간이 달라지므로 표준 원고(예를 들면 CCITT NO.1 테스트 차트)를 정하고, 그것이 전송되는 시간으로 나타낸다.

transmit [trænsmít] *v.* **전송하다, 송신하다** 데이터를 한 지점에서 다른 지점으로 보내는 것.

transmit flow control [–flóu kəntróul] **송출 유량 제어** 데이터가 한 단말 지점으로부터 전송

되는 속도를 원격 단말 지점에서 수신되는 속도와 같도록 제어하는 전송 과정.

transmit table [–téibəl] **테이블 전송** 대화형 통합 자료 처리 시스템의 메모 스페이스의 테이블 자료를 개인용 컴퓨터나 오피스 컴퓨터로 주고받을 수 있는 기능.

transmitted information [trænsmítəd ìnfərméiʃən] **전달 정보량**

transmitter [trænsmítər] *n.* **전송기, 송신기, 송신 회로, 트랜스미터** 전화 통신에 있어서 소리를 전기적 에너지로 변화하는 장치.

transmitter-distributor [–distríbjutər] **TD, 자동 송신기**

transmitter-receiver [–risíːvər] **송수신 장치**

transmitter register [–rédʒistər] **송신기 레지스터** 데이터를 직렬화하고 이를 송신된 데이터 출력에 제공하는 목적을 가진 레지스터.

transmitter signal element timing [–sígnəl éləmənt táimiŋ] **송신 신호 엘리먼트 타이밍** 신호 변환 장치에서 단말 장치로 또는 데이터 전송 단말 장치에서 신호 변환 장치로 송신 타이밍 정보를 주기 위한 타이밍 신호.

transmitter start code [–stáːrt kóud] **TSC, 송신 개시 코드**

transmitting end [trænsmítiŋ énd] **송신측**

transmitting mode [–móud] **전송 방식**

transmitting signal equipment [–sígnəl ikwípmənt] **송신 신호 변환 장치** 데이터 전송 송신 장치로부터 데이터 신호를 전송에 적합한 전기적인 신호로 변환하는 장치로서, 변조 장치를 포함하는 것을 말한다.

Transpac 트랜스팩 프랑스 우전성(郵電省)의 X.25의 공중 패킷 교환망. 프랑스 전국을 서비스하고 있다. KDD(국제 전신 전화)의 VENUS-P(비너스)와도 접속하고 있다.

transparency [trænspɛ́(ː)rənsi(ː)] *n.* **가시성, 투과 전송 기구, 투과** (1) 자료의 구조가 가지고 있는 복잡한 부분이 프로그래머나 사용자의 눈에는 보이지 않게 되어 있는 상태. ⇨ data independency (2) 자료의 전송에 있어서 자료의 블록 전후에 특정한 패턴을 부가함으로써 그 블록 내에서 임의의 비트 패턴 혹은 문자열 자료를 전송할 수 있는 성질. ⇨ code-transparent

transparent [trænspɛ́(ː)rənt] *a.* **투과적, 가시적, 즉시 응시형의, 투명한** 조작원이나 사용자가 발견하거나 직접 수행할 수 없는 기능에 관한 용어.

transparent control panel [–kəntróul pǽnəl] **즉응형 제어 패널**

transparent control statement [–stéitmənt] **즉응형 제어문**

transparent image [–ímidʒ] **투시 화상** 3차원 도형의 내부가 투명한 것으로 채워져 있다고 생각하고 그리는 화상. 시점과 시선 방향을 정하고, 3차원 도형을 투시해서 투시 방향에 수직인 평면상에 나타낸 것이기 때문에 이러한 변환을 투시 변환이라고 한다.

transparent data [–déitə] **투과 데이터**

transparent literal [–lítərəl] **투과 리터럴**

transparent mode [–móud] **투과 방식, 투과 모드** 데이터 전송(data transmission)에 있어서 임의 비트 패턴(bit pattern)을 전송할 수 있는 방법. 결국 데이터 중에 들어가는 전송 제어 문자로 제한되는 일 없이 데이터 전송이 가능한 방법. 일반적으로 데이터 전송에서는 그 신호의 소정의 수신인의 경로를 표시하는 등 전송 제어 문자를 사용하기 위해 송신하는 데이터 중에 이것과 같은 문자를 포함시킬 수 있다.

transparent multiplexer [–mʌ́ltiplèksər] **투과 멀티플렉서** 다중 시스템은 단말기 간의 신호나 모뎀 신호 등 대단히 많은 신호를 동시에 취급하고 있으나, 사용자측에서 보면 그와 같은 다중 시스템이 사용되고 있음을 알 수는 없다. 이와 같은 데이터의 흐름을 말한다.

transparent text [–tékst] **투과 텍스트** 어떤 형태의 비트 순서라도 가질 수 있고, 채널이나 프로토콜을 교란하지 않으며, 또한 이들에 의해 교란되지 않는 텍스트를 말한다.

transparent text format [–fɔ́ːrmæt] **투과 텍스트 형식**

transparent text mode [–móud] **투과 텍스트 방식**

transparent transformation[–trænsfərméiʃən] **투시 변환** ⇨ transparent image

transparent transmission [–trænsmíʃən] **투과 전송, 무제한 전송** (1) 일반적인 장비나 시스템이 어떤 형태의 비트 패턴도 변형이나 해석하지 않은 상태로 전송할 수 있도록 하는 데이터 전송. (2) 데이터 전송에서는 일방적으로 전송을 제어하기 위한 제어 문자가 정해져 있고, 이 정해진 부호 구성의 문자는 제어 문자로밖에 사용할 수가 없다. 이에 반해 어느 코드계 혹은 비트 구성의 문자로도 전송할 수 있는 방식을 코드 무제한 전송이라고 한다. 2진수에서는 어느 비트의 결합이라도 수치로서 의미가 있으므로 무제한 전송이 필요하게 된다. 어떤 속도로도 전송할 수 있는 방식을 속도 무제한 전송이라고 한다.

transponder [trænspándər] *n.* **트랜스폰더** 항공기, 인공 위성(통신 위성, 기상 위성 등) 등과 지구국과의 사이에서의 무선 통신에 사용되는 응답기로, 질문기에서 발사되는 신호를 수신해서 응답 신호를 발신한다. 주로 레이더, 위성 통신 등에 많이 쓰인다.

transport [trænspɔ́:rt] *n.* **이송** (1)「이송하다」,「이동시키다」,「운반하다」. 예를 들면 이동 계층(transport layer) 등이다. (2) 구동 기구 : 고정된 판독/기록(read/ write)용의 헤드(head) 위를 자기 테이프(magnetic tape)나 종이 테이프(paper tape) 등의 입출력 매체(input/output medium)를 통과시키기 위한 기구.

transportable [trænspɔ́:rtəbl] *a.* **운반 가능한, 이식 가능한, 이식 가능, 이송 가능**

transportable computer [–kəmpjú:tər] **이동식 컴퓨터** 휴대가 가능하고 작고 가벼운 컴퓨터.

transportation [træ̀nspɔ:rtéiʃən] *n.* **수송**

transportation problem [–prábləm] **수송 문제** 어떤 일정 수의 물품을 출발점에서부터 도착점까지 수송하는 데 전체 수송비를 최소로 하기 위한 문제 해결 방법으로 할당 문제의 일반화.

tansportation programming [–próugræmiŋ] **수송 계획** 어떤 점에서 다른 점으로 수송하기 위한 계획으로, 수송 문제를 풀기 위해서 세워지는 계획이다.

transport delay unit [trænspɔ́:rt diléi jú:nit] **낭비 시간 요소** 아날로그 컴퓨터에 사용되는 용어로 입력 신호를 지연시켜 출력하는 장치. 전송 장치 또는 지연 장치라고도 한다.

transport factor [–fǽktər] **도달률**

transport layer [–léiər] **전송 계층** 해방형 시스템 간 접속(DSI ; open system interconnection)의 참조 모델 가운데 제4층. 하위층을 구성하는 각종 통신 회로망의 품질 차이를 보충하고, 노드(node) 간 데이터의 투과적인 전송 기능을 제공하는 역할을 한다. ⇨ 그림 참조

transport mechanism [–mékənizm] **이송 기구**

transport network [–nétwə̀:rk] **TN, 전송 네트워크**

transport network control [–kəntróul] **TNC, 전송 네트워크 제어**

transport protocol [–próutəkɔ̀(:)l] **트랜스포트 프로토콜** 네트워크 통신 규약 계층의 하나. 이 계층에서는 통신을 필요로 하는 두 종류의 프로세스가 존재하는 계산 기관에서의 데이터 전송을 행한다.

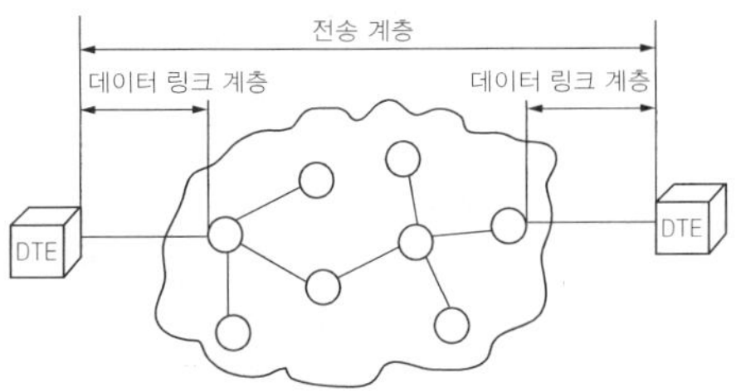

〈전송 계층과 데이터 링크 계층 비교〉

transport standards [–stǽndərdz] **이동 표준기**

transport station [–stéiʃən] **전송국, 이송 장치** 네트워크 구조에서 운송 계층을 구현하는 데 이용되는 주운영 체제의 일부.

transport unit [–jú:nit] **이동 장치** 카드 주입 장치와 같은 주변 기기나 매체 취급 장치의 특정 부분.

transposition [træ̀nspəzíʃən] *n.* **교차**

transposition error [–érər] **교차 오류** 코드를 기입할 때 좌우의 자리를 바꾸어 기입함으로써 발생하는 에러. 즉, 좌우의 숫자를 바꿔놓아 오류를 범한 것.

transput [trænspút] *n.* **입출력** ⇨ input-output

transput process [–práses] **방사 전송** 주변 장치와 그보다 중앙에 가까운 장치 사이에서 데이터를 전송하는 처리.

Transputer **트랜스퓨터** 영국의 인모스(Inmos) 사에서 개발한 병렬 처리용 고속 마이크로프로세서 칩의 이름.

transversal [trænzvə́:rsəl] *n.* **트랜스버설** 디버깅을 위해 프로그램의 각 문장을 실행키는 것.

transverse parity check [trænzvə́:rs pǽriti(:) tʃék] **트랜스버스 패리티 검사** 2진 숫자의 집합이 행렬의 형태로 되어 있을 때, 2진 숫자의 열(줄)에 대해 행하는 패리티 검사. **예** 테이프에 있어서의 열 방향의 비트 병렬에 대한 패리티 검사

trap [trǽp] *n.* **사다리** 예를 들면 연산시에 오버플로(overflow)가 생긴 경우나 특권 명령(privileged instruction)을 사용하고자 했을 경우 등에 발생하는 인터럽트(interruption)이다. 트랩은 하드웨어에 의해서 검출되며, 제어는 운영 체제에 자동으로 옮겨지는 것이 보통이다. 또 프로그램을 디버그(debug)할 때의 중단점(break point)의 의미로도 사용된다. 이 중단점에 오면 프로그램의 실행이 정지되며 제어는 디버그 프로그램으로 옮겨진다. 이러한 중단점의 설정은 기계어나 원시문(source statement)에서도 가능하다.

[주] 프로그램 실행중에 하드웨어에 이상이 발생했을 경우, 인터럽트가 걸려 실행중인 프로그램은 정지하고, 소정의 처리에 제어를 옮기는 동작을 트래핑이라고 한다.

trapdoor[trǽpdɔ̀ːr] **트랩도어** 컴퓨터 범죄 수법의 하나. 대규모적인 응용 프로그램이나 운영 체제 개발에서는 코드 도중에 트랩도어라는 중단 부분을 설치해 보수를 손쉽게 해준다. 본래는 최종 단계에서 삭제되어야 할 이 트랩도어가 남겨져 있으면 미승인 프로그램 삽입 등에 악용된다.

trapezoid error[trǽpəzɔ̀ːd érər] **사다리꼴 에러** 컴퓨터 모니터에 있어 사용자는 때때로 화면의 아래쪽보다 위쪽에서 이미지를 더 크게 보이게 할 목적으로 이미지를 찌그려뜨려 놓는 경우가 있는데, 그 반대의 경우를 말한다. 그래서 많은 모니터가 화면을 직사각형으로 만들어 이미지를 수정하는 제어 능력을 가지고 있다.

trapezoidal rule [trӕ̀pəzɔ́idəl rúːl] **사다리꼴 규칙** 수치 적분의 대표적 공식.

trapezoid pulse [trǽpəzɔ̀id pʌ́ls] **사다리꼴 펄스** 파형이 사다리꼴로 되어 있는 펄스.

trapping [trǽpiŋ] *n.* **사다리 놓기, 트래핑**

trapping mode [–móud] **트래핑 방식** 어떤 컴퓨터에서 프로그램 진단 과정에 주로 쓰이는 방법.

trap word [trǽp wə́ːrd] **트랩 워드**

trash box[trǽʃ báks] **휴지통** 윈도나 매킨토시의 데스크톱 화면에 표시된 쓰레기통 모양의 아이콘. 파일 등이 불필요해지면 이곳에 버리는데, 완전히 삭제되는 것이 아니므로 필요할 때 원래 상태로 되돌릴 수도 있다. 휴지통 비우기를 실행하면 완전히 삭제된다.

travelling salesman problem [trǽvəliŋ séilzmən prábləm] **순회 세일즈맨 문제** n개의 도시와 각 도시 간의 거리가 주어졌을 때 각 도시를 한 번밖에 통과하지 않고 모든 도시를 도는 최단로를 구하는 문제. 스케줄링 문제 등에 응용되고 있다.

traverse [trǽvərs] *n.* **트래버스** 천공된 카드가 기계를 통해 지나가는 면적.

tray [tréi] *n.* **트레이** 천공된 카드를 보존하는 데 이용되는 평평한 서류 상자.

tray type[–táip] **트레이식** CD-ROM 드라이브에서 CD-ROM의 디스크 자체를 평면 부분에 얹어 격납하는 방식. 세로형을 고려하여 트레이에 덮개를 단 것도 있다.

TRDY 전송 버퍼 준비 transmit buffer ready의 약어. 직렬 송신 제어 신호의 하나로 데이터 버퍼가 또 다른 데이터 바이트를 받을 준비가 되어 있음을 나타내는 것.

treat [tríːt] *v.* **취급하다, 처리하다, 다루다**

treaming SIMD(single instruction multiple data) extensions 스트리밍 SIMD 확장, 스트리밍 단일 명령 다중 데이터 처리 확장 ⇨ SSE

tree [tríː] *n.* **트리** 트리 회로. 나무가 하나의 뿌리(root)에서 줄기(trunk)가 나와 가지(branch)로 나누어지는 것처럼, 어떤 하나의 집합(레코드나 디렉토리 등)으로부터 하위 레벨(lower level)로 가지가 나오는 집합 관계를 갖는 계층 구조(hierarchic structure)를 말한다. 부분적으로도 결코 루트를 형성하는 경우는 없다. 따라서 처음에 가지가 나오기 시작되고 있는 집합으로부터 차례대로 「가지」를 더듬어가면 목적의 집합을 찾을 수 있다. 정보 처리 분야에는 이 같은 트리 구조(tree structure)를 가진 개념이 많이 있고, 이 트리 구조에는 순서 트리(ordered tree)나 2진 트리(binary tree) 등이 있다.

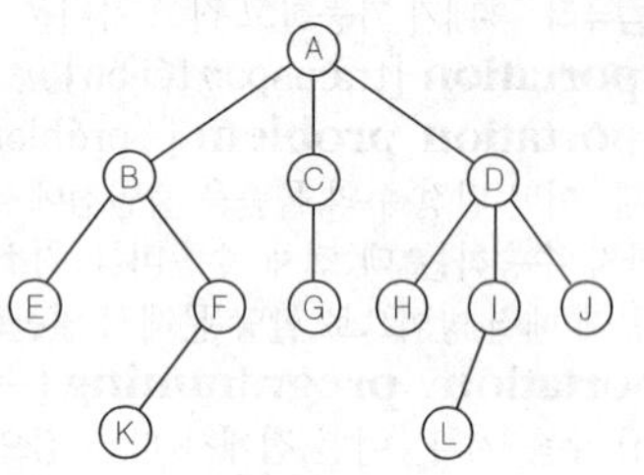

〈트리 표현의 예〉

tree automaton [–ɔːtámətən] **트리 오토머턴, 트리 자동화**

tree-balancing [–bǽlənsiŋ] **트리 균형화** 트리를 균형 트리로 만드는 것.

tree classification [–klæ̀sifikéiʃən] **트리형 분류** 계층적 분류라고 한다. 계층적 분류를 도시하면, 예를 들면 그림과 같이 되므로 트리형 분류라고 한다.

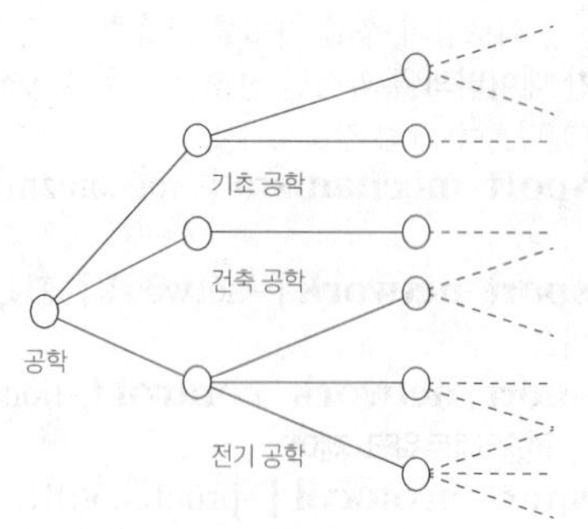

〈트리형 분류〉

tree-connected network [–kənéktəd nétwə̀ːrk] **트리 연결 네트워크**

tree decoder [–diːkóudər] **트리 디코더**

tree diagram [–dáiəgræ̀m] **트리 다이어그램, 수형도** 프로그램 또는 시스템의 논리적인 구조를 트리 구조로 표시한 그림. ⇨ 그림 참조

tree entry [–éntri(ː)] **트리 엔트리**

tree-form language [–fɔ́ːrm lǽŋgwidʒ] **트리형 언어** 파일의 구조가 계층 구조 또는 나무의 형태로 구성되어 있는 언어.

tree grammar [–grǽmər] **트리 문법, 수목 문법**

tree height reduction [–háit ridʌ́kʃən] **트리의 높이 감축** 산술 연산을 트리 구조로 나타냄에 있어서 교환, 결합, 분배 법칙을 이용함으로써 컴파일러는 대수적 수식에 내재된 병행성을 찾아낼 수 있으며 다중 처리기들에게 목적 코드를 만들어줄 때 동시에 실행할 수 있는 부분을 제시함으로써 트리의 높이를 감축시킬 수 있다.

tree index [–índeks] **트리 인덱스** 트리 구조로 구성된 인덱스. 이 트리는 균형 잡힌 트리가 바람직하다.

tree language [–lǽŋgwidʒ] **트리 언어, 수목 언어**

tree matrix [–méitriks] **트리 매트릭스, 피라미드형 매트릭스**

tree name [–néim] **트리 구조명**

tree network [–nétwə̀ːrk] **트리 네트워크** 임의의 두 노드 사이에 하나의 패스밖에 없는 네트워크.

tree network multifacility location problem [–mʌ́ltifəsìliti(ː) loukéiʃən prábləm] **트리 네트워크 다중 설비 배치 문제**

tree node [–nóud] **트리 노드** ⇨ tree structure

tree query [–kwí(ː)ri(ː)] **트리 질의** 조인 그래프에 사이클이 존재하지 않는 질의. 이 트리 질의는 세미 조인을 통해 릴레이션들을 완전히 축소할 수 있다.

tree search [–sə́ːrtʃ] **트리 탐색** 트리 구조를 탐색하는 알고리즘.

tree search algorithm [–ǽlgəriðm] **트리 탐색 알고리즘**

tree search method [–méθəd] **트리 탐색법**

tree selection sort [–səlékʃən sɔ́ːrt] **트리 선택 분류**

tree sort [–sɔ́ːrt] **트리 정렬** 트리 구조를 이용한 정렬 방법으로서 대표적인 예로는 히프 정렬(heap sort)이 있다.

tree structure [–strʌ́ktʃər] **트리 구조** 데이터 구조의 하나. 데이터 항목의 한 묶음을 세그먼트라고 하는데, 이 세그먼트 사이의 연결을 나뭇가지처럼 생각한 것이 트리 구조이다. 상위 세그먼트는 하나 이상의 하위 세그먼트를 가지고 있으나, 하위 세그먼트는 반드시 한 상위 세그먼트밖에 가질 수 없다.

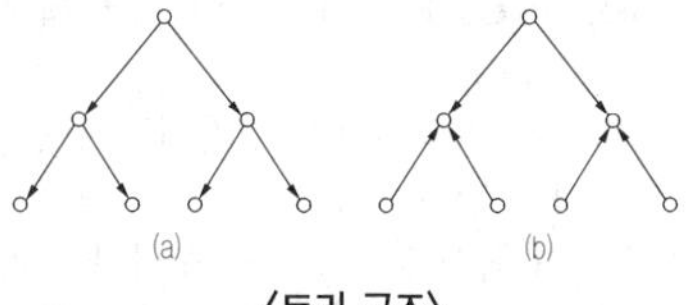

〈트리 구조〉

tree structure chart [–tʃáːrt] **트리 구조도** 구조화 프로그래밍의 원리에 입각해서 프로그램의 기본적인 제어 구조인 순차, 선택, 반복 구조를 트리와 같은 모양으로 나타내는 도형적 표현 방법을 가리키는 총칭적인 용어.

tree structure communication network [–kəmjùːnikéiʃən nétwə̀ːrk] **트리 구조 통신 네트워크**

tree structured diagram [–strʌ́ktʃərd dáiəgræm] **트리 구조도** 사각형과 선분을 이용하여 트리 구조로 나타낸 그림.

tree structured file [–fáil] **트리 구조 파일** n항 탐색 트리를 파일 편성에 꾸며넣은 것으로 하나의 파일이 여러 개의 작은 부분으로 분할되고, 각 부분은 $n-1$개의 레코드와 n개의 다른 작은 부분에 대한 포인터로 구성된다.

tree structure mapping [–strʌ́ktʃər mǽpiŋ] **트리 구조식 대응**

tree theory [–θíəri(ː)] **트리 이론**

tree traversal [–trævə́ːrsəl] **트리 순회** 트리 내의 모든 노드(node)를 오직 한 번씩 방문하는 방법. 전위 순회, 중위 순회, 후위 순회 등의 세 가지 방법이 있다.

tree-valued logic [–vǽljuːd ládʒik] **트리값 논리**

tree walking [–wɔ́ːkiŋ] **트리 보행**

trend [trénd] *n.* **트렌드** 변수의 값을 인쇄하거나 기록하는 것.

trend analysis [–ənǽlisis] **경향 변동 분석** 과거의 시계열 데이터를 모아서 통계적으로 분석하여 장기 경향 변동, 경기 계절 변동, 불규칙 변동 등으로 분해하여 이들의 요소를 합성함으로써 장래에 대하여 예측하는 것으로, 과거의 데이터가 많은 경우에 유효하다.

TRIAC **트라이액, 3극관 교류 스위치** triode AC switch의 약어. 전력용의 반도체 소자의 일종이다.

triad [tráiæd] *n.* **트라이어드** 한 개의 전선에 연속해서 차례로 나가거나 3개의 전선에 동시에 나가

는 3개의 비트 또는 3개의 펄스 그룹.

trial [tráiəl] *n.* **시행, 트라이얼** 주사위를 던지듯이 반복할 수 있는 실험이나 관측을 시도할 수 있는 것.

trial and error [-ənd érər] **시행 착오** 논리적으로 그 최적 방침이 결정되지 않는 어떤 조작이나 운영에 대해 적당하다고 생각되는 방법을 조작하여 그 결과를 판단하고, 다시 좀더 좋은 조작 방법을 생각하여 최적 상태를 추구해 나가는 과정.

trial and error problem-solving approach [-prábləm sálviŋ əpróutʃ] **시행 착오적 문제 해결 방식**

trial function [-fʌ́ŋkʃən] **시험 함수, 시행 함수** 편미분 방정식의 수치 해법의 하나에 미리 유한개의 함수를 적당히 선택하고 이러한 1차 결합이 미분 방정식이나 경계 조건을 어떤 기준 하에서 가장 좋게 근사하도록 결합 계수를 결정하는 방법이 있다. 이때 미리 선택한 유한 개의 함수를 시행 함수라고 한다.

trial term[-tə́:rm] **시험 시간** (1) 완성된 시스템(소프트웨어 등)을 가운용하여 문제점을 찾아내는 데 걸리는 기간. 베타 테스트라고도 한다. (2) 셰어웨어를 계속적으로 사용할 것인지 여부를 판단하기 위한 기간. 계속 사용할 때는 송금한 후 일련 번호 등을 부여받아야 한다.

trial version[-və́:rʃən] **체험판** 다소 기능이 제한되어 있기는 하지만 소프트웨어를 시험적으로 사용해볼 수 있도록 한 것. 무료로 공급되는 것은 잡지 부록이나 PC 통신에서 구할 수 있는 것이 많다.

triangular matrix [traiǽŋgjulər méitriks] **삼각 행렬** 상삼각 행렬과 하삼각 행렬을 총칭하여 일컫는 말.

triangular pulse [-pʌ́ls] **삼각 펄스** 파형이 삼각형인 펄스.

triangular waveform [-wéivfɔ̀:rm] **삼각 파형**

TRIB **정보 비트 전송 속도** transfer rate of information bit의 약어. 데이터 전송 시스템 내에서 단위 시간 내에 시스템 사이에 전송되는 유효 정보 비트 수.

tribit signal [traibí:t sígnəl] **트리비트 신호** 자기 디스크 장치 등의 서보 신호의 일종으로 2바이트 주기의 클록 정보 사이에 1/3주기마다 서보 정보가 존재하는 방식. 클록 정보와 서보 정보가 분리되어 있는 것이 특징이다.

tributary station [tríbjutὲ(:)ri(:) stéiʃən] **종속국** 기본형 데이터 제어 순서에 따른 분기 접속 및 점대점(point-to-point) 접속에 있어서의 제어국 이외의 국(데이터 스테이션).

[주] 기본형 링크 제어를 사용한 분기 접속 또는 두 지점 간 접속에 있어서의 제어국 이외의 데이터 스테이션.

trichromatic[trìkroumǽtik] **삼원색** 프린터나 디스플레이 등에서 색 표현의 기본이 되는 색. C(cyan : 청색), M(magenta : 적색), Y(yellow : 황색)의 컬러 잉크를 배합하는 감색 혼합과 컬러 디스플레이 등의 R(red : 적색), G(green : 녹색), B(blue : 청색)의 발광체를 배합한 가법 혼합이 있으며, 일반적으로 CMY를 색의 삼원색, RGB를 빛의 삼원색이라고 한다. 가법 혼색에서 RGB를 혼합하면 휘도가 최대인 흰색이 되고, 감색 혼합의 CMY를 혼합하면 검정색이 되는데, 이때 완전한 검정색이 되지 않기 때문에 상업용 인쇄에서는 K(검정색)판을 중복시켜 보완한다. 이것을 CMYK라고 한다. 또한 상업용 인쇄에서는 옅은 잉크색부터 차례대로 배합하기 때문에 YMCK라고 하는 경우도 있다.

Trident [tráidənt] **트라이던트** 다이내믹 HTML 이라고 하며, 인터넷 익스플로러 4.0RHK와 함께 출시되었다. 여기에는 액티브X 컴포넌트, 스크립트, 애플릿, 데이터 바인딩에 대한 지원 등이 포함된다. 트라이던트를 이용하면 HTML 페이지는 이제 「객체 모델」을 사용하므로 클라이언트쪽에서 HTML 페이지를 동적으로 수정하는 것이 가능해진다.

tridiagonal matrix [traidaiǽgənəl méitriks] **3중 대각 행렬** 편미분 방정식에서 주로 사용되며, 대각선의 원소와 대각선에 이웃하는 원소 이외의 다른 원소들이 모두 0인 행렬.

trigger [trígər] *n.* **방아쇠, 트리거** 특정한 안정 상태를 갖기 위해 사용되는 전자 회로(electronic circuit) 또는 기계나 프로그램을 자동으로 작동 개시시키는 것을 말한다. 전자는 컴퓨터에서는 CPU와 그 주변 장치에 사용되고 있는 논리 회로(logical circuit)의 스위칭에 관련하여 사용되고 있다. 또 오실로스코프(oscilloscope) 등에서는 비주기적으로 발생하는 동일 파형을 관측하기 위한 장치를 가리킨다. 이것은 측정하고자 하는 신호(signal), 또는 그 신호와 시간적으로 관계 있는 신호의 일부에서 트리거 신호라고 하는 펄스(pulse)형의 파형을 만들어내고, 이 신호에서 음극선관(cathode ray tube)의 시간축 방향의 톱니형 파형을 출발시키는 방법. 이 방법은 어떤 종류의 파형이라도 주파수에 관계없이 파형상 같은 위치에서 관측할 수 있기 때문에 매우 일반적이며, 특히 펄스 파형의 관측에는 유효하다. 후자는 예를 들면, 메모리 내에 적재한 프로그램을 수동 동작 같은 외부 환경으로부터의 개입에 의해 자동으로 실행(run)시키는 것을 말한다.

trigger circuit [−sə́ːrkit] **트리거 회로** 적어도 하나의 안정 상태를 포함하는 많은 안정 상태 또는 불안정 상태를 가지며, 적절한 펄스의 인가에 의해 목적하는 상태로의 전이(轉移)가 발생되도록 설계된 회로.

trigger pair [−pέər] **트리거 페어**

trigger pulse [−pʌ́ls] **트리거 펄스**

trigger signal [−sígnəl] **트리거 신호**

triindexing [tráiìndeksiŋ] **트라이 인덱싱** 가변 크기의 키(key) 값을 취급할 경우 특히 유용한 인덱스 구조.

trillion [tríljən] **1조(兆)** 영국에서는 10^{13} 미국에서는 10^{12}.

trim curve[trím kə́ːrv] **트림 곡선** NURBS 곡선의 파라미터 공간상의 루프에 의해 정의되는 곡선. 절단 조작이나 집합 연산 도중에 원래의 곡면이 분할되었을 때 생성되는 경우가 많고, 이때 원래의 곡면 형상을 정확히 유지할 수 있기 때문에 많은 시스템에서 이용하고 있다. ⇨ NURBS curve/surface

trimming [trímiŋ] *n.* **트리밍** 그래픽스 디스플레이 시스템에서 도형을 확대, 회전, 이동하거나 하면 도형이 규정 화면으로부터 삐져나와 버린다. 이 화면에서 삐져나온 부분을 제거하는 것을 도형의 트리밍이라고 한다. 이것은 소프트웨어로 실행하는 것이 가능하지만 모든 화소에 관해서 연산을 필요로 하기 때문에 처리 시간 증대를 초래하므로 하드웨어에 의한 시도도 행해지고 있다.

trim pot [trím pát] **트림 포트** 드라이버로 조정이 가능한 반고정 저항기.

Trinitron 트라이니트론 트라이니트론 튜브(trinitron tube)는 소니(Sony) 사가 개발한 음극선 튜브의 한 종류이다. 트라이니트론 튜브는 그림자 마스크(shadow mask) 대신에 애퍼처 그릴(aperture grille)을 사용하는 Eoanbs에 표준 튜브와는 구별된다.

Tri-P 인텔 사에 의한 VAN으로, PC 통신도 가능하다. 전국의 주요 도시에 액세스 포인트가 있고, 거대한 상용 BBS뿐만 아니라, 비교적 작은 BBS도 이것에 접속하고 있기 때문에 원격지의 BBS에 액세스하는 데 지불하는 요금이 저렴하다. 또한 해외로의 액세스도 가능하다. ⇨ VAN, DDX-TP

triple [trípl] *a.* **3쌍의, 3배의** 심벌 테이블에 일시적인 값이 들어오는 것을 피하기 위해서 위치로 일시적인 값을 참조하는 것.

triple-length register [−léŋθ rédʒistər] **3배 길이 레지스터** 3개의 레지스터를 하나의 레지스터로서 취급하는 것. 이것은 곱셈의 곱(product)을 기억하기 위함과 나눗셈(division)에서 그 몫(quotient)과 나머지(remainder)를 기억하거나 문자 조작에서 문자열을 시프트(shift)하여, 우측과 좌측의 문자에 액세스할 수 있도록 하기 위해 사용된다. ⇨ triple register

[주] 단일 레지스터로서 기능하는 3개의 레지스터.

triple-length working [−wə́ːrkiŋ] **3배 길이 연산** 하나의 데이터가 3개의 단어(word)를 차지하고 있는 연산수(operand)에 대해서 행해지는 산술 연산. 일반적으로 다정밀도 연산(multiprecision arithmetic)이라고 하는 것의 하나. 이와 같은 연산은 하드웨어로 고속으로 실행하는 것이 보통이나 시간은 걸리지만 소프트웨어로도 가능하다.

triple precision [−prisíʒən] **3배 정밀도** 어떤 하나의 수를 표시할 때, 요구되는 정밀도에 따라서 기계어를 3개 사용하는 것에 관한 용어.

triple register [−rédʒistər] **3배 길이 레지스터** 단일 레지스터로서 기능하는 3개의 레지스터.

triplet [tríplət] *n.* **3비트 바이트, 트리플릿** 3개의 2진 문자로 이루어진 바이트. 또는 한 개의 워드(word)분을 3개의 문자로 표현하는 것.

triple word register [trípl wə́ːrd rédʒistər] **3배 길이 레지스터**

triplex cable [trípleks kéibl] **트리플렉스 케이블** 절연선을 세 줄 꼬은 케이블. 또는 이것을 여러 줄 집합한 케이블을 말한다.

tri-state [trɑi stéit] **3상태** 1의 상태(고수준 : H), 0의 상태(저수준 : L), 플로팅 상태(고임피던스) 등 세 가지의 출력 상태를 말한다.

tri-state logic [−ládʒik] **3상태 논리** ⇨ tri-state

trivial graph [tríviəl grǽf] **단순 그래프**

trivial response [−rispáns] **단순 응답** 극히 짧은 시간 내에 처리가 끝나는 단순한 요구에 대한 시스템의 응답. 예를 들면 FORTRAN 프로그램의 한 문장에 관한 구문 검사 또는 새로운 텍스트의 작성 등에 대한 응답이다.

TRL 트랜지스터-저항 논리 transistor-resistor logic의 약어.

TRM 트렁크 메모리 trunk memory의 약어. ⇨ trunk memory

Trojan horse [tróudʒən hɔ́ːrs] **트로이 목마** 후일 컴퓨터의 남용을 방지할 목적으로 제3자는 알지 못하는 함정문(trapdoor)을 갖는 프로그램. 고대 그리스 전쟁에서 따온 트로이 목마라는 말은 남의 눈에 특별하지 않은 것으로 보이게 하고 남의 진영에 들어가서는 본색을 드러내는 프로그램이다. 대부분 유명한 공개용 프로그램 이름을 하고 있지만 프로그램을 실행하면 시스템을 파괴하는 등의 일을 하는 것이다.

Trojan horse problem [–prάbləm] **트로이 목마 침입 문제** 사용자 프로그램의 에러나 악의에 의해 시스템의 보호 기구의 맹점을 만들어 시스템에 부정하게 액세스하는 것.

TRON 트론 the real time operating system nucleus의 약어. 제어용 마이크로프로세서로부터 범용기에 이르기까지 공통의 표준적 운영 체제(OS)를 목표로 하여 동경 대학의 사카바야시가 주장해서, 일본 전자 공업 진흥 협회, 그 밖에 일본의 마이크로프로세서의 메이커의 지원에 의해 개발 프로젝트가 진행되었다.

trouble-location problem [trΛbl loukéiʃən prάbləm] **고장점 검출 문제, 고장 위치 문제** 검사 문제(check problem)를 이용하여 컴퓨터의 어디에 고장이 있는지를 알았을 경우 고장점에 관한 정보를 얻기 위해 프로그램된 문제를 가리키며 이 문제에 따라 잘못된 결과가 얻어지면 고장점을 알 수 있다 ⇨ check problem

troubleshoot [trΛblʃù:t] *n. v.* **고장 고치기** 고장 진단. 프로그램 중의 오류나 기계의 고장 원인을 찾는 일. 또 루틴 중에서 오류를 찾아 제거하는 것. 디버깅(debugging)이라고도 한다. ⇨ debuy

troubleshooting procedure [trΛblʃù:tiŋ prəsí:dʒər] **고장 검색 절차, 장애 해석 절차**

troubleshooting time [–táim] **고장 탐구 시간** 시스템의 기능 불량 원인을 규명하여 밝히는 데 필요한 시간. 결함이 있는 부분을 교환 수리하는 시간은 포함하지 않는다.

TRS (1) tax response service의 약어. 국세청에서 제공하는 자동 세무 응답 서비스. (2) trunked radio system의 약어. 주파수 공용 통신. 여러 사람이 동시에 통화할 수 있는 시스템. 현재의 무전기와 비슷하나 가입자가 원하는 일대일 통화, 그룹 통화가 모두 가능하다. 현재 한국 항만 전화가 항구와 선박 사이의 통신에 이용하고 있고 경찰청과 교통 방송이 자체 통신에 활용하고 있다.

TRS-80 라디오 새크 사의 이 개인용 컴퓨터는 12인치 모니터와 내장형 키보드 디스크 드라이브 역할을 하는 카세트 레코더로 구성되어 있으며, 1977년 8월 발표되었다.

TRU 트렁크 제어 장치 trunk control unit의 약어. 각종 아날로그 트렁크, 디지털 트렁크, 음성 부호 복호 회로, 디지털 전화로의 일부 및 그들의 각부를 제어하는 프로세서로 구성되는 유닛.

true [trú:] *a.* **참** 참의. 논리식(expression)의 값으로서의 「참」. 주어진 명제나 조건에 합치해 있는 것. 거짓(false)이 아닌 것. 참은 거짓과 함께 대비되어 사용되며, 예를 들면 두 입력 a, b에 대한 논리곱(AND)은 입력 a, b가 서로 참일 때만 출력이 참이 되고, 논리합(OR)은 입력 a, b가 모두 함께 거짓일 때만 출력이 거짓이 된다.

true add [–ǽ(:)d] **진수 가산, 참값, 가산**

TrueBASIC 트루베이식 기존 BASIC 언어를 개량하여 구조화의 기능을 갖춘 IBM-PC를 위한 BASIC 언어.

true bearing [–bέ(:)riŋ] **참 방위**

true binary notation [–báinəri(:) noutéiʃən] **참 2진 표기법**

true color [–kΛlər] **트루 컬러** 24비트 값을 사용하여 화면상에 픽셀의 색상을 나타내는 규격으로서, 모두 16,777,216가지의 색상을 표현할 수 있다. 요즘에도 컬러 표현에 8비트만을 사용하는 많은 디스플레이 장치들은 오직 256가지의 색상만을 허용할 수 밖에 없다. 픽셀의 색상 농도를 정의하는 데 사용되는 비트 수를 bit-depth라고 한다. 트루 컬러는 때로 24비트 컬러라고도 불린다. 몇몇 새로운 컬러 디스플레이 시스템들은 32비트 컬러 모드를 지원한다. 알파 채널이라고 불리는 여분의 바이트는 제어와 특수 효과에 관한 정보를 표현하는 데 사용된다.

true complement [–kάmpləmənt] **참의 보수, 기수의 보수** 기수(radix)보다 1 작은 수에서 그 수의 각 자릿수를 빼 얻어진 수에 1을 더한 것을 말한다. 기수의 보수(radix complement) 또는 기수의 보수(noughts complement)라고도 하지만, radix complement가 일반적으로 사용되고 있다.

true random number [–rǽndəm nΛmbər] **참의 난수**

true ratio [–réiʃiòu] **참 변성비**

true-time operation [–táim ὰpəréiʃən] **실시간 동작** 리얼 타임(real time) 동작과 같은 의미로 사용되고 있다. 또 모의하고 있는 물리적 시스템(physical system)과 같은 시간 척도로 움직이는 아날로그 시스템(analog system)을 가리키는 경우도 있다.

TrueType font[trú:táip fάnt] **트루타입 글꼴** 애플 사와 마이크로소프트 사가 공동 개발한 소프트웨어로, 화면 표시와 인쇄에 매킨토시용 아우트라인 글꼴을 이용한다. 윈도용도 나와 있다. 어떠한 응용 소프트웨어에서도 이용 가능한 아우트라인 글꼴이 사용되기 때문에 문자 크기가 커지더라도 거친 선이 보이지 않는다. 또한 ATM용의 글꼴을 트루타입용 글꼴로 변환하는 유틸리티도 있다.

true value [–vǽlju:] **참값**

Trumpet winsock [trʌ́mpət wínsɔk] **트럼펫 윈속** Trumpet 사에서 제작한 윈속. 가장 많은 사람들이 사용하고 있는 윈속 제어 프로그램이다. 네트워크 전용선과 일반 시리얼 케이블 모두를 사용할 수 있도록 제작되었다.

truncate [trʌ́ŋkeit] *n.* **끊다** 중단하다. 잘라없애다. (1) 어떤 자릿수로부터 하위의 계산을 중단하는 것. 즉, 요구된 계산 결과의 정도에 따라서 의미 없는 자릿수를 제거하는 것을 말한다. (2) 어떤 규칙에 따라서 계산 처리를 중단하는 것. 예를 들면 연산 결과의 오버플로나 뺄셈에 있어서의 빼는 수 0인 경우 등과 같이 이 이상 계산을 속행해도 의미 없는 결과가 얻어질 때. (3) 데이터를 어떤 길이로 맞추기 위해 그 데이터의 전부(前部) 또는 후부(後部)를 삭제하는 것. 예를 들면 송출하는 측의 데이터의 크기가 수취하는 측의 것보다 클 경우에는 수용할 수 없는 부분이 제거된다.

truncated [trʌ́ŋkeitəd] *a.* **단축된, 절단된**

truncated block [–blák] **단(短) 블록, 쇼트 블록** 지정된 논리 레코드 수보다 적은 레코드를 수용한 물리 레코드(physical record). 단 블록이 생길 가능성이 있는 것은 블록화 레코드 파일의 끝 부분이다.

truncated distribution [–dìstribjú:ʃən] **절단 분포** 어떤 값보다 큰(또는 작은) 부분을 절단한 분포.

truncation [trʌŋkéiʃən] *n.* **끊음, 끊기** 중지. 절단. (1) 열의 처음 또는 끝부분의 지정된 기준에 따른 삭제 또는 생략. (2) 계산 처리가 완전히 또는 자연적으로 종료하기 전의 지정된 규칙에 따른 계산 처리의 종료.

truncation error [–érər] **절단 오류** 버림에 의한 오차.

trunk [trʌ́ŋk] *n.* **트렁크, 간선, 중계선** 주변 장치와 중앙 처리 장치를 접속하는 인터페이스 채널(interface channel). 또는 전화국 간을 연결하는 유선 또는 무선에 의한 전기적인 전송로.

trunk amplifier [–ǽmplifàiər] **TA, 간선 증폭기** 간선(trunk line)의 전기적인 저항에 대한 전압 강하를 보상하기 위한 증폭기.

trunk block [–blák] **트렁크 블록**

trunk block number [–nʌ́mbər] **TB, 트렁크 블록 번호**

trunk call [–kɔ́:l] **트렁크 콜** 트렁크를 이용하는 전화.

trunk circuit [–sɔ́:rkit] **중계 회선, 국간 중계선** ⇨ trunk line

trunk communication [–kəmjù:nikéiʃən] **트렁크 통신** 가입자 사이의 통신을 제공하기 위해 이용되는 두 개의 중심 사무실 사이의 전화선.

trunk control [–kəntróul] **트렁크 제어**

trunk equipment [–ikwípmənt] **트렁크 장비** (1) 접속 회선 (2) 교환기의 스위치 프레임에 수용된 입출력 회선에 대해 설비된 회선의 감시 제어를 행하는 기기.

trunk equipment number [–nʌ́mbər] **TEN, 트렁크 기기 번호**

trunk equipment repeater [–ripí:tər] **REP, 리피터**

trunk exchange [–ikstʃéindʒ] **중계선 교환** 트렁크를 교환하는 데 이용되는 전화 교환기.

trunk group [–grú:p] **트렁크 군(群)**

trunk group number [–nʌ́mbər] **TGN, 트렁크 군 번호** 동일한 선택 단위를 구성하는 출(出) 트렁크 군 또는 트렁크 클래스가 같은 입(入) 트렁크 군에 의해 부여되는 논리 번호.

trunk hunting [–hʌ́ntiŋ] **트렁크 헌팅, 회선 찾기** 연속적으로 들어오는 호출 접속 방법의 하나로, 최초의 피호출 번호가 사용중이면 그 호출을 다음의 연속 번호로 바꾸는 것.

trunk line [–láin] **중계선** 두 개의 전화 혹은 전신(telegraph) 교환국을 연결하는 회선.

trunk link [–líŋk] **트렁크 링크** 주변 장치에서 주기억 장치로 액세스할 수 있도록 하기 위한 인터페이스.

trunk memory [–méməri(:)] **TRM, 트렁크 메모리** 간선(trunk line)에 붙여진 패스 정보와 호출의 접속 상태, 관련된 트렁크 간의 연결 정보(linkage information), 회계 정보 등을 기억하는 메모리. 트렁크의 종류에 따라서 데이터 형식(format)이 변한다.

trunk number [–nʌ́mbər] **TN, 트렁크 번호**

trunk number group [–grú:p] **TNG, 트렁크 번호 그룹**

trunk subgroup number [–sʌ́bgrù:p nʌ́mbər] **TSG, 트렁크 부군(副群) 번호**

trunk unit number [–jú:nit nʌ́mbər] **TU, 트렁크 유닛 번호**

truth assignment [trú:θ əsáinmənt] **진리 할당** 불 식의 각 변수에 진리값 중 하나를 대입하는 것.

truth function [–fʌ́ŋkʃən] **진리 함수** 명제 논리학에서 명제 형식의 구성 요소인 명제 변수에 주는 진리값만으로 참과 거짓이 결정되는 명제.

truth table [–téibəl] **진리표** 논리 연산에 대한

연산표. 입력값의 모든 가능한 편성을 열거하고, 각각의 조합에 대하여 참인 출력값을 표시함으로써 논리 함수를 기술한 표를 가리킨다.
[주] 진리 연산에 대한 연산표.

truth value [–vǽlju:] **진리값** 논리 명제와 연관해서 취할 수 있는 참이거나 거짓 중의 한 값.

try and error method [trái ənd érər méθəd] **시행 착오법** 조건 부족 등으로 문제 해결의 확실한 순서를 모를 경우에 적당하다고 생각되는 순서를 택하여 시험하고, 잘못이라고 생각되면 순서에 따라 적당하다고 생각되는 순서를 선택하여 시험하는 방법. 순서대로 택한 차례를 어떻게 정하는가에 따라서 해결의 능률이 달라진다. 수치 해석, 시뮬레이션 등에도 사용되고 있다.

T-SAVE [tí: séiv] **T 세이브** 종이 테이프나 카세트 테이프에 대한 세이브 명령.

TSB 단말 상태 블록 terminal status block의 약어.

TSC (1) **시분할 제어** time sharing control의 약어. (2) **트랜잭션 서브인바이런먼트** transaction subenvironment의 약어. (3) **송신 개시 코드** transmitter start code의 약어. 원격지의 텔레타이프에 보내지는 문자열로서, 자동으로 종이 테이프 송신기 또는 키보드를 폴링하는 것.

TSCB 태스크 세트 제어 블록 task set control block의 약어.

TSD 교통 상황 디스플레이 traffic situation display의 약어.

TSDD 태스크 스텝 데이터 디테일 task-step data detail의 약어.

TS dispatcher **TS 디스패처** TSO에서 운영 체제에 디스패처의 일부로서 실행되며, 시분할 기능과 접속되는 부분. 시분할 작동기에서 요구되는 일을 개시하도록 한다.

TSG 트렁크 부군(副群) 신호 trunk subgroup number의 약어.

TSL 3상태 논리 tri-state logic의 약어.

TSM 종합 기억 장치 관리 total storage management의 약어.

TSO 시분할 기능, 타임 셰어링 기능 time sharing option의 약어. IBM 사의 소프트웨어이며, 다중 가상 기억 시스템(MVS)의 표준 기능이다. 원격 단말 장치(terminal)에서 대화 형식으로 소프트 시스템에 액세스하고 처리 가능하여 풍부한 커맨드(command)를 사용해서 프로그램 개발 등을 행할 수 있다.

TSP 트랜잭션 스크래치패드 transaction scratch pad의 약어.

TSR 주기억 장치 상주형 프로그램 terminate and stay resident의 약어. 어떤 특수한 역할을 하는 작은 액세서리 프로그램을 메모리의 빈 공간에 상주시켜 쓰도록 하는 것.

TSRT 태스크 세트 참조 테이블 task set reference table의 약어.

TSS 타임 셰어링 시스템, 시분할 시스템 time sharing system의 약어. 일정 시간 내에 여러 개의 작업 실시가 가능한 내부 처리 기구를 가진 컴퓨터 시스템으로, 각 단말의 사용자 각자가 중앙의 컴퓨터를 마치 자기의 전용으로 사용하고 있는 것처럼 동시에 많은 이용자가 사용할 수 있도록 여러 대가 독립, 병행하여 이용 가능한 콘솔을 가진 컴퓨터 시스템. ⇨ time sharing system

T switch **T 스위치** 공동의 기기 또는 입출력 포트를 공유할 수 있도록 두 개의 주변 장치를 서로 접속할 수 있는 기기.

TTD 텍스트 일시 지연 문자, 텍스트 일시 연기 temporary-text-delay의 약어.

TTE 추적 테이블 엔트리 trace table entry의 약어.

TTL 트랜지스터 트랜지스터 논리 transistor-transistor logic의 약어. 쌍극성 IC의 논리 회로의 하나. 현재 사용되고 있는 디지털형 IC의 대표적인 것으로, 소비 전력이 적고 속도가 빠르다는 특징을 갖고 있다. SSI(소규모 집적 회로), MSI(중규모 집적 회로)급에 사용되고 있으며, 더 고속인 소자로서 ECL(emitter coupled logic)이 있다.

TTS 시외 중계 교환기 toll transit switch의 약어.

TTY 전신 타자기 teletypewriter의 약어. 인쇄 전신기의 뜻으로 본래 AT & T 사의 상품명이다. 이것은 멀리 떨어진 두 대의 타이프라이터 중 한쪽을 누르면 전기 통신에 의해 다른 타이프라이터에 인자할 수도 있게 되어 있는 장치이다. 구체적으로 통신 시스템에 이용되는 테이프 천공기, 수신 테이프 천공기, 페이지 인쇄기 등이다.

TU 트렁크 유닛 번호 trunk unit number의 약어.

tube [tjú:b] *n.* **튜브, 진공관**

tub file [tʌ́(:)b fáil] **터브 파일** 여러 가지 데이터를 보존하는 방법으로, 천공 카드를 그대로 파일하여 이용하는 것. 대개 카드를 세로로 파일하여 상단에 엔드프린트를 눌러놓고, 데이터의 이동이 있을 때마다 카드에 추가하거나 꺼내어 데이터를 갱신한다.

tug card [tʌ́(:)g ká:rd] **터그 카드** 목차 카드. 카드 상단에 목차를 쓸 수 있도록 정상 규격보다 더 길게 위로 돌출시켜, 카드 파일시 각 그룹의 앞 부분에 놓아 그룹별로 쉽게 찾을 수 있게 한 카드.

tumble card [tʌ́mbl ká:rd] **텀블 카드** 카드에 천공된 한 레코드의 길이가 적을 때 1매의 카드를 2회 사용할 수 있도록 한 카드. 1회째의 사용면과 2회째의 사용면은 반대로 사용한다.

tumbling [tʌ́mbliŋ] *n.* **텀블링, 동축 회전 표시** 공간 내에서 방향이 연속적으로 변화하는 축의 주위에 표시 요소가 회전하는 모양을 연속적으로 표시하는 것.

tune-up [tjúːn ʌp] **조정** 튜닝이라고도 하며, 메모리 등을 증설하여 컴퓨터의 처리 속도를 향상시키는 것.

tuning [tjúːniŋ] *n.* **세부 조정** 튜닝. 동조(同調). 시스템 자원이 활용되는 방식을 개선하기 위해 시스템 제어 변수를 조정하는 과정.

tunnel diode [tʌ́nəl dáioud] **터널 다이오드** 반도체 PN 접합의 불순물 농도를 높여 그 터널 효과를 이용한 다이오드. 부성 저항이 있으며, 고주파의 증폭이나 발진, 고속 스위치에 사용되는 2단자 소자. ⇨ Esaki diode

tunnel diode amplifier [–ǽmplifàiər] **터널 다이오드 증폭기** 터널 다이오드의 부성 저항을 사용한 증폭기.

tunnel erase [–iréis] **터널 소거** 자기 디스크 등의 자료 매체에서 판독시에 인접 트랙의 영향을 적게 하기 위해 기록시에 기록한 트랙의 양쪽을 특수한 소거 헤드로 소거하여 트랙의 폭을 좁게 하는 기법.

tunnelling [tʌ́nəliŋ] **터널링** 어떤 프로토콜의 데이터그램을 헤더를 첨가하여 다른 프로토콜의 데이터로 보관하는 것. 이와 같이 하면 본래의 프로토콜을 지원하지 않는 백본 네트워크에서도 데이터를 전송할 수 있다.

tuple [túːpl] *n.* **투플, 조(組), 순번조** 외적(데카르트 곱)의 요소. 데이터 베이스에서는 관계 요소, 즉 논리 레코드를 말한다. 또는 관계 데이터 모델에서 릴레이션의 한 행을 가리킨다.

tuple calculus formula [–kǽlkjuləs fɔ́ːrmjulə] **투플 해석 공식** 투플 변수, 조건식, 논리 연산자, 정량자 등을 써서 투플들이 만족하는 조건을 표현할 수 있는 우량 공식.

tuple constraint [–kənstréint] **투플 제약 조건** 특정한 레코드에 적용되는 제약 조건.

tuple variable [–vέ(ː)riəbl] **투플 변수** 어떤 지정된 릴레이션의 한 투플을 나타내는 변수.

Turbo BASIC 터보 베이식 미국 볼랜드 인터내셔널(Borland International) 사의 베이식 컴파일러. 구조화 기능도 있고 속도가 신속한 것이 특징이다.

Turbo C 터보 C 미국 볼랜드 인터내셔널 사의 C 컴파일러로 라이브러리가 풍부하다.

Turbo Debugger 터보 디버거 미국 볼랜드 인터내셔널 사의 IBM-PC용 프로그램 디버거의 상품명.

Turbo Lighting 터보 라이팅 미국 볼랜드 인터내셔널 사의 램 상주 철자 검사 프로그램으로 문장을 입력하다가 다른 키를 누르면 즉시 그 자리에서 철자 검사를 한다.

Turbo Linux 터보 리눅스 미국 터보 리눅스 사가 판매하는 유닉스. 리눅스의 일종이다. 개인형 터보 리눅스와 기업형 「터보 리눅스 서버」가 판매되고 있다. 아시아권에서 최대의 판매량을 자랑하고 있다.

Turbo Pascal 터보 파스칼 미국 볼랜드 인터내셔널 사의 파스칼 컴파일러의 상품명.

Turbo Prolog 터보 프롤로그 미국 볼랜드 인터내셔널 사의 프롤로그 컴파일러. 일반적인 프롤로그와는 달라서 컴파일러 방식을 사용하고 있다.

Turing, Alan M. 튜링 1912~1954. 영국의 수학자이자 논리학자. 캠브리지 대학에서 수학을 전공하고, 1937년에 유명한 논문 「계산 가능성에 대하여, 결정 문제에의 적용」을 발표하여 튜링 기계의 개념을 제창했다. ACM(미국 컴퓨터 학회)에서는 그의 선구적인 업적을 기념하여 튜링상을 제정하여 계산기 과학의 각 분야에서의 선구자에 대하여 수여하고 있다.

Turing award [tjúːriŋ əwɔ́ːrd] **튜링상** 컴퓨터 과학 분야에서 많은 공헌을 한 개인에게 Alan M. Turing을 기념해서 ACM이 수여하는 상으로, 1966년에 설정되었다. 이 상은 컴퓨터 과학을 지향하는 사람들에게는 최대의 명예로 알려지고 있다.

Turing computable [–kəmpjúːtəbl] **튜링 계산 가능**

Turing experiment [–ikspérimənt] **튜링 실험** 컴퓨터의 인공지능을 테스트하는 한 방법으로서 앨런 튜링(Alan Turing)의 이름을 따서 만들어졌다. 1950년대에 튜링은 20세기 말쯤이면 컴퓨터가 문자로 사람과 대화를 할 수 있을 것이며, 대략 70%의 사람들이 5분 동안 컴퓨터와 대화하고 있었다는 것을 알지 못할 거라고 예언했다.

Turing machine [–məʃíːn] **TM, 튜링 기계** 현재 상태에 따라 자기의 내부 상태를 변화하여 논리적으로 무한한 용량을 가진 테이프를 읽거나 쓰거나 이동시키는 장치의 수학적 추상 모델로서, 컴퓨터의 실행과 비슷한 동작 모델이다. 이는 1936년에 영국의 수학자이자 논리학자인 튜링에 의해 제안되었으며 「생각하는 기계를 만들 수 있는가」라는 문제를 연구한 결과로서 오늘날 컴퓨터의 이론적 원형이라고 할 수 있다.

Turing test [–tést] **튜링 시험** 어느 쪽이 사람이고 어떤 쪽이 컴퓨터 시스템인지 알지 못하는 환경에서 제3자가 각각 질의 응답을 하여 그것을 통해서 사람과 컴퓨터 시스템을 식별하는 작업의 난이도로 컴퓨터 시스템의 지능 정도를 측정하는 수법.

turnaround [tə́ːrnəràund] *n.* **턴어라운드, 반환, 왕복 시간, 방향 전환, 전향** (1) 프로그램과 데이터를 컴퓨터에 입력하여 실행하고, 결과가 나오기까지를 가리킨다. 이에 필요한 시간이 턴어라운드 타임(turnaround time)이며, 컴퓨터 내부에서의 실제 처리 시간 외에 제반 준비와 대기 시간이 포함되어 있다. 또 같은 프로그램이라도 다중 프로그래밍에 따라서 처리에 필요한 시간이 길어지고, 출력 결과가 지연되는 경우가 있다. 또한 컴퓨터로 처리하여 프린터에 인쇄 출력된 턴어라운드 도큐먼트라고 하는 출력 자료에 다른 데이터를 부가한 것을 광학 문자 인식(OCR ; optical character recognition)으로 판독하고 다시 컴퓨터로 되돌리는 방법을 턴어라운드 방식(turnaround method)이라고 한다. 데이터 입력에 OCR을 사용하는 시스템에서 자주 볼 수 있다. (2) 하드웨어 분야에서는 초LSI(VLSI)의 설계 완료 후 제조 공정에 넣어서 칩(chip)이 설계자의 손에 되돌아올 때까지를 가리킨다. (3) 데이터 통신에서는 하나의 채널 송신을 역방향으로 하는 데 필요한 시간을 턴어라운드 타임이라고 한다.

turnaround document [–dɑ́kjumənt] **반환 문서** 컴퓨터에 의해 준비된 천공 카드와 같은 것으로서, 이것이 컴퓨터에 되돌아오면 하나의 트랜잭션이 끝났다는 것을 의미한다.

turnaround input card [–ínpùt kɑ́ːrd] **반환 카드, 재입력 카드** 원시 전표로부터 천공된 카드가 컴퓨터에 입력되어 처리된 다음에 그 결과를 컴퓨터에 의해서 천공을 한 카드.

turnaround method [–méθəd] **턴어라운드 방식**

turnaround system [–sístəm] **반환 시스템** 컴퓨터의 출력 정보(사람이 읽는다)를 그대로의 형태로 다시 입력 정보로 사용될 수 있도록 한 시스템. 문자 입력 장치(OCR 등)가 출현됨으로써 가능하게 된 시스템이다. 전기 가스의 요금 조정 업무 등이 있다.

turnaround time [–táim] **반환 시간** 응답 시간. (1) 하나의 일을 마무리하는 데 필요한 시간. 실제로는 어떤 일을 처리하기 위하여 요구 대상이 투입 자료를 발송하고 나서, 컴퓨터의 처리가 끝나 최종 결과의 작성 자료를 요구처가 입수하기까지 필요한 시간을 말한다. 단지 컴퓨터가 작동하고 있는 시간만은 아니기 때문에 비용 분석, 실효 능률을 구할 때 사용되는 경우가 많다. (2) 컴퓨터로부터 출력된 그대로의 모양으로 다른 새로운 데이터를 추가하고 재차 컴퓨터로 입력되는 문서를 반환 문서라고 한다. 이런 종류의 도큐먼트는 OCR이나 OMR로 직접 읽을 수 있도록 되어 있는 것이 많다. 이러한 처리 형태를 턴어라운드 시스템(turnaround system)이라고 한다.

[주] 작업(job)을 제출하고 나서, 완전한 출력이 반송될 때까지의 경과 시간.

turnkey [tə́ːrnkìː] *n.* **턴키** 열쇠(key)를 돌리(turn)는 것 같이 간단히 이용할 수 있는 것을 표시하는 것. 즉, 더 이상 부가하거나 수정하지 않고 가동할 수 있도록 준비되고 완성된 시스템.

turnkey console [–kɑ́nsoul] **턴키 콘솔** 개인용 컴퓨터에서 오퍼레이터가 전력, 초기화 수행을 제어하기 위한 스위치 제어 패널.

turnkey front panel [–frʌ́nt pǽnəl] **턴키 전면 패널**

turnkey operation [–ɑ̀pəréiʃən] **턴키 조작**

turnkey system [–sístəm] **일괄 공급 체계** 특정 목적을 위해 만들어진 전용 시스템으로, 필요한 조작(operation)은 전용 제어 프로그램 등에 미리 준비되어 있기 때문에 오퍼레이터(operator)는 단지 필요한 조작을 하는 키를 온, 오프하기만 하면 되는 시스템. 즉, 오퍼레이터는 특히 컴퓨터나 프로그램 그리고 그 시스템에 대하여 알 수는 없어도 간단히 그것을 이용할 수 있도록 한 시스템을 말한다. 또 이와 같이 사용 방법이 간단하기 때문에 시스템을 도입한 그 날부터 그것을 운용할 수 있다는 이점이 있다. 그러나 전용 시스템이기 때문에 제작에 시간이 걸리고 가격이 비싸진다. 그리고 당연하지만 한 가지로밖에 사용할 수 없는 등의 결점이 있다. 턴키 시스템은 주로 정해진 작업 공정만을 필요로 하는 공장 등에서 사용되고 있다.

turn-off [tə́ːrn ɔ̀f] **끔, 턴오프** 컴퓨터 전원 스위치를 끄는 행위.

turn-off time [–táim] **턴오프 시간** (1) 접속 상태에서 절단 상태로 변할 때 신호의 인가에 비해 상태 변화가 늦다. 이때 걸리는 시간을 말한다. (2) 하강 시간 : 트랜지스터 스위치의 전류가 포화 상태에서 그 10% 값으로 내려가는 데 필요한 시간.

turn-on [–ɔ̀n] **켬, 턴온** 컴퓨터 전원 스위치를 켜는 행위.

turn-on stabilizing time [–stéibilàiziŋ táim] **턴온 안정 시간** 장치에 전압이 가해진 순간부터 명세대로의 작동이 가능하게 될 때까지의 시간 간격.

turn-on time [–táim] **턴온 시간** 스위칭 회로에서 입력 신호의 인가 시점에 스위칭 회로가 ON 상태로 바뀌기까지의 시간. 예를 들면 입력 신호 10%에서 출력 신호의 10%(또는 90%)까지의 시간.

turn over indication [-òuvər ìndikéiʃən] **반전 표시** 표시 장치의 표시 필드에서 발광을 표시해주는 문자나 화상을 보통의 상태와는 반대의 발광 표시 상태로 하는 것.

turtle [tə́:rtl] **터틀** 로고 언어에서 터틀 그래픽을 수행할 때 CRT 화면상에 나타나는 작은 삼각형의 부호 표시.

turtle graphics [-grǽfiks] **터틀 도형** 로고 언어를 사용하여 컴퓨터 화면이나 출력 기기상에 그려지는 그림.

tutorial [tju:tɔ́:riəl] *n.* **지침(서)** 하드웨어나 소프트웨어를 가동시키는 데 관련된 안내를 기술한 것. 일반적인 인쇄 책자나 디스크, 테이프를 통해서도 공급된다.

tutorial program [-próugræm] **지침 프로그램** 프로그램의 사용법이나 새로 추가된 기능 등을 이용자가 쉽게 파악할 수 있도록 만든 프로그램.

TUXEDO [tʌksí:dou] **턱시도** AT & T 사가 개발한 OLTP 모니터로 유닉스 System V 상에서 동작한다. 현재는 USL 사가 제공하고 있다. 클라이언트/서버 모델을 근간으로 설계되어 있기 때문에 분산 트랜잭션 처리가 가능하며 네트워크화되어 있는 컴퓨터 상의 서로 다른 DB에 대하여 여러 사이트에서 데이터를 갱신할 수 있게 해준다. ⇨ TP monitor

TV conference **TV 회의** 서로 떨어져 있는 회의실 간에 이미지나 음성을 전송해 TV 화면에 비치는 참가자의 얼굴을 보면서 진행하는 회의.

TV phone **TV 전화** 실시간 동영상이 장착된 전화. TV 회의와 마찬가지로 LAN 회선도 사용할 수 있지만, 이미지에 요구되는 해상도나 움직임에 필요한 데이터량이 비교적 적으므로 ISDN 회선이나 일반 회선에서도 사용할 수 있다.

TVT **텔레비전 타이프라이터** television typewriter의 약어. 텔레비전을 컴퓨터 터미널로 전환하도록 고안된 키보드 등을 지칭.

TV tuner board **TV 튜너 보드** 컴퓨터 상에서 TV 방송을 보기 위해 사용되는 하드웨어. 전파를 받는 튜너가 내장되어 있다. 비디오 캡처 보드와 조합시켜 TV 방송의 영상을 컴퓨터로 볼 수 있다.

TWAIN **트웨인** technology without any interested name의 약어. 이미지 스캐너 등의 외부 입력 장치를 사용하기 위한 표준 소프트웨어 인터페이스.

twelve punch [twélv pʌ́ntʃ] **최상단 천공, 12단 천공** 80란 카드의 Y열째(12열째), 즉 카드 최상단의 열 천공을 말한다. ⇨ Y punch

twin [twín] *n.* **트윈, 중복** 트리 구조에서 같은 계층에 있는 노드(node)의 관계.

twin check [-tʃék] **중복 검사** 연속적인 이중 검사로서, 이중 하드웨어나 데이터의 자동적인 비교에서 얻어진다.

twin port [-pɔ́:rt] **트윈 포트** 대용량 기억 제어 기구의 하위 인터페이스 부가 기구. 스테이징 디스크의 제어 장치를 8대 이상 접속할 경우에 필요하다.

twin segment [-ségmənt] **트윈 세그먼트**

twin-session [-séʃən] **트윈 세션** 한 사람의 이용자가 한 대의 워크스테이션으로 두 가지 업무(대화형 업무 또는 트랜잭션)를 한쪽의 업무를 종료시키지 않고 교대로 워크스테이션과의 대화형 처리로 이용할 수 있는 기능.

TwinVQ transform-domain weighted interleave vector quantization의 약어. NTT 사이버 스페이스 연구소가 개발한 음성 압축 기술. 원래의 음성 데이터와 구별되지 않도록 압축할 경우, 1/18 정도로 데이터를 압축할 수 있다. 부호 오류에 강하기 때문에 전송 에러가 발생되기 쉬운 인터넷이나 무선 통신 등에서 오디오 배신에도 이용할 수 있다. ⇨ SolidAudio

twisted pair cable [twístid pɛ́ər kéibl] **꼬임 쌍선, 트위스트 페어선** 근거리 네트워크(LAN) 등에서 사용되는 전송 매체의 일종. 두 개의 전선을 한데 모아서 한 쌍으로 한 케이블. 값이 싸고 잡음에 강한 장점을 가지고 있다.

twisted pair distributed data interface [-distríbju(:)təd déitə íntərfèis] ⇨ TPDDI

twisted pair line [-láin] **페어선** 잡음의 발생을 억제하는 것을 목적으로 하고 있는 두 줄 이상의 선재(線材)를 꼰 배선 재료.

twisted pair wire [-wáiər] **트위스트 페어선**

twitter [twítər] **트위터** 무료 소셜 네트워킹 겸 마이크로블로그 서비스이다. 140자가 한도인 단문 전용 사이트이기 때문에, 이동 통신 기기를 이용한 글 등록이 편리하다. 다국어를 지원하므로 전 세계 이용자와 대화를 주고받을 수 있어 대화 내용이 세계적인 이슈가 되는 일도 있다.

twitter fund [-fʌ́nd] **트위터 펀드** 트위터의 트윗(tweet)을 통해 수집한 정보로 투자를 결정하는 펀드를 말한다. SNS를 이용한 새로운 투자 방식으로, 트위터의 트윗으로 시장 분위기를 측정한 뒤 이 정보를 이용해 포트폴리오를 조정한다.

two-address [tú: ədrés] **2주소** 하나의 연산을 포함하고 오퍼랜드의 위치와 조작 결과를 명시해주는 명령문.

two-address code [-kóud] **2주소 코드** 두 오퍼랜드 어드레스를 포함한 특별한 지시 부호.

two-address computer [-kəmpjú:tər] **2주소 컴퓨터** 명령 형식으로서 2주소 명령을 사용하

는 컴퓨터.

two-address instruction [–instrʌ́kʃən] **2주소 명령** (1) 두 개의 피연산자(operand) 번지가 지정되는 명령 형식(instruction format)의 명령어. 100번지의 데이터를 200번지로 전송하는 것과 같은 명령은 2주소 명령이다. 산술 연산에서는 지정된 장소(location)의 한쪽이 명령 실행 후의 결과(result)의 납입 장소가 된다. 2주소 코드(two address code)라고도 한다. (2) 두 개의 어드레스부를 갖는 명령.

two-address instruction system [–sístəm] **2주소 명령 시스템** 주소를 두 개 가지고 있으나 양쪽 모두 데이터를 참조할 수 있는 기계 언어 명령어.

two-bytes integer type [–báits íntədʒər táip] **2바이트 정수형**

two-bytes logical type [–ládʒikəl táip] **2바이트 논리형**

two-channel [–tʃǽnəl] **2채널, 2선식** 신호(signal)를 보내는 통로인 채널(신호로)이 두 개(선로가 한 쌍)이고 동시에 양방향으로 통신할 수 있는 곳에 사용된다. 「2선식」이라고 해석된다. 이것에 대해서 4개의 채널(선로가 두 쌍)의 경우를 4선식(four-channel)이라고 한다.

two-channel switch [–swítʃ] **2채널 스위치** 두 개의 접근 경로를 전환하는 스위치. 보통 입출력 제어 장치가 두 대의 채널에 관하여 가지고 있는 접근 경로를 전환하는 스위치.

two-channel switch adapter [–ədǽptər] **채널 변환 어댑터**

two-channel switch for ISC **ISC용 채널 전환 기구**

two-channel switch pair [–pέər] **채널 전환 기구**

two core per bit [–kɔ́:r pər bít] **2코어/비트** 두 개의 코어 기억 소자를 사용하여 1비트의 기억을 하는 고속 기억 방식.

two digit group connector [–dídʒit grú:p kənéktər] **2숫자 대표 번호 커넥터**

two-dimensional [–diménʃənəl] **2차원의** 세로와 가로의 차원을 가지는 것이며, 「2차원」을 표시한다. 수학의 행렬(matrix)이나 텐서(tensor)와 같은 것.

two-dimensional addressing [–ədrésiŋ] **2차원 주소 지정**

two-dimensional array [–əréi] **2차원 배열** 행렬에 대응하는 집합(sets)이며, 배열명(arrary name) 뒤에 첨자(subscript)로서 두 개의 숫자를 괄호로 묶어 일반 변수(variable)와 구별한다.

〈2차원 배열 A(3 : 4)의 논리적 표현〉

A(1, 1)	A(1, 2)	A(1, 3)	A(1, 4)
A(2, 1)	A(2, 2)	A(2, 3)	A(2, 4)
A(3, 1)	A(3, 2)	A(3, 3)	A(3, 4)

two-dimensional automata [–ɔ:támətə] **2차원 오토머터**

two-dimensional circuit [–sə́:rkit] **2차원 회로**

two-dimensional coding scheme [–kóudiŋ skí:m] **2차원 부호화 방식** 팩시밀리 화상 신호의 자료 압축을 하는 방식의 일종으로 주주사 방향의 런 렝스(run length) 분포 외에 부주사 방향의 상관(앞 라인의 변환점으로부터의 상대 위치)에도 착안하여 부호화하는 방식.

two-dimensional core arrary [–kɔ:r əréi] **2차원 방식 코어 배열**

two-dimensional core storage [–stɔ́:ridʒ] **2차원 방식 코어 기억 장치** 자기 코어의 기억 장치의 일종으로, 각 기억 셀에 주소를 선택하기 위한 어선(語線)을 관통시키고 이것과 직교하여 기록용 자리선과 판독용 해독선을 관통시켜 선형 선택 방식으로 판독하고 기록을 하는 방식.

two-dimensional graphic [–grǽfik] **2차원 그래픽**

two-dimensional line drawing [–láin drɔ́:iŋ] **2차원 선도** 평면 형태로 사물을 표시하는 방법. 예를 들면 건물의 층수나 양축 그래프가 있다.

two-dimensional Markov process **2차원 마르코프 과정**

two-dimensional memory [–méməri(:)] **2차원 기억 장치**

two-dimensional modulation [–màdʒuléiʃən] **2차원 부호화** 데이터 전송(data transmission)에서의 여유도 억압 부호화 방식의 일종으로 화상 신호의 리던던시(redundancy)를 2차원적인 상관 관계를 이용하여 억압(suppress)하는 것. G3 팩시밀리에 사용되고 있는 모디파이드 리드 코딩(modified READ coding)이 그 좋은 예이다. 이것은 최초의 1라인(line)을 모디파이드 허프만 코딩(modified Huffman coding)으로 송신하고, 그 다음 라인 이후는 앞 라인의 변화점으로부터의 상대 위치를 코드화하여 송신한다. 국제 전신 전화 자문 위원회(CCITT)에 제시한 READ(relative element address designate)를 확장한 것이다.

two-dimensional storage [–stɔ́:ridʒ] **2차원 기억**

two-dimensional system [–sístəm] **2차원 방식**

two-frequency recording [–frí:kwənsi(:) rikɔ́:rdiŋ] **2주파 기록 방식** ⇨ FM recording

two hyphenated digits [–háifənèitəd dídʒits] **하이픈으로 구분된 두 개의 자릿수**

two-input [–ínpùt] **2입력** 출력 신호를 내기 위해서 두 개의 입력 신호를 필요로 하는 논리 소자의 일종.

two-input adder [–ǽdər] **반가산기, 2입력 가산기** 두 개의 디지털 입력 신호(digital input signal)를 가산하여 자릿수 올림(carry)과 수의 합을 출력하는 논리 소자(logic element). 반가산기(half adder)라고도 한다.

two-input subtracter [–səbtrǽktər] **2입력 감산기** 피감수(minuend)와 감수(subtrahend) 또는 상위 자릿수로부터의 빌림(borrow)을 받아서 빌림과 수의 차를 출력하는 논리 소자.

two-key lockout [–kí: lɑ́kàut] **2키 록아웃**

two-key rollover [–róulòuvər] **2키 롤오버** 두 개의 키가 동시에 눌려졌을 때 첫째 스위치의 폐쇄 기능은 첫째 스위치가 제자리로 돌아올 때까지 둘째 스위치의 명령을 연기시키는 것으로 두 개 이상의 키가 잘못 눌러졌을 때 데이터가 잘못 입력되는 것을 방지한다.

two-level [–lévəl] **2단계** 다른 서브루틴을 포함하는 서브루틴의 일종.

two-level addressing [–ədrésiŋ] **2단계 주소법** 명령어에 피연산자를 저장하고 있는 기억 장소의 주소를 갖는 것. 즉, 원하는 피연산자를 찾기 위해서 명령어에 나타난 피연산자의 주소를 구하는 방법.

two-level grammar [–grǽmər] **2단계 문법** ALGOL-68의 문자 기술을 위해 개발된 문법. 하나의 구(句) 구조 문법에 바로 종단 기호열로서의 문(文)을 생성하는 것이 아니라 개개의 생성 규칙을 만들어내기 위한 한 단위의 문법(초생성 규칙)을 생각하는 모델.

two-level logic [–lɑ́dʒik] **2단계 논리** ⇨ two-level logic circuit

two-level logic circuit [–sɔ́:rkit] **2단계 논리 회로** 2진 변수와 그의 보수 형태의 입력이 주어졌을 경우에 2진 함수를 AND-OR 혹은 OR-AND의 2단계만으로 구성한 회로.

two-level memory [–méməri(:)] **2단계 기억 장치**

two-level microprogramming [–máikrəpróugræmiŋ] **2단계 마이크로프로그래밍** 수평형 마이크로 명령과 수직형 마이크로 명령을 2단계로 구성하고, 제2단계의 수평형 마이크로 명령에서는 컴퓨터의 마이크로 조작을 정의해두고, 수직형 마이크로 명령이 수평형 마이크로 명령을 참조하는 방식. 이때 제2단계의 마이크로 명령을 나노 명령이라고 하고, 나노 명령을 저장하는 제어 기억을 나노 기억이라고 한다. 유연성이 풍부한 수평형 마이크로프로그래밍과 비트폭, 즉 제어 기억의 용량을 절감할 수 있는 수직형 마이크로프로그래밍의 여러 가지 장점을 도입한 것이다.

two-level storage [–stɔ́:ridʒ] **2단계 기억 장치** 어떤 사용자의 가상 주소 공간이 실주소 공간보다 커지는 것을 허용하고, 또한 시스템을 효과적으로 다중 프로그램하여 여러 사용자가 실기억 장치를 공유할 수 있도록 하는 기억 장치이다.

two-level subroutine [–sʌ́bru:tì:n] **2중 서브루틴** 자기 구조 속에 있는 서로 다른 서브루틴을 포함하고 있는 서브루틴.

two-out-of-five code [–áut əv fáiv kóud] **5중 2코드** 각각의 10진 숫자가 5개의 2진 숫자로 이루어지는 2진수 표시로 표현되는 2진화 10진 표기법으로, 그 5개 중 두 개는 한쪽의 2진 숫자, 약속으로는 1, 나머지 3개는 다른쪽의 2진 숫자, 약속으로는 0을 취하도록 되어 있는 것.

two-out-of-five notation [–noutéiʃən] **5중 2표기법** 한 자리의 10진수를 다섯 자리의 2진수(binary digit)로 코드화하는 방법. 각 코드는 2비트(bit)의 "1"과 3비트의 "0"으로 구성된다. 한 자리의 10진수를 표시하는 데는 2진수 네 자리에서 끝나기 때문에, 이 숫자는 2진수의 등간격 수치순으로는 되어 있지 않다. 그 때문에 이 코드를 이용한 체계적인 연산 방법은 존재하지 않으며, 계산은 코드표를 보면서 행하게 된다. 이 방법의 이점은 에러(error)의 검출에 뛰어나다는 것이다. 1, 3, 5비트의 에러라면 전부, 2비트의 에러라면 25가지 중 19가지, 4비트의 에러라면 5가지 중 두 가지까지를 검출할 수 있다.

two-pass [–pɑ́:s] **2패스, 2중 패스 방식** 자료를 처리할 때, 특히 컴파일러나 어셈블리가 원시 프로그램을 처리할 때, 그것을 두 번에 처리하는 방식. 즉, 일부분을 처리하고 그 다음 전체적인 것을 처리하게 된다.

two-pass assembler [–əsémblər] **2패스 어셈블러** 원시 프로그램을 목적 프로그램으로 해석할 때 두 번에 걸쳐서 처리하는 어셈블러. 먼저 기호와 리터럴을 처리하고 나중에 패스에서 목적 프로그램으로 만든다.

two-phase commit [–féiz kəmít] **2단계 확**

인 분산 시스템에서 트랜잭션을 올바르게 완료하기 위한 프로토콜.

two-phase simplex method [-símpleks méθəd] **2단계 단체법** 선형 계획 문제에서 최초에 해가 구해지지 않을 때의 해법의 하나로서 제1단계에서 인위 변수를 도입하여 그 총합을 최소로 하는 해를 구하고, 제2단계에서 본래의 목적 함수의 값을 최대(또는 최소)로 하는 해를 구하는 방법.

two plus one [-plʌ́s wʌ́n] **2+1** 두 개의 피연산자 주소와 하나의 제어 주소를 포함하는 지시 형식.

two-plus-one address [-ədrés] **2+1 주소** 명령이 3개의 조작부(operation part)를 가지고 있는 어드레스 형식(address format). 최초 두 개의 어드레스는 연산수의 어드레스이며, 3개째의 것은 연산 결과의 기억 장소를 표시하는 경우도 있으나 특별히 지정되지 않는 한, 다음 명령의 어드레스를 가리킨다.

two-pluse-one address instruction [-instrʌ́kʃən] **2+1 주소 명령** 3개의 어드레스부를 갖는 명령으로, "+1"어드레스는 특별히 지정되지 않는 한, 다음에 실행되는 명령 어드레스를 가리킨다.

two-position action [-pəzíʃən ǽkʃən] **2위치 동작**

two's complement [tú:z kɑ́mpləmənt] **2의 보수** 2진수(binary number)의 보수. 모든 1을 더해서 구한다. 예를 들면 0101의 2의 보수는 0101의 각 자리에서 1과 0, 0과 1의 교환을 행하면 1010으로 되고, 이것에 1을 더하면 1011이 구해진다. 또한 보수는 원래 컴퓨터에서의 연산에 「음(負)」의 수를 표현하기 위하여 만들어지는 것이다.

[주] 순 2진 기수법에서 기수의 보수.

two's complement form [-fɔ́:rm] **2의 보수형**

two-stage sampling [tú: stéidʒ sɑ́:mpliŋ] **2단 샘플링** 모집단을 여러 부분(1차 샘플링 단위)으로 나누어 먼저 제1단으로 그 중의 몇 개 부분을 샘플(1차 샘플)로 채취하고, 다음에 제2단으로 채취한 부분 중에서 몇 개의 단위체 또는 단위량(2차 샘플링 단위)을 샘플(2차 샘플)로 채취하는 것. 예를 들면 옷감의 로트가 있을 경우 제1단으로 그 중에서 5권을 임의로 선택하고 그 5권 중의 각 1m씩을 샘플도 얻는 것이 2단 샘플링이다.

two-state output [-stéit áutpùt] **2상태 출력**

two-state variable [-vέ(:)riəbl] **2상태 변수** 보통 0과 1로써 나타내는, 정확하게 2개의 요소만을 포함하고 있는 집합에 있는 값을 취하는 변수.

two step method [-stép méθəd] **2단 뛰기법** 상미분 방정식 $dy/dx = f(x, y)$의 수치 적분의 공식 중에서 예측자 수정자법에 속하는 것인데, 초기값 이외의 값을 필요로 하지 않는 특징이 있다. 이 공식은 점 x_n에서의 값 y_n을 이미 알고 있을 때 이 y_n을 사용해서 점 x_n+2h에서의 값 y_{n+2}를 외삽 공식으로 구하고 두 점 y_n, y_{n+2}를 사용해서 값 y_{n+1}을 내삽 공식으로 구하는 방법의 총칭이다. 예를 들면 Clippinger Dimsdale 법이 이에 속한다.

two-tone keying [-tóun kí:iŋ] **2톤 키잉**

two valued [-vǽlju:d] **2값** ⇨ binary variable

two valued logic [-lɑ́dʒik] **2값 논리** 보통 우리들이 사용하고 있는 논리는 2값 논리이며, 명제는 참(성립)이나 거짓(성립되지 않음) 중 어느 하나이다. 보통 명제가 참이 될 때를 1에, 거짓일 때는 0에 대응시킨다. 즉, 1이냐 2이냐 하는 두 상태의 명제뿐이므로 2값 논리라고 한다. 아리스토텔레스의 논리학은 이에 속한다.

two valued variable [-vέ(:)riəbl] **2값 변수** ⇨ binary variable

two-way alternate communication [-wéi ɔ́:ltərnət kəmjù:nikéiʃən] **양방향 교대 통신** 데이터 통신 방식의 일종. 데이터는 위아래 어느 쪽 방향으로나 전송되지만, 양방향으로 동시에는 전송되지 않는 방식. 데이터 링크와 관계해서 사용한다.

two-way alternative communication [-ɔ:ltə́:rnətiv kəmjù:nikéiʃən] **양방향 상호 통신** 데이터는 양방향으로 전송되지만 한 번에 단방향으로만 전송되는 데이터 통신.

two-way cable television [-kéibl téləvìʒən] **쌍방향 CATV, 양방향 케이블 텔레비전** 센터로부터 가입자측으로 송신하는 것뿐만이 아니고 반대 방향으로 신호를 보내는 기능도 가지고 있는 케이블 텔레비전(CATV).

two-way channel [-tʃǽnəl] **양방향 채널**

two-way communication [-kəmjù:nikéiʃən] **양방향 통신** 송신자와 수신자가 서로 정보를 교환할 수 있는 응답형의 통신 시스템. 종래의 방송처럼 송신자가 수신자에게 일방적으로 정보를 전달하는 단방향 통신과 대응된 용어이다. CATV(유선 텔레비전)에 사용되고 있는 동축 케이블이나 광파이버 케이블은 단방향 통신이 가능하다. CATV는 영상을 중심으로 하는 방송형 서비스인데, 기술 진보와 더불어 여러 가지의 양방향형 서비스가 가능해지고 있다.

two-way community antenna television [-kəmjú:niti(:) ænténə téləvìʒən] **양방향 CATV**

two-way handshake [-hǽndʃèik] **양방향 핸드셰이크** 두 개의 전송 엔티티 사이를 연결하기 위하여 미리 정해진 신호를 주고 받는 절차.

two-way interleaving [–ìntərlí:viŋ] **양방향 인터리빙** 짝수의 주소를 가지는 기억 장소를 하나의 뱅크에, 홀수의 주소를 가지는 기억 장소를 다른 뱅크에 두고 서로 다른 뱅크에 있는 기억 장소를 동시에 액세스할 수 있는 기법.

two-way layout [–léiàut] **복사 관리도, 양방향 관리도** 양측에 규격 한계가 주어진 제품에 대해 과대한 불량과 과소한 불량을 한 장의 그림으로 나타낸 관리도. 불량률 또는 불량 개수 0을 중심으로 해서 위쪽으로 과대한 불량률이나 불량 개수를 기입하고, 관리 한계는 각각의 위쪽 관리 한계(불량률 또는 불량 개수가 큰 쪽의 관리 한계)만을 기입한다.

two-way linked list [–líŋkt líst] **양방향 연속 리스트, 2방향 연계 리스트, 2방향 연결 리스트** 연결 리스트의 일종으로, 한 개의 자료 항목에 두 개의 링크를 부여하여 한 개는 순방향으로, 다른 한 개는 역방향으로 접근할 수 있도록 한 것이다.

two-way list structure [–líst strʌ́ktʃər] **양방향 리스트 구조**

two-way merge [–mə́:rdʒ] **양방향 합병** 두 개의 파일을 각각 내부 정렬하면 정렬된 서브리스트로 구성된 순차 구조 파일이 되는데, 이 두 개의 서브리스트를 합병함으로써 원하는 하나의 정렬된 순차 파일을 만드는 합병 방법이다.

two-way merge sort [–sɔ́:rt] **양방향 합병 정렬** 주어진 레코드들을 각각 크기가 1인 정렬된 파일들로 간주하고 두 파일을 합병하여 크기가 2인 파일들을 생성하며, 다시 이 파일들에 대하여 두 파일씩 합병하는 과정을 반복하여 최후에 한 개의 파일을 결과로 생성하는 내부 정렬의 한 방법.

two-way simultaneous communication [–sàiməltéiniəs kəmjù:nikéiʃən] **양방향 동시 통신** 동시에 양방향으로 정보를 전송하는 방식. 양방향 통신(both-way communication)과 같은 뜻으로 사용된다.

[주] 동시에 양방향으로 데이터가 전송되는 데이터 통신.

two-way sort merge [–sɔ́:rt mə́:rdʒ] **양방향 정렬 합병** 자료를 분류하여 병합하고 최종적으로 하나의 분류된 파일을 만드는 방법의 하나. 분류할 항목이 50개 있으면 제1회의 조합으로 50/2개의 조, 제2회의 조합으로 50/4개의 조, 제3회의 조합으로 50/8개의 조라는 식으로 조의 수를 줄여 나가 마지막에는 하나의 조로 하는 방법이다.

two-way transmission [–trænsmíʃən] **양방향 전송**

two-wire [–wáiər] **2선식** 두 개의 도체로 구성된 회선. 단방향 통신(simplex communication)에는 이와 같은 한 쌍의 신호선으로 충분하며, 두 쌍의 신호선이면 반이중(half-duplex), 전이중(duplex) 통신이 가능하다는 것은 자명하지만, 그 자체로는 방향성(directivity) 없는 한 쌍의 신호선이라도 이것에 접속하는 데이터 회선 종단 장치(data circuit terminating equipment)나, 중계기의 방향성을 갖는 부분을 시간적으로 변환함으로써 반이중 통신이 가능하게 된다. 더욱이 주파수 분할 다중이나 시분할 다중 등의 기술을 사용하면 전이중 통신이 가능하게 된다. 공중 통신 회선으로서 널리 보급되고 있는 전화망은 2선식이기 때문에 반이중이나 전이중으로 하는 데는 이와 같은 고도의 기술이 필요하다. 또 전화는 음성을 사용해서 전송 변환(transmission conversion)하기 위한 설비이기 때문에 컴퓨터 등의 디지털 신호를 송신하기 위해서는 모뎀(modem) 등의 부가적 장치가 필요하게 된다.

two-wire carrier system [–kǽriər sístəm] **2선식 반송 방식** 나선 또는 케이블에 적용되는 반송 방식으로 한 개의 반송파를 공용하여 양측대파 방식으로 양방향 동일 주파수 대역에 쓰이는 SC 방식, 또는 동일 반송파의 상하 단측대파를 각각 방향별로 사용하는 OP-TR 방식이 있다.

two-wire channel [–tʃǽnəl] **2선식 통신로** 서로 절연된 두 개의 도체로 구성된 회선으로 왕복 양방향이 동일의 통신로로 구성된다.

two-wire circuit [–sə́:rkit] **2선식 회로** 물리적 케이블 쌍으로 이루어진 통신 회로.

two-wire control [–kəntróul] **2선식 제어**

two-wire line [–láin] **2선식 회선** 통신 전류의 왕복 각각 한 줄씩 합계 두 줄의 신호선에 의하여 구성되는 통신로. 단방향, 반이중, 전이중의 통신에 쓰인다.

two-wire repeater [–ripí:tər] **2선식 중계기**

two-wire system [–sístəm] **2선식 시스템** 왕복 두 줄의 서로 절연된 도체로 만든 회선의 방식으로, 반이중 전송 회로나 전이중 전송 회로로 사용할 수 있다.

TWSD 태스크 작업 스택 기술자 task work stack descriptor의 약어.

TWX 텔레타이프라이터 교환 서비스 teletypewriter exchange의 약어. 미국의 가입 전신의 약칭. ⇨ TWX service

TWX service 텔레타이프라이터 교환 서비스 teletypewriter exchange service의 약어. 텔레타이프라이터가 회선에 의해서 중앙국과 연결되며, 다른 텔레타이프라이터를 호출할 수 있도록 한 AT

& T 사의 공중 교환 텔레타이프라이터 서비스.

tying product [táiiŋ prádəkt] **끼워 팔기** 어떤 상품에 다른 상품을 끼워 파는 일. 독점금지법에 의해 금지된 판매 방법이다. 1995년과 1997년에 미국 연방법원이 마이크로소프트 사에 대해 윈도 95에 인터넷 익스플로러를 끼워 판매하는 행위를 중지하도록 명령한 사례가 있다.

Tymnet **타임네트** 미국의 타임 셰어링 회사인 Tymshare 사가 운영하는 상용의 부가 가치 네트워크. 현재 북아메리카와 유럽 대륙의 각지에 이용자 단말이 설치되어, 축적 교환 방식으로 전송된다.

type [táip] *n.* **꼴, 유형** 활자. 타입. 형. (1) 형(型) : 데이터를 실수(real), 정수(integer), 복소수(complex) 등의 수학적인 성질 또는 표현상의 성질에 의해 분류한 것을 말한다. (2) 활자 : 활자 바(type bar), 활자 드럼(type drum).

[주] 값의 집합이며, 그 집합에는 한 쌍의 연산이 정의되어 있는 것.

type I carriers **제1종 전기 통신 사업** 전기 통신 사업법에 규정된 전기 통신 서비스 사업의 일종으로 회선을 스스로 가설하여 전기 통신 사업을 하는 것. 전기 통신 사업의 근간이 되는 서비스 사업으로 전화/FAX 망, 전용 회선, 카폰, 휴대 전화, 통신 위성 등의 다양한 서비스를 제공한다. 이에 대해 제1종 전기 통신 사업자로부터 회선을 빌려 전기 통신 사업을 하는 것을 제2종 전기 통신 사업이라고 한다.

type II carriers **제2종 전기 통신 사업** 스스로 회선을 설치하지 않고 제1종 전기 통신 사업자로부터 회선을 빌려 하는 전기 통신 사업의 총칭. VAN 업자, 회선 재판매 업자, 대다수의 ISP(Internet service provider)가 여기에 해당된다.

type ahead [–əhé(:)d] **타이프 어헤드** 워드 프로세싱에서 사용자의 문자 입력 속도가 컴퓨터가 처리해서 화면에 보여주는 속도보다 빠를 때, 미처 나타나지 못한 문자들을 내부적으로 저장해두는 기능. 입력이 느슨해진 틈에 화면에 저장된 문자들을 처리해둔다.

type attribute [–ǽtribjù:t] **형 속성**

type ball [–bɔ́:l] **타이프 볼** 사용할 수 있는 모든 문자들이 마치 골프공 형상처럼 이루어져 있는 인쇄 기구.

type bar [–bá:*r*] **활자 바, 인쇄 바** 충격식 인자 장치에 장착되어 있는 문자나 기호가 부조로 되어 있는 활자를 보존 유지하고 있는 봉.

[주] 활자를 보존 유지하고 있는 바로 보통 충격식 인쇄 장치에 설치되어 있는 것. ⇨ print bar

type bar printer [–príntə*r*] **활자 바 프린터**

type basket [–bá:skət] **타이프 배스킷**

type belt [–bélt] **타이프 벨트** 임팩트형 라인 프린터의 자모를 지지하는 구조의 일종.

type belt printer [–príntə*r*] **타이프 벨트 프린터** 금속제의 무한 벨트에 필요한 종류의 활자가 카세트식으로 조립되어 있는 인쇄 장치.

type box [–báks] **타이프 박스**

type cartridge [–ká:*r*tridʒ] **활자 카트리지**

type casting [–ká:stiŋ] **타이프 캐스팅** C 언어에서 어떤 식의 값을 원하는 타이프로 해석하라고 지시하는 것.

type chain printer [–tʃéin príntə*r*] **타이프 체인 프린터** 체인에 인쇄용 문자 패턴을 붙여서 이것을 회전시킴으로써 문자를 인쇄하는 인쇄 장치.

type conversion [–kənvə́:*r*ʃən] **형 변환** 어떤 데이터를 다른 형으로 변환시키는 것.

type declaration [–dèkləréiʃən] **타입 선언, 형 선언** PASCAL이나 ALGOL과 같은 언어에서는 데이터에 대해서 그 구성법, 처리법에 따라 형을 정한다. 이것에 따라 그 형에 맞지 않는 연산이나 조작을 컴파일할 때 에러로서 검출할 수 있다.

type drum [–drʌ́m] **활자 드럼** 라인 프린터에 사용되고 있는 원통형의 드럼.

type drum printer [–príntə*r*] **활자 드럼 프린터** 원통형의 바깥 둘레에 숫자, 문자, 특수 문자 등과 같은 활자가 배열된 활자 드럼이 있고, 그 축 방향으로 한 행의 자릿수에 상당하는 활자가 배열되어 있는 인쇄 장치. 인쇄 기구는 활자 드럼과 그 드럼을 향한 해머부로 구성되는데, 이 사이를 잉크 리본과 인쇄 용지가 주행하면서 인쇄한다.

type element [–éləmənt] **타입 요소**

typeface [táipfèis] *n.* **자형(字形), 서체** 문자 인식(character recognition)에 있어서의 활자의 물리적 단위로도 사용한다.

[주] 표기하기 위한 문자, 기호를 특징짓고 있는 의장(意匠). 명조체와 고딕체 등이 있다.

type font [táip fánt] **활자체, 타이프 폰트** 동일 형체로 같은 크기의 인쇄용 글자체. 문자를 읽기 쉽고 깨끗한 글자체가 여러 가지 있다. 광학 문자 판독 장치(optical character reader)용의 글자체로서 사람이 읽기 쉬운 것을 특히 OCR용 폰트(optical type font)라고 한다.

type-in [–in] **타이프–인**

Type1 font **타입 1 글꼴** 포스트스크립트 사양의 아우트라인 글꼴. 어도비 시스템즈 사의 주도 아래 보급된 것으로 베지어 3차 곡선에 따른 곡선 그림을 채택하여 글꼴이 선명하게 인쇄된다. 어도비 제품에 부속된 ATM을 사용하면 포스트스크립트에 대응하지 않는 프린터에서도 인쇄가 가능하다.

type list [–líst] **단수 변수의 목록**
typematic [taipəmǽtik] **타이프매틱** 키를 누르고 있는 동안에 계속적으로 반복해서 찍히는 문자.
typematic key [–kíː] **연속 작동 키**
typematic key stroke [–stróuk] **연속 작동 키 조작** 키보드의 키를 일정 시간 동안 계속 누름으로써 여러 번 반복해서 누른 것과 마찬가지로 입력되는 기능.
type of programming language [táip əv próugræmiŋ lǽŋgwidʒ] **프로그래밍 언어의 형태**
typeover [táipòuvər] **타이프오버** 충격식 프린터가 문자를 강조해서 인쇄하기 위해 두 번 이상 겹쳐서 인쇄하는 기능.
type palette [táip pǽlət] **타이프 팔레트** 시리얼 임팩트 프린터의 인쇄 기구의 일종으로 자모를 평면상으로 배열하여 형성시킨 팰릿의 $x-y$좌표를 이동시킴으로써 활자를 선택하고, 선택된 자모는 팰릿의 뒷면에서 해머에 의하여 타격 인쇄된다. 인쇄 속도는 최고 10자/초.
type-setting [–sétiŋ] **식자(植字)**
typesize [táipəsàiz] **타이프 사이즈** 인쇄되는 활자나 폰트의 크기로서 전자는 이미 형성되어 있는 주어진 크기이고 후자는 점(point)의 개수로 크기가 정해진다.
type specific operation [táip spesífik àpəréiʃən] **형 고정 연산** 프로그래밍 언어에서 피연산자와 연산 결과의 형이 고정되어 있는 연산.
type statement [–stéitmənt] **형 선언문** 영자명이 어느 형의 자료인지를 선언하기 위한 문이며, 형 지정으로 시작되는 문을 말한다.
typestyle [táipstàil] *n.* **서체**
type test [táip test] **형식 시험**
type wheel [–hwíːl] **인쇄 휠, 활자 휠** 1개소의 인쇄 위치에 문자를 주는 회전 원반. ⇨ print wheel
type wheel printer [–príntər] **인쇄 휠식 프린터** 인쇄 속도를 빠르게 하기 위하여 타이프 바를 원통으로 하여 한 줄을 동시에 인쇄할 수 있는 인쇄 장치.
typewriter [táipràitər] *n.* **타이프라이터** 본래는 키보드로부터 입력한 알파벳 문자의 활자를 그 활자가 조각되어 있는 금속봉이나 드럼 등을 잉크가 염색된 리본을 때림으로써 종이에 출력하는 기계를 말하지만, 컴퓨터에서는 콘솔 타이프라이터(console typewriter)나 질의 응답용 타이프라이터(interrogating typewriter), 온라인 타이프라이터(on-line typewriter)를 말한다. 콘솔 타이프라이터란 명령어의 입력이나 메시지의 출력에 사용하는 콘솔의 장치를 말한다. 오퍼레이터에 필요한 동작을 표시하는 데 사용된다. 질의 응답용 타이프라이터는 주기억 장치 내의 프로그램과의 대화를 위해 중앙 처리 장치(CPU)에 접속된 것이다. 프로그램에 데이터를 삽입하거나 프로그램으로부터 출력을 받을 수 있다. 온라인 타이프라이터는 중앙 처리 장치에서 제어되고 있는 입출력용의 주변 장치(peripheral unit)를 말한다. 콘솔 타이프라이터와 질의 응답 타이프라이터로 사용할 수도 있다.
typewriter controller [–kəntróulər] **TPC, 타이프라이터 제어 장치**
typewriter control unit [–kəntróul júːnit] **타이프라이터 제어 장치**
typewriter diskette module [–dískət mádʒuːl] **타이프라이터 디스켓 장치**
typewriter printing [–príntiŋ] **타이프라이터 인쇄**
typewriter printing card punch [–káːrd pʌ́ntʃ] **타이프라이터 카드 인쇄 천공기**
typewriter terminal [–tə́ːrminəl] **타이프라이터 단말**
typing [táipiŋ] *n.* **타이핑, 타이프 입력**
typing element [–éləmənt] **타이핑 소자** 공 모양의 표면에 활자가 4단으로 들어 있는 전동 타이프라이터의 활자 부분. 타이프 바 방식의 타이프라이터보다 인쇄 속도가 빠르다.
typing reperforator [–repə́ːrfərètər] **수신 테이프 인쇄 천공기** 반천공 테이프에 타이프하는 수신 테이프 천공기로서, 천공되어 있는 장소에서 1/2인치 정도 전진된 곳에 대응되는 문자를 타이프하며, 특수한 폭을 가진 테이프의 가장자리에 타이프하는 것도 있다.
typography[taipágrəfi(ː)] **타이포그래피** 문자를 만들거나 레이아웃을 설계하는 문자 조립 기술, 또는 그 분야의 연구.

U

U[júː] **유** unit의 약어.

UA (1) **사용자 영역** user area의 약어. (2) **상위 누산기** upper accumulator의 약어. (3) **사용자 에이전트** user agent의 약어. 메시징 시스템에서 사용자 인터페이스를 담당하는 유닛의 이름.

UADS 사용자 속성 데이터 세트 user attribute data set의 약어. 사용 허가를 받은 사용자마다 멤버를 구분하는 데이터 세트로, 암호 · 식별 코드 · 회계 번호 · 사용자 프로필을 정의하는 특성이 기록되어 있다.

UAE unrecoverable application error의 약어. 복구 불가능한 응용 프로그램 에러를 가리키는 윈도 용어.

UART 만능 비동기 송수신기 universal asynchronous receiver transmitter의 약어. 병렬 직렬 변환 및 직렬 병렬 변환의 기능을 갖는 비동기 데이터 전송용 인터페이스 장치. 데이터는 전송 데이터 클록에 의해 정해진 보율(baud rate)로 전송된다. 수신기 부분은 순서적인 데이터의 개시 비트의 정당성을 체크하고 입력 데이터를 병렬 단어로 출력시키며, 패리티와 오버런 오류(overrun error)를 체크한다.

UBHR 사용자 블록 취급 루틴 user block handling routine의 약어.

ubiquitous[juːbíkwətəs] **유비쿼터스** 유비쿼터스는 물이나 공기처럼 시간과 공간을 초월하여 '언제, 어디서나 존재한다'라는 의미를 지닌 라틴어에 어원을 두고 있다. 1988년 미국 사무용 복사기 제조회사인 제록스 연구소의 마크 와이저(Mark Weiser; 1952~1999) 박사가 '유비쿼터스 컴퓨팅(ubiquitous computing)'이라는 용어를 사용하면서 등장한 단어. ⇨ 그림 참조

ubiquitous computing[-kəmpjúːtiŋ] **유비쿼터스 컴퓨팅** 유비쿼터스 컴퓨팅은 「ubiqutious」와 「computing」이 결합된 단어로 「언제 어디서든 어떤 기기를 통해서도 컴퓨팅할 수 있는 것」을 의미한다. 따라서 네트워크와의 연결 · 이동성이 핵심 요소이다. 일반적으로 유비쿼터스 컴퓨팅은 유 · 무선 네트워크 접속 기능을 갖춘 컴퓨터뿐 아니라 네트워크와의 교신 능력을 가진 초소형 칩을 TV · 냉장고 · 전자레인지 등 가전기기 · 자동차 · 진열대 등 모든 기기 · 사물에 내장해 각종 정보를 손쉽게 송 · 수신, 생활을 보다 편리하게 해주는 것을 의미한다. 초기 음성 통화 기능만을 가졌던 휴대 전화 또한 최근 기술 발달로 무선 인터넷 접속 · 이메일 · 데이터 전송 컴퓨팅 기능을 갖추면서 유비쿼터스 환경의 핵심 기기로 자리잡고 있다. 수백 대의 컴퓨터가 마치 한 방에 있는 것처럼 운용되게 하면서 컴퓨터는 보이지 않게 함으로써 컴퓨터가 없었던 예전처럼 특별한 지식없이 종이로만 서류 작업을 하듯이 전자 서류 작업을 하는 방법이다.

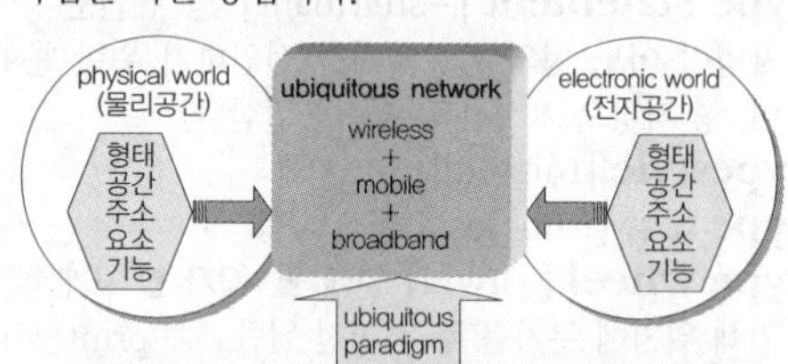

〈유비쿼터스 개념〉

UCB 장치 제어 블록 unit control block의 약어.

UCL 상위 관리 한계 upper-control limit의 약어.

UCS 유니버설 문자 세트 universal character set의 약어. 각종 문자 세트를 사용할 수 있는 인쇄 장치의 기구.

UCSD PASCAL UCSD 파스칼 캘리포니아 대학 샌디에고 학교에서 개발된 파스칼로서 마이크로컴퓨터를 다루는 것과 문자열을 다루는 파스칼에 대

한 확장을 포함하고 있다.

UCSD P-system UCSD P-시스템 캘리포니아 대학 샌디에고(분교)에서 개발된 소형 컴퓨터를 위한 운영 체제. 텍스트 에디터와 FORTRAN, 마이크로소프트 BASIC, PASCAL 등의 여러 가지 언어의 컴파일러를 포함하는 시스템. 시스템 컴파일러의 P는 의사 컴퓨터(pseudo computer)를 나타내고, 즉 P 코드(P-code)를 만들어내고, P 코드는 실제 컴퓨터에서 작동하는 P 코드 인터프리터가 번역, 수행한다.

UCW 장치 제어 워드 unit control word의 약어.

UDC 국제 10진 분류(법) universal decimal classification의 약어. Dewey에 의한 10진 분류법을 기초로 1907년에 최초의 분류법이 간행되었다. 현재는 FID(Fédération Internationale de Documentation)가 관리하고 있고 만국 공통 분류법으로 도서의 분류 등에 널리 이용되고 있다. 사상(事象)을 분류하는 주분류에서는 먼저 전체를 10으로 분류하여 10진 숫자를 할당한다. 0 : 일반 사항, 총기(總記), 1 : 철학, 2 : 종교, 신학, 3 : 사회 과학, 4(사용하지 않음), 5 : 수학, 자연 과학, 6 : 응용 과학, 의학, 공학, 농학, 7 : 미술, 사진, 음악, 오락, 스포츠, 8 : 언어 및 문학, 9 : 지리, 전기, 역사. 그 각각을 더 자세히 분류하고 있는데, 예를 들면 전기 공학은 621.3이다. 이것은 주표수(主標數)라고 한다. 분류의 세분은 분야에 따라 다르고, 또 비어 있는 번호도 가능하므로 분류 항목을 몇 가지라도 추가할 수 있다. 한정된 범위의 주표수만큼 결합 가능한 고유 보조 표수가 각 분류 항목에 준비되어 있다. 예를 들면 전압을 나타내는 고유 보조 표수 621.3.015를 621.313.2 직류기와 조합시켜 621.313.2.015는 직류기의 전압을 나타낸다. 더욱이 미리 주표수에 대해서 다음의 공통 보조 표수를 자유로이 조합해서 사용해도 좋다.

(0…) 형식
621.3(031) 전기 공학 대사전
= 언어, 국어
(…) 장소
" " 시
621.3.001.1 전기 공학 이론

분류표의 한 항목에서 표현할 수 없는 복잡한 개념은 아래 기호를 사용하여 표현한다.

\+ 다른 개념의 위치
621.3+628.9 전기 공학과 조명 공학
/ 개념의 연속
621.313.222/224 직권기(直捲機), 복권기(復捲機)
:, [ ] 관련되어 있는 개념
621.3 : 51 전기 수학

국제 10진 분류법은 매우 다양해서 강력한 표현력을 가진 분류법이다.

UDF 사용자 정의 함수 user-defined function의 약어.

UDK 사용자 정의 키 user-defined key의 약어.

UDMA ultra direct memory access의 약어. 하드 드라이브와 컴퓨터 사이에 있는 인터페이스의 새로운 프로토콜. UDMA는 데이터 전송률을 33MB/sec 속도로 두 배 조정함으로써 ATAPI/EIDE를 더욱 개선시켜 준다.

UDP user datagram protocol의 약어. 인터넷과 같이 실제의 물리적 접속이 없는 통신 환경에서 데이터를 전송하는 데 사용되는 프로토콜.

UDS 유틸리티 정의 명세 utility definition specification의 약어.

UFI 사용자 친밀 인터페이스 user friendly interface의 약어. UFI는 터미널로부터 구조화 질의어(SQL)를 받아 그것들을 실행하기 위하여 시스템 R로 보내고 실행 전 결과를 터미널로 보낸다. 또한 UFI는 출력을 통제하여 미리 들어간 SQL 문장을 수정하고 미리 들어간 SQL 문장을 재실행하는 등 여러 가지 특수한 명령어를 제공한다.

U-fomat 부정 형식 unfixed format의 약어. 데이터 블록의 길이가 일정하지 않는 경우의 데이터 세트.

UG 사용자 그룹, 이용자 그룹 user group의 약어.

UHF 극초단파 ultra high frequency의 약어. 300~3,000MHz의 주파수로서 파장의 길이가 10cm~1M의 범위인 것. VHF(초단파)보다 파장이 짧고 지향성이 강하기 때문에 서비스 영역은 제한되나 더 많은 채널을 가질 수 있다.

UHL 사용자 색인 레이블 user header label의 약어.

UHP 유니버설 호스트 프로세서 universal host processor의 약어.

UI (1) **사용자 인터페이스, 이용자 인터페이스** user interface의 약어. ⇨ user interface. (2) **유닉스 인터내셔널** Unix International의 약어. OSF에 대항하여 1989년 1월에 AT & T나 선 마이크로시스템즈 사 등에 의하여 설립된 유닉스 System V 버전 4의 보급/표준화를 위한 컨소시엄이며, 본부는 미국 뉴저지 주에, 사무소는 동경, 벨기에, 싱가폴에 있다.

UICN 종합 지적 통신망 universal & intelligent communications network의 약어. ISDN보다 진보된 통신망으로서 1990년대 후반을 장식할 것으로 기대되는 B-ISDN에 이어 등장할 2000년대 이후의 차세대 통신망. 즉, 전기 통신의 초고속 대용량화와 지적 정보 처리 기능의 융합을 지향하고 있는 것이다. UICN은 첫째, 각 가정에까지 광섬유 케이블로 된 통신선이 부설되어 개인이 언제든지 필요할 때 하이비전 TV나 입체 TV 방송을 볼 수 있고 홈쇼핑, 재택 근무, 전자 도서관 등과 같은 고도의 전자적 편의성을 제공한다. 둘째, 사무실에서는 고도의 발달된 데이터 통신을 비롯한 텔레비전 회의, 자동 번역기 부착 TV 전화 등에 의해 본사 사무실, 지방 지사, 공장, 가정에서 동시에 유기적으로 업무를 수행할 수 있다.

UIL user interface language의 약어. 사용자 인터페이스를 표현하기 위하여 기술하는 사용자 레벨의 언어. DEC 사가 개발하고 OSF/Motif에 채택되었다.

UIM 사용자 인터페이스 모델 user interface model의 약어.

ULD 보편 언어 정의 universal language definition의 약어.

ULI Underwriters Laboratories Inc.의 약어. 미국 내에서 판매하고 있는 상품에 대한 안전도 검사를 하는 기관.

ULSI 극대규모 집적 회로 ultra large scale integration의 약어. IC(집적 회로), LSI(대규모 직접 회로), VLSI(초대규모 집적 회로 ; very large scale integration)로 진전되어 온 전자 회로 부품의 소형 경량화를 한층 더 진척시킨 초고밀도 집적 회로. VLSI의 한 단계 위인 Ultra의 U를 따서 ULSI라고 한다. 1959년에 나온 IC는 해마다 그 규모가 등비급수적으로 커져, 처음에는 한 장의 실리콘 칩 위에 수십 개였던 것이 수천, 수만으로 늘어나 LSI, VLSI로 커졌다. 1985년을 지나 이 집적도를 개발의 목표로 삼아 100만(메가)비트급을 넘고, 이윽고 16메가비트에서 64메가비트라는 수조차 화제에 오르고 있다.

ultra[ʌ́ltrə] **초(超), 극(極)**

Ultra DMA 66 HDD 1초당 66MB로 데이터를 전송하는 하드 디스크 드라이브. CRC(순환 중복 검사) 기능을 지원함으로써 대용량 데이터를 전송할 때 발생하는 오류 문제가 개선되었다. 데이터 접근 시간이 8ms이고 디스크 회전 속도는 7,200rpm이다.

Ultra DMA 울트라 DMA Ultra ATA 규격에서 채용된 IDE의 전송 모드. 최대 전송 속도 33MB/초로, 8 Ultra DMA/33이라고도 한다. 최대 전송 속도 66MB/초의 전송 모드를 가진 Ultra DMA/66이 현재 책정중이다. ⇨ Ultra ATA, IDE, DMA

ultrafiche[ʌ́ltrəfìːʃ] *n.* **울트라피시** 100분의 1 이상의 축소율을 갖는 마이크로필름 시트. 필름 한 장에 100페이지, 약 300만자 정도의 글자를 수록할 수 있다.

ultra-high frequency[ʌ́ltrə hái fríːkwənsi] **UHF, 극초단파, 극초주파수**

ultra large scale integration[–láːrdʒ skéil intəgréiʃən] **극대규모 집적 회로** 한 개의 칩에 백만 또는 그 이상의 소자를 집적시킨 것. VLSI보다 집적도가 더 높은 것을 가리킨다. ⇨ Integrated circuit

Ultra SCSI 울트라 스카시 SCSI-2(fast SCSI)의 전송 속도를 배로 증가시킨 SCSI 규격. 전송 속도는 8비트 버스 폭에서 20MB/s이다. 버스 폭을 더욱 배로 증가시킨 것은 16비트이다. 40MG/s의 울트라 와이드 SCSI와 구별하기 위해 내로우(Narrow)라고 부른다.

ultrasonic bonding[ʌ̀ltrəsánik bándiŋ] **초음파 본딩** 리드선, 아주 가는 선, IC 칩 등을 초음파 진동을 가해 압착하는 것.

ultrasonic delay line[–diléi láin] **초음파 지연선** 초음파의 전파 속도를 이용하여 신호를 지연시키는 지연선. 초음파 기억 장치에 이용된다. ⇨ acoustic delay line

ultrasonic memory[–méməri(ː)] **초음파 기억 장치** 지연 기억 장치의 일종으로 초음파의 전파 시간에 의한 지연을 이용하는 장치. 초음파 매체로는 니켈선, 수은 등이 이용된다.

ultrasonics[ʌ̀ltrəsániks] *n.* **초음파 공학** 가청 한계(20kHz) 이상의 주파수를 갖지만 음파와 같은 성질을 갖는 압력파에 대하여 연구하는 학문.

ultrasonic wave[ʌ̀ltrəsánik wéiv] **초음파** 인간이 들을 수 없는 20kHz 이상의 음파.

ultrasonic wire bonding[–wáiər bándiŋ] **초음파 와이어 본딩** 반도체 소자와 세밀한 리드선을 접속하는 방법으로, 초음파에 의해 압착시킨다.

ultraviolet erasable PROM 자외선 소거 가능 PROM 칩 포장 용기에 자외선을 쬘 수 있는 투명한 창이 있는데, 그곳을 통해 고밀도의 자외선을 쬐어서 저장된 정보를 지우고 원하는 내용을 다시 프로그램할 수 있다. ROM들은 보통 그 기억 장치에 프로그램된 2진 정보를 영구히 보존하여 한 번 프로그램된 내용은 변경할 수 없지만 PROM에서는 정보를 반영구적인 형태로 기억하여 지울 수도 있고 새로운 정보를 프로그램해 넣을 수도 있다. 지울 수 있는 PROM 중에는 짧은 파장의 자외선으로 지울 수 있는 것도 있다.

ultraviolet light[ʌ̀ltrəváiələt láit] **자외선** 파장이 가시 광선보다 짧고 X선보다 긴 광선.

ultraviolet light erasing[–láit iréisiŋ] **자외선 소거** EPROM 칩에 기록된 내용을 강한 자외선을 이용하여 삭제하는 것.

ultraviolet ray[-réi] **자외선** 화학 작용이 강하고, 살균성이 있으며 소거형 피롬(EPROM)에 저장, 수록된 데이터를 지우는 데 쓰이며, 파장이 가시 광선보다 짧고, X선보다 긴 광선이다. ⇨ ultraviolet light

ULTRIX 울트릭스 디지털 이퀴프먼트 사(DEC)에서 개발한 VAX 계열의 컴퓨터에 적용하는 유닉스 운영 체제의 종류.

UMA 통합 메모리 구조 unified memory architecture의 약어. 메인 메모리의 일부를 그래픽 메모리로 이용하는 아키텍처. 사용하지 않는 메인 메모리를 효과적으로 사용하기 위해 개발되었다.

UMB 상위 메모리 블록 upper memory block의 약어. DOS 메모리 확장 방법의 하나. 0xA0000-0xFFFFF 리얼 모드 공간(i8086에서 액세스 가능한 주소)에 배치된 메모리에 확장 메모리를 할당하고 디바이스 드라이브나 입출력용 버퍼 영역을 배치하여 응용 프로그램의 사용이 가능한 메모리 공간을 넓혀준다.

UML unified modeling language의 약어. 객체지향분석과 설계를 위한 모델링 언어. UML은 Booch, Rumbaugh, Jacobson이 주장하는 각각의 객체지향방법론 중에서 장점들을 통합하여 여러 가지 방법론들을 모두 표현할 수 있도록 만든 언어이다. UML은 8가지 다이어그램(diagram)으로 구성되어 있다.

UMS 통합 메시징 시스템 unified messaging system의 약어. 전자 메일, 음성, 팩스 등 다양한 형태의 모든 메시지 유형들을 하나의 우편함에 저장, 관리하는 시스템. 음성과 데이터의 통합으로 메시지가 어떤 유형의 데이터든지 관계없이 관리하는 기술이다. 사용자 입장에서는 서로 다른 유형의 메시지를 하나의 메일 박스(mail box)에서 검색하고, 처리할 수 있는 장점이 있다.

UMTS universal mobile telecommunication system의 약어. 유럽 전기 통신 협회(ETSI)가 장기 계획으로 추진중인 시스템으로 셀룰러 방식 이동 통신, 코드 없는 전화, 텔레포인트, 무선 LAN 및 무선 호출 등 모든 종류의 이동 통신을 결합한 통합 이동 통신 시스템.

unallocate[ʌ̀nǽləkéit] *v.* **할당을 해제하다**

unallowable digit[ʌ́nəlàuəbl dídʒit] **비인가 숫자** 컴퓨터나 기계 장치 혹은 특정 루틴에 대해 타당한 표현으로 받아들일 수 없는 비트의 조합이나 문자로서 오동작 원인이 된다.

unallowable instruction digit[-instrʌ́kʃən dídʒit] **비인가 명령어 숫자** 특정한 기계나 특수한 처리에 대해 유효한 표현으로 받아들일 수 없는 문자나 비트의 모임.

unanticipated fault[ʌ̀nəntísəpèitəd fɔ́:lt] **예상 외 고장** 회로의 단락, 단선 등과 같이, 예측 불가능한 어떤 시스템의 요소나 장치가 원하는 방법대로 수행하지 못하게 되는 상태.

unary operation[ʌ́nəri àpəréiʃən] **단항 연산** 단지 하나의 오퍼랜드에 대한 연산. 예 부정

unary operator[-ápərèitər] **단항 연산 기호** 하나의 오퍼랜드에 대해서만 연산을 표시하는 연산자.

unassign[ʌ́nəsàin] *v.* **할당을 해제하다**

unattached standby time[ʌ̀nətǽtʃt stǽndbài táim] **비고정 대기 시간** 기계가 불확실한 상태에 있으면서 동작하지 않는 시간으로서 기계가 고장이 나서 작업이 중단되었다가 다시 동작 상태로 될 때까지 복구시키는 시간이나 정전으로 인한 복구 시간을 포함한다.

unattended[ʌ̀nəténdəd] *a.* **무인(無人)의, 부재(不在)의** 오퍼레이터(operator)가 없는 경우, 즉 기계를 조작하는 사람이 한 사람도 없는 경우를 표시한다. unattended operation은 부재시 조작을 나타낸다. 대개 컴퓨터는 그 내부에 니켈 카드뮴(Ni-Cd) 전지 등을 내장하고 있고, 그 조작 환경과 타이머(timer)의 보존 유지 등에 사용된다. 그 때문에 타이머에 의한 무인 작동 등도 가능하도록 되어 있다. 특히 연구소와 기업 등에서 사용되고 있는 대형 컴퓨터에서는 일괄 처리에 의해서, 백그라운드로 프로그램의 실행(run)이 가능하게 되어 있다.

unattended concentrator program[-kánsəntrèitər próugræm] **부재 집중기 프로그램** 고장으로부터 시스템을 보호하여 주컴퓨터를 돕는 집중기를 위한 프로그램.

unattended data acquisition system[-déitə ǽkwizíʃən sístəm] **부재 자료 획득 시스템** 일반적으로 미리 정한 기준으로서 성능을 비교하고 나중의 전송을 위한 허용 오차 내역을 기록하는 시스템.

unattended environment[-inváirənmənt] **무인 환경**

unattended mode[-móud] **부재 방식**

unattended operation[-àpəréiʃən] **자동 운전, 부재 작동** 운전자 없이 데이터를 송수신하는 것. 즉, 터미널이나 스테이션에서의 자동적인 조작 기능으로서 사람이 없어도 메시지 송수신을 실행할 수 있는 것.

unattended standby time[-stǽndbài táim] **부재 대기 시간**

unattended time[-táim] **부재 시간** 장치가 고장이나 알 수 없는 이유로 동작하지 않는 상태에

놓여 있고 사용되지 않는 시간. 고장나 있는 시간도 포함한다.

unauthorized[ʌnɔ́:θəràizd] *a.* **무허가 (의)**

unauthorized user[-jú:zər] **무허가 사용자**

unavailable time[ʌ̀nəvéiləbl táim] **사용 불능 시간** 컴퓨터 시스템의 기능 단위를 이용자가 사용할 수 없는 시간. 통상 정기 보수 시간과 다운 시간의 합계를 말한다. 사용 가능 시간(available time)과 대비된다.

[주] 이용자의 입장으로 보아 기능 단위를 사용할 수 없는 시간.

unbalanced[ʌnbǽlənst] *a.* **불평형** 2선식 회로에서 한쪽의 임피던스가 다른쪽과는 다른 상태.

unbalanced circuit[-sə́:rkit] **불평형 회로**

unbalanced class[-klá:s] **불평형 클래스**

unbalanced merge sort[-mə́:rdʒ sɔ́:rt] **불평형 병합 정렬법** 분류(소트 ; 정렬) 방법의 일종. 주기억 장치를 사용한 내부 정렬법에 의해서 만들어낸 정렬 마무리의 스트링을 이용 가능한 몇 개의 보조 기억 장치로 분배한다. 분배할 때는 반드시 균등일 필요는 없고, 이들 스트링을 나머지 이용 가능한 보조 기억 장치 상에 병합(merge)한다. 전 항목이 하나의 정렬 마무리 집합으로 들어가 버릴 때까지 이 과정을 되풀이한다.

unbiased estimator[ʌnbáiəst éstimèitər] **불편 추정량** 모집단의 모수 추정에 있어서 그것의 추정량의 분산이 원래 모수 분산과 같을 때 그 추정량을 가리켜 불편 추정량이라고 한다.

unblind[ʌnbláind] *n.* **언블라인드, 구분 부호** 데이터 전송에 있어서 송신 정보 중 수신측에 인쇄할 필요가 없는 부분을 에워싸는 데 사용하는 특정 문자. 수신 무효를 지시하는 문자를 블라인드, 타절(打切) 부호를 언블라인드라고 한다.

unblocked[ʌ̀nblákt] *a.* **비블록화**

unblocked record[-rékərd] **비블록화 레코드** 각 블록 중에 항상 단지 한 개의 레코드 또는 스팬화 레코드가 기록되어 있는 파일 중의 레코드.

unblocking[ʌ̀nblákiŋ] **블록 해제** 기억 장치에 있는 블록으로부터 하나 이상의 레코드를 분리해서 얻는 과정.

unbundling[ʌ̀nbʌ́ndliŋ] *n.* **분리하는, 가격 분리 (방식), 언번들링** 하드웨어(기계)와 독립적으로 소프트웨어, 즉 프로그램, 서비스 등(이용 기술)의 가격을 분리해서 판매하는 방식. 1970년대부터 IBM이 개시한 것. 소프트웨어의 기능이 다종 다양하게 되고, 프로그램(소프트웨어)의 개발, 유지비가 컴퓨터 메이커에 있어서 큰 부담이 되기 시작했으므로 이 판매 방식을 채용하는 메이커가 많아지고 있다. 가격 비분리(bundled)와 대비된다.

uncatalog[ʌ̀nkǽtəlɔ̀(:)g] *v.* **언카탈로그하다** 시스템 카탈로그에 등록되어 있는 데이터 세트(파일)의 정보를 소거하는 의미를 갖는다.

uncataloged file[ʌ̀nkǽtəlɔ̀(:)ged fáil] **미등록 파일**

uncertainty[ʌnsə́:rtəniti(:)] *n.* **불확실성** 전문가 시스템에서 상담하는 동안에 확실히 결정될 수 없는 값을 의미하는 것으로, 대부분의 전문가 시스템이 불확실성을 수용한다.

uncertainty analysis[-ənǽlisis] **불확실성 해석**

uncoded information[ʌ̀nkóudid ìnfərméiʃən] **비코드화 정보** 문서나 정보 중에서 큰 비중을 갖는 영상 정보나 디지털, 비디오 정보에 대비해서 코드화가 불가능하거나 곤란했던 정보를 디지털 신호 형태로 표현한 것. 즉, 문서 중에 삽입되는 도표, 서명, 인장, 화상, 수기 문자 등과 같은 정보를 스캐너로 주사 · 분해하여 분해된 각 화소를 디지털로 표현할 수 있다.

uncommitted dependency problem[ʌ̀nkəmítəd dipéndənsi(:) prábləm] **미완성 종속 문제** 미완성 종속 문제란 한 트랜잭션이 다른 트랜잭션이 사용하고 있는 데이터를 사용하고자 할 때 일어나는 문제.

uncommitted storage list[-stɔ́:ridʒ líst] **유휴 기억 장소 리스트** 체인으로 서로 연결되어 있으나 어떤 한 순간에는 할당을 받지 않는 기억 장소의 블록들.

unconditional[ʌ̀nkəndíʃənəl] *a.* **무조건(의)** 어떤 제약도 받지 않는 것. 컴퓨터에서는 그 밖에 어떤 조건이 있어도 이 지정이 있으면 그것을 실행하는 것을 말한다.

unconditional branch[-brǽntʃ] **무조건 분기** GOTO 문에 의한 분기를 일컫는 것. 다음에 행해지는 명령의 번지를 무조건 변경하고 싶을 때 사용하는 명령으로, 다음 명령은 어드레스 부분이 지정하는 번지에서 꺼내어 실행된다.

unconditional branch instruction[-instrʌ́kʃən] **무조건 분기 명령, 무조건 점프 명령** 프로그램의 그때까지의 조건과 상태에 무관하게 그 제어를 다른 부분으로 옮기는 명령. FORTRAN이나 BASIC에 있어서의 단순 GO TO 문(unconditional GO TO statement) 등을 말하며, 이 명령에 의해 프로그램은 그 외의 조건에 상관없이 지정된 행번호의 장소로 옮겨 그 명령을 실행하게 된다. 무조건 점프 명령(unconditional jump instruction)이라고도 한다. 일반적으로 조건부 분기 명령(conditional branch instruction)과 대비된다.

unconditional branch statement[-stéitmənt] **무조건 분기문** 프로그램의 순차적 수행 순서에서 이탈하여 지정된 곳으로 무조건 분기를 지시하는 문장.

unconditional control-transfer instruction[-kəntróul trænsfə́:r instrʌ́kʃən] **무조건 제어 전송 명령** 항상 분기를 수행하게 하는 명령. 즉, 무조건 분기를 의미한다. ⇨ unconditional jump instruction

unconditional force[-fɔ́:rs] **무조건 치환**

unconditional GO TO statement **단순 GO TO 문, 무조건 GO TO 문**

unconditional jump[-dʒʌ́mp] **무조건 점프** 점프의 일종이며, 그것을 지정하는 명령이 실행되면 반드시 일어나는 것.

unconditional jump instruction[-instrʌ́kʃən] **무조건 점프 명령** 무조건 점프를 지정하는 명령. 즉, 다음 실행할 명령을 지정된 번지에서 취할 것을 요구한다.

unconditional request[-rikwést] **무조건 요구**

unconditional statement[-stéitmənt] **무조건문** 유일한 실행 순서를 지정하는 명령문.

unconditional transfer[-trænsfə́:r] **무조건 전송, 무조건 이동** 이 명령을 실행하면 반드시 해당 어드레스로 점프하는 것. 프로그램 루프를 만들 때 주로 사용된다. 이것에 대해서 조건이 만족했을 때에만 점프하는 조건부 점프 명령도 있다.

unconditional transfer branch[-brǽntʃ] **무조건 전송 분기**

unconditional transfer control[-kəntróul] **무조건 전송 제어** ⇨ unconditional branch

unconditional transfer instruction[-instrʌ́kʃən] **무조건 전송 명령** ⇨ unconditional jump instruction

unconditional transfer of control[-əv kəntróul] **제어의 무조건 변경**

uncontrolled loop[ʌ̀nkəntróuld lú:p] **제어되지 않은 루프** 논리적으로 끝이 나지 않는 프로그램 루프. ⇨ infinite loop

uncorrectable error[ʌ̀nkəréktəbl érər] **정정 불가능 오류** 오류 정정 회로(또는 기능)에서 수정 불가능한 오류로 프로그래머의 의향이 결정될 수 없을 때 문장은 무시하고 다음 문장을 계속 수행한다.

UnCover2 CARL(colorado alliance research libraries)이 개발한 데이터 베이스로 10,500개의 멀티디서프리너리 전문 잡지의 데이터 베이스. 설명적 정보와 개론을 포함하며 논문 인용까지도 알려준다. 선택된 논문의 배달은 팩스로 이루어지며 24시간 이내에 배달되는 것을 목표로 하고, 요금은 서비스를 이용하는 비용과 일반적으로 배달된 각 논문에 대하여 저작료가 지불된다.

undecidable[ʌ̀ndisáidəbl] *a.* **결정할 수 없는**

undecidable problem[-prábləm] **결정 불가능 문제** 모든 인스턴스(instance)에 대한 답을 올바르게 결정할 수 있는 알고리즘이 존재하지 않는 결정 문제(decision problem).

undefined[ʌ̀ndifáind] *a.* **미정의** 부정의. 불확정의. 건이나 상태가 부정확한 것을 표시한다. 컴퓨터에서는 변수(variable)와 배열 요소(array element), 그 밖에 여러 가지 형식이 정의(define)되어 있지 않은 것을 나타낸다. 정의된 것을 defined라고 한다. 예를 들면 FORTRAN에서는 주어진 변수와 배열형이 실수(real)인가, 정수(integer)인가, 문자(character)인가 하는 것. FORTRAN에서는 최초에 변수 등의 기억 영역을 취하기 위하여 형 선언이 필요하지만 묵시형(implicit type)으로서 A~H, O~Z로 시작되는 변수는 실수형, I~N으로 시작되는 변수는 정수형이라고 하는 구별이 있다.

undefined character[-kǽrəktər] **미정의 문자**

undefined concept[-kánsept] **미정의 개념**

undefined format[-fɔ́:rmæt] **U-format, 불확정 형식**

undefined instruction[-instrʌ́kʃən] **미정의 명령**

undefined length record[-léŋθ rékərd] **부정 형식 레코드, 불확정 길이 레코드** 논리적 또는 물리적으로 관련이 있는 레코드 그룹에 있어서 각각의 레코드 길이가 부정인 레코드. 고정 길이 레코드(fixed-length record)나 가변 길이 레코드(variable-length record)와 대비된다.

undefined problem[-prábləm] **미정의된 과제**

undefined record[-rékərd] **부정 형식 레코드, 불확정 형식 레코드** 자기 테이프나 자기 드럼 상의 파일 레코드의 길이가 일정치 않은 것. 이와 같은 블록이나 레코드의 최초에는 블록의 파일 구성과 블록 간의 관계를 단어(words)와 바이트(bytes)로 기술한 블록 헤더(block header)나 소프트웨어에 필요한 데이터 요소(data element)나 필드(field) 등의 정보를 기술한 레코드 헤더 등이 있고 블록과 레코드의 관리에 사용되고 있다. 이들이 없는 것을 일반적으로 부정 형식이라고 한다.

undefined symbol[-símbəl] **미정의 기호**

undefined system[-sístəm] **미정의 시스템**

undefined term[-tə́:rm] **무정의 용어**

undelete[ʌ̀ndilí:t] *v.* **되살림** 지웠던 파일을 다시 되살리는 것.

under-carpet flat cable[ʌ́ndər ká:rpət flǽt kéibəl] **언더카펫 평면 케이블** 카펫 밑에 부설하는 박형(薄形) 케이블로 배선 대책 중의 하나.

under damping[-dǽmpiŋ] **언더 댐핑** 최초의 응답으로 진동하는 성분이 억제되지 않고 존재하는 것.

under floor air supply[-flɔ́:r ɛ́ər səplái] **언더 플로어 송풍 방식** 바닥 밑에서 컴퓨터 밑 부분에 냉각용 바람을 불어넣는 방식으로 컴퓨터를 냉각시키기 위함이다.

underflow[ʌ́ndərflòu] *n.* **아래 넘침, 언더플로** 넘침(overflow)의 대비어로 사용된다. 즉, 산술 연산에 있어서 계산 결과의 절대값이 너무 작아서 사용하고 있는 기수법의 범위에서는 표시할 수 없는 상태. 또는 그와 같은 결과 자체를 가리킨다. 예를 들면 유동 소수점 표시(floation point representation)를 사용하고 있는 경우, 미리 정해진 단위를 넘은 「음(負)」의 지수가 발생했을 때, 또는 표시할 수 있는 「0」이 아닌 최소값보다 작은 계산 결과가 생겼을 때 이 상태가 된다.

[주] 산술 연산에 있어서 절대값이 너무 작기 때문에, 사용하고 있는 기수법의 범위에서는 표시할 수 없는 것과 같은 결과. 예를 들면, ① 특히 유동 소수점 표시법이 사용되고 있는 경우, 결과가 표시할 수 있는 0이 아닌 최소값보다 작을 때 이 상태가 된다. ② 허용된 범위를 넘는 음의 지수가 발생하면 결과는 하위 자릿수 넘침이 된다.

underflow characteristic[-kæ̀rəktərístik] **언더플로 특성** 산술 연산의 결과가 컴퓨터가 표현할 수 있는 범위보다 작을 때 발생하는 상태.

underflow indicator[-índikèitər] **언더플로 표시기** 컴퓨터에서 컴퓨터가 언더플로 상태에 있음을 나타내는 시각적 표시.

underline[ʌ̀ndərláin] *n. v.* **언더라인, 밑줄, 밑줄을 긋다** 어떤 문자를 강조(emphasis)하거나 눈에 띄도록 문자 아래에 긋는 선. 밑줄은 한 선이 아니어도 좋으며, 두 선과 파선 등 여러 가지 종류가 있고, 워드 프로세서 등에서는 어떤 종류라도 밑줄은 지원하고 있으며, 사용자는 간단히 이들의 기능을 사용할 수 있도록 되어 있다. 또 일부 워드 프로세서에서는 세로쓰기로 문장을 썼을 때 그 우측으로 선이 그어지는 오버라인(over line)이 사용되는 경우도 있다. 이것을 right side line이라고 부르지 않는 것은 프린터에서 세로쓰기 문자를 인쇄할 때, 글자가 90도 각도로 되어 출력되기 때문에 밑줄이 문자의 위쪽에 오기 때문이다.

underlying graph[ʌ̀ndərláiiŋ grǽf] **언더라잉 그래프** 방향 그래프에서 모든 선분의 방향을 제거한 그래프.

under punch[ʌ́ndər pʌ́ntʃ] **아래 자리 천공** 천공 카드에서 9번째 행 밑으로 천공된 구멍.

underscore[ʌ̀ndərskɔ́:r] *n.* **밑선**

undershoot[ʌ́ndərʃùt] *v.* **언더슈트** 스위칭 파형이 하강할 때, 과도적으로 저레벨을 초월하여 기준선 이하로 내려가는 현상 또는 하강분. 오버슈트(overshoot)가 대비어이다. ⇨ overshoot

understandability[ʌ̀ndərstæ̀ndəbíliti(:)] *n.* **알기 쉬움, 이해성, 이해하기 쉬움** 소프트웨어 품질 특성의 하나로 소프트웨어의 명확성, 간결성, 구조의 양질 등 반드시 정량적이지는 않지만 소프트웨어의 이해성을 나타내는 척도. 완성된 프로그램의 작성 목적이 제3자에게 명확한 표현으로 표시되어 있는 경우를 가리킨다. 프로그램 중에서 논리적인 흐름이 단순화되어 있고, 복잡하게 코드화한 명령 부분에는 국소적인 주석이 달리며 간략 기호가 모순 없이 사용되고 있는 것 등을 들 수 있다.

undetected error[ʌ̀nditéktəd érər] **미검출 오류**

undetected error rate[-réit] **미검출 오류율** 전송된 비트의 총수에 대하여 오류 제어 장치에 의해 검출되지 않고 수정되지 않은 잘못 수신된 비트 수의 비율.

undirected graph[ʌ̀ndiréktid grǽf] **무방향 그래프** 그래프를 구성하는 각 모서리에 방향이 없는 그래프.

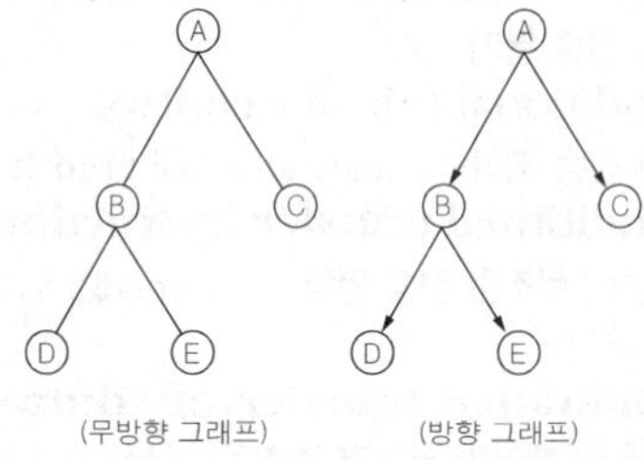

(무방향 그래프) (방향 그래프)

undisturbed output signal[ʌ̀ndistə́:rbd áutpùt sígnəl] **비교란 출력 신호** 완전한 판독 펄스가 도착했을 때 사전에 기억 장치로부터 1 또는 0으로 설정되어 출력되는 신호로서 반 선택 펄스에 방해되지 않는 것.

undo[ʌndú:] *v.* **취소하다** 어떤 프로그램에서 방금 내린 명령을 취소하고 그 명령을 내리기 전의 상태로 되돌리는 일. 예를 들어 에디터에서 실수로 한 줄을 지워버렸을 때를 대비하여 취소 기능이 있어야 한다.

UN/EDIFACT EDI(electronic data interchange ; 전자 데이터 교환)의 세계적인 표준으로 1987년 유럽 주도로 국제 표준화 기구(ISO ; international standard organization)에 등록되어 표준화가 진행되고 있다.

unexpected halt[ʌnikspéktəd hɔ́:lt] **예기치 않은 정지** 인터럽트나 정지 명령에 기인하지 않은 프로그램의 정지. 대개 프로그램 오류나 하드웨어의 고장에 의해 발생한다.

unfixed format[ʌnfíkst fɔ́:rmæt] **부정 형식** 데이터 블록의 길이가 일정하지 않은 경우의, 데이터 세트. ⇨ U-format

unformatted[ʌ́nfɔ̀:rmeitəd] *a.* **서식 없음, 포맷되어 있지 않은** 프린터 용지나 천공 카드(punched card), 자기 테이프(magnetic tape), 자기 드럼(magnetic drum)과 같은 매체(medium) 상에 입출력의 표시 규격을 정하지 않고 데이터를 배열하는 것. 또 플렉시블 디스크(flexible disk)에 데이터가 안정하게 판독과 기록을 할 수 있도록 갭(gap)을 두지 않는 것. FORTRAN에서는 서식을 지정하지 않고, 온라인의 자기 디스크(magnetic disk), 자기 드럼과 같은 고속 판독 메모리(repid-access memory) 상의 데이터 세트로부터 FORTRAN 기록을 변환하지 않고 기억 장치로 기입하는 것을 서식 없는 READ 문(unformatted READ statement)이라고 한다. 반대로 입력하는 것을 서식 없는 WRITE 문(unformatted WRITE statement)이라고 한다.

unformatted data[-déitə] **부정 양식 데이터**

unformatted diskette[-dískət] **부정 양식 디스켓**

unformatted display[-displéi] **부정 양식 표시**

unformatted FORTRAN record **서식이 없는 FORTRAN 기록, 부정 양식 포트란 기록**

unformatted input[-ínpùt] **기본 입력**

unformatted message[-mésidʒ] **부정 양식 메시지**

unformatted READ statement **서식이 없는 READ 문, 부정 양식 READ 문**

unformatted record[-rékərd] **부정 양식 레코드**

unformatted request[-rikwést] **부정 양식 요구**

unformatted sequential input output statement[-si:kwénʃəl ínpùt áutpùt stéitmənt] **부정 양식 순차적 입출력문**

unformatted WRITE statement[-ráit stéitmənt] **서식이 없는 WRITE 문, 부정 양식 WRITE 문**

uni-[jú:ni-] **단일, 단(單)**

uni-bus[-bʌ́s] **단일 버스** 주로 미니컴퓨터에서 모든 주변 장치, 기억 장치, 중앙 처리 장치를 한 개의 모선(母線)으로 결합하고 이런 각 장치에 통신을 위한 같은 신호의 조(組)를 이용하여 통신 형성도 같아지도록 하는 모선. 따라서 메모리를 참조하는 데 사용되는 명령의 조는 주변 장치를 참조하는 데도 사용된다. 단일 버스는 구조적으로는, 예를 들면 56개의 신호선으로 이루어지고, 모든 장치는 이런 선에 병렬로 접속되어 있다.

uni-bus connection[-kənékʃən] **단일 버스 결합** 다중 프로세서 시스템에서의 자원 결합 방식의 하나이며, 단일 버스를 경유하여 각 프로세서와 주기억 장치를 서로 접속해, 각 프로세서가 주기억 장치에 액세스하는 것. 마이크로컴퓨터에서는 이외에 시스템 버스에 입출력 제어 장치 또는 입출력 장치를 접속하는 경우가 많다. 다중 버스 결합(multi-bus connection)과 대비된다.

unicode[jù:nikóud] **유니코드** IBM과 마이크로소프트 사에서 만든 것으로 2바이트(16비트) 체계로 전 세계 모든 문자를 나타내는 것을 목표로 하는 코드 체계로서, ISO(국제 표준화 기구)에서 추진하고 있는 유니버셜 코드에 대항하기 위해 만들었다. 다양한 언어가 저마다의 의미를 가지고, 서로 다른 방식으로 인코딩함으로써 자료 및 프로그램, 시스템의 호환성과 확장성에 생기는 문제를 하나의 문자 세트인 유니코드로 통합하여 표현함으로써 해결할 수 있다. 유니코드의 영역은 2^{16}, 즉 65,536개를 표현할 수 있으며 각 영역의 특성을 구분하기 위해 A, I, O, R 등의 4개의 영역(zone)으로 구분하여 사용하고 있다.

UNICOSA **전국 대학생 컴퓨터 동아리 연합회** UNIversity COmputer Science Association의 약어.

uni-directional[jú:ni dirékʃənəl] **단일 방향** 한쪽은 송신기이고 다른 하나는 수신기인 전신 장치로 단일 경로 연결.

uni-directional bus[-bʌ́s] **한 방향 버스, 단방향 버스** 데이터의 전송(transfer)이 한쪽 방향으로 행해지도록 한 버스. 데이터 통신(data communication)에서는 이와 같이 편측 방향의 통신을 반이중(half-duplex)이라 하고 전이중(full-duplex)과 대비된다. 전이중 방식은 쌍방향(bidirectional) 통신을 가능하게 하는 방식이다.

uni-directional print head[-prínt hé(:)d] **단방향 프린트 헤드** 시리얼 프린터(serial printer) 등에서 프린트 헤드(print head)의 움직임이 왼쪽에서 오른쪽으로 인쇄하고, 오른쪽에서 왼쪽으로는 인쇄하지 않는다.

uni-directional transmission[-trænsmíʃən] **단방향 전송** 신호의 전송이 어느 한 방향으로만 전송되도록 하는 것.

unification[jù:nifikéiʃən] *n.* **단일화** (1) 한정된 변수를 가진 공식의 정리를 증명하기 위한 과정. (2) PROLOG 프로그램의 실행 과정에서 술어(述語)의 호출에 대하여 술어명과 인수(引數)가 같은 형의 절(節)을 찾는 묵시적 조작이다.

unification set[–sét] **단일화 집합** 비교 흡수 과정에서 생기는 비교 흡수자들은 결합되는 문자들을 가지는데, 이와 같은 결합된 문자들의 부분 집합을 단일화 집합이라고 한다.

unified memory architecture[jú:nifɑid mémәri(:) ɑ́:rkitektʃər] **통합 메모리 구조** ⇨ UMA

unified messaging system[–mésidʒiŋ sístəm] **통합 메시징 시스템** ⇨ UMS

uniform[jú:nifɔ̀:rm] *a.* **균등, 한결같은**

uniform distribution[–dìstribjú:ʃən] **균등 분포** 연속 확률 분포의 한 가지로 주어진 구간 내의 모든 점에 대해 확률을 가지는 분포.

uniformity[jù:nifɔ́:rmiti(:)] *n.* **균일성** (1) 균질성 : 프로그램 언어를 가지는 중요한 원리의 하나. 어느 문이 프로그래밍 중의 여러 가지 문맥에서 생겨도 동일한 구문과 의미를 가지는 것. (2) 소프트웨어의 네 가지 기본 목표인 수정하기나 효율 높이기, 신뢰성, 이해시키기를 달성하기 위한 원리의 하나. 균일성은 모순이 없는 것을 보증한다. 예를 들어 용어의 용법에 적용하면, 용어 사용 방법에서 오해를 일으키거나 모순을 일으키게 된다.

uniformly accessible store[jú:nifɔ̀:rmli(:) æksésibl stɔ́:r] **균등 호출 가능 기억 장치** 데이터가 저장되어 있는 위치에 관계없이 일정한 시간 내에 액세스가 가능한 기억 장치.

uniform norm[jú:nifɔ̀:rm nɔ́:rm] **균일 기준** 구간 (a, b)에서 정의된 함수 $f(x)$와 $g(x)$의 근사값을 헤아리는 눈금으로 $\max\{|f(x)-g(x)|, a \leq x \leq b\}$로 주어진다. 균일 기준을 최소로 하는 근사법을 미니맥스(minimax) 근사라고 한다.

uniform random number[–rǽndəm nʌ́mbər] **균등 난수(亂數)** 0에서 9까지의 숫자가 아무렇게나 늘어져 있는 수표(數表). 이 난수를 발생시키는 데는 주사위를 던져 만드는 원시적인 방법에서부터 방사선 원소를 이용하는 물리적 방법도 있지만, 컴퓨터에 의해 발생시킬 수도 있다. 컴퓨터에 의해 발생시키는 것을, 특히 의난수(擬亂數) 또는 산술 난수라고 한다.

uniform referencing[–réfərənsiŋ] **균등 참조** 프로그램 언어의 성질로 참조를 위한 두 개 이상의 언어 구성 요소가 같은 형을 갖는 것. 예 이름의 수식과 간접 참조, 배열의 첨자와 절차의 파라미터

uniform resource locator[–risɔ́:rs loukéitər] ⇨ URL

Uniforum[jú:nifɔ:rəm] **유니포럼** 미국을 토대로 한 세계 최대의 유닉스 사용자 단체.

Unify[jú:nifài] **유니파이** 유니파이 사에서 판매하는 유닉스 운영 체제용 관계형 데이터 베이스 관리 시스템 패키지의 상품명.

uni-guide[jú:ni gɑ́id] **단일 방향관**

uni-modal function[–móudəl fʌ́ŋkʃən] **단봉성 함수**

uninstall[ʌ̀ninstɔ́:l] **설치 해제** 한 번 소프트웨어를 설치하면 하드 디스크에 디렉토리가 만들어지고 거기에 파일이 복사되며, 시스템 전체의 환경 설정 파일까지 다시 작성된다. 만일 그 소프트웨어가 필요 없어졌을 때에는 기본적으로 디렉토리와 파일을 삭제하면 되지만 환경 설정 파일은 수정된 상태로 남아 있다. 이러한 불합리한 면을 해소하고 완전히 원래 상태로 되돌리기 위해서는 설치 해제를 해야 한다. 이때 사용되는 것이 언인스톨러(uninstaller)이다. 윈도 9x/2000/NT에서는 제어판의 「프로그램 추가/삭제」에서 실행할 수 있다.

uninstaller[ʌ̀ninstɔ́:lər] **언인스톨러** 하드 디스크에 설치된 소프트웨어를 완전히 지워주는 프로그램. 이러한 행위를 언인스톨이라고 한다. 매킨토시나 윈도의 응용 소프트웨어의 대부분은 하드 디스크에 설치하면 그 응용 소프트웨어 자체 이외에도 시스템 폴더에 필요한 환경 설정 파일을 복사한다. 따라서 불필요한 응용 소프트웨어를 삭제할 경우 그 본체를 삭제해도 관련 파일이 하드 디스크에 남아 완전히 삭제할 수 없다. 이런 경우 언인스톨러를 사용하면 응용 소프트웨어를 삭제할 때 관련 파일을 동시에 같이 삭제해준다. 보통 응용 소프트웨어를 설치할 때 함께 설치된다.

uninterruptible[ʌ̀nintərʌ́ptibl] *a.* **일시 정지, 인터럽트가 일어나지 않는, 무정지(의)**

uninterruptible power supply[–páuər səplái] **무정전 전원 장치** 정전이 되었을 때 전원이 끊기지 않고 계속해서 전원이 공급되도록 하는 장치. 내장된 배터리를 충전하여 전원 차단시 그 전원으로 사용한다. 이것은 한정되어 데이터를 정리하고 시스템을 정상적으로 끌 수 있도록 하며, 컴퓨터의 안전을 위해 필요하다.

uninterruptible power supply system [–sístəm] *n.* **무정전 전원 설비**

union[jú:njən] *n.* **합집합** 공용체. 합병 집합 연산. 합병. (1) 몇 개를 합치는 것으로 「합집합」이라 번역된다. 또 논리 오퍼레이터(logical operator)의

한 가지이며, 두 집합(set)의 각 요소(element) 또는 양자의 공통 요소를 모두 합친 집합을 표시하는 경우가 있다. 논리합(logical sum), 포괄적 논리합 연산(inclusive-OR operation)과 같은 뜻으로 일반적으로 OR 연산이다. (2) C 언어에서 기억 장소를 공용하기 위해서 사용되는 구조로 한 기억 장소를 여러 가지 데이터형으로 사용하고자 할 때 사용된다.

union catalog[–kǽtəlɔ̀(:)g] **합병 목록** 둘 또는 그 이상의 테이프 라이브러리 내용의 컴파일된 리스트.

union coupling[–kʌ́pliŋ] **유니언 커플링**

union gate[–géit] **합집합 게이트**

unipolar[jù:nipóulər] *n.* **단극, 단류** 2값 상태 1을 나타내는 입력 전압과 2값 상태 0을 나타내는 입력 전압이 동일 극성을 갖는다. 즉, 전하와 정공(hole)의 한 가지만 사용하며 입력 신호에 관하여 전류가 흐르게 하는 집적 회로에 사용하는 용어. 바이폴러(bipolar)와 대비된다.

unipolar code[–kóud] **단극성(單極性) 부호** ⊕ 변위 혹은 ⊖ 변위만으로 된 부호.

unipolar IC 단극형 집적 회로 전자와 정공(hole)의 두 전하 중 한 가지만 이용하여 트랜지스터에 전류가 흐르게 한 집적 회로.

unipolar pulse[–pʌ́ls] **단극형 펄스** 베이스라인으로부터의 주요 변위가 +, –의 어느 한쪽의 극성으로만 한정되어 있는 펄스.

unipolar pulse train[–tréin] **단극성 펄스열** 펄스의 극성이 모두 동일한 펄스열.

unipolar transistor[–trænsístər] **유니폴러 트랜지스터, 단극형 트랜지스터**

uni-processing[jú:ni prásesiŋ] **유니프로세싱, 단일 처리** 단일 프로세서를 사용하여 명령을 순차적으로 실행하는 처리.

uni-processing environment[–inváirənmənt] **단일 처리 환경** 컴퓨터의 처리에서 1회에 한 가지의 작업밖에 할 수 없는 처리 환경. 이것과 대조적인 처리 환경을 다중 처리 환경(multi-processing environment)이라 한다.

uni-processor[–prásesər] **단일 프로세서, 유니프로세서**

uni-processor system[–sístəm] **단일 프로세서 시스템** 다중 처리기에 대응하는 말로, 하나의 중앙 처리 장치를 갖는 시스템. 실행 상태에 있는 프로세스가 최대 하나만이 허용되므로 나머지 프로세스는 해당 지원이 자유로워질 때까지 대기해야 한다.

unique[ju:ní:k] *a.* **유일의, 고유의** 오직 하나밖에 없는 것을 나타낸다. 예를 들면 인덱스 레코드(index record)에서 베이스 클러스터(base cluster)로의 포인터(pointer)가 하나밖에 없는 키를 단일 키(unique key)라고 한다.

unique data space[–déitə spéis] **단일 데이터 공간**

unique identifier[–aidéntifàiər] **유일 식별자, 단일 뜻의 이름**

unique key[–kí:] **유일 키** VSAM에 있어서 대체 인덱스 레코드로부터 베이스 클러스터로의 포인터가 단지 하나밖에 존재하지 않을 때의 대체 키를 의미한다. 비유일 키(non-unique key)와 대비된다.

unique name assumption[–néim əsʌ́mpʃən] **유일 이름 가정** 개별적으로 주어진 각기 다른 이름들은 독립적 성질에 대해서 각각의 이름이 유일하다는 것을 가정한 것. 즉, 데이터 베이스 내에 있는 서로 다른 형태의 상수는 서로 다른 의미를 갖고 있음을 가정한 것.

unisometric reflection[ʌnàisəmétrik riflékʃən] **이방성 반사** 빛이 입사하는 방향에 따라 세기가 변하는 반사. 복잡한 요철이나 방향성이 있는 미세한 흠집을 가진 반사면(금속 등)을 CG로 표현하기 위해 고찰되었다.

UNISYS 유니시스 1987년 버로스 사와 스페리 사가 합병하여 설립된 컴퓨터 회사. 컴퓨터 분야에서 IBM 다음으로 큰 회사.

unit[jú:nit] *n.* **장치** (1) 장치 또는 기능으로 다른 기능 단위와 접속하여 시스템의 일부를 구성하는 것. 예를 들면 연산 장치(arithmetic unit), 제어 장치(control unit), 자기 디스크 장치(magnetic disk unit), 입출력 장치 등. 장치(device)와 같은 뜻으로 사용되고 있다. 일상적으로 「~유닛」이라고 하는 경우도 많다. (2) 프로그램에 있어서 논리적으로 하나의 정리로 취급되는 명령문의 집합. (3) 장치에 붙여져 있는 번호나 어드레스를 장치 번호(unit number), 장치 어드레스(unit address)라 한다. (4) 「단일」의 의미로부터 unit processor라고 하면 단일(single) 프로세서(CPU)를 가리킨다.

unit address[–ədrés] **장치 주소** 시스템이 설치될 때 각 장치에 대해 정해지는 세 자릿수의 주소.

unitary code[jú:nitɛ̀(:)ri(:) kóud] **1차 코드** 하나의 숫자(digit)만을 갖는 코드. 반복된 횟수로써 표시하려는 양을 결정한다.

unitary operation[–àpəréiʃən] **단항 연산** 오퍼랜드가 한 개밖에 없는 연산. 뺄셈에 대해서는 단항 음수가 사용되어, $A=-B$의 뺄셈을 표시한다.

unit assembly[jú:nit əsémbli(:)] **어셈블리** ⇨ assembly unit

unit element[–éləmənt] **단위 원소** 시간 간격

의 한 단위와 같은 폭을 가진 알파벳 신호 원소.

uniterm[jú:nitə̀rm] **유니텀** 좌표 색인 시스템에 쓰이는 설명어처럼 수집된 정보의 검색을 위한 설명어로 쓰이는 단어나 기호 또는 수.

uniterming[jú:nitə̀rmiŋ] **유니터밍** 보고서나 기사, 다른 서류의 검색을 위하여 그 문서 내용을 기술하고 있다고 여겨지는 단어들의 선택. 이 선택된 단어는 유니텀 색인에 포함된다.

uniterm system[jú:nitə̀rm sístəm] **유니텀 체계** 좌표 색인 체계에서 단어를 분류하는 데 기초를 둔 라이브러리에 사용되는 자료 기록 시스템.

unit impulse[jú:nit ímpʌls] **단위 임펄스** 이상화된 임펄스로서 단위 면적을 가진 것. 델타(δ) 함수 또는 충격 함수라고도 한다.

unit information system[–ìnfərméiʃən sístəm] **단위 정보 시스템**

unit inscriber[–inskráibər] **자기 문자 인쇄 조합기(照合機)**

unit interval[–íntərvəl] **단위 간격** 길이가 같은 코드 신호 시스템에서 신호 소자 시간의 길이. 보통 동기 변조를 이용하는 코드화 체계에서 가장 짧은 신호 소자 지속 시간을 뜻한다.

unit inventory technique[–ínvəntɔ̀(:)ri(:) tekní:k] **소매업 수량 재고 관리 프로그램**

unit matrix[–méitriks] **단위 행렬** identity matrix와 같은 말로서 정방 행렬에 있어 대각 원소가 모두 1이고 나머지는 0인 것.

unit method[–méθəd] **단위법** 컴퓨터실 내의 공기 조정 방법의 하나로서 컴퓨터실 내의 패키지형의 공기 조정 장치를 설치하는 것. 이것은 덕트 시스템과 병용되기도 하는데, 중형 이하의 컴퓨터실에는 적합하지만, 대형 컴퓨터실에는 별도의 공기 조정 장치가 필요하다.

unit number[–nʌ́mbər] **장치 번호**

unit position[–pəzíʃən] **유닛 포지션** 단위의 위치. 즉, 수에서 맨 오른쪽 위치 또는 가장 낮은 자리를 가리키는 것.

unit processor[–prásesər] **단일 프로세서**

unit program[–próugræm] **단위 프로그램** 공통적으로 여러 번 반복해서 사용할 수 있도록 작성된 프로그램. 이 단위 프로그램은 단독적으로 사용된다.

unit protection[–prətékʃən] **장치 보호 기구**

unit record[–rékərd] **UR, 단위 레코드** 하나의 레코드를 수용하는 카드와 같은 입출력 매체. 단위 레코드는 파일을 구성하는 한 요소로, 보통 한 항목에 필요한 정보가 묶어져 기록되어 있다. 예를 들면 재고 파일인 경우의 단위 레코드에는 부품 한 종류마다 단위 레코드가 있으며 부품명, 부품 번호, 부품 한 개를 만들기 위한 비용, 재고 수량 등이 포함되어 있다. 편의상 한 장의 카드에 기록하는 경우가 많다.

unit record card[–ká:rd] **단위 레코드 카드** 한 장의 카드에 하나의 레코드의 내용을 천공한 카드. 정정, 추가, 삭제가 쉽다.

unit record device[–diváis] **단위 레코드 장치**

unit record equipment[–ikwípmənt] **단위 레코드 장치**

unit record file[–fáil] **단위 레코드 파일**

unit record principle[–prínsipəl] **단위 레코드 원리** 보통 80칼럼을 사용하여 기록하는데, 하나의 변동 사항에 관한 데이터를 한 장의 카드에 기록한다.

unit record routine[–ru:tí:n] **단위 레코드 루틴**

unit record system[–sístəm] **단위 레코드 시스템**

unit separator[–sépərèitər] **US, 단위 분산 문자, 단위 분리 캐릭터, 단위 분리** 정보 분리 문자의 한 가지. 유닛이라 불리는 데이터 항목의 종결을 표시하는 데 사용한다. 아스키 코드에서 31번에 해당되는 문자의 이름이기도 하며, 항목 간의 논리적 경계를 식별한다.

unit status byte[–stéitəs báit] **유닛 상태 바이트**

unit step[–stép] **단위 스텝** 진폭의 변화가 무한소(無限小)의 시간 내에 생기고 그 변화폭이 단위값이 되는 이상화된 시스템.

unit string[–stríŋ] **단위열, 단위 문자열** 단 하나의 원소로 구성된 문자열.

unit switching network[–swítʃiŋ nétwə̀:rk] **전환 단위망**

unit task simulator[–tá:sk sìmjuléitər] **UTS, 단위 태스크 시뮬레이터**

unit test[–tést] **단위 테스트**

unit testing[–téstiŋ] **단위 테스팅**

unit vector[–véktər] **단위 벡터** 단위 행렬을 구하는 행과 열.

UNIVAC 유니백 사 universal automatic computer의 약어. (1) ENIAC을 개발한 머클리와 에커드에 의해 1950년에 제작된 미국 인구 통계국에 설치된 세계 최초 상용 컴퓨터. 보통 유니백-I으로 알려짐. (2) 미국의 주요 컴퓨터 상품의 하나. 현재는 유니시스(Unisys)로 개칭되었다. IBM과 함께 대형 컴퓨터의 쌍벽으로 수많은 모델을 갖고 있다.

universal[jù:nivə́:rsəl] *a.* **범용의, 만능의** 일반적인 것이나 보편적인 것에 대하여 사용되는 용어.

universal asynchronous receiver transmitter[–eisíŋkrənəs risí:vər trænsmítər] **UA-**

RT, 만능 비동기 송수신기 직렬로 들어오는 비트를 받아 병렬로 바꾸거나 병렬 자료를 받아 비트열로 바꾸거나 직렬 전송하는 집적 회로.

universal board [–bɔ́:rd] **범용 기판** 배선용 인쇄 회로 형식이 균일하게 되어 있어 범용으로 사용할 수 있는 기성 인쇄 회로 기판.

universal button box [–bʌ́tən bɑ́ks] **범용 단추 상자** 컴퓨터 프로그램에 의해 기능이 결정되는 누름 단추 장치를 정의하는 용어.

universal chain control [–tʃéin kəntróul] **만능 체인 제어** 체인식 라인 프린터의 활자 위치와 문자의 코드를 대응시켜 주는 코어 기억 장치의 제어 방식으로 한 줄의 체인에 사용 빈도가 높은 활자를 배치함으로써 프린터의 평균 인쇄 속도를 높일 수 있다.

universal character set [–kǽrəktər sét] **UCS, 유니버설 문자 세트, 범용 문자군** 프린터 등의 인쇄 장치에서 인쇄하는 문자의 자체(字體 ; type font)를 바꿔넣거나, 자유롭게 배치할 수 있도록 하는 기능. 또는 이와 같은 기능을 갖는 인쇄 장치의 문자 세트.

universal character set adapter [–ədǽptər] **범용 문자군 어댑터**

universal character set attachment [–ətǽtʃmənt] **범용 문자군 접속 기구**

universal character set control [–kəntróul] **범용 문자군 제어 기구**

universal character set feature [–fí:tʃər] **범용 문자군 기구**

universal decimal classification [–désiməl klæ̀sifikéiʃən] **UDC, 국제 10진 분류법** 분류 사항의 모든 것을 0에서 9까지의 숫자를 가지고 체계적인 분류를 하는 방식. 이것은 듀이(P.O. Dwey)의 10진 분류법을 기초로 가장 일반화된 분류 방법으로 사용되고 있다.

universal flip-flop [–flíp flɑ́p] **범용 플립플롭**

universal fuse link [–fjú:z líŋk] **만능 퓨즈 링크**

universal host processor [–hóust prɑ́sesər] **UHP, 범용 호스트 프로세서** 고정된 명령 세트 프로세서를 갖지 않는 마이크로프로그램 프로세서로서 애플리케이션 요구가 있는 임의의 명령 세트 프로세서를 마이크로프로그램으로 시뮬레이트한다.

universal impedance bridge [–impí:dəns brí(:)dʒ] **범용 임피던스 브리지**

universal instruction set [–instrʌ́kʃən sét] **범용 명령 세트**

universal key [–kí:] **범용 키** 범용 릴레이션의 모든 투플을 유일하게 식별할 수 있는 속성들. 이 속성들은 범용 릴레이션 스킴을 결정하는 함수적 종속성의 결정자를 말한다.

universal language [–lǽŋgwidʒ] **보편 언어, 범용 언어** 각종 컴퓨터에 사용할 수 있는 범용성이 높은 언어. BASIC, FORTRAN, COBOL 등이 그 예이다.

universal language definition [–dèfiníʃən] **ULD, 보편 언어 정의**

universal mobile telecommunication system [–móubil tèləkəmjù:nikéiʃən sístəm] ⇨ UMTS

universal paper cassette [–péipər kɑ́sət] **범용 종이 카세트** 복사기 또는 레이저 프린터에 사용되는 종이를 담는 카세트로, 여러 가지 크기의 종이를 같이 사용할 수 있는 것.

universal personal telecommunication [–pə́:rsənəl tèləkəmjù:nikéiʃən] ⇨ UPT

universal plug and play [–plʌ́(:)g ənd pléi] ⇨ UPnP

universal product code [–prɑ́dəkt kóud] **UPC, 통일 상품 코드, 만국 제품 코드** 미국 내에서 식품이나 잡화를 중심으로 채용되고 있는 바코드(bar code) 체계.

universal proposition [–prɑ̀pəzíʃən] **범용 명제** x가 어느 영역에 속하는 경우, 「모든 x에 관해서 $F(x)$가 성립한다」는 것을 $(\forall x)F(x)$ 또는 $(x)F(x)$로 한다. 이것을 범용 명제라고 한다. 또 「$F(x)$가 성립하는 x가 존재한다」를 $(\exists x)$, $F(x)$로 하고 이것을 특칭 명제(또는 존재 명제)라고 한다. $\forall$, $\exists$를 각각 범용 기호, 특칭 기호(또는 존재 기호)라 하고 이런 것을 한정 기호라고 한다.

universal quantifier [–kwɑ́ntifɑ̀iər] **범용 정량자** 기호 $\forall$를 범용 정량자라 하며 x를 변수라 하면 $(\forall x)$는 「for all x」라 읽는다.

universal relation [–riléiʃən] **범용 릴레이션** 어떤 데이터 베이스를 사용할 때 데이터의 물리적인 저장 구조를 모르더라도 데이터 베이스의 논리적 구조를 이용해 데이터 베이스를 이용하게 된다. 보통 하나의 관계 데이터 베이스는 여러 개의 릴레이션으로 이루어지는데, 사용자가 데이터의 논리적 구조에 신경을 덜 쓰고 편하게 사용하도록 모든 릴레이션의 속성들을 모아 하나의 릴레이션으로 만든 것이 범용 릴레이션이다. 범용 릴레이션은 실제로 저장되는 것이 아닌 가상적인 릴레이션이다.

universal relation assumption [–əsʌ́mʃən] **범용 릴레이션 가정**

universal serial bus [–sí(:)riəl bʌ́s] ⇨ USB

universal set [–sét] **전 집합, 전체 집합, 범용 세**

트 어떤 주어진 문제에 관계하는 요소 전체를 포함하는 집합. 예를 들면 실수의 집합만을 생각할 때는 실수 전체의 집합이 전체 집합이다.

universal shunt[-ʃʌ́nt] **만능 분류기**

universal specialization[-spèʃəlaizéiʃən] **범용 생략** 범용 정량자의 변수를 상수로 치환하여 범용 정량자를 제거하는 규칙.

universal synchronous/asynchronous receiver transmitter[-síŋkrənəs eisíŋkrənəːs risíːvər trænsmítər] **USART, 유자트, 범용 동기/비동기형 송수신기** 범용의 직렬 입출력 인터페이스로 사용되는 인터페이스. 중앙 처리 장치와 이 장치와는 병렬 전송하고 이 장치와 입출력 터미널 사이는 직렬 전송한다.

universal synchronous communication chip[-kəmjùːnikéiʃən tʃíp] **USCC, 범용 동기 통신 칩**

universal synchronous receiver transmitter[-risíːvər trænsmítər] **USRT, 범용 동기 송수신기** 단어 병렬 제어기 또는 자료 단말기를 비트 직렬 동기식 통신망에 접속하기 위해 필요한 병렬에서 직렬, 직렬에서 병렬의 변환을 한다.

universal Turing machine 범용 튜링 머신 어떤 튜링 머신(Turing machine)이라도 시뮬레이트하는 것이 가능한 튜링 머신. 튜링 머신이란 수학적으로 이상화된 계산 자동 기계(computing automation)이며, 하드웨어에 물리적으로 만들어진 것은 존재하지 않는다. 수학자가 계산 가능성에 대해서 개념을 정의하는 데 사용하고 있는 것이다.

universal variable[-vέ(ː)riəbl] **범용 변수** 범용 정량자와 함께 사용하는 변수.

universal vendor mark[-véndər mάːrk] **UVM, 통일 벤더 마크**

university of california San-Diego P-system 캘리포니아 대학 샌디에고 P-시스템 미국의 캘리포니아 대학 샌디에고 분교에서 PC용으로 개발한 운영 체제. P 코드라 불리는 중간 코드를 인터프리터 방식으로 해석하여 실행한다.

UNIX 유닉스 미국 벨(Bell) 연구소에서 개발된 소프트웨어 개발용의 운영 체제(OS). 유닉스는 1969년에 그 원형이 완성되었지만 1973년에 프로그램 대부분이 C 언어로 수정되었다. 이 때문에 이식성이 높아졌으며, 동시에 다중 사용자/다중 태스크의 실행을 지원할 수 있는 것을 특징으로 하는 대화형의 운영 체제이며, 텍스트 조작 툴, 문서 처리, 전자 메일 외에 취급이 쉬운 파일 시스템을 갖추고 있다. 당초에는 미니컴퓨터용이었지만 최근에는 퍼스널 컴퓨터나 범용 컴퓨터용의 유닉스도 개발되어 일반에게도 보급되기 시작했다. 최근에도 이러한 유닉스에 준한 기능을 갖춘 OS가 출현하였으며 이것을 유닉스라이크 OS(UNIX-like operating system)라고 한다. ⇨ 그림 참조

UNIX benchmark 유닉스 벤치마크 유닉스에서 처리되는 여러 가지 작업을 대표하는 생산 프로그램으로 시스템 측정을 위한 기준점이다.

UNIX International 유닉스 인터내셔널 미국 AT & T와 선 마이크로 시스템즈(Sun Microsystems) 사가 만든 유닉스 표준화를 위한 단체.

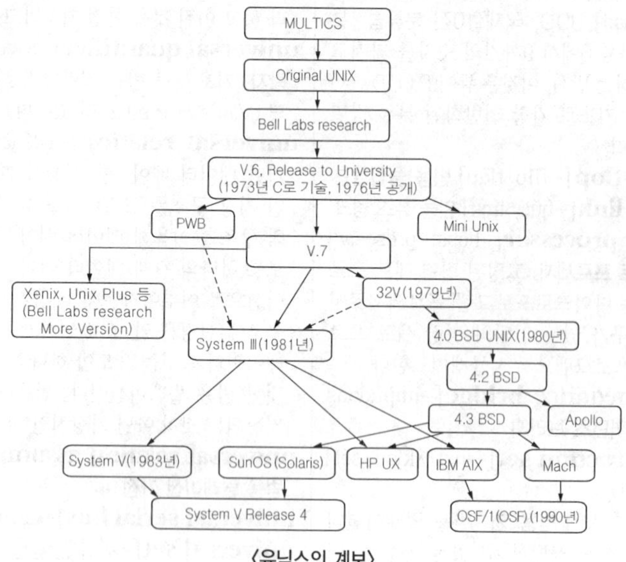

〈유닉스의 계보〉

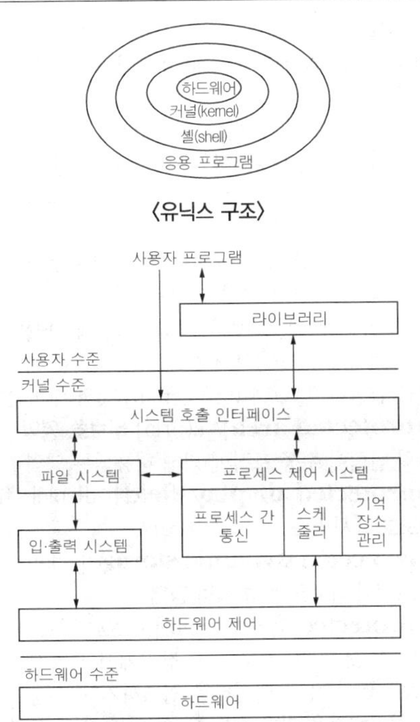

〈유닉스 구조〉

〈유닉스 시스템의 커널 구조〉

UNIX-like OS 유사 유닉스 OS, 유닉스라이크 운영 체제 유닉스에 준한(유사한) 기능을 가진 운영 체제의 총칭.

UNIX machine 유닉스 머신

UNIX system Ⅲ 유닉스 시스템 Ⅲ AT & T 사가 1982년에 발표한 유닉스의 운영 체제.

UNIX system Ⅴ 유닉스 시스템 Ⅴ AT & T 사가 발표한 유닉스 운영 체제. 컴퓨터의 여러 가지 종류에 이식이 가능하므로 실질적으로 그 이용이 많아 표준으로 인정되고 있다. 1983년에 최초로 발표된 후 1989년 Ver 4.0은 버클리의 4.3 BSD(Berkelely Software Distribution)와 PC용 제닉스를 통합하여 더욱 보강되었다.

UNIX/V7 유닉스 / V7 중요한 기능들을 대폭 향상시킨 것으로, DEC PDP-11/45나 PDP-11/70 모델에서 사용하기 위해 만든 제7판 시스템.

UnixWare [jú:nikswɛər] **유닉스웨어** USL과 노벨 사가 유닉스 판매를 위하여 설립한 유니벨 사의 386/486용의 유닉스.

unknown [ʌnnóun] *a.* **미지(의)**

unlabeled [ʌnléiɑbəld] *a.* **명찰이 없는, 레이블이 없는** 레이블(label)은 키(key)와 마찬가지로 데이터나 기억 영역(area of memory), 레코드, 파일 등을 식별하기 위해 표제어로서 사용되는 것을 말하며, 이것이 없는 것을 의미한다.

unlabeled basic statement [–béisik stéitmənt] **레이블이 없는 기본문**

unlabeled block [–blɑ́k] **레이블이 없는 블록**

unlabeled common [–kɑ́mən] **레이블이 없는 공통 블록** FORTRAN의 COMMON 문에 있어서 블록명(block name)을 생략한 것.

unlabeled compound statement [–kɑ́mpaund stéitmənt] **레이블이 없는 복합문**

unlabeled data set [–déitə sét] **레이블이 없는 데이터 세트** 자기 테이프 볼륨에 있어서 레이블이 없는 데이터 세트.

unlabeled file [–fáil] **레이블이 없는 파일**

unlabeled magnetic tape [–mægnétik téip] **레이블이 없는 자기 테이프** 자기 테이프(magnetic tape)의 선두에 있는 데이터 블록을 헤더 레이블(header label)이라 하며 이것이 붙어 있지 않은 데이터 세트를 「레이블이 없는 데이터 세트」라고 한다. 이 레이블은 매체(medium) 상의 파일을 구별하기 위한 정보를 포함한다.

unlink [ʌnlíŋk] *v.* **언링크하다**

unload [ʌnlóud] *v.* **하적하다** 프로그램이나 데이터 등을 어떤 기억 영역으로부터 다른 기억 영역이나 입출력 매체에 입력하고 그 기억 영역을 비우는 것. 「로드하다(load)」와 대비된다. 또 자기 테이프 장치(magnetic unit)를 데이터의 입출력을 위하여 작동하는 것이 아니라, 되감기(rewind)를 하기 위해서 작동하는 것을 말한다. 즉, 자기 테이프 장치에 있어서 판독이나 기록이 종료된 후, 자기 테이프를 최초의 기동 위치인 개시점까지 되감는 동작, 또는 자기 테이프를 자기 테이프 장치에서 떼어내는 것을 말한다. 개시점까지 되감기하는 것은 컴퓨터를 통한 명령에 의해서도 가능하지만 자기 테이프 장치의 버튼 조작에 의해서도 행할 수 있다. 또 구분 편성 데이터 세트(partitioned organization data set)나 색인 순차 편성 데이터 세트(indexed sequential organization data set), 직접 편성 데이터 세트(sequential organization data set)에 복사하는 것을 말하는 경우도 있다. 이러한 복사는 구분 데이터 세트의 백업 파일을 작성하기 위해서 사용된다.

unload data set [–déitə sét] **언로드 데이터 세트**

unlock [ʌnlɑ́k] *v.* **언로크하다, 로크를 풀다, 로크 취소** 컴퓨터에서는 특히 멀티 유저 시스템(multi-user system)의 공유를 허용하는 것을 말한다. 대형 컴퓨터 등 불특정 다수의 사람이 사용하는 멀티 유저 시스템에서는 시스템측이 제공하는 것 이외의 개인의 파일은 그것을 만든 본인만이 사용할 수 있고, 다른 사람은 사용할 수 없도록 되어 있다. 여기에 복수의 인간이 액세스(access)할 수 있도록 하는 것을 말한다. 이와 같은 컴퓨터에서는 관리나 회계의 청구를 위해서 사용하고 있는 사용자를 특정(特定)할 필요가 있으며, 그 때문에 사전에 사용자에게 통상 ID라고 불리는 사용자 등록명을 주어 이것을 구별하고 있다.

unlocking[ʌnlákiŋ] *n*. **로크를 푸는(해제하는) 일** ⇨ deblocking

unmodified instruction[ʌnmádifàid instrʌ́kʃən] **비수정 명령어, 가명령** 프로그램 내장형 컴퓨터에서 특수한 종류의 명령어는 주어진 목적을 달성하기 위해 미리 정해진 방법에 따라서 변경되어야 한다. 이런 명령어가 아직 변경되지 않은 상태를 의미한다.

unnormalize[ʌnnɔ́ːrməlàiz] *v*. **비정규화하다**

unnormalized relation[ʌnnɔ́ːrməlaized riléiʃən] **비정규화 릴레이션** 원자값을 갖지 않는 도메인이 하나 이상 존재하는 릴레이션.

unofficial start day and time[ʌnəfíʃəl stáːrt déi ənd táim] **내정 개시 일시**

unpack[ʌnpǽk] *v*. **언팩** 분해하다. 언팩하다. 용기 등에 넣어져 있는 것을 밖으로 꺼내는 것이며, 팩(pack)화된 것을 원래의 형태로 되돌리는 것이 본래의 의미이다. 컴퓨터에서는 한 번 팩화된 데이터를 그것을 구성하고 있는 개개의 데이터 항목으로 다시 분해하는 것, 혹은 팩화 10진수를 개개의 자리의 숫자 또는 부호로 분해하는 것을 말한다. 팩화란 1워드로 몇 개의 데이터를 표시하는 것을 말한다. 그리고 기억 장치 내로부터 이와 같은 팩화된 데이터 항목을 원래의 형태로 꺼내기 위해서 언팩이 필요해진다.

unpacked[ʌnpǽkt] *a*. **언팩(된)**

unpacked data[–déitə] **언팩 데이터**

unpacked decimal[–désiməl] **언팩 10진**

unpacked decimal format[–fɔ́ːrmæt] **언팩 10진 형식** 한 바이트에 10진수 한 개를 저장하는 10진수 저장의 형식. 한 바이트에서 왼쪽 4비트를 제외한 오른쪽 4비트에 10진 숫자에 해당하는 BCD 코드를 저장하는 것.

unpacked format[–fɔ́ːrmæt] **언팩 형식**

unpinned record[ʌ̀npáind rékərd] **실제 레코드** 다른 레코드에 의해 포인트되어 실제로 지시할 수 있는 레코드.

unplanned termination[ʌnplǽnd tə̀ːrminéiʃən] **비정상 종료** 기억 장치의 주소 지정 위반과 같은 것으로 인해서 프로그램의 수행이 비정상적으로 종료되는 것. 이러한 비정상 종료는 트랜잭션 고장을 일으킨다.

unpredictable[ʌ̀npridíktəbl] *a*. **예상할 수 없는, 예측 불능의**

unprintable area[ʌnpríntəbl ɛ́(ː)riə] **인쇄 금지 영역**

unprivileged program[ʌnprívilidʒd próugræm] **비특권 프로그램** 유닉스 운영 체제에서 디렉토리에 기록은 할 수 없지만 디렉토리 내용을 읽을 수 있는 프로그램.

unprotected[ʌ̀nprətéktəd] *a*. **비보호의** 제약되는 일 없이 자유로이 그 상태를 조작할 수 있는 것. 컴퓨터에서는 특히 메모리 상의 데이터를 자유로이 수정(change)하거나 소거(erase)할 수 있는 것을 말한다. 「보호된(protected)」 것과 대비된다.

unprotected area[–ɛ́(ː)riə] **비보호 영역** 데이터의 입력이 수동 조작에 의해 허용되는 영역.

unprotected display field[–displéi fíːld] **비보호 표시 필드**

unprotected dynamic storage[–dainǽmik stɔ́ːridʒ] **비보호 동적 기억 영역**

unprotected field[–fíːld] **비보호 필드, 무보호 필드** IBM 3270 정보 표시 장치에서 오퍼레이터가 키보드를 사용해 데이터를 입력하거나 수정하거나 소거하는 것을 자유롭게 할 수 있는 표시 화면상의 필드(field).

unprotected location[–loukéiʃən] **비보호 기억 영역** 내용을 자유로이 바꿀 수 있는 기억 영역. 실어드레스(real address)를 지정하여 직접 그 내용을 수정할 수 있다. 그 때문에 컴퓨터 시스템이나 입출력 장치를 제어하기 위한 운영 체제의 상주 영역(permanent area) 등을 변경하는 것도 가능하지만 폭주의 위험이 있기 때문에 시스템의 해석을 하는 경우 외에는 대개 이와 같은 것은 행하지 않는다.

unquantified query[ʌ̀nkwántifàid kwí(ː)ri(ː)] **비정량화 질의어** 어떤 정량자도 없는 질의어. 상수나 자유 변수로만 구성된 질의어.

unreadable[ʌnríːdəbl] *a*. **판독 불능의, 판독 불능**

unrecoverable[ʌnrìːkʌ́vərəbl] *a*. **회복 불능의** 초기 상태에 대해서 어떤 외적인 작용이 미치고, 그 상태가 변경 또는 파괴되어 다시 원래 형태로 되돌아가지 않는 것. 컴퓨터 본체에 물리적인 힘을 미치게 하여 파괴나 손상을 주는 것은 물론이지만, 예를 들면 플렉시블 디스크에서는 흠이 있었든지, 꺾였다든지 하는 물리적인 것이나, 중요한 파일을 잘못 수정해버린 것 등을 말한다. 특히 파일의 교환은 오퍼레이터 자신이 신경 쓰지 않고 무심코 행하는 경우가 있기 때문에 플렉시블 디스크를 기록 금지로 하든가, 파일의 등록시에 확인하든지, 같은 이름의 파일을 등록할 때는 앞의 것을 백업 파일(backup file)로서 이름을 바꿔 보존하는 등의 대책이 취해지고 있다.

unrecoverable ABEND 회복 불능 ABEND 오류의 한 형태로 프로그램이 중단되는 이상 상태.

unrecoverable abnormal end of task [–æbnɔ́ːrməl énd əv tǽːsk] 회복 불능인 이상 종료, 회복 불능 ABEND 프로그램의 실행중에 원인 불명의 이상 종료를 하는 것. 다시 그 프로그램을 실행하는 것은 가능하지만 지금까지 프로그램 중에 처리된 데이터 등은 지워져 회복할 수 없다.

unrecoverable application error [–æ̀pli-kéiʃən érər] ⇨ UAE

unrecoverable error [–érər] 회복 불능 오류 입출력(input/output) 동작중의 오류로, 회복이 불가능한 것. 디스크 장치의 경우 디스크 입출력 오류(disk I/O error)라고도 한다.
[주] 컴퓨터 프로그램에 따라 외부의 회복 수단을 사용하는 일 없이는 회복이 불가능한 오류.

unreliable knowledge [ʌ̀nriláiəbl nálidʒ] 비신뢰 지식 신뢰성이 결여된 지식.

unresolved external reference [ʌ̀nrizálvd ikstə́ːrnəl réfərəns] 미해결 외부 참조

unresolved symbol [–símbəl] 미해결 기호 특정 프로그램 내부에서 참조되었으나 프로그램 외부에 정의됨으로써 이 기호에 대한 주소값은 언어 번역 소프트웨어(어셈블러 또는 컴파일러)가 결정하지 못하고 적재기에 의해서 결정해야 되는 기호.

unrestricted access [ʌ̀nristríktəd ǽkses] 무제한 접근 자격을 인정받는 사용자에게 판독, 기록, 수행 등 모든 종류의 가능한 접근을 허용하는 것.

unrestricted language [–lǽŋgwidʒ] 무제한 언어

unrestricted random sampling [–rǽndəm sǽːmpliŋ] 무제한 임의 샘플링 모(母)집단에서부터 모두 임의로 샘플링하는 방법. 모집단에 관해서 통계적, 기술적인 예비 지식을 전혀 갖고 있지 않을 때 쓰인다.

unsafe [ʌnséif] *a.* 언세이프 자기 디스크 장치 등에서의 이상 상태.

unsafe state [–stéit] 불안 상태 어떤 순서로 각 프로세스에게 자원을 할당해서 결국에는 시스템의 교착 상태가 발생할 수 있는 상태.

unsatisfiable formula [ʌ̀nsǽtisfiəbl fɔ́ːr-mjulə] 불만족 공식 모든 해석들이 거짓인 공식. 모든 해석들이 만족스러운 것을 일관성이 있다고 한다.

unscheduled maintenance time [ʌnské-dʒu(ː)ld méintənəns táim] 비정규 보수 시간 ⇨ maintenance time

unset [ʌnsét] *a.* 언셋 리셋(reset)과 같은 뜻으로, 비트의 값을 0으로 바꾸는 것.

unshielded twisted pair cable [ʌnʃíːldəd twístid pέər kéibl] ⇨ UTP

unsigned [ʌnsáind] *a.* 부호 없는 +(플러스)나 −(마이너스)라는 부호(sign)를 구별하지 않는 수 시스템(number system)을 말한다. 컴퓨터에서는 통상 부호의 자리(sign position)로서 최상위 비트(most significant bit)를 사용하여 구별하고 있다. 이 최상위 비트를 부호의 판별을 위해서 사용하지 않는 것을 「부호 없는」이라고 한다. 이와 같은 부호 없는 수는 어드레스 계산에 이용되지만 상대 어드레스(relative address)에서는 음수(negative number)의 가산도 존재한다.

unsigned binary [–báinəri(ː)] 부호 없는 2진수

unsigned integer [–íntədʒər] 부호 없는 정수 ALGOL 언어에 있어서, 정수형 상수 중에서 특히 부호 + 또는 −가 붙어 있지 않은 문자의 배열.

unsigned integer constant [–kánstənt] 부호 없는 정수형 상수

unsigned integer format [–fɔ́ːrmæt] 부호 없는 정수의 서식

unsigned number [–nʌ́mbər] 부호 없는 수

unsigned numeric operand [–njumérik ápəræ̀nd] 부호 없는 숫자 작용 대상

unsolicited [ʌ̀nsəlísitəd] *a.* 임의형(의), 비청구(의)

unsolicited interrupt [–ìntərʌ́pt] 임의 일시 정지, 임의형 일시 정지 요구하지 않을 수 있을 때마다 또는 컴퓨터로부터의 요구에 대한 응답으로서가 아닌 이용자측의 임의 기능에 의해 일어나는 일시 정지(interrupt).

unsolicited message [–mésidʒ] 비송신 청구 메시지, 비청구 메시지

unsolvable [ʌnsálvəbl] *a.* 해결 불능의, 해결 불능 자연수에 관한 변수의 술어 $P(x_1, x_2, \cdots, x_n)$에 관한 결정 문제를 결정할 수 없을 때 결정 불능이라고 한다.

unsolvable problem [–prábləm] 해결 불가능 문제 유한 시간 내에 해결할 수 있는 알고리즘이 존재하지 않는 문제.

unstable [ʌnstéibl] *a.* 불안정한

unstable state [–stéit] 불안정 상태 트리거 회로에 있어서 펄스의 인가 없이 안정 상태로 되돌아갈 때까지의 일정 기간 동안 회로가 멈추어져 있는 상태.

unstability [ʌnstəbíliti] *n.* 불안정성

unstratified language [ʌnstrǽtifàid lǽŋg-widʒ] 비성층 언어, 자기 기술 가능 언어 그 자신의

초언어로 사용될 수 있는 언어. 예 대부분의 자연 언어

unsubscripted[ʌnsʌ́bskriptəd] **첨자 없는, 무첨자**

unsuccessful execution[ʌ̀nsəksésfəl èksəkjú:ʃən] **실행 실패** COBOL 용어. 문(statement)의 실행을 시도하였으나 지정된 동작을 완료하지 못한 것.

unused combination[ʌnjú:zd kɑ̀mbinéiʃən] **비사용 조합** ⇨ forbidden-combination check

unused command[-kəmɑ́:nd] **비사용 명령** ⇨ illegal character

unused command check[-tʃék] **비사용 명령 검사** ⇨ forbidden-combination check

unused time[-táim] **비사용 시간** 컴퓨터의 사용 가능한 시간 중에 사용되지 않는 일종의 휴식 시간으로서 대개 컴퓨터 시스템 관리인이 자주 보살피지 않는 시간. 전체 시간은 사용 시간과 비사용 시간의 합이다.

unwind[ʌnwáind] *v.* **전개하다, 실을 풀다** 루프의 실행에 포함되는 모든 명령을 수식자를 이용하는 일 없이 명시적으로 모두 기술하는 일.

UP 업 정확히 작동되고, 사용될 수 있는 컴퓨터. 소프트웨어 시스템을 가리키는 말.

UPC 범용 상품 코드, 만국 제품 코드 universal product code의 약어.

up counter[ʌp káuntər] **업 카운터** 계수기에 의해서 카운터 수를 증가해가는 회로.

update[ʌpdéit] *v. n.* **경신** 갱신하다. 갱신. 업데이트. 현재 있는 것을 수정(change)하여 새로운 것으로 바꿔놓은 것. 컴퓨터에서는 파일이나 프로그램, 데이터의 내용 수정, 추가, 삭제를 행하고 그것이 최신의 상황을 반영하도록 하는 것을 말한다. 일반적으로 파일은 자기 테이프나 자기 디스크, 자기 드럼 등의 보조 기억 장치(backing store)의 매체 상에 자속(magnetic flux)의 변화로 기록되기 때문에 중복 기재(overwrite)함으로써 갱신되지만 갱신 중에 에러가 발생했을 경우 등에 대비하여 오래된 파일도 잠시 보존된다. 특히 계속 갱신된 파일은 모두 보존되는 것이 보통이다. 이 경우 파일명(file name)은 같게 하여 확장자에 세대 번호(generation number)로서 획일적인 번호를 붙여 구별하도록 하고 있다. 갱신 작업으로는 일부 또는 전체를 갱신한 파일을 모두 완전한 형으로 보존하는 방법과 갱신한 것만 수정하는 방법이 있다. 후자의 것은 다이렉트 액세스 파일(direct access file)이라고 하며, 파일 내의 어드레스를 지정할 수 있기 때문에, 수정 데이터가 있는 부분의 레코드만이 판독되어 변경된다.

update anomaly[-ənɑ́məli(:)] **갱신 이상** 한 투플의 속성값을 갱신함으로써 정보에 모순이 생기는 현상.

update authority[-əθɔ́:riti(:)] **갱신 권한**

update/create feature[-kriéit fí:tʃər] **작성 갱신 기구**

update cursor[-kə́:rsər] **갱신 커서** 비디오 단말기의 기억 장치와 화면에 새로운 정보의 입력을 가능하게 하는 회로. 현재 입력 위치에 자리하고 있는 커서는 일반적으로 반짝거리는 밑줄이다.

update file[-fáil] **갱신 파일** RPG에 있어서 입력 및 출력 양쪽 기능을 갖는 파일. 입력한 레코드를 변경하여 원래의 레코드의 장소로 되돌리기 위해서 사용한다.

update flag[-flǽ(:)g] **갱신 플래그**

update generation[-dʒènəréiʃən] **갱신 세대**

update history[-hístəri(:)] **업데이트 히스토리, 갱신 이력** 소프트웨어의 기능을 확장하거나 버그를 수정할 때 그 변경 시점을 일람으로 정리한 것 또는 그 기능. 문제점이나 버그의 수정 상황을 일목요연하게 볼 수 있다.

update lock[-lɑ́k] **갱신 로크** 트랜잭션이 레코드를 갱신할 수 있다는 표시. 공유 로크와는 병용이 가능하지만 같은 갱신 로크, 독점 로크와는 병용이 안 된다.

update mode[-móud] **갱신 방식** 새로운 정보를 사용하여 파일에 수정을 가할 때의 상태.

update number[-nʌ́mbər] **갱신 번호**

update process[-prɑ́ses] **갱신 처리**

update program[-próugræm] **갱신 프로그램** 데이터 처리, 보관, 전송 등의 프로그램을 기능 및 성능 향상을 위하여 보완하거나 교체하는 것.

update propagation[-prɑ̀pəgéiʃən] **갱신 확산** 데이터가 중복된 경우에 한 데이터 값을 갱신할 때 중복된 다른 데이터 값들도 똑같이 차례로 갱신하는 과정.

update record[-rékərd] **갱신 레코드**

update rights[-ráits] **갱신권**

update routine[-ru:tí:n] **갱신 루틴**

update write[-ráit] **갱신 기록**

updating[ʌ̀pdéitiŋ] *n.* **갱신, 보수**

updation[ʌ̀pdéiʃən] *n.* **갱신 처리, 갱신**

up-down counter[ʌp dáun káuntər] **업다운 카운터, 상향 하향 계수기** 내용을 +1씩 더해가는 기능과 빼는 기능을 함께 갖춘 카운터로서, 입력 펄스 신호가 주어졌을 때 수가 더해지도록 동작하는 업 카운터와 수가 줄어들게 동작하는 다운 카운

터의 양쪽 기능을 아울러 가지고 있는 카운터.

upgrade[ʌ́pgrèid] *n.* **향상** 업그레이드. 제품의 품질(quality)이나 성능(performance) 등이 향상되는 것. 그레이드 업(grade up)과 같은 것. 또 「이행」이라고 번역되는 경우가 있으며 이것은 컴퓨터 본체나 시스템을 새로운 것으로 바꾸는 것을 의미한다. 컴퓨터에서는 대량의 데이터 처리를 행할 수 있으며, 그것을 자기 테이프 등에 기록할 수 있다. 그 때문에 컴퓨터나 그 시스템을 이행할 때에는 지금까지 사용하고 있던 프로그램이나 데이터 등이 그대로 또는 약간의 변경만으로 사용할 수 있는지의 여부가 중요한 문제가 된다. 만약 지금까지의 것을 사용할 수 없다고 하게 되면 모든 작업을 한 번 더 반복하지 않으면 안 된다. 통상 이와 같은 것은 하지 않고, 이행 전의 컴퓨터에서 사용해온 데이터류는 거의 그대로 사용할 수 있는 것이 많다. 이와 같은 컴퓨터를 상위 호환성(upper compatibility)이 있다고 한다.

upgrade set[–sét] **업그레이드 세트**

uplink[ʌ́plìŋk] **위성 연결, 상공 연결** 인공 위성을 이용한 데이터 통신에서 지상의 지국과 상공의 인공 위성 사이의 통신 라인.

upload[ʌplóud] **올려주기, 업로드** 통신 회선을 이용하여 사용자 시스템에서 멀리 떨어진 컴퓨터 시스템으로 자료를 보내는 것.

UPnP universal plug and play의 약어. 마이크로소프트 사가 제창한 것으로 각종 가전 제품을 홈 네트워크에 접속하는 인터페이스 규격. 윈도 운영체제가 가지고 있는 플러그 앤드 플레이 기능을 가전으로 확장한 것이다.

upper[ʌ́pər] *a.* **상위의** 위쪽에 있는 것을 표시한다. 예를 들면 일련의 비트(bit)열에 있어서 고위(high order)의 비트를 말한다. 고위란 숫자를 나열하여 표시한 수 중에서 가중치가 큰 수로서, 예를 들면 365에서 3은 300을 나타내고, 6은 60을 나타내고 각각 5보다 높은 수를 말한다. 즉, 이 경우 3은 6보다도 6은 5보다 높은 수가 된다. 또 알파벳의 대문자를 upper case라 하고, 소문자의 것은 lower case라고 한다. 컴퓨터에서는 알파벳이나 한자 등의 문자를 일련의 문자 코드(character code)로서 표시하고 있기 때문에 이 문자 코드에 적당한 연산을 실시하면 대문자에서 소문자로 변환하는 것이나 그 역으로 소문자에서 대문자로 변환하는 것도 간단히 할 수 있다. 그 밖에도 천공 카드(punched card) 등의 상단에 정리하여 놓여지는 천공 위치(punched position)를 어퍼 커테이트(upper curtate)라고 한다. 존(zone)을 위해 사용된다.

upper accumulator[–əkjúːmjulèitər] **UA, 상위 누산기**

upper bound[–báund] **상한계** 허용될 수 있는 상한값.

upper byte[–báit] **상위 바이트** 흔히 2바이트(16비트)가 1단위로 사용되는데, 그 상위의 제0부터 제7까지의 8비트. 하위의 제8비트부터 제15비트를 하위 바이트라 한다.

upper case[–kéis] **대문자, 상단**

upper case character[–kǽrəktər] **상단 문자, 대문자**

upper case letter[–létər] **대문자**

upper case mode[–móud] **상단 케이스 모드**

upper compatibility[–kəmpæ̀tibíliti(ː)] **상위 호환성** 컴퓨터 A의 소프트웨어는 컴퓨터 B에서 기능을 발휘하나, B의 소프트웨어가 반드시 A에서 기능을 발휘한다고 할 수는 없다. 이럴 때 B는 A에 대해서 상위 호환성이 있다고 한다. 같은 메이커의 하위 기종과 상위 기종, 또는 구제품과 신제품 사이에 이와 같은 관계가 성립된다.

upper-control limit[–kəntróul límit] **UCL, 상위 관리 한계**

upper directory[–diréktəri(ː)] **상위 디렉토리** 어떤 디렉토리에 대해 루트쪽에 가까운 디렉토리. 디렉토리 트리를 가계도에 비유한 표현이다.

upper-feed[–fíːd] **상부 용지 이송, 상부 용지 이송 기구**

upper-level system[–lévəl sístəm] **상위 레벨 시스템**

upper memory block[–méməri(ː) blák] **상위 메모리 블록** ⇨ UMB

upper sideband[–sáidbæ̀nd] **상위 측파대** 반송파를 신호파로 변조하였을 때 그 반송파를 중심으로 하여 상부에 나타나는 주파수 대역.

upper version[–və́ːrʃən] **상위 버전** 원래판의 기능이나 성능을 향상시킨 개량판.

UPS 무정전 전원 장치 uninterruptible power system의 약어. 정전시 데이터 손실을 방지하기 위한 일시적 전원 유지 장치로 그 시간은 많아야 5분 정도. 따라서 UPS는 정전시 데이터를 기억시키는 데 필요한 최소한의 시간대에만 전원을 이어주는 장치이다.

UPT universal personal telecommunication의 약어. 개인에게 할당된 망과 독립된 번호인 UPT 번호를 사용하여, UPT 번호를 가지고 있는 특정 이용자(개인)를 대상으로 하는 범세계 개인 통신 서비스. UPT의 특징은 착신선의 지정이 가능하여, 착신선의 시간대와 장소를 지정하여 등록해 놓으면 UPT 번호에 의해 교환기가 직접 착신선을 찾아서 접속시키고, 복수 개의 개인 번호를 가질 수 있을 뿐 아니라 이용자의 지정에 따라 휴대 전화 또는 고정망의 전화로 사용 가능하다.

uptime[ʌptáim] *n.* **동작 가능 시간, 사용 가능 시간, 업타임** 컴퓨터가 가동(operating)하고 있는 시간. 사용 가능 시간(available time)이라고 한다. 반대어는 다운 타임(down time)이다.

[주] 기능 단위를 동작시키면 올바른 결과를 내는 시간.

up-to-date[ʌ́p tə déit] **갱신** ⇨ update

upward[ʌ́pwərd] *a.* **상향의, 상방향의** 위로 향한다는 방향성을 나타내며, 특히 동일 메이커의 기종 간에 소프트웨어나 하드웨어의 호환성을 표시할 때 흔히 사용된다. 예를 들면 어느 모델에 대해서 개량판 내지 확장판이 만들어졌을 때 종래의 모델이 갖고 있는 기능이 모두 새로운 모델로 포함되어 있는 것이라면 전자는 후자와 상향의 호환성(upward compatibility)이 있다고 말한다. 일반적으로 「상위 호환성이 있다」라고 한다. 이것은 하드웨어의 명세에 의한 것이며, 하위의 컴퓨터 명령 외에 추가 명령을 갖는 컴퓨터를 말한다. 소프트웨어로 명령의 변환을 행하는 것도 가능하지만, 실행 속도가 늦어진다는 결점이 있다. 일반적으로 신제품의 컴퓨터에서도 어느 기존의 시리즈에 속해 있는 것은 이와 같은 상위의 호환성으로 되어 있다.

upward arrow head[–ǽrou hé(:)d] **상방향 화살촉**

upward compatibility[–kəpæ̀tibíliti(:)] **상향 호환성, 상위 호환성** 컴퓨터 시리즈에서 소형인 것이 좀더 큰 형인 것에 대해서 소프트웨어라든가 입출력 장치가 호환성을 가지고 있는 것으로, 업무 확대에 수반한 시스템을 원활히 교체할 수 있도록 하기 위해서 요구된다. 같은 제조 회사의 컴퓨터 시리즈는 상향 호환성이 있는 것이 원칙으로 되어 있지만 소프트웨어에 관해서는 다른 회사의 것에 대해서도 호환성을 가진 것이 많다.

upward compatible[–kəmpǽtibl] **상향 호환** ⇨ upward compatibility

upward reference[–réfərəns] **상향 참조, 상방향 참조** 오버레이 구조에서 같은 경로에 속하는 세그먼트 사이에 상위, 즉 루트 세그먼트에 가까운 쪽으로 실행되는 것을 가리킨다.

UR 유닛 레코드 unit record의 약어. ⇨ unit record

urgency[ə́:rdʒənsi(:)] *n.* **긴급도**

URL uniform resource locator의 약어. 웹 서버가 인터넷 상에 존재하는 어떤 특정 정보나 파일, 자원을 검색하고 해석하는 데 필요한 네트워크 서비스와 의 인터넷 상의 어떠한 파일이나 서비스도 표현 및 데이터를 직접 받아올 수 있다. 예를 들어 설명하면 「http://www.trumpet.com.ar/」이라고 표현되었을 때, http는 프로토콜을 의미하고, www.trumpet.com.ar은 접속하려고 하는 곳을 의미한다. URL에서 ':'까지는 접근하기 위한 방법을 나타내고, 콜론 이후에 데이터의 위치나 서비스를 제공하는 서버의 주소를 나타낸다. 그리고 나머지 부분은 접속될 포트 번호에 접근할 파일명을 나타낸다. 이와 같이 웹 서버는 URL을 사용해서 단순히 HTTP만을 사용하는 것이 아니라 FTP, Telnet, gopher, WAIS 등도 접속이 가능하다. 또한 여러 사이트에 접속해 보면 관리자에게 메일을 보낼 수 있도록 되어 있는 경우가 많은데, 이러한 기능은 하이퍼링크가 하이퍼텍스트 상에서 어떤 항목을 선택하면 자동적으로 메일 프로그램을 수행하여 메일을 보낼 수 있도록 구성되었기 때문이다. 이러한 기능은 HTML+ 버전에서 제공된다.

urn protocol[ə́:rn próutəkɔ̀:l] **항아리 프로토콜** 트리 추적 프로토콜과 같이, 각 슬롯에 전송할 권한이 있는 국(station)들의 수를 경쟁 슬롯 하나당 정확히 하나의 전송 준비된 국이 있을 최대 확률로 제한하는 방식.

US 단위 분리기 unit separator의 약어. 유닛이라고 하는 정보 단위 끝에 사용하는 정보 분리 문자이다. 같은 계의 것으로 RS, GS, FS가 있다. 이 네 가지 정보 분리는 US, RS, GS, FS 순으로 강한 것이다. 정보 블록은 상위의 부호로 분리되는 것이 아니다. 예를 들면 레코드는 몇 개의 유닛을 포함하지만 유닛의 일부를 포함하지는 않는다. ⇨ unit separator character

usability[jù:zəbíliti(:)] *n.* **가용성** 시스템을 사용해야 하는 개인에 의해 평가되는 시스템의 가치성.

usable time[jú:zəbl táim] **사용 가능 시간** 그 시간 중 기기가 유용한 기능을 다할 수 있는 시간. 이것에는 예방 보전에 사용하는 시간이 포함된다.

usage[jú:sidʒ] *n.* **사용, 이용** 컴퓨터의 도입, 이용 등의 넓은 의미의 사용 방법으로부터 개개의 소프트웨어, 하드웨어의 사용, 사용률이라고 하는 것에 이르기까지 폭넓게 이용된다. 「사용도」, 「사용률」의 의미에서는 컴퓨터 시스템 전체의 유휴 시간(idle time)이나 처리율(throughput)에도 관계한다. 중앙 처리 장치(CPU), 주기억 장치, 입출력 지원을 최대한으로 유효하게 활용해가는 것을 시스템의 최적 이용(optimum usage)이라고 한다.

usage count[–káunt] **사용 횟수** 현재 이 파일을 사용하고 있는 프로세스들의 개수.

usage error[–érər] **사용 오류** 컴파일이나 어셈

블하기 전에 필요한 장비를 용법 명령에 의해 선언해야 하는데, 그렇지 않을 경우에 발생하는 오류.

USART 유자트, 범용 동기/비동기식 송수신기 universal synchronous/asynchronous receiver transmitter의 약어. 범용의 직렬 입출력 인터페이스로 사용되는 인터페이스. CPU와 USART 간의 병렬 전송을 하고 USART와 입출력 터미널 간은 직렬 전송을 한다.

USASCII US 아스키 United States of American Standard Code for Information Interchange의 약어. 7비트(패리티 비트까지 포함하여 8비트)로 구성된 표준 코드는 데이터 처리 시스템, 통신 시스템 또는 관련 기기 사이의 정보 교환에 사용된다. 제어 문자들과 그래픽 문자로 구성된다. 보통 ASCII라 부른다.

USASI 미국 규격 협회 U.S.A. Standards Institute의 약어. 미국 표준화 기관에서 1969년 10월 6일에 ANSI(American National Standards Institute)라고 개명했다. 전신은 ASA(American Standards Association)이다.

USASI COBOL 미국 규격 협회 코볼 미국 규격 협회에 의해서 표준화된 COBOL 프로그래밍 언어. 8개의 처리 모듈에 의해 구성되고 이후 COBOL의 발전 방향을 제시했다.

USB universal serial bus의 약어. PC와 주변 기기를 연결하는 인터페이스(interface) 규격. 한 대의 PC에 최대 127개의 주변 기기를 연결할 수 있으며, 스피커, 모뎀, CCD 카메라 등 종류가 다양하다. 컴퓨터 뒤에 있는 모든 포트(마우스, 키보드, 직렬, 병렬, 조이스틱 등)를 하나의 포트로 대체하기 위하여 컴팩, 디지털, IBM 등의 PC 제조업자 컨소시엄이 만든 범용 직렬 버스를 말한다.

USCC 범용 동기식 통신 칩 universal synchronous communication chip의 약어. IBM의 동기식 데이터 통신인 SDLC와 BSC의 양쪽에 적용할 수 있는 웨스턴디지털 사의 송수신용 LSI.

use [júːs] *n.* **사용, 이용, 용도** 보통 「사용」의 의미로 사용되며 수퍼 컴퓨터(super computer)에서 마이크로컴퓨터(microcomputer)까지의 모든 컴퓨터나 단말 장치 등의 기기류는 물론 컴퓨터 시스템 내부의 레지스터, 기억 장치, 입출력 장치 등의 하드웨어를 비롯해 프로그래밍 언어를 포함한 소프트웨어 등 대부분의 시스템 자원(system resource)을 사용하는 것.

use attribute [-ǽtribjùːt] **사용 속성** 불특정 볼륨 요구에 대한 볼륨의 할당 방법을 제어하기 위한 개념이며, 속성에는 공용(public), 개인용(private), 스토리지(storage)의 세 가지가 있다.

use clause [-klɔ́ːz] **사용절(節)**

use count [-káunt] **사용 계수** MVS(다중 가상 기억 장치) 체제의 SRM(시스템 자원 관리자)에서 채널과 장치 사용 간의 균형을 이룰 수 있도록 각 장치에 대한 사용 계수를 관리하고 장치에 대한 할당 요청이 있을 때 가장 낮은 사용 계수를 갖는 장치를 우선적으로 할당하는 자원 관리 방법.

used [júːst] *a.* **사용의**

useful life longevity [júːsfəl láif lɔ(ː)ndʒéviti(ː)] **내용 수명(耐用壽命)** 고장률이 규정값(보전 비용이 목표값보다 크게 되지 않도록 고려해서 결정한다)보다 낮은 기간의 길이.

Usenet [júːsnet] **유즈넷** 전화선을 이용하여 가입자들 간에 관심사인 분야에 대해 서로 편지 형식으로 정보를 띄우고 받는 것. 유닉스를 이용하는 컴퓨터들 사이에 연결된 국제적인 네트워크. 유즈넷은 뉴스그룹(newsgroup)이라 불리는 하나 또는 여러 개의 명칭을 가진 기사(article)들을 교환하는 기계들의 집합체이다. 유즈넷에 연결된 호스트 컴퓨터들은 정부 기관, 학교, 기업체 등을 망라하고 있으며, 유즈넷 소프트웨어는 미니컴퓨터로부터 메인프레임 컴퓨터까지 수많은 컴퓨터에 설치되어 있다.

USENIX 유즈닉스 유닉스 운영 체제의 학술적, 기술적 분야에 관심을 갖는 사용자가 조직한 국제적인 조직.

use of certified line [júːs əv sə́ːrtifàid láin] **인가 라인의 사용**

user [júːzər] *n.* **사용자, 이용자, 유저** 컴퓨터의 사용자. 이 관점에서 보면 시스템 설계자(system designer), 프로그래머(programmer), 조작원(operator), 기계실의 관리자도 모두 사용자의 범주에 들어간다. 최종 사용자, 단말 사용자(end-user)란 전임 프로그래머나 오퍼레이터 이외의 현업(現業) 부문에 컴퓨터를 사용하여 자신의 업무를 처리하는 사람, 그와 같은 기업 내의 부문을 말한다. 최종 사용자 기능(end-user facility)이란 컴퓨터에 관계하는 전문적인 훈련을 받지 않은 사람들이 쉽게 컴퓨터를 조작할 수 있도록 하는 소프트웨어 기능을 말한다. 임시 사용자(casual user), 초심자(novice user)는 문제 제기측의 중지를 얻지 않고 컴퓨터를 사용하지 않으면 안 되는 사람을 가리킨다.

user agent [-éidʒənt] **사용자 에이전트** ⇨ UA

user area [-ɛ́(ː)riə] **사용자 영역** 기억 장치 상에 사용자용으로 확보된 영역. 이것에 대해 운영 체제용 영역을 시스템 영역이라고 한다.

user attribute data set [-ǽtribjùːt déitə sét] **UADS, 사용자 속성 데이터 세트, 사용자 등록부**

user authentication [-ɔːθèntikéiʃən] **사용자**

확인 부적격 사용자가 시스템을 사용하지 못하도록 하기 위해서 실시하는 절차로서 목소리로 확인하거나 지문으로 확인하는 등의 사용자 신원 확인 시스템이 사용되고 있다. 이에는 목소리, 지문, 암호 등이 사용된다.

user block handling routine[-blák hǽndliŋ ru:tí:n] UBHR, 사용자 블록 취급 루틴

user catalog(ue)[-kǽtəlɔ̀(:)g] 사용자 카탈로그

user class[-klá:s] 사용자 클래스 파일에 대한 접근을 통제하는 방법의 하나.

user class of service[-əv sə́:rvis] 사용자 서비스 클래스 데이터 신호 속도, 데이터 단말 장치의 동작 모드 및 만약 있으면 코드 구성이 표준화되어 있는 데이터망에 의해 제공되는 전송 서비스의 구분.

user code[-kóud] 사용자 식별 코드

user code virtual memory[-və́:rtʃuəl méməri(:)] 사용자에 의한 코드화 가상 기억

user communication element[-kəmjù:nikéiʃən éləmənt] 사용자 통신 요소 네트워크 운영체제에서 사용자 간의 통신, 사용자와 시스템 간의 통신 및 상태 검사를 지원해주는 요소.

user communication primitive[-prímitiv] 사용자 통신 프리미티브 사용자 간의 통신, 사용자와 시스템 간의 통신 그리고 상태의 점검 등을 지원하는 프리미티브. 사용자 간의 통신은 널리 보급되어 가장 많이 쓰이는 네트워크 기능 중의 하나로서, 전자 우편, 전화 시스템과 비슷한 주고받는 통신 혹은 거대한 그룹 구성원들 간의 대화식 회의를 주재할 수도 있다.

user coordinate[-kouɔ́:rdinət] 사용자 좌표계 도형 처리에 있어서 사용자가 정의하는 좌표이며, 장치와는 무관계한 좌표계로 표현된다. 기계의 제약으로부터 정해지는 좌표계를 장치 좌표계라 한다. word coordinate와 같은 뜻으로 쓰인다.
[주] 사용자에 의해 지정되며, 장치에 의존하지 않는 좌표계에 의해 표현되는 좌표.

user datagram protocol[-déitəgræ̀m próutəkɔ(:)l] ⇨ UDP

user-definable key[-difáinəbl kí:] 사용자 정의 가능 키 프로그램에서 특정 기능을 수행하는 키보드 상의 특수 키. 이 키의 기능은 사용자가 정의할 수 있다.

user-defined data set[-difáind déitə sét] 사용자 정의 데이터 세트

user-defined function[-fʌ́ŋkʃən] 사용자 정의 함수 프로그래밍 언어에서 원래 주어지는 것이 아니라 이용하는 사용자가 직접 정의하여 사용하는 함수.

user-defined key[-kí:] 사용자 정의 키 이미 정의된 기능을 갖고 있거나, 프로그램에 의해 변경이 가능한 기능을 가진 키보드 상의 키이며, 이 키를 펀치하면 그에 해당하는 기능이 컴퓨터에 실행된다.

user-defined word[-wə́:rd] 사용자 정의 낱말 사용자어(語). 사용자 정의어.

user-designed character[-dizáind kǽrəktər] 사용자 정의 문자

user-designed character area[-ɛ́(:)riə] 사용자 정의 문자 영역

user-documentation[-dɑ̀kjumentéiʃən] 사용자 문서 원하는 결과를 얻기 위해 시스템을 사용하는 시스템 명령어들의 최종 사용자(end user)를 포함하는 문서로서, 사용자 매뉴얼 등이 있다.

user edit routine[-édit ru:tí:n] 사용자 편집 루틴

user exit[-égzit] 사용자 출구 사용자의 출구 루틴에 제어를 인도하기 위한 출구.

user exit routine[-ru:tí:n] 사용자 출구 루틴

user facility[-fəsíliti(:)] 사용자 기능 요구에 따라 사용자에게 사용 가능해지며, 또 데이터망 전송 서비스의 일부로서 제공되는 기능 집합.
[주] 몇 가지 기능은 호출 때마다 이용할 수 있으며 또 그 이외는 사용자의 요구에 따라 합의된 기간만 할당할 수도 있다. 할당된 특정의 기능에 대해서 호출 때마다 지적할 선택이 가능한 경우도 있다.

user file[-fáil] 사용자 파일 운영 체제에서 사용자가 관리 프로그램을 사용하여 작성한 사용자를 위한 파일. 이것에 대해 관리 프로그램을 위한 파일을 시스템 파일이라 한다.

user-friendly[-fréndli(:)] 누구나 쓸 수 있는, 사용하기 쉬운 컴퓨터에 관한 자세한 지식을 갖지 않은 일반 사용자들에게 컴퓨터 이용을 좀더 쉽게 할 수 있도록 해주는 것.

user-friendly system[-sístəm] 사용하기 쉬운 시스템 편리하게 사용할 수 있는 하드웨어, 소프트웨어에 적용되는 용어. 즉, 윈도 기능과 마우스, 그래픽 환경 등이 채택되어 있다.

user-generated program[-dʒénərèitəd próugræm] 사용자 생성 프로그램

user group[-grú:p] 사용자 그룹, 사용자 집단 컴퓨터 개발자와 그 프로그램을 같이 사용하는 집단. 이들은 정보의 교환, 하드웨어 또는 소프트웨어의 제공 또는 매매가 이루어지고 있다.

user hostile[-hástil] 사용자 불편 설계상 오류, 사용자의 요구에 부응하지 못하여 매우 불편한 하

드웨어 또는 소프트웨어. user friendly와 반대의 개념이다.

user header label[-hédər léibəl] UHL, 사용자 표제 레이블

user hotline[-hátlàin] 사용자 직통 전화 제조업자들이 그들 제품의 고객이 기술적인 질문을 해 오는 것에 대비하여 직접 답변할 수 있도록 특별히 설정해놓은 직통 전화.

user ID 사용자 ID 여러 사용자 시스템에서 자신만을 가리키는 이름. 여덟 자리의 숫자나 영자를 구성하고, 그 이름과 암호로서 시스템의 정보로 들어갈 수 있다. ⇨ user identification

user identification[-ɑidèntifikéiʃən] 사용자 식별 기호, 사용자 등록명 ⇨ user ID

user identifier[-ɑidéntifɑ̀iər] 사용자 식별명

user identifier card[-ká:rd] 사용자 식별 카드

user input area[-ínpùt ɛ́(:)riə] 사용자 입력 영역

user interaction[-ìntərǽkʃən] 사용자 대화 방식 사용자의 입력에 대해 즉시 응답이 이루어지는 시스템.

user interface[-íntərfèis] UI, 사용자 인터페이스 사용자 접촉. 컴퓨터 또는 컴퓨터 단말기와 사용자가 대화를 하기 위한 접촉. 이 접촉에는 키보드나 마우스, 디스플레이 등의 입출력을 통해서 하는 소프트웨어적 접촉과 디스플레이의 휘도(輝度)나 모양, 키보드의 배열, 의자의 높이 등 인간 공학적인 물리적 접촉이 있는데, 일반적으로는 소프트웨어적 접촉을 말하는 경우가 많다. 제아무리 기능이 좋은 시스템이나 소프트웨어도 사용자 접촉이 나쁘면 사용하기가 불편하고, 상품 가치가 월등히 떨어진다.

user interface model[-mádəl] UIM, 사용자 인터페이스 모델

user interface security[-sikjú(:)riti(:)] 사용자 인터페이스 보안 ⇨ external security

user label[-léibəl] 사용자 레이블 파일을 식별하기 위해 프로그래머가 작성하는 레이블로, COBOL로 프로그래밍할 경우는 파일 기술 중에서 명칭이 정의된다.

user label exit routine[-égzit ru:tí:n] 사용자 레이블 출구 루틴

user label processing[-prásesiŋ] 사용자 레이블 처리

user label protocol[-próutəkɔ̀(:)l] 사용자 레이블 프로토콜

user library[-láibrəri(:)] 사용자 라이브러리 컴퓨터 시스템 제작자에 의해 제공되는 기본적인 범용 소프트웨어. 사용자들은 라이브러리에 그가 자주 사용하는 프로그램이나 루틴들을 첨가시킬 수 있다. 라이브러리에 있는 프로그램들은 매크로 명령에 의해 쉽게 목적 프로그램으로 번역된다.

user macro call[-mǽkrou kɔ́:l] 사용자의 매크로 호출

user main storage map[-méin stɔ́:ridʒ mǽp] 사용자 주기억 영역도 사용자용 영역으로 배당된 기억 배치도. 영역 제어 프로세스에 의해 만들어지며, 그 영역 중 어느 정도가 교체를 필요로 하는가를 정하기 위해 사용된다.

user manual[-mǽnjuəl] 사용자 매뉴얼

user memory[-méməri(:)] 사용자 기억 영역 사용자가 임의로 데이터를 읽고 쓸 수 있는 중앙 처리 장치의 기억 장치로서, 응용 프로그램에서 사용되는 RAM의 일부분이다.

user microprogrammable computer [-máikroupròugræməbl kəmpjú:tər] 사용자 마이크로프로그램 가능 컴퓨터 제어 기억 장치의 일부에 사용자가 마이크로프로그램을 넣을 수도 있고, 넣은 내용을 변경할 수 있도록 만든 컴퓨터.

user microprogrammer processor[-máikroupròugræmər prásesər] 사용자용 마이크로프로그래머 프로세서

user mode[-móud] 사용자 방식 시스템의 수행 양식 중의 하나로서, 사용자 프로그램이 실행되는 모드. 시스템 보호의 입장에서 사용자 모드에 많은 제약이 가해진다.

user name[-neim] 사용자명 통신 네트워크에서 개인의 통칭으로서 수신처 이름.

user number[-nʌ́mbər] 사용자 번호 시분할 시스템의 사용자가 원격 단말 장치를 통해서 시스템과 통신할 경우 시스템이 사용자를 식별해낼 수 있도록 각 사용자에게 주어지는 고유 번호.

user option[-ápʃən] 사용자 옵션

user oriented[-ɔ́:riəntəd] 사용자 오리엔티드, 사용자 지향의

user oriented language[-lǽŋgwidʒ] 사용자 지향 언어 ⇨ problem-oriented languge, procedure-oriented language

user process[-práses] 사용자 프로세스

user process group[-grú:p] 사용자 프로세스 군(群)

user profile[-próufɑil] 사용자 프로파일 합당한 사용자들인지를 식별하기 위해 이용하는 신원 확인용 파일.

user profile table[-téibəl] 사용자 프로파일 테이블 시분할 시스템에서 로그온시에 모을 수 있는

정보를 기초로 하여 사용중인 사용자의 특성을 기록해둔 표.

user program[–próugræm] **사용자 프로그램, 이용자 프로그램** 사용자(user)가 만든 프로그램을 말한다. 컴퓨터 메이커 소프트웨어 회사가 만든 프로그램은 시스템 프로그램이나 애플리케이션 패키지이지만 이것에 대해서 사용자가 단일 목적으로 자기 전용의 프로그램을 만들었을 경우 이것을 사용자 프로그램이라 한다.

user programmable function key[–próugræməbl fʌ́ŋkʃən kíː] **사용자 프로그램 가능 기능키** 사용자가 키를 한 번 누름으로써 여러 문자를 연속하여 입력시킨 것과 같은 기능을 하는 키.

user qualifier[–kwálifàiər] **사용자 식별 수식자**

user reliability[–rilàiəbíliti(ː)] **사용자 신뢰도** 계, 기기 또는 부품을 사용할 때 사용자의 보전 및 조작 능력, 장비 환경, 수송 취급 보관 등의 사용 조건이 고유 신뢰도를 떨어뜨리게 될 확률.

user routine[–ruːtíːn] **사용자 루틴**

user service class[–sə́ːrvis klάːs] **사용자 서비스 분류** 공중 데이터 통신망의 사용자 서비스의 종류는 자료 단말 장비(DTE)의 종류에 따라 데이터의 전송 속도를 구분하는데, 이때의 구분을 사용자 서비스 분류라 한다.

user software package[–sɔ́ftwὲər pǽkidʒ] **사용자 소프트웨어 패키지** (1) 컴퓨터가 프로그램 작성 및 처리 과정에서 필요로 하는 여러 가지(utility software)를 갖추고 있어서 프로그램의 최초 작성과 수정, 테스트 및 오류 수정 과정에서 소요되는 시간과 노력을 절감할 수 있다. 이러한 소프트웨어를 필요한 시점에만 주기억 장치로 옮겨서 사용하며 항상 주기억 장치에 존재하지는 않는다. (2) 응용 소프트웨어와 운영 체제나 시스템 사용자들에 의해서 요구되는 일반적인 지원 기능을 수행하기 위해 설계된 컴퓨터 프로그램들이나 루틴들.

user's manual[júːzərz mǽnjuəl] **사용자 매뉴얼** 사용자를 위한 장치, 소프트웨어 패키지, 프로그램 설명서.

user space[júːzər spéis] **사용자 공간** 가상 기억 장치 또는 주기억 장치 중에서 사용자 프로그램이 돌아가는 메모리 공간.

user's registration[júːzərz rèdʒistréiʃən] **사용자 사전 등록** 워드 프로세서로 사용자가 자주 사용하는 단어나 글꼴을 등록하는 것. 단어에서 단문까지 등록이 가능하다. 글꼴의 등록에는 사용자 패턴 등록, 외래어 등록 등이 있다.

user stack[júːzər stǽk] **사용자 스택**

user state[–stéit] **사용자 상태** 특권 명령어(privileged instruction)를 실행할 수 없는 프로그램의 상태이며, 문제 상태(problem state)와 동의어, 감시 상태(supervisory state)와 반대어.

user supplied name[–sʌ́plid neim] **사용자 지정명**

user task[–tάːsk] **사용자 태스크** 컴퓨터 시스템 내에서 사용자가 입력한 작업을 실행하기 위한 태스크. 이것에 대해서 작업의 입력 등 시스템의 일을 하는 태스크를 시스템 태스크라고 한다.

user terminal[–tə́ːrminəl] **사용자 단말 장치** 사용자가 데이터 처리 시스템과 교신하기 위한 입출력 장치.

user totaling[–tóutəliŋ] **사용자 종합**

user trailer label[–tréilər léibəl] **UTL, 사용자 종료 레이블**

user validation[–vӕlidéiʃən] **사용자의 확인**

user-visible[–vízibl] **사용자의 관리 하에 있는**

useware[júːzwεər] **유즈웨어** 컴퓨터와 관련된 서비스 산업 또는 그 서비스 내용. 일반적으로 컴퓨터 산업의 상품을 하드웨어와 소프트웨어로 나누고, 그에 연속되는 제3의 상품으로서 유지 보수나 컨설턴트 등의 서비스를 유즈웨어라 한다. 사용자 지원과는 달리 유상 업무이다.

USG 유닉스 지원 그룹 Unix support group의 약어. AT & T 내에서 유닉스 개발, 보수, 유지 등을 맡아 하는 조직.

USRT 범용 동기 송수신기 universal synchronous receiver/transmitter의 약어. 고속 동기형 통신 장치와 마이크로컴퓨터 시스템 간의 데이터 송수신을 가능하게 하는 범용 통신 접속기.

utility[ju(ː)tíliti(ː)] *n.* **유틸리티** 광범위에 걸쳐 사용할 수 있는 실용적인 것을 말한다. 컴퓨터에서는 다수의 작업이나 목적에 대하여 적용되는 편리한 프로그램이나 루틴을 말한다. 이 경우에는 이용 프로그램 또는 실용 프로그램이라고 해석되는 경우가 있다. 일반적으로는 별로 복잡하지 않으며, 넓은 범위에 걸쳐 사용할 수 있는 실용적인 프로그램 또는 시스템에 따르는 소프트웨어를 유틸리티 프로그램(utility program)이라 한다. 예를 들면 축소 인쇄 프로그램이나 기계어 입력시에 사용하는 체크 섬(check sum) 프로그램, 디버그를 하는 프로그램 등이다. 기억 매체 사이에 파일의 전송(transfer), 복사(copy), 합병(append), 순서의 재편성 등의 데이터 파일 조작(data file operation)을 행하는 프로그램 등이 있다.

utility analysis[–ənǽlisis] **효용 해석**

utility assessment[–əsésmənt] **효용 평가**

utility assessment procedure[–prəsíːdʒər]

효용 평가 과정

utility command[–kəmǽnd] 유틸리티 명령

utility control console[–kəntróul kánsoul] 유틸리티 제어 콘솔 주로 유틸리티와 유지 보수 프로그램을 제어하기 위해 쓰이는 컴퓨터 콘솔을 말한다.

utility control statement[–stéitmənt] 유틸리티 제어문

utility debug[–di:bʌ́(:)g] 유틸리티 오류 수정

utility definition specification[–dèfiníʃən spèsifikéiʃən] UDS, 유틸리티 정의 명세

utility estimation[–èstiméiʃən] 효용 추정

utility feature[–fí:tʃər] 유틸리티 기능

utility function[–fʌ́ŋkʃən] 효용 기능 테이프의 검색, 테이프 파일의 복사, 매체 변환, 동적 기억 장치 및 테이프 덤프와 같은 보조적 기능.

utility maximization[–mæ̀ksimɑzéiʃən] 효용 최대화

utility maximization model[–mádəl] 효용 최대화 모델

utility model 실용신안 산업상 이용할 수 있는 물품의 형상, 구조 또는 조합에 관한 고안으로 지적 재산권의 일종. 실용신안권의 존속 기간은 실용신안권의 설정 등록일로부터 실용신안 등록 출원일 후 10년이 되는 날까지로 한다(실용신안법 제36조 제1항). 1999년 7월 1일부터 시행되는 실용신안권 등록 제도에 따라, 실용신안 등록 출원에 대하여 신규성, 진보성 및 산업상 이용 가능성 등과 같은 실체적 등록 요건을 심사하지 않고 방식 심사 및 간단한 기초적 요건 심사를 거쳐 실용신안 등록이 가능하게 되었다. 실용신안에 대한 실체적 등록 요건 심사는 실용신안에 대한 실체적 등록 전후의 기술 평가 청구에 의해 개시되며, 심사 결과 실용신안 등록의 유지 또는 취소 결정이 나게 된다. 따라서 실용신안권자는 등록 유지 결정의 등본을 제시하여 경고한 후가 아니면 침해자에게 권리 행사를 할 수 없다. 즉, 실용신안 등록 출원은 실체적 요건 심사 없이 바로 등록될 수 있지만, 권리 행사를 위해서는 기술 평가 청구 및 심사를 거쳐 등록 유지 결정을 받아야 하는 것이다.

utility optimality[–áptiməliti] 효용 최적성

utility power indicator[–páuər índikèitər] 통상 전원 표시기

utility power switch[–swítʃ] 통상 전원 스위치

utility processor[–prásesər] 유틸리티 프로세서

utility program[–próugræm] 유틸리티 프로그램 반복해서 공통으로 사용할 수 있도록 만들어진 프로그램. 주로 사용되는 것으로는 카드 상의 데이터를 판독하여 자기 테이프에 기록하는 것, 디스크 장치로부터 자기 테이프로 옮기기 위한 것과 같은 기억 매체를 변환하기 위한 것, 주기억 장치나 자기 디스크 장치의 내용을 인쇄하는 것 그리고 분류(소트) 프로그램 등이 있다.

utility routine[–ru:tí:n] 유틸리티 루틴 범용 컴퓨터를 사용하는 설비에서 테이프의 확인, 판독, 재시작, 보류, 합병, 조합 등의 실용적인 프로그램을 사용할 수 있게 해주는 표준 루틴.

utility routine program[–próugræm] 유틸리티 루틴 프로그램

utility set[–sét] 효용 집합

utility software[–sɔ́(:)ftwὲər] 유틸리티 소프트웨어 응용 소프트웨어, 운영 체제 및 시스템 사용자들에 의해 요구되는 일반적인 기능을 수행하기 위해 설계된 컴퓨터 프로그램들이나 루틴들.

utility software package[–pǽkidʒ] 유틸리티 소프트웨어 패키지

utility structure[–strʌ́ktʃər] 효용 구조

utility system[–sístəm] 유틸리티 시스템 카드에서 테이프로, 테이프에서 인쇄기로 기타 주변 장치 작업이나 부작업과 같은 유틸리티 기능을 수행하기 위해 마련된 시스템이나 프로그램.

utility tree[–trí:] 효용 트리

utilization[jù(:)tilɑizéiʃən] *n.* 이용, 유틸라이제이션 어떤 것을 이용 또는 사용하는 것.

utilization factor[–fǽktər] 이용률, 유틸라이제이션 계수

utilization ratio[–réiʃiòu] 사용 효율 시스템이 정상으로 동작할 수 있는 상태에 있는 전체 동작 시간에 대한 실제의 처리 작업을 위해서 필요한 시간의 비율. 자동 데이터 처리 장치(automatic data processing)의 시스템 유효 시간에 대한 서비스 시간(serviceable time)의 비율 등이 좋은 예이다. 즉, 이용률이 높으면 높을수록 그 시스템의 수요량과 공급량이 가까워져 효율이 좋게 된다. 역으로, 과대 공급 등은 이러한 사용 효율이 떨어지게 된다. 이에 대하여 가동률이란 시스템의 전원(power)이 ON할 때의 전시간에 대한 다운타임(downtime) 이외의 시간 비율. 즉, 고장이나 정기 유지 보수(scheduled maintenance)를 위해서 시스템이 사용되지 않는 시간에 대한 비율을 나타낸 것이다. 또 사용 효율은 시스템이 정상으로 동작되는 상태에 있는 전시간에 대한 실제의 처리 작업을 위해 필요한 시간뿐만 아니라 그 프로그램의 개발이나 그 때문에 필요한 잡무 시간까지를 포함한 시간까지를 대상으로 하는 경우도 있다.

utilization transmission ratio[–trænsmíʃən réiʃiòu] **효율 전송률** 데이터의 총 입력에 대한 유용하거나 허용 가능한 출력 데이터의 비율.

utilize [jú(ː)tilàiz] *v*. **이용하다**

UTL 사용자 종료 레이블 user trailer label의 약어.

UTP unshielded twisted pair cable의 약어. 이더넷에서 일반적으로 사용되는 케이블. STP 케이블과 비교해서 실드 처리가 되어 있지 않아 잡음에 약하지만, 비용을 낮출 수 있다. ⇨ STP

UTS 단위 태스크 시뮬레이터 unit task simulator의 약어. ⇨ universal timesharing system

UUcast UUspt 사에서 제공되는 IETF(Internet Engineering Task Force)가 승인한 표준 프로토콜인 IP 멀티캐스트 프로토콜을 채용한 세계 최초의 서비스. UUcast는 인터넷 컨텐츠 사업자들을 대상으로 저렴한 비용으로 다수의 사용자들에게 같은 정보를 전송할 수 있는 네트워크를 제공할 수 있다.

UUCP UNIX-to-UNIX copy protocol의 약어. (1) 하나의 시스템이 전화선을 통해 다른 시스템과 접속하는 경우 필요한 초기에 만들어진 유닉스 컴퓨터를 연결하는 국제적인 공동 광역 통신망을 가리키며 오늘날에는 뉴스나 전자 메일을 전송하기 위해 UUCP 프로토콜을 사용하는 대규모 국제 네트워크를 칭하는 용어로 많이 사용된다. (2) 인터넷에 접속하는 방법의 하나로 전자 메일이나 파일 전송, 유즈넷에의 접속 등에 사용할 수 있다. 서비스 프로바이더에 신청하여 인터넷에 접속하려면 이 UUCP 접속이 가장 간편하고 값이 싸다. 사용자가 필요한 때에 프로바이더의 사이트에 전화를 걸어 파일 전송이나 전자 메일을 송수신하고 끝나면 전화를 끊어 수취한 파일이나 메일을 온라인으로 천천히 읽어나간다. 그러나 다이얼 IP 접속과는 달라서 WWW 등의 멀티미디어 서비스를 넷스케이프를 사용하여 즐길 수는 없다. ⇨ Usenet, service provider, WWW (3) **유닉스 시스템 간 복사 프로그램** UNIX system to UNIX system copy program의 약어. 유닉스 프로그램의 운영 체제에서 이용하는 프로토콜의 이름이나, 또는 간편하게 운영 체제 간에 통신 및 파일 전송을 위한 프로그램의 집합.

UUdecode/UUencode UU 디코드/UU 인코드 유닉스에서 이용되는 2진 파일과 텍스트 파일을 변환하는 프로그램.

UUencode 이진 데이터를 이메일 메시지에 삽입될 수 있는 ASCII 텍스트 포맷으로 변환시키는 것. 수신자가 다시 텍스트를 이진 포맷으로 바꾸려 한다면 UUdecode를 써야 한다.

UVM 범용 벤더 마크 universal vendor mark의 약어.

V[víː] **브이** voltage의 약어. 전압의 단위이다.

V.110 ITU-T의 V 시리즈 권고에 대응한 단말을 ISDN에 접속하기 위한 방식에 관한 권고. ISDN 단말 어댑터(TA 등) 등에 대한 권고이다. ⇨ ITU, ISDN, TA

V.25bis ITU-TS가 정한 모뎀 제어용 명령어로, PC에서 모뎀으로 주는 명령어의 형식을 정하는 국제 규격. 예를 들면, PC가 모뎀에 전화를 걸게 하는 것이 있다. V.25bis에 대해 헤이즈 사가 개발해 이미 업계 표준이 되어 있는 헤이즈 명령어(AT 명령어)도 있고, 양쪽을 모두 제공하는 제품도 있다. bis는 두 번째라는 뜻으로 이미 V.25 규격과 V.26 규격이 나와 있어 이렇게 이름이 붙은 것이다.

V.27ter 모뎀의 전송 속도가 4,800bps, 반이중 G3 팩시밀리용 규격으로 팩시밀리에 있는 모뎀에 적용한다. ter는 세 번째라는 뜻이다. V.29도 같은 규격이나 전송 속도가 9,600bps로 반이중(4선식이면 전이중) 고속 모드 G3 팩시밀리용 규격이다.

V.32 오류 수정 기능을 가지면서 초당 9,600비트 속도로 압축하는 데 사용되는 표준 모뎀.

V.32bis 오류 수정 기능을 가지면서 초당 14.4 kbps 속도로 압축하는 데 사용되는 표준 모뎀.

V.34 모뎀에 관한 ITU-T 표준의 공중 전화 회선용 동기/비동기의 전송 속도 28,800bps를 지원하는 규약으로 V.FC보다 발전되어 있으며 경우에 따라서는 split speed 등의 특징을 구현한다. 33,600bps를 위한 V.34bis, V.34+ 등의 확장 규격이 있으나 아직 표준으로 인정받지 못하고 있는 각 업체 고유의 규격이다. ⇨ MODEM, V.42, V.42bis

V.42 모뎀에 관한 CCITT 표준의 에러 조정 규약.

V.42bis 모뎀에 관한 CCITT 표준의 자료 압축 규약. 최대 400%의 효율을 보인다.

VA 가치 분석 value analysis의 약어.

VAB 음성 회답 voice answer back의 약어. 가청 응답 장치를 사용하여 컴퓨터의 시스템을 전화망에 연결함으로써 전화 형태의 단말기의 조회에 대하여 음성 응답을 제공하는 것. 가청 응답은 미리 계수 코드화된 음성이나 디스크 기억 장치에 기록된 단어군으로 구성된다.

vacate[véikeit] *v*. **비우다, 비게 하다**

vaccine[vǽksiːn] *n*. **백신** 컴퓨터 바이러스의 치료 프로그램. 즉, 컴퓨터 바이러스 프로그램을 잡아내고 손상된 디스크를 치료하는 것.

vacuum[vǽkjuəm] *n*. **진공**

vacuum capstan[–kǽpstən] **진공 캡스턴** 자기 테이프 기억 장치의 테이프 구동을 위해 사용되는 캡스턴의 일종. 중공(中空)으로 표면에 많은 구멍을 가지고 테이프 구동할 때 캡스턴 내부의 공기압을 감소하면 테이프는 캡스턴 표면에 흡인되어 주행한다. 핀치 롤러식보다 한 단계 발전된 테이프 구동 방식이다.

vacuum evaporation[–ivæ̀pəréiʃən] **진공 처리** 다른 물체의 표면에 얇은 막을 형성하도록 진공 내에서 물질을 가열 증발시키는 것.

vacuum column[–kɑ́ləm] **진공 칼럼** 상자 내부는 테이프의 윗면에 대하여 언제나 마이너스의 압력이 걸려 있으며, 테이프의 시동, 정지의 경우 테이프에 걸리는 힘을 흡수해 주행중의 칼럼 내 테이프 위치가 이상적인 변화를 일으켰을 때 이것을

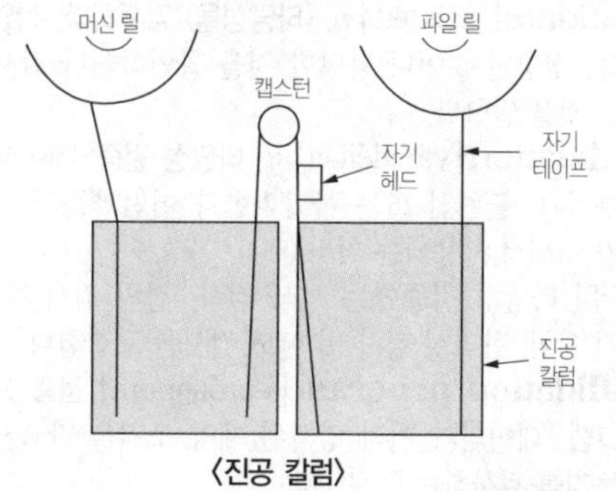

〈진공 칼럼〉

검출하여 릴의 회전을 제어하는 것. 즉, 자기 테이프 장치의 테이프에 일정한 장력을 유지하도록 기둥 모양의 상자가 캡스턴 아래에 설치되어 있는 것을 말한다.

vacuum metallurgy[–métələ̀:rdʒi(:)] **진공 야금(冶金)** 진공중의 용해에 의해 하는 야금. 대기중의 용해로는 합금 원소의 첨가가 곤란할 경우, 종래의 방법으로는 제품의 원료 사용에 대한 비율이 낮으므로 진공중의 조작으로 가공성이나 제품 비율이 대폭 향상되는 경우, 종래 방법으로도 충분히 생산이 가능하지만 진공 용해에 의해 품질이 더욱 향상되고 신뢰성이 높아지는 경우 등에 진공 야금이 이용된다. 제품은 가스 성분이나 비금속 개재물(介在物)이 적고, 산화(酸化)에 의한 소모가 근소하므로 원료 사용에 대한 제품의 비율이 높고, 성분 조성의 조정도 쉽다. 유도형·아크형 쌍방의 전기로가 진공중에서 조작되며 약 10t 용량의 전기로도 나왔다. 제트 엔진용 내열 합금, 축받이 합금이나 고속도강, 고온 하에서의 내파열 특성이 요구되는 대형 기계 구조용 강 등에 이용된다.

vacuum servo[–sə́:rvou] **진공 서보** 테이프의 한 면에 진공 상태를 유지하는 자기 테이프 장치를 위한 주변 장치.

vacuum tube[–tjú:b] **진공관** 이것은 크게 2극 진공관과 3극 진공관으로 나눌 수 있다. 초기의 전자 회로에서는 주된 소자로 사용되었고, 트랜지스터가 사용되기 전인 제1세대 컴퓨터에서도 주요 부품이었다. 진공 유리관 속에 2개 또는 3개의 전극을 넣은 전자 부품.

VAF 부가 가치 기능 value added function의 약어. 오리지널 프로그램에 부가된 확장 기능.

valid[vǽlid] *a.* **유효한, 옳은, 확실한 근거가 있는** (1) 컴퓨터에 입력된 데이터나 계산 결과가 타당하거나 또는 바른 것을 나타내는 말이다. (2) 완전 논리식(well-formed-formula)이 모든 해석(interpretation)에 대하여 참인 때, 이 완전 논리식은 확실한 근거가 있다(valid)고 한다.

validate[vǽlidèit] *v.* **(타당성을) 검사하다, 확인하다** 정당한 것이나 타당한 것을 확인하거나 검사하는 것을 말한다.

validation[vӕlidéiʃən] *n.* **타당성 검증** 데이터가 부정확, 불완전 또는 불합리한가 어떤가를 확인하기 위해서 사용되는 처리.

[주] 타당성 검증에는 서식 검사, 결핍 검사, 검사 키 시험, 합리성 검사 및 한도 검사를 포함한다.

validation program[–próugrӕm] **검증 프로그램** 데이터가 미리 명시된 제약 조건을 만족시키는지를 검사하는 프로그램.

valid exclusive reference[vǽlid iksklú:siv réfərəns] **옳은 배타적 참조, 유효한 배타적 참조** 프로그램의 오버레이 구조에 있어서 배타적 참조이지만, 그 외부명에 대한 참조가 그 공통 세그먼트에도 포함되어 있는 것. 이 경우 오버레이는 바르게 실행된다. 바르지 않은 배타적 참조(invalid exclusive reference)와 대비된다.

validity[vəlíditi(:)] *n.* **타당성, 유효성** 동작이나 데이터의 타당성으로, 그런 것이 정확한지 유효한지를 말하는 것. 의미가 있는 비트 구성에 합치하는 데이터만을 유효한 것으로 하는 것.

validity check[–tʃék] **타당성 체크, 유효성 검사** 이미 주어진 데이터가 실행할 규정에 맞는지 검사하는 것. 주어진 데이터나 계산 결과가 타당한 것인지를 체크하는 것으로, 예를 들면 하루 시간이 24시간을 넘지 않는다든가 보통 사람의 연령이 세 자리를 넘지 않는다는 것 등을 체크하는 것.

valid memory address[vǽlid méməri(:) ədrés] **VMA, 유효 메모리 주소**

valid peripheral address[–pəríførəl ədrés] **VPA, 유효 주변 장치 주소**

valuable and efficient network utility service[vǽljuəbl ənd ifíʃənt nétwə̀:rk ju(:)tíliti(:) sə́:rvis] **VENUS, 비너스**

valuable and efficient network utility service packet[–pǽkət] ⇨ VENUS-P

valuator[vǽljuətər] *n.* **숫자 입력기, 수치 측정기, 실수값 입력 장치** 컴퓨터 그래픽에서 상대적인 위치를 실수값으로 바꾸어 입력하는 장치. 조이스틱, 패들 등이 여기에 해당한다.

value[vǽlju:] *n.* **값, 가치** 최대 또는 최소의 제어값으로 지정된 값을 가리키거나, 어떤 변수나 기억 장소에 들어 있는 문자나 숫자, 논리값 또는 레이블.

value-added carrier[–ǽdəd kǽriər] **부가가치 통신업자** 통신 사업자로부터 회선을 빌려서 여기에 각종 서비스를 부가하여 제3자에게 제공하는 통신업자. ⇨ VAN

value-added function[–fʌ́ŋkʃən] **부가가치 기능** ⇨ VAF

value-added network[–nétwə̀:rk] **VAN, 밴, 부가가치 통신망, 고도 정보 통신망** ⇨ VAN

value added service[–sə́:rvis] **VAS, 부가가치 서비스** 부가가치 통신망(VAN)에 있어서 전송이라는 기본적인 통신 서비스에 데이터 처리 등의 부가가치가 있는 기능을 부여하는 서비스. ⇨ VAN

value analysis[–ənǽlisis] **VA, 가치 분석** 가치 분석은 현재 고객이 요구하는 기능을 최저의 비용으로 만들어내기 위해 제품의 가치를 기능·제조 기술 · 구매 정책 등의 면에서 분석 · 검토하여 기능과 비용의 양면에서 제품의 가치 향상을 추진하는 공학적 수법(VE ; value engineering)으로 널리 보급되고 있는데, 1947년에 GE 사가 개발한 수법으로 당초에는 제품의 재료 원가를 절감하는 것을 목적으로 고안되었다.

value engineering [-endʒəníəriŋ] VE, 가치 공학 가치있는 제품을 만들어내기 위한 기업 경영 기법. 소비자가 바라는 가치있는 상품을 제조하기 위해 인사, 생산, 마케팅, 경영 각 부문이 소비자를 중심에 놓고 고품질 원가 절감 신제품 개발 등에 나서는 기법이다.

value function [-fʌ́ŋkʃən] 가치 함수

value in use [-in júːs] 사용 가치

value of information [-əv ìnfərméiʃən] 정보 가치 정보의 가치는 지정 대상을 기초로 하여 판단하는데, 일반적으로 어떤 정보에 대하여 그 수요자측의 지적(知的) 판단 활동에의 영향 정도에 따라 그 중요성이 판단되어 가치가 결정된다. 수요자가 어떤 의사 결정이나 계획 입안에 대하여 현재와 장래를 합쳐서 그 정보를 어떻게 활용하는가에 따른다. 그것에는 정보의 질과 타이밍이 중요한 요소가 된다.

value of perfect information [-pə́ːrfikt ìnfərméiʃən] VPI, 완전 정보의 가치

value of time demand analysis [-táim dimɑ́ːnd ənǽlisis] 시간값 요구 해석

value parameter [-pərǽmətər] 값 인자 컴퓨터 프로그램에서 부프로그램에 인자를 넘겨줄 때 그 값만을 넘겨주는 인자. 이는 원래의 값은 부프로그램에서는 사용만 할 뿐 변경시키지 못하게 하여 프로그램의 부작용을 막는 데 도움을 준다. 이는 PASCAL이나 C 언어에서 기본으로 사용되는 인자 전달 방식이다.

value part [-pɑ́ːrt] 값 부분

value read attachment [-ríːd ətǽtʃmənt] 계측값 판독 접속 기구

value read module [-mɑ́dʒuːl] 계측값 판독 모듈

value system [-sístəm] 가치 시스템

value unknown at present [-ʌnnóun ət prézənt] 결측값 존재하지 않는(null) 값의 일종으로, 변수(variable) 등이며 값은 존재하는 것이지만, 그 시점에서 아직 정해져 있지 않은 값을 표시한다.

VAN 밴, 부가가치 통신망, 고도 정보 통신망 value added network의 약어. 이 서비스는 1960년대 후반부터 미국에 출현한 것이며, 각국의 공중 통신업자로부터 회선을 빌려서 이것에 컴퓨터를 조합시켜 네트워크를 구축하고, 이 네트워크에 공중 통신업자가 제공하지 않는 새로운 기능(부가가치)을 제3자에게 서비스하는 것을 말한다. 부가가치로는 통신 오류 제어, 속도 변환, 코드 변환, 메시지 변환 통보 등이 있다. 최근 여러 가지 업종의 기업이 그룹화하는 등 VAN 비즈니스로 떠오르고 있다. 부가가치망의 특징은 기존 통신 공사 또는 특수 통신사의 회선을 이용하여 부가가치를 판매하기 때문에 ① 투자 자본이 적고 빠른 서비스를 제공할 수 있으며, ② 사람과 서비스의 특수화가 재산이 되며, ③ 기존 통신 공사 및 특수 통신사를 중심으로 시장이 개척되므로 기존 통신 공사와 대립 관계에 서지 않게 된다. ⇨ 그림 참조

vaporware [véipərwὲər] 베이퍼웨어 상당한 시일이 경과하여 그 발매 일자를 정확히 알 수 없는 소프트웨어. 하드웨어나 소프트웨어 분야에서 아직 미개발 상태의 가상 제품. 즉, 기존의 하드웨어, 소프트웨어가 아닌 미래의 제품을 따로 지칭하기 위해 만든 신조어이다. 이 같은 베이퍼웨어는 사용자들에게 지금은 불가능한 일이 미래에는 가능하다는 환상을 심어주고 당장 구입할 수 있는 경쟁 업체의 제품을 사지 못하도록 막는 효과가 있다.

vapor growth [véipər gróuθ] 기상(氣相) 성장 에피택시얼 성장의 일종으로 기체 상태에서 기판(基板)에 반도체의 단결정을 석출하는 방법.

VAR 부가가치 판매 업자 value added retailer의 약어. 퍼스널 컴퓨터의 소프트웨어를 판매할 때 고객에 팔아 넘기는 것으로 그치지 않고 고객 기업에서 익숙하게 다루도록 컨설팅하거나 교육, 지도의 서비스까지 덧붙여서 판매하는 것. PC의 소프트웨어 매출 신장을 위해 PC, 소프트웨어 판매점이 이런 판매 방식을 취하기 시작했다. IBM의 미니 컴퓨터를 사서 소프트웨어를 첨부해서 파는 방식도 VAR이라고 한다. 이것은 value added remarketter의 약어로서 의미는 거의 같다.

varactor [vərǽktər] 버랙터 가변 리액터를 말한다. 주파수 체배기나 파라메트릭 증폭기에 사용된다.

varactor diode [-dáioud] 가변 용량 다이오드

variable [vɛ́(ː)riəbl] *n.* 변수 (1) 일반적으로는 미리 정해진 범위(range) 내에서 값(value)이 변할 수 있는 수를 대표하는 문자이다. (2) 프로그래밍 언어인 COBOL에서는 프로그램 실행중에 값이 바뀌는 경우가 있는 데이터 항목이다. 또 FORTRAN에서는 배열도 배열 요소도 아닌 데이터 항목이며, 영자명(symbolic name)으로 식별된다. 인용하거나 정의하는 것이 가능하다. (3) 형용사로서, 목적이나 용도(application) 등에 따라서 변경이 가능한 것, 또

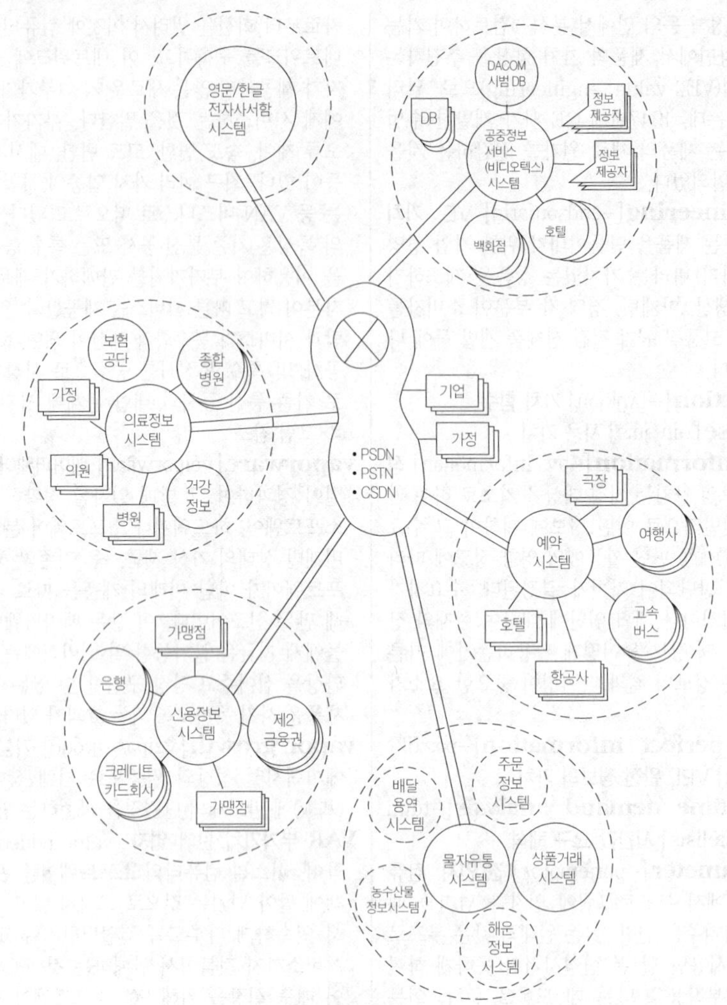

〈VAN 시스템 개발 가상도〉

는 변화하는 것 등을 표시하는 의미로 사용된다. 예를 들면 가변 길이 레코드(variable length record) 등. (4) 어떤 주어진 적용에 있어서 실제의 값이 할당되기까지, 값이 정해지지 않은 또는 기지(旣知)의 범위에 값이 정해지지 않은 것. (5) (프로그래밍에 있어서) 문자 또는 문자의 집합이며, 값을 창조하여 컴퓨터 프로그램의 실행중에는 어드레스에 대응하고 있는 것. (6) 다른 값을 취할 수 있으나 그런 시점에서는 한 가지 값만을 취하는 언어 대상물.

[주] 한 가지의 변수를 취할 수 있는 값은, 보통 어떤 정해진 데이터형으로 한정된다.

variable address[–ədrés] **가변 주소** 인덱스 레지스터 등에 의해 변경될 수 있는 주소.

variable area[–έ(:)riə] **변수 영역**

variable binary[–báinəri(:)] **2진 변수**

variable block[–blák] **가변 블록** 크기가 고정되어 있지 않아 자료의 내용이나 필요에 따라 크기가 변할 수 있는 블록.

variable block format[–fɔ́:rmæt] **가변 블록 형식** NC 테이프 등의 데이터 레코드 양식 중 각 블록 내의 워드 수와 캐릭터 수가 변화해도 좋은 포맷, 또는 각 블록 내의 워드 수와 캐릭터 수가 변화해도 좋은 수치 제어 테이프의 포맷.

variable capacitance diode[–kəpǽsitəns dáioud] **가변 용량 다이오드** PN 접합의 장벽 용량의 전압 의존성을 이용한 다이오드. PN 접합 다이오드에 역방향 전압을 가할 때 전자는 양극으로, 정공은 음극으로 끌려가 중간에 캐리어의 공백이 생겨 축전기와 같은 역할을 하게 된 것.

variable connector[–kənéktər] **가변 결합자** 고정되어 있지 않고 순서도 과정에 의해서 변할 수 있는 순서 연결을 표시하는 기호.

variable control block area[–kəntróul blάk έ(:)riə] **VCBA, 가변 제어 블록 영역**

variable-cycle operation[–sáikl ὰpəréiʃən] **가변 사이클 연산** 명령의 실행에 필요한 연산 단계가 명령어에 따라서 다른 방식.

variable data[–déitə] **가변 데이터**

variable definition[–dèfiníʃən] **변수 정의**

variable factor programming [–fǽktər próugræmiŋ] **VFP, 변동 요인 프로그래밍** ⇨ VFP

variable field[–fí:ld] **가변 필드, 가변 요소 프로그래밍** 임의의 점에서의 스칼라 또는 벡터값이 주어진 시간 내에 변하는 영역.

variable field length[–léŋθ] **가변 필드 길이** 가변적인 문자의 개수를 갖는 데이터 영역.

variable field storage[–stɔ́:ridʒ] **가변 필드 기억 장소** 한정되어 있지 않은 길이의 기억 장소. 실제적으로는 바이트 혹은 단어 단위로 처리되나, 논리적으로는 데이터의 길이가 1비트에서부터 기억 용량 전체까지 가능하다.

variable file[–fáil] **가변 파일** 자기 디스크 장치 등의 트랙 양식에 있어서 레코드 길이를 가변으로 한 방식. 잘 변동되는 가변 데이터로 구성되어 있으며 단독으로 존재하지 않고 최소한 하나 이상의 마스터 파일과 관계를 가지고 존재하는 파일.

variable format[–fɔ́:rmæt] **가변 형식** 어떤 필드 내의 정보 내용에 대한 정의를 필요에 따라 달리 기술하는 것.

variable format message[–mésidʒ] **가변 형식 메시지** 회선 제어 문자를 수신할 때 제거하거나 송신할 때 삽입해서는 안 되는 메시지.

variable form record[–fɔ́:rm rékərd] **가변형 레코드** 가변형 레코드는 데이터 베이스에 레코드를 저장할 때 데이터가 없는 데이터 항목 또는 데이터 항목군(項目群)을 삭제하여 데이터 베이스의 영역을 유효하게 이용하는 것을 가능하게 한 형태의 레코드이다. 레코드의 선두에 데이터 항목 또는 데이터 항목군에 대응한 정보를 준비하고, 데이터의 유무를 판정할 수 있게 하고 있다.

variable function generator[–fʌ́ŋkʃən dʒènəréitər] **가변 함수 발생기** 사용자가 임의의 함수를 설정할 수 있는 함수 발생기.

variable head disk[–hé(:)d dísk] **가변 헤드 디스크** 판독/기록 헤드가 디스크 표면을 움직일 수 있게 하여 임의의 회전 트랙 내의 데이터에 접근하는 디스크 장치.

variable identifier[–aidéntifàiər] **변수명** 프로그램에서 사용하는 변수의 명칭.

variable information file[–ìnfərméiʃən fáil] **가변 정보 파일** 가변 정보를 기록한 파일.

variable item[–áitəm] **가변 항목**

variable length[–léŋθ] **가변 길이** 컴퓨터의 취급 단위가 1캐릭터로 되어 데이터의 한 항목마다 자릿수가 임의로 설정되는 것을 가변 길이 방식이라 하며, 이와 같은 형의 컴퓨터를 캐릭터 머신이라 한다. 레코드의 길이가 하나의 파일 속에서 다른 것을 말하는 경우도 있다.

variable length block[–blάk] **가변 길이 블록** 데이터에 따라서 크기가 달라지는 블록.

variable length code[–kóud] **가변 길이 코드**

variable length computer[–kəmpjú:tər] **가변 길이 컴퓨터**

variable length data[–déitə] **가변 길이 데이터** 길이를 임의로 지정할 수 있는 데이터. 문자열 처리나 10진 데이터 연산 등에 주로 이용된다.

variable length feed[–fí:d] **가변 길이 카드 이송 기구(移送機構)**

variable length field[–fí:ld] **가변 길이 필드** 필드의 길이를 지정하는 방법으로서 명령 중에서 지정하는 방법과 기억 장치에 마커를 붙여서 정하는 방법이 있다. 즉, 프로그래머가 적당히 오퍼랜드와 길이를 결정하는 것으로, 기억 주소가 자리마다 붙어 있는 캐릭터 머신으로 사용된다. ⇨ fixed length field

variable length instruction[–instrʌ́kʃən] **가변 길이 명령** 기계어 명령 길이가 명령의 종류에 따라 필요한 길이로 달라지는 명령 형식.

variable length item[–áitəm] **가변 길이 항목**

variable length message[–mésidʒ] **가변 길이 메시지** ⇨ variable length record

variable length record[–rékərd] **가변 길이 레코드** 파일을 구성하고 있는 각 레코드 길이가 일정치 않은 형식의 레코드이며, 고정 길이 레코드(fixed length record)와 대비된다.

variable length record file[–fáil] **가변 길이 레코드 파일** 다양한 길이의 레코드로 구성된 파일.

variable length shift method, shift across 0, s 1, s method **가변 길이 이동 방식** 예를 들어 곱해지는 수 X에 1111이 되는 2진수를 곱할 경우를 생각하면,

$$1111 = 2^3+2^2+2^1+1 = 2^4-1$$

이므로 X에 (2^4-1)을 곱해도 된다. 즉, X의 자릿수를 4자리 이동시킨 것에서 X를 빼면 된다. 이와

같이 승수의 수치 1이 연속해서 이어지는 경우를 판단해서 덧셈의 횟수를 줄여 곱셈하는 방법을 말한다. 물론 연속해 있는 0의 개수를 조사해서 이동하는 경우도 포함된다.

variable length vector[–véktər] **가변 길이 벡터**

variable length word[–wə́:rd] **가변 길이 단어** 문자의 수가 고정된 것이 아니고 가변적인 컴퓨터 단어.

variable logic[–ládʒik] **가변 논리** 게이트 소자의 여러 가지 전자적 상호 접속을 조절하는 프로그램에 의해 변경할 수 있는 내부 논리 설계.

variable name[–néim] **변수명** 프로그램에서 자료의 값을 나타내는 영어와 숫자의 단어. 보통 프로그래밍 언어에서는 영문자로 시작하는 영문자와 숫자의 열로 정의된다. 또 FORTRAN에서는 길이가 6자로 제한되나 많은 언어들이 길이에 제한을 두지 않고 있다.

variable output speed[–áutpùt spí:d] **출력 속도 선택 기구**

variable parameter[–pərǽmətər] **변수 파라미터** PASCAL의 절차 인수의 일종으로서, 이른바 어드레스 호출 인수 결합이 행해진다.

variable partition[–pɑ:rtíʃən] **가변 분할** ⇨ dynamic partition

variable partition multiprogramming [–mʌ́ltiproùgræmiŋ] **가변 분할 다중 프로그래밍** 다중 프로그래밍 시스템의 기억 장치 관리 기법의 한 가지로, 각 사용자의 프로그램이 기억 장치의 아무 곳에나 놓일 수 있고, 차지하는 크기도 프로그램의 크기에 따라 변하는 방식. 이러한 방식에서는 각 프로그램이 수행될 때 기억 장치의 적절한 사용 효율은 좋으나 관리가 복잡하고, 시간이 지나면 기억 장치의 많은 부분이 외부 손실(external fragmentation)에 의해 사용할 수 없게 되므로 쓰레기 수집(garbage collection)과 같은 작업을 거쳐야 하는 단점이 있다. ⇨ fixed partition multiprogramming

variable-point[–pɔ́int] **가변 소수점** 특수 문자에 의해서 소수점의 위치를 나타내는 기수법에 관한 용어.

variable-point representation[–rèprizentéiʃən] **가변 소수점 표시**

variable-point representation system [–sístəm] **가변 소수점 표시법** 소수점이 그 위치에 있는 특수 문자에 의해 명시적으로 표시되는 기수 기수법(基數記數法).

variable quantity[–kwántiti(:)] **가변량** 연속적으로 변하는 값을 가질 수 있는 양.

variable save area[–séiv ɛ́(:)riə] **변수 보존 영역**

variable sequence robot[–sí:kwəns róubət] **가변 순서 로봇** 미리 정해진 순서, 조건, 위치 등을 쉽게 변경시켜 가며 동작의 각 단계를 진행해나갈 수 있는 로봇.

variable structure computer[–strʌ́ktʃər kəmpjú:tər] **가변 구조 컴퓨터** 범용 컴퓨터와 특수 목적 컴퓨터를 결합해 두 컴퓨터를 병렬적으로 작동시킴으로써 컴퓨터를 효율적으로 사용하기 위한 시스템. 즉, 용도에 따라 컴퓨터 내부 구조를 변화시켜 처리 속도가 뛰어나게 고안된 방법으로, 마이크로프로그래밍 기술과 읽기 전용 기억 장치를 사용해서 사용자에게 맞는 구성을 취하는 것. 패란디사의 ATLAS, 팩커드 벨의 PB-440이라는 컴퓨터에 마이크로프로그래밍이 들어 있다.

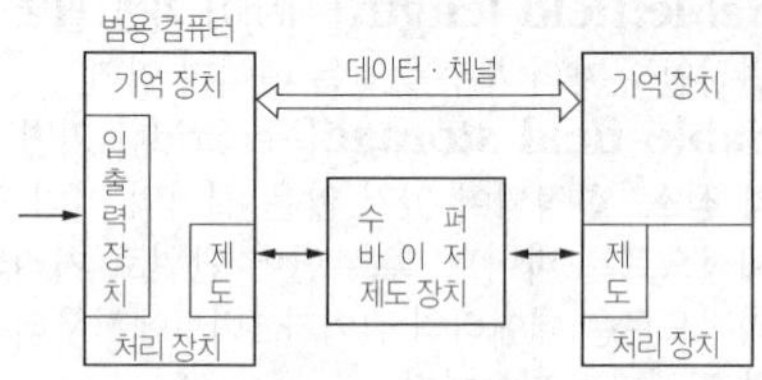

〈가변 구조 컴퓨터〉

variable symbol[–símbəl] **가변 기호** 여러 상수를 대입하여 사용할 수 있도록 표기된 변수의 기호. 문(文) 중의 문자열 일부로서 사용하면 변화하는 문자열을 생성할 수 있다.

variable time[–táim] **가변 시간** ⇨ time scale

variable time ratio[–réiʃiòu] **가변 시간율** ⇨ extended time scale

variable time scale[–skéil] **가변 시간 척도** ⇨ extended time scale

variable time scaler[–skéilər] **가변 시간 척도기** ⇨ time scale

variable width font[–wídθ fánt] ⇨ proportional font

variable word[–wə́:rd] **가변 단어** 한 단위로 취급되는 문자의 수가 일정하지 않은 단어.

variable word length[–léŋθ] **가변 단어 길이** 컴퓨터에서 취급되는 언어 길이가 가변인 형식에 관계하는 용어.

variable word length computer[–kəmpjú:tər] **가변 단어 길이 컴퓨터** 데이터 및 명령의 단어 길이를 필요에 따라 바꿀 수 있는 컴퓨터.

varialization[vɛ̀(:)riəlizéiʃən] **변수화**

variance[vɛ́(:)riəns] *n.* **분산** 자료가 흩어진 정도를 나타내는 값. 어떤 양의 집합을 통계적으로 처리할 때 사용한다. 통상, 어떤 변량 X의 평균값을 x, 변량의 총수를 n이라 하면 다음과 같이 나타낸다.

$\sigma^2 = (X-x)^2/n$

variance analysis[–ənǽlisis] **분산 분석** 통계 자료를 여러 개의 집단으로 분류하고, 각 집단 사이에 특정 통계량의 평균값이 차이가 있는가를 검정하는 분석. 구분 방식에 따라 1차원 분산 분석과 2차원 분산 분석이 있다. analysis of variance와 같다.

variance in population[–in pàpjuléiʃən] **모분산**

variance in response time[–rispɑ́ns táim] **응답 시간의 분산** 사용자가 어떤 명령을 내렸을 때 컴퓨터가 응답하는 시간이 어느 정도의 변화가 있는지 그 정도를 가리키는 것. 분산이 크다는 것은 응답이 빠르게 나오기도 하고 어떤 때는 늦게 나오기도 한다는 의미이다.

variant part[vέ(:)riənt pɑ́:rt] **가변부** 레코드 부분으로, 그 데이터 대상물이 선택적으로 정의되어 있는 것.

[주] 데이터 대상물의 개수와 구성은 바꿀 수 있다.

variation[vὲ(:)riéiʃən] *n.* **변동, 변화** 평균값 주위에 모여 있는 자료들이 어느 정도로 흩어져 있는가 하는 정도. 산포도라고도 한다.

variation indicator[–índikèitər] **변동 표시기** 오퍼랜드나 명령을 변화시키는 명령.

variational method[vὲ(:)riéiʃənəl méθəd] **변분법(變分法)**

varistor[vərístər] *n.* **배리스터** 저항값이 인가 전압에 의해서 비선형적으로 바뀌는 저항 소자.

vary[vέəri] *v.* **바꾸다, 변화시키다, 다르다, 구성을 변경하다** 구성 변경. 처리 장치나 기억 장치(memory unit), 입출력 장치(input/output devices) 등의 주변 장치(peripheral unit)를 온라인에서 오프라인(off-line)으로 바꾸거나, 역으로 오프라인에서 온라인으로 바꾸는 것을 말한다. 즉 어떠한 운영 체제(operating system)의 기본이며, 그것에 의해 관리되는 주변 장치의 교환을 말한다. 이에 대해 재구성(reconfiguration)은 새로운 시스템 구성을 제어하는 데 필요한 운영 체제의 변경 등을 포함한 컴퓨터 시스템 전체의 구성 요소의 이용 방법을 변경하는 데 사용된다.

varying-length[vέəriiŋ léŋθ] **가변 길이의** 한 세대 중에서 상이한 길이의 열을 유지할 수 있는 것.

vary off[vέəri ɔ́(:)f] **오프로 구성 변경(하다)**

vary offline[–ɔ́(:)flàin] **오프라인 변경**

vary on[–ən] **온으로 구성 변경(하다)**

vary online[–ɔ́(:)nlàin] **온라인 변경**

vary processor[–prɑ́sesər] **프로세서 변경**

VAS 부가가치 서비스 value added service의 약어.

VAX 백스 virtual address extention의 약어. 디지털 이퀴프먼트 사(DEC ; Digital Equipment Corporation)의 수퍼 미니컴퓨터 시리즈. 이는 1970년대 말부터 미니컴퓨터의 표준으로 매우 널리 사용되었다.

VAX-11 백스 11 미국의 디지털 이퀴프먼트 사(DEC)에서 1970년대 말에 개발한 미니컴퓨터 시리즈. 이는 당시의 미니컴퓨터에 비해서 성능이 우수하였으므로 수퍼 미니컴퓨터라고 불렀으며, 1980년대까지 매우 널리 사용되었다.

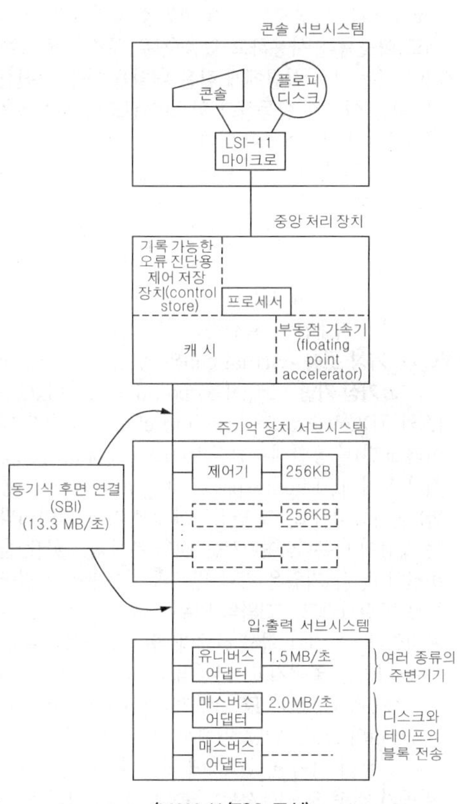

〈VAX 11/780 구성〉

VAX/VMS 백스/VMS 미국 디지털 이퀴프먼트 사(DEC)의 VAX-11 계열의 미니컴퓨터를 위한 운영 체제의 이름. 상업용 운영 체제로 깔끔한 구조를 갖고 있는 것이 특징이다.

VBA Visual Basic for application의 약어. 마이크로소프트 사의 윈도 오피스 응용 프로그램용 매크로 언어. 동사의 제품인 비주얼 베이식을 기반으로 하여 매크로 언어를 범용화, 공통화한 것. 엑셀 5.0에 처음으로 탑재되었고, 현재는 워드, 엑셀 등 대부분의 오피스 응용 프로그램이 대응하고 있다.

VBScript 비주얼 베이식 스크립트 Visual Basic scripting edition의 약어. 마이크로소프트 사가 개발한 인터넷용 스크립트 언어. 비주얼 베이식 및 VBA(Visual Basic for applications)를 인터넷용으로 최적화한 서브셋으로 되어 있고, 인터넷 익스플로러 3.0 이후부터 지원된다.

VBS-LOVELETTER 러브레터 바이러스 윈도의 웜(warm)의 일종. 2000년 5월에 발견된 「I Love You」라는 제목의 메일에 첨부되어 있는 「LOVE-LERRER-FOR-YOU.TXT.vbs」라는 파일을 열면 감염, 발병한다. 하드 디스크 내의 「.vbs」, 「.jpg」, 「.mp3」라는 확장자를 가진 파일을 파괴하고, 이외에도 아웃룩을 사용하고 있을 경우 주소록에 등록되어 있는 모든 사람에게 같은 메일을 자동 송신한다. 많은 아류가 활동하고 있으며 윈도의 시스템을 파괴하는 바이러스까지 있다.

VBX 비주얼 베이식 익스텐더 Visual Basic extender의 약어. 각종 제어나 기능 확장이 이루어지는 비주얼 베이식의 사용자 정의 컨트롤 모듈. 시판 제품으로는 마이크로소프트 사 제품 외에 서드파티의 제품도 다수 출시되고 있다. 프로그래밍의 인력 절감 효과가 기대된다. 확장자는 「.VBX」.

VC (1) **가상 호출** virtual call의 약어. ⇨ virtual call (2) **가상 기업** virtual corporation의 약어. CALS와 EDI(electronic data interchange ; 전자 데이터 교환)를 통합해서 EC(electronic commerce ; 전자 상거래), EI(enterprise integration ; 기업 통합)가 가능해지고, 그 연장선상에서 가상 기업이라는 개념이 나온다. 여기서는 EI의 분사화(分社化)를 추진하여, 각 기업은 각각 일부의 기능만을 최첨단으로 발전시키고, 그 외의 업무는 외주(아웃소싱)로 처리한다. 그 결과 회사 전체가 하나의 사업을 추진하는 기업은 없어지고, 가상적으로만 존재하게 된다. ⇨ CALS, EDI, EC, EI (3) **가상 채널** virtual channel의 약어. ATM 망에서 라우팅 처리된 최저 단위의 논리 커넥션. WAN에 맞추어 개발된 ATM(비동기 전송 모드)에서는 중속계 네트워크와 액세스계 네트워크를 계층화하기 쉽도록 논리 커넥션(VC)을 가상 버스(VP)와 가상 채널의 2계층으로 나누어 규정한다. (4) **가상 컴퓨터** virtual computer의 약어. 한 대의 대형 컴퓨터에 접속된 개개의 단말기에서 다른 운영 체제를 가상적으로 실행할 수 있게 하는 컴퓨터 인터페이스. 사용자는 각 단말기상에서 소프트웨어적으로 실현되는 가상적 컴퓨터를 마치 실제로 존재하는 것처럼 조작할 수 있다. 가상 컴퓨터는 제2세대 TSS로 미국 IBM 사가 연구, 1966년에 IBM 시스템/360 모델 40 개조기에서 실현되었다.

vCARD V 카드 메일로 이용되는 전자 명함 규격. 주소록 데이터를 응용 프로그램에 의존하지 않고 작성하는 파일 형식의 규격으로, vCARD 형식으로 작성한 데이터는 전자 우편으로 그대로 송수신할 수 있기 때문에 인터넷을 통한 전자 명함 교환도 가능하다. 마이크로소프트 사가 개발한 아웃룩은 vCARD 형식을 지원한다.

VCB 볼륨 제어 블록 volume control block의 약어.

VCBA 가변 제어 블록 영역 variable control block area의 약어.

V-chip V 칩 TV 세트 내에서 폭력물 등으로 분류된 특정 프로그램의 수신을 자동으로 차단하는 컴퓨터 장치. V 칩은 시청자의 선택에 따라 활성화된다.

VCM (1) **가상 채널 메모리** virtual channel memory의 약어. NEC가 개발한 메모리 고속화 기술. 메모리의 데이터 입출력 위치에 여러 개의 채널(일시적인 데이터 기억 장소)을 두고, 다음에 필요한 데이터를 미리 읽어냄으로써 고속화한다. 메모리 자체의 설계를 크게 변경하지 않고 부가하는 형태로 들어가기 때문에 기존의 대부분의 메모리(각종 DRAM이나 플래시 메모리 등)에 적용할 수 있다. ⇨ VS-SDRAM, channel (2) **보이스 코일 모터** voice coil motor의 약어.

VCO 전압 제어 발진기 voltage controlled oscillator의 약어.

VCR 비디오 카세트 녹화기 video cassette recorder의 약어. ⇨ VTR

VCS 음성 명령 시스템 voice command system의 약어.

VC-SDRAM 가상 채널 SDRAM virtual channel SDRAM의 약어. VCM 기술을 채용한 SDRAM. 일반적인 SDRAM을 사용한 시스템과 비교해서 1.2~2배 정도의 속도 향상을 가져온다. ⇨ VCM, SDRAM

VCT 음성 코드 번역 기구 voice code translation의 약어.

VDI 가상 디바이스 인터페이스 virtual device interface의 약어. ANSI가 추진하고 있는 그래픽 표준 인터페이스. 그래픽 패키지와 장치 드라이버 사이에 놓여진다.

VDL Vienna definition language의 약어. 프로그래밍 언어의 구문(syntax)과 의미(semantics)를 정의하기 위하여 사용되는 언어.

VDM 시각적 검출 모델 visual detection model의 약어.

VDOLive 인터넷 상에서 동영상은 음성과 동화상의 합성된 정보 파일이라 크기가 아무리 압축되었다 해도 메가(mega) 단위가 되는 것이 일반적이기 때문에 인터넷 상에서의 동영상 구현은 불과 얼마

전까지만 해도 불가능한 것으로 여겨왔다. 그러나 VDO-net 사의 VDOLive는 동영상 데이터가 클라이언트에 모두 도착할 때까지 기다리는 것이 아니라 오자마자 실행하는 실시간 플레이 방식을 채용함으로써, 빠르고 효율적인 새로운 압축 알고리즘을 지원함으로써 인터넷 상에서 기대 이상의 동영상 서비스가 가능하도록 하였다. VDOLive는 MPEG보다도 10~50배 효율적인 웨이브렛(wavewlet) 압축 기술을 채용하고 있어, 굳이 고속의 CPU를 지닌 컴퓨터가 아니더라도 비교적 양질의 비디오를 즐길 수 있도록 한다. 실제로 160×120픽셀 크기의 원본 비디오를 28.8kbps급 모뎀으로는 최대 초당 10프레임 정도로 감상할 수 있으며, ISDN 회선을 사용할 경우 초당 20프레임의 자연스런 동영상이 실현된다. VDOLive는 현재 인터넷 뉴스 서비스에 채용되어 많은 사용자층을 확보하고 있으며, 현재 생방송 서비스가 가능하도록 집중적인 연구 개발이 진행되고 있다.

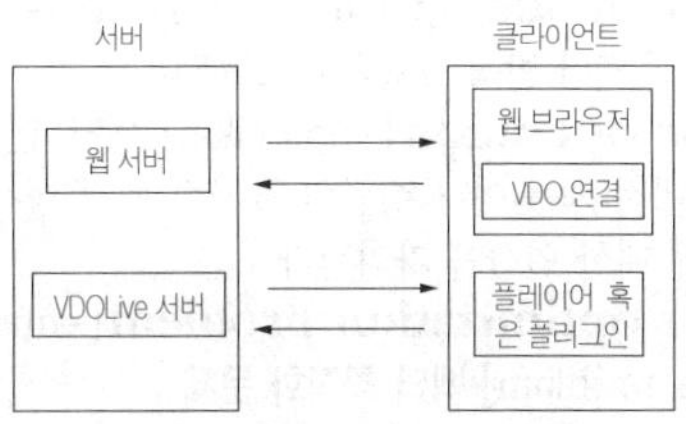

〈VDOLive 작동 메커니즘〉

VDS 시각 표시 장치 시스템 visual display system의 약어.

VDSL 초고속 데이터 디지털 가입자 회선 very-high-data-rate digital subscriber line의 약어. 하나의 트위스트 페어에서 수신 속도는 13~52Mbps이고, 송신 속도는 1.5~2.3Mbps로 평균 송신 속도가 매우 빠르다.

VDT 영상 단말기, 비디오 표시 단말 장치 visual display terminal의 약어. 컴퓨터 조작원이 아닌 사용자가 키보드나 다른 수동식 입력 방법(라이트 펜, 커서 조정, 기능 선택 버튼 등)으로 입력하고, 출력 방법은 알파벳과 수치 및 그래픽 정보를 나타내주는 영상 화면 기기로 구성된 단말기.

VDT filter VDT 필터 대표적인 것에 마이크로메시 필터(micromesh filter)가 있는데, 영상 표시 단말 장치(VDT)의 표시 화면으로부터의 반사광을 방지하기 위해 표시면 앞에 장착하는 필터를 가리킨다.

VDT syndrome VDT 증후군 VDT 증후군은 영상 단말기의 화면을 오랜 시간 사용함으로써 생기는 눈병으로 시력 저하, 눈의 피로와 통증 그리고 사물이 흐리게 보이거나 시각의 초점이 잘 맞지 않는 증상이 나타나고 머리, 손, 어깨가 아프고, 업무 스트레스와 겹치게 되면 그 피해는 더 커진다. 영상 단말기 사용으로 인해 인체에 영향을 주는 장애는 시신경을 자극하는 장애와 신체상에 이상을 주는 것으로 구별할 수 있다. 전자는 실내 밝기의 부적당, 화면 문자와 반짝거림, 화면에서 나오는 빛에 의한 눈부심 등에 의해 시각 기능을 저하시키고 후자는 작업 자세가 바르지 못하여 목, 어깨, 팔, 손목 등에 통증을 일으킨다.

VDU 시각적 표시 장치 visual display unit의 약어.

VE 가치 공학 value engineering의 약어. 가치 있는 제품을 만들어내기 위한 기업 경영 기법. 소비자가 바라는 가치있는 상품을 제조하기 위해 인사, 생산, 마케팅, 경영 각 부문이 소비자를 중심에 놓고 고품질 원가 절감 신제품 개발 등에 나서는 기법이다.

vector [véktər] *n*. **선그림, 벡터** 수학적으로는 크기와 방향을 갖는 유효 선분으로, 1차의 텐서(tensor)를 말한다. 힘이나 속도, 가속도 등이 여기에 해당한다. 이에 대하여 스칼라(scalar)는 방향을 갖지 않는 크기만의 양으로 0차의 텐서를 말한다. 밀도나 온도 등이 이에 해당한다. 컴퓨터에서는 주로 과학 기술 계산이나 컴퓨터에 의한 설계 제도(CAD) 분야에서 사용되고 있다.

[주] 통상 스칼라의 순서가 붙여진 집합에 의해 특정지어지는 양.

vector addressing [-ədrésiŋ] **벡터 주소 방식** 인터럽트의 종류에 따라 프로그램의 점프선을 바꾸는 방식.

vector algebra [-ǽldʒəbrə] **벡터 대수(代數)** 벡터량을 나타내는 부호들을 사칙연산에 의해 계산하는 수학의 한 분야.

vector computer [-kəmpjúːtər] **벡터 컴퓨터**

vector control [-kəntróul] **벡터 제어**

vector criterion Markov decision process 벡터 기준 마르코프 결정 과정

vector data type [-déitə táip] **벡터 데이터형** 1차원 배열 형태를 갖는 데이터형.

vector diagram [-dáiəgræ̀m] **벡터 다이어그램, 벡터도**

vector display [-displéi] **벡터 표시** 화면에 그림을 나타내기 위해 그림을 따라 전자 빔이 움직이는 방식의 화면 장치.

vectored interrupt [véktərd ìntərʌ́pt] **벡터 인터럽트** 컴퓨터에 인터럽트가 생겼을 때 프로세서의 인터럽트 서비스가 특정한 장소로 점프하도록 구성되어 있는 것.

vectored priority interrupt [-praiɔ́(ː)rəti ìntərʌ́pt] **벡터 우선 순위 인터럽트** 우선 순위가 있

는 벡터 인터럽트로서 우선 순위가 높은 인터럽트가 가해지는 경우에 우선 순위가 낮은 인터럽트는 무시된다.

vectored restart[–ri:stɑ́rt] **벡터 재시작** 재시작할 때 시스템을 자동으로 초기화해주는 것.

vector element[véktər éləmənt] **벡터 요소**

vector field[–fí:ld] **벡터 필드**

vector function[–fʌ́ŋkʃən] **벡터 함수**

vector font[–fɑ́nt] **벡터 서체** 프린터나 그래픽 화면에 나타나는 글자의 모양을 점의 집합으로 기억하는 것이 아니라 글자를 구성하는 각 선분이나 곡선 요소의 모임으로 기억하는 방식. 이는 점(dot matrix) 방식에 비해 높은 해상도를 필요로 하고, 부동 소수점 연산을 거쳐야 하므로 속도가 느리다는 단점이 있으나 확대 · 축소 · 회전 · 기울임 등의 변형이 자유롭고, 글자 모양이 커질수록 기억 장소를 적게 차지하므로 유리하다. 처리 속도의 향상과 함께 보통의 그래픽 화면이나 레이저 프린터에서도 이 방식이 점차 보급되고 있다.

vector generator[–dʒénəreìtər] **벡터 발생기, 벡터 제너레이터** 방향 선분의 코드화 표현을 표시용 방향 선분의 형상으로 변환하는 기능 단위.

vector graphics[–grǽfiks] **벡터 그래픽** 그래픽 처리 기술의 한 가지로서 그래픽 화면에 나타나는 선분이나 곡선을 따라 전자 빔이 연속적으로 이동하여 화면에 영상을 나타내는 방식. 이는 선으로 된 그림의 처리에 편리하고 해상도가 높다는 장점이 있지만 주어진 영역의 내부를 채우는 그림 등은 색칠하기가 어렵다. 벡터 그래픽은 주어진 2차원이나 3차원 공간에 선이나 형상을 배치하기 위해 일련의 명령어들이나 수학적 표현을 통해 디지털 이미지를 만든다. 물리학에서의 벡터는, 양과 방향을 둘 다 동시에 갖는 것을 말한다. 벡터 그래픽에서는, 아티스트들의 창작 활동 결과물인 그래픽 파일이, 일련의 벡터 서술문의 형태로 창작되고 저장된다. 예를 들면, 벡터 그래픽 파일에는 선을 그리기 위해 각 비트들이 저장되어 있는 대신에, 연결될 일련의 점의 위치가 들어 있다. 이로 인해 파일 크기가 작아지는 결과를 가져온다.

vector image[–ímidʒ] **벡터 이미지** 이미지에 대한 정보가 모양과 선에 대한 형태로 파일 내에 저장된 것.

vectoring[véktəriŋ] **벡터링** 지정된 주소에 의한 자동 분기.

vector instruction[véktər instrʌ́kʃən] **벡터 명령**

vector interrupt[–ìntərʌ́pt] **벡터 인터럽트**

vectorization[vèktərizéiʃən] *n.* **벡터화** 2치 화상(二値畵像)을 연속한 꺾인 선에 의해 근사시켜서 표현하는 화상 처리.

vector Lyapunov function **벡터 리아푸노프 함수**

vector maximization problem[–mǽksimizéiʃən prɑ́bləm] **벡터 최대화 문제**

vector method[–méθəd] **벡터 방식** 화면에 문자 등을 표시할 때 문자의 형태를 선분의 모양으로 기억시켜 놓고 표시하는 방식.

vector minimization problem[–mìnimaizéiʃən prɑ́bləm] **벡터 최소화 문제**

vector mode[–móud] **벡터 방식**

vector mode display[–displéi] **벡터 방식 표시** CRT 디스플레이 장치(cathode-ray tube visual display unit) 상에 데이터를 표시하는 방법의 하나로, 벡터가 화면상에서 두 점 간을 잇는 직선으로 표현된다. 디스플레이와 같이 점으로 표시되지 않기 때문에 사선이 매끄럽지는 않다.

vector mode graphic display[–grǽfik displéi] **벡터 방식 그래픽 디스플레이**

vector operation[–ɑ̀pəréiʃən] **벡터 연산** 벡터의 내적(內積)이나 행렬의 곱처럼 벡터 형식의 데이터에 대한 연산을 가리킨다.

vector optimization problem[–ɑ̀ptimaizéiʃən prɑ́bləm] **벡터 최적화 문제**

vector pair[–pέər] **벡터 쌍** 벡터의 양 끝점을 나타내는 두 개의 점.

vector power[–páuər] **벡터 전력**

vector processing[–prɑ́sesiŋ] **벡터 처리**

vector processing subsystem[sʌ́bsìstəm] **벡터 처리 서브시스템**

vector processing unit[–jú:nit] **벡터 처리 유닛** 벡터 프로세서에 있어서 벡터 연산을 전문으로 실행하는 부분.

vector processor[–prɑ́sesər] **벡터 프로세서** 벡터 데이터(vector data)를 고속으로 처리하기 위해서 만들어진 프로세서. 배열(array)을 행이나 열로 나누어 벡터로서 한 번에 정리하여 처리할 수 있다. 분산형 배열 프로세서라고도 한다. 이것은 다중 연산 유닛으로 구성되며, 각각의 유닛이 메모리 블록(memory block) 상의 각각의 데이터에 대응해 있으며, 동시에 동작할 수 있도록 되어 있다.

vector quantity[–kwɑ́ntiti(:)] **벡터량** 방향과 크기를 갖는 양.

vector region[–rí:dʒən] **벡터 영역** 스프레드시트에서 가로나 세로로 배열한 몇 개의 셀의 범위. 이것은 1열 또는 1행을 점유하고 있다. 가로 세로 여러 개를 합친 셀의 범위는 그냥 영역이라고 한다.

vector scan[-skǽn] **벡터 주사** 디스플레이 표시 형식의 하나. 임의 스캔이라고도 하며, 도트 이미지가 아니라 선에 의한 표시 방법. 미국 텍트로닉스 사의 디스플레이가 유명하다. 이 디스플레이를 이용한 게임을 가리키는 경우도 있다. 일반적인 디스플레이는 래스터 주사형이다.

vector space[-spéis] **벡터 공간** 벡터를 원소로 하는 공간으로 벡터의 선형 결합이 이 공간의 부분 공간을 이루므로 보통 선형 벡터 공간이라고 한다.

vector space method[-méθəd] **벡터 공간법**

vector transfer[-trænsfə́ːr] **벡터 전송**

vector-valued cost function[-vǽljuːd kɔ́(ː)st fʌ́ŋkʃən] **벡터값 비용 함수**

vector-valued criteria problem[-kraití(ː)riə prábləm] **벡터값 기준 문제**

vector-valued criterion function[-kraití(ː)riən fʌ́ŋkʃən] **벡터값 평가 함수**

vector-valued dynamic programming [-dainǽmik próugræmiŋ] **벡터값 동적 계획법**

vector-valued Markovian decision process **벡터값 마르코프 결정 과정**

vector-valued objective function[-əbdʒéktiv fʌ́ŋkʃən] **벡터값 목적 함수**

vector-valued optimization problem [-àptimaizéiʃən prábrəm] **벡터값 최적화 문제**

Vectra PC **벡트라 PC** 휴렛팩커드 사에서 제조한, IBM-PC AT와 호환성이 있는 개인용 컴퓨터의 상품명.

Veitch diagram **베이치 도표** 사각형을 사용하여 불 함수를 표시하는 도표. 이 도표를 구성하는 사각형의 수는 취할 수 있는 상태의 수, 즉 2를 변수의 개수로 제곱한 것이다. 예를 들면 두 변수 x_1, x_2의 기본곱은 x_1x_2, $x_1{\sim}x_2$, ${\sim}x_1x_2$, ${\sim}x_1{\sim}x_2$의 네 가지가 존재하므로, 그림과 같이 정사각형을 4등분하여 그림에 나타나는 장소에 각각 기본곱을 대응시킨다. 이것을 베이치 도표라고 한다. 3변수 이상에도 확장 가능하다.

〈베이치 도표〉

x_1x_2	${\sim}x_1x_2$
$x_1{\sim}x_2$	${\sim}x_1{\sim}x_2$

velocity[vəlásiti(ː)] **벨로시티** DTM(desktop music)의 용어로 음의 강약을 나타내는 수치. 0에서 127까지의 수치로 나타낸다. 키 벨로시티는 건반을 누르는 속도, 릴리즈 벨로시티는 건반을 떼는 속도를 말한다.

vendor[véndər] *n*. **벤더, 컴퓨터 메이커** 하드웨어나 소프트웨어를 판매하는 사람이나 기업.

vendor software[-sɔ́ːftwὲər] **공급자 소프트웨어** 컴퓨터 시스템을 제조한 회사에서 기계와 같이 판매하는 소프트웨어. 대개 운영 체제와 언어의 컴파일러와 같은 기본적인 시스템 소프트웨어가 주를 이룬다. 최근에는 이러한 공급자 소프트웨어보다는 제3자(third-party)가 판매하는 소프트웨어의 비중이 점차 늘고 있다.

Venn diagram **벤 도표, 벤 그림, 벤 다이어그램** 논리 관계나 조건식 등을 도식으로 나타내는 방법. 집합을 생각할 때 가장 초보적으로 사용되는 도법의 하나이다. 영국의 논리학자 존 벤이 19세기에 처음으로 사용한 것에서 그 이름이 붙여졌다. 우선 전체 집합을 사각형의 테두리로 표시하고, 그 중 어느 조건을 만족하는 것 또는 어떤 논리 집합 자체(일반적으로 부분 집합이라고 한다)를 타원이나 원으로 둘러싸인(통상 사선이 그어진다) 부분으로 표시한다. 그 타원이나 원의 외부는 그 조건 혹은 집합에 합치하지 않는다고 생각한다. 이 그림의 폐쇄 영역으로 표시된 부분을 전체 집합에 대하여 어느 부분 집합이라고 생각되는 도식 표현 방법이다. 이들 원으로 둘러싸인 둘 이상의 부분이 겹쳐진 곳이 논리곱(AND), 겹쳐진 곳도 포함하여 전체를 표시하는 논리합(OR)도 이 벤 다이어그램으로 표현할 수 있다. 또 그 타원이나 원으로 둘러싸인 부분의 외측은 부정(NOT)으로 나타내고, 이 세 가지를 활용함으로써 거의 복합 조건에 대하여 그 논리적인 관계를 나타낸다. 예를 들면 부정 논리곱(NAND), 부정 논리합(NOR) 등이다.

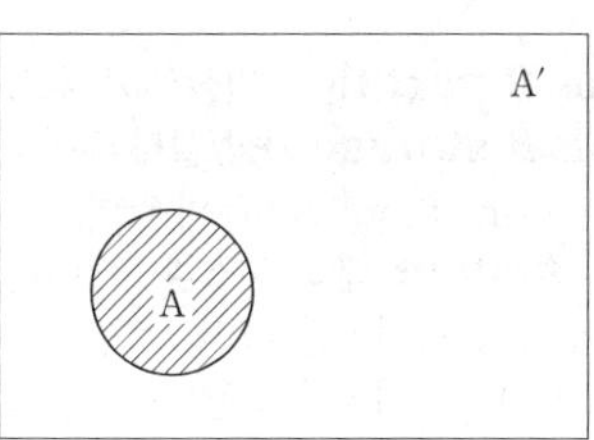

〈벤 다이어그램〉

Ventura Publisher **벤추라 퍼블리셔** 미국의 제록스(Xerox) 사에서 판매하는 IBM-PC용의 전자출판(DTP) 프로그램 패키지의 상품명. 사용하기는 어려우나 기능이 매우 강력하다.

venture enterprise[véntʃər éntərpràiz] **벤처 기업** 새로운 기술, 창의적인 아이디어와 소자본으로 사업하는 기업 형태. 벤처라는 단어에는 모험이라는 의미가 담겨져 있으며, 유망한 기술과 아이디어를 토대로 창업하는 기업을 일컫는 말이다.

venture port[-pɔ́ːrt] **벤처 포트** 인큐베이터가 벤처 기업의 기본을 지원해주는 곳이라면 벤처 포트는 이보다는 좀더 전문화된 곳으로 이해할 수 있다. 말 그대로 벤처 기업이라는 배가 출항하기 위해 최종 점검을 하는 곳이다. 벤처 기업은 기술력을 갖추고 있지만 경영 지식이 전혀 없는 경우가 적지 않다. 이럴 때 도움을 주는 곳이 인큐베이터이다. 벤처 포트는 상대적으로 사업 경험이 있는 기업을 대상으로 벤처 기업의 특수성을 인지시키고, 또 필요한 자금을 지원받을 수 있도록 하는 것이 주업무이다.

VENUS 비너스 valuable and efficient network utility service의 약어. 국제 전신 전화 회사(KDD)가 국제간의 데이터 통신 서비스를 행하기 위해서 개발한 패킷 교환 방식의 통신 네트워크.

VENUS-P valuable and efficient network utility service packet의 약어. KDD(국제 전신 전화 주식 회사)가 제공하는 국제 패킷 통신 서비스. 해저 케이블, 통신 위성 등의 국제 회선을 이용하여 국제간의 데이터 통신을 중계한다. 개인이 VENUS-P를 이용할 경우 먼저 VENUS-P에 전화를 걸어서 암호, 접속처 BBS의 번호를 입력한다. 그러면 국제 데이터 회선을 거쳐서 그 BBS가 소속된 국가의 커먼캐리어(하이텔, KDD와 같은 통신 회선 제공 회사)에 접속되며, 다시 원하는 BBS에 접속된다.

VENUS system 비너스 시스템 대부분의 세그먼테이션(segmentation)과 요구 페이징(demand paging)을 하드웨어와 마이크로프로그램의 통제 하에서 수행하여 시스템의 성능을 높여주도록 설계된 실험적인 컴퓨터 시스템.

V equals R dynamic area 가상/실제 주소 동적 영역

V equals R partition 가상/실제 주소 분할

V equals R storage 가상/실제 주소 기억 영역

VER 판 verification, verify의 약어.

VERAC system 베랙 시스템 데이터 시스템의 하나로서 입력 데이터를 마이크로필름을 축소해서 원래의 모양대로 저장하고 필요할 때 꺼내서 복원할 수 있는 것.

verb [və́ːrb] *n*. **동사** 프로그램 언어인 COBOL에서 statement(문)로 지시하는 구체적 행동 부분. COBOL에서는 자연 언어의 동사와 같게 사용되기 때문에 이 이름으로 불린다. COBOL에서는 문에 의해 그 행동이나 그것에 따르는 데이터(data)를 지정한다. procedure division(절차부)에 사용하는 문의 형식은 우선 이 동사가 놓여지고, 다음에 이것을 수식하는 단어가 이어진다. 예를 들면 ADD z TO y GIVING z(x와 y를 더한 결과를 z로 하시오)에서는 「ADD」가 동사가 되고 그 이후의 부분은 이것을 수식하는 word(단어)가 된다. 이와 같이 영어 등의 자연 언어와 용법이 거의 일치하고 있다. 또 예문에서 볼 수 있듯이 GIVING이라는 단어는 자연 언어에서는 부사에 해당하지만 COBOL에서는 부사로는 쓰이지 않는다.

verification [vèrifikéiʃən] *n*. **검증, 검사** 수학적인 증명에 의해서 프로그램이 그 사양과 모순이 없다는 것을 논증하는 것. 이 기법은 프로그램의 검증이라 부르고 불변의 표명, 귀납적 표명의 각 명제가 프로그램을 실행시마다 참이 되는 것을 표시한다.

verification and validation [–ənd vӕlidéiʃən] **V & V, 검사와 타당성 검증**

verification condition [–kəndíʃən] **검사 조건**

verification mode [–móud] **검사 방식** 시분할 시스템에서 EDIT 명령을 사용할 때의 모드 중의 하나.

verifier [vérifàiər] *n*. **검사 장치, 검공기** (1) 전기(轉記)한 데이터의 올바름을 검사하는 기구이며, 통상 같은 데이터를 다시 한 번 전기하여 그 결과와 비교하든지 또는 역(逆)전기하여 원래의 데이터와 비교함으로써 검사하는 것. (2) 천공 카드 등에 주어진 데이터의 에러 유무를 수동으로 검사하는 장치를 말한다.

verify [vérifài] *v*. **확인하다, 검사하다, 검공하다** 어떤 대상물에 대하여 그 정보가 바른가, 에러(error)인가를 체크(check)하는 것. 컴퓨터가 취급하는 데이터는 일반적으로 외부 장치에 기억되는 경우가 많으며, 도중 경로에서의 에러가 발생할 확률(probability)이 높아진다. 그 때문에 각종 에러 확인의 수단이 취해지도록 되어 있으며, 이 에러의 확인 작업을 일반적으로 verifier라고 한다. 예를 들어 플렉시블 디스크(flexible disk)에 데이터를 입력한다고 하면, 이때 신뢰성을 높이기 위해서 실제로 이 디스크를 한 번 판독하고 기록된 데이터와 비교(compare)한 후에 에러가 없는지를 검사한다. 이 동작을 「디스크 기록 베리파이」라 한다. 혹은 데이터 통신 네트워크에 있어서 접수한 데이터가 올바른가를 확인하기 위해, 데이터에 부수되는 패리티(parity) 체크를 행하여, 데이터가 바르게 수신되었음을 확인한다. 이것을 패리티 베리파이(parity verify)라고 한다. 원래는 천공 카드(punched card)라는 데이터 기억 방식에 있어서 수동으로 데이터를 입력하기 때문에 이 입력시의 데이터에 실수가 없는지 확인하는 작업에서 유래되었다. 이들 의미의 연장선상에 컴퓨터의 조작, 동작의 정당성, 정확성을 체크하거나 키보드에서 입력된 데이터의 정당성을 체크하는 작업을 「verify」를 이용하여 표현하는 경우가 있다.

verify check [–tʃék] **기록 체크**

verify mode [–móud] **검사 방식**

verify read control [–ríːd kəntróul] **천공 검**

사 판독 제어 기구

Veronica[vərάnikə] **베로니카** very easy rodent oriented net wide index to computerized archives의 약어. 모든 고퍼 메뉴의 아이템들의 이름을 기록하는 데이터 베이스로 대부분 큰 고퍼 메뉴에서 이용할 수 있다.

Versa bus 버사 버스 미국 모토롤라 사의 MC 6800 마이크로프로세서를 위한 표준 버스의 한 가지.

Versa CAD 버사 캐드 미국의 버사 캐드 사에서 판매하는 PC용의 컴퓨터 보조 설계(CAD) 프로그램 상품명.

versatile[vɔ́ːrsətil] *a*. **범용성이 있는, 다양한, 범용의** 「여러 가지 목적으로 이용이 가능한」이라는 의미이며, 한 마디로 「범용의」라고 표현된다. 컴퓨터에는 「범용 컴퓨터」와 「전용 컴퓨터」의 두 종류로 구별할 수 있다. 「전용 컴퓨터」는 단일 또는 한정된 목적을 위해서 사용되는 컴퓨터로 산업용 컴퓨터에 자주 사용되고 있다. 이 전용 컴퓨터는 하드웨어, 소프트웨어의 설계가 쉬우며, 또 저렴한 시스템을 만들 수 있다. 한편 「범용 컴퓨터」는 사용자가 프로그램만 준비하면, 넓은 범위의 목적으로 사용할 수 있는 퍼스널 컴퓨터이다. 퍼스널 컴퓨터에서는 프로그램을 준비함으로써 업무용 등에 광범위하게 사용할 수 있다. 「범용의」라는 말은 컴퓨터 이외에도 많이 사용되며, 예를 들면 범용 OS(versatile operating system), 범용 프로그램(versatile program), 범용 데이터 베이스(versatile data base), 범용 시스템(versatile system) 등에 널리 사용된다.

versatile data base[–déitə béis] **범용 데이터 베이스**

versatile operating system[–άpərèitiŋ sístəm] **범용 OS, 범용 운영 체제**

versatile program[–próugræm] **범용 프로그램**

versatility[vəːrsətíliti(ː)] *n*. **범용성, 다양성**

version[vɔ́ːrʃən] *n*. **판, 버전** 하드웨어 또는 소프트웨어가 개발된 후 몇 번의 개량을 했는가를 나타내는 단어. 약어는 「ver.」. 「버전」으로 번역되며, 프로그램의 명칭에 넣는 경우도 있다. 예를 들면 MS-DOS version 5.0이나 CP/M version 1.1이다. 컴퓨터 프로그램 등에서는 프로그램이 만들어진 뒤에도 몇 번의 마이너 체인지(minor change)를 반복하여 개량할 수 있다. 그 개량의 정도를 표시할 때 「버전」이 사용된다. 예를 들면 개발 후 초기 버전은 ver.1로 나타내고, 이후 개량이 가해지면 ver.2나 3과 같이 버전 번호로 숫자가 가산되어 가는 경우가 많다. 혹은 ver.1.5와 같이 소수점이 붙기도 한다. 이 숫자의 결정 방법에 대해서는 별도로 정해지지 않으며 프로그래머나 개발자의 창의에 맡겨지는 것이 현실이다. 최근에는 version 외에 릴리스(release) 번호를 버전과 마찬가지로 사용하는 경우가 있다.

version control[–kəntról] **버전 제어, 판 관리** 새로운 버전의 생성과 기존 버전들에 대한 접근을 적절히 통제하는 것.

versioning[vɔ́ːrʃəniŋ] **버저닝** 어떤 소프트웨어를 개발했을 경우 적당히 기능에 제한을 두고 고기능 버전부터 저기능 버전까지 여러 개의 버전을 만들어 각각 가격 차이를 두는 마케팅 전략. 가장 많이 판매되는 것이 최상위 버전 제품이 아니라 두 번째 제품이기 때문에 각 버전의 가격 설정을 위한 가격 전략이 필요하다.

version number[vɔ́ːrʃən nʌ́mbər] **버전 번호** 소프트웨어의 각 개정판에 대해 붙이는 번호. 대개 처음 발표한 소프트웨어의 버전은 1.0이고 계속 새로운 제품이 나올 때마다 버전 번호가 올라간다. 즉, 1.0과 1.1은 별로 큰 차이가 없다고 볼 수 있으나 1.0에서 2.0으로 올라가는 것은 많은 변화가 있다고 볼 수 있다. 그러나 원래 개정판 번호는 제작자가 마음대로 붙이는 것이므로 특별히 확립된 규정은 없다.

version up[–ʌ́p] **버전 향상, 버전 업** 프로그램 등에 개량이 가(加)해지는 것을 표시한다. 보통 버전의 숫자는 개량이 행해지면, 증가해가는 데서 이런 이름이 붙여졌다. 이 버전 업에 수반하여 소프트웨어의 사양(specification)이나 매뉴얼(manual) 등도 버전 업되고 갱신되는 일이 많다. 소프트웨어 이외에, 예를 들면 하드웨어 시스템에 대해서 시스템의 마이너 체인지가 이루어질 경우는 버전 업이라고 표현되는 경우가 드물다.

vertex[vɔ́rteks] *n*. **정점** 다각형에서 두 개의 변이 만나 하나의 각을 이루는 지점. 그래프에서 모서리로 연결된 각 점.

vertical[vɔ́ːrtikəl] *a*. **수직의, 세로의** 주로 수직 방향성이 있는 것에 대해서 사용되며, 「수평의(horizontal)」와 대비된다.

vertical center line[–séntər láin] **수직 기준선**

vertical check[–tʃék] **수직 검사** 매체에 기록된 2진 부호 검사를 매체의 운동 방향에 대해 수직 방향의 비트에 관해 패리티 검사 등을 하는 작업.

vertical cooperation[–kouὰpəréiʃən] **수직 연계** 워크스테이션을 호스트 컴퓨터에 접속하고, 호스트 컴퓨터와 워크스테이션 간에서의 정보 교환, 워크스테이션으로부터의 호스트 컴퓨터의 기능 이용이나 호스트 컴퓨터에 의한 워크스테이션 자원의 일원적 관리 등을 가능케 하는 컴퓨터 시스템의 형태.

vertical display of characters[–displéi əv kǽrəktərz] **종서(縱書) 표시** 각 행의 문자를 세로로 읽을 수 있게 나타내는 기능.

vertical feed[–fíːd] **수직 주입 세로 이동** 카드가 호퍼에 놓여지고 카드 트랙을 들어가고 통과하는 상태.

vertical format[–fɔ́rmæt] **수직 형태** 문서를 보는 관찰자의 입장에서 데이터가 종적으로 정돈되어 있는 것.

vertical format unit[–júːnit] **VFU, 용지 이송 제어, 수직 서식 장치** 프린터 용지는 프로그램과 테이프 제어에 의해 이동되는데, 이 중 종이 테이프 이동을 제어하는 종이 테이프 제어 장치를 말한다.

vertical forms control[–fɔ́rmz kəntróul] **수직 용지 이송 제어 기구**

vertical fragmentation[–frægmentéiʃən] **수직 단편화** 릴레이션을 응용에 따라 함께 사용되는 속성들끼리 프로젝션해서 분할하는 단편화 방법. 각 단편에는 키 속성이 포함되어야 한다.

vertical integration[–ìntəgréiʃən] **수직 통합** 마이크로컴퓨터의 칩에서 보드 케이스까지의 모든 부품을 공급하는 것을 원칙으로 하는 사업.

vertical line[–láin] **수직선**

vertical line density[–dénsiti(ː)] **세로행 밀도**

vertical magnetic recording[–mægnétik rikɔ́ːrdiŋ] **수직 자기 기록 방식** 종래의 자기 기록 방식이 기록 매체의 수평 방향의 자화(磁化)를 사용하는 데 대하여, 매체면에 수직 방향의 자기 기록을 사용하는 방식이다. 이로써 기억 용량의 대폭적인 증대가 기대되고 있다.

vertical microinstruction[–màikrouinstrʌ́ʃən] **수직형 마이크로 명령** 마이크로 명령의 비트 수를 줄이기 위해서 동시에 동작하는 마이크로 조작의 종류나 수에 제한을 두어 마이크로 명령을 부호화한 것. 동시에 동작이 가능해도 마이크로 명령으로서 동시에 지정할 수 없는 경우가 있고, 하나의 마이크로 스텝이 몇 개의 머신 사이클을 요하는 것도 있다. 하드웨어의 제어 게이트와의 대응을 고려하지 않고 일괄적으로 마이크로 조작을 부호화해서 마이크로 명령으로 구성하는 것도 간주되며, 하드웨어 게이트 레벨의 자세한 조작을 몰라도 의미를 알기 쉽게 기계어 프로그램 작성과 같은 방법으로 마이크로프로그램 작성이 가능하다.

vertical microprogramming[–máikroupròugræmiŋ] **수직 마이크로프로그래밍** 제어 프로세서(control processor)를 구축하기 위해 제어 기억의 한 단어를 분할하고, 마이크로 조작(microoperation)을 조합하여 여러 가지로 할당하는 수법이다.

vertical parity[–pǽriti(ː)] **수직 패리티**

vertical parity check[–tʃék] **수직 패리티 검사** 매체의 진행 방향에 대해 수직 방향으로 기록되는 한 문자를 나타내는 2진 부호에 대해 패리티 검사를 하는 것.

vertical pointer[–pɔ́intər] **수직 포인터** VSAM에서의 색인 레코드에 수용되어 있는 포인터 다음의 레벨 색인 레코드의 위치(색인 세트의 경우), 또는 제어 인터벌의 위치(순서 세트의 경우)를 표시하는 것.

vertical portal[–pɔ́ːrtəl] **보털** ⇨ vortal

vertical positioning[–pəzíʃəniŋ] **세로의 위치 선정** LINE NUMBER 구(句)의 지정에 따라서 보고 집단의 표시 행 위치를 정하는 조작. COBOL의 용어.

vertical printing[–príntiŋ] **종서 인쇄** 각 행의 문자를 세로로 읽을 수 있도록 인쇄하는 것.

vertical processor[–prásesər] **수직 프로세서** 비트 수가 작은 마이크로 명령어를 사용해서 마이크로프로그램이 가능한 컴퓨터.

vertical recording[–rikɔ́ːrdiŋ] **수직 기록** 자기 디스크에 정보를 기록할 때 자화 방향을 디스크 표면 방향이 아니라 디스크의 단면 방향으로 하는 것. 이는 이전의 수평으로 기록하는 방식에 비해 이웃하는 자화 영역 간의 영향을 줄일 수 있으므로 같은 면적 내에 훨씬 많은 자화 정보를 넣을 수 있다. 예를 들어 현재 1MB 이하를 기록하는 플로피 디스크의 경우 수직 기록 방식을 사용하면 10MB 이상의 용량을 얻을 수 있다. 수직 기록 방식은 아직 실용화되지는 않았으나 곧 등장할 것으로 예상되고 있다.

vertical redundance[–ridʌ́ndəns] **수직 중복**

vertical redundancy check[–ridʌ́ndənsi(ː) tʃék] **VRC, 수직 중복 검사** 매체에 기록된 2진 코드(binary code)의 검사 방식으로, 매체의 운동 방향에 대하여 수직 방향에 있어서, 비트(bit)의 패리티 검사(parity check) 등을 행하는 것이다. 패리티 검사에 한한 경우를 수직 패리티 검사(vertical parity check)라고도 한다.

vertical scanning[–skǽniŋ] **부주사(副走査), 수직 주사** 팩시밀리의 주사 방식의 하나이며, 평면 주사형에서는 송신 원고의 이동 방향, 원통 주사형에서는 회전 방향과 수직 방향으로 주사를 한다.

vertical scroll[–skróul] **세로 스크롤** 스크롤 업, 스크롤 다운의 총칭.

vertical scrolling[–skróuliŋ] **수직 스크롤링** CRT, 화면의 내용을 위나 아래로 움직일 수 있는 기능.

vertical spacing[–spéisiŋ] **행 이송** 라인 프린터의 종이 이송.

vertical subdivision[–sʌ́bdivìʒən] **세로의 구분** PAGE 구로 지정한 각 형의 보고 집단의 표시 가능한 범위를 나타내는 구분. COBOL의 용어.

vertical synchronization signal[–sìŋkrənaizéiʃən sígnəl] **VSYNC, 수직 동기 신호** 텔레비전 내의 편향부에 사용되는 신호로, 디스플레이되는 상(像)의 수직 위치를 결정한다.

vertical tab character[–tǽ(ː)b kǽrəktər] **수직 탭 문자** 인쇄 장치나 문자 표시 장치에서 인쇄 또는 표시 위치를 미리 정해진 줄 수만큼 아래로 움직이는 것을 지정하는 제어 문자. 아스키 코드에서는 11번에 해당된다. ⇨ VT

vertical tabulation[–tæ̀bjuléiʃən] **VT, 수직 표 작성** 수직 탭 인자행을 미리 정해져 있는 일련의 행 가운데 바로 다음의 인자행까지 이동시키는 서식 제어 문자.

vertical tabulation character[–kǽrəktər] **VT, 수직 표 작성 문자** 인쇄 또는 표시 위치를 다음의 미리 정해진 행의 통일 위치까지 이동시키는 서식 제어 문자.

very[véri(ː)] *ad*. **매우, 초(超), 대단히**

very-high-data-rate digital subscriber line[–hάi déitə réit dídʒitəl səbskráibər lάin] **초고속 데이터 디지털 가입자 회선** ⇨ VDSL

very high frequency[–fríːkwənsi(ː)] **VHF, 초단파, 초고주파**

very high speed device[–spíːd divάis] **초고속 소자** 여러 분야에서 방대한 양의 정보를 좀더 고속으로 전송 · 처리하기 위한 소자. 오늘날처럼 정보의 의미와 가치가 높아진 것을 배경으로 이를 실현하기 위한 초고속 소자와 고주파 소자의 연구 개발이 진행되고 있다. 고속화를 꾀하는 수단으로 종래는 주로 소자를 미세화해서 전자가 이동하는 거리를 짧게 했으나, 최근에는 새로운 사고 방식으로서 전자의 이동 속도를 크게 개선하는 초고속 소자가 제안되고 있다. 주요한 것으로는 전자가 이동할 때 한 번도 충돌하지 않게 하거나, 전자의 초속도(初速度)를 크게 하거나, 전자 이동도를 크게 하는 방법, 혹은 초전도 기술을 이용하는 방법 등이 있다.

very high speed printer[–príntər] **초고속 프린터** 분당 2,000행 이상 인쇄할 수 있는 프린터.

very large data base[–lάːrʒ déitə béis] **초대형 데이터 베이스** 각기 다른 데이터 베이스 관리 시스템(DBMS)으로 구성된 여러 개의 데이터 베이스가 여러 개의 컴퓨터에 분산되어 있는 거대한 베이스 시스템.

very large scale computer[–skéil kəmpjúːtər] **초대형 컴퓨터**

very large scale integrated circuit[–íntəgrèitəd sə́ːrkit] **VLSI, 초 LSI, 초대규모 집적 회로, 초고밀도 직접 회로** ⇨ VLSI

very large scale integration[–ìntəgréiʃən] **초고밀도 집적 회로** IC, LSI로 발전해온 집적 회로의 집적도를 더욱 높인 초고밀도 집적 회로. 초대규모 집적 회로 또는 거대 규모 집적 회로(GSI ; giant scale integration)라고도 한다. 10만~100만 개 이상의 소자가 집적된 IC를 말한다. IC의 집적도를 높이면 IC를 사용하는 기계의 소형화, 고성능화가 실현된다. IC의 고집적화가 진전되어 현재는 100만 개 이상의 소자를 집적화한 VLSI의 제조가 가능해졌다. 초기의 IC는 광학적인 가공 방식으로 제조되었으나 VLSI는 좀더 미세한 가공이 가능한 전자 빔이나 X선을 사용해 가공된다. 현재의 IC는 거의 평면적인 2차원적 구조이지만, 이것을 3차원적인 입체 구조로 만들어 집적도를 더욱 높이기 위한 연구도 추진되고 있다.

very low frequency[–lóu fríːkwənsi] **VLF, 초장파(超長波), 초저주파**

VESA Video Electronic Standards Association의 약어. 수퍼 VGA 비디오 화면과 VLB 버스 표준을 포함한 많은 개인용 컴퓨터 표준을 만들기 위해 설립된 산업 기구.

VESA Local Bus **베사 로컬 버스** 기존의 인터페이스 시스템과는 달리 CPU가 관장하여 직접 외부 인터페이스 버스를 연결하는 방법이다. CPU에 직접 연결됨으로써 하나의 주변 기기에서 또 하나의 주변 기기로 데이터가 이동할 때 CPU가 다른 주변 기기로부터 데이터를 입수하지 못해 정지해야 하는 약점을 안고 있다. 베사 로컬 버스에서는 주변 기기를 많이 연결하면 할수록 CPU의 정지 시간이 길어져 데이터의 처리 속도가 떨어지는데, 그 한계가 3개이다. 일반 ISA 시스템 보드에 비해서 VESA 전용의 그래픽 카드와 디스크 컨트롤러를 사용한 하드 디스크는 약 35% 정도의 속도 증가를 얻을 수 있으며, 그래픽 카드의 경우 동일한 그래픽 카드의 수 배 이상의 속도 증가를 얻을 수 있다.

vesicular film[vəsíkjulər fílm] **베시큘러 필름** 열 처리 방식에 의해 현상되고 완전 컬러화가 가능한 마이크로필름의 한 종류. 열처리되는 시간의 길이에 예민하게 반응하므로 상당한 기술을 필요로 한다.

vestigial side band[vestíʒiəl sάid bǽnd] **VSB, 잔류 측파대**

vestigial side band modulation[–mὰdʒuléiʃən] **잔류 측파대 변조** 주파수 대역의 효율적 사용을 위한 변조 방식. 변조 신호가 매우 낮은 주파수 성분을 포함하고 있다면 진폭 변조 후의 주파수 스펙트럼은 반송파를 중심으로 연속적인 상측파대와 하측파대가 연결되어, 필터에 의해 한쪽의 측파대만을 꺼내는 것이 곤란하다. 이것은 단측파대 변조(single-side band modulation)로서, 다른 측파대의 반송 주파수 근방의 성분을 약간 남겨두어 변조하는 것이다.

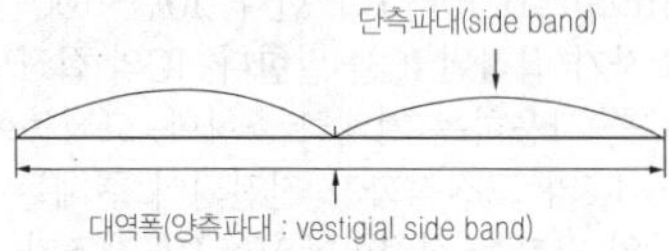

vetting[vétiŋ] **베팅** 정보의 누설을 막기 위하여 한 개의 배경을 조사하는 일.

VEV 가상 사건 변수 virtual event variable의 약어.

V.fast ITU-TS가 심의하고 있던 28,800bps 2선식 전이중 모뎀 규격. V.34 백신 프로그램의 기초이다.

VFAT 가상 FAT virtual FAT의 약어. 윈도 95부터 윈도 패밀리에서 채용되고 있는 파일 시스템. MS-DOS와의 호환성을 유지하면서 파일명을 최대 255문자까지 사용할 수 있게 되었다. 긴 파일명에 대해서는 자동적으로 8문자+확장자 3문자의 파일명이 만들어져 MS-DOS에서는 그것을 참조한다. ⇨ FAT, long file name

V format[víː fɔ́ːrmæt] **V 형식** 데이터 세트(파일)를 구성하는 논리 레코드가 모두 가변 길이 레코드인 상태로서 데이터 세트(파일)를 규정하는 한 속성.

V format record[-rékərd] **V 형식 레코드**

VFP 변동 요인 프로그래밍 variable factor programming의 약어. 변동 요인이 많고, 표준값을 정하기 어려운 간접 부문에 대하여 변동에 대응한 인원 계획을 세워서 일과 인원과의 균형을 유지하려는 것. 기업에 있어서의 간접 부문의 비용을 위한 프로그래밍.

VFS 가상 파일 시스템 virtual file system의 약어. UNIX SVR4에서 추가되었다. 유닉스에서는 표준의 파일 시스템 외에 4.3BSD의 고속 파일 시스템(FFS), NFS, RFS 그리고 파일적인 각종 디바이스가 있는데 VFS는 이들을 통합한 것이다.

VFU 수직 서식 장치 vertical format unit의 약어.

VGA 영상 그림 접합기 video graphics array의 약어. 원래 IBM의 디스플레이용 어댑터로 PS/2 모델 30, 50, 60, 80용으로 설계되었다. VGA는 31.5kHz의 수평 주사비로 동작하며 320 * 200화소의 해상도로 262, 144의 팔레트에서 256가지 색상을 디스플레이할 수 있다.

VHF 초단파, 초고주파 very high frequency의 약어. 30~300MHz의 주파수 대역을 말한다. 30 * 300MHz의 주파수로서 파장이 1m * 10m의 전파. 직진이므로 단파처럼 지구를 둘러싼 전리층에서 반사되지 않고 통과해 버리므로 초단파를 이용한 통신은 대상물이 일직선 범위 내로 한정된다.

VHSIC 초고속 집적 회로 프로그램 very high speed integrated circuit program의 약어. 미 국방성에서 미래의 무기에 사용될 직접 회로를 개발하기 위해 착수한 프로그램.

vi 비아이 유닉스 운영 체제에서 사용되는 스크린 에디터의 이름. 기능이 매우 풍부하나 초보자가 사용하기는 어렵다.

via[váiə] **바이어** 두 개의 금속을 사용하는 CMOS의 구조에서 두 금속선을 접속시키는 매개체.

video[vídiòu] *n.* **비디오 영상**

video adapter[-ədǽptər] **영상 접합기** ⇨ video card

video bandwidth[-bǽndwìdθ] **영상 대역폭** 컴퓨터 모니터가 텔레비전의 화면이 영상을 나타내기 위해 사용되는 신호 주파수의 대역폭. 이것이 커지면 그만큼 화면이 선명해지고 나타낼 수 있는 점의 수도 많아진다. 대개 컬러 모니터의 영상 대역폭은 20~30MHz이다.

video board[-bɔ́ːrd] **비디오 보드** ⇨ video card

video buffer[-bʌ́fər] **영상 버퍼** 컴퓨터 모니터상으로 전송되는 데이터를 임시로 저장하는 장소. 비디오 어댑터가 문자 모드일 경우는 이 데이터 형식은 ASCII 문자 코드 및 속성 코드가 된다. 비디오 어댑터가 그래픽 모드일 경우는 각 화소가 하나 이상의 데이터 비트로 정의된다. 각 화소에 사용되는 비트 수에 따라 동시에 표시 가능한 색의 수가 결정된다.

video capture[-kǽptʃər] **비디오 캡처** 비디오 화상을 그래픽 데이터로 만들어 컴퓨터로 받아들이는 것, 또는 그 장치.

video capture card(board)[-káːrd(bɔ̀ːrd)] **비디오 캡처 카드(보드)** NTSC 방식 등의 비디오 이미지를 샘플링해서 컴퓨터에 파일로 입력하는 장치. 기본은 샘플링 기능에 있지만, 비디오 신호는 데이터량이 많아 그대로 입력하면 하드 디스크 용량이 금방 넘치게 된다. 그래서 소프트웨어나 카드상의 LSI(DSP)로 압축 처리한다. 압축 알고리즘은 모션 JPEG이나 MPEG-1이 주류를 이룬다. PC에 따라서는 동영상 처리 기능을 중시하여 비디오 캡처 기능을 표준으로 갖춘 것도 있다. 비선형 편집의 필수품이다.

video card[-káːrd] **영상 카드** 컴퓨터와 모니터

를 연결하기 위한 인쇄 회로 기판 카드. 이는 화면에 나타날 정보를 저장하는 비디오 RAM과 그 내용을 읽어서 모니터의 제어 신호로 바꾸어 모니터로 보내는 영상 제어 회로로 구성되어 있다.

video cassette recorder [–kǽsət rikɔ́:rdər] **VCR, 영상 카세트 녹화기**

video CD 비디오 시디 video compact disc의 약어. 디지털로 압축한 영상과 음성을 최대 74분까지 수록할 수 있는 CD 규격. 재생에는 전용 재생기나 MPEG 대응 기능 등을 가진 PC가 필요하다. 동영상 압축에는 국제 표준 MPEG-1이 사용된다. 영상 해상도는 352×240픽셀이고 매초 30프레임으로 재생된다.

video codec [–kóudèk] **비디오 코덱** 동영상을 압축하고 압축된 것을 다시 재생할 수 있는 기술 또는 그 제품.

video compact disc [–kəmpǽkt dísk] **비디오 시디** ⇨ video CD

video computer [–kəmpjú:tər] **영상 컴퓨터** 카트리지를 사용하는 컴퓨터로, 게임이나 학습 프로그램 등을 이용할 수 있게 되어 있다.

video conference [–kánfərəns] **영상 회의** 영상 신호 및 음성 신호를 교환함으로써 서로 상대를 보면서 회의할 수 있는 시스템으로서, 서로 떨어진 지점에 있는 회의실 상호간을 통신 회선으로 연결한다.

video DAC 비디오 DAC DAC는 digital to analog의 약어. 디스플레이에 컴퓨터로부터의 정보를 표시하기 위해 컴퓨터에서의 디지털 신호를 아날로그 신호로 변환하는 칩. 일반적으로는 컬러 표시를 위해 컬러 팔레트 정보를 탑재한 RAM을 내장하기 때문에 RAMDAC이라고도 부른다.

video data [–déitə] **영상 데이터** 영상 정보를 표현한 데이터.

video data terminal [–tə́:rminəl] **영상 데이터 단말 장치** 타이프라이터의 인자 대신 브라운관에 문자, 숫자, 기호를 표시하는 장치.

video digitizer [–dídʒitàizər] **영상 디지타이저** 카메라로 잡은 화면을 컴퓨터가 저장하고 처리할 수 있는 디지털 정보로 만들어주는 장치.

video disk [–dísk] **영상 디스크** 텔레비전의 화상과 음성을 디스크에 기록한 것. 그림이 나오는 레코드라는 별명이 붙어 있다. VTR처럼 가정에서 녹화할 수는 없지만 음질과 화질이 좋다. 더욱이 필요한 부분을 순식간에 찾아내는 검색 기능, 스틸 재생, 빨리 돌리기, 거꾸로 돌리기 재생 등의 트릭 플레이가 가능하다. 레코드처럼 대량 생산이 가능한데 현재는 레이저 방식과 VHD 방식이 주류를 이루고 있다.

video display [–displéi] **비디오 표시 장치, 영상 표시 장치** 컴퓨터로부터의 텍스트 또는 그래픽 출력을 표시할 수 있는 장치(프린트 등). 하드 카피 장치 이외의 임의의 장치이다.

video-display terminal [–tə́:rminəl] **영상 표시 단말** 각종 표시 장치의 총칭으로, 컴퓨터에서 출력을 표시 화면(CRT, 액정 등)에 표시하는 단말 장치.

video encoding [–inkóudiŋ] **영상 부호화** 아날로그 방식으로 표현된 영상 신호를 디지털 부호로 변환하는 작업.

video file [–fáil] **영상 파일** 컴퓨터에서 텔레비전의 기록 기술을 이용하여 도표, 지도, 수서 문자 등을 그대로 저장하여 필요할 때 검색할 수 있는 도큐먼트 이미지의 새로운 저장 방식.

Video for Windows 윈도 3.1에서 애니매이션과 음성의 비디오 파일을 취급하기 위한 소프트웨어. CD-ROM 등으로 실행 모듈과 이에 대응한 비디오 데이터를 함께 배포하며, 어떤 윈도 머신이라도 간단히 재생할 수 있다.

video game [–géim] **비디오 게임** LCI나 마이크로컴퓨터를 장치한 기계와 TV를 연결하여 각종 오락을 즐길 수 있도록 개발된 소프트웨어.

video generator [–dʒénərèitər] **영상 생성기** 컴퓨터 모니터나 텔레비전 화면의 제어 신호를 발생하는 회로.

video graphics array [–grǽfiks əréi] **VGA, 비디오 그래픽 어레이**

video library [–láibrəri(:)] **비디오 라이브러리** 텔레비전 프로그램이나 비디오 아트 등의 비디오 작품을 수집하고 일반인에게 공개하는 영상 도서관. 방송이 끝난 프로그램을 조직적 · 계속적으로 보존하고 공개하는 방송 프로그램 라이브러리 같은 것을 말한다. 자칫 없어지기 쉬운 비디오 작품 자료를 수집하고, 조사하고, 보관하여 종합적인 비디오 영상의 도서관을 만들려는 노력이 세계 각국에서 이루어지고 있다.

video mail [–méil] **비디오 메일** 동영상을 포함한 메일. 인터넷 상에 일반적 전자 우편에 첨부하는 형태로 송신되는 경우가 많다.

video memory [–méməri(:)] **비디오 메모리** 그래픽 장치용 데이터를 저장하는 데 사용되는 메모리. 일반적으로는 DRAM이나 VRAM이 사용된다.

video monitor [–mánitər] **비디오 모니터** 텔레비전과 비슷한 영상 표시 장치.

video overlay [–òuvərléi] **비디오 오버레이** 모든 영상 기기에서 나오는 화상을 PC로 받아들이고 표시하는 기술.

video package[-pǽkwidʒ] **비디오 패키지** 영상 정보를 기록 · 재생하는 매체인 비디오 카세트 테이프나 비디오 카트리지의 총칭.

video phone[-fóun] **비디오 폰** 상대방의 얼굴을 보면서 통화할 수 있는 전화. 영상 신호는 전화 회선이나 ISDN을 이용하여 전송된다. 아날로그 전화 회선으로는 정지화가 서비스되고 있으며, ISDN으로는 동화상도 서비스되고 있다.

video printer[-príntər] **비디오 프린터** TV 화면이나 CRT 디스플레이의 면적을 인쇄하는 프린터. 흑백과 컬러 타입이 있다. 컬러 타입은 대부분 사진과 마찬가지로 인쇄지에 이미지를 인쇄하지만, 흑백 타입은 색상의 농담을 도트의 밀도와 크기로 표현한다.

video RAM **비디오 RAM** 컴퓨터의 영상 출력 장치에서 화면에 나타낼 정보를 저장하고 있는 기억 장소. 문자 상태에서는 이 기억 장소의 각 주소에 저장된 정보가 한글이나 ASCII로 인식되어 화면의 해당 위치에 그 문자가 그려지고, 그래픽 상태에서는 여기에 저장된 정보가 그래픽 화면의 각 점의 명암이나 색깔을 비트맵으로 나타낸다. 화면에 어떤 내용을 나타내려면 이 기억 장소의 해당 위치의 값을 바꿔주면 된다. 컴퓨터의 영상 출력 회로는 이 기억 장치의 내용을 주기적으로 읽어서 모니터의 제어 신호로 바꾸어 전송한다.

video response system[-rispáns sístəm] **VRS, 비디오 응답 시스템** 일반적으로 텔레비전 수상기와 전용 키보드를 단말기로 하고, 이들 단말과 화상 · 음성 파일 장치를 가진 센터 사이를 광대역 전송로로 개별적으로 접속하여 이용자의 요구에 따라서 정보를 개별적으로 제공해주는 시스템. 화상 응답 시스템이라고도 하는데, 광대역 전송로를 사용하고 있으므로 사진이나 영화의 제공도 가능하다는 점이 특징이다.

video scan optical character reader[-skǽn áptikəl kǽrəktər rí:dər] **영상 주사 광학 문자 판독 장치** 광학 문자 판독 장치(OCR)에 부호 감각 능력과 카드를 판독하는 능력을 결합한 장치.

video server[-sə́:rvər] **비디오 서버** CATV를 운영하는 회사에서는 필수적인 서버로 화상과 그 주변의 소리까지도 집어넣을 수 있는 고성능 컴퓨터 시스템.

video signal[-sígnəl] **비디오 신호** 모니터에 입력되는 화면상에서 각 점의 색이나 밝기, 위치 등을 알려주는 신호. 이 신호에는 영상이 바른 자리에 나타나도록 위치를 잡아주는 동기 신호도 들어 있다.

video soft[-sɔ́:ft] **비디오 소프트** 비디오 기구용의 소프트웨어. 비디오 카세트나 비디오 디스크 등에 수록되어 있는 소프트웨어. 예를 들어 텔레비전 프로그램, 영화, 기타의 영상 정보를 말한다. 현재로는 일반적으로 비디오 소프트라고 하면 영화나 음악 연주 등이 수록되어 있는 비디오 테이프, 비디오 디스크를 가리키는 경우가 많다. 그 내용은 이전에는 극장 같은 곳에서 이미 상영이 끝난 영화 등이 많았지만, 최근에는 비디오 소프트용으로 만들어진 오리지널 작품도 많아지고 있다.

video tape recorder[-téip rikɔ́:rdər] **VTR, 영상 테이프 녹화기** 텔레비전의 영상 신호와 음성 신호를 자기 테이프에 기록하고 재생하는 장치.

video terminal[-tə́:rminəl] **영상 단말기**

videotex[vídioutèks] *n.* **비디오텍스, 영상 정보** 전화를 사용하여 퍼스널 컴퓨터나 어댑터가 붙은 텔레비전의 화면상에, 컴퓨터에 기억되어 있는 대량의 정보를 자유로이 비추는 「뉴미디어」의 핵심이라 할 수 있다. 영국의 「프레스텔」이 최초의 사용 시스템이고, 프랑스의 「테레텔」, 서독의 「빌트-시름텍스트」 등이 현재 가동되고 있다. 미국에서는 영국

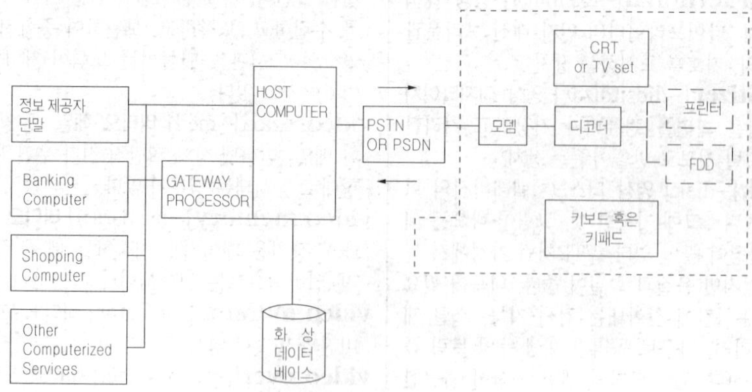

〈비디오텍스 시스템의 구성도〉

의 프레스텔 방식과 캐나다의 텔리톤 방식이 사용되고 있다. 일본에서는 1984년에서 CAPTAIN의 명칭으로 서비스가 시작되었다. 서비스의 대상이 되고 있는 정보로서는 가정 중심의 쇼핑, 요리, 경제, 주식 등에 관계된 것이다. 예전에는 텔레비전 방송망을 경유하는 텔레텍스트(teletext)와 전화망을 경유하는 영상 데이터(view data)의 두 가지 방식이 있었지만, 후자가 보급되어 왔다. 세계의 비디오 시스템은 다음 세 가지로 대별된다. ① 알파 모자이크 방식 : 프레스텔, 텔레텔, 빌트-시름 텍스트 등이 속하는데, 도형 정보를 수십 종의 모자이크 소편(素片)을 결합하여 표시하기 때문에 섬세하지 못한 것이 흠이다. ② 알파 지오메트릭 방식 : 텔리돈이 이 방식을 취하고 있다. 도형을 점 · 선 · 호 · 다각형 등을 결합하여 송신하기 때문에 표시가 섬세하고 착색이 가능하다. ③ 알파 포토 그래픽 방식 : 캡틴이 이 방식에 속하는데, 전화와 TV와 컴퓨터를 연결, 가정에서나 사무실에서 어떤 도형이든 자유로이 표현할 수 있는 것이 특색이다.

vidicon[vídikàn] **비디콘** 화면상의 이미지를 전기적인 신호로 바꾸어주는 역할을 하는 텔레비전 카메라의 촬영관 안에 들어 있는 부품.

vi editor **비아이 에디터** 버클리판(BSD)에서 제공하는 유닉스 최초의 스크린 에디터.

Vienna definition method[viénə dèfiníʃən méθəd] **VDM, 빈식 정의법** 프로그램 언어를 형식적으로 정의하는 방법의 하나로, 정의하고자 하는 언어로 작성된 프로그램을 해석하는 추상 기계의 상태 추이에 따라 프로그램을 정의한다. McCarthy, Landin 등의 방법을 발전시켜 IBM의 빈 연구소에서 개발된 수법이기 때문에 이처럼 불린다.

Vienna definition language[-lǽŋgwidʒ] **VDL, 빈식 정의 언어** 프로그램 구조 및 데이터 구조를 정의하기 위한 초언어(超言語)와 프로그램 언어의 의미를 연산순으로, 즉 실행시에 프로그램이 어떤 순서로 정보 구조를 변형시켜 가는가를 규정하기 위한 초언어로 이루어진다. 이 언어는 IBM 사의 빈 연구소에서 개발되었으며, PL/I 외에 BASIC 등의 프로그램 언어에도 적용되었다. 프로그램 언어 의미를 정의하기 위한 언어이다.

view[vjúː] *n.* **뷰, 시점(視點)** 정보를 테이블(표)이라는 개념으로 관계시킨 릴레이셔널(관계형) 데이터 베이스에서의 가상적인 테이블.

view consolidation[-kənsàlidéiʃən] **뷰 통합** 데이터 베이스를 설계할 때 이전 단계에서 생성된 다양한 뷰들을 대상 조직체를 대표하는 하나의 개념적 뷰로 바꾸어주는 작업.

viewdata[vjúːdèitə] *n.* **뷰데이터** 사용자가 자신의 텔레비전을 이용하여 중앙 데이터 베이스를 대화식으로 이용할 수 있도록 되어 있다. 가정 정보 시스템의 하나.

viewer[vjúːər] **뷰어** 뷰어는 브라우저가 다룰 수 없는 파일까지 처리함으로써 웹 브라우저를 돕는다. 뷰어는 여러 종류의 파일, 심지어 사운드 파일까지 다룰 수 있기에 어떤 종류의 애플리케이션도 될 수가 있다. 뷰어로 사운드 파일을 실행한다는 것이 이상하게 들릴 수 있기에 어떤 사람들은 헬퍼(helper)라고도 부른다.

viewing coordinate system[vjúːiŋ kouɔ́ːrdinət sístəm] **뷰잉 좌표계** 3차원 그래픽에서 물체를 자연스럽게 표현할 수 있도록 한 좌향 좌표계.

viewing operation[-àpəréiʃən] **뷰잉 연산** 컴퓨터 그래픽에서 세계 좌표계에서 정의된 화상을 장치 좌표계로 변환하여 모니터 화면상에 그리는 동작. 이 과정에서 자리 이동, 확대, 축소, 회전, 자르기(clipping) 등의 각종 연산이 행해진다.

viewing surface[-sɔ́ːrfəs] **관찰면** 3차원 컴퓨터 그래픽에서 관찰자가 보는 물체의 상이 놓이는 2차원 평면을 가리킨다. 이 평면은 관찰자의 눈과 물체를 연결하는 선에 수직이다.

viewing transformation[-træ̀nsfərméiʃən] **뷰잉 변환, 윈도 표시 영역 변환** 창의 경계와 내용을 표시 영역의 경계와 내부로 사상하는 것.

view modelling[vjúː mádəliŋ] **뷰 모델링** 데이터 베이스의 개념적 설계 과정을 하향식으로 진행할 때 조직체를 위해 데이터 베이스에 저장할 정보들을 여러 가지 관점에서 모델링하는 것.

view plane[-pléin] **뷰 평면** 3차원 그래픽의 물체를 2차원 화상으로 변환(투영)하는 데 필요한 기준 투영면.

viewport[vjúːpɔ̀ːrt] **뷰포트, 표시 영역** 디스플레이의 화면상의 화상 표시 영역으로, 장치 좌표축에 평행한 사변형에 의해 경계가 정해져 있는 것. 윈도 뷰포트 변환에 의해 윈도의 경계 내에만 도형 정보를 표시한다. 뷰포트는 화면 전역을 차지하고 있어도 좋다.

[주] 표시 공간 내의 사전에 정의된 영역.

viewport input priority[-ínpùt praiɔ́(ː)riti(ː)] **뷰포트 입력 우선 순위** 정규화 변환 뷰포트에 주어지는 우선 순위.

view retrieval[vjúː; ritríːvəl] **뷰 검색** 이미 정의된 뷰를 써서 데이터를 검색하는 것.

view surface[-sə́ːrfəs] **표시면**

VIM vendor independent messaging의 약어. 로터스를 중심으로 한 벤더 그룹이 개발한 전자 우편의 표준 API 사양을 말한다.

VINES 바인즈 반얀 시스템즈가 개발한 NOS이며, 「바인즈」라고 읽는다. 바인즈는 네이밍 서비스 이외에 SNA 접속, WAN 접속, MHS, 비동기 통신을 지원하고 있다.

VINITI 비니티 Vsesoyuznyi Institut Nauchnoii Tekhnicheskoi Informatsii의 약어. 소련 과학 기술 정보 기관. 소련 과학 아카데미와 소련 과학 연구 조정 위원회가 공동으로 관리하는 세계 최대 과학 기술 정보 기관으로 1952년에 설립되었다. 과학 기술 문헌의 초록지(抄錄誌)와 색인지의 편집과 발행, 정보 과학의 연구와 개발, 과학 기술 정보 전문가의 훈련과 재교육, 각 기관에서의 정보 활동 지도와 조정, 과학 기술 정보 활동의 국제 교류 촉진 등의 업무를 활발히 하고 있다.

VIO 가상 입출력 virtual input/output의 약어.

violation subroutine [vàiəléiʃən sʌbru:tín] **위반 서브루틴** 입력이 미리 정한 기준이나 제한점과 일치하지 않을 때 호출되는 서브루틴.

virgin [və́:rdʒin] *a.* **미사용의**

virgin coil [–kɔ́il] **무천공 테이프**

virgin medium [–mí:diəm] **새 매체, 미사용 매체** 데이터가 기억된 적이 없는 데이터 매체. 예를 들면 아무 것도 기재되어 있지 않은 종이, 구멍이 없는 천공 테이프.

virgin paper-tape coil [–péipər téip kɔ́il] **무천공 종이 테이프 코일**

virtual [və́:rtʃuəl] *a.* **가상의** 실제로는 존재하지 않는 것을 가상으로 존재한다고 상정할 때 사용하는 형용사.

virtual academy [–əkǽdəmi] **가상 학교** WWW의 출현으로 교육계에도 새로운 바람이 불고 있다. 인터넷을 통한 온라인 교육 서버들이 속출하고, 인터넷과 WWW을 이용한 새로운 교육 방법이 제시되면서 virtual academy(가상 학교)의 개념이 생겨났다. WWW은 학교에서 교사가 할 수 없는 보조적인 역할을 훌륭하게 수행함으로써 WWW의 장점을 유감없이 발휘하고 있으며, 학생들에게 첫 시작점만 제시해주면 학생들 스스로 찾아가는 능동적인 자세를 유도할 수 있다. 어느 서비스에서는 교사들의 교육 및 강의 정보들을 서로 나누어 가질 수 있도록 하기도 하고 각종 의견 교환을 통한 교류도 이루어지고 있다.

virtual address [–ədrés] **가상 주소** 가상 기억(virtual storage)에 있어서, 각 세그먼트(segment)의 개시점에서 기억 장소(storage location)가 상대적으로 표시되는 어드레스이며, 세그먼트 번호(segment number), 세그먼트 내의 페이지 번호(page number), 페이지의 기점으로부터의 레코드의 상대적인 위치를 표시한다. 상대 어드레스(relocatable address)라고도 한다.

virtual address area [–ɛ́(:)riə] **가상 주소 영역** 실기억의 최고위 주소보다 상위에 있는 가상 주소의 영역.

virtual address extension [–iksténʃən] **VAX, 백스** 미국 DEC 사에서 제조하는 수퍼 미니컴퓨터 시리즈의 상표명.

virtual addressing [–ədrésiŋ] **가상 주소 지정**

virtual address space [–ədrés spéis] **가상 주소 공간** 가상 기억 방식에서 컴퓨터 사용자측에서 본 가상적인 주기억이 차지하는 어드레스 공간. 사용자는 가상 어드레스 공간에 상당하는 용량의 주기억이 있는 것과 같이 컴퓨터를 사용할 수 있다.

virtual address translation [–trænsléiʃən] **가상 주소 변환** 프로세스가 수행될 때 가상 주소를 실주소로 바꾸어주는 것.

virtual array [–əréi] **가상 배열**

virtual attribute [–ǽtribjù:t] **가상 속성**

virtual block processor [–blák prásesər] **가상 블록 프로세서**

virtual call [–kɔ́:l] **VC, 가상 호출, 상대 선택 접속** 패킷 교환(packet switching)에 있어서, 발신자와 수신자 사이에 가상(virtual)적인 회선(논리적인 통신로)을 설정하여 통신을 행하는 방식. 가상 회로(virtual circuit)라고도 한다. 통신에 앞서 발신자(수신자)는 교환망에(논리적인) 통신로의 설정을 요구하고, 수리(受理)되면 그 통신로 상에 패킷이 순차적으로 보내진다. 따라서 패킷은 발신 순으로 착신한다. 통신 종료시에는 발신자 및 수신자는 교환망으로 각각 통지하므로 그것에 의해 교환망은 그 통신로의 설정을 해제한다.

virtual call facility [–fəsíliti(:)] **상대 선택 접속 기능** 사용자의 데이터를 망 내에 있어서 패킷형으로 전송할 때 두 데이터 단말 장치 사이의 통신 기간이 호출 선정 순서 및 호출 해방 순서에 의해 정해지는 사용자 기능. 이용자 데이터는 모두 망이 받은 것과 같은 순서로 망으로부터 데이터 단말 장치로 넘겨진다.

[주] 1. 이 기능은 망 내에서의 종단 상호간의 패킷 전송 제어를 필요로 한다. 2. 호출 설정을 완료하기 전에 망으로 데이터를 넘겨도 좋지만 호출 설정의 시험에 실패했을 경우에는 그 데이터는 거래처 어드레스를 보내지지 않는다. 3. 다중 액세스 데이터 단말 장치는 동시에 몇 개의 상대 선택 접속 기능을 취급해도 좋다.

virtual call service [–sə́:rvis] **가상 호출 서비스**

virtual card reader [–ká:rd rí:dər] **가상 카**

드 판독 장치
virtual channel[–tʃǽnəl] 가상 채널 ⇨ VC
virtual channel SDRAM 가상 채널 SDRAM ⇨ VC-SDRAM
virtual circuit[–sə́:rkit] 가상 회로 (접속) 패킷 교환 방식의 컴퓨터 네트워크에서 두 컴퓨터가 데이터를 전송하고 있을 때, 그들 사이에 실제로는 물리적인 연결이 없으나 패킷 교환망의 기능에 의해 마치 그들 사이에 직결된 회선이 있는 것처럼 사용할 수 있는 기능.
virtual circuit connection[–kənékʃən] 가상 회선 접속
virtual column[–kάləm] 가상 열
virtual computer[–kəmpjú:tər] 가상 컴퓨터 ⇨ VC
virtual computer system[–sístəm] 가상 컴퓨터 시스템
virtual control[–kəntróul] 가상 제어
virtual copy[–kάpi(:)] 가상 복사 컴퓨터의 주기억 장치에 있는 내용을 외부의 대형 기억 장치에 정확히 복사해내는 것.
virtual corporation[–kɔ̀:rpəréiʃən] 가상 기업 ⇨ VC
virtual CPU time 가상 CPU 시간
virtual cylinder[–sílindər] 가상 실린더
virtual DASE 가상 DASE
virtual DASD 가상 DASD, 가상 직접 접근 기억 장치 대용량 기억 볼륨(데이터 카트리지)이 마치 직접 접근 기억 장치(DASD)인 것같이 보인다. 실(實) DASD 상의 스페이스를 여러 개의 가상 DASD로 공용하기 때문에 실 DASD의 수보다 훨씬 많은 DASD가 존재하는 것처럼 보일 수 있다. 또한 가상 기억의 개념을 DASD에 확장한 것으로 대용량 기억 시스템에 사용되고 있다.
virtual data[–déitə] 가상 데이터 실제로는 존재하지 않는 데이터.
virtual data base[–béis] 가상 데이터 베이스 프로그래머는 데이터 베이스 내의 데이터 배치를 알지 못해도 응용 프로그램을 작성할 수 있다. 즉, 프로그래머가 가상 논리 구조로서 정의한 데이터 베이스를 말한다.
virtual device[–diváis] 가상 장치 카드 판독기나 라인 프린터와 같은 실제 장치가 아니라 디스크 파일과 같은 가상 장치.
virtual device interface[–íntərfèis] 가상 장치 인터페이스 ⇨ VDI
virtual disk[–dísk] 가상 디스크
virtual disk initialization funtion[–iniʃəlizéiʃən fʌ́ŋkʃən] 가상 디스크 초기 설정 기능
virtual display[–displéi] 가상 표시 장치 단말 장치 등에서 그 장치에 접속되어 있는 한 대의 표시 장치를 병행 처리되고 있는 여러 작업에 대응시킬 때, 실제로 대응되는 것은 하나의 작업에 대한 것뿐이지만 다른 작업 모두에게도 마치 표시 장치가 접속되어 있는 것과 같이 제어하고 있는 경우의 가상적인 표시 장치.
virtual-equals-real option[–í:kwəlz rí:əl άpʃən] V/R 선택 기능, 가상/실제 선택 기능
virtual-equals-real storage[–stɔ́:ridʒ] 가상/실기억 영역 가상 기억 제어를 하고 있는 컴퓨터에서 가상 주소가 실주소와 일치하도록 할당된 영역.
virtual event variable[–ivént vέ(:)riəbl] VEV, 가상 사상 변수
virtual factory[–fǽktəri] 가상 공장 원격지에 있는 공장의 플랜트를 완전하게 자동화하고, 공장과 고속 통신 회선으로 연결하여 원격 관리하거나 생산, 판매 등의 경영 판단을 일괄적으로 처리하는 공장 시스템.
virtual FAT 가상 FAT ⇨ VFAT
virtual field[–fí:ld] 가상 필드 실제 있는 것처럼 보이나 물리적으로 저장되어 있지 않는 필드.
virtual file[–fáil] 가상 파일 컴퓨터가 페이지를 끼워넣고 빼는 일을 자동으로 수행하며, 사용자가 내부 기억 장치보다도 큰 파일을 편집할 수 있는 파일.
virtual hashing[–hǽʃiŋ] 가상 해싱 하나의 해싱 함수가 아니라 상호 관련 있는 여러 개의 해싱 함수를 사용하며, 나눗셈을 기본으로 하는 해싱 방법. 확장 가능 파일을 구현하기 위한 하나의 방법이다.
virtual image[–ímidʒ] 가상 이미지, 가상 화면 컴퓨터 그래픽에서는 컴퓨터의 메모리에 복사되어 있으나 너무 커서 한 번에 한 화면에 표시할 수 없는 화상. 가상 이미지는 메모리 내에 존재하므로, 만약 화면이 충분히 커지면 이론적으로는 표시할 수 있다. 그러나 실제로는 스크롤링이라든지 판 등의 수단을 사용하여 가상 이미지의 볼 수 없는 부분을 표현하고 있다.
virtual input/output[–ínpùt áutpùt] VIO, 가상 입출력 데이터 세트를 직접 접근 장치 대신 가상 주소 공간상에 할당하고, 직접 접근 장치 상의 데이터 세트로 가상하여 접근하는 것.
virtual I/O area[–έ(:)riə] 가상 입출력 영역
virtual keyboard[–kí:bɔ̀:rd] 가상 키보드 가상 장치에 있어서 그 장치에 접속되어 있는 하나의 키보드를 평행 처리되고 있는 여러 작업에 대응시킬 때, 실제로 대응되는 것은 하나에 작업에 대해 대응되지만 다른 작업에도 마치 키보드가 접속되어

있는 것과 같이 제어하는 경우의 가상적인 키보드.

virtual line[-láin] 가상 회선 ⇨ virtual circuit

virtual logical structure[-ládʒikəl strʌ́ktʃər] 가상 논리 구조 데이터 베이스의 데이터를 프로그래머가 논리적으로 파악한 구조. 응용 프로그램이 처리 대상으로 하는 데이터 베이스의 범위.

virtual machine[-məʃín] 가상 기계, 가상 컴퓨터 실제로 있는 컴퓨터 시스템을 여러 명의 사용자가 동시에 사용할 수 있게 하기 위해서 그 컴퓨터 시스템을 마치 여러 대의 작은 컴퓨터 시스템이 있는 것처럼 분할하여 만든 것. 즉, 그 컴퓨터 시스템의 사용자는 자신만이 콘솔, 디스크, 프린터 등을 갖춘 온전한 컴퓨터 시스템을 갖고 혼자서 사용하고 있는 것처럼 느끼게 된다. 또한 실제로 존재하는 기계가 아니라 하드웨어와 소프트웨어의 복합체에 의해 존재하는 것처럼 보이는 기계의 모습으로, 예를 들어 BASIC 인터프리터를 가진 컴퓨터의 경우 사용자는 마치 그 기계가 BASIC을 바로 수행하는 것처럼 느낄 수 있으나 실제로는 인터프리터가 BASIC 프로그램을 기계어로 해석하여 수행하고 있는 것이다.

virtual machine system[-sístəm] 가상 컴퓨터 시스템 특수한 제어 프로그램을 써서 한 대의 컴퓨터 시스템 중에 여러 대의 가상 컴퓨터를 만들어내고, 개개의 가상 컴퓨터 상에서 상이한 운영 체제의 동작을 가능케 하는 컴퓨터 시스템.

virtual memory[-mémәri(ː)] 가상 기억 장치 컴퓨터가 가지고 있는 실제 기억 장치보다 훨씬 많은 기억 장치를 사용하기 위해, 가상 주소를 실제 주소로 변환하는 일을 하는 기억 장치. 주기억 장치, 자기 드럼, 자기 디스크 등 레벨이 다른 기억 장치를 가진 컴퓨터 시스템에서 이런 기억 장치를 종합해서 단일 레벨의 구조로 하여 프로그래머는 이런 구별을 의식할 필요가 없도록 한 경우, 드럼이나 디스크를 주기억 장치에 대해 가상 기억 장치라고 한다. 예를 들면 주기억 장치가 256KB밖에 없어도 가상 기억 장치로서의 드럼 등에 있으면 몇백 배 용량의 메모리를 주기억 장치와 같이 사용할 수 있다. 이를 위해서는 프로그래머의 지시가 없어도 드럼과 주기억 장치 간의 정보 전송을 제어할 수 있는 특별한 하드웨어가 필요하다.

virtual memory address[-ədrés] 가상 기억 주소 (1) 세그먼트의 시작 위치와 상대적인 위치 주소. (2) 특별한 대규모 기억 용량의 주소. (3) 페이지의 시작 위치와 상대적인 위치 주소.

virtual memory executive system [-igzékjutiv sístəm] 가상 기억 감시

virtual memory management[-mǽnidʒmənt] 가상 기억 관리

virtual memory pointer[-pɔ́intər] 가상 기억 포인터 기억 장치의 효율성을 높이는 데 도움을 주는 것.

virtual memory stack[-stǽk] 가상 기억 스택

virtual memory system[-sístəm] 가상 기억 시스템 가상 기억 장치 기법을 이용한 시스템.

virtual memory technique[-tekníːk] 가상 기억 기술

virtual message queue node[-mésidʒ kjúː nóud] 가상 메시지 큐 노드 분산 데이터 통신 처리 기능(DTPF)에 있어서의 컴퓨터 시스템 간 통신 구성 요소의 하나. 상대 시스템의 응용 프로그램에 의해서 개설된 메시지 큐 노드.

virtual mode[-móud] 가상 방식

virtual operating system[-ápərèitiŋ sístəm] 가상 운영 체제 한 대의 컴퓨터에 여러 개의 서로 다른 운영 체제를 병렬적으로 수행하여 여러 대의 컴퓨터처럼 보이게 하는 운영 체제.

virtual page[-péidʒ] 가상 페이지 가상 장치 시스템에서 정보를 일정한 크기로 나눈 스와핑(swapping)을 수행하는 단위.

virtual partition[-pɑːrtíʃən] 가상 분할 시스템 생성시에 설정되는 가상 기억 장치 내의 동적 기억 영역의 일부분.

virtual peripheral device[-pərífərəl diváis] 가상 주변 기기, 논리적인 주변 기기 ⇨ virtual drive

virtual point picture character[-pɔ́int píktʃər kǽrəktər] 가상 소수점 픽처 문자

virtual printer[-príntər] 가상 인쇄 장치

virtual private network[-práivət nétwə̀ːrk] 가상 사설망 ⇨ VPN

virtual processor[-prásesər] 가상 처리 장치 여러 사용자에게 한 대의 컴퓨터를 공용시켜 두고, 사용자에게는 공용하고 있는 것처럼 생각하지 않게 기능을 모의한 것.

virtual punch[-pʌ́ntʃ] 가상 천공 장치

virtual push button[-púʃ bʌ́tən] 가상 누름 버튼 피크 입력 장치를 사용하여 기능 키를 시뮬레이트하기 위해서 사용되는 표시 요소군.

virtual record[-rékərd] 가상 레코드 레코드에 들어가는 내용이 실제 어떤 객체의 내용에 관한 것이 아니고 다른 레코드에 대한 포인터인 경우.

virtual reality[-riːǽləti] 가상 현실 특수한 안경과 장갑을 사용하여 인간의 시각, 청각 등 감각을 통하여 컴퓨터의 소프트웨어 프로그램 내부에서 가능한 것을 현실인 것처럼 유사 체험하게 하는 유저

인터페이스 기술의 하나. 말 그대로 현실이 아닌 세계를 말한다. 예를 들어 가상 현실의 하나인 가상 쇼핑을 인터넷에서 어떻게 구현되는지 알아보면 다음과 같다. 현재의 웹 서비스가 애니메이션과 디지털 무비를 지원한다 해도 2차원 형태의 화상 정보로는 한계가 있다. 실제로 웹 서비스를 이용하여 전자 쇼핑을 한다고 할 때 구입하려는 물품의 목록과 사진, 가격을 확인하도록 해줄 뿐 실제로 매장 안을 걸어다니며 각 상품을 즉흥적으로 골라서 볼 수 있는 3차원적인 기능을 영화 속에서나 기대해볼 만한 것이다. 하지만 웹에서도 이러한 3차원적인 효과를 제공하는 서비스들이 하나둘씩 생겨나고 있다. VRML (virtual reality modelling language)을 지원하는 웹 사이트들이 그것인데, 전자 쇼핑을 예로 들 경우, 마치 3D 게임에서 건물 안을 자유롭게 돌아다니면서 마음에 드는 매장에서 마음에 드는 제품을 선택하여 보고, 전자적으로 대금을 결제할 수 있는 가상 현실적인 서비스가 가능하다. 즉, 컴퓨터에서 현실을 가상으로 구현한 것으로 앞으로 소프트웨어 기술이 향상되면서 그 성능이 보다 향상될 것으로 보인다. ⇨ 그림 참조

virtual region[–ríːdʒən] **가상 영역** 가상 기억 영역 내에 차지한 영역.

virtual relation[–riléiʃən] **가상 릴레이션**

virtual screen[–skríːn] **가상 화면** 표시 문자수의 화면으로, 단말 장치 등의 표시 장치에 표시되어 있는 실제 화면에 대비하여 이용자 프로그램에 의한 데이터 입력으로 상정하는 화면 사이즈.

virtual set[–sét] **가상 세트** 데이터 베이스의 리스트 형태에 있어서 하나의 오너 레코드와 관계가 있는 하나 또는 여러 멤버 레코드의 집합.

virtual set type[–táip] **가상 세트 타입** 데이터 베이스의 리스트 형태에 있어서 오너 레코드 타입과 멤버 레코드 타입과의 관련을 다차원의 관리하에서 관계를 나타낸 세트 타입.

virtual space[–spéis] **가상 공간** 표시 요소의 좌표가 장치에 존재하지 않는 방법으로 표현되는 공간.

virtual spooling device[–spúːliŋ diváis] **가상 스풀링 장치**

virtual storage[–stɔ́ːridʒ] **VS, 가상 기억, 가상 기억 장치, 가상 기억 영역** 주기억 장치(main storage)의 기억 영역을 효과적으로 이용할 목적으로 고안된 것. 이용자에게 기억 용량의 제한을 의식시키지 않고, 긴 프로그램을 조립하도록 하거나 다중 프로그래밍의 다중도를 높이는 것 등에 큰 위력을 발휘한다. 고속이지만 고가로 「용량」에 제한이 있는 주기억 장치와 저속이지만 극히 용량이 큰 보조 기억 장치(auxiliary storage)를 논리적으로 합체시켜, 하나의 큰 가상적인(virtual) 「기억 영역」으로서 사용할 수 있도록 한 시스템.

[참고] 컴퓨터 시스템의 이용자에 대하여 어드레스 가능한 주기억 장치라고 볼 수 있는 기억 공간이며, 가상 어드레스가 실어드레스로 사용되는 것.

[주] 가상 기억의 크기는 컴퓨터 시스템의 어드레스 지정 방식 및 사용 가능한 보조 기억 장치량에 의해 제한되며, 주기억 장소의 실제량에 의해서는 제한되지 않는다.

virtual storage access method[–ǽkses méθəd] **VSAM, 가상 기억 액세스 방식** 보조 기억 장치에 저장된 정보를 액세스하는 방식의 한 가지로, 가상 기억 장치를 사용하여 장치의 물리적 특성에서 탈피하여 일관된 방법으로 정보를 찾아볼 수 있게 하는 것.

virtual storage extended[–iksténdəd] **VSE, 가상 기억 확장(시스템)**

virtual storage manager[–mǽnidʒər] **VSM, 가상 기억 관리 프로그램** 가상 기억 관리 프로그램(VSM)은 주소 공간 내의 가상 기억 장소를 제어하고, 기억 장소가 이용 가능할 경우 기억 장소에 대한 요청을 만족시켜야 하며, 또한 요구시에는 기억 공간을 되돌려 받을 수 있어야 한다. 이러한 작업은 주소 공간 내의 제어 블록을 조사하여 가상 기억 장소가 이용 가능한지를 알아내고, 이용 가능할 경우

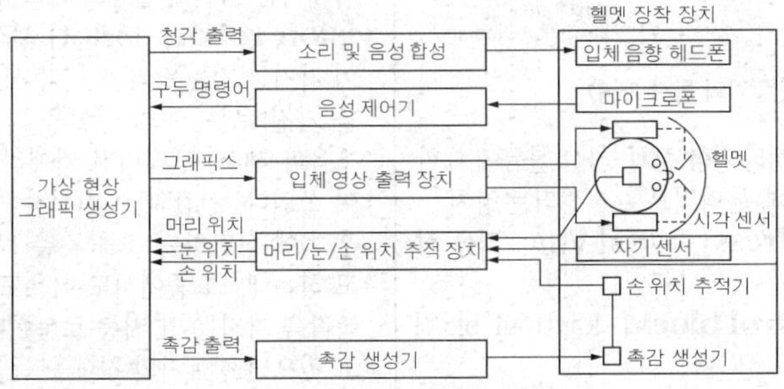

〈가상 현실 시스템의 입출력 채널〉

에는 해당 제어 블록에 적당한 항을 기록함으로써 이루어진다. VSM은 실기억 장치에 대한 요청을 만족시키기 위해 실기억 장치 관리 프로그램(RSM)을 호출한다.

virtual storage operating system[–ápərèitiŋ sístem] **VSOS, 가상 기억 장치 운영 체제**

virtual storage partition[–pɑːrtíʃən] **가상 기억 구획**

virtual storage region[–ríːdʒən] **가상 기억 영역**

virtual storage supervision[–sùːpərvíʒən] **가상 기억 제어** 가상 기억 영역의 관리 방식. 가상 기억 영역을 프로그램에 할당할 때의 할당 방법 또는 그 기법.

virtual storage unit[–júːnit] **가상 기억 장치**

virtual system[–sístəm] **가상 시스템** 가상 기억 방식 컴퓨터의 운영 체제로, 페이징, 세그먼테이션 등 가상 기억의 제어 기능이 중심이 되고 있다.

virtual system computer[–kəmpjúːtər] **가상 시스템 방식 컴퓨터** 가상 기억 방식의 컴퓨터.

virtual table[–téibəl] **가상 테이블**

virtual telecommunication access method[–tèləkəmjùːnikéiʃən ǽkses méθəd] **VTAM, 가상 통신 접근 방식** 정보 접근 방식의 하나로, 통신 네트워크를 통해 멀리 떨어진 곳에 있는 정보를 이용할 수 있도록 하는 접근 방식.

virtual terminal[–tə́ːrminəl] **가상 단말기** 네트워크 상에서 사용하고자 하는 주컴퓨터에 직접 단말기를 연결하지 않고도 직접 연결된 것 같은 서비스를 제공하는 서비스.

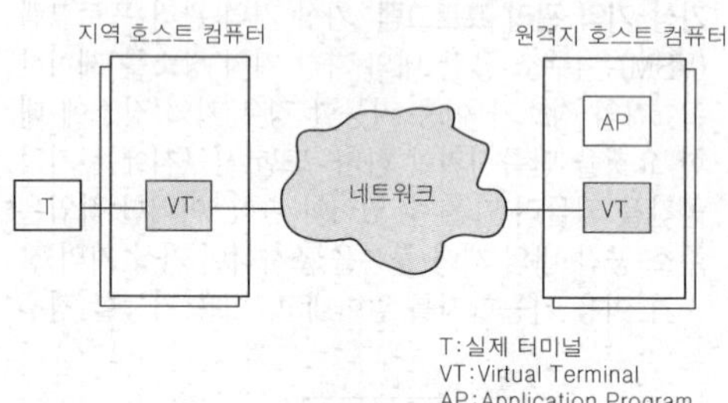

〈가상 단말기의 동작 개념〉

virtual unit[–júːnit] **가상 장치** 가상 볼륨에 대한 접근을 제어하기 위해 논리적으로 형성되는 장치.

virtual unit address[–ədrés] **VUA, 가상 장치 주소**

virtual unit control block[–kəntróul blɑ́k] **가상 장치 제어 블록**

virtual volume[–vɑ́ljuːm] **가상 볼륨** 가상 장치 상에 장착되어 있는 대용량 기억 볼륨.

virtual volume attribute[–ǽtribjùːt] **가상 볼륨 속성**

virtual volume type[–táip] **가상 볼륨 타입**

virus[vɑ́irəs] *n.* **바이러스** ⇨ computer virus

virus program[–próugræm] **바이러스 프로그램**

virus wall[–wɔːl] **바이러스 월** 바이러스에 대한 백신(vaccine) 제품의 일종으로 방화벽과 동일한 개념. 외부 네트워크와 연결된 게이트웨이(gateway) 수준에서 인증되지 않은 외부 사용자를 차단하는 소프트웨어.

visibility[vìzibíliti(ː)] *n.* **가시성(可視性)** 그래픽에서 세그먼트를 표시면상에 표시할 것인지의 여부를 지정하는 세그먼트 속성. GKS에서는 가시, 소거의 값으로 나타낸다. 두 점을 연결하는 선분이 다른 물체와 만나지 않을 때 두 점은 서로 가시성 관계에 있다고 한다.

visible[vízibl] *a.* **가시의**

visible alarm[–əlɑ́ːrm] **가시 경보**

visible file[–fáil] **가시 파일** 서식이나 카드 또는 문서들을 통합하거나 체계적으로 정돈하여 사용자가 그들을 일일이 꺼내어보지 않고도 빨리 알아볼 수 있게 색인된 데이터 파일.

visible recorder[–rikɔ́ːdər] **가시 리코더** 카드 자체나 카드 수납대 위 언저리에 달아맨 금속을 붙여 한 장씩 늘어뜨려 어떤 전용의 인출 등 일련의 카드군의 대표 항목을 일람할 수 있게 한 것.

VISICALC 비지캘크 퍼스널 컴퓨터에서 사용할 수 있는 프로그래밍이 불필요한 간이 언어. 표의 집계 처리에 적당한 기능을 가진 간이 언어이다.

vision[víʒən] *n.* **시각(視覺)**

vision recognition[–rèkəgníʃən] **영상 인식** 그림으로 된 정보를 컴퓨터를 이용하여 처리하는 일. 이는 고도의 그래픽 기술과 함께 인공 지능적인 요소가 포함되어야 하는 분야로, 아직까지 영상을 인식하는 능력은 컴퓨터가 인간에 비하면 많이 떨어진다. 그러나 문자 인식, 지문 인식 등의 몇몇 분야에서는 이것이 실용화되고 있다.

vision robot[–róubət] **시각 로봇** 인간의 시각이 가지는 기능을 갖춘 시각 시스템(vision system)을 가진 로봇. 눈의 역할을 하는 센서(sensor)로는 초음파 센서, 텔레비전 카메라, 고체 촬상 장치 등이 쓰인다. 인간의 오감(시각 · 촉각 · 청각 · 미각 · 후각)에 상당하는 것을 갖춘 로봇을 지능 로봇이라고 하는데, 그 중에서도 이용도가 높은 것이 시각과 촉각을 가지는 양 지능 로봇이다. 시작 기능을 가지고 있으면 장애자와 장애물 등을 검지해 피할 수 있고 형상의 식별도 가능하다. 현재 각 로봇 메이커들도 시각 로봇을 앞으로의 중점 상품으로 삼아 개발의 역점을 두고 있다.

visual[víʒuəl] *a.* **영상의, 시각의, 표시의**

Visual Basic 비주얼 베이식 마이크로소프트 사의 윈도 환경에서 동작하는 베이식(윈도 95용은 버전 4.0 이하. 버전 2.0에는 MS-DOS에서 동작하는 판이 있다). 이전의 명령어 라인에서 프로그램 코드를 기술해온 베이식과는 달리, 버튼 등에 각종 기능을 부가하는 형식으로, 시각적으로 프로그램이 행해진다. 취미 혹은 실용적인 프로그램을 비교적 간단하게 작성할 수 있을 뿐만 아니라 윈도 응용 프로그램을 통일적으로 조작하기 위한 프로그램을 기술할 수 있는 기능도 가지고 있어 각각의 목적에 따라 제품 구성이 달라진다. 현재 버전인 6.0에서는 인터넷 대응 기능이 강화되어 ActiveX 컨트롤이나 Active Document를 지원한다.

Visual Basic extender 비주얼 베이식 익스텐더 ⇨ VBX

Visual Basic for application ⇨ VBA

Visual Basic scripting editiont 비주얼 베이식 스크립트 ⇨ VB Scrip

visual communications[-kəmjù:nikéiʃənz] **영상 통신** 통신 회선에 의해서 운반되는 정보는 전신 부호, 전화, 텔레프린터라는 것으로 발전하여 왔는데, 영상 통신이란 인간의 시각에 잡힐 수 있는 그림을 전송하는 통신 형태이다. 구체적인 시스템의 영역으로는 텔레비전, 전화, 산업 · 교육 · 의료용 화상 전송, 팩시밀리, CATV 등이 있다.

visual communication technology[-kəmjù:nikéiʃən teknálədʒi(:)] **영상적 통신 기술**

Visual C++ 비주얼 C++ 윈도 환경에서 동작하는 마이크로소프트 사의 C++ 컴파일러로, 윈도 상에서 소프트웨어를 개발할 수 있는 환경을 갖추고 있다. 비주얼 프로그래밍을 실현한 C++의 PC용 처리계로는 가장 많이 보급되어 있다. 프로그래밍 상의 수고를 덜기 위해 MFC(Microsoft foundation class)라 불리는 클래스 라이브러리(객체 지향 프로그래밍으로 도입된 클래스라는 사양서 또는 정의서와 같은 것의 모음집)가 있다.

visual detection model[-ditékʃən mádəl] **VDM, 영상적 검출 모델**

visual development tool[-divéləpmənt tú:l] **비주얼 개발 툴** 시각적인 조작으로 효율적으로 소프트웨어나 시스템을 개발하기 위한 툴. ⇨ software development environment, authoring system

visual display[-displéi] **영상 화면, 표시 장치** 화면이나 플로터에서 그림이나 도표 자료를 이용하여 쉽게 알아볼 수 있는 형태로 자료를 출력하는 일.

visual display console[-kánsoul] **영상 화면 콘솔, 표시판**

visual display interface[-íntərfèis] **영상 화면 인터페이스** 계산이나 측정의 결과를 수치나 영숫자 등으로 사용자에게 보여주는 영상 기기.

visual display system[-sístəm] **VDS, 영상 표시 장치 시스템**

visual display terminal[-tə́:rminəl] **영상 표시 단말 장치**

visual display unit[-jú:nit] **VDU, 영상 표시 장치** 데이터나 도형(graphic)을 표시하는 장치. 보통 컴퓨터 내부에서 취급하는 데이터나 도형을 인간의 눈으로 직접 확인할 수는 없다. 그래서 그것을 인간의 눈으로 확인하도록 한 장치를 「영상 표시 장치」 또는 「VDU」라고 한다. 이것은 일반적으로 브라운관을 사용한 CRT 등을 가리키며, 프린터 등은 포함되지 않는다.

visual error representation[-érər rèprizentéiʃən] **영상 오류 표시** 이 표시는 세 번 계속해서 전송했는 데도 올바르게 수신되지 않을 때, 세 번째 전송된 내용이 인쇄되는 것.

visual extend editor[-iksténd éditər] **비주얼 확장 편집기** vi라고도 한다. 유닉스의 화면 편집기. Emacs와 함께 유닉스에서는 가장 대표적인 편집기이지만 기능이 다양하여 습득이 쉽지 않다. 행 편집기 ed를 기반으로 화면 편집기로서 확장한 것으로 명령어 모드와 텍스트 모드의 동작 모드를 갖는다. vi는 한 번에 하나의 텍스트 파일밖에 편집할 수 없으나 복수의 파일에 대응한 Xvi도 있다. ⇨ vi

visual identification character[-aidèntifikéiʃən kǽrəktər] **영상 식별 문자, 꽂문자**

visual inquiry station[-inkwáiri(:) stéiʃən] **영상 조회 장치** 사람이나 자동 단말 장치 등으로부터의 데이터를 즉시 처리해주고 보통 CRT에다 처리된 결과를 보여줌으로써 자동 데이터 처리 시스템 조회를 허용하는 입출력 장치.

visual interface[-íntərfèis] **시각 인터페이스** 그래픽 화면에서 윈도와 메뉴, 아이콘 등을 응용하여 만든, 배우기 쉽고 사용하기 쉬운 사용자 인터페이스.

visualize[víʒuəlàiz] *v.* **시각화하다, 영상으로 하다**

Visual J++ 비주얼 J++ 마이크로소프트 사의 자바 개발 툴. Visual C++와 마찬가지로 전문가용으로, 최대의 특징은 COM/DCOM의 객체와 연동하는 자바 애플릿을 개발할 수 있다는 점이다. 장점은 Visual Basic Scripting Edition 등으로 자바 애플릿을 ActiveX 컨트롤로 조작 가능하다는 것, 자바 애플릿에서 다른 ActiveX 컨트롤을 조작할 수 있다는 것이다. 이러한 기능은 인터넷 익스플로러 3.0 이상에서 이용할 수 있다.

visual page[víʒuəl péidʒ] **보이는 페이지** 컴퓨터 그래픽에서 하나 이상의 화면 페이지가 있을 때 실제 화면에 보이는 페이지. 그림을 그리는 페이지와 보이는 페이지는 같을 수도 있고 다를 수도 있다.

visual readout[–ríːdàut] **계수기 판독 표시 기구**

visual scanner[–skǽnər] **영상 주사기, 광학식 주사기** 도형을 가는 선의 집합으로 간주하고, 이 선을 판독함으로써 도형을 판독하는 장치. 광학 소자에 의해 빛에서 전기로 교환된 신호에 어떠한 처리가 가해질 때까지가 이 광학 처리 장치의 역할이고, 최종적으로 도형으로서 확인될 수 있는 것은 컴퓨터 본체에 의한 것이다. 저렴하게 구성할 수 있기 때문에 간단한 도면, 도형 판독 시스템에 사용된다.

visual shell[–ʃél] **비주얼 셸** 마우스나 아이콘을 이용하여 시각적, 감각적인 조작을 가능케 한 운영체제 등의 인터페이스.

visual simulation[–sìmjuléiʃən] **가시적 시뮬레이션** 시뮬레이션의 결과를 눈으로 볼 수 있도록 한 것. 그래픽 단말(graphical terminal)을 사용하여 시뮬레이션의 결과를 색이나 도형으로 알기 쉽게 표현할 수 있다.

visual table of contents[–téibəl əv kάntents] **도식 목차**

visualware[víʒuəlwὲər] **비주얼웨어** 멀티미디어 컨텐츠를 개발하는 사업의 총칭.

VLD 비축적형 논리 수신자 volatile logical destination의 약어.

VLF 초장파, 초저주파 very low frequency의 약어.

VLIW 블류 very long instruction word의 약어. 하나의 명령에 동시에 실행될 수 있는 많은 간단한 명령어를 집어넣음으로써 속도를 향상시키려는 컴퓨터 설계기법.

VLSI 초 LSI, 초고밀도 직접 회로, 초대규모 직접 회로 very large scale integration의 약어. 대형 컴퓨터에 이용할 목적으로 종래 LSI보다 높은 집적도를 가진 LSI를 제작하는 연구가 시작되었다. 예를 들면 1칩($1cm^2$)에 수만 트랜지스터를 집적하려는 것으로 반도체 메모리나 프로세서 유닛에 이용하려는 것. 초대규모 집적 회로라고도 하며, LSI의 집적도를 더욱 높인 것이다. 집적도는 한 칩당 논리회로로 1만 개~100만 개, 기억 용량으로 256킬로비트 정도이다. 이 VLSI는 MOS 기술, 미세 가공 기술, 자동 설비 기술의 고도화에 따라 최근에 개발된 것이며, 앞으로 프로세서의 소형·경량화, 저가격화에 도움을 주리라 생각된다. 반도체 집적 회로는 집적 회로를 구성하는 부품 수의 집적 규모에 의해서 소규모 집적 회로(SSI ; small scale integration), 중규모 집적 회로(MSI ; medium scale integration), 초대형 집적 회로(VLSI)라고 한다.

VMA 유효 기억 주소 valid memory address의 약어.

VM/CMS 가상 컴퓨터/대화형 모니터 시스템 virtual machine/conversational monitor system의 약어. IBM의 가상 컴퓨터 운영 체제 VM/270 하에서 가동되는 TSS식 대화형 모니터.

VME bus VME 버스 versa module euro bus의 약어. 모토롤라 사의 MC 68000 시리즈의 마이크로프로세서를 위한 표준 버스 구조.

VMOS V 모스 vertical metal oxide semiconductor의 약어. 비(非)플레이너형의 DSA-MOS를 말한다. 종래의 MOS FET 채널이 기판에 수평인데 비해 이것은 게이트 아래쪽이 V자형의 홈으로 되어 있고 확산 채널이 기판에 대해 수직 방향이므로 전류도 수직으로 되는 특징을 갖는 MOS이다. 채널 길이는 확산 프로세스에 의해 정확히 제어되어 집적도가 높아지며 또 V틈 때문에 두 개의 채널이 형성되어 전류 밀도가 높아져서 대전력파도 가능하다. 이 밖에도 고입력 임피던스, 고속 스위칭 저출력 컨덕턴스 등의 특징이 있다.

vocabulary [vəkǽbjulὲ(ː)ri(ː)] *n.* **어휘** 주어진 문제를 어떤 특정한 컴퓨터로 풀기 위해 프로그램을 작성할 때 프로그래머가 사용할 수 있는 명령어나 명령 코드의 목록.

vocal parameter[vóukəl pərǽmətər] **음성 매개변수** 음성을 디지털화하고, 여러 가지 방식으로 부호화하여 정보 압축한 것. 좁은 뜻으로는 음성 합성을 위한 매개변수를 말한다.

vocoder[vóukòudər] *n.* **보코더** 보더와 같은 원리이지만, 합성기의 제어 신호를 기본 주파수 분석기와 대역 필터군을 이용하여 자동으로 분석하는 점이 보더와 다른 점이다.

VOD 주문형 비디오 video on demand의 약어. 보고 싶은 영화나 스포츠 뉴스, 홈 쇼핑 등 가입자가 원하는 프로그램을 전화선을 통해 즉시 받아볼 수 있는 차세대 미디어. 가입자는 가정에 단말기를 설치한 뒤 리모콘으로 원하는 프로그램을 자유 자재로 선택 시청할 수 있으며, 기존의 VCR을 조작하는 것과 같이 되감기, 빨리감기 등을 하면서 프로그램을 감상할 수 있다. VOD는 DOS 환경에서 쓰이는 초기의 사운드 블라스터 카드를 이용할 목적으로 크리에이티브(Creative) 연구소가 개발한 오디오 포맷이다. 하지만 VOC 파일 포맷은 윈도 웨이브(WAV) 파일 포맷에게 그 자리를 넘겨주게 되었다.

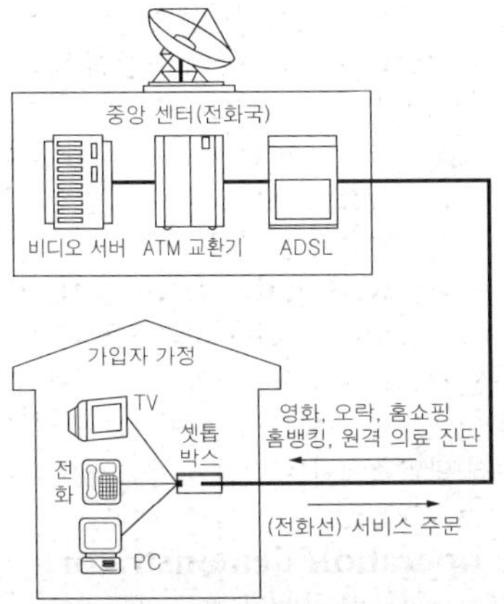

〈VOD의 구성도〉

voder 보더 voice operation demonstrator의 약어. 전기 회로에 의한 음성 합성기로 음성 기관의 동작을 시뮬레이터한 음성 생성 모델을 이용한다.

VOGAD 보가드 voice-operated gain adjusting device의 약어. 전기 회로에 의한 음성 합성기로 음성 기관의 동작을 시뮬레이터한 음성 생성 모델을 이용한다.

voice[vɔ́is] *n.* **음성, 소리** 인간이 들을 수 있는 소리, 음성을 표시하며, 대체로 20Hz 정도에서 20kHz 정도의 주파수(frequency) 대역의 음파.

voice acceptance terminal[–əkséptəns tə́ːrminəl] **음성 수신 단말기**

voice analysis[–ənǽlisis] **음성 분석**

voice answer back[–ɑ́ːnsər bǽk] **VAB, 음성 회답** 컴퓨터 시스템과 전화망을 연결하여 전화를 통해 음성 응답을 보내는 음성 응답 장치. 사용자가 전화를 걸면 자동으로 받으며, 전화 버튼을 이용하여 번호 등을 입력할 수도 있다. 현재 시각을 알려주거나 은행의 잔고 확인 등에 사용된다.

voice assembling speech synthesizer [–əsémbliŋ spíːtʃ sínθəsàizər] **녹음 편집형 음성 합성기** 가장 간단한 것은 미리 각종 사람의 목소리를 녹음해놓고 필요에 따라 그 중에서 적당한 것을 골라 결합시키는 방식. 진보된 것으로 음성 응답 장치가 있다.

voice band[–bǽnd] **음성 대역**

voice channel[–tʃǽnəl] **음성 채널**

voice code translation[–kóud trænsléiʃən] **VCT, 음성 코드 번역 기구**

voice coil[–kɔ́il] **음성 코일**

voice coil motor[–móutər] **음성 코일 모터** 스피커의 진동판을 움직이기 위한 기구(플레밍의 왼손 법칙)를 응용한 모터. 자기 디스크의 액추에이터에 사용된다.

voice command system[–kəmɑ́ːnd sístəm] **VCS, 음성 커맨드 시스템**

voice communications[–kəmjùːnikéiʃənz] **음성 통신** 인간이 들을 수 있는 주파수의 대역을 이용하여 음성 및 자료를 전달하는 통신. 이는 아날로그 신호로 전달될 수도 있고 디지털 신호로 전달될 수도 있다.

voice communication system[–kəmjùːnikéiʃən sístəm] **음성 통신 시스템**

voice data system[–déitə sístəm] **음성 데이터 시스템**

voice frequency[–fríːkwənsi] **음성 주파수** 인간의 청각 능력 범위 안에 있는 주파수. 음성의 상업적 전송에 사용되는 주파수는 200~3,000Hz 범위 내이다.

voice frequency carrier telegraphy[–kǽriər təlégrəf(ː)] **음성 주파 반송 전신** 반송 전류가 변조에 의해서 음성 주파수 통신로를 통해 전송될 수 있는 주파수를 가지는 것. 반송 전신 방식의 하나.

voice frequency equipment[–ikípmənt] **음성 주파수 장치**

voice frequency telegraph system[–téləgræ̀f sístəm] **음성 주파 전신 방식** 주파수 다중 분할 방식에 의해서 단일 회선에 최고 20부터 24줄의 통신로가 설치된다. 전신 방식의 하나.

voice grade[–gréid] **음성 대역, 음성 수준** 음성의 주파수 범위.

voice grade channel[–tʃǽnəl] **음성 수준 전송로, 음성급 채널, 음성 수준 채널** 일반적인 전화처럼 음성을 이용하여 정보를 전달하는 데 적합한 통신 회선. 이러한 전송 회선은 300~3,000Hz의 음성 신호를 전달할 수 있다. 전화, 팩시밀리, 개인용 컴퓨터를 위한 컴퓨터 통신에 주로 사용된다.

voice grade circuit[–sə́ːrkit] **음성 수준 회로, 음성 대역 통신로** 데이터 통신에서의 대화, 아날로그 또는 디지털 데이터, 팩시밀리 주파수 등 300~3,000Hz의 전송으로 적절한 통신로(채널).

voice grade line[–láin] **음성 수준 회선, 주파수 대역 회선**

voice grade modem[–móudèm] **음성급 모뎀**

voice grade service[–sə́ːrvis] **음성급 서비스** 데이터 전송에서 데이터의 전송 비율을 2,400bps까지 허용하는 매우 넓은 대역폭을 가지는 회로.

voice input[–ínpùt] **음성 입력** 음성을 컴퓨터의 입력으로 사용할 수 있도록 해주는 입력 장치. 또는 이러한 입력 장치를 이용하여 자료를 입력하는 일.

voice input device[-diváis] **음성 입력 기기**

voice input/output[-áutpùt] **음성 입출력** 컴퓨터가 음성에 대한 데이터나 명령을 받아들이고 또한 컴퓨터로부터의 출력 형태에서 음성을 얻을 수 있도록 해주는 장치 또는 그에 의한 입출력.

voice input unit[-jú:nit] **음성 입력 장치** 최근에 입력 장치로서 주목을 끌고 있다. 이것은 데이터의 입력(input)에 관해서는 통상 키보드가 사용되지만, 어느 쪽이든 숙련된 기술이 필요하므로 가장 쉬운 음성(voice)을 사용하여 데이터 등의 입력을 행할 수 있는 장치가 고안되었다. 이것이 음성 입력 장치이다. 입력된 음성은 컴퓨터에 의한 음절, 음운 등의 분석이 이루어지고, 어떤 음 또는 어떤 언어에 해당하는가의 평가를 행하여 가장 가깝다고 생각되는 것을 판단 결과로 한다. 이 기능을 음성 인식(voice recognition)이라 하며, 음성 입력에는 가장 중요한 기능이다. 이 음성 입력 장치에 의해 데이터 입력을 간단히 행할 수 있지만 어떤 음에 대해서도 뛰어난 판단이 가능한 장치를 개발하는 것이 어렵다. 시스템 구성이 고가가 되어 버리는 경우가 있지만, 특수한 용도 이외에는 보급하지 않는 것이 현실이다. 그러나 특정 인물에 대한 인식률은 거의 100%에 가까운 장치가 개발되고 있으며, 음성 입력 워드 프로세서나 음성 식별 안전 시스템이 개발되고 있다.

voice mail[-méil] **음성 우편** 전화를 통해 보내지는 메시지를 디지털 신호로 변환한 다음에 자기 디스크 장치에 일단 축적하고, 필요에 따라 꺼내거나 다른 상대에 다시 보내거나 할 수 있는 메시지 통신 서비스. 이것은 전화를 상대에게 걸 때 상대가 없어도 상대의 메일 박스에 음성의 디지털 정보를 기록하여 전달한다. 이 시스템에 의해 가능한 주요 통신 기능은 ① 통화중 혹은 부재중의 이유로 사전에 축적되어 있던 음성 메시지를 원하는 때에 패스워드를 사용해서 꺼내는 기능. ② 여러 상대의 메일 박스에 동일한 음성 메시지를 보내는 통보의 기능. ③ 불특정 다수 사람들에게 동일한 음성 메시지를 전하는 게시판 기능. ④ 메시지를 다른 상대에게 전송하는 기능. ⑤ 메시지를 기록해두는 기능 등이다.

voice mail system[-sístəm] **음성 우편 시스템** 인간의 소리에 의한 전신 등을 축적하여 보존하고, 이것을 교환하는 시스템. 흔히 전자 우편(E-mail)과 비교되지만 음성 우편에서는 대용량의 기억 장치가 필요하게 되는 것이 결점이다. 축적된 음성은 일정한 수속을 하면 쉽게 들을 수 있다.

voice message identification code[-mésidʒ aidèintifikéiʃən kóud] **음성 메시지 식별 코드**

voice messaging[-mésidʒiŋ] **음성 메시징** 한 사람 이상의 사람에게 차후 전달할 음성 메시지를 숫자로 기록하여 번역 저장하는 컴퓨터 제어 시스템.

voice-operated[-ápərèitəd] **음성 작동** 대화에 의하여 활성화되는 전화 회로에 대해 쓰이는 용어.

voice-operated device[-diváis] **음성 작동 장치** 전화 회선으로 전달되는 음성에 의해 필요한 제어 동작을 할 수 있는 장치.

voice-operated gain adjusting device [-géin ədʒʌ́stiŋ diváis] **음성 작동 이득 조절 장치** 무선 시스템에서 사용되며, 음성 입력의 변동을 제거하여 일정한 수준으로 송출하는 음성 통화 장치. 수신 단말측에서는 복원 장치를 필요로 하지 않는다. ⇨ VOGAD

voice operation demonstrator[-àpəréiʃən démənstrèitər] **보더** ⇨ voder

voice output[-áutpùt] **음성 출력** 컴퓨터의 출력을 사람이 들을 수 있는 음성의 형태로 바꾸어주는 장치. 또는 그러한 출력 장치를 이용하여 컴퓨터의 처리 결과를 음성으로 출력하는 일.

voice output scanner[-skǽnər] **음성 출력 주사기** 인쇄된 원문을 전자 카메라로 주사하여 얻어진 신호를 넣어주면 미니컴퓨터가 음성을 발생시키는 장치.

voice packet[-pǽkət] **음성 패킷** 디지털화된 음성 신호를 16~1,024바이트 정도의 비교적 짧은 길이의 패킷으로 구성한 것.

voice pattern recognition[-pǽtərn rèkəgníʃən] **음성 패턴 인식** 사람이 말하는 언어를 마이크로폰에 입력해넣고, 그것을 부호화해서 타이프라이터로 프린트하는 것인데, 이것은 심도 있는 경우에는 곤란하여 현재 미해결 연구 분야이다. 그러나 일반 도형이 2차원의 다가(多價) 함수인 것에 반하여 음성 패턴은 시간에 관해서 1가(一價) 함수이므로 일반 패턴 인식보다 아주 쉽게 되어 있다. ⇨ pattern recognition, speech recognition

voice pattern recognition unit[-jú:nit] **음성 패턴 인식 장치, 음성 입력 장치**

voiceprint[vɔ́isprìnt] *n*. **성문(聲文)** 지문과 같이 사람마다 각양의 음색이 존재한다는 것이, 소너그램을 이용한 과학적 연구에 의해 1962년 벨 연구소에서 발표되었다. 발성자를 식별하는 것이 가능하게 되어 성문이라고 이름 붙였다.

voice processing[vɔ́is prásesiŋ] **음성 처리**

voice quality synthesizer[-kwáliti(:) sínθəsàizər] **음성 고품질 합성 장치**

voice recognition[-rèkəgníʃən] **음성 인식** 컴퓨터를 사용하여 인간의 소리를 해석하고, 그 의미를 식별하는 것. 이것이 실현되면 음성 응답 장치(audio response unit)와 조립하여 자동 번역이 가능해진다. 단, 현시점에서는 실용화가 어렵다. 인공 지능(AI) 등과 똑같이 앞으로의 연구가 기대되는 분야이다.

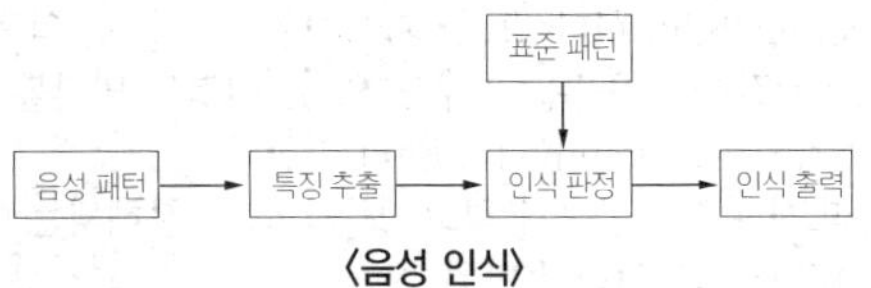

〈음성 인식〉

voice recognition and response system[–ənd rispɑ́ns sístəm] **음성 인식 응답 시스템**

voice recognition dialer[–dɑ́iələr] **음성 인식 다이얼 장치**

voice rejection system[–ridʒékʃən sístəm] **음성 시스템** 장치가 외부 잡음을 포함하여 원하지 않는 입력이나 부당한 입력을 받아들이지 않는 정도로서, 이것에 의해 높은 잡음 환경에서도 작동이 가능하다.

voice response[–rispɑ́ns] **음성 응답** 일반적으로 전화 회선을 이용하는 질문 응답 서비스 등에 쓰이며, 기계적으로 만들어져 나온 음성에 의해 인간에게 응답하는 것을 뜻한다.

voice response unit[–jú:nit] **음성 응답 장치**

voice ROM 음성 롬 (1) 음성 합성에 관한 규칙을 ROM화한 것. (2) 컴퓨터 입력에 대한 응답이 디스플레이 상의 표시로 나타나는 것이 아니라 음성으로 출력되는 것. 디스플레이 상의 표시에 음성이 부가되는 경우도 있다.

voice storage equipment[–stɔ́:ridʒ ikwípmənt] **음성 기록 처리 장치** 아날로그 및 디지털 전화기로부터의 음성을 부호 변환, 무음 처리한 후에 그 음성 정보를 대용량 디스크 장치에 일단 축적한 다음 필요한 시기에 필요한 음성 정보를 수신인 주소로 송달하는 장치.

voice storage service[–sə́:rvis] **음성 기록 서비스**

voice synthesis[–sínθəsis] **음성 합성** 음성 인식과 반대로 컴퓨터에 인공적으로 음성을 합성하는 것을 의미한다. 최근에는 대규모 집적 회로(LSI)에 의해 간단하게 음성을 합성할 수 있도록 되어 있으며, 가정용이나 산업용 등에 널리 음성 합성 기술이 사용되고 있다. 또 단지 음성을 합성할 뿐만 아니라 하나의 단어와 단어 사이가 매끄러우며, 부자연스러움을 느끼지 않는 음성 합성 장치가 개발되고 있다. 이 음성 합성 시스템과 음성 인식 시스템이 융합함으로써 대화형 시스템이 구성된다. 예를 들면 한국 전기 통신 공사(KT)의 앤서(ANSER) 시스템에서는 이들의 음성 기술을 이용해 은행의 잔고 조회나 증권 회사의 주식 주문 시스템을 구성하고 있다. 일반적으로 음성 합성은 음성 인식보다 간단하게 실현할 수 있다고 할 수 있다.

voice system vocabulary size[–sístəm vəkǽbjulὲ(:)ri(:) sɑ́iz] **음성 체계 어휘 크기** 뚜렷하게 인지하여 계수적으로 부호화할 수 있는 단어나 짧은 구(句)의 개수.

voice terminal[–tə́:rminəl] **음성 단말 장치**

voice unit[–jú:nit] **VU, 음성 단위, 음량 단위** 통화 또는 반송파 음량의 총진폭에 대한 측정 기준 단위. 제로 음성 단위의 기준값은 600Ω 부하에 가해진 1mV의 순사인파로 정의된다.

void[vɔ́id] *n.* **무효, 공(空), 보이드** 문자 인식에서 자기 잉크 문자나 광학적 문자의 외형에 나타나야 할 잉크가 나타나지 않는 것.

void set[–sét] **공집합**

VOL 판 이름(보기), 볼륨 헤더 레이블, 볼륨 개시 레이블 volume header label의 약어. 볼륨에 포함되는 데이터 집합의 앞에 표현되는 내부 레이블. 볼륨 시작 레이블.

volatile[vɑ́lətil] *a.* **휘발성, 무전원 소멸형, 비축적형, 비지구성** (1) 전원이 끊어지면 정보도 잃어버리는 것. 「휘발성」이나 「비지구성」으로 해석된다. 예를 들면 휘발성 메모리(volatile memory)의 대표로서 랜덤 액세스 메모리(RAM)를 들 수 있다. 이 RAM의 경우, 전원이 꺼지면 그때까지 기억되어온 정보가 지워진다. 이것은 다시 전원을 켜도 마찬가지이며 한 번 잃어버린 정보는 되돌릴 수 없다. 이것은 메모리 내의 기억 방식이 플립플롭(flip-flop)으로 구성되어 있는 것, 혹은 전기적인 정보 용량을 사용한 것 등에서는 전원이 꺼지면 초기 상태로 되돌아가기 때문에 정보가 소멸되어 버리는 것이다. (2) 예를 들면 비축적형 논리 수신자(volatile logical destination)와 같이 축적되지 않는 것을 나타낸다.

volatile dynamic storage[–dɑinǽmik stɔ́:ridʒ] **휘발성 동적 기억 장치**

volatile file[–fɑ́il] **휘발성 파일** 일시적으로 사용되거나 빨리 변화하는 프로그램 또는 파일.

volatile logical destination[–lɑ́kʒikəl dèstinéiʃən] **VLD, 비축적형 논리 수신처** 송출되는 메시지의 수신자 처리에 관계하는 분류 방식의 하나이며, 메시지를 송출하고 상대에게 보내진 후에 호스트 컴퓨터(host computer)의 기억 장치에 기억되어 있는 메시지를 소거하는 방식으로, 소용량의 전자 우편 시스템(electronical mail system) 등에 사용된다.

volatile memory[–méməri] **소멸성 기억 장치**

기억 장치 중 전원을 끊고 에너지 공급을 정지하면 그 기억 내용이 파괴되어 버리는 것. 보통 반도체 소자에 의한 회로, 지연선 등을 기억 소자로 하는 기억 장치는 이에 속한다. 소멸성 기억 장치를 사용할 때에는 순간의 정전에도 영향을 받으므로 그 대책을 강구해 놓아야 한다. 휘발성 메모리라고도 한다.

volatile memory unit[–jú:nit] **휘발성 기억 장치**

volatile storage[–stɔ́ridʒ] **휘발성 기억 장치, 비지구 기억 장치** 전원을 끊어버리면 기억 내용이 소실되는 기억 장치. 이것은 IC 등의 반도체를 쓸 경우에 일어난다. 이에 대하여 자기 테이프나 자기 디스크 등을 비휘발성 기억 장치라고 한다.

volatile storage device[–diváis] **휘발성 기억 장치**

volatile store[–stɔ́:r] **휘발성 기억 장치**

volatility[vàlətíliti(:)] *n*. **휘발성** 파일의 특성을 결정하는 기준으로, 파일에 데이터를 추가하거나 파일에서 제거하는 작업의 빈도수.

volatility of storage[–əv stɔ́:ridʒ] **기억 장치 소멸성** 정전되었을 때 기억 장치가 데이터를 잃어버리는 성질.

voltage[vóultidʒ] *n*. **전압**

voltage controlled oscillator[–kəntróuld ásilèitər] **VCO, 전압 제어 발진기** 입력 단자를 가지며, 입력에 인가되는 전압에 의해 발진 주파수를 제어하는 발진기.

voltage regulating diode[–régjulèitiŋ dáioud] **정전압 다이오드**

voltage regulation[–règjuléiʃən] **전압 조정**

voltage regulator[–régjulèitər] **전압 레귤레이터** 컴퓨터에 사용되는 전력을 안정하게 공급하기 위한 장치로, 입력 전원의 전압이나 주파수가 변하더라도 일정한 전압의 전력을 고르게 공급하도록 설계된 장치.

voltage surge protector[–sə́:rdʒ prətéktər] **순간 고전압 방지기** 순간적으로 아주 높은 전압이 들어와서 전기 장치가 충격을 받는 것을 방지하는 장치. 컴퓨터나 그 밖의 주변 장치를 전원에 바로 연결하지 않고 이 장치를 통해 전원에 연결하면 전압의 충격에 의한 기계의 고장을 막을 수 있다.

voltage type process interrupt[–táip práses ìntərʌ́pt] **전압식 프로세스용 인터럽트**

volterra series[vóulterɑ sí(:)riz] **볼테라 급수** 비선형 시스템을 표현하는 한 방법.

volume[váljum] *n*. **볼륨, 용량, 부피** 데이터 기억 매체 관리 상의 단위이며, 통상 자기 테이프(magnetic tape), 자기 디스크 팩(magnetic disk pack)이나 고정 디스크 등의 데이터 매체에 대하여 사용된다. 하나의 볼륨에 둘 이상의 파일을 수용하는 경우도 있다. 이것을 멀티파일 볼륨(multi-file volume)이라 한다. 또 한 파일이 두 가지 이상의 볼륨에 걸쳐 수용되는 경우도 있다. 이것은 멀티볼륨 파일(multi-volume file)이라고 한다.

[참고] 파일 등을 수용하고, 보통, 조립, 분해되는 데이터 매체의 관리상 단위.

[주] 한 가지의 볼륨 상에 여러 개의 파일을 수용하는 경우도 있으며, 여러 개의 볼륨에 걸쳐 한 가지의 볼륨을 수용하는 경우도 있다.

volume control block[–kəntróul blák] **VCB, 볼륨 제어 블록** 볼륨 목록(VTOC) 내의 제어 블록(FSB, FEB, FUB) 전체를 관리하기 위한 제어 블록. 볼륨 목록 내에 단 하나 존재한다.

volume count[–káunt] **볼륨 카운트** 복수 볼륨 데이터 세트에 대한 출력시에 이용자가 요구할 수 있는 볼륨.

volume description record[–diskrípʃən rékərd] **볼륨 기술 레코드**

volume dualization[–djù:əlɑ:zéiʃən] **볼륨의 이중화** 볼륨 상의 데이터를 볼륨 단위로 이중화하는 기능. 동일한 데이터를 갖는 물리적으로 존재하는 두 볼륨을 사용하여 논리적으로 존재하는 하나의 볼륨을 구성한다.

volume group[–grú:p] **볼륨 그룹**

volume header[–hédər] **볼륨 헤더, 표제 레이블, 볼륨 레이블** ⇨ beginning-of-volume label, volume header label, volume label

volume identification number[–ɑidèntifikéiʃən nʌ́mber] **볼륨 식별 번호**

volume identifier[–ɑidéntifɑ̀iər] **볼륨 식별자** 자기 테이프나 자기 디스크 상의 볼륨 표제 레이블에 기록되어 있는 식별명으로, 그 볼륨에 일단 할당되면 다른 내부 레이블의 정보를 바꾸어 써도 그 매체의 수명 기간에는 변경해서는 안 되는 것.

volume independence[–ìndipéndəns] **볼륨 독립(성), 볼륨으로부터의 독립(성)**

volume index[–índeks] **볼륨 색인**

volume initialize[–iníʃəlàiz] **볼륨 이니셜라이즈, 볼륨 초기화** 자기 테이프 볼륨, 자기 디스크 볼륨 등을 초기 설정하고, 사용 가능 상태로 하는 것. 구체적으로는 시스템에서 사용하는 데 필요한 소정 레이블(볼륨 등)의 읽기나 트랙의 초기 설정 처리 등을 가리킨다.

volume label[–léibəl] **볼륨 레이블** 자기 테이프나 자기 디스크 팩 등이 사용 목적에 맞는 올바른 것으로 설치되었는가를 확인하기 위해 볼륨마다 기록되는 레이블. 운영 체제의 관리 하에 표준으로 기록되는 것과 사용자가 임의로 기록하여 덧붙이는 것이 있다.

volume management[–mǽnidʒmənt] **볼륨 관리**

volume name[–néim] **볼륨명**

volume number[–nʌ́mbər] **볼륨 번호**

volume preparation[–prèpəréiʃən] **볼륨 준비**

volume recognition[–rèkəgníʃən] **볼륨 인식**

volume security[–sìkiú(:)riti(:)] **볼륨 기밀**

volume sequence number[–síːkwəns nʌ́mbər] **볼륨 순서 번호** 하나의 데이터 세트가 여러 개의 볼륨 상에 있을 때, 현 볼륨이 몇 번째의 볼륨인가를 식별하기 위한 정보.

volume serial number[–sí(:)riəl nʌ́mber] VSN, **볼륨 일련 번호** 멀티 볼륨 파일에서 그 파일이 갖는 모든 볼륨 중 해당 볼륨이 선두 볼륨에서 몇 번째의 볼륨인가를 구별하는 번호. VSN은 볼륨마다 고유하게 할당되는 것이며, 자기 테이프 볼륨, 자기 디스크 볼륨 등의 볼륨 레이블 내에 존재한다.

volume state[–stéit] **볼륨 상태** 볼륨의 부착 속성 및 속성에 관한 상태.

volume statistics[–stətístiks] **볼륨 통계** (1) 판매자의 수 또는 여러 가지 품목들의 수. (2) 주문량, 구입량 등과 같은 수치를 표시할 때 고려해야 할 연산의 성질이나 수준에 연관된 여러 가지 적절한 사항들의 모임. 연산의 형태를 완전히 이해하도록 하기 위한 데이터들의 부분적인 분류도 포함된다.

volume switching[–swítʃiŋ] **볼륨 전환**

volume switch procedures[–swítʃ prəsíːdʒərz] **볼륨 전환 처리 절차**

volume table of contents[–téibəl əv kʌ́ntents] VTOC, **볼륨 목록** 자기 디스크 팩 등의 직접 액세스 볼륨 상의 각 데이터 세트에 관한 정보를 정리한 테이블(목록). 데이터 세트명, 편성 방법, 이론 레코드 길이, 블록 길이 등이 저장되어, 각 볼륨(volume)의 개시 부분에 들어 있다. 운영 체제(OS)가 필요로 하는 정보의 한 가지이다.

volume test[váljum tést] **볼륨 검사** 프로그램 중 잘못 작동하는 부분이 있는지의 여부를 검사하기 위해서 많은 양의 실제 데이터를 처리하는 것.

volume unit[–júːnit] VU, **음량 단위**

voluntary interrupt[váləntè(:)ri(:) ìntərʌ́pt] **자발적 인터럽트** 인터럽트를 일으키는 기능을 목적 프로그램이 교묘하게 사용함으로써 발생되는 인터럽트로서 프로세서나 운영 체제에 대하여 일어나며 프로그램에 의해 제어된다.

VOM volt Ohm milliampere의 약어. 전압·저항·전류의 측정을 위한 테스터.

von Neumann 폰 노이만 논리학, 양자 물리학, 고속 컴퓨터 이론, 게임 이론, 경제학 등에 위대한 업적을 남긴 수학자. 특히 컴퓨터 분야에서 가장 획기적인 업적으로 평가되는 노이만형 기계(프로그램 내장형 컴퓨터)를 제안하였고 또한 컴퓨터 내에서의 2진법을 제안함으로써 현재의 디지털 컴퓨터를 있게 한 장본인이다.

von Neumann machine 노이만형 기계 von Neumann이 제시한 개념을 근거로 설계된 컴퓨터이며, 명령을 데이터와 함께 1차원의 기억 장치에 저장해두고, 명령 어드레스 레지스터의 내용에 따라서 다음에 실행해야 할 명령을 인출(引出)하며, 차례로 실행해가는 방식을 채용하고 있는 것. 이 방식은 현재 대부분의 컴퓨터에서 전통적으로 채용하고 있다.

von Neumann type computer 노이만형 컴퓨터 수학자 폰 노이만이 제창한 프로그램 내장식, 순차 처리 방식을 채택한 컴퓨터. 현재의 컴퓨터는 대부분 노이만형이다. 세계 최초의 컴퓨터로 일컬어지는 ENIAC은 대량의 진공관을 선으로 연결하여, 전기 회로의 조합으로 논리를 구성하고 있었기 때문에 논리의 변경에 어려움이 있었다. 이 때문에 프로그램을 소프트웨어로 공급한다는 생각이 생겨났다. 그러나 노이만형 컴퓨터에도 문제점은 있다. 그것은 노이만의 병목(bottle neck)이라 불리는 것으로, 아무리 고속화를 시도해도 동시에 다루어지는 명령은 하나이기 때문에 그 속도에는 한계가 있다. 이 한계를 타파하기 위해 현재 비(非)노이만형 컴퓨터에 관한 연구가 활발히 진행중이다.

von Neumann sort 노이만 정렬 순서대로 나열된 데이터들의 문자열을 합병하기 위해 정렬 프로그램에서 사용되는 기술.

Voodoo 3 부두 3 3D fx 사가 내놓은 2D/3D 가속 칩의 제품명. 3D fx 사는 Voodoo라는 3D 그래픽 가속 칩으로 그래픽 시장에 참여한 업체이다. Voodoo 1에 이어 Voodoo 2가 출시되었으며 1999년 중반에 성능이 한층 향상된 Voodoo 3가 출시되었다. Voodoo 3는 2000과 3000 모델로 발표되었으며, 2000은 OEM 시장을 겨냥, 3000은 일반 제품에 탑재되었다. 기존처럼 3D 가속만 담당하는 애드온 카드가 아니라 2D/3D 그래픽 가속을 모두 지원한다. 또한 AGP 방식이며, Direct 6.0, 오픈 GL, 글라이드(Glide) 모드를 지원한다. 소프트웨어적으로는 DVD 영화를 실행하며, LCD 모니터를 지원하고 0.25μ 공정에 5층 기판 구조로 820만 개의 트랜지스터 집적도로 구성된다.

Voodoo chip 부두 칩 베리테 칩과 동일한 시기에 발표된 3D 가속 칩으로 3D fx 사가 개발하였다. 부두 칩은 바이리니어 필터, 안티에일리어싱, Z 버퍼, 알파 블렌딩, 포깅 등의 효과를 지원한다. 3D 가속만을 지원하기 때문에 별도의 2D 그래픽 카드와 병행해서 사용해야 한다. 일반적으로, 사용할 때는 2D 그래픽 카드로 출력되다가 3D 가속이 필요할 때만 부두 칩을 사용한 그래픽 카드로 전환되어 출력된다.

vortal 보털 vertical portal의 약어. 포털은 사용자가 단 한 번의 사이트 접속으로 모든 원하는 서비스를 얻을 수 있는 사이트로서, 궁극적으로 포털은 모든 정보를 제공해야 하기 때문에 전문성을 얻기가 상대적으로 어렵다. 이 점에 착안하여 특정 주제별로 포털 서비스가 진행되는데, 이런 주제별 포털 사이트를 수직형 포털이라는 의미에서 보털이라 한다. 보털은 주제에 따라 구분된 주제별 보털과 연령층에 따라 사용자가 구분된 사용자 보털로 나뉜다. 금융 자료 포털과 386세대를 위한 포털은 보털의 대표적인 예이다.

voxel 복셀 입체를 격자상으로 분해했을 때의 체적 요소. 그려진 것의 내부를 단층면으로 하여 데이터에 내장했을 때의 데이터이다. 이것으로부터 내부 상태를 알 수 있으므로 CT 주사, 석유 탐사, CAD 등에 이용된다. 특히 레이트레이싱법에서는 알고리즘의 개량상 유익하다.

voxel method [-méθəd] **복셀법** ⇨ voxel

VPA 유효 주변 장치 주소 valid peripheral address의 약어.

VPI 완전 정보의 가격 value of perfect information의 약어.

VPN 가상 사설망 virtual private network의 약어. (1) 공중 또는 공용 IP(Internet protocol) 인프라 내에 구축된 사설망. 인트라넷(intranet) 외부에서 가상의 선로를 만들어 인트라넷에 접속하는 것을 의미하며, 인트라넷을 외부에 개방하지 않고도 필요한 사용자에게 인트라넷에 접근할 수 있도록 허용하는 것이다. VPN의 원래 개념은 자체 정보 통신망을 보유하지 않은 사용자라도 공중 데이터 통신망을 이용하여 마치 개인이 구축한 통신망과 같이 이를 직접 운영·관리할 수 있는 것을 말한다. (2) 기업에서 별도의 사설 전용망을 구축하지 않고도 기존의 ISP의 네트워크 기능을 사용해 마치 자신의 사설망을 구축한 것처럼 사용할 수 있는 가상 사설망 서비스. 별도의 독립적인 기업 네트워크를 구축할 필요가 없으며, 국내뿐만 아니라 외국에 있는 지점이라도 인터넷을 접속할 수 있는 방안만 강구되면 국내외에 있는 지사 및 협력사에 각종 정보를 제공할 수 있다. (3) 인터넷 사이트 간에 인증과 암호화된 커뮤니케이션을 제공하는 표준 방화벽 확장 기능을 말한다. VPN을 사용하면 원격 사이트에 있는 사용자는 인터넷을 통해 보안이 제공되는 다른 사이트의 민감한 데이터에 접근할 수 있다.

VP Planner Plus VP 플래너 플러스 페이퍼 백 소프트웨어(Paper Back Software) 사가 판매하는 IBM-PC용의 스프레드시트 프로그램의 한 가지.

VRAM 비디오 램 video RAM의 약어. 일반적으로 VRAM이라고 불리는 비디오 램은 그래픽 화면 어댑터에 있어 높은 등급을 차지한다. 비디오 램은 RKIX 계열인 동적 램(DRAM)과는 다르게 바른 2중 포트를 가지고 있기 때문에 동시에 데이터를 읽고 쓸 수 있으며 동적 램보다 더 빠르다. ⇨ DRAM, RAM

VRC 수직 중복 검사 vertical redundancy check의 약어.

VRML 가상 현실 모델링 언어 virtual reality modelling language의 약어. VRML은 1993년 마크 페스코(Mark Pesco)와 토니 패리시(Tony Perisi)에 의해 개발되었다. 이들은 수년간의 가상 현실과 네트워크에 대한 연구 결과를 취합하여 웹의 3차원 인터페이스를 구현한 뒤 1994년 제1회 WWW 컨퍼런스에서 이를 발표하였는데, 여기서 VRML이라는 이름이 붙여지게 되었다. VRML은 개발 초기 단계에서 실리콘 그래픽스 사의 오픈 인벤터(open inventor)를 채용하였는데, 플랫폼이 독립적이며, 14,000bps와 같은 저속 모뎀에서도 사용할 수 있다. 현재에도 확장성을 확보하기 위해 개발중이다. VRML을 체험해보기 위해서는 VRML을 지원하는 넷스케이프와 인터넷 익스플로러용의 플러그인 또는 웹 스페이스(webspace)라는 실리콘 그래픽스와 템플릿 그래픽스 소프트웨어 사에서 제작한 별도의 에드온 프로그램이 있어야 한다. VRML로 구현될 웹 사이트들은 화면 하단에 대시보드가 있으며, 여기에는 조이스틱이나 트랙볼이 있어 이를 사용하여 가상적인 공간을 체험할 수 있도록 되어 있다. 현재까지의 VRML 기술은 속도가 느리다는 단점을 지니고 있어 대중적인 지지를 얻기에는 아직 이르지만 VRML과 자바(JAVA)가 결합되고, VRML의 속도 문제가 해결되는대로 VRML이 인터넷의 새로운 폭풍의 눈으로 등장할 것이다.

VRS video response system의 약어. 영상 응답 서비스라고 하며 실용화를 진행하고 있는 대화형 영상 정보 시스템. 일반 텔레비전 수상기와 전용 키보드 등을 단말로 해서 광대역(4MHz)의 공중 회선을 통해 정보 센터에 축적된 화상, 음성 파일을 대화적으로 이용한다. 사진과 같은 정지화, 영화 등의 동화(動畵)를 희망에 따라 제시하고 음성에 의한 설명을 받는다.

VRT 영상 테이프 녹화기 video tape recorder의 약어. 텔레비전의 영상 신호와 음성 신호를 자기 테이프에 기록하고 재생하는 장치.

VS 가상 기억, 가상 기억 장치, 가상 기억 영역 virtual storage의 약어.

VSAM 가상 기억 액세스 방식 virtual storage accress method의 약어. 색인 순차 액세스법(ISAM)을 가상 기억(virtual storage)을 토대로 실현할 수 있도록 하고, 장치로부터의 독립성을 높인 액세스법의 한 가지. ISAM은 각 레코드가 키를 갖는 레코드에 직접 액세스되도록 한 것. 「가상 기억」은 주기억 장치(main storage)와 보조 기억 장치(auxiliary storage)를 합쳐서 프로그램으로 보고, 즉 「이론적으로」 팽대한 용량의 주기억 장치가 있도록 한 개념. 다중 프로그래밍 등에 큰 효과를 가져다 준다.

VSAM catalog VSAM 카탈로그, 가상 기억 접근 방식 카탈로그 가상 기억 접근 방식(VSAM) 데이터 세트에 관한 모든 정보를 갖는 카탈로그가 이루어진다.

VSAM data set VSAM 데이터 세트, 가상 기억 접근 방식 데이터 세트 가상 기억 접근 방식(VSAM)을 써서 접근하는 직접 접근 기억 장치(DASD) 상의 데이터 세트 편성. 엔트리 순서 데이터 세트, 키 순서 데이터 세트, 상대 레코드 데이터 세트의 세 종류가 있다.

VSAM data space VSAM 데이터 스페이스, 가상 기억 접근 방식 데이터 스페이스 가상 기억 접근 방식(VSAM)에 할당되고, 그 사용이 VSAM에 맡겨지고 있는 직접 접근 볼륨 상의 영역.

VSAM file VSAM 파일, 가상 기억 접근 방식 파일 직접 접근 기억 장치(DASD) 상의 파일 편성의 한 방법으로, VSAM 파일은 가상 기억 운영 체제 하에서 이용할 수 있는 파일이며, 가상 기억 접근 방식으로 파일에 접근한다.

VSAM master catalog VSAM 마스터 카탈로그, 가상 기억 접근 방식 마스터 카탈로그

VSAM recoverable catalog VSAM 회복 가능 카탈로그, 가상 기억 접근 방식 회복 가능 카탈로그

VSAM user catalog VSAM 사용자 카탈로그, 가상 기억 접근 방식 사용자 카탈로그 사용자 프로그램 장치의 물리적 속성으로부터 독립하여 데이터 세트에 대한 각종 액세스 방식의 통합을 도모한 집접 기억 장치용 액세스 방식.

VSB 잔류 측파대 vestigial side band의 약어. 진폭 변조할 수 있는 양측파대 중 변조 신호의 한쪽 측파대 전부와 반송파 및 또 다른 한쪽 측파대의 일부만이 전송되는 것. 데이터 전송에서의 변조 방식의 하나.

VSE 가상 기억 확장 (시스템) virtual storage extended의 약어. IBM의 가상 기억 디스크 운영 체제(DOS/VS)의 기능을 확장한(extended) 운영 체제(OS).

V-series [víː sí(ː)riz] **V 시리즈** CCITT의 통신 인터페이스 시리즈의 한 가지. V.24 등.

V-series interface [-íntərfèis] **V 시리즈 인터페이스** V 시리즈 권고 중 데이터 단말 장치와 회선 종단 장치(주로 MODEM)와의 사이의 접속 조건을 정하는 일련의 규정에 따르는 인터페이스를 말하는 것이며, 전화망을 이용한 데이터 통신용의 CCITT 권고는 그 정리 번호의 앞머리에 "V"를 붙여서 구별하고 있다. 즉, 해당하는 권고에는 V.11, V.24, V.28, V.35 등이 있으며, 다른 공업 규격에도 많이

VRML에 관한 정보를 찾을 수 있는 웹 사이트

• VRML 2.0

http://www.bigbook.com/
http://www.hyperreal.com/~mpesce/iseakey.html
http://www.hyperreal.com/~mpesce/fa.html
http://www.oki.com/vrml/VRML_FAQ.html
http://vrml.wired.com/
http://www.webreference.com/vrml/
http://www.webpub.com/tools/vrml.html
http://www.cio.com/WebMaster/Im_frontpage.html
http://www.iworld.com/netday/vrml.html
http://www.adnet.com/zdi/vrml/intro.html

• VRML 전반에 관한 정보

http://www/sdse.edu/vrml/
http://home.netscape.com/comprod/products/navigator/version2.0/plugins/vrml_sites.html
http://www.zdnet.com/zdi/vrml/intro.html
http://www.paperinc.com/wris.html
http://www.virtus.com/gallery.html
http://www.caligari.com

• VRML 작성 프로그램에 관한 사이트

http://www.paragraph.com/
http://www.virtus.com/
http://www.caligari.com
http://www.vream.com/

인용된다.

V-series recommendation[–rèkəməndéiʃən] **V 시리즈 권고** ITU-TS에서 전화용 모뎀에 대한 권고로, PC의 디지털 신호를 어떠한 아날로그 신호로 바꿀 것인지를 정한다. 이것에 기초하여 앞글자가 "V"로 시작하는 일련의 국제 규격이 정해져 있다. ⇨ MODEM, V.25bis, V.27ter, V.32, V.42, V.42bis

VSL virtual software library의 약어. 슬로베이아 리주블자나(Lijubljana) 대학의 프로젝트인 지가 터크의 SHASE(Ziga Turk's SHASE : 셰어웨어 검색 엔진)에서 나온 개방 표준(open standard)이다. VSL 기술은 두 가지 요소를 가지고 있다. 첫 번째 요소는 후위(back-end)로서 인터넷에 있는 셰어웨어, 프리웨어, 공용 소프트웨어로부터 다운로드할 파일들의 데이터 베이스를 갱신한다. 두 번째는 쉬운 검색과 다운로드를 위한 데이터 베이스를 만드는 전위(front-end)이다.

VSM 가상 기억 관리 프로그램 virtual storage manager의 약어. VSM은 번지 공간 내의 가상 기억 장소를 제어하며 기억 장소가 이용 가능할 경우 기억 장소에 대한 요청을 만족시켜야 하며 또한 요구 시에는 기억 공간을 되돌려 받을 수 있어야 한다. 이러한 작업은 번지 공간에의 제어 블록을 조사하여 가상 기억 장소가 이용 가능한지 알아내고 이용 가능할 경우에는 해당 제어 블록의 제어가 적당한 항을 기록함으로써 이루어진다. VSM은 실기억 장치에 대한 요청을 만족시키기 위해 RSM을 호출한다.

VSOS 가상 기억 장소 운영 체제 virtual storage operating system의 약어. 컴퓨터의 가상 기억 장치 기능을 이용하여 만들어진 운영 체제.

V.standards 국제 전신 전화 자문 위원회(CCITT)에서 모뎀 제조 업체를 위해 만든 V 표준.

VSYNC 수직 동기 신호 vertical synchronization signal의 약어. 화면에 나타나는 영상의 수직 위치를 결정하는 신호

VT (1) **수직 탭** vertical tabulation의 약어. (2) **수직 탭 문자** vertical tabulation character의 약어. 인자 또는 표시의 위치를 다음의 미리 정해진 행의 동일 위치까지 이동시키는 서식 제어 문자.

VT 100 미국 디지털 이퀴프먼트 사(DEC)에서 개발한 단말기의 한 가지로 매우 널리 사용된다.

VT 220 미국 디지털 이퀴프먼트 사(DEC)에서 VT 100을 개량하여 만든 단말기로 전세계적으로 가장 많이 사용되는 단말기.

VTAM 가상 통신 액세스 방식, 가상 통신 액세스법 virtual telecommunications access method의 약어. IBM 사의 통신 액세스 방식이며, 시스템 네트워크 체계(SNA) 하에서 가동한다. 호스트 컴퓨터의 응용 프로그램(application program)과 단말 장치(terminal) 간의 통신 수단을 제공하는 소프트웨어.

VTAM buffer selection aids VTAM 버퍼 선택 지원 프로그램

VTAM definition VTAM 정의

VTAM definition library VTAM 정의 라이브러리

VTAM load module library VTAM 적재 모듈 라이브러리

VTAM node control application VTAM 노드 관리 프로그램

VTAMPARS VTAM 성능 분석 보고서 작성 시스템 VTAM performance analysis reporting system의 약어.

VTOC 볼륨 목록 volume table of contents의 약어. 명칭이나 크기 또는 기록 장소를 기술한 목록. 볼륨마다 만들어져 있으며, 직접 접근 볼륨에 기록되어 있는 각 데이터 세트.

VTR 영상 테이프 녹화기 video tape recorder의 약어. 텔레비전의 영상 신호와 음성 신호를 자기 테이프에 기록하고 재생하는 장치.

V-type address constant[–táip ədrés kánstənt] **V 형식 어드레스 상수**

VU (1) **음성 단위, 음량 단위** voice unit의 약어. (2) **음량 단위** volume unit의 약어.

VUA 가상 장치 주소 virtual unit address의 약어.

Vulcan[vʌ́lkən] **벌컨** dBASE Ⅱ 프로그램의 원래 이름.

vulnerability[vʌ̀lnərəbíliti(ː)] *n*. **취약점** 보안상의 문제점을 안고 있는 컴퓨터 시스템의 약점. 컴퓨터 사회가 갖는 취약성에는 외적 요인과 내적 요인의 두 가지로 생각된다. 외적 요인이란 컴퓨터에 대한 범죄 행위나 자연 재해와 같이 컴퓨터 그 자체에 외부로부터 가해지는 것에 대한 취약성이다. 컴퓨터에 관련된 범죄나 컴퓨터의 고장에 의한 사회의 혼란 등이 컴퓨터 사회의 취약성으로 눈을 돌리게 하는 요인이 되고 있다. 한편, 내적 요인이란 컴퓨터 스스로가 만든 취약성이다. 예를 들면 데이터의 집중이나 컴퓨터 센터의 지리적 집중 등이 취약성을 만드는 내적 요인이 될 수가 있다.

V & V 검사와 타당성 검증 verification and validation의 약어.

VW-grammar VW 문법

W

W[dʌ́blju] **더블류** (1) world의 약어. (2) write의 약어.

W3C 월드 와이드 웹 컨소시엄 world wide web consortium의 약어. 미국 MIT 웹 서버 개발처인 CERN(유럽 소립자 물리학 연구소)의 주최 하에 열리고 있다. 미국 넷스케이프 커뮤니케이션즈 사 또는 마이크로소프트 사 등 대기업 벤더도 참여한다. 웹 컨텐츠 기술 용어인 HTML이나 웹 브라우저/웹 서버 간의 통신 프로토콜 HTTP 등의 표준화 추진 및 인터넷의 표준화 조직인 IETF를 보조한다.

Wabi 와비 선 마이크로시스템즈의 자회사인 선 셀렉트가 개발한 소프트웨어. 유닉스를 탑재한 워크스테이션에 PC의 윈도 3.1이 사용되고 있다. 미국에서는 IBM, HP 등이 선 실렉트부터 라이선스를 받고 있다.

WABT 송신 일시 정지 요구 wait before transmit의 약어.

WACK 송신 대기 요구 wait before transmit positive acknowledgement의 약어.

WAD method WAD 법 worstcase area difference method의 약어. 광학식 문자 인식(OCR) 활자 자체의 설계시에 숫자 0과 영어 대문자 O 등 구별하기 어려운 문자를 좀더 식별하기 쉽게 하기 위해 이용하는 기법.

WADS 광역 자료 서비스 wide area data service의 약어. 광역 전화 서비스(WATS)와 같은 제도를 데이터 전송 서비스에 적용한 것으로서, 미국 연방 통신 위원회(FCC)로부터 최종적인 인가를 받지 못해 현재까지 사용되지 않고 있다. AT & T 사의 100 자/초의 새로운 광역 데이터 전송 서비스. ASCII를 부호로 채용하고 있다.

wafer[wéifər] *n.* **회로판** 만들어 붙인 또는 만들어 붙이는 것을 전제로 한 얇은 반도체판. 웨이퍼로부터 잘라낸 작은 조각을 칩(chip)이라 한다. 반도체 IC의 원재료로 사용되는 실리콘 결정의 원판 모양의 기판.

WAIS 웨이즈 wide area information service의 약어. 인터넷 상에 흩어져 있는 전세계의 수많은 정보를 좀더 쉽고 편하게 찾아내고자 하는 취지에서 Apple, Thinking Machines, Dow Jones 3개 회사가 연합하여 개발하였다. WAIS를 사용하면 사용자는 소스(source)라고 하는 자료 덩어리에서 원하는 정보를 키워드를 이용해 찾을 수 있다.

wait[wéit] *n.* **대기, 기다림** 기다린다는 의미이지만 컴퓨터 시스템에서는 어떤 동작의 완료를 위해서 기다린다는 의미로 사용된다. 대기 상태(wait state)란 시스템은 가동하고 있지만 CPU는 명령을 실행하지 않는 상태로, 예를 들면 입력 대기라든가 표시 시간의 대기 등이 있다. 또 메모리 대기(memory wait)라는 것처럼 메모리의 판독, 기록이 완료될 때까지 중앙 처리 장치(CPU)가 대기하고 있는 상태를 나타내는 경우도 있다. 메모리는 컴퓨터 시스템에서 가장 사용 빈도가 높은 주변 장치(peripheral device)이며, 이 대기 시간(wait time)이 길면 처리 시간에 영향을 미친다. 일반적으로 CPU의 1기본 처리 시간이 메모리의 1기본 처리 시간보다 짧은 경우에 메모리 대기가 발생한다. 이 메모리 대기를 특히 웨이트라 하는 경우가 많다. 또 wait time이란 wait 상태에 있는 시간을 말하며, 이 대기 시간이 짧을수록 서비스율(service rate)은 상승된다.

wait and control[-ənd kəntróul] **대기 및 제어**

wait before transmit[-bifɔ́ːr trænsmít] WABT, **송신 일시 정지 요구** 수신국이 송신국에 대하여 송신을 일시 정지하도록 요구하는 시퀀스. 수신된 텍스트 블록 또는 실렉팅 시퀀스에 대한 응답으로 사용된다. 이 응답에 부정과 긍정의 의미는 포함되지 않는다.

wait before transmit positive acknowledgement[-pázitiv əknálidʒmənt] WACK, **송신 대기 요구** 수신된 데이터 블록 또는 실렉팅 시퀀스에 대해서는 긍정 응답이라는 것을 의미하는

데, 수신국이 송신국에 대하여 일시적으로 수신 불가능 상태라는 것을 통지하기 위해 쓰인다.

wait condition [–kəndíʃən] **대기 상태, 대기 조건** 컴퓨터에서 실행될 작업이 실제 작동 가능 상태로 들어가기 위해 몇 가지 조건을 기다리는 상태. 예를 들면, 입출력 처리가 끝나는 것을 기다리는 상태.

wait event [–ivént] **대기 사상(事象)**

wait indicator [–índikèitər] **대기 상태 표시기**

waiting line [wéitiŋ láin] **대기 라인** 기억 장치에 저장되어 처리를 기다리고 있는 프로그램의 모임. 대기 행렬이라고도 한다.

waiting-line theory [–θíəri(:)] **대기 이론**

waiting list [–líst] **대기 리스트** 처리가 끝나지 않고 실행 대기 상태에 있는 태스크의 리스트.

waiting loop [–lú:p] **대기 루프** 프로그램이 외부에서 어떠한 일이 일어나기를 기다리면서 루프를 반복하는 것. 인터럽트 기능이 없을 때 이러한 방법을 사용하는데, CPU 시간을 낭비하므로 효율적이지 못하다.

waiting mode time sharing [–móud táim ʃɛ́əriŋ] **대기 모드 시분할** ⇨ time sharing wait mode

waiting state [–stéit] **대기 상태** CPU의 속도가 주기억 장치인 램의 속도에 비해 너무 빠를 때 CPU의 작동과 램의 액세스를 동기화시키기 위해 램의 액세스 중간에 CPU가 한 주기를 더 기다리도록 하는 것. 같은 속도의 CPU를 이용하는 컴퓨터일지라도 액세스 속도가 빠른 램을 쓰면 대기 상태가 필요 없으므로 대기 상태가 있는(느린 램을 쓰는) 것보다 속도가 빠르다.

waiting time [–táim] **대기 시간** 명령 제어 장치가 데이터를 요구한 순간부터 실제 데이터 전송이 개시되는 순간까지의 시간 간격.

[주] 공학 분야에서는 위치 결정 시간과는 구분하여 사용된다.

waiting time distribution [–dìstribjú:ʃən] **대기 시간 분포** 대기 행렬 모델에서 도착하는 손님의 대기 시간 확률 분포. 즉, 시간 t의 함수로 t동안까지 서비스를 받아들이는 확률을 나타낸다.

wait line [wéit láin] **대기 라인**

wait macro [–mǽkrou] **대기 매크로** 실행중인 태스크를 일시 대기시키고 별도의 태스크로 제어를 이동하는 것을 모니터 프로그램에 전하기 위한 매크로 명령. 대부분의 경우 입출력 동작 등에 필요하다.

wait macroinstruction [–mæ̀krouinstrʌ́kʃən] **대기 매크로 명령어** 다중 병행 처리를 할 때 처리가 진행되지 않도록 지연을 일으키는 메시지에 대한 요구를 나타내는 것으로, 제어를 감독 프로그램으로 옮겨 작업이 다른 메시지에 계속되도록 대기 매크로를 사용한다. 지연되고 있는 메시지에 대한 작업은 지연의 원인이 제거되고 난 후에야 시작된다.

wait state [–stéit] **대기 상태** 중앙 처리 장치가 명령의 처리를 하지 않고, 인터럽트가 발생하는 것을 기다리고 있는 상태.

wait status [–stéitəs] **웨이트 상태** 태스크가 놓여져 있는 상태의 하나로, 그 태스크를 실행하기 위해서는 특정한 사상(事象)의 발생을 기다리지 않으면 안 되는 태스크의 상태를 말한다. 다중 프로그래밍이나 다중 태스크 처리를 하는 컴퓨터에서는 이 대기 상태를 이용하여 다른 실행 가능한 태스크를 실행시킨다.

wait through [–θrú:] **검토** 소프트웨어 등의 프로젝트에서 개발에 참여하는 인원이 전원 참가하여 개발할 프로그램의 오류를 초기에 발견하는 것을 목적으로 하여 시스템 분석, 설계, 구현 등의 내용에 대해서 검토하고 평가하는 것.

wait time [–táim] **대기 시간, 웨이트 타임**

wake up [wéik ʌ́p] **기상** 프로세스 상태 전이 과정에서 입출력 또는 그에 상응하는 사건으로 프로세스를 기다리게 하던 원인이 해결됨으로써 보류 상태로부터 대기 상태로의 상태 전이를 말함.

walk down [wɔ́:k dáun] **정보 손실** 자기 기억 장치에서 잘못 작용하는 기억 소자에 데이터를 직접 기억시킨 결과로 발생하는 저장된 정보의 점차적인 손실.

walking robot [wɔ́:kiŋ róubət] **보행 로봇** 보행에 의한 이동을 하는 로봇. 로봇 이동의 수단에는 차륜, 캐터필러, 보행 등이 있지만, 이 중에서도 보행에 의한 이동이 환경에 대한 적응면에서 가장 뛰어나다. 따라서 공장과 달리 평탄한 장소가 아닌 건설, 광업, 해양 등에서 작업하는 로봇으로는 보행에 의한 이동 기구가 절실하다. 보행 로봇은 보행 기계(walking machine)라고도 한다. 보행 로봇은 그 발의 수에 따라 2각과 4각(多脚)으로 대별된다. 2각 로봇은 보행 로봇 중에서도 대지(對地) 적응성이 더욱 높지만, 불안정한 구조로서 실현이 힘들다. 이에 대해 4각 로봇의 제어는 비교적 간단해 이미 실현되고 있다. 그러나 로봇의 이동에는 기구뿐만 아니라 환경의 인식, 이동 경로의 결정 등의 곤란한 문제가 남아 있다.

walk-through [wɔ́:k θrú:] **워크 스루** 소프트웨어 개발 과정(라이프 사이클)의 각 단계에 있어서, 개발 멤버가 집단 토의에 따라 설계 문서나 프로그램 중의 논리적인 오류를 발견해내는 방식. 문제 제기측과 함께 명세서를 심사하는 것도 있으며, 검사 설계나 검사 데이터를 심사할 때에도 적용된다. 주임 프로그램제와 함께 인적 조직에 중점을 두는 소프트웨어 설계법이다.

wallet [wɔ́(:)lət] **월릿, 지갑** 안전한 인터넷 지불 시스템을 위한 MS의 설계 구조에 따른 새로운 클라이언트 응용 프로그램. 여러 가지의 지불 프로토콜을 지원하는데, 기존의 SET(secure electronic transaction)과 SSL(secure socket layer) 등이 포함된다. 차후 버전의 인터넷 익스플로러와 윈도 운영 체제의 일부로 포함될 예정이다.

wallet PC [-píː síː] **월릿 PC** 아주 가볍고 손에 쥘 수 있으며 주머니에 들어갈 수 있는 PC를 말한다.

wall paper [wɔ́ːl péipər] **바탕 그림** 윈도에서 화면의 배경에 사용되는 도안이나 그림.

WALNUT 월너트 문서와 도표 등을 사진으로 보관하는 시스템. 먼저 자료를 마이크로필름에 수록한 다음 이를 다시 변환기로 1/1,000 크기로 축소하여 두루마리 모양의 필름에 저장한다. 그 데이터를 검색한 경우는 컴퓨터에 의해 임의 접근 처리로 애퍼처 카드(aperture card)로서 꺼낼 수 있게 되어 있다.

Walsh function 월시 함수 아다마르(Hadamard) 행렬의 행 벡터를 구간 [0, 1]에서 진폭이 1이고, +, − 중 어느 한쪽을 취하는 사각형파로 한 함수.

WAN 광역 네트워크, 광역망 wide area network의 약어. 근거리 네트워크(LAN)와 대비된다. 퍼스널 컴퓨터나 OA 기기의 상호 접속에 필요한 LAN이 크게 주목받고 있으며, 좀더 클로즈업되고 있다. LAN의 네크워크 범위가 하나의 빌딩처럼 좁은 데 비해 WAN은 도시 하나의 범위 등에도 확대되며 이용자의 수는 1,000명 이상이 되는 경우도 있다. 그 때문에 호스트 컴퓨터(host computer)의 부담이 증가하므로 초고속 처리가 가능한 호스트 컴퓨터를 사용할 필요가 있다. WAN의 시스템 구성은 주로 LAN이 몇 개 모여서, 그들이 고속 전송 가능한 기간 회선에 호스트 컴퓨터로 접속되는 형태가 취해진다. 그 LAN의 중심에는 처리 가능 노드(intelligent node)가 설치되며, 호스트 컴퓨터의 부담을 줄인다. 즉, WAN은 종래부터 어떤 데이터 통신 네트워크의 총칭이라고 말해도 좋고, 온라인 시스템에 사용하고 있는 통신 네트워크나 KT 공중 통신망 등은 모두 이 호칭의 대상이다. 일반적으로 WAN은 각국의 공중 원거리 통신(common carrier telecommunication, 우리 나라에서는 KT)이 개재, 제공하는 것이다. ⇨ LAN

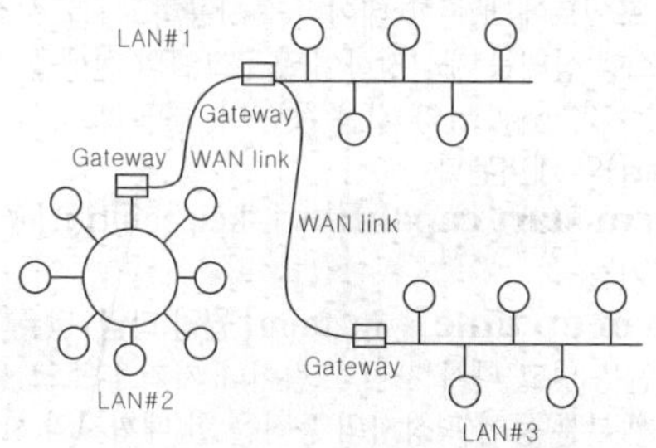

〈LAN-WAN 링크〉

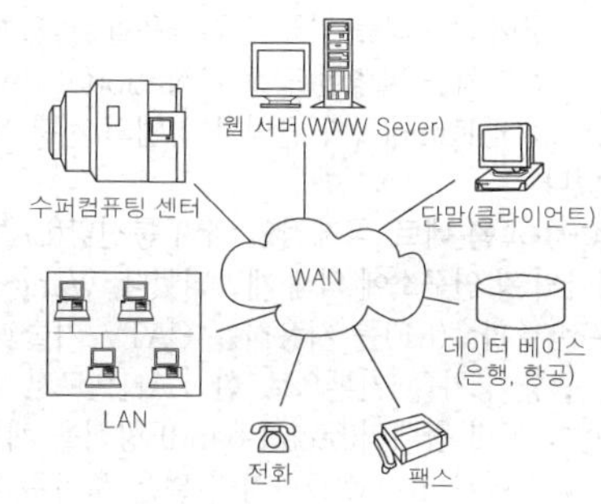

〈WAN〉

wand [wɔ́(:)nd] *n*. **원드** 광학적으로 코드화된 제품의 바 코드(bar code)를 읽기 위해 사용되는 전자 판독 펜.

wander [wɔ́(:)ndər] *v*. **원더** 지터(jitter)에 비하여 주기가 긴 변동을 하는 것. 이것은 온도 변화에 의한 전송로의 전송 지연 시간의 변동이 주요인이다. 더구나 변동 주기는 지터에 비하여 매우 길어서 하루나 일년이 한 주기가 된다. 원더, 즉 주기성(周期性) 위상 변동에 의한 입력 프레임 위치의 변동은 입력 데이터의 2회 리드나 또는 누락되는 원인이 된다. 여기에 대응하기 위하여 지터에는 클록 위상 동기, 원더에는 프레임 위상 동기 기술이 있다.

Wang Laboratories Inc. 왕 연구소 중형 컴퓨터를 주로 생산하는 미국의 컴퓨터 회사인데, 1951년 Dr. An Wang이 설립한 회사로서 처음에는 전문적인 전자 장치를 생산했는데, 그 후 재정, 법률, 전문적인 서비스, 제조 및 정부를 위한 컴퓨터와 애플리케이션의 우수한 제조 업체로서 계속적인 성장과 시장이 확대되었다. 1960년에는 그 연대말까지 업계의 표준이 된 전자식 데스크톱 컴퓨터를 내놓았다. 1970년에 이르러 Wang 사는 첫 번째 워드 프로세싱 시스템과 컴퓨터를 내놓았는데, 이것이 나중에 WPS 및 VS 시리즈로 발전되었다. 1978년에는 북미 최대의 소형 사무용 컴퓨터 공급자이자 세계 최대의 CRT형 워드 프로세서 공급자로서 자리잡았다. 1980년대를 통해 Wang 사는 음성과 데이터를 통합하는 네트워크를 선보임으로써 사무 자동화 분야에 뛰어들었다. 1987년에는 종이로 된 문서를 컴퓨터 상에 저장하고 관측하며 송신할 수 있게 하는 통합 이미지 시스템을 내놓았다. 1990년대에 이르러 Wang 사는 그 제품을 업계의 표준 하드웨어 플랫폼에서 사용할 수 있도록 만들었으나, 계속해서 이미지 처리 기술에 초점을 맞추었다. Wang 박사는 하버드 대학에서 응용 물리학을 공부하기 위해 1945년에 중국에서 미국으로 건너왔다. 6년 뒤에는 그가 40여 년을 이끌어 온 회사를 창립하였다. 그가 죽기 2년 전인 1988년 3월, Wang 박사는 1948년에 자기 코어 메모리를 컴퓨터에 사용할 수 있게 한 펄스 전송 장치를 발명한 공로로 National Inventors Hall of Fame(국가 발명가 영예의 전당)에 위촉되었다.

Wang-net 왕 네트 국제적인 지역 통신망(LAN)으로 미국의 왕 연구소에 의해 개발되었다. Wang-net는 무선 주파수(RF)를 사용하는 CATV 기술과 케이블 구성 장치를 기본으로 한 LAN으로서 트리(tree) 형태 및 광대역(broad band) 방식을 채택하여 10 MHz에서 400 MHz까지의 넓은 주파수 대역폭을 가지고 있다. FDM 방식으로 주파수 대역폭을 Wang band, PC band, interconnect band, utility band 그리고 peripheral attachment band의 다섯 개로 분할하여 각 band는 데이터 텍스트, 그래픽 전자 우편, 영상 정보(video information) 등 다양한 형태의 정보를 전송한다.

WAP (1) wireless application protocol의 약어. 인터넷 상의 데이터를 휴대 전화와 같은 무선 단말기에서 취급하기 쉽도록 변환하기 위한 프로토콜. WAP은 웹 서버에 보존되어 있는 WML(wireless markup language) 형식의 텍스트 데이터를 단말기가 해석할 수 있는 2진 데이터로 변환해서 보내는 형식이기 때문에 단말기의 성능에 그다지 구애받지 않고 신속하게 처리할 수 있다. WAP은 1997년 에릭슨, 모토롤라, 노키아 등의 초기 멤버 외에 현재 약 500여 개 회사가 활동하고 있다(http://www.wapforum.org). (2) **작업 분석 프로그램** work analysis program의 약어. 수주 생산 공정에 대하여 인원 계획면에서 관리하는 기법으로 추정 임금, 일정 계획, 실제 임금의 세 가지 변수를 입력하여 비용과 스케줄에 관한 정보를 도표 모양으로 나타내는 것. 이것은 인력 조정 시스템으로, 같은 목적의 PERT보다 간편하고 유효한 면이있다.

Warez 와레즈 인터넷을 통한 불 법 복제물의 유포는 통상 「와레즈 사이트」를 통해 이루어지고 있다.「와레즈」는 상용 프로그램은 물론이고 각종 게임, 디지털 음악 파일(MP3 등), 음란물 등 저작권자의 허락 없이 멋대로 유통되는 모든 디지털 저작물을 통칭하는 말이다. 소프트웨어 영문 철자의 뒷부분에서 이름을 따왔다는 말도 있고, 모든 것은 구할 수 있다는 뜻의 문장(where it is)에서 유래했다는 설도 있다. 와레즈는 인터넷 대중화 바람과 함께 폭발적인 인기를 누려왔다. 와레즈 사이트에만 들어가면 수백만 원대에 이르는 소프트웨어까지 앉은 자리에서 구할 수 있기 때문이다. 특히 네티즌 한 명이 개인 홈페이지처럼 만들어 불법 복제된 소프트웨어 등을 올려놓으면 다른 와레즈 사이트들이 이를 연결(링크)하는 방식으로 운영되기 때문에 확산력 또한 강력하다. 와레즈는 전세계에 존재하고 있는 이른바 「와레즈 그룹」을 중심으로 배포된다. 아스탈라비스타, 디바이언스, 페어라이트, 레이저 등 그룹들이 서로 경쟁하며 정품 소프트웨어의 복제 방지 장치를 파괴해 인터넷에 올린다.

war game [wɔ́:r géim] **워 게임** 합리적인 전략 결정의 훈련을 위해 미 육군에서 사용되던 전쟁 시뮬레이션 프로그램으로, 2차 대전 중 이것에 게임 이론이 도입되어 OR(operation research) 이론의 기초가 되었다. 오늘날에는 주로 전자 오락의 형태나 기업에서의 비지니스 전략 훈련용의 시뮬레이션 게임으로 사용된다.

warm [wɔ́:rm] *a*. **웜** 컴퓨터에서 「전원이 ON되어 있는」 상태를 허용하는 데 흔히 사용된다.

warm boot [–bú:t] **재부트** 컴퓨터 시스템의 전원을 끄지 않고 시스템을 처음부터 다시 시작하는 것. 이는 컴퓨터 시스템이 무엇인가 문제가 있어 제대로 작동하지 않을 때 이를 중지시키고 운영 체제를 다시 로드하는 작업을 한다.

warm restart [–ri:stɑ́:rt] **재시동** 오류가 발생하기 이전의 재시동 포인터로 되돌아가지 않고 재시동할 수 있도록 되어 있는 것. 프로그램의 실행중에 오류가 발생했을 때 프로그램을 재실행시키는 절차의 하나이다.

warm standby [–stǽndbài] **웜 예비 시스템, 웜 대기** 어느 기능 단위가 규정의 기능을 수행하고 있는 사이, 대기하고 있는 다른 기능 단위가 사전 동작에 필요한 에너지의 공급을 일부 받고 있고, 전환 시점에서 전에너지의 공급을 받아 동작 상태가 되는 것을 말한다. cold standby, hot standby와 비교된다.

warm start [–stɑ́:rt] **웜 출발, 난기동(暖起動)** 체크 포인트에 보존한 데이터를 사용하고, 그 시점의 시스템 상태를 재설정하여 프로그램의 실행을 재개하는 것. restart와 같은 뜻이며 콜드 스타트(cold start)와 대비된다.

warm start capability [–kèipəbíliti(:)] **웜 출발 기능**

warm up time [–ʌ́p taím] **웜업 타임** 컴퓨터에 전원을 넣고 나서 자기 드럼이나 자기 디스크 등의 기계 부분 등이 평상시의 동작을 할 때까지의 시간.

warmware [wɔ́:rmwὲə:r] **웜웨어** 시스템 기능

수행을 개시 혹은 재개시하는 경우 정지 직전의 상태가 재현되고 그 상황에서 개시할 수 있게 고려되어 있는 것.

Warnier method **워니어법** 프로그램 설계 수법의 하나. J.D. Warnier에 의해 고안된 구조화 프로그래밍(structured programming) 수법. 한 가지의 프로그램을 「연결」, 「선택」, 「반복」이라는 세 가지 기본 구조를 사용하고, 전체에서 세부로 설계해간다. 주로 사무 처리 분야의 프로그램 설계에 알맞다.

warning[wɔ́ːrniŋ] *n*. **경고** 에러가 발생하는 것이 예상될 때의 「경고」. 어디까지나 경고이며, 실제로는 에러가 되지 않는 경우에도 이 「경고」가 발생되기도 한다. 따라서 경미한 에러 정보를 의미하는 경우가 많다. 예를 들면 warning message라 하면 프로그램의 컴파일시 원시 프로그램(source program)에 경미한 에러가 발견되었을 때 표시된다. 그러나 이 메시지가 표시되어 컴파일된 프로그램이라도 정상으로 동작하는 경우가 있다. 따라서 치명적인 에러가 아니고 엄밀하게 체크할 경우 에러가 될 수 있는 경고라고 할 수 있다.

warning flag[–flǽ(ː)g] **경고 플래그**

warning limit[–límit] **경계 한계**

warning message[–mésidʒ] **경고문** 에러 가능성이 있는 상태가 검출되었음을 나타내는 메시지.

warning quality level[–kwɑ́liti(ː) lévəl] **WQL, 경고 품질 수준** 품질 관리에 사용되는 수법에 있어서의 수준이며, 불량품의 수준 정도로는 떨어지지 않으나 경년(經年) 변화 등으로 불량품이 된다고 생각되는 품질 수준. 관리자는 이 수준 이하가 되지 않도록 품질 관리를 행함으로써 불량품 발생률을 매우 낮출 수 있다.

warning-receiver system[–risíːvər sístəm] **경고 수신기 시스템**

warning system[–sístəm] **경보 시스템**

Warpspace[wɔ́ːrpspeis] **워프스페이스** OS/2 전용 VRML 브라우저. OS/2 워프에 기본으로 탑재되어 있는 인터넷 접속 유틸리티인 웹 익스플로러의 외부 뷰어로 등록해 사용할 수 있다. 이 프로그램은 VRML 사용자가 직접 와이어 프레임 수와 텍스처 정도를 조절할 수 있도록 한 것이 특징이다.

warranty[wɔ́(ː)rənti(ː)] *n*. **보증** 제품을 만드는 업체나 판매하는 업자가 구입자에게 그 제품의 품질을 보증하는 것.

waste[wéist] *n*. *v*. **낭비(가 되다)**

waste instruction[–instrʌ́kʃən] **낭비 명령** 명령어의 수행 결과 데이터에 대한 변경 혹은 컴퓨터의 상태가 변환되지 않도록 하는 명령.

watchdog[wɔ́(ː)tʃdɔ̀(ː)g] *n*. **감시 장치** 미리 규정된 어떤 조건이 정해진 시간 내에서 만족되는지를 판별하는 데 사용되는 장비의 한 형태.

watchdog timer[wɔ́(ː)tʃdɔ̀(ː)g táimər] **감시 타이머** 컴퓨터의 하드웨어의 이상을 검출하기 위한 타이머. 정상 상태에서는 프로그램에 의해서 짧은 주기로 반복 리셋되고, 이상시에는 경보를 울린다.

waterfall model[wɔ́ːtərfɔ̀ːl mɑ́dəl] **폭포수형 모델** 보헴(B.W. Boehm)이 주장한 소프트웨어 생명 주기(SDLC ; software development life cycle). 마치 폭포수가 떨어지는 형태를 하고 있어서 「폭포수형 모델」이라고 한다. 소프트웨어 생명 주기 모델들의 기본 모델이 되었다. ⇨ 그림 참조

watermark[wɔ́ːtərmɑrk] **워터마크** 불법 복제를 막기 위해 개발된 최신 기술의 일종. 불법 복제로 인해 가장 큰 피해를 입고 있는 분야가 지폐와 컴퓨터 분야인데, 지폐에서는 워터마크 기술이 일

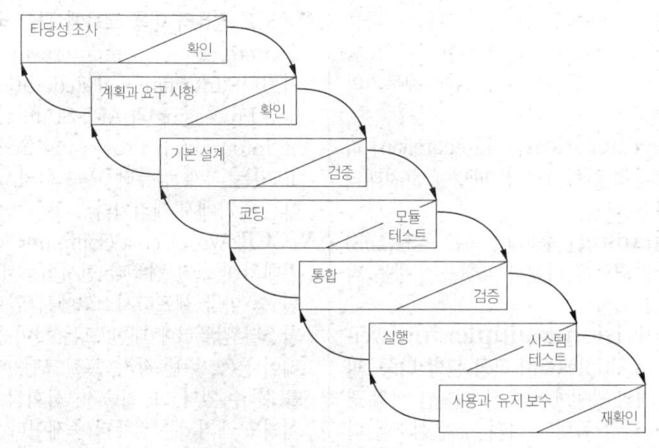

〈폭포수형 모델〉

반화되어 있다. 이 기술은 젖어 있는 상태에서 그림을 인쇄하고, 이를 말린 다음 양면을 인쇄하는 기술이다. 컴퓨터 분야에서의 워터마크는 흐린 바탕 무늬나 로고를 디지털 이미지 원본에 삽입하여 사용자가 이미지를 보거나 소프트웨어를 사용하는 데 지장을 주지 않으면서 복제를 방지하는 특수한 기술이다.

WATFOR 워털루 포트란 Waterloo FORTRAN의 약어. 미국의 워털루 대학에서 개발한 FORTRAN 컴파일러의 이름.

WATS 광역 전화 서비스 wide area telephone service의 약어. AT & T 사에 의한 장거리 정액 요금 전화를 위한 새로운 서비스. 전용선을 설치할 정도는 아니지만, 상당량의 통화를 몇 장소에서 해야만 하는 이용자에게 유리하게 되어 있다. 사용 횟수에 따라 요금이 정해지지 않고 거리에 따라 정해진다.

WAV 웨이브 음성 정보를 철하기 위하여 사용되는 윈도의 음성 정보 파일 형식. 웨이브 파일은 .wav 확장자를 가지고 있다.

wave[wéiv] *n*. **웨이브** 물리량이 시간에 따라 주기를 형성하며 변하는 것.

waveform[wéivfɔ̀ːrm] *n*. **파형** 시간과의 관계로서 물리량을 나타낸 것인데, 파의 도형적 표시를 말한다.

waveform coding[–kóudiŋ] **파형 부호화** 파형 일그러짐을 되도록 작게 한다는 기준에 따라서 음성을 부호화하는 방법.

waveform equalization[–iːkwəlaizéiʃən] **파형 등화(等化)** 선형 또는 비선형 회로에 의해 전송 회로에 생긴 일그러짐을 보정하여 원하는 파형으로 만드는 것.

waveform generator[–dʒènəréitər] **파형 발생기** 원하는 주기와 모양의 파형을 만들어내는 회로. 주클록의 펄스에 의해 동작되는 회로로서, 다른 기계의 회로가 여러 가지 동작을 수행할 수 있도록 주기가 일정한 펄스를 만들어내기 위해 해독기와 연결되어 사용된다.

waveform regeneration[–ridʒènəréiʃən] **파형 재생** 변형이나 잡음 등 가해진 파형에서 원래의 파형을 만들어내는 작업.

waveform shaping[–ʃéipiŋ] **파형 정형(整形)** 선형 또는 비선형 회로에 의해서 파형을 원하는 파형으로 만드는 것.

wavelength division multiplexing[wéivlèŋθ divíʒən mʌ́ltiplèksiŋ] **파장 분할 다중** 파장이 다른 여러 개의 광원에서의 신호를 한 개의 광섬유로 전송하여 각각 독립된 여러 개의 신호를 다중 전송하는 기술. 다중화된 광신호는 분파기(分波器)에 의해서 분리하여 꺼낸다. 한 줄의 광섬유로 여러 개의 전송계를 구성할 수 있다. 즉, 하나의 전송로를 여러 개의 통신로로 동시에 사용할 때 파장이 다른 여러 발광 소자에서 발진하는 광신호를 광합파기(光合波器)로 다중화하는 것.

wave table[wéiv téibəl] **웨이브 테이블** 사운드 보드의 주요한 음원 발생 기능의 하나. 기본이 되는 음색 데이터를 사운드 보드 상의 전용 메모리나 PC 본체의 메인 메모리 상에 내장하여 그 데이터를 바탕으로 음을 발생한다. 특히 MIDI 음원용의 음색 데이터를 ROM에 탑재하여 의사적(疑似的)으로 MIDI 연주를 할 수 있는 제품도 있다. ⇨ MIDI

wavetable synthesis[weívteibəl sínθəsis] **웨이브테이블 합성** 기존 장치의 사운드나 그 밖의 사운드를 신디사이저를 사용하여 다시 만들 생각이라면 디지털 샘플을 만들고 음높이가 바뀌도록 그 샘플을 변경하면 된다. 샘플에 기초한 합성 방법은 샘플이 저장되고 변경되는 방법 때문에 종종 웨이브테이블 합성(wavetable synthesis)이라고 불린다.

way-operated circuit[wéi ɑ́pərèitəd sə́ːrkit] **중간 작동 회로** 공동 가입 회선 체제 하에서 3개 이상의 국이 공유하는 회로로, 이들 국 중의 하나는 교환국이다.

way station[–stéiʃən] **중간 지국** 다중 회로 네트워크에서 여러 국들 중의 하나를 가리키는 전신 용어.

WBS 작업 명세 구조, 작업 세부화 구조, 워크 브레이크다운 스트럭처 work breakdown structure의 약어.

WCC 기록 제어 문자 write control character의 약어.

WCCE 컴퓨터 이용 교육에 관한 국제 회의 World Conference on Computers in Education의 약어. IFIP(International Federation for Information Processing)와 AFIPS(American Federation of Information Processing Societies)가 후원하고 있는 국제 컴퓨터 교육 회의. 4년마다 한 번씩 다른 국가에서 개최된다.

WCCF West Coast Computer Fair의 약어. 세계 최대의 퍼스널 컴퓨터 전시회로서 매년 3월이나 4월 중 미국 샌프란시스코에서 열린다. 전시장에는 퍼스널 컴퓨터에 대한 모든 것이 등장하는데, 하드웨어 본체, 주변 장치, 프로그램, 서적, TV 게임 등을 볼 수 있다. 또 기술적, 사회적 문제를 토의하는 회의도 개최되는 컴퓨터 축제이다.

WCDMA 광대역 부호 분할 다중 접속 wideband

code division multiple access의 약어. 이동통신 무선접속 규격을 말하며, CDMA의 방식을 3G로 업그레이드한 기술방식이다. 우리가 사용하는 휴대전화는 WCDMA 서비스를 이용하여 음성통화는 물론이고 화상통화까지 가능하게 되었다.

WCGM 기록 가능 문자 발생 기억 영역 writable character generation storage의 약어.

WCS 기록 가능 제어 기억 장치 writable control store의 약어. 마이크로프로그램 등의 제어 정보를 기억하기 위한 쓰기 가능한 기억 장치.

WDSS 워크스테이션 의존 세그먼트 기억 영역 workstation dependent segment storage의 약어. 표시 장치 또는 메타 파일을 갖는 워크스테이션 전용의 세그먼트 기억 영역.

WDYT what do you think의 약어. "어떻게 생각하니?"의 뜻.

weak entity set[wíːk éntiti(ː) sét] **약 엔티티 집합** 기본 키를 갖지 않는 엔티티들의 집합.

weak external reference[–ikstə́ːrnəl réfərəns] WXTRN, **약한 외부 참조** 연결 편집시에 해결할 필요가 없는 외부 참조. 미해결인 경우 그 값은 마치 0인 것처럼 취급된다.

weakly connected component[wíːkli(ː) kənéktəd kəmpóunənt] **약 결합 요소** 이에 속하는 임의의 정점 쌍(pair)에 대해 간선의 방향을 고려하지 않는 경로가 존재하는 최대 부그래프. 방향성 그래프의 부그래프.

wearable computer[wɛ́ərəbl kəmpjúːtər] **웨어러블 컴퓨터** (1) 휴대성을 중시하여 갖고 다니며 이용할 수 있는 컴퓨터의 총칭. 입력 장치는 음성 입력과 한손용 버튼, 출력 장치는 단안용 헤드 마운트 디스플레이(HMD)를 갖추고 있고 컴퓨터 본체와 하드 디스크는 주머니에 장착할 수 있도록 되어 있다. 매뉴얼 등을 표시하여 양손을 이용하는 복잡한 작업을 지원하기도 하며, 사용자의 지각 확대와 정보 처리를 지원한다. (2) 의류에 PC 기능을 담은 '입는 PC'.

wear-out failure[wɛ́ər áut féiljər] **마모 고장** 컴퓨터 시스템을 구성하고 있는 기계나 기기, 기능 단위가 피로나 마모, 노화 현상 등에 의해 시간의 경과와 함께 고장률이 커지는 고장.

wear resistance[–rizístəns] **내구성 저항** 컴퓨터에서 인쇄 리본을 반복해서 사용해도 상의 명확도가 떨어지지 않고 정상 수준을 유지하도록 내장된 저항.

web[web] **웹** 웹의 원래 의미는 「거미집」으로 하나의 사이트나 또는 다른 사이트와의 관계가 거미집처럼 복잡하게 얽혀 있기 때문에 웹이라고 부른다.

〈유용한 웹 사이트〉

http://www.joongang.co.kr/	중앙일보
http://www.kips.or.kr/	한글정보처리학회
http://www.solvit.co.kr	솔빛열림터
http://h2o.kotel.co.kr/	한국 통신
http://java.sun.com/	JAVA
http://www.ibm.com	IBM
http://www.internetmag.co.kr/	월간 인터넷
http://tfsys.co.kr/worldcup/index.html/	2002 월드컵 코리아
http://www.bluehouse.go.kr/	청와대
http://www.st.nepean.uws.edu.au/~ppoulos/madonna/	마돈나
http://www.golf.com/	골프
http://www.vegas.com:80/	라스베가스
http://www.unantes.univ-nantes.fr/~violin/sharonEng.html	영화배우 샤론스톤
http://www.mtv.com/	MTV
http://www.shareware.com/	PC 및 Mac용 셰어웨어

web advertisement[–ædvərtáizmənt] **웹 광고** 웹을 기술적 기반으로 하는 인터넷 상의 온라인 광고의 한 형태. 웹 광고는 기본적으로 텍스트, 그래픽, 사운드, 동영상을 다룰 수 있으며, 정보 교환이 양방향성이고 변동 발생시 즉시 수정이 가능하다는 장점이 있다. 웹 광고는 구매 동기를 갖게 된 잠재 고객에게 능동적으로 추가 정보 등을 곧 바로 제공할 수 있기 때문에 상품의 광고로 그치는 것이 아니라 마케팅으로 직접 연결시킬 수 있다.

WebBase[webbéis] **웹베이스** Exper Telligence 사에서 개발 공급하고 있는 상용 WWW 서버로서, ODBC를 통해 많은 종류의 DBMS를 접속하는 기능을 포함하고 있다.

web BBS 웹 BBS 기존 PC 통신 서비스에서 볼 수 있었던 전자 게시판을 인터넷에서 이용할 수 있도록 만든 것으로 인터넷의 웹 기술과 PC 통신의 전자 게시판 기술이 접목된 것이다.

web browser[–bráuzər] **웹 브라우저** 웹의 정보를 검색하기 위해서는 사용자의 컴퓨터에 웹 서버가 제공하는 정보를 검색하여 그래픽으로 화면에 나타내주는 프로그램이 필요하다. 이러한 프로그램을 웹 브라우저라고 하는데, 웹 브라우저란 윈도 기반의 소프트웨어로서 문자는 물론, 이미지와 사운드 파일, 동영상 등을 지원하는 멀티미디어 검색 프로그램이다. 유명한 웹 브라우저로는 모자이크(mosaic), 넷스케이프(netscape), 익스플로러(explorer), 첼로(chello), 링스(lynx ; 도스용), 핫자바(윈도 95, 윈도 NT) 등이 있다. 웹 브라우저 프로그램은 웹 서버의 정보뿐만 아니라 문자 방식으로 정보를 제공하는 고퍼 서버(gopher server), 아치 서버(archie server), FTP 서버(FTP server), 뉴스 그룹 서버(news group server) 같은 서버의 문자 정보도 이용할 수 있는 토털 솔루션(total solution)을 제공한다. ⇨ WWW, mosaic, netscape, explorer, hot JAVA, gopher, archie, FTP

web card [-ká:rd] **웹 카드** 인터넷의 전자 우편을 통해 송신하는 카드 또는 그 구조. 서비스를 제공하는 사이트에 접속하여 그래픽을 선택한 후 메시지와 상대방의 메일 주소를 기입하여 카드를 작성, 송신한다. 상대방에게는 카드 도착을 알리는 안내 메일이 도착하고 메일에 기재된 주소에 접속하면 도착한 카드를 확인할 수 있다.

webcast [webká:st] **웹캐스트** (1) 많은 인터넷 이용자들에게 비디오 프로그램을 동시에 라이브로 보내는 것. (2) 인터넷 이용자 개인의 요구에 따라 선별된 정보를 보내는 것.

webcrawler [webkrɔ́:lər] **웹크롤러** 미국 온라인 사에서 운영하며, 비교적 적은 규모의 사람들이 웹에서 가장 많이 찾는 25개의 사이트를 소개하고 있다.

WebDEC Nomad Development 사에서 개발 공급하고 있는 데이터 베이스 통로로서 ODBC를 통해 많은 종류의 DBMS에 연결해 사용할 수 있다. WebDEC는 CGI를 이용해 구현되었으며, WWW 서버는 CGI를 통해 WebDEC에 연결된다.

web designer [web dizáinər] **웹 디자이너** 개인이나 회사의 웹 사이트를 전문적으로 제작해주는 사람. 웹 사이트가 사용자의 눈길을 끌고 쉽게 정보를 찾아볼 수 있도록 하기 위해서는 그림이나 문자를 다양하게 표현하고, 화면 안의 각 요소들을 적절하게 배치하는 등의 편집 디자인 기술과 프로그램 기술을 갖추고 웹 사이트의 화면을 설계 · 제작할 수 있어야 한다.

WebDEV 웹 클라이언트에서 웹 서버에 대해 문서를 발행할 수 있도록 하는 기술.

web editor [-éditər] **웹 편집기, 홈페이지 작성 소프트웨어** HTML을 직접 기술하지 않고 홈페이지를 작성하기 위한 소프트웨어. 일반적인 워드 프로세서 형식 등으로 디자인하면 소프트웨어측에서 자동적으로 HTML로 기술해준다. 나모 인터랙티브의 「Namo WebEditor」, 마이크로소프트 사의 「Front-Page」, IBM 사의 「Homepage Builder」 등이 있다.

WebFX 윈도 3.1과 NT, 윈도 95에서 이용할 수 있는 PC급 VRML 브라우저. PC급으로는 처음으로 소개된 브라우저인데, 펜티엄 PC에서 상당히 빠른 속도로 렌더링된다는 것이 장점이다.

web hosting [-hóustiŋ] **웹 호스팅** 인터넷에서 정보를 제공하기 위해 전문업체로부터 컴퓨터 자원(예 : 하드웨어)의 일부를 할당받아 웹 사이트를 구축하는 것. 개인이나 기업에서 웹 사이트를 구축하기 위해서는 정보를 제공할 수 있는 성능을 가진 서버(server) · 통신 회선 · 소프트웨어 등을 모두 갖추기에는 너무 많은 비용을 부담해야 하므로 전문업체에 의뢰하는 것을 의미한다.

web hosting service provider [-sə́:rvis prəváidər] **웹 호스팅 서비스 제공자** ⇨ WSP

Webian 최초의 국산 HTML 에디터 겸 브라우저. 삼성 전자의 최희창 씨가 만든 프로그램.

web jockey [-dʒáki(:)] **웹 자키** 인터넷 방송을 통해 뉴스와 기타 정보 등을 전달하는 역할을 맡은 사람으로, 「사이버 앵커」라고도 한다.

web magazine [-mæ̀gəzí:n] **웹 매거진** WWW와 magazine의 합성어. WWW 홈페이지 형식으로 인터넷 상에 공개되어 있는 잡지를 의미.

web master [-má:stər] **웹 마스터** 웹 사이트를 구축하고, 그 운영을 책임지고 관리하는 사람. 웹 마스터는 웹 사이트의 내용을 제작하고 갱신하는 일뿐만 아니라 인터넷과 관련된 모든 일을 맡아 처리해야 하므로 컴퓨터와 네트워크에 관련된 지식과 프로그램 언어에도 상당한 지식이 있어야 한다.

web mining [-máiniŋ] **웹 마이닝** 웹 세계 자체 또는 웹 로그와 같은 웹 데이터에서 어떠한 의미있는 정보를 추출하는 것.

web network file system [-nétwə̀:rk fáil sístəm] **웹 네트워크 파일 시스템** ⇨ WebNFS

WebNFS 웹 네트워크 파일 시스템 Web network file system의 약어. 인터넷 상에서 사용할 수 있도록 개발된 NFS. WebNFS에 의해 웹 브라우저와 Java 애플릿에서 이용할 수 있는 정보 구축이 가능해지고, 기업의 방화벽을 넘어 인터넷 서버에 간단히 접근할 수 있다. ⇨ NFS

Webonomics 웹경제학 인터넷의 대표 서비스인 웹과 경제학의 이코노믹스(Economics)를 결합한 신조어. 90년대 들어 세계의 유수 기업들이 전자 상거래를 준비하는 과정에서 이전의 산업 사회와 다른, 정보 사회에 맞는 사업 방식이 필요하며 독자적인 경제 이론이 필요하다는 주장이 대두되면서 만들어진 개념이다.

webpad [webpæ̀d] **웹패드** 노트북 컴퓨터보다는 작고 PDA보다는 큰 무선단말기. 일반적으로, 소형 액정 화면에 펜인식 터치 스크린 방식으로 글자를 써서 전자우편을 송수신하거나 워드프로세싱 등 다양한 작업을 할 수 있도록 만든 일종의 PC.

web page [-péidʒ] **웹 페이지** 인터넷 상의 웹 문서들을 총칭한 말로 이 문서 속에는 다양한 텍스트는 물론 그림, 소리, 동영상 파일도 내장할 수 있다. 다른 인터넷 상의 문서와 서로 연결할 수 있게 해주는 강조된(highlighted) 글자나 그림 등이 있다는 것이 특징이다. 이러한 부분들은 주로 밑줄로 구분할 수 있으며, 파란색의 바탕선이 그려져 있기도 하다.

web producer [–prədjúːsər] **웹 PD** 각종 인터넷 사업을 기획 · 설계하는 일을 전문적으로 하는 사람.

web profiling [–próufɑiliŋ] **웹 프로파일링** 웹 상의 이용자 흔적에서 이용자의 신상과 성향을 추정하려는 시도. 웹 로그에는 이용자가 웹의 어떤 페이지에 접속했는지에 대한 접속 이력이 남아 있으며, 이 이력을 통해 이용자의 행동 패턴과 기호를 어느 정도 알 수 있다. 이용자에게 프로필을 자세하게 입력할 것을 요구하면 이용자가 그 웹 페이지에 접속을 꺼리는 경향이 있지만 웹 상에서 이용자의 성별과 연령 등의 프로필을 입력하는 장치를 만들어두면 이용자의 신상을 상당히 정확하게 추정해낼 수 있다. 이러한 정보를 웹에서 수집하기 위한 방법의 하나로 쿠키(cookie)를 이용하기도 한다.

web publishing [–pʌ́bliʃiŋ] **웹 출판** 서적이나 잡지 같은 형태의 정보를 인터넷 상에서 공개하는 것. 특히, 잡지 형태의 웹 페이지를 웹진(웹과 매거진의 합성어)이라고 한다. 종이를 사용한 출판에 비해 비용을 대폭 삭감할 수 있으며, 손쉽고 빠르게 최신 정보를 입수할 수 있다는 점에서 폭넓은 보급이 기대된다.

WebRex Information Technology Solution 사에서 개발 공급하는 WWW 서버로서 데이터 베이스 통로를 내장하고 있다.

WEBRING 웹링 본질적으로 비슷한 관심사나 테마를 다루는 사이트들을 일련의 고리로 연결해서 인터넷 이용자들의 효율적인 웹 서핑을 도와주는 것. 그러나 이전 또는 다음 사이트로만 링크하게 되어 있는 일부 웹링들은 링의 개념에는 다소 부족하다. 반대로 international fishing ring과 같은 사이트에는 페이지당 100개 이상의 링크가 있지만 이 사이트들을 순서대로 방문해야 할 필요는 없도록 되어 있다. 대부분의 링에는 스크리닝 프로세스(screening process)가 있어 사람들에게 인기있는 사이트들이 어떤 것인지 알 수 있다. 링 멤버십의 장점은 더많은 사용자들에게 노출되는 기회를 얻는 것이다. 일부 사이트에서는 디렉토리와 HTML 스크립트 같은 웹링을 제작하는 데 필요한 툴을 무료로 제공하고 있다. 웹링 사이트(www.webring.org)를 보면 3,900개가 넘는 링들의 디렉토리가 있다. 링서프(www.ringsurf.com), 더레일(www.therail.com), 웹타워(www.salamander.com/ ˜hexagon/tower/)에서도 찾아볼 수 있다.

WebRunner 웹러너 자바를 사용해 생성한 웹 브라우저.

web search engine [–sə́ːrtʃ éndʒin] **웹 검색 도구** 웹 검색 도구란 일종의 서비스로서, 인터넷에서 찾고자 하는 정보를 빠르게 찾아주는 사이트를 말한다. 인터넷 주소록이라는 두꺼운 책도 시중에 판매되고 있지만 자신이 원하는 것을 찾으려면 책을 펴고 눈으로 찾아야 한다. 또한 인터넷 상에서의 정보의 변화는 매우 빠르기 때문에 정기 간행물로 출판을 하더라도 그것은 매우 뒤늦은 결과일 뿐이다. 그렇기 때문에 인터넷에 접속한 상태에서 단지 단어 한두 개만으로도 수많은 정보의 리스트를 구해다 주는 역할을 하는 것이 웹 검색 도구이다. 보통 웹 검색 도구 사이트에 접속을 하면 여러 가지 광고도 보게 되는데, 이 검색 도구들은 광고비로 운영 비용이 충당되는 것이 대부분이다. 유명한 사이트로는 야후와 Alta Vista가 있으며, 국내 상용 검색 도구로는 (주) 한글과 컴퓨터의 심마니가 있다.

web server [–sə́ːrvər] **웹 서버** 인터넷 상에서 netscape나 mosaic와 같은 웹 브라우저를 통해 웹 서비스를 받을 수 있게 해주는 프로그램.

web site [–sáit] **웹 사이트** 정보를 저장해놓고 정보를 필요로 하는 사람에게 언제든지 정보를 제공하는 창고라는 의미로, 웹 서버(web server)가 보유하고 있는 정보의 집합체를 의미한다. 하나의 웹 서버에 서로 다른 정보를 제공하는 두 개 이상의 웹 사이트가 존재할 수 있다.

web space [–spéis] **웹 스페이스** (1) web space는 최초의 3차원 VRML 브라우저로 실리콘 그래픽스와 템플릿 그래픽스 소프트웨어(Template Graphics Software)에서 개발했다. 현재 SGI용, IBM, 선, 윈도 NT 베타 버전이 발표되어 있으며, 곧 정식 버전이 발표될 예정이다. 윈도의 경우 성능이 워크스테이션에 비해 떨어지는 관계로 3차원 공간 안에서의 자유로운 이동은 불가능하고 단지 point-and-click seek의 간단한 형태의 내비게이션만이 가능하다. 하지만 워크스테이션에서는 3차원 공간을 움직임에 따라 공간이 zoom-in, zoom-out되는 실감을 느낄 수 있다. 많은 VRML을 지원하는 서비스 제공자들이 등장하고 있으며, 손쉽게 VRML을 지원하는 응용도 등장하고 있다. (2) 웹을 통해 정보를 검색할 때 돌아다니게 되는 사이버스페이스(cyberspace)의 영역. ⇨ VRML

web-to-host gateway [–tuː hóust géitwèi] **웹 투 호스트 게이트웨이** SNA 데이터를 HTML 형식이나 자바 언어로 변환시켜 호스트의 데이터나 응용 프로그램을 웹 브라우저에서 기존 웹 페이지를 사용하는 것처럼 접근할 수 있도록 해주는 제품.

Webtop 웹톱 (1) 넷캐스터(Netcaster)에서 제공되는 데스크톱의 사용 형태로, 데스크톱 상에서 HTML에 의한 사용자 정의나 뉴스를 표시할 수 있게 한다. (2) 자바 기반 네트워크 컴퓨터들의 공통 인터페이스를 위해 선 마이크로시스템즈, IBM, 오라클 사에서 나온 명세.

web transaction server[–trænsǽkʃən sə́ːrvər] **웹 트랜잭션 서버** ⇨ WTS

WebTV 미국 WebTV Networks 사가 제공하는 가정용 TV를 사용해서 인터넷에 접속하는 서비스. 가정용 TV를 전용 단말에 접속한 후, 전화선에 접속하기만 하면 된다.

webzine[wébzine] **웹진** 웹(web)과 잡지(magazine)의 합성어. 인터넷의 웹 사이트에 잡지 내용을 싣고 인터넷 사용자들이 접속하여 구독할 수 있는 전자 잡지.

weekly check[wíːkli(ː) tʃék] **주간 검사** 매주 1회씩 행하는 예방적 성격의 점검 및 보수. 마멸이나 마모 등의 여지가 있는 작동 개소 등을 중심으로 부품 교환, 정밀도 조정 등에 의해 사고 발생 방지를 목적으로 실시하는 것이며, 단지 일상 점검의 상세 실시만은 아니다. 주 1회 요일을 정해서 반나절 정도로 하는 예방 보수나 예비 점검(PM)을 뜻한다.

Weibull distribution 와이불 분포 집적 회로 고장률의 처음과 마지막 변화를 근사시키는 데 사용하는 분포 함수 및 확률 밀도 함수로 표현되는 분포.

Weierstras's approximation theorem 와이어스트라스의 다항식 근사 정리 임의의 폐구간 (a, b)에서 연속된 함수는 다항식에 의해 일률적으로 근사할 수 있다.

weight[wéit] *n*. **무게** 가중값. 위치 설정에 사용되는 계수이며, 「무게」라고 해석된다. 예를 들면 1234의 3은 위치 설정에 있어서 +자릿수를 차지하고 있지만 이 차지하고 있는 수, 즉 이 경우 「10」이 1234에 있어서의 3의 무게이다. 또 어떤 값을 평가할 때, 그 값의 영향력을 고려하고, 어떠한 수치 조정(산술 계산을 포함한다)을 할 때 「무게 부여」를 한다고 한다.

[주] 위치 설정의 표현에 있어 숫자 위치에 관계하는 계수이며, 각 숫자 위치에 있어 문자에 의해 표현되는 값에 각각의 계수를 곱하여 더하면 이 표현에 있어서의 실수의 값이 얻어지는 것.

weighted binary coded decimal code[wéitəd báinəri(ː) kóudəd désiməl kóud] **가중 2진화 10진 코드**

weighted bit code[–bít kóud] **2진 부호화 10진, 2진 부호화 10진법** 10진수로 표시되는 각 「무게」의 자릿수를 각각 2진수로 표시한 것. 예를 들면 10진수에서 123을 2진화 10진수로 표현하면 「0001 0010 0011」이 된다. 이와 같이 10진수의 각 자리의 2진수가 표현된다.

weighted code[–kóud] **가중 코드** 숫자를 표시하는 코드로, 각 자리에 일정한 가중값이 정해져 있는 것.

weighted factor[–fǽktər] **가중 요소** 어떤 시스템의 성능을 평가할 때 성능에 영향을 주는 요소들을 중요성에 따라 가중값을 주어 곱한 값들. 이러한 것은 컴퓨터 도입시 기종 선정 등에서 찾아볼 수 있는데, 하드웨어 성능, 소프트웨어, 서비스, 가격 등의 각 항목에 가중값을 둔다.

weighted factor method[–méθəd] **가중 요소 방식** 컴퓨터 도입시에 기종 선정의 단계에서 소프트웨어나 하드웨어의 성능, 기타 서비스, 가격 등의 각 항목에 대하여 가중값을 부여하여 평가 비교하는 방법.

weighted index[–índeks] **가중 지수** 어떤 대상물을 평가하는 기준이 되는 지수가 여러 가지 있을 때 각 지수에 가중값을 준 것.

weighted least squares[–líːst skwέərz] **가중 최소 제곱법**

weighted mean[–míːn] **가중 평균**

weighting factor[wéitiŋ fǽktər] **가중 계수**

weight register[wéit rédʒistər] **가중 레지스터**

Weitek 웨이텍 고성능 PC와 워크스테이션에 많이 사용되는 부동 소수점 연산 전용 보조 처리기를 만드는 회사.

welfare technology[wélfὲər teknálədʒi(ː)] **복지 공학** 마이크로컴퓨터 등의 최신 과학 기술을 복지 시스템에 이용하려는 학문.

well-behaved[wél bihéivd] **완전 작동** 오류가 있는 입력값을 주었을 때도 정상적으로 실행하는 프로그램을 나타내는 말.

well-formed formula[–fɔ́ːrmd fɔ́ːrmjulə] **정식, 완전 논리식** 논리나 수학적 이론에 관한 형식계(formal system)에 있어서 일정한 구문에 따라 구성되는, 기술(記述)의 대상이 되는 표현.

well-ordered set[–ɔ́ːrdərd sét] **정렬 집합**

Westing house system[wéstiŋ háus sístəm] **웨스팅 하우스 시스템** 단위 시간 내에 있어서 작업자의 표준 작업량을 정하는 데 있어서 작업량 측정에 작업의 속도 판정을 하는 것. 평준법이라고도 하며, 레이팅 수법의 하나로 1927년 H.B. 메이너드 등이 웨스팅 하우스 사에서 실험 개발한 것이다. 작업 속도에 영향을 주는 요인을 숙련도, 노력도, 작업 조건, 작업의 정착성 등의 네 가지 요인으로 나누어 랭크(정도)해서 작업 측정을 하는 방법이다.

wff 완전 논리식 ⇨ well-formed formula

WG (1) Wijngaarden grammar의 약어. A. van Wijngaarden에 의해 제안된 구문의 형식적 기술법으로 2단계 문법이라고도 한다. ALGOL-68 기술에 이용되었다. 언어의 생성 규칙은 하이퍼 규칙과 초생성(超生成) 규칙으로 이루어졌다. 구문의 제약 조건을 일종의 술어형으로 기술(記述) 중에 넣는 것이 가능하다. (2) **워킹 그룹** working group의 약어. 상위 조직에서 정한 주제나 목적에 따라 실제적으로 구체적인 일을 하는 모임.

W grammar[dʌ́blju grǽmər] **W 문법** ⇨ WG

what-if[hwát if] **감도 분석** 기업 운영에 영향을 주는 여러 요소들 간에 적절한 관계를 세워놓고 각 요소를 변화시킬 때 관계에 따라 전체 결과가 어떻게 나올 것인가를 따지는 것. 이러한 작업은 수작업보다는 컴퓨터로 처리할 때 매우 편리하게 할 수 있으며 스프레드시트 프로그램의 이용으로 많이 사용된다.

whatis 홧이즈 인터넷 상에서 사용하는 명령어. 텔넷(telnet) 접속시의 프롬프트 상태나 전자 우편 메시지에서 아키 서버가 관리하는 소프트웨어. 설명 데이터 베이스를 검색하여 찾고자 하는 단어와 일치하는 행들을 출력해준다.

what's cool "무엇이 쓸만 할까"라는 의미이며, WWW 브라우저를 사용하여 WWW 서버에 액세스하면 맨처음 홈페이지에 표시된다. 이 버튼은 넷스케이프에서 선정한 쓸만 하고 유용한 웹 서버의 URL을 포함하고 있는 문서로 연결된다. 웹을 처음 사용하는 사람들은 이 버튼을 눌러 유용한 웹 서버의 URL을 얻을 수 있다. ⇨ WWW, URL

what's new "새로운 것"이라는 의미이며, WWW 브라우저를 사용하여 WWW 서버에 액세스하면 맨 처음 홈페이지에 표시된다. 이 버튼을 누르면 최근에 생긴 월드 와이드 웹들의 URL을 포함하고 있는 문서로 이동한다. 인터넷 상에는 하루에도 수많은 서버가 생겼다가 사라지기 때문에 어떤 웹 서버들이 새로 생겼는지 알고 싶을 때 사용한다. ⇨ WWW, URL

what's related 관련 사이트 넷스케이프 커뮤니케이션 4.06에 추가된 스마트 브라우징 기능. 넷스케이프 사에서 추천하는 사이트들을 링크해놓고 있다.

wheel printer[hwíːl príntər] **휠식 인쇄기** 활자면이 둥근 테(wheel)의 바깥면상에 새겨져 있는 프린터.

where used[hwέər júːzd] **사용 장소** 어떤 제품에 대해 각각의 부품이 어디에 어느 정도 사용되는가를 일람표로 만든 것.

Whetestone 휘트스톤 주로 부동 소수점 처리 성능을 평가하는 표준적인 벤치마크(bench mark) 프로그램의 하나.

white bar[hwáit báːr] **화이트 바** 바 코드를 구성하는 평행바 중 반사율이 높은 바.

Whiteboard[hwáitbɔːrd] **전자 화이트보드** 동일한 문서를 놓고 컴퓨터로 화상 회의를 할 때 많은 사람들이 의견을 말하거나 쓰도록 도와주는 프로그램. 전자 화이트보드는 문서를 여러 사람이 공동으로 다룰 때 사용된다.

White Book[hwáit búk] **화이트북** 오디오 표준에 이르는 네 번째 중요한 확장. CD-ROM과는 달리 화이트북은 매체용 포맷으로서 오디오 데이터만을 다루는 오리지널 CD 포맷과 비슷하다. 화이트북 표준을 이용하면 비디오와 오디오 74분 분량을 콤팩트 디스크에 저장할 수 있다. 화이트북이라는 용어는 소니/필립스 사의 상표 비디오 CD와 같은 뜻으로 쓰인다. 화이트북 비디오와 오디오 모두 MPEG 포맷이다. ⇨ MPEG

white box[-báks] **화이트 박스** 상표명이 붙지 않는 조립 기기의 총칭.

white liquid crystal[-líkwid krístəl] **백액정** 화면을 흰색으로 만드는 데 사용되는 2층 STN 액정. ⇨ DSTN liquid crystal display

white noise[-nɔ́iz] **백색 잡음** 신호 처리에서 어떤 주파수 대역 안에서 주파수에 대한 전력 밀도의 스펙트럼이 거의 일정한 잡음. 그래프를 그려보면 주파수 대역 전체에 걸쳐 나타나는 평탄한 잡음이다. 빛의 백색은 모든 주파수의 빛을 고르게 포함하고 있는 것과 비슷하다고 하여 백색 잡음이라고 한다. 전기 회로에서 나오는 열잡음은 백색 잡음이다. 데이터 전송에서 사용하는 변복조 장치(MODEM)의 성능을 나타내는데, 흔히 S/N비에 대한 비트 오류율을 쓰는데, 이 N은 일반적으로 백색 잡음을 쓴다.

white pages[-péidʒz] **화이트 페이지** 인터넷에서 정보를 얻을 때 데이터 베이스를 이용하게 되며 전화 번호부와 비슷한 기능을 제공하기 때문에 이러한 데이터 베이스를 종종 화이트 페이지라 한다.

white page service[-péidʒ sə́ːrvis] **화이트 페이지 서비스** 인터넷으로 전자 우편을 보낼 때 상대편 우편 주소를 알려주는 서비스.

Whitney read/write head 휘트니 판독/기록 헤드

who are you? WRU, 당신은? 회선 접속이 확립되고 있는 국(局)의 앤서백 기구를 기동하기 위해서, 또는 국의 식별, 경우에 따라서는 사용중인 기기의 형식 및 국의 상태 등을 포함하는 응답을 개시시키기 위해서 사용되는 전송 제어 문자.

WHDIS 노벨 네트워크에서 사용되는 명령어로서 사람이나 도메인, 네트워크, 호스트 등 DDN NIC에 보관된 인터넷 목록에 관한 자료를 검색할 수 있게 만들어주는 인터넷 서비스.

Whowhere[huː(h)wɛər] 인터넷 상에서 개인의 전화 번호나 집주소, 전자 메일 주소, 상호별 전화 번호나 주소 등의 정보를 빠르고 쉽게 찾도록 해준다. 또한 철자가 틀리거나 이름이 불확실한 경우, 이니셜 등으로 사람을 찾을 수도 있다.

WiBro 와이브로, 휴대 인터넷 서비스 무선(wireless)과 광대역(broadband)의 합성어. 휴대 인터넷 서비스는 정지 및 중·저속의 속도로 이동중에 언제 어디서나 고속의 인터넷 통신이 가능한 서비스를 말한다.

wide[wáid] *a*. **넓은** 다목적 또는 광범위라는 의미로 사용된다.

wide area data service[–έ(ː)riə déitə sə́ːrvis] **WADS, 광역 데이터 서비스** 광역 전화 서비스(WATS)와 같은 제도를 데이터 전송 서비스에 적용한 것이지만 FCC(미 연방 통신 위원회)로부터 최종적인 인가를 얻을 수가 없어서 AT & T는 이것을 취소했다. ⇨ WADS

wide area information servers[–ìnfərméiʃən sə́ːrvərz] ⇨ WAIS

wide area network[–nétwə̀ːrk] **WAN, 광역 네트워크, 광역망**

wide area telephone service[–téləfòun sə́ːrvis] **WATS, 와츠, 광역 전화 서비스**

wide band[–bǽnd] **광대역, 광주파수 대역** 통신에 있어서 일반적인 음성 대역보다 더 넓은 전송 대역. 협대역과 대비된다.

wide band axis[–ǽksis] **광대역 축**

wide band CDMA ⇨ W-CDMA

wide band channel[–tʃǽnəl] **광대역 채널**

wide band communications system[–kəmjùːnikéiʃənz sístəm] **광대역 통신 시스템**

wide band data transmission circuit[–déitə trænsmíʃən sə́ːrkit] **광대역 데이터 전송 회로** 파일의 갱신이나 전송, 자기 테이프 전송 등의 고속 데이터 전송에 사용되는 회선. 그 예로서 AT & T 사의 TELPAK에서의 40.8킬로미터/초의 전송을 들 수 있다.

wide band exchange unit[–júːnit] **광대역 교환기** 음성 대역보다도 넓은 주파수 대역을 필요로 하는 화상이나 팩시밀리 등을 위해 사용되는 교환 장치. 광대역 데이터 교환 시스템에 사용되는 교환기로, 전신 교환기, 전화 교환기에 비해 교환기를 거치는 신호의 대역이 넓다.

wide band improvement[–imprúːvmənt] **광대역 개선도**

wide band ratio[–réiʃiòu] **광대역 비**

wide bar[–báːr] **와이드 바** 바 코드를 구성하는 평행바 가운데 폭이 굵은 바.

wide band data transmission system[–déitə trænsmíʃən sístəm] **광대역 데이터 전송 시스템** 일반적인 음성 광대역보다도 넓은 전송 대역을 사용하여 더 빠르게 데이터 전송을 행하는 방식.

wide carriage[–kǽridʒ] **넓은 캐리지** 한 줄에 132자를 인쇄할 수 있는 프린터. ⇨ orphan

wide channel[–tʃǽnəl] **광대역 채널** 일반적으로 9,600bps 이상의 통신 속도로 통신 가능한 회선을 말한다. 이 경우 wide는 주파수(frequency)가 광대역이라는 의미가 된다.

wide-multiple analogue components[–mʌ́ltipl ǽnəlɔ̀(ː)g kəmpóunənts] ⇨ W-MAC

Widget 윈도 시스템 상에서 사용자 인터페이스를 제공하는 구성 요소. 구체적인 요소로는 윈도, 메뉴 바, 스크롤바, 아이콘, 다이얼로그 박스 등이 있다.

widow elimination[wídou ilìminéiʃən] **위도 제거** 워드 프로세싱이나 전자 출판과 같은 문서 처리 시스템에서 한 문단의 첫줄이 페이지 사이에서 잘려 다른 줄들과 떨어질 때 이를 다음 페이지로 넘겨서 같은 문단의 다른 줄들과 같은 페이지에 나오도록 하는 것.

width[wídθ] *n*. **폭(幅), 접힌 종이**

width of character[–əv kǽrəktər] **문자폭**

Wiener, Norbert 위너 미국의 수학자(1894~1964). 과학계에서의 논객으로서 유명하다. 제2차 대전중에 J. von Neu-mann이나 H. Aiken 등과 함께 레이더나 사격 관제 시스템의 연구에 종사했다. 그의 연구 활동은 푸리에 해석, 예보 이론, 상대성 이론, 양자론, 시계열 등에 걸치며, 특히 통계학의 시계열 해석과 통신 공학의 결합에 대해 언급한 논문은 Shannon의 정보 이론 형성에 영향을 준 바가 크다.

WIFE 윈도 지능 글꼴 환경 Windows intelligent font environment의 약어. 윈도 3.x에서 한국어, 일본어, 중국어 등 2바이트로 표현되는 글꼴을 관리하는 기능. 같은 글꼴을 디스플레이와 프린터 양쪽에서 사용할 수 있다.

wild card[wáild káːrd] **임의 문자 기호, 와일드 카드** 원래는 카드 놀이에서 무엇에나 쓸 수 있는 카드를 말한다. 예를 들면 조커나 스페이드의 에이스 등을 가리킨다. 거기에서 바뀌어 데이터 베이스 검색이나 파일형 검색시에, 「그 위치에 어느 문자가 들어가도 좋다는 것을 나타내는 문자」를 와일드 카드라고 한다. 운영 체제의 한 기능으로 명령에서 파일 이름들을 지정할 때 적당한 패턴을 주면 거기에 부합되는 이름을 가진 모든 파일이 한꺼번에 지정된다. 예를 들어 MS-DOS의 경우 *는 임의의 문자열을 나타내므로 *·TXT는 TXT라는 확장명을 가진 모든 파일, A*·*는 A로 시작하는 파일 이름을 가진 모든 파일, *·*는 모든 파일을 지정하게 된다. 이러한 와일드 카드 기능은 대부분의 운영 체제에서 기본적으로 제공한다.

wild card character[-kǽrəktər] **임의 문자** 와일드 카드 기능을 수행하는 문자. 이는 운영 체제에 따라 다르지만 MS-DOS의 예를 들어보면 별표(*) 문자는 임의의 문자열, ? 문자는 임의의 한 문자를 대신한다.

WildCat[wáildkæ̀t] **와일드캣** 무스탕 소프트웨어(Mustang Software) 사에서 판매하는 IBM-PC용의 전자 게시판(BBS) 프로그램의 한 가지.

Wilkes, Maurice Vincent 윌크스 프로그램 라이브러리를 포함한 실용적인 프로그램의 개발을 처음으로 착수한 사람. 그는 레이블이나 초기 형태의 매크로, 마이크로프로그래밍의 개념(EDSAC Ⅱ의 설계에 있어서)을 제창하고, 후에는 리스트 처리 언어도 개발했다. MIT에서의 프로젝트 MAC의 멤버로서, 또 1965년부터 1970년까지는 캠브리지 대학의 연구소에서 전 기간을 통해서 시분할 시스템의 개발에 기여했다.

willful intercept[wílfəl ìntərsépt] **강제 대행 수신** 어떤 국을 향해 보내진 메시지를 그 국의 장치 또는 회선이 고장났을 때 도중에서 대신 수신하는 것.

Williams tube[wíljəmz tjúːb] **윌리엄즈관** 맨체스터 대학의 F.C Williams 교수가 개발한 정전형 기억 장치로 사용되는 음극선관(CRT)의 일종.

Williams-tube store[-stɔ́ːr] **윌리엄즈관 기억 장치**

Win32 API 마이크로소프트 사의 윈도 계열 운영 체제로 사용되고 있는 32비트 API(application programming interface)의 총칭. 윈도 NT용의 Win32, 95용의 Win32c, 3.1용의 Win32s가 있다. Win32는 약 1,500개의 함수를 포함하고, 윈도 3.1의 기본 API로서의 Win16을 확장했다. Win32c는 여기에서 NT 특유의 보안 기능 등을 제외한 것으로, 약 1,000개의 함수를 포함한다. Win32s는 윈도 3.1에서 32비트의 주소 공간을 취급하기 위해 사용되고, Win32 API를 사용한 응용 프로그램을 Win32s Extension이라는 무료 소프트웨어 모듈로 동작시킨다.

Win32s API 기존의 Win16에 비해서 훨씬 더 안정적이고 32비트 주소 체계나 긴 파일 이름 지원과 같은 뛰어난 기능을 가지고 있다. 반면 Win32s는 원래 윈도 95나 윈도 NT에서 사용하게 되어 있는 Win32 API 함수의 일부를 윈도 3.1에서도 구현되도록 만든 것이다. 따라서 32비트 프로그램을 수용하지 못하는 협력형 멀티태스킹 체계의 윈도 3.1 특성상 Win32의 발전된 기능 중 일부만을 사용할 수 있다. 그렇기 때문에 윈도 3.1에서 Win32s를 이용하여 Win32 응용 프로그램을 실행시킨다는 것은 일부 프로그램을 제외하고는 거의 불가능하다. 하지만 Win32s에서 만든 프로그램은 대부분 Win32에서 실행시킬 수 있다.

Winchester disk[wíntʃestər dísk] **윈체스터 디스크** 입출력 헤드가 붙은 암(ARM)과 디스크가 일체화된 소형 디스크. 정지하고 있을 때는 헤드가 디스크(원반)면에 접촉하고 있으며, 회전수가 올라가면 부상하도록 되어 있다. 통상의 범용 컴퓨터용의 디스크에 비해서 제어 장치를 포함해도 대폭 소형으로 되어 있지만 기억 용량은 플로피 디스크의 20~30배 정도로 크다. 퍼스널 컴퓨터나 오피스 컴퓨터의 보조 기억 장치로서 널리 시장에 등장하고 있다.

Winchester disk drive[-dráiv] **윈체스터 디스크 장치, 윈체스터 디스크 구동 장치** 자기 디스크와 자기 헤드의 부분을 일체화하고, CSS 방식을 채용한 자기 디스크 구동 기구의 총칭으로, 고밀도 자기 기록을 가능하게 한 자기 디스크.

Winchester disk technology[-teknáləd͡ʒi(ː)] **윈체스터 디스크 기술**

winding[wáindiŋ] *n*. **자장 유도선** 자기 장치에 유도 연결된 전선의 전도 통로.

window[wíndou] *n*. **창, 윈도** 디스플레이 표시 영역 내의 지정된 부분이며, 시저링을 실시하여 나타낸 표시 영상의 부분 집합을 포함하고 있는 것. 윈도는 표시 영역 전체에 걸쳐도 좋다. 또 텍스트 에디트로 취급하는 데이터의 단위이며, 대상이 되는 데이터 전체 중 표시 화면 위에 한 번에 표시될 수 있는 부분을 가리킨다.

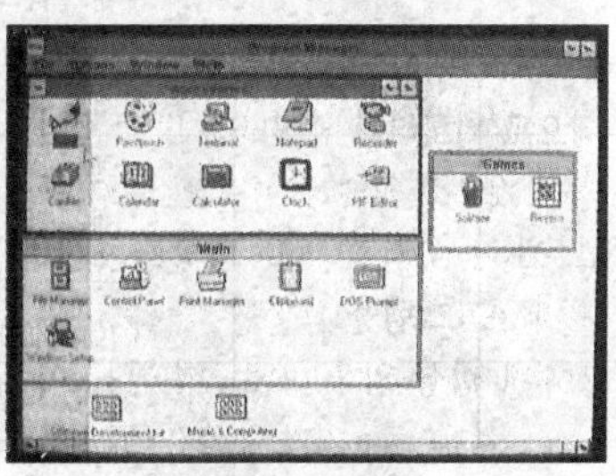

〈윈도 초기 화면〉

window-based[-béist] **윈도 방식의 화면** 표시를 위해 윈도 방식을 채택하는 뜻.

window concept[-kάnsept] **윈도 컨셉트**

window control[-kəntróul] **윈도 제어** 패킷 교환에 있어서 전문의 송신시에 여러 개의 패킷이 연속하여 전송할 수 있도록 수신측에 여러 개의 버퍼를 확보하는 제어 방식. 이 방식은 흐름 제어뿐만 아니라 패킷 분실과 중복의 검출, 회복의 제어, 패킷 전송 확인 제어에도 사용된다.

window flow control[-flou kəntróul] **창구(窓口) 흐름 제어**

windowing[wíndouwiŋ] **윈도잉** 윈도를 사용하여 어떤 일을 하는 것.

windowing environment[-inváirənmənt] **윈도 환경** 윈도를 사용하는 작업 환경. 이러한 환경은 대개 윈도와 풀다운(pull-down) 또는 팝업(pop-up) 메뉴, 아이콘(icon) 등을 사용한다.

window intercept[wíndou intərsépt] **윈도 중계 루틴**

window machine[-məʃíːn] **윈도 머신** 뱅크(은행) 시스템 등에서 창구에 사용되는 단말 장치의 총칭. 예를 들면 은행 창구의 예금 지출용과 철도나 항공기의 좌석 예약용의 장치 등에 널리 보급되고 있다.

window manager[-mǽnidʒər] **윈도 매니저** 디스플레이 상에 표시되는 윈도의 이동이나 크기 변경 등을 하는 프로그램.

Windows 2000 윈도 2000 윈도 NT의 후속 버전으로 고객 대상에 따라 프로페셔널(Professional), 서버(Server), 어드밴스트 서버(Advanced Server), 데이터센터 서버(DataCenter Server) 등 네 가지로 구분되어 있다. 각각 제품별 기능과 특징은 다음과 같다. ① Windows 2000 Professional(윈도 2000 프로페셔널) : 개인 사용자와 일반 기업에서 사용하기에 적합한 버전이다. 윈도 98에서 지원되었던 편리성과 개인 사용자를 위한 배려, 빠른 동작 속도, 뛰어난 전원 관리 기능, 플러그 앤드 플레이를 이용한 뛰어난 하드웨어 지원 기능, 뛰어난 보안성과 향상된 파일 시스템 등이 특징이다. ② Windows 2000 Server(윈도 2000 서버) : 중소 규모의 기업 환경에서 응용 프로그램의 설치 및 관리, 그리고 서버 운영에 적합하도록 설계된 윈도 2000 서버는 Active Directory를 비롯한 네트워크 지원 기능이 가장 큰 특징이다. 액티브 디렉토리는 사용자 관리, 그룹 관리, 네트워크 자원 관리, 보안 관리 등을 중앙에서 편리하게 관리할 수 있도록 하는 것으로, 네트워크 환경에서 업무 효율성을 높여주는 역할을 한다. ③ Windows 2000 Advanced Server(윈도 2000 어드밴스트 서버) : 윈도 NT 엔터프라이즈 4.0의 후속 제품인 윈도 2000 어드밴스트 서버는 강력한 응용 프로그램 서버 역할을 수행하는 제품이다. 특히, 8GB까지의 메모리 용량을 지원하며, 32대의 서버를 묶어 관리할 수 있는 등의 확장성을 제공하므로 대용량 데이터 베이스 관련 업무에 이용될 수 있다. ④ Windows 2000 DataCenter Server(윈도 2000 데이터센터 서버) : 윈도 2000 데이터센터 서버는 윈도 2000 제품군 중에서도 가장 강력하고 다양한 기능을 제공하는 서버 운영 체제로, 최대 64GB의 메모리 용량을 지원하며, 대용량의 데이터 베이스 관리, 과학 및 공학용의 대형 시뮬레이션 시스템 등에 활용할 수 있다.

Windows 95 윈도 95 윈도 3.1의 다음 버전의 제품명. 윈도 3.1처럼 번호로 제품명을 구별하는 방식에서 벗어나 일반 사용자가 이해하기 쉽도록 발

〈윈도 버전별 특징〉

발표일자	버전 및 이름	특 징
1993년 7월	윈도 NT 3.1	• 선점형 멀티태스킹, 멀티프로세서, Win32 구조, NT 파일 시스템 지원
1994년 9월	윈도 NT 3.5	• 네트워크 기능 대폭 강화, 원격 접속 서비스 지원, 보안 기능 개선 • 1995년 5월에 버그 및 기능 개선판인 3.51을 발표하였으며, 윈도 NT 시장 확대에 크게 기여
1996년 7월	윈도 NT 4.0	• 그룹 및 사용자 관리 기능 강화, 각종 마법사 기능 제공, 인터넷 기능 제공 등 획기적인 발전으로 NT 위상을 크게 강화시킴 • 옵션 팩과 서비스 팩을 통한 성능 향상 • 1996년 12월 한글판 출시
2000년 2월	윈도 2000	• 사용자 편의성 강화, 플러그 앤드 플레이(plug & play) 강화, 다국어 지원, 파일 시스템 성능 향상 및 FAT32 지원, 새로운 하드웨어 기술 지원 • 윈도 98의 평이성+윈도 NT의 안전성과 보안성 • 2000년 3월 한글판 출시

표한 해인 95년부터 「윈도 95」라고 명명했다.

Windows 98 윈도 98 마이크로소프트 사가 1998년 중반에 발표한 PC용 운영 체제. 개발 코드명은 「Memphis」. 인터넷 익스플로러 기능과의 대폭적 융합을 의도하여 인터넷 푸시 기술을 응용한 액티브 데스크톱을 탑재하는 등 운영 체제와 인터넷의 직접적 연결을 주안점으로 삼고 있다. 국내에서는 1998년 8월 11일에 발매되었다.

Windows accelerator[-əksélərèitər] **윈도 가속기** 윈도에서 화면에 그래픽을 표시할 때 보다 고속으로 처리하기 위한 그래픽 가속기. 윈도 GUI 환경은 컴퓨터에 높은 이미지 처리 능력을 요구하므로 CPU의 처리 속도가 느려지기 쉽다. 윈도 가속기는 이러한 CPU의 처리를 대신하는 이미지 처리 전용 칩이다.

Window CE 윈도 CE 1996년 9월 마이크로소프트 사가 발표한 운영 체제. 마이크로소프트 사는 암호명 페가수스로 알려진 윈도 CE를 발표했는데, 윈도 CE의 용도는 소형 모빌 컴퓨팅, 무선 통신 기기(디지털 호출기 등), 차세대 오락/멀티미디어 기기, 특수 목적용 인터넷 접속 기기(인터넷 TV 등) 등 대부분의 정보 통신 기기를 포함하고 있다. MS-DOS와 윈도로 개인용 컴퓨터, 윈도 NT로 서버급 컴퓨터까지 제패한 마이크로소프트 사가 가전 제품마저 장악하려는 야심을 갖고 발표한 것이 바로 윈도 CE이다.

Windows consortium[-kənsɔ́ːrʃiəm] **윈도 컨소시엄** 마이크로소프트 윈도 상에서 작동하는 응용 프로그램의 개발과 보급을 목적으로 하는 단체로, 컴퓨터 제조 업체, 소프트웨어 하우스가 회원으로 가입하고 있다. 전체적인 기술 세미나나 개개의 주제별로 세분화된 전문 부회가 열리고 있다.

Windows distributed Internet applications architecture[-distríbj(ː)təd ìntərnét æ̀plikéiʃənz ɑ́ːrkitektʃər] **윈도 DNA** ⇨ Windows DNA

Windows DNA 윈도 DNA Windows distributed Internet applications architecture의 약어. 윈도 NT에 의한 인터넷을 기반으로 한 분산 시스템 구축을 목적으로, 네트워크, 비즈니스, 데이터 베이스 등 광범위한 분야에 걸친 컴퓨터의 이용을 윈도 NT를 중심으로 한 시스템으로 통합하고, 관리, 운영, 시스템 구축 등에서 발생되는 비용의 절감 등을 꾀하는 것.

Windows intelligent font environment[-intélidʒənt fɑ́nt invɑ́irənmənt] **윈도 지능 글꼴 환경** ⇨ WIFE

Windows key[-kíː] **윈도 키** 마이크로소프트 사의 윈도의 로고 마크가 들어가 있는 키로, 윈도 95 이후부터 지원된다. 윈도 응용 프로그램들의 전환 등에 사용된다.

window size[wíndou sɑ́iz] **윈도 사이즈** 윈도 사이즈는 수신 단말의 수신 능력(버퍼수, 처리 능력 등)에 의해 제한되며, 종래의 BASIC 수순은 1블록마다 응답이 필요하기 때문에 윈도 사이즈는 1이 된다. 즉, 고수준 전송 제어 절차에서는 정보 블록마다 상대로부터의 확인 응답을 기다리지 않고 연속하여 정보 블록을 송신할 수 있는데, 이 확인 응답 없이 연속해서 송신할 수 있는 블록의 수를 윈도 사이즈라고 한다.

Windows ME 윈도 ME Windows millenium edition의 약어. 윈도 98의 후속 버전으로, 윈도 95에 이어 마이크로소프트 사의 32비트 운영 체제 계통의 최종판. 시스템 파일을 보호, 복원하여 시스템의 안정성을 지속시키는 「PC Health」가 추가되었고, 레거시 프리에 대응하며 네트워크 기능이 강화되었다. 또한 간단한 비디오 편집 툴 「Windows Media Player 7」을 탑재하는 등 디지털 미디어에 대한 대응도 강화하고 있다. 미국에서는 2000년 9월, 국내에서는 같은 해 9월 15일에 출시되었다.

Windows media audio[wíndouz míːdiə ɔ́ːdiou] ⇨ WMA

Windows millenium edition[-miléniəm idíʃən] **윈도 ME** ⇨ Windows ME

Windows NT 윈도 NT 마이크로소프트 사가 개발중인 윈도 시스템의 신판. PC용의 인텔 386/486 프로세서 외에 Silicon Graphics 사 산하 MIPS Technology 사의 RISC 칩이나 DEC 사의 Aipha 프로세서에서도 작동하게 되어 있다. 기능적으로는 윈도 3.1을 포함하여 OS/2와 같은 멀티태스킹 등의 기능이 추가되어 있다. NT는 new technology의 약자이다.

Windows NT remote access server ⇨ RAS

Windows NT server 윈도 NT 서버 네트워크 서버로서 서비스를 제공할 수 있도록 각종 서버 프로그램을 지원하는 윈도 NT의 패키지 이름. IIS, DHCP 서버, WINS 서버 등 각종 서버가 첨부되어 있다. 클라이언트용으로는 Windows NT Workstation이 있다.

window software [-sɔ́(ː)ftwὲər] **윈도 소프트웨어** 윈도 시스템 방식의 응용 소프트웨어. 디스플레이를 여러 개의 윈도로 분할함으로써 여러 가지 작업을 동시에 수행하거나 여러 상태를 동시에 표시할 수 있다.

Windows open service architecture[-óupən sə́ːrvis ɑ́ːrkitektʃər] **윈도 개방 서비스 구조** ⇨ WOSA

Windows scripting host[–skríptiŋ hóust] **윈도 스크립팅 호스트** 윈도 98이나 윈도 NT의 스크립트를 실행하는 환경. VBScript나 JavaScript를 운영 체제 상의 매크로로 이용할 수 있다. MS-DOS에서의 일괄 파일 등에 해당한다. ⇨ script, batch file

Windows software[–sɔ́(ː)ftwὲər] **윈도 소프트웨어** 컴퓨터의 표시 화면을 여러 개로 분할하고, 여러 가지 작업, 여러 다양한 상태를 표시하게 해주는 소프트웨어.

Window System[–sístəm] **윈도 시스템** 디스플레이 상에 서로 다른 여러 윈도를 표시하는 소프트웨어. 한 화면상에 종이를 쌓는 듯이 여러 윈도를 표시할 수 있으며 그 상하 관계는 자유로이 바꿀 수 있다. 각 윈도 내는 다른 소프트웨어가 동작하는 것이 일반적이며, 윈도의 크기/위치나 프레임의 색깔 등은 변경이 가능하다. 윈도 내는 그래픽 화면으로 되어 문자와 도형을 섞어 표시할 수 있다.

window/viewport transformation[–vjúːpɔ̀ːrt trӕnsfərméiʃən] **창/표시 영역 변환** 좌표계 내의 좌표축에 평행한 직사각형 영역 내의 도형을 동일 또는 다른 좌표계 내의 좌표축에 평행한 직사각형 영역으로 좌표의 대소 관계를 유지하여 사상하는 변환. 창의 경계와 내용을 표시 영역의 경계와 내부에 사상(寫像)하는 것.

WinG 윈지 윈도 3.1용 그래픽 전용의 고속 API. 보급되기 전에 윈도 95가 표준화되어 Direct API (DirectX)로 대체되었다.

WingZ 윙즈 애플 매킨토시 컴퓨터를 위한 스프레드시트 프로그램의 하나.

WIN.INI 마이크로소프트 사 윈도 2.x/3.x의 동작 환경 설정을 기술한 일반 텍스트(plain text) 형식의 설정 파일. SYSTEM.INI 파일과 함께 사용되고 있다. 윈도 NT나 윈도 95에서는 레지스트리라는 2진 형식의 데이터 베이스에 주요 기능이 이전되었으나, 호환성 유지를 목적으로 윈도 95/98에도 존재한다.

WinOnCD 윈온 CD 독일 시쿼드랫(CeQuardrat) 사에서 만든 프로그램으로 이지 CD 크리에이터와 함께 레코딩 프로그램의 양대 산맥으로 불린다. 윈온 CD의 장점은 데이터 백업, 음악 CD, 매킨토시용, CD-XA 등 거의 모든 규격으로 만들 수 있다는 것이다. 영문판 프로그램이지만 한글 이름을 가진 파일을 CD로 만드는 데 불편이 없다.

WINS Windows Internet naming service의 약어. NetBIOS에서 IP 주소를 얻는 데 필요한 서비스.

winsock[wínsɔk] **윈속** window socket의 약어. 웹 서버를 검색하는 넷스케이프 같은 웹 브라우저 프로그램을 사용하려면 윈속이라는 인터넷 연결 프로그램이 먼저 실행되어야 한다. 윈속은 컴퓨터가 인터넷 서버와 연결되도록 함으로써 결국 인터넷과 연결되도록 해주는 통신 프로그램이다. 즉, 윈속은 통신 부분을 담당하고 브라우저는 정보 검색과 검색한 정보를 보여주는 부분을 담당한다고 생각할 수 있다. 대표적인 윈속 프로그램은 다음 세 가지가 있다. ① 트럼펫(trumpet) 윈속 : 트럼펫 사에서 만든 윈속으로 가장 많이 사용되고 있는 대표적인 윈속 프로그램이다. ② 트윈속(twinsock) : 트로이 롤로(Troy Rollo) 사에서 만든 윈속 프로그램. ③ 다윈속(dawinsock) : 데이콤에서 트윈속을 수정하여 천리안 가입자들이 사용할 수 있도록 만든 윈속 프로그램.

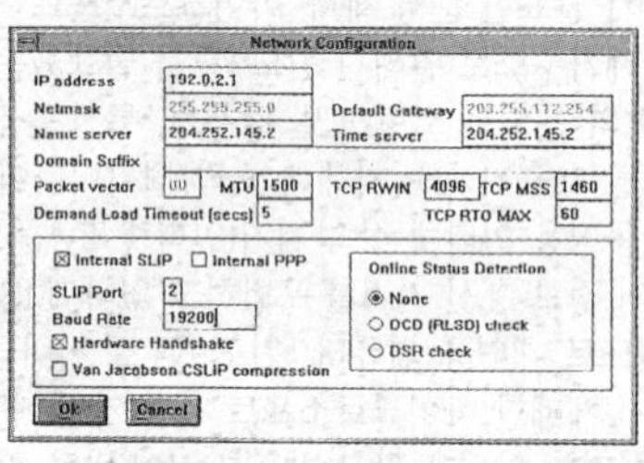

〈트럼펫 윈속의 셋업 화면의 예〉

winsock client[–kláiənt] **윈속 클라이언트** 많은 사용자들이 윈속 상태에서 웹을 이용하기 위한 웹 브라우저인 넷스케이프만을 사용하고 있다. 하지만, 윈속 클라이언트의 종류는 브라우저 외에도 다양하다. ⇨ 표 참조

Wintel 윈텔 Windows와 Intel의 합성어. 개인용 컴퓨터의 대부분이 인텔 CPU를 기반으로 한 마이크로소프 사의 운영 체제를 사용하기 때문에 생겨났다.

WIPI 위피 wireless internet platform for interoperability의 약어. 한국 무선 인터넷 표준화 포럼이 만든 무선 인터넷 플랫폼 표준 규격.

WIPO 세계 지적 소유권 기구 World Intellectual Property Organization의 약어.

wire[wáiər] *n*. **유선, 줄** 일반적으로 전선이나 와이어라고 하는 도전성(導電性)의 성질을 갖는 케이블. 단순히 케이블이라고 할 때는 와이어보다 굵은 선을 표시하는 경우가 많다. 또 단순히 선으로 연결하고 있다는 상태를 표시하고, 무선에 대하여 유선이라는 의미를 나타낸다.

wire bonding[–bɑ́ndiŋ] **와이어 본딩** 집적 회로의 용기를 가느다란 와이어로 접속하는 것으로서

〈윈속 클라이언트의 종류〉

서비스의 종류	윈속 클라이언트
Mail Reader	Eudora, Pegasus Mail, Windows 95 내의 메일함
News Reader	Agent, WinVn, News Express
WWW Browser	Netscape Navigator, Mosaic, 첼로(Cello), Explorer, WinWeb
Telnet Client	Winterm, Netterm
FTP Client	Ws-FTP, CUTE-FTP
Gopher Client	Ws-Gopher, HGohper
그 외	WFinger, WNArchie, IRC4WIN 등

열압착법이나 초음파 압착법이 사용된다.

wired[wáiərd] *a*. **배선식(配線式)의, 배선식, 와이어드**

wired-AND 와이어드 AND 두 개 이상의 게이트들의 출력을 직접 접속하여 AND 기능을 만든 것으로 실제로는 게이트가 없으나 AND 게이트의 역할을 한다.

wired-in[–in] **하드적으로 내장된**

wired logic[–ládʒik] **와이어드 논리** 두 개의 단자를 연결하여 논리합 회로를 구성하는 방법. 이 경우, 연결하는 각 단자는 방향성이 있는 경우에 한한다. 만약 방향성이 없으면, 정보는 역류할 염려가 있으므로 결선 논리는 구성할 수 없다.

wired logic control system[–kəntróul sístəm] **와이어드 논리 제어 방식**

wired OR 와이어드 OR, 집약 논리합, 연결 오어 둘 이상의 게이트의 출력을 직접 접속함으로써 OR 게이트의 기능을 하게 만든 회로. 여러 논리 회로의 출력을 서로 접속하여 특별한 논리 소자를 사용하지 않고 출력으로서 논리합 기능을 얻는 것.

wire dot matrix printing[wáiər dát méitriks príntiŋ] **와이어 도트 방식** 문자 패턴을 도트로 분해하여 인자하는 방식의 하나.

wire dot printer[–príntər] **와이어 도트 프린터** 매우 가는 튼튼한 와이어를 전자석으로 이동시킴으로써 부속 잉크 리본(ink ribbon)으로 용지에 인쇄시키는 프린터이며, 라인 프린터(line printer)에 비해 인쇄 속도가 느리다는 등 결점이 있지만 값이 저렴하기 때문에 개인이나 소규모의 사무실에서 많이 사용한다.

wired program computer[wáiərd próugræm kəmpjúːtər] **배선식 프로그램 컴퓨터, 배선반 프로그램식 컴퓨터**

wire-frame[wáiər fréim] **와이어 프레임** 컴퓨터 그래픽에서 3차원 물체의 형상을 나타내기 위해 물체의 형상을 수많은 선의 모임으로 표시하여 입체감을 나타내는 것. 이것은 마치 철사를 이어서 만든 뼈대처럼 보이므로 와이어 프레임이라 한다. 이것은 구조가 간단하여 물체를 표시하는 데 시간이 적게 걸리는 장점이 있으나 와이어 프레임만으로는 물체의 실감은 느낄 수 없으므로 선들이 만나서 생기는 각 면에 적절한 색깔을 입히는 렌더링(rendering) 작업과 가려서 보이지 않는 선을 제거하는 은선 제거(hidden-line elimination) 작업이 뒤따라야 실체감 있는 화상을 만들 수 있다.

wire-frame representation[–rèprizentéiʃən] **와이어 프레임 표시, 철사 세공 표현** 은선(隱線)을 구별하는 것이 아니라 3차원 물체의 모든 가장자리를 나타내는 방법.

wire impact printer[–ímpækt príntər] **와이어 임팩트 프린터** 도트로 구성된 문자나 이미지 정보를 출력하는 와이어 도트 방식의 임팩트 프린터.

wireless application protocol[wáiərləs æplikéiʃən próutəkɔ(:)l] ⇨ WAP

wireless internet platform for inter operability 위피 ⇨ WIPI

wireless LAN 마이크로파나 적외선을 이용한 무선에 의한 LAN. 플로어의 배선이 없어 단말의 포터블화가 가능하다. 반면에 주파수를 확보하는 것이 필요하고, 또 비트 에러율이 높아 전송 품질이 낮다. ⇨ 그림 참조

wireless local loop[–lóukəl lúːp] 기존의 가입자 선로를 유선이 아닌 무선으로 설치하여 음성, 데이터, 팩스 등을 제공할 수 있는 통신망으로 새로운 시내망 대체 기술로 주목받고 있는 기술. 핸드오프(hand-off) 기능은 없으나 유선에 비해 투자 비용이 낮고, 망 구축이 용이해 통신 인프라가 미개발된 지역으로 인구가 밀집된 지역에 유리하다.

wireless markup language[–máːrkʌ̀p lǽŋgwidʒ] **무선 마크업 언어** ⇨ WML

wire matrix printer[wáiər méitriks príntər] **와이어 매트릭스 프린터**

wire memory[–méməri(:)] **와이어 메모리, 와이어 기억** 자성 박막 기억 장치의 일종으로, 자성 박

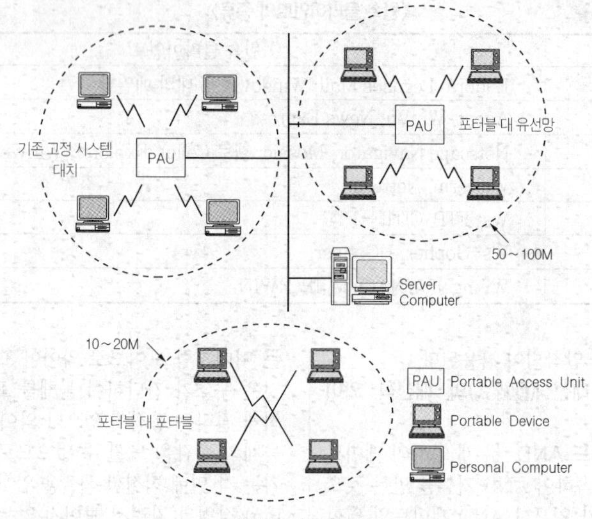

〈무선 LAN의 구조〉

막 소자를 금속선에 형성시킨 구조. 와이어에 강자성체의 박막을 도금하고, 이 와이어를 짜서 열선(熱線)을 구성하며, 여기에 행선을 묶고, 그 교점에 자기적인 기억을 시키는 메모리.

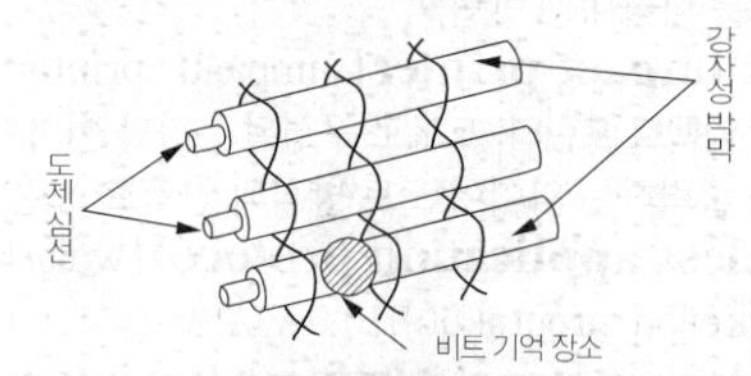

〈와이어 메모리〉

wire printer [–príntər] **와이어 프린터, 와이어 인쇄 장치** 점의 모임으로 문자를 표시하는 프린터로 고속 라인 프린터의 일종. 글자를 전광(電光) 뉴스와 같이 점의 조합으로 구성하고 강철선 끝을 사용하여 점을 인자한다. 동작 부분의 질량이 적기 때문에 원리적으로 매분 1만 행 정도의 빠른 속도가 얻어진다.

wire sharing system [–ʃεə́riŋ sístəm] **와이어 분할 시스템**

wire spring relay [–spríŋ riːléi] **와이어 스프링 계전기(繼電器)**

wire storage [–stɔ́ːridʒ] **와이어 기억 장치**

wiretapping [wáiərtæ̀(ː)piŋ] **도청(盜聽)**

wire wrap [wáiər rǽp] **와이어 랩** 전기 회로를 구성할 때 특별히 설계된 단자 둘레에 전선을 감아서 전기적인 연결을 하는 방법. 전자 부품의 단자에 전선을 고압력으로 감아서 접속한다.

wire wrap board [–bɔ́ːrd] **와이어 랩용 기판**

wire wrap connection [–kənékʃən] **와이어 랩 접속**

wire wrap tool [–túːl] **와이어 랩 공구**

wiring [wáiriŋ] *n.* **배선, 와이어링**

wiring board [–bɔ́ːrd] **배선반**

wiring design [–dizáin] **배선 설계** 컴퓨터에서는 논리 설계가 완료되어도 각 기본 회로를 어떻게 배치해서 배선할 것인지가 실제 장치를 제조할 때 중요하다. 단자 수도 팽대하고 또 배선이 길어지면 신호 전송에 시간을 요하고 변형도 생기기 쉬우므로 가능하면 짧게 배선하고 배선 간에 따른 신호 유도도 생기기 어렵게 하여야 한다. 이런 사항을 기본으로 어떻게 기본 회로를 배치해서 각 기본 회로를 배선하면 좋은가를 설계하는 것을 말한다.

without full screen zoom [wiðáut fúːl skríːn zúːm] **비(非) 전화면화, 완전 화면으로 복귀** 확대 표시되어 있던 윈도의 크기를 원래 사이즈로 되돌리는 것.

wizard [wízərd] **위저드, 마법사** 대화 형식으로 몇 단계의 복잡한 조작을 용이하게 실행할 수 있도록 하는 가이드 기능. 마이크로소프트 사의 「워드」나 「엑셀」 등에서 채택하고 있다. 또한 컴퓨터에 관한 풍부한 지식을 갖고 있으며, 어떠한 질문에 친절히 답해주는 사람도 위저드(마법사)라고 한다.

WMA Windows media audio의 약어. 마이크로소프트 사가 개발한 음성 압축 부호화 방식. WMT의 일부로 압축 코딩의 명칭이다. 작성한 오디오 파일은 윈도 미디어 플레이어로 재생이 가능하다.

W-MAC wide-multiple analogue components의 약어. ⇨ HD-MAC

WML 무선 마크업 언어 wireless markup language의 약어. HTML과 유사한 작은 크기의 마크업 언어로서 휴대용 단말기용으로 최적화되어 있다. XML 기반으로 제작되었으며, 적은 디스플레이에서 키보드 없이도 한 손에 들고 사용할 수 있도록 설계되었다.

WOCON-INFOR 세계 정보 통신 국제 학술 회의 World Conference on Information Processing and Communication의 약어.

WOM 기록 전용 기억 장치 write only memory의 약어.

Word 워드 Microsoft Word를 말한다. 마이크로소프트 사가 판매하는 워드 프로세서 프로그램. 최신 버전은 워드 2002이다. 철자 검사나 홈페이지 작성 기능 등 다양한 기능을 갖추고 있다.

word[wə́ːrd] *n*. **낱말, 단어, 워드** 컴퓨터로 처리되는 데이터의 기본 단위. 보통 하나의 명령 또는 수치를 한 워드로 생각한다. 사용하는 컴퓨터에 따라 워드의 길이가 한정되어 있는 것(고정 길이)과 바꿀 수 있는 것(가변 길이)이 있다. 고정 길이에는 8비트, 16비트, 24비트, 32비트 등 여러 가지 길이가 있다. 또 한 워드의 절반 길이인 것을 하프 워드(half word), 배의 길이인 것을 더블 워드(double word)라고 한다.

word address[–ədrés] **워드 주소, 단어 주소**

word address format[–fɔ́ːrmæt] **단어 주소 형식** 그 단어가 무엇을 의미하는가를 지정하기 위해 블록 내 각 단어의 첫머리에 번지용 문자를 갖는 제어 테이프의 형식.

word and byte addressing[–ənd báit ədrésiŋ] **단어 및 바이트에 의한 어드레스 지정**

word boundary[–báundəri(ː)] **단어 경계** 4바이트가 한 워드인 컴퓨터에서 기억 장치가 바이트 단위로 구성될 경우 4의 배수가 그 단어 경계가 된다. 즉, 컴퓨터에서 사용되는 데이터를 단어 단위로 구별하는 경계.

word buffer[–bʌ́fər] **워드 완충 기억 기구**

word capacity[–kəpǽsiti(ː)] **단어 용량** 컴퓨터의 몇가지 단어 길이 중 하나를 한 개의 데이터로 선택한 것. 여러 작업을 이 길이의 일부 또는 정수배로 표시함으로써 서로 다른 동작을 분류한다.

word computer[–kəmpjúːtər] **단어 컴퓨터**

word conversion dictionary[–kənvə́ːrʃən díkʃənəri(ː)] **단어 변환 사전** 국어 사전에 기재되어 있는 단어가 수록되어 있는 사전. 이 사전을 사용함으로써 단어(숙어)의 한글 한자 변환을 할 수 있다. 이 사전은 주로 대화 처리에 사용된다.

word count[–káunt] **단어 계수, 워드 카운트** 문장 내의 단어를 세는 것. 예를 들면 유닉스에서 사용되는「wc」등. 이런 사용 목적의 소프트웨어도 있다.

word count register[–rédʒistər] **단어 계수 레지스터**

word determination[–ditəːrminéiʃən] **단어 결정**

word dictionary[–díkʃənəri(ː)] **숙어 사전**

word format[–fɔ́ːrmæt] **워드 포맷** PC의 메모리에는 1바이트를 단위로 해서 일련의 번지가 배당되어 있다. 알파벳은 ISO 코드를 사용해서 한 문자에 1바이트이면 충분하지만, 한글이나 한자는 수가 많기 때문에 1바이트로는 부족하고 2바이트를 사용한다. 이런 경우 보통은 코드의 상위의 수를 앞의 번지에 넣는 형식을 취하고 있다. 수치를 표시하는 단위에는 정밀도나 컴퓨터, 또는 운영 체제에 따라 다양한 형식이 있다.

word-for-word translation[–fər wə́ːrd trænsléiʃən] **순어역(順語譯)** 영어, 불어는 물론 러시아어도 동일 계통의 언어에서 나왔으므로 주어, 동사 등의 위치가 별로 변하지 않는 경우가 있다. 이와 같은 경우, 원문 중의 단어를 차례로 기계로 번역해도 문장이 된다. 이러한 방법을 말한다.

word gap[–gǽp] **단어 갭**

word generator[–dʒènəréitər] **단어 발생기**

Wordian 워디안 한글과 컴퓨터 사가 판매하는 대표적인 한글 워드 프로세서 소프트웨어. DOS용 운영 체제용인 한글 1.0에서부터 시작하여 윈도용은 버전 3.0부터 제공되었다. 3벌식 타자 지원, 한영 자동 변환, 표 기능 등 탁월한 문서 작성 기능을 제공하며, 국내 1위의 워드 프로세서 시장 점유율을 보인다. 기존의 한글 97 버전을 대폭 수정 보완한 후 소프트웨어 명칭을 워디안으로 개명하여 2000년 10월 9일에 출시했다.

word length[wə́ːrd léŋθ] **단어 길이, 워드 길이**「단어」에 포함되는 캐릭터(character)의 길이를 비트(bit)나 바이트(byte)로 표시한 것. 문자 수, 비트 수, 바이트 수로 표현되는 하나의 단어(워드) 길이.

word line[–láin] **단어선(線)** 선형 선택의 자심 기억 장치에서 사용되는 것으로 단어 선택에 사용하는 선.

word machine[–məʃíːn] **워드 머신, 워드 컴퓨터** 일정한 비트 길이를 워드로 하여, 그것을 단위로 각종 처리를 하는 컴퓨터의 총칭. 일정한 비트 길이로는 16, 32비트 등이 있다. 워드 머신은 워드가 기본인 데 대하여 처음부터 기본 단위를 1바이트로 고정한 바이트 머신이 있는데, 현재로서는 이것이 컴퓨터의 주류가 되어 있다.

word mark[–máːrk] **단어 마크** 한 단어의 시작

이나 끝을 알리는 지시자. 단어(워드) 길이를 가변 길이로 취급하는 컴퓨터에서 단어와 단어의 구분을 명확히 하기 위해 설치되는 마크. 단어 마크에 따른 가변 길이 취급을 위해서는 한 자리 비트 구성에 1 비트 여분을 가지고, 그 여분의 비트가 "1"인 것을 확인함으로써 단어를 구분한다.

word modifier[–mádifàiər] **단어 주소 변경자**

word module[–mádʒuːl] **워드 모듈**

word operand[–ápərænd] **워드 연산 대상**

word-organized storage[–ɔ́ːrgənàizd stɔ́ːridʒ] **단어 구성 기억 장치** 기계어의 단위만으로 데이터 입출력이 가능한 기억 장치로 기억 장소 내의 각 단어는 해당 단어의 모든 자기 소자에 공통으로 전선이 감겨져 있어 입력과 출력 펄스에 전달한다.

word-organized store[–stɔ́ːr] **단어 구성 기억 장치**

word oriented[–ɔ́ːrìented] **단어 중심** 초기 컴퓨터에서 쓰이던 기억 장치의 형태로 기억 장치는 "단어"라는 부분으로 나뉘고, 각 단어가 주소를 가지며, 약 10개 숫자의 위치를 나타내는 2진 숫자를 표시하는 비트를 포함한다.

word pattern[–pǽtərn] **워드 패턴** 기계가 인식할 수 있는 가장 작은 단위를 가진 언어의 단위.

Word Perfact[–pə́ːrfikt] **워드 퍼팩트** IBM PC용 워드 프로세싱 패키지의 이름. 미국의 워드 퍼팩트 사에서 개발하였다. 기능적으로는 뛰어나지만 배우기가 매우 어렵다.

word period[–pí(ː)riəd] **단어 주기** 연속적인 단어에 대응된 위치에 있는 숫자를 나타내는 신호가 발생하는 시간 간격.

word problem[–prábləm] **단어의 문제**

word processing[–prásesiŋ] **WP, 문서 처리** 문서(text)의 입력이나 편집(editing), 검색, 교정, 인쇄 및 보관 등의 일련의 처리. 이 경우의 word는 낱말의 집합으로서의 문서를 가리킨다.

word processing center[–séntər] **문서 처리 센터**

word processing program[–próugræm] **문서 처리 프로그램** 컴퓨터에서 문서의 작성, 수정, 조작 및 인쇄에 사용되는 프로그램.

word processing system[–sístəm] **문서 처리 체계** 워드 프로세스의 일련의 처리를 다루는 컴퓨터 시스템.

word processing terminal[–tə́ːrminəl] **워드 처리용 단말기**

word processor[–prásesər] **문서 처리기, 워드 프로세서** (1) 미국의 IBM 사가 1964년 자기 테이프에 단어를 찍는 신형 타자기를 개발, 시판했을 때 처음 등장한 말로 오늘날은 일반적으로 컴퓨터를 이용한 문서 처리 장치를 말한다. 예를 들어 한글 키보드로 문서를 입력하고 한자로 표시하고 싶은 부분에서 버튼을 누르면 자동으로 한자로 바뀐다. 이러한 작업은 먼저 브라운관의 디스플레이어를 보면서 하는데, 만일 틀리더라도 수정·추가·삭제·교환 등을 마음대로 쉽게 할 수 있다. 브라운관 위에 필요한 한 페이지분의 문서가 완성되면 하드 카피를 찍는다. 보존할 필요가 있는 문서일 때, 플로피 디스크에 기록시켜 두면 필요할 때 언제든지 다시 찾아서 읽어볼 수 있다. (2) 문서 정보의 처리를 하는 기기 및 그 조합으로 구성되는 시스템을 말한다. 주요 기능은 문서의 작성이며, 구성 요소로는 본체, 입출력 장치, 모니터, 외부 기억 장치(FD 등) 등으로 되어 있다. 최근의 경향으로는 통신 기능을 부가한다든지, 입력 장치로서 종래의 키보드 이외에 음성 및 손으로 쓰는 문자를 취급하는 것도 판매되고 있다.

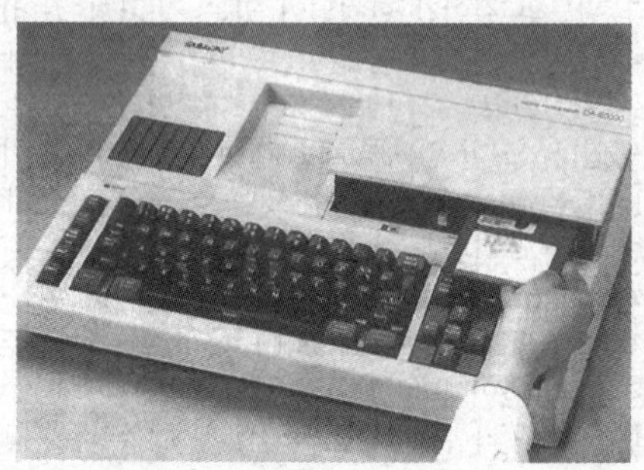

〈최초로 3.5인치 플로피 디스크를 사용한 영문 워드 프로세서〉

word processor for Korean characters[–fər kəríən kǽrəktərz] **한글 워드 프로세서** 한글 문장 입력, 기억, 편집 및 인쇄의 기본 기능을 갖는 문서 작성의 효율화를 주목적으로 하는 장치.

word processor software[–sɔ́(ː)ftwὲər] **워드 프로세서 소프트웨어** 문서 작성에서부터 장식, 레이아웃 등의 워드 프로세서 기능을 PC 상에서 실현하는 소프트웨어. 대표적인 것에 「Microsoft Word」가 있다.

word recognition system[–rèkəgníʃən sístəm] **단어 인식 시스템**

word recognizer[–rékəgnàizər] **단어 인식자**

word retrieval[–ritríːvəl] **문자열 검색**

word search[–sə́ːrtʃ] **문자열 검색** 지정한 문자열을 문서 안에서 찾아내는 기능.

word separator[–sépərèitər] **단어 분리 문자** 에디터나 워드 프로세서에서 단어를 구별하는 문자. 대개 공백(blank)이지만 다른 문자일 수도 있다.

word serial[−sí(ː)riəl] **단어 시리얼**

word size[−sáiz] **단어 크기**

word space[−spéis] **단어 공간** 자기 드럼, 자기 디스크, 자기 테이프와 같은 직렬 계수 장치에서 한 단어가 차지하는 실제의 영역 또는 공간.

words per minute[−pər mínət] **wpm, 단어/분**

words per second[−sékənd] **wps, 단어/초**

word spill[−spíl] **단어 이송**

word spotting[−spátiŋ] **워드 스포팅**

WordStar 워드스타 8비트 CP/M용으로 1979년에 발표되어 가장 많이 보급된 워드 프로세싱 프로그램으로서 IBM PC에도 이식되어 널리 사용된다. 미국의 마이크로프로 인터내셔널(Micropro International) 사에서 판매하는 워드 프로세싱 프로그램의 상품명.

word stem[−stém] **어간(語幹)** 정보 검색에 있어서 키워드로 단어 전체를 쓰지 않고 어간 부분만을 사용하는 기법.

word symbol[−símbəl] **단어 기호** 시스템에서 예약된 이름(예약어).

word time[−táim] **단어 시간** 직렬식 컴퓨터에서 하나의 단어가 어떤 장치에서 다른 장치에 전송될 때 정보로를 지나가는 시간.

word transfer[−trænsfə́ːr] **단어 전송** 전송은 완전히 문자 단위로 이루어지는데, 통신할 때는 한 순간에 컴퓨터와 외부 장치 사이에서 24비트가 전송된다. 이것은 출력시에 단어를 문자로 분할하지도 않으며 입력시에는 문자를 단어로 합치지도 않는다는 것을 의미한다.

word wrap[−rǽp] **단어 넘김** 워드 프로세싱에서 문장을 연속적으로 입력할 때, 한 단어의 끝이 미리 정해진 문서의 오른쪽 끝을 넘어가면 그 단어를 자동으로 다음 줄의 처음 위치로 옮기는 것.

word wraparound[−rǽpəràund] **워드 랩어라운드** ⇨ justification

work[wə́ːrk] *n. a.* **작업, 일(의), 실행(의)** 일반적으로는 컴퓨터가 몇 개의 명령을 실행하거나 작업을 행하는 또는 주변 기기가 컴퓨터 등의 지령, 명령으로 동작하는 것.

work analysis program[−ənǽlisis próugræm] **WAP, 작업 분석 프로그램**

work area[−ɛ́(ː)riə] **작업 영역, 워크 에어리어** 프로그램은 실행 과정에서 여러 가지 계산을 하여 데이터를 가공, 처리하기 때문에 계산을 하기 위한 영역이나 도중의 결과를 일시적으로 대피시켜 두는 영역이 필요하다. 이를 위해 확보된 영역을 작업 영역이라고 한다. 보통 주기억 장치에 확보되지만 용량에 따라서는 자기 디스크 등 외부 기억 장치를 사용하는 경우도 있다.

work area control[−kəntróul] **작업 영역 제어** 데이터 처리 시스템이 일시적으로 사용하는 영역에 대한 제어.

work bench[−béntʃ] **작업대 벤치, 워크 벤치** 다수의 사용자들에게 하드웨어와 소프트웨어 지원이 공유되는 프로그래밍 환경.

work breakdown structure[−bréikdàun strʌ́ktʃər] **WBS, 작업 명세 구조, 업무 세부화 구조, 워크 브레이크다운 스트럭처**

work center[−séntər] **작업 센터** 공장 내에서 동일 기종만을 생산하기 위해 한 장소에 모은 작업장.

work cycle[−sáikl] **작업 주기** 과제나 작업을 수행하거나 한 단위의 생산을 하는 데 필요한 일련의 연속 동작의 주기.

work cylinder[−sílindər] **작업 실린더**

work data set[−déitə sét] **작업 데이터 세트**

work definition[−dèfiníʃən] **업무 정의** 업무에 관한 실행 환경(라이브러리 환경, 리전 사이즈 등) 및 업무의 타입 등 속성의 정의 또는 정의된 정보.

work design[−dizáin] **작업 설계** 처음에는 공장에서의 이상적인 생산 시스템의 설계에 쓰였으나 점차 모든 분야의 시스템 설계에 적용되었다. 기능을 중시하는 목적 지향적인 설계의 사상과 독자적인 수법으로 유명하여, 미국 위스콘신 대학의 내들러(G. Nadler) 교수가 개발한 연역적인 접근법에 따른 시스템 설계의 방법이다.

work distribution chart[−dìstribjúːʃən tʃáːrt] **작업 분포표** 어떤 부·과에 소속하는 요원이 소정의 작업을 수행하는 데 시간이 얼마나 걸렸는가를 일람표로 만든 것으로, 이것을 기준으로 하여 프로세스 차트를 작성한다.

work entry[−éntri(ː)] **작업 항목, 실행 처리 항목**

work environment system[−inváiərənmənt sístəm] **작업 환경 시스템**

work factor system[−fǽktər sístəm] **작업 요소 시스템**

work file[−fáil] **작업 파일** 프로그램 실행중에 어떤 처리 결과를 일단 보조 기억 장치로 출력하고 다음 처리 단계에서 그 출력을 입력으로서 처리를 행하는 경우가 있다. 이와 같이 처리 단계에 작업(work)용으로 사용하는 보조 기억 장치 상의 파일을 작업용 파일 또는 작업 파일이라고 한다. 분류(sorting) 등의 프로그램에 있어서도 이러한 작업용 파일이 사용된다. ⇨ 그림 참조

workflow[wə́ːrkflou] **작업 흐름, 워크플로** 본래는 business process를 수행하기 위해 일어나는 일련의 업무 흐름을 뜻한다. 워크플로 제품들은 한 조

직체 내에서 발생하는 이러한 일련의 업무들을 정의하고, 정해진 시간 안에 업무가 자동적으로 수행되도록 보장하기 위해, 클라이언트/서버 기술을 기반으로 하여 만든 소프트웨어이다. 기업 내 업무 프로세스를 수행하기 위하여 발생되는 트랜잭션을 처리하기 위해서 개별 단위의 태스크(task)들을 연결하고, 자동화 처리하는 컴퓨팅 환경을 말하는 것으로 구조화된 데이터에 대한 데이터 베이스 기술, 비정형 비구조화되어 있는 문서, 이미지, 팩스, 엑셀, 각종 수작업이 필요한 워드 등의 다양한 업무 처리 기술을 활용하여 하나의 워크플로 체계로 통합되어 운영 · 통제되는 정보적 기술이다. 여기에는 RDBMS (relational data base management system), 응용 시스템 기술, 이미징, 팩스, 멀티미디어, 메시징, API 등 복합 기술의 통합을 전제로 한다.

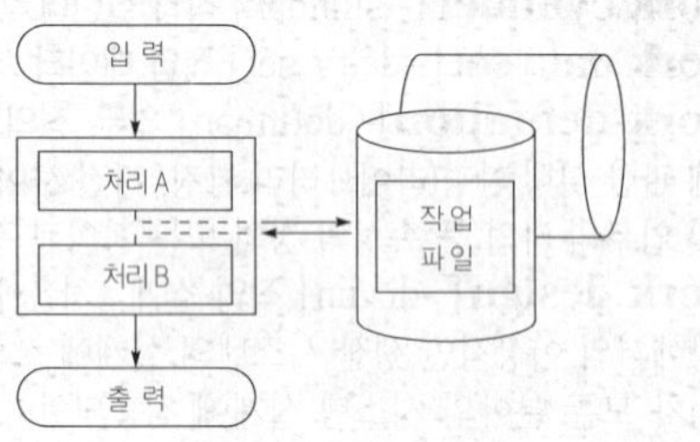

〈작업 파일의 개념〉

work function[wə́ːrk fʌ́ŋkʃən] **작업 함수** 광전 효과에서 금속에 빛을 쬐어 전자가 금속 표면에서 튀어나올 때 잃는 에너지의 양.

working area[wə́ːrkiŋ ɛ́(ː)riə] **작업 영역**

working data file[-déitə fáil] **작업 데이터 파일**

working directory[-diréktəri(ː)] **작업 디렉토리** 현재 작업이 진행중인 디렉토리.

working equipment[-ikwípmənt] **작업 장비** 작동중에 장비가 고장났을 경우 언제라도 대체 장비를 사용할 수 있는 기본적인 장비의 집합.

working file[-fáil] **작업 파일** 편집중인 문서 데이터 등을 일시적으로 기록해두는 파일. 워드 프로세서 소프트웨어나 그래픽 소프트웨어는 편집 대상이 되는 데이터 파일의 크기가 크기 때문에 일시적으로 하드 디스크 상에 파일로 전개하는 방법을 이용하는데, 이때의 파일을 작업 파일, 작업 파일이 만들어지는 디렉토리를 작업 디렉토리라고 한다.

working group[-grúːp] **워킹 그룹** ⇨ WG

working register[-rédʒistər] **작업 레지스터** 어떤 명령의 실행을 위해 잠시 사용되는 레지스터.

working routine[-ruːtíːn] **작업 루틴** 프로그램이나 문제의 결과를 설계한 그대로 나오게 해주는 루틴.

working set[-sét] **작업 세트** 가상 기억 장치 시스템에서 하나의 프로세서가 자주 참조하는 페이지들의 집합. 작업 세트에 들어 있는 페이지가 그 프로세서가 효과적인 수행을 위해 주기억 장치에 항상 있는 페이지로 수행되면 그에 따라서 변한다.

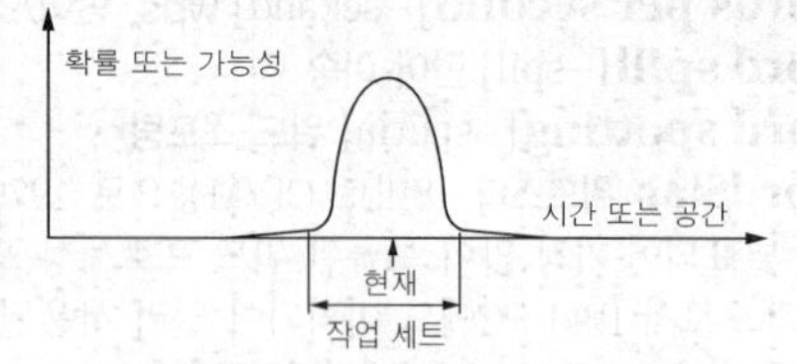

〈작업 세트 이론의 개념〉

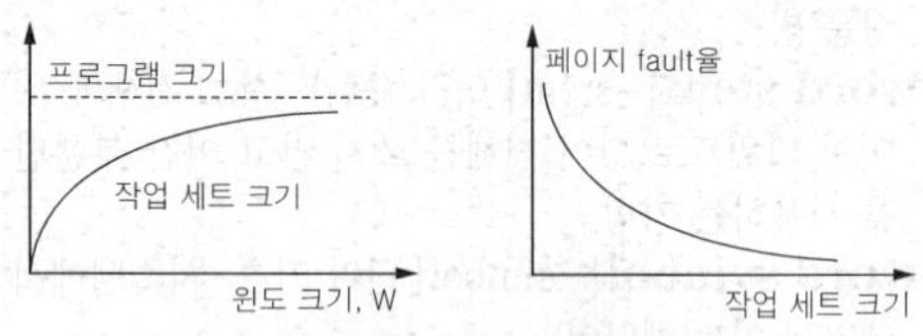

〈작업 세트와 관련 변수와의 관계〉

working set algorithm[-ǽlgəriðm] **작업 세트법** 요구된 페이지가 주기억 상에 없는 경우 워킹 세트에 포함되지 않는 페이지를 선택하여 주기억에서 쫓아내는 방식으로, 워킹 세트의 개념에 따라서 페이지 치환을 하는 알고리즘.

working set storage management[-stɔ́ːridʒ mǽnidʒmənt] **작업 세트 기억 장치 관리** 가상 기억 장치 시스템에서 작업 세트를 사용하여 기억 장치를 관리하는 영역. 이 영역에서는 어떤 프로세스가 실행되기 위해서는 그 작업 세트에 포함된 페이지들이 전부 기억 장치에 세트되어 있어야 하고, 만일 프로세스의 작업 세트에 포함되는 페이지 중에서 주기억 장치에 없는 것이 있으면 그 프로세스는 자신이 갖고 있는 페이지를 모두 변환하고 대기 상태에 들어간다.

working space[-spéis] **작업 공간** 프로그램을 실행하는 과정에서 필요한 중간 결과를 저장해놓기 위한 영역.

working state[-stéit] **작업 상태**

working storage[-stɔ́ːridʒ] **작업 기억 영역** 작업용 기억 영역이며 work area와 거의 같은 의미로 쓰인다. 일반적으로 컴퓨터가 프로그램을 실행하고 있을 때에 일시적 또는 중간적으로 사용하는 기억 영역. 그 영역에 사용되는 기억 장치에는 주기억 장치(main memory)가 일반적이지만 자기 디스크나 자기 드럼 등도 사용된다. 스크래치패드 메모리(scratchpad memory) 또는 일시 영역(temporary region)이라고도 한다. 작업용 영역은 해당 작업이나 프로그램이 종료함과 동시에 해제(release)되고, 다음 작업 등에 사용 가능한 상태가 된다.

working storage area[–ɛ́(:)riə] **작업 기억 영역**

working storage record[–rékərd] **작업 장소 레코드** COBOL 언어에 있어서 서로 정해진 계층 단계를 갖는 작업 장소의 요소 및 상수를 레코드 기술의 서식 규칙에 따라 레코드에 정리한 것.

working storage section[–sékʃən] **작업 장소절(作業場所節)** COBOL 언어에 있어서 데이터부(部) 중의 절이며, 독립 항목이나 레코드로 이루어지는 작업 장소 데이터 항목을 기술하는 부분.

working tape[–téip] **작업 테이프** 분류, 집계 등 작업의 중간적인 결과를 가상으로 기록하기 위한 자기 테이프.

work-load[wə́:rk lóud] **작업 부하, 작업량** 주어진 기간 내에 시스템에서 수행되어야 할 작업의 할당량.

work-load level[–lévəl] **작업 부하 레벨**

work-load manager[–mǽnidʒər] **작업 부하 관리 프로그램** 시스템 지원 관리 프로그램(system resource manager)의 일부. 시스템의 작업 부하(work load)를 감시하고 필요한 자원을 스케줄하여 어떤 일정한 서비스율을 유지하기 위한 프로그램.

work management[–mǽnidʒmənt] **작업 관리** 효율적으로 컴퓨터를 사용하기 위해 기계실 등의 작업 관리를 개선하고 표준화함으로써 생산성 향상 및 재생산성 등을 유지할 수 있도록 하는 작업.

work module[–mɑ́dʒu:l] **작업 모듈**

Workplace[wə́:rkplèis] **워크플레이스** ⇨ Workplace OS

Workplace operating system[–ɑ́pərèitiŋ sístəm] **워크플레이스 운영 체제** ⇨ Workplace OS

Workplace OS **워크플레이스 운영 체제** Workplace operating system의 약어. 미국 IBM 사의 Workplace 구상에 따라 만들어진 운영 체제이다. 마이크로 커널을 핵으로 하고, OS/2, 윈도나 DOS 등 다른 운영 체제를 에뮬레이션으로 할 수 있다. 원래 파워 PC용이었지만 인텔 계열 칩(인텔 사)이나 SPARC 칩(선 마이크로시스템즈 사) 등, 다른 CPU로의 이식도 계획되고 있다. ⇨ micro kurnel

work plan[–plǽn] **작업면**

work planning and control system[–plǽniŋ ənd kəntróul sístəm] **작업 계획 · 관리 시스템**

work quality[–kwɑ́liti(:)] **작업질**

work queue[–kjú:] **작업 대기 행렬**

work queue matrix entry[–méitriks éntri(:)] **작업 대기 행렬 항목** 입력 스트림 중에 하나의 작업으로써 만들어지는 제어 블록 및 테이블. 그 작업의 입력 대기 행렬이나 출력 대기 행렬에 첨가되는 것을 의미한다.

work record[–rékərd] **작업 레코드**

work sampling[–sɑ́:mpliŋ] **작업 샘플링** IE 수법의 하나이며, 작업이나 동작을 이상적인 시간에 샘플링하고 그 결과로부터 통계적으로 판단하는 것. 연속적인 시간 관측에서는 비용이나 낭비가 많기 때문에 이 방법이 취해진다.

work schedule[–skédʒul] **업무 스케줄** 이용자가 작성한 업무의 실행 스케줄(실행 개시 일시)에 따라 업무를 실행하는 기능.

work session control record[–séʃən kəntróul rékərd] **작업 세션 제어 레코드**

work session initiation indicator[–iniʃiéiʃən índikèitər] **IW indicator, IW 표시자, 작업 세션 개시 표시**

work session initiation processing level[–prɑ́sesiŋ lévəl] **작업 세션 개시 처리 레벨**

work sheet[–ʃí:t] **작업 시트** 스프레드시트 프로그램에서 현재 기억 장치에 올라와 있고 작업의 대상이 되는 시트.

work simplification training program[–sìmplifikéiʃən tréiniŋ próugræm] **작업 간략화 연습 프로그램**

work-space[–spéis] **작업 공간** 프로그램 자체를 저장하기 위해 필요한 메모리 이외에 그 이상으로 프로그램이 필요로 하는 메모리의 양.

work stack[–stǽk] **작업 스택**

workstation[wə́:rkstéiʃən] *n.* **WS, 작업(실) 전산기, 워크스테이션** 고성능 컴퓨터이며, 범용성이 높은 사무용 또는 기술용 단말기가 될 수 있는 컴퓨터의 일반적 명칭. personal computer, office computer, mini computer, workstation의 엄밀한 구분은 규정되어 있지 않다. 범용 컴퓨터나 오피스 컴

〈워크스테이션〉

퓨터 등에 인라인 또는 온라인으로 접속되는 키보드가 있는 표시 장치, 또는 시리얼 프린터, 마이크로프로세서나 주기억 장치를 내장하여 어느 정도의 데이터 처리 기능을 갖는 경우가 많다. 단말 장치(terminal)와 같은 뜻으로 이용되는 경우도 있다. WS라고 약어를 쓴다.

workstation adapter[–ədǽptər] **워크스테이션 어댑터**

workstation address[–ədrés] **워크스테이션 주소**

workstation address switch[–swítʃ] **워크스테이션 주소 스위치**

workstation attribute[–ǽtribjùːt] **워크스테이션 속성** 워크스테이션에 주어지는 속성.

workstation controller[–kəntróulər] **워크스테이션 제어 기구**

workstation controller expansion[–ikspǽnʃən] **워크스테이션 제어 확장 기구**

workstation control unit[–kəntróul júːnit] **워크스테이션 제어 장치**

workstation control with right[–wið ráit] **워크스테이션 제어권** 워크스테이션에서 수신한 메시지를 응용 프로그램에 넘길 때 동시에 넘겨진다. 즉, 해당 워크스테이션에 대하여 응답을 되보내는 권리이다.

workstation data management[–déitə mǽnidʒmənt] **워크스테이션 데이터 관리**

workstation dependent segment storage[–dipéndənt ségmənt stɔ́ːridʒ] **워크스테이션 의존 세그먼트 기억 영역** 표시 장치 또는 메타 파일을 가지는 워크스테이션 전용의 세그먼트 기억 영역.

workstation description table[–diskrípʃən téibəl] **워크스테이션 기술표** 각 워크스테이션의 기능과 성능 정보를 넣어두는 표.

workstation entry[–éntri(ː)] **워크스테이션 항목**

workstation ID **워크스테이션 식별 기호** 워크스테이션을 식별하기 위해 붙인 기호.

workstation state list[–stéit líst] **워크스테이션 상태 리스트** 워크스테이션에 의존한 응용 프로그램의 설정값을 갖춘 리스트.

workstation subroutine[–sʌ́bruːtìːn] **워크스테이션 서브루틴**

workstation system[–sístəm] **워크스테이션 시스템**

workstation utility[–ju(ː)tíliti(ː)] **WSU, 워크스테이션 유틸리티**

workstation viewport[–vjúːpɔ̀ːrt] **워크스테이션 뷰포트** 워크스테이션 변환을 지정하기 위한 뷰포트.

workstation window[–wíndou] **워크스테이션 윈도** 워크스테이션 변환을 지정하기 위한 윈도.

workstation work[–wɔ́ːrk] **워크스테이션 업무** 이용자가 작성한 메뉴 계층의 말단에서 실행되는 업무.

work storage[wɔ́ːrk stɔ́ːridʒ] **작업 기억 영역** 작업 영역(work area) 중에 중간적인 결과를 기억시켜 두는 영역.

work system[–sístəm] **작업 시스템** 시스템 디자인 단계에서 몇 가지 이상적인 시스템을 고려하고 그 이상적인 시스템 중에서 실행 가능한 것을 택해 시스템을 실제로 설계, 검토해서 운용 가능하게 한 시스템.

work tape[–téip] **작업 테이프** 주로 컴퓨터실에 보관되며, 처리 도중에 일반적인 용도로 쓰이는 자기 테이프.

work task design[–táːsk dizáin] **작업 태스크 설계**

work timing[–táimiŋ] **작업 타이밍**

work track[–trǽk] **작업 트랙**

work unit[–júːnit] **작업 단위**

work volume[–váljum] **작업 볼륨** 일시적으로 사용되는 데이터 세트가 할당되는 볼륨.

world coordinate[wɔ́ːrld kouɔ́ːrdinət] **세계 좌표, 월드 좌표계** 컴퓨터 그래픽에서 응용 프로그램이 이용되는 장치. 독립적인 좌표계. 이는 실제 그래픽으로 묘사하고자 하는 물체의 크기를 나타내는 좌표계로 응용 프로그램이 임의로 선택할 수 있다. 도형 처리 패키지에 사용하는 장치와는 무관한 좌표계로 지정하는 좌표. 이용자 좌표계(user coordinate)와 같은 뜻으로 사용된다.
[주] 응용 프로그램에 있어서 도형의 입출력을 행하기 위해서 사용된다. 장치에 의존하지 않는 직교 좌표.

world product code[–prádəkt kóud] **WPC, 세계 제품 코드** 미국이나 캐나다에서 채용되고 있는 바 코드 체계. UPC(universal product code)를 확장하고 각국에서 사용될 수 있도록 나라를 식별하는 코드를 부가한 것. 이후 그 체계는 EAN이라고 불린다.

WorldScript[wɔ́ːrldskrípt] **월드스크립트** 매킨토시의 운영 체제인 System 7.1부터 탑재되어 있는 기능으로, 일본어, 프랑스어 등의 주요 언어를 공통 처리할 수 있다. 영어나 러시아어 등과 같이 한 문자를 1바이트로 표시하는 언어를 다루는 WorldScript1과 한국어, 중국어, 일본어 같이 한 문자를 2

바이트로 표시하는 언어를 취급하는 WorldScript2가 있다. ⇨ MacOS

WORM write once read memory의 약어. 광디스크의 일종의 데이터를 한 번밖에 기록할 수 없으나 수없이 읽을 수 있으며 삭제가 불가능하다.

world wide web browser[wə́:rld wáid web bráuzər] **웹 브라우저** ⇨ WWW browser

world wide web consortium[-kənsɔ́:rʃiəm] **월드 와이드 웹 컨소시엄** ⇨ W3C

worm[wɔ́:rm] **웜** 컴퓨터 시스템을 파괴하거나 작업을 지연, 방해하는 악성 프로그램의 일종. 바이러스와는 달리 감염 대상을 갖고 있지 않으며, 독립적인 프로그램으로 번식력을 가지고 있다. 스스로 번식을 위해 다른 사람의 이메일에 자신을 첨부시켜 빠르게, 자동으로 확산되는 특징을 가지고 있다. ⇨ computer virus

Wornock algorithm 워노크형 알고리즘 인간의 시각 정보 처리의 절차를 컴퓨터 그래픽용으로 일반화한 알고리즘. 1968~1969년 미국의 JE 워노크가 개발했으므로 워노크형 알고리즘이라고 한다. 예를 들어, 사람은 꽃병이 놓인 탁자가 하나 있는 방 같은 곳에 들어갔을 경우, 먼저 시계(視界)의 전 범위를 둘러보고, 단지 하얀 벽과 같이 의사 결정을 위한 정보를 거의 포함하지 않는 영역에는 그 후 주목하지 않고 벽 앞에 놓인 탁자, 탁자 위의 꽃병, 꽃병에 꽂힌 붉은 꽃…과 같이 점점 더 많은 시각 정보를 가진 부분 영역으로 한정해 주시점을 이동해 간다. 이와 같이 사람의 시각 정보 처리 절차를 컴퓨터 그래픽에 맞도록 일반화한 것이 알고리즘이다. 워노크가 제시한 알고리즘의 어프로치는 최근 적응적 어프로치(adaptive approach)라는 이름 아래 3차원 형상 모델이나 3차원 공간 소인법(素引法)을 비롯한 각종 용도를 위해 여러 가지로 특수화된 모양으로 발전해오고 있다.

worst case access time[wə́:rst kéis ǽkses táim] **최악 액세스 시간** 대용량의 기억 장치에서 한 지점을 액세스하는 데 걸리는 가장 긴 시간. 고정 헤드 디스크는 디스크가 한 바퀴 회전하는 데 걸리는 시간으로, 테이프의 경우에는 헤드가 테이프의 끝에서 끝까지 이동하는 데 걸리는 시간을 말한다.

worst case analysis[-ənǽlisis] **최악 사례 분석**

worst case area difference method[-ɛ́(:)riə dífərəns méθəd] **WAD method, WAD법** 광학식 문자 인식(OCR) 활자체를 설계할 때 숫자 0과 영어 대문자 O 등 구별하기 어려운 문자를 좀더 식별하기 쉽게 하기 위해 쓰이는 기법.

worst case design[-dizáin] **최악 설계** 모든 구성 요소들의 상태가 동시에 최악으로 되었을 때를 가정하여 높은 신뢰도를 유지하도록 하는 설계.

worst case time complexity[-táim kəmplék-siti(:)] **최악 시간 복잡도** 알고리즘의 성능을 평가하는 데 사용되는 것으로서, 한 알고리즘의 수행 시간이 가장 많이 걸리는 데이터를 입력했을 때의 복잡도.

WOSA 윈도 개방 서비스 구조 Windows open service architecture의 약어. 마이크로소프트 사가 1992년 2월에 발표한 윈도 기반의 분산 처리 체계. 파일 액세스나 프린터 출력 등 기본 기능 외에 데이터 베이스 액세스 API의 ODBC(open data base connectivity)나 메시징 API 등이 정해져 있다.

wow[wáu] *n.* **와우** 자기 테이프를 주행시킬 때 일어나는 속도 불균형 중 주파수 성분으로 나누어 낮은 성분 쪽을 일컫는 것. 주파수가 비교적 높은 것은 플러터(flutter)라 한다.

wow and flutter[-ənd flʌ́tər] **속도 불균형** 자기 테이프의 주행 속도는 어떤 일정한 값으로 정해져 있으나 테이프를 주행시키는 기구의 근소한 불균형이나 테이프의 진동에 의해서 아주 작은 속도의 변동이 일어나는데, 이것을 불균형이라고 한다. 이 중 주파수 성분으로 나누어서 비교적 주파수가 높은 것을 플러터(flutter), 비교적 낮은 것을 와우(wow)라고 한다. 속도 불균형은 정확한 판독의 장애가 된다. ⇨ flutter, wow

WP (1) **워드 프로세싱, 문서 처리** word processing의 약어. (2) **워드 프로세서** word processor의 약어.

WPC 세계 제품 코드 world product code의 약어. 바 코드의 국제 규격. 미국의 규격(UPC ; universal product code)에 나라 식별 코드를 부가한 것으로 이것을 기본으로 한 규격이 유럽에서 채용되고 있다.

wpm 단어/분 words per minute의 약어.

wps 단어/초 words per second의 약어.

WQL 경고 품질 수준 warning quality level의 약어.

WR write의 약어. 보통 회로도나 핀 배치도 등에서 출력 모드를 나타내는 스트로브 신호.

WRAM 윈도 램 Windows RAM의 약어. 삼성전자에서 개발한 고속 이중 포트 RAM. 그래픽 가속기인 Milennium II의 메모리에 사용되며, RAM 칩에 연산 기능을 내장하여 표시 속도를 높인다.

wrap[rǽp] *v.* **겹치다, 왕복 테스트**

wraparound[rǽpəràund] *n.* **순환, 랩어라운드** 어드레스(address)나 위치(location) 등의 비트의 최상 위치로부터 최하 위치로 시프트하는 것. 또는 계속 보내는 것. 또 CRT 장치의 커서를 버퍼(buffer)의 최초 어드레스로부터 최종 어드레스로까지 계속하는 것을 말한다. 이와 같이 어드레스 등이 연속으로 이어지고 있을 때 처음의 것으로부터 최종의 것으로 이동하는 것을 나타낸다. 이 밖에 도형 처리에서 표시 요소의 좌표가 표시 영역 밖에까지 나와 있기 때문에 표시면의 경계를 넘어서 표시하고자 하면 나온 부분이 반대측에서 다시 돌아가는 상태.
[주] 표시 공간의 끝에서 나온 영상 부분을 그 공간의 반대측의 끝에 표시하는 것.

wraparound list[-líst] **순환 리스트**

wrist watch[rist wɔ́(:)tʃ] 매킨토시에서 시간이 걸리는 작업을 할 때 기다리는 동안에 표시되는 손목시계 모양의 마우스 포인터.

writable character generation storage [rɑítəble kǽrəktər dʒènəréiʃən stɔ́:ridʒ] **기록 가능 문자 생성 기억 영역**

writable control memory[-kəntróul méməri(:)] **기록 가능 제어 기억 장치** 마이크로프로그램 등의 제어 정보를 기억하기 위한 기록 가능한 기억 장치. WCM이라고도 한다. ⇨ WCS

writable control storage[-stɔ́:ridʒ] **WCS, 기록 가능 제어 기억 장치**

write[rɑ́it] *v.* **쓰다, 쓰기** 기입. 써내다. 기록. (1) 자기 디스크 장치(magnetic disk unit)와 같은 기억 장치(storage) 또는 종이 테이프(paper tape)와 같은 데이터 매체(data medium)에 일시적(transient) 또는 영구적(permanent)으로 데이터를 기록하는 것. (2) 내부 기억 장치로부터 데이터를 CRT 디스플레이나 프린터와 같은 외부 매체로 전송하는 것. (3) 데이터를 내부 기억 장치로부터 외부 보조 기억 장치(external auxiliary storage)에 복사(copy)하는 것.
[주] 「판독」과 「기록」은 상대적인 표현이다. 예를 들면 데이터의 블록 내부 기억으로부터 외부 기억으로의 전송은 「외부 기억으로 입력하다」, 「내부 기억으로부터 판독하다」 또는 그 양쪽을 가리킨다고 생각하면 좋다.

write after read[-ɑ́:ftər rí:d] **판독 후 쓰기** 주로 DRAM의 재생(refresh) 작업 등에서 찾아볼 수 있는 것으로, 기억 장치의 내용을 읽은 직후에 그 내용을 같은 장소에 다시 기록하는 것.

write-back[-bǽk] **라이트백** 자기 디스크 등에 기록할 데이터를 일시적으로 캐시 기억 장치에 저장하는 것. 물리 작동을 동반한 기록은 전기적 처리에 비해 아무래도 느리다. 그렇기 때문에 캐시 기억 장치에 기록하여 시스템 전체의 대기 시간을 만들지 않도록 한다. CPU가 주기억 장치에 접근할 경우에도 사용되는 용어.

write-back cache[-kǽʃ] **라이트백 캐시** ⇨ write cache

write-behind cache[-bihɑ́ind kǽʃ] **라이트비하인드 캐시** ⇨ write cache

write cache **라이트 캐시** 라이트백 캐시(write-back cache), 라이트비하인드 캐시(write-behind cache)라고도 한다. 메모리에서 디스크 등으로 기록할 때는 디스크의 동작이 느리기 때문에 데이터를 빨리 기록하는 캐시 메모리에 기록해두면, 시스템의 시간 낭비를 줄일 수 있다. 이것에 사용되는 메모리 영역을 라이트 캐시라고 한다.

write check[-tʃék] **쓰기 검사**

write control character[-kəntróul kǽrəktər] **WCC, 쓰기 제어 문자**

write cycle[-sɑ́ikl] **기록 주기**

write cycle time[-tɑ́im] **기록 주기 시간** 분리한 판독과 기록 사이클을 갖는 기억 장치에서 연속하는 기록 사이클 개시점 사이의 최소 시간 간격.

write enable[-inéibl] **기록 가능** 기억 장치에 기록이 가능하다는 것을 나타내는 신호.

write enable ring[-ríŋ] **기록 가능 링** (1) 자기 테이프에 정보를 기록할 때 사용하는 자기 헤드. 판독 헤드에 비하여 갭이 크고(1~15m 정도) 코일에 감은 전선 수가 적으며 전선이 다소 굵은 편이다. 또한 테이프가 가로로 진동함으로써 생기는 판독시 출력 변동을 방지하기 위해 판독 헤드보다 트랙폭을 넓게 해두는 경우가 많다. (2) 자기 테이프에 기록할 때 릴에 장치하여 사용되는 링으로서, 이 링을 제거하면 테이프에 데이터를 수록할 수 없다. 또한 자기 테이프에 기록한 후 이 링을 떼어놓으면 실수로 클리어나 기록 명령이 주어져도 에러로 처리되어 기록된 정보가 파괴되는 것을 방지할 수 있다. 즉, 자기 테이프에 데이터를 기록할 때 릴(reel)에 붙는 링으로, 이것을 떼어냄으로써 기록을 금지하고 그 데이터를 보호하기 위한 것이다.

〈기록 가능 링〉

write error[-érər] **기록 오류** 컴퓨터가 정보를 기억 장치에서 기억 장치로, 기억 장치에서 다른 출력 장치로 전송 처리를 하고 있는 동안에 생기는 오류. 반면 판독 오류는 기억 장치나 입력 장치로부터 정보를 바르게 수집할 수 없는 것이다.

write format release[-fɔ́:rmæt rilí:s] **서식**

입력 해제 기능

write half-pulse[–há:lf pʌ́ls] **쓰기 반(半) 펄스**

write head[–hé(:)d] **쓰기 헤드, 기록 헤드** (1) 기록만이 가능한 자기 헤드. 읽기 헤드에 비해서 공극(空隙)이 크고 코일 수가 적으며 트랙폭이 넓은 것이 보통이다. (2) 자기 테이프 릴 뒷면에 부착시키거나 떼어낼 수 있는 플라스틱으로 된 링. 자기 테이프 장치에서는 링이 없는 자기 테이프 릴에 기록할 수 없다.

write inhibit[–inhíbit] **기록 금지**

write inhibit ring[–ríŋ] **기록 금지 링** 자기 테이프 릴의 중심부에 부착된 파일 보호 링. 이것은 릴에 감겨 있는 테이프에 기록을 방지한다. ⇨ write enable ring

write instruction[–instrʌ́kʃən] **쓰기 명령**

write interval[–íntərvəl] **쓰기 간격** 출력 데이터를 출력할 때 기계가 동작하는 시간 간격.

write lockout[–lákàut] **쓰기 폐쇄** 다중 프로그래밍 시스템에서, 여러 가지 프로그램이 기억 장치의 한 장소 내에 동시에 데이터를 기록할 수 없도록 하는 것.

write mode[–móud] **기록 모드** 컴퓨터의 동작에서 프로그램이 파일 내에 정보를 기록하는(기록할 수 있는) 상태.

write-once optical disk[–wʌ́ns áptikəl dísk] **추가형 광디스크** 이 디스크는 새로 데이터를 추가하여 기록할 수는 있지만 소거할 수는 없는 광디스크의 매체이며, 넓은 뜻으로는 장치와 매체의 총칭.

write-once, read-many[–ri:d méni] **WORM, 웜, 재기록 불능 쓰기 장치** 주로 광디스크(optical disk)를 사용한 데이터의 저장 장치를 말한다. 일단 데이터를 기록하면 그것은 바꿀 수가 없으며, 읽기만 할 수 있는 것. 이는 용량이 매우 크므로 주로 디스크 파일의 백업에 사용된다.

write only[–óunli(:)] **쓰기 전용**

write only access[–ǽkses] **쓰기 가능 액세스** 공유하고 있는 프로그램이나 자료를 읽거나 수행시키는 것은 금지되어 있고 오직 기록만 가능한 경우의 행동을 말한다.

write only tape control[–téip kəntróul] **쓰기 테이프 기록 제어 기능**

write operation[–àpəréiʃən] *n.* **쓰기 조작, 출력 제작**

write permission ring[–pərmíʃən ríŋ] **쓰기 허가 링**

write permit ring[–pərmít ríŋ] **쓰기 허가 링** 자기 테이프 릴의 중심부에 부착된 링. 이것은 보통 플라스틱으로 만들어져 있으며, 그 릴 위에 데이터를 수록하도록 허용하는 구실을 한다.

write protect[–prətékt] **쓰기 방지** 기록 보호. 기입 금지. 기억·소거 방지 장치. 플로피 디스크 등에서 잘못하여 데이터를 변경하거나 소거하는 일이 없도록 하는 조치이다. 플로피 디스크는 몇 번이고 데이터를 기억시키거나 수정하거나 소거할 수 있는데, 그 때문에 사용자가 잘못 조작하거나, 프로그램의 버그(bug) 때문에 변경해서는 안 되는 데이터나 프로그램을 망쳐버릴 위험성이 있다. 이것을 방지하기 위해 기록 보호라는 조치를 하면, 그 플로피 디스크는 그 후 데이터의 변경이나 소거를 할 수 없게 된다.

write protect notch[–nátʃ] **쓰기 방지용 구멍** 플로피 디스크에서 오른쪽 위나 아래쪽에 있는 사각형으로 따낸 구멍으로 그 디스크에 새로운 내용을 기록할 수 없게 되어 있다. 이미 내용이 기록된 디스크의 보호를 위해서 구멍에 테이프를 붙여 막으면 된다. 디스크의 종류에 따라 위치와 형태가 다르며 8인치 표준 플로피 디스크에서는 다른 것과 반대로 구멍을 막아야 기록이 가능하다.

write protection[–prətékʃən] **쓰기 방지**

write protection label[–léibəl] **쓰기 방지 레이블** 플렉시블 디스크에 정착하느냐 하지 않느냐에 따라서 플렉시블 디스크에의 기록을 억제하는 레이블.

write protect ring[–prətékt ríŋ] **쓰기 방지용 링**

write protect tab[–tǽ(:)b] **쓰기 방지용 탭** 플로피 디스크에 들어 있는 내용이 실수로 지워지거나 다른 내용이 겹쳐 쓰여지지 않도록 붙이는 작은 접착 테이프.

write pulse[–pʌ́ls] **쓰기 펄스, 기록 펄스** 소자에 정보를 기록하는 데 쓰이는 작동 펄스.

writer[ráitər] *n.* **라이터**

write-reading[ráit rí:diŋ] **쓰기 판독**

write/read head[–rí:d hé(:)d] **쓰기/읽기 헤드** 자기 테이프, 디스크, 드럼 등의 장치에 정보를 기록하거나 읽거나 지우는 역할을 하는 조그만 전자 자기 장치.

writing-while-read[ráitiŋ hwáil rí:d] **읽기중 쓰기** 테이프에서 기억 장치로 레코드를 읽어들이는 동시에 다른 레코드들이 기억 장치에서 테이프에 기록되는 것.

write-read process[ráit rí:d práses] **쓰기/읽기 과정**

write ring[–ríŋ] **기록 링**

write ring number[–nʌ́mbər] **기록 링 번호**

write set[–sét] **기록 집합** 트랜잭션이 기록하는 모든 논리적 데이터의 집합.

write-through[−θrúː] **라이트 스루** 데이터를 기록할 때 캐시 기억 장치와 동일한 내용을 기록한 자기 디스크 부분을 동시에 갱신하는 것.

write time[−táim] **기록 시간** 기억 장치에 데이터의 전사가 시작된 순간부터 그것이 끝날 때까지의 시간.

write-to-log macro instruction[−tu lɔ́(ː)g mǽkrou instrʌ́kʃən] **WTL 매크로 명령**

write up[−ʌ́p] **기록 (문서)** 프로그램이나 시스템을 기술하는 문서의 집합.

write validity check[−vəlíditi tʃék] **기록 타당성 체크** 직접 접근 볼륨 상에 기록된 레코드의 타당성 검사. 실제로는 레코드를 기록한 직후 그 레코드를 읽어내어 정상적으로 처리되는 것을 확인한다.

writing[ráitiŋ] *n*. **쓰기, 써넣기, 기록** 기억 장치 또는 데이터 매체에 데이터의 영구적 또는 일시적인 기록을 행하는 동작.

writing head[−hé(ː)d] **쓰기 헤드**

writing rate[−réit] **기록 속도, 쓰기율** CRT 디스플레이 상에서 점이 움직여 완전한 상(像)을 만들 수 있는 최대 속도.

writing speed[−spíːd] **기록 속도** 표시 장치의 화면에 전자 빔이 도달되는 과정에서 굴절되는 속도.

writing task[−tǽːsk] **기록 태스크** 시스템 메시지나 SYSOUT 데이터 세트를 지정된 출력 장치로 전송하는 것을 제어한다. 작업 관리 태스크의 하나.

wrong[rɔ́(ː)ŋ] *a*. **잘못된** 보통의 의미와 같으나 고장 상태, 정상이 아닌 상태를 가리키는 경우도 있다. 컴퓨터 조작(operation)에 있어서는 어느 정도 조작에 익숙하지 않으면 오류가 일어난다. 이들 조작 에러(operation error)도 컴퓨터 조작이 「나쁘다」고 하게 된다. 또 정해진 형식(format)에서 벗어난 것이나 몇 개의 외력이 가해져 변해버리는 것도 컴퓨터에서는 받아들여지지 않으므로 이들 데이터나 프로그램은 모두 「잘못된」 것이 된다. 또 컴퓨터가 정상 상태에 있거나 기록을 받아들이지 않는 이상 상태가 되는 것을 「이상」이라고 표현하기도 한다.

wrong length bit[−léŋθ bít] **잘못된 길이 비트**

wrong length record[−rékərd] **잘못된 길이 레코드**

wrong length record error[−érər] **잘못된 길이 레코드 에러**

WRU 당신은? who are you?의 약어. 호출된 곳을 확인할 수 있는 응답을 받으려 할 때나, 응답 처리 절차를 시작하려고 할 때 사용되는 제어 문자.

WS 워크스테이션, 작업 단말 workstation의 약어. ⇨ workstation

WS-FTP FTP를 윈도에서 이용할 수 있도록 하는 프로그램. sz 명령을 입력하지 않아도 직접 프로그램을 받아올 수 있어 편리하다. 또한 윈도 인터페이스를 이용해 더욱 쉽게 프로그램을 전송받을 수 있다.

WSH Windows scripting host의 약어. ⇨ Windows scripting host

WSP (1) **작업 간략화 연습 프로그램** work simplification training program의 약어. 컴퓨터 이용에 의한 사무 관리 시스템의 기계화의 전제가 되는 사무의 표준화 방법론적 프로세스를 일방식으로 정리한 것. WSP는 ① 각 부문의 직무 내용 및 그 표준 작업 시간의 분석을 하는 작업 배분, ② 사무 작업의 프로세스 흐름도에 의해서 작업의 재편, 결합, 삭제, 간소화를 하는 작업 순서의 문제, ③ 전표류를 중심으로 한 작업량의 분석을 하는 작업량 측정 이상의 세 가지 항목으로 구분할 수 있다. (2) **웹 호스팅 서비스 제공자** web hosting service provider의 약어. 웹 호스팅을 전문으로 취급하는 서비스업체. 인터넷 접속 서비스를 제공하는 ISP는 개인뿐 아니라 기업체의 인터넷 접속을 가능하게 하는 전용선 서비스를 제공한다. 이에 비해 WSP는 ISP로부터 전용선을 임대한 후, 자신의 서버 공간을 사용자에게 일정량씩 나누어주는 형태로 영업을 한다. 물론 사용자별로 독립적인 도메인을 가질 수도 있는데, 독자적인 서버를 사용할 때보다 회선 속도가 빠르기 때문에 합리적이다. 많은 자본과 인력이 필요치 않아 홈페이지 제작업체나 웹 서버 구축업체가 WSP의 역할을 하기도 한다. 웹 호스팅 서비스를 사용하면 저렴한 비용으로 홈페이지를 운영할 수 있다.

WSU 워크스테이션 유틸리티 workstation utility의 약어.

WTL macro instruction **WTL 매크로 명령** write-to-log macro instruction의 약어.

WTS 웹 트랜잭션 서버 web transaction server의 약어. 웹 상에서 데이터 베이스 트랜잭션을 원활하게 처리할 수 있는 서버. 웹 트랜잭션 서버의 솔루션을 이용하면 분절성을 갖는 웹 상에서 데이터 베이스와의 지속적인 연결이 가능하므로 인터넷, 인트라넷 환경에서도 주요 온라인 업무를 수행할 수 있다.

WUI 웹 사용자 인터페이스 web user interface의 약어. 웹 브라우저와 데스크톱 운영 체제를 하나로 통합한 웹 사용자 환경. 「네크워크 및 웹의 일반화」라는 컴퓨팅 환경 변화를 반영하는 것이다. 웹 사용자 인터페이스는 인터넷을 서핑하듯이 컴퓨터 운영 체제와 응용 프로그램을 사용할 수 있고 인터넷 상의 자료나 응용 프로그램도 사용자 하드 디스크 안에 있는 것처럼 사용할 수 있다.

WWB write's work bench의 약어. 일반적인 문서 작성을 지원하는 툴들. 유닉스의 영문용 툴 중에는 각종 에디터, 청서 시스템, 말의 표현 방법 검사 소프트웨어 등이 이에 해당된다.

WWW world wide web의 약어. 세계를 뒤덮는 거미줄이란 의미로 W3 또는 web(웹)이라고도 불린다. WWW는 유럽의 입자 물리 연구소(CERN)에서 처음 구상되었다. 연구에 참여하는 여러 나라의 많은 과학자들이 보다 쉬운 방법으로 서로의 연구 성과를 보다 쉽게 공유할 수 있도록 하기 위해서 만들어졌다. 즉, 네트워크와 컴퓨터 장비는 완벽하게 갖추어져 있었지만 컴퓨터에 초보자인 물리학자들로서는 네트워크를 이용해서 서로 정보를 교환하는 것이 아무래도 어려울 수밖에 없었다. 그래서 낯설고 어려운 네트워크에 한 겹의 포장을 해서 직관적인 방법으로 접근할 수 있도록 함으로써 네트워크에 익숙하지 않은 물리학자도 쉽게 정보 교류에 참여할 수 있게 되었다. WWW의 이러한 성공은 곧 인터넷 전역으로 확산되었고, 점차 많은 연구와 개발이 진행되어 지금의 WWW 형태로 발전한 것이다. 인터넷의 기본은 오직 문자로만 서비스되는 텔넷, FTP, 전자 메일, 유즈넷 등이다. 그런데 이들 파일 전송, 원격 접속, 전자 우편, 뉴스 등의 서비스는 각각 제공하는 기능이 다르고, 동작 원리와 실제 사용되는 프로토콜(protocol)도 다르다. 즉, 각각의 기능을 사용하기 위해서는 사용법을 매번 따로 익혀야 하는데, 이런 작업은 인터넷에 익숙하지 않은 초보자나 일반인에게는 부담이 된다. 이런 모든 작업을 위해 하나의 통일된 인터페이스를 제공하는 서비스이다. WWW는 인터넷에 있는 수많은 자원들을 통일된 하나의 인터페이스로 이용할 수 있게 해준다. WWW를 이용해 접근할 수 있는 자원은 고퍼(gopher) 서비스, WAIS 서비스, anonymous FTP, archie, veronica, finger, Usenet, Telnet 등으로 인터넷에 있는 거의 모든 자원이 포함된다. WWW가 제공되는 인터페이스는 매우 직관적이고 일관성이 있어서, 초보자도 쉽게 익힐 수 있고 일단 한 번 익히면 모든 자원에 접근할 수 있기 때문에 많은 사용자들을 확보하고 있다. ⇨ CERN, protocol, gopher, WAIS, anonymous ftp, archie, veronica, finger, usenet, telnet

WWW browser 웹 브라우저 world wide web browser의 약어. 인터넷 서비스의 하나. 웹을 열람하기 위한 프로그램. 인터넷 브라우저 또는 그냥 브라우저라고도 한다. HTTP라는 프로토콜을 사용하여 네트워크에서 정보를 받아들여 HTML이라는 언어를 해석하는 기능이 있다. VRML이나 자바 등의 새로운 언어를 실행하는 기능을 가진 것도 있다. 많이 사용되는 브라우저로는 NCSA에서 개발된 모자이크, 현재 사실상의 표준인 넷스케이프 내비게이터, 인터넷 익스플로러 등이 있다.

WWW-KR WWW의 급속한 성장과 발전으로 인해 국내에서도 보다 조직적인 대응이 필요하다는 의견이 대두되었으며, 점점 증가하고 있는 국내 서비스들 간의 중복을 방지하고 조정할 필요가 생기게 되었다. 국내 사용자 그룹의 활성화를 꾀하고, 서비스 제공자에게 서비스 개발과 관련한 정보를 제공하고 의견 수렴과 정보 교환을 가능하게 하고, 학술 대회, 워크샵, 세미나 등을 개최해 국내 저변 확대는 물론 연구 개발의 토대를 만들어가며, WWW 개발의 국제적 협력 그룹인 W3C에 가입해 연구 개발 정보를 국내에 제공하는 등의 목적으로 만들어진 인터넷 관련 단체.

WWW server 웹 서버 웹에 항상 접속되어 있는 서버. 인터넷 서버 또는 웹 서버라고도 한다. URL 지정에 근거하여 요구받은 파일을 내보낸다. 웹 서버용 프로그램으로는 아파치(Apache) 등이 유명하다.

WXTRN 약한 외부 참조 weak external reference의 약어.

Wyle code 와일 부호 팩시밀리 전송이나 도형 패턴 압축에서 사용되는 런 렝스(run-length) 부호 방식의 일종. 런 렝스와 부호가 규칙적으로 대응하고 있다.

wype 와이프 영상 전환 방법의 하나. A영상에서 B영상으로 연결할 때, 예를 들면 우에서 좌로 이동하여 A의 영상에서 B의 영상으로 전환하여 연결하는 방법.

WYSIWYG 위지윅 what you see is what you get의 약어. 워드 프로세싱이나 전자 출판에서 컴퓨터 화면에 나타나는 문자와 그림의 형상이 프린터로 최종 인쇄한 문서의 모양과 똑같다는 것. 완벽한 위지윅을 실현하는 것은 힘들기 때문에 보통은 서체(font), 페이지 내에서의 상대적인 크기와 위치, 삽화나 사진 등의 모양을 보여주는 것을 가리킨다. 전통적으로 문서의 가운데 형식화 명령어(formatting command)를 넣어서 문서를 만드는 것과는 달리 인쇄될 문서의 형태를 화면상에서 그대로 확인할 수 있도록 해준다. 따라서 잘못된 곳을 즉시 찾아내어 고칠 수 있으며 화면상에서 미리 배치를 모두 구상한 다음 한 번의 인쇄로 원하는 문서를 얻을 수 있다는 장점이 있다. 그러나 위지윅을 실현하기 위해서는 아주 복잡한 그래픽 처리가 필요하기 때문에 속도가 매우 느리다.

X[éks] **엑스** ⇨ index register

X.200 series X.200 시리즈 OSI(개방형 시스템 간 상호 접속) 기본 참조 모델을 규정하는 ITU-T(국제 전기 통신 연합 전기 통신 표준화 부문)의 권고군. X.200에서 OSI를 실현하기 위한 통신 처리 시스템의 체계, 컴퓨터 시스템의 위치 결정 등이 규정되어 있다. 이 규격에서는 개방형 시스템 간의 통신을 그 기능에 따라 7층으로 나누고 각 층의 기능과 각 층 간의 통신 구조를 규정한다. X.210 시리즈가 OSI 서비스를, X.220 시리즈로 OSI 프로토콜을 규정하고 있고, 현재 ISO(국제 표준화 기구)가 협조해서 표준화를 추진중이다. X.200, X.210, X.214, X.215, X.224, X.225 등이 있다.

〈X.200 시리즈〉

OSI 참조 모델	X.200(모델)
응용 프로그램층	X.217(서비스) X.227(프로토콜)
프레젠테이션층	X.216(서비스) X.226(프로토콜)
세션층	X.215(서비스) X.225(프로토콜)
트랜스포트층	X.214(서비스) X.224(프로토콜)
네트워크층	X.213(서비스)
데이터 링크층	X.212(서비스)
물리층	X.211(서비스)

X.21 회선 교환 방식 데이터 네트워크에 접근하기 위한 CCITT 표준이며, 첫부분은 다른 네트워크에 회선 교환 방식, 패킷 교환 및 전용 회선 등 디지털 접근을 위해 사용 가능한 물리적 인터페이스를 정의한다. 두 번째 부분은 회선 교환 방식 디지털 네트워크 상에서 호출 형성 제거 및 호출 신호를 위한 과정 등을 정의한다.

〈ITU-T의 X계열 표준안 요약〉

권고안	내 용
X.20	공중 데이터망에서 비동기 전송용 DTE/DCE 인터페이스 규격
X.20bis	V 계열의 비동기 전이중 모뎀에 적합하게 설계된 DTE의 공중 데이터망 규격
X.21	공중 데이터망에서 동기식 전송용 DTE/DCE 인터페이스 규격
X.21bis	V 계열의 동기식 모뎀에 적합하게 설계된 DTE의 공중 데이터망 규격
X.24	공중 데이터망에서 사용되는 DTE/DCE 간의 상호 접속 회로에 대한 규격
X.25	공중 데이터망에서 패킷형 단말기를 위한 DTE/DCE 인터페이스 규격
X.26	IC로 된 장치와 불평형 복류 상호 접속 회로의 전기적 특성 규격
X.27	IC로 된 장치와 평형 복류 상호 접속 회로의 전기적 특성 규격
X.28	동일 국가 내에서 공중 데이터망에 접근하는 비동기식 단말기를 위한 DTE/DCE 인터페이스 규격

※ ITU-T : International Telecommunication Union-Telecommunication sector

X.25 국제 전신 전화 자문 위원회(CCITT)의 공중 데이터망에 관한 연구 위원회인 제7연구 위원회(SG. Ⅶ)에서 검토된 패킷 형태 단말과 망과의 인터페이스에 관한 권고. 이 권고의 내용은 다음과 같다. ①전기적·물리적 인터페이스 : 커넥터 형상, 인터페이스 수의 종류, 전기적 레벨 등. ② 링크 레벨 프로토콜 : 데이터 링크 상의 전송 제어용 프로토콜(LAP-B). ③ 패킷 레벨 프로토콜 : 패킷을 주고 받기 위한 프로토콜. ④ 버추얼 콜, 퍼머넌트 : 가상 회로 및 데이터 드럼의 절차 등을 말한다.

X3J11 ANSI의 주도로 C 언어의 표준화를 심의하고 있는 위원회.

X.400 CCITT가 규정한 메시지 통신 시스템 MHS(message handling system)를 위한 국제 표준. MHS의 모델, 서비스 요소, 프로토콜에 대하여 규정하고 있다.

X.400 series X.400 시리즈 OSI 응용층 서비스의 하나인 전자 우편 시스템(MHS ; message handling system)의 시스템 및 서비스를 규정하는 ITU-T의 권고군. MHS는 전자 우편을 가진 시스템으로 1984년에 처음으로 권고화했다. 대상 단말기는 표준 무순서의 X.28 단말기 외에 팩스 등의 텔레마케팅 단말기나 데이터 단말기이다. 1988년판 MHS 권고는 1984년판의 X.400 시리즈에 우편함 기능이나 보안 서비스, 객체 식별자 등을 확장한 것으로 ISO가 규정하는 MOTIS와 호환성이 있다. X.400, X.401, X.408, X.409, X.410, X.411, X.420, X.430이 있다.

권 고	명 칭
X.400	시스템 및 서비스의 개요
X.402	종합체
X.407	추상 서비스 정의
X.411	MTS의 추상 서비스 정의 및 수속
X.413	MS의 추상 서비스 정의
X.419	프로토콜 사양
X.426	개인간 메시지 통신 시스템

X.500 CCITT와 ISO의 전자 목록 서비스를 위한 표준.

X.75 패킷 교환망(PSDN)을 국제간에 상호 접속하기 위해서 표준화된 제어 절차. 국제 전신 전화 자문 위원회(CCITT) 권고의 X 시리즈의 하나.

XA interface XA 인터페이스 X/OPEN이 정한 분산 트랜잭션 처리를 위한 표준 인터페이스. RDBMS나 파일 시스템과 같은 Resource MANAGER와 TP 모니터 사이의 인터페이스를 말한다.

Xanadu 하이퍼텍스트에 기반을 둔 클라이언트/서버(client/server) 시스템. 전자 출판이나 상업을 강조하는 네트워크. ⇨ hypertext, client/server

X-axis[éks æ̀ksis] **X축** 그래픽 계열의 좌표 평면에서 수평축을 가리킨다.

XB 크로스바 스위치 ⇨ crossbar switch

X-band[-bǽnd] **X-밴드** 6.2~10.9GHz의 주파수대.

Xbase 엑스베이스 Xbase는 특정 회사의 제품을 일컫는 단어가 아니라, dBASE 언어와 유사한 특성을 갖는 제품들을 총칭하는 말이다. Xbase의 원조는 dBASE 시리즈로서, dBASE와 호환되거나 dBASE 스타일의 데이터 베이스 관리 시스템 및 지원 제품 전체를 포함하는 단어이다.

X-Box[-bɑks] 마이크로소프트 사가 개발한 차세대 게임기의 이름으로, 그래픽 속도 및 메모리 용량 등 주요 성능에서 플레이스테이션 2(PlayStation 2)를 능가한다. 또한 X-Box의 중앙 처리 장치(CPU)는 인텔 호환 CPU를 사용하고, 게임 개발을 위한 도구로는 윈도 상에서 멀티미디어 응용 프로그램을 개발하기 위해 사용하는 도구들을 사용하였다.

X chart[-tʃά:rt] **엑스 관리도** 공정 평균을 각각의 측정값 x에 의해서 관리하기 위한 관리도. 1점 관리도라고 할 때도 있다.

XCONSOLE X 콘솔 넷웨어 서버의 콘솔 화면을 X 윈도나 VT100, VT220 단말 화면으로 변환하여 넷웨어 서버를 임의의 X 윈도 디바이스에서 원격 관리할 수 있다.

X Consortium[-kənsɔ́:rʃiəm] **X 컨소시엄** X window system의 개량이나 확장을 위한 메이커와 소프트웨어 하우스의 집합.

X control[-kəntróul] **X 제어** PC 통신에서 단말 장치와 호스트 컴퓨터 간에서 통신중에 버퍼가 오버플로할 것 같을 때 발신측으로부터의 송신을 일시 중단시키는 제어 방식.

X copy[-kάpi] **큰 복사** X 카피.

XDOS X 도스 MS-DOS용의 프로그램을 유닉스 머신용의 프로그램으로 직접 변환하는 운영 체제. 미국의 헌터 시스템즈 사가 개발하였다. MS-DOS의 에뮬레이션이 아니기 때문에 유닉스의 기능을 그대로 사용할 수 있다는 점에서는 편리하지만, 이용할 수 있는 소프트웨어는 극히 제한되어 있다. 2진 파일을 해독하여 사용자의 지시에 따라 키 파일을 작성하고, 키 파일과 2진 파일을 변환하여 필요한 유닉스 라이브러리 및 링크, 실행 가능한 형식으로 바꾼다.

XDR 외부 데이터 표현 external data representation의 약어. 네트워크를 통하여 서로 다른 머신 사이에서 데이터를 주고받을 때의 공통 데이터 표현 형식으로 선 마이크로시스템즈 사가 제안하여 보급된 것이다.

xDSL digital subscriber line의 약어. 일반 전화 회선(구리선)을 사용하면서도 ATM 망에 버금가는 Mbps급 데이터 전송 속도를 제공할 수 있는 디지털 가입자 회선(DSL ; digital subscriber line). 현재까지 알려진 DSL 기술은 데이터 전송 속도에 따라 비대칭(asymmetric), 속도 적응(rate-adaptive), 대칭(symmetric), 고속(high bit-rate), 초고속(very high-speed) 등으로 분류할 수 있으며, 이 때문에 DSL은 일반적으로 멀티 DSL (xDSL)로 통칭된다.

가장 활발하게 논의되고 있는 기술은 ADSL이다.

XEC 레지스터의 내용을 실행하도록 하는 명령으로, 프로그래머가 동작 레지스터에 2진 기계 코드를 표시할 수 있게 하여 중앙 연산 장치가 동작 레지스터의 내용을 명령어로 간주하게 한다.

XEM X/Open event management의 약어. X/OPEN이 검토하고 있는 인터럽트나 이벤트를 일반적으로 다루기 위한 제안.

XENIX 제닉스 소프트웨어 개발용인 운영 체제(OS)의 유닉스(UNIX)를 퍼스널 컴퓨터 전용으로 고쳐 만든 운영 체제. 프로그램 개발이 좀더 효율화되어 통신 기능도 뛰어나다.

XENIX system 제닉스 시스템 여러 종류의 16비트 마이크로프로세서에 사용하려고 마이크로소프트 사가 개발한 유닉스(UNIX) 시스템에 여러 기능을 부가, 향상시켰다.

xerographic printer[zì(ː)rəgrǽfik príntər] **전자 인쇄기, 정전 프린터** 감광 드럼에 빛을 투사하여 그 빛의 양에 따라 영상을 만들고 이것을 종이에 전하의 대전으로 옮긴 다음 그 대전된 부분에 가루 잉크가 달라 붙게 하고 가열하여 종이에 붙이는 출력 장치. 고속이지만 값이 기계식에 비해 비싸다.

xerography[zirάgrəfi(ː)] **제로그래피, 전자 사진법** 광전(光電) 효과와 정전기 효과를 조합해서 이용한 전자 사진법의 일종. 미국의 C.F. Carlson이 발명했다. 감광(感光) 재료로 광도전성 피막을 이용하여 코로나 방전 등으로 하전(荷電)하여 이것에 필요한 노광(露光)을 주면 감광부의 하전을 잃게 된다. 그러면 현상제(現像劑)로 하전 부분의 상을 만들고 다시 전사하여 정착 처리를 실시해서 화상을 얻는다. 사무용 복사기 등에 널리 응용되고 있다.

XEROX[zí(ː)rαks] *n*. **제록스** 미국 제록스 사의 사진식 복사기의 명칭.

XEROX information network system [-ìnfərméiʃən nétwə̀ːrk sístəm] **XINS, 제록스 정보망 시스템** ⇨ XINS

XFER key transfer key의 약어. NEC의 9PC 9800 시리즈용의 키보드에 있는 특수 키의 하나.

XG standard XG 규격 표준 MIDI 규격인 GM 음원을 확장한, 야마하 사가 제창한 음원 규격.

XHTML extensible hypertext language의 약어. 인터넷 표준 제정 단체인 W3C가 발표한 표준안으로, XML 표준을 따르면서 HTML과 호환되도록 만든 언어.

XINS 제록스 정보망 시스템 XEROX information network system의 약어. 오피스 오토메이션(OA) 구축용 네트워크의 일종. 이더넷(Ethernet)을 기본으로 하고 있다. 제록스 사가 개발하였다.

Xinu 지뉴 마이크로컴퓨터를 위한 운영 체제로 유닉스 운영 체제와 유사하며 소형인 것이 장점이다. 지뉴는 Xinu is not unix의 머리 문자로 D. Comer가 만들었다.

XIOS 확장 입출력 시스템 extended input-output system의 약어. BIOS(basic input-output system)의 기능을 확장한 것으로 주변 장치에 대한 입출력을 처리하는 기능을 수행한다.

X lock[éks lάk] **X 로크** ⇨ exclusive lock

X-mas tree sorting[krísməs tríː sɔ́ːrtiŋ] **크리스마스 트리 정렬** 정렬 프로그램의 내부 처리 과정에서 사용되는 하나의 기법. 레코드 그룹들 사이의 비교 결과가 나중에 사용하기 위해 기억된다.

XMIT 송신, 전송 ⇨ transmit

XML 확장 마크업 언어 extensible markup language의 약어. 1996년 WWC(World Wide Consortium)에서 새로 제안한 웹 상에서 구조화된 문서를 전송 가능하도록 설계된 웹 표준 문서 포맷. 기존의 HTML은 단순하기 때문에 간단한 문서를 만들기에는 쉽고 좋지만 대용량의 문서 제작에는 불편하였다. 이를 해결하기 위해 만든 것으로 HTML에서는 불가능한 다양한 표현 방법을 가지고 있다. 인터넷에서 기존에 사용하던 HTML의 한계를 극복하고 SGML(standard generalized markup language)의 복잡함을 해결하는 방법으로서 HTML에 사용자가 새로운 태그(tag)를 정의할 수 있는 기능이 추가되었으며, SGML의 실용적인 기능만을 모은 부분 집합(subset)이라 할 수 있다.

XMODEM X 모뎀 W. Christensen이 만든 PC 통신에서 파일 전송을 위한 프로토콜. 초창기에 나온 것으로 기능이 많이 떨어진다. 128바이트의 블록 단위로 파일을 전송하며 오류 검출은 체크섬을 이용한다.

XMODEM-1K X 모뎀-1K 초기의 XMODEM 프로토콜을 개량하여 전송 속도를 빠르게 한 프로토콜.

XMODEM/CRC X 모뎀/CRC 초기의 XMODEM 프로토콜에 오류 검사 기능을 더욱 강화하기 위해 체크섬 대신 CRC 코드를 넣은 것으로 전송 속도도 뛰어나다.

XMS 확장 메모리 명세 extended memory specification의 약어. 마이크로소프트, 로터스, 인텔, ASR Research의 4사에 의해 규격화된 MS-DOS 확장 메모리 규격의 하나. I80286 이상 CPU 환경의 PC에서 이용할 수 있다. MS-DOS에서 메모리 영역의 최초 640KB 이후는 UMB, HMA, EMB의 세 가지의 영역으로 나눌 수 있는데, XMS 규격은 이들 영역의 메모리에 CPU에서 직접 액세스할 수 있는 방식이다. 따라서 EMS 규격에 비해 메모리 처리가 빠른 것이 특징이다. 윈도 3.1에서는 XMS 규격으로 1MB 이상의 메모리를 이용한다. EMS(expanded memory system)와 XMS(extended memory system)는 확장 메모리의 관리 방법과 적용할 수 있는 CPU 환경이 다르다.

XNOR 배타적 부정 논리합 비트 간의 연산을 다루는 논리 연산자로서 서로의 비트가 다르면 결과는 1이 되고, 그렇지 않으면 0이 된다. ⇨ exclusive NOR

XNS Xerox network system의 약어. 제록스에 의해 개발된 네트워크. 실제로 적용된 것은 제록스의 Star 컴퓨터이며, 4.3BSC에 의한 시스템에도 포팅되었다.

XON/XOFF 제어 PC 통신의 기능으로 XON은 데이터 통신의 중단, XOFF는 중단을 해제하고, 송신 재개를 송신측에 알리는 것이다.

X/OPEN [éks óupən] **X/오픈** 유닉스 운영 체제의 표준화를 위한 단체. 유럽과 미국의 여러 기업들이 가입되어 있다. X/OPEN은 간편한 유닉스 소프트웨어 모듈을 공유할 수 있는 공동 개발 응용 환경(common open application environment)을 이룩하고 지원하기 위하여 주요 유럽 컴퓨터 판매자들의 집단으로 구성된 조직이다. 전형적인 예로 X/OPEN에는 TCP/IP와 OSI 시스템 간의 가교 역할을 하는 소프트웨어가 있다.

XOR 배타적 OR ⇨ exclusive OR

X-over punch [éks óuvər pʌ́ntʃ] **X 천공** 80란 카드의 위에서 두 번째 난의 천공.

XPG X/OPEN portability guide의 약어. X/OPEN 사가 발행하고 있는 portability guide. 이 가이드에는 표준 유닉스의 커맨드, 시스템 인터페이스나 국제화의 필요 사항 등이 규정되어 있다.

X-position [–pəzíʃən] **X 위치** 보통 천공 카드의 위에서부터 두 번째 행에 있는 천공 위치. 11-위치라고도 한다.

X protocol [–próutəkɔ(ː)l] **X 프로토콜** X Window system에서 클라이언트와 서버 사이에 요청이나 이벤트를 주고받을 때의 통신 규약.

XPT 외부 페이지 테이블 external page table의 약어.

X-punch [éks pʌ́ntʃ] **X 천공** 80란 카드의 X 열에 천공하는 것으로 어느 항목이 「–」인 것을 나타낸다.

XRemote [éksrimóut] RS-232C 등의 직렬 회선을 이용해서 X Window system을 사용하기 위한 프로토콜.

XS3 code 3배 코드, 3증가 코드 excess-3 code의 약어.

X-series [–sí(ː)riːz] **X 시리즈** CCITT의 통신 인터페이스 시리즈의 하나. X.25 등.

X-series recommendation [–rèkəmendéiʃen] **X 시리즈 권고** ITU-TS의 데이터 통신망에 관한 권고의 총칭.

X-series interface [–íntərfèis] **X 시리즈 인터페이스** 공중 데이터망용의 국제 전신 전화 자문 위원회(CCITT)에서 권고한 데이터 단말 장치(DTE)와 데이터 회선 단말 장치(DCE) 사이의 인터페이스 규격. X.22, X.24, X.25, X.26, X.27, X.28, X.29 등이 있다.

XSL 확장 스타일 언어 extensible style language의 약어. XML의 기초가 된 SGML에 표시 스타일을 부여하기 위한 언어로 ISO에서 개발하였으며, DSSSL(document style semantics and specification language)을 이용하여 개발된 언어. XML 문서는 XML 파서를 이용하여 프로그램으로 처리할 수 있지만, 문자 폰트와 문자의 간격 등의 표시 스타일 정보가 없기 때문에 그대로 브라우저를 통해 읽을 경우 문제가 발생됨에 따라 문서의 표시 스타일을 지정하기 위한 언어가 XML이다.

X stream [éks stríːm] **X 스트림** 브리티시 텔레콤(British telecom)에서 제공하는 네 가지 스트림으로서, 서비스-메가 스트림(service-mega stream), 스위치 스트림(switch stream), 새트 스트림(sat stream), 킬로 스트림(kilo stream)을 대표하는 일반적 이름.

XT 혼선 crosstalk의 약어. 한쪽의 회선으로부터 다른쪽의 회선에 정전적 또는 전자적으로 원하지 않는 에너지가 전달되는 것.

XTAL 크리스털 crystal의 약어.

X terminal [éks tə́ːrminəl] **X 터미널** excellent terminal의 약어. X-Window가 사용하는 단말로서 그래픽 기능이나 이더넷(Ethernet) 등의 네트워크 인터페이스.

〈X 터미널〉

XTree [ékstriː] **X 트리** Executive 사에서 개발한 IBM PC의 MS-DOS에서 파일 관리를 편리하게 해

주는 유틸리티 프로그램의 상품명.

X View [éks vjúː] **X 뷰** 선 마이크로시스템즈 사에서 X 윈도와 sun view 윈도 시스템을 통합한 것.

XVS X/OPEN verification suite의 약어. 한 운영 체제가 X/OPEN의 사양을 만족하고 있는가를 검증하기 위한 테스트 프로그램.

X Windows [–wíndouz] **X 윈도** 미국 MIT 대학에서 개발된 그래픽 윈도 및 네트워킹 시스템. 이는 미니컴퓨터, 워크스테이션, PC에 이르기까지 많은 컴퓨터에 이식되어 있으며, 특히 유닉스 운영 체제와 밀접히 관련되어 있다. X 윈도는 사용자가 데이터나 명령을 입력하고 그래픽 윈도의 출력을 보는 컴퓨터와 실제 계산을 처리하는 컴퓨터가 달라도 되도록 투명한 네트워크 환경을 제공한다.

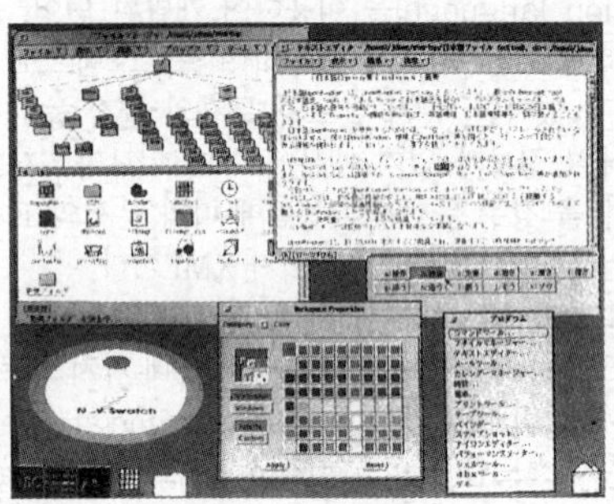

〈X 윈도〉

X Window terminal [–wíndou tə́ːrminəl] **X 윈도 터미널, X 윈도 단말** X Window system의 서버 기능이 실현되어 있는 그래픽 단말기. 각 단말의 클라이언트를 정해두면 단말의 전원을 넣은 직후에 클라이언트에서 자동적으로 필요한 소프트웨어가 네트워크를 통하여 다운로드하게 되어 있다.

X-Y chart [–wái tʃáːrt] **X–Y 차트** 두 데이터 집단의 상관 관계를 알기 위해 X 데이터에 대응하는 Y 데이터를 좌표 평면에 점들로 기록하는 표. 이들 점들로부터 직선식이나 기울기, 방향, 곡선을 구해 상관 관계를 구할 수 있고, 추정도 할 수 있다.

X-Y plotter [–plátər] **X–Y 플로터** 컴퓨터와 접속하거나, 혹은 오프라인으로 컴퓨터로 작성한 자기 테이프, 종이 테이프 등을 읽고, 그 내용을 그래프 또는 도형으로 표현하기 위해서 사용되는 장치. 이 장치는 동작이 기계적으로 그다지 고속성은 아니지만 기록 용지가 드럼식의 것은 긴 데이터를 연속적으로 플로트할 수 있다. 또 비교적 대형의 도면을 작성할 수 있는 이점이 있다. 또한 중앙 처리 장치(CPU)와의 접속은 X-Y 플로터 제어 장치(X-Y plotter control unit)를 경유하여 행한다.

X-Y plotter acceleration [–əksèləréiʃən] **X–Y 플로터 가속** 펜이 한 스텝 입력에 반응할 때 X-Y 플로터 펜의 최대 가속. 얼마나 입력 신호에 빨리 반응하는가는 출력 속도에 관여하므로 대단히 중요하다. 구동 장치는 가벼울수록, 모터의 회전력은 강할수록 우수하다. 구동 장치를 가볍게 하기 위해서 Y축은 종이가 움직이는 방식이 사용된다.

〈X–Y 플로터〉

X-Y recorder [–rikɔ́ːrdər] **X–Y 기록기** X축(가로 방향)과 Y축(세로 방향)으로 펜이 자유로이 움직여 도형을 그리는 것이 가능한 컴퓨터의 아날로그적인 출력 장치의 일종. 아날로그 컴퓨터의 답 지시 장치로 널리 이용되고 있으며 최근 디지털 컴퓨터의 한글명으로 급속히 그 적용 분야가 넓혀지고 있다.

X-Y recorder deadband [–dédbæ̀nd] **X–Y 기록기 사역** 기록기의 대역폭 안에 있으면서도 펜이 반응하지 않는 가장 큰 입력 신호. 크기는 전체 크기에 대한 퍼센트 비율로 표시되며, 일반적으로 사역은 0.05~0.25%의 값을 갖는다.

X-Y recorder dynamic specifications [–dainǽmik spèsifikéiʃənz] **X–Y 기록기 동적 명세** 펜의 움직임과 연관된 가속, 회전 속도 등의 특성.

X-Y recorder linearity [–lǽinəːriti(ː)] **X–Y 리코더 선형도, X–Y 기록기 선형도** 단말 기준 선형성은 실제 펜의 위치와 이론적인 위치 사이의 최대 차이값이다. 이론적으로의 위치란 0의 신호는 정확하게 0의 위치에 대응하고, 최대 신호는 최대 위치에 정확히 대응한다는 가정을 기초로 하고 있다. 최대값에 대한 비율로 나타내면 보통의 그림은 0.1%이다.

X-Y recorder resettability [–risètəbíliti(ː)] **X–Y 기록기 원상 복귀성** 펜이 서로 다른 방향에서 같은 점으로 다가올 때 마지막 지점에서 펜의 거리 차이 측정값. 이 값은 전체 크기의 퍼센트 비율로 표시되며 일반적인 값은 0.1%이다.

X-Y recorder response time [–rispáns táim] **X–Y 기록기 응답 시간** 스트립 차트 기록기가 전체 크기를 움직이는 데 걸리는 시간. 보통의 반응 시간은 대략 0.5초이다.

X-Y recorder retrace [–riːtréis] **X–Y 기록기**

재추적 X-Y 기록기의 일반적인 수행 능력을 검사하는 방법.

X-Y recorder slewing speed[–slúːiŋ spíːd] **X–Y 기록기 회전 속도** X-Y 기록기의 X 또는 Y축을 따라 도달할 수 있는 최대 속력. 보통의 회전 속도는 20~30인치/초의 값을 갖는다.

X-Y recorder static specification[–stǽtik spèsifikéiʃən] **X–Y 기록기 정적 특성** 기록기의 전기적인 특징에 의해서 결정되는 예민성, 정확성과 같은 특성. 이 특성은 보통 인간의 눈에 의한 판독 한계와 매우 유사하다.

Y [wái] **와이** 천공 카드에서의 맨 윗행.

Y2K 밀레니엄 버그 millenium bug의 약어. 천년을 의미하는 밀레니엄(millenium)과 컴퓨터의 오류를 가리키는 버그(bug)의 합성어. 컴퓨터 프로그램 내에의 연도 표기 중에서 두 자리 숫자인 세기(century)를 생략한 연도 표현으로 인해 2000년에 컴퓨터 운영 체제 및 각종 업무용 응용 프로그램 등에서 2000년을 1900년과 동일하게 「00」년으로 인식함으로써 발생될 수 있는 각종 문제를 말한다. 또한 밀레니엄 버그를 Y2K 문제라고도 하는데, Y는 연도(year)의 첫 글자를 딴 것이고, K는 1000(kilo)에서 딴 것으로 2000년을 의미한다.

YACC 야크 yet another compiler compiler의 약어. 유닉스 운영 체제에서 돌아가는 parser generator의 이름. 이는 프로그래밍 언어의 구문 분석 루틴인 파서를 자동으로 생성하는 것으로, 사용자가 원하는 언어의 구문(syntax)을 배커스 정규형(BNF) 형식으로 넣어주면 그 언어를 위한 파서를 C 언어로 만들어준다.

YAG 야그 yttrium aluminium garnet의 약어. 이트륨 원소를 포함하는 알루미늄 가넷 단결정 물질로서 고체 레이저 광선의 발진 재료로 사용된다.

Yahoo [já:hu:] **야후** 인터넷에서 필요한 정보를 담고 있는 사이트를 찾아주는 서비스 중에서 전세계적으로 가장 인기있는 서비스(http://www.yahoo.com). Yahoo에 접속하여 원하는 항목의 검색어를 입력하면 이에 해당하는 내용을 담고 있는 사이트를 보여준다. ⇨ 그림 참조

yankee doodle 양키 두들 고전적인 컴퓨터 바이러스의 하나. 바이러스 프로그램에서 지정된 시간이 되면 컴퓨터가 갑자기 양키 두들을 노래한다.

Y-axis [wái ǽksis] **Y축** 좌표 평면에서 세로축.

Y-cut [–kʌ́t] **Y판** 수정의 Y축에 수직인 평면으로 잘라낸 얇은 판.

Y-edge leading [–è(:)dʒ lí:diŋ] **Y 간선 선행** 천공 카드의 맨 윗열 가까이에 있는 모서리가 판독 장치에서 제일 먼저 익혀지도록 하는 카드 전진 장치에 관한 용어.

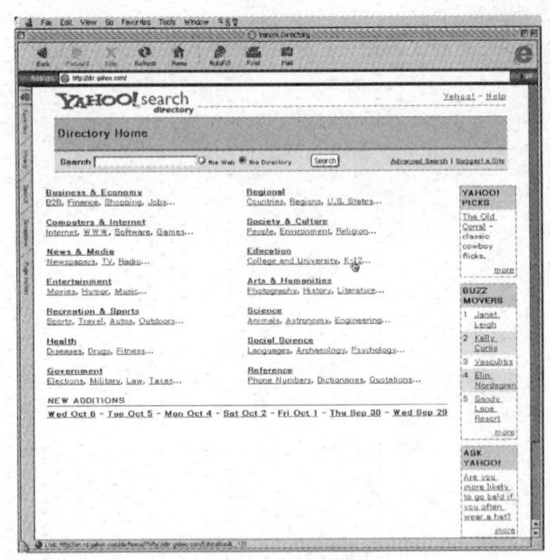

〈Yahoo의 초기 화면〉

Yellow Book [jélou bùk] **옐로북** 오디오 CD(레드북) VYWNSDML 첫 번째 확장판으로 디지털 사운드 대신 650MB에 이르는 컴퓨터 데이터가 CD 안에 포함되도록 만드는데, 옐로북은 그 이상의 표준을 필요로 한다.

yellow cable [–kéibl] **옐로 케이블** 이더넷 규격 10Base5로 이용되는 케이블. 케이블 색에서 붙여진 이름이다.

yellow page [–peidʒ] **옐로 페이지** 우리 나라의 경우 전화 번호부를 얇은 회색 갱지로 만들지만 미국의 전화 번호부는 대부분 얇은 노란색 종이로 만든다. 그래서 옐로 페이지라는 단어는 「전화 번호부」나 「주소록」, 「목록집」 등의 의미로 쓰인다. 인터넷에서도 이와 같은 옐로 페이지가 있는데, 온라인으로 배포되고 3~4군데의 출판사에서 인쇄해서 판

매하고 있다. 예를 들면 영화에 대한 어떤 정보를 알고 싶으면 movies로 분류되는 항목을 뒤져보면 블레이드러너에 대한 내용을 제공하는 http://kzsu.standford.edu/uwi/br/off-world.html이라는 URL을 찾을 수 있다. ⇨ white page

yellow transistor[-trænzístər] **황색 트랜지스터** 공핍 방식으로 작동되는 NMOS 트랜지스터.

yield[jíːld] *n.* **일드, 양품률(良品率), 제품 비율** LSI의 제조 과정에서 좋은 제품을 얻을 수 있는 비율. LSI의 제조 과정에서 한 개의 웨이퍼는 다이 또는 칩이라고 하는 작은 조각으로 분리된다. 다이는 각각 완전한 회로가 되도록 제조되는데, 불량품이 나오면 제거된다. 정상적으로 동작하는 다이가 제조되는 비율이 일드이다. LSI의 제조 공정 그 자체가 고도로 복잡하고 또 고도의 기술을 필요로 하므로 일드의 좋고 나쁨은 소자(素子)의 가격을 결정하는 최대 요인이 되고, 반도체 메이커의 이익률을 크게 좌우한다.

YIQ color model **YIQ 색 모델** 컬러 래스터 그래픽(color raster graphic)과 밀접한 관련을 갖고 있으며, 상업적인 컬러 텔레비전 방송에 많이 사용되고 있는 색 모델.

Y matching[wái mǽtʃiŋ] **Y 정합** 반파장 안테나와 평행 2선 급전선과의 정합법의 일조.

YMMV your mileage may vary의 약어. 이메일이나 포스팅(posting)에서 종종 사용되는 약자로 작가가 올린 글에서 상품을 추천한 글들은 제거한다.

YMODEM **Y 모뎀** 척 포스버그(Chuck Forsburg)가 만든 PC 통신에서 파일 전송을 위한 프로토콜의 이름. 이는 일괄 처리 기능이 있는 XMODEM에 비해 여러 모로 우수하다. 즉, XMODEM의 단점을 개선한 파일 전송 프로토콜로 XMODEM보다는 빠르지만 ZMODEM만큼 강력하지는 않다. 파일 패킷 길이를 1,024바이트로 늘리고 에러 검출 방식도 바꿨다. 패킷의 길이는 1KB이고 여러 개의 파일을 동시 전송 가능하다. 또한 CRC-16 에러 검출 방식을 채택하였다.

yoke[jóuk] *n.* **요크** 비디오 출력 장치의 CRT 뒷면에 위치하여 전자의 방향을 바꾸어주는 전자석과 같은 원리의 부품.

Y-over punch[wái óuvər pʌ́ntʃ] **Y 천공** 카드의 Y 위치에 천공된 구멍.

Y-position[-pəzíʃən] **Y 위치** 일반적으로 천공 카드의 맨 위의 행에 있는 천공 위치를 의미하며 12-위치라고도 한다.

Y-punch [-pʌ́ntʃ] **Y 천공** 80란 카드의 Y 열, 즉 카드의 첫 번째 열(최상단)에 천공하는 것.

Z

Z [zíː] **제트** zero flag의 약어.

Z39.50 클라이언트/서버 모델을 기초로 하는 데이터 베이스를 검색하기 위한 표준 프로토콜(protocol). ⇨ client/server, protocol

Z-80 인텔 사의 8080을 개량한 것으로 8080보다 성능이 좋으며, 여분의 레지스터와 확장 명령 집합을 가지고 있다. 8비트 마이크로컴퓨터, 제어기 등에 매우 널리 사용된다.

Z-8000 Zilog 사의 16비트 마이크로프로세서. Z-8000은 16개의 범용 레지스터에 의한 고속 연산 처리가 가능하고, 주소 지정은 세그먼테이션 방식을 사용하여 8,388,608까지 가능하다. 이것은 7비트의 세그먼트 번호와 16비트의 오프셋에 의해 실제로 23비트를 사용하여 주소를 지정할 수 있기 때문이다.

zap [zǽp] *n.* **지움** (1) 스프레드시트의 내용을 완전히 지우는 것. (2) 파일이나 화면을 즉시 지우는 것.

zatacode [zætəkóud] **제타코드** 데이터 처리 시스템에서 색인 레코드에 사용되는 코드.

zatacode indexing [–índeksiŋ] **제타코드 인덱싱** 수준이 같은 기술자(descriptor)가 개별 문서를 인덱스하는 시스템. 한 명 또는 여러 명의 기술자를 조합하여 라이브러리를 검색할 수 있다.

zatacoding [zætəkóudiŋ] **제타 코딩** 끝에 금이 가 있는 카드로서 코드를 중첩하는 것.

ZAURUS 자우루스 샤프 사가 개발한 스타일러스형 PDA의 상품명. 독자적인 운영 체제를 탑재하고 일본어 이용을 처음부터 고려하여 설계한 결과, 시장을 석권하고 있다. 워드 프로세서 기능은 물론 스케줄/달력 기능, 명함/전화 번호 관리 기능, 비즈니스 리포트 작성 기능 등이 내장되어 있다. 손으로 쓴 글자도 인식한다. PC와 함께 컴퓨터 통신이나 팩스 송신 등도 가능하다. 이후 컬러로 표시되는 것도 개발되었다.

Z-axis [zíː ǽksis] **수직축** 좌표 평면에서 평면에 수직으로 표시되는 깊이 축.

z-buffer [–bʌ́fər] **z–버퍼** 3차원의 좌표를 나타내기 위한 공간을 말한다. 그래픽 카드에 있어 z–버퍼는 화면에 보여지게 될 요소들과 다른 객체 뒤에 숨겨져 있는 요소들의 데이터 정보를 계산한다.

z-buffer algorithm [–ǽlgəriðm] **z–버퍼 알고리즘** 3차원 그래픽에서 숨은 선 및 면의 제거를 위해 각 화소의 *z* 좌표값을 저장할 수 있는 z–버퍼와 재생 버퍼를 사용하여 화상을 표시하는 알고리즘을 말한다.

z-buffering [–bʌ́fəriŋ] **z–버퍼링** 3차원 컴퓨터 그래픽 기법의 하나. 화면상의 각 점에 대해 그것이 *z* 축상에 놓여 있는 좌표값을 부여함으로써 원근 계산, 채색, 은선 제거에 이용하는 것.

Z condition code [–kəndíʃən kóud] **Z 조건부 부호** 상태 레지스터 내의 한 비트로 구성되며, 연산 결과가 0일 때만 Z 플래그 비트가 세트되고 그 이외는 리셋된다.

Zener breakdown 제너 항복 PN 접합의 역방향 전류에 대해 어느 일정한 값 이상의 역전압을 가하면 제너 효과에 의해 급격히 증가하여 동작 저항이 거의 0이 되는 현상.

Zener diode 제너 다이오드, 정전압 다이오드 제너 효과를 이용한 정전압 다이오드. 정전압 장치에 이용되고, 반도체의 PN 접합에 역방향 전압을 가할 경우, 어느 전압값 이상이 되면 전류가 급격히 증가한다. 이것을 이용하여 전류의 대폭적인 변화에 대해서도 단자 전압이 별로 변화하지 않으므로 정전압 장치에 이용할 수 있다.

Zener effect 제너 효과 PN 접합에 큰 역전압이 가해졌을 때 이 높은 전압에 의해 P형의 전자가 터널 효과로 금지대를 통과하여 N형의 전동대로 이동되면서, 그 결과로 급격한 전류 증가가 생기는 현상.

Zenith Data Systems [zíːniθ déitə sístəmz] **제니스 데이터 시스템즈 사** IBM PC 호환 기종을 주

로 생산하는 미국의 컴퓨터 업체. 휴대용 랩톱 컴퓨터로 유명하다.

zero[zí(:)rou] *n*. **제로, 영, 원점** (1) 어떤 수에 더해도 또는 어떤 수에서 빼도 그 수치가 변하지 않는 수. 계산기 중에는 +부호, −부호가 붙지 않는 제로의 표현을 취하는 경우가 있다. (2) 아무 것도 없는 상태. 공백(null)과 동의어. (3) 컴퓨터에 따라 제로로 인식되는 상태.

[주] 제로는 계산기 중에서 서로 다른 여러 개의 표현을 취하는 경우가 있다. 예를 들면 + 또는 −부호가 붙지 않는 제로(부호가 붙는 수에서 그 자신을 빼면 얻을 수가 있다)라든가, 부동 소수점 제로(그 고정 소수점 부분은 제로이지만, 부동 소수점 표시의 지수는 여러 가지일 수 있다)가 있다.

zero access[−ǽkses] **제로 액세스** 불필요한 지연 없이 데이터를 어떤 위치에 입력하거나 어떤 위치로부터 출력할 수 있는 장치의 데이터 전송 능력. 데이터의 전송은 직렬 방식이 아닌 병렬(동시) 방식으로 이루어진다.

zero access addition[−ədíʃən] **제로 액세스 덧셈** 누산기에 이미 들어 있는 수에 어떤 수를 더하면 그 결과가 누산기에 남아 있어 다음 연산에 이 결과를 이용할 수 있으므로 주기억 장치에 다시 접근하지 않아도 되는 덧셈.

zero access storage[−stɔ́:ridʒ] **제로 접근 기억 장치** 대개 지연 시간(waiting time)을 무시해도 좋을 만큼 짧은 기억 장치.

zero address code[−ədrés kóud] **제로 어드레스 코드** 후입 선출 기억 장치를 사용하는 컴퓨터에서 연산 처리중에 연산자의 출처 처리 결과의 어드레스를 주지 않아도 되는 방식의 명령 코드.

zero address instruction[−instrʌ́kʃən] **제로 어드레스 명령어** 어드레스부를 갖지 않는 명령어. 명령이 자동으로 별도로 정해진 장소를 참조할 때, 또는 어드레스를 필요로 하지 않는 경우에 사용된다. **[주]** 어드레스부를 갖지 않는 명령이며, 어드레스가 암시적으로 표시될 때, 또는 어드레스를 필요로 하지 않을 때 사용되는 것.

zero address instruction format[−fɔ́:*r*mæt] **제로 어드레스 명령어 형식** 명령어 내에서 피연산자의 주소 지정을 하지 않아도 되는 명령어 형식. 주소 지정을 하지 않아도 되는 이유는 명령어에 나타난 연산자의 실행시에 입력 자료의 출처와 연산의 결과를 기억시킬 장소가 고정되어 있기 때문이다. 이런 형식을 사용하는 컴퓨터는 연산을 위하여 스택을 가지며, 모든 연산을 스택에 있는 자료를 이용하여 수행하고, 연산의 결과를 스택에 저장한다는 특징을 가지고 있다.

zero adjust[−ədʒʌ́st] **영점 조정**

zero balancing[−bǽlənsiŋ] **제로 균형 방법** 데이터 점검 방법의 하나로 컴퓨터 처리에 앞서 사람의 손으로 각 항목을 합계하거나 건수의 합계를 조사한 후 그 데이터를 입력하여 컴퓨터로 처리한 결과와의 차를 조건 비트로 나타내는 것.

zero bit[−bít] **제로 비트** 연산 결과가 제로가 된 상태를 나타내기 위한 조건 비트.

zero bit insertion[−insɔ́:*r*ʃən] **제로 비트 첨가** 데이터 규격에서 규정한 특수 의미의 비트 형태.

zero capacity[−kəpǽsiti(:)] **제로 용량** 대기 이론에서 큐의 용량을 나타내는 척도 중의 하나. 제로 용량 상태에서 서비스 설비가 사용중일 때 도착한 고객들은 시스템의 서비스를 받을 수 없으므로 로스 시스템(loss system)이라고도 한다.

zero clear[−klíə*r*] **제로 클리어**

zero complement[−kɑ́mpləmənt] **제로 보수**

zero compression[−kəmpréʃən] **제로 소거, 제로 압축** 수 중에서 아무런 의미가 없는 제로를 기억 장소에서 소거하는 것. ⇨ zero suppression

zero condition[−kəndíʃən] **제로 조건** 기억 장치에서 0을 기억하고 있는 상태 또는 플립플롭이나 논리 회로가 논리적 제로인 상태.

zero count interrupt[−káunt ìntərʌ́pt] **제로 계수 인터럽트** 계수기 펄스 인터럽트에 의해 클록 계수기 값이 0으로 되었을 때 발생하는 인터럽트.

zerocrossing[zì(:)roukrɔ́(:)siŋ] **부호 변화점** 함수값의 부호가 양(+)에서 음(−)으로, 또는 음에서 양으로 변화하는 점.

zerocrossing detection[−ditékʃən] **제로 교차 검파** 주파수 검파 방식의 일종으로 수신 신호가 세로축과 교차하는 시간 밀도로부터 직접 베이스 밴드 신호를 얻는 방식. 주파수 편이가 클 때 흔히 사용된다.

zero elimination[−ilìminéiʃən] **제로 소거법** 숫자 인쇄시 쓸모없는 제로(워드나 필드의 왼쪽에 있는 0)를 소거하는 것.

zero-error reference[−érə*r* réfərəns] **제로 오류 기준** 원인과 결과 증분들의 일정한 비율.

zero fill[−fíl] **제로 충전하다** 하나 이상의 기억 장소를 제로를 표시하는 문자 상태로 하는 것. 제로화한다(zeroize)고도 한다.

[주] 제로를 표시하는 문자의 표현을 사용하여 문자를 충전하는 것.

zero filling[−fíliŋ] **제로 충전**

zero flag[−flǽ(:)g] **제로 플래그** 컴퓨터의 CPU 내에서 어떤 명령을 실행한 연산 결과가 0일 때는 1로 세트되고, 그렇지 않을 때는 0으로 세트되는 플래그.

zero frequency[–frí:kwənsì(:)] **제로 주파수**

zero function[–fʌ́ŋkʃən] **제로 함수**

zero indicator[–índikèitər] **제로 표지**

zero insertion[–insə́:rʃən] **제로 삽입**

zero insertion force socket[–fɔ́:rs sákət] ZIF 소켓 ⇨ ZIF socket

zeroise[z(:)írouiz] *v.* **제로화하다** 기억 장소의 공간을 0으로 채우거나 0으로 바꾸는 처리 절차. 즉, 기억 장소가 0으로 바뀌는 것.

zero kill[zí(:)rou kíl] **제로 킬** 문서가 뒤쪽으로 정렬될 때 앞부분에는 오직 0만이 남아 있도록 하는 정렬기의 특정한 기능.

zero-length buffer[–léŋθ bʌ́fər] **제로 길이 버퍼 기구**

zero level address[–lévəl ədrés] **제로 레벨 주소** 어드레스부의 내용이 오퍼랜드의 어드레스가 아니라 값 그 자체인 것. 「즉시 어드레스(immediate address)」가 동의어. ⇨ immediate address

zero matrix[–méitriks] **제로 행렬** 모든 원소의 값이 0인 행렬. 제로 행렬은 행렬의 덧셈에 대한 항등원으로 0으로 표기하며, 임의의 행렬 M에 대해 일정한 식이 성립된다.

zero offset[–ɔ́(:)fsèt] **제로 오프셋, 원점 오프셋** 수치 제어 공작 기계의 좌표계에 원점을 어느 고정된 원점에 대하여 변화시킬 수 있는 기능. 이 경우에는 기준이 되는 영구적인 원점이 기억되어 있어야 한다.

zero-one programming[–wʌ́n próugræmiŋ] **0–1 계획법**

zero out[–áut] **제로 클리어** 프로그램 내에서 정의된 변수의 값을 0으로 설정하는 것.

zero output[–áutpùt] **제로 출력** 판독 펄스를 가했을 때 0 상태에 있는 자기 셀로부터 나오는 출력.

zero page[–péidʒ] **제로 페이지** 주로 8비트 마이크로프로세서에서 기억 장치의 가장 하위 부분의 256바이트 영역. 어떤 마이크로프로세서는 제로 페이지를 액세스하는 특별한 주소 지정 방식을 가진 것도 있는데, 이는 다른 기억 장치 영역과는 달리 1바이트만 가지고 주소 지정이 가능하므로 액세스 시간이 짧다. 따라서 이 영역을 적절히 쓰면 마치 레지스터를 여러 개 사용하는 것처럼 할 수 있고, 주소가 1바이트만 있으면 되므로 명령어의 길이도 짧아진다는 장점이 있다.

zero page addressing[–ədrésiŋ] **제로 페이지 주소 지정** 어떤 시스템에서는 제로 페이지 명령을 이용하여 앞에 있는 바이트의 주소를 0으로 간주하고 명령어의 두 번째 바이트를 끄집어냄으로써 짧은 코드와 짧은 실행 시간을 가능하게 하는 주소 지정 방식.

zero point[–pɔ́int] **제로점** 항등적으로 0이 아닌 함수 $f(x)$에서, $f(x)=0$일 때의 점 x. 방정식을 푼다는 것은 곧 제로점을 구하는 것과 같다.

zero proof[–prú:f] **제로 증명** 모든 계산이 정확한지 확인해보기 위해 합이 0이 되도록 양수와 음수를 더해 검사하는 처리 과정.

zero punch[–pʌ́ntʃ] **제로 천공**

zero state[–stéit] **제로 상태** 기억 소자 상태의 하나로, 제로를 기록하고 있는 상태. 제로 조건(zero condition)과 동의어. "0"을 기억하고 있다는 것은 아무 것도 기억하고 있지 않은 상태와는 다르다.

zero status flag[–stéitəs flǽ(:)g] **제로 상태 플래그** 데이터 연산의 결과가 0으로 되었다는 것을 나타내기 위하여 1로 세트되는 것으로, 그렇지 않을 때는 이 플래그는 0으로 세트된다.

zero-sum game[–sʌ́m géim] **제로 합 게임** 게임에 참가한 사람들이 각각 어떤 전략을 취할 때 각 참가자가 얻는 이득의 합이 언제나 제로가 되는 게임. 참가자가 n인 게임(non-zero-sum game)이라고 한다.

zero suppress[–səprés] **제로 억제** 컴퓨터 내부에서 숫자를 나타낼 때, 예를 들면 하나의 숫자에 8자리분을 사용한다면(10진수), 10이라는 숫자는 "00000010"으로 표시된다(편의상 소수점 이하는 없는 것으로 생각한다). 이것을 그대로 프린터로 출력하면 10의 왼쪽에 있는 0이 전부 찍혀 나와서 보기 좋지 않다. 그리하여 불필요한 0을 출력하지 않도록 제어하는 일을 제로 억제라고 한다.

zero suppression[–səpréʃən] **제로 억제** ⇨ zero suppress

zero suppression editing[–éditiŋ] **제로 억제 편집**

zero synchronization[–sìŋkrənaizéiʃən] **제로 동조** 수동으로 각 축을 희망 위치 부근으로 이동시켜 놓으면 자동으로 그 정확한 위치를 결정할 수 있는 수치 제어 공작 기계의 기능.

zeroth generation operating system[zí(:)rouθ dʒènəréiʃən ápərèitiŋ sístəm] **0세대 운영 체제** 컴퓨터 발전 단계인 초기 1940년대에 해당되는, 운영 체제가 없었던 시기를 말한다. 따라서 컴퓨터 사용자들은 기계어를 사용해서 프로그램을 작성하였고 모든 명령을 손으로 일일이 번역했다.

zero threshold transister[zí(:)rou θréʃould trænzístər] **제로 임계 트랜지스터** 임계 전압이 0인 NMOS 트랜지스터. 버퍼 및 팬인(fan-in)이 작은 실렉터에 사용된다.

zero transmission level[–trænsmíʃən lévəl] **제로 전송 기준** 회선 상에서 임의로 택한 한 점으로, 이것을 기준으로 하여 모든 상대적인 전송 기준이 결정된다.

zero transmission level reference point[–réfərəns pɔ́int] **제로 상대 전송 기준점** 회선 상에서 임의로 택한 한 점. 이 기준점을 기준으로 하여 모든 상대적인 전송 기준이 정해진다. 제로 상대 전송 기준점으로는 송신용 교환기의 전송 기준이 주로 사용된다.

zero-trip loop[–tríp lúːp] **제로 트립 루프**

zero vector[–véktər] **영 벡터, 제로 벡터**

zero word[–wə́ːrd] **제로 워드**

zig-zag paper[zí(ː)g zæ̀g péipər] **지그재그로 접은 종이**

Zilog Inc. 자일로그 사 미국의 반도체 업체. 제품으로는 8비트 마이크로프로세서로 가장 많이 쓰이는 Z80이 있다.

ZIF socket ZIF 소켓 zero insertion force socket의 약어. CPU 소켓 등에 흔히 사용되고 있는, 레버식으로 탈착이 가능한 소켓. 힘을 가하지 않고도 칩을 장착할 수 있다는 의미. 보통의 소켓은 칩을 소켓에 실어 위에서 눌러야만 완전히 장착할 수 있다. 한편, ZIF 소켓에 칩을 장착하는 경우는 소켓에 부착된 레버를 위로 올려 칩을 소켓에 삽입하고, 레버를 내려서 고정시키기 때문에 장착/탈착은 매우 쉽다. 핀의 수가 많은 PGA 패키지 등에 흔히 사용된다. ⇨ CPU socket

ZIP 집 PC로 다운로드한 데이터를 저장할 때 압축을 하거나 압축을 풀어주는 개방 표준. 현재 ZIP은 윈도 프로그램에서 폭넓게 사용되고 있다.

ZIP code 우편 번호, 집 코드 zone improvement plan code의 약어. 우편물의 신속한 배달을 위하여 1963년경에 미국에서 고안한 지역 식별 코드. 우리나라에도 우편 번호 제도에서 이 시스템을 도입하여 여섯 자리로 사용하고 있다.

ZIP mode 집 모드 X-Y 블록으로 곡선을 그릴 때의 모드.

ZMODEM Z 모뎀 Chuck Forsburg가 만든 PC 통신에서 파일 전송을 위한 프로토콜의 이름. 이는 윈도 방식을 사용하여 송신측에서 수신측의 응답을 기다리지 않고 다음 블록을 연속하여 보내는 방법을 채택하여 전송 효율이 매우 높다.

Z-net[zíː nét] **Z 네트** 미국 Zilog 사에서 1980년에 발표한 800Kbit/초 속도의 근거리 컴퓨터 네트워크의 상품명.

zombie process[zámbi(ː) práses] **유령 프로세스** 처리가 끝나 exit 시스템 콜을 발행한 후에도 부모 프로세스가 프로세스의 상태를 얻기 위한 대기(wait) 시스템 콜을 실행하여 프로세스 테이블을 해제할 때까지 이른바 대규모 시스템 내를 헤매고 있는 프로세스를 말하며, 보통 곧 소멸된다.

zone[zóun] *n*. **구역** 10진수를 존 형식(zone-format)으로 표시했을 때의 상위 4비트를 가리킨다. 데이터의 내부 표현(internal representation)으로 사용되는 형식으로서 10진 존 형식(decimal zone format)과 10진 팩 형식(decimal pack format)이 있다. 전자는 하나의 문자를 나타내는 데 1바이트(8bit)를 사용한다. 이 중 상위 4비트(upper 4bit)를 존부(zone part), 하위 4비트(lower 4bit)를 수치부(numeric part)라 한다. 이에 대하여 후자의 형식은 하나의 수치를 4비트로 표시한다. zone이 동사로 사용되는 경우에는 「존을 붙이다」라는 의미이다. 예를 들면 존 10진수(zoned decimal)라고 하며 한 자릿수의 10진수를 표현하는 코드 안에 존부(zone part)가 붙어 있는 것을 의미한다. zoned decimal로서의 2는 xxxx 0010이고 xxxx는 zone이다.

zone bit[–bít] **존 비트** 숫자를 2진 코드로 고밀도 표현을 할 때 사용되는 4비트 이외의 비트.

zone decimal[–désiməl] **존 10진수** 데이터 형식의 일종으로 10진 1자리를 1바이트로 표시하고 좌우측 1바이트의 존 부분에 부호를 표시한 것.

zone decimal constant [–kánstənt] **존 10진 상수** 언팩(unpack) 형태의 10진 상수.

zone decimal data[–déitə] **존 10진 데이터**

zone decimal number[–nʌ́mbər] **존 10진수**

zone digit[–dídʒit] **존 디짓, 존 숫자** 4비트로 숫자를 나타내는 BCD 코드에 다시 4비트를 더하여 영문자, 특수 기호, 한글 등을 나타낼 수 있게 한 EBCDIC에 첨가한 4비트를 말한다.

zone format[–fɔ́ːrmæt] **존 형식** 바이트 단위로 10진수를 표현하는 방법의 하나로서, 1바이트로 1자리의 10진수를 나타내는 형식.

zone part[–páːrt] **존부**

zone portion[–pɔ́ːrʃən] **존 부분**

zone punch[–pʌ́ntʃ] **존 펀치** 80란 카드의 0, X, Y의 포지션에 천공하는 것. 존 펀치가 있는 경우는 알파벳이나 특수 기호를 나타낸다.

zone purification[–pjù(ː)rifikéiʃən] **존 정제법** 반도체 제조법의 일종으로서 고체 중의 용융 존이 응고할 때 불순한 단결정을 만드는 방법. ⇨ zone refining

zone refining[–rifáiniŋ] **존 정제법** 반도체 단결정의 성장 후, 불순물을 제거하여 순도를 높이기 위한 공정의 방법. 막대 형상의 단결정 잉곳(ingot)

을 한쪽에서부터 부분적으로 녹이면서 서서히 반대쪽으로 이동하면, 새로 녹는 부분에서는 불순물이 녹아 나오고 다시 굳어지는 부분에서는 순수한 물질만 모이므로, 최종적으로는 녹은 부분은 불순물만 모이게 된다. 이 과정을 반복하여 마지막 불순물이 모인 곳은 잘라낸다.

zone width[–wídθ] **나머지 자리**

zoo[zúː] 압축의 한 형태.

zoom box[zúːm bάks] **줌 박스** MacOS에서 상태 표시줄의 오른쪽에 있는 사각형 부분. 이곳을 드래그하면 창을 확대하거나 원래 상태로 되돌릴 수 있다.

zoomed video port[zúːmd vídiòu pɔ̀ːrt] **ZV 포트** ⇨ ZV port

zooming[zúːmiŋ] **확대, 줌잉** 표시 요소의 집합 부분 또는 일부를 단계적으로 확대 또는 축소하여 보는 사람에 대하여 그것들이 가깝게 또는 멀리 보이도록 느낌을 주는 기법.

[주] 세그먼트의 전체 또는 일부가 관찰자에게 가깝게 또는 멀리 보이도록 하기 위해서 표시 영상 전체를 연속적으로 확대 · 축소하는 것. 확대 · 축소의 비율은 전(全)방향에 대하여 동일해야 한다.

Zula time 줄라 시각 하루 시간의 기준이 되는 국제적인 시간. 그리니치 표준시(Greenwich Meridian Time)라고도 한다.

ZV port ZV 포트 zoomed video port의 약어. PC 카드에 추가된 멀티미디어 고속 처리용 인터페이스. PCI 버스나 CPU를 거치지 않고 실시간으로 데이터를 전송할 수 있는 것이 특징이다.

숫자

0 wait[zí(:)rou wéit] **제로 대기** ⇨ 0 wait state

0 wait state[–stéit] **제로 대기 상태** CPU가 메모리의 응답을 기다리는 대기 시간이 제로인 것을 가리킨다. 실제로는 제로 대기의 액세스가 항상 일어나는 것이 아니라 그 빈도가 높다는 것을 말한다.

1 single length[wʌn síŋgl léŋkθ] CPU 처리 단위인 한 단어의 길이. 일반적으로 16비트이지만 24비트, 32비트, 64비트 등도 있다.

1 대 9 대 90의 법칙 전체 온라인 이용자의 1%가 최초로 글을 올리면 9%가 그 글을 편집하거나 댓글을 달아 반응하고, 90%는 별도의 반응을 하지 않고 올라온 콘텐츠를 열람한다는 것이다. 온라인에서 첫 이용자의 파급력이 크다는 것을 보여주는 말이다.

1000Base IEEE 802.3z, ab에서 표준화된 기가비트 이더넷 규격. 1000Base-SX/LX/CX/T가 있다. ⇨ gigabit Ethernet

1000$ PC 1000달러 컴퓨터 복잡한 처리는 서버를 이용함으로써 기능을 제한하고, 저렴한 단말기보급을 목적으로 한 컴퓨터. 대표적으로 미국 오라클 사가 제창한 네트워크 컴퓨터 등이 있다. 처음에는 500달러 컴퓨터라고 불렸지만, 500달러 컴퓨터의 네트워크 처리 능력 부족 문제 등 때문에 현실을 감안하여 1000달러가 되었다. 최근의 저가 CPU의 대두로 미국 컴팩 사의 컴퓨터 같은 단순한 저가 컴퓨터의 대명사로 사용되는 경우도 늘고 있다. ⇨ 500$ PC

100Base standard 100Base 규격 LAN 회선의 접속 형태와 접속 케이블에 관한 이더넷 규격의 하나. 10Base의 상위에서 전송 속도는 100Mbps이다. 허브라고도 불리는 집선 장치를 중심으로 하여 방사형으로 연결된다. 전송 방식의 차이에 따라 100Base-TX, 100Base-T4, 100Base-FX, 100 Base-T2의 4종류로 나눌 수 있다. ⇨ Ethernet, Hub, 10Base standard fast, Ethernet

100BaseT 고속 이더넷(Fast Ethernet)과 같은 용어로, 컴퓨터들을 LAN에 연결시키는 향상된 표준을 말한다. 100BaseT 이더넷은 데이터를 최대 100Mbps의 속도로 전송할 수 있다는 점을 제외하면 일반적인 이더넷과 동일하게 동작한다. 같은 계열로 속도가 더 느린 10BaseT에 비해 비용이 많이 들고 그리 널리 쓰이지 않는다. ⇨ Ethernet, LAN

100VG-AnyLAN 100VG-애니랜 100Mbps의 LAN 규격 중의 하나. IEEE(미국 전기 전자 기술자 협회) 802.12 소위원회가 표준화를 진행하고 있다. 이더넷이나 토큰 링과 마찬가지로 MAC 프레임을 사용하지만, 제어 방식은 라운드 로빈 방식과 요구 우선 순위(demand priority) 방식을 사용한다. 네트워크 구성은 허브를 중심으로 한 성형으로 이루어진다. 케이블에는 네 쌍의 카테고리 3 이상의 UTP를 사용하며, 우선 제어 기능이 있다. 100VG-Any LAN에서는 허브가 송신 단말을 결정한다. 허브는 접속한 단말로부터 송신 요구가 오고 있지 않은지 각 포트를 차례대로 체크하는데, 이것을 라운드 로빈 방식(round robin scheduling)이라고 한다. 단말에서 송신 요구가 있으면 송신을 허가하고 패킷을 받아들여 수신 단말이 접속된 포트에 보낸다. 허브와 단말 사이에서는 요구 우선 방식으로 송수신한다. 송신할 때 단말은 허브에 요구 사항을 보내고, 허브가 준비 완료되면 단말은 패킷을 송신한다. ⇨ Ethernet, Hub

101 keyboard 101 키보드 IBM PC/AT용의 키보드이며, 키의 개수가 101개이기 때문에 이렇게 부른다. 키 배열이 ASCII 배열로 불리기 때문에 ASCII 키보드라고도 한다. 윈도용의 키가 확장되어 있는 104 키보드와 함께 사실상의 표준이 되고 있다. ⇨ 104 keyboard, 106 keyboard, keyboard

104 keyboard 104 키보드 윈도에서 사용하기 쉽도록 만든 IBM PC/AT 호환기용의 키보드. 101 키보드에 응용 프로그램 키가 한 개, 윈도 키가 두 개 추가되었다. ⇨ 101 keyboard, 106 keyboard, key-board

10Base standard 10Base 규격 IEEE에서 정

한 LAN의 전송 속도 등에 관한 규격. 10Mbps의 전송 속도를 가진 이더넷의 접속 방식으로, 케이블의 최대 길이가 500m인 것을 10Base-5, 185m인 것을 10Base-2, 케이블에 꼬인 쌍선을 사용한 것을 10Base-T라고 한다. 처음의 「10」은 전송 속도가 10Mbps인 것을, 「Base」는 베이스 밴드 전송을 의미한다. 10Base-5는 지름 12mm인 「굵은」 실드 처리된 동축 케이블을 이용하기 때문에 시크 이더넷(thick Ethernet)이라고도 한다. LAN의 총 연장 거리를 길게 할 수 있는 등 간선용으로 사용된다. 10Base-2는 지름 5mm의 「가는」 실드 없는 동축 케이블을 이용하기 때문에 신 이더넷(thin Ethernet)이라고도 한다. 저비용으로 LAN을 구축할 수 있지만 각 노드를 릴레이 식으로 이어가기 때문에 대부분 구성이 간단한 소규모 LAN용이다. 10Base-T는 HUB라는 집선 장치를 사용하고, 거기로부터 꼬인 쌍선을 이용하여 성형으로 노드를 접속한다. 네트워크 규격이나 노드의 배선에 유연하게 대응할 수 있기 때문에 LAN 접속 방식의 주류를 이루고 있다. 각각의 접속 방식은 혼합하여 사용할 수도 있다. 예를 들면 각 부서에 걸친 간선을 10Base-5로 구축하고, 각 부에서 사용되는 HUB를 10Base-2로 이어나가, 개인용 단말을 HUB에 대해 10Base-T로 접속하는 것이다.

10BaseT 이더넷의 가장 일반적인 형태로 이것은 꼬인 동선을 사용할 때 10Mbps의 최대 전송 속도를 낸다. 이더넷은 컴퓨터와 LAN을 연결하는 표준을 말한다. ⇨ 100BaseT, Ethernet, LAN

1-2-3 Lotus 1-2-3의 약칭. 미국 로터스 사의 표계산 프로그램.

124-any-key 미국 게이트웨이 사의 컴퓨터에서 이용되는, 프로그램이 가능한 키보드. ⇨ keyboard

128비트 암호화 미국 내에서 사용되고 있는 개인 정보 보안을 위한 암호 기술. 56비트 이상의 암호화 기술로 미국 밖으로 가지고 나가는 것이 금지되어 있다. ⇨ encryption

16bits CPU 16비트 CPU 내부 처리 기구(연산 장치, 레지스터, 데이터 버스 등) 모두가 16비트를 기준으로 하고 있는 CPU. 대표적인 CPU로는 모토롤라 사의 68000이나 인텔 사의 8086 계열이 있다. ⇨ 16bits PC, CPU

16bits PC 16비트 PC 16bits personal computer의 약어. 16비트 CPU를 탑재한 PC. 1981년의 「IBM PC」로부터 시작하여 인텔 사의 8086 계열을 CPU로 이용한 MS-DOS 머신이 많다. IBM 사가 1987년에 OS/2라는 새로운 운영 체제를 발표하였고, 32비트 PC 「PS/2 model80」을 내놓은 것을 계기로 현재의 32비트 PC가 등장하였다.

16bits personal computer 16비트 PC ⇨ 16bits PC

2001년 미래 기금 21세기의 사회 기반이 되는 네트워크 등에 관하여 1997년 9월에 설립된, 교육 관련을 중심으로 한 각종 단체 등의 협찬을 받는 기금. 빌 게이츠의 자서전 「빌 게이츠 미래를 말한다」에서 받는 인세나 기업, 개인의 기부금을 바탕으로 2001년 1월 1일까지 이어졌다.

201 emulation 201 에뮬레이션 NEC PC-98 시리즈의 표준인 PC-PR201 계열 프린터의 제어를 에뮬레이트하는 것. 서드 파티 제어 프린터라도 이 제어 코드를 탑재하고 있으면 PC-98 시리즈에서 이용할 수 있다. ⇨ emulation

24bits color 24비트 컬러 화면상의 1도트 색을 24비트로 표현하는 것. 이것은 2^{24}(16,777,216) 색의 표현이 가능하다는 것을 의미하고, RGB(적, 녹, 청)의 각각을 256 색조로 표현할 수 있다. 자연스러운 화상을 얻기 위해 필요한 색 수이기 때문에 완전 컬러(full color), 트루 컬러(ture color)라고도 한다. 그래픽 보드에 따라서는 32비트 컬러가 존재하지만, 이것은 화상 데이터의 처리 단위(32비트)에 맞추어 공백의 데이터가 8비트 추가되었을 뿐, 실제로 표시되는 색 수는 같다.

250MB ZIP drive 250MB 집 드라이브 이전의 ZIP 100MB 디스크와 하위 호환성을 가진 250MB의 ZIP 드라이브. 미국 아이오메가 사의 ZIP 시리즈로 대응 디스크인 「ZIP 250MB 디스크」와 동시에 발표되었다. 응용 프로그램의 비대화나 이미지, 음성 등의 멀티미디어 파일이 증가함으로써 대용량의 기억 장치가 더욱더 필요해진다. 한 장의 디스크에 플로피 디스크 175장 상당의 데이터를 저장할 수 있다. ⇨ ZIP

2.5D 2.5차원 2.5 demension의 약어. 3D(입체)와 2D(평면)를 사용하여 의사적으로 표현하려는 개념. 시점부터 거리, 시선에 대한 각도, 면의 불연속 유무 등을 계산하고, 평면 표시의 조합에 의해 표현한다. 3D 데이터는 표시하거나 계산하는 데 시간이 걸리기 때문에 이러한 방법을 이용한다. 단면도를 몇 장 그려서 전체상의 윤곽을 잡는 것도 이것에 해당된다.

2.5 demension 2.5차원 ⇨ 2.5D

2치 이미지 화소(픽셀)에 색(흑백)만을 표현하는 이미지. 이미지의 농염은 두 개의 화소의 밀도로 표현한다.

2D, 2DD, 2HD 플로피 디스크의 기록 밀도를 나타내는 용어. 데이터의 기록 밀도는 단위 면적당 기록할 수 있는 비트 수로 나타낸다. 보통 단위에 BPI(bits per inch)를 사용한다. 2,500BPI를 단밀

도(IS ; 편면 단밀도)라 하고, 5,000BPI를 배밀도(2D ; 양면 배밀도, 2DD ; 양면 배밀도 배트랙), 그리고 9,700BPI를 고밀도(2HD ; 양면 고밀도)로 표시한다. 일반적으로는 플로피 디스크의 물리적인 크기나 포맷 후의 기억 용량을 함께 표기하는 경우가 많다. 현재 사용되고 있는 플로피 디스크는 3.5인치 2DD로 720KB와 3.5인치 2HD로 1.44MB가 대부분이다. 단, 크기나 용량이 같더라도 포맷한 운영 체제가 다른 경우에는 읽어내지 못하는 경우도 있다. ⇨ BPI, record density, disk format

2ED 양면 초고밀도 double sided extra high density의 약어. 플로피 디스크의 기록 밀도를 나타내는 규격. 포맷시에 2.88MB의 용량을 가진다.

2mode drive[tuː móud dráiv] **2모드 드라이브** 720KB 또는 1.44MB 플로피 디스크를 읽어들일 수 있는 디스크 장치.

2 phase commit[–féiz kəmít] 분산된 DB 등을 모순 없이 동시에 갱신하기 위한 방식이며 2 phase로 구성되어 있다. 첫 번째 phase에서 트랜잭션을 구성하고 있는 각 프로세서에 대하여 일단 실현 가능한가 어떤가를 조회하여 모든 프로세서가 실현 가능하다는 것을 확인한다. 다음 phase에서 실제로 갱신 프로세서를 의뢰하여 모든 갱신이 끝난 시점에 일련의 프로세서가 완료(commit)된 것으로 한다.

3270 emulation 3270 에뮬레이션 IBM 메인 프레임용의 단말인 「3270」을 에뮬레이트하는 것. 이것에 의해 PC 등을 IBM 제품의 메인 프레임이나 그 호환 메인 프레임의 단말로 사용할 수 있게 되었다. 특히 단말 표시 시스템을 에뮬레이트하는 경우가 많다. ⇨ emulator, main frame

32bits addressing 32비트 주소 방식 주소 지정에 32비트의 정보를 이용하는 방식. 메모리를 최대 4GB(=2^{32}바이트)까지 사용할 수 있다. 68030이나 80386 이후부터의 CPU에서 사용된다. ⇨ 32bits OS

32bits bus 32비트 버스 한 번에 32비트의 데이터를 전송/처리할 수 있도록, 버스가 32개로 구성되어 있는 것. PCI 버스 등이 속한다. ⇨ 버스

32bits color 32비트 컬러 ⇨ 24bits color

32bits CPU 32비트 CPU 내부 처리 기구(연산 장치, 레지스터, 데이터 버스 등) 모두가 32비트를 기준으로 하는 CPU. 대표적인 CPU로는 IBM 사와 모토롤라 사가 개발한 파워 PC와 인텔 사가 개발한 i486 계열, 펜티엄 계열 등이 잘 알려져 있다. ⇨ 32bits PC, CPU

32bits game machine 32비트 게임기 32비트 CPU를 처리 시스템에 사용한 게임기. 대표적인 것에 히타치의 SH-2를 사용한 세가(일본)의 「세가사탄」, 미국의 실리콘 그래픽스 사의 R3000을 사용한 소니의 「플레이스테이션」 등이 있다. ⇨ 64bits game machine

32bits OS 32비트 운영 체제 계산 처리의 기본 단위가 32비트로 행해지는 운영 체제. 이것을 이용하려면 CPU나 마더 보드 상의 시스템 버스 등 하드웨어가 32비트화되어 있어야 한다. 주소 지정에 32비트의 정보를 사용하기 때문에 메모리 공간을 한 번에 최대 4GB까지 이용할 수 있다. 또한 16비트 운영 체제와 비교해서, 한 번에 취급하는 정보량이 늘어나기 때문에 처리 단계를 줄이는 것으로 처리 속도를 전반적으로 고속화할 수 있고 수식의 정밀도를 높일 수 있다. 대표적인 32비트 운영 체제로는 OS/2, MacOS(버전 7이후부터), 윈도 95/98/NT, 유닉스 등이 있다. 단, MacOS(버전 8 이전)나 윈도 95/98은 16비트 운영 체제였던 시기의 시스템과 호환성을 유지하기 때문에 일부에 16비트 코드가 남아 있다. ⇨ MacOS, OS/2, UNIX, Windows family

32bits PC 32비트 PC 32bits personal computer의 약어. 32비트 CPU를 탑재한 PC. 현재 사용되고 있는 PC의 대부분은 32비트 PC이다. 사용되는 CPU로는 인텔 사의 펜티엄 계열 및 그 호환 칩이나 IBM 사와 모토롤라 사가 개발한 파워 PC 등이 있다. ⇨ PowerPC, Pentium family

32bits personal computer 32비트 PC ⇨ 32bits PC

386 BSD Willian Jolitz가 개발한 BSD 유닉스 계열의 운영 체제로, 1992년에 프리웨어로 소스 코드도 포함시킨 형태로 배포하였다. ⇨ BSD UNIX

386 enhanced mode 386 확장 모드 마이크로소프트 윈도 버전 3.x의 동작 모드의 하나. 인텔 사의 80386 프로세서의 특성을 활용해서, 4GB의 메모리 공간을 이용하거나 여러 응용 프로그램을 스위치로 바꿔 사용할 수 있게 되었다.

3D accelerator card 3D 가속기 카드 텍스처나 포그, 라이팅 등의 처리를 고속화하여 프레임 속도를 향상시키고, 조작성을 개선하기 위한 전자 기반.

3D Bench 3D 벤치 IBM PC용으로 개발된 무료 벤치마크 소프트웨어. 그래픽 보드의 3D 성능을 평가하기 위해 다양한 3D 연산을 한다. 게임 소프트웨어를 즐길 때의 3D 표시의 원활함이나 쾌적성 등의 지표로 사용되는 경우도 있다.

3D calculation 3차원 연산 three dimensional calculation의 약어. 여러 개의 워크시트 데이터에 대한 연산. 보통 스프레드시트 소프트웨어의 워크시트는 가로와 세로로 항목을 기입한 2차원 표로 취급하지만 최근에는 이것에 거리 개념을 덧붙인 3

차원 구조의 워크시트를 가진 스프레드시트 소프트웨어가 늘어나고 있다. 3차원 워크시트는 2차원 워크시트를 여러 장 겹쳐놓은 것과 비슷하다.

3dimension virtual reality 3차원 가상 현실 ⇨ 3D VR

3DNow! 미국 AMD 사 등을 중심으로 개발된 3D 연산용의 명령 집합. MMX를 더욱 발전시킨 것으로, 가장 큰 특징은 3D 응용 프로그램의 처리에서 빈번하게 실행되는 부동소수점 연산의 고속화이다. 동사의 K6-2 프로세서 이후부터 탑재되고 있지만 Athhlon 프로세서에서는 인텔 사의 SSE(펜티엄 III부터 탑재)에 대항하는 형태로 기능이 확장되었다. ⇨ 3D, SSE, Athlon

3D texture [–tékstʃər] **3D 텍스처** 머리 등의 미세한 형상을 표현하는 기술로 볼륨 텍스처라고도 한다. 일반적인 텍스처 매핑에서는 화상을 붙이지만 3D 텍스처에서는 솔리드 텍스처된 미소 큐브(텍셀)를 붙인다.

3D VR 3차원 가상 현실 3 dimension virtual reality의 약어. 1998년 미국 라이브픽처 사가 개발한 기술로, 웹에서의 가상 공간을 보다 현실감 있게 구현할 수 있도록 한 3차원 가상 현실. 이미지 전체가 아닌 조각난 이미지를 전송받아 다시 전체 이미지로 재구성하는 프로그레시브 다운로드(progressive download), 필요한 이미지 조각만을 전송하는 인터넷 이미지 프로토콜(IIP), 다양한 해상도를 지원하는 플래시픽스 기술 등으로 기존의 웹 페이지에서의 3차원 공간을 구현하는 데 있어서의 어려움을 극복했다.

3mode drive 3모드 드라이브 720KB, 1.25MB, 1.44MB의 플로피 디스크를 읽어들일 수 있는 디스크 장치.

3 Tiered 3 타이어드 LAN 상의 컴퓨터 상호간의 기능 분담을 명확하게 하기 위한 처리 체계. 이전의 클라이언트/서버 모형을 좀더 발전시킨 형태로 멀티타이어라고도 부른다. 클라이언트/서버 모형에서는 사용자가 이용하는 클라이언트 머신과 특정 기능을 제공하는 서버 머신으로 나누어지는데, 3 타이어드에서는 이 사이에 「비즈니스 프로세스 서버(응용 서버 또는 비즈니스 서버라고 부른다)」라는 제3의 머신을 설치한다. 비즈니스 프로세스 서버는 클라이언트 머신으로부터 전송되어 오는 데이터에 일정한 처리를 한 뒤 서버 머신에게 건네주는 역할을 한다. 즉, 두 개의 머신 사이에서 중개 역할을 한다. 데이터의 손실 등으로 인해 처리할 수 없는 내용이 있으면, 직접 클라이언트 머신으로 데이터를 되돌려주기 때문에 서버 머신은 필요한 최소의 정보만을 처리하면 된다. 따라서 보다 효율적으로 처리할 수 있다.

4096색 중 16색 표시 PC 등의 색채 표시 능력을 나타낸 것으로, VRAM의 구성을 표시하고 있다. 「4096색」은 RGB 각각이 8계조, I(인텐시티)가 8계조의 색채 능력을 가지고 있음을 나타낸다(8×8×8×8=4096). 「16색 표시」는 4096 색체 중 팔레트 기능을 사용하여 16색까지를 동시에 나타낼 수 있는 것을 말한다. 여기서, 하나의 색을 표시하는 하드웨어를 팔레트(palette)라고 하다. 이 경우는 컬러 팔레트가 16개 있다고 말한다.

4.2BSD BSD의 4.2판. 1983년에 발표하였으며 고속 파일 시스템, 프로세스 간 통신, TCP/IP 기반의 네트워크 통신과 같은 기능이 추가되었다.

4.3BSD BSD의 4.3판. 4.2BSD의 기능을 대폭 개선하려고 한 것으로 가상 기억(VS) 장치 등을 개선하고 있다.

4.4BSD Berkeley판 UNIX의 최신판. 새로운 기능으로는 OSI 기반의 네트워크 기능이 추가되었다.

440BX 인텔 사의 칩 셋의 일종. 펜티엄 II에 대응한다. 440LX 상당의 기능을 내포하며, CPU 버스나 메모리 버스를 최대 100MHz로 구동할 수 있고, IEEE 1394의 호스트 인터페이스가 내장되어 있다. 정식 명칭은 「440BX AGPset」이다. 데스크톱용과 노트북용의 두 가지 버전이 출시되어 있다.

440FX 1996년 5월에 인텔 사가 발표한 PCI 칩 셋. 펜티엄 Pro용으로 3칩부터이다.

440LX 1997년 8월에 인텔 사가 발표한 칩 셋. 펜티엄 Pro용의 440FX를 개량하여 ASP 버스를 지원한 펜티엄 II용이다. Quad Port Acceleration이라고 불리는 프로세서 버스, PCI 버스, AGP 버스, 메모리 버스의 4가지 시스템 버스 사이에서 데이터 전송을 최적화하는 아키텍처가 채택되었다.

4배각 문자 가로 세로 배각 문자를 말한다.

4D 4차원 4 dimension의 약어. 가로축, 세로축, 높이축을 가진 입체 공간을 3차원(3D) 공간이라고 하는데, 여기에 시간축을 더한 것. 3D 공간 중에서 애니메이션(의사 시간)을 4D라고 할 수 있다.

4 dimension 4차원 ⇨ 4D

4GL 제4세대 언어 4th generation language의 약어. 프로그램의 전문가가 아니라도 단시간에 쓸 수 있게 만들어진 사무 프로세서용 언어. 표 기입 형식의 사무 프로세서용 언어가 그 한 예인데 간이언어나 DBMS의 매크로 등을 포함시키는 사람도 있다. 기계어를 제1세대, 어셈블리어를 제2세대, C와 같은 컴파일러를 제3세대로 부르기 때문에 이러한 이름이 붙었다.

500$ PC 500달러 컴퓨터 미국 오라클 사가 제창한 네트워크 이용 기능이 목적인 초저가 PC. 처음

에는 가격을 500달러로 하는 것을 목표로 하였지만 최근에는 확장성을 고려하여 1000달러 컴퓨터로 그 비중이 옮겨가고 있다. ⇨ 1000$ PC

5.1 채널 앞쪽의 좌우와 중심, 뒤쪽의 좌우와 측면에 서브우퍼를 두고 청취자를 둘러싸도록 스피커를 설치한 서라운드 시스템 및 그 규격. 이때 서브우퍼는 0.1 계수로 한다. 대표적인 것으로 돌비 레버레터리스 사가 1992년에 개발한 오디오 신호의 부호화 방식, AC-3(audio code number 3)라고 불리는 인코딩 방식으로 고압축된 멀티채널 사운드를 지원하는 돌비 디지털이 있다. 같은 규격으로는 Digital Theater Systems 사가 개발한 DTS가 있다. 음성을 CD-ROM에 기록하기 위하여 저압축률로 하였고, 음질적으로도 돌비 디지털보다 유리하다.

56 K라인 56,000BPS를 전송하는 회선이다. 56K 라인에서는 1MB를 전송하는데 3분 밖에 걸리지 않으며, 14,400BPS 모뎀보다 4배 속도가 빠르다.

64bits CPU 64비트 CPU 내부 처리 기구(연산 장치, 레지스터, 데이터 버스 등) 모두가 64비트를 기준으로 하고 있는 CPU. 대표적인 64비트 CPU로는 MIPS 사의 R4000, R10000, 미국 디지털 이퀴프먼트 사(당시)의 Alpha 시리즈 등이 있다. PC에 사용되는 펜티엄 계열이나 파워 PC 계열의 CPU는 버스 등이 64비트로 구성된 것도 있지만, 연산 처리 자체가 32비트 단위이기 때문에 64비트 CPU라고 하지 않는다. ⇨ CPU

64bits game machine 64비트 게임기 64비트 CPU를 처리 시스템에 사용한 게임기. 대표적인 것에 미국 실리콘 그래픽스 사의 64비트 CPU 「R4000」을 사용한 任天堂(일본)의 「NINTENDO 64」가 있다. 단, 단순히 CPU의 비트 수에 대응시켜 게임기의 명칭을 부를 수 없는 경우도 있다. 사가(일본)의 「드림 캐스트」가 그 예로, 히타치의 32비트 CPU인 SH-4를 사용하고 있으면서, 종합적인 처리 능력은 NINTENDO 64를 따르고 있다. ⇨ 64bits CPU

64bits machine 64비트 머신 64비트 CPU를 사용한 컴퓨터. 워크스테이션이나 메인 프레임이 중심으로, PC로 분류된 것은 현재 없다. ⇨ 64bits CPU

64QAM 64-state quadrature amplitude modulation의 약어. 이 디지털 주파수 변조 기술은 주로 동축 케이블망을 통해 데이터를 받기 위하여 사용된다. 64QAM은 매우 효율적으로, 하나의 6MHz 채널을 통해 최대 28Mbps의 전송률까지 지원한다. 그러나 64QAM은 전파 장해에 민감하기 때문에 잡음을 많이 타는 데이터 보내기에는 적당하지 않다.

68000 미국 모토롤라 사가 1979년에 발표한 16비트 마이크로프로세서. 정식 명칭은 MC68000. 연산부와 데이터 버스는 16비트 용량이지만 32비트로의 이행을 고려해 내부 레지스터는 32비트 용량으로 제작되었다.

680LC40 애플 사의 매킨토시 LC 시리즈에 탑재된 CPU. 68040은 수치 연산 프로세서가 내장되어 있지만, 이것에는 내장되어 있지 않다. 68040의 염가판이다.

6BONE 6본 현재의 인터넷 네트워크 계층 프로토콜로 잘 알려진 IPv4를 대체할 IPv6 프로토콜의 등장으로 나타난 IETF의 IPng 계획의 독립적인 부산물이다. 6BONE은 현재 북아메리카, 유럽 그리고 일본을 포함한 비공식적인 합작 프로젝트이다. IPv4에서 IPv6으로의 과도기에서 필수적인 부분은 IPv6 패킷을 전송할 수 있는 방대한 인터넷 IPv6 백본 하부 조직의 발전이다. 현존하는 IPv4 인터넷 백본과 마찬가지로 IPv6 백본 하부 조직은 많은 인터넷 서비스 공급자들(ISP)과 인터넷이 함께 접속된다.

802.x standard [-stǽndərd] **802.x 규격** IEEE 802.x 규격의 약칭. 예를 들어 케이블에 관한 802.3 규격이 있다. ⇨ AUI

80번 포트 웹 서버나 HTTPD(hypertext transport protocol daemon)에서, 80번 포트는 (서버를 설치할 때 기본 설정을 취했다고 가정하면) 웹 클라이언트로부터의 요구가 들어오기를 기대하는 포트이다. 이 포트는 NCSA 서버에서는 0~65536번의 범위 내에서 설정될 수 있다. 그러나 서버 관리자는 그 서버를 단 하나의 포트 번호만이 인식되도록 설정한다. 기본적으로 웹 서버의 포트 번호는 80번이다. 실험적으로 하는 서비스는 대개 8080번 포트에서 실행될 수 있다.

88 Open Consortium RISC 칩의 하나인 88000 프로세서(모토롤라 사 제품)를 워크스테이션에 채택하고 있는 메이커의 집합. ABI의 공통화 등의 활동을 하고 있다. Unisys, Data General, 모토롤라 등이 가입하고 있다. ⇨ RISC

8bits CPU 8비트 CPU 8개의 데이터 버스가 있고, 레지스터의 기본적인 길이가 8비트인 CPU. ⇨ 8bits PC, CPU

8bits PC 8비트 PC 8bits personal computer의 약어. 8비트를 기본 처리 단위로 하는 CPU를 탑재한 PC. 자일로그 사의 Z80을 CPU로 하는 CP/M 머신이 많이 사용되었다. 8비트 CPU는 가전이나 제어용 등으로 인기가 높다. ⇨ 8bits CPU, CP/M, CPU

8bits personal computer 8비트 PC ⇨ 8bits PC

8inch disk **8인치 디스크** 플로피 디스크 규격의 하나. 2D 디스크 한 장으로 1MB까지 사용할 수 있다. 트랙의 구조(포맷)는 미국 IBM 사가 특허를 가지고 있다. 표준 플로피 디스크라고도 불리지만 현재의 컴퓨터에서는 거의 사용되지 않고 있다.

8mm data catridge **8mm 데이터 카트리지** 8mm 비디오 기록 방식을 이용하여 컴퓨터용 기억매체로 만든 것. 엑사바이트(Exabyte) 사가 개발하여 드라이브를 제조, 판매하고 있다. 개발한 회사의 이름을 따서 엑사바이트 드라이브라고도 한다. DDS와 함께 운영비가 적게 들어서 주로 서버의 백업 매체로 사용하고 있다. ⇨ DOS

한글

가색 혼합(加色 混合) 적(R), 녹(G), 청(B)의 3원색을 혼합하여 색을 표현하는 방법. 액정 디스플레이와 같이 디스플레이 자체가 발광하는 경우에 사용한다.

까치네 지금까지 소개된 검색 엔진들은 모두 영문을 위주로 한 검색 엔진이었다. 그러나 「까치네」는 한글 정보를 검색하는 검색 엔진으로서 대구 대학교에서 개발하였다. 외국의 검색 서버와 마찬가지로 로봇을 이용해서 국내 사이트를 돌아다니면서 인덱스를 만드는 검색 환경을 제공하고 있다.

넷맹 컴퓨터를 잘 사용하지 못하는 사람을 컴맹이라고 하듯이, PC 통신이나 인터넷 등 정보 통신 서비스에 대해 잘 모르고 사용하지 못하는 사람을 가리키는 용어.

대전(對戰) 게임 다른 사람과 동시에 즐길 수 있는 게임으로, 많은 경쟁이나 격투 등으로 승패를 정하는 형태의 게임.

디지털 데이터 방송 디지털 위성 방송의 출범으로 등장하게 된 새로운 형식의 부가 서비스. 흔히 유럽 지역에서 인터액티브 서비스라고 표현되는 양방향 데이터 방송은 가입자에게 기존 방송 신호 이외에 데이터 신호를 함께 전송함으로써 다양한 부가 서비스를 제공한다. 데이터 방송은 크게 두 가지 유형으로 구분할 수 있다. 첫째, 독립형 서비스(virtual channel)는 방송 영상 신호 없이 문자와 그래픽으로만 이뤄진 서비스로 기존 인터넷 웹 페이지와 유사한 형태로 제공된다. 대표적인 예로는 날씨 및 주식 정보 등이 있으며 TV 뱅킹 · TV 상거래 등도 여기에 해당한다. 둘째, 방송 연동형 서비스(enhanced TV)는 방송 영상 신호와 부가적인 문자나 그래픽 정보를 함께 송출하는 서비스이다. 이는 시청자가 방송을 시청하면서 프로그램 관련 정보를 얻을 수 있는 형태로, 드라마를 보면서 촬영 장소나 지난주 줄거리를 보는 것 등이 그 예이다.

무궁화위성(無窮花衛星) 한국통신(KT)이 소유하고, 운용하는 국내 인공위성. 통신 · 방송의 복합 업무용으로 중량 1,459kg(이륙 시)의 중형급 위성이다. 지리적으로는 태평양 지역의 적도 상공 3만 5800km 높이의 정지궤도에 떠있는 정지위성이며, 수명은 궤도 진입 후 약 10년이다. 무궁화위성 1호기와 2호기를 1995년 7월과 12월에 각각 발사함으로써, 한국은 세계 22번째 독자 상용 위성 보유 국가가 되었다.

베타 파일 그래픽 VRAM 데이터가 기록된 파일. 3개의 확장자로 표시된 파일에, 표준 그래픽 VRAM 데이터로서 각각 청(확장자 .Bl), 적(.Rl), 녹(.Gl)의 3원색 발색 데이터가 기록되어 있고, 또한 확장자 .El로 표시된 파일에 확장 그래픽 VRAM 데이터가 기록되어 있다. ⇨ VRAM

보색 필터 C(cyan), M(magenta), Y(yellow), G(green)를 사용한 CCD용 필터. 빛의 3원색의 보색이기 때문에 이렇게 불린다. CCD는 원래, 단색으로밖에 신호를 받을 수 없기 때문에 컬러에 대응하기 위해 필터를 사용한다. 보색 필터의 특징은 빛의 투과율이 높고, 고해상도의 화상을 만들기 쉽다는 점이다. ⇨ CCD

샘플 출하 제품으로 완성되기 전의 시작품을 테스트 받기 위해 OEM 등에 출하하는 것. ⇨ OEM

소프트웨어 종량제 일반적인 물품의 리스(lease)에 해당되는 소프트웨어 판매 방식. 이제까지 패키지 단위로 구입해서 사용하던 라이선스 방식의 대용으로, 프로그램의 사용기간에 따라 이용 요금을 받는 새로운 판매 방식을 말한다.

「세계 공원」 프로젝트 중국에 서버를 두고 일본 기업의 페이지를 설치하여 중국 내 기업과의 비즈니스에 도움을 받고자 한 것. 중국에서 인터넷 사용자가 1996년말 1백만 명을 돌파할 예정이었던 데 따라 시장 기회를 노리고 있던 일본의 컨설턴트 회사 「선코랄」 등이 합작하여 만든 임의 단체 「아시아 비즈니스 네트워크」, 군사 기술의 민영화를 추진하고 있는 중국의 국가 기관 「중국화평이용군공협회」와 계약하여 서버를 중국 내에 설치, 중국과의 비즈니스에 관심있는 일본 기업을 모집하고 홈페이지 「세계 공원」 내에 그 회사의 중국어 홈페이지를 개설하여 제품이나 서비스의 PR을 하고 비즈니스를 지원한다는 시스템이다.

수-암 변환 양측에 수 또는 암의 접점 부분을 가진 커넥터. 이것으로써 수끼리 또는 암끼리의 커넥터를 접속할 수 있다.

심마니 심마니는 (주)한글과 컴퓨터의 자연언어 처리 팀에서 개발한 한글 정보 검색 시스템(HIRS ; hangul information retrieval system)이다. 심마니 한글 정보 검색 시스템은 세 가지 요소가 결합되어 강력한 검색 기능을 제공하게 된다. 주요 요소란 첫째, 웹 문서를 자동으로 찾아 그 정보를 물어오는 프로그램인데, 검색 로봇(search robot)이 있다. 둘째는 검색 로봇이 모아온 웹 정보를 색인 처리한 후 이들 데이터 중에서 필요한 정보를 단시간 내에 찾아주는 시스템이 있다. 마지막으로는 사용자의 검색 단어 입력을 받아서 필요한 정보를 찾아주는 시스템이 있다. 국내 사이트만을 정리하고 있는 심마니는 2003년 1월 현재 천리안과 통합하였다.

인공 무능 입력 사항에 대해 마치 대화를 나누듯이 응답하는 PC 프로그램. 일반적으로 응답 규칙이 단순하고 학습 기능도 갖추어져 있다. 그러나 지능이라 부를 만한 능력이 없기 때문에 이러한 명칭이 붙었다.

자동 반응 PC 통신을 이용하다보면 매번 똑같은 동작을 해줘야 하는 경우가 있다. 예를 들면 접속시 아이디와 비밀번호를 입력한다거나 편지가 왔을 경우 편지함으로 이동하는 경우, 어떤 화면에서 Enter를 입력해야 하는 경우 등이다. 이것을 해결하기 위해 나온 기능이 자동 반응이다.

저작자 인격권 저작물을 공표하는 권리나 저작물을 공표할 때 성명의 공개 여부에 관한 권리 등 저작자의 감정을 보호하는 권리. 저작권 내에서 보호되고 있다.

전자 메일 메일이란 종이와 우편 배달부 대신 인터넷을 통해 편지를 주고받는 기능으로서 전자 우편이라고도 한다. 메일은 다른 사람에게 어떤 정보를 보내기 위해 사용한다는 측면에서 일반 우편과 매우 유사하다. 그러나 일반 우편은 배달부에 의해서 전달되지만 메일은 컴퓨터 네트워크를 통해 전달된다. 또한 상대방에게 전달될 때 일반 우편은 거리에 따라 비용을 지불하면서 빨라도 하루 이상이 걸리는 데 비해 메일은 무료이면서 상대방이 아무리 멀리 있어도 수 초 내지 몇 분밖에 걸리지 않는다. 그리고 일반 우편과 달리 특정 명령에 대해 자동으로 답변을 하는 메일 서버(mail server)라는 특별한 컴퓨터를 두고 통신할 수 있는데, 이를 통해 사용자의 편지 안에 각종 다양한 멀티미디어 정보를 담아 보낼 수 있다. 인터넷의 사용자가 증가하면서 경제성, 신속성, 편리성이라는 장점 때문에 메일의 사용이 보편화되었다.

전자 인감 시스템 개인용 컴퓨터 상에서 날인할 수 있는 아스키 네트워크 기술. 일본의 샤치하타 공업사에서 개발하였다. 보안 기능도 있으며 네트워크 환경에서도 이용할 수 있다.

전자서명법 인터넷 등 정보통신 네트워크를 통해 이루어지는 전자 문서의 교환이나 전자 상거래에 필요한 전자 서명이 종이 문서에 사용되는 인감과 같은 법적 효력을 가질 수 있도록 제도적으로 보장하는 법. 특히 전자 상거래 등을 활성화하기 위해서는 전자 서명에 대한 인증 제도가 필요하다. 정부에서는 전자 서명에 대한 인증 제도 도입을 골자로 하는 「전자서명법」을 1998년 7월 28일 입법 예고한 데 이어, 1998년 12월 24일 국회 본회의를 통과함으로써 1999년 7월부터 효력이 발생되고 있다.

정보 공개 제도 행정부 · 입법부 · 사법부 · 중앙선거관리위원회 등의 공공 기관에서 관리하고 있는 정보와 기록들을 국민이 청구할 경우 심사를 거쳐 공개하는 제도. 정보 공개 제도는 국민들의 정보에 대한 관심과 행정 참여가 높아짐에 따라 정부가 국민의 「알 권리」를 인정하고, 폭넓은 행정 서비스를 제공하고자 1998년 1월 1일부터 시행하고 있다.

표준화 단체 국제 표준 규격을 책정하는 조직. 제품의 규격을 표준화하여 범용성을 갖게 함으로써, 다양한 용도에서 공용할 수 있고 사용자가 저렴하게 구입할 수 있는 환경을 만들어주는 것을 목적으로 하고 있다. 특히 멀티미디어 관련 단체에는 ITU와 ISO가 있다. ⇨ ITU, ISO

휴대 정보 단말 모바일 컴퓨팅 도구로 자리잡고 있는, 통신, 스케줄링, 메일 등의 기능을 가진 소형 전자 기기. 널리 알려진 것으로 애플 사가 발표한 PDA가 있다. ⇨ PDA, mobile computing

• 약 어

약 어	원어 및 설명
A	① accumulator 누산기 ② address line 주소선 ③ ampere 전류의 실용 단위(=amp) ④ 16진수에서 십진수 10에 해당하는 숫자로 2진수로는 1010이다.
AA	application association 응용 연례
AAAI	American Association for the Artificial Intelligence 미국 인공 지능 학회
AAL	asynchronous transfer mode adaptation layer ATM 접속층
ABC	① Atanasoff-Berry computer 아타나소프-베리 컴퓨터 ; 진공관을 사용한 최초의 디지털 계산기 ② American broadcasting company ABC 방송
ABEND	① abnormal end 비정상 종료 ② abnormal end of task 태스크의 비정상 종료
ABI	application binary interface 응용 프로그램 2진 인터페이스 ; 미국 전신 전화(AT & T) 사가 발표한 유닉스 시스템용 응용 프로그램 인터페이스 규격
ABIOS	advanced basic input/output system 진보형 바이오스
ABM	asynchronous balanced mode 비동기 평형 방식
ABP	actual block processor 실제 블록 프로세서
ABS	absolute function 절대값 함수
AC	① adaptive control 적응 제어 ② advanced communication 확장 통신 ③ alternating current 교류 ④ application context 응용 문맥
ACB	① access method control block 접근 방식 제어 블록 ② adapter control block 적응 제어 블록
ACC	accumulator 누산기
ACE	① action control element 활동 제어 요소 ② automatic computing engine 자동 계산 장치 ③ automatic calling equipment 자동 호출 장치 ④ advanced computing environment 1991년 4월에 발표된 멀티벤터 플랫폼
ACER	에이서 ; 대만의 컴퓨터 메이커
ACF	advanced communication function 확장 통신 기능
ACIA	asynchronous communications interface adapter 비동기 통신용 인터페이스 어댑터
ACK	① acknowledge 응답하다 ② acknowledge character 긍정 응답 문자 ③ acknowledgement, positive acknowledge 긍정 응답
ACL	application control language 애플리케이션 제어 언어
ACM	Association for Computing Machinery 미국 컴퓨터 학회
ACP	airlines control program 원력 제어

약 어	원어 및 설명
ACPA	Association of Computer Programmers and Analysis 컴퓨터 분석 프로그래머 협회
ACPI	advanced configuration and power interface 고급 구성과 전원 인터페이스
ACR	alternate CPU recovery 대체 CPU 회복
ACS	advanced communications service 고도 데이터 통신 서비스
ACSE	association control service element 결합 제어 서비스 요소
ACTE	Approvals Committee for Terminal Equipment 단말 장치 승인 위원회
ACU	① address control unit 번지 제어 장치 ② arithmetic and control unit 연산 제어 장치 ③ automatic calling unit 자동 호출 장치
ACW	access control word 접근 제어 문자
AD	automatic depository 자동 예금기
A/D	analog to digital 아날로그 디지털 변환
ADABAS	adaptable data base system 아다바스 ; 1971년에 사용된 범용 데이터 베이스 관리 시스템(DBMS)
ADAMS	application development and management system 아담스 ; 응용 프로그램 개발을 위한 기능을 제공하고, 또 관련 툴을 체계적으로 통합한 소프트웨어의 관리 시스템
ADAPSO	Association of Data Processing Services Organizations 아답소 ; 데이터 처리 서비스업 협회
ADAPT	adaptation of APT 어댑트 ; NC 공장 기계의 제어 테이프를 만들어내는 번역 프로그램. APT의 일부로서 주로 2축 제어 공작에 사용되는 프로그램 언어
ADB	Apple desktop bus 애플 데스크탑 버스
ADC	analog to digital converter 아날로그 디지털 변환기, A/D 컨버터, A/D 변환기
ADCCP	advanced data communication control procedure 고급 데이터 통신 제어 절차
ADCON	address constant 주소형 상수
ADE	automated design engineering 자동 설계 공학
ADESS	automatic data editing and switching system 자동 데이터 편집, 전환 시스템
ADF	automatic document feeder 자동 급지 장치
ADIS	a data interchange system 데이터 교환 시스템
ADM	① adaptive delta modulation 적응 델타 변조 ② add-drop multiplexer 분기 결합 다중화기
ADMD	administration management domain 주관청 관리 영역
ADP	automatic data processing 자동 데이터 처리
ADPCM	adaptive differential pulse code modulation 적응 차등 펄스 부호 변조
ADPE	automatic data processing equipment 자동 데이터 처리 장치
ADPS	automatic data processing system 자동 데이터 처리 시스템
ADS	accurately defined system 정확히 정의된 시스템
ADSL	asymmetric digital subscriber line 일반 전화선을 이용한 고속 데이터 통신
ADT	active disk table 활동 디스크표
ADU	automatic dialing unit 자동 다이얼 장치
AE	application entity 응용 실체
AED	ALGOL extended for design 설계 지향 확장 알골
AEIMS	administrative engineering information management system 설계 개발 관리 정보 시스템

약 어	원어 및 설명
AES	application environment specification OSF에서 정한 애플리케이션에 대한 인터페이스 사양의 총칭
AFCAL	Association Francaise de CALCUL 프랑스 계산 학회
AFIPS	American Federation for Information Processing Societies, Inc. 미국 정보 처리 학회 연합회
AFL	abstract family of language 추상 언어족
AFNOR	Association Francaise de NORmalisations 프랑스 표준화 기구
AFT	active file table 활동 파일 테이블
AGC	① automatic gain control 자동 이득 제어 ② automatic gauge control 자동 두께 제어
AGP	accelerated graphics port 머더 보드에 장착되는 그래픽 전용 버스 슬롯
AHPL	a hardware programming language 하드웨어 프로그래밍 언어
AI	① analog input 아날로그 입력 ② artificial intelligence 인공 지능
AID	① attention identifier 주의 식별자, 어텐션 식별자 ② auxiliary input device 보조 입력 장치
AIDS	artificial intelligence developing system 에이즈
AIFF	Apple interchange file format 애플 인터체인지 파일 포맷
AIP	all integer problem 전 정수 문제
AIPL	alternative initial program load 대체 초기 프로그램 로드
AIS	① accounting information system 회계 정보 시스템 ② alarm indication signal 경보 표시 신호
AISP	Association of Information Systems Professionals 정보 시스템 전문가 협회
AIU	audio interface unit 음성 접속 장치
AIX	advanced interactive executive IBM 사가 자사 제품의 워크스테이션인 IBM RTPC를 위하여 개발한 유닉스 운영 체제의 일종
AL	① asynchronous line, medium speech 중속 비동기 회선 접속 장치 ② artificial life 인공 생명
ALE	address latch enable 주소 래치 이네이블
ALFA	A language for automation 자동화용 A 언어
ALG	asynchronous line group 비동기 회선 그룹 기구
ALGOL	algorithmic language 알골, 산법 언어
ALGOL-10	1910 version of the algorithmic language 알골 10 ; 수치 데이터와 동질성 배열을 강조한 언어로 그 구조가 명료하고, 최초로 언어의 구분 표기법으로 형식 문법을 사용했다. 최초로 구조화된 프로그램을 작성할 수 있도록 설계한 프로그래밍 언어로서 FORTRAN 언어와 유사하며, 시분할 체제에서도 사용된다.
ALGOL-60	1960 version of the algorithmic language 알골 60 ; 1960년에 개발된 알골 언어로서 일반적으로 사용하고 있는 알골 언어를 의미. 이는 FORTRAN 언어의 과학적 처리 기법의 장점과 진보된 알고리즘 처리 능력을 갖춘 언어이다.
ALGOL-68	1968 version of the algorithmic language 알골 68 ; IFID(국제 정보 처리 학회)에서 발표된 언어로서 일괄 처리에 적합한 입출력 방식으로 되어 있기 때문에 주로 일괄 처리에 사용되지만, 예외적으로 IBM의 특수한 시분할 체제에 이용되기도 한다.
ALGOL-W	알골 W ; N.Wirth와 C.A.R Hoare에 의해 개발된 알골 60에서 갈라져 나온 언어

약 어	원어 및 설명
ALOHA	additive links on-line Hawaii area 알로하 ; 최초로 경쟁법(contention method)을 도입한 패킷 무선망
ALP	① assembler language program 어셈블러 언어 프로그램 ② asynchronous line pair, low speed 저속 비동기 회선 접속 장치(2회선용)
ALS	application layer structure 응용 계층 구조
ALT	Alt key 알트 키
ALU	arithmetic and logic unit 산술 논리 연산 장치(기구)
AM	amplitude modulation 진폭 변조
AMA	American Management Association 미국 경영자 협회
AMD	advanced Micro Devices 미국의 반도체 제조업체의 이름
AMeDAS	automated meteorogical data asquisition system 지역 기상 관측 시스템
AMI	alternate mark inversion 대체 마오 반전법
AMR	audio/modem riser 오디오 모뎀 라이저
AMS	access method services 액세스 방식 서비스
AN	alpha numeric 영숫자(英數字)
ANDF	architecture neutral distribution format OSF가 개발중인 S/W 배포용 중간 언어
ANI	automatic number identification 통화시 송신자의 전화 번호를 자동적으로 인식하는 것
ANL	American national standard lables ANS 레이블
ANS	American national standard 미국 표준 규격
ANSCII	American national standard code for information interchange ANSI의 표준 코드
ANSER	automatic answer network system for electrical request 음성 조회 통지 시스템
ANSI	American National Standards Institute 미국 규격 협회
ANSI-SPARC	American National Standards Institute-Systems Planning And Requirements Committee 미국 규격 협회-시스템 계획 요구 위원회
ANSL	American national standard labels 미국 국제 표준 레이블
AO	analog output 아날로그 출력
AOD	① auxiliary output device 보조 출력 장치 ② audio on demand 주문형 음악, 음악 오디오
AOQC	average outgoing quality curve 평균 검출 품질 곡선
AOQL	average outgoing quality limit 평균 검출 품질 한계
AOW	Asia-Oceania workshop 아시아-오세아니아 워크샵
AP	application program 응용 프로그램, 적용 업무 프로그램, 애플리케이션 프로그램
APAR	authorized program analysis report 정식 프로그램 분석 보고서
APC	automatic phase control 자동 위상 제어
APDOS	Apple disk operating system 아프도스 ; 애플 운영 체제의 명칭
APDU	application protocol data unit 응용 프로토콜 데이터 단위
APG	automatic priority group 자동 우선 순위 그룹
API	① application program interface 응용 프로그램 인터페이스 ② API란 함수의 모임
APL	① A programming language 프로그래밍 언어 ② advanced statistical library 확장 통계 라이브러리

약 어	원어 및 설명
APPC	advanced program to program communication IBM 사가 개발한 통신용 프로토콜 표준의 명칭으로 IBM 사의 대형 컴퓨터와 미니컴퓨터 및 개인용 컴퓨터를 모두 접속할 수 있는 프로토콜로 분산 처리 기능을 갖추고 있다.
APPS	automatic parts programming system 자동 파트 프로그래밍 시스템
APR	alternate path retry 교대 패스 재시행, 대체 경로 재시행
APSE	Ada programming support environment 에이다 프로그래밍 지원 환경
APT	automatically programmed tool(s), automatic programmed tool(s) 수치 제어 공작 시스템, 수치 제어 문제용 언어, 어프터(어), APT, 자동 프로그램 도구
AQL	acceptable quality level 수용 가능 품질 수준
AR	artificial reality 인공 현실
ARA	AppleTalk remote access 애플토크 원격 접근
ARC	audio response control unit 음성 응답 제어 장치
ARE	audio response equipment 음성 응답 장치
ARL	acceptable reliability level 허용 신뢰도 수준
ARM	asynchronous response mode 비동기 응답 모드
ARPANET	advanced research project agency network 아르파네트 ; 미국 각 지방 대학이나 연구소에 분산되어 있는 다른 기종의 컴퓨터를 연결함으로써 컴퓨터 자원(계산 능력, 기억 능력, 방대한 양의 프로그램 등)을 네트워크를 통해 공유하여 효율적으로 활용하기 위한 것이다.
ARQ	automatic request for repeatition 자동 반복 요구
ARS	① MIT에서 개발한 규칙 기반 표현을 위한 지식 공학 언어 ② airline reservation system 항공 좌석 예약 시스템 ③ automatic response service 자동 응답 서비스
ARTS	automated rader terminal system 자동 레이더 단말 시스템
ARTSPEAK	아트스피크 ; 디지털 플로터로 그림을 그릴 때 초보자들이 쉽게 사용할 수 있도록 도와주는 프로그래밍 언어의 일종
ARU	audio response unit 음성 응답 장치
ASA	① activity save area 활동 저장 영역 ② asynchronous adapter 비동기 어댑터 ③ American Standards Association 미국 규격 협회
ASCC	automatic sequence controlled calculator 자동 순차 제어 계산기
ASCEFC	associate with common event flag cluster ; VAX-Ⅱ 컴퓨터용의 운용 체제인 VAX/VMS에서 프로세스 간에 통신이 이루어질 때 동기화를 이루기 위한 서비스의 이름이다.
ASCII	American national standard code for information interchange 아스키, 정보 교환용 미국 표준 코드
ASCIIZ	아스키 Z ; 컴퓨터의 내부에서 문자열을 표현하는 방법의 하나로서, 문자열의 끝에 아스키 0번(NUL) 문자를 붙여서 끝을 표시하는 방법이다.
ASCSAT	packet radio satellite 패킷 교환용 통신 위성
ASE	application service element 응용 서비스 요소
ASIC	application specific integrated circuit 응용 주문형 집적 회로 ; 메이커가 기능 · 명세를 위하여 개발 · 생산 · 판매하고 있는 「범용 IC」와는 달리, 사용자가 희망하는 회로를 LSI 칩 상에 실현시키는 커스텀 IC를 말한다.

약 어	원어 및 설명
ASIS	American Society for Information Science 미국 정보 과학 협회
ASK	amplitude-shift keying 진폭 위상 변조
ASKA	automatic system for kinematic analysis 아스카, 운동학 상의 분석을 위한 자동 시스템
ASLIB	Association of Special Libraries and Information Bureaus 특수 도서관 정보국 연합회
ASM	① auxiliary storage management 보조 기억 관리 ② auxiliary storage manager 보조 기억 관리 프로그램
ASMO	advanced storage magneto optical 아스모
ASN 1	abstract syntax notation 1 추상 구문 표기법 1
ASOCIO	Asia Oceanic Computing Industry Organization 아소시오, 아시아 태평양 지역 정보 산업 기구
ASP	① asymmetric multi-processing system 비대칭 다중 처리 시스템 ② attached support processor 부착 지원 처리기 ③ abstract service primitive 추상 서비스 프리미티브 ; 특정 계층의 상위 경계에서 사용자가 그 계층에 대해 서비스를 요청하고 제공받는 수단에 대한 추상적인 모형이다. ④ active server page 액티브 서버 페이지 ⑤ application service provider 응용 프로그램 서비스 제공자
ASR	automatic send/receive set 자동 송수신 장치
ASSP	application specific standard product 특정 분야를 대상으로 기능을 특화시킨 범용 LSI
ASYNC	asynchronous communication 비동기 통신 ; 정보를 일정한 속도로 보낼 것을 요구하지 않는 데이터 전송 방법이다.
ATA	AT attachment AT 어태치먼트
AT & T	American Telephone and Telegraph 미국 전신 전화 회사
ATB	address translation buffer 번지 변환 버퍼
ATC	① air traffic control 항공 교통 관제 ② automatic traffic control 자동 교통 제어
ATDM	asynchronous time-division multiplexing 비동기 시분할 다중화
ATE	automatic test equipment 자동 시험 장비
ATG	automatic test generation 자동적 검사 생성
ATIS	advanced traffic information system 첨단 교통 정보 시스템
ATL	① automated tape library, automatic tape library 자동화 테이프 라이브러리 ② activeX template library activeX control이나 다른 activeX 컴포넌트를 쉽게 만들어주는 라이브러리
ATM	① adobe type manager 어도비 타입 매니저 ; 매킨토시나 MS 윈도의 화면이나 Non Post Script 프린터에서 Type 1 포트에 의하여 아우트라인 출력을 가능하게 하는 시스템이다. ② asynchronous transfer mode 비동기식 전달 모드 ③ automatic teller machine 자동 창구기, 자동 텔러머신, 자동 예금 지급기
ATS	① administrative terminal system 사무 관리용 단말 시스템 ② abstract test suite 추상적인 시험조

약 어	원어 및 설명
ATT	American Telephone and Telegraph 미국 전신 전화 회사
AU	① access unit 액세스 장치 ; 물리 전달 시스템 또는 텔렉스, 팩시밀리 등의 다른 통신 시스템을 메시지 전달 시스템에 연결하고, 지원자가 직접 사용자로서 메시지 처리에 참여하는 기능 객체로 메시지 처리 시스템(MHS)의 구성 요소 중의 하나이다. ② arithmetic unit 산술 연산 장치, 산술 연산 기기
AUI	① attachment unit interface 부착 유닛 인터페이스 ; IEEE 802.3 CSMA/CD의 물리 계층을 이루고 있는 한 부분으로 스테이션과 매체 부착 장치 사이의 인터페이스이다. ② adaptable user interface 적용 가능한 사용자 인터페이스
AUP	acceptable use policy 제한적 사용 정책
AUTOEXEC.BAT	automatically execute batch file 자동 실행 배치 파일
AUTONET	오토네트 ; 부가 가치 통신망(VAN) 서비스의 일종
AV	audio-visual machine AV 머신 ; 풀러 컬러 그래픽 표시나 ADPCM에 의한 음성의 기록, 재생 등의 audio/visual 기능으로 강화시킨 퍼스널 컴퓨터를 말한다.
AVCC	audio, visual, computer, communication 오디오 음성, 비주얼 영상, 컴퓨터 디지털화, 통신 네트워크의 결합을 의미하며 전자 산업과 기술의 목표 방향을 나타낸다.
AVI	① audio visual interleaved video for windows로 새롭게 windows에 정의된 디지털 비디오 파일의 명칭 ② audio/video interleave PC에 쓰이는 3대 비디오 기술 중 하나
AVIS	audio visual interactive scriptware 오디오 비주얼 인터랙티브 스크립트웨어 ; 이용자에게 오디오, 비디오가 포함된 정보를 대화 형식으로 제공할 수 있게 하는 소프트웨어이다.
AVL	automatic vehicle location 이동체 위치 자동 측정 시스템
AVR	① automatic voltage regulator 자동 전압 조정 장치 ② automatic volume recognition 자동 볼륨 인식 기능
AWC	Association for Woman in Computing 여성 컴퓨터 협회
AWD/AWS	altemate world disorder/altemate world syndrome 대안적 세계 분열증/대안적 세계 증후군
AWK	오크 ; 유닉스 운영 체제에서 사용되는 패턴 조작 언어. AWK는 제작자인 아호(Aho), 와인버그(Weinberg), 커니건(Kernighan)의 머리글자를 딴 것이다.
AX	Architecute eXtended 1980년대에 일본의 컴퓨터 제조 회사들이 함께 제정한 IBM PC AT 호환의 개인용 컴퓨터의 규격

약 어	원어 및 설명
B	① bus line 버스 라인 ② byte 바이트
BA	bus available 버스 이용 가능선
BACAIC	boeing airplane company algebraic interpretive coding system 베카익 ; 1955년에 그렘(Grems), 포터(Porter) 등이 IBM 701에 시도한 것으로서 많은 수학적 표

약 어	원어 및 설명
	현이 입력될 수 있다.
BACP	bandwidth allocation control protocol 대역폭 할당 조절 프로토콜
BADGE	Basic Air Defence Ground Environment 배지 ; 미국 방송 시스템의 이름
BAL	basic assembly language 기호 어셈블리 언어
BANCS	bank cash service 은행 현금 서비스
BAR	base address register 기준 어드레스 레지스터, 기저 어드레스 레지스터
BAS	① building automatic system 빌딩 자동화 시스템
	② basic activity subset 기본 액티비티 서브세트
BASIC	Beginner' s all-purpose symbolic 베이식 ; 미국의 다트마우스 대학에서 개발한 것이며, 누구든지 바로 컴퓨터를 사용할 수 있도록 하기 위해 만들어진 교육용 언어이다.
BA SIGNAL	bus available signal 버스 가능 신호
BBD	bucket-brigade device 버킷 릴레이 소자
BBS	bulletin board system 전자 게시판 시스템
BCC	① block check character 블록 검사 문자, 블록 체크 문자
	② block check code 블록 체크 코드
Bcc	blind carbon copy 비밀참조
BCD	① binary-coded decimal notation 2진화 10진법
	② binary-coded decimal representation 2진화 10진 표현
BCH	block control header 블록 제어 헤더
BCI	brain computer interface 두뇌 컴퓨터 인터페이스
BCN	broadband communication network 광대역 통신망
BCNF	Boyce-code normal form 보이스-코드 정규형
BCO	binary-coded octal 2진화 8진수
BCP	byte control protocol 바이트 제어 프로토콜
BCPL	basic combined programming language 기본 조합 프로그래밍 언어
BCR	① bar code reader 바코드 판독기
	② bell communication research 벨 지역 회사의 연구 기관
BCS	① block check sequence 블록 체크 시퀀스
	② British Computer Society 영국 컴퓨터 학회
	③ business communications system 상업용 통신 시스템
	④ basic combinded subset 기본 조합 서브셋
	⑤ binary compatibility standard 애플리케이션 프로그램의 binary level의 이식성을 확보하기 위한 사양
	⑥ backup domain controller 백업 도메인 제어기
BCU	block control unit 블록 제어 단위
BD	business design 비즈니스 디자인
BDAM	basic direct access method 기본 직접 액세스 방식
BDL	business definition language 사무 처리 정의 언어
BDOS	basic disk operating system 기본 디스크 운영 체제
BDU	basic device unit 기본 장치 단위
BDW	block descriptor word 블록 기술자 워드
BEC	bus exception code 버스 예외 코드
BEL	bell character 벨 문자

약 어	원어 및 설명
BEMA	Business Equipment Manufacturers Association 버마, 미국 사무 기계 공업회
BEMOS	beam-addressed metal-oxide semiconductor 전자 빔 기억 소자
BEP	① back-end processor 후위 처리 장치
	② bit error rate 비트 오류율
BG	business graphics 비즈니스 그래픽스, 사무용 그래픽
BH	block handler 블록 핸들러
BHR	block handling routine 블록 취급 루틴
BIM	beginning of information maker 정보 시작 표시기
BIND	bind attribute 바인드 속성
BIOS	basic input-output system 바이오스 ; 운영 체제 중의 하드웨어에 의존하는 제어 프로그램
BISAM	basic indexed sequential method 기본 색인 순차 접근법
B-ISDN	broadband integrated services digital network 광대역 종합 정보 통신망
BISYNC	binary synchronous communication 2진 데이터 동기 통신
BIP	bit interleaved parity 비트 교직 홀짝수
BIT	binary digit 디지털 계산기의 정보량을 표시하는 기본 단위
BITNET	because it' s time network 비트넷
BIU	basic information unit 기본 정보 단위
BLAS	Basic linear algebra subroutines 블라스 ; MSL 사에서 제공하는 수학용 소프트웨어 패키지
BLC	boundary layer control 경계층 제어
BLISS	basic language for implementation of software system 블리스
BLLE	balanced line logic element 균형선 논리 소자
BLOB	binary large object 데이터 베이스에 저장하기 위한 바이트(bytes)의 연속체
BLP	bypassing label processing 레이블 처리 바이패스
BLU	basic link unit 기본 링크 단위
BMC	block multiplexed channel 블록 다중 채널
BMD	biomedical computer program 바이오메디컬 컴퓨터 프로그램
BMS	bank memory specification 종래의 메모리 보드를 살리는 이점이 있다.
BMUG	Berkeley Macintosh user group 버클리 매킨토시 사용자 그룹
BNF	Backus-Naur form 배커스 나우어 기법
BOC	Bell Operating Company 벨계 시내 전화 회사(전화 운용 회사)
BOF	① back out file 백 아웃 파일
	② birds of feather 어떤 특정 토픽에 관해서 관련된 사람들이나 흥미를 가진 사람들이 모여 비공식적으로 개최하는 회담, 또는 자유 토론회
BOM	bill of material 물자표
BOP	basic operator pannel 기본 조작반
BORAM	block oriented random access memory 블록 중심 임의 접근 메모리
BOS	basic operating system 기본 운영 체제
BOT	beginning of tape 테이프의 시작점
BPAM	basic partitioned access method 기본 분할 액세스 방식
BPS	① basic programming support 기본 프로그래밍 지원
	② bit per inch 인치당 비트 수

약 어	원어 및 설명
BPU	basic processing unit 기본 처리 장치
BPSK	biphase shift keying 디지털 주파수 변조 기술
BRA	basic rate access 기본 속도 액세스
BRADS	business report application development system 보고서 작성 애플리케이션 개발 시스템
BRAINS	business & regional area INS 브레인스 ; 고도 정보 통신 서비스
BRAP	broadcast recognition alternation priorites system 교체 우선 순위 방송 인식
BRI	basic rate interface 기본 속도 인터페이스 ; ISDN 서비스
BS	① backspace 후퇴시키다 ② backspace character 백스페이스 문자, 후퇴 문자 ③ balance sheet 대차 대조표 ④ base standard 기본 표준
BSA	① binary synchronous adapter 2진 동기 어댑터 ② business software association 비즈니스 소프트웨어 협회
BSAM	basic sequential access method 기본 순차 액세스 방식
BSC	① binary symmetric channel 2진 대칭 채널 ② binary synchronous communication 2진 동기 통신 ③ backside cache 백사이드 캐시
BSCH	basic scheduler 베이식 스케줄러
BSD	Berkley Software Distribution 4.3 캘리포니아 주립 대학 버클리교에서 개발한 유닉스의 최신 버전으로서, 1986년에 발표되었다.
BSI	British Standards Institution 영국 규격 협회
BSP	business systems planning 정보 시스템 계획 작성 기법
BSTAT	basic status register 기본 상황 레지스터
BT	British Telecommunications 영국 전기 통신 회사
BTAM	basic telecommunications access method 기본 통신 액세스 방식, 기본 통신 액세스법
BTH	basic transmission header 기본 전송 헤더
BTL	Bell Telephone Laboratories 벨 전화 연구소
BTM	beginning of tape marker 테이프 시작 표시
B to B	business to business 기업 간의 거래
B to C	business to customer 기업과 개인 간의 거래
B to G	business to government 기업과 행정 기관 간의 거래
BTP	batch transfer program 일괄 전송 프로그램
B-TRON	business the realtime operating system nucleus B-트론
BTS	① batch terminal simulator 배치 단말 시뮬레이터 ② burster trimmer stacker 용지 후처리 장치
BTU	basic transmission unit 기본 전송 단위
BUGS	brown university graphics system 버그스
BW	band width 대역폭
BWB	band width balancing 대역폭 공정 할당
B-WILL	broadband wireless local loop 광대역 무선 통신망

약 어	원어 및 설명
CA	① channel adapter 채널 어댑터 ② communication adapter 통신 어댑터 ③ control area 제어 영역
CAS	car navigation system 자동차 항법 시스템
CAB	cable box network system CAB(캐브) 시스템
CAC	① chemical abstracts condensates 화학 문헌 초록지 ② computer assisted cartograph 컴퓨터 이용 지도 제작
C & C	computer and communication 컴퓨터 통신의 약호
CAD	computer aided design 컴퓨터 이용 설계
CADAM	computer graphics augmented design and manufacturing 캐덤 ; 범용 2차원 설계 제도 및 수치 제어(NC) 프로그래밍을 위한 시스템
CADD	computer aided design and drafting 컴퓨터 이용 설계 제도
CAE	① computer aided engineering 컴퓨터 이용 엔지니어링 ② common application environment X/OPEN이 규정하는 사양 규격 전체의 총칭
CAFIS	credit and finance information system 신용 정보 시스템
CAFS	content addressable file store ICL 회사에서 판매하고 있는 데이터 베이스 기계의 일종
CAI	① computer assisted(aided) instruction 컴퓨터 이용 학습 ② computer assisted(aided) learning 컴퓨터 이용 학습
CALS	computer aided logistics support 컴퓨터 이용 군수 유동 체제 지원
CAM	① content-addressable memory 연상 기억 장치, 내용 참조 기능 메모리 ② content addressed memory 연상 기억 장치 ③ computer aided manufacturing 컴퓨터 이용 제조
CAMAC	computer automated measurement and control 캐맥 ; IEC(국제 전기 표준 회의)에서 규정한 방사선 계측기용의 표준 인터페이스
CAN	① cancel 취소 ② cancel character 취소 문자
CANTRAN	cancel transmission 전송 취소
CAPP	content-addressable parallel processor 내용 주소화 병렬 처리기
CAPTAIN	character and pattern telephone access information network 문자 도형 정보망
CAR	computer assisted retrieval 컴퓨터 지원 검색
CAS	cartridge access station 카트리지 출입 입구
CASE	① common application service elements 공통 응용 서비스 요소 ② computer-aided software engineering 컴퓨터 지원 소프트웨어 엔지니어링
CASET	computer aided software engineering tools 컴퓨터 이용 소프트웨어 엔지니어링 툴
CAT	① computer-aided testing 컴퓨터 보조 제품 검사 ② computer-assisted trainning 컴퓨터 보조 훈련 ③ credit authorization terminal 신용 카드 조회 단말기
CATNET	credit application terminal network 신용 지원 터미널 네트워크

약 어	원어 및 설명
CATV	community antenna television system, cable television 유선 텔레비전, 케이블 텔레비전
CAV	constant angular velocity 항각 속도
CAW	channel address word 채널 주소 단어
CBD	component based development 소프트웨어 개발 방법론의 일종
CBE	computer based education 컴퓨터 이용 교육
CBEMA	Computer and Business Equipment Manufacturers Association 컴퓨터 및 사무 기기 제조업자 협회
CBL	computer-based learning 컴퓨터 이용 학습
CBM	cost-benefit module 비용 이익 모듈
CBMS	computer based message system 컴퓨터 이용 메시지 시스템
CBR	case-based reasoning 과거의 솔루션을 현재의 문제에 대한 솔루션으로 선정하는 방식
CBSD	component based software development 컴포넌트 기반 소프트웨어 개발
CBT	computer-based training 컴퓨터 이용 훈련
CBX	computer-controlled private automatic branch exchange 컴퓨터로 제어되는 사설 자동 분배 교환기
CC	condition code 조건 코드, 상태 코드
CCB	① cell control block 셀 제어 블록 ② command control block 명령 제어 블록
CCC	computer control communication 컴퓨터 제어 통신
CCD	charge coupled device 전하 결합 소자
CCE	communication control equipment 통신 제어 장치
CCH	channel-check handler 채널 체크 핸들러
CCIA	China Computer Industry Association 중국 컴퓨터 산업 협회
CCIR	Consultative Committee on International Radio 국제 무선 통신 자문 위원회
CCITT	Consultative Committee on International Telegraph and Telephone 국제 전신 전화 자문 위원회
CCNP	computer communication network protocol 컴퓨터 통신 표준 프로토콜
CCP	① certificate in computer programming 컴퓨터 프로그래밍 검증 ② communication control processor 통신 제어 처리 장치 ③ console command processor 콘솔 명령 처리기 ④ compression control protocol 점대점 통신 규약(PPP)으로 접속된 기기 간의 데이터 압축 프로토콜
CCPAK	Computer and Communication Promotion Association of Korea 한국 정보 통신 진흥 협회
CCPU	communication control processing unit 통신 제어 처리 장치
CCR	commitment, concurrency and recovery 실행, 동시성 및 회복 제어
CCS	continuous composite servo 연속 복합 서보
CCSF	common channel signalling function 공통선 신호 기능
CCT	circuit 회로
CCTA	Central Computer and Telecommunication Agency 영국 중앙 컴퓨터 및 전기 통신국

약 어	원어 및 설명
CCTV	closed-circuit television 폐쇄 회로 텔레비전
CCU	① communication control unit 통신 제어 장치, 회선 제어 장치
	② central control unit 중앙 제어 장치
CCW	channel command word 채널 명령어, 연쇄 명령어
CD	① committee draft 위원회 안
	② cash dispenser 현금 자동 지급기
	③ compact disk 콤팩트 디스크
	④ carrier detector 반송파 검출기
CDA	compound document architecture 복합 문서 포맷 규약을 규정한 아키텍처
CDC	① call directing code 호출 지시 코드
	② call direction code 행선 지정 코드
	③ Control Data Corporation 컨트롤 데이터 (사)
CDDI	copper distributed data interface 코퍼 분산형 데이터 인터페이스
CD-G	compact disk graphics 시디지 ; CD-DA에 있는 확장 부분에 문자나 정지 화상을 넣어 음악과 동시에 재생할 수 있게 한 것. 오디오용 CD의 빈 채널에 그래픽 신호를 첨가, 가정용 TV에 접속하여 음성뿐만 아니라 그래픽의 재생도 가능하다.
CD-I	compact disc interactive media 시디아이 ; CD를 개발한 회사인 소니와 필립스가 1987년 제안한 CD의 일종으로 CD를 디지털 오디오 디스크(DAD)로서 뿐만 아니라 영상이나 컴퓨터 정보 등의 종합적인 기록 매체로서 활용하는 것을 목표로 한 통일 규격안이다.
CDK	communication duck 회선 감시 장치
CDL	computer description language 컴퓨터 기술 언어
CDMA	code division multiple access 부호 분할 다중 접속
CD-MIDI	compact disk-musical instrument digital interface CD 미디
CDOS	concurrent disk operating system 병행 디스크 운영 체제
CDP	compact disk player 컴팩트 디스크 플레이어
CDPD	cellular digital packet data 통신 서비스
CD-PROM	compact disk programmable read only memory 컴팩트 디스크 피롬
CD-R	compact disk recordable system 컴팩트 디스크 레코드 시스템 ; CD를 제작하는 시스템이다.
CDRM	cross-domain resource manager 정의 구역 간 자원 관리 프로그램
CD-ROM	compact disk read only memory 시디롬 ; 음악적인 콤팩트 디스크(CD)에 데이터나 도형 정보를 기록해놓고, 판독 전용(read only)의 기억 장치(memory)로서 사용된다.
CD-ROM/XA	CD-ROM extend architecture 컴팩트 디스크 롬/확장 아키텍처 ; CD-I 기술을 이용하여 CD-ROM의 약점을 보완한 중간 형태의 매체로, 영상과 음성 테이프를 동시에 재생할 수 있다.
CD-RW	compact disk read write CD 리드 라이트
CDV	compact disk video 컴팩트 디스크 비디오
CE	① channel end 채널 종료
	② customer engineer 커스터머 기술자
CECUA	Confederation of European Computer User Associations 유럽 컴퓨터 사용자 협회 연합
CEI	connection end identifier 접속 종단점 식별자 ; 특정 계층의 서비스 접근점에서 특

약 어	원어 및 설명
	정의 접속을 식별하기 위해 사용되는 식별자를 말한다.
CEN	Committee European de Normalisation 유럽 표준 위원회
CENELEC	Committee European de Normalisation Electrotechnique 유럽 전기 표준화 위원회
CEO	chief executive officer 최고 의사 결정권자
CEPS	corporated electronic publishing system 기억 내 인쇄
CEPT	Conference of European Postal and Telecommunications administrations 유럽 우편 전기 통신 주관청 회의
CERN	Conseil European Ia Research Nurcleaire 유럽 소립자 생리학 연구소
CES	① centralized extension system 세스 ; 대표 전화 또는 빌딩 전화를 의미하는 말로서 PBX와 가장 큰 차이점은 다이얼링 기능이다. ② connection endpoint suffix 접속 종단점 접미사 ③ consumer electronics show 소비자 전자 쇼 ④ circuit emulation service ATM 등의 패킷/프레임 교환형 네트워크로, 전용선 같은 회선 서비스를 위한 기술 방식
CESD	composite external symbol dictionary 복합 외부 기호 사전
CFA	concept feasibility analysis 개념 실현 가능성 해석
CFC	computer and facsimile communicator 컴퓨터에서 팩시밀리로의 문서 출력 제어 및 팩시밀리에서 컴퓨터로의 이미지 입력 제어를 하는 장치
CFG	context free grammer 문맥 자유 문법
CFIA	component failure impact analysis 구성 요소 장애 영향 분석
CFL	context free language 문맥 자유 언어
CFO	chief fund officer 재무 담당 중역
CFS	cyber forum system 사이버 포럼 시스템
CG	computer graphics 컴퓨터 그래픽스, 컴퓨터 도형 처리
CGA	color graphics adapter 컬러 그래픽스 어댑터, 컬러 그래픽 접속기
CGI	① computer graphics interface 컴퓨터 그래픽 인터페이스 ② computer graphics image 컴퓨터 그래픽 이미지 ③ common gateway interface WWW 서버와 서버 상에서 등장하는 다른 프로그램이나 스크립트와의 인터페이스
CGM	computer graphics metafile 컴퓨터 그래픽 메타파일
CGROM	character generator ROM 문자 발생기
CGS	computer graphics standard 컴퓨터 그래픽 표준
CHAP	challenge handshake authentication protocol PPP를 통한 인터넷 접속에서 사용자의 아이디와 암호를 검증하는 데 쓰이는 두 가지 인증법 중의 하나
CHAPS	clearing house automated payment system 챕스 ; 여러 개의 자금 결재 은행의 호스트에 각 은행 영업점에 설치된 단말기를 연결하여 패킷 교환망을 통해 온라인으로 은행 간 결제를 처리하는 시스템
CHDL	computer hardware description language 컴퓨터 하드웨어 기술 언어
CHM	channel multiplexer 채널 다중 장치
CHW	channel word 채널 워드
CI	control interval 제어 간격
CIAR	current instruction address register 현행 명령 번지 레지스터
CIB	command input buffer 명령 입력 버퍼

약 어	원어 및 설명
CICA	the Center for Innovative Computing Applications 시카
CICS	customer information control system 고객 정보 제어 시스템
CID	communication identifier 통신 식별자
CIDR	classless inter-domain routing 32비트의 주소를 가변 길이로 해서 주소와 함께 그 비트 길이의 정보도 교환하는 기술
CIF	customer information file 고객 정보 파일
CIM	① computer input microfilm 컴퓨터 입력 마이크로 필름
	② computer integrated manufacturing 컴퓨터 통합 제조
CIO	chief information officer 정보 총괄 임원, 정보 담당 중역
CIOCS	communication IOCS 통신 입 · 출력 제어 시스템
CIP	card reader-writer and imprinter and printer 명세표 발행기
CIR	current instruction register 현행 명령어 레지스터
CIS	① credit information system 신용 정보 시스템
	② CompuServe information service 컴퓨서브의 정보 서비스
CISA	certified informaton systems auditor 공인 정보 시스템 감사사
CISC	complex instruction set computer 복합 명령 세트 컴퓨터
CIS-COBOL	compact interactive standard COBOL 콤팩트 대화식 표준 코볼
CITL	computer integrated teaching and learning 컴퓨터 통합 교육 및 학습
CIU	computer interface unit 컴퓨터 인터페이스 유닛/컴퓨터 접속 장치
CIX	Commercial Internet eXchange 킥스, 상용 인터넷 협회
CKD	count key data architecture 카운트 키 데이터 방법
CKO	chief knowledge officer 최근 등장하고 있는 신개념
CL	connectionless 비접속형
CLNP	connectionless network protocol 비접속형 통신망 프로토콜
CLNS	connectionless mode network service 비접속 모드 통신망 서비스
CLP	consultant liaison program 정보 · 통신기기 메이커나 정보 통신 사업자로부터 시스템 통합자들에 대한 정보 공개 제도
CLTS	connectionless mode transport service 비접속 모드 트랜스포트 서비스
CLUT	color look up table 컴퓨터에 화상을 표시하는 경우 적은 데이터 용량으로 많은 색을 표현하는 기능
CLV	constant linear velocity 상수 선형 속도
CM	① core memory 코어 기억 장치, 자심 기억 장치
	② call if minus 시엠 ; 마이너스이면 호출하는 명령
CMA	complement accumulator 보수 누산기
CMC	① communication multiplexer channel 통신 회선 멀티플렉서 채널, 통신 회선 다중화기 채널
	② complement carry 보수 캐리
CMI	computer managed instruction 컴퓨터 보조 학습 관리
CMIP	common management information protocol 공통 관리 정보 프로토콜
CMIS	common management information service 공통 관리 정보 서비스
CMISE	common management information service element 공통 관리 정보 서비스 요소
CML	current mode logic 전류 모드 논리 회로
CMM	capability maturity model 능력 성숙도 모델

약 어	원어 및 설명
C.mmp	Carnegie mellon multiminiprocessor 카네기 멜론 다중 프로세서
CMOS	complementary metal-oxide semiconductor 상보형 금속 산화막 반도체, 상보형 NOS
CMP	compare registor, compare memory with accumulator 레지스터 또는 메모리와 누산기를 비교하라는 명령
CMRR	common-mode rejection ratio 동상 제거비
CMS	① cash management service 자금 관리 서비스
	② computerized manufacturing system 컴퓨터 생산 시스템
	③ conversational monitor system 대화형 모니터 시스템
	④ cross memory service 가상 기억 간 연락 기능, 크로스 메모리 기능
	⑤ computer message system 컴퓨터 메시지 시스템
	⑥ cambridge monitor system 캠브리지 감시 시스템
CMT	cassette magnetic tape 카세트형 자기 테이프
CM/T	change management tracking 변경 관리 추적 프로그램
CMTU	cassette magnetic tape unit 카세트 자기 테이프 장치
CMYK	cyan-magenta-yellow-black 시안-마젠타-황색-흑색 모델
CNC	computer numerical control 컴퓨터 수치 제어
CNE	certified network engineer 노벨이 인증하는 네트워크 기술자
CNET	Centre National d' Etudes des Telecommunications 프랑스 국립 전기 통신 연구소
CNF	① conjunctive normal form 논리곱 정규형
	② Chomsky normal form 촘스키 정규형
CNP	call control processor 호출 제어 처리 장치
COAX	coaxial cable 동축 케이블
COBOL	common business oriented language 코볼
COCOM	coordinating committee for export control to communist area 코콤 ; 대공산권 수출 통제 위원회
COCOMO	constructive cost model 코코모
COCR	cylinder overflow control record 실린더 오버플로 제어 레코드
CODASYL	Conference On Data SYstems Languages 코다실 ; 데이터 시스템 언어 회의
CODEC	coder-decoder 코덱 ; MODEM이라고 한다.
COFF	common object file format 공통 object 파일 형식
COGO	coordinate geometry 좌표 기하학
COL	character outline limits 콜
CO-LAN	central office local area network 가입형 LAN
COLD	computer output to laser disk 빠른 속도로 검색하여 볼 수 있도록 만든 시스템
COM	① computer output microfilming 마이크로필름으로의 출력
	② component object model 컴포넌트 객체 모델
	③ computer output microfilm 마이크로필름 출력 장치
COMAL	common algorithmic language 공통 알고리즘 언어, 공통 산법 언어
COMDEX	① computer dealers expo 컴덱스 ; 미국 2대 컴퓨터 전시회의 하나
	② COMmunications and Data processing EXposition 미국 컴퓨터 회의
COMPUSEC	computer security 컴퓨터 보안

약 어	원어 및 설명
COMREG	partition communication region 파티션 연락 영역
COMSAT	COMmunications SATellite corporation 콤새트 ; 미국의 위성 통신 회사
CONS	connection oriented network service 접속형 통신망 서비스
CORAL 66	computer on-line real-time application language 코럴 66 ; 영국에서 1966년에 개발된 군사 계획의 하나로 제어용 프로그램 언어이다.
CORBA	common object request broker architecture 객체 지향 분산 프로세서 환경을 실현하기 위한 아키텍처
COS	Corporation for Open Systems 개방 시스템을 위한 협회
COSCL	common operating system command language 운영 체제용 공통 명령 언어
COSMICS	centralized operating support and management information control system 일본 NTT의 전송로 보수 시스템
COSTI	Committee On Scientific and Technical Information 코스티 ; 미국 연방 과학 기술 정보 위원회
COTS	connection mode transport service 접속 모드 트랜스포트 서비스
CP	call if plus 플러스이면 호출하는 명령
CPB	channel program block 채널 프로그램 블록
CPC	card programming control 카드 프로그래밍 제어
CPE	computer processing element 중앙 처리 요소
CPI	① cycle per instruction CPU가 명령을 실행하는 데 필요로 하는 시스템 클록의 사이클 수
	② character per inch 인치당 문자
	③ computer prescribed instruction 컴퓨터 기술 지시
CPL	combined programming language 콤바인드 프로그래밍 언어
CPM	① critical path method 임계 경로법
	② cost per thousand impressions 웹 페이지 광고 노출률
CP/M	control program for microcomputers 마이크로 컴퓨터용 운영 체제의 명칭
CP/M-80	control program for microcomputer 80 시피킹 80 ; 디지털 리서치사에 의해 개발된 운영 체제로서 8비트 마이크로 프로세서에서 사용된다.
CPO	concurrent peripheral operation 병행 주변 조작, 동시 주변 조작
CPP	cardpunching printer 카드 천공 인쇄 장치
CPS	① character per second 초당 문자 ; 모뎀의 전송률을 표시하는 데 사용
	② cycles per second 초당 사이클
	③ conversation programming system 대화형 프로그래밍 시스템
	④ critical path scheduling 임계 경로 스케줄링
	⑤ circuit package system 회로판 설계 시스템
CPU	central processing unit 중앙 처리 장치, 중앙 연산 처리 장치
CR	① card reader 카드 판독 장치
	② carriage return 캐리지 리턴 ; 복귀 개행
	③ control register 제어 레지스터
	④ service control register 서비스 제어 레지스터
	⑤ carriage return character 복귀 문자
CRA	catalog recovery area 카탈로그 회복 영역
CRAM	card random access memory 카드램 ; 자기 카드식 자기 기억 장치

약 어	원어 및 설명
CRC	① cyclic redundancy check 순환 중복 검사, 주기 중복 검사 ② cyclic redundancy check character 순환 중복 검사 문자 ③ cyclic redundancy check code 주기 중복 검사 코드
CRJE	conversational remote job entry 대화식 원격 작업 입력
CRM	① continuous relationship marketing 한 사람의 고객으로부터 얻을 수 있는 평생 소비를 최대화하려는 기법 ② customer relation management 고객 관계 관리
CROM	control read only memory 제어 롬
CRS	computerized reservation system 컴퓨터 예약 시스템
CRT	cathod ray tube 음극선관, 브라운관
CRTC	CRT controller CRT 컨트롤러
CRT-KB	cathod ray tube display keyboard CRT 키보드 디스플레이
CS	① cartridge store 카트리지 보관 장치 ② code segment 코드 세그먼트 ③ communication satellite 통신 위성
CSA	① common service area 공통 서비스 영역 ② Canadian Standards Association 캐나다 규격 협회
CSAR	control storage address register 제어 기억 장소 주소 레지스터
CSDN	circuit switching data network 회선 교환 데이터망
CSDR	control storage data register 제어 기억 장치 데이터 레지스터
CSF	critical success factor 한계 성공 인자
CSG	context sensitive grammer 문맥 감지 문법
CSL	① control and simulation language 제어 시뮬레이션 언어 ② computer sensitive language 컴퓨터 감지어
CSLIP	compressed SLIP SLIP의 비효율성을 위해 새로 개발된 몇 가지의 압축 옵션 가운데 하나
CSM	concurrent service moniter 병행 서비스 모니터
CSMA	carrier sense multiple access 반송파 감지 다중 액세스
CSMA/CD	carrier sense multiple access with collision detection 충돌 검출에 의한 반송파 감지 다중 액세스
CSMP	continuous system modeling program 연속계 모듈 시뮬레이션 프로그램
CSMS	centralized switching maintenance system 전자 교환기 집중 보전 시스템
CSNET	computer science research network 시에스넷 ; 컴퓨터 과학망
CSP	communicating sequential process 통신 순차 프로세스
CSP/AD	cross system product/application development 시스템 공통 적용 업무 개발 기능
CSS	cascading style sheets 캐스케이딩 스타일 시트
CSSL	continuous system simulation language 연속계 시뮬레이션 언어
CSU	channel service unit 채널 교환 장치
CSW	channel status word 채널 상태, 채널 상황 워드
CT	① change tracker 변경 추적 프로그램 ② computer tomography 컴퓨터 단층 촬영 ③ conformance testing 적합성 시험
CT-2	cordless telephone-2 공중 통신망(PS 수)을 이용해 전화를 걸 수는 있지만 받을 수

약 어	원어 및 설명
	없는 발신 전용의 이동 통신 시스템
CTC	counter timer circuit 계수 타이머 회로
CTCA	channel-to-channel adapter 채널 간 결합 장치
CTDL	complementary transistor diode logic circuit 상보 트랜지스터 다이오드 논리 회로
CTI	computer telephone integration 컴퓨터 전화 통합
CTL	complementary transistor logic 상보 트랜지스터 논리
CTO	chief technology officer 기술 담당 중역
CTR	① common technical regulations 공동 기술 규칙
	② click through rates 광고 연결률
CTRL	control 컨트롤
CTS	① computer type-setting system 전산 사식 시스템
	② clear to send 송신 준비 완료
	③ conformance testing service 적합성 시험 서비스
CTSS	compatible time sharing system 호환 시분할 시스템
CTU	central terminal unit 중앙 단말 장치
CU	control unit 제어 장치
CUG	closed user group 폐역 접속, 폐역 사용자 그룹
CUI	character user interface 문자 사용자 인터페이스
CUID	control unit identification 제어 장치 식별자
CVCF	constant voltage constant frequency power supply 정전압 정주파 전원 장치
CVD	chemical vapor deposition 화학 증기 증착
CVO	commercial vehicle operation 화물 운송 정보 시스템
CVOL	control volume 제어 볼륨
CVSL	cascade voltage switch logic 직렬 전압 스위치 논리
CWP	communicatic word processor 통신식 워드 프로세서
CZ	call if zero 시지 ; 제로일 때 호출하라는 방식의 명령

D

약 어	원어 및 설명
D	data line 데이터 라인
DA	① design automation 자동 설계, 설계 자동화
	② direct access 직접 액세스
	③ disk accessory 디스크 부속품
	④ desk accessory 데스크 액세서리
D/A	digital to analog 디지털 아날로그 변환
DAA	decimal adjust accumulator 10진 보정 가산기
DAB	① display assignment bit 디스플레이 지정 비트
	② digital audio broadcasting CD 수준의 고품위 음성은 물론 그래픽, 동화상까지 전송이 가능한 오디오 방송으로 기존 아날로그형 AM · FM 라디오 방송을 대체해 나갈 것으로 기대되고 있는 시스템

약 어	원어 및 설명
	③ digital audio broadcasting 디지털 오디오 방송
DAC	① design augmented by computer 컴퓨터 증보식 설계
	② digital to analog converter D/A 변환기, 디지털 아날로그 변환기, DA 변환기
DACOM	Dacom Corporation 주식회사 데이콤
DACS	data acquisition and control system 데이터 수집 제어 시스템
DAD	digital audio disk 디지털 오디오 디스크
DADSM	direct access device space management 직접 액세스 장치 기억 관리 프로그램
DAE	dump analysis and elimination 덤프 분석 중복 회피 기능
DAF	destination address field 행선 어드레스 필드, 행선 번지 필드
DAIR	dynamic allocation interface routine 동적 할당 인터페이스 루틴
DAL	data access language 데이터 베이스 액세스용 언어
DALC	dynamic asynchronous logic circuit system 동적 비동기 논리 회로 시스템
DAM	direct access method 직접 액세스 방식, 직접 호출 방법
DAO	disc at once 일회용 디스크
DAP	distributed array processer 분리형 어레이 처리 장치
DAPS	direct access programming system 댑스, 직접 액세스 프로그래밍 방식
DAR	damage assessment routine 손해 평가 루틴
DARPA	DoD's Advanced Research Project Agency 다르파, 미 국방성 연구 기관 ; 이전에는 ARPA로 불리웠으며, 여러 군사 연구를 원조하고 있다.
DAS	① digital analog simulation 디지털 아날로그 시뮬레이션
	② dual attachment stations FDDI 네트워크 카드에 이중의 링을 구축하여 네트워크에 문제가 발생했을 경우에 주요 회선을 보호하기 위한 방식
DASD	direct access storage device 직접 액세스(접근) 기억 장치
DASDERASE	DASD-erase attribute 소거 속성
DASDI	direct access storage device initialization DASD 초기화 프로그램
DASDR	direct access dump restore 디스크 덤프 복원 프로그램
DASF	direct access storage facility 직접 접근 기억 장치
DAT	① digital audio tape 디지털 오디오 테이프
	② dynamic address translation 동적 번지 변환
DATA	direct access terminal application 단말 직접 입력 프로그램
DATEL	data telex 데이터 텔렉스 ; 데이터 통신 서비스의 일종으로, 텔렉스에 화상 통신 기능을 부가한 서비스
DAV	① data set available 발신 기능
	② data valid 데이터 유효성
DB	① data bank 데이터 뱅크
	② data base 데이터 베이스
dB	decibel 데시벨
DBA	data base administrator 데이터 베이스 관리 책임자
DBACP	data base access protocol 데이터 베이스 접근 규약
DBC	data base computer 데이터 베이스 컴퓨터
DBCS	data base control system 데이터 베이스 제어 시스템
DBD	data base decription 데이터 베이스 기술
DBDA	data base design aid 데이터 베이스 설계 보조 프로그램

약 어	원어 및 설명
DB/DC	data base/data communication 데이터 베이스/데이터 통신
DBE	data bus enable 데이터 버스 인에이블
DBF	data base facility 데이터 베이스 기능
DBIN	data bus in 데이터 버스 인
DBL	data base language 데이터 베이스 언어
DBM	data base manager 데이터 베이스 관리 프로그램
DBMS	data base management system 데이터 베이스 관리 시스템
dBmW	decibel milliwatt 전력 레벨의 표시 단위
DBOS	disk based operating system 디스크 기반 운영 체제
DBP	Deutche Bundes Post 독일 우정성
DBRC	data base recovery control 데이터 베이스 회복 관리
DBTG	data base task group 데이터 베이스 작업 그룹
DC	① direct current 직류
	② device control 장치 제어
	③ data communication 데이터 통신
DC 4	device control four 장치 제어 문자 4
DCA	① document content architecture 문서 내용 구조, 문서 내용 아키텍처
	② driver control area 드라이버 제어 영역
DCB	① data control block 데이터 제어 블록
	② device control block 장치 제어 블록
DCC	digital cassette controller 디지털 카세트 컨트롤러
DCD	data carrier detect 데이터 운반 검출
DCE	① data circuit-terminating equipment 데이터 회선 종단 장치
	② data communication equipment 데이터 통신 장치
	③ distributed computing environment 분산 컴퓨팅 환경
DCFL	deterministic context-free language 결정성 문맥 자유 언어
DCG	defined clause grammar 확정절 문법
DCL	direct coupled logic 직접 결합 논리
DCM	display control module 디스플레이 제어 모듈, 표시 제어 모듈
DCNA	data communication network architecture 데이터 통신망 구조
DCOM	distributed component object model 분산 컴포넌트 객체 모델
DCP	① diagnostic control program 진단 제어 프로그램
	② display control program 디스플레이 컨트롤 프로그램
DCS	telephone data-carrier system (전화에 의한) 데이터 반송 시스템
DCT	discrete cosine transform 이산 코사인 변환
DCTL	direct-coupled transistor logic 직결형 트랜지스터 논리 회로
DD	① data definition name 데이터 정의명
	② data definition statement 데이터 정의문
	③ data description 데이터 정의
	④ data dictionary 데이터 사전
	⑤ double density 배밀도
DDA	digital differential analyzer 디지털 미분 해석기
DDB	① design data base 설계 데이터 베이스

약 어	원어 및 설명
	② device descriptor block 장치 기술 블록
	③ distributed data base 분산형 데이터 베이스
DDBMS	distributed data base management system 분산 데이터 베이스 관리 시스템
DDC	① direct digital control 직접 디지털 제어
	② display data channel VESA가 1994년에 발표한 플러그 앤드 플레이(plug and play) 규격의 하나
DDCMP	digital data communication message protocol 디지털 데이터 통신 메시지 프로토콜
DDD	direct distance dialing 장거리 자동 전화
DD/D	data dictionary/directory 데이터 사전/디렉토리
DDDS	double density dual side 양면 배밀도 플로피 디스크
DDE	① direct data entry 직접 데이터 입력
	② dynamic data exchange 동적 데이터 교환
DDFF	distributed disk file facility 분산 디스크 파일 기능
DDG	digital display generator 디지털 표시 생성기
DDL	① data definition language 데이터 정의 언어
	② data description language 데이터 기술 언어
	③ digital system design language 논리 설계용 언어
	④ dynamic data link 동적 데이터 연결
DDM	① device descriptor module 장치 기술 모듈
	② distributed data management 분산 데이터 관리
DDos attack	distributed denial of service attack 분산형 서비스 거부 공격
DDP	distributed data processing 분산 데이터 처리
DDR	① dynamic device reconfiguration 동적 장치 재편성
	② dance dance revolution 1999년 초 일본 코나미 사가 개발한 댄스용 게임기
	③ dial-on demand routing 경로 지정 요구 다이얼 호출
DDS	① digital display scope 디지털 표시 범위
	② data phone digital service 데이터 폰 디지털 서비스
	③ digital data storage 디지털 데이터 스토리지
DDT	① data description table 데이터 기술표
	② dynamic debugging tool 동적 오류 수정기
DDX	digital data exchange 디지털 데이터 교환망
DDX-P	digital data exchange packet 공중 패킷망
DDX-TP	digital data exchange-telephon packet NTT에 의한 VAN으로 PC 통신도 가능하다.
DE	disk enclosure 디스크 인클로저
DEA	data encryption algorithm 데이터 암호와 알고리즘
DEB	data extent block 데이터 확장 블록
DEC	Digital Equipment Corporation 데크 사, 디지털 이퀴프먼트 사 ; 1957년 켄 올슨에 의해 창설되었으며, 매사추세츠 주의 메이나드에 위치하고 있다.
DECB	data event control block 데이터 사상 제어 블록
DECUS	Digital Equipment Computer Users Society 데크 컴퓨터 사용자 협회
DEE	data encipherment equipment 데이터 암호화 장치
DEL	delete character 삭제 문자

약 어	원어 및 설명
DEMATEL	decision making trial and evaluation laboratory 데마텔
DEN	directory enabled networks 마이크로소프트 사와 미국 Cisco Systems 사가 공동 개발한 통합 네트워크
DEQUE	double-ended queue 데크 ; 스택과 큐를 복합한 형태로서 삽입과 삭제가 리스트의 양쪽 끝에서 모두 허용되는 리스트
DES	data encryption standard 데이터 암호화 규격 ; IBM에서 개발한 블록 암호화 방법
DETAB-X	descision tables experimental 디탭-엑스 ; 의사 결정표와 COBOL을 결합한 프로그래밍 언어
DF	detail flow chart 디테일 플로 차트
DFA	deterministic finite automaton 결정성 유한 오토머턴
DFD	data flow diagram 데이터 흐름도
DFG	diode function generator 다이오드 함수 발생기
DFR	① decreasing failure rate 고장률 감소형 ② document filling retrieval 문서 파일 검색
DFT	data function test 기능 진단 테스트
DFU	data file utility 데이터 파일 유틸리티
DG	data general 데이터 제너럴
DHCP	dynamic host configuration protocol 윈도 NT를 기본으로 하는 근거리망(LAN)에 접속하는 컴퓨터에 IP 주소를 할당하는 마이크로소프트 사의 기술
DI	disable interrupt 디스에이블 인터럽트
DIA	① document interchange architecture 문서 교환 장치 ② document information accessing 문서 정보 검색
DIAC	diode AC 5witch 다이액
DIALS	dendenkosha immediate arithmetic and library system 다이얼스
DIB	dual independence bus 독립 이중 버스
DID	① design input data base 설계 입력 데이터 베이스 ② device identifier 장치 식별명
DIDOCS	device independent display operator console support 장치 독립 표시 조작 콘솔 서포트
DIF	data interchang format 데이터 교환 형식
DIKC	disk controller 디스크 제어기
DIL	dual in-line 듀얼 인라인
DIMM	dual in-line memory module 양면 메모리 모듈 ; RAM 칩으로 채워진 작은 회로판으로서 데이터 전송이 128비트씩 이루어질 수 있어서 SIMM보다 10%까지 빠른 속도를 낼 수 있다.
DIN	Deutsch Industrie Norm 딘, 독일 공업 규격
DINA	distributed information-processing network architecture 다이너 ; 분산형 정보처리 네트워크 체계
DIO	disk input/output 입/출력 디스크
DIOCB	device I/O control block 입/출력 장치 제어 블록
DIOM	device I/O manager 입/출력 장치 관리
DIP	dual in-line package 딥 ; 듀얼 인라인 패키지
DIPS	denden information processing system 딥스 ; 데이터 통신 서비스용으로 개발중

약 어	원어 및 설명
	인 컴퓨터의 총칭
DIS	① diagnostic information system 진단 정보 시스템
	② distributed intelligence system 분산 지능 시스템
	③ draft international standard 초안 국제 규격 ; ISO에서 제정되는 국제 표준 규격(IS)의 바로 전단계 표준안
DISC	dirty instruction set computer 디스크
DISOSS	distributed office support system 분산 오피스 지원 프로그램
DIU	document interchange unit 문서 교환 유닛
DIV	data in voice 음성 데이터
DK/NF	domain key/normal form 도메인 키/정규형
DLC	data link control 데이터 전송 제어
DLCI	data link connection identifier 데이터 링크 접속 식별자
DLE	① data link escape 전송 제어 확장
	② data link escape character 전송 제어 확장 문자
	③ data link entity 데이터 링크 실체
DLF	document library facility 문서 라이브러리 프로그램
DL/I	data manipulation language of IMS 데이터 언어
DLIB	distribution library 제공(배포) 라이브러리
DLL	① dynamic linking library 동적 연결 라이브러리
	② data link layer 데이터 링크 계층
DLS	digital leasedline service 디지털 리스라인 서비스
DLVY	delivery 배달
DM	① data model 데이터 모델 / ② direct mail 직접 발송
DMA	direct memory access 직접 메모리 액세스
DMAC	direct memory access controller 직접 메모리 액세스 제어기
DMB	digital multimedia broadcasting 이동 멀티미디어 방송
DMCL	device media control language 장치 매체 제어 언어
DMDT	domain descriptor table 정의 영역 기술 테이블
DML	data manipulation language 데이터 조작 언어
DMM	digital multi-meter 디지털 멀티미터
DMP	decision making process 의사 결정 과정
DMS	① data management system 데이터 관리 시스템
	② display management system 정보 표시 관리 시스템
	③ digital multiplex switching system 디지털 다중화 교환 시스템
DMTF	Desktop Management Task Force 데스크탑 관리 표준화 협의회
DNA	digital network architecture 디지털 네트워크 구조
DNC	direct numerical control 직접 수치 제어
DNS	DACOM-Net service 데이콤(DACOM)이 국제 공중 데이터 통신망을 이용, 세계 각국의 정보를 서비스해주는 통신 서비스의 하나
DOD	Department Of Defence 미국 국방성
DOD-TCP	Department Of Defense transmission control protocol 미국 국방성 전송 제어 프로토콜
DOM	① design optimization model 설계 최적화 모델

약 어	원어 및 설명
	② document object model 문서 객체 모델
DOMF	distributed object management facility 분산 객체 관리 기능
DOS	disk operating system 디스크 운영 체제
DOSF	distributed office support facility 분산 처리 사무 지원 기능
DP	① data processing 데이터 처리
	② distributed processing 분산 처리
	③ draft proposal 규격 초안
DPA	① demand possibility area 수요 가능 영역
	② disk pack controller 디스크 팩 제어 장치
	③ DOD protocol architecture 미국 국방성 프로토콜 구조
DPC	① direct program control 직접 프로그램 제어
	② disk pack controller 디스크 팩 제어 장치
	③ data processing consultant 데이터 처리 자문
	④ data path controller 데이터 경로 제어기
DPCM	differential PCM 차분 펄스 부호 변조
DPCX	distributed processing control executive 분산 처리 제어 실행
DPDT	double pole double throw 쌍극 더블 스로 스위치
DPF	demand possibility frontier 수치 가능 변경
DPI	dot per inch 인치당 도트
DPM	① documents per minute 분당 문서 수
	② data processing machine 데이터 처리기
	③ digital panel meter 디지털 패널 미터
DPMA	Data Processing Management Association 데이터 처리 관리 협회
DPMI	DOS protected mode interface DOS 보호 모드 인터페이스
DPMS	DOS protected mode service 도스 보호 모드 서비스
DPPX	distributed processing program executive 분산 처리 프로그램 실행
DPR	digit present 숫자 표시
DPS	① data processing system 데이터 처리 시스템
	② distributed parameter system 분포 파라미터 시스템
	③ distributed processing system 분산 처리 시스템
	④ document processing system 문서 처리 시스템
DQDB	distributed queue dual bus 분산 큐 이중 버스
DQE	descriptor queue element 기술자 대기 행렬 요소
DQSM	distributed queue state machine 분산 큐 상태 머신
DRAM	dynamic random access memory 디램, 다이내믹 RAM
DRC	data recording control 데이터 기록 제어 장치
DRD	data recording device 데이터 기록 장치
DR-DOS	Digital Research-Disk Operating System DR 도스
DRM	digital right management
DRO	destructive read out 파괴 판독
DS	① digit signal 숫자 신호
	② directory service 디렉토리 서비스
DSA	directory system agent 디렉토리 시스템 처리기

약 어	원어 및 설명
DSA-MOS	diffusion self-align MOS DSA-모스
DSB	double side band 양측파대(兩側波帶)
DSC	data stream compatibility 데이터 열 호환 기능
DSCB	data set control block 데이터 세트 제어 블록
DSCH	display scheduler 디스플레이 스케줄러
DSDD	dual sided, double density diskette 양면 배밀도 디스켓
DSE	① data set extension 데이터 세트 확장 ② data switching exchange 데이터 교환 장치
DSF	device support facility 장치 지원 기능
DSK	Dvorak simplified keyboard 드보락 간소화 키보드
DSL	① data base sublanguage 데이터 베이스 준언어 ② data set label 데이터 세트 레이블 ③ development support library 개발 원조 라이브러리 ④ dynamic simulation language 동적 모의 실험 언어
DSLAM	digital subscriber line success multiplexer 아파트, 빌딩에 위치하며 가입자의 ADSL 회선을 집중화하고, 음성은 전화망으로 우회시키며, 데이터는 가입자나 네트워크망으로부터 고속으로 전달하여 가입자와 네트워크망을 연결하는 역할을 한다.
DSLO	distributed system license option 분산 시스템 라이센스 방식
DSNX	distributed systems node executive 분산 시스템 노드 관리 기능
DSO	① direct system output 시스템 출력 직접 쓰기 ② writer direct system output writer 시스템 출력 직접 쓰기 프로그램
DSOM	distributed system object model 분산 시스템 객체 모델 ; IBM에서 정의한 SOM의 컴포넌트 중의 하나
DSP	① digital signal processing 디지털 신호 처리 ② dynamic support program 동적 지원 프로그램
DSR	data set ready 데이터 세트 준비
DSS	① decision support system 의사 결정 지원 시스템 ② dynamic support system 동적 지원 시스템 ③ digital subscriber signalling 디지털 가입자 신호 방식
DSSSL	document style semantics and specification language 문서 유형별 구조 및 규격 언어
DST	device service task 장치 서비스 태스크
DSTN	dual scan super twisted nematic 액정 디스플레이 표시 방식 중 하나
DSU	digital service unit 디지털 서비스 장치
DSVD	digital simultaneous voice and data 단 하나의 전화선을 통해서도 동시에 음성 통화와 데이터 전송을 할 수 있는 기능을 가진 모뎀
DSW	device status word 장치 상태 단어
DT	data transmission 데이터 전송
DTAM	document transfer and manipulation 문서 전달 및 조작
DTD	document type definition 문서 텍스트의 구조를 SGML 구문을 사용하여 정의 및 기술한 것
DTE	data terminal equipment 데이터 단말 장치
DTF	① define the file DFT 매크로 명령, 파일 정의

약 어	원어 및 설명
	② defin eth efile macro instruction 파일 정의 매크로 명령
DTL	diode-transistor logic 다이오드 트랜지스터 논리 ; 디지털 회로의 일종으로, 입출력 허용수가 크고 잡음에 대해서도 비교적 강하나 전원 전압의 변동 또는 저항 편차가 작다.
DTM	desktop music 데스크탑 뮤직
DTMF	dual tone multi frequency 이중 톤 다중 주파수
DTP	① desktop publishing 탁상 출판, 전자 출판
	② data transfer protocol 데이터 전송 프로토콜
	③ desktop presentation 탁상 전시
DTPF	distributed transaction processing facility 분산 데이터 통신 처리 기능
DTR	① data terminal ready 데이터 단말 장치 준비
	② distribution tape reel 배포용 테이프 릴
	③ data transfer rate 데이터 전송률
DTS	① digital terminating system 디지털 터미네이팅 시스템
	② digital theater system 앞면부의 좌우 스피커, 중앙 스피커, 뒷면부의 좌우 스피커 및 서브 스피커 등으로 구성된 5.1 채널의 음향을 제공하는 새로운 개념의 오디오 포맷
DTV	desktop video 탁상용 비디오
DUA	directory user agent 디렉토리 사용자 처리기
DUC	data unit control layer 데이터 단위 제어 계층
DUN	dial-up networking 원격지 접속 서비스
DUT	device under test 피시험 장치
DV	digital video 디지털 비디오
DVCT	device characteristics table 장치 특성 테이블
DVD	digital video disk 차세대 기록 미디어
DVD-R	digital versatile disk recordable 레코더블 DVD
DVD-RAM	digital versatile disk-RAM 몇 번이라도 기록할 수 있는 DVD
DVD-RAM/R/RW	digital versatile disk-RAM/read/read-write 차세대 기록 매체
DVD-ROM	digital versatile disk-ROM DVD를 이용한 기록 전용 매체
DVD-RW	digital versatile disk phase change rewritable 소니 사가 독자적으로 발표한 DVD를 이용한 기록 매체의 규격
DVI	① digital video interface 디지털 비디오 인터페이스 ; 디지털 화상 상호 교환
	② digital video interactive 미국의 RCA 사와 GE 사가 디지털 TV를 만들 목적으로 개발한 영상 압축 기술
DVM	digital voltmeter 디지털 전압계
DVT	device vector table 장치 벡터 테이블
DX	duplex system 듀플렉스 시스템, 2중 방식
DYNAMO	dynamic models 다이나모 ; 미국 MIT 대학의 포레스터(Forrestor)가 연구하여 1961년에 발표한 산업 역학에 의해 산업 경제 활동을 모의 실험하기 위해 개발된 시뮬레이션 언어

E

약 어	원어 및 설명
EA	enterprise application integration 전사적 응용 프로그램 통합
EAM	electronic accounting machine 전기 계수기
EAROM	electrically alterable ROM 이에이롬 ; 전기 소리식 ROM
EB	① E-beam(electron beam) 전자 빔 ② electronic book 소니 사의 전자 책자 규격으로 텍스트 데이터만을 지원한다.
EBAM	electron beam addressed memory 메모리 번지 전자 빔
EBCDIC	extended binary-coded decimal interchange code 엡시딕 ; 확장 2진화 10진 코드
EB G	electronic book graphics EB의 확장 규격
EBIC	electron bombardment induced conductivity 에빅
EBNF	extended BNF 확장 BNF
EBR	electron beam recording 전자 빔 기록
EBS	electronic bond system 전자 증권 시스템
EBU	European Broadcasting Union 유럽 방송 연맹
EBXA	electronic book XA EB의 확장 규격
EC	① error correction 오류 정정 ② European Community 유럽 공동체
ECAP	electronic circuit analysis program 전자 회로 해석 프로그램
ECB	event control block 사건 제어 블록
ECC	① error correcting code 오류 정정 부호 ② error checking and correction 오류 검사 정정 ③ emitter-coupled circuit 이미터 결합 회로, 전류 스위치형 회로
ECCM	electronic counter-counter measures 대 전자 대책
ECCS	electronic central control system 집중 전자 제어 시스템
ECD	electronic display 일렉트로닉 디스플레이
ECG	electrocardiogram 심전도
ECITC	European Committee for Information Technology Certification 유럽 정보 기술 인증 위원회
ECL	emitter-coupled logic 전류 스위치형 논리
ECM	electronic counter measures 전자식 계수법
ECMA	European Computer Manufacturers' Association 유럽 전자 계산기 공업회
EC mode	extended control mode EC 모드, 확장 제어 모드
ECP	extended capabilities port 병렬 포트의 속도를 향상시키고 양방향 처리를 가능하게 하기 위한 것
ECOM	electronic computer oriented mail 전자식 컴퓨터 메일
ECR	electronic cash register 전자 금전 등록기
ECS	embedded computer system 내장 컴퓨터 시스템
ECSA	Exchange Carrier Standards Association 미국 통신 교환 사업자 표준화 협회
ECSG	Electronic Commerce Study Group 전자 상거래 연구 그룹
ECT	environment control table 환경 제어 테이블

약 어	원어 및 설명
ECTEL	European Conference of TEL ecommunications and professional electronic industries 유럽 통신 및 전문 전자 산업 협회
ECTF	Enterprise Computer Telephony Forum 컴퓨터와 전화 이용을 통합하는 CTI(computer telephony integration) 시스템을 상호 접속하기 위한 규격을 검토하는 조직
ECTL	emitter coupled transistor logic 이미터 결합 트랜지스터 논리 회로
ED	① error detecting 오류 검출 ② expanded display 확대 영상 표시 ③ external device 외부 장치
EDA	exploratory data analysis 탐구 데이터 분석
EDC	error-detecting code 오류 검출 기호
EDE	electronical data exchange 전기적 데이터 교환
EDG	electronic data gathering system 전자 데이터 수집 시스템
EDI	electronic data interchange 전자적 데이터 교환
EDIFACT	EDI For Administrations, Commerce and Transport 애디팩트 ; 행정, 상업 및 운송 업무를 위한 전자 데이터 교환
EDMS	electronic documents or management system 전자 문서를 관리하는 시스템
EDO RAM	extended data-out RAM DRAM의 일종
EDP	electronic data processing 전자 데이터 처리
EDPM	electronic data processing machine 전자 데이터 처리 기계
EDPAA	Electronic Data Processing Auditors Association 전자 데이터 감사인 협회
EDPS	electronic data processing system 전자 데이터 처리 시스템
EDS	exchangeable disk store 교환 가능 디스크 기억 장치
EDSAC	electronic delay storage automatic calculator 에드삭 ; 1949년에 개발된 것으로서, 프로그램 내장 방식을 처음으로 구현시킨 기계
EDTV	extended definition television 현행 TV와 주사선 수가 동일하며 고화질의 TV
EDVAC	electronic discrete variable automatic computer 에드박 ; 프로그램 내장 방식과 2진법을 채택한 컴퓨터
EEC	European Economic Community 유럽 경제 공동체
EEPROM	electrically erasable and programmable ROM 이이피롬, 전기적 소거 가능한 PROM
EEROM	electrically erasable PROM 전기적 소거, 써넣기 가능 PROM
EFS	electronic filing system 전자 파일링 시스템
EFT	electronic funds transfer 전자 자동 결재 시스템
EFTA	① Electronic Fund Transfer Association 전자식 자금 이체 협회 ② European Free Trade Association 유럽 자유 무역 연합
EFTS	electronic funds transfer system 전자적 자동 이동 시스템
EGA	enhanced graphics array 이지에이 ; IBM-PC 비디오 보드의 일종으로, 640×350 도트의 해상도를 가지며, 64색 중 16색을 동시에 나타낼 수 있다.
EI	① enable interrupt 사용 가능 인터럽트 ② enterprise integration 기업 통합
EIA	Electronic Industries Association 미국 전자 공업 협회
EIAK	Electronics Industries Association of Korea 한국 전자 공업 진흥회
EIDE	enhanced integrated device (or drive) electronics PC 환경에서 IDE 드라이브 인

약 어	원어 및 설명
	터페이스를 대체하는 것
EIN	European informatics network 유럽 정보 네트워크
EIP	enterprise information portal 기업 내에 저장되어 있는 정보를 기업 내부 및 외부에서 공유할 수 있도록 해주는 응용 프로그램
EIRV	error interrupt request vector 오류 인터럽트 요구 벡터
EISA	extended industry standard architecture 이사, 확장 산업 표준 구조 ; IBM-PC 호환기의 메이커가 정한 32비트 확장 슬롯 버스의 공동 규격
EJB	enterprise Javabeans 엔터프라이즈 자바빈
EL	electroluminescence 전자 발광
ELD	economic load dispatching 경제 부하 배분
ELEM	element statement 요소 명령
ELF	electronic filing system 전자 파일링
ELINT	electronic intelligence 전자적 인텔리전스
EM	① end of media(end of medium) 매체 종단 ② end of medium character 매체 종단 문자 ③ emergency maintenance 긴급 보수, 긴급 보전
EMA	electrical accounting machine 전자 계산기
EMC	electromagnetic compatibility 전자 정합성
EMI	electromagnetic interference 전자 방해 잡음
EMS	① emergency signal 긴급 신호 ② expanded memory specification 확장 메모리 명세 ③ electronic messaging system 전자 전송 시스템 ④ extended memory specification 확장 메모리 규약
EMSS	emergency medical services system 구급 의료 서비스 시스템
EMUG	European MAP Users Group 유럽 생산 자동화 프로토콜 사용자 그룹
EN	European norm 유럽 규격
END	end of assembly 어셈블리의 끝을 나타내는 명령
ENIAC	electronic numerical integrator and computer, electronic numerical integrator and calculator 에니악 ; 세계 최초의 전자식 컴퓨터
ENQ	① enqueue 인큐 ; 매크로 ② enquiry character 조회 문자
ENV	European norm vorms 유럽 잠정 표준
EOB	end of block 블록 종료
EOD	① end of data 데이터 끝 ② end of data search 탐색
EOE	end of extent 익스텐트 끝
EOF	① end of file 파일 끝, 파일 최후 처리 ② end of file lable 파일 끝 레이블 ③ end of file mark 파일 종료 마크
EOJ	end of job 작업 끝
EOL	end of line 문서의 내용을 저장한 파일에서 문서가 하나의 줄이 끝났다는 것을 표시하기 위해 사용하는 코드
EOLN	end of line 행 종료

약 어	원어 및 설명
EOM	end of message 메시지 종료
EOQ	economic order quantity 경제적 발주량
EOR	① end of record, end of run 실행 종료 ② exclusive OR 배타적 논리합 ③ end of reel 릴 종료
EOT	① end of tape 테이프 종료 ② end of task 태스크 종료 ③ end of text 텍스트 종료 ④ end of transmission character 전송 종료 문자, 전송 종료
EOTC	European Organization for Testing and Certification 유럽 인증 기구
EOV	① end of volume 볼륨 종료 ② end of volume label 볼륨 종단 레이블
EP	① emulation program 에뮬레이션 프로그램 ② executive control program 실행 관리 프로그램 ③ electronic publishing 전자 출판
EPHOS	European Procurement Handbook for Open Systems 유럽 개방형 시스템 핸드북
EPO	emergency power off 긴급 전원 절단
EPOC	first-pass own code 퍼스트 패스 온 코드
EPP	enhanced parellel port 인텔, Xircom, Zenith와 몇몇 다른 업체들이 개발한 EPP 스펙은 병렬 포트에 양방향 통신을 추가하고 속도를 향상시킨다.
EPROM	erasable programmable read only memory 이피롬, 소거 가능 PROM
EPS	electric power supply 전자 전원 공급
EPU	execution processing unit 연산 처리 장치
EPWING	electronic publishing wing EP(전자 출판)와 WING(「정보 기술과 출판의 양쪽 날개」를 의미)의 합성어
ERP	enterprise resource planning 전사적 자원 계획
EQU	equate 이큐 ; 어셈블리 언어 명령의 하나로 동일함을 표시한다.
EQUEL	embeded QUEL 내장 QUEL
ER	executive request 관리 요구, 명시 경로
ERM	entity relationship model 엔티티 관계 모형
EROM	erasable ROM 이롬 ; 회로 내에서는 프로그램을 할 수 없는 롬(ROM)
ERP	① error recovery procedure 에러 복구 절차 ② enterprise resource planning 전사적 자원 관리
ERR	error 에러, 오차, 오류
ERU	elementary reliability unit 기본적 신뢰도 단위
ESC	escape character 확장 문자
ESD	external symbol dictionary 외부 기호 사전
ESDI	enhanced small device interface 자기 디스크 장치를 위한 인터페이스의 한 가지
ESDS	entry sequenced data set 엔트리 순서 데이터 세트
ESE	emergency supervisory equipment 이상 감시 장치
ES-IS	end system to intermediate system routine protocol 종단 시스템과 중간 시스템 간 경로 제어 프로토콜
ESN	event schedule network 사상(事象) 스케줄 네트워크

약　어	원어 및 설명
ESPRIT	European Strategic Programme for Research and development Information Technology 유럽 정보 기술 연구 개발 전략 계획
ESS	electronic switching system 전자 교환 시스템
ESTV	error statistics by tape volume 테이프 볼륨별 오류 통계
ETB	end of transmission block 블록 전송 종료
ETC	environment control table 환경 제어표
ETCOM	European Testing and Certification for Office and Manufacturing 유럽 사무 및 생산 프로토콜 시험 인증 기구
ETRI	Electronics and Telecommunications Research Institute 한국 전자 통신 연구소
ETS	executable test suite 수행 가능한 시험조
ETSI	European Telecommunications Standards Institute 유럽 전기 통신 표준 협회
ETX	① end of text 텍스트 끝 ② end of text character 텍스트 종료 문자
EU	executive unit 실행 장치
EUC	end user computing 최종 사용자 컴퓨팅
EUC	extended UNIX code 확장 유닉스 코드
EURECA	EUropean REsearch Coordination Action 유럽 공동체 공동 연구 프로그램
EUROMICRO	EUROpean association for MICROprocessing and Microprogramming 유로 마이크로, 유럽 마이크로 컴퓨터 관련 학회
EUROSINET	EUROpean Open System Interconnection NETworks 유럽 OSI 네트워크
EVFU	electronic vertical format unit 전자 수식 서식 장치
EVOP	evolutionary operation 진화 운영, 진화적 조작
EWA	end warning area 종료 예고 영역
EWOS	European Workshop for Open System 유럽 OSI 기능 표준 워크샵
EWS	engineering workstation 공학 워크스테이션
EX. 400	ETRI X. 400 한국 전자 통신 연구소 메시지 처리 시스템
EXC	external character code specification 외자 부호 지정
EXCLUSIVE	exclusive attribute 배타 속성
EXCP	execute channel program 채널 프로그램 실행
EXEC	execute, execution 실행
EXLST	exit list 출구 리스트
EXNOR	exclusive NOR 부정 배타적 논리합
EXOR	exclusive OR 배타적 논리합
EXTRN	external reference 외부 참조

F

약　어	원어 및 설명
FA	① factory automation 공장 자동화 ② full adder 전가산기
FACE	field alterable control element 페이스 ; 필드 조정 소자

약 어	원어 및 설명
FACOM	Fujitsu Automatic COMputer 파콤 ; 일본 후지츠가 제조 · 판매하고 있는 컴퓨터의 대표적인 호칭
FADU	file access data unit 파일 접근 데이터 장치
FAMOS	floating gate avalanche MOS 패모스
FAPI	family application program interface 계열 응용 프로그램 인터페이스
FAQ	frequently asked question 빈번하게 묻는 질문
FAQS	frequently asked questions 온라인 사이트에 처음 오는 사람이 물어볼 만한 대부분의 질문들에 대답을 기록해놓은 순서 파일
FAR	file active ratio 파일 효율
FARADA	failure rate data handbook 고장률 데이터 핸드북
FAS	factory automation system 공장 자동화 시스템
FAST	flexible algebraic scientific translator 패스트
FAT	file allocation table 파일 배치표 ; PC는 FAT라는 파일 시스템을 이용하여 하드 디스크에 파일을 저장하고 불러온다.
FAX	facsimile 팩시밀리
FB	firm banking 펌 뱅킹
F-BIT	fetch protection-bit 페치 보호 비트
FC	font change character 자체 변경 문자, 포트 변경 문자
FCB	① file control block 파일 제어 블록 ② forms control buffer 폼 컨트롤 버퍼
FCC	Federal Communications Commission 미국 연방 통신 위원회
FCFS	first-come first-served 선도착 선처리
FCI	flux change per inch 에프시아이
FCP	file control processor 파일 제어 장치
FCS	frame check sequence 프레임 검사 순서
FCT	forms control tape 폼 컨트롤 테이프
FD	full-duplex 전이중 방식
FDC	floppy disk controller 플로피 디스크 컨트롤러
FDD	floppy disk driver 플로피 디스크 드라이버
FDDI	fiber distributed data interface 광섬유를 사용한 토큰 링형의 고속 로컬 영역 네트워크(LAN)
FDHD	floppy drive high density 고밀도 플로피 디스크 드라이브
FDM	frequency division multiplex 주파수 분할 다중 전송 방식
FDMA	frequency division multiple access 주파수 분할 다중 접속
FDOS	floppy disk operating system 플로피 디스크 운영 체제
FDT	formal description technique 정규 표현 기술
FDX	full duplex 전이중, 전이중 방식
FE	① field engineer 필드 엔지니어 ② format effection 서식 제어 ③ format effector 서식 제어, 서식 제어 문자
FEB	file entry block 파일 엔트리 블록
FEC	forward error correction 전진 오류 수정
FED-STD	FEDeral government STanDards 미국 연방 정부 표준안

약 어	원어 및 설명
FEM	finite element analysis 유한 요소법
FEP	front end processor 전위 처리기
FET	field effect transistor 전계 효과 트랜지스터
FF	① form feed character 서식 이송 문자
	② form feeding 기점 이동
	③ flip-flop 플립플롭
	④ final fantasy 파이널 판타지
	⑤ flip-flop circuit 플립플롭 회로
	⑥ form feed 서식 이동
FFM	form flow model 서식 흐름 모형
FFS	fast file system 종래의 유닉스 파일 시스템을 대신하여 4.2BSD에서 채택된 파일 시스템
FFT	fast Fourier transform 고속 푸리에 변환
FG	frame ground 프레임 접지, 교체 접지
FGCP	fifth generation computer project 제5세대 컴퓨터 개발 계획
FGCSP	fifth generation computer system project 제5세대 컴퓨터 개발 계획
FHD	fixed-head disk 고정 헤드식 디스크
FIB	foreground initiated background 전경 기동 배경
FIFO	first-in first-out 선입선출
FIGS	figures shift 숫자 시프트
FILO	first-in last-out 선입후출
FINE	financial information network 금융 정보 네트워크
FIPS	Federal Information Processing Standard 미국 연방 정보 처리 표준
FIST	first in-still there 선입 대기
FIT	failure in term 피트 ; 고장률을 나타내는 단위로 1FIT=10^{-9}
FL	feeder line 분배선
FLCD	ferroelectric liquid crystal display 강유전성 액정 플레이
FLIH	first level interrupt handler 제1레벨 인터럽트 핸들러
FLOP	floating point number 부동 소수점 수
FLOPS	floating operations per second 플롭스 ; 1초당의 부동 소수점 연산 횟수
FLP	fault location program 장애 장소 식별 프로그램
FLPA	fixed link pack area 고정 링크 팩 영역, 페이지 고정 링크 팩 영역
FLSF	font library service facility 폰트 라이브러리 서비스 기능
FLT	fault locating test system FLT 방식
FM	① facilities management 설비 관리
	② frequency modulation 주파수 변조
	③ function manager 관리 기능
FMD	function management data 기능 관리 데이터
FME & CA	failure mode effect and criticality analysis 고정 방식 효과 임계적 해석
FMS	① facility management service 운용 관리 서비스
	② flexible manufacturing system 다품종 중 · 소량 생산 시스템
FMV	full motion video TV나 PC의 화면 전체에 TV 영상과 같은 자연 동화를 재생하는 것
FNC	Federal Networking Council 미국 연방 네트워킹 협의회

약 어	원어 및 설명
FOIRL	fiber-optic inter-repeater link 광섬유 인터리피터 링크
FORMAC	fiber optic ring media attachment controller 광매체 액세스 제어기
FORMAL	form oriented manipulation language 서식 처리 중심 연구
FORSYS	FORTRAN based system simulator 포시스
FORTRAN	formula translator 포트란
FOSDIC	film optical sensing device for input to computers 컴퓨터 입력용 필름 광학 감지기
FP	fault recovery program 장애 처리 프로그램
FPA	① failure probability analysis 고장 확률 해석 ② floating point accelerator 부동 소수점 가속기
FPD	full page display 전 화면 표시 장치
FPDU	file protocol data unit 파일 프로토콜 데이터 단위
FPGA	field programmable gate array 필드 프로그래머블 게이트 어레이
FPLA	field programmable logic array 필드 프로그램 가능 논리 배열
FPLMTS	future public land mobile telecommunication system 미래의 공중 이동 통신 시스템, 제3세대 이동 통신 시스템
FPLS	field programmable logic sequence 필드 프로그래머 논리 시퀀스
FPOC	first-pass own code 퍼스트 패스 온 코드
FPU	floating point unit 부동 소수점 장치
FQDN	fully qualified domain name 도메인 이름의 절대 표기
FRAM	ferroelectric RAM 강유전성 기억 장치
FRAN	framed structure analysis program 프랜 ; 구조 해석 프로그램의 하나
FREEDOM system	free form design oriented manufacturing system 자유 형식 설계 지향 제조 시스템
FRL	frame representation language 프레임 표현 언어
FRPLA	feedback reduced PLA 피드백 축소 프로그램 기능 논리 배열
FRR	functional recovery routine 기능별 회복 루틴
FS	① file separator 파일 분리 문자 ② functional standard 기능 표준
FSA	finite state automaton 유한 상태 오토머턴
FSB	① free space block 자유 공간 블록 ② front side bus 프런트 사이드 버스
FSC	fault symptom code 장애 증상 코드
FSK	frequency shift keying 주파수 변위 방식
FSL	formal semantics language 형식 의미 언어
FSRG	functional standards review group 기능 표준 검토 그룹
FSS	file system switch 유닉스 system V(R3.0)에서 도입한 파일 시스템의 스위치 기구
FSTG	functional standards tayonomy group 기능 표준 분류 체계 작업 그룹
FTA	fault tree analysis 고장 트리 해석
FTAM	file transfer access and management 파일 전송 접근 관리
FTP	file transfer protocols 파일 전송 프로토콜 ; 파일을 복사하는 데 사용되는 인터넷 프로토콜
FTSA	fault tolerant system architecture 고장 방지 시스템 구조

약 어	원어 및 설명
FTSC	Federal Telecommunications Standards Committee 미국 연방 통신 표준 위원회
FTTH	fiber to the home
FTZ	Fernmelde Technisches Zentralamt 독일 DBD 산하 연구 기관
FUB	future use block 미정 사용 블록, 미래 사용 블록
FX	fixed area 고정 영역

약 어	원어 및 설명
G	① ground 그라운드 ② generator 생성기 ③ giga 기가(10^9)
Ga-As	gallium arsenide 갈륨 비소
Ga-As IC	Ga-As integrated circuit 갈륨 비소 직접 회로
GALPAT	galloping pattern 갤패트 ; 연속된 패턴을 발생시키기 위한 메모리 테스트 기술
GAN	global area network 세계적 통신망
GAM	graphic access method 도형 액세스 방식
GATD	graphic analysis of three-dimensional data 3차원 데이터 도형 해석 프로그램
GB	giga byte 기가바이트
GCC	GNU C compiler GNU C 컴파일러
GCD	greatest common divisor 최대 공약수
GCR	group coded recording 그룹 코드화 레코딩
GDC	graphic display controllor 그래픽 표시 제어기
GDG	generation data group 세대 데이터군
GDI	graphics device interface 윈도는 몇 가지 부분으로 확연히 나뉘어져 구성된 복잡한 운영 체제
GDN	government data network 정부 데이터망
GDSS	group decision support system 그룹 의사 결정 지원 시스템
GE	General Electric Corperation. 제너럴 일렉트릭 사 ; 미국의 전기, 전자, 컴퓨터 제조 회사
GEMMAC	general manufacturing management automated control 범용 제조 관리 자동제어
GEST	global external symbol table 전역 외부 기호 테이블
GFLOPS	giga floating operations per second 기가플롭스 ; 컴퓨터의 1초당 부동 소수점 연산의 실행 횟수를 10억($=10^9$) 단위로 표현한 것
GGG	gadolinium-gallium-garnet 가돌리늄-갈륨-가닛
GHz	giga hertz 기가헤르츠 ; 데이터의 용량을 표시하는 단위
GI	Gesellschaft for Imformation 서독 정보 처리 협회
GIF	graphics interchange format 지프, 화상 교환 포맷
GIGA FLOPS	giga floating operations per second 기가 플롭스
GIGEX	giga byte express 기게스

약 어	원어 및 설명
GIGO	garbage in garbage out 쓰레기 입출
GII	global information infrastructure 미국의 고어 부대통령이 1994년 3월 21일 부에노스아이레스에서 열린 ITU(국제 전기 통신 연합) 총회에서 NII 구상을 지구 규모로 추진해야 한다는 GII 구상을 제창했다.
GINO	graphical input-output 도형 입출력
GIONS	games information on-line network system 서울 올림픽 경기 정보 시스템
GIPS	giga instructions per second 깁스, 초당 기가 명령
GIRLS	generalized information retrieval and listing system 걸스 ; 파라미터 입력에 의한 프로그램 생성 시스템 RPG의 하나
GIS	generalized information system 범용 정보 시스템
GJP	graphic job processor 도형 작업 처리 프로그램
GKS	graphical kernel system 도형 중핵 시스템
GM	① group mark 그룹 마크 ② general MIDI 범용 미디
GMPCS	global mobile personal communication by satellite 위성에 의해 글로벌 개인 이동 통신을 추구하는 것
GND	ground 접지 ; 모든 회로에 대해 전기적인 기준이 되는 전도체
GNU	gun' s not unix 그누, 누
GOSIP	government OSI procurement 정부 OSI 구매 사양
GP	generalized programming, general purpose 지피
GPC	general purpose computer 범용 컴퓨터
GPIB	general purpose interface bus 범용 인터페이스 버스
GPL	GNU general public license FSF의 프리 소프트웨어 라이센스 형식
GPS	① general problem solver 범용 문제 해결기 ② global positioning system 세계 위치 파악 세스템
GPSS	general purpose system simulation 범용 시뮬레이션 시스템
GR	general register 범용 레지스터
GRAPHAGE	graphic output package 그래프 출력 패키지
GRS	global resource serialization 전역 자원 순차화
GRS function	global resource serialization function 시스템 간 배차 제어 기능
GS	① gateway swich 통신 처리용 통로 교환기 ② group separator 그룹 분리 ③ general standard 일반 규격
GT	① greater than 보다 크다 ② group technology 그룹 기술
GTF	generalized trace facility 범용 트레이스 기능
GTO	gate turn-off thyristor 게이트 턴-오프 사이리스터
GUI	graphical user interface 구이 ; 그래픽 사용자 인터페이스
GUS	guide to the use of standards 표준 사용 지침
GWS	graphics workstation 그래픽 워크스테이션

••• H •••

약 어	원 어 및 설 명
H	① halt 정지, 휴지 ② hardware 하드웨어 ③ hour 시간
HA	① home automation 가정 자동화 ② half adder 반가산기
HAA	Hitachi application architecture 대형 컴퓨터에서 워크스테이션까지의 애플리케이션을 통합한 아키텍처
HAL	hardware abstraction layer 운영 체제를 구성하는 한 부분
HASP	houston automatic spooling priority system 하스프
HBS	home bus system 홈 버스 시스템
HBT	heterojunction bipolar transister 헤테로 접합 바이폴러 트랜지스터
HCI	human-computer interface 인간-컴퓨터 인터페이스 ; 인간과 컴퓨터와의 상호 대화
HCM	highway control memory 하이웨이 제어 메모리
HD	① half-duplex 반이중 ② harmonized document 조화 문서 ③ high density 고밀도
HDA	head/disk assembly 헤드/디스크 어셈블리(기구)
HDBMS	hierarchical data base management system 계층적 데이터 베이스 관리 시스템
HDC	hard disk controller 하드 디스크 제어 장치
HDD	hard disk drive 하드 디스크 드라이브
HDDT	high density digital tape 고밀도 디지털 테이프
HDLC	high-level data link control 고급 수준 데이터 링크 제어 순서
HD-MAC	high definition-multiple analogue components 에치디 맥 ; EC가 계획하고 있는 위성 방송의 대역 압축 방식
HDML	handheld device markup language 1997년에 미국 Unwired planet 사가 W3C에 제출한 휴대 정보 단말기용 마크업 언어 사양
HDR	① header 표제 ② header label 표제 레이블
HDTV	high definition TV 고품위 텔레비전
HDX	half-duplex 반이중
HEMT	high electron mobility transistor 헴트, 고전자 이동도 트랜지스터
HF	high frequency 고주파
HFC network	hybrid fiber-coax network 광섬유와 동축 케이블을 함께 사용하는 선로망
HG	handling group 핸들링 그룹
HGAIS	handing group alarm indication signal 핸들링 그룹 경보 표시 신호
HGC	hercules graphics card 허큘리스 그래픽 카드
HIC	hybrid integrated circuit 하이브리드 IC, 혼성 집적 회로
HIDAM	hierarchical indexed direct access method 계층 색인 직접 액세스 방식
HIDEMAP	hierarchical design data manipulator 하이데맵 ; 계층화 설계 데이터 조작
HiFD	high capacity floppy disk 고용량 플로피 디스켓

약 어	원 어 및 설 명
HI-OVIS	highly interactive optical visual information system 하이오비스, 영상 정보 시스템
HIPO	hierarchy plus input-process-output 계층적 입력 처리 출력 기술 방법
HIS	Honeywell Information Systems Inc. 히스 ; Honeywell 사와 GE 사가 만든 회사
HISAM	hierarchical indexed sequential access method 계층적 색인 순차 접근 방법
HITAC	Hitachi Automatic Computer 하이텍 ; 일본의 히타치 회사가 제조, 판매하는 컴퓨터의 명칭
HITS	hobbyist's interchange tape standard 히트 ; 카세트 테이프를 사용하는 데이터 기록 형태
HKCS	HongKong Computer Society 홍콩 컴퓨터 협회
HLA	high limit address 상한 번지
HLF	historical log file 이력 로그 파일
HLL	high level language 고급 언어
HMA	high memory area 고메모리 영역
HMD	head mounted display 헤드 마운티드 디스플레이
H-MUX	hybrid multiplexer 혼합 다중화 장치
HOL	high-order language 고위 언어
HomeRF	home radio frequency 2.4GHz대의 ISM(industry science medical) 대역을 사용하는 무선 LAN 시스템
HOS	higher order software 고차원 소프트웨어
HP	Hewlett Packard 휴렛팩커드
HPCA	high performance computing act 고성능 컴퓨터 수행
HPCC	high performance computing and communications 고성능 컴퓨팅과 커뮤니케이션
HPFS	high performance file system 고성능 파일 시스템
HPGL	Hewlett Packard graphics language 휴렛팩커드 그래픽스 언어
HP-IB	Hewlett Packard interface bus 휴렛팩커드 인터페이스 버스
HPPI	high performance parallel interface 고성능 병렬 인터페이스
HPTR	hopper transaction memory 호퍼 트랜잭션 메모리
HRC	hybrid ring control 혼합 기능링 제어
HSAM	hierarchical sequential access method 계층 순차 접근 방법
HSB	hue-saturation-brighteness 에이치에스비 ; 색상(hue)과 채도(saturation), 명도(brightness)
HSC	highspeed selector channel 고속 선택 채널
HSF	high sierra format 고급 시에라 형식
HSI	human-system interface 인간-시스템 인터페이스
HSL	hierarchical specification language 계층적 명세 언어
HSLN	high speed local network 고속 근거리 통신망
HSLP	high speed line printer 고속 라인 프린터
HSM	① hierarchical 계층 저장 프로그램 ② high speed memory 고속 기억 장치
HSP	high speed printer 고속 라인 프린터
HSR	high speed reader 고속(카드) 판독 장치
HSSI	high-speed serial interface 고속 직렬 인터페이스
HSV	hue, saturation, value 색상(H), 채도(S), 명도(V)로 색을 지정하는 방법을 이용한

약 어	원어 및 설명
	디자인 용도에 적합한 프로그램
HSYNG	horizontal synchronization signal 수평 동기 신호
HT	horizontal tabulation character 수평 탭 문자
HTL	high threshold logic 높은 임계값 논리
HTTP	hypertext transmission protocol 하이퍼텍스트 전송 프로토콜
httpd	hypertext transfer protocol daemon 하이퍼텍스트 전송 규약 데몬
H/W	① half word 하프 워드 ② hardware 하드웨어, 철물
HWIF	highway interface 하이웨이 인터페이스 회로
HWS	highway switch 하이웨이 스위치
Hz	Hertz 헤르츠

약 어	원어 및 설명
I	① immediate 직접 ② index 색인 ③ integrated 통합된 ④ interface 인터페이스 ⑤ interrupt 인터럽트
I2O	intelligent input/output 1997년에 인텔 사가 발표한 서버의 입출력 제어 기술
IA 5	International Alphabet, Number 5 국제 알파벳 번호 5
IA-32	Intel architecture-32 인텔 구조
IA-64	Intel architecture-64 인텔 구조
IAB	Internet Activities Board 인터넷의 기술적 방침이나 기준에 대한 검토를 수행하는 인터넷 학회(Internet Society)의 하부 조직의 하나
IAC	inter application communications 인터 응용 프로그램 커뮤니케이션
IACK	interrupt acknowledge 인터럽트 긍정 응답
IAD	integrated access devices 한 회선으로 음성과 데이터 서비스를 동시에 할 수 있도록 통합하는 장비
IAF	interactive application facility 대화식 응용 설비
IAI	Industry Alliance for Interoperability 건설 산업의 정보 공유화를 추진하기 위한 국제 조직
IAL	① international algorithmic language 국제 산법 언어 ② international algebraic language 국제 대수 언어
IAM	indexed access method 색인 접근 방식
IAR	instruction address register 명령어 번지 레지스터
IAS	immediate access store 즉시 액세스 기억
IBG	interblock gap 인터블록 갭, 블록 간격
IBI	Intergovernmental Bureau of Informatics 정부 간 정보 과학국
IBM	International Business Machines Corporation IBM 사

약 어	원어 및 설명
IBM-PC	IBM personal computer IBM 개인 컴퓨터
IBS	Intelsat Business Service 국제 디지털 서비스
IC	integrated circuit 집적 회로
ICA	① integrated communications attachment 통신 통합 접속 장치 ② integrated communications adapter 직접 통신 접합기
ICAE	integrated communications adapter extended 통신 통합 어댑터 확장 장치
ICC	① integrated communications controller 통신 제어 장치 ② International Computation Center 국제 컴퓨터 센터
ICCA	Independent Computer Consultants Association 독립 컴퓨터 컨설턴트 협회
ICCCM	Inter-client communication convensions manual X window system에서 서버와 교신하는 클라이언트들이 지켜야 할 규약을 설명한 매뉴얼
ICCE	International Council for Computers in Education 국제 교육용 컴퓨터 협의회
ICCP	Institute Certification of Computer Professionals 컴퓨터 전문인 검증 기구
ICE	in circuit emulator 아이스 ; 회로 내 에뮬레이터
ICES	integrated civil engineering system 통합 토목 공학 시스템
ICIP	International Conference on Informational Processing 국제 정보 처리 회의
ICL	① interrupt control logic 인터럽트 제어 조직 ② International Computers Ltd. 인터내셔널 컴퓨터 사
ICMA	International Card Media Association 국제 카드 매체 협의회
ICMP	Internet control message protocol 인터넷 통제 메시지 프로토콜
ICN	information control net 정보 제어망
ICOT	Institute for new generation COmputer Technology 신세대 컴퓨터 기술 개발 지구
ICP	① integrated communication control processor 통신 제어 처리 장치 ② Internet contents provider 인터넷 컨텐츠 제공자
ICPA	integrated critical path analysis 종합 한계 경로 해석
ICPEM	Independent Computer Peripheral Equipment Manufactures 독립 컴퓨터 주변 장치 제조업 협회
ICS	Irish Computer Society 아일랜드 컴퓨터 학회
ICSU/AB	International Council of Scientific Unions/Abstracting Board 국제 학술 연합 회의 문헌 초록 위원회
ICT	incoming trunk 수신 트렁크
ICTC	Intap Conformance Test Center intap 적합성 시험 센터
ICU	interface control unit 인터페이스 제어 장치
ID	① identification data 식별명, 식별자 ② industrial dynamics 인더스트리얼 다이내믹스 ; 미국 MIT의 포레스터(J.W. Forestor)에 의해서 제안된 산업 역학 이론
IDAPI	integrated data base application programming interface 통합된 데이터 베이스 응용 프로그래밍 인터페이스
IDC	Interactive Data Corporation, International Data Corporation IDC 사 ; 미국의 VAN 업자의 하나
IDE	integrated development environment 통합 개발 환경
IDEA	improved data encryption algorithm 1990년 머시(James L. Massey)와 라이

약 어	원어 및 설명
	(Xuejia Lai)가 개발한 공개 키 암호화 알고리즘의 일종
IDEAS	integrated design analysis system 종합 설계 해석 시스템
IDF	intermediate distributing frame 중간 배자반, 중간 배선반
IDL	interface definition language 인터페이스 정의 언어
IDMS	integrated data base management system 종합 데이터 베이스 관리 시스템
IDN	integrated digital network 통합 디지털 통신
IDP	integrated data processing 통합 데이터 처리
IDPS	integrated data processing system 집중 데이터 처리 시스템
IDRA	independent directory read-in area 독립 디렉토리 읽어넣기 영역
IDS	① integrated designing system 종합 설계 시스템 ② integrated data store 통합 데이터 저장
IE	industrial engineering 생산 공학, 생산 기술
IEC	① International Electrotechnical Commission 국제 전기 공학 협회 ② integrated equipment component 대규모 집적 회로
IEEE	Institute of Electrical and Electronics Engineers 미국 전기 전자 통신 학회
IEEE-CS	Institutes of Electrical and Electronics Engieer Computer Society 전기 전자 학회 계산기 부회
IEN	interrupt enable 인터럽트 기능
IERF	Internet Engineering Steering Group 인터넷 기술 특별 조사 위원회
IEPBX	intelligent electronic private branch exchange 디지털 PBX 내에서 교환기의 내부 처리 기능을 고기능화한 것
IETF	internet engineering task force
IF	intermediate frequency 중간 주파수
IFAC	International Federation for Automatic Control 국제 자동 제어 연합
IFCS	International Federation of Computer Science 국제 전산식 연합회
IFE	intelligent front end 지능 전치
IFF	IF-AND-ONLY-IF operation 필요 충분 조건 연산
IFILE	immediate access file 직접 액세스 파일
IFIP	International Federation of Information Processing 국제 정보 처리 연합
IFIPS	International Federation of Information Processing Societies 국제 정보 처리 연합
IFR	increasing failure rate distribution 고장률 증가 분포
IFRB	International Frequency Registration Board 국제 무선 주파수 등록 위원회
IGBT	insulated gate bipolar transistor 소수 캐리어의 주입에 의해서 MOS FET에 의해 동작 저항을 작게 할 수 있는 3단자 바이폴러 MOS 복합 반도체 소자
IGDM	illegal guard mode 불법 가드 모드
IGES	Initial Graphics Exchange Specification 그래픽 교환 규격
IGP	interior gateway protocol 내부 게이트웨이 규약
IGRP	interior gateway routing protocol 내부 게이트웨이 라우팅 규약
IGS	interchange group separator 그룹 분리 모자
IH	interrupt handler 인터럽트 처리기
IIB	interrupt information byte 인터럽트 정보 바이트
IIL	integrated injection logic 통합 주사 논리
IIOP	Internet inter-ORB protocol CORBA 표준에서 객체 간 상호 연동을 위한 표준 프

약 어	원어 및 설명
	로토콜
IIPACS	integrated information presentation and control system 종합 정보 표시 제어 시스템
IIS	① integrated industrial system 종합 공업 시스템 ② integrated instrument system 종합 계기 시스템 ③ Institute of Information industry Standard 정보 산업 표준원 ④ Internet information server 인터넷 정보 서버
IJCAI	International Joint Conference on Artificial Intelligence 인공 지능 국제 회의
IKBS	intelligent knowledge-based system 지능 지식 베이스 시스템
ILLIAC	ILLInois Automatic Computer 일리악 ; 1950~1960년대에 걸쳐서 일리노이 대학에서 개발된 일련의 컴퓨터 명칭
ILS	integrated logistics support 종합 로지스틱스 지원
IM	① integration motor 적분 모터 ② instant messaging 인스턴트 메시징
IMA	Interactive Multimedia Association 대화형 멀티미디어 협회
I-MAC	isochronous media access control 등시(等時)의 매체 액세스 제어
IMACS	International association for Mathematics And Computers in Simulation 국제 시뮬레이션 수학 전산 협회
IMAP	Internet message access protocol 멀리 떨어져 있는 서버의 이메일 메시지 관리 방법을 제공하는 것
IME	input method editor 입력기
IMHO	in my humble opinion, in my honest opinion 몇 개의 단어의 머리 글자를 따서 만든 약성어는 이메일과 글을 올릴 때, 그리고 솔직하지만 겸손하지 않은 의견을 두고 말할 때 주로 사용된다.
IMIS	integrated management information system 통합 경영 정보 시스템
IMO	in my opinion IMO는 대안으로 쓰이는 IMHO보다 더 정확하게 사용된다.
IMP	interface message processor 인터페이스 메시지 프로세서
IMPACT	Inventory Management Program And Control Techniques 임팩트 ; 미국의 IBM 사가 개발한 재고 관리의 이론 및 이를 실시하는 프로그램
IMPATT	diode impact avalanche and transit time 임팩트 다이오드
IMPL	initial microprogram load 초기 마이크로프로그램 로드
IMS	① information management system 정보 관리 시스템 ② inventory management simulator 재고 관리 시뮬레이터
IMSL	international mathematical and statistical libraries 각종 수치 해석 문제 풀이와 통계 처리용의 서브루틴을 모아놓은 패키지
IMT-2000	international mobile telecommunication by the year 2000 전세계적으로 무선 전송 표준을 통일시켜 이동 전화, 무선 전화, 무선 데이터, 위성 이동 통신 등 다양한 종류의 무선 시스템을 통합하여 하나의 이동 단말기를 이용한 범세계적인 통신 서비스를 제공하는 것
IMTC	International Multimedia Teleconferencing Consortium 국제 전기 통신 연합 전기 통신 표준화 부문(ITU-T) 권고인 ; 다지점 간의 데이터 회의를 규정하는 국제 표준 규격 T.120 시리즈와 TV 회의/TV 전화를 규정하는 H.320의 추진을 목적으로 하는 업계 단체

약 어	원어 및 설명
IN	① information network 고도 통신 시스템
	② intelligent network 인텔리전트 네트워크
IND	integrated digital network 통합 디지털 통신망
INFONET	information network 인포넷 ; CSC 사에서 운용하는 사설망의 명칭
INGRES	interactive graphics and retrieval system 인그레스
IN indicator	insert mode indicator 삽입 모드 표지
INIS	international nuclear information system 국제 원자력 정보 시스템
INIT	initial file 이니트
INMARSAT	international maritime satellite organization 인마샛
INN	① independent Network News 독립 텔리비전국
	② Internetnews Rich라는 사람이 만든 프로그램
INS	information network system 고도 정보 통신 시스템
INS-P	information network system packet 고도 정보 시스템 패킷
INSPEC	information service in physics, electro technology and control 인스펙
INSTAC	Information Technology Research and Standardization Center 인스택 ; 일본 정보 기술 표준화 연구 센터
INT	interrupt 인터럽트
INTANZ	INformation Technology Association of NewZealand 뉴질랜드 정보 기술 협회
INTAP	INteroperability Technology Association for information Processing 일본 정보 처리 상호 운용 기술 협회
INTAPNET	INTAP network 인탭망
Intel	integrated electronics 인텔
INTELSAT	International Telecommunications Satellite Organization 인텔샛 ; 국제 전기 통신 위성 기구
INTERACT	interactive integrated system 대화형 통합 데이터 처리 시스템
I/O	input-output 입 · 출력
IOAS	integrated office automation system 통합 사무 자동화 시스템
IOC	input-output controller, I/O controller 입출력 제어 장치
IOCS	input-output control system, I/O control system 입출력 제어 장치 시스템
IOM	input-output module 입 · 출력 모듈
ION	Internet protocol 망간 프로토콜
IOP	input-output processor I/O 프로세서
IOR	intra-office register 자국 내 레지스터
IOS	① input-output supervisor I/O 수퍼바이저, 입출력 감시 프로그램
	② integrated office system 종합 오피스 시스템
IP	① image processing 화상 처리
	② information provider 정보 제공업, 정보 제공업자
	③ Internet protocol 인터넷 프로토콜
	④ inhouse publishing 기업 내 인쇄
IPA	① information process analysis 정보 처리 해석
	② integrated program allocation 종합 프로그램 할당
	③ International Phonetic Association 국제 음성 학회
IPAI	Information Processing Associaton of Israel 이스라엘 정보 처리 연합

약 어	원어 및 설명
IPC	① interprocessor communication 프로세서 간 연결
	② industrial process control 산업 공정 제어
	③ interprocess communication 프로세스 간 통신
IPF	① interactive productivity facility 대화식 생산성 향상 기능
	② interactive programming facility 대화형 프로그래밍 기구
IPL	① information processing language 정보 처리 언어
	② initial program load 초기 프로그램 로드
	③ initial program loader 초기 프로그램 로더
	④ initial program loading 초기 프로그램 로딩
IPL-5	information processing language-5 정보 처리 언어 5
IPL PROM	Initial program load programmable ROM 초기 프로그램 적재 피롬
IPM	interpersonal message 개인 상호간 메시지
IPMS	interpersonal messaging system 개인 상호간 메시지 시스템
IPO table	input process output table IPO 도표
IPS	① inch per second 매초당 인치
	② Information Processing Society of Korea 정보 처리 학회
	③ instructable production system 명령식 생성 시스템
	④ interruptions per second 초당 인터럽트
IPSE	integrated project support environment 통합 프로젝트 지원 환경
IPSEC	IP security protocol IP 보안 프로토콜
IPSJ	Information Processing Society of Japan 일본 정보 처리 학회
IPT	improved programming technologies 프로그래밍 개선 기법
IPU	instruction processing unit 명령 처리 기구
IPX	Internetwork packet exchange 네트워크 사이의 패킷 교환 ; 넷웨어(NetWare)의 네트워크층 프로토콜은 주소 지정, 경로 선택 및 패킷을 다룬다.
IPX/SPX	Internetwork packet exchange/sequenced packet exchange PC의 네트워크 운영 체제로서 유명한 NetWare가 채용한 프로토콜
IQF	interactive query facility 대화식 조회 기능
IR	① incoming register 인입 레지스터
	② information retrieval 정보 검색
IRC	International Record Carrier 국제 기록 전송 업자
IRCC	International Radio Consultative Committee 국제 무선 통신 자문 위원회
IRDS	information resource dictionary system 정보 자원 사전 시스템
IRG	interrecord gap 레코드 간격
IRL	information retrieval language 정보 검색 언어
IRM	information resources manager 정보 지원 관리자
IRQ	① intervention required 개입 요구
	② interrupt request 인터럽트 요구
IRS	① interchange record separator 레코드 분리 문자
	② information retrieval system 정보 검색 시스템
IS	① information separator 정보 분리 문자
	② international standard 국제 표준
	③ intermediate system 중간 시스템

약 어	원어 및 설명
	④ Internet Society 인터넷 학회
ISA	① Instrument Society of America 미국 계측 학회
	② industry standard architecture 업계 표준 아키텍처
	③ industrial standard architecture 업계 표준 구조
ISAM	index sequential access method, indexed sequential access method 색인 순차 액세스 방법
ISAPI	Internet server application program interface ISAPI는 프로세스 소프트웨어와 마이크로소프트 사가 만든 애플리케이션 프로그래밍 인터페이스로 인터넷 서버에 적합하다.
ISB	interrupt status byte 인터럽트 상황 바이트
ISBN	international standard book number 국제 표준 도서 번호
ISC	① Integrated Storage Controls 파일 통합 제어 기구
	② Industrial Standards Committee 공업 표준 위원회
ISDB	integrated services digital broadcasting 통합 디지털 방송
ISDN	integrated services digital network 통합 디지털 통신 서비스망
ISDOS	information system design and optimization system IS 도스
ISFMS	indexed sequential file management system 색인 순차 파일 관리 시스템
IS indicator	indicator transaction sequence indicator 트랜잭션 순차 개시 표시기, IS 표시기
ISK	instruction space key 명령 공간 키
ISM	information systems management 정보 시스템 관리
ISN	① information systems network 정보 시스템 네트워크
	② internal statement number 내부 문번호
ISO	International Organization for Standardization, International Standardization Organization 국제 표준화 기구
ISP	① instruction set processor 명령어 집합 프로세서
	② Internet service provider 인터넷 서비스 제공자 ; 옛날에는 주요 대학에 속해 있거나 미 국방성 기록을 가지고 있는 경우에만 인터넷에 접속할 수 있었다.
ISPF	interactive system productivity facility 대화식 시스템 생산성 향상 기능
ISR	information storage and retrieval 정보 축적 검색
IST	① information science technology 과학 기술 정보
	② interrupt service task 인터럽트 서비스 태스크
ISV	Independent Software Vendor 독립 소프트웨어 개발 판매 회사
ISW	intermediate status word 중간 상태 워드
IT	information technology 정보 기술
ITAA	Information Technology Association of America 미국 컴퓨터 소프트웨어, 서비스 기업, 컴퓨터 메이커의 연합체
ITAP	Information Technology Association of the Philippines 필리핀 정보 기술 협회
ITB	① intermediate-text-block 중간 테스트 블록
	② intermediate transmission block 중간 전송 블록
IT BIT	inhibit trace bit 추적 금지 비트
ITC	intelligent terminal controller 인텔리전트 터미널 제어 장치
ITDM	intelligent TDM 지능 시분할 다중화
ITF	① interactive terminal facility 단말 대화 기능

약 어	원어 및 설명
	② integrated test facility 통합 검사 기능
ITIRC	IBM Technical Information Retrieval Center IBM 기술 정보 센터
ITR	Internet talk radio 인터넷 토크 라디오
ITS	① intelligent tutorial system 지적 개별 지도 시스템
	② intelligent transport system 지능형 교통 시스템
ITS/ITR	invitation to send/invitation to receive 송수신 안내
ITSTC	Information Technology STeering Committee 정보 기술 운영 위원회
ITT	① International Telephone & Telegraph Corporation 국제 전신 전화 회사
	② information through and timing analysis 정보 흐름 · 시간 분석
ITU	International Telecommunications Union 국제 전기 통신 연합
ITU-T	International Telecommunications Union-Telecommunication 국제 위원회 CCITT의 새 명칭
ITV	industrial television 산업용 텔레비전
IUR	interunit register 유닛 간 레지스터
IUT	implementation under test 시험 대상
IVR	interactive voice response 대화형 음성 응답
IW	indicator work-session-initiation indicator 워크세션 개시 표지, IW 표지
IWU	interworking unit 망간 접속 장치
IX	① index register 색인 레지스터
	② Internet exchange IP를 이용한 정보 교환 서비스의 하나
IX lock	intent exclusive lock IX 로크

약 어	원어 및 설명
J	① job 일, 작업
	② joint 결합점
	③ jump instruction 건너뜀
JANET	Joint Academic NETwork 공동 학술 네트워크
JBIG	joint bi-level image export group 2치 화상 전문가 그룹
JCL	job control language 작업 제어 언어
JCS	job control statement 잡 제어문
JD	join dependency 결합 종속성
JDBC	Java data base connectivity 이 API(application programming interfaces) 세트는 ODBC와 유사하게 자바 애플릿이 데이터 베이스를 다룰 수 있는 표준적인 방법을 제공한다.
JDK	Java developer's kit 자바 개발 도구
JE	jump on equal 조기 분기 명령어
JECS	job entry central services 잡 입력 중앙 서비스
JEDEC	Joint Electron Devices Engineering Council 전자 디바이스에 관한 미국의 표준화 단체

약　어	원어 및 설명
JEIDA	Japan Electronic Industry Development Association 일본 전자 공업 진흥 협회
JEP	job entry program 잡 입력 프로그램
JEPS	job entry peripheral services 잡 입력 주변 서비스
JES	job entry subsystem 잡 입력 서브시스템
JEC	Java foundation class Java로 GUI에 대응한 소프트웨어를 개발하기 위한 API
JFCB	job file control block 작업 파일 제어 블록
J-FET	junction field effect transistor 접합형 전기장 효과 트랜지스터
JIB	job information block 잡 정보 제어 블록
JICST	Japan Information Center of Science and Technology 직스트 ; 일본 과학 기술 정보 센터
JIS	Japanese Industrial Standards 지스 ; 일본 공업 규격
JISA	Japan Information Service industry Association 일본 정보 서비스 산업 협회
JISC	Japanese Industrial Standards Committee 일본 공업 표준 위원회
JIT	just in time 필요할 때 필요한 부품을 필요한 양만큼 조달하여 재고를 가능한 보유하지 않도록 하는 경영 전략
JJ	Josephson junction device 조셉슨 접합 소자
JLE	Japanese language environment 일본어 환경
JOHNIAC	JOHN integrator and calculator 조니악
JOIS	Just On-line Information System 조이스 ; 일본 과학 기술 정보 센터
JOLDOR	jipdec on-line document retrieval 졸다
JOSS	JOHNIAC open shop system 조스
JOVIAL	Jule' s (schwartz) Own Version of the international algorithmic language 국제 알고리즘 언어 출판
JM	jump on minus 음수이면 분기
JP	jump on positive 양수이면 점프하라는 명령어
JPA	job pack area 잡 팩 영역
JPEG	joint photograpics experts group 포토그래픽 전문가 그룹
JPU mode	job processing unit mode JPU 모드
JSA	Japanese Standards Association 일본 표준 협회
JSD	Jackson system development 잭슨 시스템 개발법
JSP	Java server page 자바 서버 페이지
JSS	JavaScript style sheet 자바스크립트 스타일 시트
JTC 1	joint technical committee 1 합동 기술 위원회 1
JTM	job transfer and manipulation 업무 전송 및 조작
JUNET	Japanese university/ UNIX NETwork 일본의 대표적인 학술 네트워크로 많은 대학이나 연구소의 유닉스 머신을 전화선으로 연결하고 있다.
JUST	Japanese unified standard for telecommunications 일본 추장 통신 방식
JUST-PC	Japanese unified standard for telecommunications personal computer 퍼스널 컴퓨터 표준 통신 방식(일본)
JVM	Java virtual machine 자바 가상 머신
JZ	jump on zero 제로이면 점프하라는 명령

약 어	원어 및 설명
K	kilo 킬로
KAIST	Korea Advanced Institute of Science and Technology 한국 과학 기술원
KAM/ON	knowledge assets management/open architecture 지식 베이스 시스템 개발을 위한 오픈 아키텍처
KANT	KAIST automatic natural translation 칸트 ; 한국 과학 기술원에서 개발한 일 · 한 자동 번역 시스템
KAPSE	kernel Ada programming support environment 커널 Ada 프로그래밍 지원 환경
KAYPRO	미국 휴대용 컴퓨터, 미국 논-리니어 시스템 사가 제조 판매한 휴대용 컴퓨터
KB	kilobyte 킬로바이트 ; 컴퓨터에서 기억 용량의 단위(1KB=1,024byte)
KBM	knowledge based machine 지식 베이스 머신
KCS	kilo characters per second 초당 킬로 문자
KDD	knowledge discovery in data base 기계 학습 등을 통해 데이터 베이스에서 유용한 지식을 자동으로 발견해 내려는 시도
KE	knowledge engineering, knowledge engineers 지식 공학, 지식 공학 기술자
KIDA	Korea Institute of Defense Academy 한국 국방 연구원
KIPS	① kilo instructions per second 킵스 ② knowledge information processing system 지식 정보 처리 시스템
KM	knowledge management 지식 경영
KORN SHELL	D. KORN에 의해 개발된 유닉스 운영 체제를 위한 명령어 해석기 프로그램
KPC	Korea Productivity Center 한국 생산성 본부
KPR	Kodak photo resist 코닥 포토 레지스트
KRIA	KoRea Internet Association 한국 인터넷 협회
KRNIC	KoRea Network Information Center 한국 인터넷 정보 센터
KRL	knowledge representation language 지식 표현 언어
KS	Korean Industrial Standard 한국 산업 규격
KSA	Korea Standards Association 한국 산업 표준 협회
KSAM	keyed sequential access method 키 순차 처리 방식
KSDS	key sequenced data set 키 순차 데이터 세트
KSG	IBM Korea share guide 사단법인 한국 셰어 가이드
KSR	keyboard send/receive 키보드 송수신기
KT	Korea Telecom 한국 전기 통신 공사
KUUA	Korea Unisys Users Association 한국 유니시스 사용자회
KUUG	Korea UNIX User Group 한국의 유닉스 사용자 모임
kVA	kilovolt ampere 킬로볼트 암페어
KWIC	keyword in context 퀵 ; 문맥 붙은 키워드
KWIC/KWOC	keyword in context/keyword out of context 퀵/x ; 키워드 또는 저자명으로 문헌을 검색할 수 있는 것
KWOC	keyword out of context x ; 문맥의 키워드

••• L •••

약 어	원어 및 설명
L	① label 레이블 ; 프로그램에서 문장의 주소를 표기하기 위하여 사용되는 문자 ② large 대형 ③ left 왼쪽 ④ load 로드, 적재, 읽어오기 ⑤ low 로
L2F	layer 2 forwarding 미국 Cisco Systems 사가 개발한 터널용 프로토콜
L2TP	layer 2 tunneling protocol PPTP와 L2F를 통합한 프로토콜
LA	laboratory automation 실험실 자동화
LAFIAPI	look and feel independent API USL이 개발하고 있는 여러 look & feel에 공통인 API
LAN	local area network 근거리 통신망
LAP	link access protocol 상호 연결 호출 프로토콜
LAP-B	link access procedure-balanced 랩-B ; CCITT에서 제창한 X.25 패킷 교환망에서 사용되는 데이터 연결층 프로토콜
LAP-D	link access procedure on the D channel D채널 링크 액세스 절차
LAPN	local area private network 구내 사용 개인 통신망
LASER	light amplification by stimulated emission of radiation 레이저 ; 유도 반사에 의한 광 증폭
LASER COM	laser computer output microfilm 레이저 컴퓨터 출력 마이크로필름
LBA	linear bounded automaton 선형 구속형 오토머턴
LBP	laser beam printer 레이저 빔 프린터
LC	liquid crystal 액정
LCA	low cost automation 저가격 자동화
LCB	line control block 회선 제어 블록
LCC	leaderless chip carrier 반도체 칩을 기판 상에 집적하기 위한 방법의 하나
LCD	① liquid crystal display 액정 디스플레이 ② liquid crystal device 액정 소자
LCM	① least common multiple 최소 공배수 ② large core memory 대용량 자심 기억 장치
LCN	local computer network 로컬 컴퓨터 네트워크, 지역 전산망
LCQ	logical channel queue 논리 채널 대기 행렬
LCR	least cost routing 최저 요금 회선 자동 선택 기능
LCS	large capacity storage 대용량 기억 장치
LCS printer	liquid crystal shutter printer 액정 셔터 프린터
LCT	logical control table 로그 제어 테이블
LCU	① line control unit 회선 제어 유닛 ② logical control unit 논리 제어 장치 ③ line circuit unit 라인 회로 장치
LD	① laser diode 반도체 레이저 ② logical destination 논리 행선

약 어	원어 및 설명
	③ laser disk 레이저 디스크
LDA	load accumulator direct 엘디에이
LDB	logical data base 논리적 데이터 베이스
LDL	① local directory list 로컬 디렉토리 리스트
	② language description language 언어 설명 언어
LDM	line driver model 회선 조정 모델
LDT	① logical device table 논리 장치 테이블
	② logic design translator 논리 설계 번역기
LED	light emitting diode 발광 다이오드
LESS	least cost estimating and scheduling system 레스 ; 네트워크 기법의 일종
LF	① line feed 개행
	② low frequency 저주파
	③ logical form 논리 형식
LFU	least frequently used 최소 사용 빈도수
LFU page replacement	least frequently used page replacement 최소 사용 빈도수 페이지 교체
LGN	logical group number 논리 그룹 번호
LHA	Lempel-Ziv Huffman 렘펠 지프 호프만 ; 여러 개의 파일을 압축하여 하나의 파일로 만드는 압축 도구
LIBE	library editor 라이브러리 편집
LIC	line interface coupler 회선 인터페이스 결합 기구
LIFO	last-in first-out 후입선출
LILO	last-in last-out 후입후출
LIM EMS	Lotus-Intel-Microsoft expanded memory specification MS-DOS에서 640KB 이상의 메모리를 이용하기 위한 확장 방식
LIMIT	lot-size inventory management interpolation technique 리밋
LIPS	① logical inferencess per second 매초당 논리 추론
	② LBP image processing system 레이저 프린터로 영상 등의 이미지 처리 및 프린터 내장 폰트를 제어하기 위해 캐논이 개발한 일종의 페이지 기술 언어
LISP	list processor 리스프 ; 매사추세츠 공과 대학에서 개발된 기호 처리용 언어 프로세서
LL	lower layer 하위 계층
LLA	low limit address 하한 번지
LLC	local link control 논리 연결 제어
LLL	low level logic 하위 레벨 논리
LM	local memory 지역 메모리
LME	layer management entity 계통 관리 실체
LMS	least mean square 최소 제곱 평균
LOCAL	local on call 호출시 적재
LOD	lecture on demand 주문형 강의
LOL	laughing out loud 재치 넘치는 먼저 말에 대한 칭찬 어린 응수로서 뉴스그룹 혹은 온라인 채팅에서 사용된다.
LOTOS	language of temporal ordering specification 임시 순차 명세 언어
LP	① limit priority 한계 우선 순위

약 어	원어 및 설명
	② linear programming 선형 계획법
	③ line printer 라인 프린터, 행 인쇄 장치
	④ logical parent 논리 부모
LPA	link pack area 링크 팩 영역
LPC	linear predictive coding 선형 예측 부호화
LPI	line per inch 인치당 라인 수
LPID	logical page indentifier 논리 페이지 식별자
LPM	line per minute 분당 인쇄 라인 수
LPN	logical page number 논리 페이지 번호
lps	line per second 초당 라인 수
LQ	letter quality 고품질
LRC	① longitudinal redundancy check 세로 중복 검사
	② longitudinal redundancy check character 세로 중복 검사 문자
LRU	least recently used 최저 사용 빈도
LRU page replacement	least recently used page replacement 최저 사용 빈도 페이지 교체
LSB	① least significant bit 최하위 비트
	② least significant byte 최하위 바이트
	③ level status block 레벨 상황 블록
LSC	loop station connector 루프 단말 커넥터
LSD	least significant digit 최하위 단위
LSI	① large scale integration 대규모 집적
	② large scale integrated circuit 대규모 집적화
LSM	low speed modem 저속 모뎀
LSP	① linear spectrum pair 선형 스펙트럼 쌍
	② loop splice plate 루프 회선 접속판
LSQA	local system queue area 로컬 시스템 큐 영역
LSR	level status register 레벨 상황 레지스터
LSS	① line sharing system 회선 분할 시스템
	② loop surge suppressor 루프 과전류 억제 장치
LSSD	level sensitive scan design 레벨 감지 주사 설계
LSTTL	low power Schottky TTL 로 파워 쇼트키 TTL
LSU	laser scanning unit 레이저 스캐닝 장치
LT	line transmitter 단말 종단 장치
LTE	long term evolution 롱 텀 에볼루션
LTFR	lot tolerance failure rate 로트 허용 고장률
LTPD	lot tolerance percent defective 로트 허용 고장률
LTRS	letter shift 문자 변환
LU	logical unit 논리 장치, 논리 유닛
LUB	① logical unit block 논리 장치 제어 블록
	② least upper bound 최소 상한
LUD	logical unit description 논리 장치 기술
LUT	line unit 회선 접속 장치

약 어	원 어 및 설 명
LWC	loop wiring concentrator 루프 회선 분기 장치
LXI	load register(x) pair immediate 레지스터 쌍에 즉시 적재하라는 명령

약 어	원 어 및 설 명
M	① mega 메가 ② machine cycle 기계 주기
m	① meter 미터 ② milli 밀리
MA	① manipulator trigger hand 머니퓰레이터 트리거 핸드 ② manufacturing automation protocol 공정 자동화 규약
M & A	Mergers & Acquisition 기업 합병
Mac	Macintosh 매킨토시
MAC	① multi access computer 다중 접근 컴퓨터 ② media access control 매체 액세스 제어
MacOS	Macintosh operating system 애플 사의 매킨토시용 운영 체제의 총칭
MAC system	multiple access computer system 맥 시스템
MAG	magnetic 자기
MAN	metropolitan area network 맨 ; 도시 지역 통신망
MAOIX	multiple application observer for install execution 응용 프로그램을 하드 디스크에 설치하는 순서를 공통화하기 위한 규격
MAOS	metal alumina oxide semiconductor 금속 알루미나 산화막 반도체
MAP	① maintenance analysis procedure 보수 분석 순서 ② manufacturing automation protocol 제조 자동화 프로토콜
MAPI	messaging application programming interface 매피
MAPSE	minimal Ada programming support environment 최소 Ada 프로그래밍 지원 환경
MAR	memory address register 메모리 번지 레지스터
MARC	machine readable catalog 기계 판독 가능 카탈로그
MARGIE	memory analysis response generation in English 마지에 ; 예일 대학 Roger Schank 교수 지도 하에 개발된 자연 언어 이해 프로그램
MART	maintenance assistance by remote teleprocessing system 원력 보수 지원 시스템
MAS	modular application system 모듈러 응용 시스템
MASE	message administration service element 메시지 관리 주관청 서비스 요소
MASER	microwave amplification by stimulated emission of radiation 메이저 ; 초단파를 증폭하여 강하게 내보내는 장치
MAT	modular allocation technique 모듈 배치법
MATLAB	matrix laboratory 매트랩
MATLAN	matrix language 마트란
MAU	multistation access unit 토큰 링의 허브로서 논리적인 고리를 형성, 수행
MAVC	multimedia audio visual connection 다중 매체 오디오 비주얼 연결

약 어	원어 및 설명
MB	① mega bit 메가비트
	② mega bytes 메가바이트
M-biz	mobile business 모바일 비즈니스
MBO	management by objectives 목표 관리
MBPS	mega bits per second 초당 메가비트
MBR	① memory buffer register 메모리 버퍼 레지스터
	② model-based reasoning 모델 베이스 추론
MC	① machining center 머시닝 센터
	② multi controller 멀티 컨트롤러
MCA	① multi channel access system 다중 채널 액세스 방식
	② micro channel architecture 마이크로 채널 구조 ; IBM 사가 1987년 4월에 사양을 결정한 비동기식의 PC 및 워크스테이션용의 16비트/32비트 확장 버스이다.
MCAR	machine check analysis and recovery 기계 체크 분석 회복
MCC	① Microelectronics and Computer technology Corporation 엠시시 ; 미국의 대형 기업체의 컨소시엄
	② multi-chip carrier
MCGA	multi color graphics array 멀티 컬러 그래픽스 어레이
MCH	machine check handler 머신 체크 핸들러
MCI	① machine check interruption 기계 검사 인터럽트
	② media control interface 매체 제어 인터페이스
MCM	muti-chip module 다중 칩 모듈
MCP	① message control program 메시지 제어 프로그램
	② Microsoft certified professional 마이크로소프트 사 제품의 설치, 구성 및 기술 지원을 제공할 수 있는 능력을 인증하는 자격증
MCR	magnetic character reader 자기 문자 판독 장치
MCS	multiple console support 복수 콘솔 기능
MCSD	Microsoft certified solution development 마이크로소프트 사의 오피스와 백오피스(Back Office)를 포함, 마이크로소프트 사의 각종 개발 툴과 기술을 사용하여 사용자 요구에 맞는 솔루션을 디자인하고, 개발할 수 있음을 인정하는 자격증
MCSE	Microsoft certified system development 마이크로소프트 사의 윈도 NT 및 서버군인 백오피스(Back Office) 제품을 사용하여 정보 시스템을 효과적으로 설계하고, 구축, 유지, 지원할 수 있는 능력을 인증하는 자격증
MCT	Microsoft certified trainers 마이크로소프트 사의 인증 교육 센터(ATEC)에서 공인 교육 과정을 강의할 수 있는 자격증
MCU	memory control unit 메모리 제어 장치
MD	① machine down 머신 다운
	② management domain 관리 영역
	③ mini disk 미니 디스크
MDA	monochrome display adapter 단색 표시 장치 어댑터
MDCS	maintenance data collection system 보전 데이터 수집 시스템
MDF	main distributing frame 주 배선반
MDK	multimedia development kit 멀티미디어 개발 도구
MDR	① memory data register 기억 데이터 레지스터

약 어	원어 및 설명
	② multilicand divisor register 피승수-제수 레지스터
MDS	① management decision support system 경영 의사 결정 지원 시스템
	② minimum discernible signal 최소 식별 신호
	③ microcomputer development software 마이크로컴퓨터 개발용 소프트웨어
	④ microcomputer development system 마이크로컴퓨터 개발 시스템
	⑤ multi demensional scaling 다차원 척도 구성법
MDSE	message delivery service element 메시지 배할 서비스 요소
MDT	mean down time 평균 고장 시간
ME	① medical electronics 의료용 전자 공학
	② micro electronics 초소형 전자 기술
MED	① message edit description 메시지 편집 정의체
	② molecular electronic devices 분자 전자 소자
MEDLARS	medical literature analysis and retrieval system 메들러즈 ; 문헌 검색 시스템의 일종
MELCOM	Mitsubishi ELectronic COMputer 멜컴 ; 미츠비시 전기(주)가 제조 · 판매한 컴퓨터의 명칭
MES	message edit(ing) service 메시지 편집 서비스
MESA	modular equipment standard architecture 메사
MESFET	metal semiconductor FET 금속 반도체 전계 효과 트랜지스터
MESI	modified exclusive shared invalid 메시 ; 멀티 프로세서 시스템의 캐시 기억 장치를 관리하는 기법의 하나
MF	medium frequency wave 중파
MFA	malfunction alert 오동작 경보
MFC	Microsoft foundation class 마이크로소프트 사의 윈도 응용 프로그램 개발용 클래스 라이브러리
MFCM	multi-function card machine 다기능 카드 처리 장치
MFLOPS	million floating-point operations per second, mega-floating point operations per second 메가플롭 ; 컴퓨터의 능력을 측정하는 데 쓰인다.
MFM	modified frequency modulation MFM 방식, 수정 주파수 변조
MFT	multiprogramming with a fixed number of tasks 고정 태스크 다중 프로그래밍
MFU	most frequently used 최다 사용 빈도
MG	motor generator 모터 제너레이터, 전동 발전기
MGA	multi-color graphics array 다중 색상 그래픽 어레이
MH	① message handler 메시지 핸들러
	② message handing 메시지 처리
MH coding	modified Huffman coding 모디파이 허프만 부호화 방식, MH 부호화 방식
MHE	massage handling environment 메시지 처리 환경
MHEG	Multimedia/Hypermedia information coding Expert Group 멀티미디어/하이퍼미디어 정보 부호화 전문가 그룹
MHS	message handling system 메시지 처리 시스템
MHz	mega Hertz 메가헤르츠 ; 100만 헤르츠를 의미
MIB	management information base 관리 정보 베이스
MICR	① magnetic ink character reader 자기 잉크 문자 판독 장치

약 어	원어 및 설명
	② magnetic ink character recognition 자기 잉크 문자 방식
MICR code	magnetic ink character recognition code 자기 잉크 문자 인식 코드
MIDAS	modified integration digital analog simulator 마이더스, 수정된 통합 디지털 아날로그 시뮬레이터
MIDI	musical instruments digital interface 미디
MIDS	management information and decision system 경영 정보 결정 시스템
MIG	mach interface generator 미그
MIH	missing interruption handler 미싱 인터럽션 핸들러
MIL	military specification and standard 국방 표준 규격
MILNET	military network 군사 네트워크
MIMD	① multi instruction multi data stream 복수 명령열/복수 데이터 열 방식
	② multiple instruction stream multiple data stream MIMD 방식
MIMR	magnetic ink mark recognition 자기 잉크 마크 인쇄
MIP	mixed integer programming 혼합 정수 계획법
MIPS	million instructions per second 밉스 ; 컴퓨터의 연산 속도를 표시하는 단위
MIPS chip	microprocessor without interlocked pipe stage chip 밉스 칩
MIS	① management information system 경영 정보 시스템
	② metal insulator semiconductor 금속 절연물 반도체
MISD	multi instruction single data stream 복수 명령열, 파이프라인 방식
MITI	Ministry of International Trade and Industry 일본 통상 산업
ML	① manipulator language 조작기 언어
	② mailing list 메일링 리스트
MLP	multi-link procedure 다중 링크 절차
MLPA	modified link pack area 수정 연계 팩 영역
MLS-DB	multiple locative space data base 다중 격납 공간 데이터 베이스
MLTA	multiple line terminal adapter 다중 회선 어댑터
MM	① multi-media 멀티미디어
	② mall master 몰 마스터
MMC	① man-machine communication 인간-기계 통신
	② multimedia card 멀티미디어 카드
MMDS	man-machine digital system 인간-기계 디지털 시스템
MMEE	man-machine environment engineering 인간-기계 환경 공학
MMI	man-machine interface 인간-기계 인터페이스
MMIS	manpower management and information system 맨파워 관리 및 정보 시스템
MML	micro-mainframe link 마이크로 메인프레임 링크
MMPM	multimedia presentation manager 멀티미디어 프리젠테이션 매니저
MMR	modified modified READ(relative element address destinate) MMR 부호
MMS	manufacturing message specification 제조 메시지 사양
MMS	multimedia messaging service 멀티미디어 메이징 서비스
MMSE	man-machine system engineering 인간-기계 시스템 공학
MMT	mixed mode terminal 혼합형 터미널
MMU	memory management unit 기억 관리 장치
MMX	multimedia extensions 1996년 후반 멀티미디어 응용 프로그램 시장의 증가에 편

약 어	원어 및 설명
	승하여 인텔은 한층 향상된 펜티엄 마이크로프로세서 버전을 내놓았다.
MNOS	metal nitride oxide semiconductor 엠노스 ; 금속 질화 산화막 반도체
MNP	microcom networking protocol 마이크로콤 네트워킹 프로토콜
MNRZ 1	modified non-return-to-zero change-on-ones recording 변형비 제로 복귀(1) 기록 방식
MO	magnet optical 열자기 박막의 광-자기 효과와 열-자기 효과를 이용한 광디스크
MOB	movable object block 이동 목적 블록
MOD	magneto optical disk 광 자기 디스크
MODEM	modulator-demodulator 변복조 장치
MOHLL	machine oriented high-level language 기계용 고수준 언어
MOL	machine oriented language 기계 중심 언어
M-OLAP	multi-dimensional online analytical processing 다차원 온라인 분석 처리
MONROE	Monroe International Corporation 몬로 ; 미국제 컴퓨터류의 호칭
MOORE	MOORE business forms Inc. 무어 ; 미국의 비즈니스 폼(business form) 처리기 메이커
MORT	management over sight and risk tree 모트
MOS	① management operation system 종합적 생산 관리 시스템 ② metal oxide semiconductor 모스 ; 금속 산화막 반도체
MOSFET	metal oxide silicon field effect transistor, metal oxide semiconductor field effect transistor 금속 산화막 반도체 전계 효과 트랜지스터
MOS/LSI	metal oxide semiconductor/large scale integration 대규모 집적 회로
MOS IC	metal oxide semiconductor integrated circuit 모스 직접 회로, 금속 산화막 반도체 직접 회로
MOSS	maintenance and operator subsystem 유지보수 오퍼레이터 서브시스템
MOST	① metal oxide semiconductor transistor 모스 트랜지스터 ② machines for open system testing 개방 시스템 시험 도구
MOST/SS	machines for open system testing/session 세션 계층 시험 도구
MOST/TPO	machines for open system testing/transport class 0 전송 계층 분류 0 시험 도구
MOT	means of test 시험 수단
MOTIS	message oriented text interchange system 모티스 ; 오픈 시스템즈 인터커넥션(OSI) 규격
MP	multiprocessor 다중 프로세서
MPC	① microprogram counter 마이크로프로그램 카운터 ② multimedia personal computer 멀티미디어 PC
MPCC	multi protocol communication controller 다중 프로토콜 통신기
MPDU	message protocol data unit 메시지 프로토콜 데이터 단위
MPEG	moving picture experts group 엠페그, 동영상 전문가 그룹
MPG	model program generator 모델 프로그램 생성기
MPL	multi-programming level 다중 프로그래밍 레벨
MP/M	multi-programming/monitor 다중 프로그래밍/모니터
MPP	① message processing program 메시지 처리 프로그램 ② massively parallel processor 초병렬 프로세서
MPPP	multilink point-to-point protocol ISDN에서 각각의 분리된 데이터를 운반하는 B

약 어	원어 및 설명
	채널을 함께 엮어서 더 큰 관을 통해 데이터를 효과적으로 전송하는 데 쓰이는 표준 통신 프로토콜
MPS	① multi-media personal 멀티미디어 PC
	② mathematical programming system 수리 계획 시스템
	③ multi-programming system 멀티 프로그래밍 시스템
MPU	micro processor unit 마이크로 프로세서 장치
MPX	multiplexer 다중화기
MQN	message queue node 메시지 큐 노드
MQ register	multiplier quotient register MQ 레지스터
MR	① coding modified READ coding 수정 판독 부호화 방식, MR 부호화 방식
	② modem ready 이 모뎀의 빛은 모뎀이 준비 상태라는 것을 가리킨다.
MRA	Mutual Recognition Arrangement 정보 처리 시스템이나 정보 처리 제품에 대해, 어떤 나라에서 CC를 사용하여 인증된 보안 레벨은 상호 인증에 동의한 모든 국가에서 통용된다는 것을 확인하는 협정
MRCI	Microsoft real-time compression interface 미국 마이크로소프트 사가 MS-DOS 6.0에서 결정한 데이터 압축 기능을 사용하기 위한 인터페이스
MRJ	MacOS runtime for Java 매킨토시용의 Java 가상 머신(JVM)
MRP	material requirement planning 자재 수급 계획
MRSE	message retrieval service element 메시지 검색 서비스 요소
MRT	① multiple reguester terminal 복수 요구 단말
	② mass rapid transit system 대량 고속 수송 시스템
MS	millisecond 밀리세컨드
MSB	① most significant byte 최상위 바이트
	② most significant bit 최상위 비트
MSC	① main storage control 주기억 제어 장치
	② mass storage control 대용량 기억 제어 장치
	③ most significant character 최상위 문자
	④ message switching concentration 집중 메시지 교환
MSCH	multiplex subchannel 멀티플렉스 서브채널 장치
MSCS	mass storage control system 대용량 기억 장치 제어 시스템
MSCTC	mass storage control table create program 대용량 기억 장치 제어표 생성 프로그램
MSD	most significant digit 최상위 단위(항), 최상위 숫자
MSDB	main storage data base 주기억 데이터 베이스
MSDN	Microsoft development network 윈도 응용 프로그램의 개발자들을 위해 정기적으로 다양한 정보를 발신하는 등록제 서비스
MS-DOS	Microsoft disk operating system 마이크로소프트 디스크 운영 시스템
MSF	① mass storage facility 대용량 기억 장치
	② message stack file 메시지 축적 파일
MSI	medium scale integration, medium scale integrated circuit 중규모 집적 회로
MSP	modular system program 모듈러 시스템 프로그램
MSR	mark sheet reader 마크 시트 리더
MSRJE	multiple session remote job entry 복수 세션 원격 작업 입력
MSS	mass storage system 대용량 기억 시스템

약 어	원어 및 설명
MSSC	mass storage system communicator 대용량 기억 시스템 연결 프로그램
MSSE	message submission service element 메시지 제출 서비스 요소
MSSG	message 메시지
MSSP	massage send service procedure 메시지 송출 서비스 프로시저
MSU	MODEM sharing unit 모뎀 공유 장치
MSV	mass storage volume 대용량 기억 볼륨
MSVC	mass storage volume control 대용량 기억 볼륨 관리(프로그램)
MS Windows	Microsoft Windows 마이크로소프트 윈도
MT	① machine translation 기계 번역 ② magnetic tape 자기 테이프 ③ message transfer 메시지 전달
MTA	① message transfer agent 메시지 전달 처리기 ② mail transfer agent 메일 전달 에이전트
MTBF	mean time between failure 평균 고장 시간 간격
MTBI	mean time between incidents 발생 사상 간의 평균 시간
MTBM	mean time between maintenance 평균 보수 시간
MTBS	mean time between stops 평균 시스템 고장 간격
M-TDM	multimedia time division multiplex 멀티미디어 다중화 장치
MTE	mean time between error 평균 오류 시간
MTL	merged transistor logic 조합 트랜지스터 논리
MTM	method time measurement 순서 시간 측정
MTR	multi-track tape recorder 다중 트랙 테이프 녹음기
MTS	① multiple terminal simulator 멀티 터미널 시뮬레이터 ② message transfer system 메시지 전달 시스템
MTTD	mean time to diagnostic 진단까지의 평균 시간
MTTF	mean time to failure 평균 고장 시간
MTTFF	mean time to first failure 최근의 고장까지의 평균 시간
MTTR	mean time to repair 평균 수리 시간, 평균 수복 시간
MTU	magnetic tape unit 자기 테이프 장치
MUD game	multiple user dungeon, multiple user dialogue 머드 게임
MUG	mumps user group 무그
MUMPS	Massachusetts general hospital's utility multi-programming system 멈프스 ; 매사추세츠 종합 병원에서 개발된 의료 정보 전용 데이터 베이스 시스템
MULTICS	Multiplexed information and computing service 멀틱스 ; 1964년 MIT의 프로젝트 MAC에서 연구 · 개발된 시분할 처리 시스템
MUT	mean up time 평균 동작 시간
MUX	① system multiplex 시스템 다중화 ② multiplexer 여러 통신 채널에 사용되는 장치로서 여러 개의 신호를 받아 단일 회선으로 보내거나 단일 회선의 신호를 다시 본래의 신호로 분리하는 기능을 수행
MVD	multivalued dependency 다중값 종속성
MVS	① multi-programming with a variable number of processes 가변수 처리 다중 프로그래밍 ② multiple virtual storage 다중 가상 기억 장치

약 어	원어 및 설명
MVT	multi-programming with a variable number of tasks 가변수 태스크 다중프로그래밍
MWR	method of weighted residual 무게가 있는 잔차법
MXC	multiplexer channel 다중화기 채널

약 어	원어 및 설명
NAC	negative acknowledge 부정 응답
NACSIS	National Center for Science Information System 낙시스
NAG	numerical algorithms group 산술 알고리즘 집단
NAK	① negative acknowledge 부정 응답 ② negative acknowledge character 부정 응답 문자
NAND	negative AND 부정 논리곱, 부정곱
NAPLPS	North American presentation level-protocol syntax 비디오텍스의 화상 전송 방식으로 북미 표준 방식
NAS	nework application support DEC 사가 제공하는 네트워크 관련 소프트웨어의 총칭
NASA	National Aeronautics and Space Administration 나사 ; 미국 국립 항공 우주국
NASDAQ	national association of securities dealers automated quotations 주식 시세 자동 통보 시스템
NASTRAN	NASA structural analysis computer system 나스트란 ; 항공기 등의 구조 설계를 위한 시스템
NAT	① natural unit of information content 정보량의 자연 단위 ② network address translation 네트워크 주소 변환 ③ network address translator 주소 변경기
NAV	Norton AntiVirus 노턴 안티바이러스
NAU	① network addressable unit 네트워크 주소 지정 가능 장치 ② network address unit 네트워크 번지 가능 단위
NBP	name binding protocol AppleTalk의 네임 서비스를 정의하는 프로토콜
NBS	National Bureau of Standards 미국표준 규격국
NC	① network controller 회로망 제어 장치 ② no connection 무접속 ③ numerical control 수치 제어 ④ network computer 대규모 시장을 장악할 소비자 제품 ⑤ numrical control 수치 제어
NCA	National Computerization Agency 한국 전산원
NCC	① National Computer Conference 미국 컴퓨터 회의 ② Network Control Center 네트워크 제어 센터
NCCF	network communications control facility 네트워크 통신 관리 기능
NCGA	National Computer Graphics Association 미국 컴퓨터 그래픽스 협회
NCIC	National Crime Information Center 국립 범죄 정보 센터

약 어	원 어 및 설 명
NCON	name constant 이름 상수
NCP	network control program 네트워크 제어 프로그램
NCP	netware core protocol 넷웨어에서 클라이언트와 서버 간에 주고받는 프로토콜의 하나
NCP/VS	network control program/virtual storage 가상 기억 네트워크 제어 프로그램
NCS	network control system 네트워크 제어 시스템
NCSC	National Computer Security Center 미국 국립 컴퓨터 보안 센터
NCSL	National Computer Systems Laboratory 미국 국립 컴퓨터 시스템 랩
NC system	numeric control system NC 시스템
NCU	network control unit 망 제어장치
ND	network description 네트워크 기술
NDAC	not data accepted 데이터 접수 불가
NDBMS	network data base management system 네트워크 데이터 베이스 관리 시스템
NDC	normalized device coordinate 정규화 장치 좌표
NDD	numerical data processor 수치 연산 프로세서
NDIS	① network driver interface specification LAN manager로, 데이터 링크 계층과 LAN 접속 보드(NIC)와의 통신을 정의하는 인터페이스 ② network device interface specification 윈도 운영 시스템용 드라이버
NDP	numerical data processor 수치 연산 프로세서
NDR	nondestructive read 비파괴 판독
NDRO	nondestructive read out 비파괴 읽어내기
NDRO memory	nondestructive read out memory 비파괴 판독 기억 장치
NDT	network description templete 네트워크 기술 템플릿
NE	not equal to 엔이 ; 프로그래밍 언어에서 수치 또는 문자로 구성된 항목 간의 비교를 수행하기 위하여 사용되는 연산자
NEC	Nippon Electric Corporation 일본 전기 주식 회사
NECC	National Education Computing Conference 미국 교육 컴퓨터 협회
NEIPT	National Examination for Information Processing Technicians 정보 처리 기술자 시험
NESA	new extended standard architecture 네사 ; 일본의 32비트인 PC-H98 시리즈에 내장된 32비트 버스 구조
NEST	Novell embedded systems technology 네스트 ; 미국 노벨 사가 1994년 2월에 발표한 조립용 운영 체제를 위한 아키텍처
NET	Normes Europeanes de Telecommunications 유럽 전기 통신 표준
NETBIOS	network basic input-output system 네트워크 입출력 시스템
NetBIOS	network basic input-output system 네트워크 기본 입출력 시스템
NETBLT	network block transfer protocol 망 블록 전송 프로토콜
NETM	new electronic technology television media 신전자 기술 텔레비전 매체
NEUFOS	new ultra focus screen 뉴포스관
New PSW	new program status word 새 프로그램 상태어
NEWS	Network Extensible Windowing System 뉴스 ; 윈도 시스템의 상품명
NF	negative feedback 네거티브 피드백

약 어	원어 및 설명
NFA	nondeterministic finite automata 비결정적 유한 오토머터
NFS	① network file system 네트워크 파일 시스템 ② network file server 네트워크 파일 서버
NHRP	next hop resolution protocol 수신인 IP 주소와 다음에 송신해야 하는 ATM(비동기 전송 모드) 주소의 대응용을 클라이언트 서버 방식으로 구현하는 기법
NIB	node initialization block 노드 초기 설정 블록
NIC	network interface card 네트워크 인터페이스 카드
NIFTP	network independent file transfer protocol 네트워크 독립 파일 전송 프로토콜
NII	national information infrastructure 미국 클린턴 정권이 세운 행동 계획
NIP	① non impact printer 비충격 프린터 ② nucleus initialization program 중핵 초기 설정 프로그램
NIS	① national information system 국가 정보 시스템 ② network information service 패스워드나 호스트명 등 네트워크의 관리나 효과적인 이용에 필요한 정보를 수록한 DB 기능 ③ network information system 네트워크 정보 시스템
N-ISDN	narrowband ISDN 1차군 속도(1.5Mbit/초)까지를 지원하는 N-ISDN
NIST	National Institute of Standards and Technology 미 국립 표준 기술 연구소
NJE	network job entry 네트워크 잡 입력
NJP	network job processing 네트워크 잡 처리
NL	① new line 복귀 개행 ② new line character 복귀 개행 문자
NLI	Natural language interface 자연어 인터페이스
NLM	Netware loadable module 노벨의 넷웨어에서 사용되는 드라이버와 애플리케이션
NLQ	near-letter quality 니어 레터 품질 수준
NLS	native language support HP 사가 개발한 다국 언어 대응 시스템
NMAS	national measurement accreditation service 국립 측정 인정 서비스
NMC	Network Management Center 망 제어 센터
NMI	non-maskable interrupt 마스크 불가능 인터럽트
NMOS	N-channel metal oxide semiconductor N형 금속 산화막 반도체
NMS	network management system 네트워크 관리 시스템
NNI	network-network interface 망간 접속
NNTP	network news transfer protocol 인터넷 상의 뉴스 서버 간에 뉴스를 주고받기 위한 역할을 하는 프로토콜
NNRP	network news reader protocol 뉴스 프로그램이 뉴스 서버와 연결하여 뉴스를 볼 수 있도록 해주는 프로토콜
NOD	news on demand 뉴스 온 디맨드
NOIW	NIST Workshop for OSI Implementors NIST OSI 기능 표준 워크샵
NO-OP	① do-nothing operation 공명령 ② no operation 무연산 · 무동작 명령
NOP	no operation 무연산 · 무동작 명령
NOR	negative OR 부정 논리합, 부정합
NOS	network operating system 네트워크 운영 체제
NP	not polynomial 비다항식

약 어	원어 및 설명
NPDA	network problem determination application 네트워크 문제 판별 프로그램
NPT	non-packet mode terminal 비패킷 형태 단말
NQS	network queuing system 네트워크 큐잉 시스템
NRM	normal response mode 보통 응답 방식
NRZ	non return to zero recording 비제로 복귀
NRZ-0	non return to zero change on zeros recording 비제로 복귀 0 기록 방식
NRZ-1	non return to zero change on ones recording 비제로 복귀 1 기록 방식
NRZC	non return to zero change recording 비제로 복귀 변화 기록
NRZI	① non return to zero inverted recording NRZI 기록 방식 ② non return to zero invert 비제로 복귀 반전
NRZM	non return to zero mark recording 비제로 복귀 마크 기록
ns	nanosecond 나노세컨드, 나노초
NS 16550	national semiconductor 16550 요즘 일반 PC에 쓰이는 UART 칩
NSAP	network service access point 망 서비스 액세스 점
NSAPI	Netscape server application programming interface 보다 강력하고 효과적인 CGI의 대체물로 고안되었다.
NSDU	network service data unit 망 서비스 데이터 단위
NSF	National Science Foundation 미국 국립 과학 재단
NSFnet	national science foundation network 전 미국의 교육 연구 분야를 포함한 미국 과학 재단 산하 네트워크로 수퍼컴퓨터 사이트를 연결하기 위해 구축한 광역의 고속 네트워크
NSP	① network service provider 네트워크 서비스 공급자 ② native signal processing 자연 신호 처리
NSPIXP	network service provider Internet exchange point 거대한 프로바이더의 대다수가 인터넷에 접속할 때 경유하는 컴퓨터
NSFNEF	national science foundation network 과학 연구 교육용 컴퓨터 네트워크
NT	network termination 망 종단 장치
NT 1	network terminator 1 네트워크 종단 장치 1
NT 2	network terminator 2 네트워크 종단 장치 2
NTL	non threshold logic 비임계값 논리 회로
NTN	network terminal number 네트워크 가상 단말
NTO	network terminal option 네트워크 단말 선택 기능
NTP	network time protocol 네트워크 시간 프로토콜
NTSC	National Television System Committee 전국 텔레비전 체계 위원회
NTT	Nippon Telegraph and Telephone Corporation 일본 전신 전화 주식 회사
NUI	network user identification 네트워크 사용자 식별 부호
NUL	① null 공백, 널, 공문자 ② null character 공문자, 널문자
NUR	not used recently page replacement 최근 미사용
NV	nanovolt 나노볼트
NVM	non-volatile memory 비휘발성 메모리
NVOD	near video on demand CATV 서비스의 한 형태
NVT	network virtual terminal 네트워크 가상 단말

약 어	원어 및 설명
NW	nanowatt 나노와트
NWP	numerical weather prediction 수치 일기 예보

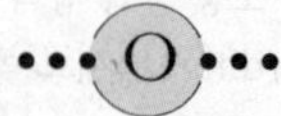

약 어	원어 및 설명
O	① output 출력 ② overflow 오버플로
OA	① office automation 사무 자동화 ② office analysis 사무 분석
OAC	operator aid computer 오퍼레이터 지원 컴퓨터
OADG	PC Open Architecture Developer's Group PC 개방 구조 추진 위원회
OB	operation block 조작 블록
OBA	object behave analysis 객체 행동 분석법
OBE	office procedure by example 오비이
OBR	outboard recorder 외부 기록 기능
OCC	① operation control command 연산 제어 명령 ② operator control command 오퍼레이터 제어 명령
OCC curve	operating characteristic curve 동작 특성 곡선
OCCF	operator communication control facility 오퍼레이터 통신 관리 기능
OCE	open collaboration environment 매킨토시의 새로운 통신 인터페이스
OCL	① operation control language 연산 제어 언어 ② operator control language 오퍼레이터 제어 언어
OCMP	open computing environment for MIPS platform 서로 다른 메이커의 유닉스 워크스테이션들 간에 응용 프로그램의 호환성을 취하기 위한 규약
OCR	① optical character reader 광학식 문자 판독 장치 ② optical character recognition 광학식 문자 인식
OCS	operation control system 조작 제어 시스템
ODA	office document architecture 사무 문서 체계
ODA-CT	office document architecture conformance test 사무용 문서 구조 적합성 시험
ODA/ODIF	office document architecture/office document interchange format ISO가 표준화하고 있는 이기종 사이에서 멀티미디어 문서를 교환하기 위한 표준 사양
ODBC	open data base connectivity 개방 데이터 베이스 접속
ODBMS (OODBMS)	object-oriented data base management system 객체 지향 데이터 베이스 시스템
ODF	open distributed processing 개방형 분산 처리
ODI	open data-link interface 미국 노벨 사의 네트워크층 프로토콜과 데이터 링크층 사이의 인터페이스
ODIF	office document interchange format 사무용 문서 교환 형식
ODP	① open data path 오픈 데이터 패스 ② overdrive processor 오버드라이브 프로세서

약 어	원어 및 설명
ODT	object definition table 오브젝트 정의 테이블
OEA	operator error analysis 오퍼레이터 오류 해석
OEM	original equipment manufacturer 주문자 상표 부착
OETC	optoelectronic technology consortium 광전자 기술 컨소시엄
OFT	optical fiber tube 광 섬유관
OFDM	orthogonal frequency division multiplex 직교 주파수 분할 다중
OGT	outing trunk 출력 트렁크
OH	off hook 전화선이 통신할 준비 상태라는 것을 알려주는 모뎀 지시등
OHP	overhead projector 투영기
OID	object identifier 객체 식별자
OIS	office information system 사무 정보 시스템
OLAP	online analytical processing 정보 위주의 분석 처리를 의미
old PSW	old program status word 구 프로그램 상태어
OLE	object linking and embedding 객체의 연결과 내포 ; 마이크로소프트 사는 DDE를 보다 강력한 애플리케이션 통합 수단인 OLE로 대체했다.
OLFO CONTROL	open loop feedback optimal control 개발 루프 피드백 최저 제어
OLFO method	open loop feedback optimal method 개방 루프 피드백 최적법
OLIT	OPEN LOOK intrinsic toolkit OPEN LOOK용의 애플리케이션을 개발하기 위한 툴
OLQ	on-line query 온라인 질의어
OLTEP	on-line test executive program 온라인 테스트 실시 프로그램
OLTP	on-line transaction processing 데이터 베이스의 데이터를 수시로 갱신하는 프로세싱을 의미
OLTS	on-line test system 온라인 테스트 시스템
OMF	object management facility 오브젝트 관리 기술
OMG	object management group 소프트웨어 판매업자, 개발자, 이용자들의 컨소시엄인 OMG는 소프트웨어 애플리케이션에서 객체 중심 기술 사용 진흥을 목적으로 1989년 만들어졌다.
OMR	① optical mark reading 마크 판독 장치 ② optical mark reader 광학식 마크 판독 장치
OMT	object modeling technique 객체 지향 분석/설계(OOA/OOD) 기법의 하나
ONA	open network architecture 오픈 네트워크 아키텍처
ONC/NFS	open network computing/network file system 개방형 통신망 컴퓨팅/통신망 파일 시스템
ONE	open network environment 개방형 네트워크 환경
OOA	object oriented analysis 객체 지향 분석
OOA/OOD	object oriented analysis/object oriented design 객체 지향 데이터 베이스나 시스템을 설계하는 일
OOD	object oriented design 객체 지향 설계
OODB	object oriented data base 객체 지향 데이터 베이스
OOP	object oriented programming 객체 지향 프로그래밍
OOPL	object oriented programming language 객체 지향형 프로그래밍 언어
OOPS	object oriented programming system 객체 지향형 프로그래밍 시스템
OP	operation program 조직 프로그램

약 어	원어 및 설명
OPICB	operator interface control block 조작원 인터페이스 제어 블록
OPM	operations per minute 분당 연산 횟수
OPS	open profiling standard 사용자와 웹 사이트 간에서 개인 정보를 공유할 때의 표준 사양
OR	① operations research 오퍼레이션 리서치 ② originating register 발신 레지스터 ③ inclusive OR 인클루시브 OR
ORB	object request broker 객체 간 메시지 전달을 지원하는 미들웨어(middleware)의 일종
ORE	operation request element 조작 요구 요소
ORG	origin 프로그램의 기억 번지를 지정하는 어셈블리 언어의 의사 코드, 기점을 나타내는 명령
ORSA	Operations Research Society of America 미국 운용 과학회
OS	operating system 운영 체제
OSA	open scripting architecture 1991년 5월 애플 사가 발표한 표준 인터페이스
OSAM	overflow sequential access method 자리 넘침 영역 순차 액세스 방식
OSF	① open system foundation 개방형 시스템 재단 ② operating system firmware 운영 체제 펌웨어
OSF	open software foundation 오픈 소프트웨어 재단
OSF/DME	OSF/distributed management environment 분산된 유닉스 시스템 및 네트워크를 통일적으로 관리하기 위한 시스템
OSI	open system interconnection 개방형 시스템 간 상호 접속
OSIA	Open System Interconnection Association 개방형 컴퓨터 통신 연구회
OSICOM	OSI communication network OSI 통신망
OSIE	OSI environment 개방형 시스템 간 상호 접속 환경
OSINET	OSI network OSI 통신망
OS/MVT	operating system/multiprogramming with a variable number of tasks IBM OS의 일종
OSPF	open shortest path first IP 라우팅 프로토콜의 한 종류
O-state	operator state 오퍼레이터 상태
OSTC	open systems testing consortium 개방 시스템 시험 컨소시엄
OS/VS	operating system/virtual storage 가상 기억 운영 체제
OT	output trunk 출력 트렁크
OTA	operational transconductance amplifier 전압 입력, 전압 출력으로, 입출력 임피던스를 무한대로, 입출력 전달 함수를 컨덕턴스 gm으로 표시하는 일종의 제어 전류원을 실현하는 회로 블록
OTL	open technical liaison committee OSI 시험 연계 위원회
OTM	on-line tellers machine 온라인 텔러스 머신
OTP	① one time programmable read-only memory PROM의 일종 ② open trading protocol 쇼핑 시작에서 배송까지 전자 상거래 처리 과정 전체를 하나로 구현하기 위한 통합 전자 상거래 프로토콜
OUG	open user group 오픈 유저 그룹
OUTLIM	output limiting facility 출력 제어 기능

약 어	원어 및 설명
OWS	office workstation 사무용 워크스테이션

약 어	원어 및 설명
P	pico 피코 ; 10^{-12}(1조분의 1)
PA	① paper advance 종이 전진기
	② pre-arbitrate 중재된 대역폭
	③ public address 공중 어드레스
PABX	private automatic branch exchange 자동식 구내 교환 설비
PACE	priority access control enable 우선 순위 접근 제어 가능
PACSAT	packet radio satellite 패킷 교환용 통신 위성
PAD	① packet assembler/disassembler 패드 ; 패킷 조립/분해
	② program analysis diagram 프로그램의 처리, 제어의 흐름과 알고리즘을 표현하기 위한 그림
PADIA	patrol diagnostic program 순회 진단 프로그램
PAK	program attention key 프로그램 어텐션 키
PAL	① programmable array logic 프로그램 기능 배열 논리
	② phase alternation line 위상 변경 선로
PAM	① pulse amplitude modulation 펄스 진폭 변조
	② plan applier mechanism 계획 응용 기술
PAN	personal area network 팬, 개인 통신망
PAP	printer access protocol 프린터 접속 규약
PAR	① positive acknowledgement and retransmission 긍정 응답
	② precision approach radar 정밀 측정 진입 레이더
PARCOR	partial autocorrelation 파콜 ; 편자기 상관 방식
PAS	performance assurance system 성능 보증 시스템
PASC	precision adaptive sub-band coding 파스크 ; 오디오 신호의 고능률 부호화(데이터 압축) 방식의 일종
PASCAL	programme appliqué ¶ la sélection et á la compilation automatique de la littérature 파스칼
PASID	primary address space ID 1차 번지 공간 식별자
PAX	private automatic exchange 자동식 구내 교환
PBOR	push button origination register 푸시 버튼 발신 레지스터
PBX	private branch exchange 구내 교환 설비
PC	① personal computer 개인용 컴퓨터
	② program counter 프로그램 카운터
	③ programmable controller 프로그램 가능 컨트롤러
	④ printed circuit 프린트 회로
PCB	① page control block 페이지 제어 블록
	② printed circuit board 프린트 회로판

약 어	원어 및 설명
	③ process control block 처리 제어 블록
PCC	programmable communication controller 프로그램 가능 통신 제어 장치
PC-DOS	personal computer' s disk operating system 개인용 컴퓨터의 디스크 운영 체제
PCE	procedure control expression 프로시저 제어식
PCI	① program controlled interruption 프로그램 제어 인터럽트
	② programmable communications interface 프로그램 가능 통신용 인터페이스
PCL	printer control language 프린터 제어 언어
PC LAN	personal computer local area network 동일 건물 내나 부지 내에 있는 PC끼리를 통신 케이블로 연결하는 구내 네트워크 시스템
PCM	① plug compatible mainframe 플러그 호환 가능 메인프레임
	② pulse code modulation 펄스 부호 변조
	③ punched card machine 천공 카드 처리기
	④ plug compatible machine 플러그 컴패티블 머신
PCMCIA	Personal Computer Memory Card International Association 국제 개인용 컴퓨터 메모리 카드 협회 ; 휴대용 컴퓨터에 사용되는 확장 카드의 표준을 확립하기 위해 1989년 설립된 무역 협회의 준말이다.
PCMI	photo chromic micro image 포토 크로믹 마이크로 이미지
PCN	① personal communications network 개인 통신망
	② point cast network 모니터를 보호해주는 화면 보호기 프로그램과 뉴스 전달 프로그램을 결합한 프로그램
PCP	primary control program 기본 제어 프로그램
PCS	① print contrast signal 인쇄 선명도 신호
	② project control system 프로젝트 제어 시스템
	③ punched card system 천공 카드 시스템
	④ personal communications services 음성과 데이터 전달, 호출 기능을 하나의 기기 안에 포괄하는 전체적인 개념의 이동 통신 서비스
PCTR	protocol conformance test report 프로토콜 적합성 시험 보고서
PCU	punched card utility 천공 카드 유틸리티
PCWG	Personal Conferencing Work Group 개인용 회의 작업 그룹
PD	① physical distribution 물류
	② protective device 회선 보호 장치
	③ public domain 공개 소프트웨어
	④ phase change dual function NEC의 상품명인 파워드라이브로 잘 알려진 저장장치
PDA	pushdown automation 후입선출 자동 기계
PDAID	problem determination aid 문제 확정 에이드
PDAM	proposed draft addendum 부속서 초안
PDAU	physical delivery access unit 물리적 전송 액세스 장치
PDB	physical data base 물리적 데이터 베이스
PDC	peripheral device controller 주변 장치 제어기
PDD	personal domain data 개인 영역의 데이터
PDF	portable document format Adobe 사에서 만든 파일 포맷
PDI	picture description instruction 도형 그리기 명령

약 어	원어 및 설명
PdISP	proposed draft ISP 국제 기능 표준안
PDL	① picture description language 도형 기술 언어
	② program design language 프로그램 디자인 언어
	③ page description language 페이지 기술 언어
PDM	pulse width modulation, pulse duration modulation 펄스 폭 변조
PDMS	physical distribution management system 물류 관리 시스템
PDN	public data network, public delivery network 공중 데이터 망
PDP	plasma display panel 플라스마 표시 패널
PDPC	process decision program chart 기본적인 프로세스를 바탕으로 각 단계의 장애가 되는 요소를 밝혀내어 그 대책을 강구하는 것
PDS	① partitioned data set 구분 데이터 세트
	② procedure development simulator 과정 개발 시뮬레이터
	③ public domain software 공개 소프트웨어
	④ physical delivery system 물리적 전송 시스템
PDU	① port data unit 포트 데이터 단위
	② protocol data unit 프로토콜 데이터 단위
	③ packet data unit 패킷 데이터 단위
PE	① performance exercise 성취도 확인 연습
	② phase encoded, phase encoding 위상 변조 방식
	③ probability error 확률 오차
	④ processing element 처리 소자
PEC	Protocol Engineering Center 정보 통신 표준 연구 센터
PEEVS	performance effectiveness evaluation scheme 성능 유효도 평가안
PEF	personal equipment functional unit 인원 기기 기능 단위
PEL	picture element 화소
PER	program event recording 프로그램 사건 기록
Perl	practical extraction and report language Larry Wall이 개발하여, Usenet을 통해 전세계에 배포된 범용 언어
PERT	performance evaluation and review technique, program evaluation and review technique 퍼트(피드법) ; 최적인 스케줄을 작성하는 네트워크 수법
PEX	PHIGS Extension to X PHIGS를 X-Window로 확장한 것으로 3차원 그래픽스를 취급하는 통신 프로토콜의 하나
PF	① procedure following 절차 종동
	② pico farad 피코패럿 ; 10^{12}패럿
PFC	port flow control 포트 흐름 제어
PF key	programmed function key 프로그램 기능 키
PFS	page format selection 페이지 서식 선택
PGA	① pin grid array 핀 격자 배열
	② professional graphics adapter 전문적 그래픽스 접속기
PGC	professional graphics controller 전문 그래픽 컨트롤러
PGN	① performance group number 퍼포먼스 그룹 번호
	② program generation system 프로그램 발생 시스템
PGP	Pretty Good Privacy 프리티 굳 프라이버시

약 어	원어 및 설명
PGS	program generation system 프로그램 발생 시스템
PHA	pulse height analysis 펄스 고저 분석
PHIGS	programmer's hierarchical interactive graphics system 프로그래머의 계층적 상호작용 그래픽 시스템
PHP	hypertext preprocessor 하이퍼텍스트 전처리기
PHS	personal handyphone system 개인용 휴대 전화 시스템
PIA	peripheral interface adapter 주변 인터페이스 어댑터
PIAFS	PHS Internet access forum standard PHS 데이터 통신의 표준화 규격
PIC	① priority interrupt controller 우선 순위 인터럽트 제어기 ② picture 픽처
PICS	① product information control system 생산 정보 관리 시스템 ② protocol implementation conformance statement 프로토콜 구현 적합성 명세 ③ platform for Internet content selection 웹 사이트 내용에 대해 선택적으로 접근하도록 해주는 기반 구조
PID	① page identifier 페이지 식별자 ② personal identity 개인 번호
PIF	program information file 윈도 상에서 도스 프로그램 실행에 필요한 정보를 담아 두는 파일
PILOT	programmed inquiry, learning or teaching 파일럿
pilot CAI	pilot computer aided instruction 파일럿 컴퓨터 이용 명령
PIM	personal information manager 개인 정보 관리자 ; 스케줄, 주소록, 메모 등 개인의 정보를 관리하는 소프트웨어
PIMS	personal information management software 개인 정보 관리 소프트웨어
PIN	personal identification number 핀 ; 개인 식별 번호
PING	packet Internet grouper 핑
PIO	① parallel input/output 병렬 입출력 ② process input/output 프로세스 입출력 ③ programmable input/output chip 프로그램 가능 입출력 칩
PIOCS	physical IOCS 물리적 IOCS
PIP	photo-interpretive program 사진 해상 프로그램
PIPO	parallel in parallel out 병렬 입력 병렬 출력
PIPS	pattern information processing system 패턴 정보 처리 시스템
PISO	parallel in serial out 병렬 입력 직렬 출력
PIT	① programmable interval timer 프로그램 기능 간격 타이머 ② priority interrupt controller 우선 순위 인터럽트 제어기
PIU	① path information unit 경로 정보 단위 ② process input unit 프로세스 입력 장치
pixel	picture element 화소
PIXIT	protocol implementation extra information for testing 적합성 시험을 위한 상세 구현 명세
PJ/NF	projection join normal form 프로젝션 조인 정규형
PKI	public key infrastructure 공개 키 기반 구조
PL	presentation layer 표현 계층

약 어	원어 및 설명
PL/1	programming language 1 피엘 원 ; 수치 계산, 논리 연산 및 사무 데이터 처리를 위한 범용 프로그램 언어의 하나
PLA	① programmable logic array 프로그램 가능 논리 회로 ② programmed logic array 프로그램된 논리 회로 ③ program load address 프로그램 적재 주소
PLACAD	programmable logic array computer aided design 프로그램 가능 논리 회로의 컴퓨터 이용 설계
PLAN	problem language analyzer 문제 언어 분석 프로그램
PLANIT	programming language for interactive teaching 플래닛 ; 대화형 교육을 위한 프로그래밍 언어
PLANNET	planned network 플래넷 ; 네트워크 시스템의 하나
PLATO	programmed logic for automatic teaching operations 자동 교육 업무용 프로그램화 논리
PLC	① product life cycle theory 제품 라이프 사이클 이론 ② programmable logic controller 프로그램 기능 논리 제어 장치
PLCA	paralled line communication adapter 병렬 회로 통신 어댑터
PLL	phase-locked loop 위상 동시 루프
PL/M	programming language microcomputer 피엘/엠 ; 마이크로컴퓨터용 컴파일러 언어
PLMATH	procedure library-mathematics PL/1 수치 계산 라이브러리
PLP	① product liability prevention 제품 책임 예방 ② packet level protocol 패킷층 프로토콜
PLPA	pageable link pack area 페이지 가능 링크 팩 영역
PLTA	pageable logical transient area 페이지 가능 논리 비상주 영역
PLV	presentation level video DVI의 화상 압축 방식의 하나
PM	① phase modulation 위상 변조 ② photo multiplier 광전자 증배관 ③ preventive maintenance 예방 보수 ④ pulse modulation 펄스 변조 ⑤ planned maintenance 계획 보수
PMA	personal management analysis 인사 관리 분석
PMD	physical medium dependent 접속 물리 계층
PME effect	photo magnetoelectric effect PME 효과
PMOS	P-channel metal oxide semiconductor P형 금속 산화막 반도체
PMS	① public message service 공중 전화 서비스(웨스턴 유니언 사) ② project management system 프로젝트 관리 시스템
PMX	packet multiplexer 패킷 다중화 장치
PN	Polish notation 폴란드식 표기법
PND	present next digit 다음 숫자 요구
PNF	prenex normal form 전치 정규형
PNG	portable network graphics 이동성 네트워크 그래픽
PNS	personal number service 평생 전화 번호
POED method	performance organization for evaluation end decision method 포드 방법
POEM	the party of education on Macintosh 매킨토시를 이용한 다양한 교육 현장의 실

약 어	원어 및 설명
	천 보고를 목적으로 한 파티
POL	① problem oriented language 문제 지향 프로그래밍 언어 ② procedure-oriented language 절차 지향 언어
POP	① post office protocol 팝 ; POP은 최근 인터넷 이메일 접속 표준에 있어 선두자리를 지키고 있다. ② point of production 생산 지점 ③ point of purchase advertising 팝 ; 상점이나 음식점 등의 광고 전단지를 만드는 간이 인쇄 시스템으로, 대량으로 배포되는 것이 아닌 각 상점이 독자적으로 만들고 있는 것을 가리키는 경우가 많다.
POS	① point of sale 포스 ; 판매 시점 정보 관리 시스템 ② probability of survival 잔존 확률
POSI	Promotion conference for OSI 일본 OSI 진흥 협의회
POSIX	portable operation system interface for computer environment 포식스 ; 컴퓨터 환경 운영 체제
POST	power on self test 전원 인가 후 자가 검사
POS terminal	point of sale terminal 포인트 오브 세일 단말기, POS 단말 장치, POS 터미널
PPBS	planning programming and budgeting system 시스템을 계획하고 프로그래밍하고 예산을 세운다.
PPC	plain paper copier 보통 용지 복사기
PPDU	presentation protocol data unit 표현 프로토콜 데이터 단위
PPI	programmable peripheral interface 프로그램 가능 주변 인터페이스
PPIA	programmable peripheral interface adapter 프로그램 기능 주변 접속 어댑터
PPM	① pulse position modulation 펄스 위치 변조 ② pulse phase modulation 펄스 위상 변조 ③ pages per minute 분당 페이지
PPP	point-to-point protocol 직렬 통신용 인터넷 표준
PPS	① port presentation service 포트 제시 서비스 ② pulse per second 초당 펄스 수
PPT	part per trillion 1조분의 1분율
PPTP	point to point tunnelling protocol 지점 간 터널링 프로토콜
PPV	part per view 시청 후 요금 지불
PQA	protected queue area 보호 대기 영역
PQET	print quality enhancement technology 인쇄 품질 향상 기술
PR	① protective ratio 보호비 ② public relations 홍보
PRA	primary rate access 일차군 액세스
PRF	pulse repetition frequency 펄스 반복 주파수
PRI	primary rate interface 일차군 인터페이스 ; ISDN 서비스로 인터넷 서비스 공급 업체(ISP)와 인터넷 업체에서 주로 사용된다.
printer SPOOL	printer simultaneous peripheral operation on line 프린터 스풀
PRMD	private management domain 사설 관리 영역
PRO	precision risc organization HP 사가 개발한 precision 아키텍처를 토대로 한 RISC 칩(HP-PA)을 채택한 메이커의 컨소시엄. 1992년 3월에 설립되었다.

약 어	원어 및 설명
ProDOS	professional disk operating system 프로도스 ; 대용량 기억 장치와 플로피 디스크 기억 장치를 지원하는 애플 Ⅱ 컴퓨터용 운영 체제
PROLOG	programming in logic 프롤로그
PROM	programmable read only memory 프로그램 가능 ROM
PRPQ	programming request for price quotation 프로그래밍 RPQ
PRS	pattern recognition system 패턴 인식 시스템
PRT	① program reference table 프로그램 참조표 ② production run tape 생산 시행 테이프
PS	processor sharing scheduling 프로세스 셰어링법
PSB	program specification block 프로그램 명세 블록
PSCF	processor storage control function 주기억 제어 장치
PSDN	packet switching data network 패킷 교환 데이터망
PSE	① programming support environment, problem solving environment 프로그래밍 지원 환경 ② product support engineering 제품 지원 공학
PSG	programmable sound generator 프로그램 가능 소리 발생기
psec	picosecond 피섹, 피코초
PSID	problem source identification 문제 식별
PSK	phase shift keying 위상 편이 방식
PSL	problem-solving laboratory 문제 해결 모음
PSL/PSA	problem statement language/problem statement analyzer 컴퓨터의 도움을 받아 요구 분석을 하는 도구
PSM	packet switching method 패킷 교환 방식
PSN	① packet switching network 패킷 교환망 ② packet switch node 패킷 교환 노드
PSP	power system planning program 전력 계통 계획 프로그램
PSP model	problem solving process model 문제 해결 과정 모델
PSPDN	packet switched & public data network 패킷 교환 공중 데이터망
PSR	processor state register 프로세서 상태 레지스터
PST	① problem solving theory 문제 해결 이론 ② physical storage table 물리 기억 영역 테이블
PSTN	public switched telephone network 공중 회선 교환 전화망
PSU	① program storage unit chip circuit 프로그램 기억 유닛 칩 회로 ② port sharing unit 포트 공유 장치
PSW	① processor status word 프로세서 상태어 ② program status word 프로그램 상태어
PSWR	PSW register 프로세서 상태어 레지스터
PT	① packet terminal 패킷 형태 단말 ② parameter table 매개 변수표
PTA	physical transient area 물리 전이 영역
PTF	program temporary fix 프로그램 일시 수정
PTLXAU	public telex access unit 공중 텔렉스 액세스 장치
PTP	paper tape punch 종이 테이프 천공기

약 어	원 어 및 설 명
PTR	① paper tape read 종이 테이프 판독기 ② photo electric tape reader 광전식 테이프 판독 장치
PTS	program test system 프로그램 검사 시스템
PTT	public telegraph and telephone 공중 전기 통신 사업자
P/T to M/T	paper tape to magnetic tape 종이 테이프-자기 테이프
P/T to M/T converter	paper tape to magenetic tape converter 종이 테이프-자기 테이프 변환 장치
PU	physical unit 물리 장치, 물리 유닛
PUB	physical unit block 물리 장치 제어 블록
PUG	prime users group of Korea 한국 전자 계산이 공급하는 프라임 컴퓨터 사용자 그룹
PV	parameter value 매개 변수값
PVC	permanent virtual circuit 영구 기억 장치
PWB	① printed wiring board 프린트 배선판 ② programmer' s work bench 프로그램 개발에 편리한 툴의 집합
PWM	pulse width modulation 펄스 폭 변조
PWP	platform for Windows programmer 윈도의 응용 프로그램을 개발하기 위한 라이브러리로, MS-DOS의 응용 프로그램과 같은 스타일로 개발할 수 있다.

약 어	원 어 및 설 명
Q	quality factor 양호도
QA	① question and answer 질의 응답 ② query arbitrate 큐로 중재된 ③ quality assurance 품질 보증 ④ quality factor 품질 인자
QAM	quadrature amplitude modulation 직교 진폭 변조
QA system	question and answer system 질문 응답 시스템
QBE	query by example 예시 조회
QC	quality control 품질 관리
QCB	queue control block 대기 행렬 제어 블록
QCT	queue control table 대기 행렬 제어표
QD	quad-density, quadruple density 4배 밀도
QECB	queue element control block 대기 행렬 요소 제어 블록
QIC	quarter-inch cartridge 4분의 1인치 카트리지
QIP(QUID)	quadruple in-line package 4면 인라인 패키지
QISAM	queued indexed sequential access method 대기 색인 순차 액세스법
QL	query language 질의어, 조회 언어
QM	quadrature modulation 직교 변조
QMF	query management facility 조회 관리 기능

약 어	원어 및 설명
QNM	queuing network model 대기 행렬 네트워크 모델
QOS	quality of service 서비스 품질
QP	quadratic programming 2차 계획법
QPSK	quadrature phase shift keying 디지털 주파수 모듈레이션 기술로서 데이터를 동축 케이블 네트워크를 통해 보낼 때 사용된다.
QPSX	queued packet and synchronous switch 대기 패킷 및 동기 교환
QSAM	queued sequential access method 대기 순차 액세스법
QTAM	queued telecommunication access method 대기 통신 액세스 방식
QTML	quick time media layer 애플 사가 개발한 멀티미디어 아키텍처
QUIP	quad in line package 큐입 ; 64핀 집적 회로

약 어	원어 및 설명
R	① register 기록기 ② request 요구 ③ reset 리셋 ④ retrieval 검색
RA	recognition arrangement 인증 조정
RAC	relative address coding 상대 주소 부호화 방식
RACE	research and development in advanced communication technologies for Europe 유럽 공동체 공동 연구 개발 프로그램
RACF	resource access control facility 자원 액세스 관리 기능
RAID	redundant arrays of inexpensive disk 저가 디스크의 중복 배열
RALU	register and ALU 레지스터 산술 논리 연산 장치
RAM	① random access memory 랜덤 액세스 기억 장치 ② resident access method 상주 액세스 법
RAMAC	random access method of accounting and control 라마크 ; 계산의 무작위 접근 방법과 관리
RAMDAC	random access memory digital-to-analog converter 한 화면의 디지털 정보를 모니터가 구현할 수 있는 아날로그 신호로 번역해주는 역할
RAMPS	resource allocation and multiproject scheduling 램프스 ; 자금 할당과 복합 프로젝트 스케줄링
RAN	remote area network 원거리 통신망
RAP	relational associative processor 랩
RAPPI	random access PPI 라피 ; PPI 무작위 접근
RARES	Rotating Associative RElation Store 라레스 ; SQVIRAL과 같은 고수준의 소프트웨어 질의 최적기를 지원하기 위한 장치
RAS	① reliability, availability and serviceability 신뢰성, 가용성, 보수성 기능 ② random access storage 래스 ; 임의 접근 기억 장치 ③ Windows NT remote access server 원거리 워크스테이션이 어떤 네트워크에 접

약 어	원어 및 설명
	속을 가능하게 하는 Windows NT 서비스
RASIS	reliability, availability, serviceability, integrity, security 래시스 ; 신뢰성, 가용성, 편리성, 보존성, 안정성
RATFOR	rational FORTRAN 라트포 ; 벨 연구소의 Kerniighan 등이 개발한 프로그래밍 언어
RB	① request block 요구 블록
	② return to bias recording 바이어스 복귀 기록
RBA	relative byte address 상대 바이트 번지
RBD	reliability block diagram 신뢰도 블록 그림
RB methool	return-to-bias method 바이어스 복귀 방식, RB법
RC	① relay controller 계전기 구동 장치
	② remote control 원격 제어
RCB	region control block 영역 제어 블록
RC circuit	resistor-capacitor circuit 저항-콘덴서 회로
RCR	retina character reader 그물눈 문자 판독 장치
RCS	remote computing service 원격 컴퓨팅 서비스
RCT	region control task 영역 제어 태스크
RCTL	resistor condenser transistor logic 저항 콘덴서 트랜지스터 논리 회로
RD	receive data 데이터 수신 ; 모뎀 등은 데이터가 전송되는 동안 불이 깜빡거린다. 이는 모뎀이 원거리 컴퓨터로부터 신호를 받고 있다는 것을 말해주는 것이다.
RDA	① remote data base access 원격 데이터 베이스 접근
	② remote data concentrator 원격 데이터 집중기
R-DAT	rotaryhead-digital audio tape 알 다트 ; 로터리 헤드 디지털 오디오 테이프
RDB	relational data base 관계(형) 데이터 베이스
RDBMS	relational data base management system 관계형 데이터 베이스 관리 시스템
RDBS	relational data base software 관계형 데이터 베이스 소프트웨어
RDCLP	response document capability list positive 문서 기능 리스트 명령
RDE	receive data enable 수신 데이터 가능
RDEP	response document end positive 문서 종료 긍정 응답
RDF	① record definition field 레코드 정의 필드
	② resource description framework XML 등을 이용하여 웹에 관련된 메타데이터에 대한 범용적인 기술 언어
RDGR	response document general reject 문서 범용 부정 응답
RDOS	real time disk operating system 실시간 디스크 운영 체제
RDPBN	response document page boundary negative 문서 페이지 경계 부정 응답
RDPBP	response document page boundary positive 문서 페이지 경계 긍정 응답
RDRAM	Rambus DRAM 미국 램버스 사가 개발한 기술
RDRP	response document resynchronize positive 문서 재동기 긍정 응답
RDS	relational data system 관계 자료 시스템
RDW	record descriptor word 레코드 기술어
RDY	ready 준비
REM	recognition memory 인식 기억 장치
RENT	reenterable 재진입 가능(속성)
REP	① reentrant processor 재입력 가능 프로세서

약 어	원 어 및 설 명
	② trunk equipment repeater 리피터 ; 중계선 장치
	③ request for proposal 제안 요구
RES	① remote entry services 리모트 엔트리 서비스, 원격 입력 서비스
	② reset signal 재고정 신호
REX	remote execution 원격 실행
RF	① radio frequency 무선 주파수
	② report footing 보고서 각주
RFC	request for comments 인터넷과 TCP/IP에 대한 제안
RFI	request for information 자료 의뢰서
RF modulator	radio frequency modulator 주파수 변조기
RFQ	request for quotation 가격 요구
RFS	① remote file system 원격 파일 시스템
	② remote file sharing AT & T 사가 개발한 유닉스용 분산 파일 시스템
RFT	request for technology OSF가 유닉스를 확장하려고 할 때 업계 각사에 기술 제공을 요청하는 것
RGB color model	3원색 모델. RGB는 빨강(red), 초록(green), 파랑(blue)
RH	① report heading 보고서 표제
	② request response header 요구 응답 헤더
RI	right in 시프트의 오른쪽으로부터의 입력
RID	relation identifier 관계 식별자
RIFF	resource interchange file format 리프 ; 자원 교환 파일 형식
RIM	resource initialization module 자원 초기화 모듈
RIMM	rambus inline memory module RDRAM을 메모리 모듈화한 것
RIP	① ring interface processor 링 인터페이스 처리기
	② raster image processor 래스터 이미지 처리기
	③ router interchange protocol 네트워크 기기 간에서 경로 정보를 교환하고, 동적으로 경로 정보를 구성하는 라우터 제어 프로토콜
RISC	reduced instruction set computer 축소 명령형 컴퓨터
RI/SME	Robotics International of the Society of Manufacturing Engineers 로봇 공학 국제 사회 제조자 협회
RIT	rate of information throughput 정보 전달 속도
RIW	reliability improvement warranty 신뢰성 개선 보증
RJE	remote job entry 원격 작업 입력
RLC	relocate left accumulator 재배치형 좌측 누산기
RLD	relocation dictionary 재배치 사전
RLL	run length limited 알엘엘
RM	return if minus 마이너스면 복귀하라는 명령
RMDS	report management and distribution system 보고서 관리 배포 시스템
RMF	resource measurement facility 자원 측정 기능
RMI	remote method invocation 서로 다른 가상 기계에 존재하는 함수를 호출하고 실행하는 기능을 담당한다.
RMS	① root mean square value 제곱 평균 제곱근 값

약 어	원어 및 설명
	② recovery management support 회복 관리 지원 프로그램
	③ remote maintenance system 원격 보수 시스템
RMSR	recovery management support recorder 장애 정보 기록 프로그램
RMW	read modify write 읽기에서 쓰기로 변경
RNR	receive not ready 수신 미준비
RO	① read only 읽기 전용
	② receive only 수신 전용
ROFL	rolling on the floor laughing 뉴스그룹에서 포스팅을 할 때나 온라인 채팅을 할 때 이전의 포스팅이나 채팅 상대방의 농담에 대한 열렬한 반응을 나타내는 말로 포복절도하는 모습을 나타낸다.
ROHO	remote office home office 로호
ROI	return on investment 투자 수익률
R-OLAP	relational online analytical processing 관계형 온라인 분석 처리
ROM	① read only memory 롬 ; 판독 전용 기억 소자
	② read only member PC 통신 상의 속어로 넷 상의 대화에 참가하지 않고 단지 로그(log)만 읽는 사람
ROM BIOS	read only memory basic input output system 롬 바이오스
ROM DOS	read only memory disk operating system 롬 도스 ; MS-DOS 등의 PC용 OS를 ROM에 기록해서 제공하는 것
ROM OD	ROM optical disk 롬 광 디스크
ROP	receive only printer 수신 전용 프린터
ROPP	receive only page printer 수신 전용 페이지 프린터
ROS	① read only storage 판독 전용 기억 장치
	② robot operating system 로봇 운영 체제
ROSE	remote operation service element 원격 동작 서비스 요소
RO terminal	receive only terminal 수신 전용 단말기
RP	ret in plus 양수이면 복귀하는 명령
R-PAD	remote packet assembly and disassembly 리모트 패드
RPC	remote procedure call 원격 절차 호출, 원격 프로시저 호출
RPG	report program generator 보고서 작성 프로그램
RPI	rows per inch 인치당 행 수
RPL	request parameter list 요구 파라미터 리스트
RPM	① reliability planning and management 신뢰성 계획과 관리
	② resource planning and management 자원 계획과 관리
rpm	revolutions per minute 분당 회전수
RPOA	recognized private operating agency 누산기의 내용을 오른쪽으로 회전시키라는 명령어
RPQ	request for price quotation 특별 주문 (기구)
RPROM	reprogrammable read only memory 사용자 스스로 재프로그램할 수 있는 ROM
RPS	real time programming system 실시간 프로그래밍 시스템
RR	receive ready 수신 준비
RRC	rotate right accumulator 누산기의 내용을 오른쪽으로 회전시키는 명령어
RRDS	relative record data set 상대 레코드 데이터 세트

약　어	원어 및 설명
RS	① record separator character 레코드 분리 문자 ② register sender 레지스터 센더 ③ retrospective search 소급적 검색
RSA	the Rivest-Shamir-Adleman RSA란 이름은 이 알고리즘을 만든 Ron Rivest, Adi Shamir와 Leonard Adleman 세 사람의 이름을 따서 만들었으며, 비대칭형 암호 방식의 일종이다.
RSACi	recreational software advisory council on the Internet 인터넷에서 각각의 사이트를 직접 감시하고 유해한 사이트를 청소년들로부터 차단하기 위한 필터링 표준안
RSAP	response session abort positive 세션 중지 긍정 응답
RSCCP	response session change control positive 세션 변경 제어 긍정 응답
RSCS	① remote spooling communication subsystem 원격 스풀링 통신 서브시스템 ② remote spooling and communication system 원격 스풀링 및 통신 시스템
RSDS	relative sequential data set 상대 순차 데이터 세트
RSEP	response session end positive 세션 종료 긍정 응답
RSI	research storage interface 탐색 기억 장치 인터페이스
RSL	register sender link 레지스터 센더 링크
RSM	① real storage management, real storage manager 실기억 관리 프로그램 ② response surface methodology 응답 곡면법
RS method	return-to-saturation method 포화 복귀 기록 방식
RSPT	real storage page table 실기억 페이지 테이블
RSS	research storage system 탐색 기억 장치 시스템
RSSN	response session start negative 세션 개시 부정 응답
RSSP	response session start positive 세션 개시 긍정 응답
RST	restart 재시작
RST flip-flop	reset-set trigger flip-flop RST 플립플롭
RSUI	response session user information 세션 사용자 정보 응답
RSVC	resident supervisor call 상주
RSVP	resource reservation protocol 자원 예약 프로토콜
RT	reliable transfer 신뢰 가능한 전달
RTA	RAS transient area RAS 비상주 영역
RTAM	remote terminal access method 원격 단말 액세스법
RTB	response/throughput bias 응답 대 처리량 바이어스
RTBM	real time bit mapping 실시간 비트 매핑
RTC	① real time clock 실시간 클록 ② relative time clock 상대 타임 클록
RTCC	real time computer complex 실시간 컴퓨터 복합체
RTCF	real time control facility 실시간 처리 기능
RTE	real time control executive 실시간 시행
RTF	rich text format 마이크로소프트 사가 배포한 파일 포맷
RTFM	read the formating manual 사용자들의 어리석은 질문에 기술적인 지원 컨설턴트를 해주는 것에 지쳤을 때 사용자들에게 보여주는 고전적인 반응을 줄여서 나타낸 말
RTL	① register transfer language 레지스터 전송 언어 ② resistor transistor logic 저항 트랜지스터 논리

약 어	원어 및 설명
RTM	① recovery termination manager 회복 종료 관리 시스템 ② register transfer module 저항 트랜스퍼 모듈
RTN	recursive transition network 순환 천이망
RTOS	real time operating system 실시간 운영 체제
RTP	routing table protocol 들어오는 전화를 다루는 데 필요한 일련의 단계 및 규정을 나열하는 통신 프로토콜
RTS	① ready to send 송신 요구 ② reliable transfer service 신뢰 가능한 전달 서비스
RTSE	reliable transfer service element 신뢰 가능한 전달 서비스 요소
RTT	round trip time 왕복 시간
RTV	real time video 실시간 비디오
RU	① request response unit 요구 응답 단위 ② response unit 응답 단위
R-value	right value 오른쪽 값
RVI	reverse interrupt 반전 중단
R/W	read/write 판독/기록
RWC	real world computing 실세계 정보 처리
RWCS	report writer control system 보고서 작성 관리 시스템
RWD	rewind 되감기
R/W head	read/write head 읽기/쓰기 머리틀
RWM	read write memory 판독/기록 회선
RWS-CC	Regional WorkShop Coordinating Committee 지역 워크샵 협력 위원회
R/W strobe	read/write strobe 판독/기록 스트로브
RX	receive data 데이터 수신
RZ	① polarized return to zero recording 극성 제로 복귀 기록 ② return to zero 제로 복귀 ③ return to zero recording 제로 복귀 기록
RZ method	return to zero method RZ법, 제로 복귀 기록 방식
RZP	return to zero polarized recording 극성 제로 복귀 기록
RZP recording	return to zero polarized recording 극성 제로 복귀 기록 방식, RZP(생략형)

약 어	원어 및 설명
S	① second 제2의 ② select 선택하다 ③ sign 기호 ④ source 바탕, 발신원 ⑤ strobe 스트로브 ⑥ switch 개폐기 ⑦ system 체계, 조직, 방식

약 어	원어 및 설명
SA	① station address 국 지정 ② service availability 서비스 유용성
SAA	system application architecture 시스템 응용 구조
SABM	set asynchronous balanced model 세트 비동기 평형 방식
SABRE	semi-automatic business research 사브레 ; 1960년대 초기에 개발된 American Air Lines 사의 좌석 예약 시스템
SAD	system administrator 시스템 관리자
SADT	structured analysis and design technique 구조화 해석 설계 기법
SAG	SQL access group 새그 ; 미국을 중심으로 한 데이터 베이스 관계의 유력한 소프트웨어/하드웨어 벤더 40여개 사로 구성되는 업계 단체
SAGE	semiautomatic ground environment 세이지 ; 방공용 명령 제어 시스템
SAM	① sequential access method 순차 액세스 방식 ② symantec antivirus for Macintosh 매킨토시용의 바이러스 예방 소프트웨어
SAM-E	sequential access method extended 확장 순차 액세스 방식
SAMOS	stacked gate avalanche injection MOS 사모스 ; EPROM에 사용하는 MOS 트랜지스터의 일종
SAN	storage area network 서버 간의 고속 데이터 전송이 가능한 네트워크
SAP	① service access point 서비스 접근점 ② service advertising protocol 미국 노벨 사의 네트워크 운영 체제인 넷웨어에서 사용되고 있는 트랜스포트층 프로토콜
SAR	storage address register 기억 번지 레지스터
SARF	sample audit review file 표본 감시 리뷰 파일
SARM	set asynchronous response mode 세트 비동기 응답 방식
SART	swap activity reference table 교환 활동 레퍼런스 테이블
SAS	① statistical analysis system 사스 ; 통계 프로그램 패키지 ② single attachment stations FDDI 네트워크 인터페이스 카드로서 FDDI에서 허브 기능을 하는 concentrator에 연결되며 개별 워크스테이션으로서 고안되었다.
SA/SD	structured analysis/structured design 구조적 분석/설계
SASI	shugart associates system interface 슈가르트 연합 시스템 인터페이스
SASID	secondary address space ID 2차 번지 공간 식별자
SASN	secondary address space number 2차 번지 공간 번호
SAT	swap allocation table 새트 ; 스왑 할당 테이블
SBC	① single board microcomputer 싱글 보드 마이크로컴퓨터 ② small business computer 사무용 소형 컴퓨터
SBD TTL	schottky barrier diode transistor transistor logic 쇼트키 장벽 다이오드 트랜지스터 트랜지스터 논리
SBM	super bit mapping ; 디지털 오디오로 20비트 신호를 16비트로 변환시키는 신호 처리 방식
SBS	small business system 소형 비즈니스 시스템
SCADA	supervisory control and data acquisition, supervisory control and data acquisition system 감시 제어 데이터 수집 시스템
SCAM	SCSI configured automatically 스캠 ; SCSI의 ID 설정을 자동으로 행하기 위한 규격
SCATS	sequentially controlled automatic transmitter start 순차 제어 자동 송신 장치

약 어	원어 및 설명
SCB	session control block 세션 제어 블록
SCC	sequential control counter 순차 제어 카운터
SCCS	① space command and control system 우주 명령과 제어 시스템
	② source code control system 원시 코드 제어 시스템
SCCW	swap channel command work area 교환 채널 명령 작업 지역
SCD	SPARC compliance definition 스파크 순응 규격 정의
S-CDMA	synchronous code division multiple access 코드 분할 접속 방식(CDMA)의 특허 버전
SCI	scalable coherent interface 멀티프로세서 시스템용의 입출력용 버스
SCM	① simulation cost model 시뮬레이션 비용 모델
	② software configuration management 소프트웨어 구성 관리
	③ Society for Computer Medicine 컴퓨터 의학 학회
	④ supply chain management 공급 사슬 관리
SCN	① self-contained navigation 자기 항행
	② synchronous control network 동기 제어망
	③ switched communication network 교환 통신망
SCO	the Santa Cruz Operation PC용 유닉스인 XENIX(마이크로소프트와 협력) 및 Open Desktop을 개발 · 판매하고 있는 회사
SCOOP	system for computerization of office processing 스쿠프
SCP	system control program 시스템 제어 프로그램
SCR	① semiconductor-controlled rectifier 사이리스터
	② silicon-controlled rectifier 사이리스터 ; 실리콘 제어 정류기
SCS	single console support 단일 콘솔 지원
SCSI	small computer system interface 스카시 ; 소형 컴퓨터 시스템 인터페이스
SCT	step control table 단계 제어표
SCTR	system conformance test report 시스템 적합성 시험 보고서
SCW	segment control word 세그먼트 제어어
SD	① send data 송신 데이터 ; 이는 모뎀이 멀리 떨어져 있는 컴퓨터에게 신호를 보내고 있는 중이라는 것을 사용자에게 알리는 것이다.
	② signal distributor 신호 분배 장치
	③ super digital 수퍼 디지털
SDA	screen design aid 표시 화면 설계
S-DAT	stationaryhead-digital audio tape 고정식 녹음 헤드를 사용한 디지털 · 오디오 · 테이프
SDAT	SCSI directed ATA transfer 멜코(Melco) 사가 개발한 신호 변환 방식
SDC	staging disk controller 스테이징 디스크 제어 장치
SDDM	source distributed data manager 기동측 분산 데이터 관리
SDE	① system design engineering 시스템 설계 공학
	② secure data exchange 안전한 데이터 교환
	③ software development environment 소프트웨어 개발 환경
SDH	synchronous digital hierarchy 동기 디지털 계층
SDI	selective dissemination of information 정보 선택 배포
SDK	software development kit 소프트웨어 개발 키트

약 어	원어 및 설명
SDL	① system directory list 시스템 디렉토리 리스트 ② symbolic description language 기능 규격 기술 언어
SDLC	synchronous data link control 동기 데이터 링크 제어
SDN	service digital network 디지털 정보 통신망
SDNS	security data network system 안전한 데이터 네트워크 시스템
SDP	① system design proposal 시스템 설계 제안 ② sequential decision process 순차 결정 과정 ③ system design phase 시스템 설계 단계
SDR	① statistical data recorder 통계 데이터 기록 기능 ② system design review 시스템 설계 심사
SDRAM	synchronous dynamic RAM 동기 동적 랜덤 접근 기억 장치 ; 주기억 장치에서 시스템 프로세서로 데이터를 전송하는 것은 어떤 PC라도 수행하는 데 있어 지속적으로 발생하는 가장 커다란 장애 가운데 하나이다.
SDS	software development system 소프트웨어 개발 시스템
SDSL	symmetric digital subscriber line 대칭 디지털 가입자 회선
SDT	signal detection theory 신호 검출 이론
SE	① state estimation 상태 추정 ② system engineer 시스템 엔지니어 ③ systems engineering 시스템 공학
SEAC	standards eastern automatic computer 시크 ; 최초의 축적형 컴퓨터의 이름
SECAM	system séquentiel couleur a mémoire 세캄 방식
SECC	single edge contact cartridge 인텔 사가 펜티엄 Ⅱ의 패키지에 최초로 채용한 형상으로 카트리지 타입이 되고 있다.
SEDR	system effective data rate 시스템 실효 데이터율
SEQUEL	structured English as query language 구조화 영문 질의어
SER	system environment recording 시스템 환경 기록
SERI	System Engineering Research Institute 시스템 공학 연구소
SET	secure electronic transaction 인터넷과 같은 공개된 네트워크 상에서 전자 상거래를 위한 신용 카드 거래를 안전하게 하기 위한 표준 프로토콜
SEU	source entry utility 원시문 입력 유틸리티
SF	secured facility 안전 보호 기능
SFA	sales forces automation
SFCI	Singapore Federation of the Computer Industry 싱가포르 정보 산업 연합회
SFD	service function driver 보수 기능 드라이버
SFX	self file extractor 자기 파일 검출기
SG	signal ground 신호용 접지
S-gate	ternary threshold gate 3진 논리 한계 게이트
SGCS	sixth generation computer system 제6세대 컴퓨터 시스템
SGFS	special group on functional standardization 기능 표준 특별 그룹
SGML	standard generalized makeup language 표준 문서 작성 언어, 표준화된 범용 표시 언어
S/H	sample and hold 표본 및 유지
SHARE	society for handling avoid redundant effort 공유하라/나눠 써라

약 어	원 어 및 설 명
SHF	supper high frequency 센티미터파
S-HTTP	secure-hypertext transfer protocol 1994년 Rescorla와 Schiffman에 의해서 개발된 HTTP 프로토콜의 확장판
SI	① shift in 시프트 인
	② shift in character 시프트 인 문자
	③ system integration 시스템 인테그레이션
	④ super impose 중복
	⑤ serial input 직렬 입력
SIA	① start instruction address 명령 개시 번지
	② systems integration architecture 시스템 통합 아키텍처
SIAM	① separate index access method 분리 색인 액세스 방식
	② Society for Industrial and Applied Mathematics 응용 수학회
SIBOS	SWIFT Int'l Banking Operation Seminar 국제 은행 간 정보 통신망 국제 세미나
SICOS	sidewall base contact structure 사이코스 ; 바이폴러 트랜지스터의 고속화를 위해 베이스 이미터들 간의 거리를 제조 가능한 세계로까지 축소한 트랜지스터 구조의 하나
SID	① segment identifier 세그먼트 식별자
	② symbolic instruction debugger 기호 명령어 디버거
SIG	Special Interest Group 분과회, 특별 이해 집단
SIGCHI	special interest group computer human interface 특정 분야에 관심 있는 소집단
SIGGRAPH	Special Interest Group on computer GRAPHics 미국 컴퓨터 학회 컴퓨터 그래픽스 분과회
SIGMA	software industrialized generator & maintenance aids system 시그마 계획
SIGP	signal processor 프로세서 신호(명령)
SIGPLAN	special interest group programming language 특정 분야에 관심 있는 소집단의 프로그램 언어
SILS	standard for interoperable LAN security 근거리망 정보 부호 표준
SIM	sequential inference machine 순차 추론 기계
SIMD	single instruction multiple data stream 단일 명령 다중 데이터 처리
SIMM	single inline memory module 심 ; 829개의 메모리 칩을 기판에 탑재하고, 하나의 확장 메모리로서 취급하는 방식
SIMS	shared information management system 공용 정보 관리 시스템
SIMSCRIPT	simulation scriptor 심스크립트
SIMULA	simulation language 시뮬라 ; 시뮬레이션 언어
SIN	support information network 지원 정보망
SIO	① serial I/O interface 직렬 입출력 인터페이스
	② start I/O 입출력 개시 명령
SIOT	step input/output table 스텝 입/출력표
SIP	① standard installation package 표준 도입 패키지
	② single in line package 싱글 인라인 패키지
SIPC	simply interactive PC 초간편 PC
SIPO	serial in parallel out 직렬 입력 병렬 출력
SIS	strategic information system 전략 정보 시스템
SISD	single instruction single data stream 단일 명령 단일 데이터 처리

약 어	원어 및 설명
SISO	serial in serial out 직렬 입력 직렬 출력
SITA	Society of International Telecommunications of Airline 국제 항공 통신 협회
SJF	shortest job first scheduling 최단 작업 우선 스케줄링
SL	synchronous line, medium speed 중속 동기용 회선 접속 기구
SLA	① storage logic array 저장 논리 배열 ② service level agreement 이용자와 제공자 사이에서 교환되는 특정 기간의 서비스 레벨에 관한 계약
SLAM	simulation language for alternative modeling 모델링 선택을 위한 시뮬레이션 언어
SLC	synchronous line, medium speed with clock 중속 동기용 회선 접속 장치
SLD	stack-type logical destination 축적형 논리 행선지
SLG	synchronous line group 동기용 회선 그룹 기구
SLIM	software life cycle management 소프트웨어 라이프 사이클 관리
SLIP	① symmetric list processor 대칭 리스트 처리기 ② serial line Internet protocol 직렬 회선 인터넷 프로토콜
SLIS	shared laboratory information system 임상 검사실 공동 정보 시스템
SLLL	synchronous line low load 저부하 동기용 회선 접속 장치
SLR	service level reporter 서비스 수준 보고 프로그램
SLS-DB	single locative space data base 단일 격납 공간 데이터 베이스
SLSI	supper large scale integration 최대 규모 집적 회로
SLT	solid logic technology 고체 논리 기술
SLTF	shortest latency time-first 최소 지연 시간 우선
SMART	Salton' s magical automatic retriever of texts 스마트
SMASE	system management application service element 시스템 관리 응용 서비스 요소
SMAUP	simple multiattribute utility procedure 단순 다속성 효용 수준
SMB	server message block LAN이나 컴퓨터 간의 통신에서 데이터 송수신을 하기 위한 프로토콜
SMBA	shared memory buffer architecture 표시용 메모리를 그래픽 보드 상에 확보하는 대신에 메인 메모리 상에 영역을 확보하는 아키텍처
SMDS	switched multimegabit data service M비트 1초 오더의 고속 교환 서비스
SMF	system management facilities 시스템 관리 기능
SMF method	system management facility method 시스템 관리 설비 방식
SMI	structured of management information OSI 네트워크 관리에 이용하는 다양한 관리 정보의 구조 등을 정의한 ISO 규격
SMIL	synchronized multimedia integration language 동기 멀티미디어 결합 언어
S/MIME	secure MIME 전자 우편의 내용을 보호하기 위한 암호화 기술로, 훔쳐보기(snooping), 변조(tampering), 위조(forgery) 등의 위험을 방지할 수 있다.
SMIS	security management information base 보안 관리 정보 베이스
SMP	symmetrical multi-processing 대칭형 다중 프로세서
SMPS	switching mode power supply 교환 방식 전원 공급 장치
SMPTE	society of motion picture and television engineers time code 동화상과 텔레비전 엔지니어 그룹 타임 코드
SMS	① standard modular system 표준 모듈러 시스템 ② system management server 시스템 관리 서버

약 어	원어 및 설명
SMSC	standard modular system card 표준 모듈러 시스템 카드
SMT	① surface mounting technology 표면 실장 기술 ② station management T 스테이션 관리 ③ surface mounting technology 표면 장착 기술
SMTP	simple mail transfer protocol TCP/IP의 응용 프로토콜의 하나, 메일 사이에서 발생하는 것을 전송해주는 프로토콜로 인터넷에서 이 메일을 교환할 때 그 과정을 정렬해준다.
S/N	① ratio signal to noise ratio 잡음 대 신호 비율 ② signal noise ratio 신호 대 잡음비
SNA	system network architecture 시스템 네트워크 체계
SNADS	system network architecture distribution service 시스템 네트워크 구조 분산 서비스
SNBU	switched network backup 교환망 백업
SNDCP	subnetwork dependent convergence protocol 하부망 종속 변환 프로토콜
SNG	satellite news gathering 위성 뉴스 수집
SNMP	simple network management protocol TCP/IP 네크워크 관리 프로토콜 ; TCP/IP 기반의 네트워크에서 네트워크 상의 각 호스트에서 정기적으로 여러 가지 정보를 자동적으로 수집하여 네트워크 관리를 하기 위한 프로토콜
SNOBOL	string oriented symbolic language 스노볼 ; 문자열 지향 기호 언어
SNS	social network service 소셜 네트워크 서비스
SNUF	SNA upline facility 시스템 네트워크 체계 업라인 기능
SO	shift-out character 시프트 아웃 문자
SOB	start of block 시작 블록
SOC	① self organizing concept 자기 조직화 개념 ② self organizing control 자기 조직화 제어
SOG	sea of gate 최근 주목받고 있는 게이트 어드레스의 하나
SOGITS	Senior Officials Group on Information Technology Standardization 정보 기술 표준화 고위 간부 그룹
SOH	① start of heading 헤딩 개시 ② start of heading character 헤딩 개시 문자
SOHO	small office home office 소호
SOI	silicon-on-insulator 실리콘 기판 상에 절연막(SiO_2)을 형성하고, 그 위에 실리콘층을 형성한 샌드위치 구조
SOL	simulation oriented language 솔 ; 시뮬레이션 지향 언어
SOM	start of message 메시지 개시 (문자)
SONET	synchronous optical network 동기 광 통신망
SOP	① standard operating procedure 표준 조작 절차 ② study organization plan 구조 설계 연구
SOS	share operation system 공유 작동 시스템
SP	① serial printer 직렬 프린터 ② space 공간 ③ space character 간격 문자 ④ stack pointer 스택 포인터 ⑤ structured programming 구조화 프로그래밍

약 어	원어 및 설명
	⑥ symbol programmer 기호 프로그래머
	⑦ system processor 시스템 프로세서
SPA	scratch pad area 스크래치 패드 영역
SPADATS	space detection and tracking system 우주 탐사 추적 시스템
SPAG	Standards Promotion and Application Group 유럽 표준 진흥 및 응용 그룹
SPARC	scalable processor architecture 스파크 ; 32비트 마이크로 프로세서의 명칭
SPARKS	structured programming a reasonably konplete set 스팍스 ; 알고리즘을 기술하는 데 적합하게 만들어진 언어
SPC	① system power controller 시스템 전원 제어 장치
	② set point control 설정값 제어
SPD	structured programming diagram 구조화 프로그래밍 도표
SPDIF	Sony Philips digital interface 디지털 단자 규격의 하나로, 정식 명칭은 IEC-958TYPE이고, EIAJ에 규정되어 있다.
SPDU	session protocol data unit 세션 프로토콜 데이터 단위
SPEC	systems performance evaluation cooperative 스펙 ; 컴퓨터 시스템의 벤치마크 테스트를 개발하기 위해 설립한 비영리 단체, 1988년에 Apollo Computer(현재는 HP가 흡수 합병)
SPECmark	SPEC benchmak 본래 미국의 Apollo, HP, MIPS, Sun의 네 회사를 중축으로 한 SPEC이 정한 벤치마크 테스트로 컴퓨터(CPU) 성능을 측정한 값
SPF	scratch pad file 임시 패드 파일
SPI	single program initiator 단일 프로그램 개시
SPICE	simulate program integrated circuit emphasis 스파이스 ; 회로 시뮬레이터
SPID	service profile identifiers 중앙 전화국 스위치가 ISDN 기기에 제공하는 서비스와 기능을 밝혀준다.
SPIDER	subroutine package for image data enhancement and recognition 스파이더
SPL	service priority list 서비스 우선 리스트
SPOOL	simultaneous peripheral operation on line 스풀
SPRT	sequential probability ratio test 순차(적) 확률비 시험
SPS	symbolic programming system 기호 프로그래밍 시스템
SPSS	statistical package for social science 사회 과학 통계 패키지
SPX	sequenced packet exchange 순차 패킷 교환
SPX/IPX	sequenced packet exchange/Internet packet exchange 모두 넷웨어에 쓰이고 있는 프로토콜 이름
SQA	① software quality assurance 소프트웨어 품질 보증
	② system queue area 시스템 큐 영역
SQAM	software quality assessment and measurement 소프트웨어 품질 평가 측정
SQC	statistical quality control 품질 관리에 통계학을 활용하는 기법
SQL	structured query language 구조화 질의어
SQL/DS	structured query language/data system 구조화 질의어/데이터 시스템
SQUARE	specifying queries as relational expressions 스퀘어 ; 관계 데이터 베이스 언어의 일종
SQUID	superconducting quantum interference device 초전도 양자 간섭 장치
SQUIRAL	smart query interface for a relational algebra 스퀴랄 ; 관리 대수 데이터 베이스

약 어	원어 및 설명
	인터페이스의 성능을 최적화시키는 기법의 일종
SRB	service request block 서비스 요구 블록
SRE	software reliability engineering 소프트웨어 신뢰성 공학
SREM	software requirement engineering methodology 소프트웨어 요건 정의 공학 방법론
SRF	service request flag 서비스 요구 플래그
SRM	system resource manager 시스템 자원 관리 프로그램
SRPG	simulation roll playing game 시뮬레이션 롤 플레잉 게임
SRS	self regulating system 자기 조정 시스템
SRT scheduling	shortest remaining time scheduling 최단 잔여 시간
SS	① sequence set 순서 세트
	② start stop 조보(식)
SSA	segment search argument 세그먼트 탐색 인수
SSB	① sense byte 센스 바이트
	② single side band 단측파대
SSC	① station selection code 단말 선택 코드
	② subsystem carrier 서브시스템 캐리어
SSCH	start subchannel 서브 채널 개시 (명령)
SSCP	system services control point 시스템 서비스 제어점
SSCVT	subsystem communication vector table 서브시스템 커뮤니케이션 벡터표
SSD	solid state disk 반도체 디스크
SSDA	synchronous serial data adapter 동기 직렬식 데이터 접합기
SSE	① soft systems engineering 소프트 시스템 공학
	② support system engineering 지원 시스템 공학
	③ streaming SIMD(single instruction multiple data) extension 스트리밍 SIMD 확장, 스트리밍 단일 명령 다중 데이터 처리 확장
SSF	system standard format 시스템 표준 형식
SSI	① small scale integrated 소규모 집적 회로
	② subsystem interface 서브시스템 접속
	③ server-side include 현재 시간을 알려주는 시계와 같은 다이내믹 부속들이 웹 페이지에 쉽게 연결되도록 만들어준다.
SSIB	subsystem identification block 서브시스템 식별명 블록
SSID	subsystem identification 서브시스템 식별명
SSL	secure sockets layer 안전하지 않기로 악명높은 인터넷에 전자 상거래를 구축할 목적으로 넷스케이프 커뮤니케이션이 개발한 상거래 보안 표준
SSM	state sequence model 상태 시퀀스 모델
SSOB	subsystem options block 서브시스템 옵션 블록
SSP	scientific subroutine package 과학 계산용 서브루틴 패키지
SSR	solid state relay 솔리드 스테이트 계전기
SSS	subsystem support services 서브시스템 지원 서비스
SST	① soft systems theory 소프트 시스템 이론
	② system simulation tester 시스템 시뮬레이션 테스터
SSTF scheduling	shortest seek time first scheduling 최단 검색 시간 우선 스케줄링

약 어	원어 및 설명
SSX/VSE	small systems executive/virtual storage extended 소형 시스템 관리/확장 가상 기억
ST	store accumulator 저장 누산기
STADAN	space tracking and data acquisition network 우주 추적 데이터 수집 네트워크
STAE	specify task asynchronous exit 태스크 비동기 출구 지정
STAIRS	storage and information retrieval system 데이터 베이스 작성 검색 시스템
STAR	self testing and repairing 자기 검사 · 수리
STB	set top box 셋 톱 박스
STC	self tuning control 자기 동조 제어
STCPS	store channel path status 스토어 채널 패스 상태
STCRW	store channel report word 스토어 채널 리포트 언어
STDM	① standard module 표준 모듈 ② synchronous time division multiplexing system 동기 시분할 다중 방식 ③ statical time division multiplexer 통계적 시분할 다중 장치
STEDR	staging effective data rate 스테이징 실효 데이터율
STEP	standard for the exchange of product model data 스텝 ; ANSI 규격의 IGES를 계승한 ISO의 CAD/CAM 솔리드 모델의 데이터 교환에 관한 표준안
STEPS	standardized technology and engineering for programming support 스텝스
STLR	segment table length register 세그먼트 표 길이 레지스터
STM	synchronous transfer mode 동기 전송 모드, 동기 전송 방식
STN	status number 상태 번호
STO	segment table origin 세그먼트 테이블 기점 번지
STOR	segment table origin register 세그먼트 테이블 기점 레지스터
STP	① signal transit point 신호 중계점 ② shielded twisted-pair 실드 처리된 꼬인 쌍선
STPC	set top PC 셋 톱 PC
STR	synchronous transmitter receiver 동기 송수신 (기구)
STRACT	strategic interactive information system 대화형 전략 정보 시스템
STRUDLE	structural design language 스트루들
STS	SWIFT Terminal Service 국제 은행 간 정보 통신망 터미널 서비스
ST structure	state transition structure 상태 천이 구조
STT	secure transaction technology 보안 주문 처리 기법
S-TTL	schottky transistor transistor logic 쇼트키
STW	simple terminal writer 기장기
STX	① start of text 텍스트 개시 ② start of text character 텍스트 개시 문자
SU	signalling unit 신호 장치
SUA	standard unit of accounting 표준 부과금 단위
SUB	substitute character 치환 문자
SUI	subtact immediate from accumulator 누산기 즉시 감산
SUMT	sequential unconstrained minimization technique 순차적 비제약형 최소화기법
SUPVT	supervisor vector table 수퍼바이저 벡터표
SUR	speech understanding research 음성 인식 연구

약 어	원어 및 설명
SUT	system under test 시험 대상 시스템
SVA	shared virtual area 공용 가상 영역
SVC	① supervisor call 수퍼바이저 호출 (명령) ② supervisor call instruction 수퍼바이저 호출 명령 ③ switched virtual circuit 컴퓨터 시스템을 위한 평가 지침서
SVCS	satellite video communication service 위성 비디오 통신 서비스
SVD	simultaneous voice and data 모뎀을 이용한 통신에서 음성 통화와 데이터 통신을 동시에 하는 기법
SVGA	super video graphics array 수퍼 비디오 그래픽스 어레이
SVID	system V interface call interrupt 시스템 V 접속 정의
SVP	service processor 서비스 프로세서
SVRB	supervisor request block 수퍼바이저 요구 블록
SVS	single virtual storage 단일 가상 기억 시스템
SVVS	system V verification suite 시스템 V 검증 집단
S/W	software 소프트웨어
SWA	scheduler work area 스케줄러 작업 영역
SWAP	shared wireless access protocol 스왑 ; HomeRF 워킹 그룹에서 채택된 규격
SWIFT	society of worldwide interbank financial telecommunication 스위프트 ; 국제 은행 간 데이터 통신 시스템
SX	signal to crosstalk ratio 신호 대 누화비
SYLK	symbolic link 기호 연결
SYN	synchronous idle, synchronous character 동기 신호 문자
SYNC	synchronous character 동기용 문자
SYSGEN	system generation 시스템 생성
SYSIN	system input stream 시스템 입력 스트림
SYSL	system description language 시스템 기술 언어
SYSLOG	system log 시스템 로그
SYSOP	system operator 시스템 운영자
SYSOUT	system output stream 시스템 출력 스트림
SYSRES	system residence volume 시스템 레지던스 볼륨
SYSTRAN	systems translation, system analysis translator 시스템 분석 번역 장치

약 어	원어 및 설명
T	① tera 테라 ; 10^{12}=1조 ② terminal 터미널 ③ time 시간
TA	① task analysis 태스크 해석 ② trunk amplifier 간선 증폭기

약 어	원어 및 설명
	③ technology assessment 기술 평가
TAB	① tabulation 표 만들기, 난 보내기
	② tape automated bonding 탭 ; 와이어리스 본딩의 한 방법
TACCIMS	theater automated command control information management system 태킴즈 ; 전장 지휘 통제 본부 자동화 시스템
TACT	transient area control table 일시 영역 제어표
TAD	① transient area descriptor 일시 영역 기술자
	② telephone answering device 전화 자동 응답 장치
TANES	task network scheduling 태스크 네트워크 스케줄링
TAO	track at once CD-R 드라이브에서 CD에 내용을 기록할 때 한 번에 한 트랙씩 기록하는 방법
TAPI	telephony application program interface 윈도 95에서 프로그래머가 모뎀과 전화 걸기를 제어할 수 있도록 만든 여러 가지 루틴들을 담은 표준 라이브러리
TASI	time assignment speech interpolation 자간 할당 통화 배당 장치
TAT	turn around time 반환 시간
TB	① trunk block number 트렁크 블록 번호
	② tera byte 테라바이트
TBLA	time based load analysis 시간 베이스 부하 해석
TBM	time-based management 시테크라고 하며, 노동력 대신 각종 정보 기술과 전략적 사고에 입각하여 시간 가치를 높임으로써 기업의 경쟁력 확보, 고객 만족 및 종업원들의 복지에 기여하는 정보 사회의 새로운 시간 창조, 관리 기술
TBO	time between overhauls 오버홀 간격
TBP	telephone bill payment 전화 자금 이체
TC	① terminal controller 단말 제어 장치
	② transmission control 전송 제어
	③ transmission control character 전송 제어 문자
TCA	total company automation 전사 오토메이션
TCAM	telecommunication access method 통신 액세스법
TCAS	terminal control address space 단말 제어 번지 공간
TCB	task control block 태스크 제어 블록
TCH	test channel 채널 테스트 (명령)
TCM	① thermal conduction module 열전도 모듈
	② time compression multiplexing 시분할 방향 제어 전송 방식
TCMP	tightly coupled multiprocessing system 밀착 결합 다중 처리 시스템
TCO	① The Swedish Central Organization of salaried employees 전기 기기에서 방사되는 전자파 등에 대한 규격을 책정하는 스웨덴 단체, 또는 그 규격. 컴퓨터 관련 주요 규격으로는 TCO1992와 TCO95가 대표적이다.
	② total cost of ownship 1997년 미국의 대표적인 컨설팅 회사인 가트너 그룹(Gartner Group)에서 발표한 것으로, 기업에서 사용하는 정보화 비용에 투자 효과를 고려하는 개념의 용어와 한 대의 컴퓨터를 이용하는 데 드는 전체 비용으로 하드웨어 소프트웨어, 업그레이드 비용, 상근 직원 및 훈련과 기술 지원을 담당하는 상담 직원 급료 등을 포함하는 것을 나타내는 데도 쓰인다.
TCP	transmission control protocol 전송 제어 프로토콜

약 어	원어 및 설명
TCP/IP	transmission control protocol/Internet protocol 네트워크 간 전송 제어 프로토콜
TCR	transport connection request block 트랜스포트 접속 요구 블록
TCS	telecommunications control system 증권용 데이터 통신 제어 시스템
TCT	target cycle time 목표 사이클 시간
TCU	① telecommunication control unit 통신 제어 장치 ② transmission control unit 전송 제어 장치
TD	transmitter distributor 자동 송신기
TDCI	Taiwan Data Communication Institute 대만 데이터 협회
TDDM	target distributed data manager 수동측 분산 데이터 관리 프로그램
TDE	telephone data entry 전화를 이용한 데이터 입력
TDF	transborder data flow 국제간 데이터 유통
TDI	trade data interchange 거래 데이터 교환
TDL	transistor diode logic 트랜지스터 다이오드 논리
TDM	time division multiplex, time division multiplexing 시분할 다중 방식
TDMA	time division multiple access 시분할 다중 접근
TDOS	tape disk operating system 테이프 디스크 운영 체제
TDR	time domain reflectometer 네트워크 케이블의 손상 및 단선을 검사하는 장비로서 검사를 위한 신호를 전송하고 신호의 반송에 따라 상태를 점검한다.
TDX	time division exchange 시분할 방식 교환기
TE	① termination environment 종단 영역 ② terminal equipment 단말 장치
TEA	task equipment analysis 태스크 장치 분석
TEAPACK	teaching package 티팩 ; 수치 해석 패키지의 명칭
TEI	terminal endpoint identifier 단말 장치 종단 식별자
TELNET	teletype network 텔넷
TEN	trunk equipment number 트렁크 장치 번호
TESTRAN	test translator 테스트 번역 프로그램
TEX	telex 텔렉스 ; 가입 전신
TEX-NCU	network control unit for telex 텔렉스용 네트워크 제어 장치
TFT	thin film transistor 박막 트랜지스터 ; 주변에서 흔히 볼 수 있는 랩탑 컴퓨터의 액정 화면을 만드는 데 사용되는 트랜지스터
T-gate	ternary selector gate 3진 실렉터 게이트, 3진 선택 게이트
TGN	trunk group number 트렁크군 번호
THERP	technique for human error rate prediction 휴먼 에러율 예측 기법
TI	Texas Instrument 텍사스 인스트루먼트 사
TID	tuple identifier 투플 식별자
TIENET	total information exchange and processing network service 정보 교환 처리 서비스
TIFF	① tagged image file format 화상 파일의 표준 형식 ② tagged information file format TIFF를 이용하면 1비트에서 24비트 포토그래픽 이미지까지 이르는 색깔들을 매우 손쉽게 다룰 수 있다.
TIGA	Texas instruments graphics architecture 텍사스 인스트루먼트 그래픽스 아키텍처
TIM	task identification matrix 태스크 식별 매트릭스
TINA-C	telecommunications information networking architecture consortium 티나

약 어	원어 및 설명
	시 ; 지능 네트워크(IN)를 추진하기 위한 국제적인 컨소시엄
TIO	test input-output 입출력 테스트 (명령)
TIOC	terminal I/O coordinator 터미널 입출력 조정자
TIOT	task input-output table 태스크 입출력표
TIP	terminal interface processor 단말 인터페이스 연산 처리 장치
TIQ	task input queue 태스크 입력 대기 행렬
TIS	toll incoming switch 시외 착신 교환기
TJB	time sharing job control block 시분할 잡 제어 블록
TJID	terminal job identification 단말 잡 식별
TL	transport layer 전송 계층
TLA	time line analysis 타임 라인 해석
TLB	translation look a side buffer 변환 색인 버퍼
TLF	temporary log file 일시적 로그 파일
TLMA	telematic agent 텔레마틱 처리기
TLP	telegraph line pair 전신용 회선 접속 장치(2회전용)
TLPS	total logistics planning system
TLU	table look-up 색인표, 표색인, 테이블 조사
TLX	telex 가입 전신
TM	① tape marker 테이프 마커
	② temporary memory 일시 기억 장치
	③ turing machine 튜링 머신, 튜링 기계
TMDS	transition minimized display signaling VESA가 제창하는 액정 디스플레이의 표준화 접속 형식
TMI	text message injury 문자 메시지 통증
TMN	telecommunications management network 전기 통신 관리망
TMP	① terminal monitor program 터미널 모니터 프로그램
	② test and maintenance program 시험 보수 프로그램
	③ test management protocol 시험 관리 프로토콜
TMPDU	test management protocol data unit 시험 관리 프로토콜 데이터 단위
TMQN	task message queue node 태스크 메시지 큐 노드
TMS	① telephone management system 전화 관리 시스템
	② text management system 텍스트 관리 시스템
	③ truth maintenance system 진리값 유지 시스템
TN	① transport network 전송 네트워크
	② trunk number 트렁크 번호
TNC	transport network control 전송 네트워크 제어
TNG	trunk number group 트렁크 넘버 그룹
TNS	transaction network service 트랜잭션 네트워크 서비스
TOA	time of arrival 도착 시간
TOC	table of contents 목록, 목차
TOD clock	time of day clock 시각 기구, 24시제 클록
TOP	technical and office protocol 기술 설계용 및 사무실용 통신 프로토콜
TOPICS	total on-line program and information control system 토픽스 ; 총 온라인 프로

약　어	원어 및 설명
	그램과 시스템 정보 관리
TOPS	terminal operating system 단말 운영 체제
TOS	① tape operating system 테이프 운영 체제
	② toll operation switch 시외 발신 교환기
TP	① toll point 즉시 턴템국
	② transport protocol(OSI layer 4) 전송 프로토콜
TPA	transient program area 비상주 프로그램 영역
TPC	① typewriter controller 타이프라이터 제어 장치
	② Transcation Processing performance Council 1988년 8월에 발족한 OLTP 시스템의 성능 평가 척도의 마련과 각사의 벤치 마크값을 검증하기 위하여 만들어진 비영리 단체
TPDDI	twisted-pair distributed data interface 꼬임선 분산 데이터 인터페이스
TPI	tracks per inch 인치당 트랙 수
TPLIB	transient program library 일시 프로그램 라이브러리
TPM	transaction processing manager 트랜잭션 처리 관리 프로그램
TPNS	teleprocessing network simulator 통신망 시뮬레이터
TPON	telephony on passive optical network 티폰 ; 영국 BTC(British TeleCom)가 실시하고 있는 광섬유를 이용한 B-ISDN의 실험 시스템
TPT	transient program table 일시 프로그램표
TPVM	teleprocessing virtual machine 텔레프로세싱 가상 컴퓨터
TQC	total quality control 종합 품질 관리, 전사적 품질 관리
TQD	transient-type queue data set 일시 큐 데이터 세트
TR	① technical report(ISO standard type) 기술 문서
	② terminal ready 모뎀 통신을 할 때 컴퓨터가 통신 프로그램을 실행하고 있다는 것을 알려주기 위하여 전달되는 신호
TRAC	Technical Recommendations Application Committee 기술 권고 위원회
TRDY	transmit buffer ready 전송 버퍼 준비
TRIAC	triode AC switch 트라이액 ; 3극관 교류 스위치
TRIB	transfer rate of information bit 정보 비트 전송 속도
TRL	transistor resistor logic 트랜지스터 저항 논리
TRM	trunk memory 트렁크 메모리
TRON	the real time operating system nucleus 트론 ; 시스템 누클러서 실제 작동 시간
TRS	① tax response service 국세청에서 제공하는 자동 세무 응답 서비스
	② trunked radio system 주파수 공용 통신
TRSDOS	Tandy-radio shack disk operating system 탠디(Tandy) 사의 TRS-80 마이크로컴퓨터의 디스크 운영 체제
TRU	trunk control unit 트렁크 제어 장치
TSB	terminal status block 단말 상태 블록
TSC	① time sharing control 시분할 제어
	② transaction subenvironment 트랜잭션 부환
	③ Telecommunications Standardization Council 전기 통신 표준 심의회
	④ transmitter start code 송신 개시 코드
TSCB	task set control block 태스크 세트 제어 블록

약　어	원어 및 설명
TSD	① traffic situation display 교통 상황 디스플레이
	② touch sensitive digitizer 접촉 감지 디지타이저
TSG	trunk subgroup number 트렁크 서브그룹 번호
TSL	tri-state logic 3-상태 논리
TSM	total storage management 종합 기억 장치 관리
TSN	tape serial number 테이프 일련 번호
TSO	time sharing option 시분할 기능, 시분할 옵션
TSP	① transaction scratch pad 트랜잭션 스크래치 패드
	② test suite parameter 시험조 파라미터
TSR	terminate and stay resident 램 상주
TSRT	task set reference table 태스크 세트 참조표
TSS	① time sharing system 시분할 시스템
	② time sharing processing 시분할 처리
TSSD	task step data detail 태스크-스텝 데이터 상세
TTA	Telecommunications Technology Association 한국 통신 기술 협회
TTC	① Telecommunications Technology Committee 일본 전신 전화 기술 위원회
	② Telecommunication Technology Council 일본 전기 통신 기술 심의회
TTCN	tree and tabular combined notation 수형 구조 및 테이블 구조 복합 표기법
TTD	temporary text delay 텍스트 일시 지연 문자
TTE	trace table entry 추적 테이블 엔트리
TTL	① transistor transistor logic 트랜지스터-트랜지스터 논리 회로
	② totem pole output 토템 폴 출력
TTLC	transistor-transistor logic circuit 트랜지스터 간 논리 회로
TTR	timed token rotation 타임드 토큰 회전
TTRT	target token rotation time 한계 토큰 회전 시간
TTS	toll transit switch 시외 중계 교환기
TTX	teletex 텔리텍스
TTY	teletypewriter 텔레타이프라이터, 전신 타자기
TU	trunk unit number 트렁크 유닛 번호
TUP	telephone user part 전화 사용자부
TV	television 텔레비전
TVT	television typewriter TV 타이프라이터
TWA	two way alternate 양방향
TWAIN	technology without any interested name 트웨인 ; 이미지 스캐너 등의 외부 입력 장치를 사용하기 위한 표준 소프트웨어 인터페이스
TwinVQ	transform-domain weighted interleave vector quantization NTT 사이버 스페이스 연구소가 개발한 음성 압축 기술
TWSD	task work stack descriptor 태스크 작업 스택 기술어
TWX	teletypewriter exchange 텔레타이프 교환
TWX service	teletypewriter exchange service 텔레타이프 교환 서비스
TYPC	typewriter control unit 타이프라이터 제어 장치

U

약 어	원어 및 설명
U	unit 장치
UA	① upper accumulator 상위 누산기 ② user agent 사용자 처리기 ③ user area 사용자 영역
UADS	user attribute data set 사용자 속성 데이터 세트
UAE	unrecoverable application error 복구 불가능한 응용 프로그램 에러를 가리키는 윈도 용어
UART	universal asynchronous receiver transmitter 만능 비동기 송수신기
UBHR	user block handling routine 사용자 블록 취급 루틴
UCB	unit control block 장치 제어 블록
UCL	upper control limit 상방 관리 한계
UCS	① universal character set 유니버설 문자 세트 ② user control store 사용자 제어 기억 장치
UCW	unit control word 장치 제어 워드
UDC	universal decimal classification 범용 10진 분류법
UDF	user defined function 사용자 정의 함수
UDK	user defined key 사용자 정의 키
UDMA	ultra direct memory access 하드 드라이브와 컴퓨터 사이에 있는 인터페이스의 새로운 프로토콜
UDP	user datagram protocol 인터넷과 같이 실제의 물리적 접속이 없는 통신 환경에서 데이터를 전송하는 데 사용되는 프로토콜
UDPC	universal digital portable communications 범용 디지털 이식 가능 통신
UDS	utility definition specification 유틸리티 정의 명세
UE	user element 사용자 요소
UFI	user friendly specification 사용자 지지 명세
U-format	unfixed format 부정 형식
UG	user' s group 사용자 그룹
UHF	ultra high frequency 극 초단파
UHL	user header lable 사용자 헤더 레이블
UHP	universal host processor 유니버설 호스트 프로세서
UI	① user interface 사용자 인터페이스 ② UNIX international 유닉스 인터내셔널 ; OSF에 대항하여 1989년 1월에 AT & T나 선 마이크로시스템즈 사 등에 의하여 설립된 UNIX system V Release 4의 보급/표준화를 위한 컨소시엄
UICN	universal & intelligent communications network 종합 지적 통신망
UIL	user interface language 사용자 인터페이스 언어 ; 사용자 인터페이스를 표현하기 위하여 기술하는 사용자 레벨의 언어
UIM	user interface model 사용자 인터페이스 모델
UIMS	user interface management system 사용자 인터페이스 관리 시스템

약 어	원어 및 설명
UK-GOSIP	United Kingdom government OSI profile 영국 정부 OSI 프로파일
ULD	universal language definition 보편 언어 정의
ULI	Underwriters Laboratories Inc. 미국의 안전도 부문의 제품 검사, 등록을 하는 단체 또는 규칙
ULSI	ultra large scale integration 극 대규모 집적 회로
UMA	unified memory architecture 통합 메모리 구조
UMB	upper memory block 상위 메모리 블록
UML	unified modeling language 객체지향분석과 설계를 위한 모델링 언어
UMS	unified messaging system 통합 메시징 시스템
UMTS	universal mobile telecommunication system 모든 종류의 이동 통신을 결합한 통합 이동 통신 시스템
UNCOL	universal compiler oriented language 범용 컴파일러 중심 언어
UN/ECE	United Nations/Economic Commission for Europe UN 유럽 경제 위원회
UNI	user network interface 사용자망 인터페이스
UNICOSA	UNIversity COmputer Science Association 전국 대학생 컴퓨터 서클 연합회
UNIVAC	universal automatic computer 유니백
UNMA	unified network management architecture 통합망 관리 구조
UPC	universal product code 통일 상품 코드, 만국 제품 코드
UPnP	universal plug and play 마이크로소프트 사가 제창한 것으로 각종 가전 제품을 홈네트워크에 접속하는 인터페이스 규격
UPS	uninterruptible power supply 무정전 전원 장치
UPT	universal personal telecommunication 개인에게 할당된 망과 독립된 번호인 UPT 번호를 사용하여, UPT 번호를 가지고 있는 특정 이용자(개인)를 대상으로 하는 범세계 개인 통신 서비스
UR	unit record 유닛 레코드
URL	uniform resource locator 인터넷 상에 존재하는 정보에 액세스하는 순서와 소재를 기술하는 규격
US	① unit separator 단위 분리기 ② unit separator character 유닛 분리 문자
USART	universal synchronous/asynchronous receiver transmitter 유자트, 범용 동기/비동기형 송수신기
USASCII	United States of American Standard Code for Information Interchange US 아스키 ; 통신 시스템 또는 관련 기기 사이의 정보 교환에 사용
USASI	United States of American Standards Institute 미국 규격 협회
USB	universal serial bus 컴퓨터 뒤에 있는 모든 포트를 하나의 포트로 대체하기 위하여 컴팩, 디지털, IBM 등의 PC 제조업자 컨소시엄이 만든 범용 직렬 버스
USCC	universal synchronous communication chip 범용 동기 통신 칩
USER ID	user identification 사용자 이름
USG	UNIX Support Group 유닉스 지원 그룹
US-GOSIP	United States government OSI profile 미국 정부 OSI 프로파일
USRT	universal synchronous receiver transmitter 범용 동기 송수신기
UT	upper tester 상위 시험기
UTL	user trailer label 사용자 끝 레이블

약 어	원어 및 설명
UTP	unshielded twisted pair cable 이더넷에서 일반적으로 사용되는 케이블
UTS	① unit task simulator 단위 태스크 시뮬레이터 ② universal time sharing system 범용 시분할 시스템
UUCP	UNIX to UNIX communication protocol 유닉스 간 통신 프로토콜
UV-EPROM	ultra violet erasable and programmable read only memory 자외선 소거식 피롬
UVL	user volume label 사용자 볼륨 레이블
UVM	universal vendor mark 통일 벤더 마크

약 어	원어 및 설명
V	voltage 전압의 단위
VA	value analysis 가치 분석
VAB	voice answer back 음성 응답
VAC	volts alternating current 전류 변경 전압
VAF	value added function 부가 가치 기능
VAN	value added network 부가가치 통신망, 고도 정보 통신망
VAR	value added reseller 가치 부여 판매업자
VAS	value added service 부가가치 서비스
VAV	verification and validation 검사와 타당성 검사
VAX	virtual address extension 백스
VBA	Visual Basic for application 마이크로소프트 사의 윈도 오피스 응용 프로그램용 매크로 언어
VBX	Visual Basic extender 비주얼 베이직 익스텐더
VC	① virtual call 상태 선택 접속 ② virtual corporation 가상 기업 ③ virtual channel 가상 채널 ④ virtual computer 가상 컴퓨터
VCB	volume control block 볼륨 컨트롤 블록
VCBA	variable control block area 가변 제어 블록 영역
VCM	① voice coil motor 보이스 코일 모터 ② virtual channel memory 가상 채널 메모리
VCO	voltage controlled oscillator 전압 제어 발진기
VCPI	virtual control program interface 가상 제어 프로그램 인터페이스
VCR	video cassette recorder 영상 카세트 녹화기
VCS	voice command system 음성 명령 시스템
VCT	voice code translation 음성 코드 번역 기구
VDI	virtual device interface 가상 장치 인터페이스
VDL	Vienna definition language 빈식 정의 언어
VDM	① virtual device manager 가상 장치 관리 ② visual detection model 시각적 검출 모델

약 어	원어 및 설명
	③ Vienna definition method 빈식 정의법
VDS	visual display system 시각 표시 장치 시스템
VDSL	very-high-data-rate digital subscriber line 초고속 데이터 디지털 가입자 회선
VDT	visual display terminal 영상 표시 단말 장치
VDU	visual display unit 시각적 표시 장치
VE	value engineering 가치 공학
VENUS	valuable and efficient network utility service 비너스 ; 일본의 버킷 교환 방식인 통신 네트워크
VENUS-P	valuable and efficient network utility service packet KDD(국제 전신 전화 주식 회사)가 제공하는 국제 패킷 통신 서비스
VER	① verification 증명
	② verify 증명하다
VESA	Video Electronics Standards Association 비디오 전자 공학 표준 위원회 ; 수퍼 VGA 비디오 화면과 VLB 버스 표준을 포함한 많은 개인용 컴퓨터 표준을 만들기 위해 설립된 산업 기구
VEV	virtual event variable 가상 사건 변수
VF	vertical feel 수직 이동
VFAT	virtual FAT 가상 FAT
VFDU	virtual file data unit 가상 파일 데이터 단위
VFP	variable factor programming 변동 요인 프로그램
VFS	virtual file system 가상 파일 시스템
VFU	vertical format unit 수직 서식 장치, 종이 이송 제어
VGA	video graphics array 영상 그래픽스 어레이
VHF	very high frequency 초단파
VHSIC	program very high speed integrated circuit program 초고속 집적 회로 프로그램
VIM	vendor independent messaging 로터스를 중심으로 한 벤더 그룹이 개발한 전자 우편의 표준 API 사양
VINITI	Vsesoyuznyi Institut Nauchnoii Tekhniches koi Informatsii 비니티, 소련 과학 기술 정보 기관
VIO	virtual input-output 가상 입출력
VL	volume label 볼륨 레이블
VLD	volatile logical destination 비축적형 논리 수신처
VLDB	very large data base 초대형 데이터 베이스
VLF	very low frequency 초장파, 초저주파
VLIW	very long instruction word 블류 ; 컴퓨터 설계 기법의 하나
VLSI	very large scale integration/very large scale integrated circuit 초대규모 집적 회로
VM	virtual machine 가상 기계
VMA	valid memory address 유효 기억 번지
VM/CMS	virtual machine/conversational monitor system 가상 컴퓨터/대화형 모니터 시스템
VME bus	versa module euro bus VME 버스
VMOS	vertical metal oxide semiconductor 수직형 금속 산화 반도체

약 어	원어 및 설명
VMS	virtual memory system 가상 기억 장치 시스템
VM/SP	virtual machine/system product IBM 사의 대형 컴퓨터 기종에서 사용되는 운영 체제
VMTP	versatile message transaction protocol 다기능 메시지 처리 프로토콜
VMX	voice mail box 음성 전달 장치
VOD	video on demand 주문형 비디오
VOGAD	voice operated gain adjusting device 음성 작동 이득 조절 장치
VOL	volume header label 볼륨 표제 레이블
VOM	volt ohm milliampere 전압 · 저항 전류를 측정하기 위한 테스터
VP	video phone 비디오 전화, 화상 전화
VPA	valid peripheral address 유효 주변 장치 번지
VPI	value of perfect information 완전 정보 가치
VPN	virtual private network 가상 사설망 서비스
VR	virtual reality 가상 현실
VRAM	video RAM 비디오 램
VRC	vertical redundancy check 수직 리던던시 검사
VRS	① video response system 영상 응답 시스템
	② voice response system 음성 응답 시스템
VRT	video tape recorder 영상 테이프 녹화기
VS	① virtual storage 가상 기억
	② virtual system 가상 시스템
VSAM	virtual storage access method 가상 기억 접근 방식
VSAT	very small aperture terminal 브이샛 ; 위성 통신용의 최소형 지상국
VSB	vestigial side band 잔류 측파대
VSC	variable speech control 가변 음성 제어
VSE	virtual storage extended 가상 기억 확장 (시스템)
VSL	virtual software library 슬로베이아 리주블자나 대학의 프로젝트인 지가 터크의 SHASE에서 나온 개방 표준
VSM	virtual storage manager 가상 기억 관리
VSOS	virtual storage operating system 가상 기억 장치 운영 체제
VSYNC	vertical synchronization signal 수직 동기 신호
VT	① vertical tabulation 수직 탭
	② vertical tabulation character 수직 탭 문자
	③ virtual terminal 가상 단말
VTAM	virtual telecommunications access method 가상 통신 액세스 방식
VTAMPARS	VTAM performance analysis reporting system VTAM 성능 분석 보고서 작성 시스템
VTOC	volume table of contents 볼륨 목록
VTP	virtual terminal protocol 가상 단말 프로토콜
VTR	video tape recorder 영상 테이프 녹화기
VU	① voice unit 음성 단위
	② volume unit 음량 단위
VUA	virtual unit address 가상 장치 번지

약　어	원어 및 설명
V & V	verification and validation 검사와 타당성 검사

약　어	원어 및 설명
W	① word 단어
	② write 기록, 기입
W3C	world wide web consortium 월드 와이드 웹 컨소시엄
WABT	wait before transmit 송신 일시 정지 요구
WACK	wait before transmit positive acknowledgement 송신 대기 요구
WAD method	worst-case area difference method WAD법
WADS	wide area data service 광역 데이터 서비스
WAN	wide area network 광역 네트워크
WAP	① work analysis program 작업 해석 프로그램
	② wireless application protocol 인터넷 상의 데이터를 휴대 전화와 같은 무선 단말기에서 취급하기 쉽도록 변환하기 위한 프로토콜
WATFOR	Waterloo FORTRAN 워털루 포트란 ; 캐나다 워털루 대학에서 개발된 포트란 컴파일러
WATS	wide area telephone service 광역 전화 서비스
WBS	work breakdown structure 작업 명세 구조
WCC	write control character 쓰기 제어 문자
WCCE	World Conference on Computers in Education 컴퓨터 이용 교육에 관한 국제 회의
WCCF	West Coast Computer Fair 세계 최대 퍼스널 컴퓨터 전시회
WCDMA	wideband code divison multiple access 광대역 부호 분할 다중 접속
WCGM	① writable character generation storage 쓰기 가능 문자 생성 기억 영역
	② writable character generation module 쓰기 가능 문자 생성 모듈
WCS	writable control storage 쓰기 가능 제어 기억 장치
WD	working draft 작업 문서
WDSS	workstation dependent segment storage 워크스테이션 의존 세그먼트 기억 영역
WebNFS	web network file system 웹 네트워크 파일 시스템
WFF	well formed formula 체계화 공식
WG	working group 작업 그룹
WIFE	Windows intelligent font environment 위프 ; MS 윈도 3.0에서 한국어, 중국어, 일본어 등의 2바이트로 표시되는 폰트를 관리하는 기능
WM	window machine 창구 장치
WMF	Windows meta file 윈도 메타 파일
WINS	windows Internet naming service NetBIOS에서 IP 주소를 얻어주는 서비스
WIPI	wireless Internet platform for interoperability 위피 ; 한국 무선 인터넷 표준화 포럼이 만든 무선 인터넷 플랫폼 표준 규격
WIPO	World Intellectual Property Organization 세계 지적 소유권 기구
WMA	Windows media audio 마이크로소프트 사가 개발한 음성 압축 부호화 방식
W-MAC	wide-multiple analogue components

약 어	원어 및 설명
WML	wireless markup language 무선 마크업 언어
WOCON-INFOR	WOrld CONference on INFORmation processing and communication 세계 정보 통신 국제 학술 회의
WOM	write only memory 기록 전용 기억 장치
WORM	write once read many 광 디스크의 일종. 데이터를 한 번밖에 기록할 수 없으나 수 없이 읽을 수 있으며 삭제는 불가능
WOSA	Windows open service architecture 윈도 오픈 서비스 아키텍처
WP	① word processing 워드 프로세싱 ② word processor 워드 프로세서
WPC	world product code 세계 제품 코드
WPM	words per minute 워드/분
WPS	words per second 워드/초
WQL	warning quality level 경고 품질 수준
WR	write 보통 회로나 핀 배치도 등에서 출력 모드를 나타내는 스트로브 신호
WRAM	Windows RAM 윈도 램
WRU	who are you? 당신은?
WS	workstation 워크스테이션, 작업 단말
WSH	Windows scripting host 윈도 스크립팅 호스트
WSP	① work simplification training program 작업 단순화 프로그램 ② web hosting service provider 웹 호스팅 서비스 제공자
WSU	workstation utility 워크스테이션 유틸리티
WTL macro instruction	write-to-log macro instruction WTL 매크로 명령
WTS	web transaction server 웹 트랜잭션 서버
WUI	web user interface 웹 사용자 인터페이스
WWB	write's workbench 일반적인 문서 작성을 지원하는 툴
WXTRN	weak external reference 약한 외부 참조
WYSIWYG	what you is what you get 위지윅 ; 보인 그대로 출력

약 어	원어 및 설명
XCTS	x.25 conformance test software x.25 프로토콜 적합성 시험 소프트웨어
XDR	external data representation 외부 데이터 표현
xDSL	xdigital subscriber line 일반 전화 회선(구리선)을 사용하면서도 ATM 망에 버금가는 Mbps급 데이터 전송 속도를 제공할 수 있는 디지털 가입자 회선
XEM	X/OPEN event management X/OPEN이 검토하고 있는 인터럽트나 이벤트를 일반적으로 다루기 위한 제안
XGA	extended graphics array 확장 그래픽스 어레이
XHTML	extensible hypertext language 인터넷 표준 제정 단체인 W3C가 발표한 표준안으로, XML 표준을 따르면서 HTML과 호환되도록 만든 언어

약 어	원어 및 설명
XINS	Xerox information network system 제록스 정보 네트워크 시스템
XIOS	extended input-output system 확장 입출력 시스템
XMIT	transmit 송신
XML	extensible markup language 1996년 W3C에서 제안한 웹 표준 문서 포맷
XMS	extended memory specification 확장 메모리 관리자
XMT	transmit 전송
XNOR	exclusive NOR 배타적 부정 논리합
XNS	Xerox network system Xerox에 의해 개발된 네트워크, 실제로 적용된 것은 Xerox의 Star 컴퓨터이며, 4.3BSC에 의한 시스템에도 포팅되었다.
X-Open	open group for UNIX system 엑스 오픈 ; 영국의 비영리 법인, 유닉스의 표준화를 목표로 한 그룹
XOR	exclusive OR 배타적 논리합
XPG	X/OPEN portability guide X/OPEN 사가 발행하고 있는 portability guide
XPT	external page table 외부 페이지표
XSL	extensible style language XML의 기초가 된 SGML에 표시 스타일을 부여하기 위한 언어로 ISO에서 개발하였으며, DSSSL(document style semantics and specification language)을 이용하여 개발된 언어
XT	crosstalk 한쪽 회선으로부터 다른 회선에 정전적 또는 전자적으로 원하지 않는 에너지가 전달되는 것
XTAL	crystal 크리스털
XTP	express transfer protocol 고속 전송 프로토콜
XVS	X/OPEN verification suite 어느 운영 체제(실제로는 유닉스)가 X/OPEN의 사양(XPG)을 만족하는가의 여부를 검증하기 위한 검사 프로그램 집합

약 어	원어 및 설명
Y2K	millennium bug 밀레니엄 버그
YACC	yet another compiler compiler 야크 ; 유닉스 운영 체제에서 돌아가는 parser generator의 이름
YAG	yttrium aluminum garnet 와그
YMMV	your mileage may vary 이메일이나 포스팅(posting)에서 종종 사용되는 약자로 작가가 올린 글에서 상품을 추천한 글들은 제거한다.
YP	yellow page 옐로 페이지 ; ONC/NFS에서 사용되는 통신망 데이터 베이스 시스템의 이름

약 어	원어 및 설명
Z	zero flag 제로 플래그
ZCAV	zone constant angular velocity CAV 방식과 같이 스핀돌 모터의 회전수는 일정한 채로 기억 용량을 높이는 방식
ZIP code	zone improvement plan code 우편 번호, 집 코드

• 부 록

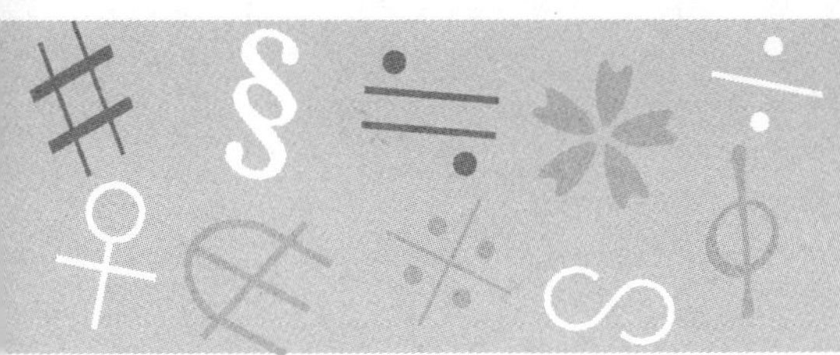

1. 각종 단위표
2. 2의 승수표
3. ASCII 코드표
4. EBCDIC 코드표
5. Unicode
6. IBM 확장 문자 부호표
7. 수치대조표
8. 컴퓨터의 발달사
9. 인터넷상의 감정부호

1. 각종 단위표

구 분	기 호	명 칭	의 미
기억 용량	KB	킬로바이트	10^3 바이트
	MB	메가바이트	10^6 바이트
	GB	기가바이트	10^9 바이트
	TB	테라바이트	10^{12} 바이트
	Kb	킬로비트	10^3 비트
	Mb	메가비트	10^6 비트
	Gb	기가비트	10^9 비트
	Tb	테라비트	10^{12} 비트
밀 도	BPI	인치당 비트	Bit Per Inch
	CPI	인치당 문자	Character Per Inch
	TPI	인치당 트랙	Track Per Inch
	DPI	인치당 도트	Dot Per Inch
	LPI	인치당 행	Line Per Inch
속 도	BPS	초당 비트	Bit Per Second
	CPS	초당 문자	Character Per Second
	CPM	분당 카드	Card Per Minute
	LPM	분당 행	Line Per Minute
	RPM	분당 회전	Rotation Per Minute
	PPM	분당 페이지	Page Per Minute
	baud	보	초당 비트수
처리 속도	KIPS	킵 스	Kilo Instruction Per Second
	MIPS	밉 스	Million Instruction Per Second
	flop	플 롭	부동 소수점 연산 1회 (floating-point operation)
	MFLOPS	메가플롭스	Million flops
	LIPS	립 스	초당 논리 연산 1회 (Logical Inference Per Second)
전기 전자	V	볼트(Volt)	1W=1V · 1A
	W	와트(Watt)	1A=1C/초
	C	쿨롱(Coulomb)	1 Hz=1/초
	A	암페어(Ampere)	
	Hz	헤르츠(Hertz)	
	c	사이클(cycle)	
	Ω	옴(Ohm)	
	F	패럿(Farad)	
	dB	데시벨(decibel)	

2. 2의 승수표

2^n	n	2^{-n}
1	0	1
2	1	0.5
4	2	0.25
8	3	0.125
16	4	0.625×10^{-1}
32	5	0.3125×10^{-1}
64	6	0.15625×10^{-1}
128	7	0.78125×10^{-2}
256	8	0.390625×10^{-2}
512	9	0.1953125×10^{-2}
1,024	10	0.9765625×10^{-3}
2,048	11	$0.48828125 \times 10^{-3}$
4,096	12	$0.244140625 \times 10^{-3}$
8,192	13	$0.1220703125 \times 10^{-4}$
16,384	14	$0.6103515625 \times 10^{-4}$
32,768	15	$0.30517578125 \times 10^{-4}$
65,536	16	$0.152587890625 \times 10^{-4}$
131,072	17	$0.762939453125 \times 10^{-5}$
262,144	18	$0.3814697265625 \times 10^{-5}$
524,288	19	$0.19073486328125 \times 10^{-5}$
1,048,576	20	$0.95367431640625 \times 10^{-6}$
2,097,152	21	$0.476837158203125 \times 10^{-6}$
4,194,304	22	$0.2384185791015625 \times 10^{-6}$
8,388,608	23	$0.11920928955078125 \times 10^{-6}$
16,777,216	24	$0.56904644775390625 \times 10^{-7}$
33,554,432	25	$0.298023223876953125 \times 10^{-7}$
67,108,864	26	$0.1490116119384765625 \times 10^{-7}$
134,217,728	27	$0.7450580596923828125 \times 10^{-8}$
268,435,456	28	$0.37252902984619140625 \times 10^{-8}$
536,870,912	29	$0.186264514923095703125 \times 10^{-8}$
1,073,741,824	30	$0.9313225746154785 15625 \times 10^{-9}$

3. ASCII 코드표

문 자	10진수	16진수	2진수	문 자	10진수	16진수	2진수
(null)	0	00	00000000	)	41	29	00101001
☺	1	01	00000001	★	42	2A	00101010
☻	2	02	00000010	+	43	2B	00101011
♥	3	03	00000011	′	44	2C	00101100
◆	4	04	00000100	—	45	2D	00101101
♣	5	05	00000101	•	46	2E	00101110
♠	6	06	00000110	/	47	2F	00101111
●	7	07	00000111	0	48	30	00110000
◘	8	08	00001000	1	49	31	00110001
○	9	09	00001001	2	50	32	00110010
◙	10	0A	00001010	3	51	33	00110011
♂	11	0B	00001011	4	52	34	00110100
♀	12	0C	00001100	5	53	35	00110101
♪	13	0D	00001101	6	54	36	00110110
♬	14	0E	00001110	7	55	37	00110111
☼	15	0F	00001111	8	56	38	00111000
▶	16	10	00010000	9	57	39	00111001
◀	17	11	00010001	:	58	3A	00111010
↕	18	12	00010010	;	59	3B	00111011
‼	19	13	00010011	〈	60	3C	00111100
¶	20	14	00010100	=	61	3D	00111101
§	21	15	00010101	〉	62	3E	00111111
–	22	16	00010110	?	63	3F	00111111
↨	23	17	00010111	@	64	40	01000000
↑	24	18	00011000	A	65	41	01000001
↓	25	19	00011001	B	66	42	01000010
→	26	1A	00011010	C	67	43	01000011
←	27	1B	00011011	D	68	44	01000100
∟	28	1C	00011100	E	69	45	01000101
↔	29	1D	00011101	F	70	46	01000110
▲	30	1E	00011110	G	71	47	01000111
▼	31	1F	00011111	H	72	48	01001000
(공백)	32	20	00100000	I	73	49	01001001
!	33	21	00100001	J	74	4A	01001010
"	34	22	00100010	K	75	4B	01001011
#	35	23	00100011	L	76	4C	01001100
$	36	24	00100100	M	77	4D	01001101
%	37	25	00100101	N	78	4E	01001110
&	38	26	00100110	O	79	4F	01001111
'	39	27	00100111	P	80	50	01010000
(	40	28	00101000	Q	81	51	01010001

문 자	10진수	16진수	2진수	문 자	10진수	16진수	2진수
R	82	52	01010010	–	126	7E	01111110
S	83	53	01010011	⌂	127	7F	01111111
T	84	54	01010100	Ç	128	80	10000000
U	85	55	01010101	ü	129	81	10000001
V	86	56	01010110	é	130	82	10000010
W	87	57	01010111	â	131	83	10000011
X	88	58	01011000	ä	132	84	10000100
Y	89	59	01011001	à	133	85	10000101
Z	90	5A	01011010	å	134	86	10000110
[	91	5B	01011011	ç	135	87	10000111
\	92	5C	01011100	ê	136	88	10001000
]	93	5D	01011101	ë	137	89	10001001
^	94	5E	01011110	è	138	8A	10001010
_	95	5F	01011111	ï	139	8B	10001011
`	96	60	01100000	î	140	8C	10001100
a	97	61	01100001	ì	141	8D	10001101
b	98	62	01100010	Ä	142	8E	10001110
c	99	63	01100011	Å	143	8F	10001111
d	100	64	01100100	É	144	90	10010000
e	101	65	01100101	æ	145	91	10010001
f	102	66	01100110	Æ	146	92	10010010
g	103	67	01100111	ô	147	93	10010011
h	104	68	01101000	ö	148	94	10010100
i	105	69	01101001	ò	149	95	10010101
j	106	6A	01101010	û	150	96	10010110
k	107	6B	01101011	ù	151	97	10010111
l	108	6C	01101100	ÿ	152	98	10011000
m	109	6D	01101101	ö	153	99	10011001
n	110	6E	01101110	Ü	154	9A	10011010
o	111	6F	01101111	¢	155	9B	10011011
p	112	70	01110000	£	156	9C	10011100
q	113	71	01110001	¥	157	9D	10011101
r	114	72	01110010	₧	158	9E	10011110
s	115	73	01110011	ƒ	159	9F	10011111
t	116	74	01110100	á	160	A0	10100000
u	117	75	01110101	í	161	A1	10100001
v	118	76	01110110	ó	162	A2	10100010
w	119	77	01110111	ú	163	A3	10100011
x	120	78	01111000	ñ	164	A4	10100100
y	121	79	01111001	Ñ	165	A5	10100101
z	122	7A	01111010	ª	166	A6	10100110
{	123	7B	01111011	º	167	A7	10100111
|	124	7C	01111100	¿	168	A8	10101000
}	125	7D	01111101	⌐	169	A9	10101001

문 자	10진수	16진수	2진수	문 자	10진수	16진수	2진수
¬	170	AA	10101010	╓	214	D6	11010110
½	171	AB	10101011	╫	215	D7	11010111
¼	172	AC	10101100	╪	216	D8	11011000
¡	173	AD	10101101	┘	217	D9	11011001
«	174	AE	10101110	┌	218	DA	11011010
»	175	AF	10101111	█	219	DB	11011011
░	176	B0	10110000	▄	220	DC	11011100
▒	177	B1	10110001	▌	221	DD	11011101
▓	178	B2	10110010	▐	222	DE	11011110
│	179	B3	10110011	▀	223	DF	11011111
┤	180	B4	10110100	α	224	E0	11100000
╡	181	B5	10110101	β	225	E1	11100001
╢	182	B6	10110110	Γ	226	E2	11100010
╖	183	B7	10110111	π	227	E3	11100011
╕	184	B8	10111000	Σ	228	E4	11100100
╣	185	B9	10111001	σ	229	E5	11100101
║	186	BA	10111010	μ	230	E6	11100110
╗	187	BB	10111011	τ	231	E7	11100111
╝	188	BC	10111100	Φ	232	E8	11101000
╜	189	BD	10111101	θ	233	E9	11101001
╛	190	BE	10111110	Ω	234	EA	11101010
┐	191	BF	10111111	δ	235	EB	11101011
└	192	C0	11000000	∞	236	EC	11101100
┴	193	C1	11000001	ϕ	237	ED	11101101
┬	194	C2	11000010	∈	238	EE	11101110
├	195	C3	11000011	∩	239	EF	11101111
─	196	C4	11000100	≡	240	F0	11110000
┼	197	C5	11000101	±	241	F1	11110001
╞	198	C6	11000110	≥	242	F2	11110010
╟	199	C7	11000111	≤	243	F3	11110011
╚	200	C8	11001000	⌠	244	F4	11110100
╔	201	C9	11001001	⌡	245	F5	11110101
╩	202	CA	11001010	÷	246	F6	11110110
╦	203	CB	11001011	≈	247	F7	11110111
╠	204	CC	11001100	°	248	F8	11111000
═	205	CD	11001101	∙	249	F9	11111001
╬	206	CE	11001110	·	250	FA	11111010
╧	207	CF	11001111	√	251	FB	11111011
╨	208	D0	11010000	η	252	FC	11111100
╤	209	D1	11010010	²	253	FD	11111101
╥	210	D2	11010010	■	254	FE	11111110
╙	211	D3	11010011		255	FF	11111111
╘	212	D4	11010100				
╒	213	D5	11010101				

4. EBCDIC 코드표

10진	16진	이 름	문 자	의 미
0	00	NUL		Null
1	01	SOH		Start of heading
2	02	STX		Start of text
3	03	ETX		End of text
4	04	SEL		Select
5	05	HT		Horizontal tab
6	06	RNL		Required new line
7	07	DEL		Delete
8	08	GE		Graphic escape
9	09	SPS		Superscript
10	0A	RPT		Repeat
11	0B	VT		Vertical tab
12	0C	FF		Form feed
13	0D	CR		Carriage return
14	0E	SO		Shift out
15	0F	DI		Shift in
16	10	DLE		Data length escape
17	11	DC1		Device control 1
18	12	DC2		Device control 2
19	13	DC3		Device control 3
20	14	RES/ENP		Restore/enable presentation
21	15	NL		New line
22	16	BS		Backspace
23	17	POC		Program-operator communication
24	18	CAN		Cancel
25	19	EM		End of medium
26	1A	UBS		Unit backspace
27	1B	CU1		Customer use 1
28	1C	IFS		Interchange file separator
29	1D	IGS		Interchange group separator
30	1E	IRS		Interchange record separator
31	1F	IUS/ITB		Interchange unit separator/intermediate transmission block
32	20	DS		Digit select
33	21	SOS		Start of significance
34	22	FS		Field separator
35	23	WUS		Word underscore
36	24	BYP/INP		Bypass/inhibit presentation
37	25	LF		Line feed

10진	16진	이 름	문 자	의 미
38	26	ETB		End of transmission block
39	27	ESC		Escape
40	28	SA		Set attribute
41	29	SFE		Start field extended
42	2A	SM/SW		Set mode/switch
43	2B	CSP		Control sequence prefix
44	2C	MFA		Modify field attribute
45	2D	ENQ		Enquiry
46	2E	ACK		Acknowledge
47	2F	BEL		Bell
48	30			(not assigned)
49	31			(not assigned)
50	32	SYN		Synchronous idle
51	33	IR		Index return
52	34	PP		Presentation position
53	35	TRN		Transparent
54	36	NBS		Numeric backspace
55	37	EOT		End of transmission
56	38	SBS		Subscript
57	39	IT		Indent tab
58	3A	RFF		Required form feed
59	3B	CU3		Customer use 3
60	3C	DC4		Device control 4
61	3D	NAK		Negative acknowledge
62	3E			(not assigned)
63	3F	SUB		Substitute
64	40	SP		Space
65	41	RSP		Space
66	42			(not assigned)
67	43			(not assigned)
68	44			(not assigned)
69	45			(not assigned)
70	46			(not assigned)
71	47			(not assigned)
72	48			(not assigned)
73	49			(not assigned)
74	4A		¢	
75	4B		.	
76	4C		〈	
77	4D		(	
78	4E		+	
79	4F		|	Logical OR
80	50		&	
81	51			(not assigned)

10진	16진	이 름	문 자	의 미
82	52			(not assigned)
83	53			(not assigned)
84	54			(not assigned)
85	55			(not assigned)
86	56			(not assigned)
87	57			(not assigned)
88	58			(not assigned)
89	59			(not assigned)
90	5A		!	
91	5B		$	
92	5C		*	
93	5D		)	
94	5E		;	
95	5F		¬	Logical NOT
96	60		–	
97	61		/	
98	62			(not assigned)
99	63			(not assigned)
100	64			(not assigned)
101	65			(not assigned)
102	66			(not assigned)
103	67			(not assigned)
104	68			(not assigned)
105	69			(not assigned)
106	6A		¦	Vertical line
107	6B		,	
108	6C		%	
109	6D		_	
110	6E		〉	
111	6F		?	
112	70			(not assigned)
113	71			(not assigned)
114	72			(not assigned)
115	73			(not assigned)
116	74			(not assigned)
117	75			(not assigned)
118	76			(not assigned)
119	77			(not assigned)
120	78			(not assigned)
121	79			Grave accent
122	7A		:	
123	7B		#	
124	7C		@	
125	7D		'	

10진	16진	이 름	문 자	의 미
126	7E		=	
127	7F		"	
128	80			(not assigned)
129	81		a	
130	82		b	
131	83		c	
132	84		d	
133	85		e	
134	86		f	
135	87		g	
136	88		h	
137	89		i	
138	8A			(not assigned)
139	8B			(not assigned)
140	8C			(not assigned)
141	8D			(not assigned)
142	8E			(not assigned)
143	8F			(not assigned)
144	90			(not assigned)
145	91		j	
146	92		k	
147	93		l	
148	94		m	
149	95		n	
150	96		o	
151	97		p	
152	98		q	
153	99		r	
154	9A			(not assigned)
155	9B			(not assigned)
156	9C			(not assigned)
157	9D			(not assigned)
158	9E			(not assigned)
159	9F			(not assigned)
160	A0			(not assigned)
161	A1		~	
162	A2		s	
163	A3		t	
164	A4		u	
165	A5		v	
166	A6		w	
167	A7		x	
168	A8		y	
169	A9		z	

10진	16진	이 름	문 자	의 미
170	AA			(not assigned)
171	AB			(not assigned)
172	AC			(not assigned)
173	AD			(not assigned)
174	AE			(not assigned)
175	AF			(not assigned)
176	B0			(not assigned)
177	B1			(not assigned)
178	B2			(not assigned)
179	B3			(not assigned)
180	B4			(not assigned)
181	B5			(not assigned)
182	B6			(not assigned)
183	B7			(not assigned)
184	B8			(not assigned)
185	B9			(not assigned)
186	BA			(not assigned)
187	BB			(not assigned)
188	BC			(not assigned)
189	BD			(not assigned)
190	BE			(not assigned)
191	BF			(not assigned)
192	C0		{	Opening brace
193	C1		A	
194	C2		B	
195	C3		C	
196	C4		D	
197	C5		E	
198	C6		F	
199	C7		G	
200	C8		H	
201	C9		I	
202	CA	SHY		Syllable hyphen
203	CB			(not assigned)
204	CC			(not assigned)
205	CD			(not assigned)
206	CE			(not assigned)
207	CF			(not assigned)
208	D0		}	Closing brace
209	D1		J	
210	D2		K	
211	D3		L	
212	D4		M	
213	D5		N	

10진	16진	이 름	문 자	의 미
214	D6		O	
215	D7		P	
216	D8		Q	
217	D9		R	
218	DA			(not assigned)
219	DB			(not assigned)
220	DC			(not assigned)
221	DD			(not assigned)
222	DE			(not assigned)
223	DF			(not assigned)
224	E0		\	Reverse slash
225	E1	NSP		Numeric space
226	E2		S	
227	E3		T	
228	E4		U	
229	E5		V	
230	E6		W	
231	E7		X	
232	E8		Y	
233	E9		Z	
234	EA			(not assigned)
235	EB			(not assigned)
236	EC			(not assigned)
237	ED			(not assigned)
238	EE			(not assigned)
239	EF			(not assigned)
240	F0		0	
241	F1		1	
242	F2		2	
243	F3		3	
244	F4		4	
245	F5		5	
246	F6		6	
247	F7		7	
248	F8		8	
249	F9		9	
250	FA			(not assigned)
251	FB			(not assigned)
252	FC			(not assigned)
253	FD			(not assigned)
254	FE			(not assigned)
255	FF	EO		Eight ones

5. Unicode

문 자	10진	이 름	의 미
—	�	—	사용 안함
—		—	사용 안함
—		—	사용 안함
—		—	사용 안함
—		—	사용 안함
—		—	사용 안함
—		—	사용 안함
—		—	사용 안함
—		—	사용 안함
—		—	Horizontal tab
—
—	Line feed
—		—	사용 안함
—		—	사용 안함
—
—	Carriage return
—		—	사용 안함
—		—	사용 안함
—		—	사용 안함
—		—	사용 안함
—		—	사용 안함
—		—	사용 안함
—		—	사용 안함
—		—	사용 안함
—		—	사용 안함
—		—	사용 안함
—		—	사용 안함
—		—	사용 안함
—		—	사용 안함
—		—	사용 안함
—		—	사용 안함
—		—	사용 안함
—		—	사용 안함
—		—	사용 안함
		—	Space
!	!	—	Exclamation mark
″	"	"	Quotation mark
#	#	—	Number sign
$	$	—	Dollar sign
%	%	—	Percent sign
&	&	&	Ampersand
′	'	—	Apostrophe
(	(	—	Left parenthesis

문 자	10진	이 름	의 미
)	)	–	Right parenthesis
*	*	–	Asterisk
+	+	–	Plus sign
′	,	–	Comma
-	-	–	Hyphen
.	.	–	Period (fullstop)
/	/	–	Solidus (slash)
0	0	–	Digit 0
1	1	–	Digit 1
2	2	–	Digit 2
3	3	–	Digit 3
4	4	–	Digit 4
5	5	–	Digit 5
6	6	–	Digit 6
7	7	–	Digit 7
8	8	–	Digit 8
9	9	–	Digit 9
:	:	–	Colon
;	;	–	Semicolon
〈	<	<	Less than
=	=	–	Equals sign
〉	>	>	Greater than
?	?	–	Question mark
@	@	–	Commercial at
A	A	–	Capital A
B	B	–	Capital B
C	C	–	Capital C
D	D	–	Capital D
E	E	–	Capital E
F	F	–	Capital F
G	G	–	Capital G
H	H	–	Capital H
I	I	–	Capital I
J	J	–	Capital J
K	K	–	Capital K
L	L	–	Capital L
M	M	–	Capital M
N	N	–	Capital N
O	O	–	Capital O
P	P	–	Capital P
Q	Q	–	Capital Q
R	R	–	Capital R
S	S	–	Capital S
T	T	–	Capital T
U	U	–	Capital U
V	V	–	Capital V

문 자	10진	이 름	의 미
W	W	—	Capital W
X	X	—	Capital X
Y	Y	—	Capital Y
Z	Z	—	Capital Z
[	[	—	Left square bracket
\	\	—	Reverse solidus (backslash)
]	]	—	Right square bracket
^	^	—	Caret
_	_	—	Horizontal bar (underscore)
`	`	—	Acute accent
a	a	—	Small a
b	b	—	Small b
c	c	—	Small c
d	d	—	Small d
e	e	—	Small e
f	f	—	Small f
g	g	—	Small g
h	h	—	Small h
i	i	—	Small i
j	j	—	Small j
k	k	—	Small k
l	l	—	Small l
m	m	—	Small m
n	n	—	Small n
o	o	—	Small o
p	p	—	Small p
q	q	—	Small q
r	r	—	Small r
s	s	—	Small s
t	t	—	Small t
u	u	—	Small u
v	v	—	Small v
w	w	—	Small w
x	x	—	Small x
y	y	—	Small y
z	z	—	Small z
{	{	—	Left curly brace
|			—	Vertical bar
}	}	—	Right curly brace
~	~	—	Tilde
—		—	사용 안함
?			Nonbreaking space
¡	¡	¡	Inverted exclamation
¢	¢	¢	Cent sign
£	£	£	Pound sterling
¤	¤	¤	General currency sign

문 자	10진	이 름	의 미
¥	¥	¥	Yen sign
|	¦	¦ or &brkbar;	Broken vertical bar
§	§	§	Section sign
¨	¨	¨ or ¨	Diæresis / Umlaut
©	©	©	Copyright
ª	ª	ª	Feminine ordinal
≪	«	«	Left angle quote, guillemet left
¬	¬	¬	Not sign
			Soft hyphen
®	®	®	Registered trademark
?	¯	¯ or &hibar;	Macron accent
°	°	°	Degree sign
±	±	±	Plus or minus
²	²	²	Superscript two
³	³	³	Superscript three
´	´	´	Acute accent
µ	µ	µ	Micro sign
¶	¶	¶	Paragraph sign
·	·	·	Middle dot
¸	¸	¸	Cedilla
¹	¹	¹	Superscript one
º	º	º	Masculine ordinal
≫	»	»	Right angle quote, guillemet right
¼	¼	¼	Fraction one-fourth
½	½	½	Fraction one-half
¾	¾	¾	Fraction three-fourths
¿	¿	¿	Inverted question mark
A	À	À	Capital A, grave accent
A	Á	Á	Capital A, acute accent
A	Â	Â	Capital A, circumflex
A	Ã	Ã	Capital A, tilde
A	Ä	Ä	Capital A, diæresis / umlaut
A	Å	Å	Capital A, ring
Æ	Æ	Æ	Capital AE ligature
C	Ç	Ç	Capital C, cedilla
E	È	È	Capital E, grave accent
E	É	É	Capital E, acute accent
E	Ê	Ê	Capital E, circumflex
E	Ë	Ë	Capital E, diæresis / umlaut
I	Ì	Ì	Capital I, grave accent
I	Í	Í	Capital I, acute accent
I	Î	Î	Capital I, circumflex
I	Ï	Ï	Capital I, diæresis / umlaut
Đ	Ð	Ð	Capital Eth, Icelandic
N	Ñ	Ñ	Capital N, tilde
O	Ò	Ò	Capital O, grave accent

문 자	10진	이 름	의 미
O	Ó	Ó	Capital O, acute accent
O	Ô	Ô	Capital O, circumflex
O	Õ	Õ	Capital O, tilde
O	Ö	Ö	Capital O, diæresis / umlaut
×	×	×	Multiply sign
ø	Ø	Ø	Capital O, slash
U	Ù	Ù	Capital U, grave accent
U	Ú	Ú	Capital U, acute accent
U	Û	Û	Capital U, circumflex
U	Ü	Ü	Capital U, diæresis / umlaut
Y	Ý	Ý	Capital Y, acute accent
þ	Þ	Þ	Capital Thorn, Icelandic
ß	ß	ß	Small sharp s, German sz
a	à	à	Small a, grave accent
a	á	á	Small a, acute accent
a	â	â	Small a, circumflex
a	ã	ã	Small a, tilde
a	ä	ä	Small a, diæresis / umlaut
a	å	å	Small a, ring
æ	æ	æ	Small ae ligature
c	ç	ç	Small c, cedilla
e	è	è	Small e, grave accent
e	é	é	Small e, acute accent
e	ê	ê	Small e, circumflex
e	ë	ë	Small e, diæresis / umlaut
i	ì	ì	Small i, grave accent
i	í	í	Small i, acute accent
i	î	î	Small i, circumflex
i	ï	ï	Small i, diæresis / umlaut
ð	ð	ð	Small eth, Icelandic
n	ñ	ñ	Small n, tilde
o	ò	ò	Small o, grave accent
o	ó	ó	Small o, acute accent
o	ô	ô	Small o, circumflex
o	õ	õ	Small o, tilde
o	ö	ö	Small o, diæresis / umlaut
÷	÷	÷	Division sign
ø	ø	ø	Small o, slash
u	ù	ù	Small u, grave accent
u	ú	ú	Small u, acute accent
u	û	û	Small u, circumflex
u	ü	ü	Small u, diæresis / umlaut
y	ý	ý	Small y, acute accent
þ	þ	þ	Small thorn, Icelandic
y	ÿ	ÿ	Small y, diæresis /umlaut

6. IBM 확장 문자 부호표

문 자	10진수	16진수	문 자	10진수	16진수
Ç	128	80	⌐	169	A9
ü	129	81	¬	170	AA
é	130	82	½	171	AB
â	131	83	¼	172	AC
ä	132	84	¡	173	AD
à	133	85	«	174	AE
å	134	86	»	175	AF
ç	135	87	░	176	B0
ê	136	88	▒	177	B1
ë	137	89	▓	178	B2
è	138	8A	│	179	B3
ï	139	8B	┤	180	B4
î	140	8C	╡	181	B5
ì	141	8D	╢	182	B6
Ä	142	8E	╖	183	B7
Å	143	8F	╕	184	B8
É	144	90	╣	185	B9
æ	145	91	║	186	BA
Æ	146	92	╗	187	BB
ô	147	93	╝	188	BC
ö	148	94	╜	189	BD
ò	149	95	╛	190	BE
û	150	96	┐	191	BF
ù	151	97	└	192	C0
ÿ	152	98	┴	193	C1
Ö	153	99	┬	194	C2
Ü	154	9A	├	195	C3
¢	155	9B	─	196	C4
£	156	9C	┼	197	C5
¥	157	9D	╞	198	C6
₧	158	9E	╟	199	C7
ƒ	159	9F	╚	200	C8
á	160	A0	╔	201	C9
í	161	A1	╩	202	CA
ó	162	A2	╦	203	CB
ú	163	A3	╠	204	CC
ñ	164	A4	═	205	CD
Ñ	165	A5	╬	206	CE
ª	166	A6	╧	207	CF
º	167	A7	╨	208	D0
¿	168	A8	╤	209	D1

문 자	10진수	16진수	문 자	10진수	16진수
╥	210	D2	θ	233	E9
╙	211	D3	Ω	234	EA
╘	212	D4	δ	235	EB
╒	213	D5	∞	236	EC
╓	214	D6	ϕ	237	ED
╫	215	D7	∈	238	EE
╪	216	D8	∩	239	EF
┘	217	D9	≡	240	F0
┌	218	DA	±	241	F1
█	219	DB	≥	242	F2
■	220	DC	≤	243	F3
▌	221	DD	⌠	244	F4
▐	222	DE	⌡	245	F5
■	223	DF	÷	246	F6
α	224	E0	≈	247	F7
β	225	E1	°	248	F8
Γ	226	E2	·	249	F9
π	227	E3	·	250	FA
Σ	228	E4	√	251	FB
σ	229	E5	η	252	FC
μ	230	E6	²	253	FD
τ	231	E7	▪	254	FE
Φ	232	E8		255	FF

7. 수치 대조표

2진수 (2진법)	10진수 (10진법)	8진수 (8진법)	16진수 (16진법)
00000001	1	01	01
00000010	2	02	02
00000011	3	03	03
00000100	4	04	04
00000101	5	05	05
00000110	6	06	06
00000111	7	07	07
00001000	8	10	08
00001001	9	11	09
00001010	10	12	0A
00001011	11	13	0B
00001100	12	14	0C
00001101	13	15	0D
00001110	14	16	0E
00001111	15	17	0F

2진수 (2진법)	10진수 (10진법)	8진수 (8진법)	16진수 (16진법)
00010000	16	20	10
00010001	17	21	11
00010010	18	22	12
00010011	19	23	13
00010100	20	24	14
00010101	21	25	15
00010110	22	26	16
00010111	23	27	17
00011000	24	30	18
00011001	25	31	19
00011010	26	32	1A
00011011	27	33	1B
00011100	28	34	1C
00011101	29	35	1D
00011110	30	36	1E
00011111	31	37	1F
00100000	32	40	20
00100001	33	41	21
00100010	34	42	22
00100011	35	43	23
00100100	36	44	24
00100101	37	45	25
00100110	38	46	26
00100111	39	47	27
00101000	40	50	28
00101001	41	51	29
00101010	42	52	2A
00101011	43	53	2B
00101100	44	54	2C
00101101	45	55	2D
00101110	46	56	2E
00101111	47	57	2F
00110000	48	60	30
00110001	49	61	31
00110010	50	62	32
00110011	51	63	33
00110100	52	64	34
00110101	53	65	35
00110110	54	66	36
00110111	55	67	37
00111000	56	70	38
00111001	57	71	39
00111010	58	72	3A
00111011	59	73	3B

2진수 (2진법)	10진수 (10진법)	8진수 (8진법)	16진수 (16진법)
00111100	60	74	3C
00111101	61	75	3D
00111111	62	76	3E
00111111	63	77	3F
01000000	64	100	40
01000001	65	101	41
01000010	66	102	42
01000011	67	103	43
01000100	68	104	44
01000101	69	105	45
01000110	70	106	46
01000111	71	107	47
01001000	72	110	48
01001001	73	111	49
01001010	74	112	4A
01001011	75	113	4B
01001100	76	114	4C
01001101	77	115	4D
01001110	78	116	4E
01001111	79	117	4F
01010000	80	120	50
01010001	81	121	51
01010010	82	122	52
01010011	83	123	53
01010100	84	124	54
01010101	85	125	55
01010110	86	126	56
01010111	87	127	57
01011000	88	130	58
01011001	89	131	59
01011010	90	132	5A
01011011	91	133	5B
01011100	92	134	5C
01011101	93	135	5D
01011110	94	136	5E
01011111	95	137	5F
01100000	96	140	60
01100001	97	141	61
01100010	98	142	62
01100011	99	143	63
01100100	100	144	64
01100101	101	145	65
01100110	102	146	66
01100111	103	147	67

2진수 (2진법)	10진수 (10진법)	8진수 (8진법)	16진수 (16진법)
01101000	104	150	68
01101001	105	151	69
01101010	106	152	6A
01101011	107	153	6B
01101100	108	154	6C
01101101	109	155	6D
01101110	110	156	6E
01101111	111	157	6F
01110000	112	160	70
01110001	113	161	71
01110010	114	162	72
01110011	115	163	73
01110100	116	164	74
01110101	117	165	75
01110110	118	166	76
01110111	119	167	77
01111000	120	170	78
01111001	121	171	79
01111010	122	172	7A
01111011	123	173	7B
01111100	124	174	7C
01111101	125	175	7D
01111110	126	176	7E
01111111	127	177	7F
10000000	128	200	80
10000001	129	201	81
10000010	130	202	82
10000011	131	203	83
10000100	132	204	84
10000101	133	205	85
10000110	134	206	86
10000111	135	207	87
10001000	136	210	88
10001001	137	211	89
10001010	138	212	8A
10001011	139	213	8B
10001100	140	214	8C
10001101	141	215	8D
10001110	142	216	8E
10001111	143	217	8F
10010000	144	220	90
10010001	145	221	91
10010010	146	222	92
10010011	147	223	93

2진수 (2진법)	10진수 (10진법)	8진수 (8진법)	16진수 (16진법)
10010100	148	224	94
10010101	149	225	95
10010110	150	226	96
10010111	151	227	97
10011000	152	230	98
10011001	153	231	99
10011010	154	232	9A
10011011	155	233	9B
10011100	156	234	9C
10011101	157	235	9D
10011110	158	236	9E
10011111	159	237	9F
10100000	160	240	A0
10100001	161	241	A1
10100010	162	242	A2
10100011	163	243	A3
10100100	164	244	A4
10100101	165	245	A5
10100110	166	246	A6
10100111	167	247	A7
10101000	168	250	A8
10101001	169	251	A9
10101010	170	252	AA
10101011	171	253	AB
10101100	172	254	AC
10101101	173	255	AD
10101110	174	256	AE
10101111	175	257	AF
10110000	176	260	B0
10110001	177	261	B1
10110010	178	262	B2
10110011	179	263	B3
10110100	180	264	B4
10110101	181	265	B5
10110110	182	266	B6
10110111	183	267	B7
10111000	184	270	B8
10111001	185	271	B9
10111010	186	272	BA
10111011	187	273	BB
10111100	188	274	BC
10111101	189	275	BD
10111110	190	276	BE
10111111	191	277	BF

2진수 (2진법)	10진수 (10진법)	8진수 (8진법)	16진수 (16진법)
11000000	192	300	C0
11000001	193	301	C1
11000010	194	302	C2
11000011	195	303	C3
11000100	196	304	C4
11000101	197	305	C5
11000110	198	306	C6
11000111	199	307	C7
11001000	200	310	C8
11001001	201	311	C9
11001010	202	312	CA
11001011	203	313	CB
11001100	204	314	CC
11001101	205	315	CD
11001110	206	316	CE
11001111	207	317	CF
11010000	208	320	D0
11010001	209	321	D1
11010010	210	322	D2
11010011	211	323	D3
11010100	212	324	D4
11010101	213	325	D5
11010110	214	326	D6
11010111	215	327	D7
11011000	216	330	D8
11011001	217	331	D9
11011010	218	332	DA
11011011	219	333	DB
11011100	220	334	DC
11011101	221	335	DD
11011110	222	336	DE
11011111	223	337	DF
11100000	224	340	E0
11100001	225	341	E1
11100010	226	342	E2
11100011	227	343	E3
11100100	228	344	E4
11100101	229	345	E5
11100110	230	346	E6
11100111	231	347	E7
11101000	232	350	E8
11101001	233	351	E9
11101010	234	352	EA
11101011	235	353	EB

2진수 (2진법)	10진수 (10진법)	8진수 (8진법)	16진수 (16진법)
11101100	236	354	EC
11101101	237	355	ED
11101110	238	356	EE
11101111	239	357	EF
11110000	240	360	F0
11110001	241	361	F1
11110010	242	362	F2
11110011	243	363	F3
11110100	244	364	F4
11110101	245	365	F5
11110110	246	366	F6
11110111	247	367	F7
11111000	248	370	F8
11111001	249	371	F9
11111010	250	372	FA
11111011	251	373	FB
11111100	252	374	FC
11111101	253	375	FD
11111110	254	376	FE
11111111	255	377	FF

8. 컴퓨터의 발달사

(1) 컴퓨터의 출현

연 도	이 름	내 용
1600년대	네피어	곱셈용 계산 기구
	파스칼	일종의 기어를 이용한 가감산기
	라이프니츠	수동식 계산기
1800년대	쟈갈	구멍 뚫린 종이에 의한 직조기의 제어
	배비지	해석기관
	홀러리스	천공기(punch card)를 이용한 집계기
1936년	튜링	튜링 머신(이론상의 컴퓨터)
1944년	에이컨	전기기계식 자동계산기(MARK-Z)
1945년	노이만	프로그램 내장방식의 착상
1946년	머클리 · 에커트	컴퓨터 제1호, 진공관식(ENIAC)
1949년	윌크스	프로그램 내장방식 컴퓨터 제1호(EDSAC)
1950년	ENIAC 제2호라고 말할 수 있는 EDVAC 완성(프로그램 내장방식) 상업용 컴퓨터 제1호인 UNIVAC-1 완성	

① 네피어의 계산 기구(John Napier, 영국, 17세기 초반)

곱셈 구구단표의 각 열(column)을 1개씩의 막대기에 새긴 것이라 생각하면 된다. 구구단을 모르더라도 이 막대기를 사용하면 덧셈만으로 곱셈의 결과가 얻어진다. 대수(對數)의 원리를 발견한 사람으로서도 유명한 네피어가 고안하여 제작한 것이다.

② 파스칼의 가감산기(Blaise pascal, 프랑스, 17세기 중엽)

계산기라고 부르기에는 너무나 원시적인 것이다. 전화의 다이얼과 비슷한 것을 몇 개 늘어놓고, 각각 자리올림(carry)용으로 사용할 기어(톱니바퀴)를 끼워 넣은 것인데, 그런대로 훌륭하게 가감산이 가능하였다. 철학자, 신학자, 물리학자로서 유명한 파스칼이 고안하여 제작한 것이다.

③ 라이프니츠의 수동식 계산기(Gottfried Wilhelm Leibniz, 독일, 17세기 후반)

1960년대 초반에 일본이나 우리나라에서 많이 사용되었던 수동식 계산기로서 구조상으로 약간의 차이는 있지만 거의 같다고 볼 수 있다. 숫자를 세트시키고, 한 번 손으로 돌려서 덧셈, 몇 번이고 계속해서 돌리면 곱셈, 반대로 돌리면 뺄셈, 몇 번이고 반대로 필요한 횟수만큼 돌리면 나눗셈이 가능하다. 철학자, 수학자로서 유명한 라이프니츠가 고안하여 제작한 것이다.

④ 쟈갈 기계(Joseph Marie Jacquard, 프랑스, 19세기 초엽)

직조기(織造機)의 윗부분에 붙여놓고 사용하는 부속기계로서, 구멍 뚫린 두꺼운 종이를 많은 실로 꿰맨 띠(벨트)에서 정보를 기계적으로 읽어들임으로써 실의 위, 아래를 제어하여 직물이 자동적으로 모양을 형성하도록 하는 것이다. 이것과 같은 기구가 현재도 일부 전통적인 직물제조기로 이용되고 있고, 이를 고안한 사람의 이름을 따서 쟈갈이라 부른다. 펀치 카드 시스템(PCS)의 선구자적인 역할을 했으며, 또한 배비지(Babbage)에게도 큰 영향을 주었다고 한다.

⑤ 배비지의 해석기관(Charles Babbage, 영국, 19세기 전반)

배비지 자신이 이에 앞서 시험한 계차기관(階差機關 : 다항식의 값을 계차로 확인하여 덧셈으로 구하는 미완성 기계)의 아이디어를 더욱 발전시켜 컴퓨터의 동작을 전기를 이용하지 않고 기계로 동작시킨 선구자적 · 독창적인 테스트였다. 이것도 역시 완성에 이르지는 못했지만 그의 계획서를 보면 초기의 컴퓨터에 적용된 아이디어의 대부분이 포함되어 있다고 한다. 이 계획에 조수로 참여했던 에이다(Ada, 시인 바이런의 딸)는 세계 최초의 프로그래머로 인정받고 있다.

⑥ 홀러리스의 집계기(Herman Hollerith, 미국, 19세기말)

종이카드에 천공(punch)된 데이터를 전기적으로 읽어들여 집계, 분류, 작품(table handling) 등의 기능을 지닌 전기식 집계기. PCS(punch card system)의 효시라고 한다. 미국에서 1890년 제11회 국제 조사에 이용되어 그 위력이 입증되었다. 이 때 사용되었던 펀치카드의 규격은 오늘날의 컴퓨터에도 입력용으로 그대로 이용되고 있다. 현재는 천공카드(punch card)를 거의 사용하지 않고 있다.

⑦ 튜링 머신(Alan Mathison Turing, 영국, 1936년)

1936년에 발표된 튜링의 논문에 나왔던 것이다. 수학 기초 이론의 문제인 일반 귀납적 함수에 관한 증명을 위해 튜링이 가설을 통해 상상한 자동계산기인데, 실제로 제작된 것은 아니다. 컴퓨터를 어느 관점에서 이상적으로 추상화한 것(현재 오토머턴이라 부른다)이며, 컴퓨터의 이론면에서 상당한 기초를 확립했다고 인정된다.

⑧ MARK-1(Howard Aiken, 미국, 1944년)

마크원은 배비지 해석기관의 전동식(電動式)이자, 마지막 전기기계식 컴퓨터라고 볼 수 있는 거대한 계산기이다. 하버드 대학의 에이컨 등이 IBM 회사와 공동으로 개발한 것으로서, 숫자의 기억 및 덧셈, 뺄셈은 축의 회전에 의한 기계적인 방법을 택했으며, 정보의 주고 받음은 모두 전기신호에 의해서 이루어졌기 때문에 전기기계식이라고 말한다.

⑨ 프로그램 내장방식의 아이디어(폰 노이만, 헝가리→미국, 1945년)

프로그램 내장방식은 계산의 순서를 프로그램형으로 컴퓨터의 기억장치 내에 두는 방식이다. 이 아이디어는 컴퓨터 제1호인 에니악(ENIAC)을 개발하는 과정에서 얻었다고 한다. 이러한 개념을 발표한 사람은 보통 폰 노이만으로 알려져 있는데, ENIAC에는 적용되지 못했지만, 이어서 계획된 에드박(EDVAC)의 기본안으로 채용되었다.

⑩ 에커트 · 머클리 에니악(ENIAC, 미국, 1946년)

에니악은 세계 최초의 컴퓨터라고 할 수 있다. 2만 개(18,800개)에 가까운 진공관을 사용한 거대한 것으로서, 미육군의 탄도 계산을 위해서 미국 펜실바니아 대학에서 머클리(John Mauchly), 에커트(J.P. Eckert) 교수가 중심이 되어 개발한 것이다. 프로그램 내장방식의 아이디어는 바로 이 때 얻어졌다고 하는데, 이 개념을 에니악에는 적용하지 못했다. 에니악에서의 계산 순서는 스위치를 세트하여 배선상에서 선(line)의 온, 오프(on/off) 방법으로 이루어졌다. 이와 같은 방식을 외부 프로그램 방식이라 한다.

⑪ 윌크스 교수 에드삭(EDSAC, 영국, 1949년)

에드삭은 세계 최초의 프로그램 내장방식 컴퓨터이다. 에드박(EDVAC)이 실제로 완성되기까지 시간이 걸리는 동안, EDVAC에 채용된 프로그램 내장방식을 채택하여 케임브리지 대학의 윌크스(M.V. Wilkes) 교수에 의해 한발 먼저 완성되었다. 처음으로 2진법이 사용되었으며 4000개 정도의 진공관을 사용하여 에니악에 비해 콤팩트해졌다. 또한 윌크스 교수 등이 에드삭을 위해 작성한 프로그램 라이브러리는 아주 충실하였기 때문에 소프트웨어의 기원으로 일컬어지고 있다.

⑫ 에드박(EDVAC, 미국, 1950년)

에드박은 에니악을 개발한 그룹에 의해 에니악의 후속으로 프로그램 내장방식의 아이디어를 적용하려고 계획했는데, 주요 멤버들이 계획에서 이탈했기 때문에 완성은 에드삭보다 늦어졌다.

⑬ 유니박원(UNIVAC-1, 미국, 1950년)

유니박원은 "레밍톤 랜드"라는 회사가 개발한 상용 컴퓨터 제1호이다. 자기테이프(magnetic tape) 대신에 자기와이어(magnetic wire)를 이용한 기억장치가 부착되어 있으며, 일반적으로 널리 사용되었다. 이 컴퓨터를 위해 개발된 업무용 언어 플로매틱(FLOW-MATIC)은 그 유명한 코볼(COBOL)의 원형이 되었다.

(2) 컴퓨터의 발전

① 제1세대

컴퓨터가 등장한 이래 1957년경까지를 말하며, 논리소자로 진공관(일부는 릴레이(relay))이 이용되었던 시대이다. 기억소자로는 음향 지연선이나 브라운관(저속(low speed)인 것에서는 자기드럼)이 이용되었고, 입출력 장치로는 종이테이프, 종이카드장치, 텔레타이프 장치 등이 이용되었다. 프로그램 언어로서는 기계어나 어셈블리 언어가 이용되었다.

② 제2세대

1958년경부터 1963년 무렵까지를 말하며, 논리소자로 트랜지스터가 이용되었던 시대이다. 기억소자로는 자기코어(magnetic core)가 이용되고, 보조기억장치로는 자기테이프나 자기디스크 장치가 이용되었다. 프로그램 언어로는 컴파일러(compiler)가 사용되기 시작하였다.

③ 제3세대

1964년경부터 1969년경까지를 말하며, 논리소자로 IC(집적회로)가 이용된 시대이다. 기억소자로는 주로 자기코어가 이용되었고, 프로그램 언어로는 고급 컴파일러(high level compiler)가 이용되었다.

④ 제3, 5세대

1970년경부터 1978년 무렵을 말하는데, 집적도가 향상된 IC(LSI : 대규모 집적회로)가 논리소자일 뿐만 아니라 기억소자로도 이용되었다.

⑤ 제4세대

1980년경부터 현재까지 IC의 집적도가 더욱 진보하여 VLSI(최대규모 집적회로)로 되어, 이미 컴퓨터는 현재의 원리(노이만형)의 한계가 보이기 시작했다고 말할 수 있다.

⑥ 제5세대

현재의 컴퓨터 한계를 극복하려고 구상된 것이다. 인공지능(AI)을 겨냥한 비노이만(Non-Neuman)형을 추구하고 있다.

세대별 컴퓨터의 특징

구 분	제 1세대	제 2세대	제 3세대	제 4세대	제 5세대
연 도	~50년대 후반	50년대 후반 ~60년대 초반	60년대 초반 ~70년대 중반	70년대 중반 ~2000년대	2000년대 중반 ~
컴퓨터 회로	진공관	트랜지스터	집적회로	고밀도 집적회로	초고밀도 집적회로
주기억장치	자기드럼	자기코어	자기코어, IC	LSI, VLSI	VLSI, GLSI, ULSI
보조기억 장치	종이테이프, 자기드럼	자기테이프, 자기디스크	자기테이프, 자기디스크	자기디스크, 광디스크	자기디스크, 광디스크
입력장치	천공카드, 종이테이프	천공카드, 천공카드	키 투 테이프, 키 투 디스크	키보드, 마우스, 스캐너	음성 입력 마우스, 터치 스크린
출력장치	천공카드, 프린터	프린터	프린터, 비디오	비디오, 오디오	그래픽, 음성
회로의 구성	1	수백	수천	수십만	수백만~수천만
초당명령처리	수백	수천	수백만	수천만	수십억~수백억
고장 주기	몇 시간	몇 일	몇 주	몇 달	몇 년
기억 용량	수천 자	수만 자 이상	수십만 자 이상	수백만 자 이상	수백억 자 이상
종 류	ENIAC, EDSAC, UNIVAC-1	IBM 1401, CDC 3000	IBM 360, PDP 8, CDC 6000	IBM PC, APPLE Ⅱ, VAX 780	Cray XMP, Cyber 205, IBM 3090
연산 속도	ms(10^{-3})	μs(10^{-6})	ns(10^{-9}) 이상	ps(10^{-12}) 이상	fs(10^{-15}) 이상
특 징	과학 계산, 통계 처리	고급언어 등장 (FORTRAN, COBOL, 사무처리, 과학계산)	운영체제개발, 다중프로그래밍, 경영정보처리, 고급언어활용 (BASIC, C)	질의어, 개인용 컴퓨터, 의사 결정 지원, 객체지향언어	자연어 처리, 지능형 컴퓨터, 전문가 시스템, 로봇, 종합 정보 통신망
	컴퓨터가 고가이므로 하드웨어 개발에 중점, 컴퓨터의 부피가 크고 전력 소모가 많음	다중 프로그램 방식을 실현, 온라인 실시간 처리 시스템이 등장	소프트웨어의 개발에 비중, 가상 기억장치를 가진 운영체제의 개발과 시분할 시스템을 실현	명령의 병렬 처리 기능이 강화되었고, 본격적인 개인용 컴퓨터 시대 개막	PDA가 일반화되고, 유무선 통합 통신망 시대 개막, 유비쿼터스 시대 개막

(3) 운영체제(OS)의 역사

1946년 사상 최초로 에니악(ENIAC)이라는 컴퓨터가 공개되었는데, 이 컴퓨터에서의 처리내용은 전기 배선을 변경하는 방식으로 컴퓨터에 보내졌다. 그 이후 곧바로 폰 노이만이 제창한 스토어드 프로그램(stored program) 방식에 의해서 처리내용을 지정하는 프로그램이 데이터와 마찬가지로 주기억(main memory)에 기억되도록 하였다. 1950년대 초에는 운영체제가 전혀 없어서, 이용자(user)가 기계어(machine language)로 처리명령을 입출력을 포함해서 컴퓨터에 부여하도록 했다. 결국, 극히 큰 부담이 이용자에게 있었던 것이다. 이러한 단계를 시작으로 해서, 오늘날과 같이 많은 컴퓨터 이용자가 여러 프로그램을 동시에 실현할 수 있도록 되기까지 운영체제는 눈부신 발전을 이루어오고 있다.

① 제1세대(1950년부터 60년대 전반기 ; 운영체제의 창생기)

이 시기는 운영체제(OS)의 창생기에 해당된다. 컴퓨터 자원을 효율적으로 이용하기 위한 소프트웨어(S/W) 개발이 시도되어 언어번역 프로그램, 입출력 제어 프로그램, 프로그램 로더(loader) 등이 개발되어 처리를 위한 실행제어가 점차 정비되어 왔다. 또한 서브루틴 라이브러리(subroutine library)의 공동 사용이 이루어지게 되어, 소프트웨어 개발의 생산성을 상승시키는 시도가 가능하게 되었다. 이윽고 1950년대 중엽에 IBM의 대형 컴퓨터를 제어할 수 있는 운영체제가 작성되어 연속적으로 작업을 처리할 수 있게 되었다. 이는 독립한 일련의 작업을 컴퓨터 조작원(operator)의 개입없이 연속적으로 실행하여 처리효율을 높히기 위한 것이다. 이 연속 처리는 작업의 처리속도와 처리효율을 향상시켰을 뿐만 아니라, 사람들의 부주의에 의한 에러를 감소시켰다.

한편, 대형 컴퓨터에서는 데이터를 소형 컴퓨터 등을 이용해서 자기테이프에 옮긴 후, 이것을 대형 컴퓨터로 처리하여, 일단 자기테이프에 출력하고 나서, 소형 컴퓨터에서 다시 처리하여 출력했다. 이 시기의 유명한 운영체제로는 FMS 등이 있다.

② 제2세대(1960년대 후반 ; 다중 프로그래밍 시스템의 확립, 보급기)

이 시기는 다중 프로그래밍 시스템이 확립, 보급된 시대이다. 1960년대를 대표하는 컴퓨터 시스템인 IBM 시스템/360을 제어하는 "OS/360"이라는 운영체제가 개발되어 제공되었다.

1967년에 개발된 MFT(고정수 태스크인 다중 프로그래밍 : Multiprogramming with a Fixed number of Tasks)에서는 주기억을 미리 결정된 일정한 수의 구획으로 분할해서 구획별로 작업을 기억해서 실행하였다.

기억된 작업은 동시에 여러 작업이 실행된다. 같은 해에 또한 MVT(가변수의 다중 프로그래밍 : Multi-programming with a Variable number of Tasks)도 제공되었다. 이것은 MFT와 마찬가지로 주기억을 분할해서 사용하는데, 각 작업이 필요로 하는 기억 영역의 크기에 맞게 분할되므로 동시에 실행되는 작업의 수는 일정하지 않다. 실행하는 작업수에 맞춰서 자유롭게 분할수(partition number)를 바꿀 수도 있게 했다. 이 MVT에는 시스템 360 모델 65의 멀티프로세싱(multiprocessing)을 지원하는 버전이 있었다. 특징은 두 개의 CPU를 하나의 운영체제(OS)로 제어하는 것이다. 이 시기의 입출력을 보면 데이터의 입출력을 위해 소형 컴퓨터를 사용하는 것이 아니고, 한 대의 컴퓨터로 처리하는 스풀링(spooling) 시스템이 있다. 또한 운영체제의 설계사상(design concept)을 모듈 구조에 바탕을 둔 개방적인 것으로 함으로써, 운영체제의 확충이 보다 쉽게 이루어지도록 했다. 모듈 구조란, 프로그램을 기능별로 분할해서 작성 관리할 수 있도록 한 것을 말한다.

③ 제3세대(1970년대 ; 대형 컴퓨터의 운영체제 확립기)

이 시기에는 가상기억(virtual storage) 시스템이 보다 고도로 발달되어 주기억 용량의 제약으로부터 벗어나게 됨에 따라 프로그램의 크기에 어떤 제약도 받지 않게 되었다. 또한 여러 가상공간(virtual memory space)으로 관리할 수 있게 됨에 따라 시스템의 보전성(integrity)에 대한 향상도 꾀하게 되었다.

④ 제4세대(1980년대 이후 ; 퍼스널 컴퓨터의 운영체제(OS)의 발전기)

이 시기에도 대형 컴퓨터의 운영체제는 고도화하고, 데이터 통신관리 등 여러 가지 기능을 풍부하게 갖추고 있었지만, 1970년대와 같은 현저한 변화는 별로 눈에 띄지 않았다. 오히려, 퍼스널 컴퓨터나 워크스테이션의 보급으로 인해 분산처리 등 처리형태의 전체적인 모습이 바뀌고 있고, 대형 시스템의 기능도 바뀌어 가고 있다. 1970년대부터 보급되었던 퍼스널 컴퓨터가 취미나 오락용으로 이용되던 것에서 업무용 등 실용적인 컴퓨터의 이용으로 성장하게 되자, 이것을 제어하기 위한 운영체제가 개발되었는데, 이것이 대형 컴퓨터에서 채용되고 있는 다중 프로그래밍이다. 가상기억 시스템이 더욱 빨리 도입되고, 또한 워크스테이션도 가격성능비(cost/performance)가 높아지면서 보급이 대중화되었다. 이것을 제어하는 운영체제로서, AT & T 벨연구소가 개발한 UNIX가 주목받았다. UNIX는 대형 컴퓨터의 운영체제의 기능을 목표로 발전하고 있지만 동시에 퍼스널 컴퓨터상의 운영체제로서도 폭넓게 활용되도록 발전해가고 있다.

PC와 운영체제(OS)의 발전

연 도	내 용
1951년	서브루틴(subroutine), 라이브러리(library) 개념이 등장
1954년	최초의 컴파일러(compiler)가 가동(MIT)
1956년	FORTRAN 개발
1956년	IBM704용 OS 개발
1958년	ALGOL이 발표. 프로그래밍 언어이론에서의 영향이 큼
1959년	LISP 개발
1959년	COBOL 개발
1963년	SABRE 시스템(IBM, American Airline) 트랜스액션(transaction) 처리
1965년	BASIC 개발
1967년	다중 프로그래밍 시스템 MFT, MVT가 개발
1970년	관계 DB(relational database)의 개념(IBM E.F. CODD)
1970년	UNIX 개발(벨연구소 Thompson, Ritchie)
1974년	다중 가상기억 시스템 MVS가 개발
1981년	MS DOS 발표
1985년	IBM 386 PC 출시
1986년	노트북 PC 출시
1987년	OS/2 발표
1989년	80486 PC 출시
1990년	멀티미디어 PC 개발
1992년	인터넷 등장
1993년	펜티엄 칩 개발
1995년	윈도 95 출시
1998년	윈도 98 출시
2000년	윈도 2000 출시

9. 인터넷상의 감정 부호

감정	부호
미소를 머금은 웃는 얼굴	
경멸적/선정적으로 웃는 얼굴	=-)
재수좋게 무언가를 얻었을 때	$-)
웃음	:-D
소박한 미소	:-)
윙크 미소	;-)
또 다른 행복한 얼굴	:-〉
슬픔, 분노에 찬 얼굴	
찌푸린 얼굴	:-(
고함치는 얼굴	:-(0)
울음	:'-(
정말 싫어	:-c
고독한 얼굴	:-〈
기타 감정 표현	
메롱(혀를 내밀며 놀림)	:-P
녹초가 된 얼굴	:-|
무표정한 얼굴	:-I
깜짝 놀란 얼굴	:-〈〉
충격받은 얼굴	:-()
난감한, 당혹한 얼굴	:-&
지루한, 따분한 모습	:-ozzzzZZ
생각하는 얼굴	:-\
믿을 수 없는 표정	:-C
"Oh, mooooooo!"	:-o
돌려진 얼굴 표현	
돌려진 얼굴	:^U
돌려진 무표정한 얼굴	:"Y
메롱(혀를 내민)	:^r
돌려진 미소 띤 얼굴	:^y
혀를 내민 돌려진 얼굴	:^W
접혀진 입술	:^"
다양한 코 모양	
코없는 미소	:)
돼지 코의 미소	:@)
구부러진 코의 미소	:^)

감정	부호
다양한 입술 모양	
"쪽" (Kiss)	:-*
입술이 봉해진 모습	:-X
기계적으로 일하는 사람의 얼굴	:-[]
오그라든 입술의 미소	:-}
진지한 미소 1	:-〉
진지한 미소 2	:-]
Count Dracula	:-[
Censored	:-#
흡연하는 모습	:-i
흡연과 미소	:-j
Tongue-in-cheek comments	:-J
Smitde with braces	:-[#]
Sick smitde	:-S
다양한 눈을 표현한 모습	
동그래진 눈의 미소	8-)
해적 모습	P-)
까만 눈의 얼굴	!-(
안경 낀 미소	B-)
외눈박이의 미소	0-)
풍류/예술적인 얼굴	%)
마지막 밤의 서신	|-(
액세서리를 단 다양한 모습	
코수염 있는 미소	:-{)
머리카락이 있는 미소	{:-)
Wearing a walkman	[:-)
학사모를 쓴 미소	K:-)
모자쓴 미소	d:-)
중산모를 쓴 미소	C|:-)
간호모를 쓴 미소	]:-)
두건(또는 자전거 보호모) 미소	(:-)
모피 모자의 미소	#:-)
모자와 pom-pom의 미소	*<:-)
턱수염의 미소	:-)=
Uncle Sam	=|:-)=
구겨진 머리의 미소	&:-)
물결 모양 머리의 미소	@:-)

• 한글 찾아보기

한글 찾아보기

ㄱ

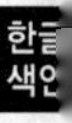

ㄴ

ㄷ

ㄹ

ㅂ

ㅅ

ㅇ

ㅈ

ㅊ

ㅋ

ㅍ

·ㅎ·

✲ 숫자 및 영문 ✲